U0332466

# 《现代机械设计师手册》篇目

| 册别 | 篇 目 | 章 名 |
|---|---|---|
| 上册 | 第1篇 机械设计资料 | 1. 常用资料、数据和一般标准 2. 设计规范和结构要素 3. 机械制图 4. 极限与配合、几何公差和表面粗糙度 5. 工程材料 6. 机械强度与疲劳 7. 摩擦、磨损与润滑 8. 密封 |
| | 第2篇 机构分析与设计 | 1. 机构的基本概念及分析方法 2. 导引机构 3. 函数机构 4. 周期往复运动和变传动比转动的四杆机构 5. 等传动比传动机构 6. 凸轮机构 7. 步进传动机构 8. 柔顺机构 9. 空间机构 |
| | 第3篇 连接与弹簧 | 1. 螺纹及螺纹连接 2. 销连接、键及花键连接、无键连接 3. 铆接、焊接及粘接 4. 弹簧 |
| | 第4篇 带传动、链传动和螺旋传动 | 1. 带传动 2. 链传动 3. 螺旋传动 |
| | 第5篇 齿轮传动 | 1. 概述 2. 渐开线圆柱齿轮传动 3. 锥齿轮传动 4. 蜗杆传动 5. 塑料齿轮 6. 非圆齿轮传动 |
| | 第6篇 轴承 | 1. 滚动轴承 2. 滑动轴承 3. 其他轴承 |
| | 第7篇 轴系及部件 | 1. 轴 2. 联轴器 3. 离合器、液力偶合器 4. 制动器 |
| 下册 | 第8篇 减速器和无级变速器 | 1. 减速器 2. 无级变速器 3. 减速器试验方法和试验台分类 |
| | 第9篇 起重运输机械 | 1. 起重机械设计总论 2. 起重机械的类型与构造 3. 起重机主要零部件 4. 起重机工作机构 5. 连续输送机械设计总论 6. 输送机械的类型与基本计算 7. 输送机械的主要零部件 |
| | 第10篇 液压、气压传动与控制 | 1. 液压与气动常用标准及计算公式 2. 液压介质及其选用 3. 液压泵和液压马达 4. 液压缸和气缸 5. 液压控制阀 6. 液压辅件 7. 气动元件 8. 常用液压、气动基本回路 9. 液压系统设计及实例 10. 气动系统设计及实例 11. 液压气动管件 12. 压力容器 |
| | 第11篇 机电控制装置及系统 | 1. 机电控制系统的基本类型 2. 常用电气设计标准 3. 常用电动机的选择 4. 电动机的常规控制 5. 直流闭环控制及其控制单元选择 6. 交流调速传动系统 7. 可编程序控制器 8. 工业通信网络 9. 数控系统及计算机控制 |
| | 第12篇 光机电一体化设计 | 1. 总论 2. 光学基础知识 3. 光机电一体化系统设计 4. 传感器 5. 光机电一体化系统控制 6. 微光机电一体化系统(MOEMS) 7. 光机电一体化系统应用实例 |
| | 第13篇 现代机械设计方法 | 1. 现代机械设计与方法概论 2. 计算机辅助设计 3. 优化设计 4. 可靠性设计 5. 摩擦学设计 6. 机械动力学 7. 虚拟设计 8. 有限元分析 9. 智能设计 10. 创新设计 11. TRIZ及冲突解决原理 12. 产品设计与人机工程 13. 绿色设计 |

# 现代机械设计师手册

## 上　册

主　编　陈定方
副主编　孔建益　杨家军　李勇智
主　审　谭建荣

机械工业出版社

本手册凝聚了来自高等院校、科研院所和企业的 100 余名专家学者多年来在机械工程实践中产品设计、教学、科研的成果和经验。手册的特点是实用性、先进性和易用性，有所为、有所不为，内容取材的原则是基本、常用、关键、新颖、准确、发展，力求传统设计与现代设计相结合，力求使该手册贯彻最新的国际或国家技术标准、规范，并引入了机械工程领域新的材料、新的结构形式、新的设计理念和设计方法。

本手册共 13 篇，分上下两册出版。本册为上册，共 7 篇：第 1 篇机械设计资料，包括机械设计常用基础资料和公式；第 2 篇机构分析与设计，包括导引机构等八类机构专题，以及各种机构的分析及设计方法；第 3 篇连接与弹簧，介绍常用连接方式及标准规范，常用弹簧类型的设计计算，也介绍了设计中出现的一些新的连接非标准件；第 4 篇带传动、链传动和螺旋传动，介绍带、链和螺旋传动的设计及计算、应用；第 5 篇齿轮传动，重点介绍通用机械和一般工业齿轮的设计，对塑料齿轮、非圆齿轮的设计也作了介绍；第 6 篇轴承，除介绍常规的滚动轴承设计与滑动轴承设计外，也简要介绍了较常使用的其他轴承；第 7 篇轴系及部件，介绍轴、联轴器、离合器（液力偶合器）、制动器的设计或选型。每一篇均有简练的主要内容与特色简介，便于读者了解各篇内容。

本手册可供广大机械设计人员查阅，也可供大专院校师生使用参考。

## 图书在版编目（CIP）数据

现代机械设计师手册. 上册/陈定方主编；孔建益等编. —北京：机械工业出版社，2013.10
ISBN 978-7-111-44219-6

Ⅰ.①现…　Ⅱ.①陈…②孔…　Ⅲ.①机械设计-技术手册　Ⅳ.①TH122-62

中国版本图书馆 CIP 数据核字（2013）第 231565 号

机械工业出版社（北京市百万庄大街 22 号　邮政编码 100037）
策划编辑：张秀恩　责任编辑：张秀恩　崔滋恩　杨明远
版式设计：霍永明　责任校对：张晓蓉　刘雅娜　丁丽丽
封面设计：姚　毅　责任印制：乔　宇
北京铭成印刷有限公司印刷
2014 年 3 月第 1 版第 1 次印刷
184mm×260mm · 126 印张 · 5 插页 · 4342 千字
0001—3000 册
标准书号：ISBN 978-7-111-44219-6
定价：298.00 元

# 前　言

设计是机械工业的灵魂。设计的理念、设计的质量和设计的水平直接关系到产品质量、性能和技术经济效益。针对企事业单位工程设计人员的设计查阅和大中专院校师生教学使用需求编写《现代机械设计师手册》，是机械设计领域的一项基本建设。

《现代机械设计师手册》贯彻实用性、先进性和易用性的精神，并遵循基本、常用、关键、发展、准确的原则，把握机械工程技术发展的时代脉搏，吸收创作人员的教学、科研的成果和经验，精选内容，引入机械工程领域新的材料、新的设计理念和设计方法，力求传统设计与现代设计相结合；同时，增加了一些标准件的设计和材料选用的技术规范，力求使该手册贯彻最新的国际或国家技术标准、规范。

《现代机械设计师手册》的内容包含设计方法、公式选择、参数选取、典型结构设计和计算实例、丰富的设计知识和技能。手册中各数据单位一律采用法定计量单位，对尚未采用法定计量单位的标准，一律换算成法定计量单位。手册采用现行技术标准，滚动轴承代号、机械制图的幅面、规格、比例、表面粗糙度符号等均改用新标准。

手册重点为机械设计中常用的内容，工作中一般查阅本手册即可，遇到本手册未涉及的资料可查阅《机械设计手册》。两者互相补充互相配合，形成机械设计工具书的完整体系。

《现代机械设计师手册》共13篇，分上下两册。上册共7篇：第1篇机械设计资料；第2篇机构分析与设计；第3篇连接与弹簧；第4篇带传动、链传动和螺旋传动；第5篇齿轮传动；第6篇轴承；第7篇轴系及部件。下册共6篇：第8篇减速器和无级变速器；第9篇起重运输机械；第10篇液压、气压传动与控制；第11篇机电控制装置及系统；第12篇光机电一体化设计；第13篇现代机械设计方法。每一篇均有简练的主要内容与特色简介，便于读者了解各篇内容。

参加《现代机械设计师手册》编审的人员有来自武汉理工大学、华中科技大学、武汉大学、武汉科技大学、中国地质大学（武汉）、海军工程大学、三峡大学、武汉工程大学、湖北工业大学、河北工业大学、南昌大学、南昌工程学院、武汉纺织大学、长江大学、江汉大学、武汉轻工大学、中国人民武装警察部队学院、湖北汽车工业学院、湖北理工学院、武汉职业技术学院、温州大学、武汉钢铁公司、武汉重型机床集团有限公司、武昌造船厂、中国船舶重工集团公司第719研究所、荆州市陵达机械有限公司、武汉船用重型机械集团、中国人民解放军3303工厂、武汉重冶集团公司和湖北省机电研究设计院的100余位专家学者，凝聚了创作人员多年的设计、教学、科研的成果和经验。编写者中相当一部分人员同时亦是《现代机械设计师手册》的使用者。

衷心感谢著名机械工程专家余俊、徐灏、郭可谦、吴宗泽、谢友柏、闻邦椿、杨叔子、熊有伦、段正澄、崔崑、潘际銮、温诗铸、钟掘、蔡鹤皋、叶声华、任露泉、王立鼎、赵淳生、殷瑞钰、管彤贤、王先逵、张伯鹏、海锦涛、周济、李培根、顾佩华、卢秉恒、严隽琪、冯培恩、刘飞、马伟明、金东寒、郭东明、朱荻、林宗钦、宋天虎、张彦敏、曲贤

明、滕弘飞、邹慧君、李德群、田红旗、雷源忠、王国彪、秦大同、谢里阳、张义民、陈超志等对《现代机械设计师手册》编写者和编写工作的关心、鼓励、指导和帮助。

机械工业出版社、中国机械工程学会、湖北省机械工程学会、湖北省机械设计与传动学会以及编审者所在单位的大力支持是《现代机械设计师手册》创作团队在较短时间内完成编写任务并出版的重要保证。在此，谨表示诚挚的谢意。

因水平所限，手册中难免有不准确的地方，衷心希望广大读者批评指导，使《现代机械设计师手册》在修订时不断改进。

# 目 录

# 第 2 篇　机构分析与设计

# 第3篇　连接与弹簧

## 第4篇　带传动、链传动和螺旋传动

# 第6篇 轴 承

## 第7篇　轴系及部件

# 第1篇 机械设计资料

主　编　李　波

编写人　胡小燕（第1章）

　　　　熊新红（第2章）

　　　　王　琳　朱希夫（第3章）

　　　　刘　宁　文　艺（第4章）

　　　　陈　云　舒　亮　周　敏　刘　坤（第5章）

　　　　李　波、徐晓溪（第6章）

　　　　余　震（第7章）

　　　　梅　杰　罗齐汉　孙　科（第8章）

审稿人　万兴奖　刘振宇

# 本篇主要内容与特色

第 1 篇主要内容是机械设计用基础资料和公式。第 1 章包括计量单位和单位换算关系、常用材料的物理性能数据、几何体的体积、面积及重心、常用力学公式，一般标准和规范。第 2 章包括铸件设计的工艺性和铸件结构要素，锻造和冲压设计的工艺性及结构要素，零部件冷加工设计工艺性与结构要素，螺纹件的设计规范和结构要素，人机工程学有关功能参数。第 3 章包括机械制图中的标准与规范，机械零件形体基本表示法，常用零件的规定画法与表达，装配图的表示方法。第 4 章包括极限与配合、几何公差，表面粗糙度的表达。第 5 章包括黑色金属材料，有色金属材料，非金属材料，其他材料及制品，特别纳入了功能材料与智能材料。第 6 章包括机械零件计算的常规强度理论，机械零件的表面强度和疲劳强度概念，高、低周疲劳，腐蚀疲劳。第 7 章包括摩擦与磨损基础理论，常用润滑剂、润滑方法、润滑装置。第 8 章包括密封的选型、常用密封用材料、密封装置。

本篇具有以下特点：

1) 贯彻和采用最新技术标准和国际新标准，最大限度地充实和更新技术内容，凝练和总结机械设计基础资料的最新成就和结果，尽力吸取国外的先进科学技术，努力反映当代机械设计的最新水平。

2) 汇总了大量的原始数据和设计资料，以及在产品设计时必须采用的技术标准，吸收并总结了国内外机械工程设计领域中的新标准、新材料、新工艺、新结构。

3) 在取材和选材过程中，尽量压缩了对基本原理的介绍，避免了在手册中出现教科书式的叙述方式，采用了手册化、表格化的编写方式，内容选取以常用为原则，未编入应用面相对较窄的内容。本篇具有内容先进、信息量大、取材广、规格较全，实用性强，数据可靠，使用方便等特点。

# 第1章 常用资料、数据和一般标准

## 1 国内标准代号（表1.1-1 和表1.1-2）

**表1.1-1 国家标准代号及含义**

| 标准代号 | 含义 | 标准代号 | 含义 |
|---|---|---|---|
| GB | 强制性国家标准 | GB/Z | 指导性国家标准 |
| GB/T | 推荐性国家标准 | GJB | 国家军用标准 |

**表1.1-2 部分行业标准代号及含义**

| 标准代号 | 含义 | 标准代号 | 含义 |
|---|---|---|---|
| BB | 包装行业标准 | LY | 林业行业标准 |
| CB | 船舶行业标准 | MH | 民用航空行业标准 |
| CH | 测绘行业标准 | MT | 煤炭行业标准 |
| CJ | 城市建设行业标准 | MZ | 民政工业行业标准 |
| DA | 档案工作行业标准 | NY | 农业行业标准 |
| DL | 电力行业标准 | QC | 汽车行业标准 |
| DZ | 地质矿业行业标准 | QJ | 航天工业行业标准 |
| EJ | 核工业行业标准 | SB | 国内贸易行业标准 |
| FZ | 纺织行业标准 | SC | 水产行业标准 |
| GA | 社会公共安全行业标准 | SH | 石油化工行业标准 |
| GY | 广播电影电视行业标准 | SJ | 电子行业标准 |
| HB | 航空工业行业标准 | SL | 水利行业标准 |
| HG | 化工行业标准 | SY | 石油天然气行业标准 |
| HJ | 环境保护行业标准 | TB | 铁道行业标准 |
| HS | 海关行业标准 | WB | 物资行业标准 |
| HY | 海洋行业标准 | WJ | 兵工民品行业标准 |
| JB | 机械行业标准 | WM | 对外经济贸易行业标准 |
| JC | 建材行业标准 | XB | 稀土行业标准 |
| JG | 建筑工业行业标准 | YB | 黑色冶金行业标准 |
| JT | 交通行业标准 | YD | 通信行业标准 |
| JY | 教育行业标准 | YS | 有色冶金行业标准 |
| LD | 劳动和劳动安全行业标准 | YY | 医药行业标准 |

注：1. 在代号后加"/Z"为指导性技术文件，在代号后加"/T"为推荐性标准，在代号后不加符号的为强制性标准，余同。

2. 我国台湾省标准代号是 CNS。

## 2 计量单位和单位换算关系

### 2.1 法定计量单位

1. 法定计量单位意义

法定计量单位是国家以法令的形式规定和使用的计量单位。国务院于1984年2月27日发布了"关于在我国统一实行法定计量单位的命令"，进一步统一了我国的计量制度。它涉及国民经济的各行各业和人民生活的广大领域。特别是在检测工作中，对于每一个量的检测结果，区别和确定其本质、属性及被测量值都离不开计量单位。

我国的法定计量单位是以国际单位制（SI）为基础的，也有国家选定的非国际单位制单位。

量、单位和符号必须使用国家标准 GB 3100～GB 3102—1993 的规定，这是一系列强制性标准。关于溶液浓度的表示，适用 GB/T 20001.4—2001 的规定。

2. 我国法定计量单位的组成

我国的法定计量单位（以下简称法定单位）包括如下内容：

1）国际单位制的基本单位见表1.1-3。

2）国际单位制的辅助单位见表1.1-4。

3）国际单位制中具有专门名称的导出单位见表1.1-5。

4）国家选定的非国际单位制单位见表 1.1-6。

5）由以上单位构成的组合形式的单位。

6）由词头和以上单位构成的十进倍数和分数单位的词头见表 1.1-7。

**表 1.1-3　国际单位制（SI）的基本单位**

| 量的名称 | 单位名称 | 单位符号 |
|---|---|---|
| 长度 | 米 | m |
| 质量 | 千克（公斤） | kg |
| 时间 | 秒 | s |
| 电流 | 安培 | A |
| 热力学温度 | 开［尔文］ | K |
| 物质的量 | 摩［尔］ | mol |
| 发光强度 | 坎［德拉］ | cd |

注：1. 基本量的主单位为基本单位，它是构成单位制中其他单位的基础。

　　2.［　］内的字是在不致混淆的情况下可以省略的字，下同。

　　3.（　）内的字为前者的同义语，下同。

**表 1.1-4　国际单位制（SI）的辅助单位**

| 量的名称 | 单位名称 | 单位符号 |
|---|---|---|
| 平面角 | 弧度 | rad |
| 立体角 | 球面度 | sr |

注：它既可以作为基本单位使用，又可以作为导出单位使用。

**表 1.1-5　国际单位制（SI）中具有专门名称的导出单位**

| 量的名称 | 单位名称 | 单位符号 | 其他表示实例 |
|---|---|---|---|
| 频率 | 赫［兹］ | Hz | $s^{-1}$ |
| 力、重力 | 牛［顿］ | N | $kg \cdot m/s^2$ |
| 压力、压强、应力 | 帕［斯卡］ | Pa | $N/m^2$ |
| 能量、功、热量 | 焦［尔］ | J | $N \cdot m$ |
| 功率、辐［射能］通量 | 瓦［特］ | W | J/s |
| 电荷量 | 库［仑］ | C | $A \cdot s$ |
| 电位、电压、电动势 | 伏［特］ | V | W/A |
| 电容 | 法［拉］ | F | C/V |
| 电阻 | 欧［姆］ | Ω | V/A |
| 电导 | 西［门子］ | S | A/V |
| 磁通量 | 韦［伯］ | Wb | $V \cdot s$ |
| 磁通量密度 磁感应强度 | 特［斯拉］ | T | $Wb/m^2$ |
| 电感 | 享［利］ | H | Wb/A |
| 摄氏温度 | 摄氏度 | ℃ | |
| 光通量 | 流［明］ | lm | $cd \cdot sr$ |
| 光照度 | 勒［克斯］ | lx | $lm/m^2$ |
| 放射性活度 | 贝可［勒尔］ | Bq | $s^{-1}$ |
| 吸收剂量 | 戈［瑞］ | Gy | J/kg |
| 剂量当量 | 希［沃特］ | Sv | J/kg |

注：导出单位是在选定了基本单位后按物理量之间的关系由基本单位用算式导出的单位。

**表 1.1-6　国家选定的非国际单位制单位**

| 量的名称 | 单位名称 | 单位符号 | 换算关系和说明 |
|---|---|---|---|
| 时　间 | 分 [小]时 天（日） | min h d | $1min = 60s$<br>$1h = 60min = 3600s$<br>$1d = 24h = 86400s$ |
| 平面角 | ［角］秒 ［角］分 度 | (″) (′) (°) | $1'' = (\pi/648000) rad$（π 为圆周率）<br>$1' = 60'' = (\pi/10800) rad$<br>$1° = 60' = (\pi/180) rad$ |
| 旋转速度 | 转每分 | r/min | $1r/min = (1/60) s^{-1}$ |
| 长　度 | 海里 | nmile | $1nmile = 1852m$（只用于航程） |
| 速　度 | 节 | kn | $1kn = 1nmile/h$<br>$= (1852/3600) m/s$（只用于航程） |
| 质　量 | 吨 原子质量单位 | t u | $1t = 1000kg$<br>$1u \approx 1.6605655 \times 10^{-27} kg$ |
| 体　积 | 升 | L(l) | $1L = 1dm^3 = 0.001m^3$ |
| 能 | 电子伏 | eV | $1eV \approx 1.6021892 \times 10^{-19} J$ |
| 级　差 | 分贝 | dB | |
| 线密度 | 特［克斯］ | tex | $1tex = 1g/km$ |
| 面积 | 公顷 | $hm^2$ | $1hm^2 = 10000m^2$ |

注：1. 周、月、年（年的符号为 a）为一般常用时间单位。

　　2. 角度单位度、分、秒的符号不处于数字后时，用括弧。

　　3. 升的符号中，小写字母 l 为备用符号。

　　4. 人民生活和贸易中，质量习惯称为重量。

　　5. r 为"转"的符号。

　　6. 公顷的国际符号为 ha。

**表 1.1-7　用于构成十进倍数和分数单位的词头**

| 所表示的因数 | 词头名称 | 词头符号 | 所表示的因数 | 词头名称 | 词头符号 |
|---|---|---|---|---|---|
| $10^{24}$ | 尧[它] | Y | $10^{-1}$ | 分 | d |
| $10^{21}$ | 泽[它] | Z | $10^{-2}$ | 厘 | c |
| $10^{18}$ | 艾[可萨] | E | $10^{-3}$ | 毫 | m |
| $10^{15}$ | 拍[它] | P | $10^{-6}$ | 微 | μ |
| $10^{12}$ | 太[拉] | T | $10^{-9}$ | 纳[诺] | n |
| $10^{9}$ | 吉[咖] | G | $10^{-12}$ | 皮[可] | p |
| $10^{6}$ | 兆 | M | $10^{-15}$ | 飞[母托] | f |
| $10^{3}$ | 千 | k | $10^{-18}$ | 阿[托] | a |
| $10^{2}$ | 百 | h | $10^{-21}$ | 仄[普托] | z |
| $10^{1}$ | 十 | da | $10^{-24}$ | 幺[科托] | y |

注：1. $10^4$ 称为万，$10^8$ 称为亿，$10^{12}$ 称为万亿，这类数词的使用不受词头名称的影响，但不应与词头混淆。

2. 词头不能重叠使用，如毫微米（mμm），应改用纳米（nm）；微微法拉，应改用皮法（pF）。词头也不能单独使用，如 15 微米不能写成 15μ。

3. 倍数、分数单位的词头的选取，一般应使量的数值处于 0.1～1000 之内。例如：$1.2 \times 10^4 N$（牛顿），词头应选用 k（$10^3$）写成 12kN，而不能选用 M（$10^6$）写成 0.012MN。

4. 在一些场合中习惯使用的单位可不受数值限制，如机械制图中长度单位全部用毫米（mm）、导线截面积单位用平方毫米（mm²）、国土面积用平方千米（km²）等。

## 2.2　常用法定计量单位及换算关系（表 1.1-8 ～ 表 1.1-14）

**表 1.1-8　长度单位及其换算**

| 常用法定计量单位及其倍数单位 | | 常用非法定计量单位 | | 换 算 关 系 |
|---|---|---|---|---|
| 名称 | 符号 | 名称 | 符号 | |
| 千米(公里) | km | | KM | 1 千米(公里) = 1KM = 2 市里 = 0.6214 英里 |
| 米 | m | 公尺 | M | 1 米 = 1 公尺 = 3 市尺 = 3.2808 英尺 = 1.0936 码 |
| 分米 | dm | 公寸 | | 1 分米 = 1 公寸 = 0.1 米 = 3 市寸 |
| 厘米 | cm | 公分 | | 1 厘米 = 1 公分 = 0.01 米 = 3 市分 |
| 毫米 | mm | 公厘 | m/m, MM | 1 毫米 = 0.001 米 = 3 市厘 |
| 微米 | μm | 公微 | μ、mμ、μM | 1 微米 = 0.000006 为米 |
| | | 市尺 | | 1 市尺 = 10 市寸 = 0.3333 米 = 1.0936 英尺 |
| | | 市寸 | | 1 市寸 = 10 市分 = 3.3333 厘米 = 1.3123 英寸 |
| | | 市分 | | 1 市分 = 10 市厘 |
| | | 市厘 | | 1 市厘 = 10 市毫 |
| | | 英里 | mile | 1 英里 = 1760 码 = 5280 英尺 = 1.6093 公里 = 3.2187 市里 |
| | | 码 | yd | 1 码 = 3 英尺 = 0.9144 米 = 2.743 市尺 |

**表 1.1-9　面积单位及其换算**

| 常用法定计量单位及其倍数单位 | | 常用非法定计量单位 | | 换 算 关 系 |
|---|---|---|---|---|
| 名称 | 符号 | 名称 | 符号 | |
| 平方千米（平方公里） | km² | | | 1 平方千米(平方公里) = 1000000 平方米 = 100 公顷 = 4 平方市里 = 0.3861 平方英里 |
| 公顷 | ha | | | 1 公顷 = 10000 平方米 = 100 公亩 = 15 市亩 = 2.4711 英亩 |
| | | 公亩 | a | 1 公亩 = 100 平方米 = 0.15 市亩 = 0.0247 英亩 |
| 平方米 | m² | 平米 | | 1 平方米 = 1 平米 = 9 平方市尺 = 10.7639 平方英尺 = 1.1960 平方码 |
| 平方分米 | dm² | | | 1 平方分米 = 0.01 平方米 |
| 平方厘米 | cm² | | | 1 平方厘米 = 0.0001 平方米 |
| | | 市顷 | | 1 市顷 = 100 市亩 = 6.6667 公顷 |

（续）

| 常用法定计量单位及其倍数单位 | | 常用非法定计量单位 | | 换 算 关 系 |
| --- | --- | --- | --- | --- |
| 名称 | 符号 | 名称 | 符号 | |
| | | 市亩 | | 1 市亩 = 10 市分 = 60 平方市丈 = 6.6667 公亩 =<br>0.0667 公顷 = 0.1644 英亩 |
| | | 市分 | | 1 市分 = 6 平方市丈 |
| | | 平方市里 | | 1 平方市里 = 22500 平方市丈 = 0.2500 平方公里 =<br>0.0965 平方英里 |
| | | 平方市丈 | | 1 平方市丈 = 100 平方市尺 |
| | | 平方市尺 | | 1 平方市尺 = 100 平方市寸 = 0.1111 平方米 =<br>1.960 平方英尺 |
| | | 平方英里 | | 1 平方英里 = 640 英亩 = 2.5900 平方公里 = 10.3600 平方市里 |
| | | 英亩 | | 1 英亩 = 4840 平方码 = 40.4686 公亩 =<br>6.0720 市亩 |
| | | 平方码 | | |
| | | 平方英尺 | | 1 平方英尺 = 144 平方英寸 = 0.0929 平方米 =<br>0.8361 平方市尺 |
| | | 平方英寸 | | 1 平方英寸 = 64516 平方厘米 = 0.5806 平方市寸 |
| | | 靶恩 | b | 1 靶恩 = $10^{-28}$ 平方米 |

### 表 1.1-10　体积单位及其换算

| 常用法定计量单位及其倍数单位 | | 常用非法定计量单位 | | 换 算 关 系 |
| --- | --- | --- | --- | --- |
| 名称 | 符号 | 名称 | 符号 | |
| 立方米 | $m^3$ | | | 1 立方米 = 1000 立方分米 = 27 立方市尺 =<br>35.3147 立方英尺 = 1.3080 立方码 |
| 立方分米 | $dm^3$ | | | 1 立方分米 = 0.001 立方米 |
| 立方厘米 | $cm^3$ | | | 1 立方厘米 = 0.000001 立方米 |
| | | 立方市丈 | | 1 立方市丈 = 1000 立方市尺 |
| | | 立方市尺 | | 1 立方市尺 = 1000 立方市寸 = 0.0370 立方米 =<br>1.3078 立方英尺 |
| | | 立方码 | | 1 立方码 = 27 立方英尺 = 0.7646 立方米 =<br>20.6415 立方市尺 |

### 表 1.1-11　容积单位及其换算

| 常用法定计量单位及其倍数单位 | | 常用非法定计量单位 | | 换 算 关 系 |
| --- | --- | --- | --- | --- |
| 名称 | 符号 | 名称 | 符号 | |
| 升 | L(l) | 公升、立升 | | 1 升 = 1 公升 = 1 立升 = 1 市升 = 1.7598 品脱(英) =<br>0.2200 加仑(英) |
| 分升 | dL | | | 1 分升 = 0.1 升 = 1 市合 |
| 厘升 | cL | | | 1 厘升 = 0.01 升 |
| 毫升 | mL | 西西 | c.c、cc | 1 毫升 = 1 西西 = 0.001 升 |
| | | 市石 | | 1 市石 = 10 市斗 = 100 升 = 2.7498 蒲式耳(英) |
| | | 市斗 | | 1 市斗 = 10 市升 = 10 升 |
| | | 市升 | | 1 市升 = 10 市合 = 1 升 = 1.7598 品脱(英) = 0.2200 加仑(英) |
| | | 市合 | | 1 市合 = 10 市勺 = 1 分升 |
| | | 市勺 | | 1 市勺 = 10 市撮 = 1 厘升 |
| | | 市撮 | | 1 市撮 = 1 毫升 |
| | | | | 1 蒲式耳 = 4 配克 = 3.6369 市壮斗(英) |
| | | 配克 | | 1 配克 = 2 加仑 = 9.0922 升 |
| | | 加仑 | | 1 加仑(英) = 4 夸脱 = 4.5461 升 = 4.5461 市升 |
| | | 夸脱 | qt | 1 夸脱 = 2 品脱 = 1.1365 升 |
| | | 品脱 | pt | 1 品脱 = 4 及耳 = 5.6826 分升 = 5.6826 市合 |
| | | 及耳 | gi | 1 及耳 = 1.4207 分升 |
| | | 英液盎司 | floz | 1 英液盎司 = 2.841 厘升 |
| | | 英液打兰 | fldr | 1 英液打兰 = 3.552 毫升 |

### 表 1.1-12　质量单位及其换算

| 常用法定计量单位及其倍数单位 | | 常用非法定计量单位 | | 换 算 关 系 |
|---|---|---|---|---|
| 名称 | 符号 | 名称 | 符号 | |
| 吨 | t | 公吨 | T | 1 吨 = 1 公吨 = 1000 千克 = 0.9842 英吨 = 1.1023 美吨 |
| | | 公担 | q | 1 公担 = 100 千克 = 2 市担 |
| 千克(公斤) | kg | | | 1 千克 = 2 市斤 = 2.2046 磅(常衡) |
| 克 | g | 公分 | gm | 1 克 = 1 公分 = 0.001 千克 = 2 市分 = 15.4324 格令 |
| 分克 | dg | | | 1 分克 = 0.0001 千克 = 2 市厘 |
| 厘克 | cg | | | 1 厘克 = 0.00001 千克 |
| 毫克 | mg | | | 1 毫克 = 0.000001 千克 |
| | | 公两 | | 1 公两 = 100 克 |
| | | 公钱 | | 1 公钱 = 10 克 |
| | | 市担 | | 1 市担 = 100 市斤 = 0.5000 公担 |
| | | 市斤 | | 1 市斤 = 10 市两 = 0.5000 千克 = 1.1023 磅(常衡) |
| | | 市两 | | 1 市两 = 10 市钱 = 50 克 = 1.7637 盎司(常衡) |
| | | 市钱 | | 1 市钱 = 10 市分 = 5 克 |
| | | 市分 | | 1 市分 = 10 市厘 |
| | | 市厘 | | 1 市厘 = 10 市毫 |
| | | 市毫 | | 1 市毫 = 10 市丝 |
| | | 英吨(长吨) | ton | 1 英吨(长吨) = 2240 磅 = 1016 千克 = 2032.0941 市斤 |
| | | 美吨(短吨) | sh ton | 1 美吨(短吨) = 2000 磅 = 907.1849 千克 = 1814.3698 市斤 |
| | | 磅 | lb | 1 磅 = 16 盎司 = 0.4536 千克 = 0.9072 市斤 |
| | | 盎司 | oz | 1 盎司 = 16 打兰 = 28,3495 克 = 0.5670 市两 |
| | | 打兰 | dr | 1 打兰 = 27.34357 格令 = 1.7718 克 |
| | | 格令 | gr | 1 格令 = 1/7000 磅 = 0.0648 克 |

### 表 1.1-13　时间单位及其换算

| 常用法定计量单位 | | 常用非法定计量单位 | | 换 算 关 系 |
|---|---|---|---|---|
| 名称 | 符号 | 名称 | 符号 | |
| 年 | a | | Y、yr、rh | 1Y = 1yr = 1rh |
| 日(天) | d | | | |
| [小]时 | h | | hr | 1hr = 1 小时 |
| 分 | min | | (′) | 1′ = 1 分 |
| 秒 | s | | S、sec(″) | 1″ = 1S = 1sce = 1 秒 |

### 表 1.1-14　其他单位及其换算

| | 常用法定计量单位及其倍数单位 | | 常用非法定计量单位 | | 换 算 关 系 |
|---|---|---|---|---|---|
| | 名称 | 符号 | 名称 | 符号 | |
| 频率 | 赫兹 | Hz | 周 | C | 1 赫兹 = 1 周 |
| | 兆赫 | MHz | 兆周 | MC | 1 兆赫 = 1 兆周 |
| | 千赫 | kHz | 千周 | KC、kc | 1 千赫 = 1 千周 |
| 温度 | 开[尔文] | K | 开氏度 | °K | 1 开 = 1 开氏度 |
| | | | 绝对度 | °K | 1 开 = 1 绝对度 |
| | 摄氏度 | ℃ | 度 | deg | |
| | | | 华氏度 | °F | 1 华氏度 = 0.555556 开 |
| | | | 兰氏度 | °R | 1 兰氏度 = 1.25 摄氏度 |
| 力、重力 | 牛[顿] | N | 千克力(公斤力) | kgf | 1kgf = 9.80665N |
| | | | 达因 | dyn | 1 达因 = $10^{-5}$ 牛 |
| 压力、压强、应力 | 帕[斯卡] | Pa | 巴 | bar、b | 1 巴 = $10^5$ 帕 |

（续）

| 常用法定计量单位及其倍数单位 | | 常用非法定计量单位 | | 换 算 关 系 |
| 名称 | 符号 | 名称 | 符号 | |
|---|---|---|---|---|
| | | 毫巴 | mbar | 1 毫巴 = $10^2$ 帕 |
| | | 托 | Torr | 1 托 = 133.329 帕 |
| | | 标准大气压 | atm | 1 标准大气压 = 101.325 千帕 |
| | | 工程大气压 | at | 1 工程大气压 = 98.0665 千帕 |
| | | 毫米汞柱 | mmHg | 1 毫米汞柱 = 133.322 帕 |
| 线密度 | 特[克斯] | tex | 旦[尼尔] | denier | 1 旦 = 0.111112 特 |
| 功、能、热 | 焦[耳] | J | 尔格 | erg | 1 尔格 = $10^{-7}$ 焦 |
| 功 率 | 瓦[特] | W | 马力 | | 1 马力 = 735 瓦 |
| 磁感应强度（磁通密度） | 特[斯拉] | T | 高斯 | Gs | 1 高斯 = $10^{-4}$ 特 |
| 磁场强度 | 安[培]每米 | A/m | 奥斯特 | Oe | 1 奥斯特 = 1000/4π 安/米 |
| | | | 楞次 | | 1 楞次 = 1 安/米 |
| 物质的量 | 摩[尔] | mol | 克原子、克分子 | | |
| 发光强度 | 坎[德拉] | cd | 烛光、支光 | | |
| 光照度 | 勒[克斯] | lx | 辐透 | ph | 1 辐透 = $10^4$ 勒 |
| 光亮度 | 坎[德拉]每平方米 | cd/m² | 熙提 | sb | 1 熙提 = $10^4$ 坎/米² |
| 放射性活度 | 贝可[勒尔] | Bq | 居里 | Ci | 1 居里 = $3.7 \times 10^{10}$ 贝可 |
| 吸收剂量 | 弋[瑞] | Gy | 拉德 | rad | 1 拉德 = $10^{-2}$ 戈 |
| 照射量 | 希[沃特] | Sv | 雷姆 | rem | 1 雷姆 = $10^{-2}$ 希 |
| | 库[仑]每千克 | C/kg | 伦琴 | R | 1 伦琴 = $2.58 \times 10^{-4}$ 库/千克 |

## 3　常用数据

### 3.1　常用材料的弹性模量及泊松比（表 1.1-15）

表 1.1-15　常用材料的弹性模量及泊松比

| 名称 | 弹性模量 $E$/GPa | 切变模量 $G$/GPa | 泊松比 $\mu$ |
|---|---|---|---|
| 镍铬钢 | 206 | 79.38 | 0.25 ~ 0.30 |
| 合金钢 | 206 | 79.38 | 0.25 ~ 0.30 |
| 碳素钢 | 196 ~ 206 | 79 | 0.24 ~ 0.28 |
| 铸钢 | 172 ~ 202 | 70 ~ 84 | 0.3 |
| 球墨铸铁 | 140 ~ 154 | 73 ~ 76 | 0.23 ~ 0.27 |
| 灰铸铁 | 113 ~ 157 | 44 | 0.23 ~ 0.27 |
| 白口铸铁 | 113 ~ 157 | 44 | 0.23 ~ 0.27 |
| 冷拔纯铜 | 127 | 48 | — |
| 轧制磷青铜 | 113 | 41 | 0.32 ~ 0.35 |
| 轧制纯铜 | 108 | 39 | 0.31 ~ 0.34 |
| 轧制锰青铜 | 108 | 39 | 0.35 |
| 铸铝青铜 | 103 | 41 | — |
| 冷拔黄铜 | 89 ~ 97 | 34 ~ 36 | 0.32 ~ 0.42 |
| 轧制锌 | 82 | 31 | 0.27 |
| 硬铝合金 | 70 | 26 | — |
| 轧制铝 | 68 | 25 ~ 26 | 0.32 ~ 0.36 |
| 铅 | 17 | 7 | 0.42 |
| 玻璃 | 55 | 22 | 0.25 |
| 混凝土 | 14 ~ 23 | 4.9 ~ 15.7 | 0.1 ~ 0.18 |
| 纵纹木材 | 9.8 ~ 12 | 0.5 | — |
| 横纹木材 | 0.5 ~ 0.98 | 0.44 ~ 0.64 | — |

（续）

| 名称 | 弹性模量 $E$/GPa | 切变模量 $G$/GPa | 泊松比 $\mu$ |
|---|---|---|---|
| 橡胶 | 0.00784 | — | 0.47 |
| 电木 | 1.96~2.94 | 0.69~2.06 | 0.35~0.38 |
| 尼龙 | 28.3 | 10.1 | 0.4 |
| 可锻铸铁 | 152 | — | — |
| 拔制铝线 | 69 | — | — |
| 大理石 | 55 | — | — |
| 花岗石 | 48 | — | — |
| 石灰石 | 41 | — | — |
| 尼龙 1010 | 1.07 | — | — |
| 夹布酚醛塑料 | 4~8.8 | — | — |
| 石棉酚醛塑料 | 1.3 | — | — |
| 高压聚乙烯 | 0.15~0.25 | — | — |
| 低压聚乙烯 | 0.49~0.78 | — | — |
| 聚丙烯 | 1.32~1.42 | — | — |
| 硬聚氟乙烯 | 3.14~3.92 | — | 0.34~0.35 |
| 聚四氟乙烯 | 1.14~1.42 | — | — |

## 3.2　部分金属材料的熔点、热导率及比热容（表 1.1-16）

**表 1.1-16　部分金属材料的熔点、热导率及比热容**

| 名称 | 熔点/℃ | 热导率/[W/(m² · K)] | 比热容/[J/(kg · K)] |
|---|---|---|---|
| 灰铸铁 | 1200 | 46.4~92.8 | 544.3 |
| 铸钢 | 1425 | — | 489.9 |
| 低碳钢 | 1400~1500 | 46.4 | 502.4 |
| 黄铜 | 950 | 92.8 | 393.6 |
| 青铜 | 995 | 63.8 | 385.2 |
| 铝 | 658 | 203 | 904.3 |
| 铅 | 327 | 34.8 | 129.8 |
| 锡 | 232 | 62.6 | 234.5 |
| 锌 | 419 | 110 | 393.6 |
| 镍 | 1452 | 59.2 | 452.2 |

注：表中的热导率指 0~100℃ 的范围内的数值。

## 3.3　常用材料的密度（表 1.1-17）和线胀系数（表 1.1-18）

**表 1.1-17　常用材料的密度**

| 材料名称 | 密度/(g/cm³) | 材料名称 | 密度/(g/cm³) |
|---|---|---|---|
| 碳素钢 | 7.8~7.85 | 锡 | 7.29 |
| 合金钢 | 7.9 | 镁合金 | 1.74 |
| 球墨铸铁 | 7.3 | 硅钢片 | 7.55~7.8 |
| 灰铸铁 | 7.0 | 锡基轴承合金 | 7.34~7.75 |
| 纯铜 | 8.9 | 铅基轴承合金 | 9.33~10.67 |
| 黄铜 | 8.4~8.85 | 胶木板、纤维板 | 1.3~1.4 |
| 锡青铜 | 8.7~8.9 | 玻璃 | 2.4~2.6 |
| 无锡青铜 | 7.5~8.2 | 有机玻璃 | 1.18~1.19 |
| 碾压磷青铜 | 8.8 | 矿物油 | 0.92 |
| 冷拉青铜 | 8.8 | 橡胶石棉板 | 1.5~2.0 |
| 工业用铝 | 2.7 | 无填料的电木 | 1.2 |
| 铅 | 11.37 | 赛璐珞 | 1.4 |

（续）

| 材料名称 | 密度/(g/cm³) | 材料名称 | 密度/(g/cm³) |
|---|---|---|---|
| 酚醛层压板 | 1.3 ~ 1.45 | 横纤维木材 | 0.7 ~ 0.9 |
| 尼龙6 | 1.4 ~ 1.14 | 石灰石、花岗石 | 2.4 ~ 2.6 |
| 尼龙66 | 1.14 ~ 1.15 | 砌砖 | 1.9 ~ 2.3 |
| 尼龙1010 | 1.04 ~ 1.06 | 混凝土 | 1.8 ~ 2.45 |
| 纵纤维木材 | 0.7 ~ 0.9 | | |

表 1.1-18 常用材料的线胀系数 （单位：$10^{-6}$℃$^{-1}$）

| 材料名称 | 温度范围/℃ | | | | | | |
|---|---|---|---|---|---|---|---|
| | ≤20 | 20 ~ 100 | >100 ~ 200 | >200 ~ 300 | >300 ~ 400 | >400 ~ 600 | >600 ~ 700 |
| 工程用铜 | — | (16.6 ~ 17.1) | (17.1 ~ 17.2) | 17.6 | (18 ~ 18.1) | 18.6 | — |
| 纯铜 | — | 17.2 | 1.5 | 17.9 | | | |
| 黄铜 | — | 17.8 | 16.8 | 20.9 | | | |
| 锡青铜 | — | 17.6 | 17.9 | 18.2 | | | |
| 铝青铜 | — | 17.6 | 17.9 | 19.2 | | | |
| 碳素钢 | — | (10.6 ~ 12.2) | (11.3 ~ 13) | (12.1 ~ 13.5) | (12.9 ~ 13.9) | (13.5 ~ 14.3) | (14.7 ~ 15) |
| 铬钢 | | 11.2 | 11.8 | 12.4 | 13 | 13.6 | |
| 铸铁 | | (8.7 ~ 11.1) | (8.5 ~ 11.6) | (10.1 ~ 12.2) | (11.5 ~ 12.7) | (12.9 ~ 13.2) | |
| 镍铬合金 | — | 14.5 | | | | | |
| 砖 | 9.5 | | | | | | |
| 水泥、混凝土 | 10 ~ 14 | — | | | | | |
| 胶木、硬橡皮 | 64 ~ 77 | — | | | | | |
| 玻璃 | — | (4 ~ 11.5) | | | | | |
| 赛璐珞 | | 100 | | | | | |
| 有机玻璃 | | 130 | | | | | |
| 铸铝合金 | 18.44 ~ 24.5 | | | | | | |
| 铝合金 | — | 22.0 ~ 24.0 | 23.4 ~ 24.8 | 24.0 ~ 25.9 | | | |

## 3.4 常用材料极限强度的近似关系（表1.1-19）

表 1.1-19 常用材料极限强度的近似关系

| 材料名 | 拉压疲劳极限 | 弯曲疲劳极限 | 扭转疲劳极限 | 拉压脉动疲劳极限 | 弯曲脉动疲劳极限 | 扭转脉动疲劳极限 |
|---|---|---|---|---|---|---|
| 结构钢 | $\approx 0.3R_m$ | $\approx 0.43R_m$ | $\approx 0.25R_m$ | $\approx 1.42\sigma_{-1}$ | $\approx 1.33\sigma_{-1}$ | $\approx 1.5\tau_{-1}$ |
| 铸铁 | $\approx 0.225R_m$ | $\approx 0.45R_m$ | $\approx 0.36R_m$ | $\approx 1.42\sigma_{-1}$ | $\approx 1.35\sigma_{-1}$ | $\approx 1.35\tau_{-1}$ |
| 铝合金 | $\approx R_m/6 + 73.5\text{MPa}$ | $\approx R_m/6 + 73.5\text{MPa}$ | $\approx (0.55 \sim 0.58)\sigma_{-1}$ | $\approx 1.5\sigma_{-1}$ | | |

## 3.5 各种硬度值对照表（表1.1-20）

表 1.1-20 各种硬度值对照表

| 抗拉强度 $R_m$ /(N/mm²) | 维氏硬度 HV | 布氏硬度 HBW | 洛氏硬度 HRC | 抗拉强度 $R_m$ /(N/mm²) | 维氏硬度 HV | 布氏硬度 HBW | 洛氏硬度 HRC |
|---|---|---|---|---|---|---|---|
| 250 | 80 | 76 | — | 370 | 115 | 109 | — |
| 270 | 85 | 80.7 | — | 380 | 120 | 114 | — |
| 285 | 90 | 85.2 | — | 400 | 125 | 119 | — |
| 305 | 95 | 90.2 | — | 415 | 130 | 124 | — |
| 320 | 100 | 95 | — | 430 | 135 | 128 | — |
| 335 | 105 | 99.8 | — | 450 | 140 | 133 | — |
| 350 | 110 | 105 | — | 465 | 145 | 138 | — |

（续）

| 抗拉强度 $R_m$ /(N/mm²) | 维氏硬度 HV | 布氏硬度 HBW | 洛氏硬度 HRC | 抗拉强度 $R_m$ /(N/mm²) | 维氏硬度 HV | 布氏硬度 HBW | 洛氏硬度 HRC |
|---|---|---|---|---|---|---|---|
| 480 | 150 | 143 | — | 1350 | 420 | 399 | 42.7 |
| 490 | 155 | 147 | — | 1385 | 430 | 409 | 43.6 |
| 510 | 160 | 152 | — | 1420 | 440 | 418 | 44.5 |
| 530 | 165 | 156 | — | 1455 | 450 | 428 | 45.3 |
| 545 | 170 | 162 | — | 1485 | 460 | 437 | 46.1 |
| 560 | 175 | 166 | — | 1520 | 470 | 447 | 46.9 |
| 575 | 180 | 171 | — | 1555 | 480 | (456) | 47.7 |
| 595 | 185 | 176 | — | 1595 | 490 | (466) | 48.4 |
| 610 | 190 | 181 | — | 1630 | 500 | (475) | 49.1 |
| 625 | 195 | 185 | — | 1665 | 510 | (485) | 49.8 |
| 640 | 200 | 190 | — | 1700 | 520 | (494) | 50.5 |
| 660 | 205 | 195 | — | 1740 | 530 | (504) | 51.1 |
| 675 | 210 | 199 | — | 1775 | 540 | (513) | 51.7 |
| 690 | 215 | 204 | — | 1810 | 550 | (523) | 52.3 |
| 705 | 220 | 209 | — | 1845 | 560 | (532) | 53.0 |
| 720 | 225 | 214 | — | 1880 | 570 | (542) | 53.6 |
| 740 | 230 | 219 | — | 1920 | 580 | (551) | 54.1 |
| 755 | 235 | 223 | — | 1955 | 590 | (561) | 54.7 |
| 770 | 240 | 228 | 20.3 | 1995 | 600 | (570) | 55.2 |
| 785 | 245 | 233 | 21.3 | 2030 | 610 | (580) | 55.7 |
| 800 | 250 | 238 | 22.2 | 2070 | 620 | (589) | 56.3 |
| 820 | 255 | 242 | 23.1 | 2105 | 630 | (599) | 56.8 |
| 835 | 260 | 247 | 24 | 2145 | 640 | (608) | 57.3 |
| 850 | 265 | 252 | 24.8 | 2180 | 650 | (618) | 57.8 |
| 865 | 270 | 257 | 25.6 | — | 660 | — | 58.3 |
| 880 | 275 | 261 | 26.4 | — | 670 | — | 58.8 |
| 900 | 280 | 266 | 27.1 | — | 680 | — | 59.2 |
| 915 | 285 | 271 | 27.8 | — | 690 | — | 59.7 |
| 930 | 290 | 276 | 28.5 | — | 700 | — | 60.1 |
| 950 | 295 | 280 | 29.2 | — | 720 | — | 61.0 |
| 965 | 300 | 285 | 29.8 | — | 740 | — | 61.8 |
| 995 | 310 | 295 | 31 | — | 760 | — | 62.5 |
| 1030 | 320 | 304 | 32.2 | — | 780 | — | 63.3 |
| 1060 | 330 | 314 | 33.3 | — | 800 | — | 64.0 |
| 1095 | 340 | 323 | 34.4 | — | 820 | — | 64.7 |
| 1125 | 350 | 333 | 35.5 | — | 840 | — | 65.3 |
| 1115 | 360 | 342 | 36.6 | — | 860 | — | 65.9 |
| 1190 | 370 | 352 | 37.7 | — | 880 | — | 66.4 |
| 1220 | 380 | 361 | 38.8 | — | 900 | — | 67.0 |
| 1255 | 390 | 371 | 39.8 | — | 920 | — | 67.5 |
| 1290 | 400 | 380 | 40.8 | — | 940 | — | 68.0 |
| 1320 | 410 | 390 | 41.8 | | | | |

## 3.6　常用材料和物体的摩擦因数（表 1.1-21）

表 1.1-21　常用材料和物体的摩擦因数

| 摩擦副材料 | 静摩擦因数 | | 动摩擦因数 | |
|---|---|---|---|---|
| | 无润滑 | 有润滑 | 无润滑 | 有润滑 |
| 钢-钢 | 0.15 | 0.1 ~ 0.12 | 0.15 | 0.05 ~ 0.1 |
| 钢-软钢 | — | — | 0.2 | 0.1 ~ 0.2 |

（续）

| 摩擦副材料 | 静摩擦因数 | | 动摩擦因数 | |
|---|---|---|---|---|
| | 无润滑 | 有润滑 | 无润滑 | 有润滑 |
| 钢-铸铁 | 0.3 | — | 0.18 | 0.05 ~ 0.15 |
| 钢-青铜 | 0.15 | 0.1 ~ 0.15 | 0.15 | 0.1 ~ 0.15 |
| 软钢-铸铁 | 0.2 | — | 0.18 | 0.05 ~ 0.15 |
| 软钢-青铜 | 0.2 | — | 0.18 | 0.07 ~ 0.15 |
| 铸铁-铸铁 | — | 0.18 | 0.15 | 0.07 ~ 0.12 |
| 铸铁-青铜 | — | — | 0.15 ~ 0.2 | 0.07 ~ 0.15 |
| 青铜-青铜 | — | 0.1 | 0.2 | 0.07 ~ 0.1 |
| 皮革-铸铁 | 0.3 ~ 0.5 | 0.15 | 0.6 | 0.15 |
| 橡皮-铸铁 | — | — | 0.8 | 0.5 |
| 木材-木材 | 0.4 ~ 0.6 | 0.1 | 0.2 ~ 0.5 | 0.07 ~ 0.15 |

## 3.7　常用材料的滚动摩擦系数（表 1.1-22）

**表 1.1-22　常用材料的滚动摩擦系数**

| 摩擦副材料 | 滚动摩擦系数/mm | 摩擦副材料 | 滚动摩擦系数/mm |
|---|---|---|---|
| 铸铁-铸铁 | 0.5 | 软钢-钢 | 0.5 |
| 钢制车轮-钢轨 | 0.05 | 有滚动轴承的料车-钢轨 | 0.09 |
| 木-钢 | 0.3 ~ 0.4 | 无滚动轴承的料车-钢 | 0.21 |
| 木-木 | 0.5 ~ 0.8 | 钢制车轮-木面 | 1.5 ~ 2.5 |
| 软木-软木 | 1.5 | 轮胎-路面 | 2 ~ 10 |
| 淬火钢珠-钢 | 0.01 | | |

## 3.8　机械传动和轴承的效率（表 1.1-23）

**表 1.1-23　机械传动效率表**

| 序号 | 传动类别 | 传动型式 | 传动效率 |
|---|---|---|---|
| 1 | 圆柱齿轮传动 | 很好磨合的 6 级精度和 7 级精度齿轮传动（稀油润滑） | 0.98 ~ 0.99 |
| 2 | 圆柱齿轮传动 | 8 级精度的一般齿轮传动（稀油润滑） | 0.97 |
| 3 | 圆柱齿轮传动 | 9 级精度的齿轮传动（稀油润滑） | 0.96 |
| 4 | 圆柱齿轮传动 | 加工齿的开式齿轮传动（干油润滑） | 0.94 ~ 0.96 |
| 5 | 圆柱齿轮传动 | 铸造齿的开式齿轮传动 | 0.90 ~ 0.93 |
| 6 | 锥齿轮传动 | 很好磨合的 6 级精度和 7 级精度齿轮传动（稀油润滑） | 0.97 ~ 0.98 |
| 7 | 锥齿轮传动 | 8 级精度的一般齿轮传动（稀油润滑） | 0.94 ~ 0.97 |
| 8 | 锥齿轮传动 | 加工齿的开式齿轮传动（干油润滑） | 0.92 ~ 0.95 |
| 9 | 锥齿轮传动 | 铸造齿的开式齿轮传动 | 0.88 ~ 0.92 |
| 10 | 蜗杆传动 | 自锁蜗杆 | 0.4 ~ 0.45 |
| 11 | 蜗杆传动 | 单头蜗杆 | 0.7 ~ 0.75 |
| 12 | 蜗杆传动 | 双头蜗杆 | 0.75 ~ 0.82 |
| 13 | 蜗杆传动 | 三头和四头蜗杆 | 0.8 ~ 0.92 |
| 14 | 蜗杆传动 | 圆弧面蜗杆传动 | 0.85 ~ 0.95 |
| 15 | 带传动 | 平带无压紧轮的开式传动 | 0.98 |
| 16 | 带传动 | 平带有压紧轮的开式传动 | 0.97 |
| 17 | 带传动 | 平带交叉传动 | 0.9 |
| 18 | 带传动 | V 带传动 | 0.96 |
| 19 | 链传动 | 焊接链 | 0.93 |
| 20 | 链传动 | 片式关节链 | 0.95 |
| 21 | 链传动 | 滚子链 | 0.96 |
| 22 | 链传动 | 无声链 | 0.97 |

（续）

| 序号 | 传动类别 | 传动型式 | 传动效率 |
|------|----------|----------|----------|
| 23 | 丝杠传动 | 滑动丝杠 | 0.3 ~ 0.6 |
| 24 | 丝杠传动 | 滚动丝杠 | 0.85 ~ 0.95 |
| 25 | 绞车卷筒 | — | 0.94 ~ 0.97 |
| 26 | 滑动轴承 | 润滑不良 | 0.94 |
| 27 | 滑动轴承 | 润滑正常 | 0.97 |
| 28 | 滑动轴承 | 润滑特好（压力润滑） | 0.98 |
| 29 | 滑动轴承 | 液体摩擦 | 0.99 |
| 30 | 滚动轴承 | 球轴承（稀油润滑） | 0.99 |
| 31 | 滚动轴承 | 滚子轴承（稀油润滑） | 0.98 |
| 32 | 摩擦传动 | 平摩擦传动 | 0.85 ~ 0.92 |
| 33 | 摩擦传动 | 槽摩擦传动 | 0.88 ~ 0.90 |
| 34 | 摩擦传动 | 卷绳轮 | 0.95 |
| 35 | 联轴器 | 浮动联轴器 | 0.97 ~ 0.99 |
| 36 | 联轴器 | 齿轮联轴器 | 0.99 |
| 37 | 联轴器 | 弹性联轴器 | 0.99 ~ 0.995 |
| 38 | 联轴器 | 万向联轴器（$\alpha \leqslant 3°$） | 0.97 ~ 0.98 |
| 39 | 联轴器 | 万向联轴器（$\alpha > 3°$） | 0.95 ~ 0.97 |
| 40 | 联轴器 | 梅花接轴 | 0.97 ~ 0.98 |
| 41 | 联轴器 | 液力联轴器（在设计点） | 0.95 ~ 0.98 |
| 42 | 复滑轮组 | 滑动轴承 | 0.98 ~ 0.90 |
| 43 | 复滑轮组 | 滚动轴承 | 0.99 ~ 0.95 |
| 44 | 减（变）速器 | 单级圆柱齿轮减速器 | 0.97 ~ 0.98 |
| 45 | 减（变）速器 | 双级圆柱齿轮减速器 | 0.95 ~ 0.96 |
| 46 | 减（变）速器 | 单级行星圆柱齿轮减速器 | 0.95 ~ 0.96 |
| 47 | 减（变）速器 | 单级行星摆线针轮减速器 | 0.90 ~ 0.97 |
| 48 | 减（变）速器 | 单级锥齿轮减速器 | 0.95 ~ 0.96 |
| 49 | 减（变）速器 | 双级圆锥-圆柱齿轮减速器 | 0.94 ~ 0.95 |
| 50 | 减（变）速器 | 无级变速器 | 0.92 ~ 0.95 |
| 51 | 减（变）速器 | 轧机人字齿轮座（滑动轴承） | 0.93 ~ 0.95 |
| 52 | 减（变）速器 | 轧机人字齿轮座（滚动轴承） | 0.94 ~ 0.96 |
| 53 | 减（变）速器 | 轧机主减速器（包括主联轴器和电机联轴器） | 0.93 ~ 0.96 |

# 4　常用几何体的体积、面积及重心位置（表 1.1-24）

表 1.1-24　常用几何体的体积、面积及重心位置

| 图　形 | 体积 $V$、底面积 $A$、侧面积 $A_0$、全面积 $A_n$、重心位置 $G$ 的计算公式 | 图　形 | 体积 $V$、底面积 $A$、侧面积 $A_0$、全面积 $A_n$、重心位置 $G$ 的计算公式 |
|--------|-----------------------------------------------------------------------------|--------|-----------------------------------------------------------------------------|
| 正方体 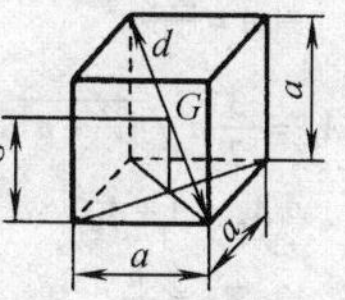 | $V = a^3$ <br> $A = a^2$ <br> $A_0 = 4a^2$ <br> $A_n = 6a^2$ <br> $d = \sqrt{3}\,a$ <br> （$d$ 为对角线） <br> $Z_G = \dfrac{a}{2}$ | 长方体 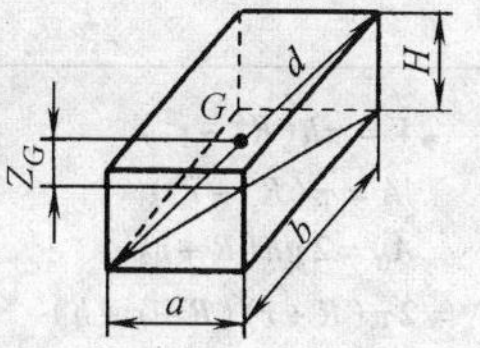 | $V = abh$ <br> $A = ab$ <br> $A_0 = 2h(a+b)$ <br> $A_n = 2(ab + ah + bh)$ <br> $d = \sqrt{a^2 + b^2 + h^2}$ <br> （$d$ 为对角线） <br> $Z_G = \dfrac{h}{2}$ |

（续）

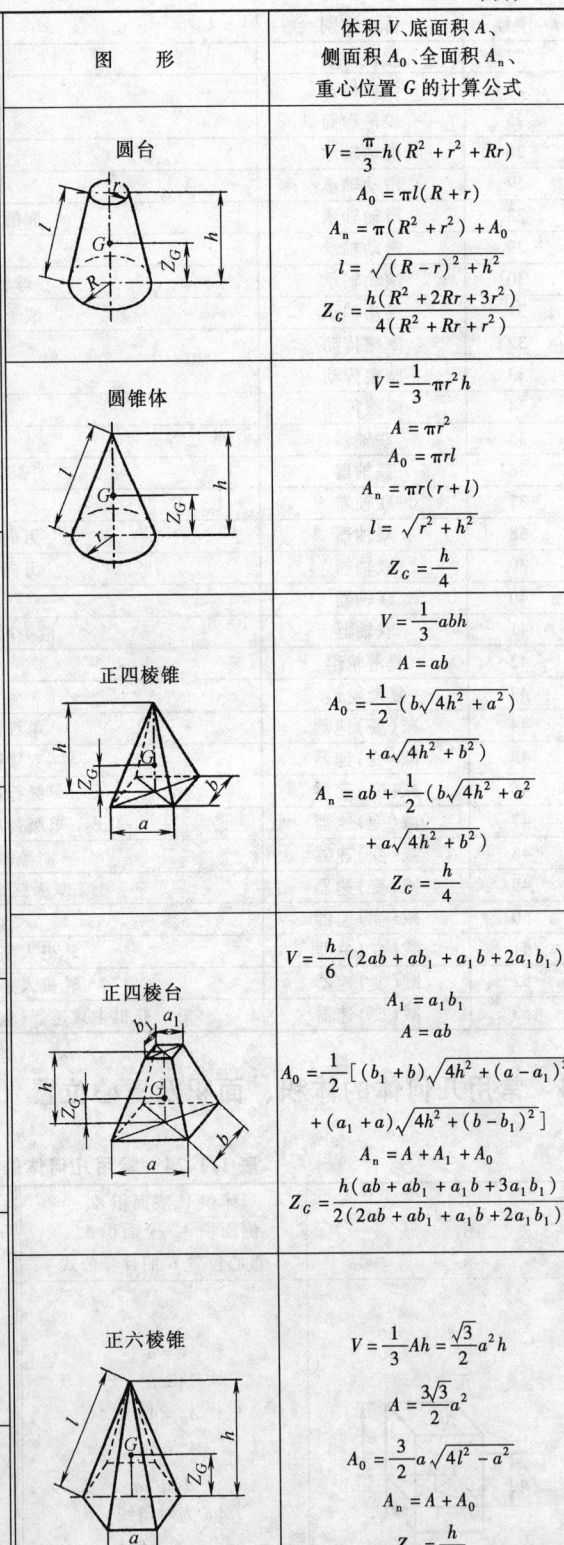

| 图　形 | 体积 $V$、底面积 $A$、侧面积 $A_0$、全面积 $A_n$、重心位置 $G$ 的计算公式 | 图　形 | 体积 $V$、底面积 $A$、侧面积 $A_0$、全面积 $A_n$、重心位置 $G$ 的计算公式 |
|---|---|---|---|
| 球体 | $V = \dfrac{4}{3}\pi r^3$ <br> $A_n = 4\pi r^2$ <br> 重心 $G$ 与球心重合 | 圆台 | $V = \dfrac{\pi}{3} h(R^2 + r^2 + Rr)$ <br> $A_0 = \pi l(R + r)$ <br> $A_n = \pi(R^2 + r^2) + A_0$ <br> $l = \sqrt{(R-r)^2 + h^2}$ <br> $Z_G = \dfrac{h(R^2 + 2Rr + 3r^2)}{4(R^2 + Rr + r^2)}$ |
| 半球体 | $V = \dfrac{2}{3}\pi r^3$ <br> $A = \pi r^2$ <br> $A_0 = 2\pi r^2$ <br> $A_n = 3\pi r^2$ <br> $Z_G = \dfrac{3}{8} r$ | 圆锥体 | $V = \dfrac{1}{3}\pi r^2 h$ <br> $A = \pi r^2$ <br> $A_0 = \pi r l$ <br> $A_n = \pi r(r + l)$ <br> $l = \sqrt{r^2 + h^2}$ <br> $Z_G = \dfrac{h}{4}$ |
| 球缺体 | $V = \dfrac{\pi}{6} h(3a^2 + h^2)$ <br> $= \dfrac{\pi}{3} h^2(3r - h)$ <br> $A = \pi a^2$ <br> $A_0 = 2\pi rh = \pi(a^2 + h^2)$ <br> $A_n = \pi(2rh + a^2) = \pi(h^2 + 2a^2)$ <br> $Z_G = \dfrac{h(4r - h)}{4(3r - h)}$ | 正四棱锥 | $V = \dfrac{1}{3} abh$ <br> $A = ab$ <br> $A_0 = \dfrac{1}{2}\left(b\sqrt{4h^2 + a^2}\right.$ <br> $\left. + a\sqrt{4h^2 + b^2}\right)$ <br> $A_n = ab + \dfrac{1}{2}\left(b\sqrt{4h^2 + a^2}\right.$ <br> $\left. + a\sqrt{4h^2 + b^2}\right)$ <br> $Z_G = \dfrac{h}{4}$ |
| 椭球体 | $V = \dfrac{4}{3}\pi abc$ <br> 重心 $G$ 在椭球中心 | 正四棱台 | $V = \dfrac{h}{6}(2ab + ab_1 + a_1 b + 2a_1 b_1)$ <br> $A_1 = a_1 b_1$ <br> $A = ab$ <br> $A_0 = \dfrac{1}{2}\left[(b_1 + b)\sqrt{4h^2 + (a - a_1)^2}\right.$ <br> $\left. + (a_1 + a)\sqrt{4h^2 + (b - b_1)^2}\right]$ <br> $A_n = A + A_1 + A_0$ <br> $Z_G = \dfrac{h(ab + ab_1 + a_1 b + 3a_1 b_1)}{2(2ab + ab_1 + a_1 b + 2a_1 b_1)}$ |
| 圆环体 | $V = 2\pi^2 R r^2 = \dfrac{\pi^2}{4} D d^2$ <br> $A_n = 4\pi^2 Rr = \pi^2 Dd$ <br> 重心 $G$ 在圆环中心 | 正六棱锥 | $V = \dfrac{1}{3} Ah = \dfrac{\sqrt{3}}{2} a^2 h$ <br> $A = \dfrac{3\sqrt{3}}{2} a^2$ <br> $A_0 = \dfrac{3}{2} a\sqrt{4l^2 - a^2}$ <br> $A_n = A + A_0$ <br> $Z_G = \dfrac{h}{4}$ |
| 圆柱体 | $V = \pi r^2 h$ <br> $A_0 = 2\pi rh$ <br> $A_n = 2\pi r(r + h)$ <br> $Z_G = \dfrac{h}{2}$ | | |
| 空心圆柱体 | $V = \pi h(R^2 - r^2)$ <br> $A = \pi(R^2 - r^2)$ <br> $A_0 = 2\pi h(R + r)$ <br> $A_n = 2\pi(R + r)(R - r + h)$ <br> $Z_G = \dfrac{h}{2}$ | | |

（续）

| 图　形 | 体积 $V$、底面积 $A$、侧面积 $A_0$、全面积 $A_n$、重心位置 $G$ 的计算公式 | 图　形 | 体积 $V$、底面积 $A$、侧面积 $A_0$、全面积 $A_n$、重心位置 $G$ 的计算公式 |
|---|---|---|---|
| 正六棱台 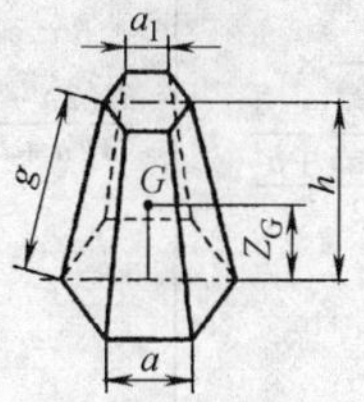 | $V = \dfrac{hA}{3}\left[1 + \dfrac{a_1}{a} + \left(\dfrac{a_1}{a}\right)^2\right]$ $A_1 = \dfrac{3\sqrt{3}}{2}a_1^2$ $A = \dfrac{3\sqrt{3}}{2}a^2$ $A_0 = 3g(a_1 + a)$ $A_n = A + A_1 + A_0$ $Z_G = \dfrac{h(a^2 + 2a_1 a + 3a_1^2)}{4(a^2 + a_1 a + a_1^2)}$ （$A_1$ 为顶面积；$g$ 为斜高） | 正六棱柱 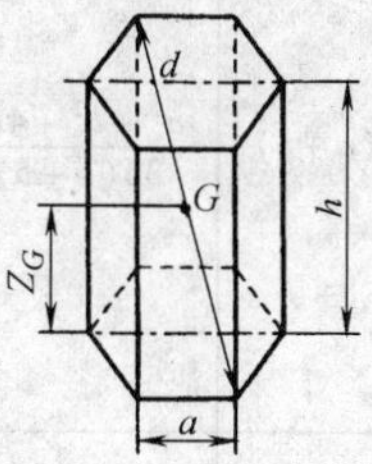 | $V = \dfrac{3\sqrt{3}}{2}a^2 h$ $A = \dfrac{3\sqrt{3}}{2}a^2$ $A_0 = 6ah$ $A_n = 3\sqrt{3}a^2 + 6ah$ $d = \sqrt{h^2 + 4a^2}$ （$d$ 为对角线） $Z_G = \dfrac{h}{2}$ |

# 5　常用力学公式

## 5.1　常用截面的几何和力学特性（表 1.1-25）

**表 1.1-25　常用截面的几何及力学特性**

| 截面形状 | 面积 $A$ | 惯性矩 $I$ | 截面系数 $W = \dfrac{I}{e}$ | 回转半径 $i = \sqrt{\dfrac{I}{A}}$ | 形心距离 $e$ |
|---|---|---|---|---|---|
| 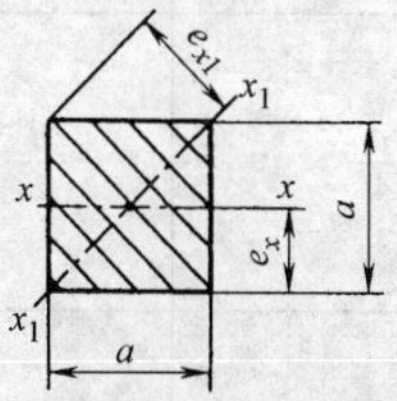 | $a^2$ | $\dfrac{a^4}{12}$ | $W_x = \dfrac{a^2}{6}$ $W_{x1} = 0.1179a^3$ | $\dfrac{a}{\sqrt{12}} = 0.289a$ | $e_x = \dfrac{a}{2}$ $e_{x1} = 0.7071a$ |
| 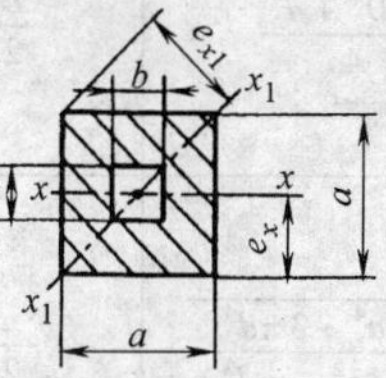 | $a^2 - b^2$ | $\dfrac{a^4 - b^4}{12}$ | $W_x = \dfrac{a^4 - b^4}{6a}$ $W_{x1} = 0.1179\dfrac{a^4 - b^4}{a}$ | $0.289\sqrt{a^2 + b^2}$ | $e_x = \dfrac{a}{2}$ $e_{x1} = 0.7071a$ |
| 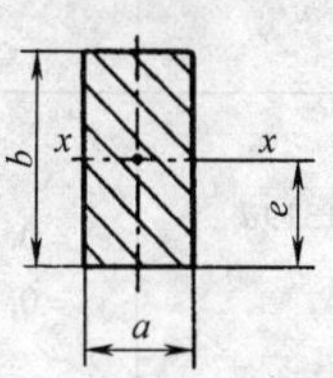 | $ab$ | $\dfrac{ab^3}{12}$ | $\dfrac{ab^2}{6}$ | $\dfrac{b}{\sqrt{12}} = 0.289b$ | $\dfrac{b}{2}$ |
| 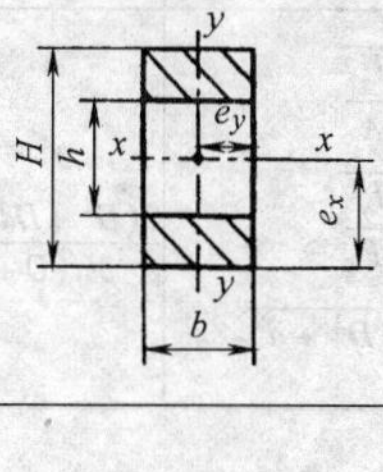 | $b(H - h)$ | $I_x = \dfrac{b(H^3 - h^3)}{12}$ $I_y = \dfrac{b^3(H - h)}{12}$ | $W_x = \dfrac{b(H^3 - h^3)}{6H}$ $W_y = \dfrac{b^2(H - h)}{6}$ | $i_x = \sqrt{\dfrac{H^2 + Hh + h^2}{12}}$ $i_y = 0.289b$ | $e_x = \dfrac{H}{2}$ $e_y = \dfrac{b}{2}$ |

（续）

| 截面形状 | 面积 $A$ | 惯性矩 $I$ | 截面系数 $W = \dfrac{I}{e}$ | 回转半径 $i = \sqrt{\dfrac{I}{A}}$ | 形心距离 $e$ |
|---|---|---|---|---|---|
| | $\dfrac{H}{2}(a+b)$ | $\dfrac{a^2+b^2+4ab}{36(a+b)}H^3$ | $W_{xa} = \dfrac{H^2(a^2+4ab+b^2)}{12(a+2b)}$ <br> $W_{xb} = \dfrac{H^2(a^2+4ab+b^2)}{12(2a+b)}$ | $\dfrac{H}{3(a+b)} \times$ <br> $\sqrt{\dfrac{a^2+4ab+b^2}{2}}$ | $\dfrac{H(2a+b)}{3(a+b)}$ |
| | $\dfrac{bH}{2}$ | $\dfrac{bH^3}{36}$ | $W_{xa} = \dfrac{bH^2}{24}$ <br> $W_{xb} = \dfrac{bH^2}{12}$ | $\dfrac{H}{3\sqrt{2}} = 0.236H$ | $\dfrac{H}{3}$ |
| | $A = 2.589c^2$ <br> $C = R$ | $I_x = 0.5413R^4$ <br> $I_y = I_x$ | $W_x = 0.625R^3$ <br> $W_y = 0.5413R^3$ | $i_x = 0.4566R$ | $e_x = 0.866R$ <br> $e_y = R$ |
| | $\dfrac{\pi d^2}{4}$ | $\dfrac{\pi d^4}{64}$ | $\dfrac{\pi d^3}{32}$ | $\dfrac{d}{4}$ | $\dfrac{d}{2}$ |
| | $\dfrac{\pi}{4}(D^2-d^2)$ | $\dfrac{\pi}{64}(D^4-d^4)$ | $\dfrac{\pi}{32}\left(\dfrac{D^4-d^4}{D}\right)$ | $\dfrac{\sqrt{D^4+d^4}}{4}$ | $\dfrac{D}{2}$ |
| | $a^2 - \dfrac{\pi d^2}{4}$ | $\dfrac{1}{12}\left(a^4 - \dfrac{3\pi d^4}{16}\right)$ | $\dfrac{1}{6a}\left(a^4 - \dfrac{3\pi d^4}{16}\right)$ | $\sqrt{\dfrac{16a^4 - 3\pi d^4}{48(4a^2 - \pi d^2)}}$ | $\dfrac{a}{2}$ |
| | $\dfrac{\pi d^2}{8}$ | $I_x = 0.00686d^4$ <br> $I_y = \dfrac{\pi d^4}{128}$ | $W_x = 0.0239d^4$ <br> $W_y = \dfrac{\pi d^3}{64}$ | $i_x = 0.1319d$ <br> $i_y = \dfrac{d}{4}$ | $e_x = 0.2878d$ <br> $y_s = 0.2122d$ |
| | $\dfrac{\pi(D^2-d^2)}{8}$ | $I_x = 0.00686$ <br> $(D^4-d^4)$ <br> $I_y = \dfrac{\pi(D^4-d^4)}{128}$ | $W_y = \dfrac{\pi d^3}{64}\left(1 - \dfrac{d^4}{D^4}\right)$ | $i_x = \sqrt{\dfrac{I_x}{A}}$ <br> $i_y = \sqrt{\dfrac{I_y}{F}}$ <br> $= \dfrac{1}{4}\sqrt{D^2+d^2}$ | $y_s =$ <br> $\dfrac{2(D^2+Dd+d^2)}{3\pi(D+d)}$ |

（续）

| 截面形状 | 面积 $A$ | 惯性矩 $I$ | 截面系数 $W = \dfrac{I}{e}$ | 回转半径 $i = \sqrt{\dfrac{I}{A}}$ | 形心距离 $e$ |
|---|---|---|---|---|---|
| | $A = \dfrac{1}{2}\left[rl - c(r-h)\right]$；$l = 0.01745\alpha$ $c = 2\sqrt{h(2r-h)}$；$\alpha = \dfrac{57.296l}{r}$ $r = \dfrac{c^2 + 4h^2}{8h}$；$h = r - \dfrac{1}{2}\sqrt{4r^2 - c^2}$ $I_{x1} = \dfrac{lr^3}{8} - \dfrac{r^4}{8}\sin\alpha\cos\alpha$；$J_x = J_{x1} - Ay_s^2$ $I_y = \dfrac{r^4}{8}\left(\dfrac{\alpha\pi}{180°} - \sin\alpha - \dfrac{2}{3}\sin\alpha\sin^2\dfrac{\alpha}{2}\right)$；$W_x = \dfrac{J_x}{r - y_s}$ |  |  | $i_x = \sqrt{\dfrac{I_x}{A}}$ | $y_s = \dfrac{c^3}{12A}$ |
| | $\pi ab$ | $I_x = \dfrac{\pi ab^3}{4}$ $I_y = \dfrac{\pi a^3 b}{4}$ | $W_x = \dfrac{\pi ab^2}{4}$ $W_y = \dfrac{\pi a^2 b}{4}$ | $i_x = \dfrac{b}{2}$ $i_y = \dfrac{a}{2}$ | $e_x = b$ $e_y = a$ |
| | $\pi(ab - a_1 b_1)$ | $I_x = \dfrac{\pi}{4}(ab^3 - a_1 b_1^3)$ $I_y = \dfrac{\pi}{4}(a^3 b - a_1^3 b_1)$ | $W_x = \dfrac{\pi(ab^3 - a_1 b_1^3)}{4b}$ $W_y = \dfrac{\pi(a^3 b - a_1^3 b_1)}{4a}$ | $i_x = \sqrt{\dfrac{I_x}{A}}$ $i_y = \sqrt{\dfrac{I_y}{A}}$ | $e_x = b$ $e_y = a$ |
| |  |  |  |  |  |
| | $BH - b(e_2 + h)$ | $I_x = \dfrac{Be_1^3 + ae_2^3 - bh^3}{3}$ | $W_{x1} = \dfrac{I_x}{e_1}$ $W_{x2} = \dfrac{I_x}{e_2}$ | $\sqrt{\dfrac{Be_1^3 + ae_2^3 - bh^3}{3[HB - b(e_2 + h)]}}$ | $e_1 = \dfrac{aH^2 + bt^2}{2(aH + bt)}$ $e_2 = H - e_1$ |
| |  |  |  |  |  |

（续）

| 截面形状 | 面积<br>$A$ | 惯性矩<br>$I$ | 截面系数<br>$W = \dfrac{I}{e}$ | 回转半径<br>$i = \sqrt{\dfrac{I}{A}}$ | 形心距离<br>$e$ |
|---|---|---|---|---|---|
| | $BH + bh$ | $I_x = \dfrac{BH^3 + bh^3}{12}$ | $W_x = \dfrac{BH^3 + bh^3}{6H}$ | $\sqrt{\dfrac{BH^3 + bh^3}{12(BH + bh)}}$ | $\dfrac{H}{2}$ |
| | $BH - bh$ | $I_x = \dfrac{BH^3 - bh^3}{12}$ | $W_x = \dfrac{BH^3 - bh^3}{6H}$ | $i_x = \sqrt{\dfrac{BH^3 - bh^3}{12(BH - bh)}}$ | $\dfrac{H}{2}$ |

## 5.2　主要组合截面的回转半径（表 1.1-26）

**表 1.1-26　主要组合截面的回转半径**

| 截面形状 | 回转半径 | 截面形状 | 回转半径 |
|---|---|---|---|
|  | $i_X = 0.30h$<br>$i_Y = 0.215h$ |  | $i_X = 0.21h$<br>$i_Y = 0.21b$ |
|  | $i_X = 0.32h$<br>$i_Y = 0.20b$ |  | $i_X = 0.43h$<br>$i_Y = 0.43b$ |
|  | $i_X = 0.28h$<br>$i_Y = 0.24b$ |  | $i_X = 0.42h$<br>$i_Y = 0.22b$ |
|  | $i_X = 0.30h$<br>$i_Y = 0.17b$ |  | $i_X = 0.39h$<br>$i_Y = 0.20b$ |
|  | $i_X = 0.26h$<br>$i_Y = 0.21b$ |  | $i_X = 0.35h$<br>$i_Y = 0.56b$ |
|  | $i_X = 0.21h$<br>$i_Y = 0.21b$<br>$i_Z = 0.185h$ |  | $i_X = 0.38h$<br>$i_Y = 0.60b$ |

（续）

| 截面形状 | 回转半径 | 截面形状 | 回转半径 |
|---|---|---|---|
| | $i_X = 0.38h$<br>$i_Y = 0.44b$ | | $i_X = 0.45h$<br>$i_Y = 0.24b$ |
| | $i_X = i_Y = 0.35d_{cp}$<br>$d_{cp} = \dfrac{D+d}{2}$ | | $i_X = 0.40h$<br>$i_Y = 0.21b$ |
| | $i_X = 0.44h$<br>$i_Y = 0.38b$ | | $i_X = 0.45h$<br>$i_Y = 0.235b$ |
| | $i_X = 0.37h$<br>$i_Y = 0.54b$ | | |
| | $i_X = 0.37h$<br>$i_Y = 0.45b$ | | $i_X = 0.44h$<br>$i_Y = 0.32b$ |

## 5.3 受静荷载的支点反力、弯矩和变形计算公式（表 1.1-27 和表 1.1-28）

### 表 1.1-27 常用静定梁的支点反力、弯矩和变形计算公式

| 序号 | 载荷情况及剪力图弯矩图 | 支点反力、弯矩 | 弯矩方程 | 挠度曲线方程 | 最大挠度 | 梁端转角 |
|---|---|---|---|---|---|---|
| 1 | | $F_A = F_B = \dfrac{F}{2}$ | $0 \leq x \leq l/2:$ $M(x) = \dfrac{Fx}{2}$ | $0 \leq x \leq l/2:$ $y = \dfrac{-Fl^3}{48EI}\left(\dfrac{3x}{l} - \dfrac{4x^3}{l^3}\right)$ | 在 $x = l/2$ 处: $y_{max} = \dfrac{-Fl^3}{48EI}$ | $\theta_A = -\theta_B = \dfrac{-Fl^2}{16EI}$ |
| 2 | | $F_A = \dfrac{Fb}{l}$ $F_B = \dfrac{Fa}{l}$ | $0 \leq x \leq l:$ $M(x) = \dfrac{Fbx}{l}$ $a \leq x \leq l:$ $M(x) = \dfrac{Fbx}{l} - F(x-a)$ | $0 \leq x \leq a:$ $y = \dfrac{-Fbx}{6EIl}(l^2 - x^2 - b^2)$ $0 \leq x \leq l:$ $y = \dfrac{-Fb}{6EIl} \times \left[(l^2-b^2)x - x^3 + \dfrac{(x-a)^3}{b}\right]$ | 若 $a>b$，在 $x = \sqrt{\dfrac{l^2-b^2}{3}}$ 处: $y_{max} = \dfrac{-Fb(l^2-b^2)^{3/2}}{9\sqrt{3}EIl}$ 在 $x = l/2$ 处: $y = \dfrac{-Fb(3l^2-4b^2)}{48EI}$ | $\theta_A = \dfrac{-Fab(l+b)}{6EIl}$ $\theta_B = \dfrac{Fab(l+a)}{6EIl}$ |
| 3 | | $F_A = F_B = F$ | $0 \leq x \leq a:$ $M(x) = Fx$ $a \leq x \leq l-a:$ $M = Fa$ | $0 \leq x \leq l:$ $y = \dfrac{-Fx}{6EI}[3a(l-a) - x^2]$ $a \leq x \leq l-a:$ $y = \dfrac{-Fa}{6EI}[3x(l-x) - a^2]$ | 在 $x = l/2$ 处: $y_{max} = \dfrac{-Fa}{24EI}(3l^2 - 4a^2)$ | $\theta_A = -\theta_B$ $= \dfrac{-Fa}{2EI}(l-a)$ |

（续）

| 序号 | 载荷情况及剪力图弯矩图 | 支点反力、弯矩 | 弯矩方程 | 挠度曲线方程 | 最大挠度 | 梁端转角 |
|---|---|---|---|---|---|---|
| 4 | | $F_A = F_B = \dfrac{M}{l}$ | $M(x) = M\left(1 - \dfrac{x}{l}\right)$ | $y = -\dfrac{Ml^2}{6EI}\left(\dfrac{2x}{l} - \dfrac{3x^2}{l^2} + \dfrac{x^3}{l^3}\right)$ | 在 $x = \left(1 - \dfrac{1}{\sqrt{3}}\right)l$ 处: $y_{\max} = \dfrac{-Ml^2}{9\sqrt{3}EI}$ 在 $x = l/2$ 处: $y = \dfrac{-Ml^2}{16EI}$ | $\theta_A = \dfrac{-Ml}{3EI}$ $\theta_B = \dfrac{Ml}{6EI}$ |
| 5 | | $F_A = F_B = \dfrac{M}{l}$ | $M(x) = \dfrac{Mx}{l}$ | $y = \dfrac{-Ml^2}{6EI}\left(\dfrac{x}{l} - \dfrac{x^3}{l^3}\right)$ | 在 $x = \dfrac{1}{\sqrt{3}}$ 处: $y_{\max} = \dfrac{-Ml^2}{9\sqrt{3}EI}$ 在 $x = l/2$ 处: $y = \dfrac{-Ml^2}{16EI}$ | $\theta_A = \dfrac{-Ml}{6EI}$ $\theta_B = \dfrac{Ml}{3EI}$ |
| 6 | | $F_A = F_B = \dfrac{M}{l}$ | $0 \le x \le a$: $M(x) = \dfrac{-Mx}{l}$ $a \le x \le l$: $M(x) = M\left(1 - \dfrac{x}{l}\right)$ | $0 \le x \le a$: $y = \dfrac{Mx}{6EIl}(l^2 - 3b^2 - x^2)$ $a \le x \le l$: $y = \dfrac{-M(l-x)}{6EIl}\left[l^2 - 3a^2 - (l-x)^2\right]$ | 在 $x = \sqrt{(l^2 - 3b^2)/3}$ 处: $y_{1\max} = \dfrac{M(l^2 - 3b^2)^{3/2}}{9\sqrt{3}EIl}$ 在 $x = \sqrt{(l^2 - 3a^2)/3}$ 处: $y_{2\max} = \dfrac{-M(l^2 - 3a^2)^{3/2}}{9\sqrt{3}EIl}$ | $\theta_A = \dfrac{M(l^2 - 3b^2)}{6EIl}$ $\theta_B = \dfrac{M(l^2 - 3a^2)}{6EIl}$ $\theta_C = \dfrac{-M}{6EIl}(3a^2 + 3b^2 - l^2)$ |
| 7 | | $F_A = F_B = \dfrac{ql}{2}$ | $M(x) = \dfrac{qx}{2}(l - x)$ | $y = \dfrac{-qx}{24EI}(l^3 - 2lx^2 + x^3)$ | 在 $x = l/2$ 处: $y_{\max} = \dfrac{-5ql^4}{384EI}$ | $\theta_A = -\theta_B = \dfrac{-ql^3}{24EI}$ |

| 序号 | 简图 | $F_A$, $F_B$ | $M(x)$ | $y$ | $y_{max}$ | $\theta$ |
|---|---|---|---|---|---|---|
| 8 | 三角形分布荷载 $q_0$，$A$ 端 $F_A$，$B$ 端 $F_B$，跨度 $l$，$0.577l$；弯矩图 $q_0 l^2/\sqrt{3}$，$q_0 l/6$，$q_0 l/3$ | $F_A = \dfrac{q_0 l}{6}$ <br> $F_B = \dfrac{q_0 l}{3}$ | $M(x) = \dfrac{q_0 l x}{6}\left(1 - \dfrac{x^2}{l^2}\right)$ | $y = -\dfrac{q_0 l^4}{360 EI}\times$ $\left(\dfrac{7x}{l} - \dfrac{10 x^3}{l^3} + \dfrac{3 x^5}{l^5}\right)$ | 在 $x = 0.519 l$ 处: <br> $y_{max} = -0.00652\,\dfrac{q_0 l^4}{EI}$ | $\theta_A = \dfrac{-7 q_0 l^3}{360 EI}$ <br> $\theta_B = \dfrac{q_0 l^3}{45 EI}$ |
| 9 | 均布荷载 $q$（分段 $a$, $b$, $c$），$M_{max}$；反力 $\dfrac{qb}{l}\left(\dfrac{b}{2}+c\right)$，$\dfrac{qb}{l}\left(\dfrac{b}{2}+a\right)$ | $F_A = \dfrac{qb}{l}\left(\dfrac{b}{2}+c\right)$ <br> $F_B = \dfrac{qb}{l}\left(\dfrac{b}{2}+c\right)$ | $0 \leqslant x \leqslant a$: <br> $M(x) = \dfrac{qb}{l}\left(\dfrac{b}{2}+c\right)x$ <br> $a \leqslant x \leqslant a+b$: <br> $M(x) = \dfrac{qb}{l}\left(\dfrac{b}{2}+c\right)x - \dfrac{q}{2}(x-a)^2$ <br> 在 $x = a + \dfrac{b}{l}\left(\dfrac{b}{2}+c\right)$ 处: <br> $M_{max} = \dfrac{qb}{l}\left(\dfrac{b}{2}+c\right)\times$ $\left[a + \dfrac{b}{2l}\left(\dfrac{b}{2}+c\right)\right]$ | $0 \leqslant x \leqslant \dfrac{b}{2}+c$: <br> $y = \dfrac{-qbx}{6EIl}\times$ $\left[l^2 - \left(\dfrac{b}{2}+c\right)^2 - \dfrac{b^2}{4} - x^2\right]$ <br> $a \leqslant x \leqslant a+b$: <br> $y = \dfrac{-qb}{6EIl}\left\{\left(\dfrac{b}{2}+c\right)x\times\right.$ $\left[l^2 - \left(\dfrac{b}{2}+c\right)^2 - \dfrac{b^2}{4} - x^2\right] + $ $\left.\dfrac{l}{4b}(x-a)^4\right\}$ <br> $a+b \leqslant x \leqslant l$: <br> $y = \dfrac{-qb}{6EIl}(a+b)(l-x)\times$ $\left[l^2 - \left(a+\dfrac{b}{2}\right)^2 - \dfrac{b^2}{4} - (l-x)^2\right]$ | 在 $a \leqslant x \leqslant a+b$: <br> 令 $y'=0$，求出 $x$ 的数值解， <br> 代入 $y$ 方程即得 $y_{max}$ | $\theta_A = \dfrac{-qb}{6EIl}\left(\dfrac{b}{2}+c\right)\times$ $\left[l^2 - \left(\dfrac{b}{2}+c\right)^2 - \dfrac{b^2}{4}\right]$ <br> $\theta_B = \dfrac{qb}{6EIl}(a+b)\times$ $\left[l^2 - \left(a+\dfrac{b}{2}\right)^2 - \dfrac{b^2}{4}\right]$ |
| 10 | 对称三角形分布荷载 $q_0$，$l/2$，$l/2$；反力 $q_0 l/4$；弯矩图 $q_0 l^2/12$ | $F_A = F_B = \dfrac{q_0 l}{4}$ | $0 \leqslant x \leqslant l/2$: <br> $M(x) = \dfrac{q_0 l x}{12}\left(3 - \dfrac{4 x^2}{l^2}\right)$ | $0 \leqslant x \leqslant l/2$: <br> $y = \dfrac{-q_0 l^4}{960 EI}\left(\dfrac{25 x}{l} -\right.$ $\left.\dfrac{40 x^3}{l^3} + \dfrac{16 x^5}{l^5}\right)$ | 在 $x = l/2$ 处: <br> $y_{max} = \dfrac{-q_0 l^4}{120 EI}$ | $\theta_A = -\theta_B = \dfrac{-5 q_0 l^3}{192 EI}$ |

（续）

| 序号 | 载荷情况及剪力图弯矩图 | 支点反力、弯矩 | 弯矩方程 | 挠度曲线方程 | 最大挠度 | 梁端转角 |
|---|---|---|---|---|---|---|
| 11 | （载荷图：A、B、C、D，F，$F_A$，$F_B$，$a$，$l$，$\dfrac{Fa}{l}$，$Fa$） | $F_A = \dfrac{Fa}{l}$ <br> $F_B = \dfrac{F(a+l)}{l}$ | $0 \le x \le l$: <br> $M(x) = -\dfrac{Fax}{l}$ <br> $l \le x \le l+a$: <br> $M(x) = -F(l+a-x)$ | $0 \le x \le l$: <br> $y = \dfrac{Fal^2}{6EI}\left(\dfrac{x}{l} - \dfrac{x^3}{l^3}\right)$ <br> $l \le x \le l+a$: <br> $y = \dfrac{F}{6EIl}[al^2x - ax^3 + (a+l)(x-l)^3]$ | 在 $x = l+a$ 处: <br> $y_{max} = \dfrac{-Fa^2}{3EI}(l+a)$ <br> 在 $x = l/2$ 处: <br> $y = \dfrac{Fal^2}{16EI}$ | $\theta_A = \dfrac{Fal}{6EI}$ <br> $\theta_B = \dfrac{-Fal}{3EI}$ <br> $\theta_D = \dfrac{-Fa}{6EI}(2l+3a)$ |
| 12 | （载荷图：A、B、C、D，$q$，$F_A$，$F_B$，$a$，$l$，$\dfrac{qa^2}{2l}$，$qa$，$\dfrac{ql^2}{2}$） | $F_A = \dfrac{qa^2}{2l}$ <br> $F_B = qa\left(1 + \dfrac{a}{2l}\right)$ | $0 \le x \le l$: <br> $M(x) = \dfrac{-qa^2x}{2l}$ <br> $l \le x \le l+a$: <br> $M(x) = \dfrac{-q}{2}(l+a-x)^2$ | $0 \le x \le l$: <br> $y = \dfrac{qa^2l^2}{12EI}\left(\dfrac{x}{l} - \dfrac{x^3}{l^3}\right)$ <br> $l \le x \le l+a$: <br> $y = \dfrac{-qa^2}{12EIl}\left[(a+2l)(x-l)^3 - l^2x + x^3 - \dfrac{l}{2a^2}(x-l)^4\right]$ | 在 $x = l/2$ 处: <br> $y = \dfrac{qa^2l^2}{32EI}$ <br> 在 $x = l+a$ 处: <br> $y_{max} = \dfrac{-qa^3}{24EI}(3a+4l)$ | $\theta_A = \dfrac{qa^2l}{12EI}$ <br> $\theta_B = \dfrac{-qa^2l}{6EI}$ <br> $\theta_D = \dfrac{-qa^2}{6EI}(l+a)$ |
| 13 | （载荷图：A、B、C、D、E，F，$F_A$，$F_B$，$a$，$l$，$a$，$Fa$） | $F_A = F_B = F$ | $0 \le x \le a$: <br> $M(x) = -Fx$ <br> $l \le x \le l+a$: <br> $M = -Fa$ | $0 \le x \le a$: <br> $y = \dfrac{-F}{6EI}[a^2(2a+3l) - 3a(a+l)x + x^2]$ <br> $l \le x \le l+a$: <br> $y = \dfrac{F}{6EI}[3a(a+l)x - x^3 + (x-a)^3]$ | $y_D = y_E = \dfrac{-Fa^2(2a+3l)}{6EI}$ <br> 在 $x = a + l/2$ 处: <br> $y_C = \dfrac{Fal^2}{8EI}$ | $\theta_A = -\theta_B = \dfrac{Fal}{2EI}$ <br> $\theta_E = -\theta_D = \dfrac{Fa(l+a)}{2EI}$ |
| 14 | （载荷图：A、B、C、D，$M$，$F_A$，$F_B$，$a$，$l$，$M/l$，$M$） | $F_A = F_B = \dfrac{M}{l}$ | $0 \le x \le l$: <br> $M(x) = \dfrac{M}{l}x$ <br> $l \le x \le l+a$: <br> $M_{max} = M$ | $0 \le x \le l$: <br> $y = \dfrac{-Ml^2}{6EI}\left[\dfrac{x}{l} - \dfrac{x^3}{l^3}\right]$ <br> $l \le x \le l+a$: <br> $y = \dfrac{M}{6EI}(l-3x)(l-x)$ | 在 $x = l/2$ 处: <br> $y = \dfrac{-Ml^2}{16EI}$ <br> $y_D = \dfrac{M}{6EI}(2la+3a^2)$ | $\theta_A = \dfrac{-Ml}{6EI}$ <br> $\theta_B = \dfrac{Ml}{3EI}$ <br> $\theta_D = \dfrac{M}{3EI}(l+3a)$ |

| 序号 | 简图 | 支反力 | 弯矩方程 | 挠度方程 | 最大挠度 | 转角 |
|---|---|---|---|---|---|---|
| 15 | | $F_A = F$<br>$M_A = Fl$ | $M(x) = F(x - l)$ | $y = \dfrac{-Fl^3}{6EI}\left(\dfrac{3x^2}{l^2} - \dfrac{x^3}{l^3}\right)$ | 在 $x = l$ 处:<br>$y_{max} = \dfrac{-Fl^3}{3EI}$ | $\theta_B = \dfrac{-Fl^2}{2EI}$ |
| 16 | | $M_A = M$ | $M(x) = -M$ | $y = \dfrac{-Mx^2}{2EI}$ | 在 $x = l$ 处:<br>$y_{max} = \dfrac{-Ml^2}{2EI}$ | $\theta_B = \dfrac{-Ml}{EI}$ |
| 17 | | $F_A = ql$<br>$M_A = \dfrac{ql^2}{2}$ | $M(x) = q\left(lx - \dfrac{l^2 + x^2}{2}\right)$ | $y = \dfrac{-ql^4}{24EI}\left(\dfrac{6x^2}{l^2} - \dfrac{4x^3}{l^3} + \dfrac{x^4}{l^4}\right)$ | 在 $x = l$ 处:<br>$y_{max} = \dfrac{-ql^4}{8EI}$ | $\theta_B = \dfrac{-ql^3}{6EI}$ |
| 18 | | $F_A = \dfrac{q_0 l}{2}$<br>$M_A = \dfrac{q_0 l^2}{6}$ | $M(x) = \dfrac{q_0}{6}\left(\dfrac{3x}{l} - \dfrac{3x^2}{l^2} + \dfrac{x^3}{l^3} - 1\right)$ | $y = \dfrac{-q_0 l^4}{120EI}\left(\dfrac{10x^2}{l^2} - \dfrac{10x^3}{l^3} + \dfrac{5x^4}{l^4} - \dfrac{x^5}{l^5}\right)$ | 在 $x = l$ 处:<br>$y_{max} = \dfrac{-q_0 l^4}{30EI}$ | $\theta_B = \dfrac{-q_0 l^3}{24EI}$ |

注：式中 $x$ 为从梁左端起量的坐标（参见序号 15 图），$E$ 为材料弹性模量，$I$ 为惯性矩，下同。

表 1.1-28　静不定梁的支点反力、弯矩和变形计算公式

| 序号 | 载荷、挠曲线和弯矩图 | 支点反力、弯矩 | 挠度曲线方程 | 最大挠度 | 梁端转角 |
|---|---|---|---|---|---|
| 1 | | $F_A = \dfrac{5}{16}F,\ F_B = \dfrac{11}{16}F$<br>$M_B = -\dfrac{3}{16}Fl$<br>$M_F = \dfrac{5}{32}Fl$ | $0 \le x \le l/2$:<br>$y(x) = -\dfrac{Fl^3}{96EI}\left[3\dfrac{x}{l} - 5\left(\dfrac{x}{l}\right)^3\right]$<br>$0 \le \bar{x} \le l/2$:<br>$y(\bar{x}) = -\dfrac{Fl^3}{96EI}\left[9\left(\dfrac{\bar{x}}{l}\right)^2 - 11\left(\dfrac{\bar{x}}{l}\right)^3\right]$ | 在 $x = 0.447l$ 处:<br>$y_{max} = -\dfrac{Fl^3}{48\sqrt{5}EI}$<br>在 $x = l/2$ 处:<br>$y = \dfrac{-7}{768}\dfrac{Fl^3}{EI}$ | $\theta_A = \dfrac{Fl^2}{32EI}$ |
| 2 | | $F_A = F\left(\dfrac{b}{l}\right)^2\left(1 + \dfrac{a}{2l}\right)$<br>$F_B = F\left(\dfrac{a}{l}\right)^2\left(1 + \dfrac{b}{2l} + \dfrac{3b}{2a}\right)$<br>$M_B = -F\dfrac{ab}{l}\left(1 - \dfrac{b}{2l}\right)$<br>$M_F = F\dfrac{ab^2}{l^2}\left(1 + \dfrac{a}{2l}\right)$ | $0 \le x \le a$:<br>$y(x) = -\dfrac{Flb^2}{4EI}\left[\dfrac{a}{l}\dfrac{x}{l} - \dfrac{2}{3}\left(1 + \dfrac{a}{2l}\right)\left(\dfrac{x}{l}\right)^3\right]$<br>$0 \le \bar{x} \le b$:<br>$y(\bar{x}) = -\dfrac{Fl^2a}{4EI}\left[\left(1 - \dfrac{a^2}{l^2}\right)\left(\dfrac{\bar{x}}{l}\right) - \left(1 - \dfrac{a^2}{3l^2}\right)\left(\dfrac{\bar{x}}{l}\right)^3\right]$ | 当 $b = 0.586l$ 时,<br>在 $C$ 截面处:<br>$y_{max} = -0.0098\dfrac{Fl^3}{EI}$<br>在 $x = a$ 处:<br>$y = -\dfrac{Fa^2b^3}{4EIl^2}\left(1 + \dfrac{a}{3l}\right)$ | $\theta_A = \dfrac{Fab^2}{4EI}$ |
| 3 | | $F_A = \dfrac{3}{8}ql,\ F_B = \dfrac{5}{8}ql$<br>$M_B = -\dfrac{1}{8}ql^2$<br>$M_F = \dfrac{9}{128}ql^2$<br>在 $x_0 = \dfrac{3}{8}l$ | $y(x) = -\dfrac{ql^4}{48EI}\left[\dfrac{x}{l} - 3\left(\dfrac{x}{l}\right)^3 + 2\left(\dfrac{x}{l}\right)^4\right]$ | 在 $x = 0.4215l$ 处:<br>$y_{max} = -\dfrac{ql^4}{185EI}$ | $\theta_A = \dfrac{ql^3}{48EI}$ |
| 4 | | $F_A = \dfrac{1}{10}q_2l,\ F_B = \dfrac{4}{10}q_2l$<br>$M_B = -\dfrac{1}{15}q_2l^2$<br>$M_F = 0.0298q_2l^2$<br>在 $x_0 = 0.447l$ | $y(x) = -\dfrac{q_2l^4}{120EI}\left[\dfrac{x}{l} - 2\left(\dfrac{x}{l}\right)^3 + \left(\dfrac{x}{l}\right)^5\right]$ | 在 $x = 0.447l$ 处:<br>$y_{max} = -\dfrac{q_2l^4}{419EI}$ | $\theta_A = \dfrac{q_2l^3}{120EI}$ |

| 序号 | 简图 | 支反力、弯矩 | 挠度方程 $y(x)$ | 最大挠度 |
|---|---|---|---|---|
| | | | | — |
| 5 | 集中载荷作用于跨中的两端固定梁 | $F_A = F_B = \dfrac{1}{2}F$ <br> $M_A = M_B = -\dfrac{1}{8}Fl$ <br> $M_F = \dfrac{1}{8}Fl$ | $0 \leqslant x \leqslant l/2:$ <br> $y(x) = -\dfrac{Fl^3}{48EI}\left[3\left(\dfrac{x}{l}\right)^2 - 4\left(\dfrac{x}{l}\right)^3\right]$ | 在 $x = l/2$ 处: <br> $y_{\max} = \dfrac{-Fl^3}{192EI}$ |
| 6 | 集中载荷偏心作用的两端固定梁 | $F_A = F\left(\dfrac{b}{l}\right)^2\left(1+2\dfrac{a}{l}\right)$ <br> $F_B = F\left(\dfrac{a}{l}\right)^2\left(1+2\dfrac{b}{l}\right)$ <br> $M_A = -Fa\left(\dfrac{b}{l}\right)^2$ <br> $M_B = -Fb\left(\dfrac{a}{l}\right)^2$ <br> $M_F = 2Fl\left(\dfrac{a}{l}\right)^2\left(\dfrac{b}{l}\right)^2$ | $0 \leqslant x \leqslant b:$ <br> $y(x) = \dfrac{-Flb^2}{6EI}\left[3\dfrac{a}{l}\left(\dfrac{x}{l}\right)^2 - \left(1+\dfrac{2a}{l}\right)\left(\dfrac{x}{l}\right)^3\right]$ <br> $0 \leqslant \bar{x} \leqslant b:$ <br> $y(\bar{x}) = \dfrac{-Fla^2}{6EI}\left[3\dfrac{b}{l}\left(\dfrac{\bar{x}}{l}\right)^2 - \left(1+\dfrac{2b}{l}\right)\left(\dfrac{\bar{x}}{l}\right)^3\right]$ | 若 $a > b$, <br> 在 $x = \dfrac{2al}{3a+b}$ 处: <br> $y_{\max} = \dfrac{-2F}{3EI}\dfrac{a^3b^2}{(3a+b)^2}$ <br> 在 $x = a$ 处: <br> $y = \dfrac{-Fa^3b^3}{3EIl^3}$ |
| 7 | 均布载荷作用的两端固定梁 | $F_A = F_B = \dfrac{1}{2}ql$ <br> $M_A = M_B = -\dfrac{1}{12}ql^2$ <br> $M_F = \dfrac{1}{24}ql^2$ | $y(x) = \dfrac{ql^4}{24EI}\left[\left(\dfrac{x}{l}\right)^2 - 2\left(\dfrac{x}{l}\right)^3 + \left(\dfrac{x}{l}\right)^4\right]$ | 在 $x = l/2$ 处: <br> $y_{\max} = \dfrac{-ql^4}{384EI}$ |
| 8 | 三角形分布载荷作用的两端固定梁 | $F_A = \dfrac{3}{20}q_2 l$ <br> $F_B = \dfrac{7}{20}q_2 l$ <br> $M_A = -\dfrac{1}{30}q_2 l^2$ <br> $M_B = -\dfrac{1}{20}q_2 l^2$ <br> $M_F = 0.0214q_2 l^2$ <br> $x_0 = 0.548l$ | $y(x) = \dfrac{q_2 l^4}{120EI}\left[2\left(\dfrac{x}{l}\right)^2 - 3\left(\dfrac{x}{l}\right)^3 + \left(\dfrac{x}{l}\right)^5\right]$ | 在 $x = 0.525l$ 处: <br> $y_{\max} = \dfrac{-q_2 l^4}{764EI}$ |

## 5.4　常用零件的接触应力和接触变形计算公式（表1.1-29和表1.1-30）

### 表1.1-29　常用零件的接触应力和接触变形计算公式

| 接触情况 | 接触面尺寸 | 最大接触应力 $\sigma_{max}$ | 接触物体靠近位移值 $\Delta$ |
|---|---|---|---|
| 球与球 | $a=b=0.9086\sqrt[3]{F\dfrac{R_1 R_2}{R_1+R_2}\left(\dfrac{1-\mu_1^2}{E_1}+\dfrac{1-\mu_2^2}{E_2}\right)}$ <br><br> 当 $E_1=E_2=E,\mu_1=\mu_2=0.3$ 时 <br> $a=b=1.109\sqrt[3]{\dfrac{F}{E}\dfrac{R_1 R_2}{R_1+R_2}}$ | $0.5784\sqrt[3]{F\dfrac{\left(\dfrac{R_1+R_2}{R_1 R_2}\right)^2}{\left(\dfrac{1-\mu_1^2}{E_1}+\dfrac{1-\mu_2^2}{E_2}\right)^2}}$ <br><br> $0.388\sqrt[3]{FE^2\left(\dfrac{R_1+R_2}{R_1 R_2}\right)^2}$　$\tau_{max}=\sigma_{max}/3=0.133\sigma_{max}$ | $0.8255\sqrt[3]{F^2\dfrac{R_1+R_2}{R_1 R_2}\left(\dfrac{1-\mu_1^2}{E_1}+\dfrac{1-\mu_2^2}{E_2}\right)^2}$ <br><br> $1.231\sqrt[3]{\left(\dfrac{F}{E}\right)^2\dfrac{R_1+R_2}{R_1 R_2}}$ |
| 球与球形凹面 | $a=b=0.9086\sqrt[3]{F\dfrac{R_1 R_2}{R_2-R_1}\left(\dfrac{1-\mu_1^2}{E_1}+\dfrac{1-\mu_2^2}{E_2}\right)}$ <br><br> 当 $E_1=E_2=E,\mu_1=\mu_2=0.3$ 时 <br> $a=b=1.109\sqrt[3]{\dfrac{F}{E}\dfrac{R_1 R_2}{R_2-R_1}}$ | $0.5784\sqrt[3]{F\dfrac{\left(\dfrac{R_2-R_1}{R_1 R_2}\right)^2}{\left(\dfrac{1-\mu_1^2}{E_1}+\dfrac{1-\mu_2^2}{E_2}\right)^2}}$ <br><br> $0.388\sqrt[3]{FE^2\left(\dfrac{R_2-R_1}{R_1 R_2}\right)^2}$　$\tau_{1max}=\sigma_{max}/3=0.133\sigma_{max}$ | $0.8255\sqrt[3]{F^2\dfrac{R_2-R_1}{R_1 R_2}\left(\dfrac{1-\mu_1^2}{E_1}+\dfrac{1-\mu_2^2}{E_2}\right)^2}$ <br><br> $1.231\sqrt[3]{\left(\dfrac{F}{E}\right)^2\dfrac{R_2-R_1}{R_1 R_2}}$ |
| 球与圆柱 | $a=1.145 n_a\sqrt[3]{F\dfrac{R_1 R_2}{2R_2+R_1}\left(\dfrac{1-\mu_1^2}{E_1}+\dfrac{1-\mu_2^2}{E_2}\right)}$ <br> $b=1.145 n_b\sqrt[3]{F\dfrac{R_1 R_2}{2R_2+R_1}\left(\dfrac{1-\mu_1^2}{E_1}+\dfrac{1-\mu_2^2}{E_2}\right)}$ <br> $A=\dfrac{1}{2R_1}$，$B=\dfrac{1}{2}\left(\dfrac{1}{R_1}+\dfrac{1}{R_2}\right)$ <br><br> 当 $E_1=E_2=E,\mu_1=\mu_2=0.3$ 时 <br> $a=1.397 n_a\sqrt[3]{\dfrac{F}{E}\dfrac{R_1 R_2}{2R_2+R_1}}$ <br> $b=1.397 n_b\sqrt[3]{\dfrac{F}{E}\dfrac{R_1 R_2}{2R_2+R_1}}$ | $0.365 n_\sigma\sqrt[3]{F\dfrac{\left(\dfrac{2R_2+R_1}{R_1 R_2}\right)^2}{\left(\dfrac{1-\mu_1^2}{E_1}+\dfrac{1-\mu_2^2}{E_2}\right)^2}}$ <br><br> $0.245 n_\sigma\sqrt[3]{FE^2\left(\dfrac{2R_2+R_1}{R_1 R_2}\right)^2}$ | $0.655 n_\delta\sqrt[3]{F^2\dfrac{2R_2+R_1}{R_1 R_2}\left(\dfrac{1-\mu_1^2}{E_1}+\dfrac{1-\mu_2^2}{E_2}\right)^2}$ <br><br> $0.977 n_\delta\sqrt[3]{\left(\dfrac{F}{E}\right)^2\dfrac{2R_2+R_1}{R_1 R_2}}$ |

| 接触形式 | 简图 | $a$、$b$ | $\sigma_{\max}$ | $\delta$ |
|---|---|---|---|---|
| 球与平面 | | $a=b=0.9086\sqrt[3]{FR\left(\dfrac{1-\mu_1^2}{E_1}+\dfrac{1-\mu_2^2}{E_2}\right)}$<br><br>当 $E_1=E_2=E,\ \mu_1=\mu_2=0.3$ 时<br>$a=b=1.109\sqrt[3]{\dfrac{FR}{E}}$ | $0.5784\sqrt[3]{\dfrac{F}{R^2}\left(\dfrac{1-\mu_1^2}{E_1}+\dfrac{1-\mu_2^2}{E_2}\right)^2}$<br><br>当 $E_1=E_2=E,\ \mu_1=\mu_2=0.3$ 时<br>$0.388\sqrt[3]{FE^2\dfrac{1}{R^2}}$<br>$\tau_{\max}=\sigma_{\max}/3\qquad \sigma_{l\max}=0.133\sigma_{\max}$ | $0.8255\sqrt[3]{\dfrac{F^2}{R}\left(\dfrac{1-\mu_1^2}{E_1}+\dfrac{1-\mu_2^2}{E_2}\right)^2}$<br><br>$1.231\sqrt[3]{\left(\dfrac{F}{E}\right)^2\dfrac{1}{R}}$ |
| 球与圆柱凹面 | | $a=1.145\,n_a\sqrt[3]{F\dfrac{R_1R_2}{2R_2-R_1}\left(\dfrac{1-\mu_1^2}{E_1}+\dfrac{1-\mu_2^2}{E_2}\right)}$<br>$b=1.145\,n_b\sqrt[3]{F\dfrac{R_1R_2}{2R_2-R_1}\left(\dfrac{1-\mu_1^2}{E_1}+\dfrac{1-\mu_2^2}{E_2}\right)}$<br>$A=\dfrac{1}{2}\left(\dfrac{1}{R_1}-\dfrac{1}{R_2}\right)\quad B=\dfrac{1}{2R_1}$<br><br>$a=1.397\,n_a\sqrt[3]{\dfrac{F}{E}\dfrac{R_1R_2}{2R_2-R_1}}$<br>$b=1.397\,n_b\sqrt[3]{\dfrac{F}{E}\dfrac{R_1R_2}{2R_2-R_1}}$ | $0.365\,n_\sigma\sqrt[3]{F\dfrac{\left(\dfrac{2R_2-R_1}{R_1R_2}\right)^2}{\left(\dfrac{1-\mu_1^2}{E_1}+\dfrac{1-\mu_2^2}{E_2}\right)^2}}$<br><br>当 $E_1=E_2=E,\ \mu_1=\mu_2=0.3$ 时<br>$0.245\,n_\sigma\sqrt[3]{FE^2\left(\dfrac{2R_2-R_1}{R_1R_2}\right)^2}$ | $0.655\,n_\delta\sqrt[3]{F^2\dfrac{2R_2-R_1}{R_1R_2}\left(\dfrac{1-\mu_1^2}{E_1}+\dfrac{1-\mu_2^2}{E_2}\right)}$<br><br>$0.977\,n_\delta\sqrt[3]{\left(\dfrac{F}{E}\right)^2\dfrac{2R_2-R_1}{R_1R_2}}$ |
| 平行圆柱 | | 接触带半宽<br>$b=1.128\sqrt{\dfrac{F}{l}\dfrac{R_1R_2}{R_1+R_2}\left(\dfrac{1-\mu_1^2}{E_1}+\dfrac{1-\mu_2^2}{E_2}\right)}$<br><br>$b=1.522\sqrt{\dfrac{F}{lE}\dfrac{R_1R_2}{R_1+R_2}}$ | $0.5642\sqrt{\dfrac{F}{l}\dfrac{\dfrac{R_1+R_2}{R_1R_2}}{\dfrac{1-\mu_1^2}{E_1}+\dfrac{1-\mu_2^2}{E_2}}}$<br><br>当 $E_1=E_2=E,\ \mu_1=\mu_2=0.3$ 时<br>$0.418\sqrt{\dfrac{FE}{l}\dfrac{R_1+R_2}{R_1R_2}}$ | $\dfrac{2F}{\pi l}\left[\dfrac{1-\mu_1^2}{E_1}\left(\ln\dfrac{2R_1}{b}+0.407\right)+\dfrac{1-\mu_2^2}{E_2}\left(\ln\dfrac{2R_2}{b}+0.407\right)\right]$<br><br>$0.5796\dfrac{F}{lE}\left(\ln\dfrac{4R_1R_2}{b^2}+0.814\right)$ |

（续）

| 接触情况 | 接触面尺寸 | 最大接触应力 $\sigma_{max}$ | 接触物体靠近位移值 $\Delta$ |
|---|---|---|---|
| 圆柱与轴线平行的圆柱槽<br><br>$q=F/l$ | 接触带宽<br>$$b=1.128\sqrt{\frac{F}{l}\frac{R_1R_2}{R_2-R_1}\left(\frac{1-\mu_1^2}{E_1}+\frac{1-\mu_2^2}{E_2}\right)}$$ | $$0.5642\sqrt{\dfrac{\dfrac{F}{l}\dfrac{R_2-R_1}{R_1R_2}}{\dfrac{1-\mu_1^2}{E_1}+\dfrac{1-\mu_2^2}{E_2}}}$$<br>当 $E_1=E_2=E,\mu_1=\mu_2=0.3$ 时<br>$$0.418\sqrt{\frac{FE}{l}\frac{R_2-R_1}{R_1R_2}}$$ | —<br>$$1.82\frac{F}{lE}(1-\ln b)$$ |
| 圆柱与平面<br><br>$q=F/l$ | $$b=1.128\sqrt{\frac{FR}{l}\left(\frac{1-\mu_1^2}{E_1}+\frac{1-\mu_2^2}{E_2}\right)}$$<br>接触带半宽<br>$$b=1.522\sqrt{\frac{FR}{lE}}$$ | $$0.5642\sqrt{\dfrac{\dfrac{F}{lR}}{\dfrac{1-\mu_1^2}{E_1}+\dfrac{1-\mu_2^2}{E_2}}}$$<br>当 $E_1=E_2=E,\mu_1=\mu_2=0.3$ 时<br>$$0.418\sqrt{\frac{FE}{lR}}$$<br>$$\tau_{max}=0.301\sigma_{max}$$ | 在两挤压面间圆柱直径的减小<br>$$\Delta D=1.159\frac{F}{lE}\left(0.41+\ln\frac{4R}{b}\right)$$ |
| 垂直圆柱<br> | $$a=1.145n_a\sqrt[3]{F\frac{R_1R_2}{R_2+R_1}\left(\frac{1-\mu_1^2}{E_1}+\frac{1-\mu_2^2}{E_2}\right)}$$<br>$$b=1.145n_b\sqrt[3]{F\frac{R_1R_2}{R_2+R_1}\left(\frac{1-\mu_1^2}{E_1}+\frac{1-\mu_2^2}{E_2}\right)}$$<br>$$A=\frac{1}{2R_2}\quad B=\frac{1}{2R_1}$$<br>$$a=1.397n_a\sqrt[3]{\frac{F}{E}\frac{R_1R_2}{R_2+R_1}}$$<br>$$b=1.397n_b\sqrt[3]{\frac{F}{E}\frac{R_1R_2}{R_2+R_1}}$$ | $$0.365n_\sigma\sqrt[3]{\dfrac{F\left(\dfrac{R_2+R_1}{R_1R_2}\right)^2}{\left(\dfrac{1-\mu_1^2}{E_1}+\dfrac{1-\mu_2^2}{E_2}\right)^2}}$$<br>当 $E_1=E_2=E,\mu_1=\mu_2=0.3$ 时<br>$$0.245n_\sigma\sqrt[3]{FE^2\left(\frac{R_2+R_1}{R_1R_2}\right)^2}$$ | $$0.655n_\delta\sqrt[3]{F^2\frac{R_2+R_1}{R_1R_2}\left(\frac{1-\mu_1^2}{E_1}+\frac{1-\mu_2^2}{E_2}\right)^2}$$<br>$$0.977n_\delta\sqrt[3]{\left(\frac{F}{E}\right)^2\frac{R_2+R_1}{R_1R_2}}$$ |

$$0.655 n_b \sqrt[3]{F^2 \left( \frac{1-\mu_1^2}{E_1} + \frac{1-\mu_2^2}{E_2} \right)} \times \sqrt[3]{\frac{2}{R_1} - \frac{1}{R_2} + \frac{1}{R_3}}$$

$$0.365 n_\sigma \sqrt[3]{F \left( \frac{\dfrac{2}{R_1} - \dfrac{1}{R_2} + \dfrac{1}{R_3}}{\dfrac{1-\mu_1^2}{E_1} + \dfrac{1-\mu_2^2}{E_2}} \right)^2}$$

$$a = 1.145 n_a \sqrt[3]{F \frac{\dfrac{1-\mu_1^2}{E_1} + \dfrac{1-\mu_2^2}{E_2}}{\dfrac{2}{R_1} - \dfrac{1}{R_2} + \dfrac{1}{R_3}}}$$

$$b = 1.145 n_b \sqrt[3]{F \frac{\dfrac{1-\mu_1^2}{E_1} + \dfrac{1-\mu_2^2}{E_2}}{\dfrac{2}{R_1} - \dfrac{1}{R_2} + \dfrac{1}{R_3}}}$$

$$A = \frac{1}{2} \left( \frac{1}{R_1} - \frac{1}{R_2} \right) \qquad B = \frac{1}{2} \left( \frac{1}{R_1} + \frac{1}{R_3} \right)$$

当 $E_1 = E_2 = E, \mu_1 = \mu_2 = 0.3$ 时

$$0.977 n_b \sqrt[3]{\left( \frac{F}{E} \right)^2 \left( \frac{2}{R_1} - \frac{1}{R_2} + \frac{1}{R_3} \right)^2}$$

$$0.245 n_\sigma \sqrt[3]{F E^2 \left( \frac{2}{R_1} - \frac{1}{R_2} + \frac{1}{R_3} \right)^2}$$

$$a = 1.397 n_a \sqrt[3]{\frac{\dfrac{F}{E}}{\dfrac{2}{R_1} - \dfrac{1}{R_2} + \dfrac{1}{R_3}}}$$

$$b = 1.397 n_b \sqrt[3]{\frac{\dfrac{F}{E}}{\dfrac{2}{R_1} - \dfrac{1}{R_2} + \dfrac{1}{R_3}}}$$

球与圆弧槽（滚珠轴承）　$R_2 > R_3$

（续）

| 接触情况 | 接触面尺寸 | 最大接触应力 $\sigma_{\max}$ | 接触物体靠近位移值 $\Delta$ |
|---|---|---|---|
| 滚柱轴承<br> | $a = 1.145 n_a \sqrt[3]{\dfrac{F\left(\dfrac{1-\mu_1^2}{E_1}+\dfrac{1-\mu_2^2}{E_2}\right)}{\dfrac{1}{R_1}+\dfrac{1}{R_2}+\dfrac{1}{R_3}-\dfrac{1}{R_4}}}$ <br><br> $b = 1.145 n_b \sqrt[3]{\dfrac{F\left(\dfrac{1-\mu_1^2}{E_1}+\dfrac{1-\mu_2^2}{E_2}\right)}{\dfrac{1}{R_1}+\dfrac{1}{R_2}+\dfrac{1}{R_3}-\dfrac{1}{R_4}}}$ <br><br> $A = \left(\dfrac{1}{R_2}-\dfrac{1}{R_4}\right)\quad B = \dfrac{1}{2}\left(\dfrac{1}{R_1}+\dfrac{1}{R_3}\right)$ | $0.365 n_\sigma \sqrt[3]{F\left(\dfrac{\dfrac{1}{R_1}+\dfrac{1}{R_2}+\dfrac{1}{R_3}-\dfrac{1}{R_4}}{\dfrac{1-\mu_1^2}{E_1}+\dfrac{1-\mu_2^2}{E_2}}\right)^2}$ | $0.655 n_\delta \sqrt[3]{F^2\left(\dfrac{1}{R_1}+\dfrac{1}{R_2}+\dfrac{1}{R_3}-\dfrac{1}{R_4}\right)}\times$ <br> $\sqrt[3]{\left(\dfrac{1-\mu_1^2}{E_1}+\dfrac{1-\mu_2^2}{E_2}\right)^2}$ |
| 滚柱轴承<br> | 当 $E_1 = E_2 = E,\mu_1 = \mu_2 = 0.3$ 时<br><br> $a = 1.397 n_a \sqrt[3]{\dfrac{\dfrac{F}{E}}{\dfrac{1}{R_1}+\dfrac{1}{R_2}+\dfrac{1}{R_3}-\dfrac{1}{R_4}}}$ <br><br> $b = 1.397 n_b \sqrt[3]{\dfrac{\dfrac{F}{E}}{\dfrac{1}{R_1}+\dfrac{1}{R_2}+\dfrac{1}{R_3}-\dfrac{1}{R_4}}}$ | $0.245 n_\sigma \times \sqrt[3]{FE^2\left(\dfrac{1}{R_1}+\dfrac{1}{R_2}+\dfrac{1}{R_3}-\dfrac{1}{R_4}\right)^2}$ | $0.977 n_\delta \times \sqrt[3]{\left(\dfrac{F}{E}\right)^2\left(\dfrac{1}{R_1}+\dfrac{1}{R_2}+\dfrac{1}{R_3}-\dfrac{1}{R_4}\right)}$ |

注：1. $a$—接触时接触面的椭圆长半轴；$b$—接触时接触面的椭圆短半轴，线接触时接触面的半宽度；$\sigma_{l\max}$—最大拉应力。
2. $A$、$B$—椭圆方程系数；$n_a$、$n_b$、$n_\sigma$、$n_\delta$—接触问题的系数，见表 1.1-30。
3. $E$、$\mu$—材料的弹性模量和泊松比。

表 1. 1-30　接触问题的系数 $n_a$、$n_b$、$n_\sigma$、$n_\delta$

| $\dfrac{A}{B}$ | $n_a$ | $n_b$ | $n_\sigma$ | $n_\delta$ | $\dfrac{A}{B}$ | $n_a$ | $n_b$ | $n_\sigma$ | $n_\delta$ |
|---|---|---|---|---|---|---|---|---|---|
| 1.0000 | 1.0000 | 1.0000 | 1.0000 | 1.0000 | 0.1739 | 1.916 | 0.6059 | 0.8614 | 0.8566 |
| 0.9623 | 1.013 | 0.9873 | 0.9999 | 0.9999 | 0.1603 | 1.979 | 0.5938 | 0.8504 | 0.8451 |
| 0.9240 | 1.027 | 0.9472 | 0.9997 | 0.9997 | 0.1462 | 2.053 | 0.5808 | 0.8386 | 0.8320 |
| 0.8852 | 1.042 | 0.9606 | 0.9992 | 0.9992 | 0.1317 | 2.141 | 0.5665 | 0.8246 | 0.8168 |
| 0.8459 | 1.058 | 0.9465 | 0.9985 | 0.9985 | 0.1166 | 2.248 | 0.5505 | 0.8082 | 0.7990 |
| 0.8059 | 1.076 | 0.9318 | 0.9974 | 0.9974 | 0.1010 | 2.381 | 0.5325 | 0.7887 | 0.7775 |
| 0.7652 | 1.095 | 0.9165 | 0.9960 | 0.9960 | 0.09287 | 2.463 | 0.5224 | 0.7774 | 0.7650 |
| 0.7238 | 1.117 | 0.9005 | 0.9942 | 0.9942 | 0.08456 | 2.557 | 0.5114 | 0.7647 | 0.7509 |
| 0.6816 | 1.141 | 0.8837 | 0.9919 | 0.9919 | 0.07600 | 2.669 | 0.4993 | 0.7504 | 0.7349 |
| 0.6384 | 1.168 | 0.8660 | 0.9890 | 0.9889 | 0.06715 | 2.805 | 0.4858 | 0.7338 | 0.7163 |
| 0.5942 | 1.198 | 0.8472 | 0.9853 | 0.9852 | 0.05797 | 2.975 | 0.4704 | 0.7144 | 0.6943 |
| 0.5489 | 1.233 | 0.8271 | 0.9805 | 0.9804 | 0.04838 | 3.199 | 0.4524 | 0.6909 | 0.6675 |
| 0.5022 | 1.274 | 0.8056 | 0.9746 | 0.9744 | 0.04639 | 3.253 | 0.4484 | 0.6856 | 0.6613 |
| 0.4540 | 1.322 | 0.7822 | 0.9669 | 0.9667 | 0.04439 | 3.311 | 0.4442 | 0.6799 | 0.6549 |
| 0.4040 | 1.381 | 0.7565 | 0.9571 | 0.9566 | 0.04237 | 3.373 | 0.4398 | 0.6740 | 0.6481 |
| 0.3518 | 1.456 | 0.7278 | 0.9440 | 0.9432 | 0.04032 | 3.441 | 0.4352 | 0.6678 | 0.6409 |
| 0.3410 | 1.473 | 0.7216 | 0.9409 | 0.9400 | 0.03823 | 3.514 | 0.4304 | 0.6612 | 0.6333 |
| 0.3301 | 1.491 | 0.7152 | 0.9376 | 0.9366 | 0.03613 | 3.594 | 0.4253 | 0.6542 | 0.6251 |
| 0.3191 | 1.511 | 0.7086 | 0.9340 | 0.9329 | 0.03400 | 3.683 | 0.4199 | 0.6467 | 0.6164 |
| 0.3080 | 1.532 | 0.7019 | 0.9302 | 0.9290 | 0.03183 | 3.781 | 0.4142 | 0.6387 | 0.6071 |
| 0.2967 | 1.554 | 0.6949 | 0.9262 | 0.9248 | 0.02962 | 3.890 | 0.4080 | 0.6300 | 0.5970 |
| 0.2853 | 1.578 | 0.6876 | 0.9219 | 0.9203 | 0.02737 | 4.014 | 0.4014 | 0.6206 | 0.5860 |
| 0.2738 | 1.603 | 0.6801 | 0.9172 | 0.9155 | 0.02508 | 4.156 | 0.3942 | 0.6104 | 0.5741 |
| 0.2620 | 1.631 | 0.6723 | 0.9121 | 0.9102 | 0.02273 | 4.320 | 0.3864 | 0.5990 | 0.5608 |
| 0.2501 | 1.660 | 0.6642 | 0.9067 | 0.9045 | 0.02033 | 4.515 | 0.3777 | 0.5864 | 0.5460 |
| 0.2380 | 1.693 | 0.6557 | 0.9008 | 0.8983 | 0.01787 | 4.750 | 0.3680 | 0.5721 | 0.5292 |
| 0.2257 | 1.729 | 0.6468 | 0.8944 | 0.8916 | 0.01533 | 5.046 | 0.3568 | 0.5555 | 0.5096 |
| 0.2132 | 1.768 | 0.6374 | 0.8873 | 0.8841 | 0.01269 | 5.432 | 0.3436 | 0.5358 | 0.4864 |
| 0.2004 | 1.812 | 0.6276 | 0.8766 | 0.8759 | 0.009934 | 5.976 | 0.3273 | 0.5112 | 0.4574 |
| 0.1873 | 1.861 | 0.6171 | 0.8710 | 0.8668 | 0.007018 | 6.837 | 0.3058 | 0.4783 | 0.4186 |
| | | | | | 0.003850 | 8.609 | 0.2722 | 0.4267 | 0.3579 |

# 6　一般标准和规范

## 6.1　标准尺寸

　　本手册所列出的标准尺寸是根据 GB/T 321—2005 和 GB/T 19764—2005 选用的优先数及其化整值系列。选用优先数化整值系列规定的标准尺寸用 R′ 表示。具体标准尺寸系列见表 1.1-31 ~ 表 1.1-36。

表 1. 1-31　0.01 ~ 0.1mm 标准尺寸系列　　　（单位：mm）

| R′ | | | R′ | | |
|---|---|---|---|---|---|
| R′5 | R′10 | R′20 | R′5 | R′10 | R′20 |
| 0.010 | 0.010 | 0.010 | | | 0.014 |
| | | 0.011 | 0.016 | 0.016 | 0.016 |
| | 0.012 | 0.012 | | | 0.018 |

（续）

| R' | | | R' | | |
|---|---|---|---|---|---|
| R'5 | R'10 | R'20 | R'5 | R'10 | R'20 |
|  | 0.020 | 0.020 |  | 0.050 | 0.050 |
|  |  | 0.022 |  |  | 0.055 |
| 0.025 | 0.025 | 0.025 | 0.060 | 0.060 | 0.060 |
|  | 0.030 | 0.030 |  |  | 0.070 |
|  |  | 0.035 |  | 0.080 | 0.080 |
| 0.040 | 0.040 | 0.040 |  |  | 0.090 |
|  |  | 0.045 | 0.100 | 0.100 | 0.100 |

**表 1.1-32　0.1～1.0mm 标准尺寸系列**　　　　　（单位：mm）

| R | | R' | |
|---|---|---|---|
| R10 | R20 | R'10 | R'20 |
| 0.100 | 0.100 | 0.10 | 0.10 |
|  | 0.112 |  | 0.11 |
| 0.125 | 0.125 | 0.12 | 0.12 |
|  | 0.140 |  | 0.14 |
| 0.160 | 0.160 | 0.16 | 0.16 |
|  | 0.180 |  | 0.18 |
| 0.200 | 0.200 | 0.20 | 0.20 |
|  | 0.224 |  | 0.22 |
| 0.250 | 0.250 | 0.25 | 0.25 |
|  | 0.280 |  | 0.28 |
| 0.315 | 0.315 | 0.30 | 0.30 |
|  | 0.355 |  | 0.35 |
| 0.400 | 0.400 | 0.40 | 0.40 |
|  | 0.450 |  | 0.45 |
| 0.500 | 0.500 | 0.50 | 0.50 |
|  | 0.560 |  | 0.55 |
| 0.630 | 0.630 | 0.60 | 0.60 |
|  | 0.710 |  | 0.70 |
| 0.800 | 0.800 | 0.80 | 0.80 |
|  | 0.900 |  | 0.90 |
| 1.000 | 1.000 | 1.00 | 1.00 |

**表 1.1-33　1.0～10.0mm 标准尺寸系列**　　　　　（单位：mm）

| R | | R' | |
|---|---|---|---|
| R10 | R20 | R'10 | R'20 |
| 1.00 | 1.00 | 1.0 | 1.0 |
|  | 1.12 |  | 1.1 |
| 1.25 | 1.25 | 1.2 | 1.2 |
|  | 1.40 |  | 1.4 |
| 1.60 | 1.60 | 1.6 | 1.6 |
|  | 1.80 |  | 1.8 |
| 2.00 | 2.00 | 2.0 | 2.0 |
|  | 2.24 |  | 2.2 |
| 2.50 | 2.50 | 2.5 | 2.5 |
|  | 2.80 |  | 2.8 |
| 3.15 | 3.15 | 3.0 | 3.0 |

（续）

| R | | R' | |
|---|---|---|---|
| R10 | R20 | R'10 | R'20 |
| | 3.55 | | 3.5 |
| 4.00 | 4.00 | 4.0 | 4.0 |
| | 4.50 | | 4.5 |
| 5.00 | 5.00 | 5.0 | 5.0 |
| | 5.60 | | 5.6 |
| 6.30 | 6.30 | 6.3 | 6.3 |
| | 7.10 | | 7.0 |
| 8.00 | 8.00 | 8.0 | 8.0 |
| | 9.00 | | 9.0 |
| 10.00 | 10.00 | 10.0 | 10.0 |

**表 1.1-34　10～100mm 标准尺寸系列**　　（单位：mm）

| R | | | R' | | |
|---|---|---|---|---|---|
| R10 | R20 | R40 | R'10 | R'20 | R'40 |
| 10.0 | 10.0 | | 10 | 10 | |
| | 11.2 | | | 11 | |
| 12.5 | 12.5 | 12.5 | 12 | 12 | 12 |
| | | 13.2 | | | 13 |
| | 14.0 | 14.0 | | 14 | 14 |
| | | 15.0 | | | 15 |
| 16.0 | 16.0 | 16.0 | 16 | 16 | 16 |
| | | 17.0 | | | 17 |
| | 18.0 | 18.0 | | 18 | 18 |
| | | 19.0 | | | 19 |
| 20.0 | 20.0 | 20.0 | 20 | 20 | 20 |
| | | 21.2 | | | 21 |
| | 22.4 | 22.4 | | 22 | 22 |
| | | 23.6 | | | 24 |
| 25.0 | 25.0 | 25.0 | 25 | 25 | 25 |
| | | 26.5 | | | 26 |
| | 28.0 | 28.0 | | 28 | 28 |
| | | 30.0 | | | 30 |
| 31.5 | 31.5 | 31.5 | 32 | 32 | 32 |
| | | 33.5 | | | 34 |
| | 35.5 | 35.5 | | 36 | 36 |
| | | 37.5 | | | 38 |
| 40.0 | 40.0 | 40.0 | 40 | 40 | 40 |
| | | 42.5 | | | 42 |
| | 45.0 | 45.0 | | 45 | 45 |
| | | 47.5 | | | 48 |
| 50.0 | 50.0 | 50.0 | 50 | 50 | 50 |
| | | 53.0 | | | 53 |
| | 56.0 | 56.0 | | 56 | 56 |
| | | 60.0 | | | 60 |
| 63.0 | 63.0 | 63.0 | 63 | 63 | 63 |
| | | 67.0 | | | 67 |
| | 71.0 | 71.0 | | 71 | 71 |
| | | 75.0 | | | 75 |
| 80.0 | 80.0 | 80.0 | 80 | 80 | 80 |
| | | 85.0 | | | 85 |
| | 90.0 | 90.0 | | 90 | 90 |
| | | 95.0 | | | 95 |
| 100.0 | 100.0 | 100.0 | 100 | 100 | 100 |

表 1.1-35   100~1000mm 标准尺寸系列                  （单位：mm）

| R | | | R′ | | |
|---|---|---|---|---|---|
| R10 | R20 | R40 | R′10 | R′20 | R′40 |
| 100 | 100 | 100 | 100 | 100 | 100 |
| | | 106 | | | 105 |
| | 112 | 112 | | 110 | 110 |
| | | 118 | | | 120 |
| 125 | 125 | 125 | 125 | 125 | 125 |
| | | 132 | | | 130 |
| | 140 | 140 | | 140 | 140 |
| | | 150 | | | 150 |
| 160 | 160 | 160 | 160 | 160 | 160 |
| | | 170 | | | 170 |
| | 180 | 180 | | 180 | 180 |
| | | 190 | | | 190 |
| 200 | 200 | 200 | 200 | 200 | 200 |
| | | 212 | | | 210 |
| | 224 | 224 | | 220 | 220 |
| | | 236 | | | 240 |
| 250 | 250 | 250 | 250 | 250 | 250 |
| | | 265 | | | 260 |
| | 280 | 280 | | 280 | 280 |
| | | 300 | | | 300 |
| 315 | 315 | 315 | 320 | 320 | 320 |
| | | 335 | | | 340 |
| | 355 | 355 | | 360 | 360 |
| | | 375 | | | 380 |
| 400 | 400 | 400 | 400 | 400 | 400 |
| | | 425 | | | 420 |
| | 450 | 450 | | 450 | 450 |
| | | 475 | | | 480 |
| 500 | 500 | 500 | 500 | 500 | 500 |
| | | 530 | | | 530 |
| | 560 | 560 | | 560 | 560 |
| | | 600 | | | 600 |
| 630 | 630 | 630 | 630 | 630 | 630 |
| | | 670 | | | 670 |
| | 710 | 710 | | 710 | 710 |
| | | 750 | | | 750 |
| 800 | 800 | 800 | 800 | 800 | 800 |
| | | 850 | | | 850 |
| | 900 | 900 | | 900 | 900 |
| | | 950 | | | 950 |
| 1000 | 1000 | 1000 | 1000 | 1000 | 1000 |

表 1.1-36   1000~20000mm 标准尺寸系列                  （单位：mm）

| R | | | R′ | | |
|---|---|---|---|---|---|
| R10 | R20 | R40 | R10 | R20 | R40 |
| 1000 | 1000 | 1000 | | | 4750 |
| | | 1060 | 5000 | 5000 | 5000 |
| | 1120 | 1120 | | | 5300 |
| | | 1180 | | 5600 | 5600 |

（续）

| R | | | R | | |
|---|---|---|---|---|---|
| R10 | R20 | R40 | R10 | R20 | R40 |
| 1250 | 1250 | 1250 | | | 6000 |
| | | 1320 | 6300 | 6300 | 6300 |
| | 1400 | 1400 | | | 6700 |
| | | 1500 | | 7100 | 7100 |
| 1600 | 1600 | 1600 | | | 7500 |
| | | 1700 | 8000 | 8000 | 8000 |
| | 1800 | 1800 | | | 8500 |
| | | 1900 | | 9000 | 9000 |
| 2000 | 2000 | 2000 | | | 9500 |
| | | 2120 | 10000 | 10000 | 10000 |
| | 2240 | 2240 | | | 10600 |
| | | 2360 | | 11200 | 11200 |
| 2500 | 2500 | 2500 | | | 11800 |
| | | 2650 | 12500 | 12500 | 12500 |
| | 2800 | 2800 | | | 13200 |
| | | 3000 | | 14000 | 14000 |
| 3150 | 3150 | 3150 | | | 15000 |
| | | 3350 | 16000 | 16000 | 16000 |
| | 3550 | 3550 | | | 17000 |
| | | 3750 | | 18000 | 18000 |
| 4000 | 4000 | 4000 | | | 19000 |
| | | 4250 | 20000 | 20000 | 20000 |
| | 4500 | 4500 | | | |

## 6.2　锥度与锥度系列

一般用途圆锥的锥度与锥角系列见表 1.1-37，选用时应优先选用系列 1，其次选用系列 2。为便于圆锥件的设计、生产和控制，表 1.1-37 给出了圆锥角或锥度的推算值，其有效位数可按需要确定。特殊用途圆锥的锥度与锥角系列见表 1.1-38。

**表 1.1-37　一般用途圆锥的锥度与锥角系列**（摘自 GB/T 157—2001）

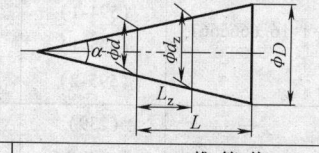

$$C = \frac{D - d}{L}$$

$$C = 2\tan\frac{\alpha}{2} = 1 : \frac{1}{2}\cot\frac{\alpha}{2}$$

$d_x$——给定截面圆锥直径

| 基本值 | | 推算值 | | 备注 |
|---|---|---|---|---|
| 系列 1 | 系列 2 | 圆锥角 $\alpha$ | 锥度 $C$ | |
| 120° | — | — | 1:0.288675 | 螺纹孔内倒角,填料盒内填料的锥度 |
| 90° | — | — | 1:0.500000 | 沉头螺钉头,螺纹倒角,轴的倒角 |
| | 75° | — | 1:0.651613 | 沉头带榫螺栓的螺栓头 |
| 60° | — | — | 1:0.866025 | 车床顶尖,中心孔 |
| 45° | — | — | 1:1.207107 | 用于轻型螺旋管接口的锥形密合 |
| 30° | — | — | 1:1.866025 | 摩擦离合器 |
| 1:3 | | 18°55′28.7″ | 18.924644° | — | 具有极限扭矩的摩擦圆锥离合器 |
| | 1:4 | 14°15′0.1″ | 14.250033° | — |
| 1:5 | | 11°25′16.3″ | 11.421186° | — | 易拆零件的锥形连接,锥形摩擦离合器 |
| | 1:6 | 9°31′38.2″ | 9.527283° | — |
| | 1:7 | 8°10′16.4″ | 8.171234° | — | 重型机床顶尖,旋塞 |

（续）

| 基本值 | | 推 算 值 | | 备　注 |
|---|---|---|---|---|
| 系列 1 | 系列 2 | 圆锥角 α | 锥度 C | |
| | 1:8 | 7°9′9.6″ | 7.152669° | 联轴器和轴的圆锥面连接 |
| 1:10 | | 5°43′29.3″ | 5.724810° | 受轴向力及横向力的锥形零件的接合面,电机及其他机械的锥形轴端 |
| | 1:12 | 4°46′18.8″ | 4.771888° | 固定球及滚子轴承的衬套 |
| | 1:15 | 3°49′5.9″ | 3.818305° | 受轴向力的锥形零件的接合面,活塞与其杆的连接 |
| 1:20 | | 2°51′51.1″ | 2.864192° | 机床主轴的锥度,刀具尾柄,米制锥度铰刀,圆锥螺栓 |
| 1:30 | | 1°54′34.9″ | 1.909682° | 装柄的铰刀及扩孔钻 |
| | 1:40 | 1°25′56.8″ | 1.432222° | |
| 1:50 | | 1°8′45.2″ | 1.145877° | 圆锥销,定位销,圆锥销孔的铰刀 |
| 1:100 | | 0°34′22.6″ | 0.572953° | 承受陡振及静、变载荷的不需拆开的连接零件,楔键 |
| 1:200 | | 0°17′11.3″ | 0.286478° | 承受陡振及冲击变载荷的需拆开的连接零件,圆锥螺栓 |
| 1:500 | | 0°6′52.5″ | 0.114591° | — |

**表 1.1-38　特殊用途圆锥的锥度与锥角系列**（摘自 GB/T 157—2001）

| 基本值 | 推 算 值 | | 锥度 C | 标准号 GB/T(ISO) | 用途 |
|---|---|---|---|---|---|
| | 圆锥角 α | | | | |
| 11°54′ | — | — | 1:4.7974511 | (5237) (8489-5) | 纺织机械和附件 |
| 8°40′ | — | — | 1:6.5984415 | (8489-3) (8489-4) (324.575) | |
| 7° | — | — | 1:8.1749277 | (8489-2) | |
| 1:38 | 1°30′27.7080″ | 1.50769667° | | (368) | |
| 1:64 | 0°53′42.8220″ | 0.89522834° | | (368) | |
| 7:24 | 16°35′39.4443″ | 16.59429008° | 1:3.4285714 | 3837.3 (297) | 机床主轴 工具配合 |
| 1:12.262 | 4°40′12.1514″ | 4.67004205° | — | (239) | 贾各锥度 No2 |
| 1:12.972 | 4°24′52.9039″ | 4.41469552° | — | (239) | 贾各锥度 No1 |
| 1:15.748 | 3°38′13.4429″ | 3.63706747° | — | (239) | 贾各锥度 No33 |
| 6:100 | 3°26′12.1776″ | 3.43671600° | 1:16.6666667 | 1962 (594-1) (595-1) (595-2) | 医疗设备 |
| 1:18.779 | 3°3′1.2070″ | 3.05033527° | — | (239) | 贾各锥度 No3 |
| 1:19.002 | 3°0′52.3956″ | 3.01455434° | — | 1443(296) | 莫氏锥度 No5 |
| 1:19.180 | 2°59′11.7258″ | 2.98659050° | — | 1443(296) | 莫氏锥度 No6 |
| 1:19.212 | 2°58′53.8255″ | 2.98161820° | — | 1443(296) | 莫氏锥度 No0 |
| 1:19.254 | 2°58′30.4217″ | 2.97511713° | — | 1443(296) | 莫氏锥度 No4 |
| 1:19.264 | 2°58′24.8644″ | 2.97357343° | — | (239) | 贾各锥度 No6 |
| 1:19.922 | 2°52′31.4463″ | 2.87540176° | — | 1443(296) | 莫氏锥度 No3 |
| 1:20.020 | 2°51′40.7960″ | 2.86133223° | — | 1443(296) | 莫氏锥度 No2 |
| 1:20.047 | 2°51′26.9283″ | 2.85748008° | — | 1443(296) | 莫氏锥度 No1 |
| 1:20.288 | 2°49′24.7802″ | 2.82355006° | — | (239) | 贾各锥度 No0 |
| 1:23.904 | 2°23′47.6244″ | 2.39656232° | — | 1443(296) | 布朗夏普锥度 No1 至 No3 |

## 6.3　棱体的角度与斜度

一般用途棱体的角度与斜度系列见表 1.1-39，选用棱体角时，应优先选用系列 1，其次选用系列

2。为便于棱体的设计、生产和控制，表 1.1-40 和表 1.1-41 给出了棱体角和棱体斜度所对应的棱体比率、斜度和角度推算值，其有效位数可按需要确定。

表 1.1-39　一般用途棱体的角度和斜度系列（摘自 GB/T 4096—2001）

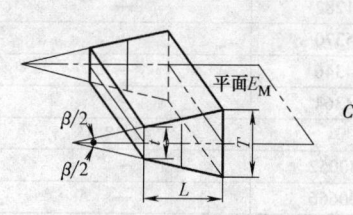

比率 $C_p = \dfrac{T-t}{L}$

$C_p = 2\tan\dfrac{\beta}{2}$

$= 1 : \dfrac{1}{2}\cot\dfrac{\beta}{2}$

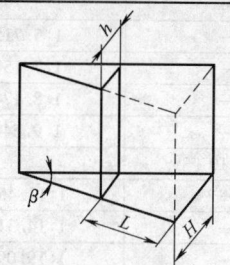

斜度 $S = \dfrac{H-h}{L}$

$S = \tan\beta$

$= 1 : \cot\beta$

| 棱 体 角 | | | | 棱体斜度 S |
|---|---|---|---|---|
| 系列一 | | 系列二 | | |
| $\beta$ | $\beta/2$ | $\beta$ | $\beta/2$ | |
| 120° | 60° | — | — | — |
| 90° | 45° | — | — | — |
| — | — | 75° | 37.30′ | — |
| 60° | 30° | — | — | — |
| 45° | 22.30′ | — | — | — |
| — | — | 40° | 20° | — |
| 30° | 15° | — | — | — |
| 20° | 10° | — | — | — |
| 15° | 7°30′ | — | — | — |
| — | — | 10° | 5° | — |
| — | — | 8° | 4° | — |
| — | — | 7° | 3°30′ | — |
| — | — | 6° | 3° | — |
| — | — | — | — | 1:10 |
| 5° | 2°30′ | — | — | — |
| — | — | 4° | 2° | — |
| — | — | 3° | 1°30′ | — |
| — | — | — | — | 1:20 |
| — | — | 2° | 1° | — |
| — | — | — | — | 1:50 |
| — | — | 1° | 0°30′ | — |
| — | — | — | — | 1:100 |
| — | — | 0°30′ | 0°15′ | — |
| — | — | — | — | 1:200 |
| — | — | — | — | 1:500 |

表 1.1-40　一般棱体的比率、斜度和角度推算值（摘自 GB/T 4096—2001）

| 基本值 | | 推算值 | | |
|---|---|---|---|---|
| $\beta$ | $S$ | $C_p$ | $S$ | $\beta$ |
| 120° | — | 1:0.288675 | — | — |
| 90° | — | 1:0.500000 | — | — |
| 75° | — | 1:0.651613 | 1:0.267919 | — |
| 60° | — | 1:0.866025 | 1:0.577350 | — |
| 45° | — | 1:1.207107 | 1:1.00000 | — |

（续）

| 基本值 | | 推算值 | | |
|---|---|---|---|---|
| $\beta$ | $S$ | $C_p$ | $S$ | $\beta$ |
| 40° | — | 1:1.373739 | 1:1.191754 | — |
| 30° | — | 1:1.866025 | 1:1.732051 | — |
| 20° | — | 1:2.835641 | 1:2.747477 | — |
| 15° | — | 1:3.797877 | 1:3.732051 | — |
| 10° | — | 1:5.715026 | 1:5.671282 | — |
| 8° | — | 1:7.150333 | 1:7.115370 | — |
| 7° | — | 1:8.174928 | 1:8.144346 | — |
| 6° | — | 1:9.540568 | 1:9.514364 | — |
| — | 1:10 | — | — | 5°42′38.1″ |
| 5° | — | 1:11.451883 | 1:11.430052 | — |
| 4° | — | 1:14.318127 | 1:14.300666 | — |
| 3° | — | 1:19.094230 | 1:19.081137 | — |
| — | 1:20 | — | — | 2°51′44.7″ |
| 2° | — | 1:28.644981 | 1:28.636253 | — |
| — | 1:50 | — | — | 1°8′44.7″ |
| 1° | — | 1:57.294325 | 1:57.289962 | — |
| — | 1:100 | — | — | 34′22.6″ |
| 0°30′ | — | 1:114.590832 | 1:114.588650 | — |
| — | 1:200 | — | — | 17′11.3″ |
| — | 1:500 | — | — | 6′52.5″ |

**表 1.1-41　特定用途棱体的比率、斜度和角度推算值**（摘自 GB/T 4096—2001）

| 棱体角 | | 推算值 | | 用途 |
|---|---|---|---|---|
| $\beta$ | $\beta/2$ | $C_p$ | $S$ | |
| 108° | 54° | 1:0.363271 | — | V 形体 |
| 72° | 35° | 1:0.688191 | — | |
| 55° | 27°30′ | 1:0.960491 | 1:0.700207 | 燕尾体 |
| 50° | 25° | 1:1.072253 | 1:0.839100 | |

## 6.4　机器轴高

### 1. 公称尺寸

轴高 $h$ 的公称尺寸按 GB/T 321—2005 分为 I、II、III、和 IV 四个系列，其尺寸应符合图 1.1-1 和表 1.1-42 的规定。

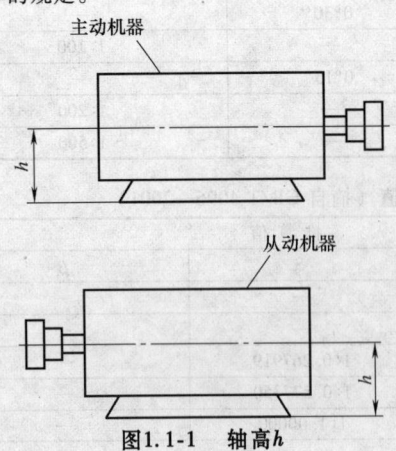

**图1.1-1　轴高 $h$**

### 2. 公差

轴高的极限偏差和平行度公差适用于直接并装于同一共同底座的主动机器和从动机器，如图 1.1-2 所示。轴高的极限偏差一般应符合表 1.1-43 的规定。

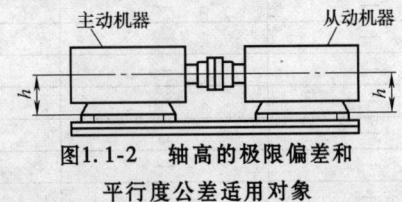

**图1.1-2　轴高的极限偏差和平行度公差适用对象**

机器底部到轴中心线的端点之间的平行度误差应符合表 1.1-44 的规定。

## 6.5　机器轴伸

### 1. 圆柱形轴伸

轴伸的长度分为长系列和短系列两种。轴伸直径的公称尺寸、极限偏差及长度系列应符合图 1.1-3 和表 1.1-45 的规定。

表 1.1-42　**轴高的公称尺寸**（摘自 GB/T 12217—2005）　　　　（单位：mm）

| 轴高 h | | | | 轴高 h | | | |
|---|---|---|---|---|---|---|---|
| I | II | III | IV | I | II | III | IV |
| 25 | 25 | 25 | 25 | 40 | 40 | 40 | 40 |
|  |  |  | 26 |  |  |  | 42 |
|  |  | 28 | 28 |  |  | 45 | 45 |
|  |  |  | 30 |  |  |  | 48 |
|  | 32 | 32 | 32 |  | 50 | 50 | 50 |
|  |  |  | 34 |  |  |  | 53 |
|  |  | 36 | 36 |  |  | 56 | 56 |
|  |  |  | 38 |  |  |  | 60 |
| 63 | 63 | 63 | 63 |  |  |  | 335 |
|  |  |  | 67 |  |  | 355 | 355 |
|  |  | 71 | 71 |  |  |  | 375 |
|  |  |  | 75 | 400 | 400 | 400 | 400 |
|  | 80 | 80 | 80 |  |  |  | 425 |
|  |  | 90 | 90 |  |  | 450 | 450 |
|  |  |  | 95 |  |  |  | 475 |
| 100 | 100 | 100 | 100 |  | 500 | 500 | 500 |
|  |  |  | 105 |  |  |  | 530 |
|  |  | 112 | 112 |  |  | 560 | 560 |
|  |  |  | 118 |  |  |  | 600 |
|  | 125 | 125 | 125 | 630 | 630 | 630 | 630 |
|  |  |  | 132 |  |  |  | 670 |
|  |  | 140 | 140 |  |  | 710 | 710 |
|  |  |  | 150 |  |  |  | 750 |
| 160 | 160 | 160 | 160 |  | 800 | 800 | 800 |
|  |  |  | 170 |  |  |  | 850 |
|  |  | 180 | 180 |  |  | 900 | 900 |
|  |  |  | 190 |  |  |  | 950 |
|  | 200 | 200 | 200 | 1000 | 1000 | 1000 | 1000 |
|  |  |  | 212 |  |  |  | 1060 |
|  |  | 225 | 225 |  |  | 1120 | 1120 |
|  |  |  | 236 |  |  |  | 1180 |
| 250 | 250 | 250 | 250 |  | 1250 | 1250 | 1250 |
|  |  |  | 265 |  |  |  | 1320 |
|  |  | 280 | 280 |  |  | 1400 | 1400 |
|  |  |  | 300 |  |  |  | 1500 |
|  | 315 | 315 | 315 | 1600 | 1600 | 1600 | 1600 |

注：1. 优先选用第 I 系列的数值。如果不能满足需要时，可选用第 II 系列的数值，其次选用第 III 系列的数值，第 IV 系列的数值尽量不采用。

　　2. 当轴高尺寸大于 1600mm 时，推荐选用 160～1000mm 范围内的数值再乘以 10。

表 1.1-43　**轴高的极限偏差**（摘自 GB/T 12217—2005）　　　　（单位：mm）

| 轴高 | 电动机、从动机器减速器 | 除电动机以外的主动机器 |
|---|---|---|
|  | 极限偏差 | |
| 25～50 | 0<br>- 0.4 | + 0.4<br>0 |
| >50～250 | 0<br>- 0.5 | + 0.5<br>0 |
| >250～630 | 0<br>- 1.0 | + 1.0<br>0 |
| >630～1000 | 0<br>- 1.5 | + 1.5<br>0 |
| >1000 | 0<br>- 2.0 | + 2.0<br>0 |

注：对于支承平面不在底部的机器，选用极限偏差时应按轴伸轴线到机器底部的距离选取，即假设支承面是在机器底部的最低点。

表 1.1-44　平行度误差最大值（摘自 GB/T 12217—2005）　　　　　（单位：mm）

| 轴高 | 平行度误差 | | |
|---|---|---|---|
| | $L < 2.5h$ | $2.5h \leq L \leq 4h$ | $L > 4h$ |
| 25 ~ 50 | 0.2 | 0.3 | 0.4 |
| >50 ~ 250 | 0.25 | 0.4 | 0.5 |
| >250 ~ 630 | 0.5 | 0.75 | 1.0 |
| >630 ~ 1000 | 0.75 | 1.0 | 1.5 |
| >1000 | 1.0 | 1.5 | 2.0 |

注：1. $L$ 为轴的全长（一般应在轴的两端点量取。若不能在两端点测量时，可取轴上任意两点，其测量结果应按轴的全长和该两点间的距离之比相应增大）。
　　2. 对于支承平面不在底部的机器，选用平行度误差时，$h$ 应按轴伸轴线到机器底部的距离选取，即假设支承面是在机器底部的最低点。

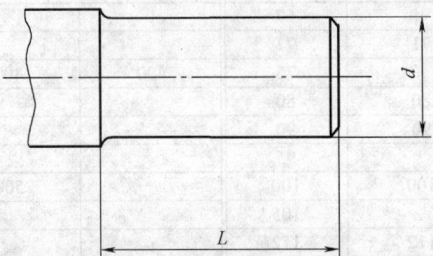

图 1.1-3　轴伸直径的公称尺寸

表 1.1-45　轴伸直径的公称尺寸、极限偏差及长度系列（摘自 GB/T 1569—2005）

（单位：mm）

| d | | L | | d | | L | |
|---|---|---|---|---|---|---|---|
| 公称尺寸 | 极限偏差 | 长系列 | 短系列 | 公称尺寸 | 极限偏差 | 长系列 | 短系列 |
| 6 | +0.006 -0.002 | 16 | | 56 | | 110 | 82 |
| | | | | 60 | | | |
| 7 | | | — | 63 | | | |
| 8 | +0.007 -0.002 | 20 | | 65 | +0.030 +0.011 | 140 | 105 |
| 9 | | | | 70 | | | |
| 10 | | 23 | 20 | 71 | | | |
| 11 | | | | 75 | | | |
| 12 | +0.008 -0.003 | 30 | 25 | 80 | | 170 | 130 |
| 14 | | | | 85 | | | |
| 16 | j9 | | | 90 | | | |
| 18 | | 40 | 28 | 95 | +0.035 +0.013 | | |
| 19 | | | | 100 | | | |
| 20 | | | | 110 | | 210 | 165 |
| 22 | +0.009 -0.004 | 50 | 36 | 120 | | | |
| 24 | | | | 125 | m6 | | |
| 25 | | 60 | 42 | 130 | | 250 | 200 |
| 28 | | | | 140 | | | |
| 30 | | | | 150 | +0.040 +0.015 | | |
| 32 | | 80 | 58 | 160 | | 300 | 240 |
| 35 | | | | 170 | | | |
| 38 | | | | 180 | | | |
| 40 | +0.018 +0.002 | k6 | | 190 | | 350 | 280 |
| 42 | | | | 200 | | | |
| 45 | | 110 | 82 | 220 | +0.046 +0.017 | | |
| 48 | | | | 240 | | | |
| 50 | | | | 250 | | 410 | 330 |
| 55 | +0.030 +0.011 | m6 | | 260 | +0.052 +0.020 | | |

（续）

| $d$ | | $L$ | | $d$ | | $L$ | |
|---|---|---|---|---|---|---|---|
| 公称尺寸 | 极限偏差 | 长系列 | 短系列 | 公称尺寸 | 极限偏差 | 长系列 | 短系列 |
| 280 | + 0.052 | | | 450 | | | |
| 300 | + 0.020 | 470 | 380 | 460 | + 0.063 | 650 | 540 |
| 320 | | | | 480 | + 0.023 | | |
| 340 | | | | 500 | | | |
| 360 | + 0.057 | 550 | 450 | 530 | | | |
| 380 | + 0.021 | | | 560 | | | |
| 400 | | | | 600 | + 0.070 | 800 | 680 |
| 420 | + 0.063 | 650 | 540 | 630 | + 0.026 | | |
| 440 | + 0.023 | | | | | | |

（表中 $d$ 栏极限偏差 m6，$d$ 栏极限偏差 m6）

直径 >630 ~ 11250mm 轴伸的公称尺寸、极限偏差和长度系列按表 1.1-46 的规定。

**表 1.1-46　直径 >630 ~ 11250mm 的轴伸公称尺寸、极限偏差和长度系列**（摘自 GB/T 1569—2005）

（单位：mm）

| $d$ | | $L$ | |
|---|---|---|---|
| 公称尺寸 | 极限偏差 | 长系列 | 短系列 |
| 670 | | | |
| 710 | + 0.100 | 900 | 780 |
| 750 | + 0.050 | | |
| 800 | | | |
| 850 | | 1000 | 880 |
| 900 | + 0.112 | | |
| 950 | + 0.056 | | 980 |
| 1000 | | | |
| 1060 | | — | 1100 |
| 1120 | + 0.132 | | |
| 1180 | + 0.066 | | 1200 |
| 1250 | | | 1300 |

2. 圆锥形轴伸

圆锥形轴伸分为长系列和短系列两种，可制成带键槽的和不带键槽的。

（1）长系列　直径 ≤220mm 的圆锥形轴伸的型式和尺寸按图 1.1-4、图 1.1-5 和表 1.1-47 的规定，带键时键槽底面与轴线平行。直径 >220mm 的圆锥形轴伸的型式和尺寸按图 1.1-6 和表 1.1-48 的规定，带键时键槽底面与圆锥素线平行。

**表 1.1-47　长系列直径 ≤220mm 的圆锥形轴伸的型式和尺寸**（摘自 GB/T 1570—2005）

（单位：mm）

| $d$ | $L$ | $L_1$ | $L_2$ | $b$ | $h$ | $d_1$ | $t_1$ | $G$ | $d_2$ | $d_3$ | $L_3$ |
|---|---|---|---|---|---|---|---|---|---|---|---|
| 6 | 16 | 10 | 6 | — | — | 5.5 | — | — | M4 | — | — |
| 7 | | | | | | 6.5 | | | | | |
| 8 | 20 | 12 | 8 | | | 7.4 | | | | | |
| 9 | | | | | | 8.4 | | | M6 | | |
| 10 | 23 | 15 | 12 | | | 9.25 | | | | | |
| 11 | | | | 2 | 2 | 10.25 | 1.2 | 3.9 | | | |
| 12 | 30 | 18 | 16 | | | 11.1 | | 4.3 | M8 × 1 | M4 | 10 |
| 14 | | | | 3 | 3 | 13.1 | 1.8 | 4.7 | | | |
| 16 | | | | | | 14.6 | | 5.5 | | | |
| 18 | 40 | 28 | 25 | 4 | 4 | 16.6 | 2.5 | 5.8 | M10 × 1.25 | M5 | 13 |
| 19 | | | | | | 17.6 | | 6.3 | | | |

（续）

| d | L | L₁ | L₂ | b | h | d₁ | t₁ | G | d₂ | d₃ | L₃ |
|---|---|---|---|---|---|---|---|---|---|---|---|
| 20 | 50 | 36 | 32 | 4 | 4 | 18.2 | 2.5 | 6.6 | M12×1.25 | M6 | 16 |
| 22 |  |  |  |  |  | 20.2 |  | 7.6 |  |  |  |
| 24 |  |  |  |  |  | 22.2 |  | 8.1 |  |  |  |
| 25 | 60 | 42 | 36 | 5 | 5 | 22.9 | 3 | 8.4 | M16×1.5 | M8 | 19 |
| 28 |  |  |  |  |  | 25.9 |  | 9.9 |  |  |  |
| 30 | 80 | 58 | 50 | 6 | 6 | 27.1 | 3.5 | 10.5 | M20×1.5 | M10 | 22 |
| 32 |  |  |  |  |  | 29.1 |  | 11.0 |  |  |  |
| 35 |  |  |  |  |  | 32.1 |  | 12.5 |  |  |  |
| 38 |  |  |  |  |  | 35.1 |  | 14.0 |  |  |  |
| 40 | 110 | 82 | 70 | 10 | 8 | 35.9 | 5 | 12.9 | M24×2 | M12 | 28 |
| 42 |  |  |  |  |  | 37.9 |  | 13.9 |  |  |  |
| 45 |  |  |  | 12 | 8 | 40.9 |  | 15.4 | M30×2 | M16 | 36 |
| 48 |  |  |  |  |  | 43.9 |  | 16.9 |  |  |  |
| 50 |  |  |  |  |  | 45.9 |  | 17.9 |  |  |  |
| 55 |  |  |  | 14 | 9 | 50.9 | 5.5 | 19.9 | M36×2 |  |  |
| 56 |  |  |  |  |  | 51.9 |  | 20.4 |  |  |  |
| 60 | 140 | 105 | 100 | 16 | 10 | 54.75 | 6 | 21.4 | M42×3 | M20 | 42 |
| 63 |  |  |  |  |  | 57.75 |  | 22.9 |  |  |  |
| 65 |  |  |  |  |  | 59.75 |  | 23.9 |  |  |  |
| 70 |  |  |  |  |  | 64.75 |  | 25.4 |  |  |  |
| 71 |  |  |  | 18 | 11 | 65.75 | 7 | 25.9 | M48×3 | M24 | 50 |
| 75 |  |  |  |  |  | 69.75 |  | 27.9 |  |  |  |
| 80 | 170 | 130 | 110 | 20 | 12 | 73.5 | 7.5 | 29.2 | M56×4 |  |  |
| 85 |  |  |  |  |  | 78.5 |  | 31.7 |  |  |  |
| 90 |  |  |  | 22 | 14 | 83.5 | 9 | 32.7 | M64×4 |  |  |
| 95 |  |  |  |  |  | 88.5 |  | 35.2 |  |  |  |
| 100 | 210 | 165 | 140 | 25 |  | 91.75 |  | 36.9 | M72×4 |  |  |
| 110 |  |  |  |  |  | 101.75 |  | 41.9 | M80×4 |  |  |
| 120 |  |  |  | 28 | 16 | 111.75 | 10 | 45.9 | M90×4 |  |  |
| 125 |  |  |  |  |  | 116.75 |  | 48.3 |  |  |  |
| 130 | 250 | 200 | 180 |  |  | 120 |  | 50 | M100×4 | — | — |
| 140 |  |  |  | 32 | 18 | 130 | 11 | 54 |  |  |  |
| 150 |  |  |  |  |  | 140 |  | 59 | M110×4 |  |  |
| 160 | 300 | 240 | 220 | 36 | 20 | 148 | 12 | 62 | M125×4 |  |  |
| 170 |  |  |  |  |  | 158 |  | 67 |  |  |  |
| 180 | 350 | 280 | 250 | 40 | 22 | 168 | 13 | 71 | M140×6 |  |  |
| 190 |  |  |  |  |  | 176 |  | 75 |  |  |  |
| 200 |  |  |  |  |  | 186 |  | 80 | M160×6 |  |  |
| 220 |  |  |  | 45 | 25 | 206 | 15 | 88 |  |  |  |

注：1. 键槽深度 $t_1$ 可由测量 $G$ 代替，或按表 1.1-51 的规定选取。

2. $L_2$ 可根据需要选取表中的数值。

**表 1.1-48　长系列直径 >220mm 的圆锥形轴伸的型式和尺寸**（摘自 GB/T 1570—2005）

（单位：mm）

| d | L | L₁ | L₂ | b | h | d₁ | t₁ | d₂ |
|---|---|---|---|---|---|---|---|---|
| 240 | 410 | 330 | 280 | 50 | 28 | 223.5 | 17 | M180×6 |
| 250 |  |  |  |  |  | 233.5 |  |  |
| 260 |  |  |  |  |  | 243.5 |  | M200×6 |

（续）

| $d$ | $L$ | $L_1$ | $L_2$ | $b$ | $h$ | $d_1$ | $t_1$ | $d_2$ |
|---|---|---|---|---|---|---|---|---|
| 280 | | | | 56 | | 261 | | |
| 300 | 470 | 380 | 320 | | 32 | 282 | 20 | M220×6 |
| 320 | | | | 63 | | 301 | | M250×6 |
| 340 | | | | | | 317.5 | | |
| 360 | 550 | 450 | 400 | 70 | 36 | 337.5 | 22 | M280×6 |
| 380 | | | | | | 357.5 | | M300×6 |
| 400 | | | | | | 373 | | |
| 420 | | | | 80 | 40 | 393 | 25 | M320×6 |
| 440 | | | | | | 413 | | |
| 450 | 650 | 540 | 450 | | | 423 | | M350×6 |
| 460 | | | | | | 433 | | |
| 480 | | | | 90 | 45 | 453 | 28 | M380×6 |
| 500 | | | | | | 473 | | |
| 530 | | | | | | 496 | | M420×6 |
| 560 | | | | | | 526 | | M450×6 |
| 600 | 800 | 680 | 500 | 100 | 50 | 566 | 31 | M500×6 |
| 630 | | | | | | 596 | | M550×6 |

（2）短系列　直径≤220mm 的圆锥形轴伸的型式和尺寸按图 1.1-4、图 1.1-5 和表 1.1-49 的规定。带键时，键槽底面与轴线平行。

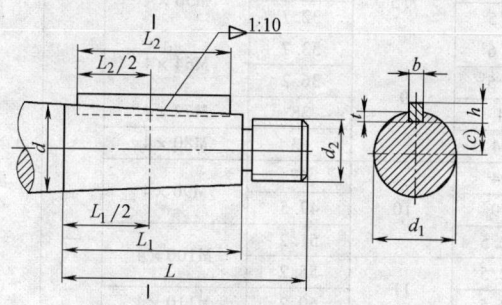

图 1.1-4　直径≤220mm 圆锥形
轴伸的型式和尺寸之一

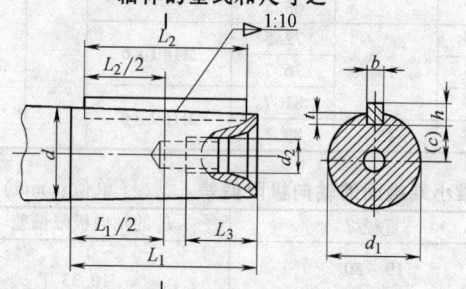

图 1.1-5　直径≤220mm 圆锥形
轴伸的型式和尺寸之二

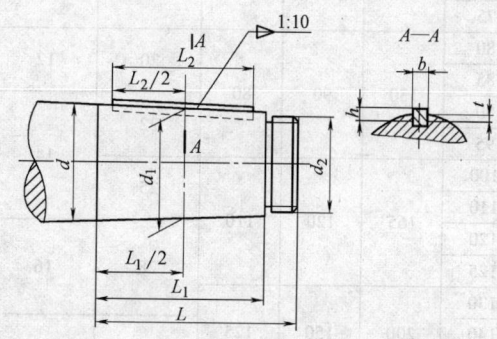

图 1.1-6　直径 >220mm 圆锥形轴伸
的型式和尺寸

（3）圆锥形轴伸圆锥角公差　直径 $d$ 公差选用 GB/T 1800.2—2009 中的 IT8，其直径 $d$ 的所在截面距圆锥小端端面的轴向极限偏差见表 1.1-50。

1:10 圆锥角公差选用 GB/T 11334—2005 中的 AT6。

（4）圆锥形轴伸大端处键槽深度尺寸　对键槽底面平行于轴线的键槽，当按照轴伸大端直径来检验键槽深度时，其数值应符合图 1.1-7 和表 1.1-51 中 $t_2$ 的规定。$t_2$ 的极限偏差与 $t_1$ 的极限偏差相同。

### 表 1.1-49　短系列直径 ≤220mm 圆锥形轴伸的型式和尺寸（摘自 GB/T 1570—2005）

（单位：mm）

| $d$ | $L$ | $L_1$ | $L_2$ | $b$ | $h$ | $d_1$ | $t_1$ | $G$ | $d_2$ | $d_3$ | $L_3$ |
|---|---|---|---|---|---|---|---|---|---|---|---|
| 16 | 28 | 16 | 14 | 3 | 3 | 15.2 | 1.8 | 5.8 |  | M4 | 10 |
| 18 |  |  |  |  |  | 17.2 |  | 6.1 | M10 × 1.25 | M5 | 13 |
| 19 |  |  |  | 4 | 4 | 18.2 | 2.5 | 6.6 |  |  |  |
| 20 | 36 | 22 | 20 |  |  | 18.9 |  | 6.9 | M12 × 1.25 | M6 | 16 |
| 22 |  |  |  |  |  | 20.9 |  | 7.9 |  |  |  |
| 24 |  |  |  |  |  | 22.9 |  | 8.4 |  |  |  |
| 25 | 42 | 24 | 22 | 5 | 5 | 23.8 | 3 | 8.9 | M16 × 1.5 | M8 | 19 |
| 28 |  |  |  |  |  | 26.8 |  | 10.4 |  |  |  |
| 30 | 58 | 36 | 32 |  |  | 28.2 |  | 11.1 | M20 × 1.5 | M10 | 22 |
| 32 |  |  |  | 6 | 6 | 30.2 |  | 11.6 |  |  |  |
| 35 |  |  |  |  |  | 33.2 | 3.5 | 13.1 |  |  |  |
| 38 |  |  |  |  |  | 36.2 |  | 14.6 |  |  |  |
| 40 | 82 | 54 | 50 | 10 | 8 | 37.3 | 5 | 13.6 | M24 × 2 | M12 | 28 |
| 42 |  |  |  |  |  | 39.3 |  | 14.6 |  |  |  |
| 45 |  |  |  | 12 |  | 42.3 |  | 16.1 | M30 × 2 | M16 | 36 |
| 48 |  |  |  |  |  | 45.3 |  | 17.6 |  |  |  |
| 50 |  |  |  |  |  | 47.3 |  | 18.6 |  |  |  |
| 55 | 105 | 70 | 63 | 14 | 9 | 52.3 | 5.5 | 20.6 | M36 × 2 |  |  |
| 56 |  |  |  |  |  | 53.3 |  | 21.1 |  |  |  |
| 60 |  |  |  | 16 | 10 | 56.5 | 6 | 22.2 | M42 × 3 | M20 | 42 |
| 63 |  |  |  |  |  | 59.5 |  | 23.7 |  |  |  |
| 65 |  |  |  |  |  | 61.5 |  | 24.7 |  |  |  |
| 70 |  |  |  | 18 | 11 | 66.5 | 7 | 26.2 |  |  |  |
| 71 |  |  |  |  |  | 67.5 |  | 26.7 | M48 × 3 | M24 | 50 |
| 75 |  |  |  |  |  | 71.5 |  | 28.7 |  |  |  |
| 80 | 130 | 90 | 80 | 20 | 12 | 75.5 | 7.5 | 30.2 | M56 × 4 |  |  |
| 85 |  |  |  |  |  | 80.5 |  | 32.7 |  |  |  |
| 90 |  |  |  | 22 |  | 85.6 |  | 33.7 | M64 × 4 |  |  |
| 95 |  |  |  |  | 14 | 90.5 | 9 | 36.2 |  |  |  |
| 100 | 165 | 120 | 110 | 25 |  | 94 |  | 38 | M72 × 4 |  |  |
| 110 |  |  |  |  |  | 104 |  | 43 | M80 × 4 |  |  |
| 120 |  |  |  | 28 |  | 114 |  | 47 | M90 × 4 |  |  |
| 125 |  |  |  |  | 16 | 119 | 10 | 49.5 |  |  |  |
| 130 | 200 | 150 | 125 |  |  | 122.5 |  | 51.2 | M100 × 4 | — | — |
| 140 |  |  |  | 32 | 18 | 132.5 | 11 | 55.5 |  |  |  |
| 150 |  |  |  |  |  | 142.5 |  | 60.2 | M110 × 4 |  |  |
| 160 | 240 | 180 | 160 | 36 | 20 | 151 | 12 | 63.5 | M125 × 4 |  |  |
| 170 |  |  |  |  |  | 161 |  | 68.5 |  |  |  |
| 180 |  |  |  | 40 | 22 | 171 | 13 | 72.5 | M140 × 6 |  |  |
| 190 | 280 | 210 | 180 |  |  | 179.5 |  | 76.7 |  |  |  |
| 200 |  |  |  |  |  | 189.5 |  | 81.7 | M160 × 6 |  |  |
| 220 |  |  |  | 45 | 25 | 209.5 | 15 | 89.7 |  |  |  |

### 表 1.1-50　直径 $d$ 的所在截面距圆锥小端端面的轴向极限偏差

（单位：mm）

| 直径 $d$ | $L_1$ 的轴向极限偏差 | 直径 $d$ | $L_1$ 的轴向极限偏差 |
|---|---|---|---|
| 6 ~ 10 | 0 / −0.22 | 19 ~ 30 | 0 / −0.33 |
| 11 ~ 18 | 0 / −0.27 | 32 ~ 50 | 0 / −0.39 |

（续）

| 直径 $d$ | $L_1$的轴向极限偏差 | 直径 $d$ | $L_1$的轴向极限偏差 |
|---|---|---|---|
| 55 ~ 80 | 0 −0.46 | 260 ~ 300 | 0 −0.81 |
| 85 ~ 120 | 0 −0.54 | 320 ~ 400 | 0 −0.97 |
| 125 ~ 180 | 0 −0.63 | 420 ~ 500 | 0 −1.10 |
| 190 ~ 250 | 0 −0.72 | 530 ~ 630 | |

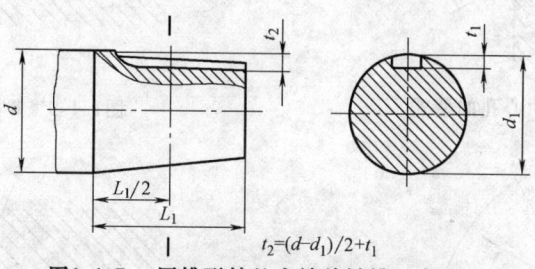

$t_2=(d-d_1)/2+t_1$

**图1.1-7　圆锥形轴伸大端处键槽深度尺寸**

表 1.1-51　键槽深度　　　　　　　　　　（单位：mm）

| $d$ | $t_2$ 长系列 | $t_2$ 短系列 | $d$ | $t_2$ 长系列 | $t_2$ 短系列 |
|---|---|---|---|---|---|
| 11 | 1.6 | | 60 | 8.6 | 7.8 |
| 12 | 1.7 | — | 65 | 8.6 | 7.8 |
| 14 | 2.3 | | 70 | 8.6 | 7.8 |
| 16 | 2.5 | 2.2 | 71 | 9.6 | 8.8 |
| 18 | 3.2 | 2.9 | 75 | 9.6 | 8.8 |
| 19 | 3.2 | 2.9 | 80 | 10.8 | 9.8 |
| 20 | 3.4 | 3.1 | 85 | 10.8 | 9.8 |
| 22 | 3.4 | 3.1 | 90 | 12.3 | 11.3 |
| 24 | 3.9 | 3.6 | 95 | 12.3 | 11.3 |
| 25 | 4.1 | 3.6 | 100 | 13.1 | 12.0 |
| 28 | 4.1 | 3.6 | 110 | 13.1 | 12.0 |
| 30 | 4.5 | 3.9 | 120 | 14.1 | 13.0 |
| 32 | 4.5 | 3.9 | 125 | 14.1 | 13.0 |
| 35 | 5.0 | 4.4 | 130 | 15.0 | 13.8 |
| 38 | 5.0 | 4.4 | 140 | 16.0 | 14.8 |
| 40 | 5.0 | 4.4 | 150 | 16.0 | 14.8 |
| 42 | 7.1 | 6.4 | 160 | 18.0 | 16.5 |
| 45 | 7.1 | 6.4 | 170 | 18.0 | 16.5 |
| 48 | 7.1 | 6.4 | 180 | 19.0 | 17.5 |
| 50 | 7.1 | 6.4 | 190 | 20.0 | 18.3 |
| 55 | 7.6 | 6.9 | 200 | 20.0 | 18.3 |
| 56 | 7.6 | 6.9 | 220 | 22.0 | 20.3 |

## 6.6　中心孔

1）A 型中心孔的型式按图 1.1-8 所示，尺寸由表 1.1-52 给出。尺寸 $l_1$ 取决于中心钻的长度 $l_1$，即使中心钻重磨后再使用，此值也不应小于 $t$ 值。

2）B 型中心孔的型式按图 1.1-9 所示，尺寸由表 1.1-53 给出。尺寸 $l_1$ 取决于中心钻的长度 $l_1$，即使中心钻重磨后再使用，此值也不应小于 $t$ 值。

3）C 型中心孔的型式按图 1.1-10 所示，尺寸由表 1.1-54 给出。

4）R 型中心孔的型式按图 1.1-11 所示，尺寸由表 1.1-55 给出。

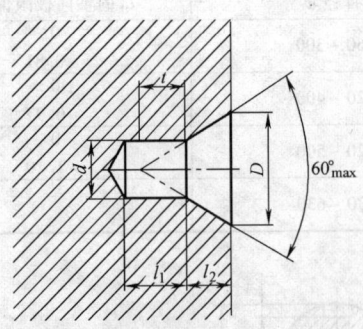

图1.1-8   A 型中心孔的型式

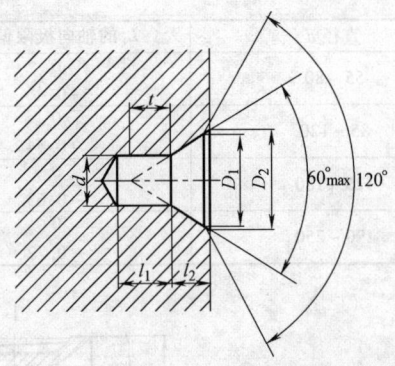

图1.1-9   B 型中心孔的型式

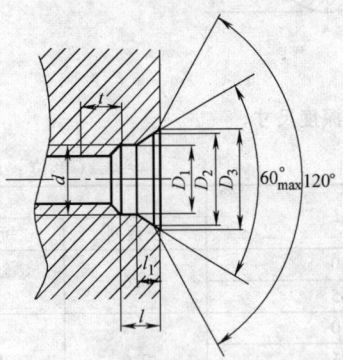

图1.1-10   C 型中心孔的型式

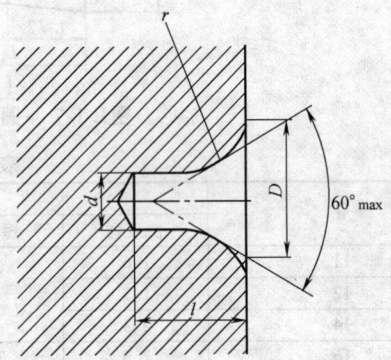

图1.1-11   R 型中心孔的型式

表 1.1-52   A 型中心孔尺寸（摘自 GB/T 145—2001）                （单位：mm）

| $d$ | $D$ | $l_2$ | $t$ 参考尺寸 | $d$ | $D$ | $l_2$ | $t$ 参考尺寸 |
|---|---|---|---|---|---|---|---|
| (0.50) | 1.06 | 0.48 | 0.5 | 2.50 | 5.30 | 2.42 | 2.2 |
| (0.63) | 1.32 | 0.60 | 0.6 | 3.15 | 6.70 | 3.07 | 2.8 |
| (0.80) | 1.70 | 0.78 | 0.7 | 4.00 | 8.50 | 3.90 | 3.5 |
| 1.00 | 2.12 | 0.97 | 0.9 | (5.00) | 10.00 | 4.85 | 4.4 |
| (1.25) | 2.65 | 1.21 | 1.1 | 6.30 | 13.20 | 5.98 | 5.5 |
| 1.60 | 3.35 | 1.52 | 1.4 | (8.00) | 17.00 | 7.79 | 7.0 |
| 2.00 | 4.25 | 1.95 | 1.8 | 10.00 | 21.20 | 9.70 | 8.7 |

注：1. 表中同时列出了 $D$ 和 $l_2$ 尺寸，制造厂可任选其中一个尺寸。

　　2. 括号内的尺寸尽量不采用。

表 1.1-53   B 型中心孔尺寸（摘自 GB/T 145—2001）                （单位：mm）

| $d$ | $D_1$ | $D_2$ | $l_2$ | $t$ 参考尺寸 | $d$ | $D_1$ | $D_2$ | $l_2$ | $t$ 参考尺寸 |
|---|---|---|---|---|---|---|---|---|---|
| 1.00 | 2.12 | 3.15 | 1.27 | 0.9 | 4.00 | 8.50 | 12.50 | 5.05 | 3.5 |
| (1.25) | 2.65 | 4.00 | 1.60 | 1.1 | (5.00) | 10.60 | 16.00 | 6.41 | 4.4 |
| 1.6 | 3.35 | 5.00 | 1.99 | 1.4 | 6.30 | 13.20 | 18.00 | 7.36 | 5.5 |
| 2.00 | 4.25 | 6.30 | 2.54 | 1.8 | (8.00) | 17.00 | 22.40 | 9.36 | 7.0 |
| 2.50 | 5.30 | 8.00 | 3.20 | 2.2 | 10.00 | 21.20 | 28.00 | 11.66 | 8.7 |
| 3.15 | 6.70 | 10.00 | 4.03 | 2.8 | | | | | |

注：1. 表中同时列出了 $D_2$ 和 $l_2$ 尺寸，制造厂可任选其中一个尺寸。

　　2. 尺寸 $d$ 和 $D_1$ 与中心钻的尺寸一致。

　　3. 括号内的尺寸尽量不采用。

**表 1.1-54　C 型中心孔尺寸**（摘自 GB/T 145—2001）　　　　（单位：mm）

| d | $D_1$ | $D_2$ | $D_3$ | l | $l_1$<br>参考尺寸 | d | $D_1$ | $D_2$ | $D_3$ | l | $l_1$<br>参考尺寸 |
|---|---|---|---|---|---|---|---|---|---|---|---|
| M3 | 3.2 | 5.3 | 5.8 | 2.6 | 1.8 | M10 | 10.5 | 14.9 | 16.3 | 7.5 | 3.8 |
| M4 | 4.3 | 6.7 | 7.4 | 3.2 | 2.1 | M12 | 13.0 | 18.1 | 19.8 | 9.5 | 4.4 |
| M5 | 5.3 | 8.1 | 8.8 | 4.0 | 2.4 | M16 | 17.0 | 23.0 | 25.3 | 12.0 | 5.2 |
| M6 | 6.4 | 9.6 | 10.5 | 5.0 | 2.8 | M20 | 21.0 | 28.4 | 31.3 | 15.0 | 6.4 |
| M8 | 8.4 | 12.2 | 13.2 | 6.0 | 3.3 | M24 | 26.0 | 34.2 | 38.0 | 18.0 | 8.0 |

**表 1.1-55　R 型中心孔尺寸**（摘自 GB/T 145—2001）　　　　（单位：mm）

| d | D | $l_{min}$ | r<br>max | r<br>min | d | D | $l_{min}$ | r<br>max | r<br>min |
|---|---|---|---|---|---|---|---|---|---|
| 1.00 | 2.12 | 2.3 | 3.15 | 2.5 | 4.00 | 8.50 | 8.9 | 12.50 | 10.00 |
| (1.25) | 2.65 | 2.8 | 4.00 | 3.15 | (5.00) | 10.60 | 11.2 | 16.00 | 12.50 |
| 1.60 | 3.35 | 3.5 | 5.00 | 4.00 | 6.30 | 13.20 | 14.0 | 20.00 | 16.00 |
| 2.00 | 4.25 | 4.4 | 6.30 | 5.00 | (8.00) | 17.00 | 17.9 | 25.00 | 20.00 |
| 2.50 | 5.30 | 5.5 | 8.00 | 6.30 | 10.00 | 21.20 | 22.5 | 31.50 | 25.00 |
| 3.15 | 6.70 | 7.0 | 10.00 | 8.00 | | | | | |

注：括号内的尺寸尽量不采用。

# 第2章 设计规范和结构要素

## 1 铸件的设计规范

### 1.1 铸件的最小壁厚和最小铸孔（表 1.2-1 ~ 表 1.2-3）

**表 1.2-1 铸件最小允许壁厚** （单位：mm）

| 铸造方法 | 铸件尺寸 | 铸 钢 | 灰铸铁 | 球墨铸铁 | 可锻铸铁 | 铝合金 | 镁合金 | 铜合金 | 高锰钢 |
|---|---|---|---|---|---|---|---|---|---|
| 砂 型 | ≤（200×200） | 6~8 | 5~6 | 6 | 4~5 | 3 | — | 3~5 | 20（最大壁厚不超过125） |
| | >（200×200）~（500×500） | 10~12 | 6~10 | 12 | 5~8 | 4 | 3 | 6~8 | |
| | >（500×500） | 18~25 | 15~20 | — | — | 5~7 | | | |
| 金属型 | ≤（70×70） | 5 | 4 | — | 2.5~3.5 | 2~3 | | 3 | |
| | >（70×70）~（150×150） | | 5 | | 3.5~4.5 | 4 | 2.5 | 4~5 | |
| | >（150×150） | 10 | 6 | | | 5 | | 6~8 | |

注：1. 一般铸造条件下，各种灰铸铁的最小允许壁厚：
　　　HT100、HT150 δ=4~6mm；HT200 δ=6~8mm；HT250 δ=8~15mm；HT300、HT350 δ=15mm。
　　2. 如有特殊需要，在改善铸造条件下，灰铸铁最小壁厚可达3mm，可锻铸铁可小于3mm。

**表 1.2-2 外壁、内壁与肋的厚度** （单位：mm）

| 零件质量 /kg | 零件最大外形尺寸 | 外壁厚度 | 内壁厚度 | 肋的厚度 | 零 件 举 例 |
|---|---|---|---|---|---|
| <5 | 300 | 7 | 6 | 5 | 盖、拨叉、杠杆、端盖、轴套 |
| 6~10 | 500 | 8 | 7 | 5 | 盖、门、轴套、挡板、支架、箱体 |
| 11~60 | 750 | 10 | 8 | 6 | 盖、箱体、罩、电动机支架、溜板箱体、支架、托架、门 |
| 61~100 | 1250 | 12 | 10 | 8 | 盖、箱体、搪模架、液压缸体、支架、溜板箱体 |
| 101~500 | 1700 | 14 | 12 | 8 | 油盘、盖、壁、床鞍箱体、带轮、搪模架 |
| 501~800 | 2500 | 16 | 14 | 10 | 搪模架、箱体、床身、轮缘、盖、滑座 |
| 801~1200 | 3000 | 18 | 16 | 12 | 小立柱、箱体、滑座、床身、床鞍、油盘 |

**表 1.2-3 最小铸孔尺寸** （单位：mm）

| 材料 | 孔壁厚度 孔的深度 | <25 | | 26~50 | | 51~75 | | 76~100 | | 101~150 | | 151~200 | | 201~300 | | ≥301 | |
|---|---|---|---|---|---|---|---|---|---|---|---|---|---|---|---|---|---|
| | | 最 小 孔 径 | | | | | | | | | | | | | | | |
| | | 加工后 | 不加工 | 加工后 | 不加工 | 加工后 | 不加工 | 加工后 | 不加工 | 加工后 | 不加工 | 加工后 | 不加工 | 加工后 | 不加工 | 加工后 | 不加工 |
| 碳素钢与一般合金钢 | ≤100 | 75 | 55 | 75 | 55 | 90 | 70 | 100 | 80 | 120 | 100 | 140 | 120 | 160 | 140 | 180 | 160 |
| | 101~200 | 75 | 55 | 90 | 70 | 100 | 80 | 110 | 90 | 140 | 120 | 160 | 140 | 180 | 160 | 210 | 190 |
| | 201~400 | 105 | 80 | 115 | 90 | 125 | 100 | 135 | 110 | 165 | 140 | 195 | 170 | 215 | 190 | 255 | 230 |
| | 401~600 | 125 | 100 | 135 | 110 | 145 | 120 | 165 | 140 | 195 | 170 | 225 | 200 | 255 | 230 | 295 | 270 |
| | 601~1000 | 150 | 120 | 160 | 130 | 180 | 150 | 200 | 170 | 230 | 200 | 260 | 230 | 300 | 270 | 340 | 310 |
| 高锰钢 | 孔壁厚度 | <50 | | | | 51~100 | | | | ≥101 | | | | | | | |
| | 最小孔径 | 20 | | | | 30 | | | | 40 | | | | | | | |
| 灰铸铁 | 大量生产：12~15；成批生产：15~30；小批、单件生产：30~50 | | | | | | | | | | | | | | | | |

注：1. 不透圆孔最小允许铸造孔直径应比表中值大20%，矩形或正方形孔其短边要大于表中值的20%，而不透矩形或正方形孔则要大40%。
　　2. 难加工的金属，如高锰钢铸件等的孔应尽量铸出，而其中需要加工的孔，常用镶铸碳素钢的办法，待铸出后再对镶铸的碳素钢部分进行加工。

## 1.2　铸造斜度（表 1.2-4）

表 1.2-4　铸造斜度

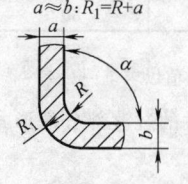

| 斜度<br>b:h | 角度<br>β | 使用范围 |
|---|---|---|
| 1:5 | 11°30′ | h < 25mm 时钢和铁的铸件 |
| 1:10<br>1:20 | 5°30′<br>3° | h 在 25～500mm 时钢和铁的铸件 |
| 1:50 | 1° | h > 500mm 时钢和铁的铸件 |
| 1:100 | 30′ | 有色金属铸件 |

注：当设计不同壁厚的铸件时，在转折点处的斜角最大增到 30°～45°（参见本表中下图）。

## 1.3　铸造圆角半径

铸造外圆角的型式尺寸见表 1.2-7。

铸造内圆角型式尺寸见表 1.2-5 和表 1.2-6。

表 1.2-5　铸造内圆角半径 R 值（摘自 JB/ZQ 4255—2006）　　　（单位：mm）

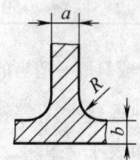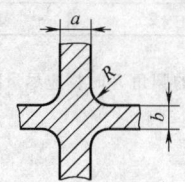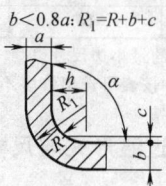

$a \approx b : R_1 = R + a$　　　　　　　　　　　　　　　$b < 0.8a : R_1 = R + c$

| $\frac{a+b}{2}$ | α | | | | | | | | | | | |
|---|---|---|---|---|---|---|---|---|---|---|---|---|
| | ≤50° | | >50°～75° | | >75°～105° | | >105°～135° | | >135°～165° | | >165° | |
| | 铸钢 | 铸铁 | 铸钢 | 铸铁 | 铸钢 | 铸铁 | 铸钢 | 铸铁 | 铸钢 | 铸铁 | 铸钢 | 铸铁 |
| ≤8 | 4 | 4 | 4 | 4 | 6 | 4 | 8 | 6 | 16 | 10 | 20 | 16 |
| 9～12 | 4 | 4 | 4 | 4 | 6 | 6 | 10 | 8 | 16 | 12 | 25 | 20 |
| 13～16 | 4 | 4 | 6 | 4 | 8 | 6 | 12 | 10 | 20 | 16 | 30 | 25 |
| 17～20 | 6 | 4 | 8 | 6 | 10 | 8 | 16 | 12 | 25 | 20 | 40 | 30 |
| 21～27 | 6 | 6 | 10 | 8 | 12 | 10 | 20 | 16 | 30 | 25 | 50 | 40 |
| 28～35 | 8 | 6 | 12 | 10 | 16 | 12 | 25 | 20 | 40 | 30 | 60 | 50 |
| 36～45 | 10 | 8 | 16 | 12 | 20 | 16 | 30 | 25 | 50 | 40 | 80 | 60 |
| 46～60 | 12 | 10 | 20 | 16 | 25 | 20 | 35 | 30 | 60 | 50 | 100 | 80 |
| 61～80 | 16 | 12 | 25 | 20 | 30 | 25 | 40 | 35 | 80 | 60 | 120 | 100 |
| 81～110 | 20 | 16 | 25 | 20 | 35 | 30 | 50 | 40 | 100 | 80 | 160 | 120 |
| 111～150 | 20 | 16 | 25 | 20 | 35 | 30 | 50 | 50 | 100 | 80 | 160 | 120 |
| 151～200 | 25 | 20 | 40 | 30 | 50 | 40 | 80 | 60 | 120 | 100 | 200 | 160 |
| 201～250 | 30 | 25 | 50 | 40 | 60 | 50 | 100 | 80 | 160 | 120 | 250 | 200 |
| 251～300 | 40 | 30 | 60 | 50 | 80 | 60 | 120 | 100 | 200 | 160 | 300 | 250 |
| >300 | 50 | 40 | 80 | 60 | 100 | 80 | 160 | 120 | 250 | 200 | 400 | 300 |

表 1.2-6　c 和 k 值　　　（单位：mm）

| $k = b/a$ | | ≤0.4 | >0.4～0.65 | >0.65～0.8 | >0.8 |
|---|---|---|---|---|---|
| $c \approx$ | | 0.7(a－b) | 0.8(a－b) | a－b | — |
| $h \approx$ | 铸钢 | 8c | | | |
| | 铸铁 | 9c | | | |

**表 1.2-7　铸造外圆角半径 *R* 值**（摘自 JB/ZQ 4256—2006）　　　　　（单位：mm）

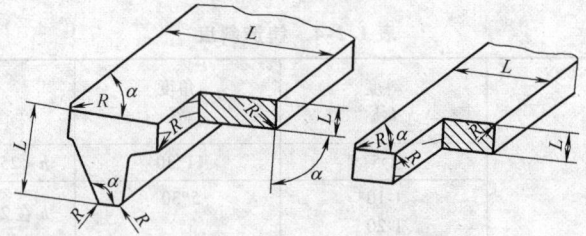

| *L* | *α* | | | | | |
|---|---|---|---|---|---|---|
| | ≤50° | >50°~75° | >75°~105° | >105°~135° | >135°~165° | >165° |
| ≤25 | 2 | 2 | 2 | 4 | 6 | 8 |
| >25~60 | 2 | 4 | 4 | 6 | 10 | 16 |
| >60~160 | 4 | 4 | 6 | 8 | 16 | 25 |
| >160~250 | 4 | 6 | 8 | 12 | 20 | 30 |
| >250~400 | 6 | 8 | 10 | 16 | 25 | 40 |
| >400~600 | 6 | 8 | 12 | 20 | 30 | 50 |
| >600~1000 | 8 | 12 | 16 | 25 | 40 | 60 |
| >1000~1600 | 10 | 16 | 20 | 30 | 50 | 80 |
| >1600~2500 | 12 | 20 | 25 | 40 | 60 | 100 |
| >2500 | 16 | 25 | 30 | 50 | 80 | 120 |

注：1. *L* 为表面的最小边尺寸。

　　2. 如一铸件按表可选出许多不同的圆角 *R* 时，应尽量减少或只取一适当的 *R* 值以求统一。

## 1.4　铸造结构过渡形式与尺寸

减速器的机体、机盖、连接管、气缸以及其他各种连接法兰等铸件的过渡部分的形式尺寸见表 1.2-8 和表 1.2-9。

**表 1.2-8　铸造过渡斜度**（摘自 JB/ZQ 4254—2006）　　　　　（单位：mm）

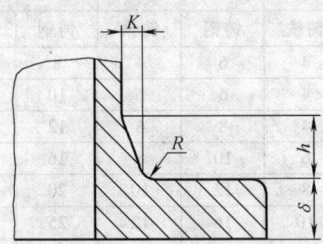

| 铸铁和铸钢件的壁厚 *δ* | *K* | *h* | *R* |
|---|---|---|---|
| 10~15 | 3 | 15 | 5 |
| >15~20 | 4 | 20 | 5 |
| >20~25 | 5 | 25 | 5 |
| >25~30 | 6 | 30 | 8 |
| >30~35 | 7 | 35 | 8 |
| >35~40 | 8 | 40 | 10 |
| >40~45 | 9 | 45 | 10 |
| >45~50 | 10 | 50 | 10 |
| >50~55 | 11 | 55 | 10 |
| >55~60 | 12 | 60 | 15 |
| >60~65 | 13 | 65 | 15 |
| >65~70 | 14 | 70 | 15 |
| >70~75 | 15 | 75 | 15 |

**表 1.2-9　壁厚的过渡形式与尺寸** 　（单位：mm）

| 图例 | | 材料 | | | | | | | | | | |
|---|---|---|---|---|---|---|---|---|---|---|---|---|
| (图) | $b \leqslant 2a$ | 铸铁 | $R \geqslant \left(\dfrac{1}{6} \sim \dfrac{1}{3}\right)\left(\dfrac{a+b}{2}\right)$ | | | | | | | | | |
| | | 铸钢、可锻铸铁、有色金属 | $\dfrac{a+b}{2}$ | $<12$ | $12 \sim 16$ | $16 \sim 20$ | $20 \sim 27$ | $27 \sim 35$ | $35 \sim 45$ | $45 \sim 60$ | $60 \sim 80$ | $80 \sim 110$ | $110 \sim 150$ |
| | | | $R$ | 6 | 8 | 10 | 12 | 15 | 20 | 25 | 30 | 35 | 40 |
| (图) | $b > 2a$ | 铸铁 | $L \geqslant 4(b-a)$ | | | | | | | | | |
| | | 铸钢 | $L \geqslant 5(b-a)$ | | | | | | | | | |
| (图) | $b < 1.5a$ | | $R = \dfrac{2a+b}{2}$ | | | | | | | | | |
| (图) | $b > 1.5a$ | | $R = 4a , L = 4(a+b)$ | | | | | | | | | |

## 1.5　铸件合理结构与尺寸（表 1.2-10 和表 1.2-11）

**表 1.2-10　壁的连接形式与尺寸**

| 形式 | 图例 | | 连接尺寸 |
|---|---|---|---|
| | 不合理结构 | 合理结构 | |
| 两壁斜向相连<br>（$\alpha < 75°$） | (图) | (图) | $b = a$<br>$R = \left(\dfrac{1}{3} \sim \dfrac{1}{2}\right)a$<br>$R_1 = R + a$ |
| | | (图) | $b > 1.25a$，铸铁 $h = 4c$<br>$c = b - a$，铸钢 $h = 5c$<br>$R = \left(\dfrac{1}{3} \sim \dfrac{1}{2}\right)\left(\dfrac{a+b}{2}\right)$<br>$R_1 = R + b$ |
| 两壁斜向相连<br>（$\alpha < 75°$） | (图) | (图) | $b \approx 1.25a$<br>$R = \left(\dfrac{1}{3} \sim \dfrac{1}{2}\right)\left(\dfrac{a+b}{2}\right)$<br>$R_1 = R + b$ |
| | | (图) | $b \approx 1.25a$，铸铁 $h = 8c$<br>$c = \dfrac{b-a}{2}$，铸钢 $h = 10c$<br>$R = \left(\dfrac{1}{3} \sim \dfrac{1}{2}\right)\left(\dfrac{a+b}{2}\right)$<br>$R_1 = R + \dfrac{a+b}{2}$ |

（续）

| 形式 | 图　例 | | 连接尺寸 |
|---|---|---|---|
| | 不合理结构 | 合理结构 | |
| 两壁垂直相连 | | <br>两壁相等时 | $R \geqslant \left( \dfrac{1}{3} \sim \dfrac{1}{2} \right) a$<br>$R_1 \geqslant R + a$ |
| | | <br>$a < b < 2a$时 | $R \geqslant \left( \dfrac{1}{3} \sim \dfrac{1}{2} \right)\left( \dfrac{a+b}{2} \right)$<br>$R_1 \geqslant R + \dfrac{a+b}{2}$ |
| | | <br>壁厚 $b > 2a$时 | $b \geqslant a + c$，铸铁 $h \geqslant 4c$<br>$c \approx 3\sqrt{b-a}$，铸钢 $h \geqslant 5c$<br>$R \geqslant \left( \dfrac{1}{3} \sim \dfrac{1}{2} \right)\left( \dfrac{a+b}{2} \right)$<br>$R_1 \geqslant R + \dfrac{a+b}{2}$ |
| | | <br>三壁相等时 | $R \geqslant \left( \dfrac{1}{3} \sim \dfrac{1}{2} \right) a$ |
| | | <br>壁厚 $b > a$时 | $b \geqslant a + c$，铸铁 $h \geqslant 4c$<br>$c \approx 3\sqrt{b-a}$，铸钢 $h \geqslant 5c$<br>$R \geqslant \left( \dfrac{1}{3} \sim \dfrac{1}{2} \right)\left( \dfrac{a+b}{2} \right)$ |
| | | <br>壁厚 $b < a$时 | $a \geqslant b + 2c$，铸铁 $h \geqslant 8c$<br>$c \approx 1.5\sqrt{b-a}$，铸钢 $h \geqslant 10c$<br>$R \geqslant \left( \dfrac{1}{3} \sim \dfrac{1}{2} \right)\left( \dfrac{a+b}{2} \right)$ |

（续）

| 形式 | 图例 不合理结构 | 合理结构 | 连接尺寸 |
|---|---|---|---|
| 其他 | | b 与 a 相差不多 | $\alpha < 90°$<br>$r = 1.5a(\geqslant 25)$<br>$R = r + a$<br>$R = 1.5r + a$ |
| | | b 比 a 大得多 | $\alpha < 90°$<br>$r = \dfrac{a+b}{2}(\geqslant 25)$<br>$R = r + a$<br>$R_1 = r + b$ |
| | | | $L > 3a$ |

注：1. 圆角标准数列为：2mm、4mm、6mm、8mm、10mm、12mm、16mm、20mm、25mm、30mm、35mm、40mm、50mm、60mm、80mm、100mm。
　　2. 当壁厚大于 20mm 时，$R$ 取数列中小值。

### 表 1.2-11　孔边凸台

| 铸孔边缘凸台 | | $r = 0.25a$<br>$R = 0.75a$<br>$h = 2a$<br>$b = 1.5a$ | 壁中窗口凸边 | | $r = 0.25a$ |
|---|---|---|---|---|---|

## 2　锻件的设计规范

为了便于模具制造时采用标准刀具，模锻斜度可按下列数值选用：15′、30′、1°、1°30′、3°、5°、7°、10°、12°、15°。具体结构型式及尺寸见表 1.2-12～表 1.2-14。

### 表 1.2-12　模锻锤、热模锻压力机、螺旋压力机锻件外模锻斜度 $\alpha$ 数值（摘自 GB/T 12361—2003）

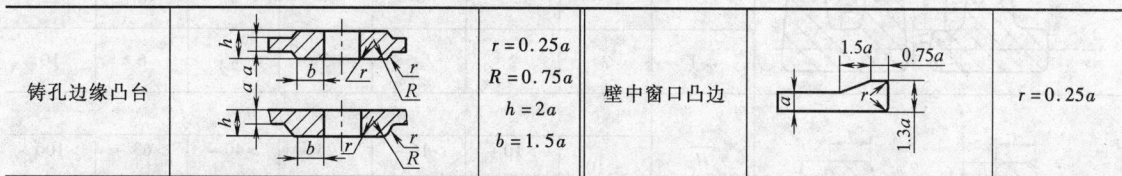

| | $\dfrac{L}{B}$ | $\leqslant 1.5$ | $> 1.5$ |
|---|---|---|---|
| $\dfrac{H}{B}$ | $\leqslant 1$ | 5°00′ | 5°00′ |
| | $>1\sim3$ | 7°00′ | 5°00′ |
| | $>3\sim4.5$ | 10°00′ | 7°00′ |
| | $>4.5\sim6.5$ | 12°00′ | 10°00′ |
| | $>6.5$ | 15°00′ | 12°00′ |

注：1. 内模锻斜度 $\beta$ 的确定，可按表中数值加大 2°或 3°（15°除外）。
　　2. 当模锻设备具有顶料机构时，外模锻斜度可比表中数值减小 2°或 3°，但一般不宜小于 3°；不使用顶料机构时，则按本表确定。

表 1.2-13　平锻件各种模锻斜度数值（摘自 GB/T 12361—2003）

| 冲头内成形模锻斜度 α | $\dfrac{H}{d}$ | ≤1 | >1~3 | >3~5 |
|---|---|---|---|---|
| | α | 0°15′ | 3°00′ | 1°00′ |
| 凹模成形内模锻斜度 β | Δ | ≤10 | >10~20 | >20~30 |
| | β | 5°~7° | 7°~10° | 10°~12° |
| | θ | 3°~5° | 3°~5° | 3°~5° |
| 内孔模锻斜度 γ | $\dfrac{H}{d_{孔}}$ | ≤1 | <1~3 | >3~5 |
| | γ | 0°30′ | 0°30′~1° | 1°30′ |

表 1.2-14　截面形状变化部位外圆角半径值 r 和内圆角半径值 R（摘自 GB/T 12361—2003）

（单位：mm）

| $\dfrac{t}{H}$ | 阶梯高度 H | | | | | | |
|---|---|---|---|---|---|---|---|
| | ≤10 | >10~16 | >16~25 | >25~40 | >40~63 | >63~100 | >100~160 |
| >0.5~1 | 2.5 | 2.5 | 3 | 4 | 5 | 8 | 12 |
| >1 | 2 | 2 | 2.5 | 3 | 4 | 6 | 10 |

| $\dfrac{t}{H}$ | 阶梯高度 H | | | | | | |
|---|---|---|---|---|---|---|---|
| | ≤10 | >10~16 | >16~25 | >25~40 | >40~63 | >63~100 | >100~160 |
| >0.5~1 | 4 | 5 | 6 | 8 | 10 | 16 | 25 |
| >1 | 3 | 4 | 5 | 6 | 8 | 12 | 20 |

# 3　冲裁件的设计规范（表 1.2-15 ~ 表 1.2-20）

表 1.2-15　冲裁最小尺寸

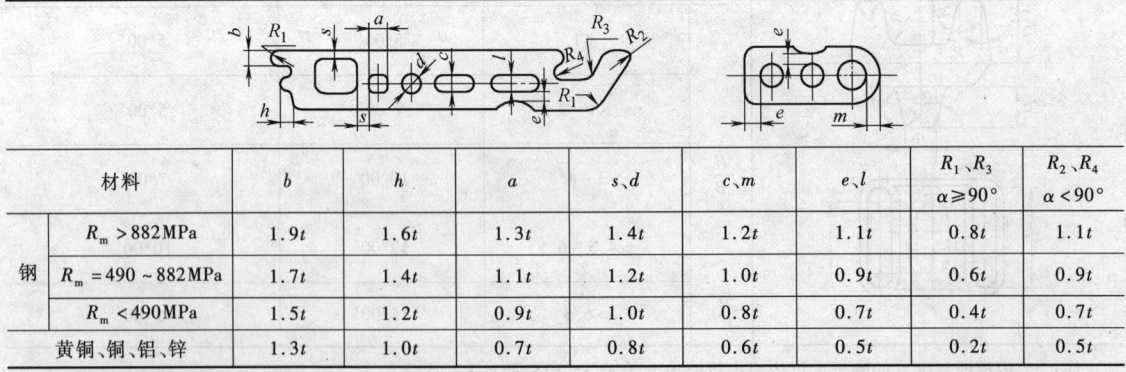

| 材料 | | b | h | a | s、d | c、m | e、l | $R_1$、$R_3$ α≥90° | $R_2$、$R_4$ α<90° |
|---|---|---|---|---|---|---|---|---|---|
| 钢 | $R_m$ > 882MPa | 1.9t | 1.6t | 1.3t | 1.4t | 1.2t | 1.1t | 0.8t | 1.1t |
| | $R_m$ = 490~882MPa | 1.7t | 1.4t | 1.1t | 1.2t | 1.0t | 0.9t | 0.6t | 0.9t |
| | $R_m$ < 490MPa | 1.5t | 1.2t | 0.9t | 1.0t | 0.8t | 0.7t | 0.4t | 0.7t |
| 黄铜、铜、铝、锌 | | 1.3t | 1.0t | 0.7t | 0.8t | 0.6t | 0.5t | 0.2t | 0.5t |

注：1. t 为材料厚度。

2. 若冲裁件结构无特殊要求，应采用大于表中所列数值。

3. 当采用整体凹模时，冲裁件轮廓应避免清角。

表 1. 2-16　孔的位置安排

| 简图 | 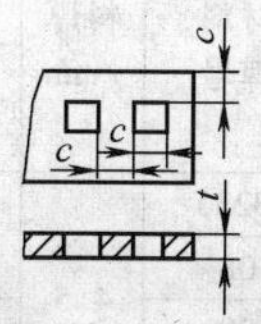 | 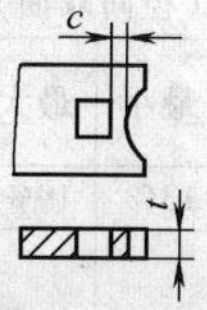 | 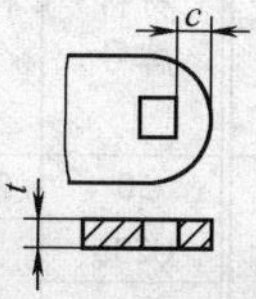 | 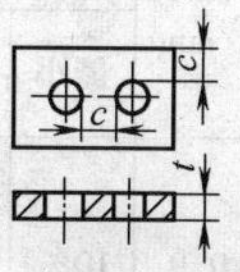 | 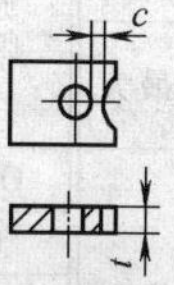 | 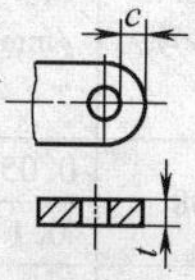 |
|---|---|---|---|---|---|---|
| 最小距离 | $c \geqslant t$ | $c \geqslant 0.8t$ | $c \geqslant 1.3t$ | $c \geqslant t$ | $c \geqslant 0.7t$ | $c \geqslant 1.2t$ |

| 简图 | 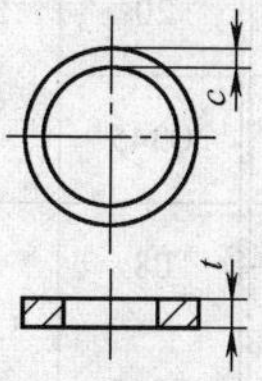 | 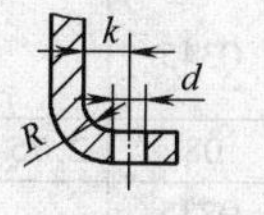 | 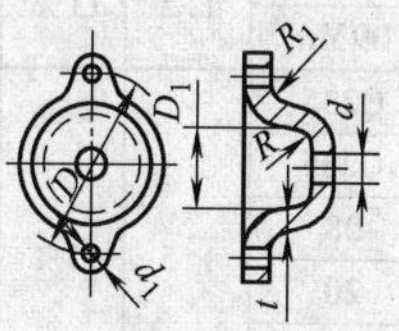 | 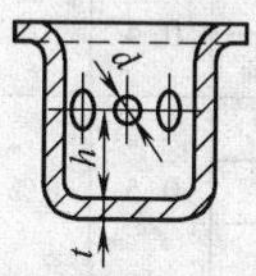 |
|---|---|---|---|---|
| 最小距离 | $c \geqslant 1.5t$ | $k \geqslant R + \dfrac{d}{2}$ | $d < D_1 - 2R$<br>$D > (D_1 + 2t + 2R_1 + d_1)$ | $h > 2d + t$ |

表 1. 2-17　最小可冲孔眼的尺寸（为板厚的倍数）

| 材　料 | | 圆孔直径 | 方孔边长 | 长方孔 | 长圆孔 |
|---|---|---|---|---|---|
| | | | | 短边(径)长 | |
| 钢 | $R_m > 686\text{MPa}$ | 1.5 | 1.3 | 1.2 | 1.1 |
| | $R_m > 490 \sim 686\text{MPa}$ | 1.3 | 1.2 | 1 | 0.9 |
| | $R_m \leqslant 490\text{MPa}$ | 1 | 0.9 | 0.8 | 0.7 |
| 黄铜、铜 | | 0.9 | 0.8 | 0.7 | 0.6 |
| 铝、锌 | | 0.8 | 0.7 | 0.6 | 0.5 |
| 胶木、胶布板 | | 0.7 | 0.6 | 0.5 | 0.4 |
| 纸板 | | 0.6 | 0.5 | 0.4 | 0.3 |

注：当板厚 <4mm 时可以冲出垂直孔，而当板厚 >4 ~5mm 时，则孔的每边必须做出 6°~10° 的斜度。

表 1. 2-18　冲裁件最小许可宽度与材料的关系

| | 材　料 | 最　小　值 | | |
|---|---|---|---|---|
| | | $B_1$ | $B_2$ | $B_3$ |
| 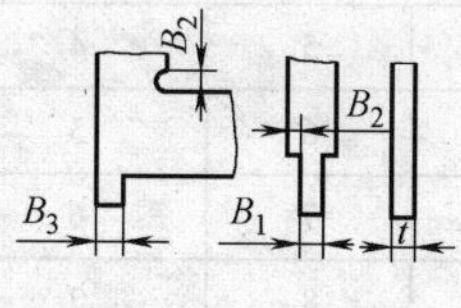 | 中等硬度的钢 | $1.25t$ | $0.8t$ | $1.5t$ |
| | 高碳钢和合金钢 | $1.65t$ | $1.1t$ | $2t$ |
| | 有色金属合金 | $t$ | $0.6t$ | $1.2t$ |

### 表 1.2-19　冲裁间隙

| 材料牌号 | 料厚/mm | 合理间隙（径向双面）最小 | 合理间隙（径向双面）最大 |
|---|---|---|---|
| 08 | 0.05 | 无间隙 |  |
| 08 | 0.1 | 无间隙 |  |
| 08 | 0.2 | 无间隙 |  |
| 50 |  | 无间隙 |  |
| 08 | 0.22 | 无间隙 |  |
| 08 | 0.3 | 无间隙 |  |
| 50 |  | 无间隙 |  |
| 08 | 0.4 | 无间隙 |  |
| 65Mn |  | 无间隙 |  |
| 08 | 0.5 | 8% | 12% |
| 65Mn |  | 8% | 12% |
| 35 |  | 8% | 12% |
| 08 | 0.6 | 8% | 12% |
| 65Mn | 0.7 | 9% | 13% |
| 09Mn |  | 9% | 13% |
| 08 | 0.8 | 9% | 13% |
| 20 |  | 9% | 13% |
| 65Mn |  | 9% | 13% |
| 09Mn |  | 9% | 13% |
| Q345 |  | 9% | 13% |
| Q235 | 0.9 | 10% | 14% |
| 08 |  | 10% | 14% |
| 65Mn |  | 10% | 14% |
| 09Mn |  | 10% | 14% |
| 08 | 1 | 10% | 14% |
| 09Mn |  | 10% | 14% |
| 08 | 1.2 | 11% | 15% |
| 09Mn |  | 11% | 15% |
| Q235 |  | 11% | 15% |
| Q235 | 1.5 | 11% | 15% |
| 08 |  | 11% | 15% |
| 20 |  | 11% | 15% |
| 09Mn |  | 11% | 15% |
| 16Mn |  | 11% | 15% |
| 08 | 1.75 | 12% | 18% |
| Q235 |  | 12% | 18% |
| Q235 | 2 | 12% | 18% |
| 08 |  | 12% | 18% |
| 10 |  | 12% | 18% |
| 20 |  | 13% | 19% |
| 09Mn |  | 12% | 18% |
| 16Mn |  | 13% | 19% |
| 50 | 2.1 | 13% | 19% |
| Q235 | 2.5 | 14% | 20% |
| Q235 |  | 14% | 20% |
| 08 |  | 15% | 21% |
| 20 |  | 15% | 21% |
| 09Mn |  | 14% | 20% |
| Q345 |  | 15% | 21% |
| 08 | 2.75 | 14% | 20% |
| Q235 |  | 15% | 21% |
| 08 | 3 | 15% | 21% |
| 20 |  | 16% | 22% |
| 09Mn |  | 15% | 21% |
| Q345 |  | 16% | 22% |
| Q235 | 3.5 | 15% | 21% |
| Q235 |  | 16% | 22% |
| 08 | 4 | 17% | 23% |
| 20 |  | 17% | 23% |
| Q345 |  | 17% | 23% |
| Q235 | 4.5 | 16% | 22% |
| 08 |  | 17% | 23% |
| 20 |  | 17% | 23% |
| Q345 |  | 15% | 21% |
| Q235 | 5 | 17% | 23% |
| 08 |  | 18% | 24% |
| 20 |  | 18% | 24% |
| Q345 |  | 15% | 21% |
| 08 | 5.5 | 17% | 23% |
| Q345 |  | 14% | 20% |
| Q235 | 6 | 18% | 24% |
| 08 |  | 19% | 25% |
| 20 |  | 19% | 25% |
| Q345 |  | 14% | 20% |
| Q345 | 6.5 | 14% | 20% |
| Q345 | 8 | 15% | 21% |
| Q345 | 12 | 11% | 15% |

### 表 1.2-20　冲裁时合理搭边值　　　　　　　　　　（单位：mm）

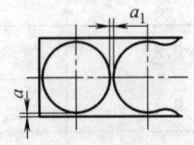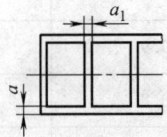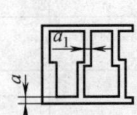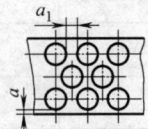

| 料厚 | 手送料 圆形 $a$ | 手送料 圆形 $a_1$ | 手送料 非圆形 $a$ | 手送料 非圆形 $a_1$ | 手送料 往复送料 $a$ | 手送料 往复送料 $a_1$ | 自动送料 $a$ | 自动送料 $a_1$ |
|---|---|---|---|---|---|---|---|---|
| ≤1 | 1.5 | 1.5 | 2 | 1.5 | 3 | 2 |  |  |
| >1~2 | 2 | 1.5 | 2.5 | 2 | 3.5 | 2.5 | 3 | 2 |
| >2~3 | 2.5 | 2 | 3 | 2.5 | 4 | 3.5 |  |  |
| >3~4 | 3 | 2.5 | 3.5 | 3 | 5 | 4 | 4 | 3 |
| >4~5 | 4 | 3 | 5 | 4 | 6 | 5 | 5 | 4 |
| >5~6 | 5 | 4 | 6 | 5 | 7 | 6 | 6 | 5 |
| >6~8 | 6 | 5 | 7 | 6 | 8 | 7 | 7 | 6 |
| >8 | 7 | 6 | 8 | 7 | 9 | 8 | 8 | 7 |

注：非金属材料（皮革、纸板、石棉等）的搭边值应比金属大 1.5～2 倍。

# 4　弯曲件的设计规范（表 1.2-21 ~ 表 1.2-28）

## 表 1.2-21　板件最小弯曲圆角半径

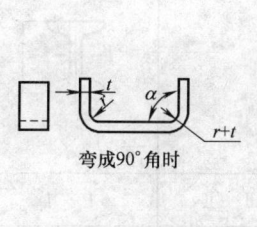

弯成90°角时

| 材料 | 垂直于轧制纹路 | 与轧制纹路成45° | 平行轧制纹路 |
|---|---|---|---|
| 08、10、Q195、Q215 | 0.3$t$ | 0.5$t$ | 0.8$t$ |
| 15、20、Q235 | 0.5$t$ | 0.8$t$ | 1.3$t$ |
| 30、40、Q235 | 0.8$t$ | 1.2$t$ | 1.5$t$ |
| 45、50、Q275 | 1.2$t$ | 1.8$t$ | 3.0$t$ |
| 25CrMnSi、30CrMnSi | 1.5$t$ | 2.5$t$ | 4.0$t$ |
| 软黄铜和铜 | 0.3$t$ | 0.45$t$ | 0.8$t$ |
| 半硬黄铜 | 0.5$t$ | 0.75$t$ | 1.2$t$ |
| 铝 | 0.35$t$ | 0.5$t$ | 1.0$t$ |
| 硬铝合金 | 1.5$t$ | 2.5$t$ | 4.0$t$ |

注：$t$ 为板厚。弯曲角度 $\alpha$ 缩小时，还须乘上系数 $K$。当 $90° > \alpha > 60°$ 时，$K = 1.1 \sim 1.3$，当 $60° > \alpha > 45°$ 时，$K = 1.3 \sim 1.5$。

## 表 1.2-22　弯曲件尾部弯出长度

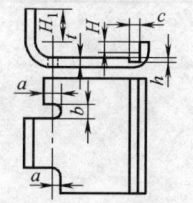

$H_1 > 2t$（弯出零件圆角中心以上的长度）
$H < 2t$
$b > t$
$a > t$
$c = 3 \sim 6 \text{mm}$
$h = (0.1 \sim 0.3)t$ 且不小于 3mm

## 表 1.2-23　扁钢、圆钢弯曲的推荐尺寸　　　　　　　　（单位：mm）

| 扁钢平面弯曲 |
|---|
| 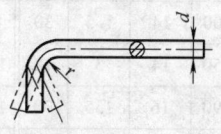 |

| $t$ | 2 | 3 | 4 | 5 | 6 | 7 | 8 | 10 | 12 | 14 | 16 | 18 | 20 |
|---|---|---|---|---|---|---|---|---|---|---|---|---|---|
| $R$ | 3 | | 5 | | | | 8 | | 10 | | 15 | | 20 |
| $\alpha$ | 7°、15°、20°、30°、40°、45°、50°、60°、70°、75°、80°、90° |

扁钢侧面弯曲

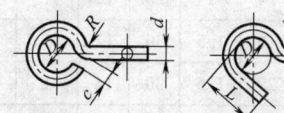

| $t$ | 2 | 3 | 4 | 5 | 6 | 7 | 8 | 10 | 12 | 14 | 16 | 18 | 20 |
|---|---|---|---|---|---|---|---|---|---|---|---|---|---|
| $b$ | 15 ~ 40 | | | | | | | | 40 ~ 70 | | | | |
| $R$ | 30 | | | | | | | | 50 | | | | |
| $\alpha$ | 7°、15°、20°、30°、40°、45°、50°、60°、70°、75°、80°、90° |

圆钢弯曲

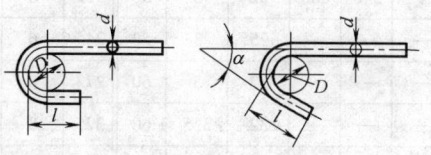

| $d$ | 6 | 8 | 10 | 12 | 14 | 16 | 18 | 20 | 25 | 28 | 30 |
|---|---|---|---|---|---|---|---|---|---|---|---|
| $r$（最小） | 4 | | 6 | | | 8 | | 10 | | 12 | 15 |
| $r$（一般） | = $d$ |

圆钢弯钩环

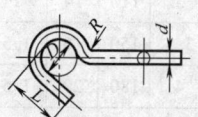

| $d$ | $D$ | $c$（小于） | $R$ | $L$ |
|---|---|---|---|---|
| 6 | 8 ~ 14 | 6 | 5 ~ 8 | 14 ~ 26 |
| 8 | 10 ~ 18 | 6 | 5 ~ 10 | 27 ~ 36 |
| 10 | 10 ~ 20 | 8 | 5 ~ 10 | 30 ~ 40 |
| 12 | 12 ~ 24 | 10 | 5 ~ 12 | 36 ~ 48 |
| 14 | 12 ~ 28 | 12 | 8 ~ 15 | 40 ~ 56 |
| 16 | 16 ~ 32 | 16 | 8 ~ 15 | 48 ~ 64 |
| 18 | 18 ~ 36 | 20 | 10 ~ 20 | 54 ~ 72 |

圆钢弯小钩

$\alpha = 45°$ 或 75°，$l = 3d$

$D = 2d$，其尺寸最好从下列尺寸系列中选择：
8、10、12、14、16、18、20、22、24、28、32、36、40。

1）直径 $D$ 由下列尺寸系列中选择：8、10、12、14、16、18、20、22、24、28、32、36。

2）半径 $R$ 在 5、8、10、12、15、20 各数值选择，应约等于 $\dfrac{D}{2}$

#### 表 1.2-24　型钢最小弯曲半径

| 弯曲条件 | 型　　　　　　钢 | | | | | |
|---|---|---|---|---|---|---|
| 弯曲条件（图示） | 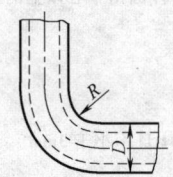 | | | | | |
| 作为弯曲的轴线 | I—I | I—I | II—II | I—I | II—II | I—I |
| 轴线位置 | $l_1 = 0.95t$ | $l_2 = 1.12t$ | $l_1 = 0.8t$ | — | $l_1 = 1.15t$ | — |
| 最小弯曲半径 | $R = 5(b - 0.95t)$ | $R = 5(b_2 - 1.12t)$ | $R = 5(b_1 - 0.8t)$ | $R = 2.5H$ | $R = 4.5B$ | $R = 2.5H$ |

#### 表 1.2-25　管子最小弯曲半径　　　　　　　　　　（单位：mm）

| 硬聚氯乙烯管 | | | 铝　管 | | | 纯铜与黄铜管 | | | 焊接钢管 | | | | 无　缝　钢　管 | | | | | |
|---|---|---|---|---|---|---|---|---|---|---|---|---|---|---|---|---|---|---|
| $D$ | 壁厚 $t$ | $R$ | $D$ | 壁厚 $t$ | $R$ | $D$ | 壁厚 $t$ | $R$ | $D$ | 壁厚 $t$ | $R$ 热 | $R$ 冷 | $D$ | 壁厚 $t$ | $R$ | $D$ | 壁厚 $t$ | $R$ |
| 12.5 | 2.25 | 30 | 6 | 1 | 10 | 5 | 1 | 10 | 13.5 | — | 40 | 80 | 6 | 1 | 15 | 45 | 3.5 | 90 |
| 15 | 2.25 | 45 | 8 | 1 | 15 | 6 | 1 | 10 | 17 | — | 50 | 100 | 8 | 1 | 15 | 57 | 3.5 | 110 |
| 25 | 2 | 60 | 10 | 1 | 15 | 7 | 1 | 15 | 21.25 | 2.75 | 65 | 130 | 10 | 1.5 | 20 | 57 | 4 | 150 |
| 25 | 2 | 80 | 12 | 1 | 20 | 8 | 1 | 15 | 26.75 | 2.75 | 80 | 160 | 12 | 1.5 | 25 | 76 | 4 | 180 |
| 32 | 3 | 110 | 14 | 1 | 20 | 10 | 1 | 15 | 33.5 | 3.25 | 100 | 200 | 14 | 1.5 | 25 | 89 | 4 | 220 |
| 40 | 3.5 | 150 | 16 | 1.5 | 30 | 12 | 1 | 20 | 42.25 | 3.25 | 130 | 250 | 14 | 3 | 18 | 108 | 4 | 270 |
| 51 | 4 | 180 | 20 | 1.5 | 30 | 14 | 1 | 20 | 48 | 3.5 | 150 | 290 | 16 | 1.5 | 30 | 133 | 4 | 340 |
| 65 | 4.5 | 240 | 25 | 1.5 | 50 | 15 | 1 | 30 | 60 | 3.5 | 180 | 360 | 18 | 1.5 | 40 | 159 | 4.5 | 450 |
| 76 | 5 | 330 | 30 | 1.5 | 60 | 16 | 1.5 | 30 | 75.5 | 3.75 | 225 | 450 | 18 | 3 | 28 | 159 | 6 | 420 |
| 90 | 6 | 400 | 40 | 1.5 | 80 | 18 | 1.5 | 30 | 88.5 | 4 | 265 | 530 | 20 | 1.5 | 40 | 194 | 6 | 500 |
| 114 | 7 | 500 | 50 | 2 | 100 | 20 | 1.5 | 30 | 114 | 4 | 340 | 680 | 22 | 3 | 50 | 219 | 6 | 500 |
| 140 | 8 | 600 | 60 | 2 | 125 | 24 | 1.5 | 40 | — | — | — | — | 25 | 3 | 50 | 245 | 6 | 600 |
| 166 | 8 | 800 | — | — | — | 25 | 1.5 | 40 | — | — | — | — | 32 | 3 | 60 | 273 | 8 | 700 |
| — | — | — | — | — | — | 28 | 1.5 | 50 | — | — | — | — | 32 | 3.5 | 60 | 325 | 8 | 800 |
| — | — | — | — | — | — | 35 | 1.5 | 60 | — | — | — | — | 38 | 3 | 80 | 371 | 10 | 900 |
| — | — | — | — | — | — | 45 | 1.5 | 80 | — | — | — | — | 38 | 3.5 | 70 | 426 | 10 | 1000 |
| — | — | — | — | — | — | 55 | 2 | 100 | — | — | — | — | 44.5 | 3 | 100 | — | — | — |

**表 1.2-26 角钢弯曲半径推荐值**

（单位：mm）

| 简　图 | 弯曲角 $\alpha/(°)$ | | |
|---|---|---|---|
| | 7～30 | 40～60 | 70～90 |
| 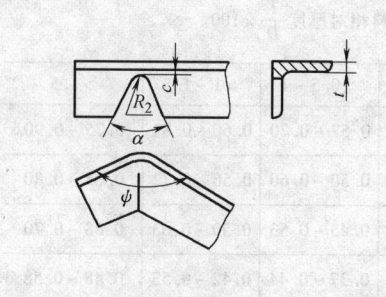 | $R=150$ | $R=100$ | $R=50$ |
| | $R=50$ | $R=30$ | $R=15$ |

**表 1.2-27 角钢截切角推荐值**

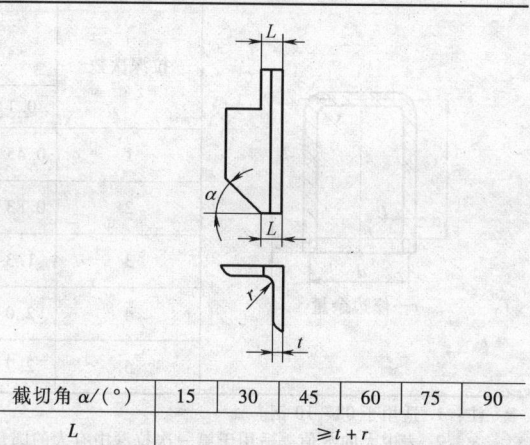

| 截切角 $\alpha/(°)$ | 15 | 30 | 45 | 60 | 75 | 90 |
|---|---|---|---|---|---|---|
| $L$ | | | $\geqslant t+r$ | | | |

**表 1.2-28 角钢破口弯曲 $c$ 值** （单位：mm）

| 截切角 $\alpha/(°)$ | 角钢厚度 $t$ | | | | | | | |
|---|---|---|---|---|---|---|---|---|
| | 3 | 4 | 5 | 6 | 7 | 8 | 9 | 10 | 12 |
| <30 | 6 | 9 | 11 | 15 | 16 | 17 | 18 | 19 | 21 |
| >30～60 | 6 | 7 | 8 | 11 | 12 | 14 | 15 | 16 | 18 |
| >60～90 | 5 | 6 | 7 | 9 | 10 | 11 | 12 | 13 | 15 |
| >90 | 4 | 5 | 6 | 7 | 8 | 9 | 10 | 11 | 13 |

截切角 $\alpha=180°-\psi$

# 5 拉深件的设计规范（表 1.2-29 ~ 表 1.2-32）

**表 1.2-29 箱型零件的圆角半径、法兰边宽度和工件高度**

| | | 材　料 | 圆角半径 | 材料厚度 $t/mm$ | | |
|---|---|---|---|---|---|---|
| | | | | <0.5 | >0.5～3 | >3～5 |
| $R_1$、$R_2$ | | 软　钢 | $R_1$ $R_2$ | $(5～7)t$ $(5～10)t$ | $(3～4)t$ $(4～6)t$ | $(2～3)t$ $(2～4)t$ |
| | | 黄　铜 | $R_1$ $R_2$ | $(3～5)t$ $(5～7)t$ | $(2～3)t$ $(3～5)t$ | $(1.5～2.0)t$ $(2～4)t$ |
| $\dfrac{H}{R_0}$ 当 $R_0>0.14B$ $R_1\geqslant 1$ | | 材　　　料 | | 比　　　值 | | |
| | | 酸　洗　钢 | | 4.0～4.5 | 当 $\dfrac{H}{R_0}$ 需大于左列数值时，则应采用多次拉深工序 | |
| | | 冷拉钢、铝、黄铜、铜 | | 5.5～6.5 | | |
| $B$ | | $\leqslant R_2+(3～5)t$ | | | | |
| $R_3$ | | $\geqslant R_0+B$ | | | | |

表 1.2-30　无凸缘筒形件的许可相对高度 $h/d$

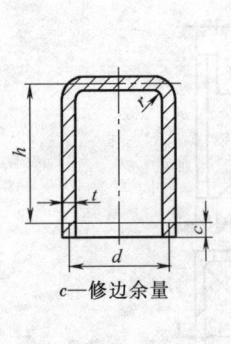

$c$—修边余量

| 拉深次数 | 坯料相对厚度 $\frac{t}{D} \times 100$ | | | | |
|---|---|---|---|---|---|
| | 0.1~0.3 | 0.3~0.6 | 0.6~1.0 | 1.0~1.5 | 1.5~2.0 |
| 1 | 0.45~0.52 | 0.5~0.62 | 0.57~0.70 | 0.65~0.84 | 0.77~0.94 |
| 2 | 0.83~0.96 | 0.94~1.13 | 1.1~1.36 | 1.32~1.6 | 1.54~1.88 |
| 3 | 1.3~1.6 | 1.5~1.9 | 1.8~2.3 | 2.2~2.8 | 2.7~3.5 |
| 4 | 2.0~2.4 | 2.4~2.9 | 2.9~3.6 | 3.5~4.3 | 4.3~5.6 |
| 5 | 2.7~3.3 | 3.3~4.1 | 4.1~5.2 | 5.1~6.6 | 6.6~8.9 |

注：1. 适用于 08、10 钢。

　　2. 表中大的数值，适用于第一次拉深中有大的圆角半径（$r = 8t \sim 15t$），小的数值适用于小的圆角半径（$r = 4t \sim 8t$）。

表 1.2-31　有凸缘筒形件第一次拉深的许可相对高度 $h_1/d_1$

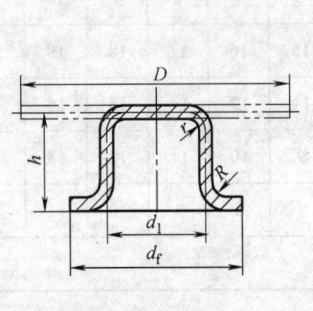

| 凸缘相对直径 $\dfrac{d_f}{d_1}$ | 坯料相对厚度 $\frac{t}{D} \times 100$ | | | | |
|---|---|---|---|---|---|
| | >0.06~0.2 | >0.2~0.5 | >0.5~1 | >1~1.5 | >1.5 |
| ≤1.1 | 0.45~0.52 | 0.50~0.62 | 0.57~0.70 | 0.60~0.82 | 0.75~0.90 |
| >1.1~1.3 | 0.40~0.47 | 0.45~0.53 | 0.50~0.60 | 0.56~0.72 | 0.65~0.80 |
| >1.3~1.5 | 0.35~0.42 | 0.40~0.48 | 0.45~0.53 | 0.50~0.63 | 0.58~0.70 |
| >1.5~1.8 | 0.29~0.35 | 0.34~0.39 | 0.37~0.44 | 0.42~0.53 | 0.48~0.58 |
| >1.8~2 | 0.25~0.30 | 0.29~0.34 | 0.32~0.38 | 0.36~0.46 | 0.42~0.51 |
| >2~2.2 | 0.22~0.26 | 0.25~0.29 | 0.27~0.33 | 0.31~0.40 | 0.35~0.45 |
| >2.2~2.5 | 0.17~0.21 | 0.20~0.23 | 0.25~0.27 | 0.25~0.32 | 0.28~0.35 |
| >2.5~2.8 | 0.13~0.16 | 0.15~0.18 | 0.17~0.21 | 0.19~0.24 | 0.22~0.27 |

注：材料为 08、10 钢。

表 1.2-32　有凸缘拉深件的修边余量 $c/2$　　　　　　（单位：mm）

| 简　图 | 凸缘直径 $d_f$ | 凸缘的相对直径 $\dfrac{d_f}{d}$ | | | |
|---|---|---|---|---|---|
| | | ~1.5 | 大于 1.5~2 | 大于 2~2.5 | 大于 2.5 |
| | <25 | 1.8 | 1.6 | 1.4 | 1.2 |
| | 25~50 | 2.5 | 2 | 1.8 | 1.6 |
| | 50~100 | 3.5 | 3 | 2.5 | 2.2 |
| | 100~150 | 4.3 | 3.6 | 3 | 2.5 |
| | 150~200 | 5 | 4.2 | 3.5 | 2.7 |
| | 200~250 | 5.5 | 4.6 | 3.8 | 2.8 |
| | >250 | 6 | 5 | 4 | 3 |

$d_f$—制件凸缘外径

## 6 成形件的设计规范（表 1.2-33 ~ 表 1.2-38）

### 表 1.2-33 翻孔尺寸及其距离边缘的最小距离

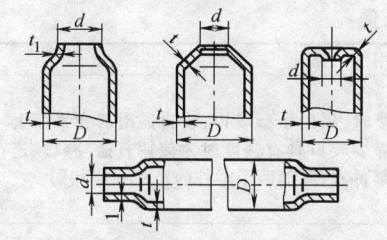

| 翻孔的圆角半径 | $t \leqslant 2$ 时，$R = (4 \sim 5)t$；$t > 2$ 时，$R = (2 \sim 3)t$ | | |
|---|---|---|---|
| 翻孔边缘的最小厚度 | $t_1 = t\sqrt{K}$ | | |
| 翻边高度 | $H = \dfrac{D-d}{2} + 0.43R + 0.72t$ | | |
| 翻边前孔的直径 | $d = D_1 - \left[ \pi\left(R + \dfrac{1}{2}\right) + 2h \right]$ | | |
| 翻孔的适宜板厚 | $t = 0.25 \sim 0.30$ | 翻孔离边缘的距离 | $a$ 一般不宜小于 $(7 \sim 8)t$ |
| 凸缘的最大允许直径 | （根据中线）$D = d/K$ | | |

注：$K$—翻边时材料（退火的）变薄的最大允许范围系数：白铁皮为 0.7；黄铜 H62（$t = 0.5 \sim 5$）为 0.68；酸洗钢板为 0.72；软铝为 0.76；硬铝为 0.89。

### 表 1.2-34 箍压时直径缩小的合理比例

$D/t \leqslant 10$ 时，$d \geqslant 0.7D$
$D/t > 10$ 时，$d = (1-K)D$
钢制件 $K = 0.1 \sim 0.15$
铝制件 $K = 0.15 \sim 0.2$

箍压部分壁厚将增加到 $t_1 = t\sqrt{\dfrac{D}{d}}$

### 表 1.2-35 加强肋的形状、尺寸及间距

| | | 尺寸 | $h$ | $B$ | $r$ | $R_1$ | $R_2$ |
|---|---|---|---|---|---|---|---|
| 半圆形肋 | | 最小允许尺寸 | $2t$ | $7t$ | $t$ | $3t$ | $5t$ |
| | | 一般尺寸 | $3t$ | $10t$ | $2t$ | $4t$ | $6t$ |
| | | 尺寸 | $h$ | $B$ | $r$ | $r_1$ | $R_2$ |
| 梯形肋 | | 最小允许尺寸 | $2t$ | $20t$ | $t$ | $4t$ | $24t$ |
| | | 一般尺寸 | $3t$ | $30t$ | $2t$ | $5t$ | $32t$ |
| 加固肋之间及加固肋与边缘之间的适宜距离 | | $l \geqslant 3B$ $K \geqslant (3 \sim 5)t$ | | | | | |

注：$t$ 为钢板厚度。

**表 1.2-36 冲出凸部的高度**

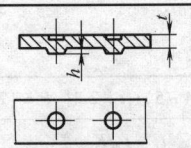

$$h = (0.25 \sim 0.35)t$$

超出这个范围,凸部容易脱落

**表 1.2-37 最小卷边直径** （单位：mm）

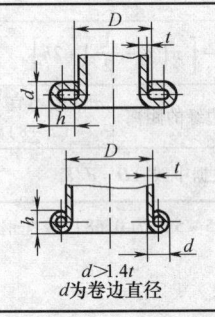

$d > 1.4t$
$d$ 为卷边直径

| 工作直径 $D$ | 材料厚度 $t$ | | | | |
|---|---|---|---|---|---|
| | 0.3 | 0.5 | 0.8 | 1.0 | 2.0 |
| ≤50 | 2.5 | 3.0 | — | — | — |
| >50 ~ 100 | 3.0 | 4.0 | 5.0 | — | — |
| >100 ~ 200 | 4.0 | 5.0 | 6.0 | 7.0 | 8.0 |
| >200 | 5.0 | 6.0 | 7.0 | 8.0 | 9.0 |

**表 1.2-38 铁皮咬口类型、用途和余量**

| 咬 口 类 型 | | 用 途 |
|---|---|---|
| I 型<br>（光面咬口、<br>普通咬口） | | 圆柱形、圆锥形和长方形管子连接时,采用 I 型咬口,咬口需附着在平面上或需要有气密性时使用光面咬口,需要咬口具有强度时才使用普通咬口。连接长度不同时,尺寸 B 可根据长的零件选择,但两个零件的尺寸 B 应相同 |
| II 型<br>（折角咬口） | | 折角咬口（II 型）在制造折角联合肘管时使用 |
| III 型<br>（过渡咬口） | | 过渡咬口（III 型）在连接接管、肘管和从圆过渡到另一些截面肘时,用作各种过渡连接 |

| 钢板强度/MPa | | 30 ~ 40 | | 45 ~ 60 | | 65 ~ 80 | 90 ~ 100 |
|---|---|---|---|---|---|---|---|
| 零件极限尺寸<br>/mm | 直径或方形边 D | <200 | >200 | <600 | >600 | >600 | 在一切情况下 |
| | 长度 L | <200 | >200 | <800 | >800 | >800 | 在一切情况下 |
| 接头长度 B/mm | | 5 | 7 | 7 | 10 | 10 | 14 |
| 咬口裕量 3B/mm | | 15 | 21 | 21 | 30 | 30 | 42 |

# 7 塑料件的设计规范 （表 1.2-39 ~ 表 1.2-47）

**表 1.2-39 热固性塑料零件的最小壁厚**
（单位：mm）

| 塑料名称 | 零件高度尺寸 | | |
|---|---|---|---|
| | ≤50 | >50 ~ 100 | >100 |
| 粉状填料的酚醛塑料 | 0.7 ~ 2.0 | 2.0 ~ 3.0 | 5.0 ~ 6.5 |
| 纤维状填料的酚醛塑料 | 1.5 ~ 2.0 | 2.5 ~ 3.5 | 6.0 ~ 8.0 |
| 氨基塑料 | 1.0 | 1.3 ~ 2.0 | 3.0 ~ 4.0 |
| 聚酯玻璃纤维塑料 | 1.0 ~ 2.0 | 2.4 ~ 3.2 | >4.8 |
| 聚酯无机物填料的塑料 | 1.0 ~ 2.0 | 3.2 ~ 4.8 | >4.8 |

**表 1.2-40 热塑性塑料零件的最小壁厚**
（单位：mm）

| 塑料名称 | 最小壁厚 | 小型零件 | 中型零件 | 大型零件 |
|---|---|---|---|---|
| 聚酰胺 | 0.45 | 0.76 | 1.5 | 2.4 ~ 3.2 |
| 聚乙烯 | 0.60 | 1.25 | 1.6 | 2.4 ~ 3.2 |
| 聚苯乙烯 | 0.75 | 1.25 | 1.6 | 3.2 ~ 5.4 |
| 有机玻璃（372） | 0.80 | 1.50 | 2.2 | 4.0 ~ 6.5 |
| 硬聚氯乙烯 | 1.20 | 1.60 | 1.8 | 3.2 ~ 5.8 |
| 聚丙烯 | 0.85 | 1.45 | 1.75 | 2.4 ~ 3.2 |
| 聚碳酸酯 | 0.95 | 1.80 | 2.3 | 3.0 ~ 4.5 |
| 聚甲醛 | 0.80 | 1.40 | 1.6 | 3.2 ~ 5.4 |
| 氯化聚醚 | 0.90 | 1.35 | 1.8 | 2.5 ~ 3.4 |
| 聚苯醚 | 1.20 | 1.75 | 2.5 | 3.5 ~ 6.4 |
| 聚砜 | 0.95 | 1.80 | 2.3 | 3.0 ~ 4.5 |

## 表 1.2-41　加强肋

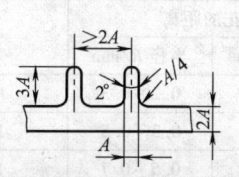

| 底部宽度 | 高度 | 两肋之间中心距 |
|---|---|---|
| $A$ | $\leq 3A$ | $\geq 2A$ |

## 表 1.2-42　几种塑料的起模斜度

| 塑料名称 | 起模斜度 |
|---|---|
| 聚乙烯、聚丙烯、软聚氯乙烯 | $30' \sim 1°$ |
| ABS、聚酰胺、聚甲醛、氟化聚醚、聚苯醚 | $40' \sim 1°30'$ |
| 硬聚氯乙烯、聚碳酸酯、聚砜 | $50' \sim 2°$ |
| 聚苯乙烯、有机玻璃 | $50' \sim 2°$ |
| 热固性塑料 | $20' \sim 1°$ |

## 表 1.2-43　零件不同表面的起模斜度

| 表面部位 | 连接零件与薄壁零件 | 其他零件 |
|---|---|---|
| 外表面 | $15'$ | $30' \sim 1°$ |
| 内表面 | $30'$ | $1° \sim 2°$ |
| 孔(深度 $<1.5d$) | $15'$ | $30' \sim 1°$ |
| 加强肋凸缘等 | $2°、3°、5°、10°$ | |

## 表 1.2-44　孔的尺寸关系（最小值）

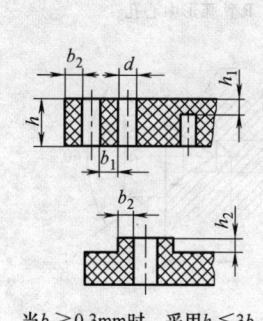

当 $b_2 \geqslant 0.3$mm 时，采用 $h_2 \leqslant 3b_2$

| 孔径 $d$/mm | 孔深与孔径比 $h/d$ 零件边孔 | 零件中孔 | 边距尺寸 $b_1$/mm | $b_2$/mm | 盲孔的最小厚度 $h_1$/mm |
|---|---|---|---|---|---|
| $\leq 2$ | 2.0 | 3.0 | 0.5 | 1.0 | 1.0 |
| $>2 \sim 3$ | 2.3 | 3.5 | 0.8 | 1.25 | 1.0 |
| $>3 \sim 4$ | 2.5 | 3.8 | 0.8 | 1.5 | 1.2 |
| $>4 \sim 6$ | 3.0 | 4.8 | 1.0 | 2.0 | 1.5 |
| $>6 \sim 8$ | 3.4 | 5.0 | 1.2 | 2.3 | 2.0 |
| $>8 \sim 10$ | 3.8 | 5.5 | 1.5 | 2.8 | 2.5 |
| $>10 \sim 14$ | 4.6 | 6.5 | 2.2 | 3.8 | 3.0 |
| $>14 \sim 18$ | 5.0 | 7.0 | 2.5 | 4.0 | 3.0 |
| $>18 \sim 30$ | — | — | 4.0 | 4.0 | 4.0 |
| $>30$ | — | — | 5.0 | 5.0 | 5.0 |

## 表 1.2-45　螺纹孔的尺寸关系（最小值）　　（单位：mm）

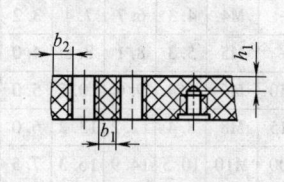

| 螺纹直径 $d$ | 边距尺寸 $b_1$ | $b_2$ | 盲螺纹孔最小底厚 $h_1$ |
|---|---|---|---|
| $\leq 3$ | 1.3 | 2.0 | 2.0 |
| $>3 \sim 6$ | 2.0 | 2.5 | 3.0 |
| $>6 \sim 10$ | 2.5 | 3.0 | 3.8 |
| $>10$ | 3.8 | 4.3 | 5.0 |

## 表 1.2-46　螺纹退刀尺寸　　（单位：mm）

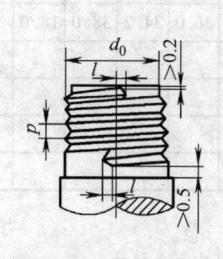 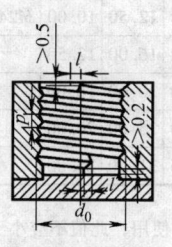

| 螺纹直径 $d_0$ | 螺距 $p$ $\leq 0.5$ | $>0.5 \sim 1$ | $>1$ |
|---|---|---|---|
| | 退刀尺寸 $l$ | | |
| $\leq 10$ | 1 | 2 | 3 |
| $>10 \sim 20$ | 2 | 2 | 4 |
| $>20 \sim 34$ | 2 | 4 | 6 |
| $>34 \sim 52$ | 3 | 6 | 8 |
| $>52$ | 3 | 8 | 10 |

表 1.2-47　滚花尺寸（推荐值）

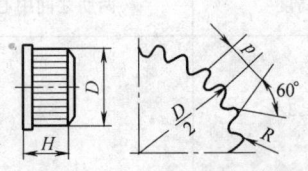

| 零件直径 | 滚花的距离 | | $\dfrac{D}{H}$ |
|---|---|---|---|
| $D$/mm | 齿距 $p$/mm | 半径 $R$/mm | |
| ≤18 | 1.2 ~ 1.5 | 0.2 ~ 0.3 | 1 |
| >18 ~ 50 | 1.5 ~ 2.5 | 0.3 ~ 0.5 | 1.2 |
| >50 ~ 80 | 2.5 ~ 3.5 | 0.5 ~ 0.7 | 1.5 |
| >80 ~ 120 | 3.5 ~ 4.5 | 0.7 ~ 1 | 1.5 |

# 8　金属切削加工零件的设计规范和结构要素

## 8.1　中心孔（表 1.2-48 和表 1.2-49）

表 1.2-48　60°中心孔尺寸（摘自 GB/T 145—2001）　　　　（单位：mm）

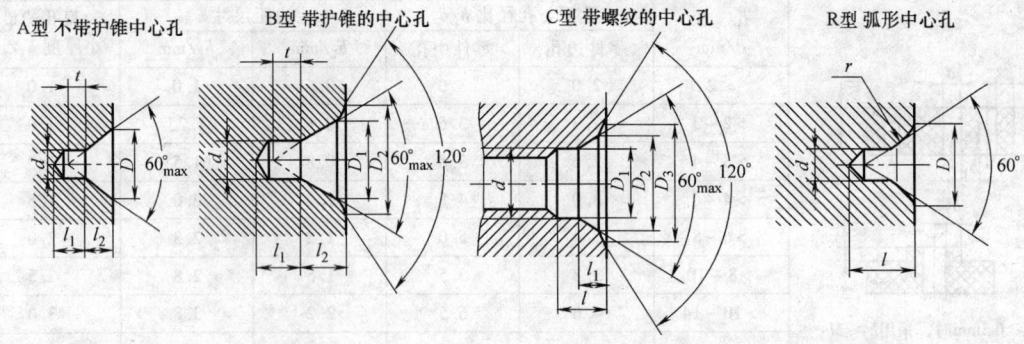

| $d$ | $D$ | $D_1$ | $D_2$ | $l_2$ | | $t$（参考） | | $l_{min}$ | $r$ | | $d$ | $D_1$ | $D_2$ | $D_3$ | $l$ | $l_1$ 参考 |
|---|---|---|---|---|---|---|---|---|---|---|---|---|---|---|---|---|
| A、B、R 型 | A 型 | R 型 | B 型 | A 型 | B 型 | A 型 | B 型 | | max | min | C 型 | | | | | |
| (0.50) | 1.06 | — | — | 0.48 | — | 0.5 | — | — | — | — | M3 | 3.2 | 5.3 | 5.8 | 2.6 | 1.8 |
| (0.63) | 1.32 | — | — | 0.60 | — | 0.6 | — | — | — | — | M4 | 4.3 | 6.7 | 7.4 | 3.2 | 2.1 |
| (0.80) | 1.70 | — | — | 0.73 | — | 0.7 | — | — | — | — | M5 | 5.3 | 8.1 | 8.8 | 4.0 | 2.4 |
| 1.00 | 2.12 | 2.12 | 2.12 | 3.15 | 0.97 | 1.27 | 0.9 | 1.0 | 2.3 | 3.15 | 2.50 | M6 | 6.4 | 9.6 | 10.5 | 5.0 | 2.8 |
| (1.25) | 2.65 | 2.65 | 2.65 | 4.00 | 1.21 | 1.60 | 1.1 | 1.1 | 2.8 | 4.00 | 3.15 | M8 | 8.4 | 12.2 | 13.2 | 6.0 | 3.3 |
| 1.60 | 3.35 | 3.35 | 3.35 | 5.00 | 1.52 | 1.99 | 1.4 | 1.4 | 3.5 | 5.00 | 4.00 | M10 | 10.5 | 14.9 | 16.3 | 7.5 | 3.8 |
| 2.00 | 4.25 | 4.25 | 4.25 | 6.30 | 1.95 | 2.54 | 1.8 | 1.8 | 4.4 | 6.30 | 5.00 | M12 | 13.0 | 18.1 | 19.8 | 9.5 | 4.4 |
| 2.50 | 5.30 | 5.30 | 5.30 | 8.00 | 2.42 | 3.20 | 2.2 | 2.2 | 5.5 | 8.00 | 6.30 | M16 | 17.0 | 23.0 | 25.3 | 12.0 | 5.2 |
| 3.15 | 6.70 | 6.70 | 6.70 | 10.00 | 3.07 | 4.03 | 2.8 | 2.8 | 7.0 | 10.00 | 8.00 | M20 | 21.0 | 28.4 | 31.3 | 15.0 | 6.4 |
| 4.00 | 8.50 | 8.50 | 8.50 | 12.50 | 3.90 | 5.05 | 3.5 | 3.5 | 8.9 | 12.50 | 10.00 | M24 | 26.0 | 34.2 | 38.0 | 18.0 | 8.0 |
| (5.00) | 10.60 | 10.60 | 10.60 | 16.00 | 4.85 | 6.41 | 4.4 | 4.4 | 11.2 | 16.00 | 12.50 | | | | | | |
| 6.30 | 13.20 | 13.20 | 13.20 | 18.00 | 5.98 | 7.36 | 5.5 | 5.5 | 14.0 | 20.00 | 16.00 | | | | | | |
| (8.00) | 17.00 | 17.00 | 17.00 | 22.40 | 7.79 | 9.36 | 7.0 | 7.0 | 17.9 | 25.00 | 20.00 | | | | | | |
| 10.00 | 21.20 | 21.20 | 21.20 | 28.00 | 9.70 | 11.66 | 8.7 | 8.7 | 22.5 | 31.50 | 25.00 | | | | | | |

注：1. 括号内尺寸尽量不用。

　　2. A、B 型中尺寸 $l_1$ 取决于中心钻的长度，即使中心孔重磨后再使用，此值不应小于 $t$ 值。

　　3. A 型同时列出了 $D$ 和 $l_2$ 尺寸，B 型同时列出了 $D_2$ 和 $l_2$ 尺寸，制造厂可分别任选其中一个尺寸。

表 1.2-49　75°、90°中心孔尺寸（摘自 JB/ZQ 4236—2006 和 JB/ZQ 4237—2006）

（单位：mm）

| $\alpha$ | 规格 $D$ | $D_1$ | $D_2$ | $L$ | $L_1$ | $L_2$ | $L_3$ | $L_0$ | 选择中心孔的参考数据 | |
|---|---|---|---|---|---|---|---|---|---|---|
| | | | | | | | | | 毛坯轴端直径 $D_0$ min | 毛坯质量 /kg max |
| 75° | 3 | 9 | — | 7 | 8 | 1 | — | — | 30 | 200 |
| | 4 | 12 | — | 10 | 11.5 | 1.5 | — | — | 50 | 360 |
| | 6 | 18 | — | 14 | 16 | 2 | — | — | 80 | 800 |
| | 8 | 24 | — | 19 | 21 | 2 | — | — | 120 | 1500 |
| | 12 | 36 | — | 28 | 30.5 | 2.5 | — | — | 180 | 3000 |
| | 20 | 60 | — | 50 | 53 | 3 | — | — | 260 | 9000 |
| | 30 | 90 | — | 70 | 74 | 4 | — | — | 360 | 20000 |
| | 40 | 120 | — | 95 | 100 | 5 | — | — | 500 | 35000 |
| | 45 | 135 | — | 115 | 121 | 6 | — | — | 700 | 50000 |
| | 50 | 150 | — | 140 | 148 | 8 | — | — | 900 | 80000 |
| 90° | 14 | 56 | 77 | 36 | 38.5 | 2.5 | 6 | 44.5 | 250 | 5000 |
| | 16 | 64 | 85 | 40 | 42.5 | 2.5 | 6 | 48.5 | 300 | 10000 |
| | 20 | 80 | 108 | 50 | 53 | 3 | 8 | 61 | 400 | 20000 |
| | 24 | 96 | 124 | 60 | 64 | 4 | 8 | 72 | 500 | 30000 |
| | 30 | 120 | 155 | 80 | 84 | 4 | 10 | 94 | 600 | 50000 |
| | 40 | 160 | 195 | 100 | 105 | 5 | 10 | 115 | 800 | 80000 |
| | 45 | 180 | 222 | 110 | 116 | 6 | 12 | 128 | 900 | 100000 |
| | 50 | 200 | 242 | 120 | 128 | 8 | 12 | 140 | 1000 | 150000 |

A 型 不带护锥　　B 型 带护锥　　D 型 带护锥

注：1. 中心孔的选择：中心孔的尺寸主要根据毛坯轴端直径 $D_0$ 和零件毛坯总质量（如轴上装有齿轮、齿圈及其他零件等）来选择。若毛坯总质量超过表中 $D_0$ 相对应的质量时，则依据毛坯质量确定中心孔尺寸。
2. 当加工零件毛坯总质量超过 5000kg 时，一般宜选择 B 型中心孔。
3. D 型中心孔是属于中间型式，在制造时要考虑到在机床上加工去掉余量"$L_3$"以后，应与 B 型中心孔相同。
4. 中心孔的表面粗糙度按用途自行规定。

## 8.2　退刀槽

### 8.2.1　公称直径相同而配合不同的退刀槽（表 1.2-50）

表 1.2-50　公称直径相同具有不同配合的退刀槽　　　　　　　　（单位：mm）

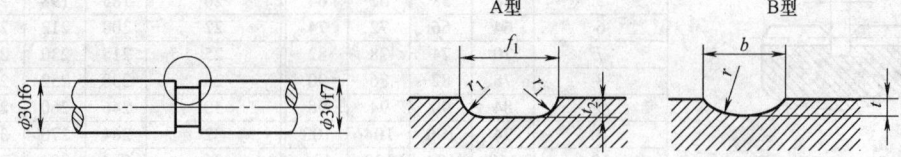

（续）

| A 型退刀槽 | | | | | B 型退刀槽 | | |
|---|---|---|---|---|---|---|---|
| $r_1$ | $t_1\,({}^{+0.1}_{\ \ 0})$ | $f_1$ | 推荐配合直径 | | $r$ | $t$ | $b$ |
| | | | 一般载荷 | 交变载荷 | | | |
| 0.6 | 0.2 | 2.0 | < 18 | | 2.5 | 0.25 | 2.2 |
| 0.6 | 0.3 | 2.5 | 18 ~ 80 | — | 4.0 | 0.4 | 3.4 |
| 1.0 | 0.4 | 4.0 | > 80 | | 6.0 | 0.4 | 4.9 |
| 1.0 | 0.2 | 2.5 | | > 18 ~ 50 | 10 | 0.6 | 7.0 |
| 1.6 | 0.3 | 4.0 | — | > 50 ~ 80 | 16 | 0.6 | 9.0 |
| 2.5 | 0.4 | 5.0 | | > 80 ~ 125 | 25 | 1.0 | 13.9 |
| 4.0 | 0.5 | 7.0 | | > 125 | | | |

### 8.2.2 带槽孔的退刀槽

退刀槽直径 $d_2$ 可按选用的平键或楔键而定。退刀槽的深度 $t_2$ 一般为 20mm，因结构原因，$t_2$ 的最小值不得小于 10mm。具体尺寸如图 1.2-1 所示。

### 8.2.3 插齿、滚齿退刀槽（表 1.2-51 和表 1.2-52）

### 8.2.4 越程槽（表 1.2-53 和表 1.2-54）

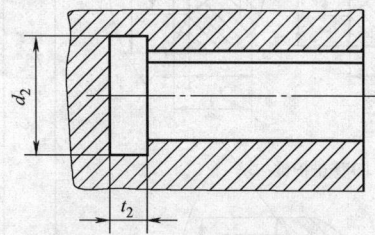

图1.2-1 带槽孔的退刀槽

### 表 1.2-51 插齿退刀槽 （单位：mm）

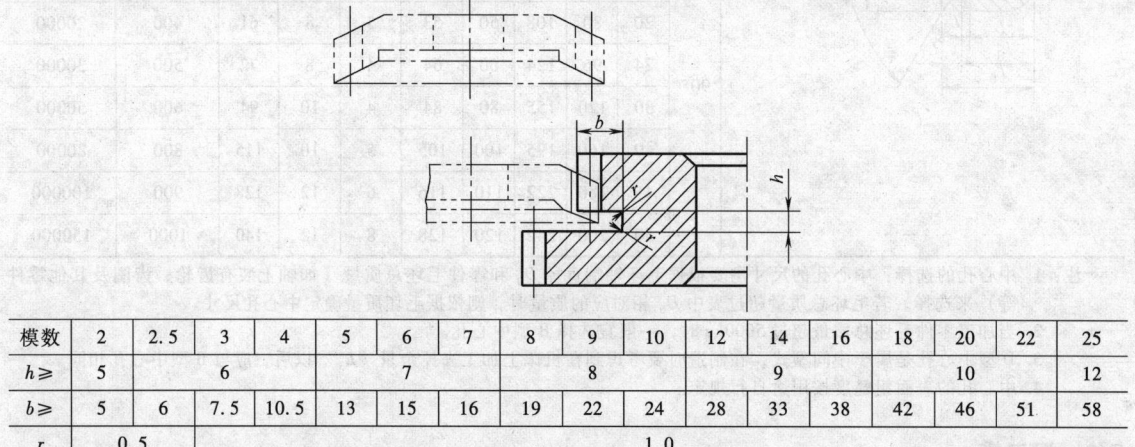

| 模数 | 2 | 2.5 | 3 | 4 | 5 | 6 | 7 | 8 | 9 | 10 | 12 | 14 | 16 | 18 | 20 | 22 | 25 |
|---|---|---|---|---|---|---|---|---|---|---|---|---|---|---|---|---|---|
| $h \geqslant$ | 5 | | 6 | | | 7 | | | 8 | | | 9 | | | 10 | | 12 |
| $b \geqslant$ | 5 | 6 | 7.5 | 10.5 | 13 | 15 | 16 | 19 | 22 | 24 | 28 | 33 | 38 | 42 | 46 | 51 | 58 |
| $r$ | 0.5 | | | | | | 1.0 | | | | | | | | | | |

### 表 1.2-52 滚人字齿轮退刀槽 （单位：mm）

| 法向模数 $m_n$ | 螺旋角 | | | | 法向模数 $m_n$ | 螺旋角 | | | |
|---|---|---|---|---|---|---|---|---|---|
| | 25° | 30° | 35° | 40° | | 25° | 30° | 35° | 40° |
| | 退刀槽最小宽度 $b$ | | | | | 退刀槽最小宽度 $b$ | | | |
| 4 | 46 | 50 | 52 | 54 | 18 | 164 | 175 | 184 | 192 |
| 5 | 58 | 58 | 62 | 64 | 20 | 185 | 198 | 208 | 218 |
| 6 | 64 | 66 | 72 | 74 | 22 | 200 | 212 | 224 | 234 |
| 7 | 70 | 74 | 78 | 82 | 25 | 215 | 230 | 240 | 250 |
| 8 | 78 | 82 | 86 | 90 | 28 | 238 | 252 | 266 | 278 |
| 9 | 84 | 90 | 94 | 98 | 30 | 246 | 260 | 276 | 290 |
| 10 | 94 | 100 | 104 | 108 | 32 | 264 | 270 | 300 | 312 |
| 12 | 118 | 124 | 130 | 136 | 36 | 284 | 304 | 322 | 335 |
| 14 | 130 | 138 | 146 | 152 | 40 | 320 | 330 | 350 | 370 |
| 16 | 148 | 158 | 165 | 174 | | | | | |

注：退刀槽深度由设计者决定。

**表 1.2-53　砂轮越程槽**（摘自 GB/T 6403.5—2008）　　　　　　（单位：mm）

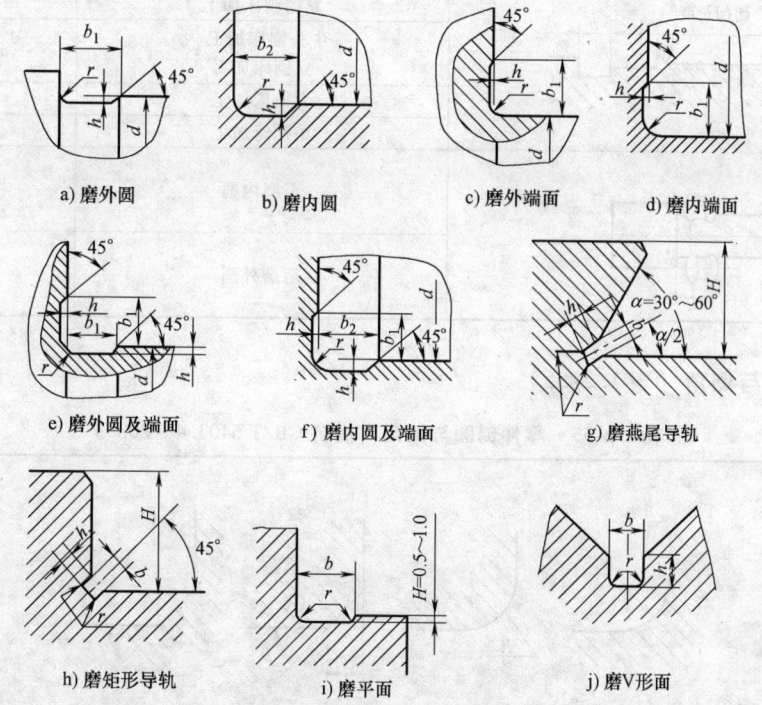

a) 磨外圆　　　　b) 磨内圆　　　　c) 磨外端面　　　d) 磨内端面

e) 磨外圆及端面　　　f) 磨内圆及端面　　　g) 磨燕尾导轨

h) 磨矩形导轨　　　　i) 磨平面　　　　j) 磨V形面

回转面及端面砂轮越程槽尺寸

| $b_1$ | 0.6 | 1.0 | 1.6 | 2.0 | 3.0 | 4.0 | 5.0 | 8.0 | 10 |
|---|---|---|---|---|---|---|---|---|---|
| $b_2$ | 2.0 | | 3.0 | | 4.0 | | 5.0 | 8.0 | 10 |
| $h$ | 0.1 | | 0.2 | 0.3 | | 0.4 | 0.6 | 0.8 | 1.2 |
| $r$ | 0.2 | | 0.5 | 0.8 | | 1.0 | 1.6 | 2.0 | 3.0 |
| $d$ | ≤10 | | | >10 ~ 50 | | | >50 ~ 100 | >100 | |

平面砂轮越程槽尺寸

| $b$ | 2 | | 3 | | 4 | | 5 | |
|---|---|---|---|---|---|---|---|---|
| $r$ | 0.5 | | 1.0 | | 1.2 | | 1.6 | |

V 形砂轮越程槽尺寸

| $b$ | 2 | | 3 | | 4 | | 5 | |
|---|---|---|---|---|---|---|---|---|
| $h$ | 1.6 | | 2.0 | | 2.5 | | 3.0 | |
| $r$ | 0.5 | | 1.0 | | 1.2 | | 1.6 | |

燕尾导轨砂轮越程槽尺寸

| $H$ | < 5 | 6 | 8 | 10 | 12 | 16 | 20 | 25 | 32 | 40 | 50 | 63 | 80 |
|---|---|---|---|---|---|---|---|---|---|---|---|---|---|
| $b$ | 1 | | 2 | | 3 | | | 4 | | | 5 | | 6 |
| $h$ | | | | | | | | | | | | | |
| $r$ | 0.5 | | 0.5 | | | 1.0 | | 1.6 | | | 1.6 | | 2.0 |

矩形导轨砂轮越程槽尺寸

| $H$ | 8 | 10 | 12 | 16 | 20 | 25 | 32 | 40 | 50 | 63 | 80 | 100 |
|---|---|---|---|---|---|---|---|---|---|---|---|---|
| $b$ | 2 | | | | 3 | | | | 5 | | 8 | |
| $h$ | 1.6 | | | | 2.0 | | | | 3.0 | | 5.0 | |
| $r$ | 0.5 | | | | 1.0 | | | | 1.6 | | 2.0 | |

注：1. 越程槽内二直线相交处，不允许产生尖角。
　　2. 越程槽深度 $h$ 与圆弧半径 $r$，要满足 $r < 3h$。

表 1.2-54　刨切、插、珩磨越程槽　　　　　　　　　（单位：mm）

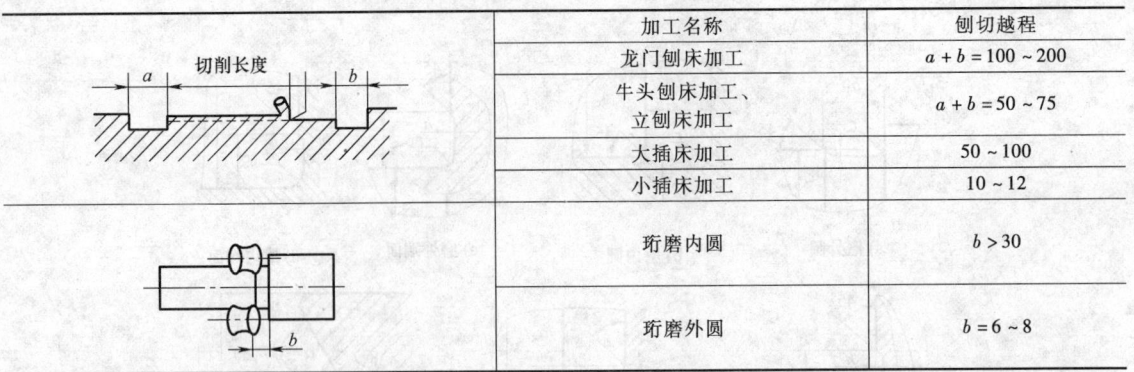

| 加工名称 | 刨切越程 |
|---|---|
| 龙门刨床加工 | $a + b = 100 \sim 200$ |
| 牛头刨床加工、立刨床加工 | $a + b = 50 \sim 75$ |
| 大插床加工 | $50 \sim 100$ |
| 小插床加工 | $10 \sim 12$ |
| 珩磨内圆 | $b > 30$ |
| 珩磨外圆 | $b = 6 \sim 8$ |

## 8.3　零件倒圆与倒角（表 1.2-55）

表 1.2-55　零件倒圆与倒角（摘自 GB/T 6403.4—2008）　　　（单位：mm）

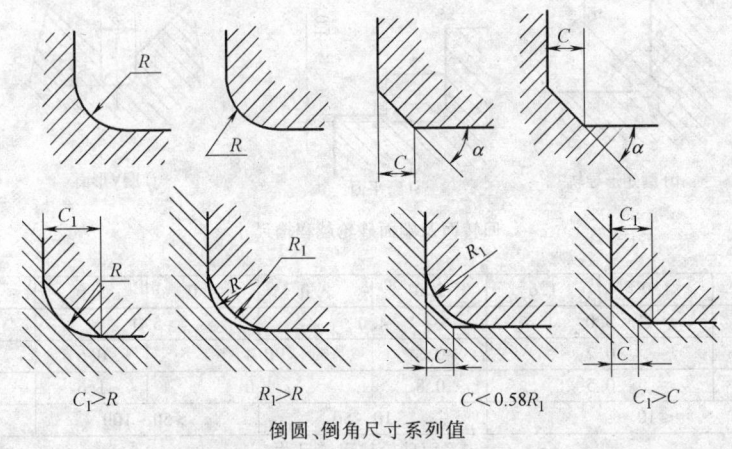

倒圆、倒角尺寸系列值

| $R$、$C$ | 0.1 | 0.2 | 0.3 | 0.4 | 0.5 | 0.6 | 0.8 | 1.0 | 1.2 | 1.6 | 2.0 | 2.5 | 3.0 |
|---|---|---|---|---|---|---|---|---|---|---|---|---|---|
| | 4.0 | 5.0 | 6.0 | 8.0 | 10 | 12 | 16 | 20 | 25 | 32 | 40 | 50 | — |

内角倒角、外角倒圆时 $C$ 的最大值 $C_{max}$ 与 $R_1$ 的关系

| $R_1$ | 0.1 | 0.2 | 0.3 | 0.4 | 0.5 | 0.6 | 0.8 | 1.0 | 1.2 | 1.6 | 2.0 |
|---|---|---|---|---|---|---|---|---|---|---|---|
| $C_{max}$ | — | 0.1 | 0.1 | 0.2 | 0.2 | 0.3 | 0.4 | 0.5 | 0.6 | 0.8 | 1.0 |
| $R_1$ | 2.5 | 3.0 | 4.0 | 5.0 | 6.0 | 8.0 | 10 | 12 | 16 | 20 | 25 |
| $C_{max}$ | 1.2 | 1.6 | 2.0 | 2.5 | 3.0 | 4.0 | 5.0 | 6.0 | 8.0 | 10 | 12 |

与直径 $\phi$ 相应的倒角 $C$、倒圆 $R$ 的推荐值

| $\phi$ | <3 | >3 ~ 6 | >6 ~ 10 | >10 ~ 18 | >18 ~ 30 | >30 ~ 50 |
|---|---|---|---|---|---|---|
| $C$ 或 $R$ | 0.2 | 0.4 | 0.6 | 0.8 | 1.0 | 1.6 |
| $\phi$ | >50 ~ 80 | >80 ~ 120 | >120 ~ 180 | >180 ~ 250 | >250 ~ 320 | >320 ~ 400 |
| $C$ 或 $R$ | 2.0 | 2.5 | 3.0 | 4.0 | 5.0 | 6.0 |
| $\phi$ | >400 ~ 500 | >500 ~ 630 | >630 ~ 800 | >800 ~ 1000 | >1000 ~ 1250 | >1250 ~ 1600 |
| $C$ 或 $R$ | 8.0 | 10 | 12 | 16 | 20 | 25 |

## 8.4　球面半径（表 1.2-56）

**表 1.2-56　球面半径**（摘自 GB/T 6403.1—2008）　　　（单位：mm）

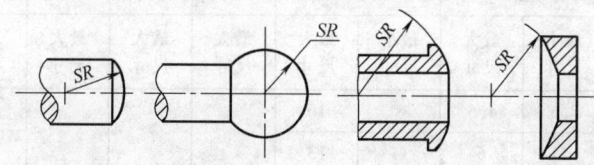

| 系列 | | | | | | | | | | | | |
|---|---|---|---|---|---|---|---|---|---|---|---|---|
| | 1 | 0.2 | 0.4 | 0.6 | 1.0 | 1.6 | 2.5 | 4.0 | 6.0 | 10 | 16 | 20 |
| | 2 | 0.3 | 0.5 | 0.8 | 1.2 | 2.0 | 3.0 | 5.0 | 8.0 | 12 | 18 | 22 |
| | 1 | 25 | 32 | 40 | 50 | 63 | 80 | 100 | 125 | 160 | 200 | 250 |
| | 2 | 28 | 36 | 45 | 56 | 71 | 90 | 110 | 140 | 180 | 220 | 280 |
| | 1 | 320 | 400 | 500 | 630 | 800 | 1000 | 1250 | 1600 | 2000 | 2500 | 3200 |
| | 2 | 360 | 450 | 560 | 710 | 900 | 1100 | 1400 | 1800 | 2200 | 2800 | |

## 8.5　滚花（表 1.2-57）

**表 1.2-57　滚花**（摘自 GB/T 6403.3—2008）　　　（单位：mm）

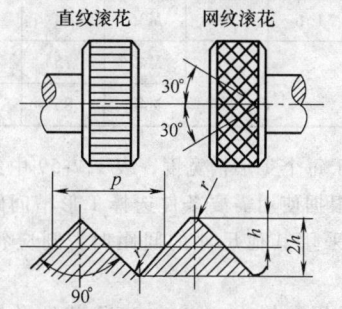

标记示例：
模数 $m = 0.3$ 直径滚花：
直纹 $m = 0.3$　GB 6403.3—2008
模数 $m = 0.4$ 网纹滚花：
网纹 $m = 0.4$　GB 6403.3—2008

| 模数 $m$ | $h$ | $r$ | 节距 $p$ |
|---|---|---|---|
| 0.2 | 0.132 | 0.06 | 0.628 |
| 0.3 | 0.198 | 0.09 | 0.942 |
| 0.4 | 0.264 | 0.12 | 1.257 |
| 0.5 | 0.326 | 0.16 | 1.571 |

注：1. 表中 $h = 0.785m - 0.414r$。
　　2. 滚花前工件表面的表面粗糙度值最大为 $Ra12.5\mu m$。
　　3. 滚花后工件直径大于滚花前直径，其差值 $\Delta \approx (0.8 \sim 1.6)m$。

## 8.6　T 形槽（表 1.2-58 ~ 表 1.2-60）

**表 1.2-58　T 形槽**（摘自 GB/T 158—1996）　　　（单位：mm）

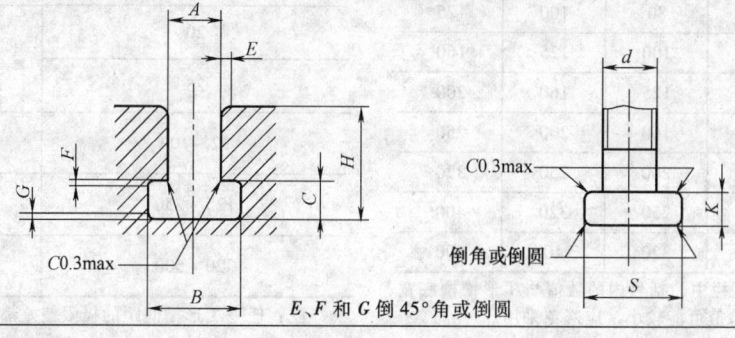

$E$、$F$ 和 $G$ 倒 45° 角或倒圆

（续）

| T形槽 | | | | | | | | | | 螺栓头部 | | |
| A | B | | C | | H | | E | F | G | d | S | K |
| 基本尺寸 | 最小尺寸 | 最大尺寸 | 最小尺寸 | 最大尺寸 | 最小尺寸 | 最大尺寸 | 最大尺寸 | 最大尺寸 | 最大尺寸 | 公称尺寸 | 最大尺寸 | 最大尺寸 |
|---|---|---|---|---|---|---|---|---|---|---|---|---|
| 5 | 10 | 11 | 3.5 | 4.5 | 8 | 10 | | | | M4 | 9 | 3 |
| 6 | 11 | 12.5 | 5 | 6 | 11 | 13 | | | | M5 | 10 | 4 |
| 8 | 14.5 | 16 | 7 | 8 | 15 | 18 | 1 | | 1 | M6 | 13 | 6 |
| 10 | 16 | 18 | 7 | 8 | 17 | 21 | | 0.6 | | M8 | 15 | 6 |
| 12 | 19 | 21 | 8 | 9 | 20 | 25 | | | | M10 | 18 | 7 |
| 14 | 23 | 25 | 9 | 11 | 23 | 28 | | | 1.6 | M12 | 22 | 8 |
| 18 | 30 | 32 | 12 | 14 | 30 | 36 | 1.6 | | | M16 | 28 | 10 |
| 22 | 37 | 40 | 16 | 18 | 38 | 45 | | 1 | | M20 | 34 | 14 |
| 28 | 46 | 50 | 20 | 22 | 48 | 56 | | | 2.5 | M24 | 43 | 18 |
| 36 | 56 | 6 | 25 | 28 | 61 | 71 | | | | M30 | 53 | 23 |
| 42 | 68 | 72 | 32 | 3 | 74 | 85 | | 1.6 | 4 | M36 | 64 | 28 |
| 48 | 80 | 85 | 36 | 40 | 84 | 95 | 2.5 | | | M42 | 75 | 32 |
| 54 | 90 | 95 | 40 | 44 | 94 | 106 | | 2 | 6 | M48 | 85 | 36 |

**表1.2-59　T形槽间距尺寸**（摘自 GB/T 158—1996）

（单位：mm）

| T形槽宽度 A | T形槽间距 p | | | |
|---|---|---|---|---|
| 5 | | 20 | 25 | 32 |
| 6 | | 25 | 32 | 40 |
| 8 | | 32 | 40 | 50 |
| 10 | | 40 | 50 | 63 |
| 12 | (40) | 50 | 63 | 80 |
| 14 | (50) | 63 | 80 | 100 |
| 18 | (63) | 80 | 100 | 125 |
| 22 | (80) | 100 | 125 | 160 |
| 28 | 100 | 125 | 160 | 200 |
| 36 | 125 | 160 | 200 | 250 |
| 42 | 160 | 200 | 250 | 320 |
| 48 | 200 | 250 | 320 | 400 |
| 54 | 250 | 320 | 40 | 500 |

注：T形槽间距 p 栏中，括号内的数值与T形槽底宽度最大值之差值可能较小，应避免采用。

相对于每个T形槽宽度，表1.2-59中给出3个间距，应根据使用需要条件选择T形槽间距。特殊情况需要采用其他尺寸的间距时，则应符合下列原则：

1）采用数值大于或小于规定T形槽间距 p 的尺寸时，应从优先数系 R10 系列的数值中选取。

2）采用数值在规定T形槽间距 p 的尺寸范围内，则应从优先数系 R20 系列的数值中选取。

T形槽的间距尺寸 p 的极限偏差见表1.2-60。

**表1.2-60　T形槽间距 p 尺寸的极限偏差**

（摘自 GB/T 158—1996）

（单位：mm）

| T形槽间距 p | 极限偏差 |
|---|---|
| 20 | ±0.2 |
| 25 | |
| 32～100 | ±0.3 |
| 125～250 | ±0.5 |
| 320～500 | ±0.8 |

注：任一T形槽间距的极限偏差都不是累计误差。

## 8.7　燕尾槽（表 1.2-61）

**表 1.2-61　燕尾槽**　　　　　　　　　　　　　　　（单位：mm）

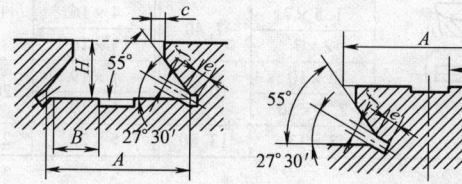

| A | 40 ~ 65 | 50 ~ 70 | 60 ~ 90 | 80 ~ 125 | 100 ~ 160 | 125 ~ 200 | 160 ~ 250 | 200 ~ 320 | 250 ~ 400 | 320 ~ 500 |
|---|---|---|---|---|---|---|---|---|---|---|
| B | 12 | 16 | 20 | 25 | 32 | 40 | 50 | 65 | 80 | 100 |
| c | 1.5 ~ 5 | | | | | | | | | |
| e | 1.5 | | 2.0 | | | | | 2.5 | | |
| f | 2 | | 3 | | | | | 4 | | |
| H | 8 | 10 | 12 | 16 | 20 | 25 | 32 | 40 | 50 | 65 |

注：1. "A" 的系列为（mm）：40、45、50、55、60、65、70、80、90、100、110、125、140、160、180、200、225、250、280、320、360、400、450、500。

　　2. c 为推荐值。

## 8.8　锯缝尺寸（表 1.2-62）

**表 1.2-62　锯缝尺寸**　　　　　　　　　　　　　　　（单位：mm）

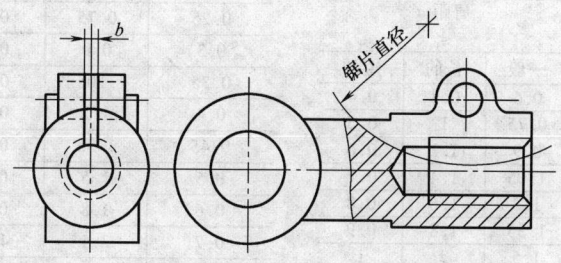

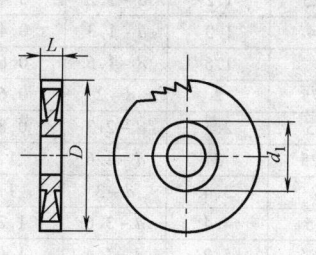

| D | $d_1$ ≥ | L | | | | | | | | | | |
|---|---|---|---|---|---|---|---|---|---|---|---|---|
| | | 0.6 | 0.8 | 1.0 | 1.2 | 1.6 | 2.0 | 2.5 | 3.0 | 4.0 | 5.0 | 6.0 |
| 80 | 34 (40) | ✓ | ✓ | ✓ | ✓ | ✓ | ✓ | ✓ | ✓ | ✓ | ✓ | ✓ |
| 100 | | | ✓ | ✓ | ✓ | ✓ | ✓ | ✓ | ✓ | ✓ | ✓ | ✓ |
| 125 | | | | ✓ | ✓ | ✓ | ✓ | ✓ | ✓ | ✓ | ✓ | ✓ |
| 160 | 47 | | | | ✓ | ✓ | ✓ | ✓ | ✓ | ✓ | ✓ | ✓ |
| 200 | 63 | | | | | ✓ | ✓ | ✓ | ✓ | ✓ | ✓ | ✓ |
| 250 | | | | | | | ✓ | ✓ | ✓ | ✓ | ✓ | ✓ |
| 315 | 80 | | | | | | | ✓ | ✓ | ✓ | ✓ | ✓ |

## 8.9　弧形槽部半径（表 1.2-63）

**表 1.2-63　弧形槽端部半径**　　　　　　　　　　　　　（单位：mm）

| 花键槽 | | 铣切深度 H | 5 | 10 | 12 | 25 |
|---|---|---|---|---|---|---|
| | | 铣切宽度 B | 4 | 4 | 5 | 10 |
| | | R | 20 ~ 30 | 30 ~ 37.5 | 37.5 | 55 |

（续）

| 键公称尺寸 $B \times d$ | 铣刀 $D$ | 键公称尺寸 $B \times d$ | 铣刀 $D$ | 键公称尺寸 $B \times d$ | 铣刀 $D$ |
|---|---|---|---|---|---|
| 弧形键槽 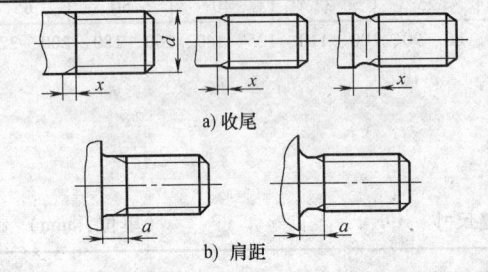 1×4 | 4.25 | 3×16 | 16.9 | 6×22 | 23.20 |
| 1.5×7 | 7.40 | 4×16 | | 6×25 | 26.50 |
| 2×7 | | 5×16 | | 8×28 | 29.70 |
| 2×10 | 10.60 | 4×19 | 20.10 | 10×32 | 33.90 |
| 2.5×10 | | 5×19 | | | |
| 3×13 | 13.80 | 5×22 | 23.20 | | |

注：$d$ 是铣削键槽时键槽弧形部分的直径。

# 9　螺纹件的设计规范和结构要素

## 9.1　螺纹件的加工规范（表 1.2-64 ~ 表 1.2-67）

外螺纹始端端面的倒角一般为 45°，也可采用 60°或 30°倒角。倒角深度应大于或等于螺纹牙型高度。对搓（滚）螺纹加工的外螺纹，其始端不完整螺纹的轴向长度不能大于 2P。内螺纹入口端面的倒角一般为 120°，也可以采用 90°倒角；端面倒角直径为 $(1.05 - 1)D$。

**表 1.2-64　外螺纹的收尾和肩距**（单位：mm）

a) 收尾

b) 肩距

| 螺距 $P$ | 收尾 $x$ ≤ 一般 | 短的 | 肩距 $a$ ≤ 一般 | 长的 | 短的 |
|---|---|---|---|---|---|
| 0.2 | 0.5 | 0.25 | 0.6 | 0.8 | 0.4 |
| 0.25 | 0.6 | 0.3 | 0.75 | 1 | 0.5 |
| 0.3 | 0.75 | 0.4 | 1.05 | 1.4 | 0.7 |
| 0.35 | 0.9 | 0.45 | 1.05 | 1.4 | 0.7 |
| 0.4 | 1 | 0.5 | 1.2 | 1.6 | 0.8 |
| 0.45 | 1.1 | 0.6 | 1.35 | 1.8 | 0.9 |
| 0.5 | 1.25 | 0.7 | 1.5 | 2 | 1 |
| 0.6 | 1.5 | 0.75 | 1.8 | 2.4 | 1.2 |
| 0.7 | 1.75 | 0.9 | 2.1 | 2.8 | 1.4 |
| 0.75 | 1.9 | 1 | 2.25 | 3 | 1.5 |
| 0.8 | 2 | 1 | 2.4 | 3.2 | 1.6 |
| 1 | 2.5 | 1.25 | 3 | 4 | 2 |
| 1.25 | 3.2 | 1.5 | 4 | 5 | 2.5 |
| 1.5 | 3.8 | 1.9 | 4.5 | 6 | 3 |
| 1.75 | 4.3 | 2.2 | 5.3 | 7 | 3.5 |
| 2 | 5 | 2.5 | 6 | 8 | 4 |
| 2.5 | 6.3 | 3.2 | 7.5 | 10 | 5 |
| 3 | 7.5 | 3.8 | 9 | 12 | 6 |
| 3.5 | 9 | 4.5 | 10.5 | 14 | 7 |
| 4 | 10 | 5 | 12 | 16 | 8 |
| 4.5 | 11 | 5.5 | 13.5 | 18 | 9 |
| 5 | 12.5 | 6.3 | 15 | 20 | 10 |
| 5.5 | 14 | 7 | 16.5 | 22 | 11 |
| 6 | 15 | 7.5 | 18 | 24 | 12 |
| 参考值 | ≈2.5P | ≈1.25P | ≈3P | ≈4P | ≈2P |

注：应优先先选用"一般"长度的收尾和肩距；"短"收尾和"短"肩距仅用于结构受限制的螺纹件上；产品等级为 B 或 C 级的螺纹紧固件可采用"长"肩距。

**表 1.2-65　外螺纹的退刀槽**（单位：mm）

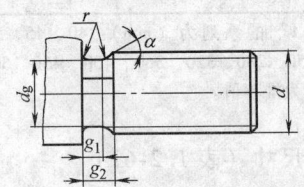

| 螺距 $P$ | $g_2$ ≤ | $g_1$ ≥ | $d_g$ | $r$ ≈ |
|---|---|---|---|---|
| 0.25 | 0.75 | 0.4 | $d-0.4$ | 0.12 |
| 0.3 | 0.9 | 0.5 | $d-0.5$ | 0.16 |
| 0.35 | 1.05 | 0.6 | $d-0.6$ | 0.16 |
| 0.4 | 1.2 | 0.6 | $d-0.7$ | 0.2 |
| 0.45 | 1.35 | 0.7 | $d-0.7$ | 0.2 |
| 0.5 | 1.5 | 0.8 | $d-0.8$ | 0.2 |
| 0.6 | 1.8 | 0.9 | $d-1$ | 0.4 |
| 0.7 | 2.1 | 1.1 | $d-1.1$ | 0.4 |
| 0.75 | 2.25 | 1.2 | $d-1.2$ | 0.4 |
| 0.8 | 2.4 | 1.3 | $d-1.3$ | 0.4 |
| 1 | 3 | 1.6 | $d-1.6$ | 0.6 |
| 1.25 | 3.75 | 2 | $d-2$ | 0.6 |
| 1.5 | 4.5 | 2.5 | $d-2.3$ | 0.8 |
| 1.75 | 5.25 | 3 | $d-2.6$ | 1 |
| 2 | 6 | 3.4 | $d-3$ | 1 |
| 2.5 | 7.5 | 4.4 | $d-3.6$ | 1.2 |
| 3 | 9 | 5.2 | $d-4.4$ | 1.6 |
| 3.5 | 10.5 | 6.2 | $d-5$ | 1.6 |
| 4 | 12 | 7 | $d-5.7$ | 2 |
| 4.5 | 13.5 | 8 | $d-6.4$ | 2.5 |
| 5 | 15 | 9 | $d-7$ | 2.5 |
| 5.5 | 17.5 | 11 | $d-7.7$ | 3.2 |
| 6 | 18 | 11 | $d-8.3$ | 3.2 |
| 参考值 | ≈3P | — | — | — |

注：1. $d$ 为螺纹公称直径代号。
　　 2. $d_g$ 公差：h13（$d > 3\text{mm}$）；h12（$d \le 3\text{mm}$）。

**表 1.2-66　内螺纹收尾和肩距**

（单位：mm）

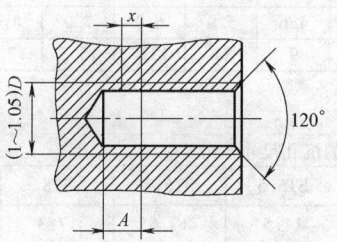

| 螺距 $P$ | 收尾 $x$ $\leqslant$ | | 肩距 $A$ | |
|---|---|---|---|---|
| | 一般 | 短的 | 一般 | 长的 |
| 0.2 | 0.8 | 0.4 | 1.2 | 1.6 |
| 0.25 | 1 | 0.5 | 1.5 | 2 |
| 0.3 | 1.2 | 0.6 | 1.8 | 2.4 |
| 0.35 | 1.4 | 0.7 | 2.2 | 2.8 |
| 0.4 | 1.6 | 0.8 | 2.5 | 3.2 |
| 0.45 | 1.8 | 0.9 | 2.8 | 3.6 |
| 0.5 | 2 | 1 | 3 | 4 |
| 0.6 | 2.4 | 1.2 | 3.2 | 4.8 |
| 0.7 | 2.8 | 1.4 | 3.5 | 5.6 |
| 0.75 | 3 | 1.5 | 3.8 | 6 |
| 0.8 | 3.2 | 1.6 | 4 | 6.4 |
| 1 | 4 | 2 | 5 | 8 |
| 1.25 | 5 | 2.5 | 6 | 10 |
| 1.5 | 6 | 3 | 7 | 12 |
| 1.75 | 7 | 3.5 | 9 | 14 |
| 2 | 8 | 4 | 10 | 16 |
| 2.5 | 10 | 5 | 12 | 18 |
| 3 | 12 | 6 | 14 | 22 |
| 3.5 | 14 | 7 | 16 | 24 |
| 4 | 16 | 8 | 18 | 26 |
| 4.5 | 18 | 9 | 21 | 29 |
| 5 | 20 | 10 | 23 | 32 |
| 5.5 | 22 | 11 | 25 | 35 |
| 6 | 24 | 12 | 28 | 38 |
| 参考值 | 4P | 2P | 6～5P | 8～6.5P |

注：应优先选用"一般"长度的收尾和肩距；容屑需
　要较大空间时可选用"长"肩距，结构限制时可
　选用"短"收尾。

**表 1.2-67　内螺纹的退刀槽**

（单位：mm）

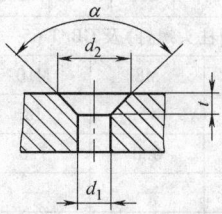

| 螺距 $P$ | $G_1$ | | $D_g$ | $R$ $\approx$ |
|---|---|---|---|---|
| | 一般 | 短的 | | |
| 0.5 | 2 | 1 | | 0.2 |
| 0.6 | 2.4 | 1.2 | | 0.3 |
| 0.7 | 2.8 | 1.4 | $D + 0.3$ | 0.4 |
| 0.75 | 3 | 1.5 | | 0.4 |
| 0.8 | 3.2 | 1.6 | | 0.4 |
| 1 | 4 | 2 | | 0.5 |
| 1.25 | 5 | 2.5 | | 0.6 |
| 1.5 | 6 | 3 | | 0.8 |
| 1.75 | 7 | 3.5 | | 0.9 |
| 2 | 8 | 4 | | 1 |
| 2.5 | 10 | 5 | | 1.2 |
| 3 | 12 | 6 | $D + 0.5$ | 1.5 |
| 3.5 | 14 | 7 | | 1.8 |
| 4 | 16 | 8 | | 2 |
| 4.5 | 18 | 9 | | 2.2 |
| 5 | 20 | 10 | | 2.5 |
| 5.5 | 22 | 11 | | 2.8 |
| 6 | 24 | 12 | | 3 |
| 参考值 | 4P | 2P | — | 0.5P |

注：1. 短退刀槽仅在结构受限制时采用。
　2. $D_g$ 公差为 H13。
　3. $D$ 为螺纹公称直径代号。

## 9.2　螺栓连接设计规范（表 1.2-68～表 1.2-72）

**表 1.2-68　沉头螺钉用沉孔**（摘自 GB/T 152.2—1988）　　　（单位：mm）

用于沉头螺钉及半沉头螺钉用的沉孔尺寸[①]

（续）

| 螺纹规格 | M1.6 | M2 | M2.5 | M3 | M3.5 | M4 | M5 | M6 | M8 | M10 | M12 | M14 | M16 | M20 |
|---|---|---|---|---|---|---|---|---|---|---|---|---|---|---|
| $d_2$ | 3.7 | 4.5 | 5.6 | 6.4 | 8.4 | 9.6 | 10.6 | 12.8 | 17.6 | 20.3 | 24.4 | 28.4 | 32.4 | 40.0 |
| $t\approx$ | 1 | 1.2 | 1.5 | 1.6 | 2.4 | 2.7 | 2.7 | 3.3 | 4.6 | 5.0 | 6.0 | 7.0 | 8.0 | 10.0 |
| $d_1$ | 1.8 | 2.4 | 2.9 | 3.4 | 3.9 | 4.5 | 5.5 | 6.6 | 9 | 11 | 13.5 | 15.5 | 17.5 | 22 |
| $\alpha$ | \multicolumn{14}{c}{$90°{}^{-2°}_{-4°}$} |

用于沉头自攻螺钉及半沉头自攻螺钉用的沉孔尺寸[2]

| 螺钉规格 | ST2.2 | ST2.9 | ST3.5 | ST4.2 | ST4.8 | ST5.5 | ST6.3 | ST8 | ST9.5 |
|---|---|---|---|---|---|---|---|---|---|
| $d_2$ | 4.4 | 6.3 | 8.2 | 9.4 | 10.4 | 11.5 | 12.6 | 17.3 | 20 |
| $t\approx$ | 1.1 | 1.7 | 2.4 | 2.6 | 2.8 | 3.0 | 3.2 | 4.6 | 5.2 |
| $d_1$ | 2.4 | 3.1 | 3.7 | 4.5 | 5.1 | 5.8 | 6.7 | 8.4 | 10 |
| $\alpha$ | | | | $90°{}^{-2°}_{-4°}$ | | | | | |

用于沉头木螺钉及半沉头木螺钉用的沉孔尺寸[3]

| 公称规格 | 1.6 | 2 | 2.5 | 3 | 3.5 | 4 | 4.5 | 5 | 5.5 | 6 | 7 | 8 | 10 |
|---|---|---|---|---|---|---|---|---|---|---|---|---|---|
| $d_2$ | 3.7 | 4.5 | 5.4 | 6.6 | 7.7 | 8.6 | 10.1 | 11.2 | 12.1 | 13.2 | 15.3 | 17.3 | 21.9 |
| $t\approx$ | 1.0 | 1.2 | 1.4 | 1.7 | 2.0 | 2.2 | 2.7 | 3.0 | 3.2 | 3.5 | 4.0 | 4.5 | 5.8 |
| $d_1$ | 1.8 | 2.4 | 2.9 | 3.4 | 3.9 | 4.5 | 5.0 | 5.5 | 6.0 | 6.6 | 7.6 | 9.0 | 11.0 |
| $\alpha$ | | | | | | $90°{}^{-2°}_{-4°}$ | | | | | | | |

① 尺寸 $d_1$ 和 $d_2$ 的公差带均为 H13。
② 尺寸 $d_1$ 和 $d_2$ 的公差带均为 H12。
③ 尺寸 $d_1$ 和 $d_2$ 的公差带也均为 H13。

**表 1.2-69　圆柱头沉孔**（摘自 GB/T 152.3—1988）　　　　（单位：mm）

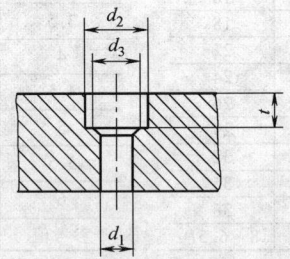

用于 GB/T 70.1—2008《内六角圆柱头螺钉》用的圆柱头沉孔尺寸

| 螺纹规格 | M1.6 | M2 | M2.5 | M3 | M4 | M5 | M6 | M8 | M10 | M12 | M14 | M16 | M20 | M24 | M30 | M36 |
|---|---|---|---|---|---|---|---|---|---|---|---|---|---|---|---|---|
| $d_2$ | 3.3 | 4.3 | 5.0 | 6.0 | 8.0 | 10.0 | 11.0 | 15.0 | 18.0 | 20.0 | 24.0 | 26.0 | 33.0 | 40.0 | 48.0 | 57.0 |
| $t$ | 1.8 | 2.3 | 2.9 | 3.4 | 4.6 | 5.7 | 6.8 | 9.0 | 11.0 | 13.0 | 15.0 | 17.5 | 21.5 | 25.5 | 32.0 | 38.0 |
| $d_3$ | — | — | — | — | — | — | — | — | — | 16 | 18 | 20 | 24 | 28 | 36 | 42 |
| $d_1$ | 1.8 | 2.4 | 2.9 | 3.4 | 4.5 | 5.5 | 6.6 | 9.0 | 11.0 | 13.5 | 15.5 | 17.5 | 22.0 | 26.0 | 33.0 | 39.0 |

用于 GB/T 2167.1～2—2004《内六角花形圆柱头螺钉》及 GB/T 65—2000《开槽圆柱头螺钉用》的圆柱头沉孔尺寸

| 螺纹规格 | M4 | M5 | M6 | M8 | M10 | M12 | M14 | M16 | M20 |
|---|---|---|---|---|---|---|---|---|---|
| $d_2$ | 8 | 10 | 11 | 15 | 18 | 20 | 24 | 26 | 33 |
| $t$ | 3.2 | 4.0 | 4.7 | 6.0 | 7.0 | 8.0 | 9.0 | 10.5 | 12.5 |
| $d_2$ | — | — | — | — | — | 16 | 18 | 20 | 24 |
| $d_1$ | 4.5 | 5.5 | 6.6 | 9.0 | 11.0 | 13.5 | 15.5 | 17.5 | 22.0 |

注：尺寸 $d_1$、$d_2$ 和 $t$ 的公差带均为 H13。

**表 1.2-70　六角头螺栓和六角螺母用的沉孔尺寸**（摘自 GB/T 152.4—1988）　　（单位：mm）

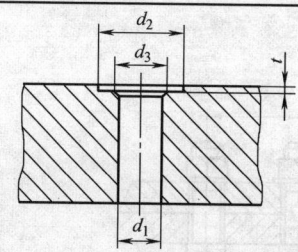

| 螺纹规格 | M1.6 | M2 | M2.5 | M3 | M4 | M5 | M6 | M8 | M10 | M12 | M14 | M16 | M18 | M20 |
|---|---|---|---|---|---|---|---|---|---|---|---|---|---|---|
| $d_2$ | 5 | 6 | 8 | 9 | 10 | 11 | 13 | 18 | 22 | 26 | 30 | 33 | 36 | 40 |
| $d_3$ | — | — | — | — | — | — | — | — | — | 16 | 18 | 20 | 22 | 24 |
| $d_1$ | 1.8 | 2.4 | 2.9 | 3.4 | 4.5 | 5.5 | 6.6 | 9.0 | 11.0 | 13.5 | 15.5 | 17.5 | 20.0 | 22.0 |
| 螺纹规格 | M22 | M24 | M27 | M30 | M33 | M36 | M39 | M42 | M45 | M48 | M52 | M56 | M60 | M64 |
| $d_2$ | 43 | 48 | 53 | 61 | 66 | 71 | 76 | 82 | 89 | 98 | 107 | 112 | 118 | 125 |
| $d_3$ | 26 | 28 | 33 | 36 | 39 | 42 | 45 | 48 | 51 | 56 | 60 | 68 | 72 | 76 |
| $d_1$ | 24 | 26 | 30 | 33 | 36 | 39 | 42 | 45 | 48 | 52 | 56 | 62 | 66 | 70 |

注：1. 对尺寸 $t$，只要能制出与通孔轴线垂直的圆平面即可。
　　2. 尺寸 $d_1$ 的公差带为 H13；尺寸 $d_2$ 的公差带为 H15。

**表 1.2-71　螺栓和螺钉通孔**（摘自 GB/T 5277—1985）　　（单位：mm）

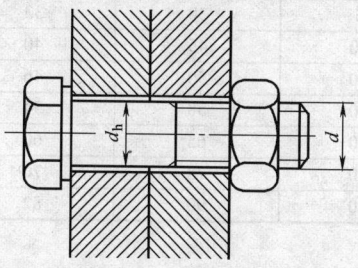

| 螺纹规格 $d$ | 通孔 $d_h$ | | | 螺纹规格 $d$ | 通孔 $d_h$ | | | 螺纹规格 $d$ | 通孔 $d_h$ | | |
|---|---|---|---|---|---|---|---|---|---|---|---|
| | 精装配 | 中等装配 | 粗装配 | | 精装配 | 中等装配 | 粗装配 | | 精装配 | 中等装配 | 粗装配 |
| M1 | 1.1 | 1.2 | 1.3 | M14 | 15 | 15.5 | 16.5 | M64 | 66 | 70 | 74 |
| M1.2 | 1.3 | 1.4 | 1.5 | M16 | 17 | 17.5 | 18.5 | M68 | 70 | 74 | 78 |
| M1.4 | 1.5 | 1.6 | 1.8 | M18 | 19 | 20 | 21 | M72 | 74 | 78 | 82 |
| M1.6 | 1.7 | 1.8 | 2 | M20 | 21 | 22 | 24 | M76 | 78 | 82 | 86 |
| M1.8 | 2 | 2.1 | 2.2 | M22 | 23 | 24 | 26 | M80 | 82 | 86 | 91 |
| M2 | 2.2 | 2.4 | 2.6 | M24 | 25 | 26 | 28 | M85 | 87 | 91 | 96 |
| M2.5 | 2.7 | 2.9 | 3.1 | M27 | 28 | 30 | 32 | M90 | 93 | 96 | 101 |
| M3 | 3.2 | 3.4 | 3.6 | M30 | 31 | 33 | 35 | M95 | 98 | 101 | 107 |
| M3.5 | 3.7 | 3.9 | 4.2 | M33 | 34 | 36 | 38 | M100 | 104 | 107 | 112 |
| M4 | 4.3 | 4.5 | 4.8 | M36 | 37 | 39 | 42 | M105 | 109 | 112 | 117 |
| M4.5 | 4.8 | 5 | 5.3 | M39 | 40 | 42 | 45 | M110 | 114 | 117 | 122 |
| M5 | 5.3 | 5.5 | 5.8 | M42 | 43 | 45 | 48 | M115 | 119 | 122 | 127 |
| M6 | 6.4 | 6.6 | 7 | M45 | 46 | 48 | 52 | M120 | 124 | 127 | 132 |
| M7 | 7.4 | 7.6 | 8 | M48 | 50 | 52 | 56 | M125 | 129 | 132 | 137 |
| M8 | 8.4 | 9 | 10 | M52 | 54 | 56 | 62 | M130 | 134 | 137 | 144 |
| M10 | 10.5 | 11 | 12 | M56 | 58 | 62 | 66 | M140 | 144 | 147 | 155 |
| M12 | 13 | 13.5 | 14.5 | M60 | 62 | 66 | 70 | M150 | 155 | 158 | 165 |

注：1. 如无特殊要求，通孔公差按下列规定：
　　精装配系列：H12。
　　中等装配系列：H13。
　　粗装配系列：H14。
　　2. 如果要避免通孔边缘与螺栓头下圆角发生干涉，建议倒角。

**表 1. 2-72　螺栓的配置**（摘自 JB/ZQ 4248—1986）　　　　　　（单位：mm）

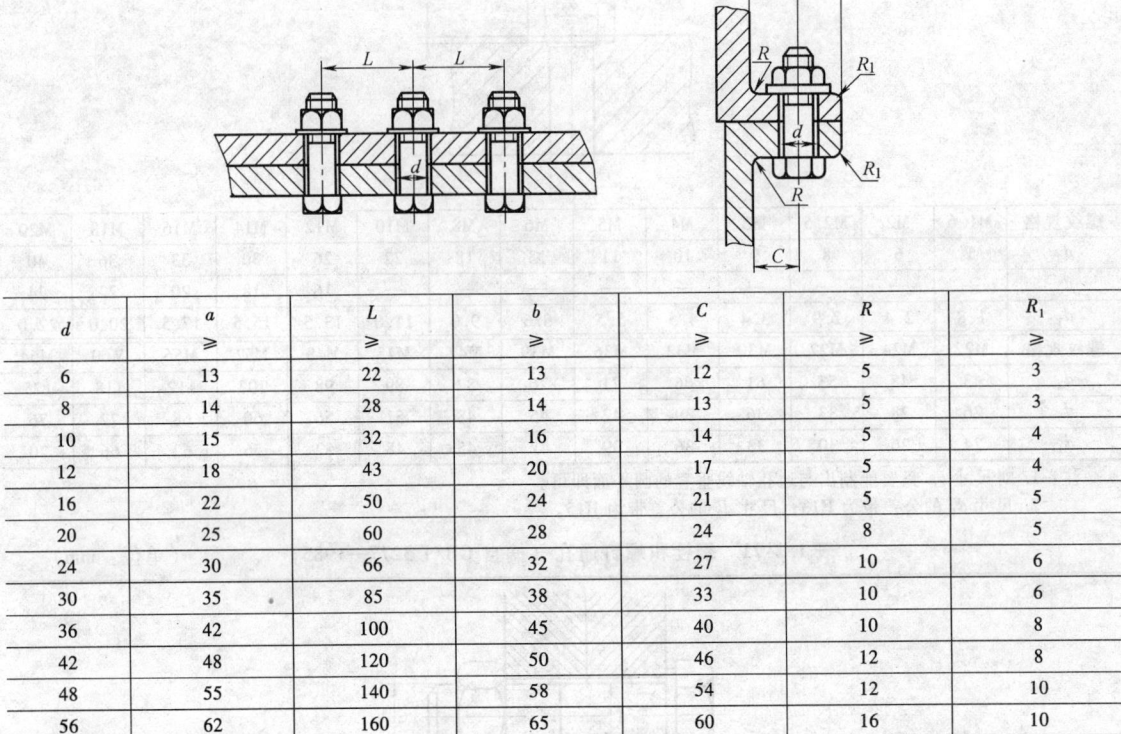

| $d$ | $a$ ≥ | $L$ ≥ | $b$ ≥ | $C$ ≥ | $R$ ≥ | $R_1$ ≥ |
|---|---|---|---|---|---|---|
| 6 | 13 | 22 | 13 | 12 | 5 | 3 |
| 8 | 14 | 28 | 14 | 13 | 5 | 3 |
| 10 | 15 | 32 | 16 | 14 | 5 | 4 |
| 12 | 18 | 43 | 20 | 17 | 5 | 4 |
| 16 | 22 | 50 | 24 | 21 | 5 | 5 |
| 20 | 25 | 60 | 28 | 24 | 8 | 5 |
| 24 | 30 | 66 | 32 | 27 | 10 | 6 |
| 30 | 35 | 85 | 38 | 33 | 10 | 6 |
| 36 | 42 | 100 | 45 | 40 | 10 | 8 |
| 42 | 48 | 120 | 50 | 46 | 12 | 8 |
| 48 | 55 | 140 | 58 | 54 | 12 | 10 |
| 56 | 62 | 160 | 65 | 60 | 16 | 10 |
| 64 | 75 | 180 | 78 | 70 | 16 | 12 |
| 76 | 86 | 220 | 90 | 82 | 16 | 12 |

## 9.3　地脚的设计规范（表 1.2-73～表 1.2-76）

**表 1. 2-73　地脚螺栓的种类和选用**

| 种　类 | 应　用 | 选　用 |
|---|---|---|
| 短地脚螺栓（死地脚螺栓） | 1）往往与基础浇注在一起<br>2）主要用来固定工作时没有强烈振动和冲击的中、小型机械设备<br>3）长度一般为 100～1000mm<br>4）常用的死地脚螺栓头部制成开叉式或带钩的形状，如图示。钩中穿一横杆，防止螺栓旋转或拔出 | 地脚螺栓、螺母和垫圈一般是随机带来的，应符合设计和设备安装说明书的规定。无规定时可参照下列原则选用<br>地脚螺栓直径 $d$ < 设备底座上地脚螺栓孔径 $D$：<br>（单位：mm）<br><table><tr><td>$d$</td><td>M8</td><td>M10</td><td>M12</td><td>M16</td><td>M20</td></tr><tr><td>$D$</td><td>15</td><td>17</td><td>20</td><td>24</td><td>28</td></tr><tr><td>$d$</td><td>M24</td><td>M30</td><td>M36</td><td>M42</td><td>M48</td></tr><tr><td>$D$</td><td>34</td><td>40</td><td>46</td><td>52</td><td>58</td></tr><tr><td>$d$</td><td>M56</td><td>M64</td><td>M72</td><td>M80</td><td>M90</td></tr><tr><td>$D$</td><td>66</td><td>74</td><td>82</td><td>90</td><td>100</td></tr><tr><td>$d$</td><td>M100</td><td>M110</td><td>M125</td><td>M140</td><td>M160</td></tr><tr><td>$D$</td><td>110</td><td>120</td><td>135</td><td>155</td><td>175</td></tr></table> |
| 长地脚螺栓（活地脚螺栓）<br><br>a）T形式　　b）双头式<br>1—螺栓　2—锚板 | 1）是一种可拆卸的地脚螺栓<br>2）主要用来固定工作时有强烈振动和冲击的重型设备<br>3）长度一般为 1～4m<br>4）它的形状分为两端都带螺纹及螺母的和锤形（T形式）的，如图所示<br>5）它和锚板一起使用。锚板可用钢板焊接或铸造成形。锚板中间带有一个矩形孔或圆孔，供穿螺栓之用 | 地脚螺栓长度按施工图规定，无规定时可按下式确定：<br>　$L_1 = 15D + S + (5～10)\,\text{mm}$<br>式中　$L_1$——地脚螺栓长度（mm）<br>　　　$D$——地脚螺栓直径（mm）<br>　　　$S$——垫铁高度，机座和螺母厚度以及预留余量（2～3牙）的总和（mm） |

### 表 1.2-74　地脚螺栓的外露长度

| 安装型式 | 简　图 | 外露长度 | 说　明 |
|---|---|---|---|
| 一个螺母，一个垫圈 | 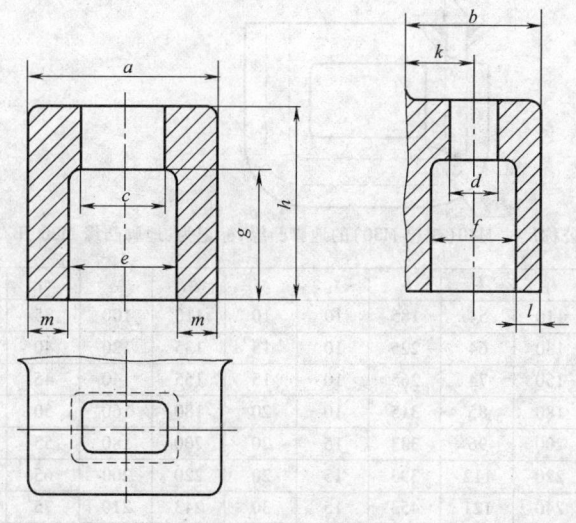 | $L_3 \approx 2d$、$L_0 \approx 3d$ | |
| 两个螺母（一个标准型，一个扁螺母），一个垫圈 | | $L_2 \approx (1.5 \sim 5)P$　式中　$L_0$——螺纹长度　　　　$P$——螺距　　　　$L_2$——螺栓端部外露长度 | $L$ 及 $L_0$ 太大或太小都会影响设备安装 |

### 表 1.2-75　铸铁、铸钢件地脚凸缘 （摘自 JB/ZQ 4015—1984）　　　（单位：mm）

| 公称尺寸 | $a$ | $b$ | $c$ | $d$ | $e$ | $f$ | $g$ | $h$ | $k$ | $l$ | $m$ |
|---|---|---|---|---|---|---|---|---|---|---|---|
| M24 | 110 | 80 | 54 | 30 | 60 | 48 | 75 | 110 | 40 | 16 | 25 |
| M30 | 130 | 90 | 64 | 36 | 74 | 54 | 90 | 130 | 45 | 18 | 28 |
| M36 | 150 | 100 | 74 | 42 | 86 | 60 | 110 | 150 | 50 | 20 | 32 |
| M42 | 180 | 110 | 85 | 49 | 110 | 66 | 135 | 180 | 55 | 22 | 33 |
| M48 | 200 | 120 | 96 | 56 | 120 | 70 | 150 | 200 | 60 | 25 | 40 |
| M56 | 220 | 140 | 112 | 68 | 136 | 84 | 165 | 220 | 70 | 28 | 42 |
| M64 | 240 | 160 | 124 | 76 | 150 | 96 | 175 | 240 | 80 | 32 | 45 |
| M72 | 260 | 180 | 138 | 86 | 166 | 110 | 190 | 260 | 90 | 35 | 47 |
| M80 | 280 | 200 | 150 | 95 | 180 | 120 | 200 | 280 | 100 | 40 | 50 |
| M90 | 300 | 220 | 166 | 105 | 194 | 136 | 215 | 300 | 110 | 42 | 53 |
| M100 | 320 | 240 | 178 | 115 | 208 | 150 | 230 | 320 | 120 | 45 | 56 |

注：圆角与所从属的铸件体相一致。

**表1.2-76　焊接构件地脚凸缘**（摘自 JB/ZQ 4014—1984）　　　　（单位：mm）

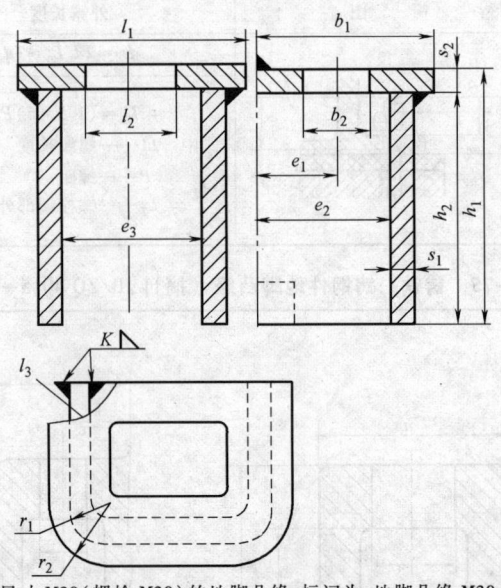

标记示例：公称尺寸 M30（螺栓 M30）的地脚凸缘，标记为：地脚凸缘 M30 JB/ZQ 4014—84

| 公称尺寸 | $b_1$ | $b_2$ | $l_1$ | $l_2$ | $l_3$ | $s_1$ | $s_2$ | $h_1$ | $h_2$ | $e_1$ | $e_2$ | $e_3$ | $r_1$ | $r_2$ |
|---|---|---|---|---|---|---|---|---|---|---|---|---|---|---|
| M24 | 80 | 30 | 110 | 54 | 185 | 10 | 10 | 110 | 100 | 35 | 60 | 70 | 20 | 40 |
| M30 | 90 | 36 | 130 | 64 | 225 | 10 | 15 | 135 | 120 | 40 | 70 | 90 | 20 | 40 |
| M36 | 100 | 42 | 150 | 74 | 265 | 10 | 15 | 155 | 140 | 45 | 80 | 110 | 20 | 40 |
| M42 | 110 | 49 | 180 | 85 | 315 | 10 | 20 | 180 | 160 | 50 | 80 | 110 | 20 | 40 |
| M48 | 120 | 58 | 200 | 96 | 333 | 15 | 20 | 200 | 180 | 55 | 95 | 150 | 30 | 55 |
| M56 | 140 | 68 | 220 | 112 | 393 | 15 | 20 | 220 | 200 | 65 | 115 | 176 | 30 | 55 |
| M64 | 260 | 76 | 240 | 121 | 453 | 15 | 30 | 243 | 210 | 75 | 135 | 190 | 30 | 55 |
| M72 | 280 | 86 | 260 | 138 | 513 | 15 | 30 | 260 | 230 | 85 | 155 | 235 | 30 | 55 |
| M80 | 200 | 95 | 280 | 150 | 536 | 20 | 40 | 280 | 246 | 90 | 165 | 215 | 40 | 72 |
| M90 | 220 | 105 | 300 | 166 | 596 | 20 | 40 | 300 | 260 | 100 | 185 | 235 | 40 | 72 |
| M100 | 240 | 115 | 320 | 178 | 629 | 25 | 45 | 320 | 275 | 110 | 200 | 240 | 50 | 90 |
| 材料厚度 | ≤6 | | >6~12 | | >12~15 | | >15~20 | | >20~30 | | >20~40 | | >40~50 | |
| 焊脚高度 | 4 | | 6 | | 7 | | 8 | | 10 | | 11 | | 14 | |

## 9.4　扳手空间（表1.2-77）

**表1.2-77　扳手空间**（摘自 JB/ZQ 4005—1997）　　　　（单位：mm）

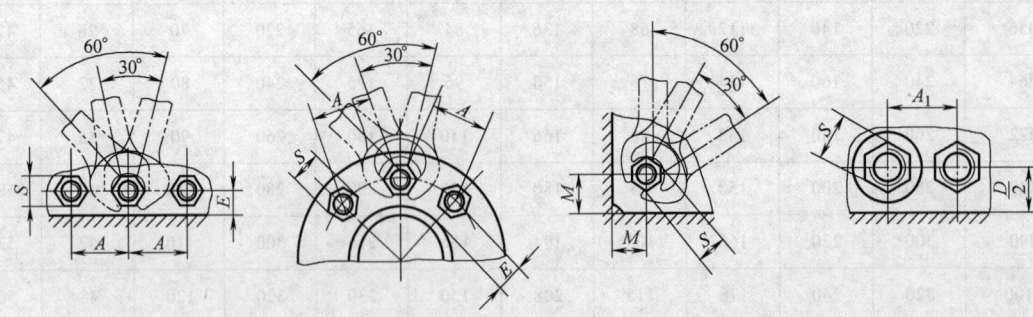

（续）

| 螺纹直径 d | S | A | A₁ | A₂ | E | E₁ | M | L | L₁ | R | D |
|---|---|---|---|---|---|---|---|---|---|---|---|
| 3 | 5.5 | 18 | 12 | 12 | 5 | 7 | 11 | 30 | 24 | 15 | 14 |
| 4 | 7 | 20 | 16 | 14 | 6 | 7 | 12 | 34 | 28 | 16 | 16 |
| 5 | 8 | 22 | 16 | 15 | 7 | 10 | 13 | 36 | 30 | 18 | 20 |
| 6 | 10 | 26 | 18 | 18 | 8 | 12 | 15 | 46 | 38 | 20 | 24 |
| 8 | 13 | 32 | 24 | 22 | 11 | 14 | 18 | 55 | 44 | 25 | 28 |
| 10 | 16 | 38 | 28 | 26 | 13 | 16 | 22 | 62 | 50 | 30 | 30 |
| 12 | 18 | 42 | — | 30 | 14 | 18 | 24 | 70 | 55 | 32 | — |
| 14 | 21 | 48 | 36 | 34 | 15 | 20 | 26 | 80 | 65 | 36 | 40 |
| 16 | 24 | 55 | 38 | 38 | 16 | 24 | 30 | 85 | 70 | 42 | 45 |
| 18 | 27 | 62 | 45 | 42 | 19 | 25 | 32 | 95 | 75 | 46 | 52 |
| 20 | 30 | 68 | 48 | 46 | 20 | 28 | 35 | 105 | 85 | 50 | 56 |
| 22 | 34 | 76 | 55 | 52 | 24 | 32 | 40 | 120 | 95 | 58 | 60 |
| 24 | 36 | 80 | 58 | 55 | 24 | 34 | 42 | 125 | 100 | 60 | 70 |
| 27 | 41 | 90 | 65 | 62 | 26 | 36 | 46 | 135 | 110 | 65 | 76 |
| 30 | 46 | 100 | 72 | 70 | 30 | 40 | 50 | 155 | 125 | 75 | 82 |
| 33 | 50 | 108 | 76 | 75. | 32 | 44 | 55 | 165 | 130 | 80 | 88 |
| 36 | 55 | 118 | 85 | 82 | 36 | 48 | 60 | 180 | 145 | 88 | 95 |
| 39 | 60 | 125 | 90 | 88 | 38 | 52 | 65 | 190 | 155 | 92 | 100 |
| 42 | 65 | 135 | 96 | 96 | 42 | 55 | 70 | 205 | 165 | 100 | 106 |
| 45 | 70 | 145 | 105 | 102 | 45 | 60 | 75 | 220 | 175 | 105 | 112 |
| 48 | 75 | 160 | 115 | 112 | 48 | 65 | 80 | 235 | 185 | 115 | 126 |
| 52 | 80 | 170 | 120 | 120 | 48 | 70 | 84 | 245 | 195 | 125 | 132 |
| 56 | 85 | 180 | 126 | — | 52 | — | 90 | 260 | 205 | 130 | 138 |
| 60 | 90 | 185 | 134 | — | 58 | — | 95 | 275 | 215 | 135 | 145 |
| 64 | 95 | 195 | 140 | — | 58 | — | 100 | 285 | 225 | 140 | 152 |
| 68 | 100 | 205 | 145 | — | 65 | — | 105 | 300 | 235 | 150 | 158 |
| 72 | 105 | 215 | 155 | — | 68 | — | 110 | 320 | 250 | 160 | 168 |
| 76 | 110 | 225 | — | — | 70 | — | 115 | 335 | 265 | 165 | — |
| 80 | 115 | 235 | 165 | — | 72 | — | 120 | 345 | 275 | 170 | 178 |
| 85 | 120 | 245 | 175 | — | 75 | — | 125 | 360 | 285 | 180 | 188 |
| 90 | 130 | 260 | 190 | — | 80 | — | 135 | 390 | 310 | 190 | 208 |
| 95 | 135 | 270 | — | — | 85 | — | 140 | 405 | 320 | 200 | — |
| 100 | 145 | 290 | 215 | — | 95 | — | 150 | 435 | 340 | 215 | 238 |
| 105 | 150 | 300 | — | — | 98 | — | 155 | 450 | 350 | 220 | — |
| 110 | 155 | 310 | — | — | 100 | — | 160 | 460 | 360 | 225 | — |
| 110 | (160) | 320 | 240 | — | 105 | — | 165 | 475 | 370 | 235 | 270 |
| 115 | 165 | 330 | — | — | 108 | — | 170 | 495 | 385 | 245 | — |
| 120 | 170 | 340 | — | — | 108 | — | 175 | 505 | 400 | 250 | — |
| 120 | (175) | 350 | 260 | — | 110 | — | 180 | 520 | 410 | 260 | 300 |
| 125 | 180 | 360 | — | — | 115 | — | 185 | 535 | 420 | 270 | — |
| 130 | 185 | 370 | — | — | 115 | — | 190 | 545 | 430 | 275 | — |
| 140 | 200 | 385 | — | — | 120 | — | 205 | 585 | 465 | 295 | — |
| 150 | 210 | 420 | 310 | — | 130 | — | 215 | 625 | 475 | 310 | 350 |
| 170 | (240) | 425 | 345 | — | 150 | — | 245 | 705 | 555 | 350 | 380 |

注：1. K 值的大小等于 E。

　　2. 括号内的 S 尺寸不推荐采用。

# 10 人机工程基本原则

## 10.1 人体尺寸百分位数在产品设计中的应用（表 1.2-78）

**表 1.2-78 以主要百分位和年龄范围的中国成人人体尺寸数据（摘自 GB 10000—1988）**

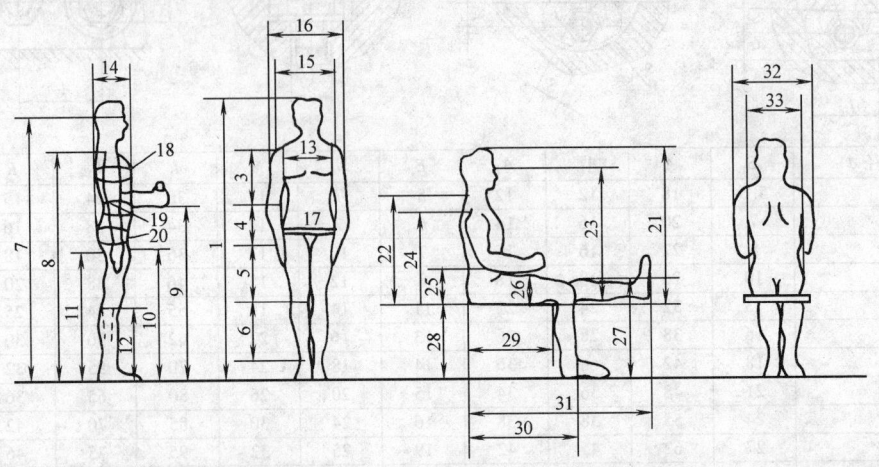

| 代号及测量项目 | 性别 | 百分位数 | 年龄分组 | | | | 代号及测量项目 | 性别 | 百分位数 | 年龄分组 | | | |
|---|---|---|---|---|---|---|---|---|---|---|---|---|---|
| | | | 18~60岁 | 18~25岁 | 26~35岁 | 36~60岁 | | | | 18~60岁 | 18~25岁 | 26~35岁 | 36~60岁 |
| 1. 身高 /mm | 男 | 1 | 1543 | 1554 | 1545 | 1553 | 3. 上臂长 /mm | 男 | 1 | 279 | 279 | 280 | 278 |
| | | 5 | 1583 | 1591 | 1588 | 1576 | | | 5 | 289 | 289 | 289 | 289 |
| | | 10 | 1604 | 1611 | 1608 | 1596 | | | 10 | 294 | 294 | 294 | 294 |
| | | 50 | 1678 | 1686 | 1683 | 1667 | | | 50 | 313 | 313 | 314 | 313 |
| | | 90 | 1754 | 1764 | 1755 | 1739 | | | 90 | 333 | 333 | 333 | 331 |
| | | 95 | 1775 | 1789 | 1776 | 1761 | | | 95 | 338 | 339 | 339 | 337 |
| | | 99 | 1814 | 1830 | 1815 | 1798 | | | 99 | 349 | 350 | 349 | 348 |
| | 女 | 1 | 1449 | 1457 | 1449 | 1445 | | 女 | 1 | 252 | 253 | 253 | 251 |
| | | 5 | 1484 | 1494 | 1486 | 1477 | | | 5 | 262 | 263 | 263 | 260 |
| | | 10 | 1503 | 1512 | 1504 | 1494 | | | 10 | 267 | 268 | 267 | 265 |
| | | 50 | 1570 | 1580 | 1572 | 1560 | | | 50 | 284 | 286 | 285 | 282 |
| | | 90 | 1640 | 1647 | 1642 | 1627 | | | 90 | 303 | 304 | 304 | 301 |
| | | 95 | 1659 | 1667 | 1661 | 1646 | | | 95 | 308 | 309 | 309 | 306 |
| | | 99 | 1697 | 1709 | 1698 | 1683 | | | 99 | 319 | 319 | 320 | 317 |
| 2. 体重 /kg | 男 | 1 | 44 | 43 | 45 | 45 | 4. 前臂长 /mm | 男 | 1 | 206 | 207 | 205 | 206 |
| | | 5 | 48 | 47 | 48 | 49 | | | 5 | 216 | 216 | 216 | 215 |
| | | 10 | 50 | 50 | 50 | 51 | | | 10 | 220 | 221 | 221 | 220 |
| | | 50 | 59 | 57 | 59 | 61 | | | 50 | 237 | 237 | 237 | 235 |
| | | 90 | 71 | 66 | 70 | 74 | | | 90 | 253 | 254 | 253 | 252 |
| | | 95 | 75 | 70 | 74 | 78 | | | 95 | 258 | 259 | 258 | 257 |
| | | 99 | 83 | 78 | 80 | 85 | | | 99 | 268 | 269 | 268 | 267 |
| | 女 | 1 | 39 | 38 | 39 | 40 | | 女 | 1 | 185 | 187 | 184 | 185 |
| | | 5 | 42 | 40 | 42 | 44 | | | 5 | 195 | 194 | 194 | 192 |
| | | 10 | 44 | 42 | 44 | 46 | | | 10 | 198 | 198 | 198 | 197 |
| | | 50 | 52 | 49 | 51 | 55 | | | 50 | 213 | 214 | 214 | 213 |
| | | 90 | 63 | 57 | 62 | 66 | | | 90 | 229 | 229 | 229 | 229 |
| | | 95 | 66 | 60 | 65 | 70 | | | 95 | 234 | 235 | 234 | 233 |
| | | 99 | 74 | 66 | 72 | 76 | | | 99 | 242 | 243 | 243 | 241 |

（续）

| 代号及测量项目 | 性别 | 百分位数 | 年龄分组 | | | | 代号及测量项目 | 性别 | 百分位数 | 年龄分组 | | | |
|---|---|---|---|---|---|---|---|---|---|---|---|---|---|
| | | | 18~60岁 | 18~25岁 | 26~35岁 | 36~60岁 | | | | 18~60岁 | 18~25岁 | 26~35岁 | 36~60岁 |
| 5. 大腿长/mm | 男 | 1 | 413 | 415 | 414 | 411 | 8. 肩高/mm | 男 | 1 | 1244 | 1245 | 1244 | 1241 |
| | | 5 | 428 | 432 | 427 | 425 | | | 5 | 1281 | 1285 | 1283 | 1278 |
| | | 10 | 436 | 440 | 436 | 434 | | | 10 | 1299 | 1300 | 1303 | 1295 |
| | | 50 | 465 | 469 | 466 | 462 | | | 50 | 1367 | 1372 | 1369 | 1360 |
| | | 90 | 496 | 500 | 495 | 492 | | | 90 | 1435 | 1442 | 1438 | 1426 |
| | | 95 | 505 | 509 | 505 | 501 | | | 95 | 1455 | 1464 | 1456 | 1445 |
| | | 99 | 523 | 532 | 521 | 518 | | | 99 | 1494 | 1507 | 1496 | 1482 |
| | 女 | 1 | 387 | 391 | 385 | 384 | | 女 | 1 | 1166 | 1172 | 1166 | 1163 |
| | | 5 | 402 | 406 | 403 | 399 | | | 5 | 1195 | 1199 | 1196 | 1191 |
| | | 10 | 410 | 414 | 411 | 407 | | | 10 | 1211 | 1216 | 1212 | 1205 |
| | | 50 | 438 | 441 | 438 | 434 | | | 50 | 1271 | 1276 | 1273 | 1265 |
| | | 90 | 467 | 470 | 467 | 463 | | | 90 | 1333 | 1336 | 1335 | 1325 |
| | | 95 | 476 | 480 | 475 | 472 | | | 95 | 1350 | 1353 | 1352 | 1343 |
| | | 99 | 494 | 496 | 493 | 489 | | | 99 | 1385 | 1393 | 1385 | 1376 |
| 6. 小腿长/mm | 男 | 1 | 324 | 327 | 324 | 322 | 9. 肘高/mm | 男 | 1 | 925 | 929 | 925 | 921 |
| | | 5 | 338 | 340 | 338 | 336 | | | 5 | 954 | 957 | 956 | 950 |
| | | 10 | 344 | 346 | 345 | 343 | | | 10 | 968 | 973 | 971 | 963 |
| | | 50 | 369 | 372 | 370 | 367 | | | 50 | 1024 | 1028 | 1026 | 1019 |
| | | 90 | 396 | 399 | 397 | 393 | | | 90 | 1079 | 1088 | 1081 | 1072 |
| | | 95 | 403 | 407 | 403 | 400 | | | 95 | 1096 | 1102 | 1097 | 1087 |
| | | 99 | 419 | 421 | 420 | 416 | | | 99 | 1128 | 1140 | 1128 | 1119 |
| | 女 | 1 | 300 | 301 | 299 | 300 | | 女 | 1 | 873 | 877 | 873 | 871 |
| | | 5 | 313 | 314 | 312 | 311 | | | 5 | 899 | 904 | 900 | 895 |
| | | 10 | 319 | 322 | 319 | 318 | | | 10 | 913 | 916 | 913 | 908 |
| | | 50 | 344 | 346 | 344 | 341 | | | 50 | 960 | 965 | 961 | 956 |
| | | 90 | 370 | 371 | 370 | 367 | | | 90 | 1009 | 1013 | 1010 | 1004 |
| | | 95 | 376 | 379 | 376 | 373 | | | 95 | 1023 | 1027 | 1025 | 1018 |
| | | 99 | 390 | 395 | 389 | 388 | | | 99 | 1050 | 1060 | 1048 | 1042 |
| 7. 眼高/mm | 男 | 1 | 1436 | 1444 | 1437 | 1429 | 10. 手功能高/mm | 男 | 1 | 656 | 659 | 658 | 651 |
| | | 5 | 1474 | 1482 | 1478 | 1465 | | | 5 | 680 | 683 | 683 | 676 |
| | | 10 | 1495 | 1502 | 1497 | 1488 | | | 10 | 693 | 696 | 695 | 689 |
| | | 50 | 1568 | 1576 | 1572 | 1558 | | | 50 | 741 | 745 | 742 | 736 |
| | | 90 | 1643 | 1653 | 1645 | 1629 | | | 90 | 787 | 792 | 789 | 782 |
| | | 95 | 1664 | 1678 | 1667 | 1651 | | | 95 | 801 | 808 | 802 | 795 |
| | | 99 | 1705 | 1714 | 1705 | 1689 | | | 99 | 828 | 831 | 828 | 818 |
| | 女 | 1 | 1337 | 1341 | 1335 | 1333 | | 女 | 1 | 630 | 633 | 628 | 628 |
| | | 5 | 1371 | 1380 | 1371 | 1365 | | | 5 | 650 | 653 | 649 | 646 |
| | | 10 | 1388 | 1396 | 1389 | 1380 | | | 10 | 662 | 665 | 662 | 660 |
| | | 50 | 1454 | 1463 | 1455 | 1443 | | | 50 | 704 | 707 | 704 | 700 |
| | | 90 | 1522 | 1529 | 1524 | 1510 | | | 90 | 746 | 749 | 746 | 742 |
| | | 95 | 1542 | 1541 | 1544 | 1530 | | | 95 | 757 | 760 | 757 | 753 |
| | | 99 | 1579 | 1588 | 1581 | 1561 | | | 99 | 778 | 784 | 778 | 775 |

（续）

| 代号及测量项目 | 性别 | 百分位数 | 年 龄 分 组 | | | | 代号及测量项目 | 性别 | 百分位数 | 年 龄 分 组 | | | |
|---|---|---|---|---|---|---|---|---|---|---|---|---|---|
| | | | 18~60 岁 | 18~25 岁 | 26~35 岁 | 36~60 岁 | | | | 18~60 岁 | 18~25 岁 | 26~35 岁 | 36~60 岁 |
| 11. 会阴高 /mm | 男 | 1 | 701 | 707 | 703 | 700 | 14. 胸厚 /mm | 男 | 1 | 176 | 170 | 177 | 181 |
| | | 5 | 728 | 734 | 728 | 724 | | | 5 | 186 | 181 | 187 | 192 |
| | | 10 | 741 | 749 | 742 | 736 | | | 10 | 191 | 186 | 192 | 198 |
| | | 50 | 790 | 796 | 792 | 784 | | | 50 | 212 | 204 | 212 | 219 |
| | | 90 | 840 | 848 | 841 | 832 | | | 90 | 237 | 223 | 233 | 245 |
| | | 95 | 856 | 864 | 857 | 846 | | | 95 | 245 | 230 | 241 | 253 |
| | | 99 | 887 | 895 | 886 | 875 | | | 99 | 261 | 241 | 254 | 266 |
| | 女 | 1 | 648 | 653 | 647 | 646 | | 女 | 1 | 159 | 155 | 160 | 166 |
| | | 5 | 673 | 680 | 672 | 668 | | | 5 | 170 | 166 | 171 | 177 |
| | | 10 | 686 | 694 | 686 | 681 | | | 10 | 176 | 171 | 177 | 183 |
| | | 50 | 732 | 738 | 732 | 726 | | | 50 | 199 | 191 | 198 | 208 |
| | | 90 | 779 | 785 | 780 | 771 | | | 90 | 230 | 215 | 227 | 240 |
| | | 95 | 792 | 797 | 793 | 784 | | | 95 | 239 | 222 | 236 | 251 |
| | | 99 | 819 | 827 | 819 | 810 | | | 99 | 260 | 237 | 253 | 268 |
| 12. 胫骨点高 /mm | 男 | 1 | 394 | 397 | 394 | 392 | 15. 肩宽 /mm | 男 | 1 | 330 | 331 | 331 | 328 |
| | | 5 | 409 | 411 | 409 | 407 | | | 5 | 344 | 344 | 346 | 343 |
| | | 10 | 417 | 419 | 417 | 415 | | | 10 | 351 | 351 | 352 | 350 |
| | | 50 | 444 | 446 | 444 | 441 | | | 50 | 375 | 375 | 376 | 373 |
| | | 90 | 472 | 475 | 473 | 469 | | | 90 | 397 | 398 | 398 | 395 |
| | | 95 | 481 | 485 | 481 | 478 | | | 95 | 403 | 404 | 404 | 401 |
| | | 99 | 498 | 500 | 498 | 493 | | | 99 | 415 | 417 | 415 | 415 |
| | 女 | 1 | 363 | 366 | 362 | 363 | | 女 | 1 | 304 | 302 | 304 | 305 |
| | | 5 | 377 | 379 | 376 | 375 | | | 5 | 320 | 319 | 320 | 323 |
| | | 10 | 384 | 387 | 384 | 382 | | | 10 | 328 | 328 | 328 | 329 |
| | | 50 | 410 | 412 | 410 | 407 | | | 50 | 351 | 351 | 350 | 350 |
| | | 90 | 437 | 439 | 438 | 433 | | | 90 | 371 | 370 | 372 | 372 |
| | | 95 | 444 | 446 | 445 | 441 | | | 95 | 377 | 376 | 378 | 378 |
| | | 99 | 459 | 463 | 460 | 456 | | | 99 | 387 | 386 | 387 | 390 |
| 13. 胸宽 /mm | 男 | 1 | 242 | 239 | 244 | 243 | 16. 最大肩宽 /mm | 男 | 1 | 383 | 380 | 386 | 383 |
| | | 5 | 253 | 250 | 254 | 254 | | | 5 | 398 | 395 | 399 | 398 |
| | | 10 | 259 | 256 | 260 | 261 | | | 10 | 405 | 403 | 406 | 406 |
| | | 50 | 280 | 275 | 281 | 285 | | | 50 | 431 | 427 | 432 | 433 |
| | | 90 | 307 | 298 | 305 | 313 | | | 90 | 460 | 454 | 460 | 464 |
| | | 95 | 315 | 306 | 313 | 321 | | | 95 | 469 | 463 | 469 | 473 |
| | | 99 | 331 | 320 | 327 | 336 | | | 99 | 486 | 482 | 486 | 489 |
| | 女 | 1 | 219 | 214 | 221 | 225 | | 女 | 1 | 347 | 342 | 347 | 356 |
| | | 5 | 233 | 228 | 234 | 238 | | | 5 | 363 | 359 | 363 | 368 |
| | | 10 | 239 | 234 | 240 | 245 | | | 10 | 371 | 367 | 371 | 376 |
| | | 50 | 260 | 253 | 260 | 269 | | | 50 | 397 | 391 | 396 | 405 |
| | | 90 | 289 | 274 | 287 | 301 | | | 90 | 428 | 415 | 426 | 439 |
| | | 95 | 299 | 282 | 295 | 309 | | | 95 | 438 | 424 | 435 | 449 |
| | | 99 | 319 | 296 | 313 | 327 | | | 99 | 458 | 439 | 455 | 468 |

（续）

| 代号及测量项目 | 性别 | 百分位数 | 年龄分组 18~60 岁 | 18~25 岁 | 26~35 岁 | 36~60 岁 |
|---|---|---|---|---|---|---|
| 17. 臀宽 /mm | 男 | 1 | 273 | 271 | 272 | 275 |
| | | 5 | 282 | 280 | 282 | 285 |
| | | 10 | 288 | 285 | 287 | 291 |
| | | 50 | 306 | 302 | 305 | 311 |
| | | 90 | 327 | 322 | 326 | 332 |
| | | 95 | 334 | 327 | 332 | 338 |
| | | 99 | 346 | 339 | 344 | 349 |
| | 女 | 1 | 275 | 270 | 277 | 282 |
| | | 5 | 290 | 286 | 290 | 296 |
| | | 10 | 296 | 292 | 296 | 301 |
| | | 50 | 317 | 311 | 317 | 323 |
| | | 90 | 340 | 331 | 339 | 345 |
| | | 95 | 346 | 338 | 345 | 352 |
| | | 99 | 360 | 349 | 358 | 366 |
| 18. 胸围 /mm | 男 | 1 | 762 | 746 | 772 | 775 |
| | | 5 | 791 | 778 | 799 | 803 |
| | | 10 | 806 | 792 | 812 | 820 |
| | | 50 | 867 | 845 | 869 | 885 |
| | | 90 | 944 | 908 | 939 | 967 |
| | | 95 | 970 | 925 | 958 | 990 |
| | | 99 | 1018 | 970 | 1008 | 1035 |
| | 女 | 1 | 717 | 710 | 718 | 724 |
| | | 5 | 745 | 735 | 747 | 760 |
| | | 10 | 760 | 750 | 762 | 780 |
| | | 50 | 825 | 802 | 823 | 859 |
| | | 90 | 919 | 865 | 907 | 955 |
| | | 95 | 949 | 885 | 934 | 986 |
| | | 99 | 1005 | 930 | 988 | 1036 |
| 19. 腰围 /mm | 男 | 1 | 620 | 610 | 625 | 640 |
| | | 5 | 650 | 634 | 652 | 670 |
| | | 10 | 665 | 650 | 669 | 690 |
| | | 50 | 735 | 702 | 734 | 782 |
| | | 90 | 859 | 771 | 832 | 900 |
| | | 95 | 895 | 796 | 865 | 932 |
| | | 99 | 960 | 857 | 921 | 986 |
| | 女 | 1 | 622 | 608 | 636 | 661 |
| | | 5 | 659 | 636 | 672 | 704 |
| | | 10 | 680 | 654 | 691 | 728 |
| | | 50 | 772 | 724 | 775 | 836 |
| | | 90 | 904 | 803 | 882 | 962 |
| | | 95 | 950 | 832 | 921 | 998 |
| | | 99 | 1025 | 892 | 993 | 1060 |

| 代号及测量项目 | 性别 | 百分位数 | 年龄分组 18~60 岁 | 18~25 岁 | 26~35 岁 | 36~60 岁 |
|---|---|---|---|---|---|---|
| 20. 臀围 /mm | 男 | 1 | 780 | 770 | 780 | 785 |
| | | 5 | 805 | 800 | 805 | 811 |
| | | 10 | 820 | 814 | 820 | 830 |
| | | 50 | 875 | 860 | 874 | 895 |
| | | 90 | 948 | 915 | 941 | 966 |
| | | 95 | 970 | 936 | 962 | 985 |
| | | 99 | 1009 | 974 | 1000 | 1023 |
| | 女 | 1 | 795 | 790 | 792 | 812 |
| | | 5 | 824 | 815 | 824 | 843 |
| | | 10 | 840 | 830 | 838 | 858 |
| | | 50 | 900 | 881 | 900 | 926 |
| | | 90 | 975 | 940 | 970 | 1001 |
| | | 95 | 1000 | 959 | 992 | 1021 |
| | | 99 | 1044 | 994 | 1030 | 1064 |
| 21. 坐高 /mm | 男 | 1 | 836 | 841 | 839 | 832 |
| | | 5 | 858 | 863 | 862 | 853 |
| | | 10 | 870 | 873 | 874 | 865 |
| | | 50 | 908 | 910 | 911 | 904 |
| | | 90 | 947 | 951 | 948 | 941 |
| | | 95 | 958 | 963 | 959 | 952 |
| | | 99 | 979 | 984 | 983 | 973 |
| | 女 | 1 | 789 | 793 | 792 | 786 |
| | | 5 | 809 | 811 | 810 | 805 |
| | | 10 | 819 | 822 | 820 | 816 |
| | | 50 | 855 | 858 | 857 | 851 |
| | | 90 | 891 | 894 | 893 | 886 |
| | | 95 | 901 | 903 | 904 | 896 |
| | | 99 | 920 | 924 | 921 | 915 |
| 22. 坐姿颈椎点高 /mm | 男 | 1 | 599 | 596 | 600 | 599 |
| | | 5 | 615 | 613 | 617 | 615 |
| | | 10 | 624 | 622 | 626 | 625 |
| | | 50 | 657 | 655 | 659 | 658 |
| | | 90 | 691 | 691 | 692 | 691 |
| | | 95 | 701 | 702 | 702 | 700 |
| | | 99 | 719 | 718 | 722 | 719 |
| | 女 | 1 | 563 | 565 | 563 | 561 |
| | | 5 | 579 | 581 | 579 | 576 |
| | | 10 | 587 | 589 | 588 | 584 |
| | | 50 | 617 | 618 | 618 | 616 |
| | | 90 | 648 | 649 | 650 | 647 |
| | | 95 | 657 | 658 | 658 | 655 |
| | | 99 | 675 | 677 | 677 | 672 |

（续）

| 代号及测量项目 | 性别 | 百分位数 | 年龄分组 | | | | 代号及测量项目 | 性别 | 百分位数 | 年龄分组 | | | |
|---|---|---|---|---|---|---|---|---|---|---|---|---|---|
| | | | 18～60 岁 | 18～25 岁 | 26～35 岁 | 36～60 岁 | | | | 18～60 岁 | 18～25 岁 | 26～35 岁 | 36～60 岁 |
| 23. 坐姿眼高 /mm | 男 | 1 | 729 | 732 | 733 | 724 | 26. 坐姿大腿厚 /mm | 男 | 1 | 103 | 106 | 102 | 102 |
| | | 5 | 749 | 753 | 753 | 743 | | | 5 | 112 | 114 | 111 | 110 |
| | | 10 | 761 | 763 | 764 | 756 | | | 10 | 116 | 117 | 115 | 115 |
| | | 50 | 798 | 801 | 801 | 795 | | | 50 | 130 | 130 | 130 | 131 |
| | | 90 | 836 | 840 | 837 | 832 | | | 90 | 146 | 144 | 147 | 148 |
| | | 95 | 847 | 851 | 849 | 841 | | | 95 | 151 | 149 | 152 | 152 |
| | | 99 | 868 | 868 | 873 | 864 | | | 99 | 160 | 156 | 160 | 162 |
| | 女 | 1 | 678 | 680 | 679 | 674 | | 女 | 1 | 107 | 107 | 107 | 108 |
| | | 5 | 695 | 636 | 696 | 692 | | | 5 | 113 | 113 | 113 | 114 |
| | | 10 | 704 | 707 | 705 | 701 | | | 10 | 117 | 116 | 116 | 118 |
| | | 50 | 739 | 741 | 740 | 735 | | | 50 | 130 | 129 | 130 | 133 |
| | | 90 | 773 | 774 | 775 | 769 | | | 90 | 146 | 143 | 145 | 149 |
| | | 95 | 783 | 785 | 786 | 778 | | | 95 | 151 | 148 | 150 | 154 |
| | | 99 | 803 | 806 | 806 | 796 | | | 99 | 160 | 156 | 160 | 164 |
| 24. 坐姿肩高 /mm | 男 | 1 | 539 | 538 | 539 | 538 | 27. 坐姿膝高 /mm | 男 | 1 | 441 | 443 | 441 | 439 |
| | | 5 | 557 | 557 | 559 | 556 | | | 5 | 456 | 459 | 456 | 455 |
| | | 10 | 566 | 565 | 569 | 564 | | | 10 | 464 | 468 | 464 | 462 |
| | | 50 | 598 | 597 | 600 | 597 | | | 50 | 493 | 497 | 494 | 490 |
| | | 90 | 631 | 631 | 633 | 630 | | | 90 | 523 | 527 | 523 | 518 |
| | | 95 | 641 | 641 | 642 | 639 | | | 95 | 532 | 535 | 531 | 527 |
| | | 99 | 659 | 658 | 660 | 657 | | | 99 | 549 | 554 | 553 | 543 |
| | 女 | 1 | 504 | 503 | 506 | 504 | | 女 | 1 | 410 | 412 | 409 | 409 |
| | | 5 | 518 | 517 | 520 | 518 | | | 5 | 424 | 428 | 423 | 422 |
| | | 10 | 526 | 526 | 528 | 525 | | | 10 | 431 | 435 | 431 | 429 |
| | | 50 | 556 | 555 | 556 | 555 | | | 50 | 458 | 461 | 458 | 455 |
| | | 90 | 585 | 584 | 587 | 584 | | | 90 | 485 | 487 | 486 | 483 |
| | | 95 | 594 | 593 | 596 | 592 | | | 95 | 493 | 494 | 493 | 490 |
| | | 99 | 609 | 608 | 610 | 608 | | | 99 | 507 | 512 | 508 | 503 |
| 25. 坐姿肘高 /mm | 男 | 1 | 214 | 215 | 217 | 210 | 28. 小腿加足高 /mm | 男 | 1 | 372 | 375 | 373 | 370 |
| | | 5 | 228 | 227 | 230 | 226 | | | 5 | 383 | 386 | 384 | 380 |
| | | 10 | 235 | 234 | 237 | 234 | | | 10 | 389 | 393 | 391 | 386 |
| | | 50 | 263 | 261 | 264 | 263 | | | 50 | 413 | 417 | 415 | 409 |
| | | 90 | 291 | 289 | 291 | 292 | | | 90 | 439 | 444 | 441 | 435 |
| | | 95 | 298 | 297 | 299 | 299 | | | 95 | 448 | 454 | 448 | 442 |
| | | 99 | 312 | 311 | 313 | 313 | | | 99 | 463 | 468 | 462 | 458 |
| | 女 | 1 | 201 | 200 | 204 | 201 | | 女 | 1 | 331 | 336 | 334 | 327 |
| | | 5 | 215 | 214 | 217 | 215 | | | 5 | 342 | 346 | 345 | 338 |
| | | 10 | 223 | 222 | 225 | 223 | | | 10 | 350 | 355 | 353 | 344 |
| | | 50 | 251 | 249 | 251 | 251 | | | 50 | 382 | 384 | 383 | 379 |
| | | 90 | 277 | 275 | 277 | 279 | | | 90 | 399 | 402 | 399 | 396 |
| | | 95 | 284 | 283 | 284 | 287 | | | 95 | 405 | 408 | 405 | 401 |
| | | 99 | 299 | 299 | 298 | 300 | | | 99 | 417 | 420 | 417 | 412 |

（续）

| 代号及测量项目 | 性别 | 百分位数 | 年龄分组 | | | |
|---|---|---|---|---|---|---|
| | | | 18~60岁 | 18~25岁 | 26~35岁 | 36~60岁 |
| 29. 坐深/mm | 男 | 1 | 407 | 407 | 405 | 407 |
| | | 5 | 421 | 423 | 421 | 420 |
| | | 10 | 429 | 429 | 429 | 428 |
| | | 50 | 457 | 457 | 458 | 457 |
| | | 90 | 486 | 486 | 486 | 486 |
| | | 95 | 494 | 494 | 493 | 494 |
| | | 99 | 510 | 511 | 510 | 511 |
| | 女 | 1 | 388 | 389 | 390 | 386 |
| | | 5 | 401 | 401 | 403 | 400 |
| | | 10 | 408 | 409 | 409 | 406 |
| | | 50 | 433 | 433 | 434 | 432 |
| | | 90 | 461 | 460 | 463 | 461 |
| | | 95 | 469 | 468 | 470 | 468 |
| | | 99 | 485 | 485 | 485 | 487 |
| 30. 臀膝距/mm | 男 | 1 | 499 | 500 | 497 | 500 |
| | | 5 | 515 | 516 | 514 | 515 |
| | | 10 | 524 | 525 | 523 | 524 |
| | | 50 | 554 | 554 | 554 | 554 |
| | | 90 | 585 | 585 | 586 | 585 |
| | | 95 | 595 | 594 | 595 | 596 |
| | | 99 | 613 | 615 | 611 | 613 |
| | 女 | 1 | 481 | 480 | 481 | 482 |
| | | 5 | 495 | 495 | 494 | 496 |
| | | 10 | 502 | 501 | 501 | 502 |
| | | 50 | 529 | 529 | 529 | 529 |
| | | 90 | 561 | 560 | 561 | 562 |
| | | 95 | 570 | 568 | 570 | 572 |
| | | 99 | 587 | 586 | 590 | 588 |
| 31. 坐姿下肢长/mm | 男 | 1 | 892 | 893 | 889 | 892 |
| | | 5 | 921 | 925 | 919 | 922 |
| | | 10 | 937 | 939 | 934 | 938 |
| | | 50 | 992 | 992 | 991 | 992 |
| | | 90 | 1046 | 1050 | 1045 | 1045 |
| | | 95 | 1063 | 1068 | 1064 | 1060 |
| | | 99 | 1096 | 1100 | 1095 | 1095 |

| 代号及测量项目 | 性别 | 百分位数 | 年龄分组 | | | |
|---|---|---|---|---|---|---|
| | | | 18~60岁 | 18~25岁 | 26~35岁 | 36~60岁 |
| 31. 坐姿下肢长/mm | 女 | 1 | 826 | 825 | 826 | 826 |
| | | 5 | 851 | 854 | 850 | 848 |
| | | 10 | 865 | 867 | 865 | 862 |
| | | 50 | 912 | 914 | 912 | 909 |
| | | 90 | 960 | 963 | 960 | 957 |
| | | 95 | 975 | 978 | 976 | 972 |
| | | 99 | 1005 | 1008 | 1004 | 996 |
| 32. 坐姿臀宽/mm | 男 | 1 | 284 | 281 | 283 | 289 |
| | | 5 | 295 | 292 | 295 | 299 |
| | | 10 | 300 | 297 | 300 | 304 |
| | | 50 | 321 | 316 | 320 | 327 |
| | | 90 | 347 | 338 | 344 | 354 |
| | | 95 | 355 | 345 | 351 | 361 |
| | | 99 | 369 | 360 | 365 | 375 |
| | 女 | 1 | 295 | 289 | 295 | 302 |
| | | 5 | 310 | 306 | 311 | 317 |
| | | 10 | 318 | 313 | 318 | 325 |
| | | 50 | 344 | 336 | 345 | 353 |
| | | 90 | 374 | 360 | 372 | 382 |
| | | 95 | 382 | 368 | 381 | 390 |
| | | 99 | 400 | 382 | 398 | 411 |
| 33. 坐姿两肘间宽/mm | 男 | 1 | 353 | 348 | 353 | 359 |
| | | 5 | 371 | 364 | 372 | 378 |
| | | 10 | 381 | 374 | 381 | 389 |
| | | 50 | 422 | 410 | 421 | 435 |
| | | 90 | 473 | 454 | 470 | 485 |
| | | 95 | 489 | 467 | 485 | 499 |
| | | 99 | 518 | 495 | 513 | 527 |
| | 女 | 1 | 326 | 320 | 331 | 344 |
| | | 5 | 348 | 338 | 352 | 367 |
| | | 10 | 360 | 348 | 362 | 379 |
| | | 50 | 404 | 384 | 404 | 427 |
| | | 90 | 460 | 426 | 453 | 481 |
| | | 95 | 478 | 439 | 469 | 496 |
| | | 99 | 509 | 465 | 500 | 526 |

| 造型尺寸选用百分位界限建议 | 确定造型尺寸的性质 | 由人体总长决定的造型尺寸 | 由人体某部分决定的造型尺寸 | 由人完成的可调尺寸 | | | 按人体尺寸确定适宜操作的最佳范围 | 造型尺寸需要考虑人的多项身体尺寸 |
|---|---|---|---|---|---|---|---|---|
| | 选用百分位数 | 第95百分位 | 第5百分位 | 第5百分位至第95百分位 | 第99百分位 | 第1百分位 | 第50百分位 | 以上述性质确定百分位后，不应以比例适中的人作为基准，应按可能出现的尺寸差距，改变造型形式加以适应 |
| | 应用举例 | 门、船舱口通道、床、担架 | 取决于臂长、腿长的坐平面高度，或调节构件必要的可及范围 | 坐位、座位安全带、至调节件的距离 | 至运转着的机器部件的有效半径或紧急出口的直径 | 人操作紧急制动杆的距离 | 门铃、开关、插座等的安置尺寸 | 同一百分位高度的人，由于比例不匀称，大腿长短不一，坐深尺寸则不相同，从而使坐位表面适合臀部的造型对人的最佳配合失去意义。若将坐位表面改为平的座椅，则可解决因坐深不同的适应问题 |

## 10.2　人体必需和可能的活动空间

### 10.2.1　人体必需的空间（图 1.2-2）

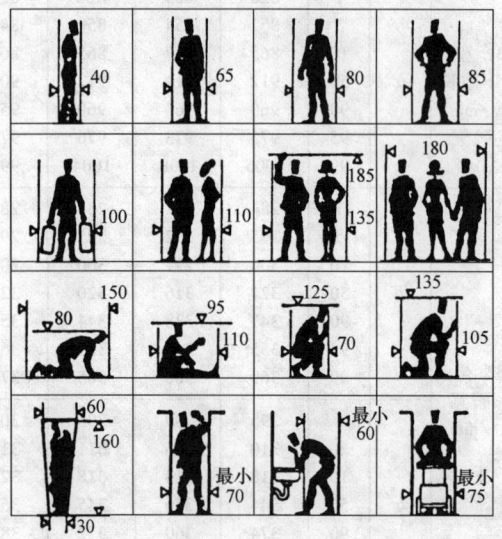

身高为175cm的人所必需的空间主要尺寸/cm

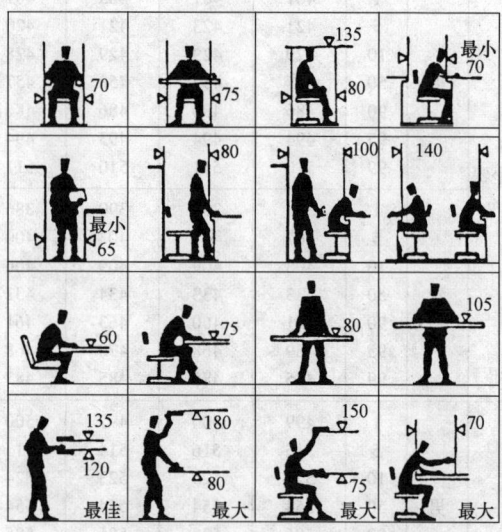

人坐着和站着时所必需的空间主要尺寸/cm

**图1.2-2　人体必需的空间**

### 10.2.2　人手运动的范围

设计工具和装置的把手、手柄、手接触的筛板和　其他产品的安全孔时，要考虑人手尺寸及其运动的可能性见表 1.2-79。

**表 1.2-79　人手运动姿态及其范围**　　　　　　　（单位：cm）

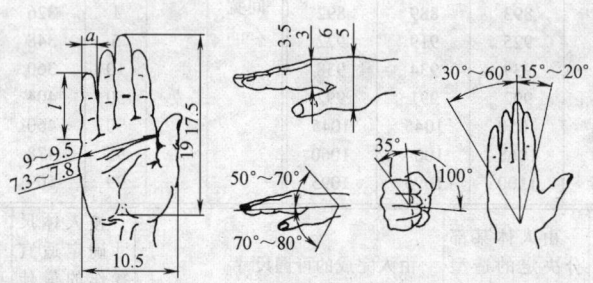

| 名　称 | 指长 l | 指宽 a |
|---|---|---|
| 大拇指 | 7.8 ~ 6.3 | 2.4 ~ 2.2 |
| 中指 | 9.6 ~ 8.5 | 2.1 ~ 1.9 |
| 小指 | 7.4 ~ 6.5 | 1.8 ~ 1.5 |

**10.2.3 上肢操作时的最佳运动区域**（图 1.2-3）

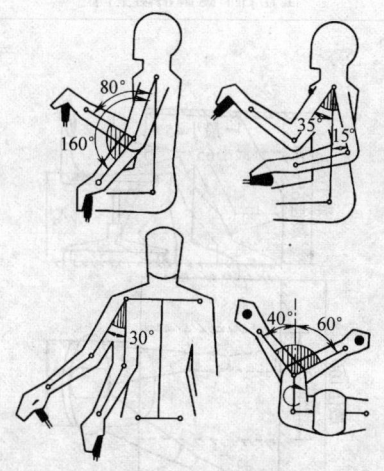

图1.2-3 上肢操作时的最佳运动区域

**10.2.4 腿和脚运动的范围**（图 1.2-4）

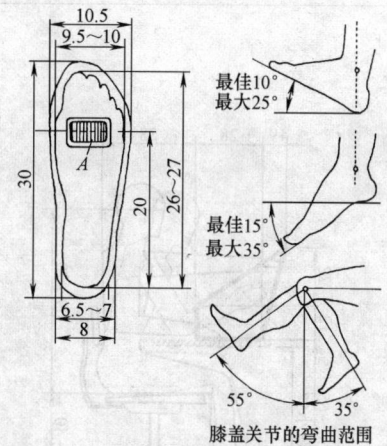

膝盖关节的弯曲范围

图1.2-4 腿和脚运动的范围 （单位：cm）

## 10.3 操作者有关尺寸（表 1.2-80～表 1.2-83）

表 1.2-80 坐着工作时手工操作的最佳尺寸 （单位：cm）

| 工作台高度 | 工作台表面上手的工作区域 |
| --- | --- |

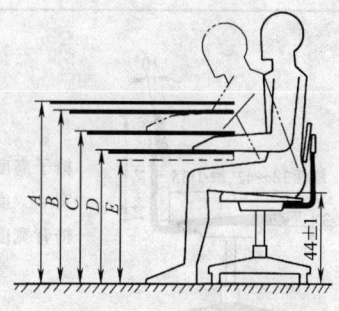

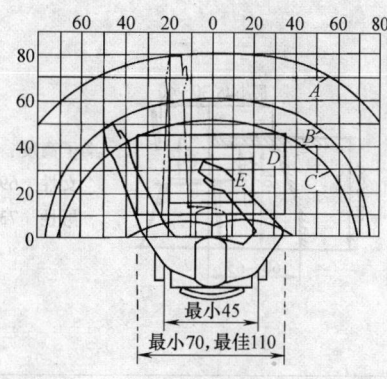

手的运动区

**左列：**

设计原则：

1）需力越大，应该越低

2）要求视力越强，应该越高

3）高度还决定于工作时人体的姿势、操纵机构的大小和操作者的身高

A——要求手臂运动有较高精度的工作（钟表组装），88±2

B——视力强度较高的工作，84±2

C——一般工作台，74±2；会议桌，69～70

D——打字桌，需要较大力气才能完成的工作的工作台，66±2

E——放腿空间的最低高度，60

**右列：**

A——最大可达到区域，在此区内，完成手工操作需要用一定的力

B——伸直手臂时，手指可达到区域

C——手掌容易达到区域

D——粗的手工工作最佳的可达到区域

E——精度和手艺要求很高的手工劳动的最佳可达到区域

本图尺寸推荐用于中等身高的男性，坐在高 70cm 左右的工作台前。对于女性，到达区应该减小 10%

（续）

| 手工操作的最佳区 | 工作台下腿脚活动空间 |
|---|---|
| 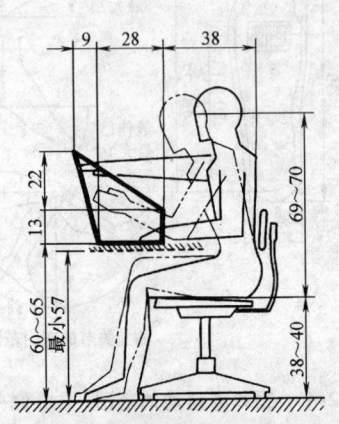 | 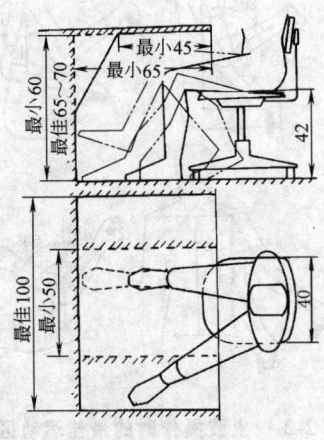 |
| 本图给出的尺寸，推荐用于身高为 155～160 的男性<br>在这些条件下，他们能够方便地用手工作(装配、安装、包装等工作，力为100N) | 本图尺寸适用于身高不超过181者<br>图中示出了腿脚七种姿势：两腿伸直；脚在右角上；腿在坐位下弯曲；一只脚在前，另一只脚在后；两腿交叉；脚放在脚踏板上；在一只腿置于另一只腿上，或对身高为200者，腿脚区高等于75～77 |

表 1.2-81　工作座位的推荐尺寸　　　　　（单位：cm）

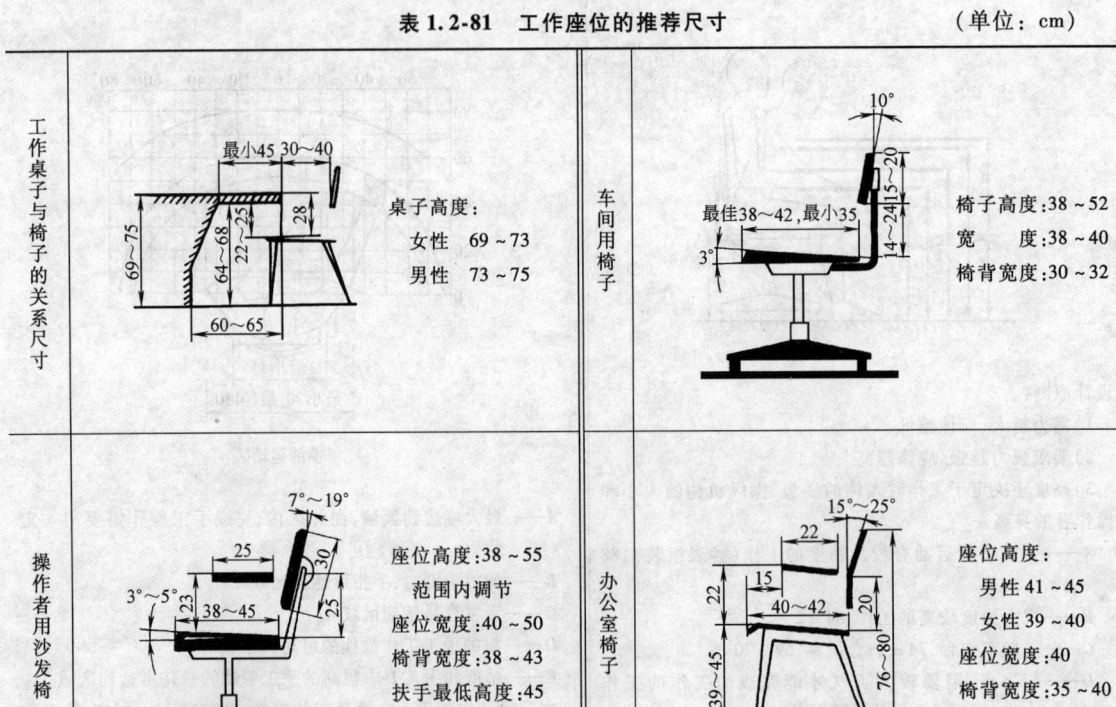

| 工作桌子与椅子的关系尺寸 | 桌子高度：<br>女性　69～73<br>男性　73～75 | 车间用椅子 | 椅子高度：38～52<br>宽　　度：38～40<br>椅背宽度：30～32 |
|---|---|---|---|
| 操作者用沙发椅 | 座位高度：38～55<br>范围内调节<br>座位宽度：40～50<br>椅背宽度：38～43<br>扶手最低高度：45 | 办公室椅子 | 座位高度：<br>　男性 41～45<br>　女性 39～40<br>座位宽度：40<br>椅背宽度：35～40 |

**表 1.2-82　运输工具的座位及驾驶室尺寸**　　　　　　　（单位：cm）

| 运输工具内的座位 | 轻便小汽车的驾驶室 |
|---|---|

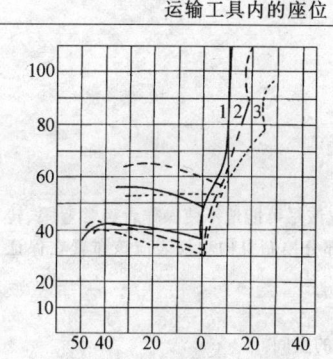

1—英国航空公司飞机的座位
2—瑞典高速火车的座位
3—英国铁路货车上的座位

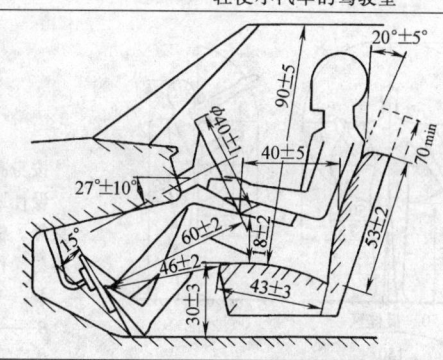

本尺寸以身高 169 ~ 180 者为基础

座位在水平面上可调约 ± 10，在垂直面上可调 ± 4

| 载货汽车的驾驶室 | 火车头的驾驶室 |
|---|---|

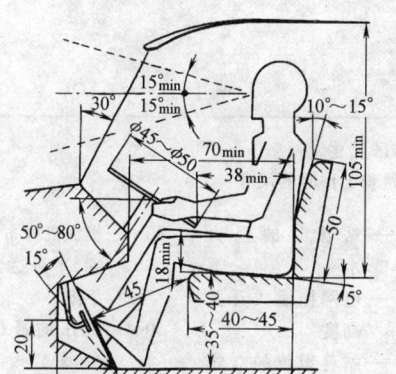

本尺寸以身高 175 ± 5 者最佳。座位水平可调 ± 10，垂直可调 ± 5，座位最小宽度 48

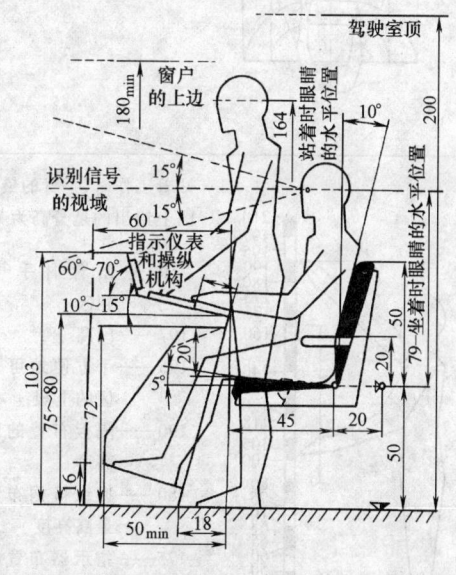

**表 1.2-83　站着工作时手工操作的有关尺寸**　　　　　　　（单位：cm）

工作台的高度

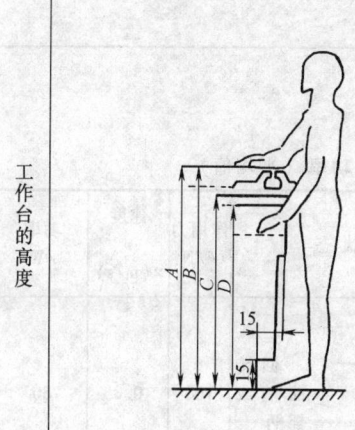

适于身高 175 男性，165 女性（括号内尺寸）

设计原则：工作场地的高度决定于作用力、操作者操作物件的尺寸、视力要求和人的身高

A——精密工作，靠肘支承工作，如在书写时，105 ~ 115(100 ~ 110)
B——台虎钳固定在工作台上的高度，113
C——轻手工工作(包装等)，95 ~ 100(90 ~ 95)
D——用劲大的工作(重的钳工工作)，80 ~ 95(75 ~ 90)

（续）

机床上用手操纵控制机构的工作区

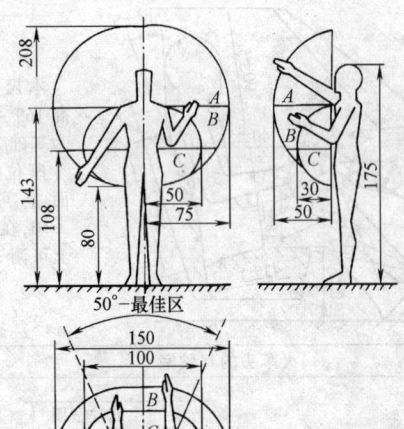

按身高 175 的男性给出

设计原则:站着工作时,应该尽可能地不使操作者经常弯腰、转身等。机床(设备)上的大部分控制机构和仪表应该布置在保证容易操作的最佳区内

A——作用空间

B——便于操纵控制机构的空间

C——最佳工作区

手的工作区

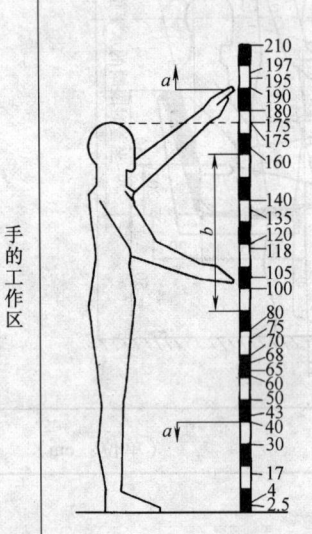

站着工作时,手臂的最佳和许用工作区尺寸

图上给出的是身高为 175 左右男性站着工作时的尺寸

210——站着时手可达到区

197——门高

195——手方便地可达到区的上限

190——隔板布置的最高高度

180——操纵机构布置的最高高度

175——指示器布置的最高高度,坐着时手可达到区

160——站着时的视力水平

140——电网挂墙式开关高度

135——站着识读的立式指示器的极限高度

120——设备的隔栅高度

105——门把手的安装高度

100——隔栅的最低高度

80——操纵机构布置的高度,手可达到区的下限

50——操作的最低高度(坐着)

43——男性座位高度

40——女性座位高度

30——绳梯最佳级高

## 10.4　手工操作的主要数据（表 1.2-84 ~ 表 1.2-87）

### 表 1.2-84　几种操作状态下人力发挥的作用力、速度和功率（平均值）

| 操作类别 | 操作状态 | | 作用力 $F/N$ | 速度 $v$/(m/s) | 功率 $/W$ | 操作类别 | 操作状态 | | 作用力 $F/N$ | 速度 $v$/(m/s) | 功率 $/W$ |
|---|---|---|---|---|---|---|---|---|---|---|---|
| 空手 | | 空手举重 | 120 | 0.8 | 96 | 曲摇柄 | | 回转曲柄或摇柄 | 100 | 0.8 | 80 |

（续）

| 操作类别 | 操作状态 | | 作用力 F/N | 速度 v /(m/s) | 功率 /W | 操作类别 | 操作状态 | | 作用力 F/N | 速度 v /(m/s) | 功率 /W |
|---|---|---|---|---|---|---|---|---|---|---|---|
| 杠杆 |  | 用手上下压泵的杠杆 | 50 | 1.1 | 55 | 锤击 |  | 挥锤打铁砧 | 120 | 0.4 | 48 |
| 推拉船橹 |  | 水平推拉船橹 | 100 | 0.6 | 60 | 绞车 |  | 转动绞车的把柄提升重物 | 200 | 0.3 | 60 |
| 拉链 |  | 拉滑轮链提升重物 | 280 | 0.4 | 112 | 踏车 |  | 以自身的重力上楼梯或脚踏水车旋转 | 550 | 0.15 | 82.5 |

注：表中数据是根据试验测得的人力平均值。体重为 65kg 的工作者，如在极短时间内动作，作用力 F 值可达表中数值的 2 倍（但是踏车情况下的 F 值仍旧一样）。

**表 1.2-85　人的推拉力**　　　　　　　　　　　　　（单位：N）

| 430 | 420 | 400 | 390 | 385 | 380 | 380 | 370 | 370 |
|---|---|---|---|---|---|---|---|---|

| 370 | 350 | 330 | 320 | 300 | 290 | 285 | 280 | 270 |
|---|---|---|---|---|---|---|---|---|

注：人的两腿分开角度为 50°。

**表 1.2-86　操作物体时的最佳位置**

| 操作说明 | 图例 | 操作说明 | 图例 |
|---|---|---|---|
| 1. 用双手拿起物体的最初位置：手距地面高度为 500~600mm；低于此值，拿起物体不方便 |  | 5. 用锤打物体的位置：竖打的情况下，物体的高度在 400~800mm 之间，其效果无显著差别，适宜高度为 500~600mm，横打最佳高度为 900~1000mm |  |
| 2. 手摇杠杆的位置：手摇杠杆的高度约为 750mm，适宜的行程为 250mm |  | | |
| 3. 双手加压物体的高度：用双手加压，最大压力的作用高度为 500mm，但 400~700mm 之间无显著差别，可施加近于体重的压力 |  | 6. 水平推或拉的位置：握棒的位置离地面的适宜高度为 850~950mm |  |
| 4. 手摇摇柄的位置：摇柄的中心高度为 800~900mm、力臂视力矩大小取 250~400mm |  | 7. 拉链时手的位置：拉链时手的位置从最高 1700mm（$H_1$）拉下至 1200mm（$H_2$）为最佳 | 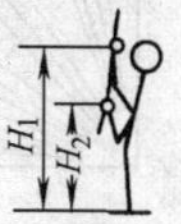 |

表1.2-87  人的体力

| | | | |
|---|---|---|---|
| 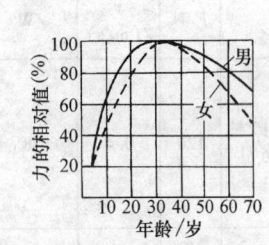<br>女性体力比男性低30%~40% | 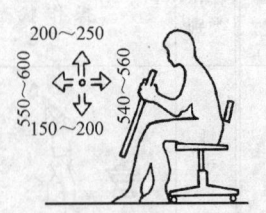<br>操纵把手在操作者前高70~90cm的地方,手在各个方向上的最大力(N) | 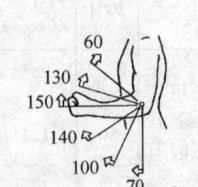<br>前臂弯曲时静力(N)的大概值 | 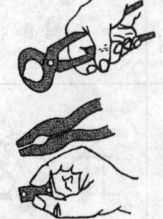<br>手的握压力(N):<br>男性手掌的平均握压力为400(最大为500);女性为300;手指捏压力为100 |

注:设计时需根据各地区具体情况进行修正。

## 10.5  安全隔栏及其他（图1.2-5和表1.2-88）

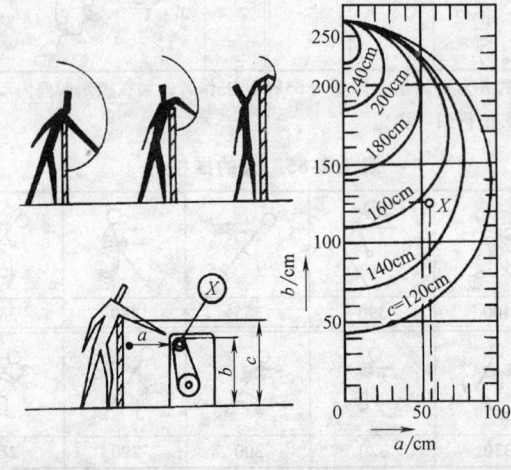

图1.2-5  (身高175cm)人手经过隔栅可达到的距离

表1.2-88  倾斜通道

| 倾 斜 通 道 | 抓 梯 |
|---|---|
| 90°—固定抓梯<br>80°—最大斜度<br>75°—最佳斜度<br>70°—最小斜度<br>68°—25/10<br>55°—21/15<br>50°—极限角度<br>45°—20/20<br>35°—推荐的最大斜度<br>30°—最佳斜度17/29<br>25°—最小斜度<br>20°—极限角度<br>15°—最大斜度<br>11°—斜度20%<br>7°—12.5%<br>5.5°—10%(最佳斜度)<br>抓梯 斜梯 阶梯 坡道 | <br>宽度(立柱间的距离)为40~45cm,蹬的最佳直径3cm,蹬的最佳距离30cm,最大高度9m,>3m应设安全带 |

（续）

| 斜　梯 | 阶　梯 | 坡　道 |
|---|---|---|
|  对于单通道最小宽度为 60cm |  最小宽度为 120cm，台阶间的最佳阶高和阶距的比例为 17/29，推荐 13/37、14/34、15/33、16/31、18/27、19/25 |  最佳宽度为 110cm（最小为 75cm），最佳斜度 5.5°（对车站入口为 12°） |

注：图中的长度单位为 cm。

# 第3章 机械制图

## 1 技术制图的基本规定

### 1.1 图纸的幅面和格式

#### 1. 图纸幅面

图纸幅面是指图纸本身的规格、大小，通常用细实线绘出其边界线。绘制机械图样时，应优先采用表 1.3-1 中规定的基本幅面的图纸，其中 A0 幅面的面积为 $1m^2$，A1 幅面的面积为 A0 的一半，以下依此类推。必要时允许采用加长幅面的图纸，加长幅面的尺寸由基本幅面的短边成整数倍增加后得出，如 A3×3 的尺寸为 $420mm \times (297 \times 3)mm$、即 $420mm \times 891mm$ 等，如图 1.3-1 及表 1.3-2 和表 1.3-3 所示。

**表 1.3-1 图纸基本幅面（第一选择）尺寸及图纸边框尺寸（摘自 GB/T 14689—2008）**

（单位：mm）

| 幅面代号 | A0 | A1 | A2 | A3 | A4 |
|---|---|---|---|---|---|
| $B \times L$ | 841×1189 | 594×841 | 420×594 | 297×420 | 210×297 |
| $a$ | 25 | | | | |
| $c$ | 10 | | | 5 | |
| $e$ | 20 | | | 10 | |

注：表中 $B$、$L$、$a$、$c$、$e$ 的含义见表 1.3-4。

**表 1.3-2 加长幅面（第二选择）（摘自 GB/T 14689—2008）**

（单位：mm）

| 幅面代号 | $B \times L$ |
|---|---|
| A3×3 | 420×891 |
| A3×4 | 420×1189 |
| A4×3 | 297×630 |
| A4×4 | 297×841 |
| A4×5 | 297×1051 |

**表 1.3-3 加长幅面（第三选择）（摘自 GB/T 14689—2008）**

（单位：mm）

| 幅面代号 | $B \times L$ | 幅面代号 | $B \times L$ |
|---|---|---|---|
| A0×2 | 1189×1682 | A3×5 | 420×1486 |
| A0×3 | 1189×2523 | A3×6 | 420×1783 |
| A1×3 | 841×1783 | A3×7 | 420×2080 |
| A1×4 | 841×2378 | A4×6 | 297×1261 |
| A2×3 | 594×1261 | A4×7 | 297×1471 |
| A2×4 | 594×1682 | A4×8 | 297×1682 |
| A2×5 | 594×2102 | A4×9 | 297×1892 |

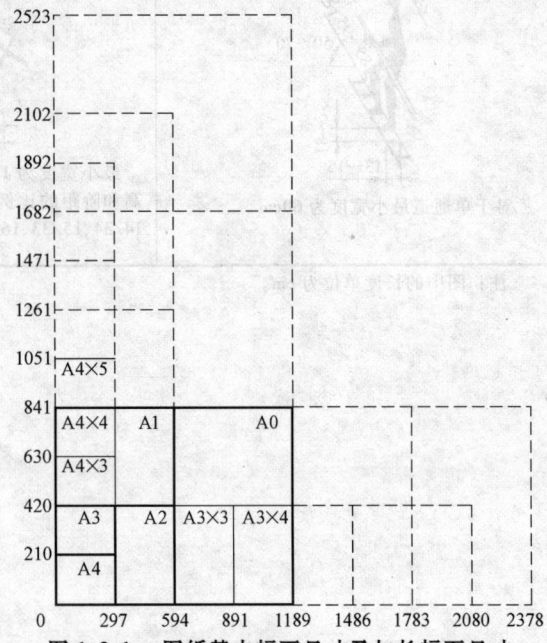

**图 1.3-1 图纸基本幅面尺寸及加长幅面尺寸**

#### 2. 图框格式

图框是图纸上限定绘图范围的线框，用粗实线绘制，其格式可分为留装订边和不留装订边两种，同一产品的图样只能采用同一种格式。图纸可采用横放（X 型），横放（Y 型）或竖放（Y 型），竖放（X 型）的型式，具体画法及规定见表 1.3-4。

### 1.2 标题栏和明细栏

标题栏指由名称与代号区、签字区、更改区和其他区组成的栏目，可反映一张图样的基本综合信息，是图样的重要组成部分，见表 1.3-5。第一角画法和第三角画法的投影识别符号如图 1.3-2 所示。标题栏和明细栏的格式及尺寸，按规定绘制、填写，如图 1.3-3 和图 1.3-4 所示。每张图纸都必须画出标题栏，标题栏通常应位于图纸的右下角，可使看图的方向与标题栏中文字的方向保持一致。在特殊情况下（如为了利用已印好边框的图纸或布图受限时），允许将标题栏置于图纸的右上方，见表 1.3-4。

明细栏一般用于装配图，其格数根据需要确定，并与装配图中零件或部件的编号相对应，在装配图中按自下而上的顺序填写，也可作为装配图的续页按 A4 幅面单独表示，如图 1.3-4 所示。

**表 1.3-4　图样格式及边框画法**（摘自 GB/T 14689—2008）

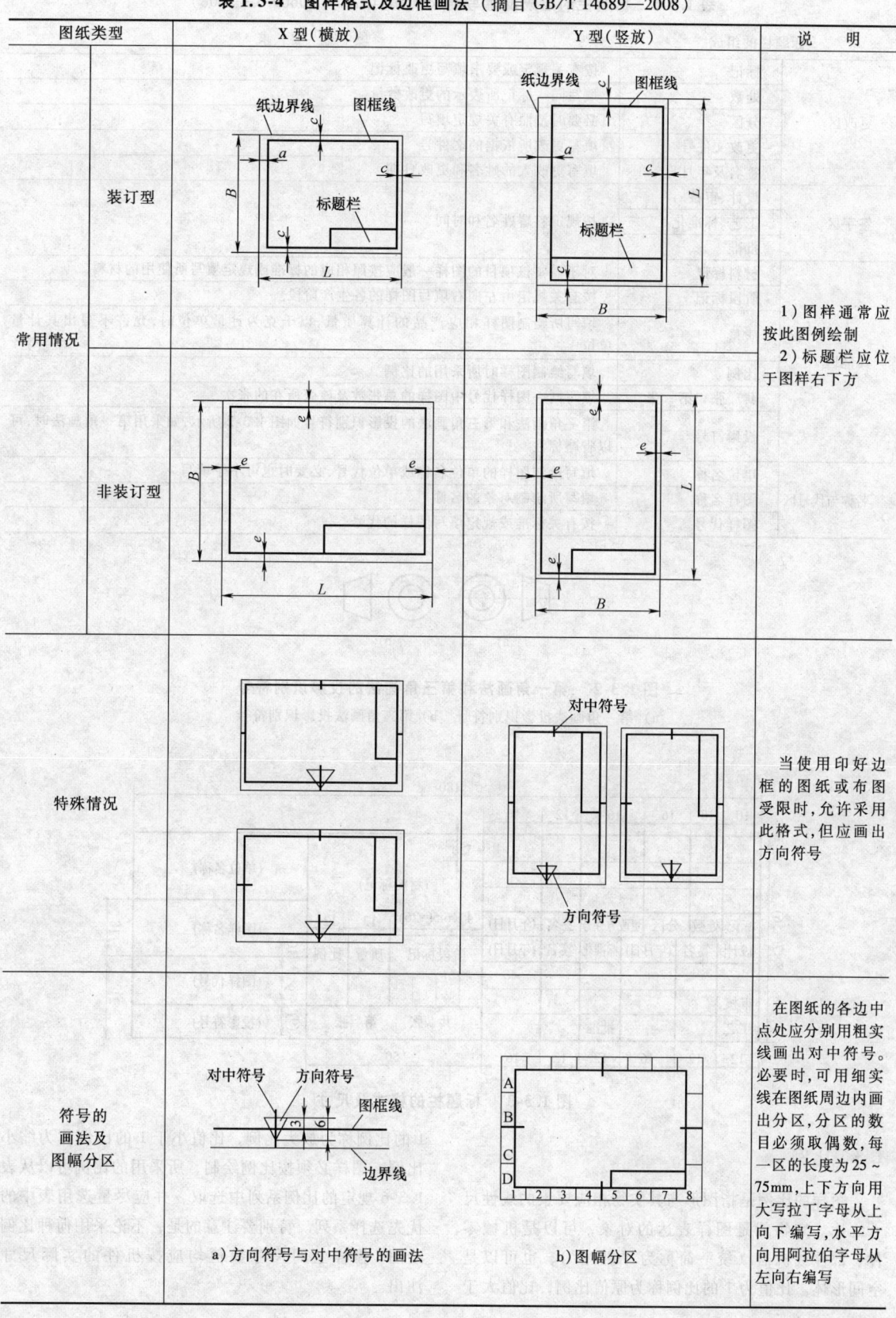

| 图纸类型 | | X 型（横放） | Y 型（竖放） | 说　明 |
|---|---|---|---|---|
| 常用情况 | 装订型 | 纸边界线　图框线<br>标题栏 | 纸边界线　图框线<br>标题栏 | 1）图样通常应按此图例绘制<br>2）标题栏应位于图样右下方 |
| | 非装订型 | | | |
| 特殊情况 | | | 对中符号<br>方向符号 | 当使用印好边框的图纸或布图受限时，允许采用此格式，但应画出方向符号 |
| 符号的画法及图幅分区 | | a）方向符号与对中符号的画法 | b）图幅分区 | 在图纸的各边中点处应分别用粗实线画出对中符号。必要时，可用细实线在图纸周边内画出分区，分区的数目必须取偶数，每一区的长度为 25～75mm，上下方向用大写拉丁字母从上向下编写，水平方向用阿拉伯字母从左向右编写 |

表 1.3-5　　标题栏的组成及填写要求（摘自 GB/T 10609.1—2008）

| 标题栏的组成 | | 填 写 要 求 |
|---|---|---|
| 更改区 | 标记 | 按有关规定或要求填写更改标记 |
| | 处数 | 填写同一标记所表示的更改数量 |
| | 分区 | 必要时按照有关规定填写 |
| | 更改文件号 | 填写更改所依据的文件号 |
| | 签名及年月日 | 填写更改人的姓名和更改日期 |
| 签字区 | 设计、审核 | 按规定签署姓名和时间 |
| | 工艺、标准化 | |
| | 批准 | |
| 其他区 | 材料标记 | 对于需要该项目的图样一般应按照相应的标准或规定填写所使用的材料 |
| | 阶段标记 | 按有关规定由左向右填写图样的各生产阶段 |
| | 质量 | 填写所绘制图样相应产品的计算质量，以千克为计量单位时，允许不写出其计量单位 |
| | 比例 | 填写绘制图样时所采用的比例 |
| | 共　张　第　张 | 填写同一图样代号中图样的总张数及该张所在的张次 |
| | 投影符号 | 第一角画法和第三角画法的投影识别符号如图 1.3-2 所示，如采用第一角画法时，可以省略标注 |
| 名称与代号区 | 单位名称 | 填写绘制图样的单位名称或单位代号，必要时也可不予填写 |
| | 图样名称 | 填写所绘制对象的名称 |
| | 图样代号 | 按有关标准或规定填写图样的代号 |

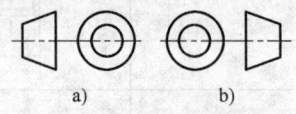

　　　　　　　a)　　　　　　　　　　b)

**图 1.3-2　　第一角画法和第三角画法的投影识别符号**

a）第一角画法投影识别符号　b）第三角画法投影识别符号

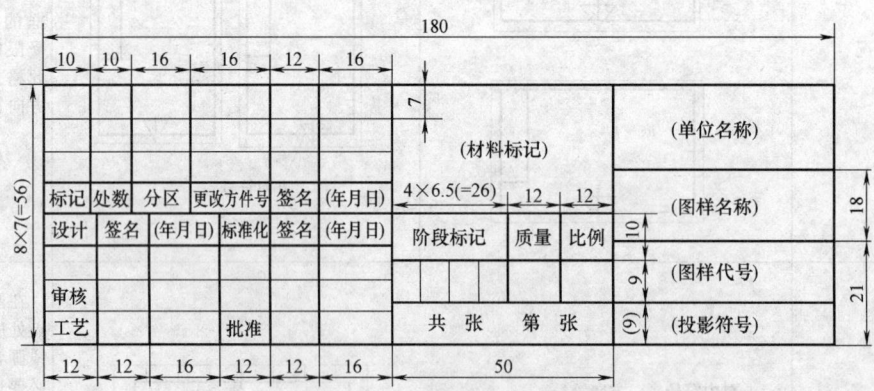

**图 1.3-3　　标题栏的格式及尺寸**

## 1.3　比例

　　图样的比例是指图形与其实物相应要素的线性尺寸之比。实物就是图样表达的对象，可以是机械零件、部件或机器（统一简称为"机件"），也可以是空间形体。比值为 1 的比例称为原值比例，比值大于1 的比例称为放大比例，比值小于 1 的比例称为缩小比例。图样必须按比例绘制，所采用的比例可以从表 1.3-6 规定的比例系列中选取，并应尽量选用表中的优先选择系列。特别要注意的是，不论采用何种比例绘图，图样上的尺寸数值均应按机件的实际尺寸注出。

**表 1.3-6　绘图比例系列**（摘自 GB/T 14690—1993）

| 种类 | 优先选择系列 | | | 允许选择系列 | |
|---|---|---|---|---|---|
| 原值比例 | 1:1 | | | — | |
| 放大比例 | 5:1 | 2:1 | | 4:1 | 2.5:1 |
| | 5× | 2× | 1× | 4× | 2.5× |
| | $10^n$:1 | $10^n$:1 | $10^n$:1 | $10^n$:1 | $10^n$:1 |
| 缩小比例 | 1:2 | 1:5 | 1:10 | 1:1.5　1:2.5　1:3　1:4　1:6 | |
| | 1:2 | 1:5 | 1:1 | 1:1.5　1:2.5　1:3　1:4　1:6 | |
| | $×10^n$ | $×10^n$ | $×10^n$ | $×10^n$　$×10^n$　$×10^n$　$×10^n$　$×10^n$ | |

## 1.4　字体

在机械图样上，除了用图形表示机件的形状和结构之外，还需要用文字、数字、符号说明机件的大小、技术要求等。机械图样中的文字，应遵循以下规定：

1）书写字体必须做到字体工整、笔画清楚、间隔均匀、排列整齐。

2）字体高度（用 $h$ 表示）的公称尺寸系列为：1.8mm、2.5mm、3.5mm、5mm、7mm、10mm、14mm、20mm。字体的号数用字体的高度表示。如需书写更大的字，其字体高度应按 $\sqrt{2}$ 的比率递增。

3）汉字应写长仿宋体，并应采用国家正式公布的简化字，汉字的高度 $h$ 不应小于 3.5，其字宽一般为 $h/\sqrt{2}$。书写长仿宋字的要领是：横平竖直、注意起落、结构均匀、填满方格。长仿宋体汉字的示例见表 1.3-7。

4）数字和字母分 A 型和 B 型，A 型字体的笔画宽度（$d$）为字高（$h$）的十四分之一，B 型字体的笔画宽度（$d$）为字高（$h$）的十分之一。在同一图样上，只允许选用同一种型式的字体。

5）数字和字母可写成斜体或直体，斜体字字头向右倾斜，与水平线成 75°。

6）指数、分数、极限偏差、脚注等的数字和字母，一般应采用小一号的。

字体示例（A 型字体）见表 1.3-7。

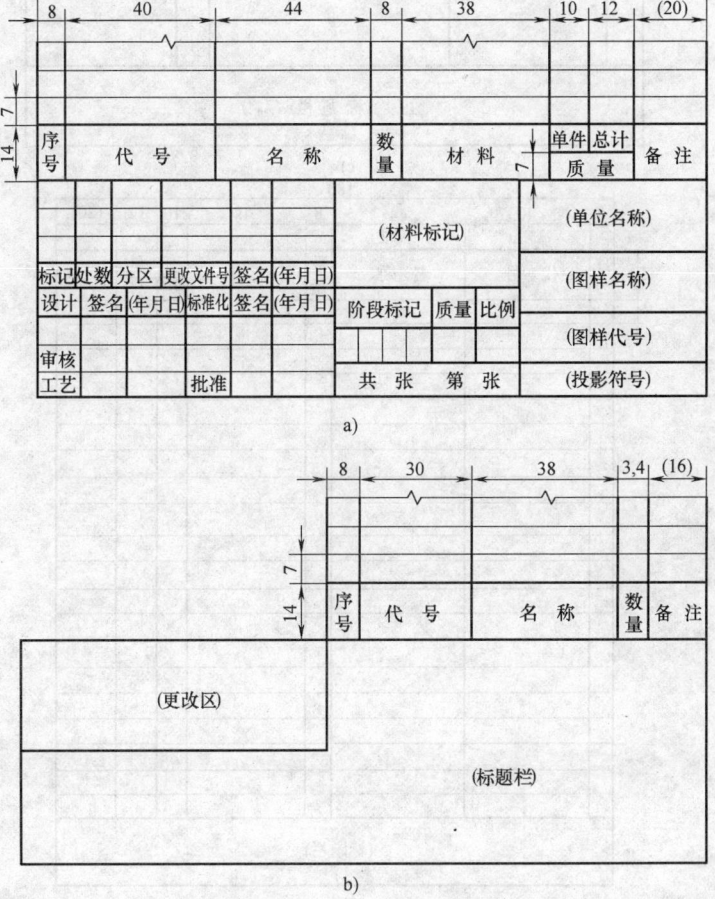

a)

b)

**图 1.3-4　明细栏的格式及尺寸**

a）明细栏的格式及尺寸一　b）明细栏的格式及尺寸二

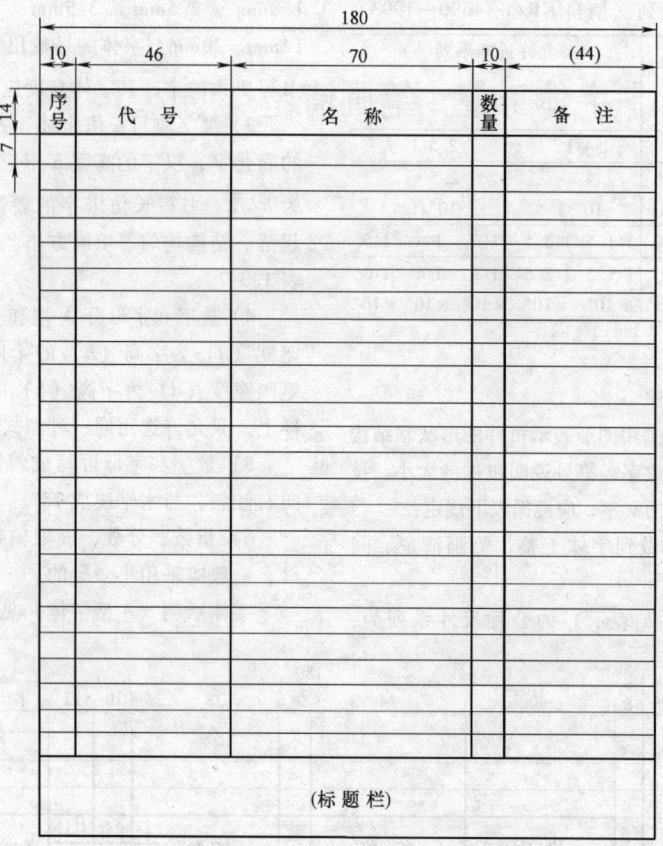

c)

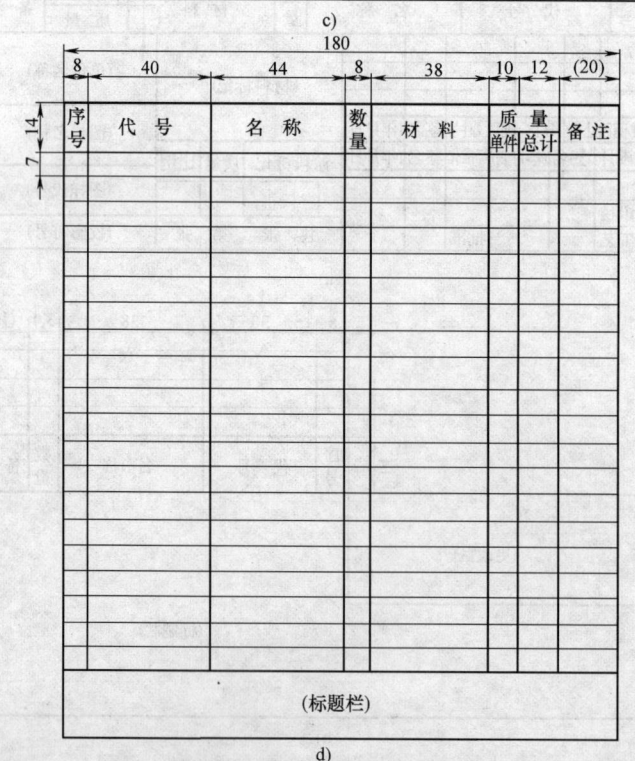

d)

**图 1.3-4   明细栏的格式及尺寸 （续）**
c）明细栏的格式及尺寸三    d）明细栏的格式及尺寸四

**表 1.3-7　字体示例**（A 型字体）（摘自 GB/T 14691—1993）

| 汉字（长仿宋体） | 字体工整　笔画清楚　间隔均匀　排列整齐 |
| --- | --- |
| 数字（斜体） | 0123456789 |
| 数字（直体） | 0123456789 |
| 拉丁字母（斜体）大写 | ABCDEFGHIJKLMNOP QRSTUVWXYZ |
| 拉丁字母（直体）大写 | ABCDEFGHIJKLMNOP QRSTUVWXYZ |
| 拉丁字母（斜体）小写 | abcdefghijklmnopq rstuvwxyz |
| 拉丁字母（直体）小写 | abcdefghijklmnopq rstuvwxyz |

（续）

| | |
|---|---|
| 希腊字母（斜体）大写 | ΑΒΓ ΔΕΖΗΘΙΚ<br>ΛΜΝΞΟΠΡΣΤ<br>ΥΦΧΨΩ |
| 希腊字母（斜体）小写 | αβγδεζηθϑικ<br>λμνξοπρστ<br>υφφχψω |
| 罗马数字（斜体） | I II III IV V VI VII VIII IX X |
| 罗马数字（直体） | I II III IV V VI VII VIII IX X |
| 应用示例 | $10Js5(\pm0.003)$　 $M24\text{-}6h$<br>$\phi25\dfrac{H6}{m5}$　$\dfrac{II}{2:1}$　$\dfrac{A向⌒}{5:1}$<br>$\sqrt{}\overline{Ra\,6.3}$　 $R8$　$5\%$　$\sqrt{}\overline{3.50}$<br><br>$10^3$　$S^{-1}$　$D_1$　$T_d$<br>　　　　　　　$l/mm$　$m/kg$　$460r/min$<br>$\phi20^{+0.010}_{-0.023}$　$7°^{+1°}_{-2°}$　$\dfrac{3}{5}$　$220V$　$5M\Omega$　$380kPa$ |

## 1.5 图线

国家标准 GB/T 17450—1998、GB/T 4457.4—2002 规定了机械制图中所用图线的名称、型式、结构及画法规则。

### 1.5.1 图线的名称及型式

图线由点、短间隔、间隔、短画、画、长画等线素构成。国家标准 GB/T 17450—1998 规定了 15 种基本线型，机械图样常用图线为前 8 种，见表 1.3-8。表 1.3-8 中的线型可能的变形见表 1.3-9。

表 1.3-8 基本线型

| 代码 No. | 基 本 线 型 | 名 称 |
|---|---|---|
| 01 | | 实线 |
| 02 | | 虚线 |
| 03 | | 间隔画线 |
| 04 | | 点画线 |
| 05 | | 双点画线 |
| 06 | | 三点画线 |
| 07 | | 点线 |
| 08 | | 长画短画线 |
| 09 | | 长画双短画线 |
| 10 | | 画点线 |
| 11 | | 双画单点线 |
| 12 | | 画双点线 |
| 13 | | 双画双点线 |
| 14 | | 画三点线 |
| 15 | | 双画三点线 |

表 1.3-9 若干种基本线型的变形

| 基 本 线 型 的 变 形 | 名 称 |
|---|---|
|  | 规则波浪连续线 |
|  | 规则螺旋连续线 |
|  | 规则锯齿连续线 |
|  | 波浪线(徒手连续线) |

注：本表仅包括了 No.01 基本线型的变形，No.02～No.15 可用同样的方法变形表示。

## 1.5.2　图线的宽度及型式

绘制机械图样时，所有线型的图线宽度（$d$）应在 0.13mm、0.18mm、0.25mm、0.35mm、0.5mm、0.7mm、1mm、1.4mm、2mm 数系中选择。在同一张图样中，同类图线的宽度应一致。机械图样中通常采用两种线宽，其粗线与细线的宽度之比为 2:1，粗线的宽度（$d$）优先采用0.5mm、0.7mm。常用线型的组别、宽度见表 1.3-10。常用线型的名称、型式、宽度、应用见表1.3-11。

图线宽度和图线组别的选择应根据图样的类型、尺寸、比例和缩微复制的要求确定。

表 1.3-10　常用线型的组别、宽度

| 线型组别 | 与线型代码对应的线型宽度 | |
| --- | --- | --- |
| | 代码01.2、代码02.2、代码04.2 | 代码01.1、代码02.1代码04.1、代码05.1 |
| 0.25 | 0.25 | 0.13 |
| 0.35 | 0.35 | 0.18 |
| 0.5① | 0.5 | 0.25 |
| 0.7① | 0.7 | 0.35 |
| 1 | 1 | 0.5 |
| 1.4 | 1.4 | 0.7 |
| 2 | 2 | 1 |

① 优先采用的图线组别。

表 1.3-11　常用线型的名称、型式、宽度及应用

| 代码 No. | 线　型 | 一　般　应　用 |
| --- | --- | --- |
| 01.1 | 细实线 | 过渡线 |
| | | 尺寸线 |
| | | 尺寸界线 |
| | | 指引线和基准线 |
| | | 剖面线 |
| | | 重合断面的轮廓线 |
| | | 短中心线 |
| | | 螺纹牙底线 |
| | | 尺寸线的起止线 |
| | | 表示平面的对角线 |
| | | 零件成形前的弯折线 |
| | | 范围线及分界线 |
| | | 重复要素表示线,如齿轮的齿根线 |
| | | 锥形结构的基面位置线 |
| | | 叠片结构位置线,如变压器叠钢片 |
| | | 辅助线 |
| | | 不连续同一表面连线 |
| | | 成规律分布的相同要素连线 |
| | | 投射线 |
| | | 网络线 |
| | 波浪线 | 断裂处边界线、视图与剖视图的分界线 |
| | 双折线 | 断裂处边界线、视图与剖视图的分界线 |
| 01.2 | 粗实线 | 可见棱边线 |
| | | 可见轮廓线 |
| | | 粗贯线 |
| | | 螺纹牙顶线 |
| | | 螺纹长度终止线 |
| | | 齿顶圆(线) |
| | | 表格图、流程图中的主要表示线 |
| | | 系统结构线(金属结构工程) |
| | | 模样分型线 |
| | | 剖切符号用线 |
| 02.1 | 细虚线 | 不可见棱边线 |
| | | 不可见轮廓线 |
| 02.2 | 粗虚线 | 允许表面处理的表示线 |

（续）

| 代码 No. | 线　型 | 一　般　应　用 |
|---|---|---|
| 04.1 | 细点画线 | 轴线 |
| | | 对称中心线 |
| | | 分度圆（线） |
| | | 孔系分布的中心线 |
| | | 剖切线 |
| 04.2 | 粗点画线 | 限定范围表示线 |
| 05.1 | 细双点画线 | 相邻辅助零件的轮廓线 |
| | | 可动零件的极限位置的轮廓线 |
| | | 重心线 |
| | | 成形前轮廓线 |
| | | 剖切面前的结构轮廓线 |
| | | 轨迹线 |
| | | 毛坯图中制成品的轮廓线 |
| | | 特定区域线 |
| | | 延伸公差带表示线 |
| | | 工艺用结构的轮廓线 |
| | | 中断线 |

注：在一张图样上一般采用同一种线型，既采用波浪线或双折线。

**1.5.3　图线的宽度及型式**

常用线型的名称、型式和应用图例见表 1.3-12。

**1.5.4　图线的画法**

绘制机械图样时，应注意下列几点（见图 1.3-5）：

1）为保证图样的清晰度，两条平行线之间的最小间隙不应小于 0.7mm。

2）点画线、双点画线的首末两端应是线段，而不是短画，且应超出轮廓线 2～5mm。

3）点画线或双点画线彼此相交时，应是线段相交，而不能是短画相交，更不能是间隔相交。

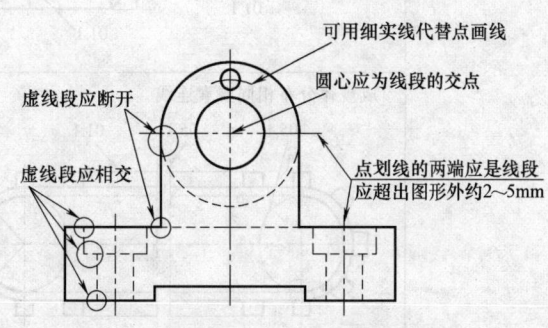

图 1.3-5　图线的画法

表 1.3-12　常用线型的名称、型式、应用图例

| 线型的名称 | 应　用　图　例 | |
|---|---|---|
| 细实线 01.1 | 过渡线 | 尺寸线及尺寸界线 |
| | 指引线和基准线 | 剖面线及重合断面的轮廓线 |

（续）

| 线型的名称 | 应 用 图 例 |
|---|---|

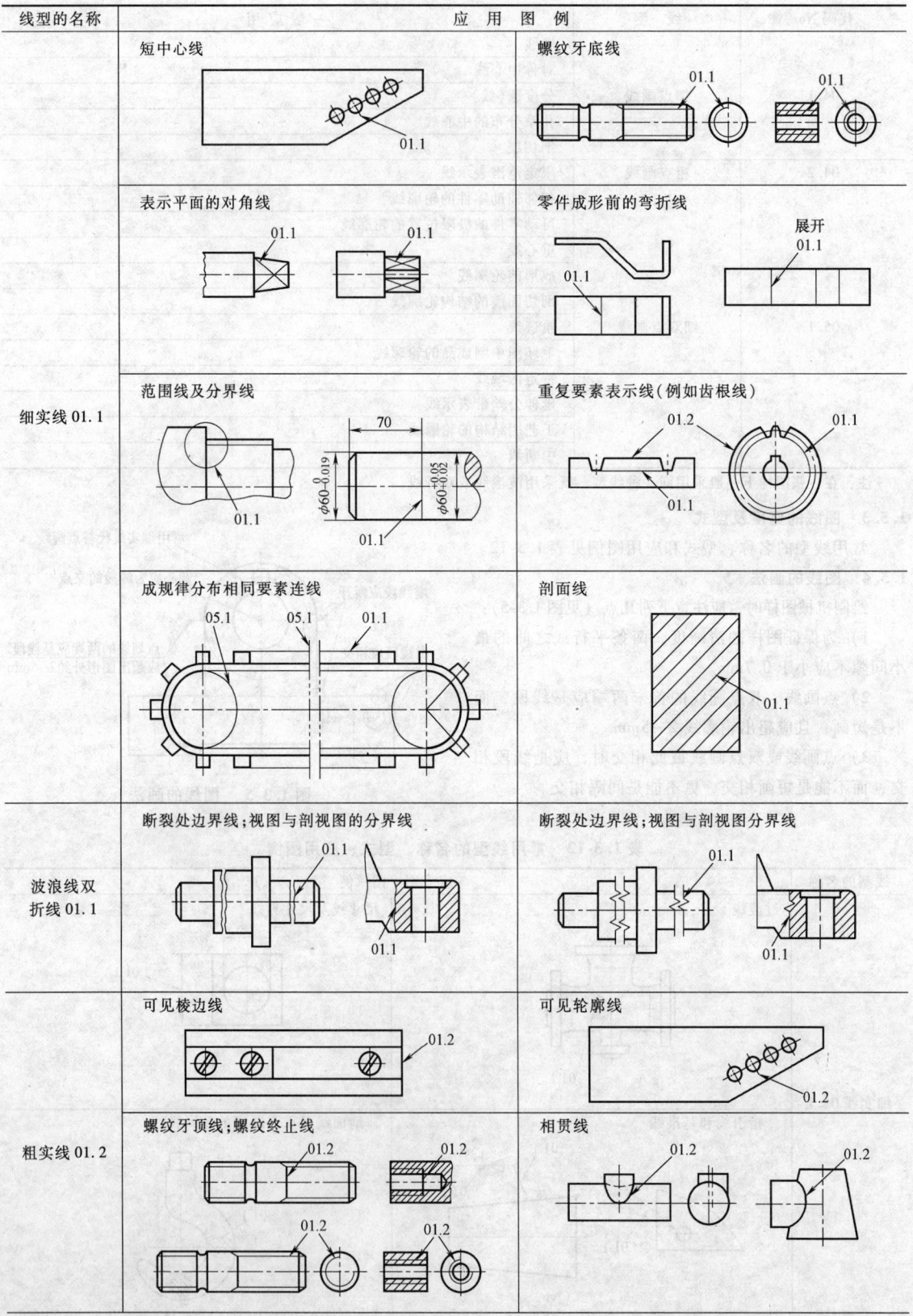

细实线 01.1

短中心线

螺纹牙底线

表示平面的对角线

零件成形前的弯折线

范围线及分界线

重复要素表示线（例如齿根线）

成规律分布相同要素连线

剖面线

波浪线双折线 01.1

断裂处边界线；视图与剖视图的分界线

断裂处边界线；视图与剖视图分界线

粗实线 01.2

可见棱边线

可见轮廓线

螺纹牙顶线；螺纹终止线

相贯线

（续）

| 线型的名称 | 应 用 图 例 | |
|---|---|---|
| 粗实线 01.2 | 齿顶圆齿顶线<br> 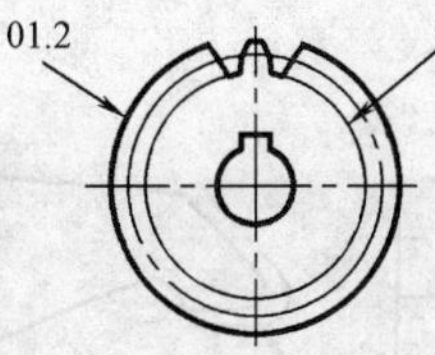 | 模样分型线<br> 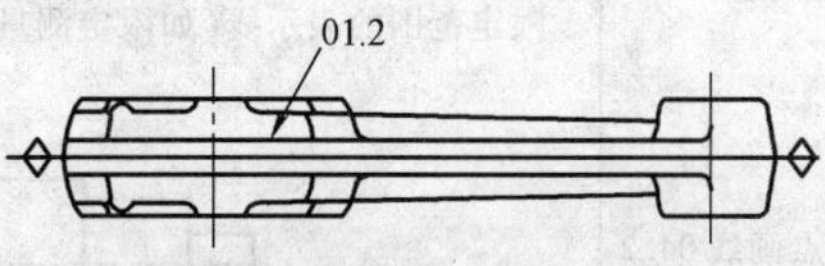<br>注:图形外左右两侧的符号为起模斜度符号 |
| | 剖切符号用线<br> 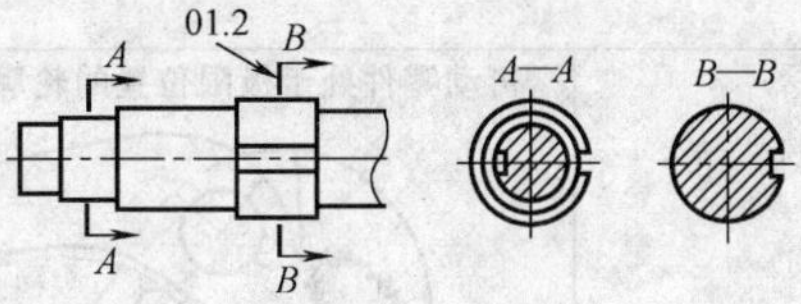 | 表格图、流程图中的主要表示线<br> 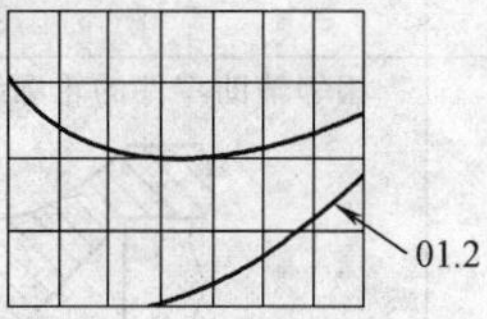 |
| 细虚线 02.1 | 不可见棱边<br> 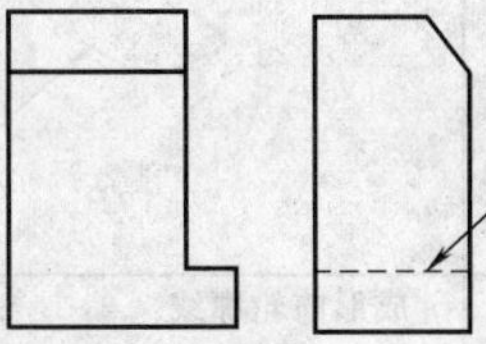 | 不可见轮廓线<br> 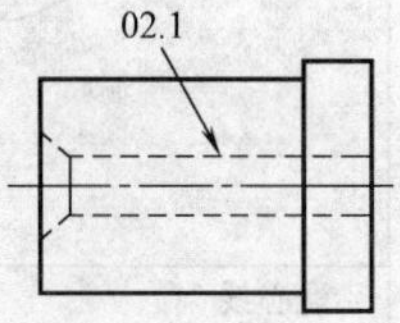 |
| 粗虚线 02.2 | 允许表面处理的表示线<br> 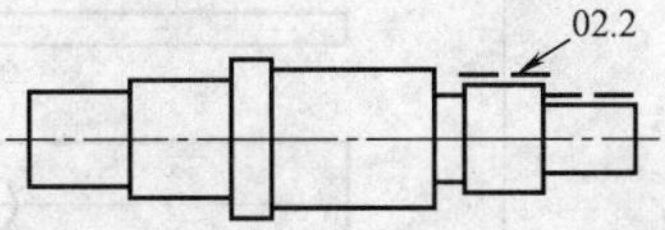 | — |
| 细点画线 04.1 | 轴线<br> 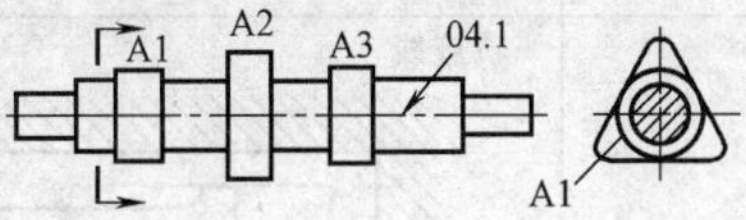 | 对称中心线<br> 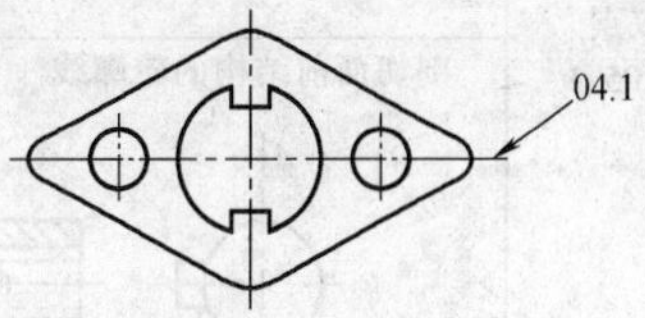 |
| | 分度圆（线） 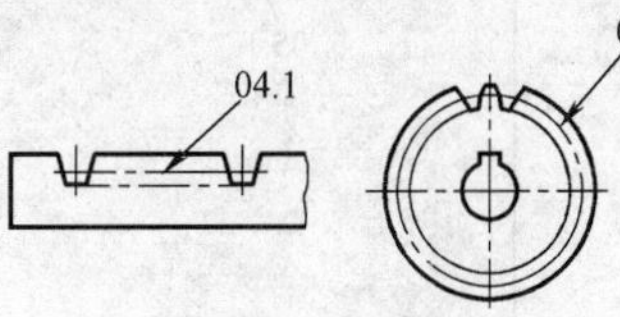<br> | 孔系分布的中心线 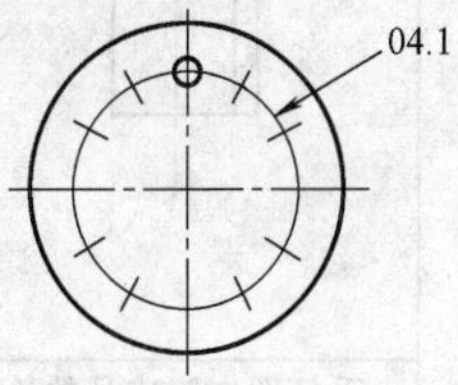<br> |
| | 剖切线<br> 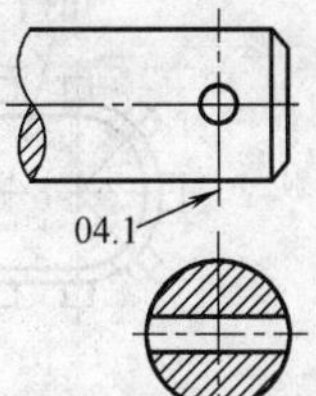 | — |

（续）

| 线型的名称 | 应用图例 | |
|---|---|---|
| 粗点画线 04.2 | 限定范围的表示线（如限定测量热处理表面的范围）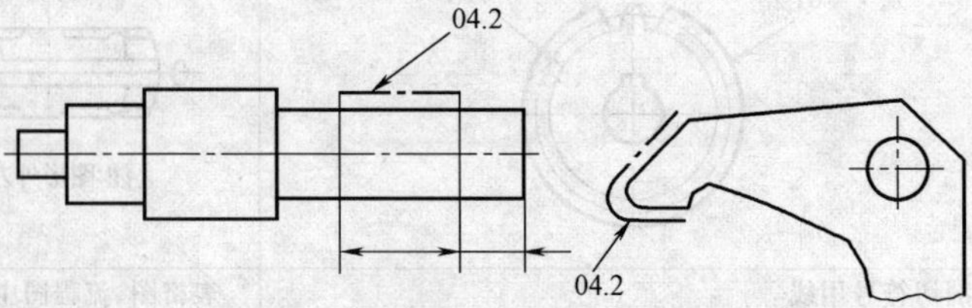 | |
| 细双点画线 05.1 | 相邻辅助零件的轮廓线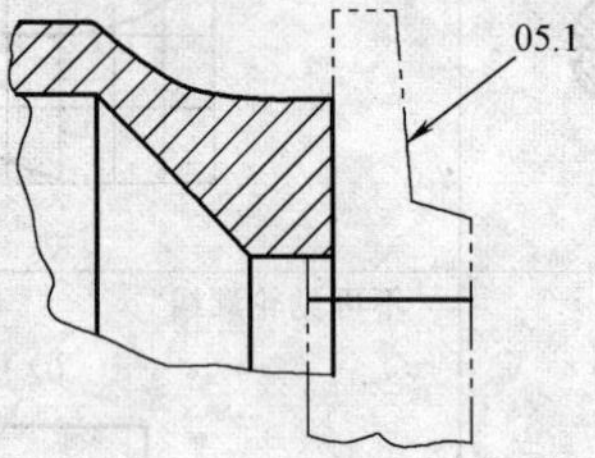 | 可动零件处于极限位置的轮廓线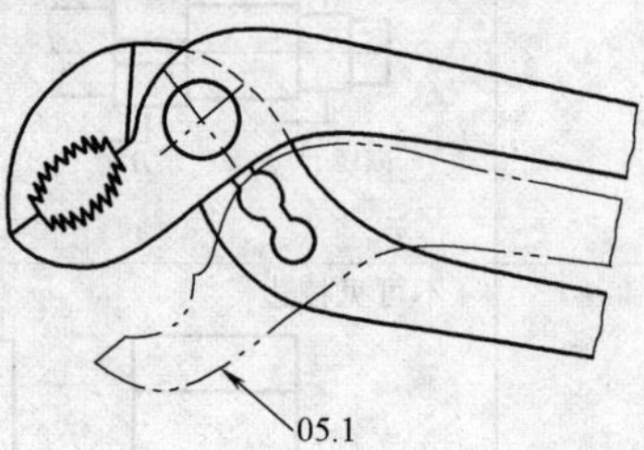 |
| | 重心线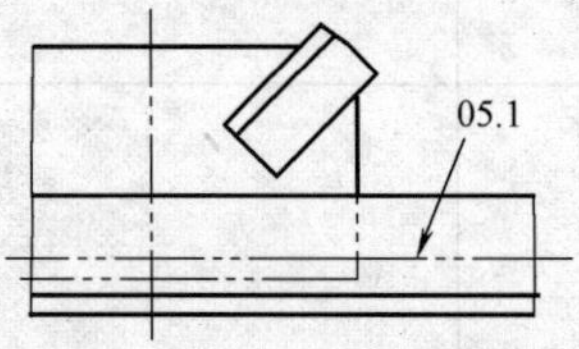 | 成形前轮廓线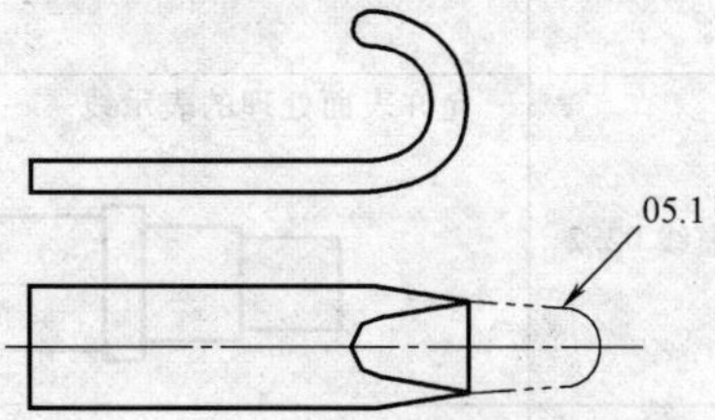 |
| | 剖切面前结构的轮廓线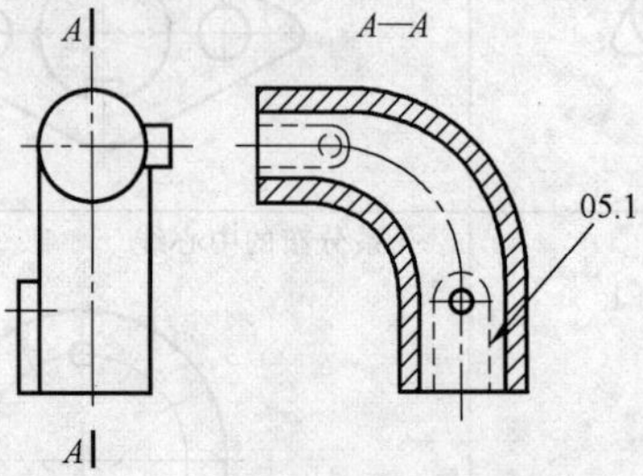 | 轨迹线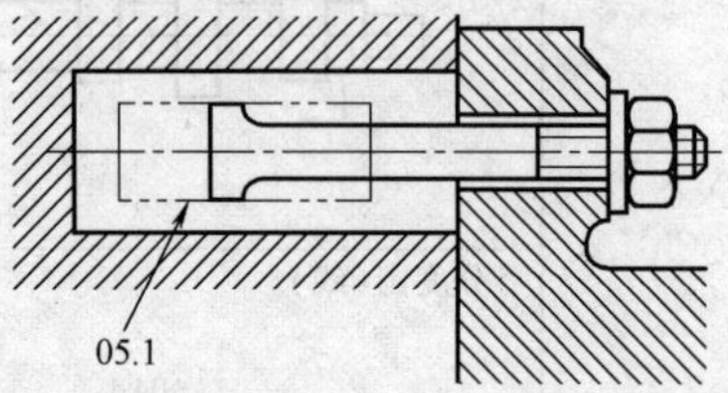 |
| | 毛坯图中制成品的轮廓线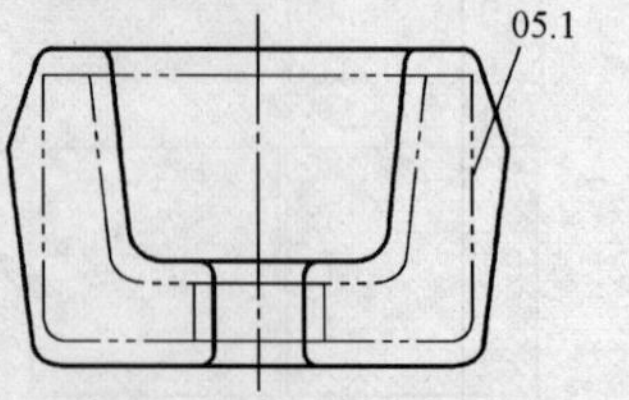 | 中断线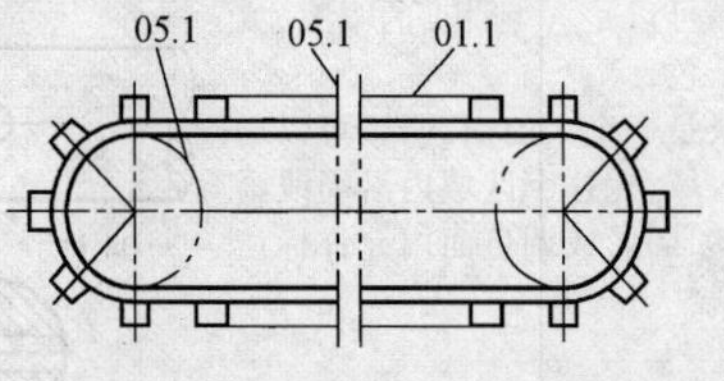 |

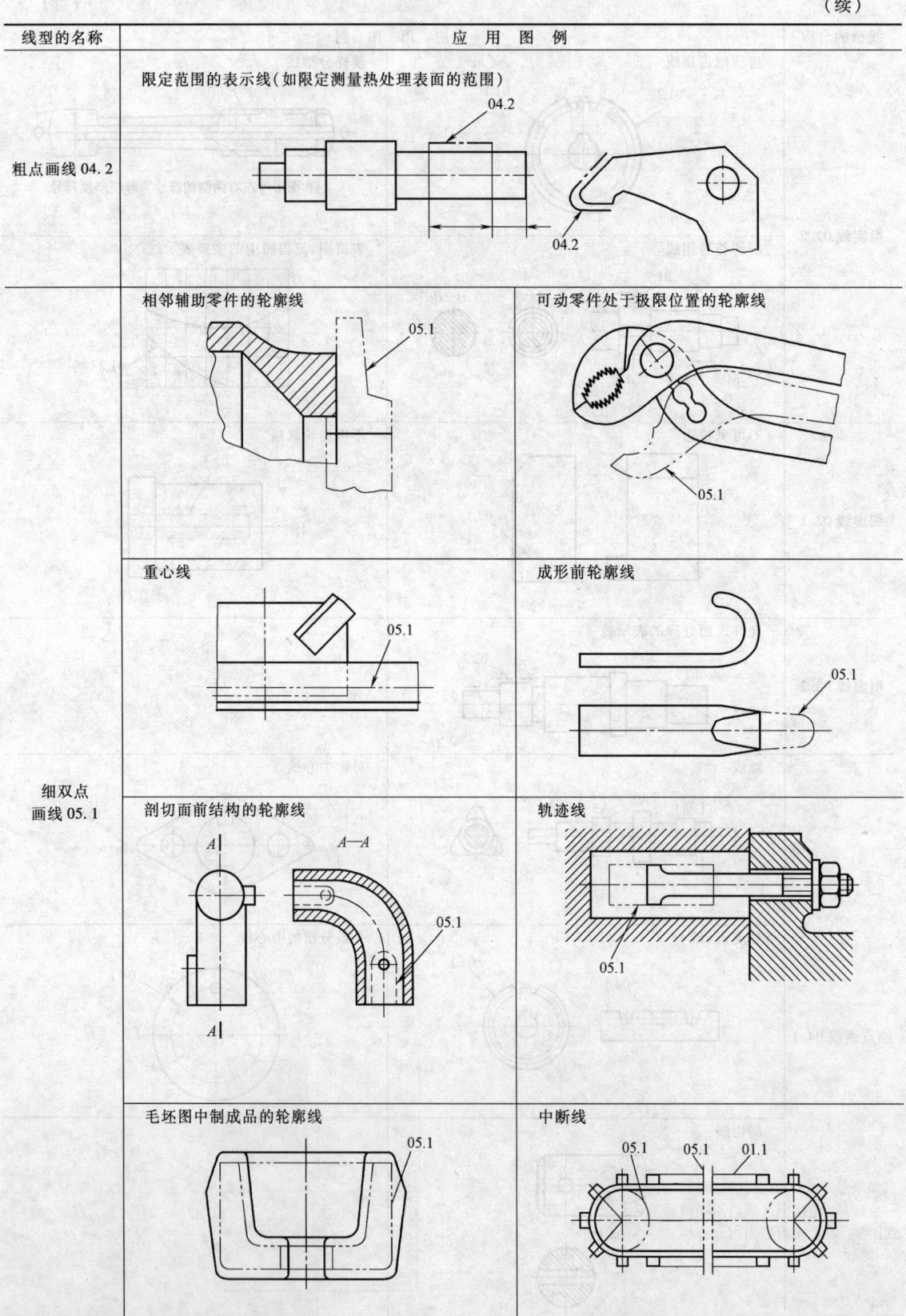

4）在较小的图形上绘制细点画线、细双点画线有困难时，可用细实线代替。

5）当虚线与虚线、虚线与粗实线相交时，应是线段相交。

6）当虚线处于粗实线的延长线上时，粗实线应画到位，而虚线应在与粗实线的相连处断开。

## 1.6　剖面符号

剖面线画法见表 1.3-13，特定剖面符号及画法见表 1.3-14。

**表 1.3-13　剖面线画法**（摘自 GB/T 17453—2005）

| 说明 | 图例 |
| --- | --- |
| 通用剖面线应以适当角度的细实线绘制，最好与主要轮廓或剖面的对称中心线成45°角 | |
| 同一个零件相隔的剖面或断面应使用相同的剖面线，相邻的零件的剖面线应该用方向不同间距不同的剖面线 | |
| 同一个零件的剖面线要平行或并列绘制，剖面线要统一，但沿着剖面或断面的方向偏移可能更清楚一些 | |
| 在大面积剖切的情况下，剖面线可以局限于一个区域，在这个区域内可使用沿周线的等长剖面线表示 | |
| 剖面内可以标注尺寸 | <br>45 |
| 阴影或调色<br>阴影可以是一个带点的图案，或者是一个全色<br>如果是一个大的面，阴影可以局限于一个区域，在这个区域内沿周线画等距点图案，阴影或调色面内允许标注 | |

（续）

| 加粗实轮廓线来强调表示断面或剖面 | 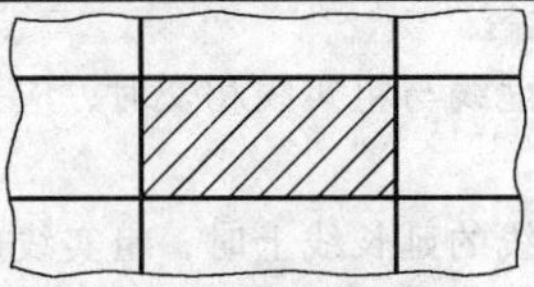 |
| 狭小剖面可用全部涂黑表示，这种方法表示实际的几何形状 |  |
| 相近的狭小剖面可以表示成完全黑色，在相邻的剖面之间至少应留下0.7mm 的间距，这种方法不表示实际的几何形状 |  |

表 1.3-14　特定剖面符号及画法

| 金属材料(已有规定剖面符号者除外) | 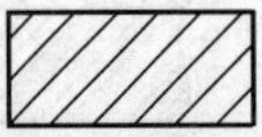 | 木质胶合板(不分层数) | 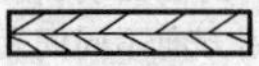 |
| 线圈绕组元件 | 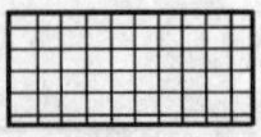 | 基础周围的泥土 | 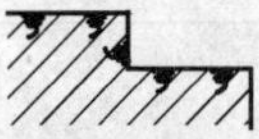 |
| 转子、电枢、变压器和电抗器等的叠钢片 | 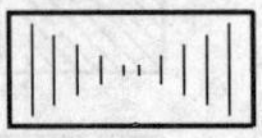 | 混凝土 |  |
| 非金属材料(已有规定剖面符号者除外) |  | 钢筋混凝土 |  |
| 型砂、填砂、粉末冶金、砂轮、陶瓷刀片、硬质合金刀片等 | 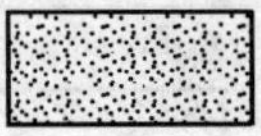 | 砖 | 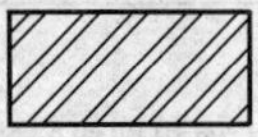 |
| 玻璃及供观察用的其他透明材料 |  | 格网(筛网、过滤网等) |  |
| 木材 | 纵剖面 |  | 液体 | 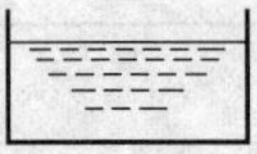 |
| | 横部面 | 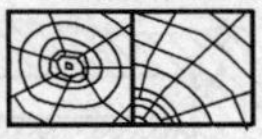 | | |

## 2　尺寸标注

尺寸是机械图样的重要内容之一，是制造机件的直接依据。标注尺寸时，应严格遵守国家标准（GB/T 4458.4—2003，GB/T 16675.2—2012）有关尺寸标注的规定，做到正确、完整、清晰、合理。

### 2.1　基本规则

1）机件的大小应以图样上所标注的尺寸数值为依据，与图形的大小及绘图的准确度无关。

2）图样中（包括技术要求和其他说明）的尺寸以毫米为单位时，不需标注单位的代号（或名称），如采用其他单位，则必须注明相应计量单位符号。

3）图样中所标注的尺寸为该图样所示机件的最后完工尺寸，否则应另加说明。

4）机件的每一个尺寸一般只标注一次，并应标注在最能清晰地反映该结构的图形上。

### 2.2　尺寸的组成

一个完整的尺寸一般应包括尺寸界线、尺寸线、尺寸线终端和尺寸数字，如图 1.3-6 所示。

表 1.3-15 中列出了国家标准规定的一些尺寸注法，在机械图样中应尽量参照这些示例进行标注。

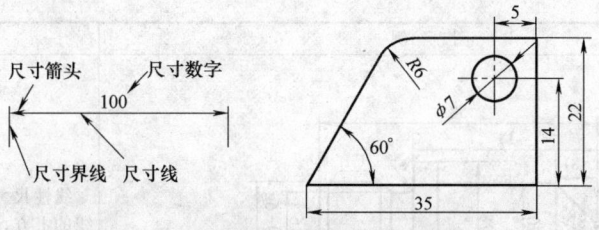

图 1.3-6　尺寸的组成及图例

表 1.3-15　尺寸标注示例

| 尺寸组成 | 图　例 | 说　明 |
|---|---|---|
| 尺寸界线 | | 尺寸界线表示所注尺寸的起止范围,用细实线绘制。尺寸界线应由图形的轮廓线、轴线或对称中心线引出,也可以利用轮廓线、轴线或对称中心线作为尺寸界线 |
| | | 尺寸界线一般应与尺寸线垂直,必要时允许倾斜 |
| | | 在光滑过渡处标注尺寸时,应用细实线将轮廓延长,从它们的交点处引出尺寸界线 |
| 尺寸线 | | 尺寸线用细实线绘制,必须单独画出,不能与其他图线重合或画在其延长线上。标注线性尺寸时,尺寸线必须与所标注的线段平行 |
| 尺寸线终端 | | 尺寸线终端有箭头和斜线两种形式箭头和斜线(图中的 $d$ 为粗实线的宽度、$h$ 为字高) |

（续）

| 尺寸组成 | 图　例 | 说　明 |
|---|---|---|
| | 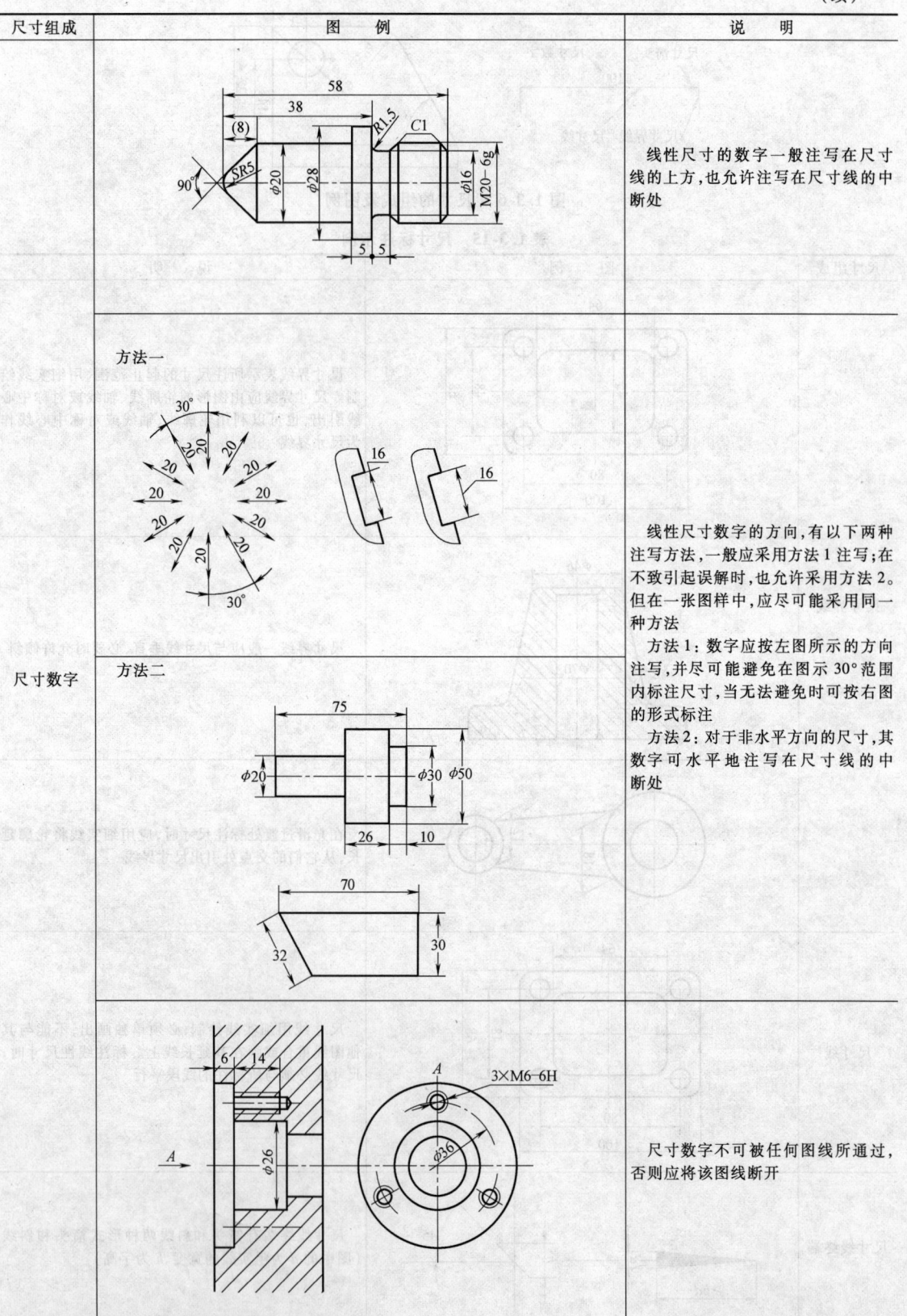 | 线性尺寸的数字一般注写在尺寸线的上方,也允许注写在尺寸线的中断处 |
| 尺寸数字 | 方法一<br><br>方法二 | 线性尺寸数字的方向,有以下两种注写方法,一般应采用方法 1 注写;在不致引起误解时,也允许采用方法 2。但在一张图样中,应尽可能采用同一种方法<br>方法 1:数字应按左图所示的方向注写,并尽可能避免在图示 30°范围内标注尺寸,当无法避免时可按右图的形式标注<br>方法 2:对于非水平方向的尺寸,其数字可水平地注写在尺寸线的中断处 |
| | | 尺寸数字不可被任何图线所通过,否则应将该图线断开 |

（续）

| 尺寸组成 | 图 例 | 说 明 |
|---|---|---|
| 角度数字 | 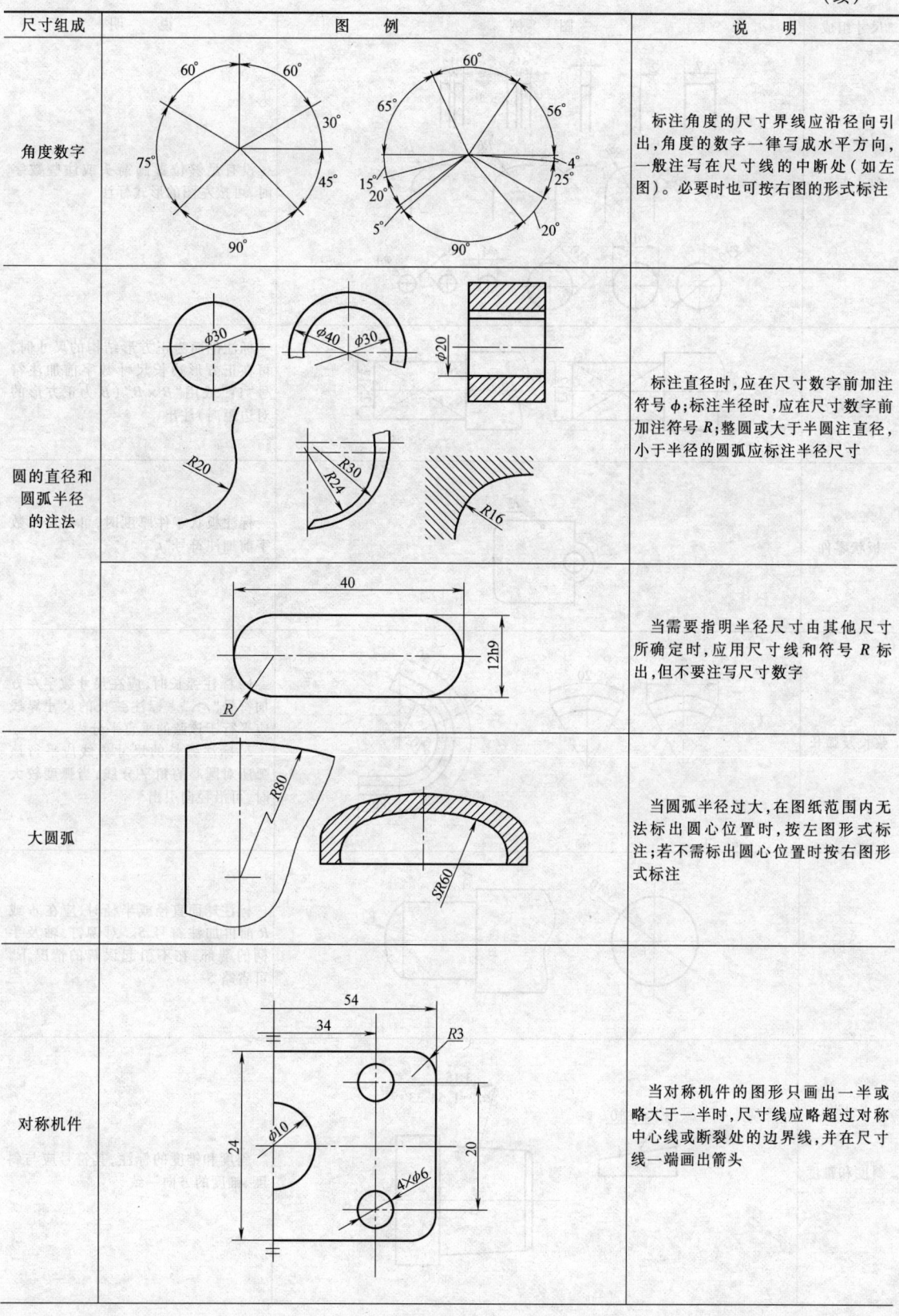 | 标注角度的尺寸界线应沿径向引出，角度的数字一律写成水平方向，一般注写在尺寸线的中断处（如左图）。必要时也可按右图的形式标注 |
| 圆的直径和圆弧半径的注法 | | 标注直径时，应在尺寸数字前加注符号 φ；标注半径时，应在尺寸数字前加注符号 R；整圆或大于半圆注直径，小于半径的圆弧应标注半径尺寸 |
| | | 当需要指明半径尺寸由其他尺寸所确定时，应用尺寸线和符号 R 标出，但不要注写尺寸数字 |
| 大圆弧 | | 当圆弧半径过大，在图纸范围内无法标出圆心位置时，按左图形式标注；若不需标出圆心位置时按右图形式标注 |
| 对称机件 | | 当对称机件的图形只画出一半或略大于一半时，尺寸线应略超过对称中心线或断裂处的边界线，并在尺寸线一端画出箭头 |

（续）

| 尺寸组成 | 图　例 | 说　明 |
|---|---|---|
| 狭小部位 | 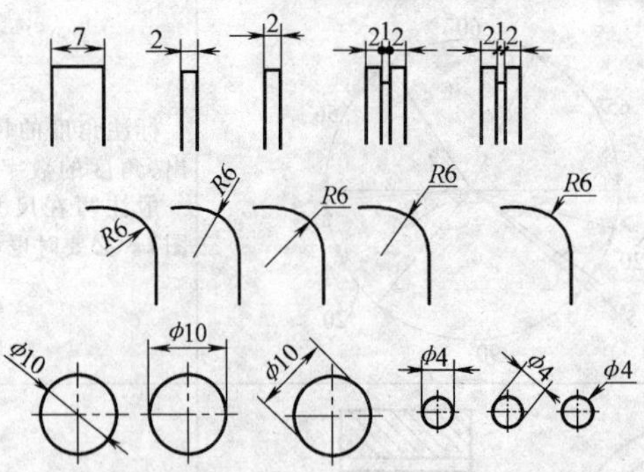 | 没有足够位置画箭头或注些数字时,可按左图的形式标注 |
| 正方形结构 | 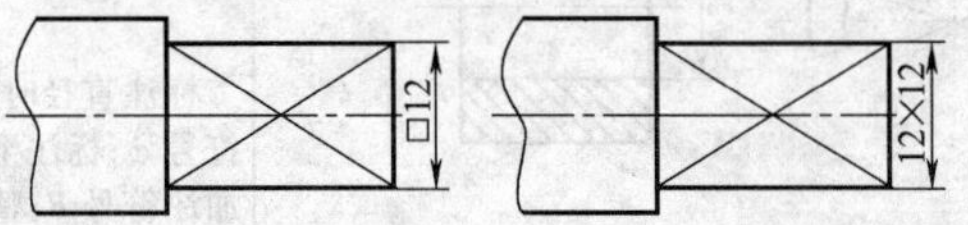 | 标注剖面为正方形结构的尺寸时,可在正方形边长尺寸数字前加注符号"□"或用"$B \times B$"($B$为正方形的对边距离)注出 |
| 板状零件 | 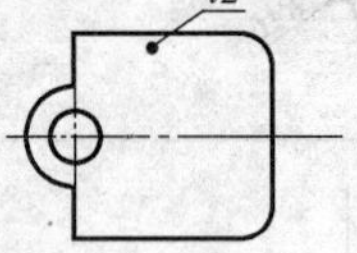 | 标注板状零件厚度时,可在尺寸数字前加注符号"$t$" |
| 弦长及弧长 | 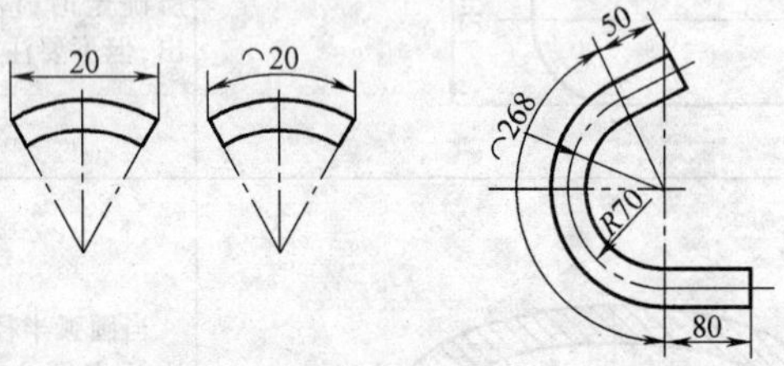 | 1)标注弧长时,应在尺寸数字左方加符号"⌒"。标注弦长的尺寸界线应平行于该弦的垂直平分线<br>2)标注弧长的尺寸界线应平行该弧所对圆心的角平分线,当弧度较大时,可沿径向引出 |
| 球面 | 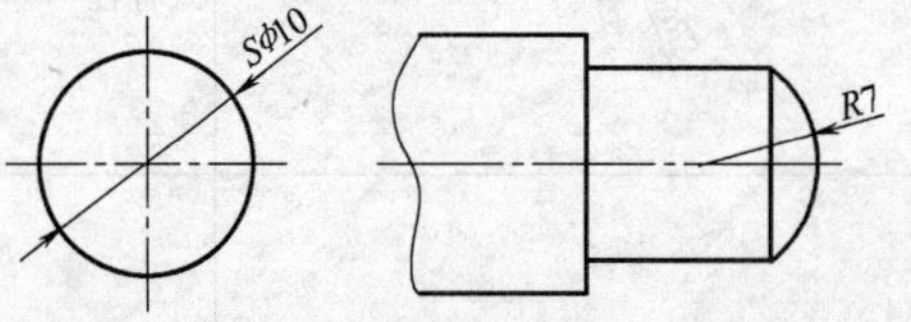 | 标注球面直径或半径时,应在$\phi$或$R$前再加注符号$S$。对铆钉、轴及手柄的端部,在不引起误解的情况下,可省略$S$ |
| 斜度和锥度 | 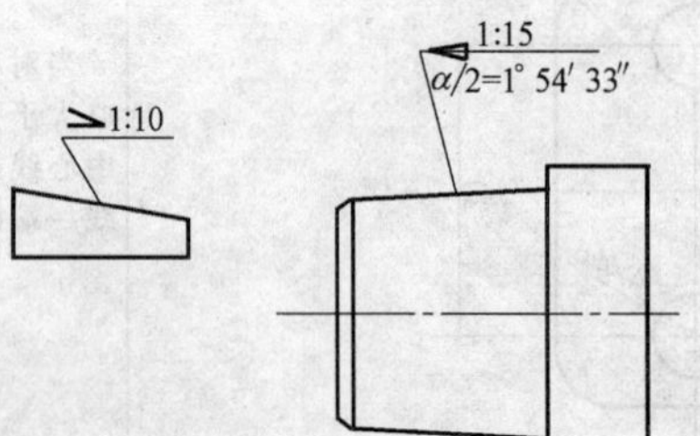 | 斜度和锥度的标注,其符号应与斜度、锥度的方向一致 |

（续）

| 尺寸组成 | 图 例 | 说 明 |
|---|---|---|
| 45°倒角 | 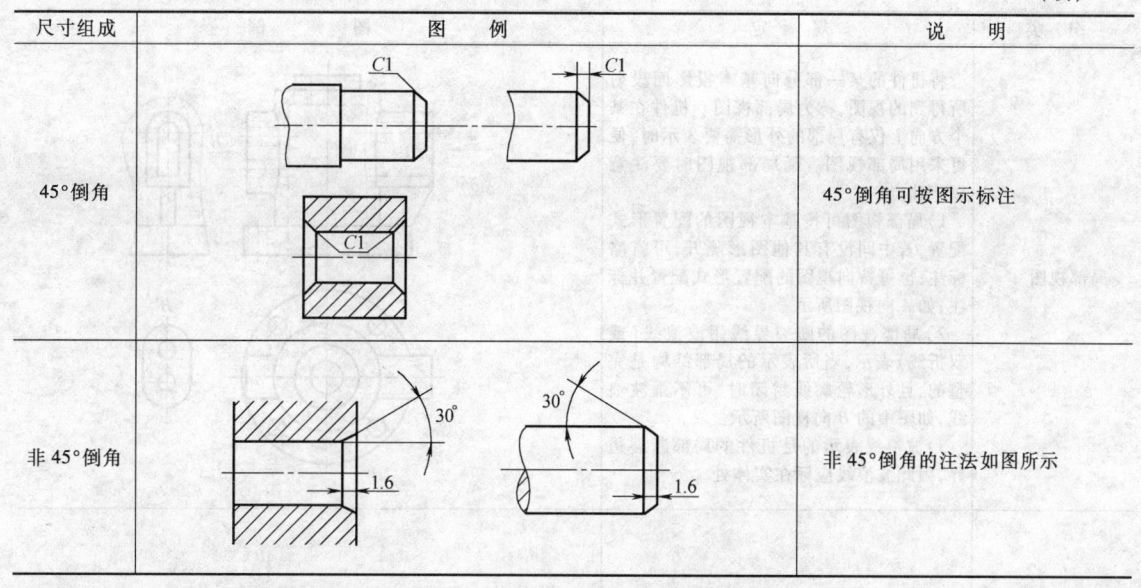 | 45°倒角可按图示标注 |
| 非 45°倒角 | | 非 45°倒角的注法如图所示 |

**表 1.3-16　尺寸标注常用的符号和缩写词**

| 名 词 | 直径 | 半径 | 球直径 | 球半径 | 厚度 | 正方形 | 45°倒角 | 埋头孔 | 沉孔或锪平 | 深度 | 均布 |
|---|---|---|---|---|---|---|---|---|---|---|---|
| 符号或缩写词 | $\phi$ | $R$ | $S\phi$ | $SR$ | $t$ | □ | $C$ | ∨ | ⊔ | ⊤ | EQS |

标注尺寸时，应尽可能采用符号和缩写词，常用的符号和缩写词见表 1.3-16。

用于表示 GB/T 17451—1998 机件的外部形状和结构（简称为外形），一般只画出机件的可见部分，必要时才画出其不可见部分，国家标准 GB/T 17451—1998 规定的视图包括基本视图、向视图、局部视图和斜视图。视图的分类和画法见表 1.3-17。

## 3　工程形体常用的基本表示法

### 3.1　视图

视图是将机件向投影面投射所得到的图形，主要

### 3.2　第一角画法和第三角画法（表 1.3-18）

**表 1.3-17　视图的种类和画法**

| 分类 | 规 定 | 图 例 |
|---|---|---|
| 基本视图 | 机件向基本投影面投射所得到的视图，就称为基本视图。名称为主视图、俯视图、左视图、右视图、仰视图、后视图<br>当基本视图按规定的展开位置配置时，可不标注视图的名称 | |
| 向视图 | 自由配置的视图称为向视图<br>画图时应在视图的上方标出视图的名称"×"（"×"为大写字母，如"A"），同时还要在相应视图的附近用箭头表明投射的方向，并标注相同的字母"×" | |

（续）

| 分　类 | 规　　定 | 图　例 |
|---|---|---|
| 局部视图 | 将机件的某一部分向基本投影面投射所得到的视图，称为局部视图。机件在某个方向上仅有局部的外形需要表示时，便可采用局部视图。画局部视图时要注意以下几点：<br>1）局部视图可按基本视图的配置形式配置，若中间没有其他图形隔开，可省略标注；也可按向视图的配置形式配置并标注，如 A 向视图所示<br>2）局部视图的断裂界线用波浪线（或双折线）表示，当所表示的局部结构是完整的、且外形轮廓线封闭时，可不画波浪线，如图中的 B 向视图所示<br>3）波浪线表示的是机件的局部断裂边界，因此波浪线应标在实体处 | 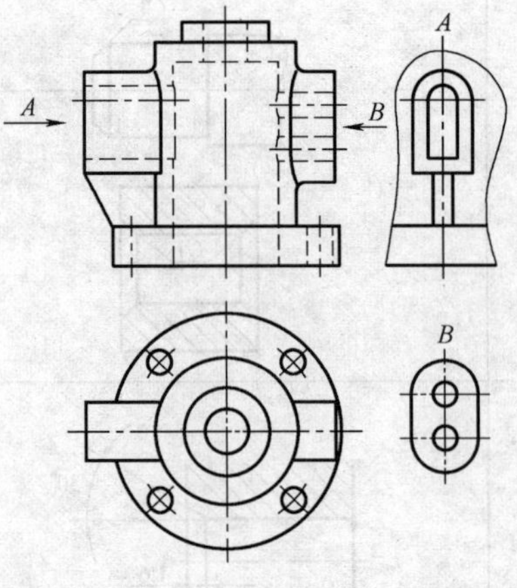 |
| 斜视图 | 将机件向不平行于基本投影面的平面投射所得到的视图，称为斜视图<br>画斜视图时应注意以下几点：<br>1）斜视图只用于表示机件上倾斜结构的实形，其他部分不必画出（也不能画出），所以在斜视图上要用波浪线（或双折线）与机件的其他部分断开，如图 a 所示。当所表示机件的倾斜结构是完整的、且外形轮廓线封闭时，波浪线可省略不画。<br>2）斜视图与向视图一样，必须进行标注，标注的方法是：在斜视图的上方用大写字母标出斜视图的名称"×"（如"A"），并在相应的视图附近，用箭头和相同的字母"×"表明投射的方向。斜视图上方的名称（字母）和表示投射方向的字母都应水平书写（字头向上），如图中 A 所示<br>3）斜视图一般按投影关系配置，必要时可平移。为了画图方便，在不致引起误解时，也允许将斜视图旋转，但应加注旋转符号"⌒"或"⌒"，表示旋转的方向。如图 b 所示的"⌒A"，表示斜视图名称的大写字母应靠近旋转符号的箭头端。需给出旋转的角度时，角度应注写在字母之后。旋转符号的画法和旋转角度的标注方法如图 c 所示 | 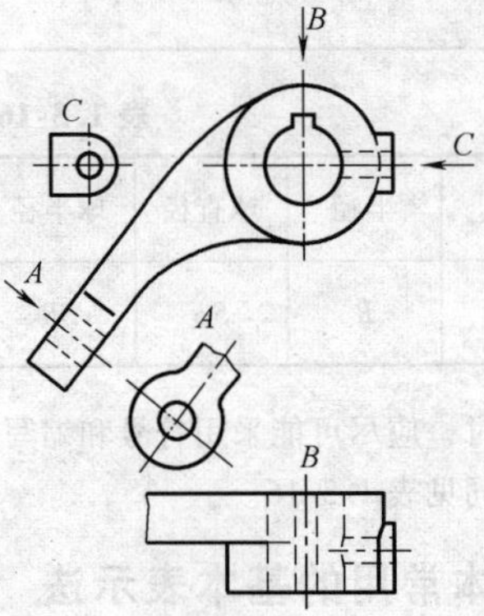 <br>a) 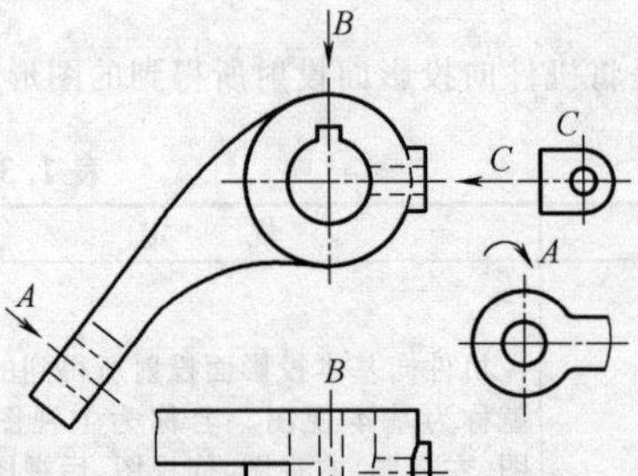<br>b) 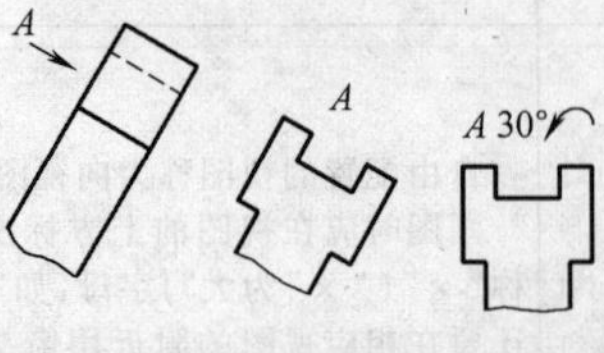<br>c) |

表 1.3-18　第一角画法和第三角画法

| 投影法 | 说　　明 | 画　　　法 |
|---|---|---|
| 第一角画法 | 　　三个互相垂直的投影面在空间可构成八个分角。将物体置于第一分角内,并使其处于观察者与投影面之间而得到的多面正投影,称为第一角投影,也称为第一角画法。采用第一角画法时,六个基本视图的形成及投影规律如表 1.3-17 所示。我国的国家标准规定,优先采用第一角画法,必要时(如按合同规定等)允许使用第三角画法<br>　　第一分角法的识别符号如图 b 所示。如为第一分角法,识别符号可省略 | 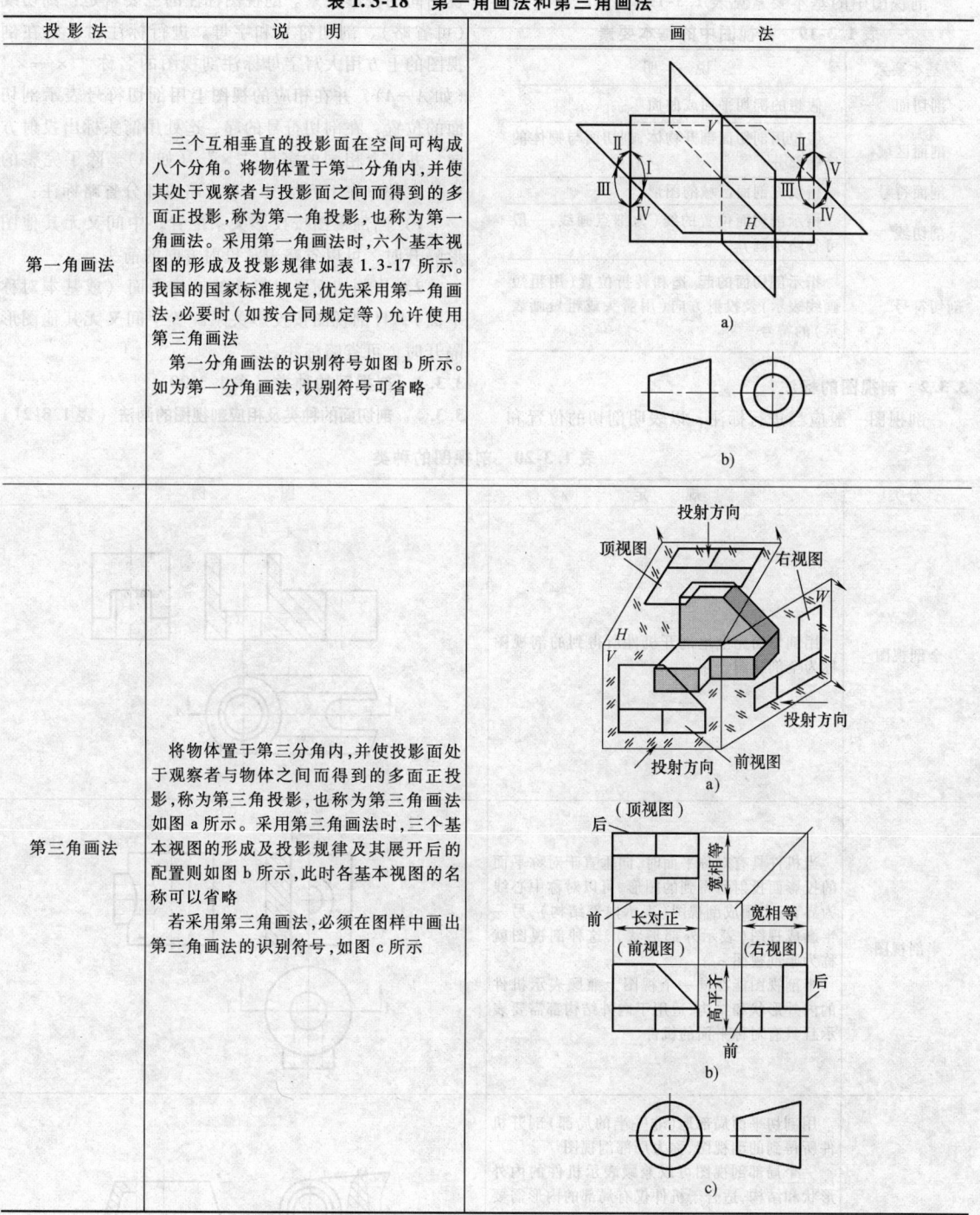 |
| 第三角画法 | 　　将物体置于第三分角内,并使投影面处于观察者与物体之间而得到的多面正投影,称为第三角投影,也称为第三角画法如图 a 所示。采用第三角画法时,三个基本视图的形成及投影规律及其展开后的配置则如图 b 所示,此时各基本视图的名称可以省略<br>　　若采用第三角画法,必须在图样中画出第三角画法的识别符号,如图 c 所示 | |

## 3.3　剖视图

### 3.3.1　剖视图概述

　　视图主要用于表达机件的外部形状和结构,当机件的内部形状和结构(简称为内形)比较复杂时,若采用视图表示,在某些视图中就会出现较多的虚线,既给读图和标注尺寸带来不便,图面也不清晰。因此,国家标准 GB/T 17452—1998,GB/T 4458.6—2002 中规定,用剖视图来表示机件内部的形状和结构。假想用剖切面剖开物体,将处于观察者与剖切面之间的部分移去,而将其余部分向投影面投射得到的视图,称为剖视图。

剖视图中的基本要素见表1.3-19。

**表1.3-19　剖视图中的基本要素**

| 基本要素 | 说　　明 |
|---|---|
| 剖切面 | 假想的剖切平面或曲面 |
| 剖面区域 | 假想用剖切面剖开物体,剖面与物体的接触部分 |
| 剖面符号 | 指填充剖面区域的图形 |
| 剖切线 | 指示剖切面位置的线(为细点画线,一般可省略不画) |
| 剖切符号 | 指示剖切面的起、迄和转折位置(用粗短画线表示)及投射方向(用箭头或粗短画表示)的符号 |

### 3.3.2　剖视图的标注

剖视图一般应当进行标注,以表明剖切的位置和视图间的投影关系。剖视图标注的三要素是：剖切线(可省略)、剖切符号和字母。进行标注时,要在剖视图的上方用大写字母标注剖视图的名称"×—×"(如A—A),并在相应的视图上用剖切符号表示剖切面的位置,在剖切符号的起、迄处用箭头标出投射方向,并注上相同的字母"×"(如A)。除了完整的标注之外,在下列情况下可省略或部分省略标注：

1) 当剖视图按投影关系配置,中间又无其他图形隔开时,可以省略表示投射方向的箭头。

2) 当剖切面通过机件的对称平面(或基本对称平面),且剖视图按投影关系配置中间又无其他图形隔开时,可省略标注。

### 3.3.3　剖视图的种类（表1.3-20）

### 3.3.4　剖切面的种类及相应剖视图的画法（表1.3-21）

**表1.3-20　剖视图的种类**

| 分类 | 规　定 | 图　例 |
|---|---|---|
| 全剖视图 | 用剖切面完全地剖开机件所得到的剖视图称为全剖视图 | 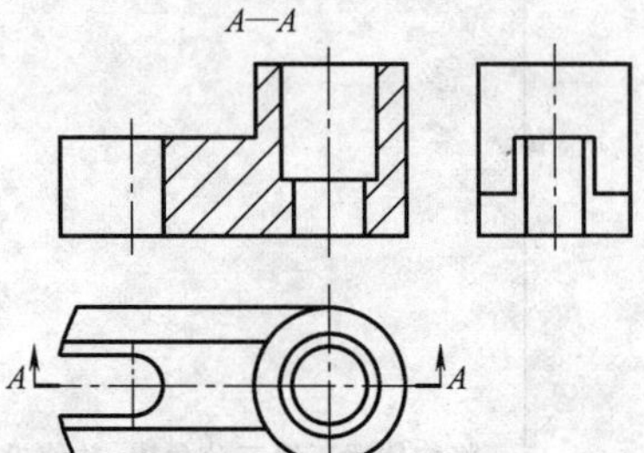 |
| 半剖视图 | 当机件具有对称平面时,向垂直于对称平面的投影面投射所得到的图形,可以对称中心线为界,一半画成剖视图(表示内部结构),另一半画成视图(表示外部形状),这种剖视图就称为半剖视图<br>半剖视图能在同一个视图上兼顾表示机件的内外形状和结构,适用于内外结构都需要表示且具有对称平面的机件 | 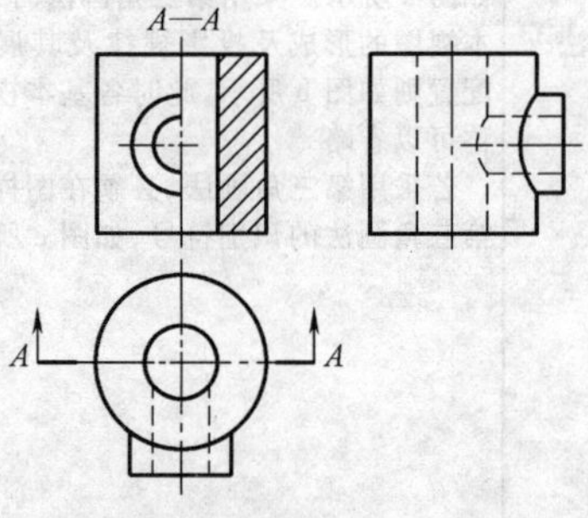 |
| 局部剖视图 | 用剖切平面局部地(非一半的局部)剖开机件所得到的剖视图,称为局部剖视图<br>一个局部剖视图可以兼顾表示机件的内外形状和结构,适合于机件仅有局部的内形需要表示,不宜采用全剖视(需要表示部分外形),也不能采用半剖视(非对称机件)的场合<br>局部剖视部分要用波浪线或双折线与视图分开。波浪线或双折线不能与视图上其他的图线重合。当被剖切结构为回转体时,允许将该结构的中心线作为局部剖视图与视图的分界线,如图所示。对于剖切位置明显的局部剖视图,一般不必标注 | 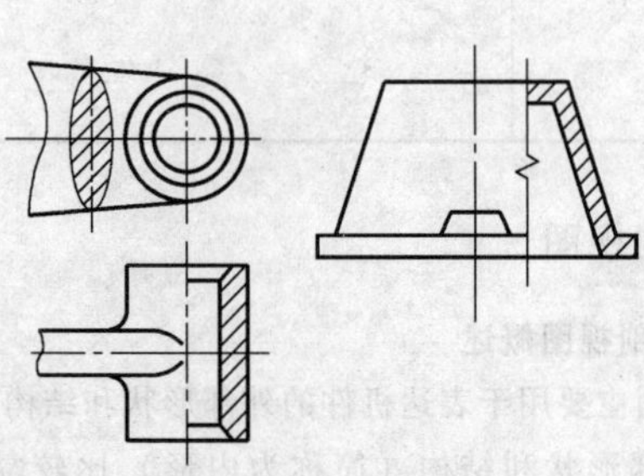 |

表 1.3-21　剖切面的种类

| 分　类 | 说　明 | 图　例 |
|---|---|---|
| 单一剖切面 | 单一正剖切平面<br>采用平行于基本投影面的单一剖切平面剖切机件从而得到相应的剖视图 | 表 1.3-20 剖视图的种类中介绍的全剖视图、半剖视图和局部剖视图都是用单一正剖切平面剖得的 |
|  | 单一斜剖切平面<br>用不平行于基本投影面的剖切平面将机件剖开，并向不平行于基本投影面的新投影面投射而得到相应的剖视图。常用于表示倾斜部分的内部结构，既可画成全剖视图，也可画成半剖视图或局部剖视图<br>剖视图一般应配置在箭头所指的方向上，并与基本视图保持相应的投影关系，但必要时允许平移，在不致引起误解时，也可将图形旋转，这时要加注旋转符号"⌒"，如图所示。此外，虽然剖切平面是倾斜的，但字母必须水平书写 | 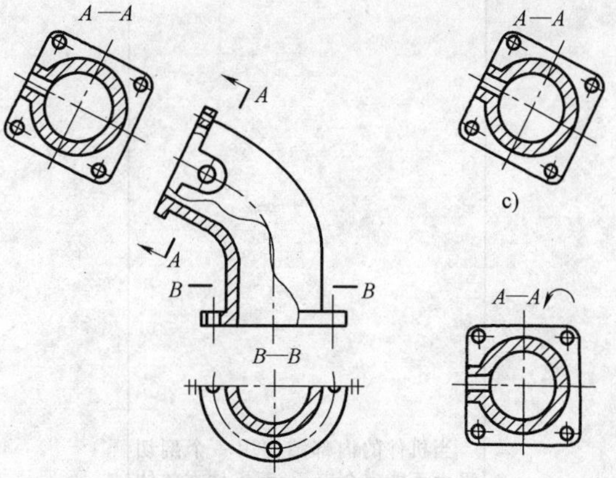 |
|  | 单一剖切柱面<br>采用剖切柱面剖切的剖视图一般都要采用展开画法，因此标注时要在剖视图的名称之后加注"展开"二字，如图所示。单一剖切柱面既可画成全剖视图，也可画成半剖视图或局部剖视图 | 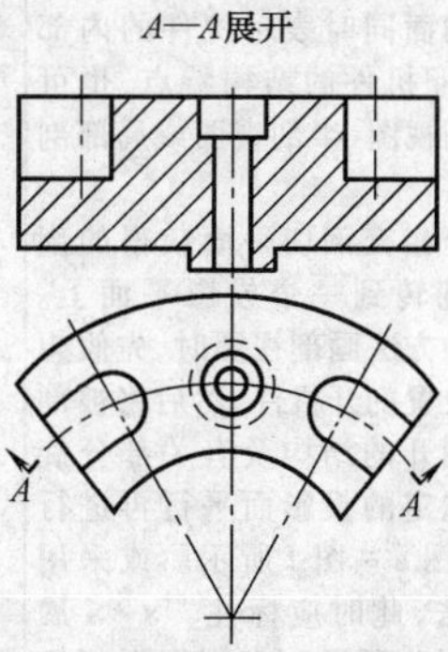 |
| 几个平行的剖切平面 | 采用几个平行的剖切平面剖切而得到相应的剖视图。画几个平行剖切平面的剖视图时应注意以下几点：<br>1）由于剖切是假想的，所以在剖视图上剖切平面的转折处不应画出分界线，如图所示<br>2）剖切平面的转折处不应与图中的轮廓线重合，标注在剖切平面转折处的粗短画线不应与图中的粗实线相交<br>3）在剖视图上不应出现不完整的要素，但如果两个要素在图形中具有公共的对称中心线或轴线，则可以各画出一半，此时剖视图应以对称中心线或轴线为界，如图所示<br>4）相同的内部结构只剖切一次 | 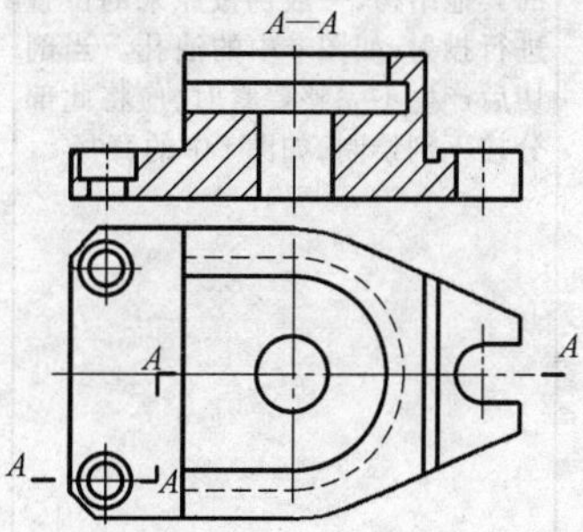 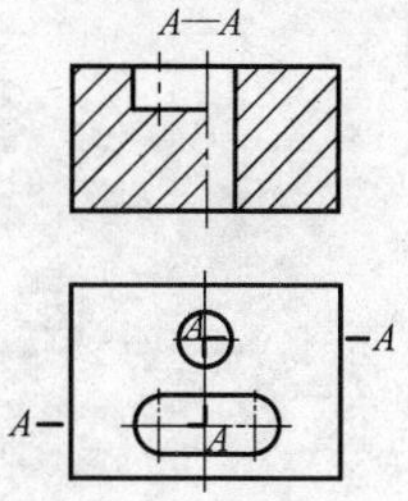 |

（续）

| 分　类 | 说　明 | 图　例 |
|---|---|---|
| 几个相交的剖切面（交线垂直于某一投影面） | 当机件的内部结构用一个剖切平面不能完全表示，而机件在整体上又具有回转轴时，可采用几个相交的剖切面同时表示机件的内部结构；按照机件的结构特点，也可画成全剖视图、半剖视图或局部剖视图<br><br>　　用几个相交剖切平面获得的剖视图应旋转到一个投影平面上。采用这种方法画剖视图时，先假想按剖切位置剖开机件，然后将被剖切剖面剖开的结构及有关部分旋转到与选定的投影面平行再进行透射，如图 a ~ 图 f 所示。或采用展开画法，此时应标注 " × - × 展开 "，如图 b 所示。在剖切平面后的其他结构，一般仍按原来的位置进行投射，如图 e 中的油孔。当剖切后产生不完整要素时，应将此部分按不剖绘制，如图 f 中的臂 | 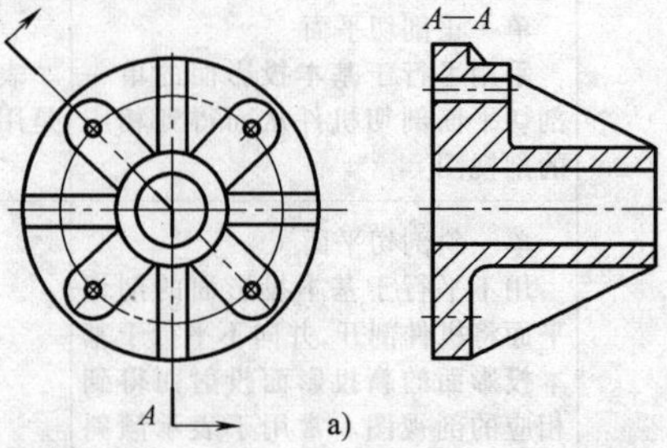 <br>a) 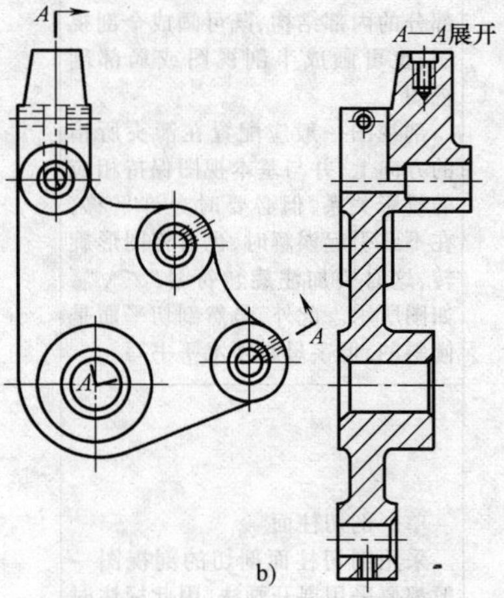<br><br>b) 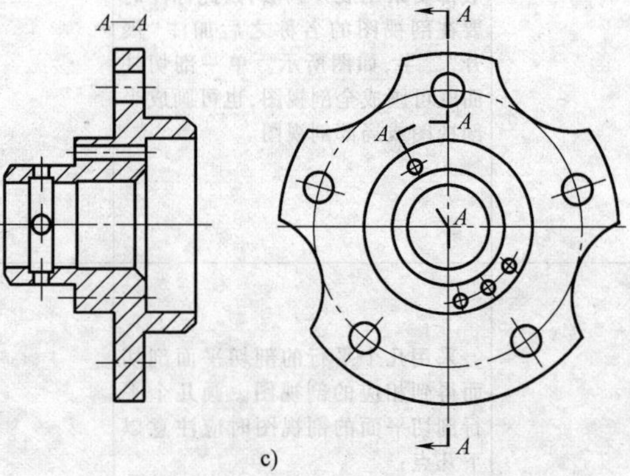<br><br>c) 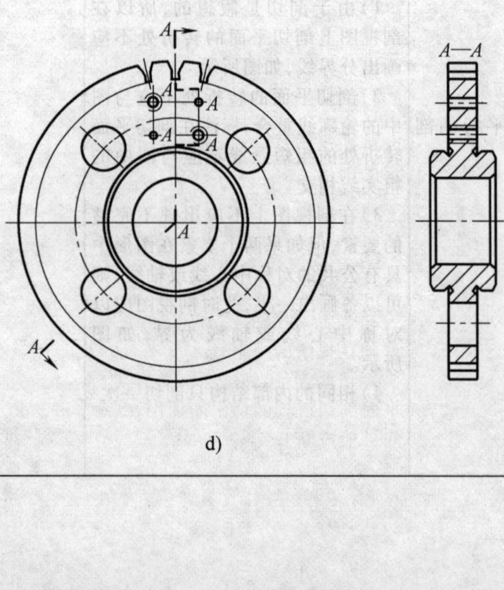<br><br>d) |

（续）

| 分　类 | 说　明 | 图　例 |
|---|---|---|
| 几个相交的剖切面（交线垂直于某一投影面） | 当机件的内部结构用一个剖切平面不能完全表示，而机件在整体上又具有回转轴时，可采用几个相交的剖切面同时表示机件的内部结构；按照机件的结构特点，也可画成全剖视图、半剖视图或局部剖视图<br>用几个相交剖切平面获得的剖视图应旋转到一个投影平面上。采用这种方法画剖视图时，先假想按剖切位置剖开机件，然后将被剖切剖面剖开的结构及有关部分旋转到与选定的投影面平行再进行透射，如图 a～图 f 所示。或采用展开画法，此时应标注"×-× 展开"，如图 b 所示。在剖切平面后的其他结构，一般仍按原来的位置进行投射，如图 e 中的油孔。当剖切后产生不完整要素时，应将此部分按不剖绘制，如图 f 中的臂 | 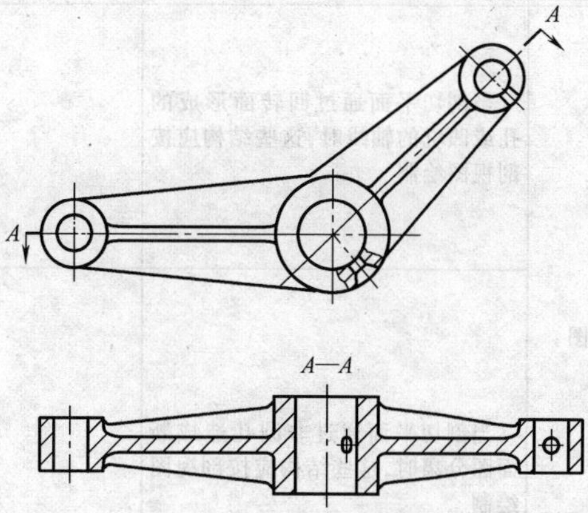 <br>e) 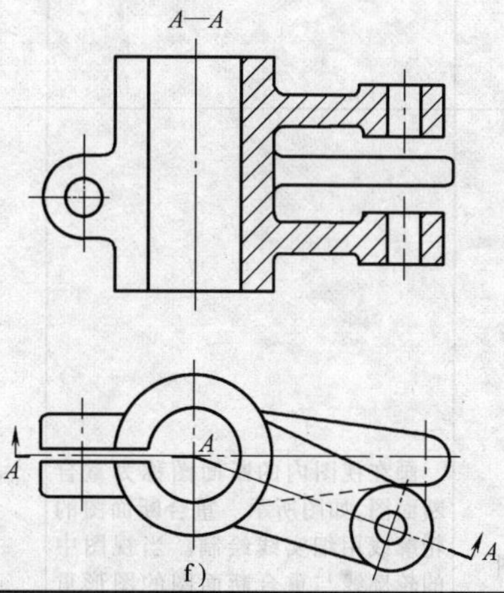<br><br>A—A<br><br>f) |

## 3.4 断面图

假想用剖切平面将机件的某处切断，仅画出剖切平面与机件接触部分的图形，称为断面图，简称为断面。画断面图时，可以采用单一的剖切平面（应用最广），也可以采用几个平行或相交的剖切平面。无论采用哪种剖切平面，都应与被切断部分的轴线或主要轮廓线垂直，以便反映断面的实形。断面图常用于表示轴、杆类零件和具有变形截面零件（如起重钩）的断面形状，也用于表示零件上肋板、轮辐等结构的断面形状。其具体画法与标注见表 1.3-22 ～ 表 1.3-24。

表 1.3-22　断面图的种类及画法（摘自 GB/T 17452—1998）

| 分　类 | 说　明 | 图　例 |
|---|---|---|
| 移出断面图 | 画在视图之外的断面图，称为移出断面图。移出断面图的轮廓线用粗实线绘制。画移出断面图时应注意以下事项：<br>1）为了读图方便，移出断面图应尽量画在剖切线的延长线上<br>2）当断面图的图形对称时，允许画在视图的中断处<br>3）由两个（或多个）相交的剖切平面剖切得到的移出断面图，其中间一般应断开 | 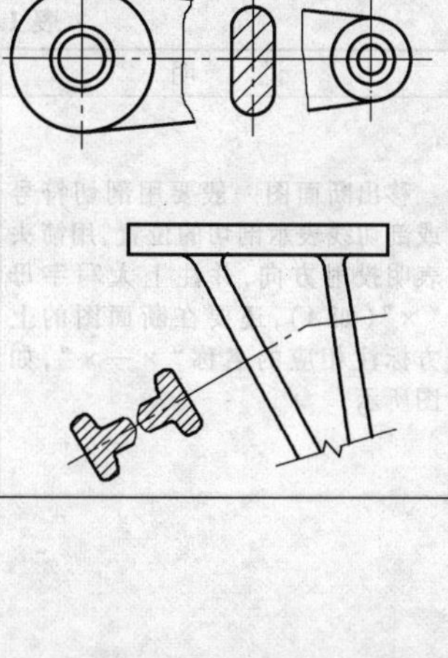 |

（续）

| 分类 | 说　明 | 图　　例 |
|---|---|---|
| 移出断面图 | 当剖切平面通过回转面形成的孔或凹坑的轴线时，这些结构应按剖视图绘制 | 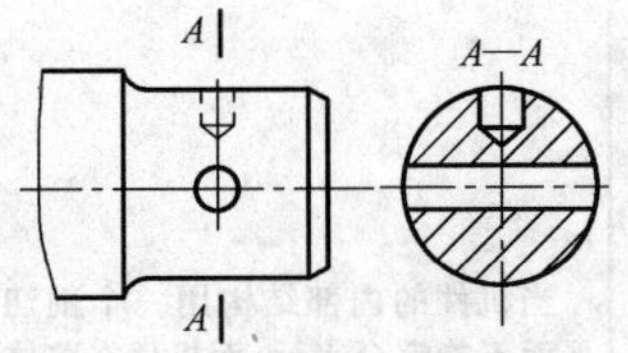 |
| | 当剖切平面通过非圆孔造成断面图分离时，这些结构应按剖视图绘制 | 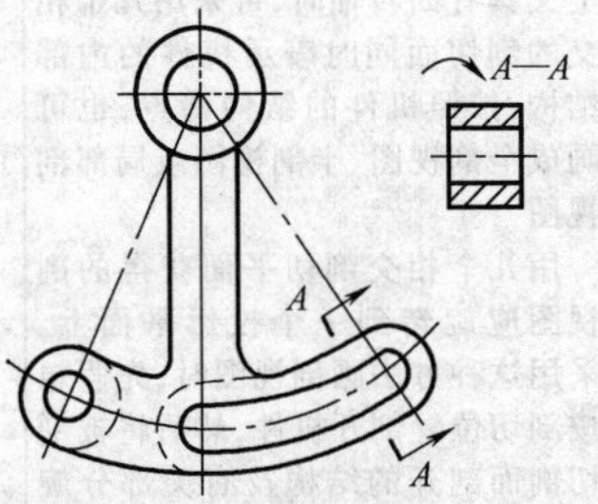 |
| 重合断面图 | 画在视图内的断面图称为重合断面图，如图所示。重合断面图的轮廓线用细实线绘制。当视图中的轮廓线与重合断面图的图形重叠时，视图中的轮廓线仍应连续画出，不可间断 | 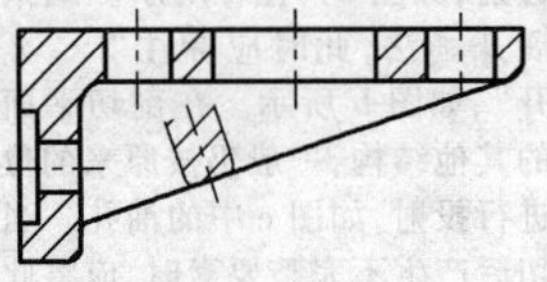 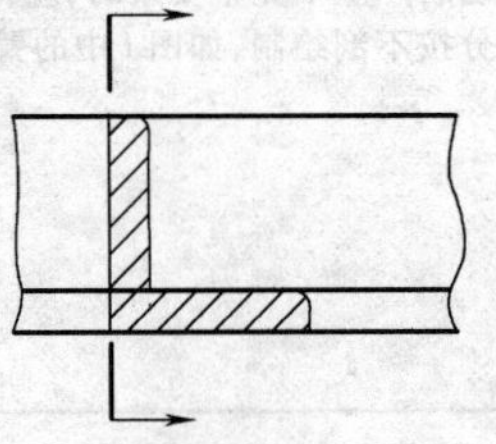 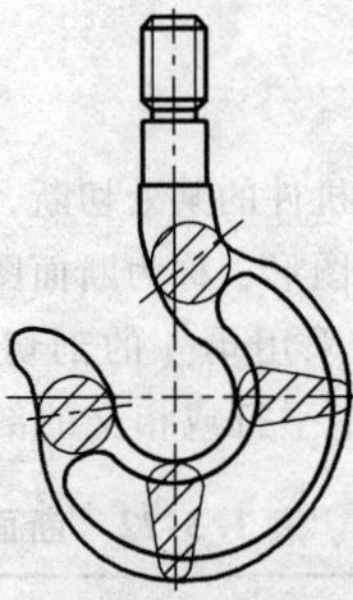 |

表 1.3-23　断面图的标注

| 分类 | 说　明 | 图　　例 |
|---|---|---|
| 移出断面图 | 移出断面图一般要用剖切符号或剖切线表示剖切的位置，用箭头表明投射方向，并注上大写字母"×"（如 A），还要在断面图的上方标注相应的名称"×—×"，如图所示 | 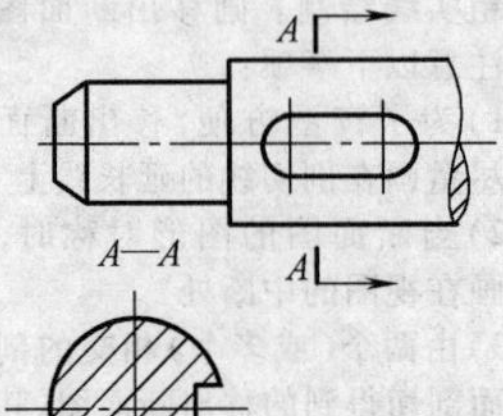 |

（续）

| 分类 | 说　明 | 图　例 |
|---|---|---|
| 移出断面图 | 移出断面图配置在剖切线的延长线上时,若断面图不对称,则只可省略字母,如图所示 | 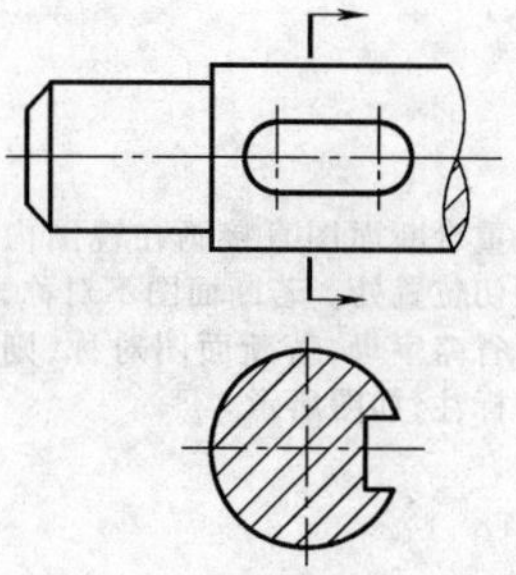 |
| | 若断面图对称,则可以不标注,只需画出剖切线（细点画线）表明剖切位置即可,如图所示 | 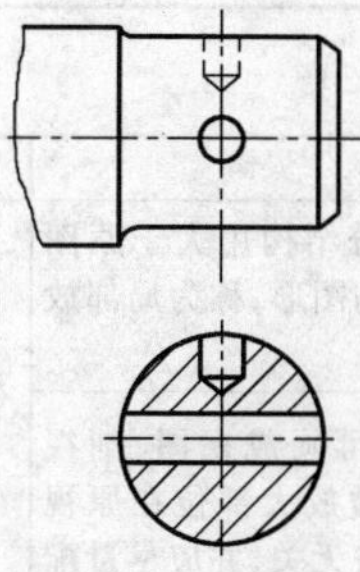 |
| | 当移出断面图不配置在剖切线的延长线上时,若断面图不对称,则剖切符号、箭头、字母应全部注出 | 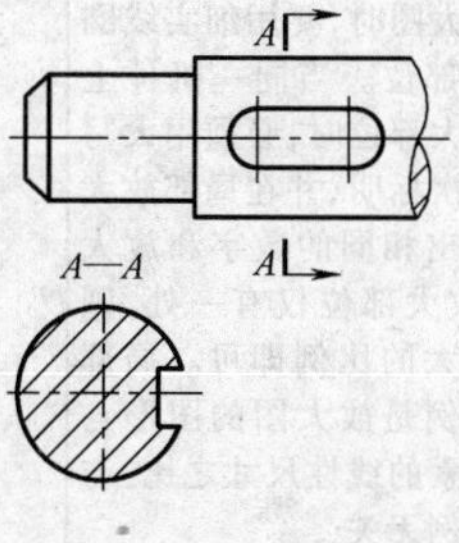 |
| | 若断面图对称,则可以省略箭头 | 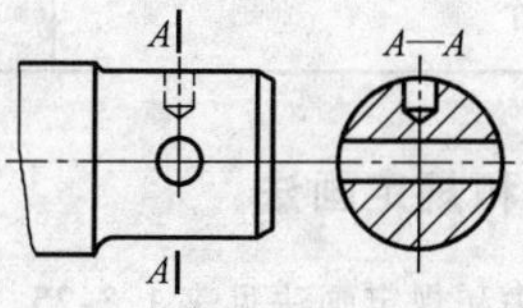 |
| | 当移出断面图画在符合投影关系的位置上时,无论断面图是否对称,都可省略箭头,如图所示 | 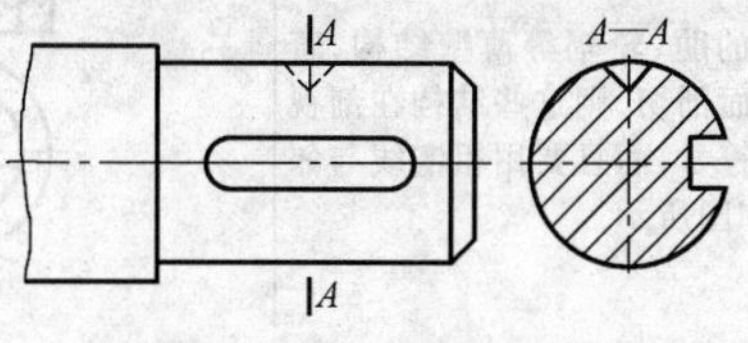 |

（续）

| 分类 | 说　明 | 图　　例 |
|---|---|---|
| 重合断面图 | 重合断面图直接画在视图内的剖切位置处。若断面图不对称,只可省略字母,若断面图对称,则不需标注,如图所示 | 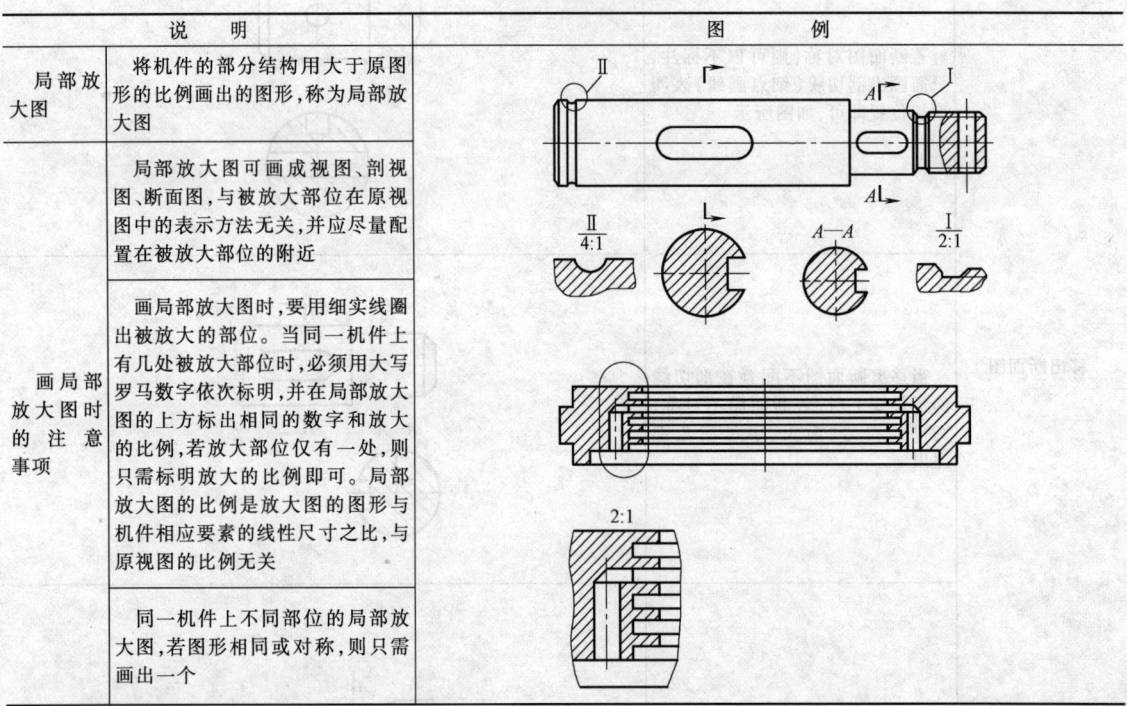 |

表 1.3-24　局部放大图

| 说　明 | 图　　例 |
|---|---|
| 局部放大图 | 将机件的部分结构用大于原图形的比例画出的图形,称为局部放大图 |
| | 局部放大图可画成视图、剖视图、断面图,与被放大部位在原视图中的表示方法无关,并应尽量配置在被放大部位的附近 |
| 画局部放大图时的注意事项 | 画局部放大图时,要用细实线圈出被放大的部位。当同一机件上有几处被放大部位时,必须用大写罗马数字依次标明,并在局部放大图的上方标出相同的数字和放大的比例,若放大部位仅有一处,则只需标明放大的比例即可。局部放大图的比例是放大图的图形与机件相应要素的线性尺寸之比,与原视图的比例无关 |
| | 同一机件上不同部位的局部放大图,若图形相同或对称,则只需画出一个 |

（图例）
II 4:1　　A—A　　I 2:1　　2:1

## 3.5　简化画法和规定画法

常用简化画法和规定画法见表 1.3-25。

表 1.3-25　常用简化画法（摘自 GB/T 16675.1—2012）

| 说　明 | 图　　例 |
|---|---|
| 对于机件上的肋、轮辐等薄壁结构,若按纵向对称平面剖切,则这些结构在剖视图中不画剖面符号,而且要用粗实线与邻接部分分开,如图所示 | 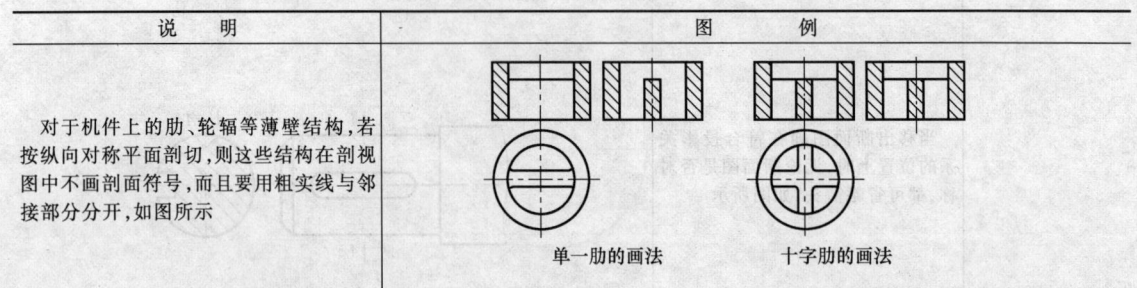　单一肋的画法　　十字肋的画法 |

（续）

| 说　明 | 图　例 |
|---|---|
| 当回转体上均匀分布的肋、轮辐、孔等结构不处于剖切平面位置时,可将这些结构旋转到剖切平面的位置画出,如图所示 | 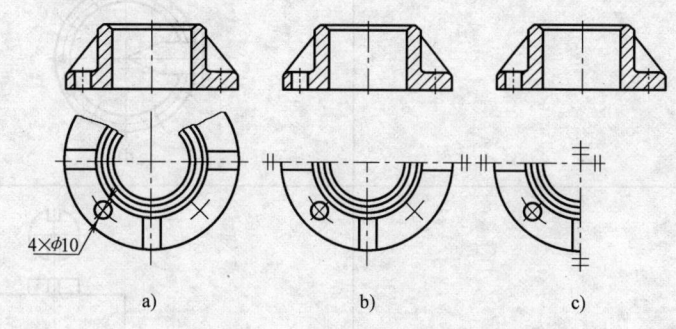 |
| 当机件具有对称面时,可以以对称线为界,只画一半,另一半可省略不画,但在对称线两端应标出对称符号(两条细短画线),如图 b 所示;若图形具有两个对称面,则可只画四分之一如图 c 所示 | 4×Φ10<br>a)　　　b)　　　c) |
| 当机件具有若干相同结构(齿、槽、孔等)、并按规律分布时,只需画出几个完整的结构,而其余的结构可用点画线表示其中心位置(如孔)、或用细实线将其连接起来即可,但在图中要注明结构的总数,如图所示 | 简化前　　　简化后<br>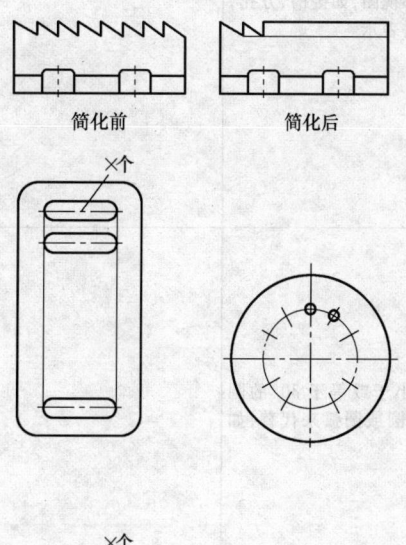<br>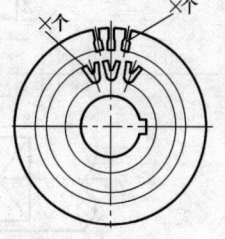<br>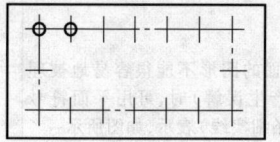 |

（续）

| 说　明 | 图　例 |
|---|---|
| 图形中的过渡线、相贯线、截交线等，在不致引起误解时允许简化，例如用圆弧或直线代替非圆曲线等，如图所示 | 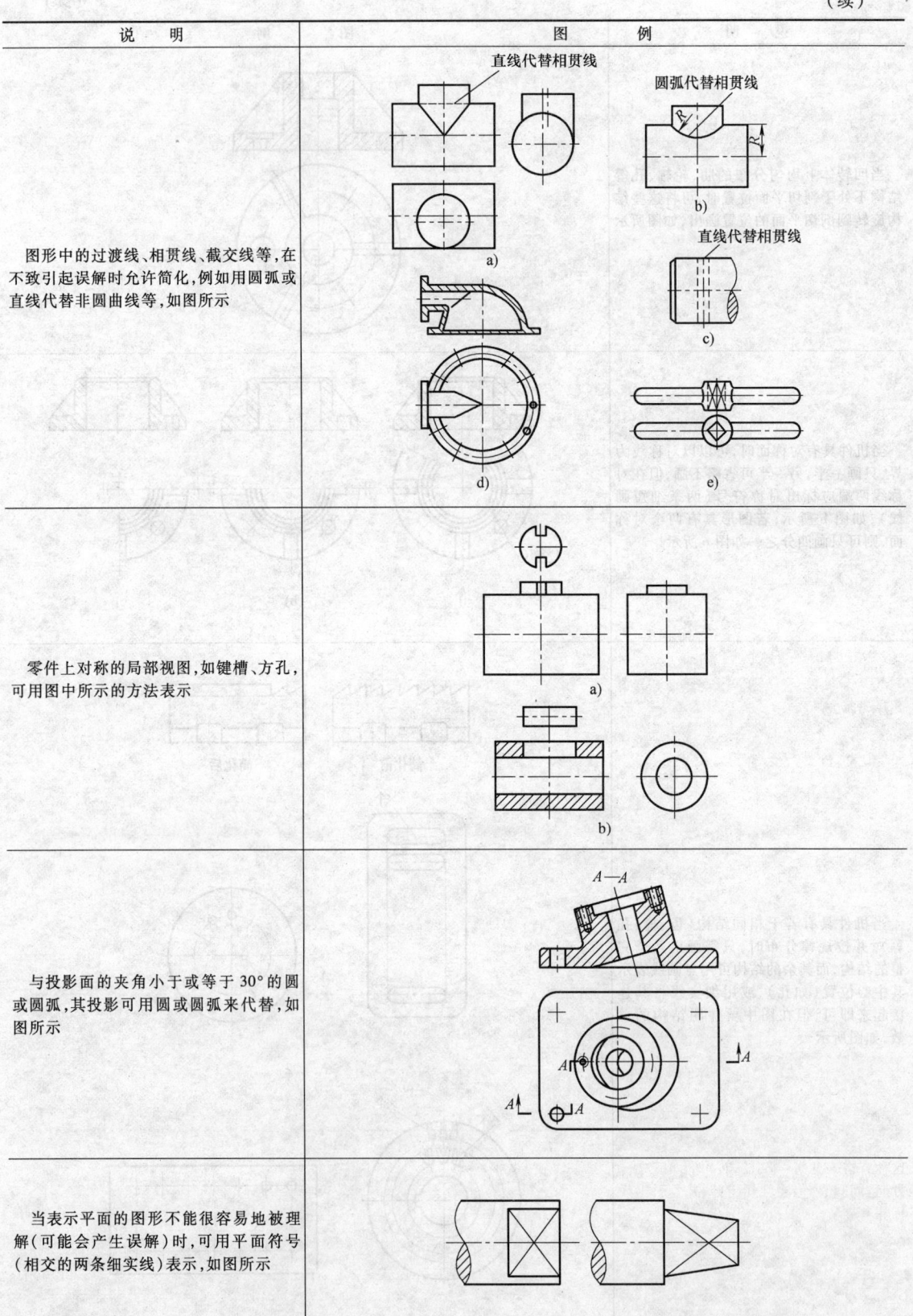 |
| 零件上对称的局部视图，如键槽、方孔，可用图中所示的方法表示 | |
| 与投影面的夹角小于或等于 30°的圆或圆弧，其投影可用圆或圆弧来代替，如图所示 | |
| 当表示平面的图形不能很容易地被理解（可能会产生误解）时，可用平面符号（相交的两条细实线）表示，如图所示 | |

（续）

| 说　　明 | 图　　例 |
|---|---|
| 　　对于机件的移出断面图,在不致引起误解的情况下,允许省略剖面符号,但剖切位置和断面图的标注必须遵照原来的规定,如图所示 | 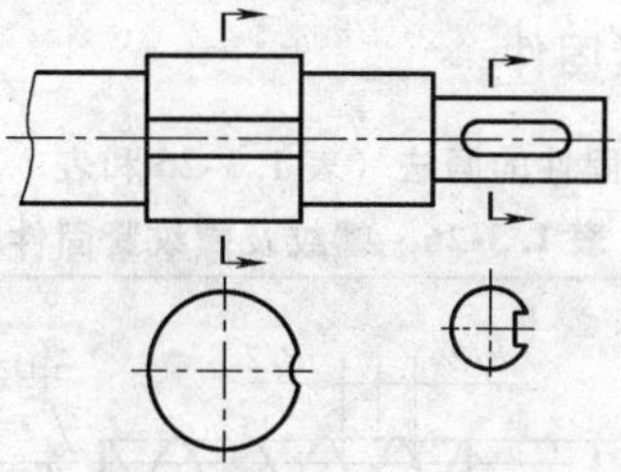 |
| 　　对于机件上的小圆角,锐边的小倒角或45°小倒角,在不致引起误解时允许不画,但必须注明尺寸或在技术要求中加以说明,如图所示 | |
| 　　对于机件上较小的结构,如果在一个视图中已经表示清楚,则在其他视图中可简化或省略,如图所示 | 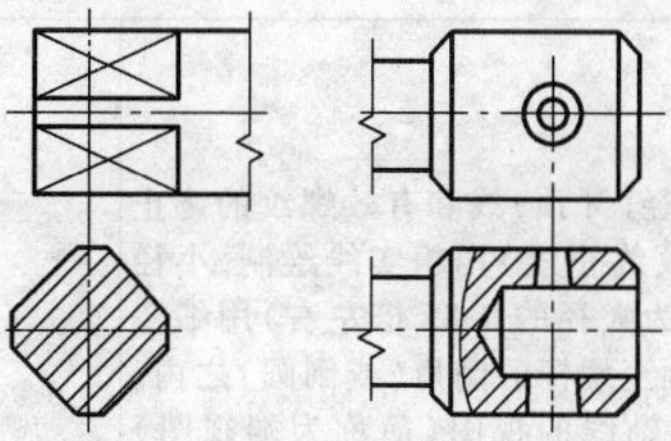 |
| 　　较长的机件(轴、杆、型材、连杆等)沿长度方向的形状一致或按一定规律变化时,可以断开(断开处可用细双点画线或波浪线绘制)后缩短绘制,但要标注实际尺寸,如图所示 | 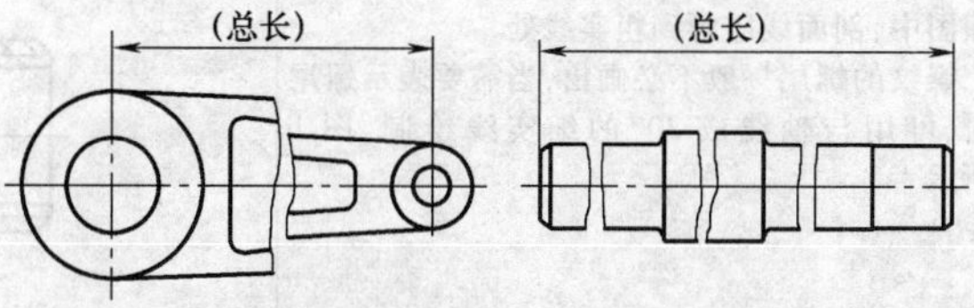 |
| 　　需要表示位于剖切面之前的结构时,可按照假想投影轮廓线,用细双点画线绘制,如图所示 | 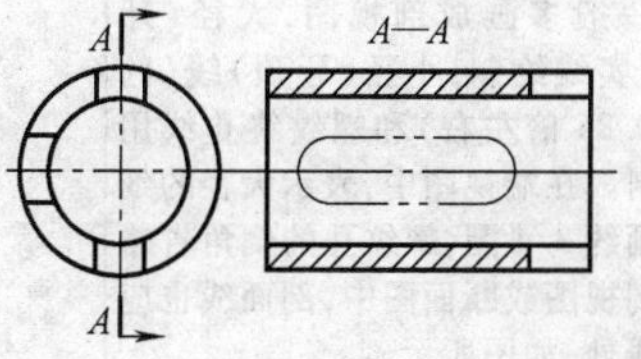 |
| 　　在剖视图中可再作一次局部剖视,采用这种方法表达时,两个剖面的剖面线应同方向、同间隔,但要互相错开,并且引出线标注其名称,如图所示 | 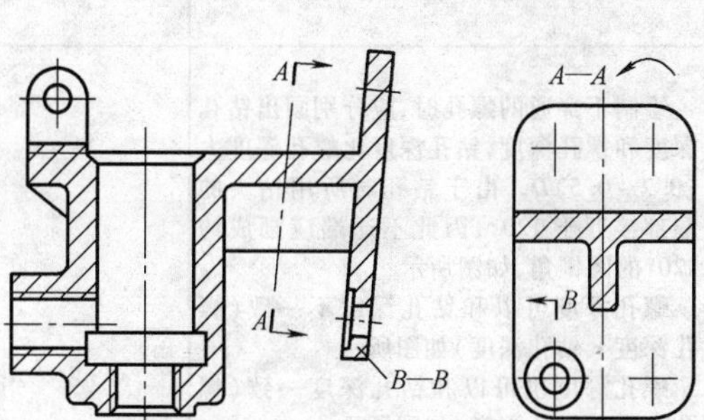 |

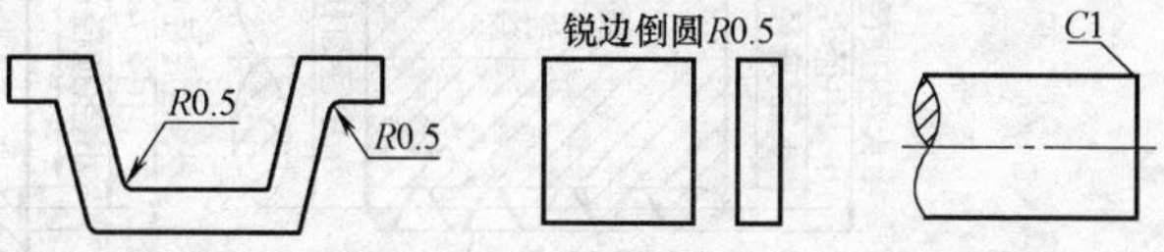

# 4　常用零件的规定画法

## 4.1　螺纹及螺纹紧固件

### 4.1.1　螺纹及螺纹紧固件的画法（表1.3-26和表1.3-27）

**表1.3-26　螺纹及螺纹紧固件的画法**（摘自GB/T 4459.1—1995）

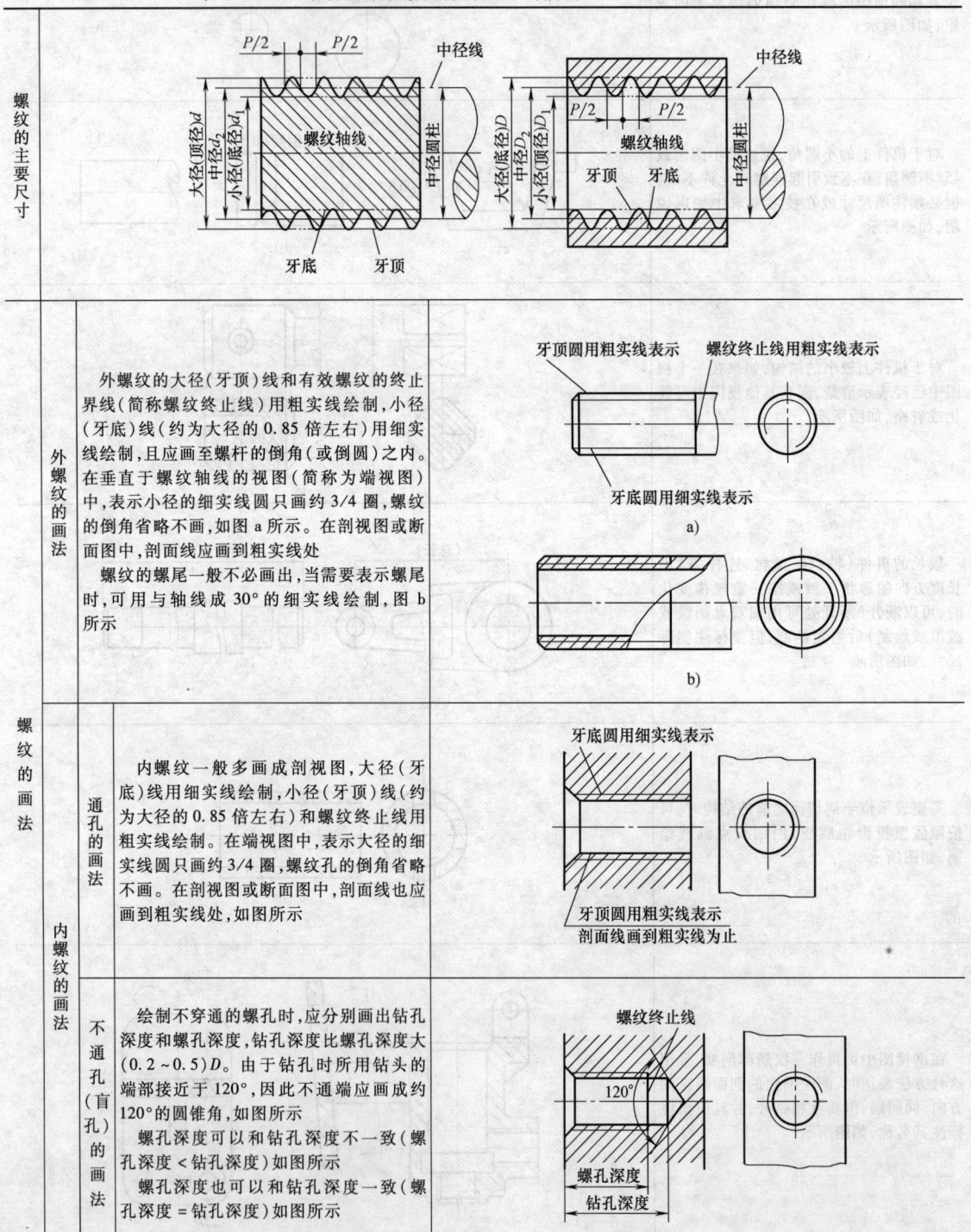

| | | |
|---|---|---|
| 螺纹的主要尺寸 | | |
| 螺纹的画法 | 外螺纹的画法 | 外螺纹的大径（牙顶）线和有效螺纹的终止界线（简称螺纹终止线）用粗实线绘制，小径（牙底）线（约为大径的0.85倍左右）用细实线绘制，且应画至螺杆的倒角（或倒圆）之内。在垂直于螺纹轴线的视图（简称为端视图）中，表示小径的细实线圆只画约3/4圈，螺纹的倒角省略不画，如图a所示。在剖视图或断面图中，剖面线应画到粗实线处<br><br>螺纹的螺尾一般不必画出，当需要表示螺尾时，可用与轴线成30°的细实线绘制，图b所示 |
| | 内螺纹的画法（通孔的画法） | 内螺纹一般多画成剖视图，大径（牙底）线用细实线绘制，小径（牙顶）线（约为大径的0.85倍左右）和螺纹终止线用粗实线绘制。在端视图中，表示大径的细实线圆只画约3/4圈，螺纹孔的倒角省略不画。在剖视图或断面图中，剖面线也应画到粗实线处，如图所示 |
| | 内螺纹的画法（不通孔（盲孔）的画法） | 绘制不穿通的螺孔时，应分别画出钻孔深度和螺孔深度，钻孔深度比螺孔深度大(0.2~0.5)D。由于钻孔时所用钻头的端部接近于120°，因此不通端应画成约120°的圆锥角，如图所示<br><br>螺孔深度可以和钻孔深度不一致（螺孔深度＜钻孔深度）如图所示<br><br>螺孔深度也可以和钻孔深度一致（螺孔深度＝钻孔深度）如图所示 |

（续）

| 螺纹的画法 | 内螺纹的画法 | 不通孔（盲孔）的画法 | 对于视图中的内螺纹，所有的图线均用虚线绘制图，如图所示 | 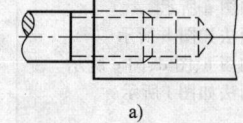 |
|---|---|---|---|---|
| | 其他画法 | | 对于圆锥内、外管螺纹，在投影为圆的视图上，不可见端面的牙底圆和不可见的牙顶圆均可省略不画<br>图 a 所示为圆锥内螺纹的画法<br>图 b 所示为圆锥外螺纹的画法<br>当需要表示螺纹的牙型或表示非标准螺纹（如矩形螺纹）时，可用局部剖视图绘出部分牙型，如图 c 所示<br>当两螺纹孔或螺纹孔与光孔相贯时，其相贯线按螺纹小径画出，如图 d 所示 | 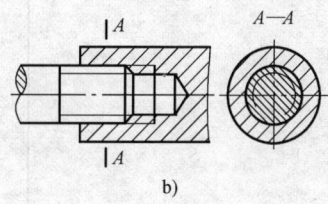<br>a)<br>b)<br>c)　　　d) |
| | 螺纹连接的画法 | | 对于视图中（不剖）的连接画法，所有的图线均用虚线绘制图，如 a 所示<br>内、外螺纹的连接应画成剖视图，其旋合部分按外螺纹的规定画法绘制，其余部分仍按各自的规定画法绘制，且表示内、外螺纹的大、小径的粗实线和细实线应分别对齐，剖面线也应画到粗实线处，如图 b 所示<br>螺孔深度可以和钻孔深度不一致时的连接画法（螺孔深度＜钻孔深度）如图 b 所示<br>螺孔深度也可以和钻孔深度一致时的连接画法（螺孔深度＝钻孔深度）如图 c 所示 | 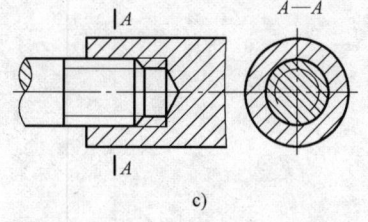 |

（续）

装配图中螺纹紧固件的画法

1）两相邻零件的接触表面画成一条线，两相邻但不接触的表面画成两条线

2）当剖切平面通过实心零件或标准件的轴线（或对称中心线）时，这些零件均按不剖绘制；需要时，可采用局部剖视图表示

3）同一个零件在各个剖视图中剖面线的方向和间隔均应相同，而相邻两零件的剖面线则应不同（方向相反或间隔不等）

螺栓连接的画法如图 a 所示

双头螺柱连接的画法如图 b 所示

螺钉连接的画法如图 c、图 d、图 e 所示

紧定螺钉连接的画法如图 f 所示

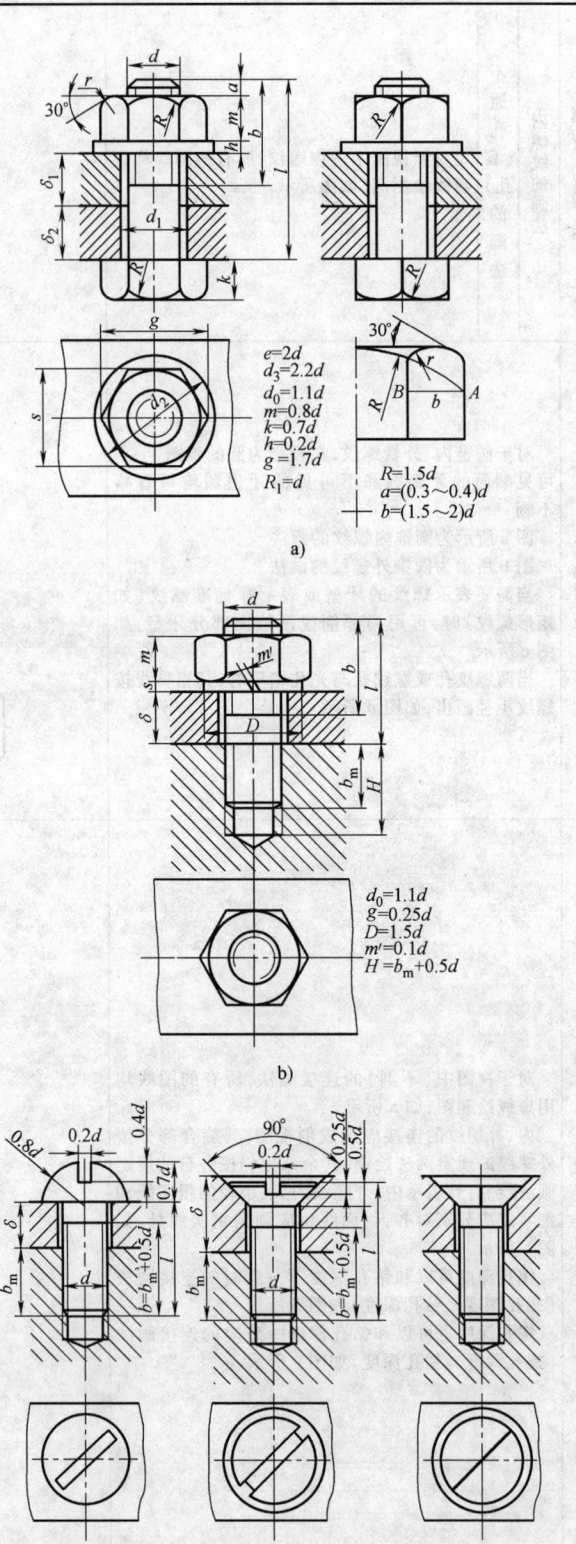

$e = 2d$
$d_3 = 2.2d$
$d_0 = 1.1d$
$m = 0.8d$
$k = 0.7d$
$h = 0.2d$
$g = 1.7d$
$R_1 = d$

$R = 1.5d$
$a = (0.3 \sim 0.4)d$
$b = (1.5 \sim 2)d$

a)

$d_0 = 1.1d$
$g = 0.25d$
$D = 1.5d$
$m' = 0.1d$
$H = b_m + 0.5d$

b)

c)　　　　　d)　　　　　e)

（续）

| 装配图中螺纹紧固件的画法 | 1）两相邻零件的接触表面画成一条线，两相邻但不接触的表面画成两条线<br>2）当剖切平面通过实心零件或标准件的轴线（或对称中心线）时，这些零件均按不剖绘制；需要时，可采用局部剖视图表示<br>3）同一个零件在各个剖视图中剖面线的方向和间隔均应相同，而相邻两零件的剖面线则应不同（方向相反或间隔不等）<br>螺栓连接的画法如图 a 所示<br>双头螺柱连接的画法如图 b 所示<br>螺钉连接的画法如图 c、图 d、图 e 所示<br>紧定螺钉连接的画法如图 f 所示 | 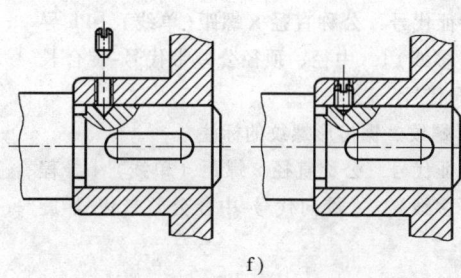<br>f） |
|---|---|---|

**表 1.3-27  螺栓、螺钉头部及螺母的简化画法**

| 序号 | 形式 | 简化画法 | 序号 | 形式 | 简化画法 |
|---|---|---|---|---|---|
| 1 | 六角头螺栓 | | 8 | 半沉头一字槽螺钉 | |
| 2 | 方头螺钉 | | 9 | 沉头十字槽螺钉 | |
| 3 | 圆柱头内六角螺钉 | | 10 | 半沉头十字槽螺钉 | |
| 4 | 无头内六角螺钉 | | 11 | 盘头十字槽螺钉 | |
| 5 | 无头一字槽螺钉 | | 12 | 六角形螺母 | |
| 6 | 沉头一字槽螺钉 | | 13 | 方形螺母 | |
| 7 | 圆柱头一字槽螺钉 | | 14 | 开槽六角形螺母 | |

| 螺栓连接简化画法示例 | 螺钉连接简化画法示例 |
|---|---|
| | |

### 4.1.2　螺纹标记

1. 普通螺纹的标注

螺纹特征代号　公称直径×螺距（单线）［Ph 导程 P 螺距（多线）］　中径、顶径公差带代号-旋合长度代号-旋向代号

2. 梯形螺纹、锯齿形螺纹的标注

螺纹特征代号　公称直径×螺距（单线）［导程（P 螺距）（多线）］　旋向代号-中径公差带代号-旋合长度代号

说明：

1）粗牙普通螺纹的螺距省略标注。

2）左旋螺纹用"LH"表示，右旋螺纹省略标注。

3）中径和顶径公差带代号相同时只标注一次。

4）普通螺纹的旋合长度分 S（短）、N（中等）、L（长）三组，旋合长度为中等时省略标注；梯形螺纹和锯齿形螺纹分 N、L 两组，旋合长度为 N 时省略标注。

3. 管螺纹的标注格式

螺纹特征代号　尺寸代号　公差等级代号-旋向

说明：

1）管螺纹采用指引线的形式进行标注，指引线从大径线或对称中心处引出。

2）55°非密封管外螺纹公差等级代号仅外螺纹分 A、B 两级标注，内螺纹不标注。

3）旋向为右时省略标注。

4. 其他螺纹的标注

特殊螺纹应在螺纹特征代号前加注"特"字。非标准螺纹（如矩形螺纹），应标注出大、小径、螺距和牙型尺寸。

常用螺纹的种类及标注示例见表 1.3-28。

表 1.3-28　常用螺纹的种类及标注示例

| 类　型 | | 牙型放大图 | 特征代号 | 标注示例 | 用途及说明 |
|---|---|---|---|---|---|
| 普通螺纹 | 粗牙 | 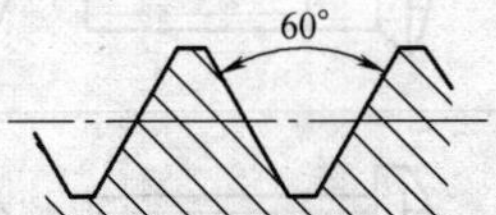 | M | 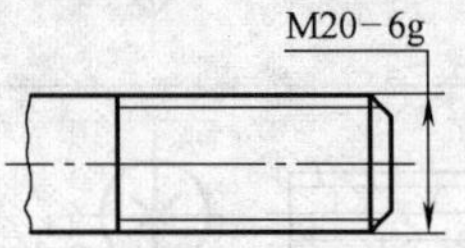 M20－6g | 最常用的一种连接螺纹，直径相同时，细牙螺纹的螺距比粗牙螺纹的螺距小，粗牙螺纹不注螺距，右旋不标注。中径和顶径公差带相同时，只注一个代号 |
| | 细牙 | | | 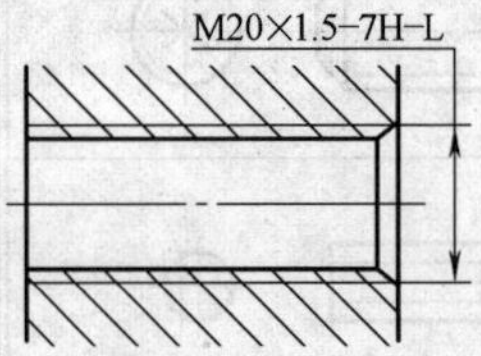 M20×1.5－7H－L | |
| 管螺纹 | 55°非密封 | 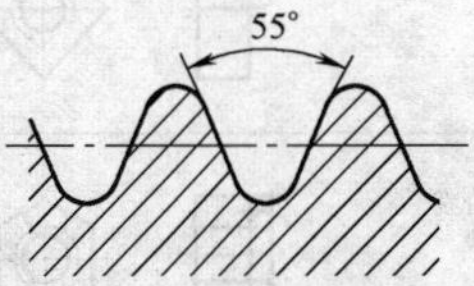 | G | 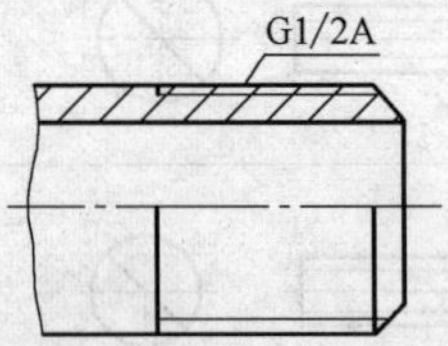 G1/2A | 管道连接中的常用螺纹，螺距及牙型均较小。螺纹的大径应从有关标准中查出，圆锥外螺纹，Rc 表示圆锥内螺纹，Rp 表示圆柱内螺纹 |
| | 55°密封 | 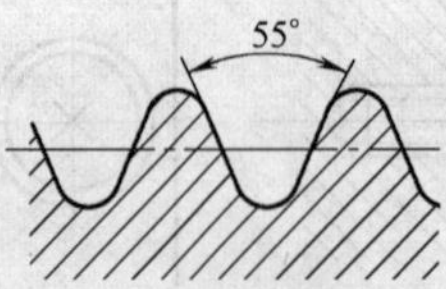 | $R_1$、$R_2$、Rp、Rc | 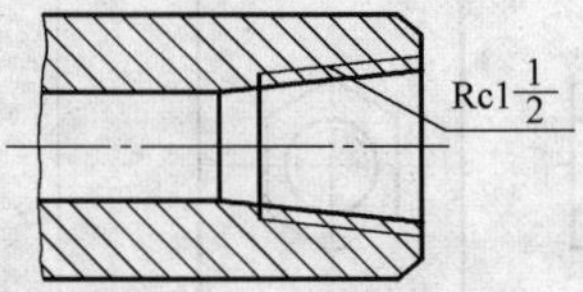 Rc1$\frac{1}{2}$ | |

（续）

| 类　型 | 牙型放大图 | 特征代号 | 标注示例 | 用途及说明 |
|---|---|---|---|---|
| 梯形螺纹 | 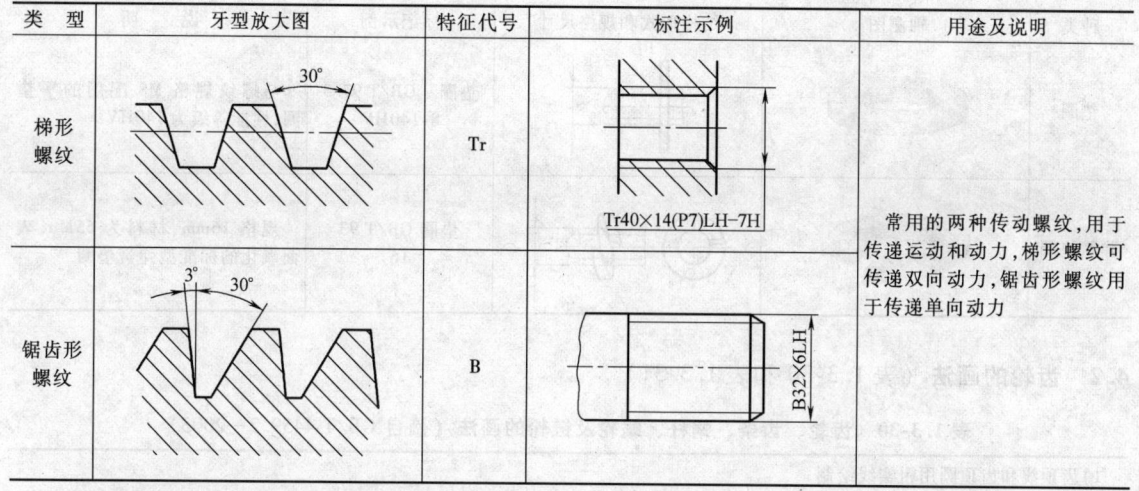 | Tr | Tr40×14(P7)LH-7H | 常用的两种传动螺纹,用于传递运动和动力,梯形螺纹可传递双向动力,锯齿形螺纹用于传递单向动力 |
| 锯齿形螺纹 | | B | B32×6LH | |

5. 螺纹紧固件规定的标记格式

名称　标准编号　型式 l 规格、精度 l 型式与尺

寸的其他要求　性能等级或材料及热处理-表面处理

螺纹紧固件及其标注示例见表 1.3-29。

**表 1.3-29　螺纹紧固件及其标注示例**

| 种类 | 轴测图 | 结构形式和规格尺寸 | 标记示例 | 说　明 |
|---|---|---|---|---|
| 六角头螺栓 | | p / l | 螺栓　GB/T 5782　M12×80 | 螺纹规格 d = M12, l = 80mm(当螺杆上为全螺纹时,应选取国标代号为 GB/T 5783—2000) |
| 双头螺柱 | | d / l | 螺柱　GB/T 897　A M10×50 | 两端螺纹规格均为 d = M10, l = 50mm,按 A 型制造(若为 B 型,则省去标记"B") |
| 开槽圆柱头螺钉 | | d / l | 螺钉　GB/T 65　M5×30 | 螺纹规格 d = M5,公称长度 l = 30mm |
| 开槽沉头螺钉 | | d / l | 螺钉　GB/T 68　M5×20 | 螺纹规格 d = M5,公称长度 l = 20mm |
| 开槽锥端紧定螺钉 | | d / l | 螺钉　GB/T 71　M5×20 | 螺纹规格 d = M5,公称长度 l = 20mm |
| 1 型六角螺母 | | D | 螺母　GB/T 6170　M8 | 螺纹规格 D = M8 的 1 型六角螺母 |

（续）

| 种类 | 轴测图 | 结构形式和规格尺寸 | 标记示例 | 说　明 |
|---|---|---|---|---|
| 垫圈 |  | 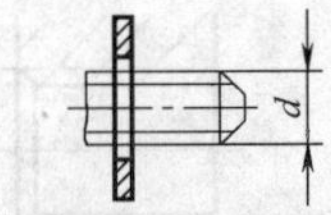 | 垫圈　GB/T 97.3 8-140HV | 与螺纹规格 M8 配用的平垫圈,性能等级为 140HV |
| 弹簧垫圈 |  | 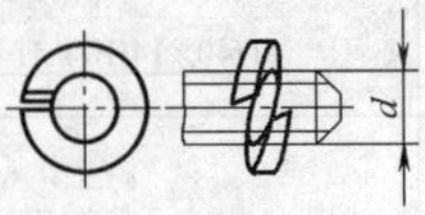 | 垫圈 GB/T 93 16 | 规格 16mm、材料为 65Mn,表面氧化的标准型弹簧垫圈 |

## 4.2　齿轮的画法（表 1.3-30 和表 1.3-31）

**表 1.3-30　齿轮、齿条、蜗杆、蜗轮及链轮的画法**（摘自 GB/T 4459.2—2003）

1）齿顶线和齿顶圆用粗实线绘制
2）齿根线和齿根圆用细实线绘制,可省略不画
3）分度线和分度圆用细点画线绘制
4）当非圆视图画成剖视时,轮齿部分按不剖绘制,齿根线用粗实线绘制
5）如需表明齿形,可在图形中用粗实线画出一个或两个齿形,或用局部放大图表示
6）当需要表达轮齿的形状时,可用三条与轮齿方向一致的细实线表示,直齿则不需要表示

| | 名　称 | 代号 | 计算公式 | |
|---|---|---|---|---|
| **圆柱齿轮的主要参数** | 分度圆直径 | $d$ | $d = mz$ | |
| | 齿顶圆直径 | $d_a$ | $d_a = m(z + 2)$ | |
| | 齿根圆直径 | $d_f$ | $d_f = m(z - 2.5)$ | |
| | 齿顶高 | $h_a$ | $h_a = m$ | |
| | 齿根高 | $h_f$ | $h_f = 1.25m$ | |
| | 全齿高 | $h$ | $h = 2.25m$ | |

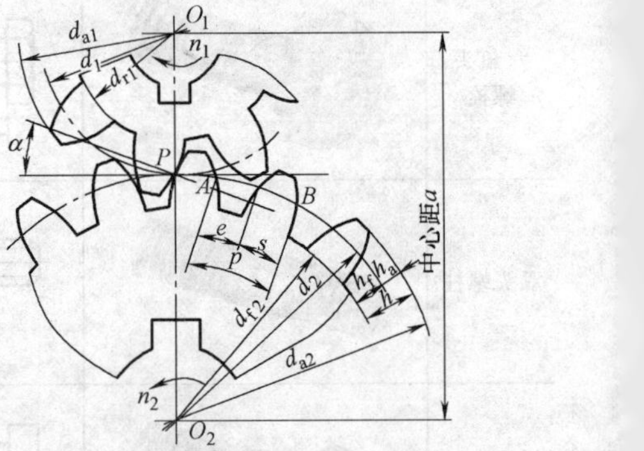

单个齿轮的画法

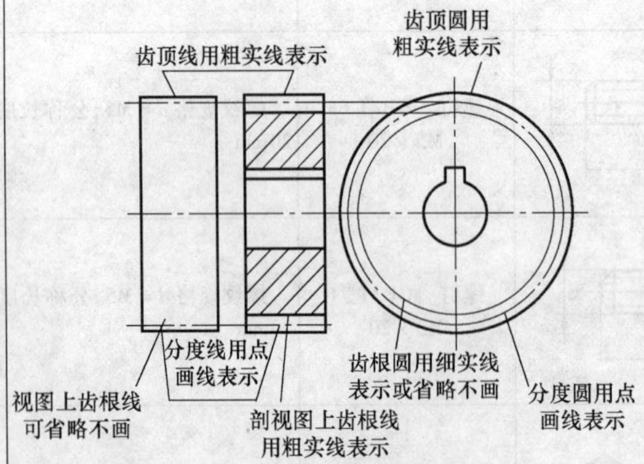

直齿圆柱齿轮的画法

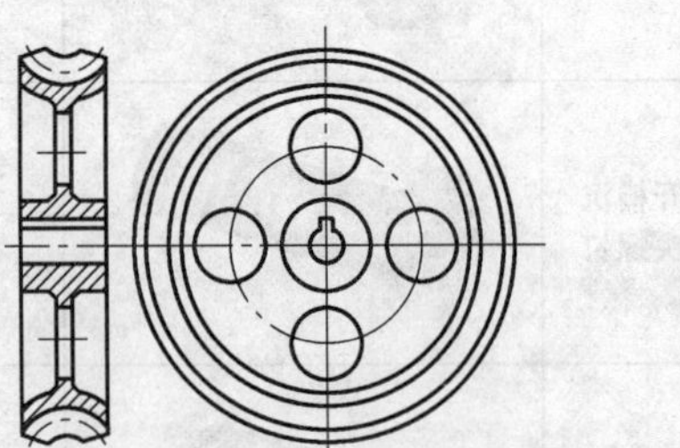

蜗轮

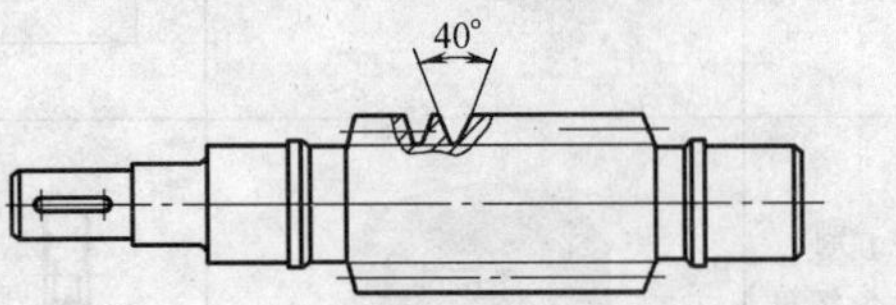

蜗杆

（续）

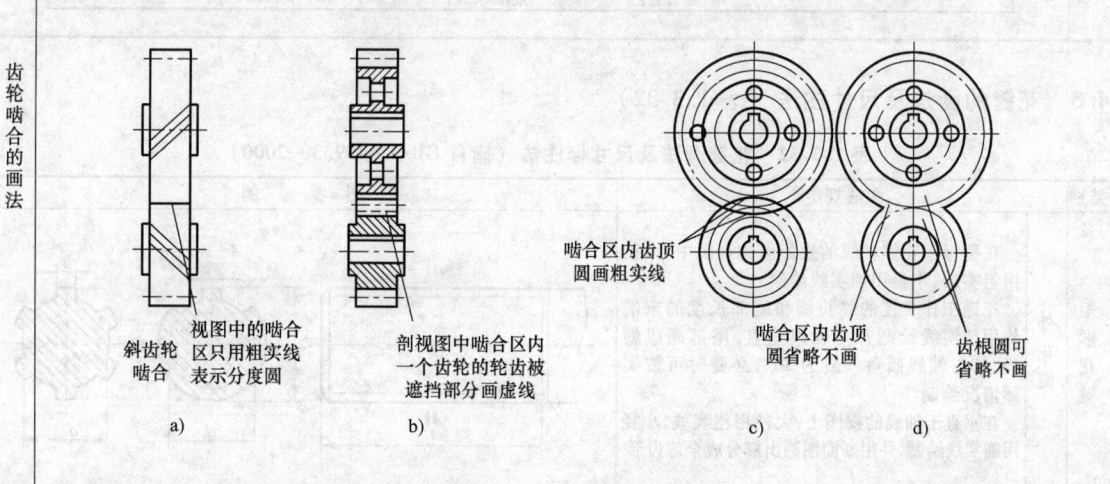

**表 1.3-31　齿轮啮合的画法**（摘自 GB/T 4459.2—2003）

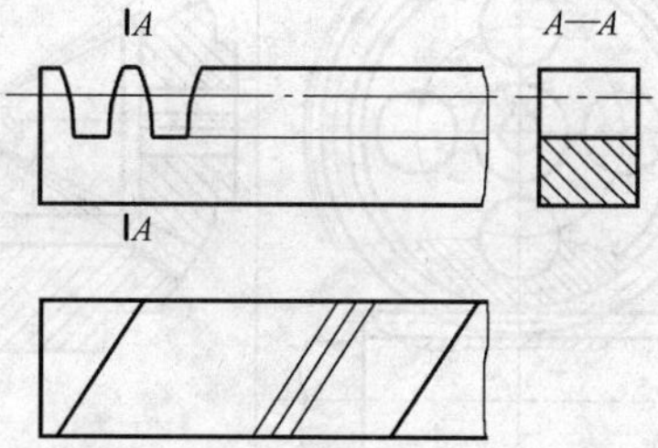

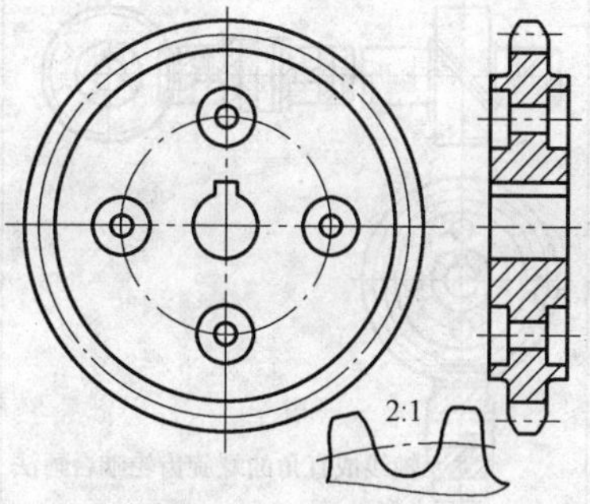

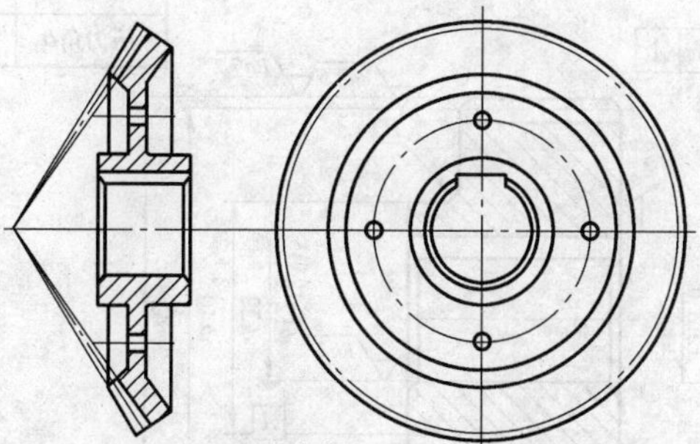

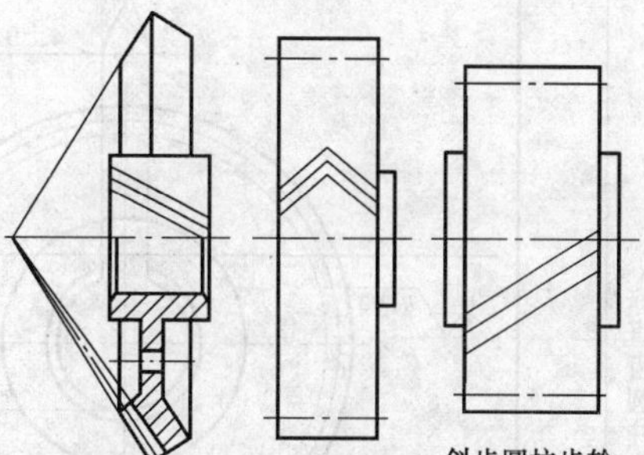

1）在外形视图中，非圆视图中的齿顶线与齿根线在啮合区内不必画出，而节圆线用实线绘制如图 a 所示；在投影为圆的视图中，节圆应画成相切，其余部分按单个齿轮的画法绘制如图 c 所示；也可将齿根圆及啮合区内的齿顶圆省略不画，如图 d 所示

2）在剖视图中（见图 b），啮合区内的两节圆线重合，用细点画线绘制，一个齿轮的齿顶线画成粗实线，另一个齿轮的齿顶线画成虚线（也可省略不画）。一个齿轮的齿顶线与另一个齿轮的齿根线之间应留有 0.25m（m 为模数）的间隙

3）其他类齿轮的画法与前述基本相同

（续）

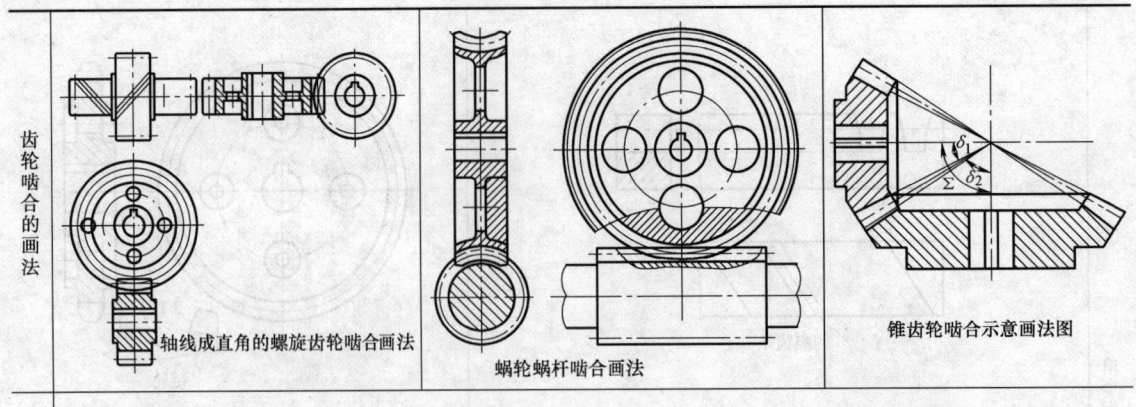

齿轮啮合的画法

轴线成直角的螺旋齿轮啮合画法　　　蜗轮蜗杆啮合画法　　　锥齿轮啮合示意画法图

直齿圆柱齿轮工作图例

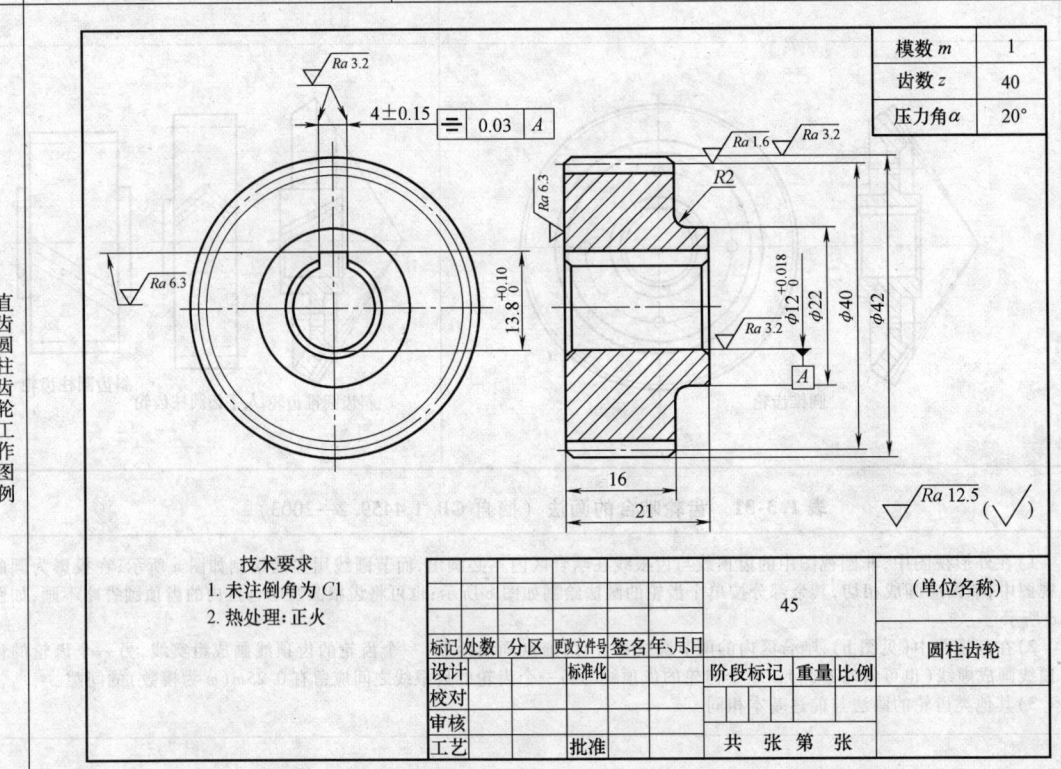

| 模数 $m$ | 1 |
|---|---|
| 齿数 $z$ | 40 |
| 压力角 $\alpha$ | 20° |

技术要求
1. 未注倒角为 C1
2. 热处理：正火

| 标记 | 处数 | 分区 | 更改文件号 | 签名 | 年、月、日 | | | | | 45 | | （单位名称） |
|---|---|---|---|---|---|---|---|---|---|---|---|
| 设计 | | | 标准化 | | | 阶段标记 | 重量 | 比例 | | | 圆柱齿轮 |
| 校对 | | | | | | | | | | | |
| 审核 | | | | | | | | | | | |
| 工艺 | | | 批准 | | | 共　张　第　张 | | | | | |

## 4.3  花键的画法及尺寸注法（表 1.3-32）

表 1.3-32   花键画法及尺寸标注法（摘自 GB/T 4459.3—2000）

| 类别 | | 画法规定 | 图　　例 |
|---|---|---|---|
| 矩形花键 | 外花键 | 在平行于花键轴线的投影面的视图中，大径用粗实线、小径用细实线绘制<br>花键工作长度的终止端和尾部长度的末端均用细实线绘制并与轴线垂直，尾部画成斜线，其与轴线倾角一般为30°，必要时可按实际情况绘制<br>在垂直于轴线的视图上，大径用粗实线、小径用细实线绘制，并用断面图画出部分或全部齿形 |  |

（续）

| 类别 | | 画法规定 | 图 例 |
|---|---|---|---|
| 矩形花键 | 内花键 | 在平行于花键轴线的投影面的视图中,大径与小径均用粗实线绘制。在垂直于轴线的视图中,用局部视图画出一部分或全部齿形,大径与小径均用粗实线绘制 | |
| 渐开线花键 | | 渐开线花键的画法与矩形花键基本相同,只需要用细点画线表示分度线和分度圆 | |
| 花键连接的画法 | | 花键连接一般用剖视绘制,其连接部分按外花键的画法绘制<br>图 a 所示为矩形花键连接的画法<br>图 b 所示为渐开线花键连接的画法 | |

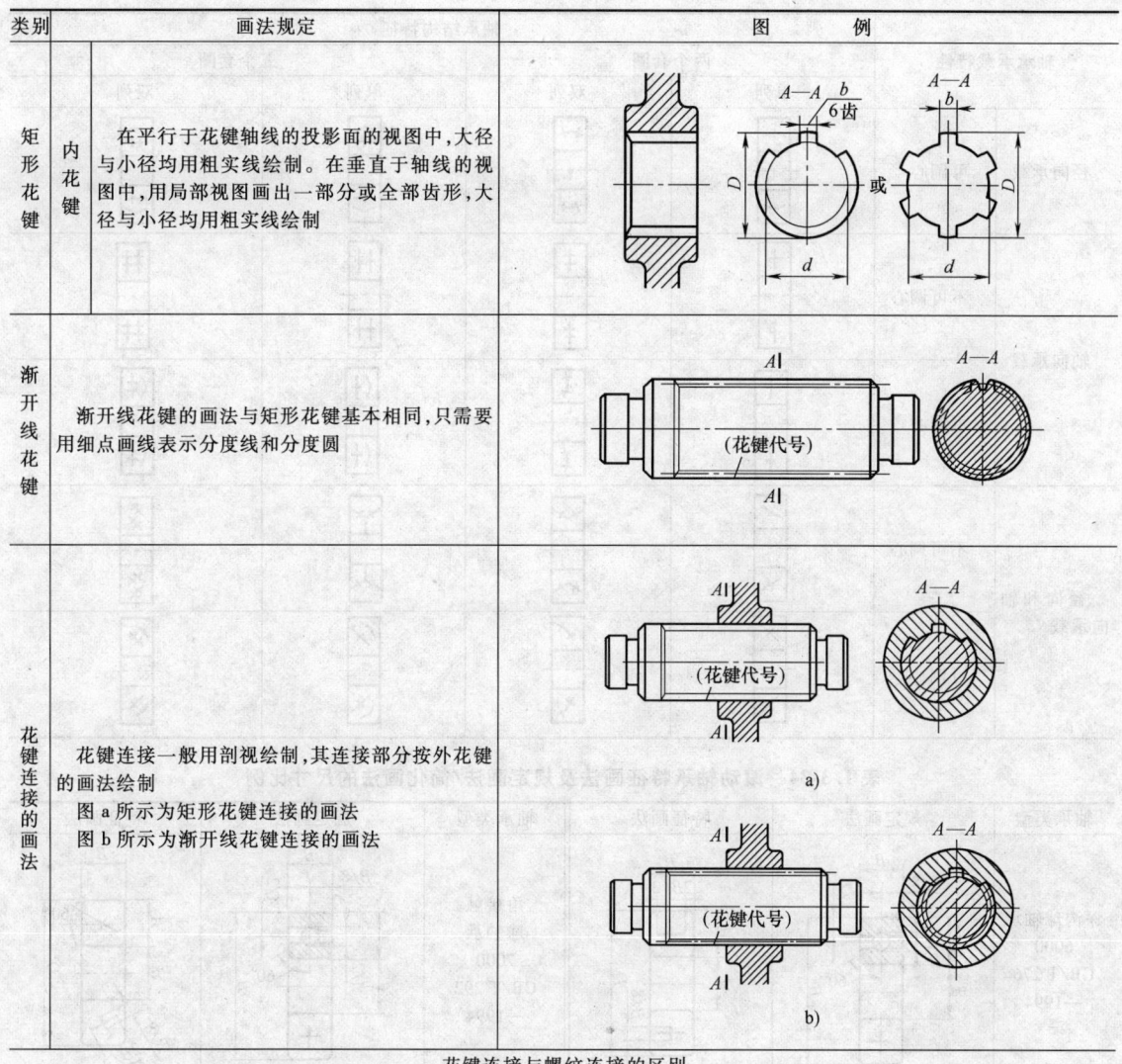

花键连接与螺纹连接的区别

1)螺纹一般不画出收尾部分,而花键则应画出收尾部分

2)螺纹的尾部只画一条粗实线,而花键的尾部则应画两条细实线

3)在投影为圆的视图中,螺纹的小径只画约四分之三圈的细实线圆,而花键的小径则应画成完整的细实线圆,并且在投影为圆的剖视图中,一般应画出一个以上的齿形

4)表示螺纹牙型的粗实线与细实线相距较近,而表示花键键齿的粗实线与细实线则相距较远,应按照大小径的尺寸画出

## 4.4 滚动轴承的画法（表 1.3-33 和表 1.3-34）

表 1.3-33 滚动轴承特征画法中要素符号的组合（摘自 GB/T 4459.7—1998）

| 轴承承载特性 | | 轴承结构特征 | | | |
|---|---|---|---|---|---|
| | | 两个套圈 | | 三个套圈 | |
| | | 单列 | 双列 | 单列 | 双列 |
| 径向承载 | 不可调心 | | | | |

（续）

| 轴承承载特性 | | 轴承结构特征 | | | |
|---|---|---|---|---|---|
| | | 两个套圈 | | 三个套圈 | |
| | | 单列 | 双列 | 单列 | 双列 |
| 径向承载 | 可调心 | | | | |
| 轴向承载 | 不可调心 | | | | |
| | 可调心 | | | | |
| 径向和轴向承载 | 不可调心 | | | | |
| | 可调心 | | | | |

**表 1.3-34　滚动轴承特征画法及规定画法/简化画法的尺寸比例**

| 轴承类型 | 规定画法 | 特征画法 | 轴承类型 | 规定画法 | 特征画法 |
|---|---|---|---|---|---|
| 深沟球轴承 6000 GB/T 276 —1994 | | | 角接触球轴承 7000 GB/T 292 —1994 | | |
| 圆柱滚子轴承 N000 GB/T 283 —1994 | | | 圆锥滚子轴承 7000 GB/T 297 —1994 | | |
| 双列圆柱滚子轴承 NU000 GB/T 285 —1994 | | | 推力球轴承 51000 GB/T 301 —1995 | | |

（续）

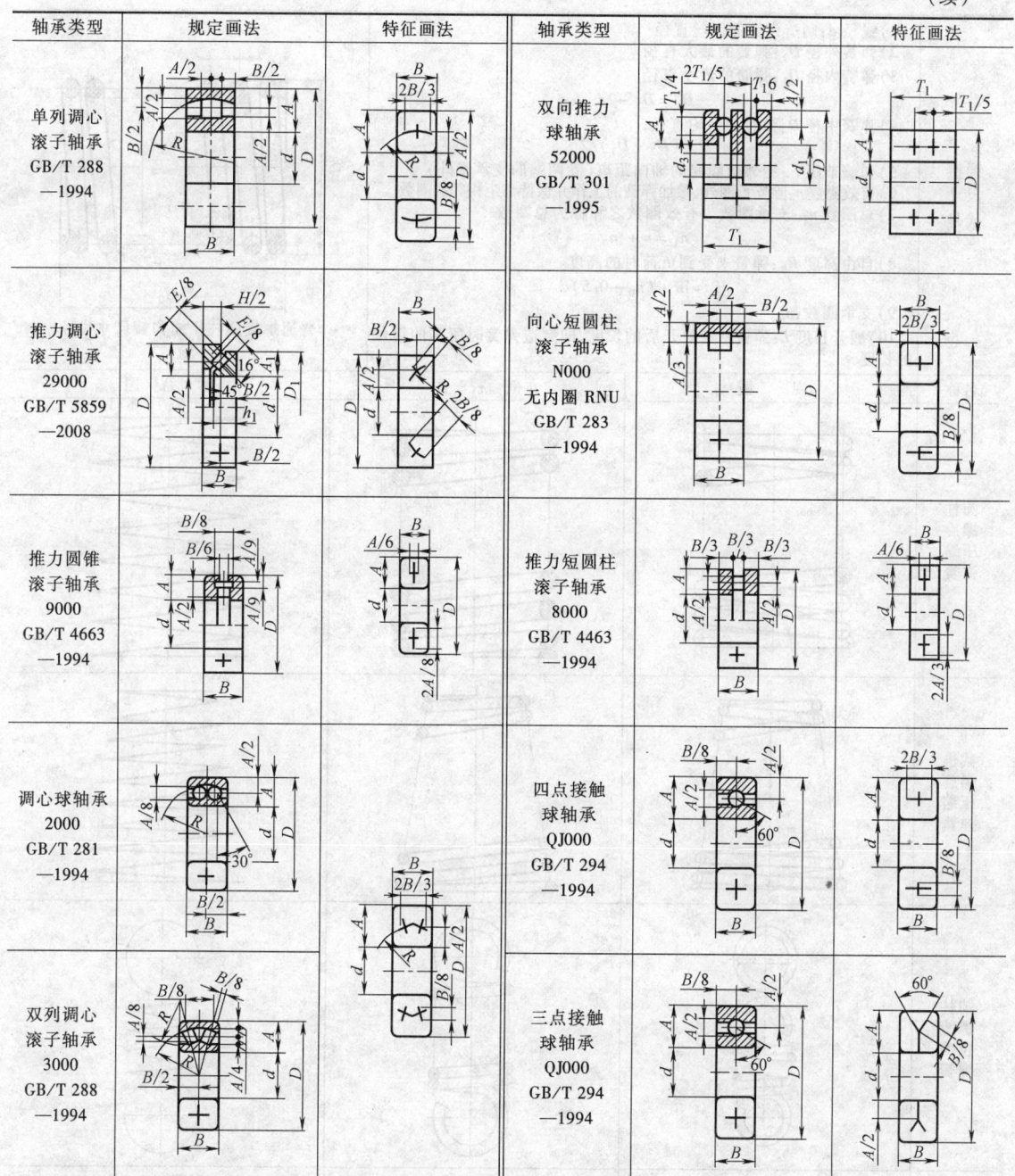

注：滚动轴承规定画法一栏点划线下面为滚动轴承的通用画法。

## 4.5 弹簧的画法（表1.3-35～表1.3-37）

**表 1.3-35　弹簧画法**（摘自 GB/T 4459.4—2003）

| 画法说明 | 1）在非圆投影的视图中，弹簧各圈的轮廓线应画成直线<br>2）无论螺旋弹簧的旋向是左还是右，其投影均可按右旋绘制，对于左旋弹簧，可标注旋向"左"<br>3）无论螺旋弹簧两端并紧磨平的圈数是多少，其投影均可按圆柱压缩弹簧视图/剖视图绘制<br>4）螺旋弹簧的有效圈数大于4圈时，可以只画出两端的1～2圈，中间部分可用通过弹簧钢丝截面中心的两条细点画线表示 |
|---|---|

（续）

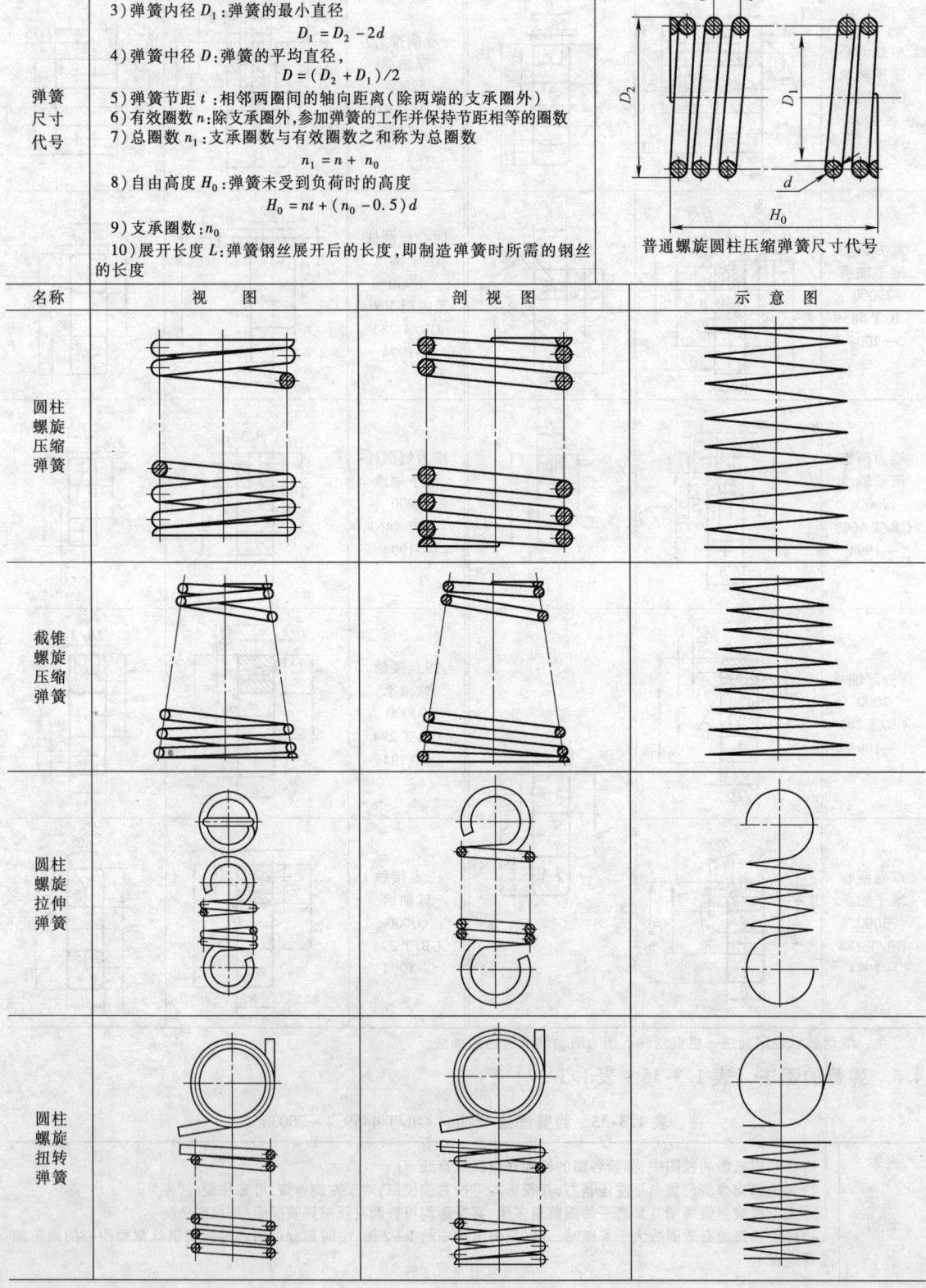

| 弹簧<br>尺寸<br>代号 | 1）线径 $d$:制造弹簧的钢丝直径<br>2）弹簧外径 $D_2$:弹簧的最大直径<br>3）弹簧内径 $D_1$:弹簧的最小直径<br><center>$D_1 = D_2 - 2d$</center>4）弹簧中径 $D$:弹簧的平均直径,<br><center>$D = (D_2 + D_1)/2$</center>5）弹簧节距 $t$:相邻两圈间的轴向距离（除两端的支承圈外）<br>6）有效圈数 $n$:除支承圈外,参加弹簧的工作并保持节距相等的圈数<br>7）总圈数 $n_1$:支承圈数与有效圈数之和称为总圈数<br><center>$n_1 = n + n_0$</center>8）自由高度 $H_0$:弹簧未受到负荷时的高度<br><center>$H_0 = nt + (n_0 - 0.5)d$</center>9）支承圈数:$n_0$<br>10）展开长度 $L$:弹簧钢丝展开后的长度,即制造弹簧时所需的钢丝的长度 | 普通螺旋圆柱压缩弹簧尺寸代号 |
|---|---|---|
| 名称 | 视图　　　　剖视图 | 示意图 |
| 圆柱<br>螺旋<br>压缩<br>弹簧 | | |
| 截锥<br>螺旋<br>压缩<br>弹簧 | | |
| 圆柱<br>螺旋<br>拉伸<br>弹簧 | | |
| 圆柱<br>螺旋<br>扭转<br>弹簧 | | |

（续）

| 名称 | 视 图 | 剖 视 图 | 示 意 图 |
|---|---|---|---|
| 碟形弹簧 | 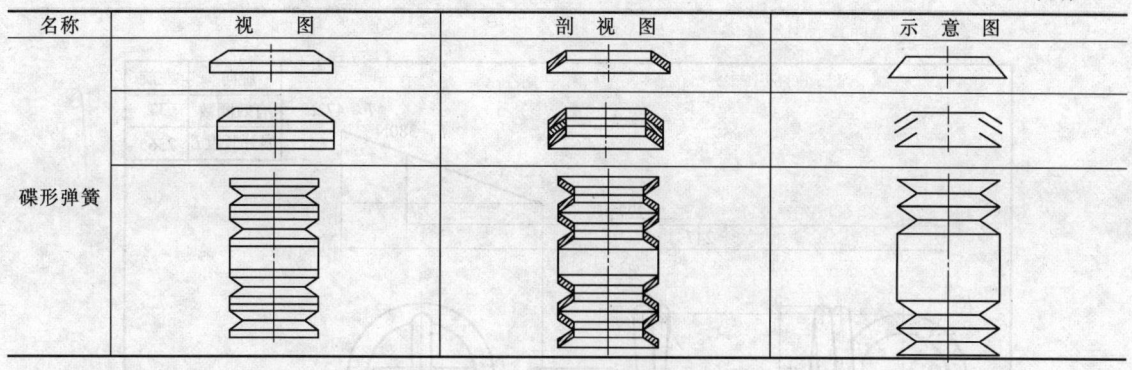 | | |

表 1.3-36 装配图中弹簧的画法

| 装配图中弹簧的画法 | 1）被弹簧挡住的结构一般不画出,可见轮廓线画到弹簧的外轮廓线或弹簧丝的中心线为止<br>2）当弹簧丝直径或厚度小于或等于 2mm 时,允许用示意图表示,其剖面线也可用涂黑表示<br>3）弹簧内有零件,弹簧直径在图形上小于或等于 2mm 时,可用示意图表示 |
|---|---|
| | 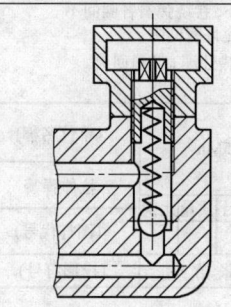 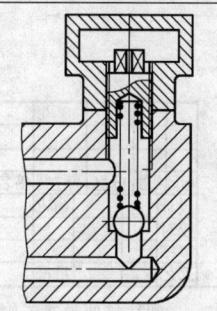 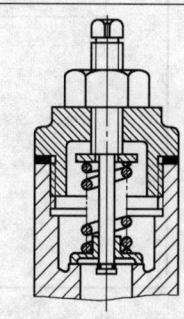 |

表 1.3-37 弹簧工作示例

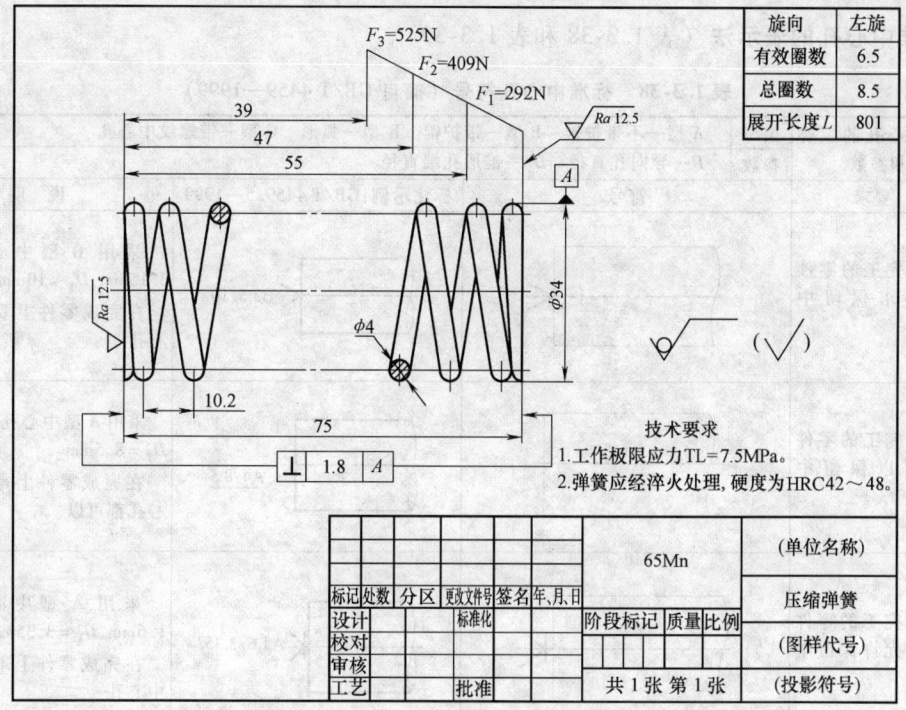

圆柱压缩弹簧工作图

（续）

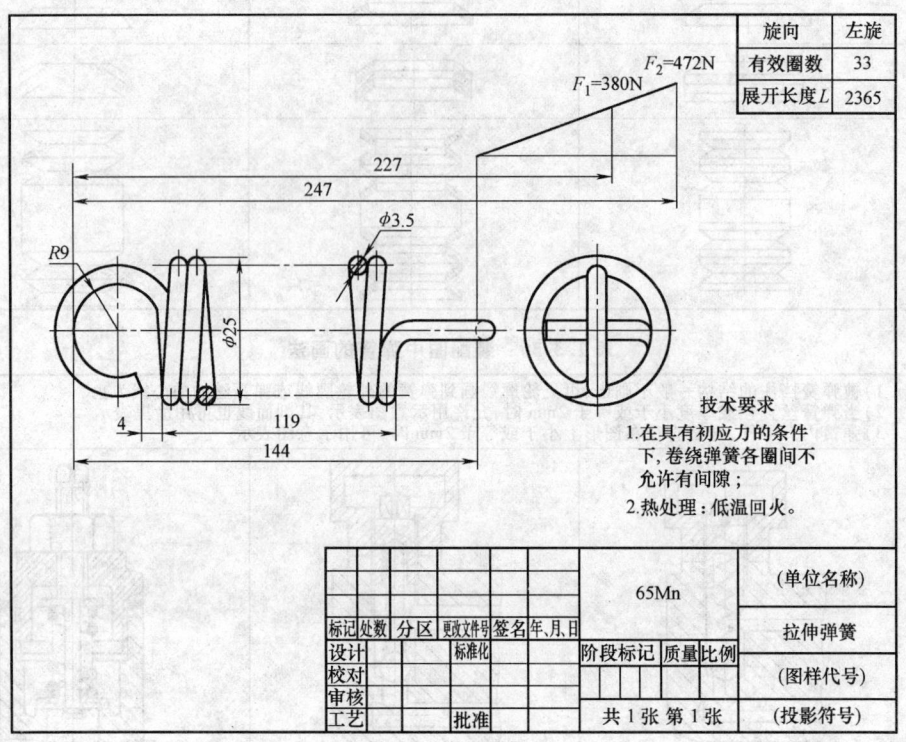

| 旋向 | 左旋 |
|---|---|
| 有效圈数 | 33 |
| 展开长度 $L$ | 2365 |

技术要求

1. 在具有初应力的条件下, 卷绕弹簧各圈间不允许有间隙;

2. 热处理：低温回火。

| | | | | | 65Mn | （单位名称） |
|---|---|---|---|---|---|---|
| 标记处数 | 分区 | 更改文件号 | 签名 | 年、月、日 | | 拉伸弹簧 |
| 设计 | | | 标准化 | | 阶段标记 质量 比例 | |
| 校对 | | | | | | （图样代号） |
| 审核 | | | | | | |
| 工艺 | | | 批准 | | 共 1 张 第 1 张 | （投影符号） |

圆柱拉伸弹簧工作图

## 4.6　标准中心孔的表示法（表 1.3-38 和表 1.3-39）

### 表 1.3-38　标准中心孔符号（摘自 GB/T 4459—1999）

| 中心孔的主要<br>类型和参数 | 类型 | A 型—不带护锥　B 型—带护锥　R 型—弧形　C 型—带螺纹中心孔 | | |
|---|---|---|---|---|
| | 参数 | $D$—导向孔直径　$D_1$—锥形孔端直径 | | |
| 要求 | | 符号 | 标注示例：GB/T 4459.5—1999 | 说　明 |
| 标准中心孔规定的符号及示例 | 在完工的零件上要求保留中心孔 | | B3.5/10 | 采用 B 型中心孔, $D=$ 3.15mm, $D_1=10$mm　在完成零件上要求保留中心孔 |
| | 在完工的零件上可以保留中心孔 | | A4/8.5 | 采用 A 型中心孔, $D=4$mm、 $D_1=8.5$mm　在完成零件上是否保留中心孔都可以 |
| | 在完工的零件上不允许保留中心孔 | | A1.6/3.35 | 采用 A 型中心孔, $D=$ 1.6mm、$D_1=3.35$mm　在完成零件上不允许保留中心孔 |

表 1.3-39　标准中心孔的标记（摘自 GB/T 4459—1999）

| 型式 | 标记示例 | | 图示说明 |
|---|---|---|---|
| A 型—不带护锥（根据 GB/T 145 选择中心钻） | GB/T 4459.5 —A4/8.5 | $D = 4$mm $D_1 = 8.5$mm | 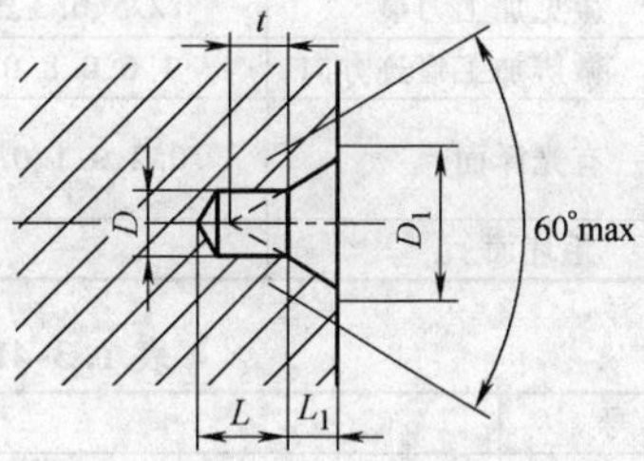 |
| B 型—带护锥（根据 GB/T 145 选择中心钻） | GB/T 4459.5 —B2.5/8.0 | $D = 2.5$mm $D_1 = 8.0$mm | 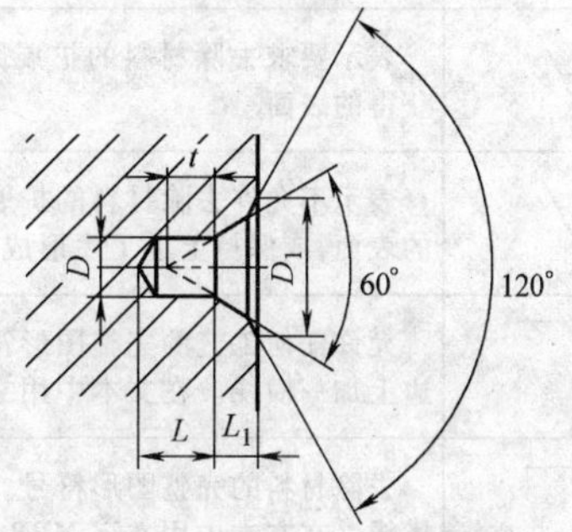 |
| C 型—带螺纹（根据 GB/T 145 选择中心钻） | GB/T 4459.5 —CM10L30/16.3 | $D = M10$ $L = 30$mm $D_2 = 16.3$mm | 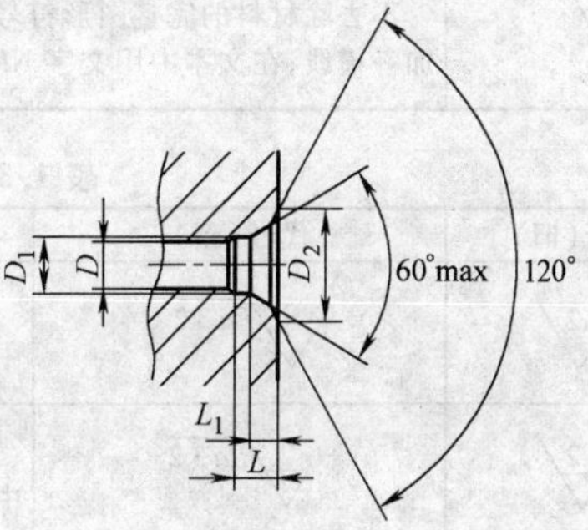 |
| R 型—弧型（根据 GB/T 145 选择中心钻） | GB/T 4459.5 —R3.15/6.7 | $R = 3.15$mm $D_1 = 6.7$mm | 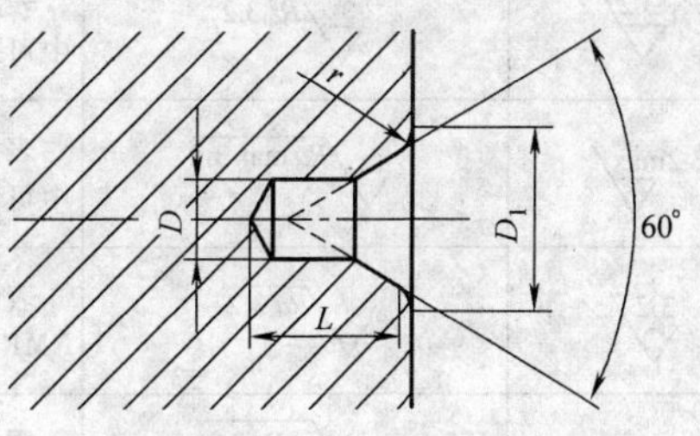 |

# 5　表面结构表示法

## 5.1　图样中表面结构的表示法简介

表面结构的主要评定参数是评定粗糙度轮廓（R 轮廓）的两个高度主参数，分别为 $Ra$ 和 $Rz$，实际应用中尤以 $Ra$ 用得最多。表面粗糙度参数 $Ra$ 的数值及其对应的加工方法见表 1.3-40。

## 5.2　表面结构的图形符号及含义

图样上表示零件表面结构的图形符号及含义见表 1.3-41。表面结构要求的代号及意义见表 1.3-42。

**表 1.3-40　表面粗糙度参数 *Ra*（轮廓算术平均偏差）的数值及其对应的加工方法**

| 表面特征 | | *Ra* 值/μm | 主要加工方法 | 适用范围 |
|---|---|---|---|---|
| 加工面 | 可见加工刀痕 | 100、50、25 | 粗车、粗刨、粗铣 | 钻孔、倾角、没有要求的自由表面 |
| | 微见加工刀痕 | 12.5、6.3、3.2 | 精车、精刨、精铣、精磨 | 接触表面、较精确定心的配合面 |
| | 微辨加工痕迹方向 | 1.6、0.8、0.4 | 精车、精磨、研磨、抛光 | 要求精确定心的、重要的配合面 |
| | 有光泽面 | 0.2、0.1、0.05 | 研磨、超精磨、抛光、镜面磨 | 高精度、高速运动零件的配合面及重要装饰面 |
| 毛坯面 | | — | 铸、锻、轧制等经表面清理 | 无须进行加工的表面 |

**表 1.3-41　标注表面结构的图形符号及含义**

| 符　号 | 含　义 |
|---|---|
|  | 基本图形符号，对表面结构有要求的图形符号仅用于简化代号标注，没有补充说明时不能单独使用 |
|  | 表示要求去除材料的扩展图形符号。例如，用车、铣、磨、剪切、抛光、腐蚀、电火花加工、气割等加工方法获得的表面 |
|  | 表示不允许去除材料的扩展图形符号。例如，用铸、锻、冲压变形、热轧、冷轧、粉末冶金等加工方法获得的表面，或保持上道工序形成的表面 |
| 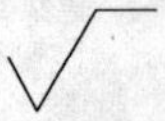 | 允许任何工艺的完整图形符号。当要求标注表面结构特征的补充信息时，在允许任何工艺图形符号的长边上加一横线。在文本中用文字 APA 表示 |
| 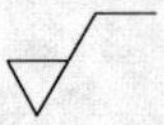 | 去除材料的完整图形符号。当要求标注表面结构特征的补充信息时，在去除材料图形符号的长边上加一横线。在文本中用文字 MRR 表示 |
| 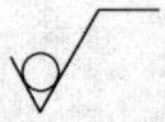 | 不去除材料的完整图形符号。当要求标注表面结构特征的补充信息时，在不去除材料图形符号的长边上加一横线，在文本中用文字 NMR 表示 |

**表 1.3-42　表面结构要求的代号示例**

| 代号（旧） | 代号（新） | 意　义 |
|---|---|---|
|  3.2 | 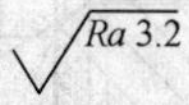 *Ra* 3.2 | 表示用任意加工方法获得的表面，单项上限值，*Ra* 的上限值为 3.2μm，在文本中可表达为 APA *Ra* 3.2 |
|  3.2 | 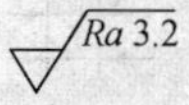 *Ra* 3.2 | 表示用去除材料方法获得的表面，单项上限值，*Ra* 的上限值为 3.2μm，在文本中可表达为 MRR *Ra* 3.2 |
| 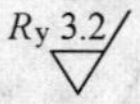 *Ry* 3.2 | 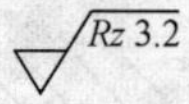 *Rz* 3.2 | 表示用去除材料方法获得的表面，单项上限值，*Rz* 的上限值为 3.2μm，在文本中可表达为 MRR *Rz* 3.2 |
| 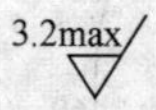 3.2max | 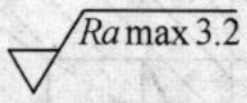 *Ra* max 3.2 | 表示用去除材料方法获得的表面，单项上限值，*Ra* 的上限值为 3.2μm，在文本中可表达为 MRR *Ra* 3.2 |
|  3.2 | 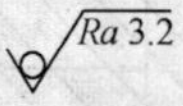 *Ra* 3.2 | 表示不去除材料，单项上限值，*Ra* 的最大允许值为 3.2μm，在文本中可表达为 NMR *Ra* 3.2 |
| | 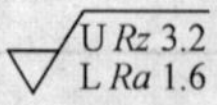 U *Rz* 3.2<br>L *Ra* 1.6 | 用去除材料方法获得的表面，双项极限值。上限值，*Rz* 为 3.2μm；下限值，*Ra* 值为 1.6μm。在文本中可表达为 MRR U *Ra* 3.2；L *Ra* 1.6 |
| 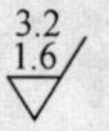 3.2<br>1.6 | 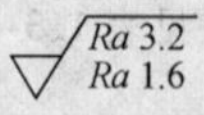 *Ra* 3.2<br>*Ra* 1.6 | 用去除材料方法获得的表面，双项极限值。上限值，*Ra* 为 3.2μm；下限值，*Ra* 为 1.6μm。同一参数具有双向极限要求，在不引起岐义的情况下，可以不加 U、L。在文本中可表达为 MRR *Ra* 3.2；*Ra* 1.6 |
| | 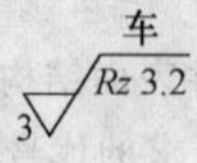 车<br>*Rz* 3.2<br>3 | 表示用车削加工，单项上限值，*Rz* 的上限值为 3.2μm，加工余量为 3mm |

## 5.3 表面结构完整图形符号的画法及组成

表面结构完整图形符号的画法如图 1.3-7 所示。

为了明确表面结构要求，除了标注表面结构参数和数值外，必要时为了保证表面的功能特征，应对表面结构补充标注不同要求的规定参数。在完整符号中，对表面结构的单一要求和补充要求注写在图 1.3-8 所示的指定位置。

在图 1.3-8 中，位置 a～e 分别注写以下内容：

1）位置 a 注写表面结构单一要求。

2）位置 a 和 b 注写两个或多个表面结构要求。

3）位置 c 注写加工方法、表面处理、涂层或其他加工工艺要求等，如车、磨、镀等表面结构。

4）位置 d 注写所要求的表面纹理和纹理方向。

5）位置 e 注写加工余量，注写所要求的加工余量，以毫米为单位给出数值。

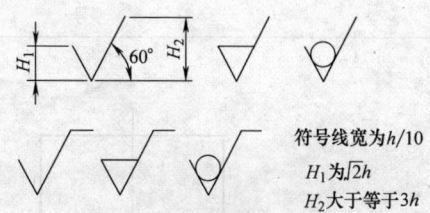

图 1.3-7 表面结构完整
图形符号的画法

符号线宽为 $h/10$
$H_1$ 为 $\sqrt{2}h$
$H_2$ 大于等于 $3h$

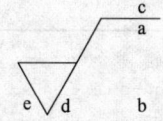

图 1.3-8 表面结构完
整图形符号组成

## 5.4 表面结构标注图例（表 1.3-43）

表 1.3-43 表面结构标注图例

| 符 号 | 含 义 |
|---|---|
| 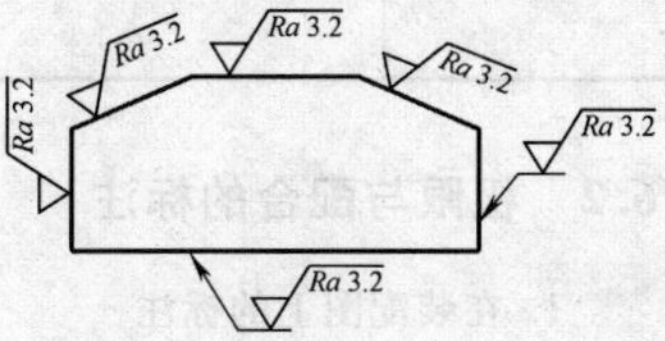 | 表面结构的注写和读取方向与尺寸的注写和读取方向一致，其符号应从材料外指向并接触表面 |
| 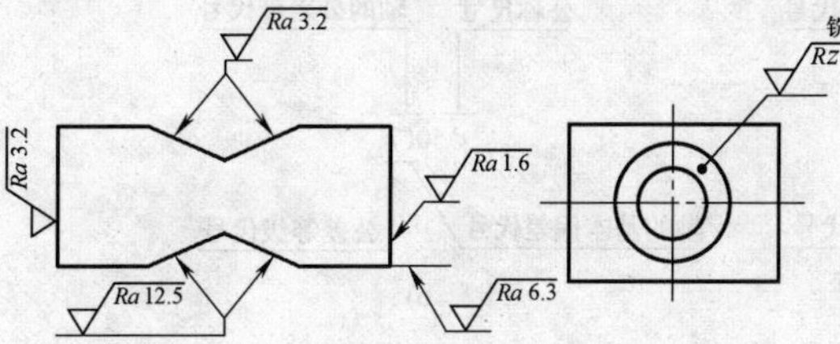 | 必要时，表面结构符号可用带箭头或黑点的指引线引出标，也可以标注在延长线上 |
| 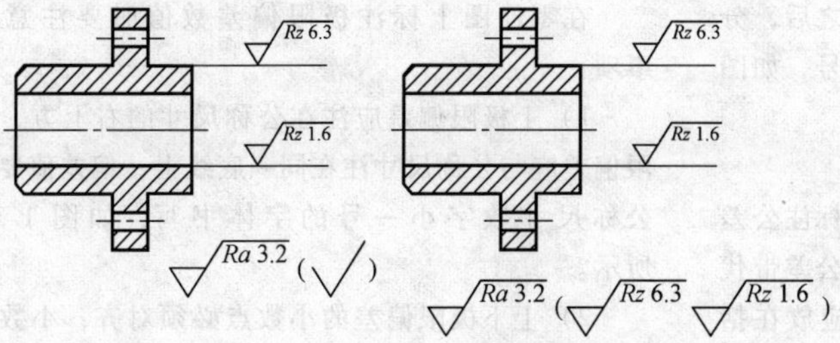 | 如果零件的多数（包括全部）表面有统一的表面结构要求，则其表面结构要求可统一标注在图样的标题栏附近。此时，除全部表面有相同要求的情况外，表面结构要求的符号后面应有：<br>①在圆括号内给出无任何其他标注的基本符号<br>②在圆括号内给出不同的表面结构要求，不同的表面结构要求应直接标注在图形中 |

（续）

| 符　　号 | 含　　义 |
|---|---|
| 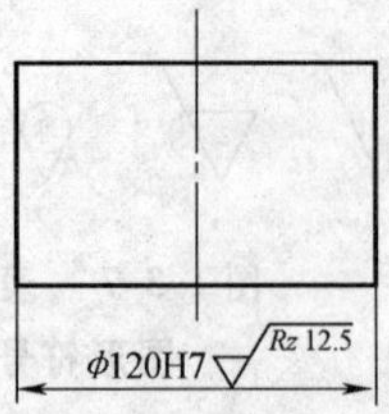 $\phi 120H7$　$\overline{Rz\,12.5}$ | 在不引起误解时,表面结构要求可以标注在给定的尺寸线上 |
| $\overline{Rz\,6.3}$　$\phi 10\pm 0.1$　$\boxed{\oplus}\phi 0.2\,\|A\|B$　$\overline{Ra\,1.6}$　$\boxed{\square}\,0.1$ | 表面结构可以标注在几何公差的框格上方 |

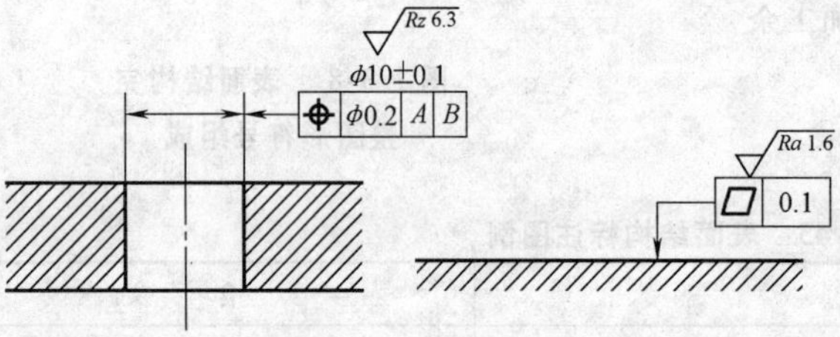

# 6　极限与配合、几何公差

## 6.1　公差带代号含义（图 1.3-9）

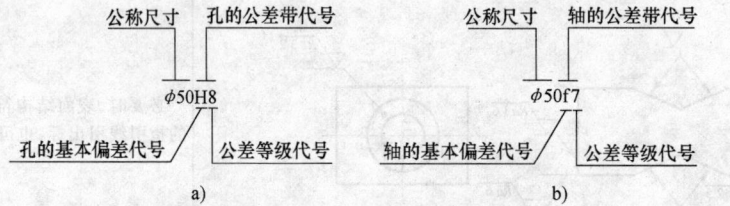

图 1.3-9　公差带代号示例图
a) 孔的公差带代号　b) 轴的公差带代号

带代号,通常采用分式的形式注在公称尺寸之后,分子为孔的公差带代号,分母为轴的公差带代号,如图 1.3-10a 所示。

2. 在零件图上的标注

在零件图上标注公差的方法有三种:只标注公差带代号;只标注极限偏差的数值;同时标注公差带代号和极限偏差的数值（但极限偏差的数值应放在括号中）,分别如图 1.3-10b ~ d 所示。

## 6.2　极限与配合的标注

1. 在装配图上的标注

在装配图上一般只标注相互配合的孔与轴的公差

在零件图上标注极限偏差数值时要注意以下事项:

1) 上极限偏差应注在公称尺寸的右上方,下极限偏差应与公称尺寸注在同一底线上;偏差值要用比公称尺寸数字小一号的字体书写,如图 1.3-10c 所示。

2) 上下极限偏差的小数点必须对齐,小数点后的位数也必须相同（可在右端用 0 补齐）,如

$\phi 100^{+0.010}_{-0.025}$；当上极限偏差（或下极限偏差）为零时，应标出数字"0"，并与下极限偏差（或上极限偏差）的个位数对齐，如图 1.3-10d 所示。

3）当两个极限偏差相同时，偏差数值只注写一次，但应在偏差与公称尺寸之间注出"±"符号，并且与公称尺寸数字高度相同，如 $\phi 100$ ±0.0075。

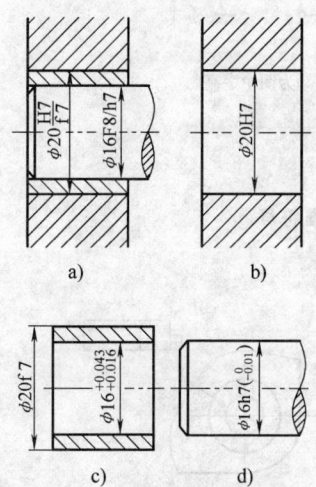

图 1.3-10　公差与配合的标注方法

## 6.3　几何公差代号及其注法

新标准（GB/T 1182—2008）与旧标准的术语变化见表 1.3-44。

表 1.3-44　新旧标准的术语变化

| 新标准 | 旧标准 |
|---|---|
| 几何公差 | 形状和位置公差 |
| 导出要素 | 中心要素 |
| 组成要素 | 轮廓要素 |
| 提取要素 | 测得要素 |

### 6.3.1　几何公差的几何特征、符号（表 1.3-45）

### 6.3.2　几何公差的图样表示法

几何公差的代号及基准符号如图 1.3-11 所示。

### 6.3.3　被测要素的标注方法

按下列方法之一用指引线连接被测要素和公差框格（指引线引自框格的任意一侧，终端带一箭头）：

表 1.3-45　几何公差的几何特征、符号

| 公差类型 | 几何特征 | 符号 | 有无基准 |
|---|---|---|---|
| 形状公差 | 直线度 | — | 无 |
| | 平面度 | ▱ | 无 |
| | 圆度 | ○ | 无 |
| | 圆柱度 | ⌀ | 无 |
| | 线轮廓度 | ⌒ | 无 |
| | 面轮廓度 | ⌓ | 无 |
| 方向公差 | 平行度 | // | 有 |
| | 垂直度 | ⊥ | 有 |
| | 倾斜度 | ∠ | 有 |
| | 线轮廓度 | ⌒ | 有 |
| | 面轮廓度 | ⌓ | 有 |
| 位置公差 | 位置度 | ⊕ | 有或无 |
| | 同心度（用于中心点） | ◎ | 有 |
| | 同轴度（用于轴线） | ◎ | 有 |
| | 对称度 | ═ | 有 |
| | 线轮廓度 | ⌒ | 有 |
| | 面轮廓度 | ⌓ | 有 |
| 跳动公差 | 圆跳动 | ↗ | 有 |
| | 全跳动 | ⌰ | 有 |

1）当公差涉及轮廓线或轮廓面时，箭头指向该要素的轮廓线或其延长线（应与尺寸线明显错开，见图 1.3-12a、b），箭头也可指向引出线的水平线，引出线引自被测面（见图 1.3-12c）。

2）公差涉及要素的中心线、中心面或中心点时，箭头应位于相应尺寸线的延长线上（见图 1.3-12d～f）。

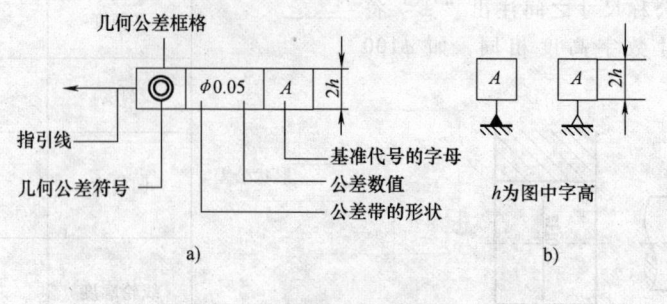

图 1.3-11　几何公差的代号及基准符号
a）几何公差的代号　b）基准符号

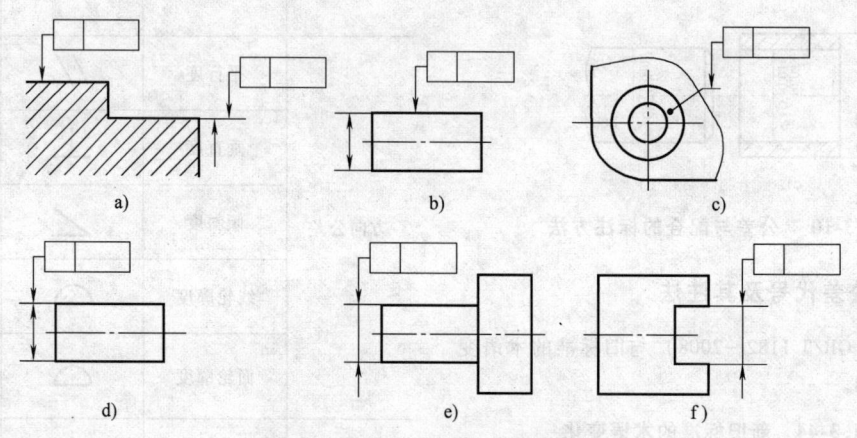

图 1.3-12　被测要素的标注方法

#### 6.3.4　基准要素的标注方法

基准应按以下规定标注：

1）与被测要素相关的基准用一个大写字母表示。字母标注在基准方格内，与一个涂黑的或空白的三角形相连以表示基准（见图 1.3-13a、b）；表示基准的字母还应标注在公差框格内。涂黑的和空白的基准三角形含义相同。

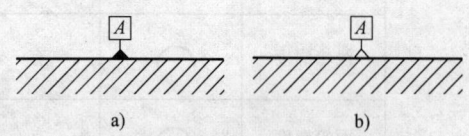

图 1.3-13　基准的表示方法

2）带基准字母的基准三角形应按如下规定放置：

① 当基准要素是轮廓线或轮廓面时，基准三角形放置在要素的轮廓线或其延长线上（与尺寸线明显错开，见图 1.3-14a），基准三角形也可放置在该轮廓面引出线的水平线上（见图 1.3-14b）。

② 当基准线是尺寸要素确定的轴线、中心平面或中心点时，基准三角形应放置在该尺寸线的延长线上（见图 1.3-14c～e）。如果没有足够的位置标注基准要素尺寸的两个尺寸箭头，则其中一个箭头可用基准三角形代替（见图 1.3-14d 和图 1.3-14e）。

3）如果只以要素的某一局部作基准，则应用粗点画线示出该部分并加注尺寸（见图 1.3-14f）。

4）以单个要素作基准时，用一个大写字母表示（见图 1.3-14g）。

5）两个要素建立公共基准时，用中间加连字符的两个大写字母表示（见图 1.3-14h）。

6）两个或三个基准建立基准体系（即采用多基准）时，表示基准的大写字母按基准的优先顺序自左至右填写在各框格内（见图 1.3-14i）。

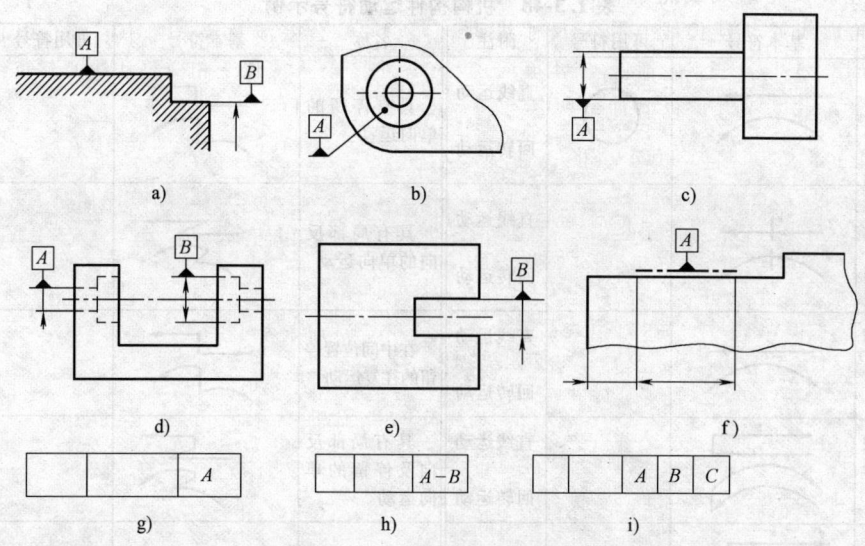

**图 1.3-14　基准要素的标注方法**

# 7　机构运动简图符号（表 1.3-46 ~ 表 1.3-55）

**表 1.3-46　机构运动符号**

| 名　称 | 基本符号 | 附注 | 名　称 | 基本符号 | 附注 |
|---|---|---|---|---|---|
| 运动轨迹 |  | 直线运动回转运动 | 中间位置的停留 |  |  |
| 运动指向 | → | 表示点沿轨迹运动的指向 | 极限位置的停留 |  |  |
| 中间位置的瞬时停顿 |  | 直线运动回转运动 | 局部反向运动 |  | 直线运动回转运动 |
|  |  |  | 停止 |  |  |

**表 1.3-47　机构及其组合部分的连接**

| 名　称 | 基本符号 | 可用符号 | 附　注 |
|---|---|---|---|
| 机架 |  |  |  |
| 轴、杆 |  |  |  |
| 构件组成部分的永久连接 |  |  |  |
| 组成部分与轴（杆）的固定连接 |  |  |  |
| 构件组成部分的可调连接 |  |  |  |

表 1.3-48　机构构件运动符号示例

| 名称 | 基本符号 | 可用符号 | 附注 | 名称 | 基本符号 | 可用符号 | 附注 |
|---|---|---|---|---|---|---|---|
| 单向运动 | 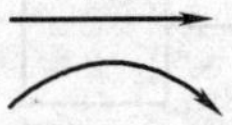 |  | 直线运动<br>回转运动 | 具有停留的单向运动 | 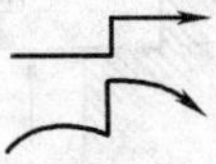 | | 直线运动<br>回转运动 |
| 具有瞬间停顿的单向运动 | 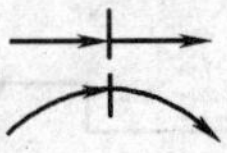 | | 直线运动<br>回转运动 | 具有局部反向的单向运动 | 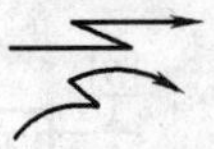 | | 直线运动<br>回转运动 |
| 往复运动 |  | | 直线运动<br>回转运动 | 在中间位置停留的往复运动 | 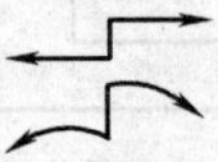 | | 直线运动<br>回转运动 |
| 在一个极限位置停留的往复运动 |  | | 直线运动<br>回转运动 | 具有局部反向及停留的单向运动 | 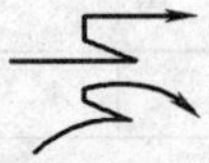 | | 直线运动<br>回转运动 |
| 在两个极限位置停留的往复运动 | 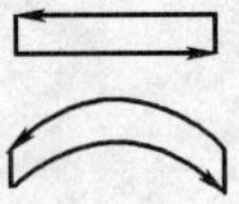 | | 直线运动<br>回转运动 | 运动停止 | 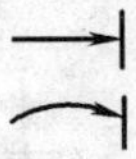 | | 直线运动<br>回转运动 |

表 1.3-49　多杆机构构件

| 名　称 | 基本符号 | 可用符号 | 附　注 |
|---|---|---|---|
| 单副元素构件,构件是回转副的一部分<br>a)平面机构<br>b)空间机构 |  | | |
| 机架是回转副的一部分<br>a)平面机构<br>b)空间机构 |  | | |
| 构件是棱柱副的一部分 | 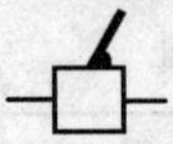 |  | |
| 构件是圆柱副的一部分 |  | | |
| 构件是球面副的一部分 | 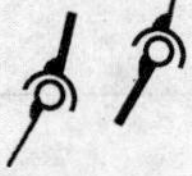 | | |
| 双副元素构件:连接两个回转副的构件<br>a)平面机构<br>b)空间机构 | 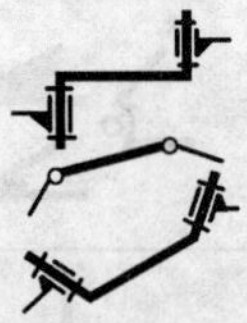 | | |
| 曲柄(或摇杆)<br>a)平面机构<br>b)空间机构 | 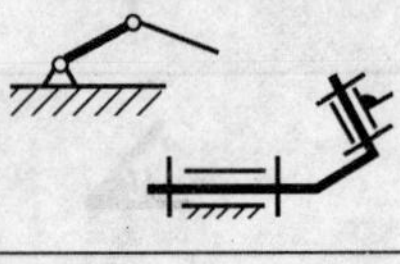 | | |

（续）

| 名　称 | 基本符号 | 可用符号 | 附　注 |
|---|---|---|---|
| 偏心轮 | | | |
| 连接两个棱柱副的构件 | | | |
| 通用情况 | | | |
| 滑块 | | | $\theta$ 为任意角度 |
| 连接回转副与棱柱副的构件<br>通用情况 | | | |
| 导杆 | | | |
| 滑块 | | | |
| 三副元素构件 | | | |

（续）

| 多副元素构件 |
|---|

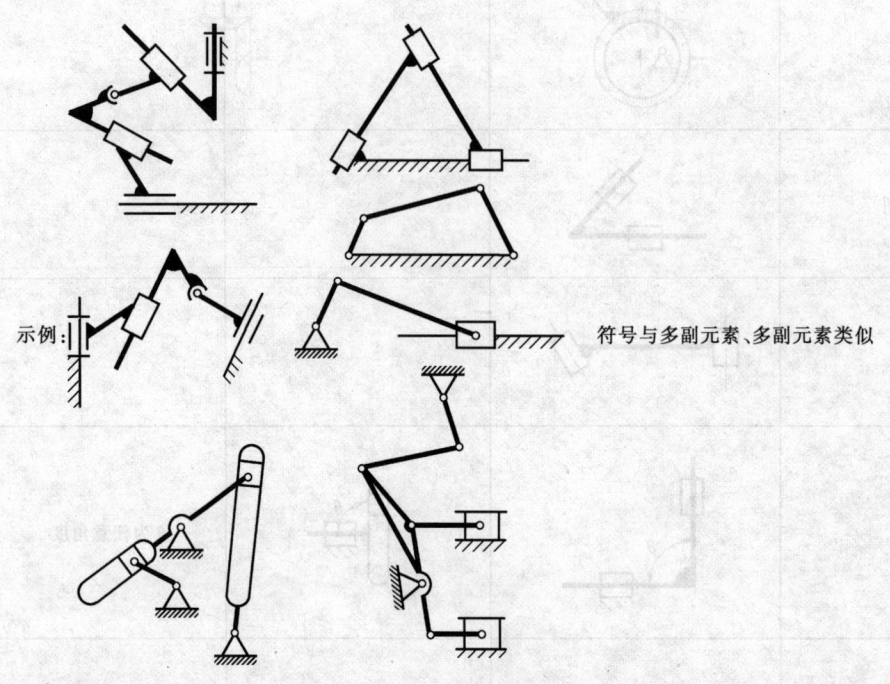

示例：　　　　　　　　　　　　　　　　　　符号与多副元素、多副元素类似

### 表 1.3-50　摩擦轮与摩擦轮传动符号

| 名　　称 | | 基　本　符　号 | 可　用　符　号 |
|---|---|---|---|
| 摩擦轮 | 圆柱轮 | | |
| | 圆锥轮 | | |
| | 曲线轮 | | |
| | 冕状轮 | | |
| | 挠性轮 | | |
| 摩擦传动 | 圆柱轮 | | |

（续）

| 名　称 | | 基 本 符 号 | 可 用 符 号 |
|---|---|---|---|
| 摩擦传动 | 圆锥轮 | | |
| | 双曲面轮 | | |
| | 可调圆锥轮 | | |
| | 可调冕状轮 | | |

### 表 1.3-51　齿轮和齿轮传动符号

| 名称 | | 基本符号 | 可用符号 | 名称 | | 基本符号 | 可用符号 |
|---|---|---|---|---|---|---|---|
| 齿轮（不指明齿线） | 圆柱齿轮 | | | 齿条传动 | 蜗杆与蜗线齿条 | | |
| | 锥齿轮 | | | | 齿条与蜗杆 | | |
| | 挠性齿轮 | | | | | | |
| 齿线符号 | 圆柱齿轮 直齿 | | | 齿轮传动（不指明齿线） | 圆柱齿轮 | | |
| | 斜齿 | | | | | | |
| | 人字齿 | | | | 非圆齿轮 | | |
| | 锥齿轮 直齿 | | | | | | |
| | 斜齿 | | | | 锥齿轮 | | |
| | 弧齿 | | | | | | |
| 齿条传动 | 一般表示 | | | | 准双曲面齿轮 | | |

（续）

| 名称 | | 基本符号 | 可用符号 | 名称 | | 基本符号 | 可用符号 |
|---|---|---|---|---|---|---|---|
| 齿轮传动（不指明齿线） | 蜗轮与圆柱蜗杆 | 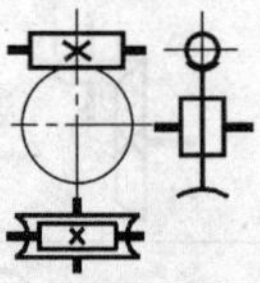 |  | 齿轮传动（不指明齿线） | 螺旋齿轮 |  | 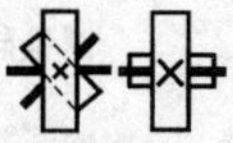 |
| | 蜗轮与球面蜗杆 |  |  | | 扇形齿轮 | 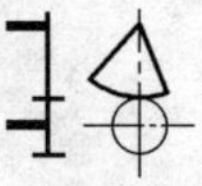 |  |

**表 1.3-52　槽轮机构**

| 名　称 | | 基本符号 | 可用符号 | 名　称 | | 基本符号 | 可用符号 |
|---|---|---|---|---|---|---|---|
| 槽轮机构 | 一般符号 | 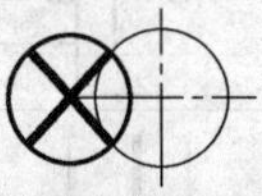 | | 棘轮机构 | 外啮合 |  | 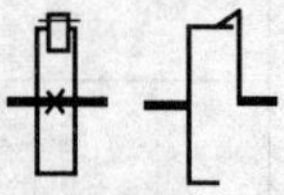 |
| | 外配合 | 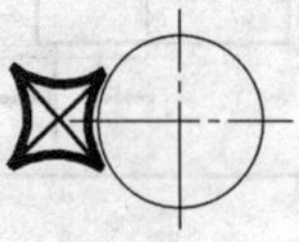 |  | | 内啮合 |  | 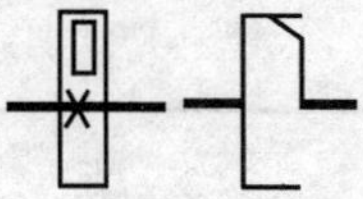 |
| | 内配合 |  |  | | 棘齿条啮合 | 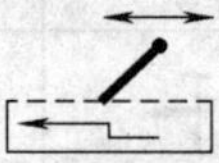 | |

**表 1.3-53　凸轮机构**

| 名　称 | | 基本符号 | 可用符号 | 附　注 |
|---|---|---|---|---|
| 盘形凸轮 | | 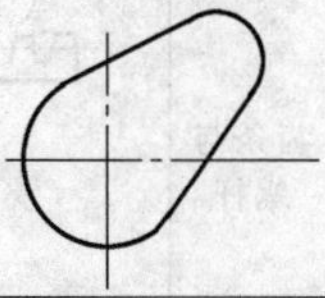 | | 钩槽盘形凸轮 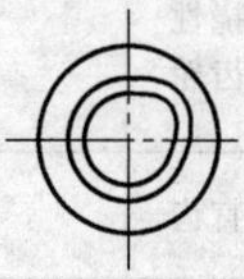 |
| 移动凸轮 | | 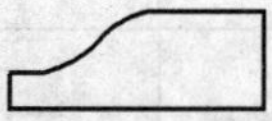 | | |
| 与杆固定的凸轮 | | 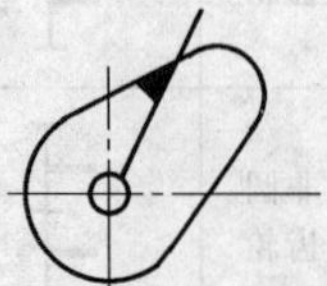 | | 可调连接 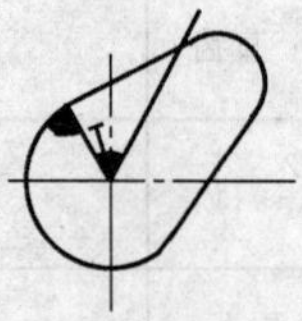 |
| 空间凸轮 | 圆柱凸轮 | 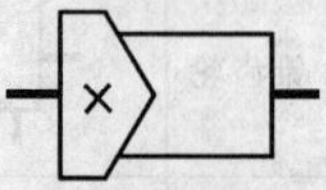 | 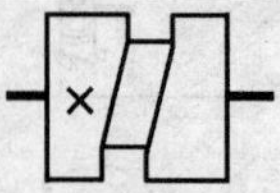 | |
| | 圆锥凸轮 | 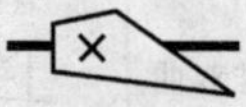 |  | |
| | 双曲面凸轮 | 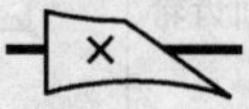 |  | |

（续）

| 名　称 | | 基本符号 | 可用符号 | 附　注 |
|---|---|---|---|---|
| 凸轮从动杆 | 尖顶从动杆(直动) | 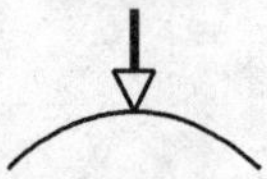 | | 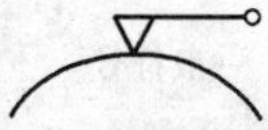 |
| | 曲面从动杆(直动) |  | |  |
| | 滚子从动杆(直动) | 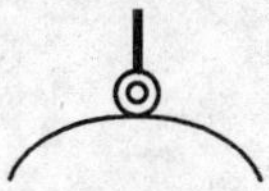 | |  |
| | 平底从动杆(直动) | 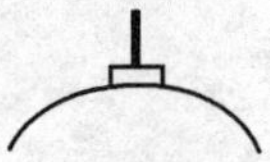 | |  |

表 1.3-54　联轴器、离合器及制动器

| 名　称 | | | 基本符号 | 可用符号 | 附　注 |
|---|---|---|---|---|---|
| 联轴器 | | 一般符号(不指明类型) | 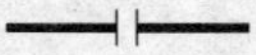 | | |
| | | 固定联轴器 | 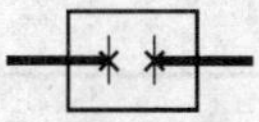 | | |
| | | 可移式联轴器 | 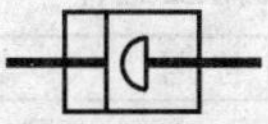 | | |
| | | 弹性联轴器 | 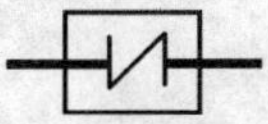 | | |
| 可控离合器 | 啮合式离合器 | 一般符号 | 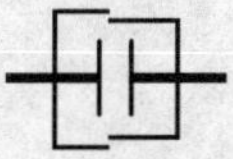 | |  |
| | | 单向式 | 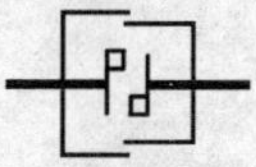 | 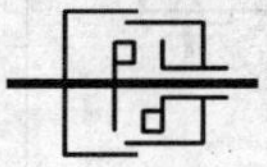 | 对于可控离合器、自动离合器、制动器。当需要表明操纵方式时,可使用下列符号:<br>M——机动的<br>H——液动的<br>P——气动的<br>E——电动的(如电磁)<br>例如:具有气动开关启动的单向摩擦离合器 |
| | | 双向式 | 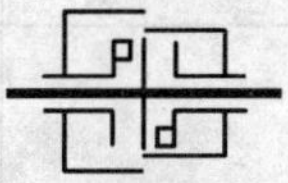 | | |
| | 摩擦离合器 | 单向式 | 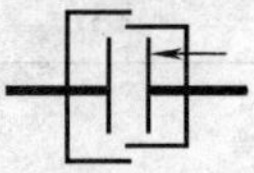 | 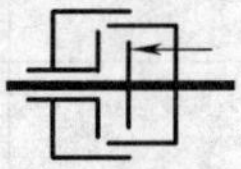 | |
| | | 双向式 | 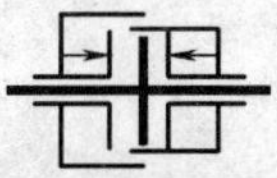 | 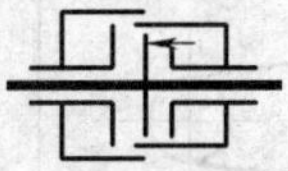 | |
| | | 液压离合器一般符号 | 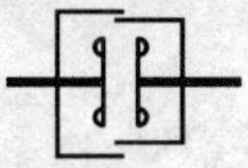 | | |
| | | 电磁离合器 |  | | |

（续）

| 名　称 | | 基 本 符 号 | 可 用 符 号 | 附　注 |
|---|---|---|---|---|
| 自动离合器 | 一般符号 | 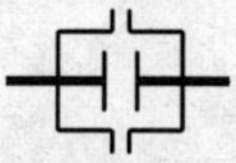 | | 对于可控离合器、自动离合器、制动器。当需要表明操纵方式时，可使用下列符号：<br>M——机动的<br>H——液动的<br>P——气动的<br>E——电动的（如电磁）<br>例如：具有气动开关启动的单向摩擦离合器 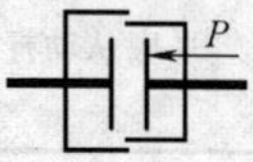 |
| | 离心摩擦离合器 | 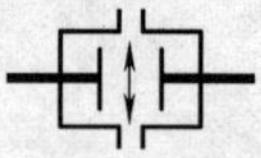 | | |
| | 超越离合器 | 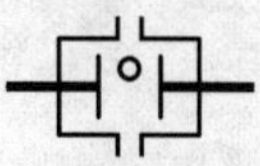 | | |
| | 安全离合器 | 带有易损元件 |  | | |
| | | 不带易损元件 | | |
| 制动器一般符号 | |  | | 不规定制动器外观 |

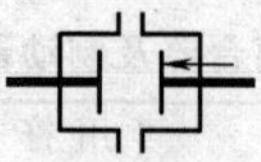

表 1.3-55　其他机构及组件

| 名　称 | 基 本 符 号 | 可 用 符 号 | 备　注 |
|---|---|---|---|
| 带传动一般符号（不指明带的类型） | 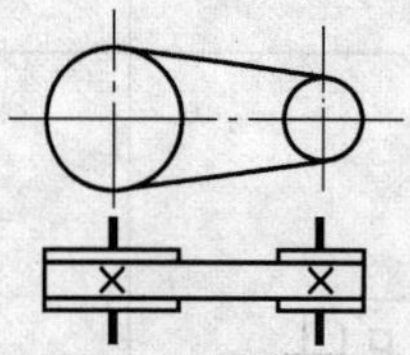 | | 若需要指明带类型可采用下列符号：<br>V 带 　▽<br>圆带 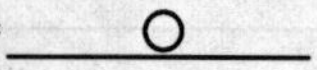　○<br>同步齿形带 　∿<br>平带 　——<br><br>例如：V 带传动 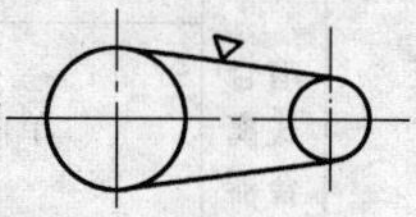 |
| 轴上的宝塔轮 | 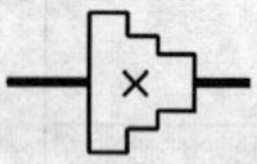 | | |
| 链传动一般符号（不指明链的类型） | 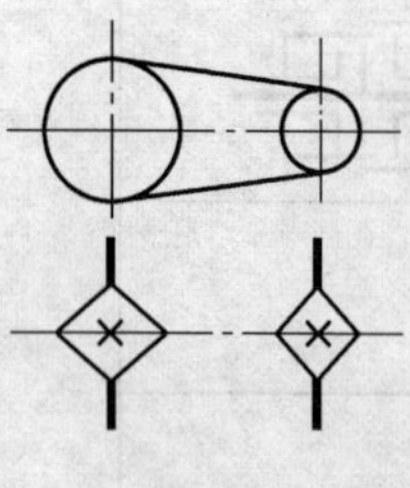 | | 若需要指明链条类型可采用下列符号：<br>环形链 　⬯<br>滚子链 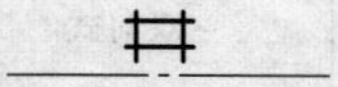　Ħ<br>无声链 　W<br>例如：无声链传动 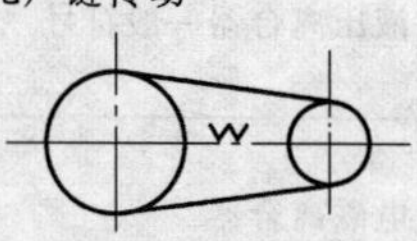 |

（续）

| 名　称 | | 基 本 符 号 | 可 用 符 号 | 备　注 |
|---|---|---|---|---|
| 螺杆传动 | 整体螺母 | | | |
| | 开合螺母 | | | |
| | 滚球螺母 | | | |
| 轴承 | 普通轴承 | 滑动轴承 | | 若有需要,可指明轴承型号 |
| | | 滚动轴承 | | |
| | 推力轴承 | 单向推力普通轴承 | | |
| | | 双向推力普通轴承 | | |
| | | 推力滚动轴承 | | |
| | 角接触轴承 | 单向角接触普通轴承 | | |
| | | 双向角接触普通轴承 | | |
| | | 角接触滚动轴承 | | 若有需要,可指明轴承型号 |
| 挠性轴 | | | | 可以只画一部分 |
| 轴上飞轮 | | | | |
| 分度头 | | | | $n$ 为分度数 |

（续）

| 名称 | | 基本符号 | 可用符号 | 备注 |
|---|---|---|---|---|
| 原动机 | 通用符号（不指明类型） | 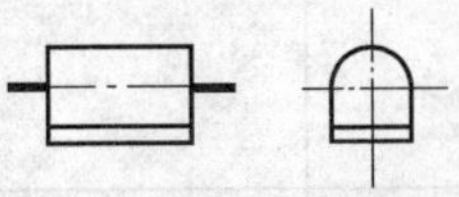 | | |
| | 电动机：一般符号 | 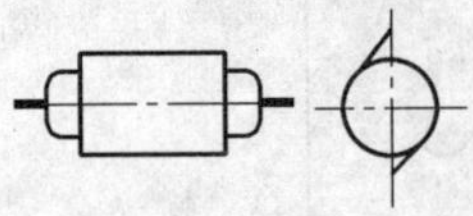 | | |
| | 装在支架上的电动机 | 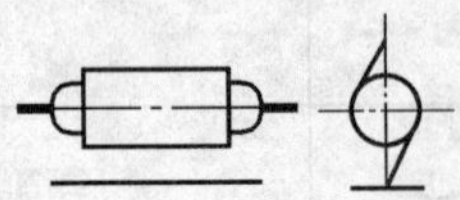 | | |

## 8 装配图

机器（或部件）是由若干个零件装配而成的，表示机器（或部件）的图样称为装配图，通常将表示机器的装配图称为总装配图（总装图），而将表示部件的装配图称为部装图。

装配图主要表示机器（或部件）的工作原理和主要性能、零件之间的装配关系、主要零件的基本形状结构，以及在装配、检验、安装、调试时所需要的数据和技术要求，是机器（或部件）设计、制造、使用、维修以及进行技术交流的重要技术文件。

### 8.1 装配图表达的内容（表1.3-56）

表1.3-56 装配图的内容

装配图内容图例

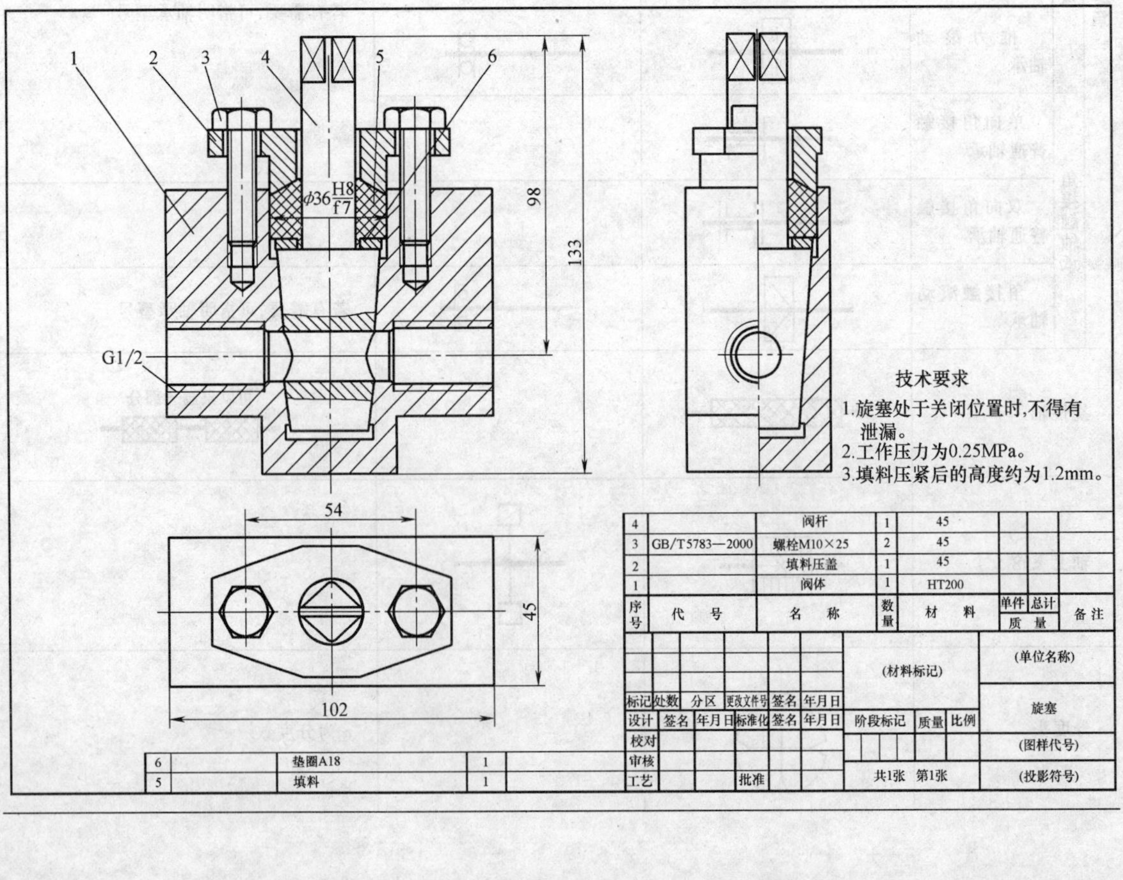
1
2
3
4
5
6
$\phi36\frac{H8}{f7}$
98
133
G1/2
54
45
102
技术要求
1.旋塞处于关闭位置时,不得有泄漏。
2.工作压力为0.25MPa。
3.填料压紧后的高度约为1.2mm。
4 阀杆 1 45
3 GB/T5783—2000 螺栓M10×25 2 45
2 填料压盖 1 45
1 阀体 1 HT200
序号 代号 名称 数量 材料 单件 总计 质量 备注
(材料标记)
(单位名称)
标记 处数 分区 更改文件号 签名 年月日
设计 签名 年月日 标准化 签名 年月日
阶段标记 质量 比例
旋塞
校对
审核
工艺
批准
(图样代号)
共1张 第1张
(投影符号)
6 垫圈A18 1
5 填料 1

(续)

| 内　容 | 说　明 |
|---|---|
| 一组视图 | 采用适当的表示方法正确、完整、清晰地表示机器(或部件)的工作原理、各零件之间的装配关系和主要零件的基本形状和结构、需要,绘出相应的一组图形(视图、剖视图、断面图等)。示例装配图中主视图采用了全剖,左视图半剖,俯视图外形三个基本视图 |
| 必要尺寸 | 装配图中只需标注表示机器(或部件)的外形、规格、性能以及装配、检验、安装时必要的一些尺寸 |
| 序号和明细表 | 在装配图中必须标注每个零部件的序号,并编制相应的零部件明细栏,表示机器(或部件)上各零部件的序号、代号、名称、数量、材料、质量(重量)等信息,这是装配图与零件图的主要不同之处 |
| 标题栏 | 在标题栏中可以表示机器(或部件)的名称、图号、绘图比例、质量(重量)、设计单位以及设计、绘图、审核等人员的签名和日期等信息 |
| 技术要求 | 在装配图上要用文字或符号说明机器(或部件)的性能以及装配、润滑、密封、检验、安装、调试、试验、使用、维护等方面的技术要求。文字说明一般写在图纸下方的空白处,也可另外编制技术文件进行说明 |

## 8.2　装配图的表达方法（表 1.3-57）

表 1.3-57　装配图的表达方法

| 规定 | | 说　明 | 图　例 |
|---|---|---|---|
| 规定画法 | 接触面和配合面的画法 | 在装配图中,相邻两零件的接触表面或配合表面(公称尺寸相同)只画一条线,否则即使只有很小的间隙,也应画成两条线 | 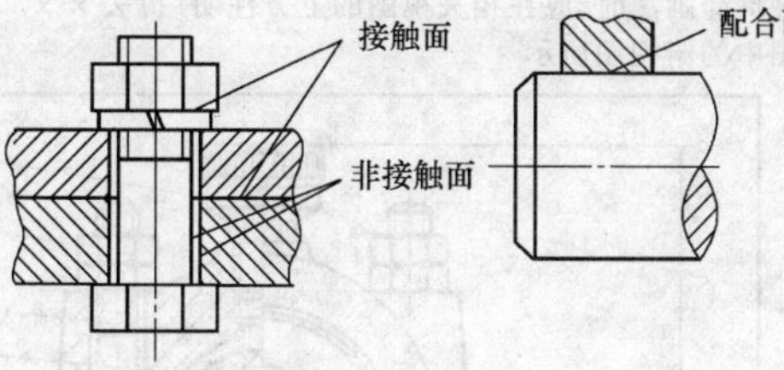 |
| | 剖面线的画法 | 同一零件在各个剖视图上的剖面线必须相同(倾斜方向和间隔);而相邻两零件的剖面线则必须不同,或者倾斜方向相反,或者方向一致但间隔不同,如图 a 所示。对于断面厚度小于或等于 2mm 的零件,允许将断面涂黑来代替剖面线如图 b 所示 | 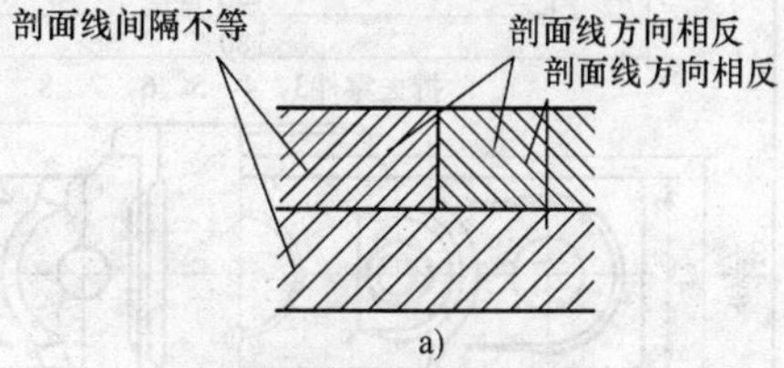 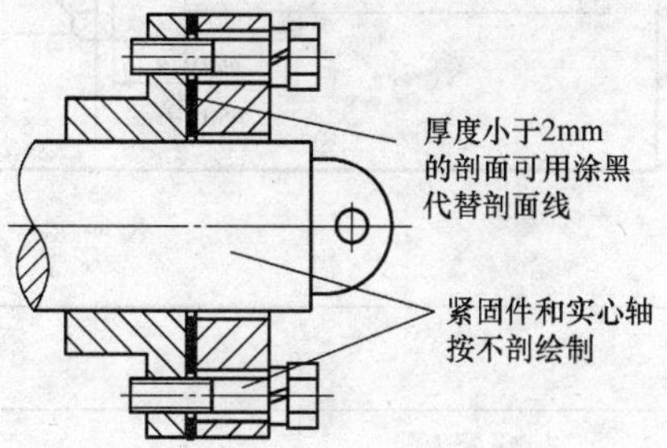 |

（续）

| 规定 | | 说　明 | 图　例 |
|---|---|---|---|
| 规定画法 | 标准件和实心零件的画法 | 在装配图中,当剖切平面通过标准件或轴、杆、球、钩、手柄等实心零件的轴线或对称平面时,这些零件应按不剖绘制,如图中的螺栓、垫圈等标准件和实心轴。若需要表示这些零件上的孔、凹槽等结构要素,可采用局部剖视图 | 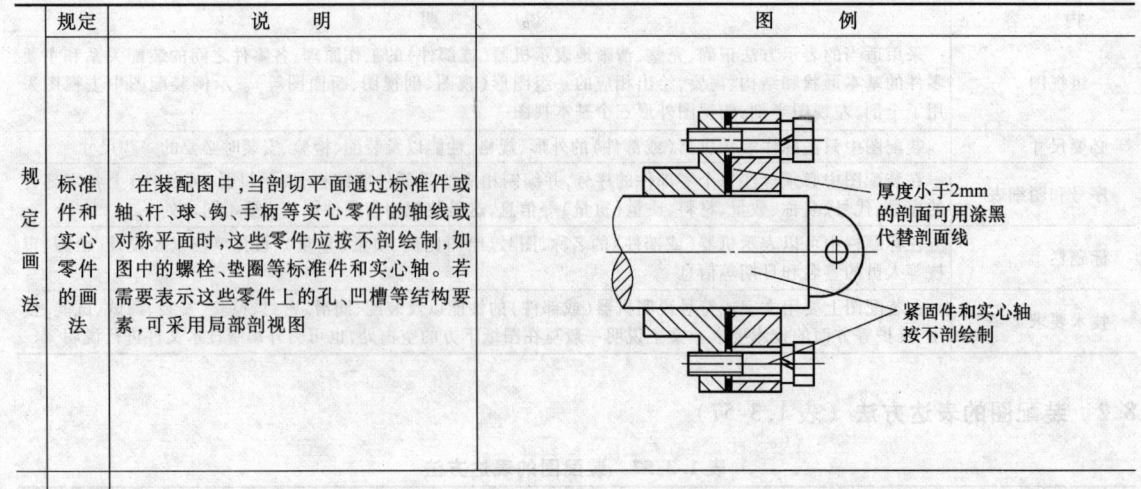 |

当需要表示机器(或部件)中被遮挡部分的形状和结构时,可在相关的视图上假想将某些零件拆卸后绘制,采用这种拆卸画法时,应在相关视图的上方注明"拆去××"、"拆去×一×号件"等,而在其他的视图上仍按不拆卸绘制,如图中的俯视图所示

**特殊画法** — **拆卸画法**

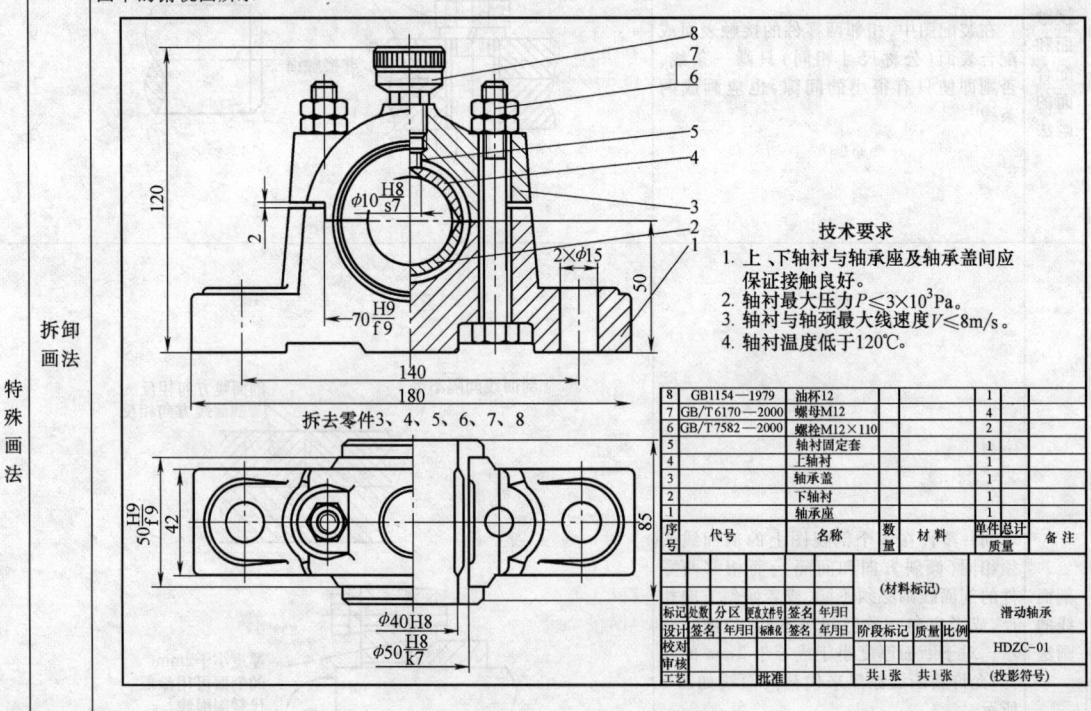

拆卸画法图例

| 沿零件的接合面剖开 | 在装配图中,为了表示机器(或部件)内部的某些结构,可采用沿零件的结合面进行剖切的画法。这种画法规定,结合面上不画剖面线,但被剖到的其他零件要画剖面线,如图中的 $C—C$ 剖视图所示 |
|---|---|

| 规定 | 说 明 | 图 例 |
|---|---|---|
| 特殊画法 | 沿零件的接合面剖开 | 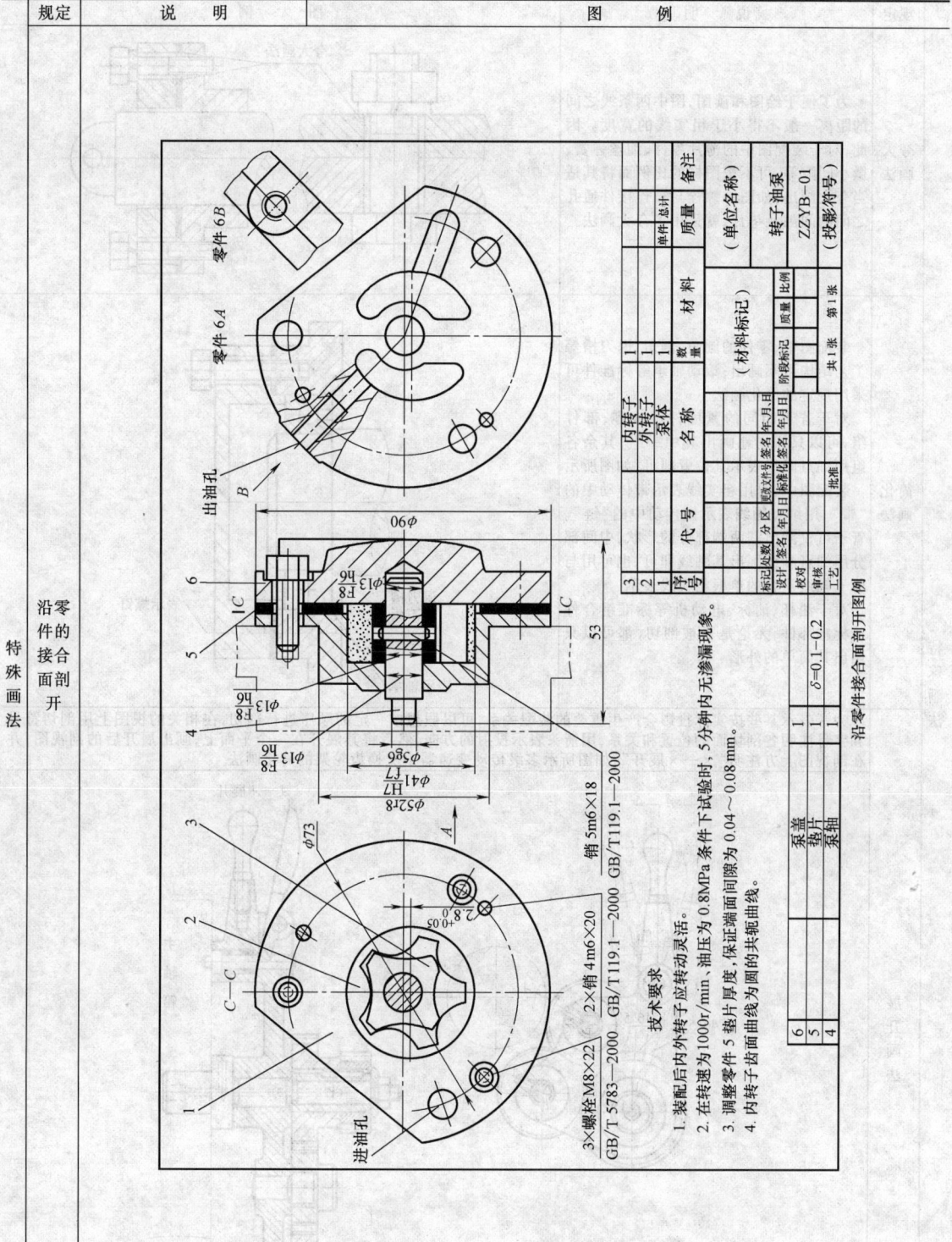 |
| 单独表达某个零件 | 在装配图中，当某个零件的结构会影响对装配关系的理解而又未表达清楚时，可用另外的视图单独表示该零件，并在视图上方注明"××件"，如上图中沿零件接合面剖开图例的零件6（泵盖） | |

技术要求

1. 装配后内外转子应转动灵活。
2. 在转速为1000r/min、油压为0.8MPa条件下试验时，5分钟内无渗漏现象。
3. 调整零件5垫片厚度，保证端面间隙为0.04～0.08mm。
4. 内转子齿面曲线为圆的共轭曲线。

（续）

| 规定 | 说　明 | 图　例 |
|---|---|---|
| 夸大画法 | 　　为了便于绘图和读图,图中两条线之间的距离一般不得小于粗实线的宽度。因此,对于装配图中的薄片零件、细丝弹簧、微小间隙等,可不按图样的比例而将其适当夸大画出,如图中螺栓与被连接件通孔之间的间隙及垫片,就采用了夸大画法 | |

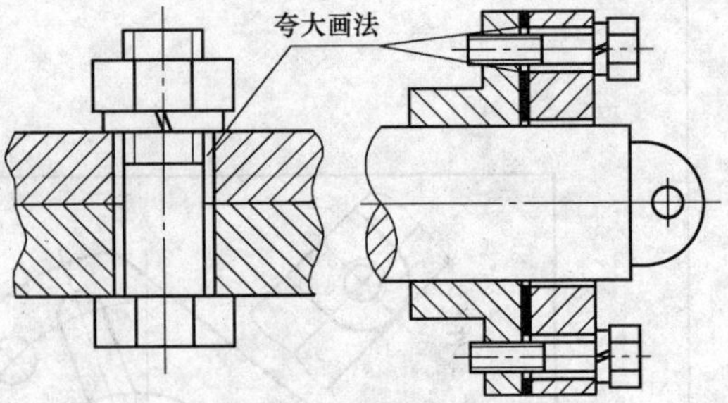

特殊画法

| | 简化画法 | 　　装配图中,零件的圆角、倒角、退刀槽等工艺结构可不画出;滚动轴承等标准件可采用规定的简化画法<br>　　对于若干相同的紧固件组或零、部件组,可以只详细地画出其中一组,其余各组用细点画线表示其位置即可,如图所示<br>　　装配图中,可用粗实线表示带传动中的"带",用细点画线表示链传动中的"链"。管子可仅画出其两端部分的形状,中间部分用细点画线画出其轴线即可,也可用与管子轴线重合的单根粗实线表示<br>　　对于油杯、油标、电动机等标准组合件或标准组件部件,无论是否被剖切,都可以只画出其简单的外形 | 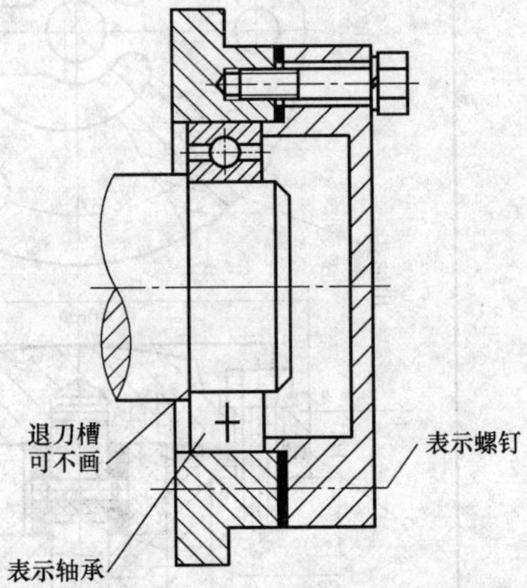 |
| | 展开画法 | 　　为了表示某些按实际投影会产生重叠的装配关系,可以假想按一定的顺序进行剖切,在相关的视图上用剖切符号和字母注明各剖切面的位置和关系,用箭头表示投射的方向,然后将其展开在一个平面上,画出展开后的剖视图,并在剖视图上方注明"×—×展开",如图所示多级传动变速器中交换齿轮架的简化画法 | |

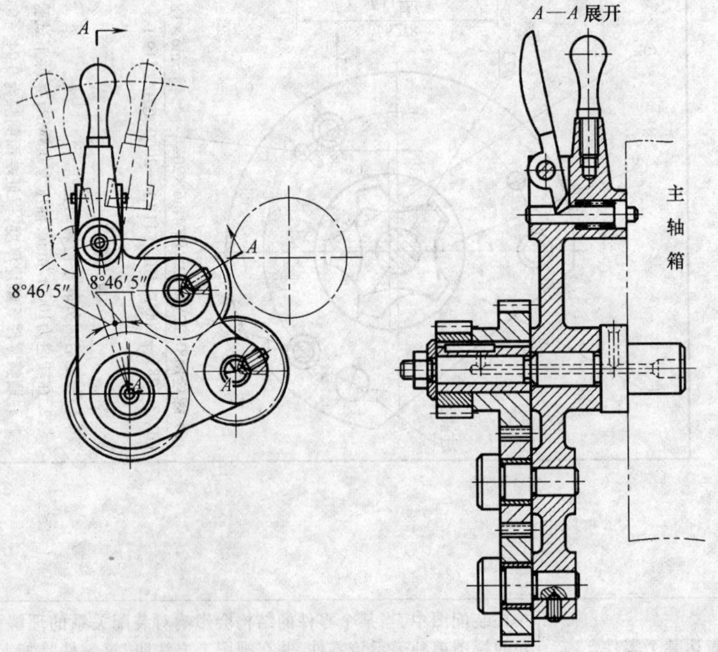

交换齿轮架的简化画法

（续）

| 规定 | | 说　明 | 图　例 |
|---|---|---|---|
| 特殊画法 | 假想画法 | 　　为了表示机器（或部件）中某个零件的运动范围，除了用粗实线表示零件的一个极限位置外，还要采用假想画法，用细双点画线画出零件处于另一个极限位置时的轮廓。此外，为了表示机器（或部件）与其他相邻零件（或部件）的关系，可用细双点画线画出这个相邻零件（或部件）的轮廓，这也是一种假想画法，如图所示 | 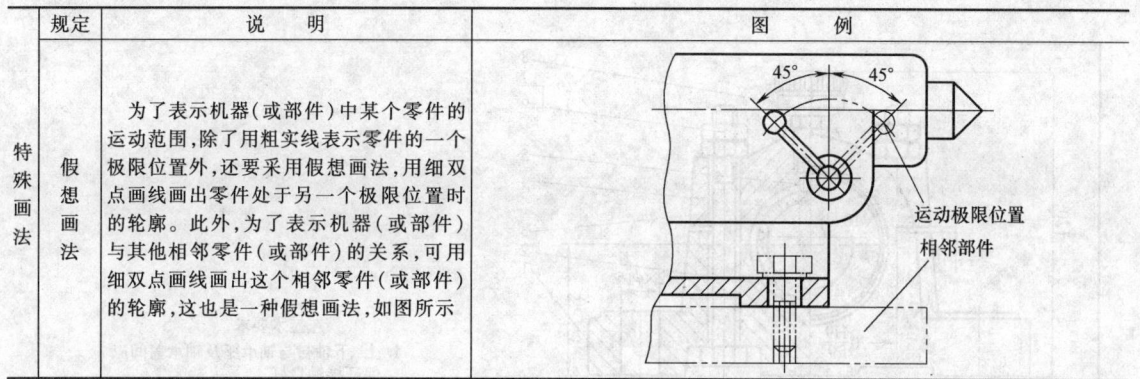 |

## 8.3　装配图的尺寸标注

　　由于装配图与零件图表达的重点不同，对尺寸标

注的要求也不同，一般只需标注与装配图的作用有关的尺寸，见表 1.3-58。

表 1.3-58　装配图尺寸标注法

| 内容 | 说　明 | 内容 | 说　明 |
|---|---|---|---|
| 性能规格尺寸 | 表示机器（或部件）的规格或性能的尺寸，是设计的主要参数，也是用户选用的主要根据，如图 a 中旋塞的进出口尺寸 G1/2 | 装配尺寸 | 表示机器（或部件）中零件之间装配关系的尺寸，包括配合尺寸和相对位置尺寸。如图 a 中 $\phi36H8/f7$、54mm |
| 安装尺寸 | 安装机器（或部件）时所需要的尺寸，如图 b 中的尺寸 140mm，表明轴承安装时需采用两个 M12 的螺栓，其中心距为 140mm | 其他重要尺寸 | 不属于上述四种但又比较重要的尺寸（如运动零件的极限尺寸、主要零件的重要尺寸等）。如图 b 中的尺寸 50mm，表示滑动轴承的底面到支承轴孔中心的距离，即支承轴孔中心的高度 |
| 外形尺寸 | 表示机器（或部件）总长、总宽和总高的外形尺寸，是包装、运输和安装机器（或部件）的依据。如图 a 中 102mm、45mm、133mm 就是旋塞的总长、总宽和总高 | | |

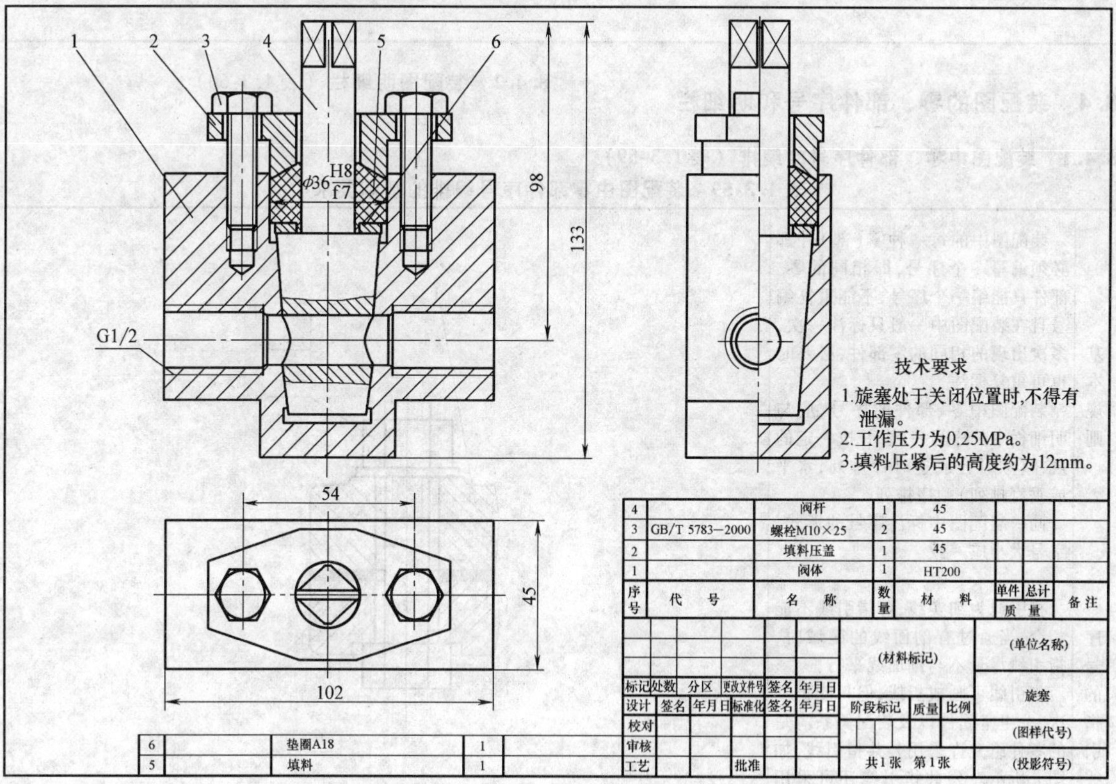

技术要求

1. 旋塞处于关闭位置时，不得有泄漏。
2. 工作压力为 0.25MPa。
3. 填料压紧后的高度约为 12mm。

| 4 | | 阀杆 | 1 | 45 | | |
|---|---|---|---|---|---|---|
| 3 | GB/T 5783—2000 | 螺栓M10×25 | 2 | 45 | | |
| 2 | | 填料压盖 | 1 | 45 | | |
| 1 | | 阀体 | 1 | HT200 | | |
| 序号 | 代　号 | 名　称 | 数量 | 材　料 | 单件 总计 质量 | 备注 |

| 6 | | 垫圈A18 | 1 | |
|---|---|---|---|---|
| 5 | | 填料 | 1 | |

a)

（续）

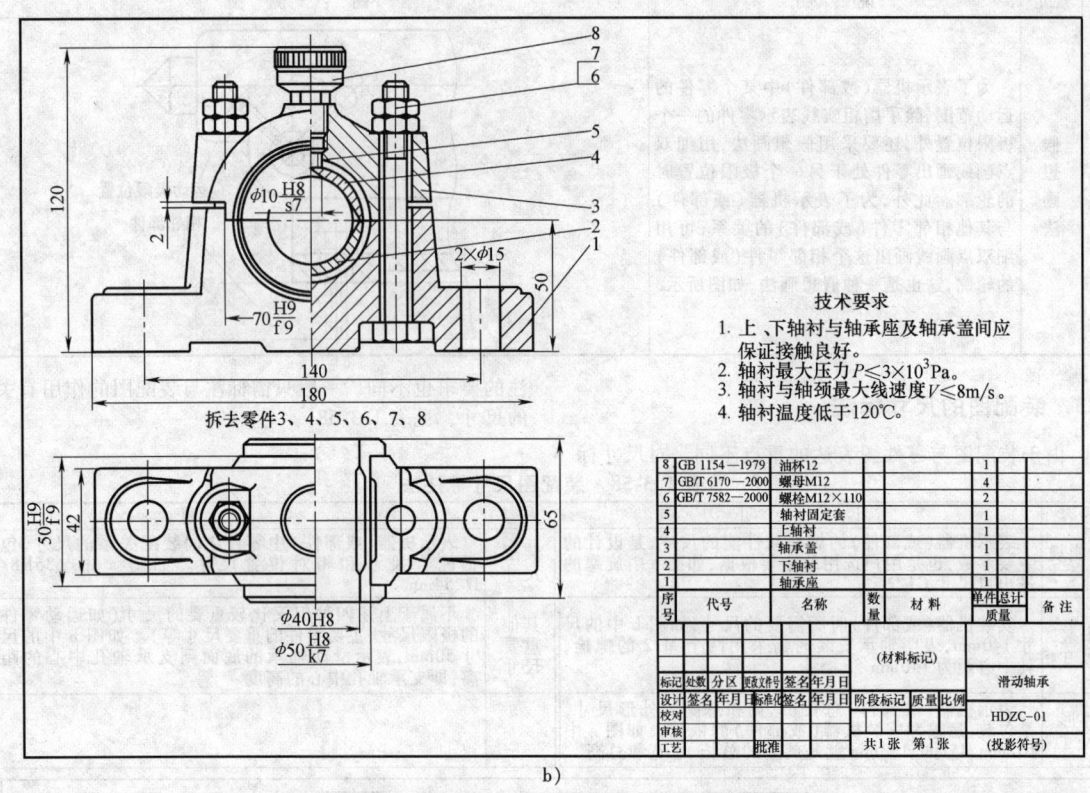

技术要求

1. 上、下轴衬与轴承座及轴承盖间应保证接触良好。
2. 轴衬最大压力 $P \leqslant 3 \times 10^3 \mathrm{Pa}$。
3. 轴衬与轴颈最大线速度 $V \leqslant 8 \mathrm{m/s}$。
4. 轴衬温度低于120℃。

| 8 | GB 1154—1979 | 油杯12 | 1 | | | | |
| 7 | GB/T 6170—2000 | 螺母M12 | 4 | | | | |
| 6 | GB/T 7582—2000 | 螺栓M12×110 | 2 | | | | |
| 5 | | 轴衬固定套 | 1 | | | | |
| 4 | | 上轴衬 | 1 | | | | |
| 3 | | 轴承盖 | 1 | | | | |
| 2 | | 下轴衬 | 1 | | | | |
| 1 | | 轴承座 | 1 | | | | |
| 序号 | 代号 | 名称 | 数量 | 材料 | 单件总计质量 | | 备注 |

（材料标记）

滑动轴承

| 标记 | 处数 | 分区 | 更改文件号 | 签名 | 年月日 | | | | |
| 设计 | 签名 | 年月日 | 标准化 | 签名 | 年月日 | 阶段标记 | 质量 | 比例 |
| 校对 | | | | | | | | |
| 审核 | | | | | | | HDZC-01 |
| 工艺 | | 批准 | | | | 共1张　第1张 | （投影符号） |

b)

## 8.4　装配图的零、部件序号和明细栏

### 8.4.1　装配图中零、部件序号的编排（表1.3-59）

**表1.3-59　装配图中零部件序号编排的基本要求**

### 8.4.2　装配图明细栏（表1.3-60）

| 基本规则 | 装配图中的每一种零（部）件都必须编写一个序号，即相同的零、部件只能编一个序号，不能重复编号且在装配图中一般只标注一次，多次出现的相同的零部件，必要时也可重复标注<br><br>装配图中零、部件的序号，应与明细栏中的序号一致，并按一定的规律(顺时针或逆时针排列，水平或垂直排列)顺序排列<br><br>同一装配图中标注序号的形式、字号大小应一致 | |
|---|---|---|
| 序号的指引线 | 指引线为细实线，各指引线不能相交，当通过有剖面线的区域时，指引线尽量不与剖面线平行<br><br>指引线可画成折线，但只能折一次，一组坚固件以及装配关系清楚的零件组允许采用公共指引线，如图a所示。公共指引线还可采用图b所示的表示法 | a) |

（续）

| 序号的指引线 | 指引线的末端为圆点，画到所指零（部）件的可见轮廓内，指引线的另一端为一水平线或圆（均为细实线），零（部）件的序号注写在水平线上或圆内，其字高应比尺寸数字大一号或两号<br><br>若所指部分内不便画圆点时，可在指引线末端画箭头，并指向该部分的轮廓，如图 c 所示 | 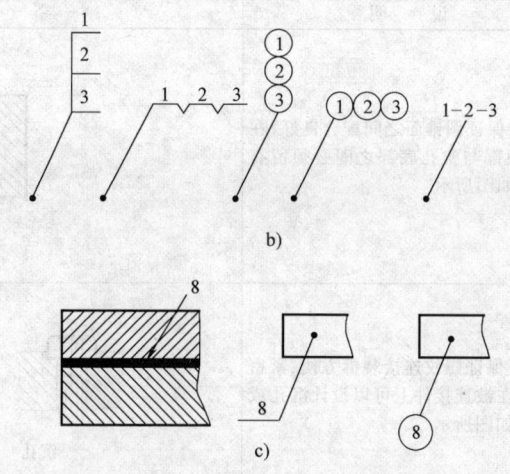 |
|---|---|---|

表 1.3-60 明细栏（摘自 GB/T 10609.2—2009）

| 说　明 | 图　例 |
|---|---|
| 明细栏是机器（或部件）中全部零、部件的详细目录，一般应设置在标题栏的上方，如标题栏上方的位置不够，可将部分明细栏设置在标题栏的左方。明细栏中零、部件的序号要自下而上按顺序填写，并且要与装配图中的序号完全一致。当有两张或两张以上同一图样代号的装配图时，明细栏应放在第一张装配图上<br><br>当装配图中不能在标题栏的上方配置明细栏时，可作为装配图的续页按 A4 幅面单独给出，其顺序是自上而下延伸，还可加续页，但应在明细栏的下面配标题栏<br><br>明细栏的格式如图所示 | （图例） |

## 8.5 装配结构（表1.3-61）

表 1.3-61 装配图中常见的装配结构

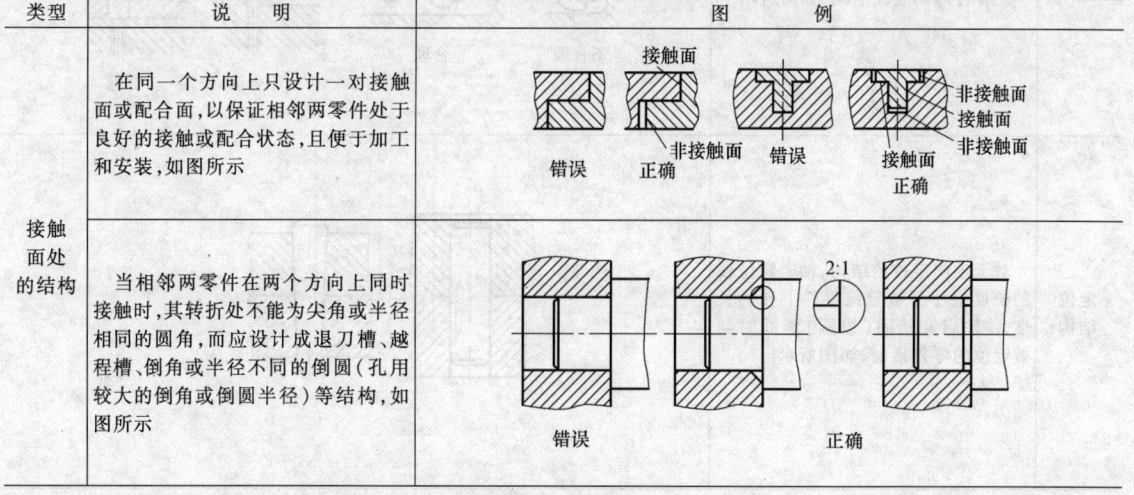

| 类型 | 说　明 | 图　例 |
|---|---|---|
| 接触面处的结构 | 在同一个方向上只设计一对接触面或配合面，以保证相邻两零件处于良好的接触或配合状态，且便于加工和安装，如图所示 | 接触面　非接触面　接触面　非接触面　错误　正确　错误　接触面　非接触面　正确 |
| | 当相邻两零件在两个方向上同时接触时，其转折处不能为尖角或半径相同的圆角，而应设计成退刀槽、越程槽、倒角或半径不同的倒圆（孔用较大的倒角或倒圆半径）等结构，如图所示 | 2:1　错误　正确 |

（续）

| 类型 | 说　　明 | 图　　例 |
|---|---|---|
| 接触面处的结构 | 为了保证圆锥面之间配合良好，在锥体顶部与锥孔底部之间必须留有间隙，如图所示 | 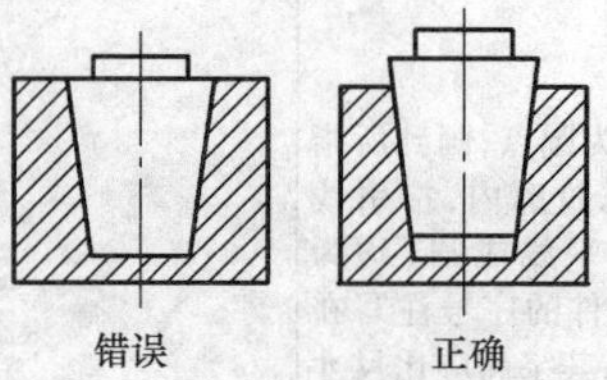 　　错误　　　　正确 |
| 螺纹连接的结构 | 为了保证螺纹连接装拆方便、紧密可靠，在被连接件上可以设计沉孔或凸台，如图所示 | 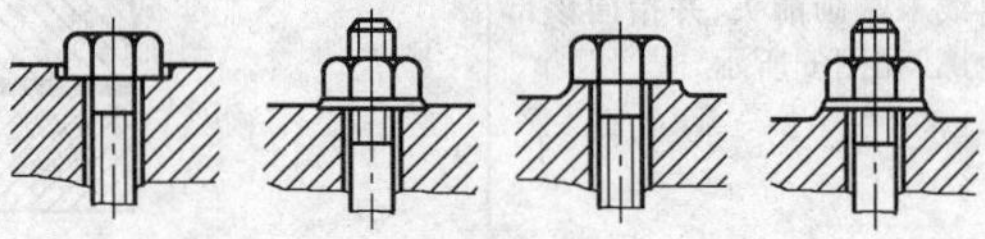 　　沉孔　　　　　　凸台 |
| | 其通孔的尺寸应稍大于螺纹大径（或螺杆直径） | 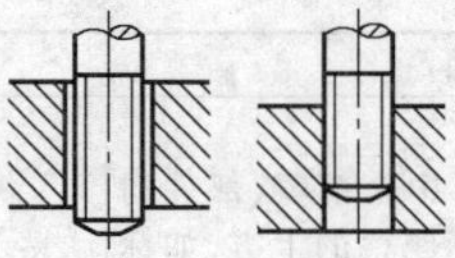 　　正确　　　不正确 |
| | 在螺杆上设计退刀槽或在螺孔上设计凹槽、倒角等结构，并采用弹簧垫圈、双螺母等措施防止螺母松脱，如图所示 | 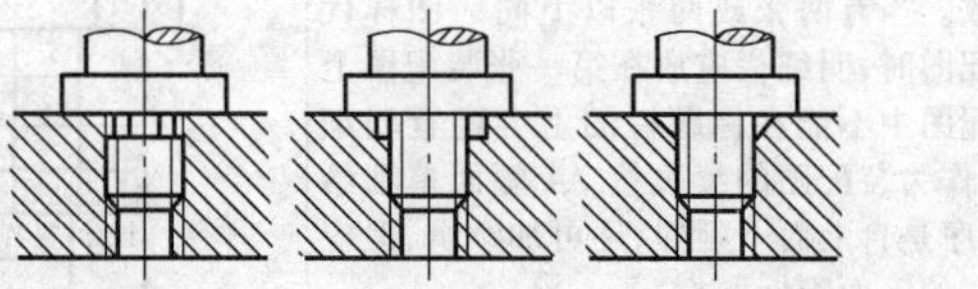 　　退刀槽　　　凹坑　　　　倒角 |
| | 应有合理的装配空间，如图所示 | 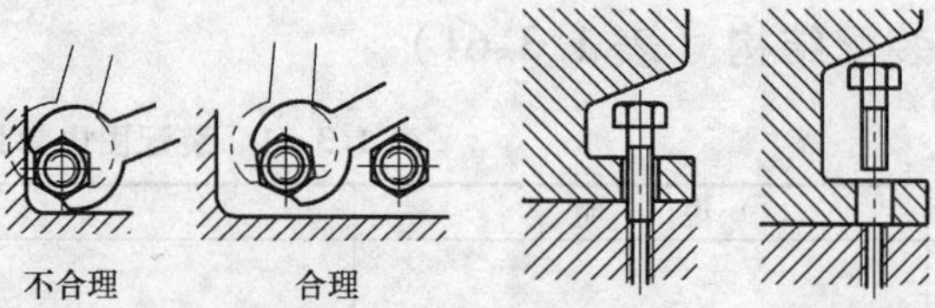 　不合理　　合理　　　不合理　合理 |
| 定位结构 | 对于轴向定位的结构，轴上定位段的长度应小于被定位零件上孔的长度，使轴肩和挡圈（垫圈）能同时与被定位的零件接触，如图所示 | 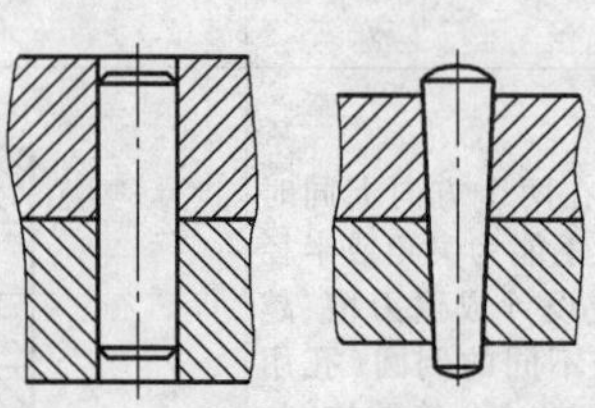 |

（续）

| 类型 | 说　　明 | 图　　例 |
|---|---|---|
| 定位结构 | 滚动轴承在轴上以轴肩面定位时，轴肩的高度应小于轴承内圈的厚度，以便于拆卸滚动轴承，如图所示 | 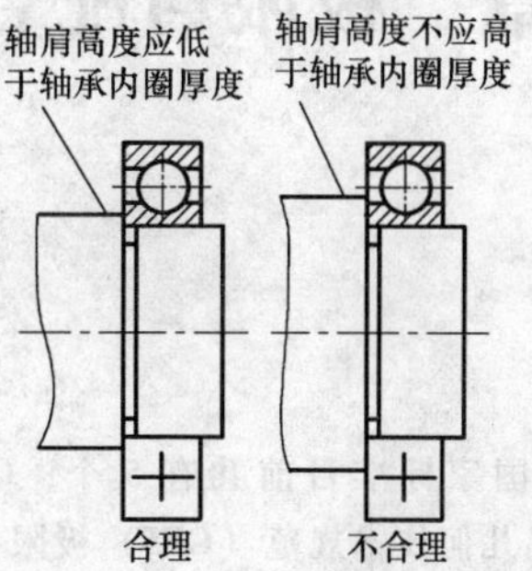 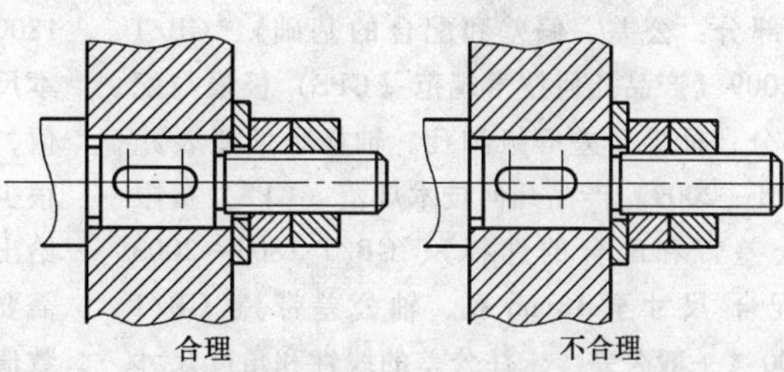 |
| 防漏结构 | 为了防止部件内部的液体外漏，同时也防止外部的灰尘、杂质侵入，部件必须采取防漏措施，如图所示 | |

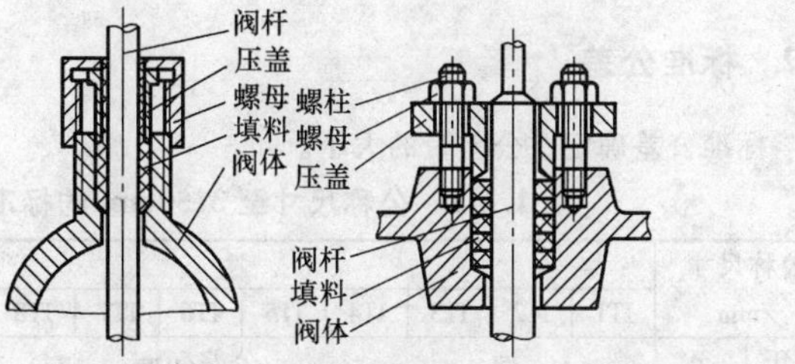

图例部分文字：轴肩高度应低于轴承内圈厚度　轴肩高度不应高于轴承内圈厚度　合理　不合理　合理　不合理　阀杆　压盖　螺母　螺柱　填料　螺母　阀体　压盖　阀杆　填料　阀体

# 第4章  极限与配合、几何公差和表面粗糙度

## 1  极限与配合

### 1.1  概述

本节所涉及的国家标准目前共有 5 个，GB/T 1800.1—2009《产品几何技术规范（GPS）极限与配合 第 1 部分：公差、偏差和配合的基础》、GB/T 1800.2—2009《产品几何技术规范（GPS）极限与配合 第 2 部分：标准公差等级和孔、轴极限偏差表》、《GB/T 1801—2009》产品几何技术规范（GPS）极限与配合 公差带和配合的选择》、GB/T 1803—2003《极限与配合 尺寸至 18mm 孔、轴公差带》、GB/T 1804—2000《一般公差 未注公差的线性和角度尺寸的公差》。现将其常用内容归纳介绍如下。

### 1.2  标准公差

标准公差确定了公差带的大小。

GB/T 1800.1—2009 规定标准公差等级代号用符号 IT（International Tolerance，国际公差）和数字组成，如 IT7 等。当其与代表基本偏差的字母一起组成公差带时，省略 IT，如 h7 等。

GB/T 1800.1—2009 在公称尺寸至 500mm 内将标准公差分为 IT01、IT0、IT1～IT18 共 20 级。GB/T 1800.1—2009 的正文列出了公称尺寸（旧标准称基本尺寸）至 3150mm 的 IT1～IT18 级的标准公差数值，见表 1.4-1。标准公差等级 IT01 和 IT0 在工业中很少用到，所以在 GB/T 1800.1—2009 的正文中没有给出该两公差等级的标准公差数值，但为满足使用者需要，在 GB/T 1800.1—2009 的附录 A 中给出了这些数值，但公称尺寸只至 500mm，见表 1.4-2。

GB/T 1801—2009 的附录 C 提供了公称尺寸 >3150mm～10000mm 的 IT6～IT18 的标准公差数值，见表 1.4-3，供参考使用。

表 1.4-1  公称尺寸至 3150mm 的标准公差数值（摘自 GB/T1800.1—2009）

| 公称尺寸 /mm | | 标准公差等级 | | | | | | | | | | | | | | | | |
|---|---|---|---|---|---|---|---|---|---|---|---|---|---|---|---|---|---|---|
| | | IT1 | IT2 | IT3 | IT4 | IT5 | IT6 | IT7 | IT8 | IT9 | IT10 | IT11 | IT12 | IT13 | IT14 | IT15 | IT16 | IT17 | IT18 |
| 大于 | 至 | 公差/μm | | | | | | | | | | | 公差/mm | | | | | | |
| — | 3 | 0.8 | 1.2 | 2 | 3 | 4 | 6 | 10 | 14 | 25 | 40 | 60 | 0.1 | 0.14 | 0.25 | 0.4 | 0.6 | 1 | 1.4 |
| 3 | 6 | 1 | 1.5 | 2.5 | 4 | 5 | 8 | 12 | 18 | 30 | 48 | 75 | 0.12 | 0.18 | 0.3 | 0.48 | 0.75 | 1.2 | 1.8 |
| 6 | 10 | 1 | 1.5 | 2.5 | 4 | 6 | 9 | 15 | 22 | 36 | 58 | 90 | 0.15 | 0.22 | 0.36 | 0.58 | 0.9 | 1.5 | 2.2 |
| 10 | 18 | 1.2 | 2 | 3 | 5 | 8 | 11 | 18 | 27 | 43 | 70 | 110 | 0.18 | 0.27 | 0.43 | 0.7 | 1.1 | 1.8 | 2.7 |
| 18 | 30 | 1.5 | 2.5 | 4 | 6 | 9 | 13 | 21 | 33 | 52 | 84 | 130 | 0.21 | 0.33 | 0.52 | 0.84 | 1.3 | 2.1 | 3.3 |
| 30 | 50 | 1.5 | 2.5 | 4 | 7 | 11 | 16 | 25 | 39 | 62 | 100 | 160 | 0.25 | 0.39 | 0.62 | 1 | 1.6 | 2.5 | 3.9 |
| 50 | 80 | 2 | 3 | 5 | 8 | 13 | 19 | 30 | 46 | 74 | 120 | 190 | 0.3 | 0.46 | 0.74 | 1.2 | 1.9 | 3 | 4.6 |
| 80 | 120 | 2.5 | 4 | 6 | 10 | 15 | 22 | 35 | 54 | 87 | 140 | 220 | 0.35 | 0.54 | 0.87 | 1.4 | 2.2 | 3.5 | 5.4 |
| 120 | 180 | 3.5 | 5 | 8 | 12 | 18 | 25 | 40 | 63 | 100 | 160 | 250 | 0.4 | 0.63 | 1 | 1.6 | 2.5 | 4 | 6.3 |
| 180 | 250 | 4.5 | 7 | 10 | 14 | 20 | 29 | 46 | 72 | 115 | 185 | 290 | 0.46 | 0.72 | 1.15 | 1.85 | 2.9 | 4.6 | 7.2 |
| 250 | 315 | 6 | 8 | 12 | 16 | 23 | 32 | 52 | 81 | 130 | 210 | 320 | 0.52 | 0.81 | 1.3 | 2.1 | 3.2 | 5.2 | 8.1 |
| 315 | 400 | 7 | 9 | 13 | 18 | 25 | 36 | 57 | 89 | 140 | 230 | 360 | 0.57 | 0.89 | 1.4 | 2.3 | 3.6 | 5.7 | 8.9 |
| 400 | 500 | 8 | 10 | 15 | 20 | 27 | 40 | 63 | 97 | 155 | 250 | 400 | 0.63 | 0.97 | 1.55 | 2.5 | 4 | 6.3 | 9.7 |
| 500 | 630 | 9 | 11 | 16 | 22 | 32 | 44 | 70 | 110 | 175 | 280 | 440 | 0.7 | 1.1 | 1.75 | 2.8 | 4.4 | | 11 |
| 630 | 800 | 10 | 13 | 18 | 25 | 36 | 50 | 80 | 125 | 200 | 320 | 500 | 0.8 | 1.25 | 2 | 3.2 | 5 | | 12.5 |
| 800 | 1000 | 11 | 15 | 21 | 28 | 40 | 56 | 90 | 140 | 320 | 360 | 560 | 0.9 | 1.4 | 2.3 | 3.6 | 5.6 | 9 | 14 |
| 1000 | 1250 | 13 | 18 | 24 | 33 | 47 | 66 | 105 | 165 | 260 | 420 | 660 | 1.05 | 1.65 | 2.6 | 4.2 | 6.6 | 10.5 | 16.5 |
| 1250 | 1600 | 15 | 21 | 29 | 39 | 55 | 78 | 125 | 195 | 310 | 500 | 780 | 1.25 | 1.95 | 3.1 | | 7.8 | 12.5 | 19.5 |
| 1600 | 2000 | 18 | 25 | 35 | 46 | 65 | 92 | 150 | 230 | 370 | 600 | 920 | 1.5 | 2.3 | 3.7 | | 9.2 | 15 | 23 |
| 2000 | 2500 | 22 | 30 | 41 | 55 | 78 | 110 | 175 | 280 | 440 | 700 | 1100 | 1.75 | 2.8 | 4.4 | 7 | 11 | 17.5 | 28 |
| 2500 | 3150 | 26 | 36 | 50 | 68 | 96 | 135 | 210 | 330 | 540 | 860 | 1350 | 2.1 | 3.3 | 5.4 | 8.6 | 13.5 | 21 | 33 |

注：1. 公称尺寸 >500mm 的 IT1 至 IT5 的标准公差数值为试行的。

2. 公称尺寸 ≤1mm 时，无 IT14 至 IT18。

**表 1.4-2　IT01 和 IT0 的标准公差数值**（摘自 GB/T1800.1—2009）

| 公称尺寸/mm | | 标准公差等级 | | 公称尺寸/mm | | 标准公差等级 | |
| --- | --- | --- | --- | --- | --- | --- | --- |
| | | IT01 | IT0 | | | IT01 | IT0 |
| 大于 | 至 | 公差/μm | | 大于 | 至 | 公差/μm | |
| — | 3 | 0.3 | 0.5 | 80 | 120 | 1 | 1.5 |
| 3 | 6 | 0.4 | 0.6 | 120 | 180 | 1.2 | 2 |
| 6 | 10 | 0.4 | 0.6 | 180 | 250 | 2 | 3 |
| 10 | 18 | 0.5 | 0.8 | 250 | 315 | 2.5 | 4 |
| 18 | 30 | 0.6 | 1 | 315 | 400 | 3 | 5 |
| 30 | 50 | 0.6 | 1 | 400 | 500 | 4 | 6 |
| 50 | 80 | 0.8 | 1.2 | | | | |

**表 1.4-3　公称尺寸 >3150mm ~ 10000mm 的标准公差数值**（摘自 GB/T1801—2009）

| 公称尺寸/mm | | 公差 等级 | | | | | | | | | | | |
| --- | --- | --- | --- | --- | --- | --- | --- | --- | --- | --- | --- | --- | --- |
| | | IT6 | IT7 | IT8 | IT9 | IT10 | IT11 | IT12 | IT13 | IT14 | IT15 | IT16 | IT17 | IT18 |
| 大于 | 至 | 公差/μm | | | | | | 公差/mm | | | | | | |
| 3150 | 4000 | 165 | 260 | 410 | 660 | 1050 | 1650 | 2.60 | 4.10 | 6.6 | 10.5 | 16.5 | 26.0 | 41.0 |
| 4000 | 5000 | 200 | 320 | 500 | 800 | 1300 | 2000 | 3.20 | 5.00 | 8.0 | 13.0 | 20.0 | 32.0 | 50.0 |
| 5000 | 6300 | 250 | 400 | 620 | 980 | 1550 | 2500 | 4.00 | 6.20 | 9.8 | 15.5 | 25.0 | 40.0 | 62.0 |
| 6300 | 8000 | 310 | 490 | 760 | 1200 | 1950 | 3100 | 4.90 | 7.60 | 12.0 | 19.5 | 31.0 | 49.0 | 76.0 |
| 8000 | 10000 | 380 | 600 | 940 | 1500 | 2400 | 3800 | 6.00 | 9.40 | 15.0 | 24.0 | 38.0 | 60.0 | 94.0 |

## 1.3　基本偏差

基本偏差是确定公差带相对零线位置的那个极限偏差，它可以是上极限偏差（旧标准称上偏差）或下极限偏差（旧标准称下偏差），一般为靠近零线的那个偏差。

GB/T 1800.1—2009 对基本偏差的代号规定为：孔用大写字母 A，…，ZC 表示；轴用小写字母 a，…，zc 表示（见图 1.4-1），各 28 个。其中，H 代表基准孔的基本偏差代号，h 代表基准轴的基本偏差代号。

GB/T 1800.1—2009 给出了公称尺寸至 3150mm 的轴的基本偏差数值，（见表 1.4-4）；以及孔的基本偏差数值，见表 1.4-5。

GB/T 1801—2009 的附录 C 提供了公称尺寸 >3150mm ~ 10000mm 的孔、轴基本偏差数值，见表 1.4-6，供参考使用。

**表 1.4-4　轴的基本偏差数值**（摘自 GB/T 1800.1—2009）　　　　　　（单位：μm）

| 公称尺寸/mm | | 基本偏差数值（上极限偏差 es） | | | | | | | | | | | | 基本偏差数值（下极限偏差 ei） | | | | |
| --- | --- | --- | --- | --- | --- | --- | --- | --- | --- | --- | --- | --- | --- | --- | --- | --- | --- | --- |
| | | 所有标准公差等级 | | | | | | | | | | | | IT5 和 IT6 | IT7 | IT8 | IT4 至 IT7 | ≤ IT3 |
| | | | | | | | | | | | | | | | | | > IT7 | > IT7 |
| 大于 | 至 | a | b | c | cd | d | e | ef | f | fg | g | h | js | j | | | k | |
| — | 3 | -270 | -140 | -60 | -34 | -20 | -14 | -10 | -6 | -4 | -2 | 0 | | -2 | -4 | -6 | 0 | 0 |
| 3 | 6 | -270 | -140 | -70 | -46 | -30 | -20 | -14 | -10 | -6 | -4 | 0 | | -2 | -4 | | +1 | 0 |
| 6 | 10 | -280 | -150 | -80 | -56 | -40 | -25 | -18 | -13 | -8 | -5 | 0 | | -2 | -5 | | +1 | 0 |
| 10 | 14 | -290 | -150 | -95 | | -50 | -32 | | -16 | | -6 | 0 | | -3 | -6 | | +1 | 0 |
| 14 | 18 | | | | | | | | | | | | | | | | | |
| 18 | 24 | -300 | -160 | -110 | | -65 | -40 | | -20 | | -7 | 0 | 偏差 = ±$\frac{ITn}{2}$，式中 ITn 是 IT 值数 | -4 | -8 | | +2 | 0 |
| 24 | 30 | | | | | | | | | | | | | | | | | |
| 30 | 40 | -310 | -170 | -120 | | -80 | -50 | | -25 | | -9 | 0 | | -5 | -10 | | +2 | 0 |
| 40 | 50 | -320 | -180 | -130 | | | | | | | | | | | | | | |
| 50 | 65 | -340 | -190 | -140 | | -100 | -60 | | -30 | | -10 | 0 | | -7 | -12 | | +2 | 0 |
| 65 | 80 | -360 | -200 | -150 | | | | | | | | | | | | | | |
| 80 | 100 | -380 | -220 | -170 | | -120 | -72 | | -36 | | -12 | 0 | | -9 | -15 | | +3 | 0 |
| 100 | 120 | -410 | -240 | -180 | | | | | | | | | | | | | | |

（续）

| 公称尺寸/mm | | 基本偏差数值(上极限偏差 es) 所有标准公差等级 | | | | | | | | | | | | 基本偏差数值(下极限偏差 ei) | | | | |
| --- | --- | --- | --- | --- | --- | --- | --- | --- | --- | --- | --- | --- | --- | --- | --- | --- | --- | --- |
| 大于 | 至 | a | b | c | cd | d | e | ef | f | fg | g | h | js | j (IT5和IT6) | j (IT7) | j (IT8) | k (IT4至IT7) | k (≤IT3 >IT7) |
| 120 | 140 | -460 | -260 | -200 | | | | | | | | | | | | | | |
| 140 | 160 | -520 | -280 | -210 | | -145 | -85 | | -43 | | -14 | 0 | | -11 | -18 | | +3 | 0 |
| 160 | 180 | -580 | -310 | -230 | | | | | | | | | | | | | | |
| 180 | 200 | -660 | -340 | -240 | | | | | | | | | | | | | | |
| 200 | 225 | -740 | -380 | -260 | | -170 | -100 | | -50 | | -15 | 0 | | -13 | -21 | | +4 | 0 |
| 225 | 250 | -820 | -420 | -280 | | | | | | | | | | | | | | |
| 250 | 280 | -920 | -480 | -300 | | -190 | -110 | | -56 | | -17 | 0 | | -16 | -26 | | +4 | 0 |
| 280 | 315 | -1050 | -540 | -330 | | | | | | | | | | | | | | |
| 315 | 355 | -1200 | -600 | -360 | | -210 | -125 | | -62 | | -18 | 0 | | -18 | -28 | | +4 | 0 |
| 355 | 400 | -1350 | -680 | -400 | | | | | | | | | | | | | | |
| 400 | 450 | -1500 | -760 | -440 | | -230 | -135 | | -68 | | -20 | 0 | 偏差 = ±ITn/2,式中 ITn 是 IT 值数 | -20 | -32 | | +5 | 0 |
| 450 | 500 | -1650 | -840 | -480 | | | | | | | | | | | | | | |
| 500 | 560 | | | | | -260 | -145 | | -76 | | -22 | 0 | | | | | 0 | 0 |
| 560 | 630 | | | | | | | | | | | | | | | | | |
| 630 | 710 | | | | | -290 | -160 | | -80 | | -24 | 0 | | | | | 0 | 0 |
| 710 | 800 | | | | | | | | | | | | | | | | | |
| 800 | 900 | | | | | -320 | -170 | | -86 | | -26 | 0 | | | | | 0 | 0 |
| 900 | 1000 | | | | | | | | | | | | | | | | | |
| 1000 | 1120 | | | | | -350 | -195 | | -98 | | -28 | 0 | | | | | 0 | 0 |
| 1120 | 1250 | | | | | | | | | | | | | | | | | |
| 1250 | 1400 | | | | | -390 | -220 | | -110 | | -30 | 0 | | | | | 0 | 0 |
| 1400 | 1600 | | | | | | | | | | | | | | | | | |
| 1600 | 1800 | | | | | -430 | -240 | | -120 | | -32 | 0 | | | | | 0 | 0 |
| 1800 | 2000 | | | | | | | | | | | | | | | | | |
| 2000 | 2240 | | | | | -480 | -260 | | -130 | | -34 | 0 | | | | | 0 | 0 |
| 2240 | 2500 | | | | | | | | | | | | | | | | | |
| 2500 | 2800 | | | | | -520 | -290 | | -145 | | -38 | 0 | | | | | 0 | 0 |
| 2800 | 3150 | | | | | | | | | | | | | | | | | |

| 公称尺寸/mm | | 基本偏差数值(下极限偏差 ei) 所有标准公差等级 | | | | | | | | | | | | | |
| --- | --- | --- | --- | --- | --- | --- | --- | --- | --- | --- | --- | --- | --- | --- |
| 大于 | 至 | m | n | p | r | s | t | u | v | x | y | z | za | zb | zc |
| — | 3 | +2 | +4 | +6 | +10 | +14 | | +18 | | +20 | | +26 | +32 | +40 | +60 |
| 3 | 6 | +4 | +8 | +12 | +15 | +19 | | +23 | | +28 | | +35 | +42 | +50 | +80 |
| 6 | 10 | +6 | +10 | +15 | +19 | +23 | | +28 | | +34 | | +42 | +52 | +67 | +97 |
| 10 | 14 | +7 | +12 | +18 | +23 | +28 | | +33 | | +40 | | +50 | +64 | +90 | +130 |
| 14 | 18 | | | | | | | | +39 | +45 | | +60 | +77 | +108 | +150 |
| 18 | 24 | +8 | +15 | +22 | +28 | +35 | | +41 | +47 | +54 | +63 | +73 | +98 | +136 | +188 |
| 24 | 30 | | | | | | +41 | +48 | +55 | +64 | +75 | +88 | +118 | +160 | +218 |
| 30 | 40 | +9 | +17 | +26 | +34 | +43 | +48 | +60 | +68 | +80 | +94 | +112 | +148 | +200 | +274 |
| 40 | 50 | | | | | | +54 | +70 | +81 | +97 | +114 | +136 | +180 | +242 | +325 |
| 50 | 65 | +11 | +20 | +32 | +41 | +53 | +66 | +87 | +102 | +122 | +144 | +172 | +226 | +300 | +405 |
| 65 | 80 | | | | +43 | +59 | +75 | +102 | +120 | +146 | +174 | +210 | +274 | +360 | +480 |
| 80 | 100 | +13 | +23 | +37 | +51 | +71 | +91 | +124 | +146 | +178 | +214 | +258 | +335 | +445 | +585 |
| 100 | 120 | | | | +54 | +79 | +104 | +144 | +172 | +210 | +254 | +310 | +400 | +525 | +690 |
| 120 | 140 | +15 | +27 | +43 | +63 | +92 | +122 | +170 | +202 | +248 | +300 | +365 | +470 | +620 | +800 |
| 140 | 160 | | | | +65 | +100 | +134 | +190 | +228 | +280 | +340 | +415 | +535 | +700 | +900 |
| 160 | 180 | | | | +68 | +108 | +146 | +210 | +252 | +310 | +380 | +465 | +600 | +780 | +1000 |

（续）

| 公称尺寸/mm | | 基本偏差数值（下极限偏差 ei） | | | | | | | | | | | | | |
|---|---|---|---|---|---|---|---|---|---|---|---|---|---|---|---|
| | | 所有标准公差等级 | | | | | | | | | | | | | |
| 大于 | 至 | m | n | p | r | s | t | u | v | x | y | z | za | zb | zc |
| 180 | 200 | | | | +77 | +122 | +166 | +236 | +284 | +350 | +425 | +520 | +670 | +880 | +1150 |
| 200 | 225 | +17 | +31 | +50 | +80 | +130 | +180 | +258 | +310 | +385 | +470 | +575 | +740 | +960 | +1250 |
| 225 | 250 | | | | +84 | +140 | +196 | +284 | +340 | +425 | +520 | +640 | +820 | +1050 | +1350 |
| 250 | 280 | +20 | +34 | +56 | +94 | +158 | +218 | +315 | +385 | +475 | +580 | +710 | +920 | +1200 | +1550 |
| 280 | 315 | | | | +98 | +170 | +240 | +350 | +425 | +525 | +650 | +790 | +1000 | +1300 | +1700 |
| 315 | 355 | +21 | +37 | +62 | +108 | +190 | +268 | +390 | +475 | +590 | +730 | +900 | 1150 | +1500 | +1900 |
| 355 | 400 | | | | +114 | +208 | +294 | +435 | +530 | +660 | +820 | +1000 | +1300 | +1650 | +2100 |
| 400 | 450 | +23 | +40 | +68 | +126 | +232 | +330 | +490 | +595 | +740 | +920 | +1100 | +1450 | +1850 | +2400 |
| 450 | 500 | | | | +132 | +252 | +360 | +540 | +660 | +820 | +1000 | +1250 | +1600 | 2100 | +2600 |
| 500 | 560 | +26 | +44 | +78 | +150 | +280 | +400 | +600 | | | | | | | |
| 560 | 630 | | | | +155 | +310 | +450 | +660 | | | | | | | |
| 630 | 710 | +30 | +50 | +88 | +175 | +340 | +500 | +740 | | | | | | | |
| 710 | 800 | | | | +185 | +380 | +560 | +840 | | | | | | | |
| 800 | 900 | +34 | +56 | +100 | +210 | +430 | +620 | +940 | | | | | | | |
| 900 | 1000 | | | | +220 | +470 | +680 | +1050 | | | | | | | |
| 1000 | 1120 | +40 | +66 | +120 | +250 | +520 | +780 | +1150 | | | | | | | |
| 1120 | 1250 | | | | +260 | +580 | +840 | +1300 | | | | | | | |
| 1250 | 1400 | +48 | +78 | +140 | +300 | +640 | +960 | +1450 | | | | | | | |
| 1400 | 1600 | | | | +330 | +720 | +1050 | +1600 | | | | | | | |
| 1600 | 1800 | +58 | +92 | +170 | +370 | +820 | +1200 | +1850 | | | | | | | |
| 1800 | 2000 | | | | +400 | +920 | +1350 | +2000 | | | | | | | |
| 2000 | 2240 | +68 | +110 | +195 | +440 | +1000 | 1500 | +2300 | | | | | | | |
| 2240 | 2500 | | | | +460 | +1100 | +1650 | +2500 | | | | | | | |
| 2500 | 2800 | +76 | +135 | +240 | +550 | +1250 | +1900 | +2900 | | | | | | | |
| 2800 | 3150 | | | | +580 | +1400 | +2100 | +3200 | | | | | | | |

注：1. 公称尺寸≤1mm 时，基本偏差 a 和 b 均不采用。

　　2. 公差带 js7 至 js11，若 IT$n$ 值数是奇数，则取偏差 $= \pm \dfrac{\mathrm{IT}n - 1}{2}$。

**表 1.4-5　孔的基本偏差数值**（摘自 GB/T1800.1—2009）　　　　　（单位：μm）

| 公称尺寸/mm | | 基本偏差数值（下极限偏差 EI） | | | | | | | | | | | 标准公差等级 | | | | | | |
|---|---|---|---|---|---|---|---|---|---|---|---|---|---|---|---|---|---|---|---|
| | | 所有标准公差等级 | | | | | | | | | | | IT6 | IT7 | IT8 | ≤IT8 | >IT8 | ≤IT8 | >IT8 | ≤IT8 | >IT8 |
| 大于 | 至 | A | B | C | CD | D | E | EF | F | FG | G | H | JS | J | | | K | | M | | N | |
| — | 3 | +270 | +140 | +60 | +34 | +20 | +14 | +10 | +6 | +4 | +2 | 0 | | +2 | +4 | +6 | 0 | 0 | −2 | −2 | −4 | −4 |
| 3 | 6 | +270 | +140 | +70 | +46 | +30 | +20 | +14 | +10 | +6 | +4 | 0 | 偏差 $= \pm \dfrac{\mathrm{IT}n}{2}$，式中 IT$n$ 是 IT 值数 | +5 | +6 | +10 | −1 +Δ | −4 +Δ | −4 | −8 +Δ | 0 |
| 6 | 10 | +280 | +150 | +80 | +56 | +40 | +25 | +18 | +13 | +8 | +5 | 0 | | +5 | +8 | +12 | −1 +Δ | −6 +Δ | −6 | −10 +Δ | 0 |
| 10 | 14 | +290 | +150 | +95 | | +50 | +32 | | +16 | | +6 | 0 | | +6 | +10 | +15 | −1 +Δ | −7 +Δ | −7 | −12 +Δ | 0 |
| 14 | 18 | | | | | | | | | | | | | | | | | | | | |
| 18 | 24 | +300 | +160 | +110 | | +65 | +40 | | +20 | | +7 | 0 | | +8 | +12 | +20 | −2 +Δ | −8 +Δ | −8 | −15 +Δ | 0 |
| 24 | 30 | | | | | | | | | | | | | | | | | | | | |
| 30 | 40 | +310 | +170 | +120 | | +80 | +50 | | +25 | | +9 | 0 | | +10 | +14 | +24 | −2 +Δ | −9 +Δ | −9 | −17 +Δ | 0 |
| 40 | 50 | +320 | +180 | +130 | | | | | | | | | | | | | | | | | |
| 50 | 65 | +340 | +190 | +140 | | +100 | +60 | | +30 | | +10 | 0 | | +13 | +18 | +28 | −2 +Δ | −11 +Δ | −11 | −20 +Δ | 0 |
| 65 | 80 | +360 | +200 | +150 | | | | | | | | | | | | | | | | | |

（续）

| 公称尺寸/mm 大于 | 至 | A | B | C | CD | D | E | EF | F | FG | G | H | JS | J (IT6) | J (IT7) | J (IT8) | K (≤IT8) | K (>IT8) | M (≤IT8) | M (>IT8) | N (≤IT8) | N (>IT8) |
|---|---|---|---|---|---|---|---|---|---|---|---|---|---|---|---|---|---|---|---|---|---|---|
| 80 | 100 | +380 | +220 | +170 | | +120 | +72 | | +36 | | +12 | 0 | 偏差 = $\pm\frac{ITn}{2}$，式中 ITn 是 IT 值数 | +16 | +22 | +34 | −3 +Δ | | −13 +Δ | −13 | −23 +Δ | 0 |
| 100 | 120 | +410 | +240 | +180 | | | | | | | | | | | | | | | | | | |
| 120 | 140 | +460 | +260 | +200 | | +145 | +85 | | +43 | | +14 | 0 | | +18 | +26 | +41 | −3 +Δ | | −15 +Δ | −15 | −27 +Δ | 0 |
| 140 | 160 | +520 | +280 | +210 | | | | | | | | | | | | | | | | | | |
| 160 | 180 | +580 | +310 | +230 | | | | | | | | | | | | | | | | | | |
| 180 | 200 | +660 | +340 | +240 | | +170 | +100 | | +50 | | +15 | 0 | | +22 | +30 | +47 | −4 +Δ | | −17 +Δ | −17 | −31 +Δ | 0 |
| 200 | 225 | +740 | +380 | +260 | | | | | | | | | | | | | | | | | | |
| 225 | 250 | +820 | +420 | +280 | | | | | | | | | | | | | | | | | | |
| 250 | 280 | +920 | +480 | +300 | | +190 | +110 | | +56 | | +17 | 0 | | +25 | +36 | +55 | −4 +Δ | | −20 +Δ | −20 | −34 +Δ | 0 |
| 280 | 315 | +1050 | +540 | +330 | | | | | | | | | | | | | | | | | | |
| 315 | 355 | +1200 | +600 | +360 | | +210 | +125 | | +62 | | +18 | 0 | | +29 | +39 | +60 | −4 +Δ | | −21 +Δ | −21 | −37 +Δ | 0 |
| 355 | 400 | +1350 | +680 | +400 | | | | | | | | | | | | | | | | | | |
| 400 | 450 | +1500 | +760 | +440 | | +230 | +135 | | +68 | | +20 | 0 | | +33 | +43 | +66 | −5 +Δ | | −23 +Δ | −23 | −40 +Δ | 0 |
| 450 | 500 | +1650 | +840 | +480 | | | | | | | | | | | | | | | | | | |
| 500 | 560 | | | | | +260 | +145 | | +76 | | +22 | 0 | | | | | 0 | | −26 | | −44 | |
| 560 | 630 | | | | | | | | | | | | | | | | | | | | | |
| 630 | 710 | | | | | +290 | +160 | | +80 | | +24 | 0 | | | | | 0 | | −30 | | −50 | |
| 710 | 800 | | | | | | | | | | | | | | | | | | | | | |
| 800 | 900 | | | | | +320 | +170 | | +86 | | +26 | 0 | | | | | 0 | | −34 | | −56 | |
| 900 | 1000 | | | | | | | | | | | | | | | | | | | | | |
| 1000 | 1120 | | | | | +350 | +195 | | +98 | | +28 | 0 | | | | | 0 | | −40 | | −66 | |
| 1120 | 1250 | | | | | | | | | | | | | | | | | | | | | |
| 1250 | 1400 | | | | | +390 | +220 | | +110 | | +30 | 0 | | | | | 0 | | −48 | | −78 | |
| 1400 | 1600 | | | | | | | | | | | | | | | | | | | | | |
| 1600 | 1800 | | | | | +430 | +240 | | +120 | | +32 | 0 | | | | | 0 | | −58 | | −92 | |
| 1800 | 2000 | | | | | | | | | | | | | | | | | | | | | |
| 2000 | 2240 | | | | | +480 | +260 | | +130 | | +34 | 0 | | | | | 0 | | −68 | | −110 | |
| 2240 | 2500 | | | | | | | | | | | | | | | | | | | | | |
| 2500 | 2800 | | | | | +520 | +290 | | +145 | | +38 | 0 | | | | | 0 | | −76 | | −135 | |
| 2800 | 3150 | | | | | | | | | | | | | | | | | | | | | |

| 公称尺寸/mm 大于 | 至 | ≤IT7 (P 至 ZC) | P | R | S | T | U | V | X | Y | Z | ZA | ZB | ZC | Δ 值 IT3 | IT4 | IT5 | IT6 | IT7 | IT8 |
|---|---|---|---|---|---|---|---|---|---|---|---|---|---|---|---|---|---|---|---|---|
| — | 3 | | −6 | −10 | −14 | | −18 | | −20 | | −26 | −32 | −40 | −60 | 0 | 0 | 0 | 0 | 0 | |
| 3 | 6 | | −12 | −15 | −19 | | −23 | | −28 | | −35 | −42 | −50 | −80 | 1 | 1.5 | 1 | 3 | 4 | 6 |
| 6 | 10 | 在大于 IT7 的相应数值上增加一个 Δ 值 | −15 | −19 | −23 | | −28 | | −34 | | −42 | −52 | −67 | −97 | 1 | 1.5 | 2 | 3 | 6 | 7 |
| 10 | 14 | | −18 | −23 | −28 | | −33 | | −40 | | −50 | −64 | −90 | −130 | 1 | 2 | 3 | 3 | 7 | 9 |
| 14 | 18 | | | | | | | −39 | −45 | | −60 | −77 | −108 | −150 | | | | | | |
| 18 | 24 | | −22 | −28 | −35 | | −41 | −47 | −54 | −63 | −73 | −98 | −136 | −188 | 1.5 | 2 | 3 | 4 | 8 | 12 |
| 24 | 30 | | | | | −41 | −48 | −55 | −64 | −75 | −88 | −118 | −160 | −218 | | | | | | |
| 30 | 40 | | −26 | −34 | −43 | −48 | −60 | −68 | −80 | −94 | −112 | −148 | −200 | −274 | 1.5 | 3 | 4 | 5 | 9 | 14 |
| 40 | 50 | | | | | −54 | −70 | −81 | −97 | −114 | −136 | −180 | −242 | −325 | | | | | | |
| 50 | 65 | | −32 | −41 | −53 | −66 | −87 | −102 | −122 | −144 | −172 | −226 | −300 | −405 | 2 | 3 | 5 | 6 | 11 | 16 |
| 65 | 80 | | | −43 | −59 | −75 | −102 | −120 | −146 | −174 | −210 | −274 | 360 | −480 | | | | | | |

（续）

| 公称尺寸 /mm | | 基本偏差数值(上极限偏差 ES) | | | | | | | | | | | | | Δ 值 | | | | | |
|---|---|---|---|---|---|---|---|---|---|---|---|---|---|---|---|---|---|---|---|---|
| | | ≤IT7 | 标准公差等级大于 IT7 | | | | | | | | | | | | 标准公差等级 | | | | | |
| 大于 | 至 | P 至 ZC | P | R | S | T | U | V | X | Y | Z | ZA | ZB | ZC | IT3 | IT4 | IT5 | IT6 | IT7 | IT8 |
| 80 | 100 | | −37 | −51 | −71 | −91 | −124 | −146 | −178 | −214 | −258 | −335 | −445 | −585 | 2 | 4 | 5 | 7 | 13 | 19 |
| 100 | 120 | | | −54 | −79 | −104 | −144 | −172 | −210 | −254 | −310 | −400 | −525 | −690 | | | | | | |
| 120 | 140 | | −43 | −63 | −92 | −122 | −170 | −202 | −248 | −300 | −365 | −470 | −620 | −800 | 3 | 4 | 6 | 7 | 15 | 23 |
| 140 | 160 | | | −65 | −100 | −134 | −190 | −228 | −280 | −340 | −415 | −535 | −700 | −900 | | | | | | |
| 160 | 180 | | | −68 | −108 | −146 | −210 | −252 | −310 | −380 | −465 | −600 | −780 | −1000 | | | | | | |
| 180 | 200 | | −50 | −77 | −122 | −166 | −236 | −284 | −350 | −425 | −520 | −670 | −880 | −1150 | 3 | 4 | 6 | 9 | 17 | 26 |
| 200 | 225 | | | −80 | −130 | −180 | −258 | −310 | −385 | −470 | −575 | −740 | −960 | −1250 | | | | | | |
| 225 | 250 | | | −84 | −140 | −196 | −284 | −340 | −425 | −520 | −640 | −820 | −1050 | −1350 | | | | | | |
| 250 | 280 | | −56 | −94 | −158 | −218 | −315 | −385 | −475 | −580 | −710 | −920 | −1200 | −1550 | 4 | 4 | 7 | 9 | 20 | 29 |
| 280 | 315 | | | −98 | −170 | −240 | −350 | −425 | −525 | −650 | −790 | −1000 | −1300 | −1700 | | | | | | |
| 315 | 355 | | −62 | −108 | −190 | −268 | −390 | −475 | −590 | −730 | −900 | −1150 | −1500 | −1900 | 4 | 5 | 7 | 11 | 21 | 32 |
| 355 | 400 | | | −114 | −208 | −294 | −435 | −530 | −660 | −820 | −1000 | −1300 | −1650 | −2100 | | | | | | |
| 400 | 450 | 在大于 IT7 的 相应数 值上增 加一个 Δ 值 | −68 | −126 | −232 | −330 | −490 | −595 | −740 | −920 | −1100 | −1450 | −1850 | −2400 | 5 | 5 | 7 | 13 | 23 | 34 |
| 450 | 500 | | | −132 | −252 | −360 | −540 | −660 | −820 | −1000 | −1250 | −1600 | −2100 | −2600 | | | | | | |
| 500 | 560 | | −78 | −150 | −280 | −400 | −600 | | | | | | | | | | | | | |
| 560 | 630 | | | −155 | −310 | −450 | −660 | | | | | | | | | | | | | |
| 630 | 710 | | −88 | −175 | −340 | −500 | −740 | | | | | | | | | | | | | |
| 710 | 800 | | | −185 | −380 | −560 | −840 | | | | | | | | | | | | | |
| 800 | 900 | | −100 | −210 | −430 | −620 | −940 | | | | | | | | | | | | | |
| 900 | 1000 | | | −220 | −470 | −680 | −1050 | | | | | | | | | | | | | |
| 1000 | 1120 | | −120 | −250 | −520 | −780 | −1150 | | | | | | | | | | | | | |
| 1120 | 1250 | | | −260 | −580 | −840 | −1300 | | | | | | | | | | | | | |
| 1250 | 1400 | | −140 | −300 | −640 | −960 | −1450 | | | | | | | | | | | | | |
| 1400 | 1600 | | | −330 | −720 | −1050 | −1600 | | | | | | | | | | | | | |
| 1600 | 1800 | | −170 | −370 | −820 | −1200 | −1850 | | | | | | | | | | | | | |
| 1800 | 2000 | | | −400 | −920 | −1350 | −2000 | | | | | | | | | | | | | |
| 2000 | 2240 | | −195 | −440 | −1000 | −1500 | −2300 | | | | | | | | | | | | | |
| 2240 | 2500 | | | −460 | −1100 | −1650 | −2500 | | | | | | | | | | | | | |
| 2500 | 2800 | | −240 | −550 | −1250 | −1900 | −2900 | | | | | | | | | | | | | |
| 2800 | 3150 | | | −580 | −1400 | −2100 | −3200 | | | | | | | | | | | | | |

注：1. 公称尺寸 ≤1mm 时，基本偏差 A 和 B 及大于 IT8 的 N 均不采用。

2. 公差带 JS7 ~ JS11，若 IT$n$ 值数是奇数，则取偏差 $= \pm \dfrac{\text{IT}n - 1}{2}$。

3. 对 ≤IT8 的 K、M、N 和小于或等于 IT7 的 P 至 ZC，所需 Δ 值从表内右侧选取。例如：

　　18 至 30mm 段的 K7：Δ = 8μm，所以 ES = (−2 + 8)μm = +6μm

　　18 至 30mm 段的 S6：Δ = 4μm，所以 ES = (−35 + 4)μm = −31μm

4. 特殊情况，250 至 315mm 段的 M6，ES = −9μm（代替 −11μm）。

### 表 1.4-6　公称尺寸 >3150 ~ 10000mm 的孔、轴基本偏差数值（摘自 GB/T 1801—2009）

（单位：μm）

| 轴的基本偏差 | | 上极限偏差（es） | | | | | | 下极限偏差（ei） | | | | | | | |
|---|---|---|---|---|---|---|---|---|---|---|---|---|---|---|---|
| | | d | e | f | g | h | js | k | m | n | p | r | s | t | u |
| 公差等级 | | IT6 ~ IT18 | | | | | | | | | | | | | |
| 公称尺寸/mm | | 符号 | | | | | | | | | | | | | |
| 大于 | 至 | − | − | − | − | | | + | + | + | + | + | + | + | + |
| 3150 | 3550 | 580 | 320 | 160 | 0 | 0 | 偏差 $= \pm \dfrac{\text{IT}}{2}$ | | | | 290 | 680 | 1600 | 2400 | 3600 |
| 3550 | 4000 | | | | | | | | | | | 720 | 1750 | 2600 | 4000 |
| 4000 | 4500 | 640 | 350 | 175 | 0 | 0 | | | | | 360 | 840 | 2000 | 3000 | 4600 |
| 4500 | 5000 | | | | | | | | | | | 900 | 2200 | 3300 | 5000 |

（续）

| 轴的基本偏差 | 上极限偏差（es） | | | | | | 下极限偏差（ei） | | | | | | |
|---|---|---|---|---|---|---|---|---|---|---|---|---|---|
| | d | e | f | g | h | js | k | m | n | p | r | s | t | u |
| 公差等级 | | | | | | | IT6 ~ IT18 | | | | | | | |
| 公称尺寸/mm | | | | | | | 符号 | | | | | | | |
| 5000　5600 | 720 | 380 | 190 | | 0 | | | | | 440 | 1050 | 2500 | 3700 | 5600 |
| 5600　6300 | | | | | | | | | | | 1100 | 2800 | 4100 | 6400 |
| 6300　7100 | 800 | 420 | 210 | | 0 | 偏差 = ± $\frac{IT}{2}$ | | | | 540 | 1300 | 3200 | 4700 | 7200 |
| 7100　8000 | | | | | | | | | | | 1400 | 3500 | 5200 | 8000 |
| 8000　9000 | 880 | 460 | 230 | | 0 | | | | | 680 | 1650 | 4000 | 6000 | 9000 |
| 9000　10000 | | | | | | | | | | | 1750 | 4400 | 6600 | 10000 |
| 大于　至 | + | + | + | + | | | – | – | – | – | – | – | – | – |
| 公称尺寸/mm | | | | | | | 符号 | | | | | | | |
| 公差等级 | | | | | | | IT6 ~ IT18 | | | | | | | |
| 孔的基本偏差 | D | E | F | G | H | JS | K | M | N | P | R | S | T | U |
| | 下极限偏差（EI） | | | | | | 上极限偏差（ES） | | | | | | | |

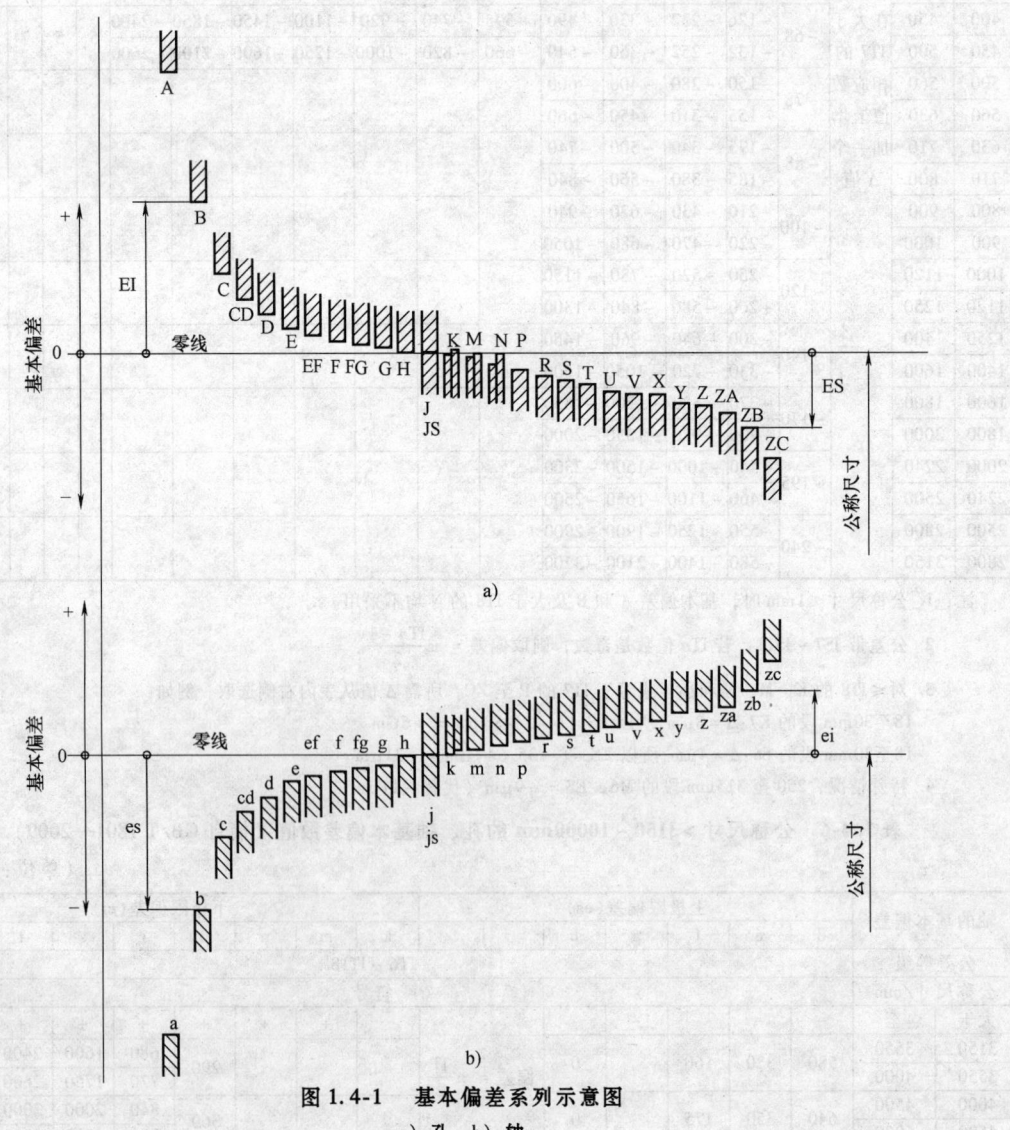

图 1.4-1　基本偏差系列示意图

a）孔　b）轴

## 1.4　未注公差的线性尺寸的公差

未注公差的线性尺寸的公差也称一般公差，它是指在车间通常加工条件下可保证的公差，主要用于较低精度的非配合尺寸，当功能上允许的公差等于或大于一般公差时，均应采用一般公差。GB/T 1804—2000 规定一般公差分精密 f、中等 m、粗糙 c、最粗 v 共 4 个公差等级。表 1.4-7 给出了线性尺寸的极限偏差数值。表 1.4-8 给出了倒圆半径和倒角高度尺寸的极限偏差数值。采用

该标准规定的一般公差应在图样标题栏附近或技术要求、技术文件中注出该标准号和公差等级代号。例如选用中等级时，标注为 GB/T 1804-m。

## 1.5　常用、优先配合及应用

GB/T 1801—2009 规定了基孔制优先、常用配合（见表 1.4-9）以及基轴制优先、常用配合（见表 1.4-10）。表 1.4-11 中列出了优先和常用配合的特征及应用资料，供选用时参考。

**表 1.4-7　线性尺寸的极限偏差数值**（摘自 GB/T 1804—2000）　　　（单位：mm）

| 公差等级 | 基本尺寸分段 | | | | | | | |
|---|---|---|---|---|---|---|---|---|
| | 0.5 ~ 3 | >3 ~ 6 | >6 ~ 30 | >30 ~ 120 | >120 ~ 400 | >400 ~ 1000 | >1000 ~ 2000 | >2000 ~ 4000 |
| 精密 f | ± 0.05 | ± 0.05 | ± 0.1 | ± 0.15 | ± 0.2 | ± 0.3 | ± 0.5 | — |
| 中等 m | ± 0.1 | ± 0.1 | ± 0.2 | ± 0.3 | ± 0.5 | ± 0.8 | ± 1.2 | ± 2 |
| 粗糙 c | ± 0.2 | ± 0.3 | ± 0.5 | ± 0.8 | ± 1.2 | ± 2 | ± 3 | ± 4 |
| 最粗 v | — | ± 0.5 | ± 1 | ± 1.5 | ± 2.5 | ± 4 | ± 6 | ± 8 |

**表 1.4-8　倒圆半径和倒角高度尺寸的极限偏差数值**（摘自 GB/T 1804—2000）

（单位：mm）

| 公差等级 | 基本尺寸分段 | | | |
|---|---|---|---|---|
| | 0.5 ~ 3 | >3 ~ 6 | >6 ~ 30 | >30 |
| 精密 f<br>中等 m | ± 0.2 | ± 0.5 | ± 1 | ± 2 |
| 粗糙 c<br>最粗 v | ± 0.4 | ± 1 | ± 2 | ± 4 |

**表 1.4-9　基孔制优先、常用配合**（摘自 GB/T 1801—2009）

| 基准孔 | 轴 | | | | | | | | | | | | | | | | | | | | |
|---|---|---|---|---|---|---|---|---|---|---|---|---|---|---|---|---|---|---|---|---|---|
| | a | b | c | d | e | f | g | h | js | k | m | n | p | r | s | t | u | v | x | y | z |
| | 间隙配合 | | | | | | | | 过渡配合 | | | 过盈配合 | | | | | | | | | |
| H6 | | | | | | $\frac{H6}{f5}$ | $\frac{H6}{g5}$ | $\frac{H6}{h5}$ | $\frac{H6}{js5}$ | $\frac{H6}{k5}$ | $\frac{H6}{m5}$ | $\frac{H6}{n5}$ | $\frac{H6}{p5}$ | $\frac{H6}{r5}$ | $\frac{H6}{s5}$ | $\frac{H6}{t5}$ | | | | | |
| H7 | | | | | | ▼$\frac{H7}{f6}$ | $\frac{H7}{g6}$ | ▼$\frac{H7}{h6}$ | $\frac{H7}{js6}$ | $\frac{H7}{k6}$ | $\frac{H7}{m6}$ | ▼$\frac{H7}{n6}$ | ▼$\frac{H7}{p6}$ | $\frac{H7}{r6}$ | ▼$\frac{H7}{s6}$ | $\frac{H7}{t6}$ | ▼$\frac{H7}{u6}$ | $\frac{H7}{v6}$ | $\frac{H7}{x6}$ | $\frac{H7}{y6}$ | $\frac{H7}{z6}$ |
| H8 | | | | ▼$\frac{H8}{e7}$ | $\frac{H8}{f7}$ | $\frac{H8}{g7}$ | ▼$\frac{H8}{h7}$ | $\frac{H8}{js7}$ | $\frac{H8}{k7}$ | $\frac{H8}{m7}$ | $\frac{H8}{n7}$ | $\frac{H8}{p7}$ | $\frac{H8}{r7}$ | $\frac{H8}{s7}$ | $\frac{H8}{t7}$ | $\frac{H8}{u7}$ | | | | | |
| H8 | | | | $\frac{H8}{d8}$ | $\frac{H8}{e8}$ | $\frac{H8}{f8}$ | | $\frac{H8}{h8}$ | | | | | | | | | | | | | |
| H9 | | | ▼$\frac{H9}{c9}$ | ▼$\frac{H9}{d9}$ | $\frac{H9}{e9}$ | ▼$\frac{H9}{f9}$ | | ▼$\frac{H9}{h9}$ | | | | | | | | | | | | | |
| H10 | | | $\frac{H10}{c10}$ | $\frac{H10}{d10}$ | | | | $\frac{H10}{h10}$ | | | | | | | | | | | | | |
| H11 | $\frac{H11}{a11}$ | $\frac{H11}{b11}$ | ▼$\frac{H11}{c11}$ | $\frac{H11}{d11}$ | | | | ▼$\frac{H11}{h11}$ | | | | | | | | | | | | | |
| H12 | | $\frac{H12}{b12}$ | | | | | | $\frac{H12}{h12}$ | | | | | | | | | | | | | |

注：1. $\frac{H6}{n5}$、$\frac{H7}{p6}$ 在公称尺寸小于或等于 3mm 和 $\frac{H8}{r7}$ 在小于或等于 100mm 时，为过渡配合。

2. 标注 ▼ 的配合为优先配合。

### 表 1.4-10　基轴制优先、常用配合（摘自 GB/T 1801—2009）

| 基准轴 | A | B | C | D | E | F | G | H | Js | K | M | N | P | R | S | T | U | V | X | Y | Z |
|---|---|---|---|---|---|---|---|---|---|---|---|---|---|---|---|---|---|---|---|---|---|
| | | | | | | 间隙配合 | | | 过渡配合 | | | | 过盈配合 | | | | | | | | |
| h5 | | | | | | $\frac{F6}{h5}$ | $\frac{G6}{h5}$ | $\frac{H6}{h5}$ | $\frac{Js6}{h5}$ | $\frac{K6}{h5}$ | $\frac{M6}{h5}$ | $\frac{N6}{h5}$ | $\frac{P6}{h5}$ | $\frac{R6}{h5}$ | $\frac{S6}{h5}$ | $\frac{T6}{h5}$ | | | | | |
| h6 | | | | | | $\frac{F7}{h6}$ | ▼$\frac{G7}{h6}$ | ▼$\frac{H7}{h6}$ | $\frac{Js6}{h6}$ | $\frac{K7}{h6}$ | $\frac{M7}{h6}$ | ▼$\frac{N7}{h6}$ | $\frac{P7}{h6}$ | $\frac{R7}{h6}$ | $\frac{S7}{h6}$ | $\frac{T7}{h6}$ | ▼$\frac{U7}{h6}$ | | | | |
| h7 | | | | | $\frac{E8}{h7}$ | ▼$\frac{F8}{h7}$ | | ▼$\frac{H8}{h7}$ | $\frac{Js8}{h7}$ | $\frac{K8}{h7}$ | $\frac{M8}{h7}$ | $\frac{N8}{h7}$ | | | | | | | | | |
| h8 | | | | $\frac{D8}{h8}$ | $\frac{E8}{h8}$ | $\frac{F8}{h8}$ | | $\frac{H8}{h8}$ | | | | | | | | | | | | | |
| h9 | | | | ▼$\frac{D9}{h9}$ | $\frac{E9}{h9}$ | $\frac{F9}{h9}$ | | ▼$\frac{H9}{h9}$ | | | | | | | | | | | | | |
| h10 | | | | $\frac{D10}{h10}$ | | | | $\frac{H10}{h10}$ | | | | | | | | | | | | | |
| h11 | $\frac{A11}{h11}$ | $\frac{B11}{h11}$ | ▼$\frac{C11}{h11}$ | $\frac{D11}{h11}$ | | | | ▼$\frac{H11}{h11}$ | | | | | | | | | | | | | |
| h12 | | $\frac{B12}{h12}$ | | | | | | $\frac{H12}{h12}$ | | | | | | | | | | | | | |

注：标注▼的配合为优先配合。

### 表 1.4-11　优先、常用配合的特征及应用

| 基本偏差 | | a A | b B | c C | d D | e E | f F | g G |
|---|---|---|---|---|---|---|---|---|
| | | | | 间隙配合 | | | | |
| | | 可得到特别大的间隙，用于高温工作场合。很少用 | 可得到特大的间隙，用于高温工作场合。一般少用 | 可得到很大的间隙，高温工作时用 | 具有显著的间隙，适用于松动的配合 | 有相当的间隙，适用于高速运动、大跨距、多支承配合 | 配合间隙适中，用于一般转速的动配合 | 配合间隙很小，用于不回转的精密滑动配合 |
| H6 | h5 | | | | | | $\frac{H6\ F6}{f5\ h5}$ | $\frac{H6\ G6}{g5\ h5}$ |
| H7 | h6 | | | | | | $\frac{H7\ F7}{f6\ h6}$ | $\frac{H7}{g6}$　$\frac{G7}{h6}$ |
| H8 | h7 | | | | | $\frac{H8\ E8}{e7\ h7}$ | $\frac{H8}{f7}$　$\frac{F8}{h7}$ | $\frac{H8}{g7}$ |
| | h8 | | | | $\frac{H8\ D8}{d8\ h8}$ | $\frac{H8\ E8}{e8\ h8}$ | $\frac{H8\ F8}{f8\ h8}$ | |
| H9 | h9 | | | $\frac{H9}{c9}$ | $\frac{H9}{d9}$　$\frac{D9}{h9}$ | $\frac{H9\ E9}{e9\ h9}$ | $\frac{H9\ F9}{f9\ h9}$ | |
| H10 | h10 | | | $\frac{H10}{c10}$ | $\frac{H10D10}{d10\ h10}$ | | | |
| H11 | h11 | $\frac{H11A11}{a11\ h11}$ | $\frac{H11B11}{b11\ h11}$ | $\frac{H11}{c11}$　$\frac{C11}{h11}$ | $\frac{H11D11}{d11\ h11}$ | | | |
| H12 | h12 | | $\frac{H12B12}{b12\ h12}$ | | | | | |
| 按配合特征、装配方法及其应用分类 | | | 液体摩擦情况较差，有紊流。间隙非常大，用于高温工作和很松的转动配合；要求大公差、大间隙的外露组件，要求装配很松的配合 | | 液体摩擦情况尚好，用于精度非主要要求有大的温度变动、高转速或大的轴径压力时的自由转动配合 | | 带层流、流体摩擦情况良好，配合间隙适中，能保证轴与孔相对旋转时最好的润滑条件 | |

（续）

| 轴 或 孔 | | | | | | | |
|---|---|---|---|---|---|---|---|
| | h H | js Js | k K | m M | n N | p P | r R |
| | 间隙配合 | 过渡配合 | | | 过盈配合 | | |
| 基本偏差 | 装配后多少有点间隙,但在最大实体状态下间隙为零,一般用于间隙定位配合 | 为完全对称偏差,平均起来稍有间隙的过渡配合(约有2%的过盈概率) | 平均起来没有间隙的过渡配合(约有30%的过盈概率) | 平均起来具有不过盈的过渡配合(约有40%~60%的过盈概率) | 平均过盈稍大,很少得到间隙(约有60~84%的过盈概率) | 与H6、H7配合时是真正的过盈配合,但与H8配合时是过渡配合 | 与H6、H7配合是过盈当基本尺寸至100mm时与H8配合为过渡配合(约80%的过盈概率) |
| H6 / h5 | $\frac{H6}{h5}$　$\frac{H6}{h5}$ | $\frac{H6}{js5}$　$\frac{Js6}{h5}$ | $\frac{H6}{k5}$　$\frac{K6}{h5}$ | $\frac{H6}{m5}$　$\frac{M6}{h5}$ | $\frac{H6}{n5}$　$\frac{N6}{h5}$ | $\frac{H6}{p5}$　$\frac{P6}{h5}$ | $\frac{H6}{r5}$　$\frac{R6}{h5}$ |
| H7 / h6 | $\frac{H7}{h6}$　$\frac{H7}{h6}$ | $\frac{H7}{js6}$　$\frac{Js7}{h6}$ | $\frac{H7}{k6}$　$\frac{K7}{h6}$ | $\frac{H7}{m6}$　$\frac{M7}{h6}$ | $\frac{H7}{n6}$　$\frac{N7}{h6}$ | $\frac{H7}{p6}$　$\frac{P7}{h6}$ | $\frac{H7}{r6}$　$\frac{R7}{h6}$ |
| H8 / h7 | $\frac{H8}{h7}$　$\frac{H8}{h7}$ | $\frac{H8}{js7}$　$\frac{Js8}{h7}$ | $\frac{H8}{k7}$　$\frac{K8}{h7}$ | $\frac{H8}{m7}$　$\frac{M8}{h7}$ | $\frac{H8}{n7}$　$\frac{N8}{h7}$ | $\frac{H8}{p7}$ | $\frac{H8}{r7}$ |
| H8 / h8 | $\frac{H8}{h8}$　$\frac{H8}{h8}$ | ]H8 | h8 | | | | |
| H9 / h9 | $\frac{H9}{h9}$　$\frac{H9}{h9}$ | | | | | | |
| H10 / h10 | | | | $\frac{H10}{h10}$　$\frac{H10}{h10}$ | | | |
| H11 / h11 | $\frac{H11}{h11}$　$\frac{H11}{h11}$ | | | | | | |
| H12 / h12 | $\frac{H12}{h12}$　$\frac{H12}{h12}$ | | | | | | |
| 按配合特征、装配方法及其应用分类 | 可较好地保持孔、轴的同轴度,但无法容纳足够的润滑油,不适于自由转动的配合 | 用手或木槌装配,是略有过盈的定位配合 | 用木槌装配,是稍有过盈的定位配合,消除振动时用 | 用铜锤装配,在最大实体状态时要有相当的压入力 | 用铜锤或压力机装配,用于紧密的组合件配合 | 约有67%~94%的过盈概率,用压力机装配 | 属于轻型压入配合,用在传递较小转矩或轴向力时(按中型压入配合小一半左右)若承受冲击载荷,则应加辅助紧固件 |

| 轴 或 孔 | | | | | | | |
|---|---|---|---|---|---|---|---|
| | s S | t T | u U | v V | x X | y Y | z Z |
| | 过盈配合 | | | | | | |
| 基本偏差 | 相对平均过盈 >0.5~1.8μm | 相对平均过盈 >0.72~1.8μm; 相对最小过盈 >0.26~1.05μm | 相对平均过盈 >0.95~2.2μm; 相对最小过盈 >0.38~1.12μm | 相对平均过盈 >1.17~1.25μm; 相对最小过盈 >1.25~1.32μm | 相对平均过盈 >1.17~3.1μm; 相对最小过盈 >1.6~1.9μm | 相对平均过盈 >2.1~2.9μm; 相对最小过盈 约为2μm | 相对平均过盈 >2.6~4.0μm; 相对最小过盈 >2.4~2.7μm |
| H6 / h5 | $\frac{H6}{s5}$　$\frac{S6}{h5}$ | $\frac{H6}{t5}$　$\frac{T6}{h5}$ | | | | | |
| H7 / h6 | $\frac{H7}{s6}$　$\frac{S7}{h6}$ | $\frac{H7}{t6}$　$\frac{T7}{h6}$ | $\frac{H7}{u6}$　$\frac{U7}{h6}$ | $\frac{H7}{v6}$ | $\frac{H7}{x6}$ | $\frac{H7}{y6}$ | $\frac{H7}{z6}$ |
| H8 / h7 | $\frac{H8}{s7}$ | $\frac{H8}{t7}$ | $\frac{H8}{u7}$ | | | | |
| H8 / h8 | | | | | | | |
| H9 / h9 | | | | | | | |
| H10 / h10 | | | | | | | |
| H11 / h11 | | | | | | | |
| H12 / h12 | | | | | | | |
| 按配合特征、装配方法及其应用分类 | 属于中型压入配合,用在传递较小转矩或轴向力时不需加辅助件(较重型压入配合小三分之一至二分之一),若承受变动载荷,振动冲击时需加辅助件 | 属于重型压入配合,用压力机或热胀(孔套)冷缩(轴)的方法装配,能传递大转矩,承受变动载荷,材料许用应力要大 | | 属于重型压入配合,用热胀(孔套)或冷缩(轴)的方法装配,能传递很大转矩,承受变动载荷,振动和冲击(较重型压力配合大一倍),材料许用应力要相当大 | | | |

## 1.6 配制配合

配制配合是以一个零件的实际尺寸为基数来配制另一个零件的一种工艺措施。一般用于公差等级较高，单件小批生产的配合零件。GB/T 1801—2009 的附录 B 中，提出了公称尺寸大于 500mm 的零件除互换性生产外，根据其制造特点可采用配制配合。该附录对配制配合的应用提供了指导。

在图样上用代号 MF（Matched Fit）表示配制配合，借用基准孔的基本偏差代号 H 或基准轴的基本偏差代号 h 表示先加工件。

【例】公称尺寸为 φ3000mm 的孔轴，要求配合的最大间隙为 0.45mm，最小间隙为 0.14mm。按互换性生产可选用 φ3000H6/f6 或 φ3000F6/h6，其最大间隙为 0.415mm，最小间隙为 0.145mm。现确定采用配制配合。

1）在装配图上标注如下：

φ3000H6/f6 MF（先加工件为孔）  φ3000F6/h6 MF（先加工件为轴）

2）若先加工件为孔，给一个较容易达到的公差，例如 H8，在零件图上标注为：

φ3000H8 MF

若按"线性尺寸的未注公差"加工，则标注为：

φ3000 MF

3）配制件为轴，根据已确定的配合公差选取合适的公差带，例如 f7，图上标注为：

φ3000f7 MF 或 $\phi 3000^{-0.145}_{-0.355}$ MF

但实际表示与先加工件（孔）的实际尺寸最大间隙为 0.355mm，最小间隙为 0.145mm。若先加工件（孔）的实际尺寸为 φ3000.195，则配制件（轴）的极限尺寸计算如下：

上极限尺寸 = 3000.195mm - 0.145mm = 3000.050mm

下极限尺寸 = 3000.195mm - 0.355mm = 2999.840mm

## 2 圆锥的公差与配合

### 2.1 概述

圆锥连接是机械设备中常用的典型结构。圆锥配合与圆柱配合相比，具有较高精度的同轴度、配合间隙或过盈的大小可以自由调整、能利用自锁性来传递转矩以及良好的密封性等优点。但是，圆锥连接在结构上比较复杂，影响其互换性的参数较多，加工和检测也较困难，故应用不如圆柱配合广泛。

为了满足圆锥连接的使用要求，保证圆锥连接的互换性，我国发布了一系列国家标准，如 GB/T

157—2001《产品几何技术规范（GPS）圆锥的锥度与锥角系列》、GB/T 11334—2005《产品几何技术规范（GPS）圆锥公差》、GB/T 12360—2005《产品几何技术规范（GPS）圆锥配合》、GB/T 15754—1995《技术制图 圆锥的尺寸和公差注法》等。

### 2.2 圆锥及配合的基本参数

圆锥分内圆锥（圆锥孔）和外圆锥（圆锥轴）两种，主要几何参数如图 1.4-2 所示。

1）圆锥角是在通过圆锥轴线的截面内，两条素线间的夹角，用符号 $\alpha$ 表示。

2）圆锥直径是圆锥在垂直轴线截面上的直径。常用的圆锥直径有最大圆锥直径 $D$，最小圆锥直径 $d$ 和给定截面上的圆锥直径 $d_x$。

3）圆锥长度是最大圆锥直径截面与最小圆锥直径截面之间的轴向距离，用符号 $L$ 表示。给定截面与基准端面之间的距离，用符号 $L_x$ 表示。

在零件图样上，只标注一个圆锥直径（$D$、$d$ 或 $d_x$）、圆锥角和圆锥长度（$L$ 或 $L_x$），或者标注最大与最小圆锥直径 $D$、$d$ 和圆锥长度 $L$，如图 1.4-3 所示，该圆锥就被完全确定了。

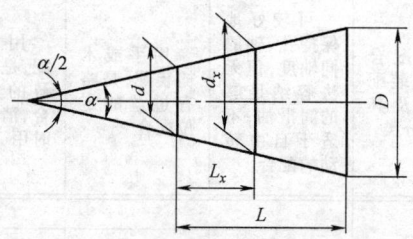

图 1.4-2 圆锥的主要几何参数

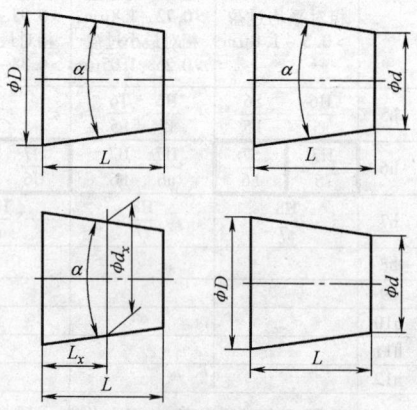

图 1.4-3 圆锥尺寸的标注方法

4）锥度是两个垂直于圆锥轴线截面的圆锥直径之差与这两个截面之间的轴向距离之比，用符号 $C$

表示，即

锥度一般用比例或分数形式表示，例如 $C = 1:5$ 或 1/5。GB/T 157—2001《产品几何技术规范（GPS）圆锥的锥度与锥角系列》规定了一般用途锥度与圆锥角系列（见表 1.4-12）和特定用途锥度与圆锥角系列（见表 1.4-13）。

$$C = \frac{D - d}{L}$$

锥度 $C$ 与圆锥角 $\alpha$ 的关系可表示为

$$C = 2\tan\frac{\alpha}{2} = 1 : \frac{1}{2}\cot\frac{\alpha}{2}$$

**表 1.4-12　一般用途圆锥的锥度与锥角系列**（摘自 GB/T 157—2001）

| 基本值 | | 推算值 | | | |
|---|---|---|---|---|---|
| 系列 1 | 系列 2 | 圆锥角 $\alpha$ | | | 锥度 $C$ |
| 120° | | — | — | 2.09439510rad | 1:0.2886751 |
| 90° | | — | — | 1.57079633rad | 1:0.5000000 |
| | 75° | — | — | 1.30899694rad | 1:0.6516127 |
| 60° | | — | — | 1.04719755rad | 1:0.8660254 |
| 45° | | — | — | 0.78539816rad | 1:1.2071068 |
| 30° | | — | — | 0.52359878rad | 1:1.8660254 |
| 1:3 | | 18°55′28.7199″ | 18.92464442° | 0.33029735rad | — |
| | 1:4 | 14°15′0.1177″ | 14.25003270° | 0.24870999rad | — |
| 1:5 | | 11°25′16.2706″ | 11.42118627° | 0.19933730rad | — |
| | 1:6 | 9°31′38.2202″ | 9.52728338° | 0.16628246rad | — |
| | 1:7 | 8°10′16.4408″ | 8.17123356° | 0.14261493rad | — |
| | 1:8 | 7°9′9.6075″ | 7.15266875° | 0.12483762rad | — |
| 1:10 | | 5°43′29.3176″ | 5.72481045° | 0.09991679rad | — |
| | 1:12 | 4°46′18.7970″ | 4.77188806° | 0.08328516rad | — |
| | 1:15 | 3°49′5.8975″ | 3.81830487° | 0.06664199rad | — |
| 1:20 | | 2°51′51.0925″ | 2.86419237° | 0.04998959rad | — |
| 1:30 | | 1°54′34.8570″ | 1.90968251° | 0.03333025rad | — |
| 1:50 | | 1°8′45.1586″ | 1.14587740° | 0.01999933rad | — |
| 1:100 | | 34′22.6309″ | 0.57295302° | 0.00999992rad | — |
| 1:200 | | 17′11.3219″ | 0.28647830° | 0.00499999rad | — |
| 1:500 | | 6′52.5295″ | 0.11459152° | 0.00200000rad | — |

**表 1.4-13　特定用途的圆锥**（摘自 GB/T 157—2001）

| 基本值 | 推算值 | | | 标准号 GB/T (ISO) | 用途 |
|---|---|---|---|---|---|
| | 圆锥角 $\alpha$ | | 锥度 $C$ | | |
| 11°54′ | — | — | 0.20769418rad | 1:4.7974511 | (5237) (8489-5) | |
| 8°40′ | — | — | 0.15126187rad | 1:6.5984415 | (8489-3) (8489-4) (324.575) | 纺织机械和附件 |
| 7° | — | — | 0.12217305rad | 1:8.1749277 | (8489-2) | |
| 1:38 | 1°30′27.7080″ | 1.50769667° | 0.02631427rad | — | (368) | |
| 1:64 | 0°53′42.8220″ | 0.89522834° | 0.01562468rad | — | (368) | |
| 7:24 | 16°35′39.4443″ | 16.59429008° | 0.28962500rad | 1:3.4285714 | 3837.3 (297) | 机床主轴工具配合 |
| 1:12.262 | 4°40′12.1514″ | 4.67004205° | 0.08150761rad | — | (239) | 贾各锥度 No.2 |
| 1:12.972 | 4°24′52.9039″ | 4.41469552° | 0.07705097rad | — | (239) | 贾各锥度 No.1 |
| 1:15.748 | 3°38′13.4429″ | 3.63706747° | 0.06347880rad | — | (239) | 贾各锥度 No.33 |

（续）

| 基本值 | 推算值 | | | 标准号 GB/T（ISO） | 用途 |
|---|---|---|---|---|---|
| | 圆锥角 $\alpha$ | | 锥度 $C$ | | |
| 6:100 | 3°26′12.1776″ | 3.43671600° | 0.05998201 rad | 1:16.6666667 | 1962（594-1）（595-1）（595-2）医疗设备 |
| 1:18.779 | 3°3′1.2070″ | 3.05033527° | 0.05323839 rad | — | (239) 贾各锥度 No.3 |
| 1:19.002 | 3°0′52.3956″ | 3.01455434° | 0.05261390 rad | — | 1443(296) 莫氏锥度 No.5 |
| 1:19.180 | 2°59′11.7258″ | 2.98659050° | 0.05212584 rad | — | 1443(296) 莫氏锥度 No.6 |
| 1:19.212 | 2°58′53.8255″ | 2.98161820° | 0.05203905 rad | — | 1443(296) 莫氏锥度 No.0 |
| 1:19.254 | 2°58′30.4217″ | 2.97511713° | 0.05192559 rad | — | 1443(296) 莫氏锥度 No.4 |
| 1:19.264 | 2°58′24.8644″ | 2.97357343° | 0.05189865 rad | — | (239) 贾各锥度 No.6 |
| 1:19.922 | 2°52′31.4463″ | 2.87540176° | 0.05018523 rad | — | 1443(296) 莫氏锥度 No.3 |
| 1:20.020 | 2°51′40.7960″ | 2.86133223° | 0.04993967 rad | — | 1443(296) 莫氏锥度 No.2 |
| 1:20.047 | 2°51′26.9283″ | 2.85748008° | 0.04987244 rad | — | 1443(296) 莫氏锥度 No.1 |
| 1:20.288 | 2°49′24.7802″ | 2.82355006° | 0.04928025 rad | — | (239) 贾各锥度 No.0 |
| 1:23.904 | 2°23′47.6244″ | 2.39656232° | 0.04182790 rad | — | 1443(296) 布朗夏普锥度 No.1~No.3 |
| 1:28 | 2°2′45.8174″ | 2.04606038° | 0.03571049 rad | — | (8382) 复苏器（医用） |
| 1:36 | 1°35′29.2096″ | 1.59144711° | 0.02777599 rad | — | (5356-1) 麻醉器具 |
| 1:40 | 1°25′56.3516″ | 1.43231989° | 0.02499870 rad | — | |

在零件图样上，锥度用特定的图形符号和比例（或分数）来标注，如图 1.4-4 所示。图形符号配置在平行于圆锥轴线的基准线上，并且其方向与圆锥方向一致，在基准线的上面标注锥度的数值，用指引线将基准线与圆锥素线相连。在图样上标注了锥度，就不必标注圆锥角，两者不应重复。

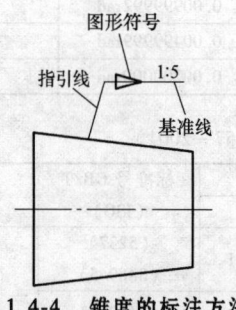

图 1.4-4　锥度的标注方法

## 2.3　圆锥配合的种类

圆锥配合有结构型圆锥配合和位移型圆锥配合两种。

1. 结构型圆锥配合

在结构型圆锥配合中，分为由内、外圆锥的结构确定装配最终位置而获得的配合，以及由内、外圆锥基准平面间的尺寸确定装配最终位置而获得的配合。上述两种方式均可形成间隙配合、过渡配合和过盈配合。图 1.4-5 所示为由轴肩接触这种结构确定装配最终位置而获得的间隙配合示例。图 1.4-6 所示为由结

构尺寸 $a$（内、外圆锥基准平面间的尺寸）确定装配最终位置而获得的过盈配合示例。

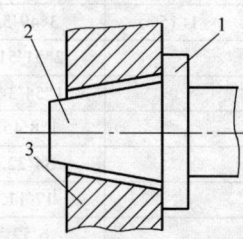

图 1.4-5　由轴肩接触得到的间隙配合
1—轴肩　2—外圆锥　3—内圆锥

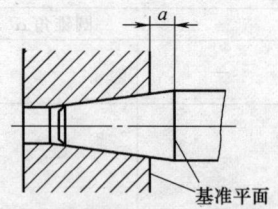

图 1.4-6　由结构尺寸 $a$ 得到的过盈配合

2. 位移型圆锥配合

位移型圆锥配合分为两种，一种是由内、外圆锥实际初始位置 $P_a$ 开始，作一定相对轴向位移 $E_a$ 到达终止位置 $P_f$ 而获得的配合。这种方式既可形成间隙配合，又可形成过盈配合，如图 1.4-7 所示。另一种是由内、外圆锥实际初始位置（$P_a$）开始，（施加一

定装配力产生轴向位移而获得的配合，这种方式只能形成过盈配合，如图 1.4-8 所示。

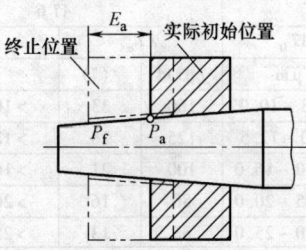

**图 1.4-7　由相对轴向位移 $E_a$ 得到的间隙配合**

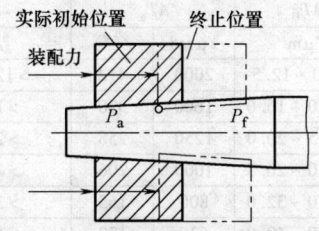

**图 1.4-8　施加一定装配力获得的过盈配合**

## 2.4　圆锥公差及标注

### 1. 圆锥公差项目

圆锥是一个多参数零件，为满足其性能和互换性

要求，GB/T 11334—2005 对圆锥公差给出了四个项目。

（1）圆锥直径公差 $T_D$　以公称圆锥直径（一般取最大圆锥直径 $D$）为公称尺寸，按 GB/T 1800.1—2009 规定的标准公差选取。

（2）给定截面圆锥直径公差 $T_{DS}$　以给定截面圆锥直径 $d_x$ 为公称尺寸，按 GB/T 1800.1—2009 规定的标准公差选取。

（3）圆锥角公差 $AT$　圆锥角公差 $AT$ 共分 12 个公差等级，用 $AT1$、$AT2$、…、$AT12$ 表示，其中 $AT1$ 精度最高，等次依次降低，$AT12$ 最低。圆锥角公差数值见表 1.4-14。

圆锥角公差可用两种形式表示：$AT_\alpha$——以角度（单位为 μrad 或度、分、秒）表示。$AT_D$——以长度（单位为 μm）表示。$AT_\alpha$ 和 $AT_D$ 关系如下：

$$AT_D = AT_\alpha \times L \times 10^{-3}$$

式中　$AT_\alpha$——圆锥角公差（μrad）；
　　　　$L$——圆锥长度（mm）。

【例】$L = 50\text{mm}$，选用 $AT7$，求 $AT_D$。

查表 1.4-14 得 $AT_\alpha = 315\mu\text{rad}$，为此，$AT_D$ 要进行如下计算：

$$AT_D = AT_\alpha \times L \times 10^{-3} = 315\mu\text{rad} \times 50\text{mm} \times 10^{-3} = 15.8\mu\text{m}$$

**表 1.4-14　圆锥角公差数值**（摘自 GB/T 11334—2005）

| 公称圆锥长度 $L$ /mm | | 圆锥角公差等级 | | | | | | | | |
|---|---|---|---|---|---|---|---|---|---|---|
| | | $AT1$ | | | $AT2$ | | | $AT3$ | | |
| | | $AT_\alpha$ | | $AT_D$ | $AT_\alpha$ | | $AT_D$ | $AT_\alpha$ | | $AT_D$ |
| 大于 | 至 | /μrad | /(") | /μm | /μrad | /(") | /μm | /μrad | /(") | /μm |
| 自 6 | 10 | 50 | 10 | >0.3~0.5 | 80 | 16 | >0.5~0.8 | 125 | 26 | >0.8~1.3 |
| 10 | 16 | 40 | 8 | >0.4~0.6 | 63 | 13 | >0.6~1.0 | 100 | 21 | >1.0~1.6 |
| 16 | 25 | 31.5 | 6 | >0.5~0.8 | 50 | 10 | >0.8~1.3 | 80 | 16 | >1.3~2.0 |
| 25 | 40 | 25 | 5 | >0.6~1.0 | 40 | 8 | >1.0~1.6 | 63 | 13 | >1.6~2.5 |
| 40 | 63 | 20 | 4 | >0.8~1.3 | 31.5 | 6 | >1.3~2.0 | 50 | 10 | >2.0~3.2 |
| 63 | 100 | 16 | 3 | >1.0~1.6 | 25 | 5 | >1.6~2.5 | 40 | 8 | >2.5~4.0 |
| 100 | 160 | 12.5 | 2.5 | >1.3~2.0 | 20 | 4 | >2.0~3.2 | 31.5 | 6 | >3.2~5.0 |
| 160 | 250 | 10 | 2 | >1.6~2.5 | 16 | 3 | >2.5~4.0 | 25 | 5 | >4.0~6.3 |
| 250 | 400 | 8 | 1.5 | >2.0~3.2 | 12.5 | 2.5 | >3.2~5.0 | 20 | 4 | >5.0~8.0 |
| 400 | 630 | 6.3 | 1 | >2.5~4.0 | 10 | 2 | >4.0~6.3 | 16 | 3 | >6.3~10.0 |
| 公称圆锥长度 $L$ /mm | | 圆锥角公差等级 | | | | | | | | |
| | | $AT4$ | | | $AT5$ | | | $AT6$ | | |
| | | $AT_\alpha$ | | $AT_D$ | $AT_\alpha$ | | $AT_D$ | $AT_\alpha$ | | $AT_D$ |
| 大于 | 至 | /μrad | /(") | /μm | /μrad | /(") | /μm | /μrad | /(") | /μm |
| 自 6 | 10 | 200 | 41 | >1.3~2.0 | 315 | 65 | >2.0~3.2 | 500 | 103 | >3.2~5.0 |
| 10 | 16 | 160 | 33 | >1.6~2.5 | 250 | 52 | >2.5~4.0 | 400 | 82 | >4.0~6.3 |
| 16 | 25 | 125 | 26 | >2.0~3.2 | 200 | 41 | >3.2~5.0 | 315 | 65 | >5.0~8.0 |
| 25 | 40 | 100 | 21 | >2.5~4.0 | 160 | 33 | >4.0~6.3 | 250 | 52 | >6.3~10.0 |
| 40 | 63 | 80 | 16 | >3.2~5.0 | 125 | 26 | >5.0~8.0 | 200 | 41 | >8.0~12.5 |

（续）

| 公称圆锥长度 L /mm | | 圆锥角公差等级 | | | | | | | | |
|---|---|---|---|---|---|---|---|---|---|---|
| | | AT 4 | | | AT 5 | | | AT 6 | | |
| | | $AT_\alpha$ | | $AT_D$ | $AT_\alpha$ | | $AT_D$ | $AT_\alpha$ | | $AT_D$ |
| 大于 | 至 | /μrad | /(″) | /μm | /μrad | /(″) | /μm | /μrad | /(″) | /μm |
| 63 | 100 | 63 | 13 | >4.0~6.3 | 100 | 21 | >6.3~10.0 | 160 | 33 | >10.0~16.0 |
| 100 | 160 | 50 | 10 | >5.0~8.0 | 80 | 16 | >8.0~12.5 | 125 | 26 | >12.5~20.0 |
| 160 | 250 | 40 | 8 | >6.3~10.0 | 63 | 13 | >10.0~16.0 | 100 | 21 | >16.0~25.0 |
| 250 | 400 | 31.5 | 6 | >8.0~12.5 | 50 | 10 | >12.5~20.0 | 80 | 16 | >20.0~32.0 |
| 400 | 630 | 25 | 5 | >10.0~16.0 | 40 | 8 | >16.0~25.0 | 63 | 13 | >25.0~40.0 |

| 公称圆锥长度 L /mm | | 圆锥角公差等级 | | | | | | | | |
|---|---|---|---|---|---|---|---|---|---|---|
| | | AT 7 | | | AT 8 | | | AT 9 | | |
| | | $AT_\alpha$ | | $AT_D$ | $AT_\alpha$ | | $AT_D$ | $AT_\alpha$ | | $AT_D$ |
| 大于 | 至 | /μrad | /(″) | /μm | /μrad | /(″) | /μm | /μrad | /(″) | /μm |
| 自 6 | 10 | 800 | 165 | >5.0~8.0 | 1250 | 258 | >8.0~12.5 | 2000 | 412 | >12.5~20 |
| 10 | 16 | 630 | 130 | >6.3~10.0 | 1000 | 206 | >10.0~16.0 | 1600 | 330 | >16~25 |
| 16 | 25 | 500 | 103 | >8.0~12.5 | 800 | 175 | >12.5~20.0 | 1250 | 258 | >20~32 |
| 25 | 40 | 400 | 32 | >10.0~16.0 | 630 | 130 | >16.0~20.5 | 1000 | 206 | >25~40 |
| 40 | 63 | 315 | 65 | >12.5~20.0 | 500 | 103 | >20.0~32.0 | 800 | 165 | >32~50 |
| 63 | 100 | 250 | 52 | >16.0~25.0 | 400 | 82 | >25.0~40.0 | 630 | 130 | >40~63 |
| 100 | 160 | 200 | 41 | >20.0~32.0 | 315 | 65 | >32.0~50.0 | 500 | 103 | >50~80 |
| 160 | 250 | 160 | 33 | >25.0~40.0 | 250 | 52 | >40.0~63.0 | 400 | 82 | >63~100 |
| 250 | 400 | 125 | 26 | >32.0~50.0 | 200 | 41 | >50.0~80.0 | 315 | 65 | >80~125 |
| 400 | 630 | 100 | 21 | >40.0~63.0 | 160 | 33 | >63.0~100.0 | 250 | 52 | >100~600 |

| 公称圆锥长度 L /mm | | 圆锥角公差等级 | | | | | | | | |
|---|---|---|---|---|---|---|---|---|---|---|
| | | AT 10 | | | AT 11 | | | AT 12 | | |
| | | $AT_\alpha$ | | $AT_D$ | $AT_\alpha$ | | $AT_D$ | $AT_\alpha$ | | $AT_D$ |
| 大于 | 至 | /μrad | /(″) | /μm | /μrad | /(″) | /μm | /μrad | /(″) | /μm |
| 自 6 | 10 | 3150 | 649 | >20~32 | 5000 | 1030 | >32~50 | 8000 | 1648 | >50~80 |
| 10 | 16 | 2500 | 515 | >25~40 | 4000 | 824 | >40~63 | 6300 | 1298 | >63~100 |
| 16 | 25 | 2000 | 412 | >32~50 | 3150 | 649 | >50~80 | 5000 | 1030 | >80~125 |
| 25 | 40 | 1600 | 330 | >40~63 | 2500 | 515 | >63~100 | 4000 | 824 | >100~600 |
| 40 | 63 | 1250 | 258 | >50~80 | 2000 | 412 | >80~125 | 3150 | 649 | >125~200 |
| 63 | 100 | 1000 | 206 | >63~100 | 1600 | 330 | >100~600 | 2500 | 515 | >160~250 |
| 100 | 160 | 800 | 175 | >80~125 | 1250 | 258 | >125~200 | 2000 | 412 | >200~320 |
| 160 | 250 | 630 | 130 | >100~600 | 1000 | 206 | >160~250 | 1600 | 330 | >250~400 |
| 250 | 400 | 500 | 103 | >125~200 | 800 | 165 | >200~320 | 1250 | 258 | >320~500 |
| 400 | 630 | 400 | 82 | >160~250 | 630 | 130 | >250~400 | 1000 | 206 | >400~630 |

（4）圆锥的形状公差 $T_F$　一般由圆锥直径公差带限制而不单独给出。若需要可给出素线直线度或（和）横截面圆度公差，或者标注圆锥的面轮廓度公差。显然，面轮廓度公差不仅控制素线直线度误差和截面圆度公差，而且控制圆锥角误差。

2. 圆锥公差标注

根据 GB/T 15754—1995《技术制图　圆锥的尺寸和公差注法》，圆锥公差通常可以采用面轮廓度法标注，示例如图 1.4-9 所示。有配合要求的结构型内外圆锥，也可采用基本锥度法标注，示例如图 1.4-10 所示。当无配合要求时可采用公差锥度法标注，示例如图 1.4-11 所示。

## 2.5　圆锥配合的选用

结构型圆锥配合推荐优先采用基孔制。内、外圆锥直径公差带及配合按表 1.4-9 选取。如果表 1.4-9 给出的常用配合仍不能满足要求，可按 GB/T 1800.1—2009 规定的标准公差和基本偏差组成所需要的配合。

位移型圆锥配合的内、外圆锥直径公差带的基本

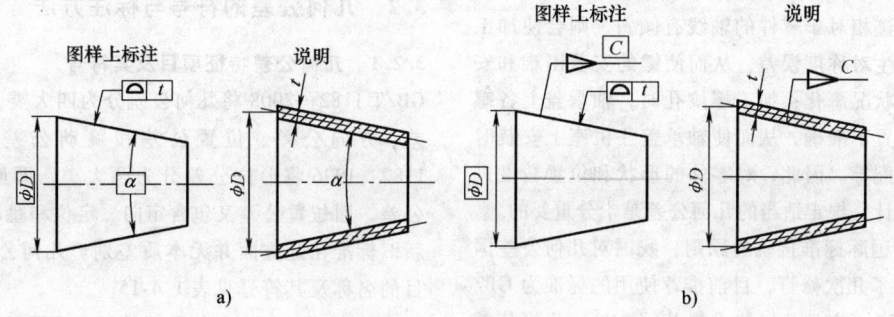

**图 1.4-9　面轮廓度法**

a）给定圆锥角　b）给定锥度

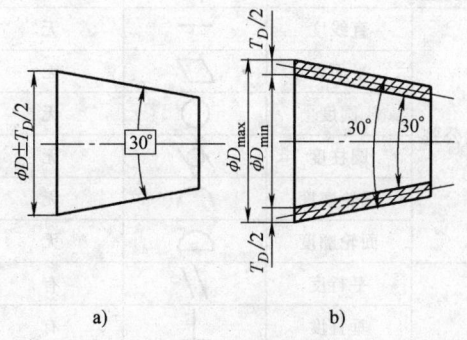

**图 1.4-10　基本锥度法**

a）图样标注　b）说明

偏差推荐选用 H、h、JS、js。为检测方便，一般将轴向位移量控制在轴向极限偏差范围内，如图 1.4-12 所示。轴向位移极限值（$E_{amin}$、$E_{amax}$）和轴向位移公差 $T_E$ 按下列公式计算：

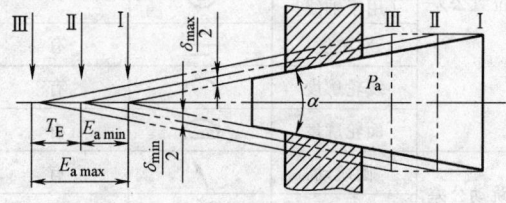

**图 1.4-12　轴向位移及其公差**

Ⅰ—实际初始位置　Ⅱ—最小过盈位置　Ⅲ—最大过盈位置

1）对于间隙配合

$$E_{amin} = \frac{1}{C} \times |X_{min}|$$

$$E_{amax} = \frac{1}{C} \times |X_{max}|$$

$$T_E = E_{amax} - E_{amin} = \frac{1}{C}|X_{max} - X_{min}|$$

2）对于过盈配合

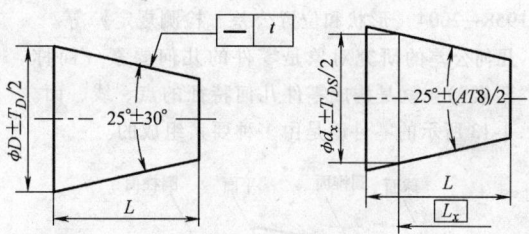

**图 1.4-11　公差锥度法**

$$E_{amin} = \frac{1}{C} \times |Y_{min}|$$

$$E_{amax} = \frac{1}{C} \times |Y_{max}|$$

$$T_E = E_{amax} - E_{amin} = \frac{1}{C}|Y_{max} - Y_{min}|$$

式中　$X_{min}$、$X_{max}$——径向最小间隙和最大间隙；

$Y_{min}$、$Y_{max}$——径向最小过盈和最大过盈；

$C$——轴向位移折算为径向位移的系数，即锥度。

## 3　几何公差

### 3.1　概述

几何公差包括形状公差、位置公差和方向公差，它是针对构成零件几何特征的点、线、面的几何形状和相互位置的误差所规定的公差。

零件在加工过程中由于受各种因素的影响，其几何要素不可避免地会产生形状误差和位置误差。形位误差对零件的使用功能有很大的影响，如在车削圆柱表面时，刀具的运动轨迹若与工件的旋转轴线不平行，会使完工零件表面产生圆柱度误差，从而影响圆柱结

合要素的配合均匀性；铣轴上的键槽时，若铣刀杆轴线的运动轨迹相对于零件的轴线有倾斜，则会使加工出的键槽产生对称度误差，从而使键的安装困难和安装后的受力状况恶化；加工螺纹孔时，轴承盖上各螺钉孔加工位置不准确，从而使轴承盖在机座上安装时无法顺利装配等。因此，对零件的形状和位置精度进行合理的设计，规定适当的几何公差是十分重要的。

按照与国际标准接轨的原则，我国对几何公差国家标准进行了几次修订，目前推荐使用的标准为 GB/T 1182—2008《产品几何技术规范（GPS）几何公差 形状、方向、位置和跳动公差标注》，GB/T 1184—1996《形状和位置公差　未注公差值》，GB/T 4249—2009《产品几何技术规范（GPS）公差原则》，GB/T 16671 — 2009《产品几何技术规范（GPS）几何公差 最大实体要求、最小实体要求和可逆要求》，GB 1958—2004《形状和位置公差　检测规定》等。

几何公差的研究对象是零件的几何要素（简称为"要素"），就是构成零件几何特征的点、线、面。图 1.4-13 所示的零件就是由多种要素组成的。

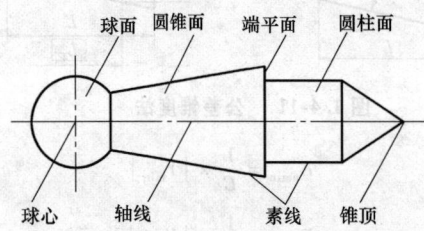

图 1.4-13　零件的几何要素

要素可以从不同的角度分为以下几类：

1）理想要素是指具有几何学意义的要素，它们不存在任何误差。

2）实际要素是指零件上实际存在的要素，通常用测得的要素来代替，它们一般存在着误差。

3）组成要素（旧标准称轮廓要素）是指零件外形上可触及的点、线、面各要素。

4）导出要素（旧标准称中心要素）是指由轮廓要素导出的不可触及的中心对称部分，如球心、轴线、对称面等。

5）被测要素是指在图样上给出了形状或（和）位置公差要求的要素，是检测的对象。

6）基准要素是指用来确定被测要素的方向或（和）位置的参考要素（简称"基准"）。

7）单一要素是指给出了形状公差要求的要素，它没有基准。

8）关联要素是指给出了位置公差要求的要素，它与基准有关。

## 3.2　几何公差的符号与标注方法

### 3.2.1　几何公差特征项目及其符号

GB/T 1182—2008 将几何公差分为四大类，即形状公差、方向公差、位置公差和跳动公差，而 GB/T 1182—1996 将形位公差分为两大类，即形状和位置公差，而位置公差又包含定向、定位和跳动公差，故新旧标准在此方面并无本质差别。几何公差 19 个项目的名称及其符号见表 1.4-15。

表 1.4-15　几何公差特征项目及其符号

（摘自 GB/T 1182—2008）

| 公差类型 | 几何特征 | 符号 | 有无基准 |
|---|---|---|---|
| 形状公差 | 直线度 | — | 无 |
| | 平面度 | ▱ | 无 |
| | 圆度 | ○ | 无 |
| | 圆柱度 | ⌭ | 无 |
| | 线轮廓度 | ⌒ | 无 |
| | 面轮廓度 | ⌓ | 无 |
| 方向公差 | 平行度 | // | 有 |
| | 垂直度 | ⊥ | 有 |
| | 倾斜度 | ∠ | 有 |
| | 线轮廓度 | ⌒ | 有 |
| | 面轮廓度 | ⌓ | 有 |
| 位置公差 | 位置度 | ⊕ | 有或无 |
| | 同心度（用于中心点） | ◎ | 有 |
| | 同轴度（用于轴线） | ◎ | 有 |
| | 对称度 | ═ | 有 |
| | 线轮廓度 | ⌒ | 有 |
| | 面轮廓度 | ⌓ | 有 |
| 跳动公差 | 圆跳动 | ↗ | 有 |
| | 全跳动 | ↗↗ | 有 |

### 3.2.2　几何公差的公差带

几何公差的公差带是用来限制被测要素变动的区域。只要被测要素完全落在给定的公差带内，就表示该要素的形状和位置符合要求。

几何公差带的形状由被测要素的理想形状和给定的公差特征所决定，常见的几何公差带的形状有如图 1.4-14 所示的几种。几何公差带的大小由公差值 $t$ 确定，指的是公差带的宽度或直径等。几何公差带的方向和位置有两种情况：公差带的方向或位置没有对其

他要素保持一定几何关系的要求，这时公差带的方向或位置是浮动的；若公差带的方向或位置必须和基准要素保持一定的几何关系，则称为是固定的。所以，

位置公差（有基准）的公差带的方向或位置一般是固定的。形状公差（无基准）的公差带的方向或位置一般是浮动的。

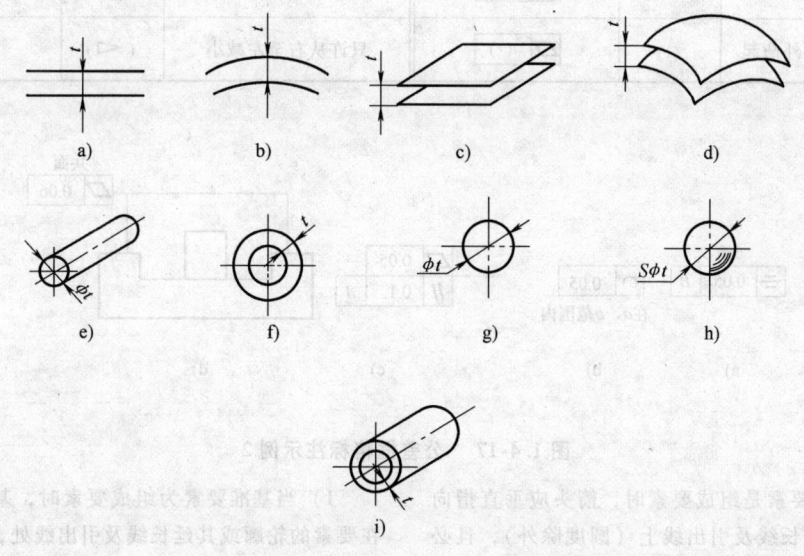

图 1.4-14　常见的几何公差带的形状

### 3.2.3　几何公差的标注方法

几何公差的标注主要有三部分内容：框格、被测要素和基准要素，标注示例如图 1.4-15 所示。需要说明的是，在 GB/T 1182—2008 中，基准符号采用三角形与方框的方式，与 ISO 保持一致。

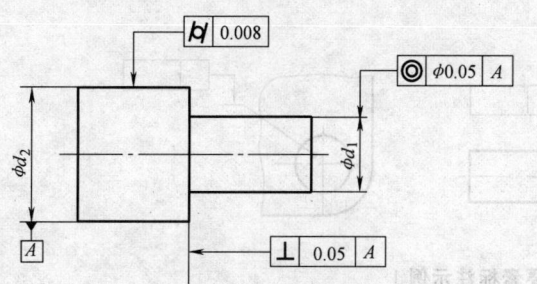

图 1.4-15　几何公差标注示例

**1. 几何公差框格**

几何公差框格是由两格或多格组成的矩形框格。公差框格标注示例如图 1.4-16 和图 1.4-17 所示。在零件图样上，几何公差框格多按水平方向放置，必要时也可垂直放置。框格中从左到右（框格垂直放置时为从下到上）依次填写以下内容：

1）第一格填写几何公差特征项目的符号（见表 1.4-15）。

2）第二格填写几何公差值及附加符号。

3）第三～第五格填写表示基准要素的字母及附

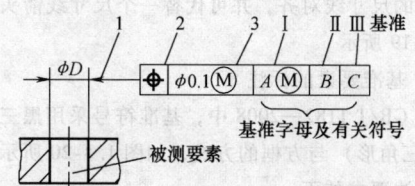

图 1.4-16　公差框格标注示例 1

1—指引箭头　2—项目符号　3—公差值及附加符号

加符号。

若形位公差值前加注有"$\phi$"或"$S\phi$"，则表示公差带为圆形、圆柱形或球形。基准要素的字母用大写英文字母，为不引起误解，其中 $E$、$I$、$J$、$M$、$Q$、$O$、$P$、$L$、$R$、$F$ 不可使用。若几何公差带内进一步限定被测要素的形状，则应在公差值后加注相应的符号，见表 1.4-16。

当有多个相同的被测要素时，可在公差框格的上方说明数量或绘制多个指示箭头分别指向被测要素，如图 1.4-17a、d 所示。当有其他说明性要求时，应书写在公差框格的下方，如图 1.4-17b 所示。当对同一个被测要素有多项形位公差要求时，在可能的情况下可罗列标注，如图 1.4-17c 所示。

**2. 被测要素的标注**

用带箭头的指引线（细实线）连接公差框格与被测要素，具体规则如下：

表 1.4-16　被测要素形状有要求的符号

| 含义 | 符号 | 举例 | 含义 | 符号 | 举例 |
|---|---|---|---|---|---|
| 只许中间向材料内凹下 | (-) | ⎯ $t(-)$ | 只许从左至右减小 | (▷) | ⌀ $t(▷)$ |
| 只许中间向材料外凸起 | (+) | ⏥ $t(+)$ | 只许从右至左减小 | (◁) | ⌀ $t(◁)$ |

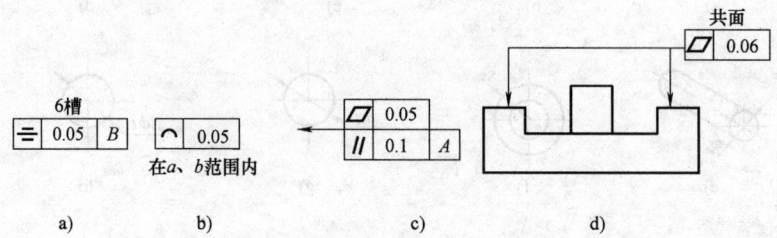

图 1.4-17　公差框格标注示例 2

1）当被测要素是组成要素时，箭头应垂直指向轮廓要素或其延长线及引出线上（圆度除外），且必须与尺寸线明显错开，如图 1.4-18 所示。

2）当被测要素是导出要素时，箭头应与被测要素相应的尺寸线对齐，并可代替一个尺寸线箭头，如图 1.4-19 所示。

3．基准要素的标注

在 GB/T 1182—2008 中，基准符号采用黑三角形（或空三角形）与方框的方式，如图 1.4-20 所示。其具体标注要求如下：

1）当基准要素为组成要素时，基准三角形放置在要素的轮廓或其延长线及引出线处，且必须与尺寸线错开，如图 1.4-21 所示。

2）当基准要素为导出要素时，基准三角形应放置在该尺寸线的延长线上，且必须与尺寸线对齐，基准三角形也可代替尺寸线的一个箭头，如图 1.4-22 所示。

3）公共基准、多基准体系以及任选基准的标注方法如图 1.4-23 所示。

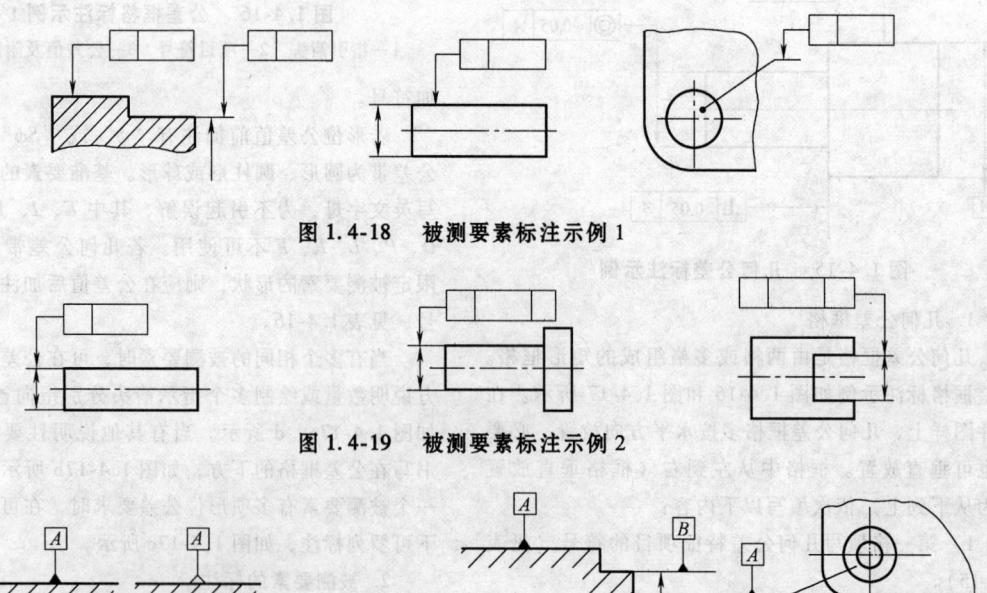

图 1.4-18　被测要素标注示例 1

图 1.4-19　被测要素标注示例 2

图 1.4-20　基准要素标注示例 1

图 1.4-21　基准要素标注示例 2

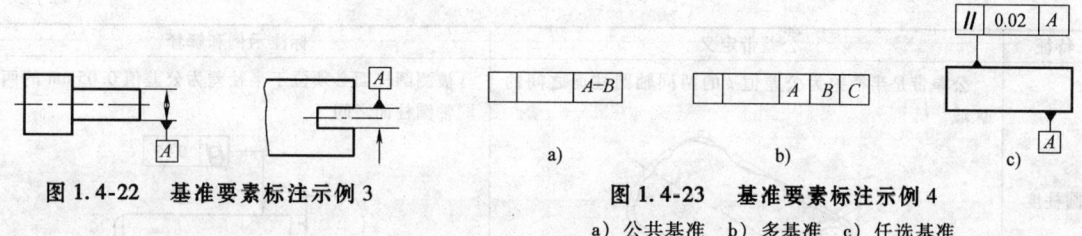

图 1.4-22　　基准要素标注示例 3

图 1.4-23　　基准要素标注示例 4

a）公共基准　b）多基准　c）任选基准

## 3.3　几何公差的公差带定义、标注解释示例

### 3.3.1　形状公差

形状公差是指单一实际形体的形状所允许的变动全量，它限制的是形体本身形状误差大小。形状公差包含直线度、平面度、圆度、圆柱度、线轮廓度和面轮廓度。形状公差带不涉及基准，其方向和位置随实际要素不同而浮动。形状公差带的定义、标注示例和解释如表 1.4-17 所示。

表 1.4-17　形状公差带的定义、标注示例和解释

| 特征 | 公差带定义 | 标注示例和解释 |
|---|---|---|
| 直线度 | 在给定平面内，公差带是距离为公差值 $t$ 的两平行直线之间的区域 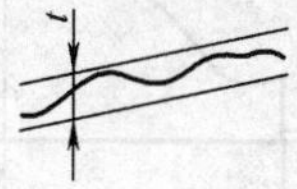 | 被测表面的素线必须位于平行于图样所示投影面且距离为公差值 0.1mm 的两平行直线内 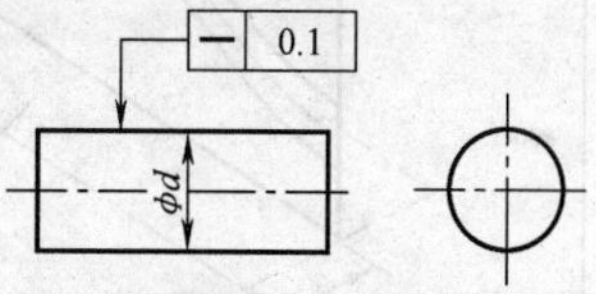 |
| | 在给定方向上，公差带是距离为公差值 $t$ 的两平行平面之间的区域 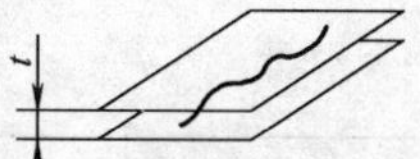 | 被测刀口尺的棱线必须位于距离为公差值 0.03mm、垂直于箭头所示方向的两平行平面之内 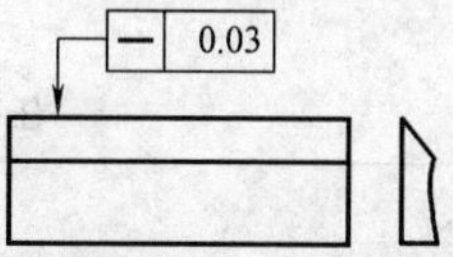 |
| | 在任意方向上，公差带是直径为公差值 $t$ 的圆柱面内的区域 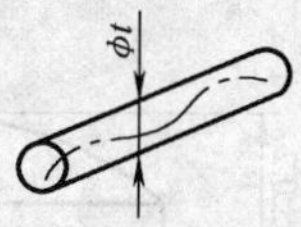 | 被测圆柱体的轴线必须位于直径为公差值 $\phi$0.08mm 的圆柱面内 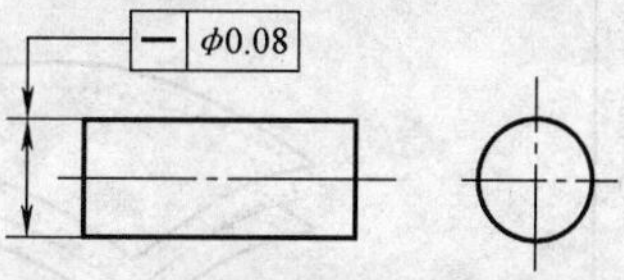 |
| 平面度 | 公差带是距离为公差值 $t$ 的两平行平面之间的区域 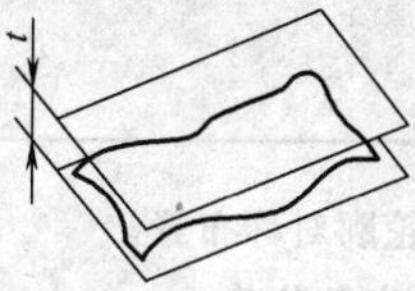 | 被测表面必须位于距离为公差值 0.06mm 的两平行平面内 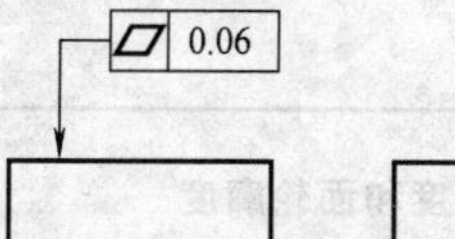 |
| 圆度 | 公差带是在同一正截面内，半径差为公差值 $t$ 的两同心圆之间的区域 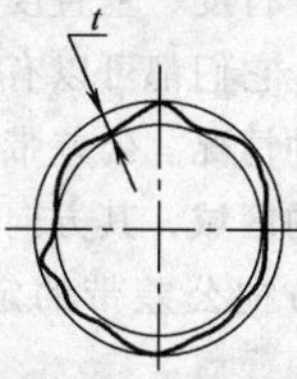 | 被测圆柱面任一正截面的圆周必须位于半径差为公差值 0.02mm 的两同心圆之间 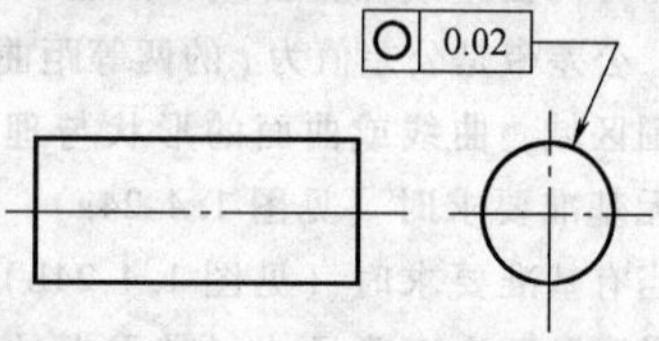 |

(续)

| 特征 | 公差带定义 | 标注示例和解释 |
|---|---|---|
| 圆柱度 | 公差带是半径差为公差值 $t$ 的两同轴圆柱面之间的区域 | 被测圆柱面必须位于半径差为公差值 0.05mm 的两同轴圆柱面之间 |
| 线轮廓度（无基准） | 公差带为直径等于公差值 $t$、圆心位于具有理论正确几何形状上的一系列圆的两包络线所限定的区域 | 在任一平行于图示投影面的截面内，提取（实际）轮廓线应限定在直径等于 0.04mm、圆心位于被测要素理论正确几何形状上的一系列圆的两包络线之间 |
| 面轮廓度（无基准） | 公差带为直径等于公差值 $t$、球心位于被测要素理论正确形状上的一系列圆球的两包络面所限定的区域 | 提取（实际）轮廓面应限定在直径等于 0.02mm、球心位于被测要素理论正确几何形状上的一系列圆球的两等距包络面之间 |

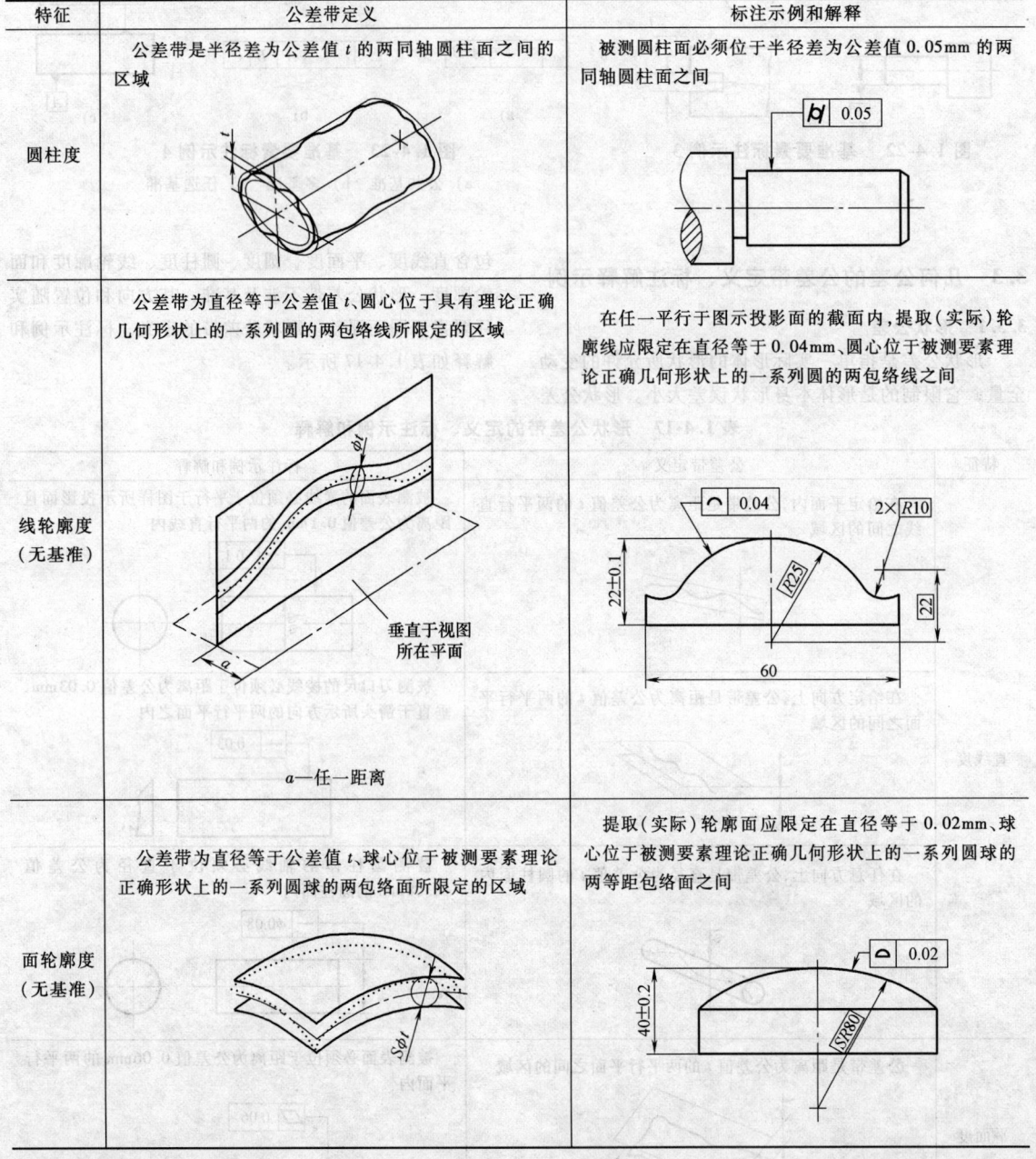

### 3.3.2   线轮廓度和面轮廓度

　　形状公差、方向公差和位置公差都包含线轮廓度和面轮廓度。线、面轮廓度无基准时为形状公差，有基准时为方向公差或位置公差。如图 1.4-24 所示标注示例，公差带是公差值为 $t$ 的两等距曲线或等距曲面间所围区域，曲线或曲面的形状与理想的轮廓相同。当无基准要求时（见图 1.4-24a），公差带是浮动的；当有基准要求时（见图 1.4-24b），公差带相对于由基准和理论正确尺寸（带方框的尺寸）确定

的理想轮廓对称布置。

### 3.3.3   方向公差

　　方向公差用于限制被测形体对基准的方向变动，它又包括平行度、垂直度、倾斜度、线轮廓度和面轮廓度五项。它们都可以有面对面、线对面、面对线和线对线几种情况。公差带的形状常为两平行平面间或圆柱面内的区域，其方向是确定的。除线、面轮廓度外的部分方向公差带的定义、标注示例和解释见表 1.4-18。

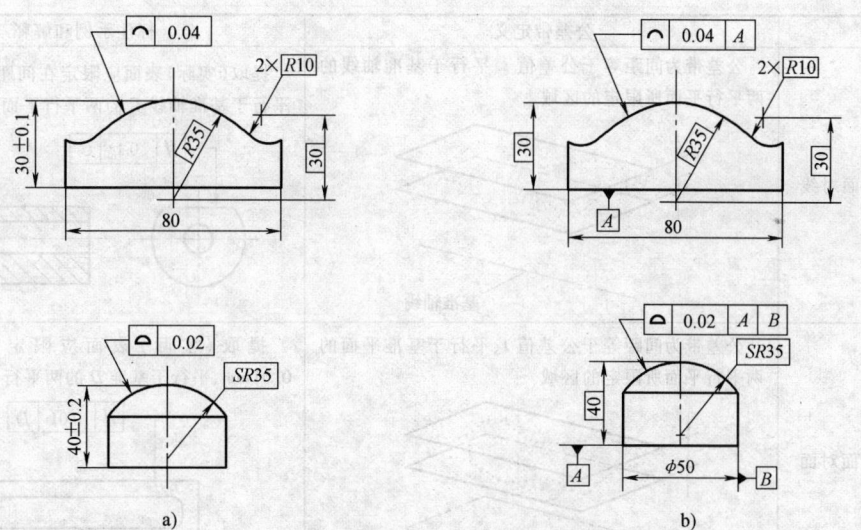

图 1.4-24　线、面轮廓度标注示例

表 1.4-18　部分方向公差带的定义、标注示例和解释

| 特征 | | 公差带定义 | 标注示例和解释 |
|---|---|---|---|
| 平行度 | 线对面 | 公差带是距离为公差值 $t$，且平行于基准平面的两平行平面间的区域 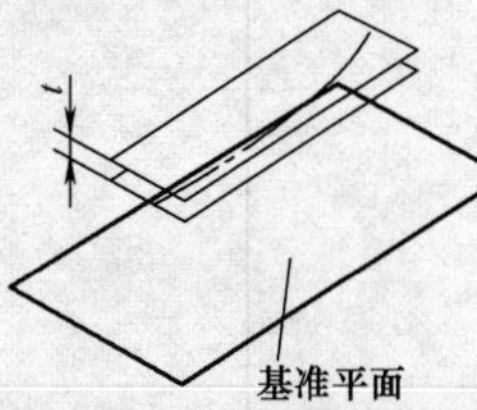 | 被测轴线必须位于距离为公差值 0.03mm，且平行于底平面的两平行平面之间 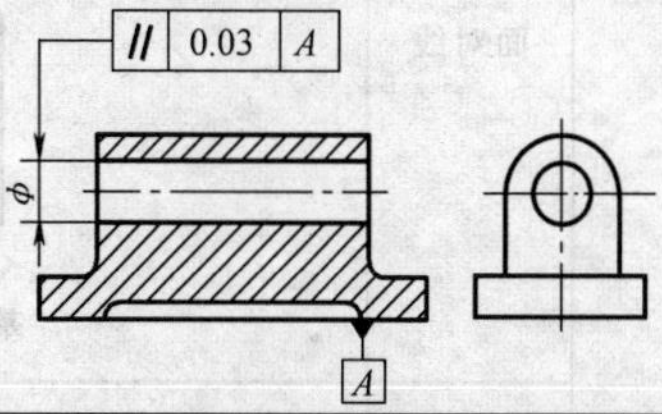 |
| | 线对线 | 公差带是距离为公差值 $t$，且平行于基准轴线，并位于给定方向上的两平行平面间的区域 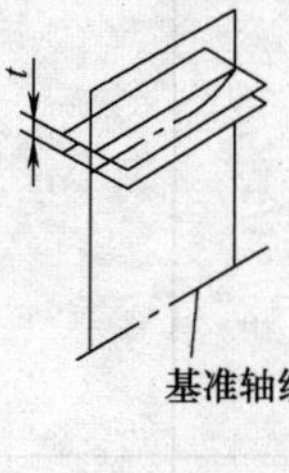 | 被测轴线必须位于距离为公差值 0.1mm，且在给定方向上平行于基准轴线的两平行平面之间 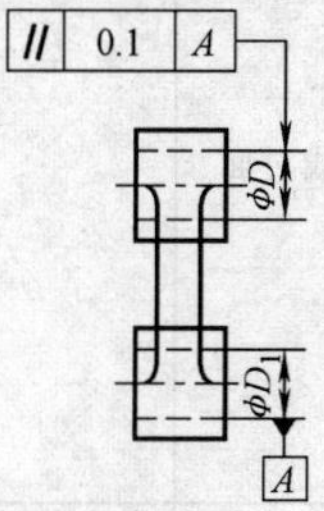 |
| | | 公差带是直径为公差值 $\phi t$，且平行于基准轴线的圆柱面内的区域 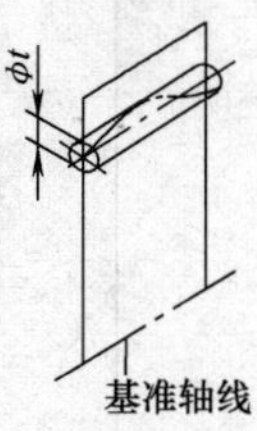 | 被测轴线必须位于直径为公差值 $\phi 0.1$mm，且平行于基准轴线的圆柱面内 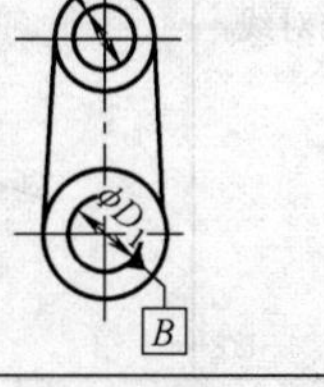 |

（续）

| 特征 | | 公差带定义 | 标注示例和解释 |
|---|---|---|---|
| 平行度 | 面对线 | 公差带为间距等于公差值 $t$、平行于基准轴线的两平行平面所限定的区域 | 提取（实际）表面应限定在间距等于 0.1mm、平行于基准轴线 $C$ 的两平行平面之间 |
| | 面对面 | 公差带为间距等于公差值 $t$、平行于基准平面的两平行平面所限定的区域 | 提取（实际）表面应限定在间距等于 0.01mm、平行于基准 $D$ 的两平行平面之间 |
| 垂直度 | 面对线 | 公差带是距离为公差值 $t$，且垂直于基准轴线的两平行平面间的区域 | 被测表面必须位于距离为公差值 0.05mm，且垂直于基准轴线的两平行平面之间 |
| | 线对面 | 公差带是直径为公差值 $\phi t$，且垂直于基准平面的圆柱面内的区域 | 被测轴线必须位于直径为公差值 $\phi 0.05$mm，且垂直于基准平面的圆柱面内 |
| | 线对线 | 公差带为间距等于公差值 $t$、垂直于基准线的两平行平面所限定的区域 | 提取（实际）中心线应限定在间距等于 0.06mm、垂直于基准轴线 $A$ 的两平行平面之间 |

（续）

| 特征 | | 公差带定义 | 标注示例和解释 |
|---|---|---|---|
| 垂直度 | 面对面 | 公差带为间距等于公差值 $t$、垂直于基准平面的两平行平面所限定的区域<br> | 提取（实际）表面应限定在间距等于 0.08mm、垂直于基准平面 $A$ 的两平行平面之间<br> |
| 倾斜度 | 面对面 | 公差带是距离为公差值 $t$，且与基准平面（底平面）成理论正确角度的两平行平面间的区域<br> | 被测表面必须位于距离为公差值 0.08mm，且与基准平面成45°理论正确角度的两平行平面之间<br> |
| | 面对线 | 公差带为间距等于公差值 $t$ 的两平行平面所限定的区域。该两平行平面按给定角度倾斜于基准直线<br> | 提取（实际）表面应限定在间距等于 0.1mm 的两平行平面之间。该两平行平面按理论正确角度75°倾斜于基准轴线 $A$<br> |
| | 线对面 | 公差带为间距等于公差值 $t$ 的两平行平面所限定的区域。该两平行平面按给定角度倾斜于基准平面<br> | 提取（实际）中心线应限定在间距等于 0.08mm 的两平行平面之间。该两平行平面按理论正确角度60°倾斜于基准平面 $A$<br> |
| | 线对线 | 公差带为间距等于公差值 $t$ 的两平行平面所限定的区域。该两平行平面按给定角度倾斜于基准轴线<br> | 提取（实际）中心线应限定在间距等于 0.08mm 的两平行平面之间。该两平行平面按理论正确角度60°倾斜于公共基准轴线 $A—B$<br> |

### 3.3.4　位置公差

位置公差用于限制被测形体对基准的位置变动，它又包括同心度、同轴度、对称度和位置度、线轮廓度和面轮廓度六项。位置公差带的形状常为两平行平面间或圆柱面内的区域，其位置是确定的。部分位置公差带的定义、标注示例和解释见表 1.4-19。

**表 1.4-19　部分位置公差带的定义、标注示例和解释**

| 特征 | | 公差带定义 | 标注示例和解释 |
|---|---|---|---|
| 同轴度 | | 公差带是直径为公差值 $\phi t$，且以基准轴线为轴线的圆柱面内的区域 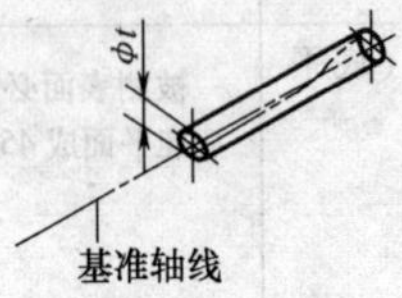 | 被测（大圆柱的）轴线必须位于直径为公差值 $\phi 0.1mm$，且与基准（两端圆柱的公共轴线）轴线同轴的圆柱面内 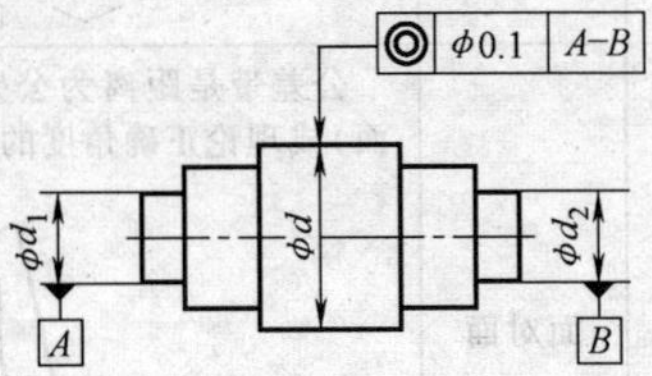 |
| 同心度 | | 公差值前标注符号 $\phi$，公差带为直径等于公差值 $\phi t$ 的圆周所限定的区域。该圆周的圆心与基准点重合 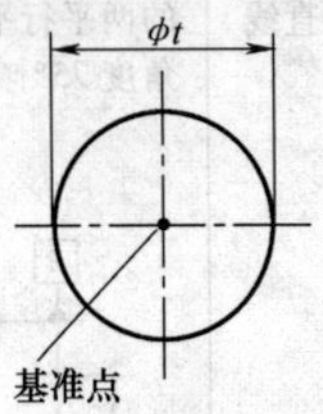 | 在任意横截面内，内圆的提取（实际）中心应限定在直径等于 $\phi 0.1$，以基准点为圆心的圆周内 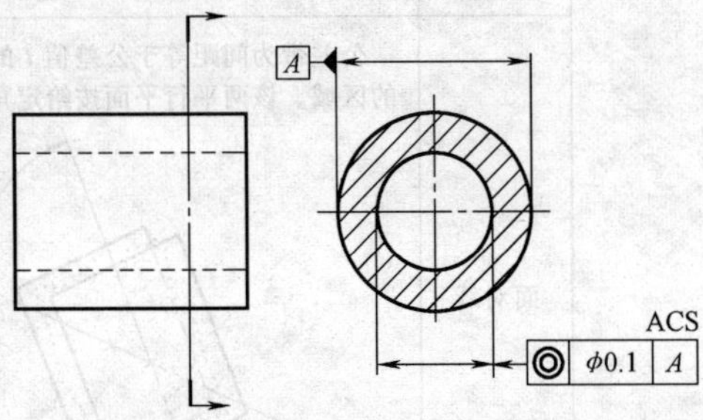 |
| 对称度 | | 公差带是距离为公差值 $t$，且相对于基准中心平面对称配置的两平行平面间的区域 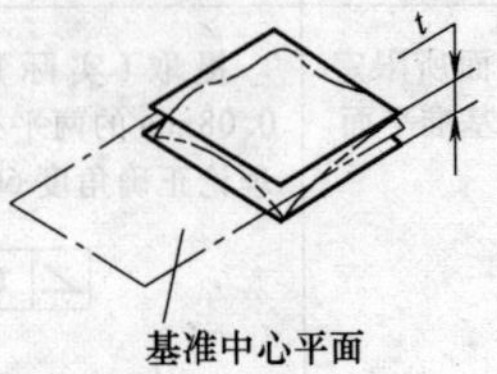 | 被测中心平面必须位于距离为公差值 $0.08mm$，且相对于基准中心平面对称配置的两平行平面之间 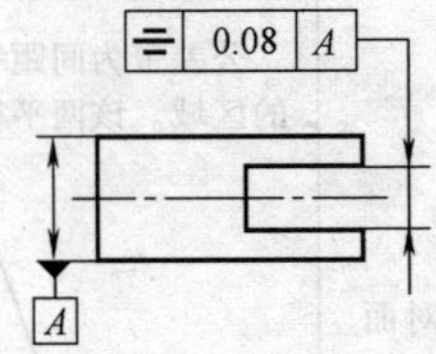 |
| 位置度 | 点的位置度 | 公差带常见的是直径为公差值 $\phi t$ 或 $S\phi t$，以点的理想位置为中心的圆或球内的区域。如图公差带前加注 $S\phi$，公差带是直径为公差值 $t$ 的球内的区域，球公差带的中心点的位置由相对于基准 $A$ 和 $B$ 的理论正确尺寸确定 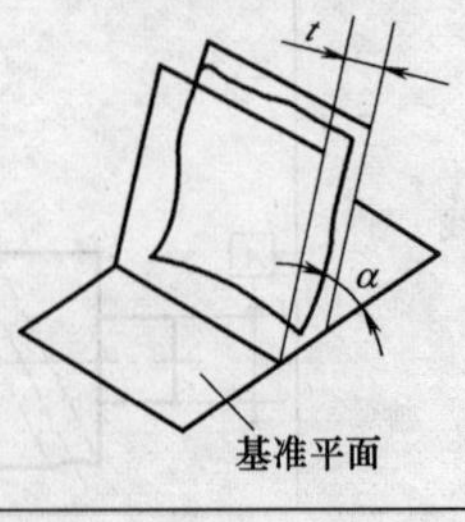 | 被测球的球心必须位于直径为公差值 $0.08mm$ 的球内，该球的球心位于相对基准 $A$ 和 $B$ 所确定的理想位置上 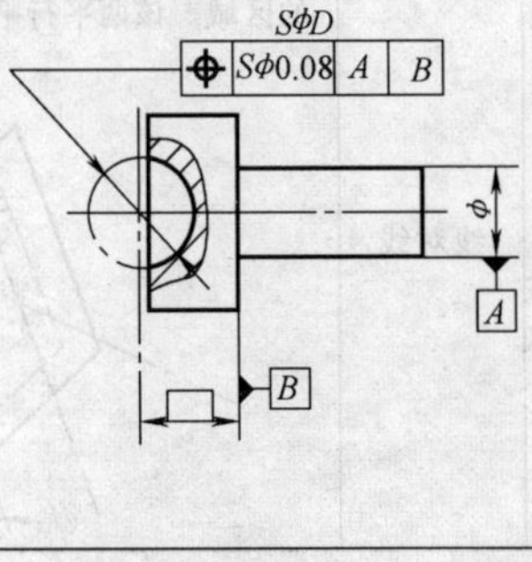 |

（续）

| 特征 | | 公差带定义 | 标注示例和解释 |
|---|---|---|---|
| 位置度 | 线的位置度 | 当给定一个方向时,公差带是距离为公差值 $t$,中心平面通过线的理想位置,且与给定方向垂直的两平行平面之间的区域;任意方向上(如图)公差带是直径为公差值 $\phi t$,轴线在线的理想位置上的圆柱面内的区域 | 被测孔的轴线必须位于直径为公差值 $\phi 0.1$mm,轴线位于由基准 $A$、$B$、$C$ 和理论正确尺寸 $\boxed{90°}$、$\boxed{30\text{mm}}$、$\boxed{40\text{mm}}$ 所确定的理想位置上的圆柱面公差带内 |
| | 面的位置度 | 公差带是距离为公差值 $t$,中心平面在面的理想位置上的两平行平面之间的区域 | 被测斜平面的实际轮廓必须位于距离为公差值 $0.05$mm,中心平面在由基准轴线 $A$ 和基准平面 $B$ 以及理论正确尺寸 $\boxed{60°}$、$\boxed{50\text{mm}}$ 确定的面的理想位置上的两平行平面公差带内 |

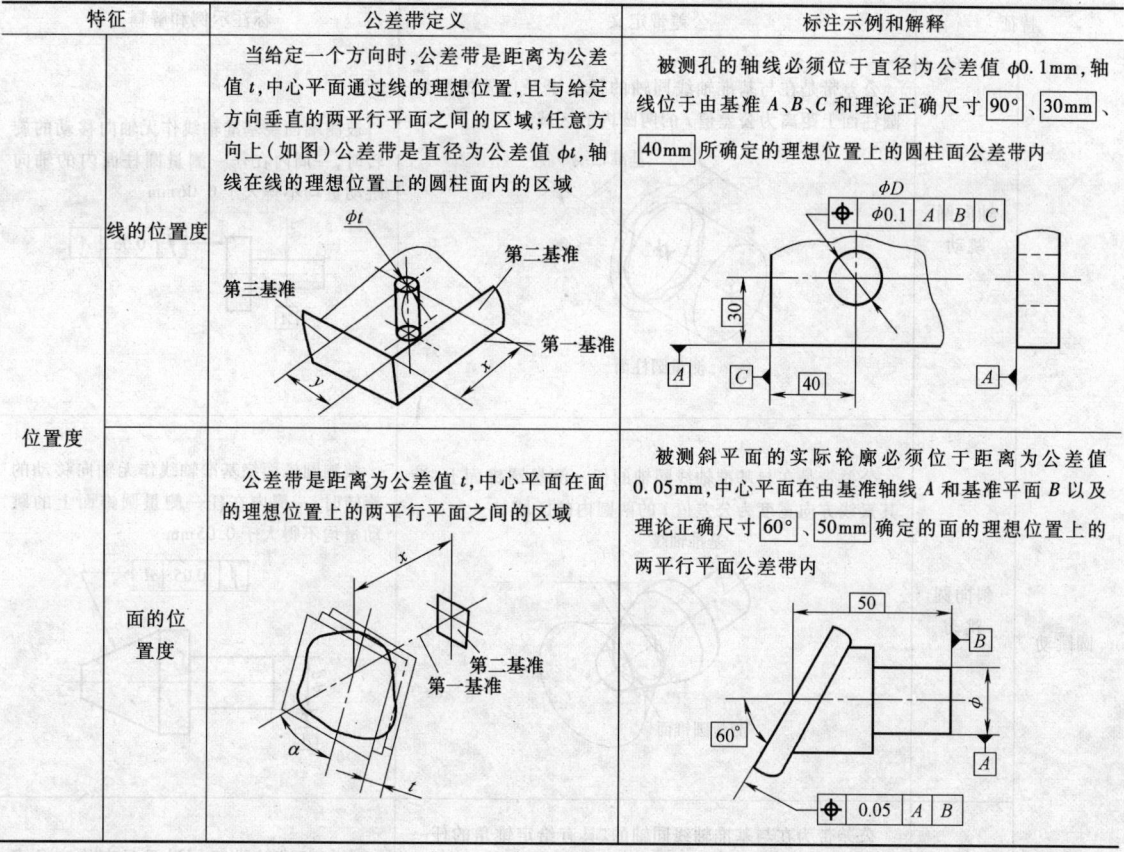

### 3.3.5 跳动公差

跳动公差是被测要素绕基准要素（轴线）回转过程中所允许的最大跳动量，即指示表在给定方向上指示的最大读数与最小读数之差的允许值。跳动公差可分为圆跳动和全跳动。

圆跳动是控制被测要素基准要素回转一周，在任意一个测量截面内指示表数值的最大变动量。圆跳动又分为径向圆跳动、轴向圆跳动、斜向圆跳动和给定方向圆跳动四种。

全跳动是控制被测要素基准要素多周回转，同时指示表平行或垂直基准要素移动，指示表数值的最大变动量。圆跳动又分为径向全跳动和轴向全跳动两种。

跳动公差适用于回转表面或其端面，其公差带的定义、标注示例和解释见表1.4-20。

表1.4-20 部分跳动公差带的定义、标注示例和解释

| 特征 | | 公差带定义 | 标注示例和解释 |
|---|---|---|---|
| 圆跳动 | 径向圆跳动 | 公差带是在垂直于基准轴线的任一测量平面内半径差为公差值 $t$,且圆心在基准轴线上的两同心圆间的区域 | 被测圆柱面绕基准轴线作无轴向移动的旋转时,一周内在任一测量平面内的径向圆跳动量均不得大于 $0.05$mm |

（续）

| 特征 | | 公差带定义 | 标注示例和解释 |
|---|---|---|---|
| 圆跳动 | 轴向圆跳动 | 公差带是在与基准轴线同轴的任一半径位置的测量圆柱面上距离为公差值 $t$ 的两圆内的区域 <br><br> 基准轴线 <br> $t$ <br> 测量圆柱面 | 被测端面绕基准轴线作无轴向移动的旋转时，一周内在任一测量圆柱面内的轴向跳动量均不得大于 0.06mm <br><br> $\phi d$ <br> 〳 0.06 A <br> A |
| | 斜向圆跳动 | 公差带是在与基准轴线同轴的任一测量圆锥面上，沿其素线方向宽度为公差值 $t$ 的两圆内的区域 <br><br> 基准轴线 <br> $t$ <br> 测量圆锥面 | 被测圆锥面绕基准轴线作无轴向移动的旋转时，一周内在任一测量圆锥面上的跳动量均不得大于 0.05mm <br><br> 〳 0.05 A <br> $\phi d$ <br> A |
| | 给定方向圆跳动 | 公差带为在与基准轴线同轴的、具有给定锥角的任一圆锥截面上，间距等于公差值 $t$ 的两不等圆所限定的区域 <br><br> 基准轴线 <br> $t$ <br> $\alpha$ <br> 公差带 | 在与基准轴线 $C$ 同轴且具有给定角度 60° 的任一圆锥截面上，提取（实际）圆应限定在素线方向间距等于 0.1mm 的两不等圆之间 <br><br> 〳 0.1 C <br> 60° <br> C |
| 全跳动 | 径向全跳动 | 公差带是半径差为公差值 $t$，且与基准轴线同轴的两同轴圆柱面内的区域 <br><br> 基准轴线 <br> $t$ | 被测圆柱面绕基准轴线作无轴向移动的连续回转，同时指示表平行于基准轴线方向作直线移动时，在整个被测表面上的跳动量不大于 0.2mm <br><br> 〴 0.2 A—B <br> $\phi d_1$ $\phi d$ $\phi d_2$ <br> A        B |

（续）

| 特征 | | 公差带定义 | 标注示例和解释 |
|---|---|---|---|
| 全跳动 | 端面全跳动 | 公差带是距离为公差值 $t$，且与基准轴线垂直的两平行平面间的区域 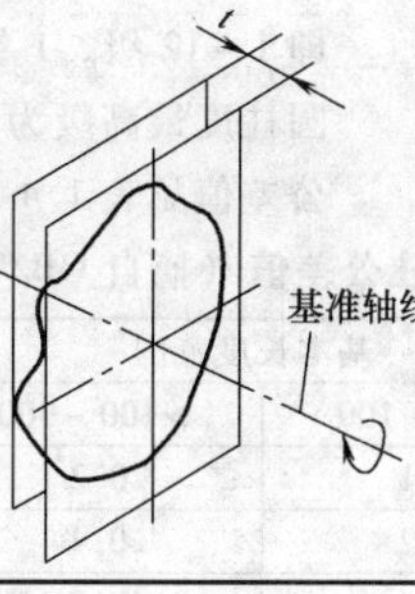<br><br>基准轴线 | 被测零件绕基准轴线作无轴向移动的连续回转，同时指示表沿垂直基准轴线的方向作直线移动时，在整个端面上的跳动量不大于 0.05mm 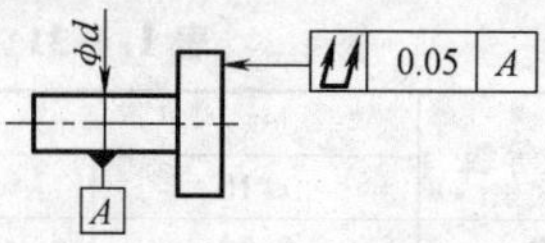<br><br>$\phi d$　　⟂ 0.05 A　　A |

## 3.4　几何公差的选用

几何公差的选用主要包括公差项目的选择和公差值的选择。

### 3.4.1　几何公差项目的选择

几何公差特征项目的选择可从以下几个方面考虑。

**1. 零件的几何特征**

零件几何特征不同，会产生不同的形位误差。如对圆柱形零件，可选择圆度、圆柱度、轴心线直线度及素线直线度等；平面零件可选平面度；窄长平面可选直线度；槽类零件可选对称度；阶梯轴可选同轴度等。

**2. 零件的功能要求**

根据零件不同的功能要求，给出不同的形位公差项目。例如，圆柱形零件，当仅需要顺利装配时，可选轴心线的直线度；如果孔、轴之间有相对运动，应均匀接触，或为保证密封性，应标注圆柱度公差以综合控制圆度、素线直线度和轴线直线度。又如，为保证机床工作台或刀架运动轨迹的精度，需要对导轨提出直线度要求；对安装齿轮轴的箱体孔，为保证齿轮的正确啮合，需要提出孔心线对基准的平行度要求；为使箱体、端盖等零件能顺利装配，应规定螺栓孔组的位置度公差等。

**3. 检测的方便性**

确定形位公差特征项目时，要考虑到检测的方便性与经济性。例如，对轴类零件，可用径向全跳动综合控制圆柱度、同轴度；用轴向全跳动代替平面度和端面对轴线的垂直度等。因为跳动误差检测方便，又能较好地控制相应的形位误差。

总之，在满足功能要求的前提下，尽量减少项目，以获得较好的经济效益。设计者只有在充分地明确所设计的零件的精度要求，熟悉零件的加工工艺和有一定的检测经验的情况下，才能对零件提出合理和恰当的几何公差项目。

### 3.4.2　几何公差值的选择

几何公差值常用类比法确定，主要考虑零件的使用性能、加工的经济性等因素。此外，还应注意以下几个方面。

**1. 几何公差值之间的协调关系**

1）一般来讲，同一被测要素上形状公差值应小于方向公差，方向公差应小于位置公差，位置公差应小于尺寸公差，即 $T_{形状} < T_{方向} < T_{位置} < T_{尺寸}$。形状、位置和尺寸公差值根据具体使用要求不同，大致在同级附近选择。

2）同一被测要素规定了多项几何公差值时，圆度公值差应小于圆柱度公差值，直线度公值差应小于平面度公差值。

3）跳动公差具有综合控制形位误差的性质，因此圆度和同轴度公差值应小于相应的径向圆跳动公差值，圆柱度和同轴度公差值应小于相应的径向全跳动公差值，平面度及其相对于回转轴线的垂直度公差值应小于轴向全跳动公差值等。同时，同一被测要素的圆跳动公差值应小于全跳动公差值。

**2. 几何公差值规范**

GB/T 1184—1996 规定图样中标注的几何公差有两种形式：未注公差值和注出公差值。

对于几何公差要求不高，用一般的机械加工方法和加工设备都能保证加工精度，或由线性尺寸公差或角度公差所控制的几何公差已能保证零件的要求时，不必将几何公差在图样上注出，而用未注公差来控制，这样做既可以简化制图，又突出了注出公差的要求。而对于零件几何公差要求较高，或者功能要求允许大于未注公差值，而这个较大的公差值会给工厂带

来经济效益时，则采用注出公差值。

对于直线度、平面度、垂直度、对称度和圆跳动的未注公差，国家标准中规定了 H、K、L 三个公差等级，采用时应在技术要求中注出下述内容，如未注几何公差按 "GB/T 1184-K"。其他未注几何公差项目由相应的尺寸公差和相关项目的未注公差值和注出公差值控制，国家标准没有专门的规定。

表 1.4-21 ~ 表 1.4-24 给出了几何公差未注公差的分级和数值。

注出几何公差除线、面轮廓度及位置度未规定公差等级外，其余项目均有规定。一般划分为 12 级，即 1 ~ 12 级，1 级精度最高，12 级精度最低；圆度、圆柱度最高级为 0 级，划分为 13 级。各项目的各级公差值见表 1.4-25 ~ 表 1.4-29。

**表 1.4-21　直线度、平面度未注公差值**（摘自 GB/T 1184—1996）　　　　（单位：mm）

| 公差等级 | 基本长度范围 | | | | | |
|---|---|---|---|---|---|---|
| | ≤10 | >10 ~ 30 | >30 ~ 100 | >100 ~ 300 | >300 ~ 1000 | >1000 ~ 3000 |
| H | 0.02 | 0.05 | 0.1 | 0.2 | 0.3 | 0.4 |
| K | 0.05 | 0.1 | 0.2 | 0.4 | 0.6 | 0.8 |
| L | 0.1 | 0.2 | 0.4 | 0.8 | 1.2 | 1.6 |

**表 1.4-22　垂直度未注公差**（摘自 GB/T 1184—1996）　　　　（单位：mm）

| 公差等级 | 基本长度范围 | | | |
|---|---|---|---|---|
| | ≤100 | >100 ~ 300 | >300 ~ 1000 | >1000 ~ 3000 |
| H | 0.2 | 0.3 | 0.4 | 0.5 |
| K | 0.4 | 0.6 | 0.8 | 1 |
| L | 0.6 | 1 | 1.5 | 2 |

**表 1.4-23　圆跳动未注公差**（摘自 GB/T 1184—1996）　　　　（单位：mm）

| 公差等级 | 圆跳动公差值 |
|---|---|
| H | 0.1 |
| K | 0.2 |
| L | 0.5 |

**表 1.4-24　对称度未注公差**（摘自 GB/T 1184—1996）　　　　（单位：mm）

| 公差等级 | 基本长度范围 | | | |
|---|---|---|---|---|
| | ≤100 | >100 ~ 300 | >300 ~ 1000 | >1000 ~ 3000 |
| H | 0.5 | | | |
| K | 0.6 | | 0.8 | 1 |
| L | 0.6 | 1 | 1.5 | 2 |

**表 1.4-25　直线度和平面度的公差值**（摘自 GB/T 1184—1996）　　　　（单位：μm）

| 主参数 $L(D)$/mm | 公差等级 | | | | | | | | | | | |
|---|---|---|---|---|---|---|---|---|---|---|---|---|
| | 1 | 2 | 3 | 4 | 5 | 6 | 7 | 8 | 9 | 10 | 11 | 12 |
| | 公差值 | | | | | | | | | | | |
| ≤10 | 0.2 | 0.4 | 0.8 | 1.2 | 2 | 3 | 5 | 8 | 12 | 20 | 30 | 60 |
| >10 ~ 16 | 0.25 | 0.5 | 1 | 1.5 | 2.5 | 4 | 6 | 10 | 15 | 25 | 40 | 80 |
| >16 ~ 25 | 0.3 | 0.6 | 1.2 | 2 | 3 | 5 | 8 | 12 | 20 | 30 | 50 | 100 |
| >25 ~ 40 | 0.4 | 0.8 | 1.5 | 2.5 | 4 | 6 | 10 | 15 | 25 | 40 | 60 | 120 |
| >40 ~ 63 | 0.5 | 1 | 2 | 3 | 5 | 8 | 12 | 20 | 30 | 50 | 80 | 150 |
| >63 ~ 100 | 0.6 | 1.2 | 2.5 | 4 | 6 | 10 | 15 | 25 | 40 | 60 | 100 | 200 |
| >100 ~ 160 | 0.8 | 1.5 | 3 | 5 | 8 | 12 | 20 | 30 | 50 | 80 | 120 | 250 |
| >160 ~ 250 | 1 | 2 | 4 | 6 | 10 | 15 | 25 | 40 | 60 | 100 | 150 | 300 |
| >250 ~ 400 | 1.2 | 2.5 | 5 | 8 | 12 | 20 | 30 | 50 | 80 | 120 | 200 | 400 |
| >400 ~ 630 | 1.5 | 3 | 6 | 10 | 15 | 25 | 40 | 60 | 100 | 150 | 250 | 500 |
| >630 ~ 1000 | 2 | 4 | 8 | 12 | 20 | 30 | 50 | 80 | 120 | 200 | 300 | 600 |

注：主参数 $L$ 系轴、直线、平面的长度。

**表 1.4-26　圆度和圆柱度的公差值**（摘自 GB/T 1184—1996）　　　（单位：μm）

| 主参数 d(D)/mm | 公差等级 | | | | | | | | | | | | |
|---|---|---|---|---|---|---|---|---|---|---|---|---|---|
| | 0 | 1 | 2 | 3 | 4 | 5 | 6 | 7 | 8 | 9 | 10 | 11 | 12 |
| | 公差值 | | | | | | | | | | | | |
| ≤3 | 0.1 | 0.2 | 0.3 | 0.5 | 0.8 | 1.2 | 2 | 3 | 4 | 6 | 10 | 14 | 25 |
| >3 ~6 | 0.1 | 0.2 | 0.4 | 0.6 | 1 | 1.5 | 2.5 | 4 | 5 | 8 | 12 | 18 | 30 |
| >6 ~10 | 0.12 | 0.25 | 0.4 | 0.6 | 1 | 1.5 | 2.5 | 4 | 6 | 9 | 15 | 22 | 36 |
| >10 ~18 | 0.15 | 0.25 | 0.5 | 0.8 | 1.2 | 2 | 3 | 5 | 8 | 11 | 18 | 27 | 43 |
| >18 ~30 | 0.2 | 0.3 | 0.6 | 1 | 1.5 | 2.5 | 4 | 6 | 9 | 13 | 21 | 33 | 52 |
| >30 ~50 | 0.25 | 0.4 | 0.6 | 1 | 1.5 | 2.5 | 4 | 7 | 11 | 16 | 25 | 39 | 62 |
| >50 ~80 | 0.3 | 0.5 | 0.8 | 1.2 | 2 | 3 | 5 | 8 | 13 | 19 | 30 | 46 | 74 |
| >80 ~120 | 0.4 | 0.6 | 1 | 1.5 | 2.5 | 4 | 6 | 10 | 15 | 22 | 35 | 54 | 87 |
| >120 ~180 | 0.6 | 1 | 1.2 | 2 | 3.5 | 5 | 8 | 12 | 18 | 25 | 40 | 63 | 100 |
| >180 ~250 | 0.8 | 1.2 | 2 | 3 | 4.5 | 7 | 10 | 14 | 20 | 29 | 46 | 72 | 115 |
| >250 ~315 | 1.0 | 1.6 | 2.5 | 4 | 6 | 8 | 12 | 16 | 23 | 32 | 52 | 81 | 130 |
| >315 ~400 | 1.2 | 2 | 3 | 5 | 7 | 9 | 13 | 18 | 25 | 36 | 57 | 89 | 140 |
| >400 ~500 | 1.5 | 2.5 | 4 | 6 | 8 | 10 | 15 | 20 | 27 | 40 | 63 | 97 | 155 |

注：主参数 d (D) 系轴（孔）的直径。

**表 1.4-27　平行度、垂直度和倾斜度的公差值**（摘自 GB/T 1184—1996）（单位：μm）

| 主参数 L、d(D)/mm | 公差等级 | | | | | | | | | | | |
|---|---|---|---|---|---|---|---|---|---|---|---|---|
| | 1 | 2 | 3 | 4 | 5 | 6 | 7 | 8 | 9 | 10 | 11 | 12 |
| | 公差值 | | | | | | | | | | | |
| ≤10 | 0.4 | 0.8 | 1.5 | 3 | 5 | 8 | 12 | 20 | 30 | 50 | 80 | 120 |
| >10 ~16 | 0.5 | 1 | 2 | 4 | 6 | 10 | 15 | 25 | 40 | 60 | 100 | 150 |
| >16 ~25 | 0.6 | 1.2 | 2.5 | 5 | 8 | 12 | 20 | 30 | 50 | 80 | 120 | 200 |
| >25 ~40 | 0.8 | 1.5 | 3 | 6 | 10 | 15 | 25 | 40 | 60 | 100 | 150 | 250 |
| >40 ~63 | 1 | 2 | 4 | 8 | 12 | 20 | 30 | 50 | 80 | 120 | 200 | 300 |
| >63 ~100 | 1.2 | 2.5 | 5 | 10 | 15 | 25 | 40 | 60 | 100 | 150 | 250 | 400 |
| >100 ~160 | 1.5 | 3 | 6 | 12 | 20 | 30 | 50 | 80 | 120 | 200 | 300 | 500 |
| >160 ~250 | 2 | 4 | 8 | 15 | 25 | 40 | 60 | 100 | 150 | 250 | 400 | 600 |
| >250 ~400 | 2.5 | 5 | 10 | 20 | 30 | 50 | 80 | 120 | 200 | 300 | 500 | 800 |
| >400 ~630 | 3 | 6 | 12 | 25 | 40 | 60 | 100 | 150 | 250 | 400 | 600 | 1000 |
| >630 ~1000 | 4 | 8 | 15 | 30 | 50 | 80 | 120 | 200 | 300 | 500 | 800 | 1200 |

注：1. 主参数 L 为给定平行度时轴线或平面的长度，或给定垂直度、倾斜度时被测要素的长度。

　　2. 主参数 d (D) 为给定面对线垂直度时，被测要素的轴（孔）直径。

**表 1.4-28　同轴度、对称度、圆跳动和全跳动的公差值**（摘自 GB/T 1184—1996）

（单位：μm）

| 主参数 d(D)、B、L /mm | 公差等级 | | | | | | | | | | | |
|---|---|---|---|---|---|---|---|---|---|---|---|---|
| | 1 | 2 | 3 | 4 | 5 | 6 | 7 | 8 | 9 | 10 | 11 | 12 |
| | 公差值 | | | | | | | | | | | |
| ≤1 | 0.4 | 0.6 | 1.0 | 1.5 | 2.5 | 4 | 6 | 10 | 15 | 25 | 40 | 60 |
| >1 ~3 | 0.4 | 0.6 | 1.0 | 1.5 | 2.5 | 4 | 6 | 10 | 20 | 40 | 60 | 120 |
| >3 ~6 | 0.5 | 0.8 | 1.2 | 2 | 3 | 5 | 8 | 12 | 25 | 50 | 80 | 150 |
| >6 ~10 | 0.6 | 1.0 | 1.5 | 2.5 | 4 | 6 | 10 | 15 | 30 | 60 | 100 | 200 |
| >10 ~18 | 0.8 | 1.2 | 2 | 3 | 5 | 8 | 12 | 20 | 40 | 80 | 120 | 250 |
| >18 ~30 | 1 | 1.5 | 2.5 | 4 | 6 | 10 | 15 | 25 | 50 | 100 | 150 | 300 |
| >30 ~50 | 1.2 | 2 | 3 | 5 | 8 | 12 | 20 | 30 | 60 | 120 | 200 | 400 |
| >50 ~120 | 1.5 | 2.5 | 4 | 6 | 10 | 15 | 25 | 40 | 80 | 150 | 250 | 500 |
| >120 ~250 | 2 | 3 | 5 | 8 | 12 | 20 | 30 | 50 | 100 | 200 | 300 | 600 |
| >250 ~500 | 2.5 | 4 | 6 | 10 | 15 | 25 | 40 | 60 | 120 | 250 | 400 | 800 |

(续)

| 主参数<br>$d(D)$、$B$、$L$<br>/mm | 公差等级 | | | | | | | | | | | |
|---|---|---|---|---|---|---|---|---|---|---|---|---|
| | 1 | 2 | 3 | 4 | 5 | 6 | 7 | 8 | 9 | 10 | 11 | 12 |
| | 公差值 | | | | | | | | | | | |
| >500 ~800 | 3 | 5 | 8 | 12 | 20 | 30 | 50 | 80 | 150 | 300 | 500 | 1000 |
| >800 ~1250 | 4 | 6 | 10 | 15 | 25 | 40 | 60 | 100 | 200 | 400 | 600 | 1200 |

注：1. 主参数 $d(D)$ 为给定同轴度，或给定圆跳动、全跳动时的轴（孔）直径。

2. 圆锥体斜向圆跳动公差的主参数为平均直径。

3. 主参数 $B$ 为给定对称度时槽的宽度。

4. 主参数 $L$ 为给定两孔对称度时的孔心距。

表 1.4-29 位置度公差值数系（摘自 GB/T 1184—1996） （单位：μm）

| 1 | 1.2 | 1.5 | 2 | 2.5 | 3 | 4 | 5 | 6 | 8 |
|---|---|---|---|---|---|---|---|---|---|
| $1 \times 10^n$ | $1.2 \times 10^n$ | $1.5 \times 10^n$ | $2 \times 10^n$ | $2.5 \times 10^n$ | $3 \times 10^n$ | $4 \times 10^n$ | $5 \times 10^n$ | $6 \times 10^n$ | $8 \times 10^n$ |

注：$n$ 为正整数。

# 4 表面粗糙度

## 4.1 概述

### 4.1.1 表面粗糙度的概念

机械零件在加工过程中，由于各种因素的影响，零件的表面总会存在几何形状误差。几何形状误差分为三种轮廓成分：①主要由机床几何精度误差引起的表面宏观几何形状误差（形状误差）；②主要由加工过程中工艺系统的振动、发热、回转体不平衡等引起的介于宏观和微观几何形状误差之间的表面波纹度（波度）；③主要由加工过程中刀具与零件表面间的摩擦、切屑分离时表面金属层的塑性变形、工艺系统的高频振动引起的微观几何形状误差（表面粗糙度）。

通常按波距的大小来划分零件的表面误差的三种轮廓成分。波距小于 1mm 的属于表面粗糙度；波距在 1 ~ 10mm 之间的属于表面波纹度；波距大于 10mm 的属于表面宏观形状误差，如图 1.4-25 所示。

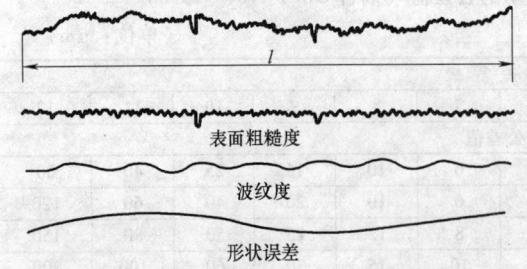

图 1.4-25 表面误差的三种轮廓成分

粗糙度轮廓是表征零件表面在加工后形成的由较小间距的峰谷组成的微观几何形状误差特性的参数。粗糙度轮廓越小，则表面越光滑。

为提高产品质量，促进互换性生产，适应国际交流和对外贸易，保证机械零件的使用性能，必须正确贯彻实施新的表面粗糙度标准。到目前为止，我国常用的表面粗糙度相关的现行标准为 GB/T 1031—2009《产品几何技术规范（GPS）表面结构 轮廓法 表面粗糙度参数及其数值》（代替 GB/T 1031—1995），GB/T 131—2006《产品几何技术规范（GPS）技术产品文件中表面结构的表示法》（代替 GB/T 131—1993），GB/T 3505—2009《产品几何技术规范（GPS）表面结构 轮廓法 术语、定义及表面结构参数》（代替 GB/T 3505—2000）等。

### 4.1.2 粗糙度轮廓对零件使用性能的影响

粗糙度轮廓参数的大小对机器零件的摩擦磨损、配合性质、疲劳强度、耐蚀性等都有很大的影响。

1. 摩擦和磨损方面

一般来讲，零件表面越粗糙，表面摩擦因数就越大，摩擦阻力也越大，零件配合表面的磨损就越快。应该说明的是，相对运动的零件表面过于光滑，也不利于在该表面上储存润滑油，容易形成半干摩擦或干摩擦，从而加剧表面的磨损。

2. 配合性质方面

表面粗糙度影响配合性质。对于间隙配合，粗糙的表面会因峰顶很快磨损而使间隙逐渐加大；对于过盈配合，粗糙的表面会因装配表面的峰顶被挤平，实际有效过盈量减少，降低了连接强度。

3. 疲劳强度方面

表面越粗糙，一般表面微观不平的凹痕就越深，交变应力作用下的应力集中就会越严重，越易造成零件疲劳强度的降低而导致失效。

4. 耐蚀性方面

表面越粗糙，腐蚀性的气体或液体越易在谷底处聚集，并通过表面微观凹谷，渗入到金属内层，造成表面腐蚀。

此外，表面粗糙度还影响结合面的密封性，产品外观和表面涂层的质量等。所以粗糙度轮廓是评定产品质量的重要指标之一。在零件设计中保证尺寸、形状和位置等几何精度的同时，对粗糙度轮廓提出相应的要求也是必不可少的。

### 4.1.3　一般术语及评定基准

在测量和评定粗糙度时首先要确定具体对象——实际轮廓。实际轮廓是平面与实际表面垂直相交所得的轮廓线，如图 1.4-26 所示。

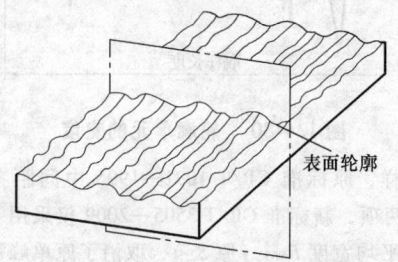

**图 1.4-26　表面轮廓**

按照所取截面方向的不同，又可分为横向实际轮廓和纵向实际轮廓。在测量和评定表面粗糙度时，除非特别指明，通常是指横向实际轮廓，即与加工纹理方向垂直的截面上的轮廓。

在测量和评定表面粗糙度时，还需要确定取样长度、评定长度和基准线。

#### 1. 取样长度 lr

取样长度是在 $X$ 轴方向判别被评定轮廓的不规则特征的 $X$ 轴方向的长度（见图 1.4-27）。选取这段长度的目的是为了限制和减弱表面波纹度等其他几何形状误差对测量结果的影响。取样长度的大小见表 1.4-30。

表面越粗糙，取样长度越大。因为表面越粗糙，波距也越大，较大的取样长度才能反映一定数量的微观高低不平的痕迹。在取样长度内至少应包含 5 个以上的轮廓波峰和波谷。

#### 2. 评定长度 ln

用于判别被评定轮廓的 $X$ 轴方向的长度，它一般包含几个取样长度，如图 1.4-27 所示。

由于零件表面各部分的粗糙度不一定很均匀，在一个取样长度上往往不能合理的反映某一粗糙度轮廓特征，故需在表面上取几个取样长度来评定粗糙度轮廓。国标推荐 $ln = 5lr$，见表 1.4-30。对均匀性好的被测表面，可选 $ln < 5lr$，对均匀性差的被测表面，可选 $ln > 5lr$。

#### 3. 基准线（中线）

基准线是用以评定表面粗糙度参数大小所规定的一条参考线，作为评定表面粗糙度参数大小的基准。该线具有几何轮廓形状并划分实际轮廓，在整个取样长度内与实际轮廓走向一致。基准线有如下两种：

（1）轮廓的最小二乘中线　在取样长度内，使轮廓上各点的纵坐标值 $Z(x)$ 的平方和为最小，如图 1.4-27a 所示。

（2）轮廓算数平均中线　在取样长度内，与实际轮廓走向一致并划分实际轮廓为上下两部分，使上下两部分面积相等，如图 1.4-27b 所示。即

$$\sum_{i=1}^{n} A_i = \sum_{i=1}^{n} A'_i$$

最小二乘中线从理论上讲是理想的基准线。但在实际轮廓图形上确定最小二乘中线的位置比较困难。而算数平均中线与最小二乘中线的差别很小，故通常用算数平均中线代替最小二乘中线，并可用目测估计来确定轮廓的算数平均中线。当轮廓很不规则时，算数平均中线不是唯一的。

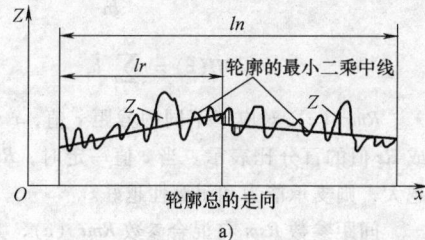

a)

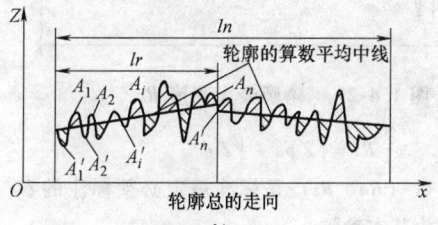

b)

**图 1.4-27　取样长度、评定长度的轮廓中线**
a）轮廓最小二乘中线　b）轮廓算术平均中线

**表 1.4-30　$Ra$、$Rz$ 参数值与取样长度的对应关系**（摘自 GB/T 1031—2009）

| $Ra/\mu m$ | $Rz/\mu m$ | $lr/\mu m$ | $ln/\mu m$ |
|---|---|---|---|
| $\geq 0.008 \sim 0.02$ | $\geq 0.025 \sim 0.10$ | 0.08 | 0.4 |
| $> 0.02 \sim 0.10$ | $> 0.10 \sim 0.50$ | 0.25 | 1.25 |
| $> 0.1 \sim 2.0$ | $> 0.50 \sim 10.0$ | 0.8 | 4.0 |
| $> 2.0 \sim 10.0$ | $> 10.0 \sim 50.0$ | 2.5 | 12.5 |
| $> 10.0 \sim 80.0$ | $> 50.0 \sim 32.0$ | 8.0 | 40.0 |

注：$ln = 5lr$。

## 4.2　粗糙度轮廓的评定参数与数值规定

为了全面反映粗糙度轮廓对零件性能的影响，GB/T 3505—2009 中规定的评定粗糙度轮廓的参数有幅度参数、间距参数、混合参数以及曲线和相关参数等。下面介绍其中几种常用的评定参数。

1. 幅度参数（高度参数）

（1）评定轮廓的算术平均偏差 $Ra$　在一个取样长度内，纵坐标值 $Z(x)$ 绝对值的算术平均值，如图 1.4-28 所示。即

$$Ra = \frac{1}{lr} \int_0^{lr} |Z(x)| \mathrm{d}x$$

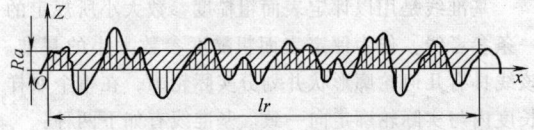

图 1.4-28　轮廓算术平均偏差 $Ra$

$Ra$ 能充分反映表面微观几何形状高度方面的特性，是通常采用的评定参数。$Ra$ 值越大，则表面越粗糙。

（2）轮廓最大高度 $Rz$　在一个取样长度内，最大轮廓峰高 $Zp$ 和最大轮廓谷深 $Zv$ 之和，如图 1.4-29 所示。即

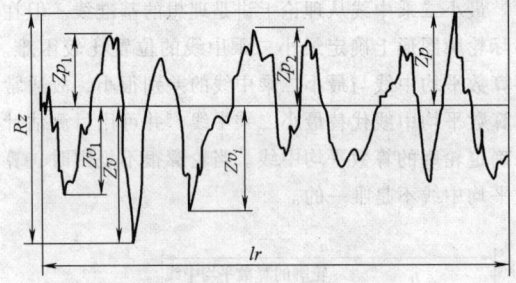

图 1.4-29　轮廓最大高度 $Rz$

$$Rz = |Zp| + |Zv|$$

幅度参数（$Ra$、$Rz$）是标准规定必须标注的参数，故又称为基本参数。

需要说明的是，原标准 GB/T 1031—1995 中高度参数为 $Ra$、$Ry$、$Rz$ 三项，新标准 GB/T 3505—2009 将三项改为 $Ra$、$Rz$ 两项，而且新标准的 $Rz$ 即为原标准的 $Ry$，原标准中 $Ry$（微观不平度十点高度）术语及定义已取消。

2. 间距参数（轮廓单元的平均宽度 $Rsm$）

轮廓单元的平均宽度是指在一个取样长度内，轮廓单元宽度 $Xs$ 的平均值，如图 1.4-30 所示。即

$$Rsm = \frac{1}{m} \sum_{i=1}^{m} Xs_i$$

$Rsm$ 越小，表示表面轮廓越细密，密封性越好。

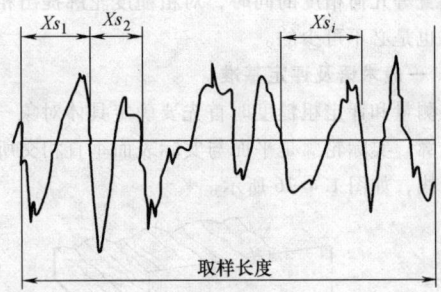

图 1.4-30　轮廓单元的宽度

同样，原标准 GB/T 1031—1995 中间距参数为 $S$、$S_m$ 两项，新标准 GB/T 3505—2009 仅采用了轮廓单元的平均宽度 $Rsm$（原 $S_m$），取消了原单峰平均间距 $S$。

3. 混合参数（轮廓的支承长度率 $Rmr(c)$）

轮廓的支承长度率是指在给定水平截面高度 $c$ 上轮廓的实体材料长度 $Ml(c)$ 与评定长度的比率，如图 1.4-31 所示。即

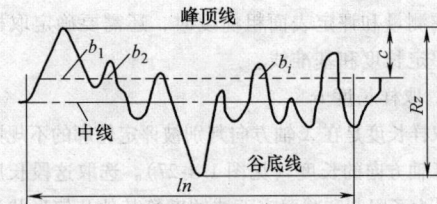

图 1.4-31　轮廓的支承长度率

$$Rmr(c) = \frac{Ml(c)}{ln}$$

$$Ml(c) = \sum_{i=1}^{n} b_i$$

$Rmr(c)$ 对应于不同的截距 $c$ 值，$c$ 值可用 $\mu m$ 或 $Rz$ 值的百分比表示。当 $c$ 值一定时，$Rmr(c)$ 值越大，则支承能力和耐磨性越好。

间距参数 $Rsm$ 与混合参数 $Rmr(c)$，其应用仅限于有特殊使用要求的零件表面，是附加参数。

4. 评定参数的数值规定

国标规定了评定粗糙度轮廓的参数值，见表 1.4-31 ~ 表 1.4-34。

## 4.3　粗糙度轮廓参数的选择

粗糙度轮廓参数的选择主要包括评定参数的选择和参数值的选择。

表 1.4-31　*Ra* 的数值（摘自 GB/T 1031—2009）　　　（单位：μm）

| 基本系列 | 补充系列 | 基本系列 | 补充系列 | 基本系列 | 补充系列 | 基本系列 | 补充系列 |
|---|---|---|---|---|---|---|---|
|  | 0.008 |  |  |  |  |  |  |
|  | 0.010 |  |  |  |  |  |  |
| 0.012 |  |  | 0.125 |  | 1.25 | 12.5 |  |
|  | 0.016 |  | 0.160 | 1.60 |  |  | 16.0 |
|  | 0.020 | 0.20 |  |  | 2.0 |  | 20 |
| 0.025 |  |  | 0.25 | 2.5 |  | 25 |  |
|  | 0.032 |  | 0.32 | 3.2 |  |  | 32 |
|  | 0.040 | 0.40 |  |  | 4.0 |  | 40 |
| 0.050 |  |  | 0.50 |  | 5.0 | 50 |  |
|  | 0.063 |  | 0.63 | 6.3 |  |  | 63 |
|  | 0.080 | 0.80 |  |  | 8.0 |  | 80 |
| 0.100 |  |  | 1.00 |  | 10.0 | 100 |  |

表 1.4-32　*Rz* 的数值（摘自 GB/T 1031—2009）　　　（单位：μm）

| 基本系列 | 补充系列 | 基本系列 | 补充系列 | 基本系列 | 补充系列 | 基本系列 | 补充系列 | 基本系列 | 补充系列 | 基本系列 | 补充系列 |
|---|---|---|---|---|---|---|---|---|---|---|---|
|  |  |  | 0.125 |  | 1.25 | 12.5 |  |  | 125 |  | 1250 |
|  |  |  | 0.160 | 1.6 |  |  | 16.0 |  | 160 | 1600 |  |
|  |  | 0.20 |  |  | 2.0 |  | 20 | 200 |  |  |  |
| 0.025 |  |  | 0.25 |  | 2.5 | 25 |  |  | 250 |  |  |
|  | 0.032 |  | 0.32 | 3.2 |  |  | 32 |  | 320 |  |  |
|  | 0.040 | 0.40 |  |  | 4.0 |  | 40 | 400 |  |  |  |
| 0.050 |  |  | 0.50 |  | 5.0 | 50 |  |  | 500 |  |  |
|  | 0.063 |  | 0.63 | 6.3 |  |  | 63 |  | 630 |  |  |
|  | 0.080 | 0.80 |  |  | 8.0 |  | 80 | 800 |  |  |  |
| 0.100 |  |  | 1.0 |  | 10.0 | 100 |  |  | 1000 |  |  |

表 1.4-33　*Rsm* 的数值（摘自 GB/T 1031—2009）　　　（单位：mm）

| 基本系列 | 补充系列 | 基本系列 | 补充系列 | 基本系列 | 补充系列 | 基本系列 | 补充系列 |
|---|---|---|---|---|---|---|---|
|  | 0.002 | 0.025 |  |  | 0.25 |  | 2.5 |
|  | 0.003 |  | 0.032 |  | 0.32 | 3.2 |  |
|  | 0.004 |  | 0.040 | 0.40 |  |  | 4.0 |
|  | 0.005 | 0.050 |  |  | 0.50 |  | 5.0 |
| 0.006 |  |  | 0.063 |  | 0.63 | 6.3 |  |
|  | 0.008 |  | 0.008 | 0.80 |  |  | 8.0 |
|  | 0.010 | 0.100 |  |  | 1.00 |  | 10.0 |
| 0.0125 |  |  | 0.125 |  | 1.25 | 12.5 |  |
|  | 0.016 |  | 0.160 | 1.60 |  |  |  |
|  | 0.020 | 0.20 |  |  | 2.0 |  |  |

表 1.4-34　*Rmr* (*c*) 的数值（摘自 GB/T 1031—2009）

| 10 | 15 | 20 | 25 | 30 | 40 | 50 | 60 | 70 | 80 | 90 |
|---|---|---|---|---|---|---|---|---|---|---|

注：选用轮廓支承长度率 *Rmr* (*c*) 时，必须同时给出轮廓水平零度截距 *c* 值。*c* 值可用 μm 或 *Rz* 的百分数表示，其系列如下：*Rz* 的 5%、10%、15%、20%、30%、40%、50%、60%、70%、80%、90%。

**1. 参数的选择原则**

1）在 *Ra*、*Rz* 两个幅度参数中，由于 *Ra* 能全面和综合的反映加工表面的微观几何形状特征和凸峰高度，且在测量时便于进行数值处理，因此国标推荐优先选用 *Ra* 来评定轮廓表面。

参数 *Rz* 只能反映表面轮廓的最大高度，它仅能控制表面不平度的极限情况，故常用于不允许出现较深加工痕迹、对疲劳强度有很高要求或小零件的表面。*Rz* 常与 *Ra* 联合使用，但也可单独使用。

2）在 *Rsm*、*Rmr* (*c*) 两个参数中，*Rsm* 是反映

轮廓间距特性的评定参数；$Rmr(c)$ 是反映轮廓微观不平度形状特征的综合评定参数。在大多数情况下，仅采用 $Ra$、$Rz$ 就可以了，只有在选用幅度参数还不能满足零件表面功能要求时，才选用 $Rsm$ 或 $Rmr(c)$。例如，必须控制零件表面加工痕迹的疏密度时，应增加选用 $Rsm$；当零件要求具有良好的耐磨性能时，则应增加选用 $Rmr(c)$ 参数。

2. 评定参数值的选择

选用表面粗糙度参数值总的原则是在满足零件功能要求的前提下，同时顾及经济性和加工的可能性，使参数的允许值尽可能大。设计者可参照一些经过验证的实例，用类比的方法来确定。在具体选用时，可先根据经验统计资料初步选定表面粗糙度参数值，然后再对比工作条件做适当调整。调整时应考虑以下几点：

1）同一零件上，工作表面的表面粗糙度值应比非工作表面小。

2）摩擦表面的表面粗糙度值应比非摩擦面小。

3）运动速度高、单位面积压力大的表面，受交变应力作用的重要零件的圆角、沟槽表面的表面粗糙度值都应该小。

4）配合性质要求越稳定，其配合表面的表面粗糙度值应越小；配合性质相同时，小尺寸结合面的表面粗糙度值应比大尺寸结合面小；同一公差等级时，轴的表面粗糙度值应比孔的小。

5）表面粗糙度参数值应与尺寸公差及形状公差相协调。一般来说，尺寸公差和形状公差小的表面，其表面粗糙度的值也应小。但尺寸公差等级低的表面，其表面粗糙度要求不一定也低。如医疗器械的手轮、手柄等表面，对尺寸精度要求不高，但却要求很光滑。

6）防腐性、密封性要求高，外表美观的表面粗糙度值应较小。

7）凡有标准对表面粗糙度参数值作出具体规定的（如滚动轴承配合的轴颈和外壳孔、键槽、各级精度齿轮的主要表面等），应按标准的规定来确定。

## 4.4　表面结构的标注

在 GB/T 131—2006《产品几何技术规范（GPS）技术产品文件中表面结构的表示法》中规定了表面结构在图样和技术文件中的符号、代号和表示方法，它不仅适用于表面粗糙度参数，还适用于波纹度参数和原始轮廓参数。而旧标准 GB/T 131—1993《机械制图 表面粗糙度符号、代号及其标注》只适用于表面粗糙度参数。本节将重点讲述粗糙度参数的标注及新旧标准的不同。

### 4.4.1　表面结构的图形符号

在 GB/T 131—2006 中表面结构的图形符号分为基本图形符号、扩展图形符号、完整图形符号三种，并分别给出了各自的定义，见表 1.4-35。

**表 1.4-35　表面结构的符号及其含义**

（摘自 GB/T 131—2006）

| 名称 | 符号 | 意义及说明 |
|---|---|---|
| 基本符号 | √ | 基本符号，表示加工表面可用任何方法获得。当不加注粗糙度参数值或有关说明（如表面处理、局部热处理状况等）时，仅适用于简化代号标注 |
| 扩展符号 | ▽ | 基本符号加一短划，表示表面是用去除材料的方法获得，如车、铣、钻、磨、剪切、抛光、腐蚀、电火花加工、气割等。如果不加注数值，则仅要求去除材料 |
| | √○ | 基本符号加一小圆，表示表面是用不去除材料的方法获得，如铸、锻、冲压变形、热轧、冷轧、粉末冶金等。如果不注数值，则表示该表面为保持原供应状况或保持上道工序状况的表面 |
| 完整符号 | √ ▽ √○ | 在上述三个符号的长边上均可加一横线，用于标注有关参数和说明 |
| 视图中各表面要求相同 | √ ▽ √○ | 在上述三个符号上均可加一小圆，表示视图中的所有表面具有相同的表面结构要求 |

### 4.4.2　各项标注内容的注写位置

按 GB/T 131—2006 的规定，表面结构的完整图形符号应按需要注写表面结构参数和数值、加工方法、表面纹理方向、加工余量等内容。它的标注位置和含义如图 1.4-32 和表 1.4-36 所示。其中，加工方法、表面纹理方向、加工余量等内容的标注位置与 GB/T 131—1993 没有变化，但表面结构参数（包括表面粗糙度）的标注位置改为标注在长边横线的下面。例如，仅需标注表面粗糙度，允许采用去除材料的方法获得 $Rz\ 12.5$ 时，表面结构参数标注修改前对比如图 1.4-33 所示。

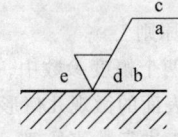

**图 1.4-32　标注内容的注写位置**

表 1.4-36 字母代号的含义

| 字母代号 | 含义 | 示例 |
|---|---|---|
| a | 表面结构的参数代号和极限值，必要时标注传输带或取样长度 | 1）0.0025－0.8/Rz 6.3（传输带标注）<br>2）－0.8/Rz 6.3（取样长度标注） |
| b | 两个或多个表面结构参数要求，在 a 位置的垂直延长部位 | Fe/Ep·Ni10bCr0.3r<br>－0.8/Ra 1.6<br>U－2.5/Rz 12.5<br>L－2.5/Rz 3.2 |
| c | 表面的加工方法，如表面处理，涂镀层、车、磨、铣等加工方法，右图为车削加工，粗糙度 Rz3.2 | 车<br>Rz 3.2 |
| d | 表面纹理和纹理方向 | |
| e | 加工余量。在必要时，可提出加工余量的要求，以 mm 为单位，右图表示在视图上所有表面的加工余量为 3mm | 车 Rz 3.2<br>3 |

纹理方向是指表面纹理的主要方向，通常由加工工艺决定。新标准规定的表面纹理符号与旧标准相同，仍为"＝（表示平行）"、"⊥（表示垂直）"、"X（表示交叉）"、"M（表示多方向）"、"C（表示同心圆）"、"R（表示放射状）"、"P（表示颗粒、凸起、无方向）"。当有表面纹理要求时，才标注相应的符号。

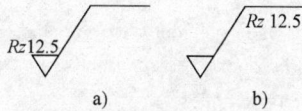

图 1.4-33 表面结构参数标注的修改前后对比示例
a）修改前 b）修改后

值得注意的是，按旧标准规定，标注评定轮廓的算术平均偏差 Ra 时，代号 Ra 省略不标。而新标准规定，不管是何种表面结构参数，都应按规定标注相应表面结构参数代号。

### 4.4.3 表面结构要求在图样上的标注位置及规定

按 GB/T 131—2006 的规定，表面结构要求可以标注在轮廓线或轮廓延长线上，也可标注在指引线上、标注在特征尺寸的尺寸线上、标注在几何公差框

格上等。新旧标准的主要不同点如下：

1）新标准规定，在不致引起误解时，允许将表面结构要求标注在尺寸线上。例如，对于圆柱面可按图 1.4-34 所示进行标注。

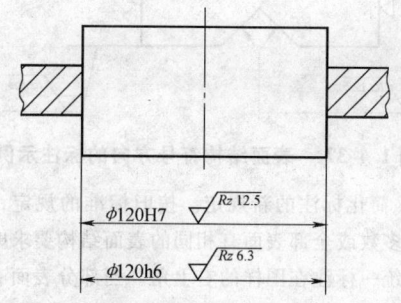

图 1.4-34 表面结构要求在尺寸线上的标注

2）新标准允许将表面结构要求标注在几何公差框格的上方。标注示例如图 1.4-35 所示。

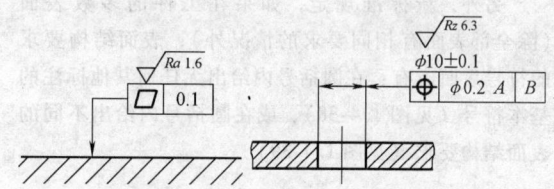

图 1.4-35 表面结构要求在几何公差上方的标注

3）新旧标准都允许表面结构要求标注在指引线上。可不同的是，新标准规定的指引线应带箭头，而旧标准规定的指引线不带箭头。这一点应特别注意。标准修改前后标注对比示例如图 1.4-36 所示。但需指出的是，对于标注在轮廓线以内的指引线，其端部不带箭头，而带圆点。

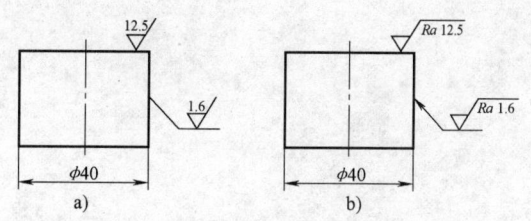

图 1.4-36 指引线端部型式修改前后对比
a）标准修改前 b）标准修改后

4）注意表面结构符号的标注方向。按新标准规定，表面结构符号的方向以及注写和读取方向必须与尺寸的注写和读取方向一致，特别是表面结构图形符号不应倒着标注，也不应指向左侧标注，旧标准则没有此限制。按新标准的标注示例如图 1.4-37 所示。

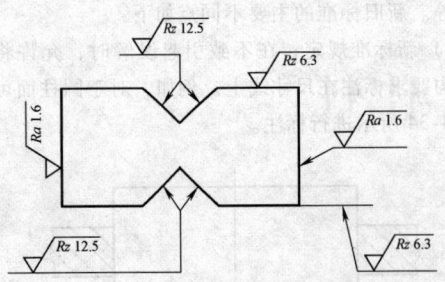

图 1.4-37　表面结构符号方向的标注示例

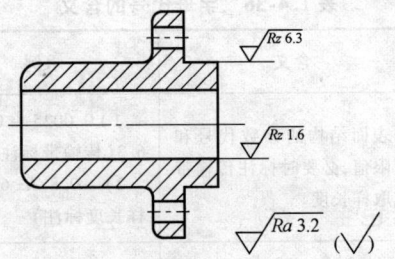

图 1.4-38　大多数表面有相同表面
结构要求的简化标注（一）

5）简化标注的新规定。按旧标准的规定，如果工件的多数或全部表面有相同的表面结构要求时，其代号可统一标注在图样的右上角。当部分表面有相同的表面结构要求时，还应在表面结构参数前面注写"其余"字样。而新标准规定，如果工件多数（包括全部）表面有相同的结构要求，则其表面结构要求可统一标注在标题栏附近，不应标注"其余"二字。

另外，新标准规定，如果在工件的多数表面（除全部表面有相同要求的情况外），表面结构要求的符号后面应有：在圆括号内给出无任何其他标注的基本符号（见图 1.4-38），或在圆括号内给出不同的表面结构要求（见图 1.4-39）。

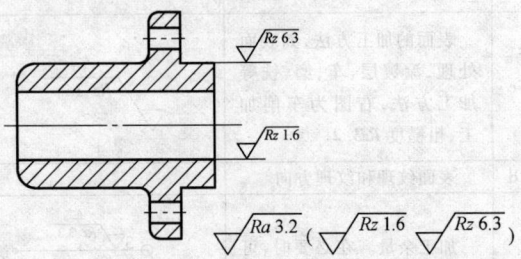

图 1.4-39　大多数表面有相同表面结
构要求的简化标注（二）

# 第5章 工程材料

## 1 黑色金属材料

### 1.1 铸铁

#### 1.1.1 灰铸铁（表 1.5-1）

**表 1.5-1 灰铸铁的牌号和力学性能** （摘自 GB/T 9439—2010）

| 牌号 | 铸件壁厚/mm > | 铸件壁厚/mm ≤ | 最小抗拉强度 $R_m$（强制性值）/MPa ≥ 单铸试棒 | 最小抗拉强度 $R_m$（强制性值）/MPa ≥ 附铸试棒或试块 MPa | 铸件本体预期抗拉强度 $R_m$/MPa ≥ | 应用举例 |
|---|---|---|---|---|---|---|
| HT100 | 5 | 40 | 100 | — | — | 机床中受轻载荷,磨损无关重要的铸件,如托盘、盖、罩、手轮、把手、重锤等形状简单且性能要求不高的零件;冶金矿山设备中的高炉平衡锤、炼钢炉重锤、钢锭锤 |
| HT150 | 5 | 10 | 150 | — | 155 | 承受中等弯曲应力,摩擦面间压强高于 500kPa 的铸件,如多数机床的底座,有相对运动和磨损的零件,如溜板、工作台等,汽车中的变速器、排气管、进气管等;拖拉机中的配气轮室盖、液压泵进出油管、鼓风机底座、后盖板、高炉冷却壁、热风炉算、流渣槽、渣缸、炼焦炉保护板、轧钢机托辊、夹板、加热炉盖、冷却头、内燃机车水泵壳、单向阀体、阀盖、吊车阀轮、泵体、电动机轴承盖、汽轮机操纵座外壳、缓冲器外壳 |
| HT150 | 10 | 20 | 150 | — | 130 | |
| HT150 | 20 | 40 | 150 | 120 | 110 | |
| HT150 | 40 | 80 | 150 | 110 | 95 | |
| HT150 | 80 | 150 | 150 | 100 | 80 | |
| HT150 | 150 | 300 | 150 | *90* | — | |
| HT200 | 5 | 10 | 200 | — | 205 | 承受较大弯曲应力,要求保持气密性的铸件,如机床立柱、刀架、齿轮箱体、多数机床床身、滑板、箱体、液压缸、泵体、阀体、制动毂、飞轮、气缸盖、分离器本体、左半轴、右半轴壳、鼓风机座、带轮、轴承盖、叶轮、压缩机机身、轴承架、冷却器盖板、炼钢浇注平台、煤气喷嘴、真空过滤器消气盘、喉管、内燃机车风缸体、阀套、汽轮机气缸中部、隔板套、前轴承座主体、中机架、电动机接力器缸、活塞、导水套筒、前缸盖 |
| HT200 | 10 | 20 | 200 | — | 180 | |
| HT200 | 20 | 40 | 200 | 170 | 155 | |
| HT200 | 40 | 80 | 200 | 150 | 130 | |
| HT200 | 80 | 150 | 200 | 140 | 115 | |
| HT200 | 150 | 300 | 200 | *130* | — | |
| HT200 | 10 | 20 | 200 | — | 200 | |
| HT200 | 20 | 40 | 200 | 190 | 170 | |
| HT200 | 40 | 80 | 200 | 170 | 150 | |
| HT200 | 80 | 150 | 200 | 155 | 135 | |
| HT200 | 150 | 300 | 200 | *145* | — | |
| HT250 | 5 | 10 | 250 | — | 250 | 炼钢用轨道板、气缸套、齿轮、机床立柱、齿轮箱体、机床床身、磨床转体、液压缸泵体、阀体 |
| HT250 | 10 | 20 | 250 | — | 225 | |
| HT250 | 20 | 40 | 250 | 210 | 195 | |
| HT250 | 40 | 80 | 250 | 190 | 170 | |
| HT250 | 80 | 150 | 250 | 170 | 155 | |
| HT250 | 150 | 300 | 250 | *160* | — | |
| HT250 | 20 | 40 | 250 | 230 | 220 | |
| HT250 | 40 | 80 | 250 | 205 | 190 | |
| HT250 | 80 | 150 | 250 | 190 | 175 | |
| HT250 | 150 | 300 | 250 | *175* | — | |

（续）

| 牌号 | 铸件壁厚/mm | | 最小抗拉强度 $R_m$（强制性值）/MPa ≥ | | 铸件本体预期抗拉强度 $R_m$/MPa ≥ | 应用举例 |
|---|---|---|---|---|---|---|
| | > | ≤ | 单铸试棒 | 附铸试棒或试块 MPa | | |
| HT300 | 10 | 20 | 300 | — | 270 | 承受高的弯曲应力、拉伸应力，要求保持高度气密性的铸件，如重型机床床身、多轴机床主轴箱、卡盘齿轮、高压液压缸、泵体、阀体、水泵出水段、进水段，吸入盖、双螺旋分级机左机座、右机座、锥齿轮、大型卷筒、轧钢机座、焦化炉导板、汽轮机隔板、泵壳、收缩管、轴承支架、主配阀壳体、环形缸座 |
| | 20 | 40 | | 250 | 240 | |
| | 40 | 80 | | 220 | 210 | |
| | 80 | 150 | | 210 | 195 | |
| | 150 | 300 | | *190* | — | |
| HT350 | 10 | 20 | 350 | — | 315 | 轧钢滑板、辊子、炼焦柱塞、圆筒混合机齿圈、支承轮座、挡轮座 |
| | 20 | 40 | | 290 | 280 | |
| | 40 | 80 | | 260 | 250 | |
| | 80 | 150 | | 230 | 225 | |
| | 150 | 300 | | *210* | — | |

注: 1. 当铸件壁厚超过 300mm 时，其力学性能由供需双方商定。

　　2. 当某牌号的铁液浇注壁厚均匀、形状简单的铸件时，壁厚变化引起抗拉强度的变化，可从本表查出参考数据，当铸件壁厚不均匀，或有型芯时，本表只能给出不同壁厚处大致的抗拉强度值，铸件的设计应根据关键部位的实测值进行。

　　3. 表中斜体字数值表示指导值，其余抗拉强度值均为强制性值，铸件本体预期抗拉强度值不作为强制性值。

**1.1.2 球墨铸铁** （表 1.5-2 和表 1.5-3）

表 1.5-2　球墨铸铁的力学性能和物理性能 （摘自 GB/T 1348—2009）

| 特性值 | 材 料 牌 号 | | | | | | | | | |
|---|---|---|---|---|---|---|---|---|---|---|
| | QT350-22 | QT400-18 | QT450-10 | QT500-7 | QT550-5 | QT600-3 | QT700-2 | QT800-2 | QT900-2 | QT500-10 |
| 剪切强度/MPa | 315 | 360 | 405 | 450 | 500 | 540 | 630 | 720 | 810 | — |
| 扭转强度/MPa | 315 | 360 | 405 | 450 | 500 | 540 | 630 | 720 | 810 | — |
| 弹性模量 E（拉伸和压缩）/GPa | 169 | 169 | 169 | 169 | 172 | 174 | 176 | 176 | 176 | 170 |
| 泊松比 $\nu$ | 0.275 | 0.275 | 0.275 | 0.275 | 0.275 | 0.275 | 0.275 | 0.275 | 0.275 | 0.28 ~ 0.029 |
| 无缺口疲劳极限（旋转弯曲）（$\phi$10.6mm）/MPa | 180 | 195 | 210 | 224 | 236 | 248 | 280 | 304 | 304 | 225 |
| 有缺口疲劳极限（旋转弯曲）（$\phi$10.6mm）/MPa | 114 | 122 | 128 | 134 | 142 | 149 | 168 | 182 | 182 | 140 |
| 抗压强度/MPa | — | 700 | 700 | 800 | 840 | 870 | 1000 | 1150 | — | — |
| 断裂韧性 $K_{IC}$/MPa·m$^{\frac{1}{2}}$ | 31 | 30 | 28 | 25 | 22 | 20 | 15 | 14 | 14 | 28 |
| 300℃时的热传导率/[W/(K·m)] | 36.2 | 36.2 | 36.2 | 36.2 | 34 | 32.5 | 31.1 | 31.1 | 31.1 | — |
| 20 ~ 500℃ 时的比热容量/[J/(kg·K)] | 515 | 515 | 515 | 515 | 515 | 515 | 515 | 515 | 515 | — |
| 20 ~ 400℃ 时的线性胀系数/10$^{-6}$K$^{-1}$ | 12.5 | 12.5 | 12.5 | 12.5 | 12.5 | 12.5 | 12.5 | 12.5 | 12.5 | — |
| 密度/(g/cm$^3$) | 7.1 | 7.1 | 7.1 | 7.1 | 7.1 | 7.2 | 7.2 | 7.2 | 7.2 | 7.1 |
| 最大渗透性/(μH/m) | 2136 | 2136 | 2136 | 1596 | 1200 | 866 | 501 | 501 | 501 | — |

（续）

| 特性值 | 材料牌号 | | | | | | | | | |
|---|---|---|---|---|---|---|---|---|---|---|
| | QT350 -22 | QT400 -18 | QT450 -10 | QT500 -7 | QT550 -5 | QT600 -3 | QT700 -2 | QT800 -2 | QT900 -2 | QT500 -10 |
| 磁滞损耗$(B=1T)/(J/m^3)$ | 600 | 600 | 600 | 1345 | 1800 | 2248 | 2700 | 2700 | 2700 | — |
| 电阻率$/\mu\Omega \cdot m$ | 0.50 | 0.50 | 0.50 | 0.51 | 0.52 | 0.53 | 0.54 | 0.54 | 0.54 | — |
| 主要基体组织 | 铁素体 | 铁素体 | 铁素体 | 铁素体-珠光体 | 铁素体-珠光体 | 珠光体-铁素体 | 珠光体 | 珠光体或索氏体 | 回火马氏体或索氏体+托氏体 | 铁素体 |

注：1. 除非另有说明，本表中所列数值都是常温下的测定值。
　　2. 对抗拉强度是 370MPa 的球墨铸铁件无缺口试样，退火铁素体球墨铸铁件的疲劳极限强度大约是抗拉强度的 0.5 倍。在珠光体球墨铸铁和（淬火＋回火）球墨铸铁中这个比率随着抗拉强度的增加而减少，疲劳极限强度大约是抗拉强度的 0.4 倍。当抗拉强度超过 740MPa 时这个比率将进一步减少。
　　3. 对直径 φ10.6mm 的 45°圆角 R0.25mm 的 V 形缺口试样，退火球墨铸铁件的疲劳极限强度降低到无缺口球易铸铁件（抗拉强度是 370MPa）疲劳极限的 0.63 倍。这个比率随着铁素体球墨铸铁件抗拉强度的增加而减少。对中等强度的球墨铸铁件、珠光体球墨铸铁件和（淬火＋回火）球墨铸铁件，有缺口试样的疲劳极限大约是无缺口试样疲劳极限强度的 0.6 倍。
　　4. 对大型铸件，可能是珠光体，也可能是回火马氏体或托氏体＋索氏体。

**表 1.5-3　球墨铸铁的特性及应用举例**

| 牌　号 | 特性及应用举例 |
|---|---|
| QT400-18L QT400-18R QT400-18 | 属铁素体型球墨铸铁，有良好的韧性和塑性，且有一定的抗温度急变性和耐蚀性能，焊接性和切削性较好，低温冲击值较高，在低温下的韧性和脆性转变温度较低。适用于制造承受高冲击振动、扭转等静负荷和动负荷的部位之零件，适于制作具有较高韧性和塑性的零件，特别适于制作低温条件下要求一定冲击性能的零件，如汽车、拖拉机中的牵引框、轮毂、驱动桥壳体、离合器壳体、差速器壳体、弹簧吊耳、阀体、阀盖、支架、压缩机中较高温度的高低压气缸、输气管、铁道垫板、农机用铧犁、犁柱、犁托、牵引架、收割机导架、护刃器等 |
| QT400-15 | 属铁素体型球墨铸铁，具有良好的塑性和韧性，较好的焊接性和切削性，并有一定的抗温度急变性和耐蚀性能，在低温下有较低的韧性。适用于制作承受高扭转及冲击振动等静负荷和动负荷，要求塑性及韧性较高的零件，特别适于制作低温条件下要求一定冲击性能的零件，其应用情况与 QT400-18 相近 |
| QT450-10 | 属铁素体型球墨铸铁，具有较高的韧性和塑性，在低温下的韧性和脆性转变温度较低，低温冲击韧性较高，且有一定的抗温度急变性和耐蚀性，焊接性能和切削性能均较好，与 QT400-18 相比较，其塑性稍低于 QT400-18，强度和小能量冲击力优于 QT400-18。其应用范围和 QT400-18 相近 |
| QT500-7 | 属珠光体加铁素体类型的球墨铸铁，具有一定的强度和韧性，铸造工艺性能较好，切削加工性尚好；耐磨性和减振性能良好，缺口敏感性比钢低，能够采用不同的热处理方法改变其性能。在机械制造中应用广泛，适用于制作内燃机的机油泵齿轮、汽轮机中温气缸隔板及水轮机的阀门体、铁路机车的轴瓦、输电线路用的联板和硫头、机器座架、液压缸体、连杆、传动轴、飞轮、千斤顶座等 |
| QT600-3 | 属珠光体类型球墨铸铁，珠光体含量大于 65%（体积分数），具有较高的综合性能，中高等强度，中等塑性及韧性，良好的耐磨性、减振性及铸造工艺性，可以采用热处理方法改变其性能。主要用于制造各种动力机械曲轴、凸轮轴、连接轴、连杆、齿轮、离合器片、液压缸体等 |
| QT700-2 QT800-2 | 属珠光体类型球墨铸铁，有较高强度，良好的耐磨性，较高的疲劳极限，且有一定的塑性和韧性。适用于制作强度要求较高的零件，如柴油机和汽油机的曲轴、汽油机的凸轮、气缸套、进排气门座、连杆；农机用的脚踏脱粒机齿条及轻载荷齿轮；机床用主轴；空压机、冷冻机、制氧机的曲轴、缸体、缸套、球磨机齿轴、矿车轮、桥式起重机大小车滚轮、小型水轮机的主轴等 |
| QT900-2 | 高强度，高耐磨性，具有一定的韧性，较高的弯曲疲劳强度和接触疲劳强度。用于制作农机用的犁铧、耙片、低速农用轴承套圈，汽车用的传动轴、转向轴及弧齿锥齿轮，内燃机的凸轮轴及曲轴，拖拉机用减速齿轮等 |
| QT500-10 | 机械加工性能优于 QT500-7，基体组织以铁素体为主，珠光体含量不超过 5%（体积分数），渗碳体不超过 1%（体积分数），适用于制作要求切削性能良好、较高韧性和中等强度的各种铸件 |

## 1.1.3　蠕墨铸铁（表1.5-4）　　　　　1.1.4　可锻铸铁（表1.5-5）

### 表 1.5-4　蠕墨铸铁牌号、单铸试块力学性能及应用举例（摘自 JB/T 4403—1999）

| 牌号 | $R_m$ /MPa ≥ | $R_{p0.2}$ /MPa ≥ | 伸长率 A （%） ≥ | 硬度 HBW | 蠕化率 VC （%） ≥ | 性能特点及应用举例 |
|---|---|---|---|---|---|---|
| RuT420 | 420 | 335 | 0.75 | 200 ~ 280 | 50 | 具有高强度、高耐磨性、高硬度以及较好的导热性，需经正火热处理，适于制造高强度或高耐磨性的重要铸件，如制动鼓、钢珠的研磨盘、气缸套、活塞环、玻璃模具、制动盘、吸淤泵体等 |
| RuT380 | 360 | 300 | 0.75 | 193 ~ 274 | | 蠕墨铸铁是一种很有发展前景的新型材料，即蠕虫状石墨铸铁，材质性能介于球墨铸铁和灰铸铁之间。它有球墨铸铁的强度、刚性及一定的韧性、良好的耐磨性，同时，它的铸造性及热传导性又相近于灰铸铁。它用于制造液压件、排气管件、底座、大型机床床身、钢锭模及飞轮等铸件，有的铸件质量已高达数十吨 |
| RuT340 | 340 | 270 | 1.0 | 170 ~ 249 | | 具有较高的强度、硬度、耐磨性及导热率，适于制造较高强度、刚度及耐磨的零件，如大型齿轮箱体、盖、底座制动鼓、大型机床床件、飞轮、起重机卷筒、烧结机滑板等 |
| RuT300 | 300 | 240 | 1.5 | 140 ~ 217 | | 具有良好的强度和硬度，一定的塑性及韧性，较高的热导率，致密性良好，适于制造较高强度及耐热疲劳的零件，如气缸盖、变速器箱体、纺织机械零件、液压件、排气管、钢锭模及小型烧结机算条等 |
| RuT260 | 260 | 195 | 3.0 | 121 ~ 197 | | 强度不高，硬度较低，有较高的塑性、韧性及热导率，铸件需经退火热处理，适用于制造受冲击及热疲劳的零件，如汽车及拖拉机的底盘零件、增压机废气进气壳体 |

注：1. 蠕墨铸铁件的力学性能以单铸试块的抗拉强度为验收条件，RuT260 增加伸长率验收项目。
　　2. 铸铁金相组织中石墨的蠕化率一般按本表规定，但可根据供需双方协商，另定蠕化率的要求。
　　3. 本表规定的力学性能可经热处理之后达到。
　　4. 各牌号主要基体金相组织：RuT420、RuT380 为珠光体，RuT340 为珠光体＋铁素体，RuT300 为铁素体＋珠光体，RuT260 为铁素体。

### 表 1.5-5　可锻铸铁牌号、力学性能及应用举例（摘自 GB/T 9440—2010）

| 牌号 | | 试样直径 d /mm | $R_m$ /MPa ≥ | $R_{p0.2}$ /MPa ≥ | A ($L_0 = 3d$) （%） ≥ | 硬度 HBW | 应用举例 |
|---|---|---|---|---|---|---|---|
| 黑心可锻铸铁 | KTH300-06 | 12 或 15 | 300 | — | 6 | ≤150 | 黑心可锻铸铁比灰铸铁强度高，塑性与韧性更好，可承受冲击和扭转负荷，具有良好的耐蚀性，加工性良好。制作薄壁铸件，多用于机床零件、运输机零件、升降机械零件、管道配件、低压阀门。KTH300-06、KTH330-08 可承受 800 ~ 1400kPa 的压力（气压、水压），可用于自来水管路、配件，高压锅炉管路配件，压缩空气管道配件以及农机零件。KTH350-10 和 KTH370-12 能承受较大的冲击负荷，在寒冷环境（-40℃）下工作，不产生低温脆断，用于制作汽车和拖拉机中的后桥外壳、转向机构、弹簧钢板支座，农机中的收割机升降机构、护刃器、压刃器、捆束器等 |
| | KTH330-08 | | 330 | — | 8 | | |
| | KTH350-10 | | 350 | 200 | 10 | | |
| | KTH370-12 | | 370 | — | 12 | | |

（续）

| 牌　号 | 试样直径 $d$ /mm | $R_m$ /MPa ≥ | $R_{p0.2}$ /MPa ≥ | $A$ ($L_0 = 3d$) (%) ≥ | 硬度 HBW | 应 用 举 例 |
|---|---|---|---|---|---|---|
| 黑心可锻铸铁 KTZ450-06 | 12 或 15 | 450 | 270 | 6 | 150～200 | 珠光体可锻铸铁的塑性、韧性比黑心可锻铸铁稍差，但其强度高，耐磨性好，低温性能优于球墨铸铁，加工性良好，可替代有色合金、低合金钢，以及低、中碳钢制作较高强度和耐磨性的零件。KTZ450-06 用于制作插销、轴承座。KTZ550-04 用于制作一定强度、韧性适当的零件，如汽车前轮轮毂、发动机支架、传动箱及拖拉机履带轨板。KTZ650-02 用于制作强度较高的零件，如柴油机活塞、差速器壳、摇臂及农业机械的犁刀、犁片、齿轮箱。KTZ700-2 用于制作高强度的零件，如曲轴、万向接头、传动齿轮、凸轮轴、活塞环等 |
| KTZ550-04 | | 550 | 340 | 4 | 180～250 | |
| KTZ650-02 | | 650 | 430 | 2 | 210～260 | |
| KTZ700-02 | | 700 | 530 | 2 | 240～290 | |
| 白心可锻铸铁 KTB350-04 | 6 | 270 | — | 10 | ≤230 | 将低碳、低硅的白口铸铁和氧化铁一起加热，进行脱碳软化后获得的铸铁称为白心可锻铸铁。其断口呈白色，表面层大量脱碳形成铁素体，心部为珠光体基体，且有少量残余游离碳，因而心部韧性难于提高，一般仅限于薄壁件的制造。由于其制造工艺较复杂，生产周期长，性能较差，因而国内在机械工业中较少应用。KTB380-12 适用于对强度有特殊要求和焊接后不需进行热处理的零件 |
| | 9 | 310 | — | 5 | | |
| | 12 | 350 | — | 4 | | |
| | 15 | 360 | — | 3 | | |
| KTB360-12 | 6 | 280 | — | 16 | ≤220 | |
| | 9 | 320 | 170 | 5 | | |
| | 12 | 360 | 190 | 12 | | |
| | 15 | 370 | 200 | 7 | | |
| KTB400-05 | 6 | 300 | — | 12 | ≤220 | |
| | 9 | 360 | 200 | 8 | | |
| | 12 | 400 | 220 | 5 | | |
| | 15 | 420 | 230 | 4 | | |
| KTB450-07 | 6 | 330 | — | 12 | ≤220 | |
| | 9 | 400 | 230 | 10 | | |
| | 12 | 450 | 260 | 7 | | |
| | 15 | 480 | 280 | 4 | | |

注：1. 对珠光体试样两种直径，如需方无要求，供方可以任选其中一种。
　　2. 白心可锻铸铁试样直径，由需方和供方按铸件壁厚尺寸双方协定。
　　3. 如果采用正确的工艺，所有牌号的白心可锻铸铁均可焊接。
　　4. 当需方对屈服强度有要求时，供需双方协议才进行测定。
　　5. 硬度值仅作参考，如需规定硬度值，则由供需双方协定。

**1.1.5　耐磨铸铁**（表 1.5-6）　　　　　　**1.1.6　耐热铸铁**（表 1.5-7）

**表 1.5-6　耐磨铸铁及其应用**（摘自 JB/ZQ 4304—2006）

| 牌　号 | 力学性能 | | $R_m$ /MPa | $KV_2$ /J | 硬度 HBW (HRC) | 挠度 $f$ /mm | | 应 用 举 例 |
|---|---|---|---|---|---|---|---|---|
| | $\sigma_{bb}$/MPa | | | | | 砂型 | 金属型 | |
| | 砂型 | 金属型 | | | | 支距/mm | | |
| | 试样直径/mm | | | | | 300 | 500 | |
| | 30 | 50 | | | | | | |
| | ≥ | | | | | | | |
| MT-4 | 355 | — | 175 | — | 195～260 | — | — | 制造耐磨要求一般的零件 |
| Cu-Cr-Mo 合金铸铁 | 430 | — | 235 | — | 200～255 | | | 制造耐磨要求较高的零件，如机床床身、活塞环、卷筒等 |

（续）

| 牌号 | | 力学性能 | | | | | 挠度 $f$ /mm | | 应用举例 |
|---|---|---|---|---|---|---|---|---|---|
| | | $\sigma_{bb}$/MPa | | $R_m$ /MPa | $KV_2$ /J | 硬度 HBW (HRC) | 砂型 | 金属型 | |
| | | 砂型 | 金属型 | | | | 支距/mm | | |
| | | 试样直径/mm | | | | | 300 | 500 | |
| | | 30 | 50 | | | | | | |
| | | ≥ | | | | | | | |
| 中锰抗磨球墨铸铁 | MQTMn6 | 510 | 390 | — | 31 | (44) | 3.0 | 2.5 | 制造耐磨要求高的零件,如球磨机衬板、选矿用螺旋分级机叶片等 |
| | MQTMn7 | 470 | 440 | — | 35 | (41) | 3.5 | 3.0 | |
| | MQTMn8 | 430 | 490 | — | 39 | (38) | 4.0 | 3.5 | |

注：1. "M"、"Q"、"T"分别是"磨","球'、"铁"三字汉语拼音拼音的第一个字母。
　　2. MT-4 耐磨铸铁的金相组织是细小珠光体和中细片状石墨,球光体含量小于 85%（体积分数）,磷共晶为细小网状并均匀分布;不允许有游离的渗碳体。用作一般耐磨零件。
　　3. Cu-Cr-Mo 合金铸铁熔炼过程与一般灰铸铁相同,合金材料完全在炉内加入。石墨主要是分散片状。
　　4. 中锰抗磨球墨铸铁的基体织以马氏体和奥氏体为主。表中的锰含量范围、挠度和砂型铸造直径 30mm 的抗弯试棒的抗弯强度值,除订货协议有规定外,不作为验收依据。

**表 1.5-7　耐热铸铁室温力学性能、高温短时力学性能及应用**（摘自 GB/T 9437—2009）

| | 铸铁牌号 | 室温力学性能 | | 在下列温度时的最小抗拉强度 $R_m$/MPa | | | | |
|---|---|---|---|---|---|---|---|---|
| | | 最小抗拉强度 $R_m$/MPa | 硬度　HBW | 500℃ | 600℃ | 700℃ | 800℃ | 900℃ |
| 室温力学性能和高温短时力学性能 | HTRCr | 200 | 189～288 | 225 | 144 | — | — | — |
| | HTRCr2 | 150 | 207～288 | 243 | 166 | — | — | — |
| | HTRCr16 | 340 | 400～450 | — | — | — | 144 | 88 |
| | HTRSi5 | 140 | 160～270 | — | — | 41 | 27 | — |
| | QTRSi4 | 420 | 143～187 | — | — | 75 | 35 | — |
| | QTRSi4Mo | 520 | 188～241 | — | — | 101 | 46 | — |
| | QTRSi4Mo1 | 550 | 200～240 | — | — | 101 | 46 | — |
| | QTRSi5 | 370 | 228～302 | — | — | 67 | 30 | — |
| | QTRAl4Si4 | 250 | 285～341 | — | — | — | 82 | 32 |
| | QTRAl5Si5 | 200 | 302～363 | — | — | — | 167 | 75 |
| | QTRAl22 | 300 | 241～364 | — | — | — | 130 | 77 |

| | 铸铁牌号 | 使用条件 | 应用举例 |
|---|---|---|---|
| 应用举例 | HTRCr | 在空气炉气中耐热温度到 550℃,具有高的抗氧化性和体积稳定性 | 适用于急冷急热的薄壁细件,用于炉条、高炉支梁式水箱、金属型、玻璃模等 |
| | HTRCr2 | 在空气炉气中耐热温度到 600℃,具有高的抗氧化性和体积稳定性 | 适用于急冷急热的薄壁细长件,用于煤气炉内灰盆、矿山烧结车挡板等 |
| | HTRCr16 | 在空气炉气中耐热温度到 900℃,具有高的室温及高温强度、高的抗氧化性,但常温脆性较大,耐硝酸的腐蚀 | 可在室温及高温下作耐磨件使用,用于退火罐、煤粉烧嘴、炉栅、水泥熔烧炉零件、化工机械等零件 |
| | HTRSi5 | 在空气炉气中耐热温度到 700℃,耐热性较好,承受机械和热冲击能力较差 | 用于炉条、煤粉烧嘴、锅炉用梳形定位析、换热器针状管、二硫化碳反应瓶等 |
| | QTRSi4 | 在空气炉气中耐热温度到 650℃,力学性能抗裂性较 RQTSi5 好 | 用于玻璃窑烟道闸门、玻璃引上机墙板、加热炉两端管架等 |
| | QTRSi4Mo | 在空气炉气中耐热温度到 680℃,高温力学性能较好 | 用于内燃机排气岐管、罩式退火炉导向器、烧结机中后热筛板、加热炉吊梁等 |
| | QTRSi4Mo1 | 在空气炉气中耐热温度到 800℃,高温力学性能好 | 用于内燃机排气岐管、罩式退火炉导向器、烧结机中后热筛板、加热炉吊梁等 |
| | QTRSi5 | 在空气炉气中耐热温度到 800℃,常温及高温性能显著优于 RTSi5 | 用于煤粉烧嘴、炉条、辐射管、烟道闸门、加热炉中间管架等 |

（续）

| 应用举例 | 铸铁牌号 | 使用条件 | 应用举例 |
|---|---|---|---|
| | QTRAl4Si4 | 在空气炉气中耐热温度到 900℃，耐热性良好 | 适用于高温轻载荷下工作的耐热件，用于烧结机篦条、炉用件等 |
| | QTRAl5Si5 | 在空气炉气中耐热温度到 1050℃，耐热性良好 | 适用于高温轻载荷下工作的耐热件，用于烧结机篦条、炉用件等 |
| | QTRAl22 | 在空气炉气中耐热温度到 1100℃，具有优良的抗氧化能力，较高的室温和高温强度，韧性好，耐高温硫蚀性好 | 适用于高温（1100℃）、载荷较小、温度变化较缓的工件，用于锅炉用侧密封块、链式加热炉炉爪、黄铁矿焙烧炉零件等 |

## 1.2  铸钢

### 1.2.1  一般工程用铸钢（表 1.5-8）

**1.2.2  焊接结构用铸钢**（表 1.5-9）

**1.2.3  合金铸钢**（表 1.5-10）

**表 1.5-8  一般工程用铸钢的力学性能及应用**（摘自 GB/T 11352—2009）

| 牌号 | $R_{eH}$ $R_{p0.2}$ /MPa | $R_m$ /MPa | $A_5$ (%) | $Z$ (%) | $KV_2$ /J | $KU_2$ /J | 特 点 | 应用举例 |
|---|---|---|---|---|---|---|---|---|
| | 最小值 | | | 按合同规定 | | | | |
| ZG200-400 | 200 | 400 | 25 | 40 | 30 | 47 | 低碳铸钢，韧性及塑性均好，但强度和硬度较低，低温冲击韧性大，脆性转变温度低，导磁、导电性能良好，焊接性好，但铸造性差 | 机座、电气吸盘、变速箱体等受力不大，但要求韧性的零件 |
| ZG230-450 | 230 | 450 | 22 | 32 | 25 | 35 | | 用于负荷不大、韧性较好的零件，如轴承盖、底板、阀体、机座、侧架、轧钢机架、铁道车辆摇枕、箱体、犁柱、砧座等 |
| ZG270-500 | 270 | 500 | 18 | 25 | 22 | 27 | 中碳铸钢，有一定的韧性及塑性，强度和硬度较高，切削性良好，焊接性尚可，铸造性能比低碳钢好 | 应用广泛，用于制作飞轮、车辆车钩、水压机工作缸、机架、蒸汽锤气缸、轴承座、连杆、箱体、曲拐 |
| ZG310-570 | 310 | 570 | 15 | 21 | 15 | 24 | | 用于重负荷零件，如联轴器、大齿轮、缸体、气缸、机架、制动轮、轴及辊子 |
| ZG340-640 | 340 | 640 | 10 | 18 | 10 | 16 | 高碳铸钢，具有高强度、高硬度及高耐磨性，塑性韧性低，铸造焊接性均差，裂纹敏感性较大 | 起重运输机齿轮、联轴器、齿轮、车轮、棘轮、叉头 |

注：1. 试验环境温度为（20±10）℃。
    2. 需方有要求时，断面收缩率和冲击值由供方任选其一。
    3. 热处理规定：除另有规定外，热处理工艺由供方自行决定；铸钢件的热处理按 GB/T 16923—2008、GB/T 16924—2008 的规定执行。

**表 1.5-9  焊接结构用铸钢的力学性能**（摘自 GB/T 7659—2010）

| 牌号 | 上屈服强度 $R_{eH}$/MPa | 抗拉强度 $R_m$/MPa | 断后伸长率 $A$% | 断面收缩率 $Z$(%) | 冲击吸收能量 $KV_2$/J | 特性和用途 |
|---|---|---|---|---|---|---|
| | 拉伸性能 | | | 根据合同选择 | | |
| | | | ≥ | | | |
| ZG200-400H | 200 | 400 | 25 | 40 | 45 | 用于一般工程结构，焊接性好，制造各种船舶机械零件及臂路附件等 |
| ZG230-450H | 230 | 450 | 22 | 35 | 45 | |
| ZG270-480H | 270 | 480 | 20 | 35 | 40 | |
| ZG300-500H | 300 | 500 | 20 | 21 | 40 | |
| ZG340-550H | 340 | 550 | 15 | 21 | 35 | |

注：当无明显屈服时，测定规定非比例延伸强度 $R_{p0.2}$。

**表 1.5-10　合金铸钢的室温力学性能与应用举例**（摘自 JB/ZQ 4297—1986）

| 牌　号 | 热处理 | 截面尺寸 /mm | $R_{eL}$ 或 $R_{p0.2}$ /MPa | $R_m$ /MPa | $A$ (%) | $Z$ (%) | 冲击吸收能量/J DVM | ISO-V | 夏比-U | 硬度 HBW | 应用举例 |
|---|---|---|---|---|---|---|---|---|---|---|---|
| ZG40Mn | 正火 + 回火 | ≤100 | 295 | 640 | 12 | 30 | — | — | | 163 | 用于承受摩擦和冲击的零件,如齿轮等 |
| ZG40Mn2 | 正火 + 回火 | ≤100 | 395 | 590 | 20 | 55 | — | | 35 | 179 | 用于承受摩擦的零件,如齿轮等 |
| | 调质 | | 685 | 835 | 13 | 45 | | | | 269 ~ 302 | |
| ZG50Mn2 | 正火 + 回火 | ≤100 | 445 | 785 | 18 | 37 | — | — | | — | 用于高强度零件,如齿轮、齿轮缘等 |
| ZG20SiMn | 正火 + 回火 | ≤100 | 295 | 510 | 14 | 30 | — | | 39 | 156 | 焊接及流动性良好,用于制作水压机缸、叶片、喷嘴体,阀、弯头等 |
| | 调质 | | 300 | 500 ~ 650 | 24 | — | | 45 | — | 150 ~ 190 | |
| ZG35SiMn | 正火 + 回火 | ≤100 | 345 | 570 | 12 | 20 | | | 24 | — | 用于受摩擦的零件 |
| | 调质 | | 415 | 640 | 12 | 25 | | | 27 | | |
| ZG35SiMnMo | 正火 + 回火 | ≤100 | 395 | 640 | 12 | 20 | | | 24 | | 制造负荷较大的零件 |
| | 调质 | | 490 | 690 | 12 | 25 | | | 27 | | |
| ZG35CrMnSi | 正火 + 回火 | ≤100 | 345 | 690 | 14 | 30 | — | | | 217 | 用于承受冲击、受磨损的零件,如齿轮、滚轮等 |
| ZG20MnMo | 正火 + 回火 | ≤100 | 295 | 490 | 16 | | — | | 39 | 156 | 用于受压容器、如泵壳等 |
| ZG5CrMnMo | 正火 + 回火 | ≤100 | 不规定 | | — | | — | — | | — | 有一定的热硬性,用于锻模等 |
| ZG40Cr | 正火 + 回火 | ≤100 | 345 | 630 | 18 | 26 | | | | 212 | 用于高强度齿轮 |
| ZG34CrNiMo | 调质 | ≤150 | 700 | 950 ~ 1000 | 12 | | | 32 | | 240 ~ 290 | 用于特别高要求的零件,如锥齿轮、小齿轮、吊车行走轮、轴等 |
| | | > 150 ~ 250 | 650 | 800 ~ 950 | 12 | | | 28 | | 220 ~ 270 | |
| | | > 250 ~ 400 | 650 | 800 ~ 950 | 10 | | | 20 | | 220 ~ 270 | |
| ZG20CrMo | 调质 | ≤100 | 245 | 460 | 18 | 30 | — | | 24 | — | 用于齿轮、锥齿轮及高压缸零件等 |
| ZG35CrMo | 调质 | ≤100 | 510 | 740 ~ 880 | 12 | | 27 | | | — | 用于齿轮、电炉支轮轴套、齿圈等 |
| ZG42CrMo | 调质 | ≤30 | 540 | 740 ~ 880 | 12 | | 27 | | | 220 ~ 260 | 用于高载荷的零件、齿轮、锥齿轮等 |
| | | > 30 ~ 100 | 490 | 690 ~ 830 | 11 | | 21 | | | 200 ~ 250 | |
| | | > 100 ~ 150 | 450 | 690 ~ 830 | 10 | | — | 16 | | 200 ~ 250 | |
| | | > 150 ~ 250 | 400 | 650 ~ 800 | 10 | | | 12 | | 195 ~ 240 | |
| | | > 250 ~ 400 | 350 | 650 ~ 800 | 8 | | | 9.6 | | 195 ~ 240 | |
| ZG50CrMo | 调质 | ≤100 | 520 | 740 ~ 880 | 11 | — | 34 | | | 220 ~ 260 | 用于减速器零件齿轮、小齿轮等 |
| ZG65Mn | 正火 + 回火 | ≤100 | 不规定 | | — | | — | — | | — | 用于球磨机衬板等 |

**1.2.4　铸造奥氏体锰钢**（表 1.5-11）　　　　**1.2.5　耐热铸钢**（表 1.5-12）

**表 1.5-11　铸造奥氏体锰钢件的牌号、化学成分及应用**（摘自 GB/T 5680—2010）

| 牌　号 | 化学成分(质量分数,%) C | Si | Mn | p | S | Cr | Mo | Ni | W | 应用举例 |
|---|---|---|---|---|---|---|---|---|---|---|
| ZG120Mn7Mo1 | 1.05 ~ 1.35 | 0.3 ~ 0.9 | 6 ~ 8 | ≤0.060 | ≤0.040 | — | 0.9 ~ 1.2 | | | 奥氏体锰钢铸件具有高强度及 |
| ZG110Mn13Mo1 | 0.75 ~ 1.35 | 0.3 ~ 0.9 | 11 ~ 14 | ≤0.060 | ≤0.040 | | 0.9 ~ 1.2 | | | |

（续）

| 牌　号 | 化学成分（质量分数，%） | | | | | | | | | 应用举例 |
|---|---|---|---|---|---|---|---|---|---|---|
| | C | Si | Mn | p | S | Cr | Mo | Ni | W | |
| ZG100Mn13 | 0.90 ~ 1.05 | 0.3 ~ 0.9 | 11 ~ 14 | ≤0.060 | ≤0.040 | — | — | — | — | 良好的塑性和韧性,在使用中受冲击和强大压力而变形时,产生高耐磨的表面层,里层仍具有很好的韧性,故能承受冲击载荷,用于铸造各种耐冲击、抗磨损的零件 |
| ZG120Mn13 | 1.05 ~ 1.35 | 0.3 ~ 0.9 | 11 ~ 14 | ≤0.060 | ≤0.040 | — | — | — | — | |
| ZG120Mn13Cr2 | 1.05 ~ 1.35 | 0.3 ~ 0.9 | 11 ~ 14 | ≤0.060 | ≤0.040 | 1.5 ~ 2.5 | — | — | — | |
| ZG120Mn13W1 | 1.05 ~ 1.35 | 0.3 ~ 0.9 | 11 ~ 14 | ≤0.060 | ≤0.040 | — | — | — | 0.9 ~ 1.2 | |
| ZG120Mn13Ni3 | 1.05 ~ 1.35 | 0.3 ~ 0.9 | 11 ~ 14 | ≤0.060 | ≤0.040 | — | — | 3 ~ 4 | — | |
| ZG90Mn14Mo1 | 0.70 ~ 1.00 | 0.3 ~ 0.6 | 13 ~ 15 | ≤0.070 | ≤0.040 | — | 1.0 ~ 1.8 | — | — | |
| ZG120Mn17 | 1.05 ~ 1.35 | 0.3 ~ 0.9 | 16 ~ 19 | ≤0.060 | ≤0.040 | — | — | — | — | |
| ZG120Mn17Cr2 | 1.05 ~ 1.35 | 0.3 ~ 0.9 | 16 ~ 19 | ≤0.060 | ≤0.040 | 1.5 ~ 2.5 | — | — | — | |

注：允许加入微量 V、Ti、Nb、B 和 RE 等元素。

### 表 1.5-12　耐热铸钢的特性（摘自 GB/T 8492—2002）

| 牌　号 | $R_{p0.2}$ /MPa | $R_m$ /MPa | A （%） | 硬度 HBW | 最高使用温度[①]/℃ |
|---|---|---|---|---|---|
| | ≥ | | | | |
| ZG30Cr7Si2 | — | — | — | | 750 |
| ZG40Cr13Si2 | — | — | — | 300[②] | 850 |
| ZG40Cr17Si2 | — | — | — | 300[②] | 900 |
| ZG40Cr24Si2 | — | — | — | 300[②] | 1050 |
| ZG40Cr28Si2 | — | — | — | 320[②] | 1100 |
| ZGCr29Si2 | — | — | — | 400[②] | 1100 |
| ZG25Cr18Ni9Si2 | 230 | 450 | 15 | | 900 |
| ZG25Cr20Ni14Si2 | 230 | 450 | 10 | | 900 |
| ZG40Cr22Ni10Si2 | 230 | 450 | 8 | | 950 |
| ZG40Cr24Ni24Si2Nb1 | 220 | 400 | 4 | | 1050 |
| ZG40Cr25Ni12Si2 | 220 | 450 | 6 | | 1050 |
| ZG40Cr25Ni20Si2 | 220 | 450 | 6 | | 1100 |
| ZG45Cr27Ni4Si2 | 250 | 400 | 3 | 400[③] | 1100 |
| ZG40Cr20Co20Ni20Mo3W3 | 320 | 400 | 6 | | 1150 |
| ZG10Ni31Cr20Nb1 | 170 | 440 | 20 | | 1000 |
| ZG40Ni35Cr17Si2 | 220 | 420 | 6 | | 980 |
| ZG40Ni35Cr26Si2 | 220 | 440 | 6 | | 1050 |
| ZG40Ni35Cr26Si2Nb1 | 220 | 440 | 4 | | 1050 |
| ZG40Ni38Cr19Si2 | 220 | 420 | 6 | | 1050 |
| ZG40Ni38Cr19Si2Nb1 | 220 | 420 | 4 | | 1100 |
| ZNiCr28Fe17W5Si2C0.4 | 220 | 400 | 3 | | 1200 |
| ZNiCr50Nb1C0.1 | 230 | 540 | 8 | | 1050 |
| ZNiCr19Fe18Si1C0.5 | 220 | 440 | 5 | | 1100 |
| ZNiFe18Cr15Si1C0.5 | 200 | 400 | 3 | | 1100 |
| ZNiCr25Fe20Co15W5Si1C0.46 | 270 | 480 | 5 | | 1200 |
| ZCoCr28Fe18C0.3 | ④ | ④ | ④ | ④ | 1200 |

① 最高使用温度取决于实际使用条件，所列数据仅供用户参考。这些数据适用于氧化气氛，实际的合金成分对其也有影响。
② 退火态最大 HB 硬度值，铸件也可以铸态提供，此时硬度限制就不适用。
③ 最大硬度值。
④ 由供需双方协商确定。

## 1.2.6 不锈铸钢（表 1.5-13）

**表 1.5-13　工程结构用中、高强度不锈钢铸件的力学性能及应用（摘自 GB/T 6967—2009）**

| 铸钢牌号 | | 规定塑性延伸强度 $R_{p0.2}$/MPa | 抗拉强度 $R_m$/MPa | 伸长率 $A_5$（%）≥ | 断面收缩率 Z（%） | 冲击吸收能量 $KV_2$/J | 硬度 HBW | 应用举例 |
|---|---|---|---|---|---|---|---|---|
| ZG15Cr13 | | 345 | 540 | 18 | 40 | — | 163~229 | 耐大气腐蚀好，力学性能较好，可用于承受冲击负荷且韧性较高的零件，可耐有机酸水液、聚乙烯醇、碳酸氢钠、橡胶液，还可做水轮机转轮叶片，水压机阀 |
| ZG20Cr13 | | 390 | 590 | 16 | 35 | — | 170~235 | |
| ZG15Cr13Ni1 | | 450 | 590 | 16 | 35 | 20 | 170~241 | |
| ZG10Cr13Ni1Mo | | 450 | 620 | 16 | 35 | 27 | 170~241 | |
| ZG06Cr13Ni4Mo | | 550 | 750 | 15 | 35 | 50 | 221~294 | 综合力学性能高，抗大气腐蚀，水中抗疲劳性能均好，钢的焊接性良好，焊后不必热处理，铸造性能尚好，耐泥砂磨损，可用于制作大型水轮机转轮（叶片） |
| ZG06Cr13Ni5Mo | | 550 | 750 | 15 | 35 | 50 | 221~294 | |
| ZG06Cr16Ni5Mo | | 550 | 750 | 15 | 35 | 50 | 221~294 | |
| ZG04Cr13-Ni4Mo | HT1① | 580 | 780 | 18 | 50 | 80 | 221~294 | |
| | HT2② | 830 | 900 | 12 | 35 | 35 | 294~350 | |
| ZG04Cr13-Ni5Mo | HT1① | 580 | 780 | 18 | 50 | 80 | 221~294 | |
| | HT2② | 830 | 900 | 12 | 35 | 35 | 294~350 | |

注：1. 本表中牌号为 ZG15Cr13、ZG20Cr13、ZG04Cr13Ni4Mo、ZG06Cr16Ni5Mo、ZG06Cr13Ni4Mo、ZG04Cr13Ni5Mo 铸钢的力学性能适用于壁厚小于或等于 150mm 的铸件。牌号为 ZG10Cr13Ni1Mo、ZG06Cr13Ni4Mo、ZG06Cr13Ni5Mo 的铸钢适用于壁厚小于或等于 300mm 的铸件。

2. ZG04Cr13Ni4Mo（HT2）、ZG04Cr13Ni5Mo（HT2）用于大中型铸焊结构件时，供需双方应另行商定。

3. 需方要求做低温冲击试验时，其技术要求由供需双方商定。其中，ZG06Cr16Ni5Mo、ZG04Cr13Ni4Mo、ZG04Cr13Ni5Mo 温度为 0℃的冲击吸收能量应符合本表规定。

① 回火温度应为 600~650℃。

② 回火温度应为 500~550℃。

## 1.3　钢

### 1.3.1　碳素结构钢（表 1.5-14）

表 1.5-14　碳素结构钢牌号、力学性能及应用（摘自 GB/T 700—2006）

| 牌号 | 统一数字代号 | 等级 | 屈服强度 $R_{eH}$/MPa ≥ 厚度（或直径）/mm | | | | | | 抗拉强度 $R_m$/MPa | 断后伸长率 A（%）≥ 厚度（或直径）/mm | | | | | 冲击试验（V 型缺口） | | 冷弯试验 180°（B=2a） | | | 应用举例 |
|---|---|---|---|---|---|---|---|---|---|---|---|---|---|---|---|---|---|---|---|---|
| | | | ≤16 | >16~40 | >40~60 | >60~100 | >100~150 | >150~200 | | ≤40 | >40~60 | >60~100 | >100~150 | >150~200 | 温度/℃ | $KV_2$（纵向）/J ≥ | 试样方向 | ≤60（弯心直径 d） | >60~100 | |
| Q195 | U11952 | — | 195 | 185 | — | — | — | — | 315~430 | 33 | — | — | — | — | — | — | 纵／横 | 0／0.5a | —／1.5a | 具有良好韧性，较高伸长率，焊接性良好，用于制作螺栓、炉杆、拉杆、犁板、短轴、支架、焊接件等 |
| Q215 | U12152 | A | 215 | 205 | 195 | 185 | 175 | 165 | 335~450 | 31 | 30 | 29 | 27 | 26 | — | — | 纵／横 | 0.5a／a | 2a／2a | 韧性良好，冲击和焊接性较好，广泛用于制作一般机械零件，如销、轴、拉杆、套筒、支架、焊接件等 |
| | U12155 | B | | | | | | | | | | | | | +20 | 27 | | | | |
| Q235 | U12352 | A | 235 | 225 | 215 | 215 | 195 | 185 | 370~500 | 26 | 25 | 24 | 22 | 21 | — | — | 纵／横 | a／1.5a | 2a／2.5a | 性能较高，用于重要的焊接结构件 |
| | U12355 | B | | | | | | | | | | | | | +20 | 27 | | | | |
| | U12358 | C | | | | | | | | | | | | | 0 | 27 | | | | |
| | U12359 | D | | | | | | | | | | | | | -20 | 27 | | | | |
| Q275 | U12752 | A | 275 | 265 | 255 | 245 | 225 | 215 | 410~540 | 22 | 21 | 20 | 18 | 17 | — | — | 纵／横 | 1.5a／2a | 2.5a／3a | 较高强度，制作齿轮、心轴、转轴、键、链轮、犁机动板，C、D 级用于强度要求较高的零件 |
| | U12755 | B | | | | | | | | | | | | | +20 | 27 | | | | |
| | U12758 | C | | | | | | | | | | | | | 0 | 27 | | | | |
| | U12759 | D | | | | | | | | | | | | | -20 | 27 | | | | |

注：1. Q195 的屈服强度值仅供参考，不作交货条件。
2. 厚度大于 100mm 的钢材，抗拉强度下限允许降低 20MPa。宽带钢（包括剪切钢板）抗拉强度上限不作交货条件。
3. 厚度小于 25mm 的 Q235B 级钢材，如供需方能保证冲击吸收功值合格，经需方同意，可不作检验。
4. 冷弯试验中的 B 为试样宽度，a 为试样厚度或直径。
5. 厚度不小于 12mm 或直径不小于 16mm 的钢材应做冲击试验，试样尺寸为 10mm×10mm×55mm，并符合本表规定。

## 1.3.2　优质碳素结构钢（表 1.5-15）

### 表 1.5-15　优质碳素结构钢的牌号、力学性能及应用（摘自 GB/T 699—1999）

| 牌号 | 试样尺寸 /mm | $R_{eL}$/MPa ≥ | $R_m$/MPa ≥ | $A_5$(%) ≥ | $Z$(%) ≥ | $KV_2$/J ≥ | 硬度 HBW10/3000 | | 应用 |
|---|---|---|---|---|---|---|---|---|---|
| | | | | | | | 未热处理 ≥ | 退火钢 ≥ | |
| 08F | 25 | 175 | 295 | 35 | 60 | — | 131 | — | 常用于生产成钢带、薄板及冷拉钢丝，还可制作心部强度要求不高的渗碳、碳氮共渗零件 |
| 08 | 25 | 195 | 325 | 33 | 60 | — | 131 | — | 常轧制成高精度的厚度小于 4mm 的薄钢板或冷轧钢带，可制作心部强度不高而表面需要硬化的渗碳和氮化零件 |
| 10F | 25 | 185 | 315 | 33 | 55 | — | 137 | — | 参考 08F |
| 10 | 25 | 205 | 335 | 31 | 55 | — | 137 | — | 制作各种韧性高、负荷小的零件，也可制作渗碳件，还可退火后制作电磁吸铁零件 |
| 15F | 25 | 205 | 355 | 29 | 55 | — | 143 | — | 用于制作心部强度不高的渗碳或氮化零件，也可制作塑性良好的零件，亦可适于制作钣金件及各种冲压件(最深冲压、深冲压等) |
| 15 | 25 | 225 | 375 | 27 | 55 | — | 143 | — | 用于制作受载不大、韧性要求较高的零件、渗碳件、冲模锻件、紧固件，不需热处理的低负荷零件，焊接性能较好的中、小结构件 |
| 20 | 25 | 245 | 410 | 25 | 55 | — | 156 | — | 在热轧或正火状态下用于制作负载不大但韧性要求高的零件，用于翻作不甚重要的中、小型渗碳、渗氮零件，还可制作压力低于 6MPa，温度低于 450℃ 的无腐蚀介质中使用的管子、导管等锅炉零件 |
| 25 | 25 | 275 | 450 | 23 | 50 | 71 | 170 | — | 用于制作焊接构件，以及经锻造、热冲压和切削加工，且负载较小的零件，还用于制造压力小于 600MPa 温度低于 450℃ 的应力不大的锅炉零件，经淬火处理(获得低马氏体)可制造强度和韧性良好的零件，还可制作心部强度不高、表面要求良好耐磨性的渗碳和渗氮零件 |
| 30 | 25 | 295 | 490 | 21 | 50 | 63 | 179 | — | 用于制造受载不大、工作温度低于 150℃ 的截面尺寸小的零件，亦可制作心部强度较高、表面耐磨的渗碳及渗氮零件、焊接构件及冷镦锻零件 |

（续）

| 牌号 | 试样尺寸 /mm | $R_{eL}$/MPa ≥ | $R_m$/MPa ≥ | $A_5$(%) ≥ | $Z$(%) ≥ | $KV_2$/J ≥ | 硬度 HBW10/3000 | | 应用 |
|---|---|---|---|---|---|---|---|---|---|
| | | | | | | | 未热处理 ≥ | 退火钢 ≥ | |
| 35 | 25 | 315 | 530 | 20 | 45 | 55 | 197 | — | 广泛用于制造负载较大,但截面尺寸较小的各种机械零件、热压件,还可不经热处理制作负载不大的锅炉用(温度低于450℃)紧固件,这种钢通常不用于制作焊接件 |
| 40 | 25 | 335 | 570 | 19 | 56 | 47 | 217 | 187 | 用于制造机器中的运动件,心部强度要求不高,表面耐磨性好的淬火零件及截面尺寸较小,负载较大的调质零件,应力不大的大型正火件,一般不适合制作焊接件 |
| 45 | 25 | 355 | 600 | 16 | 40 | 39 | 241 | 197 | 适用于制造较高强度的运动零件,通常在调质或正火状态下使用,可代替渗碳钢,用于制造表面耐磨的零件,此时不须经高频或火焰淬火 |
| 50 | 25 | 375 | 630 | 14 | 40 | 31 | 241 | 207 | 主要用于制造动负载、冲击载荷不大以及要求耐磨性好的机械零件 |
| 55 | 25 | 380 | 645 | 13 | 35 | — | 255 | 217 | 主要用于制造耐磨、强度较高的机械零件以及弹性零件,也可用于制作铸钢件 |
| 60 | 25 | 400 | 675 | 12 | 35 | — | 255 | 229 | 主要用于制造耐磨、强度较高、受力较大、摩擦工作以及相当弹性的弹性零件 |
| 65 | 25 | 410 | 695 | 10 | 30 | — | 255 | 229 | 主要用于制造弹簧垫圈、弹簧环、U形卡、汽车弹簧、受力不大的扁形弹簧、螺旋弹簧等,在正火状态下可制造轧辊、凸轮、轴、钢丝绳等耐磨零件 |
| 70 | 25 | 420 | 715 | 9 | 30 | — | 269 | 229 | 仅适用于制造强度不高、截面尺寸较小的扁形、圆形、正方形弹簧、钢带、钢丝、车轮圈、电车车轮及犁铧等 |
| 75 | | 880 | 1080 | 7 | 30 | — | 285 | 241 | 用于制造强度不高、截面尺寸较小的螺旋弹簧、板弹簧,也用于制造承受摩擦工作的机械零件 |
| 80 | | 930 | 1080 | 6 | 30 | — | 285 | 241 | |
| 85 | 试样 | 980 | 1130 | 6 | 30 | — | 302 | 255 | 主要用于制造截面尺寸不大、强度不高的振动弹簧,农机中的清棉机锯片和摩擦盘以及其他用途的钢丝和钢带 |

（续）

| 牌号 | 试样尺寸/mm | $R_{eL}$/MPa ≥ | $R_m$/MPa ≥ | $A_5$(%) ≥ | $Z$(%) ≥ | $KV_2$/J ≥ | 硬度 HBW10/3000 | | 应用 |
|---|---|---|---|---|---|---|---|---|---|
| | | | | | | | 未热处理 ≥ | 退火钢 ≥ | |
| 15Mn | 25 | 245 | 410 | 26 | 55 | — | 163 | — | 主要用于制造中心部力学性能较高的渗碳或渗氮零件,在正火或热轧状态下用于制造韧性高而应力较小的零件,还可轧制成板材（厚度为 4～10mm）,制作低温条件下工作的油罐等容器 |
| 20Mn | 25 | 275 | 450 | 24 | 50 | — | 197 | — | |
| 25Mn | 25 | 295 | 490 | 22 | 50 | 71 | 207 | — | 一般用于制造渗碳件和焊接件 |
| 30Mn | 25 | 315 | 540 | 20 | 45 | 63 | 217 | 187 | 一般用于制造低负荷的各种零件,还可用于制造高应力负载的细小零件(采用冷拉钢制作) |
| 35Mn | 25 | 335 | 560 | 18 | 45 | 55 | 229 | 197 | 一般用于制造载荷中等的零件,还可用于制造受磨损的零件(采用淬火回火) |
| 40Mn | 25 | 335 | 590 | 17 | 45 | 47 | 229 | 207 | 经调质处理后,可代替 40Cr 使用,用于制造在疲劳负载下工作的零件 |
| 45Mn | 25 | 375 | 620 | 15 | 40 | 39 | 241 | 217 | 一般用于较大负载及承受磨损工作条件的零件 |
| 50Mn | 25 | 390 | 645 | 13 | 40 | 31 | 255 | 217 | 一般用于制造高耐磨性、高应力的零件,高频淬火后还可制造火车轴、蜗杆、连杆及汽车曲轴等 |
| 60Mn | 25 | 410 | 695 | 11 | 35 | — | 269 | 229 | 用于制造尺寸较大的螺旋弹簧,各种扁、圆弹簧、板簧、弹簧片、弹簧环、发条和冷拉钢丝(直径小于 7mm) |
| 65Mn | 25 | 430 | 735 | 9 | 30 | — | 285 | 229 | 经淬火及低温回火或调质、表面淬火处理,用于制造受摩擦、高弹性、高强度的机械零件,经淬火、中温回火处理后,用于制造中等负载的板弹簧(厚度为 5～15mm)、螺旋弹簧(直径为 7～20mm)、弹簧垫圈、弹簧卡环、弹簧发条、轻型汽车的离合器弹簧、制动弹簧、气门弹簧 |
| 70Mn | 25 | 450 | 785 | 8 | 30 | — | 285 | 229 | 用于制造耐磨、载荷较大的机械零件 |

注: 1. 75、80 及 85 钢用留有加工余量的试样进行热处理。
2. 对于直径或厚度小于 25mm 的钢材,热处理是在与成品截面尺寸相同的试样毛坯上进行。
3. 表中所列性能仅适用于截面尺寸不大于 80mm 的钢材。大于 80mm 的钢材,允许其伸长率 $A_5$、断面收缩率 $Z$ 较本表规定分别降低 2 及 5 个单位。
4. 直径小于 16mm 的圆钢,厚度小于或等于 12mm 的方钢、扁钢,不作冲击韧度试验。
5. 优质碳素结构钢钢材有热轧圆钢、方钢、六角钢、扁钢,冷拉圆钢、六角钢,锻制圆钢、方钢、扁钢,热轧钢板、钢带,冷轧钢板、钢带及冷拉钢丝等,其尺寸规格应符合相关标准的规定。
6. 各牌号的热处理制度标准规定了推荐热处理工艺,可参见 GB/T 699—1999 有关规定。

## 1.3.3 低合金高强度结构钢（表 1.5-16）

**表 1.5-16　低合金高强度结构钢牌号及力学性能（摘自 GB/T 1591—2008）**

| 牌号 | 质量等级 | 拉伸试验①②③ 屈服强度 $R_{eL}$/MPa 公称厚度（直径、边长）/mm | | | | | | | | | 抗拉强度 $R_m$/MPa | | | | | | | 断后伸长率 $A$（%） | | | | | | 夏比（V型）冲击试验 冲击吸收能量 $KV_2$/J ≥ | | 试验温度 /℃ |
|---|---|---|---|---|---|---|---|---|---|---|---|---|---|---|---|---|---|---|---|---|---|---|---|---|---|---|
| | | ≤16 | >16~40 | >40~63 | >63~80 | >80~100 | >100~150 | >150~200 | >200~250 | >250~400 | ≤40 | >40~63 | >63~80 | >80~100 | >100~150 | >150~250 | >250~400 | ≤40 | >40~63 | >63~100 | >100~150 | >150~250 | >250~400 | 12~150 | >150~250 | |
| Q345 | A | ≥345 | ≥335 | ≥325 | ≥315 | ≥305 | ≥285 | ≥275 | ≥265 | ≥265 | 470~630 | 470~630 | 470~630 | 470~630 | 450~600 | 450~600 | 450~600 | ≥20 | ≥19 | ≥19 | ≥18 | ≥17 | ≥17 | — | — | — |
| | B | | | | | | | | | | | | | | | | | | | | | | | 34 | 27 | 20 |
| | C | | | | | | | | | | | | | | | | | | | | | | | 34 | 27 | 0 |
| | D | | | | | | | | | | | | | | | | | | | | | | | 34 | 27（>150~250） | −20 |
| | E | | | | | | | | | | | | | | | | | | | | | | | 34 | — | −40 |
| Q390 | A | ≥390 | ≥370 | ≥350 | ≥330 | ≥330 | ≥310 | — | — | — | 490~650 | 490~650 | 490~650 | 490~650 | 470~620 | — | — | ≥20 | ≥19 | ≥19 | ≥18 | — | — | — | — | — |
| | B | | | | | | | | | | | | | | | | | | | | | | | 34 | — | 20 |
| | C | | | | | | | | | | | | | | | | | | | | | | | 34 | — | 0 |
| | D | | | | | | | | | | | | | | | | | | | | | | | 34 | — | −20 |
| | E | | | | | | | | | | | | | | | | | | | | | | | 34 | — | −40 |
| Q420 | A | ≥420 | ≥400 | ≥380 | ≥360 | ≥360 | ≥340 | — | — | — | 520~680 | 520~680 | 520~680 | 520~680 | 500~650 | — | — | ≥19 | ≥18 | ≥18 | ≥18 | — | — | — | — | — |
| | B | | | | | | | | | | | | | | | | | | | | | | | 34 | — | 20 |
| | C | | | | | | | | | | | | | | | | | | | | | | | 34 | — | 0 |
| | D | | | | | | | | | | | | | | | | | | | | | | | 34 | — | −20 |
| | E | | | | | | | | | | | | | | | | | | | | | | | 34 | — | −40 |
| Q460 | C | ≥460 | ≥440 | ≥420 | ≥400 | ≥400 | ≥380 | — | — | — | 550~720 | 550~720 | 550~720 | 550~720 | 530~700 | — | — | ≥17 | ≥16 | ≥16 | ≥16 | — | — | 34 | — | 0 |
| | D | | | | | | | | | | | | | | | | | | | | | | | 34 | — | −20 |
| | E | | | | | | | | | | | | | | | | | | | | | | | 34 | — | −40 |

（续）

| 牌号 | 质量等级 | 拉伸试验①②③ 屈服强度 $R_{eL}$/MPa 公称厚度（直径、边长）/mm ≤16 | >16~40 | >40~63 | >63~80 | >80~100 | >100~150 | >150~200 | >200~250 | >250~400 | 抗拉强度 $R_m$/MPa ≤40 | >40~63 | >63~80 | >80~100 | >100~150 | >150~250 | >250~400 | 断后伸长率 A（%） ≤40 | >40~63 | >63~100 | >100~150 | >150~250 | >250~400 | 夏比（V型）冲击试验 冲击吸收能量 $KV_2$/J ≥ 12~150 | >150~250 | 试验温度/℃ |
|---|---|---|---|---|---|---|---|---|---|---|---|---|---|---|---|---|---|---|---|---|---|---|---|---|---|---|
| Q500 | C | ≥500 | 480 | 470 | 440 | — | — | — | — | — | 610~770 | 600~760 | 590~750 | 540~730 | — | — | — | ≥17 | 17 | 17 | — | — | — | 55 | — | 0 |
|  | D |  |  |  |  |  |  |  |  |  |  |  |  |  |  |  |  |  |  |  |  |  |  | 47 | — | −20 |
|  | E |  |  |  |  |  |  |  |  |  |  |  |  |  |  |  |  |  |  |  |  |  |  | 31 | — | −40 |
| Q550 | C | ≥550 | 530 | 500 | 490 | — | — | — | — | — | 670~830 | 620~810 | 600~790 | 590~780 | — | — | — | ≥16 | 16 | 16 | — | — | — | 55 | — | 0 |
|  | D |  |  |  |  |  |  |  |  |  |  |  |  |  |  |  |  |  |  |  |  |  |  | 47 | — | −20 |
|  | E |  |  |  |  |  |  |  |  |  |  |  |  |  |  |  |  |  |  |  |  |  |  | 31 | — | −40 |
| Q620 | C | ≥620 | 600 | 590 | 570 | — | — | — | — | — | 710~880 | 690~880 | 670~860 | — | — | — | — | ≥15 | 15 | 15 | — | — | — | 55 | — | 0 |
|  | D |  |  |  |  |  |  |  |  |  |  |  |  |  |  |  |  |  |  |  |  |  |  | 47 | — | −20 |
|  | E |  |  |  |  |  |  |  |  |  |  |  |  |  |  |  |  |  |  |  |  |  |  | 31 | — | −40 |
| Q690 | C | ≥690 | 670 | 640 | — | — | — | — | — | — | 770~940 | 750~920 | 730~900 | — | — | — | — | ≥14 | 14 | 14 | — | — | — | 55 | — | 0 |
|  | D |  |  |  |  |  |  |  |  |  |  |  |  |  |  |  |  |  |  |  |  |  |  | 47 | — | −20 |
|  | E |  |  |  |  |  |  |  |  |  |  |  |  |  |  |  |  |  |  |  |  |  |  | 31 | — | −40 |

注：1. GB/T 1591—2008 代替 GB/T 1591—1994，本表各牌号的化学成分应符合 GB/T 1591—2008 的规定。

2. GB/T 1591—2008 适用于一般结构和工程结构用低合金高强度结构钢钢板、钢带、型钢和钢棒等，钢材的尺寸应符合相关产品标准规定。钢材以热轧、控轧、正火、正火轧制或正火加回火、热机械轧制（TMCP）或热机械轧制加回火状态交货。

3. 当需方要求时，可做弯曲试验，并应符合 GB/T 1591—2008 的规定。

4. 冲击试验取纵向试样。

① 当屈服不明显时，可测量 $R_{p0.2}$ 代替 $R_{eL}$ 下屈服强度。

② 宽度不小于 600mm 的扁平材，拉伸试验取横向试样；宽度小于 600mm 的扁平材、型材及棒材取纵向试样，断后伸长率最小值相应提高 1%（绝对值）。

③ 厚度 >250~400mm 的数值适用于扁平材。

### 1.3.4 合金结构钢（表 1.5-17）

**表 1.5-17　合金结构钢的牌号及力学性能**（摘自 GB/T 3077—1999）

| 牌　号 | 试样毛坯尺寸/mm | 热处理 淬火 加热温度/℃ 第一次淬火 | 第二次淬火 | 冷却剂 | 回火 加热温度/℃ | 冷却剂 | 力学性能 抗拉强度 $R_m$/MPa | 下屈服强度 $R_{eL}$/MPa | 断后伸长率 $A_5$（%） | 断面收缩率 $Z$（%） | 冲击吸收能量 $KU_2$ | 钢材退火或高温回火供应状态硬度 HBW 100/3000 ≤ |
|---|---|---|---|---|---|---|---|---|---|---|---|---|
| | | | | | | | ≥ | | | | | |
| 20Mn2 | 15 | 850 | — | 水、油 | 200 | 水、空 | 785 | 590 | 10 | 40 | 47 | 187 |
| | | 880 | — | 水、油 | 440 | 水、空 | | | | | | |
| 30Mn2 | 25 | 840 | — | 水 | 500 | 水 | 785 | 635 | 12 | 45 | 63 | 207 |
| 35Mn2 | 25 | 840 | — | 水 | 500 | 水 | 835 | 685 | 12 | 45 | 55 | 207 |
| 40Mn2 | 25 | 840 | — | 水、油 | 540 | 水 | 885 | 735 | 12 | 45 | 55 | 217 |
| 45Mn2 | 25 | 840 | — | 油 | 550 | 水、油 | 885 | 735 | 10 | 45 | 47 | 217 |
| 50Mn2 | 25 | 820 | — | 油 | 550 | 水、油 | 930 | 785 | 9 | 40 | 39 | 229 |
| 20MnV | 15 | 880 | — | 水、油 | 200 | 水、空 | 785 | 590 | 10 | 40 | 55 | 187 |
| 27SiMn | 25 | 920 | — | 水 | 450 | 水、油 | 980 | 835 | 12 | 40 | 39 | 217 |
| 35SiMn | 25 | 900 | — | 水 | 570 | 水、油 | 885 | 735 | 15 | 45 | 47 | 229 |
| 42SiMn | 25 | 880 | — | 水 | 590 | 水 | 885 | 735 | 15 | 40 | 47 | 229 |
| 20SiMn2MoV | 试样 | 900 | — | 油 | 200 | 水、空 | 1380 | — | 10 | 45 | 55 | 269 |
| 25SiMn2MoV | 试样 | 900 | — | 油 | 200 | 水、空 | 1470 | — | 10 | 40 | 47 | 269 |
| 37SiMn2MoV | 25 | 870 | — | 水、油 | 650 | 水、空 | 980 | 835 | 12 | 50 | 63 | 269 |
| 40B | 25 | 840 | — | 水 | 550 | 水 | 785 | 635 | 12 | 45 | 55 | 207 |
| 45B | 25 | 840 | — | 水 | 550 | 水 | 835 | 685 | 12 | 45 | 47 | 217 |
| 50B | 20 | 840 | — | 油 | 600 | 空 | 785 | 540 | 10 | 45 | 39 | 207 |
| 40MnB | 25 | 850 | — | 油 | 500 | 水、油 | 980 | 785 | 10 | 45 | 47 | 207 |
| 45MnB | 25 | 840 | — | 油 | 500 | 水、油 | 1030 | 835 | 9 | 40 | 39 | 217 |
| 20MnMoB | 15 | 880 | — | 油 | 2000 | 油、空 | 1080 | 885 | 10 | 50 | 55 | 207 |
| 15MnVB | 15 | 860 | — | 油 | 200 | 水、空 | 885 | 635 | 10 | 45 | 55 | 207 |
| 20MnVB | 15 | 860 | — | 油 | 200 | 水、空 | 1080 | 885 | 10 | 45 | 55 | 207 |
| 40MnVB | 25 | 850 | — | 油 | 520 | 水、油 | 980 | 785 | 10 | 45 | 47 | 207 |
| 20MnTiB | 15 | 860 | — | 油 | 200 | 水、空 | 1130 | 930 | 10 | 45 | 55 | 187 |
| 25MnTiBRE | 试样 | 860 | — | 油 | 200 | 水、空 | 1380 | — | 10 | 40 | 47 | 229 |
| 15Cr | 15 | 880 | 780~820 | 水、油 | 200 | 水、空 | 735 | 490 | 11 | 45 | 55 | 179 |
| 15CrA | 15 | 880 | 770~820 | 水、油 | 180 | 油、空 | 685 | 490 | 12 | 45 | 55 | 179 |
| 20Cr | 15 | 880 | 780~820 | 水、油 | 200 | 水、空 | 835 | 540 | 10 | 40 | 47 | 179 |
| 30Cr | 25 | 860 | — | 油 | 500 | 水、油 | 885 | 685 | 11 | 45 | 47 | 187 |
| 35Cr | 25 | 860 | — | 油 | 500 | 水、油 | 930 | 735 | 11 | 45 | 47 | 207 |
| 40Cr | 25 | 850 | — | 油 | 520 | 水、油 | 980 | 785 | 9 | 45 | 47 | 207 |
| 45Cr | 25 | 840 | — | 油 | 520 | 水、油 | 1030 | 835 | 9 | 40 | 39 | 217 |
| 50Cr | 25 | 830 | — | 油 | 520 | 水、油 | 1080 | 930 | 9 | 40 | 39 | 229 |
| 38CrSi | 25 | 900 | — | 油 | 600 | 水、油 | 980 | 835 | 12 | 50 | 55 | 255 |
| 12CrMo | 30 | 900 | — | 空 | 650 | 空 | 410 | 265 | 24 | 60 | 110 | 179 |
| 15CrMo | 30 | 900 | — | 空 | 650 | 空 | 440 | 295 | 22 | 60 | 94 | 179 |
| 20CrMo | 15 | 880 | — | 水、油 | 500 | 水、油 | 885 | 685 | 12 | 50 | 78 | 197 |
| 30CrMo | 25 | 880 | — | 水、油 | 540 | 水、油 | 930 | 785 | 12 | 50 | 63 | 229 |
| 30CrMoA | 15 | 880 | — | 油 | 540 | 水、油 | 930 | 735 | 12 | 50 | 71 | 229 |
| 35CrMo | 25 | 850 | — | 油 | 550 | 水、油 | 980 | 835 | 12 | 45 | 63 | 229 |
| 42CrMo | 25 | 850 | — | 油 | 560 | 水、油 | 1080 | 930 | 12 | 45 | 63 | 217 |
| 12CrMoV | 30 | 970 | — | 空 | 750 | 空 | 440 | 225 | 22 | 50 | 78 | 241 |
| 35CrMoV | 25 | 900 | — | 油 | 630 | 水、油 | 1080 | 930 | 10 | 50 | 71 | 241 |
| 12Cr1MoV | 30 | 970 | — | 空 | 750 | 空 | 490 | 245 | 22 | 50 | 71 | 179 |

（续）

| 牌号 | 试样毛坯尺寸/mm | 热处理 | | | | | 力学性能 | | | | | 钢材退火或高温回火供应状态硬度 HBW 100/3000 |
|---|---|---|---|---|---|---|---|---|---|---|---|---|
| | | 淬火 | | | 回火 | | 抗拉强度 $R_m$/MPa | 下屈服强度 $R_{eL}$/MPa | 断后伸长率 $A_5$(%) | 断面收缩率 $Z$(%) | 冲击吸收能量 $KU_2$ | |
| | | 加热温度/℃ | | 冷却剂 | 加热温度/℃ | 冷却剂 | | | | | | |
| | | 第一次淬火 | 第二次淬火 | | | | ≥ | | | | | ≤ |
| 25Cr2MoVA | 25 | 900 | — | 油 | 640 | 空 | 930 | 785 | 14 | 55 | 63 | 241 |
| 25CrMo1VA | 25 | 1040 | — | 空 | 700 | 空 | 735 | 590 | 16 | 50 | 47 | 241 |
| 38CrMoAl | 30 | 940 | — | 水、油 | 640 | 水、油 | 980 | 835 | 14 | 50 | 71 | 229 |
| 40CrV | 25 | 880 | — | 油 | 650 | 水、油 | 885 | 735 | 10 | 50 | 71 | 241 |
| 50CrVA | 25 | 860 | — | 油 | 500 | 水、油 | 1280 | 1130 | 10 | 40 | — | 255 |
| 15CrMn | 15 | 880 | — | 油 | 200 | 水、空 | 785 | 590 | 12 | 50 | 47 | 179 |
| 20CrMn | 15 | 850 | — | 油 | 200 | 水、空 | 930 | 735 | 10 | 45 | 47 | 187 |
| 40CrMn | 25 | 840 | — | 油 | 550 | 水、油 | 980 | 835 | 9 | 45 | 47 | 229 |
| 20CrMnSi | 25 | 880 | — | 油 | 480 | 水、油 | 785 | 635 | 12 | 45 | 55 | 207 |
| 25CrMnSi | 25 | 880 | — | 油 | 480 | 水、油 | 1080 | 885 | 10 | 40 | 39 | 217 |
| 30CrMnSi | 25 | 880 | — | 油 | 520 | 水、油 | 1080 | 885 | 10 | 45 | 39 | 229 |
| 30CrMnSiA | 25 | 880 | — | 油 | 540 | 水、油 | 1080 | 835 | 10 | 45 | 39 | 229 |
| 35CrMnSiA | 试样 | 加热到880℃，于280～310℃等温淬火 | | | | | 1620 | 1280 | 9 | 40 | 31 | 241 |
| | 试样 | 950 | 890 | 油 | 230 | 空、油 | | | | | | |
| 20CrMnMo | 15 | 850 | — | 油 | 200 | 水、空 | 1180 | 885 | 10 | 45 | 55 | 217 |
| 40CrMnMo | 25 | 850 | — | 油 | 600 | 水、油 | 980 | 785 | 10 | 45 | 63 | 217 |
| 20CrMnTi | 15 | 880 | 870 | 油 | 200 | 水、空 | 1080 | 850 | 10 | 45 | 55 | 217 |
| 30CrMnTi | 试样 | 880 | 850 | 油 | 200 | 水、空 | 1470 | — | 9 | 40 | 47 | 229 |
| 20CrNi | 25 | 850 | — | 水、油 | 460 | 水、油 | 785 | 590 | 10 | 50 | 63 | 197 |
| 40CrNi | 25 | 820 | — | 油 | 500 | 水、油 | 980 | 785 | 10 | 45 | 55 | 241 |
| 45CrNi | 25 | 820 | — | 油 | 530 | 水、油 | 980 | 785 | 10 | 45 | 55 | 255 |
| 50CrNi | 25 | 820 | — | 油 | 500 | 水、油 | 1080 | 835 | 8 | 40 | 39 | 255 |
| 12CrNi2 | 15 | 860 | 780 | 水、油 | 200 | 水、空 | 785 | 590 | 12 | 50 | 63 | 207 |
| 12CrNi3 | 15 | 860 | 780 | 油 | 200 | 水、空 | 930 | 685 | 11 | 50 | 71 | 217 |
| 20CrNi3 | 25 | 830 | — | 水、油 | 480 | 水、油 | 930 | 735 | 11 | 55 | 78 | 241 |
| 30CrNi3 | 25 | 820 | — | 油 | 500 | 水、油 | 980 | 785 | 10 | 50 | 63 | 241 |
| 37CrNi3 | 25 | 820 | — | 油 | 500 | 水、油 | 1130 | 980 | 10 | 50 | 47 | 269 |
| 12Cr2Ni4 | 15 | 860 | 780 | 油 | 200 | 水、空 | 1080 | 835 | 10 | 50 | 71 | 269 |
| 20Cr2Ni4 | 15 | 880 | 780 | 油 | 200 | 水、空 | 1180 | 1080 | 10 | 45 | 63 | 269 |
| 20CrNiMo | 15 | 850 | — | 油 | 200 | 空 | 980 | 785 | 9 | 40 | 47 | 197 |
| 40CrNiMoA | 25 | 850 | — | 油 | 600 | 水、油 | 980 | 835 | 12 | 55 | 78 | 269 |
| 18CrMnNiMoA | 15 | 830 | — | 油 | 200 | 空 | 1180 | 885 | 10 | 45 | 71 | 269 |
| 45CrNiMoVA | 试样 | 860 | — | 油 | 460 | 油 | 1470 | 1330 | 7 | 35 | 31 | 269 |
| 18Cr2Ni4WA | 15 | 950 | 850 | 空 | 200 | 水、空 | 1180 | 835 | 10 | 45 | 78 | 269 |
| 25Cr2Ni4WA | 25 | 850 | — | 油 | 550 | 水、油 | 1080 | 930 | 11 | 45 | 71 | 269 |

注：1. 各牌号的化学成分应符合 GB/T 3077—1999 的相关规定。

2. 本表力学性能适用于截面尺寸小于或等于 80mm 的钢材；尺寸 >80～100mm 的钢材，按本表规定值，其伸长率下降 1%、断面收缩率下降 5%、冲击吸收能量下降 5%；尺寸 >100～150mm 的钢材伸长率下降 2%、断面收缩率和冲击吸收能量均下降 10%；尺寸 >150～250mm 的钢材伸长率下降 3%、断面收缩率和冲击吸收能量均下降 15%。

3. 试样毛坯栏目中，未注明试样尺寸，只注写"试样"的，试样尺寸一般为 10mm，最大为 25mm，试样经热处理后测得的力学性能符合本表规定。

4. 合金结构钢钢材有圆钢（GB/T 702、GB/T 905、GB/T 908）、六角钢（GB/T 705、GB/T 905）、方钢（GB/T 702、GB/T 905、GB/T 908）、扁钢（GB/T 704、GB/T 16761）、钢丝（GB/T 5954）、钢管（GB/T 8162、GB/T 8163）、钢板（GB/T 709、GB/T 708）。一般在热轧和退火状态供货，冷拉棒材和冷拉钢丝在冷拉状态供货，锻件为正火或正火＋高温回火状态供货。合金结构钢钢材的尺寸规格应符合相应钢材产品标准的规定。

## 1.3.5 耐候结构钢（表1.5-18）

## 1.3.6 桥梁用结构钢（表1.5-19）

**表1.5-18 耐候结构钢的牌号、力学性能及应用**（摘自GB/T 4171—2008）

| 分类 | 牌号 | 拉伸试验 | | | | | 断后伸长率 A(%) | | | | 180°弯曲试验 | | | 应用举例 |
|---|---|---|---|---|---|---|---|---|---|---|---|---|---|---|
| | | 下屈服强度 $R_{eL}$/MPa ≥ | | | | 抗拉强度 $R_m$/MPa | ≥ | | | | 弯心直径 (a 为钢板厚度) | | | |
| | | 公称厚度（直径边长）/mm | | | | | 公称厚度（直径边长）/mm | | | | 公称厚度（直径边长）/mm | | | |
| | | ≤16 | >16 ~40 | >40 ~60 | >60 | | ≤16 | >16 ~40 | >40 ~60 | >60 | ≤6 | >6 ~16 | >16 | |
| 焊接耐候钢 | Q235NH | 235 | 225 | 215 | 215 | 360~510 | 25 | 25 | 24 | 23 | a | a | 2a | 耐候钢是通过添加少量合金元素如 Cu、P、Cr、Ni 等，使其在金属基体表面上形成保护层，以提高耐大气腐蚀性能的钢。焊接耐候钢适于制作车辆、桥梁、集装箱、建筑或其他结构件之用，与高耐候性钢相比，具有较好的焊接性能，以热轧方式生产 |
| | Q295NH | 295 | 285 | 275 | 255 | 430~560 | 24 | 24 | 23 | 22 | a | 2a | 3a | |
| | Q355NH | 355 | 345 | 335 | 325 | 490~630 | 22 | 22 | 21 | 20 | a | 2a | 3a | |
| | Q415NH | 415 | 405 | 395 | — | 520~680 | 22 | 22 | 20 | — | a | 2a | 3a | |
| | Q460NH | 460 | 450 | 440 | — | 570~730 | 20 | 20 | 19 | — | a | 2a | 3a | |
| | Q500NH | 500 | 490 | 480 | — | 600~760 | 18 | 16 | 15 | — | a | 2a | 3a | |
| | Q550NH | 550 | 540 | 530 | — | 620~780 | 16 | 16 | 15 | — | a | 2a | 3a | |
| 高耐候钢 | Q295GNH | 295 | 285 | — | — | 430~560 | 24 | 24 | — | — | a | 2a | 3a | 适于制作车辆、集装箱、建筑、塔架或其他结构件之用，其耐大气腐蚀性能优于焊接耐候钢，以热轧或冷轧方式生产 |
| | Q355GNH | 355 | 345 | — | — | 490~630 | 22 | 22 | — | — | a | 2a | 3a | |
| | Q265GNH | 265 | — | — | — | ≥410 | 27 | — | — | — | a | — | — | |
| | Q310GNH | 310 | — | — | — | ≥450 | 26 | — | — | — | a | — | — | |

注：1. GB/T 4171—2008 代替 GB/T 4171—2000 高耐候结构钢、GB/T 4171—2000 焊接结构用耐候钢、GB/T 18982—2003 集装箱用耐蚀钢板和钢带。

2. 各牌号的化学成分应符合 GB/T 4171—2008 的规定。

3. 钢的牌号说明：Q355GNHC，Q-屈服强度中"屈"字汉语拼音首位字母；355 为下屈服强度下限值（单位 MPa）；GNH-分别为"高"、"耐"和"候"字汉语拼音首位字母；C-钢的质量等级，分为 A、B、C、D、E 5 个等级。

4. 钢材的冲击试验应符合 GB/T 4171—2008 的规定。

5. 热轧钢材以热轧、热轧或正火状态交替，牌号为 Q460NH、Q500NH、Q550NH 的钢材可以淬火加回火状态交货；冷轧钢材一般以退火状态交货。

**表1.5-19 桥梁用结构钢的牌号及力学性能**（摘自GB/T 714—2008）

| 牌号 | 质量等级 | 拉伸试验[①]、[②] | | 抗拉强度 $R_m$/MPa | 断后伸长率 A(%) | V 型冲击试验[③] | |
|---|---|---|---|---|---|---|---|
| | | 下屈服强度 $R_{eL}$/MPa 厚度/mm | | | | 试验温度/℃ | 冲击吸收能量 $KV_2$/J |
| | | ≤50 | >50 ~100 | | | | |
| | | 不小于 | | | | | 不小于 |
| Q235q | C | 235 | 225 | 400 | 26 | 0 | 34 |
| | D | | | | | −20 | |
| | E | | | | | −40 | |
| Q345q[④] | C | 345 | 335 | 490 | 20 | 0 | 47 |
| | D | | | | | −20 | |
| | E | | | | | −40 | |
| Q370q[④] | C | 370 | 360 | 510 | 20 | 0 | 47 |
| | D | | | | | −20 | |
| | E | | | | | −40 | |
| Q420q[④] | C | 420 | 410 | 540 | 19 | 0 | 47 |
| | D | | | | | −20 | |
| | E | | | | | −40 | |

（续）

| 牌　号 | 质量等级 | 拉伸试验[1][2] | | 抗拉强度 $R_m$/MPa | 断后伸长率 $A(\%)$ | V型冲击试验[3] | |
|---|---|---|---|---|---|---|---|
| | | 下屈服强度 $R_{eL}$/MPa | | | | 冲击吸收 能量 $KV_2$/J | |
| | | 厚度/mm | | | | 试验温度/℃ | |
| | | ≤50 | >50~100 | | | | |
| | | 不小于 | | | | | 不小于 |
| Q460q | C | 460 | 450 | 570 | 17 | 0 | 47 |
| | D | | | | | −20 | |
| | E | | | | | −40 | |

① 当屈服不明显时，可测量 $R_{p0.2}$ 代替下屈服强度。

② 钢板及钢带的拉伸试验取横向试样，型钢的拉伸试验取纵向试样。

③ 冲击试验取纵向试样。

④ 厚度不大于16mm的钢材，断后伸长率提高1%（绝对值）。

## 1.3.7　弹簧钢（表1.5-20）

**表1.5-20　弹簧钢牌号、力学性能及应用举例**（摘自 GB/T 1222—2007）

| 统一数字 代号 | 牌　号 | 力学性能，不小于 | | | | | 应用举例 |
|---|---|---|---|---|---|---|---|
| | | 抗拉强度 $R_m$/MPa | 屈服强度 $R_{eL}$/MPa | 断后伸长率 | | 断面收缩率 $Z(\%)$ | |
| | | | | $A(\%)$ | $A_{11.3}(\%)$ | | |
| U20652 | 65 | 980 | 786 | — | 9 | 35 | 强度高，塑性及韧性适当，淬透性低，用于制造汽车、机车车辆、拖拉机及一般机械用的板弹簧及螺旋弹簧 |
| U20702 | 70 | 1030 | 835 | — | 8 | 30 | |
| U20852 | 85 | 1130 | 980 | — | 6 | 30 | |
| U21653 | 65Mn | 980 | 785 | — | 8 | 30 | 强度高，淬透性好，易产生淬火裂纹，有回火脆性，用于制作较大尺寸的扁弹簧、座垫弹簧、发条弹簧、弹簧环、气门簧、冷卷簧 |
| A77552 | 55SiMnVB | 1375 | 1225 | 5 | — | 30 | 高温回火可得到良好综合力学性能，用于制作汽车、拖拉机、机车车辆的板簧、螺旋弹簧，安全阀及止回阀用弹簧，工作温度低于250℃的耐热弹簧，高应力的重要弹簧 |
| A11602 | 60Si2Mn | 1275 | 1180 | 5 | — | 25 | |
| A11603 | 60Si2MnA | 1570 | 1375 | 5 | — | 20 | |
| A21603 | 60Si2CrA | 1765 | 1570 | 6 | — | 20 | 综合力学性能好，强度高，冲击韧度好，过热敏感性低，高温性能较稳定，制作高负荷、耐冲击的重要弹簧，工作温度低于250℃的耐热弹簧 |
| A28603 | 60Si2CrVA | 1860 | 1665 | 6 | — | 20 | |
| A21553 | 55SiCrA | 1450~1750 | 1300($R_{p0.2}$) | 6 | — | 25 | |
| A22553 | 55CrMnA | 1225 | 1080($R_{p0.2}$) | 9[1] | — | 20 | 淬透性好，综合性能好，制作大尺寸端面较重要的板弹簧、螺旋弹簧 |
| A22603 | 60CrMnA | 1225 | 1080($R_{p0.2}$) | 9[1] | — | 20 | |
| A23503 | 50CrVA | 1275 | 1130 | 10 | — | 40 | 综合力学性能较高，冲击韧度好，高温性能稳定，渗透性好，用于制作大截面(50mm)高应力螺旋弹簧，低于300℃工作温度的耐热弹簧 |
| A22613 | 60CrMnBA | 1225 | 1080($R_{p0.2}$) | 9[1] | — | 20 | 与60CrMnA性能相近，用于制作大型弹簧、扭簧、推土机板簧 |
| A27303 | 30W4Cr2VA[2] | 1470 | 1325 | 7 | — | 40 | 高强度、耐热性好，滚透性高，用于制作540℃蒸汽电站用弹簧，锅炉安全阀用弹簧 |
| A76282 | 28MnSiB | 1275 | 1180 | 5 | — | 25 | |

注：1. 各牌号的化学成分应符合 GB/T 1222—2007 的规定。

2. 按供需双方协议，并非在合同中注明，弹簧钢材可以剥皮、磨光或其他表面状态交货。

3. 力学性能测试采用直径10mm的比例试样。留有一定加工余量的试样毛坯（尺寸一般为11~12mm），经热处理并去除加工余量后，测定钢材纵向力学性能，应符合本表规定。本表适用于直径或边长不大于80mm的棒材，厚度不大于40mm的扁钢。直径或边长大于80mm的棒材，厚度大于40mm的扁钢，允许其断后伸长率、断面收缩率较本表规定分别降低1%及5%（绝对值）。

4. 弹簧钢热轧、冷拉和锻制棒材应符合 GB/T 702—2008、GB/T 905—1994、GB/T 908—2008 的规定。热轧扁钢尺寸规格参见 GB/T 1222—2007 规定。

① 其试样可采用以下试样中的一种。若按 GB/T 2281—2010 规定作拉伸试验时，所测断后伸长率值供参考。

试样一：标距为50mm，平行长度60mm，直径14mm，肩部半径大于15mm。

试样二：标距为 $4\sqrt{S_0}$（$S_0$ 表示平行长度的原始横截面，$mm^2$），平行长度1.2倍标距长度，肩部半径大于15mm。

② 30W4Cr2VA除抗拉强度外，其他力学性能检验结果供参考。不作为交货依据。

## 1.3.8　工具钢（表 1.5-21 和表 1.5-22）

**表 1.5-21　碳素工具钢牌号、硬度及应用**（摘自 GB/T 1298—2008）

| 牌号 | 交货状态硬度 | | 试样淬火硬度 | | 应用举例 |
|---|---|---|---|---|---|
| | 退火 | 退火后冷拉 | 淬火温度和冷却剂 | 硬度 HRC ≥ | |
| | 硬度 HBW ≤ | | | | |
| T7（T7A） | 187 | | 800℃~820℃，水冷 | 62 | 用于制作承受撞击、振动负荷、韧性较好、硬度中等且切削能力不高的各种工具，如小尺寸风动工具（冲头凿子）、木工用的凿和锯、压模、锻模、钳工工具、铆钉冲模、车床顶针、钻头、钻软岩石的钻头、镰刀、剪铁皮的剪子，还可用于制作弹簧、销轴、杆、垫片等耐磨、承受冲击、韧性不高的零件，T7 还可制作手用大锤、钳工锤子、瓦工用抹子 |
| T8（T8A） | | | 780℃~800℃，水冷 | | 用于制造切削刃口在工作中不变热的、硬度和耐磨性较高的工具，如木材加工用的铣刀、埋头钻、锪钻、斧、凿、纵向手锯、圆锯片，滚子、铅锡合金压铸板和型芯、简单形状的模子和冲头，软金属切削刀具、打孔工具、钳工装配工具、铆钉冲模、台虎钳口以及弹性垫圈、弹簧片、卡子、销子、夹子、止动圈等 |
| T8Mn（T8Mn） | 241 | | | | 用途和 T8，T8A 相似 |
| T9（T9A） | 192 | | | | 用于制作硬度、韧性较高，但不受强烈冲击振动的工具，如冲头、冲模、中心铣、木工工具、切草机刀片、收割机中切割零件 |
| T10（T10A） | 197 | | 760℃~780℃，水冷 | | 用于制造切削条件较差，耐磨性较高且不受强烈振动、要求韧性及锋刃的工具，如钻头、丝锥、车刀、刨刀、扩孔刀具、螺纹板牙、铣刀、切烟和切纸机的刀刃、锯条、机用细木工具、拉丝模、直径或厚度为 6~8mm、断面均匀的冷切边模及冲孔模、卡板量具以及用于制作冲击不大的耐磨零件，如小轴、低速传动轴承、滑轮轴、销子等 |
| T11（T11A） | 207 | | | | 用于制造钻头、丝锥、手用锯金属的锯条、形状简单的冲头和凹模、剪边模和剪冲模 |
| T12（T12A） | 207 | | 760℃~780℃，水冷 | 62 | 用于制造冲击小、切削速度不高、高硬度的各种工具，如铣刀、车刀、钻头、铰刀、扩孔钻、丝锥、板牙、刮刀、切烟丝刀、锉刀、锯片、切黄铜用工具、羊毛剪刀、小尺寸的冷切边模及冲孔模以及高硬度但冲击小的机械零件 |
| T13（T13A） | 217 | 241 | | | 用于制造要求极高硬度但不受冲击的工具，如刮刀、剃刀、拉丝工具、刻锉刀纹的工具、钻头、硬石加工用的工具、锉刀、雕刻用工具、剪羊毛刀片等 |

注：1. 碳素工具钢分为优质钢及高级优质钢，高级优质钢在牌号后加"A"。各牌号的化学成分按 GB/T 1298—2008 的规定。

2. 钢材分为压力加工用钢 UP、热压力加工用钢 UHP、冷压力加工用钢 UCP、切削加工用钢 UC。加工方法应在合同中注明。

3. 钢材包括热轧钢材、盘条、锻制钢材、冷拉钢材、银亮钢材，其尺寸规格应分别按 GB/T 702—2008、GB/T 14981—2009、GB/T 908—2008、GB/T 905—1994、GB/T 3207—2008 的规定。热轧（锻）钢材以退火状态交货，冷拉钢材以退火后冷拉交货，如有其他交货要求，供需双方协定，并在合同中注明。

**表 1.5-22　合金工具钢牌号、硬度及应用**（摘自 GB/T 1299—2000）

| 钢组 | 牌号 | 交货状态 | 试样淬火 | | | 应用举例 |
|---|---|---|---|---|---|---|
| | | 硬度 HBW10/3000 | 淬火温度 /℃ | 冷却剂 | 硬度 HRC ≥ | |
| 量具刃具用钢 | 9SiCr | 241~197 | 820~860 | 油 | 62 | 适用于耐磨性高、切削不剧烈且变形小的刃具，如板牙、丝锥、钻头、铰刀、齿轮铣刀、拉刀等，还可用作冷冲模及冷轧辊 |

（续）

| 钢组 | 牌号 | 交货状态 | 试样淬火 | | 硬度HRC ≥ | 应用举例 |
|---|---|---|---|---|---|---|
| | | 硬度HBW10/3000 | 淬火温度/℃ | 冷却剂 | | |
| 量具刃具用钢 | 8MnSi | ≤229 | 800~820 | 油 | 60 | 多用作木工凿子、锯条及其他工具,制造穿孔器与扩孔器工具以及小尺寸热锻模和冲头、热压锻模、螺栓、道钉冲模、拔丝模、冷冲模及切削工具 |
| | Cr06 | 241~187 | 780~810 | 水 | 64 | 多经冷轧成薄钢带后,用于制作剃刀、刀片及外科医疗刀具,也可用作刮刀、刻刀、锉刀等 |
| | Cr2 | 229~179 | 830~860 | 油 | 62 | 多用于低速、走刀量小、加工材料不很硬的切削刀具,如车刀、插刀、铣刀、铰刀等,还可用作量具、样板、量规、偏心轮、冷轧辊、钻套和拉丝模,还可作大尺寸的冷冲模 |
| | 9Cr2 | 217~179 | 820~850 | 油 | 62 | 用于制作冷作模具、冲头、冷轧辊、压延辊、压印模及木工工具等 |
| | W | 229~187 | 800~830 | 水 | 62 | 多用于工作温度不高、切削速度不大的刀具,如小型麻花钻、丝锥、板牙、铰刀、锯条、辊式刀具等 |
| 耐冲击工具用钢 | 4CrW2Si | 217~179 | 860~900 | 油 | 53 | 适用于剪切机刀片、冲击振动较大的风动工具、中应力热锻模、受低热的压铸模 |
| | 5CrW2Si | 255~207 | 860~900 | 油 | 55 | 用于手动和风动錾子、空气锤工具、铆钉工具、冷冲模、重振动的切割器,作为热加工用钢时,可用于冲孔、穿孔工具、剪切模、热锻模、易熔合金的压铸模 |
| | 6CrW2Si | 285~229 | 860~900 | 油 | 57 | 可用于重负荷下工作的冲模、压模、铸造精整工具、风动錾子等,作为热加工用钢,可生产螺钉和热铆的冲头、高温压铸轻合金的顶头、热锻模等 |
| | 6CrMnSi2Mo1V | ≤229 | 677±15℃预热,885℃(盐浴)或900℃(炉控气氛)±6℃加热,保温5~15min 油冷,58~204℃回火 | | 58 | — |
| | 5Cr3Mn1SiMo1V | — | 677±15℃预热,941℃(盐浴)或955℃(炉控气氛)±6℃加热,保温5~15min 空冷,56~204℃回火 | | 56 | — |
| 冷作模具钢 | Cr12 | 269~217 | 950~1000 | 油 | 60 | 多用于制造耐磨性能高、不承受冲击的模具及加工材料不硬的刃具,如车刀、铰刀、冷冲模、冲头及量规、样板、量具、凸轮销、偏心轮、冷轧辊、钻套和拉丝模 |
| | Cr12Mo1V1 | ≤255 | (820±15)℃预热,1000℃(盐浴)或1010℃(炉控气氛)±6℃加热,保温10~20min 空冷,(200±6)℃回火 | | 59 | 适用于各种铸、锻、模具,如各种冲孔凹模、切边模、滚边模、缝口模、拉丝模、钢板拉伸模、螺纹搓丝板、标准工具和量具 |
| | Cr12MoV | 255~207 | 950~1000 | 油 | 58 | |
| | Cr5Mo1V | ≤255 | 790±15℃预热,940℃(盐浴)或950℃(炉控气氛)±6℃加热,保温5~15min空冷,200±6℃回火 | | 60 | 适于制作耐磨、韧性好的冷作模具成形模,下料模、冲头、冷冲模等 |

（续）

| 钢组 | 牌号 | 交货状态 硬度 HBW10/3000 | 试样淬火 淬火温度 /℃ | 冷却剂 | 硬度 HRC ≥ | 应用举例 |
|---|---|---|---|---|---|---|
| 冷作模具钢 | 9Mn2V | ≤229 | 780～810 | 油 | 62 | 适用于制作各种变形小、耐磨性高的精密丝杆、磨床主轴、样板、凸轮、块规、量具及丝锥、板牙、铰刀以及压铸轻金属和合金的推入装置 |
| | CrWMn | 255～207 | 800～830 | 油 | 62 | 多用于制造变形小、长而形状复杂的切削刀具，如拉刀、长丝锥、长铰刀、专用铣刀、量规及形状复杂、高精度的冷冲模 |
| | 9CrWMn | 241～197 | 800～830 | 油 | 62 | 多用于制造变形小、长而形状复杂的切削刀具，如拉刀、长丝锥、长铰刀、专用铣刀、量规及形状复杂、高精度的冷冲模 |
| | Cr4W2MoV | ≤269 | 960～980 1020～1040 | 油 | 60 | 用于制造冷冲模、冷挤压模、搓丝板等，也可冲裁 1.5～6.0mm 弹簧钢板 |
| | 6Cr4W3Mo2VNb | ≤255 | 1100～1160 | 油 | 60 | 用于制作冲击负荷及形状复杂的冷作模具、冷挤压模具、冷镦模具、螺钉冲头等 |
| | 6W6Mo5Cr4V | ≤269 | 1180～1200 | 油 | 60 | 适用于作冲头、冷挤压凹模 |
| 热作模具钢 | 5Cr4Mo3SiMnVA1 | ≤255 | 1090～1120 | 油 | 15 | 适于制作冲孔凹模、冷镦模、槽用螺栓锻模、热挤压冲头、压铸模等，可替代 3Cr2W8V、Cr12MoV 使用 |
| | 5CrMnMo | 241～197 | 820～850 | 油 | 15 | 适用于作中、小型热锻模 |
| | 5CrNiMo | 241～197 | 830～860 | 油 | 15 | 适用于作形状复杂、冲击负荷重的各种中、大型锤锻模 |
| | 3Cr2W8V | ≤255 | 1075～1125 | 油 | 15 | 适于作高温、高应力但不受冲击的压模，如平锻机上的凸凹模、镶块、铜合金挤压模等，还可作螺钉及热剪切刀 |
| | 3Cr3Mo3W2V | ≤255 | 1060～1130 | 油 | 15 | 用于制作热作模具，如镦锻模、精锻模、辊锻模具、压力机用模具、压铸模等 |
| | 5Cr4W5Mo2V | ≤269 | 1100～1150 | 油 | 15 | 多用于制造热挤压模具，可代替 3Cr2W8V 使用 |
| | 8Cr3 | 255～207 | 850～880 | 油 | 15 | 多用于制造承受冲击载荷不大、500℃以下、磨损条件下的模具，如热切边模、螺栓及螺钉热顶模 |
| | 4CrMnSiMoV | 241～197 | 870～930 | 油 | 15 | 用于制作锤锻模、压力机锻模、校正模、弯曲模 |
| | 4Cr3Mo3SiV | ≤229 | 790±15℃预热，1010℃（盐浴）或 1020℃（炉控气氛）±6℃加热，保温 5～15min 空冷，550±6℃回火 | | 15 | 用于制作热滚锻模、塑压模、热锻模、热冲模等 |
| | 4Cr5MoSiV | ≤235 | 790±15℃预热，1000℃（盐浴）或 1010℃（炉控气氛）±6℃加热，保温 5～15min 空冷，550±6℃回火 | | 15 | 热切边模、模锻锤锻模、铝合金压铸模、热挤压模及螺栓和螺钉模 |
| | 4Cr5MoSiV1 | ≤235 | | | | 应用广泛的热作模具钢 |
| | 4Cr5W2VSi | ≤229 | 1030～1050 | 油或空 | 15 | 多用于高速锤用模具与冲头、热挤压模具、芯棒及有色金属压铸模等 |

（续）

| 钢组 | 牌　号 | 交货状态 | 试样淬火 | | | 应用举例 |
|---|---|---|---|---|---|---|
| | | 硬度 HBW10/3000 | 淬火温度 /℃ | 冷却剂 | 硬度 HRC ≥ | |
| 无磁模具钢 | 7Mn15Cr2Al3 V2WMo | — | 1170～1190 固溶 650～700 时效 | 水空 | 45 | 适于制造无磁轴承、无磁模具、热作模具等 |
| 塑料模具钢 | 3Cr2Mo | — | — | | — | 适于制造塑料模及低熔点金属的压铸模等 |

注：1. 各牌号的化学成分应符合 GB/T 1299—2000 的规定。
　　2. 钢材有热轧圆钢（GB/T 702）、锻制钢材（GB/T 908）、冷拉钢材（GB/T 905）、热轧扁钢（GB/T 911）和锻制扁钢（GB/T 16761）。尺寸规格应符合括号内国标的规定。
　　3. 保温时间是指试样达到加热温度后保持的时间。
　　1）试样在盐浴中进行，在该温度保持时间为 5min，对 Cr12Mo1V1 钢保温时间为 10min。
　　2）试样在炉控气氛中进行，在该温度保持时间为 5～15min，对 Cr12Mo1V1 钢保温时间为 10～20min。
　　4. 回火温度在 200℃ 时应一次回火 2h，550℃ 时应二次回火，每次 2h。
　　5. 7Mn15Cr2Al3V2WMo 钢可以热轧状态供应，不作交货硬度。
　　6. 供方者能保证试样淬火硬度值符合本表规定时可不作检验。
　　7. 供需双方协议，螺纹刃具用退火状态交货的 9SiCr 钢材，其硬度值为 187～229HBW10/3000。
　　8. 热作模具钢不检验试样淬火硬度。

## 1.3.9　耐热钢（表 1.5-23）

### 表 1.5-23　耐热钢棒牌号及力学性能（摘自 GB/T 1221—2007）

| 类型 | 序号 | 统一数字代号 | 新牌号 | 旧牌号 | 热处理 /℃ | 规定非比例延伸强度 $R_{p0.2}^{②}$/MPa | 抗拉强度 $R_m$/MPa | 断后伸长率 A (%) | 断面收缩率 $Z^{③}$ (%) | 硬度 $HBW^{②}$ |
|---|---|---|---|---|---|---|---|---|---|---|
| | | | | | | | | ≥ | | |
| 奥氏体型 | 1 | S35650 | 53Cr21Mn9Ni4N | 5Cr21Mn9Ni4N | 固溶 1100～1200,快冷时效 730～780,空冷 | 560 | 885 | 8 | — | ≥302 |
| | 2 | S35750 | 26Cr18Mn12Si2N | 3Cr18Mn12Si2N | 固溶 1100～1150,快冷 | 390 | 685 | 35 | 45 | ≤248 |
| | 3 | S35850 | 22Cr20Mn10Ni2Si2N | 2Cr20Mn9Ni2Si2N | 固溶 1100～1150,快冷 | 390 | 635 | 35 | 45 | ≤248 |
| | 4 | S30408 | 06Cr19Ni10 | 0Cr18Ni9 | 固溶 1010～1150,快冷 | 205 | 520 | 40 | 60 | ≤187 |
| | 5 | S30850 | 22Cr21Ni12N | 2Cr21Ni12N | 固溶 1050～1150,快冷时效 750～800,空冷 | 430 | 820 | 26 | 20 | ≤269 |
| | 6 | S30920 | 16Cr23Ni13 | 2Cr23Ni13 | 固溶 1030～1150,快冷 | 205 | 560 | 45 | 50 | ≤201 |
| | 7 | S30908 | 06Cr23Ni13 | 0Cr23Ni13 | 固溶 1030～1150,快冷 | 205 | 520 | 40 | 60 | ≤187 |
| | 8 | S31020 | 20Cr25Ni20 | 2Cr25Ni20 | 固溶 1030～1180,快冷 | 205 | 590 | 40 | 50 | ≤201 |

（续）

| 类型 | 序号 | 统一数字代号 | 新牌号 | 旧牌号 | 热处理/℃ | 规定非比例延伸强度 $R_{p0.2}^{②}$/MPa | 抗拉强度 $R_m$/MPa | 断后伸长率 $A$（%） | 断面收缩率 $Z^{③}$（%） | 硬度 HBW$^{②}$ |
|---|---|---|---|---|---|---|---|---|---|---|
| | | | | | | ≥ | | | | |
| 奥氏体型 | 9 | S31008 | 06Cr25Ni20 | 0Cr25Ni20 | 固溶 1030～1180,快冷 | 205 | 520 | 40 | 50 | ≤187 |
| | 10 | S31608 | 06Cr17Ni12Mo2 | 0Cr17Ni12Mo2 | 固溶 1010～1150,快冷 | 205 | 520 | 40 | 60 | ≤187 |
| | 11 | S31708 | 06Cr19Ni13Mo3 | 0Cr19Ni13Mo3 | 固溶 1010～1150,快冷 | 205 | 520 | 40 | 60 | ≤187 |
| | 12 | S32168 | 06Cr18Ni11Ti$^{①}$ | 0Cr18Ni10Ti$^{①}$ | 固溶 920～1150,快冷 | 205 | 520 | 40 | 50 | ≤187 |
| | 13 | S32590 | 45Cr14Ni14W2Mo | 4Cr14Ni14W2Mo | 退火 820～850,快冷 | 315 | 705 | 20 | 35 | ≤248 |
| | 14 | S33010 | 12Cr16Ni35 | 1Cr16Ni35 | 固溶 1030～1180,快冷 | 205 | 560 | 40 | 50 | ≤201 |
| | 15 | S34778 | 06Cr18Ni11Nb$^{①}$ | 0Cr18Ni11Nb$^{①}$ | 固溶 980～1150,快冷 | 205 | 520 | 40 | 50 | ≤187 |
| | 16 | S38148 | 06Cr18Ni13Si4 | 0Cr18Ni13Si4 | 固溶 1010～1150,快冷 | 205 | 520 | 40 | 60 | ≤207 |
| | 17 | S38240 | 16Cr20Ni14Si2 | 1Cr20Ni14Si2 | 固溶 1080～1130,快冷 | 295 | 590 | 35 | 50 | ≤187 |
| | 18 | S38340 | 16Cr25Ni20Si2 | 1Cr25Ni20Si2 | 固溶 1080～1130,快冷 | 295 | 590 | 35 | 50 | ≤187 |
| 铁$^{④}$素体型 | 19 | S11348 | 06Cr13Al | 0Cr13Al | 780～830,空冷或缓冷 | 175 | 410 | 20 | 60 | ≤183 |
| | 20 | S11203 | 022Cr12 | 00Cr12 | 700～820,空冷或缓冷 | 195 | 360 | 22 | 60 | ≤183 |
| | 21 | S11710 | 10Cr17 | 1Cr17 | 780～850,空冷或缓冷 | 205 | 450 | 22 | 50 | ≤183 |
| | 22 | S12550 | 16Cr25N | 2Cr25N | 780～880,快冷 | 275 | 510 | 20 | 40 | ≤201 |
| 马$^{④}$氏体型 | 23 | S41010 | 12Cr13 | 1Cr13 | 淬火＋回火 | 345 | 540 | 22 | 55 | 159 |
| | 24 | S42020 | 20Cr13 | 2Cr13 | | 440 | 640 | 20 | 50 | 192 |
| | 25 | S43110 | 14Cr17Ni2 | 1Cr17Ni2 | | — | 1080 | 10 | — | — |
| | 26 | S43120 | 17Cr16Ni2$^{⑤}$ | 1 | | 700 | 900～1050 | 12 | 45 | |
| | | | | 2 | | 600 | 800～950 | 14 | | |
| | 27 | S45110 | 12Cr5Mo | 1Cr5Mo | | 390 | 590 | 18 | — | — |
| | 28 | S45610 | 12Cr12Mo | 1Cr12Mo | | 550 | 685 | 18 | 60 | 217～248 |
| | 29 | S45710 | 13Cr13Mo | 1Cr13Mo | | 490 | 690 | 20 | 60 | 192 |
| | 30 | S46010 | 14Cr11MoV | 1Cr11MoV | | 490 | 685 | 16 | 55 | — |
| | 31 | S46250 | 18Cr12MoVNbN | 2Cr12MoVNbN | | 685 | 835 | 15 | 30 | ≤321 |
| | 32 | S47010 | 15Cr12WMoV | 1Cr12WMoV | | 585 | 735 | 15 | 45 | — |
| | 33 | S47220 | 22Cr12NiWMoV | 2Cr12NiMoWV | | 735 | 885 | 10 | 25 | ≤341 |

（续）

| 类型 | 序号 | 统一数字代号 | 新牌号 | 旧牌号 | 热处理/℃ | | 规定非比例延伸强度 $R_{p0.2}$/MPa ≥ | 抗拉强度 $R_m$/MPa ≥ | 断后伸长率 $A$ (%) ≥ | 断面收缩率 $Z$ (%) ≥ | 硬度 HBW |
|---|---|---|---|---|---|---|---|---|---|---|---|
| 马氏体型 | 34 | S47310 | 13Cr11Ni2W2MoV⑤ | 1Cr11Ni2W-2MoV⑤ | 淬火+回火 | 1 | 735 | 885 | 15 | 55 | 269~321 |
| | | | | | | 2 | 885 | 1080 | 12 | 50 | 311~388 |
| | 35 | S47450 | 18Cr11NiMoNbVN | (2Cr11NiMoNbVN) | | | 760 | 930 | 12 | 32 | 277~331 |
| | 36 | S48040 | 42Cr9Si2 | 4Cr9Si2 | | | 590 | 885 | 19 | 50 | — |
| | 37 | S48045 | 45Cr9Si3 | 4Cr9Si3 | | | 685 | 930 | 15 | 35 | ≥269 |
| | 38 | S48140 | 40Cr10Si2Mo | 4Cr10Si2Mo | | | 685 | 885 | 10 | 35 | — |
| | 39 | S48380 | 80Cr20Si2Ni | 8Cr20Si2Ni | | | 685 | 885 | 10 | 15 | ≥262 |
| 沉淀硬化型 | 40 | S51740 | 05Cr17Ni4Cu4Nb | 0Cr17Ni4Cu4Nb | 固溶处理 0组 | | — | — | — | — | ≤363 |
| | | | | | 沉淀硬化 480,时效 1组 | | 1180 | 1310 | 10 | 40 | ≥375 |
| | | | | | 550,时效 2组 | | 1000 | 1070 | 12 | 45 | ≥331 |
| | | | | | 580,时效 3组 | | 865 | 1000 | 13 | 45 | ≥302 |
| | | | | | 620,时效 4组 | | 725 | 930 | 16 | 50 | ≥277 |
| | 41 | S51770 | 07Cr17Ni7Al | 0Cr17Ni7Al | 固溶处理 0组 | | ≤380 | ≤1030 | 20 | — | ≤229 |
| | | | | | 沉淀硬化 510,时效 1组 | | 1030 | 1230 | 4 | 10 | ≥388 |
| | | | | | 565,时效 2组 | | 960 | 1140 | 5 | 25 | ≥363 |
| | 42 | S51525 | 06Cr15Ni25Ti2MoAlVB | 0Cr15Ni25Ti2MoAlVB | 固溶+时效 | | 590 | 900 | 15 | 18 | ≥248 |

注：1. 牌号的化学成分应符合 GB/T 1221—2007 的规定。
2. 马氏体型钢的硬度为淬火回火后的硬度（序号 23～39）。
3. 本表为热处理钢棒或试样的力学性能。马氏体和沉淀硬化型钢各牌号的典型热处理制度参见 GB/T 1221—2007 附录表的规定。
4. 沉淀硬化型钢硬度也可根据钢棒尺寸或状态选择洛氏硬度测定，其数值参见 GB/T 1221—2007 的相关规定。
① 53Cr21Mn9Ni4N 和 22Cr21 Ni12N 仅适用于直径、边长及对边距离或厚度小于或等于 25 mm 的钢棒；大于25mm 的钢棒，可改锻成 25mm 的样坯检验或由供需双方协商确定允许降低其力学性能的数值。其余牌号仅适用于直径、边长及对边距离或厚度小于或等于 180mm 的钢棒。大于180mm 的钢棒，可改锻成 180mm 的样坯检验或由供需双方协商确定，允许降低其力学性能数值。
② 规定非比例延伸强度和硬度，仅当需方要求时（合同中注明）才进行测定（序号1～22）。
③ 扁钢不适用，但需方要求时可由供需双方协商确定。
④ 仅适用于直径、边长、及对边距离或厚度小于或等于 75mm 的钢棒。大于 75mm 的钢棒，可改锻成 75mm 的样坯检验或由供需双方协商确定允许降低其力学性能的数值（序号 19～42）。
⑤ 17Cr16Ni2 和 13Cr11Ni2W2MoV 钢的性能组别应在合同中注明，未注明时由供方自行选择。

## 1.3.10 不锈钢（表 1.5-24）

表 1.5-24　不锈钢的牌号及力学性能（摘自 GB/T 1220—2007）

| 类型 | 新牌号 | 旧牌号 | 热处理温度 /℃ | 规定非比例延伸强度 $R_{p0.2}$ /MPa ≥ | 抗拉强度 $R_m$ /MPa ≥ | 断后伸长率 $A$ (%) ≥ | 断面收缩率 $Z$ (%) ≥ | 冲击吸收能量 $KU_2$ /J ≥ | 硬度 ≤ HBW | 硬度 ≤ HRB | 硬度 ≤ HV |
|---|---|---|---|---|---|---|---|---|---|---|---|
| 奥氏体型 | 12Cr17Mn6Ni5N | 1Cr17Mn6Ni5N | 1010~1120,快冷 | 275 | 520 | 40 | 45 | | 241 | 100 | 253 |
| | 12Cr18Mn9Ni5N | 1Cr18Mn8Ni5N | 1010~1120,快冷 | 275 | 520 | 40 | 45 | | 207 | 95 | 218 |
| | 12Cr17Ni7 | 1Cr17Ni7 | 1010~1150,快冷 | 205 | 520 | 40 | 60 | | 187 | 90 | 200 |
| | 12Cr18Ni9 | 1Cr18Ni9 | 1010~1150,快冷 | 205 | 520 | 40 | 60 | | 187 | 90 | 200 |
| | Y12Cr18Ni9 | Y1Cr18Ni9 | 1010~1150,快冷 | 205 | 520 | 40 | 50 | | 187 | 90 | 200 |
| | Y12Cr18Ni9Se | Y1Cr18Ni9Se | 1010~1150,快冷 | 205 | 520 | 40 | 50 | | 187 | 90 | 200 |
| | 06Cr19Ni10 | 0Cr18Ni9 | 1010~1150,快冷 | 205 | 520 | 40 | 60 | | 187 | 90 | 200 |
| | 022Cr19Ni10 | 00Cr19Ni10 | 1010~1150,快冷 | 175 | 480 | 40 | 60 | | 187 | 90 | 200 |
| | 06Cr18Ni9Cu3 | 0Cr18Ni9Cu3 | 1010~1150,快冷 | 175 | 480 | 40 | 60 | — | 187 | 90 | 200 |
| | 06Cr19Ni10N | 0Cr19Ni9N | 1010~1150,快冷 | 275 | 550 | 35 | 50 | | 217 | 95 | 220 |
| | 06Cr19Ni9NbN | 0Cr19Ni10NbN | 1010~1150,快冷 | 345 | 685 | 35 | 50 | | 250 | 100 | 260 |
| | 022Cr19Ni10N | 00Cr18Ni10N | 1010~1150,快冷 | 245 | 550 | 40 | 50 | | 217 | 95 | 220 |
| | 10Cr18Ni12 | 1Cr18Ni12 | 1010~1150,快冷 | 175 | 480 | 40 | 60 | | 187 | 90 | 200 |
| | 06Cr23Ni13 | 0Cr23Ni13 | 1030~1150,快冷 | 205 | 520 | 40 | 60 | | 187 | 90 | 200 |
| | 06Cr25Ni20 | 0Cr25Ni20 | 1030~1180,快冷 | 205 | 520 | 40 | 50 | | 187 | 90 | 200 |
| | 06Cr17Ni12Mo2 | 0Cr17Ni12Mo2 | 1010~1150,快冷 | 205 | 520 | 40 | 60 | | 187 | 90 | 200 |
| | 022Cr17Ni12Mo2 | 00Cr17Ni14Mo2 | 1010~1150,快冷 | 175 | 480 | 40 | 60 | | 187 | 90 | 200 |
| | 06Cr17Ni12Mo2Ti | 0Cr18Ni12Mo3Ti | 1000~1100,快冷 | 205 | 530 | 40 | 55 | | 187 | 90 | 200 |
| | 06Cr17Ni12Mo2N | 0Cr17Ni12Mo2N | 1010~1150,快冷 | 275 | 550 | 35 | 50 | | 217 | 95 | 220 |
| | 022Cr17Ni12Mo2N | 00Cr17Ni13Mo2N | 1010~1150,快冷 | 245 | 550 | 40 | 50 | | 217 | 95 | 220 |
| | 06Cr18Ni12Mo2Cu2 | 0Cr18Ni12Mo2Cu2 | 1010~1150,快冷 | 205 | 520 | 40 | 60 | | 187 | 90 | 200 |
| | 022Cr18Ni14Mo2Cu2 | 00Cr18Ni14Mo2Cu2 | 1010~1150,快冷 | 175 | 480 | 40 | 60 | | 187 | 90 | 200 |
| | 06Cr19Ni13Mo3 | 0Cr19Ni13Mo3 | 1010~1150,快冷 | 205 | 520 | 40 | 60 | — | 187 | 90 | 200 |
| | 022Cr19Ni13Mo3 | 00Cr19Ni13Mo3 | 1010~1150,快冷 | 175 | 480 | 40 | 60 | | 187 | 90 | 200 |
| | 03Cr18Ni16Mo5 | 0Cr18Ni16Mo5 | 1030~1180,快冷 | 175 | 480 | 40 | 45 | | 187 | 90 | 200 |
| | 06Cr18Ni11Ti | 0Cr18Ni10Ti | 920~1150,快冷 | 205 | 520 | 40 | 50 | | 187 | 90 | 200 |
| | 06Cr18Ni11Nb | 0Cr18Ni11Nb | 980~1150,快冷 | 205 | 520 | 40 | 50 | | 187 | 90 | 200 |
| | 06Cr18Ni13Si4 | 0Cr18Ni13Si4 | 1010~1150,快冷 | 205 | 520 | 40 | 60 | | 207 | 95 | 218 |

（续）

| 类型 | 新牌号 | 旧牌号 | 热处理温度 /℃ | 规定非比例延伸强度 $R_{p0.2}^{[①]}$/MPa | 抗拉强度 $R_m$/MPa | 断后伸长率 A (%) ≥ | 断面收缩率 $Z^{[②]}$ (%) | 冲击吸收能量 $KU_2^{[③]}$/J | 硬度[①] HBW | HRB ≤ | HV |
|---|---|---|---|---|---|---|---|---|---|---|---|
| 奥氏体—铁素体型 | 14Cr18Ni11Si4AlTi | 1Cr18Ni11Si4AlTi | 930~1050,快冷 | 440 | 715 | 25 | 40 | 63 | — | — | — |
| | 022Cr19Ni5Mo3Si2N | 00Cr18Ni5Mo3Si2 | 920~1150,快冷 | 390 | 590 | 20 | 40 | — | 290 | 30 | 300 |
| | 022Cr22Ni5Mo3N | — | 950~1200,快冷 | 450 | 620 | 25 | | — | 290 | — | — |
| | 022Cr23Ni5Mo3N | — | 950~1200,快冷 | 450 | 655 | 25 | | — | 290 | — | — |
| | 022Cr25Ni6Mo2N | — | 950~1200,快冷 | 450 | 620 | 20 | | — | 260 | — | — |
| | 03Cr25Ni6Mo3Cu2N | — | 1000~1200,快冷 | 550 | 750 | 25 | | — | 290 | — | — |
| 铁素体型 | 06Cr13Al | 0Cr13Al | 780~830,空冷或缓冷 | 175 | 410 | 20 | 60 | 78 | 183 | — | — |
| | 022Cr12 | 00Cr12 | 700~820,空冷或缓冷 | 195 | 360 | 22 | 60 | — | 183 | — | — |
| | 10Cr17 | 1Cr17 | 780~850,空冷或缓冷 | 205 | 450 | 22 | 50 | — | 183 | — | — |
| | Y10Cr17 | Y1Cr17 | 680~820,空冷或缓冷 | 205 | 450 | 22 | 50 | — | 183 | — | — |
| | 10Cr17Mo | 1Cr17Mo | 780~850,空冷或缓冷 | 205 | 450 | 22 | 60 | — | 183 | — | — |
| | 008Cr27Mo | 00Cr27Mo | 900~1050,快冷 | 245 | 410 | 20 | 45 | — | 219 | — | — |
| | 008Cr30Mo2 | 00Cr30Mo2 | 900~1050,快冷 | 295 | 450 | 20 | 45 | — | 228 | — | — |
| 马氏体型 | 12Cr12 | 1Cr12 | 钢棒退火:800~900 缓冷或约750 快冷　试样淬火回火:950~1000 快冷 油冷 700~750 快冷 (序号42、43、44、45);600~750 快冷 (序号46、47、48) | 390 | 590 | 25 | 55 | 118 | ≥170 | — | — |
| | 06Cr13 | 0Cr13 | | 345 | 490 | 24 | 60 | 78 | ≥159 | — | — |
| | 12Cr13 | 1Cr13 | | 345 | 540 | 22 | 55 | 55 | ≥159 | — | — |
| | Y12Cr13 | Y1Cr13 | | 345 | 540 | 17 | 45 | — | ≥192 | — | — |
| | 20Cr13 | 2Cr13 | | 440 | 640 | 20 | 50 | 63 | ≥217 | — | — |
| | 30Cr13 | 3Cr13 | | 540 | 735 | 12 | 40 | 24 | ≥217 | — | — |
| | Y30Cr13 | Y3Cr13 | | 540 | 735 | 8 | 35 | 24 | — | — | — |
| | 40Cr13 | 4Cr13 | | — | — | — | — | — | — | ≥50 | — |
| | 14Cr17Ni2 | 1Cr17Ni2 | 钢棒退火试样淬火回火 | — | 1080 | 10 | — | 39 | — | — | — |
| | 17Cr16Ni2[④] | — 　1 | 钢棒退火试样淬火回火 | 700 | 900 ≥1050 | 12 | 45 | 25($A_{KV}$) | — | — | — |
| | | 　　2 | | 600 | 800 ≥950 | 14 | | | — | — | — |
| | 68Cr17 | 7Cr17 | 钢棒退火:800~920 缓冷　试样淬火回火:1010~1070 快冷 油淬 100~180 快冷 | — | — | — | — | — | — | ≥54 | — |
| | 85Cr17 | 8Cr17 | | — | — | — | — | — | — | ≥56 | — |
| | 108Cr17 | 11Cr17 | | — | — | — | — | — | — | ≥58 | — |
| | Y108Cr17 | Y11Cr17 | | — | — | — | — | — | — | ≥58 | — |
| | 95Cr18 | 9Cr18 | 钢棒退火 试样淬火回火 | — | — | — | — | — | — | ≥55 | — |

（续）

| 类型 | 新牌号 | 旧牌号 | 热处理温度/℃ | 组别 | 规定非比例延伸强度 $R_{p0.2}$①/MPa | 抗拉强度 $R_m$/MPa | 断后伸长率 $A$②（%）≥ | 断面收缩率 $Z$②（%） | 冲击吸收能量 $KU_2$③/J | 硬度① HBW ≤ | 硬度① HRC ≤ | 硬度① HV ≤ |
|---|---|---|---|---|---|---|---|---|---|---|---|---|
| 马氏体型 | 13Cr13Mo | 1Cr13Mo | 钢棒退火 | | | | | | | | | |
| | | | 试样淬火回火 | | 490 | 690 | 20 | 60 | 78 | ≥192 | — | — |
| | 32Cr13Mo | 3Cr13Mo | | | | | | | | — | ≥50 | — |
| | 102Cr17Mo | 9Cr18Mo | | | | | | | | — | ≥55 | — |
| | 90Cr18MoV | 9Cr18MoV | | | | | | | | — | ≥55 | — |
| 沉淀硬化型 | 05Cr15Ni5Cu4Nb | — | 固溶处理 | 0组 | — | — | — | — | — | 363 | 38 | — |
| | | | 沉淀硬化 480时效 | 1组 | 1180 | 1310 | 10 | 35 | — | ≥375 | ≥40 | — |
| | | | 550时效 | 2组 | 1000 | 1070 | 12 | 45 | — | ≥331 | ≥35 | — |
| | | | 580时效 | 3组 | 865 | 1000 | 13 | 45 | — | ≥302 | ≥31 | — |
| | | | 620时效 | 4组 | 725 | 930 | 16 | 50 | — | ≥277 | ≥28 | — |
| | 05Cr17Ni4Cu4Nb | 0Cr17Ni4Cu4Nb | 固溶处理 | 0组 | — | — | — | — | — | 363 | 38 | — |
| | | | 沉淀硬化 480时效 | 1组 | 1180 | 1310 | 10 | 40 | — | ≥375 | ≥40 | — |
| | | | 550时效 | 2组 | 1000 | 1070 | 12 | 45 | — | ≥331 | ≥35 | — |
| | | | 580时效 | 3组 | 865 | 1000 | 13 | 45 | — | ≥302 | ≥31 | — |
| | | | 620时效 | 4组 | 725 | 930 | 16 | 50 | — | ≥277 | ≥28 | — |
| | 07Cr17Ni7Al | 0Cr17Ni7Al | 固溶处理 | 0组 | ≤380 | ≤1030 | 20 | — | — | 229 | — | — |
| | | | 沉淀硬化 510时效 | 1组 | 1030 | 1230 | 4 | 10 | — | ≥388 | — | — |
| | | | 565时效 | 2组 | 960 | 1140 | 5 | 25 | — | ≥363 | — | — |
| | 07Cr15Ni7Mo2Al | 0Cr15Ni7Mo2Al | 固溶处理 | 0组 | — | — | — | — | — | 269 | — | — |
| | | | 沉淀硬化 510时效 | 1组 | 1210 | 1320 | 6 | 20 | — | ≥388 | — | — |
| | | | 565时效 | 2组 | 1100 | 1210 | 7 | 25 | — | ≥375 | — | — |

注：1. 各牌号的化学成分应符合 GB/T 1220—2007 的规定。
　　2. 本表为热处理钢棒或热处理试样的力学性能。
　　3. 奥氏体型不锈钢仅适用于钢棒直径、边长、厚度或对边距离小于或等于180mm的钢棒。大于180mm的钢棒，可改锻成180mm的样坯检验，或由供需双方协商，规定允许降低其力学性能的数值。
　　4. 其余型不锈钢仅适用于钢棒直径、边长、厚度或对边距离小于或等于75mm的钢棒。大于75mm的钢棒，可改锻成75mm的样坯检验，或由供需双方协商，规定允许降低其力学性能的数值。
① 规定非比例延伸强度 $R_{p0.2}$和硬度，仅当需方要求时（合同注明）才进行测定。
② 扁钢不适用，但需方要求时，由供需双方协定。
③ 直径或对边距离小于等于16mm的圆钢、六角钢、八角钢和边长或厚度小于等于12mm的方钢、扁钢不做冲击试验。
④ 17Cr16Ni2钢性能组别应在合同中注明。未注明时，由供方自行选择。

## 1.3.11　轴承钢（表 1.5-25）

### 表 1.5-25　滚动轴承钢的牌号、力学性能及特性（摘自 GB/T 18254—2002）

| 牌　号 | 热处理 | | | 力学性能 | | 特性和应用 |
| | 淬火温度/℃ | 冷却剂 | 回火温度/℃ | $a_{KU}$/(J/cm²) | 硬度 HRC | |
|---|---|---|---|---|---|---|
| 铬轴承钢　GCr6 | 830 | 油 | 160 | — | 61～65 | 淬透性比 GCr15 差,用于滚动轴承、导轨等,但应用较少 |
| 铬轴承钢　GCr9 | 830 | 油 | 160 | 6.18 | 61～65 | |
| 铬轴承钢　GCr15 | 830～845 | 油 | 150～160 | 6.4～8.4 | 61～65 | 有高强度和耐磨性,淬透性好热处理方便,合金元素量少、价廉,接触疲劳强度高,广泛用于滚动轴承、导轨、丝杠、搓丝板、量具 |
| 铬轴承钢　GCr15SiMn | 830 | 油 | 180 | — | 62 | 力学性能与 GCr15 相近,但淬透性好,用于制造大型轴承零件 |
| 无铬轴承钢　GSiMnV(RE) | 760 | 油 | 160 | 59.8 | 43.5 | 淬透性、物理性能和锻造性能都较好,但比铬轴承钢脱碳敏感性大,防锈性能差,节约金属铬 |
| 无铬轴承钢　GSiMnV(RE) | 780 | 油 | 160 | 64.7 | 62.1 | |
| 无铬轴承钢　GSiMnV(RE) | 800 | 油 | 160 | 59.8 | 63 | |
| 无铬轴承钢　GSiMnV(RE) | 820 | 油 | 160 | 46.1 | 62.9 | |
| 无铬轴承钢　GSiMnV(RE) | 840 | 油 | 160 | 45.1 | 62.8 | |
| 无铬轴承钢　GSiMnMoV(RE) | 760 | 油 | 160 | 50 | 58.7 | |
| 无铬轴承钢　GSiMnMoV(RE) | 780 | 油 | 160 | 70 | 62.6 | |
| 无铬轴承钢　GSiMnMoV(RE) | 800 | 油 | 160 | 51 | 63.1 | |
| 无铬轴承钢　GSiMnMoV(RE) | 820 | 油 | 160 | 45 | 63 | |
| 无铬轴承钢　GSiMnMoV(RE) | 840 | 油 | 160 | 47 | 62.8 | |
| 无铬轴承钢　GMnMoV(RE) | 805 | 油 | 160 | 16～33 | 61.5～62.5 | |

## 1.4　钢材

### 1.4.1　热轧钢棒（表 1.5-26 ~ 表 1.5-28）

### 表 1.5-26　热轧圆钢和方钢的尺寸及理论重量（摘自 GB/T 702—2008）

| （圆钢公称直径 $d$、方钢公称边长 $a$）/mm | 理论质量/(kg/m) | | （圆钢公称直径 $d$、方钢公称边长 $a$）/mm | 理论质量/(kg/m) | |
| | 圆钢 | 方钢 | | 圆钢 | 方钢 |
|---|---|---|---|---|---|
| 5.5 | 0.186 | 0.237 | 24 | 3.55 | 4.52 |
| 6 | 0.222 | 0.283 | 25 | 3.85 | 4.91 |
| 6.5 | 0.260 | 0.332 | 26 | 4.17 | 5.31 |
| 7 | 0.302 | 0.385 | 27 | 4.49 | 5.72 |
| 8 | 0.395 | 0.502 | 28 | 4.83 | 6.15 |
| 9 | 0.499 | 0.636 | 29 | 5.18 | 6.60 |
| 10 | 0.617 | 0.785 | 30 | 5.55 | 7.06 |
| 11 | 0.746 | 0.950 | 31 | 5.92 | 7.54 |
| 12 | 0.888 | 1.13 | 32 | 6.31 | 8.04 |
| 22 | 2.98 | 3.80 | 33 | 6.71 | 8.55 |
| 23 | 3.26 | 4.15 | 34 | 7.13 | 9.07 |

（续）

| （圆钢公称直径 $d$、方钢公称边长 $a$）/mm | 理论质量/（kg/m） | | （圆钢公称直径 $d$、方钢公称边长 $a$）/mm | 理论质量/（kg/m） | |
|---|---|---|---|---|---|
| | 圆钢 | 方钢 | | 圆钢 | 方钢 |
| 35 | 7.55 | 9.62 | 95 | 55.6 | 70.8 |
| 36 | 7.99 | 10.2 | 100 | 61.7 | 78.5 |
| 38 | 8.90 | 11.3 | 105 | 68.0 | 86.5 |
| 40 | 9.86 | 12.6 | 110 | 74.6 | 95.0 |
| 42 | 10.9 | 13.8 | 115 | 81.5 | 104 |
| 45 | 12.5 | 15.9 | 120 | 88.3 | 113 |
| 48 | 14.2 | 18.1 | 125 | 96.3 | 123 |
| 50 | 15.5 | 19.6 | 130 | 104 | 133 |
| 53 | 17.3 | 22.0 | 135 | 112 | 143 |
| 55 | 18.6 | 23.7 | 140 | 121 | 154 |
| 56 | 19.3 | 24.6 | 145 | 130 | 165 |
| 58 | 20.7 | 26.4 | 150 | 139 | 177 |
| 60 | 22.2 | 28.3 | 155 | 148 | 189 |
| 63 | 24.5 | 31.2 | 160 | 158 | 201 |
| 65 | 26.0 | 33.2 | 165 | 168 | 214 |
| 68 | 28.5 | 36.3 | 170 | 178 | 227 |
| 70 | 30.2 | 38.5 | 180 | 200 | 254 |
| 75 | 34.7 | 44.2 | 190 | 223 | 283 |
| 80 | 39.5 | 50.2 | 200 | 247 | 314 |
| 13 | 1.04 | 1.33 | 210 | 272 | |
| 14 | 1.21 | 1.54 | 220 | 298 | |
| 15 | 1.39 | 1.77 | 230 | 326 | |
| 16 | 1.58 | 2.01 | 240 | 355 | |
| 17 | 1.78 | 2.27 | 250 | 385 | |
| 18 | 2.00 | 2.54 | 260 | 417 | |
| 19 | 2.23 | 2.83 | 270 | 449 | |
| 20 | 2.47 | 3.14 | 280 | 483 | |
| 21 | 2.72 | 3.46 | 290 | 518 | |
| 85 | 44.5 | 56.7 | 300 | 555 | |
| 90 | 49.9 | 63.6 | 310 | 592 | |

注：1. GB/T 702—2008《热轧钢棒尺寸、外形、重量及允许偏差》代替 GB/T 702—2004（热轧圆钢和方钢），GB/T 704—1988（热轧扁钢）、GB/T 705—1989（热轧六角钢和八角钢）和 GB/T 911—2004（热轧工具钢扁钢）。

    2. 热轧圆钢和方钢尺寸允许偏差分为 1、2、3 组，并应在合同中注明，未注明者按第 3 组允许偏差执行。

    3. 圆钢和方钢通常长度：普通质量钢为 3～12m；优质及特殊质量钢为 2～12m；碳素和合金工具钢棒截面公称尺寸 ≤75mm 的，长度为 2～22m；截面公称尺寸 >75mm 的，长度为 1～8m。

    4. 理论质量按密度 7.85g/cm³ 计算所得，钢棒一般按实际重量交货。

    5. 标记：用 40Cr 钢轧成的公称直径或边长或对边距离为 40mm 允许偏差组别为 2 组的圆钢、方钢、六角钢或八角钢，标记为：×× $\frac{40\text{-}2\text{-GB/T702}—2008}{40\text{Cr-GB/T3077}—1999}$ （×× 表示圆钢、方钢、六角钢或八角钢）

表 1.5-27　热轧扁钢的尺寸及理论质量（摘自 GB/T 702—2008）

厚度/mm　　　理论质量/(kg/m)

| 公称宽度/mm | 3 | 4 | 5 | 6 | 7 | 8 | 9 | 10 | 11 | 12 | 14 | 16 | 18 | 20 | 22 | 25 | 28 | 30 | 32 | 36 | 40 | 45 | 50 | 56 | 60 |
|---|---|---|---|---|---|---|---|---|---|---|---|---|---|---|---|---|---|---|---|---|---|---|---|---|---|
| 10 | 0.24 | 0.31 | 0.39 | 0.47 | 0.55 | 0.63 | | | | | | | | | | | | | | | | | | | |
| 12 | 0.28 | 0.38 | 0.47 | 0.57 | 0.66 | 0.75 | | | | | | | | | | | | | | | | | | | |
| 14 | 0.33 | 0.44 | 0.55 | 0.66 | 0.77 | 0.88 | | | | | | | | | | | | | | | | | | | |
| 16 | 0.38 | 0.50 | 0.63 | 0.75 | 0.88 | 1.00 | 1.13 | 1.26 | | | | | | | | | | | | | | | | | |
| 18 | 0.42 | 0.57 | 0.71 | 0.85 | 0.99 | 1.13 | 1.27 | 1.41 | | | | | | | | | | | | | | | | | |
| 20 | 0.47 | 0.63 | 0.78 | 0.94 | 1.10 | 1.26 | 1.41 | 1.57 | 1.73 | 1.88 | | | | | | | | | | | | | | | |
| 22 | 0.52 | 0.69 | 0.86 | 1.04 | 1.21 | 1.38 | 1.55 | 1.73 | 1.90 | 2.07 | | | | | | | | | | | | | | | |
| 25 | 0.59 | 0.78 | 0.98 | 1.18 | 1.37 | 1.57 | 1.77 | 1.96 | 2.16 | 2.36 | 2.75 | 3.14 | | | | | | | | | | | | | |
| 28 | 0.66 | 0.88 | 1.10 | 1.32 | 1.54 | 1.76 | 1.98 | 2.20 | 2.42 | 2.64 | 3.08 | 3.52 | | | | | | | | | | | | | |
| 30 | 0.71 | 0.94 | 1.18 | 1.41 | 1.65 | 1.88 | 2.12 | 2.36 | 2.59 | 2.83 | 3.30 | 3.77 | 4.24 | 4.71 | | | | | | | | | | | |
| 32 | 0.75 | 1.00 | 1.26 | 1.51 | 1.76 | 2.01 | 2.26 | 2.51 | 2.76 | 3.01 | 3.52 | 4.02 | 4.52 | 5.02 | | | | | | | | | | | |
| 35 | 0.82 | 1.10 | 1.37 | 1.65 | 1.92 | 2.20 | 2.47 | 2.75 | 3.02 | 3.30 | 3.85 | 4.40 | 4.95 | 5.50 | 6.04 | 6.87 | 7.69 | | | | | | | | |
| 40 | 0.94 | 1.26 | 1.57 | 1.88 | 2.20 | 2.51 | 2.83 | 3.14 | 3.45 | 3.77 | 4.40 | 5.02 | 5.65 | 6.28 | 6.91 | 7.85 | 8.79 | 9.42 | | | | | | | |
| 45 | 1.06 | 1.41 | 1.77 | 2.12 | 2.47 | 2.83 | 3.18 | 3.53 | 3.89 | 4.24 | 4.95 | 5.65 | 6.36 | 7.06 | 7.77 | 8.83 | 9.89 | 10.60 | 11.30 | 12.72 | | | | | |
| 50 | 1.18 | 1.57 | 1.96 | 2.36 | 2.75 | 3.14 | 3.53 | 3.92 | 4.32 | 4.71 | 5.50 | 6.28 | 7.06 | 7.85 | 8.64 | 9.81 | 10.99 | 11.78 | 12.56 | 14.13 | | | | | |
| 55 | | 1.73 | 2.16 | 2.59 | 3.02 | 3.45 | 3.89 | 4.32 | 4.75 | 5.18 | 6.04 | 6.91 | 7.77 | 8.64 | 9.50 | 10.79 | 12.09 | 12.95 | 13.82 | 15.54 | | | | | |
| 60 | | 1.88 | 2.36 | 2.83 | 3.30 | 3.77 | 4.24 | 4.71 | 5.18 | 5.65 | 6.59 | 7.54 | 8.48 | 9.42 | 10.36 | 11.78 | 13.19 | 14.13 | 15.07 | 16.96 | 18.84 | 21.20 | | | |
| 65 | | 2.04 | 2.55 | 3.06 | 3.57 | 4.08 | 4.59 | 5.10 | 5.61 | 6.12 | 7.14 | 8.16 | 9.18 | 10.20 | 11.23 | 12.76 | 14.29 | 15.31 | 16.33 | 18.37 | 20.41 | 22.96 | | | |
| 70 | | 2.20 | 2.75 | 3.30 | 3.85 | 4.40 | 4.95 | 5.50 | 6.04 | 6.59 | 7.69 | 8.79 | 9.89 | 10.99 | 12.09 | 13.74 | 15.39 | 16.48 | 17.58 | 19.78 | 21.98 | 24.73 | | | |
| 75 | | 2.36 | 2.94 | 3.53 | 4.12 | 4.71 | 5.30 | 5.89 | 6.48 | 7.06 | 8.24 | 9.42 | 10.60 | 11.78 | 12.95 | 14.72 | 16.48 | 17.66 | 18.84 | 21.20 | 23.55 | 26.49 | | | |
| 80 | | 2.51 | 3.14 | 3.77 | 4.40 | 5.02 | 5.65 | 6.28 | 6.91 | 7.54 | 8.79 | 10.05 | 11.30 | 12.56 | 13.82 | 15.70 | 17.58 | 18.84 | 20.10 | 22.61 | 25.12 | 28.26 | 31.40 | 35.17 | |
| 85 | | | 3.34 | 4.00 | 4.67 | 5.34 | 6.01 | 6.67 | 7.34 | 8.01 | 9.34 | 10.68 | 12.01 | 13.34 | 14.68 | 16.68 | 18.68 | 20.02 | 21.35 | 24.02 | 26.69 | 30.03 | 33.36 | 37.37 | 40.04 |
| 90 | | | 3.53 | 4.24 | 4.95 | 5.65 | 6.36 | 7.06 | 7.77 | 8.48 | 9.89 | 11.30 | 12.72 | 14.13 | 15.54 | 17.66 | 19.78 | 21.20 | 22.61 | 25.43 | 28.26 | 31.79 | 35.32 | 39.56 | 42.39 |
| 95 | | | 3.73 | 4.47 | 5.22 | 5.97 | 6.71 | 7.46 | 8.20 | 8.95 | 10.44 | 11.93 | 13.42 | 14.92 | 16.41 | 18.64 | 20.88 | 22.37 | 23.86 | 26.85 | 29.83 | 33.56 | 37.29 | 41.76 | 44.74 |
| 100 | | | 3.92 | 4.71 | 5.50 | 6.28 | 7.06 | 7.85 | 8.64 | 9.42 | 10.99 | 12.56 | 14.13 | 15.70 | 17.27 | 19.62 | 21.98 | 23.55 | 25.12 | 28.26 | 31.40 | 35.32 | 39.25 | 43.96 | 47.10 |
| 105 | | | 4.12 | 4.95 | 5.77 | 6.59 | 7.42 | 8.24 | 9.07 | 9.89 | 11.54 | 13.19 | 14.84 | 16.48 | 18.13 | 20.61 | 23.08 | 24.73 | 26.38 | 29.67 | 32.97 | 37.09 | 41.21 | 46.16 | 49.46 |
| 110 | | | 4.32 | 5.18 | 6.04 | 6.91 | 7.77 | 8.64 | 9.50 | 10.36 | 12.09 | 13.82 | 15.54 | 17.27 | 19.00 | 21.59 | 24.18 | 25.90 | 27.63 | 31.09 | 34.54 | 38.86 | 43.18 | 48.36 | 51.81 |
| 120 | | | 4.71 | 5.65 | 6.59 | 7.54 | 8.48 | 9.42 | 10.36 | 11.30 | 13.19 | 15.07 | 16.96 | 18.84 | 20.72 | 23.55 | 26.38 | 28.26 | 30.14 | 33.91 | 37.68 | 42.39 | 47.10 | 52.75 | 56.52 |
| 125 | | | | 5.89 | 6.87 | 7.85 | 8.83 | 9.81 | 10.79 | 11.78 | 13.74 | 15.70 | 17.66 | 19.62 | 21.59 | 24.53 | 27.48 | 29.44 | 31.40 | 35.32 | 39.25 | 44.16 | 49.06 | 54.95 | 58.88 |
| 130 | | | | 6.12 | 7.14 | 8.16 | 9.18 | 10.20 | 11.23 | 12.25 | 14.29 | 16.33 | 18.37 | 20.41 | 22.45 | 25.51 | 28.57 | 30.62 | 32.66 | 36.74 | 40.82 | 45.92 | 51.02 | 57.15 | 61.23 |
| 140 | | | | | 7.69 | 8.79 | 9.89 | 10.99 | 12.09 | 13.19 | 15.39 | 17.58 | 19.78 | 21.98 | 24.18 | 27.48 | 30.77 | 32.97 | 35.17 | 39.56 | 43.96 | 49.46 | 54.95 | 61.54 | 65.94 |
| 150 | | | | | 8.24 | 9.42 | 10.60 | 11.78 | 12.95 | 14.13 | 16.48 | 18.84 | 21.20 | 23.55 | 25.90 | 29.44 | 32.97 | 35.32 | 37.68 | 42.39 | 47.10 | 52.99 | 58.88 | 65.94 | 70.65 |
| 160 | | | | | 8.79 | 10.05 | 11.30 | 12.56 | 13.82 | 15.07 | 17.58 | 20.10 | 22.61 | 25.12 | 27.63 | 31.40 | 35.17 | 37.68 | 40.19 | 45.22 | 50.24 | 56.52 | 62.80 | 70.34 | 75.36 |
| 180 | | | | | 9.89 | 11.30 | 12.72 | 14.13 | 15.54 | 16.96 | 19.78 | 22.61 | 25.43 | 28.26 | 31.09 | 35.32 | 39.56 | 42.39 | 45.22 | 50.87 | 56.52 | 63.58 | 70.65 | 79.13 | 84.78 |
| 200 | | | | | 10.99 | 12.56 | 14.13 | 15.70 | 17.27 | 18.84 | 21.98 | 25.12 | 28.26 | 31.40 | 34.54 | 39.25 | 43.96 | 47.10 | 50.24 | 56.52 | 62.80 | 70.65 | 78.50 | 87.92 | 94.20 |

注：
1. 表中的粗线用以划分扁钢的组别。
　1组——理论质量≤19kg/m；普通质量钢通常长度为3～9m。
　2组——理论质量＞19kg/m；普通质量钢通常长度为3～7m。
　优质及特殊质量钢全部规格通常长度均为2～6m。工具钢扁钢宽度≤70mm者，长度为≥2m，宽度＞70mm，通常长度≥1m。
2. 表中的理论质量按密度7.85g/cm³计算。
3. 扁钢截面为矩形，宽和厚度尺寸允许偏差分为1组和2组，在合同中应注明，未注明者按2组执行（工具钢）热轧扁钢尺寸允许偏差不分组别。
4. 标记：用45钢轧制的10mm×30mm×30mm热轧（工具钢允许偏差有组别）
　　× × 10×30-2-GB/T 702—2008　　　　扁钢标记为：
　　× × ─────────────　表示扁钢或工具扁钢允许偏差没有组别）
　　　　　45-GB/T 699—1999

**表 1.5-28  热轧六角钢和热轧八角钢的尺寸及理论质量**（摘自 GB/T 702—2008）

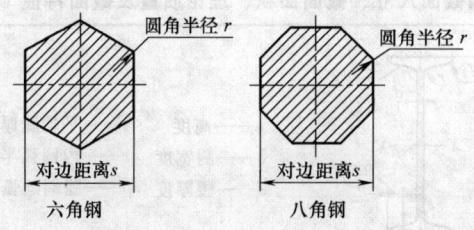

| 对边距离 s/mm | 截面面积 A/cm² | | 理论质量/(kg/m) | |
|---|---|---|---|---|
| | 六角钢 | 八角钢 | 六角钢 | 八角钢 |
| 8 | 0.5543 | — | 0.435 | — |
| 9 | 0.7015 | — | 0.551 | — |
| 10 | 0.866 | — | 0.680 | — |
| 11 | 1.048 | — | 0.823 | — |
| 12 | 1.247 | — | 0.979 | — |
| 13 | 1.464 | — | 1.05 | — |
| 14 | 1.697 | — | 1.33 | — |
| 15 | 1.949 | — | 1.53 | — |
| 16 | 2.217 | 2.120 | 1.74 | 1.66 |
| 17 | 2.503 | — | 1.96 | — |
| 18 | 2.806 | 2.683 | 2.20 | 2.16 |
| 19 | 3.126 | — | 2.45 | — |
| 20 | 3.464 | 3.312 | 2.72 | 2.60 |
| 21 | 3.819 | — | 3.00 | — |
| 22 | 4.192 | 4.008 | 3.29 | 3.15 |
| 23 | 4.581 | — | 3.60 | — |
| 24 | 4.988 | — | 3.92 | — |
| 25 | 5.413 | 5.175 | 4.25 | 4.06 |
| 26 | 5.854 | — | 4.60 | — |
| 27 | 6.314 | — | 4.96 | — |
| 28 | 6.790 | 6.492 | 5.33 | 5.10 |
| 30 | 7.794 | 7.452 | 6.12 | 5.85 |
| 32 | 8.868 | 8.479 | 6.96 | 6.66 |
| 34 | 10.011 | 9.572 | 7.86 | 7.51 |
| 36 | 11.223 | 10.731 | 8.81 | 8.42 |
| 38 | 12.505 | 11.956 | 9.82 | 9.39 |
| 40 | 13.86 | 13.250 | 10.88 | 10.40 |
| 42 | 15.28 | — | 11.99 | — |
| 45 | 17.54 | — | 13.77 | — |
| 48 | 19.95 | — | 15.66 | — |
| 50 | 21.65 | — | 17.00 | — |
| 53 | 24.33 | — | 19.10 | — |
| 56 | 27.16 | — | 21.32 | — |
| 58 | 29.13 | — | 22.87 | — |
| 60 | 31.18 | — | 24.50 | — |
| 63 | 34.37 | — | 26.98 | — |
| 65 | 36.59 | — | 28.72 | — |
| 68 | 40.04 | — | 31.43 | — |
| 70 | 42.43 | — | 33.30 | — |

注：1. 表中的理论质量按密度 7.85g/cm³ 计算。
2. 普通质量钢通常长度 3~8m；优质及特殊质量钢通常长度为 2~6m。

### 1.4.2　热轧工字钢（表 1.5-29）　　　　　　　1.4.3　热轧槽钢（表 1.5-30）

**表 1.5-29　热轧工字钢截面尺寸、截面面积、理论质量及截面特性**（摘自 GB/T 706—2008）

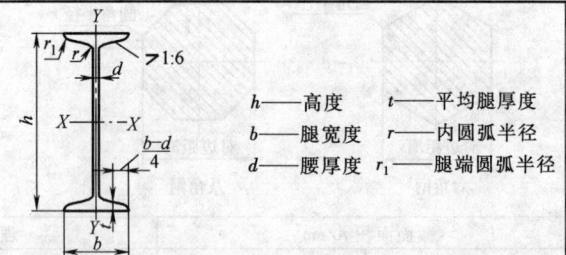

$h$——高度　　　　$t$——平均腿厚度
$b$——腿宽度　　　$r$——内圆弧半径
$d$——腰厚度　　　$r_1$——腿端圆弧半径

| 型号 | 截面尺寸/mm | | | | | | 截面面积 /cm² | 理论质量 /(kg/m) | 惯性矩/cm⁴ | | 惯性半径/cm | | 截面模数/cm³ | |
|---|---|---|---|---|---|---|---|---|---|---|---|---|---|---|
| | $h$ | $b$ | $d$ | $t$ | $r$ | $r_1$ | | | $I_x$ | $I_y$ | $i_x$ | $i_y$ | $W_x$ | $W_y$ |
| 10 | 100 | 68 | 4.5 | 7.6 | 6.5 | 3.3 | 14.345 | 11.261 | 245 | 33.0 | 4.14 | 1.52 | 49.0 | 9.72 |
| 12 | 120 | 74 | 5.0 | 8.4 | 7.0 | 3.5 | 17.818 | 13.987 | 436 | 46.9 | 4.95 | 1.62 | 72.7 | 12.7 |
| 12.6 | 126 | 74 | 5.0 | 8.4 | 7.0 | 3.5 | 18.118 | 14.223 | 488 | 46.9 | 5.20 | 1.61 | 77.5 | 12.7 |
| 14 | 140 | 80 | 5.5 | 9.1 | 7.5 | 3.8 | 21.516 | 16.890 | 712 | 64.4 | 5.76 | 1.73 | 102 | 16.1 |
| 16 | 160 | 88 | 6.0 | 9.9 | 8.0 | 4.0 | 26.131 | 20.513 | 1130 | 93.1 | 6.58 | 1.89 | 141 | 21.2 |
| 18 | 180 | 94 | 6.5 | 10.7 | 8.5 | 4.3 | 30.756 | 24.143 | 1660 | 122 | 7.36 | 2.00 | 185 | 26.0 |
| 20a | 200 | 100 | 7.0 | 11.4 | 9.0 | 4.5 | 35.578 | 27.929 | 2370 | 158 | 8.15 | 2.12 | 237 | 31.5 |
| 20b | 200 | 102 | 9.0 | 11.4 | 9.0 | 4.5 | 39.578 | 31.069 | 2500 | 169 | 7.96 | 2.06 | 250 | 33.1 |
| 22a | 220 | 110 | 7.5 | 12.3 | 9.5 | 4.8 | 42.128 | 33.070 | 3400 | 225 | 8.99 | 2.31 | 309 | 40.9 |
| 22b | 220 | 112 | 9.5 | 12.3 | 9.5 | 4.8 | 46.528 | 36.524 | 3570 | 239 | 8.78 | 2.27 | 325 | 42.7 |
| 24a | 240 | 116 | 8.0 | 13.0 | 10.0 | 5.0 | 47.741 | 37.477 | 4570 | 280 | 9.77 | 2.42 | 381 | 48.4 |
| 24b | 240 | 118 | 10.0 | 13.0 | 10.0 | 5.0 | 52.541 | 41.245 | 4800 | 297 | 9.57 | 2.38 | 400 | 50.4 |
| 25a | 250 | 116 | 8.0 | 13.0 | 10.0 | 5.0 | 48.541 | 38.105 | 5020 | 280 | 10.2 | 2.40 | 402 | 48.3 |
| 25b | 250 | 118 | 10.0 | 13.0 | 10.0 | 5.0 | 53.541 | 42.030 | 5280 | 309 | 9.94 | 2.40 | 423 | 52.4 |
| 27a | 270 | 122 | 8.5 | 13.7 | 10.5 | 5.3 | 54.554 | 42.825 | 6550 | 345 | 10.9 | 2.51 | 485 | 56.6 |
| 27b | 270 | 124 | 10.5 | 13.7 | 10.5 | 5.3 | 59.954 | 47.064 | 6870 | 366 | 10.7 | 2.47 | 509 | 58.9 |
| 28a | 280 | 122 | 8.5 | 13.7 | 10.5 | 5.3 | 55.404 | 43.492 | 7110 | 345 | 11.3 | 2.50 | 508 | 56.6 |
| 28b | 280 | 124 | 10.5 | 13.7 | 10.5 | 5.3 | 61.004 | 47.888 | 7480 | 379 | 11.1 | 2.49 | 534 | 61.2 |
| 30a | 300 | 126 | 9.0 | 14.4 | 11.0 | 5.5 | 61.254 | 48.084 | 8950 | 400 | 12.1 | 2.55 | 597 | 63.5 |
| 30b | 300 | 128 | 11.0 | 14.4 | 11.0 | 5.5 | 67.254 | 52.794 | 9400 | 422 | 11.8 | 2.50 | 627 | 65.9 |
| 30c | 300 | 130 | 13.0 | 14.4 | 11.0 | 5.5 | 73.254 | 57.504 | 9850 | 445 | 11.6 | 2.46 | 657 | 68.5 |
| 32a | 320 | 130 | 9.5 | 15.0 | 11.5 | 5.8 | 67.156 | 52.717 | 11100 | 460 | 12.8 | 2.62 | 692 | 70.8 |
| 32b | 320 | 132 | 11.5 | 15.0 | 11.5 | 5.8 | 73.556 | 57.741 | 11600 | 502 | 12.6 | 2.61 | 726 | 76.0 |
| 32c | 320 | 134 | 13.5 | 15.0 | 11.5 | 5.8 | 79.956 | 62.765 | 12200 | 544 | 12.3 | 2.61 | 760 | 81.2 |
| 36a | 360 | 136 | 10.0 | 15.8 | 12.0 | 6.0 | 76.480 | 60.037 | 15800 | 552 | 14.4 | 2.69 | 875 | 81.2 |
| 36b | 360 | 138 | 12.0 | 15.8 | 12.0 | 6.0 | 83.680 | 65.689 | 16500 | 582 | 14.1 | 2.64 | 919 | 84.3 |
| 36c | 360 | 140 | 14.0 | 15.8 | 12.0 | 6.0 | 90.880 | 71.341 | 17300 | 612 | 13.8 | 2.60 | 962 | 87.4 |
| 40a | 400 | 142 | 10.5 | 16.5 | 12.5 | 6.3 | 86.112 | 67.598 | 21700 | 660 | 15.9 | 2.77 | 1090 | 93.2 |
| 40b | 400 | 144 | 12.5 | 16.5 | 12.5 | 6.3 | 94.112 | 73.878 | 22800 | 692 | 15.6 | 2.71 | 1140 | 96.2 |
| 40c | 400 | 146 | 14.5 | 16.5 | 12.5 | 6.3 | 102.112 | 80.158 | 23900 | 727 | 15.2 | 2.65 | 1190 | 99.6 |
| 45a | 450 | 150 | 11.5 | 18.0 | 13.5 | 6.8 | 102.446 | 80.420 | 32200 | 855 | 17.7 | 2.89 | 1430 | 114 |
| 45b | 450 | 152 | 13.5 | 18.0 | 13.5 | 6.8 | 111.446 | 87.485 | 33800 | 894 | 17.4 | 2.84 | 1500 | 118 |
| 45c | 450 | 154 | 15.5 | 18.0 | 13.5 | 6.8 | 120.446 | 94.550 | 35300 | 938 | 17.1 | 2.79 | 1570 | 122 |

（续）

| 型号 | 截面尺寸/mm | | | | | | 截面面积/cm² | 理论质量/(kg/m) | 惯性矩/cm⁴ | | 惯性半径/cm | | 截面模数/cm³ | |
|---|---|---|---|---|---|---|---|---|---|---|---|---|---|---|
| | $h$ | $b$ | $d$ | $t$ | $r$ | $r_1$ | | | $I_x$ | $I_y$ | $i_x$ | $i_y$ | $W_x$ | $W_y$ |
| 50a | | 158 | 12.0 | | | | 119.304 | 93.654 | 46500 | 1120 | 19.7 | 3.07 | 1860 | 142 |
| 50b | 500 | 160 | 14.0 | 20.0 | 14.0 | 7.0 | 129.304 | 101.504 | 48600 | 1170 | 19.4 | 3.01 | 1940 | 146 |
| 50c | | 162 | 16.0 | | | | 139.304 | 109.354 | 50600 | 1220 | 19.0 | 2.96 | 2080 | 151 |
| 55a | | 166 | 12.5 | | | | 134.185 | 105.335 | 62900 | 1370 | 21.6 | 3.19 | 2290 | 164 |
| 55b | 550 | 168 | 14.5 | | | | 145.185 | 113.970 | 65600 | 1420 | 21.2 | 3.14 | 2390 | 170 |
| 55c | | 170 | 16.5 | 21.0 | 14.5 | 7.3 | 156.185 | 122.605 | 68400 | 1480 | 20.9 | 3.08 | 2490 | 175 |
| 56a | | 166 | 12.5 | | | | 135.435 | 106.316 | 65600 | 1370 | 22.0 | 3.18 | 2340 | 165 |
| 56b | 560 | 168 | 14.5 | | | | 146.635 | 115.108 | 68500 | 1490 | 21.6 | 3.16 | 2450 | 174 |
| 56c | | 170 | 16.5 | | | | 157.835 | 123.900 | 71400 | 1560 | 21.3 | 3.16 | 2550 | 183 |
| 63a | | 176 | 13.0 | | | | 154.658 | 121.407 | 93900 | 1700 | 24.5 | 3.31 | 2980 | 193 |
| 63b | 630 | 178 | 15.0 | 22.0 | 15.0 | 7.5 | 167.258 | 131.298 | 98100 | 1810 | 24.2 | 3.29 | 3160 | 204 |
| 63c | | 180 | 17.0 | | | | 179.858 | 141.189 | 102000 | 1920 | 23.8 | 3.27 | 3300 | 214 |

注：1. GB/T 706—2008《热轧型钢》代替 GB/T 706—1988（热轧工字钢）、GB/T 707—1988（热轧槽钢）、GB/T 9787—1988（热轧等边角钢）、GB/T 9788—1988（热轧不等边角钢）、GB/T 9946—1988（热轧 L 型钢）。

2. 角钢的通常长度为 4000～19000mm；其他型钢通常长度为 5000～19000mm，按用户要求可供应其他长度的产品。

3. 型钢应按理论重量交货，GB/T 706—2008 提供的理论质量是按密度为 7.85g/cm³ 计算所得。

4. 型钢牌号化学成分及其力学性能应符合 GB/T 700—2006 或 GB/T 1591—2008 的有关规定。

5. 型钢以热轧状态交货。

6. 本表中的 $r$、$r_1$ 的数据仅用于孔型设计，不做为交货条件。

**表 1.5-30 热轧槽钢截面尺寸、截面面积、理论质量及截面特性**（摘自 GB/T 706—2008）

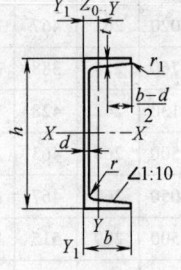

$h$——高度
$b$——腿宽度
$d$——腰厚度
$t$——平均腿厚度
$r$——内圆弧半径
$r_1$——腿端圆弧半径
$Z_0$——YY 轴与 $Y_1Y_1$ 轴间距

| 型号 | 截面尺寸/mm | | | | | | 截面面积/cm² | 理论质量/(kg/m) | 惯性矩/cm⁴ | | | 惯性半径/cm | | 截面模数/cm³ | | 重心距离/cm |
|---|---|---|---|---|---|---|---|---|---|---|---|---|---|---|---|---|
| | $h$ | $b$ | $d$ | $t$ | $r$ | $r_1$ | | | $I_x$ | $I_y$ | $I_{y1}$ | $i_x$ | $i_y$ | $W_x$ | $W_y$ | $Z_0$ |
| 5 | 50 | 37 | 4.5 | 7.0 | 7.0 | 3.5 | 6.928 | 5.438 | 26.0 | 8.30 | 20.9 | 1.94 | 1.10 | 10.4 | 3.55 | 1.35 |
| 6.3 | 63 | 40 | 4.8 | 7.5 | 7.5 | 3.8 | 8.451 | 6.634 | 50.8 | 11.9 | 28.4 | 2.45 | 1.19 | 16.1 | 4.50 | 1.36 |
| 6.5 | 65 | 40 | 4.3 | 7.5 | 7.5 | 3.8 | 8.547 | 6.709 | 55.2 | 12.0 | 28.3 | 2.54 | 1.19 | 17.0 | 4.59 | 1.38 |
| 8 | 80 | 43 | 5.0 | 8.0 | 8.0 | 4.0 | 10.248 | 8.045 | 101 | 16.6 | 37.4 | 3.15 | 1.27 | 25.3 | 5.79 | 1.43 |
| 10 | 100 | 48 | 5.3 | 8.5 | 8.5 | 4.2 | 12.748 | 10.007 | 198 | 25.6 | 54.9 | 3.95 | 1.41 | 39.7 | 7.80 | 1.52 |
| 12 | 120 | 53 | 5.5 | 9.0 | 9.0 | 4.5 | 15.362 | 12.059 | 346 | 37.4 | 77.7 | 4.75 | 1.56 | 57.7 | 10.2 | 1.62 |

（续）

| 型号 | 截面尺寸/mm | | | | | | 截面面积/cm² | 理论质量/(kg/m) | 惯性矩/cm⁴ | | | 惯性半径/cm | | 截面模数/cm³ | | 重心距离/cm |
|---|---|---|---|---|---|---|---|---|---|---|---|---|---|---|---|---|
| | $h$ | $b$ | $d$ | $t$ | $r$ | $r_1$ | | | $I_x$ | $I_y$ | $I_{y1}$ | $i_x$ | $i_y$ | $W_x$ | $W_y$ | $Z_0$ |
| 12.6 | 126 | 53 | 5.5 | 9.0 | 9.0 | 4.5 | 15.692 | 12.318 | 391 | 38.0 | 77.1 | 4.95 | 1.57 | 62.1 | 10.2 | 1.59 |
| 14a | 140 | 58 | 6.0 | 9.5 | 9.5 | 4.8 | 18.516 | 14.535 | 564 | 53.2 | 107 | 5.52 | 1.70 | 80.5 | 13.0 | 1.71 |
| 14b | | 60 | 8.0 | | | | 21.316 | 16.733 | 609 | 61.1 | 121 | 5.35 | 1.69 | 87.1 | 14.1 | 1.67 |
| 16a | 160 | 63 | 6.5 | 10.0 | 10.0 | 5.0 | 21.962 | 17.24 | 866 | 73.3 | 144 | 6.28 | 1.83 | 108 | 16.3 | 1.80 |
| 16b | | 65 | 8.5 | | | | 25.162 | 19.752 | 935 | 83.4 | 161 | 6.10 | 1.82 | 117 | 17.6 | 1.75 |
| 18a | 180 | 68 | 7.0 | 10.5 | 10.5 | 5.2 | 25.699 | 20.174 | 1270 | 98.6 | 190 | 7.04 | 1.96 | 141 | 20.0 | 1.88 |
| 18b | | 70 | 9.0 | | | | 29.299 | 23.000 | 1370 | 111 | 210 | 6.84 | 1.95 | 152 | 21.5 | 1.84 |
| 20a | 200 | 73 | 7.0 | 11.0 | 11.0 | 5.5 | 28.837 | 22.637 | 1780 | 128 | 244 | 7.86 | 2.11 | 178 | 24.2 | 2.01 |
| 20b | | 75 | 9.0 | | | | 32.837 | 25.777 | 1910 | 144 | 268 | 7.64 | 2.09 | 191 | 25.9 | 1.95 |
| 22a | 220 | 77 | 7.0 | 11.5 | 11.5 | 5.8 | 31.846 | 24.999 | 2390 | 158 | 298 | 8.67 | 2.23 | 218 | 28.2 | 2.10 |
| 22b | | 79 | 9.0 | | | | 36.246 | 28.453 | 2570 | 176 | 326 | 8.42 | 2.21 | 234 | 30.1 | 2.03 |
| 24a | 240 | 78 | 7.0 | | | | 34.217 | 26.860 | 3050 | 174 | 325 | 9.45 | 2.25 | 254 | 30.5 | 2.10 |
| 24b | | 80 | 9.0 | | | | 39.017 | 30.628 | 3280 | 194 | 355 | 9.17 | 2.23 | 274 | 32.5 | 2.03 |
| 24c | | 82 | 11.0 | 12.0 | 12.0 | 6.0 | 43.817 | 34.396 | 3510 | 213 | 388 | 8.96 | 2.21 | 293 | 34.4 | 2.00 |
| 25a | 250 | 78 | 7.0 | | | | 34.917 | 27.410 | 3370 | 176 | 322 | 9.82 | 2.24 | 270 | 30.6 | 2.07 |
| 25b | | 80 | 9.0 | | | | 39.917 | 31.335 | 3530 | 196 | 353 | 9.41 | 2.22 | 282 | 32.7 | 1.98 |
| 25c | | 82 | 11.0 | | | | 44.917 | 35.260 | 3690 | 218 | 384 | 9.07 | 2.21 | 295 | 35.9 | 1.92 |
| 27a | 270 | 82 | 7.5 | | | | 39.284 | 30.838 | 4360 | 216 | 393 | 10.5 | 2.34 | 323 | 35.5 | 2.13 |
| 27b | | 84 | 9.5 | | | | 44.684 | 35.077 | 4690 | 239 | 428 | 10.3 | 2.31 | 347 | 37.7 | 2.06 |
| 27c | | 86 | 11.5 | 12.5 | 12.5 | 6.2 | 50.084 | 39.316 | 5020 | 261 | 467 | 10.1 | 2.28 | 372 | 39.8 | 2.03 |
| 28a | 280 | 82 | 7.5 | | | | 40.034 | 31.427 | 4760 | 218 | 388 | 10.9 | 2.33 | 340 | 35.7 | 2.10 |
| 28b | | 84 | 9.5 | | | | 45.634 | 35.823 | 5130 | 242 | 428 | 10.6 | 2.30 | 366 | 37.9 | 2.02 |
| 28c | | 86 | 11.5 | | | | 51.234 | 40.219 | 5500 | 268 | 463 | 10.4 | 2.29 | 393 | 40.3 | 1.95 |
| 30a | 300 | 85 | 7.5 | | | | 43.902 | 34.463 | 6050 | 260 | 467 | 11.7 | 2.43 | 403 | 41.1 | 2.17 |
| 30b | | 87 | 9.5 | 13.5 | 13.5 | 6.8 | 49.902 | 39.173 | 6500 | 289 | 515 | 11.4 | 2.41 | 433 | 44.0 | 2.13 |
| 30c | | 89 | 11.5 | | | | 55.902 | 43.883 | 6950 | 316 | 560 | 11.2 | 2.38 | 463 | 46.4 | 2.09 |
| 32a | 320 | 88 | 8.0 | | | | 48.513 | 38.083 | 7600 | 305 | 552 | 12.5 | 2.50 | 475 | 46.5 | 2.24 |
| 32b | | 90 | 10.0 | 14.0 | 14.0 | 7.0 | 54.913 | 43.107 | 8140 | 336 | 593 | 12.2 | 2.47 | 509 | 49.2 | 2.16 |
| 32c | | 92 | 12.0 | | | | 61.313 | 48.131 | 8690 | 374 | 643 | 11.9 | 2.47 | 543 | 52.6 | 2.09 |
| 36a | 360 | 96 | 9.0 | | | | 60.910 | 47.814 | 11900 | 455 | 818 | 14.0 | 2.73 | 660 | 63.5 | 2.44 |
| 36b | | 98 | 11.0 | 16.0 | 16.0 | 8.0 | 68.110 | 53.466 | 12700 | 497 | 880 | 13.6 | 2.70 | 703 | 66.9 | 2.37 |
| 36c | | 100 | 13.0 | | | | 75.310 | 59.118 | 13400 | 536 | 948 | 13.4 | 2.67 | 746 | 70.0 | 2.34 |
| 40a | 400 | 100 | 10.5 | | | | 75.068 | 58.928 | 17600 | 592 | 1070 | 15.3 | 2.81 | 879 | 78.8 | 2.49 |
| 40b | | 102 | 12.5 | 18.0 | 18.0 | 9.0 | 83.068 | 65.208 | 18600 | 640 | 114 | 15.0 | 2.78 | 932 | 82.5 | 2.44 |
| 40c | | 104 | 14.5 | | | | 91.068 | 71.488 | 19700 | 688 | 1220 | 14.7 | 2.75 | 986 | 86.2 | 2.42 |

## 1.4.4　热轧等边角钢

### 1.4.4　热轧等边角钢（表 1.5-31）

表 1.5-31　热轧等边角钢截面尺寸、截面面积、理论质量及截面特性（GB/T 706—2008）

b——边宽度
d——边厚度
r——内圆弧半径
r₁——边端圆弧半径
Z₀——重心距离

| 型号 | 截面尺寸/mm | | | 截面面积/cm² | 理论质量/(kg/m) | 外表面积/(m²/m) | 惯性矩/cm⁴ | | | | 惯性半径/cm | | | 截面模数/cm³ | | | 重心距离/cm |
|---|---|---|---|---|---|---|---|---|---|---|---|---|---|---|---|---|---|
| | $b$ | $d$ | $r$ | | | | $I_x$ | $I_{x1}$ | $I_{x0}$ | $I_{y0}$ | $i_x$ | $i_{x0}$ | $i_{y0}$ | $W_x$ | $W_{x0}$ | $W_{y0}$ | $Z_0$ |
| 2 | 20 | 3 | 3.5 | 1.132 | 0.889 | 0.078 | 0.40 | 0.81 | 0.63 | 0.17 | 0.59 | 0.75 | 0.39 | 0.29 | 0.45 | 0.20 | 0.60 |
| | | 4 | | 1.459 | 1.145 | 0.077 | 0.50 | 1.09 | 0.78 | 0.22 | 0.58 | 0.73 | 0.38 | 0.36 | 0.55 | 0.24 | 0.64 |
| 2.5 | 25 | 3 | | 1.432 | 1.124 | 0.098 | 0.82 | 1.57 | 1.29 | 0.34 | 0.76 | 0.95 | 0.49 | 0.46 | 0.73 | 0.33 | 0.73 |
| | | 4 | | 1.859 | 1.459 | 0.097 | 1.03 | 2.11 | 1.62 | 0.43 | 0.74 | 0.93 | 0.48 | 0.59 | 0.92 | 0.40 | 0.76 |
| 3.0 | 30 | 3 | 4.5 | 1.749 | 1.373 | 0.117 | 1.46 | 2.71 | 2.31 | 0.61 | 0.91 | 1.15 | 0.59 | 0.68 | 1.09 | 0.51 | 0.85 |
| | | 4 | | 2.276 | 1.786 | 0.117 | 1.84 | 3.63 | 2.92 | 0.77 | 0.90 | 1.13 | 0.58 | 0.87 | 1.37 | 0.62 | 0.89 |
| 3.6 | 36 | 3 | | 2.109 | 1.656 | 0.141 | 2.58 | 4.68 | 4.09 | 1.07 | 1.11 | 1.39 | 0.71 | 0.99 | 1.61 | 0.76 | 1.00 |
| | | 4 | | 2.756 | 2.163 | 0.141 | 3.29 | 6.25 | 5.22 | 1.37 | 1.09 | 1.38 | 0.70 | 1.28 | 2.05 | 0.93 | 1.04 |
| | | 5 | | 3.382 | 2.654 | 0.141 | 3.95 | 7.84 | 6.24 | 1.65 | 1.08 | 1.36 | 0.70 | 1.56 | 2.45 | 1.00 | 1.07 |
| 4 | 40 | 3 | 5 | 2.359 | 1.852 | 0.157 | 3.59 | 6.41 | 5.69 | 1.49 | 1.23 | 1.55 | 0.79 | 1.23 | 2.01 | 0.96 | 1.09 |
| | | 4 | | 3.086 | 2.422 | 0.157 | 4.60 | 8.56 | 7.29 | 1.91 | 1.22 | 1.54 | 0.79 | 1.60 | 2.58 | 1.19 | 1.13 |
| | | 5 | | 3.791 | 2.976 | 0.156 | 5.53 | 10.74 | 8.76 | 2.30 | 1.21 | 1.52 | 0.78 | 1.96 | 3.10 | 1.39 | 1.17 |
| 4.5 | 45 | 3 | | 2.659 | 2.088 | 0.177 | 5.17 | 9.12 | 8.20 | 2.14 | 1.40 | 1.76 | 0.89 | 1.58 | 2.58 | 1.24 | 1.22 |
| | | 4 | | 3.486 | 2.736 | 0.177 | 6.65 | 12.18 | 10.56 | 2.75 | 1.38 | 1.74 | 0.89 | 2.05 | 3.32 | 1.54 | 1.26 |
| | | 5 | | 4.292 | 3.369 | 0.176 | 8.04 | 15.2 | 12.74 | 3.33 | 1.37 | 1.72 | 0.88 | 2.51 | 4.00 | 1.81 | 1.30 |
| | | 6 | | 5.076 | 3.985 | 0.176 | 9.33 | 18.36 | 14.76 | 3.89 | 1.36 | 1.70 | 0.8 | 2.95 | 4.64 | 2.06 | 1.33 |
| 5 | 50 | 3 | 5.5 | 2.971 | 2.332 | 0.197 | 7.18 | 12.5 | 11.37 | 2.98 | 1.55 | 1.96 | 1.00 | 1.96 | 3.22 | 1.57 | 1.34 |
| | | 4 | | 3.897 | 3.059 | 0.197 | 9.26 | 16.69 | 14.70 | 3.82 | 1.54 | 1.94 | 0.99 | 2.56 | 4.16 | 1.96 | 1.38 |
| | | 5 | | 4.803 | 3.770 | 0.196 | 11.21 | 20.90 | 17.79 | 4.64 | 1.53 | 1.92 | 0.98 | 3.13 | 5.03 | 2.31 | 1.42 |
| | | 6 | | 5.688 | 4.465 | 0.196 | 13.05 | 25.14 | 20.68 | 5.42 | 1.52 | 1.91 | 0.98 | 3.68 | 5.85 | 2.63 | 1.46 |

（续）

| 型号 | b | d | r | 截面面积/cm² | 理论质量/(kg/m) | 外表面积/(m²/m) | $I_x$ | $I_{x1}$ | $I_{x0}$ | $I_{y0}$ | $i_x$ | $i_{x0}$ | $i_{y0}$ | $W_x$ | $W_{x0}$ | $W_{y0}$ | $Z_0$ |
|---|---|---|---|---|---|---|---|---|---|---|---|---|---|---|---|---|---|
| | | | | | | | 惯性矩/cm⁴ | | | | 惯性半径/cm | | | 截面模数/cm³ | | | 重心距离/cm |
| 5.6 | 56 | 3 | 6 | 3.343 | 2.624 | 0.221 | 10.19 | 17.56 | 16.14 | 4.24 | 1.75 | 2.20 | 1.13 | 2.48 | 4.08 | 2.02 | 1.48 |
| | | 4 | | 4.390 | 3.446 | 0.220 | 13.18 | 23.43 | 20.92 | 5.46 | 1.73 | 2.18 | 1.11 | 3.24 | 5.28 | 2.52 | 1.53 |
| | | 5 | | 5.415 | 4.251 | 0.220 | 16.02 | 29.33 | 25.42 | 6.61 | 1.72 | 2.17 | 1.10 | 3.97 | 6.42 | 2.98 | 1.57 |
| | | 6 | | 6.420 | 5.040 | 0.220 | 18.69 | 35.26 | 29.66 | 7.73 | 1.71 | 2.15 | 1.10 | 4.68 | 7.49 | 3.40 | 1.61 |
| | | 7 | | 7.404 | 5.812 | 0.219 | 21.23 | 41.23 | 33.63 | 8.82 | 1.69 | 2.13 | 1.09 | 5.36 | 8.49 | 3.80 | 1.64 |
| | | 8 | | 8.367 | 6.568 | 0.219 | 23.63 | 47.24 | 37.37 | 9.89 | 1.68 | 2.11 | 1.09 | 6.03 | 9.44 | 4.16 | 1.68 |
| 6 | 60 | 5 | 6.5 | 5.829 | 4.576 | 0.236 | 19.89 | 36.05 | 31.57 | 8.21 | 1.85 | 2.33 | 1.19 | 4.59 | 7.44 | 3.48 | 1.67 |
| | | 6 | | 6.914 | 5.427 | 0.235 | 23.25 | 43.33 | 36.89 | 9.60 | 1.83 | 2.31 | 1.18 | 5.41 | 8.70 | 3.98 | 1.70 |
| | | 7 | | 7.977 | 6.262 | 0.235 | 26.44 | 50.65 | 41.92 | 10.96 | 1.82 | 2.29 | 1.17 | 6.21 | 9.88 | 4.45 | 1.74 |
| | | 8 | | 9.020 | 7.081 | 0.235 | 29.47 | 58.02 | 46.66 | 12.28 | 1.81 | 2.27 | 1.17 | 6.98 | 11.00 | 4.88 | 1.78 |
| 6.3 | 63 | 4 | 7 | 4.978 | 3.907 | 0.248 | 19.03 | 33.35 | 30.17 | 7.89 | 1.96 | 2.46 | 1.26 | 4.13 | 6.78 | 3.29 | 1.70 |
| | | 5 | | 6.143 | 4.822 | 0.248 | 23.17 | 41.73 | 36.77 | 9.57 | 1.94 | 2.45 | 1.25 | 5.08 | 8.25 | 3.90 | 1.74 |
| | | 6 | | 7.288 | 5.721 | 0.247 | 27.12 | 50.14 | 43.03 | 11.20 | 1.93 | 2.43 | 1.24 | 6.00 | 9.66 | 4.46 | 1.78 |
| | | 7 | | 8.412 | 6.603 | 0.247 | 30.87 | 58.60 | 48.96 | 12.79 | 1.92 | 2.41 | 1.23 | 6.88 | 10.99 | 4.98 | 1.82 |
| | | 8 | | 9.515 | 7.469 | 0.247 | 34.46 | 67.11 | 54.56 | 14.33 | 1.90 | 2.40 | 1.23 | 7.75 | 12.25 | 5.47 | 1.85 |
| | | 10 | | 11.657 | 9.151 | 0.246 | 41.09 | 84.31 | 64.85 | 17.33 | 1.88 | 2.36 | 1.22 | 9.39 | 14.56 | 6.36 | 1.93 |
| 7 | 70 | 4 | 8 | 5.570 | 4.372 | 0.275 | 26.39 | 45.74 | 41.80 | 10.99 | 2.18 | 2.74 | 1.40 | 5.14 | 8.44 | 4.17 | 1.86 |
| | | 5 | | 6.875 | 5.397 | 0.275 | 32.21 | 57.21 | 51.08 | 13.31 | 2.16 | 2.73 | 1.39 | 6.32 | 10.32 | 4.95 | 1.91 |
| | | 6 | | 8.160 | 6.406 | 0.275 | 37.77 | 68.73 | 59.93 | 15.61 | 2.15 | 2.71 | 1.38 | 7.48 | 12.11 | 5.67 | 1.95 |
| | | 7 | | 9.424 | 7.398 | 0.275 | 43.09 | 80.29 | 68.35 | 17.82 | 2.14 | 2.69 | 1.38 | 8.59 | 13.81 | 6.34 | 1.99 |
| | | 8 | | 10.667 | 8.373 | 0.274 | 48.17 | 91.92 | 76.37 | 19.98 | 2.12 | 2.68 | 1.37 | 9.68 | 15.43 | 6.98 | 2.03 |
| 7.5 | 75 | 5 | 8 | 7.412 | 5.818 | 0.295 | 39.97 | 70.56 | 63.30 | 16.63 | 2.33 | 2.92 | 1.50 | 7.32 | 11.94 | 5.77 | 2.04 |
| | | 6 | | 8.797 | 6.905 | 0.294 | 46.95 | 84.55 | 74.38 | 19.51 | 2.31 | 2.90 | 1.49 | 8.64 | 14.02 | 6.67 | 2.07 |
| | | 7 | | 10.160 | 7.976 | 0.294 | 53.57 | 98.71 | 84.96 | 22.18 | 2.30 | 2.89 | 1.48 | 9.93 | 16.02 | 7.44 | 2.11 |
| | | 8 | | 11.503 | 9.030 | 0.294 | 59.96 | 112.97 | 95.07 | 24.86 | 2.28 | 2.88 | 1.47 | 11.20 | 17.93 | 8.19 | 2.15 |
| | | 9 | | 12.825 | 10.068 | 0.294 | 66.10 | 127.30 | 104.71 | 27.48 | 2.27 | 2.86 | 1.46 | 12.43 | 19.75 | 8.89 | 2.18 |
| | | 10 | | 14.126 | 11.089 | 0.293 | 71.98 | 141.71 | 113.92 | 30.05 | 2.26 | 2.84 | 1.46 | 13.64 | 21.48 | 9.56 | 2.22 |
| 8 | 80 | 5 | 9 | 7.912 | 6.211 | 0.315 | 48.79 | 85.36 | 77.33 | 20.25 | 2.48 | 3.13 | 1.60 | 8.34 | 13.67 | 6.66 | 2.15 |
| | | 6 | | 9.397 | 7.376 | 0.314 | 57.35 | 102.50 | 90.98 | 23.72 | 2.47 | 3.11 | 1.59 | 9.87 | 16.08 | 7.65 | 2.19 |
| | | 7 | | 10.860 | 8.525 | 0.314 | 65.58 | 119.70 | 104.07 | 27.09 | 2.46 | 3.10 | 1.58 | 11.37 | 18.40 | 8.58 | 2.23 |

| 型号 | b | d | r | A (cm²) | 理论重量 (kg/m) | 外表面积 (m²/m) | $I_x$ (cm⁴) | $I_{x1}$ (cm⁴) | $I_{x0}$ (cm⁴) | $I_{y0}$ (cm⁴) | $i_x$ (cm) | $i_{x0}$ (cm) | $i_{y0}$ (cm) | $W_x$ (cm³) | $W_{x0}$ (cm³) | $W_{y0}$ (cm³) | $Z_0$ (cm) |
|---|---|---|---|---|---|---|---|---|---|---|---|---|---|---|---|---|---|
|  | 80 | 8 |  | 12.303 | 9.658 | 0.314 | 73.49 | 136.97 | 116.60 | 30.39 | 2.44 | 3.08 | 1.57 | 12.83 | 20.61 | 9.46 | 2.27 |
|  |  | 9 |  | 13.725 | 10.774 | 0.314 | 81.11 | 154.31 | 128.60 | 33.61 | 2.43 | 3.06 | 1.56 | 14.25 | 22.73 | 10.29 | 2.31 |
|  |  | 10 |  | 15.126 | 11.874 | 0.313 | 88.43 | 171.74 | 140.09 | 36.77 | 2.42 | 3.04 | 1.56 | 15.64 | 24.76 | 11.08 | 2.35 |
| 9 | 90 | 6 | 10 | 10.637 | 8.350 | 0.354 | 82.77 | 145.87 | 131.26 | 34.28 | 2.79 | 3.51 | 1.80 | 12.61 | 20.63 | 9.95 | 2.44 |
|  |  | 7 |  | 12.301 | 9.656 | 0.354 | 94.83 | 170.30 | 150.47 | 39.18 | 2.78 | 3.50 | 1.78 | 14.54 | 23.64 | 11.19 | 2.48 |
|  |  | 8 |  | 13.944 | 10.946 | 0.353 | 106.47 | 194.80 | 168.97 | 43.97 | 2.76 | 3.48 | 1.78 | 16.42 | 26.55 | 12.35 | 2.52 |
|  |  | 9 |  | 15.566 | 12.219 | 0.353 | 117.72 | 219.39 | 186.77 | 48.66 | 2.75 | 3.46 | 1.77 | 18.27 | 29.35 | 13.46 | 2.56 |
|  |  | 10 |  | 17.167 | 13.476 | 0.353 | 128.58 | 244.07 | 203.90 | 53.26 | 2.74 | 3.45 | 1.76 | 20.07 | 32.04 | 14.52 | 2.59 |
|  |  | 12 |  | 20.306 | 15.940 | 0.352 | 149.22 | 293.76 | 236.21 | 62.22 | 2.71 | 3.41 | 1.75 | 23.57 | 37.12 | 16.49 | 2.67 |
| 10 | 100 | 6 | 12 | 11.932 | 9.366 | 0.393 | 114.95 | 200.07 | 181.98 | 47.92 | 3.10 | 3.90 | 2.00 | 15.68 | 25.74 | 12.69 | 2.67 |
|  |  | 7 |  | 13.796 | 10.830 | 0.393 | 131.86 | 233.54 | 208.97 | 54.74 | 3.09 | 3.89 | 1.99 | 18.10 | 29.55 | 14.26 | 2.71 |
|  |  | 8 |  | 15.638 | 12.276 | 0.393 | 148.24 | 267.09 | 235.07 | 61.41 | 3.08 | 3.88 | 1.98 | 20.47 | 33.24 | 15.75 | 2.76 |
|  |  | 9 |  | 17.462 | 13.708 | 0.392 | 164.12 | 300.73 | 260.30 | 67.95 | 3.07 | 3.86 | 1.97 | 22.79 | 36.81 | 17.18 | 2.80 |
|  |  | 10 |  | 19.261 | 15.120 | 0.392 | 179.51 | 334.48 | 284.68 | 74.35 | 3.05 | 3.84 | 1.96 | 25.06 | 40.26 | 18.54 | 2.84 |
|  |  | 12 |  | 22.800 | 17.898 | 0.391 | 208.90 | 402.34 | 330.95 | 86.84 | 3.03 | 3.81 | 1.95 | 29.48 | 46.80 | 21.08 | 2.91 |
|  |  | 14 |  | 26.256 | 20.611 | 0.391 | 236.53 | 470.75 | 374.06 | 99.00 | 3.00 | 3.77 | 1.94 | 33.73 | 52.90 | 23.44 | 2.99 |
|  |  | 16 |  | 29.627 | 23.257 | 0.390 | 262.53 | 539.80 | 414.16 | 110.89 | 2.98 | 3.74 | 1.94 | 37.82 | 58.57 | 25.63 | 3.06 |
| 11 | 110 | 7 | 12 | 15.196 | 11.928 | 0.433 | 177.16 | 310.64 | 280.94 | 73.38 | 3.41 | 4.30 | 2.20 | 22.05 | 36.12 | 17.51 | 2.96 |
|  |  | 8 |  | 17.238 | 13.535 | 0.433 | 199.46 | 355.20 | 316.49 | 82.42 | 3.40 | 4.28 | 2.19 | 24.95 | 40.69 | 19.39 | 3.01 |
|  |  | 10 |  | 21.261 | 16.690 | 0.432 | 242.19 | 444.65 | 384.39 | 99.98 | 3.38 | 4.25 | 2.17 | 30.60 | 49.42 | 22.91 | 3.09 |
|  |  | 12 |  | 25.200 | 19.782 | 0.431 | 282.55 | 534.60 | 448.17 | 116.93 | 3.35 | 4.22 | 2.15 | 36.05 | 57.62 | 26.15 | 3.16 |
|  |  | 14 |  | 29.056 | 22.809 | 0.431 | 320.71 | 625.16 | 508.01 | 133.40 | 3.32 | 4.18 | 2.14 | 41.31 | 65.31 | 29.14 | 3.24 |
| 12.5 | 125 | 8 | 14 | 19.750 | 15.504 | 0.492 | 297.03 | 521.01 | 470.89 | 123.16 | 3.88 | 4.88 | 2.50 | 32.52 | 53.28 | 25.86 | 3.37 |
|  |  | 10 |  | 24.373 | 19.133 | 0.491 | 361.67 | 651.93 | 573.89 | 149.46 | 3.85 | 4.85 | 2.48 | 39.97 | 64.93 | 30.62 | 3.45 |
|  |  | 12 |  | 28.912 | 22.696 | 0.491 | 423.16 | 783.42 | 671.44 | 174.88 | 3.83 | 4.82 | 2.46 | 41.17 | 75.96 | 35.03 | 3.53 |
|  |  | 14 |  | 33.367 | 26.193 | 0.490 | 481.65 | 915.61 | 763.73 | 199.57 | 3.80 | 4.78 | 2.45 | 54.16 | 86.41 | 39.13 | 3.61 |
|  |  | 16 |  | 37.739 | 29.625 | 0.489 | 537.31 | 1048.62 | 850.98 | 223.65 | 3.77 | 4.75 | 2.43 | 60.93 | 96.28 | 42.96 | 3.68 |
| 14 | 140 | 10 | 14 | 27.373 | 21.488 | 0.551 | 514.65 | 915.11 | 817.27 | 212.04 | 4.34 | 5.46 | 2.78 | 50.58 | 82.56 | 39.20 | 3.82 |
|  |  | 12 |  | 32.512 | 25.522 | 0.551 | 603.68 | 1099.28 | 958.79 | 248.57 | 4.31 | 5.43 | 2.76 | 59.80 | 96.85 | 45.02 | 3.90 |
|  |  | 14 |  | 37.567 | 29.490 | 0.550 | 688.81 | 1284.22 | 1093.56 | 284.06 | 4.28 | 5.40 | 2.75 | 68.75 | 110.47 | 50.45 | 3.98 |
|  |  | 16 |  | 42.539 | 33.393 | 0.549 | 770.24 | 1470.07 | 1221.81 | 318.67 | 4.26 | 5.36 | 2.74 | 77.46 | 123.42 | 55.55 | 4.06 |
| 15 | 150 | 8 |  | 23.750 | 18.644 | 0.592 | 521.37 | 899.55 | 827.49 | 215.25 | 4.69 | 5.90 | 3.01 | 47.36 | 78.02 | 38.14 | 3.99 |
|  |  | 10 |  | 29.373 | 23.058 | 0.591 | 637.50 | 1125.09 | 1012.79 | 262.21 | 4.66 | 5.87 | 2.99 | 58.35 | 95.49 | 45.51 | 4.08 |
|  |  | 12 |  | 34.912 | 27.406 | 0.591 | 748.85 | 1351.26 | 1189.97 | 307.73 | 4.63 | 5.84 | 2.97 | 69.04 | 112.19 | 52.38 | 4.15 |

（续）

| 型号 | b | d | r | 截面面积/cm² | 理论质量/(kg/m) | 外表面积/(m²/m) | $I_x$/cm⁴ | $I_{x1}$/cm⁴ | $I_{x0}$/cm⁴ | $I_{y0}$/cm⁴ | $i_x$/cm | $i_{x0}$/cm | $i_{y0}$/cm | $W_x$/cm³ | $W_{x0}$/cm³ | $W_{y0}$/cm³ | $Z_0$/cm |
|---|---|---|---|---|---|---|---|---|---|---|---|---|---|---|---|---|---|
| 15 | 150 | 14 | 14 | 40.367 | 31.688 | 0.590 | 855.64 | 1578.25 | 1359.30 | 351.98 | 4.60 | 5.80 | 2.95 | 79.45 | 128.16 | 58.83 | 4.23 |
|  | 150 | 15 | 14 | 43.063 | 33.804 | 0.590 | 907.39 | 1692.10 | 1441.09 | 373.69 | 4.59 | 5.78 | 2.95 | 84.56 | 135.87 | 61.90 | 4.27 |
|  | 150 | 16 | 14 | 45.739 | 35.905 | 0.589 | 958.08 | 1806.21 | 1521.02 | 395.14 | 4.58 | 5.77 | 2.94 | 89.59 | 143.40 | 64.89 | 4.31 |
| 16 | 160 | 10 | 16 | 31.502 | 24.729 | 0.630 | 779.53 | 1365.33 | 1237.30 | 321.76 | 4.98 | 6.27 | 3.20 | 66.70 | 109.36 | 52.76 | 4.31 |
|  | 160 | 12 | 16 | 37.441 | 29.391 | 0.630 | 916.58 | 1639.57 | 1455.68 | 377.49 | 4.95 | 6.24 | 3.18 | 78.98 | 128.67 | 60.74 | 4.39 |
|  | 160 | 14 | 16 | 43.296 | 33.987 | 0.629 | 1048.36 | 1914.68 | 1665.02 | 431.70 | 4.92 | 6.20 | 3.16 | 90.95 | 147.17 | 68.24 | 4.47 |
|  | 160 | 16 | 16 | 49.067 | 38.518 | 0.629 | 1175.08 | 2190.82 | 1865.57 | 484.59 | 4.89 | 6.17 | 3.14 | 102.63 | 164.89 | 75.31 | 4.55 |
| 18 | 180 | 12 | 16 | 42.241 | 33.159 | 0.710 | 1321.35 | 2332.80 | 2100.10 | 542.61 | 5.59 | 7.05 | 3.58 | 100.82 | 165.00 | 78.41 | 4.89 |
|  | 180 | 14 | 16 | 48.896 | 38.383 | 0.709 | 1514.48 | 2723.48 | 2407.42 | 621.53 | 5.56 | 7.02 | 3.56 | 116.25 | 189.14 | 88.38 | 4.97 |
|  | 180 | 16 | 16 | 55.467 | 43.542 | 0.709 | 1700.99 | 3115.29 | 2703.37 | 698.60 | 5.54 | 6.98 | 3.55 | 131.13 | 212.40 | 97.83 | 5.05 |
|  | 180 | 18 | 16 | 61.055 | 48.634 | 0.708 | 1875.12 | 3502.43 | 2988.24 | 762.01 | 5.50 | 6.94 | 3.51 | 145.64 | 234.78 | 105.14 | 5.13 |
| 20 | 200 | 14 | 18 | 54.642 | 42.894 | 0.788 | 2103.55 | 3734.10 | 3343.26 | 863.83 | 6.20 | 7.82 | 3.98 | 144.70 | 236.40 | 111.82 | 5.46 |
|  | 200 | 16 | 18 | 62.013 | 48.680 | 0.788 | 2366.15 | 4270.39 | 3760.89 | 971.41 | 6.18 | 7.79 | 3.96 | 163.65 | 265.93 | 123.96 | 5.54 |
|  | 200 | 18 | 18 | 69.301 | 54.401 | 0.787 | 2620.64 | 4808.13 | 4164.54 | 1076.74 | 6.15 | 7.75 | 3.94 | 182.22 | 294.48 | 135.52 | 5.62 |
|  | 200 | 20 | 18 | 76.505 | 60.056 | 0.787 | 2867.30 | 5347.51 | 4554.55 | 1180.04 | 6.12 | 7.72 | 3.93 | 200.42 | 322.06 | 146.55 | 5.69 |
|  | 200 | 24 | 18 | 90.661 | 71.168 | 0.785 | 3338.25 | 6457.16 | 5294.97 | 1381.53 | 6.07 | 7.64 | 3.90 | 236.17 | 374.41 | 166.65 | 5.87 |
| 22 | 220 | 16 | 21 | 68.664 | 53.901 | 0.866 | 3187.36 | 5681.62 | 5063.73 | 1310.99 | 6.81 | 8.59 | 4.37 | 199.55 | 325.51 | 153.81 | 6.03 |
|  | 220 | 18 | 21 | 76.752 | 60.250 | 0.866 | 3534.40 | 6395.93 | 5615.32 | 1453.27 | 6.79 | 8.55 | 4.35 | 222.37 | 360.97 | 168.29 | 6.11 |
|  | 220 | 20 | 21 | 84.756 | 66.533 | 0.865 | 3871.49 | 7112.04 | 6150.08 | 1592.90 | 6.76 | 8.52 | 4.34 | 244.77 | 395.34 | 182.16 | 6.18 |
|  | 220 | 22 | 21 | 92.676 | 72.751 | 0.865 | 4199.23 | 7830.19 | 6668.37 | 1730.10 | 6.73 | 8.48 | 4.32 | 266.78 | 428.66 | 195.45 | 6.26 |
|  | 220 | 24 | 21 | 100.512 | 78.902 | 0.864 | 4517.83 | 8550.57 | 7170.55 | 1865.11 | 6.70 | 8.45 | 4.31 | 288.39 | 460.94 | 208.21 | 6.33 |
|  | 220 | 26 | 21 | 108.264 | 84.987 | 0.864 | 4827.58 | 9273.39 | 7656.98 | 1998.17 | 6.68 | 8.41 | 4.30 | 309.62 | 492.21 | 220.49 | 6.41 |
| 25 | 250 | 18 | 24 | 87.842 | 68.956 | 0.985 | 5268.22 | 9379.11 | 8369.04 | 2167.41 | 7.74 | 9.76 | 4.97 | 290.12 | 473.42 | 224.03 | 6.84 |
|  | 250 | 20 | 24 | 97.045 | 76.180 | 0.984 | 5779.34 | 10426.97 | 9181.94 | 2376.74 | 7.72 | 9.73 | 4.95 | 319.66 | 519.41 | 424.85 | 6.92 |
|  | 250 | 24 | 24 | 115.201 | 90.433 | 0.983 | 6763.93 | 12529.74 | 10742.67 | 2785.19 | 7.66 | 9.66 | 4.92 | 377.34 | 607.70 | 278.38 | 7.07 |
|  | 250 | 26 | 24 | 124.154 | 97.461 | 0.982 | 7238.08 | 13585.18 | 11491.33 | 2984.84 | 7.63 | 9.62 | 4.90 | 405.50 | 650.05 | 295.19 | 7.15 |
|  | 250 | 28 | 24 | 133.022 | 104.422 | 0.982 | 7700.60 | 14643.62 | 12219.39 | 3181.81 | 7.61 | 9.58 | 4.89 | 433.22 | 691.23 | 311.42 | 7.22 |
|  | 250 | 30 | 24 | 141.807 | 111.318 | 0.981 | 8151.80 | 15705.30 | 12927.26 | 3376.34 | 7.58 | 9.55 | 4.88 | 460.51 | 731.28 | 327.12 | 7.30 |
|  | 250 | 32 | 24 | 150.508 | 118.149 | 0.981 | 8592.01 | 16770.41 | 13615.32 | 3568.71 | 7.56 | 9.51 | 4.87 | 487.39 | 770.20 | 342.33 | 7.37 |
|  | 250 | 35 | 24 | 163.402 | 128.271 | 0.980 | 9232.44 | 18374.95 | 14611.16 | 3853.72 | 7.52 | 9.46 | 4.86 | 526.97 | 826.53 | 364.30 | 7.48 |

注：截面图中的 $r_1 = 1/3d$ 及表中 $r$ 的数据用于孔型设计，不做交货条件。

## 1.4.5 热轧不等边角钢（表1.5-32）

### 表 1.5-32　热轧不等边角钢截面尺寸、截面面积、理论质量及截面特性（摘自 GB/T 706—2008）

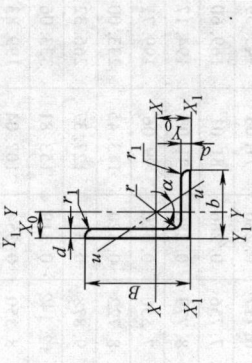

B——长边宽度
b——短边宽度
d——边厚度
r——内圆弧半径
r₁——边端圆弧半径
X₀——重心距离
Y₀——重心距离

| 型号 | \(B\) | \(b\) | \(d\) | \(r\) | 截面面积 /cm² | 理论质量 /(kg/m) | 外表面积 /(m²/m) | \(I_x\) | \(I_{x1}\) | \(I_y\) | \(I_{y1}\) | \(I_u\) | \(i_x\) | \(i_y\) | \(i_u\) | \(W_x\) | \(W_y\) | \(W_u\) | \(\tan\alpha\) | \(X_0\) | \(Y_0\) |
|---|---|---|---|---|---|---|---|---|---|---|---|---|---|---|---|---|---|---|---|---|---|
|  |  |  | 截面尺寸/mm |  |  |  |  | 惯性矩/cm⁴ |  |  |  |  | 惯性半径/cm |  |  | 截面模数/cm³ |  |  |  | 重心距离/cm | |
| 2.5/1.6 | 25 | 16 | 3 | 3.5 | 1.162 | 0.912 | 0.080 | 0.70 | 1.56 | 0.22 | 0.43 | 0.14 | 0.78 | 0.44 | 0.34 | 0.43 | 0.19 | 0.16 | 0.392 | 0.42 | 0.86 |
|  |  |  | 4 |  | 1.499 | 1.176 | 0.079 | 0.88 | 2.09 | 0.27 | 0.59 | 0.17 | 0.77 | 0.43 | 0.34 | 0.55 | 0.24 | 0.20 | 0.381 | 0.46 | 1.86 |
| 3.2/2 | 32 | 20 | 3 | 3.5 | 1.492 | 1.171 | 0.102 | 1.53 | 3.27 | 0.46 | 0.82 | 0.28 | 1.01 | 0.55 | 0.43 | 0.72 | 0.30 | 0.25 | 0.382 | 0.49 | 0.90 |
|  |  |  | 4 |  | 1.939 | 1.522 | 0.101 | 1.93 | 4.37 | 0.57 | 1.12 | 0.35 | 1.00 | 0.54 | 0.42 | 0.93 | 0.39 | 0.32 | 0.374 | 0.53 | 1.08 |
| 4/2.5 | 40 | 25 | 3 | 4 | 1.890 | 1.484 | 0.127 | 3.08 | 5.39 | 0.93 | 1.59 | 0.56 | 1.28 | 0.70 | 0.54 | 1.15 | 0.49 | 0.40 | 0.385 | 0.59 | 1.12 |
|  |  |  | 4 |  | 2.467 | 1.936 | 0.127 | 3.93 | 8.53 | 1.18 | 2.14 | 0.71 | 1.36 | 0.69 | 0.54 | 1.49 | 0.63 | 0.52 | 0.381 | 0.63 | 1.32 |
| 4.5/2.8 | 45 | 28 | 3 | 5 | 2.149 | 1.687 | 0.143 | 445 | 9.10 | 1.34 | 2.23 | 0.80 | 1.44 | 0.79 | 0.61 | 1.47 | 0.62 | 0.51 | 0.383 | 0.64 | 1.37 |
|  |  |  | 4 |  | 2.806 | 2.203 | 0.143 | 5.69 | 12.13 | 1.70 | 3.00 | 1.02 | 1.42 | 0.78 | 0.60 | 1.91 | 0.80 | 0.66 | 0.380 | 0.68 | 1.47 |
| 5/3.2 | 50 | 32 | 3 | 5.5 | 2.431 | 1.908 | 0.161 | 6.24 | 12.49 | 2.02 | 3.31 | 1.20 | 1.60 | 0.91 | 0.70 | 1.84 | 0.82 | 0.68 | 0.404 | 0.73 | 1.51 |
|  |  |  | 4 |  | 3.177 | 2.494 | 0.160 | 8.02 | 16.65 | 2.58 | 4.45 | 1.53 | 1.59 | 0.90 | 0.69 | 2.39 | 1.06 | 0.87 | 0.402 | 0.77 | 1.60 |
| 5.6/3.6 | 56 | 36 | 3 | 6 | 2.743 | 2.153 | 0.181 | 8.88 | 17.54 | 2.92 | 4.70 | 1.73 | 1.80 | 1.03 | 0.79 | 2.32 | 1.05 | 0.87 | 0.408 | 0.80 | 1.65 |
|  |  |  | 4 |  | 3.590 | 2.818 | 0.180 | 11.45 | 23.39 | 3.76 | 6.33 | 2.23 | 1.79 | 1.02 | 0.79 | 3.03 | 1.37 | 1.13 | 0.408 | 0.85 | 1.78 |
|  |  |  | 5 |  | 4.415 | 3.466 | 0.180 | 13.86 | 29.25 | 4.49 | 7.94 | 2.67 | 1.77 | 1.01 | 0.78 | 3.71 | 1.65 | 1.36 | 0.404 | 0.88 | 1.82 |

（续）

| 型号 | B | b | d | r | 截面面积/cm² | 理论质量/(kg/m) | 外表面积/(m²/m) | $I_x$ | $I_{x1}$ | $I_y$ | $I_{y1}$ | $I_u$ | $i_x$ | $i_y$ | $i_u$ | $W_x$ | $W_y$ | $W_u$ | $\tan\alpha$ | $X_0$ | $Y_0$ |
|---|---|---|---|---|---|---|---|---|---|---|---|---|---|---|---|---|---|---|---|---|---|
| 6.3/4 | 63 | 40 | 4 | 7 | 4.058 | 3.185 | 0.202 | 16.49 | 33.30 | 5.23 | 8.63 | 3.12 | 2.02 | 1.14 | 0.88 | 3.87 | 1.70 | 1.40 | 0.398 | 0.92 | 1.87 |
|  |  |  | 5 | 7 | 4.993 | 3.920 | 0.202 | 20.02 | 41.63 | 6.31 | 10.86 | 3.76 | 2.00 | 1.12 | 0.87 | 4.74 | 2.07 | 1.71 | 0.396 | 0.95 | 2.04 |
|  |  |  | 6 | 7 | 5.908 | 4.638 | 0.201 | 23.36 | 49.98 | 7.29 | 13.12 | 4.34 | 1.96 | 1.11 | 0.86 | 5.59 | 2.43 | 1.99 | 0.393 | 0.99 | 2.08 |
|  |  |  | 7 | 7 | 6.802 | 5.339 | 0.201 | 26.53 | 58.07 | 8.24 | 15.47 | 4.97 | 1.98 | 1.10 | 0.86 | 6.40 | 2.78 | 2.29 | 0.389 | 1.03 | 2.12 |
| 7/4.5 | 70 | 45 | 4 | 7.5 | 4.547 | 3.570 | 0.226 | 23.17 | 45.92 | 7.55 | 12.26 | 4.40 | 2.26 | 1.29 | 0.98 | 4.86 | 2.17 | 1.77 | 0.410 | 1.02 | 2.15 |
|  |  |  | 5 | 7.5 | 5.609 | 4.403 | 0.225 | 27.95 | 57.10 | 9.13 | 15.39 | 5.40 | 2.23 | 1.28 | 0.98 | 5.92 | 2.65 | 2.19 | 0.407 | 1.06 | 2.24 |
|  |  |  | 6 | 7.5 | 6.647 | 5.218 | 0.225 | 32.54 | 68.35 | 10.62 | 18.58 | 6.35 | 2.21 | 1.26 | 0.98 | 6.95 | 3.12 | 2.59 | 0.404 | 1.09 | 2.28 |
|  |  |  | 7 | 7.5 | 7.657 | 6.011 | 0.225 | 37.22 | 79.99 | 12.01 | 21.84 | 7.16 | 2.20 | 1.25 | 0.97 | 8.03 | 3.57 | 2.94 | 0.402 | 1.13 | 2.32 |
| 7.5/5 | 75 | 50 | 5 | 8 | 6.125 | 4.808 | 0.245 | 34.86 | 70.00 | 12.61 | 21.04 | 7.41 | 2.39 | 1.44 | 1.10 | 6.83 | 3.30 | 2.74 | 0.435 | 1.17 | 2.36 |
|  |  |  | 6 | 8 | 7.260 | 5.699 | 0.245 | 41.12 | 84.30 | 14.70 | 25.37 | 8.54 | 2.38 | 1.42 | 1.08 | 8.12 | 3.88 | 3.19 | 0.435 | 1.21 | 2.40 |
|  |  |  | 8 | 8 | 9.467 | 7.431 | 0.244 | 52.39 | 112.50 | 18.53 | 34.23 | 10.87 | 2.35 | 1.40 | 1.07 | 10.52 | 4.99 | 4.10 | 0.429 | 1.29 | 2.44 |
|  |  |  | 10 | 8 | 11.590 | 9.098 | 0.244 | 62.71 | 140.80 | 21.96 | 43.43 | 13.10 | 2.33 | 1.38 | 1.06 | 12.79 | 6.04 | 4.99 | 0.423 | 1.36 | 2.52 |
| 8/5 | 80 | 50 | 5 | 8 | 6.375 | 5.005 | 0.255 | 41.96 | 85.21 | 12.82 | 21.06 | 7.66 | 2.56 | 1.42 | 1.10 | 7.78 | 3.32 | 2.74 | 0.388 | 1.14 | 2.60 |
|  |  |  | 6 | 8 | 7.560 | 5.935 | 0.255 | 49.49 | 102.53 | 14.95 | 25.41 | 8.85 | 2.56 | 1.41 | 1.08 | 9.25 | 3.91 | 3.20 | 0.387 | 1.18 | 2.65 |
|  |  |  | 7 | 8 | 8.724 | 6.848 | 0.255 | 56.16 | 119.33 | 16.96 | 29.82 | 10.18 | 2.54 | 1.39 | 1.08 | 10.58 | 4.48 | 3.70 | 0.384 | 1.21 | 2.69 |
|  |  |  | 8 | 8 | 9.867 | 7.745 | 0.254 | 62.83 | 136.41 | 18.85 | 34.32 | 11.38 | 2.52 | 1.38 | 1.07 | 11.92 | 5.03 | 4.16 | 0.381 | 1.25 | 2.73 |
| 9/5.6 | 90 | 56 | 5 | 9 | 7.212 | 5.661 | 0.287 | 60.45 | 121.32 | 18.32 | 29.53 | 10.98 | 2.90 | 1.59 | 1.23 | 9.92 | 4.21 | 3.49 | 0.385 | 1.25 | 2.91 |
|  |  |  | 6 | 9 | 8.557 | 6.717 | 0.286 | 71.03 | 145.59 | 21.42 | 35.58 | 12.90 | 2.88 | 1.58 | 1.23 | 11.74 | 4.96 | 4.13 | 0.384 | 1.29 | 2.95 |
|  |  |  | 7 | 9 | 9.880 | 7.756 | 0.286 | 81.01 | 169.60 | 24.36 | 41.71 | 14.67 | 2.86 | 1.57 | 1.22 | 13.49 | 5.70 | 4.72 | 0.382 | 1.33 | 3.00 |
|  |  |  | 8 | 9 | 11.183 | 8.779 | 0.286 | 91.03 | 194.17 | 27.15 | 47.93 | 16.34 | 2.85 | 1.56 | 1.21 | 15.27 | 6.41 | 5.29 | 0.380 | 1.36 | 3.04 |
| 10/6.3 | 100 | 63 | 6 | 10 | 9.617 | 7.550 | 0.320 | 99.06 | 199.71 | 30.94 | 50.50 | 18.42 | 3.21 | 1.79 | 1.38 | 14.64 | 6.35 | 5.25 | 0.394 | 1.43 | 3.24 |
|  |  |  | 7 | 10 | 11.111 | 8.722 | 0.320 | 113.45 | 233.00 | 35.26 | 59.14 | 21.00 | 3.20 | 1.78 | 1.38 | 16.88 | 7.29 | 6.02 | 0.394 | 1.47 | 3.28 |
|  |  |  | 8 | 10 | 12.534 | 9.878 | 0.319 | 127.37 | 266.32 | 39.39 | 67.88 | 23.50 | 3.18 | 1.77 | 1.37 | 19.08 | 8.21 | 6.78 | 0.391 | 1.50 | 3.32 |
|  |  |  | 10 | 10 | 15.467 | 12.142 | 0.319 | 153.81 | 333.06 | 47.12 | 85.73 | 28.33 | 3.15 | 1.74 | 1.35 | 23.32 | 9.98 | 8.24 | 0.387 | 1.58 | 3.40 |
| 10/8 | 100 | 80 | 6 | 10 | 10.637 | 8.350 | 0.354 | 107.04 | 199.83 | 61.24 | 102.68 | 31.65 | 3.17 | 2.40 | 1.72 | 15.19 | 10.16 | 8.37 | 0.627 | 1.97 | 2.95 |
|  |  |  | 7 | 10 | 12.301 | 9.656 | 0.354 | 122.73 | 233.20 | 70.08 | 119.98 | 36.17 | 3.16 | 2.39 | 1.72 | 17.52 | 11.71 | 9.60 | 0.626 | 2.01 | 3.0 |
|  |  |  | 8 | 10 | 13.944 | 10.946 | 0.353 | 137.92 | 266.61 | 78.58 | 137.37 | 40.58 | 3.14 | 2.37 | 1.71 | 19.81 | 13.21 | 10.80 | 0.625 | 2.05 | 3.04 |
|  |  |  | 10 | 10 | 17.167 | 13.476 | 0.353 | 166.87 | 333.63 | 94.65 | 172.48 | 49.10 | 3.12 | 2.35 | 1.69 | 24.24 | 16.12 | 13.12 | 0.622 | 2.13 | 3.12 |

| 型号 | B | b | d | r | | | | | | | | | | | | | | | | | |
|---|---|---|---|---|---|---|---|---|---|---|---|---|---|---|---|---|---|---|---|---|---|
| 11/7 | 110 | 70 | 6 | 10 | 10.637 | 8.350 | 0.354 | 133.37 | 265.78 | 42.92 | 69.08 | 25.36 | 3.54 | 2.01 | 1.54 | 17.85 | 7.90 | 6.53 | 0.403 | 1.57 | 3.53 |
| | | | 7 | | 12.301 | 9.656 | 0.354 | 153.00 | 310.07 | 49.01 | 80.82 | 28.95 | 3.53 | 2.00 | 1.53 | 20.60 | 9.09 | 7.50 | 0.402 | 1.61 | 3.57 |
| | | | 8 | | 13.944 | 10.946 | 0.353 | 172.04 | 354.39 | 54.87 | 92.70 | 32.45 | 3.51 | 1.98 | 1.53 | 23.30 | 10.25 | 8.45 | 0.401 | 1.65 | 3.62 |
| | | | 10 | | 17.167 | 13.476 | 0.353 | 208.39 | 443.13 | 65.88 | 116.83 | 39.20 | 3.48 | 1.96 | 1.51 | 28.54 | 12.48 | 10.29 | 0.397 | 1.72 | 3.70 |
| 12.5/8 | 125 | 80 | 7 | 11 | 14.096 | 11.066 | 0.403 | 227.98 | 454.99 | 74.42 | 120.32 | 43.81 | 4.02 | 2.30 | 1.76 | 26.86 | 12.01 | 9.92 | 0.408 | 1.80 | 4.01 |
| | | | 8 | | 15.989 | 12.551 | 0.403 | 256.77 | 519.99 | 83.49 | 137.85 | 49.15 | 4.01 | 2.28 | 1.75 | 30.41 | 13.56 | 11.18 | 0.407 | 1.84 | 4.06 |
| | | | 10 | | 19.712 | 15.474 | 0.402 | 312.04 | 650.09 | 100.67 | 173.40 | 59.45 | 3.98 | 2.26 | 1.74 | 37.33 | 16.56 | 13.64 | 0.404 | 1.92 | 4.14 |
| | | | 12 | | 23.351 | 18.330 | 0.402 | 364.41 | 780.39 | 116.67 | 209.67 | 69.35 | 3.95 | 2.24 | 1.72 | 44.01 | 19.43 | 16.01 | 0.404 | 2.00 | 4.22 |
| 14/9 | 140 | 90 | 8 | 12 | 18.038 | 14.160 | 0.453 | 365.64 | 730.53 | 120.69 | 195.79 | 70.83 | 4.50 | 2.59 | 1.98 | 38.48 | 17.34 | 14.31 | 0.400 | 2.04 | 4.50 |
| | | | 10 | | 22.261 | 17.475 | 0.452 | 445.50 | 913.20 | 140.03 | 245.92 | 85.82 | 4.47 | 2.56 | 1.96 | 47.31 | 21.22 | 17.48 | 0.411 | 2.12 | 4.58 |
| | | | 12 | | 26.400 | 20.724 | 0.451 | 521.59 | 1096.09 | 169.79 | 296.89 | 100.21 | 4.44 | 2.54 | 1.95 | 55.87 | 24.95 | 20.54 | 0.409 | 2.19 | 4.66 |
| | | | 14 | | 30.456 | 23.908 | 0.451 | 594.10 | 1279.26 | 192.10 | 348.82 | 114.13 | 4.42 | 2.51 | 1.94 | 64.18 | 28.54 | 23.52 | 0.406 | 2.27 | 4.74 |
| 15/9 | 150 | 90 | 8 | 12 | 18.839 | 14.788 | 0.473 | 442.05 | 898.35 | 122.80 | 195.96 | 74.14 | 4.84 | 2.55 | 1.98 | 43.86 | 17.47 | 14.48 | 0.403 | 1.97 | 4.92 |
| | | | 10 | | 23.261 | 18.260 | 0.472 | 539.24 | 1122.85 | 148.62 | 246.26 | 89.86 | 4.81 | 2.53 | 1.97 | 53.97 | 21.38 | 17.69 | 0.364 | 2.05 | 5.01 |
| | | | 12 | | 27.600 | 21.666 | 0.471 | 632.08 | 1347.50 | 172.85 | 297.46 | 104.95 | 4.79 | 2.50 | 1.95 | 63.79 | 25.14 | 20.80 | 0.362 | 2.12 | 5.09 |
| | | | 14 | | 31.856 | 25.007 | 0.471 | 720.77 | 1572.38 | 195.62 | 349.74 | 119.53 | 4.76 | 2.48 | 1.94 | 73.33 | 28.77 | 23.84 | 0.359 | 2.20 | 5.17 |
| | | | 15 | | 33.952 | 26.652 | 0.471 | 763.62 | 1684.93 | 206.50 | 376.33 | 126.67 | 4.74 | 2.47 | 1.93 | 77.99 | 30.53 | 25.33 | 0.356 | 2.24 | 5.21 |
| | | | 16 | | 36.027 | 28.281 | 0.470 | 805.51 | 1797.55 | 217.07 | 403.24 | 133.72 | 4.73 | 2.45 | 1.93 | 82.60 | 32.27 | 26.82 | 0.354 | 2.27 | 5.25 |
| 16/10 | 160 | 100 | 10 | 13 | 25.315 | 19.872 | 0.512 | 668.69 | 1362.69 | 205.03 | 336.59 | 121.74 | 5.14 | 2.85 | 2.19 | 62.13 | 26.56 | 21.92 | 0.352 | 2.28 | 5.24 |
| | | | 12 | | 30.054 | 23.592 | 0.511 | 784.91 | 1635.56 | 239.06 | 405.94 | 142.33 | 5.11 | 2.82 | 2.17 | 73.49 | 31.28 | 25.79 | 0.390 | 2.36 | 5.32 |
| | | | 14 | | 34.709 | 27.247 | 0.510 | 896.30 | 1908.50 | 271.20 | 476.42 | 162.23 | 5.08 | 2.80 | 2.16 | 84.56 | 35.83 | 29.56 | 0.388 | 2.43 | 5.40 |
| | | | 16 | | 39.281 | 30.835 | 0.510 | 1003.04 | 2181.79 | 301.60 | 548.22 | 182.57 | 5.05 | 2.77 | 2.16 | 95.33 | 40.24 | 33.44 | 0.385 | 2.51 | 5.48 |
| 18/11 | 180 | 110 | 10 | 14 | 28.373 | 22.273 | 0.571 | 956.25 | 1940.40 | 278.11 | 447.22 | 166.50 | 5.80 | 3.13 | 2.42 | 78.96 | 32.49 | 26.88 | 0.382 | 2.44 | 5.89 |
| | | | 12 | | 33.712 | 26.440 | 0.571 | 1124.72 | 2328.38 | 325.03 | 538.94 | 194.87 | 5.78 | 3.10 | 2.40 | 93.53 | 38.32 | 31.66 | 0.376 | 2.52 | 5.98 |
| | | | 14 | | 38.967 | 30.589 | 0.570 | 1286.91 | 2716.60 | 369.55 | 631.95 | 222.30 | 5.75 | 3.08 | 2.39 | 107.76 | 43.97 | 36.32 | 0.374 | 2.59 | 6.06 |
| | | | 16 | | 44.139 | 34.649 | 0.569 | 1443.06 | 3105.15 | 411.85 | 726.46 | 248.94 | 5.72 | 3.06 | 2.38 | 121.64 | 49.44 | 40.87 | 0.372 | 2.67 | 6.14 |
| 20/12.5 | 200 | 125 | 12 | 14 | 37.912 | 29.761 | 0.641 | 1570.90 | 3193.85 | 483.16 | 787.74 | 285.79 | 6.44 | 3.57 | 2.74 | 116.73 | 49.99 | 41.23 | 0.369 | 2.83 | 6.54 |
| | | | 14 | | 43.687 | 34.436 | 0.640 | 1800.97 | 3726.17 | 550.83 | 922.47 | 326.58 | 6.41 | 3.54 | 2.73 | 134.65 | 57.44 | 47.34 | 0.392 | 2.91 | 6.62 |
| | | | 16 | | 49.739 | 39.045 | 0.639 | 2023.35 | 4258.88 | 615.44 | 1058.86 | 366.21 | 6.38 | 3.52 | 2.71 | 152.18 | 64.89 | 53.32 | 0.390 | 2.99 | 6.70 |
| | | | 18 | | 55.526 | 43.588 | 0.639 | 2238.30 | 4792.00 | 677.19 | 1197.13 | 404.83 | 6.35 | 3.49 | 2.70 | 169.33 | 71.74 | 59.18 | 0.388 | 3.06 | 6.78 |

注：1. 截面图中的 $r_1 = 1/3d$。
2. 表中 r 的数据用于孔型设计，不做交货条件。

**1.4.6　热轧 L 型钢**（表 1.5-33）　　　　　　　**1.4.7　热轧 H 型钢和部分 T 型钢**（表 1.5-34 和表 1.5-35）

**表 1.5-33　热轧 L 型钢截面尺寸、截面面积、理论质量及截面特性**（摘自 GB/T 706—2008）

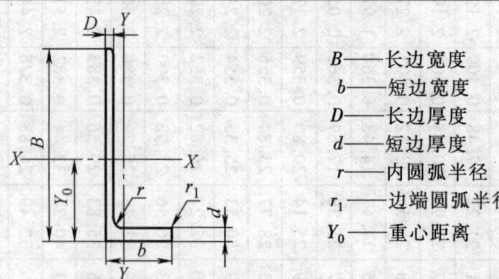

B——长边宽度
b——短边宽度
D——长边厚度
d——短边厚度
r——内圆弧半径
r₁——边端圆弧半径
Y₀——重心距离

| 型　　号 | 截面尺寸/mm | | | | | | 截面面积 /cm² | 理论质量 /(kg/m) | 惯性矩 $I_x$/cm⁴ | 重心距离 $Y_0$/cm |
|---|---|---|---|---|---|---|---|---|---|---|
| | B | b | D | d | r | r₁ | | | | |
| L250×90×9×13 | 250 | 90 | 9 | 13 | 15 | 7.5 | 33.4 | 26.2 | 2190 | 8.64 |
| L250×90×10.5×15 | | | 10.5 | 15 | | | 38.5 | 30.3 | 2510 | 8.76 |
| L250×90×11.5×16 | | | 11.5 | 16 | | | 41.7 | 32.7 | 2710 | 8.90 |
| L300×100×10.5×15 | 300 | 100 | 10.5 | 15 | 20 | 10 | 45.3 | 35.6 | 4290 | 10.6 |
| L300×100×11.5×16 | | | 11.5 | 16 | | | 49.0 | 38.5 | 4630 | 10.7 |
| L350×120×10.5×16 | 350 | 120 | 10.5 | 16 | | | 54.9 | 43.1 | 7110 | 12.0 |
| L350×120×11.5×18 | | | 11.5 | 18 | | | 60.4 | 47.4 | 7780 | 12.0 |
| L400×120×11.5×23 | 400 | 120 | 11.5 | 23 | | | 71.6 | 56.2 | 11900 | 13.3 |
| L450×120×11.5×25 | 450 | 120 | 11.5 | 25 | | | 79.5 | 62.4 | 16800 | 15.1 |
| L500×120×12.5×33 | 500 | 120 | 12.5 | 33 | | | 98.6 | 77.4 | 25500 | 16.5 |
| L500×120×13.5×35 | | | 13.5 | 35 | | | 105.0 | 82.8 | 27100 | 16.6 |

**表 1.5-34　热轧 H 型钢尺寸规格**（摘自 GB/T 11263—2005）

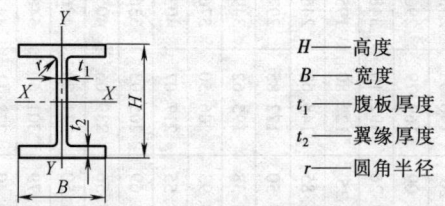

H——高度
B——宽度
t₁——腹板厚度
t₂——翼缘厚度
r——圆角半径

| 类别 | 型号 (高度×宽度) /mm | 截面尺寸/mm | | | | | 截面面积 /cm² | 理论质量 /(kg/m) | 惯性矩/cm⁴ | | 惯性半径/cm | | 截面系数/cm³ | |
|---|---|---|---|---|---|---|---|---|---|---|---|---|---|---|
| | | H | B | t₁ | t₂ | r | | | $I_x$ | $I_y$ | $i_x$ | $i_y$ | $W_x$ | $W_y$ |
| HW（宽翼缘型） | 100×100 | 100 | 100 | 6 | 8 | 8 | 21.59 | 16.9 | 386 | 134 | 4.23 | 2.49 | 77.1 | 26.7 |
| | 125×125 | 125 | 125 | 6.5 | 9 | 8 | 30.00 | 23.6 | 843 | 293 | 5.30 | 3.13 | 135 | 46.9 |
| | 150×150 | 150 | 150 | 7 | 10 | 8 | 39.65 | 31.1 | 1620 | 563 | 6.39 | 3.77 | 216 | 75.1 |
| | 175×175 | 175 | 175 | 7.5 | 11 | 13 | 51.43 | 40.4 | 2918 | 983 | 7.53 | 4.37 | 334 | 112 |
| | 200×200 | 200 | 200 | 8 | 12 | 13 | 63.53 | 49.9 | 4717 | 1601 | 8.62 | 5.02 | 472 | 160 |
| | | 200 | 204 | 12 | 12 | 13 | 71.53 | 56.2 | 4984 | 1701 | 8.35 | 4.88 | 498 | 167 |
| HW（宽翼缘型） | 250×250 | 244 | 252 | 11 | 11 | 13 | 81.31 | 63.8 | 8573 | 2937 | 10.27 | 6.01 | 703 | 233 |
| | | 250 | 250 | 9 | 14 | 13 | 91.43 | 71.8 | 10689 | 3648 | 10.81 | 6.32 | 855 | 292 |
| | | 250 | 255 | 14 | 14 | 13 | 103.93 | 81.6 | 11340 | 3875 | 10.45 | 6.11 | 907 | 304 |
| | 300×300 | 294 | 302 | 12 | 12 | 13 | 106.33 | 83.5 | 16384 | 5513 | 12.41 | 7.20 | 1115 | 365 |
| | | 300 | 300 | 10 | 15 | 13 | 118.45 | 93.0 | 20010 | 6753 | 13.00 | 7.55 | 1334 | 450 |
| | | 300 | 305 | 15 | 15 | 13 | 133.45 | 104.8 | 21135 | 7102 | 12.58 | 7.29 | 1409 | 466 |
| | 350×350 | 338 | 351 | 13 | 13 | 13 | 133.27 | 104.6 | 27352 | 9376 | 14.33 | 8.39 | 1618 | 534 |
| | | 344 | 348 | 10 | 16 | 13 | 144.01 | 113.0 | 32545 | 11242 | 15.03 | 8.84 | 1892 | 646 |
| | | 344 | 354 | 16 | 16 | 13 | 164.65 | 129.3 | 34581 | 11841 | 14.49 | 8.48 | 2011 | 669 |
| | | 350 | 350 | 12 | 19 | 13 | 171.89 | 134.9 | 39637 | 13582 | 15.19 | 8.89 | 2265 | 776 |
| | | 350 | 357 | 19 | 19 | 13 | 196.39 | 154.2 | 42138 | 14427 | 14.65 | 8.57 | 2408 | 808 |
| | 400×400 | 388 | 402 | 15 | 15 | 22 | 178.45 | 140.1 | 48040 | 16255 | 16.41 | 9.54 | 2476 | 809 |
| | | 394 | 398 | 11 | 18 | 22 | 186.81 | 146.6 | 55597 | 18920 | 17.25 | 10.06 | 2822 | 951 |

（续）

| 类别 | 型号（高度×宽度）/mm | 截面尺寸/mm | | | | | 截面面积/cm² | 理论质量/(kg/m) | 惯性矩/cm⁴ | | 惯性半径/cm | | 截面系数/cm³ | |
|---|---|---|---|---|---|---|---|---|---|---|---|---|---|---|
| | | $H$ | $B$ | $t_1$ | $t_2$ | $r$ | | | $I_x$ | $I_y$ | $i_x$ | $i_y$ | $W_x$ | $W_y$ |
| HW（宽翼缘型） | 400×400 | 394 | 405 | 18 | 18 | 22 | 214.39 | 168.3 | 59165 | 19951 | 16.61 | 9.65 | 3003 | 985 |
| | | 400 | 400 | 13 | 21 | 22 | 218.69 | 171.7 | 66455 | 22410 | 17.43 | 10.12 | 3323 | 1120 |
| | | 400 | 408 | 21 | 21 | 22 | 250.69 | 196.8 | 70722 | 23804 | 16.80 | 9.74 | 3536 | 1167 |
| | | 414 | 405 | 18 | 28 | 22 | 295.39 | 231.9 | 93518 | 31022 | 17.79 | 10.25 | 4518 | 1532 |
| | | 428 | 407 | 20 | 35 | 22 | 360.65 | 283.1 | 120892 | 39357 | 18.31 | 10.45 | 5649 | 1934 |
| | | 458 | 417 | 30 | 50 | 22 | 528.55 | 414.9 | 190939 | 60516 | 19.01 | 10.70 | 8338 | 2902 |
| | | 498* | 432 | 45 | 70 | 22 | 770.05 | 604.5 | 304730 | 94346 | 19.89 | 11.07 | 12238 | 4368 |
| | 500×500* | 492 | 465 | 15 | 20 | 22 | 257.95 | 202.5 | 115559 | 33531 | 21.17 | 11.40 | 4698 | 1442 |
| | | 502 | 465 | 15 | 25 | 22 | 304.45 | 239.0 | 145012 | 41910 | 21.82 | 11.73 | 5777 | 1803 |
| | | 502 | 470 | 20 | 25 | 22 | 329.55 | 258.7 | 150283 | 43295 | 21.35 | 11.46 | 5987 | 1842 |
| HM（中翼缘型） | 150×100 | 148 | 100 | 6 | 9 | 8 | 26.35 | 20.7 | 995.3 | 150.3 | 6.15 | 2.39 | 134.5 | 30.1 |
| | 200×150 | 194 | 150 | 6 | 9 | 8 | 38.11 | 29.9 | 2586 | 506.6 | 8.24 | 3.65 | 266.6 | 67.6 |
| | 250×175 | 244 | 175 | 7 | 11 | 13 | 55.49 | 43.6 | 5908 | 983.5 | 10.32 | 4.21 | 484.3 | 112.4 |
| | 300×200 | 294 | 200 | 8 | 12 | 13 | 71.05 | 55.8 | 10858 | 1602 | 12.36 | 4.75 | 738.6 | 160.2 |
| | 350×250 | 340 | 250 | 9 | 14 | 13 | 99.53 | 78.1 | 20867 | 3648 | 14.48 | 6.05 | 1227 | 291.9 |
| | 400×300 | 390 | 300 | 10 | 16 | 13 | 133.25 | 104.6 | 37363 | 7203 | 16.75 | 7.35 | 1916 | 480.2 |
| | 450×300 | 440 | 300 | 11 | 18 | 13 | 153.89 | 120.8 | 54067 | 8105 | 18.74 | 7.26 | 2458 | 540.3 |
| | 500×300 | 482 | 300 | 11 | 15 | 13 | 141.17 | 110.8 | 57212 | 6756 | 20.13 | 6.92 | 2374 | 450.4 |
| | | 488 | 300 | 11 | 18 | 13 | 159.17 | 124.9 | 67916 | 8106 | 20.66 | 7.14 | 2783 | 540.4 |
| | 550×300 | 544 | 300 | 11 | 15 | 13 | 147.99 | 116.2 | 74874 | 6756 | 22.49 | 6.76 | 2753 | 450.4 |
| | | 550 | 300 | 11 | 18 | 13 | 165.99 | 130.3 | 88470 | 8106 | 23.09 | 6.99 | 3217 | 540.4 |
| | 600×300 | 582 | 300 | 12 | 17 | 13 | 169.21 | 132.8 | 97287 | 7659 | 23.98 | 6.73 | 3343 | 510.6 |
| | | 588 | 300 | 12 | 20 | 13 | 187.21 | 147.0 | 112827 | 9009 | 24.55 | 6.94 | 3838 | 600.6 |
| | | 594 | 302 | 14 | 23 | 13 | 217.09 | 170.4 | 132179 | 10572 | 24.68 | 6.98 | 4450 | 700.1 |
| HN（窄翼缘型） | 100×50 | 100 | 50 | 5 | 7 | 8 | 11.85 | 9.3 | 191.0 | 14.7 | 4.02 | 1.11 | 38.2 | 5.9 |
| | 125×60 | 125 | 60 | 6 | 8 | 8 | 16.69 | 13.1 | 407.7 | 29.1 | 4.94 | 1.32 | 65.2 | 9.7 |
| | 150×75 | 150 | 75 | 5 | 7 | 8 | 17.85 | 14.0 | 645.7 | 49.4 | 6.01 | 1.66 | 86.1 | 13.2 |
| | 175×90 | 175 | 90 | 5 | 8 | 8 | 22.90 | 18.0 | 1174 | 97.4 | 7.16 | 2.06 | 134.2 | 21.6 |
| | 200×100 | 198 | 99 | 4.5 | 7 | 8 | 22.69 | 17.8 | 1484 | 113.4 | 8.09 | 2.24 | 149.9 | 22.9 |
| | | 200 | 100 | 5.5 | 8 | 8 | 26.67 | 20.9 | 1753 | 133.7 | 8.11 | 2.24 | 175.3 | 26.7 |
| | 250×125 | 248 | 124 | 5 | 8 | 8 | 31.99 | 25.1 | 3346 | 254.5 | 10.23 | 2.82 | 269.8 | 41.1 |
| | | 250 | 125 | 6 | 9 | 8 | 36.97 | 29.0 | 3868 | 293.5 | 10.23 | 2.82 | 309.4 | 47.0 |
| | 300×150 | 298 | 149 | 5.5 | 8 | 13 | 40.80 | 32.0 | 5911 | 441.7 | 12.04 | 3.29 | 396.7 | 59.3 |
| | | 300 | 150 | 6.5 | 9 | 13 | 46.78 | 36.7 | 6829 | 507.2 | 12.08 | 3.29 | 455.3 | 67.6 |
| | 350×175 | 346 | 174 | 6 | 9 | 13 | 52.45 | 41.2 | 10456 | 791.1 | 14.12 | 3.88 | 604.4 | 90.9 |
| | | 350 | 175 | 7 | 11 | 13 | 62.91 | 49.4 | 12980 | 983.8 | 14.36 | 3.95 | 741.7 | 112.4 |
| | 400×150 | 400 | 150 | 8 | 13 | 13 | 70.37 | 55.2 | 17906 | 733.2 | 15.95 | 3.23 | 895.3 | 97.8 |
| | 400×200 | 396 | 199 | 7 | 11 | 13 | 71.41 | 56.1 | 19023 | 1446 | 16.32 | 4.50 | 960.8 | 145.3 |
| | | 400 | 200 | 8 | 13 | 13 | 83.37 | 65.4 | 22775 | 1735 | 16.53 | 4.56 | 1139 | 173.5 |
| | 450×200 | 446 | 199 | 8 | 12 | 13 | 82.97 | 65.1 | 27146 | 1578 | 18.09 | 4.36 | 1217 | 158.6 |
| | | 450 | 200 | 9 | 14 | 13 | 95.43 | 74.9 | 31973 | 1870 | 18.30 | 4.43 | 1421 | 187.0 |
| | 500×200 | 496 | 199 | 9 | 14 | 13 | 99.29 | 77.9 | 39628 | 1842 | 19.98 | 4.31 | 1598 | 185.1 |
| | | 500 | 200 | 10 | 16 | 13 | 112.25 | 88.1 | 45685 | 2138 | 20.17 | 4.36 | 1827 | 213.8 |
| | | 506 | 201 | 11 | 19 | 13 | 129.31 | 101.5 | 54478 | 2577 | 20.53 | 4.46 | 2153 | 256.4 |
| | 550×200 | 546 | 199 | 9 | 14 | 13 | 103.79 | 81.5 | 49245 | 1842 | 21.78 | 4.21 | 1804 | 185.2 |
| | | 550 | 200 | 10 | 16 | 13 | 117.25 | 92.0 | 56695 | 2138 | 21.99 | 4.27 | 2062 | 213.8 |
| | 600×200 | 596 | 199 | 10 | 15 | 13 | 117.75 | 92.4 | 64739 | 1975 | 23.45 | 4.10 | 2172 | 198.5 |
| | | 600 | 200 | 11 | 17 | 13 | 131.71 | 103.4 | 73749 | 2273 | 23.66 | 4.15 | 2458 | 227.3 |
| | | 606 | 201 | 12 | 20 | 13 | 149.77 | 117.6 | 86656 | 2716 | 24.05 | 4.26 | 2860 | 270.2 |
| | 650×300 | 646 | 299 | 10 | 15 | 13 | 152.75 | 119.9 | 107794 | 6688 | 26.56 | 6.62 | 3337 | 447.4 |
| | | 650 | 300 | 11 | 17 | 13 | 171.21 | 134.4 | 122739 | 7657 | 26.77 | 6.69 | 3777 | 510.5 |
| | | 656 | 301 | 12 | 20 | 13 | 195.77 | 153.7 | 144433 | 9100 | 27.16 | 6.82 | 4403 | 604.6 |
| | 700×300 | 692 | 300 | 13 | 20 | 18 | 207.54 | 162.9 | 164101 | 9014 | 28.12 | 6.59 | 4743 | 600.9 |
| | | 700 | 300 | 13 | 24 | 18 | 231.54 | 181.8 | 193622 | 10814 | 28.92 | 6.83 | 5532 | 720.9 |

（续）

| 类别 | 型号<br>（高度×宽度）<br>/mm | 截面尺寸/mm |||||  截面<br>面积<br>/cm² | 理论<br>质量<br>/(kg/m) | 惯性矩/cm⁴ || 惯性半径/cm || 截面系数/cm³ ||
|---|---|---|---|---|---|---|---|---|---|---|---|---|---|---|
| | | $H$ | $B$ | $t_1$ | $t_2$ | $r$ | | | $I_x$ | $I_y$ | $i_x$ | $i_y$ | $W_x$ | $W_y$ |
| HN（窄翼缘型） | 750×300 | 734 | 299 | 12 | 16 | 18 | 182.70 | 143.4 | 155539 | 7140 | 29.18 | 6.25 | 4238 | 477.6 |
| | | 742 | 300 | 13 | 20 | 18 | 214.04 | 168.0 | 191989 | 9015 | 29.95 | 6.49 | 5175 | 601.0 |
| | | 750 | 300 | 13 | 24 | 18 | 238.04 | 186.9 | 225863 | 10815 | 30.80 | 6.74 | 6023 | 721.0 |
| | | 758 | 303 | 16 | 28 | 18 | 284.78 | 223.6 | 271350 | 13008 | 30.87 | 6.76 | 7160 | 858.6 |
| | 800×300 | 792 | 300 | 14 | 22 | 18 | 239.50 | 188.0 | 242399 | 9919 | 31.81 | 6.44 | 6121 | 661.3 |
| | | 800 | 300 | 14 | 26 | 18 | 263.50 | 206.8 | 280925 | 11719 | 32.65 | 6.67 | 7023 | 781.3 |
| | 850×300 | 834 | 298 | 14 | 19 | 18 | 227.46 | 178.6 | 243858 | 8400 | 32.74 | 6.08 | 5848 | 563.8 |
| | | 842 | 299 | 15 | 23 | 18 | 259.72 | 203.9 | 291216 | 10271 | 33.49 | 6.29 | 6917 | 687.0 |
| | | 850 | 300 | 16 | 27 | 18 | 292.14 | 229.3 | 339670 | 12179 | 34.10 | 6.46 | 7992 | 812.0 |
| | | 858 | 301 | 17 | 31 | 18 | 324.72 | 254.9 | 389234 | 14125 | 34.62 | 6.60 | 9073 | 938.5 |
| | 900×300 | 890 | 299 | 15 | 23 | 18 | 266.92 | 209.5 | 330588 | 10273 | 35.19 | 6.20 | 7429 | 687.1 |
| | | 900 | 300 | 16 | 28 | 18 | 305.82 | 240.1 | 397241 | 12631 | 36.04 | 6.43 | 8828 | 842.1 |
| | | 912 | 302 | 18 | 34 | 18 | 360.06 | 282.6 | 484615 | 15652 | 36.69 | 6.59 | 10628 | 1037 |
| | 1000×300 | 970 | 297 | 16 | 21 | 18 | 276.00 | 216.7 | 382977 | 9203 | 37.25 | 5.77 | 7896 | 619.7 |
| | | 980 | 298 | 17 | 26 | 18 | 315.50 | 247.7 | 462157 | 11508 | 38.27 | 6.04 | 9432 | 772.3 |
| | | 990 | 298 | 17 | 31 | 18 | 345.30 | 271.1 | 535201 | 13713 | 39.37 | 6.30 | 10812 | 920.3 |
| | | 1000 | 300 | 19 | 36 | 18 | 395.10 | 310.2 | 626396 | 16256 | 39.82 | 6.41 | 12528 | 1084 |
| | | 1008 | 302 | 21 | 40 | 18 | 439.26 | 344.8 | 704572 | 18437 | 40.05 | 6.48 | 13980 | 1221 |
| HT（薄壁型） | 100×50 | 95 | 48 | 3.2 | 4.5 | 8 | 7.62 | 6.0 | 109.7 | 8.4 | 3.79 | 1.05 | 23.1 | 3.5 |
| | | 97 | 49 | 4 | 5.5 | 8 | 9.38 | 7.4 | 141.8 | 10.9 | 3.89 | 1.08 | 29.2 | 4.4 |
| | 100×100 | 96 | 99 | 4.5 | 6 | 8 | 16.21 | 12.7 | 272.7 | 97.1 | 4.10 | 2.45 | 56.8 | 19.6 |
| | 125×60 | 118 | 58 | 3.2 | 4.5 | 8 | 9.26 | 7.3 | 202.4 | 14.7 | 4.68 | 1.26 | 34.3 | 5.1 |
| | | 120 | 59 | 4 | 5.5 | 8 | 11.40 | 8.9 | 259.7 | 18.9 | 4.77 | 1.29 | 43.3 | 6.4 |
| | 125×125 | 119 | 123 | 4.5 | 6 | 8 | 20.12 | 15.8 | 523.6 | 186.2 | 5.10 | 3.04 | 88.0 | 30.3 |
| | 150×75 | 145 | 73 | 3.2 | 4.5 | 8 | 11.47 | 9.0 | 383.2 | 29.3 | 5.78 | 1.60 | 52.9 | 8.0 |
| | | 147 | 74 | 4 | 5.5 | 8 | 14.13 | 11.1 | 488.0 | 37.3 | 5.88 | 1.62 | 66.4 | 10.1 |
| | 150×100 | 139 | 97 | 3.2 | 4.5 | 8 | 13.44 | 10.5 | 447.3 | 68.5 | 5.77 | 2.26 | 64.4 | 14.1 |
| | | 142 | 99 | 4.5 | 6 | 8 | 18.28 | 14.3 | 632.7 | 97.2 | 5.88 | 2.31 | 89.1 | 19.6 |
| | 150×150 | 144 | 148 | 5 | 7 | 8 | 27.77 | 21.8 | 1070 | 378.4 | 6.21 | 3.69 | 148.6 | 51.1 |
| | | 147 | 149 | 6 | 8.5 | 8 | 33.68 | 26.4 | 1338 | 468.9 | 6.30 | 3.73 | 182.1 | 62.9 |
| | 175×90 | 168 | 88 | 3.2 | 4.5 | 8 | 13.56 | 10.6 | 619.6 | 51.2 | 6.76 | 1.94 | 73.8 | 11.6 |
| | | 171 | 89 | 4 | 6 | 8 | 17.59 | 13.8 | 852.1 | 70.6 | 6.96 | 2.00 | 99.7 | 15.9 |
| | 175×175 | 167 | 173 | 5 | 7 | 13 | 33.32 | 26.2 | 1731 | 604.5 | 7.21 | 4.26 | 207.2 | 69.9 |
| | | 172 | 175 | 6.5 | 9.5 | 13 | 44.65 | 35.0 | 2466 | 849.2 | 7.43 | 4.36 | 286.8 | 97.1 |
| | 200×100 | 193 | 98 | 3.2 | 4.5 | 8 | 15.26 | 12.0 | 921.0 | 70.7 | 7.77 | 2.15 | 95.4 | 14.4 |
| | | 196 | 99 | 4 | 6 | 8 | 19.79 | 15.5 | 1260 | 97.2 | 7.98 | 2.22 | 128.6 | 19.6 |
| | 200×150 | 188 | 149 | 4.5 | 6 | 8 | 26.35 | 20.7 | 1669 | 331.0 | 7.96 | 3.54 | 177.6 | 44.4 |
| | 200×200 | 192 | 198 | 6 | 8 | 13 | 43.69 | 34.3 | 2984 | 1036 | 8.26 | 4.87 | 310.8 | 104.6 |
| | 250×125 | 244 | 124 | 4.5 | 6 | 8 | 25.87 | 20.3 | 2529 | 190.9 | 9.89 | 2.72 | 207.3 | 30.8 |
| | 250×175 | 238 | 173 | 4.5 | 8 | 13 | 39.12 | 30.7 | 4045 | 690.8 | 10.17 | 4.20 | 339.9 | 79.9 |
| | 300×150 | 294 | 148 | 4.5 | 6 | 13 | 31.90 | 25.0 | 4342 | 324.6 | 11.67 | 3.19 | 295.4 | 43.9 |
| | 300×200 | 286 | 198 | 6 | 8 | 13 | 49.33 | 38.7 | 7000 | 1036 | 11.91 | 4.58 | 489.5 | 104.6 |
| | 350×175 | 340 | 173 | 4.5 | 6 | 13 | 36.97 | 29.0 | 6823 | 518.3 | 13.58 | 3.74 | 401.3 | 59.9 |
| | 400×150 | 390 | 148 | 6 | 8 | 13 | 47.57 | 37.3 | 10900 | 433.2 | 15.14 | 3.02 | 559.0 | 58.5 |
| | 400×200 | 390 | 198 | 6 | 8 | 13 | 55.57 | 43.6 | 13819 | 1036 | 15.77 | 4.32 | 708.7 | 104.6 |

注：1. H 型钢的化学成分和力学性能应符合 GB/T 700—2006（碳素结构钢）、GB/T 712—2011（船体用结构钢）、GB/T 714—2008（桥梁、建筑用碳素钢）、GB/T 1591—2008（低合金高强度结构钢）、GB/T 4171—2008（高耐候结构钢）的规定。H 型钢以热轧状态交货。

2. 型号同一范围的产品，其内侧尺寸高度是一致的。

3. "＊"表示的规格，目前国内尚未生产。

4. 标记：高 800mm、宽度 300mm、腹板厚度 14mm、翼缘厚度 26mm 的热轧 H 型钢，标记为：H800×300×14×26GB/T 11263—2005。

### 表 1.5-35　热轧剖分 T 型尺寸规格（GB/T 11263—2005）

h——高度　　　　B——宽度
$t_1$——腹板厚度　　$t_2$——翼缘厚度
$C_x$——质心距离　　r——圆角半径

| 类别 | 规格尺寸(高度×宽度)/mm | 截面尺寸/mm | | | | | 截面面积/cm² | 理论质量/(kg/m) | 惯性矩/cm⁴ | | 惯性半径/cm | | 截面系数/cm³ | | 质心距离 | 对应H型钢系列型号 |
|---|---|---|---|---|---|---|---|---|---|---|---|---|---|---|---|---|
| | | h | B | $t_1$ | $t_2$ | r | | | $I_x$ | $I_y$ | $i_x$ | $i_y$ | $W_x$ | $W_y$ | $C_x$ | |
| TW（宽翼缘剖分型） | 50×100 | 50 | 100 | 6 | 8 | 8 | 10.79 | 8.47 | 16.7 | 67.7 | 1.23 | 2.49 | 4.2 | 13.5 | 1.00 | 100×100 |
| | 62.5×125 | 62.5 | 125 | 6.5 | 9 | 8 | 15.00 | 11.8 | 35.2 | 147.1 | 1.53 | 3.13 | 6.9 | 23.5 | 1.19 | 125×125 |
| | 75×150 | 75 | 150 | 7 | 10 | 8 | 19.82 | 15.6 | 66.6 | 281.9 | 1.83 | 3.77 | 10.9 | 37.6 | 1.37 | 150×150 |
| | 87.5×175 | 87.5 | 175 | 7.5 | 11 | 13 | 25.71 | 20.2 | 115.8 | 494.4 | 2.12 | 4.38 | 16.1 | 56.5 | 1.55 | 175×175 |
| | 100×200 | 100 | 200 | 8 | 12 | 13 | 31.77 | 24.9 | 185.6 | 803.3 | 2.42 | 5.03 | 22.4 | 80.3 | 1.73 | 200×200 |
| | | 100 | 204 | 12 | 12 | 13 | 35.77 | 28.1 | 256.3 | 853.6 | 2.68 | 4.89 | 32.4 | 83.7 | 2.09 | |
| | 125×250 | 125 | 250 | 9 | 14 | 13 | 45.72 | 35.9 | 413.0 | 1827 | 3.01 | 6.32 | 39.6 | 146.1 | 2.08 | 250×250 |
| | | 125 | 255 | 14 | 14 | 13 | 51.97 | 40.8 | 589.3 | 1941 | 3.37 | 6.11 | 59.4 | 152.2 | 2.58 | |
| | 150×300 | 147 | 302 | 12 | 12 | 13 | 53.17 | 41.7 | 855.8 | 2760 | 4.01 | 7.20 | 72.2 | 182.8 | 2.85 | 300×300 |
| | | 150 | 300 | 10 | 15 | 13 | 59.23 | 46.5 | 798.7 | 3379 | 3.67 | 7.55 | 63.8 | 225.3 | 2.47 | |
| | | 150 | 305 | 15 | 15 | 13 | 66.73 | 52.4 | 1107 | 3554 | 4.07 | 7.30 | 92.6 | 233.1 | 3.04 | |
| | 175×350 | 172 | 348 | 10 | 16 | 13 | 72.01 | 56.5 | 1231 | 5624 | 4.13 | 8.84 | 84.7 | 323.2 | 2.67 | 350×350 |
| | | 175 | 350 | 12 | 19 | 13 | 85.95 | 67.5 | 1520 | 6794 | 4.21 | 8.89 | 103.9 | 388.2 | 2.87 | |
| | 200×400 | 194 | 402 | 15 | 15 | 22 | 89.23 | 70.0 | 2479 | 8150 | 5.27 | 9.56 | 157.9 | 405.5 | 3.70 | 400×400 |
| | | 197 | 398 | 11 | 18 | 22 | 93.41 | 73.3 | 2052 | 9481 | 4.69 | 10.07 | 122.9 | 476.4 | 3.01 | |
| | | 200 | 400 | 13 | 21 | 22 | 109.48 | 85.8 | 2483 | 11227 | 4.77 | 10.13 | 147.9 | 561.3 | 3.21 | |
| | | 200 | 408 | 21 | 21 | 22 | 125.35 | 98.4 | 3654 | 11928 | 5.40 | 9.75 | 229.4 | 584.7 | 4.07 | |
| | | 207 | 405 | 18 | 28 | 22 | 147.70 | 115.9 | 3634 | 15535 | 4.96 | 10.26 | 213.6 | 767.2 | 3.68 | |
| | | 214 | 407 | 20 | 35 | 22 | 180.33 | 141.6 | 4393 | 19704 | 4.94 | 10.45 | 251.0 | 968.2 | 3.90 | |
| TM（中翼缘剖分型） | 75×100 | 74 | 100 | 6 | 9 | 8 | 13.17 | 10.3 | 51.7 | 75.6 | 1.98 | 2.39 | 8.9 | 15.1 | 1.56 | 150×100 |
| | 100×150 | 97 | 150 | 6 | 9 | 8 | 19.05 | 15.0 | 124.4 | 253.7 | 2.56 | 3.65 | 15.8 | 33.8 | 1.80 | 200×150 |
| | 125×175 | 122 | 175 | 7 | 11 | 13 | 27.75 | 21.8 | 288.3 | 494.4 | 3.22 | 4.22 | 29.1 | 56.5 | 2.28 | 250×175 |
| | 150×200 | 147 | 200 | 8 | 12 | 13 | 35.53 | 27.9 | 570.0 | 803.5 | 4.01 | 4.76 | 48.1 | 80.3 | 2.85 | 300×200 |
| | 175×250 | 170 | 250 | 9 | 14 | 13 | 49.77 | 39.1 | 1016 | 1827 | 4.52 | 6.06 | 73.1 | 146.1 | 3.11 | 350×250 |
| | 200×300 | 195 | 300 | 10 | 16 | 13 | 66.63 | 52.3 | 1730 | 3605 | 5.10 | 7.36 | 107.7 | 240.3 | 3.43 | 400×300 |
| | 225×300 | 220 | 300 | 11 | 18 | 13 | 76.95 | 60.4 | 2680 | 4056 | 5.90 | 7.26 | 149.6 | 270.4 | 4.09 | 450×300 |
| | 250×300 | 241 | 300 | 11 | 15 | 13 | 70.59 | 55.4 | 3399 | 3381 | 6.94 | 6.92 | 178.0 | 225.4 | 5.00 | 500×300 |
| | | 244 | 300 | 11 | 18 | 13 | 79.59 | 62.5 | 3615 | 4056 | 6.74 | 7.14 | 183.7 | 270.4 | 4.72 | |
| | 275×300 | 272 | 300 | 11 | 15 | 13 | 74.00 | 58.1 | 4789 | 3381 | 8.04 | 6.76 | 225.4 | 225.4 | 5.96 | 550×300 |
| | | 275 | 300 | 11 | 18 | 13 | 83.00 | 65.2 | 5093 | 4056 | 7.83 | 6.99 | 232.5 | 270.4 | 5.59 | |
| | 300×300 | 291 | 300 | 12 | 17 | 13 | 84.61 | 66.4 | 6324 | 3832 | 8.65 | 6.73 | 280.0 | 255.5 | 6.51 | 600×300 |
| | | 294 | 300 | 12 | 20 | 13 | 93.61 | 73.5 | 6691 | 4507 | 8.45 | 6.94 | 288.1 | 300.5 | 6.17 | |
| | | 297 | 302 | 14 | 23 | 13 | 108.55 | 85.2 | 7917 | 5289 | 8.54 | 6.98 | 339.9 | 350.3 | 6.41 | |
| TN（窄翼缘剖分型） | 50×50 | 50 | 50 | 5 | 7 | 8 | 5.92 | 4.7 | 11.9 | 7.8 | 1.42 | 1.14 | 3.2 | 3.1 | 1.28 | 100×50 |
| | 62.5×60 | 62.5 | 60 | 6 | 8 | 8 | 8.34 | 6.6 | 27.5 | 14.9 | 1.81 | 1.34 | 6.0 | 5.0 | 1.64 | 125×60 |
| | 75×75 | 75 | 75 | 5 | 7 | 8 | 8.92 | 7.0 | 42.4 | 25.1 | 2.18 | 1.68 | 7.4 | 6.7 | 1.79 | 150×75 |
| | 87.5×90 | 87.5 | 90 | 5 | 8 | 8 | 11.45 | 9.0 | 70.5 | 49.1 | 2.48 | 2.07 | 10.3 | 10.9 | 1.93 | 175×90 |
| | 100×100 | 99 | 99 | 4.5 | 7 | 8 | 11.34 | 8.9 | 93.1 | 57.1 | 2.87 | 2.24 | 12.0 | 11.5 | 2.17 | 200×100 |
| | | 100 | 100 | 5.5 | 8 | 8 | 13.33 | 10.5 | 113.9 | 67.2 | 2.92 | 2.25 | 14.8 | 13.4 | 2.31 | |
| | 125×125 | 124 | 124 | 5 | 8 | 8 | 15.99 | 12.6 | 206.7 | 127.6 | 3.59 | 2.82 | 21.2 | 20.6 | 2.66 | 250×125 |
| | | 125 | 125 | 6 | 9 | 8 | 18.48 | 14.5 | 247.5 | 147.1 | 3.66 | 2.82 | 25.5 | 23.5 | 2.81 | |
| | 150×150 | 149 | 149 | 5.5 | 8 | 13 | 20.40 | 16.0 | 390.4 | 223.3 | 4.37 | 3.31 | 33.5 | 30.0 | 3.26 | 300×150 |
| | | 150 | 150 | 6.5 | 9 | 13 | 23.39 | 18.4 | 460.4 | 256.1 | 4.44 | 3.31 | 39.7 | 34.2 | 3.41 | |
| | 175×175 | 173 | 174 | 6 | 9 | 13 | 26.23 | 20.6 | 674.7 | 398.0 | 5.07 | 3.90 | 49.7 | 45.8 | 3.72 | 350×175 |

（续）

| 类别 | 规格尺寸（高度×宽度）/mm | 截面尺寸/mm | | | | | 截面面积/cm² | 理论质量/(kg/m) | 惯性矩/cm⁴ | | 惯性半径/cm | | 截面系数/cm³ | | 质心距离 $C_x$ | 对应H型钢系列型号 |
|---|---|---|---|---|---|---|---|---|---|---|---|---|---|---|---|---|
| | | $h$ | $B$ | $t_1$ | $t_2$ | $r$ | | | $I_x$ | $I_y$ | $i_x$ | $i_y$ | $W_x$ | $W_y$ | | |
| TN（窄翼缘剖分型） | 175×175 | 175 | 175 | 7 | 11 | 13 | 31.46 | 24.7 | 811.1 | 494.5 | 5.08 | 3.96 | 59.0 | 56.5 | 3.76 | 350×175 |
| | 200×200 | 198 | 199 | 7 | 11 | 13 | 35.71 | 28.0 | 1188 | 725.7 | 5.77 | 4.51 | 76.2 | 72.9 | 4.20 | 400×200 |
| | | 200 | 200 | 8 | 13 | 13 | 41.69 | 32.7 | 1392 | 870.3 | 5.78 | 4.57 | 88.4 | 87.0 | 4.26 | |
| | 225×200 | 223 | 199 | 8 | 12 | 13 | 41.49 | 32.6 | 1863 | 791.8 | 6.70 | 4.37 | 108.7 | 79.6 | 5.15 | 450×200 |
| | | 225 | 200 | 9 | 14 | 13 | 47.72 | 37.5 | 2148 | 937.6 | 6.71 | 4.43 | 124.1 | 93.8 | 5.19 | |
| | 250×200 | 248 | 199 | 9 | 14 | 13 | 49.65 | 39.0 | 2820 | 923.8 | 7.54 | 4.31 | 149.8 | 92.8 | 5.97 | 500×200 |
| | | 250 | 200 | 10 | 16 | 13 | 56.13 | 44.1 | 3201 | 1072 | 7.55 | 4.37 | 168.7 | 107.2 | 6.03 | |
| | | 253 | 201 | 11 | 19 | 13 | 64.66 | 50.8 | 3666 | 1292 | 7.53 | 4.47 | 189.9 | 128.5 | 6.00 | |
| | 275×200 | 273 | 199 | 9 | 14 | 13 | 51.90 | 40.7 | 3689 | 924.0 | 8.43 | 4.22 | 180.3 | 92.9 | 6.85 | 550×200 |
| | | 275 | 200 | 10 | 16 | 13 | 58.63 | 46.0 | 4182 | 1072 | 8.45 | 4.28 | 202.9 | 107.2 | 6.89 | |
| | 300×200 | 298 | 199 | 10 | 15 | 13 | 58.88 | 46.2 | 5148 | 990.6 | 9.35 | 4.10 | 235.3 | 99.6 | 7.92 | 600×200 |
| | | 300 | 200 | 11 | 17 | 13 | 65.86 | 51.7 | 5779 | 1140 | 9.37 | 4.16 | 262.1 | 114.0 | 7.95 | |
| | | 303 | 201 | 12 | 20 | 13 | 74.89 | 58.8 | 6554 | 1361 | 9.36 | 4.26 | 292.4 | 135.4 | 7.88 | |
| | 325×300 | 323 | 299 | 10 | 15 | 12 | 76.27 | 59.9 | 7230 | 3346 | 9.74 | 6.62 | 289.0 | 223.8 | 7.28 | 650×300 |
| | | 325 | 300 | 11 | 17 | 13 | 85.61 | 67.2 | 8095 | 3832 | 9.72 | 6.69 | 321.1 | 255.4 | 7.29 | |
| | | 328 | 301 | 12 | 20 | 13 | 97.89 | 76.8 | 9139 | 4553 | 9.66 | 6.82 | 357.0 | 302.5 | 7.20 | |
| | 350×300 | 346 | 300 | 13 | 20 | 13 | 103.11 | 80.9 | 11263 | 4510 | 10.45 | 6.61 | 425.3 | 300.6 | 8.12 | 700×300 |
| | | 350 | 300 | 13 | 24 | 13 | 115.11 | 90.4 | 12018 | 5410 | 10.22 | 6.86 | 439.5 | 360.6 | 7.65 | |
| | 400×300 | 396 | 300 | 14 | 22 | 18 | 119.75 | 94.0 | 17660 | 4970 | 12.14 | 6.44 | 592.1 | 331.3 | 9.77 | 800×300 |
| | | 400 | 300 | 14 | 26 | 18 | 131.75 | 103.4 | 18771 | 5870 | 11.94 | 6.67 | 610.8 | 391.3 | 9.27 | |
| | 450×300 | 445 | 299 | 15 | 23 | 18 | 133.46 | 104.8 | 25897 | 5147 | 13.93 | 6.21 | 790.0 | 344.3 | 11.72 | 900×300 |
| | | 450 | 300 | 16 | 28 | 18 | 152.91 | 120.2 | 29223 | 6327 | 13.82 | 6.43 | 868.5 | 421.8 | 11.35 | |
| | | 456 | 302 | 18 | 34 | 18 | 180.03 | 141.3 | 34345 | 7838 | 13.81 | 6.60 | 1002 | 519.0 | 11.34 | |

注：剖分T型钢的化学成分和力学性能与热轧H型钢相同。

## 1.4.8　冷拉圆钢、方钢和六角钢（表1.5-36）

### 表1.5-36　冷拉圆钢、方钢和六角钢尺寸规格（摘自 GB/T 905—1994）

| 尺寸($d$、$a$、$s$)/mm | 圆钢 | | 方钢 | | 六角钢 | |
|---|---|---|---|---|---|---|
| | 截面面积/mm² | 理论质量/(kg/m) | 截面面积/mm² | 理论质量/(kg/m) | 截面面积/mm² | 理论质量/(kg/m) |
| 3.0 | 7.069 | 0.0555 | 9.000 | 0.0706 | 7.794 | 0.0612 |
| 3.2 | 8.042 | 0.0631 | 10.24 | 0.0804 | 8.868 | 0.0696 |
| 3.5 | 9.621 | 0.0755 | 12.25 | 0.0962 | 10.61 | 0.0833 |
| 4.0 | 12.57 | 0.0986 | 16.00 | 0.126 | 13.86 | 0.109 |
| 4.5 | 15.90 | 0.125 | 20.25 | 0.159 | 17.54 | 0.138 |
| 5.0 | 19.63 | 0.154 | 25.00 | 0.196 | 21.65 | 0.170 |
| 5.5 | 23.76 | 0.187 | 30.25 | 0.237 | 26.20 | 0.206 |
| 6.0 | 28.27 | 0.222 | 36.00 | 0.283 | 31.18 | 0.245 |
| 6.3 | 31.17 | 0.245 | 39.69 | 0.312 | 34.37 | 0.270 |
| 7.0 | 38.48 | 0.302 | 49.00 | 0.385 | 42.44 | 0.333 |
| 7.5 | 44.18 | 0.347 | 56.25 | 0.442 | — | — |
| 8.0 | 50.27 | 0.395 | 64.00 | 0.502 | 55.43 | 0.435 |
| 8.5 | 56.75 | 0.445 | 72.25 | 0.567 | — | — |
| 9.0 | 63.62 | 0.499 | 81.00 | 0.636 | 70.15 | 0.551 |
| 9.5 | 70.88 | 0.556 | 90.25 | 0.708 | — | — |
| 10.0 | 78.54 | 0.617 | 100.0 | 0.785 | 86.60 | 0.680 |
| 10.5 | 86.59 | 0.680 | 110.2 | 0.865 | — | — |

（续）

| 尺寸($d$、$a$、$s$) /mm | 圆钢 | | 方钢 | | 六角钢 | |
|---|---|---|---|---|---|---|
| | 截面面积 /mm² | 理论质量 /(kg/m) | 截面面积 /mm² | 理论质量 /(kg/m) | 截面面积 /mm² | 理论质量 /(kg/m) |
| 11.0 | 95.03 | 0.746 | 121.0 | 0.950 | 104.8 | 0.823 |
| 11.5 | 103.9 | 0.815 | 132.2 | 1.04 | — | — |
| 12.0 | 113.1 | 0.888 | 144.0 | 1.13 | 124.7 | 0.979 |
| 13.0 | 132.7 | 1.04 | 169.0 | 1.33 | 146.4 | 1.15 |
| 14.0 | 153.9 | 1.21 | 196.0 | 1.54 | 169.7 | 1.33 |
| 15.0 | 176.7 | 1.39 | 225.0 | 1.77 | 194.9 | 1.53 |
| 16.0 | 201.1 | 1.58 | 256.0 | 2.01 | 221.7 | 1.74 |
| 17.0 | 227.0 | 1.78 | 289.0 | 2.27 | 250.3 | 1.96 |
| 18.0 | 254.5 | 2.00 | 324.0 | 2.54 | 280.6 | 2.20 |
| 19.0 | 283.5 | 2.23 | 361.0 | 2.83 | 312.6 | 2.45 |
| 20.0 | 314.2 | 2.47 | 400.0 | 3.14 | 346.4 | 2.72 |
| 21.0 | 346.4 | 2.72 | 441.0 | 3.46 | 381.9 | 3.00 |
| 22.0 | 380.1 | 2.98 | 484.0 | 3.80 | 419.2 | 3.29 |
| 24.0 | 452.4 | 3.55 | 576.0 | 4.52 | 498.8 | 3.92 |
| 25.0 | 490.9 | 3.85 | 625.0 | 4.91 | 541.3 | 4.25 |
| 26.0 | 530.9 | 4.17 | 676.0 | 5.31 | 585.4 | 4.60 |
| 28.0 | 615.8 | 4.83 | 784.0 | 6.15 | 679.0 | 5.33 |
| 30.0 | 706.9 | 5.55 | 900.0 | 7.06 | 779.4 | 6.12 |
| 32.0 | 804.2 | 6.31 | 1024 | 8.04 | 886.8 | 6.96 |
| 34.0 | 907.9 | 7.13 | 1156 | 9.07 | 1001 | 7.86 |
| 35.0 | 962.1 | 7.55 | 1225 | 9.62 | — | — |
| 36.0 | — | — | — | — | 1122 | 8.81 |
| 38.0 | 1134 | 8.90 | 1444 | 11.3 | 1251 | 9.82 |
| 40.0 | 1257 | 9.86 | 1600 | 12.6 | 1386 | 10.9 |
| 42.0 | 1385 | 10.9 | 1764 | 13.8 | 1528 | 12.0 |
| 45.0 | 1590 | 12.5 | 2025 | 15.9 | 1754 | 13.8 |
| 48.0 | 1810 | 14.2 | 2304 | 18.1 | 1995 | 15.7 |
| 50.0 | 1968 | 15.4 | 2500 | 19.6 | 2165 | 17.0 |
| 52.0 | 2206 | 17.3 | 2809 | 22.0 | 2433 | 19.1 |
| 55.0 | — | — | — | — | 2620 | 20.5 |
| 56.0 | 2463 | 19.3 | 3136 | 24.6 | — | — |
| 60.0 | 2827 | 22.2 | 3600 | 28.3 | 3118 | 24.5 |
| 63.0 | 3117 | 24.5 | 3969 | 31.2 | — | — |
| 65.0 | — | — | — | — | 3654 | 28.7 |
| 67.0 | 3526 | 27.7 | 4489 | 35.2 | — | — |
| 70.0 | 3848 | 30.2 | 4900 | 38.5 | 4244 | 33.3 |
| 75.0 | 4418 | 34.7 | 5625 | 44.2 | 4871 | 38.2 |
| 80.0 | 5027 | 39.5 | 6400 | 50.2 | 5543 | 43.5 |

注：1. 本表理论质量按密度 7.85kg/dm³ 计算，对高合金钢应按相应牌号的密度计算理论质量。$d$ 为圆钢直径，$a$ 为方钢边长，$s$ 为六角钢对边距离。

    2. 按需方要求，经供需双方协议，可以供应中间尺寸的钢材。

    3. 钢材通常长度为 2000～6000mm，允许交付长度不小于 1500mm 钢材，其质量不超过批总重的 10%，高合金钢钢材允许交付不小于 1000mm 钢材，质量不超过批总重的 10%。按需方要求，可供应长度大于 6000mm 钢材。

    4. 按定尺、倍尺长度交货，应在合同中注明，其长度允许偏差不大于 50mm。

    5. 钢材以直条交货，经双方协议，钢材可成盘交货，盘径和盘重双方协定。

    6. 标记示例：用 40Cr 制造，尺寸偏差为 11 级，直径 $d$（或边长 $a$ 或对边距离 $s$）为 20mm 的冷拉钢材，标记为：冷拉圆钢 $\dfrac{11\text{-}20\text{-}GB/T\ 905\text{—}1994}{40Cr\text{-}GB/T\ 3078\text{—}1994}$

### 1.4.9　冷拔无缝钢管（表1.5-37）

### 1.4.10　无缝钢管（表1.5-38）

表1.5-37　冷拔（轧）结构用无缝钢管尺寸规格（摘自 GB/T 8162—2008）（单位：mm）

| 外径 | 壁厚 | 外径 | 壁厚 | 外径 | 壁厚 | 外径 | 壁厚 |
|---|---|---|---|---|---|---|---|
| 10 | 0.25~3.5 | 28 | 0.4~7.0 | 56 | 1.0~12 | (102) | 1.4~12 |
| 11 | 0.25~3.6 | 29 | 0.4~7.5 | 57 | 1.0~13 | 108 | 1.4~12 |
| 12 | 0.25~4.0 | 30 | 0.4~8.0 | 60 | 1.0~14 | 110 | 1.4~12 |
| (13) | 0.25~4.0 | 32 | 0.4~8.0 | 63 | 1.0~12 | 120 | 1.4~12 |
| 14 | 0.25~4.0 | 34 | 0.4~8.0 | 65 | 1.0~12 | 125 | 1.8~12 |
| (15) | 0.25~5.0 | (35) | 0.4~8.0 | (68) | 1.0~14 | 130 | 2.5~12 |
| 16 | 0.25~5.0 | 36 | 0.4~8.0 | 70 | 1.0~14 | 133 | 2.5~12 |
| (17) | 0.25~5.0 | 38 | 0.4~9.0 | 73 | 1.0~14 | 140 | 3.0~12 |
| 18 | 0.25~50 | 40 | 0.4~9.0 | 75 | 1.0~12 | 150 | 3.0~12 |
| 19 | 0.25~6.0 | 42 | 1.0~9.0 | 76 | 1.0~14 | 160 | 3.5~12 |
| 20 | 0.25~6.0 | 44.5 | 1.0~9.0 | 80 | 1.4~12 | 170 | 3.5~12 |
| (21) | 0.4~6.0 | 45 | 1.0~10 | (83) | 1.4~14 | 180 | 3.5~12 |
| 22 | 0.4~6.0 | 48 | 1.0~10 | 85 | 1.4~12 | 190 | 4.0~12 |
| (23) | 0.4~6.0 | 50 | 1.0~12 | 89 | 1.4~14 | 200 | 4.0~12 |
| (24) | 0.4~7.0 | 51 | 1.0~12 | 90 | 1.4~12 | | |
| 25 | 0.4~7.0 | 53 | 1.0~12 | 95 | 1.4~12 | | |
| 27 | 0.4~7.0 | 54 | 1.0~12 | 100 | 1.4~12 | | |

壁厚系列：0.25、0.30、0.40、0.50、0.60、0.80、1.0、1.2、1.4、1.5、1.6、1.8、2.0、2.2、2.5、2.8、3.0、3.2、3.5、4.0、4.5、5.0、5.5、6.0、6.5、7.0、7.5、8.0、8.5、9.0、9.5、10、11、12、13、14

注：1. 表中带括号的规格，不推荐使用。
　　2. 冷拔（轧）钢管长度为2~10.5m。

表1.5-38　普通无缝钢管外径和壁厚尺寸及单位长度理论质量（摘自 GB/T 17395—2008）

| 外径/mm | | | 壁厚/mm | | | | | | | | | | | | | | | |
|---|---|---|---|---|---|---|---|---|---|---|---|---|---|---|---|---|---|---|
| 系列1 | 系列2 | 系列3 | 0.25 | 0.30 | 0.40 | 0.50 | 0.60 | 0.80 | 1.0 | 1.2 | 1.4 | 1.5 | 1.6 | 1.8 | 2.0 | 2.2 (2.3) | 2.5 (2.6) | 2.8 |
| | | | 单位长度理论质量/(kg/m) | | | | | | | | | | | | | | | |
| | 6 | | 0.035 | 0.042 | 0.055 | 0.068 | 0.080 | 0.103 | 0.123 | 0.142 | 0.159 | 0.166 | 0.174 | 0.186 | 0.197 | | | |
| | 7 | | 0.042 | 0.050 | 0.065 | 0.080 | 0.095 | 0.122 | 0.148 | 0.172 | 0.193 | 0.203 | 0.213 | 0.231 | 0.247 | 0.260 | 0.277 | |
| | 8 | | 0.048 | 0.057 | 0.075 | 0.092 | 0.109 | 0.142 | 0.173 | 0.201 | 0.228 | 0.240 | 0.253 | 0.275 | 0.296 | 0.315 | 0.339 | |
| | 9 | | 0.054 | 0.064 | 0.085 | 0.105 | 0.124 | 0.162 | 0.197 | 0.231 | 0.262 | 0.277 | 0.292 | 0.320 | 0.345 | 0.369 | 0.401 | 0.428 |
| 10(10.2) | | | 0.060 | 0.072 | 0.095 | 0.117 | 0.139 | 0.182 | 0.222 | 0.260 | 0.297 | 0.314 | 0.331 | 0.364 | 0.395 | 0.423 | 0.462 | 0.497 |
| | 11 | | 0.066 | 0.079 | 0.105 | 0.129 | 0.154 | 0.201 | 0.247 | 0.290 | 0.331 | 0.351 | 0.371 | 0.408 | 0.444 | 0.477 | 0.524 | 0.566 |
| | 12 | | 0.072 | 0.087 | 0.114 | 0.142 | 0.169 | 0.221 | 0.271 | 0.320 | 0.366 | 0.388 | 0.410 | 0.453 | 0.493 | 0.532 | 0.586 | 0.635 |
| | | 13(12.7) | 0.079 | 0.094 | 0.124 | 0.154 | 0.183 | 0.241 | 0.296 | 0.349 | 0.401 | 0.425 | 0.450 | 0.497 | 0.543 | 0.586 | 0.647 | 0.704 |
| 13.5 | | | 0.082 | 0.098 | 0.129 | 0.160 | 0.191 | 0.251 | 0.308 | 0.364 | 0.418 | 0.444 | 0.470 | 0.519 | 0.567 | 0.613 | 0.678 | 0.739 |
| | | 14 | 0.085 | 0.101 | 0.134 | 0.166 | 0.198 | 0.260 | 0.321 | 0.379 | 0.435 | 0.462 | 0.489 | 0.542 | 0.592 | 0.640 | 0.709 | 0.773 |
| | 16 | | 0.097 | 0.116 | 0.154 | 0.191 | 0.228 | 0.300 | 0.370 | 0.438 | 0.504 | 0.536 | 0.568 | 0.630 | 0.691 | 0.749 | 0.832 | 0.911 |
| 17(17.2) | | | 0.103 | 0.124 | 0.164 | 0.203 | 0.243 | 0.320 | 0.395 | 0.468 | 0.539 | 0.573 | 0.608 | 0.675 | 0.740 | 0.803 | 0.894 | 0.981 |
| | | 18 | 0.109 | 0.131 | 0.174 | 0.216 | 0.257 | 0.339 | 0.419 | 0.497 | 0.573 | 0.610 | 0.647 | 0.719 | 0.789 | 0.857 | 0.956 | 1.05 |
| | 19 | | 0.116 | 0.138 | 0.183 | 0.228 | 0.272 | 0.359 | 0.444 | 0.527 | 0.608 | 0.647 | 0.687 | 0.764 | 0.838 | 0.911 | 1.02 | 1.12 |
| | 20 | | 0.122 | 0.146 | 0.193 | 0.240 | 0.287 | 0.379 | 0.469 | 0.556 | 0.642 | 0.684 | 0.726 | 0.808 | 0.888 | 0.966 | 1.08 | 1.19 |
| 21(21.3) | | | | | 0.203 | 0.253 | 0.302 | 0.399 | 0.493 | 0.586 | 0.677 | 0.721 | 0.765 | 0.852 | 0.937 | 1.02 | 1.14 | 1.26 |
| | 22 | | | | 0.213 | 0.265 | 0.317 | 0.418 | 0.518 | 0.616 | 0.711 | 0.758 | 0.805 | 0.897 | 0.986 | 1.07 | 1.20 | 1.33 |
| | 25 | | | | 0.243 | 0.302 | 0.361 | 0.477 | 0.592 | 0.704 | 0.815 | 0.869 | 0.923 | 1.03 | 1.13 | 1.24 | 1.39 | 1.53 |
| | | 25.4 | | | 0.247 | 0.307 | 0.367 | 0.485 | 0.602 | 0.716 | 0.829 | 0.884 | 0.939 | 1.05 | 1.15 | 1.26 | 1.41 | 1.56 |
| 27(26.9) | | | | | 0.262 | 0.327 | 0.391 | 0.517 | 0.641 | 0.764 | 0.884 | 0.943 | 1.00 | 1.12 | 1.23 | 1.35 | 1.51 | 1.67 |
| | 28 | | | | 0.272 | 0.339 | 0.405 | 0.537 | 0.666 | 0.793 | 0.918 | 0.980 | 1.04 | 1.16 | 1.28 | 1.40 | 1.57 | 1.74 |

（续）

| 外径/mm | | | 壁　厚/mm | | | | | | | | | | | | | | |
|---|---|---|---|---|---|---|---|---|---|---|---|---|---|---|---|---|---|
| 系列1 | 系列2 | 系列3 | 2.9 (3.0) | 3.2 | 3.5 (3.6) | 4.0 | 4.5 | 5.0 | 5.4 (5.5) | 6.0 | 6.3 (6.5) | 7.0 (7.1) | 7.5 | 8.0 | 8.5 | 8.8 (9.0) | 9.5 | 10 |
| | | | 单位长度理论质量/（kg/m） | | | | | | | | | | | | | | |
| | 6 | | | | | | | | | | | | | | | | |
| | 7 | | | | | | | | | | | | | | | | |
| | 8 | | | | | | | | | | | | | | | | |
| | 9 | | | | | | | | | | | | | | | | |
| 10(10.2) | | | 0.518 | 0.537 | 0.561 | | | | | | | | | | | | |
| | 11 | | 0.592 | 0.616 | 0.647 | | | | | | | | | | | | |
| | 12 | | 0.666 | 0.694 | 0.734 | 0.789 | | | | | | | | | | | |
| | | 13(12.7) | 0.740 | 0.773 | 0.820 | 0.888 | | | | | | | | | | | |
| | 13.5 | | 0.777 | 0.813 | 0.863 | 0.937 | | | | | | | | | | | |
| | | 14 | 0.814 | 0.852 | 0.906 | 0.986 | | | | | | | | | | | |
| | | 16 | 0.962 | 1.01 | 1.08 | 1.18 | 1.28 | 1.36 | | | | | | | | | |
| 17(17.2) | | | 1.04 | 1.09 | 1.17 | 1.28 | 1.39 | 1.48 | | | | | | | | | |
| | 18 | | 1.11 | 1.17 | 1.25 | 1.38 | 1.50 | 1.60 | | | | | | | | | |
| | 19 | | 1.18 | 1.25 | 1.34 | 1.48 | 1.61 | 1.73 | 1.83 | 1.92 | | | | | | | |
| | 20 | | 1.26 | 1.33 | 1.42 | 1.58 | 1.72 | 1.85 | 1.97 | 2.07 | | | | | | | |
| 21(21.3) | | | 1.33 | 1.40 | 1.51 | 1.68 | 1.83 | 1.97 | 2.10 | 2.22 | | | | | | | |
| | | 22 | 1.41 | 1.48 | 1.60 | 1.78 | 1.94 | 2.10 | 2.24 | 2.37 | | | | | | | |
| | 25 | | 1.63 | 1.72 | 1.86 | 2.07 | 2.28 | 2.47 | 2.64 | 2.81 | 2.97 | 3.11 | | | | | |
| | | 25.4 | 1.66 | 1.75 | 1.89 | 2.11 | 2.32 | 2.52 | 2.70 | 2.87 | 3.03 | 3.18 | | | | | |
| 27(26.9) | | | 1.78 | 1.88 | 2.03 | 2.27 | 2.50 | 2.71 | 2.92 | 3.11 | 3.29 | 3.45 | | | | | |
| | 28 | | 1.85 | 1.96 | 2.11 | 2.37 | 2.61 | 2.84 | 3.05 | 3.26 | 3.45 | 3.63 | | | | | |

| 外径/mm | | | 壁　厚/mm | | | | | | | | | | | | | | |
|---|---|---|---|---|---|---|---|---|---|---|---|---|---|---|---|---|---|
| 系列1 | 系列2 | 系列3 | 0.25 | 0.30 | 0.40 | 0.50 | 0.60 | 0.80 | 1.0 | 1.2 | 1.4 | 1.5 | 1.6 | 1.8 | 2.0 | 2.2 (2.3) | 2.5 (2.6) | 2.8 |
| | | | 单位长度理论质量/（kg/m） | | | | | | | | | | | | | | |
| | | 30 | | | 0.292 | 0.364 | 0.435 | 0.576 | 0.715 | 0.852 | 0.987 | 1.05 | 1.12 | 1.25 | 1.38 | 1.51 | 1.70 | 1.88 |
| | 32(31.8) | | | | 0.312 | 0.388 | 0.465 | 0.616 | 0.765 | 0.911 | 1.06 | 1.13 | 1.20 | 1.34 | 1.48 | 1.62 | 1.82 | 2.02 |
| 34(33.7) | | | | | 0.331 | 0.413 | 0.494 | 0.655 | 0.814 | 0.971 | 1.13 | 1.20 | 1.28 | 1.43 | 1.58 | 1.73 | 1.94 | 2.15 |
| | | 35 | | | 0.341 | 0.425 | 0.509 | 0.675 | 0.838 | 1.00 | 1.16 | 1.24 | 1.32 | 1.47 | 1.63 | 1.78 | 2.00 | 2.22 |
| | 38 | | | | 0.371 | 0.462 | 0.553 | 0.734 | 0.912 | 1.09 | 1.26 | 1.35 | 1.44 | 1.61 | 1.78 | 1.94 | 2.19 | 2.43 |
| | 40 | | | | 0.391 | 0.487 | 0.583 | 0.773 | 0.962 | 1.15 | 1.33 | 1.42 | 1.52 | 1.70 | 1.87 | 2.05 | 2.31 | 2.57 |
| 42(42.4) | | | | | | | | | 1.01 | 1.21 | 1.40 | 1.50 | 1.59 | 1.78 | 1.97 | 2.16 | 2.44 | 2.71 |
| | | 45(44.5) | | | | | | | 1.09 | 1.30 | 1.51 | 1.61 | 1.71 | 1.92 | 2.12 | 2.32 | 2.62 | 2.91 |
| 48(48.3) | | | | | | | | | 1.16 | 1.38 | 1.61 | 1.72 | 1.83 | 2.05 | 2.27 | 2.48 | 2.81 | 3.12 |
| | 51 | | | | | | | | 1.23 | 1.47 | 1.71 | 1.83 | 1.95 | 2.18 | 2.42 | 2.65 | 2.99 | 3.33 |
| | | 54 | | | | | | | 1.31 | 1.56 | 1.82 | 1.94 | 2.07 | 2.32 | 2.56 | 2.81 | 3.18 | 3.54 |
| | 57 | | | | | | | | 1.38 | 1.65 | 1.92 | 2.05 | 2.19 | 2.45 | 2.71 | 2.97 | 3.36 | 3.74 |
| 60(60.3) | | | | | | | | | 1.46 | 1.74 | 2.02 | 2.16 | 2.30 | 2.58 | 2.86 | 3.14 | 3.55 | 3.95 |
| | 63(63.5) | | | | | | | | 1.53 | 1.83 | 2.13 | 2.28 | 2.42 | 2.72 | 3.01 | 3.30 | 3.73 | 4.16 |
| | | 65 | | | | | | | 1.58 | 1.89 | 2.20 | 2.35 | 2.50 | 2.81 | 3.11 | 3.41 | 3.85 | 4.30 |
| | 68 | | | | | | | | 1.65 | 1.98 | 2.30 | 2.46 | 2.62 | 2.94 | 3.26 | 3.57 | 4.04 | 4.50 |
| | 70 | | | | | | | | 1.70 | 2.04 | 2.37 | 2.53 | 2.70 | 3.03 | 3.35 | 3.68 | 4.16 | 4.64 |
| | | 73 | | | | | | | 1.78 | 2.12 | 2.47 | 2.64 | 2.82 | 3.16 | 3.50 | 3.84 | 4.35 | 4.85 |
| 76(76.1) | | | | | | | | | 1.85 | 2.21 | 2.58 | 2.76 | 2.94 | 3.29 | 3.65 | 4.00 | 4.53 | 5.05 |
| | 77 | | | | | | | | | | 2.61 | 2.79 | 2.98 | 3.34 | 3.70 | 4.06 | 4.59 | 5.12 |
| | 80 | | | | | | | | | | 2.71 | 2.90 | 3.09 | 3.47 | 3.85 | 4.22 | 4.78 | 5.33 |

（续）

| 外径/mm | | | 壁　厚/mm | | | | | | | | | | | | | | |
|---|---|---|---|---|---|---|---|---|---|---|---|---|---|---|---|---|---|
| 系列1 | 系列2 | 系列3 | 2.9(3.0) | 3.2 | 3.5(3.6) | 4.0 | 4.5 | 5.0 | (5.4)5.5 | 6.0 | (6.3)6.5 | 7.0(7.1) | 7.5 | 8.0 | 8.5 | (8.8)9.0 | 9.5 | 10 |
| | | | 单位长度理论质量/(kg/m) | | | | | | | | | | | | | | |
| | | 30 | 2.00 | 2.11 | 2.29 | 2.56 | 2.83 | 3.08 | 3.32 | 3.55 | 3.77 | 3.97 | 4.16 | 4.34 | | | | |
| | 32(31.8) | | 2.15 | 2.27 | 2.46 | 2.76 | 3.05 | 3.33 | 3.59 | 3.85 | 4.09 | 4.32 | 4.53 | 4.74 | | | | |
| 34(33.7) | | | 2.29 | 2.43 | 2.63 | 2.96 | 3.27 | 3.58 | 3.87 | 4.14 | 4.41 | 4.66 | 4.90 | 5.13 | | | | |
| | | 35 | 2.37 | 2.51 | 2.72 | 3.06 | 3.38 | 3.70 | 4.00 | 4.29 | 4.57 | 4.83 | 5.09 | 5.33 | 5.56 | 5.77 | | |
| | 38 | | 2.59 | 2.75 | 2.98 | 3.35 | 3.72 | 4.07 | 4.41 | 4.74 | 5.05 | 5.35 | 5.64 | 5.92 | 6.18 | 6.44 | 6.68 | 6.91 |
| | 40 | | 2.74 | 2.90 | 3.15 | 3.55 | 3.94 | 4.32 | 4.68 | 5.03 | 5.37 | 5.70 | 6.01 | 6.31 | 6.60 | 6.88 | 7.15 | 7.40 |
| 42(42.4) | | | 2.89 | 3.06 | 3.32 | 3.75 | 4.16 | 4.56 | 4.95 | 5.33 | 5.69 | 6.04 | 6.38 | 6.71 | 7.02 | 7.32 | 7.61 | 7.89 |
| | | 45(44.5) | 3.11 | 3.30 | 3.58 | 4.04 | 4.49 | 4.93 | 5.36 | 5.77 | 6.17 | 6.56 | 6.94 | 7.30 | 7.65 | 7.99 | 8.32 | 8.63 |
| 48(48.3) | | | 3.53 | 3.54 | 3.84 | 4.34 | 4.83 | 5.30 | 5.76 | 6.21 | 6.65 | 7.08 | 7.49 | 7.89 | 8.28 | 8.66 | 9.02 | 9.37 |
| | 51 | | 3.35 | 3.77 | 4.10 | 4.64 | 5.16 | 5.67 | 6.17 | 6.66 | 7.13 | 7.60 | 8.05 | 8.48 | 8.91 | 9.32 | 9.72 | 10.11 |
| | | 54 | 3.77 | 4.01 | 4.36 | 4.93 | 5.49 | 6.04 | 6.58 | 7.10 | 7.61 | 8.11 | 8.60 | 9.08 | 9.54 | 9.99 | 10.43 | 10.85 |
| | 57 | | 4.00 | 4.25 | 4.62 | 5.23 | 5.83 | 6.41 | 6.99 | 7.55 | 8.10 | 8.63 | 9.16 | 9.67 | 10.17 | 10.65 | 11.13 | 11.59 |
| 60(60.3) | | | 4.22 | 4.48 | 4.88 | 5.52 | 6.16 | 6.78 | 7.39 | 7.99 | 8.58 | 9.15 | 9.71 | 10.26 | 10.80 | 11.32 | 11.83 | 12.33 |
| | 63(63.5) | | 4.44 | 4.72 | 5.14 | 5.82 | 6.49 | 7.15 | 7.80 | 8.43 | 9.06 | 9.67 | 10.27 | 10.85 | 11.42 | 11.99 | 12.53 | 13.07 |
| | 65 | | 4.59 | 4.88 | 5.31 | 6.02 | 6.71 | 7.40 | 8.07 | 8.73 | 9.38 | 10.01 | 10.64 | 11.25 | 11.84 | 12.43 | 13.00 | 13.56 |
| | 68 | | 4.81 | 5.11 | 5.57 | 6.31 | 7.05 | 7.77 | 8.48 | 9.17 | 9.86 | 10.53 | 11.19 | 11.84 | 12.47 | 13.10 | 13.71 | 14.30 |
| | 70 | | 4.96 | 5.27 | 5.74 | 6.51 | 7.27 | 8.02 | 8.75 | 9.47 | 10.18 | 10.88 | 11.56 | 12.23 | 12.89 | 13.54 | 14.17 | 14.80 |
| | | 73 | 5.18 | 5.51 | 6.00 | 6.81 | 7.60 | 8.38 | 9.16 | 9.91 | 10.66 | 11.39 | 12.11 | 12.82 | 13.52 | 14.21 | 14.88 | 15.54 |
| 76(76.1) | | | 5.40 | 5.75 | 6.26 | 7.10 | 7.93 | 8.75 | 9.56 | 10.36 | 11.14 | 11.91 | 12.67 | 13.42 | 14.15 | 14.87 | 15.58 | 16.28 |
| | 77 | | 5.47 | 5.82 | 6.34 | 7.20 | 8.05 | 8.88 | 9.70 | 10.51 | 11.30 | 12.08 | 12.85 | 13.61 | 14.36 | 15.09 | 15.81 | 16.52 |
| | 80 | | 5.70 | 6.06 | 6.60 | 7.50 | 8.38 | 9.25 | 10.11 | 10.95 | 11.78 | 12.60 | 13.41 | 14.21 | 14.99 | 15.76 | 16.52 | 17.26 |

| 外径/mm | | | 壁　厚/mm | | | | | | | | | | | | | | |
|---|---|---|---|---|---|---|---|---|---|---|---|---|---|---|---|---|---|
| 系列1 | 系列2 | 系列3 | 11 | 12(12.5) | 13 | 14(14.2) | 15 | 16 | 17(17.5) | 18 | 19 | 20 | 22(22.2) | 24 | 25 | 26 | 28 | 30 |
| | | | 单位长度理论质量/(kg/m) | | | | | | | | | | | | | | |
| | | 30 | | | | | | | | | | | | | | | | |
| | 32(31.8) | | | | | | | | | | | | | | | | | |
| 34(33.7) | | | | | | | | | | | | | | | | | | |
| | | 35 | | | | | | | | | | | | | | | | |
| | 38 | | | | | | | | | | | | | | | | | |
| | 40 | | | | | | | | | | | | | | | | | |
| 42(42.4) | | | | | | | | | | | | | | | | | | |
| | | 45(44.5) | 9.22 | 9.77 | | | | | | | | | | | | | | |
| 48(48.3) | | | 10.04 | 10.65 | | | | | | | | | | | | | | |
| | 51 | | 10.85 | 11.54 | | | | | | | | | | | | | | |
| | | 54 | 11.66 | 12.43 | 13.14 | 13.81 | | | | | | | | | | | | |
| | 57 | | 12.48 | 13.32 | 14.11 | 14.85 | | | | | | | | | | | | |
| 60(60.3) | | | 13.29 | 14.21 | 15.07 | 15.88 | 16.65 | 17.36 | | | | | | | | | | |
| | 63(63.5) | | 14.11 | 15.09 | 16.03 | 16.92 | 17.76 | 18.55 | | | | | | | | | | |
| | 65 | | 14.65 | 15.68 | 16.67 | 17.61 | 18.50 | 19.33 | | | | | | | | | | |
| | 68 | | 15.46 | 16.57 | 17.63 | 18.64 | 19.61 | 20.52 | | | | | | | | | | |
| | 70 | | 16.01 | 17.16 | 18.27 | 19.33 | 20.35 | 21.31 | 22.22 | | | | | | | | | |
| | | 73 | 16.82 | 18.05 | 19.24 | 20.37 | 21.46 | 22.49 | 23.48 | 24.41 | 25.30 | | | | | | | |
| 76(76.1) | | | 17.63 | 18.94 | 20.20 | 21.41 | 22.57 | 23.68 | 24.74 | 25.75 | 26.71 | 27.62 | | | | | | |
| | 77 | | 17.90 | 19.24 | 20.52 | 21.75 | 22.94 | 24.07 | 25.15 | 26.19 | 27.18 | 28.11 | | | | | | |
| | 80 | | 18.72 | 20.12 | 21.48 | 22.79 | 24.05 | 25.25 | 26.41 | 27.52 | 28.58 | 29.59 | | | | | | |

（续）

| 外径/mm | | | 壁　厚/mm | | | | | | | | | | | | | | |
|---|---|---|---|---|---|---|---|---|---|---|---|---|---|---|---|---|---|
| 系列1 | 系列2 | 系列3 | 0.25 | 0.30 | 0.40 | 0.50 | 0.60 | 0.80 | 1.0 | 1.2 | 1.4 | 1.5 | 1.6 | 1.8 | 2.0 | 2.2(2.3) | 2.5(2.6) | 2.8 |
| | | | 单位长度理论质量/(kg/m) | | | | | | | | | | | | | | |
| | | 83(82.5) | | | | | | | | | 2.82 | 3.01 | 3.21 | 3.60 | 4.00 | 4.38 | 4.96 | 5.54 |
| | 85 | | | | | | | | | | 2.89 | 3.09 | 3.29 | 3.69 | 4.09 | 4.49 | 5.09 | 5.68 |
| 89(88.9) | | | | | | | | | | | 3.02 | 3.24 | 3.45 | 3.87 | 4.29 | 4.71 | 5.33 | 5.95 |
| | 95 | | | | | | | | | | 3.23 | 3.46 | 3.69 | 4.14 | 4.59 | 5.03 | 5.70 | 6.37 |
| | | 102(101.6) | | | | | | | | | 3.47 | 3.72 | 3.96 | 4.45 | 4.93 | 5.41 | 6.13 | 6.85 |
| | | 108 | | | | | | | | | 3.68 | 3.94 | 4.20 | 4.71 | 5.23 | 5.74 | 6.50 | 7.26 |
| 114(114.3) | | | | | | | | | | | | 4.16 | 4.44 | 4.98 | 5.52 | 6.07 | 6.87 | 7.68 |
| | 121 | | | | | | | | | | | 4.42 | 4.71 | 5.29 | 5.87 | 6.45 | 7.31 | 8.16 |
| | 127 | | | | | | | | | | | | | 5.56 | 6.17 | 6.77 | 7.68 | 8.58 |
| | 133 | | | | | | | | | | | | | | | | 8.05 | 8.99 |
| 140(139.7) | | | | | | | | | | | | | | | | | | |
| | | 142(141.3) | | | | | | | | | | | | | | | | |
| | 146 | | | | | | | | | | | | | | | | | |
| | | 152(152.4) | | | | | | | | | | | | | | | | |
| | | 159 | | | | | | | | | | | | | | | | |
| 168(168.3) | | | | | | | | | | | | | | | | | | |
| | | 180(177.8) | | | | | | | | | | | | | | | | |
| | | 194(193.7) | | | | | | | | | | | | | | | | |
| | 203 | | | | | | | | | | | | | | | | | |
| 219(219.1) | | | | | | | | | | | | | | | | | | |
| | | 232 | | | | | | | | | | | | | | | | |
| | | 245(244.5) | | | | | | | | | | | | | | | | |
| | | 267(267.4) | | | | | | | | | | | | | | | | |

| 外径/mm | | | 壁　厚/mm | | | | | | | | | | | | | | |
|---|---|---|---|---|---|---|---|---|---|---|---|---|---|---|---|---|---|
| 系列1 | 系列2 | 系列3 | (2.9) 3.0 | 3.2 | 3.5 (3.6) | 4.0 | 4.5 | 5.0 | (5.4) 5.5 | 6.0 | (6.3) 6.5 | 7.0 (7.1) | 7.5 | 8.0 | 8.5 | (8.8) 9.0 | 9.5 | 10 |
| | | | 单位长度理论质量/(kg/m) | | | | | | | | | | | | | | |
| | | 83(82.5) | 5.92 | 6.30 | 6.86 | 7.79 | 8.71 | 9.62 | 10.51 | 11.39 | 12.26 | 13.12 | 13.96 | 14.80 | 15.62 | 16.42 | 17.22 | 18.00 |
| | 85 | | 6.07 | 6.46 | 7.03 | 7.99 | 8.93 | 9.86 | 10.78 | 11.69 | 12.58 | 13.47 | 14.33 | 15.19 | 16.04 | 16.87 | 17.69 | 18.50 |
| 89(88.9) | | | 6.36 | 6.77 | 7.38 | 8.38 | 9.38 | 10.36 | 11.33 | 12.28 | 13.22 | 14.16 | 15.07 | 15.98 | 16.87 | 17.76 | 18.63 | 19.48 |
| | 95 | | 6.81 | 7.24 | 7.90 | 8.98 | 10.04 | 11.10 | 12.14 | 13.17 | 14.19 | 15.19 | 16.18 | 17.16 | 18.13 | 19.09 | 20.03 | 20.96 |
| | | 102(101.6) | 7.32 | 7.80 | 8.50 | 9.67 | 10.82 | 11.96 | 13.09 | 14.21 | 15.31 | 16.40 | 17.48 | 18.55 | 19.60 | 20.64 | 21.67 | 22.69 |
| | | 108 | 7.77 | 8.27 | 9.02 | 10.26 | 11.49 | 12.70 | 13.90 | 15.09 | 16.27 | 17.44 | 18.59 | 19.73 | 20.86 | 21.97 | 23.08 | 24.17 |
| 114(114.3) | | | 8.21 | 8.74 | 9.54 | 10.85 | 12.15 | 13.44 | 14.72 | 15.98 | 17.23 | 18.47 | 19.70 | 20.91 | 22.12 | 23.31 | 24.48 | 25.65 |
| | 121 | | 8.73 | 9.30 | 10.14 | 11.54 | 12.93 | 14.30 | 15.67 | 17.02 | 18.35 | 19.68 | 20.99 | 22.29 | 23.58 | 24.86 | 26.12 | 27.37 |
| | 127 | | 9.17 | 9.77 | 10.66 | 12.13 | 13.59 | 15.04 | 16.48 | 17.90 | 19.32 | 20.72 | 22.10 | 23.48 | 24.84 | 26.19 | 27.53 | 28.85 |
| | 133 | | 9.62 | 10.24 | 11.18 | 12.73 | 14.26 | 15.78 | 17.29 | 18.79 | 20.28 | 21.75 | 23.21 | 24.66 | 26.10 | 27.52 | 28.93 | 30.33 |
| 140(139.7) | | | 10.14 | 10.80 | 11.78 | 13.42 | 15.04 | 16.65 | 18.24 | 19.83 | 21.40 | 22.96 | 24.51 | 26.04 | 27.57 | 29.08 | 30.57 | 32.06 |
| | | 142(141.3) | 10.28 | 10.95 | 11.95 | 13.61 | 15.26 | 16.89 | 18.51 | 20.12 | 21.72 | 23.31 | 24.88 | 26.44 | 27.98 | 29.52 | 31.04 | 32.55 |
| | 146 | | 10.58 | 11.27 | 12.30 | 14.01 | 15.70 | 17.39 | 19.06 | 20.72 | 22.36 | 24.00 | 25.62 | 27.23 | 28.82 | 30.41 | 31.98 | 33.54 |
| | | 152(152.4) | 11.02 | 11.74 | 12.82 | 14.60 | 16.37 | 18.13 | 19.87 | 21.60 | 23.32 | 25.03 | 26.73 | 28.41 | 30.08 | 31.74 | 33.39 | 35.02 |
| | | 159 | | | 13.42 | 15.29 | 17.15 | 18.99 | 20.82 | 22.64 | 24.45 | 26.24 | 28.02 | 29.79 | 31.55 | 33.29 | 35.03 | 36.75 |
| 168(168.3) | | | | | 14.20 | 16.18 | 18.14 | 20.10 | 22.04 | 23.97 | 25.89 | 27.79 | 29.69 | 31.57 | 33.43 | 35.29 | 37.13 | 38.97 |
| | | 180(177.8) | | | 15.23 | 17.36 | 19.48 | 21.58 | 23.67 | 25.75 | 27.81 | 29.87 | 31.91 | 33.93 | 35.95 | 37.95 | 39.95 | 41.92 |
| | | 194(193.7) | | | 16.44 | 18.74 | 21.03 | 23.31 | 25.57 | 27.82 | 30.06 | 32.28 | 34.50 | 36.70 | 38.89 | 41.06 | 43.23 | 45.38 |
| | 203 | | | | 17.22 | 19.63 | 22.03 | 24.41 | 26.79 | 29.15 | 31.50 | 33.84 | 36.16 | 38.47 | 40.77 | 43.06 | 45.33 | 47.60 |

（续）

| 外径/mm | | | 壁厚/mm | | | | | | | | | | | | | | |
|---|---|---|---|---|---|---|---|---|---|---|---|---|---|---|---|---|---|
| 系列1 | 系列2 | 系列3 | (2.9)3.0 | 3.2 | 3.5(3.6) | 4.0 | 4.5 | 5.0 | (5.4)5.5 | 6.0 | (6.3)6.5 | 7.0(7.1) | 7.5 | 8.0 | 8.5 | (8.8)9.0 | 9.5 | 10 |
| | | | 单位长度理论质量/(kg/m) | | | | | | | | | | | | | | |
| 219(219.1) | | | | | | | | | | 31.52 | 34.06 | 36.60 | 39.12 | 41.63 | 44.13 | 46.61 | 49.08 | 51.54 |
| | | 232 | | | | | | | | 33.44 | 36.15 | 38.84 | 41.52 | 44.19 | 46.85 | 49.50 | 52.13 | 54.75 |
| | | 245(244.5) | | | | | | | | 35.36 | 38.23 | 41.09 | 43.93 | 46.76 | 49.58 | 52.38 | 55.17 | 57.95 |
| | | 267(267.4) | | | | | | | | 38.62 | 41.76 | 44.88 | 48.00 | 51.10 | 54.19 | 57.26 | 60.33 | 63.38 |

| 外径/mm | | | 壁厚/mm | | | | | | | | | | | | | | |
|---|---|---|---|---|---|---|---|---|---|---|---|---|---|---|---|---|---|
| 系列1 | 系列2 | 系列3 | 11 | 12(12.5) | 13 | 14(14.2) | 15 | 16 | 17(17.5) | 18 | 19 | 20 | 22(22.2) | 24 | 25 | 26 | 28 | 30 |
| | | | 单位长度理论质量/(kg/m) | | | | | | | | | | | | | | |
| | | 83(82.5) | 19.53 | 21.01 | 22.44 | 23.82 | 25.15 | 26.44 | 27.67 | 28.85 | 29.99 | 31.07 | 33.10 | | | | | |
| | 85 | | 20.07 | 21.60 | 23.08 | 24.51 | 25.89 | 27.23 | 28.51 | 29.74 | 30.93 | 32.06 | 34.18 | | | | | |
| 89(88.9) | | | 21.16 | 22.79 | 24.37 | 25.89 | 27.37 | 28.80 | 30.19 | 31.52 | 32.80 | 34.03 | 36.35 | 38.47 | | | | |
| | 95 | | 22.79 | 24.56 | 26.29 | 27.97 | 29.59 | 31.17 | 32.70 | 34.18 | 35.61 | 36.99 | 39.61 | 42.02 | | | | |
| | | 102(101.6) | 24.69 | 26.63 | 28.53 | 30.38 | 32.18 | 33.93 | 35.64 | 37.29 | 38.89 | 40.44 | 43.40 | 46.17 | 47.47 | 48.73 | 51.10 | |
| | | 108 | 26.31 | 28.41 | 30.46 | 32.45 | 34.40 | 36.30 | 38.15 | 39.95 | 41.70 | 43.40 | 46.66 | 49.71 | 51.17 | 52.58 | 55.24 | 57.71 |
| 114(114.3) | | | 27.94 | 30.19 | 32.38 | 34.53 | 36.62 | 38.67 | 40.67 | 42.64 | 44.51 | 46.36 | 49.91 | 53.27 | 54.87 | 56.43 | 59.39 | 62.15 |
| | 121 | | 29.84 | 32.26 | 34.62 | 36.94 | 39.21 | 41.43 | 43.60 | 45.72 | 47.79 | 49.82 | 53.71 | 57.41 | 59.19 | 60.91 | 64.22 | 67.33 |
| | 127 | | 31.47 | 34.03 | 36.55 | 39.01 | 41.43 | 43.80 | 46.12 | 48.39 | 50.61 | 52.78 | 56.97 | 60.96 | 62.89 | 64.76 | 68.36 | 71.77 |
| | 133 | | 33.10 | 35.81 | 38.47 | 41.09 | 43.65 | 46.17 | 48.63 | 51.05 | 53.42 | 55.74 | 60.22 | 64.51 | 66.59 | 68.61 | 72.50 | 76.20 |
| 140(139.7) | | | 34.99 | 37.88 | 40.72 | 43.50 | 46.24 | 48.93 | 51.57 | 54.16 | 56.70 | 59.19 | 64.02 | 68.66 | 70.90 | 73.10 | 77.34 | 81.38 |
| | | 142(141.3) | 35.54 | 38.47 | 41.36 | 44.19 | 46.98 | 49.72 | 52.41 | 55.04 | 57.63 | 60.17 | 65.11 | 69.84 | 72.14 | 74.38 | 78.72 | 82.86 |
| | 146 | | 36.62 | 39.66 | 42.64 | 45.57 | 48.46 | 51.30 | 54.08 | 56.82 | 59.51 | 62.15 | 67.28 | 72.21 | 74.60 | 76.94 | 81.48 | 85.82 |
| | | 152(152.4) | 38.25 | 41.43 | 44.56 | 47.65 | 50.68 | 53.66 | 56.59 | 59.48 | 62.32 | 65.11 | 70.53 | 75.76 | 78.30 | 80.79 | 85.62 | 90.26 |
| | | 159 | 40.15 | 43.50 | 46.81 | 50.06 | 53.27 | 56.43 | 59.53 | 62.59 | 65.60 | 68.56 | 74.33 | 79.90 | 82.62 | 85.28 | 90.46 | 95.44 |
| 168(168.3) | | | 42.59 | 46.17 | 49.69 | 53.17 | 56.60 | 59.98 | 63.31 | 66.59 | 69.82 | 73.00 | 79.21 | 85.23 | 88.17 | 91.05 | 96.67 | 102.10 |
| | | 180(177.8) | 45.85 | 49.72 | 53.54 | 57.31 | 61.04 | 64.71 | 68.34 | 71.91 | 75.44 | 78.92 | 85.72 | 92.33 | 95.56 | 98.74 | 104.96 | 110.98 |
| | | 194(193.7) | 49.64 | 53.86 | 58.03 | 62.15 | 66.22 | 70.24 | 74.21 | 78.13 | 82.00 | 85.82 | 93.32 | 100.62 | 104.20 | 107.72 | 114.63 | 121.33 |
| | 203 | | 52.09 | 56.52 | 60.91 | 65.25 | 69.55 | 73.79 | 77.98 | 82.13 | 86.22 | 90.26 | 98.20 | 105.95 | 109.74 | 113.49 | 120.84 | 127.99 |
| 219(219.1) | | | 56.43 | 61.26 | 66.04 | 70.78 | 75.46 | 80.10 | 84.69 | 89.23 | 93.71 | 98.15 | 106.88 | 115.42 | 119.61 | 123.75 | 131.89 | 139.83 |
| | | 232 | 59.95 | 65.11 | 70.21 | 75.27 | 80.28 | 85.24 | 90.13 | 95.00 | 99.81 | 104.57 | 113.94 | 123.11 | 127.62 | 132.09 | 140.87 | 149.45 |
| | | 245(244.5) | 63.48 | 68.95 | 74.38 | 78.76 | 85.08 | 90.36 | 95.59 | 100.77 | 105.90 | 110.98 | 120.99 | 130.80 | 135.64 | 140.42 | 149.84 | 159.07 |
| | | 267(267.4) | 69.45 | 75.46 | 81.43 | 87.35 | 93.22 | 99.04 | 104.81 | 110.53 | 116.21 | 121.83 | 132.93 | 143.83 | 149.20 | 154.53 | 165.04 | 175.34 |

| 外径/mm | | | 壁厚/mm | | | | | | | | | | |
|---|---|---|---|---|---|---|---|---|---|---|---|---|---|
| 系列1 | 系列2 | 系列3 | 32 | 34 | 36 | 38 | 40 | 42 | 45 | 48 | 50 | 55 | 60 | 65 |
| | | | 单位长度理论质量/(kg/m) | | | | | | | | | | |
| 114(114.3) | | | | | | | | | | | | | | |
| | 121 | | 70.24 | | | | | | | | | | | |
| | 127 | | 74.97 | | | | | | | | | | | |
| | 133 | | 79.71 | 83.01 | 86.12 | | | | | | | | | |
| 140(139.7) | | | 85.23 | 88.88 | 92.33 | | | | | | | | | |
| | | 142(141.3) | 86.81 | 90.56 | 94.11 | | | | | | | | | |
| | 146 | | 89.97 | 93.91 | 97.66 | 101.21 | 104.57 | | | | | | | |
| | | 152(152.4) | 94.70 | 98.94 | 102.99 | 106.83 | 110.48 | | | | | | | |
| | | 159 | 100.22 | 104.81 | 109.20 | 113.39 | 117.39 | 121.19 | 126.51 | | | | | |
| 168(168.3) | | | 107.33 | 112.36 | 117.19 | 121.83 | 126.27 | 130.51 | 136.50 | | | | | |
| | | 180(177.8) | 116.80 | 122.42 | 127.85 | 133.07 | 138.10 | 142.94 | 149.82 | 156.26 | 160.30 | | | |
| | | 194(193.7) | 127.85 | 134.16 | 140.27 | 146.19 | 151.92 | 157.44 | 165.36 | 172.83 | 177.56 | | | |

（续）

| 外径/mm | | | 壁厚/mm | | | | | | | | | | | |
|---|---|---|---|---|---|---|---|---|---|---|---|---|---|---|
| 系列1 | 系列2 | 系列3 | 32 | 34 | 36 | 38 | 40 | 42 | 45 | 48 | 50 | 55 | 60 | 65 |
| | | | 单位长度理论质量/(kg/m) | | | | | | | | | | | |
| | | 203 | 134.95 | 141.71 | 148.27 | 154.63 | 160.79 | 166.76 | 175.34 | 183.48 | 188.66 | 200.75 | | |
| 219(219.1) | | | 147.57 | 155.12 | 162.47 | 169.62 | 176.58 | 183.33 | 193.10 | 202.42 | 208.39 | 222.45 | | |
| | | 232 | 157.83 | 166.02 | 174.01 | 181.81 | 189.40 | 196.80 | 207.53 | 217.81 | 224.42 | 240.08 | 254.51 | 267.70 |
| | | 245(244.5) | 168.09 | 176.92 | 185.55 | 193.99 | 202.22 | 210.26 | 221.95 | 233.20 | 240.45 | 257.71 | 273.74 | 288.54 |
| | | 267(267.4) | 185.45 | 195.37 | 205.09 | 214.60 | 223.93 | 233.05 | 246.37 | 259.24 | 267.58 | 287.55 | 306.30 | 323.81 |

注：1. GB/T 17395—2008 规定无缝钢管分为：普通钢管、精密钢管和不锈钢管三个系列，系列 1 为通用系列，是推荐选用的系列；系列 2 是非通用系列；系列 3 是少数特殊、专用系列。

2. 无缝钢管通常长度为 3000 ~ 12500mm，定尺长度和倍尺长度均应在通常长度范围内。

3. 普通钢管大外径尺寸未摘编于本表的有下列规格（外径，单位为 mm）：273、299、302、318.5、325、340、351、356、368、377、402、406、419、426、450、457、473、480、500、508、530、560、610、630、660、699、711、720、762、788.5、813、864、914、965、1016。其对应的壁厚及单位长度理论质量参见 GB/T 17395—2008。

4. 括号内尺寸为相应的 ISO 4200 的规格。

5. 无缝钢管理论质量计算公式：$W = \pi\rho(D - S)S/1000$

式中　$W$——理论质量（kg/m）；

　　　$\pi$——圆周率，$\pi = 3.1416$；

　　　$\rho$——钢密度（kg/dm$^3$）；

　　　$D$——公称外径（mm）；

　　　$S$——公称壁厚（mm）。

本表理论质量计算时，钢的密度取 7.85kg/dm$^3$。

## 1.4.11　焊接钢管（表 1.5-39 和表 1.5-40）　　　　1.4.12　冷轧钢板和钢带（表 1.5-41）

### 表 1.5-39　机械结构用不锈钢焊接钢管（摘自 GB/T 12770—2002）　　（单位：mm）

| 外径 | 壁厚 | 外径 | 壁厚 | 外径 | 壁厚 | 外径 | 壁厚 |
|---|---|---|---|---|---|---|---|
| 8 | 0.3 ~ 1.0 | 32 | 1.0 ~ 3.0 | 89 | 1.2 ~ 4.5 | 377 | 5.0 ~ 14 |
| (9.5) | | (33.4) | | (101.6) | | 400 | |
| 12 | 0.3 ~ 1.5 | 36 | | 102 | | (406.4) | |
| (12.7) | | 38 | | 108 | | 426 | |
| 14 | 0.6 ~ 1.8 | (38.1) | | 114 | 1.5 ~ 5.0 | 450 | 6.0 ~ 14 |
| 15 | | 40 | | (114.3) | | (457.2) | |
| 16 | 0.6 ~ 2.0 | (42.3) | | 133 | 2.0 ~ 6.0 | 500 | |
| 18 | | 45 | | (139.7) | | (508) | |
| 19 | | 50 | | 159 | 2.5 ~ 8.0 | 530 | |
| (19.5) | | (50.8) | | (168.3) | | 550 | |
| 20 | 0.6 ~ 2.2 | 57 | 1.0 ~ 3.2 | 219 | 2.5 ~ 12 | (558.8) | |
| 22 | | (57.1) | | (219.1) | | 600 | |
| 25 | 0.6 ~ 2.5 | (60.3) | 1.2 ~ 3.2 | 250 | 2.8 ~ 12 | (609.6) | 6.0 ~ 16 |
| (25.4) | | 63 | | 273 | 3.0 ~ 12 | 630 | |
| 28 | 1.0 ~ 2.8 | (63.5) | | (323.9) | 3.0 ~ 14 | | |
| 30 | | 76 | 1.4 ~ 3.2 | 325 | 3.5 ~ 14 | | |
| (31.8) | 1.0 ~ 3.0 | (88.9) | 1.2 ~ 4.5 | (355.6) | 5.0 ~ 14 | | |

注：1. 外径 8 ~ 76mm 壁厚尺寸系列（单位为 mm）：0.3、0.4、0.5、0.6、0.8、1.0、1.2、1.4、1.5、1.8、2.0、2.2、2.5、2.8、3.0、3.2；外径（88.9）~ 630mm 壁厚尺寸系列（单位为 mm）：1.2、1.5、1.8、2.0、2.2、2.5、2.8、3.0、3.5、4.0、4.5、5.0、5.5、6.0、8.0、10、12、14、16。

2. 括号内尺寸不推荐使用。

表 1.5-40  低压流体输送用焊接钢管（摘自 GB/T 3091—2008）

| 公称口径 | | 外径 | | 普通钢管 | | | 加厚钢管 | | |
|---|---|---|---|---|---|---|---|---|---|
| /mm | /in | 公称尺寸 /mm | 允许偏差 | 壁厚 | | 理论质量 /(kg/m) | 壁厚 | | 理论质量 /(kg/m) |
| | | | | 公称尺寸 /mm | 允许偏差 | | 公称尺寸 /mm | 允许偏差 | |
| 6 | 1/8 | 10.0 | | 2.00 | | 0.39 | 2.50 | | 0.46 |
| 8 | 1/4 | 13.5 | | 2.25 | | 0.62 | 2.75 | | 0.73 |
| 10 | 3/8 | 17.0 | | 2.25 | | 0.32 | 2.75 | | 0.97 |
| 15 | 1/2 | 21.3 | | 2.75 | | 1.26 | 3.25 | | 1.45 |
| 20 | 3/4 | 26.8 | ±0.50mm | 2.75 | | 1.63 | 3.50 | | 2.01 |
| 25 | 1 | 33.5 | | 3.25 | | 2.42 | 4.00 | | 2.91 |
| 32 | $1\frac{1}{4}$ | 42.3 | | 3.25 | +12% −15% | 3.13 | 4.00 | +12% −15% | 3.78 |
| 40 | $1\frac{1}{2}$ | 48.0 | | 3.50 | | 3.84 | 4.25 | | 4.58 |
| 50 | 2 | 60.0 | | 3.50 | | 4.88 | 4.50 | | 6.16 |
| 65 | $2\frac{1}{2}$ | 75.5 | | 3.75 | | 6.64 | 4.50 | | 7.88 |
| 80 | 3 | 88.5 | ±1% | 4.00 | | 8.34 | 4.75 | | 9.81 |
| 100 | 4 | 114.0 | | 4.00 | | 10.85 | 5.00 | | 13.44 |
| 125 | 5 | 140.0 | | 4.00 | | 13.42 | 5.50 | | 18.24 |
| 150 | 6 | 165.0 | | 4.50 | | 17.81 | 5.50 | | 21.63 |

注：表中的公称口径系近似内径的名义尺寸，不表示公称外径减去两个公称壁厚所得的内径。

表 1.5-41  冷轧钢板和钢带尺寸规格（摘自 GB/T 708—2006）

| 尺寸规格的规定 | 1)钢板和钢带(包括纵切钢带)的公称厚度范围为 0.30~4.00mm,公称厚度小于 1mm 者，按 0.05mm 倍数的任何尺寸；公称厚度不小于 1mm 者，按 0.1mm 倍数的任何尺寸 |
|---|---|
| | 2)钢板和钢带公称宽度范围为 600~2050mm,按 10mm 倍数的任何尺寸 |
| | 3)钢板公称长度范围为 1000~6000mm,按 50mm 倍数的任何尺寸 |
| | 4)按需方要求可供应其他尺寸规格的产品 |

| 厚度允许偏差/mm | 公称厚度 /mm | 普通精度 PT. A | | | 较高精度 PT. B | | |
|---|---|---|---|---|---|---|---|
| | | 公称宽度/mm | | | 公称宽度/mm | | |
| | | ≤1200 | >1200~1500 | >1500 | ≤1200 | >1200~1500 | >1500 |
| | ≤0.40 | ±0.04 | ±0.05 | ±0.06 | ±0.025 | ±0.035 | ±0.045 |
| | >0.40~0.60 | ±0.05 | ±0.06 | ±0.07 | ±0.035 | ±0.045 | ±0.050 |
| | >0.60~0.80 | ±0.06 | ±0.07 | ±0.08 | ±0.040 | ±0.050 | ±0.050 |
| | >0.80~1.00 | ±0.07 | ±0.08 | ±0.09 | ±0.045 | ±0.060 | ±0.060 |
| | >1.00~1.20 | ±0.08 | ±0.09 | ±0.10 | ±0.055 | ±0.070 | ±0.070 |
| | >1.20~1.60 | ±0.10 | ±0.11 | ±0.11 | ±0.070 | ±0.080 | ±0.080 |
| | >1.60~2.00 | ±0.12 | ±0.13 | ±0.13 | ±0.080 | ±0.090 | ±0.090 |
| | >2.00~2.50 | ±0.14 | ±0.15 | ±0.15 | ±0.100 | ±0.110 | ±0.110 |
| | >2.50~3.00 | ±0.16 | ±0.17 | ±0.17 | ±0.110 | ±0.120 | ±0.120 |
| | >3.00~4.00 | ±0.17 | ±0.19 | ±0.19 | ±0.140 | ±0.150 | ±0.150 |

（续）

| 厚度/mm | 理论质量/(kg/m) | 厚度/mm | 理论质量/(kg/m) | 厚度/mm | 理论质量/(kg/m) | 厚度/mm | 理论质量/(kg/m) |
|---|---|---|---|---|---|---|---|
| 0.2 | 1.570 | 1.50 | 11.78 | 10.0 | 78.50 | 29 | 227.70 |
| 0.25 | 1.963 | 1.6 | 12.56 | 11 | 86.35 | 30 | 235.50 |
| 0.27 | 2.120 | 1.8 | 14.13 | 12 | 94.20 | 32 | 251.20 |
| 0.30 | 2.355 | 2.0 | 15.70 | 13 | 102.10 | 34 | 266.90 |
| 0.35 | 2.748 | 2.2 | 17.27 | 14 | 109.20 | 36 | 282.60 |
| 0.40 | 3.140 | 2.5 | 19.63 | 15 | 117.80 | 38 | 298.30 |
| 0.45 | 3.533 | 2.8 | 21.98 | 16 | 125.60 | 40 | 314.00 |
| 0.50 | 3.925 | 3.0 | 23.55 | 17 | 133.50 | 42 | 329.70 |
| 0.55 | 4.318 | 3.2 | 25.12 | 18 | 141.30 | 44 | 345.40 |
| 0.60 | 4.710 | 3.5 | 27.48 | 19 | 149.20 | 46 | 361.10 |
| 0.70 | 5.495 | 3.8 | 29.83 | 20 | 157.00 | 48 | 376.80 |
| 0.75 | 5.888 | 4.0 | 31.40 | 21 | 164.90 | 50 | 392.50 |
| 0.80 | 6.280 | 4.5 | 35.33 | 22 | 172.70 | 52 | 408.20 |
| 0.90 | 7.065 | 5.0 | 39.25 | 23 | 180.60 | 54 | 423.90 |
| 1.00 | 7.850 | 5.5 | 43.18 | 24 | 188.40 | 56 | 439.60 |
| 1.10 | 8.635 | 6.0 | 47.10 | 25 | 196.30 | 58 | 455.30 |
| 1.20 | 9.420 | 7.0 | 54.95 | 26 | 204.10 | 60 | 471.00 |
| 1.25 | 9.813 | 8.0 | 62.80 | 27 | 212.00 | | |
| 1.40 | 10.990 | 9.0 | 70.65 | 28 | 219.80 | | |

注：1. GB/T 708—2006 适用于轧制宽度不小于 600mm 的冷轧宽钢带及其剪切板、纵切钢带。
　　2. 规定的最小屈服强度小于 280MPa 的钢板和钢带的厚度，允许偏差符合本表规定。
　　3. 规定的最小屈服强度不小于 280MPa 而小于 360MPa 的钢板和钢带的厚度允许偏差比本表规定值增加 20%；规定的最小屈服强度为不小于 360MPa 的钢板和钢带的厚度允许偏差比本表规定值增加 40%。
　　4. 冷轧钢板钢带的宽度允许偏差，长度允许偏差平面度等其他技术要求，应符合 GB/T 708—2006 的规定。
　　5. 质量计算的密度为 7.85g/cm³。

### 1.4.13　碳素结构钢冷轧钢带（表 1.5-42）

**表 1.5-42　碳素结构钢冷轧钢带尺寸规格及力学性能**（摘自 GB/T 716—1991）

| 分类及代号 | 按尺寸精度分类 | | 按表面精度分类 | | 按边缘状态分类 | | 按力学性质分类 | |
|---|---|---|---|---|---|---|---|---|
| | 普通精度 | P | 普通精度表面 | I | 切边 | Q | 软钢带 | R |
| | 宽度较高精度 | K | | | | | 半软钢带 | BR |
| | 厚度较高精度 | H | 较高精度表面 | II | 不切边 | BQ | | |
| | 宽、厚度较高精度 | KH | | | | | 硬钢带 | Y |
| 尺寸范围/mm | 厚度 0.10 ~ 3.00，宽度 10 ~ 250，尺寸间隔按用户要求确定 | | | | | | | |

| 类别 | 抗拉强度 $R_m$/MPa | 伸长率 $A_5$(%)　≥ | 维氏硬度 HV |
|---|---|---|---|
| 软钢带 | 275 ~ 440 | 23 | ≤130 |
| 半软钢带 | 370 ~ 490 | 10 | 105 ~ 145 |
| 硬钢带 | 490 ~ 785 | — | 140 ~ 230 |

注：1. 按供需双方协定，钢带按硬度试验验收，硬度值按本表规定，此时 $R_m$ 和 $A$ 不作为交货条件。
　　2. 标记示例：用 Q235AF 钢轧制的普通精度尺寸、较高精度表面、切边、半软态、厚度为 0.5mm、宽度为 120mm 的钢带，标记为：冷轧钢带 Q235 AF-P-II-Q-BR-0.5×120GB/T 716—1991。

**1.4.14 优质碳素结构钢冷轧薄钢板和钢带**（表 1.5-43）   **1.4.15 不锈钢冷轧钢板和钢带**（表 1.5-44）

### 表 1.5-43 优质碳素结构钢冷轧薄钢板和钢带的牌号及力学性能（摘自 GB/T 13237—1991）

| 牌 号 | 拉 延 级 别 | | | | |
|---|---|---|---|---|---|
| | Z | S 和 P | Z | S | P |
| | 抗拉强度/MPa | | 伸长率 $A_{10}$（%）不小于 | | |
| 08F | 275 ~ 365 | 275 ~ 380 | 34 | 32 | 30 |
| 08、08Al、10F | 275 ~ 390 | 275 ~ 410 | 32 | 30 | 28 |
| 10 | 295 ~ 410 | 295 ~ 430 | 30 | 29 | 28 |
| 15F | 315 ~ 430 | 315 ~ 450 | 29 | 28 | 27 |
| 15 | 335 ~ 450 | 335 ~ 470 | 27 | 26 | 25 |
| 20 | 355 ~ 490 | 355 ~ 500 | 26 | 25 | 24 |
| 25 | — | 390 ~ 540 | — | 24 | 23 |
| 30 | — | 440 ~ 590 | — | 22 | 21 |
| 35 | — | 490 ~ 635 | — | 20 | 19 |
| 40 | — | 510 ~ 650 | — | | 18 |
| 45 | — | 530 ~ 685 | — | | 16 |
| 50 | — | 540 ~ 715 | — | | 14 |

注：1. 厚度小于 2mm 的钢板和钢带，伸长率允许比本表的规定降低 1%（绝对值）。
    2. 正火状态下供应的钢板和钢带，其他要求符合 GB/T 13237—1991 标准规定时，抗拉强度允许比本表上限的规定提高 50MPa。
    3. 拉延级别分为三级：最深拉延级 Z、深拉延级 S、普通拉延级 P。最深拉延级全部钢号及深拉延级的 15F、15、20、25 钢的钢板和钢带，应在冷状态下做 180°弯曲试验；厚度不大于 2mm 的弯至两面接触，大于 2mm 的垫上厚度相同的垫板。弯曲处不得有裂纹、裂口和分层。
    4. 钢板和钢带的尺寸规格应符合 GB/T 708—2006 的规定（厚度不大于 4mm）。
    5. 冷轧板适于汽车、航空工业以及其他部门应用。
    6. 牌号的化学成分应符合 GB/T 699—1999 的规定。

### 表 1.5-44 不锈钢冷轧钢板和钢带尺寸规格（摘自 GB/T 3280—2007）

| | 钢板和钢带的公称厚度及公称宽度如下表规定，其具体规定应执行 GB/T 708—2006 的相关内容，厚度和宽度允许偏差应符合 GB/T 3280—2007 的规定 | | |
|---|---|---|---|
| 尺寸规格 | 形态 | 公称厚度/mm | 公称宽度/mm |
| | 宽钢带、卷切钢板 | 0.10 ~ 8.00 | 600 ~ 2100 |
| | 纵剪宽钢带、卷切钢板 I | 0.10 ~ 8.00 | < 600 |
| | 窄钢带、卷切钢带 II | 0.01 ~ 3.00 | < 600 |
| | 钢板的长度按 GB/T 708—2006 的规定 | | |
| 交货状态 | 钢板和钢带冷轧后，可经热处理及酸洗或类似处理后交货。光亮处理时，可省去酸洗等处理，热处理制度参见 GB/T 3280—2007 附录 根据需方要求，钢板和钢带可按不同冷作硬化状态交货 对于沉淀硬化型钢的热处理，需方应在合同中注明热处理种类，并应说明是对钢板、钢带本身还是对试样进行热处理 | | |
| 用途 | 用于防锈、耐蚀以及装潢等方面，在化工、石油、造纸、家用电器、车辆部件、厨房用具、刃具、阀门、阀座、轴承均有较多的应用，GB/T 3280—2007 在附录中提供了冷轧钢板和钢带用不锈钢牌号的特性及用途 | | |

**1.4.16** 热轧钢板和钢带（表 1.5-45）

**1.4.17** 碳素结构钢和低合金结构钢热轧厚钢板和钢

带（表 1.5-46）

**1.4.18** 优质碳素结构钢热轧薄钢板和钢带（表 1.5-47）

### 表 1.5-45　热轧钢板和钢带尺寸规格（摘自 GB/T 709—2006）

| 单轧钢板尺寸规格 | | | 钢板和钢带厚度允许偏差的规定 | | | | |
|---|---|---|---|---|---|---|---|
| 项目 | 尺寸范围/mm | 推荐的公称尺寸 | 单张轧制钢板（单轧板）厚度允许偏差分为 N、A、B、C 四类，单轧板厚度允许偏差按 N 类规定。A、B、C 类公差值和 N 类公差值相等，但正负偏差分布不同，采用 A、B、C 类应在合同中注明 | | | | |
| 公称厚度 | 3 ~ 400 | 厚度小于 30mm 的钢板按 0.5mm 倍数的任何尺寸；厚度大于或等于 30mm 的钢板按 1mm 倍数的任何尺寸 | 钢带和连轧钢板的厚度偏差分为普通级精度（PT. A）和较高级精度（PT. B），需方要求较高厚度精度供货时应在合同中注明，未注明者按普通级精度供货 | | | | |
| 公称宽度 | 600 ~ 4800 | 宽度按 10mm 或 50mm 倍数的任何尺寸 | 单轧钢板厚度 N 类允许偏差（A 类：按公称厚度规定负偏差；B 类：固定负偏差为 0.3mm；C 类：固定负偏差为零；公差值与 N 类相等） | | | | |
| 公称长度 | 2000 ~ 20000 | 长度按 50mm 或 100mm 倍数的任何尺寸 | 公称厚度/mm | 下列公称宽度的厚度允许偏差/mm | | | |
| 钢带和连轧钢板尺寸规格 | | | | ≤1500 | >1500 ~ 2500 | >2500 ~ 4000 | >4000 ~ 4800 |
| 项目 | 尺寸范围/mm | 推荐的公称尺寸 | 3.00 ~ 5.00 | ±0.45 | ±0.55 | ±0.65 | — |
| 公称厚度 | 0.8 ~ 25.4 | 厚度 0.1mm 倍数的任何尺寸 | >5.00 ~ 8.00 | ±0.50 | ±0.60 | ±0.75 | — |
| | | | >8.00 ~ 15.0 | ±0.55 | ±0.65 | ±0.80 | ±0.90 |
| | | | >15.0 ~ 25.0 | ±0.65 | ±0.75 | ±0.90 | ±1.10 |
| 公称宽度 | 600 ~ 2200 纵切钢带为 120 ~ 900 | 宽度按 10mm 倍数的任何尺寸 | >25.0 ~ 40.0 | ±0.70 | ±0.80 | ±1.00 | ±1.20 |
| | | | >40.0 ~ 60.0 | ±0.80 | ±0.90 | ±1.10 | ±1.30 |
| | | | >60.0 ~ 10.0 | ±0.90 | ±1.10 | ±1.30 | ±1.50 |
| | | | >100 ~ 150 | ±1.20 | ±1.40 | ±1.60 | ±1.80 |
| 公称长度 | 2000 ~ 20000 | 长度按 50mm 或 100mm 倍数的任何尺寸 | >150 ~ 200 | ±1.40 | ±1.60 | ±1.80 | ±1.90 |
| | | | >200 ~ 250 | ±1.60 | ±1.80 | ±2.00 | ±2.20 |
| | | | >250 ~ 300 | ±1.80 | ±2.00 | ±2.20 | ±2.40 |
| | | | >300 ~ 400 | ±2.00 | ±2.20 | ±2.40 | ±2.60 |

### 表 1.5-46　碳素结构钢和低合金结构钢热轧厚钢板和钢带规格、牌号、力学性能及应用（摘自 GB/T 3274—2007）

| 尺寸规格 | 钢板厚度为 3 ~ 400mm<br>钢带厚度为 3 ~ 25.4mm<br>钢板和钢带的尺寸规格应符合 GB/T 709—2006 的规定 |
|---|---|
| 牌号、化学成分及力学性能 | 牌号、化学成分、力学性能应符合 GB/T 700—2006 碳素结构钢和 GB/T 1591—2008 高强度低合金结构钢的规定 |
| 交货状态 | 以热轧、控轧或热处理状态交货 |
| 用途 | 碳素结构钢沸腾钢板大量用于制造各种冲压件、建筑及工程结构、性能要求不高的不重要的机器结构零件；镇静钢板主要用于低温承受冲击的构件，焊接结构件及其他对性能要求较高的构件<br>低合金结构钢板均为镇静钢和半镇静钢板，具有较高的强度，综合性能好，能够减轻结构质量，在各工业部门应用较广泛 |

### 表 1.5-47　优质碳素结构钢热轧薄钢板和钢带规格、牌号、力学性能（摘自 GB/T 912—2008）

| 尺寸规格 | 热轧薄钢板和钢带厚度不大于 3mm，尺寸规格按 GB/T 709—2006 热轧钢板和钢带的规定 |
|---|---|
| 牌号及力学性能 | 牌号和化学成分应符合 GB/T 700—2006 碳素结构钢或 GB/T 1591—2008 低合金高强度结构钢的规定<br>厚度不大于 3mm 的钢板和钢带抗拉强度及伸长率应符合 GB/T 700—2006 或 GB/T 1591—2008 的规定，按需方要求，钢板和钢带的屈服强度可按 GB/T 700—2006、GB/T 1591—2008 的规定，交货状态为热轧状态或退火状态 |
| 用途 | 用于制作不经深冲压，对表面质量要求不高的制品，如机器外罩、开关箱、卷柜、通风管道等，也常用作焊接钢管和冷弯型钢的坯料 |

**1.4.19　优质碳素结构钢热轧厚钢板和钢带**
（表 1.5-48）

**1.4.20　不锈钢热轧钢板和钢带**（表 1.5-49）

表 1.5-48　优质碳素结构钢热轧厚钢板和钢带牌号、规格及力学性能（摘自 GB/T 711—2008）

| 尺寸规格 | 厚度为 3~60mm、宽度不小于 600mm，其尺寸规格及允许偏差应符合 GB/T 709—2007 的规定 | | | | | | | |
|---|---|---|---|---|---|---|---|---|
| 牌号及力学性能 | 牌号 | 交货状态 | 抗拉强度 $R_m$/MPa | 断后伸长率 $A$(%) | 牌号 | 交货状态 | 抗拉强度 $R_m$/MPa | 断后伸长率 $A$(%) |
| | | | 不小于 | | | | 不小于 | |
| | 08F | 热轧或热处理[2] | 315 | 34 | 50[1] | 热处理[2] | 625 | 16 |
| | 08 | | 325 | 33 | 55[1] | | 645 | 13 |
| | 10F | | 325 | 32 | 60[1] | | 675 | 12 |
| | 10 | | 335 | 32 | 65[1] | | 695 | 10 |
| | 15F | | 355 | 30 | 70[1] | | 715 | 9 |
| | 15 | | 370 | 30 | 20Mn | 热轧或热处理[2] | 450 | 24 |
| | 20 | | 410 | 28 | 25Mn | | 490 | 22 |
| | 25 | | 450 | 24 | 30Mn | | 540 | 20 |
| | 30 | | 490 | 22 | 40Mn[1] | | 590 | 17 |
| | 35[1] | 热处理[2] | 530 | 20 | 50Mn[1] | 热处理[2] | 650 | 13 |
| | 40[1] | | 570 | 19 | 60Mn[1] | | 695 | 11 |
| | 45[1] | | 600 | 17 | 65Mn[1] | | 735 | 9 |
| 用途 | 钢板和钢带主要用于制造机器结构零部件 | | | | | | | |

注：1. 各牌号的化学成分应符合 GB/T 711—2008 的规定。

2. 钢板和钢带厚度大于 20mm 时，厚度每增加 1mm 其伸长率允许降低 0.25%（绝对值）；厚度 ≤32mm 的总降低值应不大于 2%（绝对值），厚度 >32mm 的总降低值应不大于 3%（绝对值）。

① 经供需双方协议，也可以热轧状态交货，以热处理样坯测定力学性能，样坯尺寸为 $a×3a×3a$（$a$ 为钢材厚度）。

② 热处理指正火、退火或高温回火。

表 1.5-49　不锈钢热轧钢板和钢带的牌号和力学性能（摘自 GB/T 4237—2007）

| 经固溶处理的奥氏体型钢的力学性能 | | | | | | | |
|---|---|---|---|---|---|---|---|
| 新牌号 | 旧牌号 | 规定非比例延伸强度 $R_{p0.2}$/MPa | 抗拉强度 $R_m$/MPa | 断后伸长率 $A$(%) | 硬度值 | | |
| | | | | | HBW | HRB | HV |
| | | ≥ | | | ≤ | | |
| 12Cr17Ni7 | 1Cr17Ni7 | 205 | 515 | 40 | 217 | 95 | 218 |
| 022Cr17Ni7 | | 220 | 550 | 45 | 241 | 100 | — |
| 022Cr17Ni7N | | 240 | 550 | 45 | 241 | 100 | — |
| 12Cr18Ni9 | 1Cr18Ni9 | 205 | 515 | 40 | 201 | 92 | 210 |
| 12Cr18Ni9Si3 | 1Cr18Ni9Si3 | 205 | 515 | 40 | 217 | 95 | 220 |
| 06Cr19Ni10 | 0Cr18Ni9 | 205 | 515 | 40 | 201 | 92 | 210 |
| 02Cr19Ni10 | 00Cr19Ni10 | 170 | 485 | 40 | 201 | 92 | 210 |
| 07Cr19Ni10 | | 205 | 515 | 40 | 201 | 92 | 210 |
| 05Cr19Ni10Si2N | | 290 | 600 | 40 | 217 | 95 | — |
| 06Cr19Ni10N | 0Cr19Ni9N | 240 | 550 | 30 | 201 | 92 | 220 |
| 06Cr19Ni9NbN | 0Cr19Ni10NbN | 345 | 685 | 35 | 250 | 100 | 260 |
| 022Cr19Ni10N | 00Cr18Ni10N | 205 | 515 | 40 | 201 | 92 | 220 |
| 10Cr18Ni12 | 1Cr18Ni12 | 170 | 485 | 40 | 183 | 88 | 200 |
| 06Cr23Ni13 | 0Cr23Ni13 | 205 | 515 | 40 | 217 | 95 | 220 |
| 06Cr25Ni20 | 0Cr25Ni20 | 205 | 515 | 40 | 217 | 95 | 220 |
| 022Cr25Ni22Mo2N | | 270 | 580 | 25 | 217 | 95 | — |
| 06Cr17Ni12Mo2 | 0Cr17Ni12Mo2 | 205 | 515 | 40 | 217 | 95 | 220 |
| 022Cr17Ni12Mo2 | 00Cr17Ni14Mo2 | 170 | 485 | 40 | 217 | 95 | 220 |
| 06Cr18Ni12Mo2Ti | 0Cr18Ni12Mo3Ti | 205 | 515 | 40 | 217 | 95 | 220 |
| 06Cr17Ni12Mo2Nb | | 205 | 515 | 30 | 217 | 95 | — |
| 06Cr17Ni12Mo2N | 0Cr17Ni12Mo2N | 240 | 550 | 35 | 217 | 95 | 220 |
| 022Cr17Ni12Mo2N | 00Cr17Ni13Mo2N | 205 | 515 | 40 | 217 | 95 | 220 |

（续）

**经固溶处理的奥氏体型钢的力学性能**

| 新牌号 | 旧牌号 | 规定非比例延伸强度 $R_{p0.2}$/MPa | 抗拉强度 $R_m$/MPa | 断后伸长率 $A(\%)$ | 硬度值 | | |
|---|---|---|---|---|---|---|---|
| | | | | | HBW | HRB | HV |
| | | ≥ | | | ≤ | | |
| 06Cr18Ni12Mo2Cu2 | 0Cr18Ni12Mo2Cu2 | 205 | 520 | 40 | 187 | 90 | 200 |
| 015Cr21Ni26Mo5Cu2 | | 220 | 490 | 35 | — | 90 | — |
| 06Cr19Ni13Mo3 | 0Cr19Ni13Mo3 | 205 | 515 | 35 | 217 | 95 | 220 |
| 022Cr19Ni13Mo3 | 00Cr19Ni13Mo3 | 205 | 515 | 40 | 217 | 95 | 220 |
| 022Cr19Ni16Mo5N | | 240 | 550 | 40 | 223 | 96 | — |
| 022Cr19Ni13Mo4N | | 240 | 550 | 40 | 217 | 95 | — |
| 06Cr18Ni11Ti | 0Cr18Ni10Ti | 205 | 515 | 40 | 217 | 95 | 220 |
| 015Cr24Ni22Mo8Mn3CuN | | 430 | 750 | 40 | 250 | — | — |
| 022Cr24Ni17Mo5Mn6NbN | | 415 | 795 | 35 | 241 | 100 | — |
| 06Cr18Ni11Nb | 0Cr18Ni11Nb | 205 | 515 | 40 | 201 | 92 | 210 |

**经固溶处理的奥氏体-铁素体型钢力学性能**

| 新牌号 | 旧牌号 | 规定非比例延伸强度 $R_{p0.2}$/MPa | 抗拉强度 $R_m$/MPa | 断后伸长率 $A(\%)$ | 硬度值 | |
|---|---|---|---|---|---|---|
| | | | | | HBW | HRC |
| | | ≥ | | | ≤ | |
| 14Cr18Ni11Si4AlTi | 1Cr18Ni11Si4AlTi | — | 715 | 25 | — | — |
| 022Cr19Ni5Mo3Si2N | 00Cr18Ni5Mo3Si2 | 440 | 630 | 25 | 290 | 31 |
| 12Cr21Ni5Ti | 1Cr21Ni5Ti | 350 | 635 | 20 | — | — |
| 022Cr22Ni5Mo3N | | 450 | 620 | 25 | 293 | 31 |
| 022Cr23Ni5Mo3N | | 450 | 620 | 25 | 293 | 31 |
| 022Cr23Ni4MoCuN | | 400 | 600 | 25 | 290 | 31 |
| 022Cr25Ni6Mo2N | | 450 | 640 | 25 | 295 | 30 |
| 022Cr25Ni7Mo4WCuN | | 550 | 750 | 25 | 270 | — |
| 03Cr25Ni6Mo3Cu2N | | 550 | 760 | 15 | 302 | 32 |
| 022Cr25Ni7Mo4N | | 550 | 795 | 15 | 310 | 32 |

**1.4.21　合金结构钢热轧厚钢板**（表 1.5-50）　　　**1.4.22　弹簧钢丝**（表 1.5-51 和表 1.5-52）

**表 1.5-50　合金结构钢热轧厚钢板尺寸规格、牌号及力学性能**（摘自 GB/T 11251—2009）

| 序号 | 牌号 | 力学性能 | | |
|---|---|---|---|---|
| | | 抗拉强度 $R_m$/MPa | 断后伸长率 $A(\%)$　≥ | 硬度 HBW　≤ |
| 1 | 45Mn2 | 600~850 | 13 | — |
| 2 | 27SiMn | 550~800 | 18 | — |
| 3 | 40B | 500~700 | 20 | — |
| 4 | 45B | 550~750 | 18 | — |
| 5 | 50B | 550~750 | 16 | — |
| 6 | 15Cr | 400~600 | 21 | — |
| 7 | 20Cr | 400~650 | 20 | — |
| 8 | 30Cr | 500~700 | 19 | — |
| 9 | 35Cr | 550~750 | 18 | — |
| 10 | 40Cr | 550~800 | 16 | — |
| 11 | 20CrMnSiA | 450~700 | 21 | — |
| 12 | 25CrMnSiA | 500~700 | 20 | 229 |
| 13 | 30CrMnSiA | 550~750 | 19 | 229 |
| 14 | 35CrMnSiA | 600~800 | 16 | — |

### 表 1.5-51　不锈弹簧钢丝牌号、组别及力学性能（摘自 GB/T 24588—2009）

| 牌号 | 组别 | 公称直径范围/mm |
|---|---|---|
| 12Cr18Ni9<br>06Cr19Ni9<br>06Cr17Ni12Mo2<br>10Cr18Ni9Ti<br>12Cr18Mn9Ni5N | A | 0. 20 ~ 10. 0 |
| 12Cr18Ni9<br>06Cr19Ni9N<br>12Cr18Mn9Ni5N | B | 0. 20 ~ 12. 0 |
| 07Cr17Ni7Al | C | 0. 20 ~ 10. 0 |
| 12Cr17Mn8Ni3Cu3N[①] | D | 0. 20 ~ 6. 0 |

| | 抗拉强度/MPa | | | | |
|---|---|---|---|---|---|
| 公称直径<br>$d$/mm | A 组<br>12Cr18Ni9<br>06Cr19Ni9<br>06Cr17Ni12Mo2<br>10Cr18Ni9Ti<br>12Cr18Mn9Ni5N | B 组<br>12Cr18Ni9<br>06Cr19Ni9N<br>12Cr18Mn9Ni5N | C 组 07Cr17Ni7A[②] | | D 组<br>12Cr17Mn8Ni3Cu3N |
| | | | 冷拉<br>≥ | 时效 | |
| 0. 20 | 1700 ~ 2050 | 2050 ~ 2400 | 1970 | 2270 ~ 2610 | 1750 ~ 2050 |
| 0. 22 | 1700 ~ 2050 | 2050 ~ 2400 | 1950 | 2250 ~ 2580 | 1750 ~ 2050 |
| 0. 25 | 1700 ~ 2050 | 2050 ~ 2400 | 1950 | 2250 ~ 2580 | 1750 ~ 2050 |
| 0. 28 | 1650 ~ 1950 | 1950 ~ 2300 | 1950 | 2250 ~ 2580 | 1720 ~ 2000 |
| 0. 30 | 1650 ~ 1950 | 1950 ~ 2300 | 1950 | 2250 ~ 2580 | 1720 ~ 2000 |
| 0. 32 | 1650 ~ 1950 | 1950 ~ 2300 | 1920 | 2220 ~ 2550 | 1680 ~ 1950 |
| 0. 35 | 1650 ~ 1950 | 1950 ~ 2300 | 1920 | 2220 ~ 2550 | 1680 ~ 1950 |
| 0. 40 | 1650 ~ 1950 | 1950 ~ 2300 | 1920 | 2220 ~ 2550 | 1680 ~ 1950 |
| 0. 45 | 1600 ~ 1900 | 1900 ~ 2200 | 1900 | 2200 ~ 2530 | 1680 ~ 1950 |
| 0. 50 | 1600 ~ 1900 | 1900 ~ 2200 | 1900 | 2200 ~ 2530 | 1650 ~ 1900 |
| 0. 55 | 1600 ~ 1900 | 1900 ~ 2200 | 1850 | 2150 ~ 2470 | 1650 ~ 1900 |
| 0. 60 | 1600 ~ 1900 | 1900 ~ 2200 | 1850 | 2150 ~ 2470 | 1650 ~ 1900 |
| 0. 63 | 1550 ~ 1850 | 1850 ~ 2150 | 1850 | 2150 ~ 2470 | 1650 ~ 1900 |
| 0. 70 | 1550 ~ 1850 | 1850 ~ 2150 | 1820 | 2120 ~ 2440 | 1650 ~ 1900 |
| 0. 80 | 1550 ~ 1850 | 1850 ~ 2150 | 1820 | 2120 ~ 2440 | 1620 ~ 1870 |
| 0. 90 | 1550 ~ 1850 | 1850 ~ 2150 | 1800 | 2100 ~ 2410 | 1620 ~ 1870 |
| 1. 0 | 1550 ~ 1850 | 1850 ~ 2150 | 1800 | 2100 ~ 2410 | 1620 ~ 1870 |
| 1. 1 | 1450 ~ 1750 | 1750 ~ 2050 | 1750 | 2050 ~ 2350 | 1620 ~ 1870 |
| 1. 2 | 1450 ~ 1750 | 1750 ~ 2050 | 1750 | 2050 ~ 2350 | 1580 ~ 1830 |
| 1. 4 | 1450 ~ 1750 | 1750 ~ 2050 | 1700 | 2000 ~ 2300 | 1580 ~ 1830 |
| 1. 5 | 1400 ~ 1650 | 1650 ~ 1900 | 1700 | 2000 ~ 2300 | 1550 ~ 1800 |
| 1. 6 | 1400 ~ 1650 | 1650 ~ 1900 | 1650 | 1950 ~ 2240 | 1550 ~ 1800 |
| 1. 8 | 1400 ~ 1650 | 1650 ~ 1900 | 1600 | 1900 ~ 2180 | 1550 ~ 1800 |
| 2. 0 | 1400 ~ 1650 | 1650 ~ 1900 | 1600 | 1900 ~ 2180 | 1550 ~ 1800 |
| 2. 2 | 1320 ~ 1570 | 1550 ~ 1800 | 1550 | 1850 ~ 2140 | 1550 ~ 1800 |
| 2. 5 | 1320 ~ 1570 | 1550 ~ 1800 | 1550 | 1850 ~ 2140 | 1510 ~ 1760 |
| 2. 8 | 1230 ~ 1480 | 1450 ~ 1700 | 1500 | 1790 ~ 2060 | 1510 ~ 1760 |
| 3. 0 | 1230 ~ 1480 | 1450 ~ 1700 | 1500 | 1790 ~ 2060 | 1510 ~ 1760 |
| 3. 2 | 1230 ~ 1480 | 1450 ~ 1700 | 1450 | 1740 ~ 2000 | 1480 ~ 1730 |
| 3. 5 | 1230 ~ 1480 | 1450 ~ 1700 | 1450 | 1740 ~ 2000 | 1480 ~ 1730 |
| 4. 0 | 1230 ~ 1480 | 1450 ~ 1700 | 1400 | 1680 ~ 1930 | 1480 ~ 1730 |
| 4. 5 | 1100 ~ 1350 | 1350 ~ 1600 | 1350 | 1620 ~ 1870 | 1400 ~ 1650 |
| 5. 0 | 1100 ~ 1350 | 1350 ~ 1600 | 1350 | 1620 ~ 1870 | 1330 ~ 1580 |
| 5. 5 | 1100 ~ 1350 | 1350 ~ 1600 | 1300 | 1550 ~ 1800 | 1330 ~ 1580 |
| 6. 0 | 1100 ~ 1350 | 1350 ~ 1600 | 1300 | 1550 ~ 1800 | 1230 ~ 1480 |
| 6. 3 | 1020 ~ 1270 | 1270 ~ 1520 | 1250 | 1500 ~ 1750 | — |

（续）

| 公称直径 $d$/mm | 抗拉强度/MPa | | | |
|---|---|---|---|---|
| | A 组 | B 组 | C 组 | D 组 |
| | 12Cr18Ni9<br>06Cr19Ni9<br>06Cr17Ni12Mo2<br>10Cr18Ni9Ti<br>12Cr18Mn9Ni5N | 12Cr18Ni9<br>06Cr18Ni9N<br>12Cr18Mn9Ni5N | 07Cr17Ni7A[②] | | 12Cr17Mn8Ni3Cu3N |
| | | | 冷拉 ≥ | 时效 | |
| 7.0 | 1020～1270 | 1270～1520 | 1250 | 1500～1750 | — |
| 8.0 | 1020～1270 | 1270～1520 | 1200 | 1450～1700 | — |
| 9.0 | 1000～1250 | 1150～1400 | 1150 | 1400～1650 | — |
| 10.0 | 980～1200 | 1000～1250 | 1150 | 1400～1650 | — |
| 11.0 | — | 1000～1250 | — | — | — |
| 12.0 | — | 1000～1250 | — | — | — |

① 此牌号不宜在耐蚀性要求较高的环境中应用。
② 钢丝试样时效处理推荐工艺制度为：400～500℃，保温 0.5～1.5h，空冷。

**表 1.5-52　合金弹簧钢丝的尺寸规格**（摘自 YB/T 5318—2006）

| 项目 | 指　标 | |
|---|---|---|
| 尺寸规格 | 1）钢丝的直径为 0.50～14.0mm<br>2）冷拉或热处理钢丝直径及直径允许偏差应符合 GB/T 342—1997 的规定<br>3）银亮钢丝直径及直径允许偏差应符合 GB/T 3207—2008 的规定<br>4）钢丝直径允许偏差级别应在合同中注明，未注明时银亮钢丝按 10 级、其他钢丝按 11 级供货 | |
| 外形 | 1. 钢丝的圆度不得大于钢丝直径公差之半<br>2. 钢丝盘应规整，打开钢丝盘时不得散乱或呈现"∞"字形<br>3. 按直条交货的钢丝，其长度一般为 2000～4000mm | |
| 盘质量 | 钢丝直径/mm | 最小盘质量/kg |
| | 0.50～1.00 | 1.0 |
| | ＞1.00～3.00 | 5.0 |
| | ＞3.00～6.00 | 10.0 |
| | ＞6.00～9.00 | 15.0 |
| | ＞9.00～14.00 | 30.0 |

注：1. 钢丝适于制造承受中、高压力的各种机械合金弹簧，采用 50CrVA、55CrSiA、60Si2MnA 制造，化学成分符合 YB/T 5318—2006 规定。
　　2. 直径大于 5mm 的冷拉钢丝的抗拉强度 ≤1030MPa，经供需双方同意，也可用硬度代替抗拉强度，其硬度值 ≤302HBW。
　　3. 交货状态：冷拉—WCD；热处理—退火（TA）、正火（TN）、淬火＋回火（TQT）。
　　4. 直径不大于 5mm 的冷拉钢丝应按 YB/T 5318—2006 规定作缠绕试验。

**1.4.23　低碳钢丝和优质碳素结构钢丝**（表 1.5-53 和表 1.5-54）

**表 1.5-53　一般用途低碳钢丝的力学性能**（摘自 YB/T 5294—2009）

| 公称直径 mm | 抗拉强度 $R_m$/MPa | | | | | 弯曲试验(180°/次) | | | 伸长率(标距100mm)(%) | |
|---|---|---|---|---|---|---|---|---|---|---|
| | 冷拉钢丝 | | | 退火钢丝 | 镀锌钢丝[①] | 冷拉钢丝 | | 冷拉建筑用钢丝 | 镀锌钢丝 | |
| | 普通用 | 制钉用 | 建筑用 | | | 普通用 | 建筑用 | | | |
| ≤0.30 | ≤980 | — | — | | | ② | — | — | ≥10 | |
| ＞0.30～0.80 | ≤980 | — | — | | | | — | — | | |
| ＞0.80～1.20 | ≤980 | 880～1320 | — | | | | — | — | | |
| ＞1.20～1.80 | ≤1060 | 785～1220 | — | 295～540 | 295～540 | ≥6 | — | — | | |
| ＞1.80～2.50 | ≤1010 | 735～1170 | — | | | | — | — | | |
| ＞2.50～3.50 | ≤960 | 685～1120 | ≥550 | | | | — | — | ≥12 | |
| ＞3.50～5.00 | ≤890 | 590～1030 | ≥550 | | | ≥4 | ≥4 | ≥2 | | |
| ＞5.00～6.00 | ≤790 | 540～930 | ≥550 | | | — | — | — | | |
| ＞6.00 | ≤690 | — | — | | | — | — | — | | |

① 对于先镀后拉的镀锌钢丝的力学性能按冷拉钢丝的力学性能执行。
② 特殊需要时，由供需双方协商确定。

**表 1.5-54　优质碳素结构钢丝的规格、牌号及力学性能**（摘自 YB/T 5303—2010）

| | 硬状态钢丝的力学性能 | | | | | | | | | |
|---|---|---|---|---|---|---|---|---|---|---|
| 钢丝公称直径 /mm | 抗拉强度 $R_m$/MPa　≥ | | | | | 反复弯曲/次 ≥ | | | | |
| | 牌号 | | | | | | | | | |
| | 08、10 | 15、20 | 25、30、35 | 40、45、50 | 55、60 | 8～10 | 15～20 | 25～35 | 40～50 | 55～60 |
| 0.3～0.8 | 750 | 800 | 1000 | 1100 | 1200 | — | — | — | — | — |
| >0.8～1.0 | 700 | 750 | 900 | 1000 | 1100 | 6 | 6 | 6 | 5 | 5 |
| >1.0～3.0 | 650 | 700 | 800 | 900 | 1000 | 6 | 6 | 5 | 4 | 4 |
| >3.0～6.0 | 600 | 650 | 700 | 800 | 900 | 5 | 5 | 5 | 4 | 4 |
| >6.0～10.0 | 550 | 600 | 650 | 750 | 800 | 5 | 4 | 3 | 2 | 2 |

| | 软状态钢丝的力学性能 | | |
|---|---|---|---|
| 牌号 | 抗拉强度 $R_m$/MPa | 断后伸长率 $A$（%）　≥ | 断面收缩率 $Z$（%）　≥ |
| 10 | 450～700 | 8 | 50 |
| 15 | 500～750 | 8 | 45 |
| 20 | 500～750 | 7.5 | 40 |
| 25 | 550～800 | 7 | 40 |
| 30 | 550～800 | 7 | 35 |
| 35 | 600～850 | 6.5 | 35 |
| 40 | 600～850 | 6 | 35 |
| 45 | 650～900 | 6 | 30 |
| 50 | 650～900 | 6 | 30 |

# 2　有色金属材料

## 2.1　铝与铝合金

### 2.1.1　铸造铝合金（表 1.5-55）

**表 1.5-55　铸造铝合金力学性能、特性及应用**（摘自 GB/T 1173—1995）

| 组别 | 合金牌号 | 合金代号 | 铸造方法 | 合金状态 | 力学性能 | | | 特性和用途 |
|---|---|---|---|---|---|---|---|---|
| | | | | | $R_m$ /MPa | $A_5$ (%) | 硬度 HBW | |
| | | | | | ≥ | | | |
| 铝硅合金 | ZAlSi7Mg | ZL101 | S、R、J、K | F | 155 | 2 | 50 | 耐蚀性、铸造工艺性能好,易气焊,用于制作形状复杂的零件,如仪器零件、飞机零件,工作温度低于185℃的气化器<br>在海水环境中使用时,$w$(Cu)≤0.1% |
| | | | S、R、J、K | T2 | 135 | 2 | 45 | |
| | | | JB | T4 | 185 | 4 | 50 | |
| | | | S、R、K | T4 | 175 | 4 | 50 | |
| | | | J、JB | T5 | 205 | 2 | 60 | |
| | | | S、R、K | T5 | 195 | 2 | 60 | |
| | | | SB、RB、KB | T5 | 195 | 2 | 60 | |
| | | | SB、RB、KB | T6 | 225 | 1 | 70 | |
| | | | SB、RB、KB | T7 | 195 | 2 | 60 | |
| | | | SB、RB、KB | T8 | 155 | 3 | 55 | |
| | ZAlSi7MgA | ZL101A | S、R、K | T4 | 195 | 5 | 60 | |
| | | | J、JB | T4 | 225 | 5 | 60 | |
| | | | S、R、K | T5 | 235 | 4 | 70 | |
| | | | SB、RB、KB | T5 | 235 | 4 | 70 | |
| | | | JB、J | T5 | 265 | 4 | 70 | |
| | | | SB、RB、KB | T6 | 275 | 2 | 80 | |
| | | | JB、J | T6 | 295 | 3 | 80 | |

（续）

| 组别 | 合金牌号 | 合金代号 | 铸造方法 | 合金状态 | 力学性能 | | | 特性和用途 |
|---|---|---|---|---|---|---|---|---|
| | | | | | $R_m$/MPa | $A_5$（%） | 硬度 HBW | |
| | | | | | ≥ | | | |
| 铝硅合金 | ZAlSi12 | ZL102 | SB、JB、RB、KB | F | 145 | 4 | 50 | 用于制作形状复杂、负荷小耐蚀的薄壁零件和工作温度≤200℃的高气密性零件 |
| | | | J | F | 155 | 2 | 50 | |
| | | | SB、JB、RB、KB | T2 | 135 | 4 | 50 | |
| | | | J | T2 | 145 | 3 | 50 | |
| | ZAlSi9Mg | ZL104 | S、J、R、K | F | 145 | 2 | 50 | 用于制作形状复杂的承受静载或冲击作用的大型零件，如风机叶片、水冷气缸头，工作温度≤200℃ |
| | | | J | T1 | 195 | 1.5 | 65 | |
| | | | SB、RB、KB | T6 | 225 | 2 | 70 | |
| | | | J、JB | T6 | 235 | 2 | 70 | |
| | ZAlSi5Cu1Mg | ZL105 | S、J、R、K | T1 | 155 | 0.5 | 65 | 强度高、切削性好，用于制作形状复杂，225℃以下工作的零件，如发动机气缸头 |
| | | | S、R、K | T5 | 195 | 1 | 70 | |
| | | | J | T5 | 235 | 0.5 | 70 | |
| | | | S、R、K | T5 | 225 | 0.5 | 70 | |
| | | | S、J、R、K | T7 | 176 | 1 | 65 | |
| | ZAlSi8Cu1Mg | ZL105 | SB | F | 175 | 1 | 70 | 用于制作工作温度在225℃以下的零件，齿轮液压泵壳体等 |
| | | | JB | T1 | 195 | 1.5 | 70 | |
| | | | SB | T5 | 235 | 2 | 60 | |
| | | | JB | T5 | 255 | 2 | 70 | |
| | | | SB | T6 | 245 | 1 | 80 | |
| | | | JB | T6 | 265 | 2 | 70 | |
| | | | SB | T7 | 225 | 2 | 60 | |
| | | | J | T7 | 245 | 2 | 60 | |
| 铝硅合金 | ZAlSi12Cu2Mg1 | ZL108 | J | T1 | 195 | — | 85 | 用于制作重载、工作温度在250℃以下的零件，如大功率柴油机活塞 |
| | | | J | T6 | 235 | — | 90 | |
| | ZAlSi12Cu1Mg1Ni1 | ZL109 | J | T1 | 195 | 0.5 | 90 | 用于制作工作温度在250℃以下的零件，高速大功率活塞 |
| | | | J | T6 | 245 | — | 100 | |
| 铝铜合金 | ZAlCu5Mn | ZL201 | S、J、R、K | T4 | 296 | 8 | 70 | 焊接性能好，铸造性能差，用于制作工作温度在175～300℃的零件，如支臂、梁柱 |
| | | | S、J、R、K | T5 | 335 | 4 | 90 | |
| | | | S | T7 | 316 | 2 | 80 | |
| | ZAlCu4 | ZL203 | S、R、K | T4 | 195 | 6 | 60 | 用于制作受重载荷、表面粗糙度较高而形状简单的厚壁零件，工作温度≤200℃ |
| | | | J | T4 | 205 | 6 | 60 | |
| | | | S、R、K | T5 | 215 | 3 | 70 | |
| | | | J | T5 | 225 | 3 | 70 | |
| | ZAlCu5MnCdA | ZL204A | S | T5 | 440 | 4 | 100 | — |
| 铝镁合金 | ZAlMg10 | ZL301 | S、J、R | T4 | 280 | 10 | 60 | 用于制作受冲击载荷、循环负荷、海水腐蚀和工作温度≤200℃的零件 |
| | ZAlMg5Si1 | ZL303 | S、J、R、K | F | 145 | 1 | 55 | — |
| | ZAlMg8Zn1 | ZL305 | S | T4 | 290 | 8 | 90 | — |
| 铝锌合金 | ZAlZn11Si7 | ZL401 | S、R、K | T1 | 195 | 2 | 80 | 铸造性能好，耐蚀性能低，用于制作工作温度≤200℃、形状复杂的大型薄壁零件 |
| | | | J | T1 | 245 | 1.5 | 90 | |
| | ZAlZn6Mg | ZL402 | J | T1 | 235 | 4 | 70 | 用于制作高强度零件，如空压机活塞，飞机起落架 |
| | | | S | T1 | 215 | 4 | 65 | |

注：1. 合金状态代号含义：F—铸态；T1—人工时效；T2—退火；T4—固溶处理加自然时效；T5—固溶处理加不完全人工时效；T6—固熔处理加完全人工时效；T7—固熔处理加稳定化处理；T8—固熔处理加软化处理。

2. 铸造方法代号含义：S—砂型铸造；J—金属型铸造；R—熔模铸造；K—壳型铸造；B—变质处理。

**2.1.2　压铸铝合金**（表 1.5-56）　　　　　　　　**2.1.3　变形铝与铝合金**（表 1.5-57）

**表 1.5-56　压铸铝合金牌号、化学成分及应用**（摘自 GB/T 15115—2009）

| 牌号 | 代号 | 化学成分（质量分数，%） | | | | | | | | | | 特性 | 应用举例 |
|------|------|------|------|------|------|------|------|------|------|------|------|------|------|
| | | Si | Cu | Mn | Mg | Fe | Ni | Ti | Zn | Pb | Sn | Al | | |
| YZAlSi12 | YL102 | 10.0 ~ 13.0 | ≤ 1.0 | ≤ 0.35 | ≤ 0.10 | ≤ 1.0 | ≤ 0.50 | — | ≤ 0.40 | ≤ 0.10 | ≤ 0.15 | 余量 | 共晶铝硅合金。具有较好的抗热裂性能和很好的气密性,以及很好的流动性,不能热处理强化,抗拉强度低 | 用于承受低负荷、形状复杂的薄壁铸件,如各种仪壳体、汽车机匣、牙科设备、活塞等 |
| YZAlSi10Mg | YL101 | 9.0 ~ 10.0 | ≤ 0.6 | 0.35 | 0.45 ~ 0.65 | ≤ 1.0 | ≤ 0.50 | — | ≤ 0.40 | ≤ 0.10 | ≤ 0.15 | 余量 | 亚共晶铝硅合金。具有较好的耐蚀性,较高的冲击韧性和屈服强度,但铸造性能稍差 | 汽车车轮罩、摩托车曲轴箱、自行车车轮、船外机螺旋桨等 |
| YZAlSi10 | YL104 | 8.0 ~ 10.5 | ≤ 0.3 | 0.2 ~ 0.5 | 0.30 ~ 0.50 | 0.5 ~ 0.8 | ≤ 0.10 | — | ≤ 0.30 | ≤ 0.05 | ≤ 0.01 | 余量 | | |
| YZAlSi9Cu4 | YL112 | 7.5 ~ 9.5 | 3.0 ~ 4.0 | ≤ 0.50 | ≤ 0.10 | ≤ 1.0 | ≤ 0.50 | — | ≤ 2.90 | ≤ 0.10 | ≤ 0.15 | 余量 | 具有好的铸造性能和力学性能,很好的流动性、气密性和抗热裂性,较好的力学性能、切削加工性、抛光性和铸造性能 | 常用作齿轮箱、空冷气缸头、割草机罩子、汽车发动机零件、摩托车缓冲器、发动机零件及箱体、农机具用箱体、缸盖和缸体、电动工具、缝纫机零件、渔具、煤气用具、电梯零件等。YL112 的典型用途为带轮、活塞和气缸头等 |
| YZAlSi11Cu3 | YL113 | 9.5 ~ 11.5 | 2.0 ~ 3.0 | ≤ 0.50 | ≤ 0.10 | ≤ 1.0 | ≤ 0.30 | — | ≤ 2.90 | ≤ 0.10 | | 余量 | 过共晶铝硅合金。具有特别好的流动性、中等的气密性和好的抗热裂性,特别是具有高的耐磨性和低的热膨胀系数 | 主要用于发动机机体、带轮、泵和其他要求耐磨的零件 |
| YZAlSi17Cu5Mg | YL117 | 16.0 ~ 18.0 | 4.0 ~ 5.0 | ≤ 0.50 | 0.50 ~ 0.70 | ≤ 1.0 | ≤ 0.10 | ≤ 0.20 | ≤ 1.40 | ≤ 0.10 | | 余量 | | |
| YZAlMg5Si1 | YL302 | ≤ 0.35 | ≤ 0.25 | ≤ 0.35 | 7.60 ~ 8.60 | ≤ 1.1 | ≤ 0.15 | — | ≤ 0.15 | ≤ 0.10 | ≤ 0.15 | 余量 | 耐蚀性能强,冲击韧性高,伸长率差,铸造性能差 | 汽车变速器的油泵壳体,摩托车的衬垫和车架的连接器,农机具的连杆、船外机螺旋桨、钓鱼竿及其卷线筒等零件 |

注: 1. GB/T 15115—2009 代替 GB/T 15115—1994。新标准没有规定各牌号的力学性能。
　　2. 除有含量范围的元素和铁为必检查元素外,其余元素在有要求时抽检。

**表 1.5-57　变形铝及铝合金牌号、特性及应用**（摘自 GB/T 3190—2008）

| 类别 | 新牌号 | 旧牌号 | 特　　　性 | 应用举例 |
|------|--------|--------|------|------|
| 工业用高纯铝 | 1A85、1A90 | LG1、LG2 | 工业高纯铝 | 主要用于生产各种电解电容器用箔材、抗酸容器等,产品有板、带、箔、管等 |
| | 1A93、1A97 | LG3、LG4 | | |
| | 1A99 | LG5 | | |
| 工业用纯铝 | 1060、1050A | L2、L3 | 工业纯铝都具有塑性高及耐蚀性、导电性和导热性好的特点,但强度低,不能通过热处理强化,切削性不好,可接受接触焊、气焊 | 多利用其优点制造一些具有特定性能的结构件,如铝箔制成垫片及电容器、电子管隔离网、电线、电缆的防护套、网、线芯及飞机通风系统零件及装饰件 |
| | 1035、8A06 | L4、L6 | | |
| 工业用纯铝 | 1A30 | L4-1 | 特性与 1060、8A06 等类似,但其 Fe 和 Si 杂质含量控制严格,工艺及热处理条件特殊 | 主要用于航天工业和兵器工业纯铝膜片等处的板材 |
| | 1100 | L5-1 | 强度较低,但延展性、成型性、焊接性及耐蚀性优良 | 主要生产板材、带材,适于制作各种深冲压制品 |

（续）

| 类别 | 新牌号 | 旧牌号 | 特　性 | 应用举例 |
|---|---|---|---|---|
| 包覆铝 | 7A01 | LB1 | 是硬铝合金和超硬铝合金的包铝板合金 | 7A01 用于超硬铝合金板材包覆，1A50 用于硬铝合金板材包覆 |
| | 1A50 | LB2 | | |
| 防锈铝 | 5A02 | LF2 | 为铝镁系防锈铝，强度、塑性、耐蚀性高，具有较高的抗疲劳强度，热处理不可强化，可用接触焊氢原子焊良好焊接，冷冷硬化态下可切削加工，退火态下切削性不良，可抛光 | 油介质中工作的结构件及导管、中等载荷的零件装饰件、焊条、铆钉等 |
| 防锈铝 | 5A03 | LF3 | 铝镁系防锈铝性能与 5A02 相似，但焊接性优于 5A02，可气焊、氩弧焊、点焊、滚焊 | 液体介质中工作的中等负载零件、焊件、冷冲件 |
| | 5A05 | LF5 | 铝镁系防锈铝，耐蚀性高，强度与 5A03 类似，不能热处理强化，退火状态塑性高，半冷作硬化状态可进行切削加工，可进行氢原子焊、点焊、气焊、氩弧焊 | 5A05 多用于在液体环境中工作的零件，如管道、容器等，5B05 多用作连接铝合金、镁合金的铆钉、铆钉应退火并进行阳极化处理 |
| | 5B05 | LF10 | | |
| | 5A06 | LF6 | 铝镁系防锈铝，强度较高，耐腐性较高，退火及挤压状态下塑性良好，可切削性良好，可氩弧焊、气焊、点焊 | 焊接容器、受力零件、航空工业的骨架及零件、飞机蒙皮 |
| 防锈铝 | 5A12 | LF12 | 镁含量高，强度较好，挤压状态塑性尚可 | 多用航天工业及无线电工业用各种板材、棒材及型材 |
| | 5B06、5A13 | LF14、LF13 | 镁含量高，且加入适量的 Ti、Be、Zr 等元素，使合金焊接性较高 | 多用于制造各种焊条的合金 |
| | 5A33 | LF33 | | |
| | 5A43 | LF43 | 系铝、镁、锰合金，成本低，塑性好 | 多用于民用制品，如铝制餐具、用具 |
| | 3A21 | LF21 | 铝锰系合金，强度低、退火状态塑性高，冷作硬化状态塑性低耐蚀性好，焊接性较好，不可热处理强化，是一种应用最为广泛的防锈铝 | 用在液体或气体介质中工作的低载荷零件，如油箱、导管及各种异形容器 |
| | 5083 | LF4 | 铝镁系高镁合金，由美国 5083 和 5056 合金成型引进，在不可热处理合金中具有强度良好、耐蚀性、切削性良好、阳极化处理外观美丽，且电焊性好 | 广泛用于船舶、汽车、飞机、导弹等方面，民用多来生产自行车、挡泥板，5056 也制成管件制车架等结构件 |
| | 5056 | LF5-1 | | |
| 硬铝 | 2A01 | LY1 | 强度低，塑性高，耐蚀性低，点焊焊接良好，切削性尚可工艺性能良好，在制作铆钉时应先进行阳极氧化处理 | 是主要的铆接材料，用于制造工作温度小于 100℃ 的中等强度的结构用铆钉 |
| | 2A02 | LY2 | 具有高强度及较高的热强性，可热处理强化，耐蚀性尚可，有应力腐蚀破坏倾向，切削性较好，多在人工时效状态下使用 | 是一种主要承载结构材料，用于制作高温（200～300℃）工作条件下的叶轮及锻件 |
| | 2A04 | LY4 | 剪切强度和耐热性较高，在退火及刚淬火（4～6h 内）塑性良好，淬火及冷作硬化后切削性尚好，耐蚀性不良，需进行阳极氧化，是一种主要铆钉合金 | 用于制造 125～250℃ 工作条件下的铆钉 |
| | 2B11 | LY8 | 剪切强度中等，退火及刚淬火状态下塑性尚好，可热处理强化，剪切强度较高 | 用作中等强度铆钉，但必须在淬火后 2 小时内使用，用于高强度铆钉制造，但必须在淬火后 20min 内使用 |
| | 2B12 | LY9 | | |
| | 2A10 | LY10 | 剪切强度较高，焊接性一般，用气焊、氩弧焊有裂纹倾向，但点焊焊接性良好，耐蚀性与 2A01、2A11 相似，用作铆钉不受热处理后的时间限制，是其优越之处，但需要阳极氧化处理，并用重铬酸钾填充 | 用作工作温度低于 100℃ 的要求较高强度的铆钉，可替代 2A01、2B12、2A11、2A12 等合金 |
| | 2A11 | LY11 | 一般称为标准硬铝、中等强度，点焊焊接性良好，以其作焊料进行气焊及氩弧焊时有裂纹倾向，可热处理强化，在淬火和自然时效状态下使用，耐蚀性不高，多采用包铝，阳极化和涂漆以作表面防护，退火态切削性不好，淬火时尚好 | 用作中等强度的零件，空气螺旋桨叶片、螺栓铆钉等，用作铆钉应在淬火后 2h 内使用 |

（续）

| 类别 | 新牌号 | 旧牌号 | 特 性 | 应 用 举 例 |
|---|---|---|---|---|
| 硬铝 | 2A12 | LY12 | 高强度硬铝,点焊焊接性良好,氩弧焊及气焊有裂纹倾向,退火状态切削性尚可,可作热处理强化,耐蚀性差,常用包铝,阳极氧化及涂漆提高耐蚀性 | 用来制造高负荷零件,其工作温度在150℃以下的飞机骨架、框隔、翼梁、翼肋、蒙皮等 |
| 硬铝 | 2A06 | LY6 | 高强度硬铝,点焊焊接性与2A12相似,氩弧焊较2A12好,耐蚀性也2A12相同,加热至250℃以下其晶间腐蚀倾向较2A12小,可进行淬火和时效处理,其压力加工、切削性与2A12相同 | 可作为150～250℃工作条件下的结构板材,但于淬火自然时效后冷作硬化的板材不宜在高温长期加热条件下使用 |
| 硬铝 | 2A16 | LY16 | 属耐热硬铝,在高温下有较高的蠕变强度,合金在热态下有较高的塑性,无挤压效应,切削性良好,可热处理强化,焊接性能良好,可进行点焊、滚焊和氩弧焊,但焊缝腐蚀稳定性较差,为防腐应采用阳极氧化处理 | 用于在高温下(250～350℃)工作的零件(如压缩机叶片圆盘)及焊接件(如容器) |
| 硬铝 | 2A17 | LY17 | 成分与性能和2A16相近。但2A17在常温和225℃下的持久强度超过2A16,在225～300℃时低于2A16,且2A17不可焊接 | 用20～300℃要求有高强度的锻件和冲压件 |
| 锻铝 | 6A02 | LD2 | 具有中等强度,退火和热态下有高的可塑性,淬火自然时效后塑性尚好,且这种状态下的耐蚀性可与5A2、3A21相比,人工时效状态合金具有晶间腐蚀倾向,切削性淬火后尚好,退火后不好,合金可点焊、氢原子焊,气焊尚好 | 制造承受中等载荷、要求有高塑性和高耐蚀性,且形状复杂的锻件和模锻件,如发动机曲轴箱、直升飞机浆叶等 |
| 锻铝 | 6B02 | LD2-1 | 系Al-Mg-Si系合金,与6A02相比,其晶间腐蚀倾向要小 | 多用于电子工业装箱板及各种壳体等 |
| 锻铝 | 6070 | LD2-2 | 系Al-Mg-Si系合金,是由美国的6070合金转化而来的,其耐蚀性很好,焊接性能良好 | 可用于制造大型焊接结构件及高级跳水板等 |
| 锻铝 | 2A50 | LD5 | 热态下塑性较高,易于锻造、冲压。强度较高,在淬火及人工时效时与硬铝相近,工艺性能较好,但有挤压效应,因此纵横向性能差别较大,耐蚀性较好,但有晶间腐蚀倾向,切削性良好,接触焊、滚焊良好,但电弧焊、气焊性能不佳 | 用于制造要求中等强度,且形状复杂的锻件和冲击件 |
| 锻铝 | 2B50 | LD6 | 性能、成分与2A50相近,可互换通用,但热态下其可塑性优于2A50 | 制造形状复杂的锻件 |
| 锻铝 | 2A70 | LD7 | 热态下具有高的可塑性,无挤压效应,可热处理强化,成分与2A50相近,但组织比2A80要细,热强性及工艺性能比2A80稍好,属耐热锻铝,其耐蚀性、切削性尚好、接触焊、滚焊性能良好,电弧焊及气焊性能不佳 | 用于制造高温环境下工作的锻件(如内燃机活塞)及一些复杂件(如叶轮),板材可用制造高温下的焊接冲压结构件 |
| 锻铝 | 2A80 | LD8 | 热态下可塑性较低,可进行热处理强化,高温强度高,属耐热锻铝,无挤压效应,焊接性与LD7相同,耐蚀性,可切削性尚好,有应力腐蚀倾向 | 用途与2A70相近 |
| 锻铝 | 2A90 | LD9 | 有较好的热强性,热态下可塑性尚好,可热处理强化,耐蚀性、焊接性和切削性与2A70相近,最一种较早应用的耐热锻铝 | 用途与2A70、2A80相近,且逐渐被2A70、2A80所代替 |
| 锻铝 | 2A14 | LD10 | 与2A50相比,含铜量较高,因此强度较高,热强性较好,热态下可塑性尚好,切削性良好,接触焊、滚焊性能良好,电弧焊和气焊性能不佳,耐蚀性不高,人工时效状态时有晶间腐蚀倾向,可热处理强化,有挤压效应,因此纵横向性能有所差别 | 用于制造承受高负荷和形状简单的锻件 |
| 锻铝 | 4A11 | LD11 | 属Al-Cu-Mg-Si系合金,是由前苏联AK9合金转化而来的,锻造、铸造、热强性好,热膨胀系数小,耐磨性能好 | 主要用于制造蒸汽机活塞及气缸材料 |

（续）

| 类别 | 新牌号 | 旧牌号 | 特　性 | 应用举例 |
|---|---|---|---|---|
| 锻铝 | 6061 | LD30 | 属 Al-Mg-Si 系合金，相当于美国的 6061 和 6063 合金，具有中等的强度，其焊接性优良，耐蚀性及冷加工性好，是一种很有前途的合金 | 广泛应用于建筑业门窗、台架等结构件及医疗办公、车辆、船舶、机械等方面 |
| 锻铝 | 6063 | LD31 | | |
| 超硬铝 | 7A03 | LC3 | 铆钉合金，淬火人工时效状态可以铆接，可热处理强化，常态抗剪强度较高，耐蚀性和切削性能尚好，铆钉铆接时不受热处理后时间限制 | 用作承力结构铆钉，工作温度在 125℃ 以下，可作 2A10 铆钉合金代用品 |
| 超硬铝 | 7A04 | LC4 | 系高强度合金，在刚淬火及退火状态下塑性尚可，可热处理强化，通常在淬火人工时效状态下使用，这时得到的强度较一般硬铝高很多，但塑性较低，合金点焊焊接性良好，气焊不良，热处理后可切削性良好，但退火后的可切削性不佳 | 用于制造主要承力结构件，如飞机上的大梁、桁条、加强框、蒙皮、翼肋、接头、起落架等 |
| 超硬铝 | 7A09 | LC9 | 属高强度铝合金，在退火和刚淬火状态下的塑性稍低于同样状态的 2A12，但稍优于 7A04，板材的静疲劳、缺口敏感，应力腐蚀性能优于 7A04 | 制造飞机蒙皮等结构件和主要受力零件 |
| 超硬铝 | 7A10 | LC10 | 是 Al-Cu-Mg-Zn 系合金 | 主要生产板材、管材和锻件等，用于纺织工业及防弹材料 |
| 超硬铝 | 7003 | LC12 | 属于 Al-Cu-Mn-Zn 系合金，由日本的 7003 合金转化而来，综合力学性能较好，耐蚀性好 | 主要用来制作型材生产自行车的车圈 |
| 特殊铝 | 4A01 | LT1 | 属铝硅合金，耐蚀性高，压力加工性良好，但机械强度差 | 多用于制作焊条、焊棒 |
| 特殊铝 | 4A13 | LT13 | 是 Al-Si 系合金 | 主要用于钎接板、带材的包覆板，或直接生产板、带、箔和焊线等 |
| 特殊铝 | 4A17 | LT17 | | |
| 特殊铝 | 5A41 | LT41 | 特殊的高镁合金，其抗冲击性强 | 多用于制作飞机座舱防弹板 |
| 特殊铝 | 5A66 | LT66 | 高纯铝镁合金，相当于 5A02 其杂质含量要求严格控制 | 多用于生产高级饰品，如笔套、标牌等 |

注：1. GB/T 3190—2008 代替 GB/T 3190—1996《变形铝及铝合金牌号及化学成分》，新标准增加了 130 个牌号。本表选编的牌号化学成分应符合 GB/T 3190—2008 相应牌号的规定。
　2. 本表旧牌号指 GB/T 3190—1982 旧版本的牌号。

### 2.1.4　铝及铝合金棒材（表1.5-58）　　2.1.5　铝及铝合金板、带材（表1.5-59）

**表1.5-58　铝及铝合金挤压棒材牌号、状态及规格**

| 牌　号 | 供应状态 | 规格/mm | | | |
|---|---|---|---|---|---|
| | | 圆棒直径 | | 方棒、六角棒内切圆直径 | |
| | | 普通棒材 | 高强度棒材 | 普通棒材 | 高强度棒材 |
| 1070A、1060、1050A、1035、1200、8A06、5A02、5A03、5A05、5A06、5A12、3A21、5052、5083、3003 | H112、F、O | 5~600 | — | 5~200 | — |
| 2A70、2A80、2A90、4A11、2A02、2A06、2A16 | H112、F | 5~600 | — | 5~200 | — |
| | T6 | 5~150 | — | 5~120 | — |
| 7A04、7A09、6A02、2A50、2A14 | H112、F | 5~600 | 20~160 | 5~200 | 20~100 |
| | T6 | 5~150 | 20~120 | 5~200 | 20~100 |
| 2A11、2A12 | H112、F | 5~600 | 20~160 | 5~200 | 20~100 |
| | T4 | 5~150 | 20~120 | 5~200 | 20~100 |
| 2A13 | H112、F | 5~600 | — | 5~200 | — |
| | T4 | 5~150 | — | 5~120 | — |
| 6063 | T5、T6 | 5~250 | — | 5~200 | — |
| | F | 5~600 | — | 5~200 | — |
| 6061 | H112、F | 5~600 | — | 5~200 | — |
| | T6 | 5~150 | — | — | — |
| | T4 | | — | 5~120 | — |

注：1. 棒材的化学成分应符合 GB/T 3190—2008 变形铝及铝合金化学成分相应牌号的规定。
　2. GB/T 3191—2010 铝及铝合金挤压棒材代替 GB/T 3191—1998。
　3. 棒材直径允许偏差分为 A、B、C、D 级，其偏差数值参见原标准。
　4. 标记示例：用 2A12 合金制造的 T4 状态、直径为 30mm 的 B 级圆棒，标记为：棒 2A12-T4B 级 φ30　GB/T 3191—2010。

**表 1.5-59　铝及铝合金板、带材尺寸规格及力学性能**（摘自 GB/T 3880.1~2—2006）

| 尺 寸 规 格 | | | | |
|---|---|---|---|---|
| 板、带材厚度<br>/mm | 板材的宽度和长度/mm | | 带材的宽度和内径/mm | |
| | 板材的宽度 | 板材的长度 | 带材的宽度 | 带材的内径 |
| >0.20~0.50 | 500~1660 | 1000~4000 | 1660 | φ75、φ150、φ200、φ300、<br>φ405、φ505、φ610、φ650、φ750 |
| >0.50~0.80 | 500~2000 | 1000~10000 | 2000 | |
| >0.80~1.20 | 500~2200 | 1000~10000 | 2200 | |
| >1.20~8.00 | 500~2400 | 1000~10000 | 2400 | |
| >1.20~150.00 | 500~2400 | 1000~10000 | — | — |

| 力 学 性 能 | | | | | | | |
|---|---|---|---|---|---|---|---|
| 牌号 | 供应状态 | 试样状态 | 厚度[①]<br>/mm | 抗拉强度[②]<br>$R_m$/MPa | 规定非比例<br>延伸强度[②]<br>$R_{p0.2}$/MPa | 断后伸长率<br>（%） | | 弯曲半径[④] |
| | | | | | | $A_{50mm}$ | $A_{5.65}$[③] | |
| | | | | ≥ | | | | |
| 1070 | O | O | >0.20~0.30 | 55~95 | — | 15 | — | 0t |
| | | | >0.30~0.50 | | | 20 | — | 0t |
| | | | >0.50~0.80 | | | 25 | — | 0t |
| | | | >0.80~1.50 | | | 30 | — | 0t |
| | | | >1.50~6.00 | | 15 | 35 | — | 0t |
| | | | >6.00~12.50 | | | 35 | — | 0t |
| | | | >12.50~50.00 | | | — | 30 | — |
| | H12<br>H22 | H12<br>H22 | >0.20~0.30 | 70~100 | — | 2 | — | 0t |
| | | | >0.30~0.50 | | | 3 | — | 0t |
| | | | >0.50~0.80 | | | 4 | — | 0t |
| | | | >0.80~1.50 | | | 6 | — | 0t |
| | | | >1.50~3.00 | | 55 | 8 | — | 0t |
| | | | >3.00~6.00 | | | 9 | — | 0t |
| | H14<br>H24 | H14<br>H24 | >0.20~0.30 | 85~120 | — | 1 | — | 0.5t |
| | | | >0.30~0.50 | | | 2 | — | 0.5t |
| | | | >0.50~0.80 | | | 3 | — | 0.5t |
| | | | >0.80~1.50 | | | 4 | — | 1.0t |
| | | | >1.50~3.00 | | 65 | 5 | — | 1.0t |
| | | | >3.00~6.00 | | | 6 | — | 1.0t |
| | H16<br>H26 | H16<br>H26 | >0.20~0.50 | 100~135 | — | 1 | — | 1.0t |
| | | | >0.50~0.80 | | | 2 | — | 1.0t |
| | | | >0.80~1.50 | | 75 | 3 | — | 1.5t |
| | | | >1.50~4.00 | | | 4 | — | 1.5t |
| | H18 | H18 | >0.20~0.50 | 120 | — | 1 | — | — |
| | | | >0.50~0.80 | | | 2 | — | — |
| | | | >0.80~1.50 | | | 3 | — | — |
| | | | >1.50~3.00 | | | 4 | — | — |
| | H112 | H112 | >4.50~6.00 | 75 | 35 | 13 | — | — |
| | | | >6.00~12.50 | 70 | 35 | 15 | — | — |
| | | | >12.50~25.00 | 60 | 25 | — | 20 | — |
| | | | >25.00~75.00 | 55 | 15 | — | 25 | — |
| | F | — | >2.50~150.00 | — | | | | — |
| 1060 | O | O | >0.20~0.30 | 60~100 | 15 | 15 | — | — |
| | | | >0.30~0.50 | | | 18 | — | — |
| | | | >0.50~1.50 | | | 23 | — | — |
| | | | >1.50~6.00 | | | 25 | — | — |
| | | | >6.00~80.00 | | | 25 | 22 | — |

（续）

| 牌号 | 供应状态 | 试样状态 | 厚度①/mm | 抗拉强度② $R_m$/MPa | 规定非比例延伸强度② $R_{p0.2}$/MPa | 断后伸长率（%） $A_{50mm}$ | $A_{5.65}$③ | 弯曲半径④ |
|---|---|---|---|---|---|---|---|---|
| | | | | | ≥ | | | |
| 1060 | H12 H22 | H12 H22 | >0.50~1.50 | 80~120 | 60 | 6 | — | — |
| | | | >1.50~6.00 | | | 12 | — | — |
| | H14 H24 | H14 H24 | >0.20~0.30 | 95~135 | 70 | 1 | — | — |
| | | | >0.30~0.50 | | | 2 | — | — |
| | | | >0.50~0.80 | | | 2 | — | — |
| | | | >0.80~1.50 | | | 4 | — | — |
| | | | >1.50~3.00 | | | 6 | — | — |
| | | | >3.00~6.00 | | | 10 | — | — |
| | H16 H26 | H16 H26 | >0.20~0.30 | 110~155 | 75 | 1 | — | — |
| | | | >0.30~0.50 | | | 2 | — | — |
| | | | >0.50~0.80 | | | 2 | — | — |
| | | | >0.80~1.50 | | | 3 | — | — |
| | | | >1.50~4.00 | | | 5 | — | — |
| | H18 | H18 | >0.20~0.30 | 125 | 85 | 1 | — | — |
| | | | >0.30~0.50 | | | 2 | — | — |
| | | | >0.50~1.50 | | | 3 | — | — |
| | | | >1.50~3.00 | | | 4 | — | — |
| | H112 | H112 | >4.50~6.00 | 75 | — | 10 | — | — |
| | | | >6.00~12.50 | 75 | | 10 | — | — |
| | | | >12.50~40.00 | 70 | | — | 18 | — |
| | | | >40.00~80.00 | 60 | | — | 22 | — |
| | F | — | >2.50~150.00 | | — | | | |
| 5A03 | O | O | >0.50~4.50 | 195 | 100 | 16 | — | — |
| | H14、 H24、 H34 | H14、 H24、 H34 | >0.50~4.50 | 225 | 195 | 8 | — | — |
| | H112 | H112 | >4.50~10.00 | 185 | 80 | 16 | — | — |
| | | | >10.00~12.50 | 175 | 70 | 13 | — | — |
| | | | >12.50~25.00 | 175 | 70 | — | 13 | — |
| | | | >25.00~50.00 | 165 | 60 | — | 12 | — |
| | F | — | >4.50~150.00 | — | — | — | — | — |
| 3005 | O H111 | O H111 | >0.20~0.50 | 115~165 | 45 | 12 | — | 0t |
| | | | >0.50~1.50 | | | 14 | — | 0t |
| | | | >1.50~3.00 | | | 16 | — | 0.5t |
| | | | >3.00~6.00 | | | 19 | — | 1.0t |
| | H12 | H12 | >0.20~0.50 | 145~195 | 125 | 3 | — | 0t |
| | | | >0.50~1.50 | | | 4 | — | 0.5t |
| | | | >1.50~3.00 | | | 4 | — | 1.0t |
| | | | >3.00~6.00 | | | 5 | — | 1.5t |
| | H14 | H14 | >0.20~0.50 | 170~215 | 150 | 1 | — | 0.5t |
| | | | >0.50~1.50 | | | 2 | — | 1.0t |
| | | | >1.50~3.00 | | | 2 | — | 1.5t |
| | | | >3.00~6.00 | | | 3 | — | 2.0t |
| | H16 | H16 | >0.20~0.50 | 195~240 | 175 | 1 | — | 1.0t |
| | | | >0.50~1.50 | | | 2 | — | 1.5t |
| | | | >1.50~4.00 | | | 2 | — | 2.5t |

（续）

| 牌号 | 供应状态 | 试样状态 | 厚度①/mm | 抗拉强度② $R_m$/MPa | 规定非比例延伸强度② $R_{p0.2}$/MPa | 断后伸长率（%） $A_{50mm}$ | 断后伸长率（%） $A_{5.65}^{③}$ | 弯曲半径④ |
|---|---|---|---|---|---|---|---|---|
| | | | | ≥ | | | | |
| 3005 | H18 | H18 | >0.20~0.50 | 220 | 200 | 1 | — | 1.5t |
| | | | >0.50~1.50 | | | 2 | — | 2.5t |
| | | | >1.50~3.00 | | | 2 | — | — |
| | H22 | H22 | >0.20~0.50 | 145~195 | 110 | 5 | — | 0t |
| | | | >0.50~1.50 | | | 5 | — | 0.5t |
| | | | >1.50~3.00 | | | 6 | — | 1.0t |
| | | | >3.00~6.00 | | | 7 | — | 1.5t |
| | H24 | H24 | >0.20~0.50 | 170~215 | 130 | 4 | — | 0.5t |
| | | | >0.50~1.50 | | | 4 | — | 1.0t |
| | | | >1.50~3.00 | | | 4 | — | 1.5t |
| | H26 | H26 | >0.20~0.50 | 195~240 | 160 | 3 | — | 1.0t |
| | | | >0.50~1.50 | | | 3 | — | 1.5t |
| | | | >1.50~3.00 | | | 3 | — | 2.5t |
| | H28 | H28 | >0.20~0.50 | 220 | 190 | 2 | — | 1.5t |
| | | | >0.50~1.50 | | | 2 | — | 2.5t |
| | | | >1.50~3.00 | | | 3 | — | — |
| 5052 | O H111 | O H111 | >0.20~0.50 | 170~215 | 65 | 12 | — | 0t |
| | | | >0.50~1.50 | | | 14 | — | 0t |
| | | | >1.50~3.00 | | | 16 | — | 0.5t |
| | | | >3.00~6.00 | | | 18 | — | 1.0t |
| | | | >6.00~12.50 | | | 19 | — | 2.0t |
| | | | >12.50~50.00 | | | — | 18 | — |
| | H12 | H12 | >0.20~0.50 | 210~260 | 160 | 4 | — | — |
| | | | >0.50~1.50 | | | 5 | — | — |
| | | | >1.50~3.00 | | | 6 | — | — |
| | | | >3.00~6.00 | | | 8 | — | — |
| | H14 | H14 | >0.20~0.50 | 230~280 | 180 | 3 | — | — |
| | | | >0.50~1.50 | | | 3 | — | — |
| | | | >1.50~3.00 | | | 4 | — | — |
| | | | >3.00~6.00 | | | 4 | — | — |
| | H16 | H16 | >0.20~0.50 | 250~300 | 210 | 2 | — | — |
| | | | >0.50~1.50 | | | 3 | — | — |
| | | | >1.50~3.00 | | | 3 | — | — |
| | | | >3.00~4.00 | | | 3 | — | — |
| | H18 | H18 | >0.20~0.50 | 270 | 240 | 1 | — | — |
| | | | >0.50~1.50 | | | 2 | — | — |
| | | | >1.50~3.00 | | | 2 | — | — |
| | H22 H32 | H22 H32 | >0.20~0.50 | 210~260 | 130 | 5 | — | 0.5t |
| | | | >0.50~1.50 | | | 6 | — | 1.0t |
| | | | >1.50~3.00 | | | 7 | — | 1.5t |
| | | | >3.00~6.00 | | | 10 | — | 1.5t |
| | H24 H34 | H24 H34 | >0.20~0.50 | 230~280 | 150 | 4 | — | 0.5t |
| | | | >0.50~1.50 | | | 5 | — | 1.5t |
| | | | >1.50~3.00 | | | 6 | — | 2.0t |
| | | | >3.00~6.00 | | | 7 | — | 2.5t |

（续）

| 牌号 | 供应状态 | 试样状态 | 厚度①/mm | 抗拉强度② $R_m$/MPa | 规定非比例延伸强度② $R_{p0.2}$/MPa | 断后伸长率（%） $A_{50mm}$ | $A_{5.65}$③ | 弯曲半径④ |
|---|---|---|---|---|---|---|---|---|
| | | | | | ≥ | | | |
| 5052 | H26 H36 | H26 H36 | >0.20~0.50 | 250~300 | 180 | 3 | — | 1.5t |
| | | | >0.50~1.50 | | | 4 | — | 2.0t |
| | | | >1.50~3.00 | | | 5 | — | 3.0t |
| | | | >3.00~4.00 | | | 6 | — | 3.5t |
| | H38 | H38 | >0.20~0.50 | 270 | 210 | 3 | — | — |
| | | | >0.50~1.50 | | | 3 | — | — |
| | | | >1.50~3.00 | | | 4 | — | — |
| | H112 | H112 | >6.00~12.50 | 190 | 80 | 7 | — | — |
| | | | >12.50~40.00 | 170 | 70 | — | 10 | — |
| | | | >40.00~80.00 | 170 | 70 | — | 14 | — |
| | F | | >2.50~150.00 | | | | | |

注：1. GB/T 3880.2—2006 规定了一般工业用铝及铝合金板、带材的牌号 37 个及其供应状态、各种厚度的力学性能，本表只选编了少量的牌号及室温力学性能，其他牌号的资料参见标准原本。

2. 牌号的化学成分应符合 GB/T 3190—2008《变形铝及铝合金化学成分》规定。

① 厚度大于 40mm 的板材，表中数值仅供参考。当需方要求时，供方提供中心层试样的实测结果。

② 1050、1060、1070、1035、1235、1145、1100、8A06 合金的抗拉强度上限值及规定非比例伸长应力极限值对 H22、H24、H26 状态的材料不适用。

③ $A_{5.65}$ 表示原始标距（$L_0$）为 5.65 $\sqrt{S_0}$ 的断后伸长率。

④ t 为板或带材的厚度，板、带材弯曲角度为 90°。

## 2.2 镁和镁合金

### 2.2.1 铸造镁合金（表 1.5-60）

### 2.2.2 加工镁与镁合金（表 1.5-61 和表 1.5-62）

**表 1.5-60　铸造镁合金牌号、化学成分及力学性能**（摘自 GB/T 1177—1991）

| | 牌号 | 代号 | 化学成分①（质量分数,%） | | | | | | | | | | |
|---|---|---|---|---|---|---|---|---|---|---|---|---|---|
| | | | Zn | Al | Zr | RE | Mn | Ag | Si | Cu | Fe | Ni | 杂质总和 |
| 牌号及化学成分 | ZMgZn5Zr | ZM1 | 3.5~5.5 | | 0.5~1.0 | — | | | | 0.1 | | 0.01 | 0.3 |
| | ZMgZn4RE1Zr | ZM2 | 3.5~5.0 | | | 0.75②~1.75 | | | | | | | |
| | ZMgRE3ZnZr | ZM3 | 0.2~0.7 | | 0.4~1.0 | 2.5②~4.0 | | | | | | | |
| | ZMgRE3Zn2Zr | ZM4 | 2.0~0.3 | | 0.5~1.0 | | | | | | | | |
| | ZMgAl8Zn | ZM5 | 0.2~0.8 | 7.5~9.0 | — | | 0.15~0.5 | | 0.3 | 0.2 | 0.05 | | |
| | ZMgRE2ZnZr | ZM6 | 0.2~0.7 | | 0.4~1.0 | 2.0③~2.8 | | | | 0.1 | | | |
| | ZMgZn8AgZr | ZM7 | 7.5~9.0 | | 0.5~1.0 | | | 0.6~1.2 | | | | | |
| | ZMgAl10Zn | ZM10 | 0.6~1.2 | 9.0~10.2 | — | | 0.1~0.5 | — | 0.3 | 0.2 | 0.05 | | |

| | 牌号 | 代号 | 热处理状态 | 抗拉强度 $R_m$/MPa | 0.2%塑性延伸强度 $R_{p0.2}$/MPa | 伸长率 $A_5$（%） | | 牌号 | 代号 | 热处理状态 | 抗拉强度 $R_m$/MPa | 0.2%塑性延伸强度 $R_{p0.2}$/MPa | 伸长率 $A_5$（%） |
|---|---|---|---|---|---|---|---|---|---|---|---|---|---|
| | | | | ≥ | | | | | | | ≥ | | |
| 室温力学性能 | ZMgZn5Zr | ZM1 | T1 | 235 | 140 | 5 | 室温力学性能 | ZMgRE3ZnZr | ZM3 | F | 120 | 85 | 1.5 |
| | ZMgZn4RE1Zr | ZM2 | T1 | 200 | 135 | 2 | | | | T2 | | | |
| | ZMgRE3Zn2Zr | ZM4 | T1 | 140 | 95 | 2 | | ZMgZn8AgZr | ZM7 | T4 | 265 | — | 6 |
| | ZMgAl8Zn | ZM5 | F | 145 | 75 | 2 | | | | T6 | 275 | | 4 |
| | | | T4 | 230 | | 6 | | ZMgAl10Zn | ZM10 | F | 145 | 85 | 1 |
| | ZMgAl8Zn | ZM5 | T6 | 230 | 100 | 2 | | | | T4 | 230 | | 4 |
| | ZMgRE2ZnZr | ZM6 | T6 | 230 | 135 | 3 | | | | T6 | | 130 | 1 |

（续）

| 高温力学性能 | 牌号 | 代号 | 热处理状态 | 抗拉强度 $R_m$/MPa ≥ 220℃ | 250℃ | 蠕变极限 $\sigma_{0.2/100}$/MPa ≥ 200℃ | 250℃ | 高温力学性能 | 牌号 | 代号 | 热处理状态 | 抗拉强度 $R_m$/MPa ≥ 200℃ | 250℃ | 蠕变极限 $\sigma_{0.2/100}$/MPa ≥ 200℃ | 250℃ |
|---|---|---|---|---|---|---|---|---|---|---|---|---|---|---|---|
| | ZMgZn4RE1Zr | ZM2 | T1 | 100 | — | — | — | | ZMgRE3Zn2Zr | ZM4 | T1 | | 100 | 50 | 25 |
| | ZMgRE3ZnZr | ZM3 | F | — | 110 | 50 | 25 | | ZMgRE2ZnZr | ZM6 | T6 | — | 145 | — | 30 |

注：1. 热处理状态代号：F—铸态；T1—人工时效；T2—退火；T4—固溶处理；T6—固溶处理加完全人工时效。

2. 表中有上、下限数值的为主要组元，只有一个数值的为非主要组元所允许的上限含量。

① 合金可加入铍，其含量不大于 0.002%（质量分数）。

② 铈含量不小于 45%（质量分数）的铈混合稀土金属，其中稀土金属总量不小于 98%（质量分数）。

③ 钕含量不小于 85%（质量分数）的钕混合稀土金属，其中 Nd＋Pr 不小于 95%（质量分数）。

表 1. 5-61 加工镁合金牌号、特性及应用

| 牌号 新 | 旧 | 产品种类 | 特 性 | 应用举例 |
|---|---|---|---|---|
| M2M | MB1 | 板材、棒材、型材、管材、带材、锻件及模锻件 | 属镁-锰系镁合金，其主要特性如下：<br>1）强度较低，但有良好的耐蚀性；在镁合金中，它的耐蚀性能最好，在中性介质中，无应力腐蚀破裂倾向<br>2）室温塑性较低，高温塑性高，可进行轧制、挤压和锻造 | 用于制造承受外力不大，但要求焊接性和耐蚀性好的零件，如汽油和滑油系统的附件等 |
| ME20M | MB8 | 板材、棒材、带材、型材、管材、锻件及模锻件 | 3）不能热处理强化<br>4）焊接性能良好，易于用气焊、氩弧焊、点焊等方法焊接<br>5）同纯镁一样，镁-锰系合金有良好的可加工性和 MB1 合金比较，MB8 合金的强度较高，且有较好的高温性能 | 强度较 MB1 高被常用来代替 MB1 合金使用，其板材可制飞机蒙皮、壁板及内部零件，型材和管材可制造汽油和滑油系统的耐蚀零件，模锻件可制外形复杂的零件 |
| AZ40M | MB2 | 板材、棒材、型材、锻件及模锻件 | 属镁-铝-锌系镁合金，其主要特性如下：<br>1）强度高，可热处理强化 | 用于制造形状复杂的锻件、模锻件及中等载荷的机械零件 |
| AZ41M | MB3 | 板材 | 2）铸造性能良好 | 用做飞机内部组件、壁板 |
| AZ61M | MB5 | 板材、带材、锻件及模锻件 | 3）耐蚀性较差，MB2 和 MB3 合金的应力腐蚀破裂倾向较小，MB5、MB6、MB7 合金的应力腐蚀破裂倾向较大 | 主要用于制造承受较大载荷的零件 |
| AZ62M | MB6 | 棒材、型材及锻件 | 4）可加工性良好<br>5）热塑性以 MB2、MB3 合金为佳，可加工成板材、棒材、锻件等各种镁材；MB6、MB7 合金热塑性较低，主要用做挤压件和锻材 | 主要用于制造承受较大载荷的零件 |
| AZ80M | MB7 | 棒材、锻件及模锻件 | 6）MB2、MB3 合金焊接性较好，可气焊和氩弧焊；MB5 合金的焊接性低；MB7 合金焊接性尚好，但需进行去应力退火 | 可代替 MB6 使用，用做承受高载荷的各种结构零件 |
| ZK61M | MB15 | 棒材、型材、带材、锻件及模锻件 | 属镁-锌-锆系镁合金，具有较高的强度和良好的塑性及耐蚀性，是目前应用最多的变形镁合金之一。无应力腐蚀破裂倾向，热处理工艺简单，可加工性良好，能制造形状复杂的大型锻件，但焊接性能不合格 | 用做室温下承受高载荷和高屈服强度的零件，如机翼长桁、翼肋等，零件的使用温度不能超过 150℃ |

注：各牌号的化学成分应符合 GB/T 5153—2003 的规定。

### 表 1.5-62 M2M、AZ61M、AZ62M、AZ80M 镁合金的室温力学性能

| 合金代号 | 材料品种及状态 | 抗拉强度 $R_m$/MPa | 屈服强度 $R_{eL}$/MPa | 伸长率 $A_{10}$(%) | 断面收缩率 $Z$(%) | 弯曲疲劳强度 $\sigma_{-1}$/MPa 光滑试样 | 弯曲疲劳强度 $\sigma_{-1}$/MPa 带缺口试样 | 弹性模量 $E$/GPa | 泊松比 $\mu$ | 抗剪强度 $\tau_b$/MPa | 剪切模量 $G$/GPa | 抗扭强度 $\tau_m$/MPa | 规定非比例扭转强度 $\tau_{p0.3}$/MPa | 扭转角 $\varphi$/(°) | 抗压强度 $R_{mc}$/MPa | 规定非比例压缩强度 $R_{pc0.2}$/MPa | 冲击韧度 $a_k$/(J/cm²) | 硬度 HBW |
|---|---|---|---|---|---|---|---|---|---|---|---|---|---|---|---|---|---|---|
| M2M | 挤压棒材 | 260 | 180 | 4.5 | 6 | | 75 | 40 | 0.34 | 130 | 16 | 190 | | | 330 | 120 | 6 | 40 |
| | 退火板材(300℃退火) | 210 | 120 | 8 | | | 75 | | | | | | | | | | 5 | 45 |
| | 模锻件、锻件 | 245 | 150 | 6 | | | | | | | | | | | | | | 45 |
| | 带材 | 255 | 185 | 9 | | | 6 | | | | | | | | | | | 40 |
| | 管材 | 235 | 150 | 7 | | | | | | | | | | | | | | 40 |
| | 型材 | 180 | 165 | 10 | | | | | | | | | | | | | | 45 |
| AZ61M | 棒材(R) | 290 | 200 | 16 | 23 | 115 | 95 | 43.4 | 0.34 | 140 | 16 | 190 | 70 | 309 | 420 | 150 | 7 | 64 |
| | 锻件(M) | 280 | 180 | 10 | 13 | 105 | | 43 | | 140 | | | | | | | 7 | 55 |
| | 带材(R) | 300 | 210 | 13 | 18 | 115 | | 43 | | 145 | | | | | | | 10 | 55 |
| AZ62M | 棒材(R) | 325 | 210 | 14.5 | 23 | 120 | | 44.6 | 0.39 | 150 | 16 | 240 | 105 | 305 | 465 | | 9.2 | 76 |
| | 锻件(R) | 310 | 215 | 8 | | 129 | | | | | | | | | | | | 70 |
| | 锻件(M) | 330 | 220 | 6 | | 110 | | | | | | | | | | | | 70 |
| | 锻件(C) | 350 | 240 | 5 | | | | | | | | | | | | | | 80 |
| | 带材(R) | 330 | 225 | 12 | | 120 | | 45 | | | | | | | | | | 65 |
| | 带材(M) | 340 | 240 | 7 | | 130 | | | | | | | | | | | | 80 |
| | 带材(C) | 350 | 260 | 7 | | | | | | | | | | | | | | 80 |
| AZ80M | 棒材(C) | 340 | 240 | 15 | 20 | 140 | 110 | 43 | 0.34 | 180 | 16 | 210 | 65 | 370 | 470 | 140 | | 64 |
| | 锻件(C) | 310 | 220 | 12 | | | | | | | | 212 | | | | | | — |

注：本表数据仅供参考。

## 2.2.3 镁及镁合金加工产品 （表 1.5-63 ~ 表 1.5-65）

### 表 1.5-63 镁合金热挤压棒材牌号、尺寸规格及力学性能 （摘自 GB/T 5155—2003）

| 牌号及尺寸规格 | 牌号 | 化学成分 | 供应状态 | 规格尺寸/mm 直径 | 规格尺寸/mm 长度 |
|---|---|---|---|---|---|
| | AZ40M、ME20M、ZK61M | 按 GB/T 5153—2003 的规定 | H112、F ／ T5、F | 5~22(1 进级)、24~28(1 进级)、30、32、34、35、36、38、40、42、45、46、48、50、52、55、58、60、62、65~120(5 进级)、130~260(10 进级)、280、300 | 棒材不定尺长度:直径 5~50 时为 1000~6000, >50 时为 500~6000;定尺、倍尺长度须在合同中注明 |

| | 牌号 | 状态 | 棒材直径/mm | 抗拉强度 $R_m$/MPa ≥ | 规定非比例延伸强度 $R_{p0.2}$/MPa ≥ | 断后伸长率 $A$(%) ≥ |
|---|---|---|---|---|---|---|
| 力学性能 | AZ40M | H112 | ≤100.00 | 245 | — | 6.0 |
| | | | >100.00~130.00 | 245 | — | 5.0 |
| | ME20E | H112 | ≤50.00 | 215 | — | 4.0 |
| | | | >50.00~100.00 | 205 | — | 3.0 |
| | | | >100.00~130.00 | 195 | — | 2.0 |
| | ZK61M | T5 | ≤100.00 | 315 | 245 | 6.0 |
| | | | >100.00~130.00 | 305 | 235 | 6.0 |

注：直径≥130.00mm 的棒材，力学性能附实验结果或由双方商定。

### 表 1.5-64 镁合金热挤压型材牌号、规格及力学性能 （摘自 GB/T 5156—2003）

| 牌号 | 化学成分 | 供应状态 | 室温纵向力学性能 ≥ $R_m$/MPa | $R_{p0.2}$/MPa | $A$(%) | 硬度 HBW | 规格尺寸/mm 名义尺寸 | 长度 | |
|---|---|---|---|---|---|---|---|---|---|
| AZ40M | 按 GB/T 5153—2003 的规定 | H112 | 240 | — | 5.0 | | ≤300 | 1000~6000 | 标准规定了型材的外形要求、尺寸偏差要求，具体尺寸规格及技术要求应在合同及图样中确定 |
| ME20M | | H112 | 225 | — | 10.0 | 40 | | | |
| ZK61M | | T5 | 310 | 245 | 7.0 | 60 | | | |

表 1.5-65 镁合金板材牌号、尺寸规格及力学性能（摘自 GB/T 5154—2003）

| 牌号 | 供应状态 | 板材厚度 /mm | 抗拉强度 $R_m$ /MPa | 规定非比例强度/MPa | | 断后伸长率 $A$(%) | |
|---|---|---|---|---|---|---|---|
| | | | | 延伸 $R_{p0.2}$ | 压缩 $R_{pc0.2}$ | 5D | 50mm |
| | | | | | | ≥ | |
| M2M | O | 0.80 ~ 3.00 | 190 | 110 | — | — | 6.0 |
| | | >3.00 ~ 5.00 | 180 | 100 | — | — | 5.0 |
| | | >5.00 ~ 10.00 | 170 | 90 | — | — | 5.0 |
| | H112 | 10.00 ~ 12.50 | 200 | 90 | — | — | 4.0 |
| | | >12.50 ~ 20.00 | 190 | 100 | — | 4.0 | — |
| | | >20.00 ~ 32.00 | 180 | 110 | — | 4.0 | — |
| AZ40M | O | 0.80 ~ 3.00 | 240 | 130 | — | — | 12.0 |
| | | >3.00 ~ 10.00 | 230 | 120 | — | — | 12.0 |
| | H112 | 10.00 ~ 12.50 | 230 | 140 | — | — | 10.0 |
| | | >12.50 ~ 20.00 | 230 | 140 | — | 8.0 | — |
| | | >20.00 ~ 32.00 | 230 | 140 | 70 | 8.0 | — |
| AZ41M | H18 | 0.50 ~ 0.80 | 290 | — | — | — | 2.0 |
| | O | 0.50 ~ 3.00 | 250 | 150 | — | — | 12.0 |
| | | >3.00 ~ 5.00 | 240 | 140 | — | — | 12.0 |
| | | >5.00 ~ 10.00 | 240 | 140 | — | — | 10.0 |
| | H112 | 10.00 ~ 12.50 | 240 | 140 | — | — | 10.0 |
| | | >12.50 ~ 20.00 | 250 | 150 | — | 6.0 | — |
| | | >20.00 ~ 32.00 | 250 | 140 | 80 | 10.0 | — |
| AZ41M | H18 | 0.50 ~ 0.80 | 260 | — | — | — | 2.0 |
| | H24 | 0.80 ~ 3.00 | 250 | 160 | — | — | 8.0 |
| | | >3.00 ~ 5.00 | 240 | 140 | — | — | 7.0 |
| | | >5.00 ~ 10.00 | 240 | 140 | — | — | 6.0 |
| | O | 0.50 ~ 3.00 | 230 | 120 | — | — | 12.0 |
| | | >3.0 ~ 5.0 | 220 | 110 | — | — | 10.0 |
| | | >5.0 ~ 10.0 | 220 | 110 | — | — | 10.0 |
| | | 10.0 ~ 12.5 | 220 | 110 | — | — | 10.0 |
| | H112 | >12.5 ~ 20.0 | 210 | 110 | — | 10.0 | — |
| | | >20.0 ~ 32.0 | 210 | 110 | 70 | 7.0 | — |
| | | >32.0 ~ 70.0 | 200 | 90 | 50 | 6.0 | — |

注：1. 板材厚度 >12.5 ~ 14.0mm 时，规定非比例拉伸强度圆形试样平行部分的直径取 10.0mm。
    2. 板材厚度 >14.5 ~ 70.0mm 时，规定非比例拉伸强度圆形试样平行部分的直径取 12.5mm。

## 2.3 铜与铜合金

### 2.3.1 铸造铜合金（表 1.5-66）

表 1.5-66 铸造铜合金的力学性能及应用举例（摘自 GB 1176—1987）

| 合金牌号 | 铸造方法 | 力学性能 ≥ | | | | 特 性 | 应用举例 |
|---|---|---|---|---|---|---|---|
| | | 抗拉强度 $R_m$ /MPa | 规定非比例延伸强度 $R_{p0.2}$ /MPa | 伸长率 $A_5$ (%) | 硬度 HBW | | |
| ZCuSn3Zn8Pb6Ni1 | S | 175 | — | 8 | 590 | 耐磨性较好，易加工，铸造性能好，气密性较好，耐腐蚀，可在流动海水下工作 | 在各种液体燃料以及海水、淡水和蒸汽（温度≤225℃）中工作的零件，压力不大于 2.5MPa 的阀门和管配件 |
| | J | 215 | — | 10 | 685 | | |
| ZCuSn3Zn11Pb4 | S | 175 | — | 8 | 590 | 铸造性能好，易加工，耐腐蚀 | 海水、淡水、蒸汽中工作，压力不大于 2.5MPa 的管配件 |
| | J | 215 | — | 10 | 590 | | |

（续）

| 合金牌号 | 铸造方法 | 力学性能 ≥ | | | 硬度 HBW | 特 性 | 应用举例 |
|---|---|---|---|---|---|---|---|
| | | 抗拉强度 $R_m$ /MPa | 规定非比例延伸强度 $R_{p0.2}$ /MPa | 伸长率 $A_5$ (%) | | | |
| ZCuSn5Pb5Zn5 | S、J | 200 | 90 | 13 | 590① | 耐磨性和耐蚀性好，易加工，铸造性能和气密性较好 | 在较高负荷、中等滑动速度下工作的耐磨、耐蚀零件，如轴瓦、衬套、缸套、活塞离合器、泵件压盖及蜗轮等 |
| | Li、La | 250 | 100① | 13 | 635① | | |
| ZCuSn10Pb1 | S | 220 | 130 | 3 | 785① | 硬度高，耐磨性极好不易产生咬死现象，有较好的铸造性能和可加工性，在大气和淡水中有良好的耐蚀性 | 可用于高负荷（20MPa以下）和高滑动速度（8m/s）下工作的耐磨零件，如连杆、衬套、轴瓦、齿轮、蜗轮等 |
| | J | 310 | 170 | 2 | 885① | | |
| | Li | 330 | 170① | 4 | 885① | | |
| | La | 360 | 170① | 6 | 885① | | |
| ZCuSn10Pb5 | S | 195 | | 10 | 685① | 耐腐蚀，特别对稀硫酸、盐酸和脂肪酸 | 结构材料，耐蚀、耐酸的配件，以及破碎机用衬套、轴瓦 |
| | J | 245 | | 10 | 685① | | |
| ZCuSn10Zn2 | S | 240 | 120 | 12 | 685① | 耐蚀性、耐磨性和加工性好，铸造性能好，铸件致密性较高，气密性较好 | 在中等及较高负荷和小滑动速度下工作的重要管配件，以及阀、旋塞、泵体、齿轮、叶轮和蜗轮等 |
| | J | 245 | 140① | 6 | 785① | | |
| | Li、La | 270 | 140① | 7 | 785① | | |
| ZCuPb10Sn10 | S | 180 | 80 | 7 | 635① | 润滑性、耐磨性和耐蚀性好，适合用作双金属铸造材料 | 表面压力高又存在侧压力的滑动轴承，如轧辊、车辆用轴承，负荷峰值为60MPa的受冲击的零件最高峰值达100MPa的内燃机双金属轴瓦，以及活塞销套、摩擦片等 |
| | J | 220 | 140 | 5 | 685① | | |
| | Li、La | 220 | 110① | 6 | 685① | | |
| ZCuPb15Sn8 | S | 170 | 80 | 5 | 590① | 在缺乏润滑剂和用水质润滑剂条件下，滑动性和自润滑性能好，易切削，铸造性能差，对稀硫酸的耐蚀性好 | 表面压力高又有侧压力的轴承，可用来制造冷轧机的铜冷却管，耐冲击负荷达50MPa的零件，内燃机的双金属轴瓦，主要用于最大负荷达70MPa的活塞销套、耐酸配件 |
| | J | 200 | 100 | 6 | 635① | | |
| | Li、La | 220 | 100① | 8 | 635① | | |
| ZCuPb17Sn4Zn4 | S | 150 | | 5 | 540 | 耐磨性和自润滑性能好，易切削，但铸造性能差 | 一般耐磨件、高滑动速度的轴承等 |
| | J | 175 | | 7 | 590 | | |
| ZCuPb20Sn5 | S | 150 | 60 | 5 | 440① | 有较高的滑动性能，在缺乏润滑介质和以水为介质时，有特别好的自润滑性能，适用于双金属铸造材料，耐硫酸腐蚀，易切削，但铸造性能差 | 高滑动速度的轴承及破碎机、水泵、冷轧机轴承，负荷达40MPa的零件，耐腐蚀零件，双金属轴承，负荷达70MPa的活塞销套 |
| | J | 150 | 70① | 6 | 540① | | |
| | La | 180 | 80① | 7 | 540① | | |
| ZCuPb30 | J | — | — | — | 245 | 有良好的自润滑性，易切削，铸造性能差，易产生密度偏析 | 要求高滑动速度的双金属轴瓦、减摩零件等 |
| ZCuAl8Mn13Fe3 | S | 600 | 270① | 15 | 1570 | 具有很高的强度和硬度，良好的耐磨性能和铸造性能，合金致密性高，耐蚀性好，作为耐磨件工作温度不大于400℃，可以焊接，但不易钎焊 | 适用于制造重型机械用轴套以及要求强度高、耐磨、耐压的零件，如衬套、法兰、阀体、泵体等 |
| | J | 650 | 280① | 10 | 1665 | | |

（续）

| 合金牌号 | 铸造方法 | 力学性能 ≥ | | | | 特　性 | 应用举例 |
|---|---|---|---|---|---|---|---|
| | | 抗拉强度 $R_m$ /MPa | 规定非比例延伸强度 $R_{p0.2}$/MPa | 伸长率 $A_5$（%） | 硬度 HBW | | |
| ZCuAl8Mn13Fe3Ni2 | S | 645 | 280 | 20 | 1570 | 有很高的力学性能，在大气、淡水和海水中均有良好的耐蚀性，腐蚀疲劳强度高，铸造性能好，合金组织致密，气密性好，可以焊接，但不易钎焊 | 要求强度高、耐腐蚀的重要铸件，如船舶螺旋桨、高压阀体、泵体，以及耐压、耐磨零件，如蜗轮、齿轮、法兰、衬套等 |
| | J | 670 | 310① | 18 | 1665 | | |
| ZCuAl9Mn2 | S | 390 | — | 20 | 835 | 有高的力学性能，在大气、淡水和海水中耐蚀性好，铸造性能好，组织致密，气密性高，耐磨性好，可以焊接，但不易钎焊 | 耐蚀、耐磨零件，形状简单的大型铸件，如衬套、齿轮、蜗轮，以及在250℃以下工作的管配件和要求气密性高的铸件，如增压器内气封 |
| | J | 440 | — | 20 | 930 | | |
| ZCuAl9Fe4Ni4Mn2 | S | 630 | 250 | 16 | 1570 | 有很高的力学性能，在大气、淡水、海水中均有优良的耐蚀性，腐蚀疲劳强度高，耐磨性好，在400℃以下具有耐热性，可以热处理，焊接性能好，不易钎焊，铸造性能尚好 | 要求强度高、耐蚀性好的重要铸件，是制造船舶螺旋桨的主要材料之一，也可用于制作耐磨和400℃以下工作的零件，如轴承、齿轮、蜗轮、螺母、法兰、阀体、导向套管等 |
| ZCuAl10Fe3 | S | 490 | 180 | 13 | 980① | 具有高的力学性能，耐磨性和耐蚀性能好，可以焊接，但不易钎焊，大型铸件自700℃空冷可以防止变脆 | 要求强度高、耐磨、耐蚀的重型铸件，如轴套、螺母、蜗轮以及250℃以下工作的管配件 |
| | J | 540 | 200 | 15 | 1080① | | |
| | Li、La | 540 | 200 | 15 | 1080① | | |
| ZCrAl10Fe3Mn2 | S | 490 | — | 15 | 1080 | 具有高的力学性能和耐磨性，可热处理，高温下耐蚀性和抗氧化性能好，在大气、淡水和海水中耐蚀性好，可以焊接，但不易钎焊，大型铸件自700℃空冷可以防止变脆 | 要求强度高、耐磨、耐蚀的零件，如齿轮、轴承、衬套、管嘴，以及耐热管配件等 |
| | J | 540 | — | 20 | 1175 | | |
| ZCuZn38 | S | 295 | — | 30 | 590 | 具有优良的铸造性能和较高的力学性能，加工性好，可以焊接，耐蚀性较好，有应力腐蚀开裂倾向 | 一般结构件和耐蚀零件，如法兰、阀座、支架、手柄和螺母等 |
| | J | 295 | — | 30 | 685 | | |
| ZCuZn25Al6Fe3Mn3 | S | 725 | 380 | 10 | 1570① | 有很高的力学性能，铸造性能良好，耐蚀性较好，有应力腐蚀开裂倾向，可以焊接 | 适用高强、耐磨零件，如桥梁支承板、螺母、螺杆、耐磨板、滑块和蜗轮等 |
| | J | 740 | 400 | 7 | 1665① | | |
| | Li、La | 740 | 400 | 7 | 1665① | | |
| ZCuZn26Al4Fe3Mn3 | S | 600 | 300 | 18 | 1175① | 有很高的力学性能，铸造性能良好，在空气、淡水和海水中耐蚀性较好，可以焊接 | 要求强度高、耐蚀性好的零件 |
| | J | 600 | 300 | 18 | 1275① | | |
| | Li、La | 600 | 300 | 18 | 1275① | | |
| ZCuZn31Al2 | S | 295 | — | 12 | 785 | 铸造性能良好，在空气、淡水、海水中耐蚀性较好，易切削，可以焊接 | 适用于压力铸造，如电机、仪表等压铸件，以及造船和机械制造业的耐蚀零件 |
| | J | 390 | — | 15 | 885 | | |

（续）

| 合金牌号 | 铸造方法 | 力学性能 ≥ | | | | 特　性 | 应用举例 |
|---|---|---|---|---|---|---|---|
| | | 抗拉强度 $R_m$ /MPa | 规定非比例延伸强度 $R_{p0.2}$/MPa | 伸长率 $A_5$ (%) | 硬度 HBW | | |
| ZCuZn35Al2Mn2Fe2 | S | 450 | 170 | 20 | 980[①] | 具有高的力学性能和良好的铸造性能,在大气、淡水、海水中有较好的耐蚀性,加工性好,可以焊接 | 管路配件和要求不高的耐磨件 |
| | J | 475 | 200 | 18 | 1080[①] | | |
| | Li、La | 475 | 200 | 18 | 1080[①] | | |
| ZCuZn38Mn2Pb2 | S | 245 | — | 10 | 685 | 有较高的力学性能和耐蚀性,耐磨性较好,加工性良好 | 一般用途的结构件,船舶、仪表等使用的外型简单的铸件,如套筒、衬套、轴瓦、滑块等 |
| | J | 345 | — | 18 | 785 | | |
| ZCuZn40Mn2 | S | 345 | — | 20 | 785 | 有较高的力学性能和耐蚀性,铸造性能好,受热时组织稳定 | 在空气、淡水、海水、蒸汽(小于300℃)和各种液体燃料中工作的零件和阀体、阀杆、泵、管接头,以及需要浇注巴氏合金和镀锡的零件等 |
| | J | 390 | — | 25 | 880 | | |
| ZCuZn40Mn3Fe1 | S | 440 | — | 18 | 980 | 有高的力学性能,良好的铸造性能和加工性,在空气、淡水、海水中耐蚀性较好,有应力腐蚀开裂倾向 | 耐海水腐蚀的零件,以及300℃以下工作的管配件、制造船舶螺旋桨等大型铸件 |
| | J | 490 | — | 15 | 1080 | | |
| ZCuZn33Pb2 | S | 180 | 70 | 12 | 490[①] | 结构材料,给水温度为90℃时抗氧化性能好,电导率约为10～14MS/m | 煤气和给水设备的壳体、机器制造业、电子技术、精密仪器和光学仪器行业中的部分构件和配件 |
| ZCuZn40Pb2 | S | 220 | — | 15 | 785[①] | 有好的铸造性能和耐磨性,加工性好,耐蚀性较好,在海水中有应力腐蚀倾向 | 一般用途的耐磨、耐蚀零件,如轴套、齿轮等 |
| | J | 280 | 120 | 20 | 885[①] | | |
| ZCuZn16Si4 | S | 345 | — | 15 | 885 | 具有较高的力学性能和良好的耐蚀性,铸造性能好,流动性高,铸件组织致密,气密性好 | 接触海水工作的管配件及水泵、叶轮、旋塞和在空气、淡水、油、燃料以及工作压力在4.5MPa和250℃以下蒸汽中工作的铸件 |
| | J | 390 | — | 20 | 980 | | |

注：S—砂型铸造；J—金属型铸造；La—连续铸造；Li—离心铸造。
① 为参考数值。

### 2.3.2　压铸铜合金（表1.5-67）

### 2.3.3　加工铜合金（表1.5-68）

**表 1.5-67　压铸铜合金牌号、化学成分、力学性能及应用**（摘自 GB/T 15116—1994）

| 牌号 | 合金代号 | 化学成分(质量分数,%) | | | | | | | | 力学性能 ≥ | | | 特性及应用 |
|---|---|---|---|---|---|---|---|---|---|---|---|---|---|
| | | Cu | Pb | Al | Si | Mn | Fe | Zn | 杂质总和 ≤ | 抗拉强度 $R_m$ /MPa | 伸长率 $A_5$ (%) | 硬度 HBW 5/250/30 | |
| YZCuZn40Pb | YT40-1 铅黄铜 | 58.0 ~ 63.0 | 0.5 ~ 1.5 | 0.2 ~ 0.5 | — | — | — | 余量 | 1.5 | 300 | 6 | 85 | 塑性好,耐磨性高,有优良的加工性及耐蚀性,但强度不高。适于制作一般用途的耐磨、耐蚀零件,如轴套、齿轮等 |
| YZCuZn16Si4 | YT16-4 硅黄铜 | 79.0 ~ 81.0 | — | — | 2.5 ~ 4.5 | — | — | 余量 | 2.0 | 345 | 25 | 85 | 塑性、耐蚀性均好,高强度,铸造性能优良,加工性和耐磨性能一般。适于制造普通腐蚀介质中工作的管配件、阀体、盖以及各种形状较复杂的铸件 |

（续）

| 牌号 | 合金代号 | 化学成分（质量分数,%） | | | | | | | 杂质总和 ≤ | 力学性能 ≥ | | | 特性及应用 |
|---|---|---|---|---|---|---|---|---|---|---|---|---|---|
| | | Cu | Pb | Al | Si | Mn | Fe | Zn | | 抗拉强度 $R_m$/MPa | 伸长率 $A_5$ | 硬度 HBW 5/250/30 | |
| YZCuZn30Al3 铝黄铜 | YT30-3 | 66.0 ~ 68.0 | — | 2.0 ~ 3.0 | — | — | — | 余量 | 3.0 | 400 | 15 | 110 | 高强度、高耐磨性,铸造性能好,耐大气腐蚀性好,耐其他介质一般,加工性不好。适于制造在空气中工作的各种耐蚀性 |
| YZCuZn35Al2Mn2Fe 铝锰铁黄铜 | YT35-2-2-1 | 57.0 ~ 65.0 | — | 0.5 ~ 2.5 | — | 0.1 ~ 3.0 | 0.5 ~ 2.0 | 余量 | 2.0 | 475 | 3 | 130 | 力学性能好,铸造性好,在大气、海水、淡水中有较好的耐蚀性。适于制作管路配件和一般要求的耐磨件 |

注：本表只列出了各牌号杂质总和,杂质含量具体规定参见 GB/T 15116—1994。

### 表 1.5-68　常用铜合金棒、板、管的力学性能和用途

| 牌号 | | 制造方法 | 棒 | | | 板 | | | 管 | | | 特性和用途 |
|---|---|---|---|---|---|---|---|---|---|---|---|---|
| | | | 状态 | 直径/mm | $R_m$/MPa ≥ | $A_{10}$（%）≥ | 状态 | $R_m$/MPa ≥ | $A_{10}$（%）≥ | 状态 | $R_m$/MPa ≥ | $A_{10}$（%）≥ | |
| 黄铜 | H68 | 冷轧或拉制 | M | 13 ~ 35 | 295 | 45 | M | ≥294 | 40 | M | 294 | 38 | 塑性良好,强度较高,切削加工性能好,易焊接,耐一般的腐蚀介质,但易产生腐蚀开裂,在黄铜中应用最广,用于复杂的冷冲件和深冲件,如散热器外壳、波纹管、弹壳等 |
| | | | $Y_2$ | 5 ~ 12 | 370 | 15 | Y | ≥392 | 13 | $Y_2$ | 343 | 30 | |
| | | | | > 12 ~ 40 | 315 | 25 | $Y_2$ | 343 ~ 441 | 25 | | | | |
| | | 热轧或挤制 | | > 40 ~ 80 | 295 | 30 | R | ≥294 | 40 | | | | |
| | | 冷轧或拉制 | R | 16 ~ 80 | 295 | 40 | T | ≥490 | 3 | | | | |
| | H62 | 冷轧或拉制 | $Y_2$ | 5 ~ 40 | 370 | 15 | M | ≥294 | 40 | M | 294 | 38 | 力学性能好,塑性好,切削加工性能好,易焊接和钎焊,耐腐蚀,易产生腐蚀裂纹,应用较广,用于制作引伸零件,如散热器零件、压力表弹簧、导管、铆钉、螺母、垫圈等 |
| | | | | > 40 ~ 80 | 335 | 20 | Y | ≥412 | 10 | $Y_2$ | 333 | 30 | |
| | | | | | | | $Y_2$ | 343 ~ 460 | 20 | | | | |
| | | 热轧或挤制 | R | 10 ~ 160 | 295 | 30 | R | ≥294 | 30 | R | 294 | 38 | |
| | | 冷轧或拉制 | | | | | T | ≥588 | 2.5 | | | | |
| | HSn62-1 | 冷轧或拉制 | Y | 5 ~ 40 | 390 | 15 | M | ≥294 | 35 | M | 294 | 35 | 力学性能好,易切削,能热压加工,易焊接和钎焊,冷加工时有脆性。在海水中有高的耐蚀性,但有腐蚀开裂倾向,适用于与海水、汽油接触的零件 |
| | | | | > 40 ~ 60 | 360 | 20 | Y | ≥392 | 5 | $Y_2$ | 333 | 30 | |
| | | 热轧或挤制 | R | 10 ~ 120 | 365 | 20 | R | ≥343 | 20 | | | | |
| | HPb59-1 | 冷轧或拉制 | $Y_2$ | 5 ~ 20 | 420 | 10 | M | ≥343 | 25 | | | | 力学性能好,易切削,能冷、热加工及焊接和钎焊。对一般腐蚀介质性能稳定,但有腐蚀裂纹倾向。适用于冷、热冲压和机械加工件,如衬套、喷嘴、螺钉、螺母、垫圈等 |
| | | | | > 20 ~ 40 | 390 | 12 | Y | ≥441 | 5 | | | | |
| | | | | > 40 ~ 80 | 370 | 15 | $Y_2$ | 392 ~ 490 | 12 | | | | |
| | | 热轧或挤制 | R | 10 ~ 16 | 365 | 18 | R | ≥372 | 18 | R | 392 | 20 | |
| 青铜 | QSn6.5 ~ 0.1 | 冷轧或拉制 | Y | 5 ~ 12 | 470 | 11 | M | 294 | 40 | | | | 有高的弹性、强度、耐磨性和抗磁性,冷热加工性能好,对电火花有较高的抗燃性,切削性能好,在大气和海水中耐蚀,用于制作弹簧、导电元件,以及精密仪器中的耐磨、抗磁零件、齿轮、接触器件等 |
| | | | | > 12 ~ 25 | 440 | 13 | Y | 490 ~ 687 | 5 | | | | |
| | | | | > 25 ~ 40 | 410 | 15 | $Y_2$ | 440 ~ 569 | 8 | | | | |
| | | 热轧或挤制 | R | 20 ~ 40 | 355 | 50 | R | 290 | 38 | | | | |

（续）

| 牌号 | 制造方法 | 状态 | 棒 | | | 板 | | | 管 | | | 特性和用途 |
|---|---|---|---|---|---|---|---|---|---|---|---|---|
| | | | 直径/mm | $R_m$/MPa | $A_{10}$（%） | 状态 | $R_m$/MPa | $A_{10}$（%） | 状态 | $R_m$/MPa | $A_{10}$（%） | |
| | | | | ≥ | ≥ | | ≥ | ≥ | | ≥ | ≥ | |
| 青铜 | QSn4-3 | 冷轧或拉制 | Y | 5～12 | 430 | 10 | M | 294 | 40 | | | | 有高的耐磨性和弹性、抗磁性好，易冷、热压力加工，在硬态下切削性能好，易焊接和钎焊，在大气、淡水和海水中耐蚀性强，用于制作弹簧、衬套、轴承等 |
| | | | | >12～25 | 370 | 15 | Y | 490～687 | 3 | | | | |
| | | | | >25～35 | 335 | 16 | T | 637 | 1 | | | | |
| | | | | >35～40 | 315 | 16 | | | | | | | |
| | | 热轧或挤制 | R | 40～120 | 275 | 25 | | | | | | | |
| | QS₃3-1 | 冷轧或拉制 | Y | 5～12 | 490 | 10 | M | 345 | 40 | | | | 有高的强度、弹性和耐磨性，塑性好，在低温下不变脆，能与黄铜、铜焊接，冷、热压力加工性能好，但不能热处理强化，在退火和加工硬化状态下弹性和屈服强度高，耐蚀性好，用于制作弹簧、蜗轮、轴套可代替锡青铜、铍青铜 |
| | | | | >12～40 | 470 | 15 | Y | 590～735 | 3 | | | | |
| | | | | | | | T | 685 | 1 | | | | |
| | | 热轧或挤制 | R | 30～100 | 345 | 20 | | | | | | | |
| | QAl9-4 | 冷轧或拉制 | Y | 5～40 | 580 | 12 | Y | 588 | 5 | | | | 温度高，减摩、耐磨性好，热压加工性好，可电焊和气焊，可代替锡青铜用于制作轴承、钢轮、阀座等 |
| | | 热轧或挤制 | | | | | | | | R | 490 | 15 | |

注：状态代号：R—热加工；M—退火；T—特硬；Y—硬；Y2—半硬。

## 2.4　钛与钛合金

### 2.4.1　铸造钛合金（表 1.5-69）　　　2.4.2　加工钛合金（表 1.5-70）

**表 1.5-69　铸造钛合金牌号、化学成分及力学性能**（摘自 GB/T 6614—1994、GB/T 15073—1994）

| 铸造钛及钛合金 | | 主要化学成分（质量分数，%） | | | | | | 铸件力学性能 | | | |
|---|---|---|---|---|---|---|---|---|---|---|---|
| 牌号 | 代号 | Ti | Al | Sn | Mo | V | Nb | 抗拉强度/MPa ≥ | 规定非比例延伸强度，$R_{p0.2}$/MPa ≥ | 伸长率（%）≥ | 硬度 HBW ≥ |
| ZTi1 | ZTA1 | 基 | — | — | — | — | — | 345 | 275 | 20 | 210 |
| ZTi2 | ZTA2 | 基 | — | — | — | — | — | 440 | 370 | 13 | 235 |
| ZTi3 | ZTA3 | 基 | — | — | — | — | — | 540 | 470 | 12 | 245 |
| ZTiAl4 | ZTA5 | 基 | 3.3～4.7 | — | — | — | — | 590 | 490 | 10 | 270 |
| ZTiAl5Sn2.5 | ZTA7 | 基 | 4.0～6.0 | 2.0～3.0 | — | — | — | 795 | 725 | 8 | 335 |
| ZTiAl6V4 | ZTC4 | 基 | 5.5～6.8 | — | — | 3.5～4.5 | — | 895 | 825 | 6 | 365 |
| ZTiMo32 | ZTB32 | 基 | — | — | 30.0～34.0 | — | — | 795 | | 2 | 260 |
| ZTiAlBSn4.5Nb2Mo1.5 | ZTC21 | 基 | 5.5～6.5 | 4.0～5.0 | 1.0～2.0 | — | 1.5～2.0 | 980 | 850 | 5 | 350 |

注：1. 本表适用于石墨加工型、石墨捣实型、金属型和熔模精铸型铸件的钛及钛合金。

2. 铸造钛合金的特点是冲击韧度比变形钛合金高，可加工为形状复杂的零件且节省材料，主要应用于化工设备，如球形阀、泵、叶轮等，其精密铸件也可用于航空、航天工业。ZTB32 为 B 型钛合金，是耐还原性介质腐蚀最强的一种钛合金，但耐氧化性介质腐蚀能力很差，由于铜含量高，因此合金变脆，加工工艺性差，主要用于化工中受还原性介质腐蚀的容器及结构件。

表 1.5-70　加工钛及钛合金的力学性能（摘自 GB/T 3620—2007）

| 代号 | 种类和状态 | 试验温度 /℃ | 抗拉强度 $R_m$ /MPa | 非比例延伸强度 $R_{p0.2}$/MPa | 断后伸长率 A(%) | 冲击韧度 $a_K$ /(J/cm²) | 弹性模量 E /GPa |
|---|---|---|---|---|---|---|---|
| TA2 | 棒材,退火 | 20 | 420 | — | 35 | 105 | 105 |
| TA3 | 棒材,退火 | 20 | 500 | — | 31 | 90 | 105 |
| TA4 | 棒材,退火 | 20 | 600 | — | 24 | 80 | 105 |
| TA28 | 锻件 | 20 | 730 | 640 | 22 | 80 | — |
| | | 300 | 370 | 320 | 26 | 180 | — |
| TA5 | 板材,退火 | 20 | 700 | 650 | 15 | 60 | 126 |
| | | 500 | 380 | 300 | 15.7 | | 98 |
| TA6 | 板材,退火 | 20 | 800 | 690 | 5 | 30 ~ 50 | 105 |
| | | 500 | — | 350 | 14 | | |
| TA7 | 板、棒,退火 | 20 | 750 ~ 950 | 650 ~ 850 | 10 | 40 | 105 ~ 120 |
| | | 500 | 520 ~ 450 | 300 ~ 400 | 20 | | 58.5 |
| TA8 | 棒材,退火 | 20 | 1040 ~ 1100 | 980 ~ 1000 | 12 | 24 ~ 32 | 120 |
| | | 500 | 750 | 620 | 17 | | 90 |
| TB2 | 棒材,淬火 + 时效 | 20 | 1400 | — | 7 | 15 | — |
| TC1 | 板材,退火 | 20 | 600 ~ 750 | 470 ~ 650 | 20 ~ 40 | 60 ~ 120 | 105 |
| | | 400 | 310 ~ 450 | 240 ~ 390 | 12 ~ 25 | — | — |
| TC2 | 板材,退火 | 20 | 700 | — | 15 | — | — |
| | | 500 | 420 | — | — | — | — |
| TC3 | 棒材,退火 | 20 | 1100 | 1000 | 13 | 35 ~ 60 | 118 |
| | | 500 | 750 | — | 14 | — | — |
| TC4 | 棒材,退火 | 20 | 950 | 860 | 13 | 40 | 113 |
| | | 400 | 640 | 500 | 17 | — | — |
| TC6 | 棒材,淬火时效 | 20 | 1100 | 1000 | 12 | 40 | 115 |
| | | 400 | 750 | 600 | 15 | — | — |
| TC9 | 棒材,退火 | 20 | 1200 | 1030 | 11 | 30 | 118 |
| | | 500 | 870 | 660 | 14 | — | 95 |
| TC10 | 棒材,退火 | 20 | 1100 | 1050 | 12 | 40 | 108 |
| | | 450 | 800 | 600 | 19 | — | 90 |
| TC11 | 棒材 | 20 | 1110 | 1014 | 17 | 30 | 123 |
| | | 500 | 780 | 600 | 22 | — | 99 |

# 3　非金属材料

## 3.1　橡胶制品

### 3.1.1　常用橡胶的性能及应用（表 1.5-71 和表 1.5-72）

表 1.5-71　工程常用橡胶的种类、特性及应用

| 种类（代号） | 化学组成 | 特性 | 应用举例 |
|---|---|---|---|
| 天然橡胶（NR） | 以橡胶烃（聚异戊二烯）为主,另含少量蛋白质、水分、树脂酸、糖类和无机盐 | 弹性大,拉伸强度高,抗撕裂性和电绝缘性优良,耐磨、耐寒性好,加工性佳,易与其他材料粘合,综合性能优于多数合成橡胶。缺点是耐氧及耐臭氧性差,容易老化,耐油、耐溶剂性不好,耐酸碱腐蚀的能力低,耐热性不高 | 制作轮胎、胶鞋、胶管、胶带、电线电缆的绝缘层和护套,以及其他通用橡胶制品 |

（续）

| 种类<br>（代号） | 化学组成 | 特　性 | 应用举例 |
|---|---|---|---|
| 丁苯橡胶<br>（SBR） | 丁二烯和苯乙烯的共聚物 | 耐磨性突出,耐老化和耐热性超过天然橡胶,其他性能与天然橡胶接近。缺点是弹性和加工性能较天然橡胶差,特别是自粘性差,生胶强度低 | 代替天然橡胶制作轮胎、胶板、胶管、胶鞋及其他通用制品 |
| 顺丁橡胶<br>（BR） | 由丁二烯聚合而成的顺式结构橡胶 | 结构与天然橡胶基本一致。它的突出优点是弹性与耐磨性优良,耐老化性佳,耐低温性优越,在动负荷下发热量小,易与金属粘合;但强度较低,抗撕裂差,加工性能与自粘性差,产量仅次于丁苯橡胶 | 一般和天然或丁苯橡胶混用,主要用于制作轮胎胎面、运输带和特殊耐寒制品 |
| 异戊橡胶<br>（IR） | 以异戊二烯为单体聚合而成,组成和结构均与天然橡胶相似 | 又称合成天然橡胶,具有天然橡胶的大部分优点,吸水性低,电绝缘性好,耐老化性优于天然橡胶,但弹性和加工性能比天然胶较差,成本较高 | 可代替天然橡胶制作轮胎、胶鞋、胶管、胶带,以及其他通用橡胶制品 |
| 丁基橡胶<br>（IIR） | 异丁烯和少量异戊二烯的共聚物,又称异丁橡胶 | 耐老化性及气密性、耐热性优于一般通用橡胶,吸振及阻尼特性良好,耐酸碱、耐一般无机介质及动植物油脂,电绝缘性亦佳,但弹性不好,加工性能差,表现在硫化慢、难粘、动态生热大 | 主要用于制作内胎、水胎、气球、电线电缆绝缘层、化工设备衬里及防振制品、耐热运输带、耐热耐老化胶布制品 |
| 氯丁橡胶<br>（CR） | 由氯丁二烯作单体,乳液聚合而成的聚合物 | 有优良的抗氧、抗臭氧及耐候性,不易燃,着火后能自熄,耐油、耐溶剂及耐酸碱性、气密性等亦较好。主要缺点是耐寒性较差,密度较大,相对成本高,电绝缘性不好,加工时易粘辊、焦烧及粘膜。此外,生胶稳定性差,不易保存。产量次于丁苯橡胶、顺丁橡胶,在合成橡胶中居第三位 | 主要用于制作要求抗臭氧、耐老化性高的重型电缆护套,耐油、耐化学腐蚀的胶管、胶带和化工设备衬里、耐燃的地下采矿用制品,以及汽车门窗嵌条、密封圈等 |
| 丁腈橡胶<br>（NBR） | 丁二烯与丙烯腈的共聚物 | 耐油性仅次于聚硫橡胶、丙烯酸酯橡胶及氟橡胶而优于其他通用胶,耐热性better好(可达150℃),气密性和耐水性良好,粘接力强,但耐寒、耐臭氧性较差,强度及弹性较低,电绝缘性不好,耐酸及耐极性溶剂性能较差 | 主要用于制作各种耐油制品,如耐油的胶管、密封圈、储油槽衬里等,也可用于制作耐热运输带 |
| 二元、三元乙丙橡胶<br>（EPM、EPDM） | 乙烯和丙烯的共聚物,一般分二元乙丙橡胶和三元乙丙橡胶(乙烯、丙烯和二烯类三元共聚)两类 | 为密度小、颜色浅、成本较低的品种。耐化学稳定性很好(仅不耐浓硝酸),耐臭氧及耐候性优异,电绝缘性突出,耐热可达150℃,耐极性溶剂但不耐脂肪烃及芳香烃。其他综合物理力学性能略次于天然橡胶而优于丁苯橡胶。缺点是硫化缓慢、粘着性差 | 主要用于制作化工设备衬里、电线电缆绝缘层、蒸汽胶管、耐热运输带、汽车配件(散热管及发动机部位的橡胶零件)及其他工业制品 |
| 氯磺化聚乙烯橡胶<br>（CSM） | 用氯和二氧化硫处理(即氯磺化)聚乙烯后,再经硫化而成 | 耐臭氧及耐日光老化性优良,耐候性高于其他橡胶。不易燃,耐热、耐酸碱及耐溶剂性能也较好,电绝缘性尚佳,耐磨性良好。缺点是抗撕裂性不太好,加工性能差,价格较贵 | 用于制作臭氧发生器上的密封材料、耐油垫圈、电线电缆包皮及绝缘层、耐腐蚀件及化工设备衬里等 |
| 丙烯酸酯橡胶（AR） | 烷基丙烯酸酯与不饱和单体(如丙烯腈)的共聚物 | 最大特点是兼有耐油、耐热性能,可在180℃以下热油中使用,还耐日光老化、耐氧与臭氧、耐紫外光,气密性也较好。缺点是耐低温性较差,不耐水及蒸汽,强度、弹性及耐磨性均较差,在苯及丙酮溶剂中膨胀较大,加工性能不好 | 可用于制作一切需要耐油、耐热、耐老化的制品,如耐热油软管、油封等 |
| 聚氨酯橡胶<br>（UR） | 由聚酯或聚醚与二异氰酸酯类化合物聚合而成 | 耐磨性高于其他橡胶,强度高,耐油性好,其他如耐臭氧、耐氧及日光老化,气密性等均很好。缺点是耐热、耐水、耐酸碱性能差 | 用于制作轮胎及耐油、耐苯零件、垫圈、防振制品及其他要求耐磨、高强度零件 |
| 硅橡胶<br>（SR） | 主链为硅氧原子组成的、带有机基团的缩聚物 | 耐高温(可达300℃)及低温(最低-100℃)性能突出,电绝缘性优良,对热氧化和臭氧的稳定性高。缺点是机械强度较低,耐油、耐酸碱、耐溶剂性较差,价格较贵 | 用于制作耐高低温制品(如胶管、密封件),耐高温电绝缘制品 |

（续）

| 种类（代号） | 化学组成 | 特　性 | 应 用 举 例 |
|---|---|---|---|
| 氟橡胶（FPM） | 由含氟单体共聚而成 | 耐高温可达 300℃，耐介质腐蚀性高于其他橡胶（耐酸碱、耐油性是橡胶中最好的），抗辐射及高真空性优良。此外，机械强度、电绝缘性、耐老化性能都很好，是性能全面的特种合成橡胶。缺点是加工性差，价格贵 | 用于制作耐化学腐蚀制品，如化工衬里、垫圈、高级密封件，高真空橡胶件 |
| 聚硫橡胶（PSR） | 三氯乙烷和多硫化钠的缩聚物，为分子主链中含有硫原子的特种橡胶 | 耐油及耐各种化学介质腐蚀性能特别高，在这方面仅次于氟橡胶，能耐日光、臭氧、各种氧化剂，气密性良好。缺点是机械强度极差，变形大，耐热、耐寒、耐磨、耐曲挠性均差，粘着性小，冷流现象严重 | 由于综合性能较差以及易燃烧、有催泪性气味，故工业上很少采用，仅用作密封腻子或油库覆盖层 |
| 氯化聚乙烯橡胶 | 乙烯、氯乙烯与二氯乙烯的三元共聚物 | 耐候、耐臭氧性卓越，电绝缘性尚可，耐酸碱、耐油性良好，耐水、耐燃、耐磨性优异，但弹性差，压缩变形较大，性能与氯磺化聚乙烯橡胶近似 | 用于制作电线电缆护套、胶带、胶管、胶辊、化工衬里 |

**表 1.5-72　工程常用橡胶性能比较**

| 品种 | 天然橡胶 | 异戊橡胶 | 丁苯橡胶 | 顺丁橡胶 | 氯丁橡胶 | 丁基橡胶 | 丁腈橡胶 |
|---|---|---|---|---|---|---|---|
| 抗撕裂性 | 优 | 良或优 | 可或良 | 可或良 | 良或优 | 良 | 良 |
| 耐磨性 | 优 | 优 | 优 | 优 | 良或优 | 可或良 | 优 |
| 耐曲挠性 | 优 | 优 | 优 | 优 | 良或优 | 优 | 良 |
| 冲击性能 | 优 | 优 | 优 | 良 | 良 | 良 | 可 |
| 耐矿物油 | 劣 | 劣 | 劣 | 劣 | 良 | 劣 | 可或优 |
| 耐动植物油 | 次 | 次 | 可或良 | 次 | 次 | 良 | 优 |
| 耐碱性 | 可或良 | 可或良 | 可或良 | 可或良 | 良 | 优 | 可或良 |
| 耐强酸性 | 次 | 次 | 次 | 劣 | 可或良 | 良 | 可或良 |
| 耐弱酸性 | 可或良 | 可或良 | 可或良 | 次或劣 | 优 | 优 | 良 |
| 耐水性 | 优 | 优 | 良或优 | 优 | 优 | 良或优 | 优 |
| 耐日光性 | 良 | 良 | 良 | 良 | 优 | 良 | 可或良 |
| 耐氧老化 | 劣 | 劣 | 劣或可 | 劣 | 良 | 良 | 可 |
| 耐臭氧老化 | 劣 | 劣 | 劣 | 次或可 | 优 | 优 | 劣 |
| 耐燃性 | 劣 | 劣 | 劣 | 劣 | 良或优 | 劣 | 劣或可 |
| 气密性 | 良 | 良 | 良 | 劣 | 良或优 | 优 | 良或优 |
| 耐辐射 | 可或良 | 可或良 | 良 | 劣 | 可或良 | 劣 | 可或良 |
| 耐蒸汽性 | 良 | 良 | 良 | 良 | 劣 | 优 | 良 |

| 品种 | 乙丙橡胶 | 氯磺化聚乙烯橡胶 | 丙烯酸酯橡胶 | 聚氨酯橡胶 | 硅橡胶 | 氟橡胶 | 聚硫橡胶 | 氯化聚乙烯橡胶 |
|---|---|---|---|---|---|---|---|---|
| 抗撕裂性 | 良或优 | 可或良 | 可 | 良 | 劣或可 | 良 | 劣或可 | 优 |
| 耐磨性 | 良或优 | 优 | 可或良 | 优 | 可或良 | 优 | 劣或可 | 优 |
| 耐屈挠性 | 良 | 良 | 良 | 优 | 劣或可 | 良 | 劣 | — |
| 耐冲击性能 | 良 | 可或良 | 劣 | 优 | 劣或可 | 劣或可 | 劣 | — |
| 耐矿物油 | 劣 | 良 | 良 | 良 | 劣 | 优 | 优 | 良 |
| 耐动植物油 | 良或优 | 良 | 优 | 优 | 良 | 优 | 优 | 良 |
| 耐碱性 | 优 | 可或良 | 可 | 可 | 次或良 | 优 | 良 | 良 |
| 耐强酸性 | 良 | 可或良 | 可或次 | 次 | 次 | 优 | 可或良 | 良 |
| 耐弱酸性 | 优 | 优 | 可 | 次 | 良 | 优 | 优 | 优 |
| 耐水性 | 优 | 优 | 劣或可 | 次 | 良 | 优 | 可 | 优 |
| 耐日光性 | 优 | 优 | 优 | 良或优 | 优 | 优 | 良 | 优 |
| 耐氧老化 | 优 | 优 | 优 | 良 | 优 | 优 | 良 | 优 |
| 耐臭氧老化 | 优 | 优 | 优 | 优 | 优 | 优 | 优 | 优 |
| 耐燃性 | 劣 | 良 | 劣或可 | 劣或可 | 可或良 | 优 | 劣 | 良 |
| 气密性 | 良或优 | 良 | 良 | 良 | 可 | 优 | 优 | — |
| 耐辐射性 | 劣 | 可或良 | 劣或良 | 良 | 可或良 | 可或良 | 可或良 | — |
| 耐蒸汽性 | 优 | 优 | 劣 | 劣 | 良 | 优 | — | 良 |

注：1. 性能等级：优、良、可、次、劣五等级，从优至劣依次降低。
　　2. 表列性能是对经过硫化的软橡胶而言的。

**3.1.2 工业用橡胶板**（表1.5-73）　　　　**3.1.3 石棉橡胶板**（表1.5-74）

**表1.5-73 工业用橡胶板尺寸规格及性能**（摘自 GB/T 5574—2008）

<table>
<tr><td rowspan="3">规格尺寸/mm</td><td colspan="8">厚度:0.5、1.0、1.5、2.0、2.5、3.0、4.0、5.0、6.0～22(2进级)25、30、40、50</td></tr>
<tr><td colspan="8">宽度:500～2000</td></tr>
<tr><td colspan="8">长度供需双方协定</td></tr>
<tr><td rowspan="3">耐油性能分类</td><td>A类</td><td colspan="7">不耐油</td></tr>
<tr><td>B类</td><td colspan="7">中等耐油,3号标准油,100℃×72h,体积变化率 ΔV 为 40%～90%</td></tr>
<tr><td>C类</td><td colspan="7">耐油,3号标准油,100℃×72h,体积变化率 ΔV 为 −5%～40%</td></tr>
<tr><td rowspan="6">力学性能</td><td>拉伸强度/MPa</td><td>≥3</td><td>≥4</td><td>≥5</td><td>≥7</td><td>≥10</td><td>≥14</td><td>≥17</td></tr>
<tr><td>代号</td><td>03</td><td>04</td><td>05</td><td>07</td><td>10</td><td>14</td><td>17</td></tr>
<tr><td>拉断伸长率(%)</td><td>≥100　≥150</td><td>≥200</td><td>≥250</td><td>≥300</td><td>≥350</td><td>≥400</td><td>≥500　≥600</td></tr>
<tr><td>代号</td><td>1　　1.5</td><td>2</td><td>2.5</td><td>3</td><td>3.5</td><td>4</td><td>5　　6</td></tr>
<tr><td>公称橡胶国际硬度或邵尔硬度 A</td><td>30</td><td>40</td><td>50</td><td>60</td><td>70</td><td>80</td><td>90　硬度偏差均为:+5 −4</td></tr>
<tr><td>代号</td><td>H3</td><td>H4</td><td>H5</td><td>H6</td><td>H7</td><td>H8</td><td>H9</td></tr>
<tr><td rowspan="4">热空气老化性能($A_r$)（B类和C类胶板应按代号 $A_r2$ 的规定）</td><td rowspan="2" colspan="2">$A_r1$</td><td colspan="2">热空气老化 70℃×72h</td><td colspan="4">拉伸强度降低率≤30%</td></tr>
<tr><td colspan="2"></td><td colspan="4">拉断伸长率降低率≤40%</td></tr>
<tr><td rowspan="2" colspan="2">$A_r2$</td><td colspan="2">热空气老化 100℃×72h</td><td colspan="4">拉伸强度降低率≤20%</td></tr>
<tr><td colspan="2"></td><td colspan="4">拉断伸长率降低率≤50%</td></tr>
<tr><td>用途</td><td colspan="8">A类橡胶板的工作介质为水和空气,工作温度范围一般为 −30～50℃,用于制作机器衬垫、各种密封或缓冲用胶垫、胶圈以及室内外、轮船、火车、飞机等铺设地面材料。耐油橡胶板(B、C类)工作介质为汽油、煤油、机油、柴油及其他矿物油类,工作温度范围为 −30～50℃,用于制作机器衬垫,各种密封或缓冲用胶圈、衬垫等</td></tr>
</table>

注: 1. 按用户需要,可提供耐低温性能 $T_b$、耐热性能 $H_r$、抗撕裂性能 $T_s$、耐臭氧性能 $O_r$、压缩永久变形性能 $C_s$ 及阻燃性能 FR 等附加性能的试验,试验条件可参照 GB/T 5574—2008 的相关规定,具体指标值由供需双方协定。

2. 标记示例:拉伸强度为5MPa（代号05）、拉断伸长率为400%（代号4）、公称硬度为60IRHD（公称橡胶国际硬度,代号H6）,抗撕裂（代号 $T_s$）的不耐油（A类）橡胶板,标记为:工业胶板 GB/T 5574-A-05-4-H6-$T_s$。

**表1.5-74 石棉橡胶板的牌号、性能规格和推荐使用范围**（摘自 GB/T 3985—2008）

| 等级牌号 | 表面颜色 | 横向拉伸强度/MPa ≥ | 老化系数 ≥ | 烧失量(%) ≤ | 压缩率/% | 回弹率(%) ≥ | 蠕变松弛率(%) ≤ | 密度/(g/cm³) | 耐热温度/℃ | 蒸汽压力/MPa | 推荐使用范围 |
|---|---|---|---|---|---|---|---|---|---|---|---|
| XB510 | 墨绿 | 21.0 | | | | | | | 500～510 | 13～14 | 温度510℃以下,压力7MPa以下的非油、非酸介质 |
| XB450 | 紫 | 18.0 | | 28.0 | | 45 | | | 440～450 | 11～12 | 温度450℃以下,压力6MPa以下的非油、非酸介质 |
| XB400 | 紫 | 15.0 | | | | | | | 390～400 | 8～9 | 温度400℃以下,压力5MPa以下的非油、非酸介质 |
| XB350 | 红 | 12.0 | 0.9 | 7～17 | | | 50 | 1.5～2.0 | 340～350 | 7～8 | 温度350℃以下,压力4MPa以下的非油、非酸介质 |
| XB300 | 红 | 9.0 | | | | 40 | | | 290～300 | 4～5 | 温度300℃以下,压力3MPa以下的非油、非酸介质 |
| XB200 | 灰 | 6.0 | | 30.0 | | | | | 190～200 | 2～3 | 温度200℃以下,压力1.5MPa以下的非油、非酸介质 |
| XB150 | 灰 | 5.0 | | | | 35 | | | 140～150 | 1.5～2 | 温度150℃以下,压力0.8MPa以下的非油、非酸介质 |

### 3.1.4  橡胶管（表 1.5-75 ~ 表 1.5-77）

#### 表 1.5-75  输水通用橡胶软管规格（摘自 HG/T 2184—2008）

| 型号 | | 工作压力 /MPa ≤ | 内径 /mm | 用途 | 内径及允许偏差/mm | | 胶层厚度 ≥/mm | |
|---|---|---|---|---|---|---|---|---|
| | | | | | 公称尺寸 | 允许偏差 | 内胶层 | 外胶层 |
| 1 型 (低压型) | a 级 | 0.3 | ≤100 | 适用于输送 60℃ 以下的生活 用水和工业用水 的橡胶软管,不适 用于输送饮用水 | 10 | ±0.75 | 1.8 | 1.0 |
| | | | | | 12.5 | | | |
| | b 级 | 0.5 | | | 16 | | | |
| | | | | | 20 | ±1.25 | 2.0 | 1.0 |
| | c 级 | 0.7 | | | 25 | | | |
| 2 型 (中压型) | d 级 | 1.0 | ≤50 | | 31.5 | | | |
| | | | | | 40 | ±1.50 | 2.3 | 1.2 |
| | | | | | 50 | | | |
| 3 型 (高压型) | e 级 | ≤2.5 | ≤25 | | 63 | | | |
| | | | | | 80 | ±2.00 | 2.5 | 1.5 |
| | | | | | 100 | | | |

注：标记示例：胶管内径为 40mm、长度为 1000mm、低压型、工作压力 ≤0.5MPa 的输水胶管，标记为：
胶管 1-b-40×1000  HG/T 2184—2008

#### 表 1.5-76  蒸汽橡胶软管规格及性能（摘自 HG/T 3036—2009）

| 规格尺寸/mm | | | | 性　能 | | | | | | | |
|---|---|---|---|---|---|---|---|---|---|---|---|
| 内径基本尺寸 | 内径偏差 | 内胶层厚度 | 外胶层厚度 | 类别 | | Ⅰ类:外胶层不耐油；Ⅱ类:外胶层耐油 | | | | | |
| | | | | 型别 | | 1 型 | 2 型 | 3 型 | 4 型 | 5 型 | |
| 12.5 | ±0.75 | ≥2.0 | ≥1.5 | 预定蒸汽压力和温度 | 压力/MPa ≤ | 0.3 | 0.6 | 1.0 | 1.6 | 1.6 | |
| 16.0 | | | | | 对应压力下的蒸汽温度/℃ ≤ | 144 | 165 | 184 | 204 | 204 (能持续使用) | |
| 19.0 | | | | 结构及性能最低要求 | 内胶层 | 耐加压蒸汽老化 | | | | | |
| 20.0 | | | | | 粘合强度 | 内胶层与增强层、各增强层之间及外胶层 与增强层的粘合强度≥1.5kN/m | | | | | |
| 25.0 | ±1.25 | | | | 增强层 耐蒸汽试验条件 | 压力/MPa | 0.25 ~ 0.35 | 0.55 ~ 0.65 | 0.95 ~ 1.05 | 1.55 ~ 1.65 | 1.55 ~ 1.65 |
| 31.5 | | | | | | 时间/h | 166 ~ 168 | 166 ~ 168 | 166 ~ 168 | 166 ~ 168 | 334 ~ 336 |
| 38.0 | | | | | 试验后性能 | 内胶层扯断伸长率的最大降低率(%) | 50 | 50 | 50 | 50 | 50 |
| 40.0 | | | | | | 内胶层最小扯断伸长率(%) | 150 | 150 | 150 | 150 | 150 |
| 50.0 | ±1.5 | | | | | 内胶层硬度增加最大值 IRHD | 10 | 10 | 10 | 10 | 10 |
| 51.0 | | | | | 持续暴露蒸汽试验 | 仅适用于 5 型管。将软管暴露在压力为 1.55 ~ 1.65MPa 的饱和蒸汽流中,时间为 28d,管壁不应 出现泄漏,内外胶层不出现龟裂等缺陷 | | | | | |
| 63.0 | | | | | 材料组成 | 由符合上述要 求的织物组成 | | 由符合上述要求的高 强度钢丝组成 | | | |
| 80.0 | ±2.0 | | | 外胶层 | 耐臭氧性能 | 按规定条件做耐臭氧试验,不应出现龟裂 | | | | | |
| | | | | | 耐油性能 | 仅用于Ⅱ类胶管。按规定条件将胶管浸泡 在油中 72h,体积变化率≤100% | | | | | |
| | | | | 应用 | | 各型号胶管用于输送饱和蒸汽或过热水,不耐油,不适于食品加工(如蒸煮等) 及打桩机用 | | | | | |

注：1. 胶管长度由使用方提出，长度偏差按 GB/T 9575—2003 的规定。
　　2. 各型胶管在 5 倍预定蒸汽压力下进行水压试验不渗水，无局部鼓胀及其他不正常变化；1、2、3、4、5 型胶管最小爆破压力分别为 3MPa、6MPa、10MPa、16MPa。
　　3. 标记示例：内径为 25mm、长度为 1000mm、2 型热汽胶管，标记为：
　　胶管 25×1000-2 型  HG/T 3036—1999

表 1.5-77　压缩空气用织物增强橡胶软管分类、型号、尺寸规格及技术性能（摘自 GB/T 1186—2007）

| 管结构及材料 | | 管由橡胶内衬层、中间为采用适当技术铺放的一层或多层天然的或合成的织物、橡胶外覆层组成 | | | | | | |
|---|---|---|---|---|---|---|---|---|
| 型号、工作压力及用途 | 型号 | 1 型 | 2 型 | 3 型 | 4 型 | 5 型 | 6 型 | 7 型 |
| | 最大工作压力/MPa | 1.0 | | | 1.6 | | 2.5 | |
| | 用途 | 一般工业用空气软管 | 重型建筑用空气软管 | 具有良好耐油性能的重型建筑用空气软管 | 重型建筑用空气软管 | 具有良好耐油性能的重型建筑用空气软管 | 重型建筑用空气软管 | 具有良好耐油性能的重型建筑用空气软管 |
| 分类 | A 类 | 工作温度范围/℃ | -25~70 | | | | | |
| | B 类 | | -40~70 | | | | | |
| 尺寸规格 | 公称内径/mm | 5、6.3、8、10、12.5、16、20(19)、25、31.5、40(38)、50、63、80(76)、100(102) | | | | | | |
| | 长度 | 软管长度及长度公差应符合 GB/T 9575—2003 橡管和塑料软管尺寸规格的规定 | | | | | | |
| | 内层外层最小厚度/mm | 内衬层 | 1.0 | | | 1.5 | | 2.0 |
| | | 外覆层 | 1.5 | | | 2.0 | | 2.5 |
| 技术性能 | 拉伸强度/MPa | 内衬层 | 5.0 | | 7.0 | | | |
| | | 外覆层 | 7.0 | | 10.0 | | | |
| | 断后伸长率(%) | 内衬层 | 200 | | 250 | | | |
| | | 外覆层 | 250 | | 300 | | | |
| | 层间粘合强度/(kN/m) | | 1.5 | | 2.0 | | | |
| | 耐液体性能 | 1 号油中 70℃浸泡 72h | 2、4、6 型内衬层试样不应收缩，体积增大不超过 15% | | | | | |
| | | 3 号油中 70℃浸泡 72h | 3、5、7 型内、外层试样不应收缩；内层试样体积增大不超过 30%，外层试样体积增大不超过 75% | | | | | |
| | 静液压要求 | 工作压力/MPa | 1.0 | | | 1.6 | | 2.5 |
| | | 试验压力/MPa | 2.0 | | | 3.2 | | 5.0 |
| | | 最小爆破压力/MPa | 4.0 | | | 6.4 | | 10.0 |
| | | 尺寸变化 | 在试验压力下，各型号长度变化为 ±5%，各型号直径变化为 ±5% | | | | | |
| | 加速老化 100℃老化 3d 后 | | 内衬层和外覆层拉伸强度变化不超过 ±25%，拉断伸长率变化不超过原始值的 ±50% | | | | | |

注：公称内径中带括号的尺寸数字是供选择的。

## 3.2　工程塑料

### 3.2.1　常用工程塑料的性能及应用（表 1.5-78 ~ 表 1.5-81）

表 1.5-78　常用工程塑料性能特点及应用举例

| 名　称 | 特　性 | 应　用　举　例 |
|---|---|---|
| 硬质聚氯乙烯（UPVC） | 机械强度较高，化学稳定性及介电性能优良，耐油性和耐老化性也较好，易熔接及粘合，价格较低。缺点是使用温度低（在 60℃ 以下），线胀系数大，成型加工性不良 | 制品有管、棒、板、塑料焊条及管件，主要用作耐磨蚀的结构材料或设备衬里材料（替代有色合金、不锈钢和橡胶）及电气绝缘材料 |
| 软质聚氯乙烯（SPVC） | 拉伸强度、弯曲强度及冲击强度均较硬质聚氯乙烯低，但断后伸长率较高。质柔软，耐摩擦、曲挠，弹性良好，像橡胶，吸水性低，易加工成型，有良好的耐寒性和电气性能，化学稳定性强，能制各种鲜艳而透明的制品。缺点是使用温度低（-15~55℃） | 通常制成管、棒、薄板、薄膜、耐寒管、耐酸碱软管等半成品，用作绝缘包覆层、套管、耐腐蚀材料、包装材料和日常生活用品 |
| 聚乙烯（PE） | 具有优良的介电性能、耐冲击、耐水性好，化学稳定性高，使用温度可达 80~100℃，摩擦性能和耐寒性好。缺点是机械强度不高，质较软，成型收缩率大 | 用作一般电缆的包覆层，耐腐蚀的管道、阀、泵的结构零件，亦可喷涂于金属表面，作为耐磨、减摩及防腐蚀涂层 |
| 有机玻璃（聚甲基丙烯酸甲酯）（PMMA） | 有极好的透光性，可透过 92% 以上的太阳光，紫外光透过可达 73.5%；力学性能较高，有一定耐热耐寒性，耐腐蚀、绝缘性能良好，尺寸稳定，易于成型，但质较脆，易溶于有机溶剂中，表面硬度不够，易擦毛 | 可作要求有一定强度的透明结构零件，如油杯、车灯、仪表零件，以及光学镜片、装饰件、光学纤维等 |

（续）

| 名　称 | 特　性 | 应　用　举　例 |
|---|---|---|
| 聚丙烯<br>（PP） | 是最轻的塑料之一，其弯曲、拉伸、压缩强度和硬度均优于低压聚乙烯，有很突出的刚性。高温（90℃）抗应力松弛性能良好，耐热性能较好，可在100℃以上使用，如无外力150℃也不变形。除浓硫酸、浓硝酸外，在许多介质中很稳定，但低相对分子质量的脂肪烃、芳香烃、氯化烃，对它有软化和溶胀作用。几乎不吸水，高频电性能不好，成型容易，但收缩率大，低温呈脆性，耐磨性不高 | 用于成型一般结构零件，作耐腐蚀化工设备和受热的电气绝缘零件，如泵叶轮、汽车零件、化工容器、管道、涂层、蓄电池匣等 |
| 聚苯乙烯<br>（PS） | 有较高的韧性和冲击强度，耐酸、耐碱性能好，不耐有机溶剂，电气性能优良，透光性好，着色性佳，易成型 | 用于成型一般结构零件和透明结构零件，以及仪表零件、油浸式多点切换开关、电池外壳等 |
| 丙烯腈-丁二烯-苯乙烯<br>（ABS） | 具有良好的综合性能，即高的冲击强度和良好的力学性能，优良的耐热、耐油性能和化学稳定性，尺寸稳定，易机械加工，表面还可镀金属，电性能良好 | 用于成型一般结构或耐磨受力传动零件和耐腐蚀设备，用ABS制成泡沫夹层板可用于制作轿车车身 |
| 聚砜<br>（PSU） | 有很高的力学性能、绝缘性能及化学稳定性，并且在-100~150℃能长期使用，在高温下能保持常温下所具有的各种力学性能和硬度，蠕变值很小，用F4填充后，可作摩擦零件 | 用于成型高温下工作的耐磨受力传动零件，如汽车分速器盖、齿轮以及电绝缘零件等 |
| 聚酰胺<br>（尼龙、PA）　尼龙66 | 疲劳强度和刚性较高，耐热性较好，摩擦因数低，耐磨性好，但吸湿性大，尺寸稳定性不够 | 用于成型中等载荷、使用温度≤100℃、无润滑或少润滑条件下工作的耐磨受力传动零件 |
| 尼龙6 | 疲劳强度、刚性、耐热性较尼龙66稍低，但弹性好，有较好的消振、降低噪声能力，其余同尼龙66 | 用于成型在轻负荷、中等温度（最高100℃）、无润滑或少润滑、要求噪声低的条件下工作的耐磨受力传动零件 |
| 尼龙610 | 强度、刚性、耐热性略低于尼龙66，但吸湿性较小，耐磨性好 | 同尼龙6，用于成型要求比较精密的齿轮、在湿度波动较大的条件下工作的零件 |
| 尼龙1010 | 强度、刚性、耐热性均与尼龙6和610相似，吸湿性低于尼龙610，成型工艺性较好，耐磨性亦好 | 用于成型轻载荷、温度不高、湿度变化较大且无润滑或少润滑的情况下工作的零件 |
| 单体浇铸尼龙<br>（MC尼龙） | 强度、耐疲劳性、耐热性、刚性均优于尼龙6及尼龙66，吸湿性低于尼龙6及尼龙66，耐磨性好，能直接在模型中聚合成型，宜浇注大型零件 | 用于成型在较高载荷、较高的使用温度（最高使用温度小于120℃）无润滑或少润滑的条件下工作的零件 |
| 聚甲醛<br>（POM） | 拉伸强度、冲击强度、刚性、疲劳强度、抗蠕变性能都很高，尺寸稳定性好，吸水性小、摩擦因数小，有很好的耐化学药品能力，性能不亚于尼龙，但价格较尼龙低，缺点是加热易分解，成型比尼龙困难 | 用于成型轴承、齿轮、凸轮、阀门、管道螺母、泵叶轮、车身底盘的小零件、汽车仪表板、化油器、箱体、容器、杆件以及喷雾器的各种代铜零件 |
| 聚碳酸酯<br>（PC） | 具有突出的冲击强度和抗蠕变性能，有很高的耐热性，耐寒性也很好，脆化温度达-100℃，弯曲、拉伸强度与尼龙等相当，并有较高的伸长率和弹性模量，但疲劳强度小于尼龙66，吸水性较低，收缩率小，尺寸稳定性好，耐磨性与尼龙相当，并有一定的耐腐蚀能力。缺点是成型条件要求较高 | 用于成型各种齿轮、蜗轮、齿条、凸轮、轴承、心轴、滑轮、传送链、螺母、垫圈、泵叶轮、灯罩、容器、外壳、盖板等 |
| 氯化聚醚<br>（聚氯醚、CPE） | 具有独特的耐蚀性，仅次于聚四氟乙烯，可与聚三氟乙烯相媲美，能耐各种酸碱和有机溶剂，但在高温下不耐浓硝酸、浓双氧水和湿氯气等。可在120℃下长期使用，强度、刚性比尼龙、聚甲醛等低，耐磨性略优于尼龙，吸水性小，成品收缩率小，尺寸稳定，成品精度高，可用火焰喷镀法涂于金属表面 | 用于成型耐腐蚀设备与零件，作为在腐蚀介质中使用的低速或高速、低速、低负荷的精密耐磨受力传动零件，如泵、阀、轴承、密封圈、化工管道涂层、窥镜等 |
| 聚酚氧<br>（苯氧树脂） | 具有良好的力学性能和高的刚性、硬度及韧性。冲击强度可与聚碳酸酯相媲美，抗蠕变性能与大多数热塑性塑料相比属于优良，吸水性小，尺寸稳定，成型精度高，一般推荐的最高使用温度为77℃ | 用于成型精密、形状复杂的耐磨受力传动零件，仪表、计算机等的零件，还可用作涂料及胶粘剂 |

（续）

| 名　称 | 特　性 | 应 用 举 例 |
|---|---|---|
| 线型聚酯（聚对苯二甲酸乙二醇酯、PETP） | 具有很高的力学性能，拉伸强度超过聚甲醛，抗蠕变性能、刚性和硬度都胜过多种工程塑料，吸水性小，线胀系数小，尺寸稳定性高，但热力学性能和冲击性能较差，耐磨性同于聚甲醛和尼龙，增强的线型聚酯其性能相当于热固性塑料 | 用于成型耐磨受力传动零件，特别是与有机溶剂接触的上述零件，增强的聚酯可以代替玻璃纤维填充的酚醛、环氧等热固性塑料 |
| 聚苯醚（聚苯撑氧、PPO、改性聚苯醚（MPPO） | 在高温下有良好的力学性能，特别是拉伸强度和抗蠕变性极好，有较高的耐热性（长期使用温度为 -127~120℃），成型收缩率低，尺寸稳定性强，耐高浓度的无机酸、有机酸、盐的水溶液、碱及水蒸气，但溶于氯化烃和芳香烃中，在丙酮、苯甲醇、石油中龟裂和膨胀 | 用于成型在高温下工作的耐磨受力传动零件和耐腐蚀的化工设备与零件，如泵叶轮、阀门、管道等，还可以代替不锈钢作外科医疗器械 |
| 聚四氟乙烯（PTFE、F4） | 具有优异的化学稳定性，与强酸、强碱或强氧化剂均不发生反作用，有很高的耐热性、耐寒性，使用温度为 -180~250℃，摩擦因数很低，是极好的自润滑材料。缺点是力学性能较低，刚性差，有冷流动性、热导率低，热膨胀系数大，耐磨性不高（可加入填充剂，适当改善），需采用预压烧结的方法，成型加工费用较高 | 主要用于成型耐化学腐蚀、耐高温的密封元件，如填料、衬垫、胀圈、阀座、阀片，也用作输送腐蚀介质的高温管道、耐腐蚀衬里、容器以及轴承、导轨、无油润滑活塞环、密封圈等。其分散液可以作涂层及浸渍多孔制品 |
| 填充聚四氟乙烯（PTFE） | 用玻璃纤维粉末、二硫化钼、石墨、氧化镉、硫化钨、青铜粉、铅粉等填充的聚四氟乙烯，在承载能力、刚性、pv 极限值等方面都有不同的提高 | 用于成型高温或腐蚀介质中工作的摩擦零件，如活塞环等 |
| 聚三氟氯乙烯（PCTFE、F3） | 耐热性、电性能和化学稳定性仅次于 F4，在 180℃的酸、碱和盐的溶液中亦不溶胀或侵蚀，机械强度、抗蠕变性能、硬度都比 F4 好些，长期使用温度为 -195~190℃之间，但要求长期保持弹性时，则最高使用温度为 120℃，涂层与金属有一定的附着力，其表面坚韧、耐磨、有较高的强度 | 用于成型耐腐蚀的设备与零件，悬浮液涂于金属表面可作防腐、电绝缘防潮等涂层 |
| 聚全氟乙烯丙烯（FEP、F46） | 力学、电性能和化学稳定性基本与 F4 相同，但突出的优点是冲击强度高，即使是带缺口的试样也冲不断，能在 -85~205℃温度范围内长期使用 | 同 F4，用于成型要求大批量生产或外形复杂的零件，并用注射成型代替 F4 的冷压烧结成型 |
| 酚醛树脂（PF） | 力学性能很高，刚性大，冷流性小，耐热性很高（100℃以上），在水润滑下摩擦因数极低（0.01~0.03），pv 值很高，有良好的电性能和耐酸碱侵蚀的能力，不易因温度和湿度的变化而变形，成型简便，价格低廉。缺点是性质较脆，色调有限，耐光性差，耐电弧性较小，不耐强氧化性酸的腐蚀 | 常用的为层压酚醛塑料和粉末状压塑料，用于成型板材、管材及棒材等。可成型农用潜水电泵的密封件和轴承、轴瓦、带轮、齿轮、制动装置和离合装置的零件、摩擦轮及电器绝缘零件等 |
| 聚酰亚胺（PI） | 能耐高温、高强度，可在 260℃温度下长期使用，耐磨性能好，且在高温和真空下稳定，挥发物少，电性能、耐辐射性能好，不溶于有机溶剂和不受酸的侵蚀，但在强碱、沸水、蒸汽持续作用下会破坏，主要缺点是质脆，对缺口敏感，不宜在室外长期使用 | 用于成型高温、高真空条件下作减摩、自润滑零件以及高温电动机、电器零件 |
| 环氧树脂（EP） | 具有较高的强度、良好的化学稳定性和电绝缘性能，成型收缩率小，成型简便 | 制造金属拉延模、压形模、铸造模、各种结构零件，用来修补金属零件及铸件 |

表 1.5-79　热固性塑料的物理、力学性能

| 塑料名称（填充物或增强物） | | 密度/(g/cm³) | 拉伸强度/MPa | 拉伸弹性模量/GPa | 伸长率（%） | 压缩强度/MPa | 硬度 | 成型收缩率（%） |
|---|---|---|---|---|---|---|---|---|
| 酚醛（PF） | 木粉 | 1.37~1.46 | 35~62 | 5.5~11.7 | 0.4~0.8 | 172~214 | 100~115HRM | 0.1~0.9 |
| | 碎布 | 1.37~1.45 | 41~55 | 6.2~7.6 | 1~4 | 138~193 | 105~115HRM | 0.3~0.9 |
| 脲醛（UF） | 纤维素 | 1.47~1.52 | 38~90 | 6.8~10.3 | <1 | 172~310 | 110~120HRM | 0.6~1.4 |
| 三聚氰胺（MF） | 纤维素 | 1.47~1.52 | 34~90 | 7.6~9.6 | 0.6~1.0 | 228~310 | 115~125HRM | 0.5~1.5 |
| | 碎布 | 1.5 | 55~76 | 9.7~11.0 | — | — | — | — |

（续）

| 塑料名称<br>（填充物或增强物） | | 密度<br>/(g/cm³) | 拉伸强度<br>/MPa | 拉伸弹性<br>模量<br>/GPa | 伸长率<br>（%） | 压缩强度<br>/MPa | 硬度 | 成型<br>收缩率<br>（%） |
|---|---|---|---|---|---|---|---|---|
| 环氧（EP） | 双酚A型,无填料 | 1.11~1.40 | 28~90 | 2.41 | 3~6 | 103~172 | 80~110HRM | 0.1~1.0 |
| | 矿物 | 1.6~2.1 | 28~69 | — | — | 124~276 | 100~112HRM | 0.2~1.0 |
| | 玻璃纤维 | 1.6~2.0 | 35~137 | 20.7 | 4 | 124~276 | 100~112HRM | 0.1~0.8 |
| | 酚醛型　矿物 | 1.6~2.0 | 35~86 | 14.5 | — | 165~331 | 巴柯尔70~74 | 0.4~0.8 |
| | 脂环族　浇注料 | 1.16~1.21 | 55~83 | 3.41 | — | 103~138 | — | — |
| 聚邻苯二甲<br>酸二丙烯酯<br>（PDAP） | 玻璃纤维 | 1.61~1.87 | 41~76 | 9.7~15.1 | 3~5 | 172~241 | 80~87HRE | 0.05~0.5 |
| | 矿物 | 1.65~1.80 | 35~62 | 8.3~15.1 | — | — | — | — |
| 有机硅<br>（SI） | 浇注料 | 0.99~1.5 | 2.4~6.9 | — | 100~700 | — | 15~65H$_A$ | 0~0.6 |
| | 矿物 | 1.80~2.05 | 28~41 | — | — | 69~110 | 80~90HRM | 0~0.5 |
| 聚氨酯<br>（PUR） | 浇注料 | 1.1~1.5 | 1.2~69 | 0.064~0.69 | 100~1000 | 138 | 10H$_A$、90H$_D$ | 2.0 |

**表1.5-80　热塑性塑料的物理、力学性能**

| 塑料名称 | 代号 | 密度/<br>(g/cm³) | 吸水率<br>（%） | 拉伸强度<br>/MPa | 拉伸弹<br>性模量<br>/GPa | 断裂<br>伸长率<br>（%） | 压缩强度<br>/MPa | 硬度 | 成型收缩率<br>（%） |
|---|---|---|---|---|---|---|---|---|---|
| 聚乙烯（高密度） | HDPE | 0.941~<br>0.965 | <0.01 | 21~38 | 0.4~<br>1.03 | 20~100<br>（断裂） | 18.6~<br>24.5 | 60~70H$_D$ | 1.5~4.0 |
| 聚乙烯（低密度） | LDPE | 0.91~<br>0.925 | <0.01 | 3.9~<br>15.7 | 0.12~<br>0.24 | 90~800 | — | 41~50H$_D$、<br>10HRR | 1.2~4.0 |
| 聚乙烯（超高分子<br>量） | UNMWPE | 0.94 | <0.01 | 30~34 | 0.68~<br>0.95 | 400~480 | — | 50HRR | 4.0 |
| 氯化聚乙烯 | CPE | 1.08 | — | 10.3~<br>12.4 | — | 200~<br>650 | — | 65~70H$_D$ | — |
| 聚丙烯 | PP | 0.90~<br>0.91 | 0.03~<br>0.04 | 35~40 | 1.1~1.6 | 200 | — | 50~102HRR | 1.0~2.5 |
| 聚氯乙烯（硬质） | PVC | 1.30~<br>1.58 | 0.07~<br>0.40 | 45~50 | 3.3 | 20~40 | — | 14~17HB | 0.1~0.5 |
| 聚氯乙烯（软质） | PVC | 1.16~<br>1.35 | 0.5~1.0 | 10~25 | — | 100~<br>450 | — | 50~75H$_A$ | 1~5 |
| 聚苯乙烯 | PS | 1.04~<br>1.10 | 0.03~<br>0.30 | 50~60 | 2.8~<br>4.2 | 1.0~<br>3.7 | — | 65~80HRM | 0.2~0.7 |
| 丙烯腈-丁二烯-苯<br>乙烯 | ABS | 1.03~<br>1.06 | 0.20~<br>0.25 | 21~63 | 1.8~2.9 | 23~60 | 18~70 | 62~121HRR | 0.3~0.6 |
| 聚甲基丙烯酸甲酯<br>（有机玻璃） | PMMA | 1.17~<br>1.20 | 0.20~<br>0.40 | 50~77 | 2.4~<br>3.5 | 2~7 | — | 10~18HB | 0.2~0.6 |
| 聚酰胺（尼龙）6 | PA6 | 1.13~<br>1.15 | 1.9~<br>2.0 | 54~78 | — | 150~<br>250 | 60~90 | 85~114HRR | — |
| 聚酰胺（尼龙）66 | PA66 | 1.14~<br>1.15 | 1.5 | 57~83 | — | 40~270 | 90~120 | 100~118HRR | 1.5~2.2 |
| 聚酰胺（尼龙）610 | PA610 | 1.07~<br>1.09 | 0.5 | 47~60 | — | 100~<br>240 | 70~90 | 90~130HRR | 1.5~2.0 |
| 聚酰胺（尼<br>龙）1010 | PA1010 | 1.04~<br>1.07 | 0.39 | 52~55 | 1.6 | 100~<br>250 | 65 | 71HB | 1~2.5 |
| 聚酰胺（尼龙）-<br>注型 | PA-MC | 1.10 | 0.6~<br>1.2 | 77~92 | 2.4~<br>3.6 | 20~30 | — | 14~21HB | 径向3~4、<br>纵向7~12 |
| 聚酰胺（尼龙）-<br>芳香 | — | 1.35~<br>1.36 | 0.4 | 80~120 | 2.8 | 70~150 | — | 93HRM | — |

<br>

（续）

| 塑料名称 | 代号 | 密度/(g/cm³) | 吸水率(%) | 拉伸强度/MPa | 拉伸弹性模量/GPa | 断裂伸长率(%) | 压缩强度/MPa | 硬度 | 成型收缩率(%) |
|---|---|---|---|---|---|---|---|---|---|
| 聚甲醛(均聚) | POM | 1.42~1.43 | 0.20~0.27 | 58~70 | 2.9~3.1 | 15~75 | 122 | 118~120HRR、80~94HRM | 2.0~2.5 |
| 聚甲醛(共聚) | POM | 1.41~1.43 | 0.22~0.29 | 62~68 | 2.8 | 40~75 | 113 | 120HRR、78~84HRM | 2.0~3.0 |
| 聚碳酸酯 | PC | 1.18~1.20 | 0.2~0.3 | 60~88 | 2.5~3.0 | 80~95 | | 68~86HRM | 0.5~0.8 |
| 聚氯醚 | — | 1.40 | 0.01 | 42~56 | 1.1 | 60~130 | 66~76 | 100HRM | 0.4~0.6 |
| 聚酚氧 | — | 1.17~1.18 | 0.13 | 55~70 | 2.4~2.7 | 50~100 | | 118~123HRR | 0.3~0.4 |
| 聚对苯二甲酸乙二(醇)酯 | PETP | 1.37~1.38 | 0.08~0.09 | 57 | 2.8~2.9 | 50~300 | — | 68~98HRM | — |
| 聚对苯二甲酸丁二(醇)酯 | PBTP | 1.30~1.55 | 0.03~0.09 | 52.5~65 | 2.6 | — | | 118HRR | 1.5~2.5 |
| 聚四氟乙烯 | PTFE | 2.1~2.2 | 0.01~0.02 | 14~25 | 0.4 | 250~500 | — | 50~65H_D | 1~5(模压) |
| 聚三氟氯乙烯 | PCTFE | 2.1~2.2 | 0.02 | 31~42 | 1.1~2.1 | 50~190 | — | 74H_D | 1~2.5 |
| 聚全氟乙烯丙烯 | FEP | 2.1~2.2 | 0.01 | 19~22 | 0.35 | 250~330 | | 60~65H_D | 2~5 |
| 聚酰亚胺(均苯型) | PI | 1.42~1.43 | 0.2~0.3 | 94.5 | — | 6~8 | >276 | 92~102HRM | |
| 聚酰亚胺(醚酐型) | — | 1.36~1.38 | 0.3 | 120 | — | 6~10 | >230 | | 0.5~1.0 |
| 聚酰亚胺(聚醚型) | — | 1.27 | 0.25 | 105~140[①]97 | 3.0 | 60 | 140 | 109~110HRM | 0.5~0.7 |
| 聚酰亚胺(聚酰胺型) | — | 1.42 | 0.33(饱和) | 152 | 4.5 | 7.6 | 221 | 86HRE | 0.6~1.0 |
| 聚砜 | PSU | 1.24~1.61 | 0.3 | 66~68 | 2.5~4.5 | 2~5、50~100 | 276 | 69~74HRM | 0.4~0.7 |
| 聚苯 | — | 1.24 | — | 14 | 0.15 | 10.8 | 62 | 7.5H_D | — |
| 聚对二甲苯 | — | 1.10~1.42 | 0.01~0.06 | 63~91 | 2.5~3.2 | 50~200 | — | — | — |

**表 1.5-81　一些共聚物的物理、力学性能**

| 塑料名称 | | 密度/(g/cm³) | 拉伸强度/MPa | 伸长率(%) | 弯曲强度/MPa | 弯曲弹性模量/GPa | 冲击强度(悬臂梁，缺口)/(J/m²) | 硬度 |
|---|---|---|---|---|---|---|---|---|
| 聚乙烯共混物 | HDPE/LDPE | 0.923~0.933 | 0.14~0.18 | 10~25 | — | | — | 55~64H_D |
| 聚氯乙烯共混物 | PVC/NBR | — | 5.51 | 100 | — | | | |
| | PVC(硬质)/EVA | 1.34 | 50 | 160 | — | | | |
| | PVC/ABS | 1.19 | 45~46 | | | 2.4 | | |
| | PVC/PEC | | 40~53.3(屈服) | 80(屈服) | — | 2.20~3.40 | 33~118 | |
| 丙烯腈-丁二烯-苯乙烯共混物 | ABS/PVC | 1.21 | 38.5 | 20(断裂) | 20.7~37.6(屈服) | 0.69~2.21(屈服) | 667~800 | 50~102HRR |
| | ABS/PSU | 1.13 | — | — | 50.8(屈服) | 2.41(屈服) | 506.7 | 115HRR |
| | ABS/PC | 1.14 | — | — | 50.5(屈服) | 2.55(屈服) | 549.4 | 118HRR |

（续）

| 塑料 名 称 | | 密度 /(g/cm³) | 拉伸强度 /MPa | 伸长率 (%) | 弯曲强度 /MPa | 弯曲弹性模量 /GPa | 冲击强度 (悬臂梁,缺口) /(J/m²) | 硬度 |
|---|---|---|---|---|---|---|---|---|
| 聚酰胺(尼龙)共混物 | PA/聚烯烃 | — | 56(干态) | — | — | 1.93 | 820 | 114HRR |
| 聚甲醛共混物 | POM/弹性体 | 1.34 | 46 | 200 | | 1.41 | 910 | — |
| | POM/PTFE(粉) | — | 压缩强度80 | — | — | — | — | — |
| | POM/PTFE(纤维) | — | 压缩强度108.1 | — | — | — | — | — |
| 聚碳酸酯共混物 | PC/ABS | 1.14 | 55.5(屈服) | | 98.6 | 2.76 | 570.7 | 118HRR |
| | PC/PE | — | 47 | | 70 | | 2347 | — |
| | PC/PS | — | 63 | | 94.2 | | 164.1 | — |
| | PC/PS/PE | — | 50~57 | | 76.7~83.5 | | 1120~3147 | — |
| | PC/PBTP/弹性体 | 1.20~1.22 | 31~59 | 100~150 | 58~86 | 1.65~2.96 | 709.4~853.4 | — |
| | PC/PETP | | 55.2 | 16.5 | 75.2 | 2.07 | 960.1 | 114HRR |
| | PC/PTFE | | 54~58(屈服) | 29~30 | 75~80 | 2~2.1 | 0.3~0.4 | — |
| | PC/PMMA | 1.19 | 56~60 | 40~65 | 97~102 | 2.5~2.65 | 28~40 | 95~97HRR |
| 热塑性聚酯共混物 | PBTP/聚烯烃 | | — | 6.5~7.3 | 45~115 | 0.95~1.80 | 90~250 | — |
| | PBTP/聚醚酯类弹性体 | | — | 110~410 | — | 1.16~2.00 | 6.5~2.4 | — |
| | PBTP/PETP | | 315~440 | 3.3~5.5 | 486~745 | | | |
| 聚砜共混物 | PSU/PTFE | | 100 | — | | | | |
| | PSU/PMMA/ABS | 1.20~1.22 | 56.5~63.5(屈服) | 4.5 | 91.5~100 | 2.64~3.00 | 58.3~85.3 | 90HRM |
| | PSU/ABS | 1.13 | 50.8(屈服) | 30 | 91.7(5%应变) | 2.52 | | |

## 3.2.2 工程塑料板材 （表1.5-82～表1.5-86）

### 表1.5-82 聚四氟乙烯板规格性能及应用 （摘自 QB/T 3625—1999）

| 牌号 | 规格尺寸/mm | | | 性能及应用 | | | |
|---|---|---|---|---|---|---|---|
| | 厚度 | 宽度×长度 | 圆形板 | 项目 | SFB-1 | SFB-2 | SFB-3 |
| SFB-3、 SFB-2、 SFB-1 | 0.5<br>0.6<br>0.7<br>0.8<br>0.9 | (60、90、<br>120、150、<br>200、250、<br>300、600、<br>1000、1200、<br>1500) ×(≥500) | 厚度：0.8、<br>1.0、1.2、1.5<br>直径：100、<br>120、140、160、<br>180、200、250 | 密度 /(g/cm³) | 2.1~2.3 | 2.1~2.3 | 2.1~2.3 |
| | 1.0<br>1.2<br>1.5 | (60、90、120、150、<br>200、250、300、600、<br>1000、1200、1500)×<br>(≥500)、120×120、<br>160×160、200×<br>200、250×250 | | 拉伸强度 /MPa | ≥15 | ≥15 | ≥15 |
| | 2、2.5、3、4、5、6、<br>7、8、9、10、11、12、<br>13、14、15、16、17、<br>18、19、20、22、24、<br>26、28、30、32、34、<br>36、38、40、45、50、<br>55、60、65、70、75 | 120×120、160×160、<br>200×200、250×250、<br>300×300、400×400、<br>450×450 | | 断裂伸长率 (%) | ≥150 | ≥150 | ≥30 |
| | | | | 交流击穿 电压/kV | ≥10 | — | — |
| | 80、85、90、95、100 | 300×300、400×<br>400、450×450、 | | 应用 | 用于电器 绝缘 | 用于腐蚀 介质中的衬 垫、密封件及 润滑材料 | 用于腐蚀 介质中的隔 膜和视镜 |

注：标记示例：厚度为15mm、宽度为250mm、长度为250mm的SFB-2聚四氟乙烯板材，标记为：乙烯板 SFB-2-15250250 QB/T 3625—1999。

表 1.5-83　环氧玻璃布层压板规格性能及应用（摘自 GB/T 1303.3—2008）

| | 项目 | 技术要求 | |
|---|---|---|---|
| | | 试验用板材适合厚度/mm | 指标值 |
| 技术性能 | 垂直层间弯曲强度/MPa | ≥1.6 | ≥340 |
| | 表观弯曲模量/MPa | ≥1.6 | ≥(24000) |
| | 垂直层向压缩强度/MPa | ≥5 | ≥(350) |
| | 平行层向冲击强度(悬臂梁法)/(kJ/m²) | ≥5 | ≥34 |
| | 平行层向剪切强度/MPa | ≥5 | ≥(30) |
| | 拉伸强度/MPa | ≥1.6 | ≥(300) |
| | 平行层向击穿电压(90℃±2℃油中)/kV | ≤3 | ≥35 |
| | 介电常数①(48~62Hz) | ≤3 | ≤5.5 |
| | 介电常数①(1MHz以下) | ≤3 | ≤5.5 |
| | 介质损耗因数②(48~62Hz) | ≤3 | ≤0.04 |
| | 介质损耗因数②(1MHz以下) | ≤3 | ≤0.04 |
| | 浸水后绝缘电阻/Ω | 全部 | ≥5.0×10⁸ |
| | 相对漏电起痕指数/V | ≥3 | ≥(200) |
| | 长期耐热温度/℃ | ≥3 | ≥(130) |
| | 负荷变形温度/℃ | — | 待定 |
| | 密度/g·cm⁻³ | 全部 | (1.7~1.9) |
| 规格尺寸/mm | 板材标称厚度：0.4、0.5、0.6、0.8、1.0、1.2、1.6、2.0、2.5、3.0、4.0、5.0、6.0、8.0、10.0、12、14、16、20~50(5进级)，板材切割板条宽度：>3~600 | | |
| 应用 | 中等温度下力学性能高，高湿度下电性能稳定性优良，用于机械、电子和电气工业 | | |

① 任选一项均可。
② 任选一项均可。

表 1.5-84　聚乙烯板规格及性能（摘自 QB/T 2490—2000）

| 板材规格尺寸/mm | | | 技术性能 | | |
|---|---|---|---|---|---|
| 项目 | 指标值 | 极限偏差 | 项目 | 指标 | |
| 厚度 S | 2~8 | ±(0.08±0.03S) | 密度/(g/cm³) | 0.919~0.925 | 0.940~0.960 |
| 宽度 | ≥1000 | ±5 | 拉伸屈服强度(纵横向)/MPa | ≥7.0 | ≥22.0 |
| 长度 | ≥2000 | ±10 | 简支梁缺口冲击强度(纵横向) | 无破裂 | 无破裂 |
| 对角线最大差值 | 每1000边长 | ≤5 | 断裂伸长率(纵横向)(%) | ≥200 | ≥500 |

表 1.5-85　酚醛棉布层压板型号、规格及性能（摘自 JB/T 8149.2—2000）

| 型号、应用及尺寸规格 | 型号 | 应用范围与特性 | | | |
|---|---|---|---|---|---|
| | 3025 | 机械用(粗布)，电气性能差 | | | |
| | 3026 | 机械用(细布)，电气性能差 | | | |
| | 3027 | 机械及电气用(粗布)，电气性能差 | | | |
| | 3028 | 机械及电气用(细布)，电气性能差。推荐制作小零部件(像3026) | | | |
| | 规格尺寸/mm | 厚度为0.4~50；宽度为450~1000；长度为1000~2600mm | | | |

| | 厚度及允许偏差/mm | 吸水性/mg | | | | 垂直层向电气强度/(MV/m¹) | | | |
|---|---|---|---|---|---|---|---|---|---|
| | | 3025 | 3026 | 3027 | 3028 | 3025 | 3026 | 3027 | 3028 |
| 技术性能 | 0.8±0.19 | ≤201 | ≤201 | ≤133 | ≤133 | ≥0.89 | ≥0.89 | ≥5.6 | ≥7.0 |
| | 1.0±0.20 | ≤206 | ≤206 | ≤136 | ≤136 | ≥0.82 | ≥0.82 | ≥5.1 | ≥6.3 |
| | 1.2±0.22 | ≤211 | ≤211 | ≤139 | ≤139 | ≥0.80 | ≥0.80 | ≥4.6 | ≥5.8 |
| | 1.6±0.24 | ≤220 | ≤220 | ≤145 | ≤145 | ≥0.72 | ≥0.72 | ≥3.8 | ≥5.1 |
| | 2.0±0.26 | ≤229 | ≤229 | ≤151 | ≤151 | ≥0.65 | ≥0.65 | ≥3.4 | ≥4.6 |
| | 2.5±0.29 | ≤239 | ≤239 | ≤157 | ≤157 | — | — | — | — |
| | 3.0±0.31 | ≤249 | ≤249 | ≤162 | ≤162 | ≥0.50 | ≥0.50 | ≥3.0 | ≥4.0 |
| | 4.0±0.36 | ≤262 | ≤262 | ≤169 | ≤169 | 平行层向击穿电压(90℃±2℃油中)/kV | | | |
| | 5.0±0.42 | ≤275 | ≤275 | ≤175 | ≤175 | 3025 | 3026 | 3027 | 3028 |
| | 6.0±0.46 | ≤284 | ≤284 | ≤182 | ≤182 | ≥1 | ≥1 | ≥18 | ≥20 |
| | 8.0±0.55 | ≤301 | ≤301 | ≤195 | ≤195 | 垂直层向弯曲强度/MPa | | | |
| | 10.0±0.63 | ≤319 | ≤319 | ≤209 | ≤209 | 3025 | 3026 | 3027 | 3028 |
| | 12.0±0.70 | ≤336 | ≤336 | ≤223 | ≤223 | ≥100 | ≥110 | ≥90 | ≥100 |
| | 14.0±0.78 | ≤354 | ≤354 | ≤236 | ≤236 | | | | |
| | 16.0±0.85 | ≤371 | ≤371 | ≤250 | ≤250 | 力学性能、电气性能试件板厚规定： | | | |
| | 20.0±0.95 | ≤406 | ≤406 | ≤277 | ≤277 | 1)垂直层向弯曲强度试验用最小板厚为1.6mm | | | |
| | 25.0±1.10 | ≤450 | ≤450 | ≤311 | ≤311 | 2)垂直层向电气强度试验用最大板厚为3mm | | | |
| | 30.0±1.22 | 厚度大于25mm时，单面加工至22.5mm | | | | 3)平行层向击穿电压试验用板厚大于3mm | | | |
| | 35.0±1.34 | ≤540 | ≤540 | ≤373 | ≤373 | | | | |
| | 40.0±1.45 | — | | | | | | | |
| | 45.0±1.55 | | | | | | | | |
| | 50.0±1.65 | | | | | | | | |

**表 1.5-86　浇注型工业有机玻璃板材规格、性能及应用**（摘自 GB/T 7134—2008）

| 规格尺寸 /mm | 以甲基丙烯酸甲酯为原料,在特定的模具内进行本体聚合而成的无色和有色的透明、半透明或不透明,厚度为 1.5~50 的工业有机玻璃板材,板材的长度和宽度由相关方商定,板厚度规定为 1.5、2.0、2.5、2.8、3.0~5.0(0.5 进级)、6.0、8.0~13(1 进级)、15、16、18、20~50(5 进级)。板材长、宽、厚尺寸的允许偏差应符合 GB/T 7134—2008 的相关规定 | | |
|---|---|---|---|

| 性能 | 项　目 | 指　标 | |
|---|---|---|---|
| | | 无色 | 有色 |
| | 抗拉强度/MPa | ≥70 | ≥65 |
| | 拉伸断裂应变(%) | ≥3 | — |
| | 拉伸弹性模量/MPa | ≥3000 | — |
| | 简支梁无缺口冲击强度/(kJ/m²) | ≥17 | ≥15 |
| | 维卡软化温度/℃ | ≥100 | — |
| | 加热时尺寸变化(收缩)(%) | ≤2.5 | — |
| | 总透光率(%) | ≥91 | — |
| | 420nm 透光率(厚度 3mm)(%)　氙弧灯照射之前 | ≥90 | — |
| | 420nm 透光率(厚度 3mm)(%)　氙弧灯照射 1000h 之后 | ≥88 | — |

| 应用 | 有机玻璃(PMMA)透明性好,有良好的耐候性,表面硬度较高,综合性能优良,主要用于要求透明的制品,但耐热温度不高、长期使用温度为 80℃。浇注型 PMMA 板材制品无内应力,呈各向同性,双折射小,宜于用作光学透明材料及汽车、飞机、船用等交通工具窗玻璃 |
|---|---|

### 3.2.3　工程塑料管材（表 1.5-87 ~ 表 1.5-89）

**表 1.5-87　聚四氟乙烯管材规格、性能及应用**（摘自 QB/T 3624—1999）

| 牌号 | 规格尺寸/mm | | | | | 性能 | | |
|---|---|---|---|---|---|---|---|---|
| | 内径 | 内径偏差 | 壁厚 | 壁厚偏差 | 长度 | 项目 | SFG-1 | SFG-2 |
| SFG-1 | 0.5、0.6、0.7、0.8、0.9、1.0 | ±0.1 | 0.2 | ±0.06 | ≥200 | 密度/(g/cm³) | — | 2.1~2.3 |
| | | | 0.3 | ±0.08 | | | | |
| | 1.2、1.4、1.6、1.8、2.0、2.2、2.4、2.6、2.8 | ±0.2 | 0.2 | ±0.06 | | 抗拉强度/MPa | ≥25 | ≥15 |
| | | | 0.3 | ±0.08 | | | | |
| | | | 0.4 | ±0.10 | | | | |
| | 3.0、3.2、3.4、3.6、3.8、4.0 | ±0.3 | 0.2 | ±0.06 | | 断裂伸长率(%) | ≥ | ≥150 |
| | | | 0.3 | ±0.08 | | | | |
| | | | 0.4 | ±0.10 | | | | |
| | | | 0.5 | ±0.16 | | | | |
| | 2.0 | ±0.2 | 1.0 | ±0.30 | | | | |
| | 3.0、4.0 | ±0.3 | | | | | | |
| SFG-2 | 5.0、6.0、7.0、8.0 | ±0.5 | 0.5、1.0、1.5、2.0 | ±0.30 | ≥200 | 交流击穿电压/kV ≥　壁厚/mm　指标数值 | 0.2　6 | — |
| | 9.0、10.0、11.0、12.0 | ±0.5 | 1.0、1.5、2.0 | | | | 0.3　8 | |
| | 13.0、14.0、15.0、16.0、17.0、18.0、19.0、20.0 | ±1.0 | 1.5、2.0 | | | | 0.4　10 | |
| | | | | | | | 0.5　12 | |
| | 25.0、30.0 | ±1.0 | 1.5、2.0 | | | 应用 | 1.0　18 | |
| | | ±1.5 | 2.5 | | | 用于制作绝缘及输送腐蚀流体导管 | | |

**表 1.5-88　工业用 PVC-C 管材尺寸规格**（摘自 GB/T 18998.2—2003）　（单位：mm）

| 公称外径 $d_n$ | 公称壁厚 $e_n$ | | | | 壁厚偏差 | |
|---|---|---|---|---|---|---|
| | 管系列 S | | | | | |
| | S10 | S6.3 | S5 | S4 | 公称壁厚 $e_n$ | 允许偏差 |
| | 标准尺寸比 SDR | | | | 2.0 | +0.4　0 |
| | SDR21 | SDR13.6 | SDR11 | SDR9 | >2.0~3.0 | +0.5　0 |
| 20 | 2.0(0.96)* | 2.0(1.5)* | 2.0(1.9)* | 2.3 | >3.0~4.0 | +0.6　0 |

（续）

| 公称外径 $d_n$ | 公称壁厚 $e_n$ | | | | 壁厚偏差 | |
|---|---|---|---|---|---|---|
| | 管系列 S | | | | | |
| | S10 | S6.3 | S5 | S4 | 公称壁厚 $e_n$ | 允许偏差 |
| | 标准尺寸比 SDR | | | | 2.0 | +0.4<br>0 |
| | SDR21 | SDR13.6 | SDR11 | SDR9 | >2.0~3.0 | +0.5<br>0 |
| 25 | 2.0(1.2)* | 2.0(1.9)* | 2.3 | 2.8 | >4.0~5.0 | +0.7<br>0 |
| 32 | 2.0(1.6)* | 2.4 | 2.9 | 3.6 | >5.0~6.0 | +0.8<br>0 |
| 40 | 2.0(1.9)* | 3.0 | 3.7 | 4.5 | >6.0~7.0 | +0.9<br>0 |
| 50 | 2.4 | 3.7 | 4.6 | 5.6 | >7.0~8.0 | +1.0<br>0 |
| 63 | 3.0 | 4.7 | 5.8 | 7.1 | >8.0~9.0 | +1.1<br>0 |
| 75 | 3.6 | 5.6 | 6.8 | 8.4 | >9.0~10.0 | +1.2<br>0 |
| 90 | 4.3 | 6.7 | 8.2 | 10.1 | >10.0~11.0 | +1.3<br>0 |
| 110 | 5.3 | 8.1 | 10.0 | 12.3 | >11.0~12.0 | +1.4<br>0 |
| 125 | 6.0 | 9.2 | 11.4 | 14.0 | >12.0~13.0 | +1.5<br>0 |
| 140 | 6.7 | 10.3 | 12.7 | 15.7 | >13.0~14.0 | +1.6<br>0 |
| 160 | 7.7 | 11.8 | 14.6 | 17.9 | >14.0~15.0 | +1.7<br>0 |
| 180 | 8.6 | 13.3 | — | — | >15.0~16.0 | +1.8<br>0 |
| 200 | 9.6 | 14.7 | — | — | >16.0~17.0 | +1.9<br>0 |
| 225 | 10.8 | 16.6 | — | — | >17.0~18.0 | +2.0<br>0 |

注：1. 考虑到刚度的要求，带 "＊" 号规格的管材壁厚增加到 2.0mm，进行液压试验时用括号内的壁厚计算试验压力。
2. 管材适于在压力下输送适宜的工业用固体、液体及气体等化学物质的管道系统。应用于石油、化工、污水处理与水处理、电力电子、冶金、采矿、电镀、造纸、食品饮料、医药等工业部门。当用于输送易燃易爆介质时，应符合防火、防爆的有关规定。
3. 管材以氯化聚氯乙烯（PVC-C）树脂为主要原料，经挤出成型。制造管材所用的原材料应符合 GB/T 18998.1—2003 的规定。
4. 管系列 S = $(d_n - e_n)/2e_n$。
5. 标准尺寸比 SDR = $d_n/e_n$。
6. GB/T 18998.2—2003 规定，依据 ISO 4433-1：1997 热塑性塑料管材-耐液体化学物质-分类和 ISO 4433-3：1997 热塑性塑料管材-耐液体化学物质-分类（PVC-U、PVC-HI、PVC-C）的试验方法将耐化学性分为 "耐化学性 S 级"、"耐化学性 L 级"、"耐化学性 NS 级" 及耐化学腐蚀分类。应根据管材所输送的化学介质及应用条件，从本表中合理选择管系列。
7. 管材的长度一般为 4m 或 6m，也可按用户要求，由供需双方确定。长度允许偏差为长度的 0~ +0.4%。
8. 管材按尺寸分为：S10、S6.3、S5、S4 四个管系列。管材规格用管系列代号 S×、公称外径 $d_n$ ×公称壁厚 $e_n$ 表示，例如：S5 $d_n$50×$e_n$5.6。

**表 1.5-89　工业用硬聚氯乙烯（PVC-U）管材尺寸规格、物理性能和力学性能**（GB/T 4219.1—2008）

| 公称外径 $d_n$ /mm | 壁厚 e 及其偏差/mm | | | | | | | | | | | | | |
|---|---|---|---|---|---|---|---|---|---|---|---|---|---|---|
| | 管系列 S 和标准尺寸比 SDR | | | | | | | | | | | | | |
| | S20 SDR41 | | S16 SDR33 | | S12.5 SDR26 | | S10 SDR21 | | S8 SDR17 | | S6.3 SDR13.6 | | S5 SDR11 | |
| | $e_{min}$ | 偏差 | $e_{min}$ | 偏差 | $e_{min}$ | 偏差 | $e_{min}$ | 偏差 | $e_{min}$ | 偏差 | $e_{min}$ | 偏差 | $e_{min}$ | 偏差 |
| 16 | — | — | — | — | — | — | — | — | — | — | — | — | 2.0 | +0.4 |
| 20 | — | — | — | — | — | — | — | — | — | — | — | — | 2.0 | +0.4 |
| 25 | — | — | — | — | — | — | — | — | 2.0 | +0.4 | 2.3 | +0.5 |

（续）

| 公称外径 | 壁厚 e 及其偏差/mm | | | | | | | | | | | | | |
|---|---|---|---|---|---|---|---|---|---|---|---|---|---|
| | 管系列 S 和标准尺寸比 SDR | | | | | | | | | | | | | |
| $d_n$ | S20 | | S16 | | S12.5 | | S10 | | S8 | | S6.3 | | S5 | |
| | SDR41 | | SDR33 | | SDR26 | | SDR21 | | SDR17 | | SDR13.6 | | SDR11 | |
| /mm | $e_{min}$ | 偏差 | $e_{min}$ | 偏差 | $e_{min}$ | 偏差 | $e_{min}$ | 偏差 | $e_{min}$ | 偏差 | $e_{min}$ | 偏差 | $e_{min}$ | 偏差 |
| 32 | — | — | — | — | — | — | — | — | 2.0 | +0.4 | 2.4 | +0.5 | 2.9 | +0.5 |
| 40 | — | — | — | — | — | — | 2.0 | +0.4 | 2.4 | +0.5 | 3.0 | +0.5 | 3.7 | +0.6 |
| 50 | — | — | — | — | 2.0 | +0.4 | 2.4 | +0.5 | 3.0 | +0.5 | 3.7 | +0.6 | 4.6 | +0.7 |
| 63 | — | — | 2.0 | +0.4 | 2.5 | +0.5 | 3.0 | +0.5 | 3.8 | +0.6 | 4.7 | +0.7 | 5.8 | +0.8 |
| 75 | — | — | 2.3 | +0.5 | 2.9 | +0.5 | 3.6 | +0.6 | 4.5 | +0.7 | 5.6 | +0.8 | 6.8 | +0.9 |
| 90 | — | — | 2.8 | +0.5 | 3.5 | +0.6 | 4.3 | +0.7 | 5.4 | +0.7 | 6.7 | +0.9 | 8.2 | +1.1 |
| 110 | — | — | 3.4 | +0.6 | 4.2 | +0.7 | 5.3 | +0.7 | 6.6 | +0.9 | 8.1 | +1.1 | 10.0 | +1.2 |
| 125 | — | — | 3.9 | +0.6 | 4.8 | +0.7 | 6.0 | +0.8 | 7.4 | +1.0 | 9.2 | +1.2 | 11.4 | +1.4 |
| 140 | — | — | 4.3 | +0.7 | 5.4 | +0.8 | 6.7 | +0.9 | 8.3 | +1.1 | 10.3 | +1.3 | 12.7 | +1.5 |
| 160 | 4.0 | +0.6 | 4.9 | +0.7 | 6.2 | +0.9 | 7.7 | +1.0 | 9.5 | +1.2 | 11.8 | +1.4 | 14.6 | +1.7 |
| 180 | 4.4 | +0.7 | 5.5 | +0.8 | 6.9 | +0.9 | 8.6 | +1.1 | 10.7 | +1.3 | 13.3 | +1.6 | 16.4 | +1.9 |
| 200 | 4.9 | +0.7 | 6.2 | +0.9 | 7.7 | +1.0 | 9.6 | +1.2 | 11.9 | +1.4 | 14.7 | +1.7 | 18.2 | +2.1 |
| 225 | 5.5 | +0.8 | 6.9 | +0.9 | 8.6 | +1.1 | 10.8 | +1.3 | 13.4 | +1.6 | 16.6 | +1.9 | — | — |
| 250 | 6.2 | +0.9 | 7.7 | +1.0 | 9.6 | +1.2 | 11.9 | +1.4 | 14.8 | +1.7 | 18.4 | +2.1 | — | — |
| 280 | 6.9 | +0.9 | 8.6 | +1.1 | 10.7 | +1.3 | 13.4 | +1.6 | 16.6 | +1.9 | 20.6 | +2.3 | — | — |
| 315 | 7.7 | +1.0 | 9.7 | +1.2 | 12.1 | +1.5 | 15.0 | +1.7 | 18.7 | +2.1 | 23.2 | +2.6 | — | — |
| 355 | 8.7 | +1.1 | 10.9 | +1.3 | 13.6 | +1.6 | 16.9 | +1.9 | 21.1 | +2.4 | 26.1 | +2.9 | — | — |
| 400 | 9.8 | +1.2 | 12.3 | +1.5 | 15.3 | +1.8 | 19.1 | +2.2 | 23.7 | +2.6 | 29.4 | +3.2 | — | — |

| 与公称压力 PN 的对照 | C值 2.0 | PN0.63MPa | PN0.8MPa | PN1.0MPa | PN1.25MPa | PN1.6MPa | PN2.0MPa | PN2.5MPa |
|---|---|---|---|---|---|---|---|---|
| | C值 2.5 | PN0.5MPa | PN0.63MPa | PN0.8MPa | PN1.0MPa | PN1.25MPa | PN1.6MPa | PN2.0MPa |

| 物理性能 | 项　目 | 要　求 | 管材长度 | 长度一般为 4m、6m、8m，也可由供需双方商定，承口最小深度应符合标准规定 长度不允许负偏差 |
|---|---|---|---|---|
| | 密度 $\rho$/(kg/m³) | 1330～1460 | | |
| | 维卡软化温度（VST）/℃ | ≥80 | | |
| | 纵向回缩率（%） | ≤5 | | |
| | 二氯甲烷浸渍试验 | 试样表面无破坏 | | |

| 力学性能 | 项　目 | 试验参数 | | | 要　求 |
|---|---|---|---|---|---|
| | | 温度/℃ | 环应力/MPa | 时间/h | |
| | 静液压试验 | 20 | 40.0 | 1 | 无破裂、无渗漏 |
| | | 20 | 34.0 | 100 | |
| | | 20 | 30.0 | 1000 | |
| | | 60 | 10.0 | 1000 | |
| | 落锤冲击性能 | 0℃（-5℃） | | | TIR≤10% |

| 系统适用性试验 | 项　目 | 试验参数 | | | 要　求 |
|---|---|---|---|---|---|
| | | 温度/℃ | 环应力/MPa | 时间/h | |
| | 系统液压试验 | 20 | 16.8 | 1000 | 无破裂、无渗漏 |
| | | 60 | 5.8 | 1000 | |

注：1. GB/T 4219.1—2008 代替 GB/T 4219—1996。
　　2. 本表管材以聚氯乙烯（PVC）树脂为主要原料，经挤出成型，适用于工业部门各种硬聚氯乙烯管道系统，也适用于承压给排水输送以及污水处理、水处理、石油、化工、电力电子、冶金、电镀、造纸、食品饮料、医药、中央空调、建筑等领域的粉体、液体的输送。设计时应考虑输送介质随温度变化对管材的影响，应考虑管材的低温脆性和高温蠕变，标准建议使用温度为 -5～45℃。当输送易燃易爆介质或输送饮用水、食品饮料、医药时，应符合防火、防爆或卫生性能要求的有关规定。
　　3. 本表 C 值为总体使用（设计）系数，系数 C 是一个大于 1 的数值，其大小考虑了使用条件和管路其他附件的特性对管系的影响，是在置信下限所包含因素之外考虑的管系安全裕度。
　　4. 公称压力（PN）系管材输送 20℃水的最大工作压力，当输水温度 $t$ 不同时，应用温度折减系数 $f_t$ 乘以公称压力即为最大允许工作压力，当 0℃<$t$≤25℃、25℃<$t$≤35℃、35℃<$t$≤45℃时，折减系数 $f_t$ 分别为 1、0.8、0.63。

### 3.2.4　工程塑料棒材 （表 1.5-90 和表 1.5-91）

**表 1.5-90　聚四氟乙烯棒材规格、性能及应用** （摘自 QB/T 4041—2010）

| 公称直径/mm | 直径偏差/mm | 长度/mm | 长度偏差/mm | 性能及应用 |
|---|---|---|---|---|
| 3.0、4.0、5.0、6.0 | +0.4 / 0 | ≥100 | +5 / 0 | 产品用于各种腐蚀性介质中工作的衬垫、密封件和润滑材料以及在各种频率下的电绝缘零件,分为Ⅰ型-T、Ⅰ型-D 和Ⅱ型。密度均为 2.10～2.30g/cm³;Ⅰ型-T 和Ⅰ型-D 的拉伸强度≥15.0MPa,断裂伸长率≥160%;Ⅱ型的拉伸强度≥10.0MPa,断裂伸长率≥130% |
| 7.0、8.0、9.0、10.0、11.0、12.0 | ±0.6 / 0 | | | |
| 13.0、14.0、15.0、16.0、17.0、18.0 | +0.7 / 0 | | | |
| 20.0、22.0、25.0 | +1.0 / 0 | | | |
| 30.0、35.0、40.0、45.0、50.0 | +1.5 / 0 | | | |
| 55.0、60.0、65.0、70.0、75.0、80.0、85.0、90.0、95.0 | +4.0 / 0 | | | |
| 100.0、110.0、120.0、130.0、140.0 | +5.0 / 0 | | | |
| 150.0、160.0、170.0、180.0、190.0、200.0 | +6.0 / 0 | | | |

注: 特殊规格经供需双方协商确定。

**表 1.5-91　热固性树脂层压棒的型号及应用** （摘自 GB/T 5132.5—2009）

| 树脂 | 补强物 | 系列号 | 适用范围及识别特征① |
|---|---|---|---|
| EP | CC | 41 | 机械、电气、电子用,耐漏电起痕好,细布② |
| | GC | 41 | 机械、电气用,中等温度下机械强度高,暴露于高湿时电气稳定性好 |
| | | 42 | 类似于 EPGC41,高温下机械强度高 |
| | | 43 | 类似于 EPGC41,有更好的阻燃性 |
| PF | CC | 41 | 机械、电气用,细布② |
| | | 42 | 机械、电气用,粗布② |
| | | 43 | 机械、电气用,特粗布② |
| | CP | 41 | 机械、电气用,暴露于高温时电气稳定性好 |
| | | 42 | 类似于 PFCP41,机械、电气性能较低 |
| | | 43 | 机械及低压电气用 |
| SI | GC | 41 | 机械、电气、电子用,高温下电气稳定性好 |

注: 树脂型号缩写:EP—环氧;PF—酚醛;SI—有机硅。补强材料型号缩写:CC—编织棉布;GC—编织玻璃布;CP—纤维素纸。

① 不应该从表 1 给出的应用说明推断:任何一种型号的模制棒,除了适用于列出的该型应用场合外,而不适于其他场合,也不可断言某一具体模制棒,在给出的所有应用范围内它都全部适用。

② CC 型补强物编织布:

| 名称 | 单位面积质量/(g/cm²) | 每厘米线数/cm⁻¹ |
|---|---|---|
| 特粗布 | >200 | <18 |
| 粗布 | >130 | 18～29 |
| 细布 | ≤130 | ≤30 |

这些数值仅供参考,但不作为规范要求考虑,通常越细的布制成的材料其力学性能越佳。

## 3.3　其他非金属材料

### 3.3.1　陶瓷（表1.5-92～表1.5-94）

表1.5-92　耐酸陶瓷种类、品名及应用

| 种类 | 主要制品名称 | 应用举例 | 最高使用温度 |
|---|---|---|---|
| 耐酸陶瓷、耐酸耐温陶瓷 | 砖、板 | 砌制耐酸池、电解电镀槽、造纸蒸煮锅、防酸地面、防酸台面和防酸墙壁等 | 耐酸陶瓷：90℃，耐酸碱；耐酸耐温陶瓷；150℃，耐酸耐碱，耐温度急变 |
| | 管 | 用于输送腐蚀性流体和含有固体颗粒的腐蚀性材料 | |
| | 塔、塔填料 | 用于对腐蚀性气体进行干燥、净化、吸收、冷却、反应和回收废气 | |
| | 容器 | 用于酸洗槽、电解电镀槽、计量槽 | |
| | 过滤器 | 用于两相分离或两相结合、渗透、渗析、离子交换 | |
| 硬质陶瓷 | 阀、旋塞 | 用于腐蚀性流体的流量调节 | 150℃，耐酸、耐碱 |
| | 泵、风机 | 用于输送腐蚀性流体 | |
| 莫来石陶瓷 | 阀、旋塞、泵、风机 | 性能比硬质瓷好，用途与硬质瓷相同 | 150℃，耐酸耐碱，耐温度急变，负荷较大 |
| 质量分数75%氧化铝陶瓷(含铬) | | 性能比硬质瓷好，用途与硬质瓷相同 | |
| 质量分数97%氧化铝陶瓷 | | 性能明显优于硬质瓷，用途与硬质瓷相同 | |
| 氮化钙陶瓷 | | 力学性能优于硬质瓷，耐蚀性高于纯氧化铝瓷20倍以上，制作耐氢氟酸的零件 | — |

表1.5-93　过滤陶瓷种类、特性及应用

| 种类 | 适用条件 | 特性 | 应用举例 |
|---|---|---|---|
| 石英质过滤陶瓷 | 适于酸性、中性气体和液体过滤，无温度急变状况 | 过滤陶瓷是一种用于过滤和透气的多孔陶瓷，含有大量一定孔径的开口气孔，其开气孔率通常为30%～40%，需要时可高达60%～70%；气孔半径一般为0.2～200μm。过滤陶瓷还具有耐蚀、耐高温、高强度、寿命长、易清洗等特点。可制作的产品有厚度0.1mm以下的薄膜、圆板(φ700mm)、大管(φ150mm×φ250mm×1000mm)和薄壁长管(φ10mm×2mm×1000mm)等，产品采用石英砂、河沙、矾土熟料、碳化硅或刚玉砂等原料为骨架，添加结合剂和增孔剂，经成型、烧结而成 | 用于农药生产中氯化氢气体分离、液态氧和干冰分离、污水处理、高压气体过滤、味精发酵液电渗析预滤等 |
| 刚玉质过滤陶瓷 | 适于冷热酸性、中性、碱性气体和液体过滤，有温度急变状况 | | 用于双氧水电解隔膜、电解电镀槽液过滤、高温烟气过滤、热碱液过滤、气动仪表执行机构液体过滤等 |
| 硅藻土质过滤陶瓷 | 适于酸性、中性气体和液体过滤，无温度急变状况 | | 用于尘埃分离、细菌过滤、酸性电解质过滤等 |
| 矾土质过滤陶瓷 | 适于酸性、中性、弱碱性气体和液体过滤，有温度急变状况 | | 用于汽油和柴油过滤、汽车废气处理等 |
| 氧化铝质过滤陶瓷 | 适于冷热酸性、中性碱性气体和液体过滤，有温度急变状况 | | 用于银锌电池隔膜、油水分离、压缩空气油雾分离、土壤张力计测头等 |
| 碳化硅质过滤陶瓷 | | | 用于制备中SO$_2$热气体过滤、潜水泵呼吸器、气体分析过滤器、熔融铝过滤等 |
| 素烧陶土质过滤陶瓷 | 适于无腐蚀性气体和液体过滤，无温度急变状况 | | 用于饮用水过滤、药物生产过滤等 |

表1.5-94　常用结构陶瓷种类、特性及应用

| 种类 | 性能特点 | 应用 |
|---|---|---|
| 氧化铝陶瓷 | 高强度，具有耐高温、耐磨、耐腐蚀等性能，有良好的抗氧化性、电绝缘性、真空气密性及透微波特性，一般随Al$_2$O$_3$含量的增加，其耐高温度、力学性能、耐蚀性能均相应提高。氧化铝瓷硬度很高(低于金刚石、碳化硼、立方氮化硼、碳化硅，居第五位)。耐酸碱和其他腐蚀介质，高温下抗氧化性好，脆性大，不能承受冲击负荷，抗热震性差。微晶刚玉瓷和氧化铝金属瓷是新型氧化铝瓷，其性能比氧化铝瓷有明显提高。在下列情况下适用的最高温度：空气中——1980℃；真空中——1800℃；还原气氛中——1925℃ | 制作高温器皿，电绝缘，电真空器件，磨料，高速切削工具。如熔融金属液坩埚、高温容器、测温热电偶的绝缘套管、内燃机火花塞、电子管外壳、电子管内的绝缘零件、微波功率输出窗口等。微晶刚玉瓷和氧化铝金属瓷可用做金属切削工具、耐磨性能高的零件，如金属拉丝模、石油化工用泵及农用泵的密封环、纺织机高速导纱等 |

（续）

| 种类 | 性能特点 | 应用 |
|---|---|---|
| 氧化锆陶瓷 | 密度大,硬度较高,弯曲强度和断裂韧性在各种陶瓷中为最高,酸性,在氧化气氛中加入 CaO、MgO 稳定剂,在 2400℃是稳定的,是一种具有优良综合性能的结构陶瓷 | 用于制作耐磨、耐蚀零部件,如化工用泥浆泵密封件、叶片及泵体、矿业用轴承、拉管模和拉丝模模具、刀具、喷嘴、隔热件、火箭和喷气发动机的耐磨耐腐蚀件、原子反应堆的高温结构材料等。在绝热内燃机中,相变增韧氧化锆瓷用于制作轴承、进排气阀座、活塞顶、气缸内衬、气门导管、挺杆、凸轮、活塞环等。喷涂于高温合金涡轮叶片,可提高工作温度 50～20℃,完全稳定氧化锆用于制作绝热件,如绝热纤维及毛毡等 |
| 氧化镁陶瓷 | 碱性,抗热冲击性差,质脆,在高温时易被还原,在氧化气氛中使用温度应低于 2300℃,对碱性金属熔渣有较好的抗浸蚀能力,在空气中氧化镁瓷极易水化而生成 Mg(OH)$_2$,在潮湿空气中水化加剧,高温下具有良好的电绝缘性能 | 适用于高温电绝缘材料;利用抗碱性好的特性,用于熔炼贵金属、放射性金属铀、钍及其合金内坩埚、浇注铁及其合金的真空熔融用坩埚以及高温热电偶保护管、高温炉的炉衬等 |
| 氧化铍陶瓷 | 导热性良好,高温绝缘性好,高温蒸气压和蒸发速度较低,在真空或惰性气体中长期使用温度可达 1800℃,在氧化气氛中 1800℃时,有明显的蒸发,当有水蒸气存在时,1500℃就挥发很快,还有良好的防核性能,耐碱性高,但强度较低,高温时强度降低较慢,1000℃时为 248.5MPa | 适用于作散热器,高温绝缘材料,冶炼稀有金属高纯金属铍、铂、钒的坩埚,原子反应堆中的中子减速剂和防辐射材料 |
| 莫来石陶瓷 | 具有良好的抗蠕变性,热导率低,高温强度高,高纯莫来石陶瓷韧度差,不宜用于高温结构材料,但氧化锆增韧莫来石(ZTM),或引入 SiC 颗粒、晶须构成复相陶瓷,其强度和韧性明显提高,是一种近年来新发展的高温结构陶瓷 | 高纯莫来石正被开发用于夹具或辊道窑中辊棒材料以及高温(＞1000℃)氧化气氛中长的喷嘴、炉管或热电偶保护管。ZTM 具有高的强度和韧性,可用作刀具材料、绝缘发动机的零部件、电绝缘管、高温炉衬、高压开关、碳膜电阻的基体等 |
| （石英）二氧化硅陶瓷 | 二氧化硅陶瓷包括沸石、水晶、二氧化硅玻璃、光通信玻璃纤维等品种。二氧化硅玻璃具有优异的化学稳定性,线胀系数极小,抗热震性优良,透明性很好,紫外线和红外线的透过率高,电绝缘性好,使用温度较高。水晶的纯度高,化学稳定性好,除氢氟酸以外,几乎不溶于其他酸,压电性和光学性能优良 | 二氧化硅玻璃在许多工业部门中获得应用,熔融石英用于制作窑具匣钵材料。水晶用于光学材料和装饰材料,制作振荡电路的振荡元件,在电视机、计算机、录像机中也广泛应用 |
| 氮化铝陶瓷（AlN） | 氮化铝是难烧结的物质,具有高导热性和电绝热性。其理论密度为 3.261g/cm$^3$,实际制品的密度与烧结添加剂种类和数量有关 | 用于换向组件基板,如在各种工作机械、机器人遥控机械中使用的大功率、大电流换向组件,超高频功率增幅器基板,点火器基板,大规格集成电路包封用材料及绝缘热板材料;用于耐热材料,制作坩埚、保护管及烧结用的器具,高温热机中耐蚀部件,非氧化气氛下的耐火材料骨料,还可用做赛隆瓷、碳化硅烧结添加物,红外与雷达透过材料,以及 AlN-BN 系统可机加工陶瓷等 |
| 氧化硅陶瓷 | 具有良好的耐磨性及自润滑性,高硬度,耐腐蚀,耐高温,抗热震性和耐热疲劳性能均优良,耐各种无机酸(甚至沸腾的盐酸、硝酸、硫酸、磷酸、王水,但不包括氢氟酸)、30% 的烧碱液及其他碱液的腐蚀,能抗熔融铝、铅、锌、金、银、黄铜、镍等金属液体的侵蚀,有良好的电绝缘性和耐辐照性能。不同工艺制备的氮化硅陶瓷性能不同 | 反应烧结氮化硅适于制作形状复杂、尺寸精确的零件,如农用潜水泵、船用泵、盐酸泵、氧气压缩泵中的端面密封环、炼铝测温用的热电偶套管、铁锌熔体的流量计零件、化工用球阀的阀芯、炼油厂提升装置中的滑阀;热压烧结氮化硅性能优于反应烧结氮化硅,但只能制造形状简单的制品,如转子发动机中的刮片、高温轴承、金属切削刀具等 |
| 赛隆陶瓷（sialon） | sialon 陶瓷属于氮化硅固溶体,一般分为 β-sialon、α-sialon、o-sialon 和 sialon 多型体四种类型,前三种可依次简写为 β′、α′和 o′。β′是 β-Si$_3$N$_4$ 形成的固溶体,具有较高的强度,添加氧化钇的无压烧结 β-sialon(牌号为 SYALON),室温强度为 1000MPa,1300℃高温时强度仍保持 700MPa。α′的特点是硬度较高,抗热震性较好,抗氧化性和 β′相当,o′的抗氧化性能优良,Sialon 多型体具有优良的韧性和高强度,β′+α′、β′+o′、α′为主的 α′+β′等复相陶瓷的性能可满足不同的要求 | 应用于金属材料的切削刀具,多用于铸铁和镍基合金的机加工。用于冷态或热态金属挤压模的内衬;可用制作汽车零部件,如针形阀、挺柱的填片;制作车辆底盘上的定位销,日操作 5×10$^6$ 次,使用一年基本不磨损;可与许多金属材料配对,组成摩擦副 |

（续）

| 种类 | 性能特点 | 应　用 |
|---|---|---|
| 氮化硼陶瓷 | 导热性能良好,高压下合成的立方晶系具有与金刚石相同的硬度,具有较好的耐高温性能和绝缘性,性能稳定,加工性良好 | 用于高温润滑剂、高温电绝缘材料、雷达的传递窗、核反应堆的结构材料、高温金属冶炼坩埚、耐热材料,用作散热片和导热材料,在中性或还原气氛中的使用温度可达 2800℃,制作发动机部件、钢坯连铸结晶器的分离环等 |
| 碳化硅陶瓷 | 强度高,硬度高,导电性能优良,热稳定性和抗氧化性能均优,具有很好的高温强度,热传导性良好,耐磨,耐蚀,抗蠕变性能好。适用最高温度:空气中,1400～1500℃,短时可达 1600℃;不活泼气体中,2300℃;$NH_3$ 中,小于 1400℃ | 制作高温强度高的零件(火箭尾喷嘴,浇注金属用喉嘴、热电锅套管炉管等);热传导能力高的零件(高温下的热交换器零件,核燃料的包封材料等);耐磨耐蚀良好的零件(各种泵的密封圈、陶瓷轴承)、金属材料的切削工具等,是国内外应用较多的基本密封材料 |
| 碳化钛陶瓷 | 强度和硬度高,导热性较好,熔点高,抗热震性好,化学稳定性好,不水解,高温抗氧化性能仅低于碳化硅,常温下不与酸起反应,但在硝酸和氢氟酸的混合酸中能溶解,在1000℃的氮气氛中能形成氮化物,在氧化气氛中的使用温度可达 1400℃ | 是硬质合金的重要原料,用于制作耐磨材料、切削刀具材料、机械零件等,还可制作熔炼锡、铅、镉、锌等金属的坩埚,透明碳化钛瓷是优良的光学材料。用作涡轮机叶片材料,可在 1400℃高温下使用 |
| 碳化硼陶瓷 | 高硬度,高强度,硬度仅低于金刚石;研磨效率可达到金刚石的 60%～70%,高于 SiC 的 50%,是刚玉研磨能力的1～2 倍,耐酸耐碱性能高,线胀系数小,能吸收热中子,但抗击性能差。高温强度大,在 1000℃高温时急剧氧化 | 用于制作磨料、切削刀具、耐磨零件、喷嘴、轴承、车轴等;还用于制造高温热交换器、核反应堆的控制剂、化学器皿以及熔融金属的坩埚等 |
| 碳化锆陶瓷 | 熔点高,硬度高,易氧化 | 用于金属陶瓷材料 |
| 碳化钨陶瓷 | 硬度高,强度高,易氧化,熔点高,不适于作高温材料 | 用于作刀具材料 |
| 硼化物陶瓷 | 硼化物陶瓷的熔点高,难挥发,硬度高,导电性及导热性均优良,线胀系数大,但高温耐蚀性、抗氧化性较差,但硼化钛和硼化铬在这方面的性能较好。硼化物在真空中稳定,在高温下也不易与 C、N 发生反应,Mg、Cu、Zn、Al、Fe 等的熔体对 $TiB_2$、$ZrB_2$、$CrB_2$ 等是不润湿的。Cr-B 系陶瓷材料对强酸有良好的耐蚀性 | 利用硼化物陶瓷硬度高、熔点高的性质,用于制作高温轴承、耐磨材料及工具材料。利用 $TiB_2$ 和 $CrB_2$ 等的高温耐蚀性、抗氧化性优良的特性,用于制作熔炼非铁系金属的器具、内燃机喷嘴、高温器件及电触点材料。利用在真空中的高温稳定性,制作高温真空件的材料。电子放射系数大的硼化物瓷用于制作高温电极材料。硼化锆瓷是硼化物陶瓷中常用的品种,多用于制作高温热电偶保护套管、发热元件、冶炼金属的坩埚和铸模,在 1250℃长时抗氧化,用于制作高温电极 |
| 硅化物陶瓷 | 常用的硅化物陶瓷有二硅化钼($MoSi_2$)和硅化硼($B_4Si$)陶瓷。二硅化钼陶瓷熔点高,热导率较高,高温抗氧化性能优良(温度在 1700℃以下),熔于硝酸与氢氟酸的混合液中或熔融的碱中。硅化硼陶瓷的硬度高,抗氧化性良好 | $MoSi_2$ 用于制作高温发热元件及高温热电偶,冶炼金属钠、锂、铅、铋、锡的坩埚,原子反应堆装置的热交换器,超高速飞机、火箭、导弹上的某些高温抗氧化零部件。$B_4Si$ 用于原子反应堆的减速材料及石墨涂层等 |
| 透明氧化铝陶瓷 | 透明氧化铝陶瓷的主要成分为 $\alpha$-$Al_2O_3$,具有高的致密度和小而且均匀的晶相,表面光洁,对可见光和红外光有优良的透过性,并且耐热性好,高温强度大,耐蚀性好,比体积电阻大,光学性能和力学性能均优良 | 透明氧化铝陶瓷用于制作红外检测窗材料,制造高压钠灯管,制作熔制玻璃的坩埚,并可制作铂金坩埚,还用于制作电子工业中的集成电路基片、高频绝缘材料以及有关结构材料等 |

## 3.3.2　玻璃（表 1.5-95～表 1.5-97）

### 表 1.5-95　平板玻璃分类及尺寸规格（摘自 GB 11614—2009）

| 分类及说明 | 按颜色属性分为无色透明平板玻璃和本体着色平板玻璃<br>按外观质量分为合格品、一等品和优等品,幅面应切载成矩形<br>GB 11614—2009《平板玻璃》代替 GB 4871—1995《普通平板玻璃》、GB 11614—1999《浮法玻璃》和 GB/T 18701—2002《着色玻璃》。新标准适用于各种工艺生产的钠钙硅平板玻璃,不适用于压花玻璃和夹丝玻璃 |
|---|---|

（续）

| | 公称厚度/mm | 2 | 3 | 4 | 5 | 6 | 8 | 10 | 12 | 15 | 19 | 22 | 25 |
|---|---|---|---|---|---|---|---|---|---|---|---|---|---|
| 尺寸规格 | 厚度偏差/mm | ±0.2 | | | | | ±0.3 | | | ±0.5 | ±0.7 | ±1.0 | |
| | 厚薄差/mm | 0.2 | | | | | 0.3 | | | 0.5 | 0.7 | 1.0 | |
| | 长、宽尺寸≤3000mm 的偏差/mm | ±2 | | | | | | +2 -3 | ±3 | | | ±5 | |
| 无色透明平板玻璃可见光透射比最小值（%） | | 89 | 88 | 87 | 86 | 85 | 83 | 81 | 79 | 76 | 72 | 69 | 67 |

注：1. 平板玻璃的长和宽尺寸由供需双方商定，新标准规定了大于 3000mm（长、宽）尺寸的极限偏差，见 GB 11614—2009。
　　2. 平板玻璃的技术性能，合格品、一等品、优等品的质量要求应符合 GB 11614—2009 的规定。

### 表 1.5-96　钢化玻璃尺寸规格 （摘自 GB 15763.2—2005）　　　　（单位：mm）

| 玻璃厚度 | 平面钢化玻璃长度允许偏差 | | | | 平面和曲面钢化玻璃厚度允许偏差 |
|---|---|---|---|---|---|
| | L≤1000 | 1000<L≤2000 | 2000<L≤3000 | L>3000 | |
| 3、4、5、6 | +1 -2 | ±3 | ±4 | ±5 | ±0.2 |
| 8、10 | +2 -3 | ±3 | ±4 | ±5 | ±0.3 |
| 12 | +2 -3 | ±3 | ±4 | ±5 | ±0.4 |
| 15 | ±4 | ±4 | ±4 | ±5 | ±0.6 |
| 19 | ±5 | ±5 | ±6 | ±7 | ±1.0 |

注：1. 钢化玻璃具有普通平板玻璃的透明度，并具有很高的热稳定性、抗冲击性和高强度的特点。适于制作长期振动冲击的汽车、火车、船舶等的门窗玻璃及风窗玻璃，也可用于建筑及工业部门的观察玻璃及保护玻璃等。
　　2. 平面钢化玻璃的长度、宽度尺寸由供需双方商定。当边长大于 3000mm 时或为异型制品时，其尺寸偏差由供需双方商定。曲面钢化玻璃的形状和边长的允许偏差、吻合度均由双方商定。钢化玻璃开孔的孔径一般不小于玻璃的厚度，孔径为 4~50mm 的允许偏差为±1.0mm，孔径为 51~100mm 的允许偏差±2.0mm，孔径>100mm 的允许偏差双方商定。
　　3. 平型钢化玻璃弯曲度，弓形时不超过 0.3%，波形时不超过 0.2%。
　　4. 抗冲击性、碎片状态、散弹袋冲击性能、透射比、抗风压性能、外观质量要求按 GB 15763.2—2005 的规定。

### 表 1.5-97　防火玻璃分类、尺寸规格及性能 （摘自 GB 15763.1—2009）

| 分类和分级 | 复合防火玻璃（FFB）：由两层或两层以上玻璃复合而成，或由一层玻璃和一层有机材料复合而成；单片防火玻璃（DFB）：由单层玻璃构成 |
|---|---|
| | 防火玻璃按耐火性能分为 A、B、C 三类，各类耐火等级分别为 I 级、II 级、III 级、IV 级 |
| | A 类：同时满足耐火完整性、耐火隔热性要求 |
| | B 类：同时满足耐火完整性、热辐射强度要求 |
| | C 类：满足耐火完整性要求 |
| 原片玻璃要求 | 选用普通平板玻璃、浮法玻璃、钢化玻璃等材料作原片，复合防火玻璃也可选用单片防火玻璃作原片原片玻璃应分别符合 GB 11614—2009、GB 15763.2—2005 等相应标准和本标准相应条款的规定 |

| 复合玻璃尺寸厚度/mm | 玻璃的总厚度 d | 长度或宽度（L）允许偏差 | | 厚度允许偏差 |
|---|---|---|---|---|
| | | L≤1200 | 1200<L≤2400 | |
| | 5≤d<11 | ±2 | ±3 | ±1.0 |
| | 11≤d<17 | ±3 | ±4 | ±1.0 |
| | 17≤d<24 | ±4 | ±5 | ±1.3 |
| | d>24 | ±5 | ±6 | ±1.5 |

| 单片玻璃尺寸厚度/mm | 玻璃厚度 | 长度或宽度（L）允许偏差 | | | 厚度允许偏差 |
|---|---|---|---|---|---|
| | | L≤1000 | 1000<L≤2000 | L>2000 | |
| | 5 | +1 -2 | ±3 | ±4 | ±0.2 |
| | 6 | +1 -2 | ±3 | ±4 | ±0.2 |
| | 8 | +2 -3 | ±3 | ±4 | ±0.3 |
| | 10 | +2 -3 | ±3 | ±4 | ±0.3 |
| | 12 | +2 -3 | ±3 | ±4 | ±0.4 |
| | 15 | ±4 | ±4 | ±4 | ±0.6 |
| | 19 | ±5 | ±5 | ±6 | ±1.0 |

（续）

| 耐火性能 | 耐火等级 | I 级 | II 级 | III 级 | IV 级 |
|---|---|---|---|---|---|
| | 耐火时间/min ≥ | 90 | 60 | 45 | 30 |

注：1. 防火玻璃弯曲度，弓形和波形时均不超过 0.3% 。

2. 复合防火玻璃透光度：玻璃总厚度 $d$（mm）：$5 \leqslant d < 11$、$11 < d < 17$、$17 \leqslant d \leqslant 24$、$d > 24$ 透光度分别为：$\geqslant 75\%$、$\geqslant 70\%$、$\geqslant 65\%$、$\geqslant 60\%$ 。

3. 防火玻璃的耐热性、耐寒性、耐紫外线辐射性、力学性能及外观质量等详见 GB 15763.1—2009 的有关规定。

4. 标记示例：一块公称厚度为 15mm、耐火性能为 A 类，耐火等级为 I 级的复合防火玻璃的标记为：FFB-15-AI。

**3.3.3　石棉制品**（表 1.5-98）　　　　　　　　**3.3.4　纸制品**（表 1.5-99 和表 1.5-100）

**表 1.5-98　工农业机械用摩擦片分类、用途及规格**（摘自 GB/T 11834—2011）

| | 分类 | | | | 代号 |
|---|---|---|---|---|---|
| | 类别 | 工艺特性 | 材料 | 用途 | |
| 分类、代号及用途 | 1 类 | 未经热压或硫化 | 普通软质编织制品 | 制动片 | ZP1 |
| | | | | 制动带 | ZD1 |
| | 2 类 | 经半硫化 | 软质辊压或软质模压制品 | 制动片 | ZP2 |
| | | | | 制动带 | ZD2 |
| | | | | 离合器片 | LP2 |
| | 3 类 | 经热压及硫化 | 特殊加工编织制品 | 制动带 | ZD3 |
| | | | 编织或模压制品 | 制动片 | ZP3 |
| | | | 缠绕式 | 离合器片 | LP3 |

| | | 基本尺寸 | 极限偏差 | |
|---|---|---|---|---|
| | | | ZP1、ZD1、ZP2、ZD2、ZD3 | ZP3 |
| 制动片（带）尺寸及极限偏差/mm | 宽度 | ≤30 | ±1.0 | ±0.5 |
| | | >30～60 | ±1.0 | ±0.6 |
| | | >60～100 | ±1.5 | ±0.8 |
| | | >100～200 | ±2.0 | ±1.0 |
| | | >200 | ±2.5 | ±1.2 |
| | 厚度 | ≤6.5 | ±0.3 | ±0.2 |
| | | >6.5～10.0 | ±0.5 | ±0.2 |
| | | >10.0 | ±0.6 | ±0.3 |

| | 外径基本尺寸 | 外径极限偏差 | 内径极限偏差 | 厚度基本尺寸 | 厚度极限偏差 | 每片厚薄差 |
|---|---|---|---|---|---|---|
| 离合器面片尺寸及极限偏差/mm | ≤100 | 0 −0.8 | +0.8 0 | ≤6.3 | ±0.15 | ≤0.15 |
| | >100～250 | 0 −1.0 | +1.0 0 | >6.3～10.0 | ±0.20 | ≤0.20 |
| | >250～400 | 0 −1.5 | +1.5 0 | >10.0 | ±0.25 | ≤0.25 |
| | >400 | 0 −2.0 | +2.0 0 | | | |

注：1. 摩擦片基本尺寸由需方确定；制动带和制动片基本尺寸用宽度和厚度表示；离合器片基本尺寸用外径、内径和厚度表示。异形摩擦片基本尺寸由供需双方协定。

2. 本产品适于工业机械用石棉制动器衬片（带）和干式石棉离合器面片，也适用于农业机械用干式石棉摩擦片。

3. 标记示例：宽 100mm、厚 4mm 的 2 类制动带，标记为制动带：GB/T 11834 ZD2-100 ×4。

**表 1.5-99　硬钢纸板尺寸规格及技术指标**（摘自 QB/T 2199—1996）

| 项目 | | 指 标 | | | |
|---|---|---|---|---|---|
| | | A 类 | B 类 | C 类 | |
| **分类及尺寸规格** | 按用途分类 | 供航空构件用 | 供机械、电器、仪表的部件和绝缘消弧材料用 | 供纺织、铁路、氧气设备及其他机械部件电器、电机的绝缘消弧材料用 | |
| | | | | Ⅰ 型 | Ⅱ 型 |
| | | | | 间歇性生产 | 连续性生产 |
| | 尺寸和偏差 | 硬钢纸板的幅面尺寸为 1000mm×1200mm、900mm×1200mm、850mm×1000mm、700mm×1200mm、500mm×600mm，或按订货合同规定，厚度在合同中注明 | | | |
| | | 尺寸偏差不超过 ±10mm | | | |
| | | 偏斜度：0.5～2.0mm 为 8mm、2.1～3.0mm 为 10mm、3.1～15mm 为 12mm、15mm 以上为 15mm | | | |
| | 用途 | 适用于加工机械、航空、电器仪表、铁路、纺织设备的部件的绝缘材料 | | | |

| 项 目 | | | 指标 | | | |
|---|---|---|---|---|---|---|
| | | | A 类 | B 类 | C 类 | |
| | | | | | Ⅰ 型 | Ⅱ 型 |
| **技术指标** | 紧度/(g/cm³) ≥ | 厚度 /mm | 0.5～0.9 | 1.25 | 1.15 | 1.10 | 1.10 |
| | | | 1.0～2.0 | 1.30 | 1.25 | 1.15 | 1.15 |
| | | | 2.1～5.9 | 1.30 | 1.25 | 1.15 | 1.15 |
| | | | >6.0 | — | 1.25 | 1.20 | 1.20 |
| | 体积电阻率/Ω·cm(23±1)℃　≥ | | | $10^9$ | | $10^8$ | |
| | （在温度(23±1)℃，相对湿度(50±2)% 的空气介质中，电流频率 50Hz 周波时）击穿电压强度/(kV/mm) ≥ | 厚度 /mm | 0.5～0.9 | 8.0 | | 6.0 | |
| | | | 1.0～2.0 | 7.0 | | 5.0 | |
| | | | 2.1～5.0 | 5.0 | | 3.0 | |
| | | | 5.1～1.2 | 4.0 | | 2.5 | |
| | 横断面抗张强度 /(kN/m²) ≥ | 厚度 /mm | 0.5～0.9 纵向 | $8.5×10^4$ | $7.0×10^4$ | $5.5×10^4$ | |
| | | | 0.5～0.9 横向 | $4.5×10^4$ | $4.0×10^4$ | $3.5×10^4$ | $3.0×10^4$ |
| | | | 1.0～2.0 纵向 | $9.0×10^4$ | $7.5×10^4$ | $6.0×10^4$ | |
| | | | 1.0～2.0 横向 | $5.5×10^4$ | $4.0×10^4$ | $3.5×10^4$ | $3.0×10^4$ |
| | | | 2.1～3.5 纵向 | $9.0×10^4$ | $7.5×10^4$ | $6.0×10^4$ | |
| | | | 2.1～3.5 横向 | $5.0×10^4$ | $4.5×10^4$ | $4.0×10^4$ | $3.0×10^4$ |
| | | | 3.6～5.0 纵向 | $8.5×10^4$ | $6.5×10^4$ | $5.0×10^4$ | |
| | | | 3.6～5.0 横向 | $5.0×10^4$ | $4.5×10^4$ | $3.0×10^4$ | |
| | | | >5.0 纵向 | — | $5.0×10^4$ | $4.0×10^4$ | |
| | | | >5.0 横向 | | $3.5×10^4$ | $3.0×10^4$ | |
| | 伸长率(%) ≥ | | 纵向 | 10 | | — | |
| | | | 横向 | 12 | | — | |
| | 厚度 1.5～3.0mm 者的层间剥离强度/(N/m)[①] ≥ | | | 200 | 200 | 200 | 200 |
| | 吸水率（在(20±2)℃的水中浸泡 2h）（质量分数,%）[②] ≤ | 厚度 /mm | 1.0～2.0 | | | 60 | 65 |
| | | | 2.1～3.5 | | | 50 | 60 |
| | | | 3.6～5.0 | | | 40 | 50 |
| | | | >5.0 | | | 30 | 40 |
| | 吸油率(质量分数,%) ≤ | | 在 15～20℃ 的航空汽油中浸 24h | 1.5 | | — | |
| | | | 在 15～20℃ 的变压器油中浸 24h | 1.3 | | — | |
| | 交货水分质量分数(%) | | | 6.0～10.0 | | | |
| | 灰分质量分数(%) ≤ | | | 1.5 | | 2.5 | |
| | 氯化锌含量质量分数(%) ≤ | | | 0.15 | 0.10 | 0.20 | |

注：5.0mm 以上的硬钢纸板系用薄钢纸粘合而成的。

① 厚度 <1.5mm 或厚度 >3.0mm 以上者不予试验

② 厚度 <0.9mm 者不予试验。

表 1.5-100　软钢纸板尺寸规格及技术指标（摘自 QB/T 2200—1996）

| 分类及尺寸规格 | 项目 | 指标 | |
|---|---|---|---|
| | | A 类 | B 类 |
| | 按用途分类 | 供飞机发动机制作密封连接处的垫片及其他部件用 | 供汽车、拖拉机的发动机及其他内燃机制作密封片及其他部件用 |
| | 尺寸和偏差 | 软钢纸板的幅面尺寸：920mm×650mm、650mm×490mm、650mm×400mm、400mm×300mm，或按订货合同规定，厚度在合同中注明 | |
| | | 尺寸偏差不超过±10mm，偏斜度不超过1.2% | |
| | 用途 | 适用于飞机、汽车、拖拉机及其他内燃机等制作密封连接处的垫圈 | |

| 项目 | | | 指标 | |
|---|---|---|---|---|
| | | | A 类 | B 类 |
| 技术指标 | 厚度/mm | 0.5～0.8 | ±0.12 | |
| | | 0.9～2.0 | ±0.15 | |
| | | 2.1～3.0 | −0.20 | ±0.20 |
| | 紧度/(g/cm³) | | 1.10～1.40 | 1.10～1.40 |
| | 横切面横向抗张强度/(kN/m²)≥ | 厚度/mm | 0.5～1.0 | $3.0×10^4$ |
| | | | $3.0×10^4$ | $2.5×10^4$ |
| | | 1.1～3.0 | $3.0×10^4$ | $3.0×10^4$ |
| | 抗压强度/MPa | ≥ | 160 | |
| | 氯含量(质量分数,%) | ≤ | 0.075 | 0.075 |
| | 交货水分(质量分数,%) | | 4.0～8.0 | 4.0～8.0 |

### 3.3.5 木材（表 1.5-101）

### 3.3.6 工业用毛毡（表 1.5-102）

表 1.5-101　机械产品常用木材品种

| 用途 | | 技术要求 | 主要适用木材 | 用途 | | 技术要求 | 主要适用木材 |
|---|---|---|---|---|---|---|---|
| 木质机械 | | 密度、强度和冲击强度大，不劈裂，易加工 | 柏木、硬木松类、铁杉属、落叶松属、山毛榉、水曲柳、桦、槐、槭属、桉属 | 车辆 | 车架 | 强度高 | 铁杉属、落叶松属、云杉属、松属、桦属、榆属、锥栗属、刺槐、银荷木、荷木、西南荷木、云南双翅龙脑香 |
| 农业机具 | 机械零部件 | 强度、硬度和冲击强度较高，不易翘曲和变形，易加工 | 硬木松类、红松、云杉属、铁杉属、柏木、苦楝、桦属、山毛榉属、锥栗属、栎属、青冈属、桐属、水曲柳、桦、色木槭、槐树、黄檀、榉属 | | 内墙板（侧板、荷） | 外貌美观易加工 | 冷杉属、云杉属、铁杉属、桦属、槭属、柞栎、锥栗属、桐属、山毛榉属、水曲柳、桦、桉属、荷木、银荷木、西南荷木、楝科、榆科等 |
| | 农具 | 强度中等，有一定弹性和韧性，变形小 | 硬木松类、云杉属、铁杉属、落叶松属、柏木、旱柳、槐树、荷木、桑树、榆属、桦属、朴属、青冈属、栎属、桐属、锥栗属 | | 地板（底板） | 木材耐磨，有装饰价值 | 栎属、鹅耳枥属、桦属、桉属、桦属、榆属、桐属、刺槐、槐树、云南双翅龙脑香等 |
| | | | | | 车梁 | — | |
| | | | | 蓄电池隔板 | | 纹理直，结构均匀，耐酸 | 松属、罗汉松属、黄杉属、椴属、拟赤杨 |
| 锻锤垫木 | | 横纹全部抗压强度和横纹抗压模量较高 | 落叶松属、云杉属、红松、华山松、马尾松、樟子松、云南松、油松、铁杉、云南铁杉、柞栎、麻栎、小叶栎、青冈、红锥、海南锥、荷木、红桦、水曲柳、桉属 | 包装 | 箱桶 | 有适当的强度，钉着性较好，变形小 | 冷杉属、云杉属、铁杉属、松属、柳杉、杉木、杨属、柳属、杨桐属、桦属、苦楝、拟赤杨、枫杨、青钱柳、锥栗属、榆属、桤属、臭椿、朴属、旱莲、山枣、白颜树、兰果树、悬铃木、荷木、银荷木、西南荷木 |
| 木模 | | 以胀缩性小为主，强度较高，易加工 | 松属、云杉属、铁杉属、柏木属、梓树属、黄桐属、柳属、椴属、黄杞、苦楝、臭椿、桦属、锥栗属、朴属、荷木、槭属 | | 重型机械 | 强度较大 | 落叶松属、硬木松类、铁杉属、桦属、榆属、锥栗属、栎属、杜英属、马蹄荷、粘木、灰木属等 |

表 1.5-102　工业用毛毡及毡制品力学性能（摘自 FZ/T 25001—2012）

| 分类 | | 体积密度/(g/cm³) | | 断裂强度/(N/cm²) ≥ | | 断裂时伸长率(%) ≥ | | 剥离力/N ≥ | | 备 注 |
|---|---|---|---|---|---|---|---|---|---|---|
| | | 一等品 | 二等品 | 一等品 | 二等品 | 一等品 | 二等品 | 一等品 | 二等品 | |
| 细毛 | T112-65 | $0.65^{+0.07}_{-0.05}$ | — | 一向 588 另一向 392 | — | 一向 110 另一向 120 | — | — | — | 断裂强度中的数值右上角有：1)、2)、3)、4)、5)的分别为 0.44、0.41、0.39、0.36、0.32g/cm³ 细毛特品；右上角有 6)、7)、8)、9)的分别为 0.38、0.36、0.34、0.32g/cm³ 半粗毛特品；上角有 10)、11)的分别为 0.36、0.32g/cm³ 粗毛特品 |
| | T112-32~44 | $0.32\sim0.44^{+0.03}_{-0.02}$ | $0.32\sim0.44^{+0.05}_{-0.04}$ | 490<br>460<br>441<br>343<br>245 | 392<br>374<br>353<br>274<br>196 | 90<br>105<br>110<br>115<br>120 | 108<br>126<br>132<br>138<br>144 | — | — | |
| | T112-25~31 | $0.25\sim0.31\pm0.02$ | $0.25\sim0.31+0.04$ | — | — | — | — | — | — | |
| | 112-32~44 | $0.32\sim0.44^{+0.03}_{-0.02}$ | $0.32\sim0.44^{+0.05}_{-0.04}$ | — | — | — | — | — | — | |
| | 112-25~31 | $0.25\sim0.31\pm0.02$ | $0.25\sim0.31\pm0.04$ | — | — | — | — | — | — | |
| | 112-09~24 | $0.09\sim0.24\pm0.02$ | $0.09\sim0.24\pm0.04$ | — | — | — | — | — | — | |
| | 111-32 | $0.32^{+0.01}_{-0.01}$ | $0.32^{+0.0}_{-0.0}$ | — | — | — | — | 59 | 59 | |
| 半粗毛 | T112-30~38 | $0.30\sim0.38^{+0.03}_{-0.02}$ | $0.30\sim0.38^{+0.05}_{-0.04}$ | 392<br>294<br>245<br>245 | 314<br>235<br>196<br>196 | 95<br>110<br>110<br>125 | 114<br>132<br>132<br>150 | — | — | 断裂强度中的数值右上角有：1)、2)、3)、4)、5)的分别为 0.44、0.41、0.39、0.36、0.32g/cm³ 细毛特品；右上角有 6)、7)、8)、9)的分别为 0.38、0.36、0.34、0.32g/cm³ 半粗毛特品；上角有 10)、11)的分别为 0.36、0.32g/cm³ 粗毛特品 |
| | T122-24~29 | $0.24\sim0.29\pm0.02$ | $0.24\sim0.29\pm0.04$ | — | — | — | — | — | — | |
| | 122-30~38 | $0.30\sim0.38^{+0.03}_{-0.02}$ | $0.03\sim0.38^{+0.05}_{-0.02}$ | — | — | — | — | — | — | |
| | 122-24~29 | $0.24\sim0.29\pm0.02$ | $0.24\sim0.29\pm0.04$ | — | — | — | — | — | — | |
| | 222-34~36 | $0.34\sim0.36^{+0.03}_{-0.02}$ | $0.34\sim0.36^{+0.05}_{-0.04}$ | — | — | — | — | — | — | |
| 粗毛 | T132-32~36 | $0.32\sim0.36^{+0.03}_{-0.02}$ | $0.32\sim0.36^{+0.05}_{-0.04}$ | 294<br>245 | 235<br>196 | 110<br>130 | 132<br>156 | — | — | |
| | T132-24~31 | $0.24\sim0.31\pm0.02$ | $0.24\sim0.31\pm0.04$ | — | — | — | — | — | — | |
| | T132-23 | $0.23\pm0.02$ | $0.23\pm0.04$ | 245 | 196 | 110 | 132 | — | — | |
| | 132-32~36 | $0.32\sim0.36^{+0.03}_{-0.02}$ | $0.32\sim0.36^{+0.05}_{-0.04}$ | — | — | — | — | — | — | |
| | 132-23~31 | $0.23\sim0.31\pm0.02$ | $0.24\sim0.31\pm0.04$ | — | — | — | — | — | — | |
| | 232-36 | $0.36^{+0.03}_{-0.02}$ | $0.36^{+0.05}_{-0.04}$ | — | — | — | — | — | — | |
| 杂毛 | T152-23 | $0.23\pm0.02$ | $0.23\pm0.04$ | 108 | 88 | 130 | 156 | — | — | |
| | 152-30~36 | $0.30\sim0.36^{+0.03}_{-0.02}$ | $0.30\sim0.36^{+0.05}_{-0.04}$ | — | — | — | — | — | — | |
| | 152-20~29 | $0.20\sim0.29\pm0.02$ | $0.20\sim0.29\pm0.04$ | — | — | — | — | — | — | |
| | 342-36 | $0.36^{+0.03}_{-0.02}$ | $0.36^{+0.05}_{-0.04}$ | — | — | — | — | — | — | |
| | 552-23~36 | $0.23\sim0.36^{+0.03}_{-0.02}$ | $0.23\sim0.36^{+0.05}_{-0.04}$ | — | — | — | — | — | — | |
| | 520-20 | $0.20\pm0.02$ | $0.20\pm0.04$ | — | — | — | — | — | — | |

注：1. 毛毡是工业上常用的材料，可以冲切制造成为各种形状的零件，如圆环形零件、条块形零件等；可作为隔热保温材料、过滤材料、抛磨光材料、防震材料、密封材料、衬垫材料及弹性钢丝针布底毡材料。

　　2. 毛毡品号的含义：

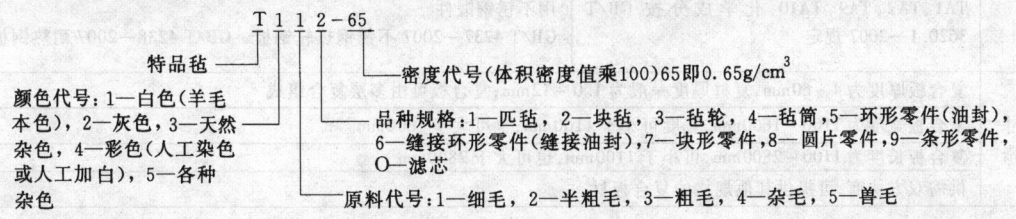

T 1 1 2 - 65

特品毡

密度代号(体积密度值乘100)65即0.65g/cm³

颜色代号：1—白色(羊毛本色)，2—灰色，3—天然杂色，4—彩色(人工染色或人工加白)，5—各种杂色

品种规格：1—匹毡，2—块毡，3—毡轮，4—毡筒，5—环形零件(油封)，6—缝接环形零件(缝接油封)，7—块形零件，8—圆片零件，9—条形零件，O—滤芯

原料代号：1—细毛，2—半粗毛，3—粗毛，4—杂毛，5—兽毛

# 4　复合材料

## 4.1　金属基复合材料

### 4.1.1　钛-钢复合板（表 1.5-103）

### 4.1.2　钛-不锈钢复合钢板（表 1.5-104）

### 4.1.3　铝锡 20 铜-钢双金属板（表 1.5-105）

### 4.1.4　铜-钢复合钢板（表 1.5-106）

### 4.1.5　镍-钢复合板（表 1.5-107）

### 4.1.6　不锈钢复合钢板和钢带（表 1.5-108）

**表 1.5-103　钛-钢复合板分类、规格、性能及应用**（摘自 GB/T 8547—2006）

| | 生产种类 | | 代号 | 用　途　分　类 | | 应　用 |
|---|---|---|---|---|---|---|
| 分类及代号 | 爆炸钛-钢复合板 | 0 类 | B0 | 0 类：用于过滤接头、法兰等的高结合强度,且不允许不结合区存在的复合板 | | 用于耐蚀压力容器、储槽及其他设备零部件等 |
| | | 1 类 | B1 | | | |
| | | 2 类 | B2 | | | |
| | 爆炸-轧制钛-钢复合板 | 1 类 | BR1 | 1 类：将钛材作为强度设计的或特殊用途的复合板,如管板等 | | |
| | | 2 类 | BR2 | 2 类：将钛材作为耐蚀设计,而不考虑其强度的复合板,如筒体等 | | |
| 尺寸规格 | 复合板厚度为 4～100mm,复材厚度一般为 1.5～10mm,复合板的复层可由多层组成 | | | | | |
| | 复合板宽度不大于 2200mm,可小于 1100mm | | | | | |
| | 复合板长度不大于 4500mm,可小于 1100mm | | | | | |

| | 拉伸试验 | | 剪切试验 | | 弯曲试验 | |
|---|---|---|---|---|---|---|
| 性能 | 抗拉强度 $R_m$ | 断后伸长率 $A$ | 抗剪强度 $\tau$/MPa | | 弯曲角 $\alpha$ /(°) | 弯曲直径 $D$ /mm |
| | | | 0 类复合板 | 其他类复合板 | | |
| | $> R_{mj}$ | 大于基材或复材标准中较低一方的规定值 | ≥196 | ≥138 | 内弯 180°,外弯由复材标准决定 | 内弯时按基材标准规定不够 2 倍时取 2 倍外弯时为复合板厚度的 3 倍 |

注：1. 复合板复材的牌号为 TA1、TA2、Ti-0.3、Mo-0.8Ni、Ti-0.2Pd,其化学成分应符合 GB/T 3620.1—2007 的规定,基材应符合相关标准规定。

　　2. 剪切强度适用于复层厚度≥1.5mm 的复合板材。

　　3. 当用户要求时,供方可以做基材的拉伸试验,其抗拉强度应达到基材相应标准的要求。

　　4. 爆炸-轧制复合板的伸长率可以由供需双方协商确定。

　　5. 复合板的抗拉强度理论下限标准值 $R_{mj} = \dfrac{t_1 R_{m1} + t_2 R_{m2}}{t_1 + t_2}$

　　　式中　$R_{m1}$——基材抗拉强度下限标准值（MPa）；

　　　　　　$R_{m2}$——复材抗拉强度下限标准值（MPa）；

　　　　　　$t_1$——基材厚度（mm）；

　　　　　　$t_2$——复材厚度（mm）。

**表 1.5-104　钛-不锈钢复合板分类、规格性能及应用**（摘自 GB/T 8546—2007）

| | 类别 | 代号 | | 应　用 | |
|---|---|---|---|---|---|
| | | 爆炸 | 爆炸-轧制 | | |
| 分类、代号、复材、基材及用途 | 0 类 | B0 | BR0 | 适于腐蚀环境中,承受一定压力、温度的压力容器,过滤接头及其他设备零部件等 | 过滤接头、法兰等 |
| | 1 类 | B1 | BR1 | | 管板等 |
| | 2 类 | B2 | BR2 | | 筒体板等 |
| | 复材 | | | 基材 | |
| | GB/T 3621—2007 钛及钛合金板材中的 TA1、TA2、TA9、TA10,化学成分按 GB/T 3620.1—2007 规定 | | | GB/T 3280—2007 不锈钢冷轧钢板　NB/T 47010—2010 压力容器用不锈钢锻件 GB/T 4237—2007 不锈钢热轧钢板　GB/T 4238—2007 耐热钢板 | |
| 尺寸规格 | 复合板厚度为 4～60mm,复材厚度一般为 1.0～12mm;复合板可由多层复合组成 | | | | |
| | 复合板宽度为 1100～1600mm,宽度可小于 1100mm,也可大于 1600mm | | | | |
| | 复合板长度为 1100～2800mm,可小于 1100mm,也可大于 2800mm | | | | |
| | 供需双方协商,可提供其他规格的复合板材 | | | | |

（续）

| 性能 | 抗拉强度 $R_m$ | 断后伸长率 $A$ | 抗剪强度 $\tau_b$/MPa | | 分离强度 $\sigma_r$/MPa | |
| --- | --- | --- | --- | --- | --- | --- |
| | | | 0 类复合板 | 其他类复合板 | 0 类复合板 | 其他类复合板 |
| | $> R_{mj}$ | ≥基材或复材标准中较低者的规定值 | ≥196 | ≥140 | ≥274 | — |

注：1. 产品采用操作复合技术及操作复合-轧制联合技术使钛及钛合金（复材）与各类不锈钢（基材）达到冶金结合状态的金属复合板。

2. 产品的形状为圆形、矩形和正方形三种，其他形状复合板可由供需双方协定。

3. 复合板厚度≤10mm，复材厚度≤1.5mm 时做抗剪强度试验。

4. 复合板的内弯曲性能，弯曲直径按基材标准规定，且不低于复合板厚度的 2 倍，弯曲角为 180°，试样弯曲部分的外表面不得有裂纹。外弯曲性能，弯曲直径为复合板厚度的 3 倍，弯曲角按复材标准规定。在试样弯曲部分外表面不得有裂纹，复合界面不得有分层。

5. 厚度 25mm 以下复合板的抗拉强度理论下限标准值 $R_{mj}$ 的计算公式参见（表 1.5-104）的注 5。

6. 标记示例：复材厚度为 6mm 的 TA1 板，基材厚度为 36mm 的 06Cr9Ni10 板，宽度为 1000mm，长度为 3000mm 的 1 类爆炸或爆炸-轧制复合板。标记为：TA1/06Cr19Ni10　B1 或 BR1　6/36×1000×3000　GB/T 8546—2007。

### 表 1.5-105　铝锡 20 铜-钢双金属板规格、性能及应用（摘自 YS/T 289—1994）

| 结构 | 第一层为钢板，材料为 08Al、08F、08、10 钢或工业纯铁；第二层为纯铝；第三层为铝锡 20 铜合金（耐磨层）；第四层为纯铝 | | | | | |
| --- | --- | --- | --- | --- | --- | --- |
| 尺寸规格 | 总厚度 >2~11mm；宽度为 25~130mm；长度为 70~400mm | | | | | |
| 硬度和剥离长度 | 材料 | 硬度 HBW | | 铝合金厚度/mm | 剥离长度/mm ≤ | |
| | 铝锡 20-铜合金 | 普通级 | 较高级 | | 普通级 | 较高级 |
| | 钢背 | 25~35 | 30~40 | ≥0.5~1.0 | 8 | 5 |
| | | 160~220 | 160~200 | >1.0~1.5 | 15 | 12 |
| 应用 | 适用于中负荷、中速的汽油机、柴油机及内燃机车的轴瓦用 | | | | | |

### 表 1.5-106　铜-钢复合钢板牌号、力学性能及应用（摘自 GB/T 13238—1991）

| 复层材料 | | 基层材料 | | 抗拉强度 $R_m$ 计算公式 | 应用 |
| --- | --- | --- | --- | --- | --- |
| 牌号 | 化学成分执行标准 | 牌号 | 化学成分执行标准 | | |
| Tu1、T2、B30 | GB/T 5231—2001 | Q235 | GB/T 700—2006 | $$R_m = \frac{t_1 R_{m1} + t_2 R_{m2}}{t_1 + t_2}$$ $R_{m1}$、$R_{m2}$ ——基材、复材抗拉强度下限值，(MPa) $t_1$、$t_2$ ——基材、复材厚度(mm) | 适用于化工、石油、制药、制盐等工业制造耐腐蚀的压力容器及真空设备 |
| | | Q245R、Q345R | GB 713—2008 | | |
| | | Q345 | GB/T 1591—2008 | | |
| | | 20 | GB/T 699—1999 | | |

注：1. 复合板伸长率 $A_5$（%）应不小于基材标准的规定值。

2. 复合板的抗剪强度 $\tau_b$ 不小于 100MPa。

3. 复层和基层材料牌号应在合同中注明。

**表 1.5-107　镍-钢复合板牌号、规格、性能及应用**（摘自 YB/T 108—1997）

| 复层材料 | | 基层材料 | | 总厚度 | | 复层厚度 | | 应　用 |
|---|---|---|---|---|---|---|---|---|
| 典型牌号 | 标准号 | 典型牌号 | 标准号 | 公称尺寸 /mm | 允许偏差 | 公称尺寸 /mm | 允许偏差 | |
| N6、N8 | GB/T 5235 — 2007 | Q235A、Q235B | GB/T 700—2006 | 6～10 | ±9% | ≤2 | 双方协议 | 适用于石油、化工、制药、制盐等行业制造耐腐蚀的压力容器，原子反应堆，储藏槽及其他制品 |
| | | Q245R、Q345R | GB 713—2008 | | | | | |
| | | Q345 | GB/T 1591—2008 | >15～20 | ±7% | >3 | ±10% | |
| | | 20 | GB/T 699—1999 | | | | | |

| 剪切试验 | 拉伸试验 | | 弯曲试验 $\alpha = 180°$ | | 结合度试验 $\alpha = 180°$ |
|---|---|---|---|---|---|
| 抗剪强度 $\tau_b$ /MPa ≥ | 抗拉强度 $R_m$ | 伸长率 $A_5$ （%） | 外弯曲 | 内弯曲 | 分离率 $c$ （%） |
| 196 | $R_m$ 计算式见注 4 | 大于基材和复材标准值中较低的数值 | 弯曲部位的外侧不得有裂纹 | | 3 个结合度试样中的两个试样 $c$ 值不大于 50 |

注：1. 长度和宽度按 50mm 的倍数进级。长宽尺寸偏差按基材标准要求。

　　2. 复合板平面度 $t$：总厚度不大于 10mm，$t \leqslant 12$mm/m；总厚度大于 10mm，$t < 10$mm/m。

　　3. 复合板按理论质量计算；钢密度为 7.85g/cm$^3$，镍及镍合金密度为 8.85g/cm$^3$。

　　4. 复合板抗拉强度 $R_m$ 计算公式：$R_m = \dfrac{t_1 R_{m1} + t_2 R_{m2}}{t_1 + t_2}$

　　　式中　$R_{m1}$、$R_{m2}$——基材、复材抗拉强度标准下限值（MPa）；$t_1$、$t_2$——试样基材、复材的厚度（mm）。

　　5. 复合板应按 GB/T 7734—2004 规定进行超声波检测。

**表 1.5-108　不锈钢复合钢板和钢带分级、代号、尺寸规格、性能及应用**（摘自 GB/T 8165—2008）

| | | 代号 | | | 用　途 | 界面结合率(%) | |
|---|---|---|---|---|---|---|---|
| | 级别 | 爆炸法 | 轧制法 | 爆炸轧制法 | | 复合中厚板 | 轧制复合带及其剪切钢板 |
| 分级、代号、用途及界面结合率 | Ⅰ级 | BⅠ | RⅠ | BRⅠ | 适用于不允许有未结合区存在的、加工时要求严格的结构件上 | 100 | ≥99 |
| | Ⅱ级 | BⅡ | RⅡ | BRⅡ | 适用于可允许有少量未结合区存在的结构件上 | ≥99 | |
| | Ⅲ级 | BⅢ | RⅢ | BRⅢ | 适用于复层材料只作为抗腐蚀层来使用的一般结构件上 | ≥95 | |

| | 复合中厚板尺寸规定 | 轧制复合带及其剪切钢板尺寸规定 | | | | 复合钢板和钢带材料典型钢号 | |
|---|---|---|---|---|---|---|---|
| | | 轧制复合板(带)总公称厚度 /mm | 复层厚度/mm ≥ | | | 复层材料牌号（应符合 GB/T 3280—2007 和 GB/T 4237—2007 规定） | 基层材料牌号（应符合 GB/T 3274—2007、GB/T 713—2008、GB/T 3531—2008、GB/T 710—2008 规定） |
| | | | 对称型 AB 面 | 非对称型 A 面 | 非对称型 B 面 | | |
| 尺寸规格及材料牌号 | 公称厚度 ≥6mm 公称宽度为 1450～4000mm 公称长度为 4000～10000mm 单面复合中厚板复层公称厚度为 1.0～18mm，通常为 2～4mm，基层最小厚度为 5mm | 0.8 | 0.09 | 0.09 | 0.06 | 06Cr13 06Cr13Al 022Cr17Ti 06Cr19Ni10 06Cr18Ni11Ti 06Cr17Ni12Mo2 022Cr17Ni12Mo2 022Cr25Ni7Mo4N 022Cr22Ni5Mo3N 022Cr19Ni5Mo3Si2N 06Cr25Ni20 06Cr23Ni13 | Q235-A、B、C Q345-A、B、C Q245R、Q345R、15CrMoR 09MnNiDR 08Al |
| | | 1.0 | 0.12 | 0.12 | 0.06 | | |
| | | 1.2 | 0.14 | 0.14 | 0.06 | | |
| | | 1.5 | 0.16 | 0.16 | 0.08 | | |
| | | 2.0 | 0.18 | 0.18 | 0.10 | | |
| | | 2.5 | 0.22 | 0.22 | 0.12 | | |
| | | 3.0 | 0.25 | 0.25 | 0.15 | | |
| | | 3.5～6.0 | 0.30 | 0.30 | 0.15 | | |

（轧制复合带及其剪切钢板，公称宽度为 900～1200mm，剪切钢板公称长度为 2000mm，轧制带成卷交货）

（续）

| 复合中厚板力学性能 | 级别 | 界面抗剪强度 $\tau_b$/MPa | 上屈服强度[1] $R_{eH}$/MPa | 抗拉强度 $R_m$/MPa | 断后伸长率 $A$(%) | 冲击吸收能量 $KV_2$/J |
|---|---|---|---|---|---|---|
| | I 级 II 级 | ≥210 | 不小于基层对应厚度钢板标准值[2] | 不小于基层对应厚度钢板标准下限值,且不大于上限值35MPa[2] | 不小于基层对应厚度钢板标准值 | 应符合基层对应厚度钢板的规定 |
| | III 级 | ≥200 | | | | |

| 轧制复合带及其剪切钢板力学性能 | 等于基层材料相应牌号标准规定的力学性能。当基层选用深冲钢时,其力学性能按下表规定,当复层为06Cr13钢时,其力学性能按复层为铁素体不锈钢的规定 | | | | |
|---|---|---|---|---|---|
| | 基层钢牌号 | 上屈服强度[1] $R_{eH}$/MPa | 抗拉强度 $R_m$/MPa | 断后伸长率 $A$(%) | |
| | | | | 复层为奥氏体不锈钢 | 复层为铁素体不锈钢 |
| | 08Al | ≤350 | 345～490 | ≥28 | ≥18 |

注：1. 产品的弯曲性能、杯突试验、表面质量等均应符合 GB/T 8165—2008 的规定。
　　2. GB/T 8165—2008 代替 GB/T 8165—1997《不锈钢复合钢板和钢带》及 GB/T 17102—1997《不锈钢汽车复合薄钢板和钢带》。
　　3. 产品用于制造石油、化工、轻工、机械、海水淡化、核工业的各类压力容器、储罐等结构件（复层厚度≥1mm 的中厚板），以及用于轻工机械、食品、炊具、建筑、装饰、焊管、铁路客车、医药、环保等行业的设备（复层厚度≤0.8mm 的单面、双面对称和非对称复合带及剪切钢板）。

① 屈服现象不明显时，按 $R_{P0.2}$。
② 复合钢板和钢带的屈服下限值 $R_p$、抗拉强度下限值 $R_m$ 可按下列公式计算：

$$R_p = \frac{t_1 R_{p1} + t_2 R_{p2}}{t_1 + t_2} \qquad R_m = \frac{t_1 R_{m1} + t_2 R_{m2}}{t_1 + t_2}$$

式中　$R_{p1}$、$R_{p2}$——复层、基层钢板屈服点下限值（MPa）；
　　　$R_{m1}$、$R_{m2}$——复层、基层钢板抗拉强度下限值（MPa）；
　　　$t_1$、$t_2$——复层、基层钢板屈服点下限值（MPa）；为复层、基层钢板厚度（mm）。

### 4.1.7　不锈钢复合管（表 1.5-109）

**表 1.5-109　结构用不锈钢复合管分类、规格及应用（摘自 GB/T 18704—2008）**

| 分类及代号 | 圆管—R,方管—S,矩形管—Q；按交货状态分为四种:表面未抛光状态—SNB,表面抛光状态—SB,表面磨光状态—SP,表面喷砂状态—SS | | | | |
|---|---|---|---|---|---|
| 材料要求 | 覆材牌号：06Cr19Ni10、12Cr18Ni9、12Cr18Mn9Ni5N、12Cr17MnNi5N,其化学成分和力学性能应符合 GB/T 18704—2008 的规定<br>基材牌号：Q195、Q215、Q235,化学成分符合 GB/T 700—2006 的规定;力学性能应按 GB/T 18704—2008 的相关规定 | | | | |

| 尺寸规格及用途/mm | 圆管(R) | | 矩形管(Q) | | 方管(S) | |
|---|---|---|---|---|---|---|
| | 外径 | 总壁厚 | 边长 | 总壁厚 | 边长 | 总壁厚 |
| | 12.7 | 0.8～2.0 | 20×10 | 0.8～2.0 | 15×15 | 0.8～2.0 |
| | 15.9 | 0.8～2.0 | 25×15 | 0.8～2.0 | 20×20 | 0.8～2.0 |
| | 19.1 | 0.8～2.0 | 40×20 | 1.0～2.5 | 25×25 | 0.8～2.5 |
| | 22.2 | 0.8～2.0 | 50×30 | 1.0～2.5 | 30×30 | 1.0～2.5 |
| | 25.4 | 0.8～2.5 | 70×30 | 1.2～2.5 | 40×40 | 1.0～2.5 |
| | 31.8 | 0.8～2.5 | 80×40 | 1.2～3.0 | 50×50 | 1.2～3.0 |
| | 38.1 | 1.2～2.5 | 90×30 | 1.2～3.0 | 60×60 | 1.4～3.5 |
| | 42.4 | 1.2～2.5 | 100×40 | 3.0～4.0 | 70×70 | 3.0～4.0 |
| | 48.3 | 1.2～2.5 | 110×50 | 3.0～4.0 | 80×80 | 3.0～4.0 |
| | 50.8 | 1.2～2.5 | 120×40 | 3.0～4.0 | 85×85 | 3.0～4.0 |
| | 57.0 | 1.0～2.5 | 120×60 | 3.5～4.5 | 90×90 | 3.0～4.0 |
| | 63.5 | 1.2～3.0 | 130×50 | 3.5～4.5 | 100×100 | 3.0～4.0 |
| | 76.3 | 1.2～3.0 | 130×70 | 3.5～4.5 | 110×110 | 3.0～4.0 |
| | 80.0 | 1.4～3.5 | 140×60 | 3.5～4.5 | 125×125 | 3.5～5.0 |
| | 87.0 | 2.2～3.5 | 140×80 | 3.5～4.5 | 130×130 | 3.5～5.0 |
| | 89.0 | 2.5～4.0 | 150×50 | 3.5～4.5 | 140×140 | 4.0～6.0 |

（续）

| 　 | 圆管（R） | | 矩形管（Q） | | 方管（S） | |
|---|---|---|---|---|---|---|
| 　 | 外径 | 总壁厚 | 边长 | 总壁厚 | 边长 | 总壁厚 |
| 尺寸规格及用途/mm | 102 | 3.0～4.0 | 150×70 | 3.5～5.0 | 170×170 | 5.0～8.0 |
| 　 | 108 | 3.5～4.5 | 160×40 | 3.5～4.5 | 总壁厚尺寸系列/mm | |
| 　 | 112 | 3.0～4.0 | 160×60 | 3.5～5.0 | | |
| 　 | 114 | 3.5～4.5 | 160×90 | 4.0～5.0 | 0.8、1.0、1.2、1.4、1.5、1.6、1.8、2.0、2.2、2.5、3.0、3.5、4.0、4.5、5.0～12（1进级） | |
| 　 | 127 | 3.5～4.5 | 170×50 | 3.5～5.0 | | |
| 　 | 133 | 3.5～4.5 | 170×80 | 4.0～5.0 | | |
| 　 | 140 | 3.5～5.0 | 180×70 | 4.0～5.0 | | |
| 　 | 159 | 4.0～5.0 | 180×80 | 4.0～5.0 | | |
| 　 | 165 | 4.0～5.0 | 180×100 | 4.0～6.0 | 管长度/mm | 1000～8000 |
| 　 | 180 | 4.5～6.0 | 190×60 | 4.0～6.0 | | |
| 　 | 217 | 4.5～10 | 190×70 | 4.0～5.0 | 用　途 | |
| 　 | 219 | 4.5～11 | 190×90 | 4.0～6.0 | 产品用于一般机械结构零部件、医疗器械、车船制造、钢结构网架、市政设施、建筑装饰、道桥铁路各种护栏等 | |
| 　 | 273 | 6.0～12 | 200×60 | 4.0～6.0 | | |
| 　 | 299 | 6.0～12 | 200×80 | 4.0～6.0 | | |
| 　 | 325 | 7.0～12 | 200×140 | 4.5～8.0 | | |

注：1. 复合管基材和覆材可在供需双方协定后，采用其他牌号的材料制造。
　　2. 管材工艺性能：将管材试外径压扁至管径的1/3时，试样不得有裂纹或裂口；用锥度为60°顶心，将管材试样外径扩至管径的6%时，不得有裂纹或裂口；将管材弯曲角度为90°，弯心半径为管材外径3.5倍，试样弯曲处内侧面不得有皱褶。
　　3. 圆管材外径≤63.5时，管材表面粗糙度不低于Ra0.8μm（即光亮度400号）；圆管外径大于63.5mm及方形管和矩形管的管材表面粗糙度不低于Ra1.6μm（即光亮度320号）。
　　4. 按理论重量交货时，管材每米理论质量m的计算式为

$$m = \frac{\pi}{1000}[\,S_1(D-S_1)\rho_1 + S(D-2S_1-S_2)\rho_2\,]$$

　　式中　　$m$——复合管的质量（kg/m）；
　　　　　　$D$——复合管的外径（mm）；
　　　　　　$S_1$——复合管覆材的壁厚（mm）；
　　　　　　$S_2$——复合管基材的壁厚（mm）；
　　　　　　$\rho_1$——复合管覆材的钢密度（kg/dm³，不锈钢的密度为7.93kg/dm³）；
　　　　　　$\rho_2$——复合管基材的密度（kg/dm³，碳素钢的密度为7.85kg/dm³）。

## 4.2　塑料基复合材料

### 4.2.1　玻璃纤维增强塑料（表1.5-110和表1.5-111）

#### 表1.5-110　玻璃纤维增强热固性塑料的性能

| 性能 | 环氧树脂 | | | | | | 酚醛树脂 | | |
|---|---|---|---|---|---|---|---|---|---|
| 　 | 双酚A型环氧 | | 酚醛环氧 | | 脂环族 | 脂肪族 | 高强玻璃纤维 | 改性醛醛开刀丝玻璃纤维 | 层压板 |
| 　 | 玻璃纤维 | 层压板 | 玻璃纤维、填料 | 层压板 | 层压板 | 层压板 | | | |
| 成型收缩率（%） | 0.1～0.8 | — | 0.4～0.8 | — | — | — | 0.1～0.4 | — | — |
| 拉伸强度/MPa | 35～138 | 220～412 | 34～86 | 216～284 | 196～235 | 332 | 48～124 | 78～102 | 196 |
| 断裂伸长率（%） | 4 | — | — | — | — | — | 0.2 | — | — |
| 压缩强度/MPa | 124～276 | 201～492 | 165～330 | — | 220～274 | 155 | 110～248 | 100～115 | — |
| 弯曲强度/MPa | 55～206 | 112～442 | 69～150 | 370 | 294～392 | 339 | 84～413 | 170～215 | 245 |
| 缺口冲击强度/（kJ·m²） | 0.63～21 | 196～274（无缺口） | 0.63～1.1 | — | 137～167（无缺口） | 306（无缺口） | 1～18 | 98～180（无缺口） | 210（无缺口） |
| 拉伸弹性模量/GPa | 20.6 | — | 14.5 | — | — | — | 13～22.7 | — | — |
| 弯曲弹性模量/GPa | 13.8～31 | — | 9.6～19.2 | — | 24.5 | — | 7.9～22.7 | — | — |

（续）

| 性能 | 环氧树脂 | | | | | | 酚醛树脂 | | |
|---|---|---|---|---|---|---|---|---|---|
| | 双酚 A 型环氧 | | 酚醛环氧 | | 脂环族 | 脂肪族 | 高强玻璃纤维 | 改性醛醛开刀丝玻璃纤维 | 层压板 |
| | 玻璃纤维 | 层压板 | 玻璃纤维填料 | 层压板 | 层压板 | 层压板 | | | |
| 硬度 | 100～112 HRM | — | 70～74 巴柯尔 | — | — | — | — | — | — |
| 线胀系数/10⁻⁵K⁻¹ | 1.1～5 | — | 1.8～4.3 | — | — | — | — | — | — |
| 热变形温度/℃ (1.82MPa) | 107～260 | — | 154～230 | — | — | — | 176～315 | ≥250 (马丁温度) | — |
| 热导率/[W/(m·K)] | 0.17～0.42 | — | 0.35 | — | — | — | — | — | — |
| 密度/(g/cm³) | 1.6～2 | — | 1.6～2.05 | 1.6～1.7 | 1.6～1.7 | — | 1.44～1.56 | 1.6～1.72 | 1.60～1.70 |
| 吸水率(%) 24h | 0.04～0.2 | — | 0.04～0.29 | 0.93 | — | — | 0.20 | 0.05～0.15 | — |
| 吸水率(%) 饱和 | — | — | 0.15～0.30 | — | — | — | 0.35 | — | — |
| 介质强度/(kV/mm) | 9.8～15.7 | — | 12.8～17.7 | — | — | — | — | — | 11.8～27.6 |
| 特点及应用 | 良好的电绝缘性和粘结性能，较高的强度和耐热性，耐一般酸、碱及有机溶剂，耐霉菌，成型收缩率小，体积收缩率为 1%～5%，加入固化剂后一般需加压加热成型，亦可在接触压力下常温固化。用于制作高强度制品、电绝缘件、电动机护环、汽车零件、容器、风扇叶片、螺旋桨、泵、阀、船舶零部件、衬里等 | | | | | | 优良的耐酸性、耐烧蚀性和电绝缘性，耐硫化氢、油、水、汽油、苯。能承受较大载荷，尺寸稳定，加热成型。硬脆、价廉。适于耐腐蚀件、泵、阀、管道、风机、管配件、酚醛层压板、绝缘结构件、轴瓦、导向轮、电信仪表中的绝缘配件、耐烧蚀材料、开关等电器零件 | | |

| 性能 | 酚醚树脂 | | 聚酰亚胺 | 不饱和聚酯树脂 | | | | | 糠酮树脂 |
|---|---|---|---|---|---|---|---|---|---|
| | 层压板 | 模压件开刀丝玻璃纤维 | 体积分数50%玻璃纤维 | 短切玻璃纤维 | 玻璃布 | SMC① | SMC② | 玻璃纤维 | 层压板 |
| 成型收缩率(%) | — | — | 0.20 | 0.1～0.2 | 0.02～0.2 | 0.05～0.40 | 0.05～0.40 | 0.1～1.0 | — |
| 拉伸强度/MPa | 282～317 | 76～198 | 44 | 20.7～68.9 | 207～344 | 48～172 | 20.7～68.9 | 27.6～65 | 209 |
| 断裂伸长率(%) | — | — | — | <1 | 1～2 | 3 | — | — | — |
| 压缩强度/MPa | — | 104～142 | 23 | 138～207 | 172～344 | 103～206 | 96～206 | 103～248 | 350 |
| 弯曲强度/MPa | 430 | 114～190 | 147 | 48～138 | 276～344 | 68.9～248 | 110～165 | 58.6～179 | 147 |
| 缺口冲击强度/(kJ/m²) | 83.6 | 70～191 | 12.3 | 3.2～3.4 | 10～63 | 14.7～46.2 | 4.2～27.3 | 1.5～33.6 | 186 (无缺口) |
| 拉伸弹性模量/GPa | — | — | — | 6.9～17 | 10～31 | 4.6～17.2 | 10～17.2 | 13.9～19.3 | — |
| 弯曲弹性模量/GPa | — | — | 13.6 | 6.9～11.8 | 6.9～20.6 | 6.9～15 | — | 13.8 | — |
| 硬度 | — | 56～59 巴柯尔 | 118HRK | 50～80 巴柯尔 | 60～80 巴柯尔 | 50～70 巴柯尔 | 50～65 巴柯尔 | — | 95HRE |
| 线胀系数/10⁻⁵K⁻¹ | — | — | 1.3 | 2～3.3 | 1.5～3 | 1.4～2 | — | 1.5～3.3 | — |
| 热形温度/℃ (1.82MPa) | >250 | >250 | 309 | >204 | >204 | 190～260 | 160～204 | 204～260 | >300 (马丁耐热) |
| 热导率/[W/(m·K)] | — | — | 0.36 | — | — | — | 0.75～0.92 | 0.63～1.05 | — |
| 密度/(g/cm³) | 1.78 | 1.52 | 1.60～1.70 | 1.65～2.32 | 1.50～2.10 | 1.65～2.60 | 1.72～2.1 | 2.0～2.3 | 1.70 |
| 吸水率(%) 24h | 0.04 | 0.04 | 0.70 | 0.06～0.28 | 0.05～0.5 | 0.10～0.25 | 0.10～0.45 | 0.03～0.50 | 0.10 |
| 吸水率(%) 饱和 | — | — | — | — | — | — | — | — | — |
| 介质强度/(kV/mm) | — | — | 17.6 | 13.6～16.5 | 13.8～19.7 | 15～19.7 | 11.8～15.4 | 9.8～20.9 | 17.5 |

（续）

| 性能 | 酚醛树脂 | | 聚酰亚胺 | 不饱和聚酯树脂 | | | | | 糠酮树脂 |
|---|---|---|---|---|---|---|---|---|---|
| | 层压板 | 模压件开刀丝玻璃纤维 | 体积分数50%玻璃纤维 | 短切玻璃纤维 | 玻璃布 | SMC① | SMC② | 玻璃纤维 | 层压板 |
| 特点及应用 | 耐蚀性好,耐热性能良好,粘接性能和耐磨性能很好,可作砂轮粘结剂,也可作为耐蚀、耐高温、电绝缘和耐烧蚀材料等 | | 耐高温老化、耐辐射,在300℃尚能保持一定的强度,耐热性最好的一种热固性材料。可作C级绝缘材料,高温电动机中的槽楔、仪表骨架、高温电气开关等 | 良好的电绝缘性、耐蚀性、韧性和透明性,可在接触压力下常温固化,工艺简便,成型收缩率较大,体积收缩率6%~10%,价格较低。适于制作波形瓦、浴缸、槽车、储槽、容器、船艇、电气设备、飞机零部件、雷达罩、管道、冷水塔、净水槽等 | | | | | 优异的耐蚀性,耐许多种强酸、碱、盐及有机溶剂(除强氧化性酸外),耐热性和电绝缘性良好,质优、价低。用于制作化工设备中的耐腐蚀件、高温绝缘件 |

① 片状模塑料。
② 团状模塑料。

#### 表 1.5-111　玻璃纤维增强热塑性塑料的特点及应用

| 材料名称 | 玻璃纤维含量(质量分数,%) | 特点 | 应用举例 |
|---|---|---|---|
| 聚丙烯 | 20~30 | 玻璃纤维增强热塑性塑料的物理力学性能均有明显提高。尼龙用玻璃纤维增强后,吸湿性下降较多,耐热性、弹性模量和抗弯强度均相应递增。聚丙烯密度低、价低、耐蚀性优良,但耐热性较差,冲击强度随温度下降而迅速减小,耐热性明显提高,可在100~120℃使用,在0℃以下冷冻几小时后,冲击强度保持93%以上,线胀系数降低很多。PET和PBT具有优良的耐热性、耐焊性、耐蚀性和较高的强度及优异电绝缘性,在高温湿环境下依然具有稳定的电绝缘性热塑性塑料玻璃纤维增强后,不但提高力学性能,对缺口敏感性有改善,热变形温度上升较多,尺寸稳定性增加,线胀系数和吸水率均下降,并能抑制应力开裂。热塑性塑料须经活化处理才能与表面处理后的玻璃纤维复合 | 汽车挡泥板、汽车发动机叶片、空调机叶片、阀门、泵、管道、管配件、洗涤机、搅拌器、板柜压滤机板、槽、塔、坐椅、蓄电池瓶壳等 |
| 尼龙6 | 30~50玻璃微珠+玻璃纤维 | | 电动工具外壳、凸轮、泵叶轮、齿轮、辊轴、汽车进气管、轴承架、衬套、阀座、涡轮、杠杆、电绝缘零件、熔断器等 |
| 尼龙66 | 玻璃纤维 | | 轴瓦、套筒、旋凿、齿轮、低摩擦材料、机电结构材料、叶轮、轴、凸轮等 |
| 聚碳酸酯 | 30 | | 水表、水量计、手柄、照相盒、仪器仪表中的压线板、接铆件、齿轮、涡轮、接线盒、线圈骨架、耐热精密零件、刷架、集电环、绝缘块、电磁阀壳、轴套、阀体、螺母等 |
| 聚对苯二甲酸丁二醇酯和乙二醇酯(PBT,PET) | 20~30 | | 电位器电容器等零件、继电器骨架、电动机汽车结构件、连接器、冷却线圈、离心泵壳体、叶轮、液下泵、废液处理装置、齿轮、插座、电子电器骨架、熔断器、煤气阀、纺织机零件等 |
| 苯乙烯-丁二烯-丙烯腈三元共聚物 | 20 | | 叶轮、电动机外壳、汽车零部件、电气零件、纺织机零件、仪表盘、过滤器零件、灯罩、放映机盒、电视机外壳等 |
| 苯乙烯-丙烯腈共聚物 | 20 | | |
| 乙烯-四氟乙烯共聚物 | 25 | | 无线电旋钮、上下托架、管子接头、卷轴等 |
| 聚苯醚 | 20~30 | | 密封圈、阀门零件等 |
| 聚苯硫醚 | 30~40 | | 管配件、空调机叶片、推进器、计算机和电子设备零件、外壳等 |
| | | | 阀门、离心泵、液压泵齿轮、化工耐腐蚀零部件、开关等 |

**4.2.2　碳纤维增强塑料**（表 1.5-112）　　　　　**4.2.3　石棉纤维增强塑料**（表 1.5-113）

**表 1.5-112　碳纤维增强塑料的特点及应用**

| 碳纤维增强热固性塑料 | | |
| --- | --- | --- |
| 特　点 | 应用部门 | 用途举例 |
| 碳纤维增强热固性塑料具有很好的力学性能，包括较高的高温和低温力学性能，抗疲劳及耐蚀性均好，并且具有高的比强度和比模量。同时，可以通过设计和加工的措施，获得材料多项特殊性能，以满足不同的应用要求，在机械工业、航空航天及其他工业中都得到应用 | 汽车工业 | 螺旋桨轴、弹簧、底盘、车轮；发动机零件,如活塞、连杆、操纵杆等 |
| | 纺织机械 | 综框、传箭带、梭子等 |
| | 电子器械 | 雷达设备、复印机、电子计算机、工业机器人等 |
| | 化工机械 | 导管、油罐、泵、搅拌器、叶片等 |
| | 医疗器械 | X 射线床和暗盒、骨夹板、关节、轮椅、单架等 |
| | 体育器械 | 高尔夫球棒、球头、钓竿、羽毛球拍、网球拍、小船、游艇、赛车、自行车等 |
| | 航空航天 | 飞机方向舵、升降舵、口盖、机翼、尾翼、机身、发动机零件等；人造卫星、火箭、飞船等 |
| | 其他 | 石油井架、建筑物、桥、铁塔、高速离心机转子、飞轮、烟草制造机板簧等 |
| 碳纤维增强热塑性塑料 | | |
| 特　点 | 应用举例 | |
| 韧性好，损伤容限大，耐环境性能优异，对水、光、溶剂和化学药品均有很好的耐蚀性，耐高温性能好，（长期工作温度一般可达150℃以上），预浸料储存期长，工艺简单、效率高，成型后的制品可采用热加工方法修整，装配自由度大，废料可回收，在各个工业部门有广泛的应用前景 | 用于制造轴承、轴承保持架、活塞环、调速器、复印机零件、齿轮、化工设备、电子电器工业中的继电器零件、印制电路板、赛车、网球拍、高尔夫球棒、钓鱼竿、撑杆跳高杆、医用 X 射线设备、纺织机械中的剑杆、连杆、推杆、梭子等；航空航天工业中作结构材料之用，如制作机身、机翼、尾翼、舱内材料、人造卫星支架、导弹弹簧、航天机构件等 | |

**表 1.5-113　石棉纤维增强塑料性能及应用**

| 性　能 | 石棉纤维增强尼龙 | 石棉纤维增强聚丙烯 | 聚丙烯 | 石棉纤维增强酚醛树脂 | 应　用 |
| --- | --- | --- | --- | --- | --- |
| 密度/(g/cm³) | 1.3 | 1.0 ~ 1.3 | 0.902 ~ 0.906 | 1.45 ~ 2.0 | 石棉纤维增强塑料具有良好的化学稳定性及电性能，可用于汽车制动件、阀门、导管、管配件、垫圈、化工耐腐蚀零部件。隔热和电绝缘件、导弹火箭耐热件、环氧玻璃钢管道内衬。石棉纤维与剑麻纤维混杂增强酚醛树脂制品有汽车加热器导管、风扇扩罩和仪表支件等。应注意，石棉纤维对人体有害 |
| 拉伸强度/MPa | 124 | 34 ~ 38 | 30 ~ 38 | 31 ~ 52 | |
| 断裂伸长率(%) | 1 | 3 ~ 20 | 200 ~ 300 | 0.1 ~ 0.5 | |
| 拉伸弹性模量/GPa | 7.6 | 2.7 ~ 5.5 | 1.1 ~ 1.5 | 6.9 ~ 20.7 | |
| 冲击强度(缺口)/(kJ/m²) | 1.89 | 0.42 ~ 3 | 1.05 ~ 3.15 | 0.55 ~ 7.4 | |
| 抗弯强度/MPa | 165 | — | 41 ~ 55 | 48 ~ 96 | |
| 弯曲模量/GPa | — | 0.86 ~ 1.0 | 1.17 ~ 1.45 | 6.9 ~ 15 | |
| 热变形温度(1.82MPa)/℃ | 226 | 54 ~ 93 | 57 ~ 63 | 149 ~ 260 | |
| 吸水率(24h)(%) | 1.5 | 0.02 ~ 0.03 | 0.03 ~ 0.04 | 0.12 | |

## 4.3　塑料-金属基复合材料

**4.3.2　铝管对接焊式铝塑管**（表 1.5-115）

**4.3.3　塑覆铜管**（表 1.5-116）

**4.3.1　塑料-金属基多层复合材料**（表 1.5-114）

**表 1.5-114　塑料-金属基多层复合材料的种类及应用**（摘自 JB/T 7521—1994）

| 类型 | 名　称 | 用　途 |
| --- | --- | --- |
| Ⅰ | 改性聚四氟乙烯为表面层的三层复合板材 | 特别适用于无油润滑条件 |
| Ⅱ | 改性聚甲醛为表面层的三层复合板材 | 特别适用于边界润滑条件 |
| Ⅲ | 填充增强酚醛为表面层的三层复合板材 | 特别适用于水润滑条件 |

**表 1.5-115　铝管对接焊式铝塑管品种分类**（摘自 GB/T 18997.1—2003）

| 流体类别 | | 用途代号 | 铝塑管代号 | 长期工作温度 $T_0$/℃ | 允许工作压力 $p_0$/MPa | 尺寸规格/mm | |
|---|---|---|---|---|---|---|---|
| 水 | 冷水 | L | PAP3、PAP4 | 40 | 1.40 | 公称外径 $d_n$ | 参考内径 $d_i$ |
| | | | XPAP1、XPAP2 | | 2.00 | | |
| | 冷热水 | R | PAP3、PAP4 | 60 | 1.00 | | |
| | | | XPAP1、XPAP2 | 75 | 1.50 | 16 | 10.9 |
| | | | XPAP1、XPAP2 | 95 | 1.25 | 20 | 14.5 |
| 燃气[①] | 天然气 | Q | PAP4 | 35 | 0.40 | 25 | 18.5 |
| | 液化石油气 | | | | 0.40 | 32 | 25.5 |
| | 人工煤气[②] | | | | 0.20 | 40 | 32.4 |
| 特种流体[③] | | T | PAP3 | 40 | 1.00 | 50 | 41.4 |

注：1. 铝塑管按复合组分材料分类，其型式如下：

1）聚乙烯/铝合金/交联聚乙烯（XPAP1）：一型铝塑管，适于较高工作温度和较高流体压力条件应用。

2）交联聚乙烯/铝合金/交联聚乙烯（XPAP2）：二型铝塑管，适于较高工作温度和流体压力条件，抗外部恶劣环境优于 XPAP1。

3）聚乙烯/铝/聚乙烯（PAP3）：三型铝塑管，适于较低工作温度和流体压力下应用。

4）聚乙烯/铝合金/聚乙烯（PAP4）：四型铝塑管，适于较低工作温度和流体压力下应用，可用于输送燃气等气体。

2. 铝塑管的技术性能应符合 GB/T 18997.1—2003 的规定。

3. 标记示例：

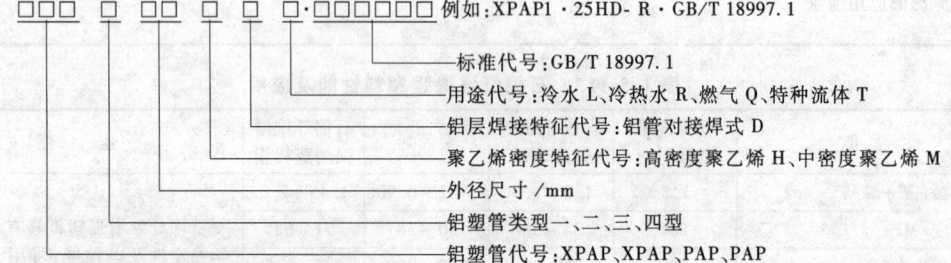

□□□　□　□□　□　□　□·□□□□□□　例如：XPAP1·25HD- R·GB/T 18997.1

　　　　　　　　　　　　　　　　 标准代号：GB/T 18997.1
　　　　　　　　　　　　　　　　 用途代号：冷水 L、冷热水 R、燃气 Q、特种流体 T
　　　　　　　　　　　　　　　　 铝层焊接特征代号：铝管对接焊式 D
　　　　　　　　　　　　　　　　 聚乙烯密度特征代号：高密度聚乙烯 H、中密度聚乙烯 M
　　　　　　　　　　　　　　　　 外径尺寸/mm
　　　　　　　　　　　　　　　　 铝塑管类型一、二、三、四型
　　　　　　　　　　　　　　　　 铝塑管代号：XPAP、XPAP、PAP、PAP

① 输送燃气时应符合燃气安装的安全规定。

② 在输送人工煤气时应注意到冷凝剂中芳香烃对管材的不利影响，工程中应考虑这一因素。

③ 系指和 HDPE（高密度聚乙烯）的抗化学药品性能相一致的特种流体。

**表 1.5-116　塑覆铜管分类、规格、性能及应用**（摘自 YS/T 451—2002）

| 产品分类 | 尺寸规格 | | |
|---|---|---|---|
| | 铜管外径/mm | 塑覆铜管外径/mm | |
| | | 平形环 | 齿形环 |
| | 6 | 8.2 | 8.6 |
| | 8 | 10.2 | 10.6 |
| | 10 | 12.2 | 12.6 |
| | 12 | 14.2 | 14.6 |
| | 15 | 17.6 | 18.6 |
| | 18 | 20.6 | 21.6 |
| | 22 | 24.6 | 25.6 |

塑料

齿形塑料（梯形、三角形或矩形）

平形环　　　齿形环

a)　　　　　b)

（续）

| 产品分类 | 尺寸规格 | | |
|---|---|---|---|
| | 铜管外径 /mm | 塑覆铜管外径/mm | |
| | | 平形环 | 齿形环 |
| 1）塑覆铜冷水管：塑料在管材外表面密集成环状（平形环），其断面形状如图 a 所示 | 28 | 30.6 | 31.6 |
| 2）塑覆铜热水管：塑料在管材外表面呈齿形环状（齿形环），其齿形可为梯形、三角形或矩形，其断面形状如图 b 所示 | 35 | 38.6 | 40 |
| 3）塑覆铜气管：采用图 a 或图 b 形式 | 42 | 45.6 | 47 |
| 4）塑覆铜燃气管：采用图 a 或图 b 形式 | 54 | 58 | 60 |
| 材料要求 | 铜管基材应符合 GB/T 18033—2007《无缝铜水管和铜气管》中化学成分的规定<br>铜管塑覆材为聚乙烯，应保证能在 110℃ 温度以下正常应用。聚乙烯的技术性能：密度为 0.930 ~ 0.940g/cm³；熔体流动速率为 0.20 ~ 0.40g/10min；脆化温度 ≤ -70℃；维卡软化温度≥80℃；阻燃性氧指数（OI）≥30 | | |
| 用途 | 产品用于输送冷水、热水、地面天然气、液态石油气、煤气、氧气等 | | |

# 5 功能材料

功能材料是以物理性能为主的工程材料的统称，即指在电、磁、声、光、热等方面具有特殊性质，或在其作用下表现出特殊功能的材料。功能材料按其显示功能的过程可分为一次功能材料和二次功能材料。一次功能材料是当材料输入的能量和从材料输出的能量属于同种形式时，材料起能量传送部件的作用，又称载体材料，主要有：①力学功能材料，如惯性材料、粘性材料、流动性材料、润滑性材料、成型性材料、超塑性材料、高弹性材料、恒弹性材料、振动性材料和防震性材料；②声功能材料，如吸声性材料、隔声性材料；③热功能材料，如隔热性材料、传热性材料、吸热性材料和蓄热性材料；④电功能材料，如

导电性材料、超导性材料、绝缘性材料和电阻材料；⑤磁功能材料，如软磁性材料、硬磁性材料、半硬磁性材料；⑥光功能材料，如透光性材料、遮光性材料、反射光性材料；⑦化学功能材料，如催化作用材料、吸附作用材料、生物化学反应材料；⑧其他功能材料，如电磁波特性材料、放射性材料。二次功能材料是当向材料输入的能量和输出的能量属于不同形式时，材料起能量转换部件的作用，又称高次功能材料，主要有：①光能与其他形式能量的转换材料；②电能与其他形式能量的转换材料；③磁与其他形式能量的转换材料；④机械能与其他形式能量的转换材料。表 1.5-117 介绍了一些主要的功能材料的特性及其应用。

**表 1.5-117 主要功能材料的特性及应用示例**

| 种类 | 功能特性 | 应用示例 |
|---|---|---|
| 导电高分子材料 | 导电性 | 电极电池、防静电材料、屏蔽材料 |
| 超导材料 | 导电性 | 核磁共振成像技术、反应堆超导发电机 |
| 高分子半导体 | 导电性 | 电子技术与电子器件 |
| 光电导高分子 | 光电效应 | 电子照相、光电池、传感器 |
| 压电高分子 | 力电效应 | 开关材料、仪器仪表测量材料、机械人触感材料 |
| 热电高分子 | 热点效应 | 显示、测量 |
| 声电高分子 | 声电效应 | 音响设备、仪器 |
| 磁性高分子 | 导磁作用 | 塑料磁石、磁性橡胶、仪器仪表的磁性元器件、中子吸收、微型电动机、进步电动机、传感器 |
| 磁性记录材料 | 磁性转换 | 磁带、磁盘 |
| 电致变色材料 | 光电效应 | 显示、记录 |
| 光纤材料 | 光的曲线传播 | 通信、显示、医疗器械 |
| 液晶材料 | 偏光效应 | 显示、连接器 |
| 光盘的基板材料 | 光学原理 | 高密度记录和信息储存 |
| 感光树脂，光刻胶 | 光化学反应 | 大规模集成电路的精细加工、印刷 |
| 荧光材料 | 光化学作用 | 情报处理、荧光染料 |
| 光降解材料 | 光化学作用 | 减少化学污染 |
| 光能转换材料 | 光电、光化学 | 太阳电池 |
| 分离膜与交换膜 | 传质作用 | 化工、制药、环保、冶金 |
| 高分子催化剂与高分子固定酶 | 催化作用 | 化工、食品加工、制药、生物工程 |

（续）

| 种类 | 功能特性 | 应用示例 |
|---|---|---|
| 高分子试剂絮凝剂 | 吸附作用 | 稀有金属提取、水处理、海水提铀 |
| 储氢材料 | 吸附作用 | 化工、能源 |
| 高吸水树脂 | 吸附作用 | 化工、农业、纸制品 |
| 人工器官材料 | 替代修补 | 人体脏器 |
| 骨科、齿科材料 | 替代修补 | 人体骨骼 |
| 药物高分子 | 药理作用 | 药物 |
| 降解性缝合材料 | 化学降解 | 非永久性外科材料 |
| 医用粘合剂 | 物理与化学作用 | 外科和修补材料 |
| 微晶玻璃 | 耐高温、耐热冲击 | 天文望远镜、化工管理、通信 |
| 光导玻璃纤维 | 光传导 | 激光技术、图像处理 |
| 非线性光学玻璃 | 非线性光学特性 | |
| 生物玻璃 | 生物、生理功能 | 生物材料 |

## 5.1　功能金属材料

功能金属材料中为大家熟知的部分可以叫做传统的功能材料，如电性材料、磁性材料、弹性材料等功能材料。另一部分属于较新发展起来的材料，如非晶合金、储氢合金、形状记忆合金、超塑性合金及金属薄膜等。

### 5.1.1　电性材料

电性材料包括导电材料、电阻材料（精密电阻材料、电阻敏感材料）、电热材料、热电材料等。

1. 导电材料

导电材料是利用金属及合金优良的导电性能来传输电流，输送电能的。导电材料广泛应用于电力工业技术领域，有时它也可包括仪器仪表用导电引线和布线材料，以及电触点材料。导电材料在性能上的要求是低的电阻率，高的力学性能，良好的耐蚀性，良好的工艺性能（热冷加工，焊接），且价格便宜。纯金属中导电性能好的有银、铜、金、铝，以及这些金属基的合金，其电导率为 $10^7 \sim 10^8$ s/m。

铜是电工技术中最常用的导电材料，其优点是塑性高、电导率高。在力学性能要求高的情况下可使用铜合金，如铍青铜可用作导电弹簧、电刷、插头等。

铝的电阻是铜的 1.55 倍，但质量只是铜的 30%，铝在地壳内的资源极其丰富，价格也较便宜，

故以铝代铜有很大意义。铝的缺点是强度太低，不易焊接。若需要提高强度，可使用铝合金，如 Al-Si-Mg 三元铝合金就既有高强度，而电导率也不太低。

在集成电路中常用金膜或金的合金膜。金有很好的导电性，极强的耐蚀性，但价格较高。金系合金也可作电触点材料。

银及其合金银具有金属中的最高电导率，加工性极好，银合金常作触点材料。

2. 超导材料

在一定温度和压力下，材料的电阻率为零，即不存在电阻的导电材料称为超导材料，其分类如下：

1）常规超导体（亦称传统超导体），包括元素、合金和化合物超导体，其超导转变温度较低（$T_c < 30$K）。其中，已发现的超导元素近 50 种，具有超导电性的合金及化合物多达几千种，但真正能够实际应用的并不多，一般用于导线制作、核磁共振层析扫描。

2）高温超导体的超导转变温度 $T_c > 77$K。表 1.5-118 列出了正在研究的部分高温超导体的名称、成分和超导转变温度，主要包括镧锶铜氧化物（La-Sr-Cu-O）、钇钡铜氧化物（$YBa_2Cu_3O_{7-\delta}$）、铋锶钙铜氧化物（Bi-Sr-Ca-Cu-O）、铊钡钙铜氧化物（Tl-Ba-Ca-Cu-O）、汞钡钙铜氧化物（Hg-Ba-Ca-Cu-O）、无限层超导体和钕铈铜氧化物（Nd-Ce-Cu-O）等。

表 1.5-118　部分高温超导体系列

| 类型 | 组成 | 参数范围 | 超导转变温度 $T_c$/K |
|---|---|---|---|
| I | $La_{2-x}Ba_xCuO_4$ | $0.1 < x < 0.2$ | 35 |
| II | $Nd_{2-x}Ce_xCuO_4$ | $x \approx 0.15$ | 24 |
| III | $YBa_2Cu_3O_y$ | $y \leq 7.0$ | 93 |
| | $YBa_2Cu_4O_y$ | $y \leq 8.0$ | 80 |
| | $Y_2Ba_4Cu_7O_y$ | $y \leq 15.0$ | 40 |

（续）

| 类型 | 组成 | 参数范围 | 超导转变温度 $T_c$/K |
|---|---|---|---|
| Ⅳ | $Bi_2Sr_2Ca_{n-1}Cu_nO_{2n+4}$ | $n=1$ | 12 |
| | | $n=2$ | 80 |
| | | $n=3$ | 110 |
| | | $n=4$ | 90 |
| Ⅴ | $Tl_2Ba_2Ca_{n-1}Cu_nO_{2n+1}$ | $n=1$ | 90 |
| | | $n=2$ | 110 |
| | | $n=3$ | 122 |
| | | $n=4$ | 119 |
| Ⅵ | $TlBa_2Ca_{n-1}Cu_nO_{2n-2.5}$ | $n=1$ | 50 |
| | | $n=2$ | 90 |
| | | $n=3$ | 110 |
| | | $n=4$ | 122 |
| | | $n=5$ | 117 |
| Ⅶ | $HgBa_2Ca_{n-1}Cu_nO_{2n-2.5}$ | $n=1$ | 94 |
| | | $n=2$ | 128 |
| | | $n=3$ | 134 |
| Ⅷ | $K_xBa_{1-x}BiO_3$ | $x\approx0.4$ | 30 |
| Ⅸ | $BaPb_{1-x}Bi_xO_3$ | $x\approx0.25$ | 12 |

3）其他类型的常用超导材料，包括金属间化合物（R-T-B-C）超导体、有机超导体、碱金属掺杂的 $C_{60}$ 超导体和重费米子超导体等。

3. 电阻材料

电阻材料包括精密电阻材料和电阻敏感材料。精密电阻材料一般具有较恒定的高电阻率，其电阻率随温度的变化小，即电阻温度系数小，并且电阻随时间的变化小，因此常用作标准电阻器，在仪器仪表及控制系统中有广泛的应用。电阻敏感材料是指制作通过电阻的变化来获取系统中所需信息的元器件的材料，如应变电阻、热敏电阻、光敏电阻、气敏电阻等材料。比较常见的精密电阻材料包括 Cu-Mn 系合金、Ni-Cr 系合金、Cu-Ni 系合金、贵金属精密电阻合金、Fe-Cr-Al 系合金。几种代表性的精密合金成分和性能见表 1.5-119。常用的电阻敏感材料种类繁多，应变电阻材料要求有大的应变灵敏系数，常用的有 Cu 基合金、Ni 基合金、Fe 基合金及贵金属合金等，多用于测量压力、载荷、位移、加速度和扭矩等传感器；热敏电阻材料要求电阻温度系数大，常用 Co 基合金、Ni 基合金和 Fe 基合金。

表 1.5-119　几种代表性的精密合金成分和性能

| 合金名称 | 合金成分 | $\rho$ /($\Omega \cdot m$) | $\alpha$ /($10^{-6}℃^{-1}$) | $\beta$ /($10^{-6}℃^{-2}$) | $E_{Cu}$ /($\mu V/℃$) |
|---|---|---|---|---|---|
| 锰加宁 | Cu86Mn12Ni2 | 4300 | ±10 | -0.5 | ±1 |
| 新康铜 | Cu82.5Mn12Al4Fe1.5 | 4500 | -5~5 | -(0.35~0.40) | 0.3 |
| Cu-Mn-Al | Cu85Mn9.5Al5.5 | 4500 | -1~5.6 | -(0.20~0.24) | 0.3 |
| 锗拉宁 | Cu87Mn7Ge6 | 4300 | <3(20~70℃) | — | -1.3 |
| 康铜 | Cu(>53)Ni45Mn(<1)Fe(<1) | 5000 | ±(20~30) | -43 | 400 |
| Ni-Cr | Ni80Cr20 | 18000 | >100 | — | 4 |
| Fe-Cr-Al | Fe69Cr23Al8 | 18700 | -287 | — | 1.14 |

4. 电热材料

利用电流通过时由于材料的电阻作用使材料发热提高温度的性质，可用作发光、发热器件。对电热材料的性能要求：有高的电阻率和低的电阻温度系数；在高温时具有良好的抗氧化性，并有长期的稳定性；有足够的高温强度，易于拉丝。目前常用的电热材料有三种：金属及其合金、非金属材料和热电偶材料。

金属及其合金一类中，纯金属钨、钼可作为发光和发热材料，但其抗氧化性能很差，必须在真空状态下使用，所以目前使用较多的主要是金属合金——Ni-Cr 系合金和 Fe-Cr-Al 合金，其成分及特点见表 1.5-120 和表 1.5-121。非金属电热材料主要是碳化硅、二硅化钼和石墨。

**表 1.5-120 Ni-Cr 系电热合金的成分及特点**

| 名称 | 化学成分(质量分数,%) | | | | 用途及特点 | 最高工作温度/℃ |
|---|---|---|---|---|---|---|
| | Ni | Cr | Fe | Mn | | |
| Ni80Cr20 合金 | 78 ~ 80 | 20 ~ 22 | < 1.5 | 0 ~ 2 | 普遍使用的高耐热合金 | 1100 ~ 1150 |
| Ni70Cr20Fe8 合金 | 70 | 20 | 8 | 2 | 高耐热合金 | 1050 ~ 1100 |
| Ni60Cr15Fe30 合金 | 60 ~ 63 | 12 ~ 15 | 20 ~ 23 | 0 ~ 2 | 最易加工,价格低廉 | 1050 ~ 1100 |
| Ni50Cr30Fe25 合金 | 50 ~ 52 | 30 ~ 33 | 11 ~ 15 | 2 ~ 3 | 制造厚带和粗线 | 1200 ~ 1250 |

**表 1.5-121 Fe-Cr-Al 系合金的成分及特点**

| 序号 | 化学成分(质量分数,%) | | | | 加工性能 | 工作温度/℃ |
|---|---|---|---|---|---|---|
| | Cr | Al | C | Fe | | |
| 1 | 16 ~ 18 | 4.5 ~ 6.5 | < 0.05 | 余量 | 热、冷态中加工 | 1000 |
| 2 | 23 ~ 27 | 4.5 ~ 7 | < 0.05 | 余量 | 热、冷态中加工 | 1250 |
| 3 | 40 ~ 45 | 7.5 ~ 12 | < 0.05 | 余量 | 热态中加工 | 1350 |
| 4 | 65 ~ 68 | 7.5 ~ 11.5 | < 0.05 | 余量 | 只有研磨 | 1000 |

5. 热电材料

两种不同的导体或半导体组成闭合回路,若两端接点处保持不同的温度,在回路中就有电流流过,称为热电效应,利用此效应可制成各类测温热电偶。

对热电材料的性能要求:具有高的热电势及高的热电势温度系数,保证高的灵敏度,热电势随温度的变化是单值的(最好呈线性关系)。

较常用的非贵金属热电偶材料有镍铬-镍铝、镍铬-镍硅、铁-康铜、铜-康铜等。贵金属热电偶材料最常使用的有铂-铂铑及铱-铱铑等。低于室温的低温热电偶材料常用的有铜-康铜、铁-镍铬、铁-康铜、金铁-镍铬等。表 1.5-122 列出了常用国际标准化热电偶材料的成分和使用温度范围。其中使用了国际标准化热电偶正、负热电极材料的代号,它一般用两个字母表示,第一个字母表示型号,第二个字母中的 P 代表正电极材料,N 代表负电极材料。

**表 1.5-122 常用国际标准化热电偶材料**

| 序号 | 型号 | 正电极材料 | | 负电极材料 | | 使用温度范围/K |
|---|---|---|---|---|---|---|
| | | 代号 | 成分(质量分数,%) | 代号 | 成分(质量分数,%) | |
| 1 | B | BP | Pt70Rh30 | BN | Pt94Rh6 | 273 ~ 2093 |
| 2 | R | RP | Pt87Rh13 | RN | Pt100 | 223 ~ 2040 |
| 3 | S | SP | Pt90Rh10 | SN | Pt100 | 223 ~ 2040 |
| 4 | N | NP | Ni84Cr14.5Si1.5 | NN | Ni54.9Si45Mg0.1 | 3 ~ 1645 |
| 5 | K | KP | Ni90Cr10 | KN | Ni95Al2Mn2Si1 | 3 ~ 1645 |
| 6 | J | JP | Fe100 | JN | Ni15Cu55 | 63 ~ 1473 |
| 7 | E | EP | Ni90Cr10 | EN | Ni45Cu55 | 3 ~ 1273 |
| 8 | T | TP | Cu100 | TN | Ni45Cu55 | 3 ~ 673 |

良好的导电性是金属的特征,随着科学技术的进步,有时金属的概念也有了扩展。表 1.5-123 选择性地列出了一些金属和金属性材料的电阻率。

### 5.1.2 磁性材料

具有强磁性的材料称为磁性材料。磁性材料具有能量转换、存储或改变能量状态的功能,是重要的功能材料,按矫顽力的大小可分为硬磁材料、半硬磁材料、软磁材料三种。

1. 金属软磁材料

矫顽力低($H_c \leqslant 100A/m$)、磁导率高的磁性材料称为软磁材料。软磁材料制造的设备与器件大多数是在交变磁场条件下工作的,因此其应具以下四个基本条件:饱和磁感应强度高、磁导率高、居里温度适当高、铁心损耗要小。

现有软磁材料按磁特性可分为高磁感材料、高导磁材料、高矩形比材料、恒导磁材料、温度补偿材料等;按材料的成分可分为电工纯铁和低碳电工钢(见表 1.5-124 和表 1.5-125)、Fe-Si 合金(简称硅钢或电工钢,见表 1.5-126)、Ni-Fe 合金、Fe-Al 合金(包括 Fe-Si-Al 合金)和 Fe-Co 合金等,也可分为晶态、非晶态及纳米晶软磁材料等。

### 表 1.5-123　一些金属和金属性材料的电阻率

| 材　料 | | $\rho/\mu\Omega\cdot cm$ | 材　料 | | $\rho/\mu\Omega\cdot cm$ |
|---|---|---|---|---|---|
| 金属 | Cu | 1.7 | 金属陶瓷 | TiN | 25 |
| | Al | 2.6 | | CeN | 17 |
| | 黄铜(70Cu-30Sn) | 6.2 | | $MoSi_2$ | 15 |
| | 杜拉铝(Al-4Cu0.6Mn0.6Mg) | 5.0～5.3 | | $LiB_6$ | 16 |
| | 不锈钢(18-8) | 7.2 | | ScC | 2.7 |
| | Fe-42Ni 合金 | 65 | 氧化物 | $In_{1.8}Sn_{0.2}O_3$(ITO) | ≤200 |
| | 镍铬合金(Ni-20Cr) | 108 | | $YBa_2Cu_3O_7$(晶体 100K) | ≤50 |
| | Pb-Sn 焊料(Sn-37Pb) | 14.5 | | $YBa_2Cu_8O_7$(晶体 RT) | ≤150 |
| | Ti | 4.2 | | $CaRuO_3$(4.2K) | ≤70 |
| | Ce | 75 | | $La_{0.67}Ca_{0.33}MnO_3$(薄膜 50K) | ≤100 |
| | La | 57 | 高分子材料 | 聚乙炔(拉伸态) | 6.7 |
| | Bi | 115 | | 含纳米孔的聚吡咯 | 440 |
| | Pt | 9.59 | | | |

### 表 1.5-124　国产纯铁的化学成分

| 牌号 | 名称 | 化学成分(质量分数,%)≤ | | | | | | | | |
|---|---|---|---|---|---|---|---|---|---|---|
| | | C | Si | Mn | S | P | Ni | Cr | Cu | Al |
| DT1 | 沸腾纯铁 | 0.04 | 0.03 | 0.10 | 0.030 | 0.015 | 0.20 | 0.10 | 0.15 | — |
| DT2 | 高纯度沸腾纯铁 | 0.025 | 0.02 | 0.035 | 0.025 | 0.015 | 0.20 | 0.10 | 0.15 | |
| DT3 | 镇静纯铁 | 0.04 | 0.20 | 0.15 | 0.020 | 0.015 | 0.20 | 0.10 | 0.20 | 0.55 |
| DT4 | 无时效镇静纯铁 | 0.025 | 0.20 | 0.15 | 0.015 | 0.015 | 0.20 | 0.10 | 0.20 | 0.20～0.55 |

### 表 1.5-125　国产电工纯铁的磁性

| 磁性等级 | 牌　号 | $H_c$/(A/m) ≤ | $\mu_m$ ≥ | 磁感应强度/T≥ | | | | |
|---|---|---|---|---|---|---|---|---|
| | | | | $B_{400}$ | $B_{800}$ | $B_{2000}$ | $B_{4000}$ | $B_{8000}$ |
| 普通 | $DT_3$、$DT_4$、$DT_5$、$DT_6$、$DT_8$ | 96 | 6000 | 1.40 | 1.50 | 1.67 | 1.71 | 1.80 |
| 高级 | $DT_3A$、$DT_4A$、$DT_5A$、$DT_6A$、$DT_8A$ | 72 | 7000 | | | | | |
| 特级 | $DT_4E$ | 48 | 9000 | | | | | |
| 超级 | $DT_4C$、$DT_6C$ | 32 | 12000 | | | | | |

### 表 1.5-126　电工钢板的分类

| 项目 | 类　别 | | $w(Si)(\%)$ | 公称厚度/mm |
|---|---|---|---|---|
| 热轧硅钢板(无取向) | 热轧低硅钢(热轧电机钢) | | 1.0～2.5 | 0.50 |
| | 热轧高硅钢(热轧变压器钢) | | 3.0～4.5 | 0.35、0.50 |
| 冷轧电工钢板 | 无取向电工钢(冷轧电机钢) | 低碳电工钢 | <0.5 | 0.50、0.65 |
| | | 硅钢 | >0.5～3.2 | 0.35、0.50 |
| | 取向硅钢(冷轧变压器钢) | 普通取向硅钢 | 2.9～3.3 | 0.20、0.23、0.27、0.30、0.35 |
| | | 高磁感取向硅钢 | 2.9～3.3 | 0.30、0.35 |

**2. 金属永磁材料**

矫顽力大于 400A/m 的磁性材料称为永磁材料。永磁材料经充磁至技术饱和并去掉磁场后仍保留较强的磁性，故又称为硬磁或恒磁材料。应用中对永磁材料的主要要求是在其气隙中产生足够强的磁场强度。永磁材料磁性能优劣的主要判定依据是磁化强度高、磁晶各向异性大、居里点高。前两点决定了该材料是否有足够高的剩磁、最大磁能积和矫顽力，最后一点则决定了它是否有好的稳定性和较高的工作温度。

目前工业上广泛应用的永磁材料的磁能积的实际值远低于其理论值，其原因往往是矫顽力偏低。图 1.5-1 所示为永磁材料磁能积的发展情况，同时也标明了现有永磁材料的种类。

**3. 磁致伸缩材料**

具有较大线磁致伸缩系数(或应变，一般 $\lambda_s\geq 40\times10^{-6}$)的材料称为磁致伸缩材料。这种材料具有电磁能与机械能或声能相互转换的功能，是重要的磁功能材料之一，主要应用于水声或电声换能器、各

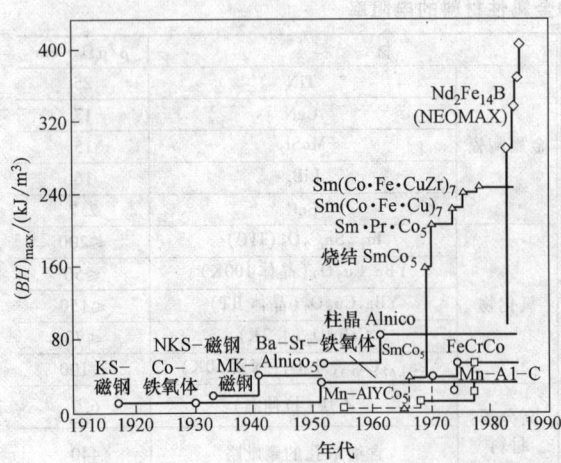

**图1.5-1　永磁材料磁能积的发展情况**

**表 1.5-127　超磁致伸缩材料与传统磁致伸缩材料、压电陶瓷材料（PZT）性能的比较**

| 材料特性 | Terfenol-D | Ni | PZT |
|---|---|---|---|
| 饱和磁致伸缩系数 $\lambda/10^{-6}$ | 1500～2000 | －36 | 100～600 |
| 机电耦合系数 | 0.7～0.75 | 0.3 | 0.48～0.72 |
| 能量密度/（kJ/m³） | 14～25 | 0.03 | 0.65～1 |
| 能量转换效率（%） | 49～56 | 9 | 23～52 |
| 响应时间/μs | <1 | — | ≈10 |
| 弹性模量/GPa | 25～35 | 210 | 46～60 |
| 密度/（g/cm³） | 9.25 | 8.97 | 7.5 |
| 声速/（m/s） | 1720 | 4950 | 3130 |
| 抗拉强度/（MPa） | 28 | 300 | 76 |
| 抗压强度/（MPa） | 700 | — | — |
| 相对磁导率 | 3～15 | — | — |
| 居里温度/℃ | 380 | 354 | 300 |
| 电阻率 $\rho/（\Omega\cdot cm）$ | $60\times10^{-6}$ | $700\times10^{-6}$ | $1\times10^{3}$ |
| 热胀系数 $\alpha/10^{-6}K^{-1}$ | 12 | 13.3 | 10 |

种驱动器、各种减振与消振系统器件、液体与燃油的喷射系统等。对磁致伸缩材料的要求：饱和磁致伸缩应变大；磁致伸缩应变对磁场的变化率大；电磁能与机械能的互相转换效率高。

磁致伸缩材料可分为传统磁致伸缩材料和稀土超磁致伸缩材料两大类。传统磁致伸缩材料有 Fe 基合金、Ni 基合金和 Co 基合金及铁氧体材料，如 $[(NiO)_x(CuO)_{1-x}]_{1-y}(CoO)_y\cdot Fe_2O_3$。传统磁致伸缩材料的饱和磁致伸缩应变很小，机电耦合系数低，随后被逐渐发展起来的压电陶瓷材料所取代。压电陶瓷广泛地应用于制造水声、电声换能器等。20 世纪 70 年代以来又发展了稀土超磁致伸缩材料，它与传统磁致伸缩材料和压电陶瓷材料相比都具有很大的优势，见表 1.5-127。

4. 铁氧体磁性材料

铁的氧化物和其他一种或几种金属氧化物组成的复合氧化物（如 $MnO\cdot Fe_2O_3$、$ZnO\cdot Fe_2O_3$、$BaO\cdot 6Fe_2O_3$）等称为铁氧体。具有亚铁磁性的铁氧体是一种强磁性材料，统称为铁氧体磁性材料。铁氧体磁性材料可分为软磁、硬磁（包括粘结）、旋磁、矩磁和压磁及其他铁氧体材料，它们的组成、晶体结构、特征与应用领域见表 1.5-128。目前，工业中得到广泛应用的软磁铁氧体是由两种或两种以上单一铁氧体（如锰铁氧体 $MnFe_2O_4$、锌铁氧体 $ZnFe_2O_4$）组成的复合铁氧体，如 Mn-Zn 系、Ni-Zn 系、Mg-Zn 系、Li-Zn 系、Cu-Zn 系等，硬磁铁氧体材料主要有钡铁氧体（$BaO\cdot 6Fe_2O_3$）和锶铁氧体（$SrO\cdot 6Fe_2O_3$）两种。

**表 1.5-128　各种铁氧体的主要特征和应用范围比较**

| 类别 | 代表性铁氧体 | 晶系 | 结构 | 主要特征 | 频率范围/MHz | 应用举例 |
|---|---|---|---|---|---|---|
| 软磁 | 锰锌铁氧体系列（MnO-ZnO-Fe₂O₃） | 立方 | 尖晶石型 | 高 $\mu_1$、$Q$、$B_s$ 低 $\alpha_\mu$、DA | 0.001～5 | 多路通信及电视用的各种磁芯和录音、录像等各种记录磁头 |
| | 镍锌铁氧体系列（NiO-ZnO-Fe₂O₃） | | | 高 $Q$、$f_r$、$\rho$ 低 $\tan\delta$ | 0.001～300 | 多路通信电感受器、滤波器、磁性天线和记录磁头等 |
| | 镍锌铁氧体系列（NiO-ZnO-Fe₂O₃） | | | 高 $Q$、$f_r$ 低 $\tan\delta$ | 300～1000 | 多路通信及电视用的各种磁芯 |
| 硬磁 | 钡铁氧体系列（BaO·Fe₂O₃） | 六角 | 磁铅石型 | 高 $_BH_c$、$(BH)_{max}$ | 0.001～20 | 录音器、微音器、拾音器和电话机等各种电声器件及各种仪表和控制器件的磁芯 |
| | 锶铁氧体系列（BaO·Fe₂O₃） | | | | | |

（续）

| 类别 | 代表性铁氧体 | 晶系 | 结构 | 主要特征 | 频率范围/MHz | 应用举例 |
|---|---|---|---|---|---|---|
| 旋磁 | 镁锰铝铁氧体系列（MgO-MnO-Al$_2$O$_3$-Fe$_2$O$_3$） | 立方 | 尖晶石型 | $\Delta H$ 较宽 | 500～1000000 | 雷达、通信、导航、遥测、遥控等电子设备中的各种微波器件 |
| | 钇石榴石铁氧体系列（3Me$_2$O$_3$·5Fe$_2$O$_3$） | | 石榴石型 | $\Delta H$ 较窄 | 100～10000 | |
| 矩磁 | 镁锰铁氧体系列（MgO-MnO-Fe$_2$O$_3$） | | 尖晶石型 | 高 $\alpha$、$R_s$低 $\tau$、$S_\omega$ | 0.3～1 | 各种计算机的磁性存储器磁芯 |
| | 锂锰铁氧体系列（LiO-MnO-Fe$_2$O$_3$） | | | | | |
| 压磁 | 镍锌铁氧体系列（NiO-ZnO-Fe$_2$O$_3$） | | | 高 $\alpha$、$K_r$、$Q$耐蚀性强 | ≤100M | 超声和水声器件以及电信、自控、磁声和计量器件 |
| | 镍铜铁氧体系列（NiO-CuO-Fe$_2$O$_3$） | | | | | |

### 5.1.3　膨胀材料

在仪器、仪表和电真空技术中使用着一类具有特殊膨胀系数的合金，称为膨胀合金。按膨胀系数大小又将其分为三种：

1）低膨胀合金（亦称因瓦合金），其平均线胀系数 $\alpha$（20～100℃）$< 1.8 \times 10^{-6}$/℃，主要用于精密仪器仪表中随温度变化尺寸近似恒定的元件，如精密天平的臂、标准钟摆杆、摆轮等，还用作热双金属的被动层。一些低膨胀合金见表1.5-129。

2）定膨胀合金（亦称封接合金），其 $\alpha$（20～100℃）$< (4～11) \times 10^{-6}$/℃，广泛应用于电子管、晶体管、集成电路等电真空器件中作封接、引线和结构材料。主要定膨胀合金的性能见表1.5-130。

3）高膨胀合金，平均线胀系数 $\alpha$（20～100℃）

$> 12 \times 10^{-6}$/℃，主要用作热双金属的主动层和控温敏感元件。常用主动层合金的性能见表1.5-131。

**表 1.5-129　一些低膨胀合金的性能**

| 合金牌号 | 主要化学成分 | 20～100℃平均线胀系数/10$^{-6}$℃$^{-1}$ |
|---|---|---|
| 4J36 | Fe-36% Ni | ≤1.8 |
| 4J32 | Fe-32% Ni-4%Co-0.6% Cu | ≤1.0 |
| 4J40 | Fe-33% Ni-7.5% Co | ≥1.8① |
| | Fe-36% Ni-0.2% Se | ≤1.5 |
| 4J38 | Fe-54% Co-9% Cr | ≤1.0 |
| | Fe-35% Ni-5% Co-2.5% Ti | 3.6 |

① 为20～300℃的平均线胀系数。

**表 1.5-130　主要定膨胀合金的成分与性能**

| 合金牌号 | 主要化学成分（质量分数,%） | 20℃～以下温度范围内的平均线胀系数/10$^{-6}$℃$^{-1}$ | | | | | | 用途 |
|---|---|---|---|---|---|---|---|---|
| | | 200℃ | 300℃ | 400℃ | 450℃ | 500℃ | 600℃ | |
| 4J42 | Fe-42% Ni | — | 4.4～5.6 | 5.4～6.6 | — | — | — | 与软玻璃或陶瓷封接 |
| 4J45 | Fe-45% Ni | — | 6.5～7.7 | (6.5～7.7) | — | — | — | |
| 4J50 | Fe-50% Ni | — | 8.8～10.0 | 8.8～10.0 | — | — | — | |
| 4J29 | Fe-29% Ni-17.5% Co | — | — | 4.6～5.2 | 5.0～5.6 | — | — | 与硬玻璃封接 |
| 4J33 | Fe-33% Ni-14.5% Co | — | — | 5.9～6.9 | — | 6.5～7.5 | — | 与陶瓷封接 |
| 4J34 | Fe-29% Ni-20% Co | — | — | 6.2～7.2 | — | — | 7.8～8.8 | |
| 4J44 | Fe-34.5% Ni-9% Co | 4.3～5.3 | 4.3～5.1 | 4.6～5.2 | — | 6.4～6.9 | | 与硬玻璃封接 |
| 4J6 | Fe-42% Ni-6% Cr | — | 7.5～8.5 | 9.5～10.5 | — | — | | 与软玻璃封接 |
| 4J47 | Fe-47% Ni-1% Cr | — | — | 8.0～8.6 | — | — | | |
| 4J49 | Fe-47% Ni-5.5% Cr | — | — | 9.2～10.2 | — | — | | |
| 4J28 | Fe-28% Cr | — | — | — | — | 10.4～11.6 | | 与软玻璃封接,耐腐蚀 |
| 4J78 | Ni-21.5% Mo-1.5% Cu | — | — | — | — | 12.1～12.7 | 12.4～13.0 | 与陶瓷封接,无磁 |
| 4J80 | Ni-10.5W-10.5%Mo-2% Cu | — | — | — | — | 12.7～13.3 | 13.0～13.6 | |
| 4J82 | Ni-18.5% Mo | — | — | — | — | 12.5～13.1 | 13.0～13.6 | |

表 1. 5-131   常用主动层合金的特性

| 合金 | 线胀系数 $\alpha$/ $10^{-6}°C^{-1}$ | 电阻率 $\rho$/$\Omega \cdot m$ | 弹性模量 $E$/GPa | 质量热容 $c$/[j/(kg·K)] | 热导率 $\lambda$/ [W/(m·K)] | 密度 /(g/cm³) | 抗拉强度 /MPa | 伸长率 (%) |
|---|---|---|---|---|---|---|---|---|
| Cu62Zn38 | 20. 6 | 0. 07 | 100 | 385 | 108. 86 | 8. 43 | 360 | 49 |
| Cu90Zn10 | 18 ~ 19 | 0. 04 | 105 | 377 | 167. 47 | 8. 73 | 260 | 44 |
| Mn72Ni10Cu18 | 27. 5 | 1. 7 ~ 1. 8 | 110 ~ 130 | 528 | 8. 37 | 7. 21 | 750 | 6. 5 |
| Mn75Ni15Cu10 | 24 ~ 26 | 1. 72 | 170 | 544 | 8. 79 | 7. 26 | 720 ~ 770 | 6. 5 |
| Fe-Ni19-Crl1 | 16 ~ 18 | 0. 8 | 195 | 490 | 15. 49 | 8. 04 | 950 ~ 1000 | — |
| Fe-Ni20-Cr5 | 18. 8 ~ 19. 4 | — | 190 ~ 200 | — | — | — | — | — |
| Fe-Ni20-Mn60 | 18 ~ 20 | 0. 78 | 175 | 486 | 15. 90 | 8. 14 | 850 ~ 900 | — |
| 纯 Ni | 13. 4 | 0. 092 | 210 | 440 | 60. 70 | 8. 9 | 420 ~ 530 | 35 ~ 45 |

## 5.1.4   弹性材料

弹性合金是具有特殊弹性性能的材料，广泛应用于仪器仪表、精密机械、自动化装置的各种弹性、频率和敏感元件。按照弹性合金的使用性能及特点，可将其分为一般弹性合金、耐腐蚀弹性合金、高温弹性合金、高导电弹性合金、特种性能弹性合金、恒弹性合金。

1）一般弹性合金。用作最常用的零部件，金属和合金在弹性极限下都具有弹性。

2）耐腐蚀弹性合金分为相变强化型、形变强化型、沉淀强化型、特定介质中的耐腐蚀合金等几种。

3）高温弹性合金，其使用温度要求在 500℃ 以上，如自动仪器仪表调压阀门弹簧、飞机发动机油门弹簧片等，分为铁基合金、镍基合金、钴基合金、铌基合金。

4）高导电弹性合金要求具有高弹性模量和高导电性能。种类大体上可分为沉淀强化型（如铍青铜、钛青铜等）和形变强化型（如黄铜、青铜等）。

5）恒弹性合金要求具有低的弹性模量温度系数或频率温度系数。按承受载荷方式不同分静态和动态两类：静态应用，如仪表、钟表的游丝或张丝；动态应用主要利用与材料固有频率有关的参数，用作振子等。目前发展最成熟并大量使用的恒弹性合金是铁磁性恒弹性合金。

## 5.1.5   形状记忆合金

合金在某一温度下变形后仍保持其变形的形状，但当温度升高到某一温度时，其形状回复到变形前的原形状，即对以前的形状保持记忆特性，称为形状记忆效应。形状记忆合金包括 Ni-Ti 系形状记忆合金、铜基形状记忆合金、铁基形状记忆合金等，广泛应用于连接紧固件、驱动元件、宇宙通信、医学固定矫形等方面。

## 5.2   功能无机非金属材料

金属材料、无机非金属材料、有机合成材料和复合材料是最常用的四大类材料。无机非金属材料是历史最悠久的材料，也称为无机材料，但不包括木材和水泥等建筑材料。本小节仅在功能无机非金属材料的广泛领域中选择功能陶瓷、功能玻璃材料和半导体材料加以论述。

### 5.2.1   功能陶瓷

利用陶瓷的物理性质和对力、电、磁、热、光、气氛等的敏感特性，可以制成种类繁多的功能材料。功能陶瓷具有性能稳定、可靠性好、资源丰富、成本低、易于多功能化和集成化等优点。

本节介绍绝缘陶瓷，介电、压电、铁电和热释电陶瓷，热敏陶瓷，压敏陶瓷，气敏陶瓷和湿敏陶瓷。

#### 1. 绝缘陶瓷

绝缘陶瓷在电力、电子工业中广泛应用于电器件的安装、支撑、保护、绝缘、隔离和连接，如电力设备的绝缘子、绝缘衬套、电阻基体、线圈框架、电子管功率管的管座、集成电路基片等。对绝缘陶瓷性质的要求：电阻率高；介电常数小；介子损耗小；强度高；化学稳定性好。绝缘陶瓷按其化学组成可分为氧化物和非氧化物两大类：氧化物绝缘陶瓷多属传统硅酸盐陶瓷，应用广泛；非氧化物绝缘陶瓷是近年发展起来的高热导率陶瓷。表 1.5-132 列出了部分绝缘陶瓷的性质和应用实例。

#### 2. 介电陶瓷、铁电陶瓷

广义的介电陶瓷包括电容器陶瓷和其他电介质陶瓷，如微波介质陶瓷。电容器陶瓷按主晶相的性质可分为非铁电陶瓷、铁电陶瓷、反铁电陶瓷和半导体陶瓷。非铁电陶瓷的介电常数随温度变化呈线性关系。根据介电常数温度系数不同非铁电陶瓷可分为温度补偿电容器陶瓷和热稳定电容器陶瓷，根据使用频率范围的不同又可分高频介质瓷（MHz 级）和微波（GHz 级）介质瓷。

**表 1.5-132　部分绝缘陶瓷的性质和应用实例**

| 材料主要成分 | 氧化铝瓷 $Al_2O_3$96% | 氧化铝瓷 $Al_2O_3$99.5% | 普通电瓷 $SiO_2 \cdot Al_2O_3$ | 莫来石瓷 $3Al_2O_3 \cdot 2SiO_2$ | 氧化镁瓷 $MgO$ | 滑石瓷 $MgO \cdot SiO_2$ | 镁橄榄石瓷 $2MgO \cdot SiO_2$ | 氧化铍 $BeO$ | 氮化铝 $AlN$ | 氮化硅 $Si_3N_4$ | 氮化硼(六方) $HBN$ | 蓝宝石 $Al_2O_3$ |
|---|---|---|---|---|---|---|---|---|---|---|---|---|
| 密度/(g/cm³) | 3.75 | 3.90 | 2.35 | 3.1 | 3.56 | 2.5 | 2.8 | 2.80 | 3.26 | 3.20 | 1.7 | 3.98 |
| 抗压强度/MPa | 2500 | 3700 | 600 | — | 840 | 560 | 590 | 150 | 2100 | 3500 | 57 | 2100 |
| 抗弯强度/MPa | 350 | 500 | 100 | 180 | 140 | 126 | 140 | 175 | 270 | 1000 | 45 | 700 |
| 弹性系数/GPa | 310 | 390 | 70 | 100 | 350 | 90 |  | 300 | 350 | 330 | 100 | 390 |
| 线膨胀系数/10⁻⁶℃⁻¹　25~300℃ | 6.7 | 6.8 | 9.0 | 4.0 | 10.0 | 6.9 | 10 | 6.8 | — | 2.8 | — | 7.8 |
| 线膨胀系数/10⁻⁶℃⁻¹　25~700℃ | 7.7 | 8.0 | — | 4.0 | 13.0 | 7.8 | 12 | 8.4 | 4.8 | 3.0 | 2.0 | 8.7 |
| 热导率[W/(m·K)]　25℃ | 21.77 | 31.4 | 1.26 | 4.19 | 41.87 | 2.51 | 3.35 | 159.1 | 27.5 | 12.56 | 56.94 | 45.98 |
| 热导率[W/(m·K)]　300℃ | 12.56 | 15.91 | — | — | 15.91 | — | — | 83.74 | — | 12.56 | — | 16.30 |
| 击穿电压/(MV/m) | 14 | 15 | 13 | 13 | 14 | 13 | 13 | 15 | 10 | 10 | — | 48 |
| 体积电阻率 $\rho$/Ω·m　20℃ | >10¹² | >10¹² | >10¹² | >10¹² | >10¹² | >10¹⁰ | >10¹² | >10¹² | >10¹² | >10¹² | >10¹² | >10¹⁴ |
| 体积电阻率 $\rho$/Ω·m　500℃ | 4×10⁷ | 3×10¹⁰ | — | — | 5×10¹⁰ | 1×10¹⁰ | 1×10⁸ | 1×10⁸ | 7×10⁷ | >10¹² | 2.3×10⁸ | 1×10¹¹ |
| 介电常数(1MHz)$\varepsilon$ | 9.0 | 9.8 | 6 | 6.5 | 8.9 | 6.0 | 6.0 | 6.5 | 8.7 | 9.4 | 4.0 | 10.5 |
| 介电损耗因数(1MHz) | 0.0003 | 0.0001 | 0.006 | 0.004 | 0.0001 | 0.0004 | 0.0005 | 0.0001 | 0.0033 | — | 0.0008 | 0.0001 |
| 应用实例 | 厚膜电路基片、管座、火花塞 | 薄膜电路基片、管座、多层电路基片 | 绝缘子、绝缘管 | 绝缘子、绝缘管、电阻基板 | 保护管、电子管绝缘件 | 光电池基板、绝缘柱 | 电阻基板 | 大功率激光管散热片 | 集成电路基片 | 开关电路基片 | 电加热器的绝缘子、高温高压绝缘散热片 | 集成电路基片 |

### 3. 压电陶瓷、热释电陶瓷

压电陶瓷多是 $ABO_3$ 型化合物或几种 $ABO_3$ 型化合物的固溶体。应用最广泛的压电陶瓷是钛酸钡系和锆钛酸铅系（PZT）陶瓷。表 1.5-133 列出了几种压电陶瓷的性能。

热释电陶瓷用于探测红外辐射，遥测表示温度和热-电能量转换热机。对于用作红外探测器的热释电陶瓷，要求热释电系数大、热容量小、对红外线吸收大，这样才能保证红外探测器的响应快，探测能力高。常见的热释电陶瓷及其性能见表 1.5-134。

**表 1.5-133　几种压电陶瓷的性能**

| 序号 | 参数名称 | 符号 | P-33 | P-41 | P-42 | P-44 | P-51 | P-52 | P-53 | P-61 | P-81 | 允许偏差 |
|---|---|---|---|---|---|---|---|---|---|---|---|---|
| 1 | 机电耦合系数 | $K_p$ | 0.60 | 0.56 | 0.58 | 0.60 | 0.65 | 0.64 | 0.68 | 0.53 | 0.53 | ±6.0% |
| | | $K_{31}$ | 0.36 | 0.33 | 0.34 | 0.36 | 0.38 | 0.37 | 0.33 | 0.30 | 0.31 | |
| | | $K_{33}$ | 0.70 | 0.66 | 0.67 | 0.70 | 0.74 | 0.76 | 0.76 | — | 0.63 | |
| | | $K_{15}$ | 0.70 | 0.66 | 0.67 | 0.70 | 0.72 | 0.75 | 0.76 | 0.61 | 0.66 | |
| | | $K_t$ | 0.47 | 0.48 | 0.48 | 0.48 | 0.50 | 0.49 | 0.55 | 0.47 | 0.47 | |
| 2 | 自由相对电容率 | $\varepsilon_{r3}^T$ | 1725 | 1050 | 1275 | 1350 | 2100 | 3250 | 3000 | 1100 | 1025 | ±12.5% |
| | | $\varepsilon_{r1}^T$ | 1725 | 1450 | 1700 | 1900 | 2400 | 3500 | 4100 | 1100 | 1400 | |
| 3 | 介质损耗因数 | $\tan\delta$ | 0.020 | 0.005 | 0.006 | 0.005 | 0.020 | 0.020 | 0.020 | 0.008 | 0.004 | ≤ |
| 4 | 弹性柔顺常数 /($10^{-12}$ m²/N) | $S_{11}^E$ | 15 | 12.0 | 11.5 | 13 | 15 | 15.5 | 15 | — | 11.0 | ±10% |
| | | $S_{33}^D$ | 9.0 | 8.5 | 8.0 | 8.5 | 9.0 | 9.0 | 8.8 | — | 8.5 | |
| | | $S_{55}^D$ | 25 | 21.0 | 21.0 | 21.5 | 22.0 | 23.0 | 22.0 | — | 21.0 | |
| 5 | 压电应变常数 /($10^{-12}$ m/V 或 C/N) | $d_{31}$ | 160 | −110 | −130 | −150 | −210 | −260 | −270 | — | −100 | ±12.5% |
| | | $d_{33}$ | 390 | 250 | 290 | 320 | 450 | 575 | 590 | — | 225 | |
| | | $d_{15}$ | 480 | 460 | 500 | 530 | 710 | 950 | 1050 | — | 450 | |
| 6 | 机械品质因素 | $Q_m$ | 75 | 500 | 500 | 400 | 70 | 65 | 65 | 800 | 800 | ≥ |
| 7 | 频率常数 /(Hz·m) | $N_d$ | 1950 | 2250 | 2200 | 2200 | 2000 | 1940 | 1950 | 2350 | 2300 | ±5% |
| | | $N_1$ | 1470 | 1650 | 1700 | 1600 | 1450 | 1450 | 1480 | 1700 | 1700 | |
| | | $N_3$ | 1880 | 1950 | 2050 | 2000 | 1900 | 1900 | 1900 | | 1960 | |
| | | $N_5$ | 1130 | 1230 | 1230 | 1230 | 1200 | 1200 | 1200 | 1300 | 1230 | |
| | | $N_t$ | 2250 | 2270 | 2300 | 2300 | 2250 | 2300 | 2300 | 2300 | 2280 | |
| 8 | 声速 (m/s) | $V_t$ | 3000 | 3460 | 3500 | 3300 | 3000 | 3010 | 3040 | | 3500 | ±5% |
| | | $V_1$ | 2940 | 3300 | 3400 | 3200 | 2900 | 2900 | 2900 | | 3400 | |
| | | $V_3$ | 3760 | 3900 | 4100 | 4000 | 3800 | 3800 | 3800 | | 3920 | |
| | | $V_5$ | 2260 | 2460 | 2460 | 2460 | 2400 | 2400 | 2400 | | 2460 | |
| | | $V_t$ | 4500 | 4540 | 4600 | 4600 | 4500 | 4600 | 4700 | | 4560 | |
| 9 | 居里温度/℃ | $T_c$ | 335 | 310 | 300 | 300 | 260 | 180 | 200 | 320 | 300 | ≥ |
| 10 | 十倍时间变化率 (%) | $A_{Nd}$ | 0.20 | 1.3 | 1.3 | 1.2 | 0.35 | 0.35 | 1.3 | 0.1 | 1.3 | — |
| | | $A_{kp}$ | −0.25 | −2.5 | −2.0 | −1.8 | −0.4 | −0.25 | −1.7 | 0.5 | −2.0 | |
| | | $A_\varepsilon$ | −1.5 | −4.5 | −4.5 | −4.0 | −1.5 | −2.0 | −3.8 | −0.8 | −4.0 | |
| 11 | 温度相对变化率 (%) -10℃-50℃ 基准25℃ | $\Delta N_d/N$ | 1.0 | 1.0 | 1.5 | 1.0 | 1.5 | 2.0 | 2.0 | 0.35 | 1.5 | — |
| | | $\Delta\varepsilon/\varepsilon$ | 15 | 9.5 | 9.5 | 9.0 | 20 | 40 | 40 | | 9.0 | |
| 12 | 强场介电性能 (25℃,400V) | $\tan\delta$ | | | 0.04 | 0.04 | 0.04 | | | | 0.01 | ≤ |
| | | $\Delta\varepsilon/\varepsilon$ | | | 0.18 | 0.20 | 0.17 | | | | 0.06 | ≤ |

注：表中的性能参数指标除体积密度及居里温度外，均为极化后 10 天的测量值。

### 4. 热敏陶瓷

陶瓷温度传感器是利用材料的电阻、磁性、介电性等随温度变化的现象制成的器件。热敏电阻是利用材料的电阻随温度发生变化的现象，用于温度测定、线路温度补偿和稳频等的元件。电阻随温度升高而增大的热敏电阻称为正温度系数热敏电阻。而电阻随温度的升高而减小的称为负温度系数热敏电阻。电阻在某特定温度范围内急剧变化的称为临界温度电阻（CTR）。电阻随温度呈直线关系的称为线性热敏电阻。

### 5. 压敏陶瓷

压敏电阻器是一种电阻值对外加电压敏感的电子

元件，又称为变阻器。压敏电阻器用作过电压保护、高能浪涌吸收和高压稳压等，广泛应用于电力系统、电子电路和家用电器中。陶瓷压敏电阻器在大规模集成电路和超大规模集成电路的电子仪器中作为保护元件，需求量逐年增加。压敏陶瓷有 SiC、ZnO、Ba-TiO$_3$、Fe$_2$O$_3$、SnO$_2$ 和 SrTiO$_3$ 等。

**表 1.5-134　常见的热释电陶瓷的性能**

| 陶瓷 | 热释电系数/[C/ (cm$^2$·K)] | 介电常数 | 居里温度/℃ |
|---|---|---|---|
| PbTiO$_3$ | $6.0 \times 10^{-8}$ | 200 | 470 |
| PZT | $17.9 \times 10^{-8}$ | 380 | 220 |
| PLZT | $17 \times 10^{-8}$ | 3800 | 90 |
| PZST | — | | 148 |

**6. 气敏陶瓷**

对气体传感器材料的要求：对测定对象气体具有高的灵敏度；对被测定气体以外的其他气体不敏感；长期使用性能稳定。半导体陶瓷传感器的灵敏度高、性能稳定、结构简单、体积小、价格低廉，在20世纪70年代就进入实用阶段，近年来得到了迅速的发展。半导体陶瓷传感器是利用半导体陶瓷与气体接触时电阻的变化来检测低浓度气体的。半导体陶瓷的表面吸附气体分子时，根据半导体的类型和气体分子的种类不同，材料的电阻率也随之发生不同的变化。目前应用最为广泛的是氧化锡系气敏半导体陶瓷。

**7. 湿敏陶瓷**

湿敏电阻或湿度传感器，可以将湿度的变化转换为电信号，易于实现湿度指示、记录和控制的自动化。利用多孔半导体陶瓷的电阻随湿度的变化关系制成的湿度传感器，其对材料的要求：可靠性高、响应速度快、灵敏度高；耐老化，寿命长；抗其他气体的侵袭和污染，在尘埃烟雾环境中能保持性能稳定和检测精度。半导体陶瓷的物理化学性质稳定，很适合于作湿度传感器。按制造工艺不同湿敏陶瓷可分烧结型、厚膜型和涂覆型。

**5.2.2 功能玻璃**

玻璃是非晶态材料，具有与晶体和陶瓷等固体材料不同的物理、化学性能。其特点为：没有固定的熔点，无晶粒或晶界，无固定形态，各向同性及性能可设计性。功能玻璃除了具有普通玻璃的性质以外，它与普通玻璃的不同主要表现在玻璃化、成形、加工、用途等方面。新型功能玻璃采用超急冷法、溶胶凝胶法、CVD、PVD 等各种高新技术制得，具有微粉末状、薄膜状、纤维状等形态，可以采用结晶化、离子交换法、分子溅射、分相等方法对其加工，且用途比普通玻璃更为广泛，扩大到光电子、光信息情报处

理、传感显示、精密机械以及生物工程等领域。

**1. 光学玻璃**

均匀而又透明的玻璃很早就被用作光学材料了，后来又进一步被用于制作成各种光学元件，广泛地应用于工业、军事和科学研究中。光学玻璃品牌很多，性能及应用也各不相同。经常被用作各种光学仪器的光学玻璃主要有无色光学玻璃、滤色玻璃、耐辐照玻璃和光色玻璃等几种。几种常用的无色光学玻璃见表1.5-135。

**表 1.5-135　几种常用的无色光学玻璃**

| 玻璃类别名称 | 代号 | 玻璃类别名称 | 代号 |
|---|---|---|---|
| 氟冕玻璃 | FK | 轻火石玻璃 | QF |
| 轻冕玻璃 | QK | 火石玻璃 | F |
| 冕玻璃 | K | 钡火石玻璃 | BaF |
| 磷冕玻璃 | PK | 重钡火石玻璃 | ZBaF |
| 重磷冕玻璃 | ZPK | 重火石玻璃 | ZF |
| 钡冕玻璃 | BaK | 镧火石玻璃 | LaF |
| 重冕玻璃 | ZK | 重镧火石玻璃 | ZLaF |
| 镧冕玻璃 | LaK | 特种火石玻璃 | TF |
| 冕火石玻璃 | KF | | |

**2. 电解质玻璃**

20世纪80年代，科学家们发现了半导体超晶格非晶玻璃材料，使玻璃从传统的电绝缘材料发展到半导体和导体，具有电解质功能的新型玻璃材料。电解质玻璃包括电容器玻璃、半导体玻璃和超离子导体玻璃等。

**3. 光电子功能玻璃**

光电子技术主要研究光子和电子的产生、相互作用和转换的规律及其应用。目前已有多种功能玻璃被应用于光电子技术，如产生高能量激光的激光玻璃，对激光的强度、相位和偏振态进行控制的声光玻璃和磁光玻璃，传输激光并能实现光信息检测的玻璃光纤等。

**4. 半导体材料**

半导体材料是制造半导体器件的物质基础，从普通的家用电器到探索宇宙的人造卫星，从小巧精美的计算器到大型计算机，无处不应用着半导体材料的功能。

半导体材料的导电能力介于导体和绝缘体之间，其电阻率数值一般在 $10^{-2} \sim 10^9 \Omega \cdot cm$ 范围内，电导率范围为 $10^3 \sim 10^{-9} S/cm$。而且半导体材料还具有如下特性：加入微量的杂质、光照、外加电场、磁场、压力以及外界环境（温度、湿度、气氛）改变或轻微改变晶格缺陷的密度都可能使电阻率改变若干数量级。正因为半导体材料有这些特点，所以才可以被用

来制作晶体管、集成电路、微波器件、发光器件以及光敏、磁敏、热敏、压敏、气敏、湿敏等各种功能器件。

半导体材料的种类繁多，从其成分上看，有的是由同一种元素组成的元素半导体，有的是由两种或两种以上元素组成的化合物半导体；从结构上看，有的是处于单晶状态的物质，有的则处于多晶态或非晶态；从物质类别上看，有的是无机材料，有的则是有机材料；从性能上看，多数材料在通常状态下就呈半导体性质，但有的材料需要在特定条件下才表现出半导体性能。半导体材料的分类见表1.5-136所示。

表1.5-136　半导体材料的分类

| 分类 | | | 主要半导体材料 |
| --- | --- | --- | --- |
| 无机半导体晶体材料 | | 元素半导体 | Ge、Si、Se、Te、灰-Sn |
| | 化合物半导体及固溶体半导体 | Ⅲ～Ⅴ族 | GaAs、InSb、GaP、InP、INAs、AlP 等及其固溶体 |
| | | Ⅱ～Ⅵ族 | CdS、CdSe、CdTe、ZnS、ZnSe、ZnTe、BeS、BeTe 及其固溶体 |
| | | Ⅳ～Ⅳ族 | SiC、GeSi |
| | | Ⅳ～Ⅵ族 | PbS、PbSe、PbTe、SnTe、$Pb_{1-x}Sn_xTe$($x=0～0.3$)、$Pb_{1-y}Sn_ySe$($y=0～0.4$) |
| | | Ⅴ～Ⅵ族 | $Bi_2Te_3$ |
| | | 金属氧化物 | $Cu_2O$、ZnO、$Al_2O_3$ |
| | | 过渡金属氧化物 | ScO、$TiO_3$、$V_2O_5$、$Cr_2O_3$、$Mn_2O_3$、$Fe_2O_3$、FeO、CoO、NiO |
| | | 尖晶石型化合物(磁性半导体) | $CdCr_2S_4$、$CdCr_2Se_4$、$HgCr_2S_4$、$HgCr_2Se_4$、$CuCr_2S_3Cl$ |
| | | 稀土氧、硫、硒、碲化合物 | EuO、EuS、EuSe、EuTe |
| 非晶态半导体 | | 元素 | Ge、Si、Te、Se |
| | | 化合物 | GeTe、$As_2Te_3$、$Se_4Te$、$Se_2As_3$、$As_2SeTe$、$As_2Se_2Te$ |
| 有机半导体 | | 芳香族化合物 | 多环芳香族化合物 |
| | | 电荷移动络合物 | 二萘嵌苯-$Br_2$(1:2) |

## 5.3　功能高分子材料

功能高分子材料是功能材料领域中研究、开发和生产较活跃的领域之一，其品种繁多，功能各异。一般认为功能高分子材料是指那些除了具有一定的力学性能之外，还具有特定功能（如导电性、光敏性、化学性等）的高分子材料。

功能高分子材料涉及的范围广泛，迄今未有统一的分类方法。从功能及其应用特点考虑，大致可将功能高分子材料分为以下几种类型：

1）化学功能和分离功能高分子材料。这类材料主要包括高分子催化剂、高分子试剂、高吸水性树脂、高分子絮凝剂、螯合树脂、离子交换树脂、分离膜材料等。

2）光功能高分子。这类材料主要包括感光高分子、光导材料、光致变色材料、光电材料、高分子液晶等。

3）电磁功能高分子材料。这类材料主要包括导电高分子材料、压电和热电高分子材料、高分子驻极体、磁功能高分子材料等。

4）生物医用功能高分子材料。这类材料主要包括人工脏器用材料，如人工肾、人工心肺等；高分子药物及药用高分子；生物降解材料如生物降解塑

料等。

5）声功能高分子材料。这类材料主要包括吸声功能高分子材料、声电功能高分子材料等。

### 5.3.1　光功能高分子材料

光功能高分子材料是指能够对光能进行传输、吸收、储存、转换的一类高分子材料。目前研究开发较多的光功能高分子材料主要有以下几类：感光性高分子材料（可发生光化学反应）；光致变色材料和光导电材料（能量转换）；塑料光导纤维（光曲线传播）；光盘（信息储存）；高分子光敏剂、紫外线吸收剂等。本节将介绍前三种材料。

**1. 感光性高分子材料**

感光性高分子材料是指在光的作用下能迅速发生光化学反应，引起物理和化学变化的高分子体系。感光性高分子材料的研究和应用已有很长的历史，其主要产品有光刻胶、光固化粘合剂、感光油墨、感光涂料等。

**2. 光致变色高分子材料**

光致变色高分子材料在光的作用下化学结构会发生某种可逆性变化，因而对可见光的吸收波长也发生变化，从外观上看，相应地会产生颜色变化。由于这类材料可用来制造各种护目镜、能自动调节室内光线的窗玻璃、密写信息记录材料等，故引起了人们的广

泛关注。

制备光致变色高分子材料一般有两种途径：一种是把小分子光致变色物质与聚合物共混，使共混后的聚合物具有光致变色功能；另一种是通过共聚或者接枝反应以共价键将光致变色结构单元连接在聚合物的主链或者侧链上。

3. 塑料光导纤维

光导纤维是一种能够传导光波和各种光信号的纤维。光导纤维基本上由高度透明的折射率较大的芯材和其周围被覆着的折射率较低的皮层材料两部分组成。光导纤维按其芯材不同可分为石英系光纤、多组分玻璃光纤、塑料光纤三类。

其中，塑料光纤由于具有价格便宜、轻便等特点，故在短距离通信、传感器以及显示方面已实用化，且发展较快。目前常用的几种塑料光纤的性能见表 1.5-137 所示。

表 1.5-137　几种塑料光纤的性能

| 制造厂与光纤牌号 | 材料 | 直径/μm | 光缆直径/mm | 衰减/(dB/km) | 抗张强度/9.8N | 弯曲半径/cm | N. A. | 最大长度/km |
|---|---|---|---|---|---|---|---|---|
| 杜邦公司 PFX-P740 | 塑料 | 375 | | 470 | 11 | 0.3 | — | 1 |
| 杜邦公司 PFX-P140R | 塑料 | 400 | | 470 | 40 | 0.1 | — | 1 |
| 杜邦公司 PFX-P240R | 塑料 | 400 | | 470 | 90 | 0.1 | — | 1 |
| 克林格 (A) | 塑料 | 1015 | | 1250 | 10 | 2 | — | 1 |
| 波利光学 1010 | 丙烯酸酯 | 200 | | 1100 | 150 | 0.4 | 0.51 | 2 |
| 波利光学 1010 | 丙烯酸酯 | 500 | | 1100 | 150 | 2.5 | 0.51 | 3 |
| 汤姆逊布兰特 ET1017 | 塑料 | 85 | 9.4 | 100 | 55 | 15 | — | 0.1 |
| 东芝 | 塑料 | 0.1~3 | | 1270 | 620~950 | | 0.56 | |
| 三菱人造丝公司(厄斯卡) | 丙烯酸酯 | 0.1~2.5 | | 1020 | 700~1300 | | 0.50 | |
| 茨城电气研究所 | 芯：MMA 涂层：氟化丙烯酸酯 | — | | 55 | | | | |
| 茨城电气研究所 | 重氢化 PMMA 光纤 | — | | 20 | | | | |

### 5.3.2　电功能高分子材料

电功能高分子材料主要包括导电高分子材料、超导高分子材料、光电高分子材料、压电高分子材料、声电高分子材料、热电高分子材料等。本节主要介绍导电高分子材料和光电高分子材料。

1. 导电高分子材料

通常所说的导电高分子材料是指电导率在半导体和导体范围内的高分子材料。按导电原理导电高分子材料可分为复合型和结构型两大类。所谓结构型导电高分子材料是指那些分子结构本身能提供载流子从而显示"固有"导电性的高分子材料；复合型导电高分子材料是以绝缘聚合物作基体，与导电性物质（如炭黑、金属粉等）通过各种复合方法而制得的材料，它的导电性是靠混合在其中的导电性物质提供

的。结构型导电高分子材料目前主要用作导电材料、电磁波屏蔽和防静电材料、电极材料以及电显示材料；复合型导电高分子材料的增长速度很快，广泛用作防静电材料、导电涂剂、制作电路板、压敏元件、感温元件、电磁波屏蔽材料、半导体薄膜等。

2. 光电导高分子材料

光电导是指光激发时电子载流子数目比热平衡状态时多的现象。一般把这种由于光激发而产生的电流称为光电流。把在光照射下导电性增加的高分子绝缘体或半导体称为光电导高分子材料。与无机光电导材料相比，高分子光电导材料有如下特点：分子结构容易改变、性质容易改变、可以大量生产、可成膜、可挠曲、可以通过增感来随意选择光谱响应区、废感光材料容易处理等。因此，这类材料得到了非常广泛的

应用，常用于静电照相或静电复印、实时显示系统及电光调制器等方面。

### 5.3.3 化学功能高分子材料

化学功能高分子材料是一类具有化学反应功能的高分子材料，它是以高分子链为骨架并连接具有化学活性的基团构成的。其种类很多，如离子交换树脂、高分子催化剂、高吸水性树脂、高分子絮凝剂等。本节只介绍离子交换树脂和高吸水性树脂。

1. 离子交换树脂

离子交换树脂是一类能显示离子交换功能的高分子材料。在其大分子骨架的主链上带有许多基团，这些基团由两种带有相反电荷的离子组成：一种是以化学键结合在主链上的固定离子；另一种是以离子键与固定离子相结合的反离子。反离子可以被离解成为能自由移动的离子，并在一定条件下可与周围的其他同类型离子进行交换。离子交换反应一般是可逆的，在一定条件下被交换上的离子可以解吸，使离子交换树脂再生，因而可反复利用。表1.5-138列出了离子交换树脂的主要功能。

2. 高吸水性树脂

高吸水性树脂又被称为超强吸水聚合物或超级吸水剂，是指那些含有强亲水性基团，具有一定交联度，可吸收自动几百至几千倍水的高分子材料。按照原料来源，高吸水性树脂可分为淀粉类、纤维素类和合成聚合物类三大类。自问世以来，高吸水性树脂的性能引起广大关注，应用领域迅速扩大到日常生活、工业、农业、医疗卫生等各个行业，可当作保水剂、涂料防露添加剂、工业脱水剂、保险薄膜等。

**表 1.5-138　离子交换树脂的主要功能**

| 行业 | 用途 |
|---|---|
| 制药行业用水 | 制药用纯化水、针剂、片剂、生化制品、设备清洗等 |
| 化工行业工艺用水 | 化工产品制造用水、化妆品用水、化工循环水、化肥用水等 |
| 实验室用纯水 | 实验室检验用软化水、纯水、高纯水等 |
| 电子工业用超纯水 | 集成电路、硅晶片、显示管、电极箔等电子器件冲洗水 |
| 电力行业锅炉补给水 | 火力发电厂锅炉、厂矿中低压锅炉动力系统 |
| 食品工业用水 | 饮用纯净水、饮料、啤酒、白酒、保健品等 |
| 海水苦咸水淡化 | 海岛、舰船、海上钻井平台、苦咸水地区 |
| 生活饮用水 | 住宅小区分质供水、集团(家用)型纯水机、软水机等 |

## 5.4 功能晶体材料

晶体的本质是其构造基元（即组成晶体的原子、分子或者离子团）在空间作近似无限的、周期性的重复排列的结构。

功能晶体材料按最常用的物理性质可分为光学晶体、激光晶体、磁光晶体、电光晶体、闪烁晶体、非线性晶体和压电晶体等。由于晶体的周期性重复排列结构，使得功能晶体材料具有均匀性、各向异性、对称性、固定熔点等共性，但也由于晶体结构的多样性和晶体组成的互异性，又决定了晶体的各种独特性。

### 5.4.1 光学晶体

光学晶体一般是指作为光学介质用的晶体，它包含有线性光学晶体与非线性光学晶体。

1. 线性光学晶体

按照化学成分，线性光学晶体可分为金属卤化物单晶、氧化物和含氧酸盐单晶，以及 IV、V、VI 族化合物半导体单晶和多晶等若干类。

（1）金属卤化物晶体　包括如下几类：

1）氟化物晶体。氟化物晶体包括 LiF、NaF、RbF、MgF、$CaF_2$、$SrF_2$、$MnF_2$、$IiYF_4$ 等。这类单晶在紫外光、可见光和红外光谱区均有较高的透过率、低的折射率及低的红外反射系数。LiF 和 $CaF_2$ 晶体是主要的紫外光学晶体，其紫外光的透过极限波长为 150nm，但是他们也能透过 $5 \sim 9\mu m$ 的红外光。这两种晶体人工已可生长出大尺寸光学质量好的单晶，以满足光学仪器的需要。氟化物晶体的缺点是线胀系数大、热导率小，因而抗热冲击性能差。MgF 晶体的强度较大，抗热冲击性好，但不容易生长出优质单晶。

2）碱金属卤化物晶体。这类单晶包括 KCl、NaCl、KI、KBr、RbI、RbCl、CsBr、CsI 等，能透过很宽的红外光波段，如 CsI 晶体红外光透过波长可达 $50\mu m$。这些晶体熔点较低，大约为 $620 \sim 800℃$，容易人工生长出光学均匀性良好的大尺寸单晶。其缺点是易潮解，硬度低，力学性能较差，应用时必须镀保护层。为了提高晶体的力学性能，人们发展了单晶热压、热锻工艺，使单晶形成微晶聚集体，提高了断裂及抗热冲击性。例如，热锻多晶 KCl 具有与单晶相仿的透过率，但其强度比单晶提高了 6 倍，化学稳定性也明显提高，但需减少散射颗粒和晶界损耗等。

3）铊的化合物单晶，包含 TlBr、TlI、KRS-5、

KKS-6 等。这类晶体具有很宽的红外光谱透过波段，透过极限为 $27 \sim 45\mu m$，可塑性好，微溶于水，是一种在较低温度下使用的探测器窗口和透镜材料，也是 $CO_2$ 激光传能光纤的候选材料。其缺点是具有冷流变性、易受热腐蚀、有毒等。

(2) 氧化物和含氧酸盐晶体 主要包括如下几类：

1) 氧化物晶体，包括无色蓝宝石（$Al_2O_3$）、光学水晶（$SiO_2$）、金红石（$TiO_2$）和氧化镁（MgO）等。其中，最重要的是 $Al_2O_3$ 单晶，它具有优良的光学、物理、力学等特性。$Al_2O_3$ 晶体的光谱透过波段为 $0.15 \sim 6.5\mu m$，透过率高于 80%，熔点高（2050℃），硬度仅次于金刚石，具有高的热导率和低的线胀系数。

2) 氧酸盐晶体，又叫冰洲石，即无色透明的方解石 $CaCO_3$，透过波段为 $0.2 \sim 5.5\mu m$，具有较高的双折射率（$\Delta n = 0.17195$）。

3) IV族与 II-VI 族化合物半导体晶体。许多半导体材料也是重要的红外光学材料。为了得到大尺寸的光学元件，除生长大单晶外，还发展了用化学气相沉积法（CDV）生长光学性质通常与单晶材料基本相同的半导体多晶材料的技术，所生成的材料强度明显提高，缺点是散射较单晶严重。

4) IV族半导体晶体。锗、硅是最常用的晶体，锗单晶化学稳定性好，红外光透过范围很宽（2 ~

$50\mu m$）。由于晶体折射率很高，因而光的折射率损耗大于 50%，使用时需镀增透膜。

金刚石不仅是自然界中硬度最高的材料，也是重要的高温半导体和光学材料。金刚石光谱透过率波段可从紫外（$255\mu m$）一直延伸到远红外。

5) II-VI 族半导体单晶及多晶，主要有 ZnS、ZnSe、CaTe 及 CdSe 等。ZnS 是一种多晶材料，其光谱透过区很宽，从可见光区到 $30\mu m$ 的红外波段，透过率高达 90% 以上。

**2. 非线性光学晶体**

由于光波通过介质时极化率非线性响应对于光波的反作用而产生了在相频、差频等处的谐波，这种与强光有关的、不同于线性光学现象的效应被称作非线性光学效应。具有非线性光学效应的晶体则称为非线性光学晶体。

非线性光学晶体包括石英（$\alpha$-$SiO_2$）、磷酸二氢钾（$KH_2PO_4$，KDP）、铌酸锂（$LiNbO_3$）、铌酸钡钠（$Ba_2NaNb_5O_{12}$）、淡红银矿（$Ag_3AsS_3$）、$\alpha$-碘酸锂（$\alpha$-$LiIO_3$）、磷酸钛氧钾（$KTiOPO_4$，KTP）、磷酸精氨酸（LAP）、偏硼酸钡（$\beta$-BBO）、三硼酸锂（LBO）等。

目前，优良的非线性光学晶体多集中于紫外光、可见光及近红外光波段，一些重要的无机非线性光学晶体见表 1.5-139。

**表 1.5-139 一些重要的无机非线性光学晶体**

| 晶体名称 | 分子式 | 点群 | 空间群 | 晶胞参数/nm | | | 密度/(g/cm³) | 透光波段/nm |
| --- | --- | --- | --- | --- | --- | --- | --- | --- |
| | | | | $a$ | $b$ | $c$ | | |
| LBO | $LiB_3O_5$ | $C_{2V}$-mm2 | $Pna2_1$/Z4 | 0.84473 | 0.73788 | 0.51395 | 2.478 | 160 ~ 2600 |
| CLBO | $CsLiB_6O_4$ | $D_{2d}$-$\overline{4}$2m | I$\overline{4}$2d/Z4 | 1.0494 | — | 0.3939 | — | 175 ~ 2750 |
| KDP | $KH_2PO_4$ | $D_{2d}$-$\overline{4}$2m | I$\overline{4}$2d/Z4 | 0.74529 | — | 0.69751 | 2.3383 | 178 ~ 1450 |
| DKDP | $KD_2PO_4$ | $D_{2d}$-$\overline{4}$2m | I$\overline{4}$2d/Z4 | 0.74529 | — | 0.69751 | 2.3383 | 178 ~ 2100 |
| BBO | $\beta$-$BaB_2O_4$ | $C_{3V}$-3m | R3C/Z6 | 1.2532 | — | 1.2717 | 2.85 | 189 ~ 3500 |
| LIO | $\alpha$-$LiIO_3$ | — | — | — | — | — | 4.49 | 280 ~ 6000 |
| KTP | $KH_2PO_4$ | $C_{2V}$-mm2 | $Pna2_1$/Z8 | 1.2809 | 0.6420 | 1.0604 | 3.0145 | 350 ~ 4500 |
| LN | $LiNbO_3$ | $C_{3V}$-3m | R3C | 0.5147 | — | 1.3856 | 4.648 | 400 ~ 5500 |
| KN | $KNbO_3$ | $C_{2V}$-mm2 | | | | | | 400 ~ 4000 |

## 5.4.2 激光晶体

激光晶体是指以晶体为基质，通过分立的发光中心吸收光泵能量并将其转化成激光输出的发光材料。

**1. 掺杂型激光晶体**

掺杂型激光晶体是由激活离子和基质晶体两部分组成。激光晶体对基质晶体的要求是其阳离子与激活离子半径、电负性接近，价态尽可能相同，物理化学

性能稳定和能较易生长出光学均匀性好的大尺寸晶体。部分常用的氧化物晶体及氟化物晶体见表 1.5-140 ~ 表 1.5-142。

**2. 自激活激光晶体**

当激活离子成为基质的一种组分时，则形成自激活晶体。在通常的掺杂型晶体中，激活离子浓度增加到一定程度时就会产生浓度猝灭效应，使荧光寿命下降。而

在以 $NdP_5O_{14}$ 为代表的一类自激活晶体中，含钕虽比通常的 Nd：YAG 晶体高 30 倍，但荧光寿命无明显的下降。由于激活离子浓度高，很薄的晶体就能得到足够大的增益，这使得他们可作为高效、小型化激光器的晶体材料。常见的自激活激光晶体见表 1.5-143。

3. 色心激光晶体

与一般激光晶体不同，色心晶体是由束缚在基质晶体格点缺位周围的电子或其他元素离子与晶格相斥作用而形成发光中心的，由于束缚在缺位中的电子与周围晶格间存在强的耦合，电子能级显著加宽，使吸收和荧光光谱呈连续的特征，因此色心激光可实现可调谐的激光输出。色心晶体主要由碱金属卤化物的离子缺位捕获电子，形成色心。部分碱金属卤化物色心晶体及其特征见表 1.5-144。

### 表 1.5-140　部分常用的氧化物晶体

| 晶体 | 激活离子 | | | | | | | | | | |
|---|---|---|---|---|---|---|---|---|---|---|---|
| | $Pr^{3+}$ | $Nd^{3+}$ | $Eu^{3+}$ | $Gd^{3+}$ | $Ho^{3+}$ | $Er^{3+}$ | $Tm^{3+}$ | $Yb^{3+}$ | $Ni^{2+}$ | $Cr^{3+}$ | $Ti^{2+}$ |
| $LiNdO_3$ | | | + | | | | + | | | | |
| $Al_2O_3$ | | | | | | | | | | + | + |
| $YVO_4$ | | + | + | | + | | + | | | | |
| $Y_3Al_3O_{12}$ | | + | | + | + | + | + | + | | + | |
| $Ca(NdO_3)_2$ | + | + | | | | | | | | | |
| $YaI_3(BO_3)_4$ | | + | | | | | | | | | |
| $Bi_4Ge_3O_{12}$ | | + | | | | | | | | | |
| $CaWO_4$ | + | + | | | | | | | | | |
| $YCa_4O(BO_3)_3$ | | + | | + | | | | + | | | |

### 表 1.5-141　常用的氟化物晶体（一）

| 晶体 | 激活离子 | | | | | | | | | | | |
|---|---|---|---|---|---|---|---|---|---|---|---|---|
| | $Nd^{3+}$ | $Tb^{3+}$ | $Ho^{3+}$ | $Er^{3+}$ | $Tu^{3+}$ | $Yb^{3+}$ | $Sm^{2+}$ | $Dy^{2+}$ | $Tu^{2+}$ | $U^{3+}$ | $V^{2+}$ | $Co^{2+}$ | $Ni^{2+}$ |
| $LiYF_4$ | + | + | + | + | | | | | | | | | |
| $MgF_2$ | | | | | | | | | | | + | + | + |
| $KMgF_3$ | | | | | | | | | | | | + | |
| $KMnF_3$ | | | | | | | | | | | | | + |
| $CaF_2$ | + | | + | + | (+) | + | + | + | + | + | | | |
| $MnF_2$ | | | | | | | | | | | | | + |
| $ZnF_2$ | | | | | | | | | | | | | |

### 表 1.5-142　常用的氟化物晶体（二）

| 晶体 | 激活离子 | | | | | | | | |
|---|---|---|---|---|---|---|---|---|---|
| | $Pr^{3+}$ | $Nd^{3+}$ | $Dy^{3+}$ | $Ho^{3+}$ | $Er^{3+}$ | $Tu^{3+}$ | $Sm^{2+}$ | $Dy^{2+}$ | $U^{3+}$ |
| $SrF_2$ | | + | | | | + | + | | + |
| $BaF_2$ | | + | | | | | | | + |
| $BY_2F_8$ | | | + | + | + | | | | |
| $LaF_3$ | + | + | | | + | | | | |
| $CaF_3$ | | + | | | | | | | |
| $HoF_3$ | | | | + | | | | | |

### 表 1.5-143　常见的自激活激光晶体

| 晶体 | 空间群 | 最近邻的阳离子数 | 波长/μm | 寿命 | | 寿命比 | 最大浓度/$cm^{-3}$ |
|---|---|---|---|---|---|---|---|
| | | | | $X=0.01$ | $X=1.0$ | | |
| $Nd_xLa_{1-x}P_5O_{14}$ | $P2_1/C$ | 8 | 1.051 | 320 | 115 | 2.78 | $3.9 \times 10^{21}$ |
| $LiNd_xLa_{1-x}P_5O_{12}$ | C2/C | 8 | 1.048 | 325 | 135 | 2.41 | $4.4 \times 10^{21}$ |
| $KNd_xGd_{1-x}P_4O_{12}$ | $P2_1$ | 8 | 1.052 | 275 | 100 | 2.75 | $4.1 \times 10^{21}$ |
| $Nd_xGd_{1-x}Al_3(BO_3)_4$ | R32 | 8 | 1.064 | 50 | 19 | 2.63 | $5.4 \times 10^{21}$ |
| $Nd_xLa_{1-4}Na_5(WO_4)_4$ | $I4_1/a$ | 8 | — | 220 | 85 | 2.59 | $2.6 \times 10^{21}$ |
| $Nd_xLa_{1-x}P_3O_9$ | $C222_1$ | 8 | — | 375 | 1230 | 75 | $5.8 \times 10^{21}$ |
| $C_3Nd_xY_{1-x}NaC_{16}$ | Fm3m | 8 | — | 4100 | — | 3.33 | $3.2 \times 10^{21}$ |

表 1.5-144 碱金属卤化物色心晶体及其特性

| 晶体 | 色心类型 | 泵浦波长/nm | 输出功率/mW | 效率(%) | 调谐范围/μm |
|---|---|---|---|---|---|
| LiF | $F^{2+}$ | 647 | 1800 | 60 | 800～1010 |
| KF | $F^{2+}$ | 1064 | 2700 | 60 | 1260～1480 |
| NaCl | $F^{2+}$ | 1064 | 150 | — | 1360～1580 |
| KCl:Na | $F^{2+}(A)$ | 1340 | 12 | 18 | 1620～1910 |
| KCl:Li | $F^{2+}(A)$ | 1340 | 25 | 7 | 2000～2500 |
| KCl:Li | FA(I) | 530、647、514 | 240 | 9.1 | 2500～2900 |
| KI:Li | $F^{2+}(A)$ | 1730 | — | 3 | 2590～3165 |

### 5.4.3 电光晶体

电光效应是指材料在外加电场的作用下引起的折射率改变的效应。大部分非线性光学晶体都具有良好的电光性质，一些主要的电光晶体及其性能见表 1.5-145。

表 1.5-145 一些主要的电光晶体及其性能

| 晶 体 | | 电光系数 /r/(m/V) | 折射率 $n$ | 介电常数 $\varepsilon$ | 半波电压/V | 居里温度/ K |
|---|---|---|---|---|---|---|
| KDP | KDP($KH_2PO_4$) | $10×10^{-12}$ | 1.51 | 21 | 7650 | 123 |
| | DKDP($KD_2PO_4$) | $26×10^{-12}$ | 1.51 | — | 3400 | 222 |
| | ADP($NH_4H_2PO_4$) | $24×10^{-12}$ | 1.53 | 15 | 9600 | 148 |
| | KDA($KH_4AsO_4$) | $13×10^{-12}$ | 1.57 | 21 | 6200 | 97 |
| | ADA($NH_4H_2AsO_4$) | — | | 14 | 13000 | 216 |
| | RDA($RbH_2PO_4$) | | 1.56 | — | 7300 | 110 |
| ABO₃ | KTN($KTa_xNb_{1-x}O_3$) | $16000×10^{-12}$ | 2.29 | $≈10^4$ | 380 | 2283 |
| | $BaTiO_3$ | $1640×10^{-12}$ | 2.40 | 3600 | 480 | 393 |
| | $SrTiO_3$ | — | 2.38 | — | — | 33 |
| | LN($LiNbO_3$) | $32×10^{-12}$ | 2.27 | 43 | 2800 | 1483 |
| | LT($LiTaO_3$) | $33×10^{-12}$ | 2.18 | | 840 | 933 |
| AB | GaAs | $1.2×10^{-12}$ | 3.30 | 13.2 | 5600 | — |
| | InP | $1.45×10^{-12}$ | 3.29 | 12.6 | — | — |
| | ZnSe | $1.5×10^{-12}$ | 2.36 | 8.3 | 10400 | — |
| | ZnSe | | 2.43 | 9.1 | 7800 | — |
| | GdTe | $6×10^{-12}$ | 2.69 | 9.4 | — | — |
| | CuCl | — | 2.00 | 7.5 | 6200 | — |
| 其他 | SBN($Sr_{0.7}Ba_{0.25}Nb_2O_6$) | $1304×10^{-12}$ | 2.30 | 3400 | 37 | 333 |
| | BNN($Ba_2NaNb_5O_{15}$) | $92×10^{-12}$ | 2.32 | 51 | 1570 | 833 |
| | BSO($Bi_{12}SiO_{20}$) | $5×10^{-12}$ | 2.54 | 47 | 3900 | |
| | BSO($Bi_{12}GeO_{20}$) | $9.7×10^{-12}$ | 2.55 | 40 | 5660 | |
| | KLN($K_3Li_2Nb_5O_{15}$) | $79×10^{-12}$ | 2.28 | 100 | 330 | 693 |
| | KTP(KTiOPO) | $46×10^{-12}$ | 1.80 | 17 | 1460 | |

## 5.5 功能复合材料

### 5.5.1 磁性复合材料

磁性复合材料是以高分子为基体与磁性材料复合而成的一类复合材料。磁性复合材料有几种组合：①无机磁性材料（包括金属和陶瓷）与聚合物基体构成的复合材料；②无机磁性材料与低熔性金属基体构成的复合材料；③有机聚合物磁性材料与聚合物基体构成的固态复合材料；④以无机磁性材料与载液构成的液体复合材料—磁流变体。

1. 无机磁性材料与聚合物基体复合材料。

无机磁性材料与聚合物基体复合材料的形状复杂，对于精度要求高的物件制造难度大，而且其陶瓷磁性材料脆性较大，容易断裂。

此种复合材料的无机磁性功能体由早期的氧化铁（$Fe_3O_4$）和 AlNiCo 合金发展成了后来的 Sm－Co 系磁体。近年来开发了新型稀土永磁材料系列，包括稀土金属化合物（$Sm_2Fe_{17}N_2$、Nd(Fe,Mn)$_{12}N_2$ 等）、$Th_2Mn_{12}$ 型稀土材料和各相异性 NdFeB、$Sm_2Fe_{17}N_3$ 材料，以及纳米晶交换耦合材料等各种永磁材料。

其聚合物基体可以分为橡胶类、热固性树脂类和热塑性树脂类三种。橡胶类基体包括天然橡胶与合成橡胶。这类基体主要用于柔性磁体复合材料，特别在耐热耐寒的条件下用硅橡胶作为基体是最合适的。热固性树脂一般用环氧树脂，在其中添加多硫化合物，以提高其稳定性和磁性能。最常用的热塑性基体是尼龙6。其他高性能热塑性聚合物，如 PES、PEEK、PPS 等。此外，还有如 PE、PVC、PMMA 等通用塑料，但其耐温性差。

2. 无机磁性材料与液态物质构成的复合材料

这里一般用铁磁金属的球形颗粒或铁氧体颗粒与载液物质复合成液态悬浮体，同时还加入一定的稳定剂防止颗粒沉降或团聚。稳定剂的分子结构一般具有与磁性颗粒亲和或钉扎的基团，另一端是容易分散在载液中的长链基团。这样就构成了一种特殊的复合体系——磁流变体，其在外场作用下能迅速改变其流变性质。磁流变体在中等磁场的作用下粘度系数可增加两个数量级，在强磁场的作用下则可成为无法流动的类固体状态，外加磁场消除后立即回复原状。

3. 纳米晶复合磁性材料

纳米晶复合磁性材料是近年才发展的新型高性能磁性材料，它是以纳米晶态的硬磁相和软磁相构成的复合材料，如以 $Sm_2F_{17}N_3$ 作为硬磁相，以 $Fe_{65}Co_{35}$ 作为软磁相等。

### 5.5.2 电性复合材料

电性复合材料是由导电材料和作为基体的绝缘材料复合得到的具有导电功能的材料。各种常见的基体复合材料均可以制成具有导电特性的复合材料。这些基体包括聚合物、金属、陶瓷，甚至水泥等。按填料来分类，电性复合材料可分为碳素系电性复合材料、金属系电性复合材料、金属氧化物系电性复合材料等。

1. 聚合物基电性复合材料

聚合物基电性复合材料通常是在基体聚合物中加另外一种导电聚合物或导电填料复合而成的。这些基体聚合物可以是树脂，也可以是橡胶。导电聚合物通常是指分子结构本身或经过掺杂处理之后具有导电功能的共轭聚合物，其中最典型的代表是聚乙炔、聚苯胺、聚吡咯、聚对苯撑等。各种导电填料及其特性见表 1.5-146。

表 1.5-146 导电填料及其特性

| 体系 | 类别 | 品种 | 主要特点 |
|---|---|---|---|
| 碳 | 炭黑 | 乙炔炭黑 | 导电性好，纯度高，加工困难 |
| | | 油炉法炭黑 | 导电性及其他性能较好 |
| | | 热裂法炭黑 | 导电性差，成本低，常用作增强填料 |
| | | 槽法炭黑 | 导电性差，粒径小，可用于着色 |
| | | 其他 | 共同问题是色彩单调 |
| | 碳纤维 | 聚丙烯腈基（PNA） | 导电性良好，成本高，加工困难 |
| | | 沥青基 | 比 PNA 基碳纤维导电性差，成本低 |
| | 石墨 | 天然石墨 | 导电性随产地而异，难粉碎 |
| | | 人造石墨 | 导电性随生产力而异 |
| 金属系 | 金属粉 | 铜、银、镍、铁、铝等 | 易氧化变质，银的价格昂贵 |
| | 金属氧化物 | $ZnO$、$FbO$、$TiO$、$SnO$、$V_2O_3$、$VO_2$、$Sb_2O_3$、$In_2O_3$ 等 | 导电性较差 |
| | 金属薄片 | 铝箔 | 色彩鲜艳，导电性较好 |
| | 金属纤维 | 铝、镍、铜、不锈钢纤维等 | 价格昂贵，加工困难，导电性好 |
| 其他 | | 镀金属玻璃纤维、玻璃微珠、云母、碳纤维等 | 加工时存在变质问题 |

2. 其他类型电性复合材料

（1）层状无机物-聚合物插层导电纳米复合材料 过渡金属氧化物通常作为锂二次电池的电极材料。插入的聚合物可以是导电聚合物，如聚苯胺、聚吡啶等，也可以是非导电聚合物（常用的有聚环氧乙烷等）。它们能提高锂离子的扩散系数，首先是因为聚合物分子插到氧化物层间，扩大了层间距；此外，像聚苯胺一类的聚合物，其中 C—N 骨架极性相对较小，从而在锂离子与氧化物间起到了静电屏蔽的作用；同时，导电聚合物也可能参加电化学氧化还原反应，增加电极的容量。

常用的过渡金属氧化物有 $MoO_3$、$V_2O_5$。此外，层状结构的过渡金属硫化物（如 $MoS_2$、$TiS_2$ 等）也被用来研制导电性纳米复合材料。

（2）陶瓷基导电复合材料　由纤维、晶须或颗粒增强陶瓷基组成的复合材料，由于比传统陶瓷更有韧性，更坚固，而受到广泛的重视。这类复合材料具有耐磨、耐腐蚀及难熔性和导电性，因而应用潜力巨大。

（3）水泥基电性复合材料　近年来，国内外对高强度水泥基电性复合材料做了大量研究，对这类材料的电、磁、热等功能提出了要求，以希望用于工业防静电、非金属电热元件和建筑屏蔽电磁波等工程。

（4）金属基电性复合材料　制备金属基电性复合材料的目的是在不降低金属材料导电性的同时，提高其强度和耐热性能。

铜是导电性较好的材料，为了提高铜的耐热性能，人们进行了各种尝试。经过各种实验发现，在铜中加入 $Al_2O_3$ 粒子的弥散强化方法制造的新型复合材料，其耐热性能和强度均较高，而且导电性几乎没有降低。此外还有在金属中加入碳纤维、硼纤维来制备导电复合材料的，目的也都是为了提高耐热性及强度。

### 5.5.3　梯度功能复合材料

一般复合材料中弥散相是均匀分布的，整体材料的性能是相同的。但是在有些情况下，人们常常希望同一件物体的两侧具有不同的性质或功能，而且又希望不同性能的两侧能完美地结合，从而不至于在苛刻的使用条件下因性能不匹配而发生破坏。

目前研究较多的材料是 PSZ/W（Mo）。PSZ 为部分稳定化的氧化锆、$Si_3N_4$ 合金、SiC 合金、TiC 合金、TiC/Ti、$TiB_2$/Cu 等系列材料。

1. PSZ/Mo 梯度功能材料

这一对材料是为超声速飞机设计的陶瓷和金属材料对。采用粉末冶金的方法制造，首先把两个母体材料 $ZrO_2$ 和金属 Mo 及过渡成分的粉末分层放置，然后模压成型。由于不同成分材料所需烧结温度不同，因此也需要烧结温度呈梯度变化。其热源有高能聚光灯以及激光束辐射等。

2. 梯度压电材料

传统的压电驱动器通常采用两片陶瓷夹一片金属的结构，组元间粘结在一起，但这种结构的主要问题出在粘结剂。在高速情况下从粘结部分脱落，而且粘结剂容易在高温下变软，低温下脆裂。为解决这个问题，日本科学家设计了由两种材料组成的梯度材料，一端是 Pb（Ni，Nb）$_{0.5}$（Ti，Zr）$_{0.5}$$O_3$ 组成的压电陶瓷材料，另一端是 Pb（Ni，Nb）$_{0.7}$（Ti，Zr）$_{0.3}$$O_3$ 组成的具有高介电常数的介电材料，中间是成分逐渐过渡的区域。显然这种结构在各区域间没明显的相界面，克服了传统压电驱动器的缺点。

梯度复合材料由于两组元的构成可有很大差别，因此其复合技术就相应地比较复杂，除传统的粉末冶金法外，其他复合方法见表 1.5-147。

### 5.5.4　隐身复合材料

隐身材料的基本原理是降低目标自身发生的或反射的外来信号的强度，或减小目标与环境的信号反差，使其低于探测器的门槛值，或者使目标与环境反差规律混乱，造成目标几何形状识别上的困难。

隐身材料按照电磁波吸收剂的使用不同可分为涂料型和结构型两类，它们都是以树脂为基体的复合材料。

**表 1.5-147　梯度复合材料复合方法及应用实例**

| 类型 | 工艺 | 方法 | 实　例 |
|---|---|---|---|
| 气相 | 化学 | 化学气相层积法 | SiC/C、SiC/TiC、TiC/C、C/C-C 复合材料,C/陶瓷 |
| | 物理 | 离子镀 | TiN/Ti、TiC/Ti、C/Cr |
| | | 等离子喷涂 | YSZ/NiCrAlY、YSZ/Ni-Cr |
| | | 离子混合 | YSZ/Cu |
| 液相 | 化学 | 电层积 | Ni/Cu |
| | 物理 | 等离子喷涂 | YSZ/NiCrAlY、YSZ/Ni-Cr |
| | | 共熔反应 | Si/$ZrSi_2$ |
| 固相 | 化学 | 自加热系统 | $TiB_2$/Cu、$TiB_2$/Ni、TiC/NI |
| | | 涂刷 | $ZrO_2$/Ni、PZT/Ni、PZT/Nb |
| | 物理 | 烧结 | YSZ/SUS304、YSZ/Mo、$Si_3N_4$/Ni、SiC/$Si_3N_4$ |
| | | 扩散 | Ni/Al |

## 1. 涂料型复合材料

能使被涂目标与它所处背景有尽可能接近的反射、透过、吸收电磁波和声波特性的一类无机涂层，又称为伪装层。隐身涂层种类很多，有防紫外线侦察隐身涂层、防红外线侦察隐身涂层、防可见光侦察隐身涂层、防激光侦察隐身涂层、防雷达侦察隐身涂层、吸声涂层等。

隐身涂层多采用涂料涂覆工艺。涂料由粘结剂、填料、改性剂和稀释剂等组成。粘结剂可以是有机树脂，也可以是无机胶粘剂。填料是调节涂层与电磁波、声波相互作用特性的关键性粉末状原料。可选择金属、半导体、陶瓷等不同类型的粉末作为填料，由于它们在能带结构上的差别，可针对不同的探测装置进行隐身。由于探测技术不断提高，隐身涂层也向具有多功能的多层涂层及多层复合膜的方向发展。

## 2. 结构型隐身复合材料

由于涂料型隐身材料存在质量大及厚度、粘结力等方面的问题，在使用范围上受到了一定的限制，因此兼具隐身和承载双功能的结构型隐身材料应运而生。电磁波在材料中传播的衰减特性是复合材料吸波的关键。实际上，振幅不同的波来往传播，包括折射和散射，最后使射入复合材料的电磁波能得到衰减，达到吸收的目的。此外，在设计中使复合材料表面介质的特性尽量接近空气的特性，就会使表面反射小，从而达到隐身的目的。

作为兼具隐身和承载双功能的材料的设计，主要有混杂型和蜂窝型复合材料两大类。所谓混杂型其基体为高聚物，加强体是不同类型纤维材料。比如，选择酚醛树脂为基体，碳纤维、玻璃纤维、芳纶等为增强体，选择合适的混杂结构参数使界面尽量增多，这种复合材料不仅有较好的承载功能，同时也具有良好的吸收雷达波的性能。蜂窝结构性隐身复合材料是一种外形上类似泡沫塑料的纤维增强型材料，对电磁波有极好的吸收效果。

### 5.5.5　其他功能复合材料

#### 1. 抗声复合材料

声波在材料内传递时，在声能的作用下材料的分子也随之运动，但材料分子运动的位置滞后使材料内的部分声能变为热能而被吸收。为获得良好的吸声性能，吸声材料必须满足两个重要条件：

1）材料的特征阻抗（材料中声速与材料密度的乘积）同水的特征阻抗（水中的声速与水的密度乘积）匹配，这样在水内吸声材料界面上声波才能几乎无反射地进入吸声材料内。

2）材料应有大的损耗因子（表示波传播单位距

离衰减的分贝数，单位为 dB/cm），使进入材料内的声波能迅速衰减。

#### 2. 抗X射线辐射复合材料

它是指用于抵抗X射线辐射造成对材料结构的破坏效应的一类复合材料。材料的吸收系数是衡量光子对材料作用的能力的，它取决于光子能量及材料所含元素的性质。一般元素的原子序数越大，吸收系数也越大。X射线照射到材料上，则光子与材料的原子发生作用，X射线在物质中通过时被物质吸收变成物质的内能，即X射线能量在物质中沉积。同时，X射线能流密度大，释放的时间极短，使材料的比内能急剧增加而升高温度，并且在材料表面处形成很高的压力。结果在材料表面形成一个峰值极高，持续时间极短的压力脉冲-热抗击波，使材料产生"层裂"效应，同时产生瞬时过载，结构产生变形，乃至破坏。

为了防止X射线的破坏作用，有人提出了一种物理模型，它由迎光层、屏蔽层、衰减层、过渡层四层结构组成。衰减层采用泡沫塑料，其他层分别采用碳-酚醛、高硅氧-酚醛等复合材料。利用密度小、质量轻的硅酸盐类多孔复合材料，既可防止大能量的X射线辐射，同时也解决能量沉积的问题。

#### 3. 仿生复合材料

关于天然生物材料近代仿生技术的研究始于20世纪70年代初期，80年代后期出现了复合材料"仿生设计"的提法，直至90年代初期才逐步出现参照生物材料的规律设计并制造的人工复合材料。

复合材料的仿生可以采用以下三种途径：

1）增强组元的形态仿生，主要用于生物纤维仿生。所有的纤维细胞几乎都是空心的，多层的，而且往往是分叉的。空心体的韧性和弯曲强度均较高，据此用化学气相沉积法制备的空心石墨纤维，其强度与柔韧性均较实心碳纤维好。

2）复合工艺的结构仿生。作为结构仿生的第一步是进行仿竹的优化设计。在竹茎的横截面上，增强体-维管束的分布是不均匀的，竹青部分致密，竹内部分逐渐散开，竹黄部分为另一种细密的结构。分析表明，这种分布形成十分合理的优化结构。按照这种结构提出了一种碳纤维增强树脂的优化模型。试验表明，结构仿竹复合材料与具有同样数量基体和增强纤维但分布均匀的复合材料相比，平均弯曲强度提高81%，最优者的弯曲强度则高出103%。

3）复合材料内部损伤的仿生愈合。基体受损而愈合的过程启发人们去探讨复合材料内部损伤的愈合方法。按照物理学中耗散结构的观点，愈合的本质就是一开放系和周围环境进行物质和能量交换并进行自

组织的过程，这在材料中也是可以仿效的。

4. 摩擦功能复合材料

具有低摩擦因数或高摩擦因数的复合材料统称为摩擦功能复合材料，前者称为减摩复合材料，后者称为摩阻复合材料。

减摩复合材料的低摩擦特性是由具有低摩擦因数的固体润滑剂提供的。常用的固体润滑剂有石墨和二硫化钼等层状结构物质、聚四氟乙烯、聚乙烯等聚合物、银铝等软金属，以及耐高温的氟化物等。减摩复合材料的基体可以是聚合物和金属。最广泛采用的聚合物基体是聚四氟乙烯。它的摩擦因数低，耐低温性、耐化学性优异。通过加入石墨、玻璃纤维、青铜粉等填料，可改善其耐磨性、承载性及耐热性。

摩阻复合材料高而稳定的摩擦特性是其各组分宏观表面特性的综合表现。以改性酚醛树脂等聚合物为基体，以石棉纤维或经表面处理过的玻璃纤维、碳纤维、有机纤维等为增强纤维，以合成氧化物粉、石墨粉、橡胶粉、金属粉为摩擦性能调节剂的摩阻复合材料，广泛用于 250℃ 以下的各种工况中。当金属粉和石墨粉的含量超过一半时，使用温度可高达 500℃。

## 5.6 具有特殊结构的材料

### 5.6.1 非晶态合金

火山玻璃是自然界中的少数几种非晶态材料之一。传统的氧化物玻璃是人们熟悉的典型非晶态材料。20 世纪 50 年代涌现了若干新型非晶态材料，包括金属玻璃、非晶半导体、非晶超导体、非晶离子导体、有机高分子玻璃等。

1. 金属玻璃

金属玻璃的发展与新型制备技术的发展密切相关。除氧化物玻璃外，大多数非晶态材料的制备都比较困难，不能用通常方法获得。制备非晶材料的关键在于获得足够高的冷却速度，将液态或气态的无序状态保留到室温附近，并阻止原子的进一步扩散迁移转变为晶体相。

按照成分，有实用价值的主要金属玻璃可划分为以下几种：

1）过渡族-类金属（TM-M）型，如以 $Fe_{80}B_{20}$ 为代表的（Fe, Co, Ni）-（B, Si, P, C, Al）非晶合金等。

2）稀土-过渡族（RE-TM）型，如（Gd, Tb, Dy）-（Fe, Co）非晶合金等。

3）后过渡族-前过渡族（LT-ET）型，如以 $Fe_{90}B_{10}$ 为代表的（Fe, Co, Ni）-（Zr, Ti）非晶合金等

4）其他铝基和镁基轻金属非晶材料，如铝基非

晶材料有二元的 Al-Ln（Ln = Y、La、Ge），以及三元的 Al-TM-（Si, Ge）、Al-EM-LM、Al-RE-TM 非晶合金。

2. 非晶态合金的制备方法

非晶态合金具有以下几种制备方法：

1）熔体急冷法。熔体极冷法是实现工业化大规模生产的方法。采用单辊轮法将熔融合金以 $10^5 \sim 10^8℃/s$ 的冷速固化为非晶态合金。熔体急冷法可直接获得在某一方向尺寸的非晶薄带或丝，是生产 TM-M 和 LT-ET 型金属玻璃的主要方法。

2）气体雾化法。气体雾化法是大规模生产非晶粉末的方法。通过高速气体流冲击金属液流使其分散为微细液滴，从而实现快速凝固。通常的气体雾化法冷却速度可达 $10^2 \sim 10^4℃/s$，采用超声速气流可明显改善粉末的尺寸分布，进一步提高冷却速度。

3）气相沉积法。气相沉积法是制备非晶体薄膜的又一重要方法，主要有真空蒸镀法和溅射法。其特点在于可获得更高的冷却速度，形成非晶体的成分范围更宽。难熔合金，甚至那些相图上互不溶的组元也可用此方法制成非晶态合金。

4）化学法。将金属盐水和硼氢化钾溶液混合，使其发生化学还原反应可以制备 Fe-B、FeNi-B 等超细非晶合金微粒。

5）固态反应法。固态反应法在近年来得到了较大的发展，它包括离子注入法、均匀化退火法、吸氢法和机械合金化法。固态反应法进一步扩大了非晶合态金的形成和应用范围。

### 5.6.2 纳米结构材料

1981 年德国学者 Gleiter 首次提出了纳米材料，通过引入高密度缺陷，如晶界、位错或缺陷使50%或更多的原子或分子位于这些缺陷中。位于缺陷中的原子局域密度和配位数与相应的完整晶体结构相差很大。在纳米合金中，缺陷处的化学成分也与相邻的晶粒内不同。纳米材料的微粒尺寸一般为 10 ~ 100nm，微粒可以是晶体，也可以是非晶体，故有纳米晶和纳米非晶之分。

自从 Gleiter 等首次采用金属蒸发凝聚-原位冷压成型法制备出纳米 Cu、Pd 等纯金属以来，人们又陆续开发了大量的纳米合金、纳米相玻璃、纳米陶瓷等。1987 年，美国 Argonne 国家实验室的 Siegel 等又成功地用气相冷凝法制备了纳米陶瓷材料——$TiO_2$，并观察到纳米陶瓷在室温和低温下具有良好的韧性，从而使纳米材料从研究到实用又迈出了一大步。纳米材料已从导体、绝缘体，发展到纳米半导体，从晶态扩展到非晶态，从无机到有机高分子。按纳米结构被

约束的空间维数不同纳米材料可分为四种：①零维纳米原子团簇；②一维纤维状纳米结构，长度显著大于宽度，如碳纳米管；③二维层状纳米结构，长度和宽度尺寸至少要比厚度大得多，晶粒尺寸在一个方向上为纳米级；④三维的纳米固体。

**1. 纳米材料的制备**

一些常用合成和制备纳米材料的方法见表1.5-148。

**表 1.5-148　一些常用合成和制备纳米材料方法**

| 方法 | 方法举例 |
|---|---|
| 气相法 | 气相冷凝法、活泼氢-熔融金属反应法、溅射法、通电加热蒸发法、混合等离子法、微光诱导化学气相沉积法 |
| 液相法 | 共沉淀法、喷雾法、水热法、微乳液法、溶胶-凝胶法、电沉积法、溶剂挥发分解法、高压淬火法 |
| 固相法 | 高能球磨法、非晶晶化法、燃烧合成法 |

**2. 纳米材料的基本性能**

材料的热学性质，如热容、热膨胀等与组织结构直接相关。纳米材料的热容和热膨胀与普通多晶或非晶差别很大。

纳米颗粒由于尺寸超细，一般为单畴颗粒，其技术磁化过程由晶粒的磁各向异性和晶粒间的磁相互作用所决定。纳米晶粒的磁各向异性与颗粒的形状、晶体结构、内应力以及晶粒表面的原子状态有关，与粗晶粒材料有着显著的区别，表现出明显的小尺寸效应。另外，在纳米材料中存在大量的界面成分。对纳米晶 Fe 的穆斯堡尔谱测量表明，界面组元局里温度比大块多晶 Fe 样品低。在有些纳米铁磁体中发现，饱和磁化强度比相应的多晶体低，如纳米晶 Fe 在 4K 时的饱和磁化强度仅为 $130 \times 10^3 Am^2/g$，比起多晶 Fe 的 $222 \times 10^3 Am^2/g$ 小了近 40%，非晶的则为 $215 Am^2/g$。

纳米材料还有超顺磁性。单畴颗粒的磁化矢量通常沿着易磁化方向，易磁化方向对应于磁能最低的方向，由总的磁晶各向异性能所决定。当颗粒尺寸减小，以至于热能大于磁能时，颗粒的磁化矢量在热激发下将随时间而改变，此时整个颗粒与顺磁性原子相似，所不同的是颗粒内通常可含有 $10^5$ 量级的原子，因此颗粒磁矩比单个原子约大 $10^5$ 倍，这种现象称为超顺磁性。

在表现出超顺磁性的体系中，超细颗粒之间没有磁相互作用，表现出类似顺磁性原子的行为。但在纳米固体材料中，纳米颗粒通常是被紧密压制成块材

的，颗粒之间相互接触，通过界面原子可产生磁偶极作用，甚至交换耦合。当考虑颗粒之间存在相互作用时，偶极作用将导致磁矩在 80K 时以某种程度的排列，因为磁相互作用大于热能，这会影响弛豫行为，它将导致磁有序，这种现象称之为超铁磁性。

### 5.6.3　储氢材料

氢是一种洁净、无污染、发热值高、取之不尽又用之不竭的二次能源。氢能的利用涉及氢的储存、运输和使用。20 世纪 60 年代中期，随着 $LaNi_5$ 和 $FeTi$ 等金属间化合物的可逆储氢作用的被发现，储氢合金及其应用研究得到迅速的发展。

目前正在开发的储氢合金主要有以下系列。

**1. 镁系合金**

镁在地壳中藏量丰富。纯镁氢化物 $MgH_2$ 是唯一一种可供工业利用的二元氢化物，它价格便宜，密度小，有最大的储氢量。$MgH_2$ 的不足之处首先是氢吸放动力学性能差（释放温度高，要 250℃ 以上，反应速度慢，氢化困难）；其次是耐蚀能力差，特别是作为阴极储氢合金材料时。$Mg_2Ni$、$Mg_2Cu$、$La_2Mg_{17}$、$La_2Mg_{16}Ni$ 等虽较易于活化，吸氢速度较快，氢释放温度也较低，但其性能尚需进一步改进。近年来开发的 $Mg_2Ni_{1-x}M_x$（$M = V$、$Cr$、$Mn$、$Fe$、$Co$）和 $Mg_{2-x}M_xNi$（$M = Al$、$Ca$）比 $Mg_2Ni$ 的性能更好，如 $Mg_2Ni_{0.95}Cr_{0.05}$ 的氢化速度和分解速度均得到了改善，氢压为 0.4MPa 和 296℃ 条件下可形成氢化物 $Mg_2Ni_{0.95}Cr_{0.05}H_{3.9}$。

**2. 稀土系合金**

以 $LaNi_5$ 为代表的稀土系储氢合金，被认为是所有储氢合金中应用性能最好的一类。金属间化合物 $LaNi_5$ 具有 $CaCu_5$ 的晶格结构，为六方体晶格（晶格常数 $a_0 = 0.5017nm$，$c_0 = 0.3982nm$，$c_0/a_0 = 0.794$，$V = 0.0868nm^3$），其中许多间隙位置，可以固溶大量的氢。在温室下，一个单胞可与 6 个氢原子结合，形成六方体晶格的 $LaNi_5H_6$（晶格常数 $a_0 = 0.5388nm$，$c_0 = 0.4250nm$，$c_0/a_0 = 0.789$，$V = 0.10683nm^3$），晶格体积增加了 23.5%。$LaNi_5$ 形成氢化物的 $\Delta H = -30.93kI/mol\ H_2$，$\Delta S = -108.68kI/mol\ H_2$。它初期氢化物容易，反应速度快，20℃ 时氢分解压仅需几个大气压，吸放氢性能优良。

此外，$LaNi_5$ 中加入 $Cu$、$Fe$、$Mn$ 对合金的催化作用有较大影响，在 $H_2-O_2$ 反应的催化活性次序 $LaNi_5H_n > LaNi_4MnH_n > LaNi_4FeH_n > LaNi_4CuH_n$。

**3. 钛系和锆系合金**

钛、锆系合金有 AB 和 AB2 型两类金属间化合物。

AB 型 Ti-Fe 系是开发最早的钛系合金。体心立

方结构的 TiFe 在室温下与氢反应，生成氢化物 TiFeH$_{1.04}$ 和 TiFeH$_{1.95}$。其单位晶胞里有 12 个正四面体位置和 6 个正八面体位置。氢仅能位于被 2 个铁原子核 4 个钛原子包围的正八面体位置。氢不能进入由 4 个铁原子与 2 个钛原子包围的正八面体位置。如果所有正八面体位置都被氢原子占据，则 H/M = 1。进入金属的氢原子使晶格膨胀 17%。Ti-Fe 系的最大特点是价格便宜，储氢量大，氢分解压在室温附近只有几个大气压，很合乎使用要求，但活化困难和易于中毒限制了它的实际应用。用其他元素代替合金中部分 Fe 的 TiFe$_x$M$_{1-x}$（M = V、Cr、Mn、Co、Ni、Cu），以及用 Zr、Nb 置换部分 Ti 可改善其性能。

Ti-Mn 系属于 AB2-x 型 Laves 相合金，属于六方晶系。Ti-Mn 二元合金中当 Ti 量低于 30% 时，合金几乎不吸氢。但是 TiMn$_{1.5}$ 具有吸氢量大、初期氢化容易、解吸等温曲线有良好的平坦区、反应速度快、反复吸放氢性能稳定、价格便宜等特点，是一种实用性好的储氢材料。Ti-Mn 系合金在反复吸放氢过程中粉化严重，中毒后再生性较差。目前，对其中毒机理的研究很少。添加少量其他元素（如 Zr、Co、Cr、V）后可进一步改善其性能。

Ti-Ni 系有：TiNi 合金；Ti$_2$Ni 合金；TiNi-Ti$_2$Ni 烧结合金；Ti$_{1-y}$Zr$_y$Ni$_x$；TiNi-Zr$_7$Ni$_{10}$；TiNiMm 系合金。用 V、Zr、Mn、Co、Cu、Fe 等元素代换部分 Ni 可进一步提高其性能。

### 5.6.4 薄膜功能材料

薄膜功能材料所涉及的范围很广，包含了大多数的功能材料种类。

1. 半导体薄膜

薄膜功能材料中很大一部分是半导体薄膜。半导体薄膜具有很广泛的应用，如集成电路、光导摄像管的光导电膜、场效应晶体管、高效太阳电池、薄膜传感器乃至通过掺杂得到的半导体导电薄膜等。

（1）半导体单晶薄膜　在蓝宝石（α-Al$_2$O$_3$、六方晶系）等单晶绝缘基片上外延生长硅单晶薄膜构成的半导体材料一般称为 SOS（Silicon On Sapphire），用这种结构的半导体材料制作 MOS 集成电路与块状材料相比，其 P-N 结面积小，因而减小了寄生电容及基片和布线间的电容，利于高速化；器件之间间隔区域减少，利于高密度化；器件之间没有相互作用，便于设计和布置。这些特点符合大规模集成电路的高速度、高密度要求。

（2）薄膜晶体管　在绝缘基片上沉积半导体薄膜再沉积上电极就构成了薄膜晶体管。在 TFT 中由于半导体薄膜中晶体不完整性形成的陷阱及半导体与绝缘体界面缺陷引起的表面能级会将栅极电压诱导产生的电子俘获，因而与单晶块材制作的晶体管相比，通常载流子的寿命较短，迁移率较小，作成 P-N 结漏电电流较大，使得 TFT 的电流值比单晶硅 MOS 晶体管差一个数量级左右。

在 TFT 材料中，采用 CdS 和 CdSe 晶体管已试制成功平板显示器，这两种材料禁带宽度和载流子迁移率都较大，可用真空蒸镀进行大面积沉积。但由于难以准确控制材料中原子比例为 1:1，且长期稳定性较差，所以后来 TFT 转向 VI 族元素，特别是硅。用等离子 CVD 方法将硅烷（SiH$_4$）气体分解制成的非晶硅薄膜为代表的非晶半导体具有比单晶硅更宽的禁带，很高的暗电阻，可得到很高的导通/截止电流比，且由于其键合构造中掺有氢，因而大大降低了禁带中电子、空穴的捕集能级密度，使其具有置换型杂质掺杂敏感性，通过添加铁、氮、碳、锗、锡等元素能够容易地改变带隙、电导率，又可以进行均匀大面积沉积及利用光刻技术进行微加工等，因而是一种理想的半导体材料。

TFT 的基片多采用玻璃、石英乃至蓝宝石等；电极材料可采用铝、钼、金、锗、NiCr、钛等金属或 ITO（氧化铟锡）等透明导电膜；绝缘材料可采用 SiO$_2$、SiN$_4$、Al$_2$O$_3$、TiO$_2$、TaN 等。

（3）太阳电池　太阳电池是利用半导体 P-N 结将光能直接转换成电能的器件。其功能是在光的作用下，半导体能带之间或能带次能级之间载流子迁移产生光载流子，内电场使光载流子极化，然后将极化载流子有效收集起来。带隙为 1.4 ~ 1.7eV 的材料可得到较高的转换效率，硅及铟、镉、镓的化合物半导体材料都可用来作太阳电池材料。

（4）薄膜场致发光材料（TFEL）　薄膜场致发光是利用外加电场加速载流子与晶格发生非弹性碰撞激发而引起发光的。这种发光过程效率不高。为提高发光效率，并使发光波长能有所选择，一般在半导体薄膜中加入活性中心，当被电场加速的电子与这些发光中心碰撞时就会将其激发而发出光来。

2. 电学薄膜

利用材料的导电性、介电性、铁电性、压电性等各种电学性质的薄膜称为电学薄膜，它们有着广泛的用途。例如，在微电子器件中，集成电路中的电极布线、电阻、电容元件，以及各种不同用途的电极、位置、敏感探测器等都要用到电薄膜。绝缘膜则用于半导体集成电路多层引线的层间绝缘和闸绝缘等，以使器件表面稳定，保护器件不受外部环境影响。

（1）集成电路（IC）中的布线　集成电路中的

电极布线都是用导电膜作成的，作为 IC 电极布线膜必须具备与 N 型和 P 型硅基片能形成低电阻欧姆电极的能力，具有电阻率低、与绝缘膜结合力强以及好的加工性、耐蚀性等性能。很难找到同时在这些方面都具有好性能的材料。通常集成电路中都采用铝作布线材料，但铝也存在不少缺点，如迁移率高、耐蚀性差等，常需加入一些合金元素，如铜、硅等来改善其性能。掺杂多晶硅或金属硅化物（如 $MoSi_2$ 等）也可用作布线材料，在高密度组装和高集成化时要考虑使用高熔点金属（如钨、钼等）作布线材料。

（2）透明导电膜　透明导电膜是既有高的导电性，又对可见光有很好的透光性，而对红外光有较高反射性的薄膜。透明导电膜主要有金属膜和氧化物半导体膜两大类。

氧化物半导体透明导电膜主要有 $SnO_2$、$In_2O_3$、$ZnO$、$Cd_2SnO_4$ 等，他们都是 N 型半导体。对这种导电膜要求禁带宽度在约 3eV 以上，且通过掺杂可使其具有高的载流子浓度，以得到高电导率。目前应用最广泛的是 $SnO_2$ 薄膜和 $In_2O_3$ 薄膜。作为半导体材料，$SnO_2$ 电导率很低，为增加电导率需要加入一些高价离子，如 $Sb^{5+}$、$P^{5+}$ 等。

透明导电膜（主要是 $SnO_2$ 和 ITO）具有很广泛的用途，如用于液晶显示器及太阳电池的透明电极，由于对红外光具有反射能力而被用作防红外线膜、太阳能集热器的选择性透射膜、玻璃上的防霜透明发热膜等。

（3）绝缘薄膜　在薄膜电子器件中的绝缘均需要使用各种绝缘膜，如在半导体集成电路中多层引线的层间绝缘和门绝缘，以及为使器件表面稳定，保护器件不受外部环境影响等。集成电路中绝缘主要采用热氧化 $SnO_2$ 膜和等离子体 CVD 制备的 $SnO_2$ 膜、$Si_3N_4$ 膜等。$Si_3N_4$ 膜由于耐水性和耐污染性能好，硬度高而用来作集成电路的保护膜。

（4）压电薄膜　在离子晶体中施加应力时产生的极化现象称为压电效应，而在施加电场时产生应变的现象称为逆压电效应。利用这一效应的压电振子和换能器通常采用石英、$LiNbO_3$、$LiTaO_3$ 等单晶或压电陶瓷。压电薄膜材料主要是用各种 PVD 方法制备的 $ZnO$、$CdS$ 等薄膜。

### 5.6.5　形状记忆材料

具有形状记忆效应的材料称为形状记忆材料。而形状记忆效应是指材料能"记忆"住原始形状的功能。各种记忆效应合金的成分、相变温度、晶体结构以及所具有的记忆效应见表 1.5-149。

**表 1.5-149　各种记忆效应合金的性能**

| 合金 | 组成(摩尔分数,%) | 晶体结构变化 | 是否有序 | 相变性质 | 相变温度/℃ | 温度滞后/℃ | 体积变化（%） | 记忆功能 |
|---|---|---|---|---|---|---|---|---|
| AgCd | 44～49Cd | B2-M2H | 有序 | 热弹性 | — | ≈15 | -0.16 | S |
| AuCd | 46.5～50Cd | B2-M2H | 有序 | 热弹性 | — | ≈15 | -0.41 | S |
| CuZn | 38.5-41.5Zn | B2-9R M9R | 有序 | 热弹性 | -180～10 | ≈10 | -0.5 | S |
| CuZnX(X=Si、Sn、Al、Ga) | — | B2-9R M9R DO$_3$-18R M18R | 有序 | 热弹性 | -180～100 | ≈10 | — | S、T |
| CuAlNi | 14～14.5Al、3～4.5Ni | DO$_3$-2H L2$_1$ | 有序 | 热弹性 | -140～100 | ≈35 | -0.3 | S、T |
| CuSn | ≈15Sn | DO$_3$-2H 18R | 有序 | 热弹性 | -120～30 | — | — | S |
| CuAuZn | 23～28Au、45～47Zn | BCC-3R | 有序 | 热弹性 | -190～40 | ≈6 | — | S |
| FeMnSi | 30Mn1Si(质量分数) 或 28～33Mn、4～6Si(质量分数) | FCC-HCP | 无序 | 非热弹 | 30～150 | 大（>100） | — | S |
| FeNiC | 31Ni4C (质量分数) | FCC-BCT | 无序 | 非热弹 | — | 大（>100） | — | S |
| FeNiCoTi | 23Ni10Co10Ti 33Ni10Co4Ti (质量分数) | FCC-BCT | 无序 | 热弹性 | — | 小 | — | S |

（续）

| 合金 | 组成(摩尔分数,%) | 晶体结构变化 | 是否有序 | 相变性质 | 相变温度/℃ | 温度滞后/℃ | 体积变化(%) | 记忆功能 |
|---|---|---|---|---|---|---|---|---|
| FePd | 30Pd | FCC-BCT | 无序 | 热弹性 | — | 小 | — | S |
| Fe-Pt | 25Pt | $L1_2$-BCT | 有序 | 热弹性 | －130 | 小 | 0.8～0.5 | S |
| InCd | 4～5Cd | FCC-FCT | 无序 | 热弹性 | 20～150 | －3 | | S |
| InT1 | 18～23T1 | FCC-FCT | 无序 | 热弹性 | 60～100 | ≈4 | －0.2 | S、T |
| MnCu | 5～35Cu | FCC-FCT | 无序 | 热弹性 | －150～180 | — | — | S |
| NiAl | 36～38Al | B2-M3R | 有序 | 热弹性 | －180～100 | ≈10 | －0.42 | S |
| TiNi | 49～51Ni | B2-B19<br>B2-HCP | 有序 | 热弹性 | －50～100 | ≈30 | －0.34 | S、T、A |

注：S 为单向记忆效应；T 为双向记忆效应；A 为全方位记忆效应。

### 1. TiNi 形状记忆合金

近等原子比的 TiNi 合金是最早得到应用得一种记忆合金，原因是其性能优越，稳定性好，而且具有特殊的生物相容性。实用的具有形状记忆效应的 TiNi 合金的成分是在近等原子比的范围内，即 Ni 元素的质量分数为 55%～56%。根据使用目的不同可适当的选取准确的合金成分。TiNi 合金的母相具有 $a=0.301～0.302nm$ 的 B2 结构。它是由两个简单立方晶格交叠而成的准体心立方格子，在体心及顶角分别被不同品种的原子所占有。

除了记忆特性外，TiNi 记忆合金常规的物理及力学等性能参数见表 1.5-150。

### 2. 铜基形状记忆合金

铜基形状记忆合金是目前发现的记忆合金中种类最多的一族，由于母相都是有序相，故热弹性马氏体相变的特性很明显。其中，研究最多并已得到实际应用得是 CuZnAl 及 CuAlNi。

CuAlNi 形状记忆合金的成分范围要确保其在高温时仅以 $\beta$ 单相存在，故仅限 Cu14Al4Ni 附近的很狭窄的区域。在热平衡状态下，$\beta$ 相于 550℃ 发生共析受阻，并在 $Ms$ 以上温度自发完成无序 $\beta$ 向有序 $DO_3$ 结构的无序-有序相变，当温度低于 $Ms$，发生马氏体相变。

各常用合金的主要特征参数列于表 1.5-151。

### 5.6.6　智能材料与结构

在智能系统中所用的材料有：结构材料，如钢、铜、合金、木材、水泥、聚合物和复合材料（如石墨-环氧树脂层状复合物）等；功能材料，如石英（热释电）铽-镝-铁（磁致伸缩）、硫化镉（压电）、电流变体（粘塑性）、铝肥皂溶液（粘弹性）、太酸钡（铁电体）、氧化铜（光电体）、磷酸二氢钾（电光）、硒（光电体）、锗（光导体）镍-钛合金（形状记忆）等。

有敏感能力的材料和结构有：声学器件、电容器件、光导纤维、磁致伸缩材料、压电材料、形状记忆材料、电阻应变片等。几种致动器用材料的特性见表 1.5-152。

### 表 1.5-150　TiNi 记忆合金的性能参数

| 密度/(g/cm³) | 熔点/℃ | 比热容/[kJ(kg·℃)] | 线胀系数/$10^{-6}$℃$^{-1}$ | 热导率/[W(m·℃)] | 电阻率/MΩ·cm | 硬度 HV 马氏体 | 硬度 HV 母相 | 拉伸强度/MPa 热处理 | 拉伸强度/MPa 未处理 | 屈服强度/MPa 马氏体 | 屈服强度/MPa 母相 | 伸长率(%) |
|---|---|---|---|---|---|---|---|---|---|---|---|---|
| 6～6.5 | 1240～1310 | 4.5～6 | 10 | 20.9 | 50～110 | 180～200 | 200～250 | 700～1100 | 1300～2000 | 50～200 | 100～600 | 20～60 |

### 表 1.5-151　常用形状记忆合金的主要特征

| 项　目 | TiNi 合金 | CuZnAl | CuAlNi | FeMnSi |
|---|---|---|---|---|
| 母相晶体结构 | B2 | B2、$DO_3$ | $DO_3$ | FCC |
| 弹性各向异性因子 | 2 | 15 | 13 | |
| 相变应变取向依赖性 | 大 | 大 | 大 | 大 |
| 滑移变形开始应力/MPa | ≈100 | ≈200,高 | ≈600 | ≈500 |
| 断裂方式 | 穿晶韧断 | 穿晶,沿晶 | 沿晶 | 穿晶 |
| 加工性 | 不良 | 不太好 | 不太好 | 较好 |
| 记忆处理 | 较易 | 相当难 | 相当难 | |

（续）

| 项　目 | | TiNi 合金 | CuZnAl | CuAlNi | FeMnSi |
|---|---|---|---|---|---|
| 回复应变(%) | | ≤8 | ≤4 | — | ≤2 |
| 回复应力/MPa | | ≤400 | ≤200 | | 较小 |
| 疲劳寿命 | $\varepsilon = 0.02$ | $10^5$ | $10^2$ | — | — |
| | $\varepsilon = 0.005$ | $10^7$ | $10^5$ | — | — |
| 相变温度 $Ms$/℃ | | $-50 \sim 100$ | $-180 \sim 100$ | $-140 \sim 100$ | $-200 \sim 50$ |
| 相变滞后 $Ar - Ms$ | | 30(M)、2(R) | 10 | 35 | 较大 |
| 耐蚀性 | | 良好 | 不良,有应力腐蚀破坏 | 不良,有应力腐蚀破坏 | 不良,有待改进 |

**表 1.5-152　几种致动器用材料的特性**

| 特性 | 致动器 | | | | |
|---|---|---|---|---|---|
| | 电致伸缩材料 | 电流变体 | 磁致伸缩材料 | 钛镍形状记忆合金 | 压电陶瓷 |
| 价格 | 中等 | 中等 | 中等 | 低 | 中等 |
| 技术成熟程度 | 尚可 | 尚可 | 尚可 | 好 | 好 |
| 可网络性 | 是 | 是 | 是 | 是 | 是 |
| 可埋置性 | 好 | 尚可 | 好 | 优 | 优 |
| 线性度 | 尚可 | 尚可 | 好 | 好 | 好 |
| 响应频率/Hz | $1 \sim 20000$ | $1 \sim 1200$ | $1 \sim 20000$ | $0 \sim 5$ | $1 \sim 20000$ |
| 最大微应变/$10^{-6}$ | 200 | — | 200 | 5000 | 200 |
| 最高使用温度/℃ | 300 | 300 | 400 | 300 | 300 |

电子陶瓷在智能材料结构中应用非常广泛。它们中重要的有压电陶瓷、电致伸缩陶瓷和形状记忆陶瓷。压电陶瓷有锆钛酸铅（PZT）等，电致伸缩陶瓷有 PMN-PT（铌镁酸铅-钛酸铅，0.9Pb（Mg1/3Nb2/3）$O_3$-0.1PbTiO$_3$）等。

电流变体是一种复合材料，它是一种微粒在液体中的悬浮液。它的粘度等性能在加电场后可以发生很大的变化，如粘度增加很多等。电场引起微粒沿电场方面排列起来，电场去掉后排列也就消失了。电流变体的典型组成见表 1.5-153。

**表 1.5-153　电流变体的典型组成**

| 溶剂 | 溶质 | 添加剂 |
|---|---|---|
| 煤油 | 石英 | 水或清洁剂 |
| 橄榄油 | 明胶 | 无 |
| 矿物油 | 带二氢的铝 | 水 |
| 矿物油 | 石灰 | 无 |
| P-二甲苯 | 压电陶瓷 | 水和甘油酯 |
| 硅油 | 酞菁铜 | 无 |
| 变压器油 | 淀粉 | 无 |
| 聚氯二苯 | 疏丙基葡萄糖 | 水和山梨糖 |
| 碳氢油 | 沸石 | 无 |

### 5.6.7　减振材料

减振材料是具有结构材料应用的强度并能通过阻尼过程把振动能较快转变为热能消耗掉的合金材料。表 1.5-154 列出了一些典型减振合金的成分、强度和减振系数。

1）片状石墨铸铁是被最早使用的减振合金，其优点是成本低和耐磨性好。石墨有序油的效应，且具有自润滑性。这种合金多用于机床的盖和传动装置上。在汽车上已用铸铝代替铸铁，以减轻汽车的质量，但噪声比用石墨铸铁大。铸铁系减振合金的缺点是强度和韧性都较低，又不能进行压力加工。他们的减振系数随着各品种强度的增加而稍有下降。

2）轧态片状石墨铸铁是把本来具有低减振系数的球墨铸铁经过变形量 75% ~ 80% 的冷轧，使球状石墨成为片状，以得到良好的减振性能。其缺点是由于经过了轧制而具有一定的各向异性。由于是轧材，故适于制作板状部件。

3）复合夹层钢板是钢板与树脂两层或两层钢板夹一层树脂组合而成的。他们的减振性能良好。随着减振钢板的出现，弯曲加工、冲压加工、点焊加工技术也被开发。这些技术最适用于形状简单的板状构件和盖子等。因树脂具有粘性，其减振系数随温度和频率而变，故应根据使用温度和频率选择复合材料。

4）孪晶型减振合金是热不稳定的热弹性马氏体合金，故温度特性差，减振特性最多维持到 100℃。但其减振效果较好，仅次于减振复合钢板，减振效果受应变振幅影响较小，所以应用还是比较普遍。

5）Mn-Cu 系减振合金早在 20 世纪 50 年代就得到了开发，其强度、韧性、延展性和加工性都很好，而且用铸造、粉末冶金法都可制造，容易生产。

表 1.5-154　减振合金的特点

| 分类 | | 热处理 | 使用温度界限/℃ | 时效变化 | 与变形振幅的关系 | 与频率的关系 | 与磁场的关系 | 塑性加工性 | 耐大气腐蚀性 | 强度/MPa | 表面硬化处理 | 焊接性 | 成本 |
|---|---|---|---|---|---|---|---|---|---|---|---|---|---|
| 复合型 | 铸铁 | 不需 | ≈150 | 无 | 小 | 有 | 无 | 不行（RFC可能） | 差 | ≈98（RFC 441～686） | 可能 | 难 | 低 |
| | 钢板 | 不需 | ≈100 | 无 | 小 | 有 | 无 | （原板状） | 差 | 软钢板断面积×45 | 可能 | 难 | 低 |
| 李晶型 | | 需 | ≈80 | 大 | 中 | 无 | 无 | 容易 | 稍差 | ≈588 | 可能 | 难 | 高 |
| 位错型 | | 不需 | | 无 | 中 | 无 | 无 | 难 | 稍差 | 约196 | 不行 | 差 | 高 |
| 强磁性型 | | 需 | 约380 | 无 | 大 | 无 | 有 | 容易 | 好 | 约441 | 容易 | 良好 | 低 |

注：RFC 表示轧后的片状石墨铸铁。

6）镁系合金在强度、耐蚀性、压力加工性方面较差，也较贵，但其密度小，适合于现代减轻部件质量的要求。

7）铁磁性型减振合金的减振系数受频率影响小，可使用的极限温度高，并且成本低，压力加工性能、切削加工性能都很好，可用铸造和用粉末冶金法制造，耐蚀性好，还可进行各种表面处理，长期使用后性能恶化不严重，特性能保持长期稳定，因此应用较普遍。但其减振性受应变振幅影响大，而且对残余变形敏感，因此给使用带来一定困难。

### 5.6.8　生物医学材料

医用生物材料即医药用仿生材料，又称生物医学材料。这类人工或天然材料可以单独或与药物一起用于人体或器官，起代替、增强、修复、治疗等作用。

**1. 生物金属材料**

（1）医用金属及合金　有些金属及合金被用作人工器官的修复和代用材料。部分医用金属材料及其性能见表 1.5-155。

表 1.5-155　部分医用金属材料及其性能

| 材料 | 性能 | 主要应用 |
|---|---|---|
| 不锈钢 | 生物适应性差 | 人工骨、人工关节 |
| 钴系合金 | 耐腐蚀，生物相容性良好 | 牙科材料 |
| 金合金 | 耐腐蚀 | 人工牙 |
| 镍铬合金 | 耐腐蚀 | 人工牙 |
| 钛合金 | 耐腐蚀性良好 | 人工关节基干 |
| 钽 | 耐腐蚀，与生物体亲和性好 | 纱布、缝合线 |

（2）药用金属材料　药学方面，除锡、铅、铜、铝用作药品包装材料外，磁性生物金属材料既可外用贴敷于选定的穴位，治疗疾病，又可与药物共包于载体中，制成磁性微球进行靶向给药。

常用作医药包装的材料可归为两类：一类是金属，另一类是玻璃、纸和塑料等非金属物质。化学周期表中有金属元素 70 多种，作为医药制剂包装材料中应用最多的只有锡、铝、铁、铅。利用这些金属材料可制成容器，如桶、筒、软包装、软管、金属箔等。由于制成的容器壁坚固且没有孔洞，光线、液体、气体、气味与微生物等都不能透过，可以耐高温和低温，能保证药品性质稳定。但为了防止内外腐蚀或发生化学作用，容器壁上往往需要涂一层惰性、无毒的保护衣。

**2. 生物陶瓷材料**

生物陶瓷材料广义上指与人体工程相关的陶瓷材料。这类材料可以按应用领域和化学成分分类，见表 1.5-156。

**3. 天然医用生物材料**

天然医用生物材料广泛存在于自然界，如众所周知的淀粉、纤维素、海藻酸、甲壳素、硫酸软骨素、透明质酸等多糖类和明胶、胶原蛋白等蛋白质类。他们既是生物体的结构和营养物质，也是重要的生物医用材料和制药工业的原料。天然的医用生物材料，一般都必须经过物理、化学或物理化学的加工处理，使其符合医药用途的特殊需要，有的还须经一定的化学修饰，以形成特殊的性能。

**4. 合成高分子医用生物材料**

（1）硅橡胶　硅橡胶是高相对分子质量的线性聚有机硅氧烷性体，平均相对分子质量为 40 万～80 万，与主链中硅原子相连接的 R 基团可以是甲基、乙基、乙烯基或苯基等，但用作医药生物材料的硅橡胶，主要是烷基硅氧烷。硅橡胶具有良好的耐温性能和柔软性，优异的抗氧化性、抗辐射性、抗老化性和较强的疏水性。

（2）聚乳酸及其共聚物　聚乳酸是以乳酸为基本原理经直接缩聚或间接开环聚合制得的线性高分子化合物。在生物医学领域，可用作手术缝线及骨内固定、组织修复及细胞培养和药物控释体系的材料。

表 1.5-156　生物陶瓷材料的化学成分分类及应用

| 类型 | 成分 | 形状 | 应用举例 |
|---|---|---|---|
| 氧化铝陶瓷 | $Al_2O_3$ | 单晶体 | 人造齿根、人工骨、关节 |
| | | 烧结体 | 污水处理过滤器 |
| | | 多孔体 | 固定化酶载体 |
| 氧化硅陶瓷 | $SiO_2$ | 多孔体 | 固定化酶载体过滤器，分离柱 |
| | | 结晶状微粉体 | 龋齿处理后填充料 |
| 氧化钛陶瓷 | $TiO_2$ | 多孔体 | 固定化酶载体 |
| 氮化硅陶瓷 | $Si_3N_4$ | 烧结体 | 人造骨 |
| | | 结晶状微粉体 | 龋齿处理后填充料 |
| 玻璃碳 | C | 多结晶体 | 人工心脏瓣膜，人造关节 |
| 磷酸钙陶瓷 | $CaO$-$P_2O_5$（TGP） | 烧结体 | 人造骨，人造齿根 |
| | | 多孔体 | 骨置换材料 |
| 多孔玻璃 | $SiO_2$-$ZrO_2$ | 多孔体 | 固定化酶载体 |
| | $ZrO_2$-$P_2O_5$-$H_2O$ | 结晶 | 血液 |
| 堇青石 | $2MgO$-$2Al_2O_3 \cdot 5SiO_2$ | 多孔体 | 过滤器 |
| 玻璃陶瓷 | $Na_2O$-$CaO$-$P_2O_5$-$SiO_2$ | 玻璃 | 人造骨 |
| | $Na_2O$-$K_2O$-$MgO$-$CaO$-$SiO_2$-$P_2O_5$ | 微晶玻璃 | 人造齿根 |
| | $MgO$-$CaO$-$SiO_2$ – $P_2O_5$ | 微晶玻璃 | 人造玻璃 |

# 第6章 机械强度与疲劳

早期对强度的认识是材料抵抗破坏的能力仅取决于材料本身的力学性质，并且只限于静强度破坏这一现象，相应地发展了静载荷作用下的材料强度理论、屈服极限研究、弹塑性应力分析等，从而产生了材料力学、弹性力学、塑性力学等一系列学科理论知识，形成了传统的也称为常规的强度理论体系。与现代强度理论比较而言，常规机械强度理论具有两个明显的特点：一是假设制造机械零件构件的材料是性能均匀的、各向同性的、连续的实体；二是承受静载荷作用。

常规机械强度设计的计算步骤：由理论力学确定零（构）件所受外力，由材料力学（有时采用弹性力学或塑性力学）计算其内力，再由机械原理和机械零件确定其结构尺寸和形状，最后计算该零（构）件的工作应力或安全系数。

一般以公式表示，即零件计算工作应力为

$$\sigma \leqslant [\sigma] \qquad (1.6\text{-}1)$$

或零件计算安全系数

$$n \geqslant [n] \qquad (1.6\text{-}2)$$

式中 $[\sigma]$、$[n]$——许用应力、许用安全系数。

满足式（1.6-1）和式（1.6-2），则认为零件是安全的；反之，则不安全。

对于塑性材料，有

$$[\sigma] = \sigma_s / [n]_s \qquad (1.6\text{-}3)$$

式中 $[n]_s$——以屈服极限为基准的许用安全系数。

对于脆性材料，有

$$[\sigma] = \sigma_b / [n]_b \qquad (1.6\text{-}4)$$

式中 $[n]_b$——以强度极限为基准的许用安全系数。

安全系数 $n$ 是考虑到实际结构中可能存在缺陷和其他意想不到的或难以控制的因素（如计算方法的不准确、载荷估计的偏离等），用来保证所设计的机械零（构）件有足够的强度安全储备量的，以保证在最大工作载荷下其工作应力不超过零（构）件材料的极限应力。

传统的常规强度设计方法，虽然不适用于含裂纹和缺陷材料及复合材料等制造的零（构）件，也不适用于循环随机载荷作用下的零（构）件，但由于其经过长期的发展已形成一套较为完整的体系，比较适用、简便，因而到现在仍然是一种应用广泛的工程计算方法，也是现代机械强度设计计算的基础。

工程中绝大多数机械是在动载荷作用下工作的，疲劳破坏普遍存在于各种机械之中。19 世纪 40 年代，人们从大量汽车轴断裂事故中了解到了在交变应力作用下的疲劳破坏现象。现代的机械零（构）件的强度计算都是根据疲劳强度理论进行的。疲劳强度理论已经成为现代机械强度理论的主要内容，成为每个机械设计人员必须掌握的基础知识。20 世纪 20 年代，动力机械开始应用于高压、高温蒸气等恶劣环境中，材料蠕变成为这些机械零（构）件的主要破坏形式。从此，蠕变以及蠕变与疲劳的交叉作用成了强度问题中的一个重要研究领域。随着对疲劳和蠕变研究的深入，人们又发现零件抗拒破坏的能力和时间有密切关系。因此，强度问题又直接与寿命的概念连接在一起。故一般情况下的强度计算也包括了寿命计算。在工程实践中，寿命计算结果分散性很大。这是因为，表征材料强度的参数都是由试验确定的，如强度极限、疲劳极限、表面状况、尺寸大小等都是具有离散性，数值是一个范围，故计算结果误差必然很大。为了在强度和寿命计算中反映出这一特性，人们又引入了疲劳强度和寿命的可靠性概念，即出现了疲劳强度可靠性和疲劳寿命可靠性的学科分支。

随着疲劳强度研究的深入，人们发现零件应力分布不均匀对疲劳强度影响很大，因此在应力-应变分析领域内发展起来局部的研究应力-应变的研究分支。这方面的研究继续在接触应力和零件几何形状不连续处的应力-应变集中两个方向上深入和发展。

20 世纪 40 年代，飞机零（构）件的脆性断裂事故不断发生，导致了断裂力学这门新学科的建立。目前，断裂力学在零（构）件中的脆性断裂和疲劳裂纹形成与扩展寿命方面有着广泛的应用。

由于现代的机械零（构）件工作环境越来越恶劣，如高温、高压、腐蚀环境等，工作载荷大，变化频繁，且多数是随机载荷，制造零（构）件的材料也由过去钢铁发展到高强度钢、超强度钢、复合材料、陶瓷材料及非金属聚合物等材料，因此常规强度设计的理论和方法已远远不能满足现代机械使用的材料、工作条件及环境的要求，必须加以改进、发展和完善，故而形成了现代机械强度设计的理论和方法。

现代机械强度理论除了仍然要用到弹塑性理论之外，还需要应用疲劳和断裂理论，同时需要利用现代

测试技术手段及计算机技术对机械结构进行综合分析与计算，最终给出科学的强度设计计算指标，以满足工程的要求。

# 1　载荷与应力

## 1.1　机械零件受载

载荷及其产生的应力是导致机械零（构）件产生损伤甚至失效的主要原因，对机械零（构）件进行载荷分析是进行机械设计过程中首先面临和要解决的重要问题。

机械零（构）件的载荷一般指其所受到的力 $F$、弯矩 $M$、转矩 $T$。载荷可以分为静载荷与变载荷两种。

1）静载荷；不随时间变化、变化缓慢或者变化幅度相对很小的载荷，如零件所受的重力等。

2）变载荷；随时间作周期性变化或非周期性变化的载荷。例如，机床主轴所受的载荷即为变载荷。

载荷计算时，先按理论公式计算得到名义载荷，如名义转矩

$$T = 9550 \frac{P}{n} \qquad (1.6\text{-}5)$$

式中　$P$——功率（kW）；

　　　$n$——转速（r/min）；

　　　$T$——转矩（N·m）。

而对应计算载荷，这里就是计算转矩

$$T_c = KT$$

$K$ 为载荷系数，它反映原动机与工作机的工作平稳性对机械零（构）件实际受载扩大的影响，$K \geqslant 1$。同样道理

$$F_c = KF \qquad (1.6\text{-}6)$$

$$M_c = KM \qquad (1.6\text{-}7)$$

载荷系数 $K$ 查后续相关表确定数值。

机械零（构）件强度计算中载荷一律用计算载荷。

## 1.2　循环应力

循环应力是随时间周期性变化的应力。最简单的循环应力为恒幅循环应力，其四种不同的应力变化规律如图 1.6-1 所示。图 1.6-1 中，$\sigma$ 为正应力；$t$ 为时间；$\sigma_{max}$ 为应力循环中具有最大代数值的应力；$\sigma_{min}$ 为应力循环中具有最小代数值的应力；$\sigma_m$ 为应力循环中最大应力和最小应力的代数平均值；$\sigma_a$ 为应力循环中最大应力和最小应力的代数差的一半。规定拉应力为正，压应力为负。平均应力 $\sigma_m$、应力幅 $\sigma_a$ 与最大应力 $\sigma_{max}$、$\sigma_{min}$ 之间的关系有

$$\sigma_m = \frac{\sigma_{max} + \sigma_{min}}{2} \qquad (1.6\text{-}8)$$

$$\sigma_a = \frac{\sigma_{max} - \sigma_{min}}{2} \qquad (1.6\text{-}9)$$

$$\sigma_{max} = \sigma_m + \sigma_a \qquad (1.6\text{-}10)$$

$$\sigma_{min} = \sigma_m - \sigma_a \qquad (1.6\text{-}11)$$

应力每一周期性变化称为一个应力循环。定义应力比 $r$ 为

$$r = \frac{\sigma_{min}}{\sigma_{max}} \qquad (1.6\text{-}12)$$

对于对称循环，$r = -1$；脉动循环 $r = 0$；对于静应力可以看作应力幅为零的循环应力，此时 $r = +1$。任何一个应力循环的应力比 $r$ 取值为 $-1 \leqslant r \leqslant +1$。

一种循环应力状态，一般可用 $\sigma_{max}$、$\sigma_{min}$、$\sigma_m$、$\sigma_a$、$r$ 五个参数的任意两个来确定。

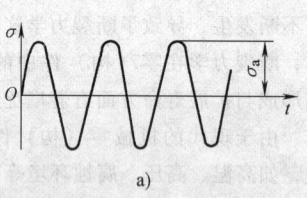

a)

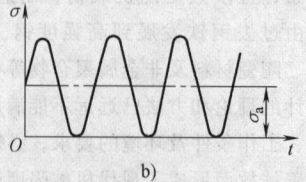

b)

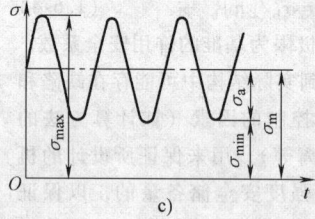

c)

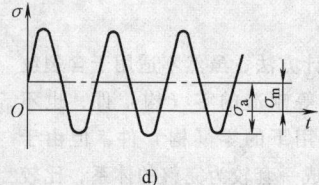

d)

**图1.6-1　恒幅循环应力的种类**

a）对称拉压　b）脉动拉伸　c）波动拉伸　d）波动拉压

等幅循环应力为其参数不随时间改变的循环应力，变幅循环应力为其参数随时间改变的循环应力。

如作用的应力是切应力（例如扭应力）时，各应力分量之间的关系仍旧以式（1.6-8）~式（1.6-12）描述，只是公式中以 $\tau$ 代替 $\sigma$ 即可。

## 1.3　循环应变

从试验所得的应力-寿命曲线中，当循环加载的应力水平较低时，疲劳的整个过程中弹性应变起主导作用。当应力水平逐渐提高时，塑性应变逐渐成为疲劳破坏的主导因素，使应力-寿命曲线随应力水平的提高趋于平坦（见图 1.6-2a），即此时用应力很难描述实际寿命的变化。如果将纵坐标 $\sigma$ 用应变 $\varepsilon$ 来代替，则由疲劳试验可得一条光滑的 $\varepsilon$-$N$ 曲线（见图 1.6-2b）。从弹性应变为主导过渡到塑性应变为主导，必然存在一个过渡寿命点。

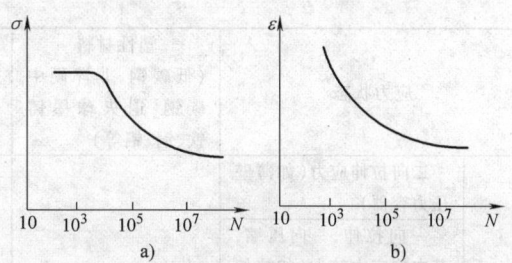

**图1.6-2　用 $\varepsilon$ 替代 $\sigma$ 的 $S$-$N$ 曲线**
a）$\sigma$-$N$ 曲线的失效　b）$\varepsilon$-$N$ 曲线

## 2　机械零件计算的常规强度理论

### 2.1　几种常用的强度理论

工程上几种常用的强度理论见表 1.6-1。

**表 1.6-1　强度理论及其相当应力的表达式**

| 强度理论名称 | 基本假设 | 相当应力表达式 | 强度条件 |
|---|---|---|---|
| 第一强度理论<br>（最大拉应力理论） | 最大拉应力 $\sigma_{max}$ 是引起材料破坏的原因 | $\sigma_{\mathrm{I}} = \sigma_1$ | $\sigma_{\mathrm{I}} \leqslant [\sigma]$ |
| 第二强度理论<br>（最大伸长线应变理论） | 最大伸长线应变 $\varepsilon_{max}$ 是引起材料破坏的原因 | $\sigma_{\mathrm{II}} = \sigma_1 - \mu(\sigma_2 + \sigma_3)$ | $\sigma_{\mathrm{II}} \leqslant [\sigma]$ |
| 第三强度理论<br>（最大切应力理论） | 最大切应力 $\tau_{max}$ 是引起材料破坏的原因 | $\sigma_{\mathrm{III}} = \sigma_1 - \sigma_3$ | $\sigma_{\mathrm{III}} \leqslant [\sigma]$ |
| 第四强度理论<br>（形状改变比能理论） | 形状改变比能[①] $u_\phi$ 是引起材料破坏的原因 | $\sigma_{\mathrm{IV}} = \sqrt{\sigma_1^2 + \sigma_2^2 + \sigma_3^2 - \sigma_1\sigma_2 - \sigma_2\sigma_3 - \sigma_3\sigma_1}$ <br> $= \sqrt{\dfrac{1}{2}\left[(\sigma_1-\sigma_2)^2 + (\sigma_2-\sigma_3)^2 + (\sigma_3-\sigma_1)^2\right]}$ | $\sigma_{\mathrm{IV}} \leqslant [\sigma]$ |
| 莫尔理论<br>（修正后的第三强度理论） | 决定材料塑性破坏或断裂的原因主要是由于某一截面上切应力达到某一极限，同时还与该截面的正应力有关 | $\sigma_{\mathrm{M}} = \sigma_1 - \nu\sigma_3$[②] | $\sigma_{\mathrm{M}} \leqslant [\sigma]$ |

① 比能—指单位体积的弹性变形能。

② $\nu = \dfrac{\text{抗拉强度}}{\text{抗压强度}}$。

### 2.2　强度理论的选用

强度理论的选用与材料的性质、受力情况、变形速度及温度等因素有关。常温、静载作用下强度理论的选用参考范围见表 1.6-2。

**表 1.6-2　常温、静载作用下强度理论选用的参考范围**

| 应力状态 | | 塑性材料<br>（低碳钢、非淬硬中碳钢、退火球墨铸铁、铜、铝等） | 极脆材料<br>（淬硬工具钢、陶瓷等） | 抗拉与抗压强度不等的脆性材料或低塑性材料（铸铁、淬硬高强度钢、混凝土等） | |
|---|---|---|---|---|---|
| | | | | 精确计算 | 简化计算 |
| 单向应力状态 | 简单拉伸 | 第三强度理论<br>或<br>第四强度理论 | 第一强度理论 | 莫尔强度理论 | 第一强度理论 |

（续）

| 应力状态 | | 塑性材料（低碳钢、非淬硬中碳钢、退火球墨铸铁、铜、铝等） | 极脆材料（淬硬工具钢、陶瓷等） | 抗拉与抗压强度不等的脆性材料或低塑性材料（铸铁、淬硬高强度钢、混凝土等） | |
|---|---|---|---|---|---|
| | | | | 精确计算 | 简化计算 |
| 二向应力状态 | 二向拉伸应力（如薄壁压力容器） | 第三强度理论或第四强度理论 | 第一强度理论 | 莫尔强度理论 | 第一强度理论 |
| | 一向拉伸、一向压缩，其中拉应力较大（如拉伸和扭转或弯曲和扭转等联合作用） | | | | |
| | 拉伸、压缩应力相等（如圆轴扭转） | | | | |
| | 一向拉伸、一向压缩，其中压应力较大（如压缩和扭转等联合作用） | | | | 近似采用第二强度理论 |
| | 二向压缩应力（如压配合的被包容件的受力情况） | 第三强度理论或第四强度理论 | | | |
| 三向应力状态 | 三向拉伸应力（如拉伸具有能产生应力集中的尖锐沟槽的杆件） | 第一强度理论 | | | |
| | 三向压缩应力（点接触或线接触的接触应力，如齿轮齿面间的接触应力） | 第三强度理论或第四强度理论 | | | |

# 3　机械零件的表面强度

在机器中有一些零件是通过表面接触进行工作的，如滚动轴承、齿轮传动、摩擦离合器等，它们的工作能力取决于表面接触的强度。

## 3.1　表面接触强度

所谓表面接触强度是指高副接触的表面抵抗接触破坏能力。当一对零件以线接触或点接触的形式进行工作时，其表面将产生很高的接触应力。比如齿轮传动就可以看做是一对圆柱的接触，滚动轴承中滚子与滚道之间的接触就是点接触。

对于圆柱接触的情形，其接触应力可以结合图 1.6-3 并根据赫兹接触应力公式进行计算。

$$\sigma_{Hmax} = \sqrt{\frac{F}{\pi b}\left[\frac{\frac{1}{\rho}}{\frac{1-\mu_1^2}{E_1}+\frac{1-\mu_2^2}{E_2}}\right]} \quad (1.6\text{-}13)$$

式中　$E$——两接触材料的弹性模量；

　　　$\mu$——泊松比；

$\rho$——综合曲率半径 $\left(\dfrac{1}{\rho}=\dfrac{1}{\rho_1}\pm\dfrac{1}{\rho_2}\right.$，正号表示外接触，负号表示内接触$\Big)$。

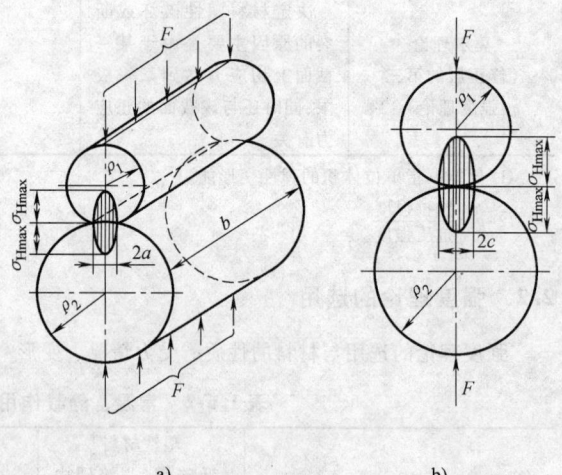

a)　　　　　　　　　　b)

**图1.6-3　表面接触应力计算简化模型**

a）圆柱外接触　b）球体外接触

对于点接触的情形一般可以归结为两个球体的接触，其接触应力可以结合图 1.6-3 并根据赫兹接触应

力公式进行计算。

$$\sigma_{Hmax} = \frac{1}{\pi}\sqrt[3]{6F\left[\frac{\frac{1}{\rho}}{\frac{1-\mu_1^2}{E_1}+\frac{1-\mu_2^2}{E_2}}\right]^2} \quad (1.6\text{-}14)$$

通过式（1.6-13）和式（1.6-14）的介绍可以看出，在线接触情形下，$\sigma_{Hmax} \propto F^{1/2}$；球体接触的情况下，$\sigma_{Hmax} \propto F^{1/3}$，即接触应力与外加载荷不成正比。

在静载荷作用下，接触表面的失效形式为脆性材料的表面压碎和塑性材料的表面塑性变形。接触表面强度的计算公式为

$$\sigma_{Hmax} \leqslant [\sigma_H]_{max} \quad (1.6\text{-}15)$$

## 3.2　表面挤压强度

所谓挤压强度是指零件表面抵抗表面挤压破坏的能力。图 1.6-4 所示为受横向载荷的销连接。作用的载荷 F 全部通过表面挤压作用承担，在挤压面上将产生挤压应力。当挤压应力过大时，塑性材料将产生表面塑性变形，脆性材料将产生表面破碎。对于非平面接触的情形，挤压应力的计算十分复杂，通常采用简化的方法将接触区域上的受力看作均匀分布，也是一种条件性计算方法。计算公式可以写作

$$\sigma_p = \frac{F}{A} \leqslant [\sigma_p] \quad (1.6\text{-}16)$$

式中　$A$——接触面积或曲面投影面积。

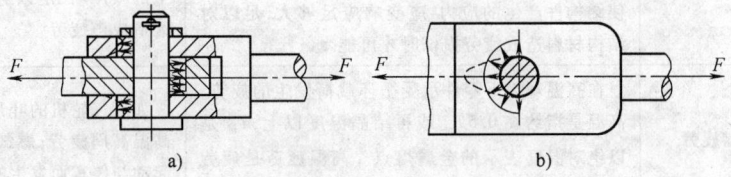

**图1.6-4　表面挤压受力**
a）销连接　b）挤压应力简化

## 3.3　表面磨损强度

在滑动摩擦状态下工作的零件，常会由于过度磨损而发生失效，比如导轨、边界润滑状态下工作的滑动轴承等。对于磨损失效问题的计算比较复杂，到目前为止尚未建立完善的理论计算体系。对于这类问题一般采用条件性计算的方法进行处理。

对于滑动速度低、载荷较大情况，可以通过限制工作表面的压强进行计算，以限制过度磨损

$$p \leqslant [p] \quad (1.6\text{-}17)$$

滑动速度较高时，要限制摩擦功耗（限制 $pv$ 值），以免工作温度过高而使润滑失效。

$$pv \leqslant [pv] \quad (1.6\text{-}18)$$

对高速情况，还要限制滑动速度，以免由于速度过高而加速磨损。

$$v \leqslant [v] \quad (1.6\text{-}19)$$

## 4　疲劳强度的概念

### 4.1　疲劳的分类

疲劳一般是指室温下空气中承受循环载荷的疲劳。但在实际工作中，常遇到不同于上述的载荷条件、环境温度和介质情况，发生不同类型的疲劳。疲劳的分类见表 1.6-3。

**表 1.6-3　疲劳的分类**

| 名　称 | | 说　明 | 举　例 |
|---|---|---|---|
| 按应变类型分 | 高周疲劳 | 是指低应力（低于材料屈服极限）高寿命（循环周次一般大于 $10^5$）的疲劳，是最常见的一种疲劳破坏 | 如轴、弹簧、螺栓连接等的破坏 |
| | 低周疲劳 | 是指高应力（局部应力超过屈服极限）低寿命（循环周次为 $10^2 \sim 10^5$）低频加载的疲劳。由于循环应变在疲劳中起主导作用，故也称为塑性疲劳或应变疲劳 | 如经常起动-停止的高压容器、工业汽轮机转子、飞机起落架等 |

（续）

| 名　称 | | 说　明 | 举　例 |
|---|---|---|---|
| 按载荷条件分 | 随机疲劳 | 应力幅和频率都随时间随机变化的疲劳 | 如汽车底盘、半轴、悬挂系统等零件 |
| | 冲击疲劳 | 小能量多次冲击引起的疲劳 | 如内燃机阀杆等 |
| | 接触疲劳 | 是指零件接触表面在接触压力循环作用下出现麻点、剥落或表层压碎剥落，从而造成零件失效的疲劳 | 如齿轮传动、滚动轴承、车轮等 |
| | 微动磨损疲劳 | 当两零件的表面相接触并作小幅度的往复相对运动时，在接触表面上产生的疲劳，经过附着、氧化、疲劳三个阶段，是机械过程和化学过程相综合的结果 | 如铆钉连接件、螺栓连接件、销钉连接件、紧配合件、键和花键连接等 |
| | 声疲劳 | 由气体动力噪声、结构噪声或电磁噪声等噪声使结构产生的疲劳。并不是所有的噪声都能使结构件产生声疲劳的，只有当作为激振力的噪声使结构件产生的应力-应变响应足够大，足以对结构材料造成疲劳损伤时才可能 | 如火箭和飞机的涡轮发动机作为噪声源，使飞行器和机翼表面产生高声压水平的噪声场，足以对其结构的局部危险区造成声疲劳 |
| 按环境温度分 | 高温疲劳 | 在高温环境下零件承受循环载荷发生的疲劳。高温是指约在 $0.5T_m$ 或再结晶温度以上，$T_m$ 是以绝对温度表示的金属熔点。高温疲劳是疲劳与蠕变共同作用的结果 | 如燃气轮机的叶片由机械振动发生的高温高周疲劳；燃气轮机转子由装置的起动与停车而发生的高温低周疲劳 |
| | 低温疲劳 | 在低于室温环境下零件承受循环应力 $F$ 发生的疲劳 | 如在寒冷地区露天放置的机械或结构产生的疲劳 |
| | 热疲劳 | 由于温度的循环变化而引起应变的循环变化，由此产生的疲劳 | 锅炉水冷壁管子因汽水分层现象使管子发生的疲劳 |
| 按有无腐蚀分 | 腐蚀疲劳 | 在腐蚀介质（如酸、碱、海水、淡水、活性气体等）和循环载荷联合作用下产生的疲劳 | 如化工、石油机械的某些零部件（在酸、碱等液体和气体中工作）、水轮机转轮叶片在江河水中工作等 |

疲劳强度设计又常常分为常规疲劳强度设计和现代疲劳强度设计。常规疲劳强度设计是指零件没有初始裂纹，应用标准试样疲劳试验得到的材料疲劳极限和 S-N 曲线等，再考虑零件由于尺寸、表面状况和几何形状引起的应力集中等因素而进行的疲劳强度设计。

用循环载荷下材料应力-应变理论和断裂力学裂纹扩展等现代疲劳理论为依据所进行的设计，称为现代疲劳强度设计。其中，广泛应用的是用局部应力-应变法估算裂纹形成寿命和用断裂力学方法估算裂纹扩展寿命。

对不同的疲劳，既可用 S-N 曲线进行常规疲劳设计，也可用相应的力学模型进行疲劳的现代设计，估算出其裂纹形成寿命和裂纹扩展寿命。

## 4.2　无限寿命设计与有限寿命设计

一般的机械零部件是在较低应力水平下工作的，

应用 $\sigma$-$N$ 曲线。当纵轴的应力 $\sigma$ 坐标和横轴 $N$ 的坐标都取对数时，$\sigma$-$N$ 曲线为由交点为 $P$ 的两直线段组成的，如图 1.6-5 所示。在图 1.6-5 中，左边的一线段为斜直线，右边的一线段为平行于横轴的直线。对于钢材，两直线段的交点约为 $N_0 = 10^7$ 附近。这样，根据左边斜线所进行的设计为"有限寿命设计"；根据右边与横轴平行的直线所进行的设计为"无限寿命设计"。$N_0$ 称为循环基数。

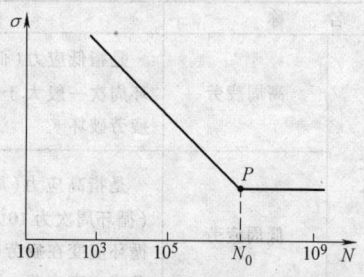

图1.6-5　双对数坐标的 $\sigma$-$N$ 曲线

## 4.3　*S-N*曲线

　　*S-N*曲线是常规疲劳强度设计与分析的基础。图1.6-6～图1.6-38汇集了常规疲劳设计中常用的结构钢材和铝合金等材料的部分*S-N*曲线图。各图注中括号内的$\delta$是板材厚度，$\phi$是棒材直径，是材料规格。铝合金号尾部的字母：B为预拉伸加工硬化；CZ为淬火自然时效；CS为淬火人工时效。

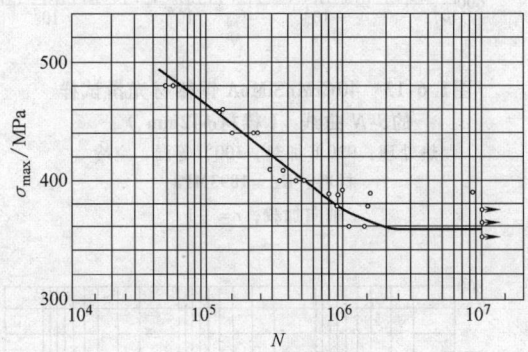

图1.6-6　18Cr2Ni4WA钢棒材缺口试样（$\alpha_\sigma = 2$）

的*S-N*曲线　（棒材$\phi$18mm）

热处理：950℃正火，860℃淬火，540℃回火

材料：$R_m = 1145\text{MPa}$

旋转弯曲试验，$r = -1$

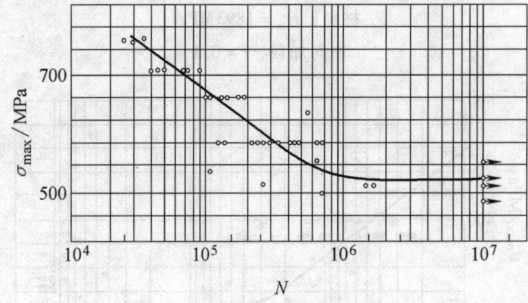

图1.6-7　40CrNiMoA钢棒材光骨试样

的*S-N*曲线　（棒材$\phi$30mm）

热处理：850℃油淬火，580℃回火

材料：$R_m = 1039\text{MPa}$

旋转弯曲试验，$r = -1$

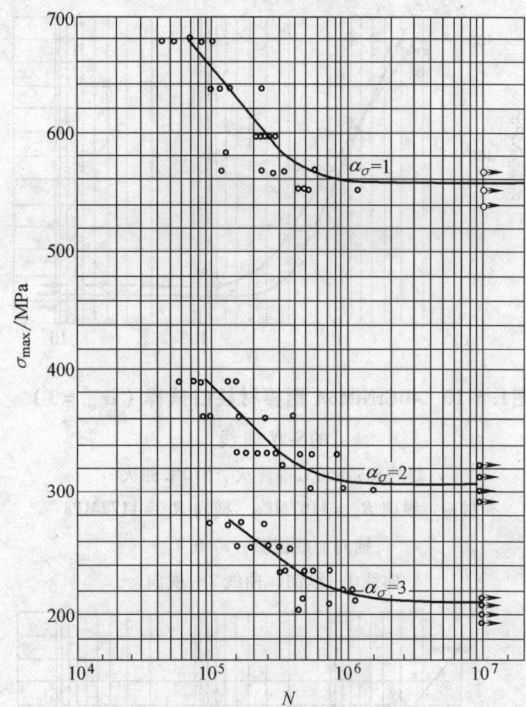

图1.6-8　40CrNiMoA钢棒材的*S-N*曲线

（棒材$\phi$22mm）

热处理：850℃油淬火，580℃回火

材料：$R_m = 1049\text{MPa}$

试样：光滑（$\alpha_\sigma = 1$）和缺口（$\alpha_\sigma = 2$、3）

试样旋转弯曲试验

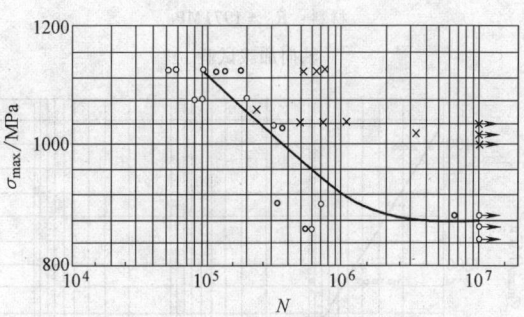

图1.6-9　40CrNiMoA钢棒材光滑试样的*S-N*

曲线　（棒材$\phi$180mm）

热处理：850℃油淬火，570℃回火

材料：纵向$R_m = 1167\text{MPa}$，横向$R_m = 1172\text{MPa}$

轴向加载试验，$r = 0.1$

"×"—纵向，"○"—横向

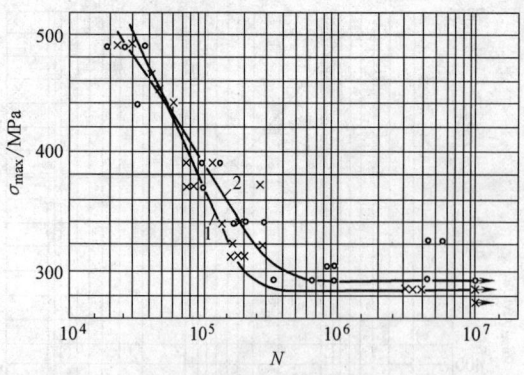

图1.6-10　40CrNiMoA 钢棒材缺口试样（$\alpha_\sigma=3$）

的 $S$-$N$ 曲线

热处理：850℃油淬火，570℃回火

材料：纵向 $R_m=1167$MPa　横向 $R_m=1172$MPa

轴向加载试验，$r=0.1$

曲线 1—纵向，曲线 2—横向

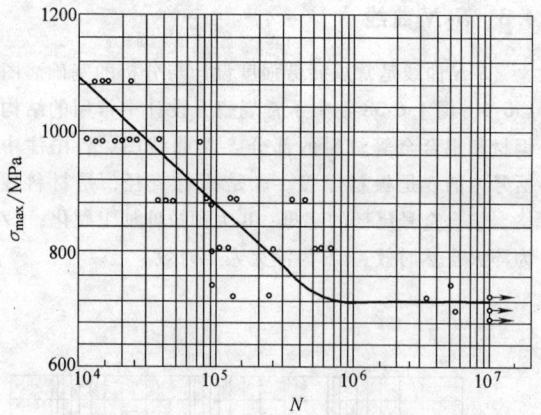

图1.6-13　40CrMnSiMoA 钢棒材光滑试样

的 $S$-$N$ 曲线　（棒材$\phi$42mm）

热处理：920℃加热，300℃等温，空冷

材料：$R_m=1893$MPa

轴向加载，$r=-1$

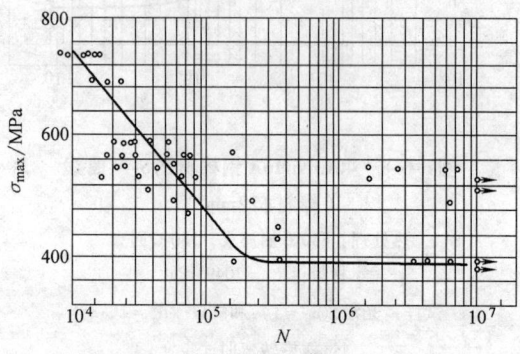

图1.6-11　40CrMnSiMoA 钢棒材缺口试样　（$\alpha_\sigma=3$）

的 $S$-$N$ 曲线　（棒材$\phi$42mm）

热处理：920℃加热，180℃等温，260℃回火

材料：$R_m=1971$MPa

轴向加载试验

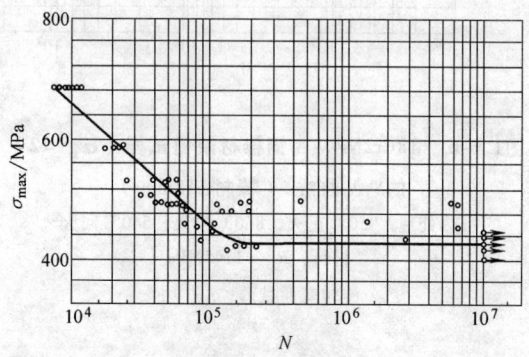

图1.6-14　40CrMnSiMoA 钢缺口试样　（$\alpha_\sigma=3$）

的 $S$-$N$ 曲线　（棒材$\phi$42mm）

热处理：920℃加热，300℃等温，空冷

材料：$R_m=1893$MPa

轴向加载，$r=0.1$

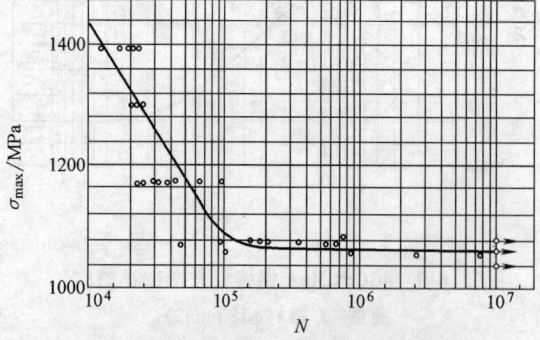

图1.6-12　40CrMnSiMoA 钢棒材光滑试样

的 $S$-$N$ 曲线　（棒材$\phi$42mm）

热处理：920℃加热，300℃等温，空冷

材料：$R_m=1893$MPa

轴向加载，$r=0.1$

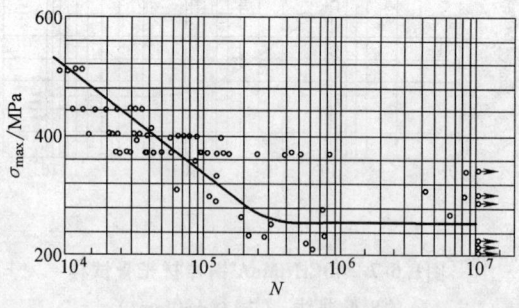

图1.6-15　40CrMnSiMoA 钢缺口试样　（$\alpha_\sigma=3$）

的 $S$-$N$ 曲线　（棒材$\phi$42mm）

热处理：920℃加热，300℃等温，空冷

材料：$R_m=1893$MPa

轴向加载，$r=-1$

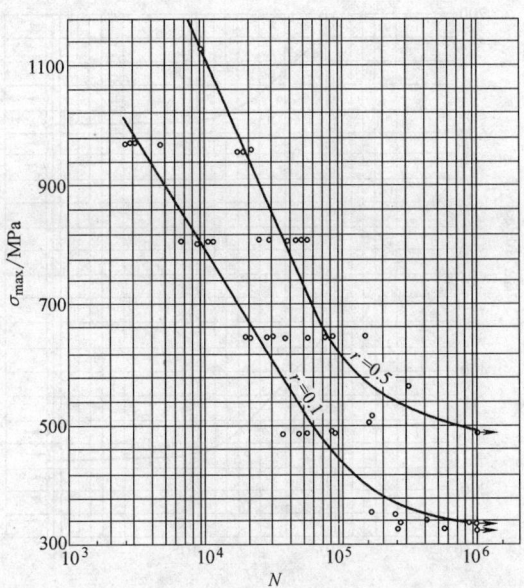

图1.6-16　30CrMnSiNi2A 钢锻压板缺口试样（$\alpha_\sigma = 2.9$）的 S-N 曲线

热处理：900℃淬火，250℃回火

材料：$R_m = 1618 MPa$

轴向加载，$r = 0.1$、0.5

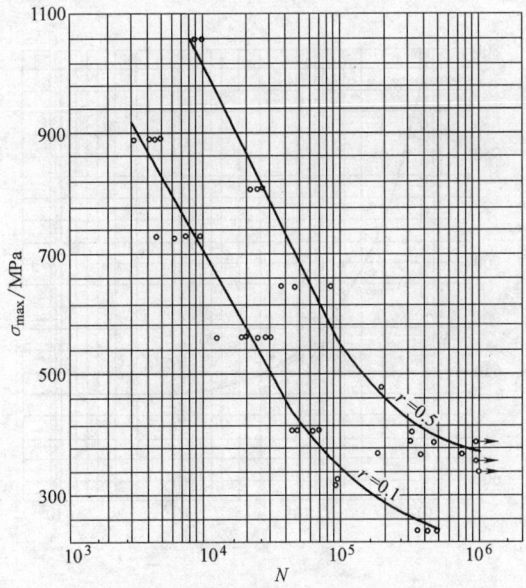

图1.6-17　30CrMnSiNi2A 钢锻压板缺口试样（$\alpha_\sigma = 3.7$）的 S-N 曲线

热处理：900℃淬火，250℃回火

材料：$R_m = 1618 MPa$

轴向加载，$r = 0.1$、0.5

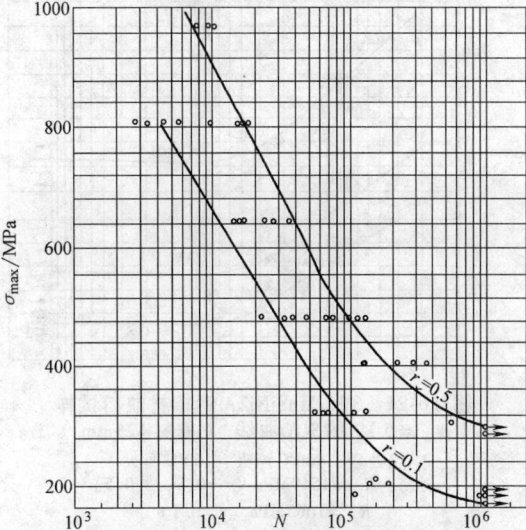

图1.6-18　30CrMnSiNi2A 钢锻压板缺口试样（$\alpha_\sigma = 4.1$）的 S-N 曲线

热处理：900℃淬火，250℃回火

材料：$R_m = 1618 MPa$　轴向加载，$r = 0.1$、0.5

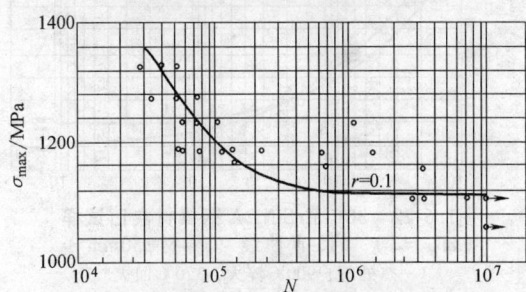

图1.6-19　30CrMnSiNi2A 钢棒材光滑试样的 S-N 曲线（棒材φ25mm）

热处理：900℃淬火，250℃回火

材料：$R_m = 1584 MPa$　轴向加载，$r = 0.1$

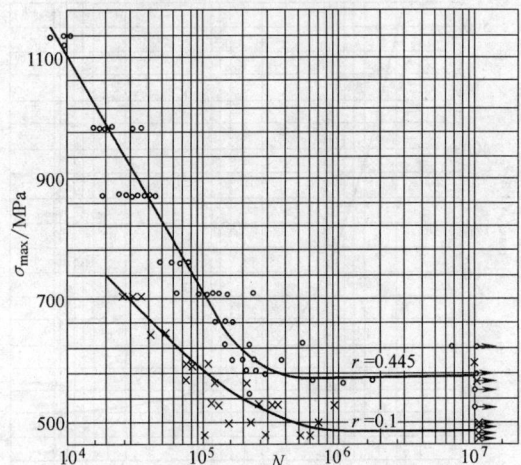

图1.6-20　30CrMnSiNi2A 钢棒材缺口试样（$\alpha_\sigma = 3$）的 S-N 曲线（棒材φ25mm）

热处理：900℃淬火，260℃回火

材料：$R_m = 1569 MPa$（$r = 0.445$）　$R_m = 1665 MPa$（$r = 0.1$）

轴向加载，$r = 0.1$、0.445

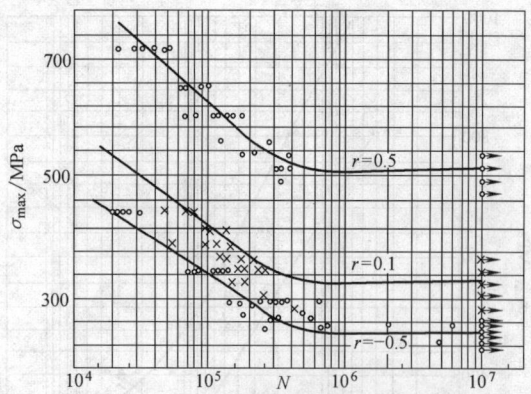

图1.6-21　30CrMnSiNi2A 钢棒材缺口试样
（ $\alpha_\sigma=5$ ）的 S-N 曲线　（棒材 $\phi$ 25mm）
热处理：900℃淬火，260℃回火
材料： $R_m=1569$ MPa（ $r=0.5$ ，$-0.5$ ）
$R_m=1665$ MPa（ $r=0.1$ ）
轴向加载，$r=0.5$ 、0.1、$-0.5$

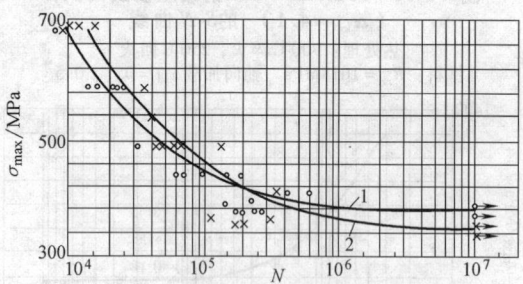

图1.6-22　30CrMnSiNi2A 钢棒材缺口试样
（ $\alpha_\sigma=3$ ）的 S-N 曲线　（棒材 $\phi$ 30mm）
1—热处理：900℃淬火，370℃回火
材料： $R_m=1417$ MPa
2—热处理：900℃淬火，320℃回火
材料： $R_m=1550$ MPa
轴向加载，$r=0.1$

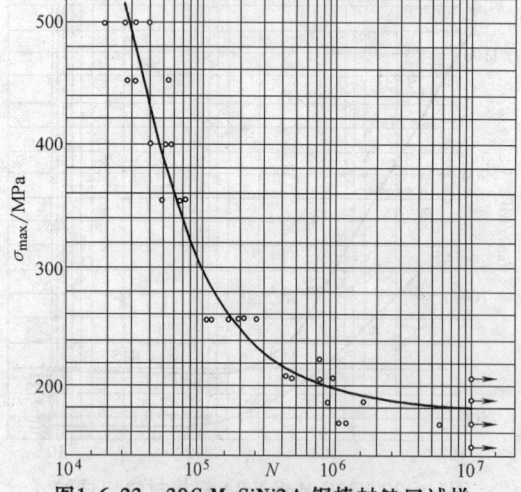

图1.6-23　30CrMnSiNi2A 钢棒材缺口试样
（ $\alpha_\sigma=3$ ）的 S-N 曲线　（棒材 $\phi$ 55mm）
热处理：900℃淬火，250℃回火
材料： $R_m=1755$ MPa
轴向加载，$r=0.1$

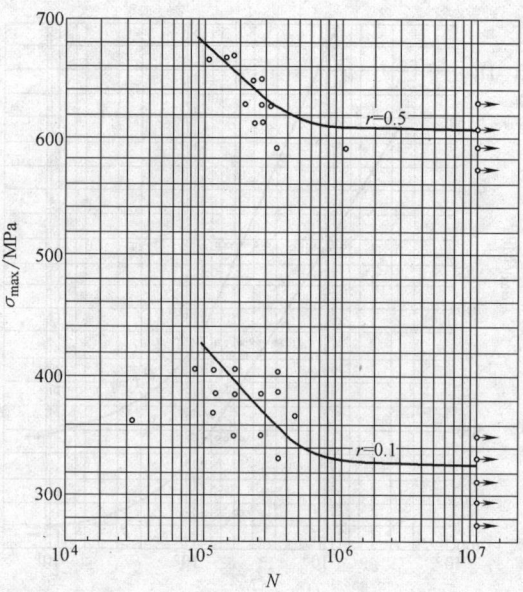

图1.6-24　　30CrMnSiA 钢棒材缺口试样
（ $\alpha_\sigma=3$ ）的 S-N 曲线　（棒材 $\phi$ 26mm）
热处理：890℃油淬火，520℃回火
材料： $R_m=1184$ MPa
轴向加载，$r=0.1$ 、0.5

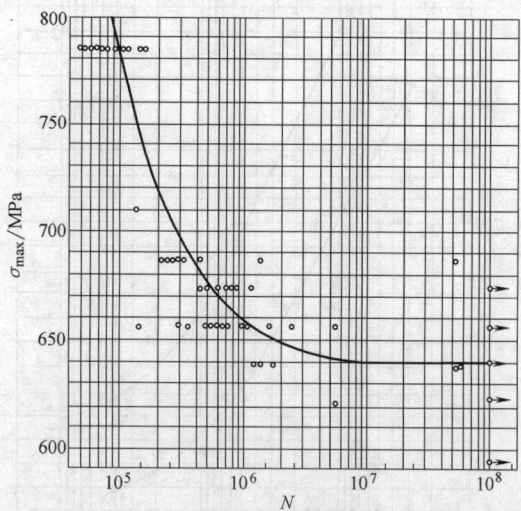

图1.6-25　　30CrMnSiA 钢锻件光滑试样
的 S-N 曲线
热处理：900℃油淬火，510℃回火
材料： $R_m=1110$ MPa
旋转弯曲试验，$r=-1$

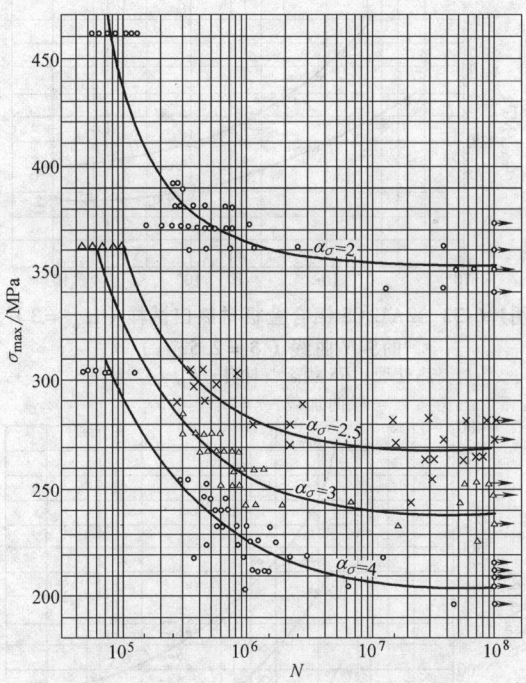

图1.6-26　30CrMnSiA 钢锻件缺口试样
（ $\alpha_{\sigma}$ =2、 2.5、 3、 4 ） 的 $S$-$N$ 曲线

热处理：900℃油淬火，510℃回火

材料： $R_{m}$ =1110MPa

旋转弯曲试验， $r$ = -1

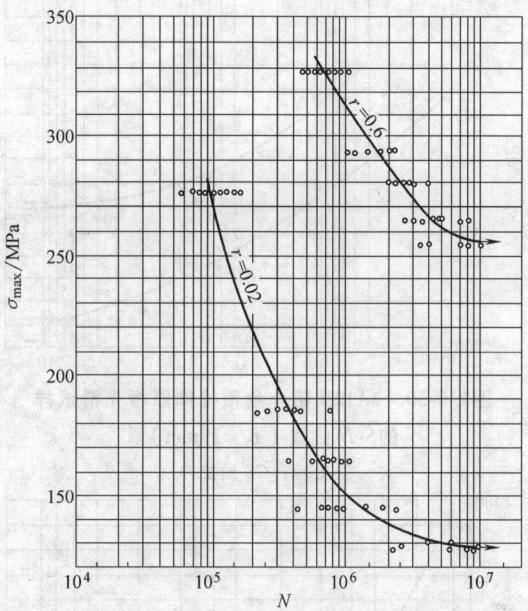

图1.6-28　2A12CZ 铝合金板材光滑试样的 $S$-$N$
曲线（ $\delta$ = 2.5mm ）

热处理：淬火，自然时效

材料： $R_{m}$ =457MPa

轴向加载， $r$ = 0.02、0.6

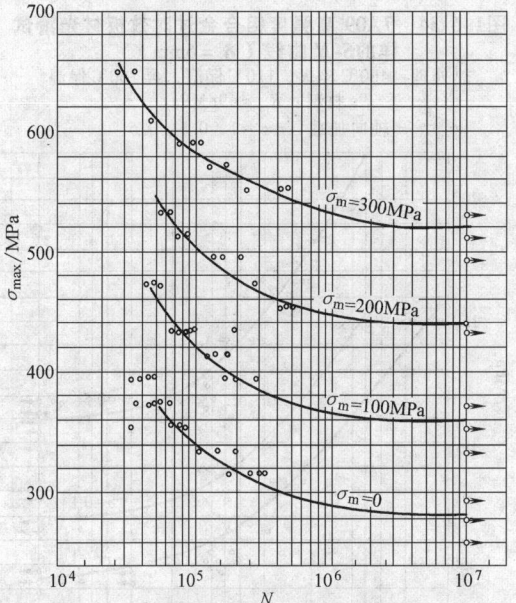

图1.6-27　45 钢棒材缺口试样（ $\alpha_{\sigma}$ = 2 ）
的 $S$-$N$ 曲线 （ 棒材φ26mm ）

热处理：调质

材料： $R_{m}$ =834MPa

轴向加载， $\sigma_{m}$ = 0、100MPa、200MPa、300MPa

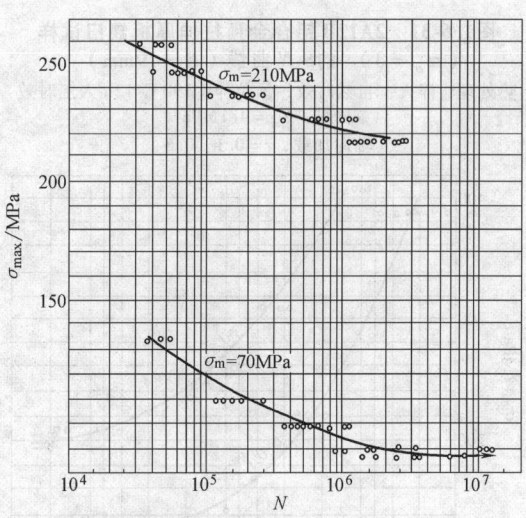

图1.6-29　2A12CZ 铝合金板材缺口试样（ $\alpha_{\sigma}$ = 4 ）
的 $S$-$N$ 曲线（ $\delta$ = 2.5mm ）

热处理：淬火，自然时效

材料： $R_{m}$ =441MPa

轴向加载， $\sigma_{m}$ = 70MPa、210MPa

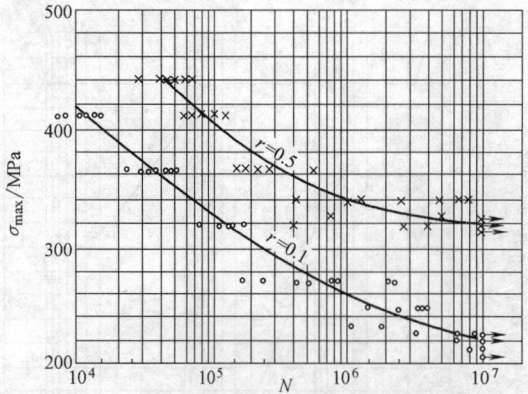

图1.6-30　2A12B 铝合金预拉伸厚板光滑试样
的 S-N 曲线（ δ =19mm ）
热处理：CZ 预拉伸

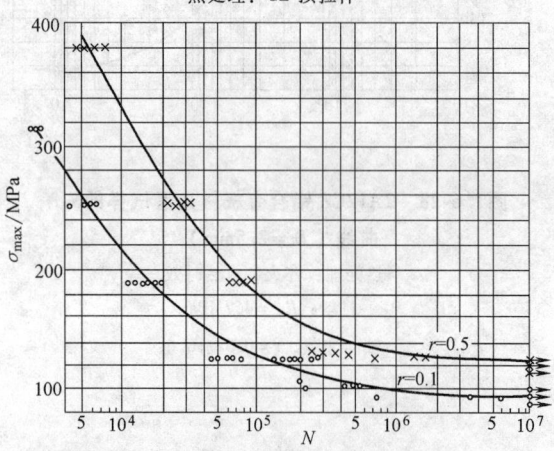

图1.6-31　2A12B 铝合金预拉伸厚板缺口试样
（ $\alpha_\sigma$ =3 ） 的 S-N 曲线（ δ =19mm ）
热处理：淬火，自然时效，预拉伸，190℃ 12h 人工时效
材料：$R_m$ =481MPa
轴向加载，r = 0.1、0.5

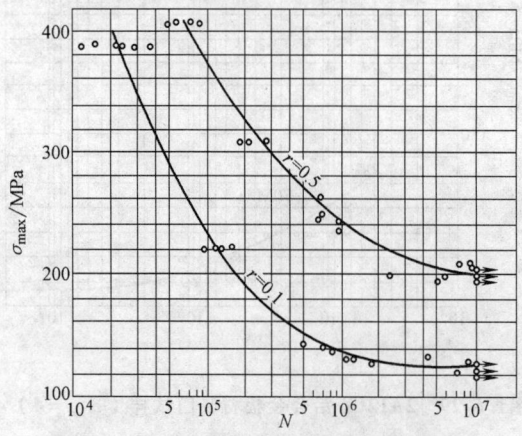

图1.6-32　2A12 CS 铝合金板材光滑试样
的 S-N 曲线（ δ =2.5mm ）
热处理：CS 状态
材料：$R_m$ =429MPa
轴向加载，r = 0.1、0.5

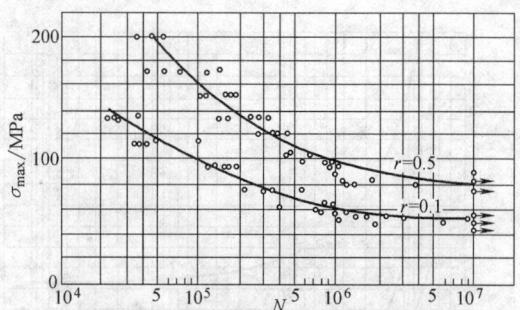

图1.6-33　2A12CS 铝合金板材缺口试样（ $\alpha_\sigma$ =3 ）
的 S-N 曲线（ δ =2.5mm ）
热处理：CS 状态　材料：$R_m$ =429MPa
轴向加载，r = 0.1、0.5

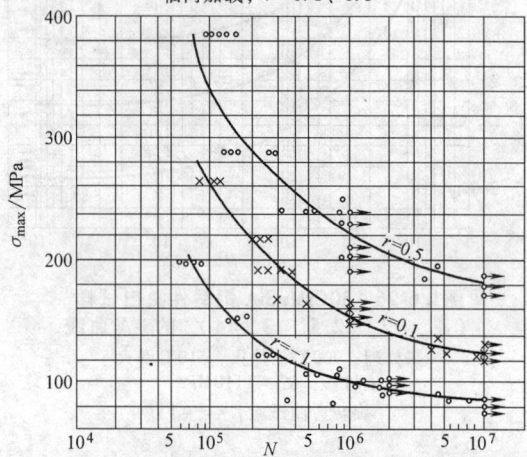

图1.6-34　7A09 高强度铝合金过时效板材光滑试
样的 S-N 曲线（ δ =6mm ）
热处理：460℃ 淬火，110℃ 保温，再 160℃ 保温
材料：$R_m$ =498MPa
轴向加载，r = -1、0.1、0.5

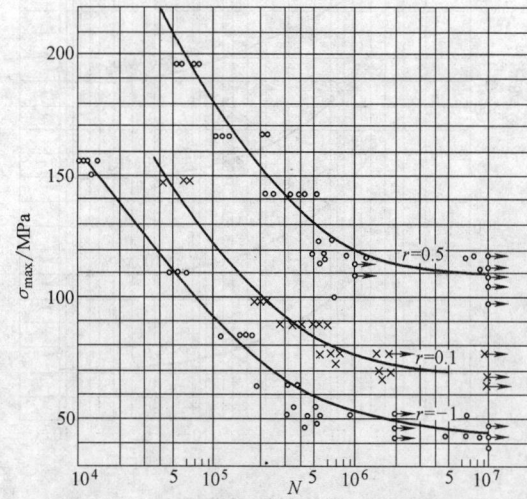

图1.6-35　7A09 高强度铝合金过时效板材缺口试
样（ $\alpha_\sigma$ =3 ） 的 S-N 曲线（ δ =6mm ）
热处理：460℃ 淬火，110℃ 保温，再 160℃ 保温
材料：$R_m$ =498MPa
轴向加载，r = -1、0.1、0.5

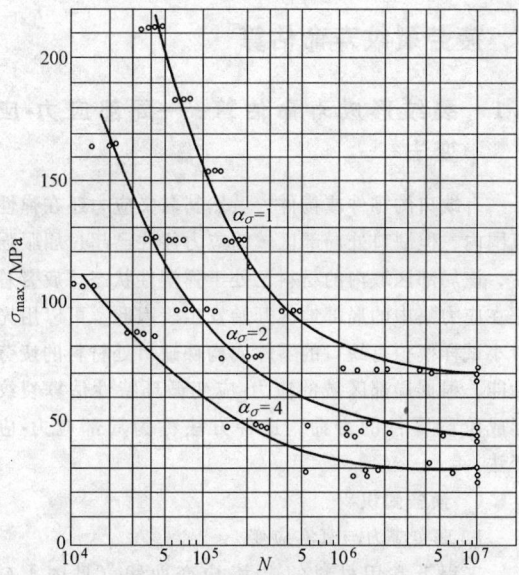

**图1.6-36　7A04 高强度铝合金板材试样（$\alpha_\sigma = 1$、2、4）的 S-N 曲线（$\delta = 2.5$mm）**
热处理：CS 状态　材料：$R_m = 553$MPa
轴向加载，$\sigma_m = 0$

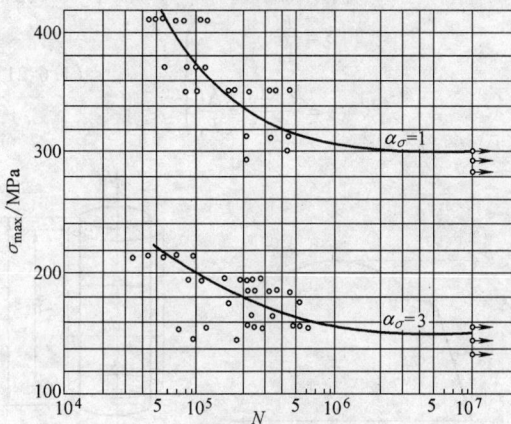

**图1.6-37　2A14 铝合金棒材试样（$\alpha_\sigma = 1$、3）的 S-N 曲线（棒材 $\phi25$mm）**
热处理：CS 状态　材料：$R_m = 541$MPa
轴向加载，$r = 0.1$

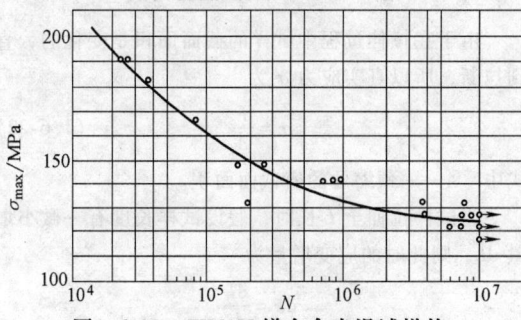

**图1.6-38　ZK61M 镁合金光滑试样的 S-N 曲线（棒材 $\phi20$mm）**
热处理：热挤压，人工时效　材料：$R_m = 330$MPa
旋转弯曲试验，$r = -1$

## 4.4　疲劳极限

常用材料的疲劳极限见表 1.6-4 及表 1.6-5。当缺乏疲劳极限的数值时，可以用下面的经验公式来估算。

**表 1.6-4　常用材料拉压疲劳极限 $\sigma_{-1}$**

| 材料 | 热处理 | 抗拉强度 $R_m$ /MPa | 疲劳强度 $\sigma_{-1}$ /MPa |
|---|---|---|---|
| Q235A | 轧态 | 460 | 204 |
| 45 | 正火 | 623 | 223 |
| 45 | 调质 | 710 | 388 |
| 40Cr | 调质 | 874 | 351 |
| 16Mn | 轧态 | 573 | 273 |
| 2Cr12Mo1V | 淬火，回火 | 817 | 430 |
| 40CrNiMoA | 调质 | 1190 | 1050 |
| 42CrMnSiMoA | 加热，空冷 | 1930 | 732 |
| LC9 | 淬火，时效 | 660 | 170 |
| LC9 过时效 | 淬火，保温 | 508 | 89 |
| LC4 | 淬火，时效 | 549 | 73 |

**表 1.6-5　常用材料扭转疲劳极限 $\tau_{-1}$**

| 材料 | 热处理 | 抗拉强度 $R_m$ /MPa | 疲劳强度 $\tau_{-1}$ /MPa |
|---|---|---|---|
| 45 | 正火 | 623 | 237 |
| 40Cr | 调质 | 874 | 320 |

1）结构钢的对称循环应力的疲劳极限为

拉压　　　$\sigma_{-11} = 0.23(R_{eL} + R_m)$

弯曲　　　$\sigma_{-1} = 0.27(R_{eL} + R_m)$

扭转　　　$\tau_{-1} = 0.15(R_{eL} + R_m)$

2）结构钢的脉动循环应力的疲劳极限为

拉压　　　$\sigma_{01} = 1.42\sigma_{-1}$

弯曲　　　$\sigma_0 = 1.33\sigma_{-1}$

扭转　　　$\tau_0 = 1.5\tau_{-1}$

3）铸铁的疲劳极限为

拉压　$\sigma_{-11} = 0.4R_m$　　$\sigma_{01} = 1.42\sigma_{-11}$

弯曲　$\sigma_{-1} = 0.45R_m$　　$\sigma_0 = 1.33\sigma_{-1}$

扭转　$\tau_{-1} = 0.36R_m$　　$\tau_0 = 1.35\tau_{-1}$

4）球墨铸铁的疲劳极限为

$$\tau_{-1} = 0.26R_m$$

5）铝合金的疲劳极限为

$$\sigma_{-11} = R_m/6 + 75\text{MPa}$$

$$\sigma_{-1} = R_m/6 + 75\text{MPa}$$

$$\sigma_{01} = 1.5\sigma_{-11}$$

6）青铜的弯曲疲劳极限为

$$\sigma_{-1} = 0.21 R_m$$

## 4.5　线性累积损伤理论

图 1.6-39 所示为疲劳线性累积损伤理论示意图。

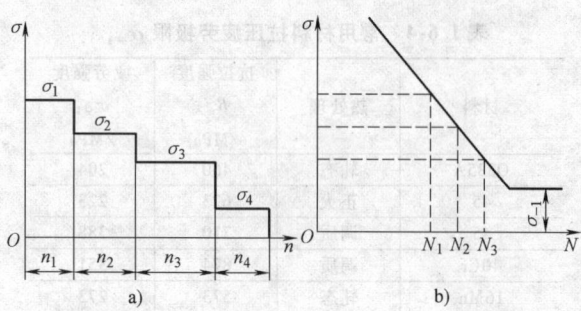

**图1.6-39　疲劳线性累积损伤理论示意图**

a) 变化的应力　b) S-N 曲线

应力 $\sigma_1$ 作用 $n_1$ 次，在该应力水平下材料达到破坏的总循环次数为 $N_1$。设 $D$ 为最终断裂时的损伤临界值，根据线性累积损伤理论，应力 $\sigma_1$ 每作用一次对材料的损伤为 $D/N_1$，经 $n_1$ 次循环作用后，$\sigma_1$ 对材料的总损伤为 $n_1 D/N_1$。同样可找出仅有 $\sigma_2$ 作用后，材料发生破坏的应力循环数 $N_2$，应力 $\sigma_2$ 每循环一次对材料的损伤为 $D/N_2$，经 $n_2$ 次循环后，$\sigma_2$ 对材料的总损伤应为 $n_2 D/N_2$。如此类推，应力 $\sigma_3$ 循环作用 $n_3$ 次对材料造成的总损伤为 $n_3 D/N_3$。应力 $\sigma_4$ 小于材料疲劳极限 $\sigma_{-1}$，它可以作用无限次循环而不引起材料疲劳损伤，计算中可以不予考虑。

当各级应力对材料的损伤总和达到临界值 $D$ 时，材料即发生破坏。用公式表示为

$$\frac{n_1 D}{N_1} + \frac{n_2 D}{N_2} + \frac{n_3 D}{N_3} = D$$

或写成

$$\frac{n_1}{N_1} + \frac{n_2}{N_2} + \frac{n_3}{N_3} = 1$$

推广到普遍的情况时，有

$$\sum_{i=1}^{m} \frac{n_i}{N_i} = 1 \qquad (1.6\text{-}20)$$

式（1.6-20）称为疲劳线性累积损伤方程式，又称迈因纳理论。很多试验证明，式（1.6-20）的右边不一定等于 1.0，而是某一变量 $\alpha$，$\alpha$ 变化的范围为 0.3～3.0，甚至更宽。但大部分数据集中在 1.0 附近。由于迈因定理简单，用它近似地估算零部件寿命还是有一定可靠性的，因此至今在工程中仍然得到广泛的应用。

## 5　疲劳裂纹寿命估算

### 5.1　裂纹形成寿命估算——局部应力-应变法

有缺口的零件或构件，虽然其名义应力还在弹性范围内，但缺口处局部区域的应力往往已超过屈服强度，该局部区域内的材料已处于弹塑性状态，疲劳总是在应力集中的局部地区开始发生。因此，可以用光滑小试样模拟有缺口的零件或构件缺口处材料的疲劳性能，根据局部区域的应力-应变循环特性估算裂纹形成阶段零件的寿命，这种方法称为局部应力-应变法。

#### 5.1.1　预备知识

1. 真实应力与真实应变

工程上常用材料的应力-应变曲线（见图 1.6-40a），是由拉伸试验确定的，其名义应力 $S$ 等于载荷 $F$ 除以原始截面面积 $A$。其名义应变 $e$ 为伸长量 $\Delta L$ 除以原始长度 $L_0$（标注长度，见图 1.6-40b）。即

$$\left. \begin{aligned} S &= \frac{F}{A_0} \\ e &= \frac{L - L_0}{L_0} = \frac{\Delta L}{L_0} \end{aligned} \right\} \qquad (1.6\text{-}21)$$

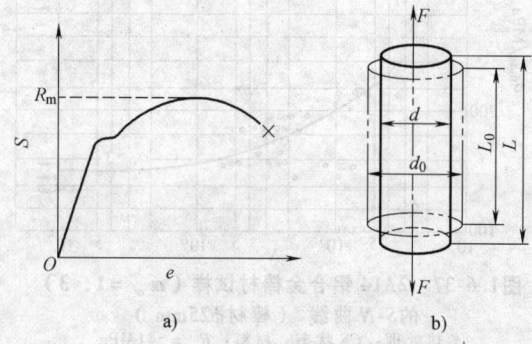

**图1.6-40　应力-应变曲线**

由于在拉伸过程中试样的截面面积是变化的，直到拉断，所以真实应力 $\sigma$ 为

$$\sigma = \frac{F}{A} \qquad (1.6\text{-}22)$$

式中　$A$——颈缩处的横截面面积。

当试样拉伸至 $L$ 长时，假设试样长度有一微小增量 $\mathrm{d}L$，则此时的应变增量为

$$\mathrm{d}\varepsilon = \frac{\mathrm{d}L}{L}$$

上式由 $L_0$ 至 $L$ 积分，得真实应变为

$$\varepsilon = \ln \frac{L}{L_0} \qquad (1.6\text{-}23)$$

真实应力、应变与名义应力、应变关系为

$$\sigma = S(1 + e) \qquad (1.6\text{-}24)$$

$$\varepsilon = \ln(1 + e) \qquad (1.6\text{-}25)$$

真实应变反映了物体变形的实际情况，也称为自然应变或对数应变；名义应变也称为工程应变。在大应变问题中，只有用真实应变才能得出合理的结果。

2. 玛辛特性

改变应力水平，可以得到不同应力水平下的滞后回线。图 1.6-41a 所示为不同应力水平下的滞后回线：$ADA$、$BEB$、$CFC$，将坐标轴平移，使原点与各滞后回线的最低点相重合，若滞后回线的最高点的连线与其上行段迹线相吻合（见图 1.6-41b），则该材料具有玛辛特性，称为玛辛材料。

将材料的循环 $\sigma\text{-}\varepsilon$ 曲线画于图 1.6-41b 上可以看出，滞后回线上行段迹线的纵坐标为循环 $\sigma\text{-}\varepsilon$ 曲线的纵坐标的两倍。

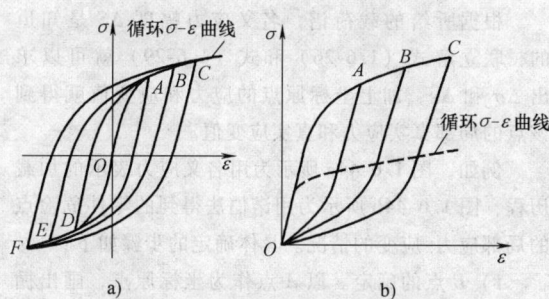

图1.6-41　坐标轴平移后的滞后回线

3. 材料的记忆特性

图 1.6-42a 所示为载荷-时间历程，图 1.6-42b 所示为材料在该载荷-时间历程中的应力-应变响应。加载时由 1 到 2，相应的应力-应变响应由 $A$ 到 $B$；由 2 到 3 加反向载荷时，应力-应变曲线由 $B$ 到 $C$；再由 3 到 2′加载时，应力-应变曲线由 $C$ 到 $B'$，$B'$ 和 $B$ 重合。此后继续加载，则应力-应变曲线并不沿 $CB'$ 曲线的延长线（图中虚线所示），而是急剧转弯沿原先

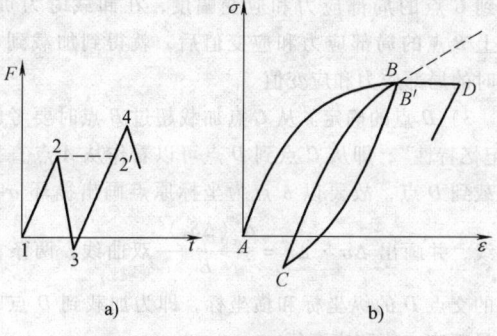

图1.6-42　材料的记忆特性

$AB$ 曲线的延长线，似乎材料"记忆"了原先的路径，这就是材料的记忆特性。

4. 载荷顺序效应

缺口零件在拉伸载荷作用下，缺口根部应力集中处材料发生屈服。卸载后因处于弹性状态的材料要回复原来的状态，而已塑性变形的材料阻止这种回复行为，故两者相互挤压，使缺口根部产生残余压应力。如大载荷环后面紧接着出现小载荷环，则该小载荷环引起的应力将叠加在这个残余应力之上，因此该小载荷环所造成的损伤受到前面大载荷环的影响，而且这种影响往往是很大的。图 1.6-43 所示的两种载荷-时间历程，除第一载荷环外，二者都相同，只是第一个大载荷环的过载方向不同。图 1.6-43a 所示的大载荷环以压缩载荷结束，应力集中处产生残余拉应力（$+\sigma_m$）。图 1.6-43b 所示的大载荷环以拉伸载荷结束，应力集中处产生残余压应力（$-\sigma_m$）。由于两种载荷-时间历程所产生的残余应力不同，所以滞后回线的形状不同，即载荷顺序对局部应力-应变是有影响的。

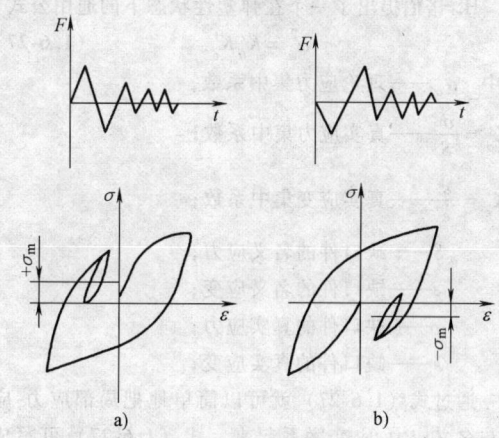

图1.6-43　载荷顺序对滞后回线的影响

### 5.1.2　局部应力-应变分析

1. 滞后回线方程式

局部应力-应变法认为，在疲劳强度问题中，材料的本构关系由循环应力-应变曲线确定。材料的滞后回线形状是通过循环应力-应变曲线来描述的。因此，循环 $\sigma\text{-}\varepsilon$ 曲线在局部应力-应变法中具有特殊重要的位置。循环应力-应变曲线用幅度表达的方程式为

$$\frac{\Delta\varepsilon}{2} = \frac{\Delta\sigma}{2E} + \left(\frac{\Delta\sigma}{2K'}\right)^{\frac{1}{n'}} \qquad (1.6\text{-}26)$$

对于具有玛辛特性的材料，若使坐标原点与各应力水平下的滞后回线最低点相重合，则滞后回线的最

高点的连线与其上行段迹线相吻合（见图 1.6-41）。许多试验表明，多数金属材料的滞后回线，可以用放大一倍后的循环 $\sigma$-$\varepsilon$ 曲线来近似描述。这样，就可以得出下面的滞后回线方程式，即

加载时

$$\frac{\varepsilon - \varepsilon_r}{2} = \frac{\sigma - \sigma_r}{2E} + \left(\frac{\sigma - \sigma_r}{2K'}\right)^{\frac{1}{n'}}$$

卸载时

$$\frac{\varepsilon_r - \varepsilon}{2} = \frac{\sigma_r - \sigma}{2E} + \left(\frac{\sigma_r - \sigma}{2K'}\right)^{\frac{1}{n'}}$$

式中　$\varepsilon_r$、$\sigma_r$——滞后回线顶点的坐标。

### 2. 诺伯法

确定局部应力-应变的方法有电阻应变计测定法、光弹性法、脆性漆涂层法和云纹法等试验方法，以及用有限元法求数值解。弹塑性有限元法是计算局部应力-应变较精确的方法，但由于计算工作量大，目前工程上倾向于采用简单的近似方法，如诺伯法、线性应变法、修正的斯托威尔法和莫若斯基等效能量法等。其中，应用最多的是诺伯法。

H. 诺伯提出了一个在弹塑性状态下的通用公式

$$\alpha_\sigma^2 = K'_\sigma K'_\varepsilon \qquad (1.6\text{-}27)$$

式中　$\alpha_\sigma$——理论应力集中系数；

$K'_\sigma = \dfrac{\sigma}{S}$——真实应力集中系数；

$K'_\varepsilon = \dfrac{\varepsilon}{e}$——真实应变集中系数；

$\quad S$——缺口件的名义应力；

$\quad e$——缺口件的名义应变；

$\quad \sigma$——缺口件的真实应力；

$\quad \varepsilon$——缺口件的真实应变；

通过式（1.6-27）就可以简单地把局部应力-应变与名义应力-应变联系起来。式（1.6-27）可写成下面的形式，即

$$\sigma\varepsilon = \alpha_\sigma^2 S e$$

一般情况下，名义应力和名义应变均在弹性范围内，即有 $S = Ee$。故有

$$\sigma\varepsilon = \frac{(\alpha_\sigma S)^2}{E} \qquad (1.6\text{-}28)$$

由此可见，当名义应力确定后，$\sigma\varepsilon = \dfrac{(\alpha_\sigma S)^2}{E}$ 是个常数，称为诺伯常数。于是式（1.6-28）可以写成 $\sigma\varepsilon = C$。这是一个双曲线方程，也称为诺伯双曲线。

如果已知 $\alpha_\sigma$、$S$ 和 $E$，再结合材料的 $\sigma$-$\varepsilon$ 曲线就可以算出相应的局部应力和应变，如图 1.6-44 所示。

将式（1.6-28）改写成幅度形式为

$$\Delta\sigma \cdot \Delta\varepsilon = \frac{\alpha_\sigma^2 (\Delta S)^2}{E} \qquad (1.6\text{-}29)$$

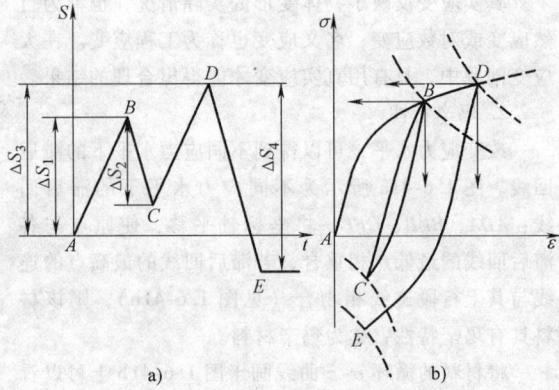

**图1.6-44　诺伯法确定局部应力-应变**
a) 名义应力历程　b) 局部应力-应变的确定

根据所给的载荷谱，名义应力幅度 $\Delta S$ 是知道的，联立解式（1.6-26）和式（1.6-29）就可以求出 $\Delta\sigma$ 和 $\Delta\varepsilon$，加上坐标原点的应力和应变值就得到该点的局部真实应力和真实应变值。

例如，图 1.6-44a 所示为用名义应力表示的加载历程，图 1.6-44b 所示为用诺伯法得到的零件危险点的局部应力-应变的情况。具体确定的步骤如下：

1）B 点的确定。以 A 点作为坐标原点，画出循环 $\sigma$-$\varepsilon$ 曲线，并用 AB 间的名义应力幅度 $\Delta S_1$ 画出 $\Delta\sigma \cdot \Delta\varepsilon = \dfrac{\alpha_\sigma^2 (\Delta S_1)^2}{E}$ 双曲线，这两条曲线的交点 B 的纵坐标和横坐标，就是加载到 B 点时的局部应力和局部应变值。

2）C 点的确定。以 B 点作为坐标原点，向下画出滞后回线（两倍于循环 $\sigma$-$\varepsilon$ 曲线），并用 BC 间的名义应力幅度 $\Delta S_2$ 画出 $\Delta\sigma \cdot \Delta\varepsilon = \dfrac{\alpha_\sigma^2 (\Delta S_2)^2}{E}$ 双曲线，这两条曲线的交点 C 的纵坐标和横坐标，即为从 B 点到 C 点的局部应力和应变幅度，在卸载时为负。加上 B 点的局部应力和应变值后，就得到加载到 C 点时的局部应力和应变值。

3）D 点的确定。从 C 点加载超过 B 点时要考虑"记忆特性"，即从 C 点到 D 点可以看作从 A 点直接加载到 D 点，故要以 A 点为坐标原点画出循环 $\sigma$-$\varepsilon$ 曲线，并画出 $\Delta\sigma \cdot \Delta\varepsilon = \dfrac{\alpha_\sigma^2 (\Delta S_3)^2}{E}$ 双曲线，两条曲线的交点 D 的纵坐标和横坐标，即为加载到 D 点时的局部应力值和应变值。

4）$E$ 点的确定。以 $D$ 点作为坐标原点向下画出滞后回线，并画出 $\Delta\sigma \cdot \Delta\varepsilon = \dfrac{\alpha_\sigma^2 (\Delta S_4)^2}{E}$ 双曲线，由这两条曲线的交点 $E$ 的纵坐标和横坐标，得到从 $D$ 点到 $E$ 点的局部应力和应变幅度，在卸载时为负。加上 $D$ 点的局部应力和应变值后，就得到加载到 $E$ 点时的局部应力和应变值。

按这个步骤对名义应力谱编制程序，在计算机上进行计算。

试验证明，诺伯公式高估了局部应力和应变。因此，有许多研究者提出，把公式中的理论应力集中系数 $\alpha_\sigma$ 改为有效应力集中系数 $K_\sigma$，得诺伯修正公式

$$\Delta\sigma \cdot \Delta\varepsilon = \frac{K_\sigma^2 (\Delta S)^2}{E} \tag{1.6-30}$$

### 5.1.3 裂纹形成寿命估算方法

1. 损伤计算

局部应力-应变法计算损伤的出发点是应变-寿命关系式：

$$\frac{\Delta\varepsilon}{2} = \frac{\Delta\varepsilon_e}{2} + \frac{\Delta\varepsilon_p}{2} = \frac{\sigma_f'}{E}(2N)^b + \varepsilon_f'(2N)^c \tag{1.6-31}$$

式中 $\Delta\varepsilon_e$——弹性应变幅度；
$\Delta\varepsilon_p$——塑性应变幅度；
$\sigma_f'$——疲劳强度系数；
$b$——疲劳强度指数；
$E$——材料的弹性模量；
$\varepsilon_f'$——疲劳塑性系数；
$c$——疲劳塑性指数。

这里的 $N$ 为反向次数，"$2N$" 在等幅循环载荷中为循环次数。式（1.6-31）称为曼森-科芬方程，该方程也可分开写成

$$\frac{\Delta\varepsilon_e}{2} = \frac{\sigma_f'}{E}(2N)^b \tag{1.6-32}$$

$$\frac{\Delta\varepsilon_p}{2} = \varepsilon_f'(2N)^c \tag{1.6-33}$$

$\varepsilon$-$N$ 曲线是在对称循环条件下得出的。对于复杂载荷-时间历程作用下的疲劳问题，平均应力的存在是不可避免的，因此需要对式（1.6-32）和式（1.6-33）进行修正。

当材料处于弹性范围时，平均应力对疲劳寿命的影响很大。而当材料出现塑性变形后，由于平均应力的松弛效应，其影响就大大减弱了。所以通常只对 $\varepsilon$-$N$ 曲线的弹性部分，即式（1.6-32）予以修正。一般应用的修正公式为

$$\sigma_r = \sigma_a \frac{\sigma_f'}{\sigma_f' - \sigma_m} \tag{1.6-34}$$

式中 $\sigma_a$——应力幅；
$\sigma_m$——平均应力；
$\sigma_r$——等效应力幅；

修正后的应变-寿命关系为

$$\frac{\Delta\varepsilon_e}{2} = \frac{\sigma_f' - \sigma_m}{E}(2N)^b \tag{1.6-35}$$

$$\frac{\Delta\varepsilon_p}{2} = \varepsilon_f'(2N)^c \tag{1.6-36}$$

根据上述的寿命关系式，即式（1.6-32）、式（1.6-33）和式（1.6-35），采用不同的损伤参量，可以得到不同的损伤公式。目前，局部应力-应变法中常用的损伤公式有以下几种：

1）兰德格拉夫损伤公式。R. W. 兰德格拉夫认为，损伤由 $\Delta\varepsilon_p$ 与 $\Delta\varepsilon_e$ 的比值来控制。由式（1.6-32）、式（1.6-33）可推导出每个局部应变为 $\Delta\varepsilon(=\varepsilon_p + \varepsilon_e)$ 的应变循环造成的损伤为

$$\frac{1}{N} = 2\left(\frac{\sigma_f'}{E\varepsilon_f'} \cdot \frac{\Delta\varepsilon_p}{\Delta\varepsilon_e}\right)^{\frac{1}{b-c}} \tag{1.6-37}$$

计入平均应力影响，得修正后的损伤公式为

$$\frac{1}{N} = 2\left(\frac{\sigma_f'}{E\varepsilon_f'} \cdot \frac{\Delta\varepsilon_p}{\Delta\varepsilon_e} \cdot \frac{\sigma_f'}{\sigma_f' - \sigma_m}\right)^{\frac{1}{b-c}} \tag{1.6-38}$$

2）道林损伤公式。N. E. 道林等人认为，以过渡疲劳寿命 $N_T$ 为界，当 $\varepsilon_p > \varepsilon_e$ 时，应该以塑性应变分量为损伤参量，此时损伤公式为

$$\frac{1}{N} = 2\left(\frac{\varepsilon_f'}{\varepsilon_p}\right)^{\frac{1}{c}} \tag{1.6-39}$$

当 $\varepsilon_p < \varepsilon_e$ 时，应该以弹性应变分量为损伤参量，损伤公式为

$$\frac{1}{N} = 2\left(\frac{\sigma_f'}{E\varepsilon_e}\right)^{\frac{1}{b}} \tag{1.6-40}$$

若考虑平均应力的影响进行修正，则有

$$\frac{1}{N} = 2\left(\frac{\sigma_f' - \sigma_m}{E\varepsilon_e}\right)^{\frac{1}{b}} \tag{1.6-41}$$

3）史密斯损伤公式 K. N. 史密斯等人为了反映平均应力的影响，对试验结果进行了分析，提出用 $\sigma_{max}\Delta\varepsilon$ 来计算损伤，并推导出损伤公式

$$\sigma_{max}\Delta\varepsilon = \frac{2\sigma_f'^2}{E}(2N)^{2b} + 2\sigma_f'\varepsilon_f'(2N)^{b+c} \tag{1.6-42}$$

该方程要用数值方法求解。

上面的三种损伤公式，在具体问题中应选用哪个公式，目前工程上尚无定论。

**2. 估算裂纹形成寿命的步骤**

局部应力-应变法估算裂纹形成寿命的步骤如下：

1）把载荷谱、材料性能常数和应力集中系数作为输入计算机的信息。

2）对载荷-时间历程进行循环计数。

3）根据载荷-时间历程确定名义应力和应变-时间历程。

4）根据选定的损伤公式，按循环计数的结果计算每一个载荷循环造成的损伤。

5）对损伤进行累积计算，即根据累积损伤公式算出裂纹形成寿命。

目前有许多商业工程软件有局部应力-应变法估算裂纹形成寿命的功能，可以直接应用。

## 5.2　裂纹扩展寿命估算

### 5.2.1　脆断与裂纹扩展的判别

将作用于一个有裂纹的零件或试样上的拉力增大，裂纹尖端的应力强度因子 $K_I$ 也随之增大，当 $K_I$ 增大到临界值时，零件中的裂纹在一般情况下将发生突然的失稳扩展。这个应力强度因子的临界值，称为临界应力强度因子，它也就是材料的断裂韧度。如果裂纹尖端处于平面应变状态，则断裂韧度的数值最低，称为平面应变断裂韧度，用 $K_{Ic}$ 表示。

试验和理论分析表明，材料的断裂韧度随试样厚度 $B$ 的增加而下降。当板厚增加到一定值以后，断裂韧度降至最低值，成为平面应变断裂韧度 $K_{Ic}$。

由上面的讨论可知，一个带裂纹的物体，其裂纹尖端的应力场的强弱，对于 Ⅰ 型裂纹可用 $K_I$ 来定量描述，而材料在平面应变状态下抵抗裂纹扩展的能力，可用 $K_{Ic}$ 来评定。所以，由这两个量的相对大小，就可以判断裂纹体是否发生脆断，脆断判据为

$$K_I \geqslant K_{Ic}$$

在实际工程问题中，由试验测定材料的断裂韧度 $K_{Ic}$，通过无损探伤测定零件中的最大裂纹尺寸 $a_0$，根据 $K_{Ic} = F\sigma\sqrt{\pi a_c}$ 求得裂纹扩展时的临界尺寸 $a_c$。当 $a < a_c$ 时，按照脆断判据，零件是安全的，表示在静载下不会发生脆断。但是在循环载荷作用下，裂纹可能由 $a_0$ 逐渐扩展到临界尺寸 $a_c$ 而突然发生脆断。这种裂纹扩展阶段寿命的估算，成为疲劳寿命估算的一个重要的组成部分。

在低应力强度因子幅度内，对各种材料的疲劳裂纹扩展特性所作的试验研究指出，当裂纹长度在 0.025 ~ 0.25mm 的条件下，外界应力强度因子幅度 $\Delta K_I$ 小于某一门槛值 $\Delta K_{th}$ 时，裂纹就不再发生扩展，此值称为"疲劳裂纹扩展门槛值"。部分材料的 $\Delta K_{th}$ 值见表 1.6-6。

**表 1.6-6　材料疲劳裂纹扩展门槛值 $\Delta K_{th}$**

| 材料 | 抗拉强度 $R_m$ /MPa | 应力强度因子比 $r$ | $\Delta K_{th}$（裂纹长度为 0.5 ~ 5mm）/MPa·$\sqrt{m}$ | 材料 | 抗拉强度 $R_m$ /MPa | 应力强度因子比 $r$ | $\Delta K_{th}$（裂纹长度为 0.5 ~ 5mm）/MPa·$\sqrt{m}$ |
|---|---|---|---|---|---|---|---|
| 低碳钢 | 430 | -1 | 6.36 | 铬镍铁合金（80% Ni、14% Cr、6% Fe） | 415 | -1 | 6.39 |
| | | 0.13 | 6.61 | | | 0 | 7.13 |
| | | 0.35 | 5.15 | | | 0.57 | 4.71 |
| | | 0.49 | 4.28 | | | 0.71 | 3.94 |
| | | 0.64 | 3.19 | 4.5% Cu-Al 合金 | 446 | -1 | 2.09 |
| | | 0.75 | 3.85 | | | 0 | 2.09 |
| 镍铬钢 | 919 | -1 | 6.36 | | | 0.33 | 1.65 |
| 马氏体时效钢 | 1990 | 0.67 | 2.70 | | | 0.50 | 1.54 |
| 镍铬高强度钢 | 1686 | -1 | 1.76 | | | 0.67 | 1.21 |
| 18/8 奥氏体不锈钢 | — | -1 | 6.05 | 低合金结构钢 | 830 | -1 | 6.26 |
| | | 0 | 6.05 | | | 0 | 6.57 |
| | | 0.33 | 5.92 | | | 0.33 | 5.05 |
| | | 0.62 | 4.62 | | | 0.50 | 4.40 |
| | | 0.74 | 4.06 | | | 0.64 | 3.29 |
| 铝 | 76 | -1 | 1.02 | | | 0.75 | 2.20 |
| | | 0 | 1.65 | 铜 | 215 | -1 | 2.67 |
| | | 0.33 | 1.43 | | | 0 | 2.53 |
| | | 0.53 | 1.21 | | | | |

（续）

| 材料 | 抗拉强度 $R_m$ /MPa | 应力强度因子比 $r$ | $\Delta K_{th}$（裂纹长度为 0.5～5mm）/MPa·$\sqrt{m}$ | 材料 | 抗拉强度 $R_m$ /MPa | 应力强度因子比 $r$ | $\Delta K_{th}$（裂纹长度为 0.5～5mm）/MPa·$\sqrt{m}$ |
|---|---|---|---|---|---|---|---|
| 铜 | 215 | 0.33 | 1.76 | 黄铜 (60/40) | 323 | 0.33 | 3.08 |
|  |  | 0.56 | 1.54 |  |  | 0.51 | 2.64 |
|  |  | 0.80 | 1.32 |  |  | 0.72 | 2.64 |
| 磷青铜 | 323 | -1 | 3.75 | 钛（工业纯） | 539 | 0.62 | 2.20 |
|  |  | 0.33 | 4.06 | 镍 | 431 | -1 | 5.92 |
|  |  | 0.50 | 3.19 |  |  | 0 | 7.91 |
|  | 362 | 0.74 | 2.42 |  |  | 0.33 | 6.48 |
| 黄铜 (60/40) | 323 | -1 | 3.08 |  |  | 0.57 | 5.15 |
|  |  | 0 | 3.50 |  |  | 0.71 | 3.63 |

注：应力强度因子比 $r = K_{min}/K_{max}$，当不计裂纹闭合效应时，它等于应力比。

#### 5.2.2　疲劳裂纹扩展速度

在疲劳裂纹扩展速度与应力强度因子幅度的关系图上，可以看出裂纹扩展速度曲线可以分为三个区：Ⅰ区为裂纹不扩展的区域；Ⅱ区中，$\lg(da/dN)$ 与 $\lg(\Delta K)$ 基本上成线性关系；Ⅲ区为裂纹失稳扩展区。其中，Ⅱ区最为重要，常用帕里斯公式来描述

$$\frac{da}{dN} = C(\Delta K)^m \qquad (1.6\text{-}43)$$

考虑到Ⅲ区的特点和平均应力的影响，可以得到福尔曼公式

$$\frac{da}{dN} = \frac{C(\Delta K)^m}{(1-r)K_c - \Delta K} \qquad (1.6\text{-}44)$$

式中　$r$——应力强度因子比；

$C$、$m$——材料常数。

部分材料的裂纹扩展速度公式（帕里斯公式）中的材料常数 $C$ 及 $m$ 数值见表 1.6-7。

**表 1.6-7　部分材料的裂纹扩展帕里斯公式中的材料常数 $C$ 及 $m$**

| 材料名称 | $C$ | $m$ | 材料名称 | $C$ | $m$ |
|---|---|---|---|---|---|
| 软钢 | $2.96 \times 10^{-9}$ | 3.3 | 34CrNi3MoV | $2.10 \times 10^{-9}$ | 3.18 |
| 25 钢 | $6.49 \times 10^{-10}$ | 3.6 | 14MnMoNbB | $2.61 \times 10^{-8}$ | 2.5 |
| 30 钢 | $9.30 \times 10^{-11}$ | 4.6 | 14MnMoVB | $6.71 \times 10^{-9}$ | 3.0 |
| 40 钢 | $1.04 \times 10^{-9}$ | 3.0 | 18MnMoNb | $1.82 \times 10^{-10}$ | 3.8 |
| 40A 钢 | $1.15 \times 10^{-9}$ | 3.58 | 20SiMn2MoV | $2.92 \times 10^{-8}$ | 2.4 |
| 45 钢 | $9.59 \times 10^{-9}$ | 2.75 | 30CrNiMoA | $(1.51 \sim 2.65) \times 10^{-8}$ | 2.5 |
| 15MnMoVCu | $1.12 \times 10^{-9}$ | 3.6 | 14SiMnCrNiMoA | $5.95 \times 10^{-8}$ | 2.44 |
| 22K | $4.11 \times 10^{-10}$ | 4.05 | 30CrMnSiNi2MoA | $1.74 \times 10^{-8}$ | 2.44 |
| 20G | $1.25 \times 10^{-8}$ | 2.58 | 50Mn18Cr4WN | $3.51 \times 10^{-10}$ | 3.7 |
| 铁素体珠光体钢 | $7.04 \times 10^{-9}$ | 3.0 | GH36 | $1.78 \times 10^{-8}$ | 2.63 |
| 奥氏体钢 | $5.84 \times 10^{-9}$ | 3.25 | 马氏体钢 | $1.39 \times 10^{-7}$ | 2.25 |
| 12Cr13 | $1.14 \times 10^{-7}$ | 2.14 | HY-130 | $5.01 \times 10^{-8}$ | 2.13 |
| 17CrMo1V | $1.18 \times 10^{-8}$ | 2.58 | HY-80 | $2.84 \times 10^{-8}$ | 2.54 |
| 34CrMo1A | $5.67 \times 10^{-9}$ | 2.97 | 铝合金 7A09 | $2.16 \times 10^{-8}$ | 3.96 |
| 30Cr2MoV | $5.69 \times 10^{-10}$ | 3.68 | 铝合金 2A14 | $2.35 \times 10^{-7}$ | 3.44 |
| 34CrNi3Mo | $2.47 \times 10^{-8}$ | 2.5 |  |  |  |

注：公式 $\frac{da}{dN} = C(\Delta K)^m$ 中，$\Delta K$ 以 MPa·$\sqrt{m}$ 计，$\frac{da}{dN}$ 以 mm/次计；如果 $\frac{da}{dN}$ 以 m/次计时，$C$ 值当乘以 $10^{-3}$。

图 1.6-45～图 1.6-54 为 $\frac{da}{dN}$-$\Delta K$ 曲线。其中图 1.6-51～图 1.6-53 为在腐蚀环境下的 da/dN-$\Delta K$ 曲线；图 1.6-54 为在高温下的 da/dN-$\Delta K$。在腐蚀和高温下的 da/dN-$\Delta K$ 曲线，频率的影响很大。

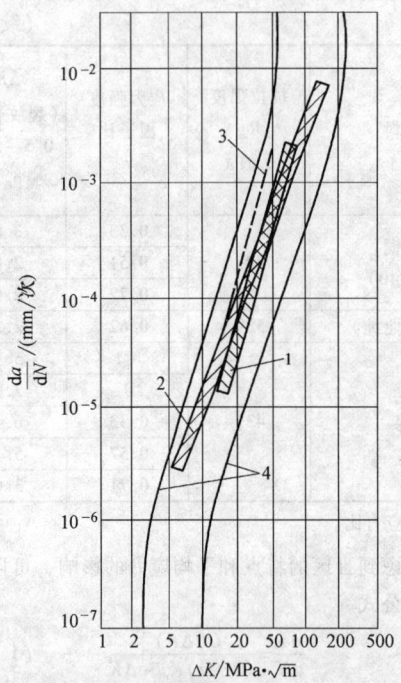

**图1.6-45　钢的疲劳裂纹扩展速度的离散带**

1—铁素体珠光体钢　2—马氏体钢

3—奥氏体不锈钢　4——般离散带

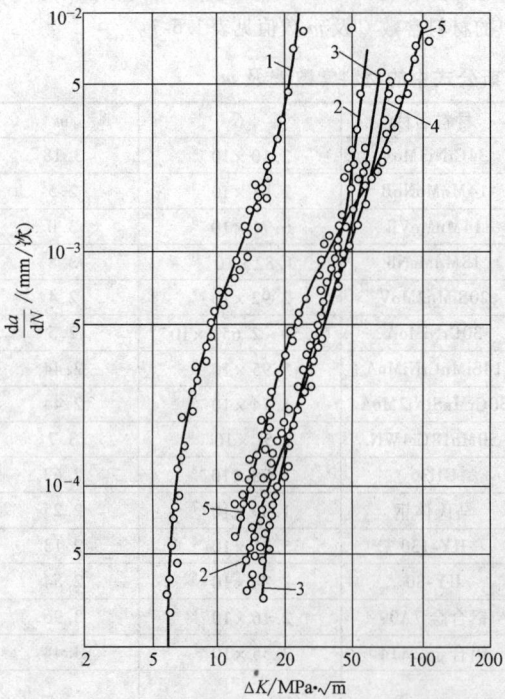

**图1.6-46　几种材料的裂纹扩展速度曲线**

1—铝合金 2024-T4（相当于中国的 2A12）

2—SS41（相当于中国的 Q225-A）

3—S45C（相当于中国 45 钢）

4—HT-60　5—HT-80

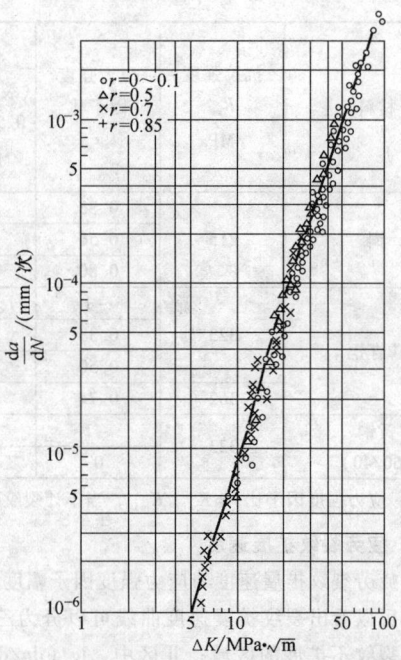

**图1.6-47　BS4360-50D 钢板的裂纹扩展速度**

**曲线（空气中，　轴向加载）**

钢板厚度：76mm

钢的化学成分（质量分数）：0.18% C、

0.37% Si、1.38% Mn、0.034% Nb

力学性能：$R_m = 545MPa$　$R_{eL} = 360MPa$

室温下试验，频率 $f = 1 \sim 10Hz$

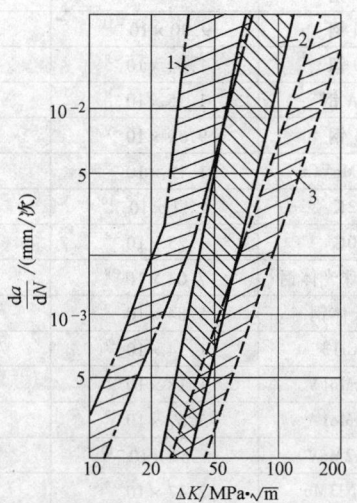

**图1.6-48　几种材料的裂纹**

**扩展速度变化范围**

1—硬铝合金　2—钛合金

3—碳素钢、合金钢

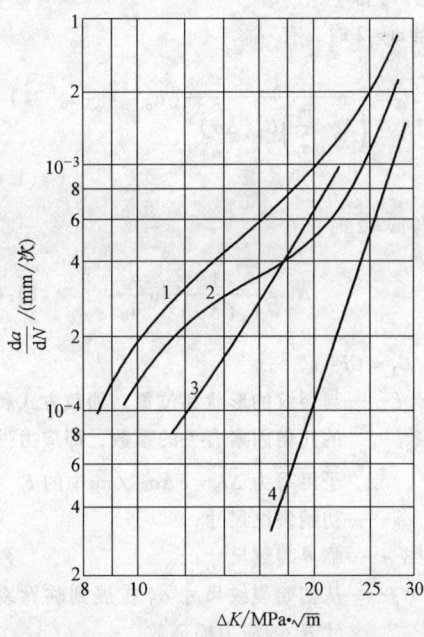

**图1.6-49　2024-T3 和7075-T6 铝合金的**
**裂纹扩展速度 （试验频率 f = 20Hz ）**

1—7075-T6，实验室空气　2—2024-T3，实验室空气
3—7075-T6，干空气　4—2024-T3，干空气

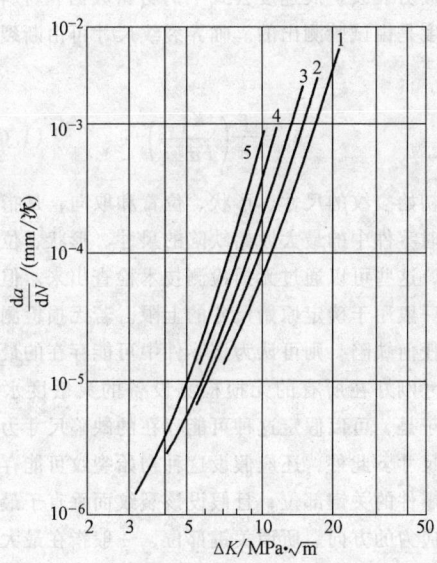

**图1.6-50　7075-T6 铝合金的裂纹扩展速度**

应力强度因子比值 $r = \dfrac{K_{min}}{K_{max}}$ 如下：

1—$r$ = 0.103　2—$r$ = 0.231　3—$r$ = 0.333
4—$r$ = 0.455　5—$r$ = 0.524

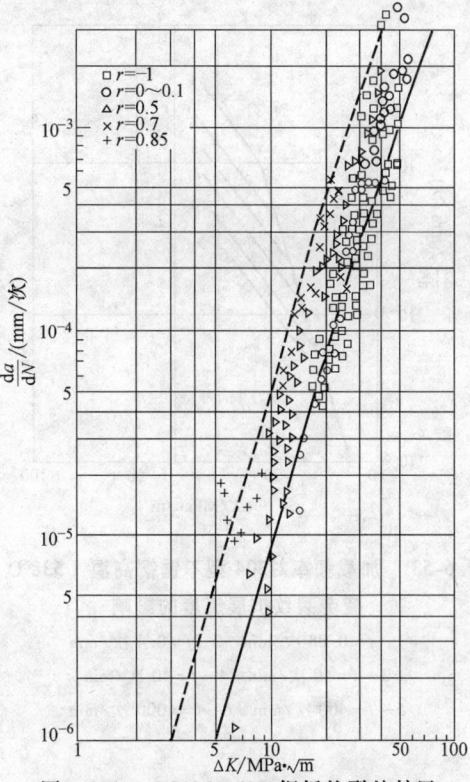

**图1.6-51　BS4360-50D 钢板的裂纹扩展**
**速度 （海水中， 轴向加载）**

钢板厚度：38mm　钢的化学成分（质量分数）：
0.17% C、0.35% Si、1.35% Mn、0.03% Nb
力学性能：$R_m$ = 538MPa　$R_{eL}$ = 370MPa
试验温度：5~10℃　试验频率：$f$ = 0.1Hz

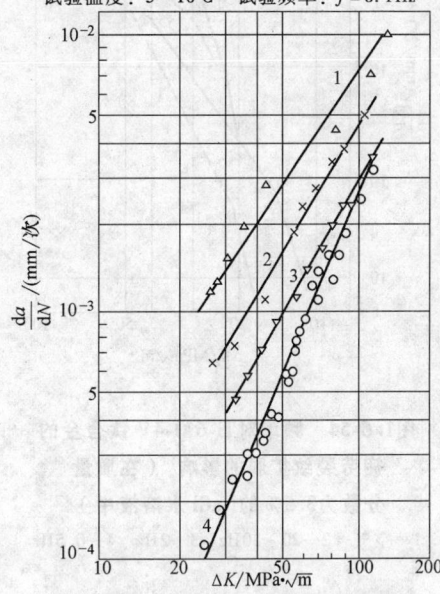

**图1.6-52　HY-130 海军合金钢在天然**
**流动海水中的疲劳裂纹扩展速度**

1—海水（-1050mV），频率 $f$ = 1 次/min
2—海水（-1050mV），频率 $f$ = 10 次/min
3—海水（-665mV），频率 $f$ = 10 次/min
4—实验室空气，频率 $f$ = 30 次/min

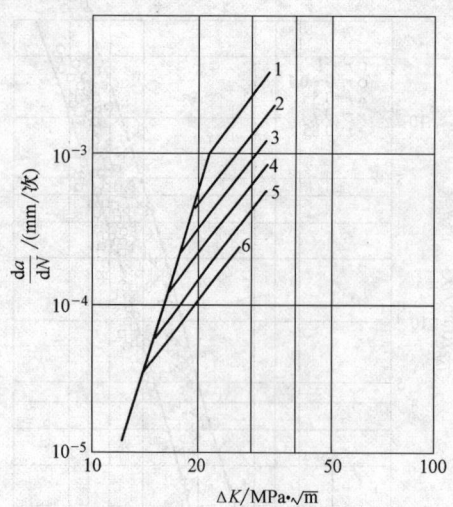

**图1.6-53    加载频率对304型不锈钢高温（538℃）**
**疲劳裂纹扩展速度的影响**

1—$f = 0.08$ 次/min    2—$f = 0.4$ 次/min

3—$f = 40$ 次/min    4—$f = 40$ 次/min

5—$f = 400$ 次/min    6—$f = 4000$ 次/min

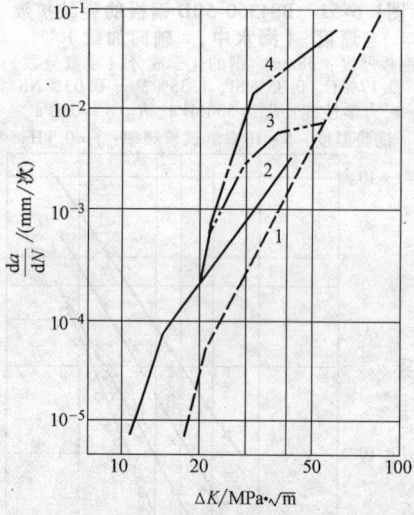

**图1.6-54    频率对Ti-6Al-4V 钛合金的**
**疲劳裂纹扩展的影响 （在质量**
**分数为3.5%的NaCl水溶液中）**

1—空气    2—20～30Hz    3—2Hz    4—0.5Hz

### 5.2.3    疲劳裂纹扩展寿命估算方法与算例

对于线弹性裂纹体或准线弹性裂纹体，一般情况下用帕里斯裂纹扩展速度公式（1.6-43）估算裂纹扩展寿命是合理的，根据式（1.6-43）计算裂纹扩

展寿命 $N_p$ 得

当 $m \neq 2$ 时，有

$$N_p = \frac{1}{\left(1 - \frac{m}{2}\right)C_1(\Delta\sigma)^m}\left(a_c^{1-\frac{m}{2}} - a_0^{1-\frac{m}{2}}\right)$$

(1.6-45)

当 $m = 2$ 时，有

$$N_p = \frac{1}{C_1(\Delta\sigma)^2}\ln\frac{a_c}{a_0}$$    (1.6-46)

式中    $C_1 = CF^m\pi^{m/2}$；

$F$——与裂纹的形状和位置、加载方式和试样的几何因素有关的系数，即应力强度因子可写为 $\Delta K = F\Delta\sigma\sqrt{\pi a}$ 中的 $F$

$a_0$——初始裂纹尺寸；

$a_c$——临界裂纹尺寸；

$N_p$——从初始裂纹尺寸 $a_0$ 扩展到临界裂纹尺寸 $a_c$ 的应力循环数。

应用式（1.6-45）和式（1.6-46）估算零件的疲劳裂纹扩展寿命时，需要知道的基本数据有：在工作条件下，疲劳裂纹扩展速度公式中的材料数据，材料的断裂韧度 $K_{Ic}$ 或临界裂纹尺寸；初始裂纹尺寸、形状、位置及取向。

疲劳裂纹扩展速度公式中的材料数据和材料的断裂韧度是由试验测出的。临界裂纹尺寸可由断裂韧度求得

$$a_c = \frac{1}{\pi}\left(\frac{K_{Ic}}{F\sigma_{max}}\right)^2$$    (1.6-47)

初始裂纹的尺寸、形状、位置和取向，是指开始计算时零件中的最大原始缺陷的尺寸、形状、位置和方向，这些可以通过无损检测技术检查出来。但无损检测一般用于确定原始尺寸的上限。若无损检测没有发现任何缺陷，则可认为该零件中可能存在的最大缺陷尺寸刚好在所有的无损检测设备的灵敏度水平以下。于是，可以假定这种可能存在的缺陷尺寸为初始裂纹尺寸。此外，还应假设这种初始裂纹可能存在于关键零件的关键部位，且假设该裂纹面垂直于最大主拉伸应力的方向。所谓关键部位，一般指在最大应力区内。对于表面裂纹和内部裂纹，裂纹形状应这样假定，要使其对应的应力强度因子值在整个裂纹扩展阶段中为最大。以上处理方法是偏于安全的。

现在假设有一块很宽的20钢的冷轧板，承受等幅单轴循环载荷，由此产生循环名义应力，其最大应力 $\sigma_{max} = 200$MPa，最小应力 $\sigma_{min} = -50$MPa。这种钢

的单轴加载性能：抗拉强度极限 $R_m = 670\text{MPa}$，屈服强度 $R_{eL} = 630\text{MPa}$，弹性模量 $E = 207\text{GPa}$，断裂韧度 $K_c = 104\text{MPa} \cdot \sqrt{m}$，疲劳裂纹扩展门槛值 $\Delta K_{th} = 6.5\text{MPa} \cdot \sqrt{m}$。当有一条穿透边缘裂纹，其长度不超过 0.5mm 时，求裂纹扩展寿命。解题的步骤如下：

1）根据零部件中裂纹的尺寸和位置，查应力强度因子系数 $F$。对于无限宽板单侧裂纹，$F = 1.1215$。

2）计算初始裂纹尺寸对应的应力强度因子幅度 $\Delta K$ 值。如果 $\Delta K$ 小于疲劳裂纹扩展门槛值 $\Delta K_{th}$，表示裂纹不会扩展；如果 $\Delta K$ 大于 $\Delta K_{th}$，则需要将计算进行下去。

当 $\Delta \sigma = 250\text{MPa}$ 和 $\alpha_0 = 0.5\text{mm}$ 时，初始 $\Delta K$ 值为

$$\Delta K = F\Delta\sigma\sqrt{\pi a_0} = 11.11\text{MPa} \cdot \sqrt{m}$$

这一数值大于疲劳裂纹扩展门槛值，因而需要根据式（1.6-43）估算裂纹扩展寿命。

3）求临界裂纹尺寸 $a_c$。由式（1.6-47）得

$$a_c = \frac{1}{\pi}\left(\frac{K_c}{F\sigma_{max}}\right)^2 = \frac{1}{\pi}\left(\frac{104}{1.1215 \times 200}\right)^2 \text{mm} = 0.068\text{mm}$$

4）由试验得（或由手册查得）上述冷轧低碳钢的裂纹扩展公式为

$$\frac{da}{dN} = 6.9 \times 10^{-12}(\Delta K)^3 \quad \text{m/次}$$

5）应用式（1.6-45）求裂纹扩展寿命 $N_p$。式（1.6-43）是根据 $r = 0$ 导出的，但可以认为很小的压应力（$-50\text{MPa}$）对裂纹扩展影响不大，允许忽略不计。这样，$\Delta\sigma = 200\text{MPa} - 0 = 200\text{MPa}$。考虑 $C_1 = CF^m\pi^{m/2}$，由式（1.6-45）有

$$N_p = \frac{1}{\left(1 - \frac{m}{2}\right)C_1(\Delta\sigma)^m}\left(a_c^{1-\frac{m}{2}} - a_0^{1-\frac{m}{2}}\right)$$

$$= \frac{(0.068)^{1-\frac{3}{2}} - (0.0005)^{1-\frac{3}{2}}}{\left(1 - \frac{3}{2}\right)6.9 \times 10^{-12} \times (200)^3(1.1215)^3(\pi)^{3/2}}$$

$$= 189000\text{次循环}$$

现在假设断裂韧度由原来的 $K_c = 104\text{MPa} \cdot \sqrt{m}$ 增大一倍和减小一半，即 $K_c = 208\text{MPa} \cdot \sqrt{m}$ 和 $52\text{MPa} \cdot \sqrt{m}$。根据式（1.6-47）分别求出相应的临界裂纹长度 $a_c$ 为 272mm 和 17mm。根据式（1.6-45）可分别求得裂纹扩展寿命 $N_p = 198000$ 次循环和 171000 次循环。这样，将断裂韧度增大到两倍和降低到一半，将分别使临界裂纹尺寸增大 4 倍和缩小到 1/4，然而疲劳裂纹扩展寿命的变化却不到 10%，变化是很小的。但是，如果初始裂纹尺寸 $a_0$ 由 0.5mm 增大到 2.5mm，那末裂纹扩展寿命就只有 75000 次循环。这

表明，为了得到较长的裂纹扩展寿命，必须尽量减小初始裂纹尺寸。虽然材料的断裂韧度变化对疲劳扩展寿命影响不大，但在实际上，在损伤容限设计中，还是希望选取断裂韧度高的材料，这是因为有许多载荷-时间历程是随机的，断裂韧度高的材料在断裂前裂纹长度较大，这样就能方便地进行检验。

## 6 影响疲劳强度的因素

疲劳图是根据试样的试验数据而绘制的。用这些线图进行机械零件的疲劳强度设计时，必须考虑影响疲劳强度的各种因素对材料疲劳图加以修正，求出所设计的零件和构件的疲劳图。这些影响因素有：应力集中、尺寸、表面状态、载荷频率、工作环境等。

### 6.1 应力集中的影响

#### 6.1.1 应力的集中与梯度

在零件的截面几何形状突然变化处（如轴肩圆角、横孔、键槽等），局部应力远远大于名义应力，这种现象称为应力集中。在材料的弹性范围内，最大局部应力 $\sigma_{max}$ 与名义应力 $\sigma_n$ 的比值 $\alpha_\sigma$，称为理论应力集中系数，即

$$\alpha_\sigma = \frac{\sigma_{max}}{\sigma_n} \qquad (1.6\text{-}48)$$

名义应力 $\sigma_n$ 的定义有两种，以有中心圆孔的薄板条为例，一种定义为载荷除以毛面积（板宽×板厚）；另一种定义为载荷除以净面积（除去孔后余下的横截面面积）。这两种定义在工程上都有应用，后者的应用较广。

图 1.6-55 所示为一受拉宽板上中心孔附近的应

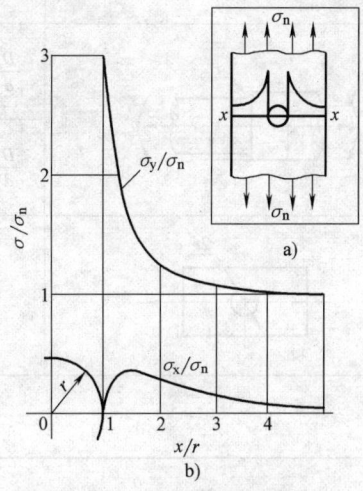

图1.6-55　宽板上圆孔附近沿着
$x$-$x$ 截面的应力分布

力分布。这个问题的解，可用通过孔中心的一条横线上的轴向应力 $\sigma_y$ 和横向应力 $\sigma_x$ 表示为

$$\frac{\sigma_y}{\sigma_n} = 1 + 0.5\left(\frac{r}{x}\right)^2 + 1.5\left(\frac{r}{x}\right)^4 \quad (1.6\text{-}49)$$

$$\frac{\sigma_x}{\sigma_n} = 1.5\left(\frac{r}{x}\right)^2 - 1.5\left(\frac{r}{x}\right)^4 \quad (1.6\text{-}50)$$

式中　$\sigma_y$——轴向应力；

　　　　$\sigma_x$——横向应力；

　　　　$x$——离孔中心的距离；

　　　　$r$——孔的半径。

图 1.6-55b 所示为 $\sigma_y/\sigma_n$ 和 $\sigma_x/\sigma_n$ 随 $x/r$ 而变化的曲线。可以看出，孔边上的应力 $\sigma_y$ 为名义应力的

三倍，而 $\sigma_y$ 值随着离孔边距离的增大而很快降低。

$\sigma_y$-$x$ 曲线在孔边上的斜率是衡量应力衰减速度的一个指标。今将相对应力梯度定义为

$$Q = \frac{1}{\sigma_{max}}\frac{d\sigma}{dx} \quad (1.6\text{-}51)$$

对式 (1.6-49) 求 $x = r$ 处的 $\dfrac{d\sigma}{dx}$，令 $\sigma_{max} = 3\sigma_n$，代入式 (1.6-51) 得

$$Q = -\frac{7}{3r} \approx -\frac{2.3}{r}$$

某些常见几何形状的零件的相对应力梯度 $Q$ 的绝对值计算公式见表 1.6-8。

**表 1.6-8　常见几何形状的零件相对应力梯度 $Q$ 的绝对值计算公式**

| 零　件 | | 弯曲 | 拉压 |
|---|---|---|---|
| | $\dfrac{H}{h} \geq 1.5$ | $Q = \dfrac{2}{r} + \dfrac{2}{h}$ | $Q = \dfrac{2}{r}$ |
| | $\dfrac{H}{h} < 1.5$ | $Q = \dfrac{2(1+\varphi)}{r} + \dfrac{2}{h}$ | $Q = \dfrac{2(1+\varphi)}{r}$ |
| | $\dfrac{D}{d} \geq 1.5$ | $Q = \dfrac{2}{r} + \dfrac{2}{d}$ | $Q = \dfrac{2}{r}$ |
| | $\dfrac{D}{d} < 1.5$ | $Q = \dfrac{2(1+\varphi)}{r} + \dfrac{2}{d}$ | $Q = \dfrac{2(1+\varphi)}{r}$ |
| | $\dfrac{H}{h} \geq 1.5$ | $Q = \dfrac{2.3}{r} + \dfrac{2}{h}$ | $Q = \dfrac{2.3}{r}$ |
| | $\dfrac{H}{h} < 1.5$ | $Q = \dfrac{2.3(1+\varphi)}{r} + \dfrac{2}{h}$ | $Q = \dfrac{2.3(1+\varphi)}{r}$ |
| | $\dfrac{D}{d} \geq 1.5$ | $Q = \dfrac{2.3}{r} + \dfrac{2}{d}$ | $Q = \dfrac{2.3}{r}$ |
| | $\dfrac{D}{d} < 1.5$ | $Q = \dfrac{2.3(1+\varphi)}{r} + \dfrac{2}{d}$ | $Q = \dfrac{2.3(1+\varphi)}{r}$ |
| | | | $Q = \dfrac{2.3}{r}$ |
| $$\varphi = \frac{1}{4\sqrt{t/r} + 2}$$ | | | |

## 6.1.2　理论应力集中系数

式 (1.6-48) 所定义的理论应力集中系数 $\alpha_\sigma$ 是

一种几何参数，仅由零件的几何形状决定。假设材料是均匀的各向同性的，在材料的弹性极限范围内，局

部峰值应力 $\sigma_{max}$ 可以用弹性力学解析法、光弹性法或有限元法求得，从而求得各种几何形状的试样在各种载荷下的理论应力集中系数。对于扭转的理论应力集中系数，用下式来定义，即

$$\alpha_\tau = \frac{\tau_{max}}{\tau_n}$$

一些常见几何形状的理论应力集中系数如图 1.6-56 ~ 图 1.6-111 所示。

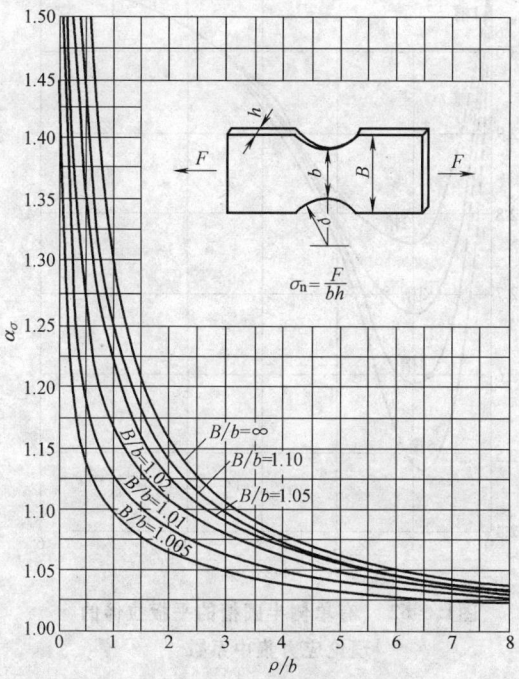

**图1.6-56** 有两侧大圆弧槽的平板拉伸时的理论应力集中系数

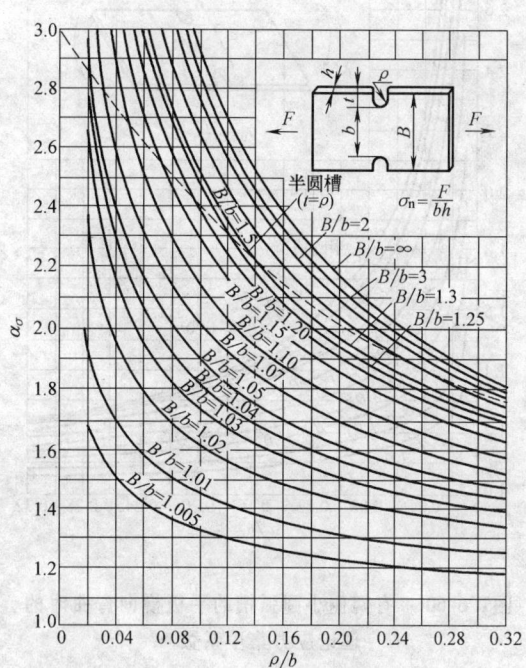

**图1.6-58** 有两侧小圆弧槽的平板拉伸时的理论应力集中系数

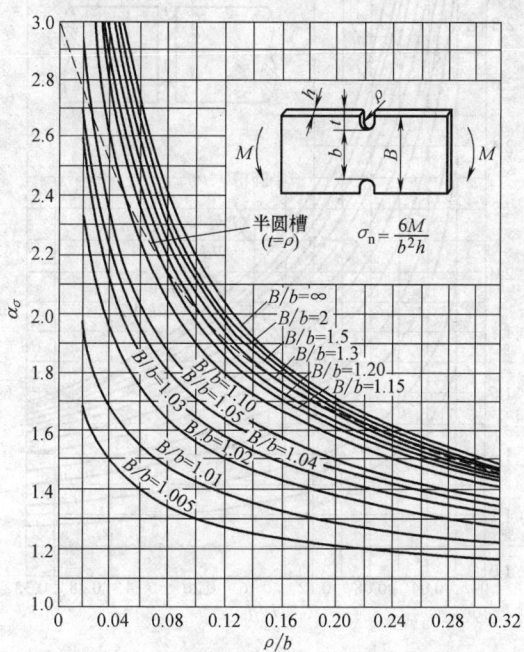

**图1.6-57** 有两侧小圆弧槽的平板弯曲时的理论应力集中系数

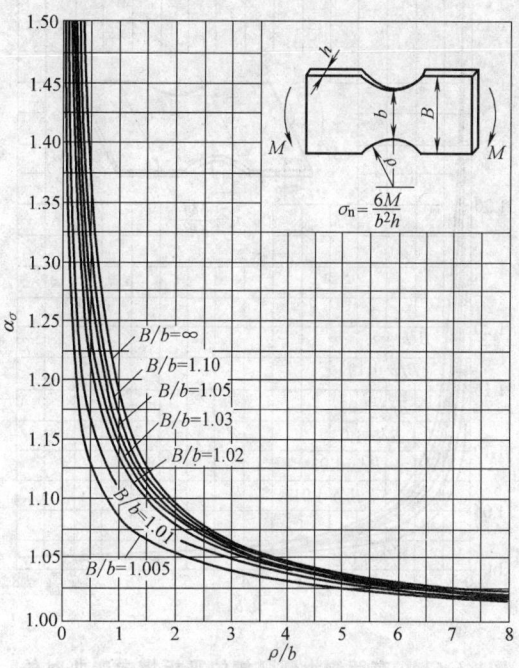

**图1.6-59** 有两侧大圆弧槽的平板弯曲时的理论应力集中系数

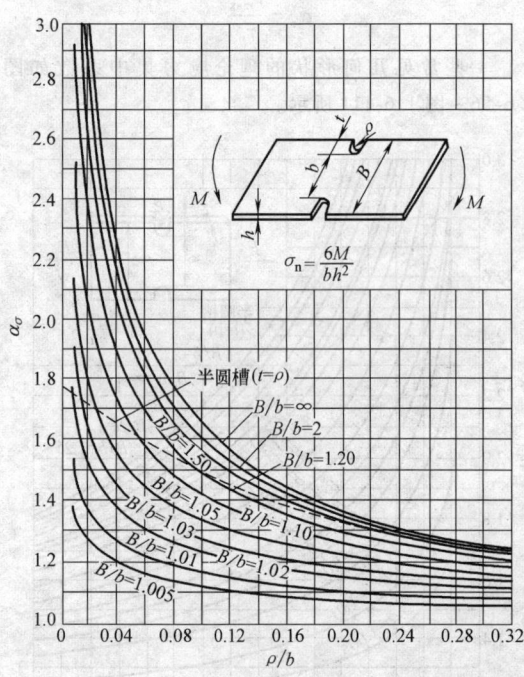

图1.6-60　有两侧小圆弧槽的平板横向弯曲时的
理论应力集中系数

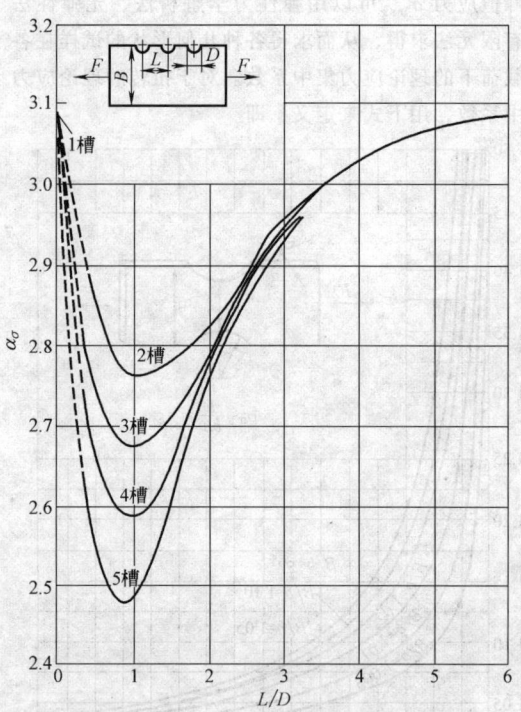

图1.6-62　有单侧半圆槽的平板拉伸的
理论应力集中系数

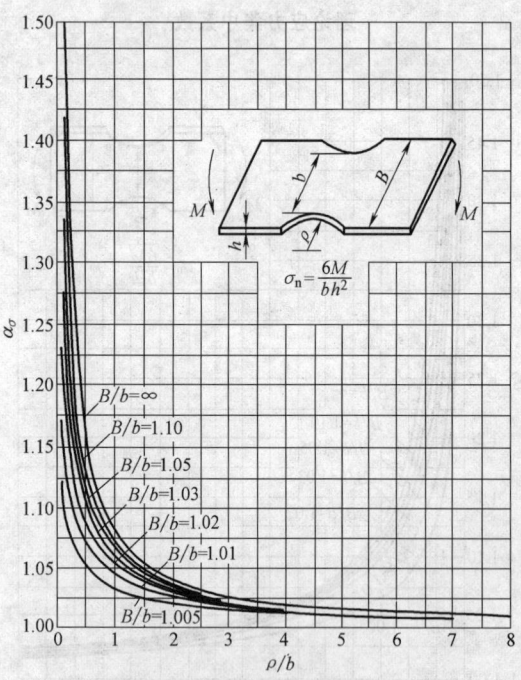

图1.6-61　有两侧大圆弧槽的平板横向弯曲时的
理论应力集中系数

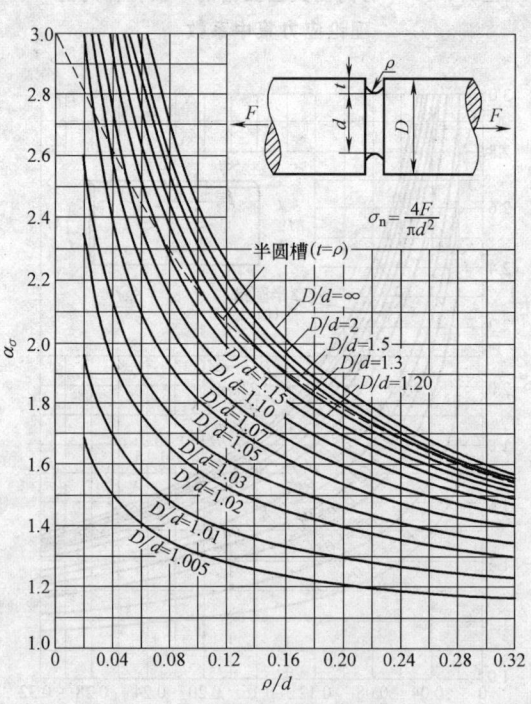

图1.6-63　有小环形槽的轴拉伸时的
理论应力集中系数

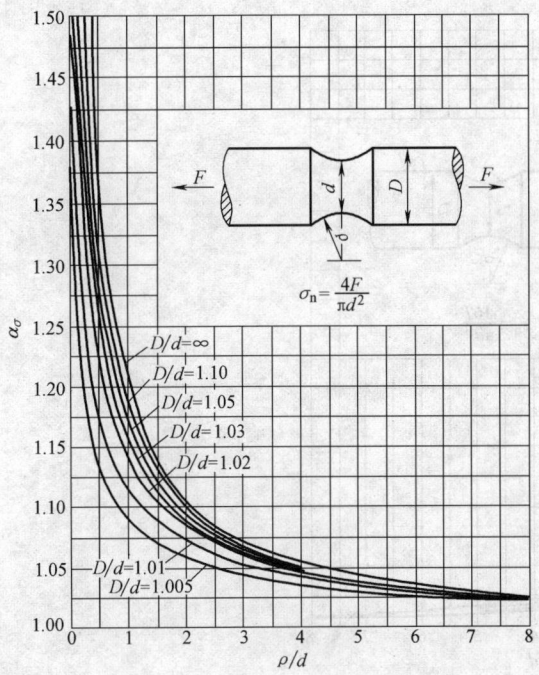

图1.6-64　　有大环形槽的轴拉伸时的
理论应力集中系数

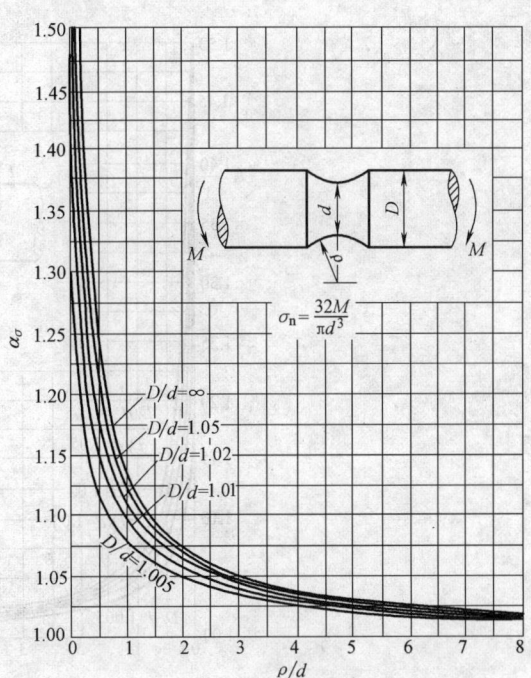

图1.6-66　　有大环形槽的轴弯曲时的
理论应力集中系数

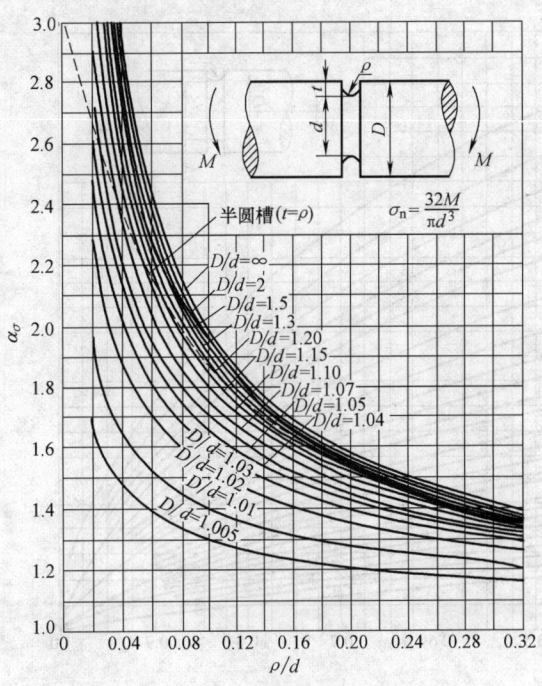

图1.6-65　　有小环形槽的轴弯曲时的
理论应力集中系数

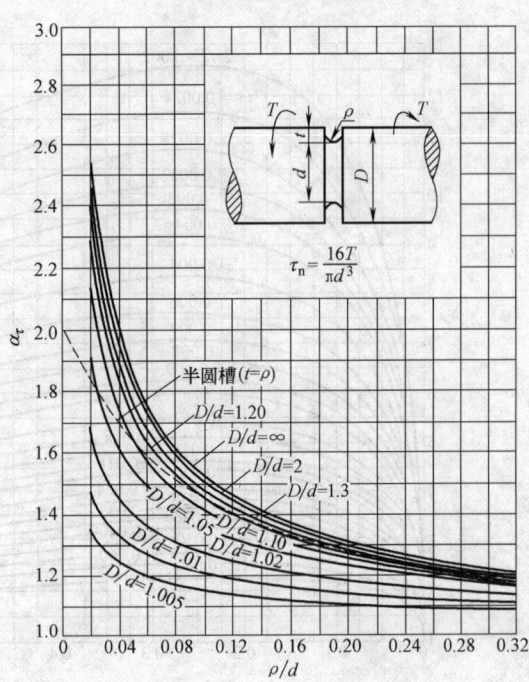

图1.6-67　　有小环形槽的轴扭转时的
理论应力集中系数

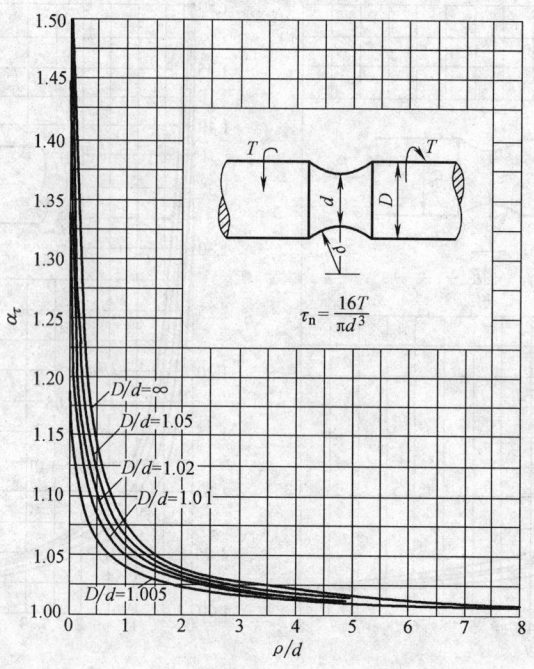

**图1.6-68　有大环形槽的轴扭转时的**
**理论应力集中系数**

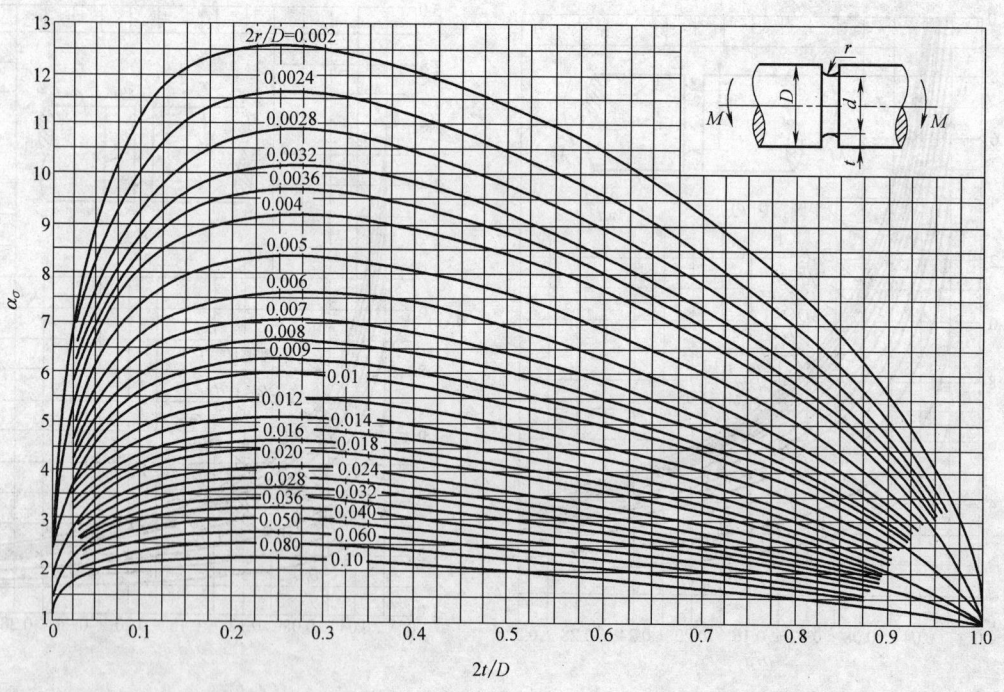

**图1.6-69　有小环形槽的轴弯曲时的理论应力集中系数**

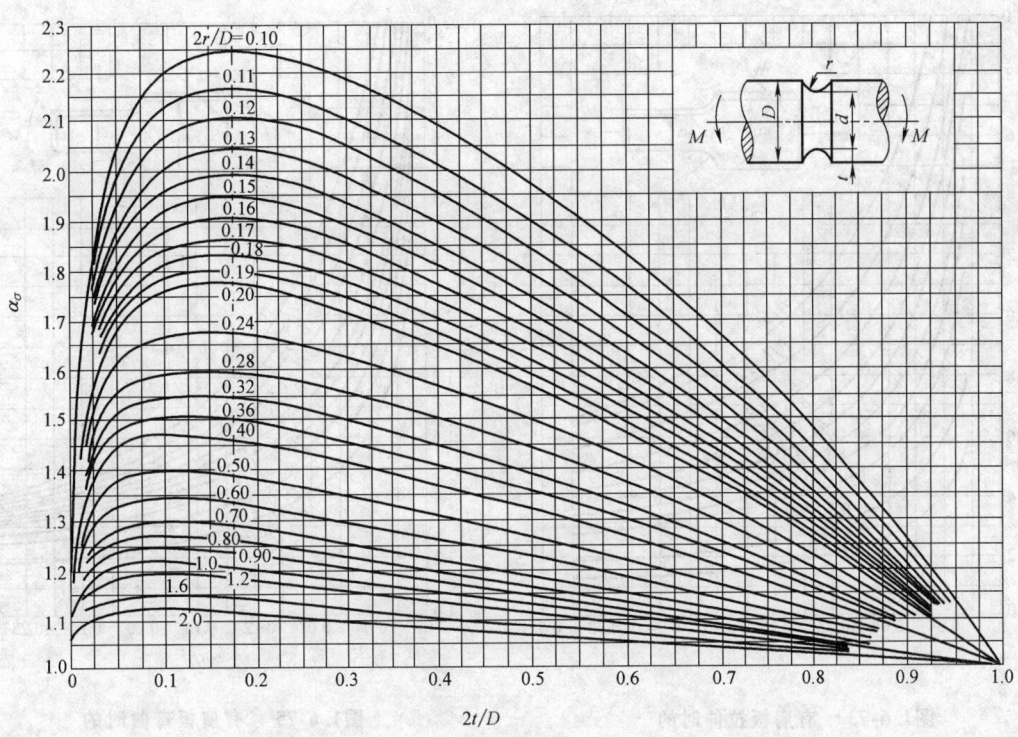

图1.6-70　有大环形槽的轴弯曲时的理论应力集中系数

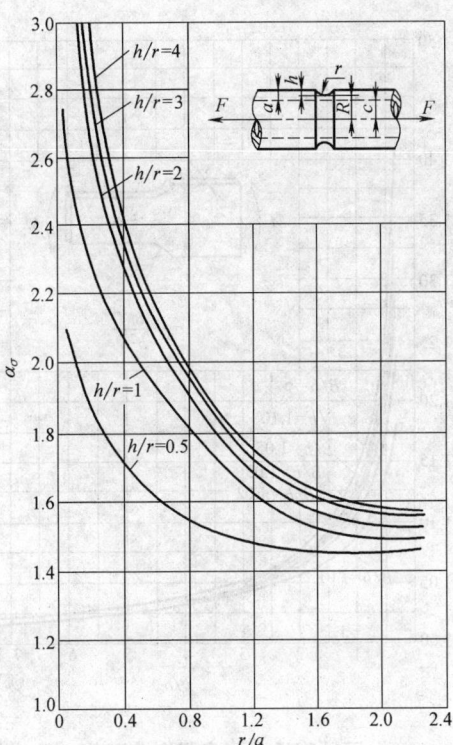

图1.6-71　有环形槽的空心轴拉伸时的
理论应力集中系数

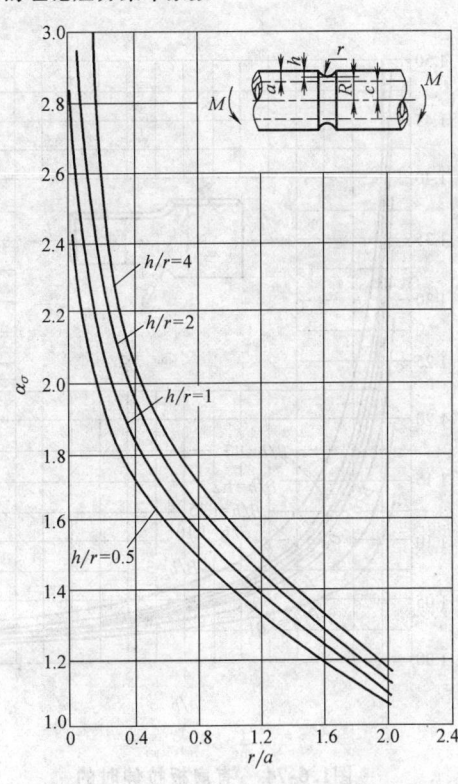

图1.6-72　有环形槽的空心轴弯曲时的
理论应力集中系数

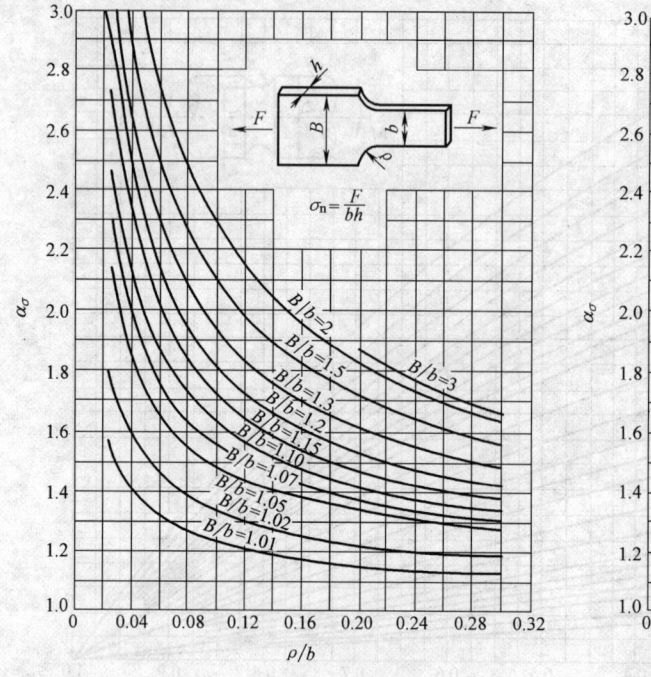

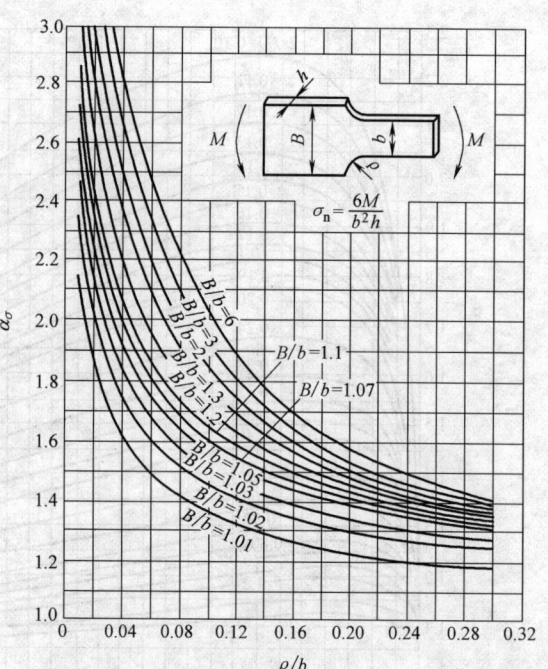

图1.6-73　有肩板拉伸时的
理论应力集中系数

图1.6-75　有肩板弯曲时的
理论应力集中系数

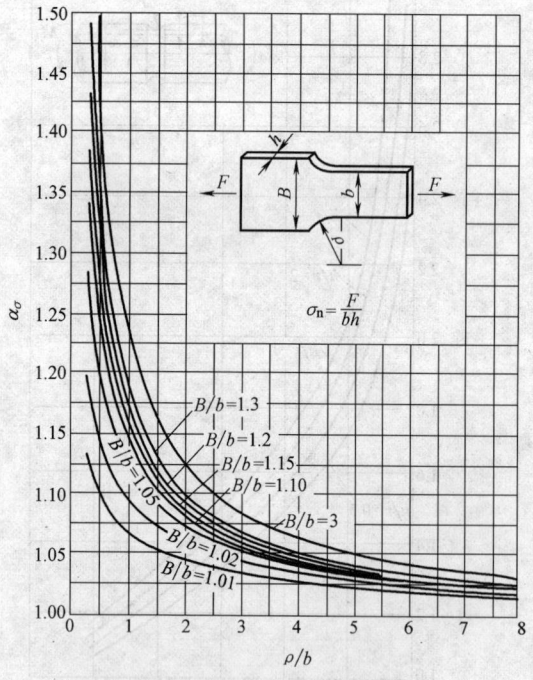

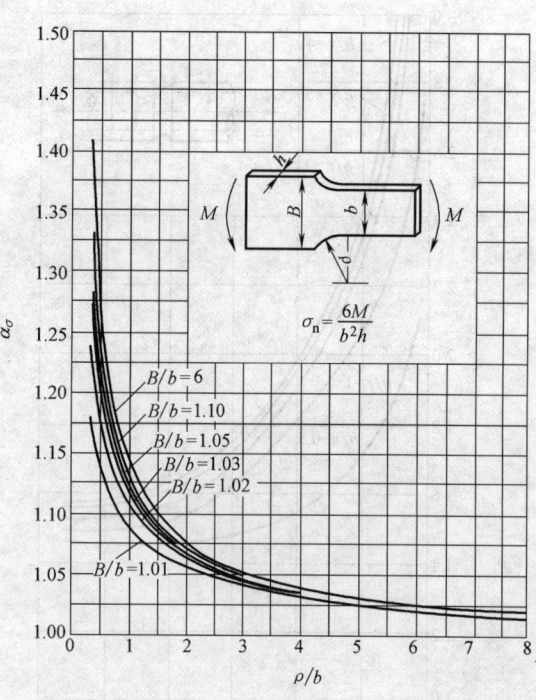

图1.6-74　有肩板拉伸时的
理论应力集中系数

图1.6-76　有肩板弯曲时的
理论应力集中系数

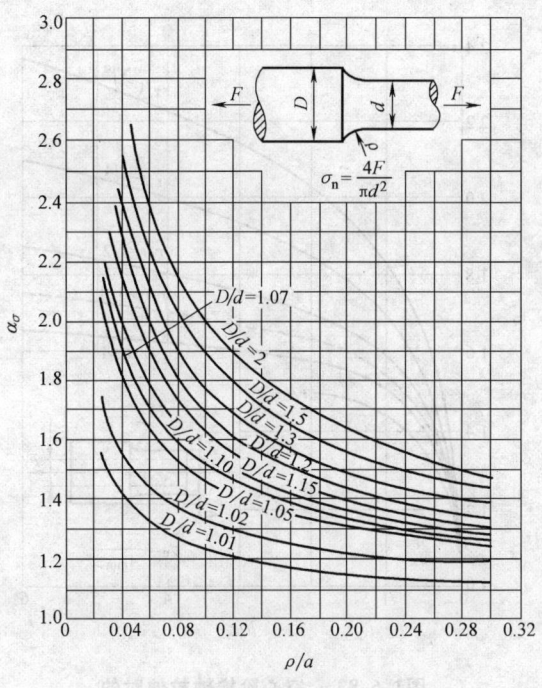

**图1.6-77　阶梯轴拉伸时的**
**理论应力集中系数**

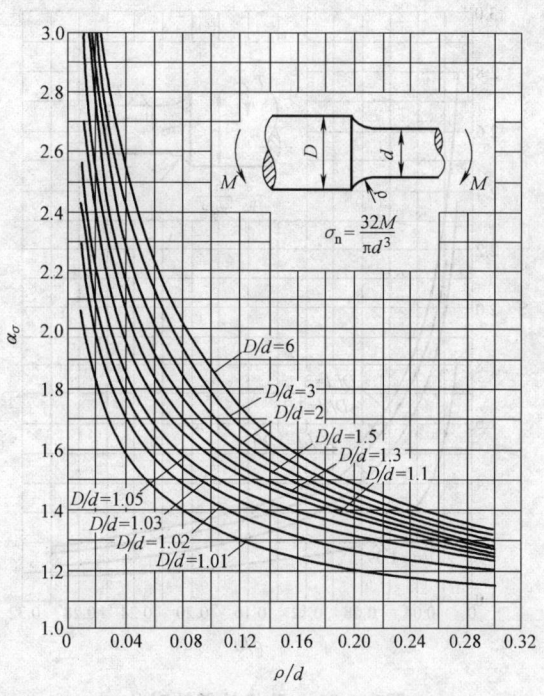

**图1.6-79　阶梯轴弯曲时的**
**理论应力集中系数**

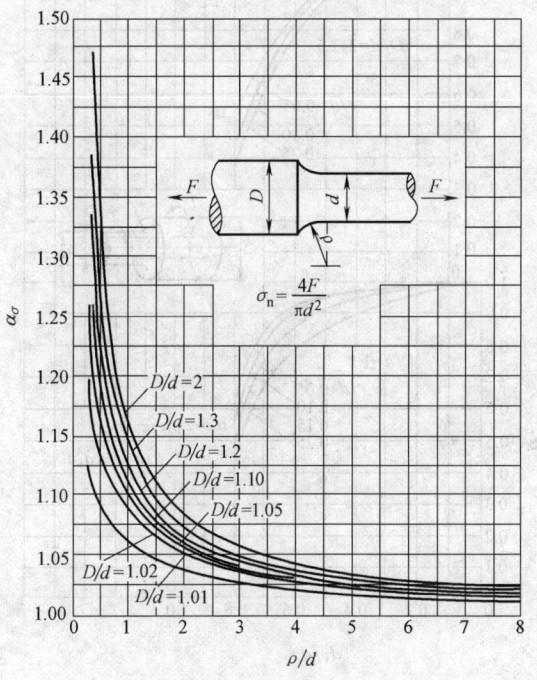

**图1.6-78　阶梯轴拉伸时的**
**理论应力集中系数**

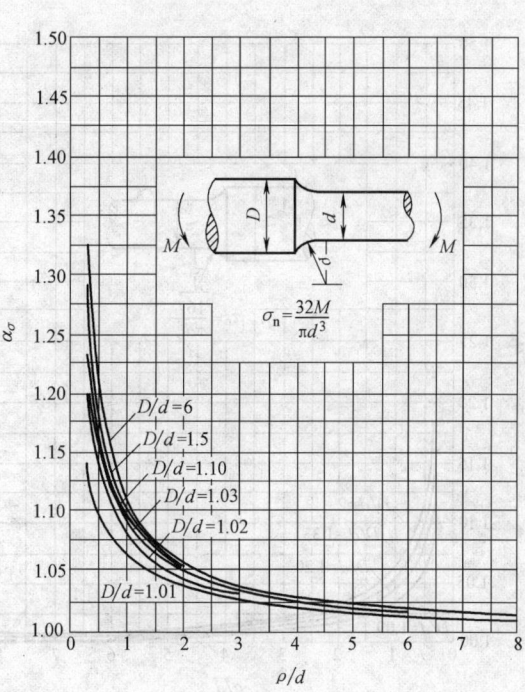

**图1.6-80　阶梯轴弯曲时的**
**理论应力集中系数**

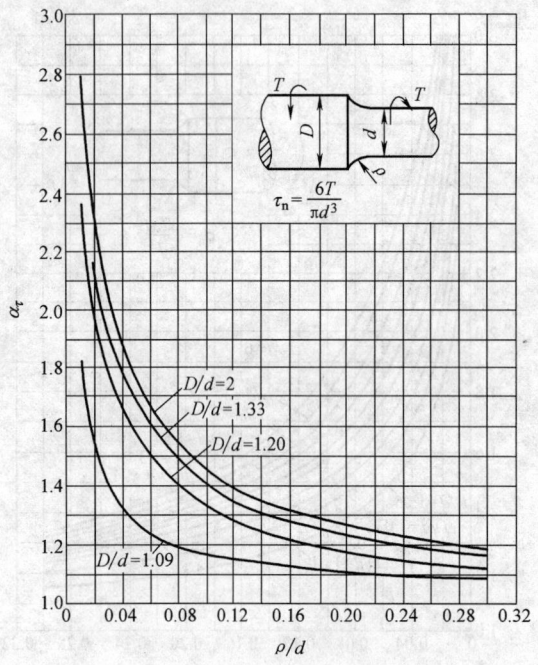

图1.6-81　阶梯轴扭转时的
理论应力集中系数

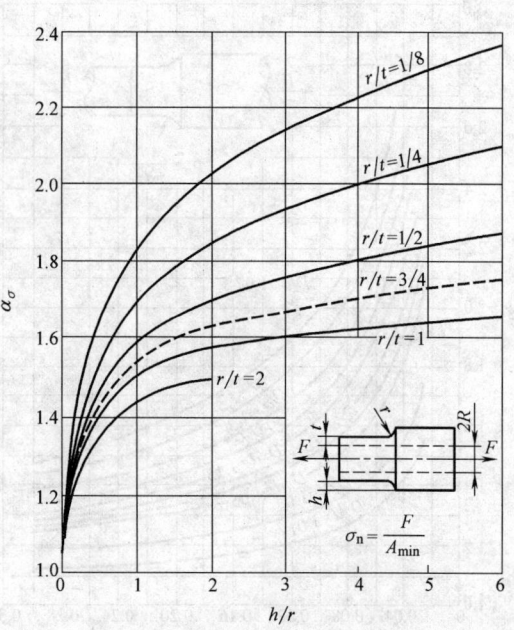

图1.6-83　空心阶梯轴拉伸时的
理论应力集中系数

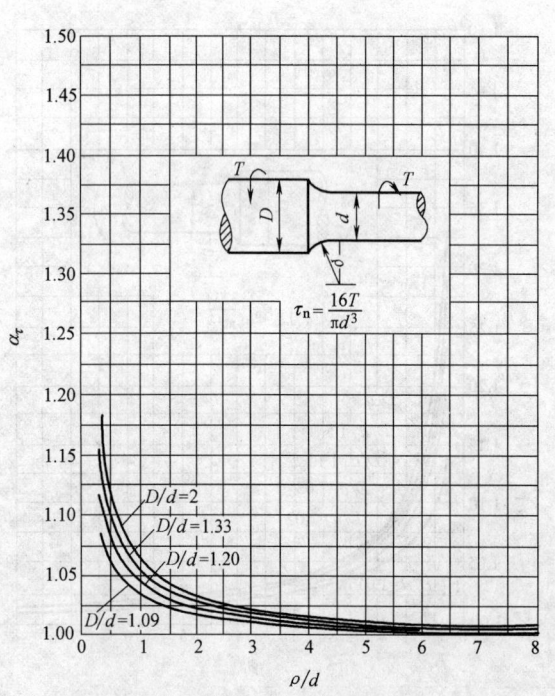

图1.6-82　阶梯轴扭转时的
理论应力集中系数

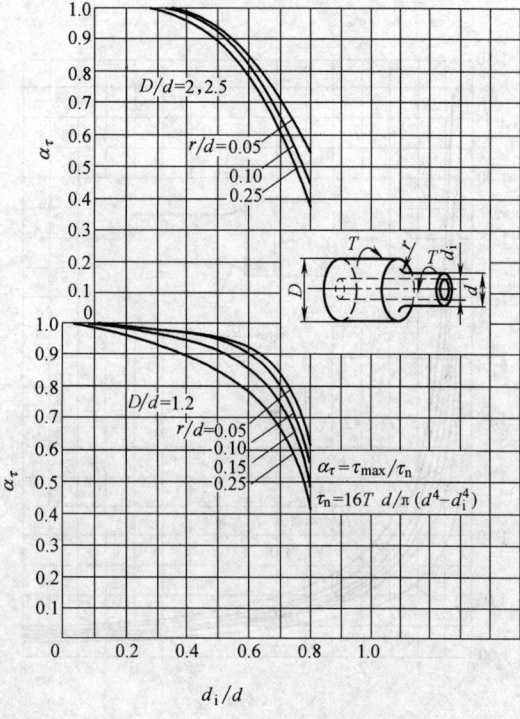

图1.6-84　空心阶梯轴扭转时的
理论应力集中系数

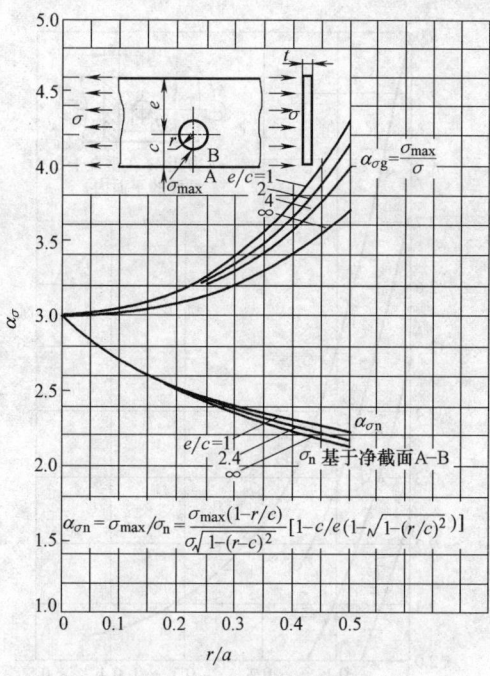

图1.6-85　带偏心圆孔的受拉扁杆的
理论应力集中系数

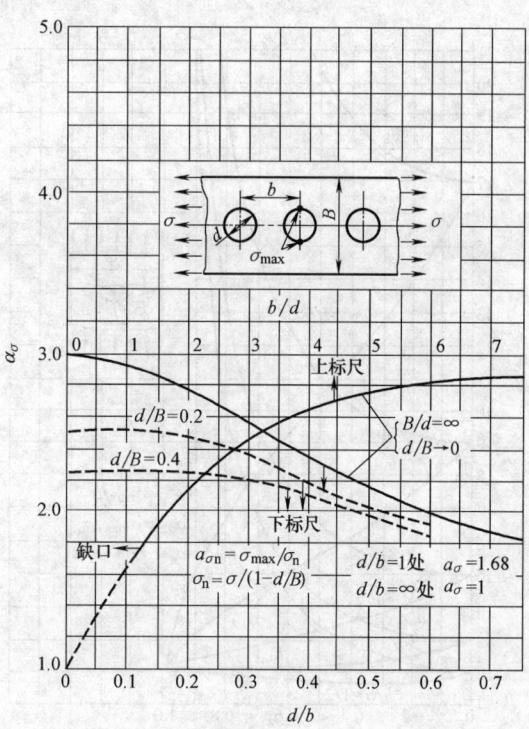

图1.6-87　多孔受拉板 （应力方向与孔的
轴线平行） 的理论应力集中系数

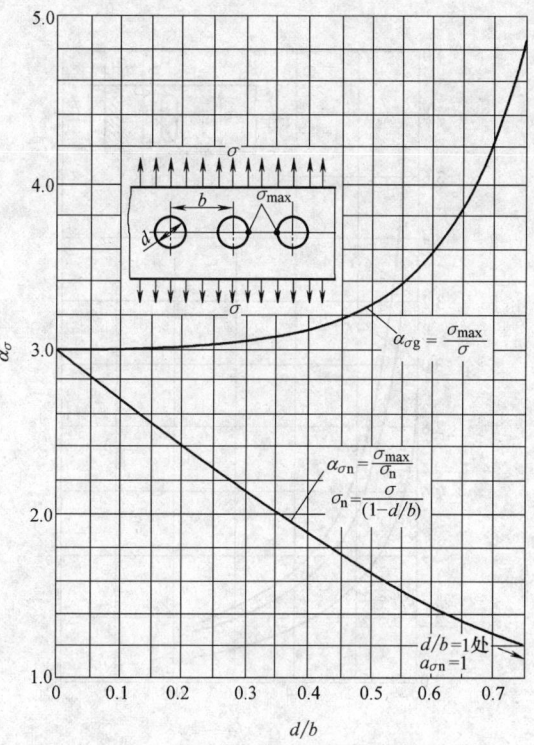

图1.6-86　多孔受拉板 （应力方向与孔的
轴线垂直） 的理论应力集中系数

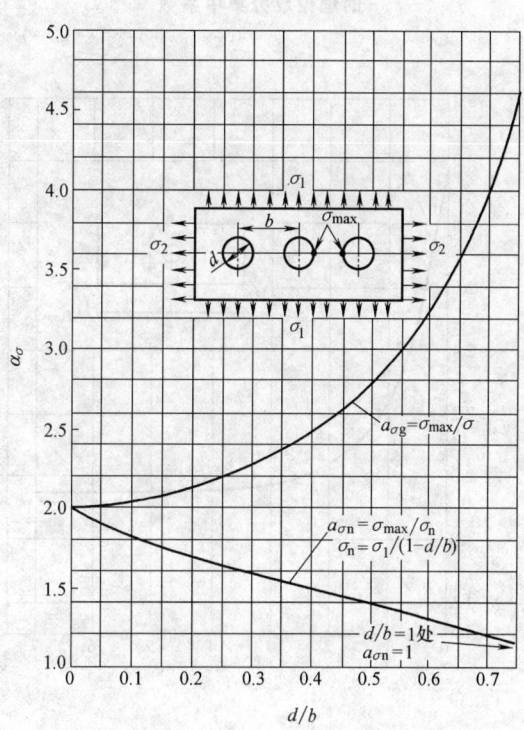

图1.6-88　受双方拉伸的单排多孔板
的理论应力集中系数

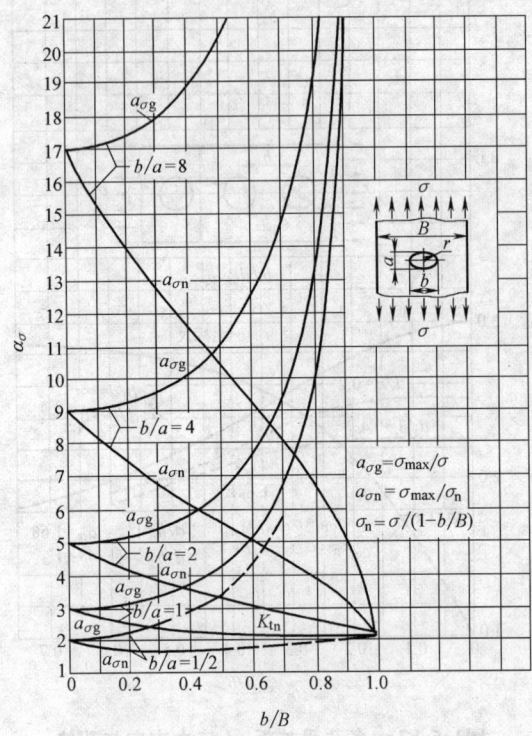

图1.6-89 带椭圆孔的有限宽受拉板
的理论应力集中系数

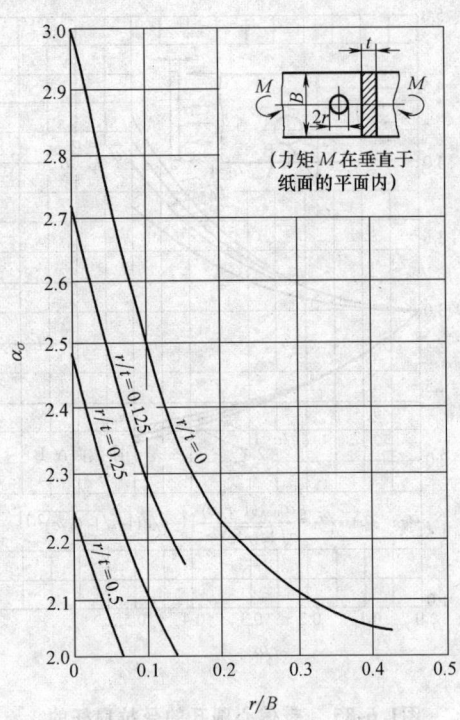

图1.6-91 中央有圆孔的板弯曲时
的理论应力集中系数

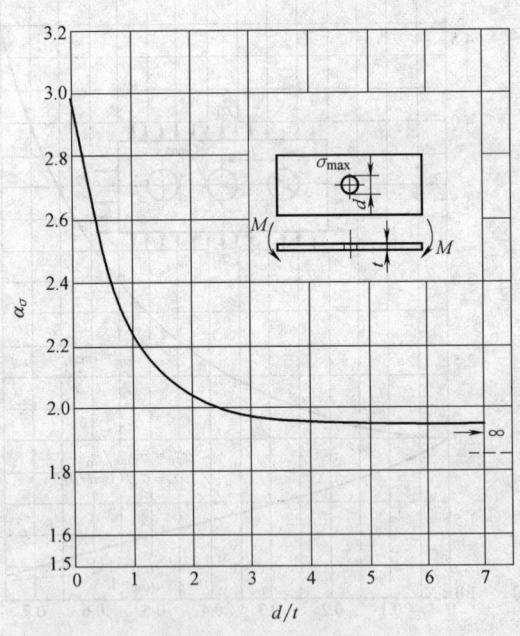

图1.6-90 中央有圆孔的板弯曲时
的理论应力集中系数

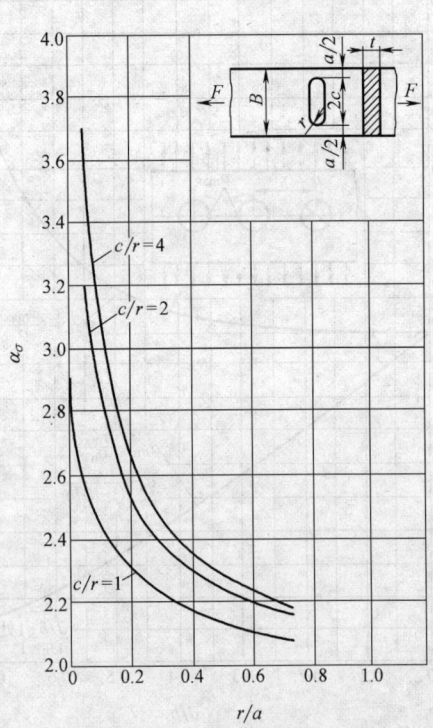

图1.6-92 有长孔的板拉伸
的理论应力集中系数

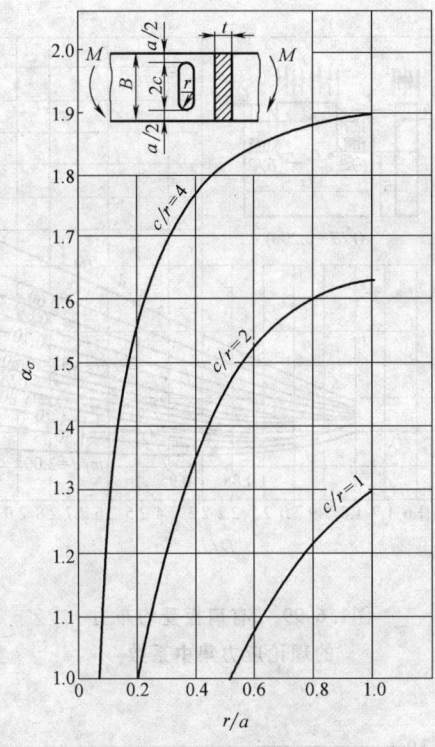

图1.6-93　有长孔的板弯曲
的理论应力集中系数

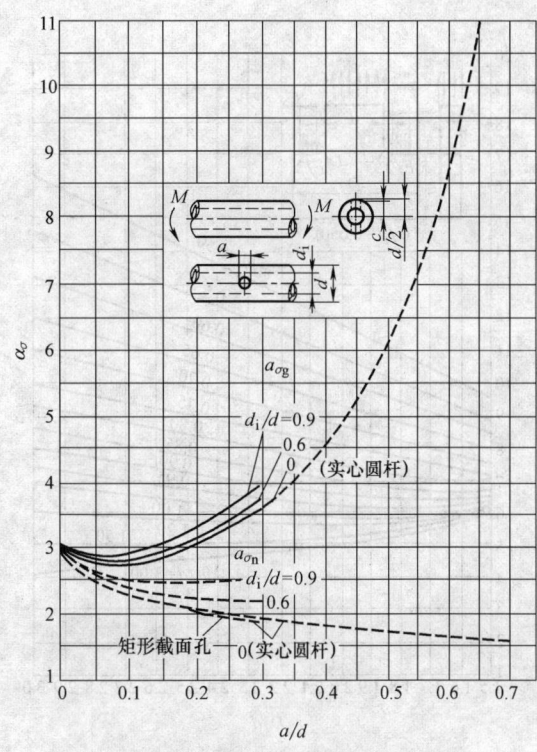

图1.6-95　带通孔的受弯圆杆（管）
的理论应力集中系数

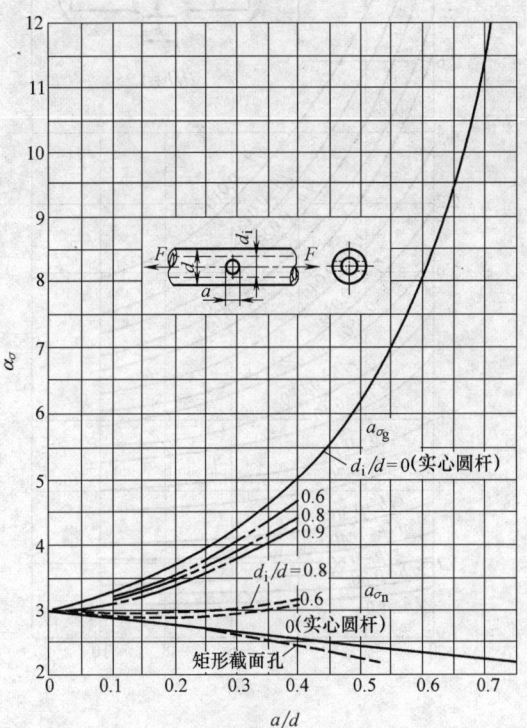

图1.6-94　带通孔的受拉圆杆（管）
的理论应力集中系数

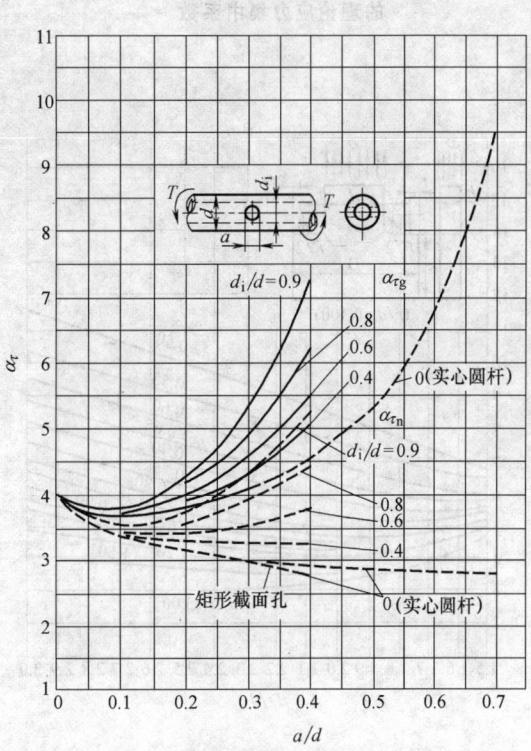

图1.6-96　带通孔的受扭圆杆（管）
的理论应力集中系数

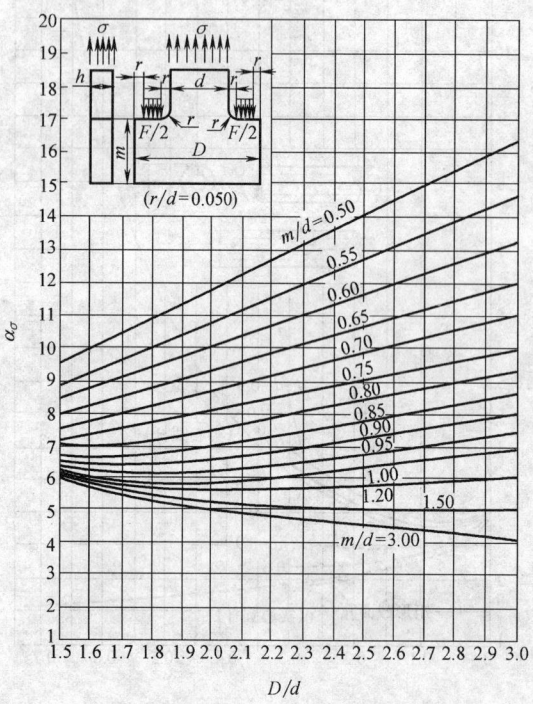

图1.6-97　有肩板受均布力
的理论应力集中系数

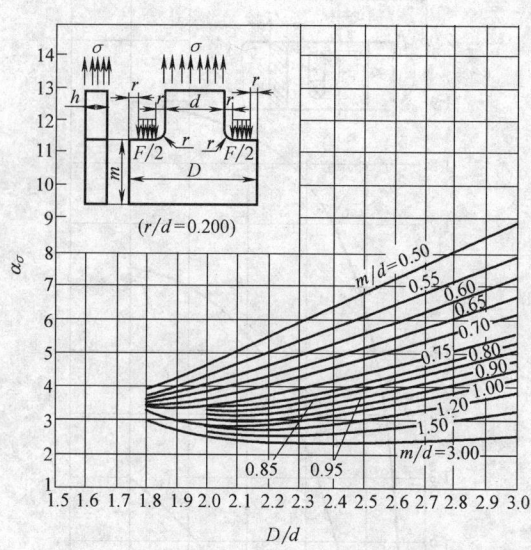

图1.6-99　有肩板受均布力
的理论应力集中系数

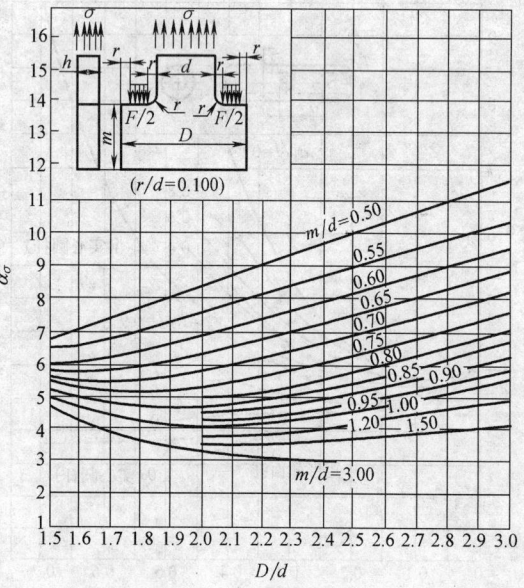

图1.6-98　有肩板受均布力
的理论应力集中系数

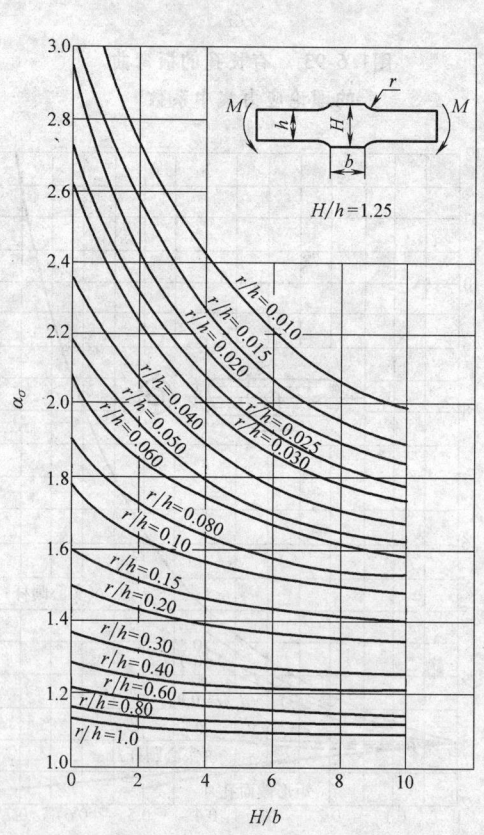

图1.6-100　有凸台的板弯曲
的理论应力集中系数

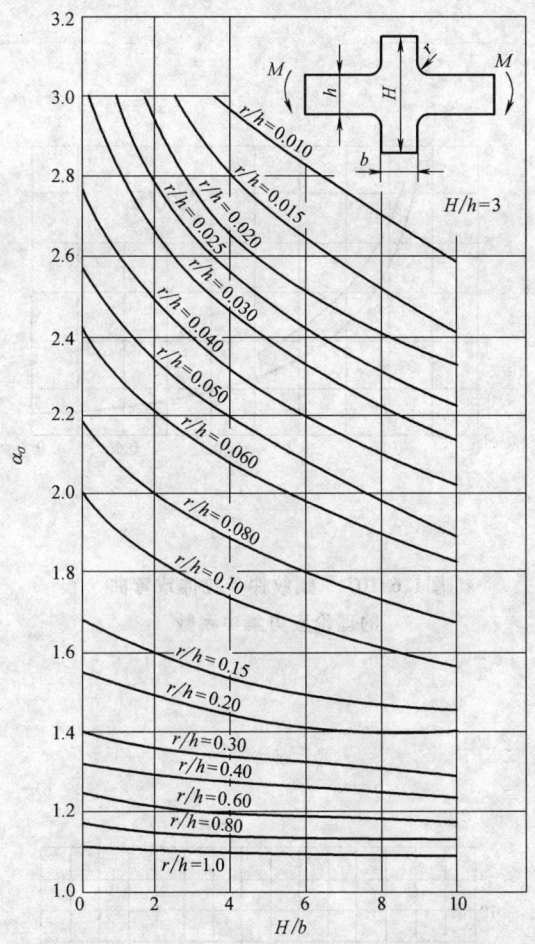

图1.6-101　有凸台的板弯曲的理论应力集中系数

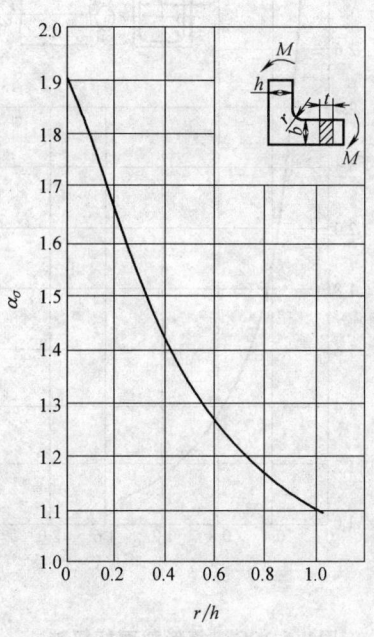

图1.6-103　L 形截面受弯矩
的理论应力集中系数

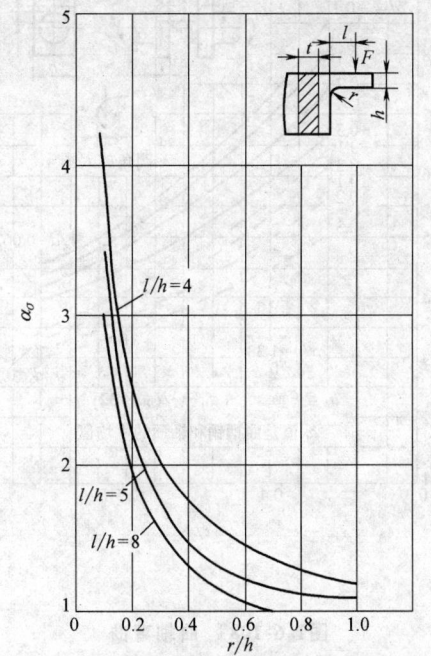

图 1.6-102　L 形截面受集中力弯曲的理论应力集中系数

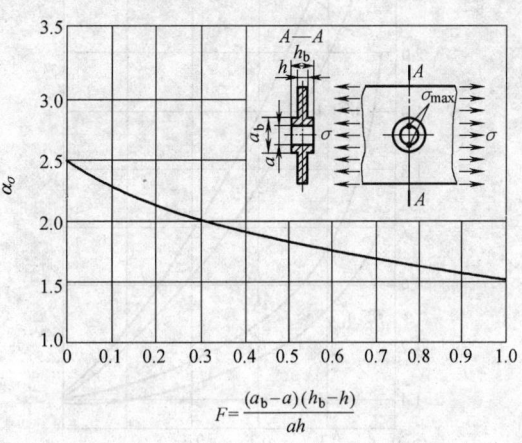

$$F = \frac{(a_b - a)(h_b - h)}{ah}$$

图1.6-104　有凸台的板拉伸
的理论应力集中系数

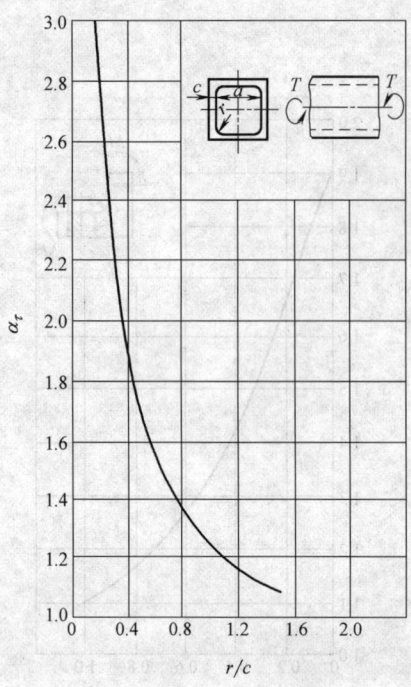

图1.6-105    箱形截面杆扭转
的理论应力集中系数

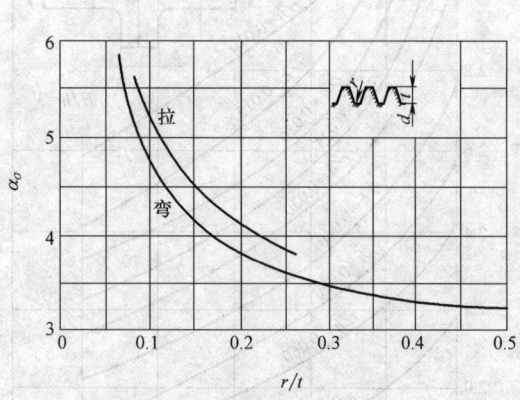

图1.6-107    螺纹件受拉伸或弯曲
的理论应力集中系数

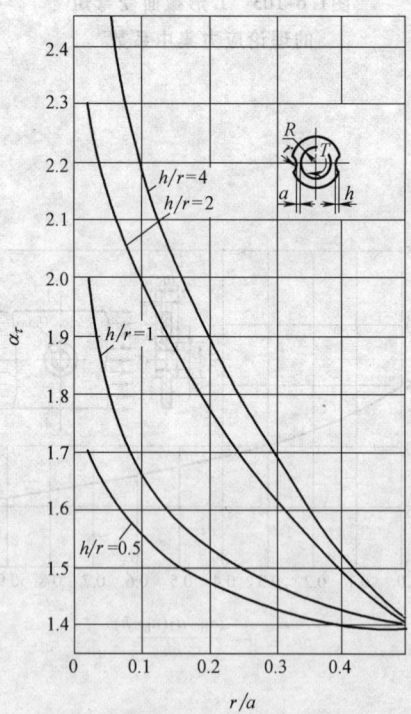

图1.6-106    有两纵向圆槽的空心轴扭转
的理论应力集中系数

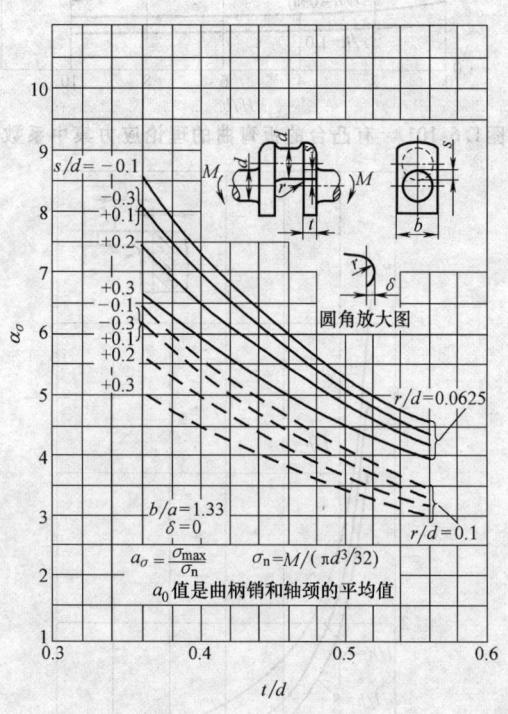

图1.6-108    曲轴弯曲
的理论应力集中系数

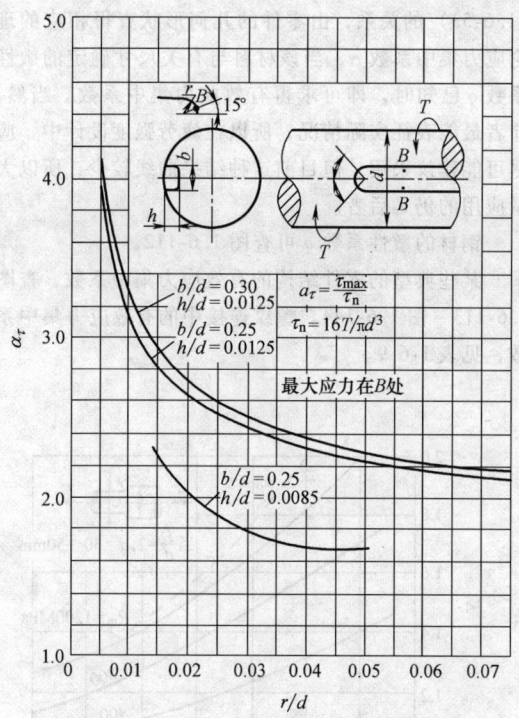

**图1.6-109　有端部半圆形键槽的受扭轴**
**的理论应力集中系数**

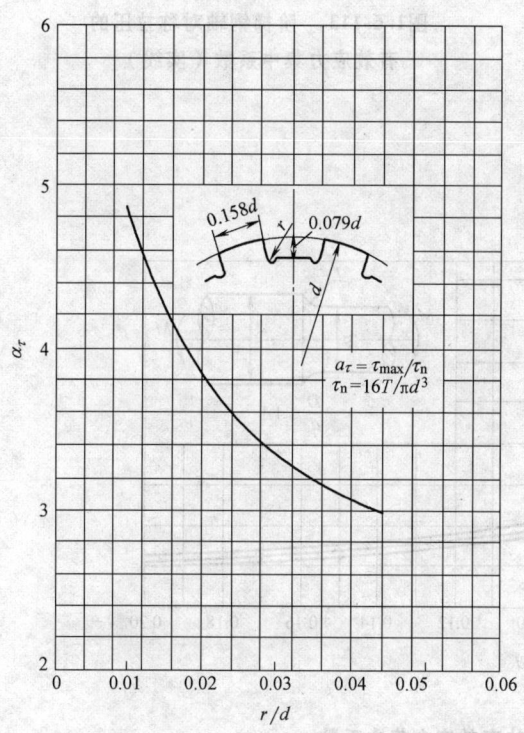

**图1.6-110　花键轴扭转**
**的理论应力集中系数**

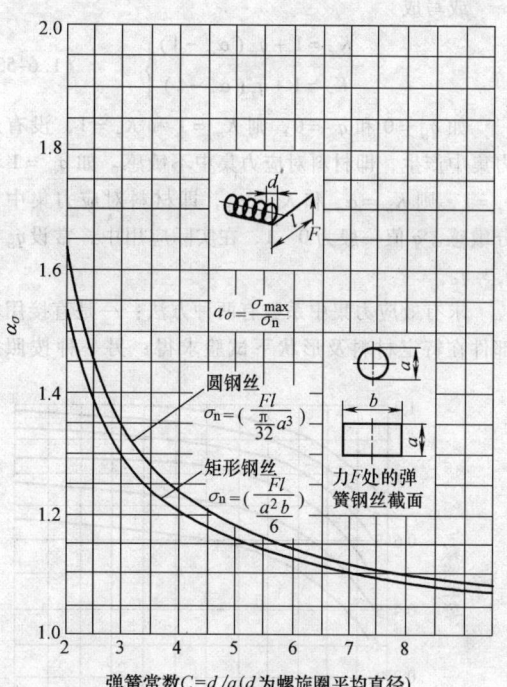

**图1.6-111　螺旋弹簧扭转**
**的理论应力集中系数**

### 6.1.3　有效应力集中系数

　　由于理论应力集中系数的大小并不能作为局部应力使疲劳强度降低的标准，在应力集中区的局部峰值应力常超过屈服强度，使部分材料产生塑性变形，进入弹塑性状态，也就是说，疲劳强度的降低，因此要用有效应力集中系数来估计。当载荷条件和绝对尺寸相同时，在循环应力下的有效应力集中系数等于光滑试样与有应力集中试样的疲劳极限之比，即

$$K_\sigma = \frac{\sigma_{-1}}{(\sigma_{-1})_k} \text{或} K_\tau = \frac{\tau_{-1}}{(\tau_{-1})_k} \quad (1.6\text{-}52)$$

式中　$\sigma_{-1}$、$\tau_{-1}$——光滑试样的对称循环弯曲或拉压的疲劳极限和对称循环扭转的疲劳极限；

$(\sigma_{-1})_k$、$(\tau_{-1})_k$——有应力集中试样的对称循环弯曲或拉压的疲劳极限和对称循环扭转的疲劳极限。

　　有效应力集中系数 $K$ 总是小于理论应力集中系数 $\alpha$。为了在数量上估计 $K$ 与 $\alpha$ 之间的差别，引入材料对应力集中的敏性系数 $q$，它们之间的关系为

弯曲或拉压　　$q_\sigma = \dfrac{K_\sigma - 1}{\alpha_\sigma - 1}$

扭转　　　　　$q_\tau = \dfrac{K_\tau - 1}{\alpha_\tau - 1}$

或写成

$$K_\sigma = 1 + q_\sigma(\alpha_\sigma - 1) \atop K_\tau = 1 + q_\tau(\alpha_\tau - 1)\} \qquad (1.6\text{-}53)$$

如 $q_\sigma = 0$ 和 $q_\tau = 0$，则 $K_\sigma = 1$ 和 $K_\tau = 1$，没有应力集中产生，即材料对应力集中不敏感。如 $q_\sigma = 1$ 和 $q_\tau = 1$，则 $K_\sigma = \alpha_\sigma$ 和 $K_\tau = \alpha_\tau$，即材料对应力集中十分敏感。$q$ 值一般为 $0 \sim 1$，在实际应用中，常设 $q_\sigma = q_\tau = q$。

求有效应力集中系数有两种方法：一是直接用零部件在特定材料及形状下试验求得；另一种按照式

(1.6-53) 的关系，由零件的几何形状查得相应的理论应力集中系数 $\alpha$，当该材料与有关尺寸确定的敏性系数 $q$ 已知时，即可求得有效应力集中系数。当然，前者最能表征实际情况，所以在疲劳强度设计中，应尽可能建议采用。但目前这种结果曲线较少，所以大量应用的仍是后者。

钢材的敏性系数 $q$ 可查图 1.6-112。

某些典型的零件结构的有效应力集中系数，查图 1.6-113 ～ 图 1.6-144。螺纹连接中的有效应力集中系数，见表 1-6-9。

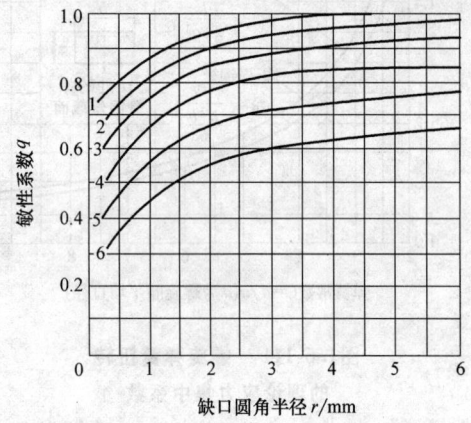

图1.6-112　钢的应力集中敏性系数与材料的力学
性能和缺口圆角半径的关系

1—$R_m = 1300\,\mathrm{MPa}$　　2—$R_m = 1200\,\mathrm{MPa}$

3—$R_m = 1000\,\mathrm{MPa}$　　4—$R_m = 800\,\mathrm{MPa}$

5—$R_m = 600\,\mathrm{MPa}$　　6—$R_m = 400\,\mathrm{MPa}$

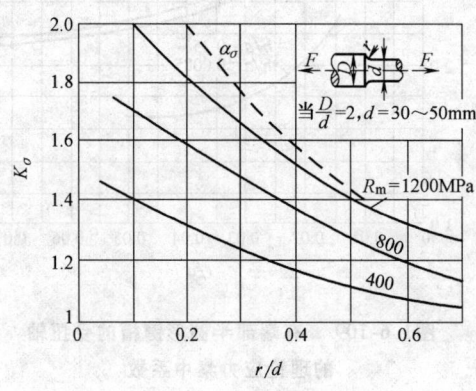

图1.6-113　阶梯钢轴对称拉压的
有效应力集中系数（实线）

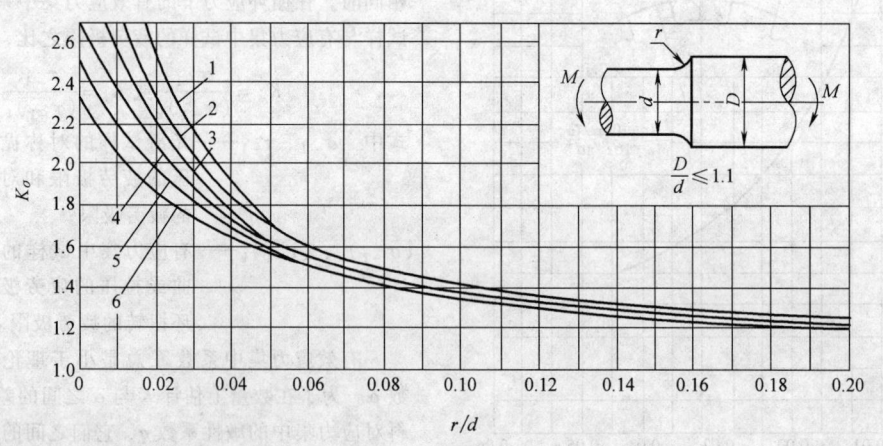

图1.6-114　阶梯钢轴弯曲的有效应力集中系数

1—$R_m \geqslant 1000\,\mathrm{MPa}$　　2—$R_m = 900\,\mathrm{MPa}$　　3—$R_m = 800\,\mathrm{MPa}$

4—$R_m = 700\,\mathrm{MPa}$　　5—$R_m = 600\,\mathrm{MPa}$　　6—$R_m \leqslant 500\,\mathrm{MPa}$

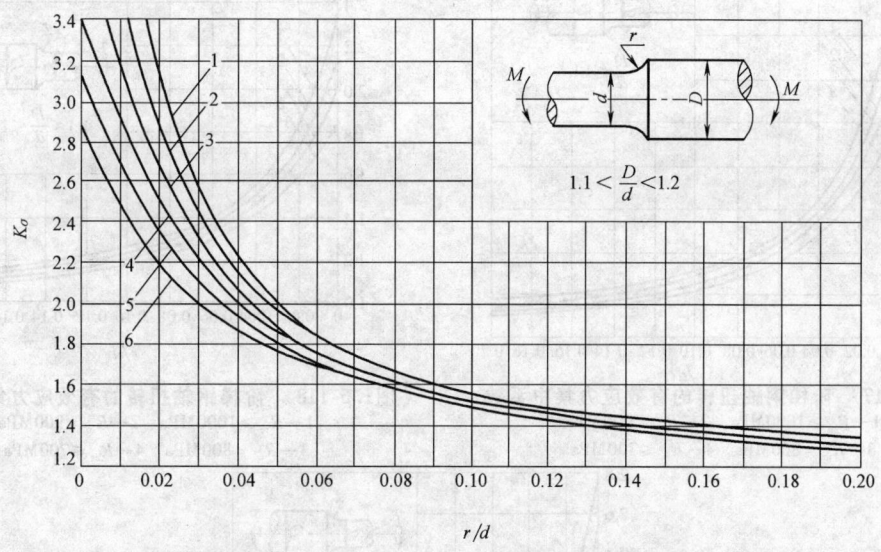

**图1.6-115　阶梯钢轴弯曲的有效应力集中系数**

1—$R_m \geqslant 1000\text{MPa}$　　2—$R_m = 900\text{MPa}$

3—$R_m = 800\text{MPa}$　　4—$R_m = 700\text{MPa}$

5—$R_m = 600\text{MPa}$　　6—$R_m \leqslant 500\text{MPa}$

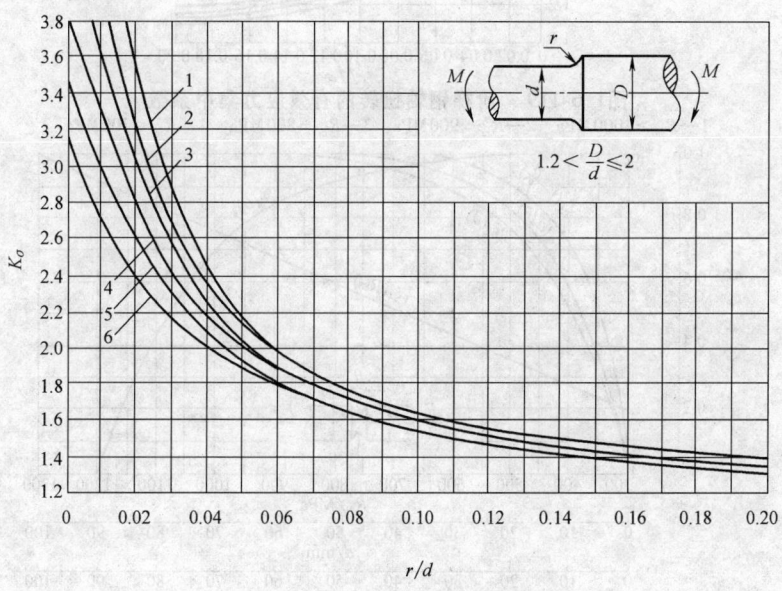

**图1.6-116　阶梯钢轴弯曲的有效应力集中系数**

1—$R_m \geqslant 1000\text{MPa}$　　2—$R_m = 900\text{MPa}$

3—$R_m = 800\text{MPa}$　　4—$R_m = 700\text{MPa}$

5—$R_m = 600\text{MPa}$　　6—$R_m = 500\text{MPa}$

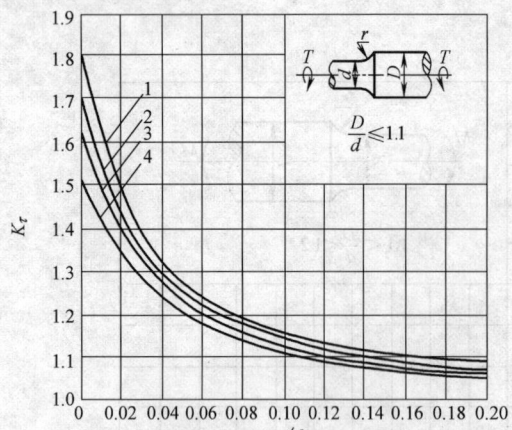

图1.6-117　　阶梯钢轴扭转的有效应力集中系数
1—$R_m \geqslant 1000\text{MPa}$　2—$R_m = 900\text{MPa}$
3—$R_m = 800\text{MPa}$　4—$R_m \leqslant 700\text{MPa}$

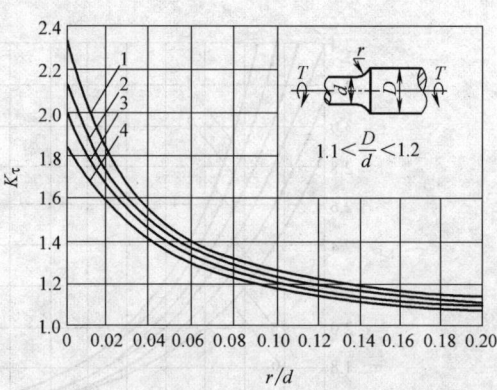

图1.6-118　　阶梯钢轴扭转的有效应力集中系数
1—$R_m \geqslant 1000\text{MPa}$　2—$R_m = 900\text{MPa}$
3—$R_m = 800\text{MPa}$　4—$R_m \leqslant 700\text{MPa}$

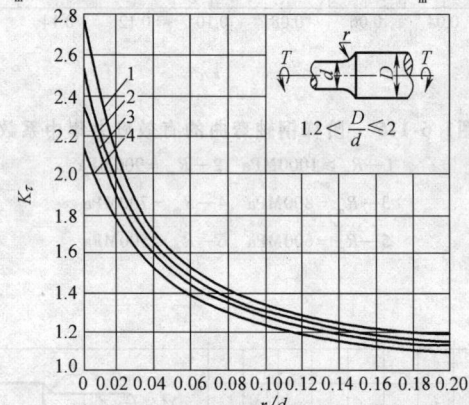

图1.6-119　　阶梯钢轴扭转的有效应力集中系数
1—$R_m \geqslant 1000\text{MPa}$　2—$R_m = 900\text{MPa}$　3—$R_m = 800\text{MPa}$　4—$R_m \leqslant 700\text{MPa}$

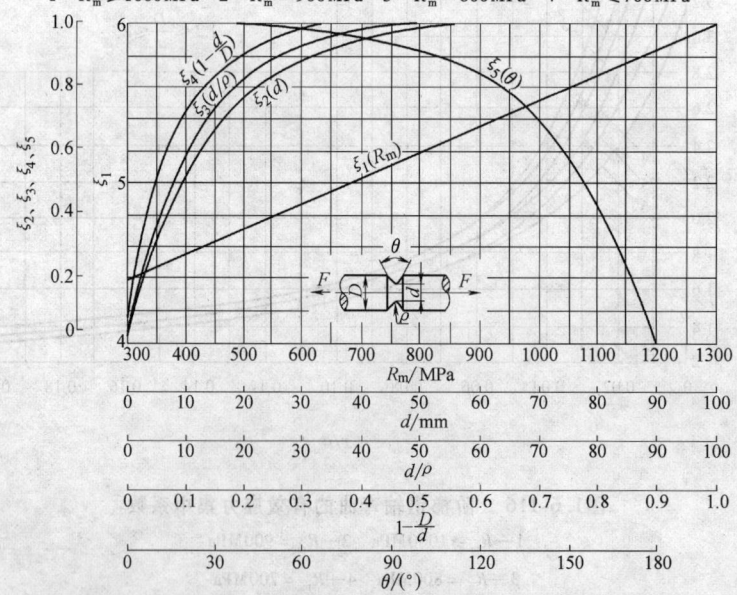

图1.6-120　　有环形槽钢轴对称拉压的有效应力集中系数

计算公式：$K_\sigma = 1 + \xi_1 \xi_2 \xi_3 \xi_4 \xi_5$　$\xi_1 = 3.9 + 0.0016 R_m$（$R_m$ 单位为 MPa）　$\xi_2 = 1 - e^{-0.07d}$（$d$ 单位为 mm）

$\xi_3 = 1 - e^{-0.082(d/\rho)}$　$\xi_4 = 1 - e^{-12\left(1 - \frac{d}{D}\right)}$　$\xi_5 = 1 - e^{-1.7(\pi - \theta)}$

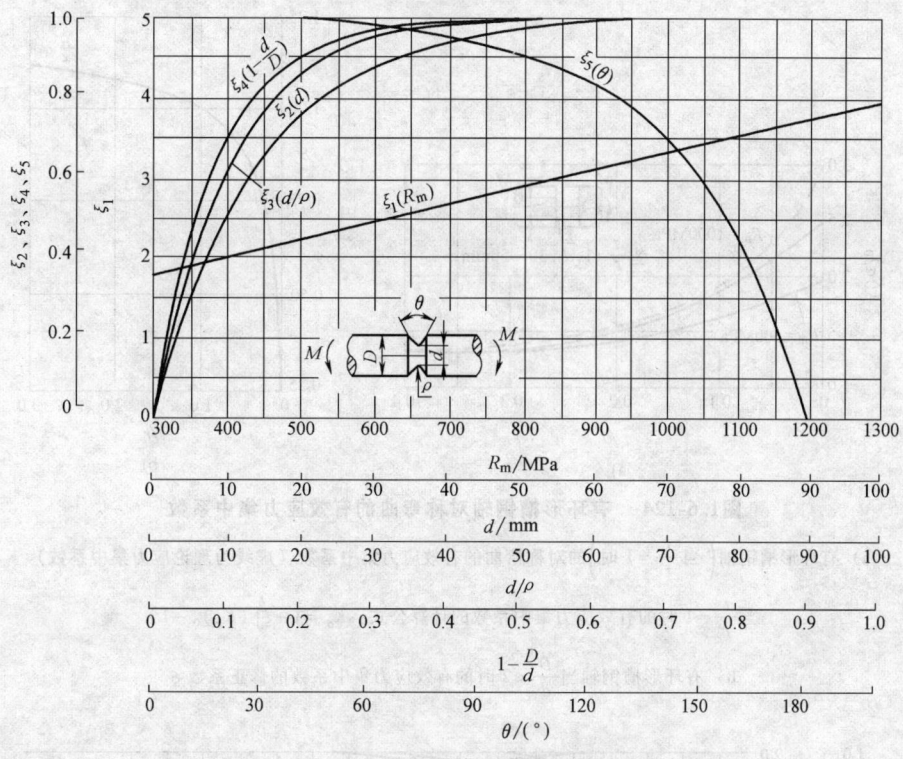

**图1.6-121 有环形槽钢轴旋转弯曲的有效应力集中系数**

计算公式：$K_\sigma = 1 + \xi_1\xi_2\xi_3\xi_4\xi_5$   $\xi_1 = 1.1 + 0.0022R_m$（$R_m$ 的单位为 MPa）

$\xi_2 = 1 - e^{-0.07d}$（$d$ 的单位为 mm）   $\xi_3 = 1 - e^{-0.095(d/\rho)}$

$\xi_4 = 1 - e^{-12\left(1-\frac{d}{D}\right)}$   $\xi_5 = 1 - e^{-1.7(\pi-\theta)}$

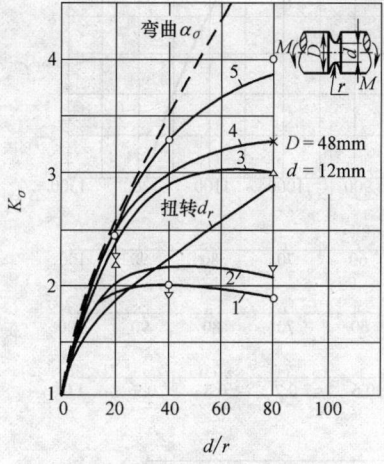

**图1.6-122 有环形深槽钢轴旋转**
**弯曲的有效应力集中系数**
**（虚线为理论应力集中系数）**

1—0.25% C   2—0.38% C

3—0.75% C   4—Ni-Cr 钢

5—Ni-Cr 钢

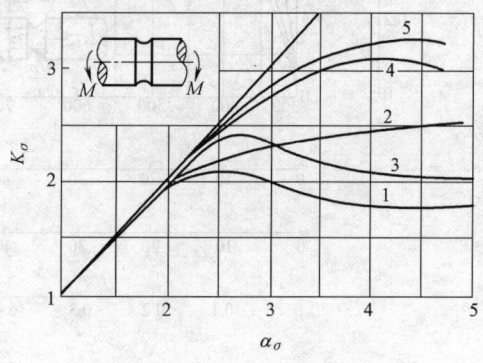

**图1.6-123 有环形槽钢轴旋转**
**弯曲的有效应力集中系数**

1—0.22% C   2—0.25% C

3—0.38% C   4—0.76% C

5—2.8% Ni、0.7% Cr 钢

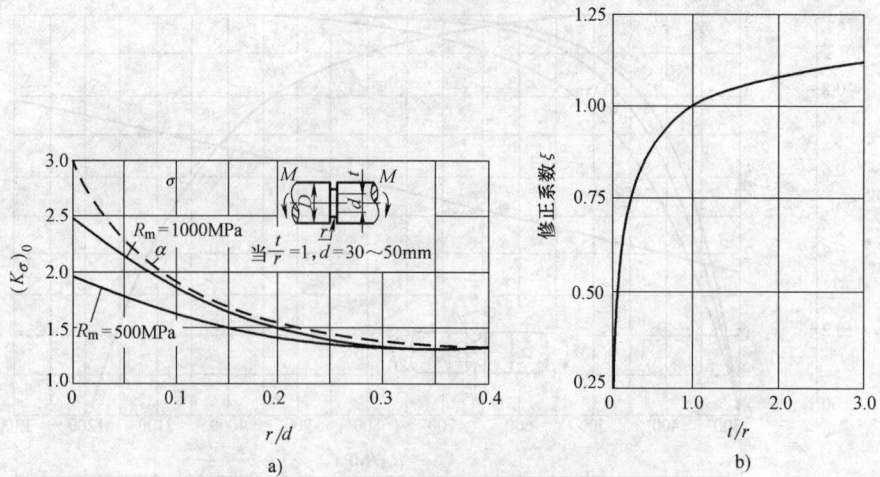

**图1.6-124    有环形槽钢轴对称弯曲的有效应力集中系数**

a）有环形槽钢轴 $\left(\text{当}\dfrac{t}{r}=1\text{时}\right)$ 的对称弯曲的有效应力集中系数（虚线为理论应力集中系数）

当 $\dfrac{t}{r}\neq 1$ 时的有效应力集中系数的计算公式：$K_\sigma = 1 + \xi [ (K_\sigma)_0 - 1 ]$

b）有环形槽钢轴当 $\dfrac{D}{d} < 2$ 时的有效应力集中系数的修正系数 $\xi$

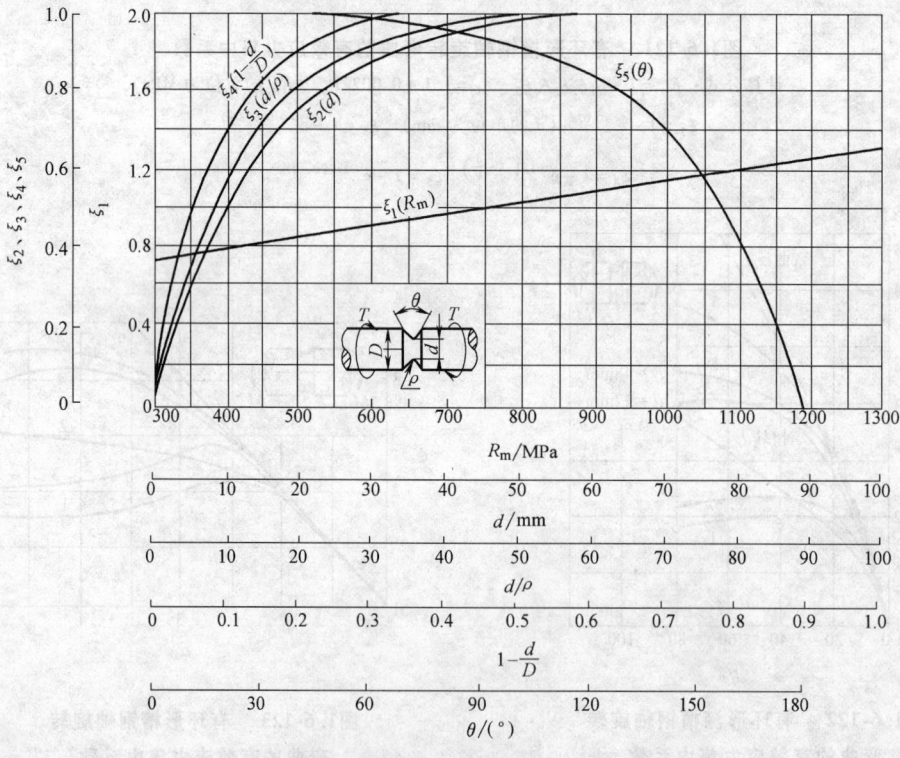

**图1.6-125    有环形槽钢轴对称扭转的有效应力集中系数**

计算公式：$K_\tau = 1 + \xi_1 \xi_2 \xi_3 \xi_4 \xi_5$    $\xi_1 = 0.57 + 0.00057 R_{\mathrm{m}}$（$R_{\mathrm{m}}$ 的单位为 MPa）

$\xi_2 = 1 - e^{-0.07d}$（$d$ 的单位为 mm）    $\xi_3 = 1 - e^{-0.082(d/\rho)}$

$\xi_4 = 1 - e^{-12\left(1-\frac{d}{D}\right)}$    $\xi_5 = 1 - e^{-1.7(\pi-\theta)}$

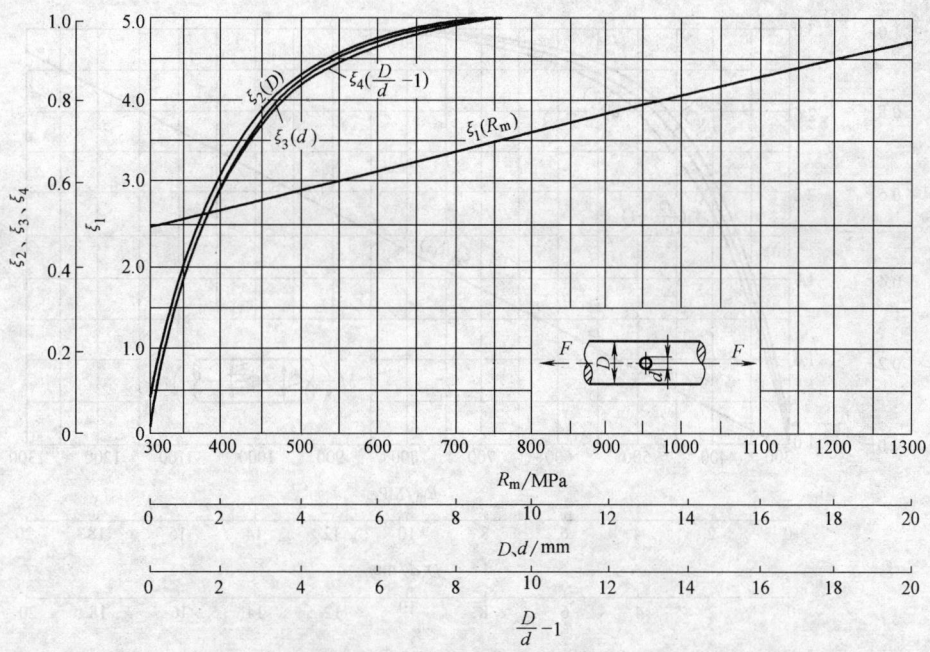

图1.6-126　有横孔钢轴对称拉压的有效应力集中系数

计算公式：$K_\sigma = 1 + \xi_1\xi_2\xi_3\xi_4$　　$\xi_1 = 1.8 + 0.0022R_m$（$R_m$ 的单位为 MPa）

$\xi_2 = 1 - e^{-0.5D}$（$D$ 的单位为 mm）　　$\xi_3 = 1 - e^{-0.46d}$（$d$ 的单位为 mm）

$$\xi_4 = 1 - e^{-0.465\left(\frac{D}{d}-1\right)}$$

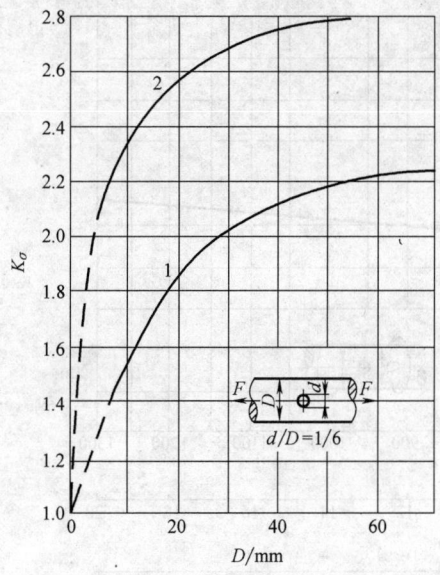

图1.6-127　有横孔钢轴拉压的
有效应力集中系数

1—0.07% C 低碳钢，$R_m = 330$MPa

2—Ni-Cr-Mo 钢（化学成分（质量分数）

0.43% CO、2.64% Ni、0.75% Cr、

0.65% Mn、0.58% Mo、0.05% V）

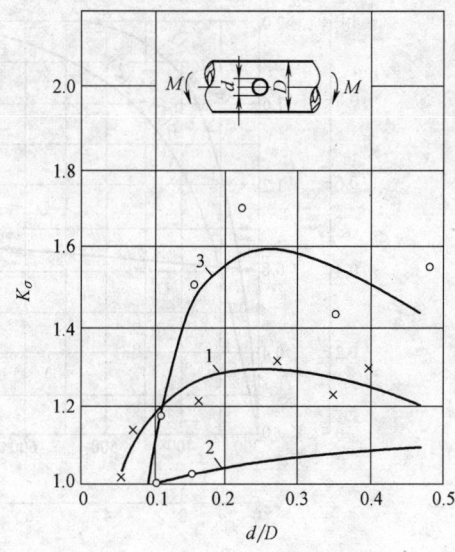

图1.6-128　有横孔的空心铸铁圆棒
旋转弯曲的有效应力集中系数

1—球墨铸铁，$D = 23$mm

2—孕育铸铁，$D = 12$mm

3—孕育铸铁，$D = 23$mm

注：铁素体包围的片状石墨的铸铁称孕育铸铁。

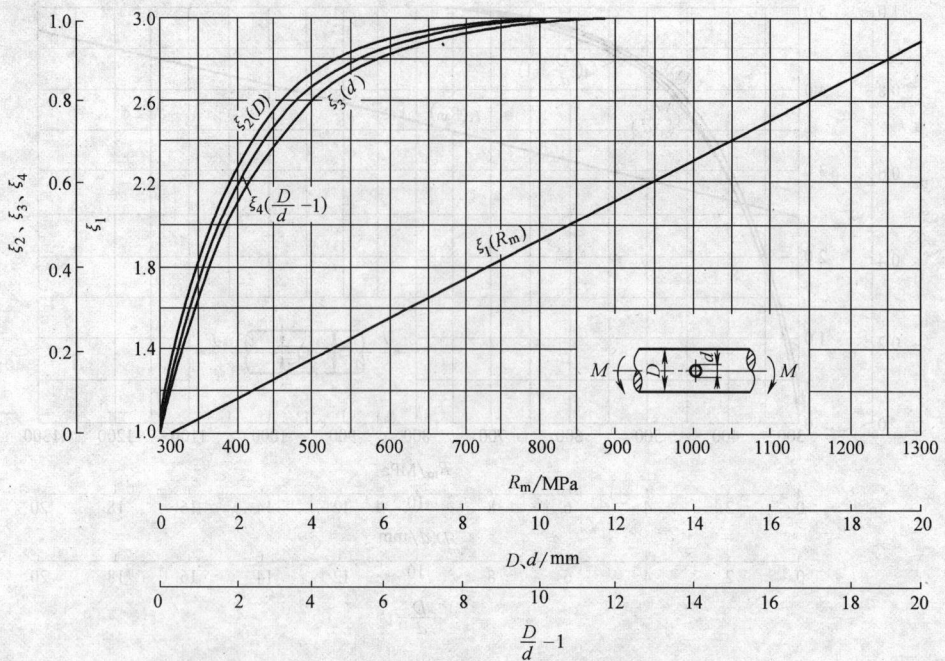

**图1.6-129　有横孔钢轴旋转弯曲的有效应力集中系数**

计算公式：$K_\sigma = 1 + \xi_1\xi_2\xi_3\xi_4$　　$\xi_1 = 0.4 + 0.0019R_m$　（$R_m$ 的单位是 MPa）

$\xi_2 = 1 - e^{-0.5D}$　（$D$ 的单位是 mm）　　$\xi_3 = 1 - e^{-0.4d}$　（$d$ 的单位是 mm）

$$\xi_4 = 1 - e^{-0.45\left(\frac{D}{d}-1\right)}$$

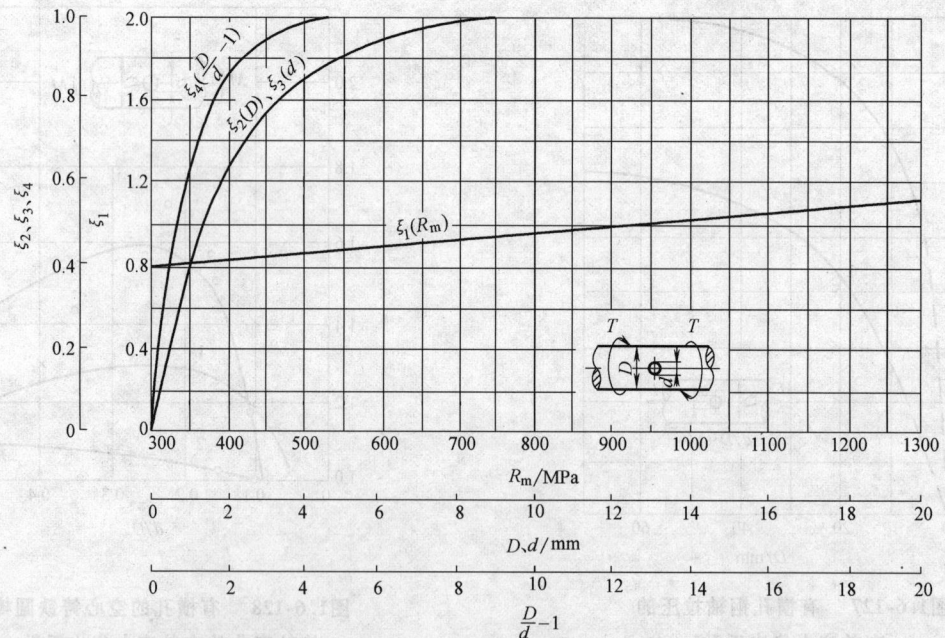

**图1.6-130　有横孔钢轴对称扭转的有效应力集中系数**

计算公式：$K_\tau = 1 + \xi_1\xi_2\xi_3\xi_4$　　$\xi_1 = 0.68 + 0.00034R_m$　（$R_m$ 的单位是 MPa）

$\xi_2 = 1 - e^{-0.5D}$　（$D$ 的单位是 mm）　　$\xi_3 = 1 - e^{-0.5d}$　（$d$ 的单位是 mm）

$$\xi_4 = 1 - e^{\left(\frac{D}{d}-1\right)}$$

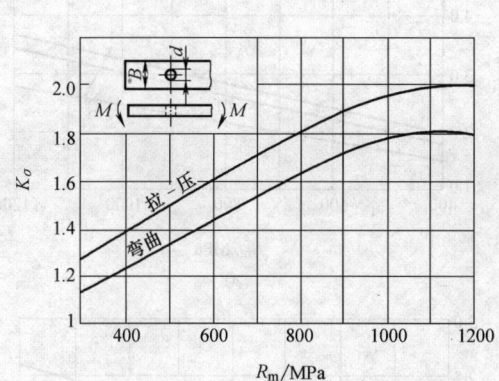

图1.6-131　有孔钢板的有效应力集中系数

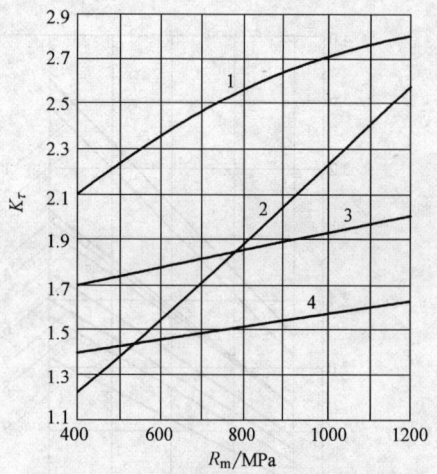

图1.6-132　有键槽、横孔的钢轴扭转
的有效应力集中系数

1—矩形花键　2—渐开线花键

3—键槽　4—横孔 $\dfrac{d}{D} = 0.05 \sim 0.25$

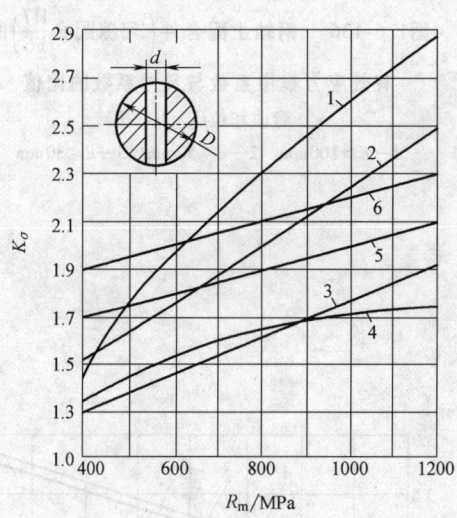

图1.6-133　有螺纹、键槽、横孔的钢零件
弯曲（拉伸）的有效应力集中系数

1—螺纹　2—键槽（端铣刀加工）

3—键槽（盘铣刀加工）

4—花键　5—横孔 $\left( \dfrac{d}{D} = 0.15 \sim 0.25 \right)$

6—横孔 $\left( \dfrac{d}{D} = 0.05 \sim 0.15 \right)$

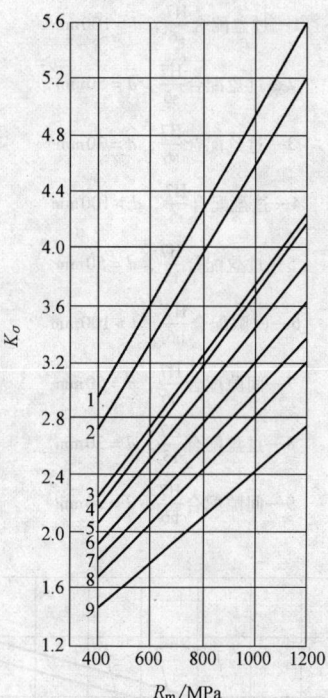

图1.6-134　压力配合钢轴弯曲的有效应力集中系数

1—过盈配合 $\dfrac{\text{H7}}{\text{s6}}$，$d > 100\,\text{mm}$　2—过盈配合 $\dfrac{\text{H7}}{\text{s6}}$，$d = 50\,\text{mm}$

3—过盈配合 $\dfrac{\text{H7}}{\text{s6}}$，$d = 30\,\text{mm}$　4—过盈配合 $\dfrac{\text{H7}}{\text{r5}}$，$d > 100\,\text{mm}$

5—过盈配合 $\dfrac{\text{H7}}{\text{r5}}$，$d = 50\,\text{mm}$　6—间隙配合 $\dfrac{\text{H7}}{\text{h6}}$，$d > 100\,\text{mm}$

7—间隙配合 $\dfrac{\text{H7}}{\text{h6}}$，$d = 50\,\text{mm}$　8—过盈配合 $\dfrac{\text{H7}}{\text{r5}}$，$d = 30\,\text{mm}$

9—间隙配合 $\dfrac{\text{H7}}{\text{h6}}$，$d = 30\,\text{mm}$

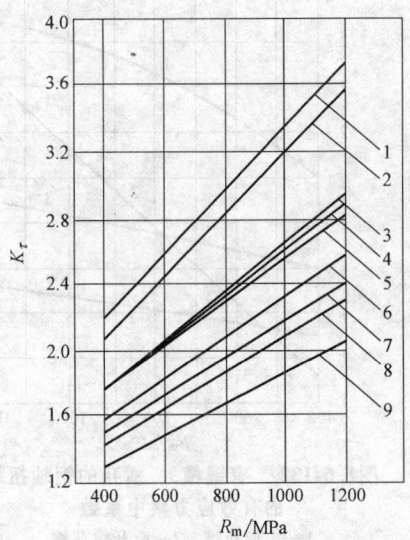

**图1.6-135　压力配合钢轴扭转的有效应力集中系数**

1—过盈配合$\dfrac{H7}{s6}$，$d > 100\text{mm}$

2—过盈配合$\dfrac{H7}{s6}$，$d = 50\text{mm}$

3—过盈配合$\dfrac{H7}{s6}$，$d = 30\text{mm}$

4—过盈配合$\dfrac{H7}{r5}$，$d > 100\text{mm}$

5—过盈配合$\dfrac{H7}{r5}$，$d = 50\text{mm}$

6—间隙配合$\dfrac{H7}{h6}$，$d > 100\text{mm}$

7—间隙配合$\dfrac{H7}{h6}$，$d = 50\text{mm}$

8—过盈配合$\dfrac{H7}{r5}$，$d = 30\text{mm}$

9—间隙配合$\dfrac{H7}{h6}$，$d = 30\text{mm}$

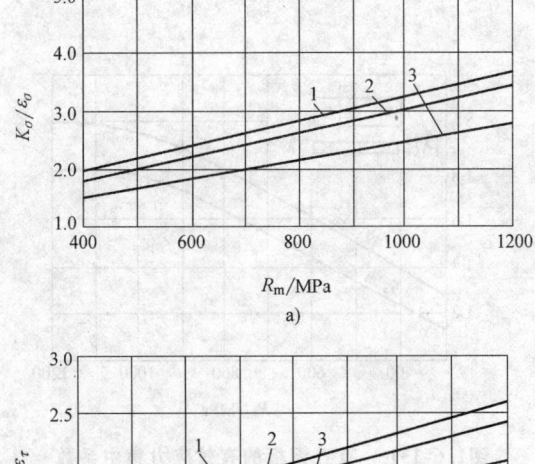

a)

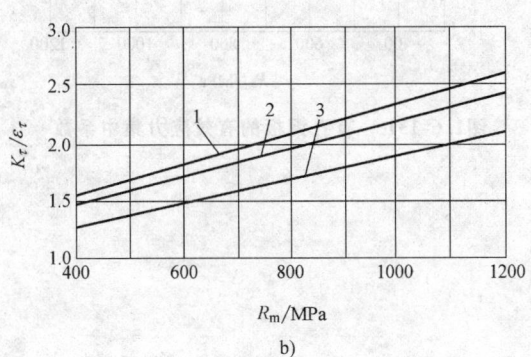

b)

**图1.6-136　钢轴上配合件$\left(\text{间隙配合}\dfrac{H7}{h6}\right)$的 有效应力集中系数与尺寸系数的比值**

a）弯曲和拉压　b）扭转

1—$d \geqslant 100\text{mm}$　2—$d = 50\text{mm}$　3—$d \leqslant 30\text{mm}$

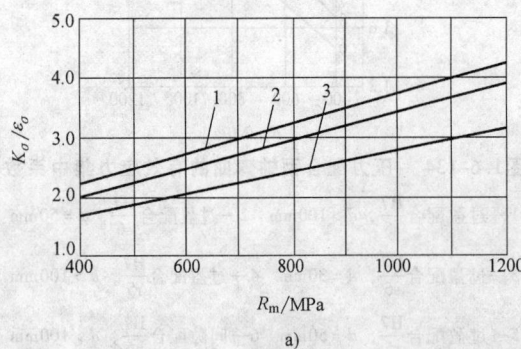

a)

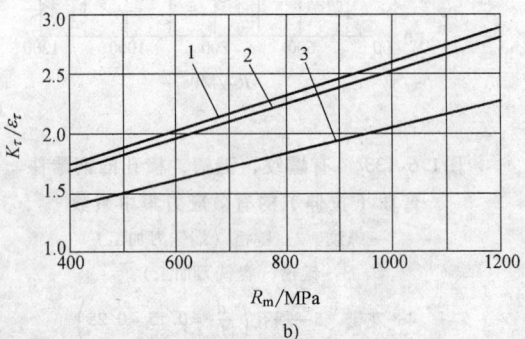

b)

**图1.6-137　钢轴上配合件$\left(\text{过渡配合}\dfrac{H7}{k6}\right)$的有效应力集中系数与尺寸系数的比值**

a）弯曲和拉压　b）扭转

1—$d \geqslant 100\text{mm}$　2—$d = 50\text{mm}$　3—$d \leqslant 30\text{mm}$

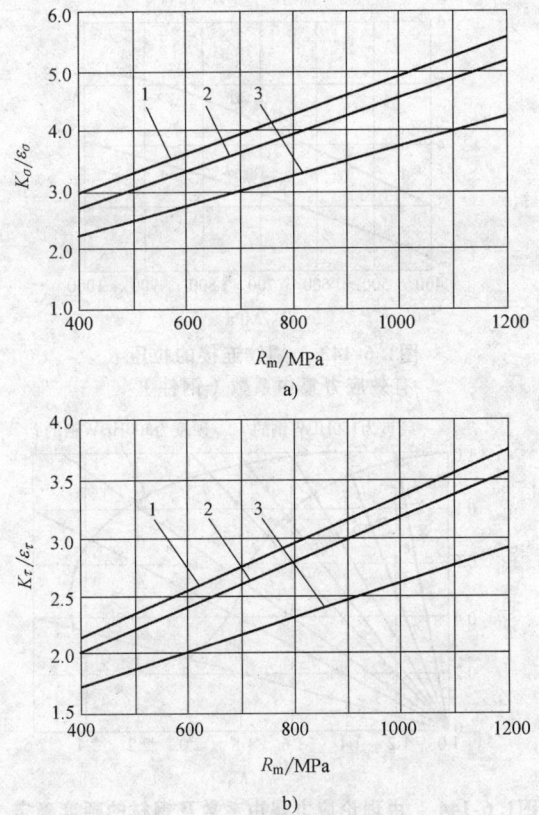

图1.6-138 钢轴上配合件 $\left(\text{过盈配合}\dfrac{\text{H7}}{\text{s6}}\right)$ 的有效应力集中系数与尺寸系数的比值

a）弯曲与拉压 b）扭转

1—$d \geqslant 100\text{mm}$ 2—$d = 50\text{mm}$ 3—$d \leqslant 30\text{mm}$

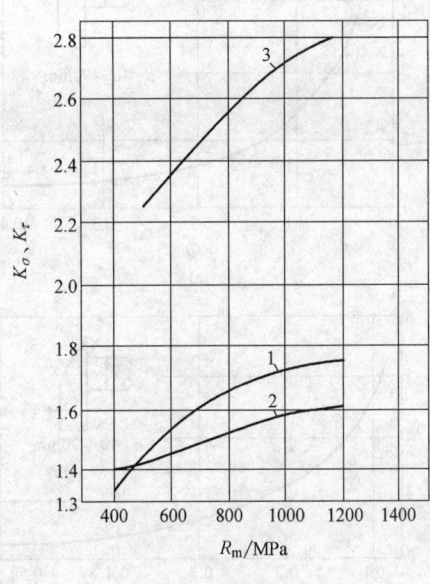

图1.6-140 花键钢轴的有效应力集中系数

1—渐开线花键轴，弯曲
2—渐开线花键轴，扭转
3—矩形花键轴，扭转

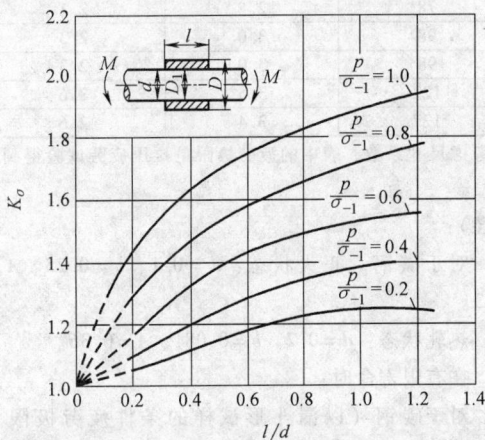

图1.6-139 压入的过盈配合钢轴弯曲的有效应力集中系数

$$p = \frac{E\ (d - D_1)\ (D^2 - d^2)}{2 d D^2}\quad p\text{—径向压力}$$

$E$—弹性模量 $D_1$—轴套的内径 $D$—轴套的外径

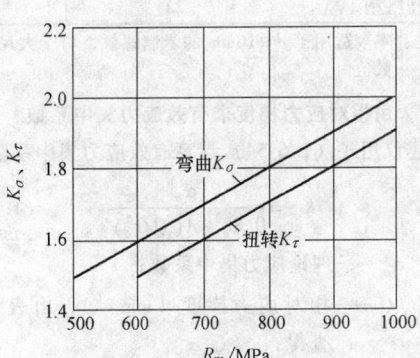

图1.6-141 有单键或双键槽钢轴的有效应力集中系数

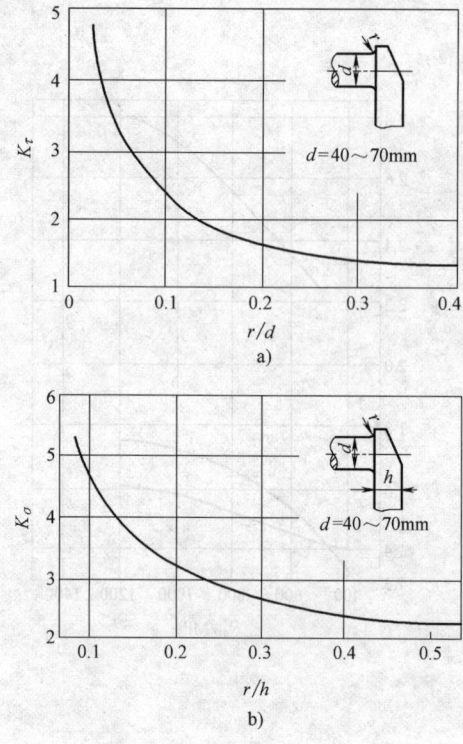

图1.6-142 钢曲轴的有效应力集中系数

a) 扭转 b) 弯曲

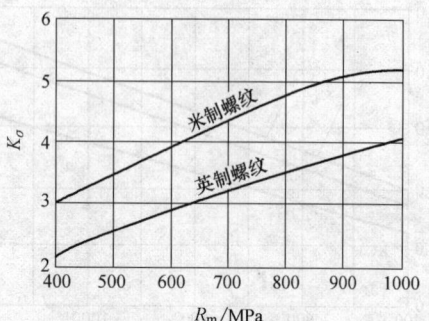

图1.6-143 螺纹连接的拉压
有效应力集中系数（钢件）

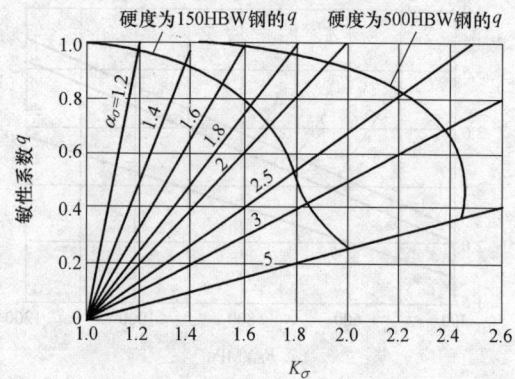

图1.6-144 由理论应力集中系数及钢材的硬度确定
敏性系数$q$或有效应力集中系数$K_\sigma$

表 1.6-9 螺纹连接中的有效应力集中系数

| 牌 号 | 光滑试样的疲劳极限 $\sigma_{-11}$/MPa | 螺纹的疲劳极限 $\sigma'_{-11}$ /MPa | | 有效应力集中系数 $K_\sigma$ | |
|---|---|---|---|---|---|
| | | 切削螺纹 | 辊压螺纹 | 切削螺纹 | 辊压螺纹 |
| 35 | 176 | 49 | 63 | 2.7 | 2.1 |
| 45 | 215 | 58 | 78 | 2.8 | 2.1 |
| 38CrA | 294 | 73 | 98 | 3.0 | 2.3 |
| 30CrMnSiA | 294 | 73 | 98 | 3.0 | 2.3 |
| 40CrNiMoA | 431 | 93 | 122 | 3.5 | 2.6 |
| 18Cr2Ni4VA | 441 | 98 | 127 | 3.4 | 2.6 |

注：本表适用于 $d \leqslant 16$mm 的米制螺纹，对于大尺寸的螺纹，应考虑尺寸系数，表中的疲劳极限是拉压疲劳试验得到的数值。

## 6.1.4 用相对应力梯度求有效应力集中系数

建议用式（1.6-54）计算有效应力集中系数，即

$$K_\sigma = \frac{\alpha_\sigma}{0.88 + A\,(Q/r^d)^b} \qquad (1.6-54)$$

式中 $\alpha_\sigma$——理论应力集中系数；

$Q$——相对应力梯度（$\mathrm{mm}^{-1}$），由表 1.6-8 查得；

$r$——缺口根部圆角半径（mm）；

$d$、$b$、$A$——材料常数。

$d$、$b$、$A$ 的数值如下：

在无限寿命时（以光滑试样的疲劳极限为基准）：

对于碳钢 正火状态：$d = 0.1$、$b = 0.25$、$A = 0.43$。

热轧状态：$d = 0.2$、$b = 0.081$、$A = 0.36$。

在有限寿命时：

对于碳钢（以漏斗形试样的条件疲劳极限为基准）：

正火状态：$d = 0.1$、$b = 0.99 - 0.0951\lg N$、$A = 0.879 - 0.0921\lg N$。

热轧状态：$d = 0.1$、$b = 0.984 - 0.0941\lg N$、$A = 0.856 - 0.0941\lg N$。

对于合金钢（淬火后回火）（以光滑试样的条件疲劳极限为基准）：

$d = 0.2$、$b = 0.466 - 0.051\lg N$、$A = 0.456 - 0.0041\lg N$。

各式中，$N$ 为疲劳寿命。

## 6.2 尺寸的影响

在疲劳试验机上所用的试样，直径通常为 6 ~ 10mm，而一般零件的尺寸与试样尺寸是不相同的。试验表明，当尺寸增大时，疲劳强度降低，由此引入尺寸系数 $\varepsilon$。

尺寸系数 $\varepsilon$ 的定义：当应力集中情况相同时，尺寸为 $d$ 的零件的疲劳极限与标准试样的疲劳极限之比值，即

弯曲
$$\varepsilon_\sigma = \frac{(\sigma_{-1})_d}{\sigma_{-1}} \qquad (1.6\text{-}55)$$

扭转
$$\varepsilon_\tau = \frac{(\tau_{-1})_d}{\tau_{-1}} \qquad (1.6\text{-}56)$$

式中 $(\sigma_{-1})_d$、$(\tau_{-1})_d$——相应是尺寸为 $d$ 的零件的对称循环弯曲疲劳极限和对称循环扭转疲劳极限；

$\sigma_{-1}$、$\tau_{-1}$——相应是标准直径试样的对称循环弯曲疲劳极限和对称循环扭转疲劳极限。

尺寸系数 $\varepsilon$ 的数据很分散，各种文献中所推荐的数据图表相差不小。对于重型及一般机械设计，推荐图 1.6-145，这是锻钢的尺寸系数值。对于铸钢，图 1.6-145 的数据应再降低 5% ~ 10%。对于制造质量控制严的锻钢件，尺寸系数可适当提高。对于低合金结构钢，建议用碳素钢这条曲线。

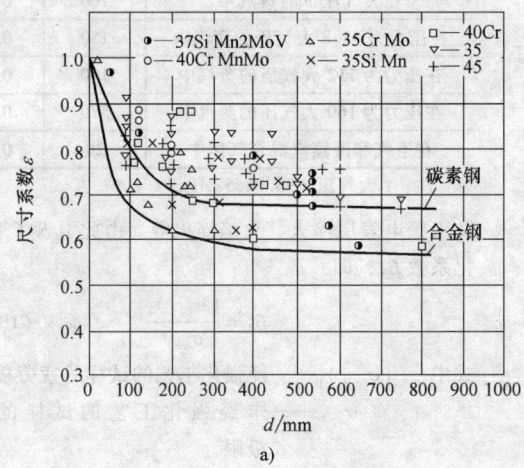

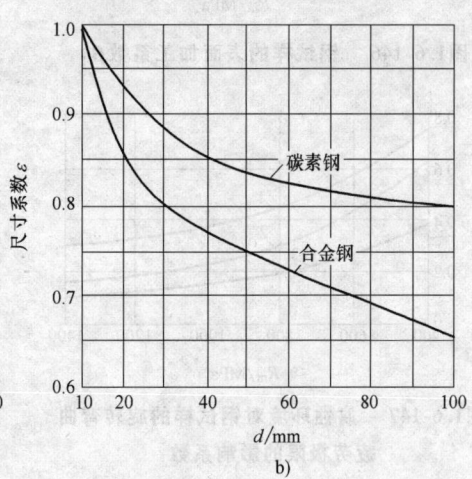

图1.6-145 锻钢疲劳极限的尺寸系数

## 6.3 表面状态的影响

### 6.3.1 加工情况

一般标准试样表面都经过磨光，而实际零件的表面加工方法则多种多样。粗糙的表面加工，相当于存在很多缺口。机械零件在承受载荷时，表面应力最高，加工表面的应力集中容易成为疲劳源，疲劳破坏也就较多地自表面开始。考虑表面粗糙度使疲劳极限降低的影响，引入表面加工系数 $\beta_1$，其定义为

$$\beta_1 = \frac{(\sigma_{-1})_\beta}{\sigma_{-1}} \qquad (1.6\text{-}57)$$

式中 $(\sigma_{-1})_\beta$——某种表面加工情况试样的疲劳极限；

$\sigma_{-1}$——磨光试样的疲劳极限。

图 1.6-146 所示为钢试样弯曲或拉压循环载荷时

的表面加工系数。对于扭转疲劳，在无试验资料时可以取弯曲时的表面加工系数代用。

### 6.3.2 腐蚀情况

腐蚀疲劳的 S-N 曲线没有水平部分。因此，腐蚀疲劳极限是指在某一寿命下的值。

腐蚀环境对材料疲劳极限的影响，用腐蚀系数 $\beta_2$ 表示，即

$$\beta_2 = \frac{(\sigma_{-1})_c}{\sigma_{-1}} \qquad (1.6\text{-}58)$$

式中 $(\sigma_{-1})_c$——在腐蚀环境中材料的疲劳极限；

$\sigma_{-1}$——在空气中光滑试样的疲劳极限。

图 1.6-147 所示为腐蚀环境对钢试样的旋转弯曲疲劳极限的腐蚀系数。图 1.6-148 所示为铸铁在淡水中的旋转弯曲的腐蚀系数。12Cr13 钢在各种腐蚀环境中的腐蚀系数，见表 1.6-10。

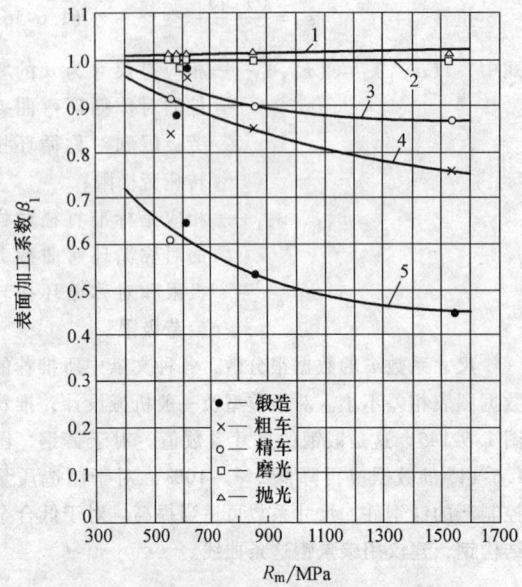

图1.6-146　钢试样的表面加工系数 $\beta_1$

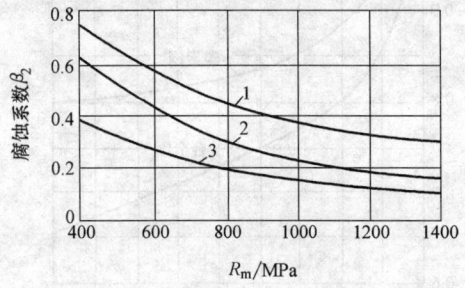

图1.6-147　腐蚀环境对钢试样的旋转弯曲
疲劳极限的影响系数

1—淡水中，无应力集中　2—淡水中有应力集中，
海水中无应力集中　3—海水中有应力集中

### 6.3.3　表面强化

由于机械零件的疲劳裂纹常开始于表层，所以强化表层是提高零件疲劳强度的有效方法。表面强化工艺可分为三类：①机械方法，如喷丸及辊压等；②化学方法，如渗碳及氮化等；③热处理，如高频、中频

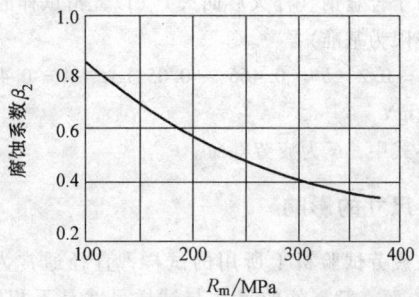

图1.6-148　铸铁在淡水中的旋转弯曲的腐蚀系数

表 1.6-10　12Cr13 钢在各种腐蚀环境中的腐蚀系数

| 试 验 条 件 | 试验温度<br>/℃ | 腐蚀系数<br>$\beta_2$ |
|---|---|---|
| 在蒸汽气氛中 | — | 0.54 |
| 在蒸汽和空气的密封容器中 | 75 | 0.84 |
| 在大气压下的蒸汽中 | 100 | 0.89 |
| 在压力为 43.8 大气压的蒸汽中 | 150 | 0.90 |
| 在压力为 112 大气压的蒸汽中 | 180 | 0.89 |
| 在压力为 160 大气压的蒸汽中 | 370 | 0.89 |
| 在空气和湿蒸汽混合气体中 | 20 | 0.56 |

注：1 大气压 = 98.0665kMPa。

及工频电表层淬火、火焰淬火等。由此引入了表面强化系数 $\beta_3$，即

$$\beta_3 = \frac{(\sigma_{-1})_j}{\sigma_{-1}} \qquad (1.6-59)$$

式中　$(\sigma_{-1})_j$——经强化工艺的试样的疲劳极限；

$\sigma_{-1}$——未经强化工艺的试样的疲劳极限。

各种强化工艺的强化系数 $\beta_3$ 见表 1.6-11

上述的表面加工系数 $\beta_1$，表面腐蚀系数 $\beta_2$ 和表面强化系数 $\beta_3$，总称为表面系数 $\beta$。在疲劳强度计算中，应根据具体情况选取相应的 $\beta$ 值。例如，零件如只经过切削加工，则 $\beta = \beta_1$；零件在腐蚀介质中工作，则 $\beta = \beta_2$；零件经过强化，则 $\beta = \beta_3$。不是各 $\beta$ 值相乘。

表 1.6-11　表面强化系数 $\beta_3$ 推荐值

| 强 化 方 法 | 心部抗拉强度<br>$R_m$/MPa | 钢试样的表面强化系数 $\beta_3$ | | |
|---|---|---|---|---|
| | | 光滑试样 | 有应力集中的试样 | |
| | | | $K_\sigma \leqslant 1.5$ 时 | $K_\sigma \geqslant 2.0$ 时 |
| 高频淬火 | 600 ~ 800 | 1.3 ~ 1.5 | 1.4 ~ 1.5 | 1.8 ~ 2.2 |
| | 800 ~ 1000 | 1.2 ~ 1.4 | 1.5 ~ 2.0 | — |
| 氮化 | 900 ~ 1200 | 1.1 ~ 1.3 | 1.5 ~ 1.7 | 1.7 ~ 2.1 |
| 渗碳 | 400 ~ 600 | 1.8 ~ 2.0 | 3 | — |
| | 700 ~ 800 | 1.4 ~ 1.5 | — | — |
| | 1000 ~ 1200 | 1.2 ~ 1.3 | 2 | — |

（续）

| 强化方法 | 心部抗拉强度 $R_m$/MPa | 钢试样的表面强化系数 $\beta_3$ | | |
|---|---|---|---|---|
| | | 光滑试样 | 有应力集中的试样 | |
| | | | $K_\sigma \leqslant 1.5$ 时 | $K_\sigma \geqslant 2.0$ 时 |
| 辊压 | 600 ~ 1500 | 1.1 ~ 1.4 | 1.4 ~ 1.6 | 1.6 ~ 2.0 |
| 喷丸 | 600 ~ 1500 | 1.1 ~ 1.4 | 1.4 ~ 1.6 | 1.6 ~ 2.0 |
| 镀铬 | — | 0.5 ~ 0.7 | | |
| 镀镍 | — | 0.5 ~ 0.9 | | |
| 镀锌（热浸法） | — | 0.6 ~ 0.95（电镀法取 $\beta_3 = 1.0$） | | |
| 镀铜 | — | 0.9 | | |

## 6.4　频率的影响

在室温的干燥空气中试验，频率对疲劳极限的影响很小，图 1.6-149 所示为几种金属的疲劳极限与频率的关系曲线。当频率小于 1000Hz 时，疲劳极限随频率稍有增加，其后出现极大值。当频率再增加时，疲劳极限降低。一般机械的工作频率在 10 ~ 150Hz 范围内，在这个频率范围内，多数材料的疲劳极限很少受影响。因此，在室温下工作的机械，一般不考虑频率的影响。但是，在腐蚀环境或高温条件下试验时，试验频率对试样的疲劳极限有很大的影响。

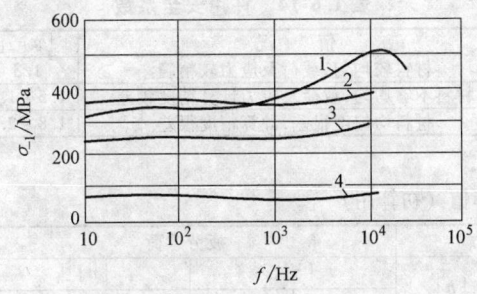

### 图 1.6-149　载荷频率对金属疲劳极限的影响
1—$w(C) = 0.86\%$ 的碳素钢　2—$w(C) = 0.11\%$ 的碳素钢
3—铜　4—铝

## 6.5　平均应力的影响

对于非对称循环应力，它的应力幅和平均应力相应为 $\sigma_a$ 和 $\sigma_m$，其等效的对称循环应力幅为

$$\sigma_A = \sigma_a + \psi \sigma_m$$

式中　$\psi$——不对称循环度系数。

不同应力集中下 45 钢和 40Cr 的疲劳极限线图（或称等寿命曲线）如图 1.6-150 和图 1.6-151 所示。从图 1.6-150 和图 1.6-151 中可看出，在应力集中大的情况下，屈强比（$R_{eL}/R_m$）高的材料，其疲劳极限线图可能出现下凹现象。缺口试样在单调加载拉伸试验中所得的抗拉强度 $R_m'$ 明显大于光滑试样所得的

抗拉强度值 $R_m$，而且 $\alpha_\sigma$ 越大，$R_m'$ 值也越大。

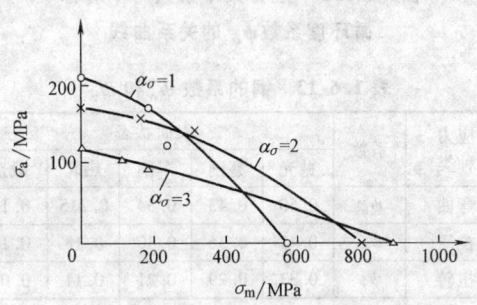

### 图 1.6-150　45 钢在不同应力集中系数下的疲劳极限线图（$N = 10^7$）

45 钢经正火，其 $R_m = 612$MPa，$R_{eL} = 361$MPa

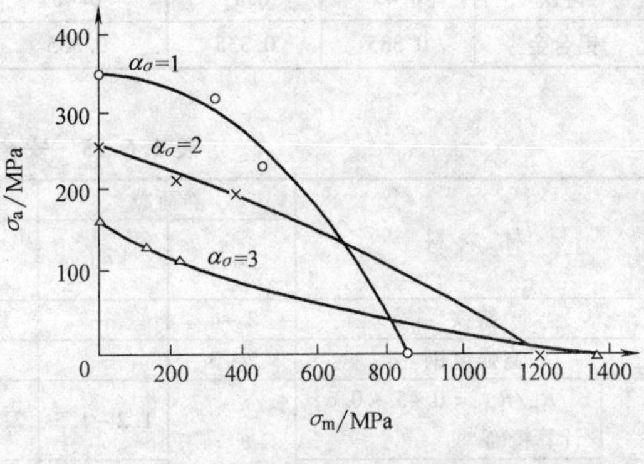

### 图 1.6-151　40Cr 在不同应力集中系数下的疲劳极限线图（$N = 10^7$）

40Cr 经调质，其 $R_m = 858$MPa，$R_{eL} = 673$MPa

根据古特曼直线得到的不对称循环度系数 $\psi$ 与理论应力集中系数 $\alpha_\sigma$ 之间的关系曲线如图 1.6-152 所示。应用图 1.6-152 可以查出不同应力集中下的 $\psi_\sigma$。在缺少数据的情况下，用光滑试样的 $\psi_\sigma$ 来代替有应力集中条件下的 $\psi_\sigma$，对于设计来说是偏于安全的。

其他因素如加载情况和表面状态对 $\psi_\sigma$ 也有影响，见表 1.6-12 和表 1.6-13。

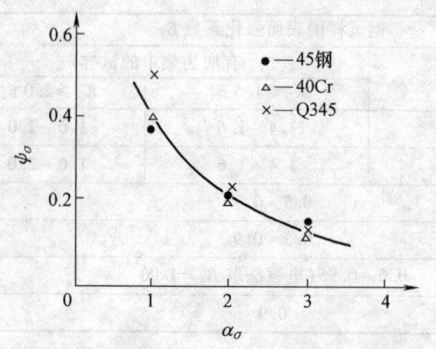

图1.6-152　应力集中系数与不对称
循环度系数 $\psi_\sigma$ 的关系曲线

## 7　高周疲劳

通常，金属疲劳断裂的循环次数高于 $10^5$ 次的疲劳称为高周疲劳。高周疲劳一般采用常规疲劳设计方法。以对数坐标画得的 $S\text{-}N$ 曲线一般是由两根直线组成的折线，按水平线部分进行设计计算的称为无限寿命设计，按斜线部分进行设计计算的称为有限寿命设计。

在有限寿命设计中需要应用疲劳累积损伤理论。机械设计中应用最广的是前面4.5节介绍的疲劳线性累积损伤理论。

### 7.1　安全系数

一般的疲劳强度计算中，许用安全系数推荐用表 1.6-14 ~ 表 1.6-16。各表中所用符号：$[n]_b = \dfrac{R_m}{[\sigma]}$、$[n]_s = \dfrac{R_{eL}}{[\sigma]}$、$[n]_{-1} = \dfrac{\sigma_{-1}}{[\sigma]}$、$[n]_0 = \dfrac{\sigma_0}{[\sigma]}$（其中，$R_m$——材料的抗拉强度；$R_{eL}$——材料的屈服强度；$\sigma_{-1}$——对称循环疲劳极限；$\sigma_0$——脉动循环疲劳极限）。校核零件的疲劳强度，必须使它同时满足静强度要求。

**表 1.6-12　钢的系数 $\psi_\sigma$ 和 $\psi_\tau$**

| 应力种类 | 系数 | 表面状态 | | | | |
|---|---|---|---|---|---|---|
| | | 抛光 | 磨削 | 车削 | 热轧 | 锻造 |
| 弯曲 | $\psi_\sigma$ | 0.50 | 0.43 | 0.34 | 0.215 | 0.14 |
| 拉压 | $\psi_\sigma$ | 0.41 | 0.36 | 0.30 | 0.18 | 0.10 |
| 扭转 | $\psi_\tau$ | 0.33 | 0.29 | 0.21 | 0.11 | 0.05 |

**表 1.6-13　铸铁和铝合金的系数 $\psi_\sigma$ 和 $\psi_\tau$**

| 材料 | $\psi_\sigma$ | | $\psi_\tau$ |
|---|---|---|---|
| | 弯曲 | 拉压 | 扭转 |
| 铸铁 | 0.49 | 0.41 | 0.48 |
| 铝合金 | 0.335 | 0.335 | 0.335 |

**表 1.6-14　许用安全系数**

| 情　况 | $[n]_{-1}$ |
|---|---|
| 材料较均匀，载荷及应力较精确 | 1.3 |
| 材料不够均匀，载荷及应力计算精度较差 | 1.5 ~ 1.8 |
| 材料均匀度很差，计算精度很差 | 1.8 ~ 2.5 |

**表 1.6-15　安全系数推荐值（初算用）**

| 材　料 | | 静荷载 | | 冲击荷载 | | 疲劳载荷 | | | |
|---|---|---|---|---|---|---|---|---|---|
| | | | | | | $[n]_b$ | | $[n]_{-1}$ | |
| | | $[n]_b$ | $[n]_s$ | $[n]_b$ | $[n]_s$ | 一般零件 | 重要零件 | 一般零件 | 重要零件[1] |
| 铸铁 | | 3 ~ 4 | — | 10 ~ 15 | — | 8 ~ 10 | 12 ~ 15 | — | — |
| 高强度钢 | | 2 ~ 3 | — | — | — | — | — | — | — |
| 结构钢 | $R_m/R_{eL} = 0.45 ~ 0.6$，计算精确 | 2.4 ~ 2.6 | 1.2 ~ 1.5 | 2.0 ~ 2.8 | 1.5 ~ 2.2 | 5.0 | 7 | 1.3 | 1.5 |
| | $R_m/R_{eL} = 0.6 ~ 0.8$，计算精度一般 | | 1.4 ~ 1.8 | 2.5 ~ 4.0 | 2.0 ~ 2.8 | 5.5 | 8 | 1.5 | 1.8 |
| | $R_m/R_{eL} = 0.8 ~ 0.9$，计算不精确 | | 1.7 ~ 2.2 | 3.5 ~ 5.0 | 2.5 ~ 3.5 | 6.0 | 10 | 1.8 | 2.5 |

① 重要零件，是指在整个使用期内不希望破坏的零件。

**表 1.6-16　各类机械零件的许用安全系数**

| 机械种类 | 零部件名称 | 应力状态 | 材　料 | 安全系数 | 备　注 |
|---|---|---|---|---|---|
| 起重机械 | 主梁 | 弯 | Q235A、Q345 | $[n]_s = 1.4 ~ 1.6$、$[n]_0 = 1.4 ~ 1.6$ | 运送液态金属的起重机用1.6 |
| | 端梁 | 弯 | Q235A、Q345 | $[n]_s = 2.4$ | — |
| | 小车梁 | 弯 | Q235A、Q345 | $[n]_s = 3 ~ 4$ | — |

（续）

| 机械种类 | 零部件名称 | 应力状态 | 材　料 | 安全系数 | 备　注 |
|---|---|---|---|---|---|
| 起重机械 | 卷筒轴 | 弯曲疲劳 | 45 | $[n]_s = 1.3 \sim 1.6$、$[n]_{-1} = 1.8$ | 手动，$[n]_s = 1.3$ 吊钢液包 1.6 |
| | 减速机低速轴 | 弯扭疲劳 | 45 | $[n]_s = 1.6$，$[n]_{-1} = 1.8$ | — |
| | 卷筒轴承侧法兰螺栓 | 拉伸疲劳 | Q235A | $[n]_s = 3$，$[n]_0 = 2.5$ | — |
| | 吊钩钩体 | 拉、弯 | 20、36Mn2Si | $[n]_s = 1.6$ | — |
| | 吊钩螺纹尾部 | 拉 | 20、36Mn2Si | $[n]_s = 5 \sim 7$ | — |
| | 吊钩梁 | 弯 | 45 | $[n]_s = 3$ | — |
| | 拉板 | 拉、挤压 | 16Mn | $[n]_s = 1.6$ | — |
| | 吊钩滑轮轴 | 弯 | 45 | $[n]_s = 1.6$ | — |
| | 小车轮轴 | 弯扭疲劳 | 45 | $[n]_s = 1.4$，$[n]_{-1} = 1.6$ | — |
| | 大车轮轴 | 弯扭疲劳 | 45 | $[n]_s = 1.4$，$[n]_{-1} = 1.6$ | — |
| 矿山机械 | 矿井提升机卷筒 | 弯、压 | Q235A、Q345 | $[n]_s = 1.4 \sim 1.6$ | — |
| | 矿井提升机主轴 | 弯扭疲劳 | 45 | $[n]_{-1} = 1.2 \sim 1.5$ | — |
| | 颚式破碎机机架 | 弯曲疲劳 | ZG270-500 | $[n]_0 = 1.5$ | — |
| | 颚式破碎机传动轴 | 弯扭疲劳 | 45 | $[n]_{-1} = 1.5$ | — |
| | 颚式破碎机主轴 | 弯扭疲劳 | 45 | $[n]_{-1} = 1.4$ | — |
| | 圆锥破碎机传动轴 | 弯扭疲劳 | 45 | $[n]_{-1} = 1.4$ | — |
| | 圆锥破碎机主轴 | 弯扭疲劳 | 24CrMoV | $[n]_{-1} = 2$ | — |
| | 圆锥破碎机液压缸体 | 内压 | ZG270-500 | $[n]_s = 2 \sim 2.4$ | — |
| | 球磨机筒体 | 弯 | Q235A、20 | $[n]_s = 3.5 \sim 4$ | — |
| 冶金机械 | 轧钢机机架（初轧机） | 弯、拉、拉伸疲劳 | ZG270-500 | $[n]_b = 6 \sim 8$ | $[n]_0 = 1.6$ |
| | 轧钢机机架（板热轧机） | 弯、拉、拉伸疲劳 | ZG270-500 | $[n]_b = 7 \sim 10$ | $[n]_0 = 1.7$（厚板） |
| | 轧钢机机架（板冷轧机） | 弯、拉 | ZG270-500 | $[n]_b = 8 \sim 12$ | 考虑刚度 |
| | 轧钢机轧辊（初轧机辊身） | 弯扭疲劳 | 60CrMnMo、60CrMo、55CrMo | $[n]_b = 6 \sim 8$ | $[n]_{-1} = 1.8$ |
| | 轧钢机轧辊（热轧机工作辊） | 弯扭疲劳 | HT250、球墨铸铁 | $[n]_b = 6.5$ | $[n]_{-1} = 1.5 \sim 2.5$ |
| | 冷轧薄板工作辊 | 弯扭疲劳 | 9Cr2 | $[n]_{-1} = 1.1$ | — |
| | 热轧板支承辊 | 弯曲疲劳 | 37SiMn2MoV、8CrMoV、40Mn2MoV | $[n]_b = 6$ | $[n]_{-1} = 1.2 \sim 2$ |
| | 冷轧板支承辊 | 弯曲疲劳 | 9Cr2、9Cr2Mo | $[n]_{-1} = 1.2$ | — |
| | 轧钢机的机架辊 | 弯扭疲劳 | 45 | $[n]_b = 6$ | $[n]_{-1} = 1.8$ |
| | 轧钢机万向节轴 | 弯扭疲劳 | 45CrV | $[n]_s = 3$ | $[n]_{-1} = 2.0$ |
| | 轧钢机万向节轴叉头 | 弯扭疲劳 | 45CrV | $[n]_s = 2.6$ | $[n]_{-1} = 1.8$ |
| | 六连杆式热剪机的上剪股 | 弯曲疲劳 | ZG35Cr1Mo、32SiMn2MoV | $[n]_s = 2$ | $[n]_0 = 1.5$ |
| | 六连杆式热剪机的下剪股 | 弯曲疲劳 | ZG35Cr1Mo、32SiMn2MoV | $[n]_s = 3$ | $[n]_0 = 1.6$ |
| | 六连杆式热剪机的偏心轴 | 弯扭疲劳 | 40 | $[n]_s = 3$ | $[n]_{-1} = 2.0$ |
| | 六连杆式热剪机的连杆 | 拉、压、弯 | 40 | $[n]_s = 3$ | — |
| | 六连杆式热剪机的传动轴 | 弯扭疲劳 | 35CrMo、32SiMn2MoV | $[n]_s = 3$ | $[n]_{-1} = 2.5$ |
| | 摆式飞剪机曲轴 | 弯扭疲劳 | 32SiMn2MoV | $[n]_{-1} = 2$ | — |
| | 辊式矫直机的工作辊辊身 | 弯扭疲劳 | 9Cr2、60CrMoV | $[n]_s = 4 \sim 12$ | 考虑刚度 |
| | 辊式矫直机的支承辊辊身 | 弯扭疲劳 | 9Cr2 | $[n]_s = 3 \sim 6$ | 考虑刚度 |
| | 辊式矫直机的支承辊辊颈 | 扭 | 9Cr2 | $[n]_s = 1.7$ | — |
| | 辊式矫直机的支承辊小轴 | 弯 | 42MnMoV | $[n]_s = 2$ | — |

（续）

| 机械种类 | 零部件名称 | 应力状态 | 材　料 | 安全系数 | 备　注 |
|---|---|---|---|---|---|
| 冶金机械 | 辊式矫直机的机架（铸铁） | 弯 | HT250 | $[n]_b = 6$ | — |
| | 辊式矫直机的机架（钢） | 弯 | Q235A | $[n]_s = 3$ | — |
| | 辊式矫直机的机架盖 | 弯 | Q235A | $[n]_b = 5$ | — |
| | 辊式矫直机万向节轴 | 弯扭疲劳 | 35SiMn | $[n]_s = 4 \sim 5$ | $[n]_{-1} = 1.6$ |
| | 辊式矫直机压下螺杆 | 扭、压 | 45、35SiMn | $[n]_s = 2.7$ | — |
| | 辊式矫直机拉杆 | 拉 | 35SiMn | $[n]_s = 3$ | — |
| | 高炉大钟拉杆 | 拉 | 20 | $[n]_s = 5$ | 考虑温度 |
| | 转炉托圈 | 弯 | — | $[n]_s = 8$ | 考虑温度 |
| | 转炉耳轴 | 弯 | 40Cr、38SiMnV | $[n]_s = 3$ | — |
| | 盛钢桶桶体 | 内压 | Q235A | $[n]_s = 2.5$ | $[n]_{-1} = 2$ |
| | 盛钢桶耳轴 | 弯 | ZG270-500 | $[n]_s = 7$ | — |
| | 铁水车减速机轴 | 弯扭疲劳 | — | $[n]_{-1} = 2.3$ | — |
| 锻压机械 | 水压机立柱（光滑部分） | 拉、弯 | 10、45、20MnV、20SiMnMo | $[n]_s = 1.7 \sim 2$ | — |
| | 水压机立柱（螺纹部分） | 拉、弯 | 10、45、20MnV、20SiMnMo | $[n]_s = 4 \sim 5$ | $[n]_{-1} = 1.5$ |
| | 水压机上横梁 | 弯 | Q235A、ZG270-500 | $[n]_b = 6 \sim 8$ | $[n]_{-1} = 1.4 \sim 1.6$ |
| | 水压机活动横梁 | 弯 | Q235A、 | $[n]_b = 5 \sim 6$ | — |
| | 水压机下横梁 | 弯 | Q235A、 | $[n]_b = 8 \sim 10$ | — |
| | 水压机液压缸缸体 | 内压 | 35、45、12MnV、20MnV | $[n]_s = 2 \sim 3$ | — |
| | 水压机液压缸法兰 | 弯、压 | 35、45、ZG270-500、22MnMo | $[n]_s = 2.2$ | 有冲击时$[n]_s = 3 \sim 4$ |
| | 水压机液压缸柱塞 | 内压 | 45 | $[n]_s = 2.2$ | — |
| | 水压机高压水罐 | 内压 | 20、14CrMnMoV | $[n]_s = 2$ | — |
| | 水压机充水罐 | 内压 | Q235A | $[n]_s = 3$ | — |
| | 挤压机柱子（光滑部分） | 拉、弯 | 18MnMoNb | $[n]_s = 2$ | — |
| | 挤压机柱子（螺纹部分） | 拉、弯 | 18MnMoNb | $[n]_s = 4$ | $[n]_{-1} = 1.9$ |
| | 挤压机机架 | 弯 | Q235A、ZG270-500 | $[n]_s = 3 \sim 6$ | — |
| | 挤压机主缸缸体 | 内压 | 18MnMoNb | $[n]_s = 2.5 \sim 3$ | $[n]_b = 4 \sim 5$ |
| | 挤压机动梁回程缸缸体 | 内压 | 18MnMoNb | $[n]_s = 3 \sim 4.5$ | — |
| | 挤压机穿孔缸缸体 | 内压 | 35SiMn、18MnMoNb | $[n]_s = 3 \sim 4.5$ | — |
| | 挤压机穿孔回程缸缸体 | 内压 | 45 | $[n]_s = 2.5$ | — |
| | 挤压机剪刀缸缸体 | 内压 | 45 | $[n]_s = 2.5$ | — |
| | 挤压机容室移动缸缸体 | 内压 | 45 | $[n]_s = 2.0$ | — |
| | 精压机传动轴 | 弯扭疲劳 | 35SiMn2MoV | $[n]_{-1} = 2$ | — |
| | 锻锤机架 | 弯、拉伸疲劳 | ZG270-500 | $[n]_b = 5$ | $[n]_0 = 1.6$ |
| | 锻锤拉杆 | 拉 | 40Cr、35CrMnV | $[n]_s = 2.5$ | — |
| | 热模锻曲轴 | 弯扭疲劳 | 40CrNi、35SiMn2MoV | $[n]_{-1} = 1.6 \sim 2$ | — |
| 橡胶塑料机械 | 橡胶塑料辊机辊筒 | 弯扭疲劳 | HT150 | $[n]_{-1} = 2.5 \sim 3$ | 冷硬铸铁 |
| | 橡胶塑料辊机机架 | 弯 | HT250、HT300 | $[n]_b = 12$ | $[n]_0 = 5$ |
| | 橡胶塑料辊机机架盖 | 弯 | HT250 | $[n]_b = 10$ | $[n]_0 = 4.5$ |
| | 橡胶塑料挤出机螺杆 | 扭 | 38CrMoAl | $[n]_s = 3$ | — |
| | 橡胶塑料挤出机机筒 | — | 38CrMoAl | $[n]_s = 3$ | 考虑结构要求 |
| 内燃机 | 内燃机曲轴主轴颈 | 扭转疲劳 | QT600-2、45、40、40MnB、40Cr、45Mn2、30MnMoW、30Mn2MoTiB、40Mn2SiV、15SiMn3MoWVA、37SiMnMoWA | $[n]^\tau_{-1} = 3 \sim 4$（扭应力） | 汽车发动机 |
| | 内燃机曲轴主轴颈 | 扭转疲劳 | | $[n]^\tau_{-1} = 4 \sim 5$（扭应力） | 拖拉机发动机 |
| | 内燃机曲轴主轴颈 | 扭转疲劳 | | $[n]^\tau_{-1} = 2 \sim 3$（扭应力） | 高增压柴油机 |

（续）

| 机械种类 | 零部件名称 | 应力状态 | 材　料 | 安全系数 | 备　注 |
|---|---|---|---|---|---|
| 内燃机 | 内燃机曲轴曲柄销 | 弯扭疲劳 | QT600-2、45、40、40MnB、40Cr、45Mn2、30MnMoW、30Mn2MoTiB、40Mn2SiV、15SiMn3MoWVA、37SiMnMoWA | $[n]_{-1} = 1.3 \sim 1.5$ | 汽车发动机 |
| | 内燃机曲轴曲柄销 | 弯扭疲劳 | | $[n]_{-1} = 1.5 \sim 2$ | 拖拉机发动机 |
| | 内燃机曲轴曲柄销 | 弯扭疲劳 | | $[n]_{-1} = 1.2 \sim 1.4$ | 高增压柴油机 |
| | 内燃机曲轴曲柄臂 | 弯扭疲劳 | | $[n]_{-1} = 2 \sim 3$ | 汽车发动机 |
| | 内燃机曲轴曲柄臂 | 弯扭疲劳 | | $[n]_{-1} = 3 \sim 3.5$ | 拖拉机发动机 |
| | 内燃机曲轴曲柄臂 | 弯扭疲劳 | | $[n]_{-1} = 1.3 \sim 2$ | 高增压柴油机 |
| | 内燃机活塞销 | 弯、剪 | 20、20Cr、20Mn2、18CrMnTi、20SiMnVB | $[n]_s = 2 \sim 2.2$ | 渗碳 |
| | 内燃机连杆小头 | 弯压疲劳 | 45、40Cr、35CrMo、40MnVB | $[n]_{-1} = 2.5 \sim 5$ | 汽车发动机 |
| | 内燃机连杆杆身 | 弯压疲劳 | | $[n]_{-1} = 2 \sim 2.5$ | 拖拉机发动机 |
| | 内燃机连杆杆身 | 弯压疲劳 | | $[n]_{-1} = 2.5 \sim 3$ | 船用中、高速柴油机 |
| | 内燃机连杆杆身 | 弯压疲劳 | | $[n]_{-1} = 2 \sim 3$ | 高速强载柴油机 |
| | 内燃机连杆大头 | 弯压疲劳 | | $[n]_{-1} = 2.0$ | 汽车、拖拉机发动机 |
| | 内燃机连杆大头 | 弯压疲劳 | | $[n]_{-1} = 1.5$ | 高速强载柴油机 |
| | 内燃机连杆螺栓 | 拉伸疲劳 | 45、40Cr、35CrMo、40MnVB | $[n]_{-1} = 1.5 \sim 2$ | — |
| | 气缸体紧螺栓 | 拉伸疲劳 | 40Cr、40MnB、35CrMo、40CrMo | $[n]_{-1} = 1.3 \sim 2$ | — |
| 气体压缩机 | 气体压缩机曲轴 | 弯扭疲劳 | 45 | $[n]_{-1} = 2 \sim 2.5$ | $[n]_s = 3 \sim 6$ |
| | 气体压缩机曲柄臂 | 弯扭疲劳 | 45 | $[n]_{-1} = 1.5$ | |
| | 气体压缩机连杆 | 弯扭疲劳 | 30 | $[n]_s = 3$ | |
| | 气体压缩机活塞杆 | 弯扭疲劳 | 45 | $[n]_b = 10$ | |
| | 气体压缩机高压缸阀腔 | 内压 | 40 | $[n]_{-1} = 1.4 \sim 2$ | |
| 汽车拖拉机 | 汽车变速箱轴 | 弯扭疲劳 | 40Cr、40MnB、18CrMnTi | $[n]_{-1} = 1.3$ | 曲轴、连杆的安全系数见内燃机 |
| | 汽车后桥半轴 | 弯扭疲劳 | 40MnB、35CrMnSiA | $[n]_{-1} = 2$ | |
| | 拖拉机变速箱轴 | 弯扭疲劳 | 40、18CrMnTi | $[n]_{-1} = 2$ | |
| | 拖拉机传动轴 | 弯扭疲劳 | 40 | $[n]_{-1} = 1.3$ | |
| | 拖拉机履带驱动轮轴 | 弯扭疲劳 | 40Cr | $[n]_{-1} = 1.1$ | |
| 水轮机 | 水轮机转轮叶片 | 拉、弯 | ZG20SiMn、ZG0Cr13Ni14Mo | $[n]_s = 2.5, [n]_{-1} = 2$ | 混流式水轮机 $[n]_{-1}$ 的数值随使用年限而定,对于使用年限较短时,可取 $[n]_{-1} = 1.5 \sim 1.8$ |
| | 水轮机主轴轴身 | 拉、弯、扭 | 45、20SiMn | $[n]_s = 2.5 \sim 3$ | |
| | 水轮机主轴法兰 | 弯、压 | 45、20SiMn | $[n]_s = 1.8 \sim 2.3$ | |
| | 水轮机导叶体 | 弯、扭 | ZG230-450、ZG20SiMn | $[n]_s = 2$ | |
| | 水轮机导叶体轴颈 | 弯、扭 | ZG230-450、ZG20SiMn | $[n]_s = 1.8$ | |
| | 水轮机导叶臂 | 弯、扭 | ZG230-450 | $[n]_s = 1.8$ | |
| | 水轮机导叶套筒 | 弯 | HT150 | $[n]_b = 10$ | |
| | 水轮机接力器缸体 | 内压 | HT150 | $[n]_b = 10$ | |
| | 水轮机接力器液压缸法兰 | 弯、压 | HT150 | $[n]_b = 5$ | |
| | 水轮机蜗壳 | 内压 | Q235A、Q345、15MnV、15MnTi | $[n]_s = 1.8 \sim 2$ | Q235-A 的旧钢号为 A3 |
| | 水轮机顶盖和支持盖 | 弯 | HT150,HT300 | $[n]_b = 8.5 \sim 10$ | |
| | 水轮机顶盖和支持盖 | 弯 | ZG230-450 | $[n]_s = 2$ | |
| | 水轮机导水机构盖板 | 弯、拉 | Q235A | $[n]_s = 2$ | |
| | 水轮机连接板 | 弯、拉 | Q235A | $[n]_s = 2$ | |
| | 水轮机旋管,导管体 | 拉 | Q235A | $[n]_s = 2.5$ | |
| | 水轮机耳柄 | 拉 | 35、40Cr | $[n]_s = 2.5$ | |
| | 水轮机转臂 | 弯、挤压 | 35 | $[n]_s = 2.5$ | |
| | 水轮机连杆 | 拉、压 | ZG230-450 | $[n]_s = 2$ | |

（续）

| 机械种类 | 零部件名称 | 应力状态 | 材　料 | 安全系数 | 备　注 |
|---|---|---|---|---|---|
| 水轮机 | 水轮机活塞销,连杆销 | 弯 | 35 | $[n]_s = 2$ | |
| | 水轮机叶销 | 剪切 | 45 | $[n]_s = 2$ | |
| | 水轮机联轴螺栓 | 弯、拉 | 35、40Cr | $[n]_s = 2.5$ | Q235-A 的旧钢号为 A3 |
| | 水轮机叶片螺栓 | 弯、拉 | 35、40Cr | $[n]_s = 2$ | |
| | 水轮机分半键、导向键 | 剪切 | Q235A、35 | $[n]_s = 2$ | |
| | 水轮机叶片键、卡环 | 剪切 | 45 | $[n]_s = 2$ | |

## 7.2　无限寿命设计

这种设计准则，要求零部件或结构在无限长的使用期内不发生疲劳破坏。S-N 曲线的水平段表明零部件的疲劳寿命是无限的。因此，将零部件或结构的工作应力限制在它的疲劳极限以下，就可以得到零部件或结构的寿命在理论上是无限的。这是最老的疲劳设计准则，用这种准则来进行设计，常常造成零部件或结构尺寸较大，过于笨重。但对长时间运转的零部件或结构，这一准则仍不失为一个较好的疲劳设计准则。

### 7.2.1　单向应力时无限寿命设计

零部件受单向循环应力，是指只承受单向正应力或单向切应力，如只承受单向拉压循环应力、弯曲循环应力或扭转循环应力等。在单向循环应力下工作的零部件是很多的，如高炉上料机的钢丝绳受单向波动拉伸应力、曲柄压力机的连杆受单向脉动应力、只承受弯曲力矩的心轴、转动时表面上各点的应力状态是对称循环弯曲应力等。

表 1.6-17 中列出了不同受载情况下单向应力时安全系数的计算公式。

### 表 1.6-17　承受单向应力时安全系数计算式

| 受 载 情 况 | 弯曲或拉压时的安全系数 | 扭转时的安全系数 |
|---|---|---|
| 等幅对称循环 | $n_\sigma = \dfrac{\sigma_{-1}}{\dfrac{K_\sigma}{\varepsilon\beta}\sigma_a}$ | $n_\tau = \dfrac{1}{\dfrac{K_\tau}{\varepsilon\beta}\tau_a}$ |
| 等幅不对称循环 | $n_\sigma = \dfrac{\sigma_{-1}}{\dfrac{K_\sigma}{\varepsilon\beta}\sigma_a + \psi_\sigma\sigma_m}$ | $n_\tau = \dfrac{\tau_{-1}}{\dfrac{K_\tau}{\varepsilon\beta}\tau_a + \psi_\tau\tau_m}$ |
| 变幅对称循环 | $n_\sigma = \dfrac{\sigma_{-1}}{\dfrac{K_\sigma}{\varepsilon\beta}\sqrt[m]{\dfrac{N}{N_0}\sum_i \left(\dfrac{\sigma_i}{\sigma_{max}}\right)^m \dfrac{n_i}{N}}\sigma_{max}}$ | $n_\tau = \dfrac{\tau_{-1}}{\dfrac{K_\tau}{\varepsilon\beta}\sqrt[m]{\dfrac{N}{N_0}\sum_i \left(\dfrac{\tau_i}{\tau_{max}}\right)^m \dfrac{n_i}{N}}\tau_{max}}$ |
| 变幅不对称循环 | $n_\sigma = \dfrac{\sigma_{-1}}{\sqrt[m]{\dfrac{N}{N_0}\sum_i \left(\dfrac{\sigma_{di}}{\sigma_{dmax}}\right)^m \dfrac{n_i}{N}}\sigma_{dmax}}$ | $n_\tau = \dfrac{\tau_{-1}}{\sqrt[m]{\dfrac{N}{N_0}\sum_i \left(\dfrac{\tau_{di}}{\tau_{dmax}}\right)^m \dfrac{n_i}{N}}\tau_{dmax}}$ |

注：各式中　$n_\sigma$、$n_\tau$——计算的安全系数；

$\sigma_{-1}$、$\tau_{-1}$——材料在对称循环下的疲劳极限，弯曲时为 $\sigma_{-1}$，拉压时为 $\sigma_{-1l}$，扭转时为 $\tau_{-1}$；

$K_\sigma$、$K_\tau$——分别为弯曲和扭转时的有效应力集中系数；

$\varepsilon$——尺寸系数；

$\beta$——表面系数；

$\psi_\sigma$、$\psi_\tau$——不对称循环度系数，一般计算式为

$$\psi_\sigma = \frac{2\sigma_{-1} - \sigma_0}{\sigma_0}, \quad \psi_\tau = \frac{2\tau_{-1} - \tau_0}{\tau_0};$$

$\sigma_0$、$\tau_0$——分别为弯曲和扭转时的脉动循环疲劳极限；

$\sigma_i$、$\tau_i$——作用试样上的第 $i$ 个应力水平；

$n_i$——第 $i$ 个应力水平 $\sigma_i$ 或 $\tau_i$ 作用时的循环数；

$\sigma_{max}$、$\tau_{max}$——载荷谱中的最大应力；

$N_0$——无限寿命的最小循环数，即循环基数；

$N$——总寿命，即整个工作循环数；

$m$——材料常数，即 S-N 曲线在对数坐标中的倾斜率的负值，即 $m = -\dfrac{\lg N_i}{\lg \sigma_i}$；

$N_i$——在应力水平 $\sigma_i$ 作用下，材料达到疲劳破坏的循环数；

$\sigma_{di}$、$\tau_{di}$——第 $i$ 个当量应力，计算式为

$$\sigma_{di} = \left[\frac{K_\sigma}{\varepsilon\beta}(\sigma_a)_d\right]_i, \tau_{di} = \left[\frac{K_\tau}{\varepsilon\beta}(\tau_a)_d\right]_i; (\sigma_a)_d = \sigma_a + \psi_\sigma\sigma_m, (\tau_a)_d = \tau_a + \psi_\tau\tau_m$$

【例 1】 图 1.6-153 所示的轴，载荷 $F$ 为对称循环载荷，$F = 25000\text{MPa}$，轴材料为 45 钢，调质处理。表面加工方法为精车，校核 $A—A$ 截面的疲劳强度。

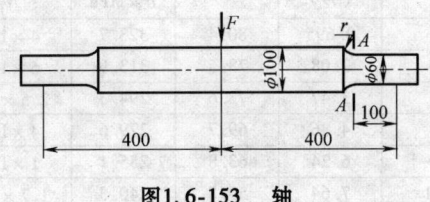

**图1.6-153 轴**

【解】 （1）计算公式 因载荷是等幅对称循环，故用公式

$$n_\sigma = \frac{\sigma_{-1}}{\frac{K_\sigma}{\varepsilon\beta}\sigma_a}$$

（2）求 $\sigma_a$ 该轴为简支梁，故 $A—A$ 截面的应力为

$$\sigma_a = \frac{M}{W} = \frac{32Fl}{\pi d^3} = 117.9\text{MPa}$$

（3）求 $\sigma_{-1}$ 查表 1.6-4，45 钢调质状态时

$$\sigma_{-1} = 388\text{MPa}, R_m = 710\text{MPa}$$

（4）求 $K_\sigma$ $K_\sigma = 1 + q_\sigma(\alpha_\sigma - 1)$

查图 1.6-112，当 $R_m = 710\text{MPa}$、$r = 5\text{mm}$ 时，$q = 0.8$

查图 1.6-77，当 $\rho/d = 5/60 = 0.083$、$D/d = 100/60 = 1.67$ 时，$\alpha_\sigma = 1.78$，于是得 $K_\sigma = 1.624$

（5）求 $\varepsilon$ 查图 1.6-145，当 $d = 60\text{mm}$、材料为 45 钢时，$\varepsilon = 0.825$

（6）求 $\beta$ 表面加工方法为精车，查图 1.6-146，当 $R_m = 710\text{MPa}$ 及精车时

$$\beta = \beta_1 = 0.92$$

（7）求 $n_\sigma$

$$n_\sigma = \frac{\sigma_{-1}}{\frac{K_\sigma}{\varepsilon\beta}\sigma_a} = \frac{388}{\frac{1.624}{0.825 \times 0.92} \times 117.9} = 1.54 > [n] = 1.3$$

故该轴 $A—A$ 截面的疲劳强度符合要求。

**7.2.2 多向应力时无限寿命设计**

在多向应力情况下，目前常用的方法是把多向应力转化成单向应力，然后利用上述的单向应力设计方法进行设计。大量的试验研究表明，变形能强度理论及最大切应力理论是将多向应力状态与单向应力状态联系起来的，比较符合实际的理论。这里根据变形能强度理论，把多向应力转化成单向当量应力，其计算公式为

1）当量应力幅

$$\sigma_{da} = \frac{[(\sigma_{a1} - \sigma_{a2})^2 + (\sigma_{a2} - \sigma_{a3})^2 + (\sigma_{a3} - \sigma_{a1})^2]^{\frac{1}{2}}}{\sqrt{2}} \tag{1.6-60}$$

2）当量平均应力

$$\sigma_{dm} = \frac{[(\sigma_{m1} - \sigma_{m2})^2 + (\sigma_{m2} - \sigma_{m3})^2 + (\sigma_{m3} - \sigma_{m1})^2]^{\frac{1}{2}}}{\sqrt{2}} \tag{1.6-61}$$

各式中 $\sigma_{a1}$、$\sigma_{a2}$、$\sigma_{a3}$——主应力幅；
$\sigma_{m1}$、$\sigma_{m2}$、$\sigma_{m3}$——主应力幅方向的平均应力。

3）对于二向应力状态，公式可简化为

$$\left.\begin{array}{l} \sigma_{da} = (\sigma_{a1}^2 - \sigma_{a1}\sigma_{a2} + \sigma_{a2}^2)^{\frac{1}{2}} \\ \sigma_{dm} = (\sigma_{m1}^2 - \sigma_{m1}\sigma_{m2} + \sigma_{m2}^2)^{\frac{1}{2}} \end{array}\right\} \tag{1.6-62}$$

有了这两个当量应力后，可以运用单向应力计算公式进行设计了。

在二向应力状态时，在最常见的承受弯曲和扭转复合循环应力作用的传动轴和曲轴等设计中常采用下面公式计算其安全系数，即

$$n = \frac{1}{\sqrt{\left(\frac{1}{n_\sigma}\right)^2 + \left(\frac{1}{n_\tau}\right)^2}} \tag{1.6-63}$$

这里的 $n_\sigma$ 和 $n_\tau$，就是表 1.6-17 的单向弯曲和单向扭转状态下的安全系数。

**7.3 有限寿命设计**

有些机械产品，如飞机、汽车等需要很长的使用寿命；而某些产品，如鱼雷和导弹等，则是一次消耗性的。此外，减轻质量常是提高这类产品性能水平的关键，有时，即使整台产品需要较长寿命，也愿以定期更换的办法让其某些零件设计得寿命较短而质量较轻。为了充分利用材料的承载能力，减小零部件或结构的截面，减轻质量，在确保零部件或结构的使用寿命条件下，采用超过疲劳极限的工作应力来进行疲劳强度设计，这就是有限寿命设计准则，也称为安全寿命设计准则。按这一准则进行疲劳强度设计，其基本依据是 S-N 曲线的斜线部分。这种设计准则，在航空、汽车等行业中得到了应用。

**7.3.1 安全系数计算公式**

多向应力状态的处理方法与无限寿命设计中的方法一样，将它转化为单向当量应力进行计算。

安全系数计算公式与无限寿命设计中的公式一样，只是其中有些系数取值不一样。推荐的系数取值列于表 1.6-18 中。

表 1.6-18　系数取值

| 系　数 | 取　值 | |
|---|---|---|
| 有效应力集中系数 $K_{\sigma x}$ | $N \leqslant 10^3$ | $K_{\sigma x} = 1.0$ |
| | $10^3 < N < 10^6$ | $K_{\sigma x} = 1.0 + \dfrac{K_\sigma - 1.0}{3}(x - 3)$ |
| | $N \geqslant 10^6$ | $K_{\sigma x} = K_\sigma$ |
| | $x$——循环数的对数，即 $x = \lg N_x$<br>$K_\sigma$——无限寿命时的有效应力集中系数 | |
| 尺寸系数 $\varepsilon$<br>表面加工系数 $\beta$<br>不对称循环度系数 $\psi_\sigma$、$\psi_\tau$ | 与无限寿命设计中相同 | |

### 7.3.2　寿命估算

在有限寿命设计中，不仅要计算零部件的工作安全系数，还要估算零部件的寿命。常用的寿命估算方法见表 1.6-19。

表 1.6-19　寿命估算方法

| 应力状态 | 方法 | 内　容 |
|---|---|---|
| 等幅 | 简单估寿法 | 根据计算确定的零件危险点处应力幅 $\sigma_a$，在零件的 $S$-$N$ 曲线上确定对应的循环数，就是所要求的寿命 |
| 变幅 | 线性累积损伤理论的方法 | $N = \dfrac{1}{\sum\limits_i \dfrac{1}{N_i} \cdot \dfrac{n_i}{N}}$<br>$n_i/N$ 可以从载荷谱中求得，$N_i$ 是对应于 $\sigma_i$ 的循环次数，可以从 $S$-$N$ 曲线求得 |

【例 2】　计算一起重机吊钩上端螺纹的疲劳寿命。已知螺纹为 M64 的标准螺纹，螺纹材料为 20 钢锻造，其力学性能：$R_m = 412\text{MPa}$，$R_{eL} = 245.3\text{MPa}$。试估算其寿命。

【解】　(1) 确定载荷　由于吊钩螺纹为松螺纹连接，没有预紧力，所以吊钩挂的重力就是螺纹所受之力。用统计的方法根据吊钩每天的吊重情况，可确定螺纹上承受的名义应力及每一名义应力作用的次数，见表 1.6-20 中的第一列及第二列。由表 1.6-20 可知，吊钩每天工作的总循环数 $N = 144$ 次，每一应力水平的循环数 $n_i$ 由表中第一列可知，则 $n_i/N$，即各应力水平所占总循环数的百分数见表中第二列。

(2) 确定各系数　根据 20 钢锻造的 $R_m = 412\text{MPa}$，由图 1.6-143 估得有效应力集中系数 $K_\sigma = 3.0$。

查图 1.6-145 得 $\varepsilon = 0.85$

表 1.6-20　载荷计算数据

| 每天工作的循环数 | 循环数占的百分数（%） | 名义应力/MPa | 当 $\dfrac{K_\sigma}{\varepsilon\beta} = 4.0$ 时 | |
|---|---|---|---|---|
| | | | $\sigma_i$/MPa | $N_i$ |
| 1 | 0.695 | 80.4 | 323.7 | $4 \times 10^3$ |
| 3 | 2.08 | 78.5 | 313.9 | $6 \times 10^3$ |
| 5 | 3.47 | 73.6 | 294.3 | $2.5 \times 10^4$ |
| 7 | 4.86 | 69.7 | 279.6 | $4 \times 10^4$ |
| 9 | 6.24 | 63.8 | 255.1 | $1 \times 10^4$ |
| 11 | 7.64 | 59.8 | 240.3 | $1.7 \times 10^5$ |
| 13 | 9.02 | 55.9 | 225.6 | $3.5 \times 10^5$ |
| 15 | 10.4 | 51.0 | 206.0 | $1.4 \times 10^6$ |
| 17 | 11.8 | 46.1 | 186.4 | $8 \times 10^6$ |
| 19 | 13.2 | 41.2 | 166.8 | $>10^7$ |
| 21 | 14.6 | 34.3 | 137.3 | $>10^7$ |
| 23 | 16.0 | 14.2 | 56.9 | $>10^7$ |

查图 1.6-146 得 $\beta = 0.88$（螺纹为粗车表面），由此得

$$\frac{K_\sigma}{\varepsilon\beta} = 4.0$$

螺杆的应力状态是脉动循环变幅应力，将名义应力乘以 $\dfrac{K_\sigma}{\varepsilon\beta} = 4.0$，得表 1.6-20 中第四列的数据。

(3) 确定疲劳极限　20 钢的疲劳极限由本章 4.4 节的经验式求得，即

1) 对于对称拉压

$\sigma_{-11} = 0.23(R_{eL} + R_m) = 0.23(245.3\text{MPa} + 412\text{MPa}) = 151.2\text{MPa}$

2) 对于脉动拉压

$\sigma_{01} = 1.42\sigma_{-11} = 1.42 \times 151.2\text{MPa} = 214.5\text{MPa}$

将表 1.6-20 中第四列数据与疲劳极限比较可知，表中大部分数值超过疲劳极限。因此，这个螺杆的应力变化情况属于有限寿命设计。

(4) 确定 $S$-$N$ 曲线　因没有 20 钢的 $S$-$N$ 曲线，所以用近似法作 $S$-$N$ 曲线。在双对数坐标纸上作两点：一点是 $N = 10^3$，$\sigma = 0.9R_m = 0.9 \times 412\text{MPa} = 370.8\text{MPa}$；一点是 $N = 10^7$，$\sigma = 0.45R_m = 185.4\text{MPa}$。连接两点得一斜线，即为所求的 $S$-$N$ 曲线，如图 1.6-154 所示。

由图 1.6-154 的 $S$-$N$ 曲线，查出在应力水平 $\sigma_i$ 下到达破坏的循环数 $N_i$，列于表 1.6-20 中的第五列。由该列的数值可看到，当 $\sigma_i < 186.4\text{MPa}$ 以后，$N_i > 10^7$。但由经验公式求得的 $\sigma_{01} = 214.5\text{MPa}$，大于 186.4MPa，说明两种假设的近似法之间有误差。本例按表 1.6-20 中数据计算偏于安全。

假设 $N_i \geqslant 10^7$ 时，不产生疲劳损伤，则总寿命为

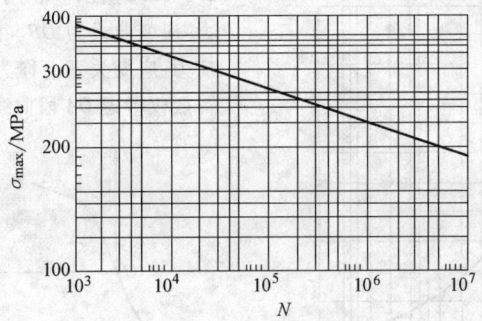

图1.6-154　20 钢的 S-N 曲线

$$N = \cfrac{1}{\cfrac{0.00695}{4 \times 10^3} + \cfrac{0.0208}{6 \times 10^3} + \cfrac{0.0347}{2.5 \times 10^4} + \cfrac{0.0486}{4 \times 10^4} + \cfrac{0.0624}{10^5} + \cfrac{0.0764}{1.7 \times 10^5} + \cfrac{0.0902}{3.5 \times 10^5} + \cfrac{0.104}{1.4 \times 10^6} + \cfrac{0.118}{8 \times 10^6}}$$

$$= 1.082 \times 10^5$$

因每天工作循环数为 144，则工作天数为

$$\frac{1.082 \times 10^5}{144} = 752 \text{天}$$

如果起重机每年工作 360 天，则工作年数为

$$\frac{752}{360} \text{年} = 2.09 \text{年}$$

即起重机吊钩的螺杆部分的寿命为 2.09 年，如果这部分为吊钩的薄弱环节，为保证安全工作，每工作两年就需要更新。

# 8　低周疲劳

## 8.1　低周疲劳的 S-N 曲线

低周疲劳是经 $10^2 \sim 10^5$ 次循环次数而产生的疲劳。低周疲劳过程中，应力水平很高，峰值应力进入塑性区，而这种塑性应变已经大到不能忽略不计的程度，故低周疲劳又称为应变循环疲劳或塑性疲劳。例如压力容器、炮筒和飞机起落架等零部件，它们的破坏属于低周疲劳。

低周疲劳中的 S-N 曲线，纵坐标如以应力表示时，曲线在短寿命区趋于平坦，所以常用应变代替应力，给出 $\varepsilon$-N 曲线。在 $\varepsilon$-N 曲线中，N 可以用循环数表示，也可以用"反向"次数表示，在等幅载荷中反向次数为循环次数的两倍，所以有些资料中，横坐标用"2N"作为计量单位。此外，低周疲劳所用的 $\sigma$-N 曲线和 $\varepsilon$-N 曲线，$\sigma$ 是真实应力，$\varepsilon$ 是真实应变。

下面给出 30CrMnSiA 的 $\sigma_a$-N 曲线（见图 1.6-155）及几种金属材料的 $\varepsilon_a$-N 曲线（见图 1.6-156 ~ 图 1.6-159）。

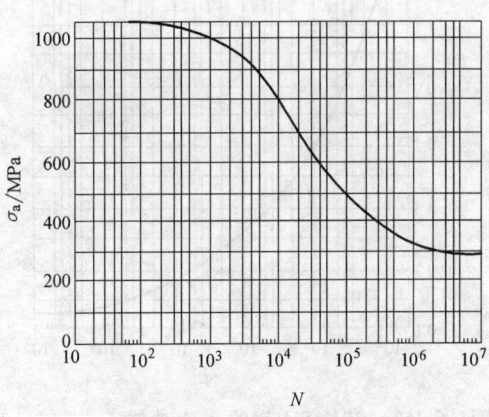

图1.6-155　30CrMnSiA 钢的 $\sigma_a$-N 曲线（$r = -1$）

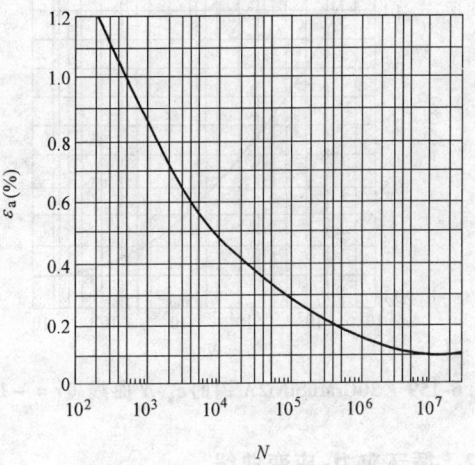

图1.6-156　2A12-CZ 铝合金的 $\varepsilon_a$-N 曲线（$r = -1$）

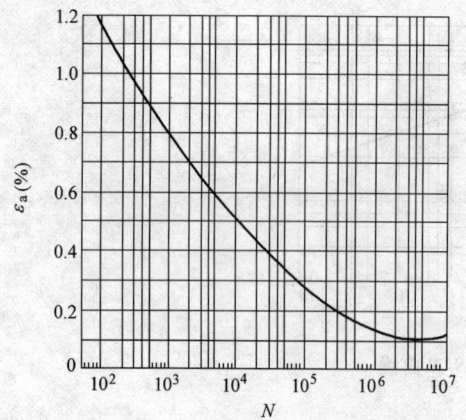

图1F.6-157　7A04-CS 铝合金的 $\varepsilon_a$-N 曲线（$r = -1$）

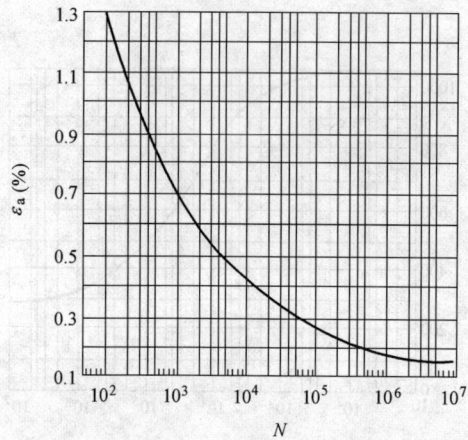

图1.6-158　30MnSiA 钢的 $\varepsilon_a$-N 曲线（$r = -1$）

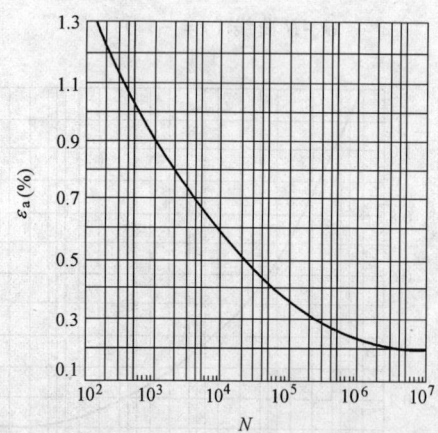

图1.6-159　30CrMnSiNi2A 钢的 $\varepsilon_a$-N 曲线（$r = -1$）

## 8.2　循环应力-应变曲线

### 8.2.1　滞后回线

试样一次拉伸试验的应力-应变曲线为 $OA$，如图

1.6-160a 所示。若用相同的试样作压缩试验，则应力-应变曲线为 $OB$。曲线 $BOA$ 表示材料一次加载的应力-应变关系，称为单调应力-应变（$\sigma$-$\varepsilon$）曲线。一般仅考虑 $OA$ 段曲线。

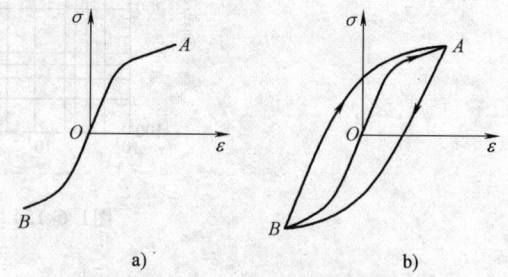

a)　　　　　　　　b)

图1.6-160　应力-应变曲线

a) 单调应力-应变曲线　b) 滞后回线

现在将试样先拉伸，应力-应变曲线由 $O$ 点到 $A$ 点；然后进行压缩，应力-应变曲线由 $A$ 点到 $B$ 点；再进行拉伸，应力-应变曲线由 $B$ 点回到 $A$ 点，完成一个应力循环，如图 1.6-160b 所示。这种应力-应变循环曲线称为滞后回线。滞后回线是一种较好的表示材料特性的方法，它不仅表示了应力的循环变化，还能看出每一循环中塑性应变的大小。

### 8.2.2　循环硬化与循环软化

对于循环硬化材料，其应变抗力随着循环数的增加而增大。因此，在等应变幅度下，材料在每一循环中所需的应力将随循环数的增加而逐渐增大；或在等应力幅度下，材料在每一循环中的应变量随循环数的增加而变小。

对于循环软化材料，其应变抗力随着循环数的增加而变小。因此，在等应变幅度下，材料在每一循环中所需的应力将随循环数的增加而逐渐变小；或在等应力幅度下，材料在每一循环中的应变量随循环数的增加而变大。

试验表明，材料是循环硬化还是循环软化，由材料的屈强比 $R_{eL}/R_m$ 而定。一般讲来，屈强比小于 0.7 时，材料产生循环硬化；屈强比大于 0.8 时，材料产生循环软化。所以，一般的退火材料产生循环硬化，冷加工的材料产生循环软化。

无论是循环硬化材料或循环软化材料，虽然在试验开始阶段所得的应力-应变滞后回线并不闭合，但经过一定次数的循环后，滞后回线接近于封闭环，即可得到稳定的滞后回线。把应变幅控制在不同的水平上，可以得到一系列大小不同的稳定的滞后回线，将这些滞后回线的顶点连接起来，便得到如图 1.6-161 所示的曲线 $OC$，该曲线称为该金属材料的循环应力-应变（$\sigma$-$\varepsilon$）曲线。

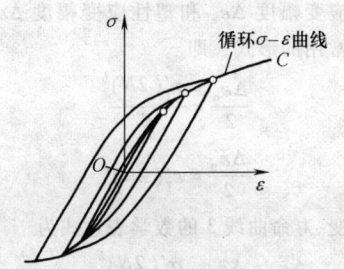

**图1.6-161  循环应力-应变（$\sigma$-$\varepsilon$）曲线**

### 8.2.3  循环应力-应变曲线求法

下面给出几种金属材料的循环 $\sigma$-$\varepsilon$ 曲线（见图 1.6-162 ~ 图 1.6-165）。

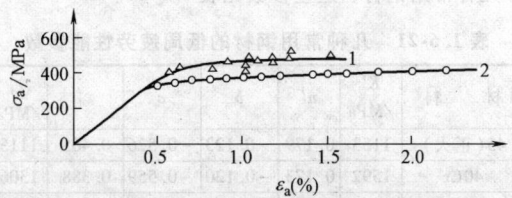

**图1.6-162  2A12-CZ 铝板的应力-应变曲线（$r = -1$）**

1—循环应力-应变曲线  2—单调应力-应变曲线

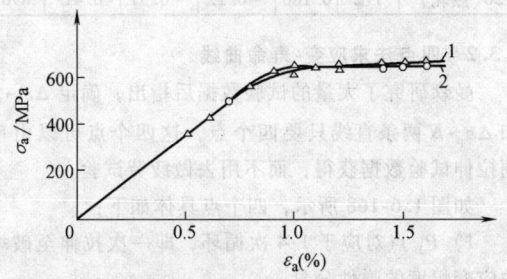

**图1.6-163  7A04-CS 铝板的应力-应变曲线（$r = -1$）**

1—循环应力-应变曲线  2—单调应力-应变曲线

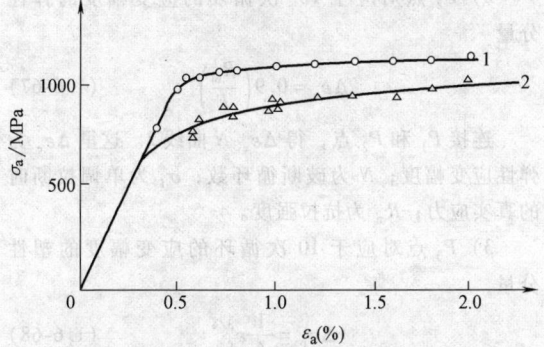

**图1.6-164  30CrMnSiA 钢的应力-应变曲线（$r = -1$）**

1—循环应力-应变曲线  2—单调应力-应变曲线

根据循环应力-应变曲线的作图法可知，曲线上的任一点实际上是一个滞后回线的顶点（见图

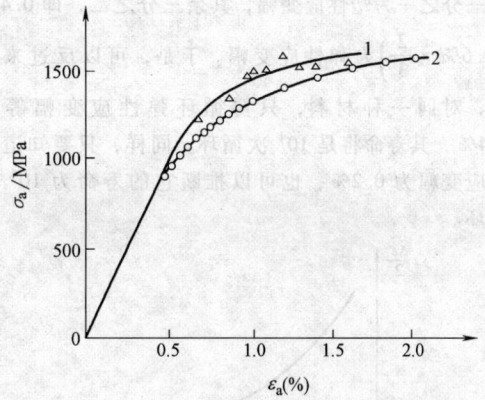

**图1.6-165  30CrMnSiNi2A 钢的应力-应变曲线（$r = -1$）**

1—循环应力-应变曲线  2—单调应力-应变曲线

1.6-161），其坐标为该滞后回线的应力幅 $\sigma_a$ 和应变幅 $\varepsilon_a$。因此，循环应力-应变曲线可以用式（1.6-64）拟合，即

$$\varepsilon_a = \varepsilon_e + \varepsilon_p = \frac{\sigma_a}{E} + \left(\frac{\sigma_a}{K'}\right)^{\frac{1}{n'}} \qquad (1.6-64)$$

或写成幅度的形式（应力幅度 $\Delta\sigma = 2\sigma_a$，应变幅度 $\Delta\varepsilon = 2\varepsilon_a$），即

$$\frac{\Delta\varepsilon}{2} = \frac{\Delta\sigma}{2E} + \left(\frac{\Delta\sigma}{2K'}\right)^{\frac{1}{n'}}$$

此式即前面介绍的式（1.6-26）

式中  $\varepsilon_e$——应变幅的弹性分量；
　　　$\varepsilon_p$——应变幅的塑性分量；
　　　$\varepsilon_a$——总应变幅；
　　　$K'$——循环强度系数；
　　　$n'$——循环应变硬化指数。

## 8.3  应变-寿命曲线

### 8.3.1  曼森-科芬方程

准备一组材料和尺寸完全相同的试样，对每个试样施加不同的载荷，即使试样产生不同的应变，疲劳循环次数由计数器自动记录，这样就可以得到一组应变和破坏循环数的记录数据。由于试验时控制总应变幅常常是比较方便的，所以得到的数据一般是总应变幅与破坏循环数。图 1.6-156 ~ 图 1.6-159 所示就是对不同材料得出的总应变幅 $\varepsilon_a$（即 $\Delta\varepsilon/2$）与破坏循环数 $N$ 的曲线，即 $\varepsilon$-$N$ 曲线。

每一个总应变值可分为弹性应变分量和塑性应变分量（见图 1.6-166），假设在总应变幅为 0.6% 时的疲劳寿命为 $10^4$ 次循环。根据实测可知，总应变幅

中三分之一为塑性应变幅，其余三分之二，即 0.4% $\left(0.6\% \times \dfrac{2}{3}\right)$ 为弹性应变幅。于是，可以反过来证明，对同一种材料，只要循环弹性应变幅等于 0.4%，其寿命将是 $10^4$ 次循环。同样，只要知道塑性应变幅为 0.2%，也可以推断它的寿命为 $10^4$ 次循环。

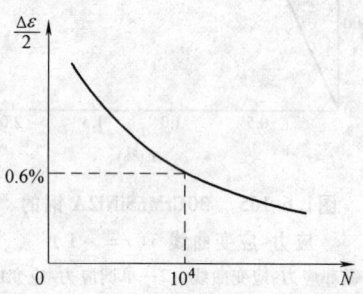

**图1.6-166　总应变幅-寿命曲线**

指定一个弹性应变幅或塑性应变幅，就可以得到破坏循环数 $N$。因此，在同一张总应变-寿命曲线图上，可以画出弹性应变-寿命曲线和塑性应变-寿命曲线。在双对数坐标图上，弹性应变-寿命曲线和塑性应变-寿命曲线都是一条近似直线，如图 1.6-167 所示。这两直线的交点 $P$，称为过渡寿命点；$P$ 点在横轴上的坐标 $N_T$，称为过渡寿命，它是一试验常数。交点 $P$ 表示低周疲劳与高周疲劳的分界点：在 $P$ 点的右侧弹性应变起主导作用，在 $P$ 点的左侧塑性应变起主导作用。或者说，$P$ 点的右侧为高周疲劳区，$P$ 点的左侧为低周疲劳区。当提高材料的强度时，$P$ 点左移；提高材料韧性时，$P$ 点右移。

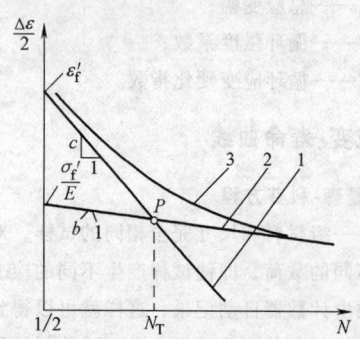

**图1.6-167　通用斜率法的应力-寿命曲线（双对数坐标）**

1—塑性应变-寿命曲线　2—弹性应变-寿命曲线
3—总应变-寿命曲线

图 1.6-167 中塑性应变-寿命曲线 1 的方程，可以用幂指数函数形式表示为

$$\Delta\varepsilon_p N^\beta = C_1 \tag{1.6-65}$$

弹性应变幅度 $\Delta\varepsilon_e$ 和塑性应变幅度 $\Delta\varepsilon_p$ 还可以写成一般常用的形式，即

$$\frac{\Delta\varepsilon_e}{2} = \frac{\sigma_f'(2N)^b}{E}$$

$$\frac{\Delta\varepsilon_p}{2} = \varepsilon_f'(2N)^c$$

总应变-寿命曲线 3 的数学表达式为

$$\frac{\Delta\varepsilon}{2} = \frac{\Delta\varepsilon_e}{2} + \frac{\Delta\varepsilon_p}{2} = \frac{\sigma_f'(2N)^b}{E} + \varepsilon_f'(2N)^c$$

此式即为前面的式（1.6-31）。

上面各式中的 6 个参数：$K'$、$n'$、$b$、$c$、$\varepsilon_f'$，和 $\sigma_f'$，是表征低周疲劳特性的主要参数。对于机械设计中几种常用钢材，这些参数见表 1.6-21。

**表 1.6-21　几种常用钢材的低周疲劳性能参数**

| 材　料 | $K'$ /MPa | $n'$ | $b$ | $c$ | $\varepsilon_f'$ | $\sigma_f'$ /MPa |
|---|---|---|---|---|---|---|
| 45（正火） | 1153 | 0.179 | −0.123 | −0.526 | 0.465 | 1115 |
| 40Cr | 1592 | 0.173 | −0.120 | −0.559 | 0.388 | 1306 |
| 40CrNiMoA | 1439 | 0.152 | −0.061 | −0.643 | 0.463 | 898 |
| Q345 | 1045 | 0.151 | — | — | — | — |
| 45（调质） | 1324 | 0.160 | — | — | — | — |
| 20（热轧） | 772 | 0.180 | −0.12 | −0.51 | 0.41 | 896 |

#### 8.3.2　四点法求应变-寿命曲线

曼森研究了大量的试验数据后指出，确定 $\Delta\varepsilon_e$-$N$ 和 $\Delta\varepsilon_p$-$N$ 两条直线只要四个点，这四个点可以由单调拉伸试验数据获得，而不用去做疲劳试验。

如图 1.6-168 所示，四个点具体如下：

1）$P_1$ 点对应于 1/4 次循环，即一次拉伸至破坏的应变幅度的弹性分量

$$\Delta\varepsilon_e = 2.5\left(\frac{\sigma_f}{E}\right) \tag{1.6-66}$$

2）$P_2$ 点对应于 $10^5$ 次循环的应变幅度的弹性分量

$$\Delta\varepsilon_e = 0.9\left(\frac{R_m}{E}\right) \tag{1.6-67}$$

连接 $P_1$ 和 $P_2$ 点，得 $\Delta\varepsilon_e$-$N$ 曲线 2。这里 $\Delta\varepsilon_e$ 为弹性应变幅度；$N$ 为破断循环数；$\sigma_f$ 为单调拉断时的真实应力；$R_m$ 为抗拉强度。

3）$P_3$ 点对应于 10 次循环的应变幅度的塑性分量

$$\Delta\varepsilon_p = \frac{1}{4}\varepsilon_f^{3/4} \tag{1.6-68}$$

4）$P_4$ 点对应于 $10^4$ 次循环的应变幅度的塑性分量

$$\Delta\varepsilon_p = \frac{0.0132 - \Delta\varepsilon_e^*}{1.91} \tag{1.6-69}$$

连接 $P_3$ 和 $P_4$ 点，得 $\Delta\varepsilon_p$-$N$ 曲线 1。这里 $\Delta\varepsilon_e^*$ 为曲线 2 上 $N = 10^4$ 所对应的弹性应变幅度；$\varepsilon_f$ 为单调拉断时的真实应变，用断面收缩率 $Z$（以%计）近似求得

$$\varepsilon_f = \ln\frac{100}{100 - Z} \qquad (1.6\text{-}70)$$

用四点法求材料的应变-寿命曲线，适合于碳素钢、合金钢、铝、钛等金属材料。

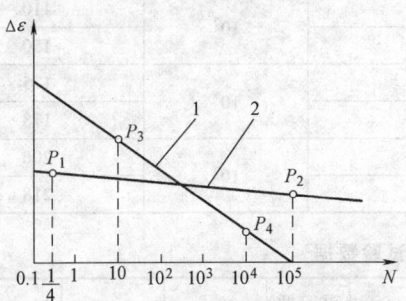

图 1.6-168　四点法求应变-寿命曲线

### 8.3.3　通用斜率法

曼森对 29 种材料的疲劳试验结果进行了整理归纳，在双对数坐标平面上得出（见图 1.6-167）塑性应变-寿命直线 1 的斜率为 -0.6，弹性应变-寿命直线 2 的斜率为 -0.12，从而得到下面的关系式，即

$$\Delta\varepsilon = 3.5\frac{R_m}{E}N^{-0.12} + \varepsilon_f^{0.6}N^{-0.6} \qquad (1.6\text{-}71)$$

由于斜率是根据 29 种材料归纳出来的，即这个斜率对多种材料通用，故本法称为通用斜率法。

# 9　腐蚀疲劳

## 9.1　腐蚀疲劳强度

金属材料及其合金在受到循环应力或应变作用的同时暴露于腐蚀环境中，通常它的疲劳性能会大大下降。甚至在相对温和的环境中，如干燥空气、室温的情况下，金属及其合金的疲劳裂纹扩展率也会比在真空中的试验结果大。如果是在湿润的环境中，疲劳裂纹的扩展将会更加快。这种腐蚀介质与交变应力协同作用所引起的材料加速破坏的现象，称为腐蚀疲劳。

腐蚀疲劳是在腐蚀环境和循环应力（应变）的复合作用下所导致的疲劳失效。例如，化工机械和石油机械的某些零部件是在有腐蚀性的液体和气体中工作的，露天工作的起重运输机械及工程机械经受着风吹雨打：这些在腐蚀环境中工作的机械和设备常出现腐蚀疲劳破坏。

### 9.1.1　腐蚀疲劳术语

1）应力腐蚀是指在腐蚀环境和静拉应力复合作用下，金属零部件产生腐蚀裂纹及裂纹扩展导致的破坏现象。

2）条件腐蚀疲劳极限 $(\sigma_{-1})_{cf}$ 对应于指定循环次数的中值疲劳强度。

3）环境是指包围试样试验部分的化学物质和能量的组合体。

4）环境槽是指包围试样试验部分的容器。

5）环境成分是指环境所含化学物质的浓度。

6）环境压力是指环境槽中环境的压力。

7）环境温度是指环境槽中环境的平均温度。

### 9.1.2　腐蚀疲劳特性

1. 腐蚀疲劳与应力腐蚀的区别

应力腐蚀只有在特定的腐蚀环境中才发生，而腐蚀疲劳在任何腐蚀环境及循环应力复合作用下都会发生。应力腐蚀开裂有一个临界应力强度因子 $K_{ISCC}$，当应力强度因子 $K_I \leqslant K_{ISCC}$，就不发生应力腐蚀开裂。但腐蚀疲劳不存在临界应力强度因子，只要在腐蚀环境中有循环应力继续作用，断裂总是会发生的。

2. 腐蚀疲劳与空气中疲劳的区别

在腐蚀疲劳过程中，除不锈钢和渗氮钢以外，机械零部件表面均变色。腐蚀疲劳形成的裂纹数目较多，即呈多裂纹状态。腐蚀疲劳的 $S$-$N$ 曲线没有水平部分，因此，对于腐蚀疲劳极限，一定要指出是某一寿命（即达到破坏的循环数）下的值，即只存在条件腐蚀疲劳极限。影响腐蚀疲劳强度的因素要比空气中的疲劳多而且复杂，如在空气中疲劳试验频率小于 1000Hz 时频率基本上对疲劳极限没有影响，但腐蚀疲劳在频率的整个范围内都有影响。

3. 腐蚀疲劳的外形特征

有许多深蚀孔，裂纹通过蚀孔可以有若干条，其方向和应力垂直，是典型的穿晶型（在低频率周期应力下也有晶间型），没有分支裂纹，裂纹边呈现锯齿形。

4. 腐蚀疲劳的本质

金属的腐蚀疲劳本质是电化学过程和力学过程的相互作用，这种相互作用远远超过交变应力和腐蚀介质单独作用的数学加和，是一种非常严重的破坏形式。腐蚀疲劳是一个综合了力学因素、环境因素以及冶金因素的复杂过程。在力学因素研究方面，沿用断裂力学的理论体系，研究循环载荷的应力波形、应力比、加载频率对腐蚀疲劳的影响，裂纹尖端应力强度因子与腐蚀疲劳裂纹扩展速率之间的关系，环境条件下疲劳应力-寿命曲线、应变-寿命曲线和裂纹扩展速率曲线的试验及分析，以及通过对加速预腐蚀试件的疲劳试验对结构的腐蚀疲劳性能进行分析评定。

**9.1.3　腐蚀疲劳极限**

腐蚀疲劳极限都是指某一试验循环次数 $N$ 下的 条件腐蚀疲劳极限，见表 1.6-22 ～ 表 1.6-25 和图 1.6-169 ~ 图 1.6-172。

**表 1.6-22　某些钢种的腐蚀疲劳极限**

| 牌　　号 | 抗拉强度 $R_m$/MPa | 试验频率 /(次/min) | 腐蚀环境 | 试验循环次数 $N$ | 腐蚀疲劳极限 $(\sigma_{-1})_{ef}$ /MPa |
|---|---|---|---|---|---|
| 40Cr | 1170 | 3000 | 质量分数 3% 的 NaCl 水溶液 | $10^7$ | 130 |
| | | | 自来水 | | 155 |
| 20CrMo | 954 | 3000 | 海水 | $10^7$ | 110 |
| | | | 自来水 | | 150 |
| ZG20Mn | 510 | 5000 | 自来水滴水 | $10^7$ | 175 |
| | | | 自来水浸水 | | 178 |
| ZG06Cr13Ni4Mo | 784 | 5000 | 自来水滴水 | $10^7$ | 200 |
| | | | 自来水浸水 | | 218 |

**表 1.6-23　钢的腐蚀疲劳试验数据**

| 材　料[⑤] | 热处理 | $R_m$ /MPa | 试验方式 | 应力频率 /(次/min) | 腐蚀环境 | 试验循环次数 $N$ | $\sigma_{-1}$[③] /MPa | $(\sigma_{-1})_{ef}$[④] /MPa | $\beta_2 = \dfrac{(\sigma_{-1})_{ef}}{\sigma_{-1}}$ |
|---|---|---|---|---|---|---|---|---|---|
| 软钢 | 正火 | — | 旋转 | — | 淡水 | $10^8$ | 268 | 32 | 0.12 |
| 18/8Cr-Ni-W 钢 | 退火 | | 弯曲 | — | 滴注 | | 277 | 175 | 0.63 |
| 0.21% C 钢 | 退火 | 500 | 旋转弯曲 | 1300 | 海水 | $10^8$ | 225 | 30 | 0.13 |
| | | | 拉伸 | 1500 | | | 142 | 39 | 0.27 |
| 12.5% Cr 钢 | | 1020 | | | | | 257 | 126 | 0.49 |
| 18/8 不锈钢 | 退火 | 1320 | 拉伸 | 360 | 淡水 | $2.5 \times 10^7$ | 194 | 83 | 0.43 |
| 18.5% Cr 钢 | | 790 | | | | | 246 | 194 | 0.79 |
| 0.48% C 碳钢镀镉 | | 1040 | | | | | 203 | 52 | 0.26 |
| 0.35% C 钢 | | 610 | 旋转 | 1750 | 盐水[①] | $10^7$ | 285 | 173 | 0.61 |
| | | | 弯曲 | | 盐水[②] | | | 74 | 0.26 |
| 0.50% C 钢 | | 660 | 旋转 | 1750 | 盐水[①] | $10^7$ | 222 | 140 | 0.63 |
| | | | 弯曲 | | 盐水[②] | | | 77 | 0.35 |
| 0.50% C 钢 | 调质 | 910 | 旋转 | 1750 | 盐水[①] | $10^7$ | 424 | 178 | 0.42 |
| | | | 弯曲 | | 盐水[②] | | | 97 | 0.23 |
| 合金钢(0.8% ~ 1.1% Cr, 0.15% ~ 0.25% Mo) | 调质 | 900 | 旋转 | 1750 | 盐水[①] | $10^7$ | 493 | 189 | 0.38 |
| | | | 弯曲 | | 盐水[②] | | | 99 | 0.20 |
| 合金钢(0.55% ~ 0.65% C, 1.8% ~ 2.2% Si) | 正火 | 1010 | 旋转 | 1750 | 盐水[①] | $10^7$ | 507 | 175 | 0.35 |
| | | | 弯曲 | | 盐水[②] | | | 104 | 0.20 |
| 5% Cr 钢 | 调质 | 910 | 旋转 | 1750 | 盐水[①] | $10^7$ | 520 | 371 | 0.71 |
| | | | 弯曲 | | 盐水[②] | | | 109 | 0.21 |
| 熟铁 | | 330 | 旋转 | 1750 | 盐水[①] | $10^7$ | 215 | 137 | 0.64 |
| | | | 弯曲 | | 盐水[②] | | | 115 | 0.54 |

① 质量分数 6.8% 的盐水溶液，试样整体浸入。
② 质量分数 6.8% 的盐水与饱和 $H_2S$ 试样整体浸入。
③ 在空气中的疲劳极限。
④ 在腐蚀环境中的疲劳极限。
⑤ 材料中的百分数均为质量分数。

## 表1.6-24　有色金属的腐蚀疲劳试验数据

| 材料[10] | 热处理 | $R_m$ /MPa | 试验方式 | 应力频率 /(次/min) | 腐蚀环境 | 试验循环次数 $N$ | $\sigma_{-1}$[3] /MPa | $(\sigma_{-1})_{cf}$[4] /MPa | $\beta_2=\dfrac{(\sigma_{-1})_{cf}}{\sigma_{-1}}$ |
|---|---|---|---|---|---|---|---|---|---|
| 铝 | 退火 | 75 |  |  |  |  | 37 | — | — |
|  |  |  |  |  |  |  |  | 15[2] | 0.41 |
|  | 半硬化 | 96 |  |  | 淡水[1],含盐量为海水的1/3的河水[2] |  | 44 | — | — |
|  |  |  |  |  |  |  |  | 22[2] | 0.50 |
|  | 硬化 | 124 |  |  |  |  | 64 | 37[1] | 0.58 |
|  |  |  |  |  |  |  |  | 30[2] | 0.47 |
| 硬铝(铝铜镁合金) | 退火 | 206 |  |  |  |  | 107 | 52[1] | 0.49 |
|  |  |  |  |  |  |  |  | 45[2] | 0.42 |
|  | 已热处理 | 427 |  |  |  |  | 110 | 62[1] | 0.56 |
|  |  |  |  |  |  |  |  | 52[2] | 0.47 |
| 电解铜,热轧 | 退火 | 193 |  |  |  |  | 62 | — | — |
|  |  |  |  |  |  |  |  | 64[2] | 1.03 |
| 电解铜,冷轧 | 回火 | 289 | 旋转弯曲 |  |  | $2\times10^7$ | 104 | 107[1] | 1.03 |
|  |  |  |  |  |  |  |  | 107[2] | 1.03 |
| 78% Cu21% Ni,冷轧 | 退火 | 289 |  |  |  |  | 110 | 117[1] | 1.06 |
|  |  |  |  |  |  |  |  | 117[2] | 1.06 |
|  | 回火 | 379 |  |  |  |  | 160 | 147[1] | 0.92 |
|  |  |  |  |  |  |  |  | 160[2] | 1.00 |
| 48% Cu48% Ni,冷轧 | — | 475 |  |  |  |  | 234 | 179[1] | 0.76 |
|  |  |  |  |  |  |  |  | 202[2] | 0.86 |
| 铜镍合金(67% Ni,30% Cu),冷轧 | 退火 | 503 |  | 1450 | 淡水[1] |  | 222 | 165[1] | 0.74 |
|  |  |  |  |  |  |  |  | 179[2] | 0.81 |
|  | 回火 | 779 |  |  |  |  | 325 | 190[1] | 0.58 |
|  |  |  |  |  |  |  |  | 215[2] | 0.66 |
| 镍,冷轧 | 退火 | 475 |  |  |  |  | 209 | 154[1] | 0.74 |
|  |  |  |  |  |  |  |  | 142[2] | 0.68 |
|  | 回火 | 806 |  |  |  |  | 319 | 184[1] | 0.58 |
|  |  |  |  |  |  |  |  | 165[2] | 0.52 |
| 62% Cu, 37% Zn,冷拔 | 退火 | 324 |  |  |  |  | 137 | — | — |
|  |  |  |  |  |  |  |  | 117[2] | 0.85 |
|  | 回火 | 517 |  |  |  |  | 147 | 110[1] | 0.75 |
|  |  |  |  |  |  |  |  | 110[2] | 0.75 |
| 硬铝(2.5% Mg) | 轧制 | 386 | 旋转弯曲 |  |  | $5\times10^7$ | 126 | 46 | 0.37 |
|  |  |  | 轴向加载 |  |  |  | 110 | 35 | 0.32 |
|  |  | 227 | 旋转弯曲 |  |  | $10^7$ | 89 | 13 | 0.15 |
|  |  |  | 轴向加载 |  |  |  | 75 | 13 | 0.17 |
| 磷青铜(4.2% Sn) | 轧和拉拔,正火 | 379 |  |  | 质量分数3%的盐雾 |  | 137 | 163 | 1.19 |
| 铝青铜(9.8% Al,1.4% Zn) | 挤压和拉拔 | 489 |  |  |  |  | 200 | 135 | 0.68 |
| 耐蚀高强度铜合金[5] | 挤压和拉锻 | 572 | 旋转弯曲 |  |  | $5\times10^7$ | 227 | 246 | 1.08 |
| 9.7% Al、5.0% Ni、5.4% Fe | — | 710 |  |  |  |  | 310 | 201 | 0.65 |
| 铝青铜,9.3% Al | 淬火 | 203 |  |  |  |  | 157 | 120 | 0.76 |
|  | 淬火,热处理 | 448 |  |  |  |  | 136 | 107 | 0.79 |

（续）

| 材料[10] | 热处理 | $R_m$ /MPa | 试验方式 | 应力频率 /(次/min) | 腐蚀环境 | 试验循环次数 $N$ | $\sigma_{-1}$[3] /MPa | $(\sigma_{-1})_{cf}$[4] /MPa | $\beta_2 = \dfrac{(\sigma_{-1})_{cf}}{\sigma_{-1}}$ |
|---|---|---|---|---|---|---|---|---|---|
| 铍青铜，2.2% Be | 溶液处理 | 441 | 旋转弯曲 | 1450 | 质量分数 3%的盐雾 | $5 \times 10^7$ | 246 | 187 | 0.76 |
| | 热处理 | 1117 | | | | | 274 | 219 | 0.80 |
| 铝-锌-镁合金[6] DTD683(7075) | 溶液处理 | 255 | | | 质量分数 3%的盐溶液，液体薄膜 | $10^7$ | 124 | 62 | 0.50 |
| | 热处理 | 427 | | | | | 172 | 69 | 0.40 |
| | 时效 | 279 | | | | | 151 | 69 | 0.46 |
| 纯铝 | — | — | | | 质量分数 38%的硫酸，滴流 | $4 \times 10^7$ | 2.6 | — | — |
| 碲铅，0.05% Te、0.06% Cu | — | — | | | | | 3.7 | 2.4 | 0.65 |
| 锑铅，1% Sb | | | | | | | 5.2 | 4.5 | 0.87 |
| 蓄电池铅 | | | | | | | 12 | 11 | 0.92 |
| AZG 镁铝锌 | — | — | | | 自来水 | $2 \times 10^7$ | 70 | 34 | 0.49 |
| AM537 镁铝锰 | | | | | | | 70 | 44 | 0.63 |
| AZ855 镁铝锌[7] | | | | | | | 131 | 48 | 0.37 |
| AM503 镁铝锰[8] | | | | | 3%的盐水 | | 49 | 17 | 0.35 |
| AZM 镁铝锰[9] | | | | | | | 136 | 11 | 0.08 |

① 一般淡水。
② 含盐量为海水的 1/3 的河水。
③ 在空气中的疲劳极限。
④ 在腐蚀环境中的疲劳极限。
⑤ 耐蚀高强度钢的化学成分（质量分数）：8.5 ~ 10.5% Al、4 ~ 6% Fe、4 ~ 6% Ni，其余为铜。
⑥ DTD683（7075），相当于中国的铝合金号 LC9。
⑦ AZ855 的化学成分（质量分数）：8.0% Al、0.4% Zn、0.3% Mn，其余为镁。
⑧ AM503 的化学成分（质量分数）：1.5% Mn，其余为镁合金。
⑨ AZM 的化学成分（质量分数）：6.0% Al、1.0% Zn、0.3% Mn，其余为镁。
⑩ 材料中的百分数均为质量分数。

**表 1.6-25　蒸汽对钢试样腐蚀疲劳的影响**

| 材料[1] | $R_m$ /MPa | 疲劳极限/MPa | | | | |
|---|---|---|---|---|---|---|
| | | 在空气中 $\sigma_{-1}$ | 在空气中喷蒸汽 $(\sigma_{-1})_{cf}$ | 已知温度及蒸汽压力 | | |
| | | | | 100℃、0MPa | 149℃、0.41MPa | 371℃、1.51MPa |
| 3.5% Ni 钢 | 725 | 316 | 161 | — | 246 | 239 |
| 3.5% Ni 钢 | 814 | 401 | 161 | 402 | 369 | 362 |
| 3.5% Ni 钢，镀铬 | — | — | 285 | | 315 | — |
| 1.25% Cr，不锈钢 | 696 | 416 | 223 | 369 | 377 | 369 |
| 0.36% C、1.5% Cr、1.2% Al（渗氮钢） | 853 | 510 | — | | 439 | 345 |
| 0.36% C、1.5% Cr、1.2% Al（渗氮钢） | — | 625 | 500 | | 478 | 402 |

① 材料中的百分数均为质量分数。

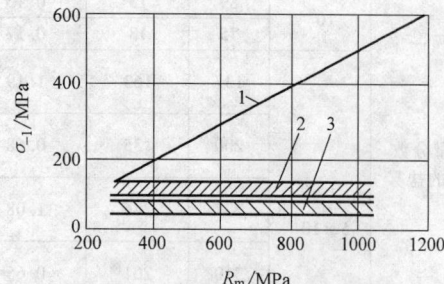

图1.6-169　各种钢在不同的腐蚀环境中
强度极限与疲劳极限的关系

1—空气　2—淡水　3—海水

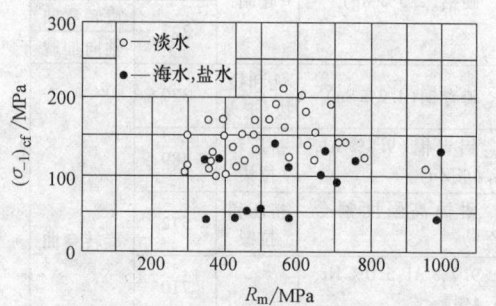

图1.6-170　碳钢的腐蚀疲劳极限（$N = 10^7$）

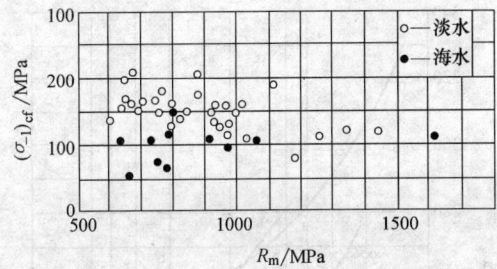

图1.6-171　特殊钢的腐蚀疲劳极限（$N=10^7$）

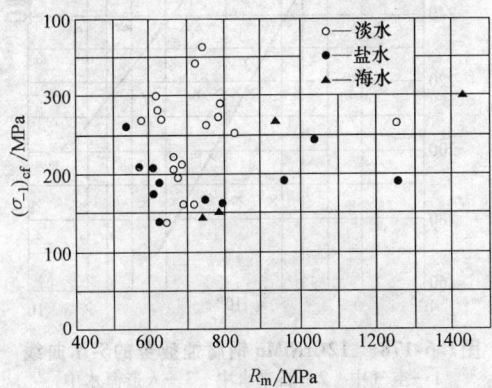

图1.6-172　不锈钢的腐蚀疲劳极限（$N=10^7$）

### 9.1.4　腐蚀疲劳的 S-N 曲线

图 1.6-173 ～ 图 1.6-180 所示为部分材料腐蚀疲劳的 S-N 曲线。

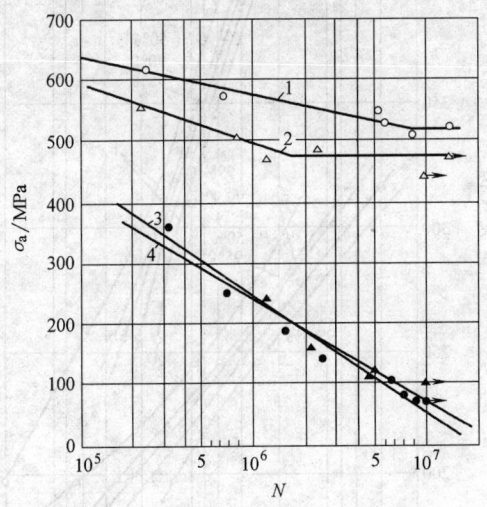

图1.6-173　船用钢在海水中的 S-N 曲线

1—402 船用钢（$R_m=936MPa$）在室温大气下

2—20CrMo 钢（$R_m=986MPa$）在室温大气下

3—402 船用钢在 24℃ 天然海水中

4—20CrMo 钢在 24℃ 天然海水中光滑试样，旋转弯曲试验（$r=-1$）应力频率 $f=3000$ 次/min

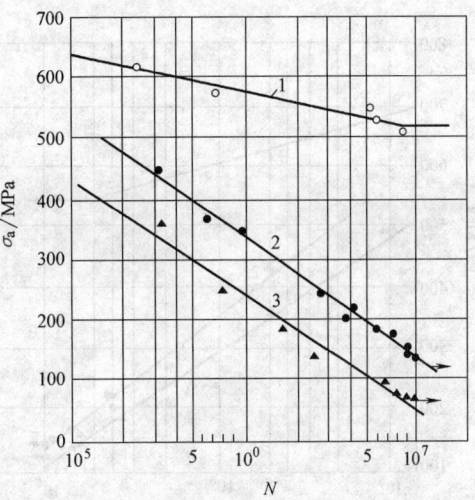

图1.6-174　402 船用钢（$R_m=936MPa$）的 S-N 曲线

1—室温大气下　2—流动自来水中

3—天然海水（葫芦岛）中

热处理：860℃油淬火，600℃油冷

光滑试样，旋转弯曲试验（$r=-1$）

应力频率 $f=3000$ 次/min

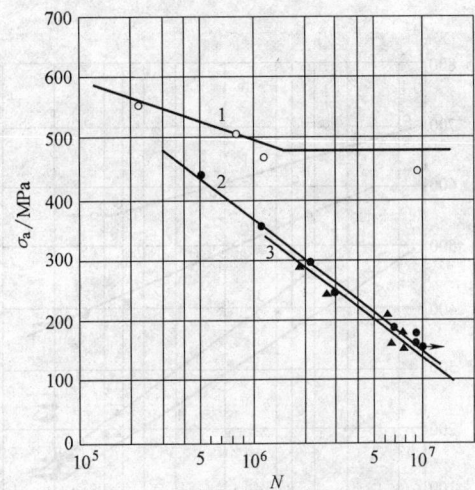

图1.6-175　20CrMo 钢在淡水中的 S-N 曲线

1—在室温大气中　2—热处理Ⅰ，淡水中

3—热处理Ⅱ，淡水中

20CrMo 钢的力学性能：

热处理Ⅰ（500℃回火）$R_m=986MPa$

热处理Ⅱ（580℃回火）$R_m=934MP$

光滑试样，旋转弯曲试验（$r=-1$）

应力频率 $f=3000$ 次/min

腐蚀介质：流动自来水，17℃

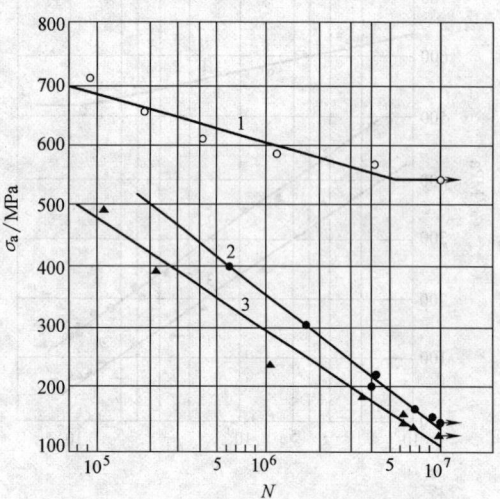

**图1.6-176　40Cr 钢的腐蚀疲劳 S-N 曲线**

1—在室温大气中　2—流动自来水，17℃

3—3% NaCl 水溶液（17℃）中

热处理：840℃油淬，500℃保温，油冷，

$R_m = 1147$ MPa

光滑试样，旋转弯曲试验（$r = -1$）

应力频率 $f = 3000$ 次/min

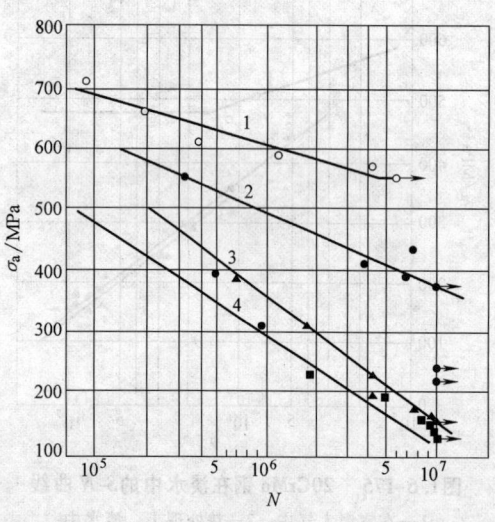

**图1.6-177　40Cr 在不同温度淡水下的 S-N 曲线**

1—在室温大气中　2—4℃流动自来水中

3—17℃流动自来水中　4—24℃流动自来水中

热处理：840℃油淬，500℃保温，油冷，

$R_m = 1147$ MPa

光滑试样，旋转弯曲试验（$r = -1$）

应力频率 $f = 3000$ 次/min

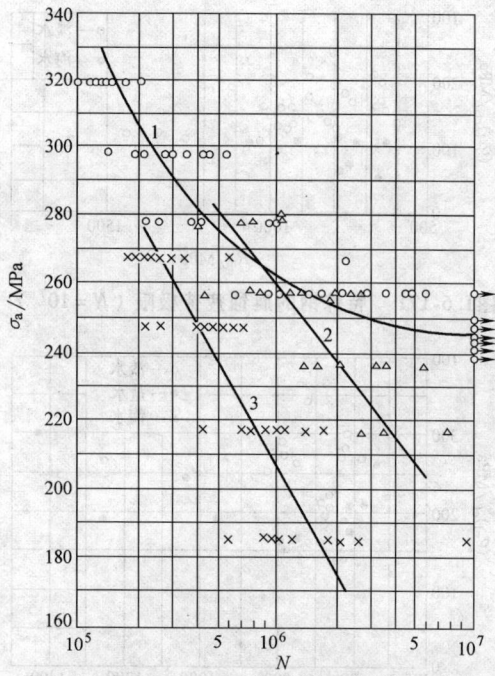

**图1.6-178　12CrNiMo 钢腐蚀疲劳的 S-N 曲线**

1—空气中　2—自来水中　3—人造海水中

材料厚度：$\delta = 25$ mm　材料性能：$R_m = 725.2$ MPa

缺口试样（$\alpha_a = 2.05$），旋转弯曲试验（$r = -1$）

应力频率 $f = 3000$ 次/min

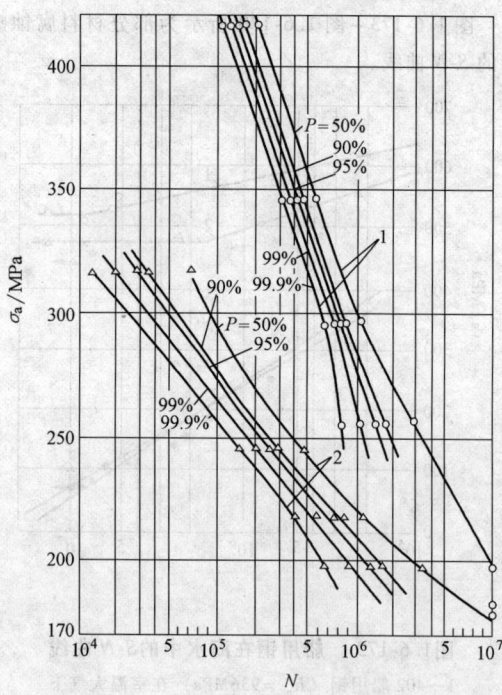

**图1.6-179　ZG20Mn 和 ZG06Cr13Ni4Mo 铸钢**

**在淡水中的 P-S-N 曲线**

1—ZG06Cr13Ni4Mo　2—ZG20Mn

应力频率 $f = 3000$ 次/min

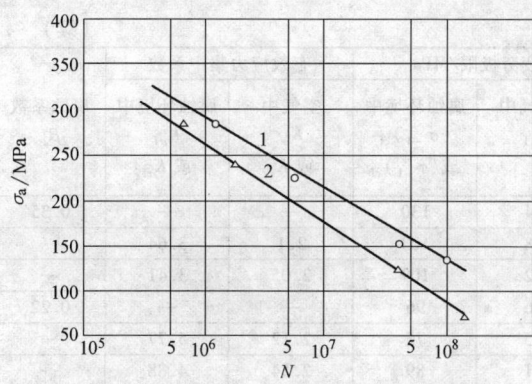

**图1.6-180　40Cr 钢在天然海水中的S-N 曲线**

1—应力频率 f = 3000 次/min　2—应力频率 f = 1000 次/min

力学性能：$R_m = 1147\text{MPa}$；光滑试样，

旋转弯曲试验，室温，试样直径 $\phi7.0\text{mm}$

## 9.2　影响腐蚀疲劳的因素

影响腐蚀疲劳的因素有应力集中、试样尺寸、表面状态、表面处理等。有些因素的影响，在上述的 S-N 曲线中已经有表述。影响腐蚀疲劳的数据见表 1.6-26 ~ 表 1.6-33。

## 9.3　腐蚀疲劳的寿命估算

腐蚀疲劳的 S-N 曲线没有水平部分，所以腐蚀疲劳只有有限寿命设计。腐蚀疲劳的寿命估算方法有两种：用 S-N 曲线估算寿命的常规疲劳设计方法和用断裂力学裂纹扩展理论估算寿命的方法。由于在腐蚀环境和循环载荷复合作用下无裂纹寿命很短，因此腐蚀疲劳的寿命主要是裂纹的扩展寿命。

**表 1.6-26　腐蚀环境及应力集中同时作用的疲劳强度**

| 材料及试验方式 | 试样 $d/\text{mm}$ | 疲劳极限/MPa | | 有效应力集中系数 | | 腐蚀系数 $\beta_2$ |
| --- | --- | --- | --- | --- | --- | --- |
| | | 在空气中 $\sigma_{-1}$ 或 $\tau_{-1}$ | 腐蚀环境中 $(\sigma_{-1})_{cf}$ 或 $(\tau_{-1})_{cf}$ | 空气中 $K_\sigma$ 或 $K_\tau$ | 腐蚀环境中 $K_{\sigma f}$ 或 $K_{\tau f}$ | |
| 20Cr 钢,弯曲 | 光滑试样　$d = 8$ | 318 | 210 | 2.11 | 2.11 | 0.66 |
| | 缺口试样　$d = 14$ | 151 | 151 | | | |
| 20Cr 钢,弯曲 | 光滑试样　$d = 20$ | 285 | 166 | 2.07 | 2.25 | 0.61 |
| | 缺口试样　$d = 20$ | 133 | 122 | | | |
| 40Cr 钢(正火),弯曲 | 光滑试样　$d = 8$ | 426 | 364 | 1.6 | 1.72 | 0.85 |
| | 缺口试样　$d = 8$ | 266 | 248 | | | |
| 铸铁,弯曲 | 光滑试样　$d = 20$ | 117 | 107 | 1.11 | 1.32 | 0.92 |
| | 缺口试样　$d = 20$ | 105 | 89 | | | |
| 镍铬钢 $(R_m = 784.6\text{MPa})$,扭转 | 光滑试样 | 302 | 223 | — | — | 0.74 |
| | 有肩试样 | 196 | 188 | 1.54 | 1.60 | — |
| | 有肩试样 | 192 | 205 | 1.57 | 1.47 | — |
| | 有孔试样 | 151 | 93 | 2.00 | 3.25 | — |
| 镍铬钢[①] $(R_m = 1108\text{MPa})$,扭转 | 光滑试样 | 384 | 223 | — | — | 0.58 |
| | 有肩试样 | 254 | 137 | 1.51 | 2.8 | — |
| | 有孔试样 | 205 | 137 | 1.87 | 2.8 | — |
| 镍铬钢 $(R_m = 872.8\text{MPa})$,弯曲 | 光滑试样 | 439 | 233 | — | — | 0.53 |
| | 有肩试样 | 247 | 130 | 1.78 | 3.37 | — |
| | 有孔试样 | 212 | 109 | 2.07 | 4.0 | — |
| 镍铬钢 $(R_m = 1079\text{MPa})$,弯曲 | 光滑试样 | 617 | 89 | — | — | 0.145 |
| | 有肩试样 | 247 | 75 | 2.5 | 8.18 | — |
| | 有孔试样 | 212 | 61 | 2.9 | 10.0 | — |
| 灰铸铁 $(R_m = 274.6\text{MPa})$ | 光滑试样 | 120 | 97 | — | — | 0.8 |
| | 缺口试样 | 103 | 89 | 1.17 | 1.35 | — |
| 钢 $(R_m = 539.4\text{MPa})$,弯曲 | 光滑试样 | 370 | 199 | — | — | 0.54 |
| | 有肩试样 | 168 | 89 | 2.2 | 4.15 | — |
| | 有孔试样 | 171 | 123 | 2.16 | 3.0 | — |
| 钢 $(R_m = 485.4\text{MPa})$,弯曲 | 光滑试样 | 343 | 164 | — | — | 0.48 |
| | 有肩试样 | 164 | 96 | 2.08 | 3.57 | — |
| | 有孔试样 | 162 | 116 | 2.11 | 2.94 | — |

（续）

| 材料及试验方式 | 试样 $d$/mm | 疲劳极限/MPa | | 有效应力集中系数 | | 腐蚀系数 $\beta_2$ |
| --- | --- | --- | --- | --- | --- | --- |
| | | 在空气中 $\sigma_{-1}$ 或 $\tau_{-1}$ | 腐蚀环境中 $(\sigma_{-1})_{cf}$ 或 $(\tau_{-1})_{cf}$ | 空气中 $K_\sigma$ 或 $K_\tau$ | 腐蚀环境中 $K_{\sigma f}$ 或 $K_{\tau f}$ | |
| 钢 ($R_m$ = 627.6MPa)，弯曲 | 光滑试样 | 374 | 130 | — | — | 0.35 |
| | 有肩试样 | 178 | 103 | 2.1 | 3.64 | — |
| | 有孔试样 | 182 | 109 | 2.05 | 3.41 | — |
| 钢 ($R_m$ = 858.1MPa)，弯曲 | 光滑试样 | 436 | 96 | — | — | 0.22 |
| | 有肩试样 | 205 | 75 | 2.12 | 5.77 | — |
| | 有孔试样 | 171 | 89 | 2.54 | 4.88 | — |

① 镍铬钢成分（质量分数）：0.4% C、0.75% Mn、1.0% ~ 1.5% Ni、0.45% ~ 0.75% Cr。

**表 1.6-27　$w(C)$ = 0.22% 的低碳钢试样的旋转弯曲的腐蚀疲劳强度**

| 试样直径 /mm | 在空气中的疲劳极限 $\sigma_{-1}$/MPa | 浸在盐水中的腐蚀疲劳极限 $(N = 6 \times 10^7)(\sigma_{-1})_{cf}$/MPa | 试样直径 /mm | 在空气中的疲劳极限 $\sigma_{-1}$/MPa | 浸在盐水中的腐蚀疲劳极限 $(N = 6 \times 10^7)(\sigma_{-1})_{cf}$/MPa |
| --- | --- | --- | --- | --- | --- |
| 10 | 205 | 49 | 130 | 191 | 112 |

**表 1.6-28　弯曲和拉压的腐蚀疲劳强度**

| 材料[1] | $R_m$ /MPa | 在空气中的疲劳极限 $\sigma_{-1}$ /MPa | | 在 3% 盐溶液喷雾中 ($N = 5 \times 10^7$, $f = 2200$ 次/min) $(\sigma_{-1})_{cf}$ /MPa | |
| --- | --- | --- | --- | --- | --- |
| | | 弯曲 | 拉压 | 弯曲 | 拉压 |
| 0.48% C 碳钢 | 975 | 386 | 237 | 43 | 37 |
| 0.12% C、14.7% Cr 不锈钢 | 619 | 380 | 339 | 139 | 169 |
| 0.11% C、18.3% Cr、8.2% Ni 奥氏体不锈钢 | 1023 | 366 | 370 | 244 | 228 |
| 0.25% C、17% Cr、1.16% Ni 不锈钢 | 843 | 505 | 439 | 190 | 240 |
| 硬铝 | 435 | 139 | 123 | 53 | 40 |

① 材料中的百分数均为质量分数。

**表 1.6-29　20Cr 钢的尺寸对腐蚀疲劳强度的影响**

| 环境 | 材料性能 | 试样直径 | | |
| --- | --- | --- | --- | --- |
| | | $d = 16$mm | $d = 32$mm | $d = 40$mm |
| 空气 ($N = 5 \times 10^6$) | $\sigma_{-1}$/MPa | 264 | 248 | 240 |
| | $\beta_2$ | 1.0 | 1.0 | 1.0 |
| | $\varepsilon$ | 1.0 | 0.937 | 0.907 |
| 机油 ($N = 10^7$) | $(\sigma_{-1})_{cf}$/MPa | 243 | 235 | 230 |
| | $\beta_2$ | 0.92 | 0.95 | 0.96 |
| | $\varepsilon$ | 1.0 | 0.964 | 0.945 |
| 淡水 ($N = 2 \times 10^7$) | $(\sigma_{-1})_{cf}$/MPa | 122 | 140 | 154 |
| | $\beta_2$ | 0.462 | 0.565 | 0.64 |
| | $\varepsilon$ | 1.0 | 1.14 | 1.26 |

注：悬臂式旋转弯曲试验，频率 $f$ = 2000 次/min。

**表 1.6-30　高频淬火对 45Cr 钢疲劳强度的影响**

| 试样处理方法 | 疲劳极限（$N = 10^7$） | | | |
| --- | --- | --- | --- | --- |
| | 在大气中 | | 在质量分数 3% 的 HCl 溶液中 | |
| | /MPa | (%) | /MPa | (%) |
| 正火（原始状态） | 252 | 100 | 98 | 100 |
| 电解涂铬 | 199 | 79 | 85 | 87 |
| 电解涂铬，预先经过高频淬火 | 339 | 134 | 294 | 300 |

表 1.6-31　45 钢经表面强化后在质量分数 3% 的 NaCl 溶液中的腐蚀疲劳强度

| 试样处理方法 | 疲劳极限($N = 10^7$) | | | |
|---|---|---|---|---|
| | /MPa | | (%) | |
| | 在大气中 | 在 NaCl 溶液中 | 在大气中 | 在 NaCl 溶液中 |
| 磨削 | 250 | 98 | 100 | 100 |
| 喷丸 | 291 | 198 | 116 | 202 |
| 辊压 | 276 | 247 | 111 | 252 |
| 高频淬火 | 191 | 351 | 187 | 358 |

表 1.6-32　镀层对试样的腐蚀疲劳强度的影响

| 材　料[①] | 腐蚀环境 | 镀层金属 | 镀层厚度/mm | 腐蚀系数 $\beta_2$ |
|---|---|---|---|---|
| 钢(0.36% C、0.28% Si、0.73% Mn),在 840~860℃下正火 | 淡水,光滑试样,$N = 10^7$,$f = 1450$ 次/min,$d = 10$mm | Zn | 0.030 | 0.94 |
| 钢(0.37% C,0.74% Mn,0.61% Cr,0.21% Si,1.4% N),淬火回火($R_m = 853.2$MPa) | 淡水,光滑试样,$N = 10^8$,$f = 1450$ 次/min,$d = 9$mm | Zn | 0.0040 | 0.41 |
| | | Cd | 0.0025 | 0.25 |
| | | Cd | 0.0125 | 0.45 |
| | | Pb | 0.0125 | 0.33 |
| 50 钢,冷拔($R_m = 980.7$MPa) | 质量分数 3% 的 NaCl 溶液,光滑试样,$N = 2 \times 10^7$,$f = 2200$ 次/min,$d = 7$mm | Zn | 0.014 | 0.87 |
| | | Cd | 0.013 | 0.77 |
| 50 钢,正火($R_m = 637.5$MPa) | | Zn | 0.014 | 0.90 |
| | | Cd | 0.013 | 0.84 |
| 硬铝(4%~4.5% Cu、0.64% Mn、0.63% Mg、0.84% Fe、0.22% Si)($R_m = 382.5$MPa) | 质量分数 3% 的 NaCl 溶液,光滑试样,$N = 5 \times 10^7$,$f = 2000$ 次/min,$d = 8$mm | Zn | — | 0.71 |
| | | Zn + 合成橡胶清漆 | — | 0.65 |
| | | Cd | — | <0.5 |

① 材料中的百分数均为质量分数。

表 1.6-33　表面处理对腐蚀疲劳强度的影响（旋转弯曲试验）

| 材　料[①] | | $R_m$/MPa | 表面处理 | 保护层厚度/mm | 应力频率/(次/min) | 腐蚀环境 | 试验循环次数 $N$ | 疲劳极限 $\sigma_{-1}$/MPa | | 腐蚀疲劳极限 $(\sigma_{-1})_{cf}$/MPa | |
|---|---|---|---|---|---|---|---|---|---|---|---|
| | | | | | | | | 未处理 | 处理 | 未处理 | 处理 |
| 0.5% C 钢 | 冷拉 | 1992 | 涂瓷漆 | — | 2200 | 质量分数 1% 的盐雾 | $2 \times 10^7$ | 337 | 317 | 48 | 144 |
| | 正火 | 713 | | | | | | 227 | 234 | 55 | 151 |
| 0.5% C 钢 | 冷拉 | — | 电镀锌 | 0.0483 | | | | 344 | | | 317 |
| | 正火 | | | | | | | 206 | | | 227 |
| 0.5% C 钢 | 冷拉 | — | 表面锌化 | 0.127 | | | | 310 | | | 337 |
| | 正火 | | | | | | | 200 | | | 206 |
| 0.5% C 钢 | 冷拉 | — | 电解镀锌 | 0.0142 | | | | 337 | | | 289 |
| | 正火 | | | | | | | 220 | | | 206 |
| 0.5% C 钢 | 冷拉 | — | 电解镀镉 | 0.0132 | | | | 317 | | | 234 |
| | 正火 | | | | | | | 206 | | | 186 |
| 0.5% C 钢 | 冷拉 | — | 电解镀镉 | 0.0127 | | | | 317 | | | 241 |
| | 正火 | | 涂瓷漆 | | | | | 220 | | | 186 |
| 0.5% C 钢 | 冷拉 | — | 电解镀锌 | 0.0127 | | | | 289 | | | 206 |
| | 正火 | | | | | | | 213 | | | 179 |
| 0.5% C 钢 | 冷拉 | — | 磷酸盐水处理 | — | | | | 310 | | | 144 |
| | 正火 | | 涂瓷漆 | | | | | 248 | | | 179 |
| 0.5% C 钢 | 冷拉 | — | 铝雾 | 0.0508 | | | | 351 | | | 275 |
| 0.5% C 钢 | 冷拉 | — | 铝雾涂瓷漆 | 0.0508 | | 淡水 | | 351 | | | 331 |
| 中碳钢 | | 772 | 热浸低焊料 | 0.0102 | | 滴流 | $10^8$ | 193 | | 96 | 813 |
| | | | 热浸敷镉层 | 0.0203 | | | | 200 | | | 151 |

（续）

| 材料[1] | $R_m$ /MPa | 表面处理 | 保护层厚度 /mm | 应力频率 /(次/min) | 腐蚀环境 | 试验循环次数 $N$ | 疲劳极限 $\sigma_{-1}$/MPa 未处理 | 处理 | 腐蚀疲劳极限 $(\sigma_{-1})_{cf}$/MPa 未处理 | 处理 |
|---|---|---|---|---|---|---|---|---|---|---|
| 中碳钢 | 772 | 电镀镍 | 0.203 | | 滴流 | $10^8$ | 193 | 137 | 96 | 137 |
| | | 电镀铬 | 0.203 | | | | | 200 | | 200 |
| 中碳钢 | 818 | 表面辊压 | — | — | 淡水 | | 227 | 255 | 89 | 131 |
| 中碳钢 | — | 表面辊压 | 0.508 | — | 淡水 | $2 \times 10^8$ | 255 | 317 | <137 | 262 |
| 氮化钢(1.6% Cr、0.9% Al、0.3% Mo) | — | 渗氮 | | — | 河水滴流 | $10^8$ | 455 | 510 | <69 | 344 |
| 铬钒钢(0.2% C、0.9% Cr、0.1% V) | 1698 | 渗氮 | — | 1450 | 自来水喷射 | $10^8$ | — | 648 | — | 524 |
| 0.47% C 钢 | 1451 | 电镀锌 | | | 淡水 | $2 \times 10^7$ | 372 | | 124 | 268 |
| | | 表面锌化 | | | | | | | | 268 |
| | | 镀锌 | | | | | | | | 303 |
| | | 镀镉 | | | | | | | | 282 |
| 0.38% C 钢 | — | 抛光镀锌 | 0.0127 | | 浸入油池中 | $10^7$ | 344 | | 74 | 124 |
| | | | 0.0254 | | | | | | | 137 |
| | | 韧性镀锌 | 0.0127 | | 盐水 | | | | | 117 |
| | | | 0.0254 | | 液态碳化物浸湿 | | | | | 124 |
| 钼钢(0.20% C、1.65%~2% Ni、0.2%~0.3% Mo) | | 镀镍 | 0.127 | — | — | — | 324 | 248 | 137 | 213 |
| 钢(0.4% C、0.2% Cu) | | 镀锌 | 0.0584 | — | — | — | 248 | | 67 | 151 |

① 材料中百分数均为质量分数。

　　腐蚀疲劳 S-N 曲线的影响因素比空气中的复杂。在空气中影响材料 S-N 曲线的主要因素有应力集中、尺寸大小和表面情况三种，而在腐蚀疲劳中应力集中和表面粗糙度的影响要比空气中的严重，而且尺寸越小腐蚀疲劳强度降低越多。此外，试验频率对材料腐蚀疲劳强度的影响很大，频率越低腐蚀疲劳强度降低越多。

　　假设腐蚀疲劳的 S-N 曲线是用零件原型并模拟零件实际使用条件进行试验得出的，那么用这个 S-N 曲线可以直接估算出该零件的寿命。在一般情况下，S-N 曲线是用试样在同样腐蚀环境下得到的，所以在零件的寿命估算中需要考虑到由试样到零件存在着应力集中和尺寸等影响的差异，需要对 S-N 曲线进行修正。

　　如只有在空气中的 S-N 曲线而需要进行腐蚀疲劳寿命估算，或在指定寿命下校核安全系数，此时可用本章高周疲劳的方法，但应考虑腐蚀系数 $\beta_2$。考虑的方法是：没有进行强化工艺时不论表面粗糙度如何都用 $\beta = \beta_2$；有表面强化时用强化或镀层后的试样在腐蚀环境中的腐蚀系数作为表面系数 $\beta$，而不将 $\beta_1$、$\beta_2$ 和 $\beta_3$ 相乘作为 $\beta$。

　　腐蚀疲劳裂纹扩展估算实例：

　　金属材料在室温空气环境中在特定应力比下中间区段的疲劳裂纹扩展速率可以用 Paris 公式描述

$$\left(\frac{da}{dN}\right) = C \cdot (\Delta K)^n$$

式中　$\Delta K$——应力强度因子范围；

　　　$C$、$n$——试验数据拟合的在室温空气环境条件下的材料常数。

　　如果材料所处的环境不是空气，而是其他腐蚀比较严重的环境，如质量分数 3.5% 的 NaCl 水溶液，因为环境介质对 Paris 公式中的 $n$ 值影响不大，此时可以根据 Paris 公式给出的环境当量载荷损伤模型来估算

$$\left(\frac{da}{dN}\right)_{cf} = C \cdot (\delta \cdot \Delta K)^n$$

式中　$C$、$n$——空气环境中 Paris 公式的裂纹扩展速率参数；

　　　$\delta$——由于腐蚀介质对疲劳裂纹扩展的加速作用而等效当量的应力强度因子范围放大倍数，称为环境当量载荷损伤因子，$\delta \geq 1.0$（对于空气介质 $\delta = 1.0$）。

　　环境当量载荷损伤因子 $\delta$ 和具体的材料-环境组

合有关，也和加载频率、波形、应力比及环境的温度、腐蚀性等有关。$\delta$ 值越大，表明环境对疲劳裂纹扩展的加速作用越显著。$\delta$ 值可以根据试验数据方便地拟合得到。

LC4 铝合金在应力比 $R = 0.3$ 时，在空气中的疲劳裂纹扩展速率可以统一地用下列关系式表示，并且有较高的相关系数（$R = 0.99$）

$$\left(\frac{\mathrm{d}a}{\mathrm{d}N}\right)_{\mathrm{f}} = 4.46 \times 10^{-11} (\Delta K)^{2.53}$$

根据试验结果拟合得到 LC4 铝合金在质量分数 3.5% 的 NaCl 水溶液中，$R = 0.3$、$f = 0.1\mathrm{Hz}$ 时，$\delta = 2.64$。于是，在此条件下腐蚀疲劳裂纹扩展速率可以表示为

$$\left(\frac{\mathrm{d}a}{\mathrm{d}N}\right)_{\mathrm{f}} = 4.46 \times 10^{-11} (2.64 \times \Delta K)^{2.53}$$

同理，当加载频率 $f = 1.0\mathrm{Hz}$ 时，拟合得到 $\delta = 1.24$；当 $f = 10.0\mathrm{Hz}$ 时，$\delta = 1.03$。可见，随加载频率的升高，$\delta$ 值减小，表明环境介质对疲劳裂纹扩展的加速效应减弱。环境当量载荷损伤因子 $\delta$ 值随疲劳加载频率的增大而减小，当加载频率很高，大于 $10.0\mathrm{Hz}$ 时，$\delta$ 值趋近于 $1.0$，此时环境介质对疲劳裂纹扩展的加速作用很弱，腐蚀疲劳裂纹扩展行为和实验室空气条件下的相近，因此可以假设 $\delta$ 值和循环加载频率之间有如下关系

$$\delta = 1.0 + \frac{a}{f^b}$$

式中　$a$、$b$——与材料-环境系统组合有关的常数。

LC4 铝合金在质量分数 3.5% 的 NaCl 水溶液中拟合结果为

$$\delta = 1.0 + \frac{0.228}{f^{0.869}}$$

LC4 铝合金在室温质量分数 3.5% 的 NaCl 水溶液中的疲劳裂纹扩展速率可以综合表示为

$$\left(\frac{\mathrm{d}a}{\mathrm{d}N}\right)_{\mathrm{cf}} = 4.46 \times 10^{-11} \left[\left(1.0 + \frac{0.228}{f^{0.869}}\right) \times \Delta K\right]^{2.53}$$

LC4 铝合金在 $R = 0.3$、$f = 1.0\mathrm{Hz}$、室温、质量分数 3.5% 的 NaCl 水溶液中、恒幅载荷 $P_{\max} = 96\mathrm{MPa}$，$a_0 = 12.0\mathrm{mm}$ 的条件下，疲劳裂纹扩展的计算结果见表 1.6-34。

**表 1.6-34　疲劳裂纹扩展**

| 循环次数 $N$ | 裂纹半长 $a_i/\mathrm{mm}$ |
|---|---|
| 0 | 12.00 |
| 500 | 12.59 |
| 1000 | 12.90 |
| 1500 | 13.38 |
| 2000 | 13.97 |
| 2500 | 14.47 |
| 3000 | 15.15 |
| 4000 | 16.32 |
| 5000 | 17.61 |
| 6000 | 18.90 |
| 7000 | 20.42 |
| 8000 | 22.07 |

# 第7章 摩擦、磨损与润滑

## 1 摩擦

摩擦是互相接触的物体做相对运动或具有相对运动趋势时产生的现象。一个物体受到平行于接触面得外力时，便会有相对运动的倾向或发生相对运动，这时存在与接触表面间的切向阻力，称为摩擦力。

摩擦有多种分类方法，这里仅简介常用的两种。

1. 按摩擦副运动形式分类

（1）滑动摩擦 两接触物体表面相对滑动时的摩擦。

（2）滚动摩擦 两接触物体沿接触面滚动时的摩擦。

2. 按摩擦副表面的润滑状态分类

（1）干摩擦 干摩擦是指名义上既无润滑剂又无湿气的一种摩擦。

（2）边界摩擦 边界摩擦是指做相对运动的物体接触面间存在一层极薄的润滑膜，其摩擦特性不取决于润滑剂的粘度，而取决于接触表面和润滑膜的特性。

（3）流体摩擦 做相对运动的两物体接触表面间被具有一定特性的流体层完全隔开，是由流体粘性引起的摩擦。

## 2 磨损

两物体做相对运动时，接触表面物体不断损坏或产生残余变形的过程，称为磨损。磨损不仅消耗材料和能量，而且降低机械设备的使用寿命，因此必须减少磨损。

### 2.1 磨损的类型

通常根据不同的磨损机理，磨损可分为五种基本类型。

1. 粘着磨损

摩擦副做相对运动时接触表面只有少数微凸体接触，由于接触面积很小，微凸体处压力很大，足以引起塑性变形，使温度升高，严重时使表面金属局部软化或熔化，导致发生粘着或焊合。在有相对滑动时，粘结点被剪切，塑性材料会发生转移，这就形成了粘着磨损。粘着磨损的种类有涂抹、擦伤、胶合和咬死等。

2. 磨粒磨损

硬的颗粒或硬的凸起物在摩擦过程中引起表面材料脱离的现象称为磨粒磨损。磨粒磨损可分为三种形式：凿削式磨粒磨损、高应力碾碎性磨粒磨损和低应力擦伤性磨粒磨损。磨粒磨损是最常见的磨损形式，减少磨粒磨损具有重要的经济意义。

3. 疲劳磨损

两接触表面做滚动或滚动滑动复合运动时，在交变接触应力作用下使材料导致裂纹分裂出颗粒和微片的磨损称为疲劳磨损。疲劳磨损和材料的疲劳破坏不同，疲劳磨损存在有摩擦磨损的作用，表层发生塑性变形和发热等现象，剥落的颗粒和微片有润滑介质的作用，这些因素对疲劳磨损的过程有着重要的影响。疲劳磨损可分为非扩展性疲劳磨损和扩展性疲劳磨损。

4. 腐蚀磨损

在摩擦过程中，金属表面与周围介质发生化学或电化学反应，引起材料脱落的现象称为腐蚀磨损。腐蚀磨损与一般化学腐蚀的区别是化学腐蚀缺少摩擦这个重要的条件。常见的腐蚀磨损有氧化磨损和特殊介质腐蚀磨损。

5. 微动磨损

微动磨损是一种复合磨损，发生在两物体接触表面之间的振幅很小的相对振动情况下。这种磨损是由粘着磨损、腐蚀磨损和磨粒磨损的复合作用的结果。一般来说，金属材料抗粘着磨损能力大，则抗微动磨损能力也强。采用二硫化钼润滑，具有良好的抗微动磨损性能。

### 2.2 提高耐磨损的措施

#### 2.2.1 提高抗粘着磨损的措施

1. 合理选择摩擦副材料

多相金属比单相金属抗粘着磨损能力强，脆性材料比塑性材料抗粘着摩擦能力强。异类材料所组成的摩擦副互溶性小，比同类的抗粘着磨损能力强。一般情况下，硬度高的材料抗粘着磨损能力强。

2. 降低表面粗糙度值

降低摩擦表面的表面粗糙度值，可增大接触面积，减小表面的接触应力，从而降低发生粘着磨损的可能性。

3. 采用表面处理工艺

采用非金属涂层或避免使用同种金属做摩擦副，均可防止粘着磨损的产生。可采取的工艺，如电镀、表面化学处理、表面合金化沉积和喷镀等工艺。

4. 合理选择润滑剂及添加剂

合理选择润滑剂和添加剂能提高摩擦表面润滑膜的吸附能力和油膜的强度，防止金属表面直接接触，从而可成倍地提高抗粘着磨损的能力。

### 2.2.2　提高抗磨粒磨损的措施

1. 提高材料的硬度

材料的硬度越高，其耐磨性越好。但在载荷大和有冲击振动的工况下，还必须考虑材料的强度和韧性。

2. 采用表面处理工艺

提高材料抗磨粒磨损的重要方法是利用各种表面处理工艺改变摩擦表面特性。如电镀铬、电镀镍、渗氮、碳氮共渗、金属喷涂、陶瓷喷涂、堆焊、气焊和阳极氧化处理等，都能得到提高抗磨粒磨损的性能。

3. 密封和润滑剂

应特别注意密封的措施，防止外界磨粒进入摩擦表面。所使用的润滑剂要清洁。

### 2.2.3　提高抗疲劳磨损的措施

1. 合理选择材料

金属材料的质量、化学成分和金相组织对其抗疲劳磨损能力都有重要的影响。如钢中含有脆性夹杂物时，容易使基体变形、硬化而产生裂纹，形成早期疲劳破坏。

2. 提高材料的表面硬度

通常材料表面硬度越高，抗疲劳磨损的能力越高。材料的心部硬度对疲劳磨损也有影响，合理地提高心部硬度能有效地提高表面抗疲劳磨损的能力。

3. 降低表面粗糙度值

适当地降低表面粗糙度值，能明显地提高抗疲劳磨损能力。零件表面硬度越高，要求的表面粗糙度值越小，否则会降低抗疲劳磨损的能力。

4. 选择适当的润滑剂和润滑方式

一般情况下，润滑油的粘度高，抗疲劳磨损的能力也高。在润滑油中加入适当添加剂，也能提高抗疲劳磨损的能力。润滑方式对疲劳磨损也有影响，如喷油润滑和浸油润滑两种不同的润滑方式对疲劳寿命的影响就有很大的不同。

5. 进行表面处理

对零件表面进行喷丸和渗碳等处理，均能提高抗疲劳磨损的能力。

### 2.2.4　提高抗腐蚀磨损的措施

1. 合理选择材料

应选择抗腐蚀能力强的材料，如轴承中锡基巴氏合金比铅基巴氏合金抗腐蚀能力强；非金属材料，如尼龙等也具有良好的耐腐蚀性。采用多层材料结构，如轴承表面镀铟可提高耐蚀性。

2. 选择适当的润滑剂

选择适当的润滑剂和合理地使用添加剂、降低工作表面温度，都是提高抗腐蚀磨损的有效措施。

## 3　润滑

润滑是用润滑剂减少摩擦副的摩擦和降低温度，或改善其他形式的表面破坏的措施。合理地选择与设计润滑方法及润滑系统和装置，对降低摩擦阻力、减少表面磨损和维持油温，使设备具有良好的润滑状况和工作性能，保证设备高效运转、节约能源、延长使用寿命有重要意义。

润滑状态可分为流体润滑和非流体润滑两种状态。流体润滑状态又可分为流体动压润滑、流体静压润滑和弹性流体动压润滑。非流体润滑状态可分为边界润滑和干摩擦状态。除上述外，还常见有混合润滑状态，即流体润滑和边界润滑混合存在。判断润滑状态的主要参数是两摩擦表面之间的润滑膜厚度和摩擦表面的几何形貌参数。

### 3.1　流体动压润滑

流体动压润滑依靠两摩擦表面间的相对运动将具有一定粘度的流体带入摩擦表面之间，由于粘性流体的动力学作用产生压力承受载荷将两摩擦表面完全隔开，并形成完整的润滑膜。

流体动压润滑所使用的粘性流体可以是液体，如润滑油，也可以使用气体，如空气。在形成流体动压润滑时，流体将摩擦面完全隔开，摩擦表面不直接接触，从而没有磨损。摩擦力的大小取决于流体的粘度，流体的粘度对润滑特性影响较大。

### 3.2　流体静压润滑

流体静压润滑利用外部供油装置向支承中供一定压力的润滑油，形成具有足够压力的润滑油膜（静压油膜）将两摩擦表面完全隔开，而且承受外载荷。运动件从静止状态直至很高的速度范围内都能承受外载荷的作用，这是流体静压润滑的主要特点。

流体静压润滑具有起动摩擦阻力小、使用寿命长、抗振性能好、运动精度高等优点，可适用于低速或速度变化范围大以及经常需开、停的工况条件。但

它需要一套供油装置，从而增大了机械设备的空间和费用。

## 3.3　弹性流体动压润滑

应用 Reynolds 润滑理论成功地解决了低副接触润滑问题，如滑动轴承一类的面接触摩擦润滑副。而对于像齿轮、滚动轴承等点、线接触的摩擦副的润滑问题，则可用弹性流体动压润滑理论来解决，简称弹流润滑（EHL）。

弹性流体动压润滑的特点如下：

1）油膜压力高，达到 GPa 量级。

2）油膜极薄，处于 μm 量级。

3）表面弹性变形量较大，与油膜厚度处于同等数量级，不可忽略。

4）润滑油所受剪应变率很高，达到 $10^7 s^{-1}$ 量级。

5）瞬时接触，润滑剂通过接触区的时间只有 $10^{-3}s$ 的量级。

6）在接触区内的瞬间润滑油的粘度极高，呈"玻璃"状态。

弹流润滑理论及应用的研究尚不完善，这是因为各种弹流润滑计算公式本身存在很大的条件性，各自有其适用范围，超过范围就会产生较大的误差。同时，由于实际机械零件的接触表面工作时处于复杂的变化状态，分析时必须进行简化，从而使计算有一定的局限性。为了工程上的应用方便，Johnson 和 Hooke 研究编制了润滑状态区域图，该图采用了三个统一的无量纲参数，把各种润滑状态下的油膜厚度用曲线表达出来，同时也划分了各个油膜厚度计算公式适用区域。使用时可参考第 12 篇和第 8 篇。

## 3.4　边界润滑

在流体润滑时，流体完全将润滑表面隔开，这时没有磨损。但机械在实际的运转过程中，有时难以具有形成流体润滑的条件，如转速不高、载荷较大或机械在刚开始起动阶段尚未形成流体润滑等，因此不可避免地有摩擦表面的凸峰接触。此时，由于物理或化学的作用，摩擦表面存在一层与介质不同的薄膜，此膜具有良好的润滑作用，此种润滑状态称为边界润滑。边界润滑状态普遍的存在于各种机械设备中，如轴承、齿轮、导轨和凸轮等。

边界润滑中起润滑作用的膜，称为边界膜。按边界膜性质的不同，可分为物理吸附膜，化学吸附膜和化学反应膜。

物理吸附膜是金属表面对润滑剂分子的吸附而形成的膜，这种吸附膜的形成是可逆的。一般物理吸附膜只适用与低速、轻载的工况。

化学吸附膜是润滑剂中的极性分子与金属表面化学结合形成的膜，适用于中速、中等载荷的工况。

化学反应膜是润滑剂中极性添加剂的分子与金属表面发生化学反应而形成的膜，适用于高速、重载和高温的工况。

温度、载荷、速度和添加剂对边界润滑都有影响。

## 3.5　混合润滑

在两相对运动表面间，润滑剂的膜厚与表面粗糙度综合值的比值较小时，两相对运动表面间已不能被润滑膜完全分隔开，它们在做相对运动时就会在表面上同时混合存在着一部分流体动压润滑作用，一部分表面微凸体直接接触，载荷由润滑剂膜和微凸体共同承担。这种润滑状态称为混合润滑。

在此种润滑状态下，两相对运动表面间的摩擦力是由润滑剂粘度决定的粘性摩擦力和微凸体接触所产生的摩擦力组成的。润滑剂膜厚度与表面粗糙度综合值得比值是衡量润滑状态的主要参数。

## 3.6　合理润滑技术

合理润滑的含义是为实现设备的可靠运行、性能改善、降低摩擦功耗、减少温升和磨损及润滑剂消耗量，对设备的润滑设计、润滑系统的运行操作、状态检测和使用润滑剂的品种、性能等所采取得各种技术和管理措施。符合合理润滑技术要求的设备润滑系统的设计与实施合理润滑技术相关的设计称为合理润滑设计。

### 3.6.1　合理润滑的设计要求

1）凡需要润滑的设备，进行产品润滑相关设计时应满足设备各种运行工况的要求。

2）应采用技术先进、可靠的润滑系统及润滑装置。

3）应编制设备润滑系统说明书。

① 设备润滑系统说明书包括润滑系统及其装置的设计参数、润滑剂类型和执行标准、润滑剂消耗定额、必要的润滑图表和润滑剂使用性能指标的允许值及更换建议。

② 设备使用说明书应附润滑系统说明书。

4）润滑设计应遵循通用性的原则，优先采用国家、行业先行润滑剂产品标准规范，不使用作废的润滑剂产品标准规范。

### 3.6.2 润滑剂的使用要求

1）润滑剂使用企业应建立润滑管理机构和规章制度，配备专职或兼职的润滑技术人员。

① 大型企业应配备专职润滑工程师，中小企业亦应配备专（兼）职润滑技术人员，分管润滑技术和管理工作。

② 应配备必要的检测仪器，企业可建立润滑实验室。

③ 对润滑技术人员和设备操作人员进行润滑技术培训，推广应用润滑新技术、新材料和新设备，不断提高设备润滑管理水平。

④ 对润滑技术人员应建立技术考核制度，定期评价润滑管理效果。

2）建立设备润滑档案，对设备的润滑部位、保养、维修与改造，以及选用或更换润滑剂的日期、牌号、数量和换油周期作详细记录。

3）规定各种设备润滑材料的消耗定额，应参照设备润滑说明书的要求，结合设备运行特点，科学地规定设备润滑材料的消耗定额，并严格记录实际消耗情况。

4）搞好设备润滑监测。

① 对一般设备应定期抽样检查润滑剂的性能变化情况，并建立监测档案。

② 对大型、重点、关键设备的润滑应进行状态监测，按国家及行业标准和设备使用说明书按质、按时、按量更换润滑剂。

5）润滑剂更换要求如下：

① 应针对设备润滑具体情况，制订润滑系统清洗和润滑剂更换操作规程，更换润滑剂时应严格执行。

② 对于连续运转设备，可通过润滑剂在线过滤和再生的方法适当延长润滑剂使用寿命。

6）润滑剂的入库与储运要求如下：

① 新润滑剂入库前应校验所入批次产品合格证，企业可根据需要进行抽检。对于无产品合格证或抽检数据与产品合格证不符的产品，应拒绝验收入库。

② 润滑剂在储运过程中应使用专用容器，要确保安全，防止渗漏、污染和变质。保管时应严格区分润滑剂厂家和型号，要分类存放。定期做质量检查，保持容器整洁，控制较低的储存温度和湿度，并做好质量档案和预防污染工作。

7）安全、健康、环保方面要求如下：

① 不应对润滑剂包装物进行明火加热。使用和储存时严禁与明火接触。发生火灾时用干粉或泡沫灭火器灭火。

② 抽取液体润滑剂时应采取适当的措施，防止润滑剂飞溅。

③ 残留及废弃润滑油、脂及使用后的包装物应妥善处理，不得污染环境。

④ 润滑剂的储运、使用、保管和报废过程中严格遵守消防及环保的有关规定，作好个人防护，保护环境，保证安全。

### 3.6.3 润滑剂的报废与再利用要求

1. 报废

1）润滑剂的使用性能达不到设备润滑最低要求时，应及时报废。

2）润滑剂报废分为按质报废和按时报废。按时报废应根据按质报废要求和现实有效的统计数据，确定报废周期，定期进行抽样监测，根据结果调整报废周期。

2. 报废指标与换油指标

1）按质报废指标应根据设备润滑系统说明书中润滑剂使用性能指标的允许值执行。

2）无润滑剂使用性能指标允许值的设备应按GB/T 13608—2009 附录 B 中标准的规定执行。

3）设备润滑系统说明书和 GB/T 13608—2009 附录 B 均未涉及产品应与润滑剂制造商共同确定换油指标。

4）运行工况特殊的设备应根据具体使用要求自行确定报废指标。

3. 特殊要求

设备运行工况特殊或使用要求不同时，可以根据润滑系统内油品的抽样检验结果，正确判断报废与换油周期。根据设备操作情况、工作环境和润滑剂污染程度，换油周期应适当缩短或延长。

## 4 润滑剂

### 4.1 润滑剂的分类和质量指标

#### 4.1.1 润滑剂的分类

凡是能降低两相对运动表面间的摩擦阻力的介质，都可以作为润滑剂。在各种机器及设备中所使用的润滑剂有四种类型：液体润滑剂（润滑油）、润滑脂、固体润滑剂和气体润滑剂。常用的润滑剂分类见表 1.7-1。

润滑剂的主要作用有降低摩擦、减小磨损、提高效率、延长机件的使用寿命，同时还起到冷却、缓冲、电气绝缘、防腐蚀、密封和排污等作用。可按表 1.7-2 选择润滑剂的类型。

**表 1.7-1   常用的润滑剂分类表**

| 润滑剂 | 液体润滑剂 | 矿物油 | 馏分矿物油、含添加剂馏分油 |
| --- | --- | --- | --- |
| | | | 残渣矿物油、含添加剂残渣润滑油 |
| | | 合成油 | 酯类油、合成烃、聚醚、硅油、硅酸脂、磷酸酯、氟油 |
| | | 水基液 | 水、油包水乳化液、水包油乳化液、水-乙二醇、合成液或半合成液 |
| | | 动植物油 | 茶油、菜籽油、棕榈油、蓖麻油、葵花油、橄榄油、牛油、鲸鱼油等 |
| | 润滑脂 | 皂基脂 | 锂基脂、钙基脂、钠基脂、钡基脂、铝基脂及复合脂等 |
| | | 无机脂 | 膨润土脂、硅胶、二硫化钼及石墨脂等 |
| | | 烃基脂 | 工业凡士林、石蜡、地蜡等 |
| | | 有机脂 | 聚脲脂、酰胺脂、酞菁酮脂等 |
| | 固体润滑剂 | 软金属 | 铅、锡、锌、银、金等 |
| | | 金属化合物 | $PbC$、$CaF_2$、$MoS_2$ |
| | | 无机物 | 石墨、氮化硼等 |
| | | 有机物 | 聚四氟乙烯、聚甲醛、酚醛树脂等 |
| | 气体润滑剂 | 空气、氦、氮、氢等 | |

**表 1.7-2   润滑剂类型的选择**

| 工作条件 | 选用润滑剂 |
| --- | --- |
| 负荷 | 负荷大或冲击较大适选用粘度较高或极压性能好的润滑油,锥入度较小或极压性能好的润滑脂,或固体润滑剂 |
| | 负荷小适选用粘度较小的润滑油,或锥入度较大的润滑脂 |
| 速度 | 速度高适选用粘度较小的润滑油,或锥入度较大的润滑脂 |
| | 速度低适选用粘度较大的润滑油,或锥入度较小的润滑脂和固体润滑剂 |
| 温度 | 高温条件下适选用粘度较大、闪点较高、油性好以及氧化安定性好的润滑油,或选用氧化安定性好、滴点较高的润滑脂,或固体润滑剂 |
| | 低温条件下适选用粘度较小、凝点低的润滑油,或低温性能好的润滑脂 |
| 环境 | 在潮湿或与水接触较多的工作条件下适选用抗乳化能力强和油性、防锈性较好的润滑油、脂;在强辐照和放射线条件下,在人不便于接近的场合、有腐蚀的环境中适选用固体润滑剂 |
| | 在超高真空条件下,选用固体润滑剂 |
| 工作位置 | 在润滑油容易流失的工作表面上适选用粘度较大的润滑油,或稠度大的润滑脂,或固体润滑剂 |
| 表面精度 | 工作表面粗糙的适选用粘度较大的润滑油,或锥入度较小的润滑脂,或固体润滑剂;反之,适选用粘度较小或锥入度较大的润滑油、脂 |
| 润滑方式 | 在循环润滑系统中要求换油周期长,易散热,适选用粘度低、氧化安定性好、抗泡沫性能好的润滑油 |
| | 在油雾润滑和飞溅润滑系统中适用氧化安定性好、抗泡沫性能好的润滑油 |
| | 在集中供脂润滑系统中,适选用锥入度大的润滑脂 |

#### 4.1.2   润滑剂的主要质量指标

润滑剂的质量可用一些理化指标来表征,通常是将实验室所评定的润滑剂的质量指标作为选择润滑剂的依据。

1. 粘度

粘度是液体、拟液体或拟固体物质抗流动的体积特性,即受外力作用而流动时,分子间所呈现的内摩擦或流动内阻力。粘度是各种润滑油分类分级和评定产品质量的主要指标。通常,粘度的大小可用动力粘度、运动粘度和条件粘度来表示。我国使用的粘度指标为运动粘度,在法定计量单位制中以 $m^2/s$ 表示,习惯用计量单位 $mm^2/s$ (厘斯) 表示。而国外很多用雷氏粘度和赛氏粘度表示。润滑油粘度的具体表示方法见表 1.7-3。

表 1.7-3　润滑油粘度的具体表示方法

| 名　　称 | 定　　义 | 单位及换算关系 |
|---|---|---|
| 动力粘度 $\eta$ | 表示液体在一定切应力下流动时内摩擦力的量度,其值为所加于流动液体的切应力和剪切速率之比 | $Pa \cdot s$ 或 $mPa \cdot s$,$1Pa \cdot s = 10^3 mPa \cdot s$,一般常用 $mPa \cdot s$ |
| 运动粘度 $\nu$ | 表示液体在重力作用下流动时内摩擦力的量度,其值为相同温度下液体的动力粘度与其密度之比 | $m^2/s$ 或 $mm^2/s$,$1m^2/s = 10^6 mm^2/s$ |
| 条件粘度 | 采用不同的特定粘度计所测得的粘度以条件粘度表示。较常用的有恩氏粘度、赛氏粘度和雷氏粘度等 | °E、s、s |

2. 润滑油的其他质量指标

不同品种的润滑油,除粘度指标外还有关油品润滑性、热(或温度)稳定性、化学稳定性、起泡性、抗乳化性、对各种介质和橡胶密封材料的相容性、耐蚀性、导热性以及毒性等指标。润滑油的其他质量指标见表 1.7-4。

表 1.7-4　润滑油的其他质量指标

| 指标 | 定　　义 | 说　　明 |
|---|---|---|
| 粘度指数 | 表示油品粘度随温度变化这个特性的一个约定量值。粘度指数高,表示油品的粘度随温度变化较小 | 它是油品粘度-温度特性的衡量指标。检验时将润滑油试样与一种粘温性能较好(粘度指数定为 100)及另一种粘温性能较差(粘度指数定为 0)的标准油进行比较所得粘度的温度变化的相对值(GB/T 1995—1998) |
| 凝点 | 试样在规定条件下,冷却至停止移动时的最高温度,以℃表示 | 表示润滑油的耐低温性能。按 GB 510—1983 标准方法检验时,将润滑油装在试管中,冷却到预期的温度时,将试管倾斜45°,经过1min,观察页面是否移动,记录试管内液面不移动时的最高温度最为凝点 |
| 倾点 | 在规定条件下,被冷却的试样能流动的最低温度,以℃表示 | 倾点和凝点都是表示油品低温流动性的指标。二者无原则区别,只是测定方法稍有不同,现在我国已逐步改用倾点来表示润滑油的低温性能了。按 GB/T 3535—2006 标准方法检验时,将润滑油放在试管中倾斜后,在规定速度下冷却,每间隔3℃检查一次润滑油的流动性,观察到被冷却的润滑油能流动的最低温度作为倾点 |
| 粘度比 | 油品在两个规定温度下所测得较低温度下的运动粘度与较高温度下的运动粘度之比。粘度比越小表示油品粘度随温度变化越小 | 粘度比是用来评定成分相同的同牌号油在同一温度范围内的低温粘度与高温粘度的比值。一般润滑油规定以 40℃时的运动粘度与 100℃时的运动粘度的比值,$\nu_{40}/\nu_{100}$ 表示 |
| 闪点 | 在规定条件下,加热油品所逸出的蒸气和空气组成的混合物与火焰接触发生瞬间闪火时的最低温度,以℃表示。测定闪点有两种方法:开杯闪点(开口闪点),用于测点闪点在150℃以下的轻质油品;闭杯闪点(闭口闪点),用于测定重质润滑油和深色石油产品 | 选用润滑油时,应根据使用温度考虑润滑油闪点的高低,一般要求润滑油闪点比使用温度高 20 ~ 30℃,以保证使用安全和减少挥发损失。用开杯(GB/T 3536—2008)闪点法测定开杯闪点时,把试样装入内坩埚到规定的刻线,首先迅速升高试样的温度,然后缓慢升温,当接近闪点时,恒速升温,在规定的温度间隔,用一个小的点火器火焰按规定速度通过试样表面,以点火器的火焰使试样表面上的蒸气发生闪火的最低温度作为开杯闪点 |
| 酸值 | 中和1g润滑油中酸性物质所需氢氧化钾的毫克数 | 润滑油在储存和使用过程中被氧化变质时,酸值也逐渐增大,常用酸值的变化大小来衡量润滑油的氧化稳定性和储存稳定性,或作为换油指标之一。常用的润滑油酸值标准测定法有 GB/T 7304—2000(电位滴定法)、GB/T 4945—2002(颜色指示剂法)、SH/T 0163—1992(半微量颜色指示剂法)等 |
| 残炭 | 油品在热和氧共同作用下,受热裂解缩合和催化生成的残留物 | 残炭值主要是内燃机油和空气压缩机油等的质量指标之一。在这些机器工作时,其活塞环不断地将润滑油带入高温的缸内,部分分解氧化形成积炭,在缸壁、活塞顶部的积炭会妨碍散热而使零件过热。积炭沉积在火花塞、阀门上会引起点火不灵及阀门开关不灵甚至烧坏。现行的残炭标准测定法有 GB 268—1987(康氏法)与 SH/T 0160—1992(兰氏法)两种 |

（续）

| 指标 | 定 义 | 说 明 |
|------|-------|-------|
| 灰分 | 灰分是指试样在规定条件下被灼烧炭化后,所剩的残留物经煅烧所得的无机物,以质量分数表示。硫酸盐灰分是指试样炭化后剩余的残渣用硫酸处理,并加热到恒重的质量,以质量分数表示 | 对于不含添加剂的润滑油,灰分可以作为检查基础油精制是否正常的指标之一。灰分越少越好。灰分含量较多时,会促使油品加速氧化、生胶,增加机械的磨损。而对于含添加剂的润滑油,在未加添加剂前,灰分含量越小越好。但在加添加剂后,由于某些添加剂本身就是金属盐类,为保证油中加有足够的添加剂,有要求硫酸盐灰分不小于某一数值,以间接地表明添加剂的含量。按 GB 508—1985 及 GB/T 2433—2001 标准方法测定 |
| 机械杂质 | 机械杂质是指存在于润滑油中不溶于汽油、乙醇和苯等溶剂的沉淀物或胶状悬浮物。来源于润滑油生产、储存和使用中的外界污染或机械本身磨损和腐蚀,大部分是砂石、铁屑和积炭类,以及添加剂带来的一些难溶于溶剂的有机金属盐 | 机械杂质也是反映油品精制程度的质量指标。它的存在加速机器的磨损,严重时堵塞油路、油嘴和过滤器,破坏正常润滑。在使用前和使用中应对油进行必要的过滤。对于加有添加剂的油品,不应简单地使用机械杂质含量的大小判断其好坏,而是应分析机械杂质的内容,因为这时杂质中含有加入添加剂后所引入的对使用无害的溶剂不溶物。机械杂质的测定按 GB/T 511—2010 标准方法进行 |
| 水分 | 存在于润滑油中的水含量称为水分。润滑油中水分一般以溶解水或以微滴状态悬浮于油中的混合水两种状态存在 | 润滑油中存在水分,会促使油品氧化变质,破坏润滑油形成的油膜,使润滑效果变差。水分还加速油中有机酸对金属的腐蚀作用,造成设备锈蚀。导致润滑油添加剂失效以及其他一些影响。因而润滑油中水分越少越好,用户必须在使用储存中注意保管油品。水分的测定按 GB/T 260—1977 标准方法进行,将一定量得试样与无水溶剂（二甲苯）混合,进行蒸馏,测定其水分含量 |
| 水溶性酸或碱 | 水溶性酸或碱是指存在于润滑油中的酸性或碱性物质 | 新油中如果有水溶性酸或碱,则可能是润滑油在酸碱精制过程中酸碱分离不好的结果。储存和使用过程中的油品如果含有水溶性酸和碱,则表明润滑油被污染或氧化分解。润滑油酸和碱不合格将腐蚀机械零件,使汽轮机油的抗乳化性降低,变压器油的耐电压性能下降。水溶性酸和碱的测定按 GB 259—1988 标准方法进行 |
| 氧化安定性 | 氧化安定性是指润滑油在加热和在金属的催化作用下抵抗氧化变质的能力 | 氧化安定性是反映油品在实际使用、储存和运输过程中氧化变质或老化倾向的重要特性。内燃机油的氧化安定性按 SH/T 0299—1992 标准方法测定;汽轮机油用 SH/T 0193—2008 标准方法测定;变压器油用 SH/T 0124—2000 标准方法测定;极压润滑油用 SH/T 0123—1993、直馏和不含添加剂润滑油用 SH/T 0175—2004 标准方法测定 |
| 防腐性 | 防腐性是测定油品在一定温度下阻止与其相接触的金属被腐蚀的能力 | 在润滑油中引起金属腐蚀的物质,有可能是基础油和添加剂生产过程中所残留的,也可能源于油品的氧化产物和油品储运与使用过程中受到污染的产物。腐蚀试验一般按 GB 5096—1985 石油产品铜片腐蚀试验方法进行。常用的试验条件为 100℃、3h。此外,内燃机油对轴瓦（铅铜合金）等的腐蚀性,可按 GB/T 391—1977 发动机润滑油腐蚀度测定法进行 |
| 滴点 | 在规定条件下,润滑脂达到一定流动性时的最低温度,称为滴点,用℃表示。根据滴点的高低,可以判定润滑脂能够使用的温度 | — |
| 锥入度 | 在25℃时,总荷重为$(150 \pm 0.25)$g的标准锥在5s内垂直穿入润滑脂的深度,以0.1mm表示。锥入度是表示润滑脂软硬的程度,锥入度大,则表示润滑脂软 | — |
| 四球法 | 使用四球试验机测定润滑剂极压和磨损性能的试验方法 | 按 GB/T 12583—1998 标准方法,使用四球机测定润滑剂极压性能（承载能力）。该标准规定了三个指标:①最大无卡咬负荷 $P_B$,即在试验条件下不发生卡咬的做大负荷;②烧结负荷 $P_D$,即在试验条件下使钢球发生烧结的最小负荷;③综合磨损值 ZMZ,又称平均赫兹负荷或负荷磨损指标 LWI,是润滑剂抗极压能力的一个指数,它等于若干次校正负荷的数学平均值 |
| 梯姆肯法（Timken 法） | 借助梯姆肯（环块）极压试验机测定润滑油承压能力、抗摩擦和抗磨损性能的一种试验方法 | 按 SH/T 0532—1992 标准方法,使用梯姆肯试验机测定润滑油抗擦伤能力。该标准规定了两个指标:①OK 值,即用梯姆肯法测定润滑油承压能力过程中,没有引起刮伤或卡咬（又称咬粘）时所加负荷的最大值;②刮伤值,即用同一方法测定中出现刮伤或卡咬时所加负荷的最小值 |

## 4.2 润滑油

目前工业中常用的润滑油为矿物油和合成油,而矿物油应用广泛。绝大多数润滑油是由基础油加入添加剂调制而成的。矿物润滑油由多种烃类的混合物加入添加剂配成,而合成润滑油则由具有特定分子结构的单体的聚合物加入添加剂配制。

合成润滑油具有突出的优点,它可以满足矿物润滑油无法满足的许多要求,如耐辐射性、耐氧化性、阻燃性、耐高温和低温性。航空工业用的润滑油绝大多数是合成润滑油。近年来合成润滑油的使用得到了很大的发展,目前影响合成润滑油大量使用的关键是价格较高。

### 4.2.1 L-AN 全损耗系统用油

L-AN 全损耗系统用油,主要适用于无特殊要求的全损耗润滑系统,不适用于循环系统润滑。L-AN 全损耗系统用油的技术要求和性能见表 1.7-5。L-AN 全损耗系统用油的选用见表 1.7-6。

**表 1.7-5　L-AN 全损耗系统用油技术要求和性能**（摘自 GB 443—1989）

| 项　目　　品　种 | 度　量　指　标 L-AN | | | | | | | | | | 试验方法标准 |
|---|---|---|---|---|---|---|---|---|---|---|---|
| 粘度等级(按 GB/T 3141) | 5 | 7 | 10 | 15 | 22 | 32 | 46 | 68 | 100 | 105 | — |
| 运动粘度(40℃)/(mm²/s) | 4.14~5.06 | 6.12~7.48 | 9.00~11.00 | 13.5~16.5 | 19.8~24.2 | 18.8~35.2 | 41.4~50.6 | 61.2~74.8 | 90.0~110 | 135~165 | GB 265 |
| 倾点[①]/℃　　　　≤ | -5 | | | | | | | | | | GB/T 3535 |
| 水溶性酸或碱 | 无 | | | | | | | | | | GB 259 |
| 中和值/(mgKOH/g) | 报告 | | | | | | | | | | GB/T 4945 |
| 机械杂质(%)　　　≤ | 无 | | | 0.005 | | | 0.007 | | | | GB/T 511 |
| 水分(%)　　　　 ≤ | 痕迹 | | | | | | | | | | GB/T 260 |
| 闪点(开口)/℃　　≥ | 80 | 110 | 130 | 150 | | | 160 | | 180 | | GB/T 3536 |
| 腐蚀试验(铜片,100℃,3h)/级 ≤ | 1 | | | | | | | | | | GB 5096 |
| 色度/号　　　　　≤ | 2 | | | 2.5 | | 报告 | | | | | GB/T 6540 |

注:1. 标记示例:全损耗系统用油 L-AN 32 GB443。

2. 包装、标志、运输、储存及交货验收按 SH 0164—1992 进行。

3. 取样按 GB/T 4756—1988 进行,取 2L 作为检验和留样用。

① 当本产品用于寒区时,其倾点指标可由供需双方协商后另订。

**表 1.7-6　L-AN 全损耗系统用油的选用**

| 油品名称 L-AN | 主　要　用　途 |
|---|---|
| 7 | 1500r/min 以上的细纱锭子,高速(8000~12000r/min)轻负荷机械,0.5kW 以下的小型电动机、缝纫机 |
| 10 | 10000~13000r/min 的细纱锭子,轻型针织机,高速(5000~8000r/min)轻负荷机械,5000r/min 以上的小型电机,皮革加工中用于鞣皮、缝纫机 |
| 15 | 1500~5000r/min 轻负荷机械,油杯给油的小型电动机、鼓风机,用作淬火油和千斤顶液压油 |
| 32 | 中小型电动机和机床,农田作业机械和农副产品加工机械,作淬火油,滑动速度约为 0.5m/s 机床导轨 |
| 46 | 普通车床、铣床、锯床、插床、镗床、牛头刨床等,梳棉机、拼条机,100~400kW、1000r/min 以下的电动机,中型回转泵,鼓风机,离心泵,摩托车 |
| 68 | 低速工作的重型机床,如龙门铣床的主轴、龙门刨床的工作台导轨,立式车床的主轴,吊车的减速器齿轮,各种蒸汽泵、蒸汽机传动部分,中型矿山机械卷扬机,纺织机 |
| 100 | 重型机床及矿山机械、起重设备、造纸机械设备 |
| 105 | 重型和超重型机床、冶金工业制管机、小型轧钢机 |

#### 4.2.2 液压油

液压油主要用于各种机床和其他设备各种压力的液压系统。L-HL 液压油属抗氧防锈型，L-HM 液压油为抗磨型，HV、HS 液压油为低温液压油。液压油的技术要求和性能见表 1.7-7 ~ 表 1.7-11。难燃液压液的技术要求和性能见表 1.7-12，液压油的选用见表 1.7-13。

**表 1.7-7　L-HL 抗氧防锈液压油的技术要求和性能**（摘自 GB 11118.1—2011）

| 项　目 | | 质　量　指　标 | | | | | | | 试验方法标准 |
|---|---|---|---|---|---|---|---|---|---|
| 粘度等级（GB/T 3141） | | 15 | 22 | 32 | 46 | 68 | 100 | 150 | |
| 密度（20℃）①/（kg/m³） | | 报告 | | | | | | | GB/T 1884 和 GB/T 1885 |
| 色度/号 | | 报告 | | | | | | | GB/T 6540 |
| 外观 | | 透明 | | | | | | | 目测 |
| 开口闪点/℃　　　　≥ | | 140 | 165 | 175 | 185 | 195 | 205 | 215 | GB/T 3536 |
| 运动粘度/（mm²/s）≤ | 40℃ | 13.5 ~ 16.5 | 19.8 ~ 24.2 | 28.8 ~ 35.2 | 41.4 ~ 50.6 | 61.2 ~ 74.8 | 90 ~ 110 | 135 ~ 165 | GB/T 265 |
| | 0℃ | 140 | 300 | 420 | 780 | 1400 | 2560 | — | |
| 粘度指数②　　　　≥ | | 80 | | | | | | | GB/T 1995 |
| 倾点③/℃　　　　≤ | | -12 | -9 | -6 | -6 | -6 | -6 | -6 | GB/T 3535 |
| 酸值④（以 KOH 计）/（mg/g） | | 报告 | | | | | | | GB/T 4945 |
| 水分（质量分数,%）≤ | | 痕迹 | | | | | | | GB/T 260 |
| 机械杂质 | | 无 | | | | | | | GB/T 511 |
| 清洁度 | | ⑤ | | | | | | | DL/T 432—2007 和 GB/T 14039 |
| 铜片腐蚀（100℃,3h）/级 ≤ | | 1 | | | | | | | GB/T 5096 |
| 液相锈蚀（24h） | | 无锈 | | | | | | | GB/T 11143（A 法） |
| 泡沫性（泡沫倾向/泡沫稳定性）/（mL/mL）≤ | 程序 I（24℃） | 150/0 | | | | | | | GB/T 12579 |
| | 程序 II（93.5℃） | 75/0 | | | | | | | |
| | 程序 III（后 24℃） | 150/0 | | | | | | | |
| 空气释放值（50℃）/min ≤ | | 5 | 7 | 7 | 10 | 12 | 15 | 25 | SH/T 0308 |
| 密封适应性指数　　≤ | | 14 | 12 | 10 | 9 | 7 | 6 | 报告 | SH/T 0305 |
| 抗乳化性（乳化液到 3mL 的时间）/min ≤ | 54℃ | 30 | 30 | 30 | 30 | 30 | — | — | GB/T 7305 |
| | 82℃ | — | — | — | — | — | 30 | 30 | |
| 氧化安定性 ≤ | 1000h 后总酸值（以 KOH 计）⑥/（mg/g） | 2.0 | | | | | | | GB/T 12581 SH/T 0565 |
| | 1000h 后油泥/mg | 报告 | | | | | | | |
| 旋转氧弹（150℃）/min | | 报告 | 报告 | | | | | | SH/T 0193 |
| 磨斑直径（392N,60min,75℃,1200r/min）/mm | | 报告 | | | | | | | SH/T 0189 |

① 测定方法也包括用 SH/T 0604—2000。
② 测定方法也包括用 GB/T 2541—1981，结果有争议时，以 GB/T 1995—1988 为仲裁方法。
③ 用户有特殊要求时，可与生产单位协商。
④ 测定方法也包括用 GB/T 264—1983。
⑤ 由供需双方协商确定。也包括用 NAS 1638 分级。
⑥ 粘度等级为 15 的油不测定，但所含抗氧剂类型和量应与产品定型时粘度等级为 22 的试验油样相同。

表 1.7-8　L-HM 抗磨液压油（高压、普通）的技术要求和性能

| 项目 | | 质量指标 | | | | | | | | | | 试验方法标准 |
|---|---|---|---|---|---|---|---|---|---|---|---|---|
| | | L-HM（高压） | | | | L-HM（普通） | | | | | | |
| 粘度等级（GB/T 3141） | | 32 | 46 | 68 | 100 | 22 | 32 | 46 | 68 | 100 | 150 | |
| 密度①（20℃）/(kg/m³) | | 报告 | | | | | | | | | | GB/T 1884 和 GB/T 1885 |
| 色度/号 | | 报告 | | | | | | | | | | GB/T 6540 |
| 外观 | | 透明 | | | | | | | | | | 目测 |
| 开口闪点/℃ | ≥ | 175 | 185 | 195 | 205 | 165 | 175 | 185 | 195 | 205 | 215 | GB/T 3536 |
| 运动粘度(mm²/s) | 40℃ | 28.8~35.2 | 41.4~50.6 | 61.2~74.8 | 90~110 | 19.8~24.2 | 28.8~35.2 | 41.4~50.6 | 61.2~74.8 | 90~110 | 135~165 | GB/T 265 |
| | 0℃ ≤ | — | — | — | — | 300 | 420 | 780 | 1400 | 2560 | — | |
| 粘度指数② | ≥ | 95 | | | | 85 | | | | | | GB/T 1995 |
| 倾点③/℃ | ≤ | -15 | -9 | -9 | -9 | -15 | -15 | -9 | -9 | -9 | -9 | GB/T 3535 |
| 酸值④（以KOH计）/(mg/g) | | 报告 | | | | | | | | | | GB/T 4945 |
| 水分（质量分数，%） | ≤ | 痕迹 | | | | | | | | | | GB/T 260 |
| 机械杂质 | | 无 | | | | | | | | | | GB/T 511 |
| 清洁度 | | ⑤ | | | | | | | | | | DL/T 432 和 GB/T 14039 |
| 铜片腐蚀(100℃,3h)/级 | ≤ | 1 | | | | | | | | | | GB/T 5096 |
| 硫酸盐灰分(%) | | 报告 | | | | | | | | | | GB/T 2433 |
| 液相锈蚀(24h) | | 无锈 | | | | | | | | | | GB/T 11143 |
| 泡沫性（泡沫倾向/泡沫稳定性）/(mL/mL) | 程序Ⅰ(24℃) | 150/0 | | | | | | | | | | GB/T 12579 |
| | 程序Ⅱ(93.5℃) | 75/0 | | | | | | | | | | |
| | 程序Ⅲ(后24℃) | 150/0 | | | | | | | | | | |
| 空气释放值(50℃)/min | ≤ | 6 | 10 | 13 | 报告 | 5 | 6 | 10 | 13 | 报告 | 报告 | SH/T 0308 |
| 抗乳化性（乳化液到3mL的时间）/min | 54℃ ≤ | 30 | 30 | 30 | — | 30 | 30 | 30 | 30 | — | — | GB/T 7305 |
| | 82℃ ≤ | — | — | — | 30 | — | — | — | — | 30 | 30 | |
| 密封适应性指数 | ≤ | 12 | 10 | 8 | 报告 | 13 | 12 | 10 | 8 | 报告 | 报告 | SH/T 0305 |
| 氧化安定性 | 1500h后总酸值（以KOH计）/(mg/g) ≤ | 2.0 | | | | — | | | | | | GB/T 12581 |
| | 1000h后总酸值（以KOH计）/(mg/g) ≤ | — | | | | 2.0 | | | | | | GB/T 12581 |
| | 1000h后油泥/mg | 报告 | | | | | | | | | | SH/T 0565 |

（续）

| 项目 | | 质量指标 | | | | | | | | | | 试验方法标准 |
|---|---|---|---|---|---|---|---|---|---|---|---|---|
| | | L-HM（高压） | | | | L-HM（普通） | | | | | | |
| | | 32 | 46 | 68 | 100 | 22 | 32 | 46 | 68 | 100 | 150 | |
| 粘度等级（GB/T 3141） | | 32 | 46 | 68 | 100 | 22 | 32 | 46 | 68 | 100 | 150 | |
| 旋转氧弹（150℃）/min | ≥ | | 报告 | | | | | 报告 | | | | SH/T 0193 |
| 抗磨性　齿轮机试验②/失效级 | ≥ | 10 | 10 | 10 | 10 | | 10 | 10 | 10 | 10 | 10 | SH/T 0306 |
| 叶片泵试验⑥（100h,总失重）⑥/mg | ≤ | — | — | — | — | 100 | 100 | 100 | 100 | 100 | 100 | SH/T 0307 |
| 磨斑直径（392N,60min,75℃,1200r/min）/mm | | | 报告 | | | | | 报告 | | | | SH/T 0189 |
| 双泵（T6H20C）试验⑥　叶片和柱销总失重/mg | ≤ | | | 15 | | | | | | | | GB 11118.1—2011 的附录A |
| 柱塞总失重/mg | ≤ | | | 300 | | | | | | | | |
| 水解安定性　铜片失重/（mg/cm²） | ≤ | | | 0.2 | | | | | | | | SH/T 0301 |
| 水层总酸度（以 KOH 计）/mg | ≤ | | | 4.0 | | | | | | | | |
| 铜片外观 | | | 未出现灰、黑色 | | | | | | | | | |
| 热稳定性（135℃,168h）　铜棒失重/（mg/200mL） | ≤ | | | 10 | | | | | | | | SH/T 0209 |
| 钢棒失重/（mg/200mL） | ≤ | | | 报告 | | | | | | | | |
| 总沉渣重/（mg/100mL） | ≤ | | | 100 | | | | | | | | |
| 40℃运动粘度变化率（%） | | | | 报告 | | | | | | | | |
| 酸值变化率（%） | | | | 报告 | | | | | | | | |
| 铜棒外观 | | | | 报告 | | | | | | | | |
| 钢棒外观 | | | | 不变色 | | | | | | | | |
| 过滤性/s　无水 | ≤ | | | 600 | | | | | | | | SH/T 0210 |
| 2%水⑦ | ≤ | | | 600 | | | | | | | | |
| 剪切安定性（250次循环后,40℃运动黏度下降率）/（%） | ≤ | | | 1 | | | | | | | | SH/T 0103 |

① 测定方法也包括用 SH/T 0604—2000。
② 测定方法也包括用 GB/T 2541—1981。结果有争议时，以 GB/T 1995—1988 为仲裁方法。
③ 用户有特殊要求时，可与生产单位协商。
④ 测定方法也包括用 GB/T 264—1983。
⑤ 由供需双方协商确定。也包括用 NAS 1638 分级。
⑥ 对于 L-HM（普通）油，在产品定型时，允许只对 L-HM22（普通）进行叶片泵试验，其他各粘度等级油所含功能剂类型和量应与产品定型时 L-HM22（普通）试验油样相同。对于 L-HM（高压）油，在产品定型时，允许只对 L-HM32（高压）进行齿轮机试验和双泵试验，其他各粘度等级油所含功能剂类型和量应与产品定型时 L-HM32（高压）试验油样相同。
⑦ 有水时的过滤时间不超过无水时的过滤时间的两倍。

**表 1.7-9　L-HV 低温液压油的技术要求和性能**（摘自 GB 11118.1—2001）

| 项　目 | | 质　量　指　标 | | | | | | | 试验方法标准 |
|---|---|---|---|---|---|---|---|---|---|
| 粘度等级（GB/T 3141） | | 10 | 15 | 22 | 32 | 46 | 68 | 100 | |
| 密度①（20℃）/（kg/m³） | | 报告 | | | | | | | GB/T 1884 和 GB/T 1885 |
| 色度/号 | | 报告 | | | | | | | GB/T 6540 |
| 外观 | | 透明 | | | | | | | 目测 |
| 闪点/℃ ≥ | 开口 | — | 125 | 175 | 175 | 180 | 180 | 190 | GB/T 3536 |
| | 闭口 | 100 | — | — | — | — | — | — | GB/T 261 |
| 运动粘度（40℃）/（mm²/s） | | 9.00～11.0 | 13.5～16.5 | 19.8～24.2 | 28.8～35.2 | 41.4～50.6 | 61.2～74.8 | 90～110 | GB/T 265 |
| 运动粘度 1500mm²/s 时的温度/℃ ≤ | | －33 | －30 | －24 | －18 | －12 | －6 | －0 | GB/T 265 |
| 粘度指数② ≥ | | 130 | 130 | 140 | 140 | 140 | 140 | 140 | GB/T 1995 |
| 倾点③/℃ ≤ | | －39 | －36 | －36 | －33 | －33 | －30 | －21 | GB/T 3535 |
| 酸值④（以 KOH 计）/（mg/g） | | 报告 | | | | | | | GB/T 4945 |
| 水分（质量分数,%） ≤ | | 痕迹 | | | | | | | GB/T 260 |
| 机械杂质 | | 无 | | | | | | | GB/T 511 |
| 清洁度 | | ⑤ | | | | | | | DL/T 432 和 GB/T 14039 |
| 铜片腐蚀（100℃,3h）/级 ≤ | | 1 | | | | | | | GB/T 5096 |
| 硫酸盐灰分（%） | | 报告 | | | | | | | GB/T 2433 |
| 液相锈蚀（24h） | | 无锈 | | | | | | | GB/T 11143（B 法） |
| 泡沫性（泡沫倾向/泡沫稳定性）/（mL/mL） ≤ | 程序Ⅰ（24℃） | 150/0 | | | | | | | GB/T 12579 |
| | 程序Ⅱ（93.5℃） | 75/0 | | | | | | | |
| | 程序Ⅲ（后 24℃） | 150/0 | | | | | | | |
| 空气释放值（50℃）/min ≤ | | 5 | 5 | 6 | 8 | 10 | 12 | 15 | SH/T 0308 |
| 抗乳化性（乳化液到 3mL 的时间）/min ≤ | 54℃ | 30 | 30 | 30 | 30 | 30 | 30 | — | GB/T 7305 |
| | 82℃ | — | — | — | — | — | — | 30 | |
| 剪切安定性（250 次循环后,40℃运动黏度下降率）（%） ≤ | | 10 | | | | | | | SH/T 0103 |
| 密封适应性指数 ≤ | | 报告 | 16 | 14 | 13 | 11 | 10 | 10 | SH/T 0305 |
| 氧化安定性 | 1500h 后总酸值（以 KOH 计）⑥/（mg/g） | — | — | | | 2.0 | | | GB/T 12581 |
| | 1000h 后油泥/mg | — | — | | | 报告 | | | SH/T 0565 |
| 旋转氧弹（150℃）/min | | 报告 | 报告 | | | 报告 | | | SH/T 0193 |
| 抗磨性 | 齿轮机试验⑦/失效级 ≥ | — | — | — | 10 | 10 | 10 | 10 | SH/T 0306 |
| | 磨斑直径（392N,60min,75℃,1200r/min）/mm | 报告 | | | | | | | SH/T 0189 |
| | 双泵（T6H20C）试验⑦ ≤ 叶片和柱销总失重/mg | — | — | — | | 15 | | | GB 11118.1—2011 的附录 A |
| | 柱塞总失重/mg | — | — | — | | 300 | | | |

（续）

| 项　目 | | 质　量　指　标 | | | | | | | 试验方法标准 |
|---|---|---|---|---|---|---|---|---|---|
| 粘度等级（GB/T 3141） | | 10 | 15 | 22 | 32 | 46 | 68 | 100 | |
| 水解安定性 ≤ | 铜片失重/（mg/cm²） | 0.2 | | | | | | | SH/T 0301 |
| | 水层总酸度（以KOH 计）/mg | 4.0 | | | | | | | |
| | 铜片外观 | 未出现灰、黑色 | | | | | | | |
| 热稳定性（135℃，168h） | 铜棒失重/（mg/200mL）≤ | 10 | | | | | | | SH/T 0209 |
| | 钢棒失重/（mg/200mL） | 报告 | | | | | | | |
| | 总沉渣重/（mg/100mL）≤ | 100 | | | | | | | |
| | 40℃运动黏度变化/% | 报告 | | | | | | | |
| | 酸值变化率/% | 报告 | | | | | | | |
| | 铜棒外观 | 报告 | | | | | | | |
| | 钢棒外观 | 不变色 | | | | | | | |
| 过滤性/s ≤ | 无水 | 600 | | | | | | | SH/T 0210 |
| | 2% 水⑧ | 600 | | | | | | | |

① 测定方法也包括用 SH/T 0604—2000。
② 测定方法也包括用 GB/T 2541—1981，结果有争议时，以 GB/T 1995—1988 为仲裁方法。
③ 用户有特殊要求时，可与生产单位协商。
④ 测定方法也包括用 GB/T 264—1983。
⑤ 由供需双方协商确定。也包括用 NAS 1638 分级。
⑥ 粘度等级为 10 和 15 的油不测定，但所含抗氧剂类型和量应与产品定型粘度等级为 22 的试验油样相同。
⑦ 在产品定型时，允许只对 L-HV32 油进行齿轮机试验和双泵试验，其他各粘度等级所含功能剂类型和量应与产品定型时粘度等级为 32 的试验油样相同。
⑧ 有水时的过滤时间不超过无水时的过滤时间的两倍。

**表 1.7-10　L-HS 超低温液压油的技术要求和性能**（摘自 GB 11118.1—2011）

| 项　目 | | 质　量　指　标 | | | | | 试验方法标准 |
|---|---|---|---|---|---|---|---|
| 粘度等级（GB/T 3141） | | 10 | 15 | 22 | 32 | 46 | |
| 密度①（20℃）/（kg/m³） | | 报告 | | | | | GB/T 1884 和 GB/T 1885 |
| 色度/号 | | 报告 | | | | | GB/T 6540 |
| 外观 | | 透明 | | | | | 目测 |
| 闪点/℃　≥ | 开口 | — | 125 | 175 | 175 | 180 | GB/T 3536 |
| | 闭口 | 100 | — | — | — | — | GB/T 261 |
| 运动粘度（40℃）/（mm²/s） | | 9.00 ~ 11.0 | 13.5 ~ 16.5 | 19.8 ~ 24.2 | 28.8 ~ 35.2 | 41.4 ~ 50.6 | GB/T 265 |
| 运动粘度 1500mm²/s 时的温度/℃　≤ | | −39 | −36 | −30 | −24 | −18 | GB/T 265 |
| 粘度指数②　≥ | | 130 | 130 | 150 | 150 | 150 | GB/T 1995 |
| 倾点③/℃　≤ | | −45 | −45 | −45 | −45 | −39 | GB/T 3535 |
| 酸值④（以 KOH 计）/（mg/g） | | 报告 | | | | | GB/T 4945 |
| 水分（质量分数,%）　≤ | | 痕迹 | | | | | GB/T 260 |
| 机械杂质 | | 无 | | | | | GB/T 511 |

（续）

| 项　　目 | | 质　量　指　标 | | | | | 试验方法标准 |
|---|---|---|---|---|---|---|---|
| 粘度等级（GB/T 3141） | | 10 | 15 | 22 | 32 | 46 | |
| 清洁度 | | ⑤ | | | | | DL/T 432 和 GB/T 14039 |
| 铜片腐蚀（100℃，3h）/级　　≤ | | 1 | | | | | GB/T 5096 |
| 硫酸盐灰分（%） | | 报告 | | | | | GB/T 2433 |
| 液相锈蚀（24h） | | 无锈 | | | | | GB/T 11143（B 法） |
| 泡沫性（泡沫倾向/泡沫稳定性）/（mL/mL）　　≤ | 程序Ⅰ（24℃） | 150/0 | | | | | GB/T 12579 |
| | 程序Ⅱ（93.5℃） | 75/0 | | | | | |
| | 程序Ⅲ（后24℃） | 150/0 | | | | | |
| 空气释放值（50℃）/min　　≤ | | 5 | 5 | 6 | 8 | 10 | SH/T 0308 |
| 54℃抗乳化性（乳化液到 3mL 的时间）/min　≤ | | 30 | | | | | GB/T 7305 |
| 剪切安定性（250 次循环后，40℃运动粘度下降率）（%）　≤ | | 10 | | | | | SH/T 0103 |
| 密封适应性指数　　≤ | | 报告 | 16 | 14 | 13 | 11 | SH/T 0305 |
| 氧化安定性　≤ | 1500h 后总酸值（以 KOH 计）⑥/（mg/g） | — | — | | 2.0 | | GB/T 12581 |
| | 1000h 后油泥/mg | — | — | 报告 | | | SH/T 0565 |
| 旋转氧弹（150℃）/min | | 报告 | 报告 | 报告 | | | SH/T 0193 |
| 抗磨性 | 齿轮机试验⑦/失效级　　≤ | — | — | — | 10 | 10 | SH/T 0306 |
| | 磨斑直径（392N,60min,75℃,1200r/min）/mm | 报告 | | | | | SH/T 0189 |
| | 双泵（T6H20C）试验⑦　≤　叶片和柱销总失重/mg | | | | 15 | | GB 11118.1—2001 的附录 A |
| | 柱塞总失重/mg | — | — | — | 300 | | |
| 水解安定性　≤ | 铜片失重/（mg/cm²） | 0.2 | | | | | SH/T 0301 |
| | 水层总酸度（以 KOH 计）/mg | 4.0 | | | | | |
| | 铜片外观 | 未出现灰、黑色 | | | | | |
| 热稳定性（135℃，168h）　≤ | 铜棒失重/（mg/200mL） | 10 | | | | | SH/T 0209 |
| | 钢棒失重/（mg/200mL） | 报告 | | | | | |
| | 总沉渣重/（mg/100mL） | 100 | | | | | |
| | 40℃运动粘度变化率（%） | 报告 | | | | | |
| | 酸值变化率（%） | 报告 | | | | | |
| | 铜棒外观 | 报告 | | | | | |
| | 钢棒外观 | 不变色 | | | | | |
| 过滤性/s　≤ | 无水 | 600 | | | | | SH/T 0210 |
| | 2%水⑧ | 600 | | | | | |

① 测定方法也包括用 SH/T 0604—2000。
② 测定方法也包括用 GB/T 2541—1981，结果有争议时，以 GB/T 1995—1988 为仲裁方法。
③ 用户有特殊要求时，可与生产单位协商。
④ 测定方法也包括用 GB/T 264—1983。
⑤ 由供需双方协商确定。也包括用 NAS 1638 分级。
⑥ 粘度等级为 10 和 15 的油不测定，但所含抗氧剂类型和量应与产品定型时粘度等级为 22 的试验油样相同。
⑦ 在产品定型时，允许只对 L-HS32 进行齿轮机试验和双泵试验，其他各粘度等级油所含功能剂类型和量应与产品定型时粘度等级为 32 的试验油样相同。
⑧ 有水时的过滤时间不超过无水时的过滤时间的两倍。

表 1.7-11　**L-HG 液压导轨油的技术要求和性能**（摘自 GB 11118.1—2011）

| 项　目 | | 质　量　指　标 | | | | 试验方法标准 |
|---|---|---|---|---|---|---|
| 粘度等级（GB/T 3141） | | 32 | 46 | 68 | 100 | |
| 密度[①]（20℃）/（kg/m³） | | 报告 | | | | GB/T 1884 和 GB/T 1885 |
| 色度/号 | | 报告 | | | | GB/T 6540 |
| 外观 | | 透明 | | | | 目测 |
| 开口闪点/℃ ≥ | | 175 | 185 | 195 | 205 | GB/T 3536 |
| 运动粘度（40℃）/（mm²/s） | | 28.8~35.2 | 41.4~50.6 | 61.2~74.8 | 90~110 | GB/T 265 |
| 粘度指数[②] ≥ | | 90 | | | | GB/T 1995 |
| 倾点[③]/℃ ≤ | | -6 | -6 | -6 | -6 | GB/T 3535 |
| 酸值[④]（以 KOH 计）/（mg/g） | | 报告 | | | | GB/T 4945 |
| 水分（质量分数,%） ≤ | | 痕迹 | | | | GB/T 260 |
| 机械杂质 | | 无 | | | | GB/T 511 |
| 清洁度 | | [⑤] | | | | DL/T 432 和 GB/T 14039 |
| 铜片腐蚀（100℃,3h）/级 ≤ | | 1 | | | | GB/T 5096 |
| 液相锈蚀（24h） | | 无锈 | | | | GB/T 11143（A 法） |
| 皂化值（以 KOH 计）/（mg/g） | | 报告 | | | | GB/T 8021 |
| 泡沫性（泡沫倾向/泡沫稳定性）/（mL/mL） ≤ | 程序Ⅰ（24℃） | 150/0 | | | | GB/T 12579 |
| | 程序Ⅱ（93.5℃） | 75/0 | | | | |
| | 程序Ⅲ（后 24℃） | 150/0 | | | | |
| 密封适应性指数 ≤ | | 报告 | | | | SH/T 0305 |
| 抗乳化性（乳化液到 3mL 的时间）/min | 54℃ | 报告 | | — | | GB/T 7305 |
| | 82℃ | — | | | 报告 | |
| 粘滑特性（动静摩擦系数差值）[⑥] ≤ | | 0.08 | | | | SH/T 0361 的附录 A |
| 氧化安定性 ≤ | 1000h 后总酸值/（以 KOH 计）/（mg/g）不大于 | 2.0 | | | | GB/T 12581 |
| | 1000h 后油泥/mg | 报告 | | | | SH/T 0565 |
| | 旋转氧弹（150℃）/min | 报告 | | | | SH/T 0193 |
| 抗磨性 ≤ | 齿轮机试验/失效级 | 10 | | | | SH/T 0306 |
| | 磨斑直径（392N,60min,75℃,1200r/min）/mm | 报告 | | | | SH/T 0189 |

① 测定方法也包括用 SH/T 0604—2000。
② 测定方法也包括用 GB/T 2541—1981，结果有争议时，以 GB/T 1995—1988 为仲裁方法。
③ 用户有特殊要求时，可与生产单位协商。
④ 测定方法也包括用 GB/T 264—1983。
⑤ 由供需双方协商确定。也包括用 NAS 1638 分级。
⑥ 经供、需双方商定后也可以采用其他粘滑特性测定法。

表 1.7-12　水 - 乙二醇难燃液压液的技术要求和性能（摘自 GB/T 21449—2008）

| 项　　　目 | | 质　量　指　标 | | | | 试验方法标准 |
|---|---|---|---|---|---|---|
| 粘度等级（GB/T 3141） | | 22 | 32 | 46 | 68 | GB/T 265 |
| 运动粘度（40℃）/（mm²/s） | | 19.8~24.2 | 28.8~35.2 | 41.4~50.6 | 61.2~74.8 | |
| 外观 | | 清澈透明① | | | | 目测 |
| 水分（质量分数,%）　　≥ | | 35 | | | | SH/T 0246 |
| 倾点/℃ | | 报告 | | | | GB/T 3535 |
| 空气释放值（50℃）/min　≤ | | 20 | 20 | 25 | 25 | SH/T 0308 |
| pH（20℃） | | 8.0~11.0 | | | | ISO 20843 |
| 抗腐蚀性（35±1℃,672±2h）② | | 通过 | | | | SH/T 0752 |
| 密度（20℃）/（kg/m³） | | 报告 | | | | GB/T 1884、GB/T 1885、GB/T 13377、SH/T 0604 |
| 剪切安定性　≤ | 粘度变化率（20℃）（%） | 报告 | | | | SH/T 0505 |
| | 粘度变化率（40℃）（%） | 报告 | | | | |
| | 剪切前后 pH 值变化 | ±1.0 | | | | ISO 20843 |
| | 剪切前后水分变化（%） | 8 | | | | SH/T 0246 |
| 芯式燃烧持久性 | | 通过 | | | | SH/T 0785 |
| 喷射燃烧试验 | | ③ | | | | ISO 15029-1 |
| 老化特性： | pH 值增长 | ③ | | | | ISO 4263-2 |
| | 不溶物（%） | ③ | | | | |
| 歧管燃烧试验 | | 通过 | | | | SH/T 0567 |
| 泡沫性（泡沫倾向/泡沫稳定性）/（mL/mL）　≤ | 程序Ⅰ（25℃） | 300/10 | | | | GB/T 12579 |
| | 程序Ⅱ（50℃） | 300/10 | | | | |
| | 程序Ⅲ（25℃） | 300/10 | | | | |
| 四球机试验 | 最大无卡咬负荷 $P_B$ 值/N | ③ | | | | GB/T 3142 |
| | 磨斑直径（1200r/min,294N,30min,常温）/mm | ③ | | | | SH/T 0189 |
| 橡胶相容性（60℃/168h）:丁腈橡胶　≤ | 体积变化率（%） | 7 | | | | GB/T 14832 |
| | 硬度变化 | -7~2 | | | | |
| | 拉伸强度变化率（%） | 报告 | | | | |
| | 拉断伸长率变化率（%） | 报告 | | | | |
| FZG 齿轮机试验 | | ③ | | | | SH/T 0306 |

① 用一个直径大约10cm的干净玻璃容器盛装水-乙二醇型难燃液压液，并在室温可见光下观察，外观应是清澈透明的，并且无可见的颗粒物质。

② 抗腐蚀试验所用的金属试片由生产单位和使用单位协商确定。若仅使用铜片，可采用 GB 5096—1985 石油产品铜片腐蚀试验法（条件为 T2 铜片，50℃，3h）测定，作为出厂检验项目，不大于1级通过。

③ 指标值由供应者和使用者协商确定。

表 1.7-13  液压油的选用

| 油品名称 | 主要用途 |
|---|---|
| L-HL 液压油 | 适用于润滑油无特殊要求,环境温度在 0℃以上的各类机床的轴承、齿轮箱的润滑,以及低压循环系统(液压系统)或类似机械设备循环系统的润滑 |
| L-HM 液压油 | 适用于重负荷、中压、高压的叶片泵、柱塞泵和齿轮泵的液压系统;适用于中压、高压工程机械、引进设备和车辆的液压系统,如三辊弯管机、卧式铝挤压机、隧道挖掘机、履带式起重机、采煤机等液压系统 |
| L-HV、L-HS 液压油 | L-HV 液压油主要适用于旱区和温度变化范围较大和工作条件苛刻的工程机械、引进设备和车辆的中压、高压的液压系统 |
|  | L-HS 液压油主要适用于严寒地区工作条件苛刻的工程机械、引进设备和车辆的中压、高压的液压系统,使用温度为 -30℃以下 |
| 水-乙二醇难燃液压油 | 适用于冶金、矿山、机械加工、轻工、航海、海洋开发、国防等有火灾危险和野外作业等环境下的液压系统,使用温度为 60℃以下 |

#### 4.2.3  齿轮油

齿轮油根据用途不同,一般可分为工业齿轮油和车辆齿轮油两大类。工业齿轮油又分为闭式齿轮油、开式齿轮油和涡轮蜗杆油。车辆齿轮油按其使用性能分为普通车辆齿轮油、中负荷车辆齿轮油和重负荷车辆齿轮油。工业齿轮油的技术要求和性能见表 1.7-14 ~ 表 1.7-18。车辆齿轮油的技术要求和性能见表 1.7-19 ~ 表 1.7-21,工业齿轮油及车辆齿轮油的选用见表 1.7-22 和表 1.7-23。

表 1.7-14  L-CKB 工业闭式齿轮油的技术要求和性能 (摘自 GB 5903—2011)

| 项　目 | | 质量指标 | | | | 试验方法标准 |
|---|---|---|---|---|---|---|
| 粘度等级(GB/T 3141) | | 100 | 150 | 220 | 320 | |
| 运动粘度(40℃)/(mm²/s) | | 90.0 ~ 110 | 135 ~ 165 | 198 ~ 242 | 288 ~ 352 | GB/T 265 |
| 粘度指数[①]　　　　　　≥ | | 90 | | | | GB/T 1995 |
| 闪点(开口)/℃　　　　 ≥ | | 180 | 200 | | | GB/T 3536 |
| 倾点/℃　　　　　　　　≤ | | -8 | | | | GB/T 3535 |
| 水分(质量分数,%)　　≤ | | 痕迹 | | | | GB/T 260 |
| 机械杂质(质量分数,%)≤ | | 0.01 | | | | GB/T 511 |
| 铜片腐蚀(100℃,3h)/级 ≤ | | 1 | | | | GB/T 5096 |
| 液相锈蚀(24h) | | 无锈 | | | | GB/T 11143(B 法) |
| 氧化安定性 ≥ | 总酸值达 2.0mgKOH/g 的时间/h | 750 | | 500 | | GB/T 12581 |
| 旋转氧弹(150℃)/min | | 报告 | | | | SH/T 0193 |
| 泡沫性(泡沫倾向/泡沫稳定性)/(mL/mL)　　≤ | 程序Ⅰ(24℃) | 75/10 | | | | GB/T 12579 |
|  | 程序Ⅱ(93.5℃) | 75/10 | | | | |
|  | 程序Ⅲ(后24℃) | 75/10 | | | | |
| 抗乳化性(82℃)　　　≤ | 油中水(体积分数,%) | 0.5 | | | | GB 8022 |
|  | 乳化层/mL | 2.0 | | | | |
|  | 总分离水/mL | 30.0 | | | | |

① 测定方法也包括 GB/T 2541—1981。结果有争议时,以 GB/T 1995—1988 为仲裁方法。

**表 1.7-15　L-CKC 工业闭式齿轮油的技术要求和性能（摘自 GB 5903—2011）**

| 项目 | | 质量指标 | | | | | | | | | | | 试验方法标准 |
|---|---|---|---|---|---|---|---|---|---|---|---|---|---|
| 粘度等级（GB/T 3141） | | 32 | 46 | 68 | 100 | 150 | 220 | 320 | 460 | 680 | 1000 | 1500 | |
| 运动粘度（40℃）/（mm²/s） | | 28.8~35.2 | 41.4~50.6 | 61.2~74.8 | 90.0~110 | 135~165 | 198~242 | 288~352 | 414~506 | 612~748 | 900~1100 | 1350~1650 | GB/T 265 |
| 外观① | | 透明 | | | | | | | | | | | 目测 |
| 运动粘度（100℃）/（mm²/s） | ≥ | 报告 | | | | | | | | | | | GB/T 265 |
| 粘度指数② | ≥ | | | | | 90 | | | | | 85 | | GB/T 1995 |
| 表观粘度达150000mPa·s时的温度/℃ | | ③ | | | | | | | | | | | GB/T 11145 |
| 倾点/℃ | ≤ | | -12 | | | | | -9 | | | -5 | | GB/T 3535 |
| 闪点（开口）/℃ | ≥ | | 180 | | | | | | 200 | | | | GB/T 3536 |
| 水分（质量分数，%） | ≤ | 痕迹 | | | | | | | | | | | GB/T 260 |
| 机械杂质（质量分数，%） | ≤ | 0.02 | | | | | | | | | | | GB/T 511 |
| 泡沫性（泡沫倾向/泡沫稳定性）/（mL/mL） 程序 I （24℃） | ≤ | | | | | 50/0 | | | | | | 75/10 | GB/T 12579 |
| 程序 II （93.5℃） | ≤ | | | | | 50/0 | | | | | 75/10 | | |
| 程序 III （后24℃） | ≤ | | | | | 50/0 | | | | | 75/10 | | |
| 铜片腐蚀（100℃，3h）/级 | ≤ | | | | | | 1 | | | | | | GB/T 5096 |
| 抗乳化性（82℃） 油中水（体积分数，%） | ≤ | | | | 2.0 | | | | | 2.0 | | | GB 8022 |
| 乳化层/mL | ≤ | | | | 1.0 | | | | | 4.0 | | | |
| 总分离水/mL | ≤ | | | | 80.0 | | | | | 50.0 | | | |
| 液相锈蚀（24h） | | 无锈 | | | | | | | | | | | GB/T 11143（B 法） |
| 氧化安定性（95℃，312h） 100℃运动粘度增长（%） | ≤ | | | | | | 6 | | | | | | SH/T 0123 |
| 沉淀值/mL | ≤ | | | | | | 0.1 | | | | | | |
| 极压性能（梯姆肯试验机法） OK 负荷值/N（1b） | ≥ | | | | | | | | | 200（45） | | | GB/T 11144 |
| 承载能力（齿轮机法） 齿轮机试验/失效级 | ≥ | | | | | | | | >12 | | | | SH/T 0306 |
| 剪切安定性（齿轮机） 剪切后 40℃运动粘度/（mm²/s） | | 在粘度等级范围内 | | | | | | | | | | | SH/T 0200 |

① 取 30~50mL 样品，倒入洁净的量筒中，室温下静置 10min 后，在常光下观察。

② 测定方法也包括 GB/T 2541—1981。结果有争议时，以 GB/T 1995—1988 为仲裁方法。

③ 此项目根据客户要求进行检测。

表 1.7-16 L-CKD 工业闭式齿轮油的技术要求和性能（摘自 GB 5903—2011）

| 项目 | | 68 | 100 | 150 | 220 | 320 | 460 | 680 | 1000 | 试验方法标准 |
|---|---|---|---|---|---|---|---|---|---|---|
| 粘度等级（GB/T 3141） | | 68 | 100 | 150 | 220 | 320 | 460 | 680 | 1000 | |
| 运动粘度（40℃）/（mm²/s）① | | 61.2~74.8 | 90.0~110 | 135~165 | 198~242 | 288~352 | 414~506 | 612~748 | 900~1100 | GB/T 265 |
| 外观 | | 透明 | | | | | | | | 目测 |
| 运动粘度（100℃）/（mm²/s） | ≥ | 报告 | | | | | | | | GB/T 265 |
| 粘度指数② | ≥ | 90 | | | | | | | | GB/T 1995 |
| 表观粘度达 150000mPa·s 时的温度/℃ | | ③ | | | | | | | | GB/T 11145 |
| 倾点/℃ | ≤ | -12 | | | | | | | -5 | GB/T 3535 |
| 闪点（开口）/℃ | ≥ | 180 | | | | 200 | | | | GB/T 3536 |
| 水分（质量分数，%） | ≤ | 痕迹 | | | | | | | | GB/T 260 |
| 机械杂质（质量分数，%） | ≤ | 0.02 | | | | | | | | GB/T 511 |
| 泡沫性（泡沫倾向/泡沫稳定性）/（mL/mL） 程序 I（24℃） | ≤ | | | | 50/0 | | | | 75/10 | GB/T 12579 |
| 程序 II（93.5℃） | | | | | 50/0 | | | | 75/10 | |
| 程序 III（后 24℃） | | | | | 50/0 | | | | 75/10 | |
| 铜片腐蚀（100℃,3h）/级 | ≤ | 1 | | | | | | | | GB/T 5096 |
| 抗乳化性（82℃） 油中水（体积分数，%） | ≤ | | | | 2.0 | | | | 2.0 | GB/T 8022 |
| 乳化层/mL | ≤ | | | | 1.0 | | | | 4.0 | |
| 总分离水/mL | | | | | 80.0 | | | | 50.0 | |
| 液相锈蚀（24h） | | 无锈 | | | | | | | | GB/T 11143（B 法） |
| 氧化安定性（121℃,312h） 100℃运动粘度增长（%） | ≤ | | | | 6 | | | | 报告 | SH/T 0123 |
| 沉淀值/mL | ≤ | | | | 0.1 | | | | 报告 | |
| 极压性能（梯姆肯试验机法） OK 负荷值/N（1b） | ≥ | | | | 267（60） | | | | | GB/T 11144 |
| 承载能力（齿轮机法） 齿轮机试验/失效级 | ≥ | | 12 | | | | >12 | | | SH/T 0306 |
| 剪切安定性（齿轮机法） 剪切后 40℃运动粘度/（mm²/s） | ≥ | | | | 在粘度等级范围内 | | | | | SH/T 0200 |
| 四球机试验 烧结负荷（$P_D$）/N（kgf） | ≥ | | | | 2450（250） | | | | | GB/T 3142,SH/T 0189 |
| 综合磨损指数/N（kgf） | ≥ | | | | 441（45） | | | | | |
| 磨斑直径（196N,60min,54℃,1800r/min）/mm | ≤ | | | | 0.35 | | | | | |

① 取 30~50mL 样品，倒入洁净的量筒中，室温下静置 10min 后，在常光下观察。

② 测定方法也包括 GB/T 2541—1981。结果有争议时，以 GB/T 1995—1988 为仲裁方法。

③ 此项目根据客户要求进行检测。

表 1.7-17　普通开式齿轮油的技术要求和性能（摘自 SH/T 0363—1992）

| 项目 | | 68 | 100 | 150 | 220 | 320 | 试验方法标准 |
|---|---|---|---|---|---|---|---|
| 运动粘度(40℃)/(mm²/s) | ≥ | 60~75 | 90~110 | 135~165 | 200~245 | 290~350 | ① |
| 闪点(开口)/℃ | ≥ | 200 | 200 | 200 | 210 | 210 | GB/T 267 |
| 腐蚀试验(45钢片,100℃,3h) | | 合格 | | | | | SH/T 0195 |
| 防锈性(蒸馏水,15 钢) | | 无锈 | | | | | GB/T 11143 |
| 最大无卡咬负荷 $P_B$/N | ≥ | 686 | | | | | GB/T 3142 |
| 清洁性 | | 必须无砂子和磨料 | | | | | |

① 开式齿轮油运动粘度测定方法。

表 1.7-18　L-CKE/P 涡轮蜗杆油的技术要求和性能（摘自 SH/T 0094—1991）

| 项目 | | 一级品 220 | 一级品 320 | 一级品 460 | 一级品 680 | 一级品 1000 | 合格品 220 | 合格品 320 | 合格品 460 | 合格品 680 | 合格品 1000 | 试验方法标准 |
|---|---|---|---|---|---|---|---|---|---|---|---|---|
| 粘度等级(GB/T 3141) | | 220 | 320 | 460 | 680 | 1000 | 220 | 320 | 460 | 680 | 1000 | |
| 运动粘度(40℃)/(mm²/s) | ≥ | 198~242 | 288~352 | 414~506 | 612~748 | 900~1100 | 198~242 | 288~352 | 414~506 | 612~748 | 900~1100 | GB/T 265 |
| 粘度指数 | ≥ | 90 | | | | | 90 | | | | | GB/T 1995 |
| 闪点(开口)/℃ | ≥ | 220 | | | | | 180 | | | | | GB/T 3536 |
| 倾点/℃ | ≤ | -12 | | | | | -6 | | | | | GB/T 3535 |
| 机械杂质(%) | ≤ | 0.02 | | | | | 0.05 | | | | | GB/T 511 |
| 水分(%) | ≤ | 痕迹 | | | | | 痕迹 | | | | | GB/T 260 |
| 中和值/mgKOH/g | ≤ | 1.0 | | | | | 1.3 | | | | | GB/T 4945 |
| 皂化值/mgKOH/g | ≤ | 25 | | | | | 25 | | | | | GB/T 8021 |
| 腐蚀试验(铜片,100℃,3h)/级 | ≤ | 1 | | | | | 1 | | | | | GB/T 5096 |
| 液相锈蚀试验 蒸馏水 | | 无锈 | | | | | 无锈 | | | | | GB/T 11143 |
| 液相锈蚀试验 合成海水 | | 无锈 | | | | | 无锈 | | | | | |
| 硫含量(%) | ≤ | 0.03 | | | | | 1.25 | | | | | SH/T 0303 |
| 氯含量① | | — | | | | | — | | | | | SH/T 0161 |
| 泡沫倾向性/泡沫稳定性 程序Ⅰ(24℃) (mL/mL) | ≤ | 75/10 | | | | | -/300 | | | | | GB/T 12579 |
| 泡沫倾向性/泡沫稳定性 程序Ⅱ(93.5℃) (mL/mL) | ≤ | 75/10 | | | | | -/25 | | | | | GB/T 12579 |
| 泡沫倾向性/泡沫稳定性 程序Ⅲ(后24℃) (mL/mL) | ≤ | 75/10 | | | | | -/300 | | | | | GB/T 12579 |
| 抗乳化性(82℃,40-37-3mL)/min | ≤ | 60 | | | | | — | | | | | GB/T 7305 |
| 热氧化安定性②(酸值达到 2mgKOH/g 时间)/h | ≥ | 350 | | | | | — | | | | | SH/T 12581 |
| 综合磨损指数(1500r/min)/N | ≥ | 392 | | | | | 392 | | | | | GB/T 3142 |
| 剪切安定性试验③(40℃运动粘度下降率)(%) | ≤ | 6 | | | | | — | | | | | SH/T 0505 |

注：各含量均为质量分数。
① 对矿油型，未加含氯添加剂时可不测氯含量。
② 保证项目，每年测一次。
③ 加有增粘剂的粘度级油必须测定。

**表 1.7-19　普通车辆齿轮油技术要求和性能** （GL-3）（摘自 SH/T 0475—1992）

| 项　目 | | 质 量 指 标 | | | 试验方法标准 |
|---|---|---|---|---|---|
| | | 80W/90 | 85W/90 | 90 | |
| 运动粘度(100℃)/(mm²/s) | | 15 ~ 19 | | | GB/T 265 |
| 表观粘度达 15MPa·s 时的温度/℃ | ≤ | − 26 | − 12 | — | GB/T 11145 |
| 粘度指数 | ≥ | | | 90 | GB/T 1995 |
| 倾点/℃ | ≤ | − 28 | − 18 | − 10 | GB/T 3535 |
| 闪点(开口)/℃ | ≥ | 170 | 180 | 190 | GB/T 267 |
| 水分(%) | ≤ | 痕迹 | | | GB/T 260 |
| 锈蚀试验(15 号钢棒,A 法) | | 无锈 | | | GB/T 11143 |
| 泡沫倾向性、泡沫稳定性(mL/mL) ≤ | (24 ± 0.5)℃ | 100/10 | | | GB/T 12579 |
| | (93 ± 0.5)℃ | 100/10 | | | |
| | (24 ± 0.5)℃ | 100/10 | | | |
| 腐蚀试验(铜片,100℃,3h)/级 | ≤ | 1 | | | GB/T 5096 |
| 最大无卡咬负荷 $P_B$/N | ≥ | 785 | | | GB/T 3142 |
| 糠醛或酚含量(未加剂) | | 无 | | | SH/T 0120 |
| 机械杂质(%) | ≤ | 0.05 | 0.02 | 0.02 | GB/T 511 |
| 残炭(未加剂)(%) | | | | | GB 268 |
| 酸值(未加剂)/(mgKOH/g) | | | | | GB/T 4945 |
| 氯含量(%) | | 报告 | | | SH/T 0161 |
| 锌含量(%) | | | | | SH/T 0226 |
| 硫酸盐灰分(%) | | | | | GB/T 2433 |

注：各含量均为质量分数。

**表 1.7-20　中负荷车辆齿轮油的技术要求和性能** （GL-4）（摘自 JT/T 224—2008）

| 项　目 | | 质 量 指 标 | | | 试验方法标准 |
|---|---|---|---|---|---|
| | | 80W/90 | 85W/90 | 90 | |
| 运动粘度(100℃)/(mm²/s) | | 13.5 ~ 24.0 | 13.5 ~ 24.0 | 13.5 ~ 24.0 | GB/T 265 |
| 粘度指数 | ≥ | — | — | ≥75 | GB/T 2541 |
| 表观粘度达 150Pa·s 时的温度/℃ | | − 26 | − 12 | — | GB/T 11145 |
| 倾点/℃ | ≤ | − 27 | − 15 | − 10 | GB/T 3535 |
| 闪点(开口)/℃ | ≥ | 165 | 180 | 180 | GB/T 267 |
| 机械杂质(%) | ≤ | 0.05 | | | GB/T 511 |
| 水分(%) | ≤ | 痕迹 | | | GB/T 260 |
| 铜片腐蚀(121℃,3h) | ≤ | 3b | | | GB 5096 |
| 锈蚀试验(15 号钢棒) | | 无锈 | | | GB/T 11143(A 法) |
| 泡沫倾向性/泡沫稳定性(mL/mL) ≤ | (24 ± 0.5)℃ | 100/0 | | | GB/T 12579 |
| | (93 ± 0.5)℃ | 100/0 | | | |
| | 后(24 ± 0.5)℃ | 100/0 | | | |
| 磷含量(%) | | 报告 | | | SH/T 0296 |
| 硫含量(%) | | 报告 | | | GB/T 387 |

注：各含量均为质量分数。

表 1.7-21 重负荷车辆齿轮油 (GL-5) (摘自 GB 13895—1992)

| 项　目 | | 质 量 指 标 | | | | | | 试验方法标准 |
|---|---|---|---|---|---|---|---|---|
| | 粘度等级 | 75W | 80W/90 | 85W/90 | 85W/140 | 90 | 140 | |
| 运动粘度(100℃)/(mm²/s) | | ≥4.1 | 13.5~24.0 | 13.5~24.0 | 24.0~41.0 | 13.5~24.0 | 24.0~41.0 | GB/T 265 |
| 倾点/℃ | | 报告 | | | | | | GB/T 3535 |
| 粘度指数　　　　　　　　≥ | | 报告 | 报告 | 报告 | 报告 | 75 | 75 | GB/T 2541 |
| 表观粘度达 150Pa·s 时的温度/℃ ≤ | | -40 | -26 | -12 | -12 | — | — | GB/T 11145 |
| 成沟点/℃　　　　　　　≤ | | -45 | -35 | -20 | -20 | -17.8 | -6.7 | SH/T 0030 |
| 闪点(开口)/℃　　　　　≥ | | 150 | 165 | 165 | 180 | 180 | 200 | GB/T 3536 |
| 机械杂质(%)　　　　　≤ | | 0.05 | | | | | | GB/T 511 |
| 水分(%)　　　　　　　≤ | | 痕迹 | | | | | | GB/T 260 |
| 起泡性(泡沫倾向)/(mL) ≤ | 24℃ | 20 | | | | | | GB/T 12579 |
| | 93.5℃ | 50 | | | | | | |
| | 后 24℃ | 20 | | | | | | |
| 腐蚀试验(铜片,121℃,3h)/级 ≤ | | 3 | | | | | | GB/T 5096 |
| 戊烷不溶物(%) | | 报告 | | | | | | GB/T 8926(A 法) |
| 硫酸盐灰分(%) | | 报告 | | | | | | GB/T 2433 |
| 硫含量(%) | | 报告 | | | | | | GB/T 387、GB/T 388、GB/T 11140、SH/T 0172[①] |
| 磷含量(%) | | 报告 | | | | | | SH/T 0296 |
| 氯含量(%) | | 报告 | | | | | | SH/T 0224 |
| 钙含量(%) | | 报告 | | | | | | SH/T 0270[②] |
| 存储稳定性[③] ≤ | 液态沉淀物(体积比)(%) | 0.5 | | | | | | SH/T 0037 |
| | 固体沉淀物(质量比)(%) | 0.25 | | | | | | |
| 锈蚀性试验[③] ≤ | 盖板锈蚀面积比(%) | 1 | | | | | | SH/T 0517 |
| | 齿面、轴承及其他部件锈蚀情况 | 无锈 | | | | | | |
| 抗擦伤试验[③] | | 通过 | | | | | | SH/T 0519[④] |
| 承载能力试验[③] | | 通过 | | | | | | SH/T 0518[⑤] |
| 热氧化稳定性[③] ≤ | 1000 运动粘度增长(%) | 100 | | | | | | SH/T 0520、GB/T 266 |
| | 戊烷不溶物(%) | 3 | | | | | | GB/T 8926(A 法) |
| | 甲苯不溶物(%) | 2 | | | | | | GB/T 8926(A 法) |

注：未注含量均为质量分数。
① 生产单位可根据添加配方不同选择适合的测定方法。
② 如果有其他金属,应该测定并报告实测结果,允许用原子吸收光谱测定。
③ 保证项目,每五年评定一次。
④ 75W 油在进行抗擦伤试验时,程序Ⅱ(高速)在 79℃ 开始进行,程序Ⅳ(冲击)在 93℃ 下开始进行。喷水冷却,最大温升不大于 8.3℃。
⑤ 75W 油在进行承载能力试验时,高速低转矩在 104℃ 下进行,低速高转矩在 93℃ 下进行。

**表 1.7-22　工业齿轮油的选用**

| 油品名称 | 主 要 用 途 |
|---|---|
| 普通工业齿轮油 | 一般负荷或有中等负荷(齿面接触应力 $<4.9\times10^2$ MPa)条件下工作的闭式齿轮箱 |
| 中负荷工业齿轮油 | 一般重负荷或带有冲击负荷(齿面接触应力 $4.9\sim1080$ MPa)的封闭式齿轮箱 |
| 硫磷型重负荷工业齿轮油 | 经常处于边界润滑状态下的重负荷、高冲击(齿面接触应力 $>10.8\times10^2$ MPa)的闭式齿轮传动装置 |
| 普通开始齿轮油 | 一般负荷下的开式或半闭式齿轮传动装置 |
| 涡轮蜗杆油 | 滑动速度大,钢-钢涡轮传动装置 |

**表 1.7-23　车辆齿轮油的选用**

| 油品名称 | 主 要 用 途 |
|---|---|
| 普通车辆齿轮油(GL-3) | 装配有弧齿锥齿轮传动的各种汽车、拖拉机、工程机械后桥和变速器 |
| 中负荷车辆齿轮油(GL-4) | 高速低转矩的小轿车、低速高转矩的载重汽车后桥准双曲面齿轮传动装置和变速器。严寒地区用 75W,寒区用 80W/90,长江以北全年通用 85W/90,长江以南全年通用 90 号或 85W/90。对齿轮油粘度要求较高的车辆,可使用 85W/140 |
| 重负荷车辆齿轮油(GL-5) | 重负荷或冲击载荷大条件下的车辆后桥准双曲面齿轮传动装置和变速器。严寒地区用 75W,寒区用 80W/90,长江以北全年通用 85W/90,长江以南全年通用 90 号或 85W/90 |

### 4.2.4　内燃机油

内燃机中需要润滑的部件有主轴、凸轮轴、连杆轴、齿轮、活塞销子、活塞环和气缸内壁等,内燃机油的分类见表 1.7-24。汽油机油的技术要求和性能见表 1.7-25。柴油机油的技术要求和性能见表 1.7-26。

**表 1.7-24　内燃机油的分类**（摘自 GB/T 28772—2012）

| 应用范围 | 品种代号 | 特性和使用场合 |
|---|---|---|
| 汽油机油 | SE | 用于轿车和某些货车的汽油机以及要求使用 API SE、SD[①]级油的汽油机。此种油品的抗氧化性能及控制汽油机高温沉积物、锈蚀和腐蚀的性能优于 SD[①]或 SC[①] |
| | SF | 用于轿车和某些货车的汽油机以及要求使用 API SF、SE 级油的汽油机。此种油品的抗氧化和抗磨损性能优于 SE,同时还具有控制汽油机沉积、锈蚀和腐蚀的性能,并可代替 SE |
| | SG | 用于轿车、货车和轻型卡车的汽油机以及要求使用 API SG 级油的汽油机。SG 质量还包括 CC 或 CD 的使用性能。此种油品改进了 SF 级油控制发动机沉积物、磨损和油的氧化性能,同时还具有抗锈蚀和腐蚀的性能,并可代替 SF、SF/CD、SE 或 SE/CC |
| | SH、GF-1 | 用于轿车、货车和轻型载货汽车的汽油机以及要求使用 API SH 级油的汽油机。此种油品在控制发动机沉积物、油的氧化、磨损、锈蚀和腐蚀等方面的性能优于 SG,并可代替 SG<br>GF-1 与 SH 相比,增加了对燃料经济性的要求 |
| | SJ、GF-2 | 用于轿车、运动型多用途汽车、货车和轻型载货汽车的汽油机以及要求使用 API SJ 级油的汽油机。此种油品在挥发性、过滤性、高温泡沫性和高温沉积物控制等方面的性能优于 SH。可代替 SH,并可在 SH 以前的"S"系列等级中使用<br>GF-2 与 SJ 相比,增加了对燃料经济性的要求,GF-2 可代替 GF-1 |
| | SJ、GF-3 | 用于轿车、运动型多用途汽车、货车和轻型载货汽车的汽油机以及要求使用 API SL 级油的汽油机。此种油品在挥发性、过滤性、高温泡沫性和高温沉积物控制等方面的性能优于 SJ。可代替 SJ,并可在 SJ 以前的"S"系列等级中使用<br>GF-3 与 SL 相比,增加了对燃料经济性的要求,GF-3 可代替 GF-2 |
| | SM、GF-4 | 用于轿车、运动型多用途汽车、货车和轻型载货汽车的汽油机以及要求使用 API SM 级油的汽油机。此种油品在高温氧化和清净性能、高温磨损性能以及高温沉积物控制等方面的性能优于 SL。可代替 SL,并可在 SL 以前的"S"系列等级中使用<br>GF-4 与 SM 相比,增加了对燃料经济性的要求,GF-4 可代替 GF-3 |

（续）

| 应用范围 | 品种代号 | 特性和使用场合 |
|---|---|---|
| 汽油机油 | SN、GF-5 | 用于轿车、运动型多用途汽车、货车和轻型载货汽车的汽油机以及要求使用API SN级油的汽油机。此种油品在高温氧化和清净性能、低温油泥以及高温沉积物控制等方面的性能优于SM。可代替SM,并可在SM以前的"S"系列等级中使用<br>对于资源节约型SN油品,除具有上述性能外,强调燃料经济性、对排放系统和涡轮增压器的保护以及与含乙醇最高达85%的燃料的兼容性能<br>GF-5与资源节约型SN相比,性能基本一致,GF-5可代替GF-4 |
| 柴油机油 | CC | 用于中负荷及重负荷下运行的自然吸气、涡轮增压和机械增压式柴油机以及一些重负荷汽油机。对于柴油机具有控制高温沉积物和轴瓦腐蚀的性能,对于汽油机具有控制锈蚀、腐蚀和高温沉积物的性能 |
| | CD | 用于需要高效控制磨损及沉积物或使用包括高硫燃料自然吸气、涡轮增压和机械增压式柴油机以及要求使用API CD级油的柴油机。具有控制轴瓦腐蚀和高温沉积物的性能,并可代替CC |
| | CF | 用于非道路间接喷射式柴油发动机和其他柴油发动机,也可用于需有效控制活塞沉积物、磨损和含铜轴瓦腐蚀的自然吸气、涡轮增压和机械增压式柴油机。能够使用硫的质量分数大于0.5%的高硫柴油燃料,并可代替CD |
| | CF-2 | 用于需高效控制气缸、环表面胶合和沉积物的二冲程柴油发动机,并可代替CD-Ⅱ[①] |
| | CF-4 | 用于高速、四冲程柴油发动机以及要求使用API CF-4级油的柴油机,特别适用于高速公路行驶的重负荷货车。此种油品在机油消耗和活塞沉积物控制等方面的性能优于CE[①],并可代替CE[①]、CD和CC |
| | CG-4 | 用于可在高速公路和非道路使用的高速、四冲程柴油发动机。能够使用硫的质量分数小于0.05%~0.5%的柴油燃料。此种油品可有效控制高温活塞沉积物、磨损、腐蚀、泡沫、氧化和烟炱的累积,并可代替CF-4、CE[①]、CD和CC |
| | CH-4 | 用于高速、四冲程柴油发动机。能够使用硫的质量分数不大于0.5%的柴油燃料。即使在不利的应用场合,此种油品可凭借其在磨损控制、高温稳定性和烟炱控制方面的特性有效地保持发动机的耐久性;对于有色金属的腐蚀、氧化和不溶物的增稠、泡沫性以及由于剪切所造成的粘度损失可提供最佳的保护。其性能优于CG-4,并可代替CG-4、CF-4、CE[①]、CD和CC |
| | CI-4 | 用于高速、四冲程柴油发动机。能够使用硫的质量分数不大于0.5%的柴油燃料。此种油品在装有废气再循环装置的系统里使用可保持发动机的耐久性。对于腐蚀性和与烟炱有关的磨损倾向、活塞沉积物、以及由于烟炱累积所引起的粘温性变差、氧化增稠、机油消耗、泡沫性、密封材料的适应性降低和由于剪切所造成的粘度损失可提供最佳的保护。其性能优于CH-4,并可代替CH-4、CG-4、CF-4、CE[①]、CD和CC |
| | CJ-4 | 用于高速、四冲程柴油发动机。能够使用硫的质量分数不大于0.05%的柴油燃料。对于使用废气后处理系统的发动机,如使用硫的质量分数大于0.0015%的燃料,可能会影响废气后处理系统的、耐久性和/或机油的换油期。此种油品在装有微粒过滤器和其他后处理系统里使用可特别有效地保持排放控制系统的耐久性。对于催化剂中毒的控制、微粒过滤器的堵塞、发动机磨损、活塞沉积物、高低温稳定性、烟炱处理特性、氧化增稠、泡沫性和由于剪切所造成的粘度损失可提供最佳的保护。其性能优于CI-4,并可代替CI-4、CH-4、CG-4、CF-4、CE[①]、CD和CC |
| 农用柴油机油 | — | 用于以单缸柴油机为动力的三轮汽车(原三轮农用运输车)、手扶变型运输机、小型拖拉机,还可用于其他以单缸柴油机为动力的小型农机具,如抽水机、发电机等。具有一定的抗氧、抗磨性能和清净分散性能 |

① SD、SC、CD-Ⅱ和CE已经废止（废止的内燃机油品种见附录GB/T 28772—2012的A）。

表 1.7-25　汽油机油的技术要求和性能（摘自 GB 11121—2006）

| 项目 | | SE | SF | SG | SH | GF-1 | SJ | GF-2 | SL、GF-3 | 试验方法标准 |
|---|---|---|---|---|---|---|---|---|---|---|
| | | 质量指标 | | | | | | | | |
| 水分（体积分数，%）≤ | | 痕迹 | | | | | | | | GB/T 260 |
| 蒸发损失③（质量分数，%）≤ | 粘度等级 | 所有 | 5W-30 | 5W-30、10W-30 | 15W-40 | 0W 和 5W ／ 所有其他 | W-20、5W-20、5W-30、10W-30 ／ 所有其他 | 所有 | 所有 | — |
| | 诺亚克法（250℃，1h） | — | 25 | 20 | 18 | 25 ／ 20 | 22 ／ 20 | 22 | 15 | SH/T 0059 |
| | 气相色谱法（371℃馏出量）方法1 | — | 20 | 17 | 15 | 20 ／ 17 | — ／ 17 | — | — | SH/T 0558 |
| | 方法2 | — | — | — | — | — | 17 ／ — | 17 | — | SH/T 0695 |
| | 方法3 | — | — | — | — | — | 17 ／ 15 | 17 | 10 | ASTM D6417 |
| 过滤性（%）≤ | 粘度等级 | 所有 | — | — | 无要求 | 所有 | 所有 | 所有 | 所有 | — |
| | EOFT 流量减少 | — | — | 50 | — | 50 | 50 | 50 | 50 | ASTM D6795 |
| | EOWTT 流量减少　用 0.6% $H_2O$ | — | — | — | — | — | — | — | 50 | |
| | 用 1.0% $H_2O$ | | | | | | | | 50 | |
| | 用 2.0% $H_2O$ | | | | | | | | 50 | |
| | 用 3.0% $H_2O$ | | | | | | | | 50 | ASTM D6794 |
| 均匀性和混合性 | | 与 SAE 参比油混合均匀 | | | | | | | | ASTM D6922 |
| 凝胶指数 ≤ | | | | | | | 12 | 12④ | 12④ | SH/T 0732 |
| 闪点（开口）/℃（粘度等级）≥ | | 200（0W、5W 多级油）、205（10W 多级油）、215（15W、20W 多级油）、220（30）、225（40）、230（50） | | | | | | | | GB/T 3536 |
| 机械杂质（质量分数，%）≤ | | 0.01 | | | | | | | | GB/T 511 |
| 高温沉淀物/mg ≤ | TEOST | | | | | | 60 | 60 | — | SH/T 0750 |
| | TEOSTMHT | | | | | | — | — | 45 | ASTM D7097 |

（续）

| 项目 | 质量指标 | | | | | | | | 试验方法标准 |
|---|---|---|---|---|---|---|---|---|---|
| | SE | SF | SG | SH | GF-1 | SJ | GF-2 | SL、GF-3 | |
| 泡沫性（泡沫倾向性/泡沫稳定性）/(mL/mL) ≤　24℃ | | 25/0 | | 10/0 | | 10/0 | 10/0 | 10/0 | GB/T 12579① |
| 　93.5℃ | | 150/0 | | 50/0 | | 50/0 | 50/0 | 50/0 | |
| 　后24℃ | | 25/0 | | 10/0 | | 10/0 | 10/0 | 10/0 | |
| 　150℃ | | — | | 报告 | | 200/50 | | 100/0 | SH/T 0722② |
| 磷②（质量分数,%） | | 报告 | | 0.12⑤ | 0.12 | 0.10⑥ | 0.10 | 0.10⑦ | GB/T 17476⑧、SH/T 0296、SH/T 0631、SH/T 0749 |
| 碱值（以 KOH 计）/(mg/g) | | | | | | | | | SH/T 0251 |
| 硫酸盐灰分（质量分数,%） | | | | 报告 | | | | | GB/T 2433 |
| 硫⑨（质量分数,%） | | | | | | | | | GB/T 387、GB/T 388、GB/T 11140、GB/T 17040、GB/T 17476、SH/T 0172、SH/T 0631、SH/T 0749、GB/T 9197、SH/T 0656、SH/T 0704 |
| 氮⑨（质量分数,%） | | | | | | | | | |

① 对于 SG、SH、SH、GF-1、SL 和 GF-3，需首先进行步骤 A 试验。
② 为 1min 后测定稳定泡沫体积。对于 SL 和 GF-3 可根据需要确定是否先进行步骤 A 试验。
③ 对于 SF、SG 和 SH，除规定了指标的 5W/30、10W/30 和 15W/40 之外的所有其他多级油均为"报告"。
④ 对于 GF-2 和 GF-3，凝胶指数试验是从 -5℃ 开始降温知道降温粘度达到 40000mPa·s（40000cP）时的温度或粘度达到 -40℃ 时试验结束，任何一个结果先出现视为试验结束。
⑤ 仅适用于 5W/30 和 10W/30 粘度等级。
⑥ 仅适用于 0W/20、5W/20、5W/30、0W/30 和 10W/30 粘度等级。
⑦ 仅适用于 0W/20、5W/20、5W/30、0W/30、5W/30 和 10W/30 粘度等级。
⑧ 仲裁方法。
⑨ 生产者在每批产品出厂时要向使用者或经销商报告改项目的实测值，有争议时以发动机台架试验结果为准。

表 1.7-26　柴油机油的技术要求和性能 （摘自 GB 11122—2006）

| 项　目 | | | 质　量　指　标 | | | | 试验方法标准 |
|---|---|---|---|---|---|---|---|
| | | | CC CD | CF CF-4 | CH-4 | CI-4 | |
| 碱值(以 KOH 计[①])/(mg/g) | | | 报告 | | | | SH/T 0251 |
| 机械杂质(质量分数,%) ≤ | | | 0.01 | | | | GB/T 511 |
| 水分(体积分数,%) ≤ | | | 痕迹 | | | | GB/T 260 |
| 泡沫性(泡沫倾向性/泡沫稳定性)/(mL/mL) ≤ | | 24℃ | 25/0 | 20/0 | 10/0 | 10/0 | GB/T 12579[②] |
| | | 93.5℃ | 150/0 | 50/0 | 20/0 | 20/0 | |
| | | 后 24℃ | 25/0 | 20/0 | 10/0 | 10/0 | |
| 蒸发损失(质量分数,%) ≤ | 粘度等级 | | 所有 | 所有 | 10W/30 15W/40 | 所有 | — |
| | 诺亚克法(250℃,1h) | | — | — | 20　18 | 15 | SH/T 0059 |
| | 气相色谱法(371℃馏出量) | | — | — | 17　15 | — | ASMTD 6417 |
| 闪点(开口)/℃(粘度等级) ≥ | | | 200(0W、5W 多级油)、205(10W 多级油)、215(15W、20W 多级油)、220(30)、225(40)、230(50)、240(60) | | | | GB/T 3536 |
| 硫酸盐灰分[②](质量分数,%) | | | 报告 | | | | GB/T 2433 |
| 磷[②](质量分数,%) | | | | | | | GB/T 17476、SH/T 0296、SH/T 0631、SH/T 0749 |
| 硫[②](质量分数,%) | | | | | | | GB/T 387、GB/T 388、GB/T 11140、GB/T 17040、GB/T 17476、SH/T 0172、SH/T 0631、SH/T 0749 |
| 氮[②](质量分数,%) | | | | | | | GB/T 9170、SH/T 0656、SH/T 0704 |

① CH-4、CI-4 不允许使用步骤 A。
② 生产者在每批产品出厂时要向使用者或经销商报告该项目的实测值，有争议时以发动机台架试验结果为准。

## 4.3　润滑脂

润滑脂的种类较多，根据用途可分为减磨润滑脂、防护润滑脂和密封润滑脂。由于防护润滑脂和密封润滑脂应用较少，故绝大部分润滑脂属于减磨润滑脂。

使用润滑脂不需要经常加换，在摩擦面上保持性良好，可以充满间隙，因此有密封作用。润滑脂受温度影响不大，在温升到滴点之前粘度变化很小。但使用温度对润滑脂的使用寿命影响较大，使用温度超过润滑脂的适用温度时，温度上升 10 ~ 15℃，脂的寿命将下降 1/2。润滑脂具有良好的粘附性，可以防锈，有减振作用，可以降低噪声和振动。

但润滑脂的流动性差，启动阻力大，机械效率低，不能起冷却作用，不能作循环润滑剂使用，润滑脂选择的一般原则见表 1.7-27。

### 4.3.1　钙基润滑脂

钙基润滑脂技术要求和试验方法见表 1.7-28。

### 4.3.2　钠基润滑脂

钠基润滑脂的技术要求和性能见表 1.7-29。

### 4.3.3　极压锂基润滑脂

极压锂基润滑脂是由脂肪酸锂皂稠化矿物润滑油加入抗氧、极压添加剂所制得的润滑脂，其技术要求和性能见表 1.7-30。

### 表 1.7-27　润滑脂选择的一般原则

| 润滑部位的条件 | | | 稠化剂的种类 | | | | | | 基础油的粘度[①] | | | 锥入度 | | | 备　注 |
|---|---|---|---|---|---|---|---|---|---|---|---|---|---|---|---|
| | | | 钙 Ca | 钠 Na | 铝 Al | 钡 Ba | 锂 Li | 非皂基 | 高 | 中 | 低 | 硬 | 中 | 软 | |
| 轴承 | 滑动 | | ○ | ○ | ○ | ○ | ○ | ○ | | | | | | | 长时间使用的地方需要加入抗氧化添加剂 |
| | 滚动 | | ○ | ○ | × | ○ | ○ | ○ | | | | | | | |
| 环境 | 与水接触 | | ○ | × | ○ | ○ | ○ | ○ | | | | | | | 钠基脂与奶水的润滑脂合并使用可以改善其耐水性 |
| | 与化学药品接触 | | × | × | × | × | × | ○ | | | | | | | 有的皂基润滑脂也可使用在与化学药品接触的地方 |
| 运转条件 | 轴承温度 | 高 | × | ○ | × | ○ | ○ | ○ | ○ | × | × | ○ | ○ | × | 复合皂基润滑脂也可用在高温条件下 |
| | | 中 | ○ | ○ | ○ | × | ○ | × | × | ○ | × | ○ | ○ | ○ | |
| | | 低 | ○ | ○ | × | × | × | ○ | × | × | ○ | ○ | ○ | ○ | |
| | 速度系数（dn 值） | 大 | × | ○ | × | ○ | ○ | ○ | ○ | × | × | ○ | ○ | × | 复合皂基润滑脂也可用在速度系数高的地方 |
| | | 小 | ○ | ○ | ○ | ○ | ○ | ○ | × | ○ | × | ○ | ○ | ○ | — |
| | 载荷 | 大 | × | ○ | ○ | ○ | ○ | ○ | ○ | × | × | ○ | × | × | 复合皂基润滑脂也可用在载荷大的地方。有些场合必须加极压添加剂 |
| | | 小 | ○ | ○ | ○ | ○ | ○ | ○ | × | ○ | × | ○ | ○ | ○ | — |
| | 冲击载荷 | | × | ○ | ○ | ○ | ○ | ○ | ○ | × | × | ○ | ○ | × | 复合皂基润滑脂也可用，要选择粘附性强的润滑脂 |
| 供脂方法 | 手涂 | | ○ | ○ | ○ | ○ | ○ | ○ | | | | ○ | ○ | × | |
| | 脂杯 | | ○ | ○ | ○ | ○ | ○ | ○ | | | | | | | |
| | 脂枪 | | ○ | ○ | ○ | ○ | ○ | ○ | | | | | | | |
| | 集中润滑 | | ○ | × | ○ | ○ | ○ | ○ | × | ○ | × | ○ | ○ | ○ | |

注：○表示可以使用，×表示避免使用。

① 一般除粘度外，还必须考虑原油种类及精制程度等因素。

### 表 1.7-28　钙基润滑脂技术要求和试验方法（摘自 GB/T 491—2008）

| 项　目 | 质　量　指　标 | | | | 试验方法标准 |
|---|---|---|---|---|---|
| | 1 号 | 2 号 | 3 号 | 4 号 | |
| 外观 | 淡黄色至暗褐色均匀油膏 | | | | 目测 |
| 工作锥入度/0.1mm | 310 ~ 340 | 265 ~ 295 | 220 ~ 250 | 175 ~ 205 | GB/T 269 |
| 滴点/℃　≥ | 80 | 85 | 90 | 95 | GB/T 4929 |
| 腐蚀（T2 铜片,室温,24h） | 铜片上没有绿色或黑色变化 | | | | GB/T 7326 乙法 |
| 水分（%）　≤ | 1.5 | 2.0 | 2.5 | 3.0 | GB/T 512 |
| 钢网分油量(60℃,24h)(质量分数,%) ≤ | — | 12 | 8 | 6 | SH/T 0324 |
| 灰分（质量分数,%）　≤ | 3.0 | 3.5 | 4.0 | 4.5 | SH/T 0327 |
| 延长工作锥入度 1 万次与工作锥入度差值/0.1mm | — | 30 | 35 | 40 | GB/T 269 |
| 水淋流失量(38℃,1h)(质量分数,%) ≤ | — | — | 10 | — | SH/T 0109[①] |

① 水淋后，轴承烘干条件为 77℃、16h。

**表1.7-29　钠基润滑脂技术要求和性能**（摘自 GB 492—1989）

| 项　　目 | | 质　量　指　标 | | 试验方法标准 | 适用范围① |
|---|---|---|---|---|---|
| | | 2号 | 3号 | | |
| 滴点/℃ ≥ | | 160 | | GB/T 4929 | 主要用于－10～110℃温度范围内一般中等负荷机械设备的润滑，不适于与水接触部位的润滑 |
| 工作锥入度/0.1mm ≤ | 工作 | 265～295 | 220～250 | GB/T 269 | |
| | 延长工作(10万次) | 375 | 375 | | |
| 腐蚀试验(T2铜片,室温,24h) | | 铜片无绿色或黑色变化 | | GB/T 7326 中乙法 | |
| 蒸发量(99℃,22h,质量比)(%) ≤ | | 2.0 | 2.0 | GB/T 7325 | |

注：原矿物油运动粘度（40℃）为41.4～165mm²/s。

**表1.7-30　极压锂基润滑脂的技术要求和性能**（摘自 GB/T 7323—2008）

| 项　　目 | | 质　量　指　标 | | | | 试验方法标准 |
|---|---|---|---|---|---|---|
| | | 00号 | 0号 | 1号 | 2号 | |
| 工作锥入度/0.1mm | | 400～430 | 355～385 | 310～340 | 265～295 | GB/T 269 |
| 滴点/℃ ≥ | | 165 | 170 | 175 | 175 | GB/T 4929 |
| 腐蚀(T2,铜片,100℃,24h) | | 铜片上没有绿色或黑色变化 | | | | GB/T 7326（乙法） |
| 蒸发(99℃,22h)(质量分数,%) ≤ | | 2.0 | | | | GB/T 7325 |
| 钢网分油量(100℃,24h)(质量分数,%) ≤ | | — | — | 10 | 5 | SH/T 0324 |
| 杂质(显微镜法)/(个/cm³) ≤ | 25μm 以上 | 3000 | | | | SH/T 0336 |
| | 75μm 以上 | 500 | | | | |
| | 125μm 以上 | 0 | | | | |
| 延长工作锥入度(10万次)/0.1mm ≤ | | 450 | 420 | 380 | 350 | GB/T 269 |
| 挤压性能(梯姆肯法)OK 值/N ≥ | | 133 | 156 | | | SH/T 0203 |
| (四球机法)$P_B$/N ≥ | | 588 | | | | SH/T 0202 |
| 相似粘度(－10℃,10s⁻¹)/(Pa·s) ≤ | | 100 | 150 | 250 | 500 | SH/T 0048 |
| 水淋流失量(38℃,1h)(质量分数,%) ≤ | | — | — | 10 | 10 | SH/T 0109 |
| 防腐蚀性(52℃,48h)/级 | | 合格 | | | | GB/T 5018 |

### 4.3.4　通用锂基润滑脂

通用锂基润滑脂的技术要求和性能见表1.7-31。

### 4.3.5　复合钙基润滑脂

复合钙基润滑脂的技术要求和性能见表1.7-32。

**表1.7-31　通用锂基润滑脂的技术要求和性能**（GB/T 7324—2010）

| 项　　目 | | 质　量　指　标 | | | 试验方法标准 |
|---|---|---|---|---|---|
| | | 1号 | 2号 | 3号 | |
| 外观 | | 浅黄至褐色光滑油膏 | | | 目测 |
| 工作锥入度/0.1mm | | 310～340 | 265～295 | 220～250 | GB/T 269 |
| 滴点/℃ ≥ | | 170 | 175 | 180 | GB/T 4929 |
| 腐蚀试验(T2铜片,100℃,24h) | | 铜片无绿色或黑色变化 | | | GB/T 7326（乙法） |
| 钢网分油(100℃,24h)(质量分数,%) ≤ | | 10 | 5 | 5 | SH/T 0324 |
| 蒸发量(99℃,22h)(质量分数,%) ≤ | | 2 | | | GB/T 7325 |
| 杂质(显微镜法)/(个/cm³) ≤ | 10μm 以上 | 2000 | | | SH/T 0336 |
| | 25μm 以上 | 1000 | | | |
| | 75μm 以上 | 200 | | | |
| | 125μm 以上 | 0 | | | |

（续）

| 项　　　目 | | 质　量　指　标 | | | 试验方法标准 |
|---|---|---|---|---|---|
| | | 1 号 | 2 号 | 3 号 | |
| 氧化安定性(99℃,100h,750MPa)压力降/MPa | ≤ | | 0.070 | | SH/T 0325 |
| 延长工作锥入度(10 万次)/0.1mm | ≤ | 380 | 350 | 320 | GB/T 269 |
| 水淋流失量(38℃,1h)(质量分数,%) | ≤ | 10 | 8 | 8 | SH/T 0100 |
| 防腐蚀性(52℃,48h) | | | 合格 | | GB/T 5018 |
| 相似粘度( -15℃,$\overline{D} = 10s^{-1}$)/(Pa·s) | ≤ | 800 | 1000 | 1300 | SH/T 0048 |

**表 1.7-32  复合钙基润滑脂的技术要求和性能**（摘自 SH/T 0370—1995）

| 项　　　目 | | 质　量　指　标 | | | 试验方法标准 |
|---|---|---|---|---|---|
| | | 0 号 | 1 号 | 2 号 | |
| 工作锥入度/0.1mm | | 355 ~ 385 | 310 ~ 340 | 265 ~ 295 | GB/T 269 |
| 滴点/℃ | ≥ | | 235 | | GB/T 3498 |
| 腐蚀($T_2$ 铜片,100℃,4h) | | | 铜片无绿色或黑色变化 | | GB/T 7326(乙法) |
| 钢网分油量(100℃,24h,质量比)(%) | ≤ | — | 10 | 7.0 | SH/T 0324 |
| 蒸发量(99℃,22h,质量比)(%) | ≤ | | 1.0 | | GB/T 7325 |
| 延长工作锥入度(10 万次)/0.1mm | ≤ | 420 | 390 | 360 | GB/T 269 |
| 氧化安定性(99℃,100h,0.770MPa)压力降/MPa | ≤ | | 0.070 | | SH/T 0325 |
| 水淋流失量(38℃,1h,质量比)(%) | ≤ | — | 10 | 10 | SH/T 0109 |

#### 4.3.6  复合铝基润滑脂

复合铝基润滑脂的技术要求和性能见表 1.7-33。

#### 4.3.7  极压复合铝基润滑脂

极压复合铝基润滑脂的技术要求和性能见表 1.7-34。

**表 1.7-33  复合铝基润滑脂的技术要求和性能**（摘自 SH/T 0378—1992）

| 项　　　目 | | 质　量　指　标 | | | 试验方法标准 |
|---|---|---|---|---|---|
| | | 0 号 | 1 号 | 2 号 | |
| 工作锥入度/0.1mm | | 355 ~ 385 | 310 ~ 340 | 265 ~ 295 | GB/T 269 |
| 滴点/℃ | ≥ | | 235 | | GB/T 3498 |
| 腐蚀($T_2$ 铜片,100℃,24h) | | | 铜片无绿色或黑色变化 | | GB/T 7326(乙法) |
| 钢网分油量(100℃,24h,质量比)(%) | ≤ | — | 10 | 7.0 | SH/T 0324 |
| 蒸发量(99℃,22h,质量比)(%) | ≤ | | 1.0 | | GB/T 7325 |
| 延长工作锥入度(10 万次)/0.1mm | ≤ | 420 | 390 | 360 | GB/T 269 |
| 氧化安定性(99℃,100h,0.770MPa)压力降/MPa | ≤ | | 0.070 | | SH/T 0325 |
| 水淋流失量(38℃,1h,质量比)(%) | ≤ | — | 10 | 10 | SH/T 0109 |

**表 1.7-34  极压复合铝基润滑脂的技术要求和性能**（SH/T 0534—1993）

| 项　　　目 | | 质　量　指　标 | | | 试验方法标准 |
|---|---|---|---|---|---|
| | | 0 号 | 1 号 | 2 号 | |
| 工作锥入度/0.1mm | | 355 ~ 385 | 310 ~ 340 | 265 ~ 295 | GB/T 269 |
| 滴点/℃ | ≥ | 235 | 240 | 240 | GB/T 3498 |
| 腐蚀(T2 铜片,100℃,24h) | | | 铜片无绿色或黑色变化 | | GB/T 7326(乙法) |
| 钢网分油量(100℃,24h,质量比)(%) | ≤ | — | 10 | 7 | SH/T 0324 |
| 蒸发量(99℃,22h,质量比)(%) | ≤ | | 1.0 | | GB/T 7325 |

（续）

| 项　目 | 质　量　指　标 | | | 试验方法标准 |
|---|---|---|---|---|
| | 0 号 | 1 号 | 2 号 | |
| 延长工作锥入度（10 万次）变化率（%）　≤ | 10 | 13 | 15 | GB/T 269 |
| 氧化安定性①（99℃，100h，0.770MPa）压力降/MPa | 0.070 | | | SH/T 0325 |
| 相似粘度（-10℃，$\overline{D}=10s^{-1}$）/(Pa·s)　≤ | 250 | 300 | 550 | SH/T 0048 |
| 水淋流失量（38℃，1h，质量比）（%）　≤ | — | 10 | 10 | SH/T 0109 |
| 防腐蚀性（52℃，48H）/级　≤ | 2 | | | GB/T 5018 |
| 极压性能（梯姆肯法）OK 值/N　≥ | 156 | | | SH/T 0203 |
| 杂质（显微镜法）/（个/cm³）　≤ 25μm 以上 | 3000 | | | SH/T 0336 |
| 75μm 以上 | 500 | | | |
| 125μm 以上 | 0 | | | |

注：基础油粘度由生产厂与用户协商确定。

① 为保证项目，每半年测定一次。如果原料、工艺变动，则必须进行测定。

### 4.3.8　4 号高温润滑脂（50 号高温润滑脂）

4 号高温润滑脂（50 号高温润滑脂）的技术要求和性能见表 1.7-35。

**表 1.7-35　4 号高温润滑脂（50 号高温润滑脂）的技术要求和性能**（摘自 SH/T 0376—1992）

| 项　目 | 质量指标 | 试验方法标准 |
|---|---|---|
| 外观 | 黑绿色均匀油性软膏 | 目测 |
| 工作锥入度/0.1mm | 170~225 | GB/T 269 |
| 滴点/℃　≥ | 200 | GB/T 4929 |
| 漏斗分油（50℃，25h）（%）　≤ | 6 | SH/T 0321 |
| 灰分（质量分数，%）　≤ | 7.0 | SH/T 0327 |
| 腐蚀①（钢片、青铜片、铝片，100℃，3h） | 合格 | SH/T 0331 |
| 水分（质量分数，%）　≤ | 0.3 | GB/T 512 |
| 游离碱（NaOH）（质量分数，%）　≤ | 0.15 | SH/T 0329 |
| 杂质②（酸分解法） | 无 | GB/T 513 |

① 进行腐蚀试验时采用下列牌号的金属试片：钢片（40、45 或 50 号）；按鉴定时采用的纯度相当的青铜片；按鉴定时采用的纯度相当的铝片。

② 测定杂质须在加入石墨前进行，作为生产厂的保证项目。

### 4.3.9　精密机床主轴润滑脂

精密机床主轴润滑脂的技术要求和性能见表 1.7-36。

**表 1.7-36　精密机床主轴润滑脂的技术要求和性能**（摘自 SH/T 0382—1992）

| 项　目 | 质量指标 | | 试验方法标准 |
|---|---|---|---|
| | 2 号 | 3 号 | |
| 工作锥入度/0.1mm | 265~295 | 220~250 | GB/T 269 |
| 滴点/℃　≥ | 180 | | GB/T 4929 |
| 压力分油（%）　≤ | 20 | 15 | GB/T 392 |
| 腐蚀（T3，100℃，3h） | 合格 | | SH/T 0331 |
| 水分（%）　≤ | 痕迹 | | GB/T 512 |
| 游离碱（NaOH）（质量分数）　≤ | 0.1 | | SH/T 0329 |
| 杂质（酸分解法） | 无 | | GB/T 513 |
| 氧化安定性（100℃，100h，0.80MPa）压力降/MPa≤ | 0.03 | | SH/T 0335 |
| 氧化后酸值/（mgKOH/g）　≤ | 1.0 | | SH/T 0329 |

## 4.4　固体润滑脂

固体润滑是指在两摩擦表面间用固体粉末、薄膜或固体复合材料代替润滑油脂所进行的润滑，其目的也是减少摩擦、降低磨损或防止摩擦表面损坏。固体润滑剂能满足某些特殊工况下的润滑要求，为应用新工艺、新技术、新材料和改进零件设计提供方便。

固体润滑剂具有使用温度范围宽、在真空中能发挥良好的润滑作用、抗辐射、抗腐蚀、不污染环境等特点。但其摩擦因数比润滑油、脂大，寿命较短，不能起冷却作用，而且固体覆盖膜制作工艺一般比较复

杂，覆盖膜在使用过程中补充也困难。

目前，常用的固体润滑剂有工业二硫化钼、石墨、氮化硼和聚四氟乙烯等。几种常用的固体润滑剂的规格见表 1.7-37 ～ 表 1.7-40，固体润滑剂的选用见表 1.7-41。

**表 1.7-37　工业二硫化钼**（摘自 HG/T 3256—2001）

| 项　目 | 指　标 | | |
|---|---|---|---|
| | 优等品 | 一等品 | 合格品 |
| 二硫化钼含量(质量分数,%) ≥ | 98.0 | 97.0 | 96.0 |
| 总不溶物(质量分数,%) ≤ | 1.0 | 1.50 | 2.50 |
| 水分(质量分数,%) ≤ | 0.50 | 0.70 | 1.0 |
| 铁含量(质量分数,%) ≤ | 0.30 | 0.50 | 0.70 |
| 二氧化硅含量(质量分数,%) ≤ | 0.20 | 0.50 | — |
| 腐蚀(T3 铜片,100℃,3h) | 通过试验 | | |
| 细度(%) ≥ 1 号≤1.5μm | 80 | | |
| 　　2 号≤2.5μm | 90 | | |
| 　　3 号≤5μm | 90 | | |
| 　　4 号≤10μm | 90 | | |
| 　　5 号≤30μm | 95 | | |
| 油含量(质量分数,%) ≤ | 0.50 | — | — |

**表 1.7-38　高纯度胶体石墨**

| 质量指标 | 型　号 | | |
|---|---|---|---|
| | 高纯度(光谱纯) | 试剂纯石墨粉 | 1 号石墨 |
| 石墨含量(质量分数,%) ≥ | 99.95 | 99.90 | 99.00 |
| 灼烧残渣(质量分数,%) ≥ | 0.05 | 0.1 | 1.0 |
| 粒度(%) ≥ ≤2μm | 90 | 90 | 90 |
| 　　2 ~ 10μm | 10 | 10 | 10 |
| 　　>10μm | 无 | 无 | 无 |

**表 1.7-39　氮化硼**

| 质量指标 | 型　号 | | | |
|---|---|---|---|---|
| | 一级品 | 二级品 | 三级品 | 四级品 |
| 氮化硼(BN)含量(质量分数,%) ≥ | 98 | 97 | 96 | 95 |
| 游离氧化硼($B_2O_3$)(质量分数,%) ≤ | 2 | | | |
| 游离硼(B)(质量分数,%) ≤ | 0.3 | | | |
| 铁含量(Fe)(质量分数,%) ≤ | 0.05 | 0.10 | 0.15 | 0.15 |

**表 1.7-40　糊状挤出用聚四氟乙烯树脂**（摘自 HG/T 3028—1999）

| 质量指标 | | 指　标 | | | | | |
|---|---|---|---|---|---|---|---|
| | | DE141 | | | DE241 | | |
| | | 优等品 | 一等品 | 合格品 | 优等品 | 一等品 | 合格品 |
| 外观 | | 白色颗粒 | | | | | |
| 成型性 | 挤出压力/MPa | 9.7 ± 4.2 | — | — | 27.5 ± 13.5 | — | — |
| | 挤出物外观 | 连续、平直、光滑 | — | | 连续、平直、光滑 | | |
| 体积密度/(g/L) | | 475 ± 100 | | | | | |
| 平均粒径/μm | | 425 ± 150 | | | | | |
| 含水率(质量分数,%) ≤ | | 0.04 | | | | | |
| 熔点/℃ | | 327 ± 10 | | | | | |

**表 1.7-41　固体润滑剂的选用**

| 工作条件 | 选用说明 |
|---|---|
| 在高温接触应力条件下 | 在接触表面接触应力高，而且润滑油脂的极压性能有限时，油膜易破裂，一旦油膜破裂，表面发生磨损，导致机件失效。而层状结构的固体润滑材料，抗压强度高，尤其是二硫化钼更为突出，能保持接触表面的正常润滑，如用于某些重型机械、钢管冷挤压和拉丝机械等 |
| 在高温条件下 | 温度升高，润滑油、脂的粘度会降低，或锥入度值增高，油膜变薄，油膜承载能力降低，压力超过油膜强度，则油膜破裂，接触表面产生磨损。当温度升高到一定程度时，润滑油、脂会产生热分解和氧化，促使油脂变质，或产生杂质沉淀，或导致酸值增大，引起腐蚀，若过度蒸发，易引起胶合发生。固体润滑材料的高温性能好，从低温到高温没有粘度的变化，具有从 240 ~ 1100℃ 广泛的高温使用范围。如二硫化钼在 400℃ 以下，石墨在 540℃ 以下氧化温度以前，他们的摩擦因数随温度升高而降低，能在高温下应用在炼钢厂的某些轴承、喷气发动机燃烧室和反应堆支架等 |

（续）

| 工作条件 | 选 用 说 明 |
|---|---|
| 在低温条件下 | 温度过低,润滑油的粘度增大,摩擦因数增大,一旦固化将导致干摩擦,加快磨损,产生胶合。固体润滑材料没有粘度的变化,如二硫化钼能在低温(−180℃)下润滑,可在低温条件下用于液氮、液氢输送泵等的润滑 |
| 在低速条件下 | 滑动速度低时,润滑油膜不易形成;载荷较大时,油膜易破裂,产生胶合。固体润滑材料能在低速条件下与金属表面形成牢固的润滑膜,避免胶合的产生,如用于低速导轨面、光栅刻度丝杆等的润滑 |
| 在高速重载条件下 | 在高速重载情况下,润滑油、脂易破坏,使润滑失效。而固体润滑材料,如二硫化钼有随着速度和载荷的增加,而摩擦因数会降低的特点。同样在高速轻载状况下,润滑效果也很好,如用于纺织机的纱锭等处 |
| 在有液体、气体冲刷的条件下 | 润滑油、脂在由于液体或气体冲刷的部位上,很容易被冲洗流失或脱落,导致干摩擦而产生磨损。固体润滑材料,尤其是复合固体润滑材料,就具有不被冲刷、流失或脱落的特点,如用在汽轮机叶片、喷嘴和潜水电泵上等 |
| 在有粉尘、泥沙的条件下 | 在有粉尘、泥沙沾染的场合,摩擦表面又不能完全密封,使用的润滑油、脂会被污染,而这些杂物又是研磨剂,会促使机件的磨损。如果使用不会吸附粉尘、等杂物的固体润滑材料,则润滑会改善。例如,尼龙件用在挖泥斗销、拖拉机、坦克的平衡衬套上和农业机械上等 |
| 在要求没有油污、清洁卫生条件下 | 固体润滑材料本身不带油,更具有不吸附有研磨或腐蚀作用的尘埃的特点。因此,在要求没有油污、清洁卫生的场合,如食品加工机械、医疗、制药和印染纺织机械,可用固体自润件。各类减速器,如果出现漏油污染设备和环境,可使用二硫化钼等减速器润滑剂 |
| 在有腐蚀条件下 | 润滑油、脂使用在有腐蚀介质的环境中,能和这些介质起反应,如强酸、碱、燃料、溶剂、液态氧等,它们均能与润滑油、脂发生化学反应,使润滑油、脂失去润滑作用。而某些固体润滑材料对上述介质是不活泼的,如石墨有很强的化学抵抗能力,二硫化钼除不抗王水、浓硫酸、盐酸、硝酸外,能抗大多数酸、碱腐蚀,可用于化工机械设备 |
| 在某些特殊工况条件下 | 固体润滑材料可用于开动机器后不可能再加油的部位;用于非金属表面的润滑,如木制品、玻璃、塑料等的润滑;在超高真空工作条件下的机械,如宇宙间的工作机械、月球车等;在强辐照和放射线条件下工作机械的润滑;在人不便于接近的部位,如原子反应堆,均可用固体润滑材料润滑 |

## 4.5　润滑剂添加剂

根据 SH/T 0389—1992《石油添加剂的分类》标准,润滑剂添加剂按作用分为清净剂和分散剂、抗氧抗腐剂、极压抗磨剂、油性剂和摩擦改进剂、抗氧剂和金属减活剂、粘度指数改进剂、防锈剂、降凝剂和抗泡沫剂等。润滑剂常用添加剂见表1.7-42。

添加剂名称一般形式为类＋品种。

例如 T102,T 为类(石油添加剂);102 为品种(表示清净剂和分散剂组中的中碱性石油磺酸钙,其第一个阿拉伯数字"1"表示润滑剂添加剂部分中清净剂和分散剂的组别号)。

### 表 1.7-42　润滑剂常用添加剂

| 添加剂主要类型及名称 | | 应 用 | 作 用 |
|---|---|---|---|
| 清净分散剂 | 1)低碱度石油磺酸钙(T101)<br>2)中碱度石油磺酸钙(T102)<br>3)高碱度石油磺酸钙(T103)<br>4)烷基酚钡<br>5)烷基酚钙<br>6)硫磷化聚异丁烯钡盐(T108)<br>7)烷基水杨酸钙(T109)<br>8)聚异丁烯丁二酰亚胺(无灰分散剂)(T151～T155) | 与抗氧抗腐剂复合使用于内燃机油、柴油机油和船用气缸油。一般汽油机油和柴油机油中清净分散剂的添加量为3%;高级汽油机油和增压柴油机油中的添加量要增加,具体数量及配方需通过试验确定;船用气缸的添加量为20%～30%。在使用过程中,常将各种具有不同特性的清净分散剂复合使用 | 1)清净分散作用。清净分散剂吸附在燃料及润滑油的氧化产物(胶质)上,悬浮于油中,防止在油中产生沉淀和在活塞、气缸中形成积炭。这些沉淀和积炭会造成气缸部件粘结、甚至卡死,影响发动机正常运转<br>2)中和作用。中和含硫燃料燃烧后生成的氧化硫及其他酸性物质,避免机器部件的腐蚀 |
| 抗氧抗腐剂 | 1)二芳基二硫化磷酸锌(T201)<br>2)二烷基二硫化磷酸锌(T202)<br>3)硫磷化烯烃钙盐 | 与清净分散剂复合使用于发动机油中,一般汽油机油及柴油机油中,用量为0.5%～0.8%,用于高级内燃机油中也不超过1.5% | 1)分解润滑油中由于受热氧化产生的过氧化物,从而减少有害酸性物得生成<br>2)钝化金属表面,使金属在受热情况下,减缓腐蚀<br>3)与金属形成化学反应膜减少磨损 |

（续）

| 添加剂主要类型及名称 | 应　用 | 作　用 |
|---|---|---|
| 抗氧化剂　1)2,6-二叔丁基对甲酚(T501)　2)芳香胺(T531)　3)双酚(T511)　4)苯三唑衍生物(T551)　5)噻二唑衍生物(T561) | 主要用于工业润滑油,如变压器油、汽轮机油、液压油、仪表油等,添加量为 0.2% ~ 0.6%。工作温度较高时,双酚型抗氧化剂较为有效 | 润滑油在使用过程中不断与空气接触发生联锁氧化反应。抗氧化剂能使联锁反应中断,减缓润滑油的氧化速度,延长油的使用寿命 |
| 油性、极压剂　1)酚类(油酸丁酯、二聚酸乙二醇单脂及动植物油等)　2)酸及其皂类(油酸、二聚酸、硬脂酸铝等)(T402)　3)醇类(脂肪醇)　4)磷酸酯、亚磷酸酯(磷酸三乙酯、磷酸三甲酚酯、亚磷酸二丁酯等)(T304 等)　5)二烷基二硫化磷酸锌(T202)　6)磷酸酯、亚磷酸酯、硫化磷酸酯的含氮衍生物(T308 等)　7)硫化烯烃(硫化异丁烯、硫化三聚异丁烯 T321)　8)二苄基二硫化物(T322)　9)硫化妥尔油脂肪酸酯　10)硫化动植物油或硫氯化动植物油(T405,T405A)　11)氯化石蜡(T301、T302)　12)环烷酸铅(T341) | 用于汽车齿轮油、工业极压齿轮油、金属加工油(轧制油、切削油等)、导轨油、抗磨液压油、极压汽轮机油、极压润滑脂及其他工业用油。添加量为 0.5% ~ 10%,有的甚至在 20% 以上。在使用中,既可单独使用,也可复合使用,根据各种油品的性能要求确定 | 1)油性添加剂在常温条件下,吸附在金属表面上形成边界润滑层,防止金属表面的直接接触,保持摩擦面得良好润滑状态　2)极压添加剂在高温条件下,分解出活性元素与金属表面起化学反应,生成一种低剪切强度的金属化合物薄层,防止金属因干摩擦或在边界摩擦条件下而引起的粘着现象 |
| 降凝剂　1)烷基萘(T801)　2)醋酸乙烯酯与丁烯二酸共聚物　3)聚 α-烯烃(T803)　4)聚甲基丙烯酸酯(T814)　5)长链烷基酚 | 广泛应用于各种润滑油,如内燃机油、齿轮油、机械油、变压器油、液压油、汽轮机油、冷冻机油等。添加量为 0.1% ~1% | 降凝剂能与油中的石蜡产生共晶,防止石蜡形成网状结构,使润滑油不被石蜡网状结构包住,并呈流动液体状态存在而不致凝固,即起降凝作用 |
| 增粘剂　1)聚乙烯基正丁基醚(T601)　2)聚甲基丙烯酸酯(T602)　3)聚异丁烯(T603)　4)乙丙共聚物(T611)　5)分散型乙丙共聚物(T631) | 配制冷启动性能好、粘温性能好、可以四季通用、南北地区通用的稠化机油、液压油和多级齿轮油等。一般用量为 3% ~10%,也可更多 | 1)改善润滑油的粘温特性　2)对轻质润滑油起增稠作用。加有增粘剂的油高温不易变稀,低温不易变稠 |
| 防锈剂　1)石油磺酸钠(T702)　2)石油磺酸钡(T701)　3)二壬基萘磺酸钡(T705)　4)环烷酸锌(T704)　5)烯基丁二酸(T746)　6)苯骈三氮唑(T706)　7)烯基丁二酸咪唑啉盐(T703)　8)山梨糖醇单油酸酯　9)氧化石油脂及其钡皂(T743)　10)羊毛脂及其皂　11)N-油酰肌胺酸十八胺(T711) | 广泛应用于金属零件、部件、工具、机械发动机及各种武器的封存防锈油脂(长期封存防腐油脂、工作封存两用油脂薄层油等),在使用中要求一定防锈性能的各种润滑油脂(汽轮机油、齿轮油、机床用油、液压油、切削油、仪表油脂等)、工序间防锈油脂等。在使用过程中,常将各种具有不同特点的防锈剂复合使用,以达到良好的综合防锈效果。添加量随防锈性能的要求不同而不同,一般为 0.01% ~20% | 防锈剂与金属表面有很强的附着能力,在金属表面上优先吸附形成保护膜或与金属表面化合形成钝化膜。防止金属与腐蚀介质接触,起到防锈作用 |
| 抗泡剂　1)二甲硅油　2)丙烯酸酯与醚共聚物(T911) | 用于各种循环使用的润滑油。添加量为百万分之几。应用时先用煤油稀释,最好用胶体磨或喷雾器分散于润滑油中 | 润滑油在循环使用过程中会吸收空气,形成泡沫,抗泡剂能降低表面张力,防止形成稳定的泡沫 |

# 5　通用零部件的润滑

对于通用零部件的润滑，除选择润滑剂外，同时还要考虑润滑方式。针对于不同部位选用不同润滑剂，采用不同润滑方式进行润滑，以保证能充分给摩擦部位供给润滑剂，使零部件正常而可靠地运行。

## 5.1　滑动轴承的润滑

### 1. 润滑剂类型的选择

滑动轴承绝大多数用润滑油润滑，只是在轴颈周围速度小于1m/s时才使用润滑脂。在特别高速时可用气体润滑剂（如空气）。当工作温度特高或特低时，可使用固体润滑剂。

### 2. 润滑油粘度的选择

对于滑动轴承，粘度是润滑油最重要的参数。粘度太低，轴承承载能力不够；粘度过高，则摩擦功率

损耗和温升将会过大，故要根据工作条件选出合适粘度的润滑油，而此粘度应是轴承在正常运转时该温度下的粘度。

### 3. 润滑方式的选择

滑动轴承的润滑方式可按式（1.7-1）求得的 $K$ 值选取

$$K = \sqrt{pv^3} \qquad (1.7\text{-}1)$$

式中　$p$——轴颈的平均压强（MPa）；

　　　$v$——轴颈的圆周速度（m/s）。

通常，$K \leqslant 1900$，用润滑脂润滑；

$K$ 为 1900～16000，用针阀油杯润滑；

$K$ 为 16000～30000，用油杯或飞溅润滑，需要用水循环冷却；

$K > 30000$，用压力喷油润滑。

滑动轴承用润滑油的选择见表 1.7-43，润滑脂的选择见表 1.7-44。

**表 1.7-43　滑动轴承润滑油的选择**

| 轴颈圆周速度 $v$/(m/s) | $p_m < 3\text{N/mm}^2$ 工作温度 $t=10\sim60℃$ | | $p_m$ 为 $3\sim7.5\text{N/mm}^2$ 工作温度 $t=10\sim60℃$ | | $p_m > 7.5\sim30\text{N/mm}^2$ 工作温度 $t=20\sim80℃$ | |
|---|---|---|---|---|---|---|
| | 运动粘度(40℃)/(mm²/s) | 适用油牌号 | 运动粘度(40℃)/(mm²/s) | 适用油牌号 | 运动粘度(100℃)/(mm²/s) | 适用油牌号 |
| <0.1 | 80～145 | 68、100、150;30号汽油机油 | 130～190 | 150;40号汽油机油 | 30～50 | 28号轧钢机油;38、52气缸油 |
| 0.1～0.3 | 65～115 | 68、100;30号汽油机油 | 105～160 | 100、150;40号汽油机油 | 20～35 | 28号轧钢机油;38号气缸油 |
| 0.3～1.0 | 60～80 | 46、68;30号汽油机油;20号汽油机油 | 85～115 | 100;30号汽油机油 | 10～20 | 30、40号汽油机油;100、150;15、22号压缩机油 |
| 1.0～2.5 | 40～80 | 46、68;30号汽轮机油;20号汽油机油 | 65～90 | 100、150;20号汽油机油 | — | — |
| 5.0～9.0 | 15～50 | 15、22、32;20、30汽轮机油 | — | — | — | — |
| >9.0 | 5～22 | 7、10、15 | — | — | — | — |

注：7～150 为全损耗系统用油或液压油。

**表 1.7-44　滑动轴承润滑脂选择**

| 轴承压强 $p$/MPa | 轴颈圆周速度 $v$/(m/s) | 最高工作温度/℃ | 选用润滑脂牌号 | 备　注 |
|---|---|---|---|---|
| <1.0 | ≤1.0 | 15 | 3号钙基脂 | |
| 1.0～6.5 | 0.5～5.0 | 55 | 2号钙基脂 | （或通用锂基脂） |
| >6.5 | ≤0.5 | 75 | 3号钙基脂 | |
| ≤6.5 | 0.5～5.0 | 120 | 2号钠基脂 | — |
| 1.0～6.5 | ≤0.5 | 110 | 2号钙钠基脂 | — |
| 1.0～6.5 | ≤1.0 | 50～100 | 2号锂基脂 | — |
| >5.0 | ≤0.5 | 60 | 2号压延基脂 | — |

注：1. 在潮湿的环境，工作温度在75℃以下，也可用铝基脂。
　　2. 工作温度在110～120℃时，可用锂基脂。

## 5.2　滚动轴承的润滑

### 1. 润滑剂类型的选择

滚动轴承约有 85% 用润滑脂润滑，这是由于润滑脂使用方便、便于密封、轴承内部有足够空间储存润滑脂、易于保证润滑效果的缘故。选用润滑油润滑时，应保证在运转温度下阻力不大，摩擦表面油膜形成良好。根据轴承类型不同，在运转温度下应保证必要的粘度。粘度应根据载荷大小、接触面滑动速度和工作温度选取。

### 2. 润滑脂的选用

一般在 $dn < 15 \times 10^4 \sim 20 \times 10^4$ mm·r/min（$d$ 为内径，$n$ 为转速）时，都可以选用润滑脂润滑。填充量以 $1/3 \sim 1/2$ 轴承空间为宜。应注意的是，轴承工作温度若超出润滑脂的适用温度 $10 \sim 15$℃，则脂的寿命会降低 50% 左右，故轴承的工作温度必须低于润滑脂滴点 $20 \sim 30$℃。适用润滑脂润滑的 $dn$ 值界限见表 1.7-45。

**表 1.7-45　润滑脂和润滑油 $dn$ 值界限**

（单位：$10^4$ mm·r/min）

| 轴承类型 | 润滑脂 | 润滑油 | | | |
|---|---|---|---|---|---|
| | | 油浴 | 滴油 | 喷油 | 油雾 |
| 深沟球轴承 | 16 | 25 | 40 | 60 | >60 |
| 球面球轴承 | 16 | 25 | 40 | — | — |
| 向心推力球轴承 | 16 | 25 | 40 | 60 | >60 |
| 短圆柱滚子轴承 | 12 | 25 | 40 | 60 | >60 |
| 圆锥滚子轴承 | 10 | 16 | 23 | 30 | — |
| 球面滚子轴承 | 8 | 12 | — | 25 | — |
| 推力球轴承 | 7 | 10 | — | — | — |

### 3. 润滑油的选用

除了选择润滑油的种类和牌号外，还要选择热稳定性能好、氧化安定性能好、不含有杂质和水分的优质润滑油。滚动轴承润滑油的选择见表 1.7-46。

**表 1.7-46　滚动轴承润滑油的选择**

| 轴承工作温度/℃ | 速度系数 $dn$/(mm·r/min) | $p_m < 3$MPa、工作温度 $t$ 为 $10 \sim 60$℃ | | $p_m$ 为 $3 \sim 20$MPa、工作温度 $t$ 为 $20 \sim 80$℃ | |
|---|---|---|---|---|---|
| | | 运动粘度/(mm²/s) | 适用油牌号 | 运动粘度/(mm²/s) | 适用油牌号 |
| -30 ~ 0 | — | 17 ~ 30 | 15,22;冷冻机油 | 17 ~ 50 | 22,32;冷冻机油 |
| 0 ~ 60 | ≤15000 | 30 ~ 65 | 32、46、68;20、30 号汽轮机油 | 65 ~ 155 | 68、100、150;45、55 号汽轮机油;20、30 号汽油机油 |
| | >15000 ~ 75000 | 30 ~ 50 | 32、46;20 号汽轮机油 | 40 ~ 80 | 46、68;30、40 号汽油机油 |
| | >75000 ~ 150000 | 15 ~ 30 | 15、32;20 号汽轮机油 | 30 ~ 40 | 32;20 号汽油机油 |
| | >150000 ~ 300000 | 6.5 ~ 13 | 7、10;5、7 号主轴油 | 18 ~ 30 | 15 号主轴油;15 |
| 60 ~ 100 | ≤15000 | 95 ~ 150 | 100、150;30 号汽油机油 | 160 ~ 270 | 40 号汽油机油;150 压缩机油 |
| | >15000 ~ 75000 | 65 ~ 100 | 68;20 号汽油机油 | 95 ~ 150 | 100、150;30 号汽油机油 |
| | >75000 ~ 150000 | 50 ~ 80 | 46、68;30、45 号汽轮机油;20 号汽油机油 | 65 ~ 100 | 68;45、55 号汽轮机油 |
| | >150000 ~ 300000 | 30 ~ 65 | 32、46、68;20、30 号汽油机油 | 50 ~ 80 | 46、68;20 号汽油机油;30、45 号汽轮机油 |

（续）

| 轴承工作温度/℃ | 速度系数 $dn$/(mm·r/min) | $p_m < 3$MPa、工作温度 $t$ 为 10～60℃ | | $p_m$ 为 3～20MPa、工作温度 $t$ 为 20～80℃ | |
| --- | --- | --- | --- | --- | --- |
| | | 运动粘度/(mm²/s) | 适用油牌号 | 运动粘度/(mm²/s) | 适用油牌号 |
| 100～150 | — | 13～16（100℃） | 40 号柴油机油；40 号汽油机油 | 15～25（100℃） | 40 号汽油机油；24 号气缸油 |
| 0～60 | 滚针轴承 | 50～65 | 46、68；3 号汽轮机油 | 65～80 | 68；45 号汽轮机油；20 号汽油机油 |
| 60～100 | | 65～80 | 68；45 号汽轮机油；20 号汽油机油 | 95～160 | 100、150；30 号汽油机油 |

注：1. 表中有的运动粘度，除标注外，其余均为 40℃的粘度。
　　2. 15～150 为耗损系统用油或液压油。

## 5.3　齿轮传动的润滑

1. 润滑剂类型的选择

齿轮传动绝大部分采用润滑油润滑，在一些特殊情况下也可采用润滑脂或固体润滑剂润滑。

2. 润滑方式的选择

齿轮传动的润滑方式主要取决于齿轮圆周速度的大小。一般圆周速度较低时，通常采用定期人工加油或压力加油润滑。对于闭式齿轮传动，当圆周速度 $v < 10$m/s 时，常采用浸油润滑；当 $v > 10$m/s 时，可采用喷油润滑；当 $v \leqslant 25$m/s 时，喷油嘴位于轮齿的啮入边和啮出边均可；当 $v > 25$m/s 时，喷油嘴应位于轮齿的啮出边。

3. 润滑油的选用

齿轮传动润滑油的种类可根据面接触应力 $\sigma_H$ 和节圆圆周速度 $v$ 的乘积（$\sigma_H \cdot v$）来确定。同时，还要考虑工作条件，工作时齿面温度较高时，应选择粘度适当、粘度指数较高、抗氧化性能好的润滑油。在环境温度变化较大的场合，应选择低温性能好、凝点低和粘度指数较高的润滑油。$\sigma_H \cdot v$ 值见表 1.7-47。对于多级齿轮传动，按低速级选择润滑油类型。当圆周速度 $v < 2.5$m/s 时，可按 $\sigma_H$ 选择油的种类，见表 1.7-48。

选定了润滑油的种类后，可根据力-速度因子由图 1.7-1 选取润滑油的粘度，确定粘度等级，图中虚线用于有添加剂的齿轮油。在 2 级传动中，以末级传动为准；在 3 级传动中，以第 2、3 所需粘度的平均值为准；在多级传动中需进行相应处理。

**表 1.7-47　$\sigma_H \cdot v$ 值**

| $\sigma_H \cdot v$/(MPa·m/s) | 润滑油种类 |
| --- | --- |
| < 1200 | 普通工业齿轮油 |
| 1200～13000 | 中负荷工业齿轮油 |
| > 13000 | 硫磷型重负荷工业齿轮油 |

**表 1.7-48　按 $\sigma_H$ 选择润滑油**

| 齿面应力 $\sigma_H$/MPa | 推荐使用润滑油 | 齿面状况 | 使用工况 |
| --- | --- | --- | --- |
| < 350 | 普通工业齿轮油 | 调质处理、精度 8 级，每级齿数比 < 8 | 一般齿轮 |
| 350～500 | | | 一般齿轮 |
| > 500～1000 | 中负荷工业齿轮油 | 调质处理、精度 ≥8 级 | 有冲击的齿轮 |
| > 1000～1500 | | 渗碳淬火、表面淬火和热处理，硬度为 58～62HRC | 矿井提升机、露天采掘机、水泥磨、化工机械、水力、电力、冶金、矿山等机械的齿轮 |
| > 1500 | 硫磷型重负荷工业齿轮油 | — | 冶金、轧钢、井下采掘、高温有冲击、有水部分的齿轮 |

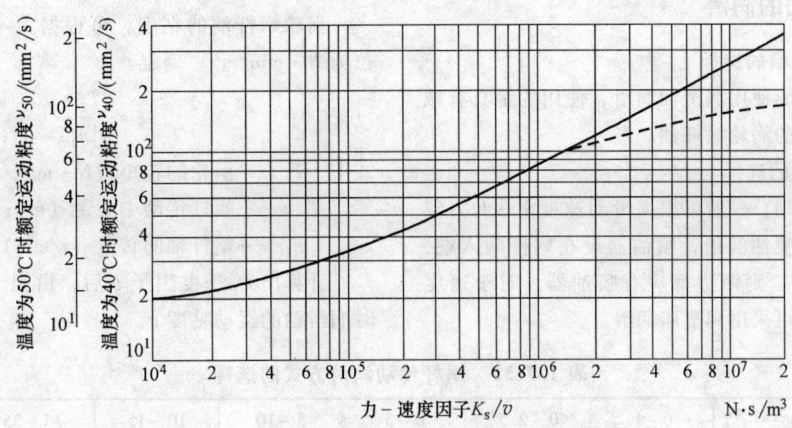

图 1.7-1　圆柱齿轮和锥齿轮润滑油粘度曲线

由图 1.7-1 选定润滑油粘度时，需计算 $K_s/v$（力-速度因子），其单位为 $10^6 \mathrm{N \cdot s/m^3}$。

$$K_s = \frac{F_t}{bd_1} \frac{u \pm 1}{u} Z_H^2 Z_\varepsilon^2 \qquad (1.7-2)$$

$$v = \frac{\pi d_1 n_1}{60 \times 1000} \qquad (1.7-3)$$

在一般情况下，取 $Z_H^2 Z_\varepsilon^2 = 3.0$。

在润滑油的温度高于设计温度（50℃）和由冲击载荷时，按上述条件选定的粘度需作修正。修正时，应将修正量加到上述的粘度值上，最后选定合适的粘度等级。修正量从表 1.7-49、表 1.7-50 中选取。

开始齿轮传动一般速度虽不高，但因不密封或密封简单，润滑剂易飞散和流失，因而要求选用粘附性很高的高粘度润滑油。一般使用沥青质开始齿轮油；齿面压力很高时应选用加有添加剂的开始齿轮油；经常接触水的开始齿轮，应适用具有抗乳化性能的开始齿轮油。开始齿轮油的粘度选用见表 1.7-51。

表 1.7-49　工作温度对润滑油粘度修正值

| 油　类 | 工作温度/℃ | | |
|---|---|---|---|
| | 10 ~ 50 | 50 ~ 80 | 80 ~ 150 |
| 普通工业齿轮油 | 0 | 增加 2 个粘度等级 | |
| 中负荷工业齿轮油 | 0 | 增加 1 个粘度等级[①] | |
| 硫磷型重负荷工业齿轮油 | 0 | | |
| 汽轮机油 | 0 | | — |

① 在油品目录中，向粘度增大方向选取下 1 个粘度值的润滑油。

表 1.7-50　载荷特性对润滑油粘度修正值

| 齿面硬度 HBW | 载　荷　特　性 | | | |
|---|---|---|---|---|
| | 平稳 | 轻微冲击 | 中等冲击 | 严重冲击 |
| ≤350 | 0 | 增加 <30% | 增加 <60% | 增加 1 个粘度等级或更换油品 |
| >350 | 0 | 增加 <30% | 增加 <40% | |

表 1.7-51　间隔润滑开式齿轮润滑油的粘度选用　　　（单位：$\mathrm{mm^2/s}$）

| 齿轮环境温度/℃ | 机械喷射加油法 | | 重力法或滴油法加油 |
|---|---|---|---|
| | 加弱活性极压添加剂的开始齿轮油 | 沥青质开式齿轮油 | 加弱活性极压添加剂的开始齿轮油 |
| 10 ~ 15 | — | 215 ~ 650 | |
| 5 ~ 40 | 110 ~ 125 | 650 ~ 2400 | 110 ~ 125 |
| 20 ~ 50 | 215 ~ 180 | 650 ~ 2400 | 180 ~ 215 |

注：齿轮节圆速度限制在 7.5m/s 以内。

## 5.4　蜗杆传动的润滑

1. 润滑剂类型的选择

蜗杆传动主要使用润滑油润滑，使用的是具有减摩、抗磨添加剂的涡轮蜗杆油。

2. 润滑方式的选择

对于闭式传动，一般可根据滑动速度由表1.7-52中选取。如采用喷油润滑，喷油器设在蜗杆啮入端，若蜗杆双向回转，则两边都应有喷油器。对于速度低、开式传动，可采用润滑脂润滑。

3. 润滑油的选用

涡轮蜗杆油的粘度，可根据力-速度因子 $\xi$（单位为 $N \cdot min/m^2$）确定。

$$\xi = \frac{T_2}{a^3 n_1} \qquad (1.7-4)$$

式中　$T_2$——涡轮的转矩（$N \cdot m$）;

　　　$a$——蜗杆传动中心距（m）;

　　　$n_1$——蜗杆轴的转速（r/min）。

计算出力-速度因子 $\xi$ 后，由图 1.7-2 查得 40℃ 时润滑油的运动粘度 $\nu$。

**表 1.7-52　蜗杆传动润滑方式的选择**

| 滑动速度 $v_s$/(m/s) | 0~1 | 0~2.5 | 0~5 | 5~10 | 10~15 | 15~25 | >25 |
|---|---|---|---|---|---|---|---|
| 润滑方式 | 油浴 | | | 喷油或油浴 | 喷油压力/MPa | | |
| | | | | | 0.07 | 0.2 | 0.3 |

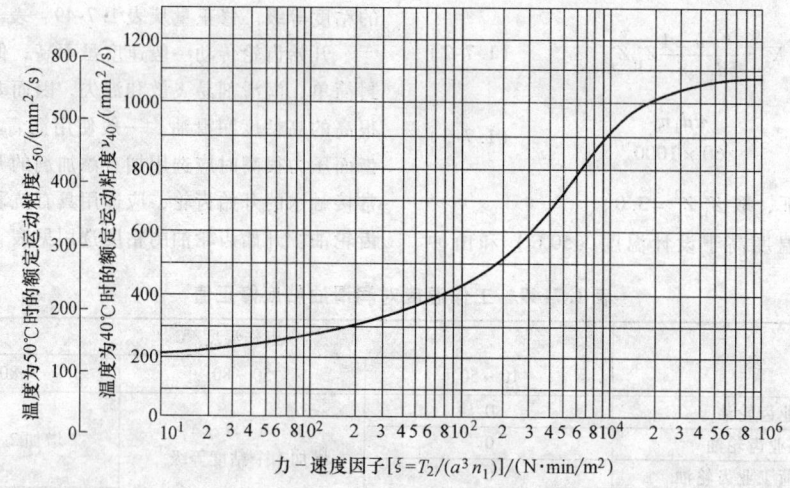

**图 1.7-2　蜗杆传动的润滑油粘度选择**

## 5.5　链传动的润滑

1. 润滑剂类型的选择

在链传动中一般是采用润滑油来润滑铰链、链轮和链条等摩擦表面，润滑油应具有良好的油性、较强的粘附性和较好的抗氧安定性。如果经常在高温环境中使用，可采用固体润滑剂或高温润滑脂。

2. 润滑方式的选择

链传动的润滑方式可根据链轮节圆直径或转速由图 1.7-3 选取。

3. 润滑油的选用

一般可根据链条速度和工作温度等因素，参考表1.7-53 选取。

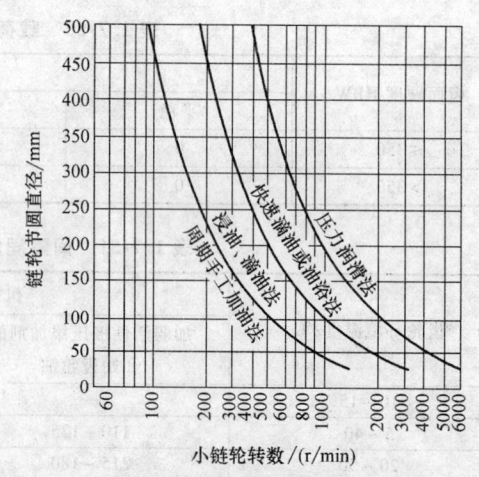

**图 1.7-3　链条润滑方式的选择**

**表 1.7-53　齿形链、滚子链、单环链润滑油的选择**

| 工 作 条 件 | 工作温度/℃ | 荐用润滑油牌号 |
|---|---|---|
| 小功率传动，链条密封不严格，链条速度 $v<3m/s$ | <4 | 32 |
| | 4～38 | 68 |
| | >38 | 100 |
| 链条密封好，链条速度 $v<8m/s$ | <4 | 46 |
| | 4～38 | 68、100 |
| | >38 | 100、N150 |
| 链条密封好，链条速度 $v>8m/s$ | <4 | 46 |
| | 4～38 | 46、68 |
| | >38 | 68、100 |
| 链条密封在壳体中，链条速度 $v>16m/s$ | <4 | 46 |
| | 4～38 | 68 |
| | >38 | 68、100 |

注：32～150 为全损耗系统用油或液压油。

## 5.6　导轨的润滑

1. 润滑剂类型的选择

导轨分为滑动导轨和滚动导轨两种类型。滚动导轨多采用润滑脂润滑。而滑动导轨在一般情况下多采用润滑油润滑，在某些特殊状况下，也采用固体润滑剂润滑。

2. 润滑方式的选择

一般情况下可按表 1.7-54 选用。

3. 润滑油的选用

各类导轨润滑油的选用见表 1.7-55。

## 5.7　机床用润滑剂的选用

机床用润滑剂的选用见表 1.7-56。它适合于各种金属加工机床，为机床制造厂推荐一个国内外统一采用的润滑剂名称（或符号）及其合理的应用范围，但不包括机床制造厂与用户共同商议而选定的某些特定润滑剂。

**表 1.7-54　机床导轨润滑方式**

| 导轨类型 | 润滑方式 | 说明 |
|---|---|---|
| 普通滑动导轨 | 油绳、油轮、油栓、压力循环 | 适用于普通机床 |
| | 由液压系统供油 | 适用于各类磨床 |
| | 油雾 | 要求工作面没有切屑 |
| | 用脂枪或压盖脂杯注入润滑脂 | 用于垂直导轨和偶尔有慢速运动的导轨 |
| 静压导轨 | 在高压下将润滑油或空气，经控制阀送到滑动面 | 摩擦很小，没有爬行，同时有较高的局部刚度，要求工作面没有切屑 |
| 滚动导轨 | 下滚动面应恰好接触油槽中的润滑油　将润滑脂组装时填好，并应有添脂装置，便于补充 | 必须防止污染 |

**表 1.7-55　机床导轨润滑油的选择**

| 机 床 类 型 | 润滑油牌号 |
|---|---|
| 普通车床、铣床、钻床、拉床、滚齿机 | 46、68 |
| 万能磨床、外圆磨床、内圆磨床、齿轮磨床 | 32、46 号液压油 |
| 镗床、镗铣床 | 68、150 |
| 大型车床 | 68、150 |
| 落地镗床 | 100、150 |
| 大型滚齿机 | 100 |

注：除液压油外，其余均为导轨油（SH/T 0361—1998）。

表 1.7-56　机床用润滑剂的选用（摘自 GB 7632—1987）

| 字母 | 一般应用 | 特殊应用 | 更特殊应用 | 组成和特性 | L类（润滑剂）的符号 | 典型应用 | 备 注 |
|---|---|---|---|---|---|---|---|
| A | 全损耗系统 | — | — | 精制矿油 | AN68, AN220 | 轻负荷部件 | — |
| C | 齿轮 | 闭式齿轮 | 连续润滑（飞溅、循环或喷射） | 精制矿油，要改善其抗氧化，抗腐蚀性（黑色金属和有色金属）和抗泡性 | CKB32*、CKB68*、CKB100、CKB150 | 在轻负荷下操作的闭式齿轮（有关主轴轴承、进给箱、滑架等） | CKB32 和 CKB68 也能用于机械控制离合器的溢流润滑，CKB68 可以代替 AN68 |
| | | | | 精制矿油，要改善其抗氧化性（黑色金属）和抗泡性，极压性和抗磨性 | CKC100、CKC150*、CKC200、CKC320*、CKC460 | 在正常中等恒定温度和在重负荷下运转的任何类型闭式齿轮（准双曲面齿轮除外）和有关轴承 | 也能用于导轨、进刀螺杆和轻负荷导轨的润滑和集中润滑 |
| F | 主轴、轴承和离合器 | — | 主轴、轴承 | 精制矿油，要由添加剂改善其抗腐蚀性和抗氧化性 | FC2, FC5, FC10, FC22 | 滑动轴承或滚动轴承和有关离合器的压力、油浴和油雾润滑 | 在有离合器的系统中，由于有腐蚀的危险，所以采用无抗磨性和极压剂的本产品是需要的 |
| | | | | 精制矿油，要由添加剂改善其抗腐蚀性和抗氧化和抗磨性 | FD2, FD5, FD10*, FD22* | 滑动轴承或滚动轴承的压力、油浴和油雾润滑 | 也能用于要求特别高的精度的部件，如精密机械、液压或液压风管压缩机和静压轴承的润滑 |
| G | 导轨 | — | — | 精制矿油，要改善其润滑性和粘滑性 | G68*, G100, G150, G220* | 用于滑动轴承、导轨的润滑，特别适用于低速运动的导轨 | 也能用于各种润滑部件，如导轨、进刀螺杆、凸轮、蜗轮和同断工作的蜗轮的润滑，使导轨上低速运动的"爬行"现象减小到最小 |
| H | 液压系统 | 液压系统 | — | 精制矿油，要改善其抗氧化性、防锈性和抗泡性 | HL32, HL46, HL68 | 包括重负荷元件的一般液压系统 | |
| | | | | 精制矿油，要改善其抗氧化性、防锈性、抗磨性和抗泡性 | HM15, HM32*、HM46*、HM68* | | 也适用于作滑动轴承、滚动轴承和各类正常负荷除外的齿轮（涡轮面齿轮除外）的润滑，HM32 和 HM68 可分别代替 CKB32 和 CKB68 |
| | | | | 精制矿油，要改善其抗氧化性、防锈性、粘温性、抗磨性和抗泡性 | HV22, HV32, HV46 | 数控机床 | 在某些情况下，HV 油可代替 HM 油 |
| | | 液压和导轨系统 | — | 精制矿油，要改善其抗氧、防锈、抗磨、抗泡性和粘-滑性 | HG32*, HG68* | 用于滑动轴承用的机械，液压导轨润滑系统合用的机械，以减少导轨低速运动下的"爬行"现象 | 如果油的粘度合适，也可用于单独的导轨系统，HG68 可代替 G68 |
| X | 用润滑脂的场合 | 通用润滑脂 | — | 润滑脂，要改善其抗氧和抗腐蚀性 | 特定 | 普通滚动轴承、开式齿轮和各种需加润滑脂的部位 | — |

*为优先选用的产品。

## 6　机械设备的换油、脂指标

润滑油、脂在使用和储存过程中，由于机械在运转中受到剪切、搅动、金属催化和摩擦热等因素的作用，以及外界灰尘、杂质、空气中的氧和水汽等的影响，从而产生氧化、变质、解聚、老化等，生成羧酸、胶质、沥青等产物，使油、脂颜色变暗，粘度发生变化，酸值增加，腐蚀性增大，使用寿命缩短。因此，在润滑油、脂使用过程中，要经常检测润滑油、脂的物理化学性能的变化状况，定期从油路中抽取油样，作某些理化性能指标的检验。对某些重大复杂的设备，有时还需要对油样进一步作光谱或铁谱分析，监控设备的工作状况，并预测发生失效的趋势。

对于不同品种的润滑油、脂和不同的设备有不同的换油标准，规定了必须检验的主要物理化学性能，检验项目见表 1.7-57。除表 1.7-57 中所列项目外，还常常随情况的不同而抽检其他必要项目。检验指标变化的原因见表 1.7-58，除了依据润滑油、脂的物化指标（见表 1.7-59～表 1.7-65）来确定是否换油外，还常常按设备说明书或根据一些经验数据来确定换油周期。

**表 1.7-57　部分设备用油主要理化性能检验项目**

| 检验项目 | L-AN 油 | 液压油 | 内燃机油 | 齿轮油 | 汽轮机油 | 空压机油 | 轧钢机油 | 滑动轴承油 |
|---|---|---|---|---|---|---|---|---|
| 粘度 | ○ | ○ | ○ | ○ | ○ | ○ | ○ | ○ |
| 酸值 | ○ | ○ | ○ | ○ | ○ | ○ | ○ | ○ |
| 表面张力 | | ○ | | | ○ | | | |
| 水分 | ○ | ○ | ○ | ○ | ○ | ○ | ○ | ○ |
| 腐蚀试验 | | ○ | | | ○ | | | |
| 机械杂质 | ○ | ○ | ○ | ○ | ○ | ○ | ○ | ○ |
| 氧化试验 | | | | | ○ | | ○ | |
| 热安定性 | | ○ | | | | | | |
| 极压试验（梯姆肯） | | | | ○ | | | | |

**表 1.7-58　检验指标变化的一般原因**

| 项　目 | 检验数据变小的原因 | 检验数据变大的原因 |
|---|---|---|
| 粘度 | 1）使用油劣化（热分解）<br>2）混入低粘度油或燃油 | 1）使用油劣化或有氧化物形成<br>2）混入高粘度油 |
| 酸值 | 填补新油 | 使用油氧化或在高温下使用 |
| 表面张力 | 1）使用油氧化<br>2）添加剂消耗尽 | 添加剂含量增添 |
| 水分 | 蒸发 | 1）冷却水温度过低<br>2）抗乳化性不好<br>3）冷却水渗漏或漏气 |
| 腐蚀 | 添加新油 | 零件生锈 |
| 色泽 | 添加新油 | 1）被空气、水分或其他杂质污染<br>2）使用油劣化<br>3）混入质量低劣的油 |
| 机械杂质 | 1）添加新油<br>2）清洗过滤油器 | 1）使用油劣化，酸值变大<br>2）过滤器堵塞<br>3）腐蚀磨损增大<br>4）混入杂质 |
| 氧化试验 | 添加新油 | 使用油氧化 |
| 极压试验 | 有其他产物渗入或基础油分裂 | 增添新油或极压添加剂 |

表 1.7-59　滑动轴承用油换油指标

| 项　目 | 指　标 | 项　目 | 指　标 |
|---|---|---|---|
| 粘度变化率(%)超过起始值 | ±10 | 酸值增加值/(mgKOH/g)　≥ | 2 |
| 机械杂质(质量分数,%)　≥ | 0.05 | 水分(%)　≥ | 0.1 |

注：指标达到其中一项，即应换油。

表 1.7-60　汽油机油换油指标的技术要求和试验方法 (GB/T 8028—2010)

| 项　目 | | 换 油 指 标 | | 试验方法标准 |
|---|---|---|---|---|
| | | SE、SF | SG、SH、SJ(SJ/GF-2)、SL(SL/GF-3) | |
| 运动粘度变化率100℃(%) | > | ±25 | ±20 | GB/T 265 或 GB/T 11137[①] 和 GB/T 8028 的 3.2 |
| 闪点(闭口)/℃ | 低于 | 100 | | GB/T 261 |
| (碱值-酸值)(以 KOH 计)/(mg/g) | < | — | 0.5 | SH/T 0251、GB/T 7304 |
| 燃油稀释(质量分数,%) | > | 5.0 | | SH/T 0474 |
| 酸值增值(以 KOH 计)/(mg/g) | > | 2.0 | | GB/T 7304 |
| 正戊烷不溶物(质量分数,%) | > | 1.5 | | GB/T 8926(B 法) |
| 水分(质量分数)/% | > | 0.20 | | GB/T 260 |
| 铁含量/(μg/g) | > | 150 | 70 | SH/T 0077、GB/T 17476[①]、ASTMD 6595 |
| 铜含量/(μg/g)增加值 | > | 40 | | GB/T 17476 |
| 铝含量/(μg/g) | > | 30 | | GB/T 17476 |
| 硅含量(增加值)/(μg/g) | > | 30 | | GB/T 17476 |

注：1. 执行 GB/T 8028—2010 的汽油发动机技术状况和使用情况正常。

　　2. GB/T 8028—2010 3.1 中涉及的项目参见 GB/T 8028—2010 的附录 A。

　　3. 运动粘度变化率 $= \dfrac{\text{使用中油的运动粘度实测值} - \text{新油运动粘度实测值}}{\text{新油运动粘度实测值}} \times 100\%$。

① 适合固定式柴油机。

表 1.7-61　柴油机油换油指标的技术要求和试验方法 (GB/T 7607—2010)

| 项　目 | | 换 油 指 标 | | | | 试验方法标准 |
|---|---|---|---|---|---|---|
| | | CC | CD、SF/CD | CF-4 | CH-4 | |
| 运动粘度100℃变化率(%) | > | ±25 | | ±20 | | GB/T 11137 和 GB/T 7606 的 3.2 |
| 闪点(闭口)/℃ | < | 130 | | | | GB/T 261 |
| 碱值下降率/% | > | 50[②] | | | | SH/T 0251[③]、SH/T 0688 和 GB/T 7607 的 3.3 |
| 酸值增值(以 KOH 计)/(mg/g) | > | 2.5 | | | | GB/T 7304 |
| 正戊烷不溶物(质量分数,%) | > | 2.0 | | | | GB/T 8926(B 法) |
| 水分(质量分数,%) | > | 0.20 | | | | GB/T 260 |
| 铁含量/(μg/g) | > | 200 100[①] | 150 100[①] | 150 | | SH/T 0077、GB/T 17476[③]、ASTMD 6595 |
| 铜含量/(μg/g) | > | — | — | 50 | | GB/T 17476 |
| 铝含量/(μg/g) | > | — | — | 30 | | GB/T 17476 |
| 硅含量(增加值)/(μg/g) | > | — | — | 30 | | GB/T 17476 |

注：1. 执行 GB/T 7607—2010 的柴油发动机技术状况和使用情况正常；

　　2. GB/T 7607—2010 的 3.1 中涉及的项目参见 GB/T 7607—2010 中的附录 A。

　　3. 运动粘度变化率 $= \dfrac{\text{使用中油的运动粘度实测值} - \text{新油运动粘度实测值}}{\text{新油运动粘度实测值}} \times 100\%$。

① 适合固定式柴油机。

② 采用统一检测方法。

③ 此方法为仲裁方法。

表 1.7-62　普通车辆齿轮油的换油指标（摘自 SH/T 0475—1992）

| 项　　目 | | 指　　标 | 试验方法标准 |
|---|---|---|---|
| 100℃运动粘度变化率(%) | > | – 10 ~ + 20 | SH/T 0475 的 3.2 |
| 水分(%) | > | 1.0 | GB/T 260 |
| 酸值增加值(mgKOH/g) | > | 0.5 | GB/T 8030 |
| 铁含量[①](质量分数,%) | > | 0.5 | SH/T 0197 |
| 戊烷不溶物(质量分数,%) | > | 2.0 | GB/T 8926 |

注：100℃运动粘度变化率 = $\dfrac{\text{使用中油的粘度实测值} - \text{新油粘度实测值}}{\text{新油粘度实测值}} \times 100\%$

① 铁含量测定方法允许采用原子光谱吸收法。

表 1.7-63　L-HL 液压油的换油指标（摘自 SH/T 0476—1992）

| 项　　目 | | 指　　标 | 试验方法标准 |
|---|---|---|---|
| 外观 | | 不透明或浑油 | 目测 |
| 40℃运动粘度变化率(%) | > | ±10 | SH/T 0476 的 3.2 |
| 色度变化(比新油)/号 | ≥ | 3.0 | GB/T 6540 |
| 水分(%) | > | 0.1 | GB/T 260 |
| 酸值/(mgKOH/g) | > | 0.3 | GB/T 264 |
| 机械杂质(质量分数,%) | > | 0.1 | GB/T 511 |
| 铜片腐蚀(100℃,3h)/级 | ≥ | 2.0 | GB/T 5096 |

注：运动粘度变化率 = $\dfrac{\text{使用中油的粘度实测值} - \text{新油粘度实测值}}{\text{新油粘度实测值}} \times 100\%$。

表 1.7-64　轻负荷喷油回转式空气压缩机油的换油指标（SH/T 0538—2000）

| 项　　目 | | 指　　标 | 试验方法标准 |
|---|---|---|---|
| 40℃运动粘度变化率(%) | > | ±10 | GB/T 265 及 SH/T 0538 的 3.2 |
| 酸值(增加值)/(mgKOH/g) | > | 0.2 | GB/T 264 |
| 正戊烷不溶物(质量分数,%) | ≥ | 0.2 | GB/T 8926 |
| 水分(%) | > | 0.1 | GB/T 260 |
| 润滑油氧化安定性/min | < | 50 | SH/T 0193 |

注：运动粘度变化率 = $\dfrac{\text{使用中油的粘度实测值} - \text{新油粘度实测值}}{\text{新油粘度实测值}} \times 100\%$。

表 1.7-65　润滑脂的换脂指标

| 项　　目 | | 指　　标 |
|---|---|---|
| 稠度变化 | > | 45 |
| 滴点(%) | > | 15 |
| 脂的含油量比(旧油/新油)(%) | < | 70 |
| 铜片腐蚀 | | 有腐蚀性 |
| 混入的杂质 | | 砂尘、金属粉末等 |
| 氧化变质 | | 有腐臭气味 |
| 水乳化 | | 有乳化现象 |

# 7　润滑方式

## 7.1　润滑方法的分类

润滑方法较多，但目前仍没有统一的分类方法。按使用润滑剂的种类的分类如图 1.7-4 所示：

## 7.2　常见的润滑方式

### 7.2.1　手工给油润滑

这种给油润滑方法最为简单，主要是用于开始齿轮、链条、钢丝绳及低速、小负荷的简易小型机械。手工给油润滑通过油枪或油杯加油，如果加油不及时，易造成磨损。

### 7.2.2　滴油润滑

滴油润滑是依靠油的自重通过润滑装置向润滑部位滴油进行润滑的。这种方式使用方便，主要用于轴承、齿轮、链条及导轨等的润滑。但给油量不易控制，振动、温度的变化以及油面的高低都会影响给油量。

### 7.2.3　油环或油链润滑

如图 1.7-5 所示，套在轴颈上的油环 2 下部浸在油池中，当轴旋转时，靠摩擦力带动油环转动，从而把油带入轴承中，进行润滑。此方法适用于转速为

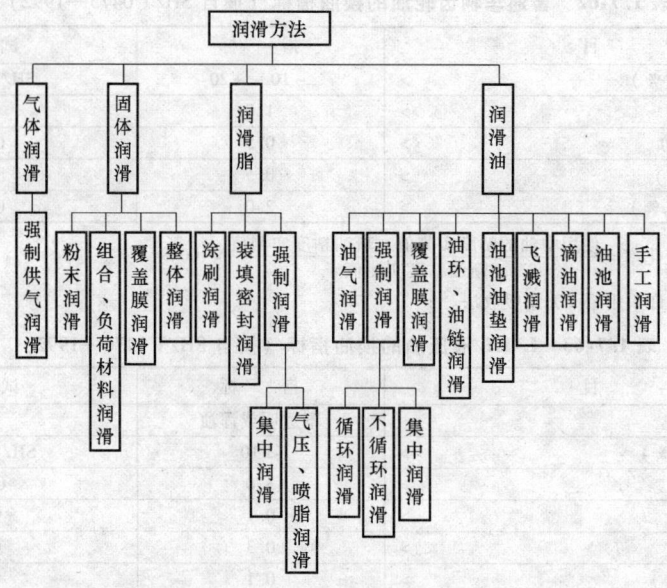

图 1.7-4　润滑方法的分类

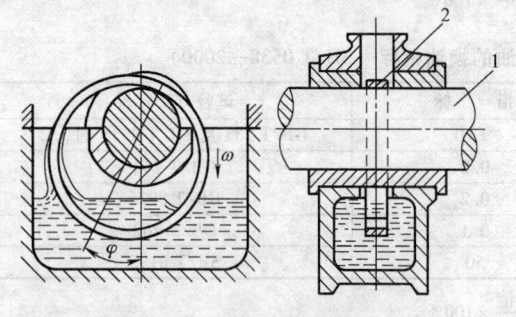

图 1.7-5　油环润滑
1—轴　2—油环

50～3000r/min 的水平轴。如果转速过高，油环在轴上激烈跳动，而转速太低时，油环带的油量不足。当轴颈长度超过 100mm 时，应采用两个油环。油环直径为轴颈的 1.5～2 倍，常采用矩形断面。为增大供油量可在环内表面上加工几个圆槽，当需油量较小时，也可采用圆断面的油环。

由于油链在低速时也能带起较多的油，因此油链适用于低速机械。因链在高速时易脱离不连续旋转，故不适用于高速机械。

**7.2.4　飞溅（油池）润滑**

此种润滑方式简单可靠，它是利用旋转的机件或附加在轴上的甩油盘、甩油片等，将油池中的油溅散或带到润滑部位（见图 1.7-6）的。箱体内壁的油槽还能将溅散的油汇集而流到轴承中润滑轴承。这种润滑方式只能应用于封闭的传动装置（如各种减速器、内燃机的曲轴等）。浸在油池中的机件的圆周速度 $v$ <

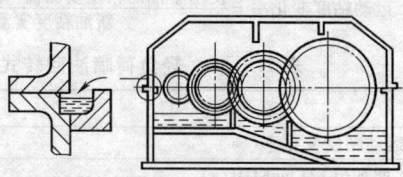

图 1.7-6　飞溅（油池）润滑

12m/s，否则油将产生大量泡沫，使油很快氧化变化而失效，应设置油面指示器以检查油位。

**7.2.5　压力循环润滑**

此方法是利用液压泵以一定的工作压力将润滑油输送到各润滑部位的，使用过的润滑油可再回到油箱，从而实现润滑油的循环使用，如图 1.7-7 所示。一般压力循环润滑可调整供油压力和油量，从而能保证连续供油。由于供油充分，油还能带走热量，冷却效果好，所以这种方式广泛地应用于大型、重型、高速、精密和自动化的各种机械设备上。

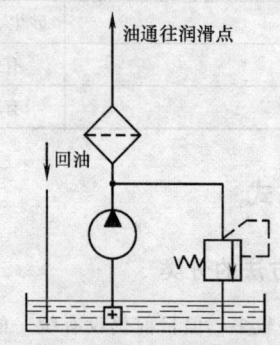

油通往润滑点

回油

图 1.7-7　压力循环润滑系统

## 7.2.6　集中润滑

集中润滑主要用于设备中有大量的润滑点或整个车间或工厂的润滑系统。采用集中润滑可以减少维护工作，提高可靠性。

图 1.7-8 所示为 XYHZ-6.3-125 型稀油站系统图。油箱 1 中的润滑油，经液压泵 2 排出，经单向阀 3、双筒式过滤器 4 及冷却器 5 至各润滑点。当油不需要冷却时，经旁路 6 直接至出油口，图中 7 是压力表，显示管路中的压力；8 是压差计，显示滤油器进、出口的压力差，压差太小说明滤油器堵塞；9 是电接触点温度计，检测油温；10 是压力继电器，利用油压自动控制；11 是安全阀，起控制压力和溢流作用；12 是过滤器，将回油中部分屑末清除；13 是电加热器，当油箱中油温低于最低调定温度，需对油进行加热。

润滑脂集中润滑分手动和电动两种；按管路数目

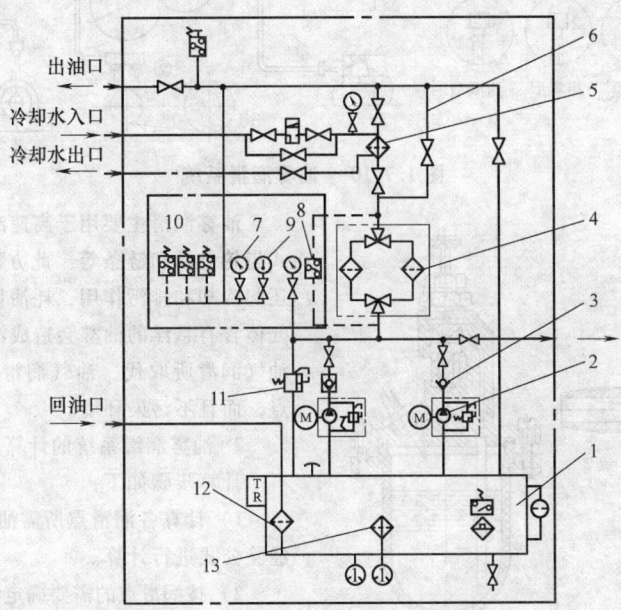

图 1.7-8　XYHZ-6.3-125 型稀油站系统图

又分为单线和双线两种。手动润滑脂集中润滑系统装置，工作压力一般为 7MPa，润滑点不多于 30 个，润滑区域半径为 2 ~ 15m；电动润滑脂集中润滑系统装置工作压力一般为 10MPa，润滑点可达几百个，润滑区域半径为 5 ~ 120m。

图 1.7-9 所示为电动双线式润滑脂的集中润滑系统示意图，液压泵 1 由干油站送出的润滑脂经过滤器 3、主油管路 4、支油管路 6、给油器 5 至各润滑点。当所有的给油器给满了润滑脂时，主油管路压力上升

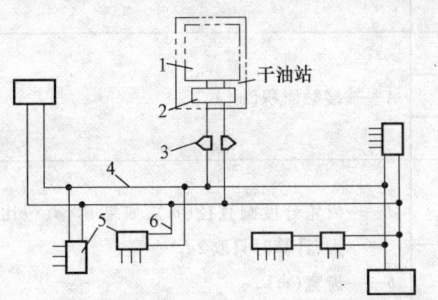

图 1.7-9　电动双线式润滑脂集中润滑系统

到推动压力使操纵阀动作，控制干油站中的电磁换向阀 2 换向，使另一条主油管路接通给脂。

### 7.2.7　油雾润滑

#### 1. 工作原理

油雾润滑时利用压缩空气将油雾化，通过管道，再经喷嘴喷射到各润滑部位，形成和保持一定厚度的油膜的一种自动集中润滑方式。

油雾润滑系统是由有无润滑装置、管道和凝缩嘴所组成，如图 1.7-10 所示。油雾润滑装置主要由分水滤气器、调压阀及油雾发生器等组成。图 1.7-11 所示为油雾发生器，进入管中的压缩空气，以高速流过文托里管产生压差，容器中的油经导管被吸到顶部腔室中，然后滴入文托里管，在这里被高速流动的空气雾化成粒度不大于 $2\mu m$ 的干燥油雾。这样的油雾，表面张力大，可经管道输送而不会凝聚与管的内壁上。但这样的油雾到润滑表面难以形成油膜，因此必须经凝缩嘴将油雾凝缩成小油粒喷向润滑表面，而压缩空气从密封或特设的排气孔排出。

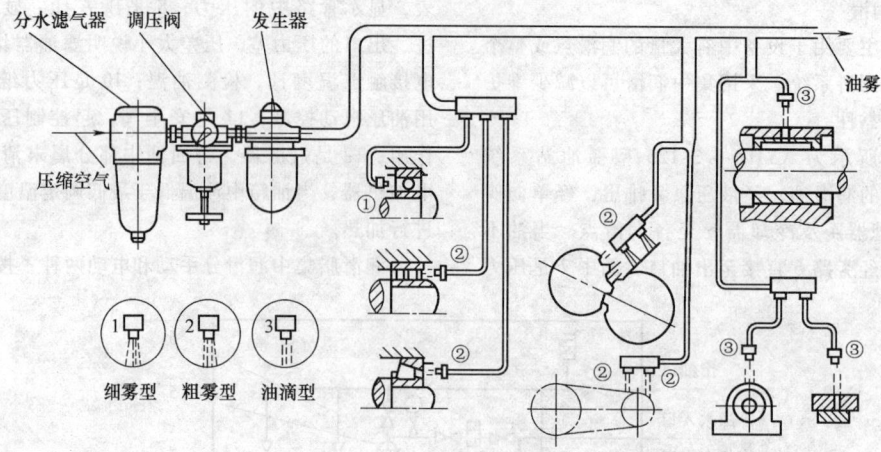

图 1.7-10　油雾润滑系统

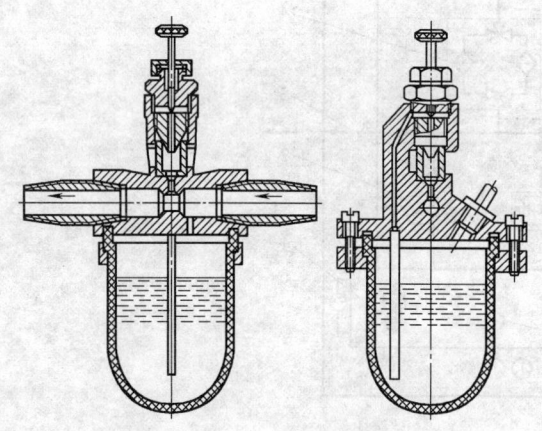

图 1.7-11　油雾发生器

油雾润滑主要用于高速滚动轴承、滑动轴承、闭式齿轮传动和链条等。此方法不仅达到润滑的目的，还起冷却和排污作用，耗油量很小，其缺点是排出的气体含有悬浮的油雾会造成污染。这种方法已逐渐被油气润滑所取代，油气润滑不但具有油雾润滑的优点，而且不污染环境。

2. 油雾润滑系统的计算

计算步骤如下：

1）计算各润滑点所需油雾量，按表 1.7-66 所列经验公式进行计算。

2）按润滑点的需要确定油雾压力，通常为 4.9kPa（500mm 水柱）。

3）选定凝缩嘴。

表 1.7-66　各类摩擦副所需油雾量的计算

| 摩擦副 | 计算公式 | 说明 |
|---|---|---|
| 滚动轴承 | 轻负荷 $Q = 0.85di$ | $Q$——油雾量（$m^3/h$）<br>$d$——轴承孔径（m）<br>$i$——滚动体的列数 |
| | 中等负荷 $Q = 1.7di$ | |
| | 重负荷 $Q = 3.5di$ | |
| 滑动轴承 | 轻负荷 $Q = 26ld$ | $d$——轴承孔径（m）<br>$l$——轴承长度（m） |
| | 中等负荷 $Q = 44ld$ | |
| | 重负荷 $Q = 88ld$ | |
| 滑动面 | 滑动导轨 $Q = 3.3A$ | $A$——接触面积（$m^2$） |
| | 滑板 $Q = 6.6A$ | |
| | 滑块、万向节 $Q = 19A$ | |
| 齿轮传动 | 不可逆回转<br>$Q = 16.4b(d_1 + d_2 + \cdots)$ | $d$——齿轮分度圆直径（m），如果 $d_2$、$d_3 \cdots$ 比 $2d_1$ 大，计算时只取 $2d_1$<br>$b$——齿宽（m） |
| | 可逆回转<br>$Q = 23.9b(d_1 + d_2)$ | |

（续）

| 摩　擦　副 | 计　算　公　式 | 说　　　明 |
|---|---|---|
| 蜗杆传动 | **不可逆回转**<br>$Q = 16.4b(2d_1 + d_2)$<br><br>**可逆回转**<br>$Q = 23.9b(2d_1 + d_2)$ | $d_1$——蜗杆分度圆直径（m）<br>$d_2$——蜗轮分度圆直径（m）<br>$b$——齿宽（m） |
| 链传动 | **套筒滚子链**<br>$Q = 8.2pd_1 i \sqrt{(0.01n_1)^3}$<br><br>**套筒链**<br>$Q = 4.3bd_1 \sqrt{(0.01n_1)^3}$<br><br>**运输链**<br>$Q = (0.064d_2 + 1.1L)b$ | $p$——节距（m）<br>$d_1$——小链轮节圆直径（m）<br>$b$——链宽（m）<br>$n_1$——主动链轮转速（r/min）<br>$i$——链条排数<br>$L$——运输链长度（m）<br>$d_2$——运输链主动轮节圆直径（m） |
| 密封圈 | $Q = 2.2d$ | $d$——密封圈内径（m） |

4）计算系统总的油雾量，将各润滑点所需油雾量相加。

5）选择油雾润滑装置，使选择的油雾润滑装置的油雾量大于或等于系统总的油雾量。

6）确定油雾管道。根据输送的油雾量，按图1.7-12所示曲线确定油管道的内径和允许的最大长度。

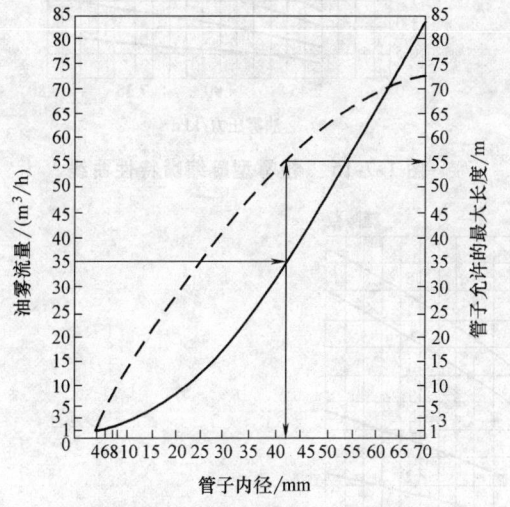

**图 1.7-12　输送油雾管道计算图线**

7）计算润滑油的耗量，每 m³ 的油雾中含油量为 4～14cm³。

3. 凝缩嘴

根据凝缩嘴效果的不同分为三类，如图 1.7-10

所示。

1）细雾型（油粒约为 5μm）适用于球轴承。

2）粗雾型（油粒约为 30μm）适用于滚子轴承、齿轮和链传动等。

3）油滴型（油粒约为 4.5μm）适用于滑动轴承和滑动面等。

依据摩擦副的类型、所需的油雾量及油雾压力，按凝缩嘴的特性曲线选定凝缩嘴时确定凝缩嘴的主要参数。

凝缩嘴的结构类型如图 1.7-13 所示。各类凝缩嘴的特性曲线及主要参数如图 1.7-14 ~ 图 1.7-16 所示。滑动轴承每 150mm 长设一个凝缩嘴，齿轮每 50mm 齿宽设一个凝缩嘴。凝缩嘴的安装位置如图 1.7-17 所示。

### 7.2.8 覆盖膜润滑

用各种手段将固体润滑剂覆盖在零件的摩擦表面上，使之成为具有自润滑能力的干膜，这种润滑方法在工程上使用广泛。

成膜方法有：溅射、点泳沉积、真空沉积、等离子喷镀、电镀、离子镀、化学生成、浸渍、粘结、极压、辊涂和振动等。不论什么方法成膜，膜的摩擦因数要低，耐磨寿命要长，膜对金属的表面粘附能力要强，要有抗腐蚀能力，还要有较高的承载能力。在成膜过程中，金属表面的处理方法不同将直接影响膜的使用寿命。因此，必须注意金属表面的处理，一般金属表面预处理方法见表 1.7-67。具体成膜方法可参考有关资料。

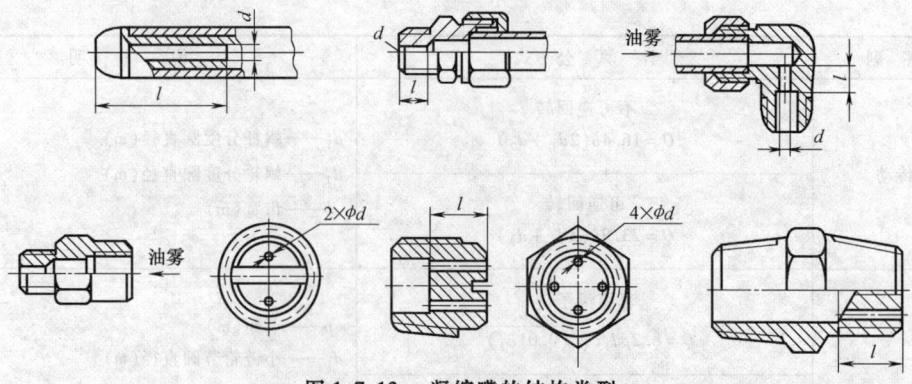

图 1.7-13　凝缩嘴的结构类型

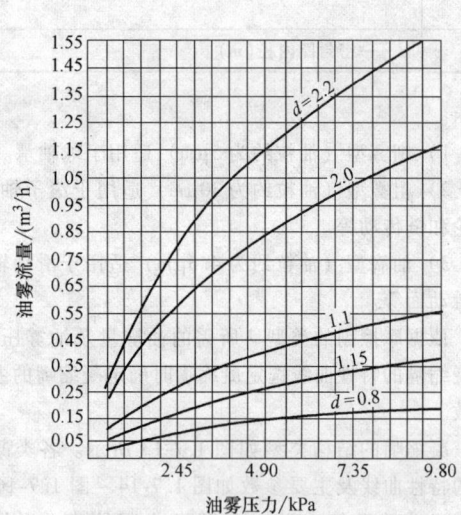

图 1.7-14　细雾型凝缩嘴特性曲线

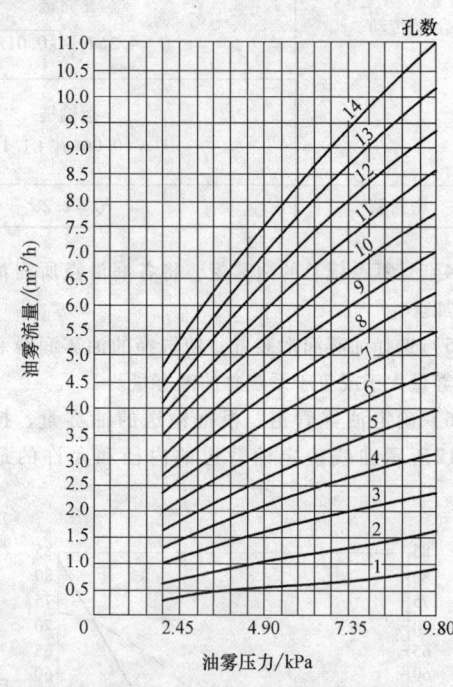

图 1.7-15　粗雾型凝缩嘴特性曲线

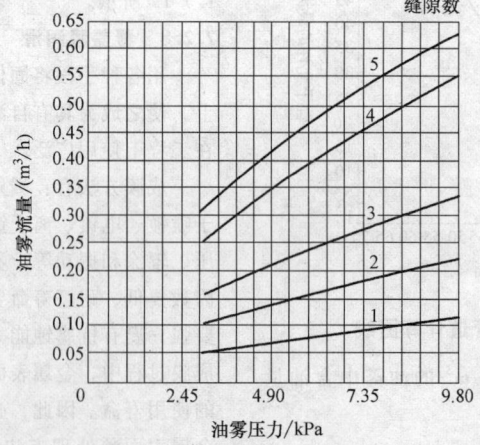

图 1.7-16　油滴型凝缩嘴特性曲线

（缝隙半径 $R = 0.5 \text{mm}$，$L = 9.7 \text{mm}$）

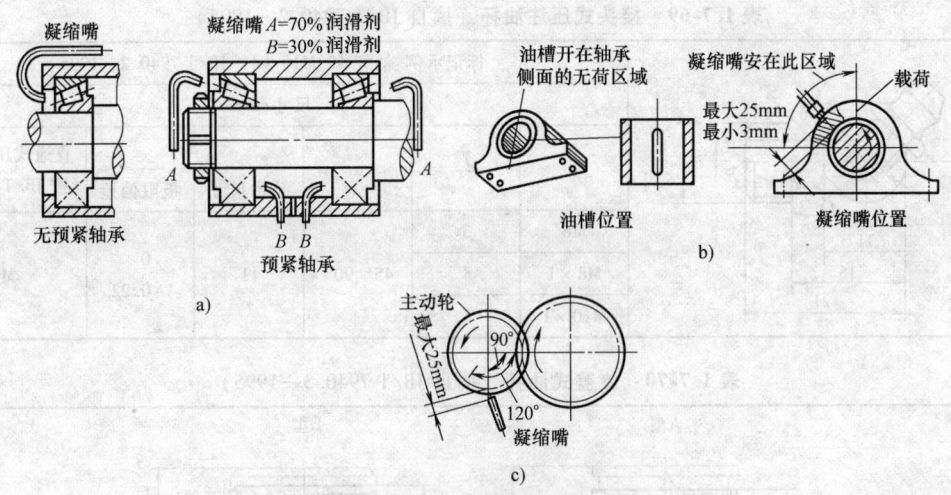

**图 1.7-17　凝缩嘴的安装位置**

a）滚动轴承　　b）圆锥滚子轴承　　c）径向滑动轴承

**表 1.7-67　常见金属表面的预处理方法**

| 金属种类 | 预处理方法 |
|---|---|
| 钢（不包括不锈钢） | 喷砂或其他机械处理、电火花处理、磷酸处理 |
| 铝 | 阳极氧化处理、化学生成膜处理 |
| 镀铬及镍 | 喷砂或蒸汽处理 |
| 镀锌 | 磷酸处理 |
| 铜及铜合金 | 电解液浸渍 |
| 镁 | 重铬酸处理 |
| 不锈钢 | 蒸汽处理、喷砂处理、化学浸蚀、电火花处理 |

# 8　润滑装置（表 1.7-68～表 1.7-90）

**表 1.7-68　直通式压注油杯**（摘自 JB/T 7940.1—1995）

标记示例：油杯 M10×4　JB/T 7940.1—1995

尺寸/mm

| $d$ | $H$ | $h$ | $h_1$ | $S$ 公称尺寸 | $S$ 极限偏差 | 钢球（按 GB/T 308） |
|---|---|---|---|---|---|---|
| M6 | 13 | 8 | 6 | 8 | | |
| M8×1 | 16 | 9 | 6.5 | 10 | 0 -0.22 | 3 |
| M10×1 | 18 | 10 | 7 | 11 | | |

### 表 1.7-69　接头式压注油杯（摘自 JB/T 7940.2—1995）

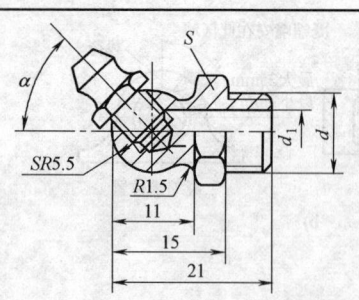

| 标记示例：油杯 45°M10 × 4　JB/T 7940.2—1995 | | | | | |
|---|---|---|---|---|---|
| 尺寸/mm | | | | | |
| $d$ | $d_1$ | $\alpha$ | \multicolumn{2}{c}{$S$} | 直通式压注油杯（按 JB/T 7940.1） |
| | | | 公称尺寸 | 极限偏差 | |
| M6 | 3 | | | | |
| M8 × 1 | 4 | 45°、90° | 11 | $\begin{array}{c}0\\-0.22\end{array}$ | M6 |
| M10 × 1 | 5 | | | | |

### 表 1.7-70　旋盖式油杯（摘自 JB/T 7940.3—1995）

A型　　　　　　　　　　　　　　B型

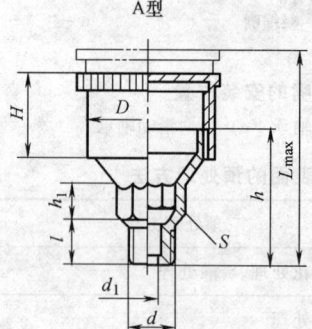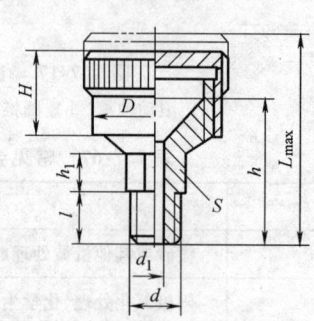

标记示例：油杯 A25　JB/T7 940.3—1995

| 最小容量 /cm³ | $d$ | $l$ | $H$ | $h$ | $h_1$ | $d_1$ | $D$ | | $L$ max | $S$ | |
|---|---|---|---|---|---|---|---|---|---|---|---|
| | | | | | | | A 型 | B 型 | | 公称尺寸 | 极限偏差 |
| 1.5 | M8 × 1 | 8 | 14 | 22 | 7 | 3 | 16 | 18 | 33 | 10 | $\begin{array}{c}0\\-0.22\end{array}$ |
| 3 | M10 × 1 | | 15 | 23 | 8 | 4 | 20 | 22 | 35 | 13 | |
| 6 | | | 17 | 26 | | | 26 | 28 | 40 | | |
| 12 | M14 × 1.5 | | 20 | 30 | | | 32 | 34 | 47 | 18 | $\begin{array}{c}0\\-0.27\end{array}$ |
| 18 | | | 22 | 32 | | | 36 | 40 | 50 | | |
| 25 | | 12 | 24 | 34 | 10 | 5 | 41 | 44 | 55 | | |
| 50 | M16 × 1.5 | | 30 | 44 | | | 51 | 54 | 70 | 21 | $\begin{array}{c}0\\-0.33\end{array}$ |
| 100 | | | 38 | 52 | | | 68 | 68 | 85 | | |
| 200 | M24 × 1.5 | 16 | 48 | 64 | 16 | 6 | — | 86 | 105 | 30 | — |

### 表 1.7-71　压配式压注油杯（摘自 JB/T 7940.4—1995）

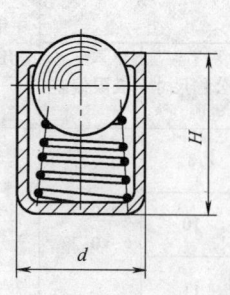

| 标记示例：油杯 6　JB/T 7940.4—1995 | | | |
|---|---|---|---|
| 尺寸/mm | | | |
| $d$ | | $H$ | 钢球（按 GB/T 308） |
| 公称尺寸 | 极限偏差 | | |
| 6 | +0.040 +0.028 | 6 | 4 |
| 8 | +0.049 +0.034 | 10 | 5 |
| 10 | +0.058 +0.040 | 12 | 6 |
| 16 | +0.063 +0.045 | 20 | 11 |
| 25 | +0.085 +0.064 | 30 | 13 |

**表 1.7-72　弹簧盖油杯**（摘自 JB/T 7940.5—1995）

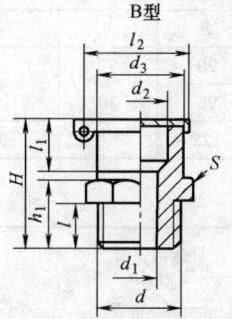

A 型

| 标记示例:油杯 A3　JB/T 7940.5—1995 | | | | | | | | |
|---|---|---|---|---|---|---|---|---|
| 尺寸/mm | | | | | | | S | |
| 最小容量 /cm³ | d | l | H | D | l₂ ≈ | 公称尺寸 | 极限偏差 |
| | | | ≤ | | | | |
| 1 | M8 × 1 | 10 | 38 | 16 | 21 | 10 | 0 |
| 2 | | | 40 | 18 | 23 | | − 0.22 |
| 3 | M10 × 1 | | 42 | 20 | 25 | 11 | |
| 6 | | | 45 | 25 | 30 | | |
| 12 | M14 × 1.5 | 12 | 55 | 30 | 36 | 18 | 0 |
| 18 | | | 60 | 32 | 38 | | − 0.27 |
| 25 | | | 65 | 35 | 41 | | |
| 50 | | | 68 | 45 | 51 | | |

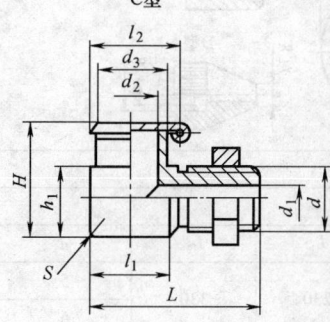

B 型

| 标记示例:油杯 BM10 × 1　JB/T 7940.5—1995 | | | | | | | | | | |
|---|---|---|---|---|---|---|---|---|---|---|
| 尺寸/mm | | | | | | | | | S | |
| d | d₁ | d₂ | d₃ | H | h₁ | l | l₁ | l₂ | 公称尺寸 | 极限偏差 |
| M6 | 3 | 6 | 10 | 18 | 9 | 6 | 8 | 15 | 10 | 0 − 0.22 |
| M8 × 1 | 4 | 8 | 12 | 24 | 12 | 8 | 10 | 17 | 13 | 0 |
| M10 × 1 | 5 | | | | | | | | | − 0.27 |
| M12 × 1.5 | 6 | 10 | 14 | 26 | | | | 19 | 16 | |
| M16 × 1.5 | 8 | 12 | 18 | 28 | 14 | 10 | 12 | 23 | 21 | 0 − 0.33 |

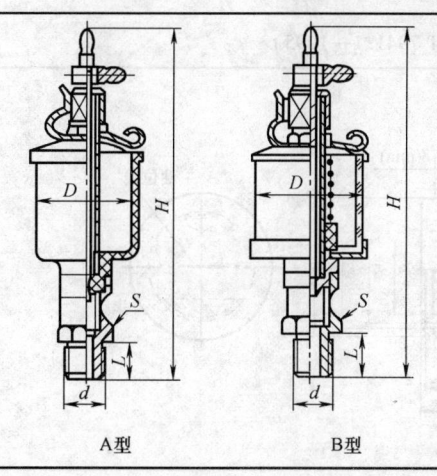

C 型

| 标记示例:油杯 CM10 × 1　JB/T 7940.5—1995 | | | | | | | | | | |
|---|---|---|---|---|---|---|---|---|---|---|
| 尺寸/mm | | | | | | | | | | S |
| d | d₁ | d₂ | d₃ | H | h₁ | L | l₁ | l₂ | 螺母（按 GB/T 6172.1 ~ 2) | 公称 尺寸 | 极限 偏差 |
| M6 | 3 | 6 | 10 | 18 | 9 | 25 | 12 | 15 | M6 | 13 | 0 |
| M8 × 1 | 4 | 8 | 12 | 24 | 12 | 28 | 14 | 17 | M8 × 1 | | − 0.27 |
| M10 × 1 | 5 | | | | | 30 | 16 | | M10 × 1 | | |
| M12 × 1.5 | 6 | 10 | 14 | 26 | 14 | 34 | 19 | 19 | M12 × 1.5 | 16 | |
| M16 × 1.5 | 8 | 12 | 18 | 30 | 18 | 37 | 23 | 23 | M16 × 1.5 | 21 | 0 − 0.33 |

**表 1.7-73　针阀式注油杯**（摘自 JB/T 7940.6—1995）

| 标记示例:油杯 A25　JB/T 7940.6—1995 | | | | |
|---|---|---|---|---|
| 尺寸/mm | | | | |
| 最小容量/cm³ | d | l | H | D |
| 16 | M10 × 1 | 12 | 105 | 32 |
| 25 | M14 × 1.5 | | 115 | 36 |
| 50 | | | 130 | 45 |
| 100 | | | 140 | 55 |
| 200 | M16 × 1.5 | 14 | 170 | 70 |
| 400 | | | 190 | 85 |
| 最小容量/cm³ | S | | 螺母（按 GB/T 6172.1 ~ 2) | |
| | 基本尺寸 | 极限偏差 | | |
| 16 | 13 | | M8 × 1 | |
| 25 | | 0 | | |
| 50 | 18 | − 0.27 | | |
| 100 | | | | |
| 200 | 21 | 0 | M10 × 1 | |
| 400 | | − 0.33 | | |

A 型　　　　　B 型

**表 1.7-74　压杆式油枪**（摘自 JB/T 7942.1—1995）

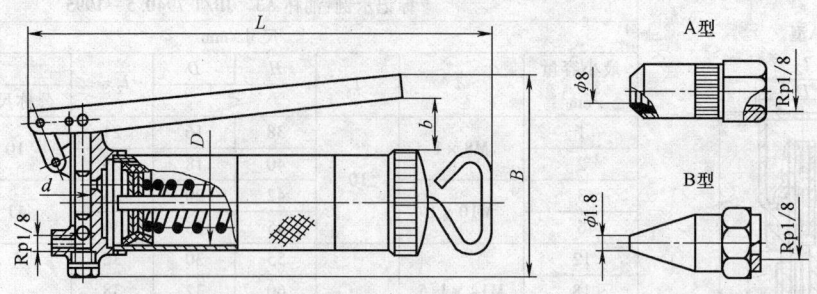

标记示例:油枪 A200　JB/T 7942.1—1995

| 储油量/cm³ | 公称压力/MPa | 出油量/cm³ | D | L | B | b | d |
|---|---|---|---|---|---|---|---|
| | | 尺寸/mm | | | | | |
| 100 | | 0.6 | 35 | 255 | 90 | | |
| 200 | 16 | 0.7 | 42 | 310 | 96 | 30 | 8 |
| 400 | | 0.8 | 53 | 385 | 125 | | 9 |

**表 1.7-75　手推式油枪**（摘自 JB/T 7942.2—1995）

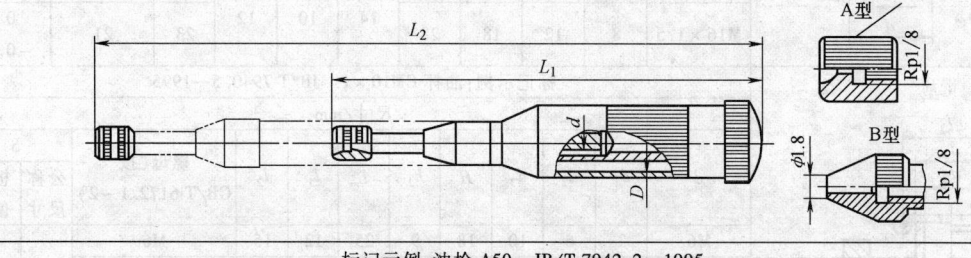

标记示例:油枪 A50　JB/T 7942.2—1995

| 储油量/cm³ | 公称压力/MPa | 出油量/cm³ | D | $L_1$ | $L_2$ | d |
|---|---|---|---|---|---|---|
| | | 尺寸/mm | | | | |
| 50 | 6.3 | 0.3 | 33 | 230 | 330 | 5 |
| 100 | | 0.5 | | | | 6 |

注: 1. 公称压力指压注润滑脂的给定压力。

2. 表中 $D$、$L_1$、$L_2$、$d$ 为推荐尺寸。

**表 1.7-76　压配式圆形油标**（摘自 JB/T 7941.1—1995）

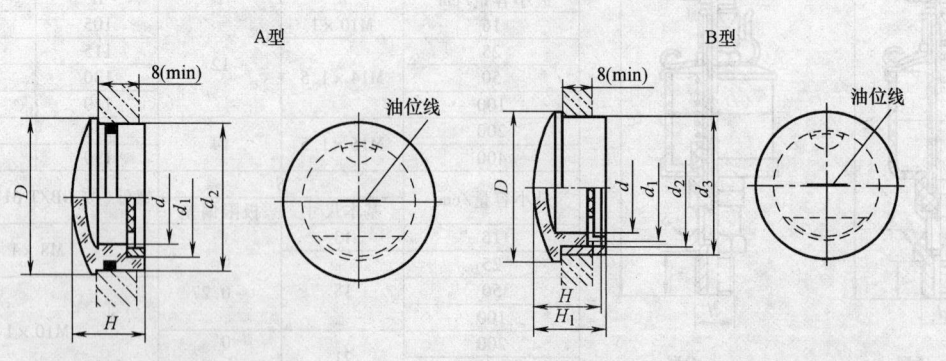

（续）

标记示例：油标 A32　JB/T 7941.1—1995

尺寸/mm

| d | D | $d_1$ | | $d_2$ | | $d_3$ | | H | $H_1$ | O 形橡胶密封圈（按 GB/T 3452.1） |
|---|---|---|---|---|---|---|---|---|---|---|
| | | 公称尺寸 | 极限偏差 | 公称尺寸 | 极限偏差 | 公称尺寸 | 极限偏差 | | | |
| 12 | 22 | 12 | −0.050 −0.160 | 17 | −0.050 −0.160 | 20 | −0.065 −0.195 | 14 | 16 | 15 × 2.65 |
| 16 | 27 | 18 | | 22 | −0.065 −0.195 | 25 | | | | 20 × 2.65 |
| 20 | 34 | 22 | −0.065 −0.195 | 28 | | 32 | | 16 | 18 | 25 × 3.55 |
| 25 | 40 | 28 | | 34 | −0.080 −0.240 | 38 | −0.080 −0.240 | | | 31.5 × 3.55 |
| 32 | 48 | 35 | −0.080 −0.240 | 41 | | 45 | | 18 | 20 | 38.7 × 3.55 |
| 40 | 58 | 45 | | 51 | | 55 | | | | 48.7 × 3.55 |
| 50 | 70 | 55 | −0.100 −0.290 | 61 | −0.100 −0.290 | 65 | −0.100 −0.290 | 22 | 24 | — |
| 63 | 85 | 70 | | 76 | | 80 | | | | |

注：1. 与 $d_1$ 相配合的孔极限偏差按 H11。
　　2. A 型用 O 形橡胶密封圈沟槽尺寸按 GB 3452.3，B 型用密封圈由制造厂设计选用。

**表 1.7-77　旋入式圆形油标**（摘自 JB/T 7941.2—1995）　　　　（单位：mm）

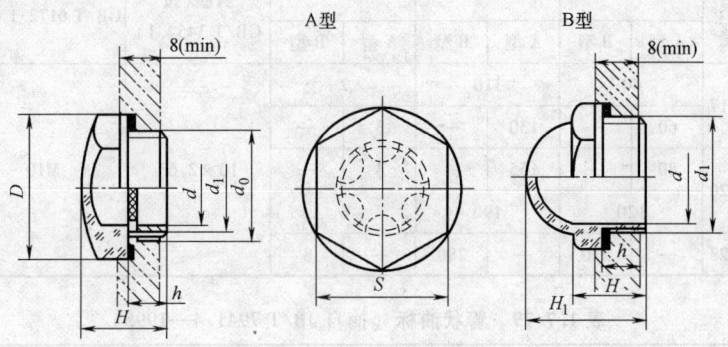

标记示例：油标 A32　JB/T 7941.2—1995

| d | $d_0$ | D | | $d_1$ | | S | | H | $H_1$ | h |
|---|---|---|---|---|---|---|---|---|---|---|
| | | 公称尺寸 | 极限偏差 | 公称尺寸 | 极限偏差 | 公称尺寸 | 极限偏差 | | | |
| 10 | M16 × 1.5 | 22 | −0.065 −0.195 | 12 | −0.050 −0.160 | 21 | 0 −0.33 | 15 | 22 | 8 |
| 20 | M27 × 1.5 | 36 | −0.080 −0.240 | 22 | −0.065 −0.195 | 32 | 0 −1.00 | 18 | 30 | 10 |
| 32 | M42 × 1.5 | 52 | −0.100 −0.290 | 35 | −0.080 −0.240 | 46 | | 22 | 40 | 12 |
| 50 | M60 × 2 | 72 | | 55 | −0.100 −0.290 | 65 | 0 −1.20 | 26 | — | 14 |

表 1.7-78　长形油标（摘自 JB/T 7941.3—1995）

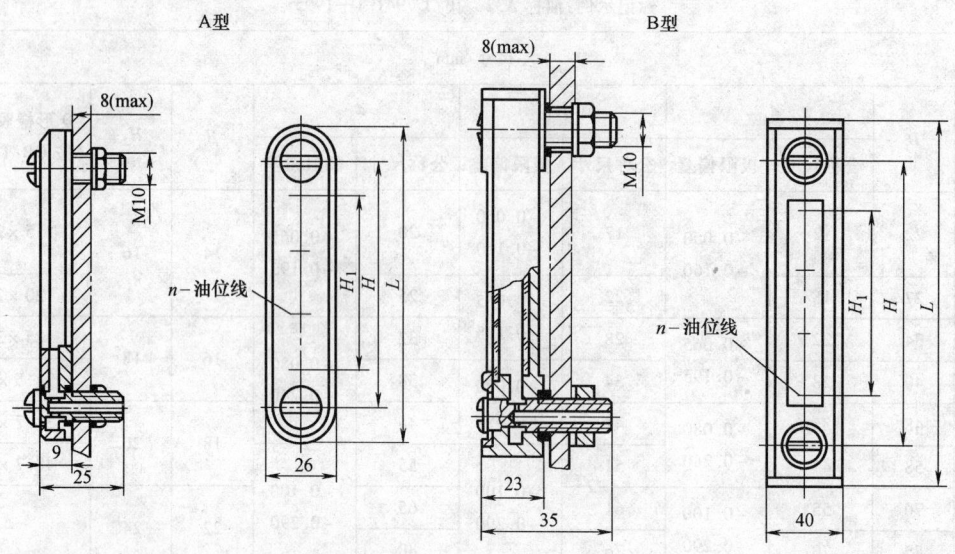

标记示例：油标 A80　JB/T 7941.3—1995

尺寸/mm

| H | | | $H_1$ | | $L$ | | $n$(条数) | | O 形橡胶密封圈（按 GB/T 3452.1） | 六角螺母（按 GB/T 6172.1 ~ 2） | 弹性垫圈（按 GB/T 861.1 ~ 2） |
|---|---|---|---|---|---|---|---|---|---|---|---|
| 公称尺寸 | | 极限偏差 | A 型 | B 型 | A 型 | B 型 | A 型 | B 型 | | | |
| A 型 | B 型 | | | | | | | | | | |
| 80 | | ± 0.17 | 40 | | 110 | | 2 | | | | |
| 100 | — | | 60 | — | 130 | — | 3 | — | | | |
| 125 | — | ± 0.20 | 80 | — | 155 | — | 4 | — | 10 × 2.65 | M10 | 10 |
| 160 | | | 120 | | 190 | | 6 | | | | |
| — | 250 | ± 0.23 | — | 210 | — | 280 | — | 8 | | | |

表 1.7-79　管状油标（摘自 JB/T 7941.4—1995）

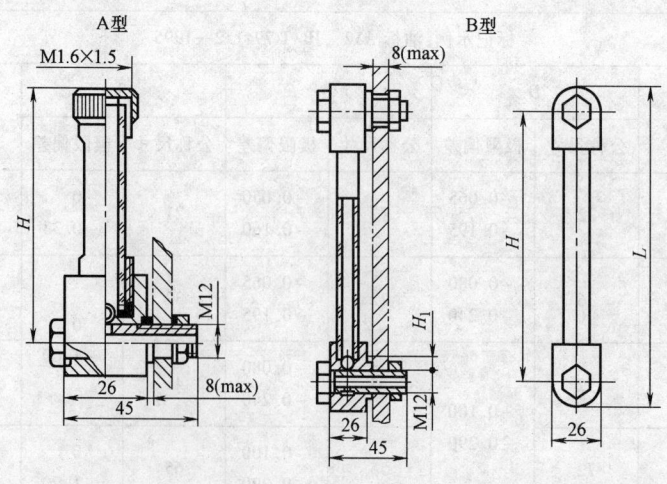

（续）

标记示例：油标 A200　JB/T 7941.4—1995

尺寸/mm

| 型式 | H | | $H_1$ | L | O 形橡胶密封圈（按 GB/T 3452.1） | 六角螺母（按 GB/T 6172.1～2） | 弹性垫圈（按 GB/T 861.1～2） |
|---|---|---|---|---|---|---|---|
| | 公称尺寸 | 极限偏差 | | | | | |
| A | 80,100,125,160,200 | — | — | — | | | |
| B | 200 | ±0.23 | 175 | 226 | 11.8×2.65 | M12 | 12 |
| | 250 | | 225 | 275 | | | |
| | 320 | ±0.26 | 295 | 346 | | | |
| | 400 | ±0.28 | 375 | 426 | | | |
| | 500 | ±0.35 | 475 | 526 | | | |
| | 630 | | 605 | 656 | | | |
| | 800 | ±0.40 | 775 | 826 | | | |
| | 1000 | ±0.45 | 975 | 1026 | | | |

**表 1.7-80　单线润滑泵 31.5MPa**（摘自 JB/T 8810.2—1998）

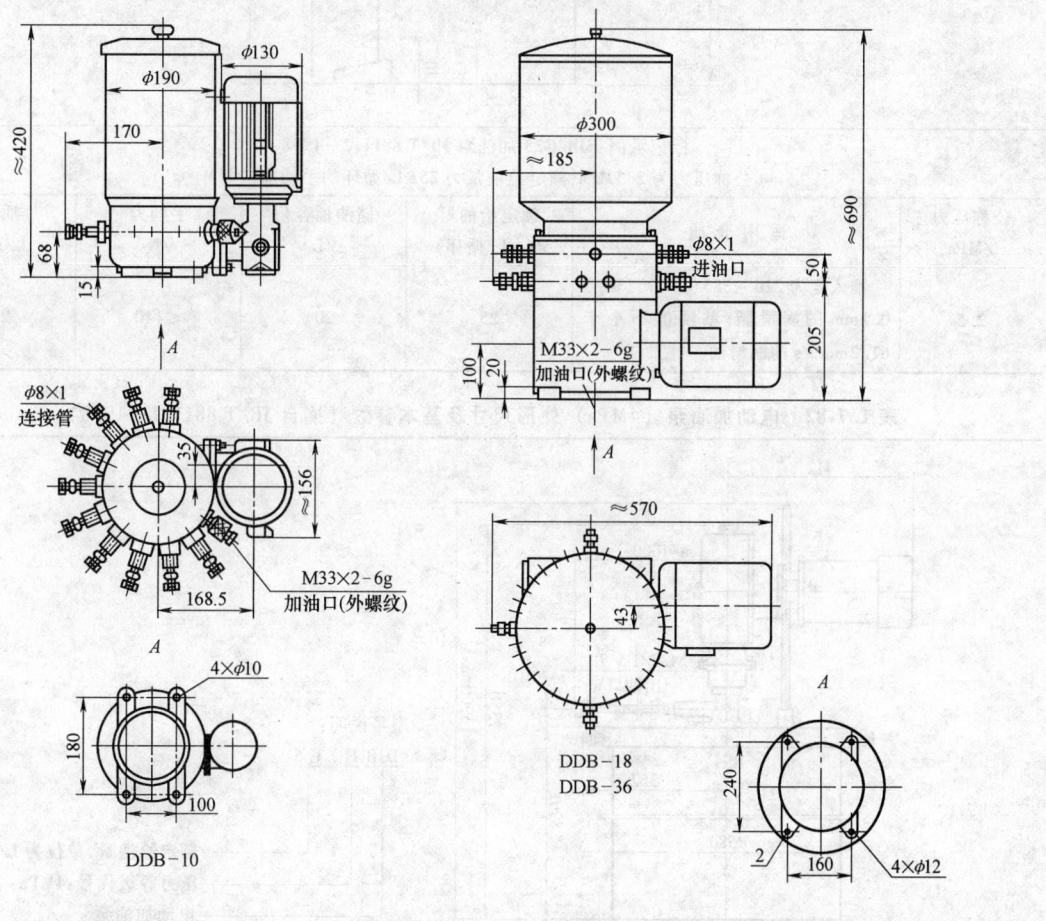

（续）

| | | | | | | 标记示例:DDB-10 干油泵 JB/ZQ 4088—1985 | | |
|---|---|---|---|---|---|---|---|
| 型号 | 出油口数(点) | 公称压力/MPa | 每口给油量/(mL/次) | 给油次数/(次/min) | 储油桶容积/L | 电动机功率/kW | 质量/kg |
| DDB-10 | 10 | 10 | 0 ~ 0.2 | 13 | 7 | 0.37 | 19 |
| DDB-18 | 18 | | | | 23 | 0.55 | 75 |
| DDB-36 | 36 | | | | | | 80 |

注:本表适用于多线式干油集中润滑系统中,直接或通过给油器向各润滑点供送润滑脂的多点干液压泵。干液压泵允许在 0 ~ 40℃的环境温度下工作。采用润滑脂锥入度不低于 265（25℃,150g）0.1mm。

**表 1.7-81　手动加油泵（2.5MPa）外形尺寸及基本参数**（摘自 JB/T 8811.2—1998）

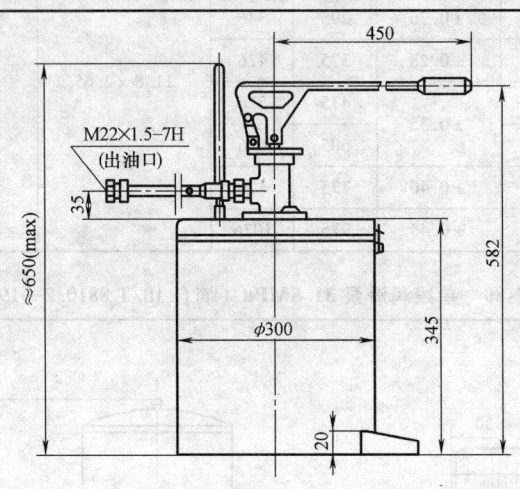

标记示例:SJB-G25 加油泵 JB/T 8811.2—1998
（公称压力为 2.5MPa,额定给油量为 25mL/循环的手动加油泵）

| 公称压力/MPa | 适 用 介 质 | 额定给油量/(mL/循环) | 储油桶容积/L | 手柄力/N | 质量/kg |
|---|---|---|---|---|---|
| 2.5 | 锥入度为 220 ~ 385(25℃、150g) 0.1mm 的润滑脂;粘度值不小于 61.2mm²/s 的润滑油 | 25 | 20 | ≤140 | 20 |

**表 1.7-82　电动加油泵（4MPa）外形尺寸及基本参数**（摘自 JB/T 8811.1—1998）

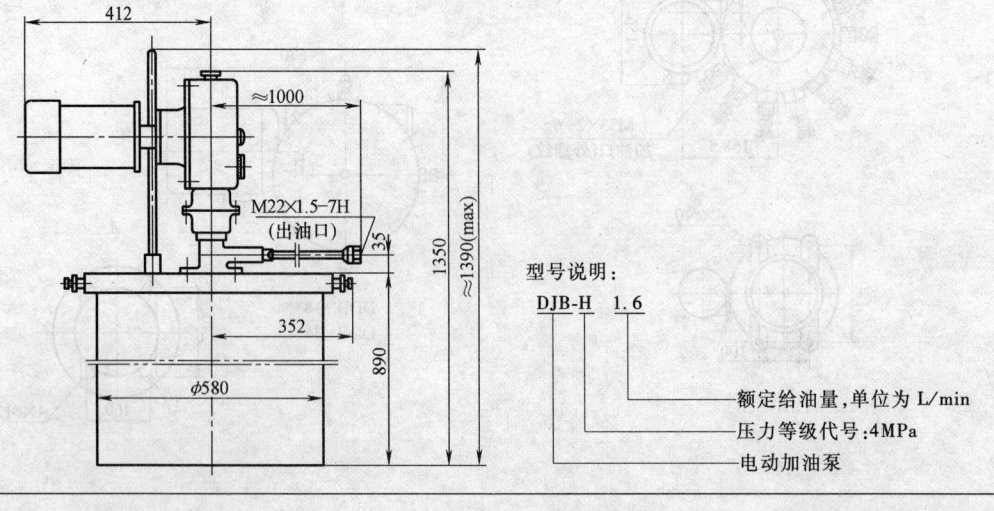

型号说明:

DJB-H　1.6

额定给油量,单位为 L/min
压力等级代号:4MPa
电动加油泵

（续）

标记示例：DJB-H1.6 加油泵 JB/T 8811.1—1998
（公称压力为 4MPa，额定给油量为 1.6L/min 的电动加油泵）

| 公称压力<br>/MPa | 适 用 介 质 | 额定给油量<br>/（L/min） | 储油桶容积<br>/L | 电动机功率<br>/kW | 质量<br>/kg |
|---|---|---|---|---|---|
| 4 | 锥入度为 220～385（25℃、150g）0.1mm 的润滑脂；粘度值不小于 61.2mm²/s 的润滑油 | 1.6 | 200 | 0.37 | 90 |

表 1.7-83　电动润滑泵 40MPa（摘自 JB/T 8810.1—1998）

| 型号 | 公称压力<br>/MPa | 适 用 介 质 | 额定给油量<br>/（mL/min） | 储油桶容积<br>/L | 减速电动机 | | 环境温度<br>/℃ | 质量<br>/kg |
|---|---|---|---|---|---|---|---|---|
| | | | | | 功率/kW | 电压/V | | |
| DRB1-P120Z | 40 | 锥入度为 220～385（25℃、150g）0.1mm 的润滑脂 | 120 | 30 | 0.37 | 380 | 0～80 | 56 |
| DRB2-P120Z | | | 120 | 30 | 0.75 | | −20～80 | 64 |
| DRB3-P120Z | | | 120 | 60 | 0.37 | | 0～80 | 60 |
| DRB4-P120Z | | | 120 | 60 | 0.75 | | −20～80 | 68 |
| DRB5-P120Z | | | 235 | 30 | 1.5 | | 0～80 | 70 |
| DRB6-P120Z | | | 235 | 60 | 1.5 | | | 74 |
| DRB7-P120Z | | | 235 | 100 | 1.5 | | | 82 |
| DRB8-P120Z | | | 365 | 60 | 1.5 | | | 74 |
| DRB9-P120Z | | | 365 | 100 | 1.5 | | | 82 |

表 1.7-84　电动润滑泵 40MPa 的规格尺寸（摘自 JB/T 8810.1—1998）

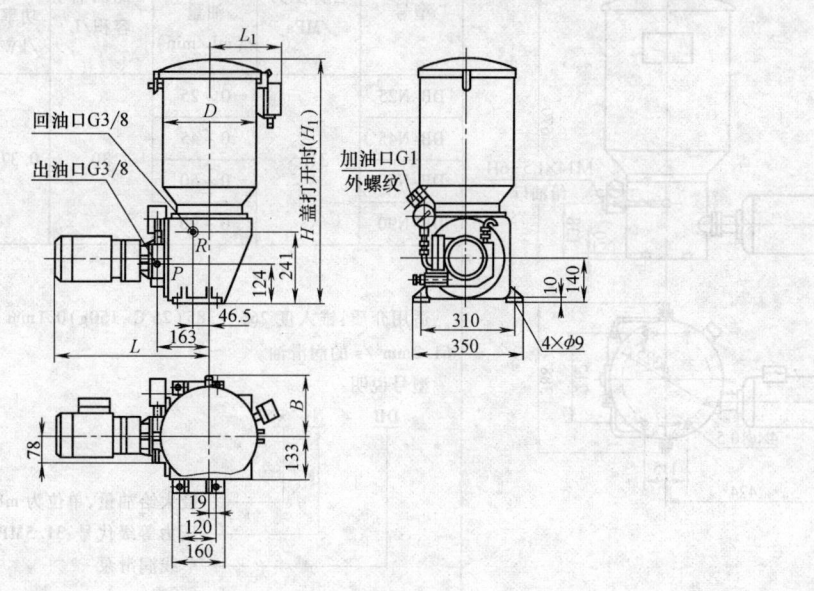

（续）

| 规　格 | | 尺寸/mm | | | | | |
|---|---|---|---|---|---|---|---|
| | | $D$ | $H$ | $H_1$ | $B$ | $L$ | $L_1$ |
| 储油桶容积/L | 30 | 310 | 760 | 1140 | 200 | — | 233 |
| | 60 | 400 | 810 | 1190 | 230 | — | 278 |
| | 100 | 500 | 920 | 1200 | 280 | — | 328 |
| 电动机 | 0.37kW、80r/min | — | — | — | — | 500 | — |
| | 0.75kW、80r/min | — | — | — | — | 563 | — |
| | 1.5kW、160r/min | — | — | — | — | 575 | — |
| | 1.5kW、250r/min | — | — | — | — | 575 | — |

型号说明:

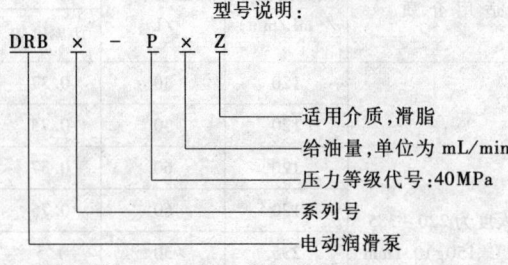

DRB x - P x Z

—— 适用介质,滑脂
—— 给油量,单位为 mL/min
—— 压力等级代号:40MPa
—— 系列号
—— 电动润滑泵

标记示例:DRB2-P120Z 润滑泵 JB/T 8810.1—1998

表 1.7-85　　单线润滑泵（31.5MPa）（摘自 JB/T 8810.2—1998）

标记示例:DB-N50 单线泵 JB/T 8810.2—1998

（公称压力为 31.5MPa,额定给油量为 0~50mL/min 的单线润滑泵）

| 型号 | 公称压力/MPa | 额定给油量/(mL/min) | 储油桶容积/L | 电动机 | | 环境温度/℃ | 质量/kg |
|---|---|---|---|---|---|---|---|
| | | | | 功率/kW | 电压/V | | |
| DB-N25 | 31.5 | 0~25 | 30 | 0.37 | 380 | -20~+80 | 37 |
| DB-N45 | | 0~45 | | | | | 39 |
| DB-N50 | | 0~50 | | | | | 37 |
| DB-N90 | | 0~90 | | | | | 39 |

适用介质:锥入度 265~385(25℃,150g)0.1mm 的润滑脂或粘度值不小于 61.2mm²/s 的润滑油。

型号说明:

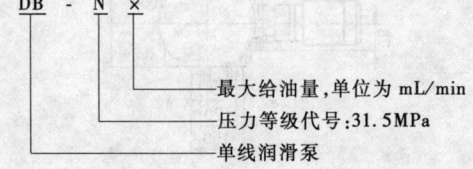

DB - N x

—— 最大给油量,单位为 mL/min
—— 压力等级代号:31.5MPa
—— 单线润滑泵

### 表 1.7-86　多点润滑泵（31.5MPa）（摘自 JB/T 8810.3—1998）

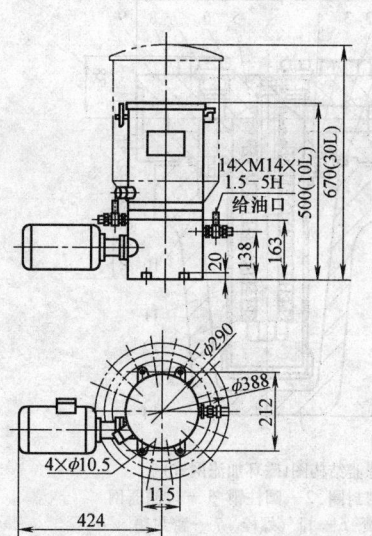

标记示例:6DDRB-N5.8/10 多点泵 JB/T 8810.3—1998
（公称压力为 31.5MPa,给油口数为 6 个,每给油口额定给油量为
0～5.8mL/min,贮油桶容积为 10L 的多点润滑泵）

| 公称压力 /MPa | 每给油口额定给油量 /（mL/min） | 给油口数 /个 | 储油桶容积 /L | 电动机 | | 环境温度 /℃ | 质量 /kg |
|---|---|---|---|---|---|---|---|
| | | | | 功率 /kW | 电压 /V | | |
| 31.5 | 0～1.8<br>0～3.5<br>0～5.8<br>0～10.5 | 1～14 | 10<br>30 | 0.18 | 380 | －20～+80 | 43 |

适用介质:锥入度 265～385（25℃,150g）0.1mm 的润滑脂或粘度值不小于
61.2mm²/s 的润滑油。

型号说明:

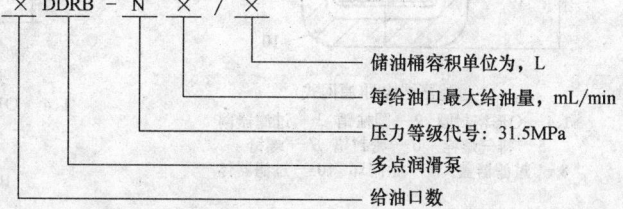

型号说明:
$\times$ DDRB - N $\times$ / $\times$

- 储油桶容积单位为，L
- 每给油口最大给油量，mL/min
- 压力等级代号：31.5MPa
- 多点润滑泵
- 给油口数

### 表 1.7-87　电磁换向阀（20MPa）（摘自 JB/ZQ 4563—2006）

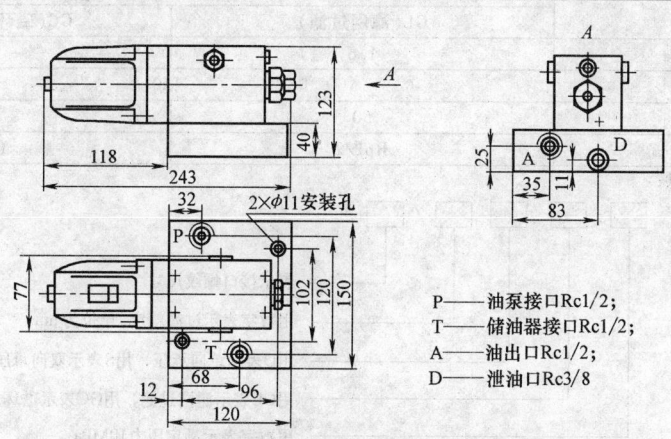

P——油泵接口Rc1/2;
T——储油器接口Rc1/2;
A——油出口Rc1/2;
D——泄油口Rc3/8

标记示例:23DF-L1 换向阀 JB/ZQ 4563—2006

| 参 数 | 型 号 | | 参 数 | | 型 号 | |
|---|---|---|---|---|---|---|
| | 23DF-L1 | 23DF-L2 | | | 23DF-L1 | 23DF-L2 |
| 公称压力/MPa | 20（L） | | 电源 | | AC220V　50Hz | |
| 回油管路允许压力/MPa | 10 | | 功率/W | | 30 | |
| 最大流量/（L/min） | 3 | | 电流/A | | 0.6 | |
| 允许切换频率/（次/min） | 30 | | 电磁铁 | 瞬时电流/A | 6.5 | |
| 环境温度/℃ | 0～50 | | | 允许电压波动 | +10%～-15% | |
| 弹簧形式 | 补偿式 | | | 相对湿度 | 0～95% | |
| 通路个数/个 | 3 | 4 | | 负载持续率（%） | 100 | |
| 进出油口 | Rc1/2 | | | 绝缘等级 | H | |
| 质量/kg | 10 | 17 | | | | |

注：1. 适用于双线式中断式油脂润滑系统;
　　2. 适用介质是锥入度为 310～385（25℃，150g）0.1mm 的润滑脂。

#### 表 1.7-88　机械密封系统用过滤器（摘自 JB/T 6632—1993）

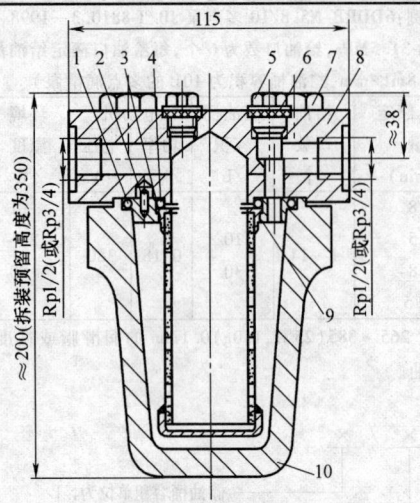

过滤器结构图(滤网式)

1、4—O形密封圈　2—圆柱销　3—过滤器网
5—排气螺栓　6—密封垫　7—螺钉
8— 过滤器盖　9—中间环　10—过滤器体

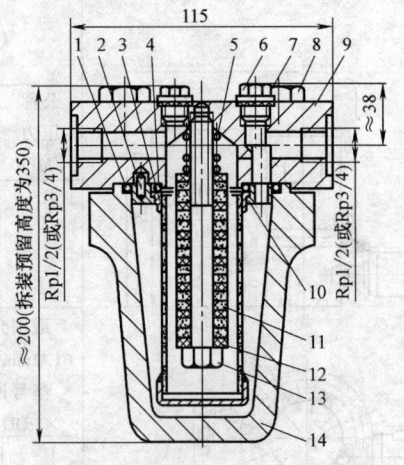

过滤器结构图(磁环加滤网式)

1、4—O形密封圈　2—圆柱销　3—过滤器网
5—弹簧　6—排气螺栓　7—密封垫
8— 螺钉　9—过滤器盖
10—中间环　11—磁环　12—垫
13—螺钉　14—过滤器体

| 基 本 参 数 | | |
|---|---|---|
| 项　　目 | 型　　　号 | |
| | GL（滤网过滤） | GC（磁环加滤网过滤） |
| 额定压力/MPa | 1.6 | 6.3 |
| 额定温度/℃ | 150 | |
| 过滤精度/μm | 50 | 100 |
| 接口螺纹 | Rp1/2 | Rp/3/4 |

型号表示方法：

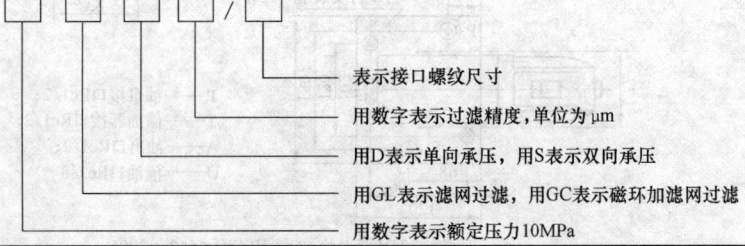

表示接口螺纹尺寸

用数字表示过滤精度，单位为 μm

用D表示单向承压，用S表示双向承压

用GL表示滤网过滤，用GC表示磁环加滤网过滤

用数字表示额定压力10MPa

#### 表 1.7-89　稀油润滑装置的基本参数（摘自 JB/T 8522—1997）

| 项　　　　目 | | | 参　数　值 | 备　　　注 |
|---|---|---|---|---|
| 装置公称压力/MPa | | | 0.5 | — |
| 装置介质粘度/m²/s | | | $2.2 \times 10^{-5} \sim 46 \times 10^{-5}$ | — |
| 过滤精度/mm | | | 0.08 ~ 0.13 | — |
| 冷却器 | | 进水温度/℃ | ≤30 | — |
| | | 进水压力/MPa | 0.4 | — |
| | | 进油温度/℃ | ≤50 | — |
| | | 油温降/℃ | ≥8 | — |
| 加热方式 | | 电加热 | — | 用于 $Q \leqslant 800$L/min 装置 |
| | 蒸汽加热 | 蒸汽温度/℃ | ≥133 | 用于 $Q \geqslant 1000$L/min 装置 |
| | | 蒸汽压力/MPa | 0.3 | |
| | | 公称流量/(L/min) | — | |
| 装置油介质工作温度/℃ | | | 40 ± 5 | |

### 表1.7-90　稀油润滑装置的基本参数（摘自 JB/T 8522—1997）

标记示例:XYHZ6.3-BBT JB/T 8522—1997
（公称流量 6.3L/min,用温度调节器调温,供油泵采用摆线齿轮泵,用继电器接触器控制,不带压力罐装置）

| 公称流量/(L/min) | 油箱容积/m³ | 电动机极数/(P) | 电动机功率/kW | 过滤能力/(L/min) | 换热面积/m² | 冷却水管通径/mm | 冷却水耗量/(m³/h) | 电加热器功率/kW | 压力罐容量/m³ | 蒸汽耗量/(kg/h) | 蒸汽管通径/mm | 出油口通径/mm | 回油口通径/mm | 质量/kg |
|---|---|---|---|---|---|---|---|---|---|---|---|---|---|---|
| 6.3 | 0.25 | 4 | 0.75 | 110 | 1.3 | 15 | 0.6 | 3 | — | — | — | 15 | 32 | 375 |
| 10 | | | | | | | | | | | | | | 400 |
| 16 | 0.5 | 4 | 1.1 | 110 | 3 | 25 | 1.5 | 6 | — | — | — | 25 | 50 | 500 |
| 25 | | | | | | | | | | | | | | 530 |
| 40 | 1.25 | 2:4:6 | 2.2 | 270 | 6 | 32 | 3.6 | 12 | — | — | — | 32 | 65 | 1000 |
| 63 | | | | | 7 | 32 | 3.8 | | | | | | | 1050 |
| 100 | 2.5 | 4:6 | 4 | 680 | 13 | 32 | 6 | 18 | — | — | — | 50 | 80 | 1650 |
| 125 | | | 5.5 | | 15 | 50 | 7.5 | | | | | | | 1700 |
| 160 | 4.0 | 2:4:6 | 5.5 | 680 | 19 | 65 | 9.6 | 24 | — | — | — | 65 | 125 | 2050 |
| 200 | | | 7.5 | | 23 | 65 | 12 | | | | | | | 2100 |
| 250 | 6.3 | 2:4:6 | 11 | 1300 | 30 | 100 | 15 | 36 | — | — | — | 80 | 150 | 2950 |
| 315 | | | | | 37 | 65 | 19 | | | | | | | 3000 |
| 400 | 10.0 | 2:6 | 15 | 1300 | 55 | 100 | 24 | 48 | — | — | — | 80 | 200 | 3800 |
| 500 | | | | | | 65 | 30 | | | | | | | 3850 |
| 630 | 16.0 | 2:4:6 | 18.5 | 2300 | 70 | 80 | 38 | 48 | — | — | — | 100 | 250 | 5700 |
| 800 | | | 18.5 / 30 | | 90 | | 48 | | | | | | | 5750 |
| 1000 | 31.5 | 2:4:6 | 30 | 2800 | 120 | 150 | 90 | 60 | 3 | 180 | | 125 | 250 | — |
| 1250 | 40.0 | 2:4:6 | 37 | 4200 | 120 | 150 | 113 | | 4 | 220 | | 125 | 250 | — |
| 1600 | 40.0 | 2:4:6 | 45 | 6800 | 160 | 200 | 144 | | 5 | 260 | | 150 | 300 | — |
| 2000 | 63.0 | 2:4:6 | 55 | 9000 | 200 | 200 | 180 | | 6.3 | 310 | | 200 | 400 | — |

注: 1. 过滤能力是在过滤精度为 0.08mm、介质粘度为 $46 \times 10^{-5} m^2/s$、过滤器压降为 0.02MPa 条件下的过滤能力。

2. 冷却器的冷却水如果采用江河水,需经过过滤沉淀。

3. $Q \geqslant 1000$ L/min 的装置,标准 JB/T 8522—1997 中只规定了型式和参数,具体结构根据用户要求进行设计。

4. 装置型号:

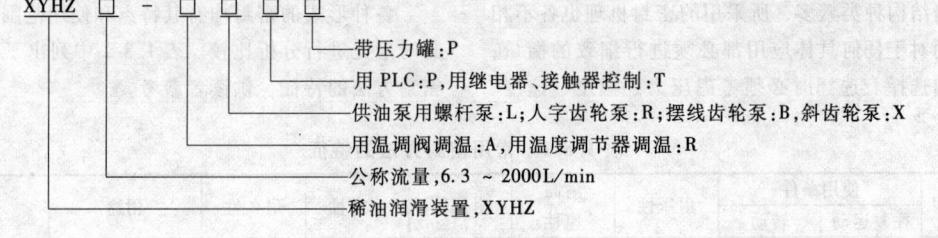

XYHZ □ － □ □ □ □

带压力罐:P
用 PLC:P,用继电器、接触器控制:T
供油泵用螺杆泵:L;人字齿轮泵:R;摆线齿轮泵:B,斜齿轮泵:X
用温调阀调温:A,用温度调节器调温:R
公称流量,6.3 ~ 2000L/min
稀油润滑装置,XYHZ

# 第8章 密 封

密封的功能是阻止泄漏。造成泄漏的原因主要有两方面：一是密封面上有间隙；二是密封两侧有压力差。消去或减小任一因素都可以阻止或减小泄漏。但就一般设备而言，减小或消除间隙是阻止泄漏的主要途径。密封的作用就是将结合面间的间隙封住或切断泄漏通道，增加泄漏通道中的阻力，或者在通道中加设小型作动元件，对泄漏物质造成压力，与引起泄漏的压差部分抵消或完全平衡，以阻止泄漏。

## 1 概述

### 1.1 密封的分类

根据密封结构的类型、密封机理、密封形状和材料等，密封可按图1.8-1进行分类。

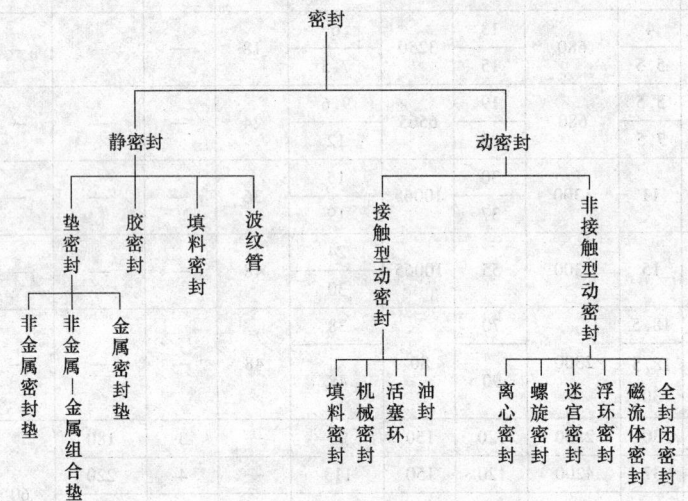

图1.8-1 密封的分类

## 1.2 密封的选型

密封结构种类繁多，所采用的密封机理也各不相同，因而对于任何具体应用都必须进行细致的衡量，然后作出选择。选择时必须考虑压力、温度、速度、腐蚀环境及材料等因素。要作出正确的选择，其首要条件是正确地认识所要解决的密封问题。

各种形式的密封均有其特点和使用范围，设计密封时应先进行分析比较。表1.8-1中列出了各种常用密封方法的特征，供读者参考。

表1.8-1 常用密封方法的特征

| 密封类型 | 使用条件 | | 耐压性 | 耐高速性 | 耐热性 | 耐寒性 | 耐久性 | 用途 | 备注 |
|---|---|---|---|---|---|---|---|---|---|
| | 往复运动 | 转动 | | | | | | | |
| 填料密封 | 良 | 良 | 良 | 良 | 良 | 可 | 可 | 泵、水轮机、阀、高压釜 | 可用缠绕填料、编织填料或成型填料 |
| 机械密封 | × | 优 | 优 | 优 | 优 | 优 | 优 | 泵、水轮机、高压釜、压气机、搅拌机 | 可用不同的材料组合，包括金属波纹管密封 |

（续）

| 密封类型 | 使用条件 | | 耐压性 | 耐高速性 | 耐热性 | 耐寒性 | 耐久性 | 用途 | 备注 |
|---|---|---|---|---|---|---|---|---|---|
| | 往复运动 | 转动 | | | | | | | |
| O 形圈密封 | 良 | 可 | 良 | 可-良 | 可-良 | 可 | 可 | 活塞密封 | 可广泛用作静密封,此时耐久性良好 |
| 唇形圈密封 | 优 | × | 优 | 良 | 良-可 | 可 | 可 | 活塞密封 | 有时作静密封 |
| 油封 | （可） | 优 | 可 | 优 | 良-可 | 可 | 可 | 轴承密封 | 或与其他密封并用,防尘 |
| 分瓣滑环密封 | 可 | 良 | 优 | 优 | 优 | 优 | 优 | 水轮机、汽轮机 | 多用石墨作滑环 |
| 浮动环密封 | 可 | 良 | 优 | 优 | 优 | 优 | 优 | 泵、压气机 | — |
| 迷宫式密封 | 优 | 优 | 优 | 优 | 优 | 优 | 优 | 汽轮机、泵、压气机 | 往复用时宜高速,低速不用 |
| 离心密封和螺旋密封 | × | 优 | 良 | 良 | 良 | 良 | 优 | 泵 | — |
| 磁流体密封 | × | 优 | 可 | 优 | 良 | 优 | 优 | 压气机 | 只用于气体介质 |

## 1.3 密封用材料

1. 密封材料应满足密封功能的要求

由于被密封的介质,以及设备的工作条件不同,要求密封材料具有不同的适应性。对密封材料的要求一般如下:

1）材料致密性好,不易泄漏介质。

2）有适当的强度和硬度。

3）压缩性和回弹性好,永久性变形小。

4）高温下不软化、不分解,低温下不硬化、不脆裂。

5）耐蚀性能好,在酸、碱、油等介质中能长期工作,其体积和硬度变化小,且不粘附在金属表面上。

6）摩擦因数小,耐磨性好。

7）具有与密封面贴合的柔软性。

8）耐老化性好,经久耐用。

9）加工制造方便,价格便宜,取材容易。

显然,任何一种材料要完全满足上述要求是不可能的,但具有优异密封性能的材料能够满足上述大部分要求。

2. 常用的密封材料

橡胶是最常用的密封材料,品种有丁腈橡胶、氯丁橡胶、硅橡胶、氟橡胶和橡胶弹性体等。应当指出的是,在选择密封材料时不宜笼统地采用某类耐酸橡胶或耐油橡胶,因为不论是酸或油（或其他介质）种类都很多,特性也有明显的差异,即使是同一种酸,浓度不同时特性也不同,耐浓酸的橡胶不一定耐稀酸。故应根据介质的具体情况,有针对性地选择合适的材料。除橡胶外,适合于做密封材料的还有石墨带、聚四氟乙烯以及各种密封胶等。表 1.8-2 列出了常用密封材料的分类和用途。

### 表 1.8-2 常用密封材料分类和用途

| 类别 | | 材 料 | 用 途 |
|---|---|---|---|
| 液体 | | 高分子材料 | 液态密封胶、厌氧胶、硅橡胶密封胶等 |
| 纤维 | 植物纤维 | 棉、麻、纸、软木 | 垫片、软填料、防尘密封件、夹布橡胶密封件 |
| | 动物纤维 | 毛、毡、皮革 | 垫片、软填料、成型填料、油封、防尘密封件 |
| | 矿物纤维 | 石棉 | 垫片、软填料 |
| | 人造纤维 | 有机合成纤维、玻璃纤维、碳纤维、陶瓷纤维 | 软填料、夹布橡胶密封件 |

（续）

| 类别 | | 材　料 | 用　途 |
|---|---|---|---|
| 弹塑性件 | 橡胶 | 合成橡胶、天然橡胶 | 垫片、成型密封件、软填料、防尘密封件、全封闭密封件 |
| | 塑料 | 氟塑料、尼龙、聚乙烯、酚醛塑料、氯化聚醚、聚苯硫醚 | 垫片、成型密封件、软填料、硬填料、油封、活塞环、机械密封、防尘密封、全封闭密封件 |
| | 密封胶 | 液态密封胶、厌氧胶 | 垫片、导管连结、螺纹密封 |
| 无机材料 | 柔性石墨 | 天然石墨 | 垫片、软填料、密封件 |
| | 碳石墨 | 焙烧碳、电化石墨 | 机械密封、硬填料、动力密封、间隙密封 |
| | 工程陶瓷 | 氧化铝瓷、滑石瓷、金属陶瓷、氧化硅、硼化铬 | |
| 金属 | 有色金属 | 铜、铝、铅、锌、锡及其合金 | 垫片、软填料、机械密封、迷宫密封、硬填料、间隙密封 |
| | 黑色金属 | 碳钢、铸铁、不锈钢、堆焊合金、喷涂粉末 | 垫片、硬填料、机械密封、活塞环、间隙密封、防尘密封件、全封闭密封件、成型密封件 |
| | 硬质金属 | 钨钴硬质合金、钨钴钛硬质合金 | 机械密封 |
| | 贵金属 | 金、银、铟、钽 | 高真空密封、高压密封、低温密封 |

## 1.4　密封件的成形工艺

良好的加工工艺和成形工艺是保证密封件尺寸精度、表面特性以及提高抗腐蚀和耐磨能力的有效手段。与密封有关的加工工艺包括模压、浸渍、喷涂、烧结、焊接、电镀和表面热处理等。同一材料，如果处理工艺不同，其特性会有很大的差别。就密封件制造中最常用的模压工艺来说，如果压出来的成品在形状、尺寸等方面误差很大，大型面上存在飞边、毛刺，对于密封都是很不利的。以 O 形橡胶密封圈为例，它是靠给定的压缩变形来保证密封的，如果由于尺寸精度差而保证不了必要的压缩变形量，就会出现泄漏。此外，由于 O 形密封圈是以预拉伸状态安装于密封部位的，当运动摩擦发热时，O 形圈不是膨胀，而是收缩（拉伸状态下的橡胶受热收缩，称为焦耳效应），这也可能使工作时的压缩变形量减小而发生泄漏。因此，设计时必须严格给定尺寸精度，并应考虑到各种影响因素，例如，与密封件相接触的零件的尺寸精度、表面粗糙度及纹理方向等。

## 1.5　密封的润滑

摩擦和磨损是接触型动密封中必然存在的问题。接触型动密封的密封件与被密封件相接触，由于有相对运动而产生摩擦，导致发热和零件表面的磨损，这是引起泄漏及密封件损坏的主要原因。因此，润滑方式与润滑剂的选择就成了密封设计中必须慎重考虑的问题。一般都选择自润滑方式，例如浸渍各种润滑剂的填料、浸渍石墨以及采用摩擦因数小的聚四氟乙烯等。当介质具有润滑性时，则用介质本身润滑。

## 2　垫密封

垫密封广泛用于管道、压力容器以及各种壳体的接合面密封中。密封垫有非金属密封垫、非金属与金属组合密封垫和金属密封垫三大类。其常用材料有橡胶、皮革、石棉、软木、聚四氟乙烯、铁、钢、铝、铜和不锈钢等。

### 2.1　密封垫的选用

密封垫的选用原则：对于要求不高的场合，可凭经验来选取，不合适再更换；但对那些要求严格的场合，例如易爆、剧毒和可燃性气体以及强腐蚀的液体设备、反应罐和输送管道系统等，则应根据工作压力、工作温度、密封介质的腐蚀性及结合密封面的形式来选用。

一般来讲，在常温低压时，选用非金属软密封垫；中压高温时，选用非金属与金属组合密封垫或金属密封垫；在温度、压力有较大波动时，选用弹性好的或自紧式密封垫；在低温、腐蚀性介质或真空条件下，应考虑密封垫的特殊性能。这里特别需要说明的是法兰情况对垫片选择的影响。

（1）法兰形式的影响　光滑面法兰一般只用于低压，配软质的密封垫；在高压下，如果法兰的强度足够，也可以用光滑面法兰，但应该用厚软质垫，或者带内加强环或外加强环的缠绕密封垫。在这种场合，金属垫片也不适用，因为这时要求的压紧力过大，导致螺栓较大的变形，使法兰不易封严。

（2）法兰表面粗糙度的影响　法兰表面粗糙度对密封效果影响很大。例如，车削法兰的刀纹是螺

旋线，使用金属垫片时，如果表面粗糙度值较大，垫片就不能堵死刀纹所形成的这条螺旋槽，在压力作用下，介质就会顺着这条沟槽泄漏出来。软质密封垫对法兰面的光洁程度要求低得多，这是因为它容易变形，能够堵死加工刀纹，从而防止了泄漏的缘故。对软质垫片，法兰面过于光滑反而不利，因为此时发生界面泄漏的阻力变小了。所以，垫片不同，所要求的法兰面的表面粗糙度值也不相同。表1.8-3 列出了各种密封垫所要求的法兰表面粗糙度值的经验数据。

**表 1.8-3 法兰密封的表面粗糙度**

| 垫片类别 | 垫片名称 | 表面粗糙度 $Ra/\mu m$ | 备注 |
|---|---|---|---|
| 金属密封垫 | 环形垫片 | < 0.8 | 自紧式密封垫希望表面越光滑越好 |
| | 锯齿形垫片 | < 1.6 | |
| 半金属密封垫 | 金属包垫片 | < 1.6 | — |
| | 缠绕垫片 | < 12.5 | — |
| | 缠绕垫片 | < 3.2 | 气体密封时 |
| 石棉橡胶板 | — | < 12.5 | — |
| 石棉布密封垫 | — | < 25 | — |
| 聚四氟乙烯密封垫 | 聚四氟乙烯板垫片 | < 12.5 | — |
| | 聚四氟乙烯包垫片 | < 12.5 | — |
| 橡胶板 | — | < 25 | — |
| 有机物密封垫 | 油封 | < 25 | — |
| 皮革密封垫 | — | < 25 | — |
| 纸垫 | — | < 25 | — |

（3）法兰与垫片的硬度差 使用垫片的目的在于使垫片产生弹性或塑性变形以填满法兰面的微小凸凹不平，阻止泄漏发生。因此，应使垫片材料的硬度低于法兰材料的硬度，二者之间相差越大，实现密封就越容易。当使用金属垫片时，为了保证实现密封，

应尽可能选用较软的材料，使金属垫片的硬度与法兰硬度的差大于 40HBW 为宜。

表 1.8-4 给出了常用密封垫片种类及其使用范围。表 1.8-5 给出了球墨铸铁管法兰的压力-温度（$p$-$T$）等级。对于螺纹件，推荐用胶密封。

**表 1.8-4 常用密封垫种类、材料及适用范围**

| 形式 | 种类 | 材料 | 适用范围 | | |
|---|---|---|---|---|---|
| | | | 压力 /MPa | 温度 /℃ | 介质 |
| 非金属密封垫 | 纸垫片 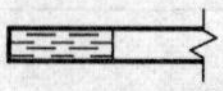 | 软钢纸板 | < 0.4 | < 120 | 燃料油、润滑油、水等 |
| | 橡胶垫片  | 天然橡胶 | $1.33 \times 10^{-10}$ ~ 0.6 | -60 ~ 100 | 水、海水、空气、盐类水溶剂、稀盐酸、稀硫酸等 |
| | | 普通橡胶板 | — | -40 ~ 60 | 空气、水、制动液 |
| | 夹布橡胶垫片 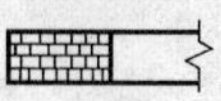 | 夹布橡胶 | ≈ 0.6 | -30 ~ 60 | 海水、淡水、空气、润滑油、燃料油等 |
| | 皮垫片 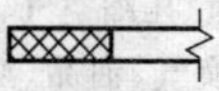 | 牛皮、牛皮浸蜡或油、合成橡胶、合成树脂 | — | -60 ~ 100 | 水、油、空气等 |
| | 软聚氯乙烯垫片 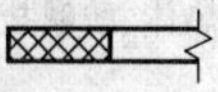 | 软聚氯乙烯板 | ≤ 1.6 | < 60 | 酸碱稀溶液及氨，具有氧化性的蒸汽及气体 |
| | 聚四氟乙烯垫片 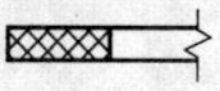 | 聚四氟乙烯板 | ≤ 3.0 | -180 ~ 250 | 浓酸、碱、溶剂、油类 |

（续）

| 形式 | 种类 | 材料 | 适用范围 | | |
|---|---|---|---|---|---|
| | | | 压力/MPa | 温度/℃ | 介质 |
| 非金属密封垫 | 橡胶石棉垫片 | 高压橡胶石棉板 | ≤6.0 | ≤450 | 空气、压缩空气、蒸汽、氨、焦炉气、水、海水、液态氨、冷凝水、质量分数≤98%的硫酸、质量分数≤35%的盐酸、盐类、硝铵液、硫氨液、甲胺液、烧碱、氟利昂、氢氰酸、卡普隆生产介质、聚苯乙烯生产介质、油品（汽油、柴油、煤油、重柴油等）、油气、溶剂（包括丙烷、丙酮、苯、酚等）、质量分数≤30%的尿素、氢、硫化催化剂、润滑油、碱类 |
| | | 中压橡胶石棉板 | ≤4.0 | ≤350 | |
| | | 低压橡胶石棉板 | ≤1.5 | ≤200 | |
| | | 耐油橡胶石棉板 | ≤4.0 | ≤400 | |
| | 聚四氟乙烯包垫片 | 聚四氟乙烯薄膜包橡胶石棉板或橡胶板 | ≤3.0 | -180~250 | 浓酸和碱、溶剂、油类 |
| 组合密封垫 | 夹金属丝(网)石棉垫 | 铜(钢或不锈钢)丝和石棉交织而成 | — | — | 内燃机用 |
| | 缠绕垫片 | 金属带：纯铜、铝、0.8(15)钢、20Cr13、06Cr13、12Cr13 非金属带：石棉带、聚四氟乙烯带、陶瓷纤维等 | ≤6.4 | ≈600 | 蒸汽、氢、压缩空气、天然气、裂解气、变换气、油品、溶剂、渣油、蜡油、油浆、重柴油、丙烯、烧碱、熔融盐载热体、酸碱盐溶液、液化气、水 |
| | 金属包平垫片 | 金属：纯铜、软钢、铝、不锈钢、合金钢 非金属：石棉板、橡胶石棉板、聚四氟乙烯板、陶瓷纤维 | ≤6.4 | ≈600 | 蒸汽、氢、压缩空气、天然气、裂解气、变换气、油品、溶剂、渣油、蜡油、油浆、重柴油、丙烯、烧碱、熔融盐载热体、酸碱盐溶液、液化气、水 |
| | 波形金属包垫片 | | | | |
| 金属密封垫 | 金属平垫片 | 纯铜、铝、铅、软钢、不锈钢、合金钢 | $1.33 \times 10^{-16} \sim 20$ | ≈600 | — |
| | 金属齿形垫片 | 10(08)钢、铝、合金钢、12Cr13(06Cr13) | ≥4.0 | ≈600 | — |
| | 金属八角垫 | 10钢、12Cr13、合金钢、不锈钢 | ≥6.4 | ≈600 | 蒸汽、氢、压缩空气、天然气、裂解气、变换气、油品、溶剂、渣油、蜡油、油浆、重柴油、丙烯、烧碱、熔融盐载热体、酸碱盐溶液、液化气、水 |
| | 金属透镜垫 | | | | |
| | 金属椭圆垫 | | | | |

（续）

| 形式 | 种类 | 材料 | 适用范围 | | |
|---|---|---|---|---|---|
| | | | 压力 /MPa | 温度 /℃ | 介质 |
| 金属密封垫 | 金属空心O形圈 | 铜、铝、低碳钢、不锈钢、合金钢 | 真空~高压 | 低温~高温 | 蒸汽、氢、压缩空气、天然气、裂解气、变换气、油品、溶剂、渣油、蜡油、油浆、重柴油、丙烯、烧碱、熔融盐载热体、酸碱盐溶液、液化气、水 |
| | 金属丝垫 | 铜丝、无氧钢丝、高纯铝丝、金丝、银丝 | — | — | |

**表 1.8-5　球墨铸铁管法兰的压力-温度（$p$-$T$）等级（摘自 GB/T 17241.7—1998）**

| 公称压力 PN /MPa | 法兰材料 | 温度/℃ | | | | | | |
|---|---|---|---|---|---|---|---|---|
| | | –10~40 | 120 | 150 | 200 | 250 | 300 | 350 |
| | | 最大允许工作压力/MPa | | | | | | |
| 1.0 | | 1.0 | 1.0 | 0.95 | 0.90 | 0.80 | 0.70 | 0.55 |
| 1.6 | QT400-18、 | 1.6 | 1.6 | 1.52 | 1.44 | 1.28 | 1.12 | 0.88 |
| 2.0 | QT450-10、 | 1.55 | 1.55 | 1.48 | 1.39 | 1.21 | 1.02 | 0.86 |
| 2.5 | QT500-7、 | 2.5 | 2.5 | 2.38 | 2.25 | 2.00 | 1.75 | 1.38 |
| 4.0 | QT600-3① | 4.0 | 4.0 | 3.80 | 3.60 | 3.20 | 2.80 | 2.20 |
| 5.0 | | 4.4 | 4.02 | 3.90 | 3.60 | 3.50 | 3.30 | 3.10 |
| 1.0 | | 1.0 | 1.0 | 0.97 | 0.92 | 0.87 | 0.80 | 0.70 |
| 1.6 | | 1.6 | 1.6 | 1.55 | 1.47 | 1.39 | 1.28 | 1.12 |
| 2.0 | QT400-15 | 1.75 | 1.55 | 1.48 | 1.39 | 1.21 | 1.02 | 0.86 |
| 2.5 | | 2.5 | 2.5 | 2.43 | 2.30 | 2.18 | 2.00 | 1.75 |
| 4.0 | | 4.0 | 4.0 | 3.88 | 3.68 | 3.48 | 3.20 | 2.80 |
| 5.0 | | 4.4 | 4.02 | 3.90 | 3.60 | 3.50 | 3.30 | 3.10 |

① 该材料使用温度限制在 120℃ 以下。

## 2.2　垫密封的泄漏

垫密封的泄漏有三种形式：界面泄漏、渗透泄漏和破坏性泄漏。以前两种为主要的出现形式。

产生界面泄漏的原因有：结合面粗糙和变形；密封垫没有压紧；压紧接合面的螺栓变形、伸长；密封垫发生塑性变形；密封垫材料老化、龟裂、变质等。界面泄漏常占总泄漏量的 80%~90%。

用棉、麻、石棉、皮革、纸等纤维素材质制成的密封垫，其组织疏松，致密性差，纤维间具有微缝隙，很容易被介质浸透。在压力作用下，介质从高压侧通过这些微缝隙渗透到低压侧，形成渗透泄漏，它占总泄漏的 10%~20%。为减少渗透泄漏，可将密封垫作浸渍处理，常用的浸渍材料有油脂、橡胶及合成树脂等。橡胶也会发生渗透泄漏，其中以异丁橡胶的渗透泄漏最少，用异丁橡胶作的密封垫，可用在 $1.33 \times 10^{-6}$Pa 的真空下。氯丁橡胶、丁腈橡胶可用在 $1.31 \times 10^{-1}$Pa 的真空中。

## 3　密封胶

用密封胶涂敷在接合面上，由它产生的粘合力（或施以外力）将两接合面胶结在一起，从而堵塞泄漏缝隙，这种措施称为胶密封。密封胶在施工时具有流动性或塑性，在施工后有良好的成膜性，对结构的接缝、缺口或孔洞能起密封作用，并能承受额定的压力和振动。

密封胶的主要成分为有机或无机高分子材料。有机高分子材料有聚硫橡胶、硅橡胶、丁基橡胶、聚异丁烯橡胶、橡胶弹性体及顺丁二烯橡胶等。无机高分子材料有硅酸盐和聚硅酸酯等。密封胶成分中还有各种增粘剂，如环氧树脂、酚醛树脂、硅树脂或聚苯硫醚树脂等，以及各种补强剂，如二氧化硅、炭黑和石棉等。

密封胶有硫化型和不硫化型两大类。硫化型密封胶还加有硫化剂和促进剂等。

密封胶的施工方法可根据其状态选择。膏状密封胶可用刮刀刮涂或注射枪注射施工；液状密封胶采用

刷子刷涂或喷涂施工；膜状密封胶用铺贴方法施工。所有的施工方法在施工前都应对被密封的部位认真除油、排污及用溶剂擦净装配表面。密封胶施工的标准环境条件：温度为（23±2）℃，相对湿度为50%±5%。双组分或多组分密封胶的各个组分分别包装，一定要准确称量，否则不仅会影响其活性期，还会影响胶的性能。

活性期是指密封胶混合后到适于涂敷的时间，超过这段时间密封胶即失去必要的流动性。施工期是指密封胶仍保持一定的粘性和塑性并适于进行铆接和修整的时间，通常为活性期的两倍。硫化时间是指密封胶配制以后至能达到相应标准所规定的力学性能的时间。

密封胶按其主要成分的分类见表1.8-6。

**表 1.8-6 密封胶的分类**

| 名称 | | 特性 | 工作温度/℃ | 应用举例 |
|---|---|---|---|---|
| 聚硫橡胶密封胶 | | 具有良好的耐油性、耐水性、耐老化性，对其他材料具有粘结性，使用寿命长 | −60～110 | 飞机油箱、座舱、空气导管、电气及仪表的密封 |
| 硅橡胶密封胶 | | 具有优良的耐热空气、臭氧、光和大气老化，以及防潮和电绝缘性能，但耐燃油和润滑油性能较差 | −70～230 | 飞机发动机高温区、导管接头、防火墙等的密封 |
| 非硫化型密封胶 | | 具有良好的耐老化性和对其他材料的粘结性，密封工艺简便 | <70 | 结构的接合面密封和沟槽密封 |
| 液态密封胶 | 有机高分子材料基 | 具有良好的耐油性和对其他材料的粘结性 | <120 | 发动机机壳、润滑油泵一类接合面的密封 |
| | 无机高分子材料基 | 具有较高的耐热性，耐压强度高，不燃，易于拆卸更换 | <750 | 发动机、高压压气机后机壳和高压润滑油轴承等部件的接合面密封 |
| 厌氧胶 | | 流动性很好，在隔绝空气情况下自行固化 | <120 | 广泛用于螺纹连接件锁固密封；用作平面接合面密封，可取代密封垫片 |

## 3.1 聚硫橡胶密封胶

室温硫化型聚硫橡胶密封胶是飞机制造业中应用最广的密封胶，常用双组分或多组分室温硫化型密封胶。各组分分别包装，配套供应。应用前需将各组分按比例称量，均匀混合，几个组分一经混合即开始反应，而逐渐固化。室温硫化型聚硫橡胶密封胶见表1.8-7。

**表 1.8-7 室温硫化型聚硫橡胶密封胶**

| 牌号 | 基本组成 | 特性 | 工作温度/℃ | 应用举例 | 生产单位 |
|---|---|---|---|---|---|
| XM15 | 组分一（基料）：液体聚硫橡胶、补强剂、增粘剂；组分二：硫化剂、调节剂、增粘剂；组分三：促进剂 | 胶为深黑色，可用有机溶剂稀释成均匀稳定的胶液，胶在标准环境下的活性期为2～6h，用毛刷刷涂，在室温下能硫化成弹性体。耐大气老化，耐水浸泡，流平性好 | −55～110 | 飞机整体油箱结构的密封 | 沈阳油漆厂 |
| XM16 | 组分一（基料）：液体聚硫橡胶、补强剂；组分二：环氧增粘剂；组分三：硫化剂、增塑剂、调节剂；组分四：复合促进剂 | 胶为深黑色，易用有机溶剂溶解成稳定的胶液，用毛刷刷涂，在标准环境条件下的活性期为2～6h，在室温下能硫化成弹性体。有优异的耐湿热、耐水和耐航空燃料浸泡性能 | −50～110 | 刚性大的防水渗漏结构，飞机机身和座舱的密封 | 沈阳油漆厂 |

（续）

| 牌号 | 基本组成 | 特性 | 工作温度/℃ | 应用举例 | 生产单位 |
|---|---|---|---|---|---|
| XM18 | 组分一（基料）：液体聚硫橡胶、补强剂；组分二：增强剂；组分三：硫化剂、增塑剂；组分四：促进剂 | 胶为深黑色，可用有机溶剂稀释成均匀稳定的胶液，用毛刷涂，在标准环境条件下活性期为2~8h，在室温下能硫化成弹性体。有较高的扯断拉伸率和耐热空气老化性能，耐湿热和耐水性能较差 | -50~135 | 飞机座舱盖玻璃、风窗玻璃与边缘连接件的密封，座舱内壁、地板表面及机身的气密密封 | 沈阳油漆厂 |
| XM23 | 组分一（基料）：液体聚硫橡胶、补强剂；组分二：环氧增粘剂；组分三：硫化剂、增塑剂；组分四：促进剂 | 胶为深黑色，可用有机溶剂稀释成均匀稳定的胶液，用毛刷涂，在标准环境条件下活性期为2~15h，在室温下能硫化成弹性体。耐湿热和耐淡水浸泡 | -50~110 | 飞机座舱窗玻璃、风窗玻璃与边缘连接件的密封，座舱内壁、地板表面密封及机身的气密密封 | 北京航空材料研究所 |
| XM33 | 组分一（基料）：液体聚硫橡胶、补强剂、增粘剂；组分二：硫化剂、促进剂 | 按活性期分为XM33-1(活性期为1h)、XM33-2(活性期为2h)、XM33-4(活性期为4h)、XM33-6(活性期为6h)四个品级，各品级具有驼色、绿色和咖啡色。用有机玻璃、木、竹制成的刮板进行嵌缝涂料或修整填角密封。在室温可硫化成弹性体 | -55~1 | 飞机座舱、客货舱的密封 | 北京航空材料研究所 |

## 3.2　硅橡胶密封胶

室温硫化硅橡胶密封胶是一类高耐热性的密封胶，具有较宽的工作温度范围。室温硫化硅橡胶密封胶见表1.8-8。

## 3.3　非硫化密封胶

非硫化密封胶只有单组分一种，又称非硫化性腻子。腻子成块状打包供应。腻子可通过炼胶机加工成各种形状的腻子条或片。把腻子经有机溶剂溶解稀释成胶液后，用涂布法涂于细布上制成腻子布，腻子布成卷供应。用腻子垫片或腻子布时，需密封的零部件事先要进行预装，包括钻孔、划窝、去毛刺和表面清洗，然后根据密封部件的尺寸和形状，把腻子或腻子布制成所需要的形状，按螺钉或铆钉孔位置在腻子带上钻孔，进行铺贴，并用钢钎校正孔位。腻子布的连接缝应避开螺钉孔，并将腻子布剪成30°~45°斜角进行对接。腻子和腻子布铺贴后应立即进行装配。非硫化型密封胶（腻子）见表1.8-9。

### 表 1.8-8　室温硫化硅橡胶密封胶

| 牌号 | 基本组成 | 特性 | 工作温度/℃ | 应用举例 | 生产单位 |
|---|---|---|---|---|---|
| XM31（按颜色分为 XM31-1（红色）、XM31-5（橙色）、XM31-6（棕色），三个牌号） | 组分一（基料）：液体硅橡胶、补强剂、防霉添加剂；组分二：硫化剂、催化剂 | 基料可溶解于汽油中制成胶液，加入组分二后，胶液能刷涂和喷涂，在室温下能硫化成弹性体；耐大气老化、耐水浸泡，耐湿热，耐盐雾 | -60~230 | 飞机及发动机高温部位的密封 | 北京航空材料研究所 |
| XM35 | 组分一（基料）：液体硅橡胶、补强剂、防霉添加剂；组分二：硫化剂、催化剂 | 胶为绿色，基料可溶于汽油中制成胶液，能刷涂，在室温下能硫化成弹性体。具有防止霉菌生长、耐大气老化、耐水浸泡、耐湿热、耐盐雾性能 | -60~200 | 电子元件及计算机磁心板的密封 | 北京航空材料研究所 |

（续）

| 牌号 | 基本组成 | 特性 | 工作温度/℃ | 应用举例 | 生产单位 |
|---|---|---|---|---|---|
| SF3 | 组分一（基料）：羟基封端甲基硅橡胶、白炭黑；组分二：正硅酸乙酯、辛基锡 | 胶为砖红色粘膏状物，用刮板进行刮抹，在室温下能硫化成弹性体。具有耐高温、低温和耐老化性能 | -60 ~ 250 | 高温部件的隔热密封 | 上海橡胶制品研究所 |
| XJ55 | 组分一（基料）：有机硅橡胶、补强剂、增粘剂；组分二：硫化剂、促进剂 | 胶为红色粘膏状物，用刮刀刮涂，在室温下能硫化成弹性体。具有耐压性和耐高温性能 | -60 ~ 300 | 发动机接合面的密封 | 南方动力机械公司 |
| SDL1-41 | 组分一（基料）：端羟基甲基硅橡胶；组分二：交联剂；组分三：催化剂 | 胶为乳白色半透明膏状物，施工方法为灌封，在室温下能硫化成弹性体。具有优良的介电性能和化学稳定性，耐水、耐大气老化，耐臭氧 | -60 ~ 200 | 电子和电器元件的防潮、防腐和防震灌封 | 晨光化工总厂二分厂 |

**表 1.8-9　非硫化型密封胶（腻子）**

| 牌号 | 基本组成 | 特性 | 工作温度/℃ | 应用举例 | 生产单位 |
|---|---|---|---|---|---|
| CH102 腻子（CH102 腻子布） | 聚硫橡胶、补强剂、促进剂、填料 | 具有良好的耐大气老化、耐臭氧老化、耐湿热、耐航空燃料浸泡性能，可拆卸 | -35 ~ 80 | 飞机座舱盖框架、机身气密结构的密封、气密铆接缝和螺栓孔的密封 | 重庆长江橡胶厂 |
| JLN100 腻子（JLN100 腻子布） | 聚硫橡胶、补强剂、促进剂 | 具有良好的耐大气老化、耐臭氧老化、耐湿热、耐航空燃料浸泡性能，可拆卸 | -35 ~ 80 | 飞机座舱框架、机身气密结构的密封、气密铆接缝和螺栓孔的密封 | 锦西化工研究院 |
| 1601 密封腻子（1601 密封腻子布） | 聚异丁烯橡胶、颜料、填料 | 腻子能保持不硫化状态，工艺性能好，可拆卸 | -50 ~ 70 | 飞机座舱的缝内密封 | 沈阳第四橡胶厂 |
| XM17 密封腻子（XM17 密封腻子布） | 低相对分子质量顺丁二烯橡胶、增塑剂、防老化剂、填料 | 腻子能保持不硫化状态，密封工艺性能好，可拆卸 | -55 ~ 100 | 在歼击机、水上轰炸机上使用 | 重庆长江橡胶厂 |
| XM24 密封垫片 | 氯化丁基橡胶、补强剂、增粘剂、增塑剂、防老化剂 | 具有良好的耐热老化性、耐寒性和密封性，可拆卸，以 800mm × 300mm ×（1.5 ~ 2.5）mm 的片材供应 | -50 ~ 150 | 与硫化型密封剂配合，已用于歼击机座舱玻璃硬固定边缘的密封 | 北京航空材料研究所 |
| XM30 密封腻子（XM30 密封腻子布） | 改性聚苯醚硅橡胶、补强剂、增粘剂、填充剂 | 具有优良的耐高温和耐低温性能，良好的耐烧蚀性、电绝缘性和密封工艺性 | -54 ~ 200 | 已用于防弹玻璃的边缘密封和运载火箭发动机的密封 | 北京航空材料研究所 |
| XM34 密封腻子 | 硅腈橡胶、补强剂、稠化剂、填充剂 | 是一种沟槽注射型单组分密封腻子，具有良好的耐航空喷气燃料性和密封性，以及与金属良好的粘附性和重新注射性。在使用时，待油箱装配完成后，把腻子从蒙皮表面的注射孔注入沟槽即可达到密封的目的。 | -54 ~ 130 | 飞机整体油箱沟槽注射密封 | 北京航空材料研究所 |

## 3.4 液态密封胶

按密封胶的基料，液态密封胶可分为由聚氨酯、聚酯、酚醛树脂及改性植物油皂为基的液态密封胶和以硅酸盐无机高分子材料为基的液态密封胶两类。按液态密封胶涂敷后的成膜性状，可分为干可剥型、干粘着型、半干粘弹型和不干性粘结型四种。

### 1. 干可剥型

涂敷溶剂迅速挥发而引成柔软有弹性的薄膜，这种薄膜能耐振动，粘着严密，容易从接合面上剥下来。由于可按涂敷量的多少来控制膜的厚度，所以可以用于间隙较大和有坡度的部位。但这种密封胶因溶剂挥发过于迅速，故接合面积大的部位使用有一定的困难。这种密封胶一般是橡胶型。

### 2. 干粘着型

涂敷后因溶剂挥发而牢固地粘着于接合面上，有较好的耐压性及好的耐热性。但可拆卸性差，拆除时容易损伤金属接合面，并且耐振动和抗冲击性能较差。

### 3. 半干粘弹型

这种胶介于干与半干型之间，兼有两者的优点。一般含有溶剂，涂敷后溶剂很快挥发。形成的薄膜长期不硬，永久保持粘弹性，具有耐压和柔软的特点，并容易拆卸。是目前应用最普遍的一种。

### 4. 不干性粘接型

涂敷后长期不硬，保持粘性，因此承受机械振动和冲击时不发生龟裂和脱落现象。容易从金属面上除去。它又可分为有溶剂的和无溶剂两类。有溶剂的为液体状，无溶剂的为膏状。无溶剂的既可在涂敷后不经干燥马上连接，也可在涂敷后经数日、数周后再进行连接。因此，既可用于紧急修理，也可用于准备装配的场合预先涂敷。

由于液态密封胶是胶稠体，故能将结合表面上的全部凹陷填平，对接合面具有良好的粘附力，当接合密封面被紧固后，液态密封胶形成的膜同缝隙一样薄，并且处处吻合。由于膜很薄，故表面吸附力很大，根据单分子膜理论，越薄的膜回复倾向越大，当密封胶一端受力（例如受内压），间隙小时只发生弹性位移，间隙大时还会发生粘性流动。一般间隙小于0.1mm，当间隙大于0.1mm时，液态密封胶应与固体垫片并用才能达到有效的密封，从而能保证有良好的密封效果。

液态密封胶可单独使用，也可与垫片配合使用，应根据使用条件选用适当类型的液态密封胶（见表1.8-10）。使用时应注意以下事项：

1）预处理。将密封面上的油污、水、灰尘或锈除去。单独使用时，两密封面间隙≤0.1mm。

2）涂敷。涂敷厚度视密封面的加工精度、平整度、间隙大小等具体条件而定，一般在两密封面上各涂敷0.06～0.1mm厚即可。

3）干燥。溶剂型液态密封胶需干燥，干燥时间视所用溶剂种类和涂敷厚度而定，一般为3～7min。

4）紧固。紧固方法与垫片密封相同，紧固后不可错动密封面。

**表 1.8-10 液态密封胶**

| 使用条件 | | 不干粘接型 | 半干粘弹型 | 干可剥型 | 干粘着型 |
|---|---|---|---|---|---|
| 耐热性 | | 良 | 可 | 可 | 优 |
| 耐压性 | | 良 | 可 | 可 | 优 |
| 间隙较大 | | 良 | 可 | 可 | 优 |
| 耐振动 | | 优 | 可 | 良 | 劣 |
| 剥离性 | | 可 | 可 | 优 | 劣 |
| 适用部位 | 平面 | 优 | 优 | 优 | 优 |
| | 螺栓 | 优 | 可 | 劣 | 优 |
| | 嵌入 | 优 | 良 | 劣 | 优 |
| | 滑动 | 可 | 劣 | 劣 | 劣 |
| 与密封垫组合使用时的耐热、耐压性 | | 优 | 优 | 优 | 良 |

对胶层特性的影响因素主要有温度、封口搭接长度、胶层厚度、密封面的表面粗糙度、环境条件和对密封胶的压紧力等。当温度升高后，胶层强度急骤下降，耐压性变差，密封性下降。密封胶的抗拉强度随接合面表面粗糙度 $Ra$ 值的增大而增大。密封胶需要一定的压紧力，压紧力越大，密封性越好。

液态密封胶应符合表1.8-11所列的技术要求。液态密封胶的性能见表1.8-12。

表 1.8-11    液态密封胶的技术要求 （摘自 JB/T 4254—1999）

| 项 目 | | 非干性 | 半干性或干性 |
|---|---|---|---|
| 粘度/mPa·s | | >5000 | >1000 |
| 密度/(g/cm³) | | >0.8 | >0.8 |
| 不挥发物(%) | | >65.00 | >20.0 |
| 耐压性/MPa | 室温 | 8.83 | 7.85 |
| | (80±5)℃ | 6.86 | 6.86 |
| | (150±5)℃ | 3.92 | 6.86 |
| 冷热交换耐压性/MPa | | 4.90 | 4.90 |
| 耐介质性(%) | 蒸馏水 | -5 ~ +5 | -5 ~ +5 |
| | 32 号机械油 | -5 ~ +5 | -5 ~ +5 |
| | 90 号无铅汽油 | -5 ~ +5 | -5 ~ +5 |
| 腐蚀性 | 45 钢 | 无 | 无 |
| | HT200 | 无 | 无 |
| | H62 黄铜 | 无 | 无 |

表 1.8-12    液态密封胶的性能

| 牌号 | 基本组成 | 特 性 | 工作温度/℃ | 耐压/MPa | 生产单位 |
|---|---|---|---|---|---|
| 7302<br>(不干粘结型) | 涤纶树脂改性缩聚物、交联剂、增塑剂、溶剂、填料 | 在室温下为膏状物,耐各种油剂及各种有机溶剂等,用于法兰和螺纹连接部位的密封 | -40 ~ 120 | ≤4.0 | 大连第二有机化工厂 |
| 7303<br>(半干粘弹性) | 聚酯-酚醛为基料的酒精胶液 | 为乳白或橙黄色膏状物,可在水蒸气、盐水、汽油、机油、甲苯、硫酸等介质中使用,可拆性好,用于管道螺纹连接处密封 | <300 | >5(25℃) | 大连第二有机化工厂 |
| 7304 | 高碳酸酯改性物、交联剂、增塑剂、填料 | 室温下为膏状物,耐各种油类、各种气体,用于法兰及螺纹连接处的密封 | -30 ~ 250 | >10(25℃) | 大连第二有机化工厂 |
| XJ11<br>(半干粘弹型) | 聚氨酯树脂、增塑剂、增稠剂、溶剂 | 室温下为蓝色膏状物,耐油、耐震,用于结构平面与螺纹接合面的密封 | -50 ~ 250 | >2.45(20℃) | 南方动力机械公司 |
| XJ15<br>(不干粘接型) | 聚酯树脂、防锈剂、填料 | 为黄色膏状物,耐压、耐油,具有可拆性 | -50 ~ 200 | >7.5(20℃) | 南方动力机械公司 |
| XJ21<br>(不干粘接型) | 植物油皂、植物油、填料 | 为棕色膏状物,具有良好的耐油能力,易于涂布施工 | -55 ~ 110 | >1.96(20℃) | 南方动力机械公司 |
| MF1(J 型)<br>(不干粘接型) | 脱水蓖麻油、酚醛树脂、填料 | 为灰黄色粘稠状液体,具有良好的耐油、耐水、耐压性能,拆卸容易,用于螺纹和平面接合面密封 | -55 ~ 130 | >4.9(20℃) | 广州机床研究所 |
| KL1<br>(干粘着型) | 液态无机高分子材料为基料(硅酸盐溶液)、填料 | 为灰色膏状物,耐油、耐高温燃气等气体,粘接性和施工性均好,用于发动机高温部位接合面密封 | -100 ~ 600 | 24.5(20℃)、<br>1.47 ~ 1.96<br>(600℃) | 中科院兰州化物所 |
| QM-3<br>(干粘着型) | 无机高分子材料为基料 | 为白色膏状物,耐压、耐高温,用于各种法兰、管道螺纹等接合面密封 | -40 ~ 500 | 1.0(500℃) | 大连第二有机化工厂 |
| YN-3 | 尼龙、酚醛树脂 | 为白色或浅黄色粘稠体,耐油、耐水、耐烃类和酯类溶剂,用于法兰、平面接合和螺纹连接的密封 | -50 ~ 250 | 30(20℃)、<br>5(250℃) | 大连第二有机化工厂 |

## 3.5 厌氧胶

厌氧胶在氧气存在时其交联反应受到抑制而停止进行，隔绝氧气后交联反应在氧化还原催化剂作用下即可连续进行固化。因此，这类密封剂仅适用于缝内密封，它属于液态密封胶的干粘着型。由于它有"厌氧"的特性，常常单独列出。

厌氧胶是单组分室温固化密封胶。它在室温下为粘稠液体，流动性很好。使用时只需把胶液滴到需要密封的表面上，它就能浸入机械零件的细小缝隙中，粘合密封面，使之隔绝空气。在室温下不需要加入任何固化剂，胶液会自行固化。它广泛用于螺纹连接孔密封、管螺纹密封、法兰面和机械箱体接合面等的密封。厌氧胶的性能见表1.8-13。

**表 1.8-13　厌氧胶的性能**

| 牌号 | 基本组成 | 特　　性 | 工作温度/℃ | 室温静剪切强度/MPa | 室温破坏转矩/N·m | 生产单位 |
|---|---|---|---|---|---|---|
| Y-82 | 双甲基丙烯酸多缩乙二醇酯 | 为茶黄色液体，属中强度厌氧胶，较易拆卸 | <100 | 9.0(对钢) | 12.75 (M10钢螺栓) | 大连第二有机化工厂 |
| Y-150 | 双甲基丙烯酸多缩乙二醇酯 | 用于振动条件下螺纹紧固防松和密封防漏 | -55~150 | 15(对钢) | 20.0 (M10钢螺栓) | 大连第二有机化工厂 |
| GY-168 | 聚氨酯型甲基丙烯酸酯、催化剂、增稠剂、填料 | 为紫色和茶色膏状物，耐大气老化、耐水、耐油，用于平面接合面密封，可取代垫片 | -55~120 | 6.47 | 8.73 | 大连第二有机化工厂、广州粘合剂化工厂 |
| GY-210 | 双甲基丙烯酸多缩乙二醇酯 | 为紫色膏状物，属低强度级适用于螺纹件(M12以下)的锁固与密封防漏 | -55~120 | 5.6(对钢) | 5.5~11.5 | 广州粘合剂化工厂 |
| GY-230 | 双甲基丙烯酸多缩乙二醇酯 | 为茶色或蓝色膏状物，属中强度级 | -55~120 | 10.0(对钢) | 10.0~22.5 | 广州粘合剂化工厂 |
| GY-240 | 双甲基丙烯酸多缩乙二醇酯 | 为茶色或蓝色膏状物，属中强度级，适用于M36以下螺纹件的锁固与密封，锁固后可用力拆开 | -55~120 | 8.5 | 10.0~22.55 (M10钢螺栓) | 广州粘合剂化工厂、大连第二有机化工厂 |
| GY-250 | 双甲基丙烯酸多缩乙二醇酯 | 为红色膏状物，属高强度级 | -55~120 | 16.7 | 20.0~30.0 | 广州粘合剂化工厂 |
| GY-260 | 双甲基丙烯酸多缩乙二醇酯 | 为红色膏状物，属高强度级，适用于M56以下螺纹件的锁固与密封，需较大的力或加热至200℃以下才能拆开 | -55~120 | 19.0 | 20.0~40.0 (M10钢螺栓) | 广州粘合剂化工厂、大连第二有机化工厂 |
| GY-280 | 双甲基丙烯酸多缩乙二醇酯 | 为绿色透明液体，为低粘度渗入型胶，适用于0.125mm以下间隙或孔隙的渗入填充，也可作为铸件、焊缝、砂眼、气孔的填充及平面和螺纹件的固定 | -55~150 | 12.0 | 2.5~11.5 | 广州粘合剂化工厂、大连第二有机化工厂 |
| GY-340 | 双甲基丙烯酸多缩乙二醇酯 | 为茶色或绿色液体，适用于各种轴上零件(如轴承、键及工艺孔塞等)的装配，也可用于不常拆卸的螺纹件(M20以下)的锁固与密封 | -55~150 | 15.7 | >23.5 | 广州粘合剂化工厂、大连第二有机化工厂 |
| HH-Y-5 | E-51环氧树脂甲基丙烯酸酯、聚氨酯树脂甲基丙烯酸羟丙酯、过氧化物、促进剂、稳定剂 | 为红色液体，属高强度型胶，适用于螺纹连接的紧固和密封，以及管材的套接粘接和板材的搭接粘接 | -55~150 | 19.6~23.9 (20号单搭接) | 34.0~42.0 (松动) | 黄河机器制造厂 |

# 4  编结填料密封

## 4.1  填料密封的种类

填料密封是用填料填塞泄漏通道,阻止泄漏的一种密封形式。填料密封结构简单,装拆方便,成本低廉,因而得到了广泛应用。填料密封主要用于动密封,也可用于静密封。它广泛用作离心泵、压气机、真空泵、搅拌机和船舶螺旋桨的转轴密封,柱塞泵、往复式压气机、制冷机的往复运动密封,以及各种阀门阀杆的旋转密封等。按所用填料的弹性,填料密封可以分为软填料密封和硬填料密封两大类。软填料密封所用的填料主要有绞合填料、编结填料、塑性填料、金属填料,以及各种截面形状的成型填料。成型填料按材质可分为橡胶类、塑料类等。成型填料已经

标准化,得到了广泛应用,并且统称为"密封件"。

编结填料是以棉、麻以及石棉纤维纺线后编结而成,并在其中浸入润滑剂或聚四氟乙烯。根据编结方式的不同,可分为发辫式编结、穿心编结和夹心套层编结等多种。

编结填料的材料有多种,配以不同的浸渍剂和润滑剂,可适用于多种介质。目前常用的有麻填料、石棉填料、聚四氟乙烯填料和碳纤维填料。此外,还有棉填料、塑性填料和金属填料等。

塑性填料分为绵状填料和积层填料。绵状填料是将纤维与石墨(或云母)、金属粉(或鳞片)、油脂和弹性粘接剂相混合,填入填料腔后经压盖压紧来使用。积层填料是在石棉布或帆布的表面上涂敷橡胶,然后一层层地叠合,或者一层层地卷绕,再加热加压成型并硫化后使用的。编结填料的选用见表 1.8-14。

**表 1.8-14  编结填料的选用**

| 材料 | 编结方式 | 润滑剂 | 应 用 |
|---|---|---|---|
| 棉纤维 | 发辫、穿心 | 无 | 食品饮料等不许污染的介质 |
| 棉纤维 | 发辫、穿心 | 耐水润滑脂 | 温水、海水、中、低压水压机、蒸汽压力装置 |
| 棉纤维 | 发辫、穿心 | 耐油特种润滑剂 | 100℃ 以下的汽油和重柴油用液压泵的轴封 |
| 麻纤维 | 发辫、穿心 | 矿物油和石墨 | 高压水或蒸汽的加压柱塞杆密封、法兰密封 |
| 棉和亚麻 | 发辫、穿心 | 油脂、浓润滑剂浸渍 | 水压机柱塞密封、法兰密封 |
| 羊毛 | 发辫、穿心 | 矿物油与石墨填充 | 离心泵 |
| 安普麻 | 发辫、穿心 | 牛油 | 海水 |
| 白石棉 | 发辫、穿心、套层 | | 400℃ 以下离心水泵和往复泵轴封 |
| 白石棉 | 发辫、穿心 | 耐热、耐油润滑剂 | 密封适用于 400℃ 以下热油 |
| 白石棉 | 发辫、穿心 | 填充耐热耐油橡胶 | 200℃ 以下的蒸汽、热用油的密封 |
| 蓝石棉 | 穿心 | 无 | 严禁污染的 400℃ 以下的强酸 |
| 蓝石棉 | 发辫、穿心、套层 | 填充耐热润滑剂和石墨 | 350℃ 以下的强酸泵阀用 |
| 白石棉 | 发辫、穿心、套层 | 填充耐油、耐化学品润滑剂和石墨 | 耐碱及轻质油品用 |
| 白石棉 | 发辫、穿心 | 乳白膏状润滑剂 | 造纸、食品、肥皂等不得污染的机械用,235℃ 以下 |
| 白石棉 | 发辫 | 耐溶剂特种润滑剂 | 70℃ 以下的一般溶剂(线速度小于 10m/s) |
| 白石棉纤维在聚四氟乙烯分散液中浸渍 | 发辫、套层 | 耐酸润滑剂 | 强酸(pH 值为 1~4)、铬酸用,温度 250℃ 以下,线速度 10m/s 以下 |

## 4.2  填料腔的结构设计

填料腔除设有装填填料的空间外,还应设计相应

的冷却(包括散热)、润滑、液封或冲洗结构。其设计原则如下:

1)容易加工。

2）散热有效，接通冷却液比较方便。

3）留有液封孔口，且位置要恰当，便于与高压封液相联通。

4）转轴应与机械密封互换等。

填料腔的结构形式见表 1.8-15。填料腔的润滑、冲洗和冷却方式见表 1.8-16。

表 1.8-15  填料腔的结构形式

| 类  型 | 简  图 | 特点和应用 |
|---|---|---|
| 简单填料箱 | 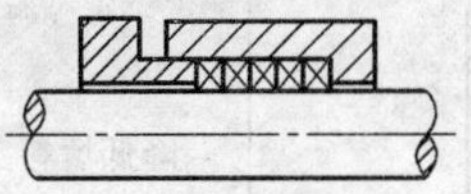 | 结构简单紧凑，未采用改善填料箱工况的辅助措施，仅用于低参数范围或不允许外接辅助管线的场合，常用于阀门等 |
| 封液填料箱 | 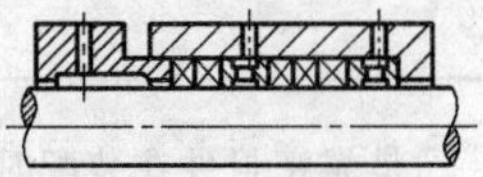 | 引入封液改善润滑、扩大工作参数范围。机械泵类产品常用，亦可用于气相介质 |
| 填料旋转式填料箱 | 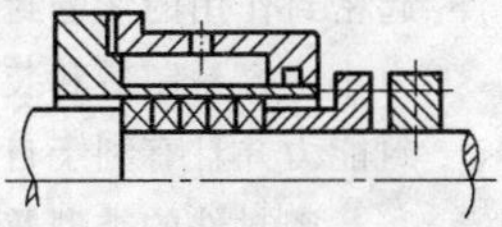 | 填料处于旋转状态，摩擦面位于填料外圆面，散热效果良好，可用于高效旋转设备，不磨损轴 |
| 双填料箱 | 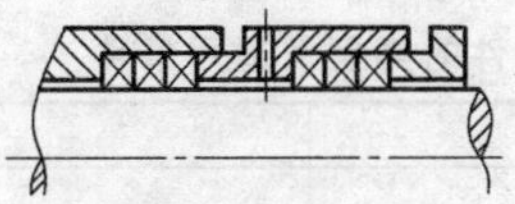 | 两个填料箱叠加，外箱体底部兼做内箱体压盖，在此处可引入液体冲洗、冷却或收集漏液。可用于易燃、易爆或有毒介质 |
| 锥面填料箱 | 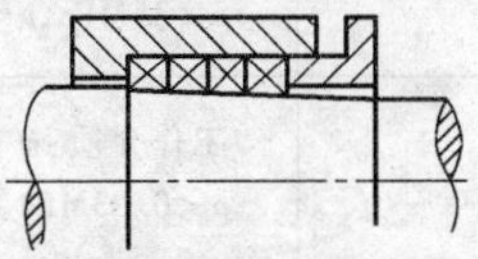 | 锥面填料箱与离心锤组成离心式停车密封，作为动力型密封装置的辅助密封 |
| 内圆调心式填料箱 | 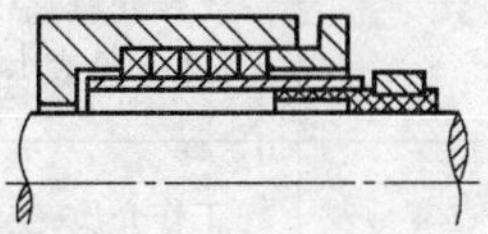 | 装有柔性材料对中环，轴套或外套可调心对中。用于轴有较大振动和偏摆的场合。不磨损轴 |

表 1.8-16  填料腔的润滑、冲洗和冷却方式

| 类  型 | 简  图 | 特点和应用 |
|---|---|---|
| 外圆调心式填料箱 | 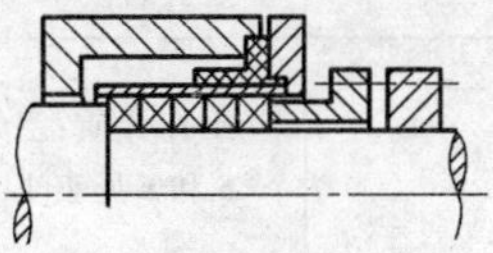 | — |
| 封液润滑 | 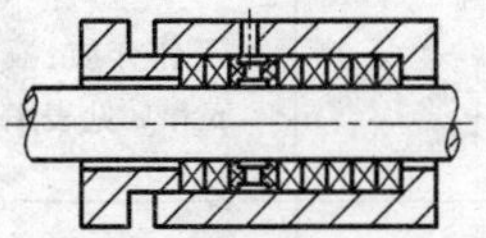 | 在封液环处引入封液（每分钟数滴）进行润滑 |
| 贯通冲洗 | 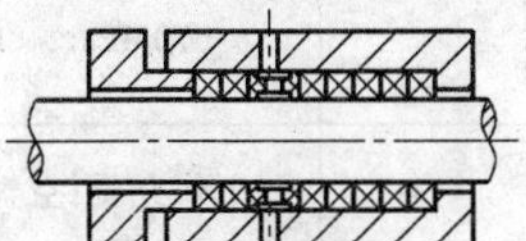 | 在液封环处有进口和出口管线进行贯通冲洗，漏液在液封环处被稀释带走。可用于易燃、易爆和有毒介质 |

（续）

| 类    型 | 简    图 | 特点和应用 |
|---|---|---|
| 底部或压盖冲洗 | 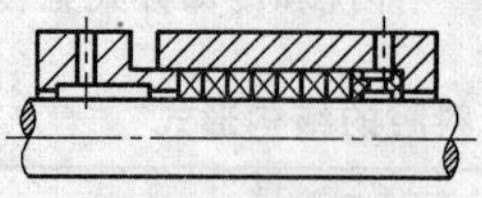 | 在填料箱底部封液环处，引入压力较介质压力高约0.05MPa的清洁液体，阻止工作介质中磨蚀性颗粒进入填料摩擦面。在压盖处冲洗，能带走漏液，冷却轴杆，并阻止尘污进入摩擦面 |
| 夹套冷却 | 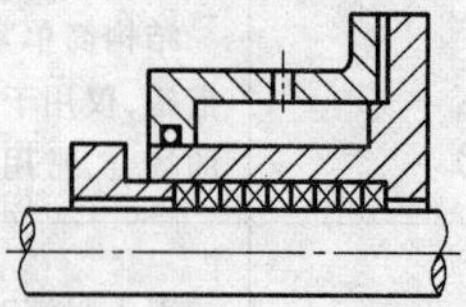 | 降低填料工作温度。用于高温介质 |

## 5    密封件

### 5.1    密封件的类型

密封件一般指的是用于接触密封的密封件。密封是靠密封件在装配时的压缩力和工作时的介质压力而起密封作用的。密封件应使密封可靠、耐久，摩擦阻力小，容易制造和装拆，应能随压力的升高而提高密封能力并且有利于自动补偿磨损。

密封件的类型及适用条件见表1.8-17。

表1.8-17    密封件的类型及适用条件

| 名称 | 图    形 | 适用条件 |
|---|---|---|
| O形橡胶密封圈 | 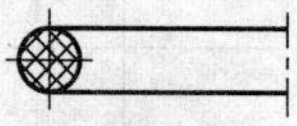 | 工作介质：空气、水、矿物油等 $p<35$MPa、$v<6$m/s、$t$ 为 $-40\sim+200$℃ |
| 旋转轴唇形密封圈（油封） | 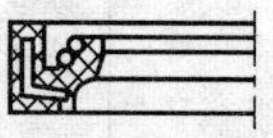 | 工作介质：矿物油、润滑油等 $p<0.03$MPa、$v<4$m/s、$t$ 为 $-30\sim+80$℃ |
| Y形橡胶密封圈 | 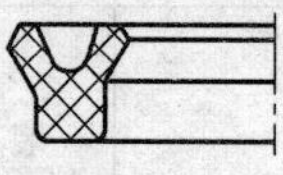 | 工作介质：空气、矿物油 $p$ 和 $v$ 见表1.8-28，$t$ 为 $-40\sim+80$℃ |
| 活塞高低唇Y形橡胶密封圈 | 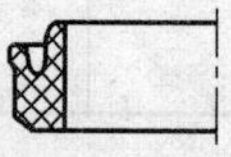 | 工作介质：空气、矿物油 $p<25$MPa、$v<0.5$m/s、$t$ 为 $-40\sim+80$℃ |
| 活塞杆高低唇Y形橡胶密封圈 | 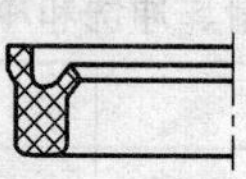 | 工作介质：空气、矿物油 $p<25$MPa、$v<0.5$m/s、$t$ 为 $-20\sim+80$℃ |
| 蕾形夹织物橡胶密封圈 | 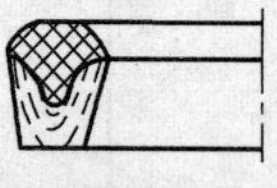 | 工作介质：空气、矿物油 $p$ 和 $v$ 见表1.8-28，$t$ 为 $-40\sim+80$℃ |
| V形夹织物橡胶组合密封圈 | 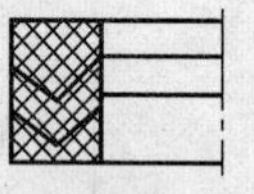 | 工作介质：液体 $p$ 和 $v$ 见表1.8-28，$t$ 为 $-40\sim+80$℃ |
| 鼓形夹织物橡胶密封圈 | 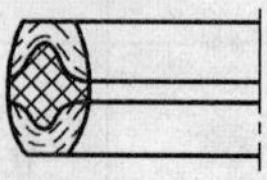 | 工作介质：空气、矿物油 $p<70$MPa、$v<0.5$m/s、$t$ 为 $-40\sim+80$℃ |
| 山形橡胶密封圈 | 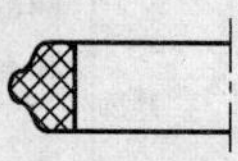 | 工作介质：空气、矿物油 $p<35$MPa、$v<0.5$m/s、$t$ 为 $-40\sim+80$℃ |

（续）

| 名称 | 图　形 | 适　用　条　件 |
|---|---|---|
| 橡胶防尘密封圈 | | 防尘 |
| 毡封油圈 | | 防尘、防油的油封,适用于线速度 $v < 5\mathrm{m/s}$ 的场合 |

## 5.2　O 形橡胶密封圈

O 形橡胶密封圈有良好的密封性, 它是一种压缩性密封圈, 同时又具有自封能力, 所以使用范围很宽, 密封压力从 $1.33 \times 10^{-5}\mathrm{Pa}$ 的真空到 400MPa 的高压 (动密封可达 35MPa)。如果材料选择适当, 温度范围为 $-60 \sim +200℃$。O 形圈结构简单, 成本低廉, 使用方便, 密封性不受运动方向的影响, 因此得到了广泛应用。

O 形圈的材料和使用范围见表 1.8-18。O 形橡胶密封圈的尺寸和公差系列见表 1.8-19。

**表 1.8-18　O 形密封圈材料的使用范围**

| 材料 | 适用介质 | 使用温度/℃ | | 备　　注 |
|---|---|---|---|---|
| | | 运动用 | 静止用 | |
| 丁腈橡胶 | 矿物油、汽油、苯 | 80 | $-30 \sim +120$ | — |
| 氯丁橡胶 | 空气、水、氧 | 80 | $-40 \sim +120$ | 运动用应注意 |
| 丁基橡胶 | 动植物油、弱酸、碱 | 80 | $-30 \sim +110$ | 永久变形大,不适用矿物油 |
| 丁苯橡胶 | 碱、动植物油、水、空气 | 80 | $-30 \sim +110$ | 不适用矿物油 |
| 天然橡胶 | 水、弱酸、弱碱 | 60 | $-30 \sim +90$ | 不适用矿物油 |
| 硅橡胶 | 高温油、低温油、矿物油、动植物油、弱酸、弱碱 | $-60 \sim +260$ | $-60 \sim +260$ | 不适用于蒸汽,运动部件避免使用 |
| 氯磺化聚乙烯 | 高温油、氧、臭氧 | 100 | $-10 \sim +150$ | 运动部位避免使用 |
| 橡胶弹性体 | 水、油 | 60 | $-30 \sim +80$ | 耐磨、但避免高速使用 |
| 氟橡胶 | 热油、蒸汽、空气、无机酸、卤素类溶剂 | 150 | $-20 \sim +200$ | |
| 聚四氟乙烯 | 酸、碱、各种溶剂 | — | $-100 \sim +260$ | 不适用运动部位 |

**表 1.8-19　一般应用 O 形圈内径、截面直径尺寸和公差（G 系列）**

（摘自 GB/T 3452.1—2005）

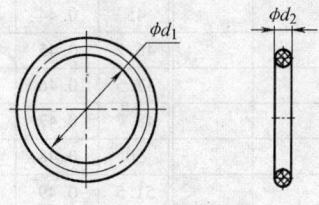

典型的 O 形圈结构

| 内径 $d_1$/mm | 截面直径 $d_2$/mm | 系列代号（G 或 A） | 等级代号（N 或 S） | O 形圈尺寸标志代号 |
|---|---|---|---|---|
| 7.5 | 1.8 | G | S | O 形圈 7.5×1.8-G-S-GB/T 3452.1—2005 |
| 32.5 | 2.65 | A | N | O 形圈 32.5×2.65-A-N-GB/T 3452.1—2005 |
| 167.5 | 3.55 | A | S | O 形圈 167.5×3.55-A-S-GB/T 3452.1—2005 |
| 268 | 5.3 | G | N | O 形圈 268×5.3-G-N-GB/T 3452.1—2005 |
| 515 | 7 | G | N | O 形圈 515×7-G-N-GB/T 3452.1—2005 |

（续）

| 内径 $d_1$/mm | | 截面直径 $d_2$/mm | | | | | 内径 $d_1$/mm | | 截面直径 $d_2$/mm | | | | |
|---|---|---|---|---|---|---|---|---|---|---|---|---|---|
| 尺寸 | 公差 ± | 1.8 ±0.08 | 2.65 ±0.09 | 3.55 ±0.10 | 5.3 ±0.13 | 7.0 ±0.15 | 尺寸 | 公差 ± | 1.8 ±0.08 | 2.65 ±0.09 | 3.55 ±0.10 | 5.3 ±0.13 | 7.0 ±0.15 |
| 1.80 | 0.13 | × | | | | | 18 | 0.25 | × | × | × | | |
| 2.00 | 0.13 | × | | | | | 19 | 0.25 | × | × | × | | |
| 2.24 | 0.13 | × | | | | | 20 | 0.26 | × | × | × | | |
| 2.50 | 0.13 | × | | | | | 20.6 | 0.26 | × | × | × | | |
| 2.80 | 0.13 | × | | | | | 21.2 | 0.27 | × | × | × | | |
| 3.15 | 0.14 | × | | | | | 22.4 | 0.28 | × | × | × | | |
| 3.55 | 0.14 | × | | | | | 23 | 0.29 | × | × | × | | |
| 3.75 | 0.14 | × | | | | | 23.6 | 0.29 | × | × | × | | |
| 4.00 | 0.14 | × | | | | | 24.3 | 0.30 | × | × | × | | |
| 4.50 | 0.15 | × | | | | | 25 | 0.30 | × | × | × | | |
| 4.75 | 0.15 | × | | | | | 25.8 | 0.31 | × | × | × | | |
| 4.87 | 0.15 | × | | | | | 26.5 | 0.31 | × | × | × | | |
| 5.00 | 0.15 | × | | | | | 27.3 | 0.32 | × | × | × | | |
| 5.15 | 0.15 | × | | | | | 28 | 0.32 | × | × | × | | |
| 5.30 | 0.15 | × | | | | | 29 | 0.33 | × | × | × | | |
| 5.60 | 0.16 | × | | | | | 30 | 0.34 | × | × | × | | |
| 6.00 | 0.16 | × | | | | | 31.5 | 0.35 | × | × | × | | |
| 6.3 | 0.16 | × | | | | | 32.5 | 0.36 | × | × | × | | |
| 6.7 | 0.16 | × | | | | | 33.5 | 0.36 | × | × | × | | |
| 6.9 | 0.16 | × | | | | | 34.5 | 0.37 | × | × | × | | |
| 7.1 | 0.16 | × | | | | | 35.5 | 0.38 | × | × | × | | |
| 7.5 | 0.17 | × | | | | | 36.5 | 0.38 | × | × | × | | |
| 8 | 0.17 | × | | | | | 37.5 | 0.39 | × | × | × | | |
| 8.5 | 0.17 | × | | | | | 38.7 | 0.40 | × | × | × | | |
| 8.75 | 0.18 | × | | | | | 40 | 0.41 | × | × | × | × | |
| 9 | 0.18 | × | | | | | 41.2 | 0.42 | × | × | × | × | |
| 9.5 | 0.18 | × | | | | | 42.5 | 0.43 | × | × | × | × | |
| 9.75 | 0.18 | × | | | | | 43.7 | 0.44 | × | × | × | × | |
| 10 | 0.19 | × | | | | | 45 | 0.44 | × | × | × | × | |
| 10.6 | 0.19 | × | × | | | | 46.2 | 0.45 | × | × | × | × | |
| 11.2 | 0.20 | × | × | | | | 47.5 | 0.46 | × | × | × | × | |
| 11.6 | 0.20 | × | × | | | | 48.7 | 0.47 | × | × | × | × | |
| 11.8 | 0.19 | × | × | | | | 50 | 0.48 | × | × | × | × | |
| 12.1 | 0.21 | × | × | | | | 51.5 | 0.49 | | × | × | × | |
| 12.5 | 0.21 | × | × | | | | 53 | 0.50 | | × | × | × | |
| 12.8 | 0.21 | × | × | | | | 54.5 | 0.51 | | × | × | × | |
| 13.2 | 0.21 | × | × | | | | 56 | 0.52 | | × | × | × | |
| 14.0 | 0.22 | × | × | | | | 58 | 0.54 | | × | × | × | |
| 14.5 | 0.22 | × | × | | | | 60 | 0.55 | | × | × | × | |
| 15.0 | 0.22 | × | × | | | | 61.5 | 0.56 | | × | × | × | |
| 15.5 | 0.23 | × | × | | | | 63 | 0.57 | | × | × | × | |
| 16.0 | 0.23 | × | × | | | | 65 | 0.58 | | × | × | × | |
| 17.0 | 0.24 | × | × | | | | 67 | 0.60 | | × | × | × | |

（续）

| 内径 $d_1$/mm 尺寸 | 公差 ± | 1.8 ±0.08 | 2.65 ±0.09 | 3.55 ±0.10 | 5.3 ±0.13 | 7.0 ±0.15 |
|---|---|---|---|---|---|---|
| 69 | 0.61 | | × | × | × | |
| 71 | 0.63 | | × | × | × | |
| 73 | 0.64 | | × | × | × | |
| 75 | 0.65 | | × | × | × | |
| 77.5 | 0.67 | | × | × | × | |
| 80 | 0.69 | | × | × | × | |
| 82.5 | 0.71 | | × | × | × | |
| 85 | 0.72 | | × | × | × | |
| 87.5 | 0.74 | | × | × | × | |
| 90 | 0.76 | | × | × | × | |
| 92.5 | 0.77 | | × | × | × | |
| 95 | 0.79 | | × | × | × | |
| 97.5 | 0.81 | | × | × | × | |
| 100 | 0.82 | | × | × | × | |
| 103 | 0.85 | | × | × | × | |
| 106 | 0.87 | | × | × | × | |
| 109 | 0.89 | | × | × | × | × |
| 112 | 0.91 | | × | × | × | × |
| 115 | 0.93 | | × | × | × | × |
| 118 | 0.95 | | × | × | × | × |
| 122 | 0.97 | | × | × | × | × |
| 125 | 0.99 | | × | × | × | × |
| 128 | 1.01 | | × | × | × | × |
| 132 | 1.04 | | × | × | × | × |
| 136 | 1.07 | | × | × | × | × |
| 140 | 1.09 | | × | × | × | × |
| 142.5 | 1.11 | | × | × | × | × |
| 145 | 1.13 | | × | × | × | × |
| 147.5 | 1.14 | | × | × | × | × |
| 150 | 1.16 | | × | × | × | × |
| 152.5 | 1.18 | | | × | × | × |
| 155 | 1.19 | | | × | × | × |
| 157.5 | 1.21 | | | × | × | × |
| 160 | 1.23 | | | × | × | |
| 162.5 | 1.24 | | | × | × | × |
| 165 | 1.26 | | | × | × | × |
| 167.5 | 1.28 | | | × | × | × |
| 170 | 1.29 | | | × | × | × |
| 172.5 | 1.31 | | | × | × | × |
| 175 | 1.33 | | | × | × | × |
| 177.5 | 1.34 | | | × | × | × |
| 180 | 1.36 | | | × | × | × |
| 182.5 | 1.38 | | | × | × | × |

| 内径 $d_1$/mm 尺寸 | 公差 ± | 1.8 ±0.08 | 2.65 ±0.09 | 3.55 ±0.10 | 5.3 ±0.13 | 7.0 ±0.15 |
|---|---|---|---|---|---|---|
| 185 | 1.39 | | | × | × | × |
| 187.5 | 1.41 | | | × | × | × |
| 190 | 1.43 | | | × | × | × |
| 195 | 1.46 | | | × | × | × |
| 200 | 1.49 | | | × | × | × |
| 203 | 1.51 | | | | × | × |
| 206 | 1.53 | | | | × | × |
| 212 | 1.57 | | | | × | × |
| 218 | 1.61 | | | | × | × |
| 224 | 1.65 | | | | × | × |
| 227 | 1.67 | | | | × | × |
| 230 | 1.69 | | | | × | × |
| 236 | 1.73 | | | | × | × |
| 239 | 175 | | | | × | × |
| 243 | 1.77 | | | | × | × |
| 250 | 1.82 | | | | × | × |
| 254 | 1.84 | | | | × | × |
| 258 | 1.87 | | | | × | × |
| 261 | 1.89 | | | | × | × |
| 265 | 1.91 | | | | × | × |
| 268 | 1.92 | | | | × | × |
| 272 | 1.96 | | | | × | × |
| 276 | 1.98 | | | | × | × |
| 280 | 2.01 | | | | × | × |
| 283 | 2.03 | | | | × | × |
| 286 | 2.05 | | | | × | × |
| 290 | 2.08 | | | | × | × |
| 295 | 2.11 | | | | × | × |
| 300 | 2.14 | | | | × | × |
| 303 | 2.16 | | | | × | × |
| 307 | 2.19 | | | | × | × |
| 311 | 2.21 | | | | × | × |
| 315 | 2.24 | | | | × | × |
| 320 | 2.27 | | | | × | × |
| 325 | 2.30 | | | | × | × |
| 330 | 2.33 | | | | × | × |
| 335 | 2.36 | | | | × | × |
| 340 | 2.40 | | | | × | × |
| 345 | 2.43 | | | | × | × |
| 350 | 2.46 | | | | × | × |
| 355 | 2.49 | | | | × | × |
| 360 | 2.52 | | | | × | × |
| 365 | 2.56 | | | | × | × |

（续）

| 内径 $d_1$/mm | | 截面直径 $d_2$/mm | | | | | 内径 $d_1$/mm | | 截面直径 $d_2$/mm | | | | |
|---|---|---|---|---|---|---|---|---|---|---|---|---|---|
| 尺寸 | 公差± | 1.8 ±0.08 | 2.65 ±0.09 | 3.55 ±0.10 | 5.3 ±0.13 | 7.0 ±0.15 | 尺寸 | 公差± | 1.8 ±0.08 | 2.65 ±0.09 | 3.55 ±0.10 | 5.3 ±0.13 | 7.0 ±0.15 |
| 370 | 2.59 | | | | × | × | 487 | 3.33 | | | | | × |
| 375 | 2.62 | | | | × | × | 493 | 3.36 | | | | | × |
| 379 | 2.64 | | | | × | × | 500 | 3.41 | | | | | × |
| 383 | 2.67 | | | | × | × | 508 | 3.46 | | | | | × |
| 387 | 2.70 | | | | × | × | 515 | 3.50 | | | | | × |
| 391 | 2.72 | | | | × | × | 523 | 3.55 | | | | | × |
| 395 | 2.75 | | | | × | × | 530 | 3.60 | | | | | × |
| 400 | 2.78 | | | | × | × | 538 | 3.65 | | | | | × |
| 406 | 2.82 | | | | | × | 545 | 3.69 | | | | | × |
| 412 | 2.85 | | | | | × | 553 | 3.74 | | | | | × |
| 418 | 2.89 | | | | | × | 560 | 3.78 | | | | | × |
| 425 | 2.93 | | | | | × | 570 | 3.85 | | | | | × |
| 429 | 2.96 | | | | | × | 580 | 3.91 | | | | | × |
| 433 | 2.99 | | | | | × | 590 | 3.97 | | | | | × |
| 437 | 3.01 | | | | | × | 600 | 4.03 | | | | | × |
| 443 | 3.05 | | | | | × | 608 | 4.08 | | | | | × |
| 450 | 3.09 | | | | | × | 615 | 4.12 | | | | | × |
| 456 | 3.13 | | | | − | × | 623 | 4.17 | | | | | × |
| 462 | 3.17 | | | | | × | 630 | 4.22 | | | | | × |
| 466 | 3.19 | | | | | × | 640 | 4.28 | | | | | × |
| 470 | 3.22 | | | | | × | 650 | 4.34 | | | | | × |
| 475 | 3.25 | | | | | × | 660 | 4.40 | | | | | × |
| 479 | 3.28 | | | | | × | 670 | 4.47 | | | | | × |
| 483 | 3.30 | | | | | | | | | | | | |

注：表中"×"表示包括的规格

O 形橡胶密封圈所用沟槽的形式见表 1.8-20。其中，序号 1 和 2 为径向密封槽，为防止组装时 O 形圈损坏，在杆端或缸孔端采用 15°~20°的导角。

O 形圈密封的沟槽尺寸见表 1.8-21。O 形密封圈沟槽尺寸公差见表 1.8-22。沟槽和配合偶件表面的表面粗糙度值见表 1.8-23。

## 5.3　旋转轴唇形密封圈

旋转轴唇形密封圈适用于安装在设备中的旋转轴端，在压差等于或小于 0.05MPa 的条件下，对流体和润滑脂起密封作用。当外部环境多灰尘、雨水及杂质等时，应采用有副唇的密封圈。装配型密封圈适用于大型、精密的设备中。

旋转轴唇形密封圈有六种基本形式：B 型、FB 型、W 型、FW 型、Z 型、FZ 型。密封圈的尺寸标志代码应由旋转轴和腔体的公称尺寸组成。尺寸标志代码示例见表 1.8-24。

密封圈的标记符号由形式代号、规格代码及标准号组成。密封圈的公称尺寸见表 1.8-25。

轴的直径公差按 GB/T 1800.2—2009 的要求，不得超过 h11。轴的表面粗糙度与密封圈唇口接触的轴表面应使用磨削加工至 GB/T 1031—2009 的表面粗糙度 $Ra$ 为 0.2~0.63μm、$Rz$ 为 0.8~2.5μm（注：在某些场合下，更高一点的表面粗糙度值可能会被接受）。与密封圈接触的轴表面不允许有螺旋形机加工痕迹。

轴端应有导入倒角，倒角上不应有毛刺、尖角和粗糙的机加工痕迹。轴导入倒角见表 1.8-26。

表 1.8-20 O 形圈沟槽形式（摘自 GB/T 3452.3—2005）

① 直径 ≤50mm 时，同轴度 ≤$\phi$0.025mm；直径 >50mm 时，同轴度 >$\phi$0.050mm。

表 1.8-21 O 形橡胶密封圈沟槽尺寸与公差（摘自 GB/T 3452.3—2005）（单位：mm）

| | | | O 形圈截面直径 $d_2$ | 1.80 | 2.65 | 3.55 | 5.30 | 7.00 |
|---|---|---|---|---|---|---|---|---|
| 径向密封沟槽尺寸 | 沟槽宽度 | 气动动密封 | | 2.2 | 3.4 | 4.6 | 6.90 | 9.3 |
| | | 液压动密封或静密封 | $b$ | 2.4 | 3.6 | 4.8 | 7.1 | 9.5 |
| | | | $b_1$ | 3.8 | 5.0 | 6.2 | 9.0 | 12.3 |
| | | | $b_2$ | 5.2 | 6.4 | 7.6 | 10.9 | 15.1 |
| | 沟槽深度 $t$ | 活塞密封（计算 $d_3$ 用） | 液压动密封 | 1.35 | 2.10 | 2.85 | 4.35 | 5.85 |
| | | | 气动动密封 | 1.4 | 2.15 | 2.95 | 4.5 | 6.1 |
| | | | 静密封 | 1.32 | 2.0 | 2.9 | 4.31 | 5.85 |
| | | 活塞杆密封（计算 $d_6$ 用） | 液压动密封 | 1.35 | 2.10 | 2.85 | 4.35 | 5.85 |
| | | | 气动动密封 | 1.4 | 2.15 | 2.95 | 4.5 | 6.1 |
| | | | 静密封 | 1.32 | 2.0 | 2.9 | 4.31 | 5.85 |
| | 最小导角长度 $z_{min}$ | | | 1.1 | 1.5 | 1.8 | 2.7 | 3.6 |
| | 槽底圆角半径 $r_1$ | | | 0.2~0.4 | | 0.4~0.8 | | 0.8~1.2 |
| | 槽底圆角半径 $r_2$ | | | 0.1~0.3 | | | | |

活塞密封沟槽槽底最大直径 $d_{3max}$　$d_{3max} = d_{4min} - 2t$　$d_{4min} - d_4$ 的公称尺寸加下偏差（mm）

活塞杆密封沟槽槽底最小直径 $d_{6min}$　$d_{6min} = d_{5max} + 2t$　$d_{5max} - d_5$ 的公称尺寸加上偏差（mm）

（续）

| | O 形圈截面直径 $d_2$ | 1.80 | 2.65 | 3.55 | 5.30 | 7.00 |
|---|---|---|---|---|---|---|
| 轴向密封沟槽尺寸 | 沟槽宽度 $b$ | 2.6 | 3.8 | 5.0 | 7.3 | 9.7 |
| | 沟槽深度 $h$ | 1.28 | 1.97 | 2.75 | 4.24 | 5.72 |
| | 槽底圆角半径 $r_1$ | 0.2 ~ 0.4 | | 0.4 ~ 0.8 | | 0.8 ~ 1.2 |
| | 槽棱圆角半径 $r_2$ | 0.1 ~ 0.3 | | | | |
| | 受内部压力时,沟槽外径 $d_7$(公称尺寸)≤$d_1$(公称尺寸) + 2$d_2$(公称尺寸) | | | | | |
| | 受外部压力时,沟槽内径 $d_8$(公称尺寸)≥$d_1$(公称尺寸) | | | | | |

### 表 1.8-22　O 形密封圈沟槽尺寸公差　　　　　　　（单位：mm）

| O 形圈截面直径 $d_2$ | 1.80 | 2.65 | 3.55 | 5.30 | 7.00 |
|---|---|---|---|---|---|
| 轴向密封时沟槽深度 $h$ | +0.05<br>0 | | | +0.10<br>0 | |
| 缸内径 $d_4$ | H8 | | | | |
| 沟槽槽底直径(活塞密封)$d_3$ | h9 | | | | |
| 活塞直径 $d_9$ | f7 | | | | |
| 活塞杆直径 $d_5$ | f7 | | | | |
| 沟槽槽底直径(活塞杆密封)$d_6$ | H9 | | | | |
| 活塞杆配合孔直径 $d_{10}$ | H8 | | | | |
| 轴向密封时沟槽外径 $d_7$ | H11 | | | | |
| 轴向密封时沟槽内径 $d_8$ | H11 | | | | |
| O 形圈沟槽宽度 $b$、$b_1$、$b_2$ | +0.25<br>0 | | | | |

注：为适应特殊需要，$d_3$、$d_4$、$d_5$、$d_6$ 的公差范围可以改变。

### 表 1.8-23　沟槽和配合偶件表面的表面粗糙度值　　　　（单位：μm）

| 表面 | 应用情况 | 应力状况 | 表面粗糙度 | |
|---|---|---|---|---|
| | | | $Ra$ | $Rz$ |
| 沟槽的底面和侧面 | 静密封 | 无交变、无脉冲 | 3.2(1.6) | 12.5(6.3) |
| | | 交变或脉冲 | 1.6 | 6.3 |
| | 动密封 | — | 1.6(0.8) | 6.3(3.2) |
| 配合表面 | 静密封 | 无交变、无脉冲 | 1.6(0.8) | 6.3(3.2) |
| | | 交变或脉冲 | 0.8 | 3.2 |
| | 动密封 | — | 0.4 | 1.6 |
| | 导角表面 | | 3.2 | 12.5 |

注：括号内的数字为要求精度较高的场合应用。

### 表 1.8-24　尺寸标志代码示例

| $d_1$/mm | $D$/mm | 尺寸代码 |
|---|---|---|
| 6 | 16 | 006016 |
| 70 | 90 | 070090 |
| 400 | 440 | 400440 |

### 表 1.8-25　密封圈的公称尺寸　（GB/T 13871.1—2007）

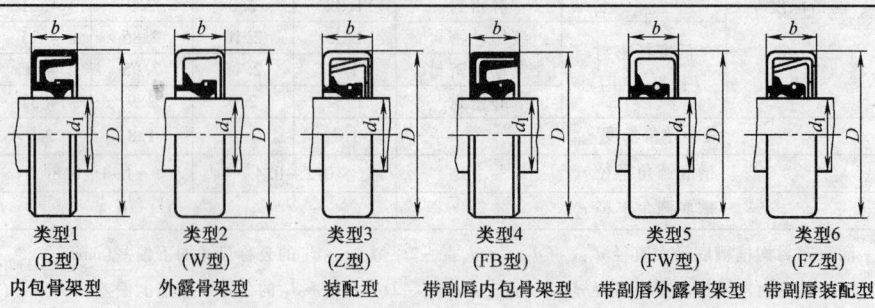

| 类型1 | 类型2 | 类型3 | 类型4 | 类型5 | 类型6 |
|---|---|---|---|---|---|
| (B型) | (W型) | (Z型) | (FB型) | (FW型) | (FZ型) |
| 内包骨架型 | 外露骨架型 | 装配型 | 带副唇内包骨架型 | 带副唇外露骨架型 | 带副唇装配型 |

（续）

| 公称尺寸/mm | | | | | | | | | | | |
|---|---|---|---|---|---|---|---|---|---|---|---|
| $d_1$ | $D$ | $b$ | $d_1$ | $D$ | $b$ | $d_1$ | $D$ | $b$ | $d_1$ | $D$ | $b$ |
| 6 | 16 | | 25 | 40 | | 45 | 62 | | 105① | 130 | |
| 6 | 22 | | 25 | 47 | | 45 | 65 | | 110 | 140 | 12 |
| 7 | 22 | | 25 | 52 | | 50 | 68 | | 120 | 150 | |
| 8 | 22 | | 28 | 40 | | 50① | 70 | | 130 | 160 | |
| 8 | 24 | | 28 | 47 | | 50 | 72 | | 140 | 170 | |
| 9 | 22 | | 28 | 52 | 7 | 55 | 72 | 8 | 150 | 180 | 15 |
| 10 | 22 | | 30 | 42 | | 55① | 75 | | 160 | 190 | |
| 10 | 25 | | 30 | 47 | | 55 | 80 | | 170 | 200 | |
| 12 | 24 | | 30① | 50 | | 60 | 80 | | 180 | 210 | |
| 12 | 25 | | 30 | 52 | | 60 | 85 | | 190 | 220 | |
| 12 | 30 | | 32 | 45 | | 65 | 85 | | 200 | 230 | |
| 15 | 26 | 7 | 32 | 47 | | 65 | 90 | | 220 | 250 | |
| 15 | 30 | | 32 | 52 | | 70 | 90 | | 240 | 270 | |
| 15 | 35 | | 35 | 50 | | 70 | 95 | 10 | 250 | 290 | |
| 16 | 30 | | 35 | 52 | | 75 | 95 | | 260 | 300 | |
| 16① | 35 | | 35 | 55 | | 75 | 100 | | 280 | 320 | 20 |
| 18 | 30 | | 38 | 55 | | 80 | 100 | | 300 | 340 | |
| 18 | 35 | | 38 | 58 | 8 | 80 | 110 | | 320 | 360 | |
| 20 | 35 | | 38 | 62 | | 85 | 110 | | 340 | 380 | |
| 20 | 40 | | 40 | 55 | | 85 | 120 | | 360 | 400 | |
| 20① | 45 | | 40① | 60 | | 90① | 115 | | 380 | 420 | |
| 22 | 35 | | 40 | 62 | | 90 | 120 | 12 | 400 | 440 | |
| 22 | 40 | | 42 | 55 | | 95 | 120 | | | | |
| 22 | 47 | | 42 | 62 | | 100 | 125 | | | | |

① 为国内用到而 ISO 6194-1：1982 中没有的规格。

**表 1.8-26　轴导入倒角** （单位：mm）

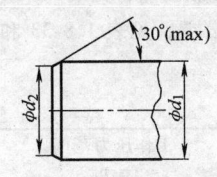

| 轴直径 $d_1$ | $d_1 - d_2$① | 轴直径 $d_1$ | $d_1 - d_2$① |
|---|---|---|---|
| $d_1 \leqslant 10$ | 1.5 | $50 < d_1 \leqslant 70$ | 4.0 |
| $10 < d_1 \leqslant 20$ | 2.0 | $70 < d_1 \leqslant 95$ | 4.5 |
| $20 < d_1 \leqslant 30$ | 2.5 | $95 < d_1 \leqslant 130$ | 5.5 |
| $30 < d_1 \leqslant 40$ | 3.0 | $130 < d_1 \leqslant 240$ | 7.0 |
| $40 < d_1 \leqslant 50$ | 3.5 | $240 < d_1 \leqslant 400$ | 11.0 |

① 若轴端采用倒圆倒入导角，则倒圆的圆角半径不小于表中 $d_1 - d_2$ 的值。

腔体应有装置密封圈的内孔。当腔体是由黑色金属整体加工成的刚性件时，其内孔公差按 GB/T 1800.2—2009 的规定，不应超过 H8。腔体内孔的表面粗糙度按 GB/T 1031—2009 规定，$Ra$ 为 1.6 ~ 3.2μm，$Rz$ 为 6.3 ~ 12.5μm（当采用外露骨架型密封圈时，内孔表面粗糙度可选用更低的数值）。腔体内孔倒角不允许有毛刺。腔体的内孔尺寸见表 1.8-27。

根据密封圈与轴摩擦速度不同，应采用不同的胶种来制造密封圈。橡胶密封圈胶种选择图线，如图 1.8-2 所示。

**表 1.8-27　腔体的内孔尺寸** （单位：mm）

| | 密封圈公称总宽度 $b$ | 腔体内孔深度 | 倒角长度 | 腔体内孔最大圆角半径 |
|---|---|---|---|---|
| 15°~25°　圆角半径　倒角长度　孔深 | ≤10 | $b + 0.9$ | 0.70 ~ 1.00 | 0.50 |
| | >10 | $b + 1.2$ | 1.20 ~ 1.50 | 0.75 |

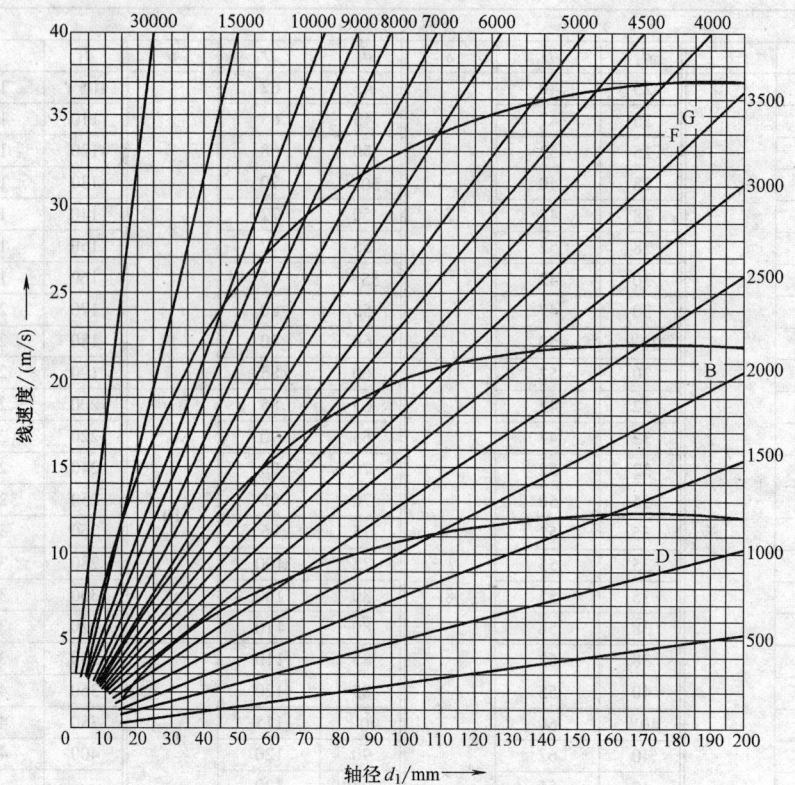

**图1.8-2　橡胶密封圈胶种选择图线**

D—丁腈橡胶（NBR）　B—丙烯酸酯橡胶（ACM）　F—氟橡胶（FPM）　G—硅橡胶（MVQ）

## 5.4　单向往复运动密封圈

单向往复运动密封圈包括 Y 形圈、蕾形圈和 V 形圈，适合于作液压缸活塞和活塞杆上起单向密封作用的橡胶密封圈。其适用的工作压力见表1.8-28。Y 形橡胶密封圈和蕾形圈的尺寸和公差，见表1.8-29 ~ 表1.8-32。V 形圈的尺寸和公差，见表 1.8-33 和表 1.8-34。

**表 1.8-28　往复运动橡胶密封圈的工作压力范围**

| 密封圈形式 | 往复运动速度 /(m/s) | 1/2 挤出间隙 (f/2)/mm | 工作压力范围 /MPa |
|---|---|---|---|
| Y 形圈 | 0.5 | 0.2 | 0 ~ 15 |
| | | 0.1 | 0 ~ 20 |
| | 0.15 | 0.2 | 0 ~ 20 |
| | | 0.1 | 0 ~ 25 |
| 蕾形圈 | 0.5 | 0.3 | 0 ~ 25 |
| | | 0.1 | 0 ~ 45 |
| | 0.15 | 0.3 | 0 ~ 30 |
| | | 0.1 | 0 ~ 50 |
| V 形夹织物 组合密封圈 | 0.5 | 0.3 | 0 ~ 20 |
| | | 0.1 | 0 ~ 40 |
| | 0.15 | 0.3 | 0 ~ 25 |
| | | 0.1 | 0 ~ 60 |

| 往复运动速度 /(m/s) | 鼓形密封圈工作压力 /MPa | 山形密封圈工作压力 /MPa |
|---|---|---|
| 0.5 | 0.10 ~ 40 | 0 ~ 20 |
| 0.15 | 0.10 ~ 70 | 0 ~ 35 |

**表 1.8-29　活塞 $L_1$ 密封沟槽用 Y 形圈尺寸和公差**　　　　（单位：mm）

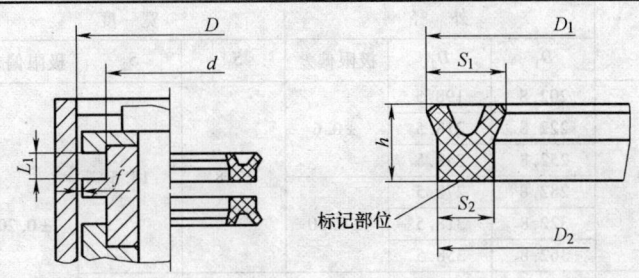

活塞 $L_1$ 密封沟槽的密封结构形式及 Y 形圈

| D | d | $L_1$ | 外 径 | | | 宽 度 | | | 高 度 | |
|---|---|---|---|---|---|---|---|---|---|---|
| | | | $D_1$ | $D_2$ | 极限偏差 | $S_1$ | $S_2$ | 极限偏差 | h | 极限偏差 |
| 12 | 4 | | 13 | 11.5 | ±0.20 | | | | | |
| 16 | 8 | | 17 | 15.5 | | | | | | |
| 20 | 12 | 5 | 21.1 | 19.4 | | 5 | 3.5 | | 4.4 | |
| 25 | 17 | | 26.1 | 24.4 | | | | | | |
| 32 | 24 | | 33.1 | 31.4 | | | | | | |
| 40 | 32 | | 41.1 | 39.4 | ±0.25 | | | | | |
| 20 | 10 | | 21.2 | 19.4 | | | | | | |
| 25 | 15 | | 26.2 | 24.4 | | | | | | |
| 32 | 22 | | 33.2 | 31.4 | | | | | | |
| 40 | 30 | 6.3 | 41.2 | 39.4 | | 6.2 | 44 | | 5.6 | |
| 50 | 40 | | 51.2 | 49.4 | | | | | | |
| 56 | 46 | | 57.2 | 55.4 | | | | | | |
| 63 | 53 | | 64.2 | 62.4 | | | | | | |
| 50 | 36 | | 51.5 | 49.2 | | | | | | |
| 56 | 41 | | 57.5 | 55.2 | | | | | | |
| 63 | 48 | | 64.5 | 62.2 | | | | | | |
| 70 | 55 | 9.5 | 71.5 | 69.2 | | 9 | 6.7 | ±0.15 | 8.5 | ±0.20 |
| 80 | 65 | | 81.5 | 79.2 | ±0.35 | | | | | |
| 90 | 75 | | 91.5 | 89.2 | | | | | | |
| 100 | 85 | | 101.5 | 99.2 | | | | | | |
| 110 | 95 | | 111.5 | 109.2 | | | | | | |
| 70 | 50 | | 71.8 | 69 | | | | | | |
| 80 | 60 | | 81.8 | 79 | | | | | | |
| 90 | 70 | | 91.8 | 89 | | | | | | |
| 100 | 80 | | 101.8 | 99 | | | | | | |
| 110 | 90 | 12.5 | 111.8 | 109 | | 11.8 | 9 | | 11.3 | |
| 125 | 105 | | 126.8 | 124 | | | | | | |
| 140 | 120 | | 141.8 | 139 | ±0.45 | | | | | |
| 160 | 140 | | 161.8 | 159 | | | | | | |
| 180 | 160 | | 181.8 | 179 | ±0.60 | | | | | |
| 125 | 100 | | 127.2 | 123.8 | | | | | | |
| 140 | 115 | | 142.2 | 138.8 | ±0.45 | | | | | |
| 160 | 135 | | 162.2 | 158.8 | | | | | | |
| 180 | 155 | 16 | 182.2 | 178.8 | | 14.7 | 11.3 | | 14.8 | |
| 200 | 175 | | 202.2 | 198.8 | ±0.60 | | | | | |
| 220 | 195 | | 222.2 | 218.8 | | | | | | |
| 250 | 225 | | 252.2 | 248.8 | | | | | | |

（续）

| D | d | L₁ | 外 径 | | | 宽 度 | | | 高 度 | |
|---|---|---|---|---|---|---|---|---|---|---|
| | | | $D_1$ | $D_2$ | 极限偏差 | $S_1$ | $S_2$ | 极限偏差 | $h$ | 极限偏差 |
| 200 | 170 | | 202.8 | 198.5 | | | | | | |
| 220 | 190 | | 222.8 | 218.5 | ±0.6 | | | | | |
| 250 | 220 | 20 | 252.8 | 248.5 | | 17.8 | 13.5 | | 18.5 | |
| 280 | 250 | | 282.8 | 278.5 | | | | | | |
| 320 | 290 | | 322.8 | 318.5 | ±0.90 | | | ±0.20 | | ±0.25 |
| 360 | 330 | | 362.8 | 358.5 | | | | | | |
| 400 | 360 | | 403.5 | 398 | | | | | | |
| 450 | 410 | 25 | 453.5 | 448 | ±1.40 | 23.3 | 18 | | 23 | |
| 500 | 460 | | 503.5 | 498 | | | | | | |

**表 1.8-30　活塞杆 $L_1$ 密封沟槽用 Y 形圈尺寸和公差**（摘自 GB/T 10708.1—2000）

（单位：mm）

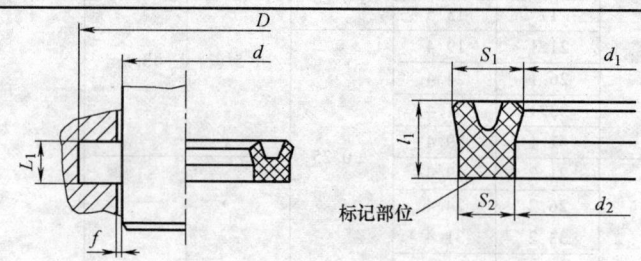

活塞杆 $L_1$ 密封沟槽的密封结构形式及 Y 形圈

| d | D | L₁ | 内 径 | | | 宽 度 | | | 高 度 | |
|---|---|---|---|---|---|---|---|---|---|---|
| | | | $d_1$ | $d_2$ | 极限偏差 | $S_1$ | $S_2$ | 极限偏差 | $h$ | 极限偏差 |
| 6 | 14 | | 5 | 6.5 | | | | | | |
| 8 | 16 | | 7 | 8.5 | | | | | | |
| 10 | 18 | | 9 | 10.5 | ±0.20 | | | | | |
| 12 | 20 | | 11 | 12.5 | | | | | | |
| 14 | 22 | | 13 | 14.5 | | | | | | |
| 16 | 24 | 5 | 15 | 16.5 | | 5 | 3.5 | | 4.6 | |
| 18 | 26 | | 17 | 18.5 | | | | | | |
| 20 | 28 | | 19 | 20.5 | | | | | | |
| 22 | 30 | | 21 | 22.5 | | | | | | |
| 25 | 33 | | 24 | 25.5 | | | | | | |
| 28 | 38 | | 26.8 | 28.6 | | | | | | |
| 32 | 42 | | 30.8 | 32.6 | ±0.25 | | | | | |
| 36 | 46 | 6.3 | 31.8 | 36.6 | | 6.2 | 4.4 | ±0.15 | 5.6 | ±0.20 |
| 40 | 50 | | 38.8 | 40.6 | | | | | | |
| 45 | 55 | | 43.8 | 45.6 | | | | | | |
| 50 | 60 | | 48.8 | 50.6 | | | | | | |
| 56 | 71 | | 54.5 | 56.8 | | | | | | |
| 63 | 78 | | 61.5 | 63.8 | | | | | | |
| 70 | 85 | 9.5 | 68.5 | 70.8 | | 9 | 6.7 | | 8.5 | |
| 80 | 95 | | 78.5 | 80.8 | ±0.35 | | | | | |
| 90 | 105 | | 88.5 | 90.8 | | | | | | |
| 100 | 120 | | 98.2 | 101 | | | | | | |
| 110 | 130 | 12.5 | 108.2 | 111 | | 11.8 | 9 | | 14.3 | |
| 125 | 145 | | 123.2 | 126 | ±0.45 | | | | | |

（续）

| d | D | $L_1$ | 内径 | | | 宽度 | | | 高度 | |
|---|---|---|---|---|---|---|---|---|---|---|
| | | | $d_1$ | $d_2$ | 极限偏差 | $S_1$ | $S_2$ | 极限偏差 | $h$ | 极限偏差 |
| 140 | 160 | 12.5 | 138.2 | 141 | ±0.45 | 11.8 | 9 | | 14.3 | |
| 160 | 185 | | 157.8 | 161.2 | | | | | | |
| 180 | 205 | 16 | 177.8 | 181.2 | | 14.7 | 11.3 | | 14.8 | |
| 200 | 225 | | 197.8 | 201.2 | ±0.60 | | | ±0.15 | | ±0.20 |
| 220 | 250 | | 217.2 | 221.5 | | | | | | |
| 250 | 280 | 20 | 247.2 | 251.5 | | 17.8 | 13.5 | | 18.5 | |
| 280 | 310 | | 277.2 | 281.5 | | | | | | |
| 320 | 360 | 25 | 316.5 | 322 | ±0.90 | 23.3 | 18 | ±0.20 | 23 | ±0.25 |
| 360 | 400 | | 356.5 | 362 | | | | | | |

**表 1.8-31　活塞 $L_2$ 密封沟槽用 Y 形圈、蕾形圈尺寸和公差**（摘自 GB/T 10708.1—2000）

（单位：mm）

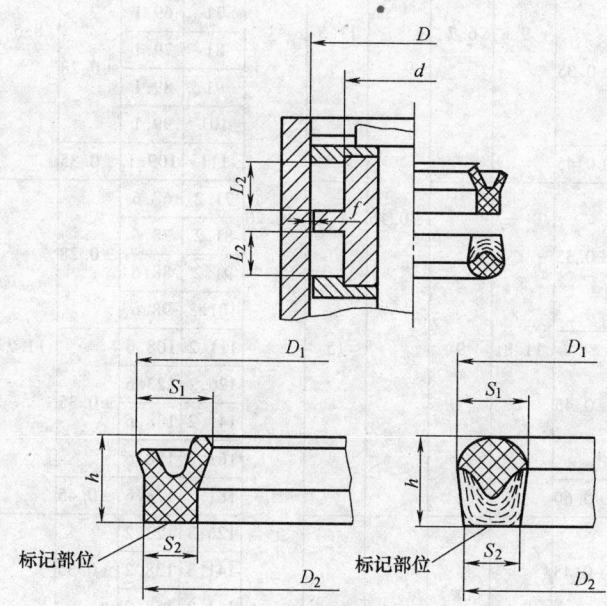

活塞 $L_2$ 密封沟槽的密封结构形式及 Y 形圈、蕾形圈

| D | d | $L_2$ | Y 形 圈 | | | | | | | | 蕾 形 圈 | | | | | | | |
|---|---|---|---|---|---|---|---|---|---|---|---|---|---|---|---|---|---|---|
| | | | 外径 | | | 宽度 | | | 高度 | | 外径 | | | 宽度 | | | 高度 | |
| | | | $D_1$ | $D_2$ | 极限偏差 | $S_1$ | $S_2$ | 极限偏差 | $h$ | 极限偏差 | $D_1$ | $D_2$ | 极限偏差 | $S_1$ | $S_2$ | 极限偏差 | $h$ | 极限偏差 |
| 12 | 4 | | 13 | 11.5 | ±0.20 | | | | | | 12.7 | 11.5 | ±0.18 | | | | | |
| 16 | 8 | | 17 | 15.5 | | | | | | | 16.7 | 15.5 | | | | | | |
| 20 | 12 | 6.3 | 21 | 19.5 | | 5 | 3.5 | ±0.15 | 5.8 | ±0.20 | 20.7 | 19.5 | | 4.7 | 3.5 | ±0.15 | 5.6 | ±0.20 |
| 25 | 17 | | 26 | 24.5 | | | | | | | 25.7 | 24.5 | | | | | | |
| 32 | 24 | | 33 | 31.5 | ±0.25 | | | | | | 32.7 | 31.5 | ±0.22 | | | | | |
| 40 | 32 | | 41 | 39.5 | | | | | | | 40.7 | 39.5 | | | | | | |
| 20 | 10 | 8 | 21.2 | 19.4 | | 6.2 | 4.4 | | 7.3 | | 20.8 | 19.4 | | 5.8 | 4.4 | | 7 | |

（续）

| D | d | $L_2$ | Y 形 圈 外径 $D_1$ | $D_2$ | 极限偏差 | 宽度 $S_1$ | $S_2$ | 极限偏差 | 高度 $h$ | 极限偏差 | 蕾 形 圈 外径 $D_1$ | $D_2$ | 极限偏差 | 宽度 $S_1$ | $S_2$ | 极限偏差 | 高度 $h$ | 极限偏差 |
|---|---|---|---|---|---|---|---|---|---|---|---|---|---|---|---|---|---|---|
| 25 | 15 | 8 | 26.2 | 24.4 | | | | | | | 25.8 | 24.4 | | | | | | |
| 32 | 22 | | 33.2 | 31.4 | | | | | | | 32.8 | 31.4 | | | | | | |
| 46 | 30 | | 41.2 | 39.4 | ±0.25 | 6.2 | 4.4 | | 7.3 | | 40.8 | 39.4 | ±0.22 | 5.8 | 4.4 | | 7 | |
| 50 | 40 | | 51.2 | 49.4 | | | | | | | 50.8 | 49.4 | | | | | | |
| 56 | 46 | | 57.2 | 55.4 | | | | | | | 56.8 | 55.4 | | | | | | |
| 63 | 53 | | 64.2 | 62.4 | | | | | | | 63.8 | 62.4 | | | | | | |
| 50 | 35 | 12.5 | 51.5 | 49.2 | | | | | | | 51 | 49.1 | | | | | | |
| 56 | 41 | | 57.5 | 55.2 | | | | | | | 57 | 55.1 | | | | | | |
| 63 | 48 | | 64.5 | 62.2 | | | | | | | 64 | 62.1 | | | | | | |
| 70 | 55 | | 71.5 | 69.2 | ±0.35 | 9 | 6.7 | | 11.5 | | 71 | 69.1 | ±0.28 | 8.5 | 6.6 | | 11.3 | |
| 80 | 65 | | 81.5 | 79.2 | | | | | | | 81 | 79.1 | | | | | | |
| 90 | 75 | | 91.5 | 89.2 | | | | | | | 91 | 89.1 | | | | | | |
| 100 | 85 | | 101.5 | 99.2 | | | | | | | 101 | 99.1 | | | | | | |
| 110 | 95 | | 111.5 | 109.2 | ±0.45 | | | | | | 111 | 109.1 | ±0.35 | | | | | |
| 70 | 50 | 16 | 71.8 | 69 | | | | ±0.15 | | ±0.20 | 71.2 | 68.6 | | | | ±0.15 | | ±0.20 |
| 80 | 60 | | 81.8 | 79 | ±0.35 | | | | | | 81.2 | 78.6 | ±0.28 | | | | | |
| 90 | 70 | | 91.8 | 89 | | | | | | | 91.2 | 88.6 | | | | | | |
| 100 | 80 | | 101.8 | 99 | | | | | | | 101.2 | 98.6 | | | | | | |
| 110 | 90 | | 111.8 | 109 | | 11.8 | 9 | | 15 | | 111.2 | 108.6 | | 11.2 | 8.6 | | 14.5 | |
| 125 | 105 | | 126.8 | 124 | ±0.45 | | | | | | 126.2 | 123.6 | ±0.35 | | | | | |
| 140 | 120 | | 141.8 | 139 | | | | | | | 141.2 | 138.6 | | | | | | |
| 160 | 140 | | 161.8 | 159 | | | | | | | 161.2 | 158.6 | | | | | | |
| 180 | 160 | | 181.8 | 179 | ±0.60 | | | | | | 181.2 | 178.6 | ±0.45 | | | | | |
| 125 | 100 | 20 | 127.2 | 123.8 | ±0.45 | | | | | | 126.3 | 123.2 | ±0.35 | | | | | |
| 140 | 115 | | 142.2 | 138.8 | | | | | | | 141.3 | 138.2 | | | | | | |
| 160 | 135 | | 162.2 | 158.8 | | | | | | | 161.3 | 158.2 | | | | | | |
| 180 | 155 | | 182.2 | 178.8 | | 14.7 | 11.3 | | 18.5 | | 181.3 | 178.2 | | 13.8 | 10.7 | | 18 | |
| 200 | 175 | | 202.2 | 198.8 | | | | | | | 201.3 | 198.2 | | | | | | |
| 220 | 195 | | 222.2 | 218.8 | | | | | | | 221.3 | 218.2 | | | | | | |
| 250 | 225 | | 252.2 | 248.8 | ±0.60 | | | | | | 251.3 | 248.2 | ±0.45 | | | | | |
| 200 | 170 | 25 | 202.8 | 198.5 | | | | | | | 201.4 | 198 | | | | | | |
| 220 | 190 | | 222.8 | 218.5 | | | | | | | 221.4 | 218 | | | | | | |
| 250 | 220 | | 252.8 | 248.5 | | | | | | | 251.4 | 248 | | | | | | |
| 280 | 250 | | 282.8 | 278.5 | | 17.8 | 13.5 | | 23 | | 281.4 | 278 | | 16.4 | 12.7 | | 22.5 | |
| 320 | 290 | | 322.8 | 318.5 | ±0.90 | | | ±0.20 | | ±0.25 | 321.4 | 318 | ±0.60 | | | ±0.20 | | ±0.25 |
| 360 | 330 | | 362.8 | 358.5 | | | | | | | 361.4 | 358 | | | | | | |
| 400 | 360 | 32 | 403.3 | 398 | | | | | | | 401.8 | 397 | | | | | | |
| 450 | 410 | | 453.3 | 448 | ±1.40 | 23.3 | 18 | | 29 | | 451.8 | 447 | ±0.90 | 21.8 | 17 | | 28.5 | |
| 500 | 460 | | 503.3 | 498 | | | | | | | 501.8 | 497 | | | | | | |

表 1.8-32　活塞杆 $L_2$ 密封沟槽用 Y 形圈、蕾形圈尺寸和公差（摘自 GB/T 10708.1—2000）

（单位：mm）

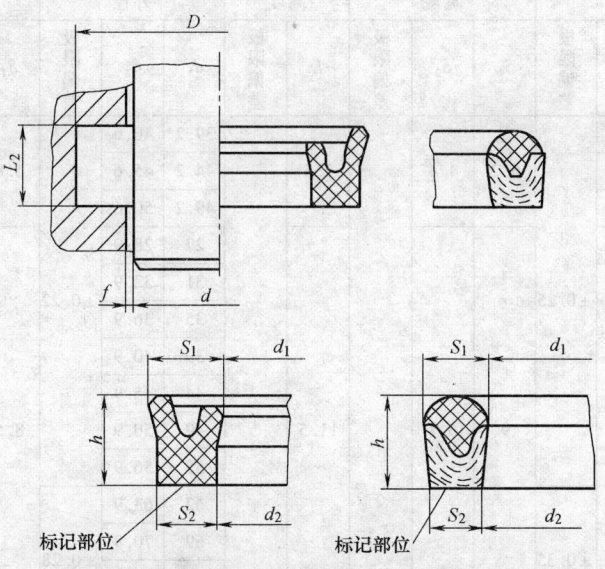

活塞杆 $L_2$ 密封沟槽的密封结构形式及 Y 形圈、蕾形圈

| d | D | $L_2$ | $d_1$ | $d_2$ | 外径极限偏差 | $S_1$ | $S_2$ | 宽度极限偏差 | $h$ | 高度极限偏差 | $d_1$ | $d_2$ | 外径极限偏差 | $S_1$ | $S_2$ | 宽度极限偏差 | $h$ | 高度极限偏差 |
|---|---|---|---|---|---|---|---|---|---|---|---|---|---|---|---|---|---|---|
|  |  |  | Y 形 圈 |  |  |  |  |  |  |  | 蕾 形 圈 |  |  |  |  |  |  |  |
| 6 | 14 |  | 5 | 6.5 |  |  |  |  |  |  | 5.3 | 6.5 |  |  |  |  |  |  |
| 8 | 16 |  | 7 | 8.5 |  |  |  |  |  |  | 7.3 | 8.5 |  |  |  |  |  |  |
| 10 | 18 |  | 9 | 10.5 |  |  |  |  |  |  | 9.3 | 10.5 |  |  |  |  |  |  |
| 12 | 20 |  | 11 | 12.5 | ±0.20 |  |  |  |  |  | 11.3 | 12.5 | ±0.18 |  |  |  |  |  |
| 14 | 22 | 6.3 | 13 | 14.5 |  | 5 | 3.5 |  | 5.8 |  | 13.3 | 14.5 |  | 4.7 | 3.5 |  | 5.6 |  |
| 16 | 24 |  | 15 | 16.5 |  |  |  |  |  |  | 15.3 | 16.5 |  |  |  |  |  |  |
| 18 | 26 |  | 17 | 18.5 |  |  |  |  |  |  | 17.3 | 18.5 |  |  |  |  |  |  |
| 20 | 28 |  | 19 | 20.5 |  |  |  |  |  |  | 19.3 | 20.5 |  |  |  |  |  |  |
| 22 | 30 |  | 21 | 22.5 | ±0.25 |  |  |  |  |  | 21.3 | 22.5 | ±0.22 |  |  |  |  |  |
| 25 | 33 |  | 24 | 25.5 |  |  |  |  |  |  | 24.3 | 25.5 |  |  |  |  |  |  |
| 10 | 20 |  | 8.8 | 10.6 |  |  |  | ±0.15 |  | ±0.20 | 9.2 | 10.6 |  |  |  | ±0.15 |  | ±0.20 |
| 12 | 22 |  | 10.8 | 12.6 |  |  |  |  |  |  | 11.2 | 12.6 |  |  |  |  |  |  |
| 14 | 24 |  | 12.8 | 14.6 | ±0.20 |  |  |  |  |  | 13.2 | 14.6 | ±0.18 |  |  |  |  |  |
| 16 | 26 |  | 14.8 | 16.6 |  |  |  |  |  |  | 15.2 | 16.6 |  |  |  |  |  |  |
| 18 | 28 |  | 16.8 | 18.6 |  |  |  |  |  |  | 17.2 | 18.6 |  |  |  |  |  |  |
| 20 | 30 | 8 | 18.8 | 20.6 |  | 6.2 | 4.4 |  | 7.3 |  | 19.2 | 20.6 |  | 5.8 | 4.4 |  | 7 |  |
| 22 | 32 |  | 20.8 | 22.6 |  |  |  |  |  |  | 21.2 | 22.6 |  |  |  |  |  |  |
| 26 | 35 |  | 23.8 | 25.6 |  |  |  |  |  |  | 24.2 | 25.6 |  |  |  |  |  |  |
| 28 | 38 |  | 26.8 | 28.6 | ±0.25 |  |  |  |  |  | 27.2 | 28.6 | ±0.22 |  |  |  |  |  |
| 32 | 42 |  | 30.8 | 32.6 |  |  |  |  |  |  | 31.2 | 32.6 |  |  |  |  |  |  |
| 36 | 46 |  | 34.8 | 36.6 |  |  |  |  |  |  | 35.2 | 36.6 |  |  |  |  |  |  |

（续）

| d | D | $L_2$ | Y 形 圈 外径 | | | 宽度 | | | 高度 | | 蕾 形 圈 外径 | | | 宽度 | | | 高度 | |
|---|---|---|---|---|---|---|---|---|---|---|---|---|---|---|---|---|---|---|
| | | | $d_1$ | $d_2$ | 极限偏差 | $S_1$ | $S_2$ | 极限偏差 | $h$ | 极限偏差 | $d_1$ | $d_2$ | 极限偏差 | $S_1$ | $S_2$ | 极限偏差 | $h$ | 极限偏差 |
| 40 | 50 | 8 | 38.8 | 40.6 | | | | | | | 39.2 | 40.6 | | | | | | |
| 45 | 55 | | 43.8 | 45.6 | | 6.2 | 4.4 | | 7.3 | | 44.2 | 45.6 | | 5.8 | 4.4 | | 7 | |
| 50 | 60 | | 48.8 | 50.6 | | | | | | | 49.2 | 50.6 | | | | | | |
| 28 | 43 | 12.5 | 26.5 | 28.8 | ±0.25 | | | | | | 27 | 28.9 | ±0.22 | | | | | |
| 32 | 47 | | 30.5 | 32.8 | | | | | | | 31 | 32.9 | | | | | | |
| 36 | 51 | | 34.5 | 36.8 | | | | | | | 35 | 36.9 | | | | | | |
| 40 | 55 | | 38.5 | 40.8 | | | | | | | 39 | 40.9 | | | | | | |
| 45 | 60 | | 43.5 | 45.8 | | | | | | | 44 | 45.9 | | | | | | |
| 50 | 65 | | 48.5 | 50.8 | | 9 | 6.7 | | 11.5 | | 49 | 50.9 | | 8.5 | 6.6 | | 11.3 | |
| 56 | 71 | | 54.5 | 56.8 | | | | | | | 55 | 56.9 | | | | | | |
| 63 | 78 | | 61.5 | 63.8 | | | | | | | 62 | 63.9 | | | | | | |
| 70 | 85 | | 68.5 | 70.8 | ±0.35 | | | | | | 69 | 70.9 | ±0.28 | | | | | |
| 80 | 95 | | 78.5 | 80.8 | | | | | | | 79 | 80.9 | | | | | | |
| 90 | 105 | | 88.5 | 90.8 | | | | | | | 89 | 90.9 | | | | | | |
| 56 | 76 | 16 | 54.2 | 57 | ±0.25 | | | ±0.15 | | ±0.20 | 54.8 | 57.4 | ±0.22 | | | ±0.15 | | ±0.20 |
| 63 | 83 | | 61.2 | 64 | | | | | | | 61.8 | 64.4 | | | | | | |
| 70 | 90 | | 68.2 | 71 | | | | | | | 68.8 | 71.4 | | | | | | |
| 80 | 100 | | 78.2 | 81 | ±0.35 | | | | | | 78.8 | 81.4 | ±0.28 | | | | | |
| 90 | 110 | | 88.2 | 91 | | 11.8 | 9 | | 15 | | 88.8 | 91.4 | | 11.2 | 8.6 | | 14.5 | |
| 100 | 120 | | 98.2 | 101 | | | | | | | 98.8 | 101.4 | | | | | | |
| 110 | 130 | | 108.2 | 111 | | | | | | | 108.8 | 111.4 | | | | | | |
| 125 | 145 | | 123.2 | 126 | | | | | | | 123.8 | 126.4 | | | | | | |
| 140 | 160 | | 138.2 | 141 | | | | | | | 138.8 | 141.4 | | | | | | |
| 100 | 125 | 20 | 97.8 | 101.2 | ±0.45 | | | | | | 98.7 | 101.8 | ±0.35 | | | | | |
| 110 | 135 | | 107.8 | 111.2 | | | | | | | 108.7 | 111.8 | | | | | | |
| 125 | 150 | | 122.8 | 126.2 | | | | | | | 123.7 | 126.8 | | | | | | |
| 140 | 165 | | 137.8 | 141.2 | | 14.7 | 11.3 | | 18.5 | | 138.7 | 141.8 | | 13.8 | 10.7 | | 18 | |
| 160 | 185 | | 157.8 | 161.2 | | | | | | | 158.7 | 161.8 | | | | | | |
| 180 | 205 | | 177.8 | 181.2 | | | | | | | 178.7 | 181.8 | | | | | | |
| 200 | 225 | | 197.8 | 201.2 | | | | | | | 198.7 | 201.8 | | | | | | |
| 160 | 190 | 25 | 157.2 | 161.5 | | | | | | | 158.6 | 162 | | | | | | |
| 180 | 210 | | 177.2 | 181.5 | ±0.60 | | | | | | 178.6 | 182 | ±0.45 | | | | | |
| 200 | 230 | | 197.2 | 201.5 | | | | | | | 198.6 | 202 | | | | | | |
| 220 | 250 | | 217.2 | 221.5 | | 18.5 | 13.5 | | 23 | | 218.6 | 222 | | 16.4 | 13 | | 22.5 | |
| 250 | 280 | | 247.2 | 251.5 | | | | ±0.20 | | ±0.25 | 248.6 | 252 | | | | ±0.20 | | ±0.25 |
| 280 | 310 | | 277.2 | 281.5 | | | | | | | 278.6 | 282 | | | | | | |
| 320 | 360 | 32 | 317.7 | 322 | ±0.90 | | | | | | 318.2 | 323 | ±0.60 | | | | | |
| 360 | 400 | | 357.7 | 362 | | 23.3 | 18 | | 29 | | 358.2 | 363 | | 21.8 | 17 | | 28.5 | |

表 1.8-33 活塞 $L_3$ 密封沟槽用 V 形圈、压环和弹性圈尺寸和公差（摘自 GB/T 10708.1—2000）

（单位：mm）

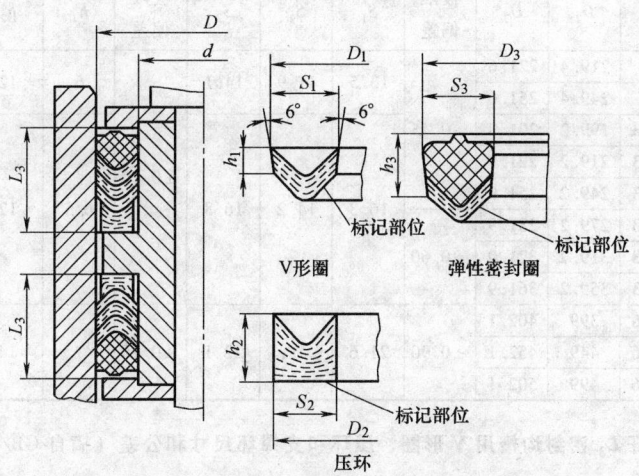

活塞 $L_3$ 密封沟槽的密封结构形式及 V 形圈、压环和弹性圈

| D | d | $L_3$ | 外 径 | | | | 宽 度 | | | | 高 度 | | | | V 形圈数量 |
|---|---|---|---|---|---|---|---|---|---|---|---|---|---|---|---|
| | | | $D_1$ | $D_2$ | $D_3$ | 极限偏差 | $S_1$ | $S_2$ | $S_3$ | 极限偏差 | $h_1$ | $h_2$ | $h_3$ | 极限偏差 | |
| 20 | 10 | 16 | 20.6 | 19.7 | 20.8 | ±0.22 | 5.6 | 4.7 | 5.8 | | 3 | 6 | 6.5 | | 1 |
| 25 | 15 | | 25.6 | 24.7 | 25.8 | | | | | | | | | | |
| 32 | 22 | | 32.6 | 31.7 | 32.8 | | | | | | | | | | |
| 40 | 30 | | 40.6 | 39.7 | 40.8 | | | | | | | | | | |
| 50 | 40 | | 50.6 | 49.7 | 50.8 | | | | | | | | | | |
| 56 | 46 | | 56.6 | 55.7 | 56.8 | | | | | | | | | | |
| 63 | 53 | | 63.6 | 62.7 | 63.8 | | | | | | | | | | |
| 50 | 35 | 25 | 50.7 | 49.5 | 51.1 | | 8.2 | 7 | 8.6 | | 4.5 | 8 | 8 | | |
| 56 | 41 | | 56.7 | 55.5 | 57.1 | | | | | | | | | | |
| 63 | 48 | | 63.7 | 62.5 | 64.1 | | | | | | | | | | |
| 70 | 55 | | 70.7 | 69.5 | 71.1 | | | | | | | | | | |
| 80 | 65 | | 80.7 | 79.5 | 81.1 | | | | | | | | | | |
| 90 | 75 | | 90.7 | 89.5 | 91.1 | | | | | | | | | | |
| 100 | 85 | | 100.7 | 99.5 | 101.1 | | | | | | | | | | |
| 110 | 95 | | 110.7 | 109.5 | 111.1 | ±0.28 | | | | ±0.15 | | | | ±0.20 | |
| 70 | 50 | 32 | 70.8 | 69.4 | 71.3 | | 10.8 | 9.4 | 11.3 | | 5 | 10 | 11 | | 2 |
| 80 | 60 | | 80.8 | 79.4 | 81.3 | | | | | | | | | | |
| 90 | 70 | | 90.8 | 89.4 | 91.3 | | | | | | | | | | |
| 100 | 80 | | 100.8 | 99.4 | 101.3 | | | | | | | | | | |
| 110 | 90 | | 110.8 | 109.4 | 111.3 | | | | | | | | | | |
| 125 | 105 | | 125.8 | 124.4 | 126.3 | | | | | | | | | | |
| 140 | 120 | | 140.8 | 139.4 | 141.3 | | | | | | | | | | |
| 160 | 140 | | 160.8 | 159.4 | 161.3 | | | | | | | | | | |
| 180 | 160 | | 180.8 | 179.4 | 181.3 | ±0.35 | | | | | | | | | |
| 125 | 100 | 40 | 126 | 124.4 | 126.6 | | 13.5 | 11.9 | 14.1 | | 6 | 12 | 15 | | |
| 140 | 116 | | 141 | 139.4 | 141.6 | | | | | | | | | | |
| 160 | 135 | | 161 | 169.4 | 161.6 | | | | | | | | | | |
| 180 | 155 | | 181 | 179.4 | 181.6 | | | | | | | | | | |
| 200 | 175 | | 201 | 199.4 | 201.6 | ±0.45 | | | | | | | | | |

（续）

| D | d | L₃ | 外径 | | | 极限偏差 | 宽度 | | | 极限偏差 | 高度 | | | 极限偏差 | V 形圈数量 |
|---|---|---|---|---|---|---|---|---|---|---|---|---|---|---|---|
| | | | $D_1$ | $D_2$ | $D_3$ | | $S_1$ | $S_2$ | $S_3$ | | $h_1$ | $h_2$ | $h_3$ | | |
| 220 | 195 | 40 | 221 | 219.4 | 221.6 | | 13.5 | 11.9 | 14.1 | | 6 | 12 | 15 | | 2 |
| 250 | 225 | | 251 | 249.4 | 251.6 | | | | | | | | | | |
| 200 | 170 | 50 | 201.3 | 199.2 | 201.9 | ±0.45 | 16.3 | 14.2 | 16.8 | ±0.15 | 6.5 | 12 | 17.5 | ±0.20 | 3 |
| 220 | 190 | | 221.3 | 219.2 | 221.9 | | | | | | | | | | |
| 250 | 220 | | 251.3 | 249.2 | 251.9 | | | | | | | | | | |
| 280 | 250 | | 281.3 | 279.2 | 281.9 | | | | | | | | | | |
| 320 | 290 | | 321.3 | 319.2 | 321.9 | ±0.60 | | | | | | | | | |
| 360 | 330 | | 361.3 | 359.2 | 361.9 | | | | | | | | | | |
| 400 | 360 | 63 | 401.6 | 399 | 402.1 | ±0.90 | 21.6 | 19 | 22.1 | ±0.20 | 7 | 14 | 26.5 | ±0.25 | |
| 450 | 410 | | 451.6 | 449 | 452.1 | | | | | | | | | | |
| 500 | 460 | | 501.6 | 499 | 502.1 | | | | | | | | | | |

**表 1.8-34  活塞杆 $L_3$ 密封沟槽用 V 形圈、压环和支撑环尺寸和公差**（摘自 GB/T 10708.1—2000）

（单位：mm）

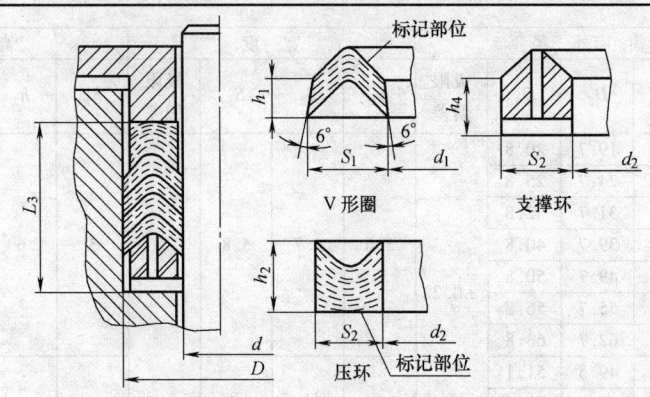

活塞杆 $L_3$ 密封沟槽的密封结构形式及 V 形圈、压环和支撑环

| d | D | L₃ | 内径 | | 极限偏差 | 宽度 | | 极限偏差 | 高度 | | | 极限偏差 | V 形圈数量 |
|---|---|---|---|---|---|---|---|---|---|---|---|---|---|
| | | | $d_1$ | $d_2$ | | $S_1$ | $S_2$ | | $h_1$ | $h_2$ | $h_4$ | | |
| 6 | 14 | 14.5 | 5.5 | 6.3 | ±0.18 | 4.5 | 3.7 | ±0.15 | 2.5 | 6 | 3 | ±0.20 | 2 |
| 8 | 16 | | 7.5 | 8.3 | | | | | | | | | |
| 10 | 18 | | 9.5 | 10.3 | | | | | | | | | |
| 12 | 20 | | 11.5 | 12.3 | | | | | | | | | |
| 14 | 22 | | 13.5 | 14.3 | | | | | | | | | |
| 16 | 24 | | 15.5 | 16.3 | | | | | | | | | |
| 18 | 26 | | 17.5 | 18.3 | | | | | | | | | |
| 20 | 28 | | 19.5 | 20.3 | | | | | | | | | |
| 22 | 30 | | 21.5 | 22.3 | | | | | | | | | |
| 25 | 33 | | 24.5 | 25.3 | | | | | | | | | |
| 10 | 20 | 16 | 9.4 | 10.3 | ±0.22 | | | | | | 6.5 | | |
| 12 | 22 | | 11.4 | 12.3 | | | | | | | | | |
| 14 | 24 | | 13.4 | 14.3 | | | | | | | | | |
| 16 | 26 | | 15.4 | 16.3 | | | | | | | | | |
| 18 | 28 | | 17.4 | 18.3 | | | | | | | | | |
| 20 | 30 | | 19.4 | 20.3 | | | | | | | | | |

（续）

| d | D | $L_3$ | 内 径 | | | 宽 度 | | | 高 度 | | | | V 形圈数量 |
|---|---|---|---|---|---|---|---|---|---|---|---|---|---|
| | | | $d_1$ | $d_2$ | 极限偏差 | $S_1$ | $S_2$ | 极限偏差 | $h_1$ | $h_2$ | $h_4$ | 极限偏差 | |
| 22 | 32 | 16 | 21.4 | 22.3 | ±0.22 | 5.6 | 4.7 | | 3 | 6.5 | 3 | | 2 |
| 25 | 35 | | 24.4 | 25.3 | | | | | | | | | |
| 28 | 38 | | 27.4 | 28.3 | | | | | | | | | |
| 32 | 42 | | 31.4 | 32.3 | | | | | | | | | |
| 36 | 46 | | 35.4 | 36.3 | | | | | | | | | |
| 40 | 50 | | 39.4 | 40.3 | | | | | | | | | |
| 45 | 55 | | 44.4 | 45.3 | | | | | | | | | |
| 50 | 60 | | 49.4 | 50.3 | | | | | | | | | |
| 28 | 43 | 25 | 27.3 | 28.5 | | 8.2 | 7 | | 4.5 | 8 | 3 | | 3 |
| 32 | 47 | | 31.3 | 32.5 | | | | | | | | | |
| 36 | 51 | | 35.3 | 36.5 | | | | | | | | | |
| 40 | 55 | | 39.3 | 40.5 | | | | | | | | | |
| 45 | 60 | | 44.3 | 45.5 | | | | | | | | | |
| 50 | 65 | | 49.3 | 50.5 | | | | | | | | | |
| 56 | 71 | | 55.3 | 56.5 | | | | | | | | | |
| 63 | 78 | | 62.3 | 63.5 | | | | | | | | | |
| 70 | 85 | | 69.3 | 70.5 | | | | ±0.15 | | | | ±0.20 | |
| 80 | 95 | | 79.3 | 80.5 | ±0.28 | | | | | | | | |
| 90 | 105 | | 89.3 | 90.5 | | | | | | | | | |
| 56 | 76 | 32 | 55.2 | 56.6 | ±0.22 | 10.8 | 9.4 | | 6 | 10 | 3 | | 3 |
| 63 | 83 | | 62.2 | 63.6 | | | | | | | | | |
| 70 | 90 | | 69.2 | 70.6 | | | | | | | | | |
| 80 | 100 | | 79.2 | 80.6 | | | | | | | | | |
| 90 | 110 | | 89.2 | 90.6 | ±0.28 | | | | | | | | |
| 100 | 120 | | 99.2 | 100.6 | | | | | | | | | |
| 110 | 130 | | 109.2 | 110.6 | | | | | | | | | |
| 125 | 145 | | 124.2 | 125.6 | | | | | | | | | |
| 140 | 160 | | 139.2 | 140.6 | | | | | | | | | |
| 100 | 125 | 40 | 99 | 100.6 | ±0.35 | 13.5 | 11.9 | | 6 | 12 | 3 | | 4 |
| 110 | 135 | | 109 | 110.6 | | | | | | | | | |
| 125 | 150 | | 124 | 125.6 | | | | | | | | | |
| 140 | 165 | | 139 | 140.6 | | | | | | | | | |
| 160 | 185 | | 159 | 160.6 | | | | | | | | | |
| 180 | 205 | | 179 | 180.6 | ±0.45 | | | | | | | | |
| 200 | 225 | | 199 | 200.6 | | | | | | | | | |
| 160 | 190 | 50 | 158.8 | 160.8 | ±0.35 | 16.2 | 14.2 | ±0.20 | 6.5 | 14 | 3 | ±0.25 | 5 |
| 180 | 210 | | 178.8 | 180.8 | | | | | | | | | |
| 200 | 230 | | 198.8 | 200.8 | ±0.45 | | | | | | | | |
| 220 | 250 | | 218.8 | 220.8 | | | | | | | | | |
| 250 | 280 | | 248.8 | 250.8 | | | | | | | | | |
| 280 | 310 | | 278.8 | 280.8 | | | | | | | | | |
| 320 | 360 | 63 | 318.4 | 321 | ±0.60 | 21.6 | 19 | ±0.25 | 7 | 15.5 | 4 | | 6 |
| 360 | 400 | | 358.4 | 361 | | | | | | | | | |

## 5.5　双向往复运动密封圈

双向往复运动密封圈有鼓形密封圈和山形密封圈两类，其适用工作压力见表 1.8-28，密封圈尺寸和公差见表 1.8-35。鼓形和山形密封圈用塑料支撑环的尺寸见表 1.8-36。往复运动密封圈相配的沟槽尺寸见表 1.8-37 ~ 1.8-39。

**表 1.8-35　鼓形圈和山形圈的尺寸和公差**（摘自 GB/T 10708.2—2000）（单位：mm）

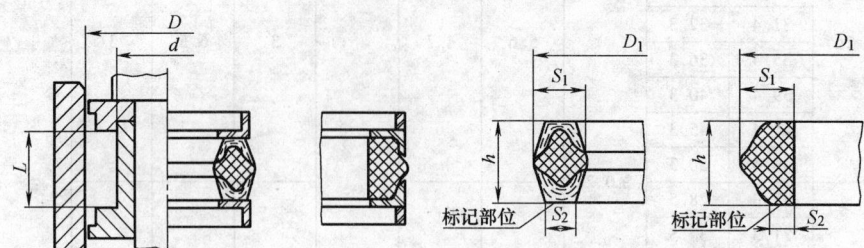

密封结构形式　　　　　　　　　　　　　　鼓形圈和山形圈

| $D$ | $d$ | $L$ | 外 径 | | 高 度 | | 宽 度 | | | | | |
|---|---|---|---|---|---|---|---|---|---|---|---|---|
| | | | | | | | 鼓 形 圈 | | | 山 形 圈 | | |
| | | | $D_1$ | 极限偏差 | $h$ | 极限偏差 | $S_1$ | $S_2$ | 极限偏差 | $S_1$ | $S_2$ | 极限偏差 |
| 25 | 17 | 10 | 25.6 | | 6.5 | | 4.6 | 3.4 | | 4.7 | 2.5 | |
| 32 | 24 | | 32.6 | | | | | | | | | |
| 40 | 32 | | 40.6 | | | | | | | | | |
| 25 | 15 | 12.5 | 25.7 | ± 0.22 | 8.5 | | 5.7 | 4.2 | | 5.8 | 3.2 | |
| 32 | 22 | | 32.7 | | | | | | | | | |
| 40 | 30 | | 40.7 | | | | | | | | | |
| 50 | 40 | | 50.7 | | | | | | | | | |
| 56 | 46 | | 56.7 | | | | | | | | | |
| 63 | 53 | | 63.7 | | | | | | | | | |
| 50 | 35 | 20 | 50.9 | | 14.5 | | 8.4 | 6.5 | | 8.5 | 4.5 | |
| 56 | 41 | | 56.9 | | | | | | | | | |
| 63 | 48 | | 63.9 | | | | | | | | | |
| 70 | 55 | | 70.9 | | | | | | | | | |
| 80 | 65 | | 80.9 | | | | | | | | | |
| 90 | 75 | | 90.9 | ± 0.28 | | ± 0.20 | | | ± 0.15 | | | ± 0.15 |
| 100 | 85 | | 100.9 | | | | | | | | | |
| 110 | 95 | | 110.9 | | | | | | | | | |
| 80 | 60 | 25 | 81 | | 18 | | 11 | 8.7 | | 11.2 | 5.5 | |
| 90 | 70 | | 91 | | | | | | | | | |
| 100 | 80 | | 101 | | | | | | | | | |
| 110 | 90 | | 111 | | | | | | | | | |
| 125 | 105 | | 126 | ± 0.35 | | | | | | | | |
| 140 | 120 | | 141 | | | | | | | | | |
| 160 | 140 | | 161 | | | | | | | | | |
| 180 | 160 | | 181 | | | | | | | | | |
| 125 | 100 | 32 | 126.3 | | 24 | | 13.7 | 10.8 | | 13.9 | 7 | |
| 140 | 115 | | 141.3 | ± 0.45 | | | | | | | | |
| 160 | 135 | | 161.3 | | | | | | | | | |
| 180 | 155 | | 181.3 | | | | | | | | | |

（续）

| D | d | L | 外　径 | | 高　度 | | 宽　度 | | | | | |
|---|---|---|---|---|---|---|---|---|---|---|---|---|
| | | | | | | | 鼓 形 圈 | | | 山 形 圈 | | |
| | | | $D_1$ | 极限偏差 | $h$ | 极限偏差 | $S_1$ | $S_2$ | 极限偏差 | $S_1$ | $S_2$ | 极限偏差 |
| 200 | 170 | | 201.5 | | | | | | | | | |
| 220 | 190 | | 221.5 | ±0.45 | | | | | | | | |
| 250 | 220 | 36 | 251.5 | | 28 | ±0.25 | 16.5 | 12.9 | ±0.20 | 16.7 | 8.6 | ±0.20 |
| 280 | 250 | | 281.5 | | | | | | | | | |
| 320 | 290 | | 321.5 | ±0.60 | | | | | | | | |
| 360 | 330 | | 361.5 | | | | | | | | | |
| 400 | 360 | | 401.8 | | | | | | | | | |
| 450 | 410 | 50 | 451.8 | ±0.90 | 40 | | 21.8 | 17.5 | | 22 | 12 | |
| 500 | 460 | | 501.8 | | | | | | | | | |

表 1.8-36　塑料支撑环尺寸和公差（摘自 GB 10708.2—2000）　　　（单位：mm）

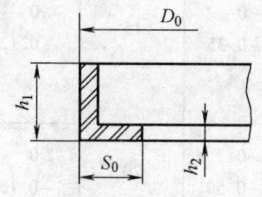

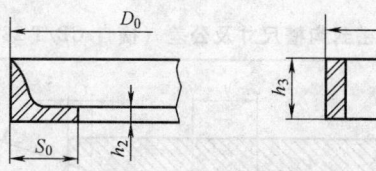

塑料支撑环

| D | d | L | 外　径 | | 宽　度 | | 高　度 | | | |
|---|---|---|---|---|---|---|---|---|---|---|
| | | | $D_0$ | 极限偏差 | $S_0$ | 极限偏差 | $h_1$ | $h_2$ | $h_3$ | 极限偏差 |
| 25 | 17 | | 25 | | | | | | | |
| 32 | 24 | 10 | 32 | 0<br>−0.15 | 4 | | | | | |
| 40 | 32 | | 40 | | | | | | | |
| 25 | 15 | | 25 | | | | | | | |
| 32 | 22 | | 32 | | | | 5.5 | | 4 | |
| 40 | 30 | 12.5 | 40 | 0<br>−0.18 | 5 | | | | | |
| 50 | 40 | | 50 | | | | | | | |
| 56 | 46 | | 56 | | | 0<br>−0.10 | | 1.5 | | +0.10<br>0 |
| 63 | 53 | | 63 | | | | | | | |
| 50 | 35 | | 50 | | | | | | | |
| 56 | 41 | | 56 | | | | 6.5 | | | |
| 63 | 48 | | 63 | | | | | | | |
| 70 | 55 | 20 | 70 | 0<br>−0.22 | 7.5 | | | | 5 | |
| 80 | 65 | | 80 | | | | | | | |
| 90 | 75 | | 90 | | | | 7.5 | | | |
| 100 | 85 | | 100 | | | | | | | |
| 110 | 95 | | 110 | | | | | | | |

（续）

| D | d | L | 外径 | | 宽度 | | 高度 | | | |
|---|---|---|---|---|---|---|---|---|---|---|
| | | | $D_0$ | 极限偏差 | $S_0$ | 极限偏差 | $h_1$ | $h_2$ | $h_3$ | 极限偏差 |
| 80 | 60 | 25 | 80 | 0 −0.26 | 10 | 0 −0.10 | 8.3 | 2 | 6.3 | +0.1 0 |
| 90 | 70 | | 90 | | | | | | | |
| 100 | 80 | | 100 | | | | | | | |
| 110 | 90 | | 110 | | | | | | | |
| 125 | 105 | | 125 | | | | | | | |
| 140 | 120 | | 140 | | | | | | | |
| 160 | 140 | | 160 | | | | | | | |
| 180 | 160 | | 180 | | | | | | | |
| 125 | 110 | 32 | 125 | 0 −0.35 | 12.5 | | 13 | | 10 | |
| 140 | 115 | | 140 | | | | | | | |
| 160 | 135 | | 160 | | | | | | | |
| 180 | 155 | | 180 | | | | | | | |
| 200 | 170 | 36 | 200 | | 15 | 0 −0.12 | 15.5 | 3 | 12.5 | +0.12 0 |
| 220 | 190 | | 220 | | | | | | | |
| 250 | 220 | | 250 | | | | | | | |
| 280 | 250 | | 280 | | | | | | | |
| 320 | 290 | | 320 | | | | | | | |
| 360 | 330 | | 360 | | | | | | | |
| 400 | 360 | 50 | 400 | 0 −0.50 | 20 | 0 −0.15 | 20 | 4 | 16 | +0.15 0 |
| 450 | 410 | | 450 | | | | | | | |
| 500 | 460 | | 500 | | | | | | | |

表 1.8-37　活塞动密封沟槽尺寸及公差（摘自 GB/T 2879—2005）　　（单位：mm）

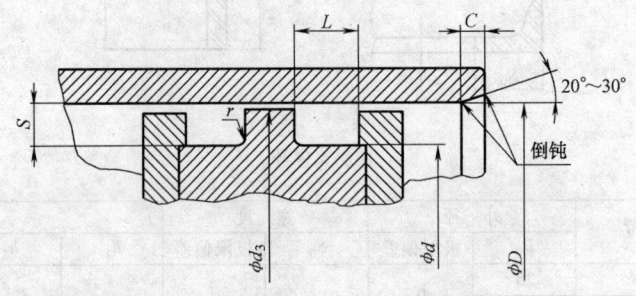

| 缸径[1] D | 径向深度 S | 内径 d | 轴向长度[2] L | | | r max |
|---|---|---|---|---|---|---|
| | | | 短 | 中 | 长 | |
| 16 | 4 | 8 | 5 | 6.3 | — | 0.3 |
| 20 | | 12 | | | | |
| 25 | | 17 | | | | |
| 25 | 5 | 15 | 6.3 | 8 | 16 | |
| 32 | 4 | 24 | 5 | 6.3 | — | |
| 32 | 5 | 22 | 6.3 | 8 | 16 | |
| 40 | 4 | 32 | 5 | 6.3 | — | |
| 40 | 5 | 30 | 6.3 | 8 | 16 | |
| 50 | | 40 | | | | |
| 50 | 7.5 | 35 | 9.5 | 12.5 | 25 | 0.4 |
| 63 | 5 | 53 | 6.3 | 8 | 16 | 0.3 |
| 63 | 7.5 | 48 | 9.5 | 12.5 | 25 | 0.4 |
| 80 | | 65 | | | | |
| 80 | 10 | 60 | 12.5 | 16 | 32 | 0.6 |

（续）

| 缸径① D | 径向深度 S | 内径 d | 轴向长度② L 短 | 中 | 长 | r max |
|---|---|---|---|---|---|---|
| 100 | 7.5 | 85 | 9.5 | 12.5 | 25 | 0.4 |
| 125 | 10 | 80 | 12.5 | 16 | 32 | 0.6 |
| | | 105 | | | | |
| 125 | 12.5 | 100 | 16 | 20 | 40 | 0.8 |
| 160 | 10 | 140 | 12.5 | 16 | 32 | 0.6 |
| 200 | 12.5 | 135 | 16 | 20 | 40 | |
| | | 175 | | | | |
| 200 | 15 | 170 | 20 | 25 | 50 | 0.8 |
| 250 | 12.5 | 225 | 16 | 20 | 40 | |
| 320 | 15 | 220 | 20 | 25 | 50 | |
| | | 290 | | | | |
| 400 | 20 | 360 | 25 | 32 | 63 | 1 |
| 500 | | 460 | | | | |

注：其他细节尺寸见 GB/T 2879—2005。

① 见 GB/T 2348—1993。

② 在表中规定的轴向长度（短、中、长）的应用决定于相应的工作条件。

**表 1.8-38　活塞杆动密封沟槽尺寸及公差**（摘自 GB/T 2879—2005）　　（单位：mm）

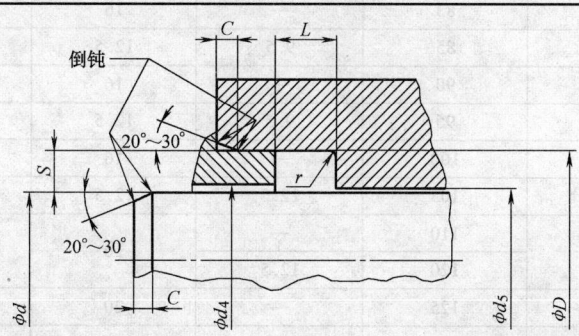

| 活塞杆直径① d | 径向深度 S | 外径 D | 轴向长度② L 段 | 中 | 长 | r max |
|---|---|---|---|---|---|---|
| 6 | | 14 | | | | |
| 8 | 4 | 16 | 5 | 6.3 | 14.5 | |
| 10 | | 18 | | | | |
| | 5 | 20 | — | 8 | 16 | |
| 12 | 4 | | 5 | 6.3 | 14.5 | |
| | 5 | 22 | — | 8 | 16 | |
| 14 | 4 | | 5 | 6.3 | 14.5 | |
| | 5 | 24 | — | 8 | 16 | |
| 16 | 4 | | 5 | 6.3 | 14.5 | |
| | 5 | 26 | — | 8 | 16 | 0.3 |
| 18 | 4 | | 5 | 6.3 | 14.5 | |
| | 5 | 28 | — | 8 | 16 | |
| 20 | 4 | | 5 | 6.3 | 14.5 | |
| | 5 | 30 | — | 8 | 16 | |
| 22 | 4 | | 5 | 6.3 | 14.5 | |
| | 5 | 32 | — | 8 | 16 | |
| 25 | 4 | 33 | 5 | 6.3 | 14.5 | |
| | 5 | 35 | — | 8 | 16 | |

（续）

| 活塞杆直径① | 径向深度 | 外径 | 轴向长度②L | | | r |
|---|---|---|---|---|---|---|
| d | S | D | 段 | 中 | 长 | max |
| 28 | 5 | 38 | 6.3 | 8 | 16 | 0.3 |
| 28 | 7.5 | 43 | — | 12.5 | 25 | 0.4 |
| 32 | 5 | 42 | 6.3 | 8 | 16 | 0.3 |
| 32 | 7.5 | 47 | — | 12.5 | 25 | 0.4 |
| 36 | 5 | 46 | 6.3 | 8 | 16 | 0.3 |
| 36 | 7.5 | 51 | — | 12.5 | 25 | 0.4 |
| 40 | 5 | 50 | 6.3 | 8 | 16 | 0.3 |
| 40 | 7.5 | 55 | — | 12.5 | 25 | 0.4 |
| 45 | 5 | 55 | 6.3 | 8 | 16 | 0.3 |
| 45 | 7.5 | 60 | — | 12.5 | 25 | 0.4 |
| 50 | 5 | 60 | 6.3 | 8 | 16 | 0.3 |
| 50 | 7.5 | 65 | — | 12.5 | 25 | 0.4 |
| 56 |  | 71 | 9.5 |  |  |  |
| 56 | 10 | 76 | — | 16 | 32 | 0.6 |
| 63 | 7.5 | 78 | 9.5 | 12.5 | 25 | 0.4 |
| 63 | 10 | 83 | — | 16 | 32 | 0.6 |
| 70 | 7.5 | 85 | 9.5 | 12.5 | 25 | 0.4 |
| 70 | 10 | 90 | — | 16 | 32 | 0.6 |
| 80 | 7.5 | 95 | 9.5 | 12.5 | 25 | 0.4 |
| 80 | 10 | 100 | — | 16 | 32 | 0.6 |
| 90 | 7.5 | 105 | 12.5 | 12.5 | 25 | 0.4 |
| 90 | 10 | 110 | — | 16 | 32 | 0.6 |
| 100 |  | 120 | 12.5 | 16 | 32 |  |
| 100 | 12.5 | 125 | — | 20 | 40 | 0.8 |
| 110 | 10 | 130 | 12.5 | 16 | 32 | 0.6 |
| 110 | 12.5 | 135 | — | 20 | 40 | 0.8 |
| 125 | 10 | 145 | 12.5 | 16 | 32 | 0.6 |
| 125 | 12.5 | 150 | — | 20 | 40 | 0.8 |
| 140 | 10 | 160 | 12.5 | 16 | 32 | 0.6 |
| 140 | 12.5 | 165 | — | 20 | 40 |  |
| 160 |  | 185 | 16 |  |  |  |
| 160 | 15 | 190 | — | 25 | 50 |  |
| 180 | 12.5 | 205 | 16 | 20 | 40 |  |
| 180 | 15 | 210 | — | 25 | 50 | 0.8 |
| 200 | 12.5 | 225 | 16 | 20 | 40 |  |
| 200 |  | 230 | — |  |  |  |
| 220 | 15 | 250 |  | 25 | 50 |  |
| 250 |  | 280 | 20 |  |  |  |
| 280 |  | 310 |  |  |  |  |
| 320 | 20 | 360 | 25 | 32 | 63 | 1 |
| 360 |  | 400 |  |  |  |  |

注：其他细节尺寸见 GB/T 2879—2005。

① 见 GB/T 2348—1993。

② 表中规定的轴向长度（段、中、长）的应用取决于相应的工作条件。

**表 1.8-39　活塞用带支撑环密封沟槽尺寸及公差**（摘自 GB/T 6577—1986）（单位：mm）

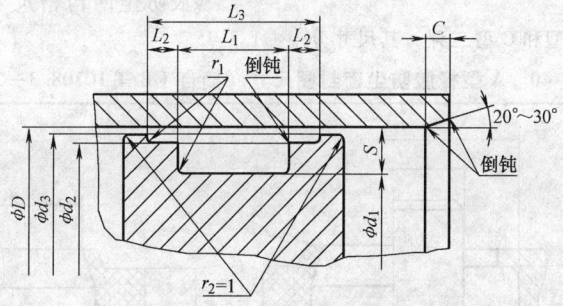

液压缸活塞用带支撑环密封沟槽形式典型结构

| D（H9） | S | $d_1$（h9） | $L_1$ $^{+0.35}_{+0.10}$ | $L_2$ $^{+0.10}_{0}$ | $L_3$ | $d_2$（h9） | $d_3$（h11） | $r_1$ | $C$ ≥ |
|---|---|---|---|---|---|---|---|---|---|
| 25 | 4 | 17 | 10 | 4 | 18 | 22 | 24 | 0.4 | 2 |
|  | 5 | 15 | 12.5 |  | 20.5 |  |  |  | 2.5 |
| 32 | 4 | 24 | 10 | 4 | 18 | 29 | 31 | 0.4 | 2 |
|  | 5 | 22 | 12.5 |  | 20.5 |  |  |  | 2.5 |
| 40 | 4 | 32 | 10 | 4 | 18 | 37 | 39 | 0.4 | 2 |
|  | 5 | 40 | 12.5 |  | 20.5 |  |  |  | 2.5 |
| 50 | 5 | 40 | 12.5 | 4 | 20.5 | 47 | 49 | 0.4 | 2.5 |
|  | 7.5 | 35 | 20 | 5 | 30 | 46 | 48.5 |  | 4 |
| (56) | 5 | 46 | 12.5 | 4 | 20.5 | 53 | 55 | 0.4 | 2.5 |
|  | 7.5 | 41 | 20 | 5 | 30 | 52 | 54.5 |  | 4 |
| 63 | 5 | 53 | 12.5 | 4 | 20.5 | 60 | 62 | 0.4 | 2.5 |
|  | 7.5 | 48 | 20 | 5 | 30 | 59 | 61.5 |  | 4 |
| (70) | 7.5 | 55 | 20 | 5 | 30 | 66 | 68.5 | 0.4 | 4 |
|  | 10 | 50 | 25 | 6.3 | 37.6 | 65 | 68 | 0.8 | 5 |
| 80 | 7.5 | 65 | 20 | 5 | 30 | 76 | 78.5 | 0.4 | 4 |
|  | 10 | 60 | 25 | 6.3 | 37.6 | 75 | 78 | 0.8 | 5 |
| (90) | 7.5 | 75 | 20 | 5 | 30 | 86 | 88.5 | 0.4 | 4 |
|  | 10 | 70 | 25 | 6.3 | 37.6 | 85 | 88 | 0.8 | 5 |
| 100 | 7.5 | 85 | 20 | 5 | 30 | 96 | 98.5 | 0.4 | 4 |
|  | 10 | 80 | 25 | 6.3 | 37.6 | 95 | 98 | 0.8 | 5 |
| (110) | 7.5 | 95 | 20 | 5 | 30 | 106 | 108.5 | 0.4 | 4 |
|  | 10 | 90 | 25 | 6.3 | 37.6 | 105 | 108 | 0.8 | 5 |
| 125 | 10 | 105 | 25 | 6.3 | 37.6 | 120 | 123 | 0.8 | 5 |
|  | 12.5 | 100 | 32 | 10 | 52 | 119 |  |  | 6.5 |
| (140) | 10 | 120 | 25 | 6.3 | 37.6 | 135 | 158 | 0.8 | 5 |
|  | 12.5 | 115 | 32 | 10 | 52 | 134 |  |  | 6.5 |
| 160 | 10 | 140 | 25 | 6.3 | 37.6 | 155 | 158 | 0.8 | 5 |
|  | 12.5 | 135 | 32 | 10 | 52 | 154 |  |  | 6.5 |
| (180) | 10 | 160 | 25 | 6.3 | 37.6 | 175 | 178 | 0.8 | 5 |
|  | 12.5 | 155 | 32 | 10 | 52 | 174 |  |  | 6.5 |
| 200 | 15 | 170 | 36 | 12.5 | 61 | 192 | 197 | 0.8 | 7.5 |
| (220) | 15 | 190 | 36 | 12.5 | 61 | 212 | 217 | 0.8 | 7.5 |
| 250 | 15 | 220 | 36 | 12.5 | 61 | 242 | 247 | 0.8 | 7.5 |
| (280) | 15 | 250 | 36 | 12.5 | 61 | 272 | 277 | 0.8 | 7.5 |
| 320 | 15 | 290 | 36 | 12.5 | 61 | 312 | 317 | 0.8 | 7.5 |
| (360) | 15 | 330 | 36 | 12.5 | 61 | 352 | 357 | 0.8 | 7.5 |
| 400 | 20 | 360 | 50 | 16 | 82 | 392 | 397 | 1.2 | 10 |
| (450) | 20 | 410 | 50 | 16 | 82 | 442 | 447 | 1.2 | 10 |
| 500 | 20 | 460 | 50 | 16 | 82 | 492 | 497 | 1.2 | 10 |

注：1. 括号内的缸孔内径为非优先选用尺寸。

　　2. 除缸内径 D 为 25～160mm 的在使用小截面密封圈外，缸内径 D 的加工精度可选 H11。

## 5.6　防尘密封圈

防尘密封圈分 A 型、B 型和 C 型三种，其尺寸分别见表 1.8-40 ~ 表 1.8-42。

橡胶防尘圈沟槽尺寸和公差见表 1.8-43 ~ 表 1.8-45。

**表 1.8-40　A 型橡胶防尘密封圈尺寸**（摘自 GB/T 10708.3—2000）　（单位：mm）

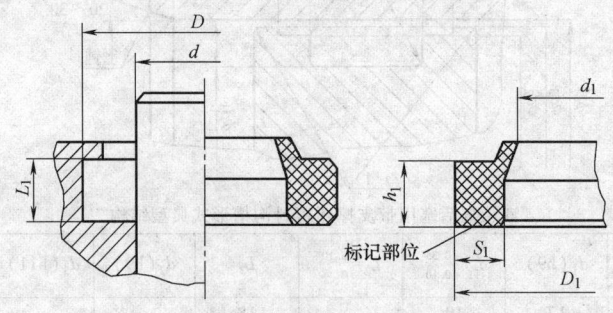

A 型密封结构形式及 A 型防尘圈

| d | D | $L_1$ | $d_1$ 公称尺寸 | $d_1$ 极限偏差 | $D_1$ 公称尺寸 | $D_1$ 极限偏差 | $S_1$ 公称尺寸 | $S_1$ 极限偏差 | $h_1$ 公称尺寸 | $h_1$ 极限偏差 |
|---|---|---|---|---|---|---|---|---|---|---|
| 6 | 14 | | 4.6 | | 14 | | | | | |
| 8 | 15 | | 6.6 | ±0.15 | 16 | | | | | |
| 10 | 18 | | 8.6 | | 18 | | | | | |
| 12 | 20 | | 10.6 | | 20 | | | | | |
| 14 | 22 | | 12.5 | | 22 | | | | | |
| 16 | 24 | | 14.5 | | 24 | | | | | |
| 18 | 26 | | 16.5 | | 26 | | | | | |
| 20 | 28 | 5 | 18.5 | | 28 | ±0.15 | 3.5 | | 5 | |
| 22 | 30 | | 20.5 | | 30 | | | | | |
| 25 | 33 | | 23.5 | | 33 | | | | | |
| 28 | 36 | | 26.5 | | 36 | | | | | |
| 32 | 40 | | 30.5 | ±0.25 | 40 | | | | | |
| 36 | 44 | | 34.5 | | 44 | | | | | |
| 40 | 48 | | 38.5 | | 48 | | | | | |
| 45 | 53 | | 43.5 | | 53 | | | | | |
| 50 | 58 | | 48.5 | | 58 | | | | | |
| 56 | 66 | | 54 | | 66 | | | ±0.15 | | −0.30 / 0 |
| 60 | 70 | | 58 | | 70 | | | | | |
| 63 | 73 | 6.3 | 61 | | 73 | | 4.3 | | 6.3 | |
| 70 | 80 | | 68 | | 80 | ±0.35 | | | | |
| 80 | 90 | | 78 | ±0.35 | 90 | | | | | |
| 90 | 100 | | 88 | | 100 | | | | | |
| 100 | 115 | | 97.5 | | 115 | | | | | |
| 110 | 125 | | 107.5 | | 125 | | | | | |
| 125 | 140 | | 122.5 | ±0.45 | 140 | ±0.45 | | | | |
| 140 | 155 | 9.5 | 137.5 | | 155 | | 6.5 | | 9.5 | |
| 160 | 175 | | 157.5 | | 175 | | | | | |
| 180 | 195 | | 167.5 | | 195 | | | | | |
| 200 | 215 | | 197.5 | | 215 | | | | | |
| 220 | 240 | | 217 | ±0.60 | 240 | ±0.60 | | | | |
| 250 | 270 | | 247 | | 270 | | | | | |
| 280 | 300 | 12.5 | 288 | | 300 | | 8.7 | | 12.5 | |
| 320 | 340 | | 317 | ±0.90 | 340 | ±0.90 | | | | |
| 360 | 380 | | 357 | | 380 | | | | | |

**表 1.8-41　B 型橡胶防尘密封圈尺寸**（摘自 GB/T 10708.3—2000）　（单位：mm）

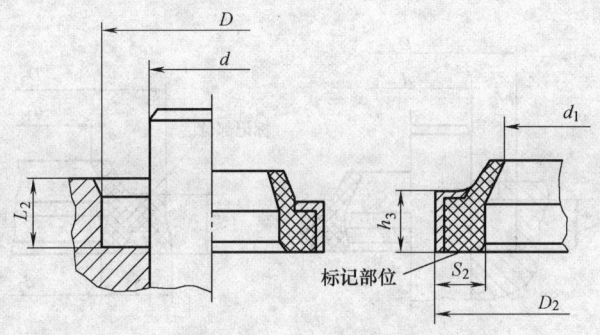

B 型密封结构形式及 B 型防尘圈

| d | D | $L_2$ | $d_1$ 公称尺寸 | $d_1$ 极限偏差 | $D_2$ 公称尺寸 | $D_2$ 极限偏差 | $S_2$ 公称尺寸 | $S_2$ 极限偏差 | $h_2$ 公称尺寸 | $h_2$ 极限偏差 |
|---|---|---|---|---|---|---|---|---|---|---|
| 6 | 14 |  | 4.6 |  | 14 |  |  |  |  |  |
| 8 | 15 | 5 | 6.6 | ±0.15 | 16 |  | 3.5 |  | 5 |  |
| 10 | 18 |  | 8.6 |  | 18 |  |  |  |  |  |
| 12 | 22 |  | 10.5 |  | 22 |  |  |  |  |  |
| 14 | 24 |  | 12.5 |  | 24 |  |  |  |  |  |
| 16 | 26 |  | 14.5 |  | 26 |  |  |  |  |  |
| 18 | 28 |  | 16.5 |  | 28 |  |  |  |  |  |
| 20 | 30 |  | 18.5 |  | 30 |  |  |  |  |  |
| 22 | 32 |  | 20.5 |  | 32 |  |  |  |  |  |
| 25 | 35 |  | 23.5 |  | 35 |  |  |  |  |  |
| 28 | 38 |  | 26.5 | ±0.25 | 38 |  |  |  |  | −0.30 / 0 |
| 32 | 42 |  | 30 |  | 42 |  |  |  |  |  |
| 36 | 46 | 7 | 34 |  | 46 |  | 4.3 |  | 7 |  |
| 40 | 50 |  | 38 |  | 50 |  |  |  |  |  |
| 45 | 55 |  | 43 |  | 55 |  |  |  |  |  |
| 50 | 60 |  | 48 |  | 60 |  |  |  |  |  |
| 56 | 66 |  | 54 |  | 66 |  |  |  |  |  |
| 60 | 70 |  | 58 |  | 70 | S7 |  | ±0.15 |  |  |
| 63 | 73 |  | 61 |  | 73 |  |  |  |  |  |
| 70 | 80 |  | 68 |  | 80 |  |  |  |  |  |
| 80 | 90 |  | 78 | ±0.35 | 90 |  |  |  |  |  |
| 90 | 100 |  | 88 |  | 100 |  |  |  |  |  |
| 100 | 115 |  | 97.5 |  | 115 |  |  |  |  |  |
| 110 | 125 |  | 107.5 |  | 125 |  |  |  |  |  |
| 125 | 140 |  | 122.5 | ±0.45 | 140 |  |  |  |  | −0.35 / 0 |
| 140 | 155 | 9 | 137.5 |  | 155 |  | 6.5 |  | 9 |  |
| 160 | 175 |  | 157.5 |  | 175 |  |  |  |  |  |
| 180 | 195 |  | 177.5 |  | 195 |  |  |  |  |  |
| 200 | 215 |  | 197.5 |  | 215 |  |  |  |  |  |
| 220 | 240 |  | 217 | ±0.60 | 240 |  |  |  |  |  |
| 250 | 270 |  | 247 |  | 270 |  |  |  |  |  |
| 280 | 300 | 12 | 277 |  | 300 |  | 8.7 |  | 12 | −0.40 / 0 |
| 320 | 340 |  | 317 | ±0.90 | 340 |  |  |  |  |  |
| 360 | 380 |  | 357 |  | 380 |  |  |  |  |  |

**表 1.8-42　C 型橡胶防尘密封圈尺寸**（摘自 GB/T 10708.3—2000）　　　（单位：mm）

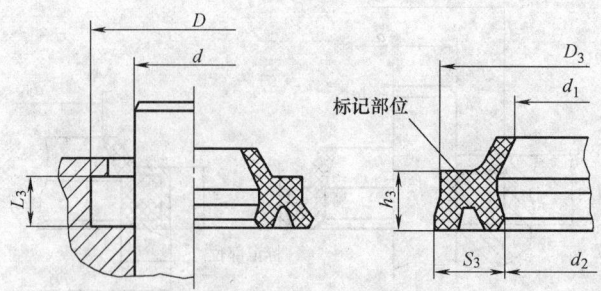

C 型密封结构形式及 C 型防尘圈

| d | D | $L_3$ | $d_1$ 和 $d_2$ | | | $D_3$ | | $S_3$ | | $h_3$ | |
|---|---|---|---|---|---|---|---|---|---|---|---|
| | | | $d_1$ | $d_2$ | $d_1$、$d_2$ 极限偏差 | 公称尺寸 | 极限偏差 | 公称尺寸 | 极限偏差 | 公称尺寸 | 极限偏差 |
| 6 | 12 | | 4.8 | 5.2 | | 12 | | | | | |
| 8 | 14 | | 6.8 | 7.2 | | 14 | | | | | |
| 10 | 16 | | 8.8 | 9.2 | | 16 | | | | | |
| 12 | 18 | | 10.8 | 11.2 | | 18 | | | | | |
| 4 | 20 | 4 | 12.8 | 13.2 | ±0.20 | 20 | +0.10 −0.25 | 4.2 | | 4 | |
| 16 | 22 | | 14.8 | 15.2 | | 22 | | | | | |
| 18 | 24 | | 16.8 | 17.2 | | 24 | | | | | |
| 20 | 26 | | 18.8 | 19.2 | | 26 | | | | | |
| 22 | 28 | | 20.8 | 21.2 | | 28 | | | | | |
| 25 | 33 | | 23.5 | 24 | | 33 | | | | | |
| 28 | 36 | | 26.5 | 27 | | 36 | | | | | |
| 32 | 40 | | 30.5 | 31 | | 40 | | | | | |
| 36 | 44 | 5 | 34.5 | 35 | | 44 | +0.10 −0.35 | 5.5 | | 5 | |
| 40 | 48 | | 38.5 | 39 | ±0.25 | 48 | | | | | |
| 45 | 53 | | 43.5 | 44 | | 53 | | | | | |
| 50 | 58 | | 48.5 | 49 | | 58 | | | | | |
| 56 | 66 | | 54.2 | 54.8 | | 66 | | | ±0.15 | | +0.30 0 |
| 60 | 70 | | 58.2 | 58.8 | | 70 | | | | | |
| 63 | 73 | 6 | 61.2 | 61.8 | | 73 | | 6.8 | | 6 | |
| 70 | 80 | | 68.2 | 68.8 | | 80 | +0.10 −0.40 | | | | |
| 80 | 90 | | 78.2 | 78.8 | ±0.35 | 90 | | | | | |
| 90 | 100 | | 88.2 | 88.8 | | 100 | | | | | |
| 100 | 115 | | 97.8 | 98.4 | | 115 | | | | | |
| 110 | 125 | | 107.8 | 108.4 | | 125 | +0.10 −0.50 | | | | |
| 125 | 140 | | 122.8 | 123.4 | ±0.45 | 140 | | | | | |
| 140 | 155 | 8.5 | 137.8 | 138.4 | | 155 | | 9.8 | | 8.5 | |
| 160 | 175 | | 157.8 | 158.4 | | 175 | | | | | |
| 180 | 195 | | 177.8 | 178.4 | | 195 | | | | | |
| 200 | 215 | | 197.8 | 198.4 | | 215 | +0.10 −0.65 | | | | |
| 220 | 240 | | 217.4 | 218.2 | ±0.60 | 240 | | | | | |
| 250 | 270 | | 247.4 | 248.2 | | 270 | | | | | |
| 280 | 300 | 11 | 288.4 | 278.2 | | 300 | +0.20 −0.90 | 13.2 | | 11 | |
| 320 | 340 | | 317.4 | 318.2 | ±0.90 | 340 | | | | | |
| 360 | 380 | | 357.4 | 358.2 | | 380 | | | | | |

表 1.8-43　A 型橡胶防尘密封圈沟槽尺寸和公差（摘自 GB/T 6578—2008）（单位：mm）

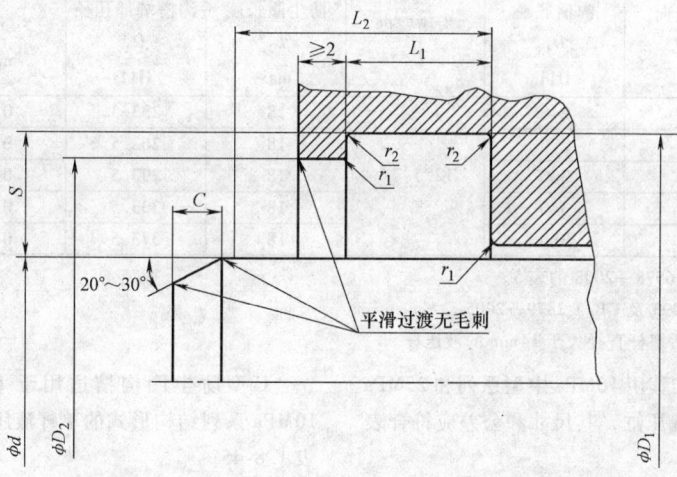

A 型防尘圈沟槽

| 活塞杆直径[①]、[②] d | 沟槽径向深度 S | 沟槽底径 $D_1$ H11 | 沟槽宽度 $L_1$ | 防尘圈长度 $L_2$ max | 沟槽端部孔径 $D_2$ H11 | $r_1$ max | $r_2$ max |
|---|---|---|---|---|---|---|---|
| 4 | 4 | 12 | | 8 | 9.5 | 0.3 | 0.5 |
| 5 | 4 | 13 | | 8 | 10.5 | 0.3 | 0.5 |
| 6 | 4 | 14 | | 8 | 11.5 | 0.3 | 0.5 |
| 8 | 4 | 16 | | 8 | 13.5 | 0.3 | 0.5 |
| 10 | 4 | 18 | | 8 | 15.5 | 0.3 | 0.5 |
| 12 | 4 | 20 | | 8 | 17.5 | 0.3 | 0.5 |
| 14 | 4 | 22 | | 8 | 19.5 | 0.3 | 0.5 |
| 16 | 4 | 24 | | 8 | 21.5 | 0.3 | 0.5 |
| 18 | 4 | 26 | | 8 | 23.5 | 0.3 | 0.5 |
| 20 | 4 | 28 | $5^{+0.2}_{0}$ | 8 | 25.5 | 0.3 | 0.5 |
| 22 | 4 | 30 | | 8 | 27.5 | 0.3 | 0.5 |
| 25 | 4 | 33 | | 8 | 30.5 | 0.3 | 0.5 |
| 28 | 4 | 36 | | 8 | 33.5 | 0.3 | 0.5 |
| 32 | 4 | 40 | | 8 | 37.5 | 0.3 | 0.5 |
| 36 | 4 | 44 | | 8 | 41.5 | 0.3 | 0.5 |
| 40 | 4 | 48 | | 8 | 45.5 | 0.3 | 0.5 |
| 45 | 4 | 53 | | 8 | 50.5 | 0.3 | 0.5 |
| 50 | 4 | 58 | | 8 | 55.5 | 0.3 | 0.5 |
| 56 | 5 | 66 | | 10 | 63 | 0.4 | 0.5 |
| 63 | 5 | 73 | | 10 | 70 | 0.4 | 0.5 |
| 70 | 5 | 80 | $6.3^{+0.2}_{0}$ | 10 | 77 | 0.4 | 0.5 |
| 80 | 5 | 90 | | 10 | 87 | 0.4 | 0.5 |
| 90 | 5 | 100 | | 10 | 97 | 0.4 | 0.5 |
| 100 | 7.5 | 115 | | 14 | 110 | 0.6 | 0.5 |
| 110 | 7.5 | 125 | | 14 | 120 | 0.6 | 0.5 |
| 125 | 7.5 | 140 | | 14 | 135 | 0.6 | 0.5 |
| 140 | 7.5 | 155 | $9.5^{+0.3}_{0}$ | 14 | 150 | 0.6 | 0.5 |
| 160 | 7.5 | 175 | | 14 | 170 | 0.6 | 0.5 |
| 180 | 7.5 | 195 | | 14 | 190 | 0.6 | 0.5 |
| 200 | 7.5 | 215 | | 14 | 210 | 0.6 | 0.5 |

（续）

| 活塞杆直径①、②<br>d | 沟槽径向深度<br>S | 沟槽底径<br>$D_1$<br>H11 | 沟槽宽度<br>$L_1$ | 防尘圈长度<br>$L_2$<br>max | 沟槽端部孔径<br>$D_2$<br>H11 | $r_1$<br>max | $r_2$<br>max |
|---|---|---|---|---|---|---|---|
| 220 | 10 | 240 |  | 18 | 233.5 | 0.8 | 0.9 |
| 250 | 10 | 270 |  | 18 | 263.5 | 0.8 | 0.9 |
| 280 | 10 | 300 | $12.5_{\ 0}^{+0.3}$ | 18 | 293.5 | 0.8 | 0.9 |
| 320 | 10 | 340 |  | 18 | 333.5 | 0.8 | 0.9 |
| 360 | 10 | 380 |  | 18 | 373.5 | 0.8 | 0.9 |

注：尺寸 C 见 GB/T 6578—2008 的表5。

① 见 GB/T 2348—1993 及 GB/T 2879—2005。

② 整体式沟槽用于活塞杆直径大于 14mm 的液压杆。

B 型防尘圈沟槽推荐用 16MPa 中型系列和 25MPa 系列结构形式的单杆液压缸，其尺寸和公差应符合表 1.8-44 的规定。

C 型防尘圈沟槽适用于 16MPa 紧凑型系列和 10MPa 系列结构形式的单杆液压缸，其尺寸和公差见表 1.8-45。

**表 1.8-44    B 型沟槽的尺寸**（GB/T 6578—2008）                （单位：mm）

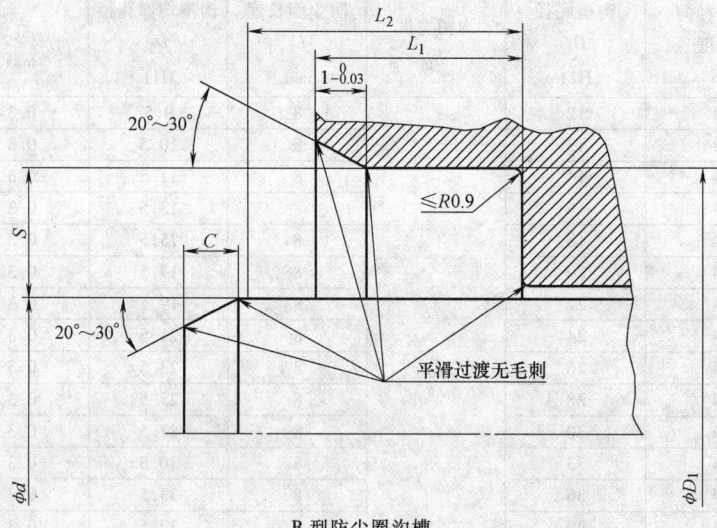

B 型防尘圈沟槽

| 活塞杆直径①<br>d | 沟槽径向深度<br>S | 沟槽底径<br>$D_1$<br>H8 | 沟槽宽度<br>$L_1$<br>+0.5<br>0 | 防尘圈长度<br>$L_2$<br>max |
|---|---|---|---|---|
| 4 | 4 | 12 | 5 | 8 |
| 5 | 4 | 13 | 5 | 8 |
| 6 | 4 | 14 | 5 | 8 |
| 8 | 4 | 16 | 5 | 8 |
| 10 | 4 | 18 | 5 | 8 |
| 12 | 5 | 22 | 7 | 11 |
| 14 | 5 | 24 | 7 | 11 |
| 16 | 6 | 26 | 7 | 11 |
| 18 | 5 | 28 | 7 | 11 |
| 20 | 5 | 30 | 7 | 11 |
| 22 | 5 | 32 | 7 | 11 |
| 25 | 5 | 35 | 7 | 11 |

（续）

| 活塞杆直径① $d$ | 沟槽径向深度 $S$ | 沟槽底径 $D_1$ H8 | 沟槽宽度 $L_1$ +0.5 0 | 防尘圈长度 $L_2$ max |
|---|---|---|---|---|
| 28 | 5 | 38 | 7 | 11 |
| 32 | 5 | 42 | 7 | 11 |
| 36 | 5 | 46 | 7 | 11 |
| 40 | 5 | 50 | 7 | 11 |
| 45 | 5 | 55 | 7 | 11 |
| 50 | 5 | 60 | 7 | 11 |
| 56 | 5 | 66 | 7 | 11 |
| 63 | 5 | 73 | 7 | 11 |
| 70 | 5 | 80 | 7 | 11 |
| 80 | 5 | 90 | 7 | 11 |
| 90 | 5 | 100 | 7 | 11 |
| 100 | 7.5 | 115 | 9 | 13 |
| 110 | 7.5 | 125 | 9 | 13 |
| 125 | 7.5 | 140 | 9 | 13 |
| 140 | 7.5 | 155 | 9 | 13 |
| 160 | 7.5 | 175 | 9 | 13 |
| 180 | 7.5 | 195 | 9 | 13 |
| 200 | 7.5 | 215 | 9 | 13 |
| 220 | 10 | 240 | 12 | 16 |
| 250 | 10 | 270 | 12 | 16 |
| 280 | 10 | 300 | 12 | 16 |
| 320 | 10 | 340 | 12 | 16 |
| 360 | 10 | 380 | 12 | 16 |

注：尺寸 C 见 GB/T 6578—2008 的表 5。

① 见 GB/T 2348—1993 及 GB/T 2879—2005。

**表 1.8-45　C 型防尘圈沟槽尺寸**（摘自 GB/T 6578—2008）　　　　　　（单位：mm）

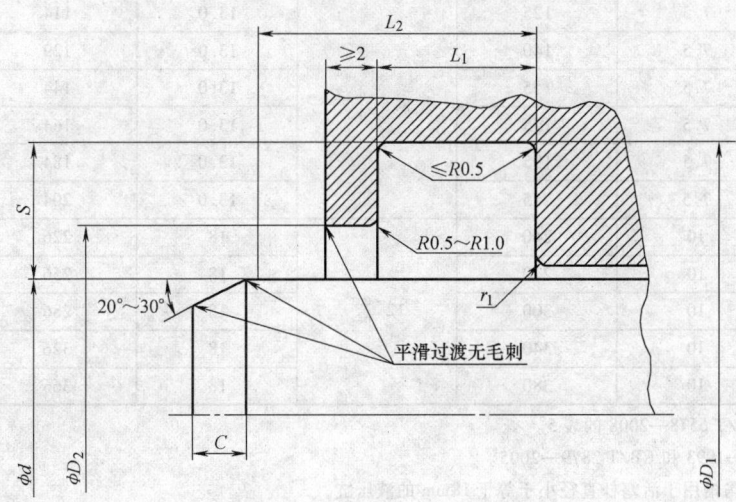

C 型防尘圈沟槽

（续）

| 活塞杆直径[1]、[2] $d$ | 沟槽径向深度 $S$ | 沟槽底径 $D_1$ H11 | 沟槽宽度 $L_1$ | 防尘圈长度 $L_2$ max | 沟槽端部孔径 $D_2$ （H11） | 半径 $r_1$ max |
|---|---|---|---|---|---|---|
| 4 | 3 | 10 | | 7 | 6.5 | 0.3 |
| 5 | 3 | 11 | | 7 | 7.5 | 0.3 |
| 6 | 3 | 12 | | 7 | 8.5 | 0.3 |
| 8 | 3 | 14 | | 7 | 10.5 | 0.3 |
| 10 | 3 | 16 | | 7 | 12.5 | 0.3 |
| 12[3] | 3 | 18 | $4\,^{+0.2}_{\ \ 0}$ | 7 | 14.5 | 0.3 |
| 14[3] | 3 | 20 | | 7 | 16.5 | 0.3 |
| 16 | 3 | 22 | | 7 | 18.5 | 0.3 |
| 18[3] | 3 | 24 | | 7 | 20.5 | 0.3 |
| 20 | 3 | 26 | | 7 | 22.5 | 0.3 |
| 22[3] | 3 | 28 | | 7 | 24.5 | 0.3 |
| 25 | 3 | 31 | | 7 | 27.5 | 0.3 |
| 28[3] | 4 | 36 | | 8 | 31 | 0.3 |
| 32 | 4 | 40 | | 8 | 35 | 0.3 |
| 36[3] | 4 | 41 | $5\,^{+0.2}_{\ \ 0}$ | 8 | 39 | 0.3 |
| 40 | 4 | 48 | | 8 | 43 | 0.3 |
| 45[3] | 4 | 53 | | 8 | 48 | 0.3 |
| 50 | 4 | 58 | | 8 | 53 | 0.3 |
| 56[3] | 5 | 66 | | 9.7 | 59 | 0.3 |
| 63 | 5 | 73 | | 9.7 | 66 | 0.3 |
| 70[3] | 5 | 80 | $6\,^{+0.2}_{\ \ 0}$ | 9.7 | 73 | 0.3 |
| 80 | 5 | 90 | | 9.7 | 83 | 0.3 |
| 90[3] | 5 | 100 | | 9.7 | 93 | 0.3 |
| 100 | 5 | 110 | | 9.7 | 103 | 0.3 |
| 110[3] | 7.5 | 125 | | 13.0 | 114 | 0.4 |
| 125 | 7.5 | 140 | | 13.0 | 129 | 0.4 |
| 140[3]、[4] | 7.5 | 155 | $8.5\,^{+0.3}_{\ \ 0}$ | 13.0 | 144 | 0.4 |
| 160 | 7.5 | 175 | | 13.0 | 164 | 0.4 |
| 180[4] | 7.5 | 195 | | 13.0 | 184 | 0.4 |
| 200 | 7.5 | 215 | | 13.0 | 204 | 0.4 |
| 220[4] | 10 | 240 | | 18 | 226 | 0.6 |
| 250[4] | 10 | 270 | | 18 | 256 | 0.6 |
| 280[4] | 10 | 300 | $12\,^{+0.3}_{\ \ 0}$ | 18 | 286 | 0.6 |
| 320[4] | 10 | 340 | | 18 | 326 | 0.6 |
| 360[4] | 10 | 380 | | 18 | 366 | 0.6 |

注：尺寸 C 见 GB/T 6578—2008 的表 5。

[1] 见 GB/T 2348—1993 和 GB/T 2879—2005。

[2] 可分离压盖式沟槽用于活塞杆直径小于等于 18mm 的液压缸。

[3] 这些规格推荐用于 16MPa 紧凑型系列单杆液压缸和 10MPa 系列的液压缸。

[4] 这些规格推荐用于缸体内径为 250 ~ 500mm 的 16MPa 紧凑型系列的单杆液压缸。

## 5.7 毡圈油封

毡圈的材料为带状半粗羊毛毡，倾斜接合而成，

适用速度 $v < 5m/s$。毡圈油封和沟槽尺寸见表 1.8-46。如果用细羊毛毡圈，速度 $v < 10m/s$。

**表 1.8-46　毡圈油封和沟槽尺寸**（摘自 FZ/T 92010—1991）　　　（单位：mm）

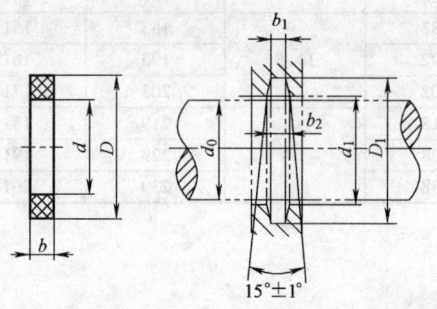

油封毡圈形式、尺寸及安装油封毡圈沟槽的尺寸

| 轴径 | 油封毡圈 | | | | | 沟槽 | |
|---|---|---|---|---|---|---|---|
| $d_0$ | $d$ | $D$ | $b$ | $D_1$ | $d_1$ | $b_1$ | $b_2$ |
| 10 | 9 | 18 |  | 19 | 11 |  |  |
| 12 | 11 | 20 |  | 21 | 13 |  |  |
| 14 | 13 | 22 | 2.5 | 23 | 15 | 2 | 3 |
| 15 | 14 | 23 |  | 24 | 16 |  |  |
| 16 | 15 | 28 |  | 27 | 17 |  |  |
| 18 | 17 | 28 | 3.5 | 29 | 19 | 3 | 4.3 |
| 20 | 19 | 30 |  | 31 | 21 |  |  |
| 22 | 21 | 32 |  | 33 | 23 |  |  |
| 25 | 24 | 37 |  | 38 | 26 |  |  |
| 28 | 27 | 40 |  | 41 | 29 |  |  |
| 30 | 29 | 42 |  | 43 | 31 |  |  |
| 32 | 31 | 44 |  | 45 | 33 |  |  |
| 35 | 34 | 47 | 5 | 48 | 36 | 4 | 5.5 |
| 38 | 37 | 50 |  | 51 | 39 |  |  |
| 40 | 39 | 52 |  | 53 | 41 |  |  |
| 42 | 41 | 54 |  | 55 | 43 |  |  |
| 45 | 44 | 57 | 5 | 58 | 46 | 4 | 5.5 |
| 48 | 47 | 60 |  | 61 | 49 |  |  |
| 50 | 49 | 66 | 5 | 67 | 51 | 5 | 7.1 |
| 55 | 54 | 71 |  | 72 | 56 |  |  |
| 60 | 59 | 76 | 7 | 77 | 61 | 5 | 7.1 |
| 65 | 64 | 81 |  | 82 | 66 |  |  |
| 70 | 69 | 88 |  | 89 | 71 |  |  |
| 75 | 74 | 93 | 7 | 94 | 76 |  |  |
| 80 | 79 | 98 |  | 99 | 81 | 6 | 8.3 |
| 85 | 84 | 103 |  | 104 | 86 |  |  |
| 90 | 89 | 110 | 8.5 | 111 | 91 | 7 | 9.6 |
| 95 | 94 | 115 |  | 116 | 96 |  |  |
| 100 | 99 | 124 |  | 125 | 101 |  |  |
| 105 | 104 | 129 | 9.5 | 130 | 106 | 8 | 11.1 |
| 110 | 109 | 134 |  | 135 | 111 |  |  |

（续）

| 轴径 | 油封毡圈 | | | | | | 沟槽 | |
| --- | --- | --- | --- | --- | --- | --- | --- | --- |
| $d_0$ | $d$ | $D$ | $b$ | | $D_1$ | $d_1$ | $b_1$ | $b_2$ |
| 120 | 119 | 148 | | | 149 | 121 | | |
| 130 | 129 | 158 | 10.5 | | 159 | 131 | 9 | 12.7 |
| 140 | 139 | 168 | | | 169 | 141 | | |
| 150 | 149 | 182 | | | 183 | 151 | | |
| 160 | 159 | 192 | 11.5 | | 193 | 161 | 10 | 14.2 |
| 170 | 169 | 202 | | | 203 | 171 | | |
| 180 | 179 | 218 | | | 219 | 181 | | |
| 190 | 189 | 228 | 13 | | 229 | 191 | 12 | 17.0 |
| 200 | 199 | 238 | | | 239 | 201 | | |

# 6　真空动密封

## 6.1　旋转轴密封圈

### 6.1.1　J型真空用橡胶密封圈

　　J型真空用橡胶密封圈的工作介质为机械泵油、扩散泵油或真空油脂；工作温度为 $-25 \sim +80℃$；适用于外部为大气压力、真空室压力高于 $1 \times 10^4 Pa$ 的旋转真空机械设备的密封；旋转线速度低于 2m/s，转速低于 2000r/min；在充保护气体情况下工作时，其保护气体压力不高于 $5 \times 10^4 Pa$。J型真空用橡胶密封圈的形式及系列尺寸见表 1.8-47。

　　推荐的J型密封圈的安装结构如图 1.8-3。压套

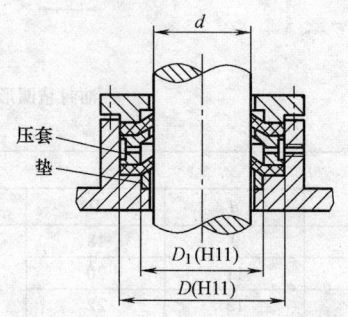

图 1.8-3　J型密封圈的安装结构

的尺寸系列见表 1.8-48。垫的尺寸系列见表 1.8-49。压套和垫的材料为 Q235A。

**表 1.8-47　J型真空用橡胶密封圈尺寸系列**（摘自 JB/T 1090—1991）　（单位：mm）

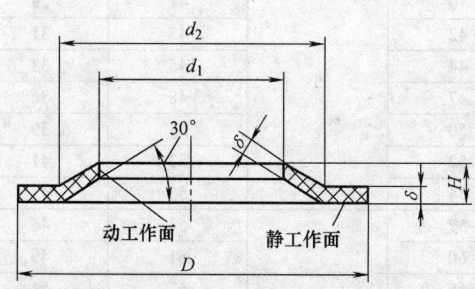

标记示例：J型真空用橡胶密封圈名义直径 $d = 50$mm，标记为：J型密封圈 $d50$ JB 1090

| 名义直径 | $d_1$ | | $d_2$ | $D$ | $d_2 、D$ | $H$ | $\delta$ | |
| --- | --- | --- | --- | --- | --- | --- | --- | --- |
| $d$ | 尺寸 | 极限偏差 | | | 极限偏差 | | 尺寸 | 极限偏差 |
| 6 | 5.5 | | 13 | 22 | | | | |
| 8 | 7.5 | +0.2 | 15 | 24 | | | | |
| 10 | 9.5 | −0.3 | 17 | 25 | ±0.5 | 4.2 | | |
| 12 | 11.5 | | 19 | 27 | | | 2 | +0.6 |
| 14 | 13 | | 23 | 33 | | | | −0.2 |
| 15 | 14 | +0.3 | 24 | 34 | | | | |
| 16 | 15 | −0.5 | 25 | 35 | ±0.7 | 4.9 | | |
| 18 | 17 | | 27 | 38 | | | | |

（续）

| 名义直径 d | $d_1$ 尺寸 | $d_1$ 极限偏差 | $d_2$ | $D$ | $d_2$、$D$ 极限偏差 | $H$ | $\delta$ 尺寸 | $\delta$ 极限偏差 |
|---|---|---|---|---|---|---|---|---|
| 20 | 19 | +0.3 −0.5 | 29 | 40 | ±0.7 | 5.4 | 2.5 | +0.6 −0.2 |
| 22 | 21 | | 31 | 42 | | | | |
| 25 | 23.5 | | 34 | 44 | | 5.5 | | |
| 28 | 26.5 | | 37 | 48 | | | | |
| 30 | 28.5 | +0.4 −0.6 | 40 | 52 | | 5.8 | | |
| 32 | 30 | | 42 | 54 | | 6.0 | | |
| 358 | 33 | | 45 | 56 | | | | |
| 40 | 38 | | 52 | 66 | ±0.8 | | | |
| 45 | 43 | | 57 | 72 | | 7.0 | | |
| 50 | 48 | | 62 | 76 | | | | |
| 55 | 53 | | 67 | 82 | | | 3 | |
| 60 | 58 | +0.5 −0.9 | 74 | 90 | | | | |
| 65 | 63 | | 79 | 95 | | | | |
| 70 | 68 | | 84 | 100 | ±0.9 | 7.6 | | |
| 75 | 73 | | 89 | 105 | | | | |
| 80 | 78 | | 94 | 112 | | | | |
| 85 | 82 | | 98 | 116 | | | | |
| 90 | 87 | | 103 | 122 | ±1.1 | 8.6 | | |
| 100 | 98 | | 113 | 130 | | | | +0.6 −0.3 |
| 110 | 106 | +0.6 −1.2 | 126 | 144 | | | | |
| 120 | 116 | | 136 | 154 | | | | |
| 130 | 126 | | 146 | 165 | | 9.7 | 4 | |
| 140 | 136 | | 156 | 175 | ±1.5 | | | |
| 150 | 145 | | 168 | 190 | | | | |
| 160 | 155 | +0.7 −1.5 | 178 | 200 | | | | |
| 180 | 175 | | 198 | 220 | | 10.6 | | |
| 200 | 195 | | 218 | 240 | | | | |

**表 1.8-48　密封压套尺寸系列**（摘自 JB/T 1090—1991）　　　　　（单位：mm）

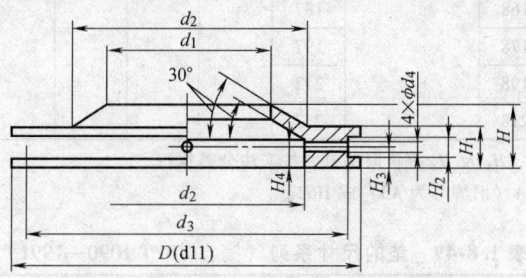

密封压套的形式

| 名义直径 d | $D$ | $d_1$ | $d_2$ | $d_1$、$d_2$ 极限偏差 | $d_3$ | $d_4$ | $H_1$ | $H_2$ | $H_3$ | $H_4$ | $H$ 尺寸 | $H$ 极限偏差 |
|---|---|---|---|---|---|---|---|---|---|---|---|---|
| 6 | 22 | 6.5 | 13 | 0 −0.1 | 20 | 2 | 4 | 2 | 2 | 3 | 5.9 | ±0.06 |
| 8 | 24 | 8.5 | 15 | | 21 | | | | | | | |
| 10 | 25 | 11 | 17 | | 23 | | | | | | | |
| 12 | 27 | 13 | 19 | | 25 | | | | | | 5.8 | |
| 14 | 33 | 15 | 23 | 0 −0.12 | 31 | | | | | | | |
| 15 | 34 | 16 | 24 | | 32 | | 5 | 3 | 2.5 | 3.5 | 7.3 | |

（续）

| 名义直径 d | D | $d_1$ | $d_2$ | $d_1$、$d_2$ 极限偏差 | $d_3$ | $d_4$ | $H_1$ | $H_2$ | $H_3$ | $H_4$ | H 尺寸 | H 极限偏差 |
|---|---|---|---|---|---|---|---|---|---|---|---|---|
| 16 | 35 | 17 | 25 | | 33 | | | | | | | |
| 18 | 38 | 19 | 27 | | 36 | | | | | | | |
| 20 | 40 | 21 | 29 | | 38 | | | | | | 7.3 | |
| 22 | 42 | 23 | 31 | | 40 | | | | | | | |
| 25 | 44 | 26 | 34 | | 42 | | | | | | | |
| 28 | 48 | 29 | 37 | 0 −0.12 | 46 | 2 | 5 | 3 | 2.5 | 3.5 | | ±0.06 |
| 30 | 52 | 31 | 40 | | 50 | | | | | | | |
| 32 | 54 | 33 | 42 | | 52 | | | | | | 7.6 | |
| 35 | 56 | 36 | 45 | | 54 | | | | | | | |
| 40 | 66 | 41 | 52 | | 64 | | | | | | | |
| 45 | 72 | 46 | 57 | | 70 | | | | | | 8.2 | |
| 50 | 76 | 51 | 62 | | 74 | | | | | | | |
| 55 | 82 | 56 | 67 | | 80 | | | | | | | |
| 60 | 90 | 61 | 74 | | 88 | | | | | | | |
| 65 | 95 | 66 | 79 | | 93 | | | | | | | |
| 70 | 100 | 71 | 84 | | 98 | | | | | | 9.8 | |
| 75 | 105 | 76 | 89 | | 103 | | | | | | | |
| 80 | 112 | 81 | 94 | | 109 | | | | | | | |
| 85 | 116 | 86 | 98 | | 114 | | | | | | | |
| 90 | 122 | 91 | 103 | | 119 | | | | | | 9.5 | |
| 100 | 130 | 101 | 113 | 0 −0.16 | 127 | 2.5 | 6 | 4 | 3 | 4.5 | | ±0.08 |
| 110 | 144 | 112 | 126 | | 141 | | | | | | | |
| 120 | 154 | 122 | 136 | | 151 | | | | | | 10 | |
| 130 | 165 | 132 | 146 | | 162 | | | | | | | |
| 140 | 175 | 142 | 156 | | 172 | | | | | | | |
| 150 | 190 | 152 | 168 | | 187 | | | | | | | |
| 160 | 200 | 162 | 178 | | 197 | | | | | | 10.6 | |
| 180 | 220 | 182 | 198 | | 217 | | | | | | | |
| 200 | 240 | 202 | 218 | | 237 | | | | | | | |

注：1. 表内 $d_3$、$d_4$、$H_1$、$H_2$、$H_3$ 及 $H_4$ 等极限偏差，按未注公差执行。

　　2. 密封压套材料为 Q235A（旧牌号为 A3）或 H62。

**表 1.8-49　垫的尺寸系列**（摘自 JB/T 1090—1991）　　　　　（单位：mm）

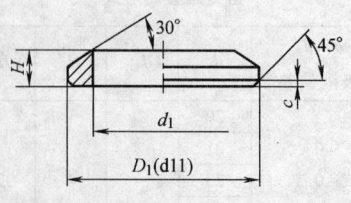

垫的形式

（续）

| 名义直径 d | $D_1$ | $d_1$ | H 尺寸 | H 极限偏差 | c | 名义直径 d | $D_1$ | $d_1$ | H 尺寸 | H 极限偏差 | c |
|---|---|---|---|---|---|---|---|---|---|---|---|
| 6 | 13 | 6.5 | 3 | | 0.5 | 55 | 67 | 56 | 4 | 0 −0.10 | |
| 8 | 15 | 8.5 | 3 | | | 60 | 74 | 61 | 4 | | |
| 10 | 17 | 11 | 3.5 | | | 65 | 79 | 66 | 4 | | |
| 12 | 19 | 13 | 3.5 | | | 70 | 84 | 71 | 4 | | |
| 14 | 23 | 15 | 3.5 | | | 75 | 89 | 76 | 5 | | |
| 15 | 24 | 16 | 3.5 | | | 80 | 94 | 81 | 5 | | |
| 16 | 25 | 17 | 3.5 | | | 85 | 98 | 86 | 5 | | |
| 18 | 27 | 19 | 3.5 | | | 90 | 103 | 91 | 5 | | |
| 20 | 29 | 21 | 3.5 | 0 −0.10 | | 100 | 113 | 101 | 5 | | 1.0 |
| 22 | 31 | 23 | 3.5 | | | 110 | 126 | 112 | 5 | 0 −0.15 | |
| 25 | 34 | 26 | 3.5 | | 1.0 | 120 | 136 | 122 | 5 | | |
| 28 | 37 | 29 | 3.5 | | | 130 | 146 | 132 | 5 | | |
| 30 | 40 | 31 | 4 | | | 140 | 156 | 142 | 5 | | |
| 32 | 42 | 33 | 4 | | | 150 | 169 | 152 | 5 | | |
| 35 | 45 | 36 | 4 | | | 160 | 178 | 162 | 5 | | |
| 40 | 52 | 41 | 4 | | | 180 | 198 | 182 | 5 | | |
| 45 | 57 | 46 | 4 | | | 200 | 218 | 202 | 5 | | |
| 50 | 62 | 51 | 4 | | | | | | | | |

注：1. 表内 $d_1$ 及 c 的极限偏差，按未注公差执行。
　　2. 如因结构变化，H 可以改变。
　　3. 垫材料 Q235A（旧牌号为 A3）或 H62。
　　4. 在安装结构中，如用螺母压紧时，在螺母与橡胶密封圈之间应装有金属垫圈。
　　5. 真空室内表面各零件表面粗糙度：密封表面的 Ra 值为 1.6μm，其他面的 Ra 值为 3.2μm，轴的表面粗糙度 Ra 值为 0.8μm。

### 6.1.2 JO 型真空用橡胶密封圈

JO 型真空用橡胶密封圈的工作介质为机械泵油、扩散泵油或真空油脂；工作温度为 −25 ~ +80℃；适用于外部为大气压力，真空室压力高于 $1×10^{-4}$Pa 的旋转真空机械设备的密封；在规定温度下的旋转线速度低于 2m/s；转速低于 2000r/min；在充保护气体情况下工作时；其保护气体压力不高于 $5×10^4$Pa。JO 型真空用橡胶密封圈的形式及系列尺寸见表 1.8-50。其安装结构推荐如图 1.8-4 所示。

JO 型密封圈锁紧弹簧用碳素弹簧钢丝制造，弹簧的形式及系列尺寸见表 1.8-51，其压套的形式及尺寸系列见表 1.8-52。

在安装结构中，如果用螺母压紧，在螺母与橡胶

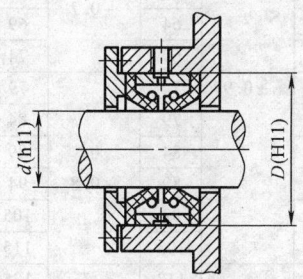

图 1.8-4　JO 型密封圈的安装结构示例

密封圈之间应装有金属垫圈。

真空室内表面各零件表面粗糙度：密封面的 Ra 为 1.6μm，其他面的 Ra 为 3.2μm，轴的表面粗糙度 Ra 为 0.8μm。

表 1.8-50   **JO 型真空用橡胶密封圈尺寸系列**（摘自 JB/T 1091—1991）  （单位：mm）

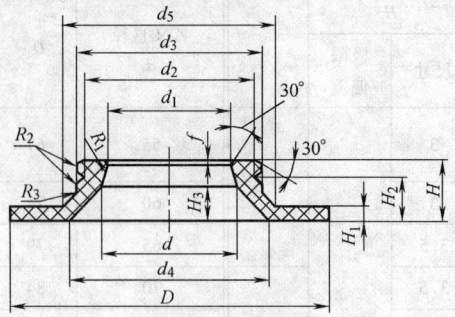

标记示例

JO 型真空用橡胶密封圈名义直径 $d=50\,\mathrm{mm}$，标记为：JO 型密封圈 d50 JB 1091

| 名义直径 $d$ | $D$ | | $d_1$ | | $d_2$ | $d_3$ | $d_4$ | $d_5$ | $H$ | $H_1$ | $H_2$ | $H_3$ | $R_1$ | $R_2$ | $R_3$ | $f$ |
|---|---|---|---|---|---|---|---|---|---|---|---|---|---|---|---|---|
| | 尺寸 | 极限偏差 | 尺寸 | 极限偏差 | | | | | | | | | | | | |
| 6 | 25 | | 5.5 | | 9 | 12 | 13 | 15 | | | | | | | | |
| 8 | 26 | | 7.5 | | 11 | 14 | 15 | 17 | 10 | 2.5 | 7.5 | 6 | | 0.5 | 0.3 | |
| 10 | 28 | | 9.5 | | 14 | 17 | 18 | 20 | | | | | | | | |
| 12 | 30 | ±0.6 | 11.5 | 0 | 16 | 19 | 20 | 22 | 12 | | 9 | 7 | | | | |
| 14 | 32 | | 13.5 | −0.4 | 18 | 21 | 22 | 24 | | | | | | | | |
| 15 | 33 | | 14.5 | | 19 | 22 | 24 | 25 | | 3 | | | 1.2 | | | 0.5 |
| 16 | 34 | | 15.5 | | 20 | 23 | 25 | 27 | 13 | | 10 | | | 0.6 | 0.4 | |
| 18 | 38 | | 17.5 | | 22 | 25 | 27 | 29 | | | | 8 | | | | |
| 20 | 42 | | 19.5 | | 24 | 27 | 29 | 31 | | | | | | | | |
| 22 | 45 | ±0.6 | 21.5 | 0 | 26 | 29 | 32 | 34 | 14 | | 11 | | | | | |
| 25 | 48 | | 24.5 | −0.5 | 29 | 32 | 35 | 37 | | | | | | | | |
| 28 | 52 | | 27.5 | | 32 | 35 | 38 | 40 | | | | | | | | |
| 30 | 54 | | 29.5 | | 34 | 37 | 40 | 42 | | | | | | | | |
| 32 | 56 | | 31 | | 36 | 40 | 44 | 46 | 15 | | 12 | 9 | | | | |
| 35 | 60 | ±0.8 | 34 | | 39 | 43 | 47 | 49 | | | | | | | | |
| 40 | 66 | | 39 | 0 | 44 | 48 | 52 | 54 | | 4 | | | | | | |
| 45 | 72 | | 44 | −0.6 | 49 | 53 | 57 | 59 | | | | | 1.4 | 0.9 | | |
| 50 | 76 | | 49 | | 54 | 58 | 62 | 64 | | | | | | | | |
| 55 | 82 | | 54 | | 59 | 63 | 68 | 70 | | | | | | 0.5 | 1.0 | |
| 60 | 90 | | 59 | 0 | 64 | 68 | 73 | | 17 | | 13 | 10 | | | | |
| 65 | 95 | | 64 | −0.7 | 69 | 73 | 79 | 80 | | | | | | | | |
| 70 | 100 | | 69 | | 74 | 78 | 83 | 85 | | | | | | | | |
| 75 | 105 | ±0.9 | 74 | | 79 | 83 | 89 | 90 | | | | | | | | |
| 80 | 110 | | 79 | | 84 | 89 | 94 | 95 | | | | | | | | |
| 85 | 115 | | 84 | 0 | 89 | 94 | 99 | 100 | 19 | | 15 | 12 | | | | |
| 90 | 120 | | 89 | −0.8 | 94 | 99 | 104 | 105 | | | | | 1.5 | 1.0 | | |
| 100 | 130 | | 99 | | 105 | 110 | 117 | 118 | | 5 | | | | | | |
| 110 | 144 | | 108 | | 115 | 120 | 127 | 128 | | | | | | | | |
| 120 | 154 | | 118 | | 125 | 130 | 137 | 139 | | | | | | | | |
| 130 | 165 | | 128 | | 135 | 140 | 148 | 149 | | | | | | | | |
| 140 | 175 | | 138 | | 145 | 150 | 158 | 160 | 20 | | 16 | 13 | | | 0.6 | 1.5 |
| 150 | 190 | ±1.0 | 148 | 0 | 155 | 160 | 168 | 170 | | | | | | | | |
| 160 | 200 | | 158 | −0.9 | 165 | 170 | 178 | 180 | | | | | 1.6 | 1.1 | | |
| 180 | 220 | | 178 | | 185 | 180 | 198 | 190 | 21 | 6 | 17 | 14 | | | | |
| 200 | 240 | | 198 | | 205 | 210 | 218 | 220 | | | | | | | | |

**表 1.8-51 锁紧簧的尺寸系列**（摘自 JB/T 1091—1991）     （单位：mm）

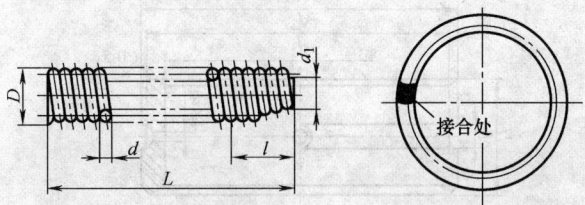

（将弹簧的圆锥端拧入圆柱端）

JO 型密封圈锁紧簧的形式

| 名义直径 | 螺旋圈数 | 展开长度 | 自由长度 $L$ | 锥部长度 $l$ | 弹簧外径 $D$ | 锥部外部 $d_1$ | 钢丝直径 $d$ |
|---|---|---|---|---|---|---|---|
| 6 | 89 | 475 | 27 | 2.5 | 2 | 1.0 | 0.3 |
| 8 | 112 | 596 | 34 | | | | |
| 10 | 142 | 756 | 43 | | | | |
| 12 | 121 | 606 | 49 | 3 | 2 | 1.0 | 0.4 |
| 14 | 136 | 682 | 55 | | | | |
| 15 | 145 | 725 | 58 | | | | |
| 16 | 151 | 758 | 61 | | | | |
| 18 | 166 | 833 | 67 | | | | |
| 20 | 184 | 920 | 74 | | | | |
| 22 | 199 | 998 | 80 | | | | |
| 25 | 221 | 1110 | 89 | | | | |
| 28 | 244 | 1220 | 98 | | | | |
| 30 | 261 | 1311 | 105 | | | | |
| 32 | 221 | 1382 | 111 | 4 | 2.5 | 1.2 | 0.5 |
| 35 | 239 | 1495 | 120 | | | | |
| 40 | 271 | 1696 | 136 | | | | |
| 45 | 303 | 1897 | 152 | | | | |
| 50 | 335 | 2098 | 168 | | | | |
| 55 | 365 | 2286 | 183 | | | | |
| 60 | 397 | 2487 | 199 | | | | |
| 65 | 429 | 2688 | 215 | | | | |
| 70 | 459 | 2877 | 230 | | | | |
| 75 | 491 | 3078 | 246 | | | | |
| 80 | 373 | 2940 | 262 | 5 | 3.2 | 1.6 | 0.7 |
| 85 | 395 | 3080 | 277 | | | | |
| 90 | 418 | 3235 | 293 | | | | |
| 100 | 468 | 3630 | 328 | | | | |
| 110 | 400 | 2830 | 360 | 8 | 3.2 | 2 | 0.9 |
| 120 | 433 | 3160 | 390 | | | | |
| 130 | 469 | 3380 | 422 | | | | |
| 140 | 503 | 3660 | 453 | | | | |
| 150 | 537 | 3870 | 484 | | | | |
| 160 | 573 | 4130 | 546 | | | | |
| 180 | 644 | 4640 | 580 | | | | |
| 200 | 713 | 5150 | 642 | | | | |

**表 1.8-52　压套的尺寸系列**（摘自 JB/T 1091—1991）　　　　　（单位：mm）

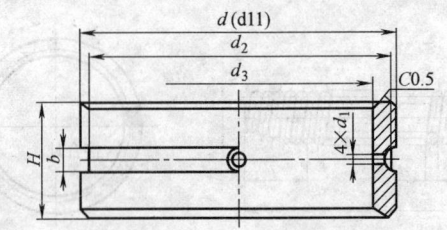

JO 型密封圈密封压套的形式

| 名义直径 | $d$ | $d_2$ | $d_3$ | $H$ | $b$ | $d_1$ | 名义直径 | $d$ | $d_2$ | $d_3$ | $H$ | $b$ | $d_1$ |
|---|---|---|---|---|---|---|---|---|---|---|---|---|---|
| 6 | 25 | 24 | 19 | 19 | | | 55 | 82 | 80 | 74 | | | |
| 8 | 26 | 25 | 20 | | | | 60 | 90 | 88 | 80 | 30 | | |
| 10 | 28 | 27 | 22 | | | | 65 | 95 | 93 | 85 | | | |
| 12 | 30 | 28 | 24 | | | | 70 | 100 | 98 | 90 | | | |
| 14 | 32 | 30 | 26 | | | | 75 | 105 | 103 | 95 | | | |
| 15 | 33 | 32 | 27 | 23 | | | 80 | 110 | 108 | 100 | | | |
| 16 | 34 | 33 | 28 | | | | 85 | 115 | 113 | 105 | 32 | | |
| 18 | 38 | 36 | 31 | | | | 90 | 120 | 118 | 110 | | | |
| 20 | 42 | 40 | 35 | | 5 | 2 | 100 | 130 | 128 | 120 | | 7 | 3 |
| 22 | 45 | 43 | 37 | | | | 110 | 144 | 142 | 132 | | | |
| 25 | 48 | 46 | 40 | | | | 120 | 154 | 152 | 142 | | | |
| 28 | 52 | 50 | 44 | | | | 130 | 165 | 163 | 153 | | | |
| 30 | 54 | 52 | 46 | 25 | | | 140 | 175 | 173 | 163 | | | |
| 32 | 56 | 54 | 48 | | | | 150 | 190 | 188 | 174 | 34 | | |
| 35 | 60 | 58 | 52 | | | | 160 | 200 | 198 | 184 | | | |
| 40 | 66 | 64 | 58 | | | | 180 | 220 | 218 | 204 | | | |
| 45 | 72 | 70 | 64 | 30 | | | 200 | 240 | 238 | 224 | | | |
| 50 | 76 | 74 | 68 | | | | | | | | | | |

注：1. 表内 $d_2$、$d_3$、$H$、$b$ 及 $d$ 等极限偏差，按未注公差执行。
　　2. 压套的材料为 Q235A（旧牌号为 A3）或 H62。

#### 6.1.3　骨架型真空用橡胶密封圈

骨架型真空用橡胶密封圈的形式及尺寸系列见表
1.8-53。密封圈的安装如图 1.8-5 所示。真空室内表
面各零件表面粗糙度：密封面的 $Ra$ 值为 1.6μm，轴
的表面粗糙度 $Ra$ 值为 0.8μm。

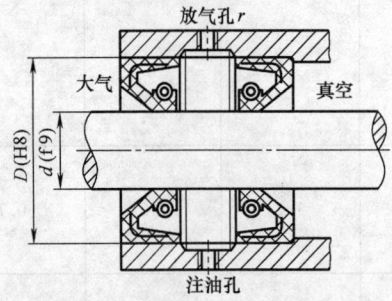

**图 1.8-5　骨架型密封圈的安装**

#### 6.2　往复运动真空用 O 形橡胶密封圈

真空用 O 形橡胶密封圈的工作介质为机械泵油、
扩散泵油或真空油脂；工作温度为 −25 ～ +80℃；适
用于外部为大气压力，真空室压力高于 $1 \times 10^{-4}$Pa 的
往复运动真空机械设备的密封；在充保护气体情况下
工作时，其保护气体压力不高于 $5 \times 10^4$Pa；在规定
的温度下往复运动速度低于 0.2m/s。真空机械设备
其他情况下的密封，也可选用 O 形密封圈。

真空用 O 形橡胶密封圈尺寸系列见表 1.8-54。
其安装结构示例如图 1.8-6 所示。真空室内表面各零
件表面粗糙度：密封面的 $Ra$ 值为 1.6μm，轴的表面
粗糙度 $Ra$ 值为 0.8μm。

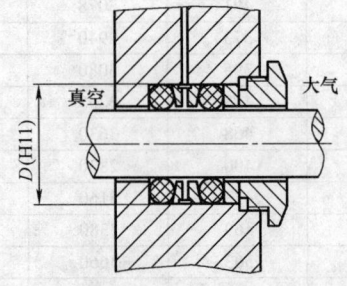

**图 1.8-6　O 形橡胶密封圈的安装结构**

密封压套的尺寸见表 1.8-55，平垫的尺寸见表
1.8-56。

### 表 1.8-53　骨架式橡胶密封圈尺寸系列（摘自 JB/T 1091—1991）　　（单位：mm）

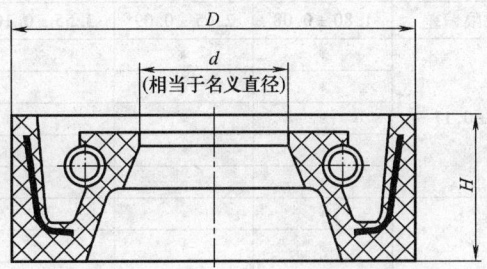

标记示例

代号为 PD，$d = 22$mm、$D = 10$mm 的股价型真空用橡胶密封圈，标记为：骨架型密封圈 PD22 × 40 × 10　JB 1091

| 内径 $d$ | 外径 $D$ | 高度 $H$ | 内径 $d$ | 外径 $D$ | 高度 $H$ | 内径 $d$ | 外径 $D$ | 高度 $H$ | 内径 $d$ | 外径 $D$ | 高度 $H$ |
|---|---|---|---|---|---|---|---|---|---|---|---|
| 6 | 22 | 8 | 28 | 50 | 10 | 65 | 90 | 12 | 125 | 150 | 15 |
| 8 | 22 | 8 | 30 | 50 | 10 | 70 | 90 | 12 | 130 | 160 | 15 |
| 10 | 22 | 8 | 32 | 52 | 12 | 75 | 100 | 12 | 140 | 170 | 16 |
| 12 | 25 | 10 | 35 | 56 | 12 | 80 | 100 | 12 | 150 | 180 | 16 |
| 14 | 30 | 10 | 38 | 56 | 12 | 85 | 110 | 12 | 160 | 190 | 16 |
| 15 | 30 | 10 | 40 | 62 | 12 | 90 | 110 | 12 | 170 | 200 | 16 |
| 16 | 30 | 10 | 42 | 62 | 12 | 95 | 125 | 12 | 180 | 220 | 18 |
| 17 | 35 | 10 | 45 | 62 | 12 | 100 | 125 | 12 | 190 | 240 | 18 |
| 18 | 35 | 10 | 50 | 72 | 12 | 105 | 130 | 14 | 200 | 240 | 18 |
| 20 | 35 | 10 | 52 | 72 | 12 | 110 | 140 | 14 | | | |
| 22 | 40 | 10 | 55 | 75 | 12 | 115 | 140 | 14 | | | |
| 25 | 40 | 10 | 60 | 80 | 12 | 120 | 150 | 14 | | | |

### 表 1.8-54　真空用 O 形橡胶密封圈尺寸系列（摘自 JB/T 1092—1991）　　（单位：mm）

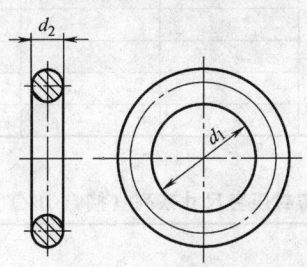

标记示例

内径 $d_1 = 48.7$mm、截面直径 $d_2 = 5.30$mm 的真空用 O 形橡胶密封圈，标记为：O 形密封圈 48.7 × 5.30 JB 1092

| 名义直径 $d$ | 内径 $d_1$ | | 截面直径 $d_2$ | | | | |
|---|---|---|---|---|---|---|---|
| | 尺寸 | 极限偏差 | $1.80 \pm 0.08$ | $2.65 \pm 0.09$ | $3.55 \pm 0.10$ | $5.30 \pm 0.13$ | $7.00 \pm 0.15$ |
| 3 | 2.50 | | * | | | | |
| 4 | 3.55 | | * | | | | |
| 5 | 4.50 | $\pm 0.13$ | * | | | | |
| 6 | 5.30 | | * | | | | |
| 8 | 7.50 | $\pm 0.14$ | * | * | | | |
| 10 | 9.50 | | * | * | | | |

（续）

| 名义直径 $d$ | 内径 $d_1$ | | 截面直径 $d_2$ | | | | |
| --- | --- | --- | --- | --- | --- | --- | --- |
| | 尺寸 | 极限偏差 | $1.80 \pm 0.08$ | $2.65 \pm 0.09$ | $3.55 \pm 0.10$ | $5.30 \pm 0.13$ | $7.00 \pm 0.15$ |
| 12 | 11.2 | | * | * | | | |
| 14 | 13.2 | | * | * | | | |
| 15 | 14.0 | ±0.17 | * | * | | | |
| 16 | 15.0 | | * | * | | | |
| 18 | 17.0 | | * | * | | | |
| 20 | 19.0 | | * | * | * | | |
| 22 | 21.2 | | * | * | * | | |
| 25 | 23.6 | ±0.22 | * | * | * | | |
| 28 | 26.5 | | * | * | * | | |
| 30 | 28.0 | | * | * | * | | |
| 32 | 31.5 | | * | * | * | | |
| 35 | 33.5 | | * | * | * | | |
| 40 | 38.7 | ±0.30 | * | * | * | | |
| 45 | 43.7 | | * | * | * | * | |
| 50 | 48.7 | | * | * | * | * | |
| 55 | 53.0 | | | * | * | * | |
| 60 | 58.0 | | | * | * | * | |
| 65 | 63.0 | ±0.45 | | * | * | * | |
| 70 | 69.0 | | | * | * | * | |
| 76 | 73.0 | | | * | * | * | |
| 80 | 77.5 | | | * | * | * | |
| 85 | 82.5 | | | * | * | * | |
| 90 | 87.5 | | | * | * | * | |
| 100 | 97.5 | ±0.65 | | * | * | * | |
| 110 | 109 | | | | * | * | * |
| 120 | 118 | | | | * | * | * |
| 130 | 128 | | | | * | * | * |
| 140 | 136 | | | | * | * | * |
| 150 | 145 | ±0.90 | | | * | * | * |
| 160 | 155 | | | | * | * | * |
| 180 | 175 | | | | * | * | * |
| 200 | 195 | ±1.20 | | | * | * | * |

注：* 表示适用。

**表 1.8-55　密封压套尺寸系列**（摘自 JB/T 1092—1991）　　　　　（单位：mm）

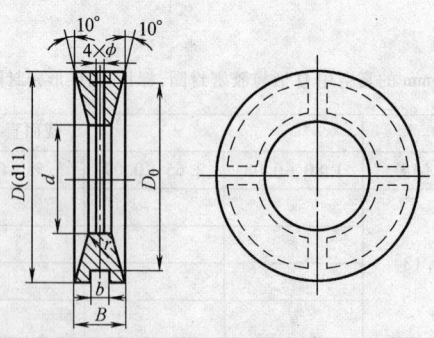

密封压套的形式

（续）

| 名义直径 | $D$ | $B$ | $b$ | $\phi$ | $r$ | 名义直径 | $d$ | $B$ | $b$ | $\phi$ | $r$ |
|---|---|---|---|---|---|---|---|---|---|---|---|
| 3 | 3.5 | | | | | 45 | 46 | 6 | 3 | 1.5 | 0.5 |
| 4 | 4.5 | | | | | 50 | 51 | | | | |
| 5 | 5.5 | | | | | 55 | 56 | | | | |
| 6 | 6.5 | 4 | 2 | 1 | 0.5 | 60 | 61 | | | | |
| 8 | 8.5 | | | | | 65 | 66 | | | | |
| 10 | 10.5 | | | | | 70 | 71 | 8 | 4 | 2 | 0.7 |
| 12 | 12.5 | | | | | 75 | 76 | | | | |
| 14 | 15 | | | | | 80 | 81 | | | | |
| 15 | 16 | | | | | 85 | 86 | | | | |
| 16 | 17 | | | | | 90 | 91 | | | | |
| 18 | 19 | | | | | 100 | 101 | | | | |
| 20 | 21 | | | | | 110 | 112 | | | | |
| 22 | 23 | 6 | 3 | 1.5 | 0.6 | 120 | 122 | | | | |
| 25 | 26 | | | | | 130 | 132 | | | | |
| 28 | 29 | | | | | 140 | 142 | | | | |
| 30 | 31 | | | | | 150 | 152 | 10 | 5 | 2.5 | 0.9 |
| 32 | 33 | | | | | 160 | 162 | | | | |
| 35 | 36 | | | | | 180 | 182 | | | | |
| 40 | 41 | | | | | 200 | 202 | | | | |

注：1. 密封压套的材料为 Q235A（旧牌号为 A3）或 H62。
　　2. $D$ 及 $D_0$ 尺寸按所选密封圈尺寸相应取值。

**表 1.8-56　平垫尺寸系列**（摘自 JB/T 1092—1991）　　　　　（单位：mm）

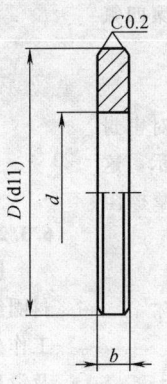

平垫的形式

| 轴径 | $d$ | $b$ | 轴径 | $d$ | $b$ |
|---|---|---|---|---|---|
| 3 | 3.5 | | 12 | 12.5 | |
| 4 | 4.5 | | 14 | 15 | |
| 5 | 5.5 | 1.5 | 15 | 16 | |
| 6 | 6.5 | | 16 | 17 | 2 |
| 8 | 8.5 | | 18 | 19 | |
| 10 | 10.5 | | 20 | 21 | |

（续）

| 轴径 | $d$ | $b$ | 轴径 | $d$ | $b$ |
|---|---|---|---|---|---|
| 22 | 23 | | 75 | 76 | |
| 25 | 26 | | 80 | 81 | |
| 28 | 29 | | 85 | 86 | 3 |
| 30 | 31 | 2.5 | 90 | 91 | |
| 32 | 33 | | 100 | 101 | |
| 35 | 36 | | 110 | 112 | |
| 40 | 41 | | 120 | 122 | |
| 45 | 46 | | 130 | 132 | |
| 50 | 51 | | 140 | 142 | |
| 55 | 56 | | 150 | 152 | 3.5 |
| 60 | 61 | 3 | 160 | 162 | |
| 65 | 66 | | 180 | 182 | |
| 70 | 71 | | 200 | 202 | |

注：1. 平垫的材料为 Q235A（旧牌号为 A3）或 H62。
　　2. $D$ 尺寸按所选密封圈尺寸相应取整。

## 6.3　组合密封

　　所谓组合密封是指由两个以上元件组成的密封形式。最简单、最常见的组合密封是由金属圈和耐油橡胶整体硫化制成的组合垫（适用于压力 100MPa 以下、温度为 $-30 \sim 1200℃$ 两平整平面之间的静密封）。而随着技术的进步和设备性能的提高，对往复运动零件之间的密封装置提出了耐高压、高温、高速、低摩擦因数、长寿命等方面的要求，于是出现了由聚四氟乙烯与耐油橡胶组成的橡胶组合密封装置。

### 6.3.1　特康-格来密封件

　　特康-格来密封件是利用 O 形圈的弹性力对密封件产生压力而发挥密封作用的，如图 1.8-7 所示。这种密封件的特点是摩擦力小，启动性好、无摩擦阻力、耐磨性好、无挤出现象等。

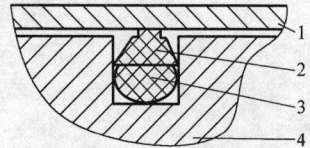

图1.8-7　特康-格来密封件

1—缸筒　2—特康-格来密封件
3—O 形圈　4—活塞

　　特康-格来密封件适用于压力小于 80MPa、温度为 $-54 \sim 200℃$、运行速度在 15m/s 以下直线往复运动的活塞和缸筒之间的密封。

　　格来圈、斯特封是利用 O 形圈的弹性力和预压缩力将其分别压在缸筒内表面和活塞杆的外表面起密封作用的，如图 1.8-8 所示。这两种密封件适用于压力在 50MPa 以下、温度为 $-30 \sim 120℃$、运行速度在 1m/s 以下的液压缸动密封。

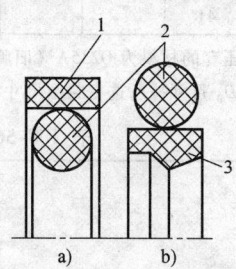

图 1.8-8　同轴密封件

a）活塞用　b）活塞杆用
1—格来圈　2—O 形圈　3—斯特封

### 6.3.2　液压缸活塞杆及活塞用脚形滑环式组合密封

　　脚形滑环式组合密封是脚形滑环与 O 形橡胶密封圈组合使用的，用于液压往复运动密封。按液压缸工作条件不同，可采用不同材质的 O 形橡胶密封圈及滑环。其规格及适用条件见表 1.8-57。

　　1）型号说明如下：

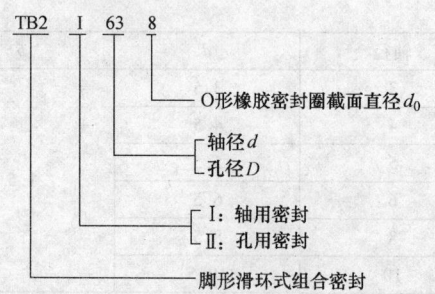

### 表 1.8-57 脚形滑环式组合密封的规格及适用条件

| 规格范围 | 适用条件 | | | |
|---|---|---|---|---|
| D/mm | 压力/MPa | 温度/℃ | 速度/(m/s) | 介质 |
| 20~500 | 0~100 | −55~250 | 6 | 空气、氢、氧、氮、水、水-乙二醇、矿物油、酸、碱等 |

2）活塞杆（轴）用脚形滑环式组合密封尺寸见表 1.8-58（TB-I 型）。

3）活塞（孔）用脚形滑环式组合密封尺寸见表 1.8-59（TB2-II 型）。

### 表 1.8-58 活塞杆（轴）用脚形滑环式组合密封尺寸 （单位：mm）

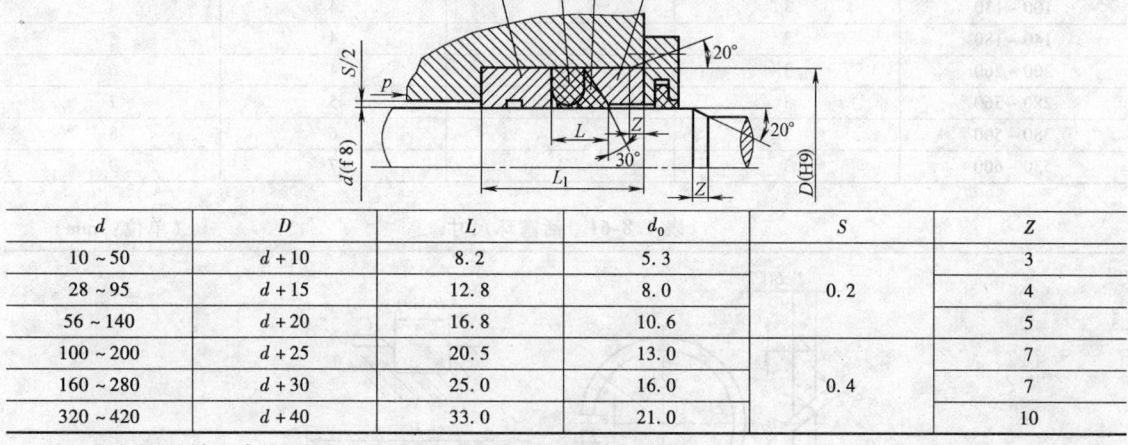

| d | D | L | $d_0$ | S | Z |
|---|---|---|---|---|---|
| 10~50 | d+10 | 8.2 | 5.3 | | 3 |
| 28~95 | d+15 | 12.8 | 8.0 | 0.2 | 4 |
| 56~140 | d+20 | 16.8 | 10.6 | | 5 |
| 100~200 | d+25 | 20.5 | 13.0 | | 7 |
| 160~280 | d+30 | 25.0 | 16.0 | 0.4 | 7 |
| 320~420 | d+40 | 33.0 | 21.0 | | 10 |

注：$d_0$ 为 O 形圈断面直径，图中 $L_1$ 尺寸由用户按单组或多组密封自定。

### 表 1.8-59 活塞（孔）用脚形滑环式组合密封尺寸 （单位：mm）

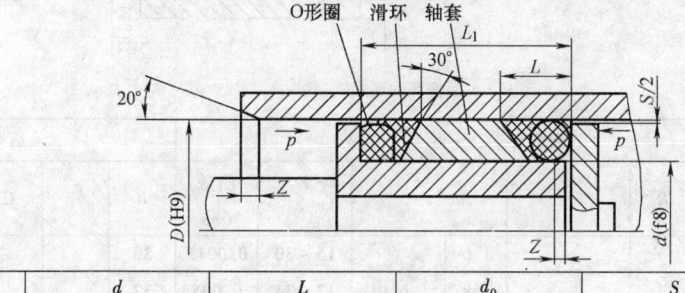

| D | d | L | $d_0$ | S | Z |
|---|---|---|---|---|---|
| 20~63 | D−10 | 8.2 | 5.3 | | 3 |
| 50~110 | D−15 | 12.8 | 8.0 | 0.2 | 4 |
| 70~180 | D−20 | 16.8 | 10.6 | | 5 |
| 125~250 | D−25 | 20.5 | 13.0 | | 7 |
| 200~360 | D−30 | 25.0 | 16.0 | 0.4 | 7 |
| 400~500 | D−40 | 33.0 | 21.0 | | 10 |

注：$d_0$ 为 O 形圈断面直径，图中 $L_1$ 尺寸由用户自定。

## 7 活塞环

活塞环是用于液压缸中活塞的密封的。

1. 活塞环的材料

1）当公称活塞环直径 $D \leqslant 500$mm 时，采用铸铁 HT210，硬度为 187~241HBW。

2）当公称活塞环直径 $D > 500$mm 时，采用铸铁 HT180，硬度为 197~229HBW。

2. 活塞环的数量及规格

活塞环的数量见表 1.8-60。活塞环的尺寸见表 1.8-61（工作压力 ≤20MPa）。

3. 活塞环的技术要求

活塞环表面不允许有裂纹、砂眼、缩孔、毛刺等缺陷。

活塞环直径 $D \leqslant 50$mm 时，可不检查硬度。$D > 50$mm 时，检查端面上的硬度后，再磨削加工：$D$ 为

55~100mm 时，检查一点；$D$ 为 110~200mm 时，检　　不大于 5HBW。
查两点；$D$ 为 200~600mm，检查三点，各点硬度差

**表 1.8-60　活塞环的数量**

| $D$ /mm | 活塞环数/个 | | | |
|---|---|---|---|---|
| | 工作压力/MPa | | | |
| | 6.4 | 10 | 20 | 31.5 |
| 40~45 | 2 | 3 | 3 | 3 |
| 50~90 | 3 | 3 | 3 | 4 |
| 100~130 | 3 | 3 | 4 | 4 |
| 140~180 | 3 | 3 | 4 | 5 |
| 200~260 | 3 | 4 | 4 | 6 |
| 280~360 | 3 | 4 | 5 | 7 |
| 380~500 | 3 | 4 | 6 | 8 |
| 530~600 | 3 | 4 | 7 | 9 |

**表 1.8-61　活塞环尺寸**　　　　　　　　　　　（单位：mm）

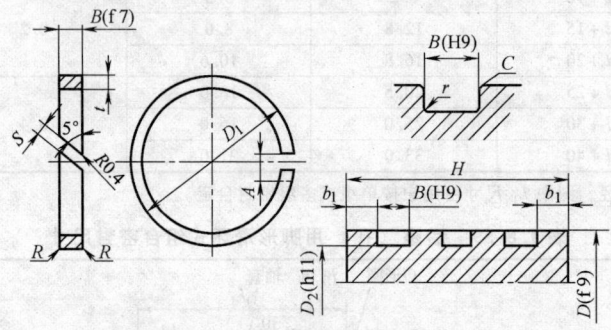

活塞环的形式

| $D$ | 活塞环 | | | | | | | | 活塞 | | | | |
|---|---|---|---|---|---|---|---|---|---|---|---|---|---|
| | $B$ | $A$ | $D_1$ $\approx$ | $R$ | $S$ | $t$ | $F$ /N | 质量 /kg | $H$ | $b_1$ | $C$ | $D_2$ | $r$ |
| 40 | 3 | 5.6 | 41.78 | | | 1.6 | 15~30 | 0.0045 | 30 | 5 | | 36.2 | |
| 45 | | 6.2 | 46.94 | | | 1.8 | 17~33 | 0.005 | 32 | | | 41 | |
| 50 | 3.5 | 7.1 | 52.26 | | 0.05~0.1 | 2 | 23~44 | 0.0077 | 35 | 6 | | 45.5 | |
| 55 | | 7.8 | 57.48 | | | 2.2 | 26~49 | 0.0092 | 38 | | | 50 | |
| 60 | | 8.9 | 62.8 | | | 2.35 | 29~56 | 0.01 | 40 | | | 55 | |
| 65 | | 10 | 68.18 | 0.5 | | 2.5 | 33~62 | 0.014 | 40 | | 0.15 | 59.5 | 0.3 |
| 70 | | 11 | 73.5 | | | 2.7 | 37~66 | 0.017 | 42 | | | 64 | |
| 75 | | 11.25 | 78.6 | | | 2.85 | 37~66 | 0.019 | 45 | 7 | | 69 | |
| 80 | 4 | 11.5 | 83.66 | | 0.08~0.18 | 3 | | 0.021 | 48 | | | 73.5 | |
| 85 | | 12.25 | 89 | | | 3.2 | 38~68 | 0.023 | 50 | | | 78 | |
| 90 | | 13 | 94.15 | | | 3.3 | 39~70 | 0.026 | 55 | | | 83 | |
| 100 | | 15 | 104.78 | | | 3.6 | 43~74 | 0.032 | 60 | | | 92 | |
| 110 | 5 | 15.5 | 114.9 | | | 4 | 57~100 | 0.048 | 65 | 9 | | 101 | |
| 120 | | 16.7 | 125.3 | 1 | 0.15~0.25 | 4.25 | | 0.056 | 70 | | 0.3 | 111 | 0.6 |
| 130 | 6 | 17 | 135.7 | | | 4.5 | 62~110 | 0.071 | 80 | 10 | | 120 | |
| 140 | | 19 | 146 | | 0.2~0.3 | 4.8 | 73~124 | 0.088 | 85 | | | 130 | |

注：$t$ 列公差：1.6~3.6 为 +0.01 -0.09 及 +0.01 -0.1；3.3~3.6 为 +0.015 -0.12；4~4.25 为 +0.015 -0.12；4.5~4.8 为 +0.015 -0.13

（续）

| D | 活塞环 | | | | | | | | 活塞 | | | | |
|---|---|---|---|---|---|---|---|---|---|---|---|---|---|
| | B | A | $D_1$ ≈ | R | S | t | F /N | 质量 /kg | H | $b_1$ | C | $D_2$ | r |
| 150 | | 21 | 156.7 | | | 5.2 | 84 ~ 140 | 0.11 | 90 | | | 139 | |
| 160 | 7 | 23 | 167.3 | | 0.2 ~ 0.3 | 5.5 | 100 ~ 160 | 0.15 | 95 | 12 | | 148 | |
| 180 | | 24 | 187.6 | | | 6 | | 0.17 | 110 | | | 167 | |
| 200 | | 26 | 208.3 | | | 6.5 | 110 ~ 185 | 0.23 | 120 | | | 186 | |
| 220 | 8 | 29 | 229.5 | 1 | 0.25 ~ 0.35 | 7 | | 0.27 | 130 | 14 | 0.3 | 205 | 0.6 |
| 240 | | 30.7 | 249.8 | | | 8 | 120 ~ 200 | 0.37 | 140 | | | 223 | |
| 260 | 9 | 31.5 | 270 | | | 8.5 | 134 ~ 220 | 0.42 | 150 | 16 | | 242 | |
| 280 | | 34 | 290.8 | | | 9 | 150 ~ 250 | 0.5 | 160 | | | 261 | |
| 300 | | 36 | 311.4 | | 0.3 ~ 0.4 | 9.5 | 170 ~ 290 | 0.6 | 180 | | | 280 | |
| 320 | 10 | 38 | 322.1 | | | 10 | | 0.7 | 190 | 18 | | 299 | |
| 340 | | 41 | 353 | | | 10.5 | 190 ~ 310 | 0.79 | 200 | | | 318 | |
| 360 | | 44 | 374 | | | 11 | | 0.87 | 210 | | | 337 | |
| 380 | | 46 | 396.6 | | | 11.5 | 210 ~ 390 | 1.25 | 230 | | | 356 | |
| 400 | | 48 | 415.3 | | 0.35 ~ 0.5 | 12 | 240 ~ 430 | 1.3 | 240 | | | 375 | |
| 420 | 12 | 50.4 | 436 | 1.5 | | 12.5 | 275 ~ 460 | 1.49 | 250 | 22 | 0.5 | 394 | 1 |
| 450 | | 54 | 467.2 | | | 13.5 | 305 ~ 490 | 1.7 | 260 | | | 422 | |
| 480 | | 57.6 | 498.4 | | | 14.5 | 335 ~ 540 | 2 | 270 | | | 450 | |
| 500 | | 60 | 519.1 | | | 15 | 360 ~ 580 | 2.3 | 280 | | | 469 | |
| 530 | 14 | 66.9 | 551.2 | | 0.45 ~ 0.7 | 16 | 390 ~ 630 | 2.6 | 300 | | | 497 | |
| 560 | | 74 | 583.6 | | | 17 | 410 ~ 680 | 2.9 | 320 | 25 | | 525 | |
| 600 | | 78 | 624.8 | | | 18 | 470 ~ 780 | 3.4 | 340 | | | 563 | |

注：F 为把活塞环切口压紧的力。

t 列数值：5.2~6 对应 +0.015 −0.13；6.5~8 对应 +0.025 −0.17；8.5~11 对应 +0.025 −0.17；11.5~15 对应 +0.25 −0.19；16~18 对应 +0.025 −0.23。

# 8　迷宫油封

如图 1.8-9a 所示，设油流从间隙 1 以速度 $v_0$ 流入小室 2 中，与静止的空气及油蒸气冲撞形成涡流。在小室的端点，油流受压流入间隙 3 中，部分的油流受阻沿小室壁回流。这样，油流经小室时就构成了空

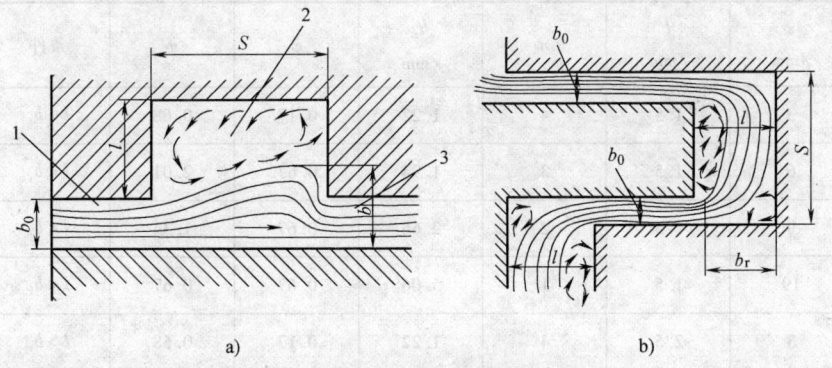

a)　　　　　　　　　　　　　b)

图 1.8-9　迷宫油封中的油流

气粒子的循环回路。

　　油流在小室中的阻力由两部分组成：①在小室起点及终点处油质点能量储备之差；②当油流流入间隙3时，受外压力产生的能量损耗。

　　由于迷宫的圆环宽度比其直径小，故在计算中可以假设迷宫的圆环是近似平面的。于是，其流动就成为了平面的自由流动。

　　令 $b_r$ 为自由流的宽度，其值由下式求得

$$b_r = 2.4as + b_0 \qquad (1.8\text{-}1)$$

式中　$s$——迷宫的小室的长度；

　　　$a$——油流的结构系数，在迷宫计算中令 $a = 0.09 \sim 0.11$。

　　　$b_0$——间隙1及3的宽度，一般 $b_0 = 0.25 \sim 0.5\text{mm}$。

如果 $b_r \leqslant l$，则阻力系数

$$\varphi = 0.0287 \frac{s}{b_0} \qquad (1.8\text{-}2)$$

如果 $b_r > l$，则阻力系数

$$\varphi = 1.5\left(1 - \frac{b_0}{l}\right)^2 \qquad (1.8\text{-}3)$$

当每个小室的阻力系数求得后，由几个小室构成迷宫的总阻力系数 $\phi$ 为

$$\phi = \varphi_1 + \varphi_2 + \cdots + \varphi_n \qquad (1.8\text{-}4)$$

　　图1.8-9b所示的迷宫油封，很明显地要比图1.8-9a所示的效率高。计算时可用上述的方法，先对每个小室分别计算，然后求总的阻力系数。

　　【例】　图1.8-10所示为单侧迷宫油封，有四个环形槽，尺寸如下：$2b_0 = 1.0\text{mm}$，$S = 3\text{mm}$，$l = 1.5\text{mm}$，$z = 4$，$L = 25\text{mm}$，$H = 7.5\text{mm}$。

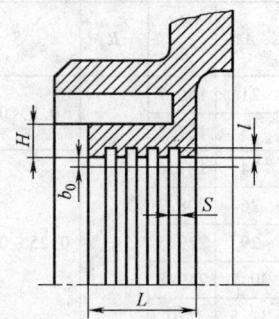

**图1.8-10　四个环的迷宫油封**

　　【解】　由式（1.8-1）求自由流的宽度，这里 $a = 0.1$

$$b_r = 2.4as + b_0 = 1.22\text{mm}$$

因为 $b_r < l$，故阻力系数由式（1.8-2）求得

$$\varphi = 0.0287 \frac{s}{b_0} = 0.17$$

四个环形槽的总阻力系数由式（1.8-4）求得

$$\phi = 4\varphi = 0.68。$$

　　为了要选择最佳的密封结构，改变 $s$、$l$、$n$ 值，求阻力系数 $\phi$ 值，见表1.8-62。由该表可知，最佳的结构形式为序号2（$\phi = 2.01$），其次为序号7（$\phi = 1.92$）。

　　表1.8-63所列是另一种油封。其中，$d$ 为轴直径，$d_1$ 为孔直径。在孔中开有几个油槽，在油槽底部开有宽度为 $b$ 的回油槽如图所示。该油封已标准化。

**表1.8-62　算例表**

| 序号 | $s$/mm | $l$/mm | $n$ | $b_r$/mm | $\varphi$ | $\phi$ | 条件 | 公式 |
|---|---|---|---|---|---|---|---|---|
| 1 | 3 | 1.5 | 4 | 1.22 | 0.17 | 0.68 | $l > b_r$ | 1.8-2 |
| 2 | 6 | 1.5 | 3 | 1.94 | 0.67 | 2.01 | $l < b_r$ | 1.8-3 |
| 3 | 9 | 1.5 | 2 | 2.66 | 0.67 | 1.34 | $l < b_r$ | 1.8-3 |
| 4 | 19 | 1.5 | 1 | 5.06 | 0.67 | 0.67 | $l < b_r$ | 1.8-3 |
| 5 | 3 | 2.5 | 4 | 1.22 | 0.17 | 0.68 | $l > b_r$ | 1.8-2 |
| 6 | 6 | 2.5 | 3 | 1.94 | 0.34 | 1.02 | $l > b_r$ | 1.8-2 |
| 7 | 9 | 2.5 | 2 | 2.66 | 0.96 | 1.92 | $l < b_r$ | 1.8-3 |
| 8 | 19 | 2.5 | 1 | 5.06 | 0.96 | 0.96 | $l < b_r$ | 1.8-3 |

### 表 1.8-63  迷宫油封（摘自 JB/T 4245—2008）                （单位：mm）

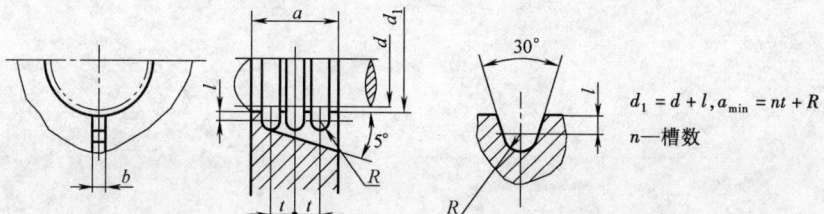

$$d_1 = d + l, a_{min} = nt + R$$

$n$—槽数

| 轴径 $d$ | $R$ | $t$ | $b$ | 轴径 $d$ | $R$ | $t$ | $b$ |
|---|---|---|---|---|---|---|---|
| 25 ~ 80 | 1.5 | 4.5 | 4 | 120 ~ 180 | 2.5 | 7.5 | 6 |
| 80 ~ 120 | 2 | 6 | 5 | >180 | 3 | 9 | 7 |

注：1. 表中的 $R$、$t$、$b$ 尺寸，在个别情况下，可用于与表中不相对应的轴径上。

2. 一般 $n$ 为 2~4，使用 3 个的较多。

# 第 2 篇　机构分析与设计

**主　　编**　杨家军、孔建益

**编写人**　杨家军（第 1、9 章）

　　　　　朱洲（第 2、4 章）

　　　　　杨家军　刘文威（第 3 章）

　　　　　刘伦洪（第 5、6、7 章）

　　　　　李公法　余震（第 8 章）

**审稿人**　李文锋　周杰

# 本篇主要内容与特色

第 2 篇为机构分析与设计。第 1 章介绍了机构的基本概念，此后 8 章通过导引机构（第 2 章）、函数机构（第 3 章）、周期往复运动和变传动比转动的四杆机构（第 4 章）、等传动比传动机构（第 5 章）、凸轮机构（第 6 章）、步进传动机构（第 7 章）、柔顺机构（第 8 章）和空间机构（第 9 章）8 个机构专题，分析了各种机构的特点及应用，给出了各种机构的分析及设计方法，并列举了一些典型的设计实例。

本篇具有以下特点：

1）在内容的选定、深度的把握与资料的取舍都从机构设计的实用性出发，避免了在手册中出现教科书式的叙述。

2）将机构中不易表达清楚的地方采用图文并茂的方法，使读者更容易理解和应用。

3）注意理论联系工程实际，通过设计实例来启迪创新意识，培养工程设计能力。

# 第1章　机构的基本概念及分析方法

## 1　机构的组成及运动简图

机器所作的机械运动，是由机器中的机构来完成的。虽然各种不同的机器，具有不同的构造与用途，但就其组成而言，主要是由一些机构所组成的。如图2.1-1所示的内燃机中，壳体1、活塞2、连杆3和曲轴4组成连杆机构；壳体1、凸轮5和气阀杆6组成凸轮机构；壳体1、齿轮4′和齿轮5′组成齿轮机构。此外，在有的机器中还用到间歇运动机构、带传动和链传动机构、螺旋机构、组合机构等。

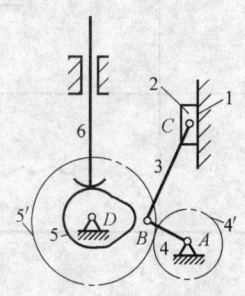

图 2.1-1　内燃机

### 1.1　机构的组成

机器的主体部分是由一个或若干个机构所组成的，而机构的组成要素是构件和运动副。

#### 1.1.1　构件

机构中的运动单元体称为构件。图2.1-1所示的连杆机构就是由壳体1、活塞2、连杆3和曲轴4等四个构件组成的。而一个构件可能是一个零件，也可

能是由几个零件固联而成的，因而在机构运动过程中，组成一个构件的各零件之间没有相对运动。构件与零件的本质区别在于：构件是运动单元体，而零件是制造单元体。

根据构件在机构中所起的作用不同，可将构件分成以下几种：机构中相对静止的构件称为机架（或固定构件）；机构中可相对于机架运动的构件称为活动构件，其中运动规律已知的活动构件称为原动件；作用有驱动力或驱动力矩的活动构件称为主动件；机构中除主动件以外并随着主动件的运动而运动的其余活动构件称为从动件，其中输出运动或动力的从动件称为输出件。如图2.1-1所示的连杆机构中，壳体1为机架；活塞2为原动件，也是主动件；而连杆3和曲轴4为从动件，因为机构的运动和动力通过曲轴4输出，故曲轴4也是输出件；不难理解，除壳体1外，其余构件均为活动构件。

#### 1.1.2　运动副

运动副是机构中两构件直接接触的可动连接。机构中的构件都是用运动副彼此相连接的，因而机构构件间的运动与力都是通过运动副来传递的。

两个构件在连接前有六个独立的相对运动，即有六个相对运动自由度。若将两构件用一运动副相连，则两构件间的相对运动便受到一定的约束。根据运动副对被连接的两构件相对运动约束数的不同，可将运动副分为Ⅰ至Ⅴ级，即将引入一个约束的运动副称为Ⅰ级副，引入两个约束的运动副称为Ⅱ级副，依次类推，还有Ⅲ级副、Ⅳ级副和Ⅴ级副。常用的运动副见表2.1-1。

表 2.1-1　常用的运动副及其符号

| 级别 | 自由度数 | 约束条件数 | 运动副名称及代号 | 图　形 | 规定符号 |
|---|---|---|---|---|---|
| Ⅲ | 3 | 3 | 球面副（S） | | |
| Ⅳ | 2 | 4 | 圆柱副（C） | | |

（续）

| 级别 | 自由度数 | 约束条件数 | 运动副名称及代号 | 图　形 | 规 定 符 号 |
|---|---|---|---|---|---|
| Ⅳ | 2 | 4 | 球销副（S） |  |  |
|  | 1 | 5 | 移动副（P） |  |  |
| Ⅴ | 1 | 5 | 转动副（R） |  |  |
|  | 1 | 5 | 螺旋副（E） |  |  |

运动副中构件间的接触形式有点、线、面三种（常称此点、线、面为运动副元素）。面接触的运动副称之为低副，点或线接触的运动副称之为高副。根据组成运动副两构件间作相对平面运动或空间运动，可将运动副分为平面运动副与空间运动副。根据组成平面低副的两构件之间的相对运动性质，又可将其分为转动副（见图 2.1-2）和移动副（见图 2.1-3）；常见的平面高副有齿轮齿廓接触组成的齿轮副（见图 2.1-4a），凸轮从动件端部与凸轮轮廓之间的接触所组成的运动副（见图 2.1-4b）等。

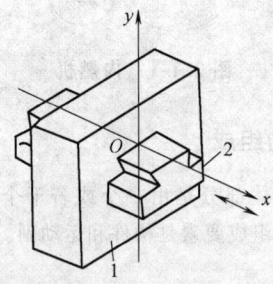

图 2.1-3　移动副

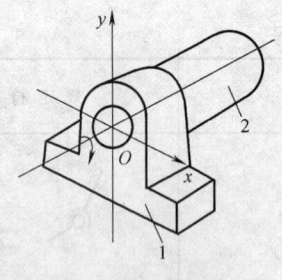

图 2.1-2　转动副

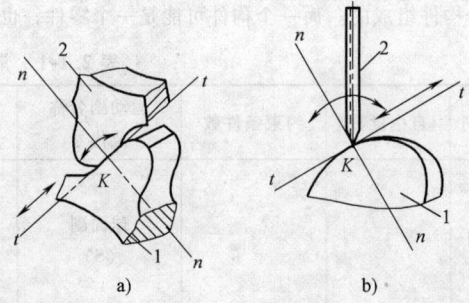

图 2.1-4　高副

### 1.1.3　运动链

用运动副连接而成的相对可动的构件系统称为运动链，如图 2.1-5 所示。如果运动链中的每个构件上

至少有两个或两个以上运动副元素，且各构件用运动副连接起来组成闭环构件系统，则称之为闭式运动链，或简称为闭式链。图 2.1-5b、c 均为闭式链，其

中图 2.1-5b 为单闭环链，图 2.1-5c 为双闭环链，还有多闭环链的情况。如果运动链中的各构件没有构成首尾封闭的构件系统，则称之为开式运动链（见图 2.1-5a），或简称为开式链。

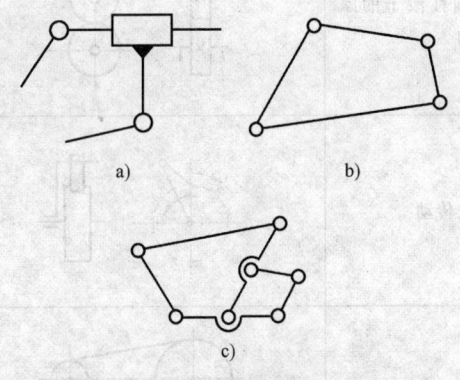

图 2.1-5　运动链

### 1.1.4　机构

机构是用来传递运动且有机架的运动链。由此定义可知，除强调机构是用来传递运动和力之外，它与运动链的区别就在于机构一定要有一个构件为机架，机构中的其余构件均相对于机架而运动。一般情况下，机构安装在地面上，于是，机架相对于地面是不动的；如果机构是安装在相对地面运动的物体（如车、船、飞行器壳体）上，则机架相对于该运动物体是固定不动的，而相对于地面则是运动的。

## 1.2　机构运动简图

机构中各构件的运动是由机构原动件的运动规律及各运动副的类型和机构的运动学尺寸来决定的，与构件的外形、断面形状和尺寸以及组成构件的零件数目和固联方式无关。故在进行机构运动和动力分析以及机构设计时，需采用机构运动简图。机构运动简图是用规定的运动副符号及代表构件的线条来表示机构运动特性，并根据运动学尺寸按比例画成的简单图形。它是机构分析和设计的几何模型。

如果仅仅以构件和运动副组成的符号表示机构，其图形不按精确的比例绘制，目的是为了进行初步的结构组成分析，弄懂动作原理等，则称这种简图为机构示意图或机构简图。

机构运动简图常用的符号见表 2.1-2。用这些符号绘制的连杆机构、齿轮机构、凸轮机构如图 2.1-6 所示。

表 2.1-2　机构运动简图常用符号

| 名　称 | 符　号 | | 名　称 | 符　号 | |
|---|---|---|---|---|---|
| 线性规定 | 粗实线表示一般构件轮廓、轴、杆类等<br>细实线表示运动向、剖面线等<br>点画线表示轴线、齿轮、链条等 | | 一个构件上有三个运动副与其他构件连接 | | |
| 两运动构件组成移动副 | | | 平面滚滑副（平面高副） | 曲面高副<br>$C_2$ $\rho_2$ $\rho_1$ $C_1$ | 凸轮高副 |
| 两运动构件组成转动副 | 运动平面平行于图纸 | 运动平面垂直于图纸 | 两构件组成球面副 | | |
| 与机架组成移动副 | | | 两构件组成螺旋副 | | |
| 与机架组成转动副 | 运动平面平行于图纸 | 运动平面垂直于图纸 | 与机架相连的摆动滑块 | 对心式 | 偏心式 |

（续）

| 名　称 | 符　号 | 名　称 | 符　号 |
|---|---|---|---|
| 外啮合圆柱齿轮 | | 带圆柱滚子的摩擦传动 | |
| 齿轮齿条啮合 | | 棘轮传动 | |
| 锥齿轮啮合 | | 带传动 | |
| 蜗轮蜗杆啮合 | | 装在轴上的飞轮 | |

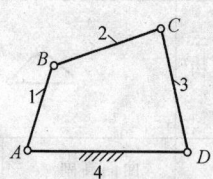 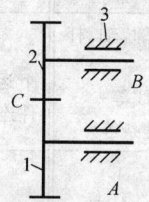 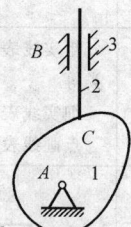

图 2.1-6　常用机构运动简图

# 2　机构自由度的计算

由机构的定义可知，机构是用来传递运动的构件系统，故有必要从运动学方面来讨论机构的可动条件。

## 2.1　机构自由度的一般公式

机构自由度是指机构中各活动构件相对于机架的可能独立运动的数目。若设机构的活动构件数为 $n$，并含有Ⅰ、Ⅱ、Ⅲ、Ⅳ、Ⅴ级副的个数分别为 $p_1$、$p_2$、$p_3$、$p_4$、$p_5$，则根据运动副的级与运动副的约束之间的关系，可推得机构自由度的计算公式为

$$F = 6n - (5p_5 + 4p_4 + 3p_3 + 2p_2 + p_1)$$

或写作：

$$F = 6n - \sum_{k=1}^{5} k p_k \qquad (2.1\text{-}1)$$

## 2.2　公共约束与平面机构自由度

在有些机构中，由于运动副的特性及其特殊配置，而使机构中的所有活动构件共同失去了某些自由度，即给机构中的所有运动构件施加了某些共同的约束，称之为公共约束。

如图 2.1-7 所示的平面四杆机构中，$n = 3$、$p_5 = 4$，若按式（2.1-1）计算，则其自由度 $F = 6 \times 3 - 5 \times 4 = -2$。而实际上该机构的自由度应为 1。其错误原因是在采用式（2.1-1）时，没有考虑一般平面机构各构件均有 3 个公共约束，即各活动构件均失去了绕机构运动平面中的二垂直坐标轴的转动及垂直于

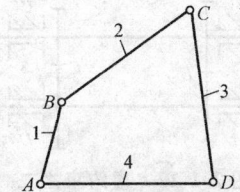

图 2.1-7　平面四杆机构的自由度

机构运动平面方向的移动。故作平面运动的自由构件只有 3 个自由度，且平面机构中不存在Ⅰ、Ⅱ、Ⅲ级运动副。因此，一般平面机构的自由度计算公式为

$$F = (6-3)n - (5-3)p_5 - (4-3)p_4 = 3n - 2p_5 - p_4$$

又如图 2.1-8 所示的全为移动副连接而成的平面连杆机构，除了具有一般平面机构的 3 个公共约束外，还有一个公共约束，即所有活动构件均不能绕垂直于机构运动平面坐标轴作转动，故每个活动构件均具有 4 个相同的约束，其自由度计算公式应为

$$F = (6-4)n - (5-4)p_5 = 2n - p_5$$

用上式计算图 2.1-8 所示机构的自由度，可得 $F = 2 \times 2 - 3 = 1$。这一结果与机构的实际自由度相同。

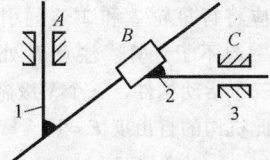

图 2.1-8　全为移动副的平面机构

一般，若机构具有 $m$ 个公共约束，则其自由度计算公式应为

$$F = (6-m)n - \sum_{k=m+1}^{5} (k-m)p_k$$

## 2.3　机构可动的运动学条件

如图 2.1-9a) 所示连杆机构，现已求出其自由度 $F = 1$，它表示在以机架为参考系的情况下，只能有一个独立运动。如图中 $\varphi_1$ 一定时，则所有活动构件（构件 1、2、3）相对于机架的位置就确定了。而 $\varphi_1$ 之值取决于构件 1 相对于机架的转动，因而对机构只要输入一个运动（即构件 1 相对于机架的转动），则整个机构各活动构件的运动就是确定的。类似不难求出图 2.1-9b 所示连杆机构的自由度 $F = 2$，即只要图中 $\varphi_1$ 和 $\varphi_4$ 一定（即输入的构件 1 和 4 的两个运动已确定）时，则所有活动构件相对于机架的位置就确定了。由此可知，输入的独立运动数目等于机构自由度数，则机构的运动状态就是确定的。

应当指出的是，若某一构件系统相对机架没有独

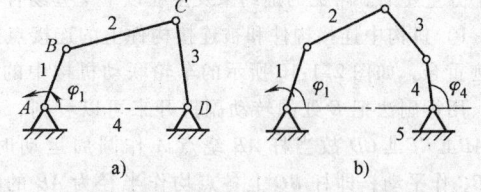

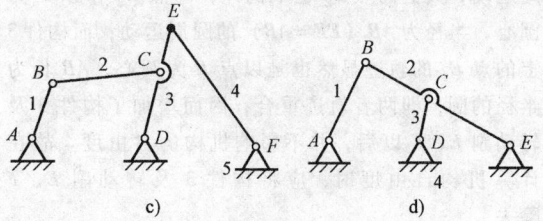

图 2.1-9　机构自由度的物理意义

立运动，则该系统便成为一结构系统。如图 2.1-9c 所示，按式 (2.1-1) 计算可知 $F = 0$；而图 2.1-9d 所示的构件系统，$F = -1$，即图 2.1-9c、d 所示的系统实质上是静定（$F = 0$）或超静定（$F < 0$）的桁架结构。

由上所述不难得出结论：①机构可能运动的条件是：机构自由度数 $F \geq 1$；②机构具有确定运动的条件是：输入的独立运动数目等于机构自由度数 F。这两条结论可称之为机构可动的运动学条件。

还应当指出的是，平面机构的原动件一般只有一个独立运动，故在此情况下，为了使平面机构具有确定的运动，其原动件数应等于机构的自由度数。

## 2.4　计算机构自由度时应注意的问题

机构自由度的计算公式很简单，但有局限性，因为它没有考虑运动副的特殊配置所产生的约束相关性。除前已阐明的公共约束之外，计算机构自由度时，常遇到以下问题，应予以特别注意。

### 2.4.1　虚约束

机构中的约束往往有些是重复的。这些重复的约束对构件间的相对运动不起独立的限制作用，称之为虚约束或消极约束。在计算机构自由度时应把它们全部除去。如图 2.1-10 所示的机车车轮联动机构，按式 (2.1-1) 计算，其自由度 $F = 3 \times 4 - 2 \times 6 = 0$。但实际上，采用此种机构传动的机车车轮在机车运行过程中，却在飞快旋转。究其原因，就是因为此机构中存在着对运动不起约束作用的虚约束部分，即构件 3 和转动副 $E$、$F$ 构成的虚约束。如若把它们除去，该机构的自由度为：$F = 3 \times 3 - 2 \times 4 = 1$，这样就与实际符合了。由此可见，如何判断机构是否存在虚约束

是十分重要的。常见的虚约束发生在以下一些场合：

1）机构中连接构件和被连接构件上的连接点的轨迹重合，如图 2.1-10 所示的车轮联动机构中的 $E$ 点。用拆副法把 $E$ 处的转动副拆开来可以看到，因为 $AB \perp EF \perp CD$ 故当杆 $AB$ 绕点 $A$ 作圆周运动时，杆 $BC$ 作平动，即杆 $BC$ 上各点均作半径为 $AB$ 的圆周运动，其上的点 $E_2$ 也不例外，即点 $E_2$ 作以 $F$ 为圆心，半径为 $AB$（$EF = AB$）的圆周运动；而构件 3 上的点 $E_3$ 的轨迹显然也是以点 $F$ 为圆心，$AB$ 长为半径的圆，即两者轨迹重合，因而增加了构件 3 及转动副 $E$、$F$ 以后，并不影响机构的自由度。故在计算机构自由度时，应将构件 3 及转动副 $E$、$F$ 除去。

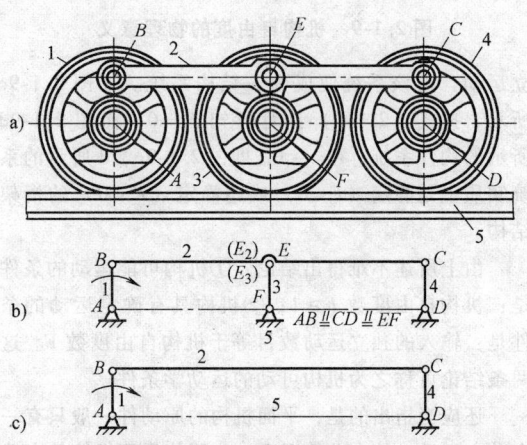

图 2.1-10　机车车轮联动机构

2）两构件组成若干个导路中心线互相平行或重叠的移动副，如图 2.1-11 所示的 $G$ 或 $H$ 处。因为此二处的移动副对构件 $GH$ 的约束是重复的，故在计算机构自由度时，应除去其中的一处移动副。

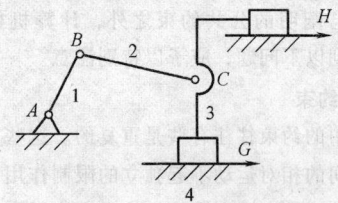

图 2.1-11　虚约束之一

3）两构件组成若干个轴线互相重合的转动副，如图 2.1-12 所示的 $B$ 或 $C$ 处。因为此二处的转动副对构件 $BC$ 的约束是重复的，故在计算机构自由度时，应除去其中一处的转动副。

4）在机构整个运动过程中，如果其中某两构件上两点之间的距离始终不变，则连接此两点的两个转动副和一个构件形成的约束也是虚约束。如图 2.1-13

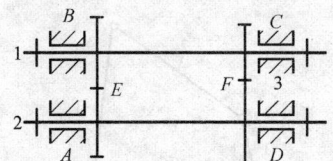

图 2.1-12　虚约束之二

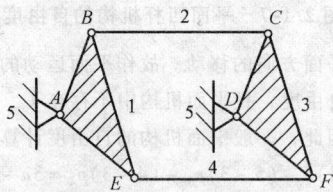

图 2.1-13　虚约束之三

所示，若拆去转动副 $E$、$F$ 和构件 4，则 $EF$ 之间的距离在机构运动过程中仍保持不变，故转动副 $E$、$F$ 及构件 4 对机构运动不起约束作用，所以也是虚约束。

5）机构中对运动不起作用的自由度 $F = -1$ 的对称部分存在虚约束。如图 2.1-14 所示行星轮系，实际上只要一个行星轮 2 就可以满足运动要求，却采用了三个行星轮作对称均布的构造形式，故在计算机构自由度时，应将行星轮 2' 和 2″ 连同引入它们时所加上的运动副一起不予计算。注意 $H$ 处有两个转动副，该机构有三个活动构件，三个 V 级副、两个 IV 级副，故可求得此机构的自由度 $F = 1$。

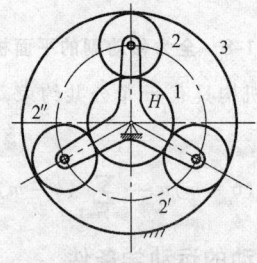

图 2.1-14　行星轮对称分布

应当指出的是从机构运动的观点分析，机构的虚约束是多余的，但从增加构件的刚度和改善机构的受力条件来说却是有益的。此外，当机构具有虚约束时，通常对机构中零件的加工和机构的装配要求均较高，以满足特定的几何条件；否则，会使虚约束转化成真实约束而使机构不能运动。

### 2.4.2　局部自由度（多余自由度）

机构中个别构件所具有的不影响其他构件运动，即与整个机构运动无关的自由度，称为局部自由度或多余自由度。在计算机构自由度时，应将它除去不计。如图 2.1-15a 所示的凸轮机构中，滚子 4 绕其中心转动的自由度是局部自由度，故在计算机构自由度

时，应设想将滚子4与推杆3焊接在一起，如图2.1-15b所示。于是，可求得此机构的自由度为：$F=3\times2-2\times2-1=1$。

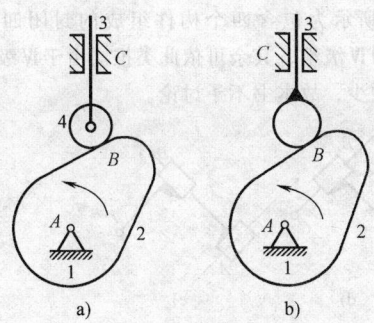

**图 2.1-15　凸轮机构中的局部自由度**
a）滚子运动　b）滚子焊接

### 2.4.3　正确确定运动副的数目

在有些情况下，如果不作分析，可能将机构中所包含的运动副的数目弄错。

如图 2.1-16 所示，有 3 个构件在 $C$ 处组成轴线重合的转动副，如果不加分析，往往容易把它看作为 1 个转动副。这种由 3 个或 3 个以上构件组成轴线重合的转动副称为复合铰链。一般，由 $m$ 个构件组成的复合铰链应含有 $(m-1)$ 个转动副。

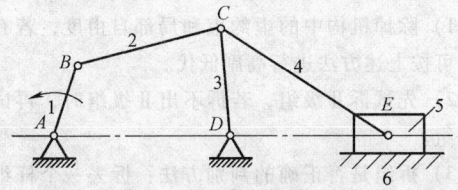

**图 2.1-16　六杆机构**

又如图 2.1-17 所示的压缩机机构中，应特别注意分析 $C$ 处有几个运动副。通过分析，不难知道，在此处连接的 5 个构件之间，组成了 2 个转动副，2

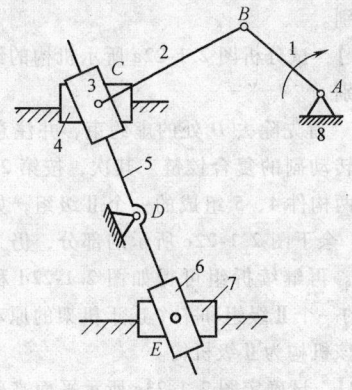

**图 2.1-17　压缩机机构**

个移动副；而在 $E$ 处连接的 4 个构件之间组成 2 个移动副和 1 个转动副。故在该机构中，$n=7$、$p_5=10$、$p_4=0$、$F=3\times7-2\times10-0=1$。

## 3　平面机构的组成原理及结构分析

### 3.1　平面机构的组成原理

机构均由原动件、从动件（输出件）系统和机架通过运动副连接而成，而平面机构具有确定运动的条件是机构的原动件数目与机构自由度数相等，故平面机构的从动件系统的自由度应为零。

通常还可将从动件系统拆成若干个不可再分解的自由度为零的运动链，这种运动链称之为基本杆组，简称杆组。

根据杆组定义可知，组成平面机构杆组的条件是：
$$F=3n-2p_5-p_4=0 \qquad (2.1-2)$$
现分两种情况来讨论杆组中的构件数及运动副数之间的关系。

1. 含有高副的杆组

根据式（2.1-2）可知，含有高副的杆组，简单的情况是 $n=1$、$p_5=1$、$p_4=1$ 或 $n=3$、$p_5=4$、$p_4=1$。前者称之为单构件高副杆组，如凸轮机构中的从动件即是单构件高副杆组；后者称为三构件平面高副杆组，如图 2.1-18 中的构件 2、3、4 所构成的运动链，即属于此种杆组。

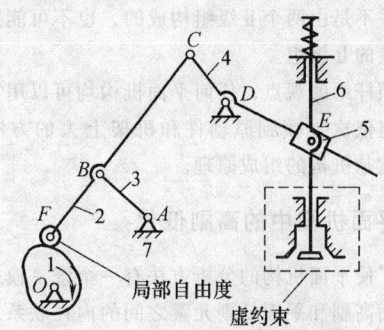

局部自由度　　虚约束

**图 2.1-18　发动机配气机构**

根据式（2.1-2）还可以获得具有更多构件的平面高副杆组，但在实际应用中很少遇到，本书不予讨论。

2. 低副杆组

若令 $p_4=0$，则由式（2.1-2）可知，组成平面低副杆组的条件是：
$$F=3n-2p_5=0 \quad 或 \quad n=(2/3)p_5$$
因为构件数 $n$ 和低副数 $p_5$ 都必需是整数，故满足此条件的低副杆组有：

$n$：2、4、6…

$P_5$：3、6、9…

其中，最简单的基本杆组 $n=2$，$p_5=3$，称之为Ⅱ级组，其基本形式有五种，如图 2.1-19 所示。较为复杂的低副杆组为 $n=4$、$p_5=6$，其基本形式有两类，如图 2.1-20 所示。图 2.1-20a 所示为具有封闭三角

形的杆组，图 2.1-20b 中构件 1 的三个转动副的中心正好处于一条直线上，故图 2.1-20a、b 都为包含具有三个运动副元素的构件的杆组，故称为Ⅲ级组。图 2.1-20c 所示为包含四个构件组成的封闭四边形杆组，称为Ⅳ级组，其余可依此类推。由于Ⅳ级以上杆组应用较少，故本书不予讨论。

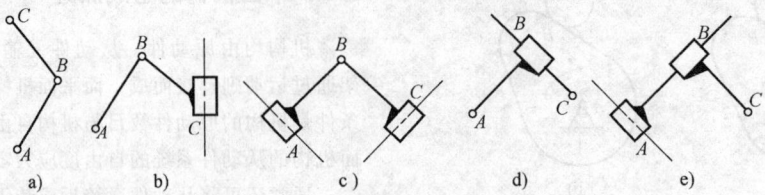

图 2.1-19 平面低副杆组

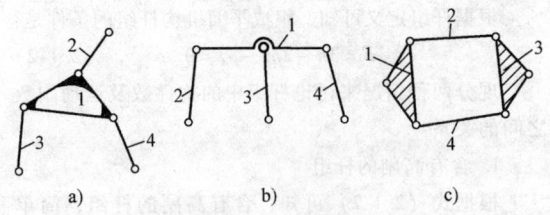

图 2.1-20 复杂的低副杆组

Ⅲ级组和Ⅳ级组的一些转动副也可以用移动副取代而演化成多种派生形式。

应当指出的是，Ⅲ级组或Ⅳ级组的构件数 $n=4$，运动副数 $p_5=6$，从数字上看刚好是Ⅱ级组的两倍，但它们并不是由两个Ⅱ级组构成的，也不可能拆分成两个完整的Ⅱ级组。

按照杆组的观点，任何平面机构均可以用零自由度的杆组依次连接到原动件和机架上去的方法来组成，这就是机构的组成原理。

## 3.2 平面机构中的高副低代

为了使平面机构的分析方法有一个统一模式，可通过平面高副和平面低副元素之间的内在联系，把机构中的高副根据一定的条件用虚拟的低副来等效地代替，一般称之为高副低代。平面高副以平面低副代替必须满足如下条件才能使两者等效：

1）代替前后机构的自由度数不变。

2）代替前后机构的瞬时速度和瞬时加速度完全相同。

为了满足上述两个条件，通过研究可知，用低副取代高副的方法就是用一个构件来置于高副元素接触处的曲率中心的两转动副连接起来（见图 2.1-21a、b）；当高副元素的曲线成为直线时，它的曲率中心在无穷远处，此时可用移动副取而代之（见图 2.1-

21c、d）；而当高副元素成为一个尖点时，则此点的曲率中心就在这一尖点上，于是可将转动副置于这一尖点处（如图 2.1-21e、f、g）。

## 3.3 平面机构的结构分析

机构的结构分析旨在将已知机构分解为若干个杆组，并确定这些杆组的级别和类型，以便对机构进行性能分析。机构结构分析的过程一般是先从远离原动件的部分开始拆组。分析的要领如下：

1）除掉机构中的虚约束和局部自由度，若有高副，可按上述方法进行高副低代。

2）先试拆Ⅱ级组，若拆不出Ⅱ级组时，再试拆Ⅲ级组。

3）拆组是否正确的判别方法：拆去一个杆组或一系列杆组后，剩余的必须仍为一个完整的机构或若干个与机架相联的原动件，不能有不成组的零散构件或运动副存在。

4）全部杆组拆完，只应当剩下与机架相联的原动件。一般将机构中所含的最高级别的杆组级别作为机构的级别。

【例 1】 试分析图 2.1-22a 所示机构的结构，并判定其级别。

【解】 首先除去 $D$ 处的虚约束，并注意 $B$ 处为含有两个转动副的复合铰链。其次，按第 2）要领，可拆下由两构件 4、5 组成的一个Ⅱ级组，如图 2.1-22b 所示。余下图 2.1-22c 所示的部分，仍为一个完整的机构。再继续拆组可得如图 2.1-22d 和图 2.1-22e 所示的一个Ⅱ级组和一个连于机架的原动件。至此，可知该机构为Ⅱ级机构。

【例 2】 试确定图 2.1-23a 所示平面高副机构的级别（构件 1 为原动件）。

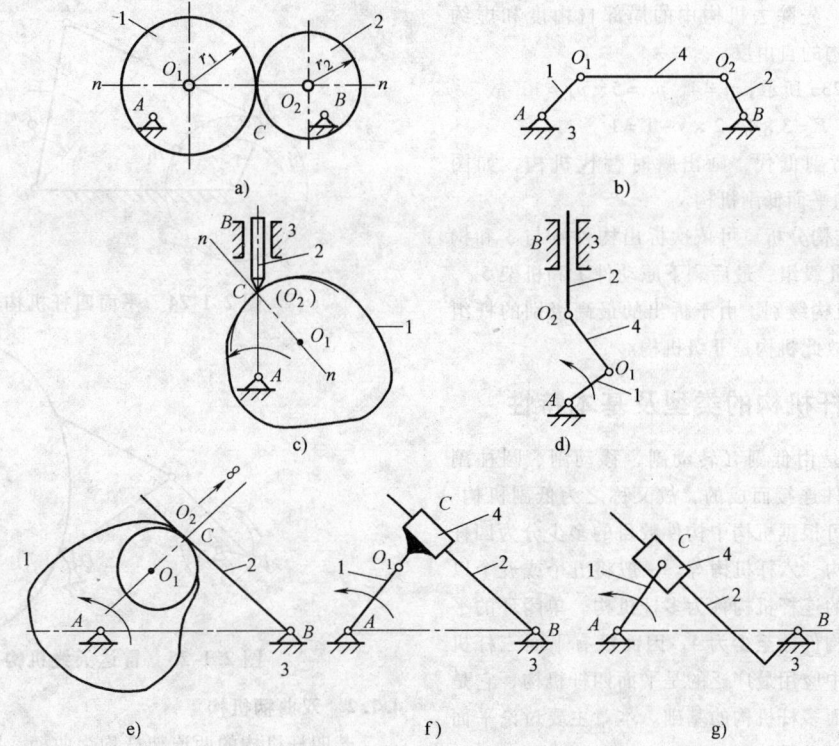

图 2.1-21　高副低代实例

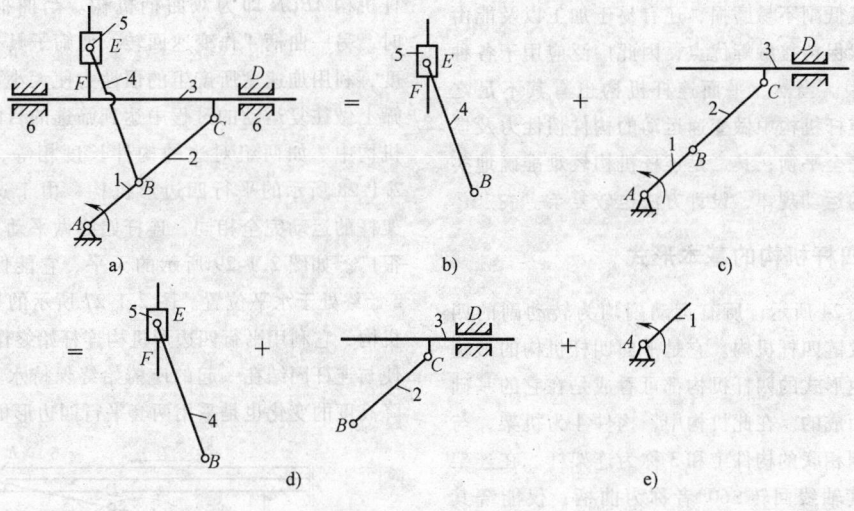

图 2.1-22　例 1 的图

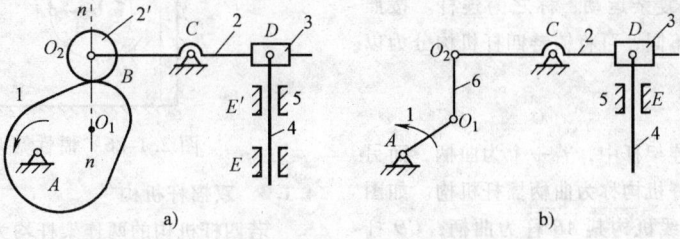

图 2.1-23　例 2 的图

**【解】** 1）先除去机构中的局部自由度和虚约束，再计算机构的自由度。

如图 2.1-23a 所示，$n = 4$、$p_5 = 5$、$p_4 = 1$，故

$$F = 3 \times 4 - 2 \times 5 - 1 = 1$$

2）进行高副低代，画出瞬时替代机构，如图 2.1-23b 所示的平面低副机构。

3）进行结构分析。可依次拆出构件 4 与 3 和构件 2 与 6 两个Ⅱ级组，最后剩下原动件 1 和机架 5。

4）确定机构级别。由于拆出的最高级别的杆组是Ⅱ级杆组，故此机构是Ⅱ级机构。

# 4  平面四杆机构的类型及基本特性

连杆机构是由低副（转动副、移动副、圆柱副等）将若干构件连接而成的，故又称之为低副机构。平面连杆机构可根据机构中构件数目的多少分为四杆机构、五杆机构、六杆机构等。一般将五个或五个以上的构件组成的连杆机构称为多杆机构。单闭环的平面连杆机构的构件数至少为 4，因而没有平面三杆机构。连杆机构中应用最广泛的是平面四杆机构，它是构成和研究平面多杆机构的基础。本章主要讨论平面四杆机构及其运动设计问题。

由于平面连杆机构能够实现多种运动轨迹曲线和运动规律，且低副不易磨损，还有易于加工以及能由本身几何形状保持接触等优点，因此广泛应用于各种机械及仪表中。当然，平面连杆机构也有其不足之处：其一是连杆机构中做变速运动的构件惯性力及惯性力矩难以完全平衡；其二是连杆机构较难准确地实现任意预期的运动规律，设计方法也较复杂。

## 4.1  平面四杆机构的基本形式

如图 2.1-24 所示，所有运动副均为转动副的四杆机构称为铰链四杆机构。它是平面四杆机构的最基本形式，其他形式的四杆机构都可看成是在它的基础上通过演变而成的。在此机构中，构件 4 为机架，与机架以运动副相联的构件 1 和 3 为连架杆。在连架杆中，能绕其轴线回转 360° 者称为曲柄；仅能绕其轴线往复摆动者称为摇杆。不与机架相连的构件（图中构件 2）做平面复杂运动，称之为连杆。按照两连架杆运动形式的不同，可将铰链四杆机构分为以下三种。

### 4.1.1  曲柄摇杆机构

在四杆机构的两连架杆中，若一个为曲柄，而另一个为摇杆，则此四杆机构称为曲柄摇杆机构。如图 2.1-25 所示的雷达天线机构其 AB 杆为曲柄，CD 杆为摇杆。

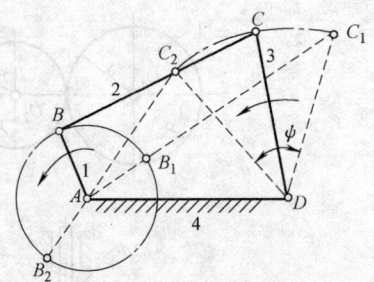

图 2.1-24  平面四杆机构

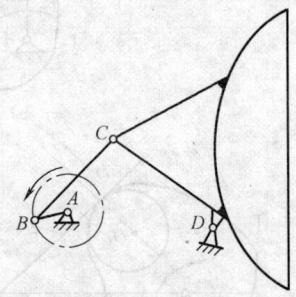

图 2.1-25  雷达天线机构

### 4.1.2  双曲柄机构

若四杆机构的两连架杆均为曲柄，则此四杆机构称为双曲柄机构。如图 2.1-26 所示的惯性筛中的四杆机构 ABCD 即为双曲柄机构。当曲柄 2 等速回转时，另一曲柄 4 作变速回转，使筛子具有所需的加速度，利用加速度所产生的惯性力使大小不同的颗粒在筛上做往复运动的过程中达到筛选的目的。在双曲柄机构中，如两组对边的构件长度相等，则可得到图 2.1-28 所示的平行四边形机构，由于这种机构两连架杆的运动完全相同，连杆始终做平动，故它的应用很广。如图 2.1-29 所示的天平，它能保证天平盘 1、2 始终处于水平位置。图 2.1-27 所示的摄影车的升降机构，它利用平行四边形机构连杆始终作平动的特点，使与连杆固结在一起的座椅始终保持水平位置，其升降高度的变化也是采用两套平行四边形机构来实现的。

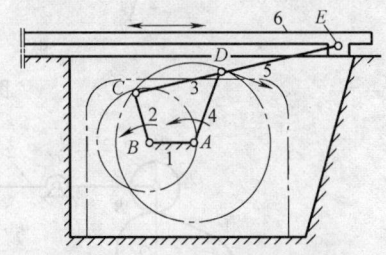

图 2.1-26  惯性筛双曲柄机构

### 4.1.3  双摇杆机构

若四杆机构的两连架杆均为摇杆，则此四杆机构称为双摇杆机构。如图 2.1-30 所示的摇头风扇传动

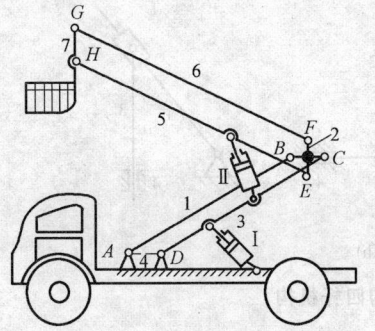

图 2.1-27　摄影车升降机构

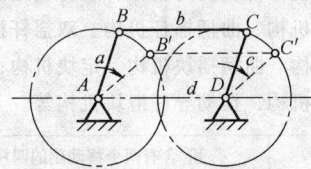

图 2.1-28　平行四边形机构

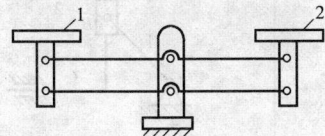

图 2.1-29　天平

机构。电动机安装在摇杆 4 上,铰链 A 处装有一个与连杆 1 固连成一体的蜗轮并与电动机轴上的蜗杆相啮合。电动机转动时,通过蜗杆和蜗轮迫使连杆 1 绕点 A 做整周转动,从而使连架杆 2 和 4 往复摆动,实现风扇摇头的目的。图 2.1-31 所示鹤式起重机亦为双摇杆机构的应用实例。当摇杆 AB 摆动时,另一摇杆 CD 随之摆动,可使吊在连杆上点 E 处的重物 Q 能沿近似水平直线移动。

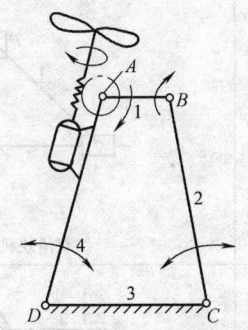

图 2.1-30　摇头风扇传动机构

## 4.2　平面四杆机构的演变

### 4.2.1　转动副转化成移动副

　　除上述铰链四杆机构以外,还有其他形式的四杆

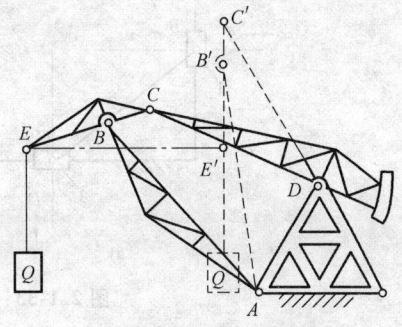

图 2.1-31　鹤式起重机

机构,且这些四杆机构可由上述基本形式演变而成。在图 2.1-32a 所示的曲柄摇杆机构中,摇杆 3 上点 C 的运动轨迹是以 D 为圆心,以摇杆长度 $l_{CD}$ 为半径所作的圆弧。若将它改为图 2.1-32b 所示的形式,则机构运动的特性完全一样。若此弧形槽的半径增至无穷大(即点 D 在无穷远处),则弧形槽变成直槽,转动副也就转化成移动副,构件 3 也就由摇杆变成了滑块。这样,铰链四杆机构就演变成如图 2.1-32c 所示的滑块机构。该机构中的滑块 3 上的转动副中心在定参考系中的移动方位线不通过连架杆 1 的回转中心,称为偏置滑块机构。图 2.1-32c 中的 e 为连架杆转动中心至滑块上转动副中心的移动方位线的垂直距离,称之为偏距;在图 2.1-32d 所示的机构中,滑块上的转动副中心移动方位线通过曲柄回转中心,称这种滑块机构为对心滑块机构。

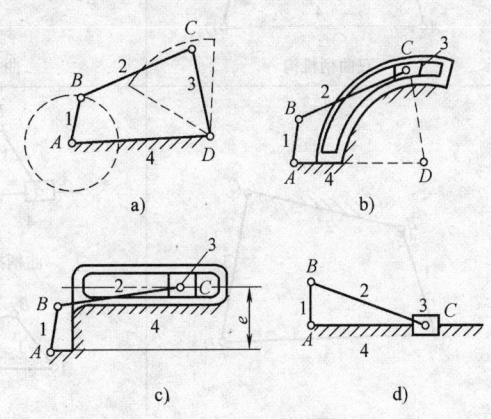

图 2.1-32　转动副转化成移动副

　　进行类似演变,可在滑块机构的基础上,将转动副 A 演变成移动副,得到如图 2.1-33a 所示的双滑块机构;也可将构件 2 与 3 之间的转动副 C 变成移动副,得到如图 2.1-33b 所示的曲柄移动导杆机构(又称正弦机构);若将转动副 B 变成移动副,则可得到图 2.1-33c 所示的正切机构。

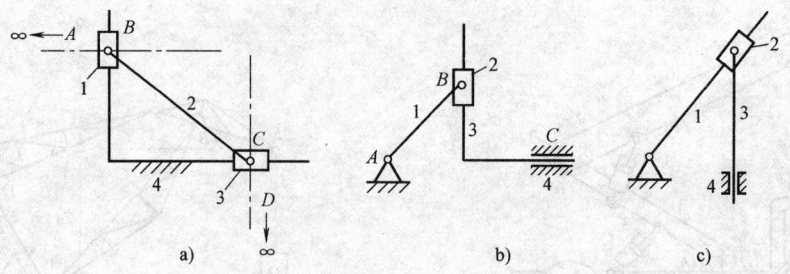

**图 2.1-33　含有两个移动副的四杆机构**

### 4.2.2　取不同构件为机架

低副机构具有运动可逆性，即无论哪一个构件为机架，机构各构件间的相对运动不变。但选取不同构件为机架时，却可得到不同形式的机构。这种采用不同构件为机架的方式称为机构的倒置。

图 2.1-34 所示为以曲柄摇杆机构、曲柄滑块机构、曲柄移动导杆机构为基础，进行倒置变换，分别得到双曲柄机构、曲柄摇杆机构、双摇杆机构；曲柄转动导杆机构、曲柄摇块机构、定块机构；双转块机构、双滑块机构、摆动导杆滑块机构等。

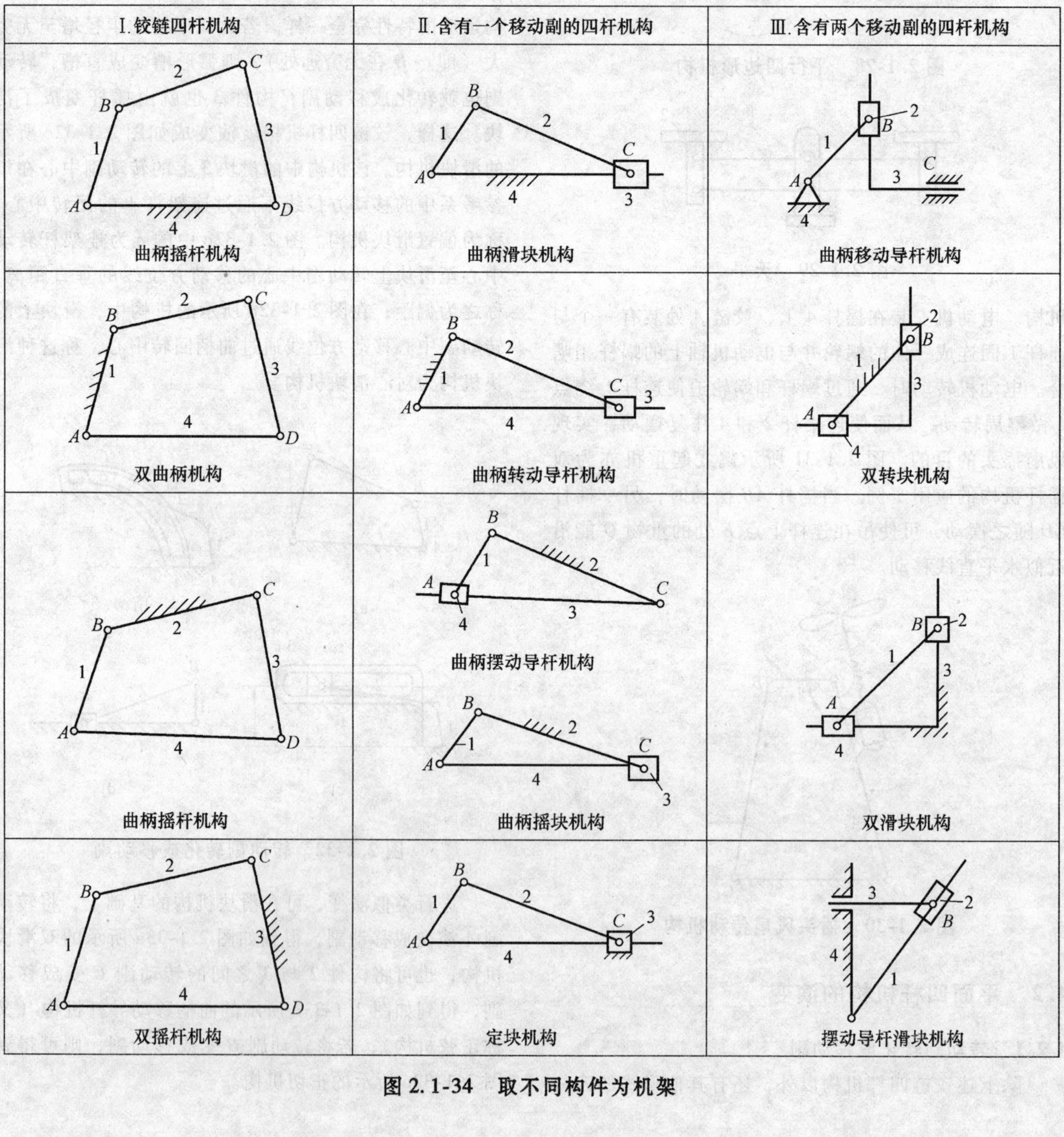

| Ⅰ.铰链四杆机构 | Ⅱ.含有一个移动副的四杆机构 | Ⅲ.含有两个移动副的四杆机构 |
|---|---|---|
| 曲柄摇杆机构 | 曲柄滑块机构 | 曲柄移动导杆机构 |
| 双曲柄机构 | 曲柄转动导杆机构 | 双转块机构 |
| 曲柄摇杆机构 | 曲柄摆动导杆机构<br>曲柄摇块机构 | 双滑块机构 |
| 双摇杆机构 | 定块机构 | 摆动导杆滑块机构 |

**图 2.1-34　取不同构件为机架**

图 2.1-35 所示的自卸货车的翻斗运动机构就是摇块机构的应用实例。图 2.1-36 所示的手摇唧筒则为定块机构的应用实例。

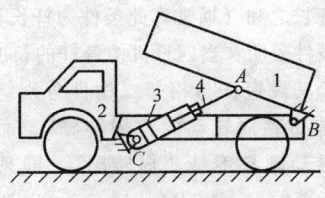

图 2.1-35　自卸货车

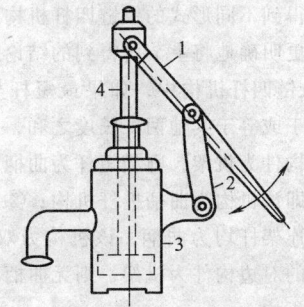

图 2.1-36　手摇唧筒

### 4.2.3　扩大转动副

在图 2.1-37a 所示曲柄滑块机构中，如曲柄 1 的长度 $R$ 较短，且小于两转动副半径之和 $r_A + r_B$ 时，结构上已不可能再安装曲柄，此时可将曲柄销 $B$ 的半径 $r_B$ 扩大，使 $r_B > R$，这时曲柄 1 变为一个几何中心在 $B$ 点而转动中心在 $A$ 点的圆盘，如图 2.1-37b 所示，此时曲柄 1 称为偏心轮，$AB$ 称为偏心距 $e$，并以它代表曲柄长度 $R$。同样，图 2.1-37d 所示的曲柄摇杆机构中，如将转动副 $B$ 半径逐渐扩大至超过曲柄的长度，则得图 2.1-37c 所示的机构，这种曲柄为偏心轮的机构称为偏心轮机构。这种机构广泛应用于曲柄销承受较大冲击载荷或曲柄长度较短的机械中，如冲床、剪床、破碎机等。

另外，在各种机械中经常采用的多杆机构，也可以看成是由若干个四杆机构组合扩展而成的，如图 2.1-26 所示的惯性筛机构等。

从以上四杆机构的演化过程的研究中可以看到各种四杆机构的内在联系，这就给我们提供了用类比方法或联想方法分析、设计四杆机构的依据。下面就来研究平面四杆机构设计中的一些共性问题。

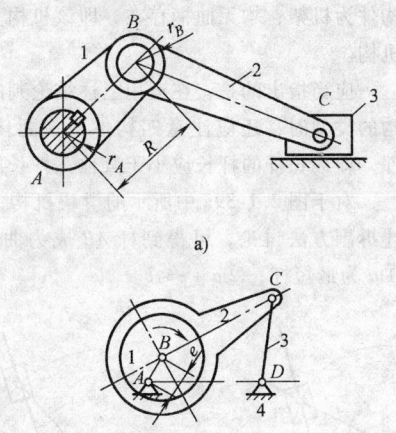

a)

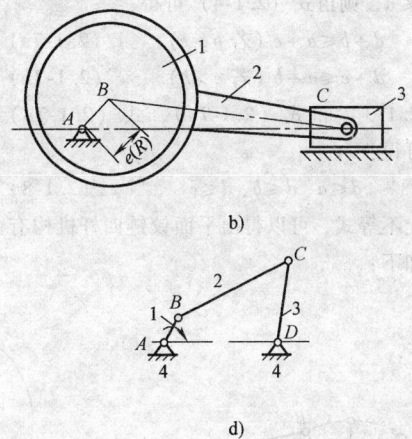

b)

c)

d)

图 2.1-37　偏心轮机构

## 5　平面四杆机构设计中的一些共性问题

要设计出性能优良的平面四杆机构，除应深入掌握前面所阐述的可动的几何条件之外，还必须对其运动特性和传力效果作深入分析。

### 5.1　平面四杆机构有曲柄的条件

在工程实际中，用于驱动机构运动的原动机通常是做整周转动的（如电动机、内燃机等），因此要求机构的主动件也能做整周转动，即希望主动件是曲柄。下面仅以铰链四杆机构为例来分析曲柄存在的条件。

如图 2.1-38 所示，设铰链四杆机构的各杆 1、2、3 和 4 的长度分别为 $a$、$b$、$c$ 和 $d$，杆 4 为机架，杆 1 和杆 3 为连架杆。当 $a < d$ 时，由前面曲柄定义可知，若杆 1 为曲柄，它必能绕铰链 4 相对机架做整周转动，这就必须使铰链 $B$ 能转过 $B_2$ 点（距离 $D$ 点最远）和 $B_1$ 点（距离 $D$ 点最近）两个特殊位置，此时

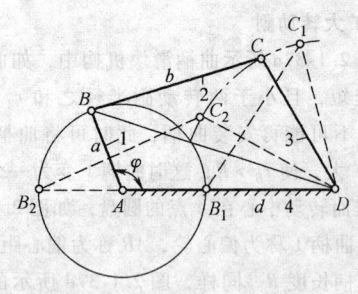

**图 2.1-38 平面四杆机构有曲柄的条件**

杆 1 和杆 4 共线。反之,只要杆 1 能通过与机架两次共线的位置,则杆 1 必为曲柄。

由 $\Delta B_2 C_2 D$ 可得:

$$a + d \leqslant b + c \tag{2.1-3}$$

以及

$$|d - a| \geqslant |b - c| \tag{2.1-4}$$

以下按 $d \geqslant a$ 和 $d \leqslant a$ 两种情况来讨论:

1) 若 $d \geqslant a$,则由式 (2.1-4) 可得:

$$a + b \leqslant c + d \text{ (若 } b > c) \tag{2.1-5a}$$

或

$$a + c \leqslant b + d \text{ (若 } c > b) \tag{2.1-5b}$$

将式 (2.1-3) 和式 (2.1-5a)、式 (2.1-5b) 分别相加,得到下列不等式:

$$a \leqslant b、a \leqslant c、a \leqslant d \tag{2.1-6}$$

2) 若 $d \leqslant a$,则由式 (2.1-4) 可得:

$$d + b \leqslant a + c \text{ (若 } b > c) \tag{2.1-7a}$$

或

$$d + c \leqslant a + b \text{ (若 } c > b) \tag{2.1-7b}$$

将式 (2.1-3) 和式 (2.1-7a)、式 (2.1-7b) 分别相加,可得:

$$d \leqslant a、d \leqslant b、d \leqslant c \tag{2.1-8}$$

分析以上不等式,可以得出平面铰链四杆机构有曲柄的条件如下:

① 连架杆与机架中必有一杆为四杆机构中的最短杆。

② 最短杆与最长杆的杆长之和应小于或等于其余两杆的杆长之和(通常称此条件为杆长和条件)。

上述条件表明:当四杆机构各杆的长度满足杆长和条件时,其最短杆与相邻二构件分别组成的两转动副都是能做整周转动的"周转副",而四杆机构的其他两转动副都不是"周转副",即只能是"摆动副"。

在上节中,曾讨论过曲柄摇杆机构选取不同构件为机架,可得到不同形式的铰链四杆机构。现根据上述讨论,可更明确地将上节所得到的结论叙述如下:

1) 在铰链四杆机构中,如果最短杆与最长杆的长度之和小于或等于其他两杆长度之和,且:①以最短杆的相邻构件为机架,则最短杆为曲柄,另一连架杆为摇杆,即该机构为曲柄摇杆机构;②以最短杆为机架,则两连架杆均为曲柄,该机构为双曲柄机构;③以最短杆的对边构件为机架,则无曲柄存在,该机构为双摇杆机构。

2) 在铰链四杆机构中,如果最短杆与最长杆的长度之和大于其他两杆长度之和,则不论选定哪一个构件为机架,均无曲柄存在,即该机构只能是双摇杆机构。

应当指出的是,在运用上述结论判断铰链四杆机构的类型时,还应注意四构件组成封闭多边形的条件,即最长杆的杆长应小于其他三杆长度之和。

对于图 2.1-39a 中所示的滑块机构,同样采用上述拆副方法讨论,可得到杆 $AB$ 成为曲柄的条件是:① $a$ 为最短杆;② $a + e \leqslant b$。

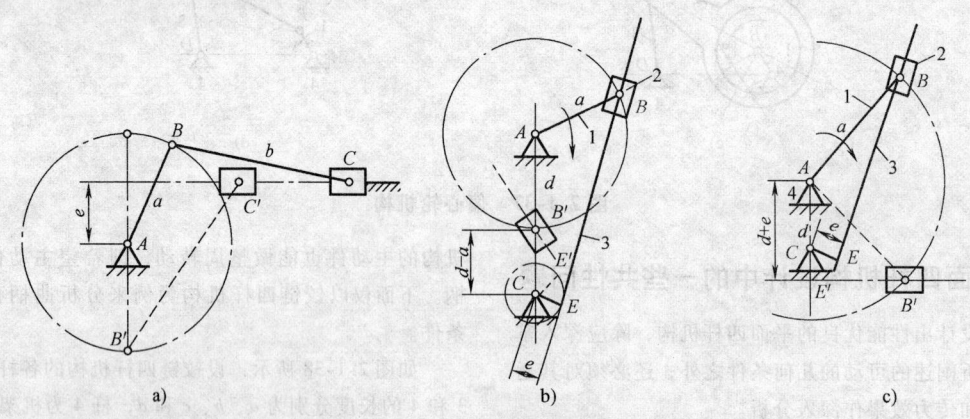

**图 2.1-39 其他四杆机构有曲柄的条件**

对于图 2.1-39b 所示的导杆机构,采用拆副法可得到杆 $AB$ 成为曲柄的条件是:① $a$ 为最短杆;② $a +$

$e \leqslant d$。这种机构称为摆动导杆机构。如果 $d$ 为最短杆,且满足 $d + e \leqslant a$,则成为转动导杆机构。

## 5.2　平面四杆机构输出件的急回特性

如图 2.1-40 所示的曲柄摇杆机构中，当曲柄 $AB$ 为原动件并做等速转动时，摇杆 $CD$ 为从动件并作往复变速摆动。曲柄在回转一周的过程中，与连杆 $BC$ 有两次共线，这时摇杆 $CD$ 分别位于两个极限位置 $C_1D$ 和 $C_2D$。当曲柄 $AB$ 从位置 $AB_1$ 顺时针转过 $\varphi_1$ 角到达位置 $AB_2$ 时，摇杆自位置 $C_1D$ 摆动至 $C_2D$，设其所需时间为 $t_1$，则点 $C$ 的平均速度为 $v_1 = C_1C_2/t_1$，当曲柄 $AB$ 从位置 $AB_2$ 再沿顺时针转过 $\varphi_2$ 角回到位置 $AB_1$ 时，摇杆自位置 $C_2D$ 摆回至 $C_1D$，设其所需时间为 $t_2$，则点 $C$ 的平均速度为 $v_2 = C_2C_1/t_2$。由图 2.1-40 可以看出，曲柄相应的两个转角 $\varphi_1$ 和 $\varphi_2$ 分别为

$$\varphi_1 = 180° + \theta、\quad \varphi_2 = 180° - \theta$$

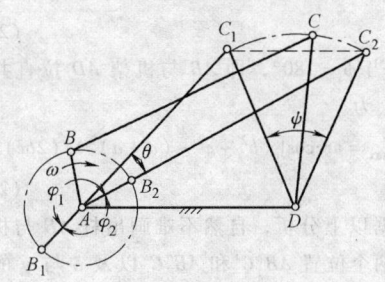

图 2.1-40　曲柄摇杆机构的急回特性

显然　　　　　　　　$\varphi_1 > \varphi_2$

式中，$\theta$ 为摇杆处于两极限位置时对应的曲柄位置线所夹的角，称之为极位夹角。根据 $\varphi = \omega t$ 可知 $t_1 > t_2$，故有 $v_1 < v_2$。由此可知，当曲柄等速转动时，摇杆来回摆动的平均速度不同，一快一慢。有些机器（例如刨床），要求从动件工作行程的速度低一些（以便提高加工质量），而为了提高机械的生产效率，要求返回行程的速度高一些。即应使机构的慢速运动的行程为工作行程，而快速运动的行程为空回行程，这种运动特性称为摇杆的急回特性。

为了表明急回运动的特征，引入机构输出件的行程速度变化系数 $K$。$K$ 的值为空回行程和工作行程平均速度 $v_2$、$v_1$ 的比值，即：

$$K = \frac{v_2}{v_1} = \frac{t_1}{t_2} = \frac{\phi_1}{\phi_2} = \frac{180° + \theta}{180° - \theta} \qquad (2.1\text{-}9a)$$

或　　　　　　　$$\theta = 180° \frac{K-1}{K+1} \qquad (2.1\text{-}9b)$$

总结上述，平面四杆机构具有急回特性的条件如下：

1）原动件等角速整周转动。

2）输出件具有正、反行程的往复运动。

3）极位夹角 $\theta > 0°$。

用类似分析方法可以看到，图 2.1-41a 所示的偏置曲柄滑块机构和图 2.1-41b 所示的导杆机构的极位夹角 $\theta > 0°$，故均具有急回运动特性。

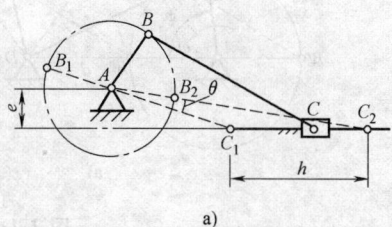

a)

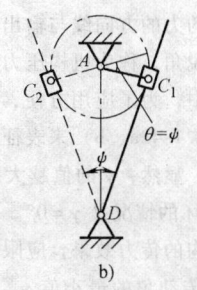

b)

图 2.1-41　四杆机构的极位夹角

## 5.3　平面四杆机构的传动角和死点

### 5.3.1　压力角和传动角的概念

如图 2.1-42a 所示的铰链四杆机构，构件 $AB$ 为主动构件，$CD$ 为输出构件。若不考虑构件的重力、惯性力和运动副中的摩擦力等影响，则主动构件 $AB$ 上的驱动力通过连杆 $BC$ 传给输出构件 $CD$ 的力 $F$ 是沿 $BC$ 方向作用的。现将力 $F$ 分解为两个分力：沿着受力点 $C$ 的速度 $v_C$ 方向的分力 $F_1$ 和垂直于 $v_C$ 方向的分力 $F_2$。设力 $F$ 与速度 $v_C$ 方向之间所夹的锐角为 $\alpha$，则有：

$$F_1 = F\cos\alpha, \quad F_2 = F\sin\alpha$$

其中，沿 $v_C$ 方向的分力 $F_1$ 是使输出构件转动的有效分力，对从动件产生有效转动力矩；而 $F_2$ 则是仅仅在转动副 $D$ 中产生附加径向压力的分力，它只能增加摩擦力矩，而无助于输出构件的转动，因而是有害分力。为使机构传力效果良好，显然应使 $F_1$ 越大越好，因而理想情况是 $\alpha = 0°$，最坏的情况是 $\alpha = 90°$。由此可知，在力 $F$ 一定的条件下，$F_1$、$F_2$ 的大小完全取决于角 $\alpha$。角 $\alpha$ 的大小决定四杆机构的传力效果，是一个很重要的参数，一般称角 $\alpha$ 为机构压力角。

根据以上讨论，可给出机构压力角 $\alpha$ 的定义如下：在不计摩擦力、惯性力和重力的条件下，机构中

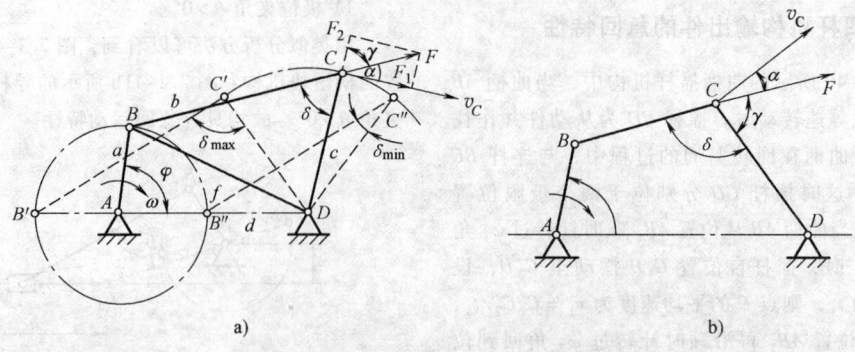

图 2.1-42　机构压力角与传动角

驱使输出件运动的力的方向线与输出件上受力点的速度方向间所夹的锐角，称为机构压力角，通常用 $\alpha$ 表示。在连杆机构中，为了应用方便，也常用压力角 $\alpha$ 的余角 $\gamma$（见图 2.1-42a、b）来表征其传力特性，一般称之为传动角。显然，$\gamma$ 的值越大越好，理想的情况是 $\gamma = 90°$，最坏的情况是 $\gamma = 0°$。

为了保证机构的传力效果，应限制机构压力角的最大值 $\alpha_{max}$，或传动角的最小值 $\gamma_{min}$ 在某一范围内。目前对于机构（特别是传递动力的机构）的传动角或压力角作了以下限定：

$$\gamma_{min} \geqslant [\gamma] \text{ 或 } \alpha_{max} \leqslant [\alpha]$$

式中，$[\gamma]$、$[\alpha]$ 分别为许用传动角与许用压力角。一般机械中，推荐 $[\gamma] = 30° \sim 60°$，对高速和大功率机械，$[\gamma]$ 应取较大值。

为了提高机械的传动效率，对于一些承受短暂高峰载荷的机构，应使其在具有最小传动角的位置时，刚好处于工作阻力较小（或等于零）的空回行程中。

### 5.3.2　最小传动角的确定

对已设计好的平面四杆机构，应校核其压力角或传动角，以确定该机构的传力特性。为此，必须找到机构在一个运动循环中出现最小传动角（或最大压力角）的位置及大小。现以图 2.1-42 所示的曲柄摇杆机构为例，讨论最小传动角的问题。由图 2.1-42 可知，当 $BC$ 与 $CD$ 的内夹角 $\delta$ 为锐角时，$\gamma = \delta$；当 $\delta$ 为钝角时，$\gamma$ 应为 $\delta$ 的补角，即有 $\gamma = 180° - \delta$（见 2.1-42b）。故当 $\delta$ 具有最小值或最大值的位置时，有可能出现传动角的最小值。

在图 2.1-42a 中，令 $BD$ 的长度为 $f$，由 $\triangle ABD$ 和 $\triangle BCD$ 可知：

$$f^2 = a^2 + d^2 - 2ad\cos\varphi, \quad f^2 = b^2 + c^2 - 2bc\cos\delta$$

解以上两式可得：

$$\delta = \arccos\{(b^2 + c^2 - a^2 - d^2 + 2ad\cos\varphi)/(2bc)\}$$

$$(2.1-10)$$

由式（2.1-10）可知：

① 当 $\phi = 0°$，即 $AB$ 与机架 $AD$ 重叠共线时，得到 $\delta_{min}$ 为

$$\delta_{min} = \arccos[(b^2 + c^2 - (d-a)^2)/(2bc)]$$

$$(2.1-11)$$

② 当 $\phi = 180°$，即 $AB$ 与机架 $AD$ 拉直共线时，得到 $\delta_{max}$ 为

$$\delta_{max} = \arccos[(b^2 + c^2 - (d+a)^2)/(2bc)]$$

$$(2.1-12)$$

根据以上分析，自然不难画出杆 $AB$ 与机架 $AD$ 共线的两个位置 $AB'C'$ 和 $AB''C''$ 以及 $\delta$ 与 $\gamma$ 的关系，求得 $\gamma_{min}$。对于图 2.1-43 所示的偏置曲柄滑块机构，当曲柄为主动件，滑块为从动件时，由

$$\cos\gamma = \frac{a\sin\phi + e}{b} \qquad (2.1-13a)$$

可知：当 $\phi = 90°$ 时，可得 $\gamma_{min}$ 为

$$\gamma_{min} = \arccos\frac{a+e}{b} \qquad (2.1-13b)$$

根据四杆机构的演化方法，曲柄滑块机构可视为由曲柄摇杆机构演化而成的。所以，曲柄与机架的共线位置应为曲柄垂直于滑块导路线的位置，故 $\gamma_{min}$ 必然出现在 $\phi = 90°$ 时的位置。

为使机构具有最小传动角的瞬时位置能处于机构的非工作行程中，对于图 2.1-43 所示的偏置曲柄滑块机构，应注意滑块的偏置方位、工作行程方向与曲柄转向的正确配合。

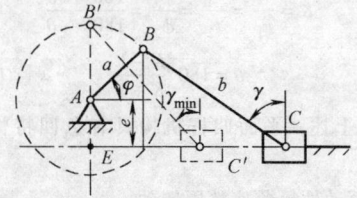

图 2.1-43　偏置曲柄滑块机构的传动角

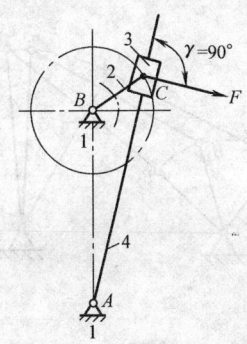

**图 2.1-44　导杆机构的传动角**

例如，当滑块偏于曲柄回转中心的上方，且滑块向右运动为工作行程，则曲柄的转向应该是顺时针；反之，若滑块向左运动为工作行程，则曲柄的转向应该是逆时针。这样也可以同时保证输出件滑块具有急回特性。在设计偏置曲柄滑块机构时，可采用下述方法加以判别：过曲柄回转中心 $A$ 作滑块上铰链中心 $C$ 的移动方位线的垂线，设其垂 $E$ 足视为曲柄上的一点，则当 $v_E$ 与滑块的工作行程方向一致时，说明主动件曲柄的转向以及滑块的偏置方位选择是正确的，否则应重选。

对于图 2.1-44 所示的导杆机构，因滑块作用在导杆上的力始终垂直于导杆，而导杆上任何受力点的速度也总是垂直于导杆，故这类导杆机构的压力角始终等于 0°，即传动角始终等于 90°。

### 5.3.3　机构的死点位置

由上述可知，在不计构件的重力、惯性力和运动副中的摩擦阻力的条件下，当机构处于传动角 $\gamma = 0°$（或压力角 $\alpha = 90°$）的位置时，推动输出件的力 $F$ 的有效分力 $F_1$ 等于零。因此，无论给机构主动件上的驱动力或驱动力矩有多大，均不能使机构运动，这个位置称之为死点位置。如图 2.1-45 所示的缝纫机机构，主动件是踏板 $CD$，输出件是曲柄 $AB$。从图 2.1-45b 可知，当曲柄与连杆共线时，$\gamma = 0°$，主动件摇杆给输出件曲柄的力将沿着曲柄的方向，不能产生使曲柄转动的有效力矩，当然也就无法驱使机构运动。

对于传动机构，机构具有"死点"位置是不利的，应该采取措施使机构顺利通过"死点"位置。对于连续运转的机构，可利用机构的惯性来通过死点位置。例如，上述的缝纫机就是借助带轮（即曲柄）的惯性通过死点位置的。

机构的死点位置并非总是起消极作用的。在工程实际中，不少场合要利用死点位置来满足一定的工作要求。例如图 2.1-46 所示的钻床上夹紧工件的快速夹具，就是利用死点位置夹紧工件的一个例子。又如

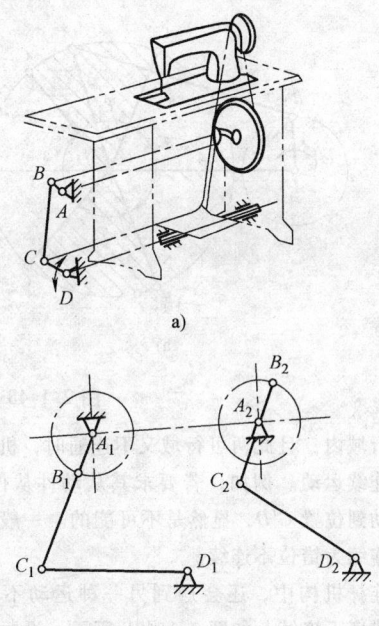

**图 2.1-45　缝纫机机构**
a）缝纫机　b）"死点"位置

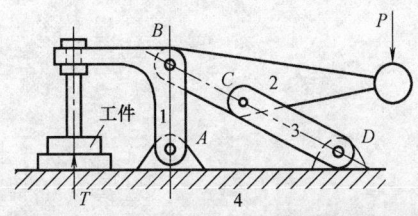

**图 2.1-46　利用死点位置夹紧工件**

图 2.1-47 所示的飞机起落架机构也是利用死点位置进行工作的一个例子（其工作原理，读者可自行分析）。

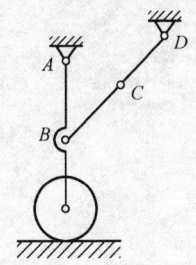

**图 2.1-47　飞机起落架机构**

在图 2.1-48 所示的机构中，$\varphi_3$ 角度范围内连续运动（往复摆动），并占据其间任何位置，此角度范围称之为可行域。若将机构 $ABCD$ 的运动副拆开，按 $ABC'D$ 安装，则摇杆只能在 $\varphi_3'$ 的角度范围内运动，得到另一可行域。显然，若给定的摇杆的各位置不在

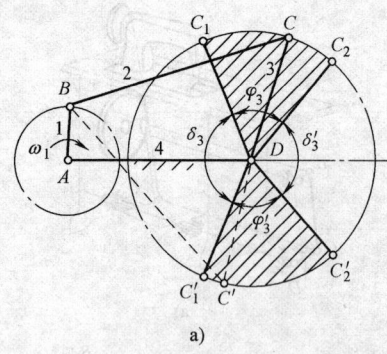

a)

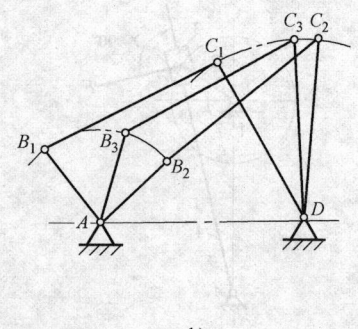

b)

**图 2.1-48　铰链四杆机构的运动连续性**

同一可行域内，且此两可行域又不连通时，机构不可能实现连续运动。例如，若要求其从动件从位置 $CD$ 连续运动到位置 $C'D$，显然是不可能的。一般称这种运动不连续为错位不连续。

在连杆机构中，还会遇到另一种运动不连续问题——错序不连续。如图 2.1-48b 所示，设要求连杆依次占据 $B_1C_1$、$B_2C_2$、$B_3C_3$，则只当曲柄 $AB$ 逆

时针转动时，才是可能的；而如果该机构的曲柄 $AB$ 沿顺时针方向转动，则不能满足预期的次序要求。所以一般称这种不连续问题为错序不连续。

在设计连杆机构时，应注意检查是否有错位、错序问题存在，即是否满足运动连续性条件，若不能满足，则应予补救，或另行考虑其他方案。

# 第2章 导引机构

导引一个点按预定轨迹运动，或导引一个构件按给定的系列位置运动的机构称导引机构。

## 1 点的平面曲线导引

### 1.1 四杆机构的连杆曲线

四杆机构连杆平面上的点在机构运动过程中的轨迹称连杆曲线。按给定的运动轨迹设计四杆机构的一种简便方法是利用连杆曲线图谱进行设计。

如图 2.2-1 所示为一描绘连杆曲线的仪器模型。设取原动件 AB 的长度为 1 单位长度，而其余各构件相对于构件 AB 的相对长度均做成可调的。在连杆上固定一块不透明的多孔薄板，当机构运动时，板上每一个孔的运动轨迹就是一条连杆曲线。为把这些曲线记录下来，可利用光束照射的办法，把这些曲线印在感光纸上，这样就可以得到一组连杆曲线。如果改变各杆的相对长度，就可得出另外不同形状的一些连杆曲线，把这些记录下来的连杆曲线整理成册，即成为所谓《连杆曲线图谱》，图 2.2-2 所示即为连杆曲线图谱的示例。

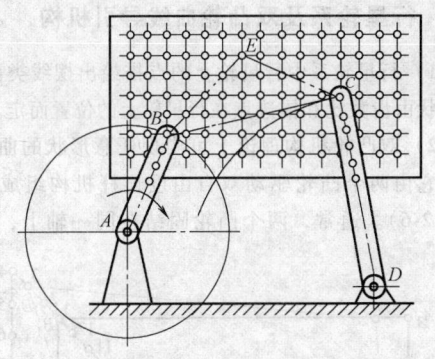

**图 2.2-1　连杆曲线仪器模型**

根据预期的运动轨迹设计四杆机构时，可从图谱中查出形状与所要求轨迹相似的连杆曲线和描绘该连杆曲线机构的各构件的相对长度，然后用缩放仪求出连杆曲线与所要求的轨迹曲线的相差的倍数，根据这个倍数把所选用的四杆机构进行放大或缩小，从而求得四杆机构各构件的尺寸。

### 1.2 谢尔维司特仿图仪

这种仿图仪的机构运动简图如图 2.2-3 所示。构

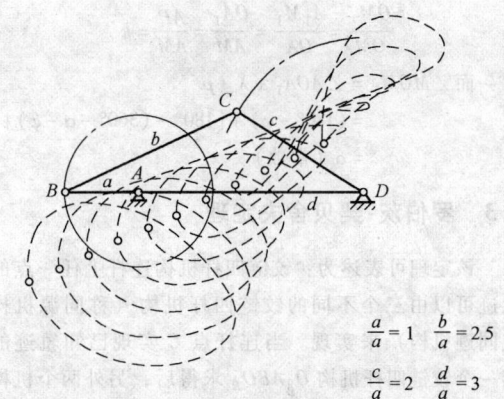

$$\frac{a}{a} = 1 \quad \frac{b}{a} = 2.5$$
$$\frac{c}{a} = 2 \quad \frac{d}{a} = 3$$

**图 2.2-2　连杆曲线图谱示例**

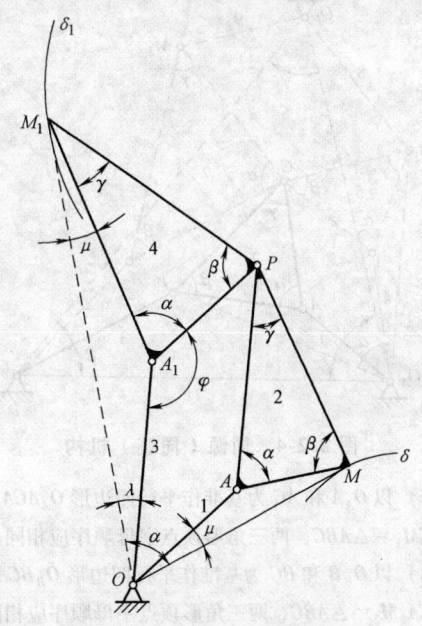

**图 2.2-3　谢尔维司特仿图仪**

件 1、2、3 和 4 构成平行四边形 $OAPA_1$，构件 2 和 4 上的 $\triangle AMP$ 与 $\triangle A_1PM_1$ 相似，且构件 1、3 与机架在 O 点组成复合铰链。这样，当 M 点沿曲线 δ 运动时，$M_1$ 点将沿曲线 $\delta_1$ 运动，两曲线存在如下关系：

1）曲线 $\delta_1$ 与 δ 相似，只是尺寸按比例放大或缩小，其比例系数 $k = OM_1/OM = AP/AM$

2）曲线 $\delta_1$ 与 δ 在对应点两矢径夹角 $\angle M_1OM = \angle PAM = \alpha$（常数）

证明：因 $\triangle AMP \sim \triangle A_1PM_1$，故有：

$$\frac{A_1M_1}{A_1P} = \frac{AP}{AM}$$

即：$\dfrac{A_1M_1}{OA} = \dfrac{OA_1}{AM}$ 或 $\dfrac{A_1M_1}{OA_1} = \dfrac{OA}{AM}$

由 $\angle OA_1M_1 = \angle OAM$ 得 $\triangle OA_1M_1 \sim \triangle MAO$，则

$$\frac{OM_1}{OM} = \frac{A_1M_1}{OA} = \frac{OA_1}{AM} = \frac{AP}{AM} = k$$

而 $\angle MOM_1 = \angle AOA_1 + \lambda + \mu$

$$= (180° - \varphi) + \left[180° - (360° - \alpha - \varphi)\right]$$

$$= \alpha \text{（常数）}$$

## 1.3　罗伯茨-契贝舍夫定理

该定理可表述为：铰链四杆机构连杆上任一点的轨迹可以由三个不同的铰链四杆机构（称同源机构或同迹机构）来实现。当连杆点 $C$ 实现已知轨迹的第一个铰链四杆机构 $O_AABO_B$ 求得后，另外两个机构的求法如下（见图 2.2-4）。

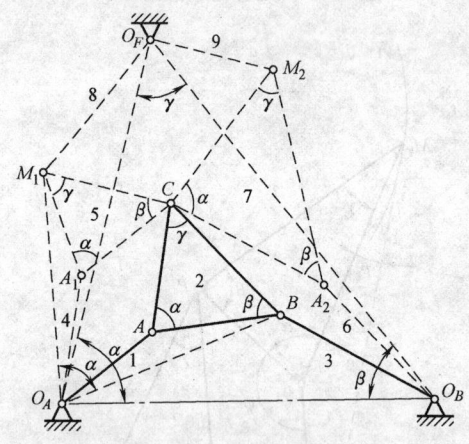

**图 2.2-4　同源（同迹）机构**

1）以 $O_AA$ 和 $AC$ 为基准作平行四边形 $O_AACA_1$ 再作 $\triangle A_1CM_1 \sim \triangle ABC$，两三角形顶点字母顺序应相同。

2）以 $O_BB$ 和 $BC$ 为基准作平行四边形 $O_BBCA_2$，再作 $\triangle CA_2M_2 \backsim \triangle ABC$，两三角形顶点字母顺序应相同。

3）以 $CM_1$ 和 $CM_2$ 为基准作平行四边形 $CM_1O_FM_2$，$O_F$ 即为除 $O_A$、$O_B$ 以外的第三个固定铰接点。

这样，$O_AA_1M_1O_F$ 和 $O_BA_2M_2O_F$ 为同源机构中另外两个铰链四杆机构，其连杆点 $C$ 实现与铰链四杆机构 $O_AABO_B$ 同样的轨迹。

## 1.4　对称连杆曲线

对称的铰链四杆机构可产生对称的连杆曲线。在图 2.2-5 所示的铰链四杆机构 $O_AABO_B$ 中，$C$ 为连杆点，且满足 $O_AA = O_BB$、$AC = BC$，$C$ 点轨迹为对称曲

线 $\eta$。现以四杆机构 $O_AABO_B$ 为基础作出其同源机构 $O_AA_1M_1O_F$，则连杆点 $C$ 可画出同样对称曲线 $\eta$。按谢尔维司特仿图仪原理，该同源机构中连架杆 $O_FM_1$ 的长度为

$$O_FM_1 = k(O_BB) = \frac{AC}{AB}O_BB = \frac{CM_1}{CA_1}O_BB = CM_1 = A_1M_1$$

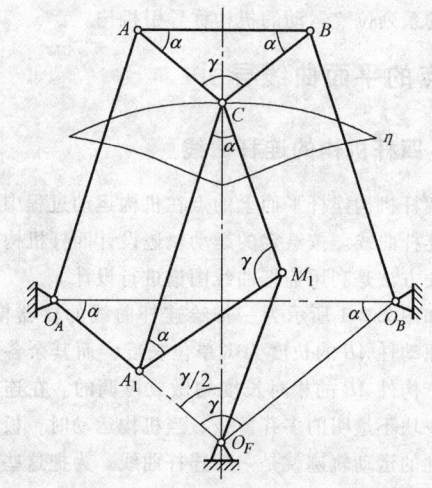

**图 2.2-5　具有对称连杆曲线的铰链四杆机构**

上式用文字表达为：在铰链四杆机构中，一连架杆长度、连杆长度及它们的铰接点至连杆点的距离均相等时，该连杆点的轨迹为对称曲线；该对称曲线的对称轴与固定中心线 $O_AO_F$ 的夹角为 $\gamma/2$。

## 1.5　行星轮系及双凸轮曲线导引机构

1）行星轮系中行星轮上的点描绘出摆线类曲线，其形状由齿数比和描迹点在行星轮上的位置而定。

2）双凸轮机构理论上可实现任意形状的曲线导引，它由两个凸轮驱动双自由度连杆机构组成（见图 2.2-6）。通常，两个凸轮固结在同一轴上，又称

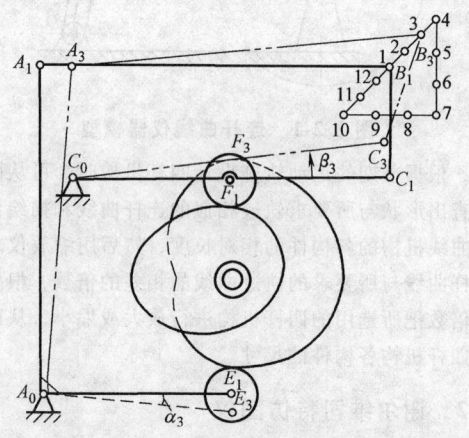

**图 2.2-6　双凸轮导引机构**

联动凸轮机构。

这种机构的设计可按如下步骤进行：

① 按预期轨迹外廓尺寸初选连杆机构 $A_0ABCC_0$ 的各杆尺寸。

② 使 $B$ 点从 $B_1$ 开始沿预期轨迹移动，使 $S_i = S_i(\theta)$，$\theta$ 为凸轮转角，求出 $A_0E_i$ 及 $C_0F_i$ 相对于 $A_0E_1$ 及 $C_0F_1$ 的转角 $\alpha_i(\theta)$ 和 $\beta_i(\theta)$。

③ 按 $\alpha_i(\theta)$ 及 $\beta_i(\theta)$ 分别设计两个凸轮廓线。

# 2 点的直线导引

## 2.1 精确的直线导引机构

表 2.2-1 列举了能实现精确的直线导引机构的类型和尺寸关系。

**表 2.2-1 能实现点 $D$ 精确直线导引的机构**

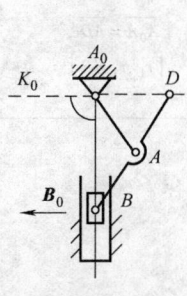

$$\overline{AA_0} = \overline{AD} = \overline{AB}$$

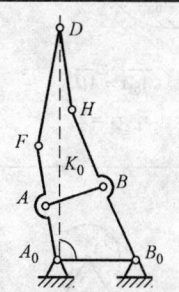

$$\overline{A_0B_0} = \overline{BB_0} \quad \overline{HB_0} = \overline{A_0B_0} \cdot K$$

$$\overline{AB} = \overline{AA_0} = \overline{A_0B_0} \cdot \sqrt{1 - 1/K}$$

$$\overline{DF} = \overline{FA_0} = \overline{A_0B_0} \cdot \sqrt{K(K-1)}$$

$$\overline{DH} = \overline{A_0B_0} \cdot (K-1) \cdot K > 1$$

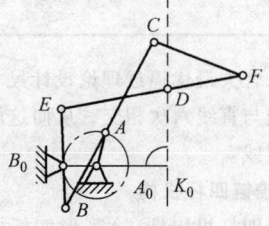

$$\overline{A_0B_0} = \overline{AA_0}, \overline{BE} = \overline{CF}$$

$$\overline{BC} = \overline{EF}, \overline{BA} = \overline{ED}$$

$$\overline{EB}/\overline{CB} = \overline{B_0B}/\overline{AB}$$

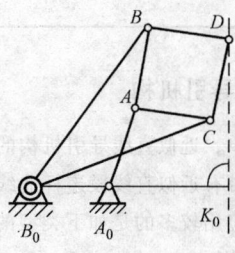

$$\overline{A_0B_0} = \overline{AA_0}, \overline{BB_0} = \overline{CB_0}$$

$$\overline{AB} = \overline{AC} = \overline{BD} = \overline{CD}$$

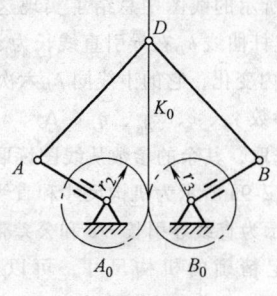

$$\overline{AA_0} = \overline{BB_0}$$

$$\overline{AD} = \overline{BD}$$

$$r_2 : r_3 = 1$$

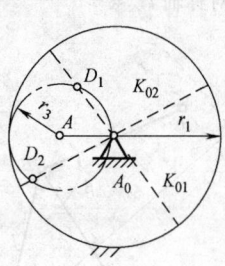

$$\overline{AA_0} = AD$$

$$\mid r_1 : r_3 = 2 \mid$$

（续）

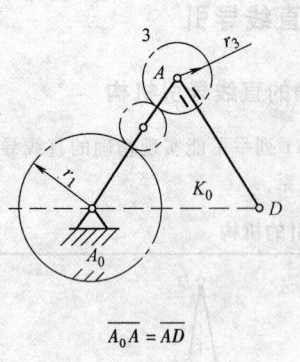

$$\overline{A_0A} = \overline{AD}$$

$$r_1 : r_3 = 2$$

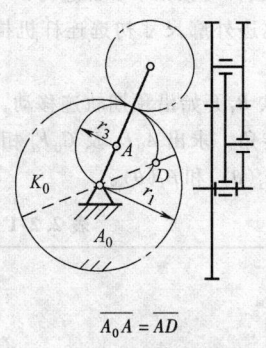

$$\overline{A_0A} = \overline{AD}$$

$$|r_1 : r_3 = 2|$$

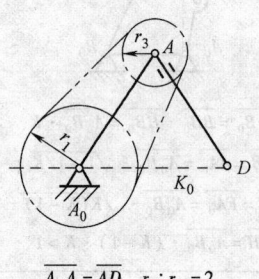

$$\overline{A_0A} = \overline{AD} \quad r_1 : r_3 = 2$$

## 2.2 近似直线导引机构

由于结构简单，近似直线导引机构的应用更为广泛，虽然可描出带有近似直线段连杆曲线的机构不胜枚举，但是实际应用较多的是如下类型的几种机构。

### 2.2.1 "λ" 形机构

"λ" 形四杆机构产生对称连杆曲线，如图 2.2-7 所示，即 $AB = BB_0 = BC = l$，连杆曲线的形状取决于 $a/d$、$l/d$ 及 $\beta$ 角，过 $B_0$ 作 $m$ 直线，使 $\angle A_0B_0m = \beta/2$，即连杆曲线的对称轴。

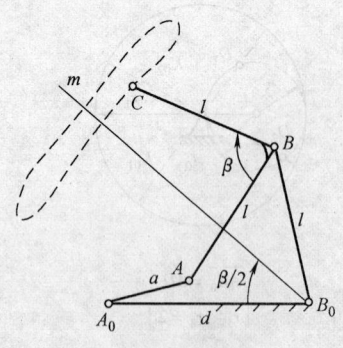

图 2.2-7

根据契贝舍夫最优逼近理论设计尺寸 $a/d$ 和 $l/d$，可使连杆曲线与直线六次相交，从而这段连杆曲线可近似于一段直线。

### 2.2.2 等腰铰链四杆机构

等腰铰链四杆机构是 "λ" 形四杆机构的同源机构，图 2.2-8a、b 所示分别为用对称四杆机构 $A_0ABB_0$ 的连杆 $D$ 以及罗伯茨三角导引杆和根据罗伯茨-契贝舍夫定理而派生出的尺寸 $\overline{A'C} = \overline{CD} = \overline{CC_0}$ 的等边机构所产生直线导引的机构简图。在图 2.2-9a 和图 2.2-9b 所示的线图中总结了实现这种要求的机构的参数。连杆曲线 $k_D$ 在导引直线长为 $s$ 和公差带宽为 $\Delta y$ 的范围内变化，它的中线同 $k_D$ 六次相交。

在机构参数 $y_A$、$c$、$x_{B_0}$、$\eta_D$、$\Delta y$、$s$、$\varphi_C$ 中，三个值可自由选取，其余的参数从线图读取，如图 2.2-9 所示。图 2.2-9a 所示为机构尺寸和直线导引角 $\varphi_C$，图 2.2-9b 所示为直线导引长 $s/c$ 和公差带宽 $\Delta y/c$。

为了确定精确的机构尺寸，可以采用下面的方程：

$$\frac{y_A}{c} = \frac{\eta_D}{c}\left(1 + 6\frac{x_{B_0}}{c}\right) \pm 2\sqrt{\frac{x_{B_0}}{c}\left(1 + 2\frac{x_{B_0}}{c}\right)\left[1 + 4\left(\frac{\eta_D}{c}\right)^2\right]}$$

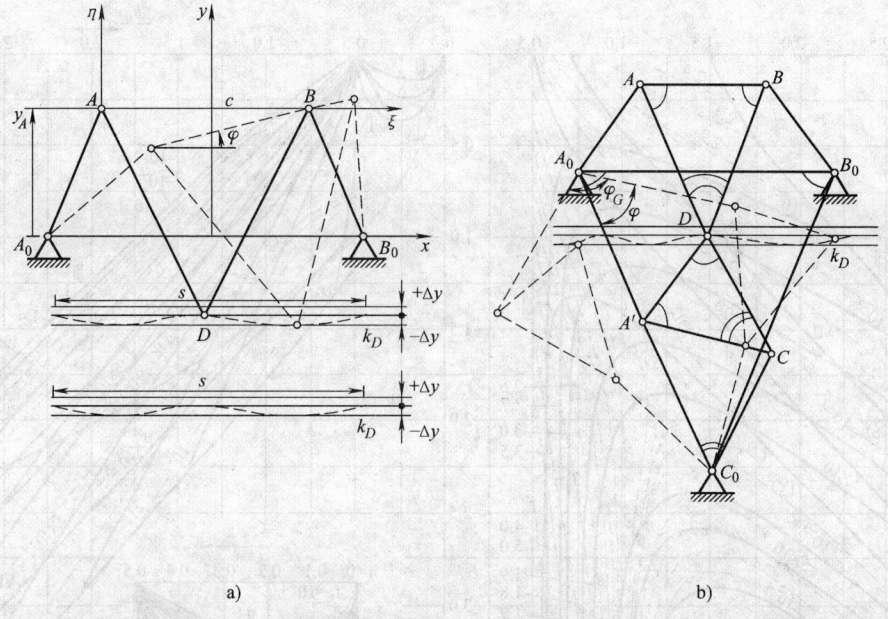

图 2.2-8   用于确定产生六点直线导引的直线导引机构的符号（连杆曲线 $k_D$ 未按比例）

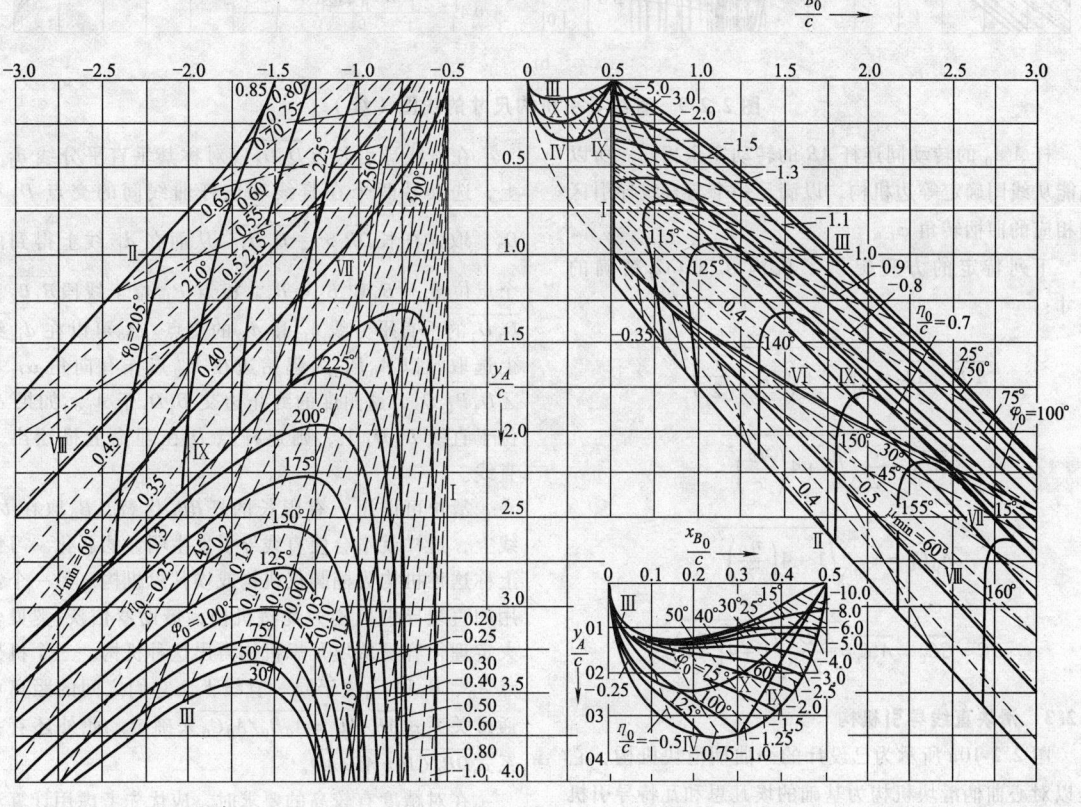

图 2.2-9   直线导引机构尺寸的线图

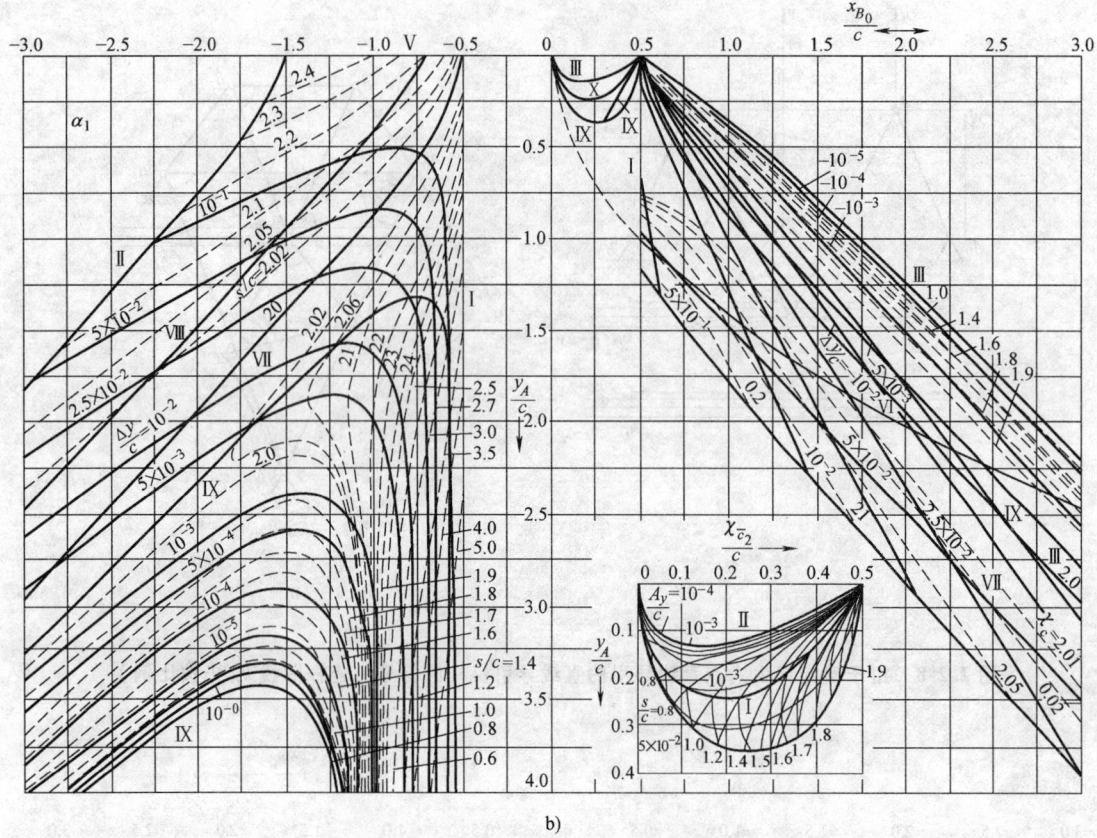

b)

**图 2.2-9 直线导引机构尺寸的线图（续）**

杆 $A'A_0$ 的转动同连杆 $AB$ 的转动完全相同。所以也能从线图确定等边机构，以满足一个与直线导引区间相应的曲柄转角 $\varphi_C$。

下列特定的方程提供了机构 $A_0\,A'\,CC_0$ 精确的尺寸：

$$\overline{A'D} = \overline{AA_0} = \sqrt{y_A^2 + \left(x_{B_0} - \frac{c}{2}\right)^2}$$

$$\overline{A'A} = \frac{c}{2}\sqrt{1 + 4\left(\frac{\eta_D}{c}\right)^2}$$

$$\overline{A_0C_0} = x_{B_0}\sqrt{1 + 4\left(\frac{\eta_D}{c}\right)^2}$$

$$\overline{DC} = \overline{CC_0} = \overline{A'C} = \frac{\overline{A'D}}{2}\sqrt{1 + 4\left(\frac{\eta_D}{c}\right)^2}$$

### 2.2.3 滑块直线导引机构

图 2.2-10a 所示为已设计的一曲柄滑块机构，它是以对心曲柄滑块机构为基础的埃凡思和瓦特导引机构的设计，使其连杆点 $D$ 所描绘的连杆曲线 $k_D$ 能同被近似的直线 $k_D^*$ 有 $D_1$ 到 $D_4$ 四个交点。

在直线导引长度 $\overline{D_1D_4}$（对称其垂直平分线 $d_{14}$）上，选取另两个在直线和连杆曲线间的交点 $D_2$ 和 $D_3$。取连杆长 $\overline{DB} > \frac{1}{2}\overline{D_1D_4}$，从而在 $d_{14}$ 线上得到两个点位 $B_1 \equiv B_4$ 和 $B_2 \equiv B_3$。极点 $P_{12}$ 位于线段 $\overline{B_1B_2}$ 和 $\overline{D_1D_2}$ 的垂直平分线 $b_{12}$ 和 $d_{12}$ 的交点。$A_0$ 可以在 $d_{14}$ 线上选取。以 $A_0P_{12}$ 为起始边在 $P_{12}$ 点作有向角 $\alpha_{12} = \angle D_1P_{12}D_2$，这角度的终止边 $B_1D_1$ 为 $A_1$。如果 $A_0$ 位于直线 $D_1D_4$ 上，则连杆点 $D$ 在理论上描绘出一直线。

滑块可以用一有限长的杆 $\overline{BB_0}$ 代替，$B_0$ 取在 $b_{12}$ 线上，这样就不会使直线导引发生明显的恶化。习惯上称这种机构为椭圆仪机构或埃凡思机构。另一个常用的直线导引机构为瓦特机构，借助罗伯茨-契贝舍夫定理很容易从埃凡思机构得出这种机构。三个机架点 $A_0$、$B_0$ 和 $C_0$ 位于同一直线上，它们之间的距离可通过关系式 $\overline{AB}/\overline{AD} = \overline{A_0B_0}/\overline{A_0C_0}$ 来确定。此外还有关系式 $\overline{DB}/\overline{CD} = \overline{AB}/\overline{AD}$。

在对精度有较高的要求时，应优先考虑用计算法来确定运动尺寸，而不是用图解法。在直线导引长度 $s$ 内连杆曲线 $k_D$（见图 2.2-10b）在宽为 $2\Delta x$ 的公差

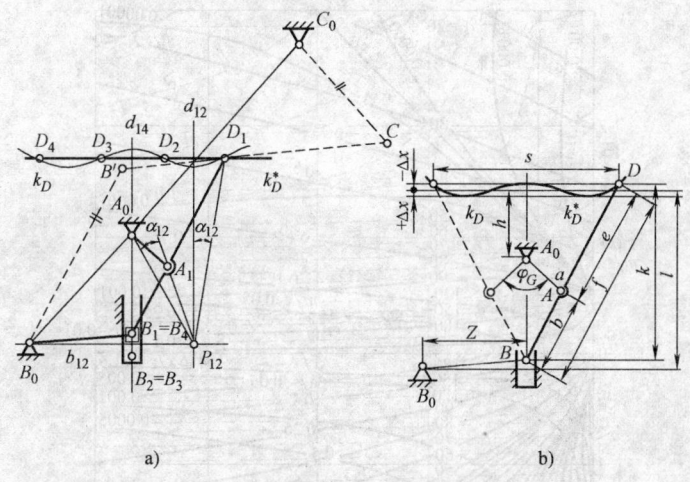

**图 2.2-10　用对心曲柄滑块机构实现直线导引**

带内变化。为简化，令：

$$m = a + b$$

$$k = \sqrt{f^2 - \left(\frac{s}{2}\right)^2}$$

$$f = b + e$$

则下列计算方程可供利用。

$$\Delta x = (f - m)\left(\frac{1}{2} - \frac{\sqrt{m(k - f + m)}}{|2m - f + k|}\right)$$

$$h = f - m - \Delta x$$

$$b = \frac{f}{2}\left(1 - \frac{f - m}{k + m}\right)$$

$$s = \frac{4}{e - b}\sqrt{e(b^2 - ae)(a - e)}$$

$$\sin\frac{\varphi_G}{2} = \left|\frac{bs}{2af}\right|$$

从参数 $s$、$\Delta x$、$a$、$b$、$f$、$k$ 和 $\varphi_G$ 中有三个参数可自由选择。因为对机构空间有决定性影响的是 $s$ 和 $f$ 值，所以先考虑这两个参数值是适当的。为了确定机构参数也可以采用图 2.2-11 中的线图。这里必须注意到，杆长 $a$、$b$ 和 $e$ 是带正负号的，表 2.2-2 所列举的方案可供我们参考。当用摆杆 $\overline{BB_0}$ 代替滑块时，余下的机构尺寸取决于自由选择的 $z$ 值，并可用下列公式来确定：

$$l = \frac{1}{2}(k + f)$$

$$\overline{BB_0} = z + \frac{(f - k)^2}{16z}$$

**表 2.2-2　用对心曲柄滑块机构产生直线导引的形式和杆长的符号**

| 简　图 | | | | |
|---|---|---|---|---|
| 方案 | I | II | III | IV |
| 符号 $a$ | + | + | − | + |
| 符号 $b$ | + | + | + | − |
| 符号 $e$ | + | + | − | + |

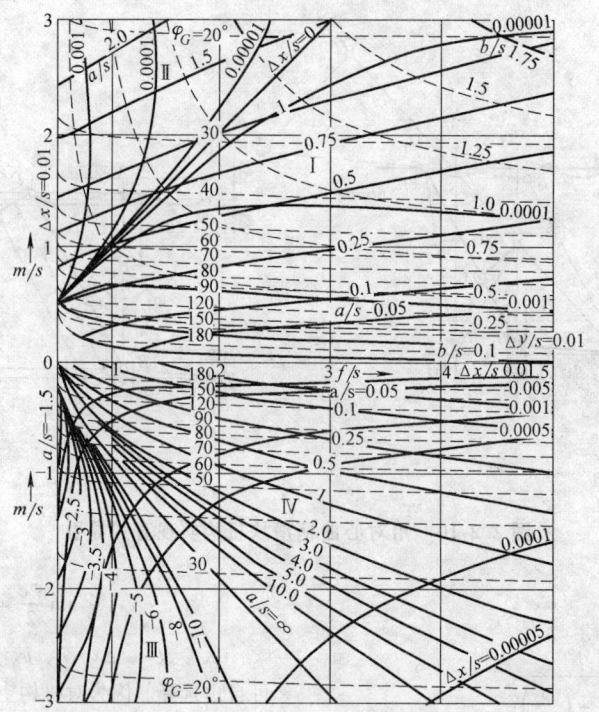

图 2.2-11　用图 2.2-10b 和表 2.2-2 所示对心曲柄滑块机构来
产生直线导引的计算用线图

### 2.2.4　曲柄导杆直线导引机构

图 2.2-12 所示为用对心曲柄导杆机构来产生直线导引的简图，图 2.2-12a 用于计算对心曲柄导杆机构的符号（连杆曲线 $k_D$ 未按比例），2.2-12b 为直线导引机构。在直线导引长度 $s$ 内连杆曲线 $k_D$ 在宽为 $2\Delta x$ 的公差带内变化，并与中线 $k_D^*$ 六次相交。

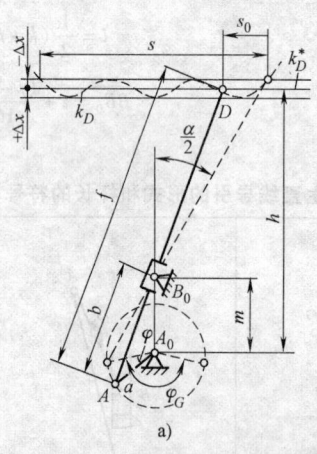

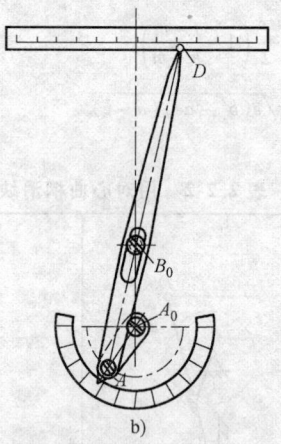

图 2.2-12　对心曲柄导杆机构的直线导引

取辅助值

$$b_1 = a + m$$

$$b_4 = \frac{1}{2}\left(2f - b_1 - \sqrt{b_1(4f - 3b_1)}\right)$$

则利用以下方程式可确定各机构参数。

$$f = 3m - a + \sqrt{8m(m - a)}$$

$$\Delta x = \frac{1}{16m}(b_1 - b_4)\left(\sqrt{b_1} - \sqrt{b_4}\right)^2$$

$$h = f - a + \Delta x$$

$$s = \frac{f - b_4}{a}\sqrt{2m^2 + 2a^2 - b_4^2 - \left(\frac{m^2 - a^2}{b_4}\right)^2}$$

$$\cos\frac{\varphi_G}{2} = \frac{b_1^2 - m^2 - a^2}{2am}$$

$$\cos\frac{\alpha}{2}=\frac{2(h+\Delta x-m)}{s}$$

根据上述关系所得到的所有可能的机构已综合在图 2.2-13 的线图中。$\frac{f}{a}$、$\frac{h}{a}$、$\frac{s}{a}$、$\frac{\Delta x}{s}$、$\varphi_G$ 和 $a$ 均表达为 $\frac{m}{a}=\overline{A_0 B_0}/\overline{A_0 A}$ 的函数。此外，还给出了在曲柄 $A_0 A$ 转角 $\varphi$ 和点 $D$ 沿已知直线 $k_D^*$ 的行程 $s_D$ 之间的不匀称系数

$$p=\left|\left(\frac{s_D}{s}-\frac{\varphi}{\varphi_G}\right)\right|_{\max}$$

有两个机构参数可自由选取。

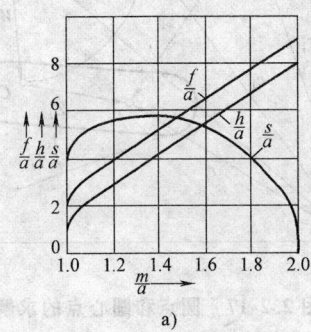

a)

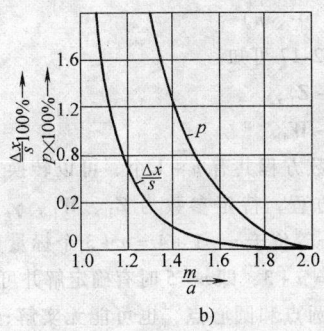

b)

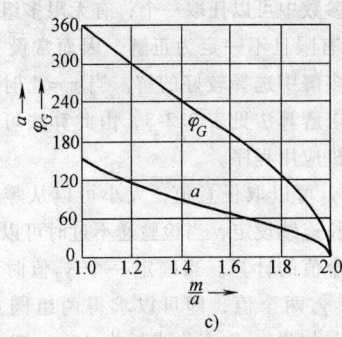

c)

**图 2.2-13　用图 2.2-12a 所示对心曲柄导杆机构来产生直线导引的设计图线**

a）机构尺寸，直线导引长 $s/a$　b）公差带 $\Delta x/s$ 的宽度，不匀称系数 $p$　c）角 $\varphi_G$ 和 $a$

图 2.2-12b 表示了这种机构的模型，当应用这机构于精密机械时，在 $B_0$ 用一固定销来代替滑块是完全可能的。

# 3　刚体导引机构

导引构件按照预期的顺序通过一系列位置运动的机构称为刚体导引机构。最简单的导引机构是铰链四杆机构，当四杆机构难以实现预期要求导引动作时，考虑使用六杆机构。

## 3.1　导引机构设计——图解法

设计运动简单的导引机构时，如果给定导引构件的两个或者三个运动位置，可以用图解法设计。

1. 给定动平面两个位置

当导引要求为给定动平面的两个位置时，图解法如图 2.2-14 所示。

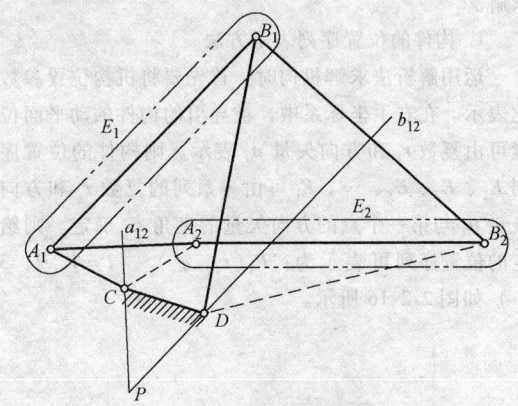

**图 2.2-14　给定两个位置的图解法**

1）在动平面上随意选择铰链的位置 $A_1$、$B_1$。

2）作 $\overline{A_1 A_2}$ 的中垂线 $a_{12}$ 和 $\overline{B_1 B_2}$ 中垂线 $b_{12}$。

3）在中垂线 $a_{12}$、$b_{12}$ 上选择合适的位置为固定铰链 $C$、$D$，$\overline{CD}$ 为固定机架，则 $A_1 B_1 CD$ 即为所求机构。

2. 给定动平面三个位置

当导引要求为给定动平面的三个位置时，图解法如图 2.2-15 所示。

1）在三个动平面上随意选择铰链的位置 $A_1$，$B_1$、$A_2$，$B_2$、$A_3$，$B_3$。

2）作 $\overline{A_1 A_2}$ 的中垂线 $a_{12}$ 和 $\overline{A_2 A_3}$ 中垂线 $a_{23}$，$a_{12}$、$a_{23}$ 的交点为固定铰链 $C$。

3）作 $\overline{B_1 B_2}$ 的中垂线 $b_{12}$ 和 $\overline{A_2 A_3}$ 中垂线 $b_{23}$，$b_{12}$、$b_{23}$ 的交点为固定铰链 $D$，则 $A_1 B_1 CD$ 即为所求机构。

## 3.2　导引机构设计——解析法

当给定三个以上位置序列时，运用图解法设计的

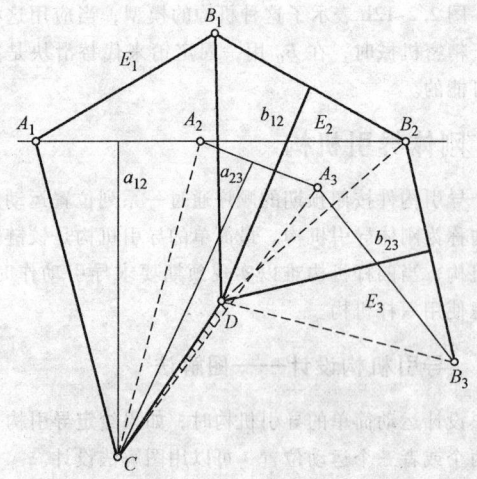

图 2.2-15　给定两个位置的图解法

作图过程过于复杂，可以采用解析法借助计算机求解。

1. 构件的位置序列表示方法

运用解析法求解机构时，首先要将机构位置参数化表示。在右手坐标系中，被导引的构件的动平面位置可由复数 $r_i$ 和方向矢量 $u_i$ 表示。则构件的位置序列 $E_1$、$E_2$、$E_3$、…、$E_i$ 可由一系列的复数 $r_i$ 和方向矢量 $u_i$ 与第一个点的方向矢量的夹角 $\varphi_i$ 确定。则给定的位置序列可表示为：$P_i(r_i, \varphi_i)$　（$i=1, 2, 3$…）如图 2.2-16 所示。

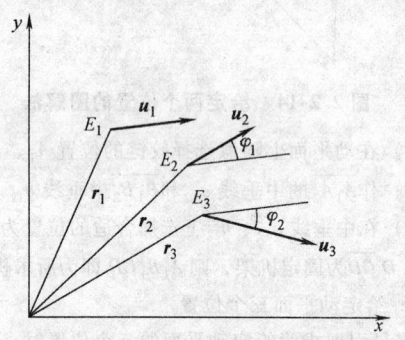

图 2.2-16　构件位置序列表示方法

2. 圆点及圆心点求解

导引机构的被导引构件上存在点 $C$，在构件经过给定的位置序列 $E_1$、$E_2$、$E_3$、…、$E_i$ 时，点 $C$ 的位置序列 $C_1$、$C_2$、$C_3$、…、$C_i$（$i=1, 2, 3, …, n$）在同一圆周上，则 $C$ 称为圆点，圆点处可以放置活动铰链。位置序列 $C_1$、$C_2$、$C_3$、…、$C_i$ 所在圆周圆心位置 $C_0$ 称为圆心点，在 $C_0$ 处可以放置固定铰链。$\overline{CC_0}$ 可作为导引机构的连架杆。

按照目标动作要求，被导引机构的运动路径可由

构件上的任选的一个定点 $P$ 的 $n$ 个位置确定，被导引构件的方位可由构件相对于第一点的 $n-1$ 方位角确定，其中最重要的是首末位置的方位角，路径中间的其他位置方位角可由运动过程中的其他约束条件确定。

任取右手坐标系，已知 $r_i$、$\varphi_i$（$i=1, 2, 3…n$）可由以下的复数方程求出圆点和圆心点。如图 2.2-17 所示。

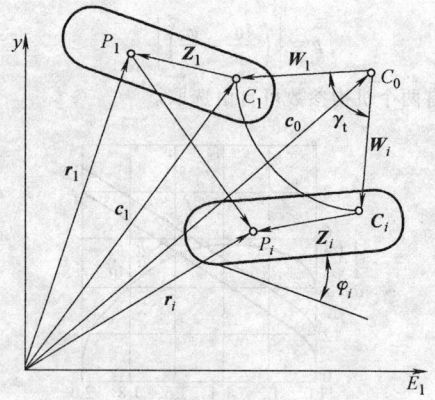

图 2.2-17　圆点和圆心点的求解

$$Z_1(e^{ir_i}-1)+W_1(e^{ir_i}-1)=\delta_i=r_i-r_1$$（其中：$i=1, 2, 3, …, n$）

由图 2.2-17 可知：

$c_1 = r_1 - Z_1$；

$c_0 = c_1 - W_1$。

上述复数方程共有 $n-1$ 个，可以转换为 $2(n-1)$ 个标量方程，待定参数为 $Z_1$、$W_1$、$\gamma_i$（$i=2, 3, …, n$），等价于 $n-1+4=n+3$ 个标量参数，故当 $2(n-1)=n+3$，即 $n=5$ 时有确定解并可以求得4组或者2组圆点和圆心点，也可能无实解；当 $n=4$ 时，待定参数中可以任取一个，有无限多组解。由于 $n=5$ 时解有限且不一定为正解，因而常设 $n=4$，可以在无限多解中选择较好的解。当 $n=4$ 时，圆点和圆心点的求解算法见表 2.2-3，由此算法可以方便地编写计算机应用程序。

参数 $\gamma_2$ 可以取任意值，大小可以从零开始，以确定的步长连续设定，当检验通不过时可以跳过此值继续下一个值的计算。当确定一个 $\gamma_2$ 值时，可以得到 $\gamma_3$ 和有 $\gamma_4$ 两个值，即可以求得两组圆点和圆心点。因此，如果 $\gamma_2$ 的变化步长为 $\Delta\gamma_2$，则 $\gamma_2$ 从0变化到360°过程中，共求得 $720/\Delta\gamma_2$ 组解。这些圆点的集合形成连杆平面上的一条三次曲线称为圆点曲线 $C^{1234}$，圆心点的集合形成平面上的一条三次曲线称为 $C_0^{1234}$。

**表 2.2-3 圆点及圆心点的计算算法**

| 步骤 | 计算结果 | 复数表达式 | 计 算 式 |
|---|---|---|---|
| 1 | 输入已知条件 | $r_i(i=1,2,3,4)$、$\varphi_i(i=2,3,4)$ | $x_1$、$y_1$、$x_2$、$y_2$、$x_3$、$y_3$、$x_4$、$y_4$、$\varphi_2$、$\varphi_3$、$\varphi_4$ |
| 2 | $\delta_i(i=2,3,4)$ | $\delta_i=r_i-r_1(i=2,3,4)$ | $\delta_{ix}=x_i-x_1,\ \delta_{iy}=y_i-y_1$ <br> $(i=2,3,4)$ |
| 3 | $\Delta_i(i=1,2,3,4)$ | $\Delta_2=(e^{i\varphi_4}-1)\delta_3-(e^{i\varphi_3}-1)\delta_4=\Delta_2 e^{i\mu_2}$ <br> $\Delta_3=(e^{i\varphi_2}-1)\delta_4-(e^{i\varphi_4}-1)\delta_2=\Delta_3 e^{i\mu_3}$ <br> $\Delta_4=(e^{i\varphi_4}-1)\delta_3-(e^{i\varphi_3}-1)\delta_4=\Delta_4 e^{i\mu_4}$ <br> $\Delta_1=\Delta_2+\Delta_3+\Delta_4=\Delta_4 e^{i\mu_1}$ | $C_i=\cos\varphi_i-1$ <br> $S_i=\sin\varphi_i(i=2,3,4)$ <br> $\Delta_{2x}=C_4\delta_{3x}-S_4\delta_{3y}-C_3\delta_{4x}+S_3\delta_{4y}$ <br> $\Delta_{2y}=C_4\delta_{3y}+S_4\delta_{3x}-C_3\delta_{4y}-S_3\delta_{4x}$ <br> $=C_2\delta_{4x}-S_2\delta_{4y}-C_4\delta_{2x}+S_4\delta_{2y}$ <br> $\Delta_{3y}=C_2\delta_{4y}+S_2\delta_{4x}-C_4\delta_{2y}-S_4\delta_{2x}$ <br> $\Delta_{4x}=C_3\delta_{2x}-S_3\delta_{2y}-C_2\delta_{2x}+S_2\delta_{3y}$ <br> $\Delta_{4y}=C_3\delta_{2y}+S_3\delta_{2x}-C_2\delta_{2y}-S_2\delta_{3x}$ <br> $\Delta_{1x}=\Delta_{2x}+\Delta_{3x}+\Delta_{4x}$ <br> $\Delta_{1y}=\Delta_{2y}+\Delta_{3y}+\Delta_{4y}$ <br> $\Delta_i=(\Delta_{ix}^2+\Delta_{iy}^2)^{\frac{1}{2}}\quad\mu_i=\arctan\left(\dfrac{\Delta_{iy}}{\Delta_{ix}}\right)$ <br> $(i=1,2,3,4)$ |
| 4 | 设定 $\gamma_2$ 计算 $\Delta$ | $\Delta=\Delta_1-\Delta_2 e^{i\gamma_2}=\Delta e^{i\mu}$ | $\Delta_x=\Delta_{1x}-\delta_{2x}\cos\gamma_2+\delta_{2y}\sin\gamma_2$ <br> $\Delta_y=\Delta_{1y}-\delta_{2x}\sin\gamma_2-\delta_{2y}\cos\gamma_2$ <br> $\Delta=(\Delta_x^2+\Delta_y^2)^{\frac{1}{2}}\quad\mu=\arctan\left(\dfrac{\Delta_y}{\Delta_x}\right)$ |
| 5 | 检验设定的 $\gamma_2$ 是否有解 | $\Delta<\Delta_3+\Delta_4,\Delta>\mid\Delta_3+\Delta_4\mid$ <br> 则设定的 $\gamma_2$ 有解 | — |
| 6 | $\gamma_3$、$\gamma_4$ | — | $\gamma_3=\mu-\mu_3\mp\theta_3$ <br> $\gamma_4=\mu-\mu_4\pm\theta_4$ <br> $\cos\theta_3=(\Delta^2+\Delta_4^2-\Delta_3^2)/(2\Delta\Delta_4)$ <br> $\cos\theta_4=(\Delta^2+\Delta_3^2-\Delta_4^2)/(2\Delta\Delta_3)$ |
| 7 | $Z_1$、$W_1$ | $Q=(e^{i\varphi_2}-1)(e^{i\gamma_3}-1)$ <br> $-(e^{i\gamma_3}-1)(e^{i\gamma_2}-1)$ <br> $L=(e^{i\gamma_3}-1)\delta_2-(e^{i\gamma_2}-1)\delta_3$ <br> $Z_1=L/Q$ <br> $W_1=-\Delta_4/Q$ | $S_{g2}=\sin\gamma_2\quad C_{g2}=\cos\gamma_2-1$ <br> $S_{g3}=\sin\gamma_3\quad C_{g3}=\cos\gamma_3-1$ <br> $Q_x=C_2 C_{g3}-S_2 S_{g3}-C_3 C_{g2}+S_3 S_{g2}$ <br> $Q_y=C_2 C_{g3}+S_2 C_{g3}-C_3 S_{g2}-S_3 C_{g2}$ <br> $L_x=\delta_{2x}C_{g3}-\delta_{2y}S_{g3}-\delta_{3x}C_{g2}+\delta_{3y}S_{g2}$ <br> $L_y=\delta_{2x}S_{g3}+\delta_{2y}C_{g3}-\delta_{3x}S_{g2}-\delta_{3y}C_{g2}$ <br> $Q=Q_x^2+Q_y^2$ <br> $Z_{1x}=(L_x Q_x+L_y Q_y)/Q$ <br> $Z_{1y}=(L_y Q_x-L_x Q_y)/Q$ <br> $W_{1x}=-(\Delta_{4x}Q_x+\Delta_{4y}Q_y)/Q$ <br> $W_{1y}=-(\Delta_{4y}Q_x-\Delta_{4x}Q_y)/Q$ |
| 8 | $C_0$、$C_1$ | $C_0=C_1-W_1$ <br> $C_1=r_1-Z_1$ | $C_{1x}=\delta_{1x}-Z_{1x},\ C_{1y}=\delta_{1y}-Z_{1y}$ <br> $C_{0x}=Z_{1x}-W_{1x},\ C_{0y}=Z_{1y}-W_{1y}$ |
| 9 | 输出结果 | — | $C_{0x}$、$C_{0y}$、$C_{1x}$、$C_{1y}$、$\gamma_2$、$\gamma_3$、$\gamma_4$ |

### 3. 顺序性及位置状态的一致性

根据上述方法，从圆点和圆心点曲线上任选两组圆点和圆心点（例如 $\overline{A_0A_1}$、$\overline{B_0B_1}$）作为连架杆形成铰链四杆机构 $A_0A_1B_0B_1$ 可以满足给定的位置序列要求，但是不一定可以满足设计要求。可能存在以下问题：

1）序列位置的顺序可能不对，也许希望的顺序为 $E_1$、$E_2$、$E_3$、$E_4$，设计机构的位置顺序可能为 $E_1$、$E_3$、$E_4$、$E_2$。为保证顺序的正确性，应该选择转角 $\gamma$ 为递增或者递减的连架杆为主动件，即 $\gamma_4 > \gamma_3 > \gamma_2$ 或者 $\gamma_4 < \gamma_3 < \gamma_2$ 的机构。

2）位置状态的不一致性。如图 2.2-18 所示，机构 $A_0A_1B_0B_1$ 满足连杆动平面的位置 $E_1$、$E_2$、$E_3$、$E_4$ 序列要求，但是机构运动过程中 $E_1$、$E_2$、$E_3$ 所对应的位置状态与 $E_4$ 所对应的位置状态不一致。在实际运动中，机构不可能使连杆平面通过所有四个位置。

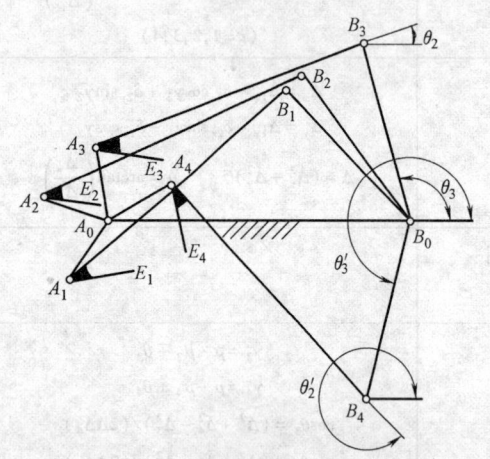

**图 2.2-18　位置状态不一致的设计**

当选定两连架杆后应进行一致性检验，如果给定的机构在经过位置序列时 $\sin(\theta_3 - \theta_2)$ 保持同号，则符合上述的 $\gamma_i$ 大小顺序，其中 $\theta_2$、$\theta_3$ 分别为连杆和从动件的位置角，如图 2.2-18 所示。

## 3.3　刚体的平行导引机构

### 3.3.1　直线平行导引机构

一般可以用两个相同的直线导引机构并联使用，图 2.2-19 所示的装置是由两个瓦特型近似直线机构组成平行导引车床刀架，在行程不大的情况下可替代导轨，用于车削产生大量粉尘的物料，图中 $A_0ABB_0$ 和 $C_0CDD_0$ 为两个瓦特直线机构，$E$、$F$ 为描迹点，刀架以转动副 $E$、$F$ 与这两个机构相连接。

### 3.3.2　曲线平行导引机构

一般可由两个描绘相同连杆曲线的四杆机构并联

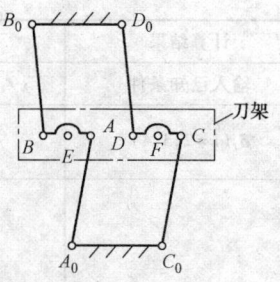

**图 2.2-19　车床刀架平移机构**

形成，图 2.2-20 列举了这种机构及其变形机构，广泛应用于工件及物料的平行运输装置。图 2.2-20 中各机构的 $D$ 及 $D'$ 点都描绘出全等的连杆曲线，从而使构件 $DD'$ 沿曲线轨迹平面平行移动。

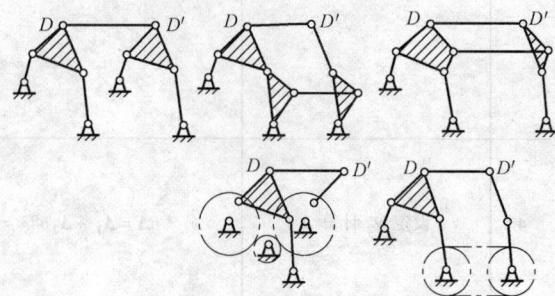

**图 2.2-20　并联曲线平行导引机构及其变形**

应用罗伯茨-契贝舍夫定理可以设计六杆曲线平行导引机构。

图 2.2-21a 所示为三个同源机构 $ABFI$、$IGJH$、$ACEH$，它们的连杆上 $D$ 点描出相同的连杆曲线。因为 $AB$ 与 $HJ$ 的角位移相等，把 $ABFI$ 移到 $A'B'F'I'$，并把构件 $HJ$ 和 $A'B'$ 固结，则 $D'$ 点与 $D$ 点的连杆曲线尺寸、形状、相位完全相同，故在 $DD'$ 间可以用带有两个转动副的构件连接起来，这就形成了 $IGJH$ 与 $I'F'B'A'$ 以 $DD'$ 连接的并联机构。这个机构有一个虚约束，故可以把 $IG$ 构件去掉得图 2.2-21b，或者把 $I'F'$ 去掉得图 2.2-21c。这两个机构可完成同样的导引，使 $DD'$ 构件进行曲线平行平面运动。显然，由图 2.2-21a 还可以找出另外四个不同的机构能完成相同的导引动作。

## 3.4　刚体转动的导引机构

构件的转动导引一般靠转动副约束实现，当结构上在转动轴线处不宜安装转动副时，可以用连杆机构近似或精确实现转动的导引。

### 3.4.1　精确的转动导引机构

由平行四杆机构为基础可形成精确的转动导引机

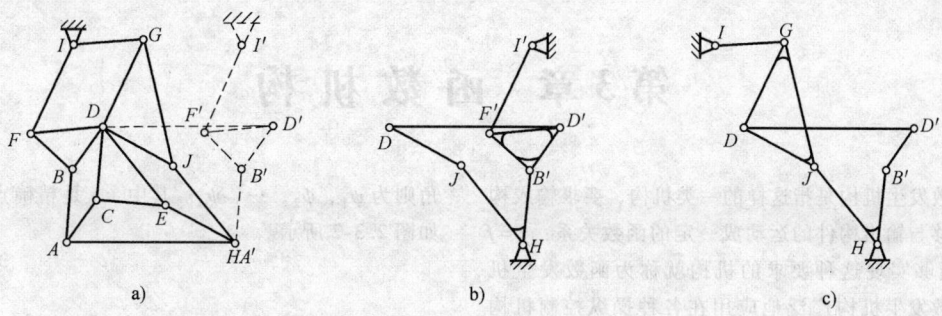

**图 2.2-21 六杆平行导引机构**

构．如图 2.2-22 所示。在飞机、船舶舱门启闭装置中应用。

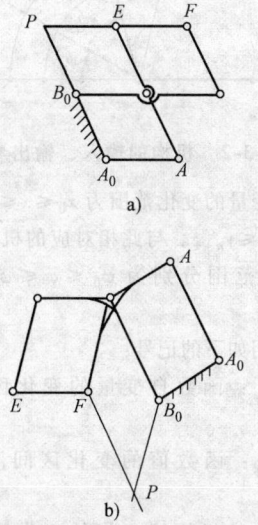

**图 2.2-22 精确的转动的导引**

由于从动件 $EF$ 的绝对瞬心 $P$ 是位置不变的点，所以当 $A_0A$ 转动时，$EF$ 杆绕 $P$ 点精确转动。

### 3.4.2 近似的转动导引机构

近似的转动导引机构一般可由能描出近似圆弧段连杆曲线的四杆机构，附加一个 $RRR$ 杆组形成。具体作法如图 2.2-23 所示。

1）选择一个能描出带有近似圆弧段连杆曲线的四杆机构 $A_0A_1B_1B_0$。$D$ 点连杆曲线上近似圆弧段的起点和终点为 $D_1$ 和 $D_3$，圆心为 $D_0$，则 $\angle D_1D_0D_3$ 为被导引构件的转角 $\delta$，$D$ 为被导引构件上的一个点。

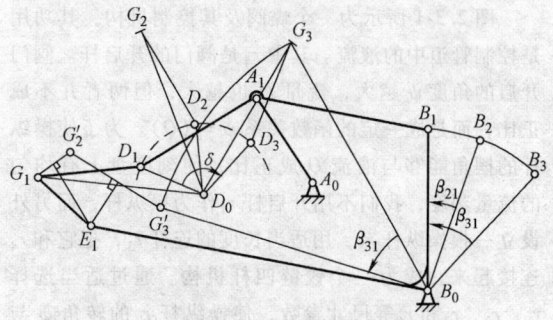

**图 2.2-23 近似转动导引机构**

2）在被导引构件上适当地选择另一点 $G$，作 $\triangle D_0D_1G_1 \cong \triangle D_0D_2G_2 \cong \triangle D_0D_3G_3$，从而决定了 $G_1$、$G_2$、$G_3$。

3）连 $B_0G_2$、$B_0G_3$ 使其分别转过 $-\beta_{12}$、$-\beta_{13}$ 角，得 $G_2'$、$G_3'$。$G_1'G_2'G_3'$ 所在圆的圆心为 $E_1$。

4）附加 $RRR$ 杆组为 $D_1G_1E_1$，这个机构当 $B_0B$ 转过 $\beta_{13}$ 角的过程中可导引 $D_1G_1$ 绕 $D_0$ 点转到 $D_3G_3$，即转过 $\delta$ 角。

# 第3章 函数机构

函数发生机构是指这样的一类机构，要求输入构件的位移与输出构件的运动成一定的函数关系：$y = f(x)$。能够实现这种要求的机构就称为函数发生机构。函数发生机构广泛地应用在各种操纵控制机构中。函数发生机构可以有不同的种类，如铰链四杆机构、曲柄滑块机构、六杆机构、齿轮五杆机构等。对于平面连杆函数机构，其输入和输出构件是两连杆架，他们可以是曲柄、摇杆或滑块。

## 1 函数发生机构在实际中的应用

图 2.3-1 所示为一个蝶阀及其控制机构，其功用是控制管道中的液流。其中 $r_4$ 是阀门的开启杆。阀门开启的角度 $\psi$ 越大，流量 $Q$ 也越大，但两者并不成正比，而是成一定的函数关系 $\psi = f(Q)$。为了使操纵杆的摆角能够与液流 $Q$ 成正比，使刻度盘上有均匀的流量刻度，我们不用开启杆 $r_4$ 作为操纵杆，而另外设立一根操纵杆 $r_2$，用适当长度的连杆 $r_3$，把它和 $r_4$ 连接起来，成为一个铰链四杆机构。通过适当选择 $r_1$、$r_2$、$r_3$ 和 $r_4$ 等尺寸参数，使操纵杆 $r_2$ 的转角 $\varphi$ 与开启杆 $r_4$ 的转角 $\psi$ 之间按照（或近似按照）上述的函数规律 $\psi = f(\varphi)$ 运动，就可以使 $\varphi$ 角与流量 $Q$ 成正比，从而使刻度盘上有均匀的流量刻度。

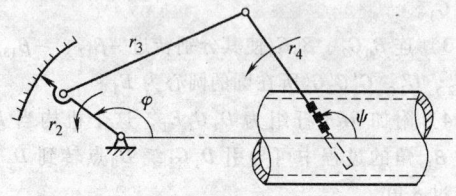

**图 2.3-1 蝶阀及其控制机构**

## 2 机构的输入参数、输出参数与给定函数的关系

根据给定函数 $y = f(x)$ 设计出来的函数发生机构，其实际发生的函数与给定的函数一般来说不可能做到完全一致，而只能在函数曲线上的若干个分离点上相吻合，这些点称为"精确点"。自变量在精确点处的值用 $x_1$，$x_2$，$\cdots$，$x_n$ 表示，其相应的输入杆位置的幅角记作 $\varphi_1$，$\varphi_2$，$\cdots$，$\varphi_n$。精确点处的函数值用 $y_1$，$y_2$，$\cdots$，$y_n$ 表示，而相应的输出杆位置的幅

角则为 $\psi_1$，$\psi_2$，$\cdots$，$\psi_n$。其中，$n$ 是精确点的个数。如图 2.3-2 所示。

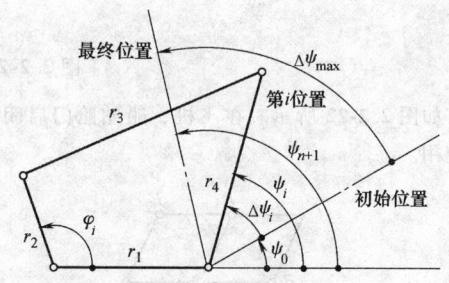

**图 2.3-2 机构的输入、输出参数图**

函数自变量的变化范围为 $x_0 \leqslant x \leqslant x_{n+1}$，相应的函数值 $y_0 \leqslant y \leqslant y_{n+1}$。与此相对应的机构输入杆和输出杆的工作范围分别为 $\varphi_0 \leqslant \varphi \leqslant \varphi_{n+1}$ 和 $\psi_0 \leqslant \psi \leqslant \psi_{n+1}$。

我们引用如下的记号：

1）$\Delta x_{max}$：函数自变量的变化区间，$\Delta x_{max} = x_{n+1} - x_0$。

2）$\Delta y_{max}$：函数值的变化区间，$\Delta y_{max} = y_{n+1} - y_0$。

3）$\Delta \varphi_{max}$：机构输入杆的工作区间，$\Delta \varphi_{max} = \varphi_{n+1} - \varphi_0$。

4）$\Delta \psi_{max}$：机构输出杆的工作区间，$\Delta \psi_{max} = \psi_{n+1} - \psi_0$。

其中，$\varphi_0$、$\psi_0$ 是机构输入杆和输出杆初始位置的幅角，称为初始角；$\varphi_{n+1}$、$\psi_{n+1}$ 是机构输入杆和输出杆最终位置的幅角。

输入杆的增量角，即输入杆在第 $i$ 个位置上相对其初始位置的转角，用 $\Delta \varphi_i$ 表示。输出杆的增量角则用 $\Delta \psi_i$ 表示，即：

$$\begin{aligned}
\Delta \varphi_1 &= \varphi_1 - \varphi_0 & \Delta \psi_1 &= \psi_1 - \psi_0 \\
\Delta \varphi_2 &= \varphi_2 - \varphi_0 & \Delta \psi_2 &= \psi_2 - \psi_0 \\
&\cdots\cdots & &\cdots\cdots \\
\Delta \varphi_n &= \varphi_n - \varphi_0 & \Delta \psi_n &= \psi_n - \psi_0
\end{aligned}$$

$$(2.3\text{-}1)$$

由于 $\varphi$ 正比于 $x$，$\psi$ 正比于 $y$，故有

$$\frac{\Delta \varphi_i}{x_i - x_0} = \frac{\Delta \varphi_{max}}{\Delta x_{max}} \qquad \frac{\Delta \psi_i}{y_i - y_0} = \frac{\Delta \psi_{max}}{\Delta y_{max}} \qquad i = 1, 2, \cdots, n$$

$$(2.3\text{-}2)$$

或者

$$\Delta\varphi_i = \frac{\Delta\varphi_{max}}{\Delta x_{max}}(x_i - x_0)$$

$$\Delta\psi_i = \frac{\Delta\psi_{max}}{\Delta y_{max}}(y_i - y_0)$$

$$i = 1,2,\cdots,n \qquad (2.3\text{-}3)$$

用比例因子 $R_\varphi$、$R_\psi$ 表示上式中的常数:

$$R_\varphi = \frac{\Delta\varphi_{max}}{\Delta x_{max}} \qquad R_\psi = \frac{\Delta\psi_{max}}{\Delta y_{max}} \qquad (2.3\text{-}4)$$

则式(2.3-3)变为

$$\Delta\varphi_i = R_\varphi(x_i - x_0) \qquad \Delta\psi_i = R_\psi(y_i - y_0)$$

$$(2.3\text{-}5)$$

## 3 函数精确点位置的确定

### 3.1 精确点与结构误差

函数机构所发生的实际函数与给定的函数 $f(x)$ 一般说来不可能做到完全一致,而只能在工作区间 $x_0 \le x \le x_{n+1}$ 之内做到一定的逼近。通常把给定的函数(即希望实现的函数)$f(x)$ 称为"被逼近函数",而把连杆机构实际发生的函数(例如铰链四杆机构从动杆转角与主动杆转角之间的函数关系)$F(x)$ 称为"逼近函数"。显然,机构实际发生的函数与机构的尺寸参数有关。函数 $f(x)$ 与 $F(x)$ 之间的误差称为结构误差,以 $R(x)$ 表示(见图2.3-3a)

$$R(x) = f(x) - F(x)$$

通常,在设计中,总可以选择若干个精确点 $x_1$,$x_2$,$\cdots$,$x_n$,使设计出来的机构在这些点处的结构误差为零(见图2.3-3b)。精确点的个数与机构综合中待确定的参数个数相等。对于铰链四杆的函数发生机构来说,最多的精确点个数是5个。

### 3.2 结构误差的契贝舍夫多项式

虽然结构误差不可避免,但却可以设法把它降低到最小。结构误差的大小与设计时精确点 $x_1$,$x_2$,$\cdots$,$x_n$ 位置选择的是否恰当有很大的关系。因此,怎样在工作区间 $x_0 \le x \le x_{n+1}$ 内合理配置精确点的位置,便是函数机构综合中首先需要解决的一个重要问题。

一般说来,相对于自变量 $x$ 的结构误差曲线的形状如图2.3-3b所示(图中是3个精确点的情形),即在精确点 $x_1$,$x_2$,$\cdots$,$x_n$ 处的误差为零,而在每两个精确点之间的误差达到最大和最小值。

在整个工作区间内,若要求误差 $R(x)$ 保持最小,则各精确点位置的配置应使得误差曲线具有形如

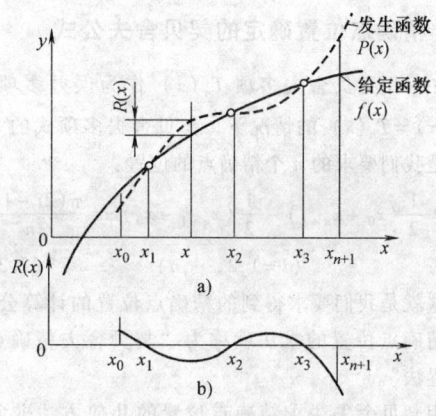

图2.3-3 结构误差

图2.3-4所示的形状。即:所有误差最大值、最小值及区间的两个端点处的误差值,其绝对值的大小相等。要完全做到这一点比较困难,因为它与具体的给定函数和机构有关。但是,作为第一步的逼近,可以采用如下的方法。

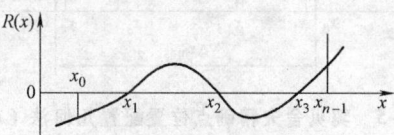

图2.3-4 误差曲线

首先,假定被逼近的函数 $f(x)$ 是 $n$ 次多项式,逼近函数 $F(x)$ 是 $n-1$ 次多项式,则两者之差也就是结构误差 $R(x)$,也必定是一个 $n$ 次多项式,可以表达为

$$R(x) = KP(x)$$

其中,$K$ 为常数,而

$$P(x) = (x-x_1)(x-x_2)\cdots(x-x_n) \qquad (2.3\text{-}6)$$

其中,$x_1$,$x_2$,$\cdots$,$x_n$ 是精确点。

这样一来,精确点位置配置的问题就归结为如何寻找一个误差多项式 $R(x)$,使它在各精确点处具有零值,而在各精确点之间处的最大值和最小值,以及在整个工作区间的两端处的值的绝对值大小相等。采用三角多项式作为 $R(x)$ 可以大体满足这一要求。俄国机构学家契贝舍夫首次引用三角多项式 $T_n(x)$ 作为结构误差的多项式,故这种误差多项式称为契贝舍夫多项式:

$$T_n(x) = (x_{n+1}-x_0)^n 2^{1-n}\cos\left(n\,\text{arccos}\,\frac{x-a}{x_{n+1}-x_0}\right)$$

$$(2.3\text{-}7)$$

其中,$a = \frac{1}{2}(x_0 + x_{n+1})$

## 3.3　精确点位置确定的契贝舍夫公式

在采用契贝舍夫多项 $T_n(x)$ 作为误差多项式，即 $P(x) = T_n(x)$ 的情况下，契贝舍夫多项式的 $n$ 个根就是我们要求的 $n$ 个精确点的位置：

$$x_i = \frac{1}{2}(x_0 + x_{n+1}) - \frac{1}{2}(x_{n+1} - x_0)\cos\frac{\pi(2i-1)}{2n}$$
$$(i = 1, 2, \cdots, n) \qquad (2.3\text{-}8)$$

这就是我们要求得到的精确点位置的计算公式。这种精确点位置的求法就称为"契贝舍夫精确点位置配置法"。

用契贝舍夫法求精确点位置的几何方法非常简便，如图 2.3-5 所示。

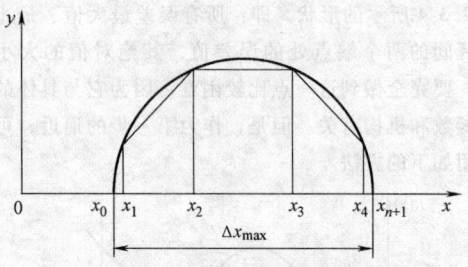

**图 2.3-5　契贝舍夫精确点位置配置几何法（$n = 4$）**

其步骤如下：

1）沿 $x$ 轴取工作区间 $[x_0, x_{n+1}]$ 的中间点（即 $(x_0 + x_{n+1})/2$）为圆心，以区间的一半为半径 $R = (x_{n+1} - x_0)/2$ 作圆。

2）在圆内作一个边数为 $2n$ 的内接正多边形（注意多边形的一对边应与 $x$ 轴相垂直，则该多边形各顶点在 $x$ 轴上的投影，就是各精确点 $x_1$, $x_2$, $\cdots$, $x_n$ 的位置。

**【例1】**　设要求发生的函数为 $y = \lg x$，自变量的变化范围 $1 \le x \le 2$，4 个精确点。试用契贝舍夫方法确定 4 个精确点的位置。

**【解】**　根据精确点位置的计算公式（2.3-8）

$$x_i = \frac{1}{2}(x_0 + x_{n+1}) - \frac{1}{2}(x_{n+1} - x_0)\cos\frac{\pi(2i-1)}{2n}$$
$$(i = 1, 2, \cdots, n)$$

将 $n = 4$、$x_0 = 1$、$x_{n+1} = 2$ 代入上式，可以求得 4 个精确点的位置 $x_i$ 及其相应的函数值 $y_i$ 如下

$$x_1 = 1.03806 \qquad y_1 = 0.016222$$
$$x_2 = 1.308658 \qquad y_2 = 0.116826$$
$$x_2 = 1.308658 \qquad y_2 = 0.116826$$
$$x_4 = 1.9619398 \qquad y_4 = 0.2926857$$

## 3.4　获得最优结构误差的方法

契贝舍夫方法是一种初步逼近的方法，它不能完全保证设计结果的误差最小。要真正实现把结构误差降到最小的目标，还必须进行反复的试验计算。其过程如下：

1）先用契贝舍夫方法确定精确点的位置。

2）进行机构的尺寸综合。

3）对机构进行分析，即比较 $f(x)$ 与 $F(x)$ 之间的差值，也就是结构误差。

4）画出结构误差线图（见图 2.3-3b），在误差最大的地方将两个精确点适当靠近，然后再返回上述第二步。

这一过程可以重复多次，直至所有的最大和最小的结构误差，以及工作区间两端处的结构误差的绝对值都相等为止。这个计算过程相当麻烦而冗长，需编成程序由计算机自动进行。

## 4　函数发生机构的综合方程式和精确点个数

图 2.3-6 所示为一个函数发生的铰链四杆机构。连架杆 $r_2$ 是输入杆，其幅角为 $\varphi$，连架杆 $r_4$ 是输出杆，其幅角为 $\psi$。用 $\varphi_1$ 和 $\psi_1$ 表示在第一个精确点位置的幅角，用 $\varphi_i$ 和 $\psi_i$ 表示在第 $i$ 个精确点位置的幅角。用 $\Delta\varphi_i$ 和 $\Delta\psi_i$ 表示第 $i$ 个精确位置相对于初始位置的增量角。

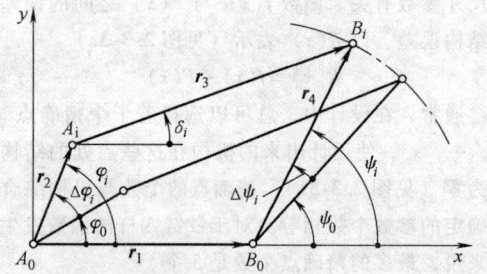

**图 2.3-6　铰链四杆机构**

取坐标系 $xA_0y$ 如图 2.3-6 所示，即 $x$ 轴沿机架 $r_1$ 的方向。将机构的各杆看作矢量，并规定它们的正向然后写出它们的矢量环封闭方程式：

$$r_2 + r_3 - r_4 - r_1 = 0 \qquad (2.3\text{-}9)$$

当机构处在第 $i$ 个精确点的位置时，式（2.3-9）在 $x$、$y$ 轴上的投影分别为

$$r_2\cos(\varphi_0 + \Delta\varphi_i) + r_3\cos\delta_i - r_4\cos(\psi_0 + \Delta\psi_i) - r_1 = 0$$
$$r_2\sin(\varphi_0 + \Delta\varphi_i) + r_3\sin\delta_i - r_4\sin(\psi_0 + \Delta\psi_i) = 0$$
$$(i = 1, 2, \cdots, n) \qquad (2.3\text{-}10)$$

由以上两式消去连杆 $r_3$ 的幅角 $\delta_i$，可得：

$$-\frac{r_3^2 - r_1^2 - r_2^2 - r_4^2}{2r_2r_4} - \frac{r_1}{r_4}\cos(\varphi_0 + \Delta\varphi_i) + \frac{r_1}{r_2}$$

$$\cos(\psi_0 + \Delta\psi_i) - \cos(\varphi_0 - \psi_0 + \Delta\varphi_i - \Delta\psi_i) = 0$$
$$(i = 1, 2, \cdots, n) \qquad (2.3\text{-}11)$$

这就是函数发生机构的综合方程式。

在（2.3-11）式中，增量角 $\Delta\varphi_i$ 和 $\Delta\psi_i$ 可以根据给定的函数关系，通过契贝舍夫方法求得精确点的位置，然后由式（2.3-5）求得，式中的未知数是各杆长度和两个连架杆的初始角 $\varphi_0$ 和 $\psi_0$。由于机构发生的函数只与各杆的杆长比有关，而与各杆的绝对尺寸无关，故四个杆长尺寸（$r_1$、$r_2$、$r_3$、$r_4$）中只有三个

是独立的。因此，式（2.3-11）中的未知数共有5个。

当精确点数 $n = 3$ 时，由式（2.3-11）可得到3个方程式。因此，方程组中的5个未知数中有两个可以任意给定（一般为 $\varphi_0$ 和 $\psi_0$）。当精确点数 $n = 4$ 时，由式（2.3-11）可以得到四个方程式。因此方程组中的5个未知数只能任意给定一个（例如 $\varphi_0$ 或 $\psi_0$）。当精确点数 $n = 5$ 时，式（2.3-11）中有5个方程式，包含5个未知数，故没有可以任选的参数。表2.3-1列出了上述推论的结果。

**表 2.3-1　函数发生铰链四杆机构综合中，精确点个数与任选参数个数的关系**

| 精确点数 $n$ | 方程式数 | 机构参数 | 任选参数个数 | 待求参数 |
|---|---|---|---|---|
| 3 | 3 | 5 | 2($\varphi_0, \psi_0$) | 3 |
| 4 | 4 | 5 | 1($\varphi_0$ 或 $\psi_0$) | 4 |
| 5 | 5 | 5 | 0 | 5 |

由上述的推论可知：用铰链四杆机构作为函数发生机构，最多可以给定5个精确位置。

## 5　铰链四杆机构综合举例

### 5.1　三个精确点函数发生机构的综合

假定我们要设计一个铰链四杆机构，来实现给定的函数

$$y = f(x) \qquad (x_0 \leqslant x \leqslant x_{n+1})$$

在给定精确点个数 $n = 3$（即三位置）的情况下，可以按照契贝舍夫方法，求得工作区间内的三个精确点 $x_1$、$x_2$、$x_3$ 和相应的函数值 $y_1$、$y_2$、$y_3$。在适当选择输入杆与输出杆的工作范围 $\Delta\varphi_{max}$ 和 $\Delta\psi_{max}$ 之后，即可根据式（2.3-4）、（2.3-5）求得在三个精确位置处输入杆与输出杆的增量角 $\Delta\varphi_i$ 和 $\Delta\psi_i$（$i = 1, 2, 3$）。

当位置数 $n = 3$ 时，初始角 $\varphi_0$ 和 $\psi_0$ 可以任意选择。综合方程式（2.3-11）中的未知数是四个杆长尺寸 $r_1$、$r_2$、$r_3$ 和 $r_4$ 中的3个。这4个尺寸中有一个可任意给定，设为机架 $r_1$。

将式（2.3-11）加以整理，即将式中的已知量和未知量加以分开，可得

$$-\frac{r_1}{r_4}\cos(\varphi_0 + \Delta\varphi_i) + \frac{r_1}{r_2}\cos(\psi_0 + \Delta\psi_i)$$
$$-\frac{r_3^2 - r_1^2 - r_2^2 - r_4^2}{2r_2 r_4} = \cos(\varphi_0 - \psi_0 + \Delta\varphi_i - \Delta\psi_i)$$
$$(i = 1, 2, 3) \qquad (2.3\text{-}12)$$

引入新的未知量：

$$K_1 = \frac{r_1}{r_4}$$
$$K_2 = \frac{r_1}{r_2} \qquad (2.3\text{-}13)$$
$$K_3 = \frac{-r_3^2 + r_1^2 + r_2^2 + r_4^2}{2r_2 r_4}$$

则式（2.3-12）成为

$$-K_1\cos(\varphi_0 + \Delta\varphi_i) + K_2\cos(\psi_0 + \Delta\psi_i) + K_3$$
$$= \cos(\varphi_0 - \psi_0 + \Delta\varphi_i - \Delta\psi_i)\ i = 1,2,3$$
$$(2.3\text{-}14)$$

这是一个线性方程组，用如下的符号表示式（2.3-14）中的已知量：

$$f_{1i} = -\cos(\varphi_0 + \Delta\varphi_i)$$
$$f_{2i} = \cos(\psi_0 + \Delta\psi_i)$$
$$f_{3i} = 1 \qquad (i = 1, 2, 3)$$
$$F_i = \cos(\varphi_0 - \psi_0 + \Delta\varphi_i - \Delta\psi_i)$$
$$(2.3\text{-}15)$$

则公式也可以写作：

$$\begin{bmatrix} f_{11} & f_{21} & f_{31} \\ f_{12} & f_{22} & f_{32} \\ f_{13} & f_{23} & f_{33} \end{bmatrix}\begin{bmatrix} K_1 \\ K_2 \\ K_3 \end{bmatrix} = \begin{bmatrix} F_1 \\ F_2 \\ F_3 \end{bmatrix} \qquad (2.3\text{-}16)$$

在求得 $K_1$、$K_2$ 和 $K_3$ 之后，按照式（2.3-13），可以由如下公式求各杆尺寸。

$$r_4 = \frac{r_1}{K_1}$$
$$r_2 = \frac{r_1}{K_2} \qquad (2.3\text{-}17)$$
$$r_3 = \sqrt{r_1^2 + r_2^2 + r_4^2 - 2r_2 r_4 K_3}$$

【例2】　设计一个三个精确位置的铰链四杆机构，来发生函数 $y = \sin x$。其中 $0° \leqslant x \leqslant 90°$，主动杆 $r_2$ 的运动范围是 $\Delta \varphi_{max} = 120°$，从动杆 $r_4$ 的运动范围 $\Delta \psi_{max} = 60°$。取机架长度为一个单位，即 $r_1 = 1$。由本节可知，对于三个精确点的设计，还应给定主动杆和从动杆的初始角 $\varphi_0$ 和 $\psi_0$。假设取 $\varphi_0 = 97°$、$\psi_0 = 60°$。

【解】　1）用契贝舍夫方法（见式（2.3-8））确定在区间 $0° \leqslant x \leqslant 90°$ 内各精确点的位置（在本例中 $n = 3$、$x_0 = 0°$、$x_{n+1} = x_4 = 90°$）。得各精确点位置 $x_i$ 及相应的函数值 $y_i$ 如下（$i = 1,2,3$）：

$$x_1 = 6.02886° \qquad y_1 = 0.105029$$
$$x_2 = 45° \qquad y_2 = 0.707107$$
$$x_3 = 83.9712° \qquad y_3 = 0.994469$$

2）由式（2.3-4）和式（2.3-5）计算主动杆、从动杆在各精确位置处的增量角 $\Delta \varphi_i$ 和 $\Delta \psi_i$

$$\Delta \varphi_1 = 8.03848° \qquad \Delta \psi_1 = 6.30176°$$
$$\Delta \varphi_2 = 60° \qquad \Delta \psi_2 = 42.4264°$$
$$\Delta \varphi_3 = 111.962° \qquad \Delta \psi_3 = 59.6682°$$

3）按式（2.3-15）计算系数 $f_{0i}$，$f_{1i}$，$f_{2i}$ 和 $F_i$（$i = 1,2,3$），得到线性方程组：

$$\begin{bmatrix} 0.259467 & 0.40191965 \\ 0.92050485 & -0.21518532 \\ 0.87494105 & -0.49497649 \end{bmatrix} \begin{bmatrix} K_1 \\ K_2 \\ K_3 \end{bmatrix} = \begin{bmatrix} 0.78002954 \\ 0.57965669 \\ 0.012325203 \end{bmatrix}$$

4）解以上线性方程组，求得：

$K_1 = 1.38002$、$K_2 = 1.80296$、$K_3 = 0.302686$

5）按式（2.3-17）计算各杆尺寸（给定 $r_1 = 1$）为

$$r_2 = 0.554643,\ r_3 = 1.26072,\ r_4 = 0.724628$$

以上计算均由计算机自动进行。所求得的函数发生机构如图 2.3-7 所示。

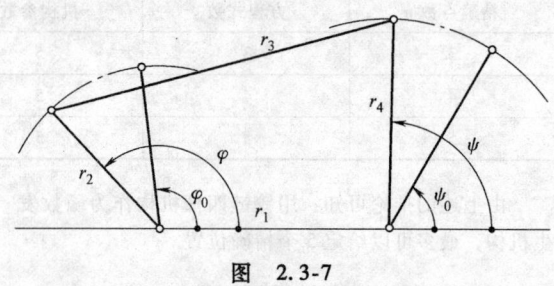

图　2.3-7

在工作范围 $0° \leqslant x \leqslant 90°$ 之内取 21 个点进行计算，其结果见表 2.3-2。

表 2.3-2　三个精确点、正弦函数发生机构的误差分析

| $x/(°)$ | $\varphi/(°)$ | $\psi/(°)$ | $\sin x$ | $y_{mec}$ | $y_{mec} - \sin x$ | $x/(°)$ | $\varphi/(°)$ | $\psi/(°)$ | $\sin x$ | $y_{mec}$ | $y_{mec} - \sin x$ |
|---|---|---|---|---|---|---|---|---|---|---|---|
| 0 | 97 | 59.16 | 0.0000 | -0.0140 | -0.0140 | 49.5 | 163 | 105.45 | 0.7604 | 0.7575 | -0.0029 |
| 4.5 | 103 | 64.53 | 0.0785 | 0.0756 | -0.0029 | 54 | 169 | 108.22 | 0.8090 | 0.8037 | -0.0053 |
| 9 | 109 | 69.66 | 0.1564 | 0.1610 | 0.0046 | 58.5 | 175 | 110.73 | 0.8526 | 0.8455 | -0.0072 |
| 13.5 | 115 | 74.55 | 0.2334 | 0.2424 | 0.0090 | 63 | 181 | 112.96 | 0.8910 | 0.8827 | -0.0083 |
| 18 | 121 | 79.21 | 0.3090 | 0.3202 | 0.0112 | 67.5 | 187 | 114.91 | 0.9239 | 0.9152 | -0.0087 |
| 22.5 | 127 | 83.65 | 0.3827 | 0.3942 | 0.0115 | 72 | 193 | 116.59 | 0.9511 | 0.9432 | -0.0078 |
| 27 | 133 | 87.87 | 0.4540 | 0.4645 | 0.0105 | 76.5 | 199 | 117.99 | 0.9724 | 0.9664 | -0.0059 |
| 31.5 | 139 | 91.86 | 0.5225 | 0.5310 | 0.0085 | 81 | 205 | 119.09 | 0.9877 | 0.9849 | -0.0028 |
| 36 | 145 | 95.62 | 0.5878 | 0.5937 | 0.0059 | 85.5 | 211 | 119.91 | 0.9969 | 0.9986 | 0.0017 |
| 40.5 | 151 | 99.15 | 0.6494 | 0.6525 | 0.0030 | 90 | 217 | 120.44 | 1.0000 | 1.0074 | 0.0074 |
| 45 | 157 | 102.43 | 0.7071 | 0.7071 | 0.0000 | | | | | | |

表中最后一列是结构误差，即由机构产生的函数值 $y_{mec}$ 与要求的函数值 $\sin x$ 的差值。由表可见，在精确点处误差消失。最大的结构误差发生在 $x = 0°$ 处，其值为 0.0140，相当于 $y$ 值变化范围的 1.4%。

用解析法综合机构，在计算上可以达到任意的准确度，消除了作图法的误差。但是，解析法不能消除结构误差以及机构中因间隙及杆件变形造成的误差。

【例3】　设计一个三个精确点的铰链四杆机构，来发生函数 $y = \lg x$（$1 \leqslant x \leqslant 2$）。取主动杆和从动杆的运动范围 $\Delta \varphi_{max} = 60°$ 和 $\Delta \psi_{max} = 60°$，机架长度 $r_1 = 1$。

【解】　以下的计算过程均由计算机自动进行，故我们将不详述每一个具体步骤，具体步骤可参看例2。

首先，由契贝舍夫方法，可以算出三个精确点及共相应的函数值：

$$x_1 = 1.06699 \qquad y_1 = 0.0281592$$
$$x_2 = 1.5 \qquad y_2 = 0.176092$$
$$x_3 = 1.93301 \qquad y_3 = 0.286235$$

主动杆及从动杆的增量角为

$$\Delta\varphi_1 = 4.01924° \qquad \Delta\psi_1 = 5.61257°$$
$$\Delta\varphi_2 = 30° \qquad \Delta\psi_2 = 35.0978°$$
$$\Delta\varphi_3 = 55.9808° \qquad \Delta\psi_3 = 57.0511°$$

对于三个精确点（$n = 3$）的函数机构综合问题，必须给定主动杆和从动杆的初始角。这里取 $\varphi_0 = 0°$ 和 $\psi_0 = 0°$，则由计算机计算的结果的机构尺寸为

$$r_1 = 1 \qquad r_2 = 11.4361$$
$$r_3 = 0.643453 \qquad r_4 = 11.0411$$

由计算结果得到的这个机构，具有两根很长的杆和两根相对很短的杆，杆长比很悬殊（最长杆与最短杆之比将近 18）。力的传递质量极差，不能应用。

重新选择主动杆与从动杆的初始角。令 $\varphi_0 = 41°$、$\psi_0 = -6°$，重新进行计算，可得机构的尺寸为

$$r_1 = 1 \qquad r_2 = 0.989375$$
$$r_3 = 2.64523 \qquad r_4 = 2.24617$$

这个铰链四杆机构的图形如图 2.3-8 所示。

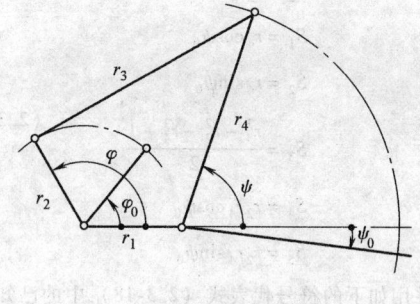

图 2.3-8

对这个机构的精确度的分析结果见表 2.3-3，从中可知机构在三个精确点处的结构误差确实为零；最大的结构误差发生在 $x = 1$ 处，其值为 0.0031。这个结构误差是 $y$ 值变化范围的 1.03%。

**表 2.3-3　三个精确点、对数函数发生机构的误差分析**

| $x/(°)$ | $\varphi/(°)$ | $\psi/(°)$ | $\lg x$ | $y_{mec}$ | $y_{mec} - \lg x$ | $x/(°)$ | $\varphi/(°)$ | $\psi/(°)$ | $\lg x$ | $y_{mec}$ | $y_{mec} - \lg x$ |
|---|---|---|---|---|---|---|---|---|---|---|---|
| 1 | 41 | − 6.62 | 0.0000 | − 0.0031 | − 0.0031 | 1.55 | 74 | 31.88 | 0.1903 | 0.1900 | − 0.0003 |
| 1.05 | 44 | − 1.89 | 0.0212 | 0.0206 | − 0.0006 | 1.6 | 77 | 34.58 | 0.2041 | 0.2036 | − 0.0005 |
| 1.1 | 47 | 2.42 | 0.0414 | 0.0422 | 0.0008 | 1.65 | 80 | 37.20 | 0.2175 | 0.2168 | − 0.0007 |
| 1.15 | 50 | 6.41 | 0.0607 | 0.0623 | 0.0016 | 1.7 | 83 | 39.77 | 0.2304 | 0.2296 | − 0.0008 |
| 1.2 | 53 | 10.14 | 0.0792 | 0.0810 | 0.0018 | 1.75 | 86 | 42.28 | 0.2430 | 0.2422 | − 0.0008 |
| 1.25 | 56 | 13.67 | 0.0969 | 0.0987 | 0.0018 | 1.8 | 89 | 44.74 | 0.2553 | 0.2546 | − 0.0007 |
| 1.3 | 59 | 17.01 | 0.1139 | 0.1155 | 0.0015 | 1.85 | 92 | 47.15 | 0.2672 | 0.2667 | − 0.0005 |
| 1.35 | 62 | 20.21 | 0.1303 | 0.1315 | 0.0012 | 1.9 | 95 | 49.51 | 0.2788 | 0.2785 | − 0.0002 |
| 1.4 | 65 | 23.27 | 0.1461 | 0.1469 | 0.0007 | 1.95 | 98 | 51.83 | 0.2900 | 0.2902 | 0.0001 |
| 1.45 | 68 | 26.24 | 0.1614 | 0.1617 | 0.0004 | 2 | 101 | 54.11 | 0.3010 | 0.3016 | 0.0006 |
| 1.5 | 71 | 29.10 | 0.1761 | 0.1761 | 0.0000 | | | | | | |

## 5.2　四个精确点函数发生机构的综合

增加机构的精确点个数，可以期望能提高函数的逼近精度，减小结构误差。与刚体导引机构的综合相同，当精确点的个数不大于 3 时，我们得到的综合方程式（2.3-14）是线性的。但当精确点个数大于 3 时，综合方程式将是非线性的。当精确点个数为 4（$n = 4$）时，有一个机构参数（$\varphi_0$ 或 $\psi_0$）可以任选，设为主动杆的初始角 $\varphi_0$。待求的机构参数是 $r_2$、$r_3$、$r_4$ 和 $\psi_0$。

根据给定的函数 $y = f(x)$（$x_0 \le x \le x_{n+1}$），可以

由契贝舍夫方法计算出 4 个精确点的位置 $x_i$ 及其相应的函数值 $y_i$，并由式（2.3-5）求得输入杆及输出杆的增量角 $\Delta\varphi_i$ 和 $\Delta\psi_i$（$i = 1, 2, 3, 4$）。

将位移方程式（2.3-11）改写成：

$$r_2 \cos(\varphi_0 + \Delta\varphi_i) - r_4 \cos\psi_0 \cos\Delta\psi_i + r_4 \sin\psi_0 \sin_i +$$
$$\frac{r_3^2 - r_2^2 - r_4^2 - 1}{2} + r_2 r_4 \cos\psi_0 \cos(\Delta\psi_i - \Delta\varphi_i - \varphi_0)$$
$$- r_2 r_4 \sin\psi_0 \sin(\Delta\psi_i - \Delta\varphi_i - \varphi_0) = 0$$
$$(i = 1, 2, 3, 4) \qquad (2.3-18)$$

这就是四个精确点函数机构的综合方程，是包含四个方程式的非线性联立方程组。为了解这个非线

性方程组，用变量置换、逐步消元的方法。

首先，引入新的变量，以置换式（2.3-18）中的未知量及其组合

$$S_0 = r_2$$
$$S_1 = r_4 \cos\psi_0$$
$$S_2 = r_4 \sin\psi_0$$
$$S_3 = \frac{r_3^2 - r_2^2 - r_4^2 - 1}{2} \qquad (2.3\text{-}19)$$
$$S_4 = r_2 r_4 \cos\psi_0$$
$$S_5 = r_2 r_4 \sin\psi_0$$

并用如下的符号代表式（2.3-18）中的已知量：

$$f_{0i} = \cos(\varphi_0 + \Delta\varphi_i)$$
$$f_{1i} = -\cos\Delta\psi_i$$
$$f_{2i} = \sin\Delta\psi_i$$
$$f_{3i} = 1 \qquad (i = 1,2,3,4)$$
$$f_{4i} = \cos(\Delta\psi_i - \Delta\varphi_i - \varphi_0)$$
$$f_{5i} = -\sin(\Delta\psi_i - \Delta\varphi_i - \varphi_0) \qquad (2.3\text{-}20)$$

则方程组（2.3-18）可以写成：

$$\sum_{j=0}^{5} f_{ji} S_j = 0 \quad (i = 1,2,3,4) \qquad (2.3\text{-}21)$$

从形式上看，方程组（2.3-21）是线性的，但它的未知数有 6 个，多于方程式的个数。但我们注意到，在式（2.3-19）中有：

$$S_4 = r_2 r_4 \cos\psi_0 = S_0 S_1$$
$$S_5 = r_2 r_4 \sin\psi_0 = S_0 S_2 \qquad (2.3\text{-}22)$$

这两式是方程组（2.3-22）的相容方程式。将公式（2.3-21）与（2.3-22）联立求解，即可求得全部 6 个未知数 $S_0$、$S_1$、…、$S_5$。

将方程组（2.3-21）移项并写成矩阵形式：

$$\begin{bmatrix} f_{31} & f_{21} & f_{41} & f_{51} \\ f_{32} & f_{22} & f_{42} & f_{52} \\ f_{33} & f_{23} & f_{43} & f_{53} \\ f_{34} & f_{24} & f_{44} & f_{54} \end{bmatrix} \begin{bmatrix} S_3 \\ S_2 \\ S_4 \\ S_5 \end{bmatrix} = \begin{bmatrix} -f_{01} & -f_{11} \\ -f_{02} & -f_{12} \\ -f_{03} & -f_{13} \\ -f_{04} & -f_{14} \end{bmatrix} \begin{bmatrix} S_0 \\ S_1 \end{bmatrix}$$
$$(2.3\text{-}23)$$

其增广矩阵为

$$\begin{bmatrix} f_{31} & f_{21} & f_{41} & f_{51} & -f_{01} & -f_{11} \\ f_{32} & f_{22} & f_{42} & f_{52} & -f_{02} & -f_{12} \\ f_{33} & f_{23} & f_{43} & f_{53} & -f_{03} & -f_{13} \\ f_{34} & f_{24} & f_{44} & f_{54} & -f_{04} & -f_{14} \end{bmatrix} \quad (2.3\text{-}24)$$

对这个矩阵进行初等变换，可得：

$$\begin{bmatrix} 1 & 0 & 0 & 0 & A_1 & B_1 \\ 0 & 1 & 0 & 0 & A_2 & B_2 \\ 0 & 0 & 1 & 0 & A_3 & B_3 \\ 0 & 0 & 0 & 1 & A_4 & B_4 \end{bmatrix} \quad (2.3\text{-}25)$$

亦即：

$$\begin{bmatrix} S_3 \\ S_2 \\ S_4 \\ S_5 \end{bmatrix} = \begin{bmatrix} A_1 & B_1 \\ A_2 & B_2 \\ A_3 & B_3 \\ A_4 & B_4 \end{bmatrix} \begin{bmatrix} S_0 \\ S_1 \end{bmatrix} \quad (2.3\text{-}26)$$

其中，$A_i$、$B_i$（$i = 1,2,3,4$）是对矩阵（2.3-24）式变换结果得到的已知实数。

将式（2.3-26）的 $S_4$、$S_5$ 式代入（2.3-37）式以消去 $S_4$、$S_5$，可得：

$$A_3 S_0 + B_3 S_1 = S_0 S_1 \qquad (2.3\text{-}26a)$$
$$A_4 S_0 + B_4 S_1 = S_0 S_2 \qquad (2.3\text{-}26b)$$

由式（2.3-26a）解出

$$S_1 = \frac{A_3 S_0}{S_0 - B_3} \qquad (2.3\text{-}27)$$

将（2.3-27）式及（2.3-26）的第二式代入式（2.3-26b）以消去 $S_1$、$S_2$，最后得到只含未知数 $S_0$ 的一元二次方程式：

$$G_1 S_0^2 + G_2 S_0 + G_3 = 0 \qquad (2.3\text{-}28)$$

式中的 $G_1$、$G_2$、$G_3$ 均为已知实数，其值可由下式算出：

$$G_1 = A_2$$
$$G_2 = A_3 B_2 - A_2 B_3 - A_4$$
$$G_3 = A_4 B_3 - A_3 B_4$$

解一元二次方程式（2.3-28），可以得到 $S_0$ 的 $m$ 个根（$m = 0$ 或 2）。将求得的 $S_0$ 值代入式（2.3-27）和式（2.3-26），即可求得其余 5 个未知数 $S_0$、$S_1$、…、$S_5$ 的 $m$ 组解。

在求得全部新未知数 $S_0$、$S_1$、…、$S_5$ 之后，即可根据式（2.3-19），按下式来求我们所要求的（$m$ 组）机构参数：

$$r_2 = S_0$$
$$r_4 = \sqrt{S_1^2 + S_2^2}$$
$$r_3 = \sqrt{2S_3 + r_2^2 + r_4^4 + 1} \qquad (2.3\text{-}29)$$
$$\psi_0 = a\tan[2(S_2/S_1)]$$

由以上求得的 $m$ 组机构参数并不一定都有意义，其中可能有的不切实际，甚至全部都不切实际。如果出现了这种情况，需要改变原来选择的初始角 $\varphi_0$，或改变输入杆和输出杆的工作范围 $\Delta\varphi_{max}$、$\Delta\psi_{max}$，重新进行计算。

**【例 4】**　试设计一个四个精确点的函数发生铰链四杆机构。给定函数 $y = \sin x\,(0° \leqslant x \leqslant 90°)$，取输入杆与输出杆的运动范围 $\Delta\varphi_{\max} = 90°$，$\Delta\psi_{\max} = 90°$。取 $\varphi_0 = 116°$，$r_0 = 1$。

**【解】**　本计算由计算机自动进行，计算的结果如下：

1）精确点位置及增量角见表 2.3-4。

**表 2.3-4　精确点位置及增量角**

| $i$ | $x_i/(°)$ | $y_i$ | $\Delta\varphi_i/(°)$ | $\Delta\psi_i/(°)$ |
|---|---|---|---|---|
| 1 | 3.42542 | 0.059749 | 3.42542 | 5.37743 |
| 2 | 27.7792 | 0.466066 | 27.7792 | 41.946 |
| 3 | 62.2208 | 0.88475 | 62.2208 | 79.6275 |
| 4 | 86.5746 | 0.998214 | 86.5746 | 89.8392 |

2）计算结果的机构参数见表 2.3-5。

由以上计算结果可以看出，只有第一组解的机构参数有意义。由第一组的机构参数画出的机构图形如图 2.3-9 所示。

**表 2.3-5　机构参数**

| 组别 | $r_2$ | $r_3$ | $r_4$ | $\psi_0$ |
|---|---|---|---|---|
| 第一组解 | 2.0357 | 2.42893 | 0.721175 | 70.3068 |
| 第二组解 | -16.0752 | 2.99168 | 12.81160 | -73.4565 |

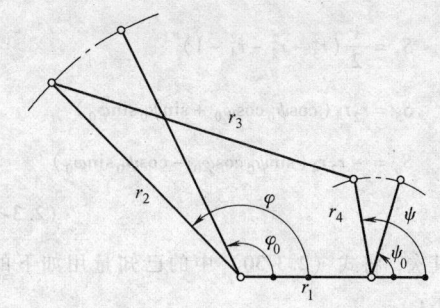

**图　2.3-9**

3）该机构的结构误差分析的结果见表 2.3-6，从中可知最大的结构误差为 0.0037。

**表 2.3-6　四个精确点，正弦函数发生机构的误差分析**

| $x/(°)$ | $\varphi/(°)$ | $\psi/(°)$ | $\sin x$ | $y_{\text{mec}}$ | $y_{\text{mec}} - \sin x$ | $x/(°)$ | $\varphi/(°)$ | $\psi/(°)$ | $\sin x$ | $y_{\text{mec}}$ | $y_{\text{mec}} - \sin x$ |
|---|---|---|---|---|---|---|---|---|---|---|---|
| 0 | 116 | 70.05 | 0.0000 | -0.0029 | -0.0029 | 49.5 | 165.5 | 138.74 | 0.7604 | 0.7604 | 0.0000 |
| 4.5 | 120.5 | 77.43 | 0.0785 | 0.0791 | 0..0006 | 54 | 170 | 143.15 | 0.8090 | 0.8094 | 0.0004 |
| 9 | 125 | 84.59 | 0.1564 | 0.1587 | 0.0023 | 58.5 | 174.5 | 147.08 | 0.8526 | 0.8530 | 0.0004 |
| 13.5 | 129.5 | 91.55 | 0.2334 | 0.2360 | 0.0026 | 63 | 179 | 150.49 | 0.8910 | 0.8909 | -0.0001 |
| 18 | 134 | 98.30 | 0.3090 | 0.3110 | 0.0020 | 67.5 | 183.5 | 153.35 | 0.9239 | 0.9227 | -0.0011 |
| 22.5 | 138.5 | 104.85 | 0.3827 | 0.3838 | 0.0011 | 72 | 188 | 155.69 | 0.9511 | 0.9488 | -0.0023 |
| 27 | 143 | 111.18 | 0.4540 | 0.4541 | 0.0001 | 76.5 | 192.5 | 157.54 | 0.9724 | 0.9693 | -0.0031 |
| 31.5 | 147.5 | 117.28 | 0.5225 | 0.5219 | -0.0006 | 81 | 197 | 158.94 | 0.9877 | 0.9848 | -0.0029 |
| 36 | 152 | 123.12 | 0.5878 | 0.5868 | -0.0009 | 85.5 | 201.5 | 159.96 | 0.9969 | 0.9961 | -0.0008 |
| 40.5 | 156.5 | 128.68 | 0.6494 | 0.6486 | -0.0009 | 90 | 206 | 160.64 | 1.0000 | 1.0037 | -0.0037 |
| 45 | 161 | 133.90 | 0.7071 | 0.7066 | -0.0005 | | | | | | |

## 5.3　五个精确点函数发生机构的综合

铰链四杆函数发生机构最多可以给定 5 个精确点 $(n = 5)$。当 $n = 5$ 时。位移方程式（2.3-11）中的 5 个未知参数 $r_2$、$r_3$、$r_4$、$\varphi_0$、$\psi_0$ 都不能任意结定。

设要求逼近的因数为 $y = f(x)$，$x_0 \leqslant x \leqslant x_{n+1}$。给定输入杆与输出杆的工作范围 $\Delta\varphi_{\max}$ 和 $\Delta\psi_{\max}$，取 $r_1 = 1$。

由契贝舍夫方法及式（2.3-5），可以求得 5 个精确点的位置 $x_i$、相应的函数值 $y_i$、增量角 $\Delta\varphi_i$ 和位移 $\Delta\psi_i\,(i = 1, 2, \cdots, 5)$。将位移方程式（5-11）展开，并写成：

$$r_2\cos\varphi_0\cos\varphi_i - r_2\sin\varphi_0\sin\varphi_i - r_4\cos\psi_0\cos\psi_i + r_4\sin\psi_0$$

$$\sin\psi_i + \frac{r_3^2 - r_2^2 - r_4^2 - 1}{2} + \cos(\Delta\psi_i - \Delta\varphi_i)$$

$$[r_2r_4(\cos\psi_0\cos\varphi_0 + \sin\psi_0\sin\varphi_0)] + \sin(\Delta\psi_i - \Delta\varphi_i)$$

$$[-r_2r_4(\sin\psi_0\cos\varphi_0 - \cos\psi_0\sin\varphi_0)] = 0$$

$$(i = 1, 2, \cdots, 5) \qquad (2.3-30)$$

这是一个非线性方程组。我们仍然采取变量置换，逐步消元的方法来求解。首先，引入新的变量来置换上式中的未知量及其组合：

$$S_0 = r_2 \cos\varphi_0$$

$$S_1 = -r_2 \sin\varphi_0$$

$$S_2 = -r_4 \cos\psi_0$$

$$S_3 = r_4 \sin\psi_0$$

$$S_4 = \frac{1}{2}(r_3^2 - r_2^2 - r_4^2 - 1)$$

$$S_5 = r_2 r_4(\cos\psi_0 \cos\varphi_0 + \sin\psi_0 \sin\varphi_0)$$

$$S_6 = -r_2 r_4(\sin\psi_0 \cos\varphi_0 - \cos\psi_0 \sin\varphi_0)$$

$$(2.3\text{-}31)$$

其次，将式（2.3-30）中的已知量用如下的符号表示：

$$f_{0i} = \cos\Delta\varphi_i$$

$$f_{1i} = \sin\Delta\varphi_i$$

$$f_{2i} = \cos\Delta\varphi_i$$

$$f_{3i} = \sin\Delta\varphi_i \qquad (i = 1, 2, \cdots, 5)$$

$$f_{4i} = 1$$

$$f_{5i} = \cos(\Delta\psi_i - \Delta\varphi_i)$$

$$f_{6i} = \sin(\Delta\psi_i - \Delta\varphi_i)$$

$$(2.3\text{-}32)$$

则方程组（2.3-30）可以写成：

$$\sum_{j=0}^{6} f_{ji} S_j = 0 \quad (i = 1, 2, \cdots, 5) \qquad (2.3\text{-}33)$$

这个方程组有 5 个方程式，但未知数却有 7 个。注意到式（2.3-31）的最后两式有如下的关系：

$$S_5 = r_2 r_4(\cos\psi_0 \cos\varphi_0 + \sin\psi_0 \sin\varphi_0) = -(S_0 S_2 + S_1 S_3)$$

$$S_6 = -r_2 r_4(\sin\psi_0 \cos\varphi_0 - \cos\psi_0 \sin\varphi_0) = S_1 S_2 + S_0 S_3$$

$$(2.3\text{-}34)$$

这两式称为方程组（2.3-32）的相容方程。（2.3-33）与（2.3-34）式共有 7 个独立的方程式，因此可以解出 $S_0$、$S_1$、$\cdots$、$S_6$ 全部 7 个未知数。

为了逐步消元，将方程组（2.3-33）移项，并写成矩阵形式：

$$\begin{bmatrix} f_{41} & f_{31} & f_{21} & f_{51} & f_{61} \\ f_{42} & f_{32} & f_{22} & f_{52} & f_{62} \\ f_{43} & f_{33} & f_{23} & f_{53} & f_{63} \\ f_{44} & f_{34} & f_{24} & f_{54} & f_{64} \\ f_{45} & f_{35} & f_{25} & f_{55} & f_{65} \end{bmatrix} \begin{bmatrix} S_4 \\ S_3 \\ S_2 \\ S_1 \\ S_6 \end{bmatrix} = \begin{bmatrix} -f_{01} & -f_{11} \\ -f_{02} & -f_{12} \\ -f_{03} & -f_{13} \\ -f_{04} & -f_{14} \\ -f_{05} & -f_{15} \end{bmatrix} \begin{bmatrix} S_0 \\ S_1 \end{bmatrix}$$

$$(2.3\text{-}35)$$

上式的增广矩阵为

$$\begin{bmatrix} f_{41} & f_{31} & f_{21} & f_{51} & f_{61} & -f_{01} & -f_{11} \\ f_{42} & f_{32} & f_{22} & f_{52} & f_{62} & -f_{02} & -f_{12} \\ f_{43} & f_{33} & f_{23} & f_{53} & f_{63} & -f_{03} & -f_{13} \\ f_{44} & f_{34} & f_{24} & f_{54} & f_{64} & -f_{04} & -f_{14} \\ f_{45} & f_{35} & f_{25} & f_{55} & f_{65} & -f_{05} & -f_{15} \end{bmatrix}$$

$$(2.3\text{-}36)$$

这个矩阵进行初等变换，可得：

$$\begin{bmatrix} 1 & 0 & 0 & 0 & 0 & A_1 & B_1 \\ 0 & 1 & 0 & 0 & 0 & A_2 & B_2 \\ 0 & 0 & 1 & 0 & 0 & A_3 & B_3 \\ 0 & 0 & 0 & 1 & 0 & A_4 & B_4 \\ 0 & 0 & 0 & 0 & 1 & A_5 & B_5 \end{bmatrix} \qquad (2.3\text{-}37)$$

即：

$$\begin{bmatrix} S_4 \\ S_3 \\ S_2 \\ S_5 \\ S_6 \end{bmatrix} = \begin{bmatrix} A_1 & B_1 \\ A_2 & B_2 \\ A_3 & B_3 \\ A_4 & B_4 \\ A_5 & B_5 \end{bmatrix} \begin{bmatrix} S_0 \\ S_1 \end{bmatrix} \qquad (2.3\text{-}38)$$

式中 $A_i$、$B_i$（$i = 1, 2, \cdots, 5$）是对矩阵（2.3-36）变换结果得到的已知实常数。

将上式中 $S_2$、$S_3$、$S_5$、$S_6$ 四个式子代入式（2.3-34），可以得到只含 $S_0$、$S_1$ 的两个方程式：

$$A_3 S_0^2 + B_2 S_1^2 + (A_2 + B_3) S_0 S_1 + A_4 S_0 + B_4 S_1 = 0$$

$$(2.3\text{-}39)$$

$$-A_2 S_0^2 + B_3 S_1^2 + (A_3 - B_2) S_0 S_1 - A_5 S_0 - B_5 S_1 = 0$$

$$(2.3\text{-}40)$$

由以上两式可以解出：

$$S_0 = \frac{-D_1 S_1^2 - D_2 S_1}{D_3 + D_4 S_1} \qquad (2.3\text{-}41)$$

其中，$D_1$、$D_2$、$D_3$、$D_4$ 可按下式求得：

$$D_1 = A_2 B_2 + A_3 B_3$$

$$D_2 = A_2 B_4 - A_3 B_5$$

$$D_3 = A_2 B_4 - A_3 B_3$$

$$(2.3\text{-}42)$$

$$D_4 = A_2(A_2 + B_3) + A_3(A_3 - B_2)$$

将式（2.3-41）代入式（2.3-39）以消去 $S_0$，最后得到只含未知数 $S_1$ 的一个一元三次方程式：

$$G_1 S_1^3 + G_2 S_1^2 + G_3 S_1 + G_4 = 0 \qquad (2.3\text{-}43)$$

其中，系数 $G_1$，$G_2$，$G_3$，$G_4$ 都是已知量，可按下式求得：

$$G_1 = A_3 D_1^2 + B_2 D_4^2 - D_1 D_4 (A_2 + B_3)$$

$$G_2 = D_4 (B_4 D_4 + 2B_2 D_3) - (A_2 + B_3)(D_1 D_3 + D_2 D_4) + D_1 (2A_3 D_2 - A_4 D_4)$$

$$G_3 = A_3 D_2^2 + D_3 (B_2 D_3 + 2B_4 D_4) - D_2 D_3 (A_2 + B_3) - A_4 (D_1 D_3 + D_2 D_4)$$

$$G_4 = D_3 (B_4 D_3 - A_4 D_2)$$

$$(2.3\text{-}44)$$

解一元三次方程式（2.3-43），可以求得 $S_1$ 的 $m$ 组实根（$m = 1$ 或 3）。将已求得的 $m$ 个 $S_1$ 的值，代入式（2.3-41）和式（2.3-38），可以求得其余六个未知数 $S_0$、$S_2$、$S_3$、$S_4$、$S_5$、$S_6$ 的 $m$ 组值。

在求得全部未知数 $S_0$、$S_1$、$\cdots$、$S_6$ 之后，可以根据公式（2.3-31）计算我们要求的 5 个机构参数（$m$ 组）。

$$r_2 = \sqrt{S_0^2 + S_1^2}$$

$$r_4 = \sqrt{S_2^2 + S_3^2}$$

$$r_3 = \sqrt{2S_4 + r_2^2 + r_4^2 + 1}$$

$$\varphi_0 = \mathrm{atan2}(-S_1/S_0)$$

$$\psi_0 = \mathrm{atan2}[S_3/(-S_2)]$$

$$(2.3\text{-}45)$$

求得的 $m$ 组机构参数不一定都有意义。如果计算的结果得不到实用的参数，可以改变一下原来给定的 $\Delta\varphi_{max}$ 和 $\Delta\psi_{max}$，重新进行计算。

【例 5】 给定函数 $y = \sin x$，$0° \leqslant x \leqslant 90°$。取输入杆与输出杆的运动范围 $\Delta\varphi_{max} = 90°$、$\Delta\psi_{max} = 90°$、$r_1 = 1$。试设计 5 个精确点的函数发生铰链四杆机构。

【解】 用上述子程序计算出的结果如下：

1）精确点位置及增量角见表 2.3-7。

**表 2.3-7 精确点位置及增量角**

| $i$ | $x_i/(°)$ | $y_i$ | $\Delta\varphi_i/(°)$ | $\Delta\psi_i/(°)$ |
|---|---|---|---|---|
| 1 | 2.20248 | 0.0384307 | 2.20246 | 3.45876 |
| 2 | 18.5497 | 0.318127 | 18.5497 | 28.6314 |
| 3 | 45 | 0.707107 | 45 | 63.6396 |
| 4 | 71.4504 | 0.948048 | 71.4504 | 85.3244 |
| 5 | 87.7976 | 0.999261 | 87.7976 | 89.9335 |

2）计算结果的机构参数为（$m = 1$）

$r_2 = 2.07519$、$r_3 = 2.41068$、$r_4 = 0.756647$、

$\varphi_0 = 116.244°$、$\psi_0 = 74.0431°$

3）结构误差分析的结果见 2.3-8。

**表 2.3-8 五个精确点、正弦函数发生机构的误差分析**

| $x/(°)$ | $\varphi/(°)$ | $\psi/(°)$ | $\sin x$ | $y_{mec}$ | $y_{max} - y_{mec}$ | $x/(°)$ | $\varphi/(°)$ | $\psi/(°)$ | $\sin x$ | $y_{mec}$ | $y_{max} - y_{mec}$ |
|---|---|---|---|---|---|---|---|---|---|---|---|
| 0 | 116.244 | 73.92 | 0.0000 | -0.0013 | -0.0013 | 49.5 | 165.745 | 142.61 | 0.7604 | 0.7618 | -0.0014 |
| 4.5 | 120.744 | 81.19 | 0.0785 | 0.0794 | 0.0009 | 54 | 170.245 | 147.09 | 0.8090 | 0.8116 | 0.0026 |
| 9 | 125.244 | 88.26 | 0.1564 | 0.1580 | 0.0015 | 58.5 | 174.745 | 151.07 | 0.8526 | 0.8558 | 0.0032 |
| 13.5 | 129.744 | 95.15 | 0.2334 | 0.2346 | 0.0011 | 63 | 179.245 | 154.49 | 0.8910 | 0.8939 | 0.0028 |
| 18 | 134.245 | 101.87 | 0.3092 | 0.3092 | 0.0001 | 67.5 | 183.745 | 157.33 | 0.9239 | 0.9255 | 0.0016 |
| 22.5 | 138.745 | 108.40 | 0.3827 | 0.3817 | -0.0010 | 72 | 188.245 | 159.62 | 0.9511 | 0.9508 | -0.0002 |
| 27 | 143.245 | 114.74 | 0.4540 | 0.4521 | -0.0018 | 76.5 | 192.745 | 161.38 | 0.9724 | 0.9704 | -0.0019 |
| 31.5 | 147.745 | 120.86 | 0.5225 | 0.5202 | -0.0023 | 81 | 197.245 | 162.70 | 0.9877 | 0.9850 | -0.0015 |
| 36 | 152.245 | 126.76 | 0.5878 | 0.5857 | -0.0021 | 85.5 | 201.745 | 163.63 | 0.9969 | 0.9954 | -0.0015 |
| 40.5 | 156.745 | 132.38 | 0.6494 | 0.6482 | -0.0013 | 90 | 206.245 | 164.24 | 1.0000 | 1.0022 | 0.0022 |
| 45 | 161.245 | 137.68 | 0.7071 | 0.7071 | -0.0000 | | | | | | |

# 第4章 周期往复运动和变传动比转动的四杆机构

周期往复运动是指将主动件的连续周期转动变换为从动件的往复运动。变传动比转动是指将主动件的周期连续转动转换为从动件的转动，且主从动件的传动比在运动过程中不恒定。这两种运动可以通过一定结构的铰链四杆机构简单地实现。主动件连续转动的四杆机构，需要存在曲柄，必须满足存在曲柄的条件。常用的存在曲柄的四杆机构包括：曲柄摇杆机构、曲柄滑块机构、曲柄导杆机构、回转导杆机构、双曲柄机构。

## 1 曲柄摇杆机构

在四杆机构的两连架杆中，若一个为曲柄，而另一个为摇杆，则此四杆机构为曲柄摇杆机构，如图 2.4-1 所示。当曲柄为原动件时，可将曲柄的连续转动转变为摇杆的往复摆动；当摇杆为主动件时，可将摇杆的往复摆动转化为曲柄的整周期转动，如图 2.4-2 所示。

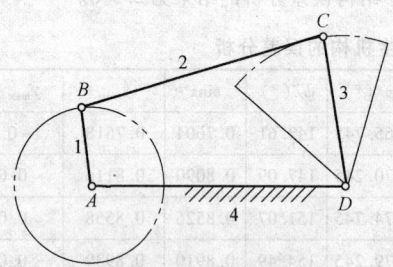

**图 2.4-1 曲柄摇杆机构**

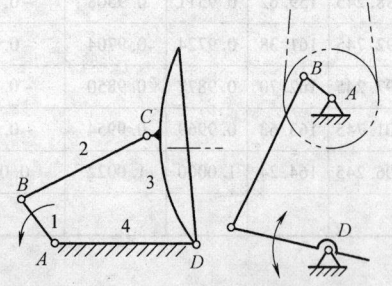

**图 2.4-2 雷达天线调节机构**

曲柄摇杆机构杆长条件：最短杆与最长杆长度之和小于其余两杆长度之和，且最短杆为连架杆。

在如图 2.4-3 所示的曲柄摇杆机构中，若不考虑运动副的摩擦力及构件的重力和惯性力的影响，同时连杆上不受其他外力，则原动件 AB 经过连杆 BC 传

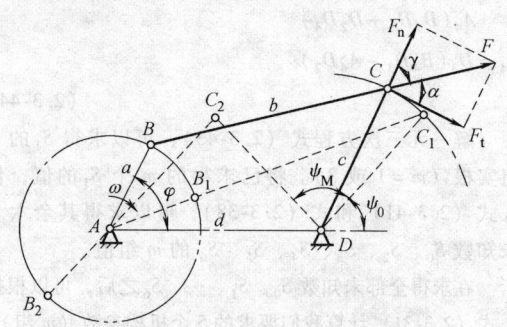

**图 2.4-3 曲柄摇杆机构的传动角与压力角**

递到 CD 上 C 点的力 F 将沿 BC 方向。力 F 可以分解为沿点 C 速度方向的分力 $F_t$ 和沿 CD 方向的分力 $F_n$，而 $F_n$ 不能推动从动件 CD 运动，只能使 C、D 运动副产生径向压力，$F_t$ 才是推动 CD 运动的有效分力。

由图 2.4-3 可知

$$F_t = F\cos\alpha = F\sin\gamma \qquad (2.4\text{-}1)$$

其中，$\alpha$ 是作用于 C 点的力 F 与 C 点绝对速度方向所夹的锐角，我们称为机构在此位置的压力角。$\gamma = 90° - \alpha$ 是压力角的余角，亦即连杆 BC 与摇杆 CD 所夹锐角，我们称为机构在此位置的传动角。曲柄摇杆机构的最小传动角出现在曲柄与机架重叠或者与机架的延长线重叠的位置。

由图 2.4-3 可知，$\gamma$ 越大，有效分力 $F_t$ 越大、$F_n$ 越小，对机构的传动就越有利。常用传动角的大小及变化情况来描述曲柄摇杆机构传动性能的优劣。

由于在机构运动过程中，传动角 $\gamma$ 的大小是变化的，不同尺寸的杆构成的曲柄摇杆机构从动杆运动规律相差很大。在设计四杆机构中，为了保证机构具有良好的传力性能，应考虑满足最小传动角的要求，应使最小传动角 $\gamma_{min}$ 不小于某一许用值 $[\gamma]$。

图 2.4-4 所示为不同尺寸的曲柄摇杆机构的摇杆

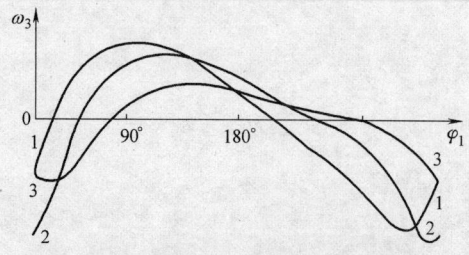

**图 2.4-4 曲柄摇杆机构的运动曲线**

角速度 $\omega_3$ 随曲柄的转角 $\varphi_1$ 变化关系曲线。

如果按照给定的摇杆往复摆动的行程 $\psi_{max}$ 设计曲

柄摇杆机构，则可根据图 2.4-5 所示的曲线来选择机构。

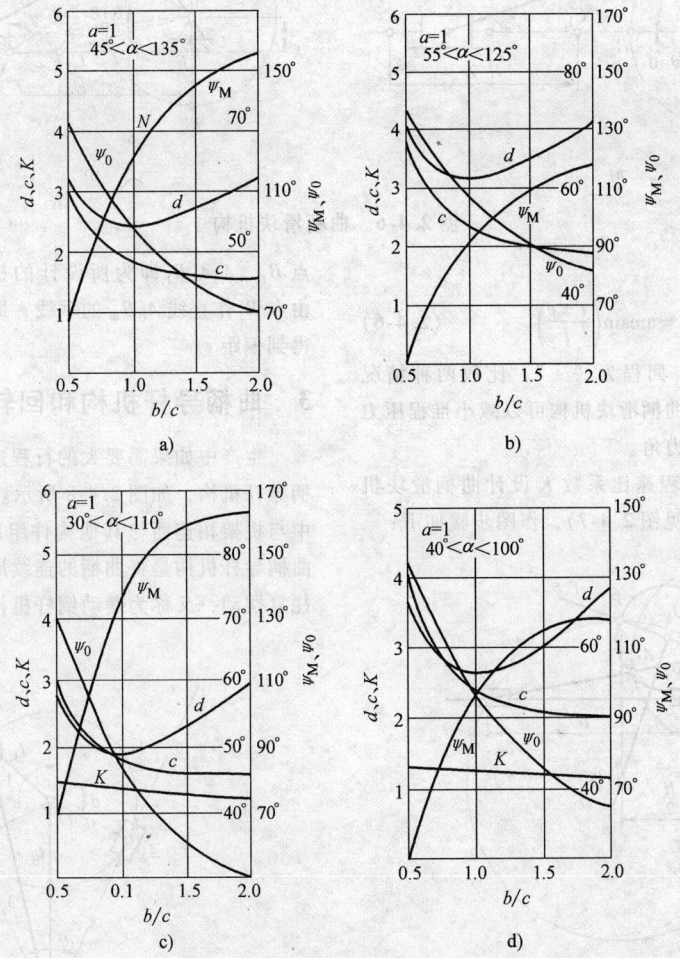

**图 2.4-5　曲柄摇杆机构设计线图**

图 2.4-5 a、b 中的机构都有很好的传力性能，但无急回特性（$K=1$）；图 2.4-5 c、d 中的机构在曲柄与连杆共线时有很好的传力性能，在曲柄与连杆延长线共线时传力性能稍差，但机构的结构较为紧凑。

## 2　曲柄滑块机构

曲柄滑块机构将曲柄的连续转动转化为滑块的往复移动，如图 2.4-6 所示。曲柄滑块机构可以看做是曲柄摇杆机构经过演化得来的。根据机构演化的原理，滑块与导路形成的移动副可以视为转动中心在垂直于导路方向无穷远处的转动副，即曲柄滑块机构中的转动副 $D^\infty$，故曲柄滑块机构 $ABC$ 可以视为 $AB$-$CD^\infty$，于是，由曲柄摇杆机构的杆长条件知：

$$\overline{AB}+\overline{AD^\infty}\le\overline{BC}+\overline{CD^\infty} \qquad (2.4\text{-}2)$$

其中，$\overline{AD^\infty}-\overline{CD^\infty}=e$，故有：

$$r+e\le l \qquad (2.4\text{-}3)$$

当杆 $AB$ 为最短杆时，$AB$ 杆为曲柄。

当 $e=0$ 时为对心曲柄滑块机构（见图 2.4-6a），机构无急回特性，且滑块最大行程 $H=2r$，最大压力角出现在曲柄与滑块行程垂直位置，$\alpha_{max}=\arcsin\left(\dfrac{r}{l}\right)$。

当 $e\ne 0$ 时为偏置曲柄滑块机构（见图 2.4-6b），因其极位夹角 $\theta\ne 0$，所以机构有急回特性，行程速比系数为

$$K=\frac{180°+\theta}{180°-\theta} \qquad (2.4\text{-}4)$$

由三角关系知滑块的行程为

$$H=\sqrt{2\left[\left(\left(\frac{l}{r}\right)^2+1\right)-\left(\left(\frac{l}{r}\right)^2-1\right)\cos\theta\right]}$$

$$(2.4\text{-}5)$$

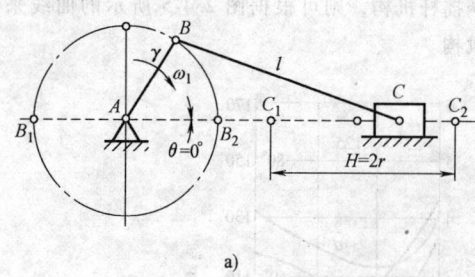

图 2.4-6   曲柄滑块机构

最大压力角为

$$\alpha_{\max} = \arcsin\left(\frac{r \pm e}{l}\right) \qquad (2.4-6)$$

其中，推程为"-"，回程为"+"，比较两种情况下的 $\alpha_{\max}$ 可知，偏置曲柄滑块机构可以减小推程压力角，却增大了回程压力角。

给定行程 $H$ 和行程速比系数 $K$ 设计曲柄滑块机构可用图解法进行（见图 2.4-7），作图步骤如下：

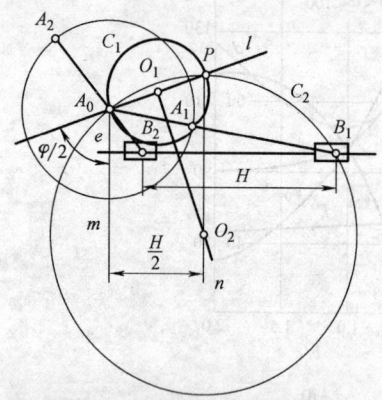

图 2.4-7   图解法设计曲柄滑块机构

1）在平面上选取点 $A_0$，从 $A_0$ 引垂直于导路方向的直线 $m$。

2）由给定的 $K$ 计算 $\theta$，$\theta = \left(\dfrac{K-1}{K+1}\right)180°$，$\varphi = 180° - \theta$。

3）由 $A_0m$ 垂线作 $\angle mA_0l = -\dfrac{\varphi}{2}$，得直线 $l$，作其相距 $-\dfrac{H}{2}$ 的直线 $n$，直线 $l$ 与 $n$ 的交点为 $P$。

4）作直线 $A_0P$ 的中垂线与直线 $l$ 交于点 $O_1$ 与直线 $n$ 的交点为 $O_2$。

5）以点 $O_1$ 为圆心，以线段 $O_1P$ 为半径作圆 $C_1$；以 $O_2$ 为圆心，以线段 $O_2P$ 为半径作圆 $C_2$，$C_1$、$C_2$ 即为点 $A$、$B$ 的解集。

6）在 $C_1$ 上选取一点 $A_1$，连接 $A_0$、$A_1$ 交圆 $C_2$ 于

点 $B_1$，$A_0A_1B_1$ 即为所设计的机构的一个极限位置。由点 $B_1$ 作直线 $A_0B_\infty$ 的垂线，即为滑块的导路，同时得到偏距 $e$。

## 3   曲柄导杆机构和回转导杆机构

生产中如果需要大的行程速比系数时，可应用曲柄导杆机构，如图 2.4-8 所示。所谓导杆，是指机构中与机架相连而与其他构件组成移动副的杆状构件，曲柄导杆机构是将曲柄的连续周期转动变换为导杆的往复摆动，又称为摆动倒杆机构。

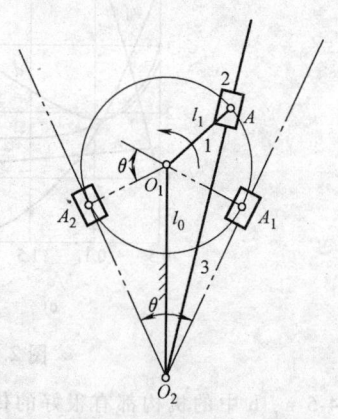

图 2.4-8   曲柄导杆机构

曲柄导杆机构是对心曲柄滑块机构的演变，将曲柄滑块机构中的原曲柄 $O_1O_2$ 固定，连杆绕圆心 $O_1$ 周期转动，原滑块的运动轨迹绕原曲柄的转动中心摆动，杆长满足：$l_1 < l_0$。

在该机构中，当曲杆 1 逆时针方向转动角（$180° + \theta$）时，导杆 3 自右向左摆动，曲柄 1 继续转动（$180° - \theta$），导杆 3 自左向右摆回原处。因此，这种机构中导杆的一个摆动行程的行程角速度较曲柄小且较均匀，另一个摆动行程的行程角速度较大，故机构具有显著的急回特性，且角速度的变化对于每个行程而言都呈对称规律。

这种机构具有急回特性，其行程速比系数可以按

照式（2.4-4）计算。$K$ 大小与导杆的摆动行程大小有关。$\tau = l_0/l_1$ 小，则行程速比系数大，角加速度值大，动力学性能差，故一般推荐 $\tau \geqslant 2$ 的导杆机构（见表 2.4-1）。

表 2.4-1　　$\tau$ 与 $\theta$ 和 $K$ 的关系

| $\tau$ | $\theta/(°)$ | $K$ |
| --- | --- | --- |
| 2 | 60 | 2 |
| 2.5 | 47.16 | 1.71 |
| 3 | 38.94 | 1.55 |
| 4 | 28.96 | 1.38 |

当曲柄为主动件时，传动角 $\gamma = \dfrac{\pi}{2}$（即曲柄与导杆垂直时），传力性能最好。$l/l_0$ 值不同时导杆的角速度变化如图 2.4-9 所示。

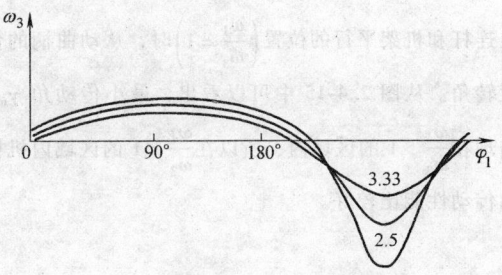

图 2.4-9　曲柄导杆机构运动曲线（$\tau = 2$）

## 4　回转导杆机构

回转导杆机构可以看作是在一个尺寸已定的对心曲柄滑块机构中，通过选取原机构中的曲柄为机架而得到的。它将匀速转动变换为周期性非匀速转动，如图 2.4-10 所示。

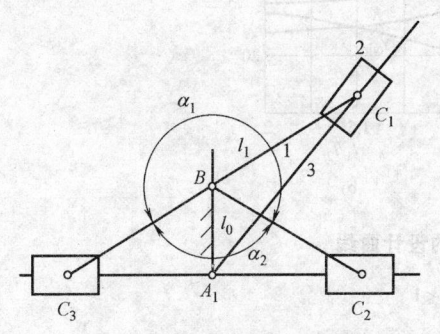

图 2.4-10　回转导杆机构

与曲柄导杆机构类似，回转导杆机构亦可看作对心曲柄滑块机构的变形，杆长条件为：$l_0 < l_1$。

在机构运动过程中，在导杆与机架相互垂直的两个位置杆 1 与杆 3 的角速度相等，$\dfrac{\omega_1}{\omega_3} = 1$，而在杆 1

转过 $\alpha_1$ 角范围内 $\dfrac{\omega_1}{\omega_3} > 1$，在杆 1 转过 $\alpha_2$ 范围内 $\dfrac{\omega_1}{\omega_3} < 1$。当 $l/l_0$ 值不同时，$\dfrac{\omega_1}{\omega_3}$ 随杆 1 的转角 $\varphi_1$ 的变化规律如图 2.4-11 所示。由图 2.4-11 可知，在杆 1 转过 $\alpha_1$、$\alpha_2$ 的范围内对称分布。当 $l/l_0$ 值增大，角加速度变化剧烈，故一般不用 $l/l_0 > 0.5$ 的机构。对应于 $\dfrac{\omega_1}{\omega_3} = 1$ 的两个位置的 $\varphi_1$ 相差 $180°$，这使得回转导杆机构可以作为前置 $l_0/l_1 = 0.3$ 机构。当曲柄为主动件时，传动角 $\gamma = \dfrac{\pi}{2}$（当杆 1 与机架垂直时），传力性能较好。

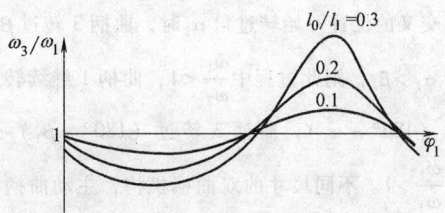

图 2.4-11　回转导杆机构运动曲线

## 5　双曲柄机构

若四杆机构的两连架杆均为曲柄，则此四杆机构称为双曲柄机构，如图 2.4-12 所示。双曲柄机构可将主动曲柄的匀速转动转变为从动曲柄的周期性非匀速转动。另外，当相对两杆平行且长度相等时，双曲柄机构成为平行四边形机构，如图 2.4-13a 所示。需要注意的是平行四边形机构在运动过程中，当两曲柄与机架共线时，即使原动件转向不变、转速恒定，从动曲柄也会出现运动不确定的现象。可以利用在机构中添加飞轮或使用两组相同机构错位排列的方式来消除这一现象。在图 2.4-13b 中，虽然相对的两杆边长相等，但其中一对杆不平行，这种机构称为反向平行四边形机构，可以作为车门的启闭机构使用。

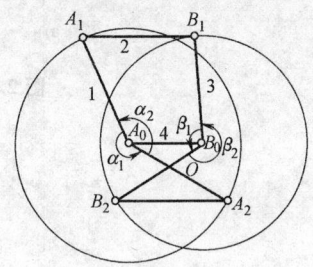

图 2.4-12　双曲柄机构

双曲柄机构杆长条件：最短杆与最长杆长度之和小于其余两杆长度之和，且最短杆为机架。

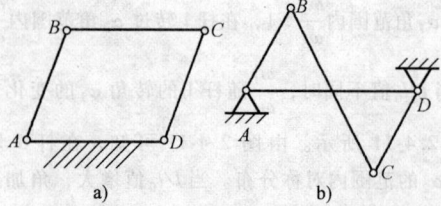

**图 2.4-13　平行四边形机构和反向**
**平行四边形机构**

双曲柄机构可将主动曲柄的匀速转动转变为从动曲柄的周期性非匀速转动。在机架与连杆平行的两个特殊位置 $\dfrac{\omega_1}{\omega_3}=1$，如图 2.4-12 所示，曲柄 1 从两连架杆不交叉的位置开始转过角 $\alpha_1$ 时，曲柄 3 转过 $\beta_1$ 角，由于 $\alpha_1 > \beta_1$，则此过程中 $\dfrac{\omega_1}{\omega_3} < 1$；曲柄 1 继续转过剩下的（$180° - \alpha_1$），曲柄 3 转过（$180° - \beta_1$）过程中，$\dfrac{\omega_1}{\omega_3} > 1$。不同尺寸的双曲柄机构，主动曲柄转角 $\alpha$ 与从动曲柄转角 $\phi$ 的关系如图 2.4-14 所示。

对于要求设计双曲柄机构做前置机构时，选取从动曲柄在 $\dfrac{\omega_1}{\omega_3} < 1$ 和 $\dfrac{\omega_1}{\omega_3} > 1$ 区间内的转角相等，即 $\varphi =$

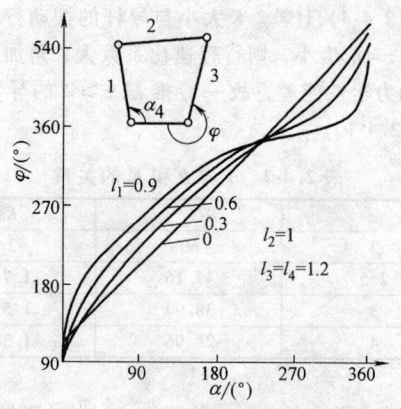

**图 2.4-14　双曲柄机构的运动曲线**

180° 较为方便。根据图 2.4-15 所示的曲线可以选择机构的尺寸，图中 $\varphi_{\omega_3 = \omega_1}$ 为机构处于两连架杆不交叉且连杆和机架平行的位置 $\left(\dfrac{\omega_1}{\omega_3} = 1\right)$ 时，从动曲柄的位置转角。从图 2.4-15 中可以看出，最小传动角 $\gamma_{\min}$ 出现在 $\dfrac{\omega_1}{\omega_3} > 1$ 的区域内，所以在 $\dfrac{\omega_1}{\omega_3} < 1$ 的区域内机构的传动性能比较好。

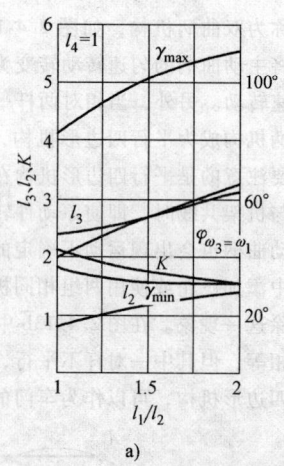
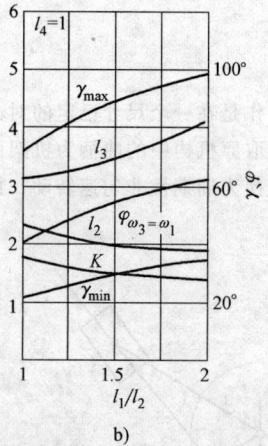

**图 2.4-15　双曲柄机构的设计曲线**

a) $\dfrac{\omega_1}{\omega_3} > 1$　　b) $\dfrac{\omega_1}{\omega_3} < 1$

# 第5章 等传动比传动机构

## 1 用于增速或减速的等传动比传动机构

### 1.1 齿轮传动机构

齿轮传动机构的种类很多。按照一对齿轮轴线的相对位置，齿轮传动机构可分为平面齿轮传动机构和空间齿轮传动机构。空间齿轮传动机构又分为相交轴齿轮传动机构和交错轴齿轮传动机构。

1. 平面齿轮传动机构

如图2.5-1a所示，平面齿轮传动机构传递两平行轴间的运动，齿轮间相对运动为平面运动。平行轴齿传动轮机构可分为直齿圆柱齿轮传动机构（直齿轮机构）、斜齿圆柱齿轮传动机构（斜齿轮机构）和人字齿圆柱齿轮传动机构（人字齿轮机构）。圆柱齿轮传动机构又可分为外啮合齿轮传动机构（外齿轮机构）和内啮合齿轮传动机构（内齿轮机构），以及齿轮齿条传动机构。

2. 空间齿轮传动机构

如图2.5-1b所示，空间齿轮传动机构传递相交轴间或交错轴间的运动，齿轮间相对运动为空间运动。传递相交轴间的运动的齿轮外形呈圆锥形，称为锥齿轮传动机构。按照轮齿在圆锥体上的分布方向，锥齿轮分为直齿、斜齿和曲线齿锥齿轮。传递交错轴间的运动的齿轮传动机构有交错轴斜齿轮传动机构（螺旋齿轮机构）和准双曲面齿轮传动机构。

齿轮传动的优点主要有：①传递运动可靠，瞬时传动比恒定；②适用的载荷和速度范围大；③使用效率高，寿命长，结构紧凑，外形尺寸小；④可传递空间任意配置的两轴之间的运动。

其缺点有：①与螺旋传动、带传动相比，振动和噪声大，不可无级调速；②传动轴之间距离不可过大；③加工复杂，制造成本高。

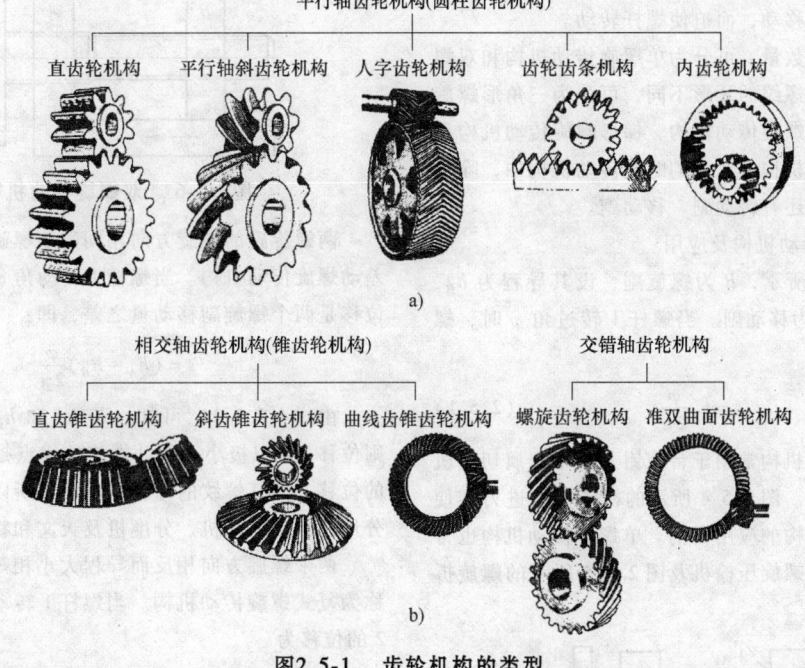

平行轴齿轮机构(圆柱齿轮机构)

直齿轮机构　平行轴斜齿轮机构　人字齿轮机构　齿轮齿条机构　内齿轮机构

a)

相交轴齿轮机构(锥齿轮机构)　　　交错轴齿轮机构

直齿锥齿轮机构　斜齿锥齿轮机构　曲线齿锥齿轮机构　螺旋齿轮机构　准双曲面齿轮机构

b)

**图2.5-1　齿轮机构的类型**

a) 平面齿轮机构　b) 空间齿轮机构

3. 齿轮系

齿轮系可以分为：定轴轮系、周转轮系和混合轮系等3类。定轴轮系中，各齿轮轴线的位置都是固定不变的。周转轮系如图2.5-2所示，运转时其中至少

有一个齿轮的几何轴线是绕另一齿轮的几何轴线转动的轮系。周转轮系又分为差动轮系和行星轮系。差动轮系的两个中心轮都转动。行星轮系则有一个中心轮固定不转。混合轮系是即有定轴轮系又有周转轮系的

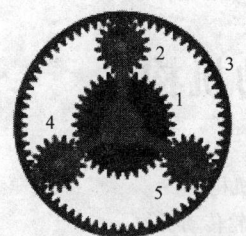

图2.5-2　周转轮系

齿轮传动或多个周转轮系组成的齿轮传动。

　　齿轮系的功用：①可以实现大的传动比；②可以实现较远两轴间的传动；③从动轴可以获得几种不同转速；④通过改变齿轮数目可以得到从动轴不同转向；⑤实现运动的合成和分解。

## 1.2　螺旋传动机构

　　由螺旋副连接相邻构件而成的机构称为螺旋传动机构，可以用于传递运动和动力。图2.5-3所示为最简单的三构件螺旋传动机构，它由螺杆1、螺母2和机架3组成。一般情况下螺杆为主动件做回转运动，螺母为从动件做轴向移动。但也可以是螺母不动，而螺杆一面旋转一面轴向移动。还可将螺母作为原动件，令其沿轴向移动，而迫使螺杆转动。

　　按螺旋副的数量，可分为单螺旋传动机构和双螺旋传动机构。按螺纹的牙形不同，可分为三角形螺旋传动机构、矩形螺旋传动机构、梯形螺旋传动机构和锯齿形螺旋传动机构。常用的螺旋传动机构中，除包含螺旋副以外，还有转动副、移动副。

　　1. 单螺旋传动机构及应用

　　如图2.5-3所示，$B$为螺旋副，设其导程为$h_B$，$A$为转动副，$C$为移动副。当螺杆1转过角$\varphi$时，螺母2的位移$s$为

$$s = h_B \frac{\varphi}{2\pi} \qquad (2.5\text{-}1)$$

　　单螺旋传动机构常用于台虎钳及许多金属切削机床的进给机构中。图2.5-4所示的机床横向进刀架便是单螺旋传动机构的应用实例。单螺旋传动机构也常应用于千斤顶、螺旋压榨机及图2.5-5所示的螺旋拆卸装置中。

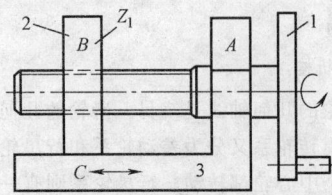

图2.5-3　单螺旋机构

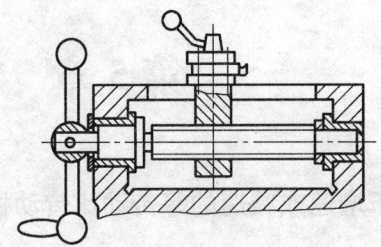

图2.5-4　横向进给刀架

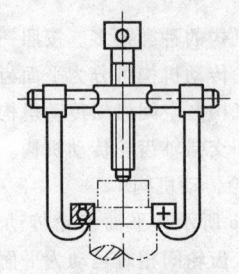

图 2.5-5　拆卸装置

　　2. 双螺旋传动机构及应用

　　在图2.5-6所示的双螺旋传动机构中，$A$和$B$均为螺旋副，其导程分别为$h_A$和$h_B$。

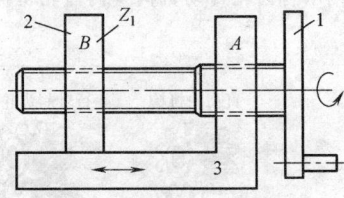

图2.5-6　双螺旋传动机构

　　两螺旋副的螺旋方向相同的双螺旋传动机构称为差动螺旋传动机构。当螺杆1转动角$\varphi$时，螺母2的位移是两个螺旋副移动量之差，即：

$$s = (h_A - h_B)\frac{\varphi}{2\pi} \qquad (2.5\text{-}2)$$

　　由式（2.5-2）可知，若$h_A$和$h_B$近于相等时，则位移$s$可以极小。差动螺旋的优点是，能产生极小的位移，而其螺纹的导程并不小，所以它常被用于千分尺、螺旋压缩机、分度机及天文和物理仪器中。

　　两个螺旋方向相反而导程大小相等的双螺旋机构称为复式螺旋传动机构。当螺杆1转动角$\varphi$时，螺母2的位移为

$$s = (h_A + h_B)\frac{\varphi}{2\pi} = 2h_A\frac{\varphi}{2\pi} = 2S' \qquad (2.5\text{-}3)$$

式中　$S'$——螺杆1的位移。

　　由式（2.5-3）可知，螺母2的位移是螺杆1的位移的两倍，也就是说，可以使螺母2产生很快的移动。复式螺旋常用来使两构件能很快接近或分开的场合。图

2.5-7 所示为复式螺旋被用作火车车厢连接器。

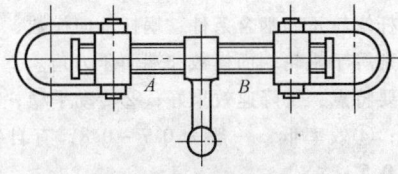

**图2.5-7　双螺旋机构**

图 2.5-8 所示为螺旋压榨机构。螺杆 1 两端分别与螺母 2、6 组成旋向相反导程相同的螺旋副。根据复式螺旋原理,当转动螺杆 1 时,螺母 2 与 6 很快地靠近,再通过连杆 3、5 使压板 4 向下运动,以压榨物件。

图 2.5-9 所示为螺旋式台虎钳定心夹紧机构。它由平面夹爪 1 和 V 形夹爪 3 组成定心机构。螺杆 4 的左端是右旋螺纹,导程为 $h_A$,右端为左旋螺纹,导程为 $h_B$。它是导程不同的复式螺旋。当转动螺杆 4 时,夹爪 1 与 3 夹紧工件 2,并能适应不同直径工件的准确定心。

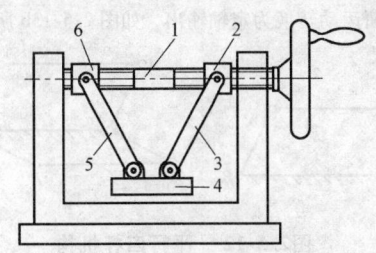

**图2.5-8　螺旋压榨机构**

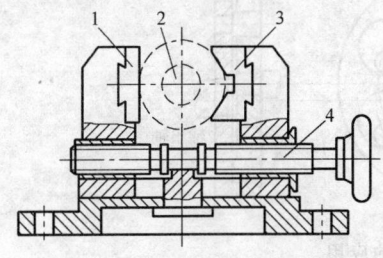

**图2.5-9　台钳定心夹紧机构**

3. **螺旋机构特点**

螺旋机构有如下特点:①结构简单;②能将回转运动变换为直线运动,而且运动准确性高,一些机床进给机构都是利用螺旋机构将回转运动变换为直线运动的;③速比大,可实现微调和降速传动,用于如千分尺那样的传动机构中;④工作连续,传动平稳,无噪声;⑤可以自锁;⑥省力,如用于千斤顶,用图 2.5-5 所示的拆卸工具将配合得很紧的轴和轴承分开。

螺旋机构的缺点是效率低、相对运动表面磨损

快;有自锁时效率低于 50%。另外,其实现往复运行要靠主动件改变转动方向来实现。

4. **滚珠螺旋传动**

为了克服螺旋机构效率低的缺点,滚珠螺旋传动应运而生,它是将钢珠置于螺母与螺杆之间,如图 2.5-10 所示,将普通螺旋的滑动接触转换成滚动接触。滚珠螺旋传动具有定位精度高、寿命长、低污染和可做高速正逆向的传动及变速传动等特性。已成为近来精密科技产业及精密机械产业的定位及测量系统上的重要零部件之一。

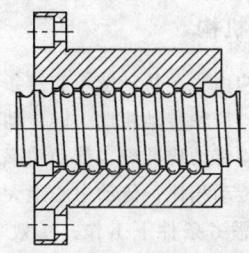

**图2.5-10　滚珠螺旋传动**

根据滚珠循环路径的不同,可分为外循环与内循环两种形式。外循环是滚珠在回路过程中离开螺旋表面。内循环是滚珠在循环过程中始终不脱离螺旋表面。

特点:①传动效率高,摩擦损失小,$\eta = 0.90 \sim 0.95$;②磨损小,能长时间保持精度,寿命长;③起动转矩接近运动转矩,传动灵敏、平稳;④有较高的传动精度和轴向刚度;⑤不能自锁,传动具有可逆性;⑥制造工艺复杂,成本高。

## 1.3　带传动机构

如图 2.5-11 所示,带传动由主动带轮 1、从动带轮 3 和绕在两轮上的传动带 2 组成。当原动机驱动主动轮 1 转动时,由带和带轮间摩擦力拖动从动轮一起转动,并传递一定的动力。

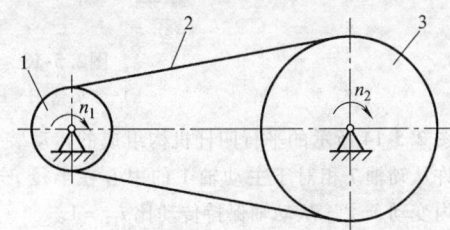

**图2.5-11　带传动结构**

根据传动带的结构不同,可分为平带传动、V 带传动、多楔带传动、同步带传动、圆形带传动等。其中,平带传动结构最简单,带轮易制造,传动中心距较大;V 带传动应用最广。V 带的横截面呈等腰梯形,带轮上

也作出相应的梯形环槽。传动时，V 带只和轮槽的两个侧面接触，即以两侧面为工作面。根据槽面摩擦原理，在同样张紧力下，V 带传动较平带传动能产生更大摩擦力。V 带传动允许的传动比较大，结构较紧凑。V 带多已标准化并大量生产，所以应用广泛。

带传动特点：①运动平稳无噪声，可以缓冲和吸振；②结构简单，传动距离远；③制造和安装简单，维护方便，不需润滑；④过载打滑，可起保护作用；⑤外形尺寸大，效率低，寿命短，传动精度不高，不能保证准确的传动比。

## 1.4 链传动机构

链传动机构由主、从动链轮和链条组成。

与带传动、齿轮传动相比，链传动的优点：①与带传动比，平均传动比准确，传动功率大，轮廓尺寸小；②与齿轮传动相比，传动中心距大；③能在低速重载、高温等恶劣条件下工作；④效率高，最大可达 0.99。

链传动的缺点：①不能保持恒定的瞬时传动比；②链单位长度质量大，工作时有噪声；③急速反向性能差，不适用于高速。

## 1.5 蜗杆传动机构

蜗杆传动机构是啮合传动机构，用于传递运动和动力。

主要参数：蜗杆线数 $k$、轴向模数、轴向压力角；蜗轮齿数 $z$、端面模数、端面压力角；旋向；传动比：$i = n_1/n_2 = z/k$。

蜗杆蜗轮正确啮合条件：蜗杆轴向模数、轴向压力角分别等于蜗轮端面模数和端面压力角。

主要特点：①降速效果好；②传动平稳；③有自锁作用；④效率低，一般为 0.7～0.8，有自锁时效率小于 0.5。

# 2 特殊用途的等传动比传动机构

## 2.1 平行四杆机构

图 2.5-12a 所示为平行四杆机构，可保证两连架杆之间传动比恒等于 1，但尺寸关系应满足共线条件（即四个构件可叠合在一条线上），因而有运动不确定性。通常应用时，将几组平行四杆机构错位排列，如图 2.5-12b 所示。

在多头钻床或多头铣床中应用平行四杆机构如图 2.5-13a 所示，可用一个主动轴同时驱动多个从动轴。少齿差行星减速器中采用平行四杆机构传动原理将行星轮的平面运动转换为定轴输出，如图 2.5-13b 所示。

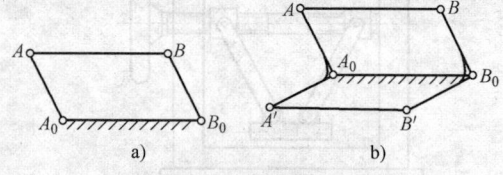

图2.5-12 平行四杆机构

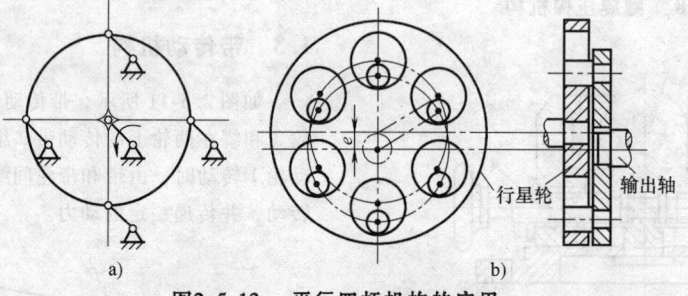

图2.5-13 平行四杆机构的应用
a）多头钻床 b）行星运动变换为定轴运动

图 2.5-14 所示的平行四杆机构组成的传动装置，可允许从动轴 7 相对于主动轴 1 的中心在半径 $r = 2l$ 的圆内变动，主、从动轴保持传动比 $i_{17} = 1$。

## 2.2 万向铰链机构

1. 万向铰链机构的作用、应用及特点

万向铰链机构又称为万向节，可用于传递两相交轴间的运动和动力，而且在传动过程中，两轴之间的夹角可以变动。因此，万向铰链机构是一种常用的变角传动机构。它广泛应用于汽车、机床等机械传动系统中，一般可分为单万向铰链机构和双万向铰链机构。

单万向铰链机构的结构如图 2.5-15 所示，主动轴 1 及从动轴 2 的末端各有一叉，用铰链同中间"十字形"叉头 3 相连，此十字形构件的中心 $O$ 与两轴轴线的交点重合，两轴间的夹角为 $\alpha$。

2. 万向铰链机构运动分析

由图 2.5-16 可知，当轴 I 转动一周时，轴 II 也

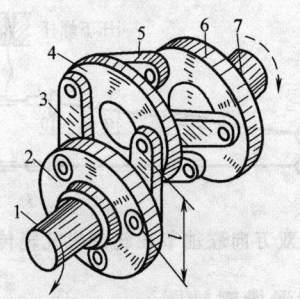

**图2.5-14 变轴距等传动比转动机构**

必然转动一周，但是两轴的瞬时角速度比却并不恒等于 1，而是随时间变化的，即当轴 I 以等角速度 $\omega_1$ 回转时，轴 II 的角速度是变化的。假设轴 I 与轴 II 所

夹锐角为 $\alpha$，如图 2.5-16a 所示的位置表示主动轴 I 的转角 $\varphi = 0°$ 或 180° 的情形，以轴 I 为参考系，对 $A$ 点有：

$$v_{A\,I} = r\omega_1 \qquad (2.5\text{-}4)$$

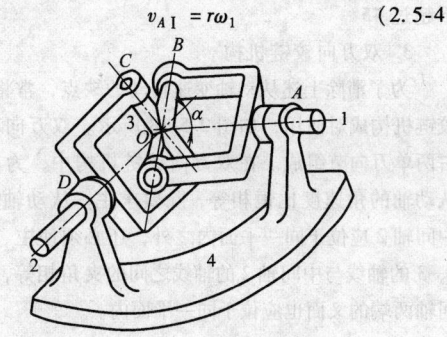

**图2.5-15 万向铰链机构**

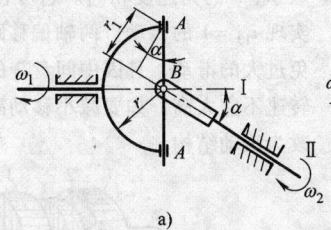

a)                 b)

**图2.5-16 万向铰链机构运动分析**

以轴 II 为参考系，对 $A$ 点有：

$$v_{A\,II} = r_1\omega_2 = r\omega_2\cos\alpha \qquad (2.5\text{-}5)$$

因为

$$v_{A\,I} = v_{A\,II} \qquad (2.5\text{-}6)$$

将式（2.5-4）和式（2.5-5）代入式（2.5-6）得：

$$r\omega_1 = r\omega_2\cos\alpha$$

所以有：

$$\omega_2 = \omega_1/\cos\alpha \qquad (2.5\text{-}7)$$

图 2.5-16b 所示的位置表示主动轴 I 的转角 $\varphi = 90°$ 或 270° 的情形，以轴 I 为参考系，对 $B$ 点有

$$v_{B\,II} = r\omega_2 \qquad (2.5\text{-}8)$$

以轴 I 为参考系，对 $B$ 点有：

$$v_{B\,I} = r_2\omega_1 = r\omega_1\cos\alpha \qquad (2.5\text{-}9)$$

同样有：

$$v_{B\,I} = v_{B\,II} \qquad (2.5\text{-}10)$$

将式（2.5-8）和式（2.5-9）代入式（2.5-10）得：

$$\omega_2 = \omega_1\cos\alpha \qquad (2.5\text{-}11)$$

其他位置时，有：

$$\omega_1\cos\alpha \leqslant \omega_2 \leqslant \frac{\omega_1}{\cos\alpha} \qquad (2.5\text{-}12)$$

所以，当主动轴 1 做等角速转动时，从动轴 2 做变角速度的转动。

通过速度分析，可得出两轴角速度之比为

$$i_{21} = \frac{\omega_2}{\omega_1} = \frac{\cos\alpha}{1 - \sin^2\alpha\cos^2\varphi_1} \qquad (2.5\text{-}13)$$

图 2.5-17 所示为两轴交角 $\alpha$ 不同时，角速度之比 $i_{21}$ 随主动轴转角 $\varphi_1$（0° ~180°）变化的曲线。由

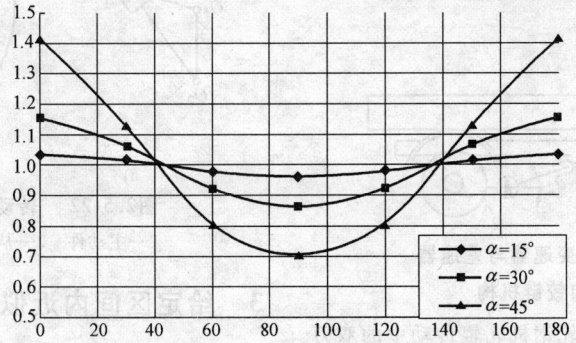

**图2.5-17 角速度之比 $i_{21}$ 随 $\varphi_1$（0° ~180°）变化的曲线**

图 2.5-17 可知，$i_{21}$ 变化幅度随两轴交角 $\alpha$ 的增大而增加。因此，在实际使用时，$\alpha$ 不宜取得过大，一般不超过 45°。

　　3. 双双向铰链机构

　　为了消除上述从动轴变速转动的缺点，常将单万向铰链机构成对使用，如图 2.5-18 所示。双万向节由左、右两单万向节组成。在双万向铰链机构中，为了使主、从动轴的角速度比恒相等，除要求主、从动轴 1、3 和中间轴 2 应位于同一平面内之外，还必须使主、从动轴 1、3 的轴线与中间轴 2 的轴线之间的夹角相等，而且中间轴两端的叉面也应位于同一平面内。

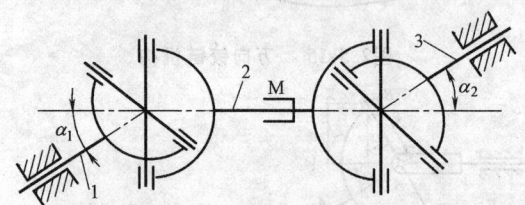

图2.5-18　双万向铰链机构

　　对于连接相交的或平行的两轴的双万向铰链机构，如要使主、从动轴的角速度相等，即角速比等于 1，则必须满足两个条件：① $\alpha_1 = \alpha_2$；② 中间轴两端的叉面必须位于同一平面内。

　　4. 万向铰链机构的特点和应用

　　1）单万向铰链机构的特点：当两轴夹角变化时仍可继续工作，而只影响其瞬时传动比的大小。

　　2）双万向铰链机构的特点：当两轴夹角变化时，不但可以继续工作，而且能保证等角速比。

　　万向铰链机构常用来传递平行轴或相交轴的转动，在机械中得到广泛应用。在图 2.5-19 所示的汽车驱动机构中，在汽车变速器 1 的输出轴和差速器 2 的输入轴之间采用双万向铰链机构将它们连接起来。当汽车在行驶时，由于变速器跟随汽车底盘一起颠簸运动，将使变速器 1 和差速器 2 之间的距离发生了变化，而双万向铰链机构的中间轴利用花键可以适应上述距离的变化，且始终保持 $\alpha_1 = \alpha_2$，使汽车行驶不受影响。

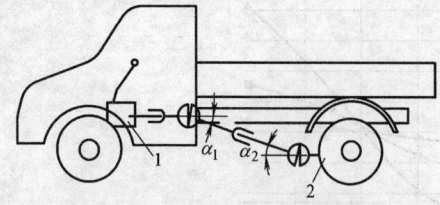

图2.5-19　汽车变速器与差速器
之间的万向铰链机构

　　图 2.5-20 所示为用于轧钢机轧辊传动中的双万向节，可适应不同厚度钢坯的轧制。

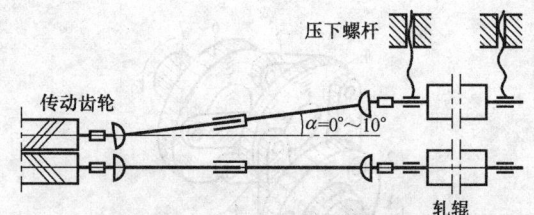

图2.5-20　双万向联轴节在轧钢机轧辊传动中的应用

## 2.3　十字滑槽联轴器

　　图 2.5-21 所示的十字滑槽联轴器由主动盘 3、中间盘 2 及从动盘 1 组成。中间盘 2 分别与从动盘 1、主动盘 3 形成滑动方向相互垂直的移动副，故构件 1、2、3 的角速度相同。它可在相互平行但不共线时实现 $i_{13}=1$ 的传动。两轴偏移距离 $e$ 不宜过大，以避免过大的滑动，且因中间盘 2 的中心作圆周运动，故转速不宜太高。如要减小移动副中的摩擦，可将滑槽改为滚动结构。

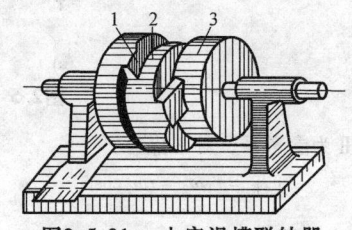

图2.5-21　十字滑槽联轴器

## 2.4　转动导杆机构

　　机架与曲柄等长的转动导杆机构（见图 2.5-22a），其瞬时传动比 $i_{12}=2$。但当曲柄与机架共线时，从动件 2 运动不确定。通常，应用时将同样的几组导杆机构错位排列，以保证运动的确定性，同时改善传力性能，如图 2.5-22b 所示。

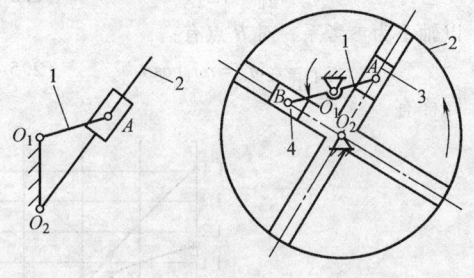

a)　　　　　　b)
图2.5-22　转动导杆等传动机构
1—主动件　2—从动件　3、4—滑块

## 3　给定区间内近似等传动比传动机构

　　近似等速比传动机构的设计理论是机构设计理论

中的重要分支之一。数学分析表明，若两个基本机构所对应的组合机构的位移函数在同一时刻的一阶导数等于常数，二阶、三阶导数在对应时刻等于零，则该组合机构具有近似等传动比的传动特征。人们依据此原理建立了近似等传动比传动机构设计的新方法。

## 3.1　扇形齿轮及其替代机构

扇形齿轮可在两平行轴之间实现一定区间内的等传动比传动。如果转动角度不太大（例如 $<90°$），且传动比不要求十分准确，则可用铰链四杆机构替代，从而使结构大为简化，如图 2.5-23 所示。

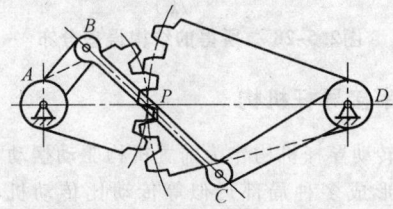

图 2.5-23　扇形齿轮及其替代机构

这种机构可以用在给定传动区间内两个插值点处保证给定传动比的方法进行设计。设主动轴转角范围为 $\varphi_m$，给定传动比为 $i$，则从动轴转角范围为 $\psi_m = \varphi_m/i$。设定两个插值点 $\varphi_1 = 0.14\varphi_m$、$\varphi_2 = 0.86\varphi_m$，则 $\varphi_{12} = \varphi_2 - \varphi_1 = 0.72\varphi_m$（见图 2.5-24）。

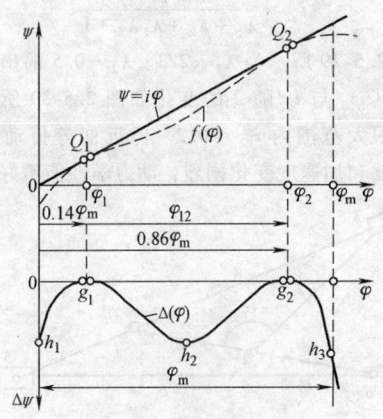

图 2.5-24　插值点选择

取机架长 $A_0B_0$ 等于给定中心距，在 $A_0$ 和 $B_0$ 之间定 $P_{11}$ 点，使 $\overline{A_0P_{11}}\,i = \overline{P_{11}B_0}$（见图 2.5-25）；

从 $A_0$ 和 $B_0$ 分别作 $-\varphi_{12}/2$ 及 $-\psi_{12}/2$ 角，得交点 $P_{12}$；连 $P_{11}P_{12}$，作 $\overline{P_{11}P_{12}}$ 的中垂线分别与 $\dfrac{\varphi_{12}}{2}$ 及 $\dfrac{\psi_{12}}{2}$ 角的终边交于 $O_A$ 及 $O_B$；

以 $O_A$ 为圆心，$O_AP_{12}$ 为半径作圆 $m_a$；以 $O_B$ 为圆心，以 $O_BP_{12}$ 为半径作圆 $m_b$，$m_a$、$m_b$ 分别为 $A_1$、

$B_1$ 点的解集。

在 $m_a$ 上适当选一点作为 $A_1$，连 $A_1P_{11}$ 交 $m_b$ 于 $B_1$，则 $A_0A_1B_1B_0$ 即所求四杆机构处于第一个插值点的位置。

显然有无限多种解，可从传动角、尺寸比例方面选择合适的解。

按上述图解过程，可推导出这种机构的算法（见图 2.5-26）。

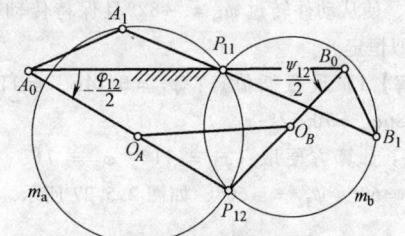

图 2.5-25　局部近似等传动比机构设计

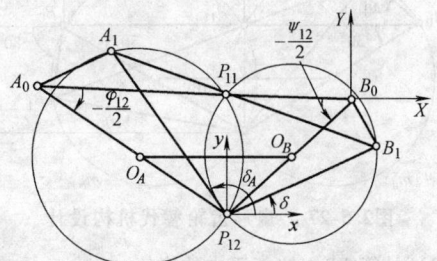

图 2.5-26　局部近似等传动比机构的解析解法

1）取 $A_0B_0 = 1$，在 $XB_0Y$ 坐标系中 $P_{12}$ 的坐标为

$$X_{12} = \frac{\tan(\varphi_{12}/2)}{\tan(\psi_{12}/2) - \tan(\varphi_{12}/2)},$$

$$Y_{12} = -X_{12}\tan(\psi_{12}/2)$$

$$X_{11} = i/(1 - i), \qquad Y_{11} = 0$$

$$X_{22} = X_{11}\cos\psi_{12}, \qquad Y_{22} = -X_{11}\sin\psi_{12}$$

2）在 $xP_{12}y$ 坐标系中：

$$x_{11} = X_{11} - X_{12} \qquad y_{11} = Y_{11} - Y_{12}$$

$$x_{22} = X_{22} - X_{12} \qquad y_{22} = Y_{22} - Y_{12}$$

3）设定 $\delta$ 角求 $B_1$ 点坐标：

$$j_1 = x_{11} + x_{22}$$

$$j_2 = y_{11} + y_{22}$$

$$j_3 = x_{11}y_{22} + x_{22}y_{11}$$

$$j_4 = x_{11}x_{22} - y_{11}y_{22}$$

$$x_{B1} = \frac{j_3(1 - \tan^2\delta) - 2j_4\tan\delta}{(1 + \tan^2\delta)(j_2 - j_1\tan\delta)}$$

$$y_{B1} = x_{B1}\tan\delta$$

4）求 $A_1$ 点坐标：

$$\delta_A = \varphi_{12} - \psi_{12} + \delta$$

$$k = \frac{y_{11} - y_{B1}}{x_{11} - x_{B1}}$$

$$x_{A1} = \frac{y_{11} - kx_{11}}{\tan\delta_A - k}$$

$$y_{A1} = x_{A1}\tan\delta_A$$

5）$A_0$ 和 $B_0$ 点坐标：

$$x_{A0} = -(1 + X_{12}),\ y_{A0} = -Y_{12}$$

$$x_{B0} = -X_{12},\ y_{B0} = -Y_{12}$$

这就得出了一个解，$\delta$ 设不同值可得不同的解。

【例】设计一四杆机构，在主动件转过 $\varphi_m = 82°$ 过程中，使从动件转过 $\psi_m = -82°$ 且保持传动比 $i = -1$ 近似恒定。

【解】1）设置插值点：$\varphi_1 = 0.14\varphi_m = 11.48°$，$\varphi_2 = 0.86\varphi_m = 70.52°$；

为了计算方便取：$\varphi_1 = 11°$、$\varphi_2 = 71°$、$\varphi_{12} = \varphi_2 - \varphi_1 = 60°$、$\psi_{12} = -60°$，如图 2.5-27 所示。

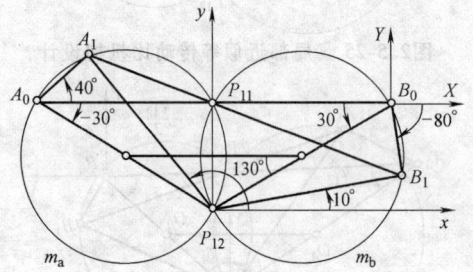

图2.5-27　扇形齿轮替代机构设计

2）计算 $XB_0Y$ 坐标系中的诸值：
$X_{12} = -0.50000$，$Y_{12} = -0.28868$；
$X_{11} = -0.50000$，$Y_{11} = 0$；
$X_{22} = -0.25$，$Y_{22} = -0.43301$；

3）计算 $xP_{12}y$ 坐标系中的诸值：
$x_{11} = 0$，$y_{11} = 0.28868$；
$x_{22} = 0.25$，$y_{22} = -0.14438$；
$j_1 = 0.25$，$j_2 = 0.14438$；
$j_3 = 0.07217$，$j_4 = 0.04166$；
设 $\delta = 10°$，则有：
$x_{B1} = 0.534289$，$y_{B1} = 0.09421$；
$\delta_A = 130°$；
$k = -0.36397$；
$x_{A1} = -0.34873$，$y_{A1} = 0.41560$；
$x_{A0} = -0.5$，$y_{A0} = 0.28868$；
$x_{B0} = 0.5$，$y_{B0} = 0.28868$；
设计结果如图 2.5-27 所示。
$l_{A_0A} = 0.19746$，$l_{AB} = 0.939688$；
$l_{B_0B} = 0.19746$，$l_{A_0B_0} = 1$；
$\alpha = 39.9976°$，$\beta = -80.000°$。
这是机构处于第一个插值点的位置。

使主动件 $A_0A$ 从 $\alpha = \alpha - \varphi_1 = 28.9976°$ 开始，逆时针转过 82°，每隔 2°计算从动件 $B_0B_1$ 转过的角度，可得出

结构误差分布如图 2.5-28 所示。可见，$\varphi_1 = 11°$ 及 $\varphi_2 = 71°$ 时 $\Delta\psi = 0$，最大转角误差 $\Delta\psi_{max} = 0.41°$，相对误差的最大值 $\Delta\psi_{max}/\psi_m = 0.41/82 = 0.005$。

显然，在 $m_b$ 上选不同的点作为 $B_1$，即 $\delta$ 选值不同，结构误差亦随之而变化。

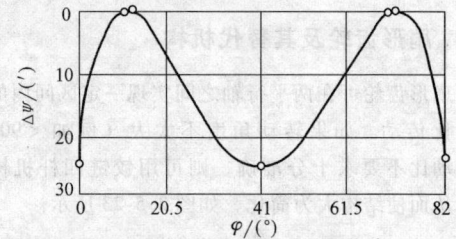

图2.5-28　所得的结构误差分布

## 3.2　串接导杆机构

用转动导杆机构作为前置机构驱动摆动导杆机构，可形成多种局部近似等传动比传动机构。设 $\lambda_1 = A_0B_0/A_0A$，$\lambda_2 = B_0C/B_0D_0$（见图 2.5-29），这种机构符合下述关系：

$$\lambda_1(1 - \lambda_1) = \frac{1 - \lambda_2}{(1 - \lambda_2)^2}$$

通常该机构会在较大范围内实现近似等传动比传动，近似等传动比段的传动比为

$$i_{b2} \approx \frac{\lambda_2}{\lambda_1 + \lambda_2 + \lambda_1\lambda_2 + 1}$$

图 2.5-29 所示为 $\lambda_1 = 2/3$、$\lambda_2 = 0.5$ 的串接导杆机构，其 $\varphi_6$ 与 $i_{b2}$ 随 2 的变化如图 2.5-30 所示。可见，在很大范围内 $i_{b2} \approx 0.2$。但近似等传动比段之外，速度和加速度变化剧烈，动力学性能不好。

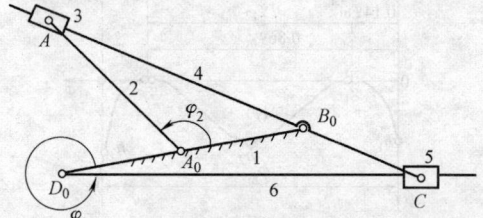

图2.5-29　串接导杆近似等传动比传动机构

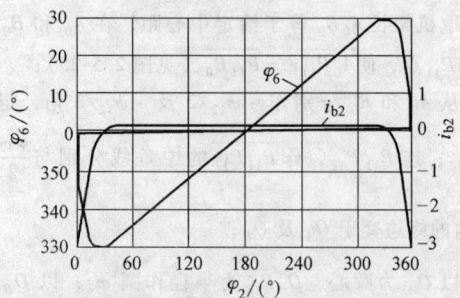

图2.5-30　图 2.5-29 机构的运动性能

# 第6章 凸轮机构

## 1 凸轮机构的基础知识

### 1.1 凸轮机构的组成及特点

凸轮机构是机械中一种常用的高副机构，主要由凸轮、从动件和机架三个基本构件组成。在一般情况下，凸轮是原动件且做等速转动，从动件则按预定的要求做直线移动或摆动。

凸轮是一个具有曲线轮廓的构件，适当设计凸轮的轮廓曲线，便可以实现任意预定的从动件运动规律。这也是凸轮机构的最大优点。凸轮机构设计简单、结构紧凑、工作可靠，因此在自动和半自动机械中获得了广泛的应用。

凸轮机构的缺点是凸轮和从动件之间为高副接触，压强较大，易于磨损，一般只用于传递动力不大的场合。此外，凸轮廓线精度要求高，加工成本高，而且从动件行程不能太大，否则凸轮会变得笨重。

随着现代机械的高速化发展，高速凸轮机构的设计及其动力学问题已引起普遍重视，并已提出了许多适用于高速条件下的从动件运动规律以及一些新型凸轮机构。另一方面，随着计算机的发展，计算机辅助设计与制造已获得了普遍应用，这也为凸轮机构的更广泛应用创造了条件。

### 1.2 凸轮机构的分类

根据凸轮及从动件的形状和运动形式的不同，凸轮机构有多种分类方法。

#### 1.2.1 按凸轮的形状分类

1）盘形凸轮，也称径向凸轮，如图 2.6-1a 所示。这种凸轮是一个向径变化的盘形构件，绕固定轴转动时，可推动从动件在垂直于凸轮轴的平面内运动。

2）楔形凸轮，也称移动凸轮，如图 2.6-1b 所示。当凸轮左右往复运动时，推动从动件做上下往复运动。也可以固定凸轮，而使从动件相对于凸轮移动（如仿型车削）。楔形凸轮可看成是径向尺寸无穷大的盘形凸轮。

3）圆柱凸轮。这种凸轮是在圆柱端面上作出曲线轮廓（见图 2.6-1c）或在圆柱面上开出曲线凹槽（见图 2.6-1d）。当凸轮转动时，推动从动件在与圆柱凸轮轴线平行的平面内运动。圆柱凸轮可以看成是将楔形凸轮卷绕在圆柱上形成的。

4）圆锥凸轮，如图 2.6-1e 所示。圆锥凸轮的轮廓曲线位于圆锥面上，并绕其轴线旋转。与圆柱凸轮相似，圆锥凸轮是在圆锥体上开有曲线槽或在圆锥体的端面上做成曲面形状而形成的构件。

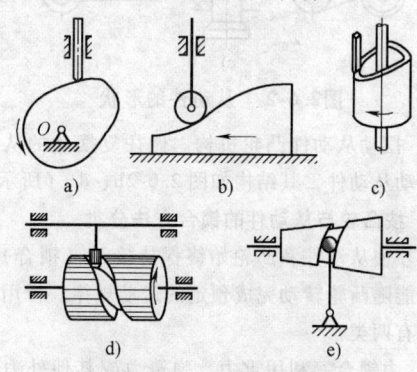

图2.6-1 凸轮的形状

前两类凸轮运动平面与从动件运动平面平行，故称平面凸轮；后两类称为空间凸轮。

楔形凸轮、圆柱凸轮、圆锥凸轮实际上用得较少，用得最多的是盘形凸轮。因此，本章主要探讨盘形凸轮，但所提出的概念与理论也适用于其他凸轮。

#### 1.2.2 按从动件的形状分类

根据从动件与凸轮接触处结构形式的不同，从动件可分为三类：

1）尖顶从动件凸轮机构，如图 2.6-2a、b 所示。这种从动件结构简单，但尖顶易于磨损（接触应力很高），故只适用于传力不大的低速凸轮机构中。

2）滚子从动件凸轮机构，如图 2.6-2c、d 所示。由于滚子与凸轮间为滚动摩擦，所以不易磨损，可以实现较大动力的传递，应用最为广泛。

3）平底从动件凸轮机构，如图 2.6-2e、f 所示。这种从动件与凸轮间的作用力方向不变，受力平稳。而且在高速情况下，凸轮与平底间易形成油膜而减小摩擦与磨损。其缺点是不能与具有内凹轮廓的凸轮配对使用，而且也不能与移动凸轮和圆柱凸轮配对使用。

#### 1.2.3 按从动件的运动形式分类

1）移动从动件凸轮机构。作往复直线移动的从动件称为移动从动件，其结构如图 2.6-2a、c、e 和图 2.6-4a 所示。若移动从动件的导路中心线通过凸

轮的回转轴心，则称为对心移动从动件。否则，称为偏置移动从动件。从动件的导路中心线与凸轮回转轴心之间偏移的一段距离 $e$，称作偏距。

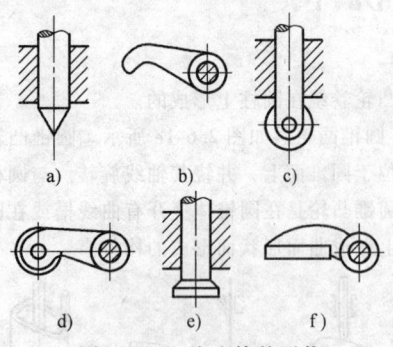

图2.6-2　从动件的形状

2）摆动从动件凸轮机构。做往复摆动的从动件称为摆动从动件，其结构如图 2.6-2b、d、f 所示。

**1.2.4　按凸轮与从动件的锁合方法分类**

必须使从动件和凸轮始终保持接触（锁合），从动件才能随凸轮转动完成预定的运动规律。常用的锁合方法有两类：

1）力锁合。利用重力、弹簧力或其他外力使从动件与凸轮始终保持接触。

2）形锁合，也叫几何锁合。依靠凸轮和从动件的特殊几何结构来保持两者的接触。常见的形锁合形式如图 2.6-3 所示。图 2.6-3a 所示为沟槽凸轮机构，凸轮轮廓曲线做成凹槽，依靠凹槽两侧的轮廓曲线使从动件与凸轮在运动过程中始终保持接触。图 2.6-3b 所示为等宽凸轮机构，与凸轮轮廓线相切的任意两平行线间的距离始终相等，且等于从动件内框上、下壁间的距离。图 2.6-3c 所示为等径凸轮机构，过凸轮轴心所作任一径向线上与凸轮轮廓线相切的两滚子中心间的距离处处相等。图 2.6-3d 所示为主回凸轮（又称共轭凸轮）机构，用两个固结在一起的凸

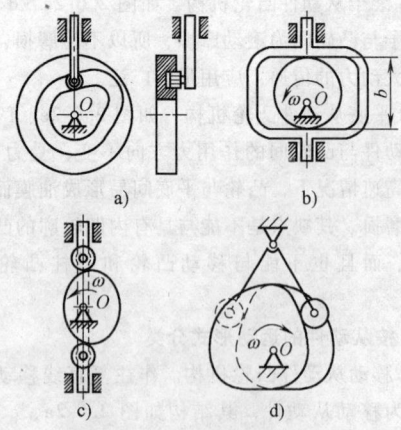

图2.6-3　形锁合的形式

轮控制一个具有两滚子的从动件，从而形成几何形状锁合。

不同类型的凸轮和从动件组合，可以得到各种不同的凸轮机构。

## 2　常用从动件运动规律

### 2.1　基本术语

图 2.6-4a、图 2.6-5 所示分别为尖顶移动从动件盘形凸轮机构和尖顶摆动从动件盘形凸轮机构，其基本术语包括如下一些：

1）基圆。以凸轮转动中心 $O$ 为圆心，以凸轮轮廓曲线上的最小向径为半径所作的圆。基圆半径用 $r_b$ 表示。

2）偏距 $e$。$O$ 点至从动件导路的垂直距离 $e$ 为偏距。以 $O$ 为圆心，$e$ 为半径的圆称为偏距圆。

3）推程、推程运动角 $\Phi$。如图 2.6-4a 所示，当凸轮以角速度 $\omega$ 逆时针转动时，从动件与凸轮轮廓 $AB$ 段接触，从动件以一定的运动规律被推向远方，此过程称为推程。凸轮对应的转角 $\Phi$ 称为推程运动角。若偏距 $e \neq 0$，则 $\Phi \neq \angle AOB$。

4）远休止、远休止角 $\Phi_s$。凸轮继续转动，从动件与凸轮轮廓 $BC$ 段（圆心为 $O$ 的圆弧）接触，从动件停止不动，此过程称为远休止，凸轮对应的转角 $\Phi_s$ 称为远休止角。

5）回程、回程运动角 $\Phi'$。从动件与凸轮轮廓 $CD$ 段作用，从动件以一定的运动规律返回初始位置，此过程称为回程，凸轮对应的转角 $\Phi'$ 称为回程运动角。若偏距 $e \neq 0$，则 $\Phi' \neq \angle COD$。

6）近休止、近休止角 $\Phi'_s$。从动件与凸轮轮廓 $DA$ 段（基圆上的圆弧）作用，从动件停止不动，此过程称为近休止，对应的凸轮转角 $\Phi'_s$ 称为近休止角。

7）从动件位移 $s$。从动件在凸轮的推动下沿导路移动的距离称为从动件的位移 $s$。对于摆动从动件，则对应于摆角 $\psi$，如图 2.6-5 所示。规定：不论推程还是回程，一律由推程的最低位置作为度量位移 $s$（摆角 $\psi$）的基准。

8）从动件行程 $h$。从动件在推程或回程中移动的距离称为从动件的行程 $h$。摆动从动件凸轮机构，则对应于摆幅 $\psi_{max}$，如图 2.6-5 所示。

9）凸轮转角 $\varphi$。转角 $\varphi$ 的取值范围为 $0° \sim 360°$，规定：推程的开始处，凸轮转角 $\varphi$ 的取值为 0。

10）从动件运动规律。它是指从动件在推程或回程时，其位移 $s$、速度 $v$ 和加速度 $a$ 随时间 $t$（或凸轮转角 $\varphi$）变化的规律。

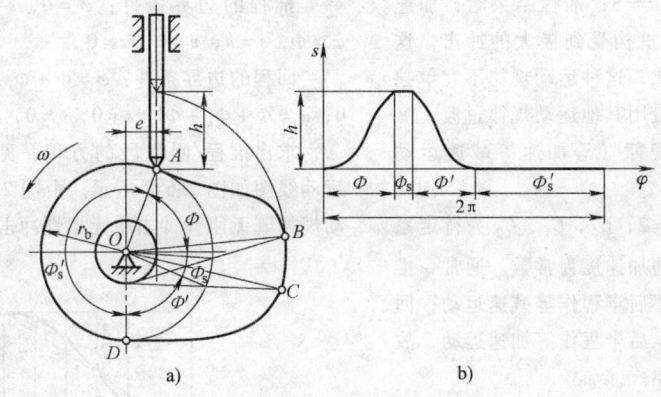

图2.6-4 偏置尖顶移动从动件盘形凸轮机构

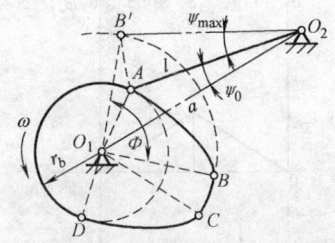

图2.6-5 摆动从动件凸轮机构

凸轮逆时针转动一周,从动件便经历了上升、静止、下降、静止等四个阶段,从动件的位移 $s$ 随凸轮转角 $\varphi$ 而变化的曲线称为从动件的位移曲线,如图2.6-4b所示,这是最典型的运动形式。

从动件的位移曲线可以没有静止阶段,也可以只有一个静止阶段。从动件的位移曲线取决于凸轮轮廓的形状,即从动件的运动规律与凸轮轮廓曲线相对应。因此在设计凸轮时,首先应根据工作要求确定从动件的运动规律,绘制从动件的位移曲线,然后据其绘制凸轮轮廓。

根据从动件运动规律数学表达式的不同,常用的从动件运动规律主要有多项式运动规律、三角函数运动规律以及组合运动规律三大类。

## 2.2 多项式运动规律

从动件多项式运动规律的一般表达式为

$$\begin{cases} s = C_0 + C_1\varphi + C_2\varphi^2 + \cdots + C_n\varphi^n \\ v = C_1\omega + 2C_2\omega\varphi + \cdots + nC_n\omega\varphi^{(n-1)} \\ a = 2C_2\omega^2 + \cdots + n(n-1)C_n\omega^2\varphi^{(n-2)} \end{cases}$$

$$(2.6\text{-}1)$$

式中    $\varphi$、$\omega$——凸轮转角、角速度;

      $s$、$v$、$a$——从动件位移、速度、加速度;

$C_0$、$C_1$、$C_2$、$\cdots$、$C_n$——待定系数,可利用边界条件确定。

### 2.2.1 一次多项式运动规律(等速运动规律)

在式(2.6-1)中,$n=1$,$C_0$、$C_1$ 为待定系数。设凸轮以等角速度 $\omega$ 转动。

推程时,凸轮转过推程运动角 $\Phi$,从动件升程为 $h$。取边界条件:$\varphi=0$,$s=0$;$\varphi=\Phi$,$s=h$。由式(2.6-1)得,$C_0=0$、$C_1=h/\Phi$。

回程时,凸轮转过回程运动角 $\Phi'$,从动件位移由 $h$ 减为0。即:$\varphi=\Phi+\Phi_s$,$s=h$;$\varphi=\Phi+\Phi_s+\Phi'$,$s=0$。可求出推程/回程段的方程,见表2.6-1。

表2.6-1 一次多项式运动规律的方程式

| 推程 | 回程 |
|---|---|
| $0=\varphi=\Phi$ | $\Phi+\Phi_s=\varphi=\Phi+\Phi_s+\Phi'$ |
| $s=\dfrac{h}{\Phi}\varphi$ | $s=h-\dfrac{h}{\Phi'}(\varphi-\Phi-\Phi_s)$ |
| $v=\dfrac{h}{\Phi}\varphi$ | $v=-\dfrac{h}{\Phi'}\omega$ |
| $a=0$ | $a=0$ |

由表2.6-1中的方程可知,从动件做等速运动,故又称其为等速运动规律。推程段运动线图如图2.6-6所

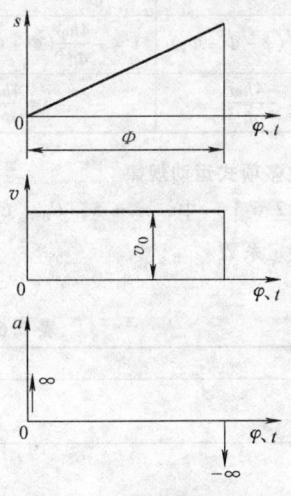

图2.6-6 等速运动规律

示，推程开始时，加速度 $a=8$；推程结束时，加速度 $a=-8$，其惯性力将使机构受到极大的冲击，这种冲击称为刚性冲击。因此，这种运动规律不宜单独使用，在运动开始和终止段用其他运动规律过渡。

### 2.2.2　二次多项式运动规律（等加速等减速运动规律）

在式（2.6-1）中，$n=2$，$C_0$、$C_1$、$C_2$ 为待定系数。二次多项式运动规律的加速度为常数。通常令推程的前半程作等加速运动，后半程作等减速运动；回程的前半程作等减速运动，后半程作等加速运动，故称为等加速等减速运动规律。

推程等加速段边界条件：$\varphi=0$，$v=0$，$s=0$；$\varphi=\Phi/2$，$s=h/2$。由式（2.6-1）得，$C_0=0$、$C_1=0$、$C_2=2h/\Phi^2$。

推程等减速段边界条件：$\varphi=\Phi/2$，$s=h/2$；$\varphi=\Phi$，$v=0$，$s=h$。由式（2.6-1）得，$C_0=-h$、$C_1=4h/\Phi$、$C_2=-2h/\Phi^2$。

可求出推程/回程段的方程，见表 2.6-2。推程时运动线图如图 2.6-7 所示。这种运动规律在 $A$、$B$、$C$ 点处加速度出现有限值的突变，跃动度 $\mathrm{d}a/\mathrm{d}t=\infty$，其惯性力引起的冲击较小，故称为柔性冲击。

**表 2.6-2　二次多项式运动规律的方程式**

| | $0\le\varphi\le\Phi/2$ | $\Phi/2\le\varphi\le\Phi$ |
|---|---|---|
| 推程 | $s=\dfrac{2h}{\Phi^2}\varphi^2$ | $s=h-\dfrac{2h}{\Phi^2}(\Phi-\varphi)^2$ |
| | $v=\dfrac{4h\omega}{\Phi^2}\varphi$ | $v=\dfrac{4h\omega}{\Phi^2}(\Phi-\varphi)$ |
| | $a=\dfrac{4h\omega^2}{\Phi^2}$ | $a=-\dfrac{4h\omega^2}{\Phi^2}$ |
| 回程 | $\Phi+\Phi_s=\varphi=\Phi+\Phi_s+\Phi'$ | $\Phi+\Phi_s+\Phi'/2=\varphi=\Phi+\Phi_s+\Phi'$ |
| | $s=h-\dfrac{2h}{\Phi'^2}(\varphi-\Phi-\Phi_s)^2$ | $s=\dfrac{2h}{\Phi'^2}(\Phi+\Phi_s+\Phi'-\varphi)^2$ |
| | $v=-\dfrac{4h\omega}{\Phi'^2}(\varphi-\Phi-\Phi_s)$ | $v=-\dfrac{4h\omega}{\Phi'^2}(\Phi+\Phi_s+\Phi'-\varphi)$ |
| | $a=-\dfrac{4h\omega^2}{\Phi'^2}$ | $a=\dfrac{4h\omega^2}{\Phi'^2}$ |

### 2.2.3　五次多项式运动规律

在式（2.6-1）中，$n=5$，$C_0$、$C_1$、$C_2$、$C_3$、$C_4$、$C_5$ 为待定系数。

推程的边界条件：$\varphi=0$，$s=0$，$v=0$，$a=0$；$\varphi=\Phi$，$s=h$，$v=0$，$a=0$。

回程的边界条件：$\varphi=\Phi+\Phi_s$，$s=h$，$v=0$，$a=0$；$\varphi=\Phi+\Phi_s+\Phi'$，$s=0$，$v=0$，$a=0$。

求出推程/回程段的方程，见表 2.6-3。推程时运动线图如图 2.6-8 所示。由图 2.6-8 可见，这种运动规律既无刚性冲击也无柔性冲击。

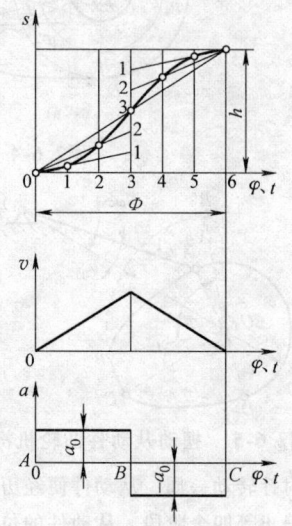

图2.6-7　等加速等减速运动规律

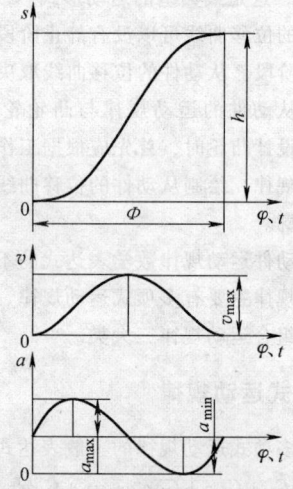

图2.6-8　五次多项式运动规律

**表 2.6-3　五次多项式运动规律的方程式**

| | $0=\varphi=\Phi$ |
|---|---|
| 推程 | $s=h\left(\dfrac{10}{\Phi^3}\varphi^3-\dfrac{15}{\Phi^4}\varphi^4+\dfrac{6}{\Phi^5}\varphi^5\right)$ |
| | $v=30\omega h\left(\dfrac{1}{\Phi^3}\varphi^2-\dfrac{2}{\Phi^4}\varphi^3+\dfrac{1}{\Phi^5}\varphi^4\right)$ |

（续）

| | |
|---|---|
| 推程 | $0 \leqslant \varphi \leqslant \Phi$ |
| | $a = 60\omega^2 h\left(\dfrac{1}{\Phi^3}\varphi - \dfrac{3}{\Phi^4}\varphi^2 + \dfrac{2}{\Phi^5}\varphi^3\right)$ |
| 回程 | $\Phi + \Phi_s \leqslant \varphi \leqslant \Phi + \Phi_s + \Phi'$ |
| | $s = h - h\left[\dfrac{10}{\Phi'^3}(\varphi-\Phi-\Phi_s)^3 - \dfrac{15}{\Phi'^4}(\varphi-\Phi-\Phi_s) + \dfrac{6}{\Phi'^5}(\varphi-\Phi-\Phi_s)^5\right]$ |
| | $v = -30\omega h\left[\dfrac{1}{\Phi'^3}(\varphi-\Phi-\Phi_s)^2 - \dfrac{2}{\Phi'^4}(\varphi-\Phi-\Phi_s)^3 + \dfrac{1}{\Phi'^5}(\varphi-\Phi-\Phi_s)^4\right]$ |
| | $a = -60\omega^2 h\left[\dfrac{1}{\Phi'^3}(\varphi-\Phi-\Phi_s) - \dfrac{3}{\Phi'^4}(\varphi-\Phi-\Phi_s)^2 + \dfrac{2}{\Phi'^5}(\varphi-\Phi-\Phi_s)^3\right]$ |

## 2.3 三角函数运动规律

### 2.3.1 余弦加速度运动规律（简谐运动规律）

质点在圆周上做匀速运动时，它在这个圆的一条固定直径上的投影所构成的运动称为余弦加速度运动规律（或称简谐运动规律）。

推程/回程段的运动方程见表 2.6-4，推程段运动线图如图 2.6-9 所示。这种运动规律在推程始末两点处加速度出现有限值的突变，将引起柔性冲击。只有当远休止角 $\Phi_s$ 和近休止角 $\Phi_s'$ 均为零时，才可能

获得连续的加速度曲线，如图 2.6-9 中虚线所示。

### 2.3.2 正弦加速度运动规律（摆线运动规律）

一动圆沿直线纯滚动时，圆上一点的轨迹称为摆线，直线称为导直线。质点在摆线上做匀速运动时，它在导直线上的投影所构成的运动称为正弦加速度运动规律（或称摆线运动规律）。

推程/回程段的运动方程见表 2.6-4，推程段的运动线图如图 2.6-10 所示。由运动线图可知，正弦运动的速度和加速度线图都是连续的，故没有刚性冲击，也没有柔性冲击。

**表 2.6-4 三角函数运动规律的方程式**

| 项目 | 推程 $0 \leqslant \varphi \leqslant \Phi$ | 回程 $\Phi + \Phi_s \leqslant \varphi \leqslant \Phi + \Phi_s + \Phi'$ |
|---|---|---|
| 余弦加速度 | $s = \dfrac{h}{2}\left(1 - \cos\dfrac{\pi}{\Phi}\varphi\right)$ | $s = \dfrac{h}{2}\left[1 + \cos\dfrac{\pi}{\Phi'}(\varphi-\Phi-\Phi_s)\right]$ |
| | $v = \dfrac{h\pi\omega}{2\Phi}\sin\dfrac{\pi}{\Phi}\varphi$ | $v = -\dfrac{h\pi\omega}{2\Phi'}\sin\dfrac{\pi}{\Phi'}(\varphi-\Phi-\Phi_s)$ |
| | $a = \dfrac{h\pi^2\omega^2}{2\Phi^2}\cos\dfrac{\pi}{\Phi}\varphi$ | $a = -\dfrac{h\pi^2\omega^2}{2\Phi'^2}\cos\dfrac{\pi}{\Phi'}(\varphi-\Phi-\Phi_s)$ |
| 正弦加速度 | $s = h\left(\dfrac{\varphi}{\Phi} - \dfrac{1}{2\pi}\sin\dfrac{2\pi}{\Phi}\varphi\right)$ | $s = h\left[1 - \dfrac{\varphi-\Phi-\Phi_s}{\Phi'} + \dfrac{1}{2\pi}\sin\dfrac{2\pi}{\Phi'}(\varphi-\Phi-\Phi_s)\right]$ |
| | $v = \dfrac{\omega h}{\Phi}\left(1 - \cos\dfrac{2\pi}{\Phi}\varphi\right)$ | $v = -\dfrac{h\omega}{\Phi'}\left[1 - \cos\dfrac{2\pi}{\Phi'}(\varphi-\Phi-\Phi_s)\right]$ |
| | $a = \dfrac{2\pi\omega^2 h}{\Phi^2}\sin\dfrac{2\pi}{\Phi}\varphi$ | $a = -\dfrac{2\pi h\omega^2}{\Phi'^2}\sin\dfrac{2\pi}{\Phi'}(\varphi-\Phi-\Phi_s)$ |

## 2.4 组合运动规律

为了获得从动件更好的运动特性，可以将上述基本运动规律组合起来应用（或称为运动线图的拼接）。

1. 运动规律的组合原则

1）按凸轮机构的工作要求选择一种基本运动规律为主体运动规律，然后与其他运动规律组合，通过优化，寻求最佳的组合形式。

2）在行程的起点和终点，有较好的边界条件。

3）组合时两条曲线在拼接处必须保持连续，要满足位移、速度、加速度以及更高一阶导数的连续。

4）各段不同的运动规律要有较好的动力性能和

工艺性。

2. 组合型运动规律举例

图 2.6-11 所示为加速-匀速-减速组合运动规律。由运动线图不难看出，这种运动规律不但可以消除匀速运动规律的刚性冲击，而且也消除了柔性冲击。

图 2-6-12 所示为正弦加速度-等加速-正弦加速度-等减速-正弦加速度组合运动规律。由运动线图不难看出，这种运动规律不但可以消除柔性冲击，且最大速度和最大加速度均较小。

## 2.5 从动件运动规律设计应考虑的问题

选择从动件运动规律时，涉及的问题很多，一般

可从下面几个方面考虑。

**1. 满足机器的工作要求**

这是选择从动件运动规律的最基本的依据。有的机器工作过程要求从动件按一定的运动规律运动，如自动车床驱动刀架所用的凸轮机构，为保证加工厚度均匀、表面光滑，则要求刀架工作行程的速度不变，最好选用等速运动规律。

**2. 使凸轮机构具有良好的动力性能**

1）从动件的最大速度 $v_{max}$ 要尽量小。从动件最大速度 $v_{max}$ 越大，则从动件的最大动量 $mv_{max}$（$m$ 为从动件的质量）越大，故在起动、停车或突然制动时，会产生很大冲击。因此，对于质量大的从动件系统，应选择 $v_{max}$ 较小的运动规律。

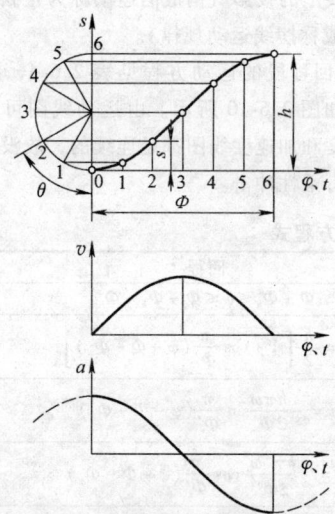

图2.6-9　余弦加速度运动规律

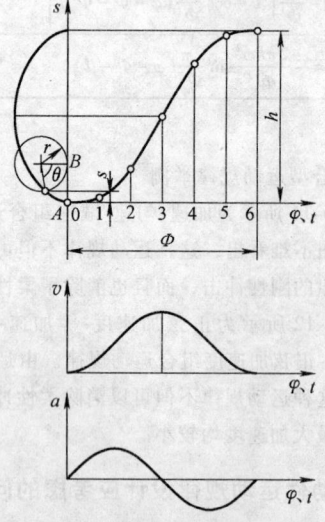

图2.6-10　正弦加速度运动规律

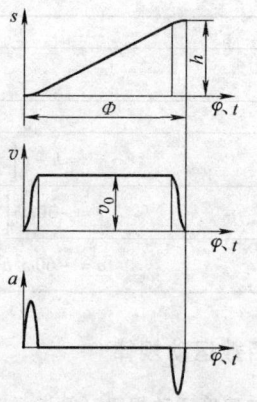

图2.6-11　改进匀速度运动规律

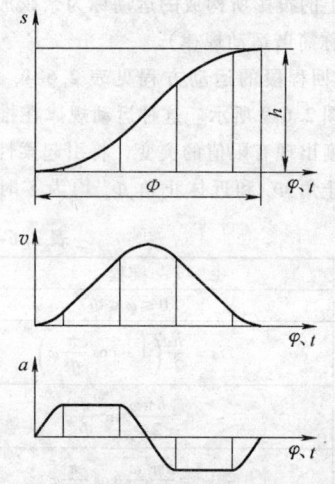

图2.6-12　改进等加速等减速运动规律

2）从动件的最大加速度 $a_{max}$ 要尽量小，且无突变。从动件的最大加速度 $a_{max}$ 越大，则惯性力 $F = -ma$ 越大。由惯性力引起的动压力，对机构的强度和磨损都有很大的影响，$a_{max}$ 是影响动力学性能的主要因素。因此，高速凸轮机构要注意 $a_{max}$ 不宜太大。加速度无突变，则避免了刚性冲击或柔性冲击。

3）从动件的最大跃动度 $j_{max}$ 要尽量小。跃动度 $j$ 是加速度对时间的一阶导数，反映了惯性力的变化率，跃动度越大机构运动的平稳性越差。

$v_{max}$、$a_{max}$、$j_{max}$ 的值越小越好，但这些值又互相关联、互相矛盾。选择时，可根据工作要求，分清主次进行选择。表2.6-5给出了几种基本运动规律的特征值，供设计凸轮机构时参考。

**3. 使凸轮轮廓便于加工**

在满足前两点的前提下，若实际工作中对从动件的推程和回程无特殊要求，则可以考虑凸轮便于加工，而采用圆弧、直线等易加工曲线。

第6章 凸轮机构

2－63

**表2.6-5　几种基本运动规律的特征值对比**

| 运动规律 | $v_{max}/\left(\dfrac{h\omega}{\Phi}\right)$ | $a_{max}/\left(\dfrac{h\omega^2}{\Phi^2}\right)$ | $j_{max}/\left(\dfrac{h\omega^3}{\Phi^3}\right)$ | 冲击 | 使用场合 |
|---|---|---|---|---|---|
| 等速运动规律 | 1.00 | 8 | 8 | 刚性冲击 | 低速轻载 |
| 等加速等减速运动规律 | 2.00 | 4.00 | 8 | 柔性冲击 | 中速轻载 |
| 余弦加速度运动规律 | 1.57 | 4.93 | 8 | 柔性冲击 | 中速中载 |
| 正弦加速度运动规律 | 2.00 | 6.28 | 39.48 | 无 | 高速轻载 |
| 五次多项式 | 1.88 | 5.77 | 60.00 | 无 | 高速中载 |

# 3　盘形凸轮工作轮廓的设计

选定合理的从动件运动规律后，可以利用作图法直接绘制出凸轮廓线，也可以用解析法列出凸轮廓线的方程式，求出凸轮廓线上各点的坐标。图解法设计凸轮廓线，简单易行，而且直观，但误差较大，对精度要求较高的凸轮，往往不能满足要求。现代凸轮廓线设计以解析法为主，也容易采用先进的线切割机、数控铣床及数控磨床来加工。无论作图法还是解析法，其基本原理都是基于所谓的反转法。

## 3.1　凸轮轮廓曲线设计的反转原理

图2.6-13所示为偏置尖顶移动从动件盘形凸轮机构，当凸轮绕$O$以等角速度$\omega$逆时针方向转动时，将推动从动件按预期的运动规律运动。由运动学中相对运动的概念可知，如果建立一个与凸轮相对固定的坐标系，则凸轮轮廓曲线可以看成是从动件尖点相对于凸轮的轨迹。要使凸轮相对固定坐标系静止，可以给整个机构加上一绕$O$转动的公共角速度$-\omega$，这就是反转原理。

在给整个机构加上一绕$O$转动的公共角速度$-\omega$后，凸轮转化为机架，导路转化为绕$O$点转动构件，而从动件转化为跟随导路转动、又在导路中移动的作平面复合运动构件，其尖点的运动轨迹即为凸轮的廓线。

由图2.6-13知，凸轮廓线上的$B_1$、$B_2$、$B_3$实际上是原机构中$B_1'$、$B_2'$、$B_3'$的位置。这说明，凸轮廓线上的任意点$B$都是原机构$B'$点旋转相应的凸轮转角而形成的。

## 3.2　凸轮轮廓曲线设计的几何法

### 3.2.1　尖顶移动从动件盘形凸轮机构的图解法

图2.6-14所示为偏置尖顶移动从动件盘形凸轮机构。设已知凸轮的基圆半径为$r_b$，从动件导路偏于凸轮回转中心的左侧，偏距为$e$。凸轮以等角速度$\omega$顺时针方向转动，从动件的位移曲线如图2.6-14b所示，试设计凸轮的轮廓曲线。

依据反转原理，具体设计步骤如下：

1）选取适当的比例尺，以$O$为圆心$r_b$为半径作基圆，并根据从动件的偏置方向画出从动件的起始位置线，该位置线与基圆的交点$B_0$，便是从动件尖顶的初始位置。

2）以上面同样的比例尺，作出从动件的位移线图，如图2.6-14b所示。将位移曲线的推程运动角和回程运动角分成若干等份（图中为四等分），得分点1、2、…、10。

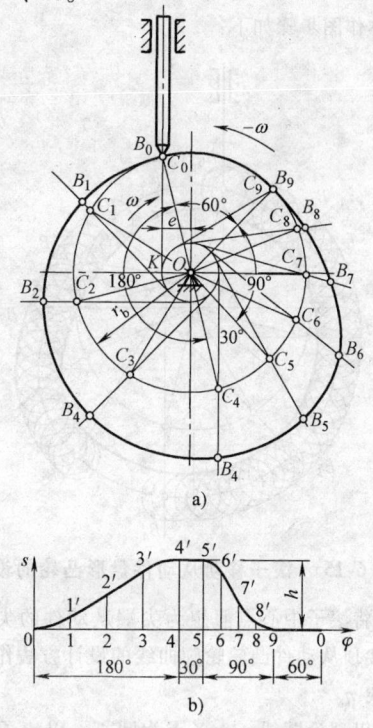

a)

b)

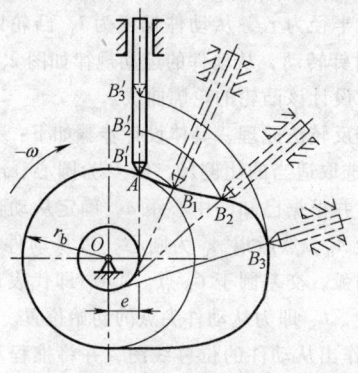

图2.6-13　凸轮机构反转原理图

图2.6-14　偏置尖顶移动从动件盘形凸轮的设计

3) 以 $O$ 为圆心 $OK = e$ 为半径作偏距圆，该圆与从动件的起始位置线切于 $K$ 点。

4) 自 $K$ 点开始，沿 $-\omega$ 方向将偏距圆分成与图 2.6-14b 的横坐标对应的区间和份数。得若干个分点。过各分点作偏距圆的切线，这些线代表从动件在反转过程中依次占据的位置线。它们与基圆的交点分别为 $C_1$、$C_2$、…、$C_9$。

5) 在上述切线上，从基圆起向外截取线段，使其分别等于图 2.6-14b 各相应的纵坐标，即 $C_1B_1 = 11'$、$C_2B_2 = 22'$、…，得点 $B_1$、$B_2$、…、$B_9$，这些点即代表反转过程中从动件尖点的一系列位置。

6) 将点 $B_0$、$B_1$、$B_2$、…、$B_9$ 连成光滑的曲线（图中 $B_4$、$B_5$ 间和 $B_9$、$B_0$ 间均为以 $O$ 为圆心的圆弧），即得所求的凸轮轮廓曲线。

### 3.2.2 滚子移动从动件盘形凸轮机构的图解法

上例中若从动件为滚子从动件，当用反转法使凸轮固定后，从动件的滚子在反转过程中，始终与凸轮轮廓曲线保持接触，而滚子中心 $B$ 则描绘出一条与凸轮廓线 $\eta'$ 或 $\eta''$ 法向等距的曲线 $\eta$，如图 2.6-15 所示。通常把曲线 $\eta$ 称为凸轮的理论廓线，$\eta'$ 或 $\eta''$ 称为凸轮的实际廓线。由于滚子中心 $B$ 是从动件与滚子的一个铰接点，所以它的运动规律就是从动件的运动规律，即曲线 $\eta$ 可以根据从动件的位移曲线作出。由这条曲线，就可以顺利地绘制出凸轮的轮廓曲线了。具体作图步骤如下：

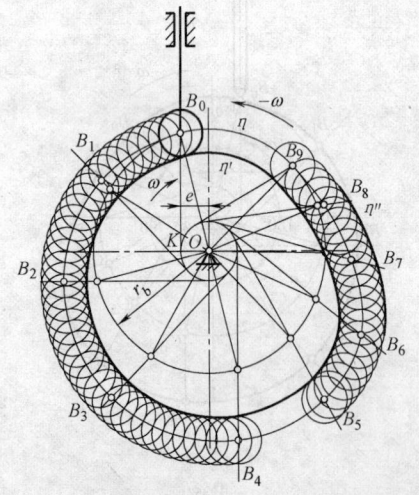

**图2.6-15　滚子移动从动件盘形凸轮的设计**

1) 将滚子中心点假想为尖端从动件的尖点，按照上述尖顶从动件凸轮轮廓曲线的设计方法作出凸轮理论廓线 $\eta$。

2) 以理论廓线 $\eta$ 上各点为圆心，以滚子半径 $r_T$ 为半径，作一系列圆，然后作这族圆的内包络线 $\eta'$（对于凹槽凸轮还应作出外包络线 $\eta''$）。它就是凸轮的实际廓线。

由上述作图过程可知，在滚子从动件盘形凸轮机构的设计中所指的基圆半径 $r_b$ 是理论廓线的基圆半径。

上面两例中，当 $e = 0$ 时，即得对心移动尖顶从动件盘形凸轮机构。这时，偏距圆的切线化为过点 $O$ 的径向射线，其设计方法与上述相同。

### 3.2.3 平底移动从动件盘形凸轮机构的图解法

若采用平底从动件，凸轮实际轮廓曲线的设计方法，可用图 2.6-16 来说明。其基本思路与滚子从动件盘形凸轮机构相似，不同的是取从动件平底与导路的交点 $B_0$ 为假想的尖顶从动件的尖点。具体设计步骤如下：

1) 取平底与导路中心线的交点 $B_0$ 作为假想的尖顶从动件的尖点，按照尖顶从动件盘形凸轮的设计方法，求出该尖点在反转机构中的一系列位置 $B_1$、$B_2$、$B_3$、…。

2) 过 $B_1$、$B_2$、$B_3$、…，画出反转机构中一系列代表平底的直线，得一直线族。这族直线即代表反转过程中从动件平底依次占据的位置。

3) 作该直线族的包络线，即可得到凸轮的实际廓线。

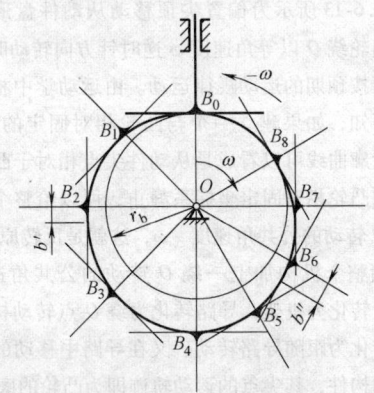

**图2.6-16　平底移动从动件盘形凸轮的设计**

### 3.2.4 摆动从动件盘形凸轮机构的图解法

图 2.6-17 所示为尖顶摆动从动件盘形凸轮机构。已知凸轮轴心与从动件摆动中心之间的中心距为 $a$，凸轮基圆半径为 $r_b$，从动件长度为 $l$，凸轮以等角速度 $\omega$ 顺时针转动，从动件的运动规律如图 2.6-17b 所示。要求设计该凸轮的轮廓曲线。

依据反转法原理，具体设计步骤如下：

1) 选取适当的比例尺，以 $O$ 为圆心、$r_b$ 为半径作基圆，并根据已知的中心距 $a$，确定从动件摆动中心的位置 $A_0$。然后以 $A_0$ 为圆心，以从动件杆长 $l$ 为半径作圆弧，交基圆于 $C_0$ 点。$A_0C_0$ 即代表从动件的初始位置，$C_0$ 即为从动件尖点的初始位置。

2) 作出从动件的位移线图，并将推程和回程区间位移曲线的横坐标各分成若干等份，如图 2.6-17b

所示。与移动从动件不同的是，这里纵坐标代表从动件的摆角 $\psi$，因此纵坐标的比例尺是 rad/mm。

3）以 $O$ 为圆心，以 $OA_0 = a$ 为半径作圆，并自 $A_0$ 点开始沿着 $-\omega$ 方向将该圆分成与图 2.6-17b 中横坐标对应的区间和等份，得点 $A_1$、$A_2$、$A_3$、…、$A_9$。它们代表反转过程中从动件摆动中心 $A$ 依次占据的位置。

4）以上述各点为圆心，以从动件杆长 $l$ 为半径，分别作圆弧，交基圆于 $C_1$、$C_2$、…、$C_9$ 点。连线段 $A_1C_1$、$A_2C_2$、…、$A_9C_9$，以 $A_1C_1$、$A_2C_2$、…、$A_9C_9$ 为一边，分别作 $\angle C_1A_1B_1$、$\angle C_2A_2B_2$、…、$\angle C_9A_9B_9$，使它们分别等于图 2.6-17b 中对应的角位移，得线段 $A_1B_1$、$A_2B_2$、…、$A_9B_9$。这些线段即代表反转过程中从动件所依次占据的位置。$B_1$、$B_2$、…、$B_9$ 即为反转过程中从动件尖端的运动轨迹。

5）将点 $B_1$、$B_2$、…、$B_9$ 连成光滑曲线，即为凸轮的轮廓曲线。由图 2.6-17a 中可以看出，该廓线与线段 $AB$ 在某些位置已经相交。故在考虑机构的具体结构时，应将从动件做成弯杆形式，以避免机构运动过程中凸轮与从动件发生干涉。

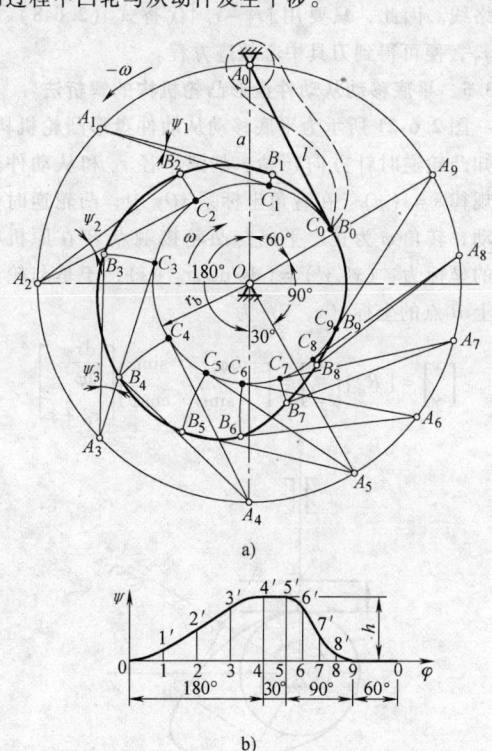

a)

b)

**图2.6-17　摆动从动件盘形凸轮机构的设计**

## 3.3 凸轮轮廓曲线设计的解析法

### 3.3.1 滚子移动从动件盘形凸轮机构的解析法

图 2.6-18 所示为偏置移动滚子从动作盘形凸轮机构，已知凸轮逆时针方向转动、偏距 $e$、基圆半径 $r_b$ 和从动件运动规律 $s = s(\varphi)$。由反转法原理可知，凸轮廓

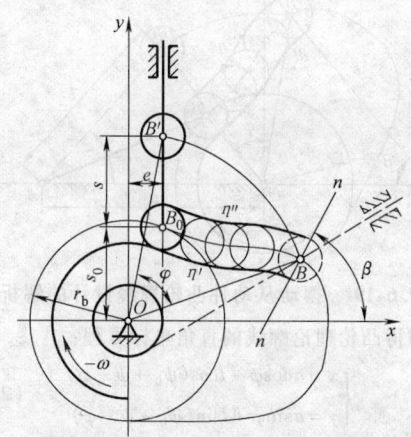

**图2.6-18　滚子移动从动件凸轮廓线设计的解析法**

线上的任意点 $B$ 是原机构点 $B'$ 旋转对应凸轮的转角 $\varphi$ 形成。在图 2.6-18 所示的直角坐标系 $xOy$ 中，规定 $\varphi$ 是逆时针方向为正，根据解析几何有如下的旋转矩阵：

$$[R_{-\varphi}] = \begin{bmatrix} \cos(-\varphi) & -\sin(-\varphi) \\ \sin(-\varphi) & \cos(-\varphi) \end{bmatrix}$$

$$= \begin{bmatrix} \cos\varphi & \sin\varphi \\ -\sin\varphi & \cos\varphi \end{bmatrix} \tag{2.6-2}$$

滚子中心 $B'$ 在原坐标系中的坐标为：$(x', y') = (e, s_0 + s)$，$B'$ 反转角度 $\varphi$ 到 $B$ 后的坐标为

$$\begin{bmatrix} x \\ y \end{bmatrix} = [R_{-\varphi}] \begin{bmatrix} x' \\ y' \end{bmatrix} = \begin{bmatrix} \cos\varphi & \sin\varphi \\ -\sin\varphi & \cos\varphi \end{bmatrix} \begin{bmatrix} e \\ s_0 + s \end{bmatrix}$$

$$\tag{2.6-3}$$

改写后，即得凸轮理论廓线上的直角坐标方程：

$$\begin{cases} x = e\cos\varphi + (s_0 + s)\sin\varphi \\ y = -e\sin\varphi + (s_0 + s)\cos\varphi \end{cases} \tag{2.6-4}$$

式中 $s_0 = \sqrt{r_0^2 - e^2}$。

### 3.3.2 滚子摆动从动件盘形凸轮机构的解析法

图 2.6-19 所示为摆动滚子从动件盘形凸轮机构，已知凸轮顺时针方向转动、基圆半径 $r_b$、从动件长度 $l$、中心距 $a$ 和从动件运动规律 $\psi = \psi(\varphi)$。用解析法设计凸轮轮廓曲线的步骤与前面类似。凸轮顺时针转动，转角 $\varphi$ 为负。

滚子中心 $B'$ 在原坐标系中的坐标：$(x', y') = [a - l\cos(\psi_0 + \psi), l\sin(\psi_0 + \psi)]$

$B'$ 反转角度 $\varphi$ 到 $B$ 后的坐标 $(x, y)$：

$$\begin{bmatrix} x \\ y \end{bmatrix} = [R_{\varphi}] \begin{bmatrix} x' \\ y' \end{bmatrix} = \begin{bmatrix} \cos\varphi & -\sin\varphi \\ \sin\varphi & \cos\varphi \end{bmatrix} \begin{bmatrix} a - l\cos(\psi_0 + \psi) \\ l\sin(\psi_0 + \psi) \end{bmatrix}$$

$$\tag{2.6-5}$$

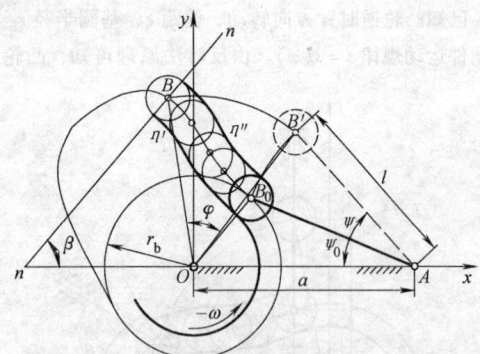

**图2.6-19 摆动从动件凸轮廓线设计的解析法**

即得凸轮理论廓线的直角坐标方程：

$$\begin{cases} x = a\cos\varphi - l\cos(\psi_0 + \psi - \varphi) \\ y = a\sin\varphi + l\sin(\psi_0 + \psi - \varphi) \end{cases} \quad (2.6\text{-}6)$$

式中 $\psi_0 = \arccos\dfrac{a^2 + l^2 - r_b^2}{2al}$。

### 3.3.3 凸轮实际廓线方程

在滚子从动件盘形凸轮机构中，凸轮的实际廓线是以理论廓线上各点为圆心、滚子半径为半径作一系列圆，然后作该圆族的包络线得到的。因此，实际廓线与理论廓线在法线方向上处处等距，该距离均等于滚子半径 $r_T$。如果已知理论廓线上任一点 $B$ 的坐标 $(x, y)$ 时，只要沿理论廓线在该点的法线方向取距离为 $r_T$，即可得到实际廓线上相应点的坐标值 $(X, Y)$。

由高等数学可知，曲线上任一点的法线斜率与该点的切线斜率互为负倒数，故理论廓线上 $B$ 点处的法线 $nn$ 的斜率为：

$$\tan\beta = -dx/dy = -(dx/d\varphi)/(dy/d\varphi) \quad (2.6\text{-}7)$$

式中 $dx/d\varphi$、$dy/d\varphi$ 可由式 (2.6-4) 或 (2.6-6) 求得。

由图 2.6-18 和图 2.6-19 可以看出，当 $\beta$ 角求出后，实际廓线上对应点的坐标为

$$\begin{cases} X = x \mp r_T\cos\beta \\ Y = y \mp r_T\sin\beta \end{cases}$$

所以有：

$$\begin{cases} X = x \pm r_T \times dy/d\varphi \Big/ \sqrt{(dx/d\varphi)^2 + (dy/d\varphi)^2} \\ Y = y \mp r_T \times dx/d\varphi \Big/ \sqrt{(dx/d\varphi)^2 + (dy/d\varphi)^2} \end{cases}$$

$$(2.6\text{-}8)$$

式 (2.6-8) 即为凸轮实际廓线的方程式。式中，上面一组加、减号表示一条内包络廓线 $\eta'$，下面一组减、加号表示一条外包络线 $\eta''$。

### 3.3.4 刀具中心轨迹方程

在数控机床上加工凸轮时，通常需要给出刀具中心的直角坐标值。若刀具的直径大于滚子直径，由图

2.6-20a 可知，这时刀具中心的运动轨迹 $\eta_C$ 为理论廓线 $\eta$ 的法向等距线，它相当于以 $\eta$ 上各点为圆心、以 $(r_C - r_T)$ 为半径所作一系列滚子圆的外包络线。反之，在线切割机床上采用钼丝来加工凸轮廓线时，刀具直径远小于滚子直径。由图 2.6-20b 可以看出，

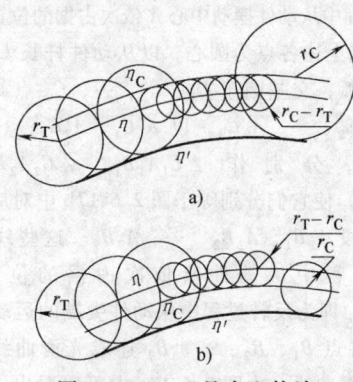

**图2.6-20 刀具中心轨迹**

刀具中心的运动轨迹 $\eta_C$ 相当于以理论廓线 $\eta$ 上各点为圆心、以 $(r_T - r_C)$ 为半径所作一系列滚子圆的内包络线。因此，只要用 $|r_T - r_C|$ 代替式 (2.6-8) 中的 $r_T$，便可得到刀具中心轨迹方程。

### 3.3.5 平底移动从动件盘形凸轮机构的解析法

图 2.6-21 所示为平底移动从动件盘形凸轮机构。已知凸轮逆时针方向转动、基圆半径 $r_b$ 和从动件运动规律 $s = s(\varphi)$。在直角坐标系 $xOy$ 中，凸轮逆时针转动，转角 $\varphi$ 为正。平底与凸轮接触点 $B'$ 在原机构中的坐标为：$(x', y') = (ds/d\varphi, r_0 + s)$，于是凸轮廓线上 $B$ 点的坐标 $(x, y)$ 为

$$\begin{bmatrix} x \\ y \end{bmatrix} = [R_\varphi]\begin{bmatrix} x' \\ y' \end{bmatrix} = \begin{bmatrix} \cos\varphi & \sin\varphi \\ -\sin\varphi & \cos\varphi \end{bmatrix}\begin{bmatrix} \dfrac{ds}{d\varphi} \\ r_0 + s \end{bmatrix}$$

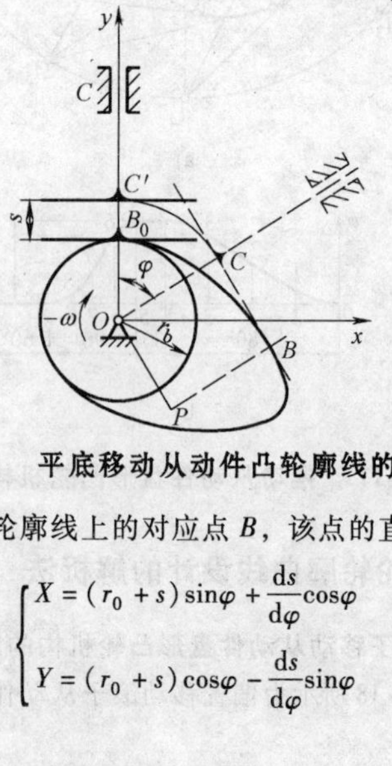

**图2.6-21 平底移动从动件凸轮廓线的解析法**

即得凸轮廓线上的对应点 $B$，该点的直角坐标为

$$\begin{cases} X = (r_0 + s)\sin\varphi + \dfrac{ds}{d\varphi}\cos\varphi \\ Y = (r_0 + s)\cos\varphi - \dfrac{ds}{d\varphi}\sin\varphi \end{cases} \quad (2.6\text{-}9)$$

式（2.6-9）即为凸轮实际廓线方程。

# 4 凸轮结构设计与强度计算

## 4.1 凸轮机构的压力角

### 4.1.1 移动从动件盘形凸轮机构的压力角

如图 2.6-22 所示，法线 $nn$ 与通过 $O$ 点且与导路垂直的线交于点 $P$。点 $P$ 即为凸轮与从动件的速度瞬心，因此有

$$l_{OP} = \frac{v_2}{\omega_1} = \frac{\mathrm{d}s}{\mathrm{d}\varphi}$$

于是，由 $\triangle BDP$ 可得：

$$\tan\alpha = \frac{\left|\dfrac{\mathrm{d}s}{\mathrm{d}\varphi} \mp e\right|}{s_0 + s} = \frac{\left|\dfrac{\mathrm{d}s}{\mathrm{d}\varphi} \mp e\right|}{\sqrt{r_b^2 - e^2} + s} \quad (2.6\text{-}10)$$

$P$ 点和从动件移动的导路可能在 $O$ 点的同侧，也可能在 $O$ 的异侧。若 $P$ 和导路在 $O$ 的同侧，取"－"，若 $P$ 和导路在 $O$ 的异侧，取"＋"。

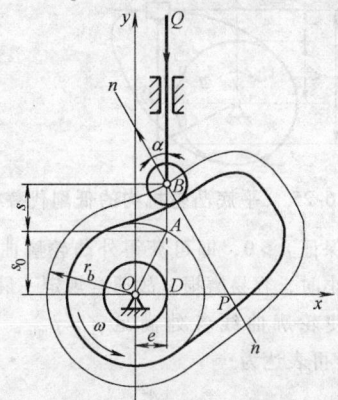

**图2.6-22　移动从动件凸轮机构的压力角**

### 4.1.2 摆动从动件盘形凸轮机构的压力角

如图 2.6-23 所示，已知凸轮转动中心 $O$ 与从动件摆动中心 $A$ 之间的中心距为 $a$，从动件长度为 $l$。过滚子中心所作理论廓线的法线 $nn$，交连心线于点 $P$，该点即为凸轮与从动件的相对速度瞬心，且有：

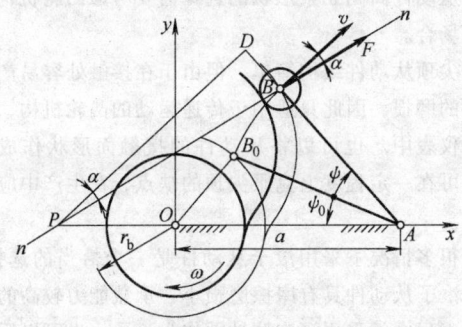

**图2.6-23　摆动从动件凸轮机构的压力角**

$$\frac{\mathrm{d}\psi}{\mathrm{d}\varphi} = \frac{\omega_2}{\omega_1} = \frac{l_{AP} - a}{l_{AP}} \quad (2.6\text{-}11)$$

过瞬心 $P$ 作从动件 $AB$ 的垂直线、交 $AB$（或 $AB$ 延长线）于 $D$ 点。由 $\triangle BDP$ 可得：

$$\tan\alpha = \frac{l_{BD}}{l_{PD}} = \frac{|l_{AD} - l_{AB}|}{l_{PD}} = \frac{|l_{AP}\cos(\psi_0 + \psi) - l|}{l_{AP}\sin(\psi_0 + \psi)} \quad (2.6\text{-}12)$$

由式（2.6-11）、式（2.6-12）可得

$$\tan\alpha = \frac{l_{BD}}{l_{PD}} = \frac{\left|a\cos(\psi_0 + \psi) - l\left(1 - \dfrac{\mathrm{d}\psi}{\mathrm{d}\varphi}\right)\right|}{a\sin(\psi_0 + \psi)} \quad (2.6\text{-}13)$$

$$\psi_0 = \arccos\frac{a^2 + l^2 - r_b^2}{2al} \quad (2.6\text{-}14)$$

### 4.1.3 凸轮机构的许用压力角

图 2.6-24 为尖顶移动从动件凸轮机构的受力情况，图中 $F$ 为凸轮对从动件的作用力；$Q$ 为从动件上作用的载荷（包括工作阻力、重力、弹簧力和惯性力）；$F_{R1}$、$F_{R2}$ 分别为导路两侧作用于从动件上的总反力；$\varphi_1$、$\varphi_2$ 为摩擦角。根据从动件的力平衡条件，可求得：

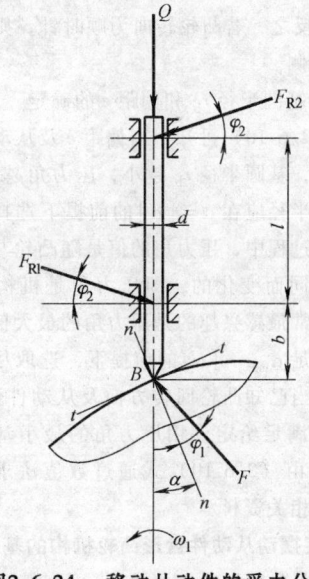

**图2.6-24　移动从动件的受力分析**

$$F = Q / \left[\cos(\alpha + \varphi_1) - (1 + 2b/l)\sin(\alpha + \varphi_1)\tan\varphi_2\right] \quad (2.6\text{-}15)$$

理想装置中，摩擦力为零，所以 $\varphi_1 = \varphi_2 = 0$，$F_0 = Q/\cos\alpha$。

凸轮机构效率应该大于 0，即有：

$$\eta = \frac{F_0}{F} = \frac{\cos(\alpha + \varphi_1) - (1 + 2b/l)\sin(\alpha + \varphi_1)\tan\varphi_2}{\cos\alpha} > 0 \quad (2.6\text{-}16)$$

因此，必须满足：

$$\alpha < \arctan\left(\frac{1}{(1+2b/l)\tan\varphi_2}\right) - \varphi_1 \quad (2.6\text{-}17)$$

为减小推力，避免自锁，使机构具有良好的受力状况，实际设计中规定了压力角的许用值 [α]：移动从动件，[α] = 30° ~ 38°，当要求凸轮尺寸尽可能小时，可取 [α] = 45°；摆动从动件，[α] = 40° ~ 50°。回程时，由于通常受力较小且一般无自锁问题，故许用压力角可取得大些，通常取 [α] = 70° ~ 80°。

## 4.2　盘形凸轮基本参数的设计

### 4.2.1　确定移动滚子从动件盘形凸轮的基本参数

1. 偏置方向的确定。

由式（2.6-10）可知，从动件导路的偏置可以减小压力角，也可以增加压力角。当推程压力角减小时，回程压力角增加；反之，当推程压力角增加时，回程压力角减小。当瞬心 P 和偏置方向在凸轮回转中心 O 的同侧时，压力角较小。一般推程是工作行程，回程是空回行程，因此规定：凸轮的合理转向，应使瞬心 P 和从动件偏置方向在凸轮转动中心 O 的同侧。所以，图 2.6-22 所示结构的合理偏置方位在 O 的右侧；反之，若凸轮转向为顺时针，则合理偏置方位 O 的左侧。

2. 凸轮基圆半径 $r_b$ 和偏距 e 的确定

由式（2.6-10）可知，当偏距 e 及从动件运动规律选定之后，基圆半径 $r_b$ 越小，压力角越大。因此，凸轮的基圆半径应在 α = [α] 的前提下选择。由于在机构的运转过程中，压力角的值是随凸轮与从动件的接触点的不同而变化的，即压力角是机构位置的函数，因此通常最感兴趣的是压力角的最大值 $\alpha_{max}$。设计时应在满足 $\alpha_{max}$ = [α] 的前提下，选取尽可能小的基圆半径。当已知凸轮回转方向及从动件运动规律 s = s(φ) 时，满足给定许用压力角的最小基圆半径和最佳偏距可由（2.6-10）式通过数值法求得，具体方法可查阅相关资料。

### 4.2.2　确定摆动从动件盘形凸轮机构的基本参数

由式（2.6-13）、（2.6-14）可知，摆动从动件盘形凸轮机构的压力角与从动件的运动规律、从动件长度、基圆半径及中心距有关，且各参数之间关系复杂。当用计算机进行设计时，可以按具体结构所允许的条件，选定基圆半径和中心距。

### 4.2.3　确定平底从动件盘形凸轮的基本参数

如图 2.6-25 所示的平底移动从动件盘形凸轮机构，其压力角恒等于零。因此，其基圆半径不能按许用压力角确定。但是，平底从动件有一个特点，它只

能与外凸的轮廓曲线相接触。因此，凸轮廓线应按从动件运动不"失真"，即廓线全部外凸的条件确定。运用高副低代方法，将凸轮机构用低副机构 OABC 瞬时代替。因此有：

$$a_2 = a_{B2} = a_{B3} + a_{B2B3} = a_A + a_{B2B3}$$

凸轮匀速运动时，$a_A = a_A^n$。作加速度多边形如图 2.6-25 所示。

$$\frac{l_{AP}}{l_{OA}} = \frac{a_2}{a_A} = \frac{d^2s/dt^2}{\omega^2 l_{OA}} = \frac{d^2s/d\varphi^2}{l_{OA}}$$

得：$l_{AP} = \frac{d^2s}{d\varphi^2}$

故有：

$$\rho = AB = s + r_b + l_{AP} = s + r_b + \frac{d^2s}{d\varphi^2} \quad (2.6\text{-}18)$$

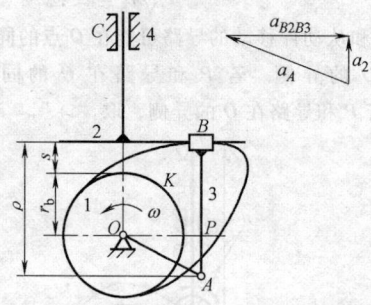

图2.6-25　平底凸轮机构的低副代替机构

只要保证 ρ > 0，即可获得外凸轮廓曲线。但曲率半径太小时，容易磨损，故通常规定一最小曲率半径 $\rho_{min}$，使轮廓曲线各处满足 $\rho = \rho_{min}$。因此，式（2.6-18）可表达为

$$\rho = s + r_b + \frac{d^2s}{d\varphi^2} \geq \rho_{min}$$

即有：

$$r_b \geq \rho_{min} - \left(\frac{d^2s}{d\varphi^2} + s\right)_{min} \quad (2.6\text{-}19)$$

## 4.3　从动件高副元素形状的选择

从动件高副元素形状的选择需要考虑凸轮机构的工作场合。

尖顶从动件结构简单，但由于在接触处容易产生过大的磨损，因此只适用于传递运动的凸轮机构，如仪器仪表中。也可以将从动件的接触面形状作成球面，可在一定程度上克服尖顶的缺点，在生产中应用较多。

很多情况下采用滚子从动件是一个恰当的选择，因为滚子从动件具有摩擦磨损小、承载能力较高的特点。工程中常采用深沟球轴承作为滚子，也可以用滚

针轴承或圆柱形套筒作为滚子。航空发动机的凸轮机构大都采用滚子从动件，因为航空发动机的凸轮圆周速度大，采用其他形式的从动件将使磨损增大。

在汽车、拖拉机中，因为发动机的空间位置有限，滚子销轴的强度又比较低，并且轴承润滑困难，采用滚子从动件却不一定恰当。平底从动件具有润滑状况好、受力平稳、传动效率高的优点，在许多高速重载场合得到了应用，如汽车发动机的配气凸轮机构等。当然，这时要求凸轮轮廓全部是外凸的。此外，由于受许可的相对滑动速度的限制，平底从动件仅适用于凸轮尺寸较小的场合。

## 4.4 滚子半径和平底宽度的确定

### 4.4.1 滚子半径的确定

在滚子从动件盘形凸轮机构中，滚子半径对凸轮实际轮廓曲线的形状有直接影响，如果滚子半径选择不当，会使从动件不能准确地实现预期的运动规律。

如图 2.6-26 所示，$\eta$ 为凸轮理论廓线。$\eta'$ 为实际廓线。理论廓线曲率半径 $\rho$、实际轮廓曲线曲率半径 $\rho'$ 与滚子半径 $r_T$ 有下列关系：

当凸轮轮廓曲线内凹（图 2.6-26 中 $A$ 点所示）时，$\rho' = \rho + r_T$。这时，$\rho'$ 总是大于 $\rho$。因此，无论滚子半径的大小如何，实际廓线总是可以根据理论廓线作出。

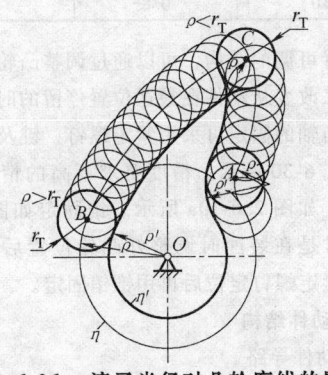

**图2.6-26　滚子半径对凸轮廓线的影响**

当凸轮轮廓曲线外凸时，$\rho' = \rho - r_T$。这时，有以下三种情况：

1) $\rho > r_T$。这时，$\rho' > 0$，可以根据理论廓线作出光滑的实际廓线，如图 2.6-26 中 $B$ 点所示。

2) $\rho < r_T$。这时，$\rho' < 0$，实际轮廓曲线将出现交叉，如图 2.6-26 中 $C$ 点所示。在加工时，交点以外的部分将会被切去，致使从动件无法准确实现预期的运动规律，这种现象称为运动失真。

3) $\rho = r_T$。这时，$\rho' = 0$，实际轮廓曲线将出现尖点。由于尖点处极易磨损，凸轮工作一段时间后也会出现运动失真现象。

为了避免运动失真，减小应力集中和磨损，设计时应保证理论轮廓曲线的最小曲率半径 $\rho_{min}$ 大于滚子半径 $r_T$。设计时建议取 $r_T = \rho_{min}$。另一方面，从强度、结构等因素考虑，滚子半径也不能太小。如果直接采用滚动轴承作为滚子，还应考虑滚动轴承的标准尺寸，当不能满足上述要求时，应增大基圆半径重新设计。

### 4.4.2 平底宽度的确定

设计平底从动件凸轮机构，要保证从动件的平底与凸轮轮廓始终正常接触，这就需要平底的宽度足够大，否则也会引起运动失真现象。由图 2.6-25 可知，从动件平底与凸轮的接触点并不总是在从动件移动的导路中心线上，而且接触点 $B$ 同导路中心线与平底的交点 $C$ 的距离和方位随机构的运动不断变化。因此，为了保证从动件平底与凸轮的正常接触，平底左、右两侧的最小宽度应大于 $C$ 点和 $B$ 点之间的最大距离。当 $C$ 点位于 $B$ 点右侧时，这一最大距离为 $(ds/d\varphi)_{max}$；当 $C$ 点位于 $B$ 点左侧时，这一最大距离为 $|(ds/d\varphi)_{min}|$。于是，平底的宽度 $b$ 满足：

$$b > 2 \left| ds/d\varphi \right|_{max} \qquad (2.6\text{-}20)$$

一般取：

$$b = 2 \left| ds/d\varphi \right|_{max} + (5 \sim 7)\,\text{mm}$$

## 4.5 锁合形式的选择

在凸轮机构中，必须采取一定的措施使从动件与凸轮之间始终保持接触，称为锁合（封闭）。常用的锁合方式有力锁合和形锁合两种。力锁合通常又可以分为利用从动件系统自身的重力实现锁合和利用弹簧力等外力实现锁合两种情况。

力锁合的优点是凸轮轮廓制造比较方便，在机构运转过程中具有自适应性，使凸轮和从动件可以始终实现无间隙的传动。利用从动件系统自身的重力实现锁合只适用于低速场合，否则，将会因为从动件系统的惯性力而抵消重力的作用，从而产生从动件与凸轮脱离接触的现象，使从动件的运动失去控制。即使采用弹簧力进行锁合，当凸轮转速较高时，也可能出现这种现象。因此，应当对弹簧进行仔细的设计与校核。此外，弹簧力的作用使机构在推程时增加了额外的负荷，这也是采用力锁合的一个不利因素。

形锁合克服了从动件与凸轮脱离接触的现象，能够可靠地实现锁合。通常采用在凸轮表面加工出沟槽或特殊形式的从动件来实现锁合。沟槽凸轮适合采用滚子从动件。为了使滚子在沟槽中能绕自身轴线转动，沟槽与滚子之间必须留有间隙。但是这种间隙会使从动件丧失理想约束，出现滚子不时地改变滚动方向，有时甚至会出现某种颤动现象。因此，这种锁

方式不适用于高速场合。为了实现无间隙的接触，同时避免因双面接触出现的阻转现象，可采用如图2.6-27所示结构。形锁合的凸轮机构还存在一些其他缺点，例如在等宽凸轮和等径凸轮机构中从动件运动规律的选择被限制在180°范围内；共轭凸轮机构的结构复杂；制造精度要求较高等。

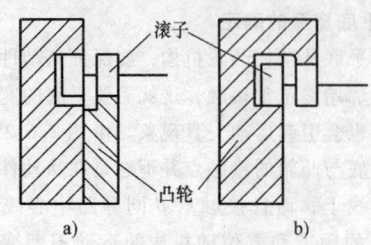

图2.6-27　凸轮与滚子的接触方式示例

## 4.6　凸轮机构的常用材料及技术要求

### 4.6.1　常用材料

凸轮的材料要求工作表面有较高的硬度，心部有较好的韧性。一般尺寸不大的凸轮用45钢或40Cr钢，并进行调质或表面淬火，硬度为52~58HRC。要求更高时，可采用15钢或20Cr钢渗碳淬火，表面硬度为56~62HRC，渗碳深度为0.8~1.5mm。更加重要的凸轮可采用35CrMo钢等进行渗碳，硬度为60~67HRC，以增强表面的耐磨性。尺寸大或轻载的凸轮可采用优质灰铸铁，载荷较大时可采用耐磨铸铁。在家用电器、办公设备、仪表等产品中常用塑料作凸轮材料。一般使用共聚甲醛、聚砜、聚碳酸酯等，主要利用其成型简单、耐水、耐磨等优点。从动件接触端面常用的材料有45钢，也可用T8、T10，淬火硬度为55~59HRC；要求较高时可以使用20Cr进行渗碳淬火等处理。

### 4.6.2　精度与表面粗糙度

向径在300~500mm以下的凸轮可以分为三个精度等级，其公差和表面粗糙度见表2.6-6。

对于高速凸轮机构的从动件，表面粗糙度$Ra$应低于$0.2\mu m$。

表 2.6-6　凸轮的公差和表面粗糙度

| 凸轮精度 | 极限偏差 | | | 表面粗糙度 $Ra/\mu m$ | |
| --- | --- | --- | --- | --- | --- |
| | 向径/mm | 基准孔 | 凸轮槽的槽宽 | 盘型凸轮 | 凸轮槽 |
| 高精度 | ±(0.05~0.10) | H7 | H7(H8) | 0.4 | 0.8 |
| 一般精度 | ±(0.10~0.20) | H7(H8) | H8 | 0.8 | 1.6 |
| 低精度 | ±(0.20~0.50) | H8 | H9(H10) | 0.8 | 1.6 |

## 4.7　凸轮机构的结构设计

### 4.7.1　凸轮的结构及其在轴上的固定

盘型凸轮的结构通常分为整体式和组合式。整体式结构如图2.6-28所示，它具有加工方便、精度高和刚性好的优点。凸轮轮廓尺寸的推荐值为：$d_1 = (1.5~2)d_0$、$L = (1.2~1.6)d$。

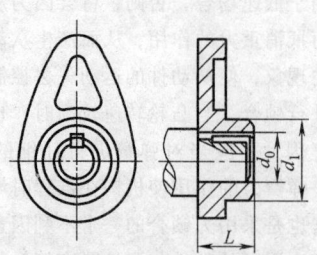

图2.6-28　整体式凸轮

对于大型低速凸轮机构的凸轮，或经常调整轮廓形状的凸轮，常用组合凸轮结构，如图2.6-29所示。图2.6-29a所示为凸轮与轮毂分开的结构，利用圆弧槽可调整轮盘与轮毂的相对角度；图2.6-29b所示为

凸轮盘位置可调的结构，可以通过调整凸轮盘之间的相对位置来改变从动件在最远位置停留的时间。

凸轮与轴的固定可采用紧定螺钉、键及销钉等方式，如图2.6-30所示。精度要求不高的情况下可采用键固定，如图2.6-30a所示。销固定如图2.6-30b所示，通常是在装配时调整好凸轮位置后配钻定位销，或用紧定螺钉定位后再用锥销固定。

### 4.7.2　从动件结构

1. 从动件导路

图2.6-31a所示为单面导路，悬臂部分不宜过大，应满足$L_1 < L/2$。图2.6-31b所示为双面导路，它有利于改善从动件的工作性能。

2. 滚子结构

图2.6-32所示为滚子的几种装配结构，滚子与销为间隙配合，一般选用$\dfrac{H8}{f8}$。尺寸不大时，也可直接用滚动轴承作为滚子。对于形锁合的凸轮机构，滚子与凸轮上凹槽的配合，一般选用$\dfrac{H12}{h12}$。滚子的主要尺寸一般取：滚子销轴直径$d_k = (1/3~1/2)d_T$（$d_T$为滚子直径）；滚子宽度$b \geqslant d_T/4 + 5mm$。

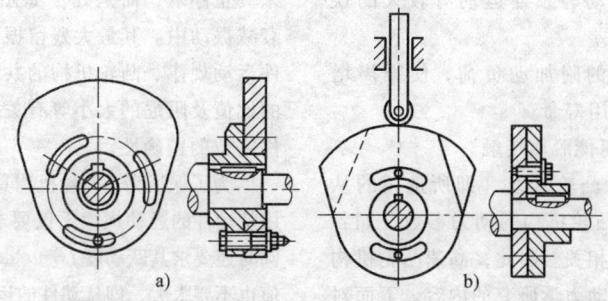

图2.6-29 组合式凸轮

a）凸轮与轮毂可调整 b）组成凸轮的部分可调整

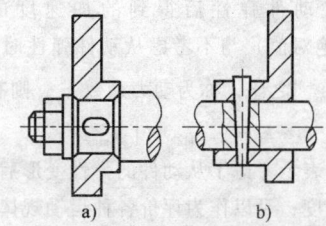

图2.6-30 凸轮在轴上的固定形式

a）键固定 b）销固定

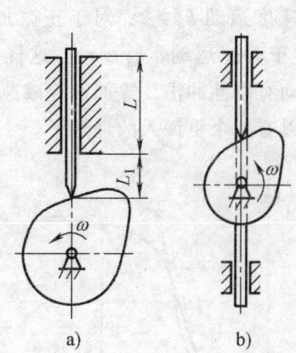

图2.6-31 从动件的导路形式

a）单面导路 b）双面导路

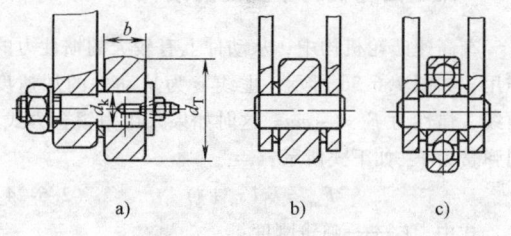

图2.6-32 滚子结构

### 4.7.3 凸轮工作图

凸轮零件工作图与一般零件工作图相比，除了标注尺寸公差、表面粗糙度、技术条件、材料和热处理等要求外，还应该注意，对于盘型凸轮，为了便于加工和检验常以极坐标形式或列表给出凸轮理论廓线尺寸，即列出每隔一定角度的凸轮径向值。用图解法设计的滚子从动件凸轮，尺寸标注在理论轮廓曲线上，而平底从动件凸轮，尺寸标注在凸轮实际轮廓曲线上。当同一根轴上有多个凸轮时，应根据工作循环确定各凸轮与轴之间的相对位置关系。图 2.6-33 所示为凸轮工作图示例。

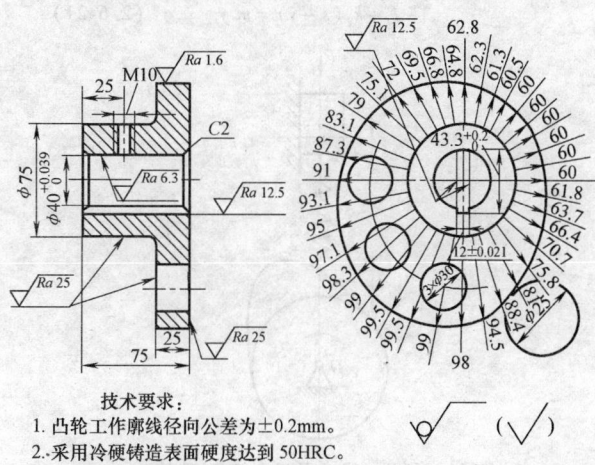

技术要求：
1. 凸轮工作廓线径向公差为±0.2mm。
2. 采用冷硬铸造表面硬度达到 50HRC。
3. 铸造圆角半径为 R3～R5。
4. 材料为 HT150。

图2.6-33 盘形凸轮工作图示例

## 5 高速凸轮机构

对于凸轮转速远低于一阶共振转速的低速凸轮机构，各构件运动时的惯性力较小，因而激发的振动很小，设计时可认为各构件为绝对刚体。此时，从动件输出端的运动完全取决于凸轮的廓线，即与从动件的预期运动规律一致，可完全从运动学角度分析与设计凸轮机构。

当凸轮机构的转速很高，而与其共振转速接近时，由于构件的振动增大，将引起下列一些现象：

1) 从动件输出的运动与预期运动有较大的误差，即存在所谓的动态误差。

2) 构件振动产生大的附加动负荷，使噪声增大、磨损加剧，并降低使用寿命。

3) 从动件与凸轮有可能脱离接触。

上述现象不仅取决于凸轮廓线（即所选用的从动件运动规律），而且与凸轮机构的动力参数，如各构件的质量和刚度等密切相关。因此，高速凸轮机构的分析与设计，涉及弹性动力学研究的内容。下面对一些问题作简要介绍。

## 5.1　弹性从动件的运动微分方程

图 2.6-34 所示为移动从动件盘形凸轮机构的简化弹性动力学模型。除从动件外，其他构件均考虑为绝对刚体。为计算方便，将从动件简化成一个单自由度的弹性系统，即把从动件看成为质量为 $m$ 的质点与刚度为 $k_2$ 的弹簧的组合体。此时，从动件下端的位移 $s$，一般不等于其上端的位移 $y$。此弹性动力学模型的运动微分方程为

$$-F + k_2(s - y) = m\ddot{y} \qquad (2.6\text{-}21)$$

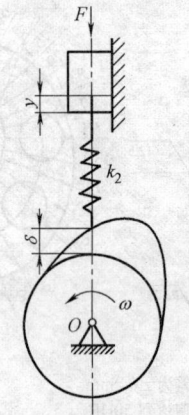

**图2.6-34　移动从动件盘形凸轮**
**机构弹性动力学模型**

对于力锁合的凸轮机构，力 $F$ 的大小应为

$$F = k_1 y + F_a \qquad (2.6\text{-}22)$$

式中　$k_1$——锁合弹簧的刚度系数；

　　　$F_a$——外载荷、摩擦力、弹簧预紧力等阻力。

从动件的实际输出运动为 $y$。因此，如果要求从动件实现预期运动，应令输出运动 $y$ 为预期运动，再由式（2.6-21）中求出位移 $s$，最后按 $s$ 来设计凸轮廓线。

此外，按原先的设计，从动件进入停歇阶段后本应静止不动，如图 2.6-35 实线运动规律所示。但是，当从动件弹性振动时，由于存在残留振动，从动件并未真正停歇，而是处于如图 2.6-35 中点画线所示的衰减振动中。其最大残留振动的振幅与所选用的从动件运动规律、凸轮机构的共振转速与凸轮的工作转速的比值及阻尼的大小等有关，残留振动将影响到从动件定位的精确性。

为了保证高速凸轮机构具有良好的动力性能，所选用从动件的运动规律不仅要求其最大加速度不能太大，同时还要求其跃动度 $j = \mathrm{d}a/\mathrm{d}t$ 和跳动度 $q = \mathrm{d}j/\mathrm{d}t$ 的最大值也不要太大，即从动件的运动规律是高阶连续的。

## 5.2　动力系数

考虑从动件弹性后得到的加速度的最大值 $|\ddot{y}_{max}|$（绝对值）与不考虑从动件弹性时加速度的最大值 $|\ddot{s}_{max}|$ 之比，称为动力系数 $k_g$，则有：

$$k_g = |\ddot{y}_{max}| / |\ddot{s}_{max}| \qquad (2.6\text{-}23)$$

此系数表示考虑了从动件的弹性变形后，惯性负荷增加的程度；可以作为评价各种运动规律动力特性优劣的指标之一。如果把前文介绍的几种运动规律的 $|\ddot{s}_{max}|$ 求出，并由式（2.6-21）求出 $|\ddot{y}_{max}|$，就可以得到如下结论：对于等加速等减速运动，$k_g \geqslant 3$；对于余弦加速度运动 $k_g \geqslant 2$；对于正弦加速度运动，$k_g \geqslant 1$；而对于等速运动，$k_g \to \infty$。这样，对前面讲过的等速运动有刚性冲击，等加速等减速运动有柔性冲击，就可以有一个更深入的理解了。

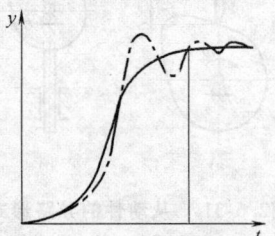

**图2.6-35　从动件的衰减振动**

## 5.3　保证凸轮机构不脱离的条件

在高速凸轮机构中，从动件上有较大的惯性力的作用，如图 2.6-36 所示，虚线 $a$ 为从动件的加速度曲线，惯性力 $F_c = -ma$。这时如果采用力锁合方式，则弹簧力 $F_{np}$ 如下式所示：

$$F_{np} = k_1(s_0 + s) \qquad (2.6\text{-}24)$$

式中　$k_1$——弹簧刚度；

　　　$s_0$——使弹簧产生所需预紧力时的预紧位
　　　　　　移量；

　　　$s$——弹簧位移。

为了保证不因惯性力过大而使从动件与凸轮脱离

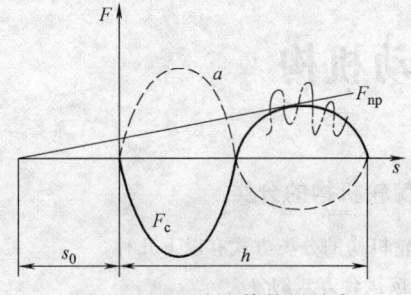

图2.6-36 从动件的惯性力

接触，显然在任何位置均应满足公式：

$$F_{np} \geqslant F_c \qquad (2.6-25)$$

如图 2.6-36 所示，力 $F_{np}$ 与力 $F_c$ 的曲线相切时即为从动件与凸轮不脱离的最小弹簧力。如果考虑从动件的弹性振动，则由于振动引起加速度波动必将导致惯性力的增加，此时惯性力 $F_c$ 如图 2.6-36 中点画线所示。为了满足条件式（2.6-25），则必须相应地增加弹簧力才可保证从动件不与凸轮发生脱离现象。

增加从动件的刚度，减轻从动件的质量，对减小从动件的振动及残留振动都有利。

# 6 凸轮机构的应用

图 2.6-37 所示为内燃机的配气机构，用凸轮来控制进、排气阀门的启闭。工作中对气阀 2 的启闭时序及其速度和加速度都有严格的要求，这些要求均由凸轮 1 的轮廓曲线来实现。

图 2.6-38 所示为录音机卷带装置中的凸轮机构，凸轮 1 随放音键上下移动。放音时，凸轮 1 处于图示最低位置，在弹簧的作用下，安装于带轮轴上的摩擦轮 3 紧靠卷带轮 4，从而将磁带卷紧。停止放音时，凸轮 1 随按键上移，其轮廓压迫从动件 2 顺时针摆动，使摩擦轮与卷带轮分离，从而停止卷带。

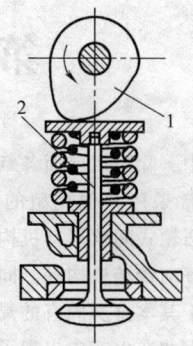

图2.6-37 内燃机配气机构

图 2.6-39 所示为自动机床的进刀机构，利用凸轮机构来控制进刀机构的自动进、退刀，其刀架的运动规律完全取决于凸轮 1 上曲线凹槽的形状。

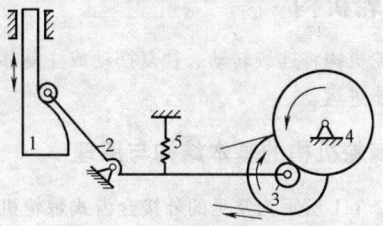

图2.6-38 录音机卷带机构

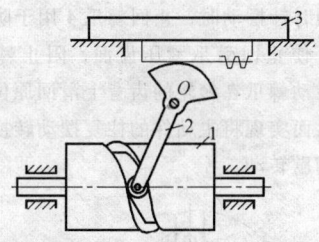

图2.6-39 自动机床进刀机构

# 第7章 步进传动机构

在各类机器中，除采用前面各章所介绍的一些常用机构外，还经常采用其他类型的机构，如棘轮机构、槽轮机构、凸轮式间歇运动机构、不完全齿轮机构、螺旋机构和万向铰链机构等。同时，由于单一的基本机构往往由于其本身所固有的局限性而无法满足多方面的要求，因此在生产中出现了组合机构。它们既发挥了各基本机构的特长，又避免了各基本机构的局限性，形成一种新的机构系统，以满足生产中的多种要求。本章将简单介绍这些常用机构和组合机构的工作原理、运动特性及其应用。

## 1 棘轮机构

棘轮机构将连续转动、往复摆动或往复移动转换成单向步进运动。

### 1.1 棘轮机构的基本结构与原理

图 2.7-1 所示为常见的外接合齿式棘轮机构，它主要由棘轮、主动棘爪、止回棘爪和机架组成。当主动摆杆 1 逆时针摆动时，摆杆上铰接的主动棘爪 2 插入棘轮 3 的齿内，推动棘轮同向转动一定角度。当主动摆杆 1 顺时针摆动时，止回棘爪 4 用于防止棘轮反转，弹簧 5 使止回棘爪紧压齿面，阻止棘轮反向转动，此时主动棘爪在棘轮的齿背上滑回原位，棘轮静止不动。从而实现将主动件的往复摆动转换为从动棘轮的单向间歇转动。

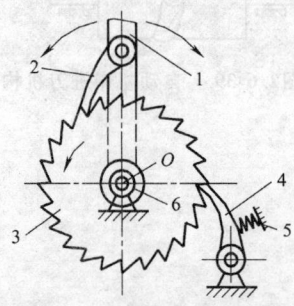

图2.7-1　单动式棘轮机构

摇杆的往复摆动可由曲柄摇杆机构、齿轮机构和摆动液压马达等实现，在传递很小动力时，也有用电磁铁直接驱动棘爪的。

当棘轮的直径为无穷大时，棘轮变为棘条，则棘轮的单向间歇转动变为棘条的单向间歇移动。

### 1.2 棘轮机构的分类

棘轮机构的分类方式有以下几种。

**1. 按接合方式的分类**

棘轮机构按接合方式的不同可分为外棘轮机构和内棘轮机构。外式棘轮机构的棘爪安装在棘轮的外部，加工、安装和维修方便，应用较广。内棘轮机构的棘爪安装在棘轮内部，如图 2.7-2 所示，其特点是结构紧凑，外形尺寸小。

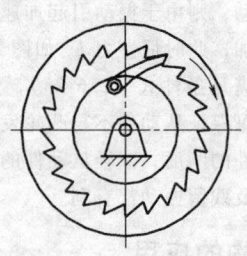

图2.7-2　内棘轮机构

**2. 按从动件结构的分类**

棘轮机构按从动件结构的不同可分为棘轮机构与棘条机构。与棘轮机构中从动件作步进式转动不同，如图 2.7-3 所示的棘条机构，当主动摆杆 1 做往复摆动时，主动棘爪 2 推动棘条 3 作步进式移动，止回棘爪 4 阻止棘条反向移动。

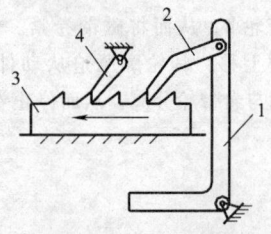

图2.7-3　棘条机构

**3. 按从动件运动方向的分类**

棘轮机构按从动件的运动方式不同可分为单向棘轮机构与双向棘轮机构。双向棘轮机构通过改变棘爪的摆动方向，实现棘轮两个方向的转动。图 2.7-4a 所示为双向棘轮机构，当棘爪在实线位置时，主动摇杆的往复摆动将使棘轮沿逆时针方向间歇转动；而当棘爪翻转到虚线位置时，主动摇杆的往复摆动则将使棘轮沿顺时针方向间歇转动。图 2.7-4b 所示为另一种双向棘轮机构，当棘爪 2 在图示位置时，棘轮 3 将

沿逆时针方向间歇转动。若将棘爪 2 提起并绕本身轴线转过 180°后放下，则可实现棘轮 3 沿顺时针方向的间歇转动。又若将棘爪 2 提起并绕本身轴线转过 90°后放下时，棘爪被架到壳体的平台上，从而使棘爪与棘轮分离，当摇杆仍往复摆动时，不能使棘轮运动。双向棘轮机构必须采用对称齿形。

构可使调节的角度小于一个棘齿所对应的角度。

1）调节主动摆杆的摆角。如图 2.7-6 所示，调整滑块的上下位置，即可改变曲柄的长度，从而调节主动摆杆的摆动角度。

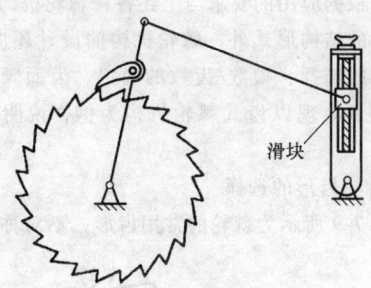

**图2.7-6　棘轮机构转角的调节**

2）安装棘轮罩。若主动摆杆角度不变，可在棘轮外加装棘轮罩用以遮盖棘轮上的一部分齿，如图 2.7-7 所示。当摆杆摆动时，棘爪先在罩上滑动，然后才嵌入棘轮的齿槽中推动其转动。被罩遮住的齿越多，则棘轮每次转动的角度就越小。

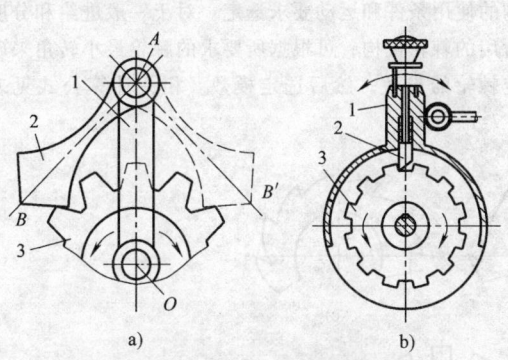

**图2.7-4　双向棘轮机构**

4. 按从动件运动形式的分类

棘轮机构按从动件运动形式的不同可分单动棘轮机构与双动棘轮机构。前述单动棘轮机构的特点是主动摇杆往复摆动的某个单向行程里，棘轮可沿同一方向转过某一角度；摇杆回程时，棘轮静止不动。

双动棘轮机构如图 2.7-5 所示，主动摇杆向两个方向往复摆动时，分别带动两个棘爪，两次推动棘轮转动。双动棘轮机构常用于载荷较大，棘轮尺寸受限，齿数较少，而主动摆杆的摆角小于棘轮齿距的场合。

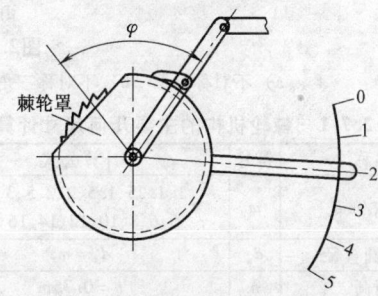

**图2.7-7　棘轮罩式棘轮机构转角的调节**

3）采用多爪棘轮机构。要使棘轮每次转动的角度小于一个轮齿所对应的中心角 $\gamma$ 时，可采用有 2 个以上棘爪的多爪棘轮机构。以图 2.7-8 所示的三棘爪棘轮机构为例，三个棘爪位置依次错开 $\gamma/3$，当摆杆转角在 $\gamma/3 \sim \gamma$ 范围内变化时，三个棘爪依次落入齿

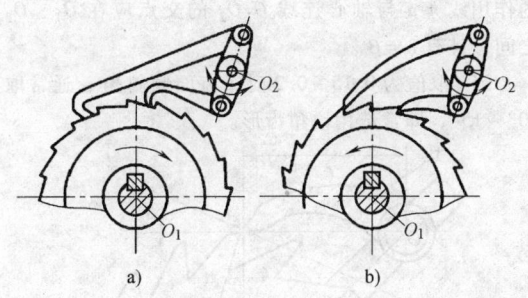

**图2.7-5　双动棘轮机构**

## 1.3　棘轮机构的动程及调节

主动摆杆往复摆动一次，棘轮所转过的角度称为棘轮的动程。动程的大小可通过改变驱动机构的结构参数或棘轮罩的位置等方法调节，采用多棘爪棘轮机

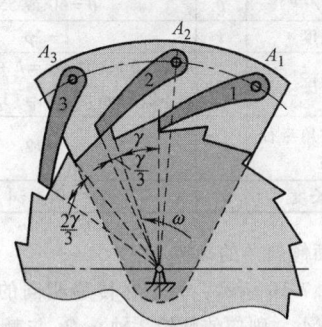

**图2.7-8　三爪棘轮机构**

槽，推动棘轮转动相应角度为 $\gamma/3 \sim \gamma$ 范围内 $\gamma/3$ 的整数倍。

## 1.4  棘轮机构的设计

除了根据应用的要求与上述各种棘轮机构的特点选择合适的结构形式外，棘轮机构的设计还应考虑：棘轮齿形的选择、模数/齿数的确定、齿面倾斜角的确定等问题。现以齿式棘轮机构为例，说明其设计方法。

### 1. 棘轮齿形的选择

图 2.7-9 所示为棘轮的常用齿形，不对称梯形用于承受载荷较大的场合；当棘轮机构承受的载荷较小时，可采用三角形或圆弧形齿形；矩形和对称梯形用于双向式棘轮机构。

### 2. 模数、齿数的确定

与齿轮相同，棘轮轮齿的有关尺寸也用模数 $m$ 作为计算的基本参数，但棘轮的标准模数要按棘轮的顶圆直径 $d_a = mz$ 来计算。棘轮齿数 $z$ 一般由棘轮机构的使用条件和运动要求选定。对于一般进给和分度所用的棘轮机构，可根据所要求的棘轮最小转角来确定棘轮的齿数，然后选定模数。相关计算公式见表 2.7-1。

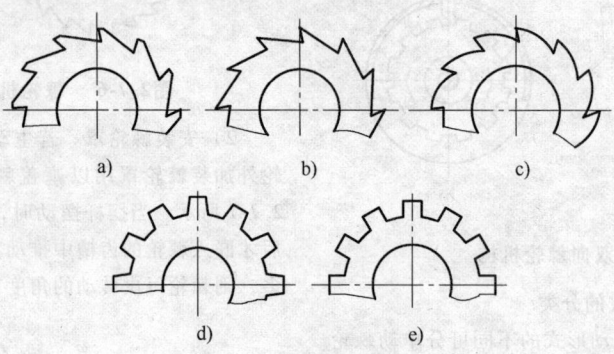

**图2.7-9    棘轮的常用齿形**

a）不对称梯形  b）不对称三角形  c）不对称圆弧形  d）对称梯形  e）对称矩形

**表 2.7-1    棘轮机构的主要几何尺寸计算**

| 名称 | 符号 | 计算公式 |
|---|---|---|
| 模数/mm | $m$ | 1、1.25、1.5、2、2.5、3、4、5、6、8、10、12、14、16 等 |
| 齿顶圆直径 | $d_a$ | $d_a = mz$ |
| 齿高 | $h$ | $h = 0.75m$ |
| 根圆直径 | $d_f$ | $d_f = d_a - 2h = mz - 2 \times 0.75m = (z - 1.5)m$ |
| 齿距 | $p$ | $p = \pi m$ |
| 齿顶弦厚 | $a$ | $a = m$ |
| 齿宽 | $B$ | $B = (1.5 \sim 4)m$ |
| 棘轮齿槽圆角半径 /mm | $r$ | $r = 1.5$ |
| 齿槽夹角/(°) | $\theta$ | $\theta = 60$ 或 55 |
| 棘爪长度 | $l$ | $l = 2p$ |
| 棘爪高度 | $h_1$ | $m \leqslant 2.5\,mm$ 时，$h_1 = h + (2 \sim 3)\,mm$；$m > 2.5\,mm$ 时，$h_1 = (1.2 \sim 1.7)m$ |
| 棘爪顶尖圆角半径 /mm | $r_S$ | $r_S = 2$ |
| 棘爪底长度 | $a_1$ | $a_1 = (0.8 \sim 1)m$ |

### 3. 齿面倾斜角的确定

如图 2.7-10 所示，为了在传递相同的转矩时棘爪 1 受力最小，则应使棘轮 2 轴心 $O_2$ 与棘爪轴心 $O_1$ 的位置满足 $O_1A \perp O_2A$，即 $\angle O_1AO_2 = 90°$。棘轮齿面与径向线所夹角 $\alpha$ 称为齿面倾斜角。棘爪轴心 $O_1$ 与轮齿顶点 $A$ 的连线 $O_1A$ 与过 $A$ 点的齿面法线 $n$-$n$ 的夹角 $\beta$ 称为棘爪轴心位置角。

设计棘轮机构时，主要应满足在受力时，棘爪能顺利地滑入棘轮齿槽，且不会自行脱离棘齿的要求。已经证明，棘爪能顺利滑向齿根部的条件为：棘爪轴心位置角 $\beta$ 应大于摩擦角 $\varphi$，即棘轮对棘爪的总反力的作用线 $n$-$n$ 与轴心连线 $O_1O_2$ 的交点应在 $O_1$、$O_2$ 之间，且有 $\alpha = \beta$。

当 $f$ 取值为 $0.15 \sim 0.2$ 时，齿面倾斜角 $\alpha$ 通常取 $10° \sim 15°$，即常选用锐角齿形。

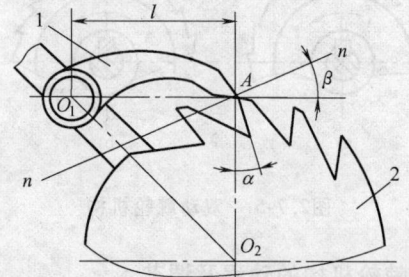

**图2.7-10    棘爪的受力分析**

当棘轮齿受力较大时，为保证齿的强度，可取 $\alpha < \varphi$，甚至取 $\alpha = 0°$ 或 $\alpha < 0°$，即使用直角或钝角

齿形。

## 1.5　棘轮机构的特点及应用

棘轮机构具有结构简单、制造方便和运动可靠，并且棘轮的转角可以根据需要进行调节等优点，但也存在传力小、工作时有冲击和噪声等不足。因此，棘轮机构只适用于转速不高、主动件速度低、从动件行程需要改变的场合，如机床的自动进给、送料、自动计数、制动、超越等场合。

**1. 进给**

图 2.7-11 所示为牛头刨床的横向进给机构。刨床主运动经过曲柄、连杆使摇杆往复摆动，装在摇杆上的棘爪 3 推动棘轮 4 作步进运动，刨床滑枕每往复运动一次，棘轮 4 连同丝杠转动一次，实现工作台的横向进给。工作台和每次进给量的大小（即棘轮转角的大小）通过改变棘轮罩位置调节。由于采用了可变向棘轮机构，当完成一次刨削工步后，只要将棘爪提起并回转 180°，就可以继续下一工步的刨削，而不必将工件空返回原位，缩短了非加工时间。

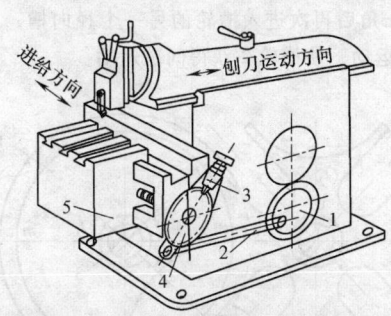

**图2.7-11　牛头刨床的工件进给运动**

**2. 制动**

图 2.7-12 所示为防逆转制动机构，常用于起重设备中。卷筒和棘轮用键连接于轴上，当轴逆时针回转时，鼓轮提升重物，棘爪在棘轮齿表面滑过，到达需要高度时轴、鼓轮和棘轮停止转动，此时棘爪在弹簧作用下嵌入棘轮的齿槽内，可防止鼓轮逆转，从而保证了起重工作的安全可靠。

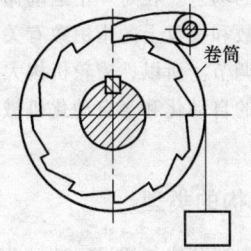

**图2.7-12　起重设备安全装置中的棘轮机构**

**3. 超越**

图 2.7-13 所示为利用棘轮机构的超越运动的自行车后轴的结构。当正向踩踏时，链条带动棘轮顺时针旋转，由于固定在轮毂上的棘爪的锁止作用，导致轮毂与棘轮同步旋转，推动自行车前进；若踩踏变慢或停止，则棘轮在链条带动下，转速相应变慢或停止旋转，这时由于轮毂转速大于棘轮转速，所以棘爪在棘轮齿背滑过，轮毂转速超越棘轮转速。

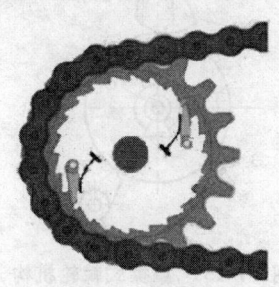

**图2.7-13　自行车后轴内棘轮机构**

**4. 转位或分度**

图 2.7-14 所示为棘轮机构用作压力机工作台自动转位机构的例子。在此机构中，转盘式工作台与棘轮机构固联，1 位置为装料工位，2 位置为退料工位，3 位置为冲压工位，ABCD 为一空间四杆机构。当滑块 D（即冲头 3）上升时，摆杆 AB 顺时针摆动，并通过棘爪带动棘轮和工作台顺时针转位。当冲头下降进行冲压时，摆杆逆时针摆动，则棘爪在棘轮上滑动，工作台不动。

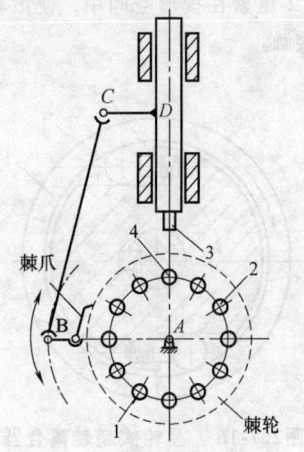

**图2.7-14　冲床自动转位机构**

## 2　摩擦自锁式步进机构

摩擦自锁式步进机构，也称为摩擦式棘轮机构，如图 2.7-15 所示。以偏心扇形楔块 2 代替齿式棘轮机构中的棘爪，以无齿摩擦轮 3 代替棘轮，当主动摆杆 1 逆时针方向摆动时，扇形块 2 楔紧摩擦轮 3，它

们之间产生的摩擦力使摩擦轮与摆杆作同向转动，这时止回扇4打滑，当摆杆顺时针方向转动时，扇形块在摩擦轮上打滑，这时止回扇形块楔紧以防止摩擦轮倒转，摩擦轮便可得到单向间歇运动。

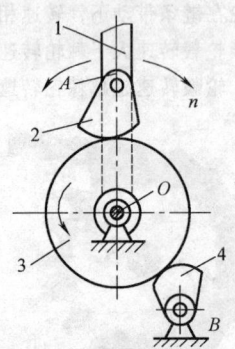

**图2.7-15 摩擦式棘轮机构**

与齿式棘轮机构相比，摩擦式棘轮机构具有传动平稳、无噪声，以及动程可无级调节等突出优点。因靠摩擦力传动，会出现打滑现象，一方面可起超载保护作用，另一方面也使得传动精度不高。摩擦式棘轮机构仅适用于低速轻载的场合，常用于扳钳和多轴钻床的夹具上。

为了提高摩擦式棘轮机构的承载能力，产生了如图2.7-16所示的星轮式摩擦棘轮机构。它主要由外圈1、滚柱2、星轮3和弹簧顶杆4组成。星轮3的外环面与外圈1的内环面形成楔形空间，弹簧4的作用是将滚柱2压紧在楔形空间中，使滚柱2与星轮3、外圈1接触。

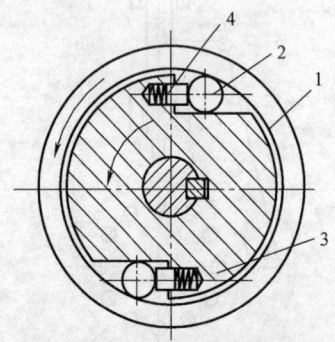

**图2.7-16 星轮式超越离合器**

当此机构作为单向离合器时，星轮3为主动件，当其逆时针旋转时，滚柱受摩擦力的作用被楔紧在槽内，因而带动外圈1一起转动，离合器处于接合状态。当星轮3顺时针旋转时，滚柱2受摩擦力的作用被推到槽中较宽的部分不再楔紧在槽内，离合器处于分离状态。

如果星轮仍按图2.7-16所示的方向旋转，而外圈还能从另一条运动链获得与星轮转向相同但转速较大的运动时，按相对运动原理，离合器将处于分离状态，这时的机构成为超越离合器。超越离合器常用于汽车、拖拉机和机床等设备中。

# 3 槽轮机构

## 3.1 槽轮机构的组成及特点

图2.7-17所示的槽轮机构，由带有指销A的拨盘1，带有径向槽的槽轮2及机架3组成。拨盘1为主动件，槽轮2为从动件，拨盘1连续回转运动时带动槽轮2做间歇运动。拨盘1上的指销A进入径向槽之前，槽轮2上的内凹圆弧nn被拨盘1上的外凸圆弧mm（也称为锁止弧）锁住，槽轮2静止不动。图2.7-17所示为拨盘1刚开始进入径向槽时的位置，此时锁止弧mm刚好开始被松开，当拨盘1作连续回转运动时，指销A进入槽轮2的径向槽带动槽轮一起转动，指销A转过$2\varphi_1$角后，从径向槽中脱出，锁止弧又被卡住，槽轮2停止转动。拨盘1继续转动$2\varphi_1 \sim 2\pi$角后再次进入槽轮的另一个径向槽，又重复上述的运动，使槽轮2获得间歇运动。

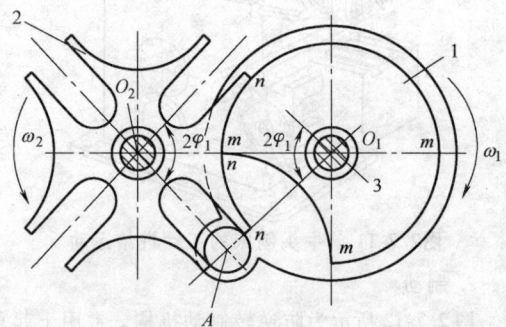

**图2.7-17 槽轮机构**

槽轮机构的特点是构造简单、外形尺寸小、机械效率高、在进入和脱离啮合时运动比较平稳，但在运动过程中的加速度变化较大，冲击较严重，因此一般用在转速不高的场合。在每一个运动循环中，槽轮转角与其径向槽数和拨盘上的指销数有关。每次转角一定而不能任意调节。所以，槽轮机构大多数应用在不需要调节转角的自动化和半自动化机械的传送机构和转位机构中。

## 3.2 槽轮机构的类型

槽轮机构主要分成传递平行轴运动的平面槽轮机构和传递相交轴运动的空间槽轮机构两大类。平面槽轮机构又分为外啮合槽轮机构（见图2.7-17）和内

啮合槽轮机构（见图 2.7-18）。外槽轮机构 2 的主、从动轮转向相反，内槽轮机构 1 的主、从动轮转向相同。与外槽轮机构相比，内槽轮机构传动较平稳、停歇时间短、占用空间少。

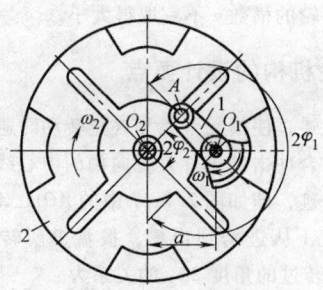

图2.7-18　内啮合槽轮机构

当拨盘转一周时，槽轮只做一次间歇转动的槽轮机构称为单销槽轮机构。当拨盘转一周时，槽轮能做两次间歇转动的槽轮机构，称为双销槽轮机构，如图 2.7-19 所示，拨盘 1 上装有两个指销 A、B，当拨盘转动一周时，槽轮 2 转动两次。若有多个指销时，则为多销槽轮机构。

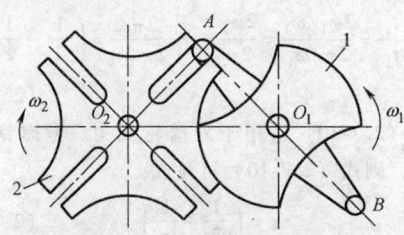

图2.7-19　双销槽轮机构

空间槽轮机构如图 2.7-20 所示，从动槽轮 2 呈半球形，槽和锁止弧分布在球面上，主动构件 1 的轴线、指销 3 的轴线都与槽轮 2 的回转轴线汇交于球心 O，所以也称为球面槽轮机构，主动件 1 连续转动，槽轮 2 作步进转动。

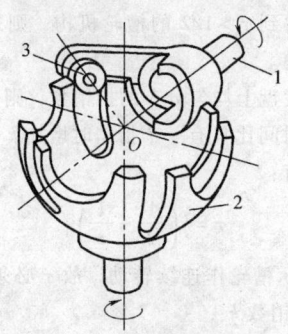

图2.7-20　空间槽轮机构

根据机构的不同要求，还有不等臂长多销槽轮机构（见图 2.7-21）、槽条机构、偏置外槽轮机构、偏

置内槽轮机构、曲线槽外槽轮机构等。

### 3.3　槽轮机构的运动特性

**1. 槽轮机构的运动系数**

在一个运动周期中，槽轮运动时间 $t_2$ 与主动拨盘回转一周所用时间 $t_1$ 之比称为运动系数，用 $\tau$ 来表示。当主动拨盘等速回转时，$\tau$ 可用拨盘的转角之比来表示，即：

$$\tau = \frac{t_2}{t_1} = \frac{2\varphi_1}{2\pi} \tag{2.7-1}$$

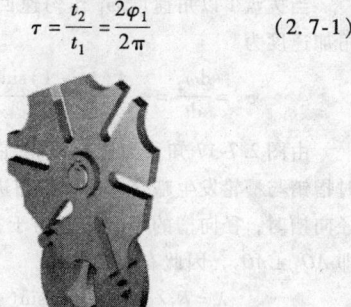

图2.7-21　不等臂长多指销槽轮机构

$\tau$ 反映了间歇运动机构的运动特性，即槽轮在一个运动周期中，转动时间占总运动时间的百分比。运动系数小，槽轮机构转位快，可提高生产效率，但起动和停止时的加速度可能太大，在设计时应慎重选择这一参数。

**2. 槽轮机构运动分析**

槽轮的运动分析主要分析当拨盘 1 以角速度 $\omega_1$ 做匀速回转运动时，槽轮 2 的速度及加速度运动规律。

图 2.7-22 所示为槽轮机构在转动过程中的某一瞬时位置，其拨盘 1 和槽轮 2 的转角分别为 $\varphi_1$ 和 $\varphi_2$，可得二者之间的关系为

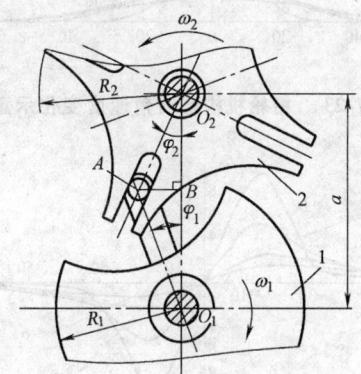

图2.7-22　槽轮机构运动分析

$$\tan\varphi_2 = \frac{AB}{O_2B} = \frac{R_1\sin\varphi_1}{a - R_1\cos\varphi_1} \tag{2.7-2}$$

式中　$R_1$——拨盘 1 上指销回转半径；

　　　$a$——中心距。

令 $\lambda = R_1/a = \sin(\pi/z)$ 并代入式（2.7-2）得：

$$\varphi_2 = \arctan \frac{\lambda \sin\varphi_1}{1 - \lambda \cos\varphi_1} \qquad (2.7\text{-}3)$$

将 $\varphi_2$ 对时间求导，得槽轮 2 的角速度 $\omega_2$ 为

$$\omega_2 = \frac{\mathrm{d}\varphi_2}{\mathrm{d}t} = \frac{\lambda(\cos\varphi_1 - \lambda)}{1 - 2\lambda\cos\varphi_1 + \lambda^2}\omega_1 \qquad (2.7\text{-}4)$$

当拨盘 1 以角速度 $\omega_1$ 作匀速回转时，槽轮 2 的角加速度为

$$\alpha_2 = \frac{\mathrm{d}\omega_2}{\mathrm{d}t} = \frac{\lambda(\lambda^2 - 1)\sin\varphi_1}{(1 - 2\lambda\cos\varphi_1 + \lambda^2)^2}\omega_1^2 \qquad (2.7\text{-}5)$$

由图 2.7-17 知，为避免槽轮在开始和终止转动时指销与槽轮发生啮合冲击，指销进入径向槽或退出径向槽时，径向槽的中心线应切于指销中心的轨迹，即 $AO_1 \perp AO_2$，因此有：

$$\lambda = R_1/a = \sin\varphi_2 = \sin(\pi/z) \qquad (2.7\text{-}6)$$

根据式（2.7-4）、（2.7-5）可知，当 $\omega_1$ 为常数时，槽轮 2 的角速度 $\omega_2$ 和角加速度 $\alpha_2$ 是槽数 $z$ 和拨盘位置的函数。如图 2.7-23 和图 2.7-24 所示为不同槽数 $z$ 的槽轮机构的角速度和角加速度示意图。从中可以看出，在槽轮转动的前半段时间内，角速度 $\omega_2$ 由零增至最大值时，角加速度 $\alpha_2$ 为正值。在槽轮转动的后半段时间内，角速度 $\omega_2$ 由最大值减少到零，角加速度 $\alpha_2$ 为负值。如果拨盘的角速度 $\omega_1$ 一定时，槽数 $z$ 越少，则其角加速度的最大值 $\alpha_{\max}$ 越大。

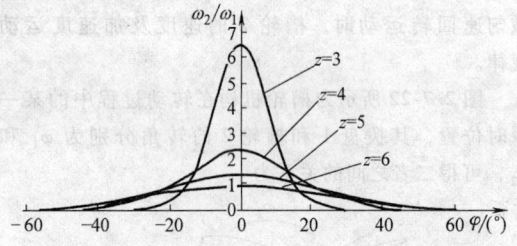

图 2.7-23　槽轮机构运动角速度变化示意图

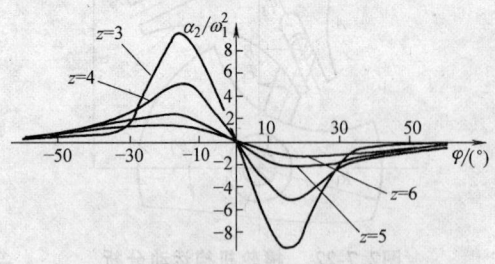

图 2.7-24　槽轮机构运动角加速度变化示意图

此外，由图 2.7-24 可以看出，当指销开始进入

和即将脱离槽轮的径向槽时，角加速度 $\alpha_2$ 都有突变，且槽数 $z$ 越少，突变值越大。这说明指销在开始进入啮合和即将脱离槽轮的径向槽时会产生冲击，且冲击随槽数 $z$ 的减少而增大。所以，要使槽轮机构传动比较平稳，槽轮的槽数 $z$ 不宜取得太小。

### 3.4　槽轮机构的设计要点

如前所述，使槽轮开始和终止转动时避免指销与槽轮发生啮合冲击的条件是径向槽的中心线应切于指销中心的轨迹，即如图 2.7-17 中的 $AO_1 \perp AO_2$。于是可知，指销 A 从进槽到出槽，拨盘 1 所转过的角度 $2\varphi_1$ 和槽轮转过的角度 $2\varphi_2$ 的关系为

$$2\varphi_1 + 2\varphi_2 = \pi \qquad (2.7\text{-}7)$$

设槽轮的径向槽均布，其槽数为 $z$，则有：

$$2\varphi_2 = \frac{2\pi}{z} \qquad (2.7\text{-}8)$$

根据式（2.7-7）和（2.7-8）可得：

$$2\varphi_1 = \pi - 2\varphi_2 = \pi - \frac{2\pi}{z} \qquad (2.7\text{-}9)$$

再将式（2.7-9）代入式（2.7-1）得：

$$\tau = \frac{t_2}{t_1} = \frac{2\varphi_1/\omega_1}{2\pi/\omega_1} = \frac{2\varphi_1}{2\pi} = \frac{\pi - 2\pi/z}{2\pi} = \left(\frac{1}{2} - \frac{1}{z}\right) \qquad (2.7\text{-}10)$$

式（2.7-10）适用于外槽轮机构。考虑到内槽轮机构，则式（2.7-10）可写成：

$$\tau = \left(\frac{1}{2} \mp \frac{1}{z}\right) \qquad (2.7\text{-}11)$$

式（2.7-11）就是设计槽轮机构的基本关系式，式中负号用于外槽轮机构，正号用于内槽轮机构。

因为运动系数 $\tau$ 必须大于零（否则槽轮处于静止状态），所以由式（2.7-10）可知，径向槽的数目应等于或大于 3。对单指销外槽轮机构，槽轮的运动系数 $\tau$ 总小于 $1/2$，即外槽轮的运动时间总小于静止时间。如需得到 $\tau > 1/2$ 的槽轮机构，则须在拨盘上安装多个指销。

设 $k$ 为拨盘上均匀分布的指销数，则一个循环中槽轮的运动时间比只有一个指销时增加 $k$ 倍。对外槽轮机构，则有：

$$\tau = k\left(\frac{1}{2} - \frac{1}{z}\right) \qquad (2.7\text{-}12)$$

$\tau = 1$ 表示槽轮作连续转动，故 $\tau$ 必须满足 $0 < \tau < 1$，可得指销数 $k$：

$$k < \frac{2z}{z - 2} \qquad (2.7\text{-}13)$$

由式（2.7-13）可知，$z = 3$ 时，$k = 1 \sim 5$；$z = 4$ 或 5 时，$k = 1 \sim 3$；$z \geqslant 6$ 时，$k = 1 \sim 2$。而且外槽轮机

构的运动系数 $\tau < 0.5$，即槽轮的运动时间总是小于停歇时间。而内槽轮机构则 $\tau > 0.5$，即运动时间总是大于停歇时间。

如图 2.7-23 和图 2.7-24 可知，当 $z = 3$ 时，工作过程中槽轮的角速度变化大。而当 $z = 9$ 时，槽轮的尺寸将变得较大，转动时的惯性力矩也较大，但 $\tau$ 值的增加不明显，因此槽数 $z$ 常取为 4～8。

## 3.5　槽轮机构的应用

图 2.7-25 所示为冲压式蜂窝煤成型机，它将煤粉加入工作盘 1 的模筒内，经冲头冲压成蜂窝煤。工作盘上有 4 个模孔，为完成上料、冲压、脱模的转换，工作盘做间歇转动。工作盘转位机构的间歇运动采用的是槽轮机构 2。槽轮上有四个径向槽，当拨盘转一周时，指销将拨动槽轮转 1/4 周，使工作盘转过一个工位，并停留一段时间以完成上料、冲压和脱模的转换。

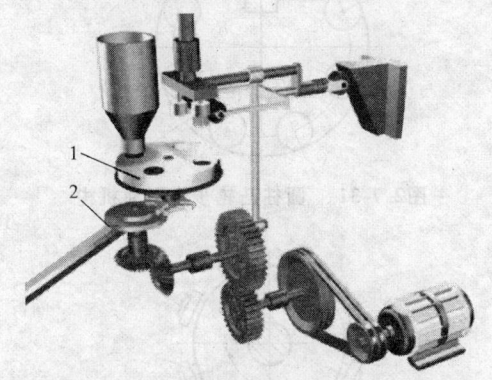

**图 2.7-25　蜂窝煤成型机模盘转位机构**

图 2.7-26 所示为转塔车床刀架转位机构，与槽轮 1 固连的刀架 3 上装有 6 种刀具（图中未画出），相应的槽轮上有 6 个径向槽，拨盘 2 上装有一个指销，拨盘转动一周，指销就进入槽轮一次，驱使槽轮转过 60°，刀架也随之转动 60°，从而将下一工序的刀具换到工作位置上。

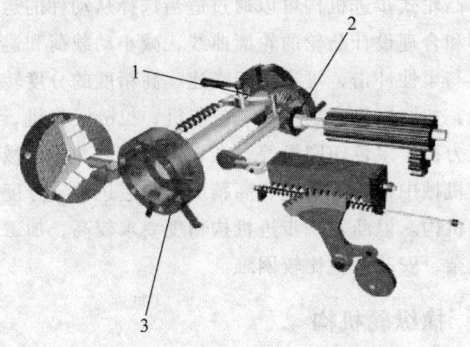

**图 2.7-26　转塔车床刀架转位机构**

## 4　其他形式的常见步进机构

### 4.1　不完全齿轮机构

不完全齿轮机构是由普通渐开线齿轮机构演变而成的一种间歇运动机构。它与普通齿轮机构的主要不同在于轮齿没有布满整个分度圆周。如图 2.7-27 所示的不完全齿轮机构，主动轮 1 上仅有一个或几个轮齿，从动轮 2 则每隔几个正常齿就出现一个齿顶做成锁止凹弧的厚齿 $S_2$。所以当主动轮 1 做连续转动时，从动轮 2 做间歇转动。当从动轮 2 停歇时，主动轮 1 上的锁止弧 $S_1$ 与从动轮 2 的锁止凹弧 $S_2$ 相配合，可使主动轮做连续转动时从动轮 2 静止不动，使其停歇在预定位置上。两轮轮齿部分相啮合时，相当于渐开线齿轮传动。

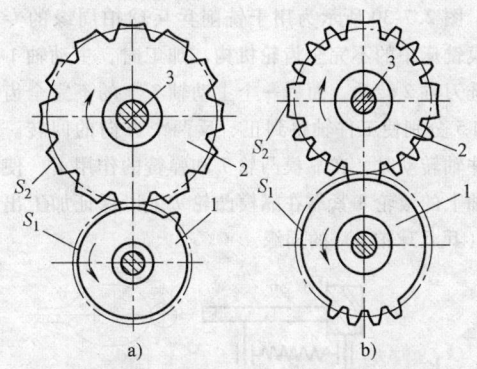

**图 2.7-27　外啮合不完全齿轮机构**

不完全齿轮机构也有外啮合（见图 2.7-27）与内啮合两种类型（见图 2.7-28）。外啮合的不完全齿轮机构两轮转向相反；内啮合的不完全齿轮机构两轮转向相同。当轮 2 的直径为无穷大时，变为不完全齿轮齿条，如图 2.7-29 所示为插秧机的秧箱移行机构，不完全齿条机构将齿轮 2 的转动变为齿条 1 的移动。

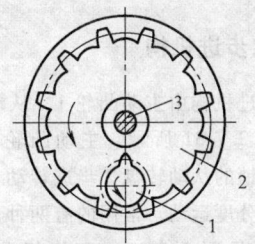

**图 2.7-28　内啮合不完全齿轮机构**

不完全齿轮机构由于具有齿轮机构的某些特点，与棘轮机构和槽轮机构相比，其从动轮的运动较为平稳，承载能力大。而且从动轮运动的角度变化范围较大，设计较灵活，易实现一个周期中的多次动、停时

间不等的间歇运动。但其加工工艺较复杂，主、从动轮不能互换，在进入和退出啮合时速度有突变，引起刚性冲击，不宜用于高速传动。因此，不完全齿轮机构一般用于较高速、轻载的场合，常用于多工位、多工序的自动机械或生产线上，或作为工作台的间歇转位机构和进给机构，或一些具有特殊运动要求的专用机械中。

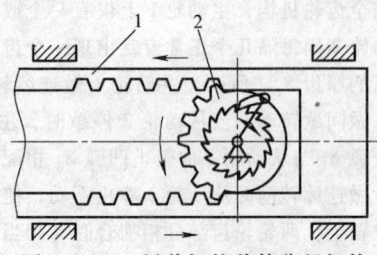

图2.7-29　插秧机的秧箱移行机构

图 2.7-30 所示为用于铣削乒乓球拍周缘的专用靠模铣床中的不完全齿轮机构。加工时，主动轴 1 带动铣刀轴 2 转动。而另一个主动轴 3 上的不完全齿轮 4 和 5 分别使工件轴得到正、反两个方向的回转。当工件轴转动时，在靠模凸轮 7 和弹簧的作用下，使铣刀轴上的滚轮 8 紧靠在靠模凸轮 7 上以保证加工出工件（乒乓球拍 6）的周缘。

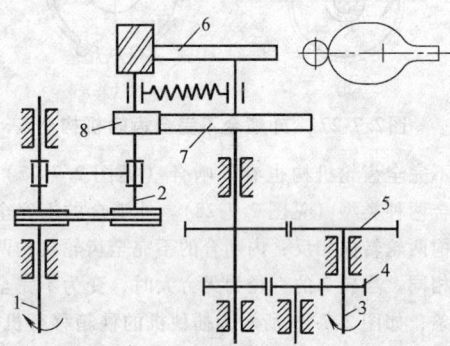

图2.7-30　乒乓球拍专用靠模铁床示意图

## 4.2　凸轮式步进机构

凸轮式步进机构由主动凸轮 1、从动转盘 2 和机架组成，如图 2.7-31 所示。主动凸轮 1 连续回转，推动均布有柱销的从动转盘 2 步进转动，用于传递空间交错轴间的分度运动。常用的有两种形式：圆柱凸轮步进机构（见图 2.7-31）和蜗杆凸轮步进机构（见图 2.7-32）。

1. 圆柱凸轮步进机构

如图 2.7-31 所示，在圆柱凸轮步进机构中，主动凸轮的圆柱面上有一条两端开口、不闭合的曲线沟槽，从动转盘 2 上均匀分布着圆柱形拨销 3，其轴线

与转盘轴线平行。当凸轮 1 连续转动时，其上的螺旋槽推动拨销，使从动盘作步进转动。凸轮的螺旋线常取为 1，拨销数取 $z \geqslant 6$，从动盘每转一周的停歇次数等于拨销数与螺旋线线数之比。

2. 蜗杆凸轮步进机构

如图 2.7-32 所示，在蜗杆凸轮步进机构中，主动凸轮 1 上有一条凸脊犹如弧面蜗杆，圆柱形拨销 3 均匀分布在从动转盘 2 的外周，好像蜗轮的齿。由于拨销是圆柱形，所以传递运动不受拨销沿轴线方向位置的影响，且可调整凸轮与从动盘间的中心距，从而调整拨销与凸轮梯形凸脊接触面之间的间隙，补偿接触面间的磨损或产生预紧所需的过盈量，因而可以保证机构的运动精度。

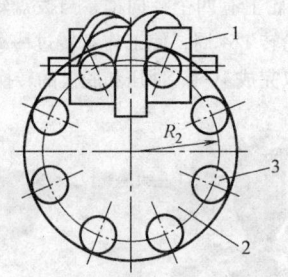

图2.7-31　圆柱凸轮步进运动机构

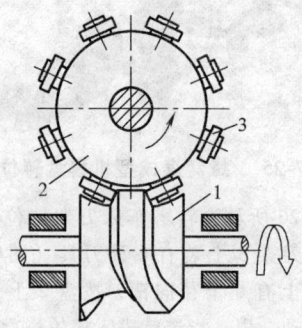

图2.7-32　蜗杆凸轮步进运动机构

3. 凸轮式步进机构的特点及应用

凸轮式步进机构可以通过适当选择从动件的运动规律和合理设计凸轮的轮廓曲线，减小动载荷和避免刚性与柔性冲击，可适用于高速、高精度的分度转位机械，如制瓶机、制烟机、包装机、拉链嵌齿机、高速压力机、多色印刷机等，在轻工机械、冲压机械等高速机械中常用作高速、高精度的步进进给、分度转位等机构。但凸轮式步进机构精度要求较高，加工比较复杂，安装调整比较困难。

## 4.3　擒纵轮机构

1. 擒纵轮机构的组成及工作原理

现代的擒纵轮机构几乎都采用了叉瓦式，这是目前应用最广的一种擒纵轮机构。叉瓦式擒纵轮机构如图2.7-33 所示，由擒纵轮 1、擒纵叉 2、限位钉 3 及游丝摆轮系统（该系统中有游丝 6（一种很细的弹簧）、摆轮 9 及摆钉 4）组成。钟表中擒纵轮机构的功能是把原动件的能量传递给振动系统，以便维持振动系统做等幅振动，并把振动系统的振动次数传递给指针系，达到计量时间的目的，其工作原理如下：

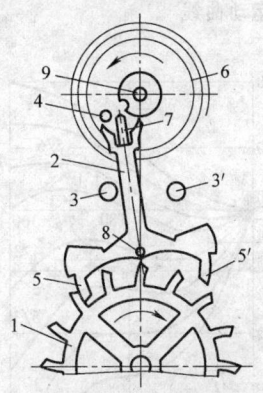

图2.7-33　擒纵轮机构

擒纵轮 1 受发条驱动，具有顺时针转动的趋势，但因受到擒纵叉 2 的左卡瓦 5 的阻挡而停止。游丝摆轮从左振幅位置开始，依靠游丝的收缩与扩张令摆轮以一定的频率绕轴 9 往复摆动（图示为摆轮 6 逆时针摆动的状态）。当摆轮上的摆钉 4 撞到叉头钉 7 时，使擒纵叉 2 绕叉轴 8 顺时针方向摆动，直至碰到右限位钉 3′才停止。这时左卡瓦 5 抬起，释放擒纵轮 1，擒纵轮 1 顺时针方向转动。而右卡瓦 5′落下，并与擒纵轮 1 的另一轮齿接触时，擒纵轮 1 又被挡住而停止转动。当游丝摆轮沿顺时针方向摆回时，摆钉 4 又从右边推动叉头钉 7，使擒纵叉 2 逆时针摆动，右卡瓦 5′抬起，擒纵轮 1 又被释放并转过一个角度，直到再次被左卡瓦 5 挡住为止。这样就完成了一个工作周期。擒纵轮 1 同时受擒纵叉 2 上的左右卡瓦阻挡而停止，并通过游丝摆轮系统控制动停时间，从而实现周期性单向间歇运动。其能量的补充是通过擒纵轮齿顶斜面与卡瓦的短暂接触传动来实现的。

2. 擒纵轮机构的类型与应用

擒纵轮机构按不同振动特点可分为以下两大类：

1）固有振动周期擒纵轮机构。图 2.7-34a 所示为机械手表中的擒纵轮机构。因游丝摆轮系统振动频率固定，计时精度高，故可用于计量时间，常用于各种机械钟表中。

2）无固有振动周期擒纵轮机构。如图 2.7-34b 所示，此种擒纵轮仅由擒纵轮 3 和擒纵叉 4 组成。擒纵轮 3 在驱动力矩作用下保持顺时针方向转动趋势。擒纵轮 3 的轮齿交替地与卡瓦 1 和 2 接触，使擒纵叉 4 往复振动。擒纵叉 4 往复振动的周期与擒纵叉 4 转动惯量的平方根成正比，与擒纵轮 3 给擒纵叉 4 的转矩大小的平方根成反比，因擒纵叉 4 的转动惯量为常数，故只要擒纵轮 3 给擒纵叉 4 的力矩大小基本稳定，就能使擒纵轮 3 作平均转速基本恒定的间歇运动。这种机构结构简单，便于制造，价格低，但振动周期不很稳定，故主要用于计时精度要求不高、工作时间较短的场合，如自动记录仪、时间继电器、计数器、定时器、测速器及照相机快门和自拍器等。

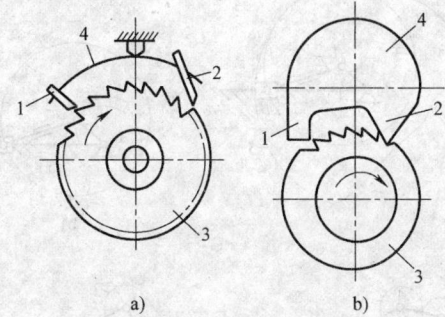

a)　　　　　　　　b)

图2.7-34　擒纵轮机构应用

## 5　齿轮-连杆步进机构

机械工作过程中有时需要动停时间比很大的步进运动机构、瞬时停歇的步进运动机构，或带有局部逆转的步进运动机构，其步进运动曲线如图 2.7-35 所示。这些机构常用于某些送料机构、纤维加工等机械中。图 2.7-35 中的 $\Psi_p$ 为从动件的逆转角，$\varphi_p$ 为从动件逆转时间内主动件的转角。

### 5.1　对心曲柄滑块机构控制差动轮系

图 2.7-36 所示为以对心曲柄滑块机构为基础的齿轮连机构，在曲柄销 $A$ 铰接着行星轮 3，它的角速度与连杆的角速度相同，中心轮 5 与曲柄共轴线。主动件是连续转动的曲柄 $A_0A$，其转角为 $\varphi$。从动件是齿轮 5，其转角为 $\Psi$。根据齿数比 $z_3/z_5$、曲柄长与连杆长之比 $l_1/l_2$ 的不同，齿轮 5 可实现单向非匀速转动、具有瞬时停歇的步进运动或带有逆转的步进运动。

因为齿轮 3、5 组成差动轮系，$A_0A$ 为转臂 $H$，所以有

$$\omega_5 = i_{53}^H (\omega_3 - \omega_H) + \omega_H = \frac{z_3}{z_5}(\omega_2 - \omega_1) + \omega_1$$

由于 $\omega_2 < \omega_1$ 且周期性变化，所以 $\omega_5$ 可能大于 0、小于 0 或等于 0。

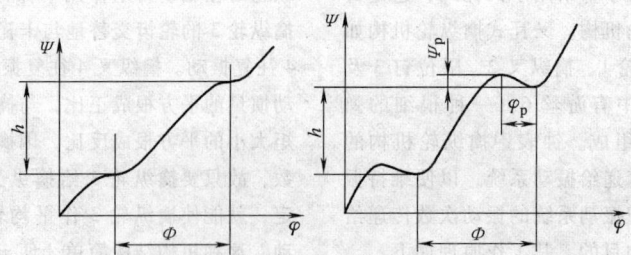

图2.7-35　　瞬时停歇或带有逆转的步进运动曲线

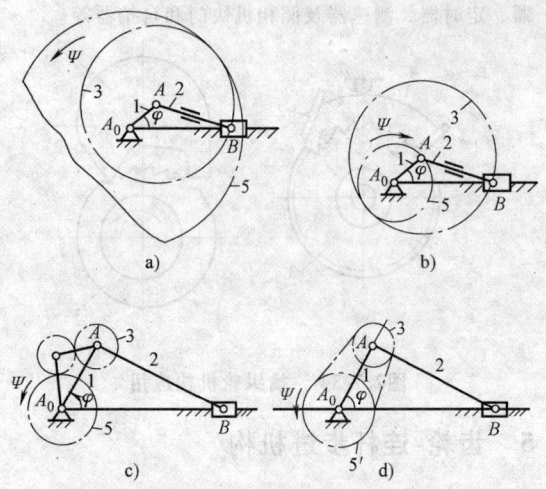

图2.7-36　　齿轮连杆机构

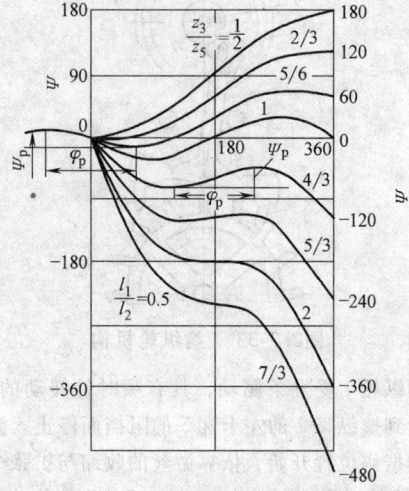

图2.7-37　　图 2.7-36 所示机构的传动函数

图 2.7-37 所示为 $l_1/l_2 = 0.5$ 时，不同齿数比时机构的零阶传动函数，可以看出，当 $z_3/z_5 = 2/3$ 时，有瞬时停歇，步进动程为 120°（见图 2.7-36a）；当 $z_3/z_5 = 2$ 时，有瞬时停歇，步进动程为-360°（见图 2.7-36b）；当 $z_3/z_5 = 4/3$ 时，齿轮 5 有作局部逆转的步进运动，步进角为-120°。在主动件转 120 范围内有约 28°的逆转。

图 2.7-36a 亦可改用图 2.7-36c、d 所示的形式。

## 5.2　行星轮驱动的铰接四杆机构或导杆机构

行星轮节圆上的点在运动过程中描出外摆线或内摆线，在歧点处描迹点速度为零，以此组成图 2.7-38 所示的齿轮连杆机构，则构件 5 可以获得有瞬时停歇的步进运动。主动件为行星轮系中的转臂 2，在行星轮节圆上置一转动副 $C$，连结一 RRR 杆组 $CBB_0$（见图 2.7-38a）或 RPR 杆组 $CB_0$（见图 2.7-38b），当转臂 2 匀速转动时，$C$ 点沿外摆线 $K_c$ 运动，带动从动件 5 转动，$C$ 点每经过一次歧点（见图 2.7-38a），构件 5 有一次瞬时停歇，显然，主动件 2 转一周过程中，从动件 5 瞬时停歇次数为 $n = r_1/r_3$，步进

动程角 $h = 360°/n$。

图 2.7-38b 设计参数只有 $l_3 = r_3$，图 2.7-38a 中 RRR 杆组的尺寸可用图 2.7-38c 查得。

【例 1】 设计一动程角为 180° 的瞬时停歇步进机构。

【解】 $n = 360/h = 360/180 = 2$；所以有：$i_{31}^H = -\dfrac{z_1}{z_3} = -2$

由图 2.7-38c 查得 $l_4/l_2 = 0.57$，$l_5/l_2 = 0.89$，$\mu_{min} = 50°$，如图 2.7-38a 所示。

## 5.3　三齿轮连杆机构

三齿轮连杆机构如图 2.7-39 所示，它是由曲柄摇杆机构 $A_0ABB_0$ 和三个齿轮 1、4、5 组成的。主动件为曲柄 $A_0A$，它与齿轮 1 固结在一起，齿轮 4 铰接于 $B$ 点与齿轮 1、5 相啮合，齿轮 5 是绕 $B_0$ 转动的从动件。

根据尺寸参数不同，齿轮 5 可能有三种不同的运动型式，在主动件匀速转动时，从动件 5 可能单向周期变速转动，瞬时停歇步进运动或带有逆转的步进运

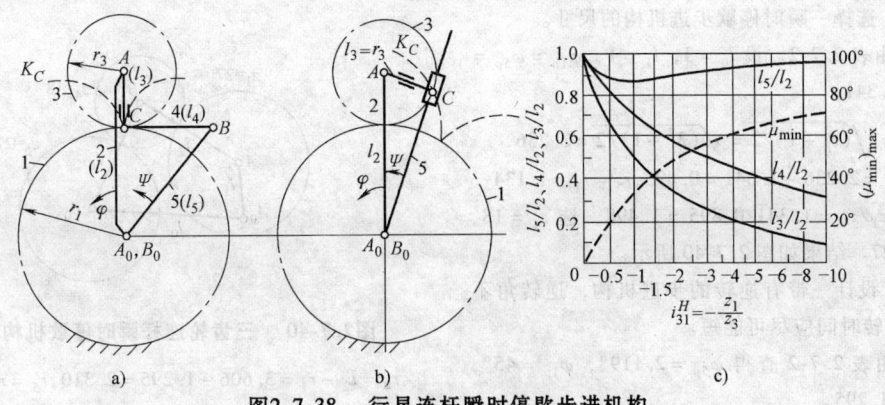

**图2.7-38　行星连杆瞬时停歇步进机构**

a) RRR 杆组　b) RPR 杆组　c) RRR 杆组设计线图

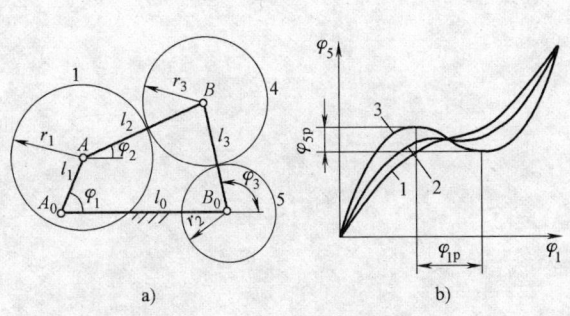

**图2.7-39　三齿轮连杆机构**

a) 机构图及尺寸参数　b) 零阶传动函数 $f_5$（$f_1$）

动，分别如图 2.7-39b 中的曲线 1、2、3 所示。从动件转角 $\varphi_5$ 与主动件转角 $\varphi_1$ 的关系为

$$\varphi_5 = \frac{r_1}{r_5}\varphi_1 - \frac{r_1 + r_4}{r_5}(\varphi_2 - \varphi_{20}) + \frac{r_4 + r_5}{r_5}(\varphi_3 - \varphi_{30})$$

式中　$\varphi_{20}$、$\varphi_{30}$——对应于 $\varphi_1 = 0$ 位置时连杆和摇杆的位置角。

给定 $\varphi_1$，则 $\varphi_2$、$\varphi_3$ 不难根据 $l_3$、$l_2$、$l_1$、$l_0$，由运动分析方法确定。

作为瞬时停歇或带有逆转的步进机构，可选择传动有利的曲柄摇杆机构：

$$l_1 = 1，\ l_2 = l_3 = \sqrt{(l_0^2 + 1)/2}$$

这样就有 $r_1 = r_5$，主动曲柄转动一周，从动轮 5 也转动一周，即步进数 $n = 1$，步进动程角为 360°。

这种齿轮连杆机构的尺寸选择可利用表 2.7-2。按给定的步进运动参数选定 $l_0$ 及 $\lambda = 1/r_1$，然后确定所有尺寸。表 2.7-2 中尺寸是相对 $l_1 = 1$ 给出的。

**表 2.7-2　瞬时停歇或带有逆转的齿轮连杆步进机构参数表**

| $\varphi_{1p}/(°)$ | $l_0 = 2$ | | $l_0 = 3$ | | $l_0 = 4$ | | $l_0 = 5$ | | $l_0 = 6$ | |
|---|---|---|---|---|---|---|---|---|---|---|
| | $r_1$ | $\varphi_{5p}/(°)$ | $r_1$ | $\varphi_{5p}/(°)$ | $r_1$ | $\varphi_{5p}/(°)$ | $r_1$ | $\varphi_{5p}/(°)$ | $r_1$ | $\varphi_{5p}/(°)$ |
| 0 | 1.264 | 0.000 | 1.341 | 0.000 | 1.371 | 0.000 | 1.386 | 0.000 | 1.394 | 0.000 |
| 5 | 1.264 | 0.001 | 1.340 | 0.002 | 1.370 | 0.002 | 1.385 | 0.002 | 1.393 | 0.000 |
| 10 | 1.263 | 0.009 | 1.338 | 0.016 | 1.367 | 0.019 | 1.382 | 0.021 | 1.390 | 0.022 |
| 15 | 1.260 | 0.031 | 1.334 | 0.055 | 1.362 | 0.067 | 1.376 | 0.073 | 1.384 | 0.077 |
| 20 | 1.257 | 0.074 | 1.328 | 0.132 | 1.355 | 0.160 | 1.368 | 0.175 | 1.375 | 0.184 |
| 25 | 1.253 | 0.147 | 1.321 | 0.260 | 1.346 | 0.316 | 1.358 | 0.345 | 1.365 | 0.362 |
| 30 | 1.248 | 0.258 | 1.311 | 0.455 | 1.335 | 0.551 | 1.346 | 0.602 | 1.352 | 0.632 |
| 35 | 1.242 | 0.416 | 1.300 | 0.733 | 1.321 | 0.887 | 1.331 | 0.968 | 1.336 | 1.015 |
| 40 | 1.235 | 0.635 | 1.288 | 1.112 | 1.306 | 1.343 | 1.314 | 1.465 | 1.318 | 1.535 |
| 45 | 1.227 | 0.923 | 1.273 | 1.613 | 1.288 | 1.945 | 1.295 | 2.119 | 1.298 | 2.220 |
| 50 | 1.218 | 1.299 | 1.257 | 2.259 | 1.268 | 2.719 | 1.273 | 2.959 | 1.276 | 3.097 |
| 55 | 1.207 | 1.778 | 1.238 | 3.077 | 1.246 | 3.695 | 1.249 | 4.017 | 1.251 | 4.202 |
| 60 | 1.195 | 2.381 | 1.217 | 4.099 | 1.222 | 4.910 | 1.223 | 5.331 | 1.224 | 5.573 |
| 65 | 1.181 | 3.134 | 1.195 | 5.301 | 1.195 | 6.405 | 1.195 | 6.945 | 1.194 | 7.254 |
| 70 | 1.166 | 4.065 | 1.170 | 6.909 | 1.167 | 8.320 | 1.164 | 8.910 | 1.162 | 9.299 |
| 75 | 1.148 | 5.211 | 1.143 | 8.792 | 1.136 | 10.440 | 1.131 | 11.286 | 1.128 | 11.768 |
| 80 | 1.129 | 6.616 | 1.113 | 11.075 | 1.102 | 13.107 | 1.095 | 14.145 | 1.092 | 14.735 |
| 85 | 1.108 | 8.336 | 1.082 | 13.834 | 1.066 | 16.314 | 1.058 | 17.574 | 1.054 | 18.290 |
| 90 | 1.084 | 10.437 | 1.047 | 17.163 | 1.028 | 20.161 | 1.018 | 21.679 | 1.016 | 22.359 |

注：1. 已知条件：$l_1 = 1$、$l_2 = l_3 = \sqrt{(l_0^2 + 1)/2}$、$\lambda = l_1/r_1$。

2. 当给定 $l_0$ 及 $\lambda$ 后，可求得 $r_1 = 1/\lambda$、$r_4 = l_2 - r_1$、$r_5 = r_1$。

3. 当 $\varphi_{5p} = 0$ 时为瞬时停歇。

4. 这里的 $l_3$、$l_2$、$l_1$、$l_0$、$r_1$、$r_4$ 和 $r_5$ 等如图 2.7-39 所示。

**【例2】** 选择一瞬时停歇步进机构的尺寸。

**【解】** 由表2.7-2。设 $l_0 = 3$，$l_1 = 1$，$\varphi_{1p} = \varphi_{5p} = 0$ 时，$r_1 = 1.341$。

$$l_2 = l_3 = \sqrt{(l_0^2 + 1)/2} = \sqrt{(3^2 + 1)/2} = 2.236$$

$r_4 = l_2 - r_1 = 2.236 - 1.341 = 0.895$，$r_5 = r_1 = 1.134$

$r_1/r_4 = z_1/z_4 = 1.341/0.895 = 1.498$，选 $z_4 = 18$，

则 $z_1 = z_5 = 27$。结果如图2.7-40所示。

**【例3】** 设计一带有逆转的步进机构，逆转角不小于2°，逆转时间应尽可能短。

**【解】** 由表2.7-2查得 $\varphi_{5p} = 2.119°$，$\varphi_{1p} = 45°$，$l_0 = 5$，$r_1 = 1.295$。

$$l_2 = l_3 = \sqrt{(l_0^2 + 1)/2} = \sqrt{(5^2 + 1)/2} = 3.606$$

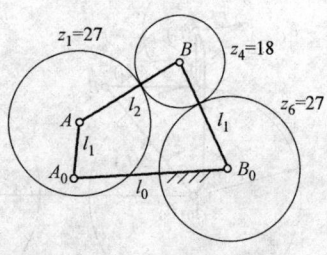

**图2.7-40　三齿轮连杆瞬时停歇机构设计例**

$r_4 = l_2 - r_1 = 3.606 - 1.295 = 2.310$，$r_5 = r_1 = 1.295$

$r_4/r_1 = z_4/z_1 = 2.310/1.295 = 1.785$，选 $z_4 = 50$，

则 $z_1 = 28$。

# 第8章 柔顺机构

## 1 概述

### 1.1 柔顺机构的基本概念

1. 柔顺机构和柔顺结构

柔顺机构与传统刚性机构的根本区别在于柔顺机构中具有弹性构件，而且这些弹性构件被用来传递力、位移和能量，即柔顺构件具有运动副的功能。柔顺机构是一个能进行能量或运动传递或转换的装置，而柔顺结构则没有进行运动或能量的转换或传递的功能。区分柔顺机构和柔顺结构，可参照图2.8-1。在图2.8-1a所示的柔顺跳板中，柔顺跳板把跳水者的动能转换成梁的应变能，然后在跳水者弹出踏板的时候又转换成动能，所以柔顺跳板是一个机构；而图2.8-1b所示的柔顺悬臂梁用来保持电动机中电刷与换向器之间接触，由于这个装置没有通过运动或能量的转换或传递来实现其功能，所以它被划归为一个柔顺结构。

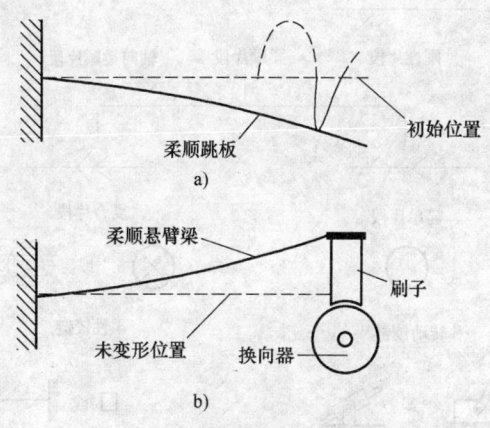

**图2.8-1 简单的柔顺机构和柔顺结构**
a）柔顺跳板 b）柔顺悬臂梁

2. 全柔顺机构与部分柔顺机构

图2.8-2所示的机构中没有传统意义上的运动副，因而也没有杆件，这种机构称为全柔顺机构，其所有运动都来自于柔顺构件的变形。

那些含有一个以上传统运动副和柔顺构件的机构被称为部分柔顺机构。

3. 杆件的辨识

杆件可定义为连接一个或多个运动副的连续体。

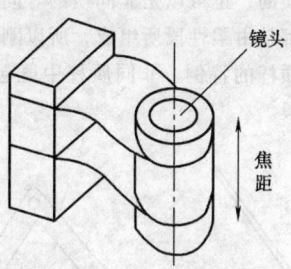

**图2.8-2 平行导向机构**

运动副包括转动副和移动副。杆件可以用在运动副处拆开机构然后计算所得杆数的办法来确认。如图2.8-3a所示，单杆柔顺机构是具有一个铰链的柔顺装置，其拆开后如图2.8-3b所示。

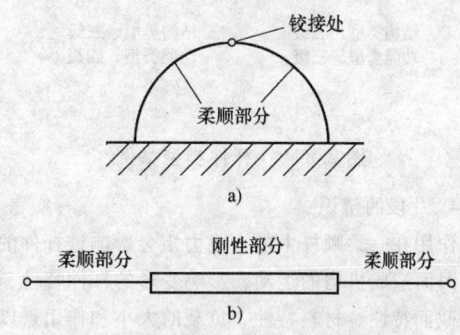

**图2.8-3 单杆柔顺机构**

柔顺杆件的运动副是依赖于其杆件的几何特性和作用力的大小及作用点的，柔顺杆件是用其结构类型和功能类型来描述的。

柔顺机构的杆件的辨识与刚性杆件的辨识相似。含有两个铰链的刚性杆称为二级杆，具有三个或四个铰链的刚性杆分别称为三级杆和四级杆，如图2.8-4a所示。含有两个铰链的柔顺杆件具有与二级杆相同的结构，因而称为二级结构，其他类型的杆件也是如此。

一个杆件的功能类型包括其结构类型和虚铰链的数目。当有力作用在一个柔顺段上时就会出现虚铰链，如图2.8-4b所示。只含有作用在铰链上的力或力矩的二级结构杆称为二级功能杆。具有三个铰链的柔顺杆件是三级结构杆，而如果载荷仅作用在铰链处，它也称为三级功能杆。这同样适用于四级杆。如

果一根杆含有两个铰链和一个作用在柔顺部分的力，由于该力造成了附加伪铰链，因而它既是二级结构杆，又是三级功能杆，如图 2.8-4b 所示。

柔性杆（按类）有简单和复杂之分。简单柔性杆由一个简单柔性段构成，其他都是复合杆。复合杆既可以是同质的，也可以是非同质的。同质杆都是由刚性段，或都是由柔性段所组成，所以刚性杆和简单柔性杆是同质杆的特例。非同质杆中既包含刚性段，也包含柔性段。

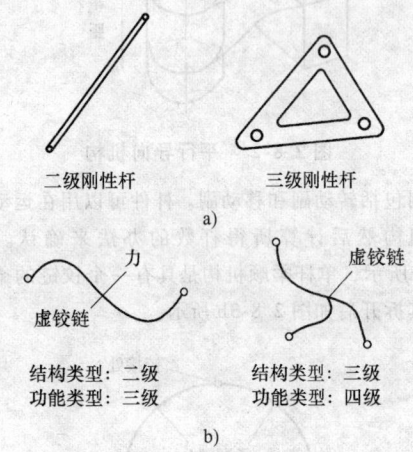

二级刚性杆　　　三级刚性杆

a)

结构类型：二级　　　结构类型：三级
功能类型：三级　　　功能类型：四级

b)

**图 2.8-4　杆件类型举例**

4. 片段的辨识

作用在一柔顺杆上的力或力矩会影响该杆件的变形，因而造成机构的运动。影响变形的杆件特性，包括其截面特性、材料特性、负载的大小和作用点以及位移。在结构上由运动特性或材料和横截面特性的不同而分为不同的段；在函数关系上由力或位移的边界条件不同而分为不同的段。所以，柔顺杆可以进一步分解成片段来描述其特性。

一根杆可以由一个或多个片段组成，各段之间的区别需要根据机构的结构、功能和载荷来判断。例如，图 2.8-3 所示的杆由三段组成，其中一个刚性段和两个柔顺段，由于刚性段上两端点之间的距离保持常量，因此不管其形状及大小如何，它都被认为是单独一个片段。

片段可以是刚性的，也可以是柔性的，这是其种。柔性单元还可以进一步按其类分为简单段和复合段。简单段是初始为直型、单一材料特性和等截面的段。另外的形式都为复合段。图 2.8-5a 和图 2.8-5b 分别描述了片段和杆件的特性。

5. 柔顺机构的简图

柔顺机构的图表是用于表达各种运动副或片段的

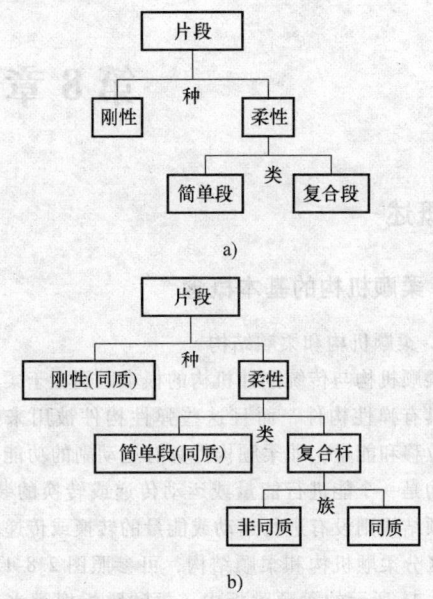

a)

b)

**图 2.8-5　零件特征**

a）片段　b）杆件

符号。柔顺片段用单线表示，图表中还包括按简单段和复合段分类的附加信息。图 2.8-6 所示为柔顺机构简图的符号规定。

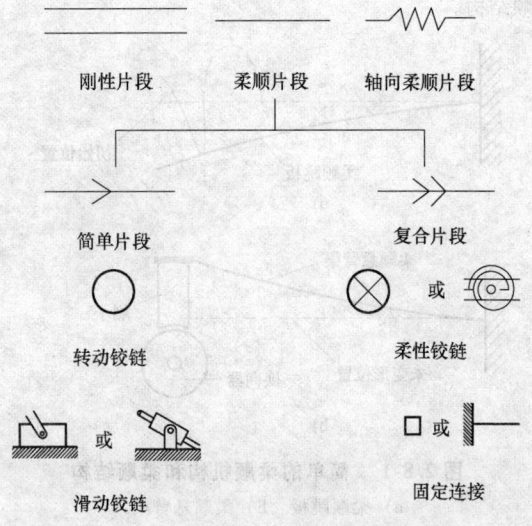

刚性片段　　柔顺片段　　轴向柔顺片段

简单片段　　　　　　　复合片段

转动铰链　　　　　　　柔性铰链

滑动铰链　　　　　　　固定连接

**图 2.8-6　柔顺机构简图的符号规定**

## 1.2　柔顺机构的特点

柔顺机构的优越性主要表现在：降低成本（减小零件数目、减小装配时间、简化制造过程）和提高性能（提高精度、增加可靠性、减轻质量、减少维护）两方面。

1. 柔顺机构的优点

1）大大减少了要实现某一特性任务的零件总数。

2）构件数目的减少减少了加工和装配的时间及降低成本。

3）柔顺机构中的运动副很少。

4）柔顺机构中运动副的磨损低，所需润滑少，机构的精度比较高。

5）使用柔顺机构的质量比使用刚性构件大大减轻。

6）容易实现微型化。

2. 柔顺机构的缺点和不足

1）分析和设计柔顺机构比较困难，需要有机构分析和柔性构件变形方面的知识，必须具有几何非线性分析的能力，而且需要懂得在复杂情况下这两方面的相互影响的知识。过去柔顺机构是靠试凑法来设计的，现在虽然已经发展了一些可以简化柔顺机构分析和设计的理论，其局限性已不像原来那样大，但柔顺机构的分析与设计还是要比刚性机构困难很多。

2）在某些应用场合，柔顺构件中有能量存储也是一个缺点。例如，如果一个机构的功能是从输入端向输出端传递能量，那么就会有一部分能量被留在机构中，而不能将全部能量传递出去。

3）柔顺构件变形的运动受变形元件强度的限制，柔顺构件不像铰链那样能完成连续转动。

4）长时间经受应力或高温的柔顺构件可能会出现应力松弛或蠕变现象。

# 2 柔顺机构分析的基本原理与方法

## 2.1 柔顺机构的构成

1. 柔顺机构的分类及划分

按柔顺机构中是否具有传统运动副，可将柔顺机构分为两大类：一类是具有传统运动副的，称为混合型柔顺机构，如图 2.8-7 所示；另一类是没有传统运动副的，称为全柔顺机构，如图 2.8-8 所示。全柔顺机构又包括两种：一种是"具有集中柔度的全柔顺

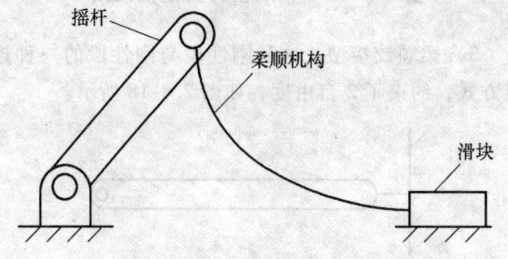

图 2.8-7　混合型柔顺机构

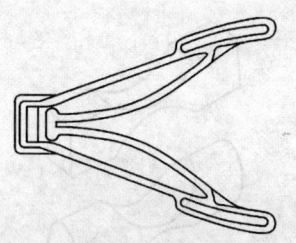

图 2.8-8　全柔顺机构

机构"，其特征是用柔性运动副代替了全部传统运动副；另一类是"具有分布柔度的全柔顺机构"，其特征是整个机构中并无任何柔顺铰链的存在。

一般而言，构件的变形运动与其几何构形和外载荷有关。由于柔顺构件的几何构形比较复杂，描述柔顺构件的变形也很复杂。为简化分析计算，要根据柔顺构件横截面的大小将柔顺构件划分成若干标准几何形状的段；截面大的段可以处理为刚体段，其运动为刚体运动，弹性变形很小而忽略不计；截面小的段处理为柔顺段，它除了刚体运动外，还有不可忽略的弹性变形。

根据柔顺段的构形以及其邻近的边界条件，将柔顺构件分为柔顺铰链和弹性杆。根据柔顺构件的初始构形，可以将其分为直柔顺段和弯曲柔顺段，如图 2.8-9 和图 2.8-10 所示。根据截面是否变化，又分为均匀柔顺段和复合柔顺段。

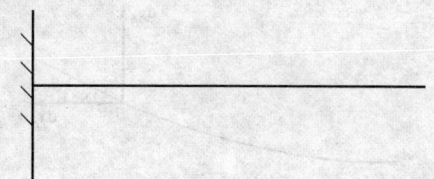

图 2.8-9　直柔性段

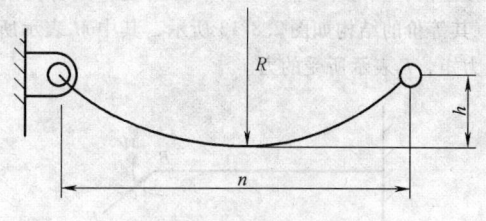

图 2.8-10　弯曲柔性段

2. 柔顺铰链

柔顺铰链的功能相当于刚性转动铰链运动副。柔顺铰链有很多种结构：单轴柔顺铰链、弹性球副型柔顺铰链、平行弹簧片移动副型柔顺铰链等。最普通的形式是单轴柔顺铰链，如图 2.8-11 所示。

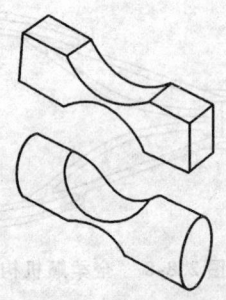

**图 2.8-11　单轴柔顺铰链**

## 2.2　柔顺机构自由度计算

### 2.2.1　段（Segment）自由度计算

　　柔顺机构的段确定后，首先分析它的自由度（以平面机构为研究对象），步骤如下：

　　1）柔顺段不发生弹性变形，则有 3 个自由度，这与刚体段相同。

　　2）柔顺段发生弹性变形，则要确定柔性段弹性变形的参数个数，参数的数目为其自由度数。如图 2.8-12 所示，由端点 $B$ 的转动 $\theta_B$、$B$ 相对 $A$ 的坐标方向位移 $dx_B$、$dy_B$ 及 $AB$ 段的轴向相对伸缩 $s_{BA}$ 确定 $AB$ 段的方程，根据约束的情况可确定其自由度。

　　① 一个柔顺段有 3 个刚性自由度：$\theta_B$、$dx_B$、$dy_B$，如图 2.8-12 所示。

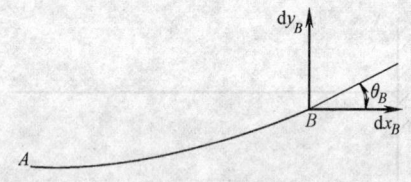

**图 2.8-12　柔顺段**

　　② 当认为 $AB$ 可绕 $A$ 点旋转时，则 $dx_B$、$dy_B$ 不是独立的，只剩下 $\theta_B$ 一个柔顺自由度，其自由度为4，其等价的结构如图 2.8-13 所示，其中 $M$ 表示所受的力矩，$F$ 表示所受的力。

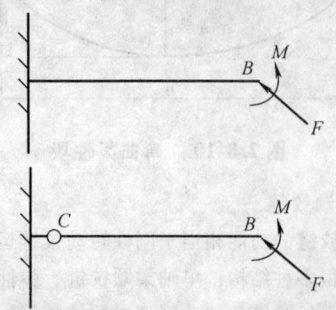

**图 2.8-13　一个转动柔顺自由度的段**

　　③ 当 $AB$ 段挠曲很大，且不需考虑端点 $B$ 的转动 $\theta_B$ 时，相当于在上面情形基础上，当 $BC$ 段转动一个角度后，$BC$ 绕 $BC$ 段上的某点 $D$ 转动，从而剩下 $\theta_1$、$\theta_2$ 这两个柔顺自由度。其自由度为 5，如图 2.8-14 所示，其中 $M$ 表示所受的力矩、$F$ 表示所受的力。

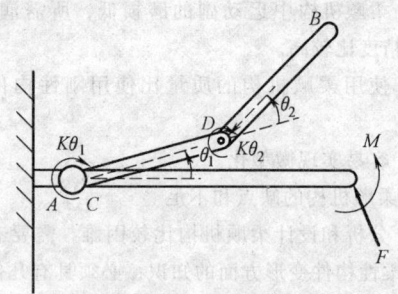

**图 2.8-14　2 个柔顺自由度的段**

　　④ 当 $AB$ 只能伸缩变形运动 $s_{BA}$ 时，柔顺自由度为 1，其自由度为 4，如图 2.8-15 所示。

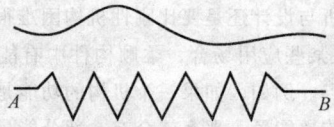

**图 2.8-15　只有一个伸缩自由度的柔顺段**

### 2.2.2　柔顺段连接类型

　　1）固结型，约束了 3 自由度，如图 2.8-16 所示。

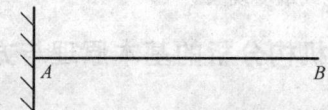

**图 2.8-16　柔顺段的固定连接方式**

　　2）铰接型，约束了 2 自由度，如图 2.8-17 所示。

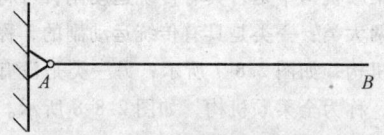

**图 2.8-17　柔顺段与其他段铰接**

　　3）柔顺铰接型，这是刚性段与刚性段的一种连接方式，约束了 2 自由度，如图 2.8-18 所示。

**图 2.8-18　刚性段间的柔顺铰接**

### 2.2.3　柔顺机构总自由度计算

机构自由度等于机构全部构件在没有约束时的自由度数减去被约束的自由度数，所以柔顺机构总自由度公式为

$$dof = \sum_{j=4}^{6} j \times n_{jcseg} + 3 \times n_{rseg} - \sum_{j=1}^{2} (3-j) \times$$

$$n_{jk} - 3 \times n_{fix} - \sum_{j=1}^{2} (3-j) \times n_{jc} \quad (2.8\text{-}1)$$

式中　$n_{jcseg}$——自由度等于 $j$ 的柔顺段的数目；

$n_{rseg}$——除去机架外刚性段的数目；

$n_{jk}$——自由度为 $j$ 的刚性运动副的数目；

$n_{fix}$——两段是固定连接的数目；

$n_{jc}$——柔顺自由度为 $j$ 的柔顺运动副的数目。

### 2.2.4　基于伪刚体模型的自由度计算

对于仅含有柔顺铰链的柔顺机构，当外力施加在构件的刚性部分时，利用伪刚体模型可以将柔顺机构等效为伪刚性机构，用伪刚性机构的自由度作为柔顺机构的自由度。

【例1】　图 2.8-19 所示为弹簧顶紧凸轮机构，试分析其自由度情况。

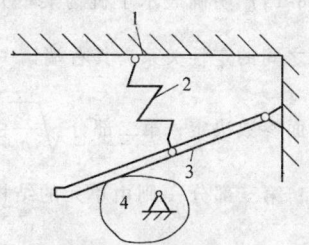

图 2.8-19　凸轮机构

【解】　2 号构件的自由度为 4，即 3 个刚性的、1 个伸缩的柔顺自由度；3、4 号构件各只有 3 个刚性自由度。一共有 4 个自由度为 1 的运动副，1 个自由度为 2 的运动副。应用机构自由度公式计算得到，该机构自由度为 1。该自由度为构件 4 的旋转运动。

【例2】　图 2.8-20 所示为卷扬机构，试分析其自由度情况。

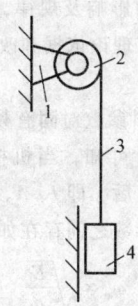

图 2.8-20　卷扬机构

【解】　由图示可知，机构自由度为 2，即轮子 2 的旋转运动，绳子 3 的弹性伸长。当这 2 个运动确定后，机构的运动即可完全确定了。

## 2.3　柔顺机构的频率特性分析

固有频率是重要的动力学特性参数，体现了柔顺机构的振动特点。下面分别对以柔性铰链为主要特征的柔顺机构和以柔顺杆为主要特征的柔顺机构的固有频率特性进行分析。

图 2.8-21 所示为含椭圆形柔性铰链的平行导向柔顺机构，设椭圆形铰链长半轴为 $a$，短半轴为 $b$，宽度为 $w$，其固有频率 $\omega$ 为

$$\omega = \frac{1}{2\pi} \sqrt{\frac{Ewt^3}{6a\lambda \left[ \left( m_1 + \frac{1}{2} m_2 \right) d^2 + 2I \right]}} \quad (2.8\text{-}2)$$

式中　$m_1$——导向杆的质量，$m_1 = \rho LA_1$；

$L$——导向杆杆长；

$A_1$——导向杆截面面积；

$m_2$——平行杆的质量，$m_2 = \rho dA_2$；

$d$——平行杆杆长；

$A_2$——平行杆截面面积；

$\rho$——质量密度；

$\lambda$——$s$ 的函数，且 $s = \dfrac{b}{t}$；

$I$——惯性矩；

$E$——弹性模量；

$t$——厚度。

因此有：

$$\omega = \frac{1}{2\pi} \sqrt{\frac{Ewt^3}{6a\lambda\rho \left[ \left( LA_1 + \frac{1}{2} dA_2 \right) d^2 + 2I \right]}}$$

$$(2.8\text{-}3)$$

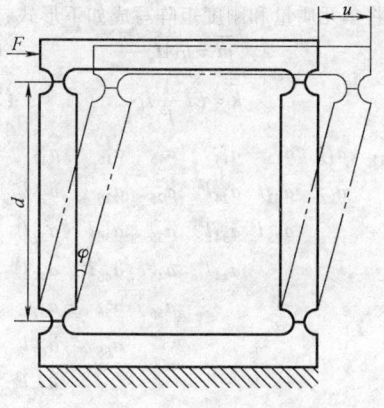

图 2.8-21　平行导向柔顺机构

若铰链为直圆形柔性铰链，即 $a=b$，则有：

$$\omega = \frac{1}{2\pi}\sqrt{\frac{Ewt^2}{6\lambda'\rho\left[\left(LA_1+\frac{1}{2}dA_2\right)d^2+2J\right]}}$$
(2.8-4)

式中　$\lambda'=s\times\lambda$。

由式（2.8-4）可以得出如下结论：

1）若机构的几何参数和结构参数选定，则机构的固有频率 $\omega$ 与材料参数 $\sqrt{\frac{E}{\rho}}$ 成正比。

2）机构的固有频率随着 $a$ 的增加而降低，随 $b$ 的增加而提高，而与 $w$ 无关。

3）最小厚度 $t$ 的增大能够提高机构的固有频率。

4）$d$ 的减小，会提高机构的固有频率。

由于阻尼对机构的固有频率影响非常小，于是可以根据无阻尼自由振动方程得到机构的固有频率和模态。根据系统的自由振动，得到

$$(K-\lambda_1 M)X_i=0 \quad (i=1,2,\cdots,n) \quad (2.8-5)$$

欲使式（2.8-5）有非零解，其条件是系数行列式等于零，即：

$$|K-\lambda_i M|=0 \quad (i=1,2,\cdots,n) \quad (2.8-6)$$

由此得到特征值 $\lambda_i$（$i=1,2,\cdots,n$），$\lambda_i=\omega_i^2$，$\omega_i$ 为机构各阶固有频率。将每一个特征值 $\lambda_i$ 代入式（2.8-5），得到与特征值对应的特征矢量 $X_i$。

由式（2.8-6）可以看出机构的固有频率是由其系统质量矩阵和刚度矩阵决定的。由于系统的质量和刚度矩阵的组成较复杂，所以应从机构各单元入手分析。类似地，机构中任一单元固有频率可由式（2.8-7）决定：

$$|\bar{k}-\lambda_e\bar{m}|=0 \quad (2.8-7)$$
$$\lambda_e=\omega_e^2 \quad (2.8-8)$$

式中　$\bar{k}$——单元刚度矩阵；
　　　$\bar{m}$——单元质量矩阵。

当横向位移选取五次埃尔米特多项式时，一般情况下可将单元质量和刚度矩阵写成如下形式：

$$\bar{m}=l\rho A l_a \quad (2.8-9)$$
$$\bar{k}=EI\frac{1}{l^3}l_b \quad (2.8-10)$$

$$l_a=\begin{bmatrix} a_{11} & a_{12} & a_{13} & a_{14} & a_{15} & a_{16} & a_{17} & a_{18} \\ & a_{22} & a_{23}l & a_{24}l^2 & a_{25} & a_{26} & a_{27}l & a_{28}l^2 \\ & & a_{33}l^2 & a_{34}l^3 & a_{35} & a_{36}l & a_{37}l^2 & a_{38}l^3 \\ & & & a_{44}l^4 & a_{45} & a_{46}l^2 & a_{47}l^3 & a_{48}l^4 \\ & & & & a_{55} & a_{56} & a_{57} & a_{58} \\ & & & & & a_{66} & a_{67}l & a_{68}l^2 \\ & & & & & & a_{77}l^2 & a_{78}l^3 \\ & & & & & & & a_{88}l^4 \end{bmatrix}$$
(2.8-11)

$$l_b=\begin{bmatrix} b_{11} & b_{12} & b_{13} & b_{14} & b_{15} & b_{16} & b_{17} & b_{18} \\ & b_{22} & b_{23}l & b_{24}l^2 & b_{25} & b_{26} & b_{27}l & b_{28}l^2 \\ & & b_{33}l^2 & b_{34}l^3 & b_{35} & b_{36}l & b_{37}l^2 & b_{38}l^3 \\ & & & b_{44}l^4 & b_{45} & b_{46}l^2 & b_{47}l^3 & b_{48}l^4 \\ & & & & b_{55} & b_{56} & b_{57} & b_{58} \\ & & & & & b_{66} & b_{67}l & b_{68}l^2 \\ & & & & & & b_{77}l^2 & b_{78}l^3 \\ & & & & & & & b_{88}l^4 \end{bmatrix}$$
(2.8-12)

式中　$\rho$——杆件材料的质量密度；
　　　$E$——杆件材料的弹性模量；
　　　$A$——单元的横截面面积；
　　　$I$——惯性矩；
　　　$l_a$、$l_b$——两个仅与单元（构件）长度有关的相似矩阵，其中 $a_{ij}$、$b_{ij}$ 只为数值系数。

由式（2.8-7）~式（2.8-12）可得：

$$\omega_e\propto\sqrt{\frac{I}{A}}\times\sqrt{\frac{E}{\rho}}\times\frac{1}{l^2} \quad (2.8-13)$$

式（2.8-13）明确表示了机构某单元固有频率与其各参量之间的定性关系，其右端第一部分 $\sqrt{\frac{I}{A}}$ 由单元的截面参数决定；第二部分 $\sqrt{\frac{E}{\rho}}$ 由构件的材料参数确定；第三部分 $\frac{1}{l^2}$ 则由单元的结构参数（长度）决定。

对于机构而言，由式（2.8-6）可知，其固有频率 $\omega_i$ 是由其系统质量矩阵 $M$ 和刚度矩阵 $K$ 决定的，而系统质量矩阵和刚度矩阵又分别是由各单元质量矩阵和刚度矩阵组成的，系统矩阵的性质完全由单元矩阵决定。因此，机构的固有频率特性是由各单元的固有频率所直接确定的。由此可以推断，机构固有频率与其截面参数、结构参数和材料参数之间也存在着与式（2.8-13）类似的内在关系。分析得出的设计参量对机构固有频率的影响及规律，为改善机构性能，提高设计质量提供了理论依据和改进的思路，有重要的指导作用。

1. 柔顺机构材料参数对固有频率的影响

由式（2.8-13）可知，当机构或杆件的截面参数和结构参数确定之后，即 $I$、$A$、$L$ 固定不变时，单元固有频率与材料参数之间存在如下关系：

$$\omega_e\propto\sqrt{\frac{E}{\rho}} \quad (2.8-14)$$

式（2.8-14）说明，单元的固有频率仅与其弹

性模量与质量密度之比的平方根成正比。

表 2.8-1 所列为五种材料（铍青铜、铝合金、钛合金、聚丙烯和弹簧钢）的材料性能参数和机构的固有频率关系。

**表 2.8-1　五种材料的性能参数及固有频率比较**

| 材料种类 | 弹性模量<br>/GPa | 密度<br>/(kg/m³) | 参数 $\sqrt{\dfrac{E}{\rho}}$ | 固有频率<br>/Hz |
|---|---|---|---|---|
| 铍青铜 | 128 | 8300 | 3.927 | 35.70 |
| 铝合金 | 114 | 4400 | 5.090 | 46.28 |
| 钛合金 | 71.7 | 2710 | 5.143 | 46.78 |
| 弹簧钢 | 207 | 7800 | 5.151 | 46.83 |
| 聚丙烯 | 1.4 | 900 | 1.247 | 11.34 |

2. 截面参数对固有频率的影响

柔顺机构的截面参数在机构的优化设计中，具有非常明显的作用。由式（2.8-13）可知，当机构杆件的结构参数和材料参数确定后，即 $E$、$\rho$、$L$ 不再改变时，式（2.8-13）可进行如下简化：

$$\omega_e \propto \sqrt{\frac{I}{A}} \qquad (2.8\text{-}15)$$

此时单元的固有频率仅与其截面惯性矩和面积之比的平方根成正比，从量纲上可以看出 $\sqrt{\dfrac{I}{A}}$ 为一个长度单位，广义地讲，是单元截面的一维参数。因此，式（2.8-15）也可简写为

$$\omega_e \propto x \qquad (2.8\text{-}16)$$

式中　$x$——单元截面的一维参数。

式（2.8-16）表明单元固有频率是与截面的一维参数成正比的。这一维参数需要根据不同截面形状来确定。若机构构件的截面为以 $b$ 为宽度，$h$ 为厚度的矩形截面，则有：

$$I = \frac{1}{12}bh^3 \qquad (2.8\text{-}17)$$

$$A = bh \qquad (2.8\text{-}18)$$

这时有

$$\sqrt{\frac{I}{A}} = \frac{\sqrt{3}}{6}h \qquad (2.8\text{-}19)$$

因此，式（2.8-15）及式（2.8-16）可写为

$$\omega_e \propto h \qquad (2.8\text{-}20)$$

式（2.8-20）说明，机构单元固有频率与其截面厚度成正比，但与截面宽度无关。这是因为平面机构各杆件弹性变形都发生在与其截面厚度方向平行的平面内，因此截面厚度决定了杆件在这个平面内的刚度，以抵抗此平面内的弯曲变形。由于在与机构运动平面垂直的方向上机构杆件无运动，也不受力，故没有弹性变形。

## 2.4　柔顺机构动力学分析

### 2.4.1　灵敏度分析

柔顺机构的灵敏度分析就是判断机构的各项设计变量对柔顺机构性能的影响，在机构的设计过程中通过它可以有效地调整设计参数来满足机构动态性能的要求。柔顺机构的灵敏度分析方法一般有结构动力学方法、矩阵摄动法、差分法和微分法等，常用的是差分法和微分法。由差分法和微分法的自身特性可知，差分法的计算精度难以控制，而微分法的计算精度较高，计算量不大，比较有效。下面来分析机构固有频率和模态关于特定设计参数 $x$ 的灵敏度。

柔顺机构的固有频率和振动模态的关系为

$$\boldsymbol{X}_i^{\mathrm{T}} \cdot \boldsymbol{S}_i \cdot \boldsymbol{X}_i = 0 \qquad (2.8\text{-}21)$$

式中　$\boldsymbol{S}_i = \boldsymbol{K} - \omega_i^2 \boldsymbol{M}$。

将式（2.8-21）对设计参数 $x$ 求导得：

$$\frac{\partial \boldsymbol{X}_i^{\mathrm{T}}}{\partial x} \cdot \boldsymbol{S}_i \cdot \boldsymbol{X}_i + \boldsymbol{X}_i^{\mathrm{T}} \cdot \frac{\partial \boldsymbol{S}_i}{\partial x} \cdot \boldsymbol{X}_i + \boldsymbol{X}_i^{\mathrm{T}} \cdot \boldsymbol{S}_i \cdot \frac{\partial \boldsymbol{X}_i}{\partial x} = 0$$

$$(2.8\text{-}22)$$

又知：

$$\boldsymbol{S}_i \cdot \boldsymbol{X}_i = 0 \qquad (2.8\text{-}23)$$

$$\boldsymbol{X}_i^{\mathrm{T}} \cdot \boldsymbol{S}_i = 0 \qquad (2.8\text{-}24)$$

$$\boldsymbol{X}_i^{\mathrm{T}} \cdot \boldsymbol{M} \cdot \boldsymbol{X}_i = 1 \qquad (2.8\text{-}25)$$

将式（2.8-25）整理，得到关于固有频率设计参数的灵敏度为

$$\boldsymbol{S}_w = \frac{\partial w_i}{\partial x} = \frac{1}{2}w_i^{-1}\boldsymbol{X}_i^{\mathrm{T}} \cdot \frac{\partial \boldsymbol{K}}{\partial x} \cdot \boldsymbol{X}_i - \frac{1}{2}w_i^{-1}\boldsymbol{X}_i^{\mathrm{T}} \cdot \frac{\partial \boldsymbol{M}}{\partial x} \cdot \boldsymbol{X}_i$$

$$(2.8\text{-}26)$$

同理，得到关于振动模态设计参数的灵敏度

$$\boldsymbol{S}_x = \frac{\partial \boldsymbol{X}_i}{\partial x} = -\frac{1}{\boldsymbol{K} - w_i^2 \boldsymbol{M}}\left(\frac{\partial \boldsymbol{K}}{\partial x} - 2w_i\frac{\partial w_i}{\partial x}\boldsymbol{M} - w_i^2\frac{\partial \boldsymbol{M}}{\partial x}\right) \cdot \boldsymbol{X}_i$$

$$(2.8\text{-}27)$$

式（2.8-26）和式（2.8-27）分别为柔顺机构固有频率和模态对设计变量 $x$ 的灵敏度的一阶表达式，式中的设计变量 $x$ 可以是尺寸参数，如单元的横截面积、截面宽度、厚度，也可以是材料的弹性模型、密度等。

对于 $\dfrac{\partial \boldsymbol{M}}{\partial x}$ 的求法见式（2.8-28）与（2.8-29），$\dfrac{\partial \boldsymbol{K}}{\partial x}$ 与 $\dfrac{\partial \boldsymbol{M}}{\partial x}$ 的求法类似。

对于梁单元其单元质量矩阵可写为

$$\boldsymbol{m}_i = \rho A_i \boldsymbol{\psi}_n \qquad (2.8\text{-}28)$$

若以单元的横截面积为设计变量，则 $x = A_i$，有：

$$\frac{\partial \boldsymbol{m}_i}{\partial x} = \frac{\partial \boldsymbol{m}_i}{\partial A_i} = \rho \boldsymbol{\psi}_n \qquad (2.8\text{-}29)$$

如果平面柔顺机构的几何尺寸不发生变形，构件设计参数仅为截面尺寸参数和材料特性参数，那么坐标变化矩阵与设计参数 $R_i$ 无关，因此有：

$$\frac{\partial M}{\partial x} = \sum_{i=1}^{n} R_i^{\mathrm{T}} \frac{\partial m_i}{\partial x} R_i \qquad (2.8\text{-}30)$$

$$\frac{\partial K}{\partial x} = \sum_{i=1}^{n} R_i^{\mathrm{T}} \frac{\partial k_i}{\partial x} R_i \qquad (2.8\text{-}31)$$

根据固有频率关于各杆件设计参数的灵敏度，适当调整各杆件设计参数的变化量，使之在实现预定的固有频率变化量时，可同时使其他指标达到最优。

### 2.4.2　动态应力、应变分析

柔顺机构的杆件承受的动态应力值较高且循环变化，可能导致杆件的疲劳破坏，必须研究柔顺机构杆件的动态应力应变。下面根据系统的广义坐标来计算该机构中柔顺杆件上任一点的应变。

设点 $Q$ 为柔顺杆件中的任意一点，并设该点属于梁单元 $i$。点 $Q$ 所在的横截面如图 2.8-22 所示，其中点 $O^*$ 为该截面的形心，轴 $z^*$ 为该截面的中性轴，轴 $y^*$ 为该截面内通过点 $O^*$ 且垂直于轴 $z^*$ 的轴。点 $Q$ 处的应变是由梁单元 $i$ 的弯曲变形和拉压变形所致，因此点 $Q$ 处的应变可表达为：

$$\varepsilon = \varepsilon_1 + \varepsilon_2 \qquad (2.8\text{-}32)$$

式中　$\varepsilon_1$——由梁单元 $i$ 的弯曲变形所引起的点 $Q$ 处的应变（即弯曲应变）；

　　　$\varepsilon_2$——梁单元 $i$ 的拉压变形所引起的点 $Q$ 处的应变（即拉压应变）。$\varepsilon_1$ 可表达为

$$\varepsilon_1 = \xi W^n \qquad (2.8\text{-}33)$$

式中　$\xi$——点 $Q$ 在轴 $y^*$ 上的坐标。

令：$N_{i1} = [\phi_1(\bar{x}) \quad 0 \quad 0 \quad 0 \quad \phi_5(\bar{x}) \quad 0 \quad 0 \quad 0]$；$N_{i2} = [0 \quad \phi_2(\bar{x}) \quad \phi_3(\bar{x}) \quad \phi_4(\bar{x}) \quad 0 \quad \phi_6(\bar{x}) \quad \phi_7(\bar{x}) \quad \phi_8(\bar{x})]$，下面将上式改写成广义坐标的形式，为此得到：

$$\varepsilon_1 = \xi N_{i_2}^n u \qquad (2.8\text{-}34)$$

$$u = R_i B_i U \qquad (2.8\text{-}35)$$

式中　$U$——全局坐标系下的广义坐标列阵；

　　　$B_i$——单元的坐标协调矩阵；

　　　$R_i$——坐标转换矩阵。由此得到场的广义坐标形成的表达式为

$$\varepsilon_1 = \xi N_{i_2}^n R_i B_i U \qquad (2.8\text{-}36)$$

对于拉压应变 $\varepsilon_2$ 的表达式，如图 2.8-23。设单元 $AB$ 在发生变形后移至曲线 $A^*B^*$。在单元上任取一微元 $CD$，其长度为 $\mathrm{d}\bar{x}$，它随着单元发生弹性变形而移至 $C^*D^*$。考虑到点 $C$ 的轴向位移和横向位移分别为 $V(\bar{x}_i,t)$ 和 $W(\bar{x}_i,t)$，这样点 $D$ 的轴向位移和

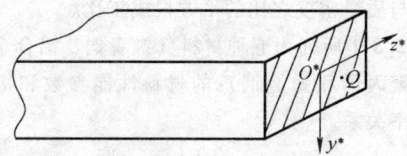

图 2.8-22　梁单元横截面

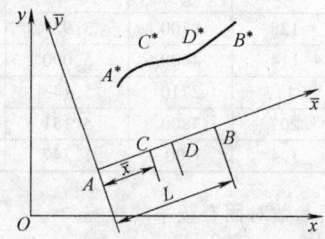

图 2.8-23　大变形柔顺梁单元

横向位移可分别表示为 $V(\bar{x}_i,t) + \frac{\partial V}{\partial \bar{x}_i}\mathrm{d}\bar{x}_i$ 和 $W(\bar{x}_i,t) + \frac{\partial W}{\partial \bar{x}_i}\mathrm{d}\bar{x}_i$，于是点 $C^*$ 和 $D^*$ 在单元局部坐标系中的坐标分别为 $(x_i+V, W)$ 和 $(x_i+\mathrm{d}\bar{x}_i+V+\frac{\partial V}{\partial \bar{x}_i}\mathrm{d}\bar{x}_i, W+\frac{\partial W}{\partial \bar{x}_i}\mathrm{d}\bar{x}_i)$。由两点间的距离公式可进一步得到线元 $C^*D^*$ 的长度为

$$|C^*D^*| =$$
$$\sqrt{\left[(x_i+\mathrm{d}\bar{x}_i+V+\frac{\partial V}{\partial \bar{x}_i}\mathrm{d}\bar{x}_i)-(x_i+V)\right]^2 + \left[(W+\frac{\partial W}{\partial \bar{x}_i}\mathrm{d}\bar{x}_i)-W\right]^2}$$
$$\approx \left[1+\frac{\partial V}{\partial \bar{x}_i}+\frac{1}{2}\left(\frac{\partial V}{\partial \bar{x}_i}\right)^2+\frac{1}{2}\left(\frac{\partial W}{\partial \bar{x}_i}\right)^2\right]\mathrm{d}\bar{x} \qquad (2.8\text{-}37)$$

线元 $C^*D^*$ 的拉压应变为

$$\varepsilon_2 = \frac{|C^*D^*|-|CD|}{|CD|}$$
$$= \frac{\left[1+\frac{\partial V}{\partial \bar{x}_i}+\frac{1}{2}\left(\frac{\partial V}{\partial \bar{x}_i}\right)^2+\frac{1}{2}\left(\frac{\partial W}{\partial \bar{x}_i}\right)^2\right]\mathrm{d}\bar{x}_i-\mathrm{d}\bar{x}_i}{\mathrm{d}\bar{x}_i}$$
$$= \frac{\partial V}{\partial \bar{x}_i}+\frac{1}{2}\left(\frac{\partial V}{\partial \bar{x}_i}\right)^2+\frac{1}{2}\left(\frac{\partial W}{\partial \bar{x}_i}\right)^2 \qquad (2.8\text{-}38)$$

式（2.8-38）的 $\frac{1}{2}\left(\frac{\partial V}{\partial \bar{x}_i}\right)^2$ 和 $\frac{1}{2}\left(\frac{\partial W}{\partial \bar{x}_i}\right)^2$ 分别是轴向位移和横向位移对坐标变化率的二次项所引起的附加拉压应变。

$$V = N_{i_1} u \qquad (2.8\text{-}39)$$

将式（2.8-39）对 $\bar{x}_i$ 求偏导数，得：

$$\frac{\partial V}{\partial \bar{x}_i} = N'_{i_1} u \qquad (2.8\text{-}40)$$

式中 $N'_{i_1} = \dfrac{\partial N_{i_1}}{\partial \bar{x}_i}$。

$$W = N_{i_1} u \qquad (2.8\text{-}41)$$

将式（2.8-41）对 $\bar{x}_i$ 求偏导数，得：

$$\frac{\partial W}{\partial \bar{x}_i} = N'_{i_2} u \qquad (2.8\text{-}42)$$

式中 $N'_{i_2} = \dfrac{\partial N_{i_2}}{\partial \bar{x}_i}$。

将式（2.8-40）和式（2.8-42）代入式（2.8-38）后，得到 $\varepsilon_2$ 的表达式为

$$\varepsilon_2 = \left[ N'_{i_1} + \frac{1}{2} \boldsymbol{u}_i^{\mathrm{T}} (N'^{\mathrm{T}}_{i_1} N'_{i_1} + N'^{\mathrm{T}}_{i_2} N'_{i_2}) \right] u \qquad (2.8\text{-}43)$$

将式（2.8-34）代入式（2.8-42）后，可进一步得到 $\varepsilon_2$ 的广义坐标形式的表达式为

$$\varepsilon_2 = \left[ N'_{i_1} + \frac{1}{2} (\boldsymbol{R}_i \boldsymbol{B}_i \boldsymbol{U})^{\mathrm{T}} (N'^{\mathrm{T}}_{i_1} N'_{i_1} + N'^{\mathrm{T}}_{i_2} N'_{i_2}) \right] \boldsymbol{R}_i \boldsymbol{B}_i \boldsymbol{U} \qquad (2.8\text{-}44)$$

将式（2.8-35）和（2.8-43）代入式（2.8-32），得

$$\varepsilon = \left[ \xi N''_{i_2} + N'_{i_1} + \frac{1}{2} (\boldsymbol{R}_i \boldsymbol{B}_i \boldsymbol{U})^{\mathrm{T}} (N'^{\mathrm{T}}_{i_1} N'_{i_1} + N^{\mathrm{T}}_{i_2} N'_{i_2}) \right] \boldsymbol{R}_i \boldsymbol{B}_i \boldsymbol{U} \qquad (2.8\text{-}45)$$

式（2.8-45）为柔顺杆件上任一点的应变的广义坐标形式的表达式。该式中计入了轴向弹性位移和横向位移对坐标的变化率的二次项引起的附加拉压应变。在得到广义坐标的基础上，利用式（2.8-45）可进一步求得柔顺杆件上任一点的应变。

在动态应力应变分析过程中，通常我们需要研究的是最大应力，下面分析柔顺机构最大动应力的计算方法。

当柔顺机构的柔顺杆件弯曲时，以中性层为对称轴，横截面上一部分受拉伸应力，另一部分受压应力，单元任意截面的外边缘的弯曲应力 $\sigma_b(\bar{x}, t)$ 为

$$\sigma_b(\bar{x}, t) = \pm Eh \sum_i \phi''_i(\bar{x}) u_i(t) \quad (i = 2,3,4,6,7,8) \qquad (2.8\text{-}46)$$

式中 $\bar{x}$——动应力发生的位置；

$h$——中性层到截面外边缘的横向距离；

$\phi_i(\bar{x})$——单元弹性位移型函数。

单元中的拉压应力 $\sigma_b(\bar{x}, t)$ 为

$$\sigma_b(\bar{x}, t) = \frac{E}{L_i}(u_5(t) - u_1(t)) \qquad (2.8\text{-}47)$$

单元任意截面的上、下边缘的应力 $\sigma(\bar{x}, t)$ 分别为

$$\sigma(\bar{x}, t) = \sigma_p(\bar{x}, t) + \sigma_b(\bar{x}, t) = \frac{E}{L_i}(u_5(t) - u_1(t)) \pm Eh \sum_i \phi''_i(\bar{x}) u_i(t) \qquad (2.8\text{-}48)$$

由式（2.8-48）可求得单元任意位置的动应力。逐个计算各单元各时间的动应力，可得到杆件的任意位置在运动过程中的动应力。由式（2.8-48）可知，单元任意截面的最大应力的绝对值为

$$\sigma_{\max}(\bar{x}, t) = | \sigma_p(\bar{x}, t) + \sigma_b(\bar{x}, t) | \qquad (2.8\text{-}49)$$

由式（2.8-49）可知，单元的最大应力必定出现在单元的结点处或者弯曲正应力对应的导数等于 0 处，即有

$$\frac{\partial \sigma_b}{\partial \bar{x}} = Eh \left| \sum_i \phi'''_i(\bar{x}) u_i(t) \right| = 0 \quad (i = 2,3,4,6,7,8) \qquad (2.8\text{-}50)$$

由式（2.8-50）可知，弹性位移型函数 $\phi_i(\bar{x})$ 只有选用五次插值多项式，才能合理地表达单元中的应力分布。式（2.8-50）归结为关于 $e$ 的一元二次方程：

$$Ae^2 + Be + C = 0 \qquad (2.8\text{-}51)$$

$A$、$B$ 和 $C$ 均为 $u_i(t)$ 的函数，且有

$$\begin{cases} A = 120 | u_6(t) - u_2(t) | - 60L_i | u_3(t) + u_7(t) | + 10L_i^2 | u_8(t) - u_4(t) | \\ B = 120 | u_2(t) - u_6(t) | + 8L_i | 8u_3(t) + 7u_7(t) | + 4L_i^2 | 3u_4(t) - 2u_8(t) | \\ C = 120 | u_6(t) - u_2(t) | - 4L_i | 3u_3(t) + 2u_7(t) | + L_i^2 | u_8(t) - 3u_4(t) | \end{cases} \qquad (2.8\text{-}52)$$

计算单元和机构中应力的步骤如下：

1）在求解动力学方程得到广义坐标后，对单元 $i$ 可求出单元的广义坐标列阵 $U_i^e$。这一步只要参考模型组成矩阵把 $U$ 中的部分元素移到 $U_i^e$ 中来即可。

2）利用坐标转换关系式求出单元坐标系中的广义坐标列阵 $u_i$。

3）若要求单元内指定点的应力可直接使用式（2.8-48）。若要求单元中的最大应力可由式（2.8-52）计算系数 $A$、$B$ 和 $C$，再代入式（2.8-51）求根，取有意义的根 $e^*$（$0 \leqslant e^* \leqslant 1$），代入式（2.8-48），求出 $e = e^*$ 处的应力，并与结点处（$e = 0$ 和 $e = 1$）的应力比较，即可确定单元此时的最大动应力。逐一计算各单元最大应力并进行比较，可求出机构在此位置的最大应力。逐一计算各位置的机构最大应力并进行比较，可求出机构在整个运动过程中的最大应力及其

位置。

杆件的强度失效的判定条件为

$$e_{\max}(\bar{x},t) \leqslant [\sigma] \qquad (2.8\text{-}53)$$

式中　$[\sigma]$——材料的许用应力。

### 2.4.3　疲劳寿命分析

对于承受随机应力的柔顺构件，需要统计出应力循环的应力幅，雨流计数法根据材料的应力-应变行为进行统计，是国内外普遍认为符合疲劳损伤规律的计数法，具有较高的精确度。因此，采用雨流计数法统计应力循环，余下的半循环如构成了发散-收敛型谱，将无法再形成全循环，可采用雨流计数法的第二阶段计数方法处理成应力循环。

在循环应力作用下，疲劳损伤逐步积累，最终产生疲劳破坏。疲劳损伤理论通常采用迈纳（Miner）疲劳累积损伤理论及对其修正的理论来估计构件的疲劳寿命。

迈纳疲劳累积损伤理论的基本假设：①在构件受载荷过程中，每一载荷循环都损耗构件一定的有效寿命分量；②疲劳损伤与构件中所吸收的能量成正比，这个能量与应力的作用循环次数和在该应力值下达到破坏的循环次数之比成比例；③构件达到破坏时的总损伤量（总能量）是一个常数；④低于疲劳极限 $S_r$ 以下的应力不再造成损伤；⑤损伤与载荷的作用次序无关；⑥各循环应力产生的所有损伤分量相加为1时构件就发生疲劳破坏。归纳起来有以下的基本关系式：

$$d_1 + d_2 + \cdots + d_k = \sum_{i=1}^{k} d_i = D \quad (2.8\text{-}54)$$

$$\frac{d_i}{D} = \frac{n_i}{N_i} \qquad (2.8\text{-}55)$$

则得：

$$\frac{n_1}{N_1}D + \frac{n_2}{N_2}D + \cdots + \frac{n_k}{N_k}D = D \quad (2.8\text{-}56)$$

因此，有：

$$\frac{n_1}{N_1} + \frac{n_2}{N_2} + \cdots + \frac{n_k}{N_k} = \sum_{i=1}^{k} \frac{n_i}{N_i} = 1 \quad (2.8\text{-}57)$$

式中　$d_i$——损伤分量或耗损的疲劳寿命分量；
　　　　$D$——总积累损伤量（总能量）；
　　　　$n_i$——试样在应力水平为 $S_i$ 的作用下的工作循环次数；
　　　　$N_i$——在该材料的 S-N 曲线上对应于应力水平 $S_i$ 的破坏循环次数。

式（2.8-57）称为迈纳定理。

设 $N_L$ 为构件在非稳定变应力作用下的疲劳寿命，令：

$$a_i = \frac{n_i}{\sum_{i=1}^{k} N} = \frac{n_i}{N_L} \qquad (2.8\text{-}58)$$

即为第 $i$ 个应力水平 $S_i$ 的作用下的工作循环次数 $n_i$ 与各个应力水平下的总的循环次数 $\sum_{i=1}^{k} n_i = N_L$ 之比，则有：

$$N_L \sum_{i=1}^{k} \frac{a_i}{N_i} = 1 \qquad (2.8\text{-}59)$$

又设 $N_1$ 为最大应力水平 $S_i$ 的作用下的材料的破坏循环次数，则按材料疲劳曲线 S-N 的函数关系，有：

$$\frac{N_1}{N_i} = \left(\frac{S_i}{S_1}\right)^m \qquad (2.8\text{-}60)$$

式中　$m$——疲劳曲线的指数。

将（2.8-60）代入式（2.8-59），得到按迈纳理论估计的疲劳寿命的计算公式为

$$N_L = \frac{1}{\sum_{i=1}^{k} \frac{\alpha_i}{N_i}} = \frac{N_1}{\sum_{i=1}^{k} \alpha_i \left(\frac{S_i}{S_1}\right)^m} \quad (2.8\text{-}61)$$

由于迈纳理论未考虑不同应力水平间的相互影响和低于疲劳极限以下的应力的损伤作用，因此有人对其进行了修正。其中应用较多的一种修正的线性积累损伤理论是柯特-多兰理论（Corten-Dolan），该理论以最大循环应力作用下所产生的损伤核数目与疲劳裂纹的扩展速率为依据，从而推导出多级载荷作用下估计疲劳寿命的计算公式：

$$N_L = \frac{N_1}{\sum_{i=1}^{k} \alpha_i \left(\frac{S_i}{S_1}\right)^d} \qquad (2.8\text{-}62)$$

式（2.8-62）与式（2.8-61）非常相似，因此可以认为，柯特-多兰理论是对应于另一种形式疲劳曲线的迈纳理论，一般取 $d = (0.8 \sim 0.9)m$。因此，当低应力损伤分量占的比重较大时，柯特-多兰理论估计的疲劳寿命将比迈纳里理论估计的要短，这是因为它考虑了疲劳极限以下的应力损伤作用，更符合实际。

### 2.4.4　驱动特性分析

柔顺机构驱动特性问题的研究以含柔性铰链为主要特征的平面曲柄摇杆柔顺机构为研究实例，如图2.8-24所示。曲柄两端通过传统的转动副与其他构件相连，这样确保了曲柄的整周转动，而连杆、摇杆以及机架通过两个柔性铰链连接为一体。

柔性铰链处扭矩的大小等于柔性铰链刚度与角变形的乘积，即有：

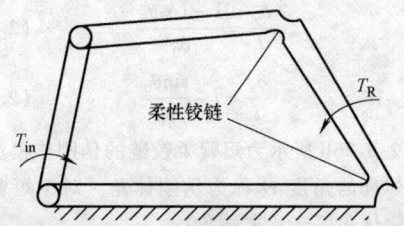

**图 2.8-24　以柔性铰链为主要特征的柔顺机构**

$$T_3 = K_3 \Theta_3 \tag{2.8-63}$$
$$T_4 = K_4 \Theta_4 \tag{2.8-64}$$
$$\Theta_3 = \theta_{40} - \theta_4 + \theta_3 - \theta_{30} \tag{2.8-65}$$
$$\Theta_4 = \theta_{40} - \theta_4 \tag{2.8-66}$$

式中　$T_i (i=3,4)$——柔性铰链 $i$ 处的扭矩；

$K_i (i=3,4)$——柔性铰链 $i$ 的刚度；

$\Theta_i (i=3,4)$——柔性铰链 $i$ 的变形；

$\theta_{i0} (i=3,4)$——柔性铰链 $i$ 未发生变形时杆件 $i$ 与水平方向的夹角，即柔性铰链 $i$ 未变形时杆件的初时位置。

　　下面分别以机构中的曲柄、连杆以及摇杆为研究对象进行动力学分析，如图 2.8-25 所示。机构在运动过程中，各杆的惯性力在 $x$ 和 $y$ 坐标方向上的投影 $F_{0xj}$、$F_{0yj}$ 及惯性力矩 $T_{0j}$，分别为

$$\begin{cases} F_{0xj} = -m_j a_{0xj} \\ F_{0yj} = -m_j a_{0yj} \\ T_{0j} = -I_j \alpha_j \end{cases} \tag{2.8-67}$$

式中　$a_{0xj}$、$a_{0yj} (j=1,2,3,4)$——各杆的质心加速度在 $x$ 和 $y$ 坐标方向上的投影；

$\alpha_j$——杆件 $j$ 的角加速度；

$m_j$——杆件 $j$ 的质量；

$I_j$——杆件 $j$ 的转动惯量。

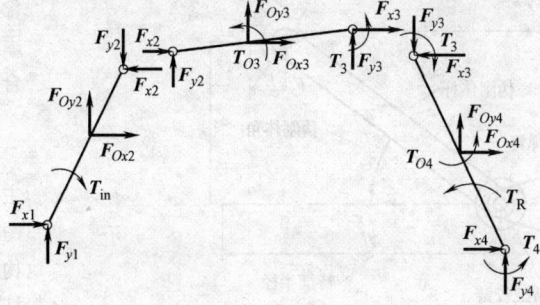

**图 2.8-25　动力学分析**

　　假设曲柄的转速 $\omega_2$ 为常数，那么该曲柄摇杆机构中各杆的加速度计算公式如下：

$$\begin{cases} a_{0x2} = -l_{02}\omega_2^2 \cos\theta_2 \\ a_{0y2} = -l_{02}\omega_2^2 \sin\theta_2 \\ a_{0x3} = -l_2\omega_2^2 \cos\theta_2 - l_{03}\alpha_3 \sin\theta_3 - l_{03}\omega_3^2 \cos\theta_3 \\ a_{0y3} = -l_2\omega_2^2 \sin\theta_2 + l_{03}\alpha_3 \cos\theta_3 - l_{03}\omega_3^2 \sin\theta_3 \\ a_{0x4} = -l_{04}\alpha_4 \sin\theta_4 - l_{04}\omega_4^2 \cos\theta_4 \\ a_{0y4} = -l_{04}\alpha_4 \cos\theta_4 - l_{04}\omega_4^2 \sin\theta_4 \\ \alpha_3 = \dfrac{l_2\omega_2^2 \cos(\theta_4-\theta_2) + l_3\omega_3^2 \cos(\theta_4-\theta_3) - l_4\omega_4^2}{l_3\sin(\theta_4-\theta_3)} \\ \alpha_4 = \dfrac{-l_2\omega_2^2 \cos(\theta_3-\theta_2) + l_4\omega_4^2 \cos(\theta_3-\theta_4) - l_3\omega_3^2}{l_4\sin(\theta_3-\theta_4)} \end{cases} \tag{2.8-68}$$

式中　$l_j (j=1,2,3,4)$——各杆的长度；

$\omega_3$、$\omega_4$——连杆和摇杆的角速度；

$l_{0j} (j=1,2,3,4)$——各杆质心到转轴的长度。

其各杆的平衡方程为

$$\begin{cases} F_{x1} - F_{x2} = -F_{0x2} \\ F_{y1} - F_{y2} = -F_{0y2} \\ F_{x1}l_{c2}\sin\theta_2 - F_{y1}l_{c2}\cos\theta_2 + F_{x2}(l_2-l_{c2}) \\ \quad \sin\theta_2 - F_{y2}(l_2-l_{c2})\cos\theta_2 - T_{in} = 0 \end{cases} \tag{2.8-69}$$

$$\begin{cases} F_{x2} + F_{x3} = -F_{0x3} \\ F_{y2} + F_{y3} = -F_{0y3} \\ F_{x2}l_{c3}\sin\theta_3 - F_{y2}l_{c3}\cos\theta_3 - F_{x3}(l_3-l_{c3}) \\ \quad \sin\theta_3 + F_{y3}(l_3-l_{c3})\cos\theta_3 + T_{03} + T_3 = 0 \end{cases} \tag{2.8-70}$$

$$\begin{cases} -F_{x3} + F_{x4} = -F_{0x4} \\ -F_{y2} + F_{y4} = -F_{0y4} \\ F_{x3}(l_4-l_{c4})\sin\theta_4 - F_{y3}(l_4-l_{c4}) \\ \quad \cos\theta_4 + F_{x4}l_{c4}\sin\theta_4 - F_{y4}l_{c4}\cos\theta_4 + \\ \quad T_{04} - T_3 + T_4 + T_R = 0 \end{cases} \tag{2.8-71}$$

式中　$F_{xi}$、$F_{yi}$——铰链 $i$ 上的作用力在 $x$ 和 $y$ 坐标方向的投影；

$T_R$、$T_{in}$——机构受到的外力矩和驱动力矩。

　　根据式（2.8-69）～式（2.8-71），令：$\{Z\} = [-F_{0x2}, -F_{0y2}, 0, -F_{0x3}, -F_{0y3}, -T_{03}-T_3, -F_{0x4}, -F_{0y4}, T_3-T_4-T_{04}-T_R]^T$；$\{Y\} = [F_{x1}, F_{y1}, F_{x2}, F_{y2}, F_{x3}, F_{y3}, F_{x4}, F_{y4}, T_{in}]^T$，由此得到：

$$[X]\{Y\} = \{Z\} \tag{2.8-72}$$
$$\{Y\} = [X]^{-1}\{Z\} \tag{2.8-73}$$

　　当机构运动到不同位置时，即 $\theta_2$ 取不同的值时，根据上述动力学分析可以求得对应于每个 $\theta_2$ 时的 $[X]$ 和 $\{Z\}$，由此可求得各铰链在不同位置时的作用力以及机构所需的驱动力矩 $Y$。根据式（2.8-73），并联立方程式（2.8-63）～式（2.8-67）可知，驱动力矩 $Y$ 的值与柔性铰链处的扭矩 $T_i$ 有关。

## 2.5 柔顺机构分析的基本模型

### 2.5.1 柔顺片段的伪刚体模型

伪刚体模型是用来模拟柔顺部件的变形的具有等效力-变形关系的刚体构件,其意义是可用刚性机构理论来分析柔顺机构,其目的是提供一种能够分析经受非线性大变形系统的简单方法。

柔顺片段是柔顺机构的基本组成,柔顺片段的实质就是柔顺机构中的柔顺铰链。柔顺机构中存在如下几种典型的柔铰链。

#### 1. 短臂柔铰链

短臂柔铰链的悬臂梁分两段,一段短而柔,一段长而硬,如图 2.8-26a 所示,此时应满足:

$$L \gg l \qquad (2.8-74)$$

$$(EI)_L \gg (EI)_1 \qquad (2.8-75)$$

一般来说 $\dfrac{L}{l} > 10$。对端点受力偶作用的短臂柔铰链,其变形方程为

$$\theta_0 = \frac{M_0 l}{EI} \qquad (2.8-76)$$

$$\frac{\delta_y}{l} = \frac{1 - \cos\theta_0}{\theta_0} \qquad (2.8-77)$$

$$\frac{\delta_x}{l} = l - \frac{\sin\theta_0}{\theta_0} \qquad (2.8-78)$$

图 2.8-26b 所示为短臂柔铰链的伪刚体模型,其中伪刚体杆的角度 $\Theta$ 称为伪刚体角。对于短臂柔铰链,伪刚体角等于梁末端角:

$$\Theta = \theta_0 \qquad (2.8-79)$$

#### 2. 柔顺悬臂梁

柔顺悬臂梁,又称大变形梁,如图 2.8-27a 所示,其伪刚体模型如图 2.8-27b 所示。伪刚体上特征铰链的位置从梁的末端开始度量,是梁全长的一部分,其长度为 $\gamma l$,$\gamma$ 为特征半径系数,$\gamma l$ 为特征半径。总力 $F$、角 $\phi$ 及伪刚体角 $\Theta$ 分别为

$$F = P\sqrt{n^2 + 1} \qquad (2.8-80)$$

$$\phi = \arctan\left(\frac{1}{-n}\right) \qquad (2.8-81)$$

$$\Theta = \arctan\left(\frac{b}{a - l(1 - \gamma)}\right) \qquad (2.8-82)$$

特征半径系数 $\gamma$ 与 $n$ 的对应关系可以用下式表示:

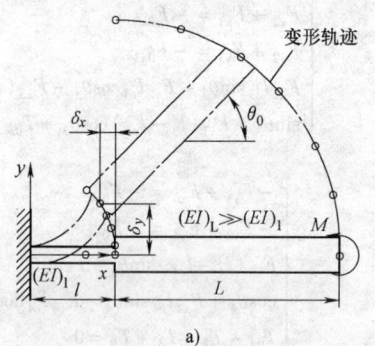

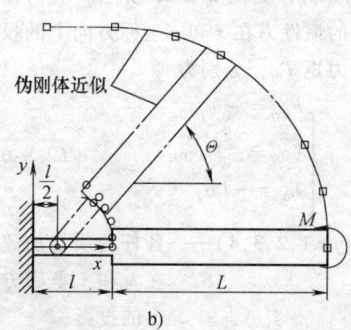

**图 2.8-26 短臂柔铰链力与变形关系**
a) 短臂柔铰链　b) 其伪刚体模型(实际上 $L \gg l$)

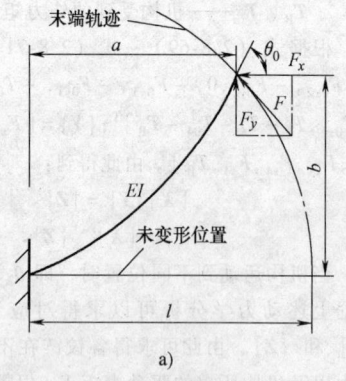

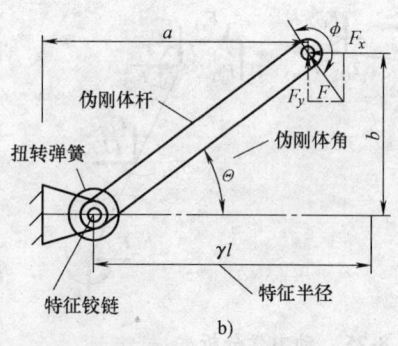

**图 2.8-27 柔顺悬臂梁**
a) 自由端受力的悬臂梁　b) 其伪刚体模型

$$\gamma = \begin{cases} 0.841655 - 0.0067807n + 0.000438n^2 & (0.5 < n < 10.0) \\ (0.852144 - 0.0182867n) & (-1.8316 < n < 0.5) \\ (0.912344 + 0.0145928n) & (-5 < n < -1.8316) \end{cases}$$
$$(2.8\text{-}83)$$

梁末端坐标为

$$\frac{a}{l} = 1 - \gamma(1 - \cos\Theta) \qquad (2.8\text{-}84)$$

$$\frac{b}{l} = \gamma\sin\Theta \qquad (2.8\text{-}85)$$

结合几何和材料的刚度系数来确定具体梁的伪刚体模型的弹簧常数的值。刚度系数 $K = 2\gamma K_\Theta \dfrac{EJ}{l}$ 与 $n$ 之间的函数关系为

$$K_\Theta = 3.024112 + 0.121290n + 0.003169n^2$$
$$(-5 < n \leqslant -2.5) \qquad (2.8\text{-}86)$$

$$K_\Theta = 1.967647 - 2.616021n - 3.738166n^2 - 2.649437n^3 -$$
$$0.891906n^4 - 0.113063n^5 \quad (-2.5 < n \leqslant -1)$$
$$(2.8\text{-}87)$$

$$K_\Theta = 2.654855 - 0.509896 \times 10^{-1}n + 0.126749 \times$$
$$10^{-1}n^2 - 0.142039 \times 10^{-2}n^3 + 0.584525 \times 10^{-4}n^4$$
$$(-1 < n \leqslant 10) \qquad (2.8\text{-}88)$$

其中,

$$\Theta < \Theta_{max} \approx 0.7\arctan\left(\frac{1}{-n}\right) \approx 0.7\phi$$
$$(-5.0 < n < 10.0) \qquad (2.8\text{-}89)$$

3. 定常末端角的柔性梁

梁的一端固定,而另一端被"导向",使该端处梁的角度保持不变,这种柔性梁称为定常末端角柔性梁,如图 2.8-28 所示。当此梁中点没有力矩时,半柔性梁的自由体图如图 2.8-28b 所示。整个柔性梁的伪刚体模型可由两个反对称半段梁组合而成,如图 2.8-28c 所示。它的特征半径系数 $\gamma$ 应为

$$\gamma = 0.8517 \qquad (2.8\text{-}90)$$
$$\Theta_{max} = 64.3° \qquad (2.8\text{-}91)$$

而:

$$M_0 = \frac{Fl}{2}[1 - \gamma(1 - \cos\Theta)] \qquad (2.8\text{-}92)$$

两扭簧的弹簧常数 $K$ 为

$$K = 2\gamma K_\Theta \frac{EI}{l} \qquad (2.8\text{-}93)$$

4. 直圆柔性铰链

直圆柔性铰链常用在绕轴有限转角,且无摩擦和空程的微动机构中。其几何结构如图 2.8-29 所示。其杆部的截面为矩形,铰链由两个垂直于端面且对称分布的半圆柱面切割而成。图 2.8-29 中 $R$ 为直圆柔性铰链的切割半径,$t$ 为直圆柔性铰链的最小厚度,$b$ 为直圆柔性铰链的宽度,$h$ 为柔性铰链的高度,对于直圆柔性铰链有 $h = t + 2R$。直圆柔性铰链绕 $Z$ 轴的

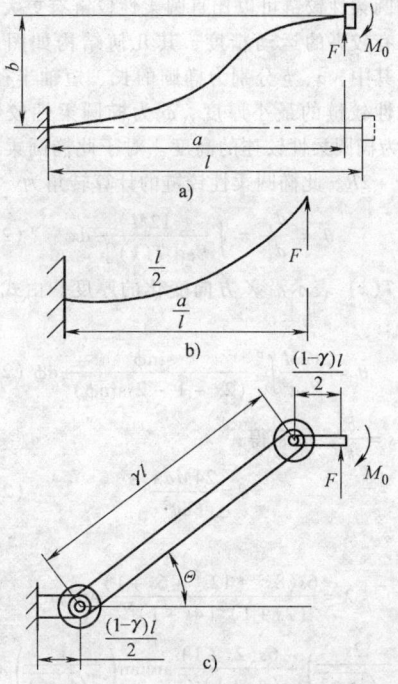

图 2.8-28　定常末端角柔顺悬臂梁
a) 柔性梁简图　b) 半段梁自由体　c) 伪刚体模型

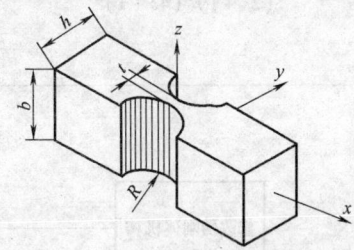

图 2.8-29　直圆柔性铰链

转动刚度为

$$k_z = \frac{M_z}{\alpha_z} = \frac{EbR^2}{12\displaystyle\int_{-\frac{\pi}{2}}^{\frac{\pi}{2}} \frac{\cos\theta}{\left[\dfrac{t}{R} + 2 - 2\cos\theta\right]^3}\mathrm{d}\theta} \qquad (2.8\text{-}94)$$

式中　$E$——材料的弹性模量;

$\theta$——圆心角;

$M_z$——力矩;

$\alpha_z$——角变形。

经过对上式的微积分推导,得:

$$k_z = \frac{EbR^2}{12f_1} \qquad (2.8\text{-}95)$$

其中,系数 $f_1 = \dfrac{12s^4(2s+1)}{(4s+1)^{5/2}}\arctan\left(\sqrt{4s+1}\right) + \dfrac{2s^3(6s^2+4s+1)}{(4s+1)^2(2s+1)}$;而 $s = \dfrac{R}{t}$。

5. 椭圆柔性铰链

椭圆柔性铰链可以比直圆柔性铰链有更大运动范围，并有较高的运动精度，其几何结构如图 2.8-30 所示。其中，$a$、$b$ 分别为椭圆的长、短轴半径，$t$ 为椭圆柔性铰链的最小厚度，$\omega$ 为椭圆柔性铰链的宽度，$h$ 为椭圆柔性铰连的高度。对于此椭圆柔性铰链有 $h = t + 2R$。此椭圆柔性铰链的计算转角为

$$\theta = \frac{d_y}{d_x} = \int \frac{12M}{E\omega[T(x)]^3} dx \qquad (2.8\text{-}96)$$

其中，$T(x)$ 表示沿 $X$ 方向变化的厚度。由式（2.8-96）得：

$$\theta = \frac{12M}{E\omega t^3} \int_0^\pi \frac{\sin\phi}{(2s + 1 - 2s\sin\phi)^3} d\phi \qquad (2.8\text{-}97)$$

其中，$s = \dfrac{b}{t}$，最后得：

$$\theta = \frac{24Ma\lambda}{E\omega t^3} \qquad (2.8\text{-}98)$$

其中，

$$\lambda = \frac{6s(8s^3 + 12s^2 + 6s + 1)}{(2s + 1)^2(4s + 1)^{5/2}} \arctan$$

$$\left(\frac{2s}{\sqrt{4s + 1}}\right) + \frac{6s(2s + 1)}{(4s + 1)^{5/2}} \arctan\left(\frac{1}{\sqrt{4s + 1}}\right) +$$

$$\frac{12s^3 + 14s^2 + 6s + 1}{(2s + 1)^2(4s + 1)^2} \qquad (2.8\text{-}99)$$

由此得到椭圆型柔铰链的转动刚度为

$$k_z = \frac{M}{\theta} = \frac{E\omega t^3}{24a\lambda} \qquad (2.8\text{-}100)$$

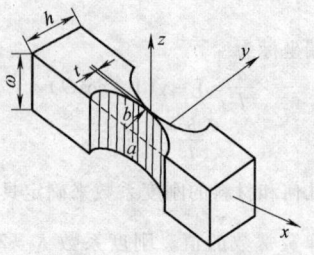

**图 2.8-30　椭圆柔性铰链**

### 2.5.2　柔顺机构建模

单个柔性片段的伪刚体模型提供了一种确定大变形的简单方法，其有效性表现在用它可以建立含有一个或几个柔性片段的较为复杂系统的模型。在设计的初始阶段，伪刚体模型是一种对满足具体设计目标而采取不同的试验设计方案进行评估的有效方法，我们可由此方案进行优化。图 2.8-31 所示为柔顺机构建模过程框图。

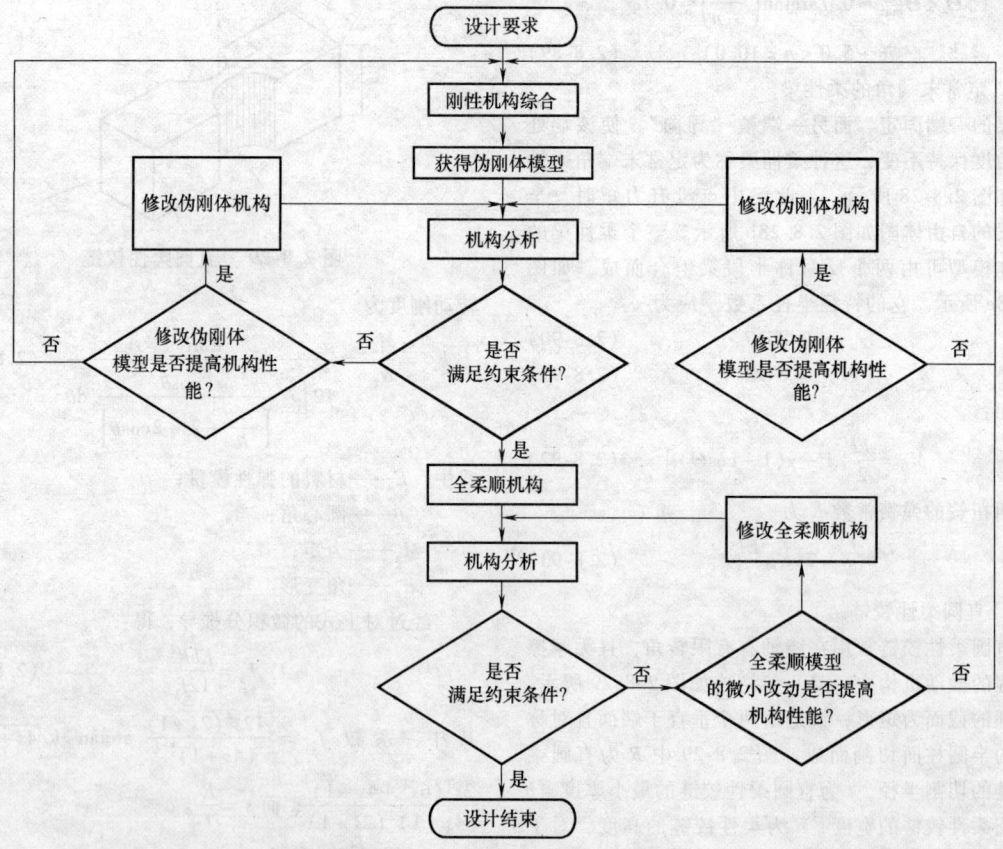

**图 2.8-31　柔顺机构设计过程框图**

### 2.5.3 采用柔顺片段建立柔顺机构模型的实例

#### 1. 柔顺曲柄滑块机构

图 2.8-32a 所示为处于某一变形位置的柔顺曲柄滑块机构。柔顺片段长度 $l = 5.0$cm，曲柄长 $r_2 = 3.0$cm，偏心距 $e = -0.5$cm。假设滑块总是保持与机架接触，柔顺片段在不变形时是直的，忽略滑块运动时的摩擦阻力。

因为滑块可沿水平方向自由运动，所以在水平方向上没有反作用力，柔性连杆末端的力是垂直的（$n = 0$），$\gamma$ 与 $\theta_{0max}$ 的值分别为 0.852 和 76.5°，伪刚体模型如图 2.8-32b 所示，用刚体机构方程来分析：

$$r_3 = \gamma l \qquad (2.8\text{-}101)$$
$$r_6 = l - r_3 \qquad (2.8\text{-}102)$$
$$\theta_3 = a\sin\frac{e - r_2\sin\theta_2}{r_3} \qquad (2.8\text{-}103)$$
$$x_B = r_2\cos\theta_2 + r_3\cos\theta_3 + r_6 \qquad (2.8\text{-}104)$$

偏距 $e$ 因在 $Y$ 轴的负方向，而为负数。

#### 2. 全柔顺双稳态机构

图 2.8-33a 和图 2.8-33b 分别表示了完全柔顺抓紧机构的闭合和打开位置。这两个位置都是稳态平衡位置，在无外力作用时，机构趋向这两个位置中的一种。

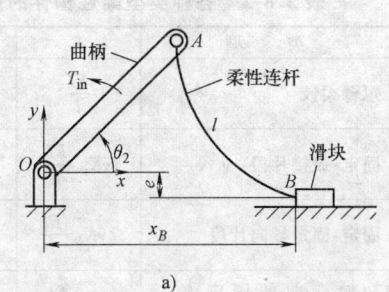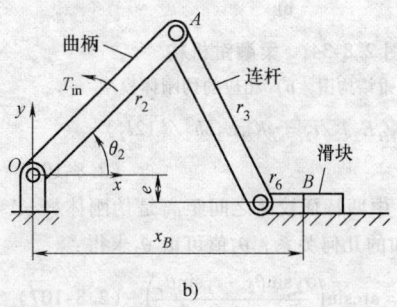

**图 2.8-32 柔顺曲柄滑块机构**
a）柔顺曲柄滑块机构简图 b）其伪刚体模型

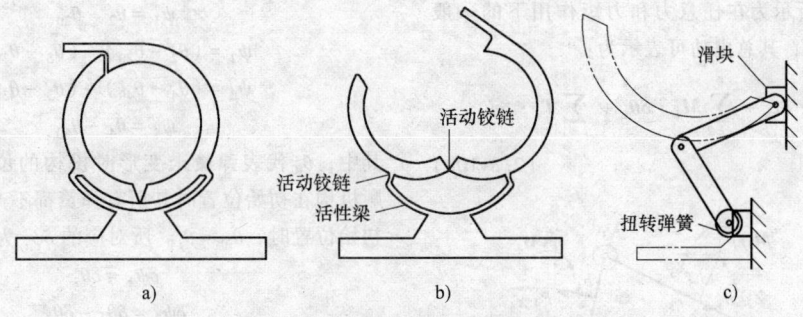

**图 2.8-33 全柔顺抓紧机构**
a）闭合位置 b）张开位置 c）伪刚体模型

此全柔顺机构是通过三个活动铰链（短臂柔铰的特殊情况）和两根柔性梁的变形来获得运动的。然而，机构的对称性使中间的柔铰链做直线运动。这个运动可以用一个滑块来模拟，活动铰链可以模拟成固定铰链。活动铰链比柔性梁抵抗运动的能力小，所以其在伪刚体模型中的扭簧可以忽略不计。由于活动铰链被模拟成固定铰链，柔性梁就可以看做是一端固定、一端受力的悬臂梁。这种情况可以应用在自由端受力的悬臂梁伪刚体模型里。该机构可模拟成一个滑块机构，如图 2.8-33c 所示，且刚体滑块机构方程可以用来模拟机构的运动。

#### 3. 柔顺钳机构

柔顺钳机构如图 2.8-34a 所示，大多数钳子由聚四氟乙烯（如 Teflon）制成，其厚度为 $b$，短臂柔铰链的尺寸为 $h_1$ 和 $l_1$。嵌入的悬臂弹簧由聚丙烯制成，其几何尺寸为 $h_2$、$l_2$。

短臂柔铰链中的特征铰链位于 $l_1$ 的中心点，弹簧常数为

$$K_1 = E_1 J_1 / l_1 = E_1 b h_1^3 / (12l_1) \qquad (2.8\text{-}105)$$

嵌入的聚丙烯伪刚体杆件长度为 $r_3 = \gamma l_2$，扭簧的弹簧常数为

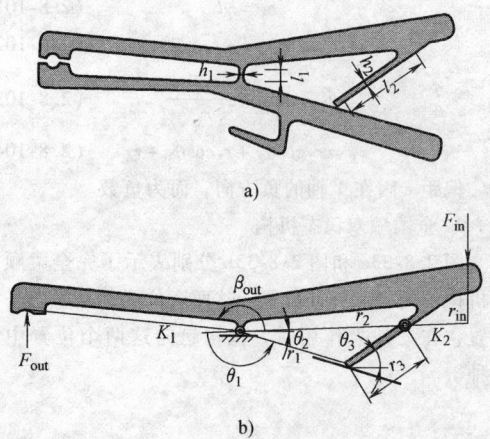

**图 2.8-34    柔顺钳机构**

a) 柔顺钳结构图    b) 相应的伪刚体模型

$$K_3 = \gamma K_\Theta E_2 J_2 / l_2 = \gamma K_\Theta E_2 b h_2^3 / (12l_2) \tag{2.8-106}$$

图 2.8-34b 中两特征铰链之间距离是伪刚体杆长度 $r_2$。根据已知的几何关系，$\theta_3$ 值可由 $\theta_2$ 求得：

$$\theta_3 = \arcsin\left(\frac{r_2\sin\theta_2 - r_1\sin\theta_1}{r_3}\right) \tag{2.8-107}$$

### 2.5.4    伪刚体机构中力与变形的关系

**1. 伪刚体四杆机构**

图 2.8-35 所示为在任意力和力矩作用下的一般伪刚体四杆机构，其总虚功可表示为：

$$W = \sum_{i=2}^{4} \boldsymbol{F}_i \cdot \delta z_i + \sum_{i=2}^{4} \boldsymbol{M}_i \cdot \delta \theta_i + \sum_{i=1}^{4} \boldsymbol{T}_i \cdot \delta \boldsymbol{\psi}_i \tag{2.8-108}$$

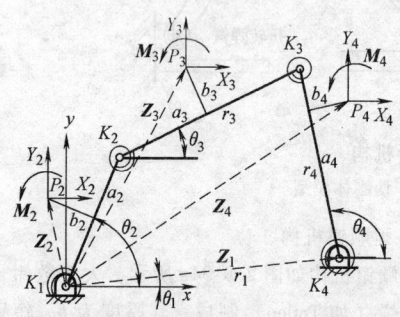

**图 2.8-35    微型双稳态机构的扫描电镜照片**

其中，$\boldsymbol{F}_i$ 为作用在杆件 $i$ 上的力，可以表达为

$$\boldsymbol{F}_i = X_i \boldsymbol{i} + Y_i \boldsymbol{j} \tag{2.8-109}$$

$\boldsymbol{M}_i$ 为作用在杆 $i$ 上的力矩，$\boldsymbol{T}_i$ 为特征铰链 $i$ 处的力矩。虚位移 $\delta z_i$ 可以通过应用微分法对位移矢量 $z_i$ 求导得出：

$$z_2 = (a_2\cos\theta_2 - b_2\sin\theta_2)\boldsymbol{i} + (a_2\sin\theta_2 + b_2\cos\theta_2)\boldsymbol{j} \tag{2.8-110}$$

则有：

$$\delta z_2 = (-a_2\sin\theta_2 - b_2\cos\theta_2)\delta\theta_2\boldsymbol{i} +$$
$$(a_2\cos\theta_2 - b_2\sin\theta_2)\delta\theta_2\boldsymbol{j} \tag{2.8-111}$$

铰链 $i$ 处扭簧的虚功可由铰链处的力矩 $T_i$ 和相应的 Lagrangian 坐标 $\psi_i$ 确定。对于一般非线性扭簧，力矩的值为

$$T_i = -m_{k_i}(\psi_i) \tag{2.8-112}$$

其中，$m_k$ 为力矩的值，它是 Lagrangian 坐标的函数。对于含有弹性常数为 $K_i$ 的线性扭簧的伪刚体模型：

$$T_i = -K_i\psi_i \tag{2.8-113}$$

各种类型片段的 $K_i$ 值见表 2.8-2。

**表 2.8-2    各种类型柔性构件的弹簧函数**

| 类　　型 | $K$ | $m_k(\psi)$ |
|---|---|---|
| 短臂柔铰 | $\dfrac{EI}{l}$ | $\dfrac{EI}{l}\psi$ |
| 固定-铰接片段 | $\gamma K_\Theta \dfrac{EI}{l}$ | $\gamma K_\Theta \dfrac{EI}{l}\psi$ |
| 固定-固定导向片段 | $2\gamma K_\Theta \dfrac{EI}{l}$ | $2\gamma K_\Theta \dfrac{EI}{l}\psi$ |
| 初始弯曲的固定-铰接片段 | $\rho K_\Theta \dfrac{EI}{l}$ | $\rho K_\Theta \dfrac{EI}{l}\psi$ |

铰链处的 Lagrangian 坐标为

$$\psi_1 = \theta_2 - \theta_{20} \tag{2.8-114}$$
$$\psi_2 = (\theta_2 - \theta_{20}) - (\theta_3 - \theta_{30}) \tag{2.8-115}$$
$$\psi_3 = (\theta_4 - \theta_{40}) - (\theta_3 - \theta_{30}) \tag{2.8-116}$$
$$\psi_4 = \theta_4 - \theta_{40} \tag{2.8-117}$$

其中，$\theta_{i0}$ 代表弹簧未变形时机构的位置。大部分柔顺机构在初始位置时其所有弹簧都不产生变形，在此初始位置时，$\theta_{i0} = \theta_i$。所对应的 $\delta\psi_i$ 为

$$\delta\psi_1 = \delta\theta_2 \tag{2.8-118}$$
$$\delta\psi_2 = \delta\theta_2 - \delta\theta_3 \tag{2.8-119}$$
$$\delta\psi_3 = \delta\theta_4 - \delta\theta_3 \tag{2.8-120}$$
$$\delta\psi_4 = \delta\theta_4 \tag{2.8-121}$$

用式 (2.8-108) 可得到系统的总虚功，结果可表达为

$$\delta W = A\delta\theta_2 + B\delta\theta_3 + C\delta\theta_4 \tag{2.8-122}$$

其中，

$$A = (-X_2a_2 - Y_2b_2 - r_2X_3)\sin\theta_2 + (-X_2b_2 + Y_2a_2 + r_2Y_3)\cos\theta_2 + M_2 + T_1 + T_2 \tag{2.8-123}$$

$$B = (-X_3a_3 - Y_3b_3)\sin\theta_3 + (-X_3b_3 + Y_3a_3)\cos\theta_3 + M_3 - T_2 - T_3 \tag{2.8-124}$$

$$C = (-X_4a_4 - Y_4b_4)\sin\theta_4 + (-X_4b_4 + Y_4a_4)\cos\theta_4 + M_4 + T_3 + T_4 \tag{2.8-125}$$

式中　$r_i$——杆件长度；

$a_i$、$b_i$——载荷位置在杆件轴向和法向上的距离，如图 2.8-35 所示。式（2.8-122）是选择任意广义坐标时虚功的一般形式。当广义坐标确定以后，此式可以简化。例如，如果 $\theta_2$ 为机构输入的运动参数，并选择为广义坐标，那么式（2.8-122）可以写成

$$\delta W = \left( A + B \frac{\delta\theta_3}{\delta\theta_2} + C \frac{\delta\theta_4}{\delta\theta_2} \right) \delta\theta_2 \qquad (2.8\text{-}126)$$

运用虚功原理：

$$\delta W = 0 \qquad (2.8\text{-}127)$$

结合式（2.8-126）和式（2.8-127），可得：

$$A + B \frac{\delta\theta_3}{\delta\theta_2} + C \frac{\delta\theta_4}{\delta\theta_2} = 0 \qquad (2.8\text{-}128)$$

因为 $\frac{\delta\theta_3}{\delta\theta_2}$ 和 $\frac{\delta\theta_4}{\delta\theta_2}$ 为运动系数，那么 $h_{ij}$ 为

$$\frac{\delta\theta_3}{\delta\theta_2} = h_{32} = \frac{r_2 \sin(\theta_4 - \theta_2)}{r_3 \sin(\theta_3 - \theta_4)} \qquad (2.8\text{-}129)$$

$$\frac{\delta\theta_4}{\delta\theta_2} = h_{42} = \frac{r_2 \sin(\theta_3 - \theta_2)}{r_4 \sin(\theta_3 - \theta_4)} \qquad (2.8\text{-}130)$$

式（2.8-126）可以写成：

$$\delta W = (A + B h_{32} + C h_{42}) \delta\theta_2 \qquad (2.8\text{-}131)$$

如果选择 $\theta_3$ 或 $\theta_4$ 为广义坐标，那么式（2.8-126）可以分别表示为

$$\delta W = (A h_{23} + B + C h_{43}) \delta\theta_3 \qquad (2.8\text{-}132)$$

或

$$\delta W = (A h_{24} + B h_{34} + C) \delta\theta_4 \qquad (2.8\text{-}133)$$

其中，

$$h_{43} = \frac{r_3 \sin(\theta_3 - \theta_2)}{r_4 \sin(\theta_4 - \theta_2)} \qquad (2.8\text{-}134)$$

及

$$h_{ij} = \frac{1}{h_{ji}} \qquad (2.8\text{-}135)$$

将虚功原理应用于式（2.8-131），有：

$$A + B h_{32} + C h_{42} = 0 \quad \text{对于 } q = \theta_2 \qquad (2.8\text{-}136)$$

若对式（2.8-132），则有：

$$A h_{23} + B + C h_{43} = 0 \quad \text{对于 } q = \theta_3 \qquad (2.8\text{-}137)$$

若对式（2.8-133），则有：

$$A h_{24} + B h_{34} + C = 0 \quad \text{对于 } q = \theta_4 \qquad (2.8\text{-}138)$$

**2. 伪刚体滑块机构**

一般伪刚体滑块机构如图 2.8-36 所示。曲柄滑块机构是由铰链四杆机构演化而成的，因此它的虚功方程可变为

$$\delta W = \sum_{i=2}^{4} \boldsymbol{F}_i \cdot \delta z_i + \sum_{i=2}^{3} \boldsymbol{M}_i \delta\theta_i + \sum_{i=1}^{3} \boldsymbol{T} \cdot \delta\psi_i + \boldsymbol{F}_s \cdot \delta z_4$$

$$(2.8\text{-}139)$$

式中　$\boldsymbol{F}_s = -f_k(x4) \boldsymbol{i}$；

　$f_k$——弹簧力，它是关于 $\psi_4 = r_1 - r_{10}$ 的函数。

与 $\boldsymbol{T}_i$ 有关的 Lagrangian 坐标为

$$\psi_1 = \theta_2 - \theta_{20} \qquad (2.8\text{-}140)$$

$$\psi_2 = (\theta_2 - \theta_{20}) - (\theta_3 - \theta_{30}) \qquad (2.8\text{-}141)$$

$$\psi_3 = \theta_3 - \theta_{30} \qquad (2.8\text{-}142)$$

相关的 $\delta\psi_i$ 为

$$\delta\psi_1 = \delta\theta_2 \qquad (2.8\text{-}143)$$

$$\delta\psi_2 = \delta\theta_2 - \delta\theta_3 \qquad (2.8\text{-}144)$$

$$\delta\psi_3 = \delta\theta_3 \qquad (2.8\text{-}145)$$

由式（2.8-139）可以计算虚功，得：

$$\delta W = A' \delta\theta_2 + B' \delta\theta_3 \qquad (2.8\text{-}146)$$

式中，$A'$ 和 $B'$ 为

$$A' = [ -X_2 a_2 - Y_2 b_2 - r_2(X_3 + X_4) ] \sin\theta_2 + \\ ( -X_2 b_2 + Y_2 a_2 + r_2 Y_3 ) \cos\theta_2 + \\ M_2 + T_1 + T_2 - F_s r_2 \sin\theta_2 \qquad (2.8\text{-}147)$$

$$B' = ( -X_3 a_3 - Y_3 b_3 - r_3 X_4 ) \sin\theta_3 + \\ ( -X_3 b_3 + Y_3 a_3 ) \cos\theta_3 + \\ M_3 - T_2 + T_3 - F_s r_3 \sin\theta_3 \qquad (2.8\text{-}148)$$

对于任意广义坐标 $q$，虚功方程可以写成：

$$\delta W = (g_{21} A' + g_{31} B') \delta r_1 \quad \text{对于 } q = r_1 \qquad (2.8\text{-}149)$$

$$\delta W = (A' + g_{32} B') \delta\theta_2 \quad \text{对于 } q = \theta_2 \qquad (2.8\text{-}150)$$

$$\delta W = (g_{23} A' + B') \delta\theta_3 \quad \text{对于 } q = \theta_3 \qquad (2.8\text{-}151)$$

其中，

$$g_{ij} = \frac{C_i}{C_j} \qquad (2.8\text{-}152)$$

而且

$$C_1 = r_2 r_3 \sin(\theta_2 - \theta_3) \qquad (2.8\text{-}153)$$

$$C_2 = -r_3 \cos\theta_3 \qquad (2.8\text{-}154)$$

$$C_3 = r_2 \cos\theta_2 \qquad (2.8\text{-}155)$$

对式（2.8-149），应用虚功原理，得到：

$$g_{21} A' + g_{31} B' = 0 \quad \text{对于 } q = r_1 \qquad (2.8\text{-}156)$$

# 3　柔顺机构设计举例

　　柔顺机构的运动取决于作用力的大小、方向和作用点。柔顺机构在实际几何尺度上有很大的限制性，柔顺铰链不能整周转动，很多柔顺机构要完全保证在平面内，因此交叉杆件通常是不能接受的。与刚性机构相比，柔顺机构的设计更加重视应力和疲劳问题，

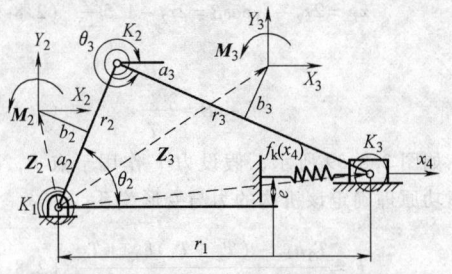

图 2.8-36　一般伪刚体滑块机构

对于一个要完成某种运动的柔顺机构，其中部分构件必须有变形，因此就会带来应力问题。

柔顺机构的综合主要分为两类：转换刚体综合和柔顺机构综合。

## 3.1　转换刚体（运动）综合设计举例

柔顺机构综合最简单的形式是用柔顺机构的伪刚体模型来完成的，假设杆件长度不变，直接应用刚体运动学方程。当柔顺机构用来完成传统刚性机构的任务，而不考虑柔顺构件中的能量存储时，这种方法很有效。一旦机构的运动几何关系确定后，柔顺构件的结构性质就可以按照许用应力和所需的输入来选择。这种将刚体方程直接应用到伪刚体模型中的综合问题称为转换刚体综合，因为只考虑机构的运动学问题，所以也称为运动综合。在转换刚体综合中，伪刚体模型相当于刚性机构模型，相应的柔顺机构由这些模型确定。

1. Hoeken 直线机构

Hoeken 直线机构，连杆上 $P$ 点的轨迹在很大程度上几乎是直线。该机构杆件长度可定义为曲柄长度 $r_2$ 的函数：

$$r_1 = 2r_2; r_3 = 2.5r_2; r_4 = 2.5r_2; a_3 = 5r_2; b_3 = 0$$
$$(2.8\text{-}157)$$

$r_2 = 1$ 时机构的轨迹如图 2.8-37 所示。直线轨迹的中点是当 $\theta_2 = 180°$ 时，恰好为柔顺机构的未变形位置。

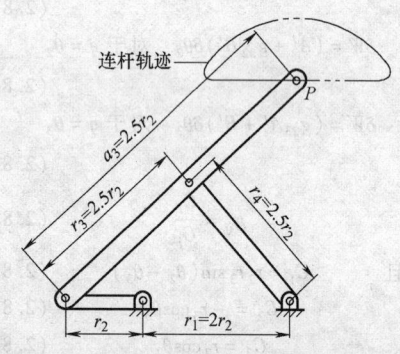

图 2.8-37　刚性杆 Hoeken 直线机构

该机构的刚体原理图就是所求柔顺机构的伪刚体模型。如图 2.8-38a 所示，将每个铰链用柔性铰链代替，就可以设计出一个全柔顺机构。此机构的伪刚体模型与图 2.8-37 中的相同，只是在每个铰链处用扭簧来反应柔性片段的应变能。在曲柄两端都用铰链连接，而在其他部分用短臂柔铰链连接，这个部分柔顺机构可以实现整周转动（见图 2.8-38b），其短臂柔铰链的中心位于伪刚体模型中铰链的位置。

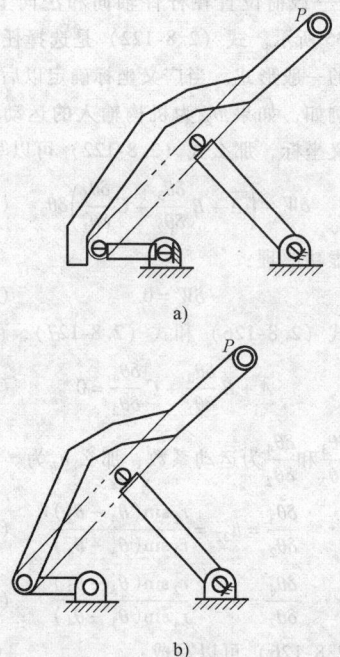

图 2.8-38　柔顺直线机构
a）含有四个短臂柔铰链的柔顺直线机构
b）含有两个短臂柔铰链的柔顺直线机构

另一种可能的结构是用两个固定-铰接片段，如图 2.8-39 所示。特征铰链应处于合适的位置。

$$l_2 = \frac{r_2}{\gamma} \qquad (2.8\text{-}158)$$

$$l_4 = 2.5\frac{r_2}{\gamma} = 2.5l_2 \qquad (2.8\text{-}159)$$

此机构的 $\beta$ 角与刚体机构的相同，且有：

$$\cos\beta = \frac{1.5}{2.5} = 0.6 \qquad (2.8\text{-}160)$$

$$\sin\beta = \frac{2}{2.5} = 0.8 \qquad (2.8\text{-}161)$$

可用这些值来计算如表 2.8-3 所列的点 $A$ ~点 $E$ 的初始坐标，如图 2.8-39 所示。例如，点 $C$ 坐标为

$$x_C = 2r_2 - l_4\cos\beta = 2r_2 - 1.5\frac{r_2}{\gamma} \qquad (2.8\text{-}162)$$

$$y_C = l_4\sin\beta = 2\frac{r_2}{\gamma} \qquad (2.8\text{-}163)$$

如图 2.8-39 所示，假设力 $F$ 作用于点 $B$，可应用虚功原理确定该机构的力与变形关系：

$$F = \frac{T_3h_{42} - (T_2 + T_3)h_{32} + T_2}{r_2\cos\theta_2 - b_3\sin\theta_3 h_{32}} \qquad (2.8\text{-}164)$$

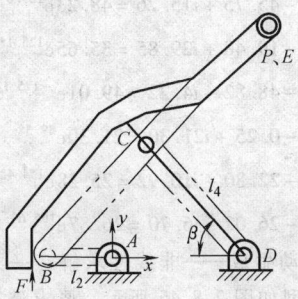

图 2.8-39　含有两个固定—铰接片段的柔顺直线机构

表 2.8-3　图 2.8-39 所示柔顺直线机构的各点坐标

| 点 | $x$ | $y$ |
|---|---|---|
| $A$ | 0 | 0 |
| $B$ | $-r_2/\gamma$ | 0 |
| $C$ | $2r_2 - 1.5r_2/\gamma$ | $2r_2/\gamma$ |
| $D$ | $2r_2$ | 0 |
| $E$ | $2r_2$ | $4r_2$ |

其中，具体的几何关系为

$$b_3 = l_2(1-\gamma) \qquad (2.8-165)$$

$$h_{32} = \frac{\sin(\theta_4 - \theta_2)}{2.5\sin(\theta_3 - \theta_4)} \qquad (2.8-166)$$

$$h_{42} = \frac{\sin(\theta_3 - \theta_2)}{2.5\sin(\theta_3 - \theta_4)} \qquad (2.8-167)$$

$$T_2 = -\gamma K_\Theta \frac{EJ_2}{l_2}(\theta_2 - \theta_{20}) \qquad (2.8-168)$$

$$T_3 = -\gamma K_\Theta \frac{EJ_4}{l_4}[(\theta_4 - \theta_{40}) - (\theta_3 - \theta_{30})]$$

$$(2.8-169)$$

假设未变形时的位置如图 2.8-39 所示，则有：

$$\theta_{20} = \pi \qquad (2.8-170)$$

$$\theta_{30} = \arccos\left(\frac{1.5}{2.5}\right) \qquad (2.8-171)$$

$$\theta_{40} = \arccos\left(\frac{-1.5}{2.5}\right) \qquad (2.8-172)$$

这个例子介绍了转换刚体的方法，其中将已知的刚体机构直接用柔顺机构替代。

2. 封闭环方程的刚体综合方法设计举例

（1）二元结构的标准形式方程　通过封闭环方程设计实例来分析刚体综合方法设计柔顺机构，如图 2.8-40 所示。二元结构的标准形式方程为

$$\mathbf{Z}_2(e^{i\phi_j} - 1) + \mathbf{Z}_3(e^{i\gamma_j} - 1) = \boldsymbol{\delta}_j \qquad (2.8-173)$$

$$\mathbf{Z}_5(e^{i\gamma_j} - 1) + \mathbf{Z}_4(e^{i\psi_j} - 1) = \boldsymbol{\delta}_j \qquad (2.8-174)$$

式中　$\boldsymbol{\delta}_j$——点 $P$ 从位置 1 到位置 $j$ 的位移矢量；
$\phi_j$、$\gamma_j$、$\psi_j$——杆 2、杆 3、杆 4 从位置 1 到位置 $j$ 的转角。

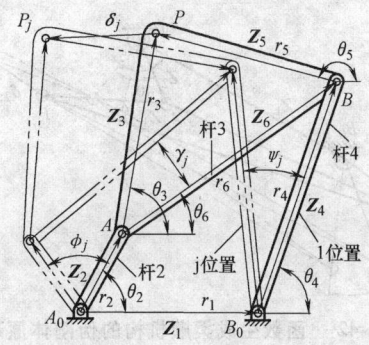

图 2.8-40　包含连杆点 $P$ 的四杆机构矢量环

将这些方程与伪刚体模型相结合来进行柔顺机构的函数、轨迹以及运动生成设计。图 2.8-41a 所示为一柔顺函数生成机构，图 2.8-41b 所示为它的伪刚体模型。

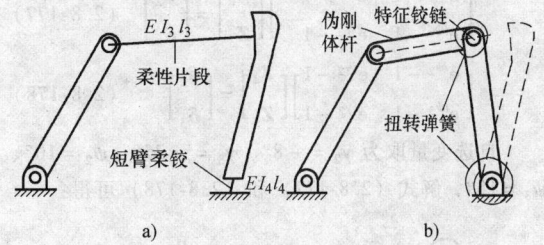

a)　　　　　　　　　b)

图 2.8-41　柔顺机构及其伪刚体模型

既然对于这个问题有许多自选变量，可以将虚拟连杆上某点的变形描述为自选变量。这样，可用式（2.8-173）和式（2.8-174）求出剩余的未知数。

自选量取为 $\gamma_2 = 10°$、$\gamma_3 = 15°$、$\boldsymbol{\delta}_2 = (1,1)$、$\boldsymbol{\delta}_3 = (2,2)$，并应用这种方法可得：

$$\mathbf{Z}_1 = -5.20 - i6.26 = 8.14e^{-129.7°}$$
$$\mathbf{Z}_2 = -0.30 - i3.95 = 3.96e^{-94.4°}$$
$$\mathbf{Z}_3 = 5.13 - i1.67 = 5.39e^{18.0°}$$
$$\mathbf{Z}_4 = -3.66 - i4.32 = 5.66e^{-130.3°} \qquad (2.8-175)$$
$$\mathbf{Z}_5 = 13.68 + i9.30 = 16.00e^{31.3°}$$
$$\mathbf{Z}_6 = -8.56 - i6.64 = 10.83e^{-142.2°}$$

图 2.8-42 所示为伪刚体模型的原理图。因为没能量储存方面的限制，所以柔性构件发生变形时的位置可以任意选择。如果特征半径参数 $\gamma = 0.85$，那么柔性构件的长度为

$$长度 = \frac{|\mathbf{Z}_6|}{0.85} = 12.74 \qquad (2.8-176)$$

（2）定时轨迹生成　要求设计一个全柔顺（单片式）机构，在给定时间内满足三个精确点的轨迹生成。要求连杆上点的位移为当 $\phi_2 = 10°$ 时，$\boldsymbol{\delta}_2 =$

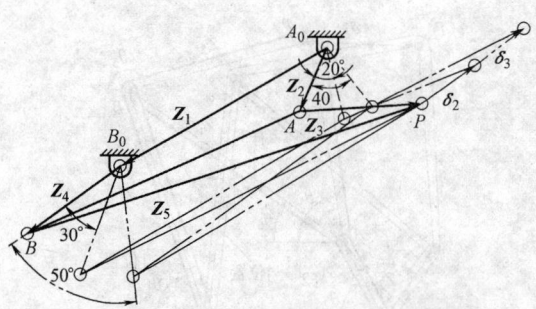

**图 2.8-42　函数生成柔顺机构的伪刚体原理图**

$-5 + i3$；当 $\phi_3 = 25°$ 时，$\boldsymbol{\delta}_3 = -8 + i10$。机构的一般形式如图 2.8-43a 所示，其伪刚体模型如图 2.8-43b 所示，图 2.8-44 所示为该机构的伪刚体计算模型原理图。如果将剩余的未知角选为自选变量，那么求解是线性的。式（2.8-173）和（2.8-174）可整理为

$$\begin{bmatrix} e^{i\phi_2} - 1 & e^{i\gamma_2} - 1 \\ e^{i\phi_3} - 1 & e^{i\gamma_3} - 1 \end{bmatrix} \begin{bmatrix} \boldsymbol{Z}_2 \\ \boldsymbol{Z}_3 \end{bmatrix} = \begin{bmatrix} \boldsymbol{\delta}_2 \\ \boldsymbol{\delta}_3 \end{bmatrix} \quad (2.8\text{-}177)$$

$$\begin{bmatrix} e^{i\psi_2} - 1 & e^{i\gamma_2} - 1 \\ e^{i\psi_3} - 1 & e^{i\gamma_3} - 1 \end{bmatrix} \begin{bmatrix} \boldsymbol{Z}_4 \\ \boldsymbol{Z}_5 \end{bmatrix} = \begin{bmatrix} \boldsymbol{\delta}_2 \\ \boldsymbol{\delta}_3 \end{bmatrix} \quad (2.8\text{-}178)$$

自选变量取为 $\gamma_2 = -8°$、$\gamma_3 = -25°$、$\psi_2 = 10°$、$\psi_3 = 15°$，解式（2.8-177）和（2.8-178）可得：

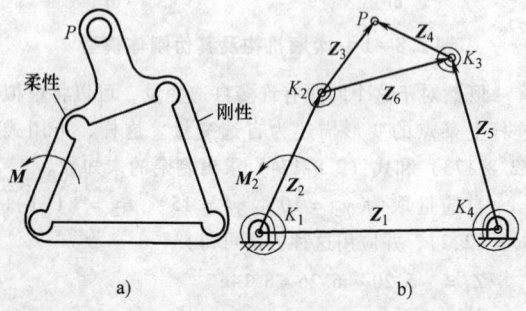

**图 2.8-43　全柔顺（单片式）机构**

a）轨迹生成全柔顺机构　b）其伪刚体模型

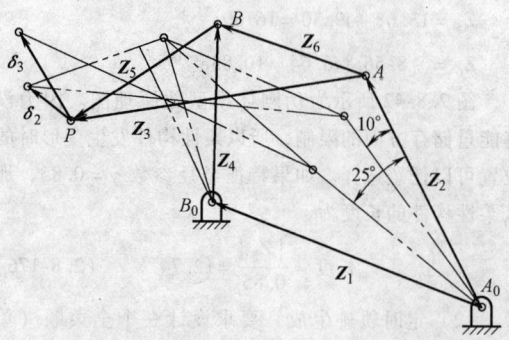

**图 2.8-44　轨迹生成柔顺机构的伪刚体原理图**

$$\boldsymbol{Z}_1 = -45.75 + i15.26 = 48.23e^{161.6°}$$

$$\boldsymbol{Z}_2 = -19.48 + i29.85 = 35.65e^{123.1°}$$

$$\boldsymbol{Z}_3 = -48.82 - i4.22 = 49.01e^{-175.1°}$$

$$\boldsymbol{Z}_4 = -0.25 + i21.30 = 21.30e^{89.3°}$$

$$\boldsymbol{Z}_5 = -22.80 - i10.92 = 25.28e^{154.4°}$$

$$\boldsymbol{Z}_6 = -26.02 - i6.70 = 26.87e^{165.6°} \quad (2.8\text{-}179)$$

（3）运动生成——非线性求解　一柔顺机构及其伪刚体模型如图 2.8-45 所示，要求进行三精确点运动生成的综合。在前面提到的例子中，取自选变量使之得到了线性求解，但是本例中，因为 $\boldsymbol{Z}_2$ 值受控制，没有剩下足够的自选变量来进行线性求解。预定的运动可描述为：$\boldsymbol{\delta}_2 = -10 + i5$、$\boldsymbol{\delta}_3 = -15 - i2$、$\gamma_2 = -20°$、$\gamma_3 = -10°$、$\boldsymbol{Z}_2 = 10e^{60°}$。根据式（2.8-173）和（2.8-177）可知，$\phi_j$ 值也不可能当做自选变量，因为那样可能会变成过约束问题。然而，选定式（2.8-174）中的 $\psi_j$ 值，可使式（2.8-178）线性求解。剩余的非线性方程可以利用式（2.8-177）来表达

$$\boldsymbol{Z}_2(e^{i\phi_2} - 1) + \boldsymbol{Z}_3(e^{i\gamma_2} - 1) - \boldsymbol{\delta}_2 = 0 \quad (2.8\text{-}180)$$

$$\boldsymbol{Z}_2(e^{i\phi_3} - 1) + \boldsymbol{Z}_3(e^{i\gamma_3} - 1) - \boldsymbol{\delta}_3 = 0 \quad (2.8\text{-}181)$$

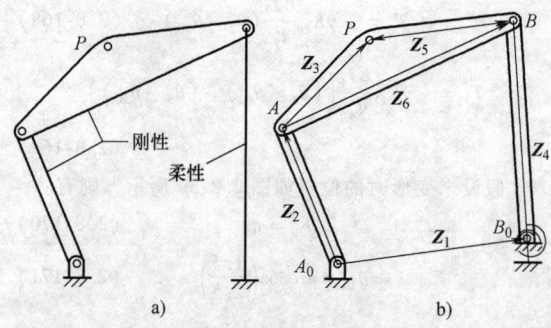

**图 2.8-45　示例柔顺机构及其伪刚体模型**

a）运动生成柔顺机构　b）其伪刚体模型

通常应用 Newton-Raphson 方法来解决非线性方程系统。另一种方法就是用无约束最优化程序来使目标函数最小化：

$$f = f_1^2 + f_2^2 + \cdots + f_n^2 \quad (2.8\text{-}182)$$

其中，$f_i$ 是标量方程 $i$ 的值，设计变量是问题中的未知值。将目标函数 $f$ 最小化，直到它充分接近零，这时的设计变量值就设定为其解。本例中，最优化问题表述如下：求 $\phi_2$、$\phi_3$ 的值以及 $\boldsymbol{Z}_3$ 的实部和虚部，使以下方程最小化：

$$f = f_1^2 + f_2^2 + f_3^2 + f_4^2 \quad (2.8\text{-}183)$$

其中：

$$f_1 = 式（2.8-180）的实部 \qquad (2.8-184)$$
$$f_2 = 式（2.8-180）的虚部 \qquad (2.8-185)$$
$$f_3 = 式（2.8-181）的实部 \qquad (2.8-186)$$
$$f_4 = 式（2.8-181）的虚部 \qquad (2.8-187)$$

自选变量值：$\psi_2 = 15°$、$\psi_3 = 30°$、$Z_2 = 5.00 + i8.66 = 10e^{60.0°}$。用初始值 $\phi_2 = 50°$、$\phi_3 = 75°$、$Z_3 = 1.87 + i3.26$，可得到以下结果：

$$Z_1 = 15.09 - i14.10 = 20.65e^{-43.1°}$$
$$Z_3 = -10.73 - i7.65 = 13.17e^{-144.5°}$$
$$Z_4 = -3.20 + i27.20 = 27.38e^{-96.7°}$$
$$Z_5 = -17.6 - i12.08 = 21.36e^{145.6°} \qquad (2.8-188)$$
$$Z_6 = 6.89 + i4.43 = 8.20e^{32.8°}$$
$$\phi_2 = 47.7°$$
$$\phi_3 = 92.1°$$

图 2.8-46 所示为该机构的伪刚体计算模型原理图。

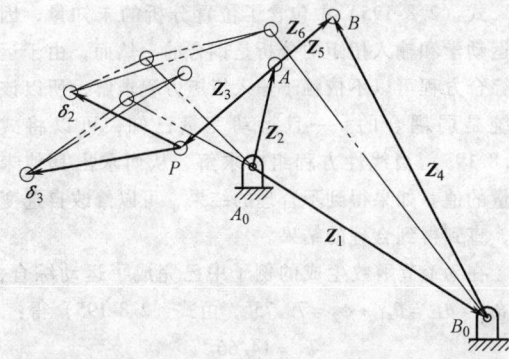

**图 2.8-46 运动生成柔顺机构的伪刚体原理图**

## 3.2 柔顺机构的运动静力综合设计举例

如果柔顺机构综合需要考虑能量的储存时，柔顺机构的本质特征可以用来设计具有给定能量存储特性的机构。综合方程不仅包括从伪刚体模型中产生的刚体封闭环方程，还涉及给定能量储存关系的方程。这种类型的综合称为柔顺综合，因为同时考虑到运动和静力特征，所以也可以称为运动静力综合。

在柔顺机构中，能量以应变能的形式存储在柔性构件中。考虑这种能量存储的一个方法是将具有适当刚度和安装位置的弹簧放在伪刚体模型中。所得到的模型可以用来确定机构的性能，从而利用虚功原理进行分析。应用这种方法，只需要考虑必要的力即可。下面介绍其设计步骤。

1. 附加方程和未知量

在转换刚体综合中只需要刚体方程，对于各种任务所需方程和未知量的数目见表 2.8-4。在考虑能量的综合中，对于每一精确点还需要增加一个描述能量存储或输入和输出之间关系的方程，它可以用来描述任何性质的系统。在精确点 $j$ 处能量方程的给定值可用 $E_j$ 表示。

在设计中考虑能量问题会增加新的未知量。弹簧刚度值和各柔性片段的未变形位置现在都包括在未知量中，这些量表示为 $k_i$、$\theta_{0i}$，其中 $i = 1, 2, \cdots, m$，$m$ 为机构中柔顺片段的数目。弹簧刚度 $k_i$ 根据柔性片段的性质可取不同的形式，短臂柔铰链的刚度值为 $k = KI/l$；对于二级功能型固定铰接片段来说，$k = K_\Theta \gamma KI/l$。根据机构的几何关系，$\theta_{0i}$ 的形式也有所变化。对于不同的任务要求，已知和未知变量见表2.8-4。注意，$Z$ 和 $\delta$ 为复数形式，因此每个值都表示两个标量变量。各种任务时未知量、标量方程和自选变量的数目见表2.8-5。其中，$n$ 是精确点的数目，$m$ 为柔性片段的数目（或伪刚体模型中弹簧的数量）。

**表 2.8-4　考虑能量的综合中的已知和未知变量**

| 任务 | 已知量 | 未知量 |
|---|---|---|
| 函数 | $E_k$、$\phi_j$、$\psi_j$ | $Z_2$、$Z_4$、$Z_6$、$\gamma_j$、$k_i$、$\theta_{0i}$ |
| 未给定时间轨迹 | $k_k$、$\delta_j$ | $Z_2$、$Z_3$、$Z_4$、$Z_5$、$\phi_j$、$\gamma_j$、$\psi_j$、$k_i$、$\theta_{0i}$ |
| 给定时间轨迹 | $E_k$、$\delta_j$、$\phi_j$ | $Z_2$、$Z_3$、$Z_4$、$Z_5$、$\gamma_j$、$\psi_j$、$k_i$、$\theta_{0i}$ |
| 运动 | $E_k$、$\delta_j$、$\gamma_j$ | $Z_2$、$Z_3$、$Z_4$、$Z_5$、$\phi_j$、$\psi_j$、$k_i$、$\theta_{0i}$ |

**表 2.8-5　各种综合问题中未知量、方程和自选变量的数目**

| 任务 | 位置数量 | 方程数 | 自选变量数 |
|---|---|---|---|
| 函数 | $5 + n + 2m$ | $3n - 2$ | $7 - 2n + 2m$ |
| 非定时轨迹 | $5 + 3n + 2m$ | $5n - 4$ | $9 - 2n + 2m$ |
| 定时轨迹 | $5 + 2n + 2m$ | $5n - 4$ | $10 - 3n + 2m$ |
| 运动 | $5 + 2n + 2m$ | $5n - 4$ | $10 - 3n + 2m$ |

2. 方程的耦合

在综合问题中，输入/输出方程或能量/存储方程的引入将给要求解的方程系统增加 $n$ 个方程，如果这些方程能从运动方程中解耦，或耦合效应能被最小化，则可单独解运动综合和能量综合方程。

在 $n$ 精确点问题中考虑能量因素会增加最多 $n$ 个方程和 $2m$ 个未知量。典型的情况是，这些附加方程中也包含未知的运动学变量。这使得方程耦合，可采用将系统分解为弱耦合的方法求解。在弱耦合系统中，运动综合方程可以在不考虑能量方程的情况下求解。一旦所有的运动学变量已知，则可用能量方程求解其他未知量。系统可以变为弱耦合的条件为

$$2m \geqslant n \qquad (2.8\text{-}189)$$

然而，如果系统中引入方程的数目大于未知量的数目，那么前面处理成自选变量的运动变量就要当成未知量。这样，系统就成为强耦合的了，而且运动方程和能量方程必须同时求解。

在一些特殊情况下，运动方程和能量方程可以完全解耦，一组方程可独立于另一组方程求解。给定输入扭矩的两精确点综合就是一个例子，在其机架和输入杆之间用了一个柔性铰链。

3. 设计约束⊖

可将曾经用于确定刚体综合和转换刚体综合的可行方案的约束应用到考虑能量的综合中。但是，还必须考虑一些附加约束。下面给出考虑能量因素的函数、轨迹和运动生成例子。这些例子包括弱耦合、非耦合以及强耦合方程系统。

（1）给定输入扭矩的函数生成　在 3.1 节的柔顺机构函数生成综合实例是对前一例的运动特征以及给定的输入扭矩进行综合。在精确点的输入扭矩 $M_2$ 指定为：$M_{2_1} = -500 \mathrm{lbf} \cdot \mathrm{in}$、$M_{2_2} = 60 \mathrm{lbf} \cdot \mathrm{in}$、$M_{2_3} = 200 \mathrm{lbf} \cdot \mathrm{in}$。可以应用虚功原理来确定输入扭矩 $M_2$。根据以前给出的一般伪刚体四杆机构公式，在精确点 $i$ 处的 $M_2$ 为

$$M_{2_i} = \frac{k_3}{r_6} \left[ (\theta_{4_i} - \theta_{4_0}) - (\theta_{6_i} - \theta_{6_0}) \right] (h_{62_i} - h_{42_0}) + k_4 (\theta_{4_i} - \theta_{4_0}) h_{42_i} \qquad (2.8\text{-}190)$$

其中，

$$k_3 = \gamma K_{\Theta} \frac{EI_3}{l_3} \qquad (2.8\text{-}191)$$

$$k_4 = \frac{EI_4}{l_4} \qquad (2.8\text{-}192)$$

$$h_{62_i} = \frac{r_2 \sin(\theta_{4_i} - \theta_{2_i})}{r_6 \sin(\theta_{6_i} - \theta_{4_i})} \qquad (2.8\text{-}193)$$

$$h_{42_i} = \frac{r_2 \sin(\theta_{6_i} - \theta_{2_i})}{r_6 \sin(\theta_{4_i} - \theta_{6_i})} \qquad (2.8\text{-}194)$$

式中　$\gamma$——柔性连杆的特征半径系数；

$E$——弹性模量；

$I$——柔性片段的惯性矩；

$\theta_i$ 和 $r_i$——如图 2.8-47 中所定义。

在这个问题中引入能量方面的考虑，增加了三个方程（$M_{2_i}$；$i = 1$，2，3）和四个新未知量（$k_3$、$k_4$、$\theta_{4_0}$、$\theta_{6_0}$）。因为新的未知量数比方程数多，其中一个未知量可以看做自选变量。取 $\theta_{4_0}$ 为自选变量，可以将输入扭矩方程表达成线性形式：

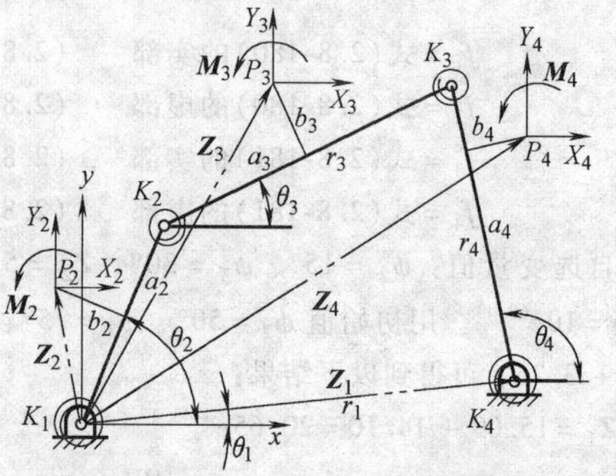

⊖　本小节中的单位换算：$1 \mathrm{lbf} = 4.44822 \mathrm{N}$；$1 \mathrm{in} = 25.4 \mathrm{mm}$。

图 2.8-47　伪刚体四杆机构

$$\begin{bmatrix} -(\theta_{4_1} - \theta_{6_1} - \theta_{4_0})(h_{62_1} - h_{42_1}) & (\theta_{5_1} - \theta_{5_0})h_{42_1} & h_{62_1} - h_{42_1} \\ -(\theta_{4_2} - \theta_{6_2} - \theta_{4_0})(h_{62_2} - h_{42_2}) & (\theta_{5_2} - \theta_{5_0})h_{42_2} & h_{62_2} - h_{42_2} \\ -(\theta_{4_3} - \theta_{6_3} - \theta_{4_0})(h_{62_3} - h_{42_3}) & (\theta_{5_3} - \theta_{5_0})h_{42_3} & h_{62_3} - h_{42_3} \end{bmatrix}$$

$$\begin{bmatrix} k_3 \\ k_3 \theta_{6_0} \\ k_4 \end{bmatrix} = \begin{bmatrix} M_{2_1} \\ M_{2_2} \\ M_{2_3} \end{bmatrix} \qquad (2.8\text{-}195)$$

式（2.8-195）中包含了位置分析的未知量，因此运动学和输入扭矩的分析是耦合的。然而，由于运动综合方程可以不依赖于输入扭矩方程求解，所以该系统是弱耦合的。一旦运动变量已知，可以将式（2.8-195）当线性方程组来求解，从而求出其他未知量的值。如果得到不合理的结果，可以修改自选变量，直到得到合理的结果。

在 3.1 节函数生成的例子中已完成了运动综合，当 $\theta_{4_0} = \theta_{4_2} = \theta_{4_1} + \phi_2 = 79.75°$，由式（2.8-195）得：

$$k_3 = 14.66$$
$$\theta_{6_0} = -154.90° \qquad (2.8\text{-}196)$$
$$k_4 = 458.23$$

一旦 $k_3$、$k_4$ 的值已知，柔性片段的具体尺寸就确定了。假设长度单位为 in，$K_{\Theta} = 2.65$，$\gamma_{ps} = 0.85$，材料为钢，$E = 30 \times 10^6 \mathrm{lbf/in}^2$，短臂柔铰链长度为 0.2in，相应的两柔性片段惯性矩 $I_3 = 2.76 \times 10^{-6} \mathrm{in}^4$、$I_4 = 3.05 \times 10^{-6} \mathrm{in}^4$。用厚度为 $\frac{1}{32}$ in、宽度 $b_3 = 1.09$in、$b_4 = 1.20$in 的矩形截面构件，得到的机构如图 2.8-48 所示。

（2）$\theta_0 = \theta_j$ 的特殊情况　柔顺机构中柔性构件的未变形位置可以指定在精确点，这种情况下，$\theta_0 = \theta_j$。假设所有柔性构件未变形位置都处在同一个精确点上，此位置的能量储存为零，即 $E_j = 0$。

因为 $E_j = 0$，并且机构的未变形位置已经给定，

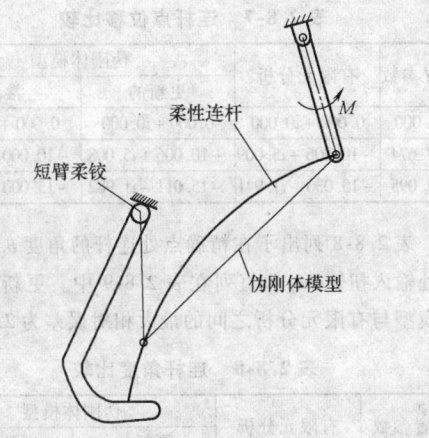

柔性连杆

短臂柔铰

$M$

伪刚体模型

**图 2.8-48　给定输入扭矩的函数生成柔顺机构**

减少了一个能量方程和 $m$ 个未知数,其自选变量的数目见表 2.8-6。这种特殊情况非常重要,因为它可以描述出现稳定平衡位置的地点。由于在这个位置能量很低,所以当机构在此位置附近时就有向它靠近的趋势,它就是机构在静止时所选择的位置。

**表 2.8-6　当 $\theta_0 = \theta_j$ 时未知量、方程和自选变量的数目**

| 任务 | 位置数量 | 方程数 | 自选变量数 |
|---|---|---|---|
| 函数 | $5+n+m$ | $3n-3$ | $8-2n+m$ |
| 非定时轨迹 | $5+3n+m$ | $5n-5$ | $10-2n+m$ |
| 定时轨迹 | $5+2n+m$ | $5n-5$ | $11-3n+m$ |
| 运动 | $5+2n+m$ | $5n-5$ | $11-3n+m$ |

（3）给定势能的轨迹生成　考虑 3.1 节中定时轨迹生成的例子。现在要设计该机构,使之稳态位置处于第一精确点位置 $[\theta_{0_i}=\theta_{i_1}(i=1,2,6,5)]$,各精确点处的总势能 $V$ 为

$$V_1 = 0\text{in} \cdot \text{lbf}$$
$$V_2 = 5\text{in} \cdot \text{lbf}$$
$$V_3 = 30\text{in} \cdot \text{lbf} \qquad (2.8\text{-}197)$$

柔性铰链处的扭转弹簧常数可近似为 $KJ/l$,与之相应的势能为

$$V = \frac{KJ}{2l}(\theta-\theta_0)^2 \qquad (2.8\text{-}198)$$

在点 $j$ 处的系统总势能为

$$V_j = \frac{1}{2}k_1(\theta_{2_j}-\theta_{2_0})^2 - k_2[(\theta_{2_j}-\theta_{2_0})-(\theta_{6_j}-\theta_{6_0})]^2 + k_4(\theta_{5_j}-\theta_{5_0})^2 - k_3[(\theta_{5_j}-\theta_{5_0})-(\theta_{6_j}-\theta_{6_0})]^2 \qquad (2.8\text{-}199)$$

然而,由于 $\theta_{0_i}=\theta_{i_1}$,系统可以简化为

$$V_1 = 0$$
$$V_2 = \frac{1}{2}[k_1\phi_2^2 - k_2(\phi_2-\gamma_2)^2 + k_3(\psi_2-\gamma_2)^2 + k_4\psi_2^2] \qquad (2.8\text{-}200)$$

$$V_3 = \frac{1}{2}[k_1\phi_3^2 + k_2(\phi_3-\gamma_3)^2 + k_3(\psi_3-\gamma_3)^2 + k_4\psi_3^2]$$

因为上面的方程中仅有 $k_i(i=1,2,5,6)$ 为未知量,能量方程和运动方程是非耦合的。这意味着,一旦自选变量 $\gamma_j$ 和 $\psi_j$ 确定后,无论是能量方程还是运动方程都可以相互独立求解。

能量方程中包括四个未知量和两个方程,结果有两个自选变量。假设柔性构件为条形弹簧钢,其 $E=30\times10^6\text{lbf/in}^2$。当自选变量为 $k_2$ 和 $k_3$,构件的厚度、宽度、长度分别为 $\frac{1}{32}\text{in}$、$1\text{in}$、$2\text{in}$ 时,得到结果为 $k_2=k_3=38.147\text{in}\cdot\text{lbf}$。将式（2.8-200）整理成线性形式,可求得 $k_1$ 和 $k_4$ 的值,即有:

$$\begin{bmatrix}\phi_2^2 & \psi_2^2 \\ \phi_3^2 & \psi_3^2\end{bmatrix}\begin{bmatrix}k_1 \\ k_4\end{bmatrix} = \begin{bmatrix}2V_2-k_2(\phi_2-\gamma_2)^2-k_3(\psi_2-\gamma_2)^2 \\ 2V_3-k_2(\phi_3-\gamma_3)^2-k_3(\psi_3-\gamma_3)^2\end{bmatrix} \qquad (2.8\text{-}201)$$

解方程,可得:

$$k_1 = 55.802\text{in}\cdot\text{lbf}$$
$$k_4 = 25.286\text{in}\cdot\text{lbf} \qquad (2.8\text{-}202)$$

如果厚度为 $\frac{1}{32}\text{in}$,宽度为 $1\text{in}$,长度可以由 $k_3$ 和 $k_4$ 计算得到:$l_3=1.37\text{in}$ 和 $l_4=3.02\text{in}$。至此,给定势能、指定平衡位置、指定时间条件下的机构轨迹生成综合已经完成。

（4）给定输入扭矩的运动生成　对于 3.1 节中讨论的运动生成机构例子进行运动生成和给定输入扭矩的综合,各精确点的输入扭矩 $M_{2_j}$ 为

$$M_{2_1} = 0.5\text{in}\cdot\text{lbf}$$
$$M_{2_2} = 0.5\text{in}\cdot\text{lbf} \qquad (2.8\text{-}203)$$
$$M_{2_3} = 2.0\text{in}\cdot\text{lbf}$$

用虚功附加原理可求得输入扭矩为

$$M_j = k_4(\theta_{4_j}-\theta_{4_0})\frac{r_2\sin(\theta_{6_j}-\theta_{4_j})}{r_4\sin(\theta_{4_j}-\theta_{6_j})} \quad (j=1,2,3) \qquad (2.8\text{-}204)$$

这里增加了三个方程却仅有两个未知量之和,因此有一个附加运动变量必须当做未知量。运动方程和输入扭矩方程中共同含有三个变量,所以该系统为强耦合系统。该耦合系统需要联立求解含有 11 个未知量的 11 个非线性方程。

在前面的运动分析中,将 $\phi_2$,$\phi_3$,$Z_2$ 选择为自由变量。在此分析中需要一个附加未知量,结果仅有一个自选变量。选择 $\psi_2=15°$,$Z_2=10e^{60°}$,$\psi_3$ 为未

知量。解 11 个非线性方程，得到：

$$Z_1 = 6.48 + i2.64 = 7.00e^{22.2°}$$

$$Z_3 = -10.74 - i7.64 = 13.17e^{-144.6°}$$

$$Z_4 = 0.46 + i16.97 = 16.98e^{88.4°}$$

$$Z_5 = -12.68 - i18.59 = 22.50e^{-124.3°}$$

$$\text{(2.8-205)}$$

$$Z_6 = 1.95 + i10.95 = 11.21e^{79.9°}$$

$$\phi_2 = 47.7°$$

$$\phi_3 = 92.1°$$

$$\psi_3 = 44.2°$$

其中，

$$k_4 = 4.43\,\text{in} \cdot \text{lbf} \qquad \text{(2.8-206)}$$

假设 $K_\Theta = 2.58$、$\gamma = 0.83$、$E = 30 \times 10^6\,\text{lbf} \cdot \text{in}^2$，柔性构件的长度 $l = r_5/\gamma_{ps} = 20.45\text{in}$，矩形横截面的厚度为 $\frac{1}{32}$in，宽度为 0.554in，机构的初始未变形位置如图 2.8-49 所示。

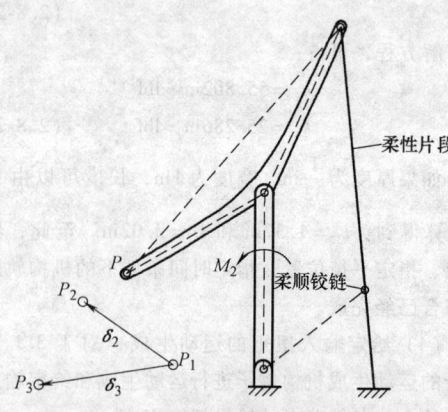

**图 2.8-49　处于变形位置的柔顺机构**

三种不同的分析方法所给出的结果是一致的。第一种方法是最直接的，当进行刚性机构分析时，将常量 $\gamma$、$K_\Theta$ 的值应用到伪刚体模型中。因为 $\gamma$、$K_\Theta$ 值在分析和综合时总保持一致，所以可以得到精确的给定轨迹；第二种方法是在伪刚体模型中使用更新的 $\gamma$、$K_\Theta$ 值。当机构处于不同位置时，载荷方向改变，$\gamma$、$K_\Theta$ 值也发生改变。由于 $\gamma$、$K_\Theta$ 值变化很小，所以这种方法得到的结果与用常 $\gamma$、$K_\Theta$ 值所得到的结果应当是相似的；第三种分析方法是非线性有限元分析。虽然这种方法在综合阶段不实用，但在得到初始设计后用它检验设计还是非常有用的。

表 2.8-7 列出了不同曲柄转角（精确点位置）时 $P$ 点的位移矢量 $\delta_j$。在精确点 3 处，用有限元分析和伪刚体模型所得结果在 $y$ 轴上位移的相对误差为 3%，这是计算出的最大误差。

**表 2.8-7　连杆点位移比较**

| 位置参数 | 有限元分析 | 伪刚体模型 | |
|---|---|---|---|
| | | 更新的 | 常量 |
| 60.000 | 0.000 + i0.000 | 0.000 + i0.000 | 0.000 + i0.000 |
| 107.674 | -10.006 + i5.009 | -10.006 + i5.008 | -10.000 + i5.000 |
| 152.095 | -15.030 - i1.941 | -15.011 - i1.982 | -15.000 - i2.000 |

表 2.8-8 列出了在精确点处连杆的角度 $\theta_6$，精确点处输入扭矩 $M_2$ 的值列在表 2.8-9 中。更新的伪刚体模型与有限元分析之间的最大相对误差为 2.2%。

**表 2.8-8　连杆角度比较**

| 位置参数 | 有限元分析 | 伪刚体模型 | |
|---|---|---|---|
| | | 更新的 | 常量 |
| 60.000 | 79.963 | 79.966 | 79.919 |
| 107.674 | 59.920 | 59.925 | 59.919 |
| 152.095 | 69.681 | 69.873 | 69.919 |

**表 2.8-9　输入扭矩比较**

| 位置参数 | 有限元分析 | 伪刚体模型 | |
|---|---|---|---|
| | | 更新的 | 常量 |
| 60.000 | 0.47916 | 0.47743 | 0.50000 |
| 107.674 | 0.48319 | 0.50304 | 0.50000 |
| 152.095 | 1.96510 | 2.00758 | 2.00000 |

### 3.3　其他综合方法简介

#### 1. 有限位移的 Burmester 理论

Burmester 理论经常用在四精确点综合的刚性机构设计中。前面得到的一般方程的非线性求解也可以用来解决四精确点问题。Burmester 理论的一个优点是所得的方程是线性的，无需考虑收敛问题。它的另一个优点是还可以为设计者提供无限可能解的图解表示。圆心曲线和圆点曲线表示了对于给定设计要求的机架铰链和连杆铰链的位置。

Burmester 理论在柔性机构中的应用与一般问题的描述相似，最简单的情况就是转换刚体。在这种综合中，用与刚性机构相同的方法设计伪刚体模型。要考虑柔顺机构的约束，对所得设计进行估计。这样，就可由合理的伪刚体机构设计出柔顺机构。更有挑战性的问题是有关柔顺的综合。当 $m \geq 2$ 时，运动和柔顺方程可能存在弱耦合，要适当选择自由变量。

可用两组圆点曲线和圆心曲线的交点来解决五精确点问题。Burmester 理论已经推广到五杆和六杆机构，也可推广到柔顺机构中。

#### 2. 无限位移

轨迹曲率理论是基于无限位移的。在运动综合中，许多曲率理论的概念已经被证明是有效的。例

如，当给定机构方位时，运动平面上沿直线运动点的轨迹是拐点圆（连杆是其中的一部分）。当给定机构方位时，Burmester 理论中四无限接近位置的圆点曲线和圆心曲线，或固定曲率三次曲线，是运动平面上具有固定曲率点的轨迹。Ball 点是固定曲率三次曲线与拐点圆的交点，表示该点的位移轨迹在相当长一段距离内是直线。这些重要的概念以及其他许多轨迹曲率理论都可以应用到柔顺机构的伪刚体模型中。

### 3. 伪刚体模型的优化

本书中讨论的封闭形式综合方法可用来设计伪刚体模型在给定精确点位置无结构误差的机构。但是，这种方法不能控制点与点之间的结构误差。通常，希望对于给定运动来说误差能保持在一定范围内。优化方法是解决这类设计问题的一种有效工具。设计的优化问题可定义为在保持给定约束条件下使误差最小。

### 4. 最优化方法

另一种柔顺机构的设计方法是利用最优化方法来设计机构，它超出了伪刚体模型的设计空间。这种结构优化方法的优点是，可以不依赖设计者的经验或一般机构设计基础来研究设计问题。而其缺点是该方法复杂，进行非线性求解很困难。

## 3.4 柔顺机构的拓扑优化设计

### 1. 拓扑优化方法

结构的拓扑优化设计是在给定材料的情况下，在满足既定需求的前提下使结构取得最大的刚度。结构拓扑优化的目的是为工程师在概念设计阶段提供参考，借助于早期的拓扑优化设计使材料达到最优分布，在总体上把握结构的主要传力路径，并得到一些刚度较高、自振频率合适的结构。而柔性机构的设计，就是在柔度和刚度之间找到一种协调。

其基本原理是功的互等定理，即第一组力在第二组力引起的位移上所做的功，等于第二组力在第一组力引起的位移上所做的功。

柔性机构作为机构要产生一定的运动首先要有足够的柔性，这样才能产生给定的运动。为了描述柔度，引入了互应变能 MSE（Mutual Strain Energy），其表达式为：

$$\text{MSE} = U_1 KU \qquad (2.8\text{-}207)$$

柔性机构作为构件要有抵抗外来工件的变形能力需要有一定的刚度。为了描述机构刚度，引入了应变能 SE（Strain Energy），其表达式为

$$\text{SE} = \frac{1}{2} UKU \qquad (2.8\text{-}208)$$

式（2.8-207）和式（2.8-208）中，$K$ 是结构的总刚度阵，$U$ 是结构在原载荷下的位移列矢量，$U_1$ 是单位载荷下的位移列矢量。

### 2. 连续体结构拓扑优化

从连续体结构拓扑优化的思想出发，在一定的设计区域内寻求材料的最优分布，在一定的约束条件下，使结构或机构满足一定的目标函数。柔性机构设计的过程是，根据需要机构传递的力或者运动的不同情况选择合适的目标函数，在满足一系列的约束条件下按拓扑优化的方法求解，得出柔性机构的最优拓扑形式。

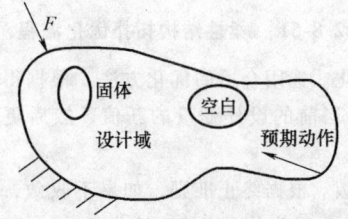

**图 2.8-50　柔性机构设计示意图**

如图 2.8-50 所示，基于拓扑优化的柔性机构设计的数学模型为

$$\text{Min} \quad f(\text{MSE}, \text{SE})$$
$$s.t.\ a(u, v) = L(v) \quad \text{for} \quad \forall v \in U$$
$$a(u_1, v) = L(v) \quad \text{for} \quad \forall v \in U \qquad (2.8\text{-}209)$$
$$u_{r_d} = u_0$$
$$Vol(\Omega_s) = \int_\Omega \chi(x)\,d\Omega < V^*$$

式（2.8-209）中，能量双线性泛涵 $a(u, v)$、$a(u_1, v)$ 和载荷线性泛涵 $L(v)$ 可以表示为

$$a(u, v) = \int_\Omega E_{ykl} \varepsilon_y(u) \varepsilon_{kl}(v)\,d\Omega \qquad (2.8\text{-}210)$$

$$a(u_1, v) = \int_\Omega E_{ykl} \varepsilon_y(u_1) \varepsilon_{kl}(v)\,d\Omega$$
$$\qquad (2.8\text{-}211)$$

$$L(v) = \int_\Omega pv\,d\Omega + \int_\Gamma \tau v\,d\Omega \qquad (2.8\text{-}212)$$

### 3. 柔性机构拓扑优化的实施

根据式（2.8-209）的数学模型，柔性机构的设计流程如图 2.8-51 所示，可描述为：

1）确定设计区域，结构离散化。以单元的伪密度作为设计变量、结构的散热弱度为目标函数以及材料的体积限制为约束函数，确定设计变量的上下界限等其他参数。

2）有限元分析。进行原问题以及伴随问题有限元分析，根据计算得到的两个位移场，计算得到目标函数、约束函数以及设计变量对目标函数、约束函数变化的灵敏度信息。

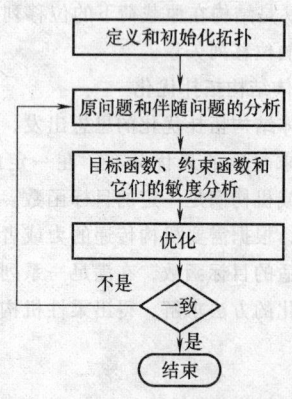

**图 2.8-51   柔性结构拓扑优化流程**

3）优化。选用合适的优化方法，根据得到的信息，计算出当前的设计变量的新值，然后更新设计变量。

4）审敛。根据终止准则，如果不收敛，重复流程 2）~4）。如果收敛，则终止迭代。

5）后处理。此处指拓扑优化后处理，得到最优拓扑的形式，柔性机构设计完成。

# 4   典型柔顺机构介绍

## 4.1   平面柔性铰链

图 2.8-52 所示为几种常用的平面柔性铰链。其中，图 2.8-52a 所示为长方形柔性铰链，其分析计算相对较简单；图 2.8-52b 所示为圆弧形柔性铰链，在长方体上两侧各加工圆柱形表面；图 2.8-52c 为在长方体上两侧各加工椭圆柱形表面；图 2.8-52d 为在圆柱体对称两侧各加工出圆柱形表面，其分析计算相对较复杂。

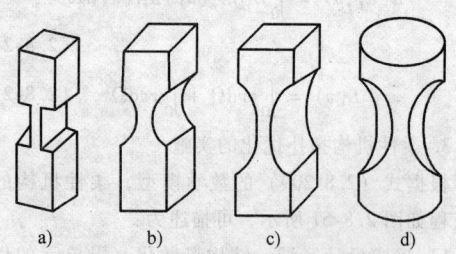

**图 2.8-52   平面柔性铰链的类型**
a）长方形柔铰链   b）圆弧形柔性铰链
c）椭圆形柔铰链   d）圆柱体圆弧形柔铰链

## 4.2   空间柔性铰链

图 2.8-53 所示为常见的空间柔性铰链。其中，图 2.8-53a 所示为在圆柱体中间加工出一个细的圆柱棒，

能产生空间变形；图 2.8-53b 所示为在正方体上加工出相互垂直的两圆弧形柔性铰链，能产生空间变形。

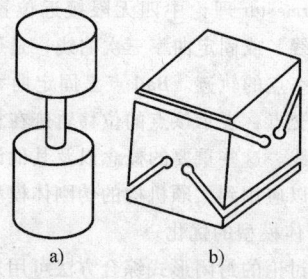

**图 2.8-53   空间柔性铰链**
a）圆柱体上的空间柔性铰链   b）正方体上的空间柔性铰链

## 4.3   交错柔性铰链

图 2.8-54 所示为交错柔性铰链。其中，图 2.8-54a 所示为移动变形交错柔性铰链；图 2.8-54b 所示为扭转变形交错柔性铰链。

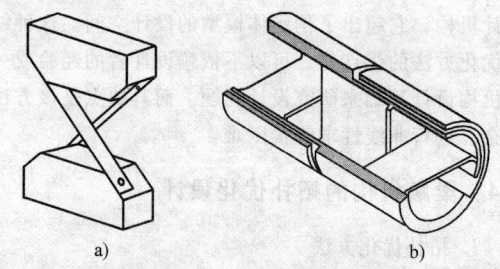

**图 2.8-54   交错柔性铰链**
a）移动变形交错柔性铰链   b）扭转变形交错柔性铰链

## 4.4   柔顺平行导向机构

柔顺平行导向机构用途十分广泛，其结构形式也可多种多样。图 2.8-55a 所示为椭圆形柔性铰链的平行导向机构，图 2.8-55b 所示为交错轴柔性铰链的平行导向机构。

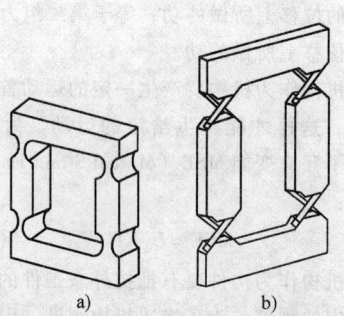

**图 2.8-55   不同柔铰链的平行导向机构**
a）椭圆柔铰链平行导向机构   b）交错轴柔铰链平行导向机构

图 2.8-56 所示为用板簧作片段的两种平行导向机构。

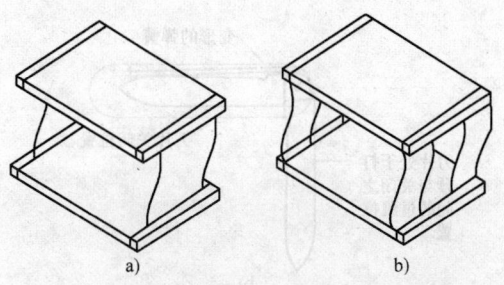

**图 2.8-56　用板簧作片段的平行导向机构**

a）两片板簧的平行机构　b）平行四片板簧机构

上述几种平行导向的柔顺机构，具有可消除铰链摩擦、回差和不用润滑油等优点。

图 2.8-57 所示为柔顺平行导向机构的三种应用实例：图 2.8-57a 所示为用于光盘播放器中的光学镜头聚焦机构；图 2.8-57b 所示为硬币压印机；图 2.8-57c所示为横向微谐振器。

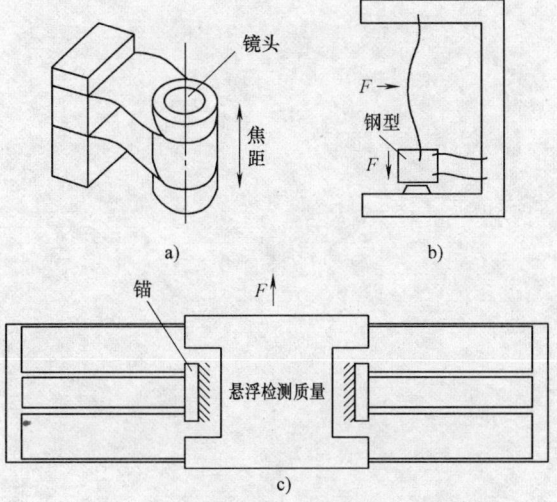

**图 2.8-57　柔顺平行导向机构的应用实例**

a）光学镜头聚焦机构　b）硬币压印机
c）采用多个平行机构的横向微谐振器

## 4.5　双稳态柔顺机构

双稳态柔顺机构是一种力求保持两个稳定平衡位置中的一个位置的特殊机构，它的应用十分广泛，如电灯开关、自动关闭门、橱柜铰链、活页簿铰链及闭合装置等。

图 2.8-58 所示为双稳态闭合装置，它与电灯开关、活页簿铰链等相似，在没有外力的作用下，它会趋向于开或闭的两个位置之一。图 2.8-59 所示为双稳态锁扣，由于柔性片段变形时会储存能量，可以用同一个柔性片段实现运动，获得两个稳定状态，使构件数大大减少。

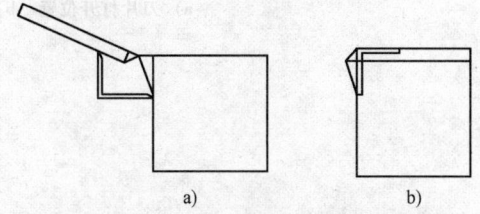

**图 2.8-58　双稳态闭合装置**

a）.张开位置　b）闭合位置

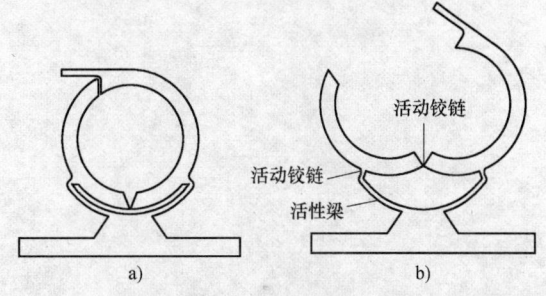

**图 2.8-59　双稳态闭合装置**

a）闭合位置　b）张开位置

图 2.8-60 所示为双稳态柔顺开关，图 2.8-60a 所示为柔顺开关打开的位置，图 2.8-60b 所示为柔顺开关闭合的位置，并产生一定的接触力。这种结构还可以用在橱柜门铰链上。

图 2.8-61 所示为袖珍折叠刀的双稳态柔顺机构，其刀片上有一个凸轮。当刀片处于打开或闭合时片簧没有变形，处于稳态位置；而在过渡位置上凸轮推动片簧产生变形处于过渡过程。

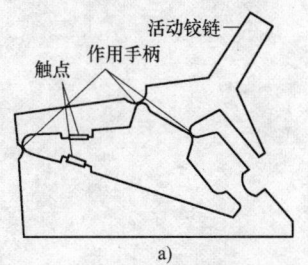
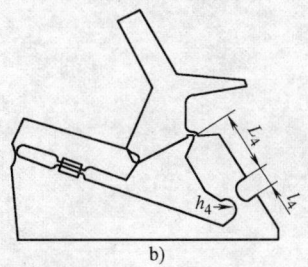

**图 2.8-60　双稳态柔顺开关**

a）打开的位置　b）闭合的位置

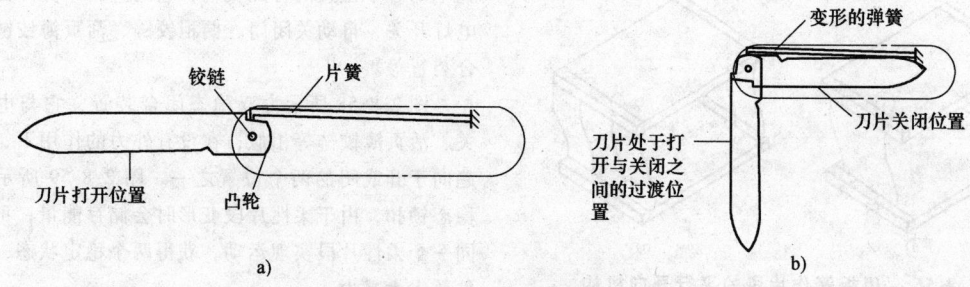

图 2.8-61　袖珍折叠刀

a）刀片打开位置　b）刀片关闭位置及刀片过渡位置

# 第9章 空间机构

## 1 概述

各构件不是都在相互平行的平面内运动的连杆机构，称为空间连杆机构。空间连杆机构也可以用来实现刚体导引、函数生成和再现轨迹等功能。和平面连杆机构相比，空间机构具有结构紧凑、运动灵活多样的特点，但空间机构的分析与综合要比平面机构复杂和困难得多。近几十年来，随着计算机应用和机器人技术的发展，以矩阵方法等作为数学工具的空间机构分析和综合方法的研究取得了长足发展，新的空间机构不断出现，空间机构的应用也更为广泛。

空间连杆机构中常用的运动副见表 2.9-1。

表 2.9-1 空间连杆机构中常用的运动副

| 运动副名称 | 几何形状 | 简　图 | 自由度 |
|---|---|---|---|
| 转动副(R) |  | 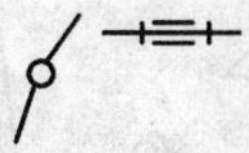 | 1 |
| 圆柱副(C) | 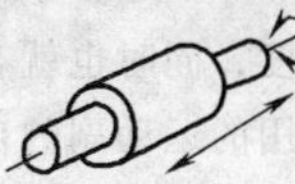 | 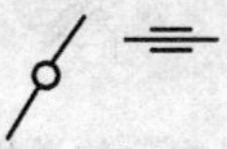 | 2 |
| 移动副(P) |  | 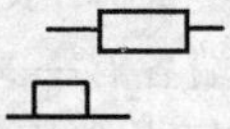 | 1 |
| 球面副(S) | 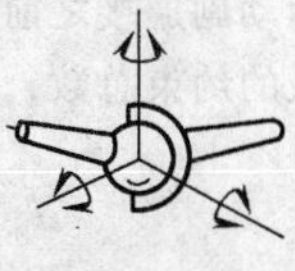 |  | 3 |
| 螺旋副(H) | 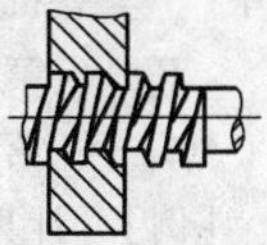 |  | 1 |
| 平面副($P_L$) | 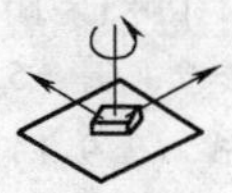 |  | 3 |

下面举几个空间连杆机构的应用实例。

图 2.9-1 所示为一种飞机起落架的收放机构，它由一个转动副、一个圆柱副和两个球面副连接组成。当作为圆柱副的液压缸 4 通油时，与机轮相连的摇杆 2 即开始摆动，而实现起落架的收放。这是一个空间四连杆机构，可按其运动副的形式标记为 RSCS 机构，这种 RSCS 摆动液压马达机构还常应用在工程机械上。

图 2.9-2 所示为缝纫机主传动机构。该机构由 4

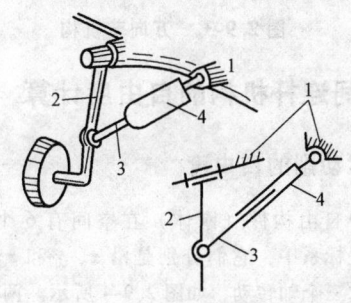

图 2.9-1　飞机起落架收放机构

个单闭链机构组成：平面曲柄摇杆机构 1-2-4-5，平面凸轮机构 1-5-6，RSSR 空间双摇杆机构 1-2-3-9 和 RRSSR 空间五杆机构 1-6-7-8-9。在缝纫过程中，动力从主轴 5 传入，一方面经凸轮机构驱动水平轴 6 摆动，使弯针 7 获得沿针脚的往复摆动；另一方面通过平面曲柄摇杆机构串接空间双摇杆机构和空间五杆机构，使弯针绕安装在水平轴 6 上的转动副做往复摆动。两种方向上的摆动最终合成为弯针所需的复杂空间运动。

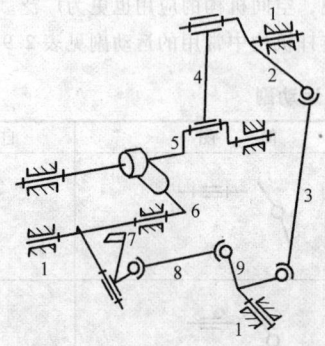

图 2.9-2　缝纫机主动传送机构

图 2.9-3 所示为万向铰链机构，又称为万向节。该机构中轴 Ⅰ 与轴 Ⅱ 的末端各有一叉，中间用一"十字形"构件相连，此十字形构件的中心 O 与两轴轴线的交点重合，两轴间的夹角为 α。与锥齿轮传动相比，该机构的特点是在传动过程中两轴之间的夹角可以变动。万向铰链机构广泛应用于汽车、机床等机械的传动系统中。

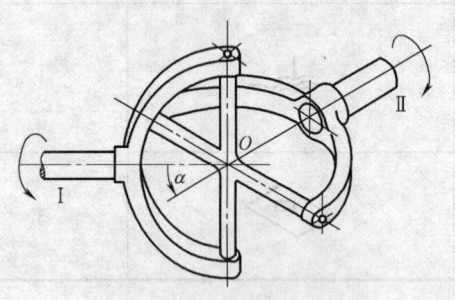

图 2.9-3　万向节机构

# 2　空间连杆机构的自由度计算

## 2.1　运动副的自由度

一个自由构件（刚体）在空间有 6 个自由度，在直角坐标系中，它们分别是沿 $x$、$y$ 和 $z$ 轴的移动以及绕这三个轴转动，如图 2.9-4 所示。两个构件用运动副连接起来，它们之间就有了某种约束而丧失了

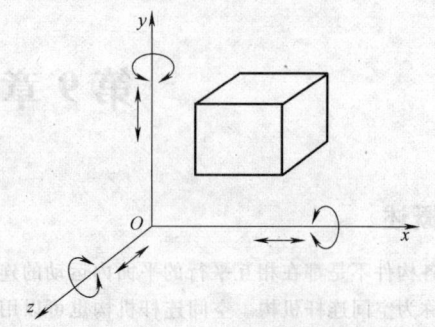

图 2.9-4　万向节机构

沿某个方向的相对自由度。运动副所允许的独立的相对运动的数目，称为该运动副的自由度。若用 $f$ 表示运动副的自由度，显然有 $0<f<6$。若 $f=0$，表示这个连接不允许相对运动，因而也就不是运动副；若 $f=6$，表示具有 6 个相对运动，因而不存在连接。$f=$ 1、2、3、4、5 的运动副，相应地称为 Ⅰ、Ⅱ、Ⅲ、Ⅳ、Ⅴ 类运动副。第 $i$ 类运动副允许有 $i$ 个相对自由度，同时也就有 $C_i=6-i$ 个约束。空间连杆机构常用的运动副的自由度 $f$ 见表 2.9-1。

## 2.2　空间连杆机构自由度计算公式

1. 一般空间机构自由度计算公式

空间机构的自由度 $F$ 等于其中各运动构件未经运动副连接之前的自由度总数减去由于运动副连接引入的约束总数，即

$$F=6(N-1)-\sum_{i=1}^{5}P_iC_i \qquad (2.9-1)$$

式中　$N$——机构的构件数（含机架）；

$P_i$——第 $i$ 类运动副的数目；

$C_i$——第 $i$ 类运动副的约束数。

[例]　计算图 2.9-5 所示机构的自由度。

[解]　图 2.9-5a 所示为一个 RSSR 机构，$N=4$、$P_1=2$、$C_1=5$、$P_3=2$、$C_3=3$、$P_2=P_4=P_5=0$，应用式（2.9-1）得：

$$F=6(4-1)-2\times5-2\times3=2$$

由于连杆绕球面副 S-S 轴线的转动是一个局部自

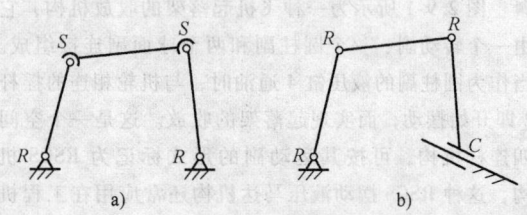

图 2.9-5　RSSR 和 RRRC 机构

由度，故 RSSR 机构的自由度 $F=1$。

图 2.9-5b 所示机构的运动副布置为 RRRC，$N=4$，$P_1=3$、$C_1=5$、$P_2=1$、$C_2=4$、$P_3=P_4=P_5=0$，应用式（2.9-1）得：

$$F=6(4-1)-3\times5-1\times4=-1$$

这说明 RRRC 运动副布置有 2 个过度约束，不能构成机构。

2. 含有公共约束的空间机构自由度计算公式

当用公式（2.9-1）计算平面铰链四杆机构的自由度时，会得到 $F=-2$ 的结果，这显然不符合我们熟知的平面铰链四杆机构自由度为 1 这一事实。事实上，自由度计算公式（2.9-1）并不是对所有机构都适用，它们仅适用于不含公共约束的空间机构。所谓公共约束的含义是指在某些机构中，由于运动副或构件几何位置的特殊配置，使所有构件都失去了某些运动的可靠性，这等于对机构中所有构件的运动加上某种公共约束。例如在平面机构中，所有构件都限制了绕 $x$、$y$ 轴转动和沿 $z$ 轴移动的可能性，其公共约束数为 3。对于存在公共约束的系统，必须对式（2.9-1）进行修正。设某系统的公共约束数为 $\lambda$，则所有构件将在 $(6-\lambda)$ 维空间内运动，一个 $i$ 类运动副所引入的约束数 $C_i=(6-\lambda)-i$，且系统中可能存在的运动副类数也只能到 $5-\lambda$，这样公式（2.9-1）就应修正为

$$F=(6-\lambda)(N-1)-\sum_{i=1}^{5-\lambda}(6-\lambda-i)P_i$$

将 $\lambda=3$ 代入上式，则有：

$$F=3(N-1)-2P_1-P_2 \qquad (2.9-2)$$

式（2.9-2）和平面机构自由度公式相同。

对于球面机构，例如图 2.9-3 所示的万向节，因为其各个构件只能绕以 $O$ 为原点的坐标系 $x$、$y$ 和 $z$ 转动，而不能沿轴 $x$、$y$ 和 $z$ 方向移动，所以球面机构的公共约束数 $\lambda$ 也等于 3。应该用式（2.9-2）计算万向节的自由度，其结果为

$$F=3(4-1)-2\times4-1\times0=1$$

含有公共约束的机构有两个特点：一个是因各运动副自由度的总和较少，所以其结构比较简单，支承的刚度较大；另一个是由于其各运动副轴线间或各构件的尺寸要遵守某些特殊的配置要求，因此制造、安装精度要求较高，否则运动就不灵活甚至出现卡死现象。

# 3 空间连杆机构的坐标变换矩阵

## 3.1 空间坐标变换矩阵

坐标变换是空间机构研究中的基本思想方法，其变换矩阵是空间机构分析与设计的基础。

### 3.1.1 矢量的方向余弦及两矢量间的夹角

如图 2.9-6a 所示，设 $e$ 为矢量 $L$ 的单位矢量，$L$ 的模为 $l$，则 $L$ 可表示为

$$L=le$$

由于单位矢量 $e$ 代表矢量 $L$ 的方向，$e$ 对三个坐标轴的投影分别为 $\cos\alpha$、$\cos\beta$、$\cos\gamma$，$\cos\alpha$、$\cos\beta$、$\cos\gamma$ 称为矢量 $L$ 的方向余弦。如坐标轴 $x$、$y$、$z$ 的单位矢量为 $i$、$j$、$k$，则

$$e=\cos\alpha i+\cos\beta j+\cos\gamma k \qquad (2.9-3)$$

其中，$e=[\cos\alpha,\ \cos\beta,\ \cos\gamma]^T$、$i=[1,0,0]^T$、$j=[0,1,0]^T$、$k=[0,0,1]^T$。由于存在 $\cos^2\alpha+\cos^2\beta+\cos^2\gamma=1$，所以三个方向角或方向余弦中，只有两个是独立的。

设有两矢量 $L_1=l_1e_1$、$L_2=l_2e_2$（见图 2.9-6b）。由图 2.9-6 可知，$L_1$ 在 $L_2$ 上的投影为

$$L=l_1\cos\theta=l_1e_1\cdot e_2$$

其中，$e_1=\cos\alpha_1 i+\cos\beta_1 j+\cos\gamma_1 k$，$e_2=\cos\alpha_2 i+\cos\beta_2 j+\cos\gamma_2 k$，分别为 $L_1$、$L_2$ 的单位矢量。

由上式可得到由方向余弦计算两矢量夹角的公式如下：

$$\cos\theta=e_1\cdot e_2=\cos\alpha_1\cos\alpha_2+\cos\beta_1\cos\beta_2+\cos\gamma_1\cos\gamma_2$$

$$(2.9-4)$$

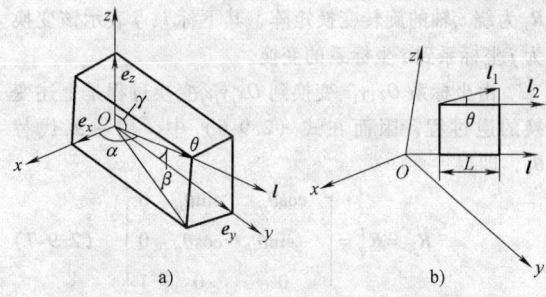

a) b)

**图 2.9-6 空间矢量的方向及夹角**

### 3.1.2 空间共原点坐标系中的坐标变换

空间共原点的某一坐标系对另一坐标系的方位可认为是绕坐标轴经过一次、两次或三次连续转动而得的。

1. 绕坐标轴一次转动的坐标变换矩阵

图 2.9-7 所示坐标系 $Ox_iy_iz_i$ 与 $Ox_jy_jz_j$ 为两个共原点和 $z$ 轴的坐标系，可认为 $j$ 坐标系由 $i$ 坐标系绕 $z$ 轴转动角度 $\theta_{ij}$ 而变换得到。关于转角 $\theta_{ij}$ 的正负，按右手坐标系的定则规定，逆时针计量为正，顺时针计量为负。

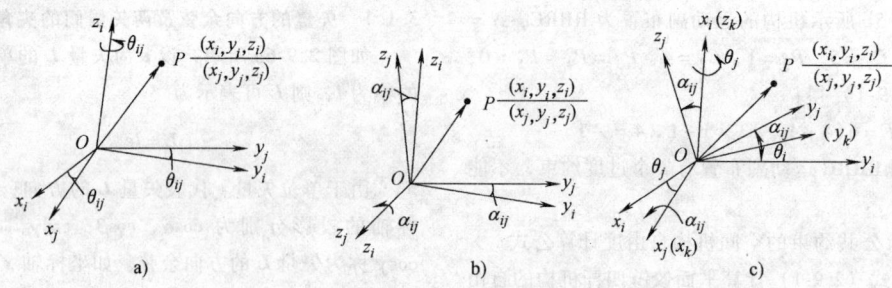

**图 2.9-7　坐标变换**

设空间任意一点 $P$ 在两坐标系中，坐标分别为 $P$ $(x_i,\ y_i,\ z_i)$ 和 $P$ $(x_j,\ y_j,\ z_j)$，而且 $P$ 点被矢量 $\boldsymbol{r} = \overrightarrow{OP}$ 唯一确定，于是根据解析几何中的坐标变换公式可知，$P$ 点由 $j$ 坐标系到 $i$ 坐标系的坐标变换为

$$x_i = x_j\cos\theta_{ij} - y_j\sin\theta_{ij} + 0 \cdot z_i$$
$$y_i = x_j\sin\theta_{ij} + y_j\cos\theta_{ij} + 0 \cdot z_i$$
$$z_i = 0 \cdot x_j + 0 \cdot y_j + 1 \cdot z_j$$

将其写成矩阵形式

$$\boldsymbol{r}_i = \boldsymbol{R}_{ij}\boldsymbol{r}_j \tag{2.9-5}$$

其中，$\boldsymbol{r}_i = [x_i,\ y_i,\ z_i]^{\mathrm{T}}$ 和 $\boldsymbol{r}_j = [x_j,\ y_j,\ z_j]^{\mathrm{T}}$ 分别为 $P$ 点在两坐标系中的坐标列阵，矩阵 $\boldsymbol{R}_{ij}$ 为

$$\boldsymbol{R}_{ij} = \begin{bmatrix} \cos\theta_{ij} & -\sin\theta_{ij} & 0 \\ \sin\theta_{ij} & \cos\theta_{ij} & 0 \\ 0 & 0 & 1 \end{bmatrix} \tag{2.9-6}$$

$\boldsymbol{R}_{ij}$ 为绕 $z$ 轴的旋转变换矩阵，其下标 $i$、$j$ 表示该变换为 $j$ 坐标系到 $i$ 坐标系的变换。

由坐标系 $Ox_iy_iz_i$ 变到 $Ox_jy_jz_j$ 变换过程是上述变换的逆过程，因而在式（2.9-6）中，用 $-\theta_{ij}$ 代替 $\theta_{ij}$，即得：

$$\boldsymbol{R}_{ji} = \boldsymbol{R}_{ij}^{\mathrm{T}} = \begin{bmatrix} \cos\theta_{ij} & \sin\theta_{ij} & 0 \\ -\sin\theta_{ij} & \cos\theta_{ij} & 0 \\ 0 & 0 & 1 \end{bmatrix} \tag{2.9-7}$$

于是有：

$$\boldsymbol{r}_j = \boldsymbol{R}_{ji}\boldsymbol{r}_i \tag{2.9-8}$$

将式（2.9-6）和式（2.9-7）进行比较，可见 $\boldsymbol{R}_{ij}$ 与 $\boldsymbol{R}_{ji}$ 既互为逆阵，也互为转置矩阵，这是采用直角坐标系的一大特点。利用这一特点，只要将方向余弦矩阵的行与列进行转置，就可写出其逆阵。

如图 2.9-7b 所示的情况，其 $i$ 坐标系可以看成由 $j$ 坐标系绕 $x$ 轴转动 $\alpha_{ij}$ 角得到的，转角 $\alpha_{ij}$ 的正负遵循右手定则。按前述类似方法可得到绕 $x$ 轴的旋转变换矩阵 $\boldsymbol{R}_{ij}$ 为

$$\boldsymbol{R}_{ij} = \begin{bmatrix} 1 & 0 & 0 \\ 0 & \cos\alpha_{ij} & -\sin\alpha_{ij} \\ 0 & \sin\alpha_{ij} & \cos\alpha_{ij} \end{bmatrix} \tag{2.9-9}$$

利用转置关系，可写出

$$\boldsymbol{R}_{ji} = \boldsymbol{R}_{ij}^{\mathrm{T}} = \begin{bmatrix} 1 & 0 & 0 \\ 0 & \cos\alpha_{ij} & \sin\alpha_{ij} \\ 0 & -\sin\alpha_{ij} & \cos\alpha_{ij} \end{bmatrix} \tag{2.9-10}$$

至于绕 $y$ 轴转动的坐标系间的变换，可推出类似的变换矩阵 $\boldsymbol{R}_{ij}$ 为

$$\boldsymbol{R}_{ij} = \begin{bmatrix} \cos\beta & 0 & \sin\beta \\ 0 & 1 & 0 \\ -\sin\beta & 0 & \cos\beta \end{bmatrix} \tag{2.9-11}$$

且有

$$\boldsymbol{R}_{ji} = \boldsymbol{R}_{ij}^{\mathrm{T}} = \begin{bmatrix} \cos\beta & 0 & -\sin\beta \\ 0 & 1 & 0 \\ \sin\beta & 0 & \cos\beta \end{bmatrix} \tag{2.9-12}$$

**2. 绕坐标轴两次转动的坐标变换矩阵**

在图 2.9-7c 所示坐标系 $Ox_iy_iz_i$ 与 $Ox_jy_jz_j$ 中，当轴 $z_i$ 垂直 $x_j$、$y_i$ 所在平面（即轴 $x_i$、$y_i$、$x_j$ 在同一平面内）时，坐标系 $Ox_jy_jz_j$，可看成先由坐标 $Ox_iy_iz_i$ 系绕 $z_i$ 轴旋转角 $\theta_{ij}$ 得到中间过渡坐标系 $Ox_ky_kz_k$，再由坐标系 $Ox_ky_kz_k$ 绕 $x_k$ 轴旋转角 $\alpha_{ij}$ 得到的。因此任意点 $P$ 由 $j$ 坐标系到 $k$ 坐标系，然后到 $i$ 坐标系的坐标变换为

$$\boldsymbol{r}_i = \boldsymbol{R}_{ik}\boldsymbol{r}_k = \boldsymbol{R}_{ik}\boldsymbol{R}_{kj}\boldsymbol{r}_k = \boldsymbol{R}_{ij}\boldsymbol{r}_j \tag{2.9-13}$$

由此可见，运用旋转变换矩阵依次连乘可进行坐标系的连续变换。于是，根据式（2.9-6）及式（2.9-9）分别求出 $\boldsymbol{R}_{ik}$、$\boldsymbol{R}_{kj}$ 后，即可求得：

$$\boldsymbol{R}_{ij} = \boldsymbol{R}_{ik}\boldsymbol{R}_{kj}$$

$$= \begin{bmatrix} \cos\theta_{ij} & -\sin\theta_{ij} & 0 \\ \sin\theta_{ij} & \cos\theta_{ij} & 0 \\ 0 & 0 & 1 \end{bmatrix} \begin{bmatrix} 1 & 0 & 0 \\ 0 & \cos\alpha_{ij} & -\sin\alpha_{ij} \\ 0 & \sin\alpha_{ij} & \cos\alpha_{ij} \end{bmatrix}$$

$$= \begin{bmatrix} \cos\theta_{ij} & -\cos\alpha_{ij}\sin\theta_{ij} & \sin\alpha_{ij}\sin\theta_{ij} \\ \sin\theta_{ij} & \cos\alpha_{ij}\cos\theta_{ij} & -\sin\alpha_{ij}\cos\theta_{ij} \\ 0 & \sin\alpha_{ij} & \cos\alpha_{ij} \end{bmatrix} \tag{2.9-14}$$

且有

$$R_{ji} = R_{ij}^{T} = \begin{bmatrix} \cos\theta_{ij} & \sin\theta_{ij} & 0 \\ -\cos\alpha_{ij}\sin\theta_{ij} & \cos\alpha_{ij}\cos\theta_{ij} & \sin\alpha_{ij} \\ \sin\alpha_{ij}\sin\theta_{ij} & -\sin\alpha_{ij}\cos\theta_{ij} & \cos\alpha_{ij} \end{bmatrix}$$

$$(2.9-15)$$

### 3.1.3 矢量的坐标变换

由于矢量的三个方向余弦可看做为一个单位矢量的终点的三个坐标，故在图 2.9-7c 中，如果已知矢量 $P$ 在坐标系 $Ox_jy_jz_j$ 中的方向余弦，则由式（2.9-5）可求出该矢量在坐标系 $Ox_iy_iz_i$ 中的方向余弦为

$$\begin{bmatrix} \cos(x_i,p) \\ \cos(y_i,p) \\ \cos(z_i,p) \end{bmatrix} = R_{ij} \begin{bmatrix} \cos(x_j,p) \\ \cos(y_j,p) \\ \cos(z_j,p) \end{bmatrix} \quad (2.9-16)$$

同理

$$\begin{bmatrix} \cos(x_j,p) \\ \cos(y_j,p) \\ \cos(z_j,p) \end{bmatrix} = R_{ji} \begin{bmatrix} \cos(x_i,p) \\ \cos(y_i,p) \\ \cos(z_i,p) \end{bmatrix} \quad (2.9-17)$$

## 3.2 空间连杆机构的坐标系选取及其坐标变换

本节介绍空间连杆机构构件局部坐标系的选取方法及其坐标变换关系。

### 3.2.1 构件局部坐标系的选取

为了对空间连杆机构进行分析，需要在每一个构件上固连一个坐标系。从理论上讲，构件局部坐标系的选择可以是任意的，但实际上巧妙合理地选择构件局部坐标系可使问题得以简化。目前，空间连杆机构研究中普遍采用了下面介绍的 Denavit-Hartenberg 坐标系，简称 D-H 坐标系。

如图 2.9-8a 所示，构件 $i$ 和 $j$ 通过圆柱副 $A$ 相连接，$j$ 和（$j+1$）通过圆柱副 $B$ 相连接。选取 $z_i$ 轴与圆柱副 $A$ 轴线相重合，$z_j$ 轴与圆柱副 $B$ 轴线相重合。$z_i$ 和 $z_j$ 的公垂线规定为 $x_j$ 轴，方向从 $z_i$ 指向 $z_j$。公垂线 $x_j$ 在 $z_j$ 轴上的垂足为坐标系 $x_jy_jz_j$ 的原点 $O_j$。$x_j$ 与 $z_j$ 取定后，$y_j$ 由右手定则确定。当构件局部坐标系确定后，相邻两坐标系 $O_ix_iy_iz_i$ 和 $O_jx_jy_jz_j$ 之间有下列 4 个参数：

1）偏距 $d_j$——沿 $z_i$ 轴从坐标轴 $x_i$ 量至 $x_j$ 的距离 $O_iA$，规定与 $z_i$ 轴正向一致为正。

2）转角 $\theta_j$——绕 $z_i$ 轴从坐标轴 $x_i$ 量至 $x_j$ 的转角，规定逆时针方向为正。

3）杆长 $a_j$——沿 $x_j$ 轴从坐标轴 $z_i$ 量至 $z_j$ 的距离 $AO_j$，规定与 $x_j$ 轴正向一致为正。

4）扭角 $\alpha_{ij}$——绕 $x_j$ 轴从坐标轴 $z_i$ 量至 $z_j$ 的角度，规定逆时针方向为正。

对其有明显几何轴线的运动副，如转动副、移动副、圆柱副或螺旋副等，易于用上述方法建立构件的局部坐标系。对于球面副，通过球心的 $z$ 轴既可选得与相邻的一个 $z$ 轴平行，也可取得与相邻球面副的连心线相重合。对于平面副，过接触平面上任意点的法线均可选为 $z$ 轴。

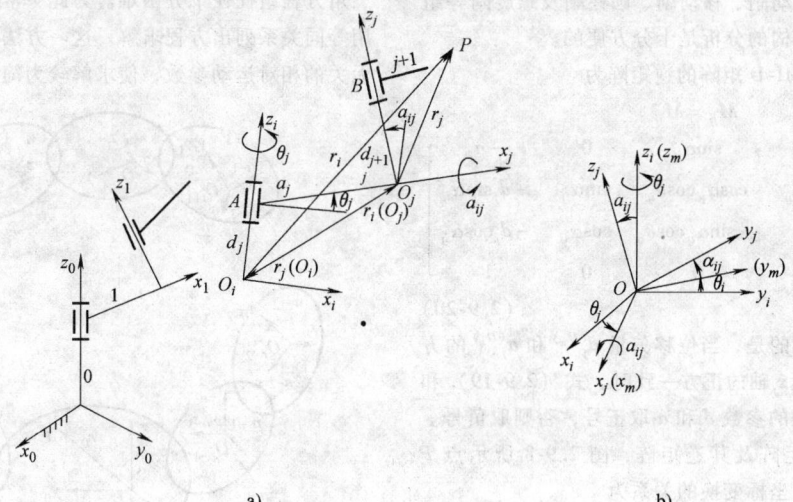

a）

b）

图 2.9-8 D-H 坐标变换关系

### 3.2.2 D-H 坐标系的变换矩阵

参考图 2.9-8a，坐标系 $O_j x_j y_j z_j$ 对坐标系 $O_i x_i y_i z_i$ 不仅有相对转动，而且还有相对移动 $O_i O_j$，它可以看成是由坐标系以 $O_i x_i y_i z_i$ 先沿 $z_i$ 轴平移 $d_j$，并绕 $z_i$ 轴转过 $\theta_{ij}$，再沿 $x_j$ 轴平移 $\theta_j$，并绕 $x_j$ 轴转过角 $\alpha_{ij}$ 所得到。对 $O_i O_j$ 在 $O_i x_i y_i z_i$ 系的坐标列阵

$$r_i^{(O_j)} = [\, a_j\cos\theta_j \quad a_j\sin\theta_j \quad d_j \,] \quad (2.9\text{-}18)$$

设 $r_i$ 和 $r_j$ 分别为点 $P$ 在 $i$ 坐标系与 $j$ 坐标系中的位置矢量，并令 $r_i = [\,x_i,\ y_i,\ z_i\,]^{\mathrm{T}}$、$r_j = [\,x_j,\ y_j,\ z_j\,]^{\mathrm{T}}$，考虑到两坐标系之间的变换关系，由图 2.9-8 可知：

$$r_i = r_i^{(O_j)} + R_{ij} r_j$$

或写成：

$$\begin{bmatrix} r_i \\ 1 \end{bmatrix} = \begin{bmatrix} R_{ij} & r_i^{(O_j)} \\ 0 & 1 \end{bmatrix} \begin{bmatrix} r_j \\ 1 \end{bmatrix} = M_{ij} \begin{bmatrix} r_j \\ 1 \end{bmatrix}$$

式中，

$$M_{ij} = \begin{bmatrix} R_{ij} & r_i^{(O_j)} \\ 0 & 1 \end{bmatrix}$$

为四阶矩阵。若将 $R_{ij}$ 的计算式（2.9-14）和 $r_i^{(O_j)}$ 的计算式（2.9-18）代入上式，可以得到：

$$M_{ij} = \begin{bmatrix} \cos\theta_{ij} & -\cos\alpha_{ij}\sin\theta_{ij} & \sin\alpha_{ij}\sin\theta_{ij} & a_j\cos\theta_{ij} \\ \sin\theta_{ij} & \cos\alpha_{ij}\cos\theta_{ij} & -\sin\alpha_{ij}\cos\theta_{ij} & a_j\sin\theta_{ij} \\ 0 & \sin\alpha_{ij} & \cos\alpha_{ij} & d_j \\ 0 & 0 & 0 & 1 \end{bmatrix}$$

$$(2.9\text{-}19)$$

这个矩阵称为 Hartenberg-Denavit 矩阵，简称 H-D 矩阵。它是空间低副机构运动分析的基本矩阵之一，它对于由转动副、移动副、圆柱副及螺旋副等组成的空间连杆机构的分析是十分方便的。

可以证明，H-D 矩阵的逆矩阵为

$$M_{ji} = M_{ij}^{-1}$$

$$= \begin{bmatrix} \cos\theta_{ij} & \sin\alpha_{ij} & 0 & -a_j \\ -\cos\alpha_{ij}\sin\theta_{ij} & \cos\alpha_{ij}\cos\theta_{ij} & \sin\alpha_{ij} & -d_j\sin\alpha_{ij} \\ \sin\alpha_{ij}\sin\theta_{ij} & -\sin\alpha_{ij}\cos\theta_{ij} & \cos\alpha_{ij} & -d_j\cos\alpha_{ij} \\ 0 & 0 & 0 & 1 \end{bmatrix}$$

$$(2.9\text{-}20)$$

应强调指出的是，当位移矢量 $d_j^{(O_k)}$ 和 $a_j^{(O_k)}$ 的方向分别与 $z_i$ 轴和 $x_j$ 轴的正方一致时，式（2.9-19）和式（2.9-20）中的参数 $d_j$ 和 $a_j$ 取正号，否则取负号。

利用 D-H 矩阵及其逆矩阵，图 2.9-8 所示点 $P$ 在两坐标系中的坐标变换的关系为

$$\begin{bmatrix} r_i \\ 1 \end{bmatrix} = M_{ij} \begin{bmatrix} r_j \\ 1 \end{bmatrix},\ \begin{bmatrix} r_j \\ 1 \end{bmatrix} = M_{ji} \begin{bmatrix} r_i \\ 1 \end{bmatrix} = M_{ij}^{-1} \begin{bmatrix} r_i \\ 1 \end{bmatrix}$$

$$(2.9\text{-}21)$$

## 4 闭链型空间连杆机构运动分析

### 4.1 基本方程与基本方法

封闭型的空间连杆机构的几何特点是末构件 $n$ 与机架 $O$ 合而为一，即首末构件相连组成闭链系统。根据此特点可知，构件 $n$ 上点 $P$ 的位置矢量 $r_n$ 与 $r_0$ 为同一矢量，所以由式（2.9-21）并参照图 2.9-9 可得：

$$\begin{bmatrix} r_0 \\ 1 \end{bmatrix} = M_{01}M_{12}\cdots M_{n-2,n-1}M_{n-1,n} \begin{bmatrix} r_n \\ 1 \end{bmatrix}$$

$$= M_{0n} \begin{bmatrix} r_n \\ 1 \end{bmatrix} = M_{00} \begin{bmatrix} r_0 \\ 1 \end{bmatrix} = I \begin{bmatrix} r_0 \\ 1 \end{bmatrix}$$

所以有：

$$M_{00} = M_{0n} = M_{01}M_{12}\cdots M_{n-2,n-1}M_{n-1,n} = I$$

$$(2.9\text{-}22)$$

式（2.9-22）称为封闭型的矩阵形式的运动方程式。

由矩阵连乘运算求得矩阵 $M_{0n}$，因 $M_{0n} = I$，故利用此两相等矩阵中的对应元素应相等，可列出 12 个三角方程式，但考虑到上述三角方程式中最多只有 6 个是独立的，故可选择易求解的方程式（一般为 6 个）联立求解，得出各未知相对运动参数与已知相对运动参数（等于机构的自由度数）之间的函数关系，而其余的方程式用来校核计算。

式（2.9-22）及其变换形式常用来求解四杆及少于四杆的机构，但对于多于四杆的机构，求解上述三角方程组往往十分困难。为此，常采用拆杆法，利用等同关系列出方程求解。这一方法可以避开与求解无关的相对运动参数，使求解较为简捷。

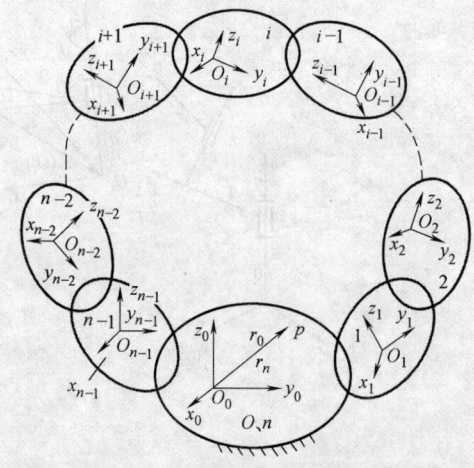

图 2.9-9 封闭型空间连杆机构的矢量位置

## 4.2　RSSR 空间四杆机构的运动分析

　　图 2.9-10 所示为含有首末两个转动副和两个中间球面副的 RSSR 空间四杆机构，由于主动件 1 通常为曲柄而从动件 3 多为摇杆，所以也常称为空间曲柄摇杆机构。对空间连杆机构进行运动分析的主要问题，是求出从动件转角随主动件转角而变化的函数关系。下面以拆杆法（即设想将连杆 2 拆除的方法）来对图示机构进行分析。

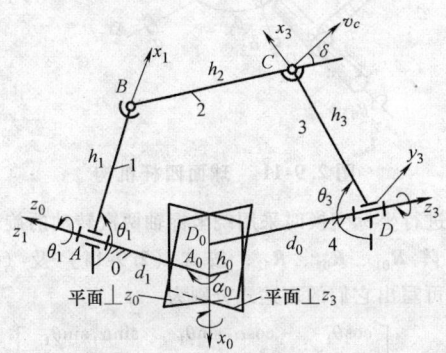

**图 2.9-10　RSSR 空间四杆机构**

### 4.2.1　选定各坐标系，标出有关参数

　　机构各构件的位置可用代表该构件的矢量表示。若在每一构件上各固定一个坐标系，则各构件之间的位置关系就可用坐标系间的关系来表达。在图 2.9-10 中，机架 0、主动件 1 及从动件 3 上分别固结坐标系 $A_0 x_0 (y_0) z_0$、$A x_1 (y_1) z_1$ 及 $D x_3 (y_3) z_3$。由于连杆 2 在运动分析中将被拆去，故连杆 2 上不固结坐标系。

　　在选择坐标系时，主要考虑与前述推导 D-H 矩阵时的坐标系相一致，以便采用 D-H 矩阵进行坐标变换。先选定各个 $z$ 轴，然后沿每两个相邻 $z$ 轴的最短距离线，亦即公垂线，标出各个 $x$ 轴。在图 2.9-10 中，$z_1$ 轴和 $z_3$ 轴分别沿主动件 1 和从动件 3 的转动轴线，而与机架 $O$ 相固结的 $z_0$ 轴则与 $z_1$ 轴相重合；$x_1$ 与过球面副中心 $B$ 所作 $z_1$ 轴的垂线相重合；$x_3$ 轴与过球面副中心 $C$ 所作 $z_3$ 轴的垂线相重合，$x_0$ 轴选在 $z_3$ 和 $z_0$ 两轴线的公垂线方向。图中机构各构件的尺寸参数如下：$h_1 = \overline{AB}$，$h_2 = \overline{BC}$，$h_3 = \overline{DC}$，$d_0 = \overline{D_0 D}$，$d_1 = \overline{A_0 A}$，$\alpha_0$ 为机架角度，$\theta_1$ 为主动件的转角即输入角，$\theta_3$ 为从动件转角即输出角。

　　在图 2.9-10 中，坐标系 $x_1 (y_1) z_1$ 由坐标 $x_0 (y_0)$.$z_0$ 绕 $z_0$ 转过角度 $\theta_1$ 而得；坐标系 $x_0 (y_0) z_0$ 坐标系 $x_3 (y_3) z_3$ 先绕 $z_3$ 轴转过角度 $-\theta_3$，再绕 $x_0$ 轴转过角度 $\alpha_0$ 而得。

### 4.2.2　求出 B、C 两点的坐标

　　设球面副中心 $B$ 和 $C$ 在机架坐标系 $x_0 (y_0) z_0$

中的坐标分别为 $B(x_B, y_B, z_B)$ 和 $C(x_C, y_C, z_C)$。坐标系 $x_1(y_1) z_1$ 由坐标系 $x_0(y_0) z_0$ 变换得到，其 D-H 矩阵 $\boldsymbol{M}_{01}$ 的中参数 $\theta_{01}$、$\alpha_{01}$、$a_{01}$、$d_{01}$ 分别取值为 $\theta_1$、0、0、$d_1$（见图 2.9-10）。坐标系 $x_0$($y_0$) $z_0$ 由坐标系 $x_3(y_3) z_3$ 变换得到，其 D-H 矩阵 $\boldsymbol{M}_{30}$ 中的参数 $\theta_{30}$、$\alpha_{30}$、$a_{30}$、$d_{30}$ 分别取值为 $-\theta_3$、$\alpha_0$、$h_0$、$-d_0$。由式（2.9-21）得 $B$、$C$ 两点坐标变换关系为

$$\begin{bmatrix} x_B \\ y_B \\ z_B \\ 1 \end{bmatrix} = \boldsymbol{M}_{01} \begin{bmatrix} h_1 \\ 0 \\ 0 \\ 1 \end{bmatrix} \qquad (2.9\text{-}23a)$$

$$\begin{bmatrix} x_C \\ y_C \\ z_C \\ 1 \end{bmatrix} = \boldsymbol{M}_{03} \begin{bmatrix} h_3 \\ 0 \\ 0 \\ 1 \end{bmatrix} = \boldsymbol{M}_{30}^{-1} \begin{bmatrix} h_3 \\ 0 \\ 0 \\ 1 \end{bmatrix} \qquad (2.9\text{-}23b)$$

其中，$\boldsymbol{M}_{01}$、$\boldsymbol{M}_{30}^{-1}$ 分别由式（2.9-19）和式（2.9-20）求得：

$$\boldsymbol{M}_{01} = \begin{bmatrix} \cos\theta_1 & -\sin\theta_1 & 0 & 0 \\ \sin\theta_1 & \cos\theta_1 & 0 & 0 \\ 0 & 0 & 1 & d_1 \\ 0 & 0 & 0 & 1 \end{bmatrix},$$

$$\boldsymbol{M}_{30}^{-1} = \begin{bmatrix} \cos\theta_3 & -\sin\theta_3 & 0 & -h_0 \\ \cos\alpha_0\sin\theta_3 & \cos\alpha_0\cos\theta_3 & \sin\alpha_0 & d_0\sin\alpha_0 \\ -\sin\alpha_0\sin\theta_3 & -\sin\alpha_0\cos\theta_3 & \cos\alpha_0 & d_0\cos\alpha_0 \\ 0 & 0 & 0 & 1 \end{bmatrix}$$

由式（2.9-23a）和式（2.9-23b）运算可得：

$$\left.\begin{array}{l} x_B = h_1 \cos\theta_1 \\ y_B = h_1 \sin\theta_1 \\ z_B = d_1 \end{array}\right\} \qquad (2.9\text{-}23c)$$

$$\left.\begin{array}{l} x_C = h_3 \cos\theta_3 - h_0 \\ y_C = h_3 \cos\alpha_0 \sin\theta_3 + d_0 \sin\alpha_0 \\ z_C = -h_3 \sin\alpha_0 \sin\theta_3 + d_0 \cos\alpha_0 \end{array}\right\} \qquad (2.9\text{-}23d)$$

### 4.2.3　列出位移方程式

　　由于 $B$、$C$ 两点间的距离始终保持定长，故不管连杆 2 如何运动，总有下式成立：

$$(x_B - x_C)^2 + (y_B - y_C)^2 + (z_B - z_C)^2 = h_2^2$$

将式（2.9-23c）和式（2.9-23d）代入整理后得：

$$h_1^2 - h_2^2 + h_3^2 + h_0^2 + d_0^2 + d_1^2 - 2h_1 h_3$$
$$(\cos\theta_1 \cos\theta_3 + \cos\alpha_0 \sin\theta_1 \sin\theta_3) +$$
$$2h_1(h_0 \cos\theta_1 - s_3 \sin\alpha_0 \sin\theta_1) + 2h_3(d_1 \sin\alpha_0 \sin\theta_3 -$$
$$h_0 \cos\theta_3) - 2d_0 d_1 \cos\alpha_0 = 0 \qquad (2.9\text{-}24)$$

　　为了求出角 $\theta_3$ 与 $\theta_1$ 的关系，式（2.9-24）可写

成如下三角方程的形式

$$A\sin\theta_3 + B\cos\theta_3 + C = 0 \qquad (2.9\text{-}25)$$

其中，系数 $A$、$B$ 及 $C$ 与机构的结构参数和输入角 $\theta_1$ 的关系为

$$A = \cos\alpha_0 \sin\theta_1 - d_1 \sin\alpha_0 / h_1$$

$$B = h_0/h_1 + \cos\theta_1$$

$$C = \frac{d_0 \sin\alpha_0 \sin\theta_1 - h_0 \cos\theta_1}{h_3} +$$

$$\frac{h_2^2 - (h_1^2 + h_3^2 + h_0^2 + d_0^2 + d_1^2) + 2d_0 d_1 \cos\alpha_0}{2h_1 h_3}$$

解此三角方程得：

$$\theta_3 = 2\arctan\left(\frac{A + M\sqrt{A^2 + B^2 - C^2}}{B - C}\right)$$

其中，$M = \pm 1$。

上式表明：对于含有两个球面副的空间四杆机构，给出主动件的一个位置，从动件有两个可能位置，亦即机构存在两个可能的封闭图形，需按照机构的装配方案或运动的连续性进行选择。

#### 4.2.4　输出角速度和角加速度的求解

将式（2.9-25）对时间求一阶导数，并令 $\mathrm{d}\theta_1 / \mathrm{d}t = \omega_1$ 和 $\mathrm{d}\theta_3/\mathrm{d}t = \omega_3$，经过整理可得：

$$\omega_3 = \frac{(h_0/h_3 - \cos\theta_3)\sin\theta_1 + (d_0\sin\alpha_0/h_3 + \cos\alpha_0\sin\theta_3)\cos\theta_1}{B\sin\theta_3 - A\cos\theta_3}$$

$$(2.9\text{-}26)$$

将式（2.9-25）对时间求二阶导数，并设主动件 1 等角速度转动，则角加速度 $\varepsilon_1 = \mathrm{d}\omega_1/\mathrm{d}t = 0$，可得从动件 3 的角加速度为

$$\varepsilon_3 = \frac{D}{B\sin\theta_3 - A\cos\theta_3} \qquad (2.9\text{-}27)$$

其中：

$$D = \left[(h_0/h_3 - \cos\theta_3)\cos\theta_1 - (d_0\sin\alpha_0/h_3 + \cos\alpha_0\sin\theta_3)\sin\theta_1\right]\omega_1^2 + \left[(d_1\sin\alpha_0/h_1 - \cos\alpha_0\sin\theta_1)\sin\theta_3 - (h_0/h_1 + \cos\theta_1)\cos\theta_3\right]\omega_3^2 + 2\omega_1\omega_3(\sin\theta_1\sin\theta_3 + \cos\alpha_0\cos\theta_1\sin\theta_3)$$

### 4.3　球面四杆机构和万向节的运动分析

#### 4.3.1　球面四杆机构

球面四杆机构是很基本又很常用的机构，其结构特点是四个转动副轴线汇交于一固定中心点 $O$，如图 2.9-3 和图 2.9-11 所示。对球面四杆机构，同样可将连杆 2 拆离来进行运动分析，但是与图 2.9-10 所示机构的不同点在于要按连杆的中心夹角 $\alpha_2$ 来建立纯角度关系式。

在图 2.9-11 中，各构件均分别固结有相应的坐标系。其中，各个 $z$ 轴分别沿有关的转动副轴线，而

$x$ 轴的选取则考虑进行坐标变换的需要。图 2.9-11 中，轴 $x_1 \perp$ 轴 $z_0$ 和 $z_1$，轴 $x_2 \perp$ 轴 $z_1$ 和 $z_2$，轴 $x_3 \perp$ 轴 $z_2$ 和 $z_3$，轴 $x_0 \perp$ 轴 $z_3$ 和 $z_0$。

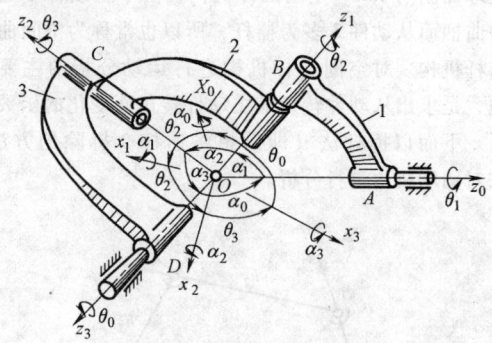

**图 2.9-11　球面四杆机构**

进行坐标变换时采用绕坐标轴两次转动的旋转变换矩阵 $\boldsymbol{R}_{01}$、$\boldsymbol{R}_{03}$、$\boldsymbol{R}_{32}$，按式（2.9-14）及（2.9-15）可写出它们的表达式分别为

$$\boldsymbol{R}_{01} = \begin{bmatrix} \cos\theta_1 & -\cos\alpha_1\sin\theta_1 & \sin\alpha_1\sin\theta_1 \\ \sin\theta_1 & \cos\alpha_1\cos\theta_1 & -\sin\alpha_1\cos\theta_1 \\ 0 & \sin\alpha_1 & \cos\alpha_1 \end{bmatrix}$$

$$\boldsymbol{R}_{03} = [\boldsymbol{R}_{30}]^{\mathrm{T}} = \begin{bmatrix} \cos\theta_0 & \sin\theta_0 & 0 \\ -\cos\alpha_0\sin\theta_0 & \cos\alpha_0\cos\theta_0 & \sin\alpha_0 \\ \sin\alpha_0\sin\theta_0 & -\sin\alpha_0\sin\theta_0 & \cos\alpha_0 \end{bmatrix}$$

$$\boldsymbol{R}_{32} = [\boldsymbol{R}_{23}]^{\mathrm{T}} = \begin{bmatrix} \cos\theta_3 & \sin\theta_3 & 0 \\ -\cos\alpha_3\sin\theta_3 & \cos\alpha_3\cos\theta_3 & \sin\alpha_3 \\ \sin\alpha_3\sin\theta_3 & -\sin\alpha_3\sin\theta_3 & \cos\alpha_3 \end{bmatrix}$$

采用拆杆法，设想将连杆 2 拆离时，轴 $z_1$ 及 $z_2$ 在参考坐标系 $Ox_0(y_0)z_0$ 中的时变方向余弦要受到连杆 2 有固定中心夹角 $\alpha_2$ 约束。因此，假想拆离杆 2 后，机构运动时仍应保持的几何等同关系式可按式（2.9-4）写出如下：

$$\cos\alpha_2 = \cos(x_0, z_1)\cos(x_0, z_2) + \cos(y_0, z_1)$$
$$(x_0, z_2) + \cos(y_0, y_1)\cos(z_1, z_2) \qquad (2.9\text{-}28)$$

此外，轴 $z_1$ 及 $z_2$ 的方向余弦可利用式（2.9-16）、（2.9-17）、（2.9-14）求出如下：

$$\begin{bmatrix} \cos(x_0, z_1) \\ \cos(y_0, z_1) \\ \cos(z_0, z_1) \end{bmatrix} = \boldsymbol{R}_{01}\begin{bmatrix} 0 \\ 0 \\ 1 \end{bmatrix} = \begin{bmatrix} \sin\alpha_1\sin\theta_1 \\ -\sin\alpha_1\cos\theta \\ \cos\alpha_1 \end{bmatrix}$$

$$(2.9\text{-}29)$$

$$\begin{bmatrix} \cos(x_0, z_2) \\ \cos(y_0, z_2) \\ \cos(z_0, z_2) \end{bmatrix} = \boldsymbol{R}_{03}\boldsymbol{R}_{32}\begin{bmatrix} 0 \\ 0 \\ 1 \end{bmatrix} =$$

$$\begin{bmatrix} \sin\alpha_3\sin\theta_0 \\ \sin\alpha_3\cos\alpha_0\cos\theta_0 + \cos\alpha_3\sin\alpha_0 \\ -\sin\alpha_3\sin\alpha_0\cos\theta_0 + \cos\alpha_3\cos\alpha_0 \end{bmatrix} \quad (2.9\text{-}30)$$

将式（2.9-29）和式（2.9-30）代入式（2.9-28）可得

$$A'\sin\theta_0 + B'\cos\theta_0 + C' = 0 \quad (2.9\text{-}31)$$

式中：

$$\left.\begin{aligned} A' &= \sin\theta_1 \\ B' &= -(\operatorname{ctg}\alpha_1\sin\alpha_0 + \cos\alpha_0\cos\theta_1) \\ C' &= (\operatorname{ctg}\alpha_1\operatorname{ctg}\alpha_3\cos\alpha_0 - \cos\alpha_2\csc\alpha_3) - \operatorname{ctg}\alpha_3\sin\alpha_0\cos\theta_0 \end{aligned}\right\}$$
$$(2.9\text{-}32)$$

解式（2.9-31）可得：

$$\theta_0 = 2\operatorname{arctg}\left( \frac{A' + M\sqrt{A'^2 + B'^2 - C'^2}}{B' - C'} \right)$$
$$(2.9\text{-}33)$$

式中，标志符 $M = \pm1$ 应按机构简图及从动件运动的连续性条件选取。

将式（2.9-31）对时间求导并令 $\mathrm{d}\theta_1/\mathrm{d}t = \omega_1$，可得：

$$\frac{\mathrm{d}\theta_0}{\mathrm{d}t} = \frac{\cos\theta_1\sin\theta_0 + \sin\theta_1(\cos\alpha_3\cos\theta_0 + \operatorname{ctg}\alpha_3\sin\alpha_0)}{\sin\theta_1\cos\theta_0 + (\operatorname{ctg}\alpha_1\sin\alpha_0 + \cos\alpha_0\cos\theta_1)\sin\theta_0}\omega_1$$

再求一次导数并注意到 $\mathrm{d}\omega_1/\mathrm{d}t = 0$，不难求得 $\mathrm{d}^2\theta_0/\mathrm{d}t^2$ 的公式。

### 4.3.2　单万向节

1. 单万向节

万向节是用来传递两相交轴间转动的一种常见的球面四杆机构。如图 2.9-12 所示，主动轴 1 和从动轴 3 端部带有叉，两叉与十字头 2 组成转动副 $B$、$C$。轴 1 和 3 与机架 $O$ 组成转动副 $A$、$D$，转动副 $A$ 和 $B$、$B$ 和 $C$ 及 $C$ 和 $D$ 的轴线分别互相垂直，并均相交于十字头的中心点 $O$，而输入轴和输出轴之间的夹角为 $180° - \alpha$，故单万向节为一种特殊的球面四杆机构。

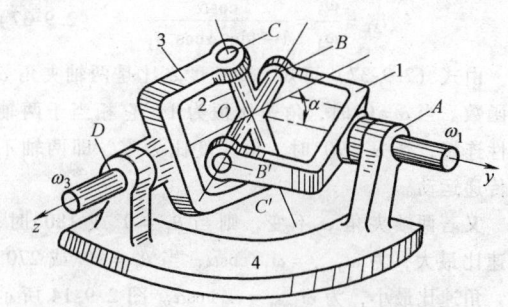

**图 2.9-12　单万向节的结构图**

单万向节，轴 $A$ 及轴 $D$ 均做整周回转，但是两轴的瞬时角速度并不时时相等，即轴 $A$ 作等速回转时，轴 $D$ 做变速回转。它们之间的非线性转动关系不难由上述球面四杆机构公式导出。将 $\alpha_1 = \alpha_2 = \alpha_3 = 90°$ 及 $\alpha_0 = 180° - \alpha$（见图 2.9-11 和图 2.9-13a），代入式（2.9-31）可得：

$$\sin\theta_1\sin\theta_0 + \cos\theta_1\cos\theta_0\cos\alpha_1 = 0 \quad (2.9\text{-}34)$$

在图 2.9-13b 所示机构的起始位置输入轴 $A$ 的转角 $\theta_1 = 0°$，此时 $\theta_0 = 90°$，但按传统取法，输出轴 $D$ 的转角 $\psi = 0°$，则 $\psi = 90° - \theta_0$，而式（2.9-34）可改取以下形式：

$$\tan\theta_1 = -\cos\alpha\tan\psi \quad (2.9\text{-}35)$$

将该式对时间求导，并令输出轴的角速度 $\omega_3 = \mathrm{d}\psi/\mathrm{d}t$，可得：

$$\omega_3 = -\frac{\omega_1\cos\alpha}{1 - \sin^2\alpha\cos^2\theta_1} \quad (2.9\text{-}36)$$

式（2.9-35）和式（2.9-36）中的负号表示：如输入轴 1 绕 $z_4$ 逆时针转动，则输出轴 3 绕 $z_3$ 做顺时针转动。

如令传动比 $i_{31} = \omega_3/\omega_1$，则由式（2.9-36）可得：

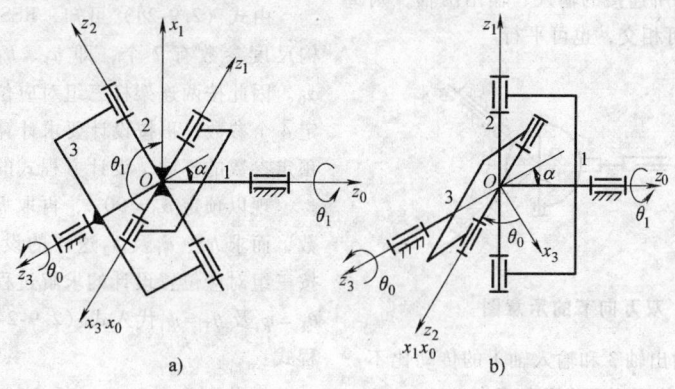

a)　　　　　　　　　b)

**图 2.9-13　单万向节的参数关系图**

a) $\theta_1 = -\dfrac{\pi}{2}$、$\theta_0 = 0$　b) $\theta_1 = 0$、$\theta_0 = \dfrac{\pi}{2}$

$$i_{31} = \frac{\omega_3}{\omega_1} = \frac{\cos\alpha}{1 - \sin^2\alpha\cos^2\theta_1} \qquad (2.9\text{-}37)$$

由式（2.9-37）可知，角速度之比是两轴夹角 $\alpha$ 的函数。当 $\alpha = 0°$ 时，角速比恒为 1，它相当于两轴刚性连接；当 $\alpha = 90°$ 时，角速度比为零，即两轴不能传递运动。

又若两轴夹角 $\alpha$ 不变，则当 $\theta_1 = 0°$ 或 $180°$ 时，角速比最大，为 $\omega_{3max} = \omega_1/\cos\alpha$；当 $\theta_1 = 90°$ 或 $270°$ 时，角速比最小，为 $\omega_{3min} = \omega_1\cos\alpha$。图 2.9-14 所示为 $\theta_1$ 在 $180°$ 范围内 $i_{31}$ 随 $\alpha$ 及 $\theta_1$ 的变化线图。由图 2.9-14 可知，随着两轴夹角的增大，传动比 $i_{31}$ 或输出轴转速 $\omega_3$ 的波动幅度也增大。因此，在实际应用中，$\alpha$ 一般不超过 $45°$。

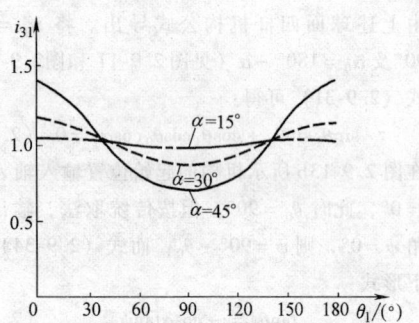

**图 2.9-14　$i_{31}$ 随 $\alpha$ 及 $\theta_1$ 的变化线图**

**2. 双万向节**

由于单万向节的从动轴 3 的角速度 $\omega_3$ 呈周期性变化，因而在传动中将引起附加的动载荷，使轴产生振动。为消除这一缺点，可采用双万向节（见图 2.9-15），即用一个中间轴 M 和两个单万向节将输入轴 1 和输出轴 3 连接起来。中间轴 M 的两部分采用滑键联结（见图 2.9-16），以允许两轴的轴向距离有所变动。至于双万向节所连接的输入、输出两轴，则如图 2.9-15 所示，既可相交，也可平行。

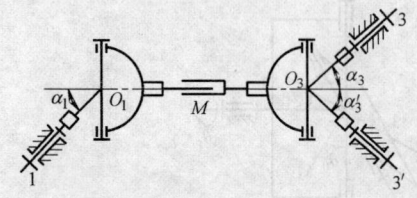

**图 2.9-15　双万向节的示意图**

为了保证传动中输出轴 3 和输入轴 1 的传动比不变而恒等于 1，必须遵从下列两个几何条件。

1）中间轴与输入轴和输出轴之间的夹角必须相等，即 $\alpha_1 = \alpha_3$。

2）中间轴两端的叉面必须位于同一平面内，如图 2.9-16 所示。

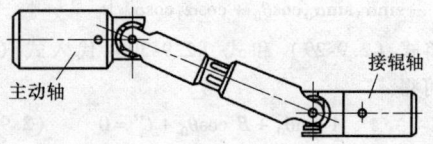

**图 2.9-16　双万向节的结构图**

这是因为按照第二个条件，轴 M 相当于图 2.9-12 中的轴 1，而双万向节中的轴 1 和轴 3 相当于图 2.9-12 中的轴 3，因此由式（2.9-35）得：

$$\tan\theta_M = -\cos\alpha_1\tan\psi_1$$
$$\tan\theta_M = -\cos\alpha_3\tan\psi_3$$

又按照第一个条件 $\alpha_1 = \alpha_3$，故比较以上两式可得 $\psi_1 = \psi_3$，于是有 $\omega_1 = \omega_3$。

由于双万向节可使输入和输出轴保持等速，所以在工程中，大多采用双万向节。在机械工作过程中，即使轴间夹角或轴间距离经常变化，万向节也能够传递转动。因此，它常用于机床、汽车、飞机以及其他机械设备中。如在汽车变速器和后桥主动器之间用双万向节连接，当汽车行驶时，由于道路的不平会引起变速器输出轴和后桥输入轴相对位置的变化，这时中间轴与它们的倾角虽然也有相应变动，但是传动并不中断，汽车仍能继续行驶。

# 5　闭链型空间连杆机构的解析综合

以下仅以 RSSR 空间四杆机构为例简要介绍空间连杆机构的解析综合方法。

## 5.1　按两连架杆三组对应位置的设计

由式（2.9-24）可知，RSSR 机构可供设计的结构尺度参数有 7 个，即 $h_1$、$h_2$、$h_3$、$h_0$、$d_0$、$d_1$ 及 $\alpha_0$。因此按两连架杆三组对应位置设计时，应预先选定 4 个参数，再按设计要求计算其余 3 个参数。随着预定参数的不同，设计方程式的形式也不同。

现以预定 $\alpha_0 = 90°$，再取 $h_1$、$h_0$、$d_0$ 3 个预选参数，而求 $h_3$、$d_1$ 及 $h_2$ 这样的设计问题为例，来阐述按三组对应位置设计的求解过程。按照预定参数并以 $\theta_1 = \varphi_i$ 及 $\theta_3 = \psi_i$ 代入式（2.9-24）即可得下列设计方程式：

$$P_1(h_0 + h_1\cos\varphi_i)\cos\psi_i + P_2\sin\psi_i + P_3 = $$
$$h_1(d_0\sin\varphi_i - h_0\cos\varphi_i)$$

式中，未知量 $P_1$、$P_2$、$P_3$ 为

$$\left. \begin{array}{l} P_1 = -h_3 \\ P_2 = h_3 d_1 \\ P_3 = (h_1^2 - h_2^2 + h_3^2 + h_0^2 + d_0^2 + d_1^2)/2 \end{array} \right\}$$

将主动件和从动件的三组对应转角值 $\varphi_i$，$\psi_i$（$i=1$，$2$，$3$）分别代入上式可得 3 个线性方程式，由此解出 $P_1$、$P_2$、$P_3$ 后，即可求得待设计的 3 个参数 $h_3$、$d_1$、$h_2$。

## 5.2  按从动件两极限位置的设计

RSSR 空间四杆机构中可供设计的 7 个尺度参数为 $h_1$、$h_2$、$h_3$、$h_0$、$d_0$、$d_1$ 及 $\alpha_0$，若从动件 3 有瞬时角速度为零的极限位置，则令式（2.9-26）中的 $\omega_3 = 0$，可得从动件 3 处于极限位置时输入角 $\theta_1$ 和输出角 $\theta_3$ 之间的关系为

$$\tan\theta_1 = \frac{s_3 \sin\alpha_0 + h_3 \cos\alpha_0 \sin\theta_3}{h_3 \cos\theta_3 - h_0}$$

由上式可知，只要预先选定 $h_3$、$h_0$、$d_0$ 及 $\alpha_0$ 4 个参数的值，就可以用该式求出与摇杆 3 的极限位置角 $(\theta_3)_{I}$ 和 $(\theta_3)_{II}$ 相应的 $(\theta_1)_{I}$ 和 $(\theta_1)_{II}$。这样，RSSR 机构可供设计的 7 个结构尺度参数中还剩 3 个参数 $h_1$、$h_2$ 和 $d_0$。需满足摇杆处于极限位置时的两组对应位置角。为此再预选一个参数，如 $d_1$，而计算主动件 1 和连杆 2 的长度 $h_1$ 和 $h_2$。将两组位置角 $(\theta_1)_{I}$、$(\theta_3)_{I}$ 和 $(\theta_1)_{II}$、$(\theta_3)_{II}$ 的数值代入（2.9-24）得两个方程式，联立求解即可得出 $h_1$ 和 $h_2$ 这两个待定参数。

# 第 3 篇　连接与弹簧

**主　编**　龚发云

**编写人**　龚发云　汤亮（第 1 章）

　　　　　王为（第 2 章）

　　　　　魏兵　卜智翔（第 3 章）

　　　　　魏春梅（第 4 章）

**审稿人**　阎毓杰　闫朝勤　梅顺齐

# 本篇主要内容与特色

第 3 篇为连接与弹簧。第 1 章介绍了螺纹及螺纹连接，包括螺纹的分类、螺纹副中力矩等的计算、螺纹连接类型与受力计算，以及螺纹连接的应用；第 2 章包括销连接、键及花键连接、无键连接；第 3 章介绍铆接、焊接及粘接，包括其类型、特点和应用；第 4 章介绍弹簧，包括圆柱螺旋弹簧、非线性特性线螺旋弹簧、碟形弹簧、片弹簧和线弹簧、扭杆弹簧、空气弹簧、橡胶弹簧的性能与应用。

本篇具有以下特色：

1）主要介绍常用连接方式及标准规范，在取材和选材过程中，尽量压缩基本原理论述，汇集手册化、表格化的图表资料，方便查找。同时，也介绍了设计中出现的一些新的连接非标准件。

2）本篇贯彻和采用了最新国家标准、行业标准和相关的国际新标准，最大限度地充实和体现新标准技术资料，为现代机械设计师完成常用机械零部件的设计任务提供完善的技术参考。

3）从设计人员的角度考虑，合理安排内容取舍和编排体系。本篇所选数据、资料主要来自标准、规范和其他权威资料，设计方法、公式、参数选用等内容经过长期的实践检验，设计举例来自工程实践。

# 第1章　螺纹及螺纹连接

## 1　螺纹的分类及应用

螺纹的分类、特点和应用见表 3.1-1。

**表 3.1-1　螺纹的分类、特点和应用**

| 螺纹种类 | 代号 | 主　要　特　点 | 主　要　应　用 |
|---|---|---|---|
| 普通螺纹<br>GB/T 192～<br>197—2003 | M | <br>牙型角 $\alpha$ 为 60°的管螺纹,自锁性能好,按螺距分为粗牙和细牙两种,细牙螺纹螺距小、螺旋升角小、小径大、螺纹的杆身面积大、强度高、自锁性能较好,但不耐磨、易脱扣,粗牙螺纹的直径和螺距的比例适中、强度好,应用最为广泛 | 主要用于紧固连接,一般连接多用粗牙螺纹,细牙螺纹用于薄壁零件,也常用于受变载、振动及冲击载荷的连接,还可用于微调机构的调整<br>普通螺纹也称一般用途的螺纹,是螺纹件数量最多的一种 |
| 过渡配合螺纹<br>GB/T 1167—1996 | | 牙型与普通螺纹相同,选取普通螺纹的部分尺寸,利用内、外螺纹旋合后在中径上形成过渡配合进行锁紧,易产生过松或过紧而影响装配效率和质量 | 主要用于双头螺柱固定于机体的一端,以防止当拧开螺柱的另一端螺母时,螺柱从机体中脱出,应在中径尺寸之外采用辅助的锁紧措施,防止螺柱松动 |
| 过盈配合螺纹<br>GB/T 1181—1998 | | 牙型与普通螺纹相同,利用中径尺寸过盈锁紧螺柱,不允许采用辅助的锁紧措施 | 主要用于大功率、高转速、工作环境恶劣的动力机械<br>推荐采用分组装配以提高效益 |
| 光学仪器用短牙螺纹<br>JB/T 5450—2007 | MD | 牙型角 $\alpha$ 为 60°的管螺纹,将牙型高度由普通螺纹的 $\frac{5}{8}H$ 改为 $\frac{1}{2}H$,其螺距完全采用普通螺纹的全部细牙螺距,公称直径范围为 8～160mm | 用于细牙螺纹不能很好满足的薄壁零件处,多用于光学仪器的调焦 |
| MJ螺纹<br>GJB 3.1～3.3—2003 | MJ | 牙型角 $\alpha$ 为 60°的管螺纹,与普通螺纹相比,加大了外螺纹的牙底圆弧半径 $R$ 和小径的削平量,以此来减小应力集中并可提高螺纹强度 | 主要用于航空和航天器中<br>MJ 螺纹也称为加强螺纹 |
| 小螺纹<br>GB/T 15054.1～5—1994 | S | 牙型角 $\alpha$ 为 60°的三角形螺纹,为提高小螺纹的强度,基本牙型上小径处的削平高度从普通小螺纹的 0.25H 加大为 0.321H,由于小螺纹的牙槽浅,工艺性将好一些 | 用于钟表、仪器和电子产品中公称直径小于 1mm 的紧固连接螺纹 |
| 方形螺纹<br>(矩形螺纹) | Tr | <br>牙型角 $\alpha$ 为 0°的正方形螺纹,牙厚为螺距的一半,传动效率高,牙根强度差,对中性不好,磨损后间隙也无法补偿,工艺性差 | 曾用于力的传递或传导螺旋,如千斤顶、小型压力机等;目前仅用于对传动效率有较高要求的机件<br>方形螺纹也称矩形螺纹,没有制定国家标准 |

（续）

| 螺纹种类 | 代号 | 主 要 特 点 | 主 要 应 用 |
|---|---|---|---|
| 梯形螺纹<br>GB/T 5796.1~4—<br>2005 | Tr | 牙型角 α 为 30°的梯形螺纹，牙型高度为 0.5P，螺纹副的小径和大径处有相等的间隙，与矩形螺纹相比，效率略低，但工艺性好，牙根强度高，螺纹副对中性好，可以调整间隙（用剖分螺母时） | 广泛应用于各种传动和大尺寸机件的紧固连接，常用于传动螺旋、丝杠、刀架丝杠等 |
| 锯齿形（3°、30°）螺纹<br>GB/T 13576.1~4—<br>2008 | — | 一般情况下，螺纹牙工作面的牙侧角为 3°，非工作面的牙侧角为 30°，也可根据传动效率来选择承载面的牙侧角，锯齿形螺纹兼有矩形螺纹效率高和梯形螺纹牙强度高、工艺性好的优点，是一种非对称牙型的螺纹，外螺纹的牙底有相当大的圆角，可以减小应力集中，螺纹副的大径处无间隙，便于对中，同时还可任选大径或中径两种不同的定心方式 | 用于单向受力的传动和定位，如轧钢机的压下螺旋、螺旋压力机、水压机、起重机的吊钩等<br>目前使用的有 3°/30°、3°/45°、7°/45°、0°/45°等数种不同牙侧角的锯齿形螺纹 |
| 自攻螺钉用螺纹<br>GB/T 5280—2002、<br>GB/T 6559—1986 | ST | 随着螺距 P 的减小，滚压螺纹时所消耗的能量降低，且制造精度有所提高 | 主要用于金属薄板 |
| 圆弧螺纹 | — | 牙型为圆弧形，常用的牙型角 α 为 30°或 45°，牙粗、圆角大、螺纹不易碰损并易于消除污垢，内、外螺纹配合时有间隙，用于需要经常拆卸的地方，有较长的寿命，处于动载荷时强度较高 | 用于经常与污物接触和易生锈的场合，如水管闸门的螺旋导轴，也可用于玻璃器皿的瓶口、吊钩或需消除污物的场合，还可用于薄壁空心零件上 |
| 管连接用细牙普通螺纹 | M | 与普通细牙螺纹相同，不需专用量刃具，制造经济，靠零件端面和密封圈密封 | 用于液压系统、气动系统、润滑附件和仪表等处 |
| 55°非密封管螺纹<br>GB/T 7307—2001 | G | 牙型角 α 为 55°，其牙顶和牙底均为圆弧形，公称直径近似为管子内径，内、外螺纹均为圆柱形的管螺纹，内、外螺纹配合后不具有密封性，在管路系统中仅起机械连接的作用 | 用于电线保护等场合<br>由于可借助于密封圈在螺纹副之外的端面进行密封，也用于静载荷下的低压管路系统 |

（续）

| 螺纹种类 | 代号 | 主　要　特　点 | 主　要　应　用 |
|---|---|---|---|
| 55°密封管螺纹<br>GB/T 7306.1~2—<br>2000 | $R_1$、$R_2$、<br>Rp、Rc | <br>牙型角 $\alpha$ 为 55°，公称直径近似为管子内径，内、外螺纹旋紧后不用填料而依靠螺纹牙本身的变形即可保证连接的紧密性。它有两种配合方式：1)圆柱内螺纹/圆锥外螺纹，密封性好一些；2)圆锥内螺纹/圆锥外螺纹，密封性稍差些，但不易被破坏。圆锥螺纹的锥度为 1:16，牙顶和牙底均为圆弧形 | 1)圆柱内螺纹/圆锥外螺纹的配合，可用于低压、静载，水、煤气管多采用此种配合方式<br>2)圆锥内螺纹/圆锥外螺纹的配合，可用于高温、高压、承受冲击载荷的系统 |
| 60°密封管螺纹<br>GB/T 12716—2002 | NPT、<br>NPSC | <br>牙型角 $\alpha$ 为 60°的密封管螺纹，其锥度为 1:16，与 55°密封管螺纹的配合方式及性能类似。该螺纹牙型规定牙顶和牙底均是平的，实际加工中多呈圆弧形，该螺纹牙型来源于美国标准 | 主要用于汽车、拖拉机、航空机械、机床等燃料、油、水、气输送系统的管连接 |
| 米制密封螺纹<br>GB/T 1415—2008 | Mc<br>Mp | 基本牙型及尺寸系列均符合普通螺纹规定的管螺纹，性能与其他密封管螺纹类同，其优点是能与普通螺纹组成配合，加工和测量都比较方便，锥度为 1:16 | 用于气体、液体管路系统依靠螺纹密封的连接 |
| 气瓶螺纹<br>GB/T 8335~8336—<br>2011 | — | 牙型角为 55°、锥度为 3:25 的圆锥螺纹，牙顶与牙底均为圆弧形。螺纹牙分为螺纹牙型的角平分线垂直于螺纹轴线和垂直于圆锥体素线两种。锥螺纹的锥度也不完全相同 | 用于气瓶的瓶口与瓶阀连接及其他密封连接的锥螺纹（以下简称圆锥螺纹），以及瓶帽与颈圈连接的非螺纹密封的圆柱管螺纹（以下简称圆柱螺纹） |

## 1.1　普通螺纹

　　普通螺纹主要用于连接，我国的普通螺纹标准采用了国际标准中的米制螺纹系列，其内容包括牙型、尺寸、公差和标记等。普通螺纹的基本牙型是内、外螺纹共有的牙型并具有基本尺寸。基本牙型的原始三角形为 60°的等边三角形，在其顶部和底部分别削去 $H/8$ 和 $H/4$ 便构成了普通螺纹的基本牙型。

　　普通螺纹的尺寸是由直径和螺距两个尺寸共同决定的。设计者应按标准的规定选用。

　　GB/T 193—2003《普通螺纹 直径与螺距系列》对普通螺纹的直径与螺距组合系列进行了如下规定。

　　1）该标准适用于一般用途的机械紧固螺纹连接，其螺纹本身不具有密封功能。

　　2）直径与螺距的标准组合系列见表 3.1-2 的规定，在表内应选择与直径处于同一行内的螺距，并尽可能避免选用括号内的螺距；对于直径，则应优先选用第一系列的直径，其次是第二系列，最后再选择第三系列。

　　3）除了标准系列，还规定有直径与螺距的特殊系列，对特殊系列的使用有一些限制。

　　4）对于标准系列的直径，如需使用比标准组合系列中规定还要小的特殊螺距，则应从下列螺距中选取：3mm、2mm、1.5mm、0.7mm、0.5mm、0.35mm、0.25mm、0.2mm。选择非标准组合的特殊螺距会增加螺纹的制造难度。

　　普通螺纹公差与配合见表 3.1-3。

## 表 3.1-2　普通螺纹基本尺寸（摘自 GB/T 196—2003）　　　　　　（单位：mm）

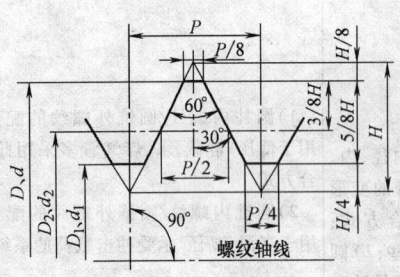

表中数值按下列公式计算,数值圆整到小数点后第三位数：

$$D_2 = D - 2 \times \frac{3}{8}H = D - 0.6495P$$

$$d_2 = d - 2 \times \frac{3}{8}H = d - 0.6495P$$

$$D_1 = D - 2 \times \frac{5}{8}H = D - 1.0825P$$

$$d_1 = d - 2 \times \frac{5}{8}H = d - 1.0825P$$

$$H = \frac{\sqrt{3}}{2}P = 0.866025404P$$

$D$ —内螺纹的基本大径　　　$d$ —外螺纹的基本大径　　　$D_2$ —内螺纹的基本中径
$d_2$ —外螺纹的基本中径　　$D_1$ —内螺纹的基本小径　　$d_1$ —外螺纹的基本小径
$P$ —螺距　　　　　　　　　$H$ —原始三角形高度

| 公称直径 $D$、$d$ | | | 螺距 $P$ | 中径 $D_2$ 或 $d_2$ | 小径 $D_1$ 或 $d_1$ | 公称直径 $D$、$d$ | | | 螺距 $P$ | 中径 $D_2$ 或 $d_2$ | 小径 $D_1$ 或 $d_1$ |
|---|---|---|---|---|---|---|---|---|---|---|---|
| 第一系列 | 第二系列 | 第三系列 | | | | 第一系列 | 第二系列 | 第三系列 | | | |
| 1 | | | 0.25① | 0.838 | 0.729 | | | 5.5 | 0.5 | 5.175 | 4.959 |
| | | | 0.2 | 0.870 | 0.783 | 6 | | | 1① | 5.350 | 4.917 |
| | 1.1 | | 0.25① | 0.938 | 0.829 | | | | 0.75 | 5.513 | 5.188 |
| | | | 0.2 | 0.970 | 0.883 | | | 7 | 1① | 6.350 | 5.917 |
| 1.2 | | | 0.25① | 1.038 | 0.929 | | | | 0.75 | 6.513 | 6.188 |
| | | | 0.2 | 1.070 | 0.983 | 8 | | | 1.25① | 7.188 | 6.647 |
| | 1.4 | | 0.3① | 1.205 | 1.075 | | | | 1 | 7.350 | 6.917 |
| | | | 0.2 | 1.270 | 1.183 | | | | 0.75 | 7.513 | 7.188 |
| 1.6 | | | 0.35① | 1.373 | 1.221 | | | 9 | 1.25① | 8.188 | 7.647 |
| | | | 0.2 | 1.470 | 1.383 | | | | 1 | 8.350 | 7.917 |
| | 1.8 | | 0.35① | 1.573 | 1.421 | | | | 0.75 | 8.513 | 8.188 |
| | | | 0.2 | 1.670 | 1.583 | 10 | | | 1.5① | 9.026 | 8.376 |
| 2 | | | 0.4① | 1.740 | 1.567 | | | | 1.25 | 9.188 | 8.647 |
| | | | 0.25 | 1.838 | 1.729 | | | | 1 | 9.350 | 8.917 |
| | 2.2 | | 0.45① | 1.908 | 1.713 | | | | 0.75 | 9.513 | 9.188 |
| | | | 0.25 | 2.038 | 1.929 | | | 11 | 1.5① | 10.026 | 9.376 |
| 2.5 | | | 0.45① | 2.208 | 2.013 | | | | 1 | 10.350 | 9.917 |
| | | | 0.35 | 2.273 | 2.121 | | | | 0.75 | 10.513 | 10.188 |
| 3 | | | 0.5① | 2.675 | 2.459 | 12 | | | 1.75① | 10.863 | 10.106 |
| | | | 0.35 | 2.773 | 2.621 | | | | 1.5 | 11.026 | 10.376 |
| | 3.5 | | 0.6① | 3.110 | 2.850 | | | | 1.25 | 11.188 | 10.647 |
| | | | 0.35 | 3.273 | 3.121 | | | | 1 | 11.350 | 10.917 |
| 4 | | | 0.7① | 3.545 | 3.242 | | 14 | | 2① | 12.701 | 11.835 |
| | | | 0.5 | 3.675 | 3.459 | | | | 1.5 | 13.026 | 12.376 |
| | 4.5 | | 0.75① | 4.013 | 3.688 | | | | 1.25 | 13.188 | 12.647 |
| | | | 0.5 | 4.175 | 3.959 | | | | 1 | 13.350 | 12.917 |
| 5 | | | 0.8① | 4.480 | 4.134 | | | | | | |
| | | | 0.5 | 4.675 | 4.459 | | | | | | |

（续）

| 公称直径 D、d | | | 螺距 P | 中径 $D_2$ 或 $d_2$ | 小径 $D_1$ 或 $d_1$ |
|---|---|---|---|---|---|
| 第一系列 | 第二系列 | 第三系列 | | | |
| | | 15 | 1.5 | 14.026 | 13.376 |
| | | | 1 | 14.350 | 13.917 |
| 16 | | | 2① | 14.701 | 13.835 |
| | | | 1.5 | 15.026 | 14.376 |
| | | | 1 | 15.350 | 14.917 |
| | | 17 | 1.5 | 16.026 | 15.376 |
| | | | 1 | 16.350 | 15.917 |
| | 18 | | 2.5① | 16.376 | 15.294 |
| | | | 2 | 16.701 | 15.835 |
| | | | 1.5 | 17.026 | 16.376 |
| | | | 1 | 17.350 | 16.917 |
| 20 | | | 2.5① | 18.376 | 17.294 |
| | | | 2 | 18.701 | 17.835 |
| | | | 1.5 | 19.026 | 18.376 |
| | | | 1 | 19.350 | 18.917 |
| | 22 | | 2.5① | 20.376 | 19.294 |
| | | | 2 | 20.701 | 19.835 |
| | | | 1.5 | 21.026 | 20.376 |
| | | | 1 | 21.350 | 20.917 |
| 24 | | | 3① | 22.051 | 20.752 |
| | | | 2 | 22.701 | 21.835 |
| | | | 1.5 | 23.026 | 22.376 |
| | | | 1 | 23.350 | 22.917 |
| | | 25 | 2 | 23.701 | 22.835 |
| | | | 1.5 | 24.026 | 23.376 |
| | | | 1 | 24.350 | 23.917 |
| | | 26 | 1.5 | 25.026 | 24.376 |
| | 27 | | 3① | 25.051 | 23.752 |
| | | | 2 | 25.701 | 24.835 |
| | | | 1.5 | 26.026 | 25.376 |
| | | | 1 | 26.350 | 25.917 |
| | | 28 | 2 | 26.701 | 25.835 |
| | | | 1.5 | 27.026 | 26.376 |
| | | | 1 | 27.350 | 26.917 |
| 30 | | | 3.5① | 27.727 | 26.211 |
| | | | 3 | 28.051 | 26.752 |
| | | | 2 | 28.701 | 27.835 |
| | | | 1.5 | 29.026 | 28.376 |
| | | | 1 | 29.350 | 28.917 |

| 公称直径 D、d | | | 螺距 P | 中径 $D_2$ 或 $d_2$ | 小径 $D_1$ 或 $d_1$ |
|---|---|---|---|---|---|
| 第一系列 | 第二系列 | 第三系列 | | | |
| | | 32 | 2 | 30.701 | 29.835 |
| | | | 1.5 | 31.026 | 30.376 |
| | 33 | | 3.5① | 30.727 | 29.211 |
| | | | 3 | 31.051 | 29.752 |
| | | | 2 | 31.701 | 30.835 |
| | | | 1.5 | 32.026 | 31.376 |
| | | 35 | 1.5 | 34.026 | 33.376 |
| 36 | | | 4① | 33.402 | 31.670 |
| | | | 3 | 34.051 | 32.752 |
| | | | 2 | 34.701 | 33.835 |
| | | | 1.5 | 35.026 | 34.376 |
| | | 38 | 1.5 | 37.026 | 36.376 |
| | 39 | | 4① | 36.402 | 34.670 |
| | | | 3 | 37.051 | 35.752 |
| | | | 2 | 37.701 | 36.835 |
| | | | 1.5 | 38.026 | 37.376 |
| | | 40 | 3 | 38.051 | 36.752 |
| | | | 2 | 38.701 | 37.835 |
| | | | 1.5 | 39.026 | 38.376 |
| 42 | | | 4.5① | 39.077 | 37.129 |
| | | | 4 | 39.402 | 37.670 |
| | | | 3 | 40.051 | 38.752 |
| | | | 2 | 40.701 | 39.835 |
| | | | 1.5 | 41.026 | 40.376 |
| | 45 | | 4.5① | 42.077 | 40.129 |
| | | | 4 | 42.402 | 40.670 |
| | | | 3 | 43.051 | 41.752 |
| | | | 2 | 43.701 | 42.835 |
| | | | 1.5 | 44.026 | 43.376 |
| 48 | | | 5① | 44.752 | 42.587 |
| | | | 4 | 45.402 | 43.670 |
| | | | 3 | 46.051 | 44.752 |
| | | | 2 | 46.701 | 45.835 |
| | | | 1.5 | 47.026 | 46.376 |
| | | 50 | 3 | 48.051 | 46.752 |
| | | | 2 | 48.701 | 47.835 |
| | | | 1.5 | 49.026 | 48.376 |
| | 52 | | 5① | 48.752 | 46.587 |
| | | | 4 | 49.402 | 47.670 |
| | | | 3 | 50.051 | 48.752 |
| | | | 2 | 50.701 | 49.835 |
| | | | 1.5 | 51.026 | 50.376 |

（续）

| 公称直径 D、d | | | 螺距 P | 中径 D₂或d₂ | 小径 D₁或d₁ |
|---|---|---|---|---|---|
| 第一系列 | 第二系列 | 第三系列 | $P$ | $D_2$ 或 $d_2$ | $D_1$ 或 $d_1$ |
| | | 55 | 4 | 52.402 | 50.670 |
| | | | 3 | 53.051 | 51.752 |
| | | | 2 | 53.701 | 52.835 |
| | | | 1.5 | 54.026 | 53.376 |
| 56 | | | 5.5① | 52.428 | 50.046 |
| | | | 4 | 53.402 | 51.670 |
| | | | 3 | 54.051 | 52.752 |
| | | | 2 | 54.701 | 53.835 |
| | | | 1.5 | 55.026 | 54.376 |
| | | 58 | 4 | 55.402 | 53.670 |
| | | | 3 | 56.051 | 54.752 |
| | | | 2 | 56.701 | 55.835 |
| | | | 1.5 | 57.026 | 56.376 |
| | 60 | | 5.5① | 56.428 | 54.046 |
| | | | 4 | 57.402 | 55.670 |
| | | | 3 | 58.051 | 56.752 |
| | | | 2 | 58.701 | 57.835 |
| | | | 1.5 | 59.026 | 58.376 |
| | | 62 | 4 | 59.402 | 57.670 |
| | | | 3 | 60.051 | 58.752 |
| | | | 2 | 60.701 | 59.835 |
| | | | 1.5 | 61.026 | 60.376 |
| 64 | | | 6① | 60.103 | 57.505 |
| | | | 4 | 61.402 | 59.670 |
| | | | 3 | 62.051 | 60.752 |
| | | | 2 | 62.701 | 61.835 |
| | | | 1.5 | 63.026 | 62.376 |
| | | 65 | 4 | 62.402 | 60.670 |
| | | | 3 | 63.051 | 61.752 |
| | | | 2 | 63.701 | 62.835 |
| | | | 1.5 | 64.026 | 63.376 |
| | 68 | | 6① | 64.103 | 61.505 |
| | | | 4 | 65.402 | 63.670 |
| | | | 3 | 66.051 | 64.752 |
| | | | 2 | 66.701 | 65.835 |
| | | | 1.5 | 67.026 | 66.376 |
| | | 70 | 6 | 66.103 | 63.505 |
| | | | 4 | 67.402 | 65.670 |
| | | | 3 | 68.051 | 66.752 |
| | | | 2 | 68.701 | 67.835 |
| | | | 1.5 | 69.026 | 68.376 |
| 72 | | | 6 | 68.103 | 65.505 |
| | | | 4 | 69.402 | 67.670 |
| | | | 3 | 70.051 | 68.752 |
| | | | 2 | 70.701 | 69.835 |
| | | | 1.5 | 71.026 | 70.376 |

| 公称直径 D、d | | | 螺距 P | 中径 D₂或d₂ | 小径 D₁或d₁ |
|---|---|---|---|---|---|
| 第一系列 | 第二系列 | 第三系列 | $P$ | $D_2$ 或 $d_2$ | $D_1$ 或 $d_1$ |
| | | 75 | 4 | 72.402 | 70.670 |
| | | | 3 | 73.051 | 71.752 |
| | | | 2 | 73.701 | 72.835 |
| | | | 1.5 | 74.026 | 73.376 |
| | 76 | | 6 | 72.103 | 69.505 |
| | | | 4 | 73.402 | 71.670 |
| | | | 3 | 74.051 | 72.752 |
| | | | 2 | 74.701 | 73.835 |
| | | | 1.5 | 75.026 | 74.376 |
| | | 78 | 2 | 76.700 | 75.835 |
| 80 | | | 6 | 76.103 | 73.505 |
| | | | 4 | 77.402 | 75.670 |
| | | | 3 | 78.051 | 76.752 |
| | | | 2 | 78.701 | 77.835 |
| | | | 1.5 | 79.026 | 78.376 |
| | | 82 | 2 | 80.701 | 79.835 |
| | 85 | | 6 | 81.103 | 78.505 |
| | | | 4 | 82.402 | 80.670 |
| | | | 3 | 83.051 | 81.752 |
| | | | 2 | 83.701 | 82.835 |
| 90 | | | 6 | 86.103 | 83.505 |
| | | | 4 | 87.402 | 85.670 |
| | | | 3 | 88.051 | 86.752 |
| | | | 2 | 88.701 | 87.835 |
| | 95 | | 6 | 91.103 | 88.505 |
| | | | 4 | 92.402 | 90.670 |
| | | | 3 | 93.051 | 91.752 |
| | | | 2 | 93.701 | 92.835 |
| 100 | | | 6 | 96.103 | 93.505 |
| | | | 4 | 97.402 | 95.670 |
| | | | 3 | 98.051 | 96.752 |
| | | | 2 | 98.701 | 97.835 |
| | | 105 | 6 | 101.103 | 98.505 |
| | | | 4 | 102.402 | 100.670 |
| | | | 3 | 103.051 | 101.752 |
| | | | 2 | 103.701 | 102.835 |
| 110 | | | 6 | 106.103 | 103.505 |
| | | | 4 | 107.402 | 105.670 |
| | | | 3 | 108.051 | 106.752 |
| | | | 2 | 108.701 | 107.835 |

（续）

| 公称直径 $D$、$d$ | | | 螺距 | 中 径 | 小 径 |
|---|---|---|---|---|---|
| 第一系列 | 第二系列 | 第三系列 | $P$ | $D_2$ 或 $d_2$ | $D_1$ 或 $d_1$ |
| | 115 | | 6 | 111.103 | 108.505 |
| | | | 4 | 112.402 | 110.670 |
| | | | 3 | 113.051 | 111.752 |
| | | | 2 | 113.701 | 112.835 |
| | 120 | | 6 | 116.103 | 113.505 |
| | | | 4 | 117.402 | 115.670 |
| | | | 3 | 118.051 | 116.752 |
| | | | 2 | 118.701 | 117.835 |
| 125 | | | 6 | 121.103 | 118.505 |
| | | | 4 | 122.402 | 120.670 |
| | | | 3 | 123.051 | 121.752 |
| | | | 2 | 123.701 | 122.835 |
| | 130 | | 6 | 126.103 | 123.505 |
| | | | 4 | 127.402 | 125.670 |
| | | | 3 | 128.051 | 126.752 |
| | | | 2 | 128.701 | 127.835 |
| | | 135 | 6 | 131.103 | 128.505 |
| | | | 4 | 132.402 | 130.670 |
| | | | 3 | 133.051 | 131.752 |
| | | | 2 | 133.701 | 132.835 |
| 140 | | | 6 | 136.103 | 133.505 |
| | | | 4 | 137.402 | 135.670 |
| | | | 3 | 138.051 | 136.752 |
| | | | 2 | 138.701 | 137.835 |
| | | 145 | 6 | 141.103 | 138.505 |
| | | | 4 | 142.402 | 140.670 |
| | | | 3 | 143.051 | 141.752 |
| | | | 2 | 143.701 | 142.835 |
| | 150 | | 8 | 144.804 | 141.340 |
| | | | 6 | 146.103 | 143.505 |
| | | | 4 | 147.402 | 145.670 |
| | | | 3 | 148.051 | 146.752 |
| | | | 2 | 148.701 | 147.835 |
| | | 155 | 6 | 151.103 | 148.505 |
| | | | 4 | 152.402 | 150.670 |
| | | | 3 | 153.051 | 151.752 |
| 160 | | | 8 | 154.804 | 151.340 |
| | | | 6 | 156.103 | 153.505 |
| | | | 4 | 157.402 | 155.670 |
| | | | 3 | 158.051 | 156.752 |

| 公称直径 $D$、$d$ | | | 螺距 | 中 径 | 小 径 |
|---|---|---|---|---|---|
| 第一系列 | 第二系列 | 第三系列 | $P$ | $D_2$ 或 $d_2$ | $D_1$ 或 $d_1$ |
| | | 165 | 6 | 161.103 | 158.505 |
| | | | 4 | 162.402 | 160.670 |
| | | | 3 | 163.051 | 161.752 |
| | 170 | | 8 | 164.804 | 161.340 |
| | | | 6 | 166.103 | 163.505 |
| | | | 4 | 167.402 | 165.670 |
| | | | 3 | 168.051 | 166.752 |
| | | 175 | 6 | 171.103 | 168.505 |
| | | | 4 | 172.402 | 170.670 |
| | | | 3 | 173.051 | 171.752 |
| 180 | | | 8 | 174.804 | 171.340 |
| | | | 6 | 176.103 | 173.505 |
| | | | 4 | 177.402 | 175.670 |
| | | | 3 | 178.051 | 176.752 |
| | | 185 | 6 | 181.103 | 178.505 |
| | | | 4 | 182.402 | 180.670 |
| | | | 3 | 183.051 | 181.752 |
| | 190 | | 8 | 184.804 | 181.340 |
| | | | 6 | 186.103 | 183.505 |
| | | | 4 | 187.402 | 185.670 |
| | | | 3 | 188.051 | 186.752 |
| | | 195 | 6 | 191.103 | 188.505 |
| | | | 4 | 192.402 | 190.670 |
| | | | 3 | 193.051 | 191.752 |
| 200 | | | 8 | 194.804 | 191.340 |
| | | | 6 | 196.103 | 193.505 |
| | | | 4 | 197.402 | 195.670 |
| | | | 3 | 198.051 | 196.752 |
| | | 205 | 6 | 201.103 | 198.505 |
| | | | 4 | 202.402 | 200.670 |
| | | | 3 | 203.051 | 201.752 |
| | 210 | | 8 | 204.804 | 201.340 |
| | | | 6 | 206.103 | 203.505 |
| | | | 4 | 207.402 | 205.670 |
| | | | 3 | 208.051 | 206.752 |
| | | 215 | 6 | 211.103 | 208.505 |
| | | | 4 | 212.402 | 210.670 |
| | | | 3 | 213.051 | 211.752 |
| 220 | | | 8 | 214.804 | 211.340 |
| | | | 6 | 216.103 | 213.505 |
| | | | 4 | 217.402 | 215.670 |
| | | | 3 | 218.051 | 216.752 |
| | | 225 | 6 | 221.103 | 218.505 |
| | | | 4 | 222.402 | 220.670 |
| | | | 3 | 223.051 | 221.752 |

（续）

| 公称直径 D、d 第一系列 | 第二系列 | 第三系列 | 螺距 P | 中径 D₂或d₂ | 小径 D₁或d₁ | 公称直径 D、d 第一系列 | 第二系列 | 第三系列 | 螺距 P | 中径 D₂或d₂ | 小径 D₁或d₁ |
|---|---|---|---|---|---|---|---|---|---|---|---|
| | | 230 | 8 | 224.804 | 221.340 | | | 265 | 6 | 261.103 | 258.505 |
| | | | 6 | 226.103 | 223.505 | | | | 4 | 262.402 | 260.670 |
| | | | 4 | 227.402 | 225.670 | | | 270 | 8 | 264.804 | 261.340 |
| | | | 3 | 228.051 | 226.752 | | | | 6 | 266.103 | 263.505 |
| | | 235 | 6 | 231.103 | 228.505 | | | | 4 | 267.402 | 265.670 |
| | | | 4 | 232.402 | 230.670 | | | 275 | 6 | 271.103 | 268.505 |
| | | | 3 | 233.051 | 231.752 | | | | 4 | 272.402 | 270.670 |
| | 240 | | 8 | 234.804 | 231.340 | 280 | | | 8 | 274.804 | 271.340 |
| | | | 6 | 236.103 | 233.505 | | | | 6 | 276.103 | 273.505 |
| | | | 4 | 237.402 | 235.670 | | | | 4 | 277.402 | 275.670 |
| | | | 3 | 238.051 | 236.752 | | | 285 | 6 | 281.103 | 278.505 |
| | | 245 | 6 | 241.103 | 238.505 | | | | 4 | 282.402 | 280.670 |
| | | | 4 | 242.402 | 240.670 | | | 290 | 8 | 284.804 | 281.340 |
| | | | 3 | 243.051 | 241.752 | | | | 6 | 286.103 | 283.505 |
| 250 | | | 8 | 244.804 | 241.340 | | | | 4 | 287.402 | 285.670 |
| | | | 6 | 246.103 | 243.505 | | | 295 | 6 | 291.103 | 288.505 |
| | | | 4 | 247.402 | 245.670 | | | | 4 | 292.402 | 290.670 |
| | | | 3 | 248.051 | 246.752 | 300 | | | 8 | 294.804 | 291.340 |
| | | 255 | 6 | 251.103 | 248.505 | | | | 6 | 296.103 | 293.505 |
| | | | 4 | 252.402 | 250.670 | | | | 4 | 297.402 | 295.670 |
| | 260 | | 8 | 254.804 | 251.340 | | | | | | |
| | | | 6 | 256.103 | 253.505 | | | | | | |
| | | | 4 | 257.402 | 255.670 | | | | | | |

注: 1. 直径优先选用第一系列，其次第二系列，第三系列尽可能不用。

2. 括号内的螺距尽可能不用。

3. M14×1.25 仅用于火花塞，M35×1.5 仅用于滚动轴承锁紧螺母。

① 为粗牙螺距，其余为细牙螺距。

**表 3.1-3 普通螺纹公差与配合**（摘自 GB/T 197—2003）

| | 公差精度 | 公差带位置 e S | N | L | 公差带位置 f S | N | L | 公差带位置 g S | N | L | 公差带位置 h S | N | L |
|---|---|---|---|---|---|---|---|---|---|---|---|---|---|
| 外螺纹 | 精密 | — | — | — | | — | | | (4g) | (5g4g) | (3h4h) | 4h① | (5h4h) |
| | 中等 | | 6e① | (7e6e) | | 6f① | | (5g6g) | 6g① | (7g6g) | (5h6h) | 6h | (7h6h) |
| | 粗糙 | | (8e) | (9e8e) | | | | | 8g | (9g8g) | | | |

| | 公差精度 | 公差带位置 G S | N | L | 公差带位置 H S | N | L | 内、外螺纹公差带位置 |
|---|---|---|---|---|---|---|---|---|
| 内螺纹 | 精密 | — | — | — | 4H | 5H | 6H | |
| | 中等 | (5G) | 6G① | (7G) | 5H① | 6H① | 7H① | |
| | 粗糙 | — | (7G) | (8G) | — | 7H | 8H | |

| 普通螺纹的配合选择 | | |
|---|---|---|
| | 一般连接螺纹 | 为保证内、外螺纹有足够的接触高度，应优先采用 H/g、H/h 或 G/h；小于或等于 M1.4 的螺纹，应选用 5H/6h、4H/6h 或更精密的配合 |
| | 经常装拆的螺纹 | 推荐采用 H/g |
| | 高温下工作的螺纹 | 工作温度在 450℃ 以下，选用 H/g；高于 450℃ 时应选用 H/e、G/h 或 G/g |
| | 需要涂层的螺纹 | 薄镀层螺纹件选用 H/g；中等腐蚀条件、中等镀层厚度的螺纹件选用 H/f；严重腐蚀条件、较厚镀层的螺纹件选用 H/e 或 G/e |

（续）

| | 类别 | 说明 | |
|---|---|---|---|
| 标记示例 | 粗牙螺纹 | 公差带代号由中径公差带代号和顶径公差带代号两部分组成。中径公差带代号在前,顶径公差带代号在后。若两者相同,则只标注一组代号。写在尺寸代号的后面,用"-"分开<br>直径 10mm,螺距 1.5mm,中径、顶径公差带均为 6H 的内螺纹:M10-6H | 顶径指外螺纹大径和内螺纹小径 |
| | 细牙螺纹 | 直径 10mm,螺距 1mm,中径、顶径公差带均为 6g 的外螺纹:M10×1-6g | |
| | 内、外螺纹的配合 | 表示内、外螺纹配合时,内螺纹公差带代号在前,外螺纹公差带代号在后,中间用斜线分开<br>对短旋合长度或长旋合长度,宜在公差带代号之后加注旋合长度代号"S"或"L",用"-"与公差带代号分开,中等旋合长度的螺纹不标注<br>对左旋螺纹,应在旋合长度代号之后加注"LH",之间用"-"分开,右旋螺纹不标注<br>直径 24mm,螺距 2mm,内螺纹公差带 7H 与外螺纹公差带 8g 组成配合,短旋合长度,左旋螺纹:M24×2-7H/8g-S-LH | |

注: 1. 括号内的公差带尽可能不用。

　　2. 大量生产的精制紧固件螺纹,推荐采用带方框的公差带。

　　3. 精密精度—用于精密螺纹,当要求配合性质变动较小时采用;中等精度——一般用途;粗糙精度—对精度要求不高或制造比较困难时采用。

① 为优先选用的公差带。

## 1.2　梯形螺纹

### 1.2.1　梯形螺纹牙型与基本尺寸（表 3.1-4 和表 3.1-5）

表 3.1-4　梯形螺纹设计牙型尺寸（摘自 GB/T 5796.1—2005）　　（单位: mm）

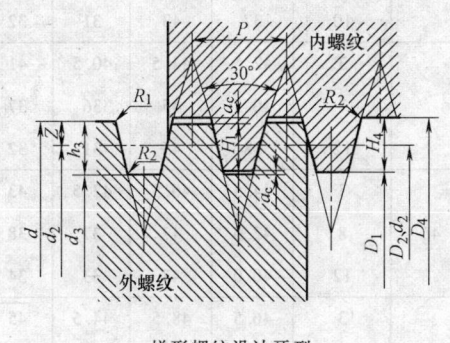

梯形螺纹设计牙型

$d$ —外螺纹大径(公称直径)

$P$ —螺距

$a_c$ —牙顶间隙

$H_1$ —基本牙型高度, $H_1 = 0.5P$

$h_3$ —外螺纹牙高, $h_3 = H_1 + a_c = 0.5P + a_c$

$H_4$ —内螺纹牙高, $H_4 = H_1 + a_c = 0.5P + a_c$

$Z$ —牙顶高, $Z = 0.25P = H_1/2$

$d_2$ —外螺纹中径, $d_2 = d - 2Z = d - 0.5P$

$D_2$ —内螺纹中径, $D_2 = d - 2Z = d - 0.5P$

$d_3$ —外螺纹小径, $d_3 = d - 2h_3$

$D_1$ —内螺纹小径, $D_1 = d - 2H_1 = d - P$

$D_4$ —内螺纹大径, $D_4 = d + 2a_c$

$R_1$ —外螺纹牙顶圆角, $R_{1max} = 0.5a_c$

$R_2$ —牙底圆角, $R_{2max} = a_c$

| 螺距 $P$ | $a_c$ | $H_4 = h_3$ | $R_{1max}$ | $R_{2max}$ | 螺距 $P$ | $a_c$ | $H_4 = h_3$ | $R_{1max}$ | $R_{2max}$ |
|---|---|---|---|---|---|---|---|---|---|
| 1.5 | 0.15 | 0.9 | 0.075 | 0.15 | 14 | 1 | 8 | 0.5 | 1 |
| 2 | 0.25 | 1.25 | 0.125 | 0.25 | 16 | 1 | 9 | 0.5 | 1 |
| 3 | 0.25 | 1.75 | 0.125 | 0.25 | 18 | 1 | 10 | 0.5 | 1 |
| 4 | 0.25 | 2.25 | 0.125 | 0.25 | 20 | 1 | 11 | 0.5 | 1 |
| 5 | 0.25 | 2.75 | 0.125 | 0.25 | 22 | 1 | 12 | 0.5 | 1 |
| 6 | 0.5 | 3.5 | 0.25 | 0.5 | 24 | 1 | 13 | 0.5 | 1 |
| 7 | 0.5 | 4 | 0.25 | 0.5 | 28 | 1 | 15 | 0.5 | 1 |
| 8 | 0.5 | 4.5 | 0.25 | 0.5 | 32 | 1 | 17 | 0.5 | 1 |
| 9 | 0.5 | 5 | 0.25 | 0.5 | 36 | 1 | 19 | 0.5 | 1 |
| 10 | 0.5 | 5.5 | 0.25 | 0.5 | 40 | 1 | 21 | 0.5 | 1 |
| 12 | 0.5 | 6.5 | 0.25 | 0.5 | 44 | 1 | 23 | 0.5 | 1 |

### 表 3.1-5　梯形螺纹基本尺寸（摘自 GB/T 5796.3—2005）　　　　（单位：mm）

| 公称直径 d | | 螺距 | 中径 | 大径 | 小径 | | 公称直径 d | | 螺距 | 中径 | 大径 | 小径 | |
|---|---|---|---|---|---|---|---|---|---|---|---|---|---|
| 第一系列 | 第二系列 | $P$ | $d_2=D_2$ | $D_4$ | $d_3$ | $D_1$ | 第一系列 | 第二系列 | $P$ | $d_2=D_2$ | $D_4$ | $d_3$ | $D_1$ |
| 8 | | 1.5 | 7.25 | 8.3 | 6.2 | 6.5 | | | 3 | 32.5 | 34.5 | 30.5 | 31 |
| | 9 | 1.5 | 8.25 | 9.3 | 7.2 | 7.5 | | 34 | 6 | 31 | 35 | 27 | 28 |
| | 9 | 2 | 8.00 | 9.5 | 6.5 | 7.0 | | | 10 | 29 | 35 | 23 | 24 |
| 10 | | 1.5 | 9.25 | 10.3 | 8.2 | 8.5 | | | 3 | 34.5 | 26.5 | 32.5 | 33 |
| 10 | | 2 | 9.00 | 10.5 | 7.5 | 8.0 | 36 | | 6 | 33 | 27 | 29 | 30 |
| | 11 | 2 | 10.00 | 11.5 | 8.5 | 9.0 | | | 10 | 31 | 27 | 25 | 26 |
| | 11 | 3 | 9.50 | 11.5 | 7.5 | 8.0 | | | 3 | 36.5 | 38.5 | 34.5 | 35 |
| 12 | | 2 | 11.00 | 12.5 | 9.5 | 10.0 | | 38 | 7 | 34.5 | 39 | 30 | 31 |
| 12 | | 3 | 10.50 | 12.5 | 8.5 | 9.0 | | | 10 | 33 | 39 | 27 | 28 |
| | 14 | 2 | 13 | 14.5 | 11.5 | 12 | | | 3 | 38.5 | 40.5 | 36.5 | 37 |
| | 14 | 3 | 12.5 | 14.5 | 10.5 | 11 | 40 | | 7 | 36.5 | 41 | 32 | 33 |
| 16 | | 2 | 15 | 16.5 | 13.5 | 14 | | | 10 | 35 | 41 | 29 | 30 |
| 16 | | 4 | 14 | 16.5 | 11.5 | 12 | | | 3 | 40.5 | 42.5 | 38.5 | 39 |
| | 18 | 2 | 17 | 18.5 | 15.5 | 16 | | 42 | 7 | 38.5 | 43 | 34 | 35 |
| | 18 | 4 | 16 | 18.5 | 13.5 | 14 | | | 10 | 37 | 43 | 31 | 32 |
| 20 | | 2 | 19 | 20.5 | 17.5 | 18 | | | 3 | 42.5 | 44.5 | 40.5 | 41 |
| 20 | | 4 | 18 | 20.5 | 15.5 | 16 | 44 | | 7 | 40.5 | 45 | 36 | 37 |
| | 22 | 3 | 20.5 | 22.5 | 18.5 | 19 | | | 12 | 38 | 45 | 31 | 32 |
| | 22 | 5 | 19.5 | 22.5 | 16.5 | 17 | | | 3 | 44.5 | 46.5 | 42.5 | 43 |
| | 22 | 8 | 18 | 23 | 13 | 14 | | 46 | 8 | 42.0 | 47 | 37 | 38 |
| 24 | | 3 | 22.5 | 24.5 | 20.5 | 21 | | | 12 | 40.0 | 47 | 33 | 34 |
| 24 | | 5 | 21.5 | 24.5 | 18.5 | 19 | | | 3 | 46.5 | 48.5 | 44.5 | 45 |
| 24 | | 8 | 20 | 25 | 15 | 16 | 48 | | 8 | 44 | 49 | 39 | 40 |
| | 26 | 3 | 24.5 | 26.5 | 22.5 | 23 | | | 12 | 42 | 49 | 35 | 36 |
| | 26 | 5 | 23.5 | 26.5 | 20.5 | 21 | | | 3 | 48.5 | 50.5 | 46.5 | 47 |
| | 26 | 8 | 22 | 27 | 17 | 18 | | 50 | 8 | 46 | 51 | 41 | 42 |
| 28 | | 3 | 26.5 | 28.5 | 24.5 | 25 | | | 12 | 44 | 51 | 37 | 38 |
| 28 | | 5 | 25.5 | 28.5 | 22.5 | 23 | | | 3 | 50.5 | 52.5 | 48.5 | 49 |
| 28 | | 8 | 24 | 29 | 19 | 20 | 52 | | 8 | 48 | 53 | 43 | 44 |
| | 30 | 3 | 28.5 | 30.5 | 26.5 | 27 | | | 12 | 46 | 53 | 39 | 40 |
| | 30 | 6 | 27 | 31 | 23 | 24 | | | 3 | 53.5 | 55.5 | 51.5 | 52 |
| | 30 | 10 | 25 | 31 | 19 | 20 | | 55 | 9 | 50.5 | 56 | 45 | 46 |
| 32 | | 3 | 30.5 | 32.5 | 28.5 | 29 | | | 14 | 48 | 57 | 39 | 41 |
| 32 | | 6 | 29 | 33 | 25 | 26 | | | 3 | 58.5 | 60.5 | 56.5 | 57 |
| 32 | | 10 | 27 | 33 | 21 | 22 | 60 | | 9 | 55.5 | 61 | 50 | 51 |
| | | | | | | | | | 14 | 53 | 62 | 44 | 46 |

（续）

| 公称直径 d 第一系列 | 第二系列 | 螺距 P | 中径 $d_2=D_2$ | 大径 $D_4$ | 小径 $d_3$ | 小径 $D_1$ |
|---|---|---|---|---|---|---|
|  | 65 | 4 | 63 | 65.5 | 60.5 | 61 |
|  |  | 10 | 60 | 66 | 54 | 55 |
|  |  | 16 | 57 | 67 | 47 | 49 |
| 70 |  | 4 | 68 | 70.5 | 65.5 | 66 |
|  |  | 10 | 65 | 71 | 59 | 60 |
|  |  | 16 | 62 | 72 | 52 | 54 |
|  | 75 | 4 | 73 | 75.5 | 70.5 | 71 |
|  |  | 10 | 70 | 76 | 64 | 65 |
|  |  | 16 | 67 | 77 | 57 | 59 |
| 80 |  | 4 | 78 | 80.5 | 75.5 | 76 |
|  |  | 10 | 75 | 81 | 69 | 70 |
|  |  | 16 | 72 | 82 | 62 | 64 |
|  | 85 | 4 | 83 | 85.5 | 80.5 | 81 |
|  |  | 12 | 79 | 86 | 72 | 73 |
|  |  | 18 | 76 | 87 | 65 | 67 |
| 90 |  | 4 | 88 | 90.5 | 85.5 | 86 |
|  |  | 12 | 84 | 91 | 77 | 78 |
|  |  | 18 | 81 | 92 | 70 | 72 |
|  | 95 | 4 | 93 | 95.5 | 90.5 | 91 |
|  |  | 12 | 89 | 96 | 82 | 83 |
|  |  | 18 | 86 | 97 | 75 | 77 |
| 100 |  | 4 | 98 | 100.5 | 95.5 | 96 |
|  |  | 12 | 94 | 101 | 87 | 88 |
|  |  | 20 | 90 | 102 | 78 | 80 |
|  | 110 | 4 | 108 | 110.5 | 105.5 | 106 |
|  |  | 12 | 104 | 111 | 97 | 98 |
|  |  | 20 | 100 | 112 | 88 | 90 |
| 120 |  | 6 | 117 | 121 | 113 | 114 |
|  |  | 14 | 113 | 122 | 104 | 106 |
|  |  | 22 | 109 | 122 | 96 | 98 |
|  | 130 | 6 | 127 | 131 | 123 | 124 |
|  |  | 14 | 123 | 132 | 114 | 116 |
|  |  | 22 | 119 | 132 | 106 | 108 |
| 140 |  | 6 | 137 | 141 | 153 | 134 |
|  |  | 14 | 133 | 142 | 124 | 126 |
|  |  | 24 | 128 | 142 | 114 | 116 |
|  | 150 | 6 | 147 | 151 | 143 | 144 |
|  |  | 16 | 142 | 152 | 132 | 134 |
|  |  | 24 | 138 | 152 | 124 | 126 |

| 公称直径 d 第一系列 | 第二系列 | 螺距 P | 中径 $d_2=D_2$ | 大径 $D_4$ | 小径 $d_3$ | 小径 $D_1$ |
|---|---|---|---|---|---|---|
| 160 |  | 6 | 157 | 161 | 153 | 154 |
|  |  | 16 | 152 | 162 | 142 | 144 |
|  |  | 28 | 146 | 162 | 130 | 132 |
|  | 170 | 6 | 167 | 171 | 163 | 164 |
|  |  | 16 | 162 | 172 | 152 | 154 |
|  |  | 28 | 156 | 172 | 140 | 142 |
| 180 |  | 8 | 176 | 181 | 171 | 172 |
|  |  | 18 | 171 | 182 | 160 | 162 |
|  |  | 28 | 166 | 182 | 150 | 152 |
|  | 190 | 8 | 186 | 191 | 181 | 182 |
|  |  | 18 | 181 | 192 | 170 | 172 |
|  |  | 32 | 174 | 192 | 156 | 158 |
| 200 |  | 8 | 196 | 201 | 191 | 192 |
|  |  | 18 | 191 | 202 | 180 | 182 |
|  |  | 32 | 184 | 202 | 166 | 168 |
|  | 210 | 8 | 206 | 211 | 201 | 202 |
|  |  | 20 | 200 | 212 | 188 | 190 |
|  |  | 36 | 192 | 212 | 172 | 174 |
| 220 |  | 8 | 216 | 221 | 211 | 212 |
|  |  | 20 | 210 | 222 | 198 | 200 |
|  |  | 36 | 202 | 222 | 182 | 184 |
|  | 230 | 8 | 226 | 231 | 221 | 222 |
|  |  | 20 | 220 | 232 | 208 | 210 |
|  |  | 36 | 212 | 232 | 192 | 194 |
| 240 |  | 8 | 236 | 241 | 231 | 232 |
|  |  | 22 | 229 | 242 | 216 | 218 |
|  |  | 36 | 222 | 242 | 202 | 204 |
|  | 250 | 12 | 244 | 251 | 237 | 238 |
|  |  | 22 | 239 | 252 | 226 | 228 |
|  |  | 40 | 230 | 252 | 208 | 210 |
| 260 |  | 12 | 254 | 261 | 247 | 248 |
|  |  | 22 | 249 | 262 | 236 | 238 |
|  |  | 40 | 240 | 262 | 218 | 220 |
|  | 270 | 12 | 264 | 271 | 257 | 258 |
|  |  | 24 | 258 | 272 | 244 | 246 |
|  |  | 40 | 250 | 272 | 228 | 230 |
| 280 |  | 12 | 274 | 281 | 267 | 268 |
|  |  | 24 | 268 | 282 | 254 | 256 |
|  |  | 40 | 260 | 282 | 238 | 240 |
|  | 290 | 12 | 284 | 291 | 277 | 278 |
|  |  | 24 | 278 | 292 | 264 | 266 |
|  |  | 44 | 268 | 292 | 244 | 246 |
| 300 |  | 12 | 294 | 301 | 287 | 288 |
|  |  | 24 | 288 | 302 | 274 | 276 |
|  |  | 44 | 278 | 302 | 254 | 256 |

注：优先选用第一直径系列，其次是第二系列，第三系列尽量不用。

## 1.2.2　梯形螺纹公差（表 3.1-6 ～ 表 3.1-10）

### 表 3.1-6　梯形螺纹公差带及其中径基本偏差（摘自 GB/T 5796.4—2005）（单位：μm）

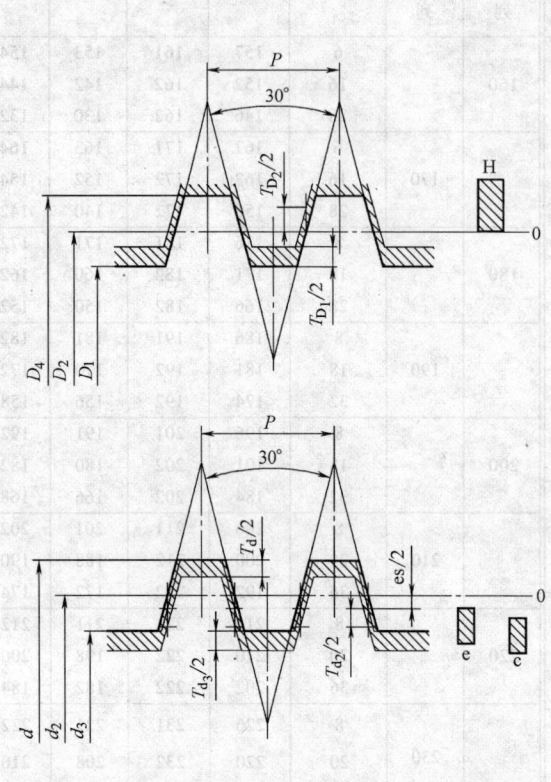

$D_4$ —内螺纹大径
$T_{D_1}$ —内螺纹小径公差
$D_2$ —内螺纹中径
$D_1$ —内螺纹小径
$T_{D_2}$ —内螺纹中径公差
$P$ —螺距
$d$ —外螺纹大径
$d_2$ —外螺纹中径
$d_3$ —外螺纹小径
es —中径基本偏差
$T_d$ —外螺纹大径公差
$T_{d_2}$ —外螺纹中径公差
$T_{d_3}$ —外螺纹小径公差

| 螺距 $P$ /mm | 内螺纹 $D_2$ H EI | 外螺纹 $d_2$ c es | e es | h es | 螺距 $P$ /mm | 内螺纹 $D_2$ H EI | 外螺纹 $d_2$ c es | e es | h es |
|---|---|---|---|---|---|---|---|---|---|
| 1.5 | 0 | -140 | -67 | 0 | 14 | 0 | -355 | -180 | 0 |
| 2 | 0 | -150 | -71 | 0 | 16 | 0 | -375 | -190 | 0 |
| 3 | 0 | -170 | -85 | 0 | 18 | 0 | -400 | -200 | 0 |
| 4 | 0 | -190 | -95 | 0 | 20 | 0 | -425 | -212 | 0 |
| 5 | 0 | -212 | -106 | 0 | 22 | 0 | -450 | -224 | 0 |
| 6 | 0 | -236 | -118 | 0 | 24 | 0 | -475 | -236 | 0 |
| 7 | 0 | -250 | -125 | 0 | 28 | 0 | -500 | -250 | 0 |
| 8 | 0 | -265 | -132 | 0 | 32 | 0 | -530 | -265 | 0 |
| 9 | 0 | -280 | -140 | 0 | 36 | 0 | -560 | -280 | 0 |
| 10 | 0 | -300 | -150 | 0 | 40 | 0 | -600 | -300 | 0 |
| 12 | 0 | -335 | -160 | 0 | 44 | 0 | -630 | -315 | 0 |

注：公差带的位置由基本偏差确定，外螺纹的上偏差 es 及内螺纹的下偏差 EI 为基本偏差。

## 表 3.1-7 梯形螺纹公差值 （单位：μm）

### 外螺纹小径公差（$T_{d_3}$）

| 基本大径 d/mm | | 螺距 P/mm | 中径公差带位置为 c | | | 中径公差带位置为 e | | |
|---|---|---|---|---|---|---|---|---|
| | | | 公差等级 | | | 公差等级 | | |
| > | ≤ | | 7 | 8 | 9 | 7 | 8 | 9 |
| 5.6 | 11.2 | 1.5 | 352 | 405 | 471 | 279 | 332 | 398 |
| | | 2 | 388 | 445 | 525 | 309 | 366 | 446 |
| | | 3 | 435 | 501 | 589 | 350 | 416 | 504 |
| 11.2 | 22.4 | 2 | 400 | 462 | 544 | 321 | 383 | 465 |
| | | 3 | 450 | 520 | 614 | 365 | 435 | 529 |
| | | 4 | 521 | 609 | 690 | 426 | 514 | 595 |
| | | 5 | 562 | 656 | 775 | 456 | 550 | 669 |
| | | 8 | 709 | 828 | 965 | 576 | 695 | 832 |
| 22.4 | 45 | 3 | 482 | 564 | 670 | 397 | 479 | 585 |
| | | 5 | 587 | 681 | 806 | 481 | 575 | 700 |
| | | 6 | 655 | 767 | 899 | 537 | 649 | 781 |
| | | 7 | 694 | 813 | 950 | 569 | 688 | 825 |
| | | 8 | 734 | 859 | 1015 | 601 | 726 | 882 |
| | | 10 | 800 | 925 | 1087 | 650 | 775 | 937 |
| | | 12 | 866 | 998 | 1223 | 691 | 823 | 1048 |
| 45 | 90 | 3 | 501 | 589 | 701 | 416 | 504 | 616 |
| | | 4 | 565 | 659 | 784 | 470 | 564 | 689 |
| | | 8 | 765 | 890 | 1052 | 632 | 757 | 919 |
| | | 9 | 811 | 943 | 1118 | 671 | 803 | 978 |
| | | 10 | 831 | 963 | 1138 | 681 | 813 | 988 |
| | | 12 | 929 | 1085 | 1273 | 754 | 910 | 1098 |
| | | 14 | 970 | 1142 | 1355 | 805 | 967 | 1180 |
| | | 16 | 1038 | 1213 | 1438 | 853 | 1028 | 1253 |
| | | 18 | 1100 | 1288 | 1525 | 900 | 1088 | 1320 |
| 90 | 180 | 4 | 584 | 690 | 815 | 489 | 595 | 720 |
| | | 6 | 705 | 830 | 986 | 587 | 712 | 868 |
| | | 8 | 796 | 928 | 1103 | 663 | 795 | 970 |
| | | 12 | 960 | 1122 | 1335 | 785 | 947 | 1160 |
| | | 14 | 1018 | 1193 | 1418 | 843 | 1018 | 1243 |
| | | 16 | 1075 | 1263 | 1500 | 890 | 1078 | 1315 |
| | | 18 | 1150 | 1338 | 1588 | 950 | 1138 | 1388 |
| | | 20 | 1175 | 1363 | 1613 | 962 | 1150 | 1400 |
| | | 22 | 1232 | 1450 | 1700 | 1011 | 1224 | 1474 |
| | | 24 | 1313 | 1538 | 1800 | 1074 | 1299 | 1561 |
| | | 28 | 1388 | 1625 | 1900 | 1138 | 1375 | 1650 |
| 180 | 355 | 8 | 828 | 965 | 1153 | 695 | 832 | 1020 |
| | | 12 | 998 | 1173 | 1398 | 823 | 998 | 1223 |
| | | 18 | 1187 | 1400 | 1650 | 987 | 1200 | 1450 |
| | | 20 | 1263 | 1488 | 1750 | 1050 | 1275 | 1537 |
| | | 22 | 1288 | 1513 | 1775 | 1062 | 1287 | 1549 |
| | | 24 | 1363 | 1600 | 1875 | 1124 | 1361 | 1636 |
| | | 32 | 1530 | 1780 | 2092 | 1265 | 1515 | 1827 |
| | | 36 | 1623 | 1885 | 2210 | 1343 | 1605 | 1930 |
| | | 40 | 1663 | 1925 | 2250 | 1363 | 1625 | 1950 |
| | | 44 | 1755 | 2030 | 2380 | 1440 | 1715 | 2065 |

（续）

| 内螺纹中径公差（$T_{D_2}$） | | | | | |
|---|---|---|---|---|---|
| 基本大径 d/mm | | 螺距 P/mm | 公 差 等 级 | | |
| > | ≤ | | 7 | 8 | 9 |
| 5.6 | 11.2 | 1.5 | 224 | 280 | 355 |
| | | 2 | 250 | 315 | 400 |
| | | 3 | 280 | 355 | 450 |
| 11.2 | 22.4 | 2 | 265 | 335 | 425 |
| | | 3 | 300 | 375 | 475 |
| | | 4 | 355 | 450 | 560 |
| | | 5 | 375 | 475 | 600 |
| | | 8 | 475 | 600 | 750 |
| 22.4 | 45 | 3 | 335 | 425 | 530 |
| | | 5 | 400 | 500 | 630 |
| | | 6 | 450 | 560 | 710 |
| | | 7 | 475 | 600 | 750 |
| | | 8 | 500 | 630 | 800 |
| | | 10 | 530 | 670 | 850 |
| | | 12 | 560 | 710 | 900 |
| 45 | 90 | 3 | 355 | 450 | 560 |
| | | 4 | 400 | 500 | 630 |
| | | 8 | 530 | 670 | 850 |
| | | 9 | 560 | 710 | 900 |
| | | 10 | 560 | 710 | 900 |
| | | 12 | 630 | 800 | 1000 |
| | | 14 | 670 | 850 | 1060 |
| | | 16 | 710 | 900 | 1120 |
| | | 18 | 750 | 950 | 1180 |
| 90 | 180 | 4 | 425 | 530 | 670 |
| | | 6 | 500 | 630 | 800 |
| | | 8 | 560 | 710 | 900 |
| | | 12 | 670 | 850 | 1060 |
| | | 14 | 710 | 900 | 1120 |
| | | 16 | 750 | 950 | 1180 |
| | | 18 | 800 | 1000 | 1250 |
| | | 20 | 800 | 1000 | 1250 |
| | | 22 | 850 | 1060 | 1320 |
| | | 24 | 900 | 1120 | 1400 |
| | | 28 | 950 | 1180 | 1500 |
| 180 | 355 | 8 | 600 | 750 | 950 |
| | | 12 | 710 | 900 | 1120 |
| | | 18 | 850 | 1060 | 1320 |
| | | 20 | 900 | 1120 | 1400 |
| | | 22 | 900 | 1120 | 1400 |
| | | 24 | 950 | 1180 | 1500 |
| | | 32 | 1060 | 1320 | 1700 |
| | | 36 | 1120 | 1400 | 1800 |
| | | 40 | 1120 | 1400 | 1800 |
| | | 44 | 1250 | 1500 | 1900 |

（续）

外螺纹中径公差（$T_{d_2}$）

| 基本大径 d/mm | | 螺距 P/mm | 公差等级 | | |
|---|---|---|---|---|---|
| > | ≤ | | 7 | 8 | 9 |
| 5.6 | 11.2 | 1.5 | 170 | 212 | 265 |
| | | 2 | 190 | 236 | 300 |
| | | 3 | 212 | 265 | 335 |
| 11.2 | 22.4 | 2 | 200 | 250 | 315 |
| | | 3 | 224 | 280 | 355 |
| | | 4 | 265 | 335 | 425 |
| | | 5 | 280 | 355 | 450 |
| | | 8 | 355 | 450 | 560 |
| 22.4 | 45 | 3 | 250 | 315 | 400 |
| | | 5 | 300 | 375 | 475 |
| | | 6 | 335 | 425 | 530 |
| | | 7 | 355 | 450 | 560 |
| | | 8 | 375 | 475 | 600 |
| | | 10 | 400 | 500 | 630 |
| | | 12 | 425 | 530 | 670 |
| 45 | 90 | 3 | 265 | 335 | 425 |
| | | 4 | 300 | 375 | 475 |
| | | 8 | 400 | 500 | 630 |
| | | 9 | 425 | 530 | 670 |
| | | 10 | 425 | 530 | 670 |
| | | 12 | 475 | 600 | 750 |
| | | 14 | 500 | 630 | 800 |
| | | 16 | 530 | 670 | 850 |
| | | 18 | 560 | 710 | 900 |
| 90 | 180 | 4 | 315 | 400 | 500 |
| | | 6 | 375 | 475 | 600 |
| | | 8 | 425 | 530 | 670 |
| | | 12 | 500 | 630 | 800 |
| | | 14 | 530 | 670 | 850 |
| | | 16 | 560 | 710 | 900 |
| | | 18 | 600 | 750 | 950 |
| | | 20 | 600 | 750 | 950 |
| | | 22 | 630 | 800 | 1000 |
| | | 24 | 670 | 850 | 1060 |
| | | 28 | 710 | 900 | 1120 |
| 180 | 355 | 8 | 450 | 560 | 710 |
| | | 12 | 530 | 670 | 850 |
| | | 18 | 630 | 800 | 1000 |
| | | 20 | 670 | 850 | 1060 |
| | | 22 | 670 | 850 | 1060 |
| | | 24 | 710 | 900 | 1120 |
| | | 32 | 800 | 1000 | 1250 |
| | | 36 | 850 | 1060 | 1320 |
| | | 40 | 850 | 1060 | 1320 |
| | | 44 | 900 | 1120 | 1400 |

表 3.1-8　梯形螺纹旋合长度　　　　　　　　　　（单位：mm）

| 公称直径 d | | 螺距 | 旋合长度组 | | | 公称直径 d | | 螺距 | 旋合长度组 | | |
|---|---|---|---|---|---|---|---|---|---|---|---|
| | | | N | | L | | | | N | | L |
| > | ≤ | P | > | ≤ | > | > | ≤ | P | > | ≤ | > |
| 5.6 | 11.2 | 1.5 | 5 | 15 | 15 | 90 | 180 | 4 | 24 | 71 | 71 |
| | | 2 | 6 | 19 | 19 | | | 6 | 36 | 106 | 106 |
| | | 3 | 10 | 28 | 28 | | | 8 | 45 | 132 | 132 |
| 11.2 | 22.4 | 2 | 8 | 24 | 24 | | | 12 | 67 | 200 | 200 |
| | | 3 | 11 | 32 | 32 | | | 14 | 75 | 236 | 236 |
| | | 4 | 15 | 43 | 43 | | | 16 | 90 | 265 | 265 |
| | | 5 | 18 | 53 | 53 | | | 18 | 100 | 300 | 800 |
| | | 8 | 30 | 85 | 85 | | | 20 | 112 | 335 | 335 |
| 22.4 | 45 | 3 | 12 | 36 | 36 | | | 22 | 118 | 355 | 355 |
| | | 5 | 21 | 63 | 63 | | | 24 | 132 | 400 | 400 |
| | | 6 | 25 | 75 | 75 | | | 28 | 150 | 450 | 450 |
| | | 7 | 30 | 85 | 85 | 180 | 355 | 8 | 50 | 150 | 150 |
| | | 8 | 34 | 100 | 100 | | | 12 | 75 | 224 | 224 |
| | | 10 | 42 | 125 | 125 | | | 18 | 112 | 335 | 335 |
| | | 12 | 50 | 150 | 150 | | | 20 | 125 | 375 | 375 |
| 45 | 90 | 3 | 15 | 45 | 45 | | | 22 | 140 | 425 | 425 |
| | | 4 | 19 | 56 | 56 | | | 24 | 150 | 450 | 450 |
| | | 8 | 38 | 118 | 118 | | | 32 | 200 | 600 | 600 |
| | | 9 | 43 | 132 | 132 | | | 36 | 224 | 670 | 670 |
| | | 10 | 50 | 140 | 140 | | | 40 | 250 | 750 | 750 |
| | | 12 | 60 | 170 | 170 | | | 44 | 280 | 850 | 850 |
| | | 14 | 67 | 200 | 200 | | | | | | |
| | | 16 | 75 | 236 | 236 | | | | | | |
| | | 18 | 85 | 265 | 265 | | | | | | |

表 3.1-9　梯形螺纹公差带的选用及标注

| 精　度 | 内　螺　纹 | | 外　螺　纹 | | 应　用 |
|---|---|---|---|---|---|
| | N | L | N | L | |
| 中等 | 7H | 8H | 7e | 8e | 一般用途 |
| 粗糙 | 8H | 9H | 8c | 9c | 对精度要求不高时采用 |

| 标记示例 | 内、外螺纹 | Tr 40 × 7-7H<br>└ 中径公差带<br>└ 螺距<br>└ 公称直径<br>└ 螺纹特征代号 | Tr 40 × 7-7e<br>Tr 40 × 7LH-7e<br>　　　└ 左旋（右旋不注）<br>Tr40 × 14（P7）-8e-L（旋合长度为 L 组的多线螺纹）<br>　　　　　└ 螺距<br>　　　　　└ 导程 |
|---|---|---|---|
| | 螺旋副 | | Tr40 × 7-7H/7e |

注：1. 梯形螺纹的公差带代号只标注中径公差带（由表示公差等级的数字及公差位置的字母组成）。

　　2. 当旋合长度为 N 组时，不标注旋合长度代号。当旋合长度为 L 组时，应将组别代号 L 写在公差带代号的后面，并用"-"隔开。

　　3. 梯形螺纹副的公差带要分别注出内、外螺纹的公差带代号。前面的是内螺纹公差带代号，后面的是外螺纹公差带代号，中间用斜线分开。

**表 3.1-10　多线梯形螺纹中径公差系数**

| 线数 | 2 | 3 | 4 | ≥5 |
|---|---|---|---|---|
| 系数 | 1.12 | 1.25 | 1.4 | 1.6 |

注：1. 多线螺纹的顶径公差和底径公差与单线螺纹相同。
　　2. 多线螺纹的中径公差是在单线螺纹中径公差的基础上按线数不同分别乘以本表系数而得的。

## 1.3　锯齿形螺纹

**1.3.1　锯齿形（3°、30°）螺纹牙型与基本尺寸**（表 3.1-11 和表 3.1-12）

**表 3.1-11　锯齿形（3°、30°）螺纹的基本牙型和设计牙型尺寸**（摘自 GB/T 13576.1—2008）

（单位：mm）

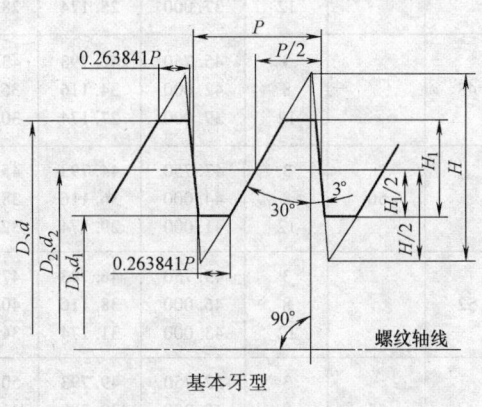

基本牙型　　　　　　　　　　　　　　内、外螺纹的设计牙型

$D$—内螺纹大径　　　$d_1$—外螺纹小径　　　　$H_1 = 0.75P$　　　　　　　　$D_2 = d_2 = d - H_1 = d - 0.75P$
$d$—外螺纹大径　　　$P$—螺距　　　　　　　$a_c = 0.117767P$　　　　　　$D_1 = d - 2H_1 = d - 1.5P$
$D_2$—内螺纹中径　　$H$—原始三角形高度　　$h_3 = H_1 + a_c = 0.867767P$　$d_3 = d - 2h_3 = d - 1.735534P$
$d_2$—外螺纹中径　　$H_1$—基本牙型高度　　　$D = d$　　　　　　　　　　　$R = 0.124271P$
$D_1$—内螺纹小径　　　　　　　　　　　$H = 1.587911P$　　　　　　　牙顶宽 = 牙底宽 = $0.263841P$

| 螺距 | 基本牙型 | | | 设计牙型 | | | 螺距 | 基本牙型 | | | 设计牙型 | | |
|---|---|---|---|---|---|---|---|---|---|---|---|---|---|
| $P$ | $H$ | $H_1$ | 牙底宽牙顶宽 | $a_c$ | $h_3$ | $R$ | $P$ | $H$ | $H_1$ | 牙底宽牙顶宽 | $a_c$ | $h_3$ | $R$ |
| 2 | 3.176 | 1.50 | 0.528 | 0.236 | 1.736 | 0.249 | 16 | 25.407 | 12.00 | 4.221 | 1.988 | 13.884 | 1.988 |
| 3 | 4.764 | 2.25 | 0.792 | 0.353 | 2.603 | 0.373 | 18 | 28.582 | 13.50 | 4.749 | 2.120 | 15.620 | 2.237 |
| 4 | 6.352 | 3.00 | 1.055 | 0.471 | 3.471 | 0.497 | 20 | 31.758 | 15.00 | 5.277 | 2.355 | 17.355 | 2.485 |
| 5 | 7.940 | 3.75 | 1.319 | 0.589 | 4.339 | 0.621 | 22 | 34.934 | 16.50 | 5.804 | 2.591 | 19.091 | 2.734 |
| 6 | 9.527 | 4.50 | 1.583 | 0.707 | 5.207 | 0.746 | 24 | 38.110 | 18.00 | 6.332 | 2.826 | 20.826 | 2.982 |
| 7 | 11.115 | 5.25 | 1.847 | 0.824 | 6.074 | 0.870 | 28 | 44.462 | 21.00 | 7.388 | 3.297 | 24.297 | 3.480 |
| 8 | 12.703 | 6.00 | 2.111 | 0.942 | 6.942 | 0.994 | 32 | 50.813 | 24.00 | 8.443 | 3.769 | 27.769 | 3.977 |
| 9 | 14.291 | 6.75 | 2.375 | 1.060 | 7.810 | 1.118 | 36 | 57.165 | 27.00 | 9.498 | 4.240 | 31.240 | 4.474 |
| 10 | 15.879 | 7.50 | 2.638 | 1.178 | 8.678 | 1.243 | 40 | 63.516 | 30.00 | 10.554 | 4.711 | 34.711 | 4.971 |
| 12 | 19.055 | 9.00 | 3.166 | 1.413 | 10.413 | 1.491 | 44 | 69.868 | 33.00 | 11.609 | 5.182 | 38.182 | 5.468 |
| 14 | 22.231 | 10.50 | 3.694 | 1.649 | 12.149 | 1.740 | | | | | | | |

表 3.1-12　锯齿形（3°、30°）螺纹基本尺寸（摘自 GB/T 13576.3—2008）（单位：mm）

| 公称直径 d | | 螺距 | 中径 | 小径 | | 公称直径 d | | 螺距 | 中径 | 小径 | |
|---|---|---|---|---|---|---|---|---|---|---|---|
| 第一系列 | 第二系列 | P | $d_2 = D_2$ | $d_3$ | $D_1$ | 第一系列 | 第二系列 | P | $d_2 = D_2$ | $d_3$ | $D_1$ |
| 10 | | 2 | 8.500 | 6.529 | 7.000 | | 42 | 3 | 39.750 | 36.793 | 37.500 |
| | | | | | | | | 7 | 36.750 | 29.851 | 31.500 |
| 12 | | 2 | 10.500 | 8.529 | 9.000 | | | 10 | 34.500 | 24.645 | 27.000 |
| | | 3 | 9.750 | 6.793 | 7.500 | 44 | | 3 | 41.750 | 38.793 | 39.500 |
| | 14 | 2 | 12.500 | 10.529 | 11.000 | | | 7 | 38.750 | 31.851 | 33.500 |
| | | 3 | 11.750 | 8.793 | 9.500 | | | 12 | 35.000 | 23.174 | 26.000 |
| 16 | | 2 | 14.500 | 12.529 | 13.000 | | 46 | 3 | 43.750 | 40.793 | 41.500 |
| | | 4 | 13.000 | 9.058 | 10.000 | | | 8 | 40.000 | 32.116 | 34.000 |
| | 18 | 2 | 16.500 | 14.529 | 15.000 | | | 12 | 37.000 | 25.174 | 28.000 |
| | | 4 | 15.000 | 11.058 | 12.000 | 48 | | 3 | 45.750 | 42.793 | 43.500 |
| 20 | | 2 | 18.500 | 16.529 | 17.000 | | | 8 | 42.000 | 34.116 | 36.000 |
| | | 4 | 17.000 | 13.058 | 14.000 | | | 12 | 39.000 | 27.174 | 30.000 |
| | 22 | 3 | 19.750 | 16.793 | 17.500 | | 50 | 3 | 47.750 | 44.793 | 45.500 |
| | | 5 | 18.250 | 13.322 | 14.500 | | | 8 | 44.000 | 36.116 | 38.000 |
| | | 8 | 16.000 | 8.116 | 10.000 | | | 12 | 41.000 | 29.174 | 32.000 |
| 24 | | 3 | 21.750 | 18.793 | 19.500 | 52 | | 3 | 49.750 | 46.793 | 47.500 |
| | | 5 | 20.250 | 15.322 | 16.500 | | | 8 | 46.000 | 38.116 | 40.000 |
| | | 8 | 18.000 | 10.116 | 12.000 | | | 12 | 43.000 | 31.174 | 34.000 |
| | 26 | 3 | 23.750 | 20.793 | 21.500 | | 55 | 3 | 52.750 | 49.793 | 50.000 |
| | | 5 | 22.250 | 17.322 | 18.500 | | | 9 | 48.250 | 39.380 | 41.500 |
| | | 8 | 20.000 | 12.116 | 14.000 | | | 14 | 44.500 | 30.702 | 34.000 |
| 28 | | 3 | 25.750 | 22.793 | 23.500 | 60 | | 3 | 57.750 | 54.793 | 55.500 |
| | | 5 | 24.250 | 19.322 | 20.500 | | | 9 | 53.250 | 44.380 | 46.500 |
| | | 8 | 22.000 | 14.116 | 16.000 | | | 14 | 49.500 | 35.702 | 39.000 |
| | 30 | 3 | 27.750 | 24.793 | 25.500 | | 65 | 4 | 62.000 | 58.058 | 59.000 |
| | | 6 | 25.500 | 19.587 | 21.000 | | | 10 | 57.500 | 47.645 | 50.000 |
| | | 10 | 22.500 | 12.645 | 15.000 | | | 16 | 53.000 | 37.231 | 41.000 |
| 32 | | 3 | 29.750 | 26.793 | 27.500 | 70 | | 4 | 67.000 | 63.058 | 64.000 |
| | | 6 | 27.500 | 21.587 | 23.000 | | | 10 | 62.500 | 52.645 | 55.000 |
| | | 10 | 24.500 | 14.645 | 17.000 | | | 16 | 58.000 | 42.231 | 46.000 |
| | 34 | 3 | 31.750 | 28.793 | 29.500 | | 75 | 4 | 72.000 | 68.058 | 69.000 |
| | | 6 | 29.500 | 23.587 | 25.000 | | | 10 | 67.500 | 57.645 | 60.000 |
| | | 10 | 26.500 | 16.645 | 19.000 | | | 16 | 63.000 | 47.231 | 51.000 |
| 36 | | 3 | 33.750 | 30.793 | 31.500 | 80 | | 4 | 77.000 | 73.058 | 74.000 |
| | | 6 | 31.500 | 25.587 | 27.000 | | | 10 | 72.500 | 62.645 | 65.000 |
| | | 10 | 28.500 | 18.645 | 21.000 | | | 16 | 68.000 | 52.231 | 56.000 |
| | 38 | 3 | 35.750 | 32.793 | 33.500 | | 85 | 4 | 82.000 | 78.058 | 79.000 |
| | | 7 | 32.750 | 25.851 | 27.500 | | | 12 | 76.000 | 64.174 | 67.000 |
| | | 10 | 30.500 | 20.645 | 23.000 | | | 18 | 71.500 | 53.760 | 58.000 |
| 40 | | 3 | 37.750 | 34.793 | 35.500 | 90 | | 4 | 87.000 | 83.058 | 84.000 |
| | | 7 | 34.750 | 27.851 | 29.500 | | | 12 | 81.000 | 69.174 | 72.000 |
| | | 10 | 32.500 | 22.645 | 25.000 | | | 18 | 76.500 | 58.760 | 63.000 |

（续）

| 公称直径 d | | 螺距 | 中径 | 小 径 | | 公称直径 d | | 螺距 | 中径 | 小 径 | |
|---|---|---|---|---|---|---|---|---|---|---|---|
| 第一系列 | 第二系列 | P | $d_2 = D_2$ | $d_3$ | $D_1$ | 第一系列 | 第二系列 | P | $d_2 = D_2$ | $d_3$ | $D_1$ |
| | 95 | 4 | 92.000 | 88.058 | 89.000 | | 230 | 8 | 224.000 | 216.116 | 218.000 |
| | | 12 | 86.000 | 74.174 | 77.000 | | | 20 | 215.000 | 195.289 | 200.000 |
| | | 18 | 81.500 | 63.760 | 68.000 | | | 36 | 203.000 | 167.521 | 176.000 |
| 100 | | 4 | 97.000 | 93.058 | 94.000 | | | 8 | 234.000 | 226.116 | 228.000 |
| | | 12 | 91.000 | 79.174 | 82.000 | 240 | | 22 | 223.500 | 201.818 | 207.000 |
| | | 20 | 85.000 | 65.289 | 70.000 | | | 36 | 213.000 | 177.521 | 186.000 |
| | 110 | 4 | 107.000 | 103.058 | 104.000 | | | 12 | 241.000 | 229.174 | 232.000 |
| | | 12 | 101.000 | 89.174 | 92.000 | | 250 | 22 | 233.500 | 211.818 | 217.000 |
| | | 20 | 95.000 | 75.289 | 80.000 | | | 40 | 220.000 | 180.578 | 190.000 |
| 120 | | 6 | 115.500 | 109.587 | 111.000 | | | 12 | 251.000 | 239.174 | 242.000 |
| | | 14 | 109.500 | 95.702 | 99.000 | 260 | | 22 | 243.500 | 221.818 | 227.000 |
| | | 22 | 103.500 | 81.818 | 87.000 | | | 40 | 230.000 | 190.578 | 200.000 |
| | 130 | 6 | 125.500 | 119.587 | 121.000 | | | 12 | 261.000 | 249.174 | 252.000 |
| | | 14 | 119.500 | 105.702 | 109.000 | | 270 | 24 | 252.000 | 228.347 | 234.000 |
| | | 22 | 113.500 | 91.818 | 97.000 | | | 40 | 240.000 | 200.578 | 210.000 |
| 140 | | 6 | 135.500 | 129.587 | 131.000 | | | 12 | 271.000 | 259.174 | 262.000 |
| | | 14 | 129.500 | 115.702 | 119.000 | 280 | | 24 | 262.000 | 238.347 | 244.000 |
| | | 24 | 122.000 | 98.347 | 104.000 | | | 40 | 250.000 | 210.578 | 220.000 |
| | 150 | 6 | 145.500 | 139.587 | 141.000 | | | 12 | 281.000 | 269.174 | 272.000 |
| | | 16 | 138.000 | 122.231 | 126.000 | | 290 | 24 | 272.000 | 248.347 | 254.000 |
| | | 24 | 132.000 | 108.347 | 114.000 | | | 44 | 257.000 | 213.636 | 224.000 |
| 160 | | 6 | 155.500 | 149.587 | 151.000 | | | 12 | 291.000 | 279.174 | 282.000 |
| | | 16 | 148.000 | 132.231 | 136.000 | 300 | | 24 | 282.000 | 258.347 | 264.000 |
| | | 28 | 139.000 | 111.405 | 118.000 | | | 44 | 267.000 | 223.636 | 234.000 |
| | 170 | 6 | 165.500 | 159.587 | 161.000 | | 320 | 12 | 311.000 | 299.174 | 302.000 |
| | | 16 | 158.000 | 142.231 | 146.000 | | | 44 | 287.000 | 243.636 | 254.000 |
| | | 28 | 149.000 | 121.405 | 128.000 | 340 | | 12 | 331.000 | 319.174 | 322.000 |
| | | | | | | | | 44 | 307.000 | 263.636 | 274.000 |
| 180 | | 8 | 174.000 | 166.116 | 168.000 | | 360 | 12 | 351.000 | 339.174 | 342.000 |
| | | 18 | 166.500 | 148.760 | 153.000 | 380 | | 12 | 371.000 | 359.174 | 362.000 |
| | | 28 | 159.000 | 131.405 | 138.000 | | 400 | 12 | 391.000 | 379.174 | 382.000 |
| | 190 | 8 | 184.000 | 176.116 | 178.000 | 420 | | 18 | 406.500 | 388.760 | 393.000 |
| | | 18 | 176.500 | 158.760 | 163.000 | | 440 | 18 | 426.500 | 408.760 | 413.000 |
| | | 32 | 166.000 | 134.463 | 142.000 | 460 | | 18 | 446.500 | 428.760 | 433.000 |
| 200 | | 8 | 194.000 | 186.116 | 188.000 | | 480 | 18 | 466.500 | 448.760 | 453.000 |
| | | 18 | 186.500 | 168.760 | 173.000 | 500 | | 18 | 486.500 | 468.760 | 473.000 |
| | | 32 | 176.000 | 144.463 | 152.000 | | 520 | 24 | 502.000 | 478.347 | 484.000 |
| | 210 | 8 | 204.000 | 196.116 | 198.000 | 540 | | 24 | 522.000 | 498.347 | 504.000 |
| | | 20 | 195.000 | 175.289 | 180.000 | | 560 | 24 | 542.000 | 518.347 | 524.000 |
| | | 36 | 183.000 | 147.521 | 156.000 | 580 | | 24 | 562.000 | 538.347 | 544.000 |
| 220 | | 8 | 214.000 | 206.116 | 208.000 | | 600 | 24 | 582.000 | 558.347 | 564.000 |
| | | 20 | 205.000 | 185.289 | 190.000 | 620 | | 24 | 602.000 | 578.347 | 584.000 |
| | | 36 | 193.000 | 157.521 | 166.000 | | 640 | 24 | 622.000 | 598.347 | 604.000 |

### 1.3.2 锯齿形（3°、30°）螺纹公差（表 3.1-13～表 3.1-22）

**表 3.1-13　锯齿形（3°、30°）螺纹公差带及中径的基本偏差**（摘自 GB/T 13576.4—2008）

（单位：μm）

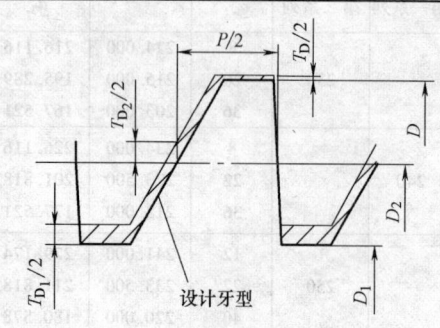

内螺纹的公差带位置

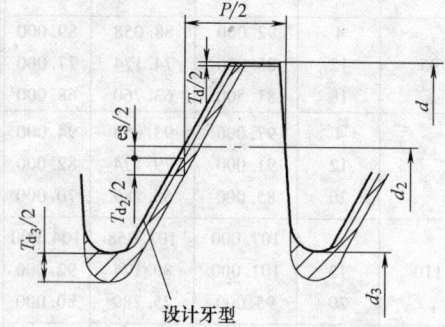

外螺纹的公差带位置

锯齿形螺纹基本偏差

| | | | |
|---|---|---|---|
| $D$ —内螺纹大径 | $T_D$ —内螺纹大径公差 | $d$ —外螺纹大径 | $T_d$ —外螺纹大径公差 |
| $D_2$ —内螺纹中径 | $T_{D_2}$ —内螺纹中径公差 | $d_2$ —外螺纹中径 | $T_{d_2}$ —外螺纹中径公差 |
| $D_1$ —内螺纹小径 | $T_{D_1}$ —内螺纹小径公差 | $d_3$ —外螺纹小径 | $T_{d_3}$ —外螺纹小径公差 |
| $P$ —螺距 | EI—中径基本偏差 | $P$ —螺距 | es—中径基本偏差 |

| 螺距 $P$/mm | 内螺纹 $D_2$ H EI | 外螺纹 $d_2$ c es | 外螺纹 $d_2$ e es | 螺距 $P$/mm | 内螺纹 $D_2$ H EI | 外螺纹 $d_2$ c es | 外螺纹 $d_2$ e es |
|---|---|---|---|---|---|---|---|
| 2 | 0 | −150 | −71 | 14 | 0 | −355 | −180 |
| 3 | 0 | −170 | −85 | 16 | 0 | −375 | −190 |
| 4 | 0 | −190 | −95 | 18 | 0 | −400 | −200 |
| 5 | 0 | −212 | −106 | 20 | 0 | −425 | −212 |
| 6 | 0 | −236 | −118 | 22 | 0 | −450 | −224 |
| 7 | 0 | −250 | −125 | 24 | 0 | −475 | −236 |
| 8 | 0 | −265 | −132 | 28 | 0 | −500 | −250 |
| 9 | 10 | −280 | −140 | 32 | 0 | −530 | −265 |
| 10 | 0 | −300 | −150 | 36 | 0 | −560 | −280 |
| 12 | 0 | −335 | −160 | 40 | 0 | −600 | −300 |
| | | | | 44 | 0 | −630 | −315 |

**表 3.1-14　内螺纹小径公差 $T_{D_1}$**（公差等级 4 级）

| 螺距 $P$/mm | 2 | 3 | 4 | 5 | 6 | 7 | 8 | 9 | 10 | 12 | 14 | 16 | 18 | 20 | 22 | 24 | 28 | 32 | 36 | 40 | 44 |
|---|---|---|---|---|---|---|---|---|---|---|---|---|---|---|---|---|---|---|---|---|---|
| $T_{D_1}$/μm | 236 | 315 | 375 | 450 | 500 | 560 | 630 | 670 | 710 | 800 | 900 | 1000 | 1120 | 1180 | 1250 | 1320 | 1500 | 1600 | 1800 | 1900 | 2000 |

**表 3.1-15　内螺纹中径公差 $T_{D_2}$**（单位：μm）

| 基本大径 $d$/mm > | 基本大径 $d$/mm ≤ | 螺距 $P$/mm | 公差等级 7 | 公差等级 8 | 公差等级 9 |
|---|---|---|---|---|---|
| 5.6 | 11.2 | 2 | 250 | 315 | 400 |
| 5.6 | 11.2 | 3 | 280 | 355 | 450 |
| 11.2 | 22.4 | 2 | 265 | 335 | 425 |
| 11.2 | 22.4 | 3 | 300 | 375 | 475 |
| 11.2 | 22.4 | 4 | 355 | 450 | 560 |
| 11.2 | 22.4 | 5 | 375 | 475 | 600 |
| 11.2 | 22.4 | 8 | 475 | 600 | 750 |

（续）

| 基本大径 d/mm | | 螺距 P/mm | 公差等级 | | |
|---|---|---|---|---|---|
| > | ≤ | | 7 | 8 | 9 |
| 22.4 | 45 | 3 | 335 | 425 | 530 |
| | | 5 | 400 | 500 | 630 |
| | | 6 | 450 | 560 | 710 |
| | | 7 | 475 | 600 | 750 |
| | | 8 | 500 | 630 | 800 |
| | | 10 | 530 | 670 | 850 |
| | | 12 | 560 | 710 | 900 |
| 45 | 90 | 3 | 355 | 450 | 560 |
| | | 4 | 400 | 500 | 630 |
| | | 8 | 530 | 670 | 850 |
| | | 9 | 560 | 710 | 900 |
| | | 10 | 560 | 710 | 900 |
| | | 12 | 630 | 800 | 1000 |
| | | 14 | 670 | 850 | 1060 |
| | | 16 | 710 | 900 | 1120 |
| | | 18 | 750 | 950 | 1180 |
| 90 | 180 | 12 | 670 | 850 | 1060 |
| | | 14 | 710 | 900 | 1120 |
| | | 16 | 750 | 950 | 1180 |
| | | 18 | 800 | 1000 | 1250 |
| | | 20 | 800 | 1000 | 1250 |
| | | 22 | 850 | 1060 | 1320 |
| | | 24 | 900 | 1120 | 1400 |
| | | 28 | 950 | 1180 | 1500 |
| 180 | 355 | 8 | 600 | 750 | 950 |
| | | 12 | 710 | 900 | 1120 |
| | | 18 | 850 | 1060 | 1320 |
| | | 20 | 900 | 1120 | 1400 |
| | | 22 | 900 | 1120 | 1400 |
| | | 24 | 950 | 1180 | 1500 |
| | | 32 | 1060 | 1320 | 1700 |
| | | 36 | 1120 | 1400 | 1800 |
| | | 40 | 1120 | 1400 | 1800 |
| | | 44 | 1250 | 1500 | 1900 |
| 355 | 640 | 12 | 760 | 950 | 1200 |
| | | 18 | 900 | 1120 | 1400 |
| | | 24 | 950 | 1180 | 1480 |
| | | 44 | 1290 | 1610 | 2000 |

表 3.1-16　外螺纹中径公差 $T_{d_2}$　　　　（单位：μm）

| 基本大径 d/mm | | 螺距 P/mm | 公差等级 | | |
|---|---|---|---|---|---|
| > | ≤ | | 7 | 8 | 9 |
| 5.6 | 11.2 | 2 | 190 | 236 | 300 |
| | | 3 | 212 | 265 | 335 |
| 11.2 | 22.4 | 2 | 200 | 250 | 315 |
| | | 3 | 224 | 280 | 355 |
| | | 4 | 265 | 335 | 425 |
| | | 5 | 280 | 355 | 450 |
| | | 8 | 355 | 450 | 560 |

（续）

| 基本大径 d/mm > | 基本大径 d/mm ≤ | 螺距 P/mm | 公差等级 7 | 公差等级 8 | 公差等级 9 |
|---|---|---|---|---|---|
| 22.4 | 45 | 3 | 250 | 315 | 400 |
| | | 5 | 300 | 375 | 475 |
| | | 6 | 335 | 425 | 530 |
| | | 7 | 355 | 450 | 560 |
| | | 8 | 375 | 475 | 600 |
| | | 10 | 400 | 500 | 630 |
| | | 12 | 425 | 530 | 670 |
| 45 | 90 | 3 | 265 | 335 | 425 |
| | | 4 | 300 | 375 | 475 |
| | | 8 | 400 | 500 | 630 |
| | | 9 | 425 | 530 | 670 |
| | | 10 | 425 | 530 | 670 |
| | | 12 | 475 | 600 | 750 |
| | | 14 | 500 | 630 | 800 |
| | | 16 | 530 | 670 | 850 |
| | | 18 | 560 | 710 | 900 |
| 90 | 180 | 4 | 315 | 400 | 500 |
| | | 6 | 375 | 475 | 600 |
| | | 8 | 425 | 530 | 670 |
| | | 12 | 500 | 630 | 800 |
| | | 14 | 530 | 670 | 850 |
| | | 16 | 560 | 710 | 900 |
| | | 18 | 600 | 750 | 950 |
| | | 20 | 600 | 750 | 950 |
| | | 22 | 630 | 800 | 1000 |
| | | 24 | 670 | 850 | 1060 |
| | | 28 | 710 | 900 | 1120 |
| 180 | 355 | 8 | 450 | 560 | 710 |
| | | 12 | 530 | 670 | 850 |
| | | 18 | 630 | 800 | 1000 |
| | | 20 | 670 | 850 | 1060 |
| | | 22 | 670 | 850 | 1060 |
| | | 24 | 710 | 900 | 1120 |
| | | 32 | 800 | 1000 | 1250 |
| | | 36 | 850 | 1060 | 1320 |
| | | 40 | 850 | 1060 | 1320 |
| | | 44 | 900 | 1120 | 1400 |
| 355 | 640 | 12 | 560 | 710 | 900 |
| | | 18 | 670 | 850 | 1060 |
| | | 24 | 710 | 900 | 1120 |
| | | 44 | 950 | 1220 | 1520 |

**表 3.1-17 外螺纹小径公差 $T_{d_3}$** （单位：μm）

| 基本大径 d/mm > | 基本大径 d/mm ≤ | 螺距 P/mm | 中径公差带位置为 c 公差等级 7 | 中径公差带位置为 c 公差等级 8 | 中径公差带位置为 c 公差等级 9 | 中径公差带位置为 e 公差等级 7 | 中径公差带位置为 e 公差等级 8 | 中径公差带位置为 e 公差等级 9 |
|---|---|---|---|---|---|---|---|---|
| 5.6 | 11.2 | 2 | 388 | 445 | 525 | 309 | 366 | 446 |
| | | 3 | 435 | 501 | 589 | 350 | 416 | 504 |

（续）

| 基本大径 d/mm | | 螺距 P/mm | 中径公差带位置为 c | | | 中径公差带位置为 e | | |
|---|---|---|---|---|---|---|---|---|
| > | ≤ | | 7 | 8 | 9 | 7 | 8 | 9 |
| 11.2 | 22.4 | 2 | 400 | 462 | 544 | 321 | 383 | 465 |
| | | 3 | 450 | 520 | 614 | 365 | 435 | 529 |
| | | 4 | 521 | 609 | 690 | 426 | 514 | 595 |
| | | 5 | 562 | 656 | 775 | 456 | 550 | 669 |
| | | 8 | 709 | 828 | 965 | 576 | 695 | 832 |
| 22.4 | 45 | 3 | 482 | 564 | 670 | 397 | 479 | 585 |
| | | 5 | 587 | 681 | 806 | 481 | 575 | 700 |
| | | 6 | 655 | 767 | 899 | 537 | 649 | 781 |
| | | 7 | 694 | 813 | 950 | 569 | 688 | 825 |
| | | 8 | 734 | 859 | 1015 | 601 | 726 | 882 |
| | | 10 | 800 | 925 | 1087 | 650 | 775 | 937 |
| | | 12 | 866 | 998 | 1223 | 691 | 823 | 1048 |
| 45 | 90 | 3 | 501 | 589 | 701 | 416 | 504 | 616 |
| | | 4 | 565 | 659 | 784 | 470 | 564 | 689 |
| | | 8 | 765 | 890 | 1052 | 632 | 757 | 919 |
| | | 9 | 811 | 943 | 1118 | 671 | 803 | 978 |
| | | 10 | 831 | 963 | 1138 | 681 | 813 | 988 |
| | | 12 | 929 | 1085 | 1273 | 754 | 910 | 1098 |
| | | 14 | 970 | 1142 | 1355 | 805 | 967 | 1180 |
| | | 16 | 1038 | 1213 | 1438 | 853 | 1028 | 1253 |
| | | 18 | 1100 | 1288 | 1525 | 900 | 1088 | 1320 |
| 90 | 180 | 4 | 584 | 690 | 815 | 489 | 595 | 720 |
| | | 6 | 705 | 830 | 986 | 587 | 712 | 868 |
| | | 8 | 796 | 928 | 1103 | 663 | 795 | 970 |
| | | 12 | 960 | 1122 | 1335 | 785 | 947 | 1160 |
| | | 14 | 1018 | 1193 | 1418 | 843 | 1018 | 1243 |
| | | 16 | 1075 | 1263 | 1500 | 890 | 1078 | 1315 |
| | | 18 | 1150 | 1338 | 1588 | 950 | 1138 | 1388 |
| | | 20 | 1175 | 1363 | 1613 | 962 | 1150 | 1400 |
| | | 22 | 1232 | 1450 | 1700 | 1011 | 1224 | 1474 |
| | | 24 | 1313 | 1538 | 1800 | 1074 | 1299 | 1561 |
| | | 28 | 1388 | 1625 | 1900 | 1138 | 1375 | 1650 |
| 180 | 355 | 8 | 828 | 965 | 1153 | 695 | 832 | 1020 |
| | | 12 | 998 | 1173 | 1398 | 823 | 998 | 1223 |
| | | 18 | 1187 | 1400 | 1650 | 987 | 1200 | 1450 |
| | | 20 | 1263 | 1488 | 1750 | 1050 | 1275 | 1537 |
| | | 22 | 1288 | 1513 | 1775 | 1062 | 1287 | 1549 |
| | | 24 | 1363 | 1600 | 1875 | 1124 | 1361 | 1636 |
| | | 32 | 1530 | 1780 | 2092 | 1265 | 1515 | 1827 |
| | | 36 | 1623 | 1885 | 2210 | 1343 | 1605 | 1930 |
| | | 40 | 1663 | 1925 | 2250 | 1363 | 1625 | 1950 |
| | | 44 | 1755 | 2030 | 2380 | 1440 | 1715 | 2065 |
| 355 | 640 | 12 | 1035 | 1223 | 1460 | 870 | 1058 | 1295 |
| | | 18 | 1238 | 1462 | 1725 | 1038 | 1263 | 1525 |
| | | 24 | 1363 | 1600 | 1875 | 1124 | 1361 | 1636 |
| | | 44 | 1818 | 2155 | 2530 | 1503 | 1840 | 2215 |

## 表 3.1-18　内、外螺纹大径公差　　　　　　（单位：μm）

| 公称直径 d/mm | | 内螺纹大径公差 $T_D$ | 外螺纹大径公差 $T_d$ | 公称直径 d/mm | | 内螺纹大径公差 $T_D$ | 外螺纹大径公差 $T_d$ |
|---|---|---|---|---|---|---|---|
| > | ≤ | H10 | h9 | > | ≤ | H10 | h9 |
| 6 | 10 | 58 | 36 | 120 | 180 | 160 | 100 |
| 10 | 18 | 70 | 43 | 180 | 250 | 185 | 115 |
| 18 | 30 | 84 | 52 | 250 | 315 | 210 | 130 |
| 30 | 50 | 100 | 62 | 315 | 400 | 230 | 140 |
| 50 | 80 | 120 | 74 | 400 | 500 | 250 | 155 |
| 80 | 120 | 140 | 87 | 500 | 630 | 280 | 175 |
| | | | | 630 | 800 | 320 | 200 |

## 表 3.1-19　内、外螺纹直径公差等级

| 内　螺　纹 | | 外　螺　纹 | | |
|---|---|---|---|---|
| 中径 $D_2$ | 小径 $D_1$ | 大径 d | 中径 $d_2$ | 小径 $d_3$ |
| 7、8、9 | 4 | 4 | 7、8、9 | 7、8、9 |

注：外螺纹小径 $d_3$ 所选取的公差等级必须与其中径 $d_2$ 的公差等级相同。

## 表 3.1-20　螺纹旋合长度　　　　　　（单位：mm）

| 公称直径 d | | 螺距 P | 旋合长度组 | | | 公称直径 d | | 螺距 P | 旋合长度组 | | | 公称直径 d | | 螺距 P | 旋合长度组 | | |
|---|---|---|---|---|---|---|---|---|---|---|---|---|---|---|---|---|---|
| | | | N | | L | | | | N | | L | | | | N | | L |
| > | ≤ | | > | ≤ | > | > | ≤ | | > | ≤ | > | > | ≤ | | > | ≤ | > |
| 5.6 | 11.2 | 2 | 6 | 19 | 19 | 8 | | | 38 | 118 | 118 | 90 | 180 | 24 | 132 | 400 | 400 |
| | | 3 | 10 | 28 | 28 | 9 | | | 43 | 132 | 132 | | | 28 | 150 | 450 | 450 |
| 11.2 | 22.4 | 2 | 8 | 24 | 24 | 10 | | | 50 | 140 | 140 | 180 | 355 | 8 | 50 | 150 | 150 |
| | | 3 | 11 | 32 | 32 | 12 | | | 60 | 170 | 170 | | | 12 | 75 | 224 | 224 |
| | | 4 | 15 | 43 | 43 | 14 | | | 67 | 200 | 200 | | | 18 | 112 | 335 | 335 |
| | | 5 | 18 | 53 | 53 | 16 | | | 75 | 236 | 236 | | | 20 | 125 | 375 | 375 |
| | | 8 | 30 | 85 | 85 | 18 | | | 85 | 265 | 265 | | | 22 | 140 | 425 | 425 |
| 22.4 | 45 | 3 | 12 | 36 | 36 | 4 | | | 24 | 71 | 71 | | | 24 | 150 | 450 | 450 |
| | | 5 | 21 | 63 | 63 | 6 | | | 36 | 106 | 106 | | | 32 | 200 | 600 | 600 |
| | | 6 | 25 | 75 | 75 | 8 | | | 45 | 132 | 132 | | | 36 | 224 | 670 | 670 |
| | | 7 | 30 | 85 | 85 | 12 | | | 67 | 200 | 200 | | | 40 | 250 | 750 | 750 |
| | | 8 | 34 | 100 | 100 | 14 | 90 | 180 | 75 | 236 | 236 | | | 44 | 280 | 850 | 850 |
| | | 10 | 42 | 125 | 125 | 16 | | | 90 | 265 | 265 | 355 | 640 | 12 | 87 | 260 | 260 |
| | | 12 | 50 | 150 | 150 | 18 | | | 100 | 300 | 300 | | | 18 | 132 | 390 | 390 |
| 45 | 90 | 3 | 15 | 45 | 45 | 20 | | | 112 | 335 | 335 | | | 24 | 174 | 520 | 520 |
| | | 4 | 19 | 56 | 56 | 22 | | | 118 | 355 | 355 | | | 44 | 319 | 950 | 950 |

## 表 3.1-21　锯齿形螺纹公差带的选用及标注

| 精度 | | 内　螺　纹 | | 外　螺　纹 | | 应用 |
|---|---|---|---|---|---|---|
| | | N | L | N | L | |
| 中　等 | | 7H | 8H | 7c | 8c | 一般用途 |
| 粗　糙 | | 8H | 9H | 8c | 9c | 对精度要求不高时采用 |
| 标记示例 | 内、外螺纹 | B40×7-7H<br>└中径公差带<br>└螺距<br>└公称直径<br>└螺纹特征代号 | | B40×7-7c<br>B40×7LH-7c<br>　　└左旋(右旋不注)<br>B40×14(P7)-8c-L(旋合长度为L组的多线螺纹)<br>　　　└螺距<br>　　　└导程 | | |
| | 螺纹副 | | | B40×7-7A/7c | | |

注：当采用大径定心时，其螺纹的标记还需在公差带代号之后加注大径的代号"D"（对内螺纹）或"d"（对外螺纹）并用括号将其括上。

### 表 3.1-22　多线锯齿形螺纹中径修正公差系数

| 线　数 | 2 | 3 | 4 | ≥5 |
|---|---|---|---|---|
| 系　数 | 1.12 | 1.25 | 1.4 | 1.6 |

注：1. 多线锯齿形螺纹的顶径和底径的公差与单线锯齿形螺纹相同。
　　2. 多线锯齿形螺纹的中径公差是在单线锯齿形螺纹的基础上按线数不同分别乘以本表系数而得的。

## 1.4　管螺纹

　　管螺纹是位于管壁上用于连接的螺纹，有 55°非密封管螺纹和 55°密封管螺纹之分。密封管螺纹具有机械连接和密封两大功能；而非密封管螺纹仅有机械连接一种功能。

### 1.4.1　55°非密封管螺纹（表 3.1-23）

### 表 3.1-23　55°非密封管螺纹的牙型、基本尺寸及其公差（摘自 GB/T 7307—2001）

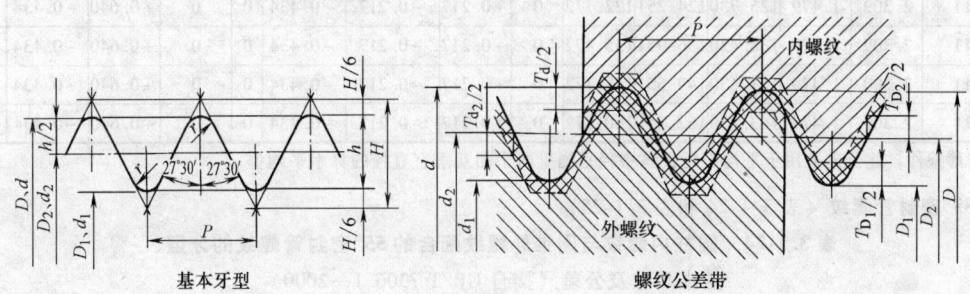

$$P = \frac{25.4}{n}$$
$$H = 0.960491P$$
$$h = 0.640327P$$
$$r = 0.137329P$$

$$H/6 = 0.160082P$$
$$D_2 = d_2 = d - 0.640327P$$
$$D_1 = d_1 = d - 1.280654P$$

标记示例
尺寸代号为 1½的左旋圆柱内螺纹，标记为：
G1½LH(右旋不标)
尺寸代号为 1½的 A 级圆柱外螺纹，标记为：
G1½A(A、B 表示外螺纹公差等级代号，内螺纹则不标)
尺寸代号为 1½的 B 级圆柱外螺纹，标记为：G1½B
尺寸代号为 1½的内、外螺纹装配，标记为：
G1½A、(表示螺纹副时仅需标注外螺纹的标记代号)

| 尺寸代号 | 每25.4mm内所包含的牙数 n | 螺距 P /mm | 牙高 h /mm | 基本直径/mm 大径 d=D | 中径 $d_2=D_2$ | 小径 $d_1=D_1$ | 中径公差① /mm 内螺纹 下偏差 | 上偏差 | 外螺纹 下偏差 A级 | B级 | 上偏差 | 小径公差/mm 内螺纹 下偏差 | 上偏差 | 大径公差/mm 外螺纹 下偏差 | 上偏差 |
|---|---|---|---|---|---|---|---|---|---|---|---|---|---|---|---|
| 1/16 | 28 | 0.907 | 0.581 | 7.723 | 7.142 | 6.561 | 0 | +0.107 | -0.107 | -0.214 | 0 | 0 | +0.282 | -0.214 | 0 |
| 1/8 | 28 | 0.907 | 0.581 | 9.728 | 9.147 | 8.566 | 0 | +0.107 | -0.107 | -0.214 | 0 | 0 | +0.282 | -0.214 | 0 |
| 1/4 | 19 | 1.337 | 0.856 | 13.157 | 12.301 | 11.445 | 0 | +0.125 | -0.125 | -0.250 | 0 | 0 | +0.445 | -0.250 | 0 |
| 3/8 | 19 | 1.337 | 0.856 | 16.662 | 15.806 | 14.950 | 0 | +0.125 | -0.125 | -0.250 | 0 | 0 | +0.445 | -0.250 | 0 |
| 1/2 | 14 | 1.814 | 1.162 | 20.955 | 19.793 | 18.631 | 0 | +0.142 | -0.142 | -0.284 | 0 | 0 | +0.541 | -0.284 | 0 |
| 5/8 | 14 | 1.814 | 1.162 | 22.911 | 21.749 | 20.587 | 0 | +0.142 | -0.142 | -0.284 | 0 | 0 | +0.541 | -0.284 | 0 |
| 3/4 | 14 | 1.814 | 1.162 | 26.441 | 25.279 | 24.117 | 0 | +0.142 | -0.142 | -0.284 | 0 | 0 | +0.541 | -0.284 | 0 |
| 7/8 | 14 | 1.814 | 1.162 | 30.201 | 29.039 | 27.877 | 0 | +0.142 | -0.142 | -0.284 | 0 | 0 | +0.541 | -0.284 | 0 |
| 1 | 11 | 2.309 | 1.479 | 33.249 | 31.770 | 30.291 | 0 | +0.180 | -0.180 | -0.360 | 0 | 0 | +0.640 | -0.360 | 0 |
| 1⅛ | 11 | 2.309 | 1.479 | 37.897 | 36.418 | 34.939 | 0 | +0.180 | -0.180 | -0.360 | 0 | 0 | +0.640 | -0.360 | 0 |
| 1¼ | 11 | 2.309 | 1.479 | 41.910 | 40.431 | 38.952 | 0 | +0.180 | -0.180 | -0.360 | 0 | 0 | +0.640 | -0.360 | 0 |
| 1½ | 11 | 2.309 | 1.479 | 47.803 | 46.324 | 44.845 | 0 | +0.180 | -0.180 | -0.360 | 0 | 0 | +0.640 | -0.360 | 0 |
| 1¾ | 11 | 2.309 | 1.479 | 53.746 | 52.267 | 50.788 | 0 | +0.180 | -0.180 | -0.360 | 0 | 0 | +0.640 | -0.360 | 0 |
| 2 | 11 | 2.309 | 1.479 | 59.614 | 58.135 | 56.656 | 0 | +0.180 | -0.180 | -0.360 | 0 | 0 | +0.640 | -0.360 | 0 |
| 2¼ | 11 | 2.309 | 1.479 | 65.710 | 64.231 | 62.752 | 0 | +0.217 | -0.217 | -0.434 | 0 | 0 | +0.640 | -0.434 | 0 |

（续）

| 尺寸代号 | 每25.4 mm 内所包含的牙数 $n$ | 螺距 $P$ /mm | 牙高 $h$ /mm | 基本直径/mm 大径 $d=D$ | 基本直径/mm 中径 $d_2=D_2$ | 基本直径/mm 小径 $d_1=D_1$ | 中径公差①/mm 内螺纹 下偏差 | 中径公差①/mm 内螺纹 上偏差 | 中径公差①/mm 外螺纹 下偏差 A级 | 中径公差①/mm 外螺纹 下偏差 B级 | 中径公差①/mm 外螺纹 上偏差 | 小径公差/mm 内螺纹 下偏差 | 小径公差/mm 内螺纹 上偏差 | 大径公差/mm 外螺纹 下偏差 | 大径公差/mm 外螺纹 上偏差 |
|---|---|---|---|---|---|---|---|---|---|---|---|---|---|---|---|
| 2½ | 11 | 2.309 | 1.479 | 75.184 | 73.705 | 72.226 | 0 | +0.217 | -0.217 | -0.434 | 0 | 0 | +0.640 | -0.434 | 0 |
| 2¾ | 11 | 2.309 | 1.479 | 81.534 | 80.055 | 78.576 | 0 | +0.217 | -0.217 | -0.434 | 0 | 0 | +0.640 | -0.434 | 0 |
| 3 | 11 | 2.309 | 1.479 | 87.884 | 86.405 | 84.926 | 0 | +0.217 | -0.217 | -0.434 | 0 | 0 | +0.640 | -0.434 | 0 |
| 3½ | 11 | 2.309 | 1.479 | 100.330 | 98.851 | 97.372 | 0 | +0.217 | -0.217 | -0.434 | 0 | 0 | +0.640 | -0.434 | 0 |
| 4 | 11 | 2.309 | 1.479 | 113.030 | 111.551 | 110.072 | 0 | +0.217 | -0.217 | -0.434 | 0 | 0 | +0.640 | -0.434 | 0 |
| 4½ | 11 | 2.309 | 1.479 | 125.730 | 124.251 | 122.772 | 0 | +0.217 | -0.217 | -0.434 | 0 | 0 | +0.640 | -0.434 | 0 |
| 5 | 11 | 2.309 | 1.479 | 138.430 | 136.951 | 135.472 | 0 | +0.217 | -0.217 | -0.434 | 0 | 0 | +0.640 | -0.434 | 0 |
| 5½ | 11 | 2.309 | 1.479 | 151.130 | 149.651 | 148.172 | 0 | +0.217 | -0.217 | -0.434 | 0 | 0 | +0.640 | -0.434 | 0 |
| 6 | 11 | 2.309 | 1.479 | 163.830 | 162.351 | 160.872 | 0 | +0.217 | -0.217 | -0.434 | 0 | 0 | +0.640 | -0.434 | 0 |

① 对薄壁件，此公差适用于平均中径，该中径是测量两个相互垂直直径的算术平均值。

**1.4.2　55°密封管螺纹**（表 3.1-24 和表 3.1-25）

表 3.1-24　圆柱内螺纹与圆锥外螺纹配合的 55°密封管螺纹的牙型、

基本尺寸及公差（摘自 GB/T 7306.1—2000）

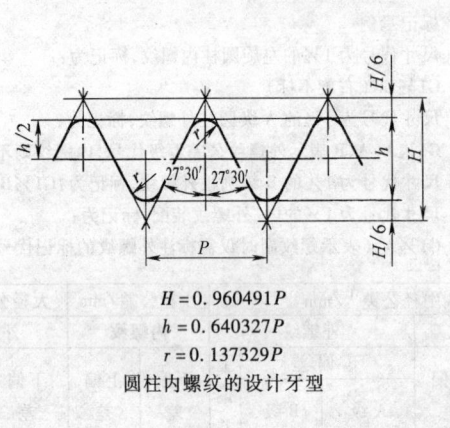

$H=0.960491P$
$h=0.640327P$
$r=0.137329P$

圆柱内螺纹的设计牙型

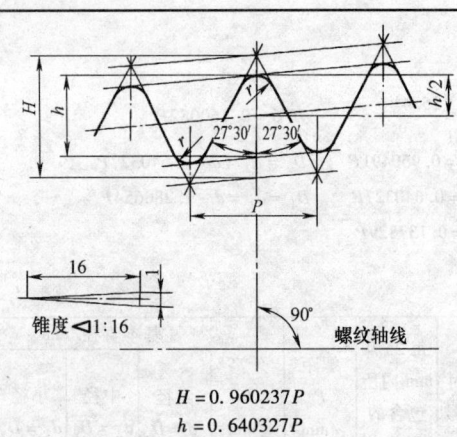

锥度◁1:16

螺纹轴线

$H=0.960237P$
$h=0.640327P$
$r=0.137278P$

圆锥内、外螺纹的设计牙型

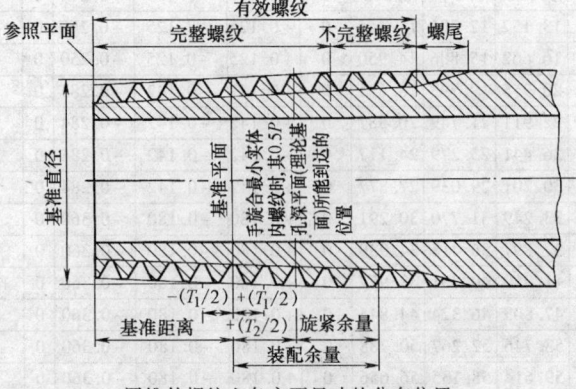

圆锥外螺纹上各主要尺寸的分布位置

（续）

| 尺寸代号 | 每25.4mm内所包含的牙数 $n$ | 螺距 $P$/mm | 牙高 $h$/mm | 基准平面内的基本直径/mm 大径（基准直径）$d=D$ | 中径 $d_2=D_2$ | 小径 $d_1=D_1$ | 基准距离/mm 基本 | 极限偏差 $\pm T_1/2$ 长度 | 圈数 | 最大 | 最小 | 装配余量/mm 长度 | 圈数 | 外螺纹的有效螺纹不小于 基准距离/mm 基本 | 最大 | 最小 | 圆柱内螺纹直径的极限偏差/mm $\pm$ 径向 | 轴向圈数 $T_2/2$ |
|---|---|---|---|---|---|---|---|---|---|---|---|---|---|---|---|---|---|---|
| 1/16 | 28 | 0.907 | 0.581 | 7.723 | 7.142 | 6.561 | 4 | 0.9 | 1 | 4.9 | 3.1 | 2.5 | 2¾ | 6.5 | 7.4 | 5.6 | 0.071 | 1¼ |
| 1/8 | 28 | 0.907 | 0.581 | 9.728 | 9.147 | 8.566 | 4 | 0.9 | 1 | 4.9 | 3.1 | 2.5 | 2¾ | 6.5 | 7.4 | 5.6 | 0.071 | 1¼ |
| 1/4 | 19 | 1.337 | 0.856 | 13.157 | 12.301 | 11.445 | 6 | 1.3 | 1 | 7.3 | 4.7 | 3.7 | 2¾ | 9.7 | 11 | 8.4 | 0.104 | 1¼ |
| 3/8 | 19 | 1.337 | 0.856 | 16.662 | 15.806 | 14.950 | 6.4 | 1.3 | 1 | 7.7 | 5.1 | 3.7 | 2¾ | 10.1 | 11.4 | 8.8 | 0.104 | 1¼ |
| 1/2 | 14 | 1.814 | 1.162 | 20.955 | 19.793 | 18.631 | 8.2 | 1.8 | 1 | 10.0 | 6.4 | 5.0 | 2¾ | 13.2 | 15 | 11.4 | 0.142 | 1¼ |
| 3/4 | 14 | 1.814 | 1.162 | 26.441 | 25.279 | 24.117 | 9.5 | 1.8 | 1 | 11.3 | 7.7 | 5.0 | 2¾ | 14.5 | 16.3 | 12.7 | 0.142 | 1¼ |
| 1 | 11 | 2.309 | 1.479 | 33.249 | 31.770 | 30.291 | 10.4 | 2.3 | 1 | 12.7 | 8.1 | 6.4 | 2¾ | 16.8 | 19.1 | 14.5 | 0.180 | 1¼ |
| 1¼ | 11 | 2.309 | 1.479 | 41.910 | 40.431 | 38.952 | 12.7 | 2.3 | 1 | 15.0 | 10.4 | 6.4 | 2¾ | 19.1 | 21.4 | 16.8 | 0.180 | 1¼ |
| 1½ | 11 | 2.309 | 1.479 | 47.803 | 46.324 | 44.845 | 12.7 | 2.3 | 1 | 15.0 | 10.4 | 6.4 | 2¾ | 19.1 | 21.4 | 16.8 | 0.180 | 1¼ |
| 2 | 11 | 2.309 | 1.479 | 59.614 | 58.135 | 56.656 | 15.9 | 2.3 | 1 | 18.2 | 13.6 | 7.5 | 3¼ | 23.4 | 25.7 | 21.1 | 0.180 | 1¼ |
| 2½ | 11 | 2.309 | 1.479 | 75.184 | 73.705 | 72.226 | 17.5 | 3.5 | 1½ | 21.0 | 14.0 | 9.2 | 4 | 26.7 | 30.2 | 23.2 | 0.216 | 1½ |
| 3 | 11 | 2.309 | 1.479 | 87.884 | 86.405 | 84.926 | 20.6 | 3.5 | 1½ | 24.1 | 17.1 | 9.2 | 4 | 29.8 | 33.3 | 26.3 | 0.216 | 1½ |
| 4 | 11 | 2.309 | 1.479 | 113.030 | 111.551 | 110.072 | 25.4 | 3.5 | 1½ | 28.9 | 21.9 | 10.4 | 4½ | 35.8 | 39.3 | 32.3 | 0.216 | 1½ |
| 5 | 11 | 2.309 | 1.479 | 138.430 | 136.951 | 135.472 | 28.6 | 3.5 | 1½ | 32.1 | 25.1 | 11.5 | 5 | 40.1 | 43.6 | 36.6 | 0.216 | 1½ |
| 6 | 11 | 2.309 | 1.479 | 163.830 | 162.351 | 160.872 | 28.6 | 3.5 | 1½ | 32.1 | 25.1 | 11.5 | 5 | 40.1 | 43.6 | 36.6 | 0.216 | 1½ |

**表 3.1-25　圆锥内螺纹与圆锥外螺纹配合的 55°密封管螺纹的牙型、基本尺寸及公差**（摘自 GB/T 7306.2—2000）

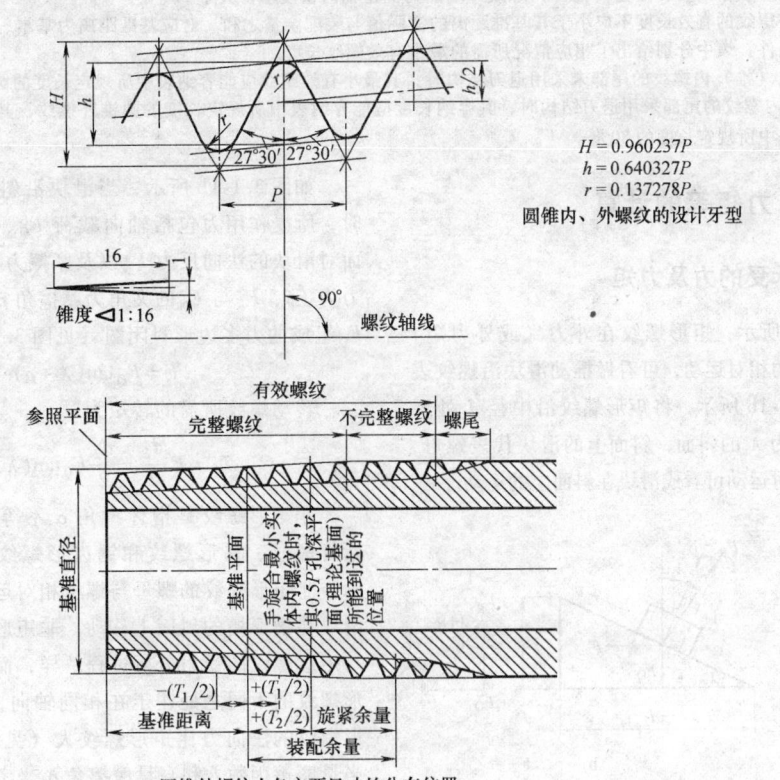

$H = 0.960237P$
$h = 0.640327P$
$r = 0.137278P$

圆锥内、外螺纹的设计牙型

圆锥外螺纹上各主要尺寸的分布位置

（续）

| 尺寸代号 | 每25.4mm内的牙数 $n$ | 螺距 $P$/mm | 牙高 $h$/mm | 基准平面上的基本直径/mm | | | 基准距离/mm | | | 装配余量/mm | | 外螺纹的有效螺纹长度/mm≥ | | 圆锥内螺纹基准平面轴向位置极限偏差±$T_2/2$/mm | | | | |
|---|---|---|---|---|---|---|---|---|---|---|---|---|---|---|---|---|---|---|
| | | | | 大径（基准直径）$d=D$ | 中径 $d_2=D_2$ | 小径 $d_1=D_1$ | 基本 ≈ | 极限偏差±$T_1/2$ ≈ | 圈数 | 最大 | 最小 | 长度 ≈ | 圈数 | 基准距离 基本 | 最大 | 最小 | ≈ | 圈数 |
| 1/16 | 28 | 0.907 | 0.581 | 7.723 | 7.142 | 6.561 | 4.0 | 0.9 | 1 | 4.9 | 3.1 | 2.5 | 2¾ | 6.5 | 7.4 | 5.6 | 1.1 | 1¼ |
| 1/8 | 28 | 0.907 | 0.581 | 9.728 | 9.147 | 8.566 | 4.0 | 0.9 | 1 | 4.9 | 3.1 | 2.5 | 2¾ | 6.5 | 7.4 | 5.6 | 1.1 | 1¼ |
| 1/4 | 19 | 1.337 | 0.856 | 13.157 | 12.301 | 11.445 | 6.0 | 1.3 | 1 | 7.3 | 4.7 | 3.7 | 2¾ | 9.7 | 11.0 | 8.4 | 1.7 | 1¼ |
| 3/8 | 19 | 1.337 | 0.856 | 16.662 | 15.806 | 14.950 | 6.4 | 1.3 | 1 | 7.7 | 5.1 | 3.7 | 2¾ | 10.1 | 11.4 | 8.8 | 1.7 | 1¼ |
| 1/2 | 14 | 1.814 | 1.162 | 20.955 | 19.793 | 18.631 | 8.2 | 1.8 | 1 | 10.0 | 6.4 | 5.0 | 2¾ | 13.2 | 15.0 | 11.4 | 2.3 | 1¼ |
| 3/4 | 14 | 1.814 | 1.162 | 26.441 | 25.279 | 24.117 | 9.5 | 1.8 | 1 | 11.3 | 7.7 | 5.0 | 2¾ | 14.5 | 16.3 | 12.7 | 2.3 | 1¼ |
| 1 | 11 | 2.309 | 1.479 | 33.249 | 31.770 | 30.291 | 10.4 | 2.3 | 1 | 12.7 | 8.1 | 6.4 | 2¾ | 16.8 | 19.1 | 14.5 | 2.9 | 1¼ |
| 1¼ | 11 | 2.309 | 1.479 | 41.910 | 40.431 | 38.952 | 12.7 | 2.3 | 1 | 15.0 | 10.4 | 6.4 | 2¾ | 19.1 | 21.4 | 16.8 | 2.9 | 1¼ |
| 1½ | 11 | 2.309 | 1.479 | 47.803 | 46.324 | 44.845 | 12.7 | 2.3 | 1 | 15.0 | 10.4 | 6.4 | 2¾ | 19.1 | 21.4 | 16.8 | 2.9 | 1¼ |
| 2 | 11 | 2.309 | 1.479 | 59.614 | 58.135 | 56.656 | 15.9 | 2.3 | 1 | 18.2 | 13.6 | 7.5 | 3¼ | 23.4 | 25.7 | 21.1 | 2.9 | 1¼ |
| 2½ | 11 | 2.309 | 1.479 | 75.184 | 73.705 | 72.226 | 17.5 | 3.5 | 1½ | 21.0 | 14.0 | 9.2 | 4 | 26.7 | 30.2 | 23.2 | 3.5 | 1½ |
| 3 | 11 | 2.309 | 1.479 | 87.884 | 86.405 | 84.926 | 20.6 | 3.5 | 1½ | 24.1 | 17.1 | 9.2 | 4 | 29.8 | 33.3 | 26.3 | 3.5 | 1½ |
| 4 | 11 | 2.309 | 1.479 | 113.030 | 111.551 | 110.072 | 25.4 | 3.5 | 1½ | 28.9 | 21.9 | 10.4 | 4½ | 35.8 | 39.3 | 32.3 | 3.5 | 1½ |
| 5 | 11 | 2.309 | 1.479 | 138.430 | 136.951 | 135.472 | 28.6 | 3.5 | 1½ | 32.1 | 25.1 | 11.5 | 5 | 40.1 | 43.6 | 36.6 | 3.5 | 1½ |
| 6 | 11 | 2.309 | 1.479 | 163.830 | 162.351 | 160.872 | 28.6 | 3.5 | 1½ | 32.1 | 25.1 | 11.5 | 5 | 40.1 | 43.6 | 36.6 | 3.5 | 1½ |

注：1. 本标准适用于管子、阀门、管接头、旋塞及其他管路附件的螺纹连接。
    2. 允许在螺纹副内添加合适的密封介质，如在螺纹表面缠胶带、涂密封胶等。
    3. 圆锥内螺纹小端面和圆柱（锥）内螺纹外端面的倒角轴向长度不得大于 $1P$。
    4. 圆锥外螺纹的有效长度不应小于其基准距离的实际值与装配余量之和。对应基准距离为基本、最大和最小尺寸的三种条件，表中分别给出了相应情况所需的最小有效螺纹长度。
    5. 当圆柱（锥）内螺纹的尾部未采用退刀结构时，其最小有效螺纹应能容纳表中所规定长度的圆锥外螺纹；当圆柱（锥）内螺纹的尾部采用退刀结构时，其容纳长度应能容纳表中所规定长度的圆锥外螺纹，其最小有效长度应不小于表中所规定长度的80%。

## 2 螺纹副中力矩等的计算

### 2.1 螺纹副承受的力及力矩

如图 3.1-1a 所示，矩形螺纹在外力（或外力矩）作用下，螺旋副的相对运动，可看做推动滑块沿螺纹表面运动。如图 3.1-1b 所示，将矩形螺纹沿中径 $d_2$ 处展开，得一倾斜角为 $\lambda$ 的斜面，斜面上的滑块代表螺母，螺母与螺杆的相对运动可看成滑块在斜面上的运动。

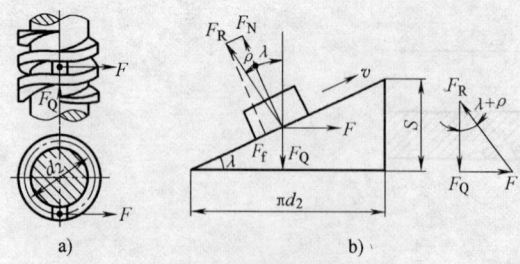

**图 3.1-1 螺纹副的受力**

如图 3.1-1b 所示，当滑块沿斜面向上等速运动时，所受作用力包括轴向载荷 $F_Q$、水平推力 $F$、斜面对滑块的法向反力 $F_N$ 以及摩擦力 $F_f$。$F_N$ 与 $F_f$ 的合力为 $F_R$，$F_R$ 与 $F_N$ 的夹角为摩擦角 $\rho$。由力 $F_R$、$F$ 和 $F_Q$ 组成的力多边形封闭图（见图 3.1-1b）得：

$$F = F_Q \tan(\lambda + \rho) \qquad (3.1\text{-}1)$$

转动螺纹所需的转矩为

$$T_1 = F \frac{d_2}{2} = \frac{d_2}{2} F_Q \tan(\lambda + \rho) \qquad (3.1\text{-}2)$$

非矩形螺纹是指牙型角 $\alpha$ 不等于零的螺纹，包括管螺纹、梯形螺纹和锯齿形螺纹。如图 3.1-2 所示，非矩形螺纹的螺母与螺杆相对运动时相当于楔形滑块在楔形槽的斜面上移动。非矩形螺纹的受力分析与矩形螺纹的受力分析过程一样，而矩形螺纹与非矩形螺纹的不同之处在于在相同轴向力 $F_Q$ 作用时非矩形螺纹的法向力比矩形螺纹大（见图 3.1-3），引入当量摩擦因数 $f_v$ 和当量摩擦角 $\rho_v$ 来考虑非矩形螺纹法向力的增加量，即用当量摩擦角 $\rho_v$ 代替式（3.1-1）

和式（3.1-2）中的 $\rho$，可相应得到非矩形螺纹当螺母处于等速上升时螺母所需的水平推力 $F$ 和转动螺母所需转矩 $T_1$。

$$f_\mathrm{v} = \frac{f}{\cos\beta} = \tan\rho_\mathrm{v} \qquad (3.1\text{-}3)$$

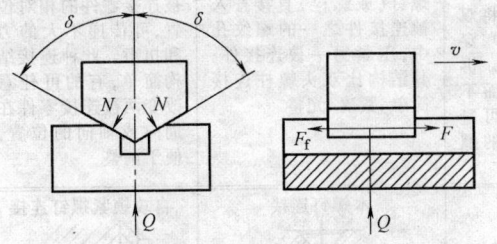

图 3.1-2　斜面当量摩擦系数的计算

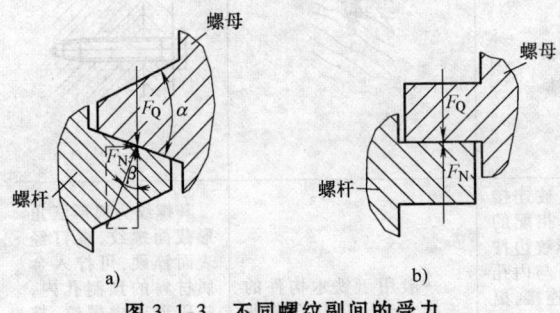

图 3.1-3　不同螺纹副间的受力
a）三角形　b）矩形

## 2.2　螺旋副的自锁

当滑块沿斜面等速下滑时，轴向载荷 $F_Q$ 变为驱动滑块等速下滑的驱动力，$F$ 为阻碍滑块下滑的支持力，摩擦力 $F_\mathrm{f}$ 的方向与滑块运动方向相反。由 $F_R$、$F$ 和 $F_Q$ 组成的力多边形封闭图得：

$$F = F_Q \tan(\lambda - \rho) \qquad (3.1\text{-}4)$$

此时，螺母反转一周时的输入功为 $W_1 = F_Q S$，输出功为 $W_2 = F\pi d_2$，则螺旋副的效率为

$$\eta' = \frac{W_2}{W_1} = \frac{F_Q \tan(\lambda - \rho)\pi d_2}{F_Q \pi d_2 \tan\lambda} \cdot \frac{\tan(\lambda - \rho)}{\tan\lambda}$$
$$(3.1\text{-}5)$$

由式（3.1-5）可知，当 $\lambda \leqslant \rho$ 时，$\eta' \leqslant 0$，说明无论 $F_Q$ 力多大，滑块（即螺母）都不能运动，这种现象称为螺旋副的自锁。$\eta' = 0$ 表明螺旋副处于临界自锁状态。因此，螺旋副的自锁条件是 $\lambda \leqslant \rho$。

设计螺旋副时，对要求正反转自由运动的螺旋副，应避免自锁现象。工程中也可以应用螺旋副的自锁特性，如起重螺旋做成自锁螺旋，可以省去制动装置等。

## 2.3　螺纹副的效率

螺旋副的效率 $\eta$ 是指有用功与输入功之比。螺母旋转一周所需的输入功 $W_1 = 2\pi T_1$，有用功为 $W_2 = F_Q S$（其中，$S = \pi d_2 \tan\lambda$）。因此，螺旋副的效率为

$$\eta = \frac{W_2}{W_1} = \frac{F_Q \pi d_2 \tan\lambda}{F_Q \pi d_2 \tan(\lambda + \rho)} = \frac{\tan\lambda}{\tan(\lambda + \rho)}$$
$$(3.1\text{-}6)$$

由式（3.1-6）可知，效率 $\eta$ 与螺纹升角 $\lambda$ 和摩擦角 $\rho$ 有关，螺旋线的线数多、升角大，则效率高，反之则效率低。当 $\rho$ 一定时，对式（3.1-6）求极值，可得当升角 $\lambda \approx 40°$ 时效率最高。但是，螺纹升角过大，螺纹制造很困难，而且当 $\lambda > 25°$ 后效率增长不明显，因此通常升角不超过 25°。

在非矩形螺纹中，螺纹的牙型角 $\alpha$ 越大，螺纹的效率越低。由于管螺纹的自锁性能比矩形螺纹好，静连接螺纹要求自锁，故多采用牙型角大的管螺纹。传动螺纹要求螺旋副的效率 $\eta$ 要高，因此一般采用牙型角较小的梯形螺纹。

# 3　螺纹连接

## 3.1　螺纹连接的类型

螺纹连接是利用螺纹紧固件（或被连接件的螺纹部分）将被连接件联成一体的可拆连接。常用的螺纹连接件有螺栓、螺柱、螺钉和紧定螺钉等。螺纹连接的基本类型见表 3.1-26。

表 3.1-26　螺纹连接的基本类型

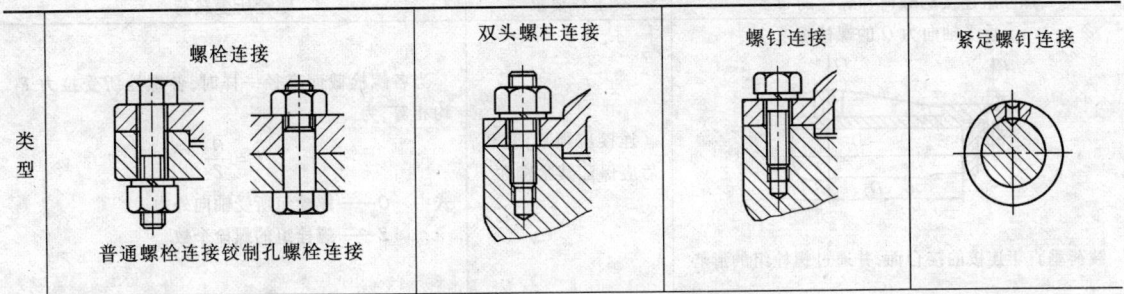

（续）

| | | | | | |
|---|---|---|---|---|---|
| 特点与应用 | 用于连接两个能够开通孔的零件。被连接件上开有通孔，插入螺栓后在螺栓的另一端拧上螺母。采用普通螺栓的栓杆与通孔之间留有间隙，通孔的加工要求较低，结构简单、装拆方便，损坏后容易更换，应用广泛。采用铰制孔螺栓时，通孔与螺杆间常采用过渡配合。这种连接能精确固定被连接件的相对位置，适于承受横向载荷，但通孔的加工精度要求较高，常采用配钻、铰加工 | | 用于两个被连接件中一个较厚、且材料强度较差，又需要经常装拆，不适合用螺栓连接的场合。经常在较厚的被连接件上制出螺纹孔，较薄的被连接件上制出光孔，将双头螺柱拧入螺纹孔中，穿过光孔，用螺母压紧。拆卸时只需旋下螺母而不必拆下双头螺柱。可避免较厚被连接件上的螺纹孔损坏 | 用于两个被连接件中一个较厚，另一个较薄，且不能经常拆卸处。将螺钉（或螺栓）直接拧入被连接件之一的螺纹孔中，压紧另一被连接件。其结构比双头螺柱连接简单、紧凑、光整 | 利用拧入被连接件螺纹孔中的紧定螺钉末端顶住或进入另一被连接件的表面或凹坑中，用以固定两个被连接零件的相对位置，可传递不大的力和扭矩。此种连接结构简单，有的可任意改变两被连接零件在周向或轴向的位置，便于调整 |
| | 机器螺钉连接 | 紧固件-组合件连接 | 自攻螺钉连接 | 木螺钉连接 | 自攻锁紧螺钉连接 |
| 类型 | 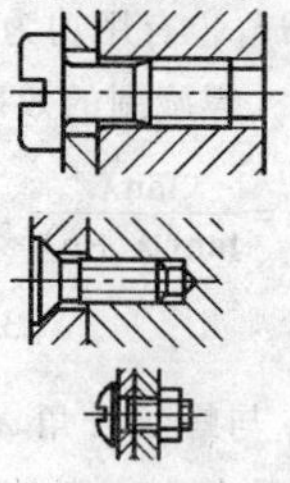 | 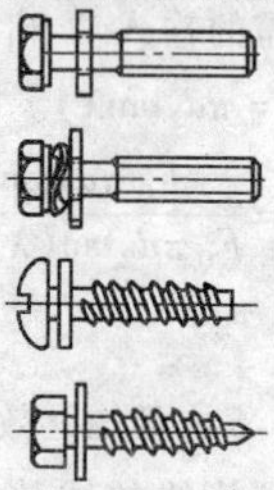 | 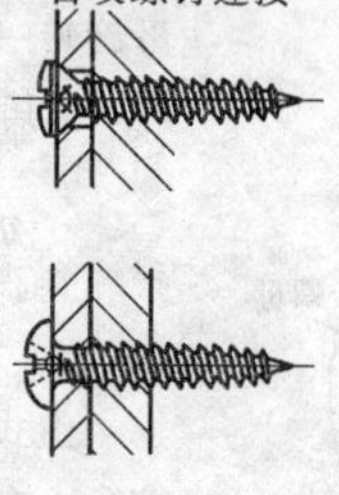 | 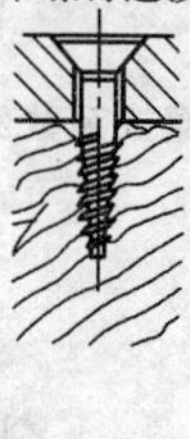 | 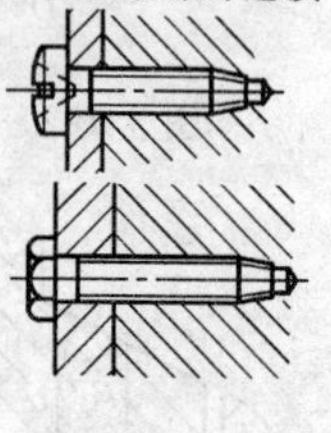 |
| 特点与应用 | 用于强度要求不高，螺纹直径小于10mm，螺钉直接拧入机体的场合。螺钉头可全部或局部沉入被连接件中，这种结构多用于要求外表面平整、光洁的场合 | 垫圈与外螺纹紧固件由标准件专业厂生产后组装成套供应。我国于1988年发布了23个紧固件-组合件产品标准<br>这种连接件使用方便、省时、安全可靠，常用于密集采用紧固件连接的场合 | 用自攻螺钉在被连接件的光孔中攻出相配的内螺纹，在边攻螺纹边拧紧的过程中，螺钉与内孔形成过盈的紧固连接，更为简单、高效<br>用于连接强度要求不高的场合。被连接件可以是低碳钢、塑料、有色金属制品或硬质木材等。一般应预先制出底孔。若采用带钻头部分的自钻自攻螺钉，则不需预制底孔 | 一般用于铁木构件的连接。金属件应预制通孔，木质件视其材质的硬度和木螺钉的长度，可以不预制或制出一定大小、深度的预制孔 | 其螺纹为弧形三角形截面螺纹，螺钉经表面淬硬，可拧入金属材料的预制孔内，挤压形成内螺纹，挤压形成的内螺纹比切制的内螺纹可提高强度30%以上。螺钉的最小抗拉强度为800MPa。自攻锁紧螺纹，所需拧紧力矩小，但锁紧性能好 |

## 3.2 螺纹连接的受力计算

### 3.2.1 螺栓组连接的受力分析

进行螺栓组连接的设计时，应首先进行螺栓组的结构设计，即确定螺栓的布置方式、数量及连接接合面几何形状；然后进行受力分析，目的是找出一组螺栓中受力最大的螺栓及其受力大小，再进行强度计算。

在进行螺栓组连接受力分析时，需要进行如下假设：螺栓为弹性体，其变形在弹性范围内；且每个螺栓的预紧力相同；接合面的压强均布；被连接件为刚体；受载后接合面仍保持平面接触。常见预紧螺栓组连接的受力分析见表3.1-27。所用到的相应参数见表3.1-28～表3.1-31。

表3.1-27 常见预紧螺栓组连接的受力分析

| 螺栓组连接的载荷和螺栓的布置 | 工作要求 | 螺栓所受载荷 |
|---|---|---|
| 承受轴向力 $Q$ 的螺栓组<br>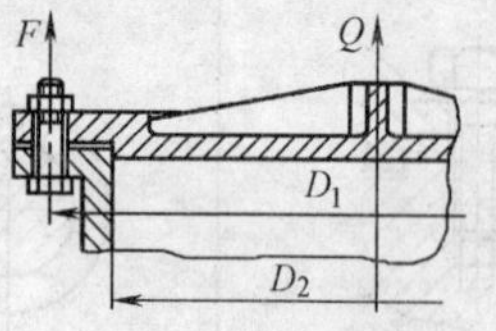<br>载荷垂直于连接的接合面，并通过螺栓组的形心 | 连接应预紧，受载后应保证其紧密性 | 当各螺栓截面直径一样时，各螺栓所受拉力 $F$ 均相等，为<br>$F=\dfrac{Q}{Z}$<br>式中 $Q$——螺栓组所受轴向外力<br>$Z$——螺栓组的螺栓个数 |

（续）

| 螺栓组连接的载荷和螺栓的布置 | 工作要求 | 螺栓所受载荷 |
|---|---|---|
| 承受横向力 $R$ 的普通螺栓组<br>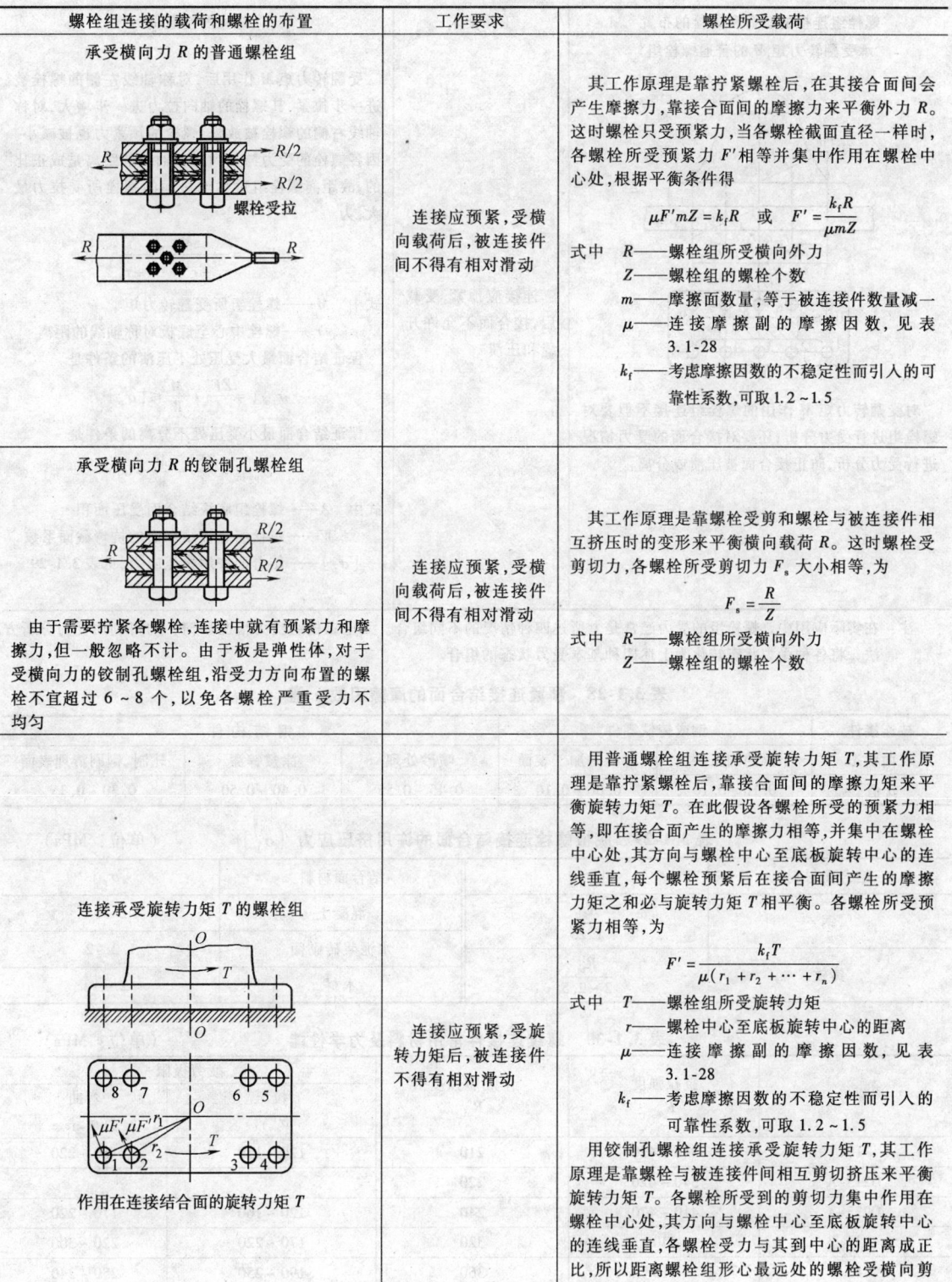　<br>螺栓受拉 | 连接应预紧，受横向载荷后，被连接件间不得有相对滑动 | 其工作原理是靠拧紧螺栓后，在其接合面间会产生摩擦力，靠接合面间的摩擦力来平衡外力 $R$。这时螺栓只受预紧力，当各螺栓截面直径一样时，各螺栓所受预紧力 $F'$ 相等并集中作用在螺栓中心处，根据平衡条件得<br>$$\mu F'mZ = k_f R \quad 或 \quad F' = \frac{k_f R}{\mu m Z}$$<br>式中　$R$——螺栓组所受横向外力<br>　　　$Z$——螺栓组的螺栓个数<br>　　　$m$——摩擦面数量，等于被连接件数量减一<br>　　　$\mu$——连接摩擦副的摩擦因数，见表 3.1-28<br>　　　$k_f$——考虑摩擦因数的不稳定性而引入的可靠性系数，可取 $1.2 \sim 1.5$ |
| 承受横向力 $R$ 的铰制孔螺栓组<br>由于需要拧紧各螺栓，连接中就会有预紧力和摩擦力，但一般忽略不计。由于板是弹性体，对于受横向力的铰制孔螺栓组，沿受力方向布置的螺栓不宜超过 $6 \sim 8$ 个，以免各螺栓严重受力不均匀 | 连接应预紧，受横向载荷后，被连接件间不得有相对滑动 | 其工作原理是靠螺栓受剪和螺栓与被连接件相互挤压时的变形来平衡横向载荷 $R$。这时螺栓受剪切力，各螺栓所受剪切力 $F_s$ 大小相等，为<br>$$F_s = \frac{R}{Z}$$<br>式中　$R$——螺栓组所受横向外力<br>　　　$Z$——螺栓组的螺栓个数 |
| 连接承受旋转力矩 $T$ 的螺栓组<br><br>作用在连接结合面的旋转力矩 $T$ | 连接应预紧，受旋转力矩后，被连接件不得有相对滑动 | 用普通螺栓组连接承受旋转力矩 $T$，其工作原理是靠拧紧螺栓后，靠接合面间的摩擦力矩来平衡旋转力矩 $T$。在此假设各螺栓所受的预紧力相等，即在接合面产生的摩擦力相等，并集中在螺栓中心处，其方向与螺栓中心至底板旋转中心的连线垂直，每个螺栓预紧后在接合面间产生的摩擦力矩之和必与旋转力矩 $T$ 相平衡。各螺栓所受预紧力相等，为<br>$$F' = \frac{k_f T}{\mu(r_1 + r_2 + \cdots + r_n)}$$<br>式中　$T$——螺栓组所受旋转力矩<br>　　　$r$——螺栓中心至底板旋转中心的距离<br>　　　$\mu$——连接摩擦副的摩擦因数，见表 3.1-28<br>　　　$k_f$——考虑摩擦因数的不稳定性而引入的可靠性系数，可取 $1.2 \sim 1.5$<br>用铰制孔螺栓组连接承受旋转力矩 $T$，其工作原理是靠螺栓与被连接件间相互剪切挤压来平衡旋转力矩 $T$。各螺栓所受到的剪切力集中作用在螺栓中心处，其方向与螺栓中心至底板旋转中心的连线垂直，各螺栓受力与其到中心的距离成正比，所以距离螺栓组形心最远处的螺栓受横向剪切力最大，为<br>$$F_{smax} = \frac{T r_{max}}{r_1^2 + r_2^2 + \cdots + r_n^2}$$ |

（续）

| 螺栓组连接的载荷和螺栓的布置 | 工作要求 | 螺栓所受载荷 |
|---|---|---|
| 承受翻转力矩 *M* 的普通螺栓组<br>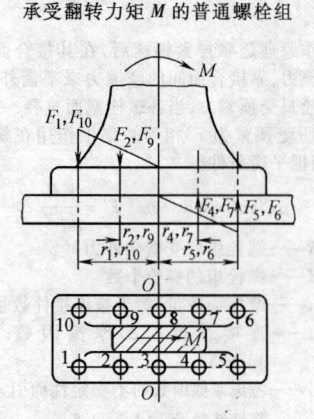<br>对受翻转力矩 *M* 作用的螺栓组连接不但要对螺栓组进行受力分析，还要对接合面的受力情况进行受力分析，防止接合面被压溃或分离 | 连接应预紧，受载后，接合面不允许开缝和压溃 | 受翻转力矩 *M* 作用后，对称轴线左侧的螺栓被进一步拉紧，其螺栓的轴向拉力进一步增大，对称轴线右侧的螺栓被放松，螺栓的预紧力也被减小。因各螺栓的受力与其到对称轴线的距离是成正比的，故距离螺栓组对称轴最远的螺栓所受拉力最大，为<br>$$F_{max} = \dfrac{Mr_{max}}{r_1^2 + r_2^2 + \cdots + r_n^2}$$<br>式中　$M$——螺栓组所受翻转力矩<br>　　　$r$——螺栓中心至底板对称轴线的距离<br>保证结合面最大受压处不压溃的条件是<br>$$\sigma_{pmax} = \dfrac{ZF'}{A} + \dfrac{M}{W} \le [\sigma_p]$$<br>保证结合面最小受压处不分离的条件是<br>$$\sigma_{pmin} = \dfrac{ZF'}{A} - \dfrac{M}{W} > 0$$<br>式中　$A$——螺栓组底板结合面受压面积<br>　　　$W$——螺栓组底板结合面的抗弯截面系数<br>　　　$[\sigma_p]$——结合面许用挤压应力，见表 3.1-29 |

注：在实际应用中，螺栓组的受力经常是上述四种情况的不同组合。无论螺栓组受力情况如何，均可利用受力分析方法，将各种受力状态转化为上述四种基本受力状态的组合。

**表 3.1-28　预紧连接结合面的摩擦因数 $\mu$ 值**

| 被连接件 | 钢或铸铁零件 | | 钢 结 构 件 | | |
|---|---|---|---|---|---|
| 表面状态 | 干燥的加工表面 | 有油的加工表面 | 喷砂处理 | 涂敷锌漆 | 轧制、钢刷清理表面 |
| $\mu$ 值 | 0.10 ~ 0.16 | 0.06 ~ 0.10 | 0.45 ~ 0.55 | 0.40 ~ 0.50 | 0.30 ~ 0.35 |

**表 3.1-29　底板螺栓连接结合面的许用挤压应力 $[\sigma_p]$**　　　　（单位：MPa）

| 结合面材料 | $[\sigma_p]$ | 结合面材料 | $[\sigma_p]$ |
|---|---|---|---|
| 钢 | $\dfrac{R_{eL}}{1.25}$ | 混凝土 | 2 ~ 3 |
| 铸铁 | $\dfrac{R_m}{2 ~ 2.5}$ | 水泥浆砖砌面 | 1.2 ~ 2 |
|  |  | 木材 | 2 ~ 4 |

**表 3.1-30　螺纹连接件常用材料及力学性能**　　　　（单位：MPa）

| 牌号 | 抗拉强度<br>$R_m$ | 下屈服强度<br>$R_{eL}$ | 疲劳极限 | |
|---|---|---|---|---|
|  |  |  | 拉压<br>$\sigma_{-1t}$ | 弯曲<br>$\sigma_{-1}$ |
| 10 | 340 ~ 420 | 210 | 120 ~ 150 | 160 ~ 220 |
| Q215-A | 340 ~ 420 | 220 |  |  |
| Q235-A | 410 ~ 470 | 240 | 120 ~ 160 | 170 ~ 220 |
| 35 | 540 | 320 | 170 ~ 220 | 220 ~ 300 |
| 45 | 610 | 360 | 190 ~ 250 | 250 ~ 340 |
| 15MnVB | 1000 ~ 1200 | 800 |  |  |
| 40Cr | 750 ~ 1000 | 650 ~ 900 | 240 ~ 340 | 320 ~ 440 |
| 30CrMnSi | 1080 ~ 1200 | 900 |  |  |

表 3.1-31　受轴向载荷时预紧螺栓连接所需剩余预紧力 $F''$ 及螺栓连接的相对刚度系数

| 工作情况 | 一般连接 | 变载荷 | 冲击载荷 | 压力容器或重要连接 |
|---|---|---|---|---|
| $F''$ 值 | $(0.2 \sim 0.6)F$ | $(0.6 \sim 1.0)F$ | $(1.0 \sim 1.5)F$ | $(1.5 \sim 1.8)F$ |
| 垫片材料 | 金属(或无垫片) | 皮革 | 铜皮石棉 | 橡胶 |
| $\dfrac{C_L}{C_L + C_F}$ | $0.2 \sim 0.3$ | $0.7$ | $0.8$ | $0.9$ |

## 3.2.2　单个螺栓连接的受力分析

本节以单个螺栓连接为例介绍螺栓连接的受力分析和强度计算（见表 3.1-32 ~ 表 3.1-35），相关内容也适用于双头螺柱和螺钉连接。

表 3.1-32　单个螺栓连接的受力分析和强度计算

| 受　力　分　析 | 计算内容 | 计　算　公　式 | 许　用　应　力 |
|---|---|---|---|
| 受轴向载荷 $F$ 的松螺栓连接<br><br>松螺栓连接的特点是不需要预紧,加上轴向载荷 $F$ 后螺栓才受力 | 计算松螺栓的拉伸应力 | 校核公式: $\sigma_1 = \dfrac{F}{\dfrac{\pi d_1^2}{4}} \le \sigma_{lp}$<br><br>设计公式: $d_1 \ge \sqrt{\dfrac{4F}{\pi \sigma_{lp}}}$<br>式中　$F$——轴向载荷(N)<br>　　　$\sigma_{lp}$——螺栓的许用拉应力(MPa) | 许用拉应力:<br>$\sigma_{lp} = \dfrac{R_{eL}}{1.2 \sim 1.7}$<br>式中　$R_{eL}$——螺栓材料的下屈服强度,见表 3.1-30 |
| 只受预紧力 $F'$ 的紧螺栓连接<br><br>承受横向载荷 $R$ 的普通螺栓连接,其工作原理是拧紧螺栓后,靠接合面间产生的摩擦力来平衡外载荷。此时的螺栓受到拉应力与拧紧螺栓时的扭转切应力的共同作用,相当于受到复合应力的作用 | 计算紧螺栓的拉伸应力 | 由于复合应力大约为拉应力的 1.3 倍,为了简化计算,其计算仍按拉应力计算,但需把拉应力扩大 30%,以此来计入扭转切应力的影响<br>校核公式: $\sigma_1 = \dfrac{1.3F'}{\dfrac{\pi d_1^2}{4}} \le \sigma_{lp}$<br><br>设计公式: $d_1 \ge \sqrt{\dfrac{4 \times 1.3F'}{\pi \sigma_{lp}}}$<br>式中　$F'$——螺栓所受预紧力(N)<br>　　　$\sigma_{lp}$——螺栓的许用拉应力(MPa) | 许用拉应力:<br>$\sigma_{lp} = \dfrac{R_{eL}}{S_s}$<br>式中　$R_{eL}$——螺栓材料的下屈服强度,见表 3.1-30<br>　　　$S_s$——安全系数,见表 3.1-33 |
| 既受预紧力 $F'$ 又受轴向载荷 $F$ 的紧螺栓连接<br><br>其工作情况是拧紧螺栓后,再加上轴向载荷 $F$,相当于螺栓连接既受预紧力 $F'$,又受轴向载荷 $F$ 的作用,螺栓的最大拉伸力为 $F_0$,根据此时螺栓和被连接件的受力变形图可知:<br>$F_0 = F'' + F$ 或 $F_0 = F' + \dfrac{C_L}{C_L + C_F}F$<br>式中　$F''$——螺栓的剩余预紧力,见表 3.1-31<br>　　　$\dfrac{C_L}{C_L + C_F}$——相对刚度系数,见表 3.1-31 | 计算紧螺栓的拉伸应力 | 如果所加轴向载荷 $F$ 为静载荷时,按紧螺栓所受最大拉应力计算<br>校核公式: $\sigma_1 = \dfrac{1.3F_0}{\dfrac{\pi d_1^2}{4}} \le \sigma_{lp}$<br><br>式中　$F_0$——螺栓所受最大拉伸力(N)<br>　　　$\sigma_{lp}$——螺栓的许用拉应力(MPa)<br>如果所加轴向载荷 $F$ 为变载荷时,除了按紧螺栓所受最大拉应力计算外,还要计算螺栓的应力幅<br>应力幅: $\sigma_a = \dfrac{2F}{\pi d_1^2} \times \dfrac{C_L}{C_L + C_F} \le \sigma_{ap}$<br>式中　$\sigma_{ap}$——许用应力幅,见表 3.1-34<br>　　　$C_L$——连接件刚度<br>　　　$C_F$——被连接件刚度,见表 3.1-35 | 许用应力幅:<br>$\sigma_{ap} = \dfrac{\varepsilon K_t K_u \sigma_{-1t}}{K_\sigma S_a}$<br>式中　$\varepsilon$——尺寸因数<br>　　　$K_t$——螺纹制造工艺因数<br>　　　$K_u$——受力不均匀因数<br>　　　$K_\sigma$——缺口应力集中因数<br>　　　$S_a$——安全因数<br>　　　$\sigma_{-1t}$——试件的疲劳极限,见表 3.1-30 |

（续）

| 受 力 分 析 | 计算内容 | 计 算 公 式 | 许 用 应 力 |
|---|---|---|---|
| 受横向载荷 $F_s$ 作用的铰制孔螺栓连接<br>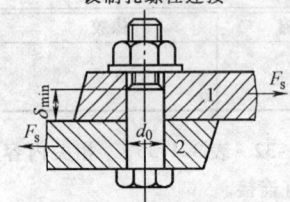<br>铰制孔螺栓连接受横向载荷 $F_s$ 作用时，铰制孔螺栓受到剪切作用；铰制孔螺栓、被连接件1和2三者均受到挤压作用，当三者材料相同时，取挤压高度最小者为计算对象，当三者材料不相同时，取三者材料中挤压强度最弱者为计算对象 | 计算铰制孔螺栓的切应力计算铰制孔螺栓、被连接件1和2三者的挤压应力 | 螺栓切应力计算：$\tau = \dfrac{F_s}{m \cdot \frac{\pi}{4} d_0^2} \leqslant \tau_p$<br>式中　$\tau_p$——螺栓的许用切应力（MPa）<br>　　　$d_0$——铰制孔螺栓受剪处直径（mm）<br>　　　$m$——铰制孔螺栓受剪面数<br>挤压应力计算：<br>$$\sigma_p = \frac{F_s}{d_0 \delta} \leqslant [\sigma_p]$$<br>式中　$\delta$——受挤压的高度（mm）<br>　　　$[\sigma_p]$——最弱者的许用挤压应力（MPa） | 静载荷时许用切应力：$\tau_p = \dfrac{R_{eL}}{2.5}$<br>变载荷时许用切应力：$\tau_p = \dfrac{R_{eL}}{3.5 \sim 5}$<br>静载荷时许用挤压应力：<br>钢 $[\sigma_p] = \dfrac{R_{eL}}{1.25}$<br>铸铁 $[\sigma_p] = \dfrac{R_{eL}}{2 \sim 2.5}$<br>如是变载荷，将静载荷许用挤压应力值乘以 0.7 ~ 0.8 |

### 表 3.1-33　预紧连接的螺栓安全系数 $S_s$

| 材料种类 | 静 载 荷 | | | 变 载 荷 | | |
|---|---|---|---|---|---|---|
| | M6 ~ M16 | M16 ~ M30 | M30 ~ M60 | M6 ~ M16 | M16 ~ M30 | M30 ~ M60 |
| 碳钢 | 4 ~ 3 | 3 ~ 2 | 2 ~ 1.3 | 10 ~ 6.5 | 6.5 | 10 ~ 6.5 |
| 合金钢 | 5 ~ 4 | 4 ~ 2.5 | 2.5 | 7.5 ~ 5 | 5 | 7.5 ~ 6 |

### 表 3.1-34　螺栓许用应力幅计算公式

| 尺寸因数 $\varepsilon$ | 螺栓直径 $d/\text{mm}$ | < 12 | 16 | 20 | 24 | 30 | 36 | 42 | 48 | 56 | 64 |
|---|---|---|---|---|---|---|---|---|---|---|---|
| | $\varepsilon$ | 1 | 0.87 | 0.80 | 0.74 | 0.65 | 0.64 | 0.60 | 0.57 | 0.54 | 0.53 |
| 螺纹制造工艺因数 $K_t$ | 切制螺纹 $K_t = 1$，搓制螺纹 $K_t = 1.25$ | | | | | | | | | | |
| 受力不均匀因数 $K_u$ | 受压螺母 $K_u = 1$，受拉螺母 $K_u = 1.5 \sim 1.6$ | | | | | | | | | | |
| 试件的疲劳极限 $\sigma_{-1t}$ | 见表 3.1-29 | | | | | | | | | | |
| 缺口应力集中因数 $K_\sigma$ | 螺栓材料 $R_m/\text{MPa}$ | | 400 | | 600 | | 800 | | 1000 | | |
| | $K_\sigma$ | | 3 | | 3.9 | | 4.8 | | 5.2 | | |
| 安全因数 $S_a$ | 安装螺栓情况 | | 控制预紧力 | | | 不控制预紧力 | | | | | |
| | $S_a$ | | 1.5 ~ 2.5 | | | 2.5 ~ 5 | | | | | |

### 表 3.1-35　被连接件刚度 $C_F$ 计算式

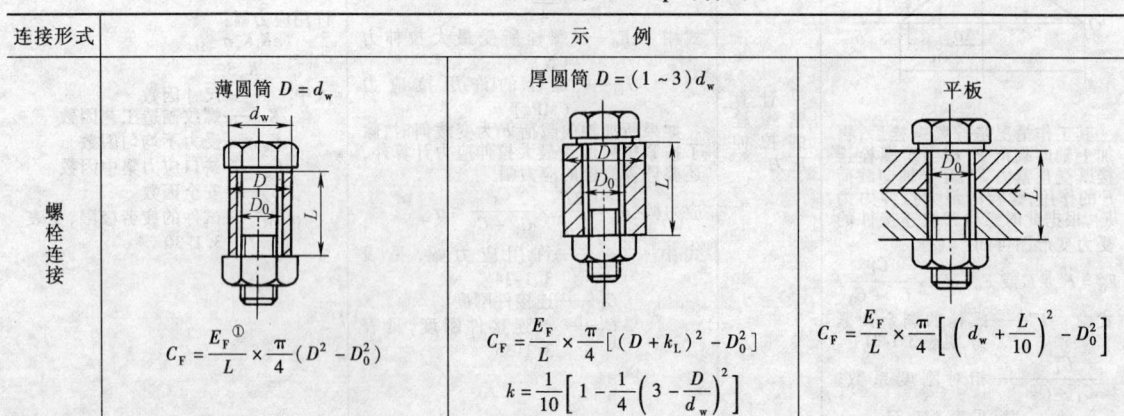

| 连接形式 | 示　例 | | |
|---|---|---|---|
| 螺栓连接 | 薄圆筒 $D = d_w$<br>$C_F = \dfrac{E_F}{L} \times \dfrac{\pi}{4}(D^2 - D_0^2)$ [①] | 厚圆筒 $D = (1 \sim 3)d_w$<br>$C_F = \dfrac{E_F}{L} \times \dfrac{\pi}{4}\left[(D + k_L)^2 - D_0^2\right]$<br>$k = \dfrac{1}{10}\left[1 - \dfrac{1}{4}\left(3 - \dfrac{D}{d_w}\right)^2\right]$ | 平板<br>$C_F = \dfrac{E_F}{L} \times \dfrac{\pi}{4}\left[\left(d_w + \dfrac{L}{10}\right)^2 - D_0^2\right]$ |

（续）

| 连接形式 | 示　例 | | |
|---|---|---|---|
| 螺柱及螺钉连接 | 薄圆筒的 $C_F$ 计算式同螺栓连接 | 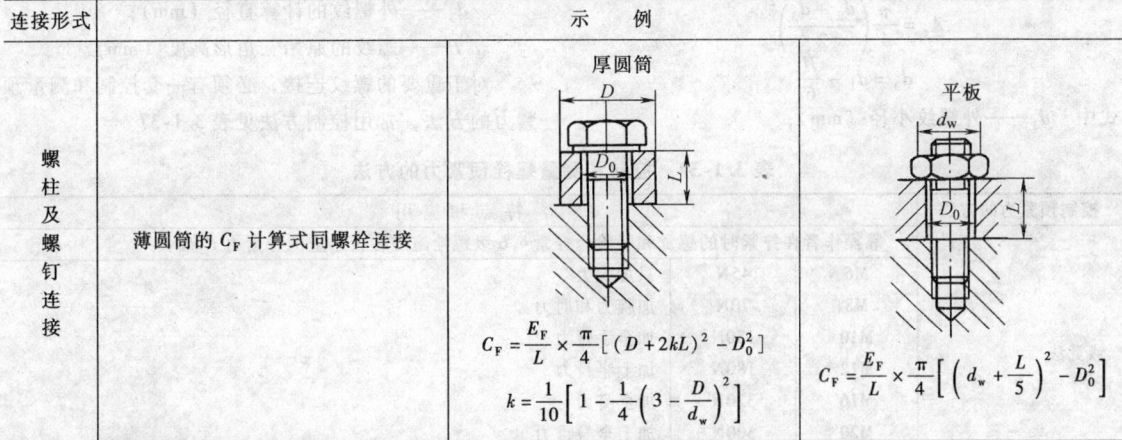厚圆筒<br>$C_F = \dfrac{E_F}{L} \times \dfrac{\pi}{4} \left[ (D + 2kL)^2 - D_0^2 \right]$<br>$k = \dfrac{1}{10} \left[ 1 - \dfrac{1}{4} \left( 3 - \dfrac{D}{d_w} \right)^2 \right]$ | 平板<br>$C_F = \dfrac{E_F}{L} \times \dfrac{\pi}{4} \left[ \left( d_w + \dfrac{L}{5} \right)^2 - D_0^2 \right]$ |

① $E_F$ 为被连接件材料的弹性模量。

## 3.3 螺栓连接拧紧力矩的计算和预紧力的控制

### 3.3.1 拧紧力矩的计算

为了增强螺纹连接的刚性、紧密性、防松能力，防止受横向载荷螺栓连接的滑动，多数螺纹连接在装配时都要预紧。对于螺栓连接，其拧紧力矩 $T$ 用于克服螺纹副的螺纹阻力矩 $T_1$ 及螺母与被连接件（或垫圈）支承面间的端面摩擦力矩 $T_2$。计算拧紧力矩的计算公式为

$$T = T_1 + T_2 = F' \tan(\phi + \rho_v) \frac{d_2}{2} + \frac{F'\mu}{3} \times \frac{D_w^3 - d_0^3}{D_w^2 - d_0^2} = KF'd$$

$$K = \frac{d_2}{2d} \tan(\phi + \rho_v) + \frac{\mu}{3d} \times \frac{D_w^3 - d_0^3}{D_w^2 - d_0^2}$$

式中　$d$——螺纹公称直径（mm）；

$F'$——预紧力（N）；

$d_2$——螺纹中径（mm）；

$\phi$——螺纹升角；

$\rho_v$——螺纹当量摩擦角，$\rho_v = \arctan\mu_v$；

$\mu_v$——螺纹当量摩擦因数；

$\mu$——螺母与被连接件支承面间的摩擦因数，见表 3.1-28；

$K$——拧紧力矩系数；

$D_w$、$d_0$——如图 3.1-4 所示。

对于普通粗牙 M12 ~ M64 螺纹，当量摩擦因数 $\mu_v = 0.10 ~ 0.20$，取 $\mu = 0.15$，则拧紧力矩系数 $K$ 在 $0.1 ~ 0.3$ 范围内变动，表 3.1-36 推荐的 $K$ 值可供设计计算时参考。

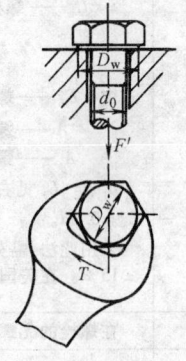

图3.1-4　拧紧力矩

### 表 3.1-36　拧紧力矩系数 K

| 摩擦表面状态 | 精加工表面 | | 一般加工表面 | | 表面氧化 | | 表面镀锌 | | 干燥粗加工表面 | |
|---|---|---|---|---|---|---|---|---|---|---|
| | 有润滑 | 无润滑 | 有润滑 | 无润滑 | 有润滑 | 无润滑 | 有润滑 | 无润滑 | 有润滑 | 无润滑 |
| K 值 | 0.10 | 0.12 | 0.13 ~ 0.15 | 0.18 ~ 0.21 | 0.20 | 0.24 | 0.18 | 0.22 | — | 0.26 ~ 0.30 |

为了进一步简化，一般常假设 $\mu_v = \mu = \mu'$，这样拧紧力矩的公式可简化为如下形式。

一般标准六角螺栓：

$$K = 1.25\mu', \quad T = 1.25\mu'F'd$$

小六角头螺栓或圆柱头内六角螺钉：

$$K = 1.2\mu', \quad T = 1.2\mu'F'd$$

式中的 $\mu_v \neq \mu$ 时，取 $\mu' = \dfrac{1}{2}(\mu_v + \mu)$。

### 3.3.2 预紧力的控制

预紧力的大小需要根据螺栓组受力的大小和连接的工作要求确定。设计时首先保证所需的预紧力，但又不应使连接结构的尺寸过大。对于一般连接用铜制螺栓，推荐的预紧力 $F'$ 计算如下。

碳素素钢螺栓：　　$F' = (0.6 ~ 0.7) R_{eL} A_s$

合金钢螺栓：　　　$F' = (0.5 ~ 0.6) R_{eL} A_s$

式中　$R_{eL}$——螺栓材料的下屈服强度（MPa）；

$A_s$——螺栓公称应力截面积（mm²）。

$$A_s = \frac{\pi}{4}\left(\frac{d_2 + d_3}{2}\right)^2$$

$$d_3 = d_1 - \frac{H}{6}$$

式中　$d_1$——外螺纹小径（mm）；

$d_2$——外螺纹中径（mm）；

$d_3$——外螺纹的计算直径（mm）；

$H$——螺纹的原始三角形高度（mm）。

对于重要的螺纹连接，必须有一套控制和测量预紧力的方法，常用控制方法见表3.1-37。

**表3.1-37　控制和测量螺栓预紧力的方法**

| 控制预紧力的方法 | 特 点 和 应 用 |
|---|---|
| 感觉法 | 靠操作者在拧紧时的感觉和经验。拧紧4.6级螺栓施加在扳手上的拧紧力 $F$ 如下：<br><br>　M6　　　45N　　　只加腕力<br>　M8　　　70N　　　加腕力和肘力<br>　M10　　130N　　　加全手臂力<br>　M12　　180N　　　加上半身力<br>　M16　　320N　　　加全身力<br>　M20　　500N　　　加上全身重力<br><br>最经济简单，一般认为对有经验的操作者，误差可达 ±40%，用于普通的螺纹连接 |
| 力矩法 | 用测力矩扳手或定力矩扳手控制预紧力，是国内外长期以来应用广泛的控制预紧力的方法。费用较低，一般认为误差有 ±25%。若表面有涂层、支承面，螺纹表面质量较好，力矩扳手示值准确，则误差可显著减小。有润滑的控制效果较好 |
| 测量螺栓伸长法 | 用于螺栓在弹性范围内时的预紧力控制。误差在 ±（3% ~ 5%），使用麻烦，费用高。用于特殊需要的场合 |
| 螺母转角法 | 螺栓预紧达到预紧力 $F'$ 时，所需的螺母转角 $\theta$ 由下式求得：<br><br>$$\theta = \frac{360°}{P} \times \frac{F'}{C_L}$$<br><br>式中　$P$——螺距（mm）<br>　　　$C_L$——螺栓的刚度（N/mm）<br><br>$$\frac{1}{C_L} = \frac{1}{E_L}\left(\frac{L_1}{A} + \frac{L_2 + L_3}{A_s}\right)$$<br><br>式中　$E_L$——螺栓材料的弹性模量（MPa）<br>　　　$A$——螺栓光杆部分截面积（mm²）<br>　　　$A_s$——螺栓的公称应力截面积（mm²）<br><br>$L_1$、$L_2$、$L_3$ 见右图，钢螺栓与钢螺纹孔 $L_3 = 0.5d$；钢螺栓与铸铁螺纹孔 $L_3 = 0.6d$。<br><br>采用此法，需先把螺栓副拧紧到"紧贴"位置，再转过角度 $\theta$。误差为 ±15%。在美国和德国的汽车工业和钢结构中广泛使用 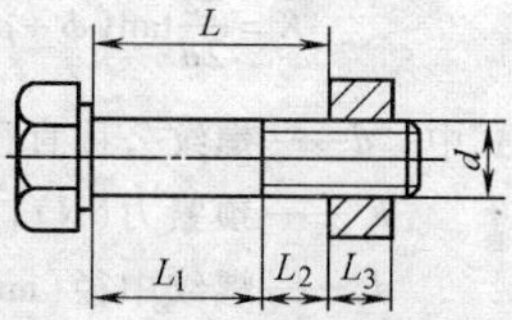 |
| 应变计法 | 在螺栓的无螺纹部分贴电阻应变片，以控制螺栓杆所受拉力，误差可控制在 ±1% 以内，但费用昂贵 |
| 螺栓预胀法 | 对于较大的螺栓，如汽轮机螺栓，用电阻丝加热到一定温度后拧上螺母（不预紧），冷却后即产生预紧力。通过控制加热温度即可控制预紧力 |
| 液压拉伸法 | 用专门的液压拉伸装置拉伸螺栓，使其受一定轴向力，拧上螺母后，除去外力即可得到预期的预紧力 |

# 4　螺纹连接的防松

螺纹连接防松的常用方法大致可分为增大摩擦力防松、用机械固定件锁紧防松和破坏螺纹运动副关系防松三种。常用的螺纹连接防松方法见表3.1-38。

**表3.1-38　常用的螺纹连接防松方法**

| | 方法 | 弹簧垫圈 | 尖钩端弹簧垫圈 | 双圈弹簧垫圈 | 鞍形弹簧垫圈 | 波形弹簧垫圈 |
|---|---|---|---|---|---|---|
| 增大摩擦力防松 | | 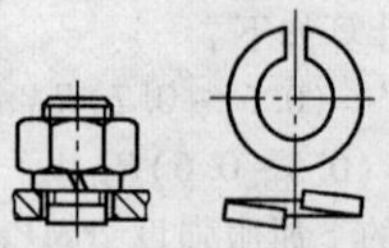 | 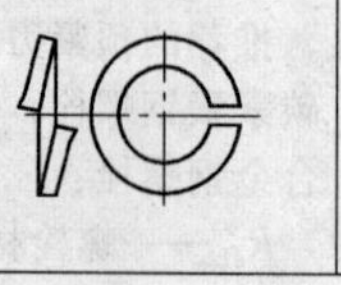 |  | 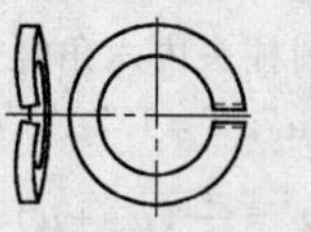 | 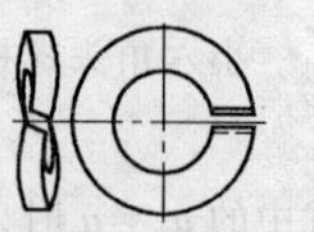 |

（续）

| 特点和应用 | 依靠拧紧螺母，把弹簧垫圈压平之后所产生的纵向弹力及弹簧垫圈与被连接件的支承面间的摩擦力来起防松作用。该防松方法结构简单、成本低廉、使用方便<br>　　传统的弹簧垫圈，由于弹力不匀，可靠性差一些，多用于不太重要的连接。对于不允许划伤的被连接件处和经常装拆的连接处不允许使用<br>　　鞍形或波形弹簧垫圈可明显改善一般弹簧垫圈的不足之处 |
|---|---|

| 方法 | 波形弹性垫圈 | 鞍形弹性垫圈 | 锥形弹性垫圈 | 外齿锁紧垫圈 | 内齿锁紧垫圈 |
|---|---|---|---|---|---|
| | 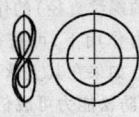 | |  | |  |

| 特点和应用 | 弹性垫圈依靠将垫圈压平后产生的回弹力来防松。弹力均匀，效果良好。波形弹性垫圈、鞍形弹性垫圈在一定的载荷条件下弹性好，各种硬度的被连接件均可使用。工作中不会划伤被连接件表面，可用于经常拆卸的场合。常用于连接并调整被连接件间的间隙处，以及低性能等级的连接<br>　　齿形锁紧垫圈也是靠垫圈翘齿压平后产生的回弹力，以及齿与连接件和支承面产生的摩擦力来起锁紧作用。外齿应用较多，内齿用于尺寸较小的钉头下。锥形弹性垫圈用于沉孔中。经常拆卸或被连接件材料过硬或过软的场合不宜使用<br>　　齿形锁紧垫圈依靠齿被压平后产生的弹力以及齿与连接件和支承面产生的摩擦力来起锁紧作用。由于齿的强度较低，弹力也有限，一般适用于小规格、低性能等级的连接 |
|---|---|

| 方法 | 锥形锁紧垫圈 | 外锯齿锁紧垫圈 | 内锯齿锁紧垫圈 | 锥形锯齿锁紧垫圈 |
|---|---|---|---|---|
| | 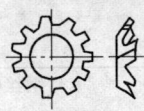 |  |  | 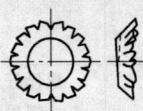 |

| 特点和应用 | 锯齿（又称错齿型）锁紧垫圈也是依靠齿被压平产生的回弹力，以及齿与连接件和支承面产生的摩擦力来起锁紧作用的。锯齿强度高，可适用于性能等级较高及规格较大的场合，能获得较好的防松效果<br>　　锁紧垫圈特点与锯齿垫圈类同，仅适用于沉头或半沉头螺钉齿形锁紧垫圈和锯齿锁紧垫圈，均不适宜被连接件材料过硬或过软的场合 |
|---|---|

增大摩擦力防松

| 方法 | 双螺母 | 金属锁紧垫圈 | 扣紧螺母 | 带尼龙嵌件锁紧螺栓或螺钉 |
|---|---|---|---|---|
| | 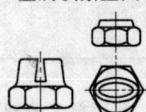 |  | 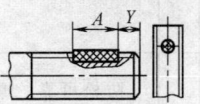 | $Y = (3 \sim 4)P \quad A = 5P$<br>（P 为螺距） |

| 特点和应用 | 两个螺母对顶拧紧，使螺栓在旋合段内受拉而螺母受压，构成螺纹连接副的纵向压紧。该方法结构简单、成本低廉、质量大，多用于低速重载或载荷平稳的场合 | 螺母一端具有非圆形收口或开缝后径向收口，拧紧后张开，利用相旋合螺纹副的径向回弹力来锁紧。该方法简单、可靠，且可多次装拆，可用于较重要的连接 | 先用六角螺母拧紧连接件，然后再拧上扣紧螺母（扣紧螺母的螺纹有缺口，用以锁紧）。松开扣紧螺母时，必须先拧紧六角螺母，使其与扣紧螺母之间产生间隙，然后才能拧下扣紧螺母。该方法防松性能良好，但不宜用于频繁装拆的场合 | 尼龙嵌件锁紧螺栓或螺钉是在螺纹旋合处嵌入一尼龙环或块，使该处摩擦力增大。其效果良好。用于工作温度低于100℃的连接处<br>　　锁紧部分的尼龙件，其尺寸与安装位置都影响锁紧性能 |
|---|---|---|---|---|

| 方法 | 尼龙圈锁紧螺母 | 标准六角头螺栓与螺母采用或省略防松元件的参考条件 | 六角法兰面型式——无锁紧元件 |
|---|---|---|---|
| | 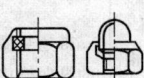<br>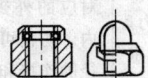 | 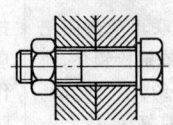 | 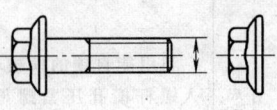<br>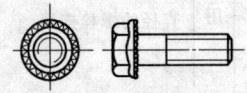 |

（续）

| 增大摩擦力防松 | 特点和应用 | 尼龙圈锁紧螺母是将尼龙圈或块嵌装在螺母体上。没有内螺纹的尼龙圈,当外螺纹杆件拧入后,由于尼龙材料良好的弹性产生锁紧力,达到锁紧目的。该类螺母由于尼龙熔点的限制,用于工作温度低于 100℃ 的连接处<br><br>尼龙怕酸性物质的腐蚀,在装尼龙圈之前可电镀,之后不可电镀 | 防松装置的使用可能会使预紧力出现较大的损失,而预紧力的损失又增加松动的可能,所以在一定条件下可以省去防松装置<br><br>在螺栓承受轴向载荷的条件下,对 8.8 级及其以上的螺栓,其夹紧长度大于螺栓直径的 3 倍时,可以不采用防松装置。因为在这种情况下,如果能比较准确地控制预紧力,即使承受冲击载荷时,一般也能保证有足够的残余预紧力,以防止螺栓连接松动<br><br>对 4.8、5.6 和 5.8 级的螺栓,其夹紧长度大于螺纹直径的 5 倍时,同样也可以不采用防松装置。在引进技术中,有的重要的螺栓,省去了以往曾用的开槽螺母及开口销锁紧装置<br><br>在螺栓承受横向载荷的条件下,或由于被连接件的弹性变形,使轴向作用力引起横向位移的情况下,则必须要采用防松元件 | 六角法兰面螺栓和六角法兰面螺母,具有加大支承面直径(近似或大于 2 倍的螺纹直径)的作用,在一定的预紧力作用下,可获得足够的防松能力。如果在其支承面上再制出齿纹,则防松能力可成倍提高,又称为"三合一螺栓(母)",即具有六角扳拧部分、加大支承面的功能以及防松功能,三者合为一体。这是当代一种最新型的六角扳拧紧固件的结构,适用于高强度(8 级及其以上)紧固件,在重要的连接场合使用,但比其他连接型式的成本要高 |
|---|---|---|---|---|
| 用机械固定件锁紧防松 | 方法 | 螺栓杆带孔和开槽螺母配开口销<br> | 开口销<br> | 止动垫圈<br> | 钢丝串接<br> |
| | 特点和应用 | 防松可靠。螺杆上的销孔位置不易与螺母最佳锁紧位置的槽口吻合,装配较难。用于变载、有振动场合的重要连接处的防松 | 普通螺母配以开口销,为便于装配,销孔待螺母拧紧后配钻。适用于单件或零星生产的重要连接,但不适用于高强度紧固件及双头螺柱的防松 | 利用单耳或双耳止动垫圈把螺母或钉头锁紧。防松可靠。只能用于连接部分有容纳弯耳的场合 | 用低碳钢丝穿入一组螺栓头部的专用孔后使其相互制约。防松可靠。钢丝的缠绕方向必须正确(图中为右旋螺纹螺栓的缠绕绕向) |
| | 方法 | 楔压紧<br> | 双联止动垫圈<br> | 凹锥面锁紧垫圈<br> | 翘形垫圈<br> |
| | 特点和应用 | 利用能自锁的横楔楔入螺杆横孔压紧螺母。防松良好。一般用于大直径的螺栓连接 | 利用双联止动垫圈把成对螺母或螺栓锁住,使之彼此制约,不得转动。防松效果良好 | 螺母一端为外圆锥体,拧紧螺母时,楔入垫圈相应的凹锥内,借助楔紧的作用可以增大摩擦力。防松效果良好。用于重载或有振动的场合 | 带翘垫圈的内翘卡在螺纹杆的纵向槽内,圆螺母拧紧后,将对应的外翘锁在螺母的槽口内。防松可靠。多用于较大直径的连接和滚动轴承的紧固 |

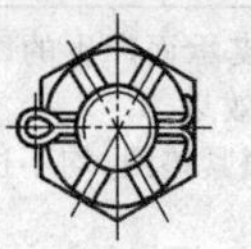

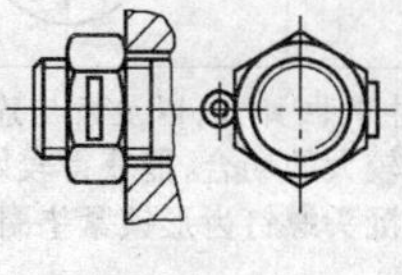

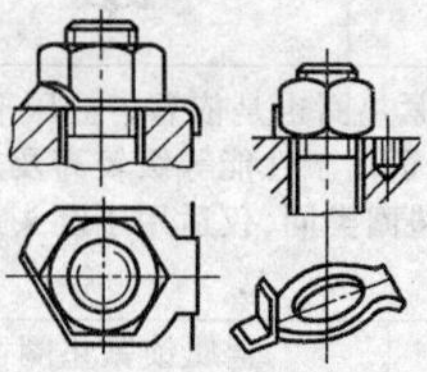

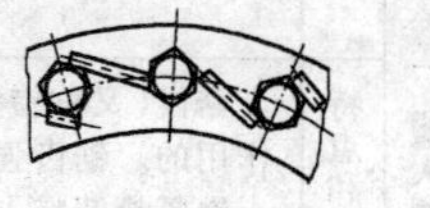

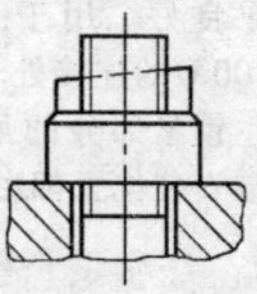

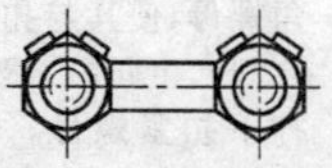

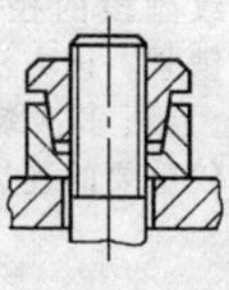

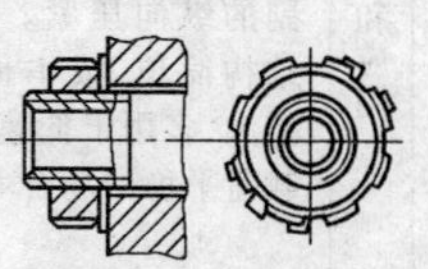

（续）

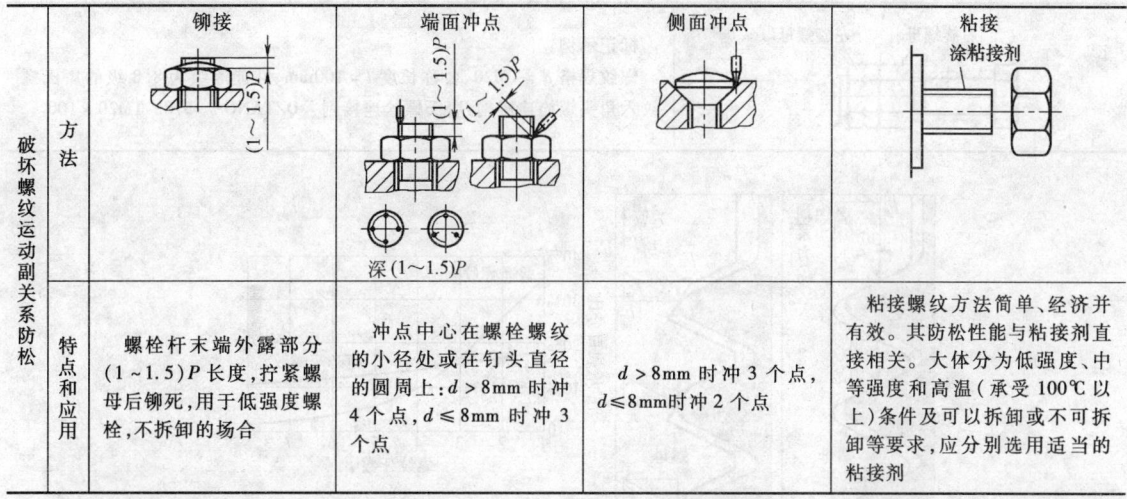

| | 铆接 | 端面冲点 | 侧面冲点 | 粘接 |
|---|---|---|---|---|
| 破坏螺纹运动副关系防松 | | 深$(1\sim1.5)P$ | | 涂粘接剂 |
| 特点和应用 | 螺栓杆末端外露部分 $(1\sim1.5)P$ 长度，拧紧螺母后铆死，用于低强度螺栓，不拆卸的场合 | 冲点中心在螺栓螺纹的小径处或在钉头直径的圆周上：$d>8$mm 时冲 4 个点，$d\le8$mm 时冲 3 个点 | $d>8$mm 时冲 3 个点，$d\le8$mm时冲 2 个点 | 粘接螺纹方法简单、经济并有效。其防松性能与粘接剂直接相关。大体分为低强度、中等强度和高温（承受 100℃ 以上）条件及可以拆卸或不可拆卸等要求，应分别选用适当的粘接剂 |

注：防松装置和防松方法有很多种，各有各的特点，同一连接常可用不同的方法防松，至于具体用什么防松方法可根据具体的工作情况和使用要求来确定。

# 5　新型螺纹连接

近年来在生产实际中有出现了一些新的连接类型和防松装置。本节将介绍几种新型的特殊螺纹连接，以满足紧固件技术应用特殊要求。

## 5.1　唐氏螺纹连接

### 5.1.1　唐氏螺纹连接副的防松原理和安装要求

唐氏螺纹的螺栓同一螺纹段具有左右两种旋向的螺纹。图 3.1-5 所示为唐氏螺纹紧固件。

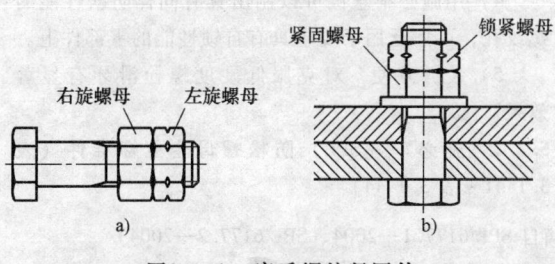

右旋螺母　左旋螺母　紧固螺母　锁紧螺母

a)　　　　b)

图3.1-5　唐氏螺纹紧固件

唐氏螺纹在连接时，使用左、右两种不同旋向的螺母。被连接件支承面上的螺母称为紧固螺母，非支承面上的螺母称为锁紧螺母。使用时先将紧固螺母拧紧，然后再将锁紧螺母拧紧。在有振动、冲击的情况下，紧固螺母和锁紧螺母可能都有松动的趋势，但由于紧固螺母的松退方向是锁紧螺母的拧紧方向，锁紧螺母的拧紧正好阻止了紧固螺母的松退。

### 5.1.2　唐氏螺纹连接副的保证载荷及企业标准件

（表 3.1-39 和表 3.1-40）

## 5.2　施必牢（SPL）防松螺母

### 5.2.1　施必牢防松螺母的特点及防松性能

SPL 螺母承载侧螺纹大径处的牙侧角为 60°，其余部分的牙侧角与普通螺纹相同，均为 30°。图 3.1-6a、b 所示分别为普通标准螺母和 SPL 防松螺母与普通标准螺栓拧紧后的受力图。图 3.1-6c 所示为两种螺纹连接的牙间载荷分布百分比；图 3.1-6d 所示为横向负载振动试验时三种螺纹连接预紧力的变化情况。

表 3.1-39　唐氏螺纹连接副的保证载荷　　　（单位：N）

| 螺纹规格 d | 3.6 级 | 4.8 级 | 6.8 级 | 8.8 级 | 10.9 级 | 12.9 级 |
|---|---|---|---|---|---|---|
| TM16 | 22600 | 38900 | 55300 | 72800 | 104000 | 122000 |
| TM18 | 27600 | 47600 | 67600 | 92200 | 127000 | 149000 |
| TM20 | 35300 | 60800 | 86200 | 118000 | 163000 | 190000 |
| TM22 | 43600 | 75100 | 107000 | 145000 | 201000 | 235000 |
| TM24 | 50800 | 87500 | 124000 | 169000 | 234000 | 274000 |
| TM30 | 80800 | 139000 | 197000 | 269000 | 373000 | 435000 |
| TM36 | 118000 | 203000 | 288000 | 392000 | 542000 | 634000 |
| TM42 | 161000 | 278000 | 394000 | 538000 | 744000 | 869000 |
| TM48 | 212000 | 365000 | 517000 | 706000 | 976000 | 1140000 |
| TM56 | 292000 | 503000 | 715000 | 974000 | 1350000 | 1580000 |
| TM64 | 385000 | 664000 | 942000 | 1280000 | 1780000 | 2080000 |

### 表 3.1-40　唐氏螺纹六角头螺栓连接副（摘自 Q/TANGS 5782）

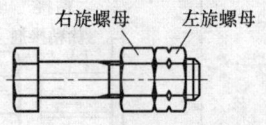
右旋螺母　左旋螺母

标记示例：

　螺纹规格 $d$ = TM20、公称长度 $l$ = 100mm、性能等级为 8.8 级的唐氏螺纹六角头螺栓连接副：唐氏螺栓连接副　Q/TANGS　5782-TM20 × 100

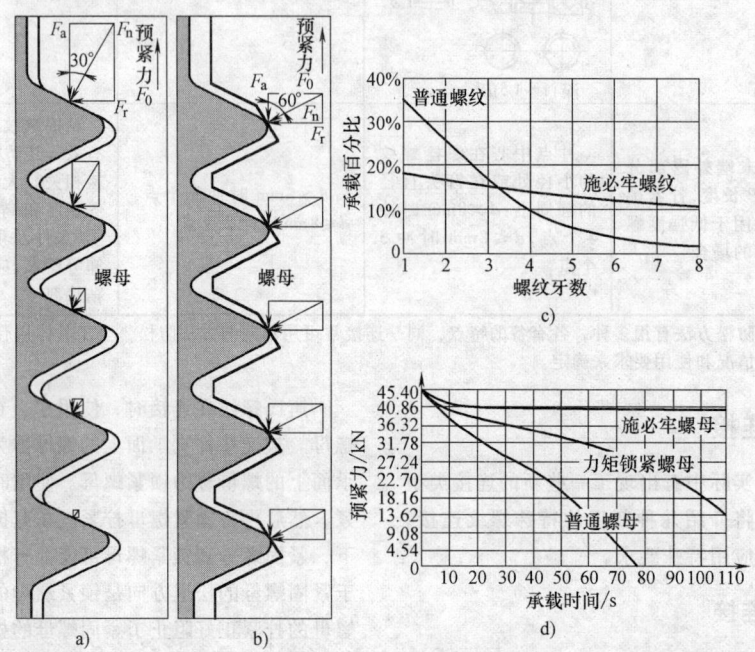

图3.1-6　普通螺纹与施必牢（SPL）螺纹的受力、载荷分布及振动试验

　a）普通螺纹　b）施必牢螺纹　c）牙间载荷分布　d）横向负载振动试验

施必牢（SPL）防松螺母有以下优点：

1）有可靠的抗振防松性能、高的承载能力和使用寿命，并可重复使用。

2）只需与标准螺栓匹配使用，无需任何辅助锁紧件。

3）适用于温差大的环境。

4）用施必牢丝锥可以制出具有同样防松性能的螺纹孔，可广泛用于要求具有自锁性能的零部件上。

5）装拆方便，对克服低硬度螺栓滑牙有显著效果。

#### 5.2.2　施必牢（SPL）防松螺母企业标准件（表 3.1-41 ~ 表 3.1-44）

### 表 3.1-41　施必牢（SPL）六角法兰面螺母（摘自 SPL 6177.1—2004、SPL 6177.2—2004）

（单位：mm）

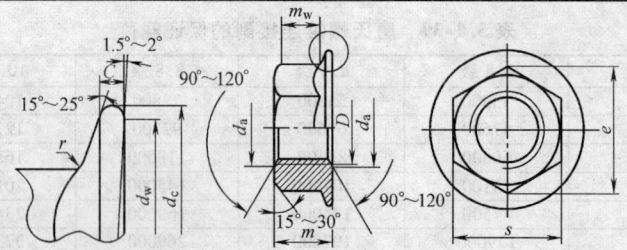

标记示例：

螺纹规格 $D$ = M12、性能等级 8 级、表面镀锌钝化（彩虹色）、等级为 A 级的六角法兰面螺母，标记为：

　　　　螺母　SPL 6177.1　M12　F3

螺纹规格 $D$ = M12 × 1.25、性能等级 10 级、表面氧化、等级为 A 级的六角法兰面螺母，标记为：

　　　　螺母　SPL 6177.2 M12 × 1.25-10　F9

（续）

| 螺纹规格 $D$ | | M5 | M6 | M8 | M10 | M12 | M14 | M16 | M20 |
|---|---|---|---|---|---|---|---|---|---|
| 螺距 $P$ | 粗牙 | 0.8 | 1 | 1.25 | 1.5 | 1.75 | 2 | 2 | 2.5 |
| | 细牙 | — | — | 1 | 1.25 (1) | 1.25 (1.5) | (1.5) | 1.5 | 1.5 |
| $C$（最小） | | 1 | 1.1 | 1.2 | 1.5 | 1.8 | 2.1 | 2.4 | 3 |
| $d_a$ | 最大 | 5.75 | 6.75 | 8.75 | 10.8 | 13 | 15.1 | 17.3 | 21.6 |
| | 最小 | 5 | 6 | 8 | 10 | 12 | 14 | 16 | 20 |
| $d_w$（最小） | | 9.8 | 12.2 | 15.8 | 19.6 | 23.8 | 27.6 | 31.9 | 39.9 |
| $d_c$（最大） | | 11.8 | 14.2 | 17.9 | 21.8 | 26 | 29.9 | 34.5 | 42.8 |
| $e$（最小） | | 8.79 | 11.05 | 14.38 | 16.64 | 20.03 | 23.36 | 26.75 | 32.95 |
| $m$ | 最大 | 5 | 6 | 8 | 10 | 12 | 14 | 16 | 20 |
| | 最小 | 4.7 | 5.7 | 7.64 | 9.64 | 11.57 | 13.3 | 15.3 | 18.7 |
| $m_w$（最小） | | 2.5 | 3.1 | 4.6 | 5.6 | 6.8 | 7.7 | 8.9 | 10.7 |
| $s$ | 公称=最大 | 8 | 10 | 13 | 15 | 18 | 21 | 24 | 30 |
| | 最小 | 7.78 | 9.78 | 12.73 | 14.73 | 17.73 | 20.67 | 23.67 | 29.16 |
| $r$（最大） | | 0.3 | 0.4 | 0.5 | 0.6 | 0.7 | 0.9 | 1 | 1.2 |
| 每1000个的质量/kg | | 0.0018 | 0.0036 | 0.0068 | 0.0112 | 0.019 | 0.029 | 0.046 | 0.08 |

| 技术条件 | 材料及性能等级 | 钢 | | | 不锈钢 |
|---|---|---|---|---|---|
| | | 8 | 10 | 12 | A2-70 |
| | 粗牙 | $D \leqslant 16$：1型；$D > 16$：2型 | 1型 | 2型 | |
| | 细牙 | $D \leqslant 16$：2型；$D > 16$：1型 | 2型 | $D \leqslant 16$；2型 | |
| | 螺纹标准 | 产品等级 | | 表面处理 | |
| | 美国施必牢螺纹标准 | $D \leqslant 16$：A；$D > 16$：B | | 钢：氧化、电镀，或由供需双方协议；不锈钢：简单处理 | |

注：1. 括号内的规格尽量不要采用。
2. $r$ 适用于棱角和六角面。

**表 3.1-42　施必牢（SPL）六角凸缘螺母（摘自 SPL-CO—2004）**　　　（单位：mm）

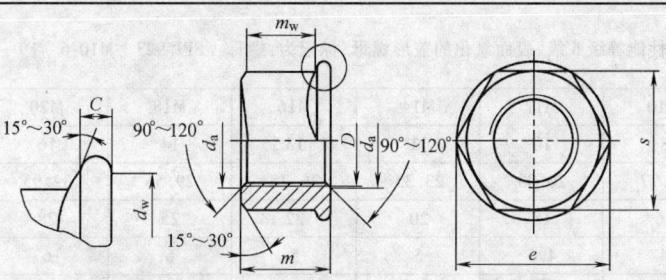

标记示例：
螺纹规格 $D$ = M20、性能等级8级、产品等级B级、不经表面处理的六角凸缘螺母，标记为：SPL-CO　M20-8
螺纹规格 $D$ = M20×1.5、性能等级8级、产品等级B级、镀锌的六角凸缘螺母，标记为：SPL-CO　M20×1.5-8　F3

| 螺纹规格 $D$ | | M12 | M14 | M16 | M18 | M20 | M22 | M24 | M27 | M30 |
|---|---|---|---|---|---|---|---|---|---|---|
| 螺距 $P$ | 粗牙 | 1.75 | 2 | 2 | 2.5 | 2.5 | 2.5 | 3 | 3 | 3.5 |
| | 细牙 | 1.25 (1.5) | (1.5) | 1.5 | (1.5) | 1.5 | 1.5 | 1.5 | 2 | 2 |
| $C$ | 最大 | 2.1 | 3 | 3.4 | 4.2 | 4.2 | 4.2 | 5.3 | 5.3 | 6.4 |
| | 最小 | 1.8 | 2.4 | 3 | 3.8 | 3.8 | 3.8 | 4.7 | 4.7 | 5.6 |
| $d_a$ | 最大 | 13 | 15.1 | 17.3 | 19.5 | 21.6 | 23.7 | 25.9 | 29.1 | 32.4 |
| | 最小 | 12 | 14 | 16 | 18 | 20 | 22 | 24 | 27 | 30 |
| $d_w$（最小） | | 17.3 | 20.7 | 24 | 26 | 30 | 34 | 36 | 41 | 46 |
| $e$（最小） | | 20.03 | 23.36 | 26.75 | 29.56 | 32.95 | 37.29 | 39.55 | 45.2 | 50.85 |

（续）

| 螺纹规格 D | | M12 | M14 | M16 | M18 | M20 | M22 | M24 | M27 | M30 |
|---|---|---|---|---|---|---|---|---|---|---|
| m | 最大 | 12 | 14 | 16 | 17.6 | 20 | 22 | 24 | 27 | 30 |
| | 最小 | 11.57 | 13 | 15.3 | 16.9 | 18.7 | 20.7 | 22.7 | 25.7 | 28.7 |
| $m_w$（最小） | | 6.8 | 7.7 | 8.9 | 10.7 | 12.1 | 14.5 | 15.9 | 18 | 20.1 |
| s | 公称＝最大 | 18 | 21 | 24 | 27 | 30 | 34 | 36 | 41 | 46 |
| | 最小 | 17.73 | 20.67 | 23.67 | 26.16 | 29.16 | 33 | 35 | 40 | 45 |
| 每1000个的质量/kg | | 0.017 | 0.026 | 0.039 | 0.058 | 0.076 | 0.112 | 0.125 | 0.191 | 0.289 |

| 技术条件 | 材料及性能等级 | 钢 | | | | | | | 不锈钢 |
|---|---|---|---|---|---|---|---|---|---|
| | | 8 | | | | 10 | 12 | | A2-70 |
| | | 粗牙 | $D \le 16$ | 1 型 | $D > 16$ | 2 型 | 1 型 | 2 型 | |
| | | 细牙 | | 2 型 | | 1 型 | 2 型 | $D \le 16$:2 型 | |
| | 螺纹标准 | | 产品等级 | | | 表面处理 | | | |
| | 美国施必牢螺纹标准 | | $D \le 16$:A $D > 16$:B | | | 钢：氧化、电镀，或由供需双方协议 不锈钢：简单处理 | | | |

注：括号内的规格尽量不要采用。

**表 3.1-43　施必牢盖形螺母**（摘自 SPL 923—2004）　　　　（单位：mm）

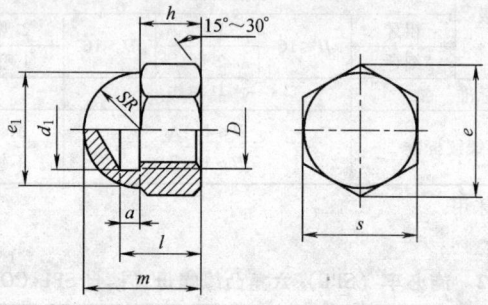

标记示例：
螺纹规格 D＝M10、性能等级 6 级、表面氧化的盖形螺母，标记为：螺母　SPL 923　M10-6　F9

| 螺纹规格 D | | M10 | M12 | M14 | M16 | M18 | M20 | M22 | M24 |
|---|---|---|---|---|---|---|---|---|---|
| h | | 8 | 10 | 11 | 13 | 14 | 16 | 18 | 19 |
| e（最小） | | 17.77 | 20.03 | 23.35 | 26.75 | 29.56 | 32.95 | 37.29 | 39.55 |
| $e_1$（最大） | | 16 | 18 | 20 | 22 | 25 | 28 | 30 | 34 |
| a（最小） | | 4 | 4.5 | 5 | 5 | 6 | 6 | 6 | 7 |
| m | | 18 | 22 | 24 | 26 | 29 | 32 | 35 | 38 |
| $d_1$ | | 10.5 | 13 | 15 | 17 | 19 | 21 | 23 | 25 |
| l | | 13 | 16 | 17 | 19 | 22 | 25 | 26 | 28 |
| s | 最大 | 16 | 18 | 21 | 24 | 27 | 30 | 34 | 36 |
| | 最小 | 15.73 | 17.73 | 20.67 | 23.67 | 26.16 | 29.16 | 33 | 35 |
| $SR \approx$ | | 8 | 9 | 10 | 11.5 | 12.5 | 14 | 15 | 17 |
| 每1000个的质量/kg | | 12.88 | 17.46 | 24.66 | 39.84 | 48.78 | 71.96 | 102 | 127.8 |

| 技术条件 | 材料 | 螺纹标准 | 性能等级 | 产品等级 | 表面处理 |
|---|---|---|---|---|---|
| | 钢 | 美国施必牢螺纹标准 | 5、6 | $D \le 16$:A $D > 16$:B | 氧化、电镀，或由供需双方协议 |

**表 3.1-44　施必牢 2 型六角自锁防脱螺母**（摘自 SPL 6175PT—2006）　　（单位：mm）

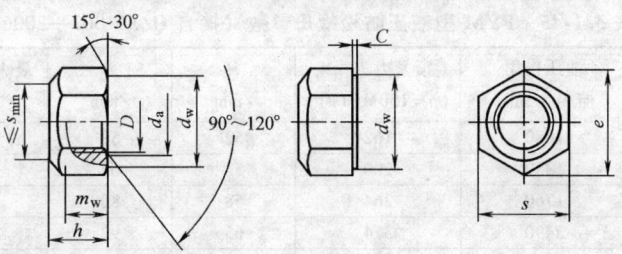

防脱功能部分形状任选；首选非垫圈面型

标记示例：

螺纹规格 $D$ = M12 × 1.75、性能等级 8 级、表面磷化、产品等级为 A 级的施必牢 2 型六角自锁防脱螺母，标记为：

SPL 6175PT. M12 × 1.75-8　F2

螺纹规格 $D$ = M24 × 3、性能等级 10 级、表面镀锌黄色钝化、产品等级为 B 级的施必牢 2 型六角自锁防脱螺母，标记为：

SPL　6175PT. M24 × 3-10　F3

| 螺纹规格 $D$ | | M10 | M12 | M16 | M20 | M22 | M24 | M27 | M30 |
|---|---|---|---|---|---|---|---|---|---|
| 螺距 $P$ | | 1.5 | 1.75 | 2 | 2.5 | 2.5 | 3 | 3 | 3.5 |
| $C$ | 最大 | — | — | 0.8 | 0.8 | 0.8 | 0.8 | 0.8 | 0.8 |
| | 最小 | — | — | 0.2 | 0.2 | 0.2 | 0.2 | 0.2 | 0.2 |
| $d_a$ | 最大 | 10.8 | 13 | 17.3 | 21.6 | 23.7 | 25.9 | 29.1 | 32.4 |
| | 最小 | 10 | 12 | 16 | 20 | 22 | 24 | 27 | 30 |
| $d_w$ (最小) | | 14.63 | 16.63 | 22.49 | 27.7 | 31.4 | 33.3 | 38 | 42.8 |
| $e$ (最小) | | 17.77 | 20.03 | 26.75 | 32.95 | 37.29 | 39.55 | 45.2 | 50.85 |
| $h$ | 最大 | 10 | 12 | 16.4 | 20.3 | 22 | 23.9 | 27 | 30 |
| | 最小 | 8.94 | 11.57 | 15.7 | 19 | 20.7 | 22.6 | 25.7 | 27.3 |
| $m_w$ (最小) | | 6.43 | 8.3 | 11.28 | 13.52 | 14.5 | 16.16 | 18 | 19.44 |
| $s$ | 公称 = 最大 | 16 | 18 | 24 | 30 | 34 | 36 | 41 | 46 |
| | 最小 | 15.73 | 17.73 | 23.67 | 29.16 | 33 | 35 | 40 | 45 |
| 每 1000 个的质量/kg | | 9.5 | 15 | 36.7 | 66.7 | — | 112.6 | 175 | 226.8 |

| 技术条件 | 材料及性能等级 GB/T 3098.2 | 钢 | | | | | | 不锈钢 |
|---|---|---|---|---|---|---|---|---|
| | | 8 | | | | 10 | 12 | $D \leqslant$ M24：A2-70 |
| | 防脱性能 SPL/JS. 08（企业标准） | $D \leqslant 16$　1 型 | | $D > 16$　2 型 | | 1 型 | 2 型 | |
| | 螺纹标准 | 产品等级 | | | 表面处理 | | | |
| | 美国施必牢螺纹标准 | $D \leqslant 16$：A $D > 16$：B | | | 发黑、渗磷；电镀技术按 GB/T 5267.1—2002；如果需其他表面镀层或表面处理，由供需双方协议 | | | |

## 5.3　液压防松螺母及拉紧器

液压防松螺母与液压螺栓拉紧器分别用于高预紧力、大规格螺纹连接的紧固件和装拆工具，适用于振动工况下、重型机械设备和狭窄空间设备的紧固连接。

液压防松螺母及拉紧器借助于高压液压泵产生的高压油，使螺杆轴向伸长，利用螺杆的弹性变形将螺纹连接锁紧。液压防松螺母及拉紧器的加压系统主要由高压手动泵、快换接头、高压软管、油管接头、液压螺母组成，如图 3.1-7 所示。

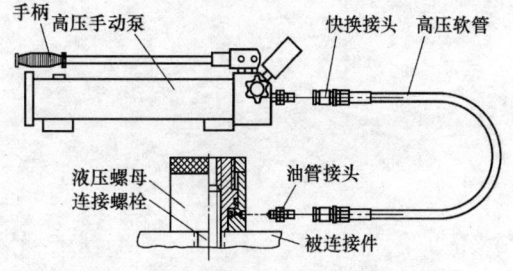

**图 3.1-7　液压防松螺母加压系统示意**

液压防松螺母及拉紧器的相关企业参数标准见表 3.1-45 和表 3.1-46。

**表 3.1-45 FYM 型液压防松螺母参数**（摘自 Q/XF 001—2006）

| 型号 | 螺纹规格 | 油压作用面积 $S/mm^2$ | 预紧力 $F/kN$（$p=150MPa$ 时） | $H$/mm | $d$/mm | 最大拉伸长度 $h$/mm | 质量/kg |
|---|---|---|---|---|---|---|---|
| FYM24 | M24×3 | 1080 | 162 | 52 | 58 | 5 | 0.7 |
| FYM30 | M30×3.5 | 1330 | 200 | 53 | 68 | 5 | 1 |
| FYM36 | M36×4 | 1760 | 264 | 58 | 80 | 5 | 1.6 |
| FYM42 | M42×4.5 | 2490 | 374 | 65 | 92 | 6 | 2.4 |
| FYM48 | M48×5 | 2840 | 426 | 70 | 100 | 6 | 2.9 |
| FYM56 | M56×5.5 | 3690 | 554 | 78 | 114 | 8 | 4.2 |
| FYM64 | M64×6 | 4210 | 631 | 84 | 124 | 10 | 5.2 |
| FYM72 | M72×6 | 5990 | 898 | 95 | 145 | 12 | 8.3 |
| FYM80 | M80×6 | 7190 | 1079 | 105 | 160 | 12 | 11 |
| FYM90 | M90×6 | 9110 | 1366 | 114 | 178 | 12 | 15 |
| FYM100 | M100×6 | 13750 | 2062 | 130 | 208 | 15 | 24 |
| FYM110 | M110×6 | 14660 | 2200 | 140 | 219 | 15 | 27 |
| FYM125 | M125×6 | 16530 | 2480 | 150 | 240 | 18 | 35 |
| FYM140 | M140×6 | 20770 | 3116 | 170 | 265 | 18 | 47 |
| FYM160 | M160×6 | 22480 | 3372 | 180 | 285 | 20 | 55 |
| 技术条件 | 材料:钢 | 性能等级:10、12 | 螺纹公差:6H | | 产品等级:A | | 表面处理:发黑 |

**表 3.1-46 FYL 型液压螺栓拉紧器参数**（摘自 Q/XF 002—2006）

| 型号 | 螺纹规格 | 油压作用面积 $S/mm^2$ | 预紧力 $F/kN$（$p=150MPa$ 时） | $H$/mm | $d$/mm | $d_1$/mm | $a$/mm | 最大拉伸长度 $h$/mm | 质量/kg |
|---|---|---|---|---|---|---|---|---|---|
| FYL1 | M24~M33 | 4260 | 639 | 109 | 110 | 90 | 30 | 12 | 5 |
| FYL2 | M36~M45 | 5900 | 885 | 124 | 140 | 115 | 37 | 14 | 10 |
| FYL3 | M48~M60 | 10500 | 1575 | 160 | 175 | 160 | 63 | 16 | 19 |
| FYL4 | M64~M80 | 17000 | 2550 | 187 | 220 | 200 | 77 | 18 | 42 |
| FYL5 | M90~M100 | 24300 | 3645 | 216 | 250 | 230 | 93 | 18 | 69 |
| FYL6 | M110~M125 | 36600 | 5490 | 248 | 305 | 290 | 112 | 20 | 102 |
| FYL7 | M140~M160 | 43200 | 6480 | 290 | 325 | 305 | 145 | 22 | 130 |
| 技术条件 | 材料:钢 | 性能等级:10、12 | 螺纹公差:6H | 产品等级:A | | | 表面处理:发黑 | | |

# 第2章 销连接、键及花键连接、无键连接

## 1 销连接

### 1.1 销的类型、特点及应用

销连接的主要用途是：定位、连接、过载（安全）保护、防松和作为铰链使用。销的类型、特点和应用见表3.2-1。

### 1.2 销的标准件

#### 1.2.1 圆柱销

1. 圆柱销（表3.2-2）

**表 3.2-1 销的类型、特点和应用**

| 类型 | 简图 | 相关标准 | 特点和应用 |
|---|---|---|---|
| 圆柱销 | 圆柱销 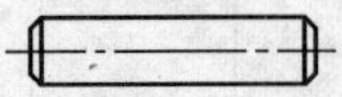 | GB/T 119.1—2000<br>GB/T 119.2—2000 | 主要用于定位，也可用于连接。直径偏差有 m6、h8，以满足不同的使用要求。常用的加工方法是配钻、铰，以保证要求的装配精度 |
| | 内螺纹圆柱销 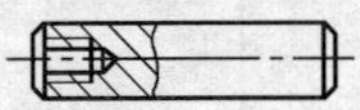 | GB/T 120.1—2000<br>GB/T 120.2—2000 | 主要用于定位，也可用于连接。内螺纹供拆卸用，有 A、B 两种规格，B 型用于不通孔。直径偏差只有 n6 一种。销钉直径最小为 6mm。常用的加工方法是配钻、铰，以保证要求的装配精度 |
| | 开槽无头螺钉 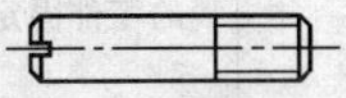 | GB/T 878—2007 | 主要用于定位，也可用于连接。常用的加工方法是配钻、铰，以保证要求的装配精度。直径偏差较大，定位精度低。主要用于定位精度要求不高的场合 |
| | 无头销轴 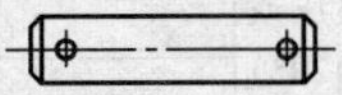 | GB/T 880—2008 | 用于铰接处，两端用开口销锁定，拆卸方便 |
| | 弹性圆柱销 直槽 重型<br>弹性圆柱销 直槽 轻型 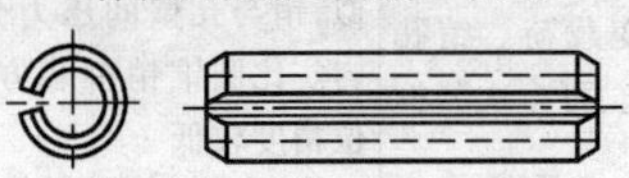 | GB/T 879.1—2000<br>GB/T 879.2—2000 | 具有弹性，装入销孔后与孔壁压紧，不易松脱。销孔精度要求较低，可不铰制，互换性好，可多次装拆。刚性较差，不适于高精度定位，载荷大时几个套在一起使用，相邻内外两销的缺口应错开180°。用于有冲击、振动的场合，可代替部分圆柱销、圆锥销、开口销或销轴 |
| | 弹性圆柱销 卷制 重型<br>弹性圆柱销 卷制 标准型<br>弹性圆柱销 卷制 轻型 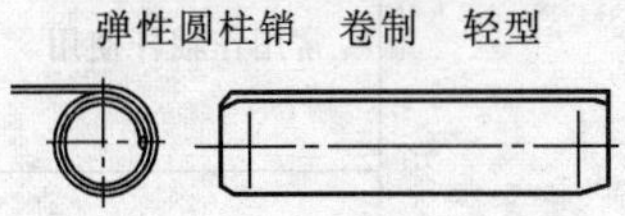 | GB/T 879.3—2000<br>GB/T 879.4—2000<br>GB/T 879.5—2000 | 销钉由钢板卷制，加工方便，有弹性，装配后不易松脱。钻孔精度要求低，可多次装拆。刚性较差，不适用于高精度定位。可用于有冲击、振动的场合 |
| 圆锥销 | 圆锥销 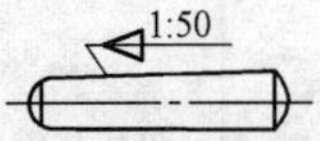<br>1:50 | GB/T 117—2000 | 有 1:50 的锥度，与有锥度的铰制孔相配，便于安装。定位精度比圆柱销高，能自锁。一般两端伸出被连接件，以便于拆装 |
| | 内螺纹圆锥销 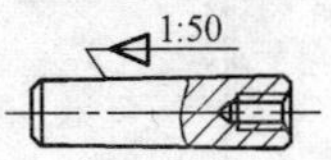<br>1:50 | GB/T 118—2000 | 螺纹孔用于拆卸。可用于不通孔。有 1:50 的锥度，与有锥度的铰制孔相配。拆装方便，可多次拆装，定位精度比圆柱销高，能自锁。一般两端伸出被连接件，以便于装卸 |

（续）

| 类型 | 简 图 | 相关标准 | 特点和应用 | |
|---|---|---|---|---|
| 圆锥销 | 螺尾锥销 1:50 | GB/T 881—2000 | 螺纹用于拆卸。有 1:50 的锥度,与有锥度的铰制孔相配。拆装方便,可多次拆装,定位精度比圆柱销高,能自锁。一般两端伸出被连接件,以便于拆装 | |
| | 开尾圆锥销 1:50 | GB/T 877—2000 | 有 1:50 的锥度,与有锥度的铰制孔相配。打入销孔后,末端可以稍张开,避免松脱,用于有冲击、振动的场合 | |
| 槽销 | 槽销　带导杆及全长平行沟槽 | GB/T 13829.1—2004 | 沿销体素线辗压或模锻三条(相隔 120°)不同形状和深度的沟槽,打入销孔与孔壁压紧,不易松脱。能承受振动和变载荷。销孔不需铰光,可多次装拆 | 全长有平行槽,端部有导杆或倒角,销与孔壁间压力分布较均匀。适用于有严重振动、冲击的场合 |
| | 槽销　带倒角及全长平行沟槽 | GB/T 13829.2—2004 | | |
| | 槽销　中部槽长为 1/3 全长 | GB/T 13829.3—2004 | | 槽中部的短槽等于全长的 1/3 或 1/2,常用作心轴,将带毂的零件固定在有槽处 |
| | 槽销　中部槽长为 1/2 全长 | GB/T 13829.4—2004 | | |
| | 槽销　全长锥销 1:50 | GB/T 13829.5—2004 | | 槽为楔形,作用与圆锥销相似,销与孔壁间压力分布不均匀。比圆锥销拆装方便,但定位精度较低 |
| | 槽销　半长锥销 | GB/T 13829.6—2004 | | |
| | 槽销　半长倒锥销 | GB/T 13829.7—2004 | | 常用作轴杆使用 |
| | 圆头槽销 | GB/T 13829.8—2004 | | 可代替铆钉或螺钉,用于固定标牌、管夹子等 |
| | 沉头槽销 | GB/T 13829.9—2004 | | |

（续）

| 类型 | 简　图 | 相关标准 | 特点和应用 |
|---|---|---|---|
| 销轴 | 销轴 | GB/T 882—2008 | 用作铰接轴，用开口销锁紧，工作可靠 |
| 开口销 | 开口销 | GB/T 91—2008 | 用于锁定其他零件，如轴、槽形螺母等。是一种较可靠的方法，应用广泛 |
| 开口销 | 开口销 | JB/ZQ 4355—2006 | 用于尺寸较大的场合 |
| 安全销 | 安全销 | | 结构简单，形式多样。必要时在销上切出槽口。为防止断销时损坏孔壁，可在孔内加销套。用于传动装置和机器的过载保护 |
| 快卸销 | | 既能定位并承受一定的横向力，还能快速拆卸，有快卸止动销、快卸弹簧销等多种形式 | 需要快速拆卸的销连接 |

**表 3.2-2**　不淬硬钢和奥氏体不锈钢圆柱销（摘自 GB/T 119.1—2000）

淬硬钢和马氏体不锈钢圆柱销（摘自 GB/T 119.2—2000）　　　　　（单位：mm）

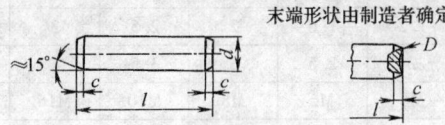

末端形状由制造者确定

允许倒圆或凹凸

标记示例：

公称直径 $d$ = 8mm、公差为 m6、公称长度 $l$ = 30mm、材料为钢、不经淬火、不经表面处理的圆柱销的标记为

销　GB/T 119.1　8m6×30

尺寸公差同上，材料为钢、普通淬火（A 型）、表面氧化处理的圆柱销的标记为

销　GB/T 119.2　8×30

尺寸公差同上，材料为 C1 组马氏体不锈钢表面氧化处理的圆柱销的标记为

销　GB/T 119.2　6×30-C1

（续）

| | d | 0.6 | 0.8 | 1 | 1.2 | 1.5 | 2 | 2.5 | 3 | 4 | 5 | 6 | 8 | 10 | 12 | 16 | 20 | 25 | 30 | 40 | 50 |
|---|---|---|---|---|---|---|---|---|---|---|---|---|---|---|---|---|---|---|---|---|---|
| GB/T 119.1—2000 | c | 0.12 | 0.16 | 0.2 | 0.25 | 0.3 | 0.35 | 0.4 | 0.5 | 0.63 | 0.8 | 1.2 | 1.6 | 2 | 2.5 | 3 | 3.5 | 4 | 5 | 6.3 | 8 |
| | l | 2-6 | 2-8 | 4-10 | 4-12 | 4-16 | 6-20 | 6-24 | 8-30 | 8-40 | 10-50 | 12-60 | 14-80 | 18-95 | 22-140 | 26-180 | 35-200 | 50-200 | 60-200 | 80-200 | 95-200 |

GB/T 119.1—2000　说明：①钢，硬度为 125～245HV30；Al 奥氏体不锈钢，硬度为 210～280HV30
②表面粗糙度：公差为 m6，$Ra \leqslant 0.8\mu m$；公差 h8，$Ra \leqslant 1.6\mu m$

| | d | 1 | 1.5 | 2 | 2.5 | 3 | 4 | 5 | 6 | 8 | 10 | 12 | 16 | 20 |
|---|---|---|---|---|---|---|---|---|---|---|---|---|---|---|
| GB/T 119.2—2000 | c | 0.2 | 0.3 | 0.35 | 0.4 | 0.5 | 0.63 | 0.8 | 1.2 | 1.6 | 2 | 2.5 | 3 | 3.5 |
| | l | 3-10 | 4-16 | 5-20 | 6-24 | 8-30 | 10-40 | 12-50 | 14-60 | 18-80 | 22-100 | 26-100 | 40-100 | 50-100 |

GB/T 119.2—2000　说明：①A 型钢，普通淬火，硬度为 550～650HV30；B 型钢，表面淬火，表面硬度为 600～700HV1，渗碳深度为 0.25～0.4mm，心层硬度为 550HV1；马氏体不锈钢 C1，淬火并回火，硬度为 460～560HV30
②表面粗糙度 $Ra \leqslant 0.8\mu m$

l 系列（公称尺寸）：2、3、4、5、6、8、10、12、14、16、18、20、22、24、26、28、30、32、35、40、45、50、55、60、65、70、75、80、85、90、100，公称长度大于 100 的按 20 递增

2. 内螺纹圆柱销（表 3.2-3）

**表 3.2-3　不淬硬钢和奥氏体不锈钢内螺纹圆柱销（摘自 GB/T 120.1—2000）**
**淬硬钢和马氏体不锈钢内螺纹圆柱销（摘自 GB/T 120.2—2000）　　（单位：mm）**

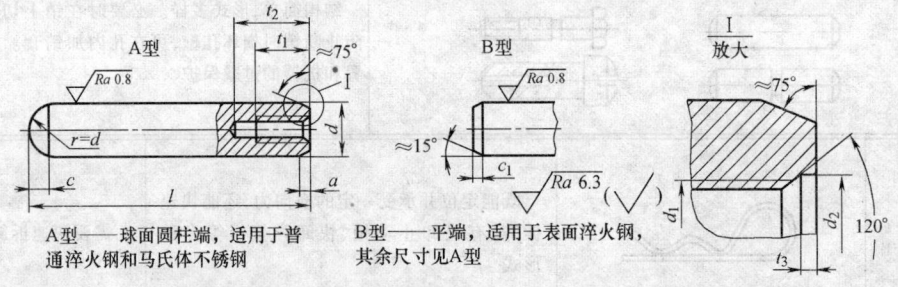

A 型——球面圆柱端，适用于普通淬火钢和马氏体不锈钢

B 型——平端，适用于表面淬火钢，其余尺寸见 A 型

标记示例：
公称直径 $d = 10mm$、公差为 m6、公称长度 $l = 60mm$、材料为 A1 组奥氏体不锈钢，表面简单处理的内螺纹圆柱销：
销　GB/T 120.1—2000 10×60-A1

| $d$（公称）m6 | 6 | 8 | 10 | 12 | 16 | 20 | 25 | 30 | 40 | 50 |
|---|---|---|---|---|---|---|---|---|---|---|
| $a$ | 0.8 | 1 | 1.2 | 1.6 | 2 | 2.5 | 3 | 4 | 5 | 6.3 |
| $c_1$ | 1.2 | 1.6 | 2 | 2.5 | 3 | 3.5 | 4 | 5 | 6.3 | 8 |
| $d_1$ | M4 | M5 | M6 | M6 | M8 | M10 | M16 | M20 | M20 | M24 |
| $d_2$ | 4.3 | 5.3 | 6.4 | 6.4 | 8.4 | 10.5 | 17 | 21 | 21 | 25 |
| $t_1$ | 6 | 8 | 10 | 12 | 16 | 18 | 24 | 30 | 30 | 36 |
| $t_2 \geqslant$ | 10 | 12 | 16 | 20 | 25 | 28 | 35 | 40 | 40 | 50 |
| $t_3$ | 1 | 1.2 | 1.2 | 1.2 | 1.5 | 1.5 | 2 | 2 | 2.5 | 2.5 |
| $c$ | 2.1 | 2.6 | 3 | 3.8 | 4.6 | 6 | 6 | 7 | 8 | 10 |
| $l$（商品规格范围） | 16～60 | 18～80 | 22～100 | 26～120 | 32～160 | 40～200 | 50～200 | 60～200 | 80～200 | 100～200 |
| $l$ 系列（公称尺寸） | 16、18、20、22、24、26、28、30、32、35、40、45、50、55、60、65、70、75、80、85、90、95、100、120、140、160、180、200，公称长度大于 200 的按 20 递增 | | | | | | | | | |

## 3. 开槽无头螺钉（表 3.2-4）

**表 3.2-4　开槽无头螺钉**（摘自 GB/T 878—2007）　　　（单位：mm）

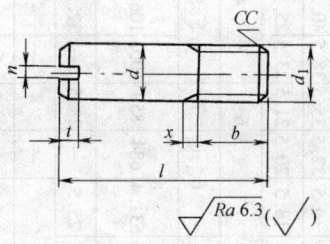

$$\sqrt{Ra\,6.3}\ (\sqrt{\ })$$

标记示例：

公称直径 $d$ = 10mm、公称长度 $l$ = 30mm、材料为 35 钢、热处理硬度 28～38HRC、表面氧化处理的螺纹圆柱销标记为

销　GB/T 878—1986　10×30

| $d$(公称)h13 | 4 | 6 | 8 | 10 | 12 | 16 | 20 |
|---|---|---|---|---|---|---|---|
| $d_1$ | M4 | M6 | M8 | M10 | M12 | M16 | M20 |
| $b\leqslant$ | 4.4 | 6.6 | 8.8 | 11 | 13.2 | 17.6 | 22 |
| $n$(基本尺寸) | 0.6 | 1 | 1.2 | 1.6 | 2 | 2.5 | 3 |
| $t\leqslant$ | 2.05 | 2.8 | 3.6 | 4.25 | 4.8 | 5.5 | 6.8 |
| $x\leqslant$ | 1.4 | 2 | 2.5 | 3 | 3.5 | 4 | 5 |
| $C\approx$ | 0.6 | 1 | 1.2 | 1.5 | 2 | 2 | 2.5 |
| $l$(商品规格范围) | 10～14 | 12～20 | 14～28 | 18～35 | 22～40 | 24～50 | 30～60 |
| $l$系列(公称尺寸) | 10、12、14、18、20、22、24、26、28、30、32、35、40、45、50、55、60 | | | | | | |

注：螺纹的技术条件按 GB/T 196—2003 及 GB/T 197—2003 规定的 6g 级制造。

## 4. 带孔销（表 3.2-5）　　　　　　5. 弹性圆柱销（表 3.2-6 和表 3-2-7）

**表 3.2-5　带孔销**（摘自 GB/T 880—2000）　　　（单位：mm）

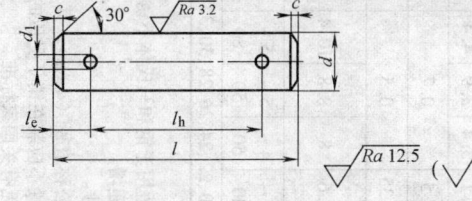

$$\sqrt{Ra\,12.5}\ (\sqrt{\ })$$

标记示例：

公称直径 $d$ = 10mm、公称长度 $l$ = 60mm、材料为 35 钢、热处理及表面氧化处理的带孔销标记为

销　GB/T 880　10×60

| $d$(公称)h11 | 3 | 4 | 5 | 6 | 8 | 10 | 12 | (14) | 16 | (18) | 20 | (22) | 25 |
|---|---|---|---|---|---|---|---|---|---|---|---|---|---|
| $d_1$ H13　≥ | 0.8 | 1 | 1.6 | | 2 | 3.2 | 4 | | | 5 | | | 6.3 |
| $l_e$　≈ | 1.5 | 2 | | 2.5 | 3 | 4 | 5 | | | 6.5 | | | 8 |
| $c$　≈ | 1 | | | 2 | | | 3 | | | 4 | | | |
| 开口销 | 0.8×6 | 1×8 | 1.6×10 | | 2×12 | 3.2×16 | 4×20 | 4×25 | | 5×30 | | 5×35 | 6.3×40 |
| $l_h$　H14 | $l$-3 | $l$-4 | | $l$-5 | $l$-6 | $l$-8 | $l$-10 | | | $l$-13 | | | $l$-16 |
| $l$范围 | 8～50 | | 12～60 | | 16～80 | 20～100 | 30～120 | | | 40～160 | 40～200 | | 50～200 |
| $l$系列 | 8、10、12、14、16、18、20、22、24、26、28、30、32、35、40、45、50、55、60、65、70、75、80、85、90、95、100、120、140、160、180、200 | | | | | | | | | | | | |

注：1. 尽可能不采用括号内的规格。

　　2. $l_h$ 尺寸为商品规格范围。

## 表3.2-6　重型弹性圆柱销直槽（摘自 GB/T 879.1—2000）　轻型弹性圆柱销直槽（摘自 GB/T 879.2—2000）　（单位：mm）

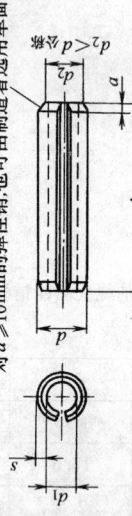

标记示例：

公称直径 $d=6$mm，公称长度 $l=30$mm，材料为钢（st），热处理硬度为500HV3、560HV30，表面氧化处理，重型（轻型）弹性圆柱销直槽标记为：销 GB/T 879.1（879.2）6×30

对 $d \geqslant 10$mm 的弹性销，也可由制造者选用单面倒角的型式。

| 公称 $d$ | 1 | 1.5 | 2 | 2.5 | 3 | 3.5 | 4 | 4.5 | 5 | 6 | 8 | 10 | 12 | 13 | 14 | 16 | 18 | 20 | 21 | 25 | 28 | 30 | 32 | 35 | 38 | 40 | 45 | 50 |
|---|---|---|---|---|---|---|---|---|---|---|---|---|---|---|---|---|---|---|---|---|---|---|---|---|---|---|---|---|
| $d$ 最大 | 1.3 | 1.8 | 2.4 | 2.9 | 3.5 | 4.0 | 4.6 | 5.1 | 5.6 | 6.7 | 8.8 | 10.8 | 12.8 | 13.8 | 14.8 | 16.8 | 18.9 | 20.9 | 21.9 | 25.9 | 28.9 | 30.9 | 32.9 | 35.9 | 38.9 | 40.9 | 45.9 | 50.9 |
| $d$ 最小 | 1.2 | 1.7 | 2.3 | 2.8 | 3.3 | 3.8 | 4.4 | 4.9 | 5.4 | 6.4 | 8.5 | 10.5 | 12.5 | 13.5 | 14.5 | 16.5 | 18.5 | 20.5 | 21.5 | 25.5 | 28.5 | 30.5 | 32.5 | 35.5 | 38.5 | 40.5 | 45.5 | 50.5 |
| **GB/T 879.1—2000** | | | | | | | | | | | | | | | | | | | | | | | | | | | | |
| $d_1$ | 0.8 | 1.1 | 1.5 | 1.8 | 2.1 | 2.3 | 2.8 | 2.9 | 3.4 | 4 | 5.5 | 6.5 | 7.5 | 8.3 | 8.5 | 10.5 | 11.5 | 12.5 | 13.5 | 15.5 | 17.5 | 18.5 | 20.5 | 21.5 | 23.5 | 25.5 | 28.5 | 31.5 |
| $a$ 最大 | 0.35 | 0.45 | 0.55 | 0.6 | 0.7 | 0.8 | 0.85 | 1.0 | 1.1 | 1.4 | 2.0 | 2.0 | 2.4 | 2.4 | 2.4 | 2.4 | 3.4 | 3.4 | 3.4 | 3.4 | 3.4 | 3.6 | 3.6 | 3.6 | 3.6 | 4.6 | 4.6 | 4.6 |
| $s$ | 0.2 | 0.3 | 0.4 | 0.5 | 0.6 | 0.75 | 0.8 | 1 | 1.2 | 1.4 | 1.5 | 2 | 2.5 | 2.5 | 3 | 3.5 | 4 | 4 | 5 | 5 | 5.5 | 6 | 6 | 7 | 7.5 | 7.5 | 8.5 | 9.5 |
| $G_{min}$/kN | 0.7 | 1.58 | 2.82 | 4.38 | 6.32 | 9.06 | 11.24 | 15.36 | 17.54 | 26.04 | 42.76 | 70.16 | 104.1 | 115.1 | 144.7 | 171 | 222.5 | 280.6 | 298.2 | 438.5 | 452.6 | 631.4 | 684 | 859 | 1003 | 1068 | 1360 | 1685 |
| **GB/T 879.2—2000** | | | | | | | | | | | | | | | | | | | | | | | | | | | | |
| $d_1$ | — | — | 1.9 | 2.3 | 2.7 | 3.1 | 3.4 | 3.9 | 4.4 | 4.9 | 7 | 8.5 | 10.5 | 11 | 11.5 | 13.5 | 15 | 16.5 | 17.5 | 21.5 | 23.5 | 25.5 | — | 28.5 | — | 32.5 | 37.5 | 40.5 |
| $a$ 最大 | — | — | 0.4 | 0.45 | 0.5 | 0.5 | 0.7 | 0.7 | 0.9 | 0.9 | 1.8 | 1.8 | 2.4 | 2.4 | 2.4 | 2.4 | 3.4 | 3.4 | 3.4 | 3.4 | 3.4 | 3.4 | 4.6 | 4.6 | 4.6 | 4.6 | 4.6 | 4.6 |
| $s$ | — | — | 0.2 | 0.25 | 0.3 | 0.35 | 0.5 | 0.5 | 0.75 | 0.75 | 1.0 | 1.2 | 1.5 | 1.5 | 1.7 | 2.0 | 2.4 | 2.5 | 2.5 | 3.4 | 3.4 | 3.5 | 3.5 | 4.0 | 4.0 | 4.6 | 4.6 | 5.0 |
| $G_{min}$/kN | — | — | 1.5 | 2.4 | 3.5 | 4.6 | 8 | 8.8 | 10.4 | 18 | 24 | 40 | 48 | 66 | 84 | 98 | 126 | 158 | 168 | 202 | 280 | 302 | — | 490 | — | 634 | 720 | 1000 |
| $l$（范围）（公称） | 4~20 | 4~20 | 4~20 | 4~30 | 4~30 | 4~40 | 4~40 | 4~50 | 5~50 | 5~80 | 10~80 | 10~100 | 10~120 | 10~180 | 10~160 | 10~200 | 10~200 | 10~200 | 10~200 | 20~200 | 20~200 | 20~200 | 20~200 | 20~200 | 20~200 | 20~200 | 20~200 | 20~200 |

$l$ 系列（公称） 4,5,6,8,10,12,14,16,18,20,22,24,26,28,30,32,35,40,45,50,55,60,65,70,75,80,85,90,95,100,120,140,160,180,200

注：1. $a$ 值为参考。
2. $G_{min}$ 为最小双面剪切载荷值，仅适用于钢和马氏体不锈钢，对奥氏体不锈钢弹性柱销，不规定双面剪切载荷。
3. 公称长度大于200mm，按20mm递增。
4. $d$ 的最大及最小尺寸为装配前尺寸。
5. 销孔的公称直径应等于弹性柱销的公称直径（$d_{公称}$），其公差带为 H12。
6. 由于弹性圆柱销直径带销孔开口，槽的位置不应装在销子受压的一面，在组装图上应表示槽口方向。销子装入允许的最小销孔时，槽口也不得完全闭合。
7. 详细的材料成分及技术条件，请见有关国家标准。

**表3.2-7　卷制重型弹性圆柱销（摘自 GB/T 879.3—2000）卷制标准型弹性圆柱销**
**（摘自 GB/T 879.4—2000）卷制轻型弹性圆柱销（摘自 GB/T 879.5—2000）**

（单位：mm）

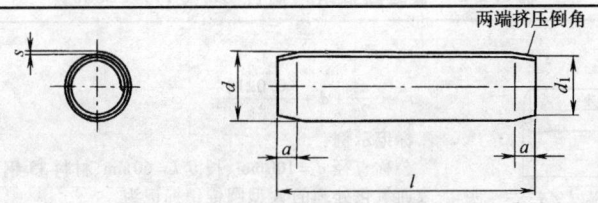

标记示例：

公称直径 $d=6$mm、公称长度 $l=30$mm、材料为钢(st)、热处理硬度为 420~545HV30、表面氧化处理、卷制、重型(标准型、轻型)弹性圆柱销标记为

销　GB/T 879.3　（879.4、879.5）6×30

公称直径 $d=6$mm、公称长度 $l=30$mm、材料为奥氏体不锈钢(A)、不经处理、表面简单处理、卷制、重型(标准型、轻型)弹性圆柱销标记为

销　GB/T 879.3　（879.4、879.5）6×30-A

GB/T 879.3—2000

| 公称 | | | 1.5 | 2 | 2.5 | 3 | 3.5 | 4 | 5 | 6 | 8 | 10 | 12 | 14 | 16 | 20 |
|---|---|---|---|---|---|---|---|---|---|---|---|---|---|---|---|---|
| $d$ | 装配前 | max | 1.71 | 2.21 | 2.73 | 3.25 | 3.79 | 4.3 | 5.35 | 6.4 | 8.55 | 10.65 | 12.75 | 14.85 | 16.9 | 21 |
| | | min | 1.61 | 2.11 | 2.62 | 3.12 | 3.46 | 4.15 | 5.15 | 6.18 | 8.25 | 10.3 | 11.7 | 13.6 | 16.4 | 20.4 |
| $d_1$ 装配前 ≤ | | | 1.4 | 1.9 | 2.4 | 2.9 | 3.4 | 3.9 | 4.85 | 5.85 | 7.8 | 9.75 | 11.7 | 13.6 | 15.6 | 19.6 |
| $a$ ≈ | | | 0.5 | 0.7 | 0.7 | 0.9 | 1 | 1.1 | 1.3 | 1.5 | 2 | 2.5 | 3 | 3.5 | 4 | 4.5 |
| $s$ | | | 0.17 | 0.22 | 0.28 | 0.33 | 0.39 | 0.45 | 0.56 | 0.67 | 0.9 | 1.1 | 1.3 | 1.6 | 1.8 | 2.2 |
| 最小剪切载荷 (双面剪)/kN | | ① | 1.9 | 3.5 | 5.5 | 7.6 | 10 | 13.5 | 20 | 30 | 53 | 84 | 120 | 165 | 210 | 340 |
| | | ② | 1.45 | 2.5 | 3.8 | 5.7 | 7.6 | 10 | 15.5 | 23 | 41 | 64 | 91 | — | — | — |
| $l$(商品规格范围) | | | 4~24 | 4~40 | 5~45 | 6~50 | | 8~60 | 10~60 | 12~75 | 16~120 | 20~120 | 24~160 | 28~200 | 32~200 | 45~200 |

GB/T 879.4—2000

| 公称 | | | 0.8 | 1 | 1.2 | 1.5 | 2 | 2.5 | 3 | 3.5 | 4 | 5 | 6 | 8 | 10 | 12 | 14 | 16 | 20 |
|---|---|---|---|---|---|---|---|---|---|---|---|---|---|---|---|---|---|---|---|
| $d$ | 装配前 | max | 0.91 | 1.15 | 1.35 | 1.73 | 2.25 | 2.78 | 3.30 | 3.84 | 4.4 | 5.50 | 6.50 | 8.63 | 10.80 | 12.85 | 14.95 | 17.00 | 21.1 |
| | | min | 0.85 | 1.05 | 1.25 | 1.62 | 2.13 | 2.65 | 3.15 | 3.67 | 4.2 | 5.25 | 6.25 | 8.30 | 10.35 | 12.40 | 14.45 | 16.45 | 20.4 |
| $d_1$ 装配前 ≤ | | | 0.75 | 0.95 | 1.15 | 1.4 | 1.9 | 2.4 | 2.9 | 3.4 | 3.9 | 4.85 | 5.85 | 7.8 | 9.75 | 11.7 | 13.6 | 15.6 | 19.6 |
| $a$ ≈ | | | 0.3 | 0.3 | 0.4 | 0.4 | 0.7 | 0.7 | 0.9 | 1 | 1.1 | 1.3 | 1.5 | 2 | 2.5 | 3 | 3.5 | 4 | 4.5 |
| $s$ | | | 0.07 | 0.08 | 0.1 | 0.13 | 0.17 | 0.21 | 0.25 | 0.29 | 0.33 | 0.42 | 0.5 | 0.67 | 0.84 | 1 | 1.2 | 1.3 | 1.7 |
| 最小剪切载荷 (双面剪)/kN | | ① | 0.4 | 0.6 | 0.9 | 1.45 | 2.5 | 3.9 | 5.5 | 7.5 | 9.6 | 15 | 22 | 39 | 62 | 89 | 120 | 155 | 250 |
| | | ② | 0.3 | 0.45 | 0.65 | 1.05 | 1.9 | 2.9 | 4.2 | 5.7 | 7.6 | 11.5 | 16.8 | 30 | 48 | 67 | — | — | — |
| $l$(商品规格范围) | | | 4~16 | | | | 4~24 | 4~40 | 5~45 | 6~50 | 8~60 | 10~60 | 12~75 | 16~120 | 20~120 | 24~160 | 28~200 | 32~200 | 45~200 |

GB/T 879.5—2000

| 公称 | | | 1.5 | 2 | 2.5 | 3 | 3.5 | 4 | 5 | 6 | 8 |
|---|---|---|---|---|---|---|---|---|---|---|---|
| $d$ | 装配前 | max | 1.75 | 2.28 | 2.82 | 3.35 | 3.87 | 4.45 | 5.5 | 6.55 | 8.65 |
| | | min | 1.62 | 2.13 | 2.65 | 3.15 | 3.67 | 4.20 | 5.2 | 6.25 | 8.30 |
| $d_1$ 装配前 ≤ | | | 1.4 | 1.9 | 2.4 | 2.9 | 3.4 | 3.9 | 4.85 | 5.85 | 7.8 |
| $a$ ≈ | | | 0.5 | 0.7 | 0.7 | 0.9 | 1 | 1.1 | 1.3 | 1.5 | 2 |
| $s$ | | | 0.08 | 0.11 | 0.14 | 0.17 | 0.19 | 0.22 | 0.28 | 0.33 | 0.45 |
| 最小剪切载荷 (双面剪)/kN | | ① | 0.8 | 1.5 | 2.3 | 3.3 | 4.5 | 5.7 | 9 | 13 | 23 |
| | | ② | 0.65 | 1.1 | 1.8 | 2.5 | 3.4 | 4.4 | 7 | 10 | 18 |
| $l$(商品规格范围) | | | 4~24 | 4~40 | 5~45 | 6~50 | | 8~60 | 10~60 | 12~75 | 16~120 |
| $l$ 系列(公称尺寸) | | | 4、5、6、8、10、12、14、16、18、20、22、24、26、28、30、32、35、40、45、50、55、60、65、70、75、80、85、90、95、100、120、140、160、180、200 | | | | | | | | |

注：1. 公称长度大于 200mm 的按 20mm 递增（GB/T 879.3—2000 和 GB/T 879.4—2000）；公称长度大于 120mm 的按 20mm 递增（GB/T 879.5—2000）。

2. 同表3.2-6 注4、5及7。其中，仅 GB/T 879.4—2000 的公差带为 H12 的适用于 $d \geqslant 1.5$mm；公差带为 H10 的适用于 $d \leqslant 1.2$mm。

① 适用于钢和马氏体不锈钢产品。

② 适用于奥氏体不锈钢产品。

### 1.2.2 圆锥销

#### 1. 普通圆锥销（表 3.2-8）

**表 3.2-8　普通圆锥销**（摘自 GB/T 117—2000）　　　　（单位：mm）

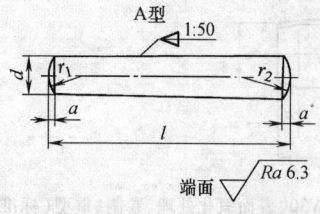

$r_1 \approx d$

$$r_2 \approx \frac{a}{2} + d + \frac{(0.021)^2}{8a}$$

标记示例：

公称直径 $d = 100$mm、长度 $l = 60$mm、材料 35 钢、热处理硬度为 28～38HRC、表面氧化处理的 A 型圆锥销标记为

销　GB/T 117　10×60

端面 $\sqrt{Ra\ 6.3}$

| $d$(公称)h10 | 0.6 | 0.8 | 1 | 1.2 | 1.5 | 2 | 2.5 | 3 | 4 | 5 |
|---|---|---|---|---|---|---|---|---|---|---|
| $a \approx$ | 0.08 | 0.1 | 0.12 | 0.16 | 0.2 | 0.25 | 0.3 | 0.4 | 0.5 | 0.63 |
| $l$(商品规格范围) | 4～8 | 5～12 | 6～16 | 6～20 | 8～24 | 10～35 | 10～35 | 12～45 | 14～55 | 18～60 |
| 100mm 长质量/kg $\approx$ | 0.0003 | 0.0005 | 0.0007 | 0.001 | 0.0015 | 0.003 | 0.0044 | 0.0062 | 0.0107 | 0.018 |
| $d$(公称)h10 | 6 | 8 | 10 | 12 | 16 | 20 | 25 | 30 | 40 | 50 |
| $a \approx$ | 0.8 | 1 | 1.2 | 1.6 | 2 | 2.5 | 3 | 4 | 5 | 6.3 |
| $l$(商品规格范围) | 22～90 | 22～120 | 26～160 | 32～180 | 40～200 | 45～200 | 50～200 | 55～200 | 60～200 | 65～200 |
| $l$ 系列(公称尺寸) | 2、3、4、5、6、8、10、12、14、16、18、20、22、24、26、28、30、32、35、40、45、50、55、60、65、70、75、80、85、90、95、100，公称长度大于 100 的按 20 递增 | | | | | | | | | |

注：1. A 型(磨削)的锥面表面粗糙度 $Ra = 0.8\mu$m；B 型(切削或冷镦)的锥面表面粗糙度 $Ra = 3.2\mu$m。
　　2. 材料：钢、易切钢（Y12、Y15）、碳素钢（35、45）、合金钢（30CrMnSiA）、不锈钢（12Cr13、20Cr13、14Cr17Ni2、06Cr18Ni10Ti）。

#### 2. 内螺纹圆锥销（表 3.2-9）

**表 3.2-9　内螺纹圆锥销**（摘自 GB/T 118—2000）　　　　（单位：mm）

A 型(磨削)：锥面表面粗糙度 $Ra = 0.8\mu$m
B 型(切削或冷镦)：锥面表面粗糙度 $Ra = 3.2\mu$m

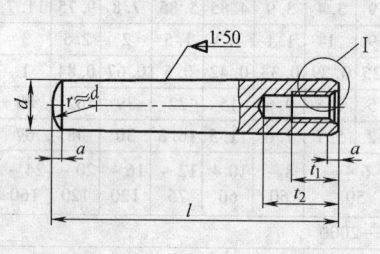
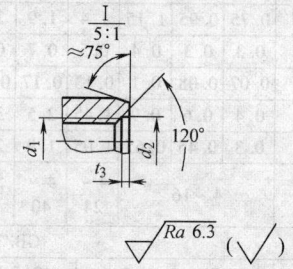

$\sqrt{Ra\ 6.3}$　$(\sqrt{\ })$

标记示例：

公称直径 $d = 10$mm、长度 $l = 60$mm、材料为 35 钢、热处理硬度为 28～38HRC、表面氧化处理的 A 型内螺纹圆锥销标记为

销　GB/T 118　10×60

| $d$(公称)h10 | 6 | 8 | 10 | 12 | 16 | 20 | 25 | 30 | 40 | 50 |
|---|---|---|---|---|---|---|---|---|---|---|
| $a \approx$ | 0.8 | 1 | 1.2 | 1.6 | 2 | 2.5 | 3 | 4 | 5 | 6.3 |
| $d_1$ | M4 | M5 | M6 | M8 | M10 | M12 | M16 | M20 | M20 | M24 |
| $P$[①] | 0.7 | 0.8 | 1 | 1.25 | 1.5 | 1.75 | 2 | 2.5 | 2.5 | 3 |
| $d_2$ | 4.3 | 5.3 | 6.4 | 8.4 | 10.5 | 13 | 17 | 21 | 21 | 25 |
| $t_1$ | 6 | 8 | 10 | 12 | 16 | 18 | 24 | 30 | 30 | 36 |
| $t_2 \geqslant$ | 10 | 12 | 16 | 20 | 25 | 28 | 35 | 40 | 40 | 50 |
| $t_3$ | 1 | 1.2 | 1.2 | 1.2 | 1.5 | 1.5 | 2 | 2 | 2.5 | 2.5 |
| $l$(商品规格范围) | 16～60 | 18～80 | 22～100 | 26～120 | 32～160 | 40～200 | 50～200 | 60～200 | 80～200 | 120～200 |
| $l$ 系列(公称尺寸) | 16、18、20、22、24、26、28、30、32、35、40、45、50、55、60、65、70、75、80、85、90、95、100，公称长度大于 100 的按 20 递增 | | | | | | | | | |

① $P$ 为螺距。

#### 3. 螺尾圆锥销（表 3.2-10）

**表 3.2-10  螺尾圆锥销**（摘自 GB/T 881—2000）　　　（单位：mm）

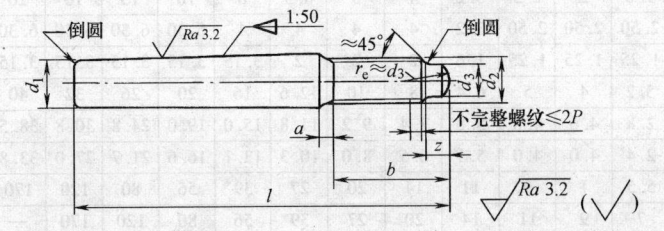

标记示例：

公称直径 $d_1 = 8$mm、公称长度 $l = 60$mm，材料为 Y12 或 Y15 不经热处理，不经表面氧化处理的螺尾锥销标记为

销  GB 881  8 × 60

| $d_1$（公称）h10 | 5 | 6 | 8 | 10 | 12 | 16 | 20 | 25 | 30 | 40 | 50 |
|---|---|---|---|---|---|---|---|---|---|---|---|
| $a$ ≤ | 2.4 | 3 | 4 | 4.5 | 5.3 | 6 | 6 | 7.5 | 9 | 10.5 | 12 |
| $b$ ≤ | 15.6 | 20 | 24.5 | 27 | 30.5 | 39 | 39 | 45 | 52 | 65 | 78 |
| $d_2$ | M5 | M6 | M8 | M10 | M12 | M16 | M16 | M20 | M24 | M30 | M36 |
| $d_3$ ≤ | 3.5 | 4 | 5.5 | 7 | 8.5 | 12 | 12 | 15 | 18 | 23 | 28 |
| $z$ ≤ | 1.5 | 1.75 | 2.25 | 2.75 | 3.25 | 4.3 | 4.3 | 5.3 | 6.3 | 7.5 | 9.4 |
| $l$（商品规格范围） | 40～50 | 45～60 | 55～75 | 65～100 | 85～120 | 100～160 | 120～190 | 140～250 | 160～280 | 190～320 | 220～400 |
| $l$ 系列（公称尺寸） | 40,45,50,55,60,65,75,85,100,120,140,160,190,220,250,280,320,360,400 | | | | | | | | | | |

**4. 开尾圆锥销**（表 3.2-11）

**表 3.2-11  开尾圆锥销**（摘自 GB/T 877—2000）　　　（单位：mm）

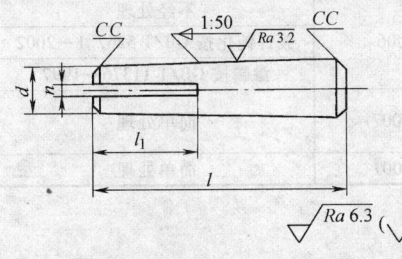

标记示例：

公称直径 $d = 10$mm、长度 $l = 60$mm、材料为 35 钢、不经热处理及表面处理的开尾锥销标记为

销  GB/T 877  10 × 60

| $d$（公称）h10 | 3 | 4 | 5 | 6 | 8 | 10 | 12 | 16 |
|---|---|---|---|---|---|---|---|---|
| $n$（公称） | 0.8 | | 1 | | 1.6 | | 2 | |
| $l_1$ | 10 | | 12 | 15 | 20 | 25 | 30 | 40 |
| $C$ ≈ | 0.5 | | 1 | | | | 1.5 | |
| $l$（商品规格范围） | 30～55 | 35～60 | 40～80 | 50～100 | 60～120 | 70～160 | 80～120 | 100～200 |
| $l$ 系列（公称尺寸） | 30、32、35、40、45、50、55、60、65、70、75、80、85、90、95、100、120、140、160、180、200 | | | | | | | |

### 1.2.3  开口销和销轴

**1. 开口销**（表 3.2-12 和表 3.2-13）

**表 3.2-12  开口销**（摘自 GB/T 91—2000）　　　（单位：mm）

允许制造的型式

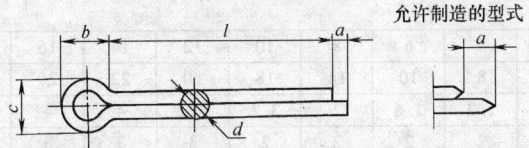

标记示例：

公称规格为 5mm、长度 $l = 50$mm、材料为 Q215 或 Q235、不经表面处理的开口销标记为

销  GB/T 91  5 × 50

| 公称规格 | | 0.6 | 0.8 | 1 | 1.2 | 1.6 | 2 | 2.5 | 3.2 | 4 | 5 | 6.3 | 8 | 10 | 13 | 16 | 20 |
|---|---|---|---|---|---|---|---|---|---|---|---|---|---|---|---|---|---|
| $d$ | max | 0.5 | 0.7 | 0.9 | 1.0 | 1.4 | 2.3 | 2.3 | 2.9 | 3.7 | 4.6 | 5.9 | 7.5 | 9.5 | 12.4 | 15.4 | 19.3 |
| | min | 0.4 | 0.6 | 0.8 | 0.9 | 1.3 | 2.1 | 2.1 | 2.7 | 3.5 | 4.4 | 5.7 | 7.3 | 9.3 | 12.1 | 15.1 | 19.0 |

（续）

| 公称规格 | | 0.6 | 0.8 | 1 | 1.2 | 1.6 | 2 | 2.5 | 3.2 | 4 | 5 | 6.3 | 8 | 10 | 13 | 16 | 20 |
|---|---|---|---|---|---|---|---|---|---|---|---|---|---|---|---|---|---|
| $a$ | max | 1.6 | 1.6 | 1.6 | 2.50 | 2.50 | 2.50 | 2.50 | 3.2 | 4 | 4 | 4 | 4 | 6.30 | 6.30 | 6.30 | 6.30 |
| | min | 0.8 | 0.8 | 0.8 | 1.25 | 1.25 | 1.25 | 1.25 | 1.6 | 2 | 2 | 2 | 3.15 | 3.15 | 3.15 | 3.15 | 3.15 |
| $b$ | ≈ | | 2 | 2.4 | 3 | 3 | 3.2 | 4 | 5 | 6.4 | 8 | 10 | 12.6 | 16 | 20 | 26 | 32 | 40 |
| $c$ | max | 1.0 | 1.4 | 1.8 | 2.0 | 2.8 | 4.6 | 4.6 | 5.8 | 7.4 | 9.2 | 11.8 | 15.0 | 19.0 | 24.8 | 30.8 | 38.5 |
| | min | 0.9 | 1.2 | 1.6 | 1.7 | 2.4 | 4.0 | 4.0 | 5.1 | 6.5 | 8.0 | 10.3 | 13.1 | 16.6 | 21.7 | 27.0 | 33.8 |
| 适用的直径　螺栓 | > | — | 2.5 | 3.5 | 4.5 | 5.5 | 7 | 9 | 11 | 14 | 20 | 27 | 39 | 56 | 80 | 120 | 170 |
| | ≤ | 2.5 | 3.5 | 4.5 | 5.5 | 7 | 9 | 11 | 14 | 20 | 27 | 39 | 56 | 80 | 120 | 170 | — |
| U形销 | > | — | 2 | 3 | 4 | 5 | 6 | 8 | 9 | 12 | 17 | 23 | 29 | 44 | 69 | 110 | 160 |
| | ≥ | 2 | 3 | 4 | 5 | 6 | 8 | 9 | 12 | 17 | 23 | 29 | 44 | 69 | 110 | 160 | — |
| $l$（商品规格范围） | | 4～12 | 5～16 | 6～20 | 8～25 | 8～32 | 10～40 | 12～50 | 14～63 | 18～80 | 22～100 | 32～125 | 40～160 | 45～200 | 71～250 | 112～280 | 160～280 |
| $l$ 系列（公称尺寸） | | 4,5,6,8,10,12,14,16,18,20,22,25,28,32,36,40,45,50,56,63,71,80,90,100,112,125,140,160,180,200,224,250,280 | | | | | | | | | | | | | | | |

注：1. 销孔的公称直径等于 $d$（公称）。销孔直径推荐的公差为：$d \leqslant 1.2$mm，H13；$d > 1.2$mm，H14。
　　2. 根据使用需要，由供需双方协议，可采用 $d$（公称）为 3mm、6mm 或 12mm 的规格。

### 表 3.2-13　开口销材料

| 种类 | 材　料 | | 表 面 处 理 |
|---|---|---|---|
| | 牌号 | 标准号 | |
| 碳素钢 | Q215A、Q235A、Q215B、Q235B | GB/T 700—2006 | 不经处理 |
| | | | 镀锌钝化按 GB/T 5267.1—2002 |
| | | | 渗磷按 GB/T 11376—1997 |
| 不锈钢 | 07Cr19Ni11Ti 06Cr18Ni10Ti | GB/T 1220—2007 | 简单处理 |
| 铜及其合金 | H63 | GB/T 5231—2001 | 简单处理 |

### 2. 轴销（表 3.2-14）

### 表 3.2-14　轴销（摘自 GB/T 882—2008）　　　　　（单位：mm）

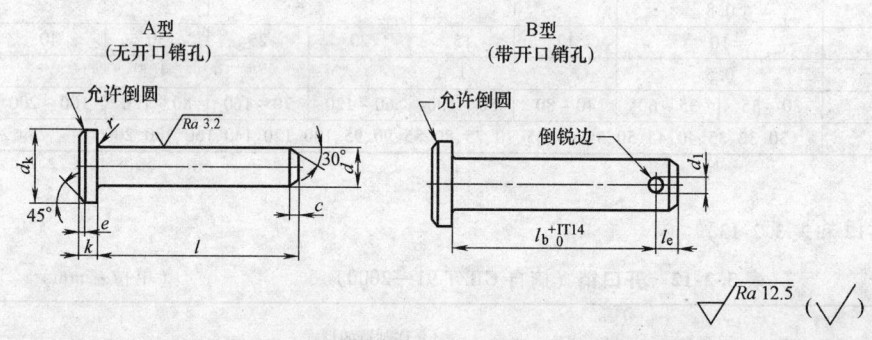

标记示例：

公称直径 $d$ = 100mm、长度 $l$ = 50mm、材料为 35 钢、热处理硬度为 28 ～ 38HRC、表面氧化处理的 A 型轴销标记为

轴销　GB/T 882 10×50

| $d$　h11① | 3 | 4 | 5 | 6 | 8 | 10 | 12 | 14 | 16 | 18 | 20 | 22 | 24 |
|---|---|---|---|---|---|---|---|---|---|---|---|---|---|
| $d_k$　h14 | 5 | 6 | 8 | 10 | 14 | 18 | 20 | 22 | 25 | 28 | 30 | 33 | 36 |
| $d_1$　H13② | 0.8 | 1 | 1.2 | 1.6 | 2 | 3.2 | 3.2 | 4 | 4 | 5 | 5 | 5 | 6.3 |
| $c$　≤ | 1 | 1 | 2 | 2 | 2 | 2 | 3 | 3 | 3 | 3 | 4 | 4 | 4 |
| $e$　≈ | 0.5 | 0.5 | 1 | 1 | 1 | 1 | 1.6 | 1.6 | 1.6 | 1.6 | 2 | 2 | 2 |
| $k$　js14 | 1 | 1 | 1.6 | 2 | 3 | 4 | 4 | 4 | 4.5 | 5 | 5 | 5.5 | 6 |
| $l_e$　≥ | 1.6 | 2.2 | 2.9 | 3.2 | 3.5 | 4 | 5.5 | 6 | 6 | 7 | 8 | 8 | 9 |
| $r$ | 0.6 | 0.6 | 0.6 | 0.6 | 0.6 | 0.6 | 0.6 | 0.6 | 0.6 | 1 | 1 | 1 | 1 |
| $l$（商品规格范围） | 6～30 | 8～40 | 10～50 | 12～60 | 16～80 | 20～100 | 24～120 | 28～140 | 32～160 | 35～180 | 40～200 | 45～200 | 50～200 |

（续）

| $d$ h11[1] | 27 | 30 | 33 | 36 | 40 | 45 | 50 | 55 | 60 | 70 | 80 | 90 | 100 |
|---|---|---|---|---|---|---|---|---|---|---|---|---|---|
| $d_k$　h14 | 40 | 44 | 47 | 50 | 55 | 60 | 66 | 72 | 78 | 90 | 100 | 110 | 120 |
| $d_1$　H13[2] | 6.3 | 8 | 8 | 8 | 8 | 10 | 10 | 10 | 10 | 13 | 13 | 13 | 13 |
| $c$　≤ | 4 | 4 | 4 | 4 | 4 | 4 | 4 | 4 | 6 | 6 | 6 | 6 | 6 |
| $e$　≈ | 2 | 2 | 2 | 2 | 2 | 2 | 2 | 2 | 3 | 3 | 3 | 3 | 3 |
| $k$　js14 | 6 | 8 | 8 | 8 | 8 | 9 | 9 | 11 | 12 | 13 | 13 | 13 | 13 |
| $l_e$　≥ | 9 | 10 | 10 | 10 | 10 | 12 | 12 | 14 | 14 | 16 | 16 | 16 | 16 |
| $r$ | 1 | 1 | 1 | 1 | 1 | 1 | 1 | 1 | 1 | 1 | 1 | 1 | 1 |
| $l$(商品规格范围) | 55~200 | 60~200 | 65~200 | 70~200 | 80~200 | 90~200 | 100~200 | 120~200 | 120~200 | 140~200 | 160~200 | 180~200 | 200 |
| $l$系列(公称尺寸) | 6、8、10、12、14、16、18、20、22、24、26、28、30、32、35、40、45、50、55、60、65、70、75、80、85、90、95、100、120、140、160、180、200,公称长度大于200mm的按20mm递增 | | | | | | | | | | | | |

① 其他公差,如 a11、c11、f8 应由供需双方协议。
② 孔径 $d_1$ 等于开口销的公称尺寸,见 GB/T 91—2000。

## 1.3　销的选用及强度计算

用于定位的销通常不承受载荷或只承受很小的载荷,其直径可按结构确定,数目不得少于 2 个,且分布在紧固螺钉的对称方向上。销在每一被连接件内的长度,约为销直径的 1~2 倍。

用于连接的销,其直径可根据连接的结构特点按经验确定,必要时再作强度校核。设计安全销时应考虑销剪断后易于更换且不易飞出。

销的常用材料为 35 钢及 45 钢,其他材料有 30CrMnSiA、H62、HPb59-1、QSi3-1、12Cr13、20Cr13、14Cr17Ni2、07Cr19Ni11Ti 等,其热处理和表面处理见 GB/T 121—1986。安全销的常用材料为 35、45、50 钢或 T8A 及 T10A 等,热处理后的硬度为30~36HRC。销套的常用材料为 45、35SiMn 及 40Cr 钢等,热处理后的硬度为 40~50HRC。

销的强度校核公式见表 3.2-15。

### 表 3.2-15　销的强度校核公式

| 销的类型 | 受力情况图 | 计算内容 | 计算公式 |
|---|---|---|---|
| 圆柱销 | 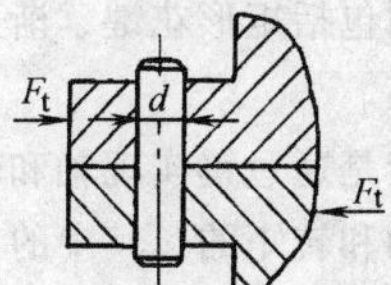 | 销的抗剪强度 | $\tau = \dfrac{4F_t}{\pi d^2 z} \leqslant [\tau]$ |
| | 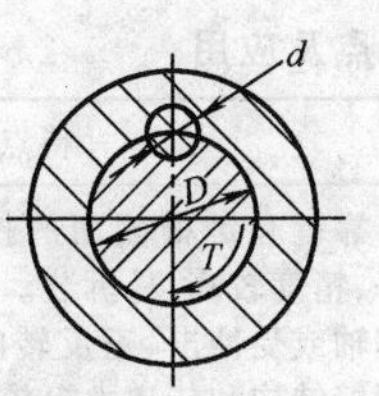 <br>$d = (0.13 \sim 0.20)D$<br>$l = (1.0 \sim 1.5)D$ | 销或被连接零件工作面的抗压强度 | $\sigma_p = \dfrac{4T}{Ddl} \leqslant [\sigma_p]$ |
| | | 销的抗剪强度 | $\tau = \dfrac{2T}{Ddl} \leqslant [\tau]$ |

（续）

| 销的类型 | 受力情况图 | 计算内容 | 计算公式 |
|---|---|---|---|
| 圆锥销 | 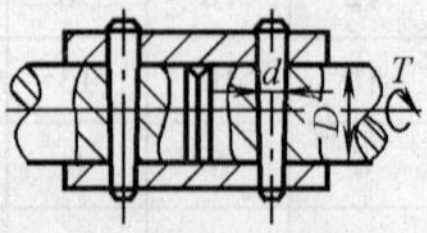 $d = (0.2 \sim 0.3)D$ | 销的抗剪强度 | $\tau = \dfrac{4T}{\pi d^2 D} \le [\tau]$ |
| 销轴 | 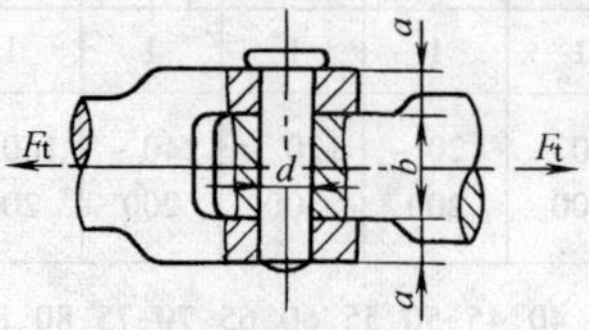 $a = (1.5 \sim 1.7)d$<br>$b = (2.0 \sim 3.5)d$ | 销或拉杆工作面的抗压强度 | $\sigma_p = \dfrac{F_t}{2ad} \le [\sigma_p]$ 或 $\sigma_p = \dfrac{F_t}{bd} \le [\sigma_p]$ |
| | | 销轴的抗剪强度 | $\tau = \dfrac{F_t}{2 \times \dfrac{\pi d^2}{4}} \le [\tau]$ |
| | | 销轴的抗弯强度 | $\sigma_b \approx \dfrac{F_t(a + 0.5b)}{4 \times 0.1d^3} \le [\sigma_b]$ |
| 安全销 | 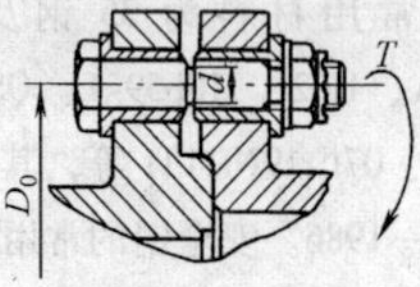 | 销的直径 | $d = 1.6\sqrt{\dfrac{T}{D_0 z \tau_b}}$ |
| 说明 | $F_t$——横向力（N）<br>$T$——转矩（N·mm）<br>$z$——销的数量<br>$d$——销的直径（mm），对于圆锥销，$d$ 为平均直径<br>$l$——销的长度（mm）<br>$D$——轴径（mm） | $D_0$——安全销中心圆直径（mm）<br>$[\tau]$——销的许用切应力（MPa）<br>$[\sigma_p]$——销连接的许用挤压应力（MPa）<br>$[\sigma_b]$——许用弯曲应力（MPa）<br>$\tau_b$——销材料的抗剪强度（MPa） | | |

注：若用两个弹性圆柱销套在一起使用时，其抗剪强度可取两个销抗剪强度之和。

# 2 键连接

## 2.1 键的类型、特点及应用

键可分为平键、楔键、切向键、特殊形状的键以及花键。平键又分为普通型平键、导向平键、薄型平键、半圆键和滑键等；楔键分为普通型楔键和钩头楔键；花键则包括矩形花键、渐开线花键、端面花键和滚珠花键等。

键连接是通过键实现轴和轴上零件间的周向固定以传递运动和转矩的，其中的有些类型还可以实现轴向固定和传递轴向力，有的甚至能实现轴向动连接。键和键连接的类型、特点及应用见表3.2-16。

表 3.2-16　键和键连接的类型、特点及应用

| 类型 | | 结构图例 | 特点和应用 |
|---|---|---|---|
| 平键连接 | 普通平键<br>GB/T 1096—2003<br>薄型平键<br>GB/T 1567—2003 | 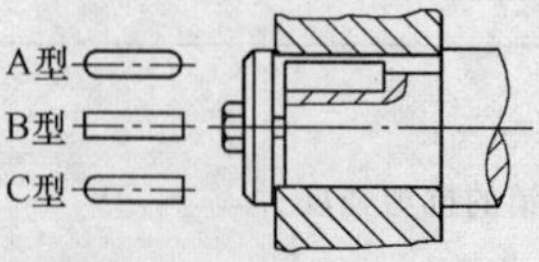 A型<br>B型<br>C型 | 靠键和键槽侧面的挤压来传递转矩。对中性好，精度较高，易拆装。无轴向固定作用。用于高速轴或受冲击、正反转的场合。薄型平键应用于薄壁结构和传递力矩较小的传动。A 型平键用端铣刀加工键槽，键在槽中固定好，但应力集中较大。B 型平键用盘铣刀加工轴上键槽，应力集中较小，C 型平键用端铣刀加工键槽，一般用于轴端 |

（续）

| 类型 | 结构图例 | 特点和应用 |
|---|---|---|
| **平键连接** 导向型平键 GB/T 1097—2003 | | 靠键和键槽侧面的挤压来传递转矩，对中性好，易拆装。键和键槽侧面为动配合，无轴向固定作用。因键较长，一般用螺钉把键固定在轴上。为便于拆卸，键上制有起键螺孔，以便拧入螺钉使键退出键槽。用于轴上零件沿轴向移动量不大的场合，如变速箱中的滑移齿轮 |
| **平键连接** 滑键 | | 靠键和键槽侧面的挤压来传递转矩，对中好，易拆装。键固定在轮毂上，轴上零件与键一起作轴向移动。用于轴上零件沿轴向移动量较大的场合 |
| **半圆键连接** 半圆键 GB/T 1099—2003 | | 靠键和键槽侧面的挤压来传递转矩，键可在轴槽中绕槽底圆弧曲率中心摆动以适应轮毂中键槽的倾斜。装拆方便。但要加长键时，必定使键槽加深而使轴强度削弱。一般用于轻载、锥形轴端的场合 |
| **楔键连接** 普通楔键 GB/T 1564—2003 钩头楔键 GB/T 1565—2003 薄型楔键 薄型钩头楔键 GB/T 16922—1997 | | 键的上表面和轮毂键槽的底面都有 1:100 的斜度，装配后键楔紧在轴和轮毂的键槽里，键的上、下两面与轴和轮毂接触是工作面，靠与轮毂孔间的摩擦力传递转矩。对轴上零件有单向轴向固定作用。但由于楔紧力的作用使轴和轮毂的配合产生偏心，导致对中精度不高，一般用于低速、定心精度要求不高的场合。钩头供装拆用，但应加保护罩 |
| **切向键连接** 切向键 GB/T 1974—2003 | | 由两个斜度为 1:100 的楔键组成。工作面是拼合后相互平行的两个窄面，被连接的轴和轮毂上都制有相应的键槽。能传递较大的转矩，一对切向键只能传递一个方向的转矩，传递双向转矩时，要用两对切向键，互成 120°～135° 角。用于载荷大、对中要求不高的场合。键槽对轴的削弱大，常用于直径大于 100mm 的轴 |
| **端面键连接** 端面键 | | 在两个圆盘的端面接缝处嵌入平键（多个键应均布），可用于凸缘间传力，使用时应加保护罩，以防键沿径向滑出 |

## 2.2　键的标准件

### 2.2.1　平键

平键和键槽的剖面尺寸与公差见表 3.2-17。

**表 3.2-17　平键和键槽的剖面尺寸与公差**（摘自 GB/T 1095—2003）　　（单位：mm）

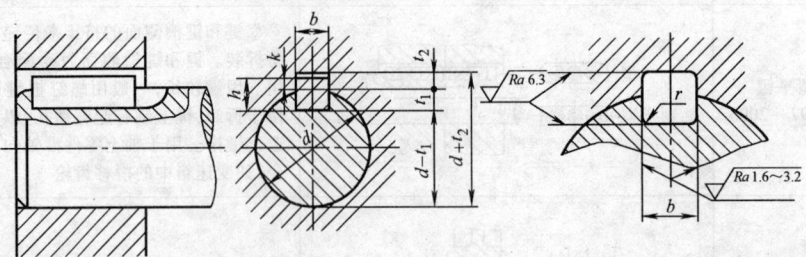

| 轴的公称直径 d | 键尺寸 b×h | 键槽 | | | | | | | | | | | |
|---|---|---|---|---|---|---|---|---|---|---|---|---|---|
| | | 宽度 b | | | | | | 深度 | | | | 半径 r | |
| | | 公称尺寸 | 极限偏差 | | | | | 轴 $t_1$ | | 毂 $t_2$ | | | |
| | | | 正常连接 | | 紧密连接 | 松连接 | | 公称尺寸 | 极限偏差 | 公称尺寸 | 极限偏差 | 最小 | 最大 |
| | | | 轴 N9 | 毂 JS9 | 轴和毂 P9 | 轴 H9 | 毂 D10 | | | | | | |
| 6~8 | 2×2 | 2 | −0.004 −0.029 | ±0.0125 | −0.006 −0.031 | +0.025 0 | +0.060 +0.020 | 1.2 | +0.1 0 | 1.0 | +0.1 0 | 0.08 | 0.16 |
| >8~10 | 3×3 | 3 | | | | | | 1.8 | | 1.4 | | | |
| >10~12 | 4×4 | 4 | 0 −0.030 | ±0.015 | −0.012 −0.042 | +0.030 0 | +0.078 +0.030 | 2.5 | | 1.8 | | 0.16 | 0.25 |
| >12~17 | 5×5 | 5 | | | | | | 3.0 | | 2.3 | | | |
| >17~22 | 6×6 | 6 | | | | | | 3.5 | | 2.8 | | | |
| >22~30 | 8×7 | 8 | 0 −0.036 | ±0.018 | −0.015 −0.051 | +0.036 0 | +0.098 +0.040 | 4.0 | +0.2 0 | 3.3 | | 0.25 | 0.40 |
| >30~38 | 10×8 | 10 | | | | | | 5.0 | | 3.3 | | | |
| >38~44 | 12×8 | 12 | 0 −0.043 | ±0.0215 | −0.018 −0.061 | +0.043 0 | +0.120 +0.050 | 5.0 | | 3.3 | | | |
| >44~50 | 14×9 | 14 | | | | | | 5.5 | | 3.8 | | | |
| >50~58 | 16×10 | 16 | | | | | | 6.0 | | 4.3 | | | |
| >58~65 | 18×11 | 18 | | | | | | 7.0 | | 4.4 | +0.2 0 | | |
| >65~75 | 20×12 | 20 | 0 −0.052 | ±0.026 | −0.022 −0.074 | +0.052 0 | +0.149 +0.065 | 7.5 | | 4.9 | | 0.40 | 0.60 |
| >75~85 | 22×14 | 22 | | | | | | 9.0 | | 5.4 | | | |
| >85~95 | 25×14 | 25 | | | | | | 9.0 | | 5.4 | | | |
| >95~110 | 28×16 | 28 | | | | | | 10.0 | | 6.4 | | | |
| >110~130 | 32×18 | 32 | 0 −0.062 | ±0.031 | −0.026 −0.088 | +0.062 0 | +0.180 +0.080 | 11.0 | | 7.4 | | | |
| >130~150 | 36×20 | 36 | | | | | | 12.0 | +0.3 0 | 8.4 | | 0.70 | 1.00 |
| >150~170 | 40×22 | 40 | | | | | | 13.0 | | 9.4 | | | |
| >170~200 | 45×25 | 45 | | | | | | 15.0 | | 10.4 | | | |
| >200~230 | 50×28 | 50 | | | | | | 17.0 | | 11.4 | | | |
| >230~260 | 56×32 | 56 | 0 −0.074 | ±0.037 | −0.032 −0.106 | +0.074 0 | +0.220 +0.100 | 20.0 | | 12.4 | +0.3 0 | 1.20 | 1.60 |
| >260~290 | 63×32 | 63 | | | | | | 20.0 | | 12.4 | | | |
| >290~330 | 70×36 | 70 | | | | | | 22.0 | | 14.4 | | | |
| >330~380 | 80×40 | 80 | | | | | | 25.0 | | 15.4 | | 2.00 | 2.50 |
| >380~440 | 90×45 | 90 | 0 −0.087 | ±0.0435 | −0.037 −0.124 | +0.087 0 | +0.260 +0.120 | 28.0 | | 17.4 | | | |
| >440~500 | 100×50 | 100 | | | | | | 31.0 | | 19.4 | | | |

注：1. 导向平键的轴槽与轮毂槽用较松键连接的公差。

2. 除轴伸外，在保证传递所需转矩条件下，允许采用较小截面的键，但 $t_1$ 和 $t_2$ 的数值必要时应重新计算，使键侧与轮毂槽接触高度各为 h/2。

3. 平键轴槽的长度公差用 H14。

4. 键槽的对称度公差：为便于装配，轴槽及轮毂槽对轴及轮毂轴心的对称度公差根据不同要求，一般可按 GB/T 1184—1996 中附表对称度公差 7~9 级选取。键槽（轴槽及轮毂槽）的对称度公差的公称尺寸是指键宽 b。

5. 表中（$d-t_1$）和（$d+t_2$）两组组合尺寸的极限偏差按相应的 $t_1$ 和 $t_2$ 的极限偏差选取，但（$d-t_1$）的极限偏差值应取负号。

1. 普通型平键（表 3.2-18）

**表 3.2-18  普通型平键的尺寸与公差**（摘自 GB/T 1096—2003）　　（单位：mm）

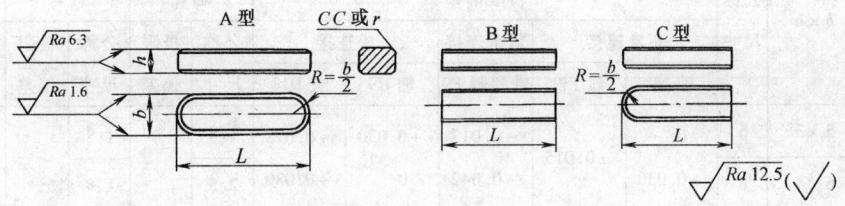

标记示例

宽度 $b = 16\text{mm}$、$h = 10\text{mm}$、$L = 100\text{mm}$ 的普通 A 型平键，标记为：GB/T 1096　键 $16 \times 10 \times 100$

宽度 $b = 16\text{mm}$、$h = 10\text{mm}$、$L = 100\text{mm}$ 的普通 B 型平键，标记为：GB/T 1096　键 $B16 \times 10 \times 100$

宽度 $b = 16\text{mm}$、$h = 10\text{mm}$、$L = 100\text{mm}$ 的普通 C 型平键，标记为：GB/T 1096　键 $C16 \times 10 \times 100$

| 宽度 $b$ | 公称尺寸 | 2 | 3 | 4 | 5 | 6 | 8 | 10 | 12 | 14 | 16 | 18 | 20 | 22 |
|---|---|---|---|---|---|---|---|---|---|---|---|---|---|---|
| | 极限偏差 (h8) | 0 −0.014 | | 0 −0.018 | | | 0 −0.022 | | 0 −0.027 | | | 0 −0.033 | | |
| 高度 $h$ 极限偏差 | 公称尺寸 | 2 | 3 | 4 | 5 | 6 | 7 | 8 | 8 | 9 | 10 | 11 | 12 | 14 |
| | 矩形 (h11) | — | | | | | | | 0 −0.090 | | | 0 −0.110 | | |
| | 方形 (h8) | 0 −0.014 | | 0 −0.018 | | | — | | | — | | | | |
| $C$ 或 $r$ | | 0.16 ~ 0.25 | | | 0.25 ~ 0.40 | | | | 0.40 ~ 0.60 | | | 0.60 ~ 0.80 | | |
| 宽度 $b$ | 公称尺寸 | 25 | 28 | 32 | 36 | 40 | 45 | 50 | 56 | 63 | 70 | 80 | 90 | 100 |
| | 极限偏差 (h8) | 0 −0.033 | | | 0 −0.039 | | | | 0 −0.046 | | | 0 −0.054 | | |
| 高度 $h$ 极限偏差 | 公称尺寸 | 14 | 16 | 18 | 20 | 22 | 25 | 28 | 32 | 32 | 36 | 40 | 45 | 50 |
| | 矩形 (h11) | 0 −0.110 | | | 0 −0.130 | | | | 0 −0.160 | | | | | |
| | 方形 (h8) | — | | | — | | | | — | | | | | |
| $C$ 或 $r$ | | 0.60 ~ 0.80 | | | 1.00 ~ 1.20 | | | | 1.60 ~ 2.00 | | | 2.50 ~ 3.00 | | |
| 长度 $L$ (极限偏差 h14) | | 10、12、14、16、18、20、22、25、28、32、36、40、45、50、56、63、70、80、90、100、110、125、140、160、180、200、250、280、320、360、400 | | | | | | | | | | | | |

注：当键长大于 500mm 时，为减小由于直线度而引起的问题，键长应小于 10 倍的键宽。

2. 薄型平键（表 3.2-19）

**表 3.2-19  薄型平键键槽的尺寸与公差**（摘自 GB/T 1566—2003）　　（单位：mm）

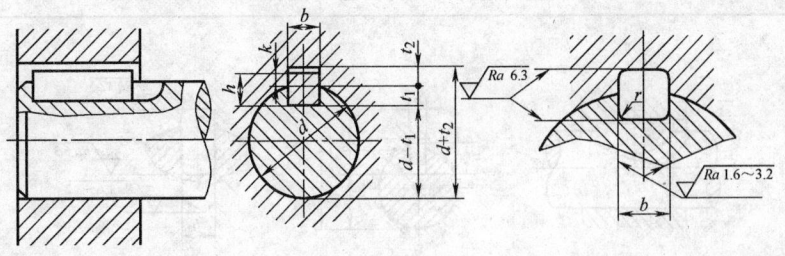

（续）

| 轴的公称<br>直径 $d$ | 键尺寸<br>$b \times h$ | 公称<br>尺寸 | 宽度 $b$ 极限偏差 正常连接 轴 N9 | 正常连接 毂 JS9 | 紧密连接 轴和毂 P9 | 松连接 轴 H9 | 松连接 毂 D10 | 深度 轴 $t_1$ 公称尺寸 | 轴 $t_1$ 极限偏差 | 毂 $t_2$ 公称尺寸 | 毂 $t_2$ 极限偏差 | 半径 $r$ 最小 | 半径 $r$ 最大 |
|---|---|---|---|---|---|---|---|---|---|---|---|---|---|
| 12 ~ 17 | 5 × 3 | 5 | 0 | ± 0.015 | − 0.012 | + 0.030 | + 0.078 | 1.8 | | 1.4 | | | |
| > 17 ~ 22 | 6 × 4 | 6 | − 0.030 | | − 0.042 | 0 | + 0.030 | 2.5 | | 1.8 | | 0.16 | 0.25 |
| > 22 ~ 30 | 8 × 5 | 8 | 0 | ± 0.018 | − 0.015 | + 0.036 | + 0.098 | 3.0 | + 0.1 | 2.3 | + 0.1 | | |
| > 30 ~ 38 | 10 × 6 | 10 | − 0.036 | | − 0.051 | 0 | + 0.040 | 3.5 | 0 | 2.8 | 0 | | |
| > 38 ~ 44 | 12 × 6 | 12 | | | | | | 3.5 | | 2.8 | | | |
| > 44 ~ 50 | 14 × 6 | 14 | 0 | ± 0.0215 | − 0.018 | + 0.043 | + 0.120 | 3.5 | | 2.8 | | 0.25 | 0.40 |
| > 50 ~ 58 | 16 × 7 | 16 | − 0.043 | | − 0.061 | 0 | + 0.050 | 4.0 | | 3.3 | | | |
| > 58 ~ 65 | 18 × 7 | 18 | | | | | | 4.0 | | 3.3 | | | |
| > 65 ~ 75 | 20 × 8 | 20 | | | | | | 5.0 | | 3.3 | | | |
| > 75 ~ 85 | 22 × 9 | 22 | 0 | ± 0.026 | − 0.022 | + 0.052 | + 0.149 | 5.5 | + 0.2 | 3.8 | + 0.2 | | |
| > 85 ~ 95 | 25 × 9 | 25 | − 0.052 | | − 0.074 | 0 | + 0.065 | 5.5 | 0 | 3.8 | 0 | 0.40 | 0.60 |
| > 95 ~ 110 | 28 × 10 | 28 | | | | | | 6.0 | | 4.3 | | | |
| > 110 ~ 130 | 32 × 11 | 32 | 0 | ± 0.031 | − 0.026 | + 0.062 | + 0.180 | 7.0 | | 4.4 | | | |
| > 130 ~ 150 | 36 × 12 | 36 | − 0.062 | | − 0.088 | 0 | + 0.080 | 7.5 | | 4.9 | | 0.70 | 1.00 |

注：1. 导向平键的轴槽与轮毂槽用较松键连接的公差。

2. 除轴伸外，在保证传递所需转矩条件下，允许采用较小截面的键，但 $t_1$ 和 $t_2$ 的数值必要时应重新计算，使键侧与轮毂槽接触高度各为 $h/2$。

3. 平键轴槽的长度公差用 H14。

4. 键槽的对称度公差：为便于装配，轴键槽及轮毂槽对轴及轮毂轴心的对称度公差根据不同要求，一般可按 GB/T 1184—1996 中附表对称度公差 7~9 级选取。键槽（轴槽及轮毂槽）的对称度公差的公称尺寸是指键宽 $b$。

5. 表中 $(d-t_1)$ 和 $(d+t_2)$ 两组组合尺寸的极限偏差按相应的 $t_1$ 和 $t_2$ 的极限偏差选取，但 $(d-t_1)$ 的极限偏差值应取负号。

3. 半圆键（表 3.2-20）

**表 3.2-20　半圆键键槽的尺寸与公差**（摘自 GB/T 1098—2003）　　　（单位：mm）

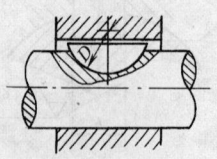
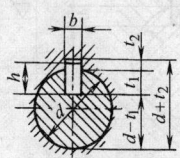
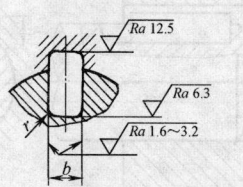

（续）

（mm）

| 键尺寸 $b \times h \times D$ | 宽度 $b$ | | | | | | 深度 | | | | 半径 $r$ | |
|---|---|---|---|---|---|---|---|---|---|---|---|---|
| | 公称尺寸 | 极限偏差 | | | | | 轴 $t_1$ | | 毂 $t_2$ | | | |
| | | 正常连接 | | 紧密连接 | 松连接 | | 公称尺寸 | 极限偏差 | 公称尺寸 | 极限偏差 | 最小 | 最大 |
| | | 轴 N9 | 毂 JS9 | 轴和毂 P9 | 轴 H9 | 毂 D10 | | | | | | |
| $1 \times 1.4 \times 4$<br>$1 \times 1.1 \times 4$ | 1 | | | | | | 1.0 | | 0.6 | | | |
| $1.5 \times 2.6 \times 7$<br>$1.5 \times 2.1 \times 7$ | 1.5 | | | | | | 2.0 | | 0.8 | | | |
| $2 \times 2.6 \times 7$<br>$2 \times 2.1 \times 7$ | 2 | | | | | | 1.8 | $+0.1$<br>$0$ | 1.0 | | | |
| $2 \times 3.7 \times 10$<br>$2 \times 3 \times 10$ | 2 | $-0.004$<br>$-0.029$ | $\pm 0.0125$ | $-0.006$<br>$-0.031$ | $+0.025$<br>$0$ | $+0.060$<br>$+0.020$ | 2.9 | | 1.0 | | 0.08 | 0.16 |
| $2.5 \times 3.7 \times 10$<br>$2.5 \times 3 \times 10$ | 2.5 | | | | | | 2.7 | | 1.2 | | | |
| $3 \times 5 \times 13$<br>$3 \times 4 \times 13$ | 3 | | | | | | 3.8 | | 1.4 | | | |
| $3 \times 6.5 \times 16$<br>$3 \times 5.2 \times 16$ | 3 | | | | | | 5.3 | | 1.4 | $+0.1$<br>$0$ | | |
| $4 \times 6.5 \times 16$<br>$4 \times 5.2 \times 16$ | 4 | | | | | | 5.0 | $+0.2$<br>$0$ | 1.8 | | | |
| $4 \times 7.5 \times 19$<br>$4 \times 6 \times 19$ | 4 | | | | | | 6.0 | | 1.8 | | | |
| $5 \times 6.5 \times 16$<br>$5 \times 5.2 \times 19$ | 5 | | | | | | 4.5 | | 2.3 | | | |
| $5 \times 7.5 \times 19$<br>$5 \times 6 \times 19$ | 5 | $0$<br>$-0.030$ | $\pm 0.015$ | $-0.012$<br>$-0.042$ | $+0.030$<br>$0$ | $+0.078$<br>$+0.030$ | 5.5 | | 2.3 | | 0.16 | 0.25 |
| $5 \times 9 \times 22$<br>$5 \times 7.2 \times 22$ | 5 | | | | | | 7.0 | | 2.3 | | | |
| $6 \times 9 \times 22$<br>$6 \times 7.2 \times 22$ | 6 | | | | | | 6.5 | | 2.8 | | | |
| $6 \times 10 \times 25$<br>$6 \times 8 \times 25$ | 6 | | | | | | 7.5 | $+0.30$<br>$0$ | 2.8 | | | |
| $8 \times 11 \times 28$<br>$8 \times 8.8 \times 28$ | 8 | $0$<br>$-0.036$ | $\pm 0.018$ | $-0.015$<br>$-0.051$ | $+0.036$<br>$0$ | $+0.098$<br>$+0.040$ | 8.0 | | 3.3 | $+0.2$<br>$0$ | 0.25 | 0.40 |
| $10 \times 13 \times 32$<br>$10 \times 10.4 \times 32$ | 10 | | | | | | 10 | | 3.3 | | | |

注：1. 键槽的对称度公差：为便于装配，轴槽及轮毂槽对轴及轮毂轴心的对称度公差根据不同要求，一般可按 GB/T 1184—1996 中附表对称度公差 7～9 级选取。键槽（轴槽及轮毂槽）的对称度公差的公称尺寸是指键宽 $b$。

2. 表中 $(d - t_1)$ 和 $(d + t_2)$ 两组组合尺寸的极限偏差按相应的 $t_1$ 和 $t_2$ 的极限偏差选取，但 $(d - t_1)$ 的极限偏差值应取负号。

4. 导向平键（表 3.2-21）

**表 3.2-21　导向平键的尺寸与公差**（摘自 GB/T 1097—2003）　　　　（单位：mm）

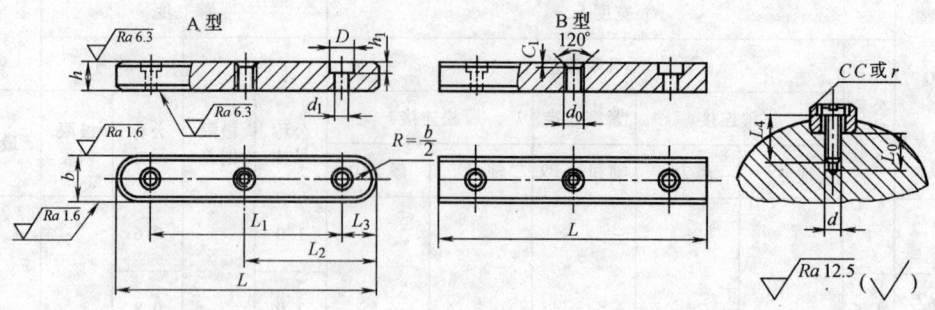

标记示例：

宽度 $b = 16$mm、高度 $h = 10$mm、长度 $L = 100$mm 的导向 A 型平键，标记为 GB/T 1097　键 $16 \times 100$

宽度 $b = 16$mm、高度 $h = 10$mm、长度 $L = 100$mm 的导向 B 型平键，标记为 GB/T 1097　键 B$16 \times 100$

| | | | | | | | | | | | | | | |
|---|---|---|---|---|---|---|---|---|---|---|---|---|---|---|
| $b$ | 公称尺寸 | 8 | 10 | 12 | 14 | 16 | 18 | 20 | 22 | 25 | 28 | 32 | 36 | 40 | 45 |
| | 极限偏差（h8） | 0<br>-0.022 | | | 0<br>-0.027 | | | 0<br>-0.033 | | | | 0<br>-0.039 | | | |
| $h$ | 公称尺寸 | 7 | 8 | 8 | 9 | 10 | 11 | 12 | 14 | 14 | 16 | 18 | 20 | 22 | 25 |
| | 极限偏差（h11） | 0<br>-0.090 | | | | | | 0<br>-0.110 | | | | 0<br>-0.130 | | | |
| $C$ 或 $r$ | | 0.25 ~ 0.40 | | 0.40 ~ 0.60 | | | | | | 0.60 ~ 0.80 | | 1.00 ~ 1.20 | | | |
| $h_1$ | | 2.4 | | 3.0 | | 3.5 | | 4.5 | | | 6 | | 7 | 8 | |
| $d_0$ | | M3 | | M4 | | M5 | | M6 | | | M8 | | M10 | M12 | |
| $d_1$ | | 3.4 | | 4.5 | | 5.5 | | 6.6 | | | 9 | | 11 | 14 | |
| $D$ | | 6 | | 8.5 | | 10 | | 12 | | | 15 | | 18 | 22 | |
| $C_1$ | | 0.3 | | | | | | 0.5 | | | | | 1.0 | | |
| $L_0$ | | 7 | | 8 | | 10 | | 12 | | | 15 | | 18 | 22 | |
| 螺钉（$d \times L_4$） | | M3 × 8 | M3 × 10 | M4 × 10 | | M5 × 10 | | M6 × 12 | | M6 × 16 | M8 × 16 | | M10 × 20 | M12 × 25 | |

$L$ 与 $L_1$、$L_2$、$L_3$ 的对应长度系列

| $L$ | 25 | 28 | 32 | 36 | 40 | 45 | 50 | 56 | 63 | 70 | 80 | 90 | 100 | 110 | 125 | 140 | 160 | 180 | 200 | 220 | 250 | 280 | 320 | 360 | 400 | 450 |
|---|---|---|---|---|---|---|---|---|---|---|---|---|---|---|---|---|---|---|---|---|---|---|---|---|---|---|
| $L_1$ | 13 | 14 | 16 | 18 | 20 | 23 | 26 | 30 | 35 | 40 | 48 | 54 | 60 | 66 | 75 | 80 | 90 | 100 | 110 | 120 | 140 | 160 | 180 | 200 | 220 | 250 |
| $L_2$ | 12.5 | 14 | 16 | 18 | 20 | 22.5 | 25 | 28 | 31.5 | 35 | 40 | 45 | 50 | 55 | 62.5 | 70 | 80 | 90 | 100 | 110 | 125 | 140 | 160 | 180 | 200 | 225 |
| $L_3$ | 6 | 7 | 8 | 9 | 10 | 11 | 12 | 13 | 14 | 15 | 16 | 18 | 20 | 22 | 25 | 30 | 35 | 40 | 45 | 50 | 55 | 60 | 70 | 80 | 90 | 100 |

注：1. 当键长大于 450mm 时，为减小由于直线度而引起的问题，键长应小于 10 倍的键宽。

　　2. 固定用螺钉应符合 GB/T 822—2000 或 GB/T 65—2000 的规定。

### 2.2.2　楔键

楔键和键槽的剖面尺寸与公差见表 3.2-22。

**表 3.2-22　楔键和键槽的剖面尺寸与公差**（摘自 GB/T 1563—2003）　　　（单位：mm）

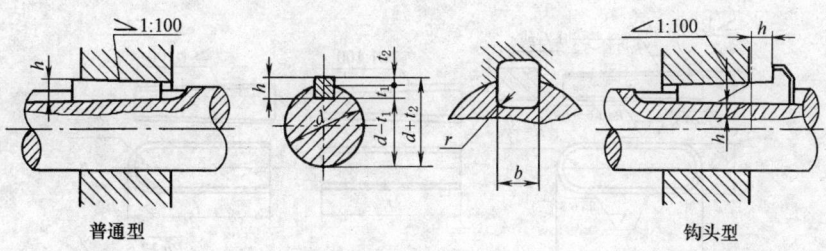

普通型　　　　　　　　　　　　　　　　　　　　钩头型

| 轴径 $d$ | 键尺寸 $b \times h$ | 键槽 | | | | | | | | | | |
|---|---|---|---|---|---|---|---|---|---|---|---|---|
| | | 宽度 $b$ | | | | | | 深度 | | | | 半径 $r$ |
| | | 公称尺寸 | 极限偏差 | | | | | 轴 $t_1$ | | 毂 $t_2$ | | |
| | | | 正常连接 | | 紧密连接 | 松连接 | | 公称尺寸 | 极限偏差 | 公称尺寸 | 极限偏差 | |
| | | | 轴 N9 | 毂 JS9 | 轴和毂 P9 | 轴 H9 | 毂 D10 | | | | | 最小 | 最大 |
| 6 ~ 8 | 2 × 2 | 2 | −0.004 −0.029 | ±0.0125 | −0.006 −0.031 | +0.025 0 | +0.060 +0.020 | 1.2 | +0.1 0 | 1.0 | +0.1 0 | 0.08 | 0.16 |
| >8 ~ 10 | 3 × 3 | 3 | | | | | | 1.8 | | 1.4 | | | |
| >10 ~ 12 | 4 × 4 | 4 | 0 −0.030 | ±0.015 | −0.012 −0.042 | +0.030 0 | +0.078 +0.030 | 2.5 | | 1.8 | | 0.16 | 0.25 |
| >12 ~ 17 | 5 × 5 | 5 | | | | | | 3.0 | | 2.3 | | | |
| >17 ~ 22 | 6 × 6 | 6 | | | | | | 3.5 | | 2.8 | | | |
| >22 ~ 30 | 8 × 7 | 8 | 0 −0.036 | ±0.018 | −0.015 −0.051 | +0.036 0 | +0.098 +0.040 | 4.0 | +0.2 0 | 3.3 | +0.2 0 | | |
| >30 ~ 38 | 10 × 8 | 10 | | | | | | 5.0 | | 3.3 | | | |
| >38 ~ 44 | 12 × 8 | 12 | 0 −0.043 | ±0.0215 | −0.018 −0.061 | +0.043 0 | +0.120 +0.050 | 5.0 | | 3.3 | | 0.25 | 0.40 |
| >44 ~ 50 | 14 × 9 | 14 | | | | | | 5.5 | | 3.8 | | | |
| >50 ~ 58 | 16 × 10 | 16 | | | | | | 6.0 | | 4.3 | | | |
| >58 ~ 65 | 18 × 11 | 18 | | | | | | 7.0 | | 4.4 | | | |
| >65 ~ 75 | 20 × 12 | 20 | 0 −0.052 | ±0.026 | −0.022 −0.074 | +0.052 0 | +0.149 +0.065 | 7.5 | | 4.9 | | | |
| >75 ~ 85 | 22 × 14 | 22 | | | | | | 9.0 | | 5.4 | | 0.40 | 0.60 |
| >85 ~ 95 | 25 × 14 | 25 | | | | | | 9.0 | | 5.4 | | | |
| >95 ~ 110 | 28 × 16 | 28 | | | | | | 10.0 | | 6.4 | | | |
| >110 ~ 130 | 32 × 18 | 32 | 0 −0.062 | ±0.031 | −0.026 −0.088 | +0.062 0 | +0.180 +0.080 | 11.0 | | 7.4 | | | |
| >130 ~ 150 | 36 × 20 | 36 | | | | | | 12.0 | | 8.4 | | | |
| >150 ~ 170 | 40 × 22 | 40 | | | | | | 13.0 | | 9.4 | | 0.70 | 1.00 |
| >170 ~ 200 | 45 × 25 | 45 | | | | | | 15.0 | | 10.4 | | | |
| >200 ~ 230 | 50 × 28 | 50 | | | | | | 17.0 | | 11.4 | | | |
| >230 ~ 260 | 56 × 32 | 56 | 0 −0.074 | ±0.037 | −0.032 −0.106 | +0.074 0 | +0.220 +0.100 | 20.0 | +0.3 0 | 12.4 | +0.3 0 | 1.20 | 1.60 |
| >260 ~ 290 | 63 × 32 | 63 | | | | | | 20.0 | | 12.4 | | | |
| >290 ~ 330 | 70 × 36 | 70 | | | | | | 22.0 | | 14.4 | | | |
| >330 ~ 380 | 80 × 40 | 80 | | | | | | 25.0 | | 15.4 | | | |
| >380 ~ 440 | 90 × 45 | 90 | 0 −0.087 | ±0.0435 | −0.037 −0.124 | +0.087 0 | +0.260 +0.120 | 28.0 | | 17.4 | | 2.00 | 2.50 |
| >440 ~ 500 | 100 × 50 | 100 | | | | | | 31.0 | | 19.4 | | | |

注：1. $(d + t_2)$ 及 $t_2$ 表示大端轮毂槽深度。

2. 安装时，键的斜面与轮毂的斜面必须紧密贴合。

3. 轴槽、轮毂槽的键槽宽度 $b$ 两侧面粗糙度参数 $Ra$ 值推荐为 $1.6 ~ 3.2 \mu m$。

4. 轴槽底面、轮毂槽底面的表面粗糙度参数 $Ra$ 值为 $6.3 \mu m$。

5. 表中 $(d - t_1)$ 和 $(d + t_2)$ 两组组合尺寸的极限偏差按相应的 $t_1$ 和 $t_2$ 的极限偏差选取，但 $(d - t_1)$ 的极限偏差值应取负号。

1. 普通型楔键（表 3.2-23）

**表 3.2-23　普通型楔键的尺寸与公差**（摘自 GB/T 1564—2003）　　（单位：mm）

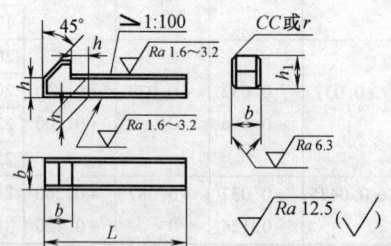

标记示例

宽度 $b=16$mm、高度 $h=10$mm、长度 $L=100$mm 的普通 A 型楔键，标记为 GB/T 1564　键 16×100

宽度 $b=16$mm、高度 $h=10$mm、长度 $L=100$mm 的普通 B 型楔键，标记为 GB/T 1564　键 B16×100

宽度 $b=16$mm、高度 $h=10$mm、长度 $L=100$mm 的普通 C 型楔键，标记为 GB/T 1564　键 C16×100

| 宽度 $b$ | 公称尺寸 | 2 | 3 | 4 | 5 | 6 | 8 | 10 | 12 | 14 | 16 | 18 | 20 | 22 |
|---|---|---|---|---|---|---|---|---|---|---|---|---|---|---|
| | 极限偏差 (h8) | 0 −0.014 | | | 0 −0.018 | | | 0 −0.022 | | | 0 −0.027 | | 0 −0.033 | |
| 高度 $h$ | 公称尺寸 | 2 | 3 | 4 | 5 | 6 | 7 | 8 | 8 | 9 | 10 | 11 | 12 | 14 |
| | 极限偏差 (h11) | 0 −0.060 | | | 0 −0.075 | | | 0 −0.090 | | | 0 −0.110 | | |
| | $C$ 或 $r$ | 0.16～0.25 | | | 0.25～0.40 | | | 0.40～0.60 | | | | | 0.60～0.80 | |
| 宽度 $b$ | 公称尺寸 | 25 | 28 | 32 | 36 | 40 | 45 | 50 | 56 | 63 | 70 | 80 | 90 | 100 |
| | 极限偏差 (h8) | 0 −0.033 | | | 0 −0.039 | | | | 0 −0.046 | | | 0 −0.054 | | |
| 高度 $h$ | 公称尺寸 | 14 | 16 | 18 | 20 | 22 | 25 | 28 | 32 | 32 | 36 | 40 | 45 | 50 |
| | 极限偏差 (h11) | 0 −0.110 | | | 0 −0.130 | | | | 0 −0.160 | | | | | |
| | $C$ 或 $r$ | 0.60～0.80 | | | 1.00～1.20 | | | | 1.60～2.00 | | | | 2.50～3.00 | |
| 长度 $L$ (极限偏差 h14) | | 6、8、10、12、14、16、18、20、22、25、28、32、36、40、45、50、56、63、70、80、90、100、125、140、160、180、200、220、250、280、320、360、400、450、500 | | | | | | | | | | | | |

注：当键长大于 500mm 时，为减小由于直线度而引起的问题，键长应小于 10 倍的键宽。

2. 钩头型楔键（表 3.2-24）

**表 3.2-24　钩头型楔键的尺寸与公差**（摘自 GB/T 1565—2003）　　（单位：mm）

标记示例

宽度 $b=16$mm、高度 $h=10$mm、长度 $L=100$mm 的钩头型楔键，标记为 GB/T 1565　键 16×100

| 宽度 $b$ | 公称尺寸 | 4 | 5 | 6 | 8 | 10 | 12 | 14 | 16 | 18 | 20 | 22 | 25 |
|---|---|---|---|---|---|---|---|---|---|---|---|---|---|
| | 极限偏差 (h8) | | 0 −0.018 | | 0 −0.022 | | | 0 −0.027 | | | 0 −0.033 | | |

（续）

| 高度 h | 公称尺寸 | 4 | 5 | 6 | 7 | 8 | 8 | 9 | 10 | 11 | 12 | 14 | 14 |
|---|---|---|---|---|---|---|---|---|---|---|---|---|---|
| | 极限偏差（h11） | 0 -0.075 | | | | 0 -0.090 | | | | 0 -0.110 | | | |
| | $h_1$ | 7 | 8 | 10 | 11 | 12 | 12 | 14 | 16 | 18 | 20 | 22 | 22 |
| | C 或 r | 0.16~0.25 | | 0.25~0.40 | | | 0.40~0.60 | | | | 0.60~0.80 | | |
| 宽度 b | 公称尺寸 | 28 | 32 | 36 | 40 | 45 | 50 | 56 | 63 | 70 | 80 | 90 | 100 |
| | 极限偏差（h8） | 0 -0.033 | | | 0 -0.039 | | | | 0 -0.046 | | | 0 -0.054 | |
| 高度 h | 公称尺寸 | 16 | 18 | 20 | 22 | 25 | 28 | 32 | 32 | 36 | 40 | 45 | 50 |
| | 极限偏差（h11） | 0 -0.110 | | | | 0 -0.130 | | | | 0 -0.160 | | | |
| | $h_1$ | 25 | 28 | 32 | 36 | 40 | 45 | 50 | 50 | 56 | 63 | 70 | 80 |
| | C 或 r | 0.60~0.80 | | | 1.00~1.20 | | | 1.60~2.00 | | | 2.50~3.00 | | |
| 长度 L 极限偏差（h14） | | 14、16、18、20、22、25、28、32、36、40、45、50、56、63、70、80、90、100、125、140、160、180、200、220、250、280、320、360、400、450、500 | | | | | | | | | | | | |

### 2.2.3　切向键及键槽（表3.2-25 和表3.2-26）

**表 3.2-25　普通型切向键及键槽的尺寸与公差（摘自 GB/T 1974—2003）（单位：mm）**

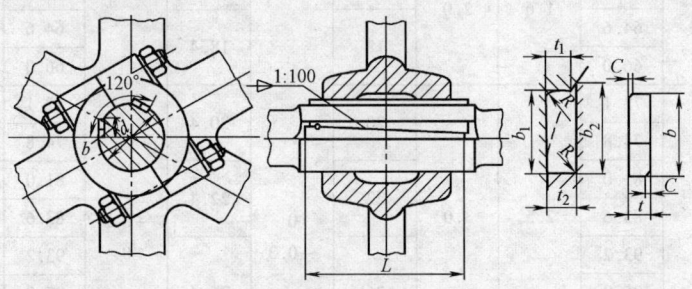

标记示例

计算宽度 b = 24mm、厚度 t = 8mm、长度 L = 100mm 的普通型切向键,标记为 GB/T 1974　切向键 24×8×100

计算宽度 b = 60mm、厚度 t = 20mm、长度 L = 250mm 的强力型切向键,标记为 GB/T 1974　强力切向键 60×20×250

| 轴径 d | 键 厚度 t 公称尺寸 | 键 厚度 t 极限偏差（h11） | 键 计算宽度 b | 键 倒角 C 最小 | 键 倒角 C 最大 | 键槽 深度 轮毂 $t_1$ 公称尺寸 | 键槽 深度 轮毂 $t_1$ 极限偏差 | 键槽 深度 轴 $t_2$ 公称尺寸 | 键槽 深度 轴 $t_2$ 极限偏差 | 键槽 计算宽度 轮毂 $b_1$ | 键槽 计算宽度 轴 $b_2$ | 键槽 半径 R 最小 | 键槽 半径 R 最大 |
|---|---|---|---|---|---|---|---|---|---|---|---|---|---|
| 60 | | | 19.3 | | | | | | | 19.3 | 19.6 | | |
| 63 | | | 19.8 | | | | | | | 19.8 | 20.2 | | |
| 65 | 7 | | 20.1 | | | 7 | | 7.3 | | 20.1 | 20.5 | | |
| 70 | | | 21.0 | | | | | | | 21.0 | 21.4 | | |
| 71 | | | 22.5 | | | | | | | 22.5 | 22.8 | | |
| 75 | | 0 -0.090 | 23.2 | 0.6 | 0.8 | | 0 -0.2 | | +0.2 0 | 23.2 | 23.5 | | |
| 80 | 8 | | 24.0 | | | 8 | | 8.3 | | 24.0 | 24.4 | 0.4 | 0.6 |
| 85 | | | 24.8 | | | | | | | 24.8 | 25.2 | | |
| 90 | | | 25.6 | | | | | | | 25.6 | 26.0 | | |
| 95 | | | 27.8 | | | | | | | 27.8 | 28.2 | | |
| 100 | 9 | | 28.6 | | | 9 | | 9.3 | | 28.6 | 29.0 | | |
| 110 | | | 30.1 | | | | | | | 30.1 | 30.6 | | |

（续）

| 轴径 d | 键 | | | | | 键槽 | | | | | | | |
|---|---|---|---|---|---|---|---|---|---|---|---|---|---|
| | 厚度 t | | 计算宽度 b | 倒角 C | | 深度 | | | | 计算宽度 | | 半径 R | |
| | 公称尺寸 | 极限偏差(h11) | | 最小 | 最大 | 轮毂 t1 | | 轴 t2 | | 轮毂 b1 | 轴 b2 | 最小 | 最大 |
| | | | | | | 公称尺寸 | 极限偏差 | 公称尺寸 | 极限偏差 | | | | |
| 120 | 10 | 0 −0.090 | 33.2 | 1.0 | 1.2 | 10 | 0 −0.2 | 10.3 | +0.2 0 | 33.2 | 33.6 | 0.7 | 1.0 |
| 125 | | | 33.9 | | | | | | | 33.9 | 34.4 | | |
| 130 | | | 34.6 | | | | | | | 34.6 | 35.1 | | |
| 140 | 11 | | 37.7 | | | 11 | | 11.4 | | 37.7 | 38.3 | | |
| 150 | | | 39.1 | | | | | | | 39.1 | 39.7 | | |
| 160 | 12 | | 42.1 | | | 12 | | 12.4 | | 42.1 | 42.8 | | |
| 170 | | | 43.5 | | | | | | | 43.5 | 44.2 | | |
| 180 | | | 44.9 | | | | | | | 44.9 | 45.6 | | |
| 190 | 14 | 0 −0.110 | 49.6 | | | 14 | | 14.4 | | 49.6 | 50.3 | | |
| 200 | | | 51.0 | | | | | | | 51.0 | 51.7 | | |
| 220 | 16 | | 57.1 | 1.6 | 2.0 | 16 | | 16.4 | | 57.1 | 57.8 | 1.2 | 1.6 |
| 240 | | | 59.9 | | | | | | | 59.9 | 60.6 | | |
| 250 | 18 | | 64.6 | | | 18 | | 18.4 | | 64.6 | 65.3 | | |
| 260 | | | 66.0 | | | | | | | 66.0 | 66.7 | | |
| 280 | 20 | | 72.1 | | | 20 | | 20.4 | | 72.1 | 72.8 | | |
| 300 | | | 74.8 | | | | | | | 74.8 | 75.5 | | |
| 320 | 22 | | 81.0 | 2.5 | 3.0 | 22 | 0 −0.3 | 22.4 | +0.3 0 | 81.0 | 81.6 | 2.0 | 2.5 |
| 340 | | | 83.6 | | | | | | | 83.6 | 84.3 | | |
| 360 | 26 | 0 −0.130 | 93.2 | | | 26 | | 26.4 | | 93.2 | 93.8 | | |
| 380 | | | 95.9 | | | | | | | 95.9 | 96.6 | | |
| 400 | | | 98.6 | | | | | | | 98.6 | 99.3 | | |
| 420 | 30 | | 108.2 | | | 30 | | 30.4 | | 108.2 | 108.8 | | |
| 440 | | | 110.9 | | | | | | | 110.9 | 111.6 | | |
| 450 | | | 112.3 | | | | | | | 112.3 | 112.9 | | |
| 460 | | | 113.6 | | | | | | | 113.6 | 114.3 | | |
| 480 | 34 | | 123.1 | 3.0 | 4.0 | 34 | | 34.4 | | 123.1 | 123.8 | 2.5 | 3.0 |
| 500 | | | 125.9 | | | | | | | 125.9 | 126.6 | | |
| 530 | 38 | 0 −0.160 | 136.7 | | | 38 | | 38.4 | | 136.7 | 137.4 | | |
| 560 | | | 140.8 | | | | | | | 140.8 | 141.5 | | |
| 600 | 42 | | 153.1 | | | 42 | | 42.4 | | 153.1 | 153.8 | | |
| 630 | | | 157.1 | | | | | | | 157.1 | 157.8 | | |

注：1. 当轴径 d 位于两相邻轴径值之间时，采用大轴径的 t 和 t1、t2。b 和 b1、b2 按下式计算：$b = b_1 = \sqrt{t(d-t)}$；$b_2 = \sqrt{t_2(d-t_2)}$。

2. 当轴径 d 超过 630mm 时，推荐：$t = t_1 = 0.07d$；$b = b_1 = 0.25d$。

3. 一对切向键在装配之后的相互位置应用销或其他适当的方法固定。

4. 长度 L 按实际结构确定，建议一般比轮毂厚度长 10% ~ 15%。

5. 一对切向键在装配时，1:100 的两斜面之间，以及键的两工作面与轴槽和轮毂槽的工作面之间都必须紧密结合。

6. 当出现交变冲击负荷时，轴径从 100mm 起，推荐选用强力切向键。

7. 两副切向键如果 120°安装有困难时，也可以 180°安装。

**表 3.2-26　强力切向键及键槽的尺寸**　　　　　　　　　（单位：mm）

| 轴径 d | 键 | | | | | 键槽 | | | | | | | |
|---|---|---|---|---|---|---|---|---|---|---|---|---|---|
| | 厚度 t | | 计算宽度 b | 倒角 C | | 深度 | | | | 计算宽度 | | 半径 R | |
| | | | | | | 轮毂 t₁ | | 轴 t₂ | | | | | |
| | 公称尺寸 | 极限偏差(h11) | | 最小 | 最大 | 公称尺寸 | 极限偏差 | 公称尺寸 | 极限偏差 | 轮毂 b₁ | 轴 b₂ | 最小 | 最大 |
| 100 | 10 | 0 −0.090 | 30 | | | 10 | 0 −0.2 | 10.3 | +0.2 0 | 30 | 30.4 | | |
| 110 | 11 | | 33 | | | 11 | | 11.4 | | 33 | 33.5 | | |
| 120 | 12 | | 36 | | | 12 | | 12.4 | | 36 | 36.5 | | |
| 125 | 12.5 | | 37.5 | 1.0 | 1.2 | 12.5 | | 12.9 | | 37.5 | 38.0 | 0.7 | 1.0 |
| 130 | 13 | 0 −0.110 | 39 | | | 13 | | 13.4 | | 39 | 39.5 | | |
| 140 | 14 | | 42 | | | 14 | | 14.4 | | 42 | 42.5 | | |
| 150 | 15 | | 45 | | | 15 | | 15.4 | | 45 | 45.5 | | |
| 160 | 16 | | 48 | | | 16 | | 16.4 | | 48 | 48.5 | | |
| 170 | 17 | | 51 | | | 17 | | 17.4 | | 51 | 51.5 | | |
| 180 | 18 | | 54 | | | 18 | | 18.4 | | 54 | 54.5 | | |
| 190 | 19 | | 57 | 1.6 | 2.0 | 19 | | 19.4 | | 57 | 57.5 | 1.2 | 1.6 |
| 200 | 20 | | 60 | | | 20 | | 20.4 | | 60 | 60.5 | | |
| 220 | 22 | | 66 | | | 22 | | 22.4 | | 66 | 66.5 | | |
| 240 | 24 | 0 −0.130 | 72 | | | 24 | | 24.4 | | 72 | 72.5 | | |
| 250 | 25 | | 75 | | | 25 | | 25.4 | | 75 | 75.5 | | |
| 260 | 26 | | 78 | 2.5 | 3.0 | 26 | | 26.4 | | 78 | 78.5 | 2.0 | 2.5 |
| 280 | 28 | | 84 | | | 28 | | 28.4 | | 84 | 84.5 | | |
| 300 | 30 | | 90 | | | 30 | 0 −0.3 | 30.4 | +0.3 0 | 90 | 90.5 | | |
| 320 | 32 | | 96 | | | 32 | | 32.4 | | 96 | 96.5 | | |
| 340 | 34 | | 102 | | | 34 | | 34.4 | | 102 | 102.5 | | |
| 360 | 36 | | 108 | | | 36 | | 36.4 | | 108 | 108.5 | | |
| 380 | 38 | | 114 | | | 38 | | 38.4 | | 114 | 114.5 | | |
| 400 | 40 | | 120 | | | 40 | | 40.4 | | 120 | 120.5 | | |
| 420 | 42 | 0 −0.160 | 126 | | | 42 | | 42.4 | | 126 | 126.5 | | |
| 440 | 44 | | 132 | | | 44 | | 44.4 | | 132 | 132.5 | | |
| 450 | 45 | | 135 | 3.0 | 4.0 | 45 | | 45.4 | | 135 | 135.5 | 2.5 | 3.0 |
| 460 | 46 | | 138 | | | 46 | | 46.4 | | 138 | 138.5 | | |
| 480 | 48 | | 144 | | | 48 | | 48.4 | | 144 | 144.5 | | |
| 500 | 50 | | 150 | | | 50 | | 50.5 | | 150 | 150.7 | | |
| 530 | 53 | | 159 | | | 53 | | 53.5 | | 159 | 159.7 | | |
| 560 | 56 | | 168 | | | 56 | | 56.5 | | 168 | 168.7 | | |
| 600 | 60 | 0 −0.190 | 180 | | | 60 | | 60.5 | | 180 | 180.7 | | |
| 630 | 63 | | 189 | | | 63 | | 63.5 | | 189 | 189.7 | | |

注：1. 当轴径 d 位于两相邻轴径值之间时，键与键槽的尺寸按下列各式计算：$t = t_1 = 0.1d$；$b = b_1 = 0.3d$；$t_2 = t + 0.33mm$（$t \leqslant 10mm$）；$t_2 = t + 0.4mm$（$10mm < t \leqslant 45mm$）；$t_2 = t + 0.5mm$（$t > 45mm$）；$b_2 = \sqrt{t_2(d - t_2)}$。

　　2. 当轴径 d 超过 630mm 时，推荐：$t = t_1 = 0.1d$；$b = b_1 = 0.3d$。

## 2.3　键的选用及强度计算

　　键的类型可根据工作条件、使用要求及连接的结构特点按表 3.2-16 选用。

　　键的剖面尺寸通常根据轴的直径已制定了标准。键的长度按轮毂长度从标准中选取，并按传递的转矩对长度进行验算。对于薄壁空心轴、阶梯轴、传递转矩较小以及用于定位等特殊情况的，允许选用剖面尺寸较标准规定为小的键；有时，由于工艺需要也可选用较标准规定为大的键。

　　键连接的强度计算公式见表 3.2-27。如果单键强度不够而采用双键，则应考虑键的合理布置。两个平键最好相隔 180°；两个半圆键则应沿轴心线布置在一条直线上；两个楔键夹角一般为 90°~120°；两

个切向键间夹角一般为 120° ~ 135°。双键连接的强度按 1.5 个键计算。

当键连接的轴与毂为过盈配合时，如过盈量较小，则在校核强度时可不考虑过盈连接。

键的材料采用抗拉强度不低于 600MPa 的钢，通常为 45 钢。键连接的许用应力见表 3.2-28。

**表 3.2-27   键连接的强度计算**

| 类型 | 受力简图 | 计算内容 | | 计算公式 | 说　　明 |
|---|---|---|---|---|---|
| 平键 | $y \approx \dfrac{D}{2}$ | 键或键槽工作面的挤压或磨损 | 静连接 | $\sigma_p = \dfrac{2T}{Dkl} \le [\sigma_p]$ | $T$——转矩（N·mm）<br>$D$——轴的直径（mm）<br>$l$——键的工作长度（mm），A 型 $l = L - b$，B 型 $l = L$，C 型 $l = L - b/2$<br>$k$——键与轮毂的接触高度（mm），平键 $k = 0.4h$（毂 $t_2$），半圆键 $k$ 见表 3.2-20 中的毂 $t_2$<br>$b$——键的宽度（mm）<br>$t$——切向键工作面宽度（mm）<br>$C$——切向键倒角的宽度（mm）<br>$\mu$——摩擦因数，对钢和铸铁 $\mu = 0.12 ~ 0.17$<br>$[\sigma_p]$——键、轴、轮毂三者中最弱材料的许用挤压应力（MPa），见表 3.2-28<br>$[p_p]$——键、轴、轮毂三者中最弱材料的许用压强（MPa），见表 3.2-28 |
| | | | 动连接 | $p = \dfrac{2T}{Dkl} \le [p_p]$ | |
| 半圆键 | $y \approx \dfrac{D}{2}$ | 键或键槽工作面的挤压 | | $\sigma_p = \dfrac{2T}{Dkl} \le [\sigma_p]$ | |
| 楔键 | $y \approx \dfrac{D}{2},\ x = \dfrac{b}{6}$ | 键或键槽工作面的挤压 | | $\sigma_p = \dfrac{12T}{bl(6\mu D + b)} \le [\sigma_p]$ | |
| 切向键 | $y \approx \dfrac{D-t}{2},\ t = \dfrac{D}{10}$ | 键或键槽工作面的挤压 | | $\sigma_p = \dfrac{T}{(0.5\mu + 0.45)Dl(t - C)}$ $\le [\sigma_p]$ | |
| 端面键 | | 键或键槽工作面挤压 | | $\sigma_p = \dfrac{4T}{Dhl(1 - l/D)^2} \le [\sigma_p]$ | |

注：平键连接的可能失效形式有较弱件（通常为轮毂）工作面被压溃（静连接）、磨损（动连接）和键的切断等。对于键实际采用的材料和标准尺寸来说，压溃和磨损常是主要失效形式，所以通常只进行键连接的挤压强度和耐磨性验算。

**表 3.2-28   键连接的许用挤压应力、许用压强和许用切应力** 　　（单位：MPa）

| 许用应力及许用压强 | 连接工作方式 | 被连接零件材料 | 不同载荷性质的许用值 | | |
|---|---|---|---|---|---|
| | | | 静 载 | 轻微冲击 | 冲 击 |
| $[\sigma_p]$ | 静连接 | 钢 | 125 ~ 150 | 100 ~ 120 | 60 ~ 90 |
| | | 铸铁 | 70 ~ 80 | 50 ~ 60 | 30 ~ 45 |
| $[p_p]$ | 动连接 | 钢 | 50 | 40 | 30 |
| $\tau_p$ | | | 120 | 90 | 60 |

注：1. $[\sigma_p]$ 及 $[p_p]$ 应按连接中键、轴、轮毂三者的材料力学性能较弱的零件选取。

2. 如与键有相对滑动的被连接件表面经过表面硬化，则动连接的 $[p_p]$ 可提高 2 ~ 3 倍。

# 3 花键连接

## 3.1 花键的类型、特点及应用

花键连接是借助于轴和毂上等距分布的键齿接触互压以传递运动和转矩的。其键齿侧面为工作面。花键承载能力高，定心性和导向性好，对轴的削弱小，适用于传递中等或较大载荷的固定连接或滑动连接。花键连接的类型、特点和应用见表 3.2-29。

**表 3.2-29 花键连接的类型、特点和应用**

| 类 型 | 特 点 | 应 用 |
|---|---|---|
| 矩形花键（GB/T 1144—2001） | 花键连接为多齿工作，承载能力强，对中性、导向性好，齿根较浅，应力集中较小，轴与毂强度削弱小<br>矩形花键加工方便，能用磨削方法获得较高的精度。标准中规定两个系列：轻系列用于载荷较轻的静连接，中系列用于中等载荷 | 应用广泛，如飞机、汽车、拖拉机、机床制造业、农业机械及一般机械传动装置等 |
| 渐开线花键（GB/T 3478.1—2008） | 渐开线花键的齿廓为渐开线，受载时齿上有径向力，能起自动定心作用，使各齿受力均匀，强度高、寿命长。加工工艺与齿轮相同，易获得较高精度和互换性<br>渐开线花键标准压力角 $\alpha_D$ 有 30° 和 37.5° 及 45° 三种 | 用于载荷较大，定心精度要求较高，以及尺寸较大的连接 |

## 3.2 花键连接的强度计算

花键连接的类型和尺寸通常根据被连接件的结构特点、使用要求和工作条件选择。为避免键齿工作表面压溃（静连接）或过度磨损（动连接），应进行必要的强度校核计算，计算公式如下：

静连接：

$$\sigma_p = \frac{2T}{\phi ZhlD_m} \leq [\sigma_p]$$

动连接：

$$p_p = \frac{2T}{\phi ZhlD_m} \leq [p_p]$$

式中 $T$——传递转矩（N·mm）；

$\phi$——各齿间载荷不均匀系数，一般取 $\phi = 0.7 \sim 0.8$，齿数多时取偏小值；

$Z$——花键的齿数；

$l$——齿的工作长度（mm）；

$h$——键齿工作高度（mm）；

$D_m$——平均直径（mm）。

对于矩形花键，有 $h = \frac{D-d}{2} - 2C$；$D_m \approx \frac{D+d}{2}$。

对于渐开线花键，有 $h = \begin{cases} m & (\alpha_n = 30°) \\ 0.8m & (\alpha_D = 45°) \end{cases}$；

$D_m = D$。

式中 $C$——倒角尺寸（mm）；

$m$——模数（mm）；

$[\sigma_p]$——花键连接许用挤压应力（MPa），见表 3.2-30。

$[p_p]$——许用压强（MPa），见表 3.2-30。

**表 3.2-30 花键连接的许用挤压应力 $[\sigma_p]$、许用压强 $[p_p]$** （单位：MPa）

| 连接工作方式 | 许用值 | 使用和制造情况 | 齿面未经热处理 | 齿面经热处理 |
|---|---|---|---|---|
| 静连接 | 许用挤压应力 $[\sigma_p]$ | 不良 | 35 ~ 50 | 40 ~ 70 |
| | | 中等 | 60 ~ 100 | 100 ~ 140 |
| | | 良好 | 80 ~ 120 | 120 ~ 200 |
| 动连接（无载荷作用下移动） | 许用压强 $[p_p]$ | 不良 | 15 ~ 20 | 20 ~ 35 |
| | | 中等 | 20 ~ 30 | 30 ~ 60 |
| | | 良好 | 25 ~ 40 | 40 ~ 70 |
| 动连接（有载荷作用下移动） | 许用压强 $[p_p]$ | 不良 | — | 3 ~ 10 |
| | | 中等 | — | 5 ~ 15 |
| | | 良好 | — | 10 ~ 20 |

注：1. 使用和制造情况不良是指受变载、有双向冲击、振动频率高、振幅大、润滑不好（对动连接）、材料硬度不高、精度不高等。

2. 同一情况下，$[\sigma_p]$ 或 $[p_p]$ 的较小值用于工作时间长和较重要的场合。

3. 内、外花键材料的抗拉强度不低于 600MPa。

## 3.3　矩形花键

矩形花键的优点是定心精度高，定心的稳定性好，能用磨削的方法消除热处理变形，定心直径尺寸公差和位置公差都能获得较高的精度。按 GB/T 1144—2001 规定，矩形花键以小径定心。

### 3.3.1　矩形花键的基本尺寸系列（表 3.2-31 和表 3.2-32）

**表 3.2-31　矩形花键的基本尺寸系列（摘自 GB/T 1144—2001）　　　　（单位：mm）**

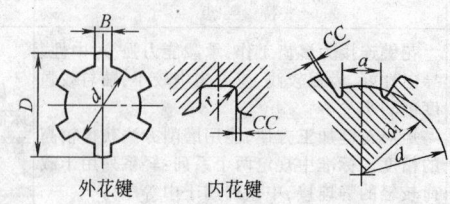

外花键　　　　内花键

| 小径 $d$ | 轻系列 | | | | | 中系列 | | | | |
|---|---|---|---|---|---|---|---|---|---|---|
| | 规格尺寸 $(N \times d \times D \times B)$ | $C$ | $r$ | 参考 | | 规格尺寸 $(N \times d \times D \times B)$ | $C$ | $r$ | 参考 | |
| | | | | $d_1 \geqslant$ | $a \geqslant$ | | | | $d_1 \geqslant$ | $a \geqslant$ |
| 11 | | | | | | $6 \times 11 \times 14 \times 3$ | 0.2 | 0.1 | — | — |
| 13 | | | | | | $6 \times 13 \times 16 \times 3.5$ | | | | |
| 16 | — | | | | | $6 \times 16 \times 20 \times 4$ | 0.3 | 0.2 | 14.4 | 1.0 |
| 18 | | | | | | $6 \times 18 \times 22 \times 5$ | | | 16.6 | 1.0 |
| 21 | | | | | | $6 \times 21 \times 25 \times 5$ | | | 19.5 | 2.0 |
| 23 | $6 \times 23 \times 26 \times 6$ | 0.2 | 0.1 | 22.0 | 3.5 | $6 \times 23 \times 28 \times 6$ | | | 21.2 | 1.2 |
| 26 | $6 \times 26 \times 30 \times 6$ | | | 24.5 | 3.8 | $6 \times 26 \times 32 \times 6$ | | | 23.6 | 1.2 |
| 28 | $6 \times 28 \times 32 \times 7$ | | | 26.6 | 4.0 | $6 \times 28 \times 34 \times 7$ | | | 25.8 | 1.4 |
| 32 | $8 \times 32 \times 36 \times 6$ | 0.3 | 0.2 | 30.3 | 2.7 | $8 \times 32 \times 38 \times 6$ | 0.4 | 0.3 | 29.4 | 1.0 |
| 36 | $8 \times 36 \times 40 \times 7$ | | | 34.4 | 3.5 | $8 \times 36 \times 42 \times 7$ | | | 33.4 | 1.0 |
| 42 | $8 \times 42 \times 46 \times 8$ | | | 40.5 | 5.0 | $8 \times 42 \times 48 \times 8$ | | | 39.4 | 2.5 |
| 46 | $8 \times 46 \times 50 \times 9$ | | | 44.6 | 5.7 | $8 \times 46 \times 54 \times 9$ | | | 42.6 | 1.4 |
| 52 | $8 \times 52 \times 58 \times 10$ | | | 49.6 | 4.8 | $8 \times 52 \times 60 \times 10$ | 0.5 | 0.4 | 48.6 | 2.5 |
| 56 | $8 \times 56 \times 62 \times 10$ | | | 53.5 | 6.5 | $8 \times 56 \times 65 \times 10$ | | | 52.0 | 2.5 |
| 62 | $8 \times 62 \times 68 \times 12$ | | | 59.7 | 7.3 | $8 \times 62 \times 72 \times 12$ | | | 57.7 | 2.4 |
| 72 | $10 \times 72 \times 78 \times 12$ | 0.4 | 0.3 | 69.6 | 5.4 | $10 \times 72 \times 82 \times 12$ | | | 67.4 | 1.0 |
| 82 | $10 \times 82 \times 88 \times 12$ | | | 79.3 | 8.5 | $10 \times 82 \times 92 \times 12$ | | | 77.0 | 2.9 |
| 92 | $10 \times 92 \times 98 \times 14$ | | | 89.6 | 9.9 | $10 \times 92 \times 102 \times 14$ | 0.6 | 0.5 | 87.3 | 4.5 |
| 102 | $10 \times 102 \times 108 \times 16$ | | | 99.6 | 11.3 | $10 \times 102 \times 112 \times 16$ | | | 97.7 | 6.2 |
| 112 | $10 \times 112 \times 120 \times 18$ | 0.5 | 0.4 | 108.8 | 10.5 | $10 \times 112 \times 125 \times 18$ | | | 106.2 | 4.1 |

**表 3.2-32　矩形内花键长度系列（摘自 GB/T 10081—2005）　　　　（单位：mm）**

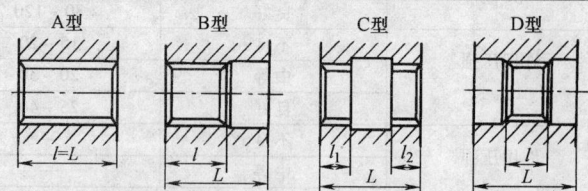

| 花键小径 $d$ | 11 | 13 | 16 | 18 | 21 | 23 | 26 | 28 | 32 | 36 | 42 | 46 | 52 | 56 | 62 | 72 | 82 | 92 | 102 | 112 |
|---|---|---|---|---|---|---|---|---|---|---|---|---|---|---|---|---|---|---|---|---|
| 花键长度 $l$ 或 $l_1 + l_2$ | 10～50 | | | | | 10～80 | | | | 22～120 | | | | | | 32～120 | | 32～200 | | |
| 孔的最大长度 $L$ | 50 | | 80 | | | 120 | | | | 200 | | | | | | 250 | | | 300 | |
| $l$ 或 $l_1 + l_2$ 系列 | 10、12、15、18、22、25、28、30、32、36、38、42、45、48、50、56、60、63、71、75、80、85、90、95、100、110、120、130、140、160、180、200 | | | | | | | | | | | | | | | | | | | |

### 3.3.2　矩形花键的公差与配合（表 3.2-33 和表 3.2-34）

**表 3.2-33　矩形花键的尺寸公差带和表面粗糙度 Ra**

| 内花键 | | | | | | | 外花键 | | | | | | 装配型式 |
|---|---|---|---|---|---|---|---|---|---|---|---|---|---|
| d | | D | | B | | | d | | D | | B | | |
| 公差带 | Ra/μm | 公差带 | Ra/μm | 公差带 | | | Ra/μm | 公差带 | Ra/μm | 公差带 | Ra/μm | 公差带 | Ra/μm | |
| | | | | 拉削后不热处理 | 拉削后热处理 | | | | | | | | |
| 一般用 | | | | | | | | | | | | | |
| H7 | 0.8 ~ 1.6 | H10 | 3.2 | H9 | H11 | 3.2 | f7 | 0.8 ~ 1.6 | a11 | 3.2 | d10 | | 滑动 |
| | | | | | | | g7 | | | | f9 | 1.6 | 紧滑动 |
| | | | | | | | h7 | | | | h10 | | 固定 |
| 精 密 传 动 用 | | | | | | | | | | | | | |
| H5 | 0.4 | H10 | 3.2 | H7、H9 | | 3.2 | f5 | 0.4 | a11 | 3.2 | d8 | 0.8 | 滑动 |
| | | | | | | | g5 | | | | f7 | | 紧滑动 |
| | | | | | | | h5 | | | | h8 | | 固定 |
| H6 | 0.8 | | | | | | f6 | 0.8 | | | d8 | | 滑动 |
| | | | | | | | g6 | | | | f7 | | 紧滑动 |
| | | | | | | | h6 | | | | h8 | | 固定 |

注：1. 精密传动用的内花键，当需要控制键侧配合间隙时，槽宽可选 H7，一般情况下可选 H9。

2. d 为 H6 和 H7 的内花键，允许与提高一级的外花键配合。

**表 3.2-34　矩形花键的位置度和对称度公差**　　　　（单位：mm）

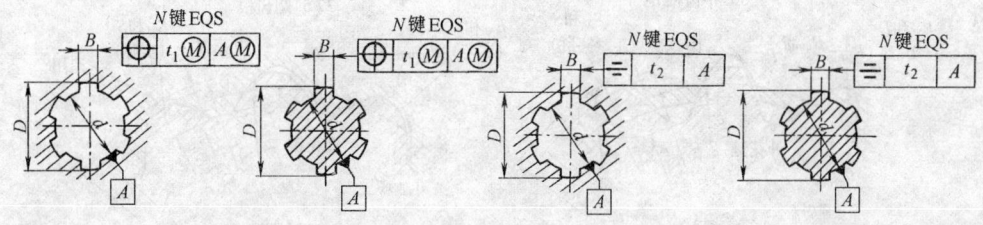

| 键槽宽或键宽 B | | 3 | 3.5 ~ 6 | 7 ~ 10 | 12 ~ 18 |
|---|---|---|---|---|---|
| | | $t_1$ | | | |
| 键槽 | | 0.010 | 0.015 | 0.020 | 0.025 |
| 键 | 滑动、固定 | 0.010 | 0.015 | 0.020 | 0.025 |
| | 紧滑动 | 0.006 | 0.010 | 0.013 | 0.016 |
| | | $t_2$ | | | |
| 一般用 | | 0.010 | 0.012 | 0.015 | 0.018 |
| 精密传动用 | | 0.006 | 0.008 | 0.009 | 0.011 |

注：花键的等分度公差值等 + 键宽的对称度公差。

## 3.4　渐开线花键连接

GB/T 3478.1—2008 规定渐开线花键有四种基本齿廓：①30°平齿根，适用于零件壁较薄、不能采用圆齿根的场合，用于强度足够的花键，花键的工作长度紧靠轴肩的情况，切削不深，拉刀短，易制造，较经济；②30°圆齿根，比平齿根的弯曲强度高（齿根应力集中小），承载能力高，通常用于大负荷的传动轴；③37.5°圆齿根，常用于联轴器，采用间隙配合或过渡配合，适用于冷成形工艺；④45°圆齿根，齿矮，弯曲强度好，适用于冷成形工艺。

### 3.4.1　渐开线花键的基本参数（表 3.2-35）

表 3.2-35　渐开线花键的基本参数　　　　　　（单位：mm）

| 模数 m | | 齿距 p | 基本齿槽宽 E 和基本齿厚 S | | 模数 m | | 齿距 p | 基本齿槽宽 E 和基本齿厚 S | |
|---|---|---|---|---|---|---|---|---|---|
| 第一系列 | 第二系列 | | 分度圆压力角 $\alpha_D$ | | 第一系列 | 第二系列 | | 分度圆压力角 $\alpha_D$ | |
| | | | 30°、37.5° | 45° | | | | 30°、37.5° | 45° |
| 0.25 | — | 0.785 | | 0.393 | 2.5 | | 7.854 | 3.927 | 3.927 |
| 0.5 | — | 1.571 | 0.785 | 0.785 | 3.0 | | 9.425 | 4.712 | |
| — | 0.75 | 2.356 | 1.178 | 1.178 | | 4.0 | 12.566 | 5.498 | — |
| 1.0 | — | 3.142 | 1.571 | 1.571 | 5 | | 15.708 | 6.283 | |
| — | 1.25 | 3.927 | 1.963 | 1.963 | 6.0 | | 18.850 | 7.854 | |
| 1.5 | — | 4.712 | 2.356 | 2.356 | | 8.0 | 25.133 | 9.425 | — |
| — | 1.75 | 5.498 | 2.749 | 2.749 | 10 | | 31.416 | 12.566 | |
| 2.0 | — | 6.283 | 3.142 | 3.142 | — | | | 15.708 | — |

### 3.4.2　渐开线花键的尺寸计算公式（表 3.2-36）

表 3.2-36　渐开线花键尺寸计算公式

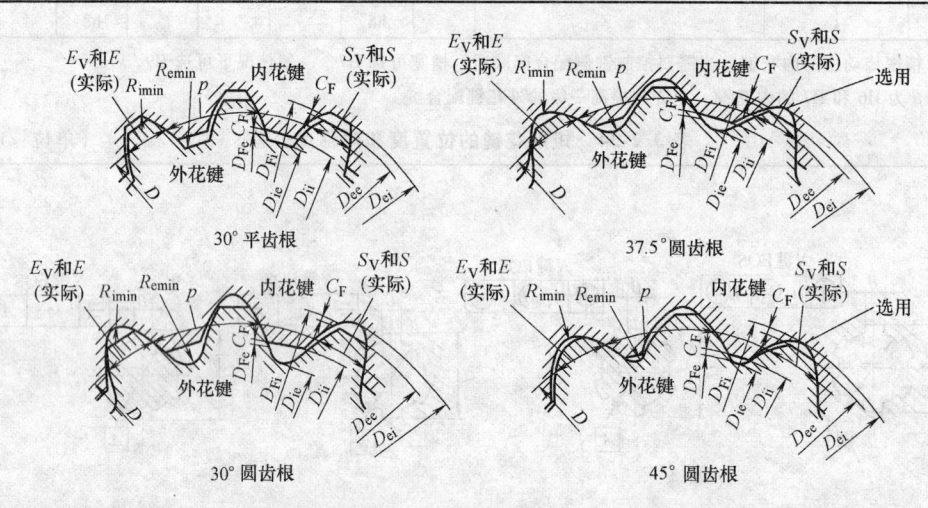

30°平齿根　　　　　　　　　　　　37.5°圆齿根
30°圆齿根　　　　　　　　　　　　45°圆齿根

| 项　目 | 代　号 | 公式或说明 |
|---|---|---|
| 分度圆直径 | $D$ | $D = mz$ |
| 基圆直径 | $D_b$ | $D_b = mz\cos\alpha_D$ |
| 齿距 | $p$ | $p = \pi m$ |
| 内花键大径基本尺寸 | | |
| 30°平齿根 | $D_{ei}$ | $D_{ei} = m(z + 1.5)$ |
| 30°圆齿根 | $D_{ei}$ | $D_{ei} = m(z + 1.8)$ |
| 37.5°圆齿根 | $D_{ei}$ | $D_{ei} = m(z + 1.4)$ |
| 45°圆齿根 | $D_{ei}$ | $D_{ei} = m(z + 1.2)$ |
| 内花键大径下偏差 | — | 0 |
| 内花键大径公差 | — | 从 IT12、IT13 或 IT14 中选取 |
| 内花键渐开线终止圆直径最小值 | | |
| 30°平齿根或圆齿根 | $D_{Fimin}$ | $D_{Fimin} = m(z + 1) + 2C_F$ |
| 37.5°圆齿根 | $D_{Fimin}$ | $D_{Fimin} = m(z + 0.9) + 2C_F$ |
| 45°圆齿根 | $D_{Fimin}$ | $D_{Fimin} = m(z + 0.8) + 2C_F$ |
| 内花键小径基本尺寸 | $D_{ii}$ | $D_{ii} = D_{Femax} + 2C_F$ |
| 内花键小径极限偏差 | — | 见表 3.2-44 |
| 基本齿槽宽 | $E$ | $E = 0.5\pi m$ |
| 作用齿槽宽 | $E_V$ | — |

（续）

| 项　　目 | 代　号 | 公式或说明 |
|---|---|---|
| 内花键渐开线终止圆直径最小值 ||| 
| 作用齿槽宽最小值 | $E_{Vmin}$ | $E_{Vmin} = 0.5\pi m$ |
| 实际齿槽宽最大值 | $E_{max}$ | $E_{max} = E_{Vmin} + (T + \lambda)$ |
| 实际齿槽宽最小值 | $E_{min}$ | $E_{min} = E_{Vmin} + \lambda$ |
| 作用齿槽宽最大值 | $E_{Vmax}$ | $E_{Vmax} = E_{max} - \lambda$ |
| 外花键作用齿厚上偏差 | $es_V$ | 见表 3.2-45 |
| 外花键大径基本尺寸 ||| 
| 30°平齿根或圆齿根 | $D_{ee}$ | $D_{ee} = m(z + 1)$ |
| 37.5°圆齿根 | $D_{ee}$ | $D_{ee} = m(z + 0.9)$ |
| 45°圆齿根 | $D_{ee}$ | $D_{ee} = m(z + 0.8)$ |
| 外花键大径上偏差 | — | $es_V/\tan\alpha_D$（见表 3.2-46） |
| 外花键大径公差 | — | 见表 3.3-44 |
| 外花键渐开线起始圆直径最大值 | $D_{Femax}$ | $D_{Femax} = 2\sqrt{(0.5D_b)^2 + \left(0.5D\sin\alpha_D - \dfrac{h_S - 0.5es_V/\tan\alpha_D}{\sin\alpha_D}\right)^2}$ |
| 外花键小径基本尺寸 ||| 
| 30°平齿根 | $D_{ie}$ | $D_{ie} = m(z - 1.5)$ |
| 30°圆齿根 | $D_{ie}$ | $D_{ie} = m(z - 1.8)$ |
| 37.5°圆齿根 | $D_{ie}$ | $D_{ie} = m(z - 1.4)$ |
| 45°圆齿根 | $D_{ie}$ | $D_{ie} = m(z - 1.2)$ |
| 外花键小径上偏差 | — | $es_V/\tan\alpha_D$（见表 3.2-46） |
| 外花键小径公差 | — | 从 IT12、IT13 或 IT14 中选取 |
| 基本齿厚 | $S$ | $S = 0.5\pi m$ |
| 作用齿厚最大值 | $S_{Vmax}$ | $S_{Vmax} = S + es_V$ |
| 实际齿厚最小值 | $S_{min}$ | $S_{min} = S_{Vmax} - (T + \lambda)$ |
| 实际齿厚最大值 | $S_{max}$ | $S_{max} = S_{Vmax} - \lambda$ |
| 作用齿厚最小值 | $S_{Vmin}$ | $S_{Vmin} = S_{min} + \lambda$ |
| 齿形裕度 | $C_F$ | $C_F = 0.1m$ |

### 3.4.3　渐开线花键的尺寸系列（表 3.2-37 ～ 表 3.2-39）

**表 3.2-37　30°外花键大径基本尺寸系列**　　　　　（单位：mm）

| 齿数 | 模　数 |||||||||||||
|---|---|---|---|---|---|---|---|---|---|---|---|---|---|
| $z$ | 0.5 | (0.75) | 1 | (1.25) | 1.5 | (1.75) | 2 | 2.5 | 3 | (4) | 5 | (6) | (8) | 10 |
| 10 | 5.5 | 8.25 | 11 | 13.75 | 16.5 | 19.25 | 22 | 27.5 | 33 | 44 | 55 | 66 | 88 | 110 |
| 11 | 6.0 | 9.00 | 12 | 15.00 | 18.0 | 21.00 | 24 | 30.0 | 36 | 48 | 60 | 72 | 96 | 120 |
| 12 | 6.5 | 9.75 | 13 | 16.25 | 19.5 | 22.75 | 26 | 32.5 | 39 | 52 | 65 | 78 | 104 | 130 |
| 13 | 7.0 | 10.50 | 14 | 17.50 | 21.0 | 24.50 | 28 | 35.0 | 42 | 56 | 70 | 84 | 112 | 140 |
| 14 | 7.5 | 11.25 | 15 | 18.75 | 22.5 | 26.25 | 30 | 37.5 | 45 | 60 | 75 | 90 | 120 | 150 |
| 15 | 8.0 | 12.00 | 16 | 20.00 | 24.0 | 28.00 | 32 | 40.0 | 48 | 64 | 80 | 96 | 128 | 160 |
| 16 | 8.5 | 12.75 | 17 | 21.25 | 25.5 | 29.75 | 34 | 42.5 | 51 | 68 | 85 | 102 | 136 | 170 |
| 17 | 9.0 | 13.50 | 18 | 22.50 | 27.0 | 31.50 | 36 | 45.0 | 54 | 72 | 90 | 108 | 144 | 180 |
| 18 | 9.5 | 14.25 | 19 | 23.75 | 28.5 | 33.25 | 38 | 47.5 | 57 | 76 | 95 | 114 | 152 | 190 |
| 19 | 10.0 | 15.00 | 20 | 25.00 | 30.0 | 35.00 | 40 | 50.0 | 60 | 80 | 100 | 120 | 160 | 200 |
| 20 | 10.5 | 15.75 | 21 | 26.25 | 31.5 | 36.75 | 42 | 52.5 | 63 | 84 | 105 | 126 | 168 | 210 |
| 21 | 11.0 | 16.50 | 22 | 27.50 | 33.0 | 38.50 | 44 | 55.0 | 66 | 88 | 110 | 132 | 176 | 220 |
| 22 | 11.5 | 17.25 | 23 | 28.75 | 34.5 | 40.25 | 46 | 57.5 | 69 | 92 | 115 | 138 | 184 | 230 |
| 23 | 12.0 | 18.00 | 24 | 30.00 | 36.0 | 42.00 | 48 | 60.0 | 72 | 96 | 120 | 144 | 192 | 240 |
| 24 | 12.5 | 18.75 | 25 | 31.25 | 37.5 | 43.75 | 50 | 62.5 | 75 | 100 | 125 | 150 | 200 | 250 |
| 25 | 13.0 | 19.50 | 26 | 32.50 | 39.0 | 45.50 | 52 | 65.0 | 78 | 104 | 130 | 156 | 208 | 260 |
| 26 | 13.5 | 20.25 | 27 | 33.75 | 40.5 | 47.25 | 54 | 67.5 | 81 | 108 | 135 | 162 | 216 | 270 |

（续）

| 齿数 | 模　　数 | | | | | | | | | | | | |
|---|---|---|---|---|---|---|---|---|---|---|---|---|---|
| z | 0.5 | (0.75) | 1 | (1.25) | 1.5 | (1.75) | 2 | 2.5 | 3 | (4) | 5 | (6) | (8) | 10 |
| 27 | 14.0 | 21.00 | 28 | 35.00 | 42.0 | 49.00 | 56 | 70.0 | 84 | 112 | 140 | 168 | 224 | 280 |
| 28 | 14.5 | 21.75 | 29 | 36.25 | 43.5 | 50.75 | 58 | 72.5 | 87 | 116 | 145 | 174 | 232 | 290 |
| 29 | 15.0 | 22.50 | 30 | 37.50 | 45.0 | 52.50 | 60 | 75.0 | 90 | 120 | 150 | 180 | 240 | 300 |
| 30 | 15.5 | 23.25 | 31 | 38.75 | 46.5 | 54.25 | 62 | 77.5 | 93 | 124 | 155 | 186 | 248 | 310 |
| 31 | 16.0 | 24.00 | 32 | 40.00 | 48.0 | 56.00 | 64 | 80.0 | 96 | 128 | 160 | 192 | 256 | 320 |
| 32 | 16.5 | 24.75 | 33 | 41.25 | 49.5 | 57.75 | 66 | 82.5 | 99 | 132 | 165 | 198 | 264 | 330 |
| 33 | 17.0 | 25.50 | 34 | 42.50 | 51.0 | 59.50 | 68 | 85.0 | 102 | 136 | 170 | 204 | 272 | 340 |
| 34 | 17.5 | 26.25 | 35 | 43.75 | 52.5 | 61.25 | 70 | 87.5 | 105 | 140 | 175 | 210 | 280 | 350 |
| 35 | 18.0 | 27.00 | 36 | 45.00 | 54.0 | 63.00 | 72 | 90.0 | 108 | 144 | 180 | 216 | 288 | 360 |
| 36 | 18.5 | 27.75 | 37 | 46.25 | 55.5 | 64.75 | 74 | 92.5 | 111 | 148 | 185 | 222 | 296 | 370 |
| 37 | 19.0 | 28.50 | 38 | 47.50 | 57.0 | 66.50 | 76 | 95.0 | 114 | 152 | 190 | 228 | 304 | 380 |
| 38 | 19.5 | 29.25 | 39 | 48.75 | 58.5 | 68.25 | 78 | 97.5 | 117 | 156 | 195 | 234 | 312 | 390 |
| 39 | 20.0 | 30.00 | 40 | 50.00 | 60.0 | 70.00 | 80 | 100.0 | 120 | 160 | 200 | 240 | 320 | 400 |
| 40 | 20.5 | 30.75 | 41 | 51.25 | 61.5 | 71.75 | 82 | 102.5 | 123 | 164 | 205 | 246 | 328 | 410 |
| 41 | 21.0 | 31.50 | 42 | 52.50 | 63.0 | 73.50 | 84 | 105.0 | 126 | 168 | 210 | 252 | 336 | 420 |
| 42 | 21.5 | 32.25 | 43 | 53.75 | 64.5 | 75.25 | 86 | 107.5 | 129 | 172 | 215 | 258 | 344 | 430 |
| 43 | 22.0 | 33.00 | 44 | 55.00 | 66.0 | 77.00 | 88 | 110.0 | 132 | 176 | 220 | 264 | 352 | 440 |
| 44 | 22.5 | 33.75 | 45 | 56.25 | 67.5 | 78.75 | 90 | 112.5 | 135 | 180 | 225 | 270 | 360 | 450 |
| 45 | 23.0 | 34.50 | 46 | 57.50 | 69.0 | 80.50 | 92 | 115.0 | 138 | 184 | 230 | 276 | 368 | 460 |
| 46 | 23.5 | 35.25 | 47 | 58.75 | 70.5 | 82.25 | 94 | 117.5 | 141 | 188 | 235 | 282 | 376 | 470 |
| 47 | 24.0 | 36.00 | 48 | 60.00 | 72.0 | 84.00 | 96 | 120.0 | 144 | 192 | 240 | 288 | 384 | 480 |
| 48 | 24.5 | 36.75 | 49 | 61.25 | 73.5 | 85.75 | 98 | 122.5 | 147 | 196 | 245 | 294 | 392 | 490 |
| 49 | 25.0 | 37.50 | 50 | 62.50 | 75.0 | 87.50 | 100 | 125.0 | 150 | 200 | 250 | 300 | 400 | 500 |
| 50 | 25.5 | 38.25 | 51 | 63.75 | 76.5 | 89.25 | 102 | 127.5 | 153 | 204 | 255 | 306 | 408 | 510 |
| 51 | 26.0 | 39.00 | 52 | 65.00 | 78.0 | 91.00 | 104 | 130.0 | 156 | 208 | 260 | 312 | 416 | 520 |
| 52 | 26.5 | 39.75 | 53 | 66.25 | 79.5 | 92.75 | 106 | 132.5 | 159 | 212 | 265 | 318 | 424 | 530 |
| 53 | 27.0 | 40.50 | 54 | 67.50 | 81.0 | 94.50 | 108 | 135.0 | 162 | 216 | 270 | 324 | 432 | 540 |
| 54 | 27.5 | 41.25 | 55 | 68.75 | 82.5 | 96.25 | 110 | 137.5 | 165 | 220 | 275 | 330 | 440 | 550 |
| 55 | 28.0 | 42.00 | 56 | 70.00 | 84.0 | 98.00 | 112 | 140.0 | 168 | 224 | 280 | 336 | 448 | 560 |
| 56 | 28.5 | 42.75 | 57 | 71.25 | 85.5 | 99.75 | 114 | 142.5 | 171 | 228 | 285 | 342 | 456 | 570 |
| 57 | 29.0 | 43.50 | 58 | 72.50 | 87.0 | 101.50 | 116 | 145.0 | 174 | 232 | 290 | 348 | 464 | 580 |
| 58 | 29.5 | 44.25 | 59 | 73.75 | 88.5 | 103.25 | 118 | 147.5 | 177 | 236 | 295 | 354 | 472 | 590 |
| 59 | 30.0 | 45.00 | 60 | 75.00 | 90.0 | 105.00 | 120 | 150.0 | 180 | 240 | 300 | 360 | 480 | 600 |
| 60 | 30.5 | 45.75 | 61 | 76.25 | 91.5 | 106.75 | 122 | 152.5 | 183 | 244 | 305 | 366 | 488 | 610 |
| 61 | 31.0 | 46.50 | 62 | 77.50 | 93.0 | 108.50 | 124 | 155.0 | 186 | 248 | 310 | 372 | 496 | 620 |
| 62 | 31.5 | 47.25 | 63 | 78.75 | 94.5 | 110.25 | 126 | 157.5 | 189 | 252 | 315 | 378 | 504 | 630 |
| 63 | 32.0 | 48.00 | 64 | 80.00 | 96.0 | 112.00 | 128 | 160.0 | 192 | 256 | 320 | 384 | 512 | 640 |
| 64 | 32.5 | 48.75 | 65 | 81.25 | 97.5 | 113.75 | 130 | 162.5 | 195 | 260 | 325 | 390 | 520 | 650 |
| 65 | 33.0 | 49.50 | 66 | 82.50 | 99.0 | 115.50 | 132 | 165.0 | 198 | 264 | 330 | 396 | 528 | 660 |
| 66 | 33.5 | 50.25 | 67 | 83.75 | 100.5 | 117.25 | 134 | 167.5 | 201 | 268 | 335 | 402 | 536 | 670 |
| 67 | 34.0 | 51.00 | 68 | 85.00 | 102.0 | 119.00 | 136 | 170.0 | 204 | 272 | 340 | 408 | 544 | 680 |
| 68 | 34.5 | 51.75 | 69 | 86.25 | 103.5 | 120.75 | 138 | 172.5 | 207 | 276 | 345 | 414 | 552 | 690 |
| 69 | 35.0 | 52.50 | 70 | 87.50 | 105.0 | 122.50 | 140 | 175.0 | 210 | 280 | 350 | 420 | 560 | 700 |
| 70 | 35.5 | 53.25 | 71 | 88.75 | 106.5 | 124.25 | 142 | 177.5 | 213 | 284 | 355 | 426 | 568 | 710 |
| 71 | 36.0 | 54.00 | 72 | 90.00 | 108.0 | 126.00 | 144 | 180.0 | 216 | 288 | 360 | 432 | 576 | 720 |
| 72 | 36.5 | 54.75 | 73 | 91.25 | 109.5 | 127.75 | 146 | 182.5 | 219 | 292 | 365 | 438 | 584 | 730 |
| 73 | 37.0 | 55.50 | 74 | 92.50 | 111.0 | 129.50 | 148 | 185.0 | 222 | 296 | 370 | 444 | 592 | 740 |
| 74 | 37.5 | 56.25 | 75 | 93.75 | 112.5 | 131.25 | 150 | 187.5 | 225 | 300 | 375 | 450 | 600 | 750 |
| 75 | 38.0 | 57.00 | 76 | 95.00 | 114.0 | 133.00 | 152 | 190.0 | 228 | 304 | 380 | 456 | 608 | 760 |

（续）

| 齿数 | 模　数 | | | | | | | | | | | | |
|---|---|---|---|---|---|---|---|---|---|---|---|---|---|
| z | 0.5 | (0.75) | 1 | (1.25) | 1.5 | (1.75) | 2 | 2.5 | 3 | (4) | 5 | (6) | (8) | 10 |
| 76 | 38.5 | 57.75 | 77 | 96.25 | 115.5 | 134.75 | 154 | 192.5 | 231 | 308 | 385 | 462 | 616 | 770 |
| 77 | 39.0 | 58.50 | 78 | 97.50 | 117.0 | 136.50 | 156 | 195.0 | 234 | 312 | 390 | 468 | 624 | 780 |
| 78 | 39.5 | 59.25 | 79 | 98.75 | 118.5 | 138.25 | 158 | 197.5 | 237 | 316 | 395 | 474 | 632 | 790 |
| 79 | 40.0 | 60.00 | 80 | 100.00 | 120.0 | 140.00 | 160 | 200.0 | 240 | 320 | 400 | 480 | 640 | 800 |
| 80 | 40.5 | 60.75 | 81 | 101.25 | 121.5 | 141.75 | 162 | 202.5 | 243 | 324 | 405 | 486 | 648 | 810 |
| 81 | 41.0 | 61.50 | 82 | 102.50 | 123.0 | 143.50 | 164 | 205.0 | 246 | 328 | 410 | 492 | 656 | 820 |
| 82 | 41.5 | 62.25 | 83 | 103.75 | 124.5 | 145.25 | 166 | 207.5 | 249 | 332 | 415 | 498 | 664 | 830 |
| 83 | 42.0 | 63.00 | 84 | 105.00 | 126.0 | 147.00 | 168 | 210.0 | 252 | 336 | 420 | 504 | 672 | 840 |
| 84 | 42.5 | 63.75 | 85 | 106.25 | 127.5 | 148.75 | 170 | 212.5 | 255 | 340 | 425 | 510 | 680 | 850 |
| 85 | 43.0 | 64.50 | 86 | 107.50 | 129.0 | 150.50 | 172 | 215.0 | 258 | 344 | 430 | 516 | 688 | 860 |
| 86 | 43.5 | 65.25 | 87 | 108.75 | 130.5 | 152.25 | 174 | 217.5 | 261 | 348 | 435 | 522 | 696 | 870 |
| 87 | 44.0 | 66.00 | 88 | 110.00 | 132.0 | 154.00 | 176 | 220.0 | 264 | 352 | 440 | 528 | 704 | 880 |
| 88 | 44.5 | 66.75 | 89 | 111.25 | 133.5 | 155.75 | 178 | 222.5 | 267 | 356 | 445 | 534 | 712 | 890 |
| 89 | 45.0 | 67.50 | 90 | 112.50 | 135.0 | 157.50 | 180 | 225.0 | 270 | 360 | 450 | 540 | 720 | 900 |
| 90 | 45.5 | 68.25 | 91 | 113.75 | 136.5 | 159.25 | 182 | 227.5 | 273 | 364 | 455 | 546 | 728 | 910 |
| 91 | 46.0 | 69.00 | 92 | 115.00 | 138.0 | 161.00 | 184 | 230.0 | 276 | 368 | 460 | 552 | 736 | 920 |
| 92 | 46.5 | 69.75 | 93 | 116.25 | 139.5 | 162.75 | 186 | 232.5 | 279 | 372 | 465 | 558 | 744 | 930 |
| 93 | 47.0 | 70.50 | 94 | 117.50 | 141.0 | 164.50 | 188 | 235.0 | 282 | 376 | 470 | 564 | 752 | 940 |
| 94 | 47.5 | 71.25 | 95 | 118.75 | 142.5 | 166.25 | 190 | 237.5 | 285 | 380 | 475 | 570 | 760 | 950 |
| 95 | 48.0 | 72.00 | 96 | 120.00 | 144.0 | 168.00 | 192 | 240.0 | 288 | 384 | 480 | 576 | 768 | 960 |
| 96 | 48.5 | 72.75 | 97 | 121.25 | 145.5 | 169.75 | 194 | 242.5 | 291 | 388 | 485 | 582 | 776 | 970 |
| 97 | 49.0 | 73.50 | 98 | 122.50 | 147.0 | 171.50 | 196 | 245.0 | 294 | 392 | 490 | 588 | 784 | 980 |
| 98 | 49.5 | 74.25 | 99 | 123.75 | 148.5 | 173.25 | 198 | 247.5 | 297 | 396 | 495 | 594 | 792 | 990 |
| 99 | 50.0 | 75.00 | 100 | 125.00 | 150.0 | 175.00 | 200 | 250.0 | 300 | 400 | 500 | 600 | 800 | 1000 |
| 100 | 50.5 | 75.75 | 101 | 126.25 | 151.5 | 176.75 | 202 | 252.5 | 303 | 404 | 505 | 606 | 808 | 1010 |

注：计算公式为 $D_{ee}=m(z+1)$。

**表 3.2-38　37.5°外花键大径基本尺寸系列**　　　（单位：mm）

| 齿数 | 模　数 | | | | | | | | | | | | |
|---|---|---|---|---|---|---|---|---|---|---|---|---|---|
| z | 0.5 | (0.75) | 1 | (1.25) | 1.5 | (1.75) | 2 | 2.5 | 3 | (4) | 5 | (6) | (8) | 10 |
| 10 | 5.45 | 8.18 | 10.9 | 13.62 | 16.35 | 19.07 | 21.8 | 27.25 | 32.7 | 43.6 | 54.5 | 65.4 | 87.2 | 109 |
| 11 | 5.95 | 8.93 | 11.9 | 14.87 | 17.85 | 20.82 | 23.8 | 29.75 | 35.7 | 47.6 | 59.5 | 71.4 | 95.2 | 119 |
| 12 | 6.45 | 9.68 | 12.9 | 16.12 | 19.35 | 22.57 | 25.8 | 32.25 | 38.7 | 51.6 | 64.5 | 77.4 | 103.2 | 129 |
| 13 | 6.95 | 10.43 | 13.9 | 17.37 | 20.85 | 24.32 | 27.8 | 34.75 | 41.7 | 55.6 | 69.5 | 83.4 | 111.2 | 139 |
| 14 | 7.45 | 11.18 | 14.9 | 18.62 | 22.35 | 26.07 | 29.8 | 37.25 | 44.7 | 59.6 | 74.5 | 89.4 | 119.2 | 149 |
| 15 | 7.95 | 11.93 | 15.9 | 19.87 | 23.85 | 27.82 | 31.8 | 39.75 | 47.7 | 63.6 | 79.5 | 95.4 | 127.2 | 159 |
| 16 | 8.45 | 12.67 | 16.9 | 21.12 | 25.35 | 29.57 | 33.8 | 42.25 | 50.7 | 67.6 | 84.5 | 101.4 | 135.2 | 169 |
| 17 | 8.95 | 13.42 | 17.9 | 22.37 | 26.85 | 31.32 | 35.8 | 44.75 | 53.7 | 71.6 | 89.5 | 107.4 | 143.2 | 179 |
| 18 | 9.45 | 14.17 | 18.9 | 23.62 | 28.35 | 33.07 | 37.8 | 47.25 | 56.7 | 75.6 | 94.5 | 113.4 | 151.2 | 189 |
| 19 | 9.95 | 14.92 | 19.9 | 24.87 | 29.85 | 34.82 | 39.8 | 49.75 | 59.7 | 79.6 | 99.5 | 119.4 | 159.2 | 199 |
| 20 | 10.45 | 15.67 | 20.9 | 26.12 | 31.35 | 36.57 | 41.8 | 52.25 | 62.7 | 83.6 | 104.5 | 125.4 | 167.2 | 209 |
| 21 | 10.95 | 16.43 | 21.9 | 27.37 | 32.85 | 38.32 | 43.8 | 54.75 | 65.7 | 87.6 | 109.5 | 131.4 | 175.2 | 219 |
| 22 | 11.45 | 17.18 | 22.9 | 28.62 | 34.35 | 40.07 | 45.8 | 57.25 | 68.7 | 91.6 | 114.5 | 137.4 | 183.2 | 229 |
| 23 | 11.95 | 17.93 | 23.9 | 29.87 | 35.85 | 41.82 | 47.8 | 59.75 | 71.7 | 95.6 | 119.5 | 143.4 | 191.2 | 239 |
| 24 | 12.45 | 18.68 | 24.9 | 31.12 | 37.35 | 43.57 | 49.8 | 62.25 | 74.7 | 99.6 | 124.5 | 149.4 | 199.2 | 249 |
| 25 | 12.95 | 19.43 | 25.9 | 32.37 | 38.85 | 45.32 | 51.8 | 64.75 | 77.7 | 103.6 | 129.5 | 155.4 | 207.2 | 259 |
| 26 | 13.45 | 20.18 | 26.9 | 33.62 | 40.35 | 47.07 | 53.8 | 67.25 | 80.7 | 107.6 | 134.5 | 161.4 | 215.2 | 269 |
| 27 | 13.95 | 20.93 | 27.9 | 34.87 | 41.85 | 48.82 | 55.8 | 69.75 | 83.7 | 111.6 | 139.5 | 167.4 | 223.2 | 279 |
| 28 | 14.45 | 21.68 | 28.9 | 36.12 | 43.35 | 50.57 | 57.8 | 72.25 | 86.7 | 115.6 | 144.5 | 173.4 | 231.2 | 289 |

（续）

| 齿数 z | 模　数 | | | | | | | | | | | | |
|---|---|---|---|---|---|---|---|---|---|---|---|---|---|
| | 0.5 | (0.75) | 1 | (1.25) | 1.5 | (1.75) | 2 | 2.5 | 3 | (4) | 5 | (6) | (8) | 10 |
| 29 | 14.95 | 22.43 | 29.9 | 37.37 | 44.85 | 52.32 | 59.8 | 74.75 | 89.7 | 119.6 | 149.5 | 179.4 | 239.2 | 299 |
| 30 | 15.45 | 23.18 | 30.9 | 38.62 | 46.35 | 54.07 | 61.8 | 77.25 | 92.7 | 123.6 | 154.5 | 185.4 | 247.2 | 309 |
| 31 | 15.95 | 23.93 | 31.9 | 39.87 | 47.85 | 55.82 | 63.8 | 79.75 | 95.7 | 127.6 | 159.5 | 191.4 | 255.2 | 319 |
| 32 | 16.45 | 24.68 | 32.9 | 41.12 | 49.35 | 57.57 | 65.8 | 82.25 | 98.7 | 131.6 | 164.5 | 197.4 | 263.2 | 329 |
| 33 | 16.95 | 25.43 | 33.9 | 42.37 | 50.85 | 59.32 | 67.8 | 84.75 | 101.7 | 135.6 | 169.5 | 203.4 | 271.2 | 339 |
| 34 | 17.45 | 26.18 | 34.9 | 43.62 | 52.35 | 61.07 | 69.8 | 87.25 | 104.7 | 139.6 | 174.5 | 209.4 | 279.2 | 349 |
| 35 | 17.95 | 26.93 | 35.9 | 44.87 | 53.85 | 62.82 | 71.8 | 89.75 | 107.7 | 143.6 | 179.5 | 215.4 | 287.2 | 359 |
| 36 | 18.45 | 27.68 | 36.9 | 46.12 | 55.35 | 64.58 | 73.8 | 92.25 | 110.7 | 147.6 | 184.5 | 221.4 | 295.2 | 369 |
| 37 | 18.95 | 28.43 | 37.9 | 47.37 | 56.85 | 66.33 | 75.8 | 94.75 | 113.7 | 151.6 | 189.5 | 227.4 | 303.2 | 379 |
| 38 | 19.45 | 29.18 | 38.9 | 48.62 | 58.35 | 68.08 | 77.8 | 97.25 | 116.7 | 155.6 | 194.5 | 233.4 | 311.2 | 389 |
| 39 | 19.95 | 29.93 | 39.9 | 49.87 | 59.85 | 69.83 | 79.8 | 99.75 | 119.7 | 159.6 | 199.5 | 239.4 | 319.2 | 399 |
| 40 | 20.45 | 30.68 | 40.9 | 51.12 | 61.35 | 71.58 | 81.8 | 102.25 | 122.7 | 163.6 | 204.5 | 245.4 | 327.2 | 409 |
| 41 | 20.95 | 31.43 | 41.9 | 52.37 | 62.85 | 73.33 | 83.8 | 104.75 | 125.7 | 167.6 | 209.5 | 251.4 | 335.2 | 419 |
| 42 | 21.45 | 32.17 | 42.9 | 53.62 | 64.35 | 75.08 | 85.8 | 107.25 | 128.7 | 171.6 | 214.5 | 257.4 | 343.2 | 429 |
| 43 | 21.95 | 32.92 | 43.9 | 54.87 | 65.85 | 76.83 | 87.8 | 109.75 | 131.7 | 175.6 | 219.5 | 263.4 | 351.2 | 439 |
| 44 | 22.45 | 33.67 | 44.9 | 56.12 | 67.35 | 78.58 | 89.8 | 112.25 | 134.7 | 179.6 | 224.5 | 269.4 | 359.2 | 449 |
| 45 | 22.95 | 34.42 | 45.9 | 57.37 | 68.85 | 80.33 | 91.8 | 114.75 | 137.7 | 183.6 | 229.5 | 275.4 | 367.2 | 459 |
| 46 | 23.45 | 35.17 | 46.9 | 58.62 | 70.35 | 82.08 | 93.8 | 117.25 | 140.7 | 187.6 | 234.5 | 281.4 | 375.2 | 469 |
| 47 | 23.95 | 35.92 | 47.9 | 59.87 | 71.85 | 83.83 | 95.8 | 119.75 | 143.7 | 191.6 | 239.5 | 287.4 | 383.2 | 479 |
| 48 | 24.45 | 36.67 | 48.9 | 61.12 | 73.35 | 85.58 | 97.8 | 122.25 | 146.7 | 195.6 | 244.5 | 293.4 | 391.2 | 489 |
| 49 | 24.95 | 37.42 | 49.9 | 62.37 | 74.85 | 87.33 | 99.8 | 124.75 | 149.7 | 199.6 | 249.5 | 299.4 | 399.2 | 499 |
| 50 | 25.45 | 38.17 | 50.9 | 63.62 | 76.35 | 89.08 | 101.8 | 127.25 | 152.7 | 203.6 | 254.5 | 305.4 | 407.2 | 509 |
| 51 | 25.95 | 38.92 | 51.9 | 64.87 | 77.85 | 90.83 | 103.8 | 129.75 | 155.7 | 207.6 | 259.5 | 311.4 | 415.2 | 519 |
| 52 | 26.45 | 39.67 | 52.9 | 66.12 | 79.35 | 92.58 | 105.8 | 132.25 | 158.7 | 211.6 | 264.5 | 317.4 | 423.2 | 529 |
| 53 | 26.95 | 40.42 | 53.9 | 67.37 | 80.85 | 94.33 | 107.8 | 134.75 | 161.7 | 215.6 | 269.5 | 323.4 | 431.2 | 539 |
| 54 | 27.45 | 41.17 | 54.9 | 68.62 | 82.35 | 96.08 | 109.8 | 137.25 | 164.7 | 219.6 | 274.5 | 329.4 | 439.2 | 549 |
| 55 | 27.95 | 41.92 | 55.9 | 69.87 | 83.85 | 97.83 | 111.8 | 139.75 | 167.7 | 223.6 | 279.5 | 335.4 | 447.2 | 559 |
| 56 | 28.45 | 42.67 | 56.9 | 71.12 | 85.35 | 99.58 | 113.8 | 142.25 | 170.7 | 227.6 | 284.5 | 341.4 | 455.2 | 569 |
| 57 | 28.95 | 43.42 | 57.9 | 72.37 | 86.85 | 101.33 | 115.8 | 144.75 | 173.7 | 231.6 | 289.5 | 347.4 | 463.2 | 579 |
| 58 | 29.45 | 44.17 | 58.9 | 73.62 | 88.35 | 103.08 | 117.8 | 147.25 | 176.7 | 235.6 | 294.5 | 353.4 | 471.2 | 589 |
| 59 | 29.95 | 44.92 | 59.9 | 74.87 | 89.85 | 104.83 | 119.8 | 149.75 | 179.7 | 239.6 | 299.5 | 359.4 | 479.2 | 599 |
| 60 | 30.45 | 45.67 | 60.9 | 76.12 | 91.35 | 106.58 | 121.8 | 152.25 | 182.7 | 243.6 | 304.5 | 365.4 | 487.2 | 609 |
| 61 | 30.95 | 46.42 | 61.9 | 77.37 | 92.85 | 108.33 | 123.8 | 154.75 | 185.7 | 247.6 | 309.5 | 371.4 | 495.2 | 619 |
| 62 | 31.45 | 47.17 | 62.9 | 78.62 | 94.35 | 110.08 | 125.8 | 157.25 | 188.7 | 251.6 | 314.5 | 377.4 | 503.2 | 629 |
| 63 | 31.95 | 47.92 | 63.9 | 79.87 | 95.85 | 111.83 | 127.8 | 159.75 | 191.7 | 255.6 | 319.5 | 383.4 | 511.2 | 639 |
| 64 | 32.45 | 48.68 | 64.9 | 81.13 | 97.35 | 113.58 | 129.8 | 162.25 | 194.7 | 259.6 | 324.5 | 389.4 | 519.2 | 649 |
| 65 | 32.95 | 49.43 | 65.9 | 82.38 | 98.85 | 115.33 | 131.8 | 164.75 | 197.7 | 263.6 | 329.5 | 395.4 | 527.2 | 659 |
| 66 | 33.45 | 50.18 | 66.9 | 83.63 | 100.35 | 117.08 | 133.8 | 167.25 | 200.7 | 267.6 | 334.5 | 401.4 | 535.2 | 669 |
| 67 | 33.95 | 50.93 | 67.9 | 84.88 | 101.85 | 118.83 | 135.8 | 169.75 | 203.7 | 271.6 | 339.5 | 407.4 | 543.2 | 679 |
| 68 | 34.45 | 51.68 | 68.9 | 86.13 | 103.35 | 120.58 | 137.8 | 172.25 | 206.7 | 275.6 | 344.5 | 413.4 | 551.2 | 689 |
| 69 | 34.95 | 52.43 | 69.9 | 87.38 | 104.85 | 122.33 | 139.8 | 174.75 | 209.7 | 279.6 | 349.5 | 419.4 | 559.2 | 699 |
| 70 | 35.45 | 53.18 | 70.9 | 88.63 | 106.35 | 124.08 | 141.8 | 177.25 | 212.7 | 283.6 | 354.5 | 425.4 | 567.2 | 709 |
| 71 | 35.95 | 53.93 | 71.9 | 89.88 | 107.85 | 125.83 | 143.8 | 179.75 | 215.7 | 287.6 | 359.5 | 431.4 | 575.2 | 719 |
| 72 | 36.45 | 54.68 | 72.9 | 91.13 | 109.35 | 127.58 | 145.8 | 182.25 | 218.7 | 291.6 | 364.5 | 437.4 | 583.2 | 729 |
| 73 | 36.95 | 55.43 | 73.9 | 92.38 | 110.85 | 129.33 | 147.8 | 184.75 | 221.7 | 295.6 | 369.5 | 443.4 | 591.2 | 739 |
| 74 | 37.45 | 56.18 | 74.9 | 93.63 | 112.35 | 131.08 | 149.8 | 187.25 | 224.7 | 299.6 | 374.5 | 449.4 | 599.2 | 749 |
| 75 | 37.95 | 56.93 | 75.9 | 94.88 | 113.85 | 132.83 | 151.8 | 189.75 | 227.7 | 303.6 | 379.5 | 455.4 | 607.2 | 759 |
| 76 | 38.45 | 57.68 | 76.9 | 96.13 | 115.35 | 134.58 | 153.8 | 192.25 | 230.7 | 307.6 | 384.5 | 461.4 | 615.2 | 769 |
| 77 | 38.95 | 58.43 | 77.9 | 97.38 | 116.85 | 136.33 | 155.8 | 194.75 | 233.7 | 311.6 | 389.5 | 467.4 | 623.2 | 779 |

（续）

| 齿数 | 模　数 | | | | | | | | | | | | | |
|---|---|---|---|---|---|---|---|---|---|---|---|---|---|---|
| z | 0.5 | (0.75) | 1 | (1.25) | 1.5 | (1.75) | 2 | 2.5 | 3 | (4) | 5 | (6) | (8) | 10 |
| 78 | 39.45 | 59.18 | 78.9 | 98.63 | 118.35 | 138.08 | 157.8 | 197.25 | 236.7 | 315.6 | 394.5 | 473.4 | 631.2 | 789 |
| 79 | 39.95 | 59.93 | 79.9 | 99.88 | 119.85 | 139.83 | 159.8 | 199.75 | 239.7 | 319.6 | 399.5 | 479.4 | 639.2 | 799 |
| 80 | 40.45 | 60.68 | 80.9 | 101.13 | 121.35 | 141.58 | 161.8 | 202.25 | 242.7 | 323.6 | 404.5 | 485.4 | 647.2 | 809 |
| 81 | 40.95 | 61.43 | 81.9 | 102.38 | 122.85 | 143.33 | 163.8 | 204.75 | 245.7 | 327.6 | 409.5 | 491.4 | 655.2 | 819 |
| 82 | 41.45 | 62.18 | 82.9 | 103.63 | 124.35 | 145.08 | 165.8 | 207.25 | 248.7 | 331.6 | 414.5 | 497.4 | 663.2 | 829 |
| 83 | 41.95 | 62.93 | 83.9 | 104.88 | 125.85 | 146.83 | 167.8 | 209.75 | 251.7 | 335.6 | 419.5 | 503.4 | 671.2 | 839 |
| 84 | 42.45 | 63.68 | 84.9 | 106.13 | 127.35 | 148.58 | 169.8 | 212.25 | 254.7 | 339.6 | 424.5 | 509.4 | 679.2 | 849 |
| 85 | 42.95 | 64.43 | 85.9 | 107.38 | 128.85 | 150.33 | 171.8 | 214.75 | 257.7 | 343.6 | 429.5 | 515.4 | 687.2 | 859 |
| 86 | 43.45 | 65.18 | 86.9 | 108.63 | 130.35 | 152.08 | 173.8 | 217.25 | 260.7 | 347.6 | 434.5 | 521.4 | 695.2 | 869 |
| 87 | 43.95 | 65.93 | 87.9 | 109.88 | 131.85 | 153.83 | 175.8 | 219.75 | 263.7 | 351.6 | 439.5 | 527.4 | 703.2 | 879 |
| 88 | 44.45 | 66.68 | 88.9 | 111.13 | 133.35 | 155.58 | 177.8 | 222.25 | 266.7 | 355.6 | 444.5 | 533.4 | 711.2 | 889 |
| 89 | 44.95 | 67.43 | 89.9 | 112.38 | 134.85 | 157.33 | 179.8 | 224.75 | 269.7 | 359.6 | 449.5 | 539.4 | 719.2 | 899 |
| 90 | 45.45 | 68.18 | 90.9 | 113.63 | 136.35 | 159.08 | 181.8 | 227.25 | 272.7 | 363.6 | 454.5 | 545.4 | 727.2 | 909 |
| 91 | 45.95 | 68.93 | 91.9 | 114.88 | 137.85 | 160.83 | 183.8 | 229.75 | 275.7 | 367.6 | 459.5 | 551.4 | 735.2 | 919 |
| 92 | 46.45 | 69.68 | 92.9 | 116.13 | 139.35 | 162.58 | 185.8 | 232.25 | 278.7 | 371.6 | 464.5 | 557.4 | 743.2 | 929 |
| 93 | 46.95 | 70.43 | 93.9 | 117.38 | 140.85 | 164.33 | 187.8 | 234.75 | 281.7 | 375.6 | 469.5 | 563.4 | 751.2 | 939 |
| 94 | 47.45 | 71.18 | 94.9 | 118.63 | 142.35 | 166.08 | 189.8 | 237.25 | 284.7 | 379.6 | 474.5 | 569.4 | 759.2 | 949 |
| 95 | 47.95 | 71.93 | 95.9 | 119.88 | 143.85 | 167.83 | 191.8 | 239.75 | 287.7 | 383.6 | 479.5 | 575.4 | 767.2 | 959 |
| 96 | 48.45 | 72.68 | 96.9 | 121.13 | 145.35 | 169.58 | 193.8 | 242.25 | 290.7 | 387.6 | 484.5 | 581.4 | 775.2 | 969 |
| 97 | 48.95 | 73.43 | 97.9 | 122.38 | 146.85 | 171.33 | 195.8 | 244.75 | 293.7 | 391.6 | 489.5 | 587.4 | 783.2 | 979 |
| 98 | 49.45 | 74.18 | 98.9 | 123.63 | 148.35 | 173.08 | 197.8 | 247.25 | 296.7 | 395.6 | 494.5 | 593.4 | 791.2 | 989 |
| 99 | 49.95 | 74.93 | 99.9 | 124.88 | 149.85 | 174.83 | 199.8 | 249.75 | 299.7 | 399.6 | 499.5 | 599.4 | 799.2 | 999 |
| 100 | 50.45 | 75.68 | 100.9 | 126.13 | 151.35 | 176.58 | 201.8 | 252.25 | 302.7 | 403.6 | 504.5 | 605.4 | 807.2 | 1009 |

注：计算公式为 $D_{ee} = m \, (z + 0.9)$。

**表 3.2-39　45°外花键大径基本尺寸系列**　　　　　　　（单位：mm）

| 齿数 | 模　数 | | | | | | | | |
|---|---|---|---|---|---|---|---|---|---|
| z | 0.25 | 0.5 | (0.75) | 1 | (1.25) | 1.5 | (1.75) | 2 | 2.5 |
| 10 | 2.70 | 5.4 | 8.10 | 10.8 | 13.50 | 16.2 | 18.90 | 21.6 | 27.0 |
| 11 | 2.95 | 5.9 | 8.85 | 11.8 | 14.75 | 17.7 | 20.65 | 23.6 | 29.5 |
| 12 | 3.20 | 6.4 | 9.60 | 12.8 | 16.00 | 19.2 | 22.40 | 25.6 | 32.0 |
| 13 | 3.45 | 6.9 | 10.35 | 13.8 | 17.25 | 20.7 | 24.15 | 27.6 | 34.5 |
| 14 | 3.70 | 7.4 | 11.10 | 14.8 | 18.50 | 22.2 | 25.90 | 29.6 | 37.0 |
| 15 | 3.95 | 7.9 | 11.85 | 15.8 | 19.75 | 23.7 | 27.65 | 31.6 | 39.5 |
| 16 | 4.20 | 8.4 | 12.60 | 16.8 | 21.00 | 25.2 | 29.40 | 33.6 | 42.0 |
| 17 | 4.45 | 8.9 | 13.35 | 17.8 | 22.25 | 26.7 | 31.15 | 35.6 | 44.5 |
| 18 | 4.70 | 9.4 | 14.10 | 18.8 | 23.50 | 28.2 | 32.90 | 37.6 | 47.0 |
| 19 | 4.95 | 9.9 | 14.85 | 19.8 | 24.75 | 29.7 | 34.65 | 39.6 | 49.5 |
| 20 | 5.20 | 10.4 | 15.60 | 20.8 | 26.00 | 31.2 | 36.40 | 41.6 | 52.0 |
| 21 | 5.45 | 10.9 | 16.35 | 21.8 | 27.25 | 32.7 | 38.15 | 43.6 | 54.5 |
| 22 | 5.70 | 11.4 | 17.10 | 22.8 | 28.50 | 34.2 | 39.90 | 45.6 | 57.0 |
| 23 | 5.95 | 11.9 | 17.85 | 23.8 | 29.75 | 35.7 | 41.65 | 47.6 | 59.5 |
| 24 | 6.20 | 12.4 | 18.60 | 24.8 | 31.00 | 37.2 | 43.40 | 49.6 | 62.0 |
| 25 | 6.45 | 12.9 | 19.35 | 25.8 | 32.25 | 38.7 | 45.15 | 51.6 | 64.5 |
| 26 | 6.70 | 13.4 | 20.10 | 26.8 | 33.50 | 40.2 | 46.90 | 53.6 | 67.0 |
| 27 | 6.95 | 13.9 | 20.85 | 27.8 | 34.75 | 41.7 | 48.65 | 55.6 | 69.5 |
| 28 | 7.20 | 14.4 | 21.60 | 28.8 | 36.00 | 43.2 | 50.40 | 57.6 | 72.0 |
| 29 | 7.45 | 14.9 | 22.35 | 29.8 | 37.25 | 44.7 | 52.15 | 59.6 | 74.5 |

（续）

| 齿数 | 模数 | | | | | | | | |
|---|---|---|---|---|---|---|---|---|---|
| $z$ | 0.25 | 0.5 | (0.75) | 1 | (1.25) | 1.5 | (1.75) | 2 | 2.5 |
| 30 | 7.70 | 15.4 | 23.10 | 30.8 | 38.50 | 46.2 | 53.90 | 61.6 | 77.0 |
| 31 | 7.95 | 15.9 | 23.85 | 31.8 | 39.75 | 47.7 | 55.65 | 63.6 | 79.5 |
| 32 | 8.20 | 16.4 | 24.60 | 32.8 | 41.00 | 49.2 | 57.40 | 65.6 | 82.0 |
| 33 | 8.45 | 16.9 | 25.35 | 33.8 | 42.25 | 50.7 | 59.15 | 67.6 | 84.5 |
| 34 | 8.70 | 17.4 | 26.10 | 34.8 | 43.50 | 52.2 | 60.90 | 69.6 | 87.0 |
| 35 | 8.95 | 17.9 | 26.85 | 35.8 | 44.75 | 53.7 | 62.65 | 71.6 | 89.5 |
| 36 | 9.20 | 18.4 | 27.60 | 36.8 | 46.00 | 55.2 | 64.40 | 73.6 | 92.0 |
| 37 | 9.45 | 18.9 | 28.35 | 37.8 | 47.25 | 56.7 | 66.15 | 75.6 | 94.5 |
| 38 | 9.70 | 19.4 | 29.10 | 38.8 | 48.50 | 58.2 | 67.90 | 77.6 | 97.0 |
| 39 | 9.95 | 19.9 | 29.85 | 39.8 | 49.75 | 59.7 | 69.65 | 79.6 | 99.5 |
| 40 | 10.20 | 20.4 | 30.60 | 40.8 | 51.00 | 61.2 | 71.40 | 81.6 | 102.0 |
| 41 | 10.45 | 20.9 | 31.35 | 41.8 | 52.25 | 62.7 | 73.15 | 83.6 | 104.5 |
| 42 | 10.70 | 21.4 | 32.10 | 42.8 | 53.50 | 64.2 | 74.90 | 85.6 | 107.0 |
| 43 | 10.95 | 21.9 | 32.85 | 43.8 | 54.75 | 65.7 | 76.65 | 87.6 | 109.5 |
| 44 | 11.20 | 22.4 | 33.60 | 44.8 | 56.00 | 67.2 | 78.40 | 89.6 | 112.0 |
| 45 | 11.45 | 22.9 | 34.35 | 45.8 | 57.25 | 68.7 | 80.15 | 91.6 | 114.5 |
| 46 | 11.70 | 23.4 | 35.10 | 46.8 | 58.50 | 70.2 | 81.90 | 93.6 | 117.0 |
| 47 | 11.95 | 23.9 | 35.85 | 47.8 | 59.75 | 71.7 | 83.65 | 95.6 | 119.5 |
| 48 | 12.20 | 24.4 | 36.60 | 48.8 | 61.00 | 73.2 | 85.40 | 97.6 | 122.0 |
| 49 | 12.45 | 24.9 | 37.35 | 49.8 | 62.25 | 74.7 | 87.15 | 99.6 | 124.5 |
| 50 | 12.70 | 25.4 | 38.10 | 50.8 | 63.50 | 76.2 | 88.90 | 101.6 | 127.0 |
| 51 | 12.95 | 25.9 | 38.85 | 51.8 | 64.75 | 77.7 | 90.65 | 103.6 | 129.5 |
| 52 | 13.20 | 26.4 | 39.60 | 52.8 | 66.00 | 79.2 | 92.40 | 105.6 | 132.0 |
| 53 | 13.45 | 26.9 | 40.35 | 53.8 | 67.25 | 80.7 | 94.15 | 107.6 | 134.5 |
| 54 | 13.70 | 27.4 | 41.10 | 54.8 | 68.50 | 82.2 | 95.90 | 109.6 | 137.0 |
| 55 | 13.95 | 27.9 | 41.85 | 55.8 | 69.75 | 83.7 | 97.65 | 111.6 | 139.5 |
| 56 | 14.20 | 28.4 | 42.60 | 56.8 | 71.00 | 85.2 | 99.40 | 113.6 | 142.0 |
| 57 | 14.45 | 28.9 | 43.35 | 57.8 | 72.25 | 86.7 | 101.15 | 115.6 | 144.5 |
| 58 | 14.70 | 29.4 | 44.10 | 58.8 | 73.50 | 88.2 | 102.90 | 117.6 | 147.0 |
| 59 | 14.95 | 29.9 | 44.85 | 59.8 | 74.75 | 89.7 | 104.65 | 119.6 | 149.5 |
| 60 | 15.20 | 30.4 | 45.60 | 60.8 | 76.00 | 91.2 | 106.40 | 121.6 | 152.0 |
| 61 | 15.45 | 30.9 | 46.35 | 61.8 | 77.25 | 92.7 | 108.15 | 123.6 | 154.5 |
| 62 | 15.70 | 31.4 | 47.10 | 62.8 | 78.50 | 94.2 | 109.90 | 125.6 | 157.0 |
| 63 | 15.95 | 31.9 | 47.85 | 63.8 | 79.75 | 95.7 | 111.65 | 127.6 | 159.5 |
| 64 | 16.20 | 32.4 | 48.60 | 64.8 | 81.00 | 97.2 | 113.40 | 129.6 | 162.0 |
| 65 | 16.45 | 32.9 | 49.35 | 65.8 | 82.25 | 98.7 | 115.15 | 131.6 | 164.5 |
| 66 | 16.70 | 33.4 | 50.10 | 66.8 | 83.50 | 100.2 | 116.90 | 133.6 | 167.0 |
| 67 | 16.95 | 33.9 | 50.85 | 67.8 | 84.75 | 101.7 | 118.65 | 135.6 | 169.5 |
| 68 | 17.20 | 34.4 | 51.60 | 68.8 | 86.00 | 103.2 | 120.40 | 137.6 | 172.0 |
| 69 | 17.45 | 34.9 | 52.35 | 69.8 | 87.25 | 104.7 | 122.15 | 139.6 | 174.5 |
| 70 | 17.70 | 35.4 | 53.10 | 70.8 | 88.50 | 106.2 | 123.90 | 141.6 | 177.0 |
| 71 | 17.95 | 35.9 | 53.85 | 71.8 | 89.75 | 107.7 | 125.65 | 143.6 | 179.5 |
| 72 | 18.20 | 36.4 | 54.60 | 72.8 | 91.00 | 109.2 | 127.40 | 145.6 | 182.0 |
| 73 | 18.45 | 36.9 | 55.35 | 73.8 | 92.25 | 110.7 | 129.15 | 147.6 | 184.5 |
| 74 | 18.70 | 37.4 | 56.10 | 74.8 | 93.50 | 112.2 | 130.90 | 149.6 | 187.0 |
| 75 | 18.95 | 37.9 | 56.85 | 75.8 | 94.75 | 113.7 | 132.65 | 151.6 | 189.5 |
| 76 | 19.20 | 38.4 | 57.60 | 76.8 | 96.00 | 115.2 | 134.40 | 153.6 | 192.0 |
| 77 | 19.45 | 38.9 | 58.35 | 77.8 | 97.25 | 116.7 | 136.15 | 155.6 | 194.5 |
| 78 | 19.70 | 39.4 | 59.10 | 78.8 | 98.50 | 118.2 | 137.90 | 157.6 | 197.0 |

（续）

| 齿数 z | 模　数 | | | | | | | | |
|---|---|---|---|---|---|---|---|---|---|
| | 0.25 | 0.5 | (0.75) | 1 | (1.25) | 1.5 | (1.75) | 2 | 2.5 |
| 79 | 19.95 | 39.9 | 59.85 | 79.8 | 99.75 | 119.7 | 139.65 | 159.6 | 199.5 |
| 80 | 20.20 | 40.4 | 60.60 | 80.8 | 101.00 | 121.2 | 141.40 | 161.6 | 202.0 |
| 81 | 20.45 | 40.9 | 61.35 | 81.8 | 102.25 | 122.7 | 143.15 | 163.6 | 204.5 |
| 82 | 20.70 | 41.4 | 62.10 | 82.8 | 103.50 | 124.2 | 144.90 | 165.6 | 207.0 |
| 83 | 20.95 | 41.9 | 62.85 | 83.8 | 104.75 | 125.7 | 146.65 | 167.6 | 209.5 |
| 84 | 21.20 | 42.4 | 63.60 | 84.8 | 106.00 | 127.2 | 148.40 | 169.6 | 212.0 |
| 85 | 21.45 | 42.9 | 64.35 | 85.8 | 107.25 | 128.7 | 150.15 | 171.6 | 214.5 |
| 86 | 21.70 | 43.4 | 65.10 | 86.8 | 108.50 | 130.2 | 151.90 | 173.6 | 217.0 |
| 87 | 21.95 | 43.9 | 65.85 | 87.8 | 109.75 | 131.7 | 153.65 | 175.6 | 219.5 |
| 88 | 22.20 | 44.4 | 66.60 | 88.8 | 111.00 | 133.2 | 155.40 | 177.6 | 222.0 |
| 89 | 22.45 | 44.9 | 67.35 | 89.8 | 112.25 | 134.7 | 157.15 | 179.6 | 224.5 |
| 90 | 22.70 | 45.4 | 68.10 | 90.8 | 113.50 | 136.2 | 158.90 | 181.6 | 227.0 |
| 91 | 22.95 | 45.9 | 68.85 | 91.8 | 114.75 | 137.7 | 160.65 | 183.6 | 229.5 |
| 92 | 23.20 | 46.4 | 69.60 | 92.8 | 116.00 | 139.2 | 162.40 | 185.6 | 232.0 |
| 93 | 23.45 | 46.9 | 70.35 | 93.8 | 117.25 | 140.7 | 164.15 | 187.6 | 234.5 |
| 94 | 23.70 | 47.4 | 71.10 | 94.8 | 118.50 | 142.2 | 165.90 | 189.6 | 237.0 |
| 95 | 23.95 | 47.9 | 71.85 | 95.8 | 119.75 | 143.7 | 167.65 | 191.6 | 239.5 |
| 96 | 24.20 | 48.4 | 72.60 | 96.8 | 121.00 | 145.2 | 169.40 | 193.6 | 242.0 |
| 97 | 24.45 | 48.9 | 73.35 | 97.8 | 122.25 | 146.7 | 171.15 | 195.6 | 244.5 |
| 98 | 24.70 | 49.4 | 74.10 | 98.8 | 123.50 | 148.2 | 172.90 | 197.6 | 247.0 |
| 99 | 24.95 | 49.9 | 74.85 | 99.8 | 124.75 | 149.7 | 174.65 | 199.6 | 249.5 |
| 100 | 25.20 | 50.4 | 75.60 | 100.8 | 126.00 | 151.2 | 176.40 | 201.6 | 252.0 |

注：计算公式为 $D_{ee} = m(z + 0.8)$。

### 3.4.4　渐开线花键的公差与配合

渐开线花键的公差等级是指齿槽宽与齿厚及其有关参数，即齿距累积误差、齿形误差和齿向误差的公差等级，公差等级按总公差（$T + \lambda$）的大小划分。GB/T 3478.1—2008 对渐开线花键，规定了 4、5、6、7 四个公差等级。于 4、5 级的通常需磨削加工，6、7 级的只需滚齿、插齿或拉削加工（见表 3.2-40）。渐开线花键的公差计算公式及具体公差值见表 3.2-41 ~ 表 3.2-46。

### 表 3.2-40　渐开线花键公差术语及定义

| 序号 | 术语 | 代号 | 定　　义 |
|---|---|---|---|
| 1 | 齿形裕度 | $C_F$ | 在花键连接中，渐开线齿形超过结合部分的径向距离称为齿形裕度，用来补偿内花键小圆相对于分度圆和外花键大圆相对于分度圆的同轴度误差 |
| 2 | 总公差 | $T + \lambda$ | 加工公差与综合公差之和 |
| 3 | 加工公差 | $T$ | 实际齿槽宽或实际齿厚的允许变动量 |
| 4 | 综合误差 | $\Delta\lambda$ | 花键齿（或齿槽）的形状和位置误差的综合 |
| 4 | 综合公差 | $\lambda$ | 允许的综合误差 |
| 5 | 齿距累积公差 | $\Delta F_p$ | 在分度圆上，同侧齿形偏离理论位置的最大正、负误差的两个绝对值之和 |
| 5 | 齿距累积公差 | $F_p$ | 允许的齿距累积误差 |
| 6 | 齿形误差 | $\Delta F_\alpha$ | 包容实际齿形的两条理论齿形之间的法向距离 |
| 6 | 齿形公差 | $F_\alpha$ | 允许的齿形误差 |
| 7 | 齿向误差 | $\Delta F_\beta$ | 在花键长度范围内，包容实际齿向线的两条理论齿向线之间的分度圆弧长，齿向线是分度圆柱面与齿面的交线 |
| 7 | 齿向公差 | $F_\beta$ | 允许的齿向误差 |

### 表 3.2-41 渐开线花键公差计算式

| 公差等级 | 齿槽宽和齿厚的总公差 $(T+\lambda)$ | 综合公差 $\lambda$ | 齿距累积公差 $F_p$ | 齿形公差 $F_\alpha$ | 齿向公差 $F_\beta$ |
|---|---|---|---|---|---|
| 4 | $10i^{①}+40i^{②}$ | | $2.5\sqrt{L}+6.3$ | $1.6\varphi_\alpha+10$ | $0.8\sqrt{g}+4$ |
| 5 | $16i^{①}+64i^{②}$ | $\lambda=0.6\sqrt{F_p{}^2+f_\alpha{}^2+F_\beta{}^2}$ | $3.55\sqrt{L}+9$ | $2.5\varphi_\alpha+16$ | $1.0\sqrt{g}+5$ |
| 6 | $25i^{①}+100i^{②}$ | | $5\sqrt{L}+12.5$ | $4\varphi_\alpha+25$ | $1.25\sqrt{g}+6.3$ |
| 7 | $40i^{①}+160i^{②}$ | | $7.1\sqrt{L}+18$ | $6.3\varphi_\alpha+40$ | $2.0\sqrt{g}+10$ |

注：1. 各种，$L$—分度圆周长之半（mm），即 $L=\pi mz/2$；$\varphi_\alpha$—公差因数，$\varphi_\alpha=m+0.0125D$；$D$—分度圆直径（mm）；$g$—花键长度（mm）。

    2. 加工公差 $T$ 为总公差 $(T+\lambda)$ 与综合公差 $\lambda$ 之差，即 $(T+\lambda)-\lambda$。

    3. 综合公差是根据齿距累计误差、齿形误差和齿向误差对花键配合的综合影响给定的。考虑到各单项误差不大可能同时以最大值出现在同一花键上，而且三项单项误差不大可能相互无补偿地影响花键配合等情况，所以将三项公差按统计法相加并取其 60% 为综合公差。当花键长度 $g$ 不同时，会影响 $\lambda$ 值的变化，但总公差 $(T+\lambda)$ 不变。

    4. 本表各公式计算结果的单位均为 $\mu m$。

① 是以分度圆直径 $D$ 为基础的公差，其公差单位 $i$：当 $D\leq500mm$ 时，$i=0.45\sqrt[3]{D}+0.001D$；当 $D>500mm$ 时，$i=0.004D+2.1$。

② 是以基本齿槽宽 $E$ 或基本齿厚 $S$ 为基准的公差，其公差单位 $i$：$i=0.45\sqrt[3]{E}+0.001E$ 或 $i=0.45\sqrt[3]{S}+0.001S$。

### 表 3.2-42 总公差 $(T+\lambda)$、综合公差 $\lambda$、齿距累积公差 $F_p$ 和齿形公差 $f_\alpha$   （单位：$\mu m$）

| 齿数 $z$ | 公差等级 4 | | | | 5 | | | | 6 | | | | 7 | | | |
|---|---|---|---|---|---|---|---|---|---|---|---|---|---|---|---|---|
| | $T+\lambda$ | $\lambda$ | $F_p$ | $F_\alpha$ | $T+\lambda$ | $\lambda$ | $F_p$ | $F_\alpha$ | $T+\lambda$ | $\lambda$ | $F_p$ | $F_\alpha$ | $T+\lambda$ | $\lambda$ | $F_p$ | $F_\alpha$ |
| | | | | | | | $m=0.25mm$ | | | | | | | | | |
| 10 | 19 | 10 | 11 | 10 | 31 | 14 | 16 | 17 | 48 | 21 | 22 | 26 | 77 | 32 | 32 | 42 |
| 11 | 20 | 10 | 11 | 10 | 31 | 15 | 16 | 17 | 49 | 21 | 23 | 26 | 78 | 33 | 33 | 42 |
| 12 | 20 | 10 | 12 | 10 | 32 | 15 | 17 | 17 | 49 | 22 | 23 | 26 | 79 | 33 | 33 | 42 |
| 13 | 20 | 10 | 12 | 10 | 32 | 15 | 17 | 17 | 50 | 22 | 24 | 26 | 80 | 33 | 34 | 42 |
| 14 | 20 | 10 | 12 | 10 | 32 | 15 | 17 | 17 | 50 | 22 | 24 | 26 | 80 | 33 | 35 | 42 |
| 15 | 20 | 10 | 12 | 10 | 32 | 15 | 18 | 17 | 51 | 22 | 25 | 26 | 81 | 34 | 35 | 42 |
| 16 | 20 | 10 | 13 | 10 | 33 | 15 | 18 | 17 | 51 | 22 | 25 | 26 | 82 | 34 | 36 | 42 |
| 17 | 21 | 10 | 13 | 10 | 33 | 15 | 18 | 17 | 51 | 22 | 25 | 26 | 82 | 34 | 36 | 42 |
| 18 | 21 | 10 | 13 | 10 | 33 | 15 | 18 | 17 | 52 | 23 | 26 | 26 | 83 | 34 | 37 | 42 |
| 19 | 21 | 11 | 13 | 10 | 33 | 16 | 19 | 17 | 52 | 23 | 26 | 26 | 83 | 35 | 37 | 42 |
| 20 | 21 | 11 | 13 | 11 | 34 | 16 | 19 | 17 | 52 | 23 | 27 | 26 | 84 | 35 | 38 | 42 |
| 21 | 21 | 11 | 13 | 11 | 34 | 16 | 19 | 17 | 53 | 23 | 27 | 26 | 84 | 35 | 38 | 42 |
| 22 | 21 | 11 | 14 | 11 | 34 | 16 | 20 | 17 | 53 | 23 | 28 | 26 | 85 | 35 | 39 | 42 |
| 23 | 21 | 11 | 14 | 11 | 34 | 16 | 20 | 17 | 53 | 23 | 28 | 26 | 85 | 35 | 39 | 42 |
| 24 | 21 | 11 | 14 | 11 | 34 | 16 | 20 | 17 | 54 | 24 | 28 | 26 | 86 | 36 | 40 | 42 |
| 25 | 22 | 11 | 14 | 11 | 34 | 16 | 20 | 17 | 54 | 24 | 28 | 26 | 86 | 36 | 40 | 42 |
| 26 | 22 | 11 | 14 | 11 | 35 | 16 | 21 | 17 | 54 | 24 | 29 | 26 | 87 | 36 | 41 | 42 |
| 27 | 22 | 11 | 15 | 11 | 35 | 16 | 21 | 17 | 55 | 24 | 29 | 26 | 87 | 36 | 41 | 42 |
| 28 | 22 | 11 | 15 | 11 | 35 | 17 | 21 | 17 | 55 | 24 | 29 | 26 | 87 | 36 | 42 | 42 |
| 29 | 22 | 11 | 15 | 11 | 35 | 17 | 21 | 17 | 55 | 24 | 29 | 26 | 88 | 37 | 42 | 42 |
| 30 | 22 | 11 | 15 | 11 | 35 | 17 | 21 | 17 | 55 | 24 | 30 | 26 | 88 | 37 | 42 | 42 |
| 31 | 22 | 12 | 15 | 11 | 35 | 17 | 22 | 17 | 55 | 25 | 30 | 26 | 89 | 37 | 43 | 42 |
| 32 | 22 | 12 | 15 | 11 | 36 | 17 | 22 | 17 | 56 | 25 | 30 | 26 | 89 | 37 | 43 | 42 |
| 33 | 22 | 12 | 15 | 11 | 36 | 17 | 22 | 17 | 56 | 25 | 30 | 26 | 89 | 37 | 44 | 42 |
| 34 | 22 | 12 | 15 | 11 | 36 | 17 | 22 | 17 | 56 | 25 | 31 | 26 | 90 | 38 | 44 | 42 |
| 35 | 23 | 12 | 16 | 11 | 36 | 17 | 22 | 17 | 56 | 25 | 31 | 26 | 90 | 38 | 44 | 42 |
| 36 | 23 | 12 | 16 | 11 | 36 | 17 | 22 | 17 | 57 | 25 | 31 | 26 | 91 | 38 | 45 | 42 |
| 37 | 23 | 12 | 16 | 11 | 36 | 17 | 23 | 17 | 57 | 25 | 32 | 26 | 91 | 38 | 45 | 42 |

（续）

| 齿数 z | 公差等级 | | | | | | | | | | | | | | | |
|---|---|---|---|---|---|---|---|---|---|---|---|---|---|---|---|---|
| | 4 | | | | 5 | | | | 6 | | | | 7 | | | |
| | $T+\lambda$ | $\lambda$ | $F_p$ | $F_\alpha$ | $T+\lambda$ | $\lambda$ | $F_p$ | $F_\alpha$ | $T+\lambda$ | $\lambda$ | $F_p$ | $F_\alpha$ | $T+\lambda$ | $\lambda$ | $F_p$ | $F_\alpha$ |
| $m=0.25\,\mathrm{mm}$ | | | | | | | | | | | | | | | | |
| 38 | 23 | 12 | 16 | 11 | 37 | 18 | 23 | 17 | 57 | 25 | 32 | 26 | 91 | 38 | 45 | 42 |
| 39 | 23 | 12 | 16 | 11 | 37 | 18 | 23 | 17 | 57 | 26 | 32 | 26 | 92 | 38 | 46 | 42 |
| 40 | 23 | 12 | 16 | 11 | 37 | 18 | 23 | 17 | 57 | 26 | 32 | 27 | 92 | 39 | 46 | 42 |
| 41 | 23 | 12 | 16 | 11 | 37 | 18 | 23 | 17 | 58 | 26 | 33 | 27 | 92 | 39 | 46 | 42 |
| 42 | 23 | 12 | 16 | 11 | 37 | 18 | 23 | 17 | 58 | 26 | 33 | 27 | 93 | 39 | 47 | 42 |
| 43 | 23 | 12 | 17 | 11 | 37 | 18 | 24 | 17 | 58 | 26 | 33 | 27 | 93 | 39 | 47 | 42 |
| 44 | 23 | 12 | 17 | 11 | 37 | 18 | 24 | 17 | 58 | 26 | 33 | 27 | 93 | 39 | 48 | 42 |
| 45 | 23 | 12 | 17 | 11 | 37 | 18 | 24 | 17 | 58 | 26 | 34 | 27 | 94 | 39 | 48 | 42 |
| 46 | 23 | 13 | 17 | 11 | 38 | 18 | 24 | 17 | 59 | 26 | 34 | 27 | 94 | 40 | 48 | 42 |
| 47 | 24 | 13 | 17 | 11 | 38 | 18 | 24 | 17 | 59 | 26 | 34 | 27 | 94 | 40 | 49 | 43 |
| 48 | 24 | 13 | 17 | 11 | 38 | 18 | 24 | 17 | 59 | 27 | 34 | 27 | 94 | 40 | 49 | 43 |
| 49 | 24 | 13 | 17 | 11 | 38 | 18 | 25 | 17 | 59 | 27 | 34 | 27 | 95 | 40 | 49 | 43 |
| 50 | 24 | 13 | 17 | 11 | 38 | 19 | 25 | 17 | 59 | 27 | 35 | 27 | 95 | 40 | 49 | 43 |
| 51 | 24 | 13 | 17 | 11 | 38 | 19 | 25 | 17 | 60 | 27 | 35 | 27 | 95 | 40 | 50 | 43 |
| 52 | 24 | 13 | 18 | 11 | 38 | 19 | 25 | 17 | 60 | 27 | 35 | 27 | 96 | 40 | 50 | 43 |
| 53 | 24 | 13 | 18 | 11 | 38 | 19 | 25 | 17 | 60 | 27 | 35 | 27 | 96 | 41 | 50 | 43 |
| 54 | 24 | 13 | 18 | 11 | 38 | 19 | 25 | 17 | 60 | 27 | 36 | 27 | 96 | 41 | 51 | 43 |
| 55 | 24 | 13 | 18 | 11 | 39 | 19 | 25 | 17 | 60 | 27 | 36 | 27 | 96 | 41 | 51 | 43 |
| 56 | 24 | 13 | 18 | 11 | 39 | 19 | 26 | 17 | 60 | 27 | 36 | 27 | 97 | 41 | 51 | 43 |
| 57 | 24 | 13 | 18 | 11 | 39 | 19 | 26 | 17 | 61 | 28 | 36 | 27 | 97 | 41 | 52 | 43 |
| 58 | 24 | 13 | 18 | 11 | 39 | 19 | 26 | 17 | 61 | 28 | 36 | 27 | 97 | 41 | 52 | 43 |
| 59 | 24 | 13 | 18 | 11 | 39 | 19 | 26 | 17 | 61 | 28 | 37 | 27 | 97 | 42 | 52 | 43 |
| 60 | 24 | 13 | 18 | 11 | 39 | 19 | 26 | 17 | 61 | 28 | 37 | 27 | 98 | 42 | 52 | 43 |
| 61 | 25 | 13 | 19 | 11 | 39 | 19 | 26 | 17 | 61 | 28 | 37 | 27 | 98 | 42 | 53 | 43 |
| 62 | 25 | 13 | 19 | 11 | 39 | 20 | 27 | 17 | 61 | 28 | 37 | 27 | 98 | 42 | 53 | 43 |
| 63 | 25 | 13 | 19 | 11 | 39 | 20 | 27 | 17 | 62 | 28 | 37 | 27 | 99 | 42 | 53 | 43 |
| 64 | 25 | 14 | 19 | 11 | 40 | 20 | 27 | 17 | 62 | 28 | 38 | 27 | 99 | 42 | 54 | 43 |
| 65 | 25 | 14 | 19 | 11 | 40 | 20 | 27 | 17 | 62 | 28 | 38 | 27 | 99 | 42 | 54 | 43 |
| 66 | 25 | 14 | 19 | 11 | 40 | 20 | 27 | 17 | 62 | 29 | 38 | 27 | 99 | 43 | 54 | 43 |
| 67 | 25 | 14 | 19 | 11 | 40 | 20 | 27 | 17 | 62 | 29 | 38 | 27 | 99 | 43 | 54 | 43 |
| 68 | 25 | 14 | 19 | 11 | 40 | 20 | 27 | 17 | 62 | 29 | 38 | 27 | 100 | 43 | 55 | 43 |
| 69 | 25 | 14 | 19 | 11 | 40 | 20 | 27 | 17 | 62 | 29 | 39 | 27 | 100 | 43 | 55 | 43 |
| 70 | 25 | 14 | 19 | 11 | 40 | 20 | 28 | 17 | 63 | 29 | 39 | 27 | 100 | 43 | 55 | 43 |
| 71 | 25 | 14 | 20 | 11 | 40 | 20 | 28 | 17 | 63 | 29 | 39 | 27 | 100 | 43 | 55 | 43 |
| 72 | 25 | 14 | 20 | 11 | 40 | 20 | 28 | 17 | 63 | 29 | 39 | 27 | 101 | 43 | 56 | 43 |
| 73 | 25 | 14 | 20 | 11 | 40 | 20 | 28 | 17 | 63 | 29 | 39 | 27 | 101 | 43 | 56 | 43 |
| 74 | 25 | 14 | 20 | 11 | 40 | 20 | 28 | 17 | 63 | 29 | 39 | 27 | 101 | 44 | 56 | 43 |
| 75 | 25 | 14 | 20 | 11 | 41 | 20 | 28 | 17 | 63 | 29 | 40 | 27 | 101 | 44 | 57 | 43 |
| 76 | 25 | 14 | 20 | 11 | 41 | 21 | 28 | 17 | 63 | 29 | 40 | 27 | 102 | 44 | 57 | 43 |
| 77 | 25 | 14 | 20 | 11 | 41 | 21 | 29 | 17 | 64 | 30 | 40 | 27 | 102 | 44 | 57 | 43 |
| 78 | 25 | 14 | 20 | 11 | 41 | 21 | 29 | 17 | 64 | 30 | 40 | 27 | 102 | 44 | 57 | 43 |
| 79 | 26 | 14 | 20 | 11 | 41 | 21 | 29 | 17 | 64 | 30 | 40 | 27 | 102 | 44 | 58 | 43 |
| 80 | 26 | 14 | 20 | 11 | 41 | 21 | 29 | 17 | 64 | 30 | 41 | 27 | 102 | 44 | 58 | 43 |
| 81 | 26 | 14 | 20 | 11 | 41 | 21 | 29 | 17 | 64 | 30 | 41 | 27 | 103 | 44 | 58 | 43 |
| 82 | 26 | 14 | 20 | 11 | 41 | 21 | 29 | 17 | 64 | 30 | 41 | 27 | 103 | 45 | 58 | 43 |
| 83 | 26 | 14 | 21 | 11 | 41 | 21 | 29 | 17 | 64 | 30 | 41 | 27 | 103 | 45 | 59 | 43 |
| 84 | 26 | 15 | 21 | 11 | 41 | 21 | 29 | 17 | 65 | 30 | 41 | 27 | 103 | 45 | 59 | 43 |

（续）

| 齿数 | 公 差 等 级 | | | | | | | | | | | | | | | |
|---|---|---|---|---|---|---|---|---|---|---|---|---|---|---|---|---|
| z | 4 | | | | 5 | | | | 6 | | | | 7 | | | |
| | $T+\lambda$ | $\lambda$ | $F_p$ | $F_\alpha$ | $T+\lambda$ | $\lambda$ | $F_p$ | $F_\alpha$ | $T+\lambda$ | $\lambda$ | $F_p$ | $F_\alpha$ | $T+\lambda$ | $\lambda$ | $F_p$ | $F_\alpha$ |
| | | | | | | | $m=0.25$mm | | | | | | | | | |
| 85 | 26 | 15 | 21 | 11 | 41 | 21 | 30 | 17 | 65 | 30 | 41 | 27 | 103 | 45 | 59 | 43 |
| 86 | 26 | 15 | 21 | 11 | 41 | 21 | 30 | 17 | 65 | 30 | 42 | 27 | 104 | 45 | 59 | 43 |
| 87 | 26 | 15 | 21 | 11 | 42 | 21 | 30 | 17 | 65 | 30 | 42 | 27 | 104 | 45 | 60 | 43 |
| 88 | 26 | 15 | 21 | 11 | 42 | 21 | 30 | 17 | 65 | 31 | 42 | 27 | 104 | 45 | 60 | 43 |
| 89 | 26 | 15 | 21 | 11 | 42 | 21 | 30 | 17 | 65 | 31 | 42 | 27 | 104 | 46 | 60 | 43 |
| 90 | 26 | 15 | 21 | 11 | 42 | 21 | 30 | 17 | 65 | 31 | 42 | 27 | 104 | 46 | 60 | 43 |
| 91 | 26 | 15 | 21 | 11 | 42 | 22 | 30 | 17 | 65 | 31 | 42 | 27 | 105 | 46 | 60 | 43 |
| 92 | 26 | 15 | 21 | 11 | 42 | 22 | 30 | 17 | 66 | 31 | 43 | 27 | 105 | 46 | 61 | 43 |
| 93 | 26 | 15 | 21 | 11 | 42 | 22 | 30 | 17 | 66 | 31 | 43 | 27 | 105 | 46 | 61 | 43 |
| 94 | 26 | 15 | 21 | 11 | 42 | 22 | 31 | 17 | 66 | 31 | 43 | 27 | 105 | 46 | 61 | 43 |
| 95 | 26 | 15 | 22 | 11 | 42 | 22 | 31 | 17 | 66 | 31 | 43 | 27 | 105 | 46 | 61 | 43 |
| 96 | 26 | 15 | 22 | 11 | 42 | 22 | 31 | 17 | 66 | 31 | 43 | 27 | 106 | 46 | 62 | 43 |
| 97 | 26 | 15 | 22 | 11 | 42 | 22 | 31 | 17 | 66 | 31 | 43 | 27 | 106 | 46 | 62 | 43 |
| 98 | 27 | 15 | 22 | 11 | 42 | 22 | 31 | 17 | 66 | 31 | 44 | 27 | 106 | 47 | 62 | 44 |
| 99 | 27 | 15 | 22 | 11 | 42 | 22 | 31 | 17 | 66 | 32 | 44 | 27 | 106 | 47 | 62 | 44 |
| 100 | 27 | 15 | 22 | 11 | 43 | 22 | 31 | 17 | 66 | 32 | 44 | 27 | 106 | 47 | 62 | 44 |
| | | | | | | | $m=0.5$mm | | | | | | | | | |
| 10 | 24 | 11 | 13 | 11 | 39 | 16 | 19 | 17 | 61 | 23 | 27 | 27 | 98 | 36 | 38 | 44 |
| 11 | 25 | 11 | 14 | 11 | 39 | 16 | 19 | 17 | 62 | 24 | 27 | 27 | 99 | 36 | 39 | 44 |
| 12 | 25 | 11 | 14 | 11 | 40 | 16 | 20 | 17 | 62 | 24 | 28 | 27 | 99 | 36 | 40 | 44 |
| 13 | 25 | 11 | 14 | 11 | 40 | 17 | 20 | 17 | 63 | 24 | 28 | 27 | 100 | 37 | 41 | 44 |
| 14 | 25 | 11 | 15 | 11 | 41 | 17 | 21 | 17 | 63 | 25 | 29 | 27 | 101 | 37 | 42 | 44 |
| 15 | 26 | 12 | 15 | 11 | 41 | 17 | 21 | 17 | 64 | 25 | 30 | 27 | 102 | 37 | 42 | 44 |
| 16 | 26 | 12 | 15 | 11 | 41 | 17 | 22 | 18 | 64 | 25 | 30 | 27 | 103 | 38 | 43 | 44 |
| 17 | 26 | 12 | 15 | 11 | 41 | 17 | 22 | 18 | 65 | 25 | 31 | 27 | 104 | 38 | 44 | 44 |
| 18 | 26 | 12 | 16 | 11 | 42 | 18 | 22 | 18 | 65 | 26 | 31 | 27 | 104 | 39 | 45 | 44 |
| 19 | 26 | 12 | 16 | 11 | 42 | 18 | 23 | 18 | 66 | 26 | 32 | 27 | 105 | 39 | 45 | 44 |
| 20 | 26 | 12 | 16 | 11 | 42 | 18 | 23 | 18 | 66 | 26 | 32 | 28 | 106 | 39 | 46 | 44 |
| 21 | 27 | 12 | 16 | 11 | 43 | 18 | 23 | 18 | 66 | 26 | 33 | 28 | 106 | 40 | 47 | 44 |
| 22 | 27 | 13 | 17 | 11 | 43 | 18 | 24 | 18 | 67 | 27 | 33 | 28 | 107 | 40 | 48 | 44 |
| 23 | 27 | 13 | 17 | 11 | 43 | 18 | 24 | 18 | 67 | 27 | 34 | 28 | 108 | 40 | 48 | 44 |
| 24 | 27 | 13 | 17 | 11 | 43 | 19 | 24 | 18 | 68 | 27 | 34 | 28 | 108 | 40 | 49 | 44 |
| 25 | 27 | 13 | 17 | 11 | 44 | 19 | 25 | 18 | 68 | 27 | 35 | 28 | 109 | 41 | 49 | 44 |
| 26 | 27 | 13 | 18 | 11 | 44 | 19 | 25 | 18 | 68 | 27 | 35 | 28 | 109 | 41 | 50 | 44 |
| 27 | 27 | 13 | 18 | 11 | 44 | 19 | 25 | 18 | 69 | 28 | 36 | 28 | 110 | 41 | 51 | 44 |
| 28 | 28 | 13 | 18 | 11 | 44 | 19 | 26 | 18 | 69 | 28 | 36 | 28 | 110 | 42 | 51 | 44 |
| 29 | 28 | 13 | 18 | 11 | 44 | 19 | 26 | 18 | 69 | 28 | 36 | 28 | 111 | 42 | 52 | 44 |
| 30 | 28 | 13 | 18 | 11 | 45 | 20 | 26 | 18 | 70 | 28 | 37 | 28 | 112 | 42 | 52 | 44 |
| 31 | 28 | 14 | 19 | 11 | 45 | 20 | 27 | 18 | 70 | 28 | 37 | 28 | 112 | 43 | 53 | 44 |
| 32 | 28 | 14 | 19 | 11 | 45 | 20 | 27 | 18 | 70 | 29 | 38 | 28 | 113 | 43 | 54 | 44 |
| 33 | 28 | 14 | 19 | 11 | 45 | 20 | 27 | 18 | 71 | 29 | 38 | 28 | 113 | 43 | 54 | 44 |
| 34 | 28 | 14 | 19 | 11 | 45 | 20 | 27 | 18 | 71 | 29 | 38 | 28 | 113 | 43 | 55 | 44 |
| 35 | 28 | 14 | 19 | 11 | 46 | 20 | 28 | 18 | 71 | 29 | 39 | 28 | 114 | 44 | 55 | 45 |
| 36 | 29 | 14 | 20 | 11 | 46 | 20 | 28 | 18 | 72 | 29 | 39 | 28 | 114 | 44 | 56 | 45 |
| 37 | 29 | 14 | 20 | 11 | 46 | 21 | 28 | 18 | 72 | 30 | 39 | 28 | 115 | 44 | 56 | 45 |
| 38 | 29 | 14 | 20 | 11 | 46 | 21 | 28 | 18 | 72 | 30 | 40 | 28 | 115 | 44 | 57 | 45 |
| 39 | 29 | 14 | 20 | 11 | 46 | 21 | 29 | 18 | 72 | 30 | 40 | 28 | 116 | 45 | 57 | 45 |

（续）

| 齿数 | 公　差　等　级 | | | | | | | | | | | | | | | |
|---|---|---|---|---|---|---|---|---|---|---|---|---|---|---|---|---|
| | 4 | | | | 5 | | | | 6 | | | | 7 | | | |
| $z$ | $T+\lambda$ | $\lambda$ | $F_p$ | $F_\alpha$ | $T+\lambda$ | $\lambda$ | $F_p$ | $F_\alpha$ | $T+\lambda$ | $\lambda$ | $F_p$ | $F_\alpha$ | $T+\lambda$ | $\lambda$ | $F_p$ | $F_\alpha$ |
| | | | | | | | | | $m=0.5$mm | | | | | | | |
| 40 | 29 | 14 | 20 | 11 | 46 | 21 | 29 | 18 | 73 | 30 | 41 | 28 | 116 | 45 | 58 | 45 |
| 41 | 29 | 15 | 20 | 11 | 47 | 21 | 29 | 18 | 73 | 30 | 41 | 28 | 117 | 45 | 58 | 45 |
| 42 | 29 | 15 | 21 | 11 | 47 | 21 | 29 | 18 | 73 | 31 | 41 | 28 | 117 | 45 | 59 | 45 |
| 43 | 29 | 15 | 21 | 11 | 47 | 21 | 30 | 18 | 73 | 31 | 42 | 28 | 117 | 46 | 59 | 45 |
| 44 | 29 | 15 | 21 | 11 | 47 | 21 | 30 | 18 | 74 | 31 | 42 | 28 | 118 | 46 | 60 | 45 |
| 45 | 30 | 15 | 21 | 11 | 47 | 22 | 30 | 18 | 74 | 31 | 42 | 28 | 118 | 46 | 60 | 45 |
| 46 | 30 | 15 | 21 | 11 | 47 | 22 | 30 | 18 | 74 | 31 | 43 | 28 | 119 | 46 | 61 | 45 |
| 47 | 30 | 15 | 21 | 11 | 48 | 22 | 31 | 18 | 74 | 31 | 43 | 28 | 119 | 47 | 61 | 45 |
| 48 | 30 | 15 | 22 | 11 | 48 | 22 | 31 | 18 | 75 | 32 | 43 | 28 | 119 | 47 | 62 | 45 |
| 49 | 30 | 15 | 22 | 11 | 48 | 22 | 31 | 18 | 75 | 32 | 44 | 28 | 120 | 47 | 62 | 45 |
| 50 | 30 | 15 | 22 | 11 | 48 | 22 | 31 | 18 | 75 | 32 | 44 | 28 | 120 | 47 | 62 | 45 |
| 51 | 30 | 15 | 22 | 11 | 48 | 22 | 31 | 18 | 75 | 32 | 44 | 28 | 121 | 48 | 63 | 45 |
| 52 | 30 | 16 | 22 | 11 | 48 | 22 | 32 | 18 | 76 | 32 | 44 | 28 | 121 | 48 | 63 | 45 |
| 53 | 30 | 16 | 22 | 11 | 48 | 23 | 32 | 18 | 76 | 32 | 45 | 28 | 121 | 48 | 64 | 45 |
| 54 | 30 | 16 | 23 | 11 | 49 | 23 | 32 | 18 | 76 | 33 | 45 | 28 | 122 | 48 | 64 | 45 |
| 55 | 30 | 16 | 23 | 11 | 49 | 23 | 32 | 18 | 76 | 33 | 45 | 28 | 122 | 49 | 65 | 45 |
| 56 | 31 | 16 | 23 | 11 | 49 | 23 | 33 | 18 | 76 | 33 | 46 | 28 | 122 | 49 | 65 | 45 |
| 57 | 31 | 16 | 23 | 11 | 49 | 23 | 33 | 18 | 77 | 33 | 46 | 28 | 123 | 49 | 66 | 45 |
| 58 | 31 | 16 | 23 | 11 | 49 | 23 | 33 | 18 | 77 | 33 | 46 | 28 | 123 | 49 | 66 | 45 |
| 59 | 31 | 16 | 23 | 11 | 49 | 23 | 33 | 18 | 77 | 33 | 47 | 28 | 123 | 49 | 66 | 45 |
| 60 | 31 | 16 | 23 | 11 | 49 | 23 | 33 | 18 | 77 | 34 | 47 | 29 | 124 | 50 | 67 | 46 |
| 61 | 31 | 16 | 24 | 11 | 50 | 24 | 34 | 18 | 77 | 34 | 47 | 29 | 124 | 50 | 67 | 46 |
| 62 | 31 | 16 | 24 | 11 | 50 | 24 | 34 | 18 | 78 | 34 | 47 | 29 | 124 | 50 | 68 | 46 |
| 63 | 31 | 16 | 24 | 11 | 50 | 24 | 34 | 18 | 78 | 34 | 48 | 29 | 125 | 50 | 68 | 46 |
| 64 | 31 | 17 | 24 | 11 | 50 | 24 | 34 | 18 | 78 | 34 | 48 | 29 | 125 | 50 | 68 | 46 |
| 65 | 31 | 17 | 24 | 11 | 50 | 24 | 34 | 18 | 78 | 34 | 48 | 29 | 125 | 51 | 69 | 46 |
| 66 | 31 | 17 | 24 | 11 | 50 | 24 | 35 | 18 | 78 | 34 | 48 | 29 | 126 | 51 | 69 | 46 |
| 67 | 31 | 17 | 24 | 11 | 50 | 24 | 35 | 18 | 79 | 35 | 49 | 29 | 126 | 51 | 70 | 46 |
| 68 | 32 | 17 | 25 | 11 | 50 | 24 | 35 | 18 | 79 | 35 | 49 | 29 | 126 | 51 | 70 | 46 |
| 69 | 32 | 17 | 25 | 11 | 51 | 24 | 35 | 18 | 79 | 35 | 49 | 29 | 126 | 52 | 70 | 46 |
| 70 | 32 | 17 | 25 | 12 | 51 | 25 | 35 | 18 | 79 | 35 | 50 | 29 | 127 | 52 | 71 | 46 |
| 71 | 32 | 17 | 25 | 12 | 51 | 25 | 36 | 18 | 79 | 35 | 50 | 29 | 127 | 52 | 71 | 46 |
| 72 | 32 | 17 | 25 | 12 | 51 | 25 | 36 | 18 | 80 | 35 | 50 | 29 | 127 | 52 | 71 | 46 |
| 73 | 32 | 17 | 25 | 12 | 51 | 25 | 36 | 18 | 80 | 36 | 50 | 29 | 128 | 52 | 72 | 46 |
| 74 | 32 | 17 | 25 | $F_\alpha$ | 51 | 25 | 36 | 18 | 80 | 36 | 51 | 29 | 128 | 53 | 72 | 46 |
| 75 | 32 | 17 | 25 | 12 | 51 | 25 | 36 | 18 | 80 | 36 | 51 | 29 | 128 | 53 | 72 | 46 |
| 76 | 32 | 17 | 26 | 12 | 51 | 25 | 36 | 18 | 80 | 36 | 51 | 29 | 129 | 53 | 73 | 46 |
| 77 | 32 | 18 | 26 | 12 | 52 | 25 | 37 | 18 | 81 | 36 | 51 | 29 | 129 | 53 | 73 | 46 |
| 78 | 32 | 18 | 26 | 12 | 52 | 25 | 37 | 18 | 81 | 36 | 52 | 29 | 129 | 53 | 74 | 46 |
| 79 | 32 | 18 | 26 | 12 | 52 | 25 | 37 | 18 | 81 | 36 | 52 | 29 | 129 | 54 | 74 | 46 |
| 80 | 32 | 18 | 26 | 12 | 52 | 26 | 37 | 19 | 81 | 36 | 52 | 29 | 130 | 54 | 74 | 46 |
| 81 | 32 | 18 | 26 | 12 | 52 | 26 | 37 | 19 | 81 | 37 | 52 | 29 | 130 | 54 | 75 | 46 |
| 82 | 33 | 18 | 26 | 12 | 52 | 26 | 37 | 19 | 81 | 37 | 53 | 29 | 130 | 54 | 75 | 46 |
| 83 | 33 | 18 | 26 | 12 | 52 | 26 | 38 | 19 | 82 | 37 | 53 | 29 | 130 | 54 | 75 | 46 |
| 84 | 33 | 18 | 27 | 12 | 52 | 26 | 38 | 19 | 82 | 37 | 53 | 29 | 131 | 55 | 76 | 46 |
| 85 | 33 | 18 | 27 | 12 | 52 | 26 | 38 | 19 | 82 | 37 | 53 | 29 | 131 | 55 | 76 | 46 |
| 86 | 33 | 18 | 27 | 12 | 53 | 26 | 38 | 19 | 82 | 37 | 54 | 29 | 131 | 55 | 76 | 47 |

（续）

| 齿数 z | 公 差 等 级 | | | | | | | | | | | | | | | |
|---|---|---|---|---|---|---|---|---|---|---|---|---|---|---|---|
| | 4 | | | | 5 | | | | 6 | | | | 7 | | | |
| | $T+\lambda$ | $\lambda$ | $F_p$ | $F_\alpha$ | $T+\lambda$ | $\lambda$ | $F_p$ | $F_\alpha$ | $T+\lambda$ | $\lambda$ | $F_p$ | $F_\alpha$ | $T+\lambda$ | $\lambda$ | $F_p$ | $F_\alpha$ |
| | | | | | | | $m=0.5$mm | | | | | | | | | |
| 87 | 33 | 18 | 27 | 12 | 53 | 26 | 38 | 19 | 82 | 37 | 54 | 29 | 132 | 55 | 77 | 47 |
| 88 | 33 | 18 | 27 | 12 | 53 | 26 | 39 | 19 | 82 | 38 | 54 | 29 | 132 | 55 | 77 | 47 |
| 89 | 33 | 18 | 27 | 12 | 53 | 26 | 39 | 19 | 83 | 38 | 54 | 29 | 132 | 55 | 77 | 47 |
| 90 | 33 | 18 | 27 | 12 | 53 | 27 | 39 | 19 | 83 | 38 | 55 | 29 | 132 | 56 | 78 | 47 |
| 91 | 33 | 19 | 27 | 12 | 53 | 27 | 39 | 19 | 83 | 38 | 55 | 29 | 133 | 56 | 78 | 47 |
| 92 | 33 | 19 | 28 | 12 | 53 | 27 | 39 | 19 | 83 | 38 | 55 | 29 | 133 | 56 | 78 | 47 |
| 93 | 33 | 19 | 28 | 12 | 53 | 27 | 39 | 19 | 83 | 38 | 55 | 29 | 133 | 56 | 79 | 47 |
| 94 | 33 | 19 | 28 | 12 | 53 | 27 | 40 | 19 | 83 | 38 | 55 | 29 | 133 | 56 | 79 | 47 |
| 95 | 33 | 19 | 28 | 12 | 53 | 27 | 40 | 19 | 83 | 39 | 56 | 29 | 134 | 57 | 79 | 47 |
| 96 | 33 | 19 | 28 | 12 | 54 | 27 | 40 | 19 | 84 | 39 | 56 | 29 | 134 | 57 | 80 | 47 |
| 97 | 34 | 19 | 28 | 12 | 54 | 27 | 40 | 19 | 84 | 39 | 56 | 29 | 134 | 57 | 80 | 47 |
| 98 | 34 | 19 | 28 | 12 | 54 | 27 | 40 | 19 | 84 | 39 | 56 | 29 | 134 | 57 | 80 | 47 |
| 99 | 34 | 19 | 28 | 12 | 54 | 27 | 40 | 19 | 84 | 39 | 57 | 29 | 135 | 57 | 81 | 47 |
| 100 | 34 | 19 | 28 | 12 | 54 | 27 | 40 | 19 | 84 | 39 | 57 | 30 | 135 | 57 | 81 | 47 |
| | | | | | | | $m=0.75$mm | | | | | | | | | |
| 10 | 28 | 12 | 15 | 11 | 45 | 17 | 21 | 18 | 70 | 25 | 30 | 28 | 112 | 38 | 42 | 45 |
| 11 | 28 | 12 | 15 | 11 | 45 | 18 | 22 | 18 | 71 | 26 | 30 | 28 | 113 | 39 | 44 | 45 |
| 12 | 29 | 12 | 16 | 11 | 46 | 18 | 22 | 18 | 71 | 26 | 31 | 28 | 114 | 39 | 45 | 45 |
| 13 | 29 | 12 | 16 | 11 | 46 | 18 | 23 | 18 | 72 | 26 | 32 | 28 | 115 | 40 | 46 | 45 |
| 14 | 29 | 13 | 16 | 11 | 46 | 18 | 23 | 18 | 73 | 27 | 33 | 29 | 116 | 40 | 47 | 46 |
| 15 | 29 | 13 | 17 | 11 | 47 | 19 | 24 | 18 | 73 | 27 | 34 | 29 | 117 | 41 | 48 | 46 |
| 16 | 29 | 13 | 17 | 11 | 47 | 19 | 24 | 18 | 74 | 27 | 34 | 29 | 118 | 41 | 49 | 46 |
| 17 | 30 | 13 | 17 | 11 | 48 | 19 | 25 | 18 | 74 | 28 | 35 | 29 | 119 | 42 | 50 | 46 |
| 18 | 30 | 13 | 18 | 11 | 48 | 19 | 25 | 18 | 75 | 28 | 36 | 29 | 120 | 42 | 51 | 46 |
| 19 | 30 | 13 | 18 | 11 | 48 | 20 | 26 | 18 | 75 | 28 | 36 | 29 | 120 | 42 | 52 | 46 |
| 20 | 30 | 14 | 18 | 12 | 48 | 20 | 26 | 18 | 76 | 29 | 37 | 29 | 121 | 43 | 52 | 46 |
| 21 | 30 | 14 | 19 | 12 | 49 | 20 | 27 | 18 | 76 | 29 | 37 | 29 | 122 | 43 | 53 | 46 |
| 22 | 31 | 14 | 19 | 12 | 49 | 20 | 27 | 18 | 77 | 29 | 38 | 29 | 123 | 44 | 54 | 46 |
| 23 | 31 | 14 | 19 | 12 | 49 | 20 | 27 | 18 | 77 | 29 | 39 | 29 | 123 | 44 | 55 | 46 |
| 24 | 31 | 14 | 20 | 12 | 50 | 21 | 28 | 18 | 78 | 30 | 39 | 29 | 124 | 44 | 56 | 46 |
| 25 | 31 | 14 | 20 | 12 | 50 | 21 | 28 | 18 | 78 | 30 | 40 | 29 | 125 | 45 | 57 | 46 |
| 26 | 31 | 14 | 20 | 12 | 50 | 21 | 29 | 18 | 78 | 30 | 40 | 29 | 125 | 45 | 57 | 46 |
| 27 | 32 | 15 | 20 | 12 | 50 | 21 | 29 | 19 | 79 | 31 | 41 | 29 | 126 | 46 | 58 | 46 |
| 28 | 32 | 15 | 21 | 12 | 51 | 21 | 29 | 19 | 79 | 31 | 41 | 29 | 127 | 46 | 59 | 46 |
| 29 | 32 | 15 | 21 | 12 | 51 | 22 | 30 | 19 | 80 | 31 | 42 | 29 | 127 | 46 | 60 | 46 |
| 30 | 32 | 15 | 21 | 12 | 51 | 22 | 30 | 19 | 80 | 31 | 42 | 29 | 128 | 47 | 60 | 46 |
| 31 | 32 | 15 | 21 | 12 | 51 | 22 | 30 | 19 | 80 | 32 | 43 | 29 | 128 | 47 | 61 | 47 |
| 32 | 32 | 15 | 22 | 12 | 52 | 22 | 31 | 19 | 81 | 32 | 43 | 29 | 129 | 47 | 62 | 47 |
| 33 | 32 | 15 | 22 | 12 | 52 | 22 | 31 | 19 | 81 | 32 | 44 | 29 | 130 | 48 | 62 | 47 |
| 34 | 33 | 16 | 22 | 12 | 52 | 23 | 31 | 19 | 81 | 32 | 44 | 29 | 130 | 48 | 63 | 47 |
| 35 | 33 | 16 | 22 | 12 | 52 | 23 | 32 | 19 | 82 | 33 | 45 | 29 | 131 | 48 | 64 | 47 |
| 36 | 33 | 16 | 23 | 12 | 52 | 23 | 32 | 19 | 82 | 33 | 45 | 29 | 131 | 49 | 64 | 47 |
| 37 | 33 | 16 | 23 | 12 | 53 | 23 | 32 | 19 | 82 | 33 | 46 | 29 | 132 | 49 | 65 | 47 |
| 38 | 33 | 16 | 23 | 12 | 53 | 23 | 33 | 19 | 83 | 33 | 46 | 29 | 132 | 49 | 66 | 47 |
| 39 | 33 | 16 | 23 | 12 | 53 | 23 | 33 | 19 | 83 | 34 | 46 | 29 | 133 | 50 | 66 | 47 |
| 40 | 33 | 16 | 23 | 12 | 53 | 24 | 33 | 19 | 83 | 34 | 47 | 30 | 133 | 50 | 67 | 47 |
| 41 | 33 | 16 | 24 | 12 | 54 | 24 | 34 | 19 | 84 | 34 | 47 | 30 | 134 | 50 | 67 | 47 |

（续）

| 齿数 z | 公 差 等 级 | | | | | | | | | | | | | | | |
|---|---|---|---|---|---|---|---|---|---|---|---|---|---|---|---|---|
| | 4 | | | | 5 | | | | 6 | | | | 7 | | | |
| | $T+\lambda$ | $\lambda$ | $F_p$ | $F_\alpha$ | $T+\lambda$ | $\lambda$ | $F_p$ | $F_\alpha$ | $T+\lambda$ | $\lambda$ | $F_p$ | $F_\alpha$ | $T+\lambda$ | $\lambda$ | $F_p$ | $F_\alpha$ |
| | | | | | | | | $m=0.75\text{mm}$ | | | | | | | | |
| 42 | 34 | 17 | 24 | 12 | 54 | 24 | 34 | 19 | 84 | 34 | 48 | 30 | 134 | 51 | 68 | 47 |
| 43 | 34 | 17 | 24 | 12 | 54 | 24 | 34 | 19 | 84 | 35 | 48 | 30 | 135 | 51 | 69 | 47 |
| 44 | 34 | 17 | 24 | 12 | 54 | 24 | 35 | 19 | 85 | 35 | 48 | 30 | 135 | 51 | 69 | 47 |
| 45 | 34 | 17 | 25 | 12 | 54 | 24 | 35 | 19 | 85 | 35 | 49 | 30 | 136 | 52 | 70 | 47 |
| 46 | 34 | 17 | 25 | 12 | 54 | 25 | 35 | 19 | 85 | 35 | 49 | 30 | 136 | 52 | 70 | 47 |
| 47 | 34 | 17 | 25 | 12 | 55 | 25 | 35 | 19 | 85 | 35 | 50 | 30 | 137 | 52 | 71 | 48 |
| 48 | 34 | 17 | 25 | 12 | 55 | 25 | 36 | 19 | 86 | 36 | 50 | 30 | 137 | 53 | 71 | 48 |
| 49 | 34 | 17 | 25 | 12 | 55 | 25 | 36 | 19 | 86 | 36 | 50 | 30 | 137 | 53 | 72 | 48 |
| 50 | 34 | 17 | 25 | 12 | 55 | 25 | 36 | 19 | 86 | 36 | 51 | 30 | 138 | 53 | 72 | 48 |
| 51 | 35 | 18 | 26 | 12 | 55 | 25 | 37 | 19 | 86 | 36 | 51 | 30 | 138 | 54 | 73 | 48 |
| 52 | 35 | 18 | 26 | 12 | 56 | 26 | 37 | 19 | 87 | 37 | 52 | 30 | 139 | 54 | 74 | 48 |
| 53 | 35 | 18 | 26 | 12 | 56 | 26 | 37 | 19 | 87 | 37 | 52 | 30 | 139 | 54 | 74 | 48 |
| 54 | 35 | 18 | 26 | 12 | 56 | 26 | 37 | 19 | 87 | 37 | 52 | 30 | 140 | 54 | 75 | 48 |
| 55 | 35 | 18 | 26 | 12 | 56 | 26 | 38 | 19 | 87 | 37 | 53 | 30 | 140 | 55 | 75 | 48 |
| 56 | 35 | 18 | 27 | 12 | 56 | 26 | 38 | 19 | 88 | 37 | 53 | 30 | 140 | 55 | 76 | 48 |
| 57 | 35 | 18 | 27 | 12 | 56 | 26 | 38 | 19 | 88 | 38 | 53 | 30 | 141 | 55 | 76 | 48 |
| 58 | 35 | 18 | 27 | 12 | 56 | 26 | 38 | 19 | 88 | 38 | 54 | 30 | 141 | 56 | 77 | 48 |
| 59 | 35 | 18 | 27 | 12 | 57 | 27 | 39 | 19 | 88 | 38 | 54 | 30 | 142 | 56 | 77 | 48 |
| 60 | 35 | 19 | 27 | 12 | 57 | 27 | 39 | 19 | 89 | 38 | 55 | 30 | 142 | 56 | 78 | 48 |
| 61 | 36 | 19 | 27 | 12 | 57 | 27 | 39 | 19 | 89 | 38 | 55 | 30 | 142 | 56 | 78 | 48 |
| 62 | 36 | 19 | 28 | 12 | 57 | 27 | 39 | 19 | 89 | 39 | 55 | 30 | 143 | 57 | 79 | 48 |
| 63 | 36 | 19 | 28 | 12 | 57 | 27 | 40 | 19 | 89 | 39 | 56 | 30 | 143 | 57 | 79 | 48 |
| 64 | 36 | 19 | 28 | 12 | 57 | 27 | 40 | 19 | 90 | 39 | 56 | 30 | 143 | 57 | 80 | 49 |
| 65 | 36 | 19 | 28 | 12 | 58 | 27 | 40 | 19 | 90 | 39 | 56 | 30 | 144 | 57 | 80 | 49 |
| 66 | 36 | 19 | 28 | 12 | 58 | 28 | 40 | 19 | 90 | 39 | 57 | 30 | 144 | 58 | 81 | 49 |
| 67 | 36 | 19 | 29 | 12 | 58 | 28 | 41 | 19 | 90 | 39 | 57 | 31 | 145 | 58 | 81 | 49 |
| 68 | 36 | 19 | 29 | 12 | 58 | 28 | 41 | 19 | 91 | 40 | 57 | 31 | 145 | 58 | 82 | 49 |
| 69 | 36 | 19 | 29 | 12 | 58 | 28 | 41 | 19 | 91 | 40 | 58 | 31 | 145 | 59 | 82 | 49 |
| 70 | 36 | 20 | 29 | 12 | 58 | 28 | 41 | 20 | 91 | 40 | 58 | 31 | 146 | 59 | 82 | 49 |
| 71 | 36 | 20 | 29 | 12 | 58 | 28 | 41 | 20 | 91 | 40 | 58 | 31 | 146 | 59 | 83 | 49 |
| 72 | 37 | 20 | 29 | 12 | 59 | 28 | 42 | 20 | 91 | 40 | 59 | 31 | 146 | 59 | 83 | 49 |
| 73 | 37 | 20 | 29 | 12 | 59 | 28 | 42 | 20 | 92 | 41 | 59 | 31 | 147 | 60 | 84 | 49 |
| 74 | 37 | 20 | 30 | 12 | 59 | 29 | 42 | 20 | 92 | 41 | 59 | 31 | 147 | 60 | 84 | 49 |
| 75 | 37 | 20 | 30 | 12 | 59 | 29 | 42 | 20 | 92 | 41 | 59 | 31 | 147 | 60 | 85 | 49 |
| 76 | 37 | 20 | 30 | 12 | 59 | 29 | 43 | 20 | 92 | 41 | 60 | 31 | 148 | 60 | 85 | 49 |
| 77 | 37 | 20 | 30 | 12 | 59 | 29 | 43 | 20 | 93 | 41 | 60 | 31 | 148 | 61 | 86 | 49 |
| 78 | 37 | 20 | 30 | 12 | 59 | 29 | 43 | 20 | 93 | 41 | 60 | 31 | 148 | 61 | 86 | 49 |
| 79 | 37 | 20 | 30 | 12 | 59 | 29 | 43 | 20 | 93 | 42 | 61 | 31 | 149 | 61 | 86 | 49 |
| 80 | 37 | 20 | 31 | 12 | 60 | 29 | 43 | 20 | 93 | 42 | 61 | 31 | 149 | 61 | 87 | 49 |
| 81 | 37 | 21 | 31 | 12 | 60 | 29 | 44 | 20 | 93 | 42 | 61 | 31 | 149 | 62 | 87 | 50 |
| 82 | 37 | 21 | 31 | 12 | 60 | 30 | 44 | 20 | 94 | 42 | 62 | 31 | 150 | 62 | 88 | 50 |
| 83 | 37 | 21 | 31 | 12 | 60 | 30 | 44 | 20 | 94 | 42 | 62 | 31 | 150 | 62 | 88 | 50 |
| 84 | 38 | 21 | 31 | 12 | 60 | 30 | 44 | 20 | 94 | 43 | 62 | 31 | 150 | 62 | 89 | 50 |
| 85 | 38 | 21 | 31 | 12 | 60 | 30 | 45 | 20 | 94 | 43 | 63 | 31 | 151 | 63 | 89 | 50 |
| 86 | 38 | 21 | 31 | 12 | 60 | 30 | 45 | 20 | 94 | 43 | 63 | 31 | 151 | 63 | 89 | 50 |
| 87 | 38 | 21 | 32 | 13 | 60 | 30 | 45 | 20 | 95 | 43 | 63 | 31 | 151 | 63 | 90 | 50 |
| 88 | 38 | 21 | 32 | 13 | 61 | 30 | 45 | 20 | 95 | 43 | 63 | 31 | 152 | 63 | 90 | 50 |

（续）

| 齿数 z | 公差等级 | | | | | | | | | | | | | | | |
|---|---|---|---|---|---|---|---|---|---|---|---|---|---|---|---|---|
| | 4 | | | | 5 | | | | 6 | | | | 7 | | | |
| | $T+\lambda$ | $\lambda$ | $F_p$ | $F_\alpha$ | $T+\lambda$ | $\lambda$ | $F_p$ | $F_\alpha$ | $T+\lambda$ | $\lambda$ | $F_p$ | $F_\alpha$ | $T+\lambda$ | $\lambda$ | $F_p$ | $F_\alpha$ |
| | | | | | | | $m=0.75$mm | | | | | | | | | |
| 89 | 38 | 21 | 32 | 13 | 61 | 30 | 45 | 20 | 95 | 43 | 64 | 31 | 152 | 63 | 91 | 50 |
| 90 | 38 | 21 | 32 | 13 | 61 | 31 | 46 | 20 | 95 | 44 | 64 | 31 | 152 | 64 | 91 | 50 |
| 91 | 38 | 21 | 32 | 13 | 61 | 31 | 46 | 20 | 95 | 44 | 64 | 31 | 152 | 64 | 92 | 50 |
| 92 | 38 | 21 | 32 | 13 | 61 | 31 | 46 | 20 | 95 | 44 | 65 | 31 | 153 | 64 | 92 | 50 |
| 93 | 38 | 22 | 32 | 13 | 61 | 31 | 46 | 20 | 96 | 44 | 65 | 31 | 153 | 64 | 92 | 50 |
| 94 | 38 | 22 | 33 | 13 | 61 | 31 | 46 | 20 | 96 | 44 | 65 | 32 | 153 | 65 | 93 | 50 |
| 95 | 38 | 22 | 33 | 13 | 61 | 31 | 47 | 20 | 96 | 44 | 65 | 32 | 154 | 65 | 93 | 50 |
| 96 | 38 | 22 | 33 | 13 | 62 | 31 | 47 | 20 | 96 | 45 | 66 | 32 | 154 | 65 | 94 | 50 |
| 97 | 39 | 22 | 33 | 13 | 62 | 31 | 47 | 20 | 96 | 45 | 66 | 32 | 154 | 65 | 94 | 50 |
| 98 | 39 | 22 | 33 | 13 | 62 | 31 | 47 | 20 | 97 | 45 | 66 | 32 | 154 | 66 | 94 | 51 |
| 99 | 39 | 22 | 33 | 13 | 62 | 32 | 47 | 20 | 97 | 45 | 66 | 32 | 155 | 66 | 95 | 51 |
| 100 | 39 | 22 | 33 | 13 | 62 | 32 | 48 | 20 | 97 | 45 | 67 | 32 | 155 | 66 | 95 | 51 |
| | | | | | | | $m=1$mm | | | | | | | | | |
| 10 | 31 | 13 | 16 | 12 | 49 | 18 | 23 | 19 | 77 | 27 | 32 | 30 | 123 | 40 | 46 | 47 |
| 11 | 31 | 13 | 17 | 12 | 50 | 19 | 24 | 19 | 78 | 27 | 33 | 30 | 124 | 41 | 48 | 47 |
| 12 | 31 | 13 | 17 | 12 | 50 | 19 | 24 | 19 | 78 | 28 | 34 | 30 | 126 | 42 | 49 | 47 |
| 13 | 32 | 13 | 18 | 12 | 51 | 19 | 25 | 19 | 79 | 28 | 35 | 30 | 127 | 42 | 50 | 47 |
| 14 | 32 | 13 | 18 | 12 | 51 | 20 | 26 | 19 | 80 | 29 | 36 | 30 | 128 | 43 | 51 | 47 |
| 15 | 32 | 14 | 18 | 12 | 52 | 20 | 26 | 19 | 81 | 29 | 37 | 30 | 129 | 43 | 52 | 47 |
| 16 | 32 | 14 | 19 | 12 | 52 | 20 | 27 | 19 | 81 | 29 | 38 | 30 | 130 | 44 | 54 | 48 |
| 17 | 33 | 14 | 19 | 12 | 52 | 21 | 27 | 19 | 82 | 30 | 38 | 30 | 131 | 45 | 55 | 48 |
| 18 | 33 | 14 | 20 | 12 | 53 | 21 | 28 | 19 | 82 | 30 | 39 | 30 | 132 | 45 | 56 | 48 |
| 19 | 33 | 14 | 20 | 12 | 53 | 21 | 28 | 19 | 83 | 31 | 40 | 30 | 133 | 46 | 57 | 48 |
| 20 | 33 | 15 | 20 | 12 | 53 | 21 | 29 | 19 | 83 | 31 | 41 | 30 | 134 | 46 | 58 | 48 |
| 21 | 34 | 15 | 21 | 12 | 54 | 22 | 29 | 19 | 84 | 31 | 41 | 30 | 134 | 47 | 59 | 48 |
| 22 | 34 | 15 | 21 | 12 | 54 | 22 | 30 | 19 | 85 | 32 | 42 | 30 | 135 | 47 | 60 | 48 |
| 23 | 34 | 15 | 21 | 12 | 54 | 22 | 30 | 19 | 85 | 32 | 43 | 30 | 136 | 48 | 61 | 48 |
| 24 | 34 | 15 | 22 | 12 | 55 | 22 | 31 | 19 | 85 | 32 | 43 | 30 | 137 | 48 | 62 | 48 |
| 25 | 34 | 16 | 22 | 12 | 55 | 23 | 31 | 19 | 86 | 33 | 44 | 30 | 138 | 48 | 62 | 48 |
| 26 | 35 | 16 | 22 | 12 | 55 | 23 | 32 | 19 | 86 | 33 | 44 | 30 | 138 | 49 | 63 | 48 |
| 27 | 35 | 16 | 23 | 12 | 56 | 23 | 32 | 19 | 87 | 33 | 45 | 30 | 139 | 49 | 64 | 48 |
| 28 | 35 | 16 | 23 | 12 | 56 | 23 | 33 | 19 | 87 | 34 | 46 | 30 | 140 | 50 | 65 | 49 |
| 29 | 35 | 16 | 23 | 12 | 56 | 24 | 33 | 19 | 88 | 34 | 46 | 30 | 140 | 50 | 66 | 49 |
| 30 | 35 | 16 | 23 | 12 | 56 | 24 | 33 | 19 | 88 | 34 | 47 | 31 | 141 | 51 | 67 | 49 |
| 31 | 35 | 17 | 24 | 12 | 57 | 24 | 34 | 19 | 89 | 34 | 47 | 31 | 142 | 51 | 68 | 49 |
| 32 | 36 | 17 | 24 | 12 | 57 | 24 | 34 | 20 | 89 | 35 | 48 | 31 | 142 | 52 | 68 | 49 |
| 33 | 36 | 17 | 24 | 12 | 57 | 24 | 35 | 20 | 89 | 35 | 48 | 31 | 143 | 52 | 69 | 49 |
| 34 | 36 | 17 | 25 | 12 | 57 | 25 | 35 | 20 | 90 | 35 | 49 | 31 | 144 | 52 | 70 | 49 |
| 35 | 36 | 17 | 25 | 12 | 58 | 25 | 35 | 20 | 90 | 36 | 50 | 31 | 144 | 53 | 71 | 49 |
| 36 | 36 | 17 | 25 | 12 | 58 | 25 | 36 | 20 | 90 | 36 | 50 | 31 | 145 | 53 | 71 | 49 |
| 37 | 36 | 18 | 25 | 12 | 58 | 25 | 36 | 20 | 91 | 36 | 51 | 31 | 145 | 54 | 72 | 49 |
| 38 | 36 | 18 | 26 | 12 | 58 | 25 | 36 | 20 | 91 | 37 | 51 | 31 | 146 | 54 | 73 | 49 |
| 39 | 37 | 18 | 26 | 12 | 59 | 26 | 37 | 20 | 92 | 37 | 52 | 31 | 146 | 54 | 74 | 49 |
| 40 | 37 | 18 | 26 | 12 | 59 | 26 | 37 | 20 | 92 | 37 | 52 | 31 | 147 | 55 | 74 | 49 |
| 41 | 37 | 18 | 26 | 12 | 59 | 26 | 37 | 20 | 92 | 37 | 53 | 31 | 148 | 55 | 75 | 50 |
| 42 | 37 | 18 | 27 | 12 | 59 | 26 | 38 | 20 | 93 | 38 | 53 | 31 | 148 | 55 | 76 | 50 |
| 43 | 37 | 18 | 27 | 12 | 59 | 26 | 38 | 20 | 93 | 38 | 54 | 31 | 149 | 56 | 76 | 50 |

（续）

| 齿数 z | 公 差 等 级 | | | | | | | | | | | | | | | |
|---|---|---|---|---|---|---|---|---|---|---|---|---|---|---|---|---|
| | 4 | | | | 5 | | | | 6 | | | | 7 | | | |
| | $T+\lambda$ | $\lambda$ | $F_p$ | $F_\alpha$ | $T+\lambda$ | $\lambda$ | $F_p$ | $F_\alpha$ | $T+\lambda$ | $\lambda$ | $F_p$ | $F_\alpha$ | $T+\lambda$ | $\lambda$ | $F_p$ | $F_\alpha$ |
| | | | | | | | | $m = 1\text{mm}$ | | | | | | | | |
| 44 | 37 | 18 | 27 | 12 | 60 | 27 | 39 | 20 | 93 | 38 | 54 | 31 | 149 | 56 | 77 | 50 |
| 45 | 37 | 19 | 27 | 13 | 60 | 27 | 39 | 20 | 94 | 38 | 55 | 31 | 150 | 57 | 78 | 50 |
| 46 | 38 | 19 | 28 | 13 | 60 | 27 | 39 | 20 | 94 | 39 | 55 | 31 | 150 | 57 | 78 | 50 |
| 47 | 38 | 19 | 28 | 13 | 60 | 27 | 40 | 20 | 94 | 39 | 55 | 31 | 151 | 57 | 79 | 50 |
| 48 | 38 | 19 | 28 | 13 | 60 | 27 | 40 | 20 | 94 | 39 | 56 | 31 | 151 | 58 | 80 | 50 |
| 49 | 38 | 19 | 28 | 13 | 61 | 28 | 40 | 20 | 95 | 39 | 56 | 31 | 152 | 58 | 80 | 50 |
| 50 | 38 | 19 | 28 | 13 | 61 | 28 | 40 | 20 | 95 | 40 | 57 | 32 | 152 | 58 | 81 | 50 |
| 51 | 38 | 19 | 29 | 13 | 61 | 28 | 41 | 20 | 95 | 40 | 57 | 32 | 153 | 59 | 82 | 50 |
| 52 | 38 | 20 | 29 | 13 | 61 | 28 | 41 | 20 | 96 | 40 | 58 | 32 | 153 | 59 | 82 | 50 |
| 53 | 38 | 20 | 29 | 13 | 61 | 28 | 41 | 20 | 96 | 40 | 58 | 32 | 154 | 59 | 83 | 50 |
| 54 | 39 | 20 | 29 | 13 | 62 | 28 | 42 | 20 | 96 | 41 | 59 | 32 | 154 | 60 | 83 | 51 |
| 55 | 39 | 20 | 30 | 13 | 62 | 29 | 42 | 20 | 97 | 41 | 59 | 32 | 154 | 60 | 84 | 51 |
| 56 | 39 | 20 | 30 | 13 | 62 | 29 | 42 | 20 | 97 | 41 | 59 | 32 | 155 | 60 | 85 | 51 |
| 57 | 39 | 20 | 30 | 13 | 62 | 29 | 43 | 20 | 97 | 41 | 60 | 32 | 155 | 61 | 85 | 51 |
| 58 | 39 | 20 | 30 | 13 | 62 | 29 | 43 | 20 | 97 | 42 | 60 | 32 | 156 | 61 | 86 | 51 |
| 59 | 39 | 20 | 30 | 13 | 63 | 29 | 43 | 20 | 98 | 42 | 61 | 32 | 156 | 61 | 86 | 51 |
| 60 | 39 | 21 | 31 | 13 | 63 | 29 | 43 | 20 | 98 | 42 | 61 | 32 | 157 | 62 | 87 | 51 |
| 61 | 39 | 21 | 31 | 13 | 63 | 30 | 44 | 20 | 98 | 42 | 61 | 32 | 157 | 62 | 88 | 51 |
| 62 | 39 | 21 | 31 | 13 | 63 | 30 | 44 | 20 | 98 | 43 | 62 | 32 | 158 | 62 | 88 | 51 |
| 63 | 39 | 21 | 31 | 13 | 63 | 30 | 44 | 20 | 99 | 43 | 62 | 32 | 158 | 63 | 89 | 51 |
| 64 | 40 | 21 | 31 | 13 | 63 | 30 | 45 | 21 | 99 | 43 | 63 | 32 | 158 | 63 | 89 | 51 |
| 65 | 40 | 21 | 32 | 13 | 64 | 30 | 45 | 21 | 99 | 43 | 63 | 32 | 159 | 63 | 90 | 51 |
| 66 | 40 | 21 | 32 | 13 | 64 | 30 | 45 | 21 | 100 | 43 | 63 | 32 | 159 | 64 | 90 | 51 |
| 67 | 40 | 21 | 32 | 13 | 64 | 31 | 45 | 21 | 100 | 44 | 64 | 32 | 160 | 64 | 91 | 52 |
| 68 | 40 | 21 | 32 | 13 | 64 | 31 | 46 | 21 | 100 | 44 | 64 | 32 | 160 | 64 | 91 | 52 |
| 69 | 40 | 22 | 32 | 13 | 64 | 31 | 46 | 21 | 100 | 44 | 65 | 32 | 160 | 65 | 92 | 52 |
| 70 | 40 | 22 | 33 | 13 | 64 | 31 | 46 | 21 | 101 | 44 | 65 | 33 | 161 | 65 | 92 | 52 |
| 71 | 40 | 22 | 33 | 13 | 64 | 31 | 46 | 21 | 101 | 45 | 65 | 33 | 161 | 65 | 93 | 52 |
| 72 | 40 | 22 | 33 | 13 | 65 | 31 | 47 | 21 | 101 | 45 | 66 | 33 | 162 | 66 | 94 | 52 |
| 73 | 40 | 22 | 33 | 13 | 65 | 32 | 47 | 21 | 101 | 45 | 66 | 33 | 162 | 66 | 94 | 52 |
| 74 | 41 | 22 | 33 | 13 | 65 | 32 | 47 | 21 | 101 | 45 | 66 | 33 | 162 | 66 | 95 | 52 |
| 75 | 41 | 22 | 33 | 13 | 65 | 32 | 48 | 21 | 102 | 45 | 67 | 33 | 163 | 66 | 95 | 52 |
| 76 | 41 | 22 | 34 | 13 | 65 | 32 | 48 | 21 | 102 | 46 | 67 | 33 | 163 | 67 | 96 | 52 |
| 77 | 41 | 22 | 34 | 13 | 65 | 32 | 48 | 21 | 102 | 46 | 67 | 33 | 163 | 67 | 96 | 52 |
| 78 | 41 | 23 | 34 | 13 | 66 | 32 | 48 | 21 | 102 | 46 | 68 | 33 | 164 | 67 | 97 | 52 |
| 79 | 41 | 23 | 34 | 13 | 66 | 32 | 49 | 21 | 103 | 46 | 68 | 33 | 164 | 68 | 97 | 53 |
| 80 | 41 | 23 | 34 | 13 | 66 | 33 | 49 | 21 | 103 | 46 | 69 | 33 | 165 | 68 | 98 | 53 |
| 81 | 41 | 23 | 35 | 13 | 66 | 33 | 49 | 21 | 103 | 47 | 69 | 33 | 165 | 68 | 98 | 53 |
| 82 | 41 | 23 | 35 | 13 | 66 | 33 | 49 | 21 | 103 | 47 | 69 | 33 | 165 | 68 | 99 | 53 |
| 83 | 41 | 23 | 35 | 13 | 66 | 33 | 50 | 21 | 104 | 47 | 70 | 33 | 166 | 69 | 99 | 53 |
| 84 | 42 | 23 | 35 | 13 | 66 | 33 | 50 | 21 | 104 | 47 | 70 | 33 | 166 | 69 | 100 | 53 |
| 85 | 42 | 23 | 35 | 13 | 67 | 33 | 50 | 21 | 104 | 47 | 70 | 33 | 166 | 69 | 100 | 53 |
| 86 | 42 | 23 | 35 | 13 | 67 | 33 | 50 | 21 | 104 | 48 | 71 | 33 | 167 | 70 | 101 | 53 |
| 87 | 42 | 23 | 36 | 13 | 67 | 34 | 51 | 21 | 104 | 48 | 71 | 33 | 167 | 70 | 101 | 53 |
| 88 | 42 | 24 | 36 | 13 | 67 | 34 | 51 | 21 | 105 | 48 | 71 | 33 | 167 | 70 | 101 | 53 |
| 89 | 42 | 24 | 36 | 13 | 67 | 34 | 51 | 21 | 105 | 48 | 72 | 33 | 168 | 70 | 102 | 53 |
| 90 | 42 | 24 | 36 | 13 | 67 | 34 | 51 | 21 | 105 | 48 | 72 | 34 | 168 | 71 | 102 | 53 |

（续）

| 齿数 z | 公 差 等 级 | | | | | | | | | | | | | | | |
|---|---|---|---|---|---|---|---|---|---|---|---|---|---|---|---|---|
| | 4 | | | | 5 | | | | 6 | | | | 7 | | | |
| | $T+\lambda$ | $\lambda$ | $F_p$ | $F_\alpha$ | $T+\lambda$ | $\lambda$ | $F_p$ | $F_\alpha$ | $T+\lambda$ | $\lambda$ | $F_p$ | $F_\alpha$ | $T+\lambda$ | $\lambda$ | $F_p$ | $F_\alpha$ |
| $m=1\,\mathrm{mm}$ | | | | | | | | | | | | | | | | |
| 91 | 42 | 24 | 36 | 13 | 67 | 34 | 51 | 21 | 105 | 49 | 72 | 34 | 168 | 71 | 103 | 53 |
| 92 | 42 | 24 | 36 | 13 | 68 | 34 | 52 | 21 | 105 | 49 | 73 | 34 | 169 | 71 | 103 | 54 |
| 93 | 42 | 24 | 37 | 13 | 68 | 34 | 52 | 21 | 106 | 49 | 73 | 34 | 169 | 72 | 104 | 54 |
| 94 | 42 | 24 | 37 | 13 | 68 | 35 | 52 | 21 | 106 | 49 | 73 | 34 | 169 | 72 | 104 | 54 |
| 95 | 42 | 24 | 37 | 14 | 68 | 35 | 52 | 21 | 106 | 49 | 74 | 34 | 170 | 72 | 105 | 54 |
| 96 | 43 | 24 | 37 | 14 | 68 | 35 | 53 | 22 | 106 | 50 | 74 | 34 | 170 | 72 | 105 | 54 |
| 97 | 43 | 24 | 37 | 14 | 68 | 35 | 53 | 22 | 106 | 50 | 74 | 34 | 170 | 73 | 106 | 54 |
| 98 | 43 | 25 | 37 | 14 | 68 | 35 | 53 | 22 | 107 | 50 | 75 | 34 | 171 | 73 | 106 | 54 |
| 99 | 43 | 25 | 37 | 14 | 68 | 35 | 53 | 22 | 107 | 50 | 75 | 34 | 171 | 73 | 107 | 54 |
| 100 | 43 | 25 | 38 | 14 | 69 | 35 | 53 | 22 | 107 | 50 | 75 | 34 | 171 | 73 | 107 | 54 |
| $m=1.25\,\mathrm{mm}$ | | | | | | | | | | | | | | | | |
| 10 | 33 | 13 | 17 | 12 | 53 | 19 | 25 | 20 | 83 | 28 | 35 | 31 | 133 | 43 | 49 | 49 |
| 11 | 34 | 14 | 18 | 12 | 54 | 20 | 25 | 20 | 84 | 29 | 36 | 31 | 134 | 43 | 51 | 49 |
| 12 | 34 | 14 | 18 | 12 | 54 | 20 | 26 | 20 | 85 | 29 | 37 | 31 | 135 | 44 | 52 | 49 |
| 13 | 34 | 14 | 19 | 12 | 55 | 21 | 27 | 20 | 85 | 30 | 38 | 31 | 137 | 45 | 54 | 49 |
| 14 | 34 | 14 | 19 | 12 | 55 | 21 | 28 | 20 | 86 | 30 | 39 | 31 | 138 | 45 | 55 | 49 |
| 15 | 35 | 15 | 20 | 12 | 56 | 21 | 28 | 20 | 87 | 31 | 40 | 31 | 139 | 46 | 57 | 49 |
| 16 | 35 | 15 | 20 | 12 | 56 | 22 | 29 | 20 | 88 | 31 | 41 | 31 | 140 | 47 | 58 | 49 |
| 17 | 35 | 15 | 21 | 12 | 56 | 22 | 30 | 20 | 88 | 32 | 41 | 31 | 141 | 47 | 59 | 50 |
| 18 | 36 | 15 | 21 | 12 | 57 | 22 | 30 | 20 | 89 | 32 | 42 | 31 | 142 | 48 | 60 | 50 |
| 19 | 36 | 15 | 22 | 12 | 57 | 23 | 31 | 20 | 89 | 33 | 43 | 31 | 143 | 48 | 61 | 50 |
| 20 | 36 | 16 | 22 | 13 | 58 | 23 | 31 | 20 | 90 | 33 | 44 | 31 | 144 | 49 | 62 | 50 |
| 21 | 36 | 16 | 22 | 13 | 58 | 23 | 32 | 20 | 91 | 33 | 45 | 31 | 145 | 50 | 64 | 50 |
| 22 | 36 | 16 | 23 | 13 | 58 | 23 | 32 | 20 | 91 | 34 | 45 | 31 | 146 | 50 | 65 | 50 |
| 23 | 37 | 16 | 23 | 13 | 59 | 24 | 33 | 20 | 92 | 34 | 46 | 31 | 147 | 51 | 66 | 50 |
| 24 | 37 | 17 | 23 | 13 | 59 | 24 | 33 | 20 | 92 | 35 | 47 | 32 | 148 | 51 | 67 | 50 |
| 25 | 37 | 17 | 24 | 13 | 59 | 24 | 34 | 20 | 93 | 35 | 48 | 32 | 148 | 52 | 68 | 50 |
| 26 | 37 | 17 | 24 | 13 | 60 | 25 | 34 | 20 | 93 | 35 | 48 | 32 | 149 | 52 | 69 | 50 |
| 27 | 37 | 17 | 25 | 13 | 60 | 25 | 35 | 20 | 94 | 36 | 49 | 32 | 150 | 53 | 70 | 51 |
| 28 | 38 | 17 | 25 | 13 | 60 | 25 | 35 | 20 | 94 | 36 | 50 | 32 | 151 | 53 | 71 | 51 |
| 29 | 38 | 17 | 25 | 13 | 61 | 25 | 36 | 20 | 95 | 36 | 50 | 32 | 151 | 54 | 72 | 51 |
| 30 | 38 | 18 | 25 | 13 | 61 | 26 | 36 | 20 | 95 | 37 | 51 | 32 | 152 | 54 | 72 | 51 |
| 31 | 38 | 18 | 26 | 13 | 61 | 26 | 37 | 20 | 96 | 37 | 52 | 32 | 153 | 55 | 73 | 51 |
| 32 | 38 | 18 | 26 | 13 | 61 | 26 | 37 | 20 | 96 | 37 | 52 | 32 | 154 | 55 | 74 | 51 |
| 33 | 39 | 18 | 26 | 13 | 62 | 26 | 38 | 20 | 96 | 38 | 53 | 32 | 154 | 56 | 75 | 51 |
| 34 | 39 | 18 | 27 | 13 | 62 | 27 | 38 | 20 | 97 | 38 | 53 | 32 | 155 | 56 | 76 | 51 |
| 35 | 39 | 19 | 27 | 13 | 62 | 27 | 38 | 20 | 97 | 38 | 54 | 32 | 156 | 57 | 77 | 51 |
| 36 | 39 | 19 | 27 | 13 | 62 | 27 | 39 | 21 | 98 | 39 | 55 | 32 | 156 | 57 | 78 | 51 |
| 37 | 39 | 19 | 28 | 13 | 63 | 27 | 39 | 21 | 98 | 39 | 55 | 32 | 157 | 58 | 79 | 52 |
| 38 | 39 | 19 | 28 | 13 | 63 | 27 | 40 | 21 | 98 | 39 | 56 | 32 | 157 | 58 | 79 | 52 |
| 39 | 40 | 19 | 28 | 13 | 63 | 28 | 40 | 21 | 99 | 40 | 56 | 32 | 158 | 58 | 80 | 52 |
| 40 | 40 | 19 | 28 | 13 | 63 | 28 | 40 | 21 | 99 | 40 | 57 | 33 | 159 | 59 | 81 | 52 |
| 41 | 40 | 20 | 29 | 13 | 64 | 28 | 41 | 21 | 100 | 40 | 57 | 33 | 159 | 59 | 82 | 52 |
| 42 | 40 | 20 | 29 | 13 | 64 | 28 | 41 | 21 | 100 | 41 | 58 | 33 | 160 | 60 | 82 | 52 |
| 43 | 40 | 20 | 29 | 13 | 64 | 29 | 42 | 21 | 100 | 41 | 58 | 33 | 160 | 60 | 83 | 52 |
| 44 | 40 | 20 | 30 | 13 | 64 | 29 | 42 | 21 | 101 | 41 | 59 | 33 | 161 | 61 | 84 | 52 |
| 45 | 40 | 20 | 30 | 13 | 65 | 29 | 42 | 21 | 101 | 42 | 59 | 33 | 162 | 61 | 85 | 52 |

（续）

| 齿数 $z$ | 公 差 等 级 | | | | | | | | | | | | | | | |
|---|---|---|---|---|---|---|---|---|---|---|---|---|---|---|---|---|
| | 4 | | | | 5 | | | | 6 | | | | 7 | | | |
| | $T+\lambda$ | $\lambda$ | $F_p$ | $F_\alpha$ | $T+\lambda$ | $\lambda$ | $F_p$ | $F_\alpha$ | $T+\lambda$ | $\lambda$ | $F_p$ | $F_\alpha$ | $T+\lambda$ | $\lambda$ | $F_p$ | $F_\alpha$ |
| | | | | | | | | $m=1.25\,$mm | | | | | | | | |
| 46 | 41 | 20 | 30 | 13 | 65 | 29 | 43 | 21 | 101 | 42 | 60 | 33 | 162 | 61 | 85 | 52 |
| 47 | 41 | 20 | 30 | 13 | 65 | 29 | 43 | 21 | 102 | 42 | 61 | 33 | 163 | 62 | 86 | 53 |
| 48 | 41 | 21 | 31 | 13 | 65 | 30 | 43 | 21 | 102 | 42 | 61 | 33 | 163 | 62 | 87 | 53 |
| 49 | 41 | 21 | 31 | 13 | 66 | 30 | 44 | 21 | 102 | 43 | 62 | 33 | 164 | 63 | 88 | 53 |
| 50 | 41 | 21 | 31 | 13 | 66 | 30 | 44 | 21 | 103 | 43 | 62 | 33 | 164 | 63 | 88 | 53 |
| 51 | 41 | 21 | 31 | 13 | 66 | 30 | 45 | 21 | 103 | 43 | 63 | 33 | 165 | 63 | 89 | 53 |
| 52 | 41 | 21 | 32 | 13 | 66 | 30 | 45 | 21 | 103 | 44 | 63 | 33 | 165 | 64 | 90 | 53 |
| 53 | 41 | 21 | 32 | 13 | 66 | 31 | 45 | 21 | 104 | 44 | 64 | 33 | 166 | 64 | 90 | 53 |
| 54 | 42 | 21 | 32 | 13 | 67 | 31 | 46 | 21 | 104 | 44 | 64 | 33 | 166 | 65 | 91 | 53 |
| 55 | 42 | 22 | 32 | 13 | 67 | 31 | 46 | 21 | 104 | 44 | 64 | 33 | 167 | 65 | 92 | 53 |
| 56 | 42 | 22 | 33 | 13 | 67 | 31 | 46 | 21 | 105 | 45 | 65 | 34 | 167 | 65 | 92 | 53 |
| 57 | 42 | 22 | 33 | 13 | 67 | 31 | 47 | 21 | 105 | 45 | 65 | 34 | 168 | 66 | 93 | 53 |
| 58 | 42 | 22 | 33 | 13 | 67 | 32 | 47 | 21 | 105 | 45 | 66 | 34 | 168 | 66 | 94 | 54 |
| 59 | 42 | 22 | 33 | 13 | 68 | 32 | 47 | 21 | 105 | 45 | 66 | 34 | 169 | 67 | 94 | 54 |
| 60 | 42 | 22 | 33 | 14 | 68 | 32 | 48 | 21 | 106 | 46 | 67 | 34 | 169 | 67 | 95 | 54 |
| 61 | 42 | 22 | 34 | 14 | 68 | 32 | 48 | 22 | 106 | 46 | 67 | 34 | 170 | 67 | 96 | 54 |
| 62 | 43 | 23 | 34 | 14 | 68 | 32 | 48 | 22 | 106 | 46 | 68 | 34 | 170 | 68 | 96 | 54 |
| 63 | 43 | 23 | 34 | 14 | 68 | 33 | 48 | 22 | 107 | 46 | 68 | 34 | 171 | 68 | 97 | 54 |
| 64 | 43 | 23 | 34 | 14 | 68 | 33 | 49 | 22 | 107 | 47 | 69 | 34 | 171 | 68 | 98 | 54 |
| 65 | 43 | 23 | 35 | 14 | 69 | 33 | 49 | 22 | 107 | 47 | 69 | 34 | 172 | 69 | 98 | 54 |
| 66 | 43 | 23 | 35 | 14 | 69 | 33 | 49 | 22 | 107 | 47 | 69 | 34 | 172 | 69 | 99 | 54 |
| 67 | 43 | 23 | 35 | 14 | 69 | 33 | 50 | 22 | 108 | 47 | 70 | 34 | 172 | 69 | 99 | 54 |
| 68 | 43 | 23 | 35 | 14 | 69 | 33 | 50 | 22 | 108 | 48 | 70 | 34 | 173 | 70 | 100 | 55 |
| 69 | 43 | 23 | 35 | 14 | 69 | 34 | 50 | 22 | 108 | 48 | 71 | 34 | 173 | 70 | 101 | 55 |
| 70 | 43 | 24 | 36 | 14 | 69 | 34 | 51 | 22 | 109 | 48 | 71 | 34 | 174 | 70 | 101 | 55 |
| 71 | 44 | 24 | 36 | 14 | 70 | 34 | 51 | 22 | 109 | 48 | 72 | 34 | 174 | 71 | 102 | 55 |
| 72 | 44 | 24 | 36 | 14 | 70 | 34 | 51 | 22 | 109 | 49 | 72 | 35 | 175 | 71 | 102 | 55 |
| 73 | 44 | 24 | 36 | 14 | 70 | 34 | 52 | 22 | 109 | 49 | 72 | 35 | 175 | 71 | 103 | 55 |
| 74 | 44 | 24 | 36 | 14 | 70 | 35 | 52 | 22 | 110 | 49 | 73 | 35 | 175 | 72 | 104 | 55 |
| 75 | 44 | 24 | 37 | 14 | 70 | 35 | 52 | 22 | 110 | 49 | 73 | 35 | 176 | 72 | 104 | 55 |
| 76 | 44 | 24 | 37 | 14 | 71 | 35 | 52 | 22 | 110 | 50 | 74 | 35 | 176 | 72 | 105 | 55 |
| 77 | 44 | 24 | 37 | 14 | 71 | 35 | 53 | 22 | 110 | 50 | 74 | 35 | 177 | 73 | 105 | 55 |
| 78 | 44 | 25 | 37 | 14 | 71 | 35 | 53 | 22 | 111 | 50 | 74 | 35 | 177 | 73 | 106 | 56 |
| 79 | 44 | 25 | 37 | 14 | 71 | 35 | 53 | 22 | 111 | 50 | 75 | 35 | .177 | 73 | 106 | 56 |
| 80 | 44 | 25 | 38 | 14 | 71 | 36 | 53 | 22 | 111 | 51 | 75 | 35 | 178 | 74 | 107 | 56 |
| 81 | 45 | 25 | 38 | 14 | 71 | 36 | 54 | 22 | 111 | 51 | 76 | 35 | 178 | 74 | 108 | 56 |
| 82 | 45 | 25 | 38 | 14 | 71 | 36 | 54 | 22 | 112 | 51 | 76 | 35 | 179 | 74 | 108 | 56 |
| 83 | 45 | 25 | 38 | 14 | 72 | 36 | 54 | 22 | 112 | 51 | 76 | 35 | 179 | 75 | 109 | 56 |
| 84 | 45 | 25 | 38 | 14 | 72 | 36 | 55 | 22 | 112 | 51 | 77 | 35 | 179 | 75 | 109 | 56 |
| 85 | 45 | 25 | 39 | 14 | 72 | 36 | 55 | 22 | 112 | 52 | 77 | 35 | 180 | 75 | 110 | 56 |
| 86 | 45 | 25 | 39 | 14 | 72 | 36 | 55 | 22 | 113 | 52 | 77 | 35 | 180 | 76 | 110 | 56 |
| 87 | 45 | 26 | 39 | 14 | 72 | 37 | 55 | 23 | 113 | 52 | 78 | 35 | 181 | 76 | 111 | 56 |
| 88 | 45 | 26 | 39 | 14 | 72 | 37 | 56 | 23 | 113 | 52 | 78 | 36 | 181 | 76 | 111 | 57 |
| 89 | 45 | 26 | 39 | 14 | 73 | 37 | 56 | 23 | 113 | 53 | 79 | 36 | 181 | 77 | 112 | 57 |
| 90 | 45 | 26 | 40 | 14 | 73 | 37 | 56 | 23 | 114 | 53 | 79 | 36 | 182 | 77 | 112 | 57 |
| 91 | 46 | 26 | 40 | 14 | 73 | 37 | 56 | 23 | 114 | 53 | 79 | 36 | 182 | 77 | 113 | 57 |
| 92 | 46 | 26 | 40 | 14 | 73 | 37 | 57 | 23 | 114 | 53 | 80 | 36 | 182 | 78 | 113 | 57 |

（续）

| 齿数 z | 公差等级 | | | | | | | | | | | | | | | |
|---|---|---|---|---|---|---|---|---|---|---|---|---|---|---|---|---|
| | 4 | | | | 5 | | | | 6 | | | | 7 | | | |
| | $T+\lambda$ | $\lambda$ | $F_p$ | $F_\alpha$ | $T+\lambda$ | $\lambda$ | $F_p$ | $F_\alpha$ | $T+\lambda$ | $\lambda$ | $F_p$ | $F_\alpha$ | $T+\lambda$ | $\lambda$ | $F_p$ | $F_\alpha$ |
| $m=1.25$mm | | | | | | | | | | | | | | | | |
| 93 | 46 | 26 | 40 | 14 | 73 | 38 | 57 | 23 | 114 | 53 | 80 | 36 | 183 | 78 | 114 | 57 |
| 94 | 46 | 26 | 40 | 14 | 73 | 38 | 57 | 23 | 114 | 54 | 80 | 36 | 183 | 78 | 114 | 57 |
| 95 | 46 | 26 | 40 | 14 | 73 | 38 | 57 | 23 | 115 | 54 | 81 | 36 | 184 | 79 | 115 | 57 |
| 96 | 46 | 27 | 41 | 14 | 74 | 38 | 58 | 23 | 115 | 54 | 81 | 36 | 184 | 79 | 115 | 57 |
| 97 | 46 | 27 | 41 | 14 | 74 | 38 | 58 | 23 | 115 | 54 | 82 | 36 | 184 | 79 | 116 | 57 |
| 98 | 46 | 27 | 41 | 14 | 74 | 38 | 58 | 23 | 115 | 55 | 82 | 36 | 185 | 79 | 116 | 58 |
| 99 | 46 | 27 | 41 | 14 | 74 | 38 | 58 | 23 | 116 | 55 | 82 | 36 | 185 | 80 | 117 | 58 |
| 100 | 46 | 27 | 41 | 15 | 74 | 39 | 59 | 23 | 116 | 55 | 83 | 36 | 185 | 80 | 117 | 58 |
| $m=1.5$mm | | | | | | | | | | | | | | | | |
| 10 | 35 | 14 | 18 | 13 | 56 | 20 | 26 | 20 | 88 | 30 | 37 | 32 | 141 | 45 | 52 | 51 |
| 11 | 36 | 14 | 19 | 13 | 57 | 21 | 27 | 20 | 89 | 30 | 38 | 32 | 143 | 46 | 54 | 51 |
| 12 | 36 | 15 | 20 | 13 | 58 | 21 | 28 | 20 | 90 | 31 | 39 | 32 | 144 | 46 | 56 | 51 |
| 13 | 36 | 15 | 20 | 13 | 58 | 22 | 29 | 20 | 91 | 31 | 40 | 32 | 145 | 47 | 57 | 51 |
| 14 | 37 | 15 | 21 | 13 | 59 | 22 | 29 | 20 | 92 | 32 | 41 | 32 | 147 | 48 | 59 | 51 |
| 15 | 37 | 15 | 21 | 13 | 59 | 22 | 30 | 20 | 92 | 32 | 42 | 32 | 148 | 48 | 60 | 51 |
| 16 | 37 | 16 | 22 | 13 | 60 | 23 | 31 | 21 | 93 | 33 | 43 | 32 | 149 | 49 | 62 | 51 |
| 17 | 38 | 16 | 22 | 13 | 60 | 23 | 31 | 21 | 94 | 33 | 44 | 32 | 150 | 50 | 63 | 51 |
| 18 | 38 | 16 | 23 | 13 | 60 | 23 | 32 | 21 | 94 | 34 | 45 | 32 | 151 | 51 | 64 | 52 |
| 19 | 38 | 16 | 23 | 13 | 61 | 24 | 33 | 21 | 95 | 34 | 46 | 32 | 152 | 51 | 66 | 52 |
| 20 | 38 | 17 | 23 | 13 | 61 | 24 | 33 | 21 | 96 | 35 | 47 | 33 | 153 | 52 | 67 | 52 |
| 21 | 39 | 17 | 24 | 13 | 62 | 24 | 34 | 21 | 96 | 35 | 48 | 33 | 154 | 52 | 68 | 52 |
| 22 | 39 | 17 | 24 | 13 | 62 | 25 | 35 | 21 | 97 | 36 | 48 | 33 | 155 | 53 | 69 | 52 |
| 23 | 39 | 17 | 25 | 13 | 62 | 25 | 35 | 21 | 98 | 36 | 49 | 33 | 156 | 54 | 70 | 52 |
| 24 | 39 | 18 | 25 | 13 | 63 | 25 | 36 | 21 | 98 | 37 | 50 | 33 | 157 | 54 | 71 | 52 |
| 25 | 39 | 18 | 25 | 13 | 63 | 26 | 36 | 21 | 99 | 37 | 51 | 33 | 158 | 55 | 72 | 52 |
| 26 | 40 | 18 | 26 | 13 | 63 | 26 | 37 | 21 | 99 | 37 | 52 | 33 | 159 | 55 | 74 | 53 |
| 27 | 40 | 18 | 26 | 13 | 64 | 26 | 37 | 21 | 100 | 38 | 52 | 33 | 160 | 56 | 75 | 53 |
| 28 | 40 | 18 | 27 | 13 | 64 | 27 | 38 | 21 | 100 | 38 | 53 | 33 | 160 | 57 | 76 | 53 |
| 29 | 40 | 19 | 27 | 13 | 64 | 27 | 38 | 21 | 101 | 39 | 54 | 33 | 161 | 57 | 77 | 53 |
| 30 | 40 | 19 | 27 | 13 | 65 | 27 | 39 | 21 | 101 | 39 | 55 | 33 | 162 | 58 | 78 | 53 |
| 31 | 41 | 19 | 28 | 13 | 65 | 27 | 39 | 21 | 102 | 39 | 55 | 33 | 163 | 58 | 79 | 53 |
| 32 | 41 | 19 | 28 | 13 | 65 | 28 | 40 | 21 | 102 | 40 | 56 | 33 | 163 | 59 | 80 | 53 |
| 33 | 41 | 19 | 28 | 13 | 66 | 28 | 40 | 21 | 103 | 40 | 57 | 33 | 164 | 59 | 81 | 53 |
| 34 | 41 | 20 | 29 | 13 | 66 | 28 | 41 | 21 | 103 | 41 | 57 | 34 | 165 | 60 | 82 | 53 |
| 35 | 41 | 20 | 29 | 13 | 66 | 29 | 41 | 21 | 103 | 41 | 58 | 34 | 166 | 60 | 82 | 54 |
| 36 | 42 | 20 | 29 | 13 | 67 | 29 | 42 | 21 | 104 | 41 | 59 | 34 | 166 | 61 | 83 | 54 |
| 37 | 42 | 20 | 30 | 14 | 67 | 29 | 42 | 21 | 104 | 42 | 59 | 34 | 167 | 61 | 84 | 54 |
| 38 | 42 | 20 | 30 | 14 | 67 | 29 | 43 | 22 | 105 | 42 | 60 | 34 | 168 | 62 | 85 | 54 |
| 39 | 42 | 21 | 30 | 14 | 67 | 30 | 43 | 22 | 105 | 42 | 60 | 34 | 168 | 62 | 86 | 54 |
| 40 | 42 | 21 | 31 | 14 | 68 | 30 | 43 | 22 | 106 | 43 | 61 | 34 | 169 | 63 | 87 | 54 |
| 41 | 42 | 21 | 31 | 14 | 68 | 30 | 44 | 22 | 106 | 43 | 62 | 34 | 170 | 63 | 88 | 54 |
| 42 | 43 | 21 | 31 | 14 | 68 | 30 | 44 | 22 | 106 | 43 | 62 | 34 | 170 | 64 | 89 | 54 |
| 43 | 43 | 21 | 31 | 14 | 68 | 31 | 45 | 22 | 107 | 44 | 63 | 34 | 171 | 64 | 89 | 55 |
| 44 | 43 | 21 | 32 | 14 | 69 | 31 | 46 | 22 | 107 | 44 | 63 | 34 | 171 | 65 | 90 | 55 |
| 45 | 43 | 22 | 32 | 14 | 69 | 31 | 46 | 22 | 108 | 44 | 64 | 34 | 172 | 65 | 91 | 55 |
| 46 | 43 | 22 | 32 | 14 | 69 | 31 | 46 | 22 | 108 | 45 | 65 | 34 | 173 | 66 | 92 | 55 |
| 47 | 43 | 22 | 33 | 14 | 69 | 31 | 46 | 22 | 108 | 45 | 65 | 35 | 173 | 66 | 93 | 55 |

（续）

| 齿数 z | 公 差 等 级 | | | | | | | | | | | | | | | |
|---|---|---|---|---|---|---|---|---|---|---|---|---|---|---|---|---|
| | 4 | | | | 5 | | | | 6 | | | | 7 | | | |
| | $T+\lambda$ | $\lambda$ | $F_p$ | $F_\alpha$ | $T+\lambda$ | $\lambda$ | $F_p$ | $F_\alpha$ | $T+\lambda$ | $\lambda$ | $F_p$ | $F_\alpha$ | $T+\lambda$ | $\lambda$ | $F_p$ | $F_\alpha$ |
| | | | | | | $m=1.5\text{mm}$ | | | | | | | | | | |
| 48 | 43 | 22 | 33 | 14 | 70 | 32 | 47 | 22 | 109 | 45 | 66 | 35 | 174 | 66 | 94 | 55 |
| 49 | 44 | 22 | 33 | 14 | 70 | 32 | 47 | 22 | 109 | 46 | 66 | 35 | 174 | 67 | 94 | 55 |
| 50 | 44 | 22 | 33 | 14 | 70 | 32 | 48 | 22 | 109 | 46 | 67 | 35 | 175 | 67 | 95 | 55 |
| 51 | 44 | 23 | 34 | 14 | 70 | 32 | 48 | 22 | 110 | 46 | 67 | 35 | 176 | 68 | 96 | 55 |
| 52 | 44 | 23 | 34 | 14 | 70 | 33 | 48 | 22 | 110 | 47 | 68 | 35 | 176 | 68 | 97 | 56 |
| 53 | 44 | 23 | 34 | 14 | 71 | 33 | 49 | 22 | 110 | 47 | 68 | 35 | 177 | 69 | 97 | 56 |
| 54 | 44 | 23 | 35 | 14 | 71 | 33 | 49 | 22 | 111 | 47 | 69 | 35 | 177 | 69 | 98 | 56 |
| 55 | 44 | 23 | 35 | 14 | 71 | 33 | 49 | 22 | 111 | 47 | 69 | 35 | 178 | 70 | 99 | 56 |
| 56 | 45 | 23 | 35 | 14 | 71 | 33 | 50 | 22 | 111 | 48 | 70 | 35 | 178 | 70 | 100 | 56 |
| 57 | 45 | 23 | 35 | 14 | 72 | 34 | 50 | 22 | 112 | 48 | 70 | 35 | 179 | 70 | 100 | 56 |
| 58 | 45 | 24 | 36 | 14 | 72 | 34 | 51 | 22 | 112 | 48 | 71 | 35 | 179 | 71 | 101 | 56 |
| 59 | 45 | 24 | 36 | 14 | 72 | 34 | 51 | 23 | 112 | 49 | 71 | 35 | 180 | 71 | 102 | 56 |
| 60 | 45 | 24 | 36 | 14 | 72 | 34 | 51 | 23 | 113 | 49 | 72 | 36 | 180 | 72 | 102 | 57 |
| 61 | 45 | 24 | 36 | 14 | 72 | 35 | 52 | 23 | 113 | 49 | 72 | 36 | 181 | 72 | 103 | 57 |
| 62 | 45 | 24 | 37 | 14 | 73 | 35 | 52 | 23 | 113 | 50 | 73 | 36 | 181 | 72 | 104 | 57 |
| 63 | 45 | 24 | 37 | 14 | 73 | 35 | 52 | 23 | 114 | 50 | 73 | 36 | 182 | 73 | 105 | 57 |
| 64 | 46 | 24 | 37 | 14 | 73 | 35 | 53 | 23 | 114 | 50 | 74 | 36 | 182 | 73 | 105 | 57 |
| 65 | 46 | 25 | 37 | 14 | 73 | 35 | 53 | 23 | 114 | 50 | 74 | 36 | 183 | 74 | 106 | 57 |
| 66 | 46 | 25 | 37 | 14 | 73 | 36 | 53 | 23 | 115 | 51 | 75 | 36 | 183 | 74 | 107 | 57 |
| 67 | 46 | 25 | 38 | 14 | 73 | 36 | 54 | 23 | 115 | 51 | 75 | 36 | 184 | 74 | 107 | 57 |
| 68 | 46 | 25 | 38 | 14 | 74 | 36 | 54 | 23 | 115 | 51 | 76 | 36 | 184 | 75 | 108 | 57 |
| 69 | 46 | 25 | 38 | 14 | 74 | 36 | 54 | 23 | 115 | 51 | 76 | 36 | 185 | 75 | 109 | 58 |
| 70 | 46 | 25 | 38 | 15 | 74 | 36 | 55 | 23 | 116 | 52 | 77 | 36 | 185 | 76 | 109 | 58 |
| 71 | 46 | 25 | 39 | 15 | 74 | 36 | 55 | 23 | 116 | 52 | 77 | 36 | 186 | 76 | 110 | 58 |
| 72 | 47 | 26 | 39 | 15 | 74 | 37 | 55 | 23 | 116 | 52 | 78 | 36 | 186 | 76 | 110 | 58 |
| 73 | 47 | 26 | 39 | 15 | 75 | 37 | 56 | 23 | 117 | 53 | 78 | 36 | 187 | 77 | 111 | 58 |
| 74 | 47 | 26 | 39 | 15 | 75 | 37 | 56 | 23 | 117 | 53 | 79 | 37 | 187 | 77 | 112 | 58 |
| 75 | 47 | 26 | 40 | 15 | 75 | 37 | 56 | 23 | 117 | 53 | 79 | 37 | 187 | 77 | 112 | 58 |
| 76 | 47 | 26 | 40 | 15 | 75 | 37 | 57 | 23 | 117 | 53 | 79 | 37 | 188 | 78 | 113 | 58 |
| 77 | 47 | 26 | 40 | 15 | 75 | 38 | 57 | 23 | 118 | 54 | 80 | 37 | 188 | 78 | 114 | 59 |
| 78 | 47 | 26 | 40 | 15 | 75 | 38 | 57 | 23 | 118 | 54 | 80 | 37 | 189 | 79 | 114 | 59 |
| 79 | 47 | 27 | 40 | 15 | 76 | 38 | 57 | 23 | 118 | 54 | 81 | 37 | 189 | 79 | 115 | 59 |
| 80 | 47 | 27 | 41 | 15 | 76 | 38 | 58 | 24 | 119 | 54 | 81 | 37 | 190 | 79 | 115 | 59 |
| 81 | 48 | 27 | 41 | 15 | 76 | 38 | 58 | 24 | 119 | 55 | 82 | 37 | 190 | 80 | 116 | 59 |
| 82 | 48 | 27 | 41 | 15 | 76 | 39 | 58 | 24 | 119 | 55 | 82 | 37 | 190 | 80 | 117 | 59 |
| 83 | 48 | 27 | 41 | 15 | 76 | 39 | 59 | 24 | 119 | 55 | 82 | 37 | 191 | 80 | 117 | 59 |
| 84 | 48 | 27 | 41 | 15 | 77 | 39 | 59 | 24 | 120 | 55 | 83 | 37 | 191 | 81 | 118 | 59 |
| 85 | 48 | 27 | 42 | 15 | 77 | 39 | 59 | 24 | 120 | 56 | 83 | 37 | 192 | 81 | 118 | 59 |
| 86 | 48 | 27 | 42 | 15 | 77 | 39 | 60 | 24 | 120 | 56 | 84 | 37 | 192 | 81 | 119 | 60 |
| 87 | 48 | 28 | 42 | 15 | 77 | 39 | 60 | 24 | 120 | 56 | 84 | 38 | 193 | 82 | 120 | 60 |
| 88 | 48 | 28 | 42 | 15 | 77 | 40 | 60 | 24 | 121 | 56 | 84 | 38 | 193 | 82 | 120 | 60 |
| 89 | 48 | 28 | 43 | 15 | 77 | 40 | 60 | 24 | 121 | 57 | 85 | 38 | 193 | 82 | 121 | 60 |
| 90 | 48 | 28 | 43 | 15 | 77 | 40 | 61 | 24 | 121 | 57 | 85 | 38 | 194 | 83 | 121 | 60 |
| 91 | 49 | 28 | 43 | 15 | 78 | 40 | 61 | 24 | 121 | 57 | 86 | 38 | 194 | 83 | 122 | 60 |
| 92 | 49 | 28 | 43 | 15 | 78 | 40 | 61 | 24 | 122 | 57 | 86 | 38 | 195 | 83 | 123 | 60 |
| 93 | 49 | 28 | 43 | 15 | 78 | 40 | 62 | 24 | 122 | 58 | 87 | 38 | 195 | 84 | 123 | 60 |
| 94 | 49 | 28 | 44 | 15 | 78 | 41 | 62 | 24 | 122 | 58 | 87 | 38 | 195 | 84 | 124 | 61 |

（续）

| 齿数 | 公差等级 | | | | | | | | | | | | | | | |
|---|---|---|---|---|---|---|---|---|---|---|---|---|---|---|---|---|
| | 4 | | | | 5 | | | | 6 | | | | 7 | | | |
| $z$ | $T+\lambda$ | $\lambda$ | $F_p$ | $F_\alpha$ | $T+\lambda$ | $\lambda$ | $F_p$ | $F_\alpha$ | $T+\lambda$ | $\lambda$ | $F_p$ | $F_\alpha$ | $T+\lambda$ | $\lambda$ | $F_p$ | $F_\alpha$ |
| | | | | | | $m=1.5\text{mm}$ | | | | | | | | | | |
| 95 | 49 | 29 | 44 | 15 | 78 | 41 | 62 | 24 | 122 | 58 | 87 | 38 | 196 | 85 | 124 | 61 |
| 96 | 49 | 29 | 44 | 15 | 78 | 41 | 62 | 24 | 123 | 58 | 88 | 38 | 196 | 85 | 125 | 61 |
| 97 | 49 | 29 | 44 | 15 | 79 | 41 | 63 | 24 | 123 | 59 | 88 | 38 | 196 | 85 | 125 | 61 |
| 98 | 49 | 29 | 44 | 15 | 79 | 41 | 63 | 24 | 123 | 59 | 88 | 38 | 197 | 86 | 126 | 61 |
| 99 | 49 | 29 | 44 | 15 | 79 | 41 | 63 | 24 | 123 | 59 | 89 | 38 | 197 | 86 | 126 | 61 |
| 100 | 49 | 29 | 45 | 15 | 79 | 42 | 63 | 24 | 124 | 59 | 89 | 39 | 198 | 86 | 127 | 61 |
| | | | | | | $m=1.75\text{mm}$ | | | | | | | | | | |
| 10 | 37 | 15 | 19 | 13 | 59 | 21 | 28 | 21 | 93 | 31 | 39 | 33 | 149 | 47 | 55 | 52 |
| 11 | 38 | 15 | 20 | 13 | 60 | 22 | 29 | 21 | 94 | 32 | 40 | 33 | 150 | 48 | 57 | 53 |
| 12 | 38 | 15 | 21 | 13 | 61 | 22 | 29 | 21 | 95 | 32 | 41 | 33 | 152 | 48 | 59 | 53 |
| 13 | 38 | 16 | 21 | 13 | 61 | 23 | 30 | 21 | 96 | 33 | 42 | 33 | 153 | 49 | 60 | 53 |
| 14 | 39 | 16 | 22 | 13 | 62 | 23 | 31 | 21 | 97 | 33 | 44 | 33 | 154 | 50 | 62 | 53 |
| 15 | 39 | 16 | 22 | 13 | 62 | 24 | 32 | 21 | 97 | 34 | 45 | 33 | 156 | 51 | 64 | 53 |
| 16 | 39 | 16 | 23 | 13 | 63 | 24 | 33 | 21 | 98 | 35 | 46 | 33 | 157 | 52 | 65 | 53 |
| 17 | 40 | 17 | 23 | 13 | 63 | 24 | 33 | 21 | 99 | 35 | 47 | 33 | 158 | 52 | 67 | 53 |
| 18 | 40 | 17 | 24 | 13 | 64 | 25 | 34 | 21 | 100 | 36 | 48 | 34 | 159 | 53 | 68 | 54 |
| 19 | 40 | 17 | 24 | 13 | 64 | 25 | 35 | 21 | 100 | 36 | 49 | 34 | 160 | 54 | 69 | 54 |
| 20 | 40 | 18 | 25 | 14 | 65 | 25 | 35 | 21 | 101 | 37 | 50 | 34 | 161 | 54 | 71 | 54 |
| 21 | 41 | 18 | 25 | 14 | 65 | 26 | 36 | 22 | 102 | 37 | 50 | 34 | 163 | 55 | 72 | 54 |
| 22 | 41 | 18 | 26 | 14 | 65 | 26 | 37 | 22 | 102 | 38 | 51 | 34 | 164 | 56 | 73 | 54 |
| 23 | 41 | 18 | 26 | 14 | 66 | 26 | 37 | 22 | 103 | 38 | 52 | 34 | 164 | 56 | 74 | 54 |
| 24 | 41 | 19 | 27 | 14 | 66 | 27 | 38 | 22 | 103 | 39 | 53 | 34 | 165 | 57 | 76 | 54 |
| 25 | 42 | 19 | 27 | 14 | 67 | 27 | 38 | 22 | 104 | 39 | 54 | 34 | 166 | 58 | 77 | 54 |
| 26 | 42 | 19 | 27 | 14 | 67 | 27 | 39 | 22 | 105 | 39 | 55 | 34 | 167 | 58 | 78 | 55 |
| 27 | 42 | 19 | 28 | 14 | 67 | 28 | 40 | 22 | 105 | 40 | 56 | 34 | 168 | 59 | 79 | 55 |
| 28 | 42 | 19 | 28 | 14 | 68 | 28 | 40 | 22 | 106 | 40 | 56 | 34 | 169 | 60 | 80 | 55 |
| 29 | 42 | 20 | 29 | 14 | 68 | 28 | 41 | 22 | 106 | 41 | 57 | 35 | 170 | 60 | 81 | 55 |
| 30 | 43 | 20 | 29 | 14 | 68 | 29 | 41 | 22 | 107 | 41 | 58 | 35 | 171 | 61 | 82 | 55 |
| 31 | 43 | 20 | 29 | 14 | 69 | 29 | 42 | 22 | 107 | 42 | 59 | 35 | 171 | 61 | 84 | 55 |
| 32 | 43 | 20 | 30 | 14 | 69 | 29 | 42 | 22 | 108 | 42 | 59 | 35 | 172 | 62 | 85 | 55 |
| 33 | 43 | 21 | 30 | 14 | 69 | 30 | 43 | 22 | 108 | 42 | 60 | 35 | 173 | 62 | 86 | 56 |
| 34 | 43 | 21 | 30 | 14 | 70 | 30 | 43 | 22 | 109 | 43 | 61 | 35 | 174 | 63 | 87 | 56 |
| 35 | 44 | 21 | 31 | 14 | 70 | 30 | 44 | 22 | 109 | 43 | 62 | 35 | 175 | 64 | 88 | 56 |
| 36 | 44 | 21 | 31 | 14 | 70 | 30 | 44 | 22 | 110 | 44 | 62 | 35 | 175 | 64 | 89 | 56 |
| 37 | 44 | 21 | 32 | 14 | 70 | 31 | 45 | 22 | 110 | 44 | 63 | 35 | 176 | 65 | 90 | 56 |
| 38 | 44 | 22 | 32 | 14 | 71 | 31 | 45 | 22 | 110 | 44 | 64 | 35 | 177 | 65 | 91 | 56 |
| 39 | 44 | 22 | 32 | 14 | 71 | 31 | 46 | 23 | 111 | 45 | 64 | 35 | 177 | 66 | 92 | 56 |
| 40 | 45 | 22 | 33 | 14 | 71 | 32 | 46 | 23 | 111 | 45 | 65 | 36 | 178 | 66 | 92 | 57 |
| 41 | 45 | 22 | 33 | 14 | 72 | 32 | 47 | 23 | 112 | 46 | 66 | 36 | 179 | 67 | 93 | 57 |
| 42 | 45 | 22 | 33 | 14 | 72 | 32 | 47 | 23 | 112 | 46 | 66 | 36 | 179 | 67 | 94 | 57 |
| 43 | 45 | 22 | 33 | 14 | 72 | 32 | 48 | 23 | 113 | 46 | 67 | 36 | 180 | 68 | 95 | 57 |
| 44 | 45 | 23 | 34 | 14 | 72 | 33 | 48 | 23 | 113 | 47 | 67 | 36 | 181 | 68 | 96 | 57 |
| 45 | 45 | 23 | 34 | 14 | 73 | 33 | 48 | 23 | 113 | 47 | 68 | 36 | 181 | 69 | 97 | 57 |
| 46 | 46 | 23 | 34 | 14 | 73 | 33 | 49 | 23 | 114 | 47 | 69 | 36 | 182 | 69 | 98 | 57 |
| 47 | 46 | 23 | 35 | 14 | 73 | 33 | 49 | 23 | 114 | 48 | 69 | 36 | 183 | 70 | 99 | 58 |
| 48 | 46 | 23 | 35 | 14 | 73 | 34 | 50 | 23 | 115 | 48 | 70 | 36 | 183 | 70 | 100 | 58 |
| 49 | 46 | 24 | 35 | 15 | 74 | 34 | 50 | 23 | 115 | 48 | 71 | 36 | 184 | 71 | 100 | 58 |

（续）

| 齿数 | 公 差 等 级 | | | | | | | | | | | | | | | |
|---|---|---|---|---|---|---|---|---|---|---|---|---|---|---|---|---|
| $z$ | 4 | | | | 5 | | | | 6 | | | | 7 | | | |
| | $T+\lambda$ | $\lambda$ | $F_p$ | $F_\alpha$ | $T+\lambda$ | $\lambda$ | $F_p$ | $F_\alpha$ | $T+\lambda$ | $\lambda$ | $F_p$ | $F_\alpha$ | $T+\lambda$ | $\lambda$ | $F_p$ | $F_\alpha$ |
| | | | | | | | | $m=1.75\,\text{mm}$ | | | | | | | | |
| 50 | 46 | 24 | 36 | 15 | 74 | 34 | 51 | 23 | 115 | 49 | 71 | 36 | 185 | 71 | 101 | 58 |
| 51 | 46 | 24 | 36 | 15 | 74 | 34 | 51 | 23 | 116 | 49 | 72 | 36 | 185 | 72 | 102 | 58 |
| 52 | 46 | 24 | 36 | 15 | 74 | 35 | 51 | 23 | 116 | 49 | 72 | 37 | 186 | 72 | 103 | 58 |
| 53 | 47 | 24 | 36 | 15 | 75 | 35 | 52 | 23 | 116 | 50 | 73 | 37 | 186 | 73 | 104 | 58 |
| 54 | 47 | 24 | 37 | 15 | 75 | 35 | 52 | 23 | 117 | 50 | 73 | 37 | 187 | 73 | 105 | 58 |
| 55 | 47 | 25 | 37 | 15 | 75 | 35 | 53 | 23 | 117 | 50 | 74 | 37 | 187 | 74 | 105 | 59 |
| 56 | 47 | 25 | 37 | 15 | 75 | 36 | 53 | 23 | 118 | 51 | 75 | 37 | 188 | 74 | 106 | 59 |
| 57 | 47 | 25 | 38 | 15 | 75 | 36 | 53 | 23 | 118 | 51 | 75 | 37 | 189 | 75 | 107 | 59 |
| 58 | 47 | 25 | 38 | 15 | 76 | 36 | 54 | 24 | 118 | 51 | 76 | 37 | 189 | 75 | 108 | 59 |
| 59 | 47 | 25 | 38 | 15 | 76 | 36 | 54 | 24 | 119 | 52 | 76 | 37 | 190 | 76 | 108 | 59 |
| 60 | 48 | 25 | 38 | 15 | 76 | 36 | 55 | 24 | 119 | 52 | 77 | 37 | 190 | 76 | 109 | 59 |
| 61 | 48 | 26 | 39 | 15 | 76 | 37 | 55 | 24 | 119 | 52 | 77 | 37 | 191 | 76 | 110 | 59 |
| 62 | 48 | 26 | 39 | 15 | 77 | 37 | 55 | 24 | 120 | 53 | 78 | 37 | 191 | 77 | 111 | 60 |
| 63 | 48 | 26 | 39 | 15 | 77 | 37 | 56 | 24 | 120 | 53 | 78 | 38 | 192 | 77 | 111 | 60 |
| 64 | 48 | 26 | 39 | 15 | 77 | 37 | 56 | 24 | 120 | 53 | 79 | 38 | 192 | 78 | 112 | 60 |
| 65 | 48 | 26 | 40 | 15 | 77 | 38 | 56 | 24 | 121 | 54 | 79 | 38 | 193 | 78 | 113 | 60 |
| 66 | 48 | 26 | 40 | 15 | 77 | 38 | 57 | 24 | 121 | 54 | 80 | 38 | 193 | 79 | 114 | 60 |
| 67 | 48 | 26 | 40 | 15 | 78 | 38 | 57 | 24 | 121 | 54 | 80 | 38 | 194 | 79 | 114 | 60 |
| 68 | 49 | 27 | 40 | 15 | 78 | 38 | 58 | 24 | 122 | 54 | 81 | 38 | 194 | 79 | 115 | 60 |
| 69 | 49 | 27 | 41 | 15 | 78 | 38 | 58 | 24 | 122 | 55 | 81 | 38 | 195 | 80 | 116 | 61 |
| 70 | 49 | 27 | 41 | 15 | 78 | 39 | 58 | 24 | 122 | 55 | 82 | 38 | 195 | 80 | 116 | 61 |
| 71 | 49 | 27 | 41 | 15 | 78 | 39 | 59 | 24 | 122 | 55 | 82 | 38 | 196 | 81 | 117 | 61 |
| 72 | 49 | 27 | 41 | 15 | 79 | 39 | 59 | 24 | 123 | 56 | 83 | 38 | 196 | 81 | 118 | 61 |
| 73 | 49 | 27 | 42 | 15 | 79 | 39 | 59 | 24 | 123 | 56 | 83 | 38 | 197 | 82 | 119 | 61 |
| 74 | 49 | 28 | 42 | 15 | 79 | 39 | 60 | 24 | 123 | 56 | 84 | 38 | 197 | 82 | 119 | 61 |
| 75 | 49 | 28 | 42 | 15 | 79 | 40 | 60 | 24 | 124 | 56 | 84 | 39 | 198 | 82 | 120 | 61 |
| 76 | 50 | 28 | 42 | 15 | 79 | 40 | 60 | 25 | 124 | 57 | 85 | 39 | 198 | 83 | 121 | 61 |
| 77 | 50 | 28 | 43 | 15 | 80 | 40 | 61 | 25 | 124 | 57 | 85 | 39 | 199 | 83 | 121 | 62 |
| 78 | 50 | 28 | 43 | 16 | 80 | 40 | 61 | 25 | 125 | 57 | 86 | 39 | 199 | 84 | 122 | 62 |
| 79 | 50 | 28 | 43 | 16 | 80 | 40 | 61 | 25 | 125 | 58 | 86 | 39 | 200 | 84 | 123 | 62 |
| 80 | 50 | 28 | 43 | 16 | 80 | 41 | 62 | 25 | 125 | 58 | 87 | 39 | 200 | 84 | 123 | 62 |
| 81 | 50 | 29 | 44 | 16 | 80 | 41 | 62 | 25 | 125 | 58 | 87 | 39 | 201 | 85 | 124 | 62 |
| 82 | 50 | 29 | 44 | 16 | 80 | 41 | 62 | 25 | 126 | 58 | 88 | 39 | 201 | 85 | 125 | 62 |
| 83 | 50 | 29 | 44 | 16 | 81 | 41 | 63 | 25 | 126 | 59 | 88 | 39 | 202 | 86 | 125 | 62 |
| 84 | 50 | 29 | 44 | 16 | 81 | 41 | 63 | 25 | 126 | 59 | 88 | 39 | 202 | 86 | 126 | 63 |
| 85 | 51 | 29 | 45 | 16 | 81 | 42 | 63 | 25 | 127 | 59 | 89 | 39 | 202 | 86 | 127 | 63 |
| 86 | 51 | 29 | 45 | 16 | 81 | 42 | 64 | 25 | 127 | 60 | 89 | 40 | 203 | 87 | 127 | 63 |
| 87 | 51 | 29 | 45 | 16 | 81 | 42 | 64 | 25 | 127 | 60 | 90 | 40 | 203 | 87 | 128 | 63 |
| 88 | 51 | 29 | 45 | 16 | 81 | 42 | 64 | 25 | 127 | 60 | 90 | 40 | 204 | 87 | 128 | 63 |
| 89 | 51 | 30 | 45 | 16 | 82 | 42 | 65 | 25 | 128 | 60 | 91 | 40 | 204 | 88 | 129 | 63 |
| 90 | 51 | 30 | 46 | 16 | 82 | 43 | 65 | 25 | 128 | 61 | 91 | 40 | 205 | 88 | 130 | 63 |
| 91 | 51 | 30 | 46 | 16 | 82 | 43 | 65 | 25 | 128 | 61 | 92 | 40 | 205 | 89 | 130 | 64 |
| 92 | 51 | 30 | 46 | 16 | 82 | 43 | 65 | 25 | 128 | 61 | 92 | 40 | 205 | 89 | 131 | 64 |
| 93 | 51 | 30 | 46 | 16 | 82 | 43 | 66 | 25 | 129 | 61 | 92 | 40 | 206 | 89 | 132 | 64 |
| 94 | 52 | 30 | 46 | 16 | 83 | 43 | 66 | 26 | 129 | 62 | 93 | 40 | 206 | 90 | 132 | 64 |
| 95 | 52 | 30 | 47 | 16 | 83 | 44 | 66 | 26 | 129 | 62 | 93 | 40 | 207 | 90 | 133 | 64 |
| 96 | 52 | 31 | 47 | 16 | 83 | 44 | 67 | 26 | 129 | 62 | 94 | 40 | 207 | 90 | 133 | 64 |

（续）

| 齿数 z | 公差等级 | | | | | | | | | | | | | | | |
|---|---|---|---|---|---|---|---|---|---|---|---|---|---|---|---|---|
| | 4 | | | | 5 | | | | 6 | | | | 7 | | | |
| | $T+\lambda$ | $\lambda$ | $F_p$ | $F_\alpha$ | $T+\lambda$ | $\lambda$ | $F_p$ | $F_\alpha$ | $T+\lambda$ | $\lambda$ | $F_p$ | $F_\alpha$ | $T+\lambda$ | $\lambda$ | $F_p$ | $F_\alpha$ |
| $m=1.75\text{mm}$ | | | | | | | | | | | | | | | | |
| 97 | 52 | 31 | 47 | 16 | 83 | 44 | 67 | 26 | 130 | 62 | 94 | 40 | 208 | 91 | 134 | 64 |
| 98 | 52 | 31 | 47 | 16 | 33 | 44 | 67 | 26 | 130 | 63 | 95 | 41 | 208 | 91 | 135 | 65 |
| 99 | 52 | 31 | 48 | 16 | 83 | 44 | 68 | 26 | 130 | 63 | 95 | 41 | 208 | 92 | 135 | 65 |
| 100 | 52 | 31 | 48 | 16 | 84 | 44 | 68 | 26 | 130 | 63 | 95 | 41 | 209 | 92 | 136 | 65 |
| $m=2\text{mm}$ | | | | | | | | | | | | | | | | |
| 10 | 39 | 15 | 20 | 14 | 62 | 22 | 29 | 22 | 97 | 32 | 41 | 34 | 156 | 49 | 58 | 54 |
| 11 | 39 | 16 | 21 | 14 | 63 | 23 | 30 | 22 | 98 | 33 | 42 | 34 | 157 | 49 | 60 | 54 |
| 12 | 40 | 16 | 22 | 14 | 63 | 23 | 31 | 22 | 99 | 34 | 43 | 34 | 159 | 50 | 62 | 54 |
| 13 | 40 | 16 | 22 | 14 | 64 | 24 | 32 | 22 | 100 | 34 | 44 | 34 | 160 | 51 | 63 | 55 |
| 14 | 40 | 17 | 23 | 14 | 65 | 24 | 33 | 22 | 101 | 35 | 46 | 34 | 162 | 52 | 65 | 55 |
| 15 | 41 | 17 | 23 | 14 | 65 | 25 | 33 | 22 | 102 | 36 | 47 | 35 | 163 | 53 | 67 | 55 |
| 16 | 41 | 17 | 24 | 14 | 66 | 25 | 34 | 22 | 103 | 36 | 48 | 35 | 164 | 54 | 68 | 55 |
| 17 | 41 | 17 | 25 | 14 | 66 | 25 | 35 | 22 | 103 | 37 | 49 | 35 | 166 | 55 | 70 | 55 |
| 18 | 42 | 18 | 25 | 14 | 67 | 26 | 36 | 22 | 104 | 37 | 50 | 35 | 167 | 55 | 71 | 55 |
| 19 | 42 | 18 | 26 | 14 | 67 | 26 | 36 | 22 | 105 | 38 | 51 | 35 | 168 | 56 | 73 | 56 |
| 20 | 42 | 18 | 26 | 14 | 68 | 27 | 37 | 22 | 106 | 38 | 52 | 35 | 169 | 57 | 74 | 56 |
| 21 | 43 | 19 | 27 | 14 | 68 | 27 | 38 | 22 | 106 | 39 | 53 | 35 | 170 | 58 | 76 | 56 |
| 22 | 43 | 19 | 27 | 14 | 68 | 27 | 39 | 22 | 107 | 39 | 54 | 35 | 171 | 58 | 77 | 56 |
| 23 | 43 | 19 | 28 | 14 | 69 | 28 | 39 | 22 | 108 | 40 | 55 | 35 | 172 | 59 | 78 | 56 |
| 24 | 43 | 19 | 28 | 14 | 69 | 28 | 40 | 23 | 108 | 40 | 56 | 35 | 173 | 60 | 80 | 56 |
| 25 | 44 | 20 | 28 | 14 | 70 | 28 | 40 | 23 | 109 | 41 | 57 | 36 | 174 | 60 | 81 | 57 |
| 26 | 44 | 20 | 29 | 14 | 70 | 29 | 41 | 23 | 109 | 41 | 58 | 36 | 175 | 61 | 82 | 57 |
| 27 | 44 | 20 | 29 | 14 | 70 | 29 | 42 | 23 | 110 | 42 | 59 | 36 | 176 | 62 | 83 | 57 |
| 28 | 44 | 20 | 30 | 14 | 71 | 29 | 42 | 23 | 111 | 42 | 59 | 36 | 177 | 62 | 85 | 57 |
| 29 | 44 | 21 | 30 | 14 | 71 | 30 | 43 | 23 | 111 | 43 | 60 | 36 | 178 | 63 | 86 | 57 |
| 30 | 45 | 21 | 31 | 14 | 71 | 30 | 43 | 23 | 112 | 43 | 61 | 36 | 179 | 64 | 87 | 57 |
| 31 | 45 | 21 | 31 | 14 | 72 | 30 | 44 | 23 | 112 | 44 | 62 | 36 | 180 | 64 | 88 | 57 |
| 32 | 45 | 21 | 31 | 14 | 72 | 31 | 45 | 23 | 113 | 44 | 63 | 36 | 180 | 65 | 89 | 58 |
| 33 | 45 | 22 | 32 | 15 | 72 | 31 | 45 | 23 | 113 | 45 | 63 | 36 | 181 | 66 | 90 | 58 |
| 34 | 46 | 22 | 32 | 15 | 73 | 31 | 46 | 23 | 114 | 45 | 64 | 36 | 182 | 66 | 91 | 58 |
| 35 | 46 | 22 | 33 | 15 | 73 | 32 | 46 | 23 | 114 | 45 | 65 | 37 | 183 | 67 | 92 | 58 |
| 36 | 46 | 22 | 33 | 15 | 73 | 32 | 47 | 23 | 115 | 46 | 66 | 37 | 184 | 67 | 94 | 58 |
| 37 | 46 | 22 | 33 | 15 | 74 | 32 | 47 | 23 | 115 | 46 | 66 | 37 | 184 | 68 | 95 | 58 |
| 38 | 46 | 23 | 34 | 15 | 74 | 33 | 48 | 23 | 116 | 47 | 67 | 37 | 185 | 69 | 96 | 59 |
| 39 | 46 | 23 | 34 | 15 | 74 | 33 | 48 | 23 | 116 | 47 | 68 | 37 | 186 | 69 | 97 | 59 |
| 40 | 47 | 23 | 34 | 15 | 75 | 33 | 49 | 24 | 117 | 48 | 69 | 37 | 187 | 70 | 98 | 59 |
| 41 | 47 | 23 | 35 | 15 | 75 | 33 | 49 | 24 | 117 | 48 | 69 | 37 | 187 | 70 | 99 | 59 |
| 42 | 47 | 23 | 35 | 15 | 75 | 34 | 50 | 24 | 117 | 48 | 70 | 37 | 188 | 71 | 100 | 59 |
| 43 | 47 | 24 | 35 | 15 | 75 | 34 | 50 | 24 | 118 | 49 | 71 | 37 | 189 | 71 | 101 | 59 |
| 44 | 47 | 24 | 36 | 15 | 76 | 34 | 51 | 24 | 118 | 49 | 71 | 37 | 189 | 72 | 101 | 60 |
| 45 | 48 | 24 | 36 | 15 | 76 | 35 | 51 | 24 | 119 | 49 | 72 | 38 | 190 | 73 | 102 | 60 |
| 46 | 48 | 24 | 36 | 15 | 76 | 35 | 52 | 24 | 119 | 50 | 73 | 38 | 191 | 73 | 103 | 60 |
| 47 | 48 | 24 | 37 | 15 | 77 | 35 | 52 | 24 | 120 | 50 | 73 | 38 | 191 | 74 | 104 | 60 |
| 48 | 48 | 25 | 37 | 15 | 77 | 35 | 53 | 24 | 120 | 51 | 74 | 38 | 192 | 74 | 105 | 60 |
| 49 | 48 | 25 | 37 | 15 | 77 | 36 | 53 | 24 | 120 | 51 | 75 | 38 | 193 | 75 | 106 | 60 |
| 50 | 48 | 25 | 38 | 15 | 77 | 36 | 53 | 24 | 121 | 51 | 75 | 38 | 193 | 75 | 107 | 60 |
| 51 | 48 | 25 | 38 | 15 | 78 | 36 | 54 | 24 | 121 | 52 | 76 | 38 | 194 | 76 | 108 | 61 |

（续）

| 齿数 z | 公 差 等 级 | | | | | | | | | | | | | | | |
|---|---|---|---|---|---|---|---|---|---|---|---|---|---|---|---|
| | 4 | | | | 5 | | | | 6 | | | | 7 | | | |
| | $T+\lambda$ | $\lambda$ | $F_p$ | $F_\alpha$ | $T+\lambda$ | $\lambda$ | $F_p$ | $F_\alpha$ | $T+\lambda$ | $\lambda$ | $F_p$ | $F_\alpha$ | $T+\lambda$ | $\lambda$ | $F_p$ | $F_\alpha$ |
| | | | | | | | | $m=2\text{mm}$ | | | | | | | | |
| 52 | 49 | 25 | 38 | 15 | 78 | 36 | 54 | 24 | 122 | 52 | 76 | 38 | 195 | 76 | 109 | 61 |
| 53 | 49 | 26 | 39 | 15 | 78 | 37 | 55 | 24 | 122 | 52 | 77 | 38 | 195 | 77 | 110 | 61 |
| 54 | 49 | 26 | 39 | 15 | 78 | 37 | 55 | 24 | 122 | 53 | 78 | 38 | 196 | 77 | 110 | 61 |
| 55 | 49 | 26 | 39 | 15 | 79 | 37 | 56 | 24 | 123 | 53 | 78 | 39 | 196 | 78 | 111 | 61 |
| 56 | 49 | 26 | 39 | 15 | 79 | 37 | 56 | 25 | 123 | 53 | 79 | 39 | 197 | 78 | 112 | 61 |
| 57 | 49 | 26 | 40 | 15 | 79 | 38 | 57 | 25 | 124 | 54 | 79 | 39 | 198 | 79 | 113 | 62 |
| 58 | 50 | 26 | 40 | 16 | 79 | 38 | 57 | 25 | 124 | 54 | 80 | 39 | 198 | 79 | 114 | 62 |
| 59 | 50 | 27 | 40 | 16 | 80 | 38 | 57 | 25 | 124 | 55 | 81 | 39 | 199 | 80 | 115 | 62 |
| 60 | 50 | 27 | 41 | 16 | 80 | 38 | 58 | 25 | 125 | 55 | 81 | 39 | 199 | 80 | 115 | 62 |
| 61 | 50 | 27 | 41 | 16 | 80 | 39 | 58 | 25 | 125 | 55 | 82 | 39 | 200 | 81 | 116 | 62 |
| 62 | 50 | 27 | 41 | 16 | 80 | 39 | 59 | 25 | 125 | 56 | 82 | 39 | 200 | 81 | 117 | 62 |
| 63 | 50 | 27 | 41 | 16 | 80 | 39 | 59 | 25 | 126 | 56 | 83 | 39 | 201 | 82 | 118 | 63 |
| 64 | 50 | 27 | 42 | 16 | 81 | 39 | 59 | 25 | 126 | 56 | 83 | 39 | 202 | 82 | 119 | 63 |
| 65 | 51 | 28 | 42 | 16 | 81 | 40 | 60 | 25 | 126 | 57 | 84 | 40 | 202 | 82 | 119 | 63 |
| 66 | 51 | 28 | 42 | 16 | 81 | 40 | 60 | 25 | 127 | 57 | 84 | 40 | 203 | 83 | 120 | 63 |
| 67 | 51 | 28 | 43 | 16 | 81 | 40 | 61 | 25 | 127 | 57 | 85 | 40 | 203 | 83 | 121 | 63 |
| 68 | 51 | 28 | 43 | 16 | 82 | 40 | 61 | 25 | 127 | 57 | 86 | 40 | 204 | 84 | 122 | 63 |
| 69 | 51 | 28 | 43 | 16 | 82 | 41 | 61 | 25 | 128 | 58 | 86 | 40 | 204 | 84 | 123 | 63 |
| 70 | 51 | 28 | 43 | 16 | 82 | 41 | 62 | 25 | 128 | 58 | 87 | 40 | 205 | 85 | 123 | 64 |
| 71 | 51 | 29 | 44 | 16 | 82 | 41 | 62 | 25 | 128 | 58 | 87 | 40 | 205 | 85 | 124 | 64 |
| 72 | 51 | 29 | 44 | 16 | 82 | 41 | 62 | 26 | 129 | 59 | 88 | 40 | 206 | 86 | 125 | 64 |
| 73 | 52 | 29 | 44 | 16 | 83 | 41 | 63 | 26 | 129 | 59 | 88 | 40 | 206 | 86 | 126 | 64 |
| 74 | 52 | 29 | 44 | 16 | 83 | 42 | 63 | 26 | 129 | 59 | 89 | 40 | 207 | 87 | 126 | 64 |
| 75 | 52 | 29 | 45 | 16 | 83 | 42 | 63 | 26 | 130 | 60 | 89 | 41 | 207 | 87 | 127 | 64 |
| 76 | 52 | 29 | 45 | 16 | 83 | 42 | 64 | 26 | 130 | 60 | 90 | 41 | 208 | 87 | 128 | 65 |
| 77 | 52 | 30 | 45 | 16 | 83 | 42 | 64 | 26 | 130 | 60 | 90 | 41 | 208 | 88 | 128 | 65 |
| 78 | 52 | 30 | 45 | 16 | 84 | 43 | 65 | 26 | 131 | 61 | 91 | 41 | 209 | 88 | 129 | 65 |
| 79 | 52 | 30 | 46 | 16 | 84 | 43 | 65 | 26 | 131 | 61 | 91 | 41 | 209 | 89 | 130 | 65 |
| 80 | 52 | 30 | 46 | 16 | 84 | 43 | 65 | 26 | 131 | 61 | 92 | 41 | 210 | 89 | 131 | 65 |
| 81 | 53 | 30 | 46 | 16 | 84 | 43 | 66 | 26 | 131 | 62 | 92 | 41 | 210 | 90 | 131 | 65 |
| 82 | 53 | 30 | 46 | 16 | 84 | 43 | 66 | 26 | 132 | 62 | 93 | 41 | 211 | 90 | 132 | 66 |
| 83 | 53 | 30 | 47 | 17 | 85 | 44 | 66 | 26 | 132 | 62 | 93 | 41 | 211 | 90 | 133 | 66 |
| 84 | 53 | 31 | 47 | 17 | 85 | 44 | 67 | 26 | 132 | 62 | 94 | 41 | 212 | 91 | 133 | 66 |
| 85 | 53 | 31 | 47 | 17 | 85 | 44 | 67 | 26 | 133 | 63 | 94 | 42 | 212 | 91 | 134 | 66 |
| 86 | 53 | 31 | 47 | 17 | 85 | 44 | 67 | 26 | 133 | 63 | 95 | 42 | 213 | 92 | 135 | 66 |
| 87 | 53 | 31 | 48 | 17 | 85 | 44 | 68 | 26 | 133 | 63 | 95 | 42 | 213 | 92 | 135 | 66 |
| 88 | 53 | 31 | 48 | 17 | 85 | 45 | 68 | 27 | 134 | 64 | 96 | 42 | 214 | 92 | 136 | 66 |
| 89 | 54 | 31 | 48 | 17 | 86 | 45 | 68 | 27 | 134 | 64 | 96 | 42 | 214 | 93 | 137 | 67 |
| 90 | 54 | 31 | 48 | 17 | 86 | 45 | 69 | 27 | 134 | 64 | 97 | 42 | 215 | 93 | 137 | 67 |
| 91 | 54 | 32 | 49 | 17 | 86 | 45 | 69 | 27 | 134 | 64 | 97 | 42 | 215 | 94 | 138 | 67 |
| 92 | 54 | 32 | 49 | 17 | 86 | 45 | 69 | 27 | 135 | 65 | 98 | 42 | 215 | 94 | 139 | 67 |
| 93 | 54 | 32 | 49 | 17 | 86 | 46 | 70 | 27 | 135 | 65 | 98 | 42 | 216 | 94 | 139 | 67 |
| 94 | 54 | 32 | 49 | 17 | 87 | 46 | 70 | 27 | 135 | 65 | 98 | 42 | 216 | 95 | 140 | 67 |
| 95 | 54 | 32 | 49 | 17 | 87 | 46 | 70 | 27 | 136 | 66 | 99 | 43 | 217 | 95 | 141 | 68 |
| 96 | 54 | 32 | 50 | 17 | 87 | 46 | 71 | 27 | 136 | 66 | 99 | 43 | 217 | 96 | 141 | 68 |
| 97 | 54 | 32 | 50 | 17 | 87 | 46 | 71 | 27 | 136 | 66 | 100 | 43 | 218 | 96 | 142 | 68 |
| 98 | 55 | 33 | 50 | 17 | 87 | 47 | 71 | 27 | 136 | 66 | 100 | 43 | 218 | 96 | 143 | 68 |
| 99 | 55 | 33 | 50 | 17 | 87 | 47 | 72 | 27 | 137 | 67 | 101 | 43 | 219 | 97 | 143 | 68 |
| 100 | 55 | 33 | 51 | 17 | 88 | 47 | 72 | 27 | 137 | 67 | 101 | 43 | 219 | 97 | 144 | 68 |

（续）

| 齿数 z | 公 差 等 级 | | | | | | | | | | | | | | | |
|---|---|---|---|---|---|---|---|---|---|---|---|---|---|---|---|---|
| | 4 | | | | 5 | | | | 6 | | | | 7 | | | |
| | $T+\lambda$ | $\lambda$ | $F_p$ | $F_\alpha$ | $T+\lambda$ | $\lambda$ | $F_p$ | $F_\alpha$ | $T+\lambda$ | $\lambda$ | $F_p$ | $F_\alpha$ | $T+\lambda$ | $\lambda$ | $F_p$ | $F_\alpha$ |
| | | | | | | $m=2.5\text{mm}$ | | | | | | | | | | |
| 10 | 42 | 16 | 22 | 15 | 67 | 24 | 31 | 23 | 105 | 35 | 44 | 36 | 168 | 52 | 62 | 58 |
| 11 | 42 | 17 | 23 | 15 | 68 | 24 | 32 | 23 | 106 | 35 | 45 | 36 | 170 | 53 | 65 | 58 |
| 12 | 43 | 17 | 23 | 15 | 68 | 25 | 33 | 23 | 107 | 36 | 47 | 37 | 171 | 54 | 67 | 58 |
| 13 | 43 | 18 | 24 | 15 | 69 | 25 | 34 | 23 | 108 | 37 | 48 | 37 | 173 | 55 | 69 | 58 |
| 14 | 44 | 18 | 25 | 15 | 70 | 26 | 35 | 23 | 109 | 38 | 50 | 37 | 174 | 56 | 71 | 59 |
| 15 | 44 | 18 | 25 | 15 | 70 | 26 | 36 | 23 | 110 | 38 | 51 | 37 | 176 | 57 | 72 | 59 |
| 16 | 44 | 19 | 26 | 15 | 71 | 27 | 37 | 24 | 111 | 39 | 52 | 37 | 177 | 58 | 74 | 59 |
| 17 | 45 | 19 | 27 | 15 | 71 | 27 | 38 | 24 | 112 | 40 | 53 | 37 | 179 | 59 | 76 | 59 |
| 18 | 45 | 19 | 27 | 15 | 72 | 28 | 39 | 24 | 112 | 40 | 55 | 37 | 180 | 60 | 78 | 59 |
| 19 | 45 | 20 | 28 | 15 | 72 | 28 | 40 | 24 | 113 | 41 | 56 | 37 | 181 | 61 | 79 | 59 |
| 20 | 46 | 20 | 28 | 15 | 73 | 29 | 40 | 24 | 114 | 42 | 57 | 38 | 182 | 62 | 81 | 60 |
| 21 | 46 | 20 | 29 | 15 | 73 | 29 | 41 | 24 | 115 | 42 | 58 | 38 | 184 | 62 | 82 | 60 |
| 22 | 46 | 21 | 30 | 15 | 74 | 30 | 42 | 24 | 115 | 43 | 59 | 38 | 185 | 63 | 84 | 60 |
| 23 | 46 | 21 | 30 | 15 | 74 | 30 | 43 | 24 | 116 | 43 | 60 | 38 | 186 | 64 | 85 | 60 |
| 24 | 47 | 21 | 31 | 15 | 75 | 30 | 43 | 24 | 117 | 44 | 61 | 38 | 187 | 65 | 87 | 60 |
| 25 | 47 | 21 | 31 | 15 | 75 | 31 | 44 | 24 | 118 | 44 | 62 | 38 | 188 | 66 | 88 | 61 |
| 26 | 47 | 22 | 32 | 15 | 76 | 31 | 45 | 24 | 118 | 45 | 63 | 38 | 189 | 66 | 90 | 61 |
| 27 | 48 | 22 | 32 | 15 | 76 | 32 | 46 | 24 | 119 | 46 | 64 | 38 | 190 | 67 | 91 | 61 |
| 28 | 48 | 22 | 33 | 15 | 76 | 32 | 46 | 24 | 119 | 46 | 65 | 39 | 191 | 68 | 92 | 61 |
| 29 | 48 | 22 | 33 | 15 | 77 | 32 | 47 | 25 | 120 | 47 | 66 | 39 | 192 | 69 | 94 | 61 |
| 30 | 48 | 23 | 33 | 16 | 77 | 33 | 48 | 25 | 121 | 47 | 67 | 39 | 193 | 69 | 95 | 62 |
| 31 | 48 | 23 | 34 | 16 | 78 | 33 | 48 | 25 | 121 | 48 | 68 | 39 | 194 | 70 | 96 | 62 |
| 32 | 49 | 23 | 34 | 16 | 78 | 34 | 49 | 25 | 122 | 48 | 69 | 39 | 195 | 71 | 98 | 62 |
| 33 | 49 | 24 | 35 | 16 | 78 | 34 | 49 | 25 | 122 | 49 | 69 | 39 | 196 | 71 | 99 | 62 |
| 34 | 49 | 24 | 35 | 16 | 79 | 34 | 50 | 25 | 123 | 49 | 70 | 39 | 197 | 72 | 100 | 62 |
| 35 | 49 | 24 | 36 | 16 | 79 | 35 | 51 | 25 | 123 | 50 | 71 | 39 | 197 | 73 | 101 | 63 |
| 36 | 50 | 24 | 36 | 16 | 79 | 35 | 51 | 25 | 124 | 50 | 72 | 40 | 198 | 73 | 102 | 63 |
| 37 | 50 | 25 | 36 | 16 | 80 | 35 | 52 | 25 | 124 | 51 | 73 | 40 | 199 | 74 | 104 | 63 |
| 38 | 50 | 25 | 37 | 16 | 80 | 36 | 52 | 25 | 125 | 51 | 74 | 40 | 200 | 75 | 105 | 63 |
| 39 | 50 | 25 | 37 | 16 | 80 | 36 | 53 | 25 | 125 | 51 | 74 | 40 | 201 | 75 | 106 | 63 |
| 40 | 50 | 25 | 38 | 16 | 81 | 36 | 53 | 25 | 126 | 52 | 75 | 40 | 202 | 76 | 107 | 64 |
| 41 | 51 | 25 | 38 | 16 | 81 | 37 | 54 | 25 | 126 | 52 | 76 | 40 | 202 | 77 | 108 | 64 |
| 42 | 51 | 26 | 38 | 16 | 81 | 37 | 55 | 26 | 127 | 53 | 77 | 40 | 203 | 77 | 109 | 64 |
| 43 | 51 | 26 | 39 | 16 | 82 | 37 | 55 | 26 | 127 | 53 | 77 | 40 | 204 | 78 | 110 | 64 |
| 44 | 51 | 26 | 39 | 16 | 82 | 38 | 56 | 26 | 128 | 54 | 78 | 41 | 205 | 79 | 111 | 64 |
| 45 | 51 | 26 | 40 | 16 | 82 | 38 | 56 | 26 | 128 | 54 | 79 | 41 | 205 | 79 | 112 | 65 |
| 46 | 52 | 27 | 40 | 16 | 82 | 38 | 57 | 26 | 129 | 55 | 80 | 41 | 206 | 80 | 113 | 65 |
| 47 | 52 | 27 | 40 | 16 | 83 | 38 | 57 | 26 | 129 | 55 | 80 | 41 | 207 | 80 | 114 | 65 |
| 48 | 52 | 27 | 41 | 16 | 83 | 39 | 58 | 26 | 130 | 55 | 81 | 41 | 208 | 81 | 115 | 65 |
| 49 | 52 | 27 | 41 | 16 | 83 | 39 | 58 | 26 | 130 | 56 | 82 | 41 | 208 | 82 | 116 | 65 |
| 50 | 52 | 27 | 41 | 17 | 84 | 39 | 59 | 26 | 131 | 56 | 83 | 41 | 209 | 82 | 117 | 66 |
| 51 | 52 | 28 | 42 | 17 | 84 | 40 | 59 | 26 | 131 | 57 | 83 | 41 | 210 | 83 | 118 | 66 |
| 52 | 53 | 28 | 42 | 17 | 84 | 40 | 60 | 26 | 132 | 57 | 84 | 42 | 210 | 83 | 119 | 66 |
| 53 | 53 | 28 | 42 | 17 | 84 | 40 | 60 | 26 | 132 | 57 | 85 | 42 | 211 | 84 | 120 | 66 |
| 54 | 53 | 28 | 43 | 17 | 85 | 41 | 61 | 26 | 132 | 58 | 85 | 42 | 212 | 85 | 121 | 66 |
| 55 | 53 | 28 | 43 | 17 | 85 | 41 | 61 | 27 | 133 | 58 | 86 | 42 | 212 | 85 | 122 | 67 |
| 56 | 53 | 29 | 43 | 17 | 85 | 41 | 62 | 27 | 133 | 59 | 87 | 42 | 213 | 86 | 123 | 67 |

（续）

| 齿数 z | 公差等级 | | | | | | | | | | | | | | | |
|---|---|---|---|---|---|---|---|---|---|---|---|---|---|---|---|---|
| | 4 | | | | 5 | | | | 6 | | | | 7 | | | |
| | $T+\lambda$ | $\lambda$ | $F_p$ | $F_\alpha$ | $T+\lambda$ | $\lambda$ | $F_p$ | $F_\alpha$ | $T+\lambda$ | $\lambda$ | $F_p$ | $F_\alpha$ | $T+\lambda$ | $\lambda$ | $F_p$ | $F_\alpha$ |
| | | | | | | | | $m=2.5\,\text{mm}$ | | | | | | | | |
| 57 | 53 | 29 | 44 | 17 | 85 | 41 | 62 | 27 | 134 | 59 | 87 | 42 | 214 | 86 | 124 | 67 |
| 58 | 54 | 29 | 44 | 17 | 86 | 42 | 63 | 27 | 134 | 59 | 88 | 42 | 214 | 87 | 125 | 67 |
| 59 | 54 | 29 | 44 | 17 | 86 | 42 | 63 | 27 | 134 | 60 | 89 | 42 | 215 | 87 | 126 | 67 |
| 60 | 54 | 29 | 45 | 17 | 86 | 42 | 63 | 27 | 135 | 60 | 89 | 43 | 216 | 88 | 127 | 68 |
| 61 | 54 | 30 | 45 | 17 | 87 | 42 | 64 | 27 | 135 | 61 | 90 | 43 | 216 | 88 | 128 | 68 |
| 62 | 54 | 30 | 45 | 17 | 87 | 43 | 64 | 27 | 136 | 61 | 91 | 43 | 217 | 89 | 129 | 68 |
| 63 | 54 | 30 | 46 | 17 | 87 | 43 | 65 | 27 | 136 | 61 | 91 | 43 | 218 | 89 | 130 | 68 |
| 64 | 55 | 30 | 46 | 17 | 87 | 43 | 65 | 27 | 136 | 62 | 92 | 43 | 218 | 90 | 131 | 68 |
| 65 | 55 | 30 | 46 | 17 | 87 | 44 | 66 | 27 | 137 | 62 | 92 | 43 | 219 | 91 | 131 | 69 |
| 66 | 55 | 31 | 47 | 17 | 88 | 44 | 66 | 27 | 137 | 62 | 93 | 43 | 219 | 91 | 132 | 69 |
| 67 | 55 | 31 | 47 | 17 | 88 | 44 | 67 | 27 | 137 | 63 | 94 | 43 | 220 | 92 | 133 | 69 |
| 68 | 55 | 31 | 47 | 17 | 88 | 44 | 67 | 28 | 138 | 63 | 94 | 44 | 221 | 92 | 134 | 69 |
| 69 | 55 | 31 | 47 | 17 | 88 | 45 | 67 | 28 | 138 | 64 | 95 | 44 | 221 | 93 | 135 | 69 |
| 70 | 55 | 31 | 48 | 18 | 89 | 45 | 68 | 28 | 139 | 64 | 95 | 44 | 222 | 93 | 136 | 70 |
| 71 | 56 | 31 | 48 | 18 | 89 | 45 | 68 | 28 | 139 | 64 | 96 | 44 | 222 | 94 | 137 | 70 |
| 72 | 56 | 32 | 48 | 18 | 89 | 45 | 69 | 28 | 139 | 65 | 97 | 44 | 223 | 94 | 137 | 70 |
| 73 | 56 | 32 | 49 | 18 | 89 | 46 | 69 | 28 | 140 | 65 | 97 | 44 | 223 | 95 | 138 | 70 |
| 74 | 56 | 32 | 49 | 18 | 90 | 46 | 70 | 28 | 140 | 65 | 98 | 44 | 224 | 95 | 139 | 70 |
| 75 | 56 | 32 | 49 | 18 | 90 | 46 | 70 | 28 | 140 | 66 | 98 | 44 | 225 | 96 | 140 | 71 |
| 76 | 56 | 32 | 49 | 18 | 90 | 46 | 70 | 28 | 141 | 66 | 99 | 45 | 225 | 96 | 141 | 71 |
| 77 | 56 | 33 | 50 | 18 | 90 | 47 | 71 | 28 | 141 | 66 | 99 | 45 | 226 | 97 | 141 | 71 |
| 78 | 57 | 33 | 50 | 18 | 90 | 47 | 71 | 28 | 141 | 67 | 100 | 45 | 226 | 97 | 142 | 71 |
| 79 | 57 | 33 | 50 | 18 | 91 | 47 | 72 | 28 | 142 | 67 | 101 | 45 | 227 | 98 | 143 | 71 |
| 80 | 57 | 33 | 51 | 18 | 91 | 47 | 72 | 29 | 142 | 67 | 101 | 45 | 227 | 98 | 144 | 72 |
| 81 | 57 | 33 | 51 | 18 | 91 | 48 | 72 | 29 | 142 | 68 | 102 | 45 | 228 | 99 | 145 | 72 |
| 82 | 57 | 33 | 51 | 18 | 91 | 48 | 73 | 29 | 143 | 68 | 102 | 45 | 228 | 99 | 145 | 72 |
| 83 | 57 | 34 | 51 | 18 | 92 | 48 | 73 | 29 | 143 | 68 | 103 | 45 | 229 | 99 | 146 | 72 |
| 84 | 57 | 34 | 52 | 18 | 92 | 48 | 73 | 29 | 143 | 69 | 103 | 46 | 229 | 100 | 147 | 72 |
| 85 | 57 | 34 | 52 | 18 | 92 | 48 | 74 | 29 | 144 | 69 | 104 | 46 | 230 | 100 | 148 | 72 |
| 86 | 58 | 34 | 52 | 18 | 92 | 49 | 74 | 29 | 144 | 69 | 104 | 46 | 230 | 101 | 148 | 73 |
| 87 | 58 | 34 | 53 | 18 | 92 | 49 | 75 | 29 | 144 | 70 | 105 | 46 | 231 | 101 | 149 | 73 |
| 88 | 58 | 34 | 53 | 18 | 93 | 49 | 75 | 29 | 145 | 70 | 105 | 46 | 231 | 102 | 150 | 73 |
| 89 | 58 | 35 | 53 | 18 | 93 | 49 | 75 | 29 | 145 | 70 | 106 | 46 | 232 | 102 | 151 | 73 |
| 90 | 58 | 35 | 53 | 19 | 93 | 50 | 76 | 29 | 145 | 71 | 106 | 46 | 232 | 103 | 151 | 73 |
| 91 | 58 | 35 | 54 | 19 | 93 | 50 | 76 | 29 | 146 | 71 | 107 | 46 | 233 | 103 | 152 | 74 |
| 92 | 58 | 35 | 54 | 19 | 93 | 50 | 76 | 29 | 146 | 71 | 108 | 47 | 233 | 104 | 153 | 74 |
| 93 | 58 | 35 | 54 | 19 | 94 | 50 | 77 | 30 | 146 | 72 | 108 | 47 | 234 | 104 | 154 | 74 |
| 94 | 59 | 35 | 54 | 19 | 94 | 51 | 77 | 30 | 147 | 72 | 109 | 47 | 234 | 105 | 154 | 74 |
| 95 | 59 | 35 | 55 | 19 | 94 | 51 | 78 | 30 | 147 | 72 | 109 | 47 | 235 | 105 | 155 | 74 |
| 96 | 59 | 36 | 55 | 19 | 94 | 51 | 78 | 30 | 147 | 73 | 110 | 47 | 235 | 105 | 156 | 75 |
| 97 | 59 | 36 | 55 | 19 | 94 | 51 | 78 | 30 | 147 | 73 | 110 | 47 | 236 | 106 | 157 | 75 |
| 98 | 59 | 36 | 55 | 19 | 95 | 51 | 79 | 30 | 148 | 73 | 111 | 47 | 236 | 106 | 157 | 75 |
| 99 | 59 | 36 | 56 | 19 | 95 | 52 | 79 | 30 | 148 | 73 | 111 | 47 | 237 | 107 | 158 | 75 |
| 100 | 59 | 36 | 56 | 19 | 95 | 52 | 79 | 30 | 148 | 74 | 112 | 48 | 237 | 107 | 159 | 75 |

（续）

| 齿数 z | 公差等级 | | | | | | | | | | | | | | | |
|---|---|---|---|---|---|---|---|---|---|---|---|---|---|---|---|---|
| | 4 | | | | 5 | | | | 6 | | | | 7 | | | |
| | $T+\lambda$ | $\lambda$ | $F_p$ | $F_\alpha$ | $T+\lambda$ | $\lambda$ | $F_p$ | $F_\alpha$ | $T+\lambda$ | $\lambda$ | $F_p$ | $F_\alpha$ | $T+\lambda$ | $\lambda$ | $F_p$ | $F_\alpha$ |
| | | | | | | | | $m=3\text{mm}$ | | | | | | | | |
| 10 | 45 | 17 | 23 | 15 | 71 | 25 | 33 | 24 | 112 | 37 | 47 | 39 | 178 | 55 | 67 | 61 |
| 11 | 45 | 18 | 24 | 15 | 72 | 26 | 35 | 25 | 113 | 38 | 48 | 39 | 180 | 57 | 69 | 61 |
| 12 | 46 | 18 | 25 | 16 | 73 | 27 | 36 | 25 | 114 | 39 | 50 | 39 | 182 | 58 | 71 | 62 |
| 13 | 46 | 19 | 26 | 16 | 74 | 27 | 37 | 25 | 115 | 39 | 52 | 39 | 184 | 59 | 74 | 62 |
| 14 | 46 | 19 | 27 | 16 | 74 | 28 | 38 | 25 | 116 | 40 | 53 | 39 | 186 | 60 | 76 | 62 |
| 15 | 47 | 19 | 27 | 16 | 75 | 28 | 39 | 25 | 117 | 41 | 55 | 39 | 187 | 61 | 78 | 62 |
| 16 | 47 | 20 | 28 | 16 | 75 | 29 | 40 | 25 | 118 | 42 | 56 | 39 | 189 | 62 | 80 | 63 |
| 17 | 48 | 20 | 29 | 16 | 76 | 29 | 41 | 25 | 119 | 42 | 57 | 40 | 190 | 63 | 82 | 63 |
| 18 | 48 | 21 | 29 | 16 | 77 | 30 | 42 | 25 | 120 | 43 | 59 | 40 | 192 | 64 | 83 | 63 |
| 19 | 48 | 21 | 30 | 16 | 77 | 30 | 43 | 25 | 121 | 44 | 60 | 40 | 193 | 65 | 85 | 63 |
| 20 | 49 | 21 | 31 | 16 | 78 | 31 | 43 | 25 | 121 | 44 | 61 | 40 | 194 | 66 | 87 | 64 |
| 21 | 49 | 22 | 31 | 16 | 78 | 31 | 44 | 25 | 122 | 45 | 62 | 40 | 195 | 67 | 89 | 64 |
| 22 | 49 | 22 | 32 | 16 | 79 | 32 | 45 | 26 | 123 | 46 | 63 | 40 | 197 | 68 | 90 | 64 |
| 23 | 49 | 22 | 32 | 16 | 79 | 32 | 46 | 26 | 124 | 46 | 65 | 40 | 198 | 69 | 92 | 64 |
| 24 | 50 | 23 | 33 | 16 | 80 | 33 | 47 | 26 | 124 | 47 | 66 | 41 | 199 | 69 | 94 | 65 |
| 25 | 50 | 23 | 33 | 16 | 80 | 33 | 48 | 26 | 125 | 48 | 67 | 41 | 200 | 70 | 95 | 65 |
| 26 | 50 | 23 | 34 | 16 | 81 | 34 | 48 | 26 | 126 | 48 | 68 | 41 | 201 | 71 | 97 | 65 |
| 27 | 51 | 24 | 35 | 16 | 81 | 34 | 49 | 26 | 127 | 49 | 69 | 41 | 202 | 72 | 98 | 65 |
| 28 | 51 | 24 | 35 | 16 | 81 | 34 | 50 | 26 | 127 | 49 | 70 | 41 | 203 | 73 | 100 | 66 |
| 29 | 51 | 24 | 36 | 17 | 82 | 35 | 51 | 26 | 128 | 50 | 71 | 41 | 205 | 74 | 101 | 66 |
| 30 | 51 | 24 | 36 | 17 | 82 | 35 | 51 | 26 | 128 | 51 | 72 | 42 | 206 | 74 | 102 | 66 |
| 31 | 52 | 25 | 37 | 17 | 83 | 36 | 52 | 26 | 129 | 51 | 73 | 42 | 207 | 75 | 104 | 66 |
| 32 | 52 | 25 | 37 | 17 | 83 | 36 | 53 | 27 | 130 | 52 | 74 | 42 | 208 | 76 | 105 | 66 |
| 33 | 52 | 25 | 37 | 17 | 83 | 36 | 53 | 27 | 130 | 52 | 75 | 42 | 209 | 77 | 107 | 67 |
| 34 | 52 | 26 | 38 | 17 | 84 | 37 | 54 | 27 | 131 | 53 | 76 | 42 | 209 | 78 | 108 | 67 |
| 35 | 53 | 26 | 38 | 17 | 84 | 37 | 55 | 27 | 131 | 53 | 77 | 42 | 210 | 78 | 109 | 67 |
| 36 | 53 | 26 | 39 | 17 | 85 | 38 | 55 | 27 | 132 | 54 | 78 | 42 | 211 | 79 | 110 | 67 |
| 37 | 53 | 26 | 39 | 17 | 85 | 38 | 56 | 27 | 133 | 54 | 79 | 43 | 212 | 80 | 112 | 68 |
| 38 | 53 | 27 | 40 | 17 | 85 | 38 | 57 | 27 | 133 | 55 | 79 | 43 | 213 | 81 | 113 | 68 |
| 39 | 53 | 27 | 40 | 17 | 86 | 39 | 57 | 27 | 134 | 55 | 80 | 43 | 214 | 81 | 114 | 68 |
| 40 | 54 | 27 | 41 | 17 | 86 | 39 | 58 | 27 | 134 | 56 | 81 | 43 | 215 | 82 | 115 | 68 |
| 41 | 54 | 27 | 41 | 17 | 86 | 39 | 58 | 27 | 135 | 56 | 82 | 43 | 216 | 83 | 117 | 69 |
| 42 | 54 | 28 | 41 | 17 | 87 | 40 | 59 | 27 | 135 | 57 | 83 | 43 | 217 | 83 | 118 | 69 |
| 43 | 54 | 28 | 42 | 17 | 87 | 40 | 60 | 28 | 136 | 57 | 84 | 43 | 217 | 84 | 119 | 69 |
| 44 | 55 | 28 | 42 | 17 | 87 | 40 | 60 | 28 | 136 | 58 | 84 | 44 | 218 | 85 | 120 | 69 |
| 45 | 55 | 28 | 43 | 18 | 88 | 41 | 61 | 28 | 137 | 58 | 85 | 44 | 219 | 85 | 121 | 70 |
| 46 | 55 | 29 | 43 | 18 | 88 | 41 | 61 | 28 | 137 | 59 | 86 | 44 | 220 | 86 | 123 | 70 |
| 47 | 55 | 29 | 44 | 18 | 88 | 41 | 62 | 28 | 138 | 59 | 87 | 44 | 221 | 87 | 124 | 70 |
| 48 | 55 | 29 | 44 | 18 | 89 | 42 | 62 | 28 | 138 | 60 | 88 | 44 | 221 | 87 | 125 | 70 |
| 49 | 56 | 29 | 44 | 18 | 89 | 42 | 63 | 28 | 139 | 60 | 88 | 44 | 222 | 88 | 126 | 70 |
| 50 | 56 | 30 | 45 | 18 | 89 | 42 | 63 | 28 | 139 | 61 | 89 | 45 | 223 | 89 | 127 | 71 |
| 51 | 56 | 30 | 45 | 18 | 89 | 43 | 64 | 28 | 140 | 61 | 90 | 45 | 224 | 89 | 128 | 71 |
| 52 | 56 | 30 | 45 | 18 | 90 | 43 | 65 | 28 | 140 | 62 | 91 | 45 | 224 | 90 | 129 | 71 |
| 53 | 56 | 30 | 46 | 18 | 90 | 43 | 65 | 28 | 141 | 62 | 92 | 45 | 225 | 91 | 130 | 71 |
| 54 | 56 | 30 | 46 | 18 | 90 | 44 | 66 | 29 | 141 | 63 | 92 | 45 | 226 | 91 | 131 | 72 |
| 55 | 57 | 31 | 47 | 18 | 91 | 44 | 66 | 29 | 142 | 63 | 93 | 45 | 227 | 92 | 132 | 72 |
| 56 | 57 | 31 | 47 | 18 | 91 | 44 | 67 | 29 | 142 | 63 | 94 | 45 | 227 | 93 | 133 | 72 |

（续）

| 齿数 z | 公差等级 | | | | | | | | | | | | | | | |
|---|---|---|---|---|---|---|---|---|---|---|---|---|---|---|---|---|
| | 4 | | | | 5 | | | | 6 | | | | 7 | | | |
| | $T+\lambda$ | $\lambda$ | $F_p$ | $F_\alpha$ | $T+\lambda$ | $\lambda$ | $F_p$ | $F_\alpha$ | $T+\lambda$ | $\lambda$ | $F_p$ | $F_\alpha$ | $T+\lambda$ | $\lambda$ | $F_p$ | $F_\alpha$ |
| | | | | | | | $m=3\,\text{mm}$ | | | | | | | | | |
| 57 | 57 | 31 | 47 | 18 | 91 | 45 | 67 | 29 | 142 | 64 | 94 | 46 | 228 | 93 | 134 | 72 |
| 58 | 57 | 31 | 48 | 18 | 91 | 45 | 68 | 29 | 143 | 64 | 95 | 46 | 229 | 94 | 135 | 73 |
| 59 | 57 | 32 | 48 | 18 | 92 | 45 | 68 | 29 | 143 | 65 | 96 | 46 | 229 | 94 | 136 | 73 |
| 60 | 58 | 32 | 48 | 18 | 92 | 46 | 69 | 29 | 144 | 65 | 97 | 46 | 230 | 95 | 137 | 73 |
| 61 | 58 | 32 | 49 | 18 | 92 | 46 | 69 | 29 | 144 | 66 | 97 | 46 | 231 | 96 | 138 | 73 |
| 62 | 58 | 32 | 49 | 19 | 93 | 46 | 70 | 29 | 145 | 66 | 98 | 46 | 231 | 96 | 139 | 74 |
| 63 | 58 | 32 | 49 | 19 | 93 | 46 | 70 | 29 | 145 | 66 | 99 | 46 | 232 | 97 | 140 | 74 |
| 64 | 58 | 33 | 50 | 19 | 93 | 47 | 71 | 30 | 145 | 67 | 99 | 47 | 233 | 97 | 141 | 74 |
| 65 | 58 | 33 | 50 | 19 | 93 | 47 | 71 | 30 | 146 | 67 | 100 | 47 | 233 | 98 | 142 | 74 |
| 66 | 59 | 33 | 50 | 19 | 94 | 47 | 72 | 30 | 146 | 68 | 101 | 47 | 234 | 99 | 143 | 74 |
| 67 | 59 | 33 | 51 | 19 | 94 | 48 | 72 | 30 | 147 | 68 | 101 | 47 | 235 | 99 | 144 | 75 |
| 68 | 59 | 33 | 51 | 19 | 94 | 48 | 73 | 30 | 147 | 68 | 102 | 47 | 235 | 100 | 145 | 75 |
| 69 | 59 | 34 | 51 | 19 | 94 | 48 | 73 | 30 | 147 | 69 | 103 | 47 | 236 | 100 | 146 | 75 |
| 70 | 59 | 34 | 52 | 19 | 95 | 49 | 73 | 30 | 148 | 69 | 103 | 48 | 237 | 101 | 147 | 75 |
| 71 | 59 | 34 | 52 | 19 | 95 | 49 | 74 | 30 | 148 | 70 | 104 | 48 | 237 | 101 | 148 | 76 |
| 72 | 59 | 34 | 52 | 19 | 95 | 49 | 74 | 30 | 149 | 70 | 105 | 48 | 238 | 102 | 149 | 76 |
| 73 | 60 | 34 | 53 | 19 | 95 | 49 | 75 | 30 | 149 | 70 | 105 | 48 | 238 | 102 | 150 | 76 |
| 74 | 60 | 35 | 53 | 19 | 96 | 50 | 75 | 30 | 149 | 71 | 106 | 48 | 239 | 103 | 151 | 76 |
| 75 | 60 | 35 | 53 | 19 | 96 | 50 | 76 | 31 | 150 | 71 | 106 | 48 | 240 | 104 | 151 | 77 |
| 76 | 60 | 35 | 54 | 19 | 96 | 50 | 76 | 31 | 150 | 72 | 107 | 48 | 240 | 104 | 152 | 77 |
| 77 | 60 | 35 | 54 | 19 | 96 | 50 | 77 | 31 | 151 | 72 | 108 | 49 | 241 | 105 | 153 | 77 |
| 78 | 60 | 35 | 54 | 19 | 97 | 51 | 77 | 31 | 151 | 72 | 108 | 49 | 241 | 105 | 154 | 77 |
| 79 | 61 | 36 | 55 | 20 | 97 | 51 | 77 | 31 | 151 | 73 | 109 | 49 | 242 | 106 | 155 | 78 |
| 80 | 61 | 36 | 55 | 20 | 97 | 51 | 78 | 31 | 152 | 73 | 110 | 49 | 243 | 106 | 156 | 78 |
| 81 | 61 | 36 | 55 | 20 | 97 | 51 | 78 | 31 | 152 | 73 | 110 | 49 | 243 | 107 | 157 | 78 |
| 82 | 61 | 36 | 55 | 20 | 98 | 52 | 79 | 31 | 152 | 74 | 111 | 49 | 244 | 107 | 158 | 78 |
| 83 | 61 | 36 | 56 | 20 | 98 | 52 | 79 | 31 | 153 | 74 | 111 | 49 | 244 | 108 | 158 | 79 |
| 84 | 61 | 37 | 56 | 20 | 98 | 52 | 80 | 31 | 153 | 74 | 112 | 50 | 245 | 108 | 159 | 79 |
| 85 | 61 | 37 | 56 | 20 | 98 | 53 | 80 | 31 | 153 | 75 | 113 | 50 | 246 | 109 | 160 | 79 |
| 86 | 62 | 37 | 57 | 20 | 98 | 53 | 80 | 32 | 154 | 75 | 113 | 50 | 246 | 109 | 161 | 79 |
| 87 | 62 | 37 | 57 | 20 | 99 | 53 | 81 | 32 | 154 | 76 | 114 | 50 | 247 | 110 | 162 | 79 |
| 88 | 62 | 37 | 57 | 20 | 99 | 53 | 81 | 32 | 155 | 76 | 114 | 50 | 247 | 110 | 163 | 80 |
| 89 | 62 | 37 | 57 | 20 | 99 | 54 | 82 | 32 | 155 | 76 | 115 | 50 | 248 | 111 | 163 | 80 |
| 90 | 62 | 38 | 58 | 20 | 99 | 54 | 82 | 32 | 155 | 77 | 115 | 51 | 248 | 111 | 164 | 80 |
| 91 | 62 | 38 | 58 | 20 | 100 | 54 | 83 | 32 | 156 | 77 | 116 | 51 | 249 | 112 | 165 | 80 |
| 92 | 62 | 38 | 58 | 20 | 100 | 54 | 83 | 32 | 156 | 77 | 117 | 51 | 249 | 112 | 166 | 81 |
| 93 | 62 | 38 | 59 | 20 | 100 | 55 | 83 | 32 | 156 | 78 | 117 | 51 | 250 | 113 | 167 | 81 |
| 94 | 63 | 38 | 59 | 20 | 100 | 55 | 84 | 32 | 157 | 78 | 118 | 51 | 250 | 113 | 167 | 81 |
| 95 | 63 | 38 | 59 | 21 | 100 | 55 | 84 | 32 | 157 | 78 | 118 | 51 | 251 | 114 | 168 | 81 |
| 96 | 63 | 39 | 59 | 21 | 101 | 55 | 85 | 33 | 157 | 79 | 119 | 51 | 252 | 114 | 169 | 82 |
| 97 | 63 | 39 | 60 | 21 | 101 | 56 | 85 | 33 | 158 | 79 | 119 | 52 | 252 | 115 | 170 | 82 |
| 98 | 63 | 39 | 60 | 21 | 101 | 56 | 85 | 33 | 158 | 79 | 120 | 52 | 253 | 115 | 171 | 82 |
| 99 | 63 | 39 | 60 | 21 | 101 | 56 | 86 | 33 | 158 | 80 | 120 | 52 | 253 | 116 | 171 | 82 |
| 100 | 63 | 39 | 61 | 21 | 101 | 56 | 86 | 33 | 159 | 80 | 121 | 52 | 254 | 116 | 172 | 83 |

（续）

| 齿数 z | 公 差 等 级 | | | | | | | | | | | | | | | |
|---|---|---|---|---|---|---|---|---|---|---|---|---|---|---|---|---|
| | 4 | | | | 5 | | | | 6 | | | | 7 | | | |
| | $T+\lambda$ | $\lambda$ | $F_p$ | $F_\alpha$ | $T+\lambda$ | $\lambda$ | $F_p$ | $F_\alpha$ | $T+\lambda$ | $\lambda$ | $F_p$ | $F_\alpha$ | $T+\lambda$ | $\lambda$ | $F_p$ | $F_\alpha$ |
| | | | | | | | $m=4\text{mm}$ | | | | | | | | | |
| 10 | 49 | 19 | 26 | 17 | 79 | 28 | 37 | 27 | 123 | 41 | 52 | 43 | 197 | 62 | 74 | 68 |
| 11 | 50 | 20 | 27 | 17 | 80 | 29 | 39 | 27 | 124 | 42 | 54 | 43 | 199 | 63 | 77 | 69 |
| 12 | 50 | 20 | 28 | 17 | 80 | 30 | 40 | 28 | 126 | 43 | 56 | 43 | 201 | 64 | 80 | 69 |
| 13 | 51 | 21 | 29 | 17 | 81 | 30 | 41 | 28 | 127 | 44 | 58 | 44 | 203 | 66 | 82 | 69 |
| 14 | 51 | 21 | 30 | 18 | 82 | 31 | 42 | 28 | 128 | 45 | 59 | 44 | 205 | 67 | 85 | 70 |
| 15 | 52 | 22 | 31 | 18 | 83 | 32 | 43 | 28 | 129 | 46 | 61 | 44 | 207 | 68 | 87 | 70 |
| 16 | 52 | 22 | 31 | 18 | 83 | 32 | 45 | 28 | 130 | 47 | 63 | 44 | 208 | 69 | 89 | 70 |
| 17 | 52 | 23 | 32 | 18 | 84 | 33 | 46 | 28 | 131 | 48 | 64 | 44 | 210 | 70 | 91 | 71 |
| 18 | 53 | 23 | 33 | 18 | 85 | 33 | 47 | 28 | 132 | 48 | 66 | 45 | 211 | 72 | 94 | 71 |
| 19 | 53 | 23 | 34 | 18 | 85 | 34 | 48 | 28 | 133 | 49 | 67 | 45 | 213 | 73 | 96 | 71 |
| 20 | 54 | 24 | 34 | 18 | 86 | 35 | 49 | 29 | 134 | 50 | 69 | 45 | 214 | 74 | 98 | 72 |
| 21 | 54 | 24 | 35 | 18 | 86 | 35 | 50 | 29 | 135 | 51 | 70 | 45 | 216 | 75 | 100 | 72 |
| 22 | 54 | 25 | 36 | 18 | 87 | 36 | 51 | 29 | 136 | 51 | 71 | 45 | 217 | 76 | 101 | 72 |
| 23 | 55 | 25 | 36 | 18 | 87 | 36 | 52 | 29 | 137 | 52 | 73 | 46 | 219 | 77 | 103 | 72 |
| 24 | 55 | 25 | 37 | 18 | 88 | 37 | 53 | 29 | 137 | 53 | 74 | 46 | 220 | 78 | 105 | 73 |
| 25 | 55 | 26 | 38 | 18 | 88 | 37 | 53 | 29 | 138 | 54 | 75 | 46 | 221 | 79 | 107 | 73 |
| 26 | 56 | 26 | 38 | 18 | 89 | 38 | 54 | 29 | 139 | 54 | 76 | 46 | 222 | 80 | 109 | 73 |
| 27 | 56 | 27 | 39 | 19 | 89 | 38 | 55 | 29 | 140 | 55 | 78 | 46 | 224 | 81 | 110 | 74 |
| 28 | 56 | 27 | 39 | 19 | 90 | 39 | 56 | 30 | 141 | 56 | 79 | 47 | 225 | 82 | 112 | 74 |
| 29 | 57 | 27 | 40 | 19 | 90 | 39 | 57 | 30 | 141 | 56 | 80 | 47 | 226 | 83 | 114 | 74 |
| 30 | 57 | 28 | 41 | 19 | 91 | 40 | 58 | 30 | 142 | 57 | 81 | 47 | 227 | 84 | 115 | 75 |
| 31 | 57 | 28 | 41 | 19 | 91 | 40 | 59 | 30 | 143 | 58 | 82 | 47 | 228 | 85 | 117 | 75 |
| 32 | 57 | 28 | 42 | 19 | 92 | 41 | 59 | 30 | 143 | 58 | 83 | 47 | 229 | 86 | 119 | 75 |
| 33 | 58 | 29 | 42 | 19 | 92 | 41 | 60 | 30 | 144 | 59 | 84 | 48 | 231 | 87 | 120 | 76 |
| 34 | 58 | 29 | 43 | 19 | 93 | 42 | 61 | 30 | 145 | 60 | 86 | 48 | 232 | 88 | 122 | 76 |
| 35 | 58 | 29 | 43 | 19 | 93 | 42 | 62 | 30 | 145 | 60 | 87 | 48 | 233 | 88 | 123 | 76 |
| 36 | 58 | 29 | 44 | 19 | 93 | 42 | 62 | 31 | 146 | 61 | 88 | 48 | 234 | 89 | 125 | 77 |
| 37 | 59 | 30 | 44 | 19 | 94 | 43 | 63 | 31 | 147 | 62 | 89 | 48 | 235 | 90 | 126 | 77 |
| 38 | 59 | 30 | 45 | 19 | 94 | 43 | 64 | 31 | 147 | 62 | 90 | 49 | 236 | 91 | 128 | 77 |
| 39 | 59 | 30 | 45 | 20 | 95 | 44 | 65 | 31 | 148 | 63 | 91 | 49 | 237 | 92 | 129 | 77 |
| 40 | 59 | 31 | 46 | 20 | 95 | 44 | 65 | 31 | 149 | 63 | 92 | 49 | 238 | 93 | 131 | 78 |
| 41 | 60 | 31 | 46 | 20 | 95 | 45 | 66 | 31 | 149 | 64 | 93 | 49 | 239 | 94 | 132 | 78 |
| 42 | 60 | 31 | 47 | 20 | 96 | 45 | 67 | 31 | 150 | 64 | 94 | 49 | 240 | 94 | 133 | 78 |
| 43 | 60 | 32 | 47 | 20 | 96 | 45 | 67 | 31 | 150 | 65 | 95 | 50 | 241 | 95 | 135 | 79 |
| 44 | 60 | 32 | 48 | 20 | 97 | 46 | 68 | 32 | 151 | 66 | 96 | 50 | 242 | 96 | 136 | 79 |
| 45 | 61 | 32 | 48 | 20 | 97 | 46 | 69 | 32 | 152 | 66 | 97 | 50 | 242 | 97 | 137 | 79 |
| 46 | 61 | 32 | 49 | 20 | 97 | 47 | 69 | 32 | 152 | 67 | 98 | 50 | 243 | 98 | 139 | 80 |
| 47 | 61 | 33 | 49 | 20 | 98 | 47 | 70 | 32 | 153 | 67 | 98 | 50 | 244 | 98 | 140 | 80 |
| 48 | 61 | 33 | 50 | 20 | 98 | 47 | 71 | 32 | 153 | 68 | 99 | 51 | 245 | 99 | 141 | 80 |
| 49 | 61 | 33 | 50 | 20 | 98 | 48 | 71 | 32 | 154 | 68 | 100 | 51 | 246 | 100 | 143 | 81 |
| 50 | 62 | 34 | 51 | 20 | 99 | 48 | 72 | 32 | 154 | 69 | 101 | 51 | 247 | 101 | 144 | 81 |
| 51 | 62 | 34 | 51 | 20 | 99 | 49 | 73 | 32 | 155 | 69 | 102 | 51 | 248 | 101 | 145 | 81 |
| 52 | 62 | 34 | 51 | 21 | 99 | 49 | 73 | 33 | 155 | 70 | 103 | 51 | 249 | 102 | 146 | 82 |
| 53 | 62 | 34 | 52 | 21 | 100 | 49 | 74 | 33 | 156 | 70 | 104 | 52 | 249 | 103 | 148 | 82 |
| 54 | 63 | 35 | 52 | 21 | 100 | 50 | 74 | 33 | 156 | 71 | 105 | 52 | 250 | 104 | 149 | 82 |
| 55 | 63 | 35 | 53 | 21 | 100 | 50 | 75 | 33 | 157 | 71 | 105 | 52 | 251 | 104 | 150 | 83 |
| 56 | 63 | 35 | 53 | 21 | 101 | 50 | 76 | 33 | 157 | 72 | 106 | 52 | 252 | 105 | 151 | 83 |

（续）

| 齿数 z | 公差等级 | | | | | | | | | | | | | | | |
|---|---|---|---|---|---|---|---|---|---|---|---|---|---|---|---|---|
| | 4 | | | | 5 | | | | 6 | | | | 7 | | | |
| | $T+\lambda$ | $\lambda$ | $F_p$ | $F_\alpha$ | $T+\lambda$ | $\lambda$ | $F_p$ | $F_\alpha$ | $T+\lambda$ | $\lambda$ | $F_p$ | $F_\alpha$ | $T+\lambda$ | $\lambda$ | $F_p$ | $F_\alpha$ |
| | | | | | | | | $m=4\text{mm}$ | | | | | | | | |
| 57 | 63 | 35 | 54 | 21 | 101 | 51 | 76 | 33 | 158 | 73 | 107 | 52 | 253 | 106 | 152 | 83 |
| 58 | 63 | 36 | 54 | 21 | 101 | 51 | 77 | 33 | 158 | 73 | 108 | 53 | 253 | 107 | 154 | 83 |
| 59 | 64 | 36 | 54 | 21 | 102 | 51 | 77 | 33 | 159 | 74 | 109 | 53 | 254 | 107 | 155 | 84 |
| 60 | 64 | 36 | 55 | 21 | 102 | 52 | 78 | 34 | 159 | 74 | 110 | 53 | 255 | 108 | 156 | 84 |
| 61 | 64 | 36 | 55 | 21 | 102 | 52 | 79 | 34 | 160 | 75 | 110 | 53 | 256 | 109 | 157 | 84 |
| 62 | 64 | 37 | 56 | 21 | 103 | 52 | 79 | 34 | 160 | 75 | 111 | 53 | 257 | 109 | 158 | 85 |
| 63 | 64 | 37 | 56 | 21 | 103 | 53 | 80 | 34 | 161 | 75 | 112 | 54 | 257 | 110 | 159 | 85 |
| 64 | 65 | 37 | 56 | 22 | 103 | 53 | 80 | 34 | 161 | 76 | 113 | 54 | 258 | 111 | 160 | 85 |
| 65 | 65 | 37 | 57 | 22 | 104 | 54 | 81 | 34 | 162 | 76 | 114 | 54 | 259 | 111 | 161 | 86 |
| 66 | 65 | 38 | 57 | 22 | 104 | 54 | 81 | 34 | 162 | 77 | 114 | 54 | 260 | 112 | 163 | 86 |
| 67 | 65 | 38 | 58 | 22 | 104 | 54 | 82 | 34 | 163 | 77 | 115 | 54 | 260 | 113 | 164 | 86 |
| 68 | 65 | 38 | 58 | 22 | 104 | 55 | 82 | 35 | 163 | 78 | 116 | 55 | 261 | 113 | 165 | 87 |
| 69 | 65 | 38 | 58 | 22 | 105 | 55 | 83 | 35 | 164 | 78 | 117 | 55 | 262 | 114 | 166 | 87 |
| 70 | 66 | 38 | 59 | 22 | 105 | 55 | 83 | 35 | 164 | 79 | 117 | 55 | 263 | 115 | 167 | 87 |
| 71 | 66 | 39 | 59 | 22 | 105 | 55 | 84 | 35 | 165 | 79 | 118 | 55 | 263 | 115 | 168 | 88 |
| 72 | 66 | 39 | 59 | 22 | 106 | 56 | 85 | 35 | 165 | 80 | 119 | 55 | 264 | 116 | 169 | 88 |
| 73 | 66 | 39 | 60 | 22 | 106 | 56 | 85 | 35 | 165 | 80 | 120 | 56 | 265 | 117 | 170 | 88 |
| 74 | 66 | 39 | 60 | 22 | 106 | 56 | 86 | 35 | 166 | 81 | 120 | 56 | 265 | 117 | 171 | 89 |
| 75 | 67 | 40 | 61 | 22 | 106 | 57 | 86 | 35 | 166 | 81 | 121 | 56 | 266 | 118 | 172 | 89 |
| 76 | 67 | 40 | 61 | 22 | 107 | 57 | 87 | 36 | 167 | 82 | 122 | 56 | 267 | 119 | 173 | 89 |
| 77 | 67 | 40 | 61 | 23 | 107 | 57 | 87 | 36 | 167 | 82 | 122 | 56 | 267 | 119 | 174 | 89 |
| 78 | 67 | 40 | 62 | 23 | 107 | 58 | 88 | 36 | 168 | 82 | 123 | 57 | 268 | 120 | 175 | 90 |
| 79 | 67 | 41 | 62 | 23 | 108 | 58 | 88 | 36 | 168 | 83 | 124 | 57 | 269 | 121 | 176 | 90 |
| 80 | 67 | 41 | 62 | 23 | 108 | 58 | 89 | 36 | 168 | 83 | 125 | 57 | 269 | 121 | 177 | 90 |
| 81 | 68 | 41 | 63 | 23 | 108 | 59 | 89 | 36 | 169 | 84 | 125 | 57 | 270 | 122 | 178 | 91 |
| 82 | 68 | 41 | 63 | 23 | 108 | 59 | 90 | 36 | 169 | 84 | 126 | 57 | 271 | 122 | 179 | 91 |
| 83 | 68 | 41 | 63 | 23 | 109 | 59 | 90 | 36 | 170 | 85 | 127 | 58 | 271 | 123 | 180 | 91 |
| 84 | 68 | 42 | 64 | 23 | 109 | 60 | 91 | 37 | 170 | 85 | 127 | 58 | 272 | 124 | 181 | 92 |
| 85 | 68 | 42 | 64 | 23 | 109 | 60 | 91 | 37 | 170 | 85 | 128 | 58 | 273 | 124 | 182 | 92 |
| 86 | 68 | 42 | 64 | 23 | 109 | 60 | 92 | 37 | 171 | 86 | 129 | 58 | 273 | 125 | 183 | 92 |
| 87 | 69 | 42 | 65 | 23 | 110 | 60 | 92 | 37 | 171 | 86 | 129 | 58 | 274 | 126 | 184 | 93 |
| 88 | 69 | 42 | 65 | 23 | 110 | 61 | 92 | 37 | 172 | 87 | 130 | 59 | 275 | 126 | 185 | 93 |
| 89 | 69 | 43 | 65 | 24 | 110 | 61 | 93 | 37 | 172 | 87 | 131 | 59 | 275 | 127 | 186 | 93 |
| 90 | 69 | 43 | 66 | 24 | 110 | 61 | 93 | 37 | 172 | 88 | 131 | 59 | 276 | 127 | 187 | 94 |
| 91 | 69 | 43 | 66 | 24 | 111 | 62 | 94 | 37 | 173 | 88 | 132 | 59 | 277 | 128 | 188 | 94 |
| 92 | 69 | 43 | 66 | 24 | 111 | 62 | 94 | 38 | 173 | 88 | 133 | 59 | 277 | 128 | 189 | 94 |
| 93 | 69 | 43 | 67 | 24 | 111 | 62 | 95 | 38 | 174 | 89 | 133 | 60 | 278 | 129 | 190 | 94 |
| 94 | 70 | 44 | 67 | 24 | 111 | 63 | 95 | 38 | 174 | 89 | 134 | 60 | 278 | 130 | 191 | 95 |
| 95 | 70 | 44 | 67 | 24 | 112 | 63 | 96 | 38 | 174 | 90 | 135 | 60 | 279 | 130 | 191 | 95 |
| 96 | 70 | 44 | 68 | 24 | 112 | 63 | 96 | 38 | 175 | 90 | 135 | 60 | 280 | 131 | 192 | 95 |
| 97 | 70 | 44 | 68 | 24 | 112 | 63 | 97 | 38 | 175 | 90 | 136 | 60 | 280 | 131 | 193 | 96 |
| 98 | 70 | 44 | 68 | 24 | 112 | 64 | 97 | 38 | 176 | 91 | 137 | 61 | 281 | 132 | 194 | 96 |
| 99 | 70 | 45 | 69 | 24 | 113 | 64 | 98 | 38 | 176 | 91 | 137 | 61 | 282 | 133 | 195 | 96 |
| 100 | 71 | 45 | 69 | 24 | 113 | 64 | 98 | 39 | 176 | 92 | 138 | 61 | 282 | 133 | 196 | 97 |

（续）

| 齿数 | 公 差 等 级 | | | | | | | | | | | | | | | |
|---|---|---|---|---|---|---|---|---|---|---|---|---|---|---|---|---|
| $z$ | 4 | | | | 5 | | | | 6 | | | | 7 | | | |
| | $T+\lambda$ | $\lambda$ | $F_p$ | $F_\alpha$ | $T+\lambda$ | $\lambda$ | $F_p$ | $F_\alpha$ | $T+\lambda$ | $\lambda$ | $F_p$ | $F_\alpha$ | $T+\lambda$ | $\lambda$ | $F_p$ | $F_\alpha$ |
| $m=5\text{mm}$ | | | | | | | | | | | | | | | | |
| 10 | 53 | 21 | 28 | 19 | 85 | 31 | 40 | 30 | 133 | 45 | 57 | 213 | 48 | 67 | 81 | 75 |
| 11 | 54 | 22 | 30 | 19 | 86 | 32 | 42 | 30 | 134 | 46 | 59 | 215 | 48 | 69 | 84 | 76 |
| 12 | 54 | 22 | 31 | 19 | 87 | 32 | 43 | 30 | 136 | 47 | 61 | 217 | 48 | 70 | 87 | 76 |
| 13 | 55 | 23 | 32 | 19 | 88 | 33 | 45 | 31 | 137 | 48 | 63 | 219 | 48 | 72 | 90 | 77 |
| 14 | 55 | 23 | 33 | 19 | 88 | 34 | 46 | 31 | 138 | 49 | 65 | 221 | 49 | 73 | 92 | 77 |
| 15 | 56 | 24 | 33 | 20 | 89 | 35 | 48 | 31 | 139 | 50 | 67 | 223 | 49 | 75 | 95 | 77 |
| 16 | 56 | 24 | 34 | 20 | 90 | 35 | 49 | 31 | 141 | 51 | 69 | 225 | 49 | 76 | 98 | 78 |
| 17 | 57 | 25 | 35 | 20 | 91 | 36 | 50 | 31 | 142 | 52 | 70 | 227 | 49 | 77 | 100 | 78 |
| 18 | 57 | 25 | 36 | 20 | 91 | 37 | 51 | 31 | 143 | 53 | 72 | 228 | 50 | 79 | 102 | 79 |
| 19 | 58 | 26 | 37 | 20 | 92 | 37 | 52 | 31 | 144 | 54 | 74 | 230 | 50 | 80 | 105 | 79 |
| 20 | 58 | 26 | 38 | 20 | 93 | 38 | 53 | 32 | 145 | 55 | 75 | 232 | 50 | 81 | 107 | 79 |
| 21 | 58 | 27 | 38 | 20 | 93 | 39 | 55 | 32 | 146 | 56 | 77 | 233 | 50 | 82 | 109 | 80 |
| 22 | 59 | 27 | 39 | 20 | 94 | 39 | 56 | 32 | 147 | 57 | 78 | 235 | 51 | 84 | 111 | 80 |
| 23 | 59 | 28 | 40 | 20 | 95 | 40 | 57 | 32 | 148 | 57 | 80 | 236 | 51 | 85 | 113 | 81 |
| 24 | 59 | 28 | 41 | 20 | 95 | 40 | 58 | 32 | 149 | 58 | 81 | 238 | 51 | 86 | 115 | 81 |
| 25 | 60 | 28 | 41 | 21 | 96 | 41 | 59 | 32 | 149 | 59 | 83 | 239 | 51 | 87 | 117 | 81 |
| 26 | 60 | 29 | 42 | 21 | 96 | 42 | 60 | 33 | 150 | 60 | 84 | 241 | 52 | 88 | 119 | 82 |
| 27 | 60 | 29 | 43 | 21 | 97 | 42 | 61 | 33 | 151 | 61 | 85 | 242 | 52 | 89 | 121 | 82 |
| 28 | 61 | 30 | 43 | 21 | 97 | 43 | 62 | 33 | 152 | 61 | 87 | 243 | 52 | 90 | 123 | 83 |
| 29 | 61 | 30 | 44 | 21 | 98 | 43 | 63 | 33 | 153 | 62 | 88 | 244 | 52 | 92 | 125 | 83 |
| 30 | 61 | 30 | 45 | 21 | 98 | 44 | 63 | 33 | 154 | 63 | 89 | 246 | 53 | 93 | 127 | 83 |
| 31 | 62 | 31 | 45 | 21 | 99 | 44 | 64 | 33 | 154 | 64 | 91 | 247 | 53 | 94 | 129 | 84 |
| 32 | 62 | 31 | 46 | 21 | 99 | 45 | 65 | 34 | 155 | 64 | 92 | 248 | 53 | 95 | 131 | 84 |
| 33 | 62 | 31 | 47 | 21 | 100 | 45 | 66 | 34 | 156 | 65 | 93 | 249 | 53 | 96 | 132 | 84 |
| 34 | 63 | 32 | 47 | 21 | 100 | 46 | 67 | 34 | 157 | 66 | 94 | 251 | 54 | 97 | 134 | 85 |
| 35 | 63 | 32 | 48 | 22 | 101 | 46 | 68 | 34 | 157 | 67 | 95 | 252 | 54 | 98 | 136 | 85 |
| 36 | 63 | 33 | 48 | 22 | 101 | 47 | 69 | 34 | 158 | 67 | 97 | 253 | 54 | 99 | 137 | 86 |
| 37 | 64 | 33 | 49 | 22 | 102 | 47 | 70 | 34 | 159 | 68 | 98 | 254 | 54 | 100 | 139 | 86 |
| 38 | 64 | 33 | 49 | 22 | 102 | 48 | 70 | 34 | 159 | 69 | 99 | 255 | 55 | 101 | 141 | 86 |
| 39 | 64 | 34 | 50 | 22 | 103 | 48 | 71 | 35 | 160 | 69 | 100 | 256 | 55 | 102 | 142 | 87 |
| 40 | 64 | 34 | 51 | 22 | 103 | 49 | 72 | 35 | 161 | 70 | 101 | 257 | 55 | 103 | 144 | 87 |
| 41 | 65 | 34 | 51 | 22 | 103 | 49 | 73 | 35 | 162 | 71 | 102 | 258 | 55 | 103 | 145 | 88 |
| 42 | 65 | 35 | 52 | 22 | 104 | 50 | 73 | 35 | 162 | 71 | 103 | 259 | 56 | 104 | 147 | 88 |
| 43 | 65 | 35 | 52 | 22 | 104 | 50 | 74 | 35 | 163 | 72 | 104 | 261 | 56 | 105 | 148 | 88 |
| 44 | 65 | 35 | 53 | 22 | 105 | 51 | 75 | 35 | 163 | 73 | 105 | 262 | 56 | 106 | 150 | 89 |
| 45 | 66 | 36 | 53 | 23 | 105 | 51 | 76 | 36 | 164 | 73 | 106 | 263 | 56 | 107 | 151 | 89 |
| 46 | 66 | 36 | 54 | 23 | 105 | 52 | 76 | 36 | 165 | 74 | 108 | 264 | 57 | 108 | 153 | 90 |
| 47 | 66 | 36 | 54 | 23 | 106 | 52 | 77 | 36 | 165 | 74 | 109 | 265 | 57 | 109 | 154 | 90 |
| 48 | 66 | 36 | 55 | 23 | 106 | 52 | 78 | 36 | 166 | 75 | 110 | 266 | 57 | 110 | 156 | 90 |
| 49 | 67 | 37 | 55 | 23 | 107 | 53 | 79 | 36 | 167 | 76 | 111 | 267 | 57 | 111 | 157 | 91 |
| 50 | 67 | 37 | 56 | 23 | 107 | 53 | 79 | 36 | 167 | 76 | 112 | 267 | 58 | 112 | 159 | 91 |
| 51 | 67 | 37 | 56 | 23 | 107 | 54 | 80 | 36 | 168 | 77 | 113 | 268 | 58 | 112 | 160 | 92 |
| 52 | 67 | 38 | 57 | 23 | 108 | 54 | 81 | 37 | 168 | 77 | 114 | 269 | 58 | 113 | 161 | 92 |
| 53 | 68 | 38 | 57 | 23 | 108 | 55 | 81 | 37 | 169 | 78 | 115 | 270 | 58 | 114 | 163 | 92 |
| 54 | 68 | 38 | 58 | 23 | 108 | 55 | 82 | 37 | 170 | 79 | 115 | 271 | 59 | 115 | 164 | 93 |
| 55 | 68 | 39 | 58 | 24 | 109 | 55 | 83 | 37 | 170 | 79 | 116 | 272 | 59 | 116 | 166 | 93 |
| 56 | 68 | 39 | 59 | 24 | 109 | 56 | 83 | 37 | 171 | 80 | 117 | 59 | 273 | 117 | 167 | 94 |

（续）

| 齿数 $z$ | 公差等级 | | | | | | | | | | | | | | | |
|---|---|---|---|---|---|---|---|---|---|---|---|---|---|---|---|---|
| | 4 | | | | 5 | | | | 6 | | | | 7 | | | |
| | $T+\lambda$ | $\lambda$ | $F_p$ | $F_\alpha$ | $T+\lambda$ | $\lambda$ | $F_p$ | $F_\alpha$ | $T+\lambda$ | $\lambda$ | $F_p$ | $F_\alpha$ | $T+\lambda$ | $\lambda$ | $F_p$ | $F_\alpha$ |
| | | | | | | | $m=5\text{mm}$ | | | | | | | | | |
| 57 | 68 | 39 | 59 | 24 | 110 | 56 | 84 | 37 | 171 | 80 | 118 | 59 | 274 | 117 | 168 | 94 |
| 58 | 69 | 39 | 60 | 24 | 110 | 57 | 85 | 38 | 172 | 81 | 119 | 60 | 275 | 118 | 170 | 94 |
| 59 | 69 | 40 | 60 | 24 | 110 | 57 | 85 | 38 | 172 | 82 | 120 | 60 | 276 | 119 | 171 | 95 |
| 60 | 69 | 40 | 61 | 24 | 111 | 57 | 86 | 38 | 173 | 82 | 121 | 60 | 277 | 120 | 172 | 95 |
| 61 | 69 | 40 | 61 | 24 | 111 | 58 | 87 | 38 | 173 | 83 | 122 | 60 | 277 | 121 | 173 | 96 |
| 62 | 70 | 41 | 61 | 24 | 111 | 58 | 87 | 38 | 174 | 83 | 123 | 61 | 278 | 121 | 175 | 96 |
| 63 | 70 | 41 | 62 | 24 | 112 | 59 | 88 | 38 | 174 | 84 | 124 | 61 | 279 | 122 | 176 | 96 |
| 64 | 70 | 41 | 62 | 24 | 112 | 59 | 89 | 39 | 175 | 84 | 125 | 61 | 280 | 123 | 177 | 97 |
| 65 | 70 | 41 | 63 | 25 | 112 | 59 | 89 | 39 | 175 | 85 | 125 | 61 | 281 | 124 | 178 | 97 |
| 66 | 70 | 42 | 63 | 25 | 113 | 60 | 90 | 39 | 176 | 85 | 126 | 62 | 282 | 124 | 180 | 97 |
| 67 | 71 | 42 | 64 | 25 | 113 | 60 | 90 | 39 | 177 | 86 | 127 | 62 | 282 | 125 | 181 | 98 |
| 68 | 71 | 42 | 64 | 25 | 113 | 60 | 91 | 39 | 177 | 86 | 128 | 62 | 283 | 126 | 182 | 98 |
| 69 | 71 | 42 | 64 | 25 | 114 | 61 | 92 | 39 | 178 | 87 | 129 | 62 | 284 | 127 | 183 | 99 |
| 70 | 71 | 43 | 65 | 25 | 114 | 61 | 92 | 39 | 178 | 87 | 130 | 63 | 285 | 128 | 184 | 99 |
| 71 | 71 | 43 | 65 | 25 | 114 | 62 | 93 | 40 | 179 | 88 | 131 | 63 | 286 | 128 | 186 | 99 |
| 72 | 72 | 43 | 66 | 25 | 115 | 62 | 93 | 40 | 179 | 89 | 131 | 63 | 286 | 129 | 187 | 100 |
| 73 | 72 | 43 | 66 | 25 | 115 | 62 | 94 | 40 | 180 | 89 | 132 | 63 | 287 | 130 | 188 | 100 |
| 74 | 72 | 44 | 67 | 25 | 115 | 63 | 95 | 40 | 180 | 90 | 133 | 64 | 288 | 130 | 189 | 101 |
| 75 | 72 | 44 | 67 | 26 | 116 | 63 | 95 | 40 | 181 | 90 | 134 | 64 | 289 | 131 | 190 | 101 |
| 76 | 72 | 44 | 67 | 26 | 116 | 63 | 96 | 40 | 181 | 91 | 135 | 64 | 290 | 132 | 191 | 101 |
| 77 | 73 | 44 | 68 | 26 | 116 | 64 | 96 | 41 | 181 | 91 | 135 | 64 | 290 | 133 | 193 | 102 |
| 78 | 73 | 45 | 68 | 26 | 116 | 64 | 97 | 41 | 182 | 92 | 136 | 65 | 291 | 133 | 194 | 102 |
| 79 | 73 | 45 | 69 | 26 | 117 | 64 | 97 | 41 | 182 | 92 | 137 | 65 | 292 | 134 | 195 | 103 |
| 80 | 73 | 45 | 69 | 26 | 117 | 65 | 98 | 41 | 183 | 93 | 138 | 65 | 293 | 135 | 196 | 103 |
| 81 | 73 | 45 | 69 | 26 | 117 | 65 | 99 | 41 | 183 | 93 | 139 | 65 | 293 | 136 | 197 | 103 |
| 82 | 74 | 46 | 70 | 26 | 118 | 65 | 99 | 41 | 184 | 94 | 139 | 66 | 294 | 136 | 198 | 104 |
| 83 | 74 | 46 | 70 | 26 | 118 | 66 | 100 | 41 | 184 | 94 | 140 | 66 | 295 | 137 | 199 | 104 |
| 84 | 74 | 46 | 71 | 26 | 118 | 66 | 100 | 42 | 185 | 95 | 141 | 66 | 296 | 138 | 200 | 105 |
| 85 | 74 | 46 | 71 | 27 | 119 | 66 | 101 | 42 | 185 | 95 | 142 | 66 | 296 | 138 | 201 | 105 |
| 86 | 74 | 47 | 71 | 27 | 119 | 67 | 101 | 42 | 186 | 95 | 142 | 67 | 297 | 139 | 203 | 105 |
| 87 | 74 | 47 | 72 | 27 | 119 | 67 | 102 | 42 | 186 | 96 | 143 | 67 | 298 | 140 | 204 | 106 |
| 88 | 75 | 47 | 72 | 27 | 119 | 67 | 102 | 42 | 187 | 96 | 144 | 67 | 299 | 140 | 205 | 106 |
| 89 | 75 | 47 | 72 | 27 | 120 | 68 | 103 | 42 | 187 | 97 | 145 | 67 | 299 | 141 | 206 | 107 |
| 90 | 75 | 48 | 73 | 27 | 120 | 68 | 103 | 43 | 187 | 97 | 145 | 68 | 300 | 142 | 207 | 107 |
| 91 | 75 | 48 | 73 | 27 | 120 | 68 | 104 | 43 | 188 | 98 | 146 | 68 | 301 | 142 | 208 | 107 |
| 92 | 75 | 48 | 74 | 27 | 121 | 69 | 104 | 43 | 188 | 98 | 147 | 68 | 301 | 143 | 209 | 108 |
| 93 | 76 | 48 | 74 | 27 | 121 | 69 | 105 | 43 | 189 | 99 | 148 | 68 | 302 | 144 | 210 | 108 |
| 94 | 76 | 48 | 74 | 27 | 121 | 69 | 105 | 43 | 189 | 99 | 148 | 69 | 303 | 144 | 211 | 109 |
| 95 | 76 | 49 | 75 | 28 | 121 | 70 | 106 | 43 | 190 | 100 | 149 | 69 | 303 | 145 | 212 | 109 |
| 96 | 76 | 49 | 75 | 28 | 122 | 70 | 106 | 44 | 190 | 100 | 150 | 69 | 304 | 146 | 213 | 109 |
| 97 | 76 | 49 | 75 | 28 | 122 | 70 | 107 | 44 | 191 | 101 | 151 | 69 | 305 | 146 | 214 | 110 |
| 98 | 76 | 49 | 76 | 28 | 122 | 71 | 107 | 44 | 191 | 101 | 151 | 70 | 305 | 147 | 215 | 110 |
| 99 | 77 | 50 | 76 | 28 | 122 | 71 | 108 | 44 | 191 | 102 | 152 | 70 | 306 | 148 | 216 | 110 |
| 100 | 77 | 50 | 76 | 28 | 123 | 71 | 108 | 44 | 192 | 102 | 153 | 70 | 307 | 148 | 217 | 111 |

（续）

| 齿数 | 公差等级 | | | | | | | | | | | | | | | |
|---|---|---|---|---|---|---|---|---|---|---|---|---|---|---|---|---|
| z | 4 | | | | 5 | | | | 6 | | | | 7 | | | |
| | $T+\lambda$ | $\lambda$ | $F_p$ | $F_\alpha$ | $T+\lambda$ | $\lambda$ | $F_p$ | $F_\alpha$ | $T+\lambda$ | $\lambda$ | $F_p$ | $F_\alpha$ | $T+\lambda$ | $\lambda$ | $F_p$ | $F_\alpha$ |
| | | | | | | | $m=6\text{mm}$ | | | | | | | | | |
| 10 | 57 | 23 | 31 | 21 | 91 | 33 | 43 | 33 | 141 | 49 | 61 | 52 | 226 | 73 | 87 | 83 |
| 11 | 57 | 23 | 32 | 21 | 92 | 34 | 45 | 33 | 143 | 50 | 63 | 52 | 229 | 75 | 90 | 83 |
| 12 | 58 | 24 | 33 | 21 | 92 | 35 | 47 | 33 | 144 | 51 | 66 | 53 | 231 | 76 | 94 | 83 |
| 13 | 58 | 25 | 34 | 21 | 93 | 36 | 48 | 33 | 146 | 52 | 68 | 53 | 233 | 78 | 97 | 84 |
| 14 | 59 | 25 | 35 | 21 | 94 | 37 | 50 | 34 | 147 | 53 | 70 | 53 | 236 | 80 | 100 | 84 |
| 15 | 59 | 26 | 36 | 21 | 95 | 37 | 51 | 34 | 149 | 55 | 72 | 54 | 238 | 81 | 102 | 85 |
| 16 | 60 | 26 | 37 | 22 | 96 | 38 | 53 | 34 | 150 | 56 | 74 | 54 | 240 | 83 | 105 | 85 |
| 17 | 60 | 27· | 38 | 22 | 97 | 39 | 54 | 34 | 151 | 57 | 76 | 54 | 242 | 84 | 108 | 86 |
| 18 | 61 | 27 | 39 | 22 | 97 | 40 | 55 | 34 | 152 | 58 | 78 | 54 | 243 | 85 | 110 | 86 |
| 19 | 61 | 28 | 40 | 22 | 98 | 40 | 57 | 35 | 153 | 59 | 79 | 55 | 245 | 87 | 113 | 87 |
| 20 | 62 | 28 | 41 | 22 | 99 | 41 | 58 | 35 | 154 | 60 | 81 | 55 | 247 | 88 | 115 | 87 |
| 21 | 62 | 29 | 41 | 22 | 99 | 42 | 59 | 35 | 155 | 61 | 83 | 55 | 249 | 90 | 118 | 88 |
| 22 | 63 | 29 | 42 | 22 | 100 | 43 | 60 | 35 | 156 | 61 | 84 | 56 | 250 | 91 | 120 | 88 |
| 23 | 63 | 30 | 43 | 22 | 101 | 43 | 61 | 35 | 157 | 62 | 86 | 56 | 252 | 92 | 123 | 89 |
| 24 | 63 | 30 | 44 | 22 | 101 | 44 | 62 | 36 | 158 | 63 | 88 | 56 | 253 | 93 | 125 | 89 |
| 25 | 64 | 31 | 45 | 23 | 102 | 44 | 63 | 36 | 159 | 64 | 89 | 57 | 255 | 95 | 127 | 90 |
| 26 | 64 | 31 | 45 | 23 | 103 | 45 | 65 | 36 | 160 | 65 | 91 | 57 | 256 | 96 | 129 | 90 |
| 27 | 64 | 32 | 46 | 23 | 103 | 46 | 66 | 36 | 161 | 66 | 92 | 57 | 258 | 97 | 131 | 91 |
| 28 | 65 | 32 | 47 | 23 | 104 | 46 | 67 | 36 | 162 | 67 | 94 | 57 | 259 | 98 | 133 | 91 |
| 29 | 65 | 32 | 48 | 23 | 104 | 47 | 68 | 36 | 163 | 68 | 95 | 58 | 261 | 100 | 135 | 92 |
| 30 | 66 | 33 | 48 | 23 | 105 | 48 | 69 | 37 | 164 | 68 | 97 | 58 | 262 | 101 | 137 | 92 |
| 31 | 66 | 33 | 49 | 23 | 105 | 48 | 70 | 37 | 165 | 69 | 98 | 58 | 263 | 102 | 139 | 92 |
| 32 | 66 | 34 | 50 | 23 | 106 | 49 | 71 | 37 | 166 | 70 | 99 | 59 | 265 | 103 | 141 | 93 |
| 33 | 67 | 34 | 50 | 24 | 106 | 49 | 72 | 37 | 166 | 71 | 101 | 59 | 266 | 104 | 143 | 93 |
| 34 | 67 | 35 | 51 | 24 | 107 | 50 | 73 | 37 | 167 | 72 | 102 | 59 | 267 | 105 | 145 | 94 |
| 35 | 67 | 35 | 52 | 24 | 107 | 50 | 73 | 38 | 168 | 72 | 103 | 60 | 269 | 106 | 147 | 94 |
| 36 | 67 | 35 | 52 | 24 | 108 | 51 | 74 | 38 | 169 | 73 | 105 | 60 | 270 | 107 | 149 | 95 |
| 37 | 68 | 36 | 53 | 24 | 108 | 51 | 75 | 38 | 169 | 74 | 106 | 60 | 271 | 109 | 151 | 95 |
| 38 | 68 | 36 | 54 | 24 | 109 | 52 | 76 | 38 | 170 | 75 | 107 | 60 | 272 | 110 | 152 | 96 |
| 39 | 68 | 36 | 54 | 24 | 109 | 53 | 77 | 38 | 171 | 75 | 108 | 61 | 274 | 111 | 154 | 96 |
| 40 | 69 | 37 | 55 | 24 | 110 | 53 | 78 | 39 | 172 | 76 | 110 | 61 | 275 | 112 | 156 | 97 |
| 41 | 69 | 37 | 55 | 25 | 110 | 54 | 79 | 39 | 172 | 77 | 111 | 61 | 276 | 113 | 158 | 97 |
| 42 | 69 | 38 | 56 | 25 | 111 | 54 | 80 | 39 | 173 | 78 | 112 | 62 | 277 | 114 | 159 | 98 |
| 43 | 70 | 38 | 57 | 25 | 111 | 55 | 80 | 39 | 174 | 78 | 113 | 62 | 278 | 115 | 161 | 98 |
| 44 | 70 | 38 | 57 | 25 | 112 | 55 | 81 | 39 | 175 | 79 | 114 | 62 | 279 | 116 | 163 | 99 |
| 45 | 70 | 39 | 58 | 25 | 112 | 56 | 82 | 39 | 175 | 80 | 115 | 63 | 280 | 117 | 164 | 99 |
| 46 | 70 | 39 | 58 | 25 | 113 | 56 | 83 | 40 | 176 | 80 | 117 | 63 | 281 | 118 | 166 | 100 |
| 47 | 71 | 39 | 59 | 25 | 113 | 57 | 84 | 40 | 177 | 81 | 118 | 63 | 283 | 119 | 167 | 100 |
| 48 | 71 | 40 | 59 | 25 | 113 | 57 | 85 | 40 | 177 | 82 | 119 | 63 | 284 | 120 | 169 | 100 |
| 49 | 71 | 40 | 60 | 25 | 114 | 57 | 85 | 40 | 178 | 82 | 120 | 64 | 285 | 121 | 171 | 101 |
| 50 | 71 | 40 | 61 | 26 | 114 | 58 | 86 | 40 | 179 | 83 | 121 | 64 | 286 | 122 | 172 | 101 |
| 51 | 72 | 41 | 61 | 26 | 115 | 58 | 87 | 41 | 179 | 84 | 122 | 64 | 287 | 123 | 174 | 102 |
| 52 | 72 | 41 | 62 | 26 | 115 | 59 | 88 | 41 | 180 | 84 | 123 | 65 | 288 | 124 | 175 | 102 |
| 53 | 72 | 41 | 62 | 26 | 116 | 59 | 88 | 41 | 181 | 85 | 124 | 65 | 289 | 124 | 177 | 103 |
| 54 | 72 | 42 | 63 | 26 | 116 | 60 | 89 | 41 | 181 | 86 | 125 | 65 | 290 | 125 | 178 | 103 |
| 55 | 73 | 42 | 63 | 26 | 116 | 60 | 90 | 41 | 182 | 86 | 126 | 66 | 291 | 126 | 180 | 104 |
| 56 | 73 | 42 | 64 | 26 | 117 | 61 | 91 | 42 | 182 | 87 | 127 | 66 | 292 | 127 | 181 | 104 |

（续）

| 齿数 | 公 差 等 级 | | | | | | | | | | | | | | | |
|---|---|---|---|---|---|---|---|---|---|---|---|---|---|---|---|
| $z$ | 4 | | | | 5 | | | | 6 | | | | 7 | | | |
| | $T+\lambda$ | $\lambda$ | $F_p$ | $F_\alpha$ | $T+\lambda$ | $\lambda$ | $F_p$ | $F_\alpha$ | $T+\lambda$ | $\lambda$ | $F_p$ | $F_\alpha$ | $T+\lambda$ | $\lambda$ | $F_p$ | $F_\alpha$ |
| | | | | | | | | $m=6\text{mm}$ | | | | | | | | |
| 57 | 73 | 43 | 64 | 26 | 117 | 61 | 91 | 42 | 183 | 88 | 128 | 66 | 293 | 128 | 183 | 105 |
| 58 | 73 | 43 | 65 | 27 | 118 | 62 | 92 | 42 | 184 | 88 | 129 | 66 | 294 | 129 | 184 | 105 |
| 59 | 74 | 43 | 65 | 27 | 118 | 62 | 93 | 42 | 184 | 89 | 130 | 67 | 295 | 130 | 185 | 106 |
| 60 | 74 | 44 | 66 | 27 | 118 | 63 | 93 | 42 | 185 | 90 | 131 | 67 | 296 | 131 | 187 | 106 |
| 61 | 74 | 44 | 66 | 27 | 119 | 63 | 94 | 42 | 185 | 90 | 132 | 67 | 297 | 132 | 188 | 107 |
| 62 | 74 | 44 | 67 | 27 | 119 | 63 | 95 | 43 | 186 | 91 | 133 | 68 | 298 | 133 | 190 | 107 |
| 63 | 75 | 44 | 67 | 27 | 119 | 64 | 96 | 43 | 187 | •91 | 134 | 68 | 298 | 133 | 191 | 108 |
| 64 | 75 | 45 | 68 | 27 | 120 | 64 | 96 | 43 | 187 | 92 | 135 | 68 | 299 | 134 | 192 | 108 |
| 65 | 75 | 45 | 68 | 27 | 120 | 65 | 97 | 43 | 188 | 93 | 136 | 69 | 300 | 135 | 194 | 109 |
| 66 | 75 | 45 | 69 | 28 | 120 | 65 | 98 | 43 | 188 | 93 | 137 | 69 | 301 | 136 | 195 | 109 |
| 67 | 76 | 46 | 69 | 28 | 121 | 65 | 98 | 44 | 189 | 94 | 138 | 69 | 302 | 137 | 196 | 109 |
| 68 | 76 | 46 | 70 | 28 | 121 | 66 | 99 | 44 | 189 | 94 | 139 | 69 | 303 | 138 | 198 | 110 |
| 69 | 76 | 46 | 70 | 28 | 122 | 66 | 100 | 44 | 190 | 95 | 140 | 70 | 304 | 139 | 199 | 110 |
| 70 | 76 | 46 | 71 | 28 | 122 | 67 | 100 | 44 | 191 | 96 | 141 | 70 | 305 | 139 | 200 | 111 |
| 71 | 76 | 47 | 71 | 28 | 122 | 67 | 101 | 44 | 191 | 96 | 142 | 70 | 306 | 140 | 202 | 111 |
| 72 | 77 | 47 | 71 | 28 | 123 | 68 | 101 | 45 | 192 | 97 | 143 | 71 | 307 | 141 | 203 | 112 |
| 73 | 77 | 47 | 72 | 28 | 123 | 68 | 102 | 45 | 192 | 97 | 144 | 71 | 307 | 142 | 204 | 112 |
| 74 | 77 | 48 | 72 | 28 | 123 | 68 | 103 | 45 | 193 | 98 | 145 | 71 | 308 | 143 | 206 | 113 |
| 75 | 77 | 48 | 73 | 29 | 124 | 69 | 103 | 45 | 193 | 98 | 145 | 72 | 309 | 143 | 207 | 113 |
| 76 | 77 | 48 | 73 | 29 | 124 | 69 | 104 | 45 | 194 | 99 | 146 | 72 | 310 | 144 | 208 | 114 |
| 77 | 78 | 48 | 74 | 29 | 124 | 70 | 105 | 45 | 194 | 100 | 147 | 72 | 311 | 145 | 209 | 114 |
| 78 | 78 | 49 | 74 | 29 | 125 | 70 | 105 | 46 | 195 | 100 | 148 | 72 | 312 | 146 | 211 | 115 |
| 79 | 78 | 49 | 75 | 29 | 125 | 70 | 106 | 46 | 195 | 101 | 149 | 73 | 312 | 147 | 212 | 115 |
| 80 | 78 | 49 | 75 | 29 | 125 | 71 | 106 | 46 | 196 | 101 | 150 | 73 | 313 | 147 | 213 | 116 |
| 81 | 79 | 50 | 75 | 29 | 126 | 71 | 107 | 46 | 196 | 102 | 151 | 73 | 314 | 148 | 214 | 116 |
| 82 | 79 | 50 | 76 | 29 | 126 | 71 | 108 | 46 | 197 | 102 | 151 | 74 | 315 | 149 | 215 | 117 |
| 83 | 79 | 50 | 76 | 30 | 126 | 72 | 108 | 47 | 197 | 103 | 152 | 74 | 316 | 150 | 217 | 117 |
| 84 | 80 | 50 | 77 | 30 | 127 | 72 | 109 | 47 | 199 | 103 | 153 | 74 | 318 | 151 | 218 | 117 |
| 85 | 80 | 51 | 77 | 30 | 128 | 73 | 109 | 47 | 199 | 104 | 154 | 75 | 319 | 151 | 219 | 118 |
| 86 | 80 | 51 | 77 | 30 | 128 | 73 | 110 | 47 | 200 | 104 | 155 | 75 | 320 | 152 | 220 | 118 |
| 87 | 80 | 51 | 78 | 30 | 128 | 73 | 111 | 47 | 201 | 105 | 156 | 75 | 321 | 153 | 221 | 119 |
| 88 | 80 | 51 | 78 | 30 | 129 | 74 | 111 | 48 | 201 | 105 | 156 | 75 | 322 | 154 | 222 | 119 |
| 89 | 81 | 52 | 79 | 30 | 129 | 74 | 112 | 48 | 202 | 106 | 157 | 76 | 323 | 154 | 224 | 120 |
| 90 | 81 | 52 | 79 | 30 | 130 | 74 | 112 | 48 | 202 | 106 | 158 | 76 | 324 | 155 | 225 | 120 |
| 91 | 81 | 52 | 80 | 31 | 130 | 75 | 113 | 48 | 203 | 107 | 159 | 76 | 325 | 156 | 226 | 121 |
| 92 | 81 | 52 | 80 | 31 | 130 | 75 | 114 | 48 | 204 | 108 | 160 | 77 | 326 | 157 | 227 | 121 |
| 93 | 82 | 53 | 80 | 31 | 131 | 76 | 114 | 48 | 204 | 108 | 161 | 77 | 327 | 157 | 228 | 122 |
| 94 | 82 | 53 | 81 | 31 | 131 | 76 | 115 | 49 | 205 | 109 | 161 | 77 | 328 | 158 | 229 | 122 |
| 95 | 82 | 53 | 81 | 31 | 131 | 76 | 115 | 49 | 205 | 109 | 162 | 78 | 329 | 159 | 230 | 123 |
| 96 | 82 | 53 | 81 | 31 | 132 | 77 | 116 | 49 | 206 | 110 | 163 | 78 | 330 | 160 | 232 | 123 |
| 97 | 83 | 54 | 82 | 31 | 132 | 77 | 116 | 49 | 207 | 110 | 164 | 78 | 331 | 160 | 233 | 124 |
| 98 | 83 | 54 | 82 | 31 | 133 | 77 | 117 | 49 | 207 | 111 | 164 | 78 | 332 | 161 | 234 | 124 |
| 99 | 83 | 54 | 83 | 31 | 133 | 78 | 117 | 50 | 208 | 111 | 165 | 79 | 333 | 162 | 235 | 125 |
| 100 | 83 | 54 | 83 | 32 | 133 | 78 | 118 | 50 | 208 | 112 | 166 | 79 | 333 | 162 | 236 | 125 |

（续）

| 齿数 z | 公差等级 | | | | | | | | | | | | | | | |
|---|---|---|---|---|---|---|---|---|---|---|---|---|---|---|---|---|
| | 4 | | | | 5 | | | | 6 | | | | 7 | | | |
| | $T+\lambda$ | $\lambda$ | $F_p$ | $F_\alpha$ | $T+\lambda$ | $\lambda$ | $F_p$ | $F_\alpha$ | $T+\lambda$ | $\lambda$ | $F_p$ | $F_\alpha$ | $T+\lambda$ | $\lambda$ | $F_p$ | $F_\alpha$ |
| | | | | | | | $m=8\text{mm}$ | | | | | | | | | |
| 10 | 62 | 26 | 34 | 24 | 100 | 38 | 49 | 39 | 156 | 56 | 69 | 61 | 250 | 84 | 98 | 97 |
| 11 | 63 | 27 | 36 | 25 | 101 | 39 | 51 | 39 | 158 | 57 | 71 | 61 | 253 | 86 | 101 | 97 |
| 12 | 64 | 27 | 37 | 25 | 102 | 40 | 53 | 39 | 160 | 58 | 74 | 62 | 255 | 87 | 105 | 98 |
| 13 | 64 | 28 | 38 | 25 | 103 | 41 | 54 | 39 | 161 | 60 | 76 | 62 | 258 | 89 | 109 | 99 |
| 14 | 65 | 29 | 39 | 25 | 104 | 42 | 56 | 40 | 163 | 61 | 79 | 63 | 260 | 91 | 112 | 99 |
| 15 | 66 | 29 | 41 | 25 | 105 | 43 | 58 | 40 | 164 | 62 | 81 | 63 | 263 | 93 | 115 | 100 |
| 16 | 66 | 30 | 42 | 25 | 106 | 44 | 59 | 40 | 166 | 64 | 83 | 63 | 265 | 95 | 119 | 100 |
| 17 | 67 | 31 | 43 | 26 | 107 | 45 | 61 | 40 | 167 | 65 | 86 | 64 | 267 | 96 | 122 | 101 |
| 18 | 67 | 31 | 44 | 26 | 108 | 45 | 62 | 41 | 168 | 66 | 88 | 64 | 269 | 98 | 125 | 102 |
| 19 | 68 | 32 | 45 | 26 | 108 | 46 | 64 | 41 | 170 | 67 | 90 | 65 | 271 | 100 | 128 | 102 |
| 20 | 68 | 32 | 46 | 26 | 109 | 47 | 65 | 41 | 171 | 68 | 92 | 65 | 273 | 101 | 131 | 103 |
| 21 | 69 | 33 | 47 | 26 | 110 | 48 | 67 | 41 | 172 | 69 | 94 | 65 | 275 | 103 | 133 | 104 |
| 22 | 69 | 33 | 48 | 26 | 111 | 49 | 68 | 42 | 173 | 70 | 96 | 66 | 277 | 104 | 136 | 104 |
| 23 | 70 | 34 | 49 | 26 | 112 | 49 | 69 | 42 | 174 | 72 | 98 | 66 | 279 | 106 | 139 | 105 |
| 24 | 70 | 35 | 50 | 27 | 112 | 50 | 71 | 42 | 175 | 73 | 99 | 67 | 281 | 107 | 141 | 106 |
| 25 | 71 | 35 | 51 | 27 | 113 | 51 | 72 | 42 | 176 | 74 | 101 | 67 | 282 | 109 | 144 | 106 |
| 26 | 71 | 36 | 51 | 27 | 114 | 52 | 73 | 43 | 178 | 75 | 103 | 67 | 284 | 110 | 146 | 107 |
| 27 | 71 | 36 | 52 | 27 | 114 | 52 | 74 | 43 | 179 | 76 | 105 | 68 | 286 | 112 | 149 | 107 |
| 28 | 72 | 37 | 53 | 27 | 115 | 53 | 76 | 43 | 180 | 77 | 106 | 68 | 287 | 113 | 151 | 108 |
| 29 | 72 | 37 | 54 | 27 | 116 | 54 | 77 | 43 | 181 | 78 | 108 | 69 | 289 | 114 | 154 | 109 |
| 30 | 73 | 38 | 55 | 28 | 116 | 54 | 78 | 44 | 182 | 79 | 110 | 69 | 291 | 116 | 156 | 109 |
| 31 | 73 | 38 | 56 | 28 | 117 | 55 | 79 | 44 | 183 | 80 | 111 | 69 | 292 | 117 | 158 | 110 |
| 32 | 73 | 39 | 56 | 28 | 117 | 56 | 80 | 44 | 183 | 81 | 113 | 70 | 294 | 119 | 160 | 111 |
| 33 | 74 | 39 | 57 | 28 | 118 | 56 | 81 | 44 | 184 | 81 | 114 | 70 | 295 | 120 | 163 | 111 |
| 34 | 74 | 40 | 58 | 28 | 119 | 57 | 82 | 45 | 185 | 82 | 116 | 71 | 297 | 121 | 165 | 112 |
| 35 | 75 | 40 | 59 | 28 | 119 | 58 | 83 | 45 | 186 | 83 | 117 | 71 | 298 | 122 | 167 | 112 |
| 36 | 75 | 40 | 59 | 29 | 120 | 58 | 85 | 45 | 187 | 84 | 119 | 71 | 299 | 124 | 169 | 113 |
| 37 | 75 | 41 | 60 | 29 | 120 | 59 | 86 | 45 | 188 | 85 | 120 | 72 | 301 | 125 | 171 | 114 |
| 38 | 76 | 41 | 61 | 29 | 121 | 60 | 87 | 45 | 189 | 86 | 122 | 72 | 302 | 126 | 173 | 114 |
| 39 | 76 | 42 | 62 | 29 | 121 | 60 | 88 | 46 | 190 | 87 | 123 | 73 | 304 | 127 | 175 | 115 |
| 40 | 76 | 42 | 62 | 29 | 122 | 61 | 89 | 46 | 191 | 88 | 125 | 73 | 305 | 129 | 177 | 116 |
| 41 | 77 | 43 | 63 | 29 | 123 | 61 | 90 | 46 | 191 | 89 | 126 | 73 | 306 | 130 | 179 | 116 |
| 42 | 77 | 43 | 64 | 30 | 123 | 62 | 91 | 47 | 192 | 89 | 127 | 74 | 308 | 131 | 181 | 117 |
| 43 | 77 | 43 | 64 | 30 | 124 | 63 | 92 | 47 | 193 | 90 | 129 | 74 | 309 | 132 | 183 | 117 |
| 44 | 78 | 44 | 65 | 30 | 124 | 63 | 92 | 47 | 194 | 91 | 130 | 75 | 310 | 133 | 185 | 118 |
| 45 | 78 | 44 | 66 | 30 | 125 | 64 | 93 | 47 | 195 | 92 | 131 | 75 | 311 | 135 | 187 | 119 |
| 46 | 78 | 45 | 66 | 30 | 125 | 64 | 94 | 48 | 195 | 93 | 133 | 75 | 313 | 136 | 189 | 119 |
| 47 | 78 | 45 | 67 | 30 | 126 | 65 | 95 | 48 | 196 | 93 | 134 | 76 | 314 | 137 | 191 | 120 |
| 48 | 79 | 45 | 68 | 30 | 126 | 65 | 96 | 48 | 197 | 94 | 135 | 76 | 315 | 138 | 192 | 121 |
| 49 | 79 | 46 | 68 | 31 | 127 | 66 | 97 | 48 | 198 | 95 | 137 | 77 | 316 | 139 | 194 | 121 |
| 50 | 79 | 46 | 69 | 31 | 127 | 67 | 98 | 48 | 199 | 96 | 138 | 77 | 318 | 140 | 196 | 122 |
| 51 | 80 | 47 | 70 | 31 | 128 | 67 | 99 | 49 | 199 | 97 | 139 | 77 | 319 | 141 | 198 | 123 |
| 52 | 80 | 47 | 70 | 31 | 128 | 68 | 100 | 49 | 200 | 97 | 140 | 78 | 320 | 143 | 199 | 123 |
| 53 | 80 | 47 | 71 | 31 | 128 | 68 | 101 | 49 | 201 | 98 | 142 | 78 | 321 | 144 | 201 | 124 |
| 54 | 81 | 48 | 71 | 31 | 129 | 69 | 101 | 50 | 201 | 99 | 143 | 79 | 322 | 145 | 203 | 124 |
| 55 | 81 | 48 | 72 | 32 | 129 | 69 | 102 | 50 | 202 | 100 | 144 | 79 | 323 | 146 | 205 | 125 |
| 56 | 81 | 49 | 73 | 32 | 130 | 70 | 103 | 50 | 203 | 100 | 145 | 79 | 325 | 147 | 206 | 126 |

（续）

| 齿数 | 公 差 等 级 | | | | | | | | | | | | | | | |
|---|---|---|---|---|---|---|---|---|---|---|---|---|---|---|---|---|
| | 4 | | | | 5 | | | | 6 | | | | 7 | | | |
| $z$ | $T+\lambda$ | $\lambda$ | $F_p$ | $F_\alpha$ | $T+\lambda$ | $\lambda$ | $F_p$ | $F_\alpha$ | $T+\lambda$ | $\lambda$ | $F_p$ | $F_\alpha$ | $T+\lambda$ | $\lambda$ | $F_p$ | $F_\alpha$ |
| | | | | | | | $m=8\text{mm}$ | | | | | | | | | |
| 57 | 81 | 49 | 73 | 32 | 130 | 70 | 104 | 50 | 204 | 101 | 146 | 80 | 326 | 148 | 208 | 126 |
| 58 | 82 | 49 | 74 | 32 | 131 | 71 | 105 | 51 | 204 | 102 | 147 | 80 | 327 | 149 | 210 | 127 |
| 59 | 82 | 50 | 74 | 32 | 131 | 71 | 106 | 51 | 205 | 103 | 149 | 81 | 328 | 150 | 211 | 128 |
| 60 | 82 | 50 | 75 | 32 | 132 | 72 | 106 | 51 | 206 | 103 | 150 | 81 | 329 | 151 | 213 | 128 |
| 61 | 83 | 50 | 76 | 33 | 132 | 72 | 107 | 51 | 206 | 104 | 151 | 81 | 330 | 152 | 215 | 129 |
| 62 | 83 | 51 | 76 | 33 | 133 | 73 | 108 | 52 | 207 | 105 | 152 | 82 | 331 | 153 | 216 | 129 |
| 63 | 83 | 51 | 77 | 33 | 134 | 73 | 109 | 52 | 209 | 105 | 153 | 82 | 334 | 154 | 218 | 130 |
| 64 | 84 | 51 | 77 | 33 | 134 | 74 | 110 | 52 | 209 | 106 | 154 | 83 | 335 | 155 | 219 | 131 |
| 65 | 84 | 52 | 78 | 33 | 135 | 74 | 110 | 52 | 210 | 107 | 155 | 83 | 336 | 156 | 221 | 131 |
| 66 | 84 | 52 | 78 | 33 | 135 | 75 | 111 | 53 | 211 | 108 | 156 | 83 | 338 | 157 | 222 | 132 |
| 67 | 85 | 52 | 79 | 34 | 136 | 75 | 112 | 53 | 212 | 108 | 158 | 84 | 339 | 158 | 224 | 133 |
| 68 | 85 | 53 | 79 | 34 | 136 | 76 | 113 | 53 | 213 | 109 | 159 | 84 | 340 | 159 | 226 | 133 |
| 69 | 85 | 53 | 80 | 34 | 137 | 76 | 114 | 53 | 213 | 110 | 160 | 85 | 342 | 160 | 227 | 134 |
| 70 | 86 | 53 | 80 | 34 | 137 | 77 | 114 | 54 | 214 | 110 | 161 | 85 | 343 | 161 | 229 | 135 |
| 71 | 86 | 54 | 81 | 34 | 138 | 77 | 115 | 54 | 215 | 111 | 162 | 85 | 344 | 162 | 230 | 135 |
| 72 | 86 | 54 | 81 | 34 | 138 | 78 | 116 | 54 | 216 | 112 | 163 | 86 | 345 | 163 | 232 | 136 |
| 73 | 87 | 54 | 82 | 34 | 139 | 78 | 117 | 54 | 217 | 112 | 164 | 86 | 347 | 164 | 233 | 136 |
| 74 | 87 | 55 | 83 | 35 | 139 | 79 | 117 | 55 | 217 | 113 | 165 | 87 | 348 | 165 | 235 | 137 |
| 75 | 87 | 55 | 83 | 35 | 140 | 79 | 118 | 55 | 218 | 114 | 166 | 87 | 349 | 166 | 236 | 138 |
| 76 | 88 | 55 | 84 | 35 | 140 | 80 | 119 | 55 | 219 | 114 | 167 | 87 | 351 | 167 | 237 | 138 |
| 77 | 88 | 56 | 84 | 35 | 141 | 80 | 119 | 55 | 220 | 115 | 168 | 88 | 352 | 168 | 239 | 139 |
| 78 | 88 | 56 | 85 | 35 | 141 | 81 | 120 | 56 | 221 | 116 | 169 | 88 | 353 | 169 | 240 | 140 |
| 79 | 89 | 56 | 85 | 35 | 142 | 81 | 121 | 56 | 221 | 116 | 170 | 89 | 354 | 170 | 242 | 140 |
| 80 | 89 | 57 | 86 | 36 | 142 | 81 | 122 | 56 | 222 | 117 | 171 | 89 | 356 | 171 | 243 | 141 |
| 81 | 89 | 57 | 86 | 36 | 143 | 82 | 122 | 56 | 223 | 118 | 172 | 89 | 357 | 172 | 245 | 141 |
| 82 | 90 | 57 | 87 | 36 | 143 | 82 | 123 | 57 | 224 | 118 | 173 | 90 | 358 | 173 | 246 | 142 |
| 83 | 90 | 58 | 87 | 36 | 144 | 83 | 124 | 57 | 225 | 119 | 174 | 90 | 360 | 174 | 247 | 143 |
| 84 | 90 | 58 | 88 | 36 | 144 | 83 | 124 | 57 | 225 | 120 | 175 | 91 | 361 | 174 | 249 | 143 |
| 85 | 91 | 58 | 88 | 36 | 145 | 84 | 125 | 57 | 226 | 120 | 176 | 91 | 362 | 175 | 250 | 144 |
| 86 | 91 | 59 | 88 | 37 | 145 | 84 | 126 | 58 | 227 | 121 | 177 | 91 | 363 | 176 | 251 | 145 |
| 87 | 91 | 59 | 89 | 37 | 146 | 85 | 126 | 58 | 228 | 121 | 178 | 92 | 365 | 177 | 253 | 145 |
| 88 | 91 | 59 | 89 | 37 | 146 | 85 | 127 | 58 | 229 | 122 | 179 | 92 | 366 | 178 | 254 | 146 |
| 89 | 92 | 59 | 90 | 37 | 147 | 85 | 128 | 58 | 229 | 123 | 180 | 93 | 367 | 179 | 255 | 146 |
| 90 | 92 | 60 | 90 | 37 | 147 | 86 | 128 | 59 | 230 | 123 | 181 | 93 | 368 | 180 | 257 | 147 |
| 91 | 92 | 60 | 91 | 37 | 148 | 86 | 129 | 59 | 231 | 124 | 182 | 93 | 370 | 181 | 258 | 148 |
| 92 | 93 | 60 | 91 | 38 | 148 | 87 | 130 | 59 | 232 | 124 | 183 | 94 | 371 | 182 | 259 | 148 |
| 93 | 93 | 61 | 92 | 38 | 149 | 87 | 130 | 59 | 233 | 125 | 183 | 94 | 372 | 183 | 261 | 149 |
| 94 | 93 | 61 | 92 | 38 | 149 | 88 | 131 | 60 | 233 | 126 | 184 | 95 | 374 | 183 | 262 | 150 |
| 95 | 94 | 61 | 93 | 38 | 150 | 88 | 132 | 60 | 234 | 126 | 185 | 95 | 375 | 184 | 263 | 150 |
| 96 | 94 | 62 | 93 | 38 | 150 | 88 | 132 | 60 | 235 | 127 | 186 | 95 | 376 | 185 | 265 | 151 |
| 97 | 94 | 62 | 94 | 38 | 151 | 89 | 133 | 60 | 236 | 127 | 187 | 96 | 377 | 186 | 266 | 152 |
| 98 | 95 | 62 | 94 | 38 | 151 | 89 | 134 | 61 | 237 | 128 | 188 | 96 | 379 | 187 | 267 | 152 |
| 99 | 95 | 62 | 94 | 39 | 152 | 90 | 134 | 61 | 237 | 129 | 189 | 97 | 380 | 188 | 268 | 153 |
| 100 | 95 | 63 | 95 | 39 | 153 | 90 | 135 | 61 | 238 | 129 | 190 | 97 | 381 | 189 | 270 | 153 |

（续）

| 齿数 z | 公差等级 | | | | | | | | | | | | | | | |
|---|---|---|---|---|---|---|---|---|---|---|---|---|---|---|---|---|
| | 4 | | | | 5 | | | | 6 | | | | 7 | | | |
| | $T+\lambda$ | $\lambda$ | $F_p$ | $F_\alpha$ | $T+\lambda$ | $\lambda$ | $F_p$ | $F_\alpha$ | $T+\lambda$ | $\lambda$ | $F_p$ | $F_\alpha$ | $T+\lambda$ | $\lambda$ | $F_p$ | $F_\alpha$ |
| | | | | | | | $m=10\text{mm}$ | | | | | | | | | |
| 10 | 68 | 29 | 38 | 28 | 108 | 42 | 53 | 44 | 169 | 62 | 75 | 70 | 270 | 94 | 107 | 111 |
| 11 | 68 | 30 | 39 | 28 | 109 | 43 | 56 | 44 | 171 | 64 | 78 | 71 | 273 | 96 | 111 | 112 |
| 12 | 69 | 30 | 41 | 28 | 110 | 44 | 58 | 45 | 173 | 65 | 81 | 71 | 276 | 98 | 115 | 112 |
| 13 | 70 | 31 | 42 | 29 | 112 | 46 | 60 | 45 | 174 | 67 | 84 | 72 | 279 | 100 | 119 | 113 |
| 14 | 70 | 32 | 43 | 29 | 113 | 47 | 62 | 45 | 176 | 68 | 87 | 72 | 282 | 102 | 123 | 114 |
| 15 | 71 | 33 | 45 | 29 | 114 | 48 | 63 | 46 | 178 | 70 | 89 | 73 | 284 | 104 | 127 | 115 |
| 16 | 72 | 33 | 46 | 29 | 115 | 49 | 65 | 46 | 179 | 71 | 92 | 73 | 287 | 106 | 131 | 116 |
| 17 | 72 | 34 | 47 | 29 | 116 | 50 | 67 | 46 | 181 | 72 | 94 | 74 | 289 | 108 | 134 | 116 |
| 18 | 73 | 35 | 48 | 30 | 117 | 51 | 69 | 47 | 182 | 74 | 97 | 74 | 291 | 110 | 137 | 117 |
| 19 | 73 | 35 | 49 | 30 | 117 | 51 | 70 | 47 | 183 | 75 | 99 | 75 | 294 | 112 | 141 | 118 |
| 20 | 74 | 36 | 51 | 30 | 118 | 52 | 72 | 47 | 185 | 76 | 101 | 75 | 296 | 113 | 144 | 119 |
| 21 | 74 | 37 | 52 | 30 | 119 | 53 | 73 | 48 | 186 | 78 | 103 | 76 | 298 | 115 | 147 | 120 |
| 22 | 75 | 37 | 53 | 30 | 120 | 54 | 75 | 48 | 187 | 79 | 105 | 76 | 300 | 117 | 150 | 120 |
| 23 | 75 | 38 | 54 | 31 | 121 | 55 | 76 | 48 | 189 | 80 | 108 | 77 | 302 | 119 | 153 | 121 |
| 24 | 76 | 39 | 55 | 31 | 122 | 56 | 78 | 49 | 190 | 81 | 110 | 77 | 304 | 120 | 156 | 122 |
| 25 | 76 | 39 | 56 | 31 | 122 | 57 | 79 | 49 | 191 | 82 | 112 | 78 | 306 | 122 | 159 | 123 |
| 26 | 77 | 40 | 57 | 31 | 123 | 58 | 81 | 49 | 192 | 84 | 114 | 78 | 308 | 124 | 161 | 123 |
| 27 | 77 | 40 | 58 | 31 | 124 | 58 | 82 | 49 | 193 | 85 | 115 | 79 | 310 | 125 | 164 | 124 |
| 28 | 78 | 41 | 59 | 32 | 125 | 59 | 83 | 50 | 195 | 86 | 117 | 79 | 311 | 127 | 167 | 125 |
| 29 | 78 | 41 | 60 | 32 | 125 | 60 | 85 | 50 | 196 | 87 | 119 | 80 | 313 | 128 | 170 | 126 |
| 30 | 79 | 42 | 61 | 32 | 126 | 61 | 86 | 50 | 197 | 88 | 121 | 80 | 315 | 130 | 172 | 127 |
| 31 | 79 | 42 | 61 | 32 | 127 | 61 | 87 | 51 | 198 | 89 | 123 | 81 | 317 | 131 | 175 | 127 |
| 32 | 80 | 43 | 62 | 32 | 127 | 62 | 89 | 51 | 199 | 90 | 125 | 81 | 318 | 133 | 177 | 128 |
| 33 | 80 | 44 | 63 | 33 | 128 | 63 | 90 | 51 | 200 | 91 | 126 | 82 | 320 | 134 | 180 | 129 |
| 34 | 80 | 44 | 64 | 33 | 129 | 64 | 91 | 52 | 201 | 92 | 128 | 82 | 322 | 136 | 182 | 130 |
| 35 | 81 | 45 | 65 | 33 | 129 | 64 | 92 | 52 | 202 | 93 | 130 | 83 | 323 | 137 | 184 | 131 |
| 36 | 81 | 45 | 66 | 33 | 130 | 65 | 93 | 52 | 203 | 94 | 131 | 83 | 325 | 139 | 187 | 131 |
| 37 | 82 | 46 | 67 | 33 | 131 | 66 | 95 | 53 | 204 | 95 | 133 | 84 | 326 | 140 | 189 | 132 |
| 38 | 82 | 46 | 67 | 34 | 131 | 67 | 96 | 53 | 205 | 96 | 135 | 84 | 328 | 142 | 191 | 133 |
| 39 | 82 | 47 | 68 | 34 | 132 | 67 | 97 | 53 | 206 | 97 | 136 | 85 | 330 | 143 | 194 | 134 |
| 40 | 83 | 47 | 69 | 34 | 132 | 68 | 98 | 54 | 207 | 98 | 138 | 85 | 331 | 144 | 196 | 135 |
| 41 | 83 | 48 | 70 | 34 | 133 | 69 | 99 | 54 | 208 | 99 | 139 | 86 | 333 | 146 | 198 | 135 |
| 42 | 83 | 48 | 71 | 34 | 134 | 69 | 100 | 54 | 209 | 100 | 141 | 86 | 334 | 147 | 200 | 136 |
| 43 | 84 | 48 | 71 | 35 | 134 | 70 | 101 | 54 | 210 | 101 | 142 | 87 | 335 | 149 | 203 | 137 |
| 44 | 84 | 49 | 72 | 35 | 135 | 71 | 102 | 55 | 211 | 102 | 144 | 87 | 337 | 150 | 205 | 138 |
| 45 | 85 | 49 | 73 | 35 | 135 | 71 | 103 | 55 | 211 | 103 | 145 | 88 | 338 | 151 | 207 | 138 |
| 46 | 85 | 50 | 74 | 35 | 136 | 72 | 104 | 55 | 212 | 104 | 147 | 88 | 340 | 153 | 209 | 139 |
| 47 | 85 | 50 | 74 | 35 | 136 | 73 | 105 | 56 | 213 | 105 | 148 | 89 | 341 | 154 | 211 | 140 |
| 48 | 86 | 51 | 75 | 36 | 137 | 73 | 106 | 56 | 214 | 106 | 150 | 89 | 343 | 155 | 213 | 141 |
| 49 | 86 | 51 | 76 | 36 | 138 | 74 | 107 | 56 | 215 | 107 | 151 | 90 | 344 | 156 | 215 | 142 |
| 50 | 86 | 52 | 76 | 36 | 138 | 74 | 108 | 57 | 216 | 107 | 153 | 90 | 345 | 158 | 217 | 142 |
| 51 | 87 | 52 | 77 | 36 | 139 | 75 | 109 | 57 | 218 | 108 | 154 | 91 | 348 | 159 | 219 | 143 |
| 52 | 87 | 52 | 78 | 36 | 140 | 76 | 110 | 57 | 219 | 109 | 155 | 91 | 350 | 160 | 221 | 144 |
| 53 | 88 | 53 | 78 | 37 | 141 | 76 | 111 | 58 | 220 | 110 | 157 | 92 | 351 | 161 | 223 | 145 |
| 54 | 88 | 53 | 79 | 37 | 141 | 77 | 112 | 58 | 221 | 111 | 158 | 92 | 353 | 163 | 225 | 146 |
| 55 | 89 | 54 | 80 | 37 | 142 | 78 | 113 | 58 | 222 | 112 | 159 | 93 | 355 | 164 | 227 | 146 |
| 56 | 89 | 54 | 80 | 37 | 143 | 78 | 114 | 59 | 223 | 113 | 161 | 93 | 356 | 165 | 229 | 147 |

（续）

| 齿数 z | 公 差 等 级 | | | | | | | | | | | | | | | |
|---|---|---|---|---|---|---|---|---|---|---|---|---|---|---|---|---|
| | 4 | | | | 5 | | | | 6 | | | | 7 | | | |
| | $T+\lambda$ | $\lambda$ | $F_p$ | $F_\alpha$ | $T+\lambda$ | $\lambda$ | $F_p$ | $F_\alpha$ | $T+\lambda$ | $\lambda$ | $F_p$ | $F_\alpha$ | $T+\lambda$ | $\lambda$ | $F_p$ | $F_\alpha$ |
| | | | | | | | $m=10\text{mm}$ | | | | | | | | | |
| 57 | 89 | 55 | 81 | 37 | 143 | 79 | 115 | 59 | 224 | 113 | 162 | 94 | 358 | 166 | 230 | 148 |
| 58 | 90 | 55 | 82 | 38 | 144 | 79 | 116 | 59 | 225 | 114 | 163 | 94 | 359 | 168 | 232 | 149 |
| 59 | 90 | 55 | 82 | 38 | 144 | 80 | 117 | 59 | 226 | 115 | 165 | 95 | 361 | 169 | 234 | 149 |
| 60 | 91 | 56 | 83 | 38 | 145 | 80 | 118 | 60 | 227 | 116 | 166 | 95 | 363 | 170 | 236 | 150 |
| 61 | 91 | 56 | 84 | 38 | 146 | 81 | 119 | 60 | 228 | 117 | 167 | 96 | 364 | 171 | 238 | 151 |
| 62 | 91 | 57 | 84 | 38 | 146 | 82 | 120 | 60 | 229 | 118 | 169 | 96 | 366 | 172 | 240 | 152 |
| 63 | 92 | 57 | 85 | 39 | 147 | 82 | 121 | 61 | 230 | 118 | 170 | 97 | 367 | 173 | 241 | 153 |
| 64 | 92 | 57 | 86 | 39 | 148 | 83 | 122 | 61 | 231 | 119 | 171 | 97 | 369 | 175 | 243 | 153 |
| 65 | 93 | 58 | 86 | 39 | 148 | 83 | 122 | 61 | 232 | 120 | 172 | 98 | 371 | 176 | 245 | 154 |
| 66 | 93 | 58 | 87 | 39 | 149 | 84 | 123 | 62 | 233 | 121 | 173 | 98 | 372 | 177 | 247 | 155 |
| 67 | 93 | 59 | 87 | 39 | 150 | 84 | 124 | 62 | 234 | 122 | 175 | 99 | 374 | 178 | 248 | 156 |
| 68 | 94 | 59 | 88 | 40 | 150 | 85 | 125 | 62 | 235 | 122 | 176 | 99 | 375 | 179 | 250 | 157 |
| 69 | 94 | 59 | 89 | 40 | 151 | 86 | 126 | 63 | 236 | 123 | 177 | 100 | 377 | 180 | 252 | 157 |
| 70 | 95 | 60 | 89 | 40 | 151 | 86 | 127 | 63 | 237 | 124 | 178 | 100 | 379 | 181 | 253 | 158 |
| 71 | 95 | 60 | 90 | 40 | 152 | 87 | 128 | 63 | 238 | 125 | 179 | 101 | 380 | 183 | 255 | 159 |
| 72 | 95 | 61 | 90 | 40 | 153 | 87 | 128 | 64 | 239 | 125 | 181 | 101 | 382 | 184 | 257 | 160 |
| 73 | 96 | 61 | 91 | 41 | 153 | 88 | 129 | 64 | 240 | 126 | 182 | 102 | 383 | 185 | 258 | 160 |
| 74 | 96 | 61 | 92 | 41 | 154 | 88 | 130 | 64 | 241 | 127 | 183 | 102 | 385 | 186 | 260 | 161 |
| 75 | 97 | 62 | 92 | 41 | 155 | 89 | 131 | 64 | 242 | 128 | 184 | 103 | 387 | 187 | 262 | 162 |
| 76 | 97 | 62 | 93 | 41 | 155 | 89 | 132 | 65 | 243 | 129 | 185 | 103 | 388 | 188 | 263 | 163 |
| 77 | 97 | 62 | 93 | 41 | 156 | 90 | 132 | 65 | 244 | 129 | 186 | 104 | 390 | 189 | 265 | 164 |
| 78 | 98 | 63 | 94 | 42 | 157 | 90 | 133 | 65 | 245 | 130 | 188 | 104 | 391 | 190 | 267 | 164 |
| 79 | 98 | 63 | 94 | 42 | 157 | 91 | 134 | 66 | 246 | 131 | 189 | 105 | 393 | 191 | 268 | 165 |
| 80 | 99 | 63 | 95 | 42 | 158 | 91 | 135 | 66 | 247 | 131 | 190 | 105 | 395 | 192 | 270 | 166 |
| 81 | 99 | 64 | 95 | 42 | 159 | 92 | 136 | 66 | 248 | 132 | 191 | 106 | 396 | 193 | 271 | 167 |
| 82 | 99 | 64 | 96 | 42 | 159 | 92 | 136 | 67 | 249 | 133 | 192 | 106 | 398 | 194 | 273 | 168 |
| 83 | 100 | 64 | 97 | 43 | 160 | 93 | 137 | 67 | 250 | 134 | 193 | 107 | 399 | 196 | 274 | 168 |
| 84 | 100 | 65 | 97 | 43 | 160 | 93 | 138 | 67 | 251 | 134 | 194 | 107 | 401 | 197 | 276 | 169 |
| 85 | 101 | 65 | 98 | 43 | 161 | 94 | 139 | 68 | 252 | 135 | 195 | 108 | 403 | 198 | 277 | 170 |
| 86 | 101 | 66 | 98 | 43 | 162 | 94 | 139 | 68 | 253 | 136 | 196 | 108 | 404 | 199 | 279 | 171 |
| 87 | 101 | 66 | 99 | 43 | 162 | 95 | 140 | 68 | 254 | 137 | 197 | 109 | 406 | 200 | 280 | 172 |
| 88 | 102 | 66 | 99 | 44 | 163 | 95 | 141 | 69 | 255 | 137 | 198 | 109 | 407 | 201 | 282 | 172 |
| 89 | 102 | 67 | 100 | 44 | 164 | 96 | 142 | 69 | 256 | 138 | 199 | 110 | 409 | 202 | 283 | 173 |
| 90 | 103 | 67 | 100 | 44 | 164 | 96 | 142 | 69 | 257 | 139 | 200 | 110 | 411 | 203 | 285 | 174 |
| 91 | 103 | 67 | 101 | 44 | 165 | 97 | 143 | 69 | 258 | 139 | 202 | 111 | 412 | 204 | 286 | 175 |
| 92 | 103 | 68 | 101 | 44 | 166 | 97 | 144 | 70 | 259 | 140 | 203 | 111 | 414 | 205 | 288 | 175 |
| 93 | 104 | 68 | 102 | 45 | 166 | 98 | 145 | 70 | 260 | 141 | 204 | 112 | 415 | 206 | 289 | 176 |
| 94 | 104 | 68 | 102 | 45 | 167 | 98 | 145 | 70 | 261 | 141 | 205 | 112 | 417 | 207 | 291 | 177 |
| 95 | 105 | 69 | 103 | 45 | 167 | 99 | 146 | 71 | 262 | 142 | 206 | 113 | 419 | 208 | 292 | 178 |
| 96 | 105 | 69 | 103 | 45 | 168 | 99 | 147 | 71 | 263 | 143 | 207 | 113 | 420 | 209 | 294 | 179 |
| 97 | 105 | 69 | 104 | 45 | 169 | 100 | 148 | 71 | 264 | 143 | 208 | 114 | 422 | 210 | 295 | 179 |
| 98 | 106 | 70 | 104 | 46 | 159 | 100 | 148 | 72 | 265 | 144 | 209 | 114 | 423 | 211 | 297 | 180 |
| 99 | 106 | 70 | 105 | 46 | 170 | 101 | 149 | 72 | 266 | 145 | 210 | 115 | 425 | 212 | 298 | 181 |
| 100 | 107 | 70 | 105 | 46 | 171 | 101 | 150 | 72 | 267 | 145 | 211 | 115 | 427 | 213 | 299 | 182 |

注：当模数 $m$ 及齿数 $z$ 超出本表中数值时，上述公差可用表 3.2-41 中的公式计算。

表 3.2-43　齿向公差 $F_\beta$　　　　（单位：$\mu$m）

| 花键配合长度 $g$/mm | ≤5 | >5~10 | >10~15 | >15~20 | >20~25 | >25~30 | >30~35 | >35~40 | >40~45 | >45~50 | >50~55 | >55~60 | >60~70 | >70~80 | >80~90 | >90~100 |
|---|---|---|---|---|---|---|---|---|---|---|---|---|---|---|---|---|
| 公差等级 4 | 6 | 7 | 7 | 8 | 8 | 8 | 9 | 9 | 9 | 10 | 10 | 10 | 11 | 11 | 12 | 12 |
| 5 | 7 | 8 | 9 | 9 | 10 | 10 | 11 | 11 | 12 | 12 | 12 | 13 | 13 | 14 | 14 | 15 |
| 6 | 9 | 10 | 11 | 12 | 13 | 13 | 14 | 14 | 15 | 15 | 16 | 16 | 17 | 17 | 18 | 19 |
| 7 | 14 | 16 | 18 | 19 | 20 | 21 | 22 | 23 | 23 | 24 | 25 | 25 | 27 | 28 | 29 | 30 |

注：当花键长度不为表中数值时，可按表 3.2-41 中公式计算。

表 3.2-44　内花键小径 $D_{ii}$ 极限偏差和外花键大径 $D_{ee}$ 公差　　　　（单位：$\mu$m）

| 直径 $D_{ii}$ 和 $D_{ee}$/mm | 内花键小径 $D_{ii}$ 极限偏差 | | | 外花键大径 $D_{ee}$ 公差 | | |
|---|---|---|---|---|---|---|
| | 模数 $m$/mm | | | | | |
| | 0.25~0.75 | 1~1.75 | 2~10 | 0.25~0.75 | 1~1.75 | 2~10 |
| | H10 | H11 | H12 | IT10 | IT11 | IT12 |
| ≤6 | +48 / 0 | — | — | 48 | — | — |
| >6~10 | +58 / 0 | +90 / 0 | — | 58 | — | — |
| >10~18 | +70 / 0 | +110 / 0 | +180 / 0 | 70 | 110 | — |
| >18~30 | +84 / 0 | +130 / 0 | +210 / 0 | 84 | 130 | 210 |
| >30~50 | +100 / 0 | +160 / 0 | +250 / 0 | 100 | 160 | 250 |
| >50~80 | +120 / 0 | +190 / 0 | +300 / 0 | 120 | 190 | 300 |
| >80~120 | — | +220 / 0 | +350 / 0 | — | 220 | 350 |
| >120~180 | — | +250 / 0 | +400 / 0 | — | 250 | 400 |
| >180~250 | — | — | +460 / 0 | — | — | 460 |
| >250~315 | — | — | +520 / 0 | — | — | 520 |
| >315~400 | — | — | +570 / 0 | — | — | 570 |
| >400~500 | — | — | +630 / 0 | — | — | 630 |
| >500~630 | — | — | +700 / 0 | — | — | 700 |
| >630~800 | — | — | +800 / 0 | — | — | 800 |
| >800~1000 | — | — | +900 / 0 | — | — | 900 |

注：若花键尺寸超出表中数值时，按 GB/T 1800.1—2009 取值。

**表 3.2-45 渐开线花键作用齿槽宽 $E_v$ 下偏差和作用齿厚 $S_v$ 上偏差**

| 分度圆直径 $D$/mm | 基 本 偏 差 | | | | | | |
|---|---|---|---|---|---|---|---|
| | H | d | e | f | h | js | k |
| | 作用齿槽宽 $E_v$ 下偏差 | 作用齿厚 $S_v$ 上偏差 es$_v$ | | | | | |
| ≤6 | 0 | -30 | -20 | -10 | 0 | | |
| >6~10 | 0 | -40 | -25 | -13 | 0 | | |
| >10~18 | 0 | -50 | -32 | -16 | 0 | | |
| >18~30 | 0 | -65 | -40 | -20 | 0 | | |
| >30~50 | 0 | -80 | -50 | -25 | 0 | | |
| >50~80 | 0 | -100 | -60 | -30 | 0 | | |
| >80~120 | 0 | -120 | -72 | -36 | 0 | | |
| >120~180 | 0 | -145 | -85 | -43 | 0 | $+(T+\lambda)/2$ | $+(T+\lambda)$ |
| >180~250 | 0 | -170 | -100 | -50 | 0 | | |
| >250~315 | 0 | -190 | -110 | -56 | 0 | | |
| >315~400 | 0 | -210 | -125 | -62 | 0 | | |
| >400~500 | 0 | -230 | -135 | -68 | 0 | | |
| >500~630 | 0 | -260 | -145 | -76 | 0 | | |
| >630~800 | 0 | -290 | -160 | -80 | 0 | | |
| >800~1000 | 0 | -320 | -170 | -86 | 0 | | |

注: 1. 当表中的作用齿厚上偏差 es$_v$ 值不能满足需要时,可从 GB/T 1800.1—2009 中选择合适的基本偏差。
2. 总公差 $(T+\lambda)$ 的数值见表 3.2-43。

**表 3.2-46 外花键小径 $D_{ie}$ 和大径 $D_{ee}$ 的上偏差 es$_v$/$\tan\alpha_D$** (单位: μm)

| 分度圆直径 $D$/mm | 基 本 偏 差 | | | | | | | | | | | |
|---|---|---|---|---|---|---|---|---|---|---|---|---|
| | d | | | e | | | f | | | h | js | k |
| | 标准压力角 $\alpha_D$ | | | | | | | | | | 30°、37.5°、45° | |
| | 30° | 37.5° | 45° | 30° | 37.5° | 45° | 30° | 37.5° | 45° | | | |
| ≤6 | -52 | -39 | -30 | -35 | -26 | -20 | -17 | -13 | -10 | | | |
| >6~10 | -69 | -52 | -40 | -43 | -33 | -25 | -23 | -17 | -13 | | | |
| >10~18 | -87 | -65 | -50 | -55 | -42 | -32 | -28 | -21 | -16 | | | |
| >18~30 | -113 | -85 | -65 | -69 | -52 | -40 | -35 | -26 | -20 | | | |
| >30~50 | -139 | -104 | -80 | -87 | -65 | -50 | -43 | -33 | -25 | | | |
| >50~80 | -173 | -130 | -100 | -104 | -78 | -60 | -52 | -39 | -30 | | | |
| >80~120 | -208 | -156 | -120 | -125 | -94 | -72 | -62 | -47 | -36 | | $+(T+\lambda)/$ | $+(T+\lambda)/$ |
| >120~180 | -251 | -189 | -145 | -147 | -111 | -85 | -74 | -56 | -43 | 0 | $2\tan\alpha_D$ ① | $\tan\alpha_D$ ① |
| >180~250 | -294 | -222 | -170 | -170 | -130 | -100 | -87 | -66 | -50 | | | |
| >250~315 | -329 | -248 | -190 | -190 | -143 | -110 | -97 | -73 | -56 | | | |
| >315~400 | -364 | -274 | -210 | -210 | -163 | -125 | -107 | -81 | -62 | | | |
| >400~500 | -398 | -300 | -230 | -230 | -176 | -135 | -118 | -89 | -68 | | | |
| >500~630 | -450 | -339 | -260 | -260 | -189 | -145 | -132 | -99 | -76 | | | |
| >630~800 | -502 | -378 | -290 | -290 | -209 | -160 | -139 | -104 | -80 | | | |
| >800~1000 | -554 | -417 | -320 | -320 | -222 | -170 | -149 | -112 | -86 | | | |

① 对于大径,取值为零。

渐开线花键连接,键齿侧面既起驱动作用,又有自动定心作用。齿侧配合采用基孔制,用改变外花键作用齿厚上偏差的方法实现不同的配合。齿侧配合的公差带分布见表 3.2-47。齿侧配合的性质取决于最小作用侧隙,与公差等级无关(配合类别 H/k 和 H/js 除外)。在连接中允许不同公差等级的内、外花键相互配合。

按 GB/T 3478.1—2008,对渐开线花键连接,规定 6 种齿侧配合类别: H/k、H/js、H/h、H/f、H/e 和 H/d;对 $\alpha_D$ = 45°的渐开线花键连接应优先选用 H/k、H/h 和 H/f。

表 3.2-47　渐开线花键齿侧配合

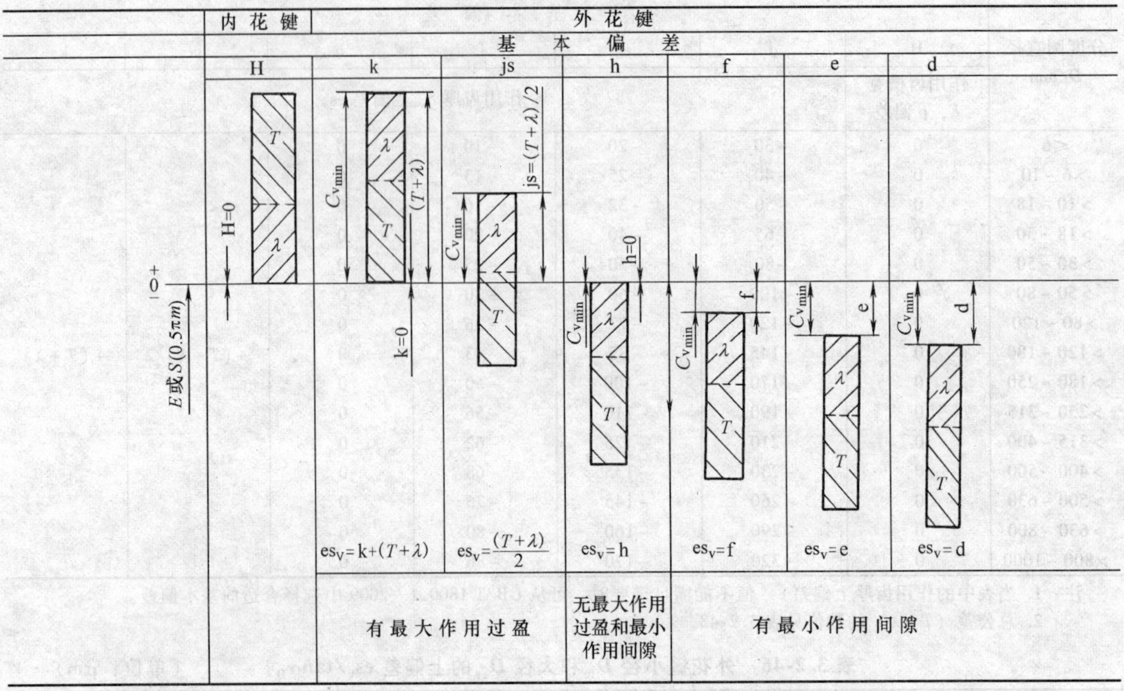

### 3.4.5　渐开线花键的参数标注与标记

#### 1. 渐开线花键的参数表

在零件图上，应给出制造花键时所需的全部尺寸、公差和参数。列出参数表。示例见表 3.2-48，表中应给出齿数、模数、压力角、公差等级和配合类别、渐开线终止圆直径最小值或渐开线起始圆直径最大值、齿根圆弧最小曲率半径及其偏差、$M$ 值和 $W$ 值等项目，必要时应画出齿形放大图。

#### 2. 渐开线花键标记方法

在有关图样和技术文件中，需要标记渐开线花键时，应符合如下规定：

1）内花键：INT。
2）外花键：EXT。
3）花键副：1NT/EXT。
4）齿数：$z$（前面加齿数值）。
5）模数：$m$（前面加模数值）。
6）30°平齿根：30P。

表 3.2-48　参数表示例

| 内花键参数表 | | | 外花键参数表 | | |
|---|---|---|---|---|---|
| 齿数 | $z$ | 24 | 齿数 | $z$ | 24 |
| 模数 | $m$ | 2.5 | 模数 | $m$ | 2.5 |
| 压力角 | $\alpha_D$ | 30° | 压力角 | $\alpha_D$ | 30° |
| 公差等级和配合类别 | 5H | 5H（GB/T 3478.1—2008） | 公差等级和配合类别 | 5h | 5h（GB/T 3478.1—2008） |
| 大径 | $D_{ei}$ | $\phi63.75{}^{+0.30}_{0}$ | 大径 | $D_{ee}$ | $\phi62.50{}^{0}_{-0.30}$ |
| 渐开线终止圆直径最小值 | $D_{Fimin}$ | $\phi63$ | 渐开线起始圆直径最大值 | $D_{Femax}$ | $\phi57.24$ |
| 小径 | $D_{ii}$ | $\phi57.74{}^{+0.30}_{0}$ | 小径 | $D_{ie}$ | $\phi56.25{}^{0}_{-0.30}$ |
| 实际齿槽宽最大值 | $E_{max}$ | 4.002 | 作用齿厚最大值 | $S_{Vmax}$ | 3.927 |
| 作用齿槽宽最小值 | $E_{Vmin}$ | 3.927 | 实际齿厚最小值 | $S_{min}$ | 3.852 |
| 实际齿槽宽最小值 | $E_{min}$ | 3.957 | 作用齿厚最小值 | $S_{Vmin}$ | 3.882 |
| 作用齿槽宽最大值 | $E_{Vmax}$ | 3.972 | 实际齿厚最大值 | $S_{max}$ | 3.897 |
| 齿根圆弧最小曲率半径 | $R_{imin}$ | $R0.50$ | 齿根圆弧最小曲率半径 | $R_{emin}$ | $R0.5$ |
| 齿距累积公差 | $F_p$ | 0.043 | 齿距累积公差 | $F_P$ | 0.043 |
| 齿形公差 | $F_\alpha$ | 0.024 | 齿形公差 | $F_\alpha$ | 0.024 |
| 齿向公差 | $F_\beta$ | 0.010 | 齿向公差 | $F_\beta$ | 0.010 |

7）30°圆齿根：30R。

8）37.5°圆齿根：37.5。

9）45°圆齿根：45。

10）公差等级：4、5、6、7（当内、外花键公

差等级不同时，见表 3.2-49 中例2）。

11）配合类别；H（内花键）；k、js、h、f、e 或 d（外花键）。

12）标准号：CB/T 3478.1—2008。

**表 3.2-49　标记示例**

| 示　例 | | 标　记　方　法 |
|---|---|---|
| 例1 | 花键副,齿数24,模数2.5、30°圆齿根、公差等级为5级、配合类别为 H/h | 花键副　INT/EXT　$24z \times 2.5m \times 30R \times 5H/5h$　GB/T 3478.1—2008 |
| | | 内花键　INT　$24z \times 2.5m \times 30R \times 5H$　GB/T 3478.1—2008 |
| | | 外花键　EXT　$24z \times 2.5m \times 30R \times 5h$　GB/T 3478.1—2008 |
| 例2 | 花键副,齿数24,模数2.5,内花键为平齿根,其公差等级为6级、外花键为圆齿根,其公差等级为5级,配合类别为 H/h | 花键副　INT/EXT　$24z \times 2.5m \times 30P/R \times 6H/5h$　GB/T 3478.1—2008 |
| | | 内花键　INT　$24z \times 2.5m \times 30P \times 6H$　GB/T 3478.1—2008 |
| | | 外花键　EXT　$24z \times 2.5m \times 30R \times 5h$　GB/T 3478.1—2008 |
| 例3 | 花键副,齿数24、模数2.5、45。标准压力角,内花键公差等级为6级、外花键公差等级为7级,配合类别为 H/h | 花键副　INT/EXT　$24z \times 2.5m \times 45 \times 6H/7h$　GB/T 3478.1—2008 |
| | | 内花键　INT　$24z \times 2.5m \times 45 \times 6H$　GB/T 3478.1—2008 |
| | | 外花键　EXT　$24z \times 2.5m \times 45 \times 7h$　GB/T 3478.1—2008 |

# 4　无键连接

## 4.1　过盈连接

过盈连接是利用零件间的配合过盈来实现连接的,常用于轴与轮毂的连接。这种连接结构简单,定心精度好,可承受转矩、轴向力或两者复合的载荷,且承载能力高,在冲击、振动载荷下也能较可靠的工作,缺点是结合面加工精度要求较高,装配不便,虽然连接零件无键槽削弱,但配合面边缘处应力集中较大。过盈连接主要用于重型机械、船舶、机车及通用机械,且多用于中等和大尺寸。

### 4.1.1　过盈连接的方法、特点及应用

依据包容件与被包容件间的配合面形式,过盈连接分为五种形式,如图 3.2-1 所示。

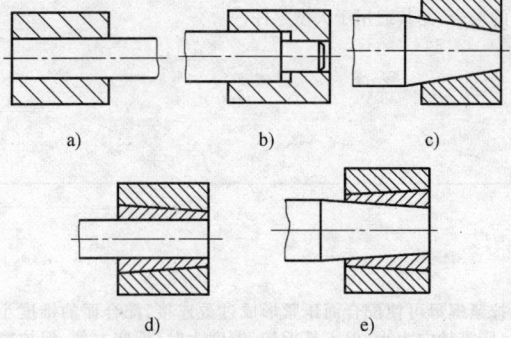

**图 3.2-1　过盈连接配合面形式**

a）圆柱面对盈连接　b）阶梯圆柱面过盈连接
c）圆锥面过盈连接　d）内圆锥面带中间套过盈连接　e）外圆锥面带中间套过盈连接

圆柱面过盈连接的过盈量是由包容件与被包容件间的配合来确定的,其连接结构简单加工方便,但不宜多次装拆,广泛用于轴毂连接、轮圈与轮芯连接、滚动轴承与轴的连接、曲轴的连接等。

圆锥面过盈连接是利用包容件与被包容件相对轴向位移压紧获得过盈结合。圆锥面过盈连接压合距离短,装拆方便,装拆时结合面不易擦伤;但结合面加工不便。这种连接多用于承载较大且需多次装拆的场合,尤其适用于大型零件,如轧钢机械、螺旋桨尾轴等。过盈连接的装拆方法、特点和应用见表 3.2-50。

### 4.1.2　圆柱面过盈连接

1. 圆柱面过盈连接计算

为了保证过盈连接的工作能力,其设计计算应包括两方面内容:一方面是在载荷、被连接件的材料、摩擦因数、尺寸和表面粗糙度已知时根据所需的传递载荷确定最小压强及相应所需的最小过盈量或根据已知被连接件的材料和尺寸确定不产生塑性变形的最大结合压强及相应的最大有效过盈量;另一方面是根据最小过盈量和最大有效过盈量的计算结果确定基本过盈量,按公差配合标准选择适当的配合种类计算过盈连接的装拆参数,确定被连接件的合理结构和装配方法,必要时计算零件直径的变化。在选定的标准过盈配合下,校核连接的诸零件（如轮圈与轮芯、轮毂与轴等）在最大过盈量时的强度。如果采用胀缩法装配,则还应算出加热和冷却的温度。此外,还需算出装拆时所需的压入力和压出力,必要时还应算出包容件外径的胀大量及被包容件内径的缩小量。

表 3.2-50 过盈连接的装拆方法、特点和应用

| 装配方法 | | 适合过盈连接的型式 | 特点和应用 |
|---|---|---|---|
| 机械压入法 | | 圆柱面过盈连接 | 用锤子加垫块冲击压入,其方法简便,但导向性不易控制,常出现歪斜。此法适于配合要求较低或配合长度较短的过渡配合连接,常用于单件生产。用压力机压入,压力范围为 $1 \sim 10^7 \mathrm{N}$,配以夹具可提高导向性。此法适用于中型和大型的轻型和中型过盈配合的连接件,如轮圈、轮毂等,常用于成批生产 |
| 垫胀冷缩法 | 热胀法 | 圆柱面过盈连接 | 热胀配合法也称红套,是利用金属材料热胀冷缩的物理特性,将孔加热,使之胀大,然后将轴装入胀大的孔中,待孔冷却收缩后,轴孔就形成过盈连接。热胀配合的加热方法应根据过盈量及套件尺寸的大小选择。过盈量较小的连接件可放在沸水槽(80～100℃)、蒸汽加热槽(120℃)和热油槽(90～320℃)中加热;过盈量较大的中、小型连接件可放在电阻炉或红外线辐射加热箱中加热,过盈量大的中型和大型连接件可用感应加热器加热 |
| | 冷缩法 | | 冷缩配合法是将轴进行低温冷却,使之缩小,然后与常温孔装配,得到过盈连接。过盈量小的小型连接件和薄壁衬套等装配可采用干冰将轴件冷至 $-78℃$,操作简单。对于过盈量较大的连接件,如发动机连杆衬套,可采用液氮将轴件冷至 $-195℃$ |
| 油压法 | | 圆柱面、阶梯圆柱面过盈连接<br><br>圆锥面过盈连接(不带或带中间套) | 在包容件与被包容件的配合面上,压入高压油(油压达200MPa),高压油使包容件内径胀大,被包容件外径缩小,施加一定的轴向力,就使之互相压入。当压入至预定的轴向位置后,排出高压油,即可形成过盈连接。同样,也可以利用高压油拆卸。利用液压装拆过盈连接时,不需要很大的轴向力,配合面不易擦伤,但对配合面接触精度要求较高,且需要高压油泵等专用设备,这种方法多用于承载较大且需多次装拆的场合,尤其适用于大型零件 |
| 螺母压紧法 | | 圆锥面过盈连接(不带或带中间套) | 拧紧螺母可使配合面压紧形成过盈连接,配合面的锥度小时,所需轴向力小,但不易拆卸;锥度大时,拆卸方便,但拉紧轴向力增大。通常锥度可取(1:30)～(1:8) |

本节介绍的过盈连接的计算方法只适用于被连接件材料在弹性范围内的过盈连接，且计算时一般要作以下假设：

1）零件的变形在弹性范围内，即被连接件的应力低丁其材料的屈服强度。

2）被连接件是两个等长厚壁圆筒，其配合面间的压力均匀分布。

3）包容件与被包容件处于平面应力状态，即轴向应力 $\sigma_z = 0$，圆柱面过盈配合的应力分布如图3.2-2所示。图中配合面压强为 $p$，包容件与被包容件切向应力为 $\sigma_t$，径向应力为 $\sigma_r$。

4）材料弹性模量为常数。

5）计算的强度理论按变形能理论。

圆柱面过盈连接的计算见表 3.2-51，过盈连接配合面的摩擦因数见表 3.2-52。常用材料的弹性模量、泊松比和线胀系数见表 3.2-53。

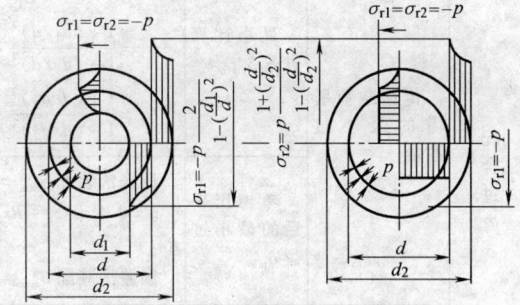

**图 3.2-2　圆柱面过盈配合的应力分布**

**表 3.2-51　圆柱面过盈连接的计算**

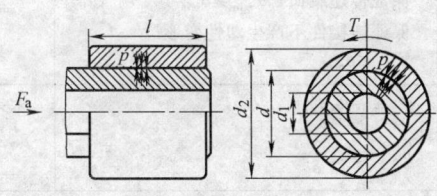

| 计 算 内 容 | | 计 算 公 式 | 备　注 |
|---|---|---|---|
| 传递载荷所需的最小压强 $p_{min}$ | | 传递转矩　$p_{min} = \dfrac{2T}{\mu \pi d^2 l}$ <br><br> 传递轴向力　$p_{min} = \dfrac{F_a}{\mu \pi d l}$ <br><br> 同时传递转矩和轴向力 <br><br> $p_{min} \geqslant \dfrac{\sqrt{F_a^2 + \left(\dfrac{2T}{d}\right)^2}}{\mu \pi d l}$ | $T$——转矩（N·mm） <br> $F_a$——轴向力（N） <br> $d$——配合直径（mm） <br> $l$——配合长度（mm） <br> $\mu$——配合面的摩擦系数，查表 3.2-52 <br> $p$——配合面压强（MPa） |
| 配合面的压强 $p$ | 零件不产生塑性变形所允许的最大压强 $p_{max}$ | 包容件 <br><br> 塑性材料 <br> $p_{max2} \leqslant \dfrac{(1 - d/d_2)^2}{\sqrt{3 + (d/d_2)^4}} R_{eL2}$ <br><br> 脆性材料 <br> $p_{max2} \leqslant \dfrac{1 - (d/d_2)^2}{1 + (d/d_2)^2} \cdot \dfrac{R_{m2}}{(2 \sim 3)}$ <br><br> 被包容件 <br><br> 塑性材料 <br> $p_{max1} \leqslant \dfrac{1 - (d_1/d)^2}{2} R_{eL1}$ <br><br> 脆性材料 <br> $p_{max1} \leqslant \dfrac{1 - (d_1/d)^2}{2} \cdot \dfrac{R_{m1}}{(2 \sim 3)}$ | $R_{eL}$——材料的下屈服强度（MPa） <br> $R_m$——材料的抗拉强度（MPa） <br> $d_2$——包容件外径（mm） <br> $d_1$——被包容件内径（mm） |

（续）

| 计　算　内　容 | | 计　算　公　式 | 备　　注 |
|---|---|---|---|
| 配合过盈 $\delta$ | 传递载荷所需的最小过盈量 | 最小计算过盈 $\delta_{cmin}$：$$\delta_{cmin} = p_{min} d \left( \frac{C_1}{E_1} + \frac{C_2}{E_2} \right) \times 10^3$$ $$C_1 = \frac{1 + (d_1/d)^2}{1 - (d_1/d)^2} - \nu_1$$ $$C_2 = \frac{1 + (d/d_2)^2}{1 - (d/d_2)^2} + \nu_2$$ | $E$——材料的弹性模量（MPa），查表 3.2-53 $\nu$——材料的泊松比，查表 3.2-53 $C_1$、$C_2$——为简化计算式而引用的系数 $\delta$——配合过盈（μm） |
| | | 考虑压平后的最小过盈 $\delta_{min}$：压入法装配 $\delta_{min} = \delta_{cmin} + 2u$ $u = 0.4 (Rz_1 + Rz_2)$ 或 $u = 1.6 (Ra_1 + Ra_2)$ 温差法装配 $\delta_{min} = \delta_{cmin}$ | $Rz$——配合面微观平面度 10 点高度（μm） $Ra$——配合面轮廓算术平均偏差（μm） $u$——两配合压平高度之和（μm） |
| | 零件不产生塑性变形所允许的最大过盈 $\delta_{max}$ | $$\delta_{max} = p_{max} d \left( \frac{C_1}{E_1} + \frac{C_2}{E_2} \right) \times 10^3$$ 或 $\delta_{max} = \delta_{cmin} \dfrac{p_{max}}{p_{min}}$ | 不考虑装入擦平的影响 |
| 选择配合类别 | | 保证传递载荷 $Y_{min} \geqslant \delta_{min}$ 保证连接件不产生塑性变形 $Y_{max} \leqslant \delta_{max}$ | $Y_{min}$、$Y_{max}$——所选配合的最小和最大过盈（按 GB/T 1801—2009 选择适当的配合类别） |
| 装拆力 $F_y$ | | $F_y = \pi dl\mu p'_{max}$ $p'_{max} = p_{max} \dfrac{Y_{max}}{\delta_{max}}$ | 不考虑装入擦平的影响 $p'_{max}$——过盈量为 $Y_{max}$ 时配合面的压强（MPa） |
| 装配温度 $t_H$ 或 $t_c$ | | 加热包容件 $t_H = \dfrac{Y_{max} + \Delta}{\alpha_2 d \times 10^3} + t$ 冷却被包容件 $t_c = \dfrac{Y_{max} + \Delta}{\alpha_1 d \times 10^3} + t$ | $\alpha$——材料的线膨胀系数，（1/℃），查表 3.2-53 $t$——装配环境温度 $\Delta$——装配间隙（μm），当 $d \leqslant 30$mm 时，可取 $\Delta = \dfrac{d}{1000}$；当 $d > 30$mm 时，可取 H7/g6 配合的最大间隙 |
| 直径变化 | 包容件外径增大量 $\Delta d_2$ | $$\Delta d_2 = \frac{2pd^2 d_2}{E_2 (d_2^2 - d^2)}$$ | — |
| | 被包容件内径减小量 $\Delta d_1$ | $$\Delta d_1 = \frac{2pd^2 d_1}{E_1 (d^2 - d_1^2)}$$ | |

注：各参数的下标，1—被包容件，2—包容件。

## 表 3.2-52　过盈连接配合面的摩擦因数

| 装配方法 | 连接件材料 | | 摩擦因数 | |
|---|---|---|---|---|
| | | | 无　润　滑 | 有　润　滑 |
| 压入法 | 钢-钢 | | 0.07 ~ 0.16 | 0.05 ~ 0.13 |
| | 钢-铸钢或优质结构钢 | | 0.11 | 0.08 |
| | 钢-结构钢 | | 0.10 | 0.07 |
| | 钢-铸铁 | | 0.12 ~ 0.15 | 0.05 ~ 0.10 |
| | 钢-青铜 | | 0.15 ~ 0.20 | 0.03 ~ 0.06 |
| | 铸铁-铸铁 | | 0.15 ~ 0.25 | 0.05 ~ 0.10 |
| 温差法 | 钢-钢，电炉加热包容件 | 到 300℃ | 0.14 | |
| | | 到 300℃后,结合面脱脂 | 0.20 | |
| 液压法 | 钢-钢 | 压力油为矿物油 | 0.125 | |
| | 压力油为甘油，结合面排除干净 | | 0.18 | |
| | 钢-铸铁 | 压力油为矿物油 | 0.10 | |

表 3.2-53　常用材料的弹性模量、泊松比和线胀系数

| 材　　料 | 弹性模量 E /MPa ≈ | 泊松比 ν ≈ | 线胀系数 α/10$^{-6}$℃$^{-1}$ | |
|---|---|---|---|---|
| | | | 加热 ≈ | 冷却 ≈ |
| 碳素钢、低合金钢、合金结构钢 | 200000 ~ 235000 | 0.3 ~ 0.31 | 11 | -8.5 |
| 灰铸铁 HT150、HT200 | 70000 ~ 80000 | 0.24 ~ 0.25 | 10 | -8 |
| 灰铸铁 HT250、HT300 | 105000 ~ 130000 | 0.24 ~ 0.26 | 10 | -8 |
| 可锻铸铁 | 90000 ~ 100000 | 0.25 | 10 | -8 |
| 非合金球墨铸铁 | 160000 ~ 180000 | 0.28 ~ 0.29 | 10 | -8 |
| 青铜 | 85000 | 0.35 | 17 | -15 |
| 黄铜 | 80000 | 0.36 ~ 0.37 | 18 | -16 |
| 铝合金 | 69000 | 0.32 ~ 0.36 | 21 | -20 |
| 镁合金 | 40000 | 0.25 ~ 0.3 | 25.5 | -25 |

2. 圆柱面过盈连接的合理结构

（1）改善压力分布的措施　过盈连接的配合面沿轴向压力分布不均匀（见图3.2-3），为了改善这种情况，以减少应力集中，结构上可采取下列措施：

1）使非配合部分的直径小于配合直径（见图3.2-4a），并以较大圆弧过渡。配合直径 $d_f$ 与非配合直径 $d'$ 之比通常取 $d_f/d' \geq 1.05$，圆弧半径可取 $r \geq (0.1-0.2)d_f$。

2）在被包容件上加工出卸载槽（见图3.2-4b、c），必要时卸载槽应经滚压处理，以提高疲劳强度。

3）在包容件的端面加工出卸载槽（见图3.2-4d）或减小包容件端部的厚度（见图3.2-4e），前一种措施结构简单，应用较广。

（2）对结构的具体要求　为了便于装配，对结构的要求如下：

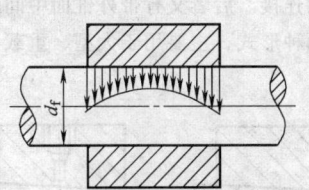

图 3.2-3　过盈连接配合面轴向压力分布

1）包容件的孔端和被包容件的进入端应有倒角，通常取倒角 α 为 5° ~ 10°，倒角尺寸可按表3.2-54选定。

2）当轴承受较大的变载荷时，包容件的孔端应倒圆，以提高轴的疲劳强度。

3）配合长度一般不宜超过配合直径 $d_f$ 的1.6倍。如果配合长度过长，配合直径宜制成阶梯形，以改善装配工艺。

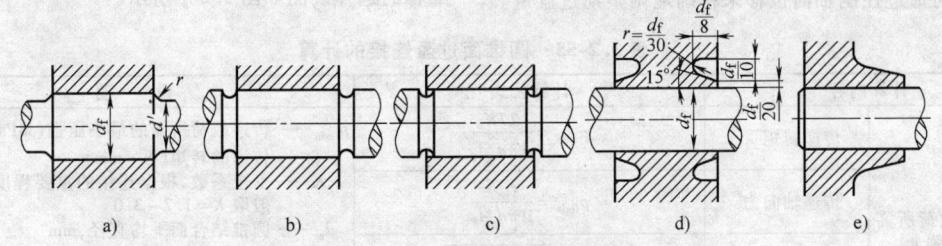

图 3.2-4　改善应力状态的结构

表 3.2-54　过盈连接零件孔端和进入端倒角尺寸　　　　（单位：mm）

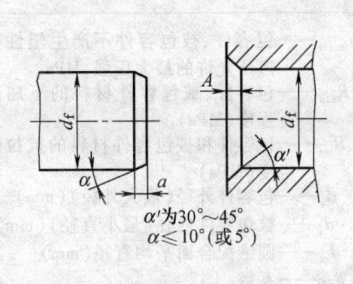

| 结合直径 d | | 倒角尺寸 | 配合种类 | | | |
|---|---|---|---|---|---|---|
| | | | s7、s6、r6 | x7 | y7 | z7 |
| ≤50 | | a | 0.5 | 1 | 1.5 | 2 |
| | | A | 1 | 1.5 | 2 | 2.5 |
| >50 ~ 100 | | a | 1 | 2 | 2 | 3 |
| | | A | 1.5 | 2.5 | 2.5 | 3.5 |
| >100 ~ 250 | | a | 2 | 3 | 4 | 5 |
| | | A | 2.5 | 3.5 | 4.5 | 6 |
| >250 ~ 500 | | a | 3.5 | 4.5 | 7 | 8.5 |
| | | A | 4 | 5.5 | 8 | 10 |

4）轴与不通孔的过盈配合，应有排气孔。

5）配合面的表面粗糙度一般不宜大于 $Ra6.3\mu m$。

6）配合材料相同时，为避免压入时发生粘着现象，包容面与被包容面应有不同的硬度。

### 4.1.3 圆锥面过盈连接

**1. 圆锥过盈连接的形式、特点及应用**

过盈连接有以下两种形式：如图 3.2-5 所示的不带中间套的圆锥过盈连接和图 3.2-6 所示的带中间套的圆锥过盈连接。前者主要用于中、小尺寸，或不需多次拆装的连接。后者又有带外锥面中间套和内锥面中间套的两种形式，主要用于大型、重载荷需多次装拆的连接。

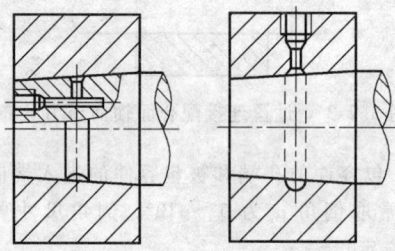

图 3.2-5 不带中间套的圆锥过盈连接

圆锥过盈连接有如下特点：

1）包容件和被包容件不需加热或冷却即可装配。

2）当轴向定位要求不高时，可得到配合零件的互换性。

3）可实现较小直径的装配。

4）可通过控制轴向位移来精确地调整期过盈量。

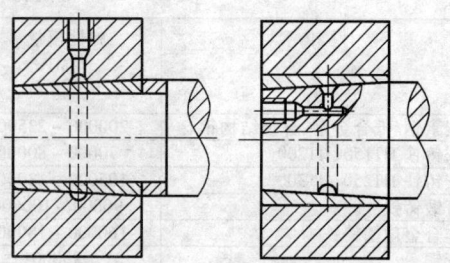

图 3.2-6 带中间套的圆锥过盈连接

5）可实现多次装拆，不用压入设备，不损伤其配合面。

**2. 圆锥面过盈连接的计算**

圆锥面过盈连接的计算与圆柱面过盈连接相同，但还应注意以下几点：

1）配合面配合直径 $d_f$ 应以配合面平均直径 $d_m$ 代替。

2）通常装拆油压高于实际结合压强，因此计算材料是否产生塑性变形时，应以装拆油压进行计算。装拆油压一般比实际结合压力高10%。

3）用油压装拆时，因配合面间存在油膜，因此装拆时的摩擦因数与连接工作时的摩擦因数不同。推荐取：连接工作时的摩擦因数 $\mu = 0.12$；用油压装拆时的摩擦因数 $\mu = 0.02$。

4）圆锥过盈连接的锥度推荐选用 1:20、1:30、1:50。其配合长度推荐为 $l_f$，$l_f \leqslant 1.5d_m$。

圆锥面过盈连接的计算方法见表 3.2-55，过盈配合的选择线图如图 3.2-7 所示。

**表 3.2-55 圆锥面过盈连接的计算**

| 计算内容 | | 计算公式 | 说　明 |
|---|---|---|---|
| 传递载荷所需的最小压强 $p_{fmin}$ | 传递转矩 | $p_{fmin} = \dfrac{2TK}{\mu\pi d_m^2 l_f}$ | $p_{fmin}$——传递载荷所需的最小压强(MPa)<br>$T$——传递的转矩(N·mm)<br>$K$——安全系数，根据连接的重要程度决定，一般取 $K = 1.2 \sim 3.0$<br>$d_m$——圆锥结合面平均直径,mm<br>$l_f$——配合长度(mm)<br>$\mu$——配合面的摩擦因数，见表 3.2-52<br>$F_a$——传递的轴向力(N)<br>$F_t$——传递的复合力(N) |
| | 传递轴向力 | $p_{fmin} = \dfrac{F_a K}{\mu\pi d_m l_f}$ | |
| | 同时传递转矩和轴向力 | $F_t = \sqrt{F_a^2 + \left(\dfrac{2T}{d_m}\right)^2}$<br><br>$p_{fmin} = \dfrac{F_t K}{\mu\pi d_m l_f}$ | |
| 零件不产生塑性变形所允许的最大压强 $p_{fmax}$ | 包容件 | 塑性材料<br>$p_{fmaxe} = aR_{eLe}$<br>$a = \dfrac{1 - (d_m/d_e)^2}{\sqrt{3 + (d_m/d_e)^4}}$<br><br>脆性材料<br>$p_{fmaxe} = b\dfrac{R_{me}}{2 \sim 3}$<br>$b = \dfrac{1 - (d_m/d_e)^2}{1 + (d_m/d_e)^2}$ | $p_{fmaxe}$、$p_{fmaxi}$——包容件、被包容件不产生塑性变形所允许的最大压强,MPa<br>$R_{eLe}$、$R_{eLi}$——包容件、被包容件材料的下屈服强度(MPa)<br>$R_{me}$、$R_{mi}$——包容件和被包容件材料的抗拉强度(MPa)<br>$d_e$——包容件外径(最大外径)(mm)<br>$d_i$——被包容件内径(最小直径)(mm)<br>$d_m$——圆锥配合面平均直径(mm)<br>$a$、$b$、$c$——系数 |

（续）

| 计算内容 | | 计算公式 | 说　明 |
|---|---|---|---|
| 零件不产生塑性变形所允许的最大压强 $p_{fmax}$ | 被包容件 | 塑性材料 $$p_{fmaxi} = c R_{eLi}$$ $$c = \frac{1 - (d_i/d_m)^2}{2}$$ 当 $d_1 = 0$ 时，$p_{fmaxi} = 0.5 R_{mi}$ | $p_{fmaxe}$、$p_{fmaxi}$——包容件、被包容件不产生塑性变形所允许的最大压强，MPa $R_{eLe}$、$R_{eLi}$——包容件、被包容件材料的下屈服强度（MPa） $R_{me}$、$R_{mi}$——包容件和被包容件材料的抗拉强度（MPa） $d_e$——包容件外径（最大外径）（mm） $d_i$——被包容件内径（最小直径）（mm） $d_m$——圆锥配合面平均直径（mm） $a$、$b$、$c$——系数 |
| | | 脆性材料 $$p_{fmaxi} = c \frac{R_{mi}}{2 \sim 3}$$ | |
| 传递载荷所需的最小过盈量 $\delta_{min}$ | 最小计算过盈 | $$\delta_{cmin} = p_{fmin} d_m \left( \frac{c_i}{E_i} + \frac{c_e}{E_e} \right) \times 10^3$$ $$c_i = \frac{1 + (d_i/d_m)^2}{1 - (d_i/d_m)^2} - \nu_i$$ $$c_e = \frac{1 + (d_m/d_e)^2}{1 - (d_m/d_e)^2} + \nu_e$$ | $\delta_{cmin}$——最小计算过盈（μm） $E_e$、$E_i$——包容件、被包容件材料的弹性模量，MPa，见表 3.2-53 $\nu_e$、$\nu_i$——包容件、被包容件材料的泊松比，见表 3.2-53 $c_i$、$c_e$——为简化计算式引用的系数 |
| | 考虑压平后的最小过盈 | 压入法装配 $$\delta_{min} = \delta_{cmin} + 2(S_i + S_e)$$ $$S_{i,e} = 1.6 R_{ai,e}$$ 温差法装配 $$\delta_{min} = \delta_{cmin}$$ | $\delta_{min}$——考虑压平后的最小过盈（μm） $S_{i,e}$——压平深度（μm） $R_{ai,e}$——包容件、被包容件配合面轮廓算术平均偏差（μm） |
| 零件不产生塑性变形所允许的最大过盈量 $\delta_{max}$ | | $$\delta_{max} = p_{fmax} d_m \left( \frac{c_i}{E_i} + \frac{c_e}{E_e} \right) \times 10^3$$ 或 $\delta_{max} = \delta_{cmin} p_{fmax}/p_{fmin}$ | $\delta_{max}$——包容件和被包容件不产生塑性变形所允许的最大过盈量（μm） |
| 配合选择 | 结构型圆锥过盈配合 保证过盈连接传递给定的载荷 | $\delta_{min} < [\delta_{min}]$ | $[\delta_{min}]$、$[\delta_{max}]$——满足连接要求的最小过盈量和最大过盈量 $\delta_b$——基本过盈量，是选择过盈配合的基准值。基孔制时，其值等于轴的基本偏差的绝对值；基轴制时，其值等于孔的基本偏差的绝对值 选择配合种类时，在过盈量的上、下限范围内常有几种配合可以选择，一般应选择其最小过盈 $[\delta_{min}]$ 等于或稍大于所需过盈 $\delta_{min}$ 的配合；$[\delta_{min}]$ 过大会增加装配难度。选择较高精度的配合，其实际过盈变动范围较小，连接性能较稳定，但加工要求较高。配合精度较低时，虽可降低加工度的要求，但实际过盈变动范围较大，如成批生产，则各连接的承载能力和装配性能相差较大，这时，宜分组选择装配，既可保证加工的经济性，又可使各连接的过盈量接近 |
| | 保证被连接件不产生塑性变形 | $\delta_{max} \geqslant [\delta_{max}]$ | |
| | 确定基本过盈量 | 一般取 $\delta_b \approx (\delta_{min} + \delta_{max})/2$；要求有较多的连接强度储备时，$\delta_{max} > \delta_b > (\delta_{min} + \delta_{max})/2$；要求有较多的被连接件材料强度储备时，$\delta_{min} < \delta_b < (\delta_{min} + \delta_{max})/2$ | |
| | 确定配合基本偏差代号 | 根据基本过盈量 $\delta_b$ 和以基本圆锥直径 $d_{f2}$（一般取最大圆锥直径）为基本尺寸由图 3.2-7 查得 | |
| | 选取内、外圆锥直径的配合与公差 | 根据基本偏差代号、基本圆锥直径和 $\delta_{max}$、$\delta_{min}$ 由 GB/T 1801—2009 确定 | |
| | 位移型圆锥过盈配合 选取内、外圆锥直径的配合与公差 | 按 GB/T 1800.1—2009 和 GB/T 1801—2009 选取，推荐选用 IT7、IT6 公差等级的 H、h、JS、js | |
| | 对基面距有要求的圆锥过盈配合 | 根据基面距的尺寸公差要求，按 GB/T 12360—2005 计算选取内、外圆锥直径公差带 | |
| | 所选配合的最大过盈量 $[\delta_{max}]$ 和最小过盈量 $[\delta_{min}]$ | 按 GB/T 1801—2009 给出的极限偏差计算 | |

（续）

| 计算内容 | | | 计算公式 | 说　明 |
|---|---|---|---|---|
| 校核计算 | 实际最小结合压强 | | $[p_{fmax}] = \dfrac{[\delta_{min}] - 2(S_e + S_i)}{d_m(c_i/E_i + c_e/E)} \geqslant p_{fmin}$ | — |
| | 最小传递载荷 | 传递转矩 | $T_{min} = \dfrac{[p_{fmin}]\pi d_m^2 l_f \mu}{2} \geqslant T$ | $\mu$——连接工作时摩擦因数,查表 3.2-52,推荐 $\mu = 0.12$ |
| | | 传递力 | $F_{min} = [p_{fmin}]\pi d_m l_f \mu \geqslant F$ | |
| | 装拆时实际最大应力 | 包容件 | 塑性材料 $\sigma_{emax} = \dfrac{p_x}{a}$　　脆性材料 $\sigma_{emax} = \dfrac{p_x}{b}$ | $p_x$——装拆油压,MPa $a$、$b$、$c$——系数 |
| | | 被包容件 | $\sigma_{imax} = \dfrac{p_x}{c}$ | |
| 直径变化量 | 包容件外径增大量 | | $\Delta d_e = \dfrac{2p_f d_m^2 d_e}{E_e(d_e^2 - d_m^2)}$ | $p_f$ 取 $[p_{fmax}]$ 和 $[p_{fmin}]$ 分别计算,其结果为最大增大(减小)量和最小增大(减小)量 |
| | 被包容件内径减小量 | | $\Delta d_i = \dfrac{2p_f d_m^2 d_i}{E_i(d_m^2 - d_i^2)}$ | |

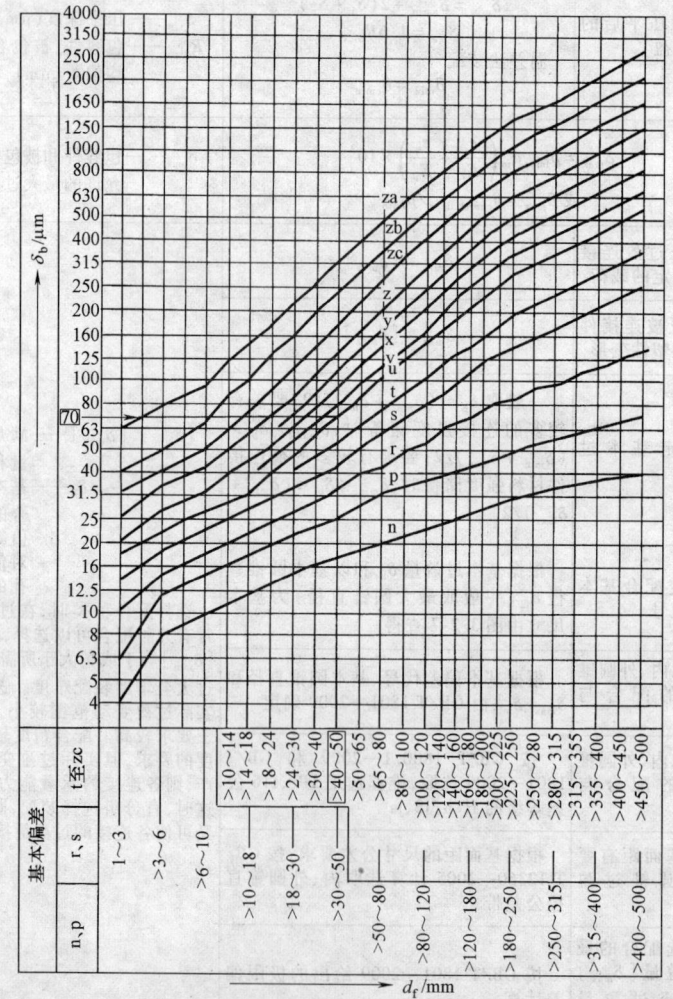

查图示例:配合直径为 $d_f = 50$mm,初选基本过盈量 $\delta_b = 70\mu$m。由该图确定基孔制条件下轴的基本偏差为 $u$。

**图 3.2-7　过盈配合选择线图**

3. 油压装拆圆锥过盈连接的参数选择

油压装拆圆锥过盈连接的参数计算见表 3.2-56。

4. 圆锥面过盈连接的结构和要求

圆锥面过盈连接的结构和要求见表 3.2-57。

**表 3.2-56　油压装拆圆锥过盈连接参数计算**

| 计　算　内　容 | | 计　算　公　式 | 说　　明 |
|---|---|---|---|
| 中间套尺寸（不带中间套不需计算） | 外锥面中间套 | $d_{f11} = 1.03d + 3$<br>$d_{f12} = d_{f11} + Cl_f$ | $d$ —— 中间套圆柱面的直径（mm）<br>$d_{f11}$、$d_{f12}$ —— 被包容件结合面的小端、大端直径（mm）<br>$C$ —— 圆锥过盈连接锥度，推荐选用 1:20、1:30、1:50 |
| | 内锥面中间套 | $d_{f11} = 0.97d - 3$<br>$d_{f12} = d_{f11} - Cl_f$ | |
| 中间套与相关件圆柱面配合 | 外锥面中间套 | $d \leqslant 100$mm 时按 G6/h5<br>$100$mm $< d \leqslant 200$mm 时按 G7/h6<br>$d > 200$mm 时按 G7/h7 | |
| | 内锥面中间套 | $d \leqslant 100$mm 时按 H6/n5<br>$d > 100$mm 时按 H7/p6 | |
| 中间套与相关件圆柱面配合极限间隙 | | 按 GB/T 1801—2009 的规定计算 $X_{max}$、$X_{min}$ | 计算中间套变形所需压力时，按最大间隙 |
| 轴向位移的极限值（压入行程） | 不带中间套 | $E_{emin} = \dfrac{1}{C}[\delta_{min}]$<br>$E_{emax} = \dfrac{1}{C}[\delta_{max}]$ | 轴向位移公差<br>$T_E = E_{emax} - E_{emin}$ |
| | 带中间套 | $E_{emin} = \dfrac{1}{C}([\delta_{min}] + X_{max})$<br>$E_{emax} = \dfrac{1}{C}([\delta_{max}] + X_{max})$ | |
| 装配时中间套变形所需压强 | | $\Delta p_f = \dfrac{EX_{max}}{2d}\left[1 - \left(\dfrac{d}{d_m}\right)^2\right]$ | $E$ —— 中间套材料的弹性模量（MPa） |
| 实际最大结合压强 | 不带中间套 | $[p_{fmax}] = \dfrac{[\delta_{max}]}{d_m(C_e/E_e + C_i/E_i)}$ | |
| | 带中间套 | $[p_{fmax}] = \dfrac{[\delta_{max}]}{d_m(C_e/E_e + C_i/E_i)} + \Delta p_f$ | |
| 需要的装拆油压 | | $p_x = 1.1[p_{fmax}]$ | 应使 $p_x < p_{fmax}$，否则应重新选择材料 |
| 需要的压入力 | | $p_{xi} = p_x \pi d_m l_f (\mu' + C/2)$ | |
| 需要的压出力 | | $p_{xe} = p_x \pi d_m l_f (\mu' - C/2)$ | $\mu'$ —— 油压拆卸时的摩擦因数，推荐 $\mu' = 0.02$，当 $(\mu' - C/2)$ 出现负数时，其压出力为负值。应注意采取安全措施，防止弹出 |

## 4.2　胀紧连接

　　胀紧连接是在轴和轮毂孔之间放置一对或几对与内、外锥面贴合的胀紧连接套（简称胀套），在轴向力作用下使其同时压紧轴与毂的一种静连接，可以传递转矩、轴向力或两者的复合载荷。

### 4.2.1　胀紧连接的类型、特点和应用

　　胀紧连接有 20 种结构，JB/T 7934—1999 规定了相应的 20 种型号（$Z_1 \sim Z_{20}$）。

### 表 3.2-57   圆锥面过盈连接的结构和要求

| 结构要求 | 1）为降低圆锥面过盈连接两端的应力集中，在包容件或被包容件端部可采用卸载槽、过渡圆弧等结构形式<br>2）连接件材料相同时，为避免粘着和拆拆时表面擦伤，包容件和被包容件的结合面应具有不同的表面硬度<br>3）为便于装拆，在被包容件的两端加工成 15°的倒角或在被包容件两端加工成过渡圆槽<br>4）进油孔和进油环槽，可以设在包容件上，也可以设在被包容件上，以结构设计允许和装拆方便为准。进油环槽的位置，应放在大约位于包容件的重心处，但不能离两端太近，以免影响密封性<br>5）进油环槽的边缘必须倒圆，以免影响结合面压力油的挤出<br>6）为使油压分布均匀，并能迅速建立油压和释放油压，应在包容件或被包容件结合面上刻排油槽：在被包容件的结合面上，沿轴向刻有 4～8 条均匀分布的细刻油槽（见图 a）。也可在包容件的结合面上，刻一条螺旋形的细刻油槽（见图 b）。<br>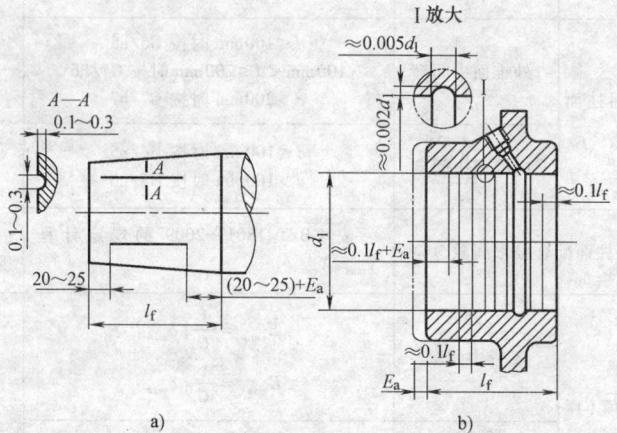<br>a)　　　　　　　　　　　　　b)<br>7）需多次装拆或大尺寸圆锥过盈连接，应采用中间套。中间套一般采用 45 钢，并经调质处理，其硬度 241～286HBW<br>8）经多次装拆的圆锥过盈连接，由于表面压平过盈量减小，设计压入行程应比计算值加大 0.5～1mm |
| :---: | :--- |
| 配合面<br>要求 | 1）尺寸精度：包容件最大圆锥直径公差按 GB/T 1800.1—2009 规定的 IT6 或 IT7 选取；被包容件的最大圆锥直径公差按 GB/T 1800.1—2009 规定的 IT5 或 IT6 选取<br>2）表面粗糙度：当 $d_m \leqslant 180$mm 时，$Ra \leqslant 0.8\mu$m；$d_m > 180$mm 时，$Ra \leqslant 1.6\mu$m<br>3）接触精度：圆锥面接触率应不低于 80% |
| 装拆要求 | 油压装拆时，压力油一般使用矿物油，且油应清洁，不得含有杂质和污物。通常推荐选用油在 50℃时的运动粘度为 30～45mm$^2$/s<br>　　装配时，先将连接件的配合面擦净，并涂以润滑油，将连接件装在一起，用手推移包容件，直至推不动时为止，以此状态下的位置为压入行程的起点；压装开始时，轴向压力不能过大，以后随着油压的加大而逐步提高，但不能超过最大轴向压力；压之后，轴向压力应继续保持 15～30min，以免包容件脱出；压装后应放置 3h 才可承受负荷。压装速度一般为 2～5mm/s<br>　　拆卸时，高压油应缓慢注入，需 5～10min 才可将套脱开；油的压力一般不超过规定值。当拆卸困难时，可适当提高油压，但最大不得超过规定值的 10%；锥度大的圆锥过盈连接件，在油压下脱开时有自卸能力 $\left(\mu - \dfrac{C}{2} < 0\right)$，必须采取防护措施，防止包容件自动弹出 |

　　胀紧连接作为一种新的轴毂连接方式，应用越来越广泛，主要有如下特点：

　　1）定心性好。

　　2）具有良好的互换性，且装拆和调整方便。

　　3）制造和安装简单，安装胀套的轴与孔的加工无需要求高精度的制造公差。安装胀套也无需加热、冷却或加压设备，只需螺钉按规定的力矩拧紧即可。

　　4）胀套可多个串联使用，以承受重载荷。

　　5）胀套使用时靠摩擦传动，对被连接件没有键槽削弱，没有应力集中，没有相对运动，胀套在胀紧后，无正反转的运动误差，适用于精密的运动链

传动。

　　6）有安全保护作用。

　　7）由于要在轴和毂孔间安装胀套，应用有时受到结构尺寸的限制。

#### 4.2.2   胀紧连接套的选用和设计

　　1. 胀套的选用

　　各类胀套已标准化，选用时只需根据设计的轴和轮毂尺寸以及传递载荷的大小，按标准选择合适的型号和尺寸，然后校核其承载能力即可。

　　2. 按载荷校核胀套的承载能力

　　传递的载荷应满足如下条件：

传递转矩时：$T \leqslant T_t$

传递轴向力时：$F_a \leqslant F_t$

传递联合作用的转矩和轴向力时：

$$F \approx \sqrt{F_a^2 + \left(\frac{2T}{d}\right)^3} \leqslant F_t$$

式中　$T$——传递的转矩（N·mm）；

　　　$T_t$——一个胀紧连接套的额定转矩（N·mm）；

　　　$F_a$——传递的轴向力（N）；

　　　$F_t$——一个胀紧连接套的额定轴向力（N）；

　　　$d$——胀紧连接套内径（mm）。

当一个胀套满足不了要求时，可用两个以上的胀套串联使用（这时，单个胀套传递载荷的能力随胀套数目的增加而降低，故套数不宜过多，一般不超过 3～4 套）其总的额定载荷为（以转矩为例）

$$T_{tn} = mT_t$$

式中　$T_{tn}$——$n$ 个胀套的总额定转矩（N·m）；

　　　$m$——额定载荷系数，见表 3.2-58。

**表 3.2-58　胀套的额定载荷系数 $m$ 值**

| 连接中胀套数量 $n$ | $m$ | | |
|---|---|---|---|
| | $Z_1$ 型胀套 | $Z_2$、$Z_3$、$Z_4$、$Z_5$ 型胀套 | $Z_{12}$、$Z_{15}$、$Z_{17}$、$Z_{18}$ 型胀套 |
| 1 | 1.0 | 1.0 | 1.0 |
| 2 | 1.56 | 1.8 | 1.8 |
| 3 | 1.86 | 2.7 | — |
| 4 | 2.03 | — | — |

3. 胀紧连接结合面的公差与表面粗糙度

与胀套结合的轴、孔公差带及表面粗糙度见表 3.2-59 和表 3.2-60。

4. 被连接的轴与轮毂尺寸

由于胀套型式较多，限于篇幅本书只是举例介绍相关尺寸，其余详细结构见 JB/T 7934—1999。

与 $Z_4$ 型胀套连接的轴与轮毂尺寸如图 3.2-8 所示。

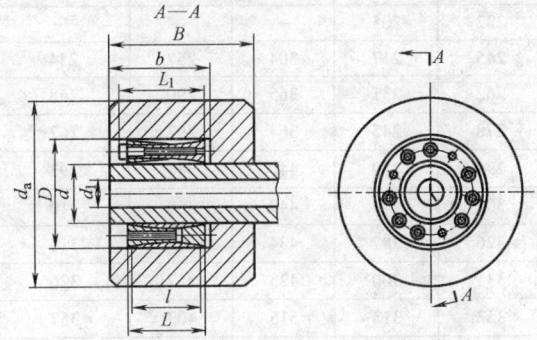

**图 3.2-8　轴与轮毂尺寸（连接为 $Z_4$ 胀套）**

**表 3.2-59　与胀套结合的轴、孔公差带**

| 胀套型式 | 胀套内径 $d$ mm | 与胀套结合的轴的公差带 | 与胀套结合的孔的公差带 |
|---|---|---|---|
| $Z_1$ | ≤38 | h6 | H7 |
| | >38 | h8 | H8 |
| $Z_2$ | | h7 或 h8 | H7 或 H8 |
| $Z_3$ | | h8 | H8 |
| $Z_4$ | | h9 或 k9 | N9 或 H9 |
| $Z_5$ | | | H8 |
| $Z_6$ | | | H8 |
| $Z_7$ | | | — |
| $Z_8$ | | | H8 |
| $Z_9$ | | | H8 |
| $Z_{10}$ | | | — |
| $Z_{11}$ | 所有直径 | h8 | |
| $Z_{12}$ | | | |
| $Z_{13}$ | | | |
| $Z_{14}$ | | | |
| $Z_{15}$ | | | H8 |
| $Z_{16}$ | | | |
| $Z_{17}$ | | | |
| $Z_{18}$ | | | |
| $Z_{19}$ | | | |
| $Z_{20}$ | | | — |

**表 3.2-60　与胀套结合的轴、孔表面粗糙度**

| 胀套型式 | 轮廓算术平均偏差 $Ra$ | |
|---|---|---|
| | 与胀套结合的轴 | 与胀套结合的孔 |
| $Z_1$ | ≤1.6 | ≤1.6 |
| $Z_2$ | | |
| $Z_3$ | | |
| $Z_4$ | | ≤3.2 |
| $Z_5$ | | |
| $Z_6$ | | |
| $Z_7$ | | — |
| $Z_8$ | | 3.2 |
| $Z_9$ | | |
| $Z_{10}$ | | — |
| $Z_{11}$ | ≤3.2 | |
| $Z_{12}$ | | |
| $Z_{13}$ | | |
| $Z_{14}$ | | |
| $Z_{15}$ | | ≤3.2 |
| $Z_{16}$ | | |
| $Z_{17}$ | | |
| $Z_{18}$ | | |
| $Z_{19}$ | | |
| $Z_{20}$ | | |

1）与胀套连接的空心轴，其内径应满足：

$$d_1 \leqslant d \sqrt{\frac{R_{eL} - 2p_f C}{R_{eL}}}$$

式中 $R_{eL}$——空心轴材料的下屈服强度（MPa）；

$p_f$——胀套与结合面上的压强（MPa）；

$d$——胀套内径（mm）；

$C$——接触系数，见表 3.2-61。

2）与部分型号胀套连接的轮毂外径见表 3.2-62。

**表 3.2-61  接触系数 C**

| 胀套型式 | $Z_2$ | | | $Z_2$ | | $Z_3$、$Z_6$、$Z_8$、$Z_{11}$、$Z_{12}$、$Z_{13}$、$Z_{15}$、$Z_{16}$ | $Z_4$、$Z_{17}$、$Z_{18}$ | $Z_5$、$Z_7$、$Z_9$、$Z_{10}$、$Z_{14}$、$Z_{17}$、$Z_{19}$、$Z_{20}$ |
|---|---|---|---|---|---|---|---|---|
| | 一个连接中的胀套数 | | | | | | | |
| | 1 | 2 | >2 | 1 | 2 | | | |
| $C$ | 0.6 | 0.8 | 1 | 0.6 | 0.8 | 0.8 | 0.85 | 0.9 |

**表 3.2-62  与部分型号胀套连接的轮毂外径 $d_a$**　　　　　　（单位：mm）

| $d \times D$ | 与一个 $Z_2$ 型胀套连接 $B \geqslant 2L, b \geqslant L_1$ | | | 与两个 $Z_2$ 型胀套连接 $B \geqslant 3L_1$ | | | 与一个 $Z_5$ 型胀套连接 | | |
|---|---|---|---|---|---|---|---|---|---|
| | 轮毂的下屈服强度/MPa | | | | | | | | |
| | 200 | 315 | 500 | 200 | 315 | 500 | 250 | 355 | 500 |
| 20 × 47 | 62 | 56 | 52 | 68 | 59 | 54 | | | |
| 22 × 47 | 62 | 56 | 52 | 68 | 59 | 54 | | | |
| 25 × 50 | 67 | 59 | 55 | 74 | 63 | 58 | | | |
| 28 × 55 | 74 | 65 | 61 | 81 | 70 | 63 | | | |
| 30 × 55 | 74 | 67 | 62 | 81 | 71 | 65 | | | |
| 35 × 60 | 84 | 74 | 68 | 94 | 79 | 71 | | | |
| 38 × 63 | 89 | 79 | 71 | 99 | 84 | 73 | | | |
| 40 × 65 | 92 | 80 | 74 | 104 | 86 | 77 | | | |
| 42 × 72 | 95 | 87 | 83 | 118 | 99 | 83 | | | |
| 45 × 75 | 111 | 95 | 87 | 131 | 104 | 92 | | | |
| 50 × 80 | 114 | 100 | 92 | 133 | 108 | 96 | — | — | — |
| 55 × 85 | 128 | 110 | 100 | 151 | 122 | 103 | | | |
| 60 × 90 | 131 | 115 | 104 | 153 | 124 | 109 | | | |
| 65 × 95 | 145 | 119 | 108 | 163 | 128 | 112 | | | |
| 70 × 110 | 167 | 142 | 129 | 190 | 158 | 138 | | | |
| 75 × 115 | 171 | 146 | 133 | 201 | 160 | 141 | | | |
| 80 × 120 | 175 | 151 | 138 | 203 | 164 | 145 | | | |
| 85 × 125 | 189 | 161 | 146 | 223 | 176 | 154 | | | |
| 90 × 130 | 192 | 165 | 151 | 225 | 180 | 159 | | | |
| 95 × 135 | 208 | 176 | 159 | 249 | 193 | 168 | | | |
| 100 × 145 | 222 | 188 | 170 | 265 | 207 | 180 | 232 | 201 | 185 |
| 105 × 150 | 225 | 192 | 175 | 265 | 210 | 185 | — | — | — |
| 110 × 155 | 230 | 197 | 180 | 269 | 215 | 190 | 237 | 208 | 194 |
| 120 × 165 | 229 | 202 | 187 | 259 | 217 | 195 | 275 | 234 | 214 |
| 125 × 170 | 247 | 214 | 196 | 285 | 232 | 205 | — | — | — |
| 130 × 180 | 260 | 226 | 207 | 300 | 245 | 217 | 304 | 257 | 254 |
| 140 × 190 | 279 | 240 | 220 | 324 | 262 | 231 | 365 | 290 | 258 |
| 150 × 200 | 298 | 255 | 233 | 348 | 278 | 245 | 364 | 297 | 267 |
| 160 × 210 | 317 | 270 | 245 | 373 | 296 | 259 | 440 | 334 | 293 |
| 170 × 225 | 327 | 283 | 260 | 379 | 308 | 273 | 449 | 350 | 310 |
| 180 × 235 | 348 | 299 | 273 | 406 | 326 | 287 | 434 | 348 | 311 |
| 190 × 250 | 355 | 311 | 286 | 406 | 335 | 300 | 423 | 357 | 326 |
| 200 × 260 | 374 | 325 | 299 | 430 | 352 | 313 | 515 | 403 | 357 |
| 210 × 275 | 394 | 343 | 316 | 453 | 372 | 338 | 492 | 405 | 366 |
| 220 × 285 | 408 | 356 | 327 | 469 | 385 | 350 | 503 | 417 | 377 |

（续）

| $d \times D$ | 与一个 $Z_2$ 型胀套连接 | | | 与两个 $Z_2$ 型胀套连接 | | | 与一个 $Z_5$ 型胀套连接 | | |
|---|---|---|---|---|---|---|---|---|---|
| | $B \geqslant 2L, b \geqslant L_1$ | | | $B \geqslant 3L_1$ | | | | | |
| | 轮毂的下屈服强度/MPa | | | | | | | | |
| | 200 | 315 | 500 | 200 | 315 | 500 | 250 | 355 | 500 |
| $240 \times 305$ | 451 | 388 | 354 | 526 | 422 | 381 | 756 | 519 | 444 |
| $250 \times 315$ | 474 | 405 | 368 | 556 | 443 | 398 | 723 | 520 | 450 |
| $260 \times 325$ | 491 | 419 | 390 | 580 | 458 | 411 | 764 | 542 | 467 |
| $280 \times 335$ | 489 | 423 | 387 | 459 | 567 | 407 | 682 | 542 | 483 |
| $300 \times 375$ | 547 | 473 | 433 | 514 | 633 | 455 | 702 | 566 | 507 |
| $320 \times 405$ | 588 | 510 | 467 | 553 | 680 | 491 | 708 | 626 | 556 |
| $340 \times 425$ | 605 | 528 | 486 | 570 | 692 | 510 | 784 | 636 | 571 |
| $360 \times 455$ | 647 | 566 | 521 | 611 | 741 | 546 | 820 | 673 | 607 |
| $380 \times 475$ | 664 | 584 | 540 | 628 | 753 | 565 | 819 | 686 | 624 |
| $400 \times 495$ | 680 | 603 | 560 | 646 | 765 | 584 | 826 | 702 | 642 |
| $420 \times 515$ | 723 | 635 | 587 | 684 | 822 | 614 | 990 | 783 | 702 |
| $450 \times 555$ | 757 | 673 | 627 | 720 | 849 | 652 | 1021 | 829 | 745 |
| $480 \times 585$ | 802 | 712 | 661 | 762 | 902 | 689 | 1085 | 878 | 788 |
| $500 \times 605$ | 830 | 737 | 684 | 790 | 934 | 720 | 1087 | 893 | 806 |
| $530 \times 640$ | 871 | 776 | 722 | 830 | 978 | 753 | 1073 | 910 | 831 |
| $560 \times 670$ | 914 | 813 | 756 | 870 | 1026 | 788 | 1082 | 932 | 858 |
| $600 \times 710$ | 968 | 861 | 801 | 921 | 1086 | 834 | 1146 | 988 | 909 |
| $630 \times 740$ | 1008 | 897 | 834 | 959 | 1130 | 869 | — | | |
| $670 \times 780$ | 1062 | 945 | 879 | 1010 | 1190 | 916 | | | |
| $710 \times 820$ | 1117 | 994 | 925 | 1063 | 1253 | 963 | | | |
| $750 \times 860$ | 1174 | 1044 | 970 | 1116 | 1317 | 1011 | | | |
| $800 \times 910$ | 1235 | 1101 | 1025 | 1176 | 1383 | 1067 | | | |
| $850 \times 960$ | 1311 | 1165 | 1084 | 1247 | 1471 | 1129 | | | |
| $900 \times 1010$ | 1379 | 1226 | 1140 | 1311 | 1547 | 1188 | | | |
| $950 \times 1060$ | 1448 | 1287 | 1197 | 1377 | 1625 | 1247 | | | |
| $1000 \times 1100$ | 1501 | 1335 | 1241 | 1427 | 1684 | 1398 | | | |

### 4.2.3　胀紧连接安装和拆卸的一般要求（表 3.2-63）

#### 表 3.2-63　胀紧连接安装和拆卸的一般要求

| | |
|---|---|
| 安装胀套前的检查 | 胀套连接安装前必须做好相关准备工作,如被连接件的尺寸应按照 GB/T 3177—2009 所规定的方法进行检验,保证结合表面无污物、无腐蚀、无损伤,在清洗干净的胀套表面和被连接件的结合表面上,均匀涂一层薄润滑油(不含二硫化钼添加剂)。 |
| 胀套的安装 | 安装胀套时先把被连接件推移到轴上,使其达到设计规定的位置,再将拧松螺钉的胀套平滑地装入连接孔处,防止被连接件的倾斜,然后用力矩扳手将螺钉拧紧。拧紧螺钉时按对角交叉方式均匀拧紧,拧紧力矩 $T_A$ 的大小见表 3.2-65 ~ 表 3.2-69。拧紧步骤为:以 1/$3T_A$ 值拧紧;以 1/$2T_A$ 值拧紧;以 $T_A$ 值拧紧;以 $T_A$ 值检查全部螺钉。 |
| 胀套的拆卸 | 拆卸时先松开全部螺钉,但不要将螺钉全部拧出。取下镀锌的螺钉和垫圈,将拉出螺钉旋入前压环的辅助螺孔中,轻轻敲击拉出螺钉的头部,使胀套松动,然后拉动螺钉,即可将胀套拉出。 |
| 防护 | 安装完毕后,在胀套外露端面及螺钉头部涂上一层防锈油脂。对于露天作业或工作环境较差的机器,需定期在外露的胀套端面上涂防锈油脂。在腐蚀介质中工作的胀套,应采用专门的防护装置(如加盖板),以防止胀套锈蚀。 |

#### 4.2.4 胀紧连接套举例

1）$Z_1$ 型胀紧连接套见表 3.2-64。

**表 3.2-64　$Z_1$ 型胀紧连接套的基本尺寸、参数及应用结构**

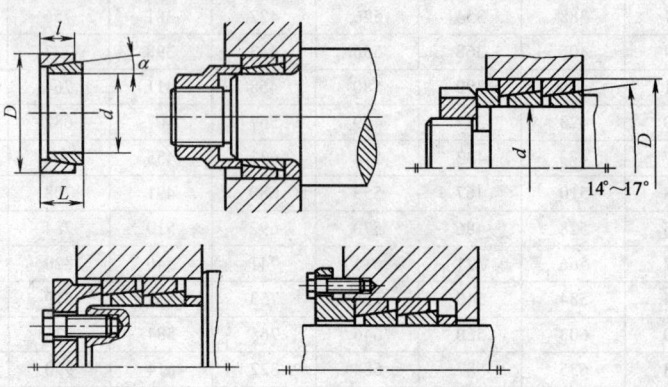

标记示例：

内径 $d = 130$mm、外径 $D = 180$mm 的 $Z_1$ 型胀紧连接套，标记为

胀套 $Z_1$-130×180　JB/T 7934—1999

| 基本尺寸/mm | | | | 当胀套与轴接触压力 $p_f = 100$MPa 时的额定载荷 | | | 质量/kg |
|---|---|---|---|---|---|---|---|
| $d$ | $D$ | $L$ | $l$ | 轴向力 $F_t$/kN | 转矩 $T_t$/(N·m) | 对胀套施加的轴向力 $E$/kN | |
| 10 | 13 | | | 1.4 | 7.0 | | |
| 12 | 15 | 4.5 | 3.7 | 1.6 | 9.8 | 15 | |
| 13 | 16 | | | 1.8 | 11 | | |
| 14 | 18 | | | 2.8 | 19 | 24 | |
| 15 | 19 | | | 3.0 | 22 | | |
| 16 | 20 | | | 3.2 | 25 | 25 | |
| 18 | 22 | | | 3.6 | 32 | 26 | |
| 20 | 25 | | | 4.0 | 40 | | 0.01 |
| 22 | 26 | 6.3 | 5.3 | 4.5 | 50 | 30 | |
| 24 | 28 | | | 4.8 | 56 | | |
| 25 | 30 | | | 5.0 | 60 | 32 | |
| 28 | 32 | | | 5.6 | 80 | 33 | |
| 30 | 35 | | | 6.0 | 90 | 36 | |
| 32 | 36 | | | 6.4 | 100 | 37 | |
| 35 | 40 | | | 8.2 | 150 | 48 | |
| 36 | 42 | 7.0 | 6.0 | 8.4 | 160 | 50 | 0.02 |
| 38 | 44 | | | 8.6 | 166 | 57 | |
| 40 | 45 | 8.0 | 6.6 | 9.9 | 200 | 63 | |
| 42 | 48 | | | 10.4 | 220 | 68 | 0.03 |
| 45 | 52 | | | 14.6 | 330 | 95 | |
| 48 | 55 | 10 | 8.6 | 15.6 | 370 | 98 | 0.04 |
| 50 | 57 | | | 16.2 | 400 | 105 | |
| 55 | 62 | | | 17.8 | 490 | 110 | 0.05 |

（续）

| 基本尺寸/mm | | | | 当胀套与轴接触压力 $p_f$ = 100MPa 时的额定载荷 | | | 质量/kg |
|---|---|---|---|---|---|---|---|
| $d$ | $D$ | $L$ | $l$ | 轴向力 $F_t$/kN | 转矩 $T_t$/(N·m) | 对胀套施加的轴向力 $E$/kN | |
| 56 | 64 | 12 | 10.4 | 22.0 | 610 | 130 | 0.06 |
| 60 | 68 | | | 23.5 | 700 | 150 | 0.07 |
| 63 | 71 | | | 24.8 | 780 | 155 | 0.08 |
| 65 | 73 | | | 25.6 | 830 | 160 | 0.09 |
| 70 | 79 | 14 | 12.2 | 32.0 | 1120 | 200 | 0.11 |
| 75 | 84 | | | 34.4 | 1290 | 210 | 0.12 |
| 80 | 91 | 17 | 15 | 45.0 | 1810 | 280 | 0.19 |
| 85 | 96 | | | 48 | 2040 | 300 | 0.2 |
| 90 | 101 | | | 151 | 2290 | 310 | 0.22 |
| 95 | 106 | | | 54 | 2550 | 320 | 0.23 |
| 100 | 114 | 21 | 18.7 | 70 | 3500 | 420 | 0.38 |
| 105 | 119 | | | 73.2 | 3820 | 435 | 0.4 |
| 110 | 124 | | | 77 | 4250 | 450 | 0.41 |
| 120 | 134 | | | 84 | 5050 | 490 | 0.45 |
| 125 | 139 | | | 92 | 5750 | 540 | 0.62 |
| 130 | 148 | 28 | 25.3 | 124 | 8050 | 700 | 0.85 |
| 140 | 158 | | | 134 | 9350 | 750 | 0.91 |
| 150 | 168 | | | 143 | 10700 | 800 | 0.97 |
| 160 | 178 | | | 152.5 | 12200 | 850 | 1.02 |
| 170 | 191 | 33 | 30 | 192 | 16300 | 1100 | 1.50 |
| 180 | 201 | | | 204 | 18300 | 1150 | 1.58 |
| 190 | 211 | | | 214 | 20400 | 1200 | 1.68 |
| 200 | 224 | 38 | 34.8 | 262 | 26200 | 1400 | 2.32 |
| 210 | 234 | | | 275 | 28900 | 1500 | 2.45 |
| 220 | 244 | | | 288 | 37700 | 1600 | 2.49 |
| 240 | 267 | 42 | 39.5 | 358 | 43000 | 2000 | 3.52 |
| 250 | 280 | 48 | 44 | 415 | 52000 | 2100 | 4.68 |
| 260 | 290 | | | 435 | 56500 | 2200 | 4.82 |
| 280 | 313 | 53 | 49 | 520 | 72500 | 2700 | 6.27 |
| 300 | 333 | | | 555 | 83500 | 2800 | 6.47 |
| 320 | 360 | 65 | 59 | 710 | 114000 | 3500 | 10.9 |
| 340 | 380 | | | 755 | 128500 | 3700 | 11.5 |
| 360 | 400 | | | 800 | 144000 | 3900 | 12.2 |
| 390 | 420 | | | 845 | 160500 | 4100 | 12.8 |
| 400 | 440 | | | 890 | 178500 | 4500 | 13.5 |
| 420 | 460 | | | 935 | 196000 | 4700 | 14.1 |
| 450 | 490 | | | 998 | 224500 | 4900 | 15.2 |
| 480 | 520 | | | 1070 | 256000 | 5100 | 16 |
| 500 | 540 | | | 1110 | 278000 | 5300 | 16.5 |

注：1. 胀套材料多为 65、65Mn、55Cr2、60Cr2。

2. 胀套锥面锥角通常取 $\alpha$ = 25°～34°。

3. 如果 $p_f$ 不取 100MPa，则相应的 $F_t$、$T_t$、$E$ 可据 $p_f$ 计算，即 $F_t = \pi d l \mu p_f$，$T_t = \dfrac{\pi d^2 l \mu p_f}{2}$；$E = \dfrac{z T_t}{d \mu}\left[\tan\left(\dfrac{\alpha}{2} + \arctan\mu\right) + \mu\right]$，

这里 $\mu$ 为连接面间摩擦因数，通常取 $\mu$ = 0.07～0.16。

2) $Z_2$ 型胀紧连接套见表3.2-65。

**表 3.2-65   $Z_2$ 型胀紧连接套的基本尺寸和参数**

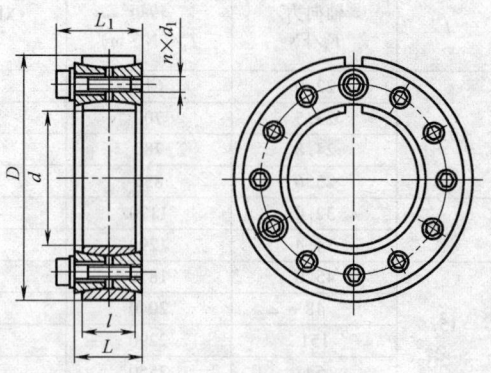

标记示例：

内径 $d = 130$mm、外径 $D = 180$mm 的 $Z_2$ 型胀紧连接套，标记为

胀套 $Z_2$-130×180   JB/T 7934—1999

| 基本尺寸/mm | | | | | 内六角螺钉 | | 额定负荷 | | 胀套与轴结合面上的压强 $p_f$/MPa | 螺钉的拧紧力矩 $T_A$/(N·m) | 质量/kg |
|---|---|---|---|---|---|---|---|---|---|---|---|
| $d$ | $D$ | $l$ | $L$ | $L_1$ | 规格 | 数量 | 轴向力 $F_t$/kN | 转矩 $T_t$/(kN·m) | | | |
| 20 | 47 | | | | | 8 | 27 | 0.27 | 210 | | 0.24 |
| 22 | 47 | | | | | 8 | 27 | 0.30 | 195 | | 0.23 |
| 25 | 50 | | | | | 9 | 30 | 0.38 | 190 | | 0.25 |
| 28 | 55 | 17 | 20 | 27.5 | M6×18 | 10 | 33 | 0.47 | 185 | 14 | 0.30 |
| 30 | 55 | | | | | 10 | 33 | 0.50 | 175 | | 0.29 |
| 35 | 60 | | | | | 12 | 40 | 0.70 | 180 | | 0.32 |
| 38 | 63 | | | | | 14 | 46 | 0.88 | 185 | | 0.33 |
| 40 | 65 | | | | | 14 | 46 | 0.92 | 180 | | 0.34 |
| 42 | 72 | | | | | 12 | 65 | 1.36 | 200 | | 0.48 |
| 45 | 75 | | | | | 12 | 72 | 1.62 | 210 | | 0.57 |
| 50 | 80 | 20 | 24 | 33.5 | M8×22 | | 71 | 1.77 | 190 | 35 | 0.60 |
| 55 | 85 | | | | | 14 | 83 | 2.27 | 200 | | 0.63 |
| 60 | 90 | | | | | 14 | 83 | 2.47 | 180 | | 0.69 |
| 65 | 95 | | | | | 16 | 93 | 3.04 | 190 | | 0.73 |
| 70 | 110 | | | | | 14 | 132 | 4.60 | 210 | | 1.26 |
| 75 | 115 | | | | | 14 | 131 | 4.90 | 195 | | 1.33 |
| 80 | 120 | 24 | 28 | 39.5 | M10×25 | | 131 | 5.20 | 180 | 70 | 1.40 |
| 85 | 125 | | | | | 16 | 148 | 6.30 | 195 | | 1.49 |
| 90 | 130 | | | | | 16 | 147 | 6.60 | 180 | | 1.53 |
| 95 | 135 | | | | | 18 | 167 | 7.90 | 195 | | 1.62 |
| 100 | 145 | | | | | 14 | 192 | 9.60 | 195 | | 2.01 |
| 105 | 150 | | | | | 14 | 190 | 9.98 | 185 | | 2.10 |
| 110 | 155 | 29 | 33 | 47.0 | M12×30 | | 191 | 10.50 | 180 | 125 | 2.15 |
| 120 | 165 | | | | | 16 | 218 | 13.10 | 185 | | 2.35 |
| 125 | 170 | | | | | 18 | 220 | 13.78 | 180 | | 2.95 |
| 130 | 180 | | | | | 20 | 272 | 17.60 | 165 | | 3.51 |
| 140 | 190 | 34 | 38 | 52.0 | M12×35 | 22 | 298 | 20.90 | 165 | | 3.85 |
| 150 | 200 | | | | | 24 | 324 | 24.20 | 170 | | 4.07 |
| 160 | 210 | | | | | 26 | 350 | 28.00 | 170 | | 4.30 |

（续）

| 基本尺寸/mm | | | | | 内六角螺钉 | | 额定负荷 | | 胀套与轴结合面上的压强 $p_f$/MPa | 螺钉的拧紧力矩 $T_A$/(N·m) | 质量/kg |
|---|---|---|---|---|---|---|---|---|---|---|---|
| $d$ | $D$ | $l$ | $L$ | $L_1$ | 规格 | 数量 | 轴向力 $F_t$/kN | 转矩 $T_t$/(kN·m) | | | |
| 170 | 225 | 38 | 44 | 60 | M14×45 | 22 | 386 | 32.80 | 160 | 190 | 5.78 |
| 180 | 235 | | | | | 24 | 420 | 37.80 | 165 | | 6.05 |
| 190 | 260 | 46 | 52 | 68 | | 28 | 490 | 46.50 | 150 | | 8.25 |
| 200 | 260 | | | | | 30 | 525 | 52.50 | 150 | | 8.65 |
| 210 | 275 | 50 | 56 | 74 | M16×50 | 24 | 599 | 62.89 | 151 | 295 | 10.10 |
| 220 | 285 | | | | | 26 | 620 | 68.00 | 150 | | 11.22 |
| 240 | 305 | 50 | | | | 30 | 715 | 85.50 | 160 | | 12.20 |
| 250 | 315 | | | | | 32 | 768 | 96.00 | 162 | | 12.70 |
| 260 | 325 | | | | | 34 | 800 | 104.00 | 165 | | 13.2 |
| 280 | 355 | 60 | 66 | 86.5 | M18×60 | 32 | 915 | 128.00 | 145 | 405 | 19.2 |
| 300 | 375 | | | | | | 1020 | 153.00 | 150 | | 20.5 |
| 320 | 405 | 72 | 78 | 100.5 | M20×70 | 36 | 1310 | 210.00 | 150 | 580 | 29.6 |
| 340 | 425 | | | | | | | 224.00 | 145 | | 31.1 |
| 360 | 455 | 84 | 90 | 116.0 | M22×80 | | 1630 | 294.00 | 145 | 780 | 42.2 |
| 380 | 475 | | | | | | 1620 | 308.00 | 135 | | 44.0 |
| 400 | 495 | | | | | | 1610 | 322.00 | 130 | | 46.0 |
| 420 | 515 | | | | | 40 | 1780 | 374.00 | 135 | | 50.0 |
| 450 | 555 | 96 | 102 | 130.0 | M24×90 | 40 | 2056 | 461.25 | 124 | 1000 | 65.0 |
| 480 | 585 | | | | | 42 | 2160 | 518.40 | | | 71.0 |
| 500 | 605 | | | | | 44 | 2240 | 560.00 | 123 | | 72.6 |
| 530 | 640 | | | | | 45 | 2330 | 617.00 | 121 | | 83.6 |
| 560 | 670 | | | | | 48 | 2440 | 680.00 | 120 | | 85.0 |
| 600 | 710 | | | | | 50 | 2580 | 775.00 | 118 | | 91.0 |
| 630 | 740 | | | | | 52 | 2680 | 844.00 | 117 | | 94.0 |
| 670 | 780 | | | | | 56 | 2820 | 944.00 | 116 | | 101.0 |
| 710 | 820 | | | | | 60 | 2970 | 1054.00 | 115 | | 106.0 |
| 750 | 860 | | | | | 62 | 3130 | 1173.00 | 115 | | 112.0 |
| 800 | 910 | | | | | 66 | 3260 | 1300.00 | 112 | | 118.0 |
| 850 | 960 | | | | | 70 | 3500 | 1487.00 | 113 | | 125.0 |
| 900 | 1010 | | | | | 75 | 3680 | 1650.00 | 112 | | 132.0 |
| 950 | 1060 | | | | | 80 | 3870 | 1838.00 | | | 139.0 |
| 1000 | 1110 | | | | | 82 | 4000 | 2000.00 | 110 | | 146.0 |

注：$Z_2$ 型胀紧连接套螺钉的性能等级为 12.8 级。

3）$Z_3$ 型胀紧连接套见表 3.2-66。

**表 3.2-66　$Z_3$ 型胀紧连接套的基本尺寸和参数**

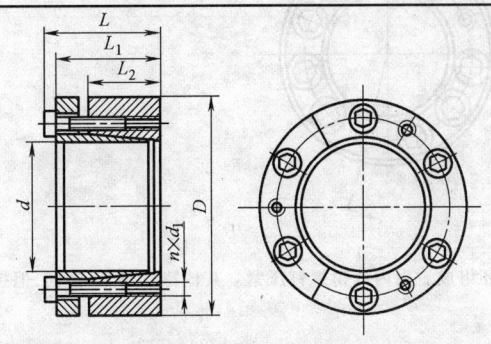

标记示例：

内径 $d = 130\text{mm}$、外径 $D = 180\text{mm}$ 的 $Z_3$ 型胀紧连接套，标记为

胀套 $Z_3$-130×180　JB/T 7934—1999

（续）

| 基本尺寸/mm | | | | | 内六角螺钉 | | 额定负荷 | | 胀套与轴结合面上的压强 $p_t$/MPa | 螺钉的拧紧力矩 $T_A$/N·m | 质量 /kg |
|---|---|---|---|---|---|---|---|---|---|---|---|
| $d$ | $D$ | $L$ | $L_1$ | $L_2$ | 规格 | 数量 | 轴向力 $F_t$/kN | 转矩 $T_t$/kN·m | | | |
| 20 | 47 | 37 | 31 | 21.7 | M6×20 | 4 | 30 | 0.3 | 287 | 17 | 0.29 |
| 22 | | | | | | | | 0.33 | 260 | | |
| 25 | 50 | | | | | 5 | 35 | 0.44 | 287 | | 0.30 |
| 28 | 55 | | | | | | | 0.49 | 256 | | 0.36 |
| 30 | | | | | | | | 0.53 | 239 | | 0.37 |
| 35 | 60 | | | | | 6 | 45 | 0.81 | 246 | | 0.38 |
| 40 | 65 | | | | | | | 0.94 | 215 | | 0.41 |
| 45 | 75 | 46 | 38 | 25.3 | M8×25 | | | 1.86 | 283 | 41 | 0.70 |
| 50 | 80 | | | | | | | 2.07 | 255 | | 0.76 |
| 55 | 85 | | | | | 7 | 90 | 2.54 | 270 | | 0.82 |
| 60 | 90 | | | | | | | 2.77 | 247 | | 0.88 |
| 65 | 95 | | | | | 8 | 105 | 3.58 | 261 | | 0.94 |
| 70 | 110 | 60 | 50 | 33.4 | M10×35 | 7 | 140 | 5.1 | 244 | 83 | 2.1 |
| 75 | 115 | | | | | | | 5.46 | 228 | | 2.2 |
| 80 | 120 | | | | | | | 5.85 | 214 | | 2.3 |
| 85 | 125 | | | | | 8 | 175 | 7.45 | 230 | | 2.4 |
| 90 | 130 | | | | | | | 7.90 | 217 | | 2.6 |
| 95 | 135 | | | | | | 205 | 9.9 | 257 | | 2.7 |
| 100 | 145 | 68 | 58 | 40.8 | | 10 | 220 | 11 | 192 | | 3.7 |
| 105 | 150 | | | | | | | 11.55 | 210 | | 3.9 |
| 110 | 155 | | | | | | | 12.1 | 175 | | 4 |
| 120 | 165 | | | | | 12 | 260 | 15.7 | 192 | | 4.3 |
| 125 | 170 | | | | M12×40 | 10 | 320 | 17.5 | 189 | 145 | 4.8 |
| 130 | 180 | | | | | | | 20.7 | 188 | | 5.9 |
| 140 | 190 | | | | | | | 22.5 | 175 | | 6.3 |
| 150 | 200 | 77 | 65 | 45.4 | | 12 | 380 | 28.5 | 196 | | 6.7 |

注：$Z_3$ 型胀紧连接套螺钉的力学性能等级为 12.8 级。

4）$Z_4$ 型胀紧连接套见表 3.2-67。

表 3.2-67 $Z_4$ 型胀紧连接套的基本尺寸和参数

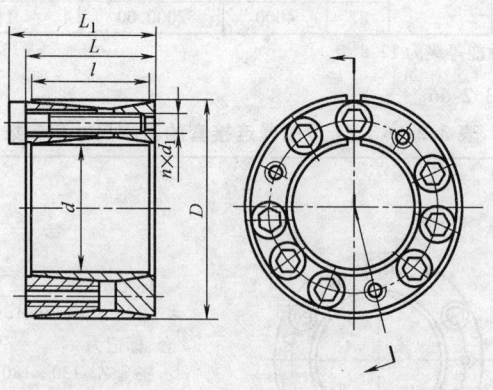

由锥度不同的开口双锥内环与开口双锥外环及两个双锥压紧环组成。用内六角螺钉压紧。其他特点与 $Z_3$ 型同，但接合面长，对中精度高。用于旋转精度要求较高和传递较大载荷的场合

（续）

| 基本尺寸/mm | | | | | | | 额定载荷 | | 胀套与轴结合面上的压强 $p_f$ /MPa | 胀套与轮毂结合面上的压强 $p_f'$ /MPa | 螺钉的拧紧力矩 $T_A$ /N·m | 质量 /kg |
|---|---|---|---|---|---|---|---|---|---|---|---|---|
| $d$ | $D$ | $l$ | $L$ | $L_1$ | $d_1$ | $n$ | 轴向力 $F_t$ /kN | 转矩 $T_t$ /kN·m | | | | |
| 70 | 120 | 56 | 62 | 74 | M12 | 8 | 197 | 6.85 | 201 | 117 | 145 | 3.3 |
| 80 | 130 | | | | | 12 | 291 | 11.65 | 263 | 162 | | 3.7 |
| 90 | 140 | | | | | | 290 | 13 | 234 | 150 | | 4 |
| 100 | 160 | 74 | 80 | 94 | M14 | 15 | 389 | 19.7 | 213 | 133 | 230 | 7.2 |
| 110 | 170 | | | | | | 483 | 22.6 | 242 | 157 | | 7.7 |
| 120 | 180 | | | | | | 482 | 28.9 | 222 | 148 | | 8.3 |
| 125 | 185 | | | | | | 480 | 30 | 212 | 143 | | 8.5 |
| 130 | 190 | | | | | | | 31.2 | 205 | 140 | | 8.8 |
| 140 | 200 | 88 | 94 | 110 | M16 | 18 | 574 | 40.2 | 227 | 159 | | 9.3 |
| 150 | 210 | | | | | | 572 | 42.9 | 212 | 152 | | 10 |
| 160 | 230 | | | | | | 800 | 64 | 227 | 158 | | 14.9 |
| 170 | 240 | | | | | | 795 | 67.8 | 214 | 152 | | 15.7 |
| 180 | 250 | | | | | 21 | 923 | 83 | 235 | 170 | 355 | 16.4 |
| 190 | 260 | | | | | | 921 | 88 | 223 | 163 | | 17.2 |
| 200 | 270 | | | | | 24 | 1050 | 105 | 242 | 179 | | 18.8 |
| 210 | 290 | 110 | 116 | 134 | M18 | 20 | 1118 | 117.3 | 197 | 143 | 485 | 23 |
| 220 | 300 | | | | | 21 | 1120 | 123 | 189 | 138 | | 27.7 |
| 240 | 320 | | | | | 24 | 1280 | 153 | 198 | 148 | | 29.8 |
| 250 | 330 | | | | | 27 | 1282 | 160.2 | 205 | 157 | | 31 |
| 260 | 340 | | | | | | 1430 | 186 | 205 | 157 | | 32 |
| 280 | 370 | 130 | 136 | 156 | M20 | 24 | 1650 | 230 | 192 | 145 | 690 | 46 |
| 300 | 390 | | | | | | | 245 | 179 | 138 | | 49 |

注：$Z_4$ 型胀紧连接套螺钉的机械性能等级为 12.9 级。

5）$Z_5$ 型胀紧连接套见表 3.2-68。

**表 3.2-68　$Z_5$ 型胀紧连接套的基本尺寸和参数**

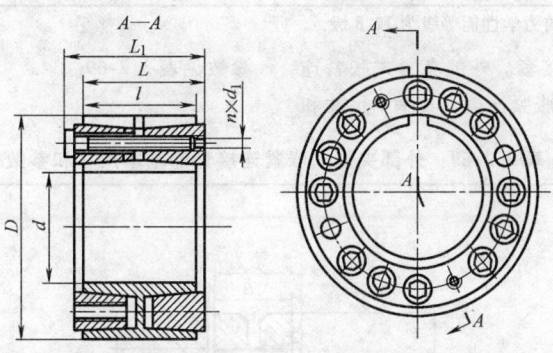

标记示例：

内径 $d=300$mm、外径 $D=375$mm 的 $Z_5$ 型胀紧连接套，标记为

胀套 $Z_5$-300×375　JB/T 7934—1999

（续）

| 基本尺寸/mm | | | | | 内六角螺钉 | | 额定负荷 | | 胀套与轴结合面上的压强 $p_f$/MPa | 螺钉的拧紧力矩 $T_A$/(N·m) | 质量 /kg |
|---|---|---|---|---|---|---|---|---|---|---|---|
| $d$ | $D$ | $l$ | $L$ | $L_1$ | 规格 | 数量 | 轴向力 $F_t$/kN | 转矩 $T_t$/(kN·m) | | | |
| 100 | 145 | 60 | 65 | 77 | M12×60 | 10 | 288 | 14.4 | 192 | | 4.1 |
| 110 | 155 | | | | | | | 15.8 | 175 | | 4.4 |
| 120 | 165 | | | | | 12 | 346 | 20.8 | 192 | | 4.8 |
| 130 | 180 | 68 | 74 | 86 | M12×70 | 15 | 433 | 28.1 | 193 | 145 | 6.5 |
| 140 | 190 | | | | | 18 | 519 | 36.3 | 214 | | 7.0 |
| 150 | 200 | | | | | | | 39.0 | 200 | | 7.4 |
| 160 | 210 | | | | | 21 | 606 | 48.5 | 219 | | 7.8 |
| 170 | 225 | 75 | 81 | 95 | M14×75 | 18 | 712 | 60.6 | 215 | 230 | 10.0 |
| 180 | 235 | | | | | | | 54.1 | 203 | | 10.6 |
| 190 | 250 | 88 | 94 | 108 | M14×90 | 29 | 792 | 75.2 | 178 | 230 | 14.3 |
| 200 | 260 | | | | | 24 | 950 | 95.0 | 203 | | 15.0 |
| 210 | 275 | | | | | 18 | 970 | 102.0 | 187 | | 17.5 |
| 220 | 285 | | | | | | 990 | 109.0 | 183 | | 19.8 |
| 240 | 305 | 98 | 104 | 120 | M16×100 | 24 | 1318 | 158.0 | 222 | 355 | 21.4 |
| 250 | 315 | | | | | | 1340 | 167.5 | 215 | | 22.0 |
| 260 | 325 | | | | | 25 | 1370 | 178.0 | | | 23.0 |
| 280 | 355 | 120 | 126 | 144 | M18×120 | 24 | 1590 | 222.5 | 188 | 485 | 30.2 |
| 300 | 375 | | | | | | 1650 | 248.0 | 183 | | 37.4 |
| 320 | 405 | 135 | 142 | 162 | M20×130 | 25 | 2140 | 344.0 | 192 | 690 | 51.3 |
| 340 | 425 | | | | | | | 365.0 | 181 | | 54.1 |
| 360 | 455 | 158 | 165 | 187 | M22×160 | | 2670 | 480.0 | 176 | | 75.1 |
| 380 | 475 | | | | | | | 508.0 | 166 | 930 | 79.0 |
| 400 | 495 | | | | | | | 535.0 | 158 | | 82.8 |
| 420 | 515 | | | | | 30 | 3200 | 673.0 | 181 | | 86.5 |
| 450 | 555 | | | | | | 3700 | 832.5 | 175 | 1200 | 112.0 |
| 480 | 585 | 172 | 180 | 204 | M24×160 | 32 | 3950 | 948.0 | | | 119.0 |
| 500 | 605 | | | | | | | 988.0 | 168 | | 123.0 |
| 530 | 640 | 190 | 200 | 227 | M27×180 | 30 | 4320 | 1145.0 | 157 | 1600 | 151.0 |
| 560 | 670 | | | | | | | 1210.0 | 148 | | 160.0 |
| 600 | 710 | | | | | 32 | 1610 | 1380.0 | 147 | | 170.0 |

注：$Z_5$ 型胀紧连接套螺钉的力学性能等级为 12.8 级

6）外部夹紧式胀紧连接套。外部夹紧式胀紧连接是一种具有极佳同轴度的胀紧连接，其基本尺寸和参数见表 3.2-69。

**表 3.2-69　外部夹紧式胀紧连接套的基本尺寸和参数**

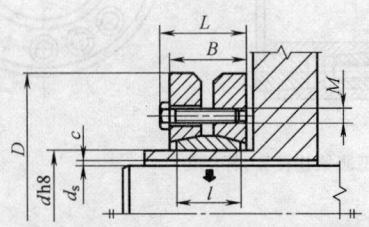

（续）

| 基本尺寸/mm | | | | | | | | 额定负荷 | | 螺钉的拧紧力矩 $T_A/(\text{N}\cdot\text{m})$ | 质量/kg |
|---|---|---|---|---|---|---|---|---|---|---|---|
| $d$ | $d_s$ | $D$ | $L$ | $B$ | $l$ | $c_{max}$ | $M$ | 轴向力 $F_f/\text{kN}$ | 转矩 $T_t/(\text{kN}\cdot\text{m})$ | | |
| 24 | 19 | 50 | 23 | 19 | 14 | | M5 | 26 | 0.18 | 4 | 0.165 |
| | 20 | | | | | | | 27 | 0.21 | | |
| | 21 | | | | | | | 29 | 0.25 | | |
| 30 | 24 | 60 | 25 | 21 | 16 | 0.017 | | 26 | 0.31 | | 0.265 |
| | 25 | | | | | | | 27 | 0.34 | | |
| | 26 | | | | | | | 28 | 0.38 | | |
| 36 | 28 | 72 | 27 | 23 | 18 | | | 50 | 0.46 | | 0.429 |
| | 30 | | | | | | | 54 | 0.59 | | |
| | 31 | | | | | | | 58 | 0.63 | | |
| 44 | 32 | 80 | 29 | 25 | 20 | | | 65 | 0.63 | | 0.547 |
| | 35 | | | | | | | 74 | 0.78 | | |
| | 36 | | | | | | | 77 | 0.86 | | |
| 50 | 38 | 90 | 31 | 27 | 22 | | M6 | 79 | 0.94 | 12 | 0.754 |
| | 40 | | | | | | | 85 | 1.1 | | |
| | 42 | | | | | 0.032 | | 90 | 1.3 | | |
| 55 | 42 | 100 | | | | | | 80 | 1.2 | | 1.07 |
| | 45 | | | | | | | 90 | 1.5 | | |
| | 48 | | | | | | | 100 | 1.9 | | |
| 62 | 48 | 110 | 34 | 30 | 23 | | | 100 | 1.8 | | 1.26 |
| | 50 | | | | | | | 110 | 2.2 | | |
| | 52 | | | | | | | 120 | 2.4 | | |
| 68 | 50 | 115 | | | | 0.038 | | 100 | 2.0 | | 1.32 |
| | 55 | | | | | | | 110 | 2.5 | | |
| | 60 | | | | | | | 120 | 3.1 | | |
| 60 | 60 | 145 | 38 | 32 | 25 | | M8 | 120 | 3.2 | 30 | 2.42 |
| | 65 | | | | | | | 140 | 3.9 | | |
| | 70 | | | | | 0.048 | | 160 | 4.6 | | |
| 100 | 70 | 170 | 49.5 | 44 | 34 | | | 180 | 6.9 | | 4.51 |
| | 75 | | | | | | | 220 | 7.5 | | |
| | 80 | | | | | | | 240 | 9.0 | | |
| 125 | 85 | 215 | 61 | 54 | 42 | 0.056 | M10 | 300 | 11 | 59 | 9.18 |
| | 90 | | | | | | | 320 | 13 | | |
| | 95 | | | | | | | 350 | 15 | | |
| 140 | 95 | 230 | 68 | 60 | 46 | 0.056 | | 360 | 15 | 100 | 11.21 |
| | 100 | | | | | | | 400 | 17 | | |
| | 105 | | | | | | M12 | 420 | 20 | | |
| 155 | 105 | 263 | 70 | 62 | 50 | | | 390 | 20 | | 15.76 |
| | 110 | | | | | | | 420 | 23 | | |
| | 115 | | | | | 0.069 | | 450 | 26 | | |
| 165 | 115 | 290 | | | | | | 630 | 36 | | 21.94 |
| | 120 | | | | | | | 660 | 39 | | |
| | 125 | | 78 | 68 | 56 | | M16 | 700 | 44 | 250 | |
| 175 | 125 | 300 | | | | 0.079 | | 650 | 40 | | 22.90 |
| | 130 | | | | | | | 680 | 44 | | |
| | 135 | | | | | | | 720 | 49 | | |
| 185 | 135 | 330 | | | | | | 815 | 55 | | 37.84 |
| | 140 | | | | | | | 875 | 60 | | |
| | 145 | | 96 | 86 | 71 | 0.079 | M16 | 896 | 65 | 250 | |
| 195 | 140 | 350 | | | | | | 950 | 66 | | 41.90 |
| | 150 | | | | | | | 1000 | 76 | | |
| | 155 | | | | | | | 1100 | 82 | | |

（续）

| 基本尺寸/mm | | | | | | | | 额定负荷 | | 螺钉的拧紧力矩 $T_A$/(N·m) | 质量/kg |
|---|---|---|---|---|---|---|---|---|---|---|---|
| $d$ | $d_s$ | $D$ | $L$ | $B$ | $l$ | $c_{max}$ | $M$ | 轴向力 $F_f$/kN | 转矩 $T_t$/(kN·m) | | |
| 220 | 160 | 370 | 114 | 104 | 88 | | M16 | 1200 | 95 | 250 | 53.65 |
|  | 165 |  |  |  |  |  |  | 1300 | 102 |  |  |
|  | 170 |  |  |  |  | 0.079 |  | 1300 | 110 |  |  |
| 240 | 170 | 405 | 122 | 109 | 92 |  | | 1500 | 120 | 490 | 67.77 |
|  | 180 |  |  |  |  |  | M20 | 1600 | 140 |  |  |
|  | 190 |  |  |  |  |  |  | 1700 | 160 |  |  |
| 260 | 190 | 430 | 133 | 120 | 103 | 0.09 | | 1700 | 165 |  | 82.60 |
|  | 200 |  |  |  |  |  |  | 1900 | 185 |  |  |
|  | 210 |  |  |  |  |  |  | 2000 | 205 |  |  |

注：1. 外部夹紧式胀紧连接套螺钉的力学性能等级为 12.8 级。
2. 在 $T_A$ 下，传递转矩 $T_t$ 或轴向力 $F_f$，如果同时传递转矩及轴向力，两者需以矢量值相加。
3. 摘自韩国大新电机工业公司。

## 4.3 型面连接

型面连接是用非圆截面的柱面体或锥面体的轴与相同轮廓的毂孔配合以传递运动和转矩的一种连接形式，如图 3.2-9 所示。柱形非圆截面只能传递转矩，可用于不在载荷下移动的动连接，而锥形非圆截面除传递转矩外，还能承受轴向力，当不允许有间隙和可靠性要求较高时，常采用锥形非圆截面。

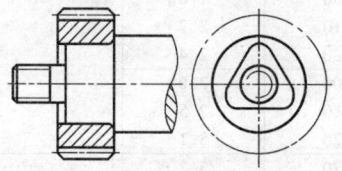

图 3.2-9 型面连接

型面连接的特点如下：

1）装拆方便，能保证良好的对中性。

2）被连接件上没有键槽及尖角，从而减少了应力集中，故可传递较大的转矩。

3）被连接件上的挤压应力比较高，且加工比较复杂，特别是为了保证配合精度，最后工序多要在专用机床上进行磨削加工，故限制了型面连接的应用。但是，在家用机械、办公机械等中由于采用了大量的压铸、注塑零件，要注塑出各种各样的非圆形孔是毫无困难的，故型面连接在这些领域获得了发展。

型面连接常用的型面曲线有摆线和等距曲线两种。等距曲线如图 3.2-10 所示，因与其轮廓曲线相切的两平行线 $T$ 间的距离 $D$ 为一常数，所以加工与测量均比较简单。

此外，型面连接也可采用三边形、正方形、圆切边、正六边形等截面形状的。

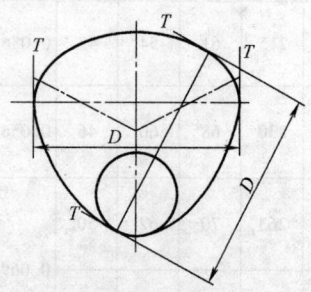

图 3.2-10 型面连接
常用的等距曲线

# 第 3 章  铆接、焊接及粘接

## 1  铆接

### 1.1  铆钉连接的类型、特点和应用

铆钉连接是利用铆钉将两个或两个以上的元件（一般为板材或型材）连接在一起的一种不可拆卸的静连接，简称为铆接。铆钉有空心和实心两大类。最常用的铆接是实心铆钉连接。实心铆钉连接多用于受力大的金属零件的连接，空心铆钉连接用于受力较小的薄板或非金属零件的连接。

铆接又分冷铆和热铆两种。热铆紧密性较好，但铆杆与钉孔间有间隙，不能参与传力。冷铆时钉杆镦粗，胀满钉孔，钉杆与钉孔间无间隙。直径大于10mm 的钢铆钉加热到 1000～1100℃进行热铆，钉杆上的单位面积锤击力为 650～800MPa。直径小于10mm 的钢铆钉和塑性较好的有色金属、轻金属及合金制造的铆钉，常用于冷铆。

铆接在建筑、锅炉制造、铁路桥梁和金属结构等方面均有应用。

铆接的主要特点是工艺简单、连接可靠、抗振、耐冲击。与焊接相比，其缺点是结构笨重，铆孔削弱被连接件截面强度 15%～20%，操作劳动强度大，噪声大，生产效率低。因此，铆接经济性和紧密性不如焊接。

相对于螺栓连接而言，铆接更为经济，质量更轻，适于自动化安装。但铆接不适于太厚的材料，材料越厚，铆接越困难，一般的铆接不适于承受拉力，因为其抗拉强度比抗剪强度低得多。

### 1.2  铆缝的设计

#### 1.2.1  铆缝的形式（表 3.3-1）

#### 1.2.2  铆缝结构参数的确定

设计铆缝时，通常是根据工作要求、载荷情况选择铆缝形式，确定结构参数、铆钉直径和数量，然后

表 3.3-1  铆缝的形式及应用

| 类型 | 单剪搭接 | 单剪垫板对接 | 双剪垫板对接 | 型材连接 |
|---|---|---|---|---|
| 结构简图 | | | | |
| 特点和应用 | 通常用于没有严格要求的一般机械结构连接 | 通常用于要求表面平整的外部结构连接，被连接板可以等厚或不等厚，垫板厚度通常大于被连接板厚度 | 用于受力很大的结构连接，两块垫板应等厚，且其总厚度应不小于被连接板中的较厚者，被连接板厚度不等时应先垫平 | 用于各种桁架结构连接 |

进行强度计算。

1. 钉杆直径和铆钉长度的计算

一般情况下，按结构尺寸和强度计算确定钉杆直径，按表 3.3-2 选用铆钉杆直径，并计算铆钉的长度。这些杆径也用于非标准产品。

2. 钉孔直径 $d_0$

为使铆合时铆钉容易穿过钉孔，应使铆钉孔直径 $d_0$ 大于铆钉杆公称直径 $d$，见表 3.3-3。

3. 铆钉间的距离

根据连接各部分强度近似相等的条件确定铆钉间的距离，具体见表 3.3-4。

### 1.3  铆接的强度计算

铆缝应首先确定铆钉的排列形式和结构尺寸，求出受力最大的铆钉的载荷（见表 3.3-5），然后校核连接的强度（见表 3.3-6 和表 3.3-7）。

分析铆缝的受力时，若构件受一个纯力矩或是通过铆钉组形心外一点的外载荷，则认为各铆钉所受的外力与被铆件可能的相对位移成正比，因此距铆钉组形心距离最大 $l_{max}$ 的铆钉受力最大。若载荷通过铆钉组形心，可认为各铆钉所受的外力均等。

表 3.3-2　铆钉公称杆径 $d$ 和铆钉长度计算（摘自 GB/T 18194—2000）　（单位：mm）

| 基本系列 | 1 | 1.2 | 1.6 | 2 | 2.5 | 3 | 4 | 5 | 6 | 8 | 10 | 12 | 16 | 20 | 24 | 30 | 36 |
|---|---|---|---|---|---|---|---|---|---|---|---|---|---|---|---|---|---|
| 第二系列 | | 1.4 | | | | 3.5 | | | 7 | | | 14 | 18 | 22 | 27 | 33 | |

| 名　称 | 简　图 | 计　算　公　式 |
|---|---|---|
| 半圆头铆钉 | 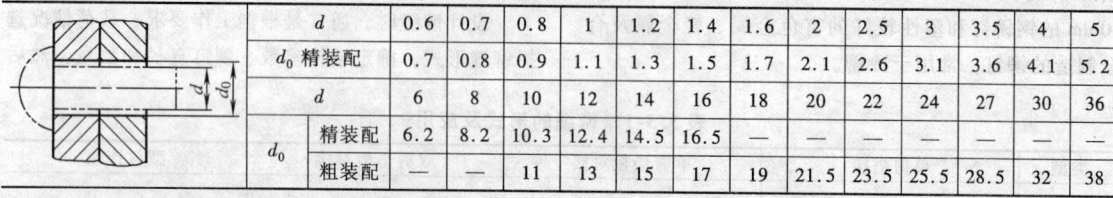 | $l = 1.12\sum\delta + 1.4d$（钢制）<br>$l = \sum\delta + 1.4d$（有色金属）<br>式中　$\sum\delta$——被连接件的总厚度，一般取 $\sum\delta \le 5d$<br>　　　$d$——铆钉直径 |

沉头铆钉

$$A = \frac{d_0^2}{d^2}$$
$$l = A\sum\delta + B + C$$
$$B = \frac{h(D^2 + Dd_0 - 2d_0^2)}{3d_0^2}$$

| 铆钉直径 | 12～14 | 16 | 18～20 | 22 | 24 | 27 | 30 |
|---|---|---|---|---|---|---|---|
| $C$ | 4～7 | 5～9 | 5～10 | | 6～11 | | 7～12 |

表 3.3-3　铆钉用通孔直径 $d_0$ （GB/T 152.1—1988）　（mm）

| $d$ | | 0.6 | 0.7 | 0.8 | 1 | 1.2 | 1.4 | 1.6 | 2 | 2.5 | 3 | 3.5 | 4 | 5 |
|---|---|---|---|---|---|---|---|---|---|---|---|---|---|---|
| $d_0$ | 精装配 | 0.7 | 0.8 | 0.9 | 1.1 | 1.3 | 1.5 | 1.7 | 2.1 | 2.6 | 3.1 | 3.6 | 4.1 | 5.2 |
| $d$ | | 6 | 8 | 10 | 12 | 14 | 16 | 18 | 20 | 22 | 24 | 27 | 30 | 36 |
| $d_0$ | 精装配 | 6.2 | 8.2 | 10.5 | 12.4 | 14.5 | 16.5 | | | | | | | |
| | 粗装配 | — | — | 11 | 13 | 15 | 17 | 19 | 21.5 | 23.5 | 25.5 | 28.5 | 32 | 38 |

注：1. 钉孔尽量采用钻孔，尤其是受变载荷的铆缝。也可以先冲（留 3～5mm 余量）后钻，既经济又能保证孔的质量。冲孔的孔壁有冲剪的痕迹及硬化裂纹，故只用于不重要的铆接中。

2. 铆钉直径 $d$ 小于 8mm 时一般只进行精装配。

表 3.3-4　铆钉间的距离（摘自 GB/T 152.1—1988）

| 名　称 | | 位置与方向 | | 最大允许距离<br>（取两者的小值） | 最小允许距离 | |
|---|---|---|---|---|---|---|
| 间距 $t$ | 外　排 | | | $8d_0$ 或 $12\delta$ | 钉并列 | $3d_0$ |
| | 中间排 | | 构件受压 | $12d_0$ 或 $18\delta$ | 钉错列 | $3.5d_0$ |
| | | | 构件受拉 | $16d_0$ 或 $24\delta$ | | |
| 边距 | 平行于载荷的方向 $e_1$ | | | | $2d_0$ | |
| | 垂直于载荷的方向 $e_2$ | | 切割边 | $4d_0$ 或 $8\delta$ | $1.5d_0$ | |
| | | | 轧制边 | | $1.2d_0$ | |

注：1. $d_0$ 为铆钉孔直径，$\delta$ 为较薄板的厚度。

2. 钢板边缘与刚性构件（如角钢、槽钢等）相连的铆钉的最大间距，可按中间排确定。

3. 有色金属或异种材料（如石棉制动带与铸铁制动瓦）铆接时，铆缝的结构参数推荐：铆钉直径 $d = 1.5\delta + 2$mm；间距 $t = (2.5\sim3)d$；边距 $e_1 \ge d$，$e_2 \ge (1.8\sim2)d$。

**表 3.3-5　受力矩铆缝的铆钉最大载荷计算**

| 受 力 简 图 | 计 算 公 式 | 说 明 |
|---|---|---|
| 受旋转力矩 $M$ 作用的剪力铆钉<br>$l_1 = l_{max}$<br> | 铆钉的最大载荷<br><br>$$F_{max} = \dfrac{Ml_{max}}{l_1^2 + l_2^2 + \cdots + l_i^2}$$ | $M$——旋转力矩($N \cdot mm$)<br>$l$——铆钉中心到铆钉组形心的距离($mm$)<br>$i$——铆钉序列号,$i = 1、2、3 \cdots\cdots$ |
| 受偏心力 $F$ 作用的剪力铆钉<br>$l_1 = l_{max}$<br> | 铆钉的最大载荷<br><br>$$F_{max} = R_{max} + \dfrac{F}{Z}$$<br><br>$$R_{max} = \dfrac{Ml_{max}}{l_1^2 + l_2^2 + \cdots + l_i^2}$$<br><br>$$M = FL$$ | $F$——偏心力($N$)<br>$M$——旋转力矩($N \cdot mm$)<br>$l$——铆钉中心到铆钉组形心的距离($mm$)<br>$Z$——铆钉总数<br>$i$——铆钉序列号,$i = 1、2、3 \cdots\cdots$ |

**表 3.3-6　受拉(压)构件的铆接尺寸计算**

| 计算内容 | 计 算 公 式 | 公式中符号说明 |
|---|---|---|
| 被铆件的横剖面面积 $A^{①}$ | 受拉构件　$A = \dfrac{F}{\psi[\sigma]}$<br><br>受压构件　$A = \dfrac{F}{\zeta[\sigma]}$ | $F$——作用于构件上的拉(压)外载荷($N$)<br>$\psi$——铆缝的强度系数,$\psi = \dfrac{t-d}{t}$,初算时可取 $\psi = 0.6 \sim 0.8$<br>$\zeta$——压杆纵向弯曲系数,见表 3.3-7 |
| 铆钉直径 $d$ | 当 $\delta \geq 5mm$ 时,$d \approx 2\delta$<br>当 $\delta = 6 \sim 20mm$ 时,$d \approx (1.1 \sim 1.6)\delta$<br>被联接件的厚度较大时,$\delta$ 前面的系数取较小值 | $\delta$——被铆件中较薄板的厚度。对于双盖板,两盖板厚度之和为一个被铆件($mm$)<br>$d_0$——铆钉孔直径($mm$),见表 3.3-3<br>$m$——每个铆钉的抗剪面数量 |
| 铆钉数量 $Z^{②}$ | 铆钉受剪切作用<br>$$Z = \dfrac{4F}{m\pi d_0^{\,2}[\tau]}$$<br>被铆件受挤压作用<br>$$Z = \dfrac{F}{d_0\delta[\sigma_p]}$$ | $[\sigma]$——被铆件的许用拉(压)应力($MPa$),见表 3.3-9<br>$[\sigma_p]$——被铆件的许用挤压应力($MPa$),见表 3.3-9<br>$[\tau]$——铆钉许用切应力($MPa$),见表 3.3-9 |

① 按 $A$ 确定被铆件的厚度 $\delta$ 或构件尺寸。
② 取两计算所得的大值,但铆钉数不得少于 2 个。

**表 3.3-7　压杆纵弯曲系数 $\zeta$**

| $\lambda$ | 10 | 20 | 30 | 40 | 50 | 60 | 70 | 80 | 90 | 100 | 110 | 120 | 140 | 160 | 180 | 200 |
|---|---|---|---|---|---|---|---|---|---|---|---|---|---|---|---|---|
| $\zeta$ | 0.99 | 0.96 | 0.94 | 0.92 | 0.89 | 0.86 | 0.81 | 0.75 | 0.69 | 0.6 | 0.52 | 0.45 | 0.36 | 0.29 | 0.23 | 0.19 |
| 说　　明 | 柔度 $\lambda = \dfrac{\mu l}{i_{min}}$;$\mu$——柱端系数;$l$——构件的计算长度($m$);$i_{min}$——被铆件截入面最小惯量半径($mm$) | | | | | | | | | | | | | | | |

## 1.4　铆接的材料和许用应力

铆接的材料通常是低碳钢或铝合金型材或板材,在机器的部件连接上,被铆件则是各种不同材料的成型零件。

铆钉材料必须具有高的塑性和不可淬性。铆钉常用材料及热处理工艺见表 3.3-8,钢铆钉连接的许用应力见表 3.3-9。

表 3.3-8　铆钉常用材料及热处理工艺（摘自 GB/T 116—1986）

| 材料 | 牌　号 | Q215、Q235、ML3、ML2 | | 10、15、ML10、ML15 | | 06Cr18Ni10 07Cr19Ni11Ti | | T2、T3 | |
|---|---|---|---|---|---|---|---|---|---|
| | 热处理 | 退火（冷镦产品） | | 退火（冷镦产品） | | 不处理 | 淬火 | 不处理 | 退　火 |
| | 表面处理 | 不处理 | 镀锌钝化 | 不处理 | 镀锌钝化 | 不处理 | | 不处理 | 钝化 |
| 材料 | 牌　号 | H62 HPb59-1 | | 1050A 1035 (L3、L4) | 2A01 (LY1) | | 2A10 (LY10) | | 5B05 (LF10) | 3A21 (LF21) |
| | 热处理 | 不处理 | 退火 | 不处理 | 淬火并时效 | | 淬火并时效 | | 退火 | 不处理 |
| | 表面处理 | 不处理 | 钝化 不处理 | 钝化 | 不处理 | 不处理 | 阳极氧化 | 不处理 | 阳极氧化 | 不处理 | 阳极氧化 | 不处理 |

注：括号中的牌号为旧牌号。

表 3.3-9　钢铆钉连接的许用应力　　　　　　　　　　（单位：MPa）

| 被铆件 | | | | 铆　钉 | | |
|---|---|---|---|---|---|---|
| 材料 | Q215 | Q235 | 16Mn | 材料 | 10、15、ML10、ML15 | 07Cr19Ni11Ti |
| 许用拉应力 $[\sigma]$ | 140～155 | 155～170 | 215～240 | 许用挤压应力 $[\sigma_p]$ | 240～320 | |
| 许用压应力 $[\sigma]$ | | | | | | |
| 许用挤压应力 $[\sigma_p]$ 钻孔 | 280～310 | 310～340 | 430～480 | 许用切应力 $[\tau]$ 钻孔 | 145 | 230 |
| 冲孔 | 240～265 | 265～290 | 365～410 | 冲孔 | 115 | |

| 说 明 | ①受变载荷时，表中数值应降低 10%～20%，或按下式计算： $$[\tau]' = [\tau]\nu,\ [\sigma]' = [\sigma]\nu$$ 系数 $$\nu = \frac{1}{a - bF_{min}/F_{max}} \leqslant 1$$ 式中　$F_{min}$、$F_{max}$——绝对值为最小和最大的力，选取时带本身的符号；连接低碳钢制零件时，$a=1$、$b=0.3$；连接中碳钢制零件时，$a=1.2$、$b=0.8$ ②被铆件之一厚度大于 16mm 时，表中数值取小值 |
|---|---|

## 1.5　铆接结构设计中应注意的事项

1）铆接结构应具有良好的开敞性，以方便操作。进行结构设计时，应尽量为机械化铆接创造条件。

2）强度高的零件不应夹在强度低的零件之间，厚的、刚性大的零件布置在外侧，铆钉镦头尽可能安排在材料强度大或厚度大的零件一侧；为减少铆件变形，铆钉镦头可以交替安排在被铆接件的两面。

3）铆接厚度一般规定不大于 5d（d 为铆钉直径）。被铆接件的零件不应多于 4 层。在同一结构上铆钉种类不宜太多，一般不要超过两种。在传力铆接中，排在力作用方向的铆钉数不宜超过 6 个，但不应少于 2 个。

4）冲孔铆接的承载能力比钻孔铆接的承载能力约小 20%，因此冲孔的方法只可用于不受力或受力较小的构件。

5）铆钉材料强度高或被铆件材料较软时或镦头可能损伤构件时，在铆钉镦头处应加适当材料的薄垫圈。

6）铆钉材料一般应与被铆件相同，以避免因线胀系数不同而影响铆接强度，或与腐蚀介质接触而产生电化腐蚀。

## 1.6　常用的铆钉标准元件

铆钉有空心和实心两大类。实心的多用于受力大的金属零件的连接，空心的用于受力较小的薄板或非金属零件的连接中。一般机械铆钉的主要类型、参数及其用途。见表 3.3-10～表 3.3-14。

表 3.3-10 一般机械铆钉的主要类型及其参数和用途

（单位：mm）

| 标准 | 简图 | d | 10 | 12 | 14 | 16 | 18 | 20 | 22 | 24 | 27 | 30 | 36 | 用途 |
|---|---|---|---|---|---|---|---|---|---|---|---|---|---|---|
| GB/T 863.1—1986 半圆头铆钉（粗制） | （图） | l | — | 20~90 | 22~100 | 26~110 | 32~150 | 32~150 | 38~180 | 52~180 | 55~180 | 55~180 | 58~200 | 用于承受较大剪力的铆缝，如金属结构中桥梁、桁架等 |
|  |  | $d_k$ | — | 22 | 25 | 30 | 33.4 | 36.4 | 40.0 | 44.4 | 49.4 | 54.8 | 63.8 |  |
|  |  | K | — | 8.5 | 9.5 | 10.5 | 13.3 | 14.8 | 16.3 | 17.8 | 20.2 | 22.2 | 26.2 |  |
|  |  | R | — | 11 | 12.5 | 15.5 | 16.5 | 18 | 20 | 22 | 26 | 27 | 32 |  |
|  |  | r | — | — | 0.5 | — | 0.5 | — | 0.8 | — | — | — | — |  |
| GB/T 863.2—1986 小半圆头铆钉（粗制） | （图） | l | 12~15 | 16~60 | 20~70 | 25~80 | 28~90 | 30~150 | 35~200 | 38~200 | 40~200 | 42~200 | 48~200 |  |
|  |  | $d_k$ | 16 | 19 | 22 | 25 | 28 | 32 | 36 | 40 | 43 | 48 | 58 |  |
|  |  | $K\approx$ | 7.4 | 8.4 | 9.9 | 10.9 | 12.6 | 14.1 | 15.1 | 17.1 | 18.1 | 20.3 | 24.3 |  |
|  |  | $R\approx$ | 8 | 9.5 | 11 | 13 | 14.5 | 16.5 | 18.5 | 20.5 | 22 | 24.5 | 30 |  |
|  |  | r | 0.5 | 0.6 | 0.6 | 0.8 | 0.8 | 1 | 1 | 1.2 | 1.2 | 1.6 | 2 |  |
| GB/T 864—1986 平锥头铆钉（粗制） | （图） | l | — | 20~100 | 20~110 | 24~110 | 30~150 | 30~150 | 38~180 | 50~200 | 58~180 | 65~180 | 70~200 | 用于承受较大剪力 |
|  |  | $d_k$ | — | 21 | 25 | 29 | 32.4 | 35.4 | 39.9 | 41.4 | 46.4 | 51.4 | 61.8 |  |
|  |  | $K\approx$ | — | 10.5 | 12.8 | 14.8 | 16.8 | 17.8 | 20.2 | 22.7 | 24.7 | 28.2 | 34.6 |  |
|  |  | $r_1$ | — | 2 | 2 | 2 | 3 | 3 | 3 | 3 | 3 | 3 | 3 |  |
| GB/T 865—1986 沉头铆钉（粗制） | （图） | l | — | 20~75 | 20~100 | 24~100 | 28~150 | 30~150 | 38~180 | 50~180 | 55~180 | 60~200 | 65~200 | 用于表面要求平滑但受力不大的结构 |
|  |  | $d_k$ | — | 19.6 | 22.5 | 25.7 | 29 | 33.4 | 37.4 | 40.4 | 44.4 | 51.4 | 59.3 |  |
|  |  | $K\approx$ | — | 6 | 7 | 8 | 9 | 11 | 12 | 13 | 14 | 17 | 19 |  |
|  |  | b | — | 0.6 | 0.6 | 0.6 | 0.6 | 0.6 | 0.6 | 0.8 | 0.8 | 0.8 | 0.8 |  |
| GB/T 866—1986 半沉头铆钉（粗制） | （图） | l | — | 20~75 | 20~100 | 24~100 | 28~150 | 30~150 | 38~180 | 50~180 | 55~180 | 60~200 | 65~200 | 用于表面要求光滑但受力不大的结构 |
|  |  | $d_k$ | — | 19.6 | 22.5 | 25.7 | 29 | 33.4 | 37.4 | 40.4 | 44.4 | 51.4 | 59.3 |  |
|  |  | $K\approx$ | — | 8.8 | 10.4 | 11.4 | 12.8 | 15.3 | 16.8 | 18.8 | 19.5 | 23 | 26 |  |
|  |  | $R\approx$ | — | 17.5 | 19.5 | 24.7 | 27.7 | 32 | 36 | 38.5 | 44.5 | 55 | 63.6 |  |
|  |  | W | — | 6 | 7 | 8 | 9 | 11 | 12 | 13 | 14 | 17 | 19 |  |
|  |  | b | — | 0.6 | 0.6 | 0.6 | 0.6 | 0.6 | 0.6 | 0.8 | 0.8 | 0.8 | 0.8 |  |
|  |  | r | — | 0.5 | 0.5 | 0.5 | 0.5 | 0.5 | 0.5 | 0.8 | 0.8 | 0.8 | 0.8 |  |

（续）

| 标准 | 简图 | 参数 | 1 | 1.2 | 1.4 | 1.6 | 2 | 2.5 | 3 | 3.5 | 4 | 5 | 6 | 8 | 10 | 12 | 14 | 16 | 用途 |
|---|---|---|---|---|---|---|---|---|---|---|---|---|---|---|---|---|---|---|---|
| GB/T 867—1986 半圆头铆钉 | (半圆头：p, R, r, K, l) | $l$ | 2~8 | 2.5~8 | 3~12 | 3~12 | 3~16 | 5~20 | 5~26 | 7~26 | 7~50 | 7~55 | 8~60 | 16~65 | 16~85 | 20~90 | 22~100 | 26~110 | 同于 GB/T 863.1—1986 半圆头铆钉 |
| | | $d_k$ | 2 | 2.3 | 2.7 | 3.2 | 3.74 | 4.84 | 5.54 | 6.59 | 7.39 | 9.09 | 11.35 | 14.35 | 17.35 | 21.42 | 21.42 | 29.12 | |
| | | $K$ | 0.7 | 0.8 | 0.9 | 1.2 | 1.4 | 1.8 | 2.2 | 2.3 | 2.6 | 3.2 | 3.84 | 5.04 | 6.24 | 8.29 | 9.0 | 10.29 | |
| | | $R\approx$ | 1 | 1.2 | 1.4 | 1.6 | 1.9 | 2.5 | 2.9 | 3.4 | 3.8 | 4.7 | 6 | 8 | 9 | 11 | 12.5 | 15.5 | |
| | | $r$ | 0.1 | 0.1 | 0.1 | 0.1 | 0.1 | 0.1 | 0.1 | 0.3 | 0.3 | 0.3 | 0.3 | 0.3 | 0.3 | 0.4 | 0.4 | 0.4 | |
| GB/T 868—1986 平锥头铆钉 | (平锥头：15°, p, t, K, l) | $l$ | — | — | — | — | 3~16 | ~20 | 6~24 | 6~28 | 8~32 | 10~40 | 12~10 | 16~60 | 16~60 | 18~110 | 18~110 | 24~110 | |
| | | $d_k$ | — | — | — | — | 3.84 | 4.74 | 5.64 | 6.59 | 7.49 | 9.29 | 11.15 | 14.75 | 18.35 | 20.12 | 24.42 | 28.42 | |
| | | $K$ | — | — | — | — | 1.2 | 1.5 | 1.7 | 2 | 2.2 | 2.7 | 3.2 | 4.24 | 5.24 | 6.24 | 7.29 | 8.29 | |
| | | $r_1$ | — | — | — | — | 0.7 | 0.7 | 0.7 | 1 | 1 | 0.7 | 1 | 1 | 0.5 | 1.5 | 1.5 | 1.5 | |
| GB/T 109—1986 平头铆钉 | (平头：p, t, K, l) | $l$ | — | 1.5~6 | 2~7 | 2~8 | 4~8 | 5~10 | 6~14 | 6~18 | 8~22 | 10~26 | 12~30 | 16~30 | 20~30 | — | — | — | 用于金属薄板或皮革、帆布、木材、塑料 |
| | | $d_k$ | — | 2.4 | 2.7 | 3.2 | 4.24 | 5.24 | 6.24 | 7.29 | 8.29 | 10.29 | 12.35 | 16.35 | 20.42 | — | — | — | |
| | | $K$ | — | 0.58 | 0.58 | 0.7 | 1.2 | 1.4 | 1.6 | 1.8 | 2 | 2.2 | 2.6 | 3 | 3.44 | — | — | — | |
| | | $r$ | — | 0.1 | 0.1 | 0.1 | 0.1 | 0.1 | 0.1 | 0.3 | 0.3 | 0.3 | 0.3 | 0.5 | 0.5 | — | — | — | |
| GB/T 872—1986 扁平头铆钉 | (扁平头：p, t, K, l) | $l$ | 1.5~6 | 2~8 | 2~7 | 2~8 | 2~13 | 3~15 | 3.5~16 | 5~36 | 5~40 | 6~50 | 7~50 | 9~50 | 10~50 | — | — | — | |
| | | $d_k$ | 2.03 | 2.4 | 2.7 | 3.03 | 3.74 | 4.74 | 5.74 | 6.79 | 7.79 | 9.79 | 11.85 | 15.85 | 19.42 | — | — | — | |
| | | $K$ | 0.5 | 0.58 | 0.58 | 0.58 | 0.63 | 0.68 | 0.88 | 0.88 | 1.13 | 1.13 | 1.33 | 1.33 | 1.63 | — | — | — | |
| | | $r$ | 0.1 | 0.1 | 0.1 | 0.1 | 0.1 | 0.1 | 0.1 | 0.3 | 0.3 | 0.3 | 0.3 | 0.3 | 0.3 | — | — | — | |
| GB/T 869—1986 沉头铆钉 | (沉头：p, K, l, α±2°) | $l$ | 2~8 | 2.5~8 | 3~12 | 3~12 | 3.5~16 | 5~18 | 5~22 | 6~24 | 6~30 | 6~50 | 6~50 | 12~60 | 16~75 | 18~75 | 20~100 | 24~100 | 表面须平滑，受载不大的铆缝 |
| | | $d_k$ | 2.03 | 0.23 | 0.83 | 3.03 | 4.05 | 4.75 | 5.35 | 6.28 | 7.18 | 8.98 | 10.62 | 14.22 | 17.82 | 18.86 | 21.76 | 24.96 | |
| | | $K$ | 0.5 | 0.5 | 0.6 | 0.7 | 1 | 1.1 | 1.2 | 1.4 | 1.6 | 2 | 2.4 | 3.2 | 4 | 6 | 7 | 8 | |
| GB/T 954—1986 120°沉头铆钉 | GB/T 869：$d\leqslant10$mm，α 为 90° $d>10$mm，α 为 60° GB/T 854：α 为 120° | $l$ | — | 1.5~6 | 2.5~8 | 2.5~10 | 3~10 | 4~15 | 5~20 | 6~36 | 6~42 | 7~50 | 8~50 | 10~50 | — | — | — | — | |
| | | $d_k$ | — | 2.83 | 3.45 | 3.96 | 4.75 | 5.35 | 6.28 | 7.08 | 7.98 | 9.68 | 11.72 | 15.32 | — | — | — | — | |
| | | $K$ | — | 0.5 | 0.6 | 0.7 | 0.8 | 0.9 | 1 | 1.1 | 1.2 | 1.4 | 1.7 | 2.3 | — | — | — | — | |

（续）

| 标准 | 简图 | | d | 1 | 1.2 | 1.4 | 1.6 | 2 | 2.5 | 3 | 3.5 | 4 | 5 | 6 | 8 | 10 | 12 | 14 | 16 | 用途 |
|---|---|---|---|---|---|---|---|---|---|---|---|---|---|---|---|---|---|---|---|---|
| GB/T 871—1986 扁圆头铆钉 | | | l | — | 1.5~6 | 2~8 | 2~8 | 2~18 | 3~16 | 3.5~30 | 5~36 | 5~40 | 6~50 | 7~50 | 9~50 | 10~50 | — | — | — | 用于受大力大的结构 |
| | | | $d_k$ | — | 2.6 | 3 | 3.44 | 4.24 | 5.24 | 6.24 | 7.29 | 8.29 | 10.29 | 12.35 | 16.35 | 20.42 | — | — | — | |
| | | | K | — | 0.6 | 0.7 | 0.8 | 0.9 | 0.9 | 1.2 | 1.4 | 1.5 | 1.9 | 2.4 | 3.2 | 4.24 | — | — | — | |
| | | | $R\approx$ | — | 1.7 | 1.9 | 2.2 | 2.9 | 4.3 | 5 | 5.7 | 6.8 | 8.7 | 9.3 | 12.2 | 14.5 | — | — | — | |
| GB/T 1011—1986 大扁圆头铆钉 | | | l | — | — | — | — | 3.5~16 | 3.5~20 | 3.5~24 | 6~28 | 6~32 | 8~40 | 10~40 | 14~50 | — | — | — | — | |
| | | | $d_k$ | — | — | — | — | 5.04 | 6.49 | 7.49 | 8.79 | 9.89 | 12.45 | 14.85 | 19.92 | — | — | — | — | |
| | | | K | — | — | — | — | 1 | 1.4 | 1.6 | 1.9 | 2.1 | 2.6 | 3 | 4.14 | — | — | — | — | |
| | | | $R\approx$ | — | — | — | — | 3.6 | 4.7 | 5.4 | 6.3 | 7.3 | 9.1 | 10.9 | 14.5 | — | — | — | — | |
| GB/T 870—1986 半沉头铆钉 | GB/T 870：$d\le10$mm，α 为 90° $d>10$mm，α 为 60° GB/T 1012：α 为 120° | | l | 2~8 | 2.5~8 | 3~12 | 3~12 | 3.5~16 | 5~18 | 5~22 | 6~24 | 6~30 | 6~50 | 6~50 | 12~60 | 16~75 | 18~75 | 20~100 | 24~100 | 用于表面要求光滑但受力不大的结构 |
| | | | $d_k$ | 2.03 | 2.23 | 2.83 | 3.03 | 4.05 | 4.75 | 5.35 | 6.28 | 7.18 | 8.98 | 10.62 | 14.22 | 17.82 | 18.86 | 21.76 | 24.96 | |
| | | | K | 0.8 | 0.85 | 1.1 | 1.15 | 1.55 | 1.8 | 2.05 | 2.4 | 2.7 | 3.4 | 4 | 5.2 | 6.6 | 8.8 | 10.4 | 11.4 | |
| | | | $R\approx$ | 1.8 | 1.8 | 2.5 | 2.6 | 3.8 | 4.2 | 4.5 | 5.3 | 6.3 | 7.6 | 9.5 | 13.6 | 17 | 17.5 | 19.5 | 24.7 | |
| GB/T 1012—1986 120°半沉头铆钉 | | | l | — | — | — | — | — | — | 5~24 | 6~28 | 6~32 | 8~40 | 10~40 | 10~40 | — | — | — | — | |
| | | | $d_k$ | — | — | — | — | — | — | 6.28 | 7.08 | 7.98 | 9.68 | 11.72 | — | — | — | — | — | |
| | | | K | — | — | — | — | — | — | 1.8 | 1.9 | 2 | 2.2 | 2.5 | — | — | — | — | — | |
| | | | $R\approx$ | — | — | — | — | — | — | 6.5 | 7.5 | 11 | 15.7 | 19 | — | — | — | — | — | |
| GB/T 1013—1986 平锥头半空心铆钉 | | | l | — | — | 3~8 | 10~8 | 4~14 | 5~16 | 6~18 | 8~20 | 8~24 | 10~40 | 12~40 | 14~50 | 18~50 | — | — | — | 用于内部非金属材料结构 |
| | | | $d_k$ | — | — | 2.7 | 3.2 | 3.84 | 4.74 | 5.64 | 6.59 | 7.49 | 9.29 | 11.15 | 14.75 | 18.35 | — | — | — | |
| | | | K | — | — | 0.9 | 0.9 | 1.2 | 1.5 | 1.7 | 2 | 2.2 | 2.7 | 3.2 | 4.24 | 5.24 | — | — | — | |
| | | | $r_1$ | — | — | 0.7 | 0.7 | 0.7 | 0.7 | 0.7 | 1 | 1 | 1 | 1 | — | — | — | — | — | |
| | | | $d_1$ | — | — | 0.77 | 0.87 | 1.12 | 1.62 | 2.12 | 2.32 | 2.62 | 3.66 | 4.66 | 6.16 | 7.7 | — | — | — | |
| | | | t | — | — | 1.64 | 1.84 | 2.24 | 2.74 | 3.24 | 3.79 | 4.29 | 5.29 | 6.29 | 8.35 | 10.35 | — | — | — | |
| | | | r | — | — | 0.1 | 0.1 | 0.1 | 0.1 | 0.1 | 0.3 | 0.3 | 0.3 | 0.3 | 0.3 | 0.3 | — | — | — | |
| GB/T 875—1986 扁平头半空心铆钉 | | | l | — | 1.5~6 | 2~7 | 2~8 | 2~13 | 3~15 | 3.5~30 | 5~36 | 5~40 | 6~50 | 7~50 | 9~50 | 10~50 | — | — | — | |
| | | | $d_k$ | — | 2.4 | 2.7 | 3.2 | 3.74 | 4.74 | 5.74 | 6.79 | 7.79 | 9.79 | 11.85 | 15.85 | 19.42 | — | — | — | |
| | | | K | — | 0.58 | 0.58 | 0.58 | 0.68 | 0.68 | 0.88 | 0.88 | 1.13 | 1.13 | 1.33 | 1.33 | 1.63 | — | — | — | |
| | | | $d_1$ | — | 0.66 | 0.77 | 0.87 | 0.12 | 1.62 | 2.12 | 2.32 | 2.62 | 3.66 | 4.66 | 6.16 | 7.7 | — | — | — | |
| | | | t | — | 1.44 | 1.64 | 1.84 | 2.21 | 2.74 | 3.24 | 3.79 | 4.29 | 5.29 | 6.29 | 8.35 | 10.35 | — | — | — | |
| | | | r | — | 0.1 | 0.1 | 0.1 | 0.1 | 0.1 | 0.1 | 0.3 | 0.3 | 0.3 | 0.3 | 0.3 | 0.3 | — | — | — | |

（续）

| 标准 | 简图 | d | 1 | 1.2 | 1.4 | 1.6 | 2 | 2.5 | 3 | 3.5 | 4 | 5 | 6 | 8 | 10 | 用途 |
|---|---|---|---|---|---|---|---|---|---|---|---|---|---|---|---|---|
| GB/T 1014—1986 大扁圆头半空心铆钉 | | $l$ | — | — | — | — | 4~14 | 5~16 | 6~18 | 8~20 | 8~24 | 10~40 | 12~40 | 14~40 | — | 铆接方便，用于受力不大的结构 |
| | | $d_k$ | — | — | — | — | 5.04 | 6.49 | 7.49 | 8.79 | 9.89 | 12.45 | 14.85 | 19.92 | — | |
| | | $K$ | — | — | — | — | 1 | 1.4 | 1.6 | 1.9 | 2.1 | 2.6 | 3 | 4.14 | — | |
| | | $R$ | — | — | — | — | 3.6 | 4.7 | 5.4 | 6.3 | 7.3 | 9.1 | 10.9 | 14.5 | — | |
| | | $d_1$ | — | — | — | — | 1.12 | 1.62 | 2.12 | 2.32 | 2.62 | 3.66 | 4.66 | 6.16 | — | |
| | | $t$ | — | — | — | — | 2.24 | 2.74 | 3.24 | 3.79 | 4.29 | 5.29 | 6.29 | 8.35 | — | |
| | | $r$ | — | — | — | — | 0.1 | 0.1 | 0.1 | 0.3 | 0.3 | 0.3 | 0.3 | 0.3 | — | |
| GB/T 873—1986 扁圆头空心铆钉 | | $l$ | — | 1.5~6 | 2~8 | 2~8 | 2~13 | 3~16 | 3.5~30 | 5~36 | 5~40 | 6~50 | 7~50 | 9~50 | 10~50 | |
| | | $d_k$ | — | 2.6 | 3 | 3.44 | 4.24 | 5.24 | 6.24 | 7.29 | 8.29 | 10.29 | 12.35 | 16.35 | 20.42 | |
| | | $K$ | — | 0.6 | 0.7 | 0.8 | 0.9 | 0.9 | 1.2 | 1.4 | 1.5 | 1.9 | 2.4 | 3.2 | 4.24 | |
| | | $R$ | — | 1.7 | 1.9 | 2.2 | 2.9 | 4.3 | 5 | 5.7 | 6.8 | 8.7 | 9.3 | 12.2 | 14.5 | |
| | | $d_1$ | — | 0.66 | 0.77 | 0.87 | 1.12 | 1.62 | 2.12 | 2.32 | 2.62 | 3.66 | 4.66 | 6.16 | 7.7 | |
| | | $t$ | — | 1.44 | 1.64 | 1.84 | 2.24 | 2.74 | 3.24 | 3.79 | 4.29 | 5.29 | 6.29 | 8.35 | 10.35 | |
| | | $r$ | — | 0.1 | 0.1 | 0.1 | 0.1 | 0.1 | 0.1 | 0.3 | 0.3 | 0.3 | 0.3 | 0.3 | 0.3 | |
| GB/T 876—1986 空心铆钉 | | $l$ | — | — | 1.5~5 | 2~5 | 2~6 | 2~8 | 2~10 | 2.5~10 | 3~12 | 3~15 | 3~15 | — | — | 用于受力不大的金属和非金属的结构 |
| | | $d_k$ | — | — | 2.6 | 2.8 | 3.5 | 4 | 5 | 5.5 | 6 | 8 | 10 | — | — | |
| | | $K$ | — | — | 0.5 | 0.5 | 0.6 | 0.6 | 0.7 | 0.7 | 0.82 | 1.12 | 1.12 | — | — | |
| | | $r$ | — | — | 0.15 | 0.2 | 0.25 | 0.25 | 0.25 | 0.3 | 0.3 | 0.5 | 0.7 | — | — | |
| | | $d_1$ | — | — | 0.8 | 0.9 | 1.2 | 1.7 | 2 | 2.5 | 2.9 | 4 | 5 | — | — | |
| | | $\delta$ | — | — | 0.2 | 0.22 | 0.25 | 0.25 | 0.3 | 0.3 | 0.35 | 0.35 | 0.35 | — | — | |
| GB/T 827—1986 标牌铆钉 | | $l$ | — | — | — | 3~6 | 3~8 | 3~10 | 4~12 | 6~18 | 8~12 | — | — | — | — | 用于铆标牌 $d_2$一堆荐孔 直径(max) |
| | | $d_k$ | — | — | — | 3.2 | 3.74 | 4.84 | 5.54 | 7.39 | 9.09 | — | — | — | — | |
| | | $K$ | — | — | — | 1.2 | 1.4 | 1.8 | 2 | 2.6 | 3.2 | — | — | — | — | |
| | | $R$ | — | — | — | 1.6 | 1.9 | 2.5 | 2.9 | 3.8 | 4.7 | — | — | — | — | |
| | | $d_1$ | — | — | — | 1.75 | 2.15 | 2.65 | 3.15 | 4.15 | 5.15 | — | — | — | — | |
| | | $P$ | — | — | — | 0.72 | 0.7 | 0.72 | 0.72 | 0.84 | 0.92 | — | — | — | — | |
| | | $d_2$ | — | — | — | 1.56 | 1.96 | 2.46 | 2.96 | 3.96 | 4.96 | — | — | — | — | |

**表 3.3-11　120°沉头半空心铆钉**（摘自 GB/T 874—1986）　　　　　　（单位：mm）

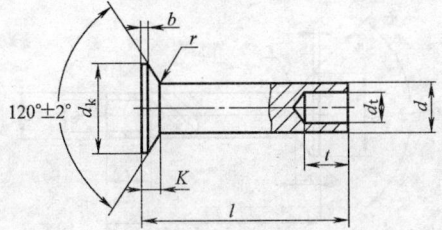

| | 公称 | (1.2) | (1.4) | (1.6) | 2 | 2.5 | 3 | (3.5) | 4 | 5 | 6 | 8 |
|---|---|---|---|---|---|---|---|---|---|---|---|---|
| $d$ | max | 1.26 | 1.46 | 1.66 | 2.06 | 2.56 | 3.06 | 3.58 | 4.08 | 5.08 | 6.08 | 8.1 |
| | min | 1.14 | 1.34 | 1.54 | 1.94 | 2.44 | 2.94 | 3.42 | 3.92 | 4.92 | 5.92 | 7.9 |
| $d_k$ | max | 2.83 | 3.45 | 3.95 | 4.75 | 5.35 | 6.28 | 7.08 | 7.98 | 9.68 | 11.72 | 15.82 |
| | min | 2.57 | 3.15 | 3.65 | 4.45 | 5.05 | 5.92 | 6.72 | 7.62 | 9.32 | 11.28 | 15.38 |
| $d_t$ 黑色 | max | 0.66 | 0.77 | 0.87 | 1.12 | 1.62 | 2.12 | 2.32 | 2.62 | 3.66 | 4.66 | 6.16 |
| | min | 0.56 | 0.65 | 0.75 | 0.94 | 1.44 | 1.94 | 2.14 | 2.44 | 3.42 | 4.42 | 5.92 |
| $d_t$ 有色 | max | 0.66 | 0.77 | 0.87 | 1.12 | 1.62 | 2.12 | 2.32 | 2.52 | 3.46 | 4.16 | 4.66 |
| | min | 0.56 | 0.65 | 0.75 | 0.94 | 1.44 | 1.94 | 2.14 | 2.34 | 3.22 | 3.92 | 4.42 |
| $t$ | max | 1.44 | 1.64 | 1.84 | 2.24 | 2.74 | 3.24 | 3.79 | 4.29 | 5.29 | 6.29 | 8.35 |
| | min | 0.96 | 1.16 | 1.36 | 1.76 | 2.26 | 2.76 | 3.21 | 3.71 | 4.71 | 5.71 | 7.65 |
| $r$ | max | 0.1 | 0.1 | 0.1 | 0.1 | 0.1 | 0.1 | 0.3 | 0.3 | 0.3 | 0.3 | 0.3 |
| $b$ | max | 0.2 | 0.2 | 0.2 | 0.2 | 0.2 | 0.2 | 0.4 | 0.4 | 0.4 | 0.4 | 0.4 |
| $K$ | ≈ | 0.5 | 0.6 | 0.7 | 0.8 | 0.9 | 1 | 1.1 | 1.2 | 1.4 | 1.7 | 2.3 |
| $l$ | 公称 | 1.5~6 | 2.5~8 | 2.5~10 | 3~10 | 4~14 | 5~20 | 6~36 | 6~42 | 7~50 | 8~50 | 10~50 |

注：1. 尽可能不采用括号内的规格。
　　2. $d_t$ 栏内"黑色"适用于由钢材制成的铆钉，"有色"适用于由铝或铜材制成的铆钉。
　　3. $l$ 长度尺寸系列（单位为 mm）：1.5、2、2.5、3、3.5，4~20 的取整数，22~50 的取双数。

**表 3.3-12　管状铆钉**（摘自 JB/T 10582—2006）　　　　　　（单位：mm）

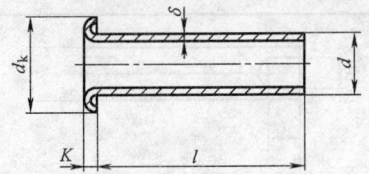

| | $d$ | 0.7 | 1 | (1.2) | 1.5 | 1.8 | 2 | 2.5 | 3 | 4 | 5 | 6 | 8 | 10 | 12 | (14) | 16 | 20 |
|---|---|---|---|---|---|---|---|---|---|---|---|---|---|---|---|---|---|---|
| $d_k$ | max | 2 | 2.4 | 2.6 | 2.9 | 3.2 | 3.44 | 4.24 | 4.74 | 5.74 | 7.29 | 8.79 | 11.85 | 14.35 | 16.35 | 18.35 | 20.42 | 26.42 |
| | min | 1.6 | 2 | 2.2 | 2.5 | 2.8 | 2.96 | 3.76 | 4.26 | 5.26 | 6.71 | 8.21 | 11.15 | 13.65 | 15.65 | 17.65 | 19.58 | 25.58 |
| $K$ | max | 0.28 | 0.38 | 0.38 | 0.5 | 0.5 | 0.6 | 0.6 | 0.92 | 0.92 | 1.12 | 1.12 | 1.65 | 1.65 | 1.65 | 2.15 | 2.15 | 2.65 |
| | min | 0.12 | 0.22 | 0.22 | 0.3 | 0.3 | 0.6 | 0.6 | 0.68 | 0.68 | 0.88 | 0.88 | 1.35 | 1.35 | 1.35 | 1.85 | 1.85 | 2.35 |
| $\delta$ | | 0.15 | 0.15 | 0.15 | 0.2 | 0.2 | 0.25 | 0.25 | 0.5 | 0.5 | 0.5 | 0.5 | 1 | 1 | 1 | 1.5 | 1.5 | 1.5 |
| 留铆余量（推荐） | | 0.4 | 0.5 | 0.5 | 0.6 | 0.6 | 0.8 | 0.8 | 1.5 | 1.5 | 2.5 | 2.5 | 3.5 | 3.5 | 4 | 4 | 4.5 | 5 |
| $l$(公称)尺寸 | | 1~7 | 1~10 | 1.5~12 | 1.5~15 | 2~16 | 3~16 | 4~20 | 5~24 | 6~28 | 8~35 | 10~40 | 14~40 | 18~40 | 20~40 | 22~40 | 24~40 | 26~40 |

注：1. 尽可能不采用括号内的规格。
　　2. 长度 $l$ 尺寸系列（单位为 mm）：1、1.5、2、2.5、3、3.5，4~40 的取整数。

**表 3.3-13　沉头半空心铆钉**（摘自 GB/T 1015—1986）　　　　　（单位：mm）

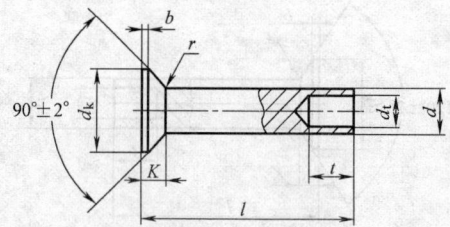

| | 公称 | 1.4 | (1.6) | 2 | 2.5 | 3 | (3.5) | 4 | 5 | 6 | 8 | 10 |
|---|---|---|---|---|---|---|---|---|---|---|---|---|
| $d$ | max | 1.46 | 1.66 | 2.06 | 2.56 | 3.06 | 3.58 | 4.08 | 5.08 | 6.08 | 8.1 | 10.1 |
| | min | 1.34 | 1.54 | 1.94 | 2.44 | 2.94 | 3.42 | 3.92 | 4.92 | 5.92 | 7.9 | 9.9 |
| $d_k$ | max | 2.83 | 3.03 | 4.05 | 4.75 | 5.35 | 6.28 | 7.18 | 8.98 | 10.62 | 14.22 | 17.82 |
| | min | 2.57 | 2.77 | 3.75 | 4.45 | 5.05 | 5.92 | 6.82 | 8.62 | 10.18 | 13.78 | 17.38 |
| $d_t$ 黑色 | max | 0.77 | 0.87 | 1.12 | 1.62 | 2.12 | 2.32 | 2.62 | 3.66 | 4.66 | 6.16 | 7.7 |
| | min | 0.65 | 0.75 | 0.94 | 1.44 | 1.94 | 2.14 | 2.44 | 3.42 | 4.42 | 5.92 | 7.4 |
| $d_t$ 有色 | max | 0.77 | 0.87 | 1.12 | 1.62 | 2.12 | 2.32 | 2.52 | 3.46 | 4.16 | 4.66 | 7.7 |
| | min | 0.65 | 0.75 | 0.94 | 1.44 | 1.94 | 2.14 | 2.34 | 3.22 | 3.92 | 4.42 | 7.4 |
| $t$ | max | 1.64 | 1.84 | 2.24 | 2.74 | 3.24 | 3.79 | 4.29 | 5.29 | 6.29 | 8.35 | 10.35 |
| | min | 1.16 | 1.36 | 1.76 | 2.26 | 2.76 | 3.21 | 3.71 | 4.71 | 5.71 | 7.65 | 9.65 |
| $K$ | ≈ | 0.7 | 0.7 | 1 | 1.1 | 1.2 | 1.4 | 1.6 | 2 | 2.4 | 3.2 | 4 |
| $r$ | max | 0.1 | 0.1 | 0.1 | 0.1 | 0.1 | 0.3 | 0.3 | 0.3 | 0.3 | 0.3 | 0.3 |
| $b$ | max | 0.2 | 0.2 | 0.2 | 0.2 | 0.2 | 0.4 | 0.4 | 0.4 | 0.4 | 0.4 | 0.4 |
| $l$ | 公称 | 3～8 | 3～10 | 4～14 | 5～16 | 6～18 | 8～20 | 8～24 | 10～40 | 12～40 | 14～40 | 18～40 |

注：1. 尽可能不采用括号内的规格。

　　2. $d_t$ 栏内"黑色"适用于由钢材制成的铆钉，"有色"适用于由铝或铜材制成的铆钉。

　　3. 长度尺寸系列（单位为 mm）：3、4、5、6、7，8～50 的取双数。

**表 3.3-14　无头铆钉**（摘自 GB/T 1016—1986）　　　　　（单位：mm）

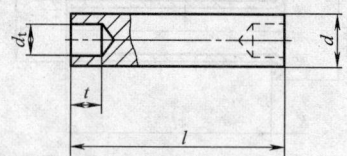

| | 公称 | 1.4 | 2 | 2.5 | 3 | 4 | 5 | 6 | 8 | 10 |
|---|---|---|---|---|---|---|---|---|---|---|
| $d$ | max | 1.4 | 2 | 2.5 | 3 | 4 | 5 | 6 | 8 | 10 |
| | min | 1.34 | 1.94 | 2.44 | 2.94 | 3.92 | 4.92 | 5.92 | 7.9 | 9.9 |
| $d_t$ | max | 0.77 | 1.32 | 1.72 | 1.92 | 2.92 | 3.76 | 4.66 | 6.16 | 7.2 |
| | min | 0.65 | 1.14 | 1.54 | 1.74 | 2.74 | 3.52 | 4.42 | 5.92 | 6.9 |
| $t$ | max | 1.74 | 1.74 | 2.24 | 2.74 | 3.24 | 4.29 | 5.29 | 6.29 | 7.35 |
| | min | 1.26 | 1.26 | 1.76 | 2.26 | 2.76 | 3.71 | 4.71 | 5.71 | 6.65 |
| $l$ | 公称 | 6～14 | 6～20 | 8～30 | 8～38 | 10～50 | 14～60 | 16～60 | 18～60 | 22～60 |

注：长度 $l$ 尺寸系列（单位为 mm）：6、8、10、12、14、16、18、20、22、24、26、28、30、32、35、38、40、42、45、48、50、52、55、58、60。

# 2　焊接

## 2.1　焊接基本知识

在各种产品制造工业中，焊接与切割（热切割）是一种十分重要的加工工艺。采用焊接工艺，可以将材料按所需的形状、尺寸及技术条件的要求连接在一起，制成各种焊接结构及产品，以满足该结构及产品的质量标准与使用性能要求。因此，焊接已被广泛应用于机械制造、石油化工、矿山、冶金、航空、航天、造船、电子、核能等工业部门。

### 2.1.1　焊接方法

焊接是通过适当的手段使两个分离的固态物体产生原子（分子）间结合而成为一体的连接方法。根据母材是否熔化以及对母材是否施加压力，焊接方法可分为三大类：熔焊、压焊及钎焊。在每一大类方法中又分成若干小类，如图 3.3-1 所示。

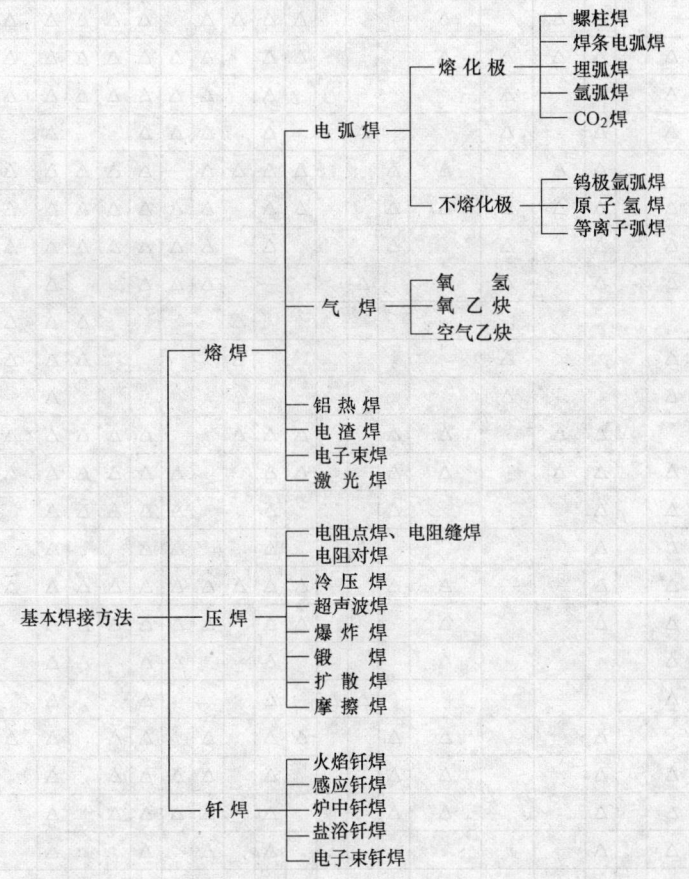

**图3.3-1　焊接方法分类**

选择焊接方法首先应能满足技术要求及质量要求，在此前提下，尽可能地选择经济效益好、劳动强度低的焊接方法。下面介绍选择焊接方法时应考虑的因素。

1. 焊接结构的材质

不同的材质具有不同的性能，对焊接工艺的要求也不同。为了保证接头具有与母材相匹配的性能，通常应首先根据母材的类型来选择焊接方法。如热导率较高的铝、铜应利用热输入大、熔透能力强的焊接方法进行焊接。热敏感材料宜用热输入较小且易于控制的脉冲焊、高能束焊或超声波焊进行焊接。电阻率低的材料不宜用电阻焊进行焊接。活泼金属不宜采用 $CO_2$ 焊、埋弧焊等进行焊接，而应利用惰性气体保护焊进行焊接。而普通碳素钢、低合金钢用 $CO_2$ 焊、埋弧焊焊接可取得较好的质量及较高的经济效益。钼、钽等难熔材料最好采用电子束焊接。冶金相容性较差的异种金属最好采用钎焊、扩散焊或爆炸焊进行焊接。常用金属材料适用的焊接方法见表 3.3-15。

表 3.3-15　常用金属材料适用的焊接方法

注：表中"气体保护电弧焊"含射流过渡、潜弧、脉冲弧、短路电弧四列；"硬钎焊"含火焰钎焊、炉中钎焊、感应加热钎焊、电阻加热钎焊、浸渍钎焊、红外线钎焊、扩散钎焊七列。

| 材料 | 厚度/mm | 焊条电弧焊 | 埋弧焊 | 射流过渡 | 潜弧 | 脉冲弧 | 短路电弧 | 管状焊丝电弧焊 | 钨极惰性气体保护焊 | 等离子弧焊 | 电渣焊 | 气电焊 | 电阻焊 | 闪光焊 | 气焊 | 扩散焊 | 摩擦焊 | 电子束焊 | 激光焊 | 火焰钎焊 | 炉中钎焊 | 感应加热钎焊 | 电阻加热钎焊 | 浸渍钎焊 | 红外线钎焊 | 扩散钎焊 | 软钎焊 |
|---|---|---|---|---|---|---|---|---|---|---|---|---|---|---|---|---|---|---|---|---|---|---|---|---|---|---|---|
| 碳素钢 | ≤3 | △ | △ |  |  | △ | △ |  | △ |  |  |  | △ | △ | △ |  |  | △ | △ | △ | △ | △ |  |  |  | △ | △ |
|  | >3~6 | △ | △ | △ | △ | △ | △ | △ | △ |  |  |  | △ | △ | △ |  |  | △ | △ | △ | △ |  |  |  |  |  | △ |
|  | >6~19 | △ | △ | △ | △ |  | △ |  |  |  |  |  | △ | △ | △ |  |  | △ |  |  |  |  |  |  |  |  | △ |
|  | >19 | △ | △ | △ | △ |  | △ |  |  | △ | △ |  | △ | △ | △ |  |  | △ |  |  |  |  |  |  |  | △ |  |
| 低合金钢 | ≤3 | △ | △ |  |  | △ | △ |  | △ |  |  |  | △ | △ | △ |  |  | △ | △ | △ | △ | △ |  |  |  | △ | △ |
|  | >3~6 | △ | △ | △ | △ | △ | △ | △ | △ |  |  |  | △ | △ | △ |  |  | △ | △ | △ |  |  |  |  |  |  | △ |
|  | >6~19 |  |  |  |  |  |  |  |  |  |  |  |  |  |  | △ |  |  |  |  |  |  |  |  |  |  |  |
|  | >19 |  |  |  |  |  |  |  |  |  |  |  |  |  |  | △ |  |  |  |  |  |  |  |  |  |  |  |
| 不锈钢 | ≤3 | △ | △ |  |  | △ |  |  | △ | △ |  |  | △ |  | △ |  |  | △ | △ | △ | △ | △ |  |  | △ |  | △ |
|  | >3~6 | △ | △ | △ | △ |  |  | △ | △ | △ |  |  | △ |  | △ |  |  | △ | △ | △ |  |  |  |  |  |  | △ |
|  | >6~19 | △ | △ | △ | △ |  |  | △ | △ | △ |  |  |  |  |  |  |  | △ |  |  |  |  |  |  |  |  |  |
|  | >19 | △ | △ | △ | △ |  |  | △ | △ |  | △ |  |  |  |  |  |  | △ | △ |  |  |  |  |  |  |  |  |
| 铸铁 | 3~6 | △ |  |  |  |  |  |  |  |  |  |  |  |  |  | △ |  |  |  |  | △ | △ |  |  |  |  | △ |
|  | 6~19 | △ |  |  |  |  |  |  |  |  |  |  |  |  |  | △ |  |  |  |  |  |  |  |  |  |  | △ |
|  | 19以上 | △ | △ | △ |  |  |  | △ |  |  |  |  |  |  |  | △ |  |  |  |  |  |  |  |  |  |  | △ |
| 镍和镍合金 | ≤3 | △ | △ |  |  | △ | △ |  | △ | △ |  |  | △ | △ | △ |  |  | △ | △ | △ | △ | △ | △ |  | △ | △ | △ |
|  | >3~6 | △ | △ | △ | △ | △ | △ | △ | △ | △ |  |  | △ | △ | △ |  |  | △ | △ | △ |  |  |  |  |  |  | △ |
|  | >6~19 | △ | △ | △ | △ |  |  | △ | △ | △ |  |  | △ | △ | △ |  |  | △ | △ |  |  |  |  |  |  |  |  |
|  | >19 | △ |  | △ |  |  |  |  |  |  | △ |  |  |  |  |  |  | △ |  |  |  |  |  |  |  |  |  |
| 铝和铝合金 | ≤3 |  |  | △ |  | △ | △ |  | △ | △ |  |  | △ | △ |  |  |  | △ | △ | △ | △ |  |  | △ | △ |  | △ |
|  | >3~6 |  |  | △ | △ | △ | △ |  | △ | △ |  |  | △ | △ |  |  |  | △ | △ |  |  |  |  |  |  |  | △ |
|  | >6~19 |  |  | △ |  |  |  |  | △ |  |  |  |  |  |  | △ |  | △ |  |  |  |  |  |  |  |  |  |
|  | >19 |  |  | △ |  |  |  |  |  |  | △ |  |  |  |  |  |  | △ |  |  |  |  |  |  |  |  |  |
| 钛和钛合金 | ≤3 |  |  |  |  | △ |  |  | △ | △ |  |  | △ | △ |  | △ |  | △ | △ |  |  |  |  |  | △ |  |  |
|  | >3~6 |  |  | △ |  | △ |  |  | △ | △ |  |  | △ | △ |  | △ |  | △ |  |  |  |  |  |  |  |  |  |
|  | >6~19 |  |  | △ |  | △ |  |  | △ | △ |  |  |  |  |  | △ |  | △ |  |  |  |  |  |  |  |  |  |
|  | >19 |  |  | △ |  |  |  |  |  |  |  |  |  |  |  | △ |  | △ |  |  |  |  |  |  |  |  |  |
| 铜和铜合金 | ≤3 |  |  |  |  | △ |  |  | △ | △ |  |  | △ |  |  |  | △ | △ |  | △ | △ |  |  |  |  |  | △ |
|  | >3~6 |  |  | △ |  | △ |  |  | △ | △ |  |  | △ |  |  |  | △ | △ |  |  |  | △ |  |  |  |  | △ |
|  | >6~19 |  |  | △ |  |  |  |  |  |  |  |  |  |  |  | △ |  | △ |  |  |  |  |  |  |  |  |  |
|  | >19 |  |  | △ |  |  |  |  |  |  |  |  |  |  |  | △ |  |  |  |  |  |  |  |  |  |  |  |
| 镁和镁合金 | ≤3 |  |  | △ |  | △ |  |  | △ |  |  |  | △ |  |  |  |  |  | △ |  |  | △ |  |  |  |  |  |
|  | >3~6 |  |  | △ |  | △ |  |  | △ |  |  |  | △ |  |  |  |  |  | △ |  |  |  |  |  |  |  |  |
|  | >6~19 |  |  | △ |  | △ |  |  |  |  |  |  |  |  |  | △ |  |  | △ |  |  |  |  |  |  |  |  |
|  | >19 |  |  | △ |  |  |  |  |  |  |  |  |  |  |  | △ |  |  |  |  |  |  |  |  |  |  |  |
| 难熔合金 | ≤3 |  |  | △ |  |  |  |  | △ |  |  |  | △ |  |  |  |  |  | △ |  | △ | △ |  |  |  | △ |  |
|  | >3~6 |  | △ |  |  |  |  |  | △ |  |  |  | △ |  |  |  |  |  |  |  |  |  |  |  |  |  |  |
|  | >6~19 |  |  |  |  |  |  |  |  |  |  |  |  |  |  | △ |  |  |  |  |  |  |  |  |  |  |  |
|  | >19 |  |  |  |  |  |  |  |  |  |  |  |  |  |  |  |  |  |  |  |  |  |  |  |  |  |  |

注：有 △ 表示推荐采用。

2. 焊接结构特点

焊接结构特点包括结构类型、工件厚度、焊缝的空间位置、形状、长度及可达性。

常见的焊接结构可分为四类：大型钢结构（如桥梁、化工容器等）类、机械零件类、半成品类及电子器件类。对于大型的钢结构，直缝或环缝通常选用埋弧焊或自动 $CO_2$ 焊等方法进行焊接，短缝、形状复杂的焊缝以及可达性差的焊缝通常利用焊条电弧焊或半自动 $CO_2$ 焊进行焊接，而打底焊通常利用焊条电弧焊或钨极气体保护焊。小型零部件上的焊缝，通常依据材料类型、厚度等选用焊条电弧焊、气体保护焊、摩擦焊、电子束焊、电阻焊等。半成品结构的焊缝一般较规则，通常采用埋弧焊、自动 $CO_2$ 焊等进行焊接。微电子器件的焊接及印制电路板与元件间的焊接通常采用钎焊、电子束焊、微束等离子弧焊、激光焊、超声波焊等精密焊接方法进行焊接。不同焊接方法所适用的厚度不同，常用焊接方法的推荐适用厚度范围如图 3.3-2 所示。

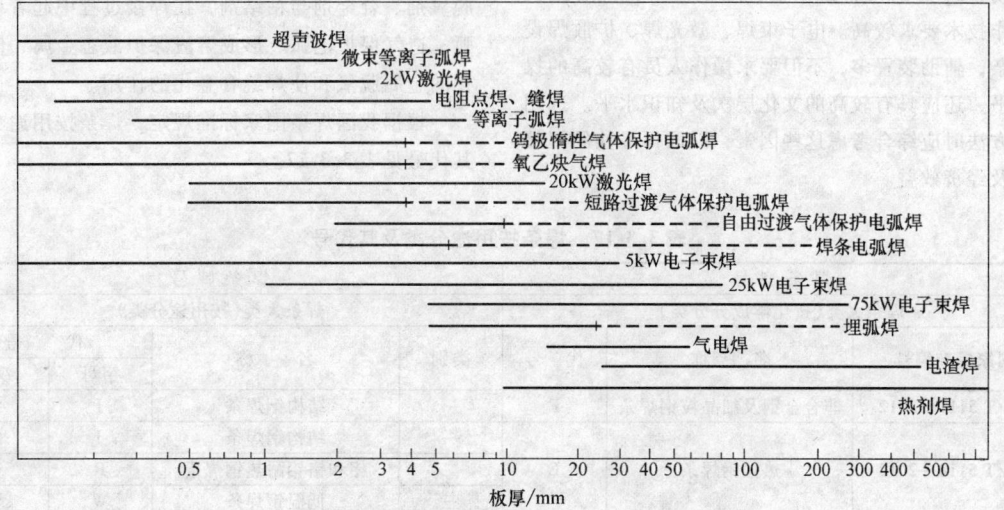

**图3.3-2　常用焊接方法的适用厚度**

注：1. 由于技术的发展，激光焊及等离子弧焊可焊厚度有增加趋势。
　　2. 虚线表示采用多道焊。

不同焊接方法对接头类型、焊接位置的适应能力是不同的。电弧焊可焊接各种类型的接头，而钎焊、电阻点焊仅适用于搭接接头。大部分电弧焊接方法均适用于平焊位置，而有些方法，如埋弧焊、射流过渡 GMAW 不能进行空间位置的焊接。常用焊接方法所适用的接头形式及焊接位置见表 3.3-16。

**表 3.3-16　常用焊接方法适用的接头形式及焊接位置**

| | | 手工电弧焊 | 埋弧焊 | 电渣焊 | GMAW 喷射过渡 | GMAW 潜弧焊 | GMAW 脉冲喷射 | GMAW 短路过渡 | GTAW | 等离子弧焊 | 气电立焊 | 电阻点焊 | 缝焊 | 凸焊 | 闪光对焊 | 气焊 | 扩散焊 | 摩擦焊 | 电子束焊 | 激光焊 | 钎焊 |
|---|---|---|---|---|---|---|---|---|---|---|---|---|---|---|---|---|---|---|---|---|---|
| 接头类型 | 对接 | A | A | A | A | A | A | A | A | A | C | C | C | A | A | A | A | A | A | C |
| | 搭接 | A | A | B | A | A | A | A | A | A | C | A | A | A | C | A | A | C | B | A | A |
| | 角接 | A | A | A | A | A | A | A | A | B | C | C | C | C | A | C | A | C | A | A | C |
| 焊接位置 | 平焊 | A | A | A | A | A | A | A | A | A | — | — | — | — | — | A | — | — | A | A | — |
| | 立焊 | A | C | A | B | C | A | A | A | A | — | — | — | — | — | C | — | — | C | A | — |
| | 仰焊 | A | C | C | C | C | C | A | A | A | — | — | — | — | — | C | — | — | C | A | — |
| | 全位置 | A | C | C | C | C | C | A | A | A | — | — | — | — | — | C | — | — | C | A | — |
| 设备成本 | | 低 | 中 | 高 | 中 | 中 | 中 | 中 | 低 | 高 | 高 | 高 | 高 | 高 | 高 | 低 | 高 | 高 | 高 | 高 | 低 |
| 焊接成本 | | 低 | 低 | 低 | 中 | 低 | 中 | 低 | 中 | 低 | 低 | 中 | 中 | 中 | 中 | 中 | 高 | 低 | 高 | 中 | 中 |

注：A 表示好；B 表示可用；C 表示一般不用。

**3. 产品质量要求**

尽管大多数焊接方法的焊接质量均可满足实用要求，但不同焊接方法的焊接质量，特别是焊缝的外观质量仍有较大的差别。产品质量要求较高时，可选用 GMAW、GTAW、电子束焊、激光焊等。质量要求较低时，可选用焊条电弧焊、$CO_2$ 焊、气焊等。

**4. 工厂的现有条件及技术水平**

自动化焊接方法对工人的操作技术要求较低，但设备成本高，设备管理及维护要求高，焊条电弧焊及半自动 $CO_2$ 焊的设备成本低，维护简单，但对工人的操作技术要求较高。电子束焊、激光焊、扩散焊设备复杂，辅助装置多，不但要求操作人员有较高的操作水平，还应具有较高的文化层次及知识水平。选用焊接方法时应综合考虑这些因素，以取得最佳的焊接质量及经济效益。

**2.1.2　焊接材料**

焊接材料是指焊接时所消耗材料的统称，包括焊条、焊丝、焊剂、钎料、钎剂和保护气体等。本节只介绍前三种焊接材料。

**1. 焊条**

焊条由焊芯和药皮两部分组成。焊芯大多是 H08A 或 H08E 低碳钢；药皮通常由矿石、铁合金或纯金属、化工物料和有机物的粉末混合均匀后粘结在焊芯上制成。药皮中包含稳弧剂、造气剂、造渣剂、脱氧剂、合金剂与粘结剂，在焊接过程中起着稳定电弧、造气保护电弧、形成熔渣保护液态金属、使被氧化的金属脱氧和使焊缝合金化的作用。

根据我国焊条国家标准规定，焊条按用途分类及其代号见表 3.3-17。

**表 3.3-17　焊条按用途分类及其代号**

| 焊条型号 | | | 焊条牌号 | | | |
|---|---|---|---|---|---|---|
| 焊条大类（按化学成分分类） | | | 焊条大类（按用途分类） | | | |
| 国家标准编号 | 名　称 | 代　号 | 类别 | 名　称 | 代　号字母 | 代　号汉字 |
| GB/T 5117—2012 | 非合金钢及细晶粒钢焊条 | E | 一 | 结构钢焊条 | J | 结 |
| GB/T 5118—2012 | 热强钢焊条 | E | 一 | 结构钢焊条 | J | 结 |
| | | | 二 | 钼和铬钼耐热钢焊条 | R | 热 |
| | | | 三 | 低温钢焊条 | W | 温 |
| GB/T 983—2012 | 不锈钢焊条 | E | 四 | 不锈钢焊条 | G | 铬 |
| | | | | | A | 奥 |
| GB/T 984—2001 | 堆焊焊条 | ED | 五 | 堆焊焊条 | D | 堆 |
| GB/T 10044—2006 | 铸铁焊条 | EZ | 六 | 铸铁焊条 | Z | 铸 |
| GB/T 13814—2008 | 镍及镍合金焊 | — | 七 | 镍及镍合金焊条 | Ni | 镍 |
| GB/T 3670—1995 | 铜及铜合金焊条 | TCu | 八 | 铜及铜合金焊条 | T | 铜 |
| GB/T 3669—2001 | 铝及铝合金焊条 | TAl | 九 | 铝及铝合金焊条 | L | 铝 |
| — | | | 十 | 特殊用途焊条 | TS | 特 |

根据国家标准 GB/T 5117—2012《非合金及细晶粒钢焊条》规定，非合金及细晶粒钢焊条型号按熔敷金属的力学性能、药皮类型、焊接位置和电流种类划分。几种常用的非合金及细晶粒钢焊条成分及力学性能见表 3.3-18。非合金及细晶粒钢焊条型号的主体结构由字母"E"和四位数字组成，其结构及其含义如图 3.3-3 所示，其中最后两位数字 $\times_3$ 和 $\times_4$ 的

含义见表 3.3-19。每一个焊条型号可以有多种焊条药皮配方，也就是有多种焊条牌号。如焊条型号 E4303，有 J422、J422GM、J422Fe 等几个焊条牌号。其中"J"表示结构钢焊条；前两位数字表示熔敷金属抗拉强度的最小值；第 3 位数字表示焊条药皮类型和焊接电流种类；"GM"表示盖面用焊条；"Fe"表示铁粉钛钙型焊条。

**表 3.3-18　几种常用的非合金细晶粒钢焊条成分及力学性能**

| 焊条型号 | 焊条牌号 | 药皮类型 | 焊接位置 | 电流种类 | 抗拉强度 $R_m$/MPa | 下屈服强度 $R_{eL}$/MPa | 伸长率 $A_5$（%） | 冲击吸收能量/J 试验温度/℃ | 冲击吸收能量/J 平均值[①] |
|---|---|---|---|---|---|---|---|---|---|
| E4303 | J422 | 钛钙型 | 平、立、横、仰 | 交流、直流 | 420 | 330 | 22 | 0 | 27 |
| E5003 | J502 | 钛钙型 | 平、立、横、仰 | 交流、直流 | 490 | 400 | 20 | 0 | 27 |
| E5015 | J507 | 低氢钠型 | 平、立、横、仰 | 直流反接 | 490 | 400 | 22 | -30 | 27 |
| E5016 | J506 | 低氢钾型 | 平、立、横、仰 | 交流直流反接 | 490 | 400 | 22 | -30 | 27 |

（续）

| 焊条型号 | 熔敷金属化学成分（质量分数，%） | | | | | | | | | |
|---|---|---|---|---|---|---|---|---|---|---|
| | C | Mn | Si | S | P | Ni | Cr | Mo | V | MnNiCrMoV 总量 |
| E4303 | — | — | — | ≤0.035 | ≤0.040 | — | — | — | — | — |
| E5003 | — | — | — | ≤0.035 | ≤0.040 | — | — | — | — | — |
| E5015 | — | ≤1.6 | ≤0.75 | ≤0.035 | ≤0.040 | ≤0.30 | ≤0.20 | ≤0.30 | ≤0.08 | ≤1.75 |
| E5106 | — | ≤1.60 | ≤0.75 | ≤0.035 | ≤0.040 | ≤0.30 | ≤0.20 | ≤0.30 | ≤0.08 | ≤1.75 |

① 5 个试样，舍去最大值和最小值，其余 3 个值平均，3 个值中要有两个值不小于 27J，另一个值不小于 20J。

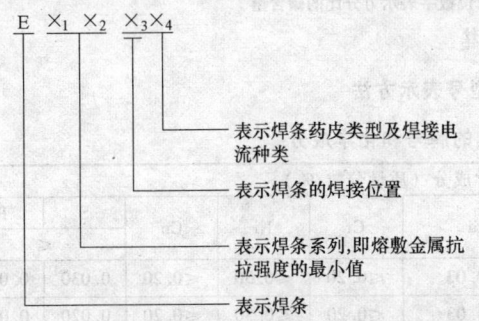

图3.3-3　碳钢焊条型号表示方法

表 3.3-19　碳钢焊条型号中 ×₃ ×₄ 的含义

| ×₃ ×₄ | 药皮类型 | 焊接电流种类 |
|---|---|---|
| 00 | 特殊型 | |
| 01 | 钛铁矿型 | 交流或直流反接 |
| 03 | 钛钙型 | |
| 10 | 高纤维素钠型 | 直流反接 |
| 11 | 高纤维素钾型 | 交流或直流反接 |
| 12 | 高钛钠型 | 交流或直流正接 |
| 13 | 高钛钾型 | 交流或直流正、反接 |
| 14 | 铁粉钛型 | |
| 15 | 低氢钠型 | 直流反接 |
| 16 | 低氢钾型 | 交流或直流反接 |
| 18 | 铁粉低氢型 | |
| 20 | 氧化铁型 | 交流或直流正接 |
| 22 | | |
| 23 | 铁粉钛钙型 | 交流或直流正、反接 |
| 24 | 铁粉钛型 | |
| 27 | 铁粉氧化铁型 | 交流或直流正接 |
| 28 | 铁粉低氢型 | 交流或直流反接 |
| 48 | | |

　　E4303、E5003 型焊条，药皮为钛钙型，含质量分数为 30% 以上的氧化钛和质量分数 20% 以下的钙或镁的碳酸盐矿。它们熔渣流动性良好，脱渣容易，电弧稳定，熔深适中，飞溅少，焊波整齐，适用于全位置焊接，焊接电流为交流或直流正反接，主要用于焊接较重要的碳钢结构。

　　E5015 焊条，药皮为低氢钠型，主要由碳酸盐矿和萤石组成，碱度较高。熔渣流动性好，焊接工艺性能一般，焊波较粗，角焊缝略凸、熔深适中。脱渣性

较好，焊接时要求焊条干燥，并采用短弧焊，可全位置焊接，焊接电流为直流反接（工件接负极）。这类焊条的熔敷金属氢含量低，具有良好的抗裂性能和力学性能，主要用于焊接重要的碳素钢结构，也可焊接与焊条强度相当的低合金钢结构。

　　E5016 型焊条，药皮为低氢钾型，是在 E5015 型药皮基本的基础上添加了稳弧剂，如钾水玻璃等而成的这种焊条电弧稳定，焊接电流为交流或直流反接，工艺性能、焊接位置、熔敷金属力学性能和抗裂性能及应用都与 E51015 型焊条相似。

　　根据国家标准 GB/T 5118—2012《热强钢焊条》规定，低合金钢焊条型号前四位数字与碳钢焊条的各项规定基本相似，其表示方法如图 3.3-4 所示。

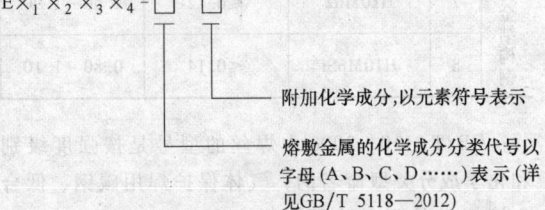

图3.3-4　低合金钢焊条型号表示方法

　　机械部标准 JB/T 3223—1996《焊接材料质量管理规程》，规定了焊条的购进、保管与使用等全过程的质量管理，以保证焊接接头及结构的质量。

　　2. 焊丝

　　焊丝是埋弧焊、气体保护焊、电渣焊、气焊等用的主要焊接材料，其作用主要是填充金属或同时来传导焊接电流。按焊丝的结构可分有实心焊丝和药芯焊丝两大类。

　　（1）实心焊丝　我国现行焊丝的型号或牌号是以国家标准为依据进行划分的。GB/T 14957—1994《熔化焊用钢丝》中的熔焊用钢丝（简称焊丝）主要适用于电弧焊、埋弧焊和半自动焊、电渣焊和气焊等用途的冷拉钢丝。GB/T 8110—2008《气体保护电弧焊用碳钢、低合金钢焊丝》中的焊丝适用于低碳钢、低合金钢和合金钢用气体保护焊（$CO_2$、$Ar + O_2$、$CO_2 + Ar$）冷拉钢丝。制造焊丝用盘条应符合 GB/T

3429—2002《焊接用钢盘条》的规定。

除 GB/T 8110—2008 的规定外，其余钢焊丝的牌号的编制方法如图 3.3-5 所示。常用熔焊钢焊丝的牌号和化学成分见表 3.3-20。

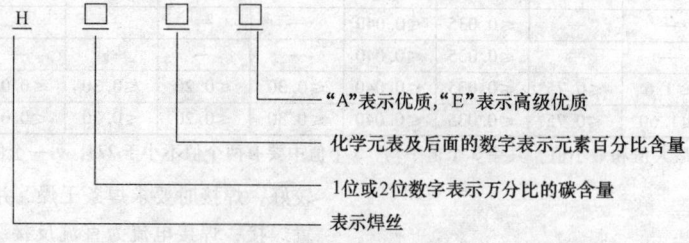

图3.3-5 熔焊焊丝型号表示方法

表 3.3-20 常用熔焊钢焊丝的牌号和化学成分

| 钢种 | 序号 | 牌号 | 化学成分（质量分数,%） | | | | | | | |
|---|---|---|---|---|---|---|---|---|---|---|
| | | | C | Mn | Si | Cr | Ni | Cu | S | P |
| | | | | | | | | | ≤ | |
| 碳素结构钢 | 1 | H08A | ≤0.10 | 0.30~0.55 | ≤0.03 | ≤0.20 | ≤0.30 | ≤0.20 | 0.030 | 0.030 |
| | 2 | H08E | ≤0.10 | 0.30~0.55 | ≤0.03 | ≤0.20 | ≤0.30 | ≤0.20 | 0.020 | 0.020 |
| | 3 | H08C | ≤0.10 | 0.30~0.55 | ≤0.03 | ≤0.10 | ≤0.10 | ≤0.20 | 0.015 | 0.015 |
| | 4 | H08MnA | ≤0.10 | 0.80~1.10 | ≤0.07 | ≤0.20 | ≤0.30 | ≤0.30 | 0.030 | 0.030 |
| | 5 | H15A | 0.11~0.18 | 0.35~0.65 | ≤0.03 | ≤0.20 | ≤0.30 | ≤0.20 | 0.030 | 0.030 |
| | 6 | H15Mn | 0.11~0.18 | 0.80~1.10 | ≤0.03 | ≤0.20 | ≤0.30 | ≤0.20 | 0.035 | 0.035 |
| 合金结构钢 | 7 | H10Mn2 | ≤0.12 | 1.50~1.90 | ≤0.07 | ≤0.20 | ≤0.30 | ≤0.20 | 0.035 | 0.035 |
| | 8 | H10MnSi | ≤0.14 | 0.80~1.10 | 0.60~0.90 | ≤0.20 | ≤0.30 | ≤0.20 | 0.035 | 0.035 |

GB/T 8110—2008 中焊丝的型号是按强度级别和化学成分分类型命名的，气体保护焊用碳钢、低合金钢焊丝的型号表示方法如图 3.3-6 所示。几种 $CO_2$ 气体保护焊焊丝的牌号、型号及其用途，见表 3.3-21。表中的 ER49-1 型号焊丝相当于焊丝 H08Mn2SiA，是我国二氧化碳气体保护焊中应用最为量大面广的焊丝。焊丝牌号中 MG 表示 $CO_2$ 气体保护焊用焊丝。

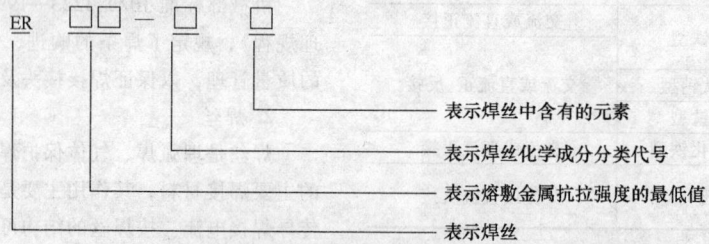

图3.3-6 气体保护焊用碳钢、低合金钢焊丝的型号表示方法

表 3.3-21 $CO_2$ 气体保护焊焊丝的牌号、型号及其用途（摘自 GB/T 8110—2008）

| 牌 号 | 国标型号 | 主 要 用 途 |
|---|---|---|
| MG49-1 | ER49-1 | 焊接低碳钢及某些低合金钢 |
| MG49-Ni | — | 焊接耐候钢和某些低合金钢 |
| MG49-G | ER49-G | 焊接厚板,如船舶、桥梁等 |
| MG50-3 | ER50-3 | 焊接低碳钢和低合金钢 |
| MG50-4 | ER50-4 | 焊接碳素钢薄板、管件结构 |

（续）

| 牌　　号 | 国标型号 | 主 要 用 途 |
|---|---|---|
| MG50-6 | ER50-6 | 焊接碳钢及 500MPa 级高强钢,如车辆、建筑、造船、桥梁等结构,也可用于薄板、管的高速焊接 |
| MG50-G | ER50-G | 适于高速焊接,尤其是薄板焊接 |
| MG59-G | — | 焊接 500MPa 级高强钢,如 HQ60、HQ60H 等金属结构,大型液压汽车起重机、大马力推土机零部件、工程机械和桥梁结构 |

（2）药芯焊丝　药芯焊丝是由 H08A 冷轧薄钢带经过光亮退火后,由轧机纵向折叠并加入药粉后拉拔而成的。通过控制填充药粉的成分,可以有效地调节熔敷金属的化学成分。药芯焊丝熔敷效率高,焊接飞溅小,烟尘量低,焊缝质量好,对钢材适应性强,在工艺性能、焊缝质量和对各种金属材料适应性等方面均优于实心焊丝而得到广泛应用。

国家标准 GB/T 10045—2001《碳钢药芯焊丝》规定药芯焊丝的分类、型号、技术要求、试验方法和检验规则等。药芯焊丝型号的表示方法如图 3.3-7 所示。几种药芯焊丝的化学成分及力学性能见表 3.3-22,表中对应焊丝型号的药芯焊丝产品牌号,如 YJ502-1,Y 表示药芯焊丝;J 表示结构钢用;前两位数字也是表示熔敷金属最小抗拉强度值;第三位数字表示药芯类型及焊接电流种类;横短线后面的数字表示焊接时保护方法。

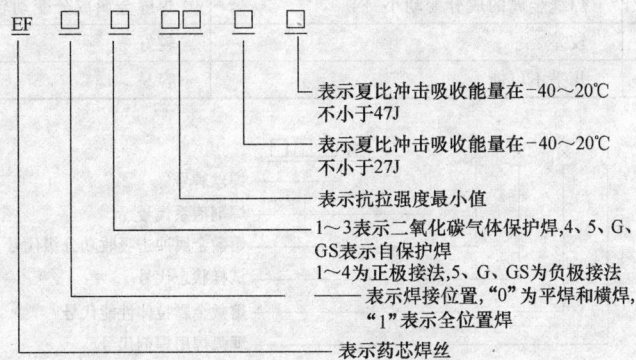

图3.3-7　药芯焊丝型号的表示方法

表 3.3-22　几种药芯焊丝的化学成分及力学性能

| 焊丝型号 | $w_C$ (%) | $w_{Mn}$ (%) | $w_{Si}$ (%) | $w_P$ (%) | $w_S$ (%) | $w_{Ni}$ (%) | $w_{Cr}$ (%) | $w_{Mo}$ (%) | $w_V$ (%) | $w_{Al}$ (%) |
|---|---|---|---|---|---|---|---|---|---|---|
| EF01-5020 | — | ≤1.75 | ≤0.90 | ≤0.04 | ≤0.03 | ≤0.50 | ≤0.20 | ≤0.30 | ≤0.08 | ≤(1.8) |
| EF03-5040 | | | | | | | | | | |
| EF04-5020 | | | | | | | | | | |

| 焊丝型号 | 焊丝牌号 | 药芯类型 | 保护气体 | 电流种类 | 抗拉强度 $R_m$/MPa | 下屈服强度 $R_{eL}$/MPa | 伸长率 (%) | 冲击吸收能量/J 试验温度/℃ | 平均值 |
|---|---|---|---|---|---|---|---|---|---|
| EF01-5020 | YJ502-1 | 氧化钛型 | 二氧化碳 | 直流,焊丝接正 | ≥500 | ≥410 | ≥22 | 0 | ≥27 |
| EF03-5040 | YJ507-1 | 氧化钙-氟化物型 | 二氧化碳 | 直流,焊丝接正 | ≥500 | ≥410 | ≥22 | -30 | ≥27 |
| EF04-5020 | YJ507-2 | | 自保护 | 直流,焊丝接正 | ≥500 | ≥410 | ≥22 | 0 | ≥27 |

3. 焊剂

焊剂是焊接时能够熔化形成熔渣（有的也有气体）,对熔化金属起保护和冶金作用的一种颗粒状物质。焊剂与焊条的药皮作用相似,但它必须与焊丝配合使用,共同决定熔敷金属的化学成分和性能。

焊剂按制造方法分类,可分为熔炼焊剂与烧结焊剂两类,两种焊剂的主要性能比较见表 3.3-23。工业发达国家已广泛使用烧结焊剂,产量占焊剂总量的 70% 以上。我国已开始批量生产烧结焊剂。目前我国仍主要采用熔炼焊剂。

根据 GB/T 5293—1999《埋弧焊用碳钢焊丝和焊剂》的规定,焊剂型号是根据焊丝-焊剂组合的熔敷金属力

学性能、热处理状态来分类的。低合金钢埋弧焊焊剂的型号表示方法如图3.3-8所示。熔炼焊剂和烧结焊剂的牌号表示方法如图3.3-9和图3.3-10所示。几种碳素钢及低合金钢埋弧焊用焊剂性能见表3.3-24。

**表3.3-23　熔炼焊剂与烧结焊剂主要性能比较**

| 比　较　项　目 | | 熔　炼　焊　剂 | 烧　结　焊　剂 |
|---|---|---|---|
| 一般特点 | | 焊剂熔点较低，堆密度较大（一般1.0～1.8g/cm³），颗料不规则，但强度较高。生产中耗电多，成本高，焊接时焊剂消耗量较小 | 熔点较高，堆密度较小（一般0.9～1.2g/cm³），颗粒圆滑呈球状（可用管道输送，回收时阻力小），但强度低，可连续生产，成本低，焊接时焊剂消耗较大 |
| 焊接工艺性能 | 高速焊接性能 | 焊道均匀，不易产生气孔和夹渣 | 焊缝无光泽，易产生气孔、夹渣 |
| | 大工艺参数焊接性能 | 焊道凸凹显著，易粘渣 | 焊道均匀，易脱渣 |
| | 吸潮性能 | 比较小，使用前可不必再烘干 | 较大，使用前必须再烘干 |
| | 抗锈性能 | 比较敏感 | 不敏感 |
| 焊缝性能 | 韧性 | 受焊丝成分和焊剂碱度影响大 | 比较容易得到高韧性 |
| | 成分波动 | 焊接参数变化时成分波动小、均匀 | 焊接参数变化时焊剂熔化不同，成分波动较大，不易均匀 |
| | 多层焊性能 | 焊缝金属的成分变动小 | 焊缝金属成分变动较大 |
| | 脱氧能力 | 较差 | 较好 |
| | 合金剂的添加 | 几乎不可能 | 容易 |

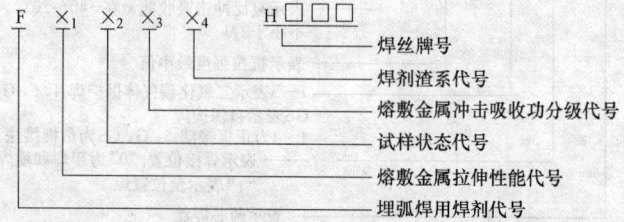

图3.3-8　低合金钢埋弧焊焊剂的型号表示方法

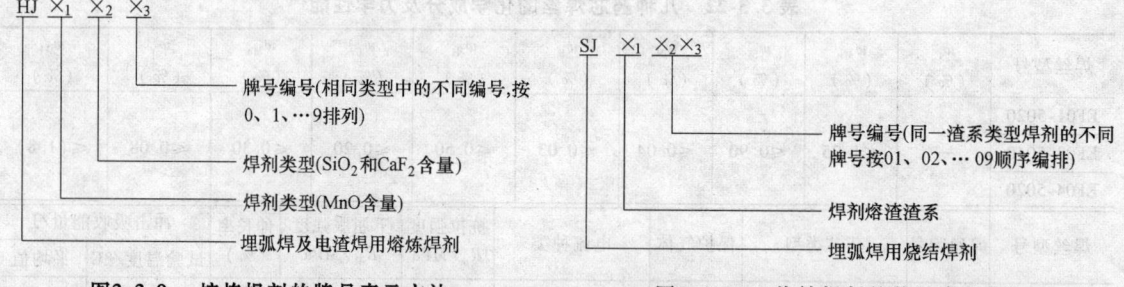

图3.3-9　熔炼焊剂的牌号表示方法　　　图3.3-10　烧结焊剂的牌号表示方法

**表3.3-24　几种碳素钢及低合金钢埋弧焊用焊剂性能**

| 焊剂型号（短划后为焊丝牌号） | 焊剂牌号 | 焊剂渣系 | 试样状态 | 抗拉强度 $R_m$/MPa | 规定塑性延伸强度 $R_{p0.2}$/MPa | 伸长率 $A_5$(%) | V型缺口冲击吸收能量 温度/℃ | V型缺口冲击吸收能量 kV/J |
|---|---|---|---|---|---|---|---|---|
| HJ301－H10Mn2 | HJ330 | 氟碱型 | 焊态 | 410/550 | ≥300 | ≥22 | 0 | ≥34 |
| HJ401－H08A | HJ431 | 氟碱型 | 焊态 | 410/550 | ≥330 | ≥22 | 0 | ≥34 |
| HJ504－H10Mn2 | SJ107 | 氟碱型 | 焊态 | 480/650 | ≥400 | ≥22 | －40 | ≥34 |
| F5121－H10MnNiA | HJ380 | 氟碱型 | 焊后热处理状态 | 480/650 | ≥380 | ≥22 | －20 | ≥27 |
| F6126－H10MnNiMoA | SJ605 | 其他型 | 焊后热处理状态 | 550/690 | ≥460 | ≥20 | －20 | ≥27 |

4. 焊接材料的选择

选择焊接材料应该根据焊接结构材料的化学成分、力学性能、焊接工艺性、服役环境（有无腐蚀介质、高温或低温等）、焊接结构形状的复杂程度及刚性大小、受力情况和现场焊接设备条件等情况综合考虑。

（1）考虑母材的化学成分和力学性能

1）根据等强度观点，可选择与母材抗拉强度相同或稍高的焊接材料。对于刚性大、受力情况复杂的焊接结构，为改善焊接工艺，降低预热温度，可改用低匹配而焊接性好的焊接材料，但应考虑焊缝结构型式，以满足等强度等刚度要求。

2）合金结构钢的焊接如果需要保证焊接接头的高温性能或耐蚀性能，要求焊缝金属的主要合金成分与母材相近或相同。

3）母材中的碳、硫、磷等元素含量较高时，应选用抗裂性好的低氢型焊接材料。

（2）考虑焊接结构因素  对于形状复杂、结构刚性大及大厚度的焊件，由于在焊接过程中易产生较大的焊接应力从而可能导致裂纹的产生，要求选用抗裂性能好的低氢型焊接材料。

焊接部位为空间各向位置时，要选择全位置焊的焊接材料。

（3）考虑焊件的服役条件  根据焊件的服役条件，包括所承受的载荷、接触的介质和使用温度范围等，选择满足使用要求的焊接材料。例如：对在高温或低温条件下工作的焊件，相应选用耐热钢及低温用钢焊接材料；对接触腐蚀介质的焊件，应选用不锈钢或其他耐腐蚀焊接材料；对承受振动载荷或冲击载荷的焊件，除保证抗拉强度外，还应选用塑性和韧性较高的低氢型焊接材料。

（4）考虑操作工艺性及施工条件  钛钙型药皮的 J422 和 J502 焊条，操作工艺性较好，在满足焊缝使用性能和抗裂性的条件下应尽量采用。在容器内部焊接时，应采取有效的通风措施，排除有害的焊接烟尘。

（5）考虑劳动生产率和经济合理性  铁粉焊条可以提高平焊位置的焊接电流、焊接速度，从而提高效率；$CO_2$ 和 $Ar + CO_2$ 混合气体保护焊，自动化程度高、质量好、成本低、焊缝含氢量低、焊接接头疲劳强度高，适于在现场施工条件下全位置焊接，应尽量采用；厚板平焊位置和大直径环缝的焊接，可采用窄间隙埋弧焊，以及一般埋弧焊，焊接效率较高。

## 2.2  焊接结构设计

### 2.2.1  焊接结构的特点

焊接结构是组成构件的各元件之间或构件之间采用焊接连接的结构。现代焊接结构设计是产品制造、使用与维护等全生命周期任务的关键环节。当今世界上已大量采用焊接工艺方法制造各种金属结构，它的应用范围已从开始时的代替铆接连接扩大到在相当大程度上取代铸造结构、锻造结构，或成为铸-焊、锻-焊结构。焊接结构在航空、航天、交通、能源、化工、建筑等工程装备与结构中得到广泛的应用，其显著特点是向大型和重特型方向发展。

1. 焊接结构的优点

焊接结构获得迅速发展是因为它具有以下一系列优点：

1）由于焊接可以较方便地将不同形状与厚度的轧制型材连接起来，也可以将铸件、锻件焊接起来，甚至能将不同种类的材料连接起来，从而可使结构中不同种类和规格的材料分布和应用得更合理。焊接结构一般不需要附加连接件，加工较简单、裕量小，受力也较明确，并可达到与母材等强度。焊接结构的质量可比其他型式的结构轻 20% ~ 50%，生产周期和成本也有明显下降。

2）焊接连接刚度大，整体性好。在外力作用下不像机械连接那样会因间隙变化而产生明显的变形。同时，焊接连接容易保证气密性与水密性。这对船舶、容器、在大气和腐蚀介质中工作的结构有特别重要的意义。

3）与其他加工方法相比较，制造焊接结构时一般不需要大型、贵重的设备，因而建造焊接结构制造厂时设备投资少、投产快、容易适应不同批量焊接结构的生产，更换焊接结构产品的型号和种类也比较方便。

4）焊接适应范围广，因而它适宜于制造几何尺寸较大而材料较分散的产品，如梁、桁架、容器、壳体等，还适用于形状复杂及单件或小批量生产的结构。焊接还可以将大型的、复杂的结构分解为许多小零件或部件，再焊接成整个结构，并可在一个结构中按需要选用不同种类和价格的材料，以提高技术及经济效果。

2. 焊接结构的缺点

焊接结构也存在以下一些不足之处：

1）焊接接头性能的不均匀。常用的焊接方法是将金属材料局部用高温快速加热并快速冷却，结果在焊缝及热影响区的化学成分与金相组织均可能与母材不同，从而导致力学性能、物理性能、耐蚀性能、耐磨性能等也不同。所以，必须注意在选择母材和焊接

材料及制订焊接工艺时，应能保证焊接接头的性能符合设计规定的技术要求。

2）焊接应力和变形。焊接使焊接结构中形成了焊接残余应力和变形，它们不同程度地影响了产品的质量和安全性。焊接残余应力的存在，在一定条件下对结构强度有不利影响。焊接残余应力的逐渐释放，又会引起结构形状和尺寸的变化，影响产品的正常使用。较重要的焊接结构，焊后应有热处理或其他能消除与减少焊接残余应力的措施。焊后，结构产生超过允许范围的变形，必须矫正合格后才能投入使用。因此，在设计焊接结构时应选择适当的结构形状、焊缝布置、焊接接头形式和坡口的几何尺寸等，使之有利于降低接头的刚性，以减少焊接残余应力，有利于控制焊接变形。

3）对应力集中敏感。焊接结构良好的整体性和较大的刚度容易引起很大的应力集中，而应力集中点是结构疲劳破坏和脆性断裂的起源。因此，在结构设计时必须处理好断面变化处的过渡，保证具有施焊的良好环境和条件，以防止产生焊接缺陷等。

### 2.2.2　焊接结构的设计原则

为使得焊接结构设计满足实用性、可靠性、工艺性以及经济性方面的基本要求，在设计过程中应遵循下列原则。

**1. 合理选择和利用材料**

所选用的金属材料必须同时满足使用性能和加工性能的要求，前者包括强度、韧性、耐磨性、耐蚀性、抗蠕变性等性能；后者主要是焊接性能，其次是其他冷、热加工的性能，如热切割、冷弯、热弯、金属切削及热处理等性能。

在结构上有特殊性能要求的部位，可采用特种金属材料，其余采用能满足一般要求的廉价材料。例如：有防腐蚀要求的结构，可采用以普通碳素钢为基体，以不锈钢为工作面的复合钢板或者在基体上堆焊耐蚀层；有耐磨要求的结构，仅在工作面上堆焊耐磨合金或热喷涂耐磨层等，充分发挥异种金属材料能进行焊接的特点。

尽可能选用轧制的标准型材和异型材。通常，轧制型材表面光洁平整、质量均匀可靠，使用时不仅减少许多备料工作量，还可减少焊缝数量。由于焊接量减少，焊接变形易于控制。

在划分结构的零、部件时，要考虑到备料过程中合理排料的可能性，以减少余料，提高材料的利用率。

**2. 合理设计结构形式**

1）不受铆接结构、铸造或锻造结构形式的影响，独立设计具有焊接结构特点的构造形式。根据强度或刚度要求，以最理想的受力状态去确定结构的几何形状和尺寸。图 3.3-11 所示为铆接改为焊接的结构设计，其中，图 3.3-11b 所示为受铆接结构影响的不良设计；图 3.3-11c 所示则为合理的设计。

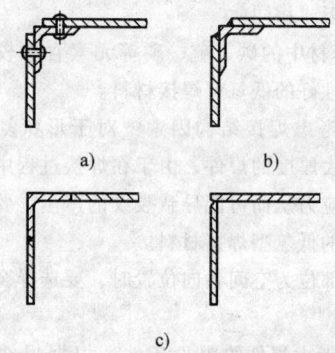

a)　　　　　　　b)

c)

**图3.3-11　铆接改为焊接的结构设计**
a）铆接结构　b）受铆接结构影响的不良设计
c）合理的焊接结构

2）既要重视结构的整体设计，也要重视结构的细部处理。焊接结构属刚性连接的结构，结构的整体性意味着任何部位的构造都同等重要，许多焊接结构的破坏事故起源于局部构造不合理的薄弱环节处。对于应力复杂或有应力集中部位要慎重处理，如结构的结点、断面变化部位、焊接接头的形状变化处等。表 3.3-25 列举了一些焊接结构设计中的细节处理方法。

**表 3.3-25　焊接结构设计正误对照**

| 接头设计原则 | 不合理的设计 | 改进后的设计 |
|---|---|---|
| 避免将焊缝布置在应力最大处 | | |
| 焊缝应避开加工表面 | | |

（续）

| 接头设计原则 | 不合理的设计 | 改进后的设计 |
|---|---|---|
| 避免将焊缝布置在应力集中处,对于动载荷结构更应注意 | | |
| 尽量避免焊缝受剪 | | |
| 自动焊时焊缝位置应使焊接设备的调整次数及工件的翻转次数最少 | 自动焊机机头轴线位置 | 自动焊机机头轴线位置 |
| 钎焊接头应注意增加焊接面,可将对接改为搭接,搭接长度为板厚的 4~5 倍 | | |
| 薄板与厚板焊接时,截面宜大致相等 | | |
| 加强肋等端部的锐角应切去,板的端部应包角 | $\alpha < 30°$ | |
| 焊缝布置尽可能对称并靠近中性轴 | | |
| 受弯作用的焊缝未焊侧,不要位于受拉应力处 | | |
| 避免焊缝交叉 | | |
| 焊缝应布置在工作时最有效的地方,用最少量的焊接量得到最佳的效果 | | |
| 焊缝不宜过分密集 | | |
| 在焊缝的连接板端部,应有较缓和的过渡 | | |
| 焊缝的位置应便于焊接及检查 | | |

3）尽量采用简单、平直明快的构造形式。要减少短而不规则的焊缝，要有利于实现机械化和自动化焊接，要避免采用难以弯制或冲压的具有复杂空间曲面的结构。

3. 减少焊接量

除了前述的尽量多选用轧制型材以减少焊缝外，还可以利用冲压件代替一部分焊件；结构形状复杂、角焊缝多且密集的部位，可用铸钢件代替；必要时，宁可适当增加壁厚，以减少或取消加强肋板等。对于角焊缝，在保证强度要求的前提下，尽可能用最小的焊脚尺寸，因为焊缝面积与焊脚高的平方成正比。对于对接焊缝，在保证焊透的前提下选用填充金属量最少的坡口形式。

4. 合理布置焊缝

有对称轴的焊接结构，焊缝宜对称地布置，或接近对称轴处，这有利于控制焊接变形；要避免焊缝汇交和密集；在结构上使重要焊缝连续，让次要焊缝中断，这有利于重要焊缝实现自动焊；尽可能使焊缝避开高工作应力处、有应力集中部位、机械加工面和需变质处理的表面等。

5. 施工方便

必须使结构上每条焊缝都能方便地施焊和方便质量检查。焊缝周围要留有足够焊接和质量检查的操作空间；尽量使焊缝都能在工厂中施焊，减少工地焊接量；减少焊条电弧焊接量，扩大自动焊接量；双面对接焊时，操作较方便的一面用大坡口，施焊条件差的一面用小坡口，必要时改用单面焊双面成型的接头坡口形式和焊接工艺。图 3.3-12 所示为由型材组焊的构件，图中左边的结构是最容易犯的设计错误，有部分焊缝无法施焊，应改成右边的结构设计。图 3.3-13 所示为考虑焊缝适于射线探伤的结构设计，左边的结构不理想，易漏检或误判。

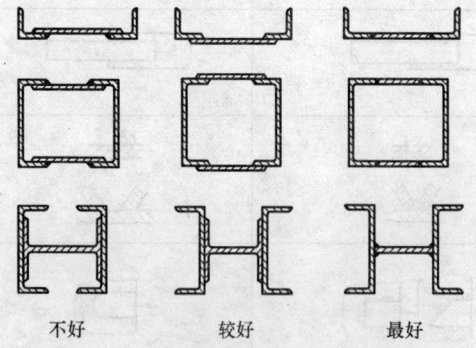

不好　　　　较好　　　　最好

**图3.3-12　考虑焊缝可施焊的型材组合结构**

6. 有利于生产组织与管理

大型焊接结构采用部件组装的生产方式有利于工

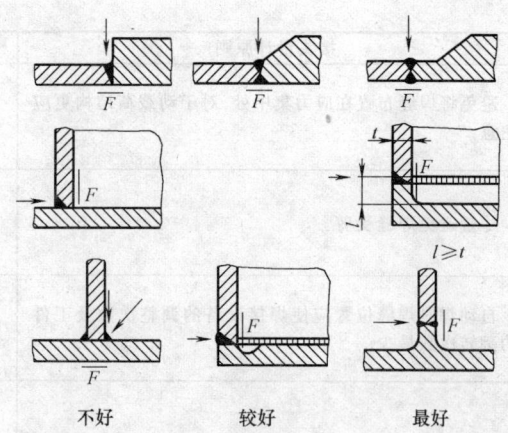

不好　　　　较好　　　　最好

**图3.3-13　考虑射线探伤的焊接结构设计**
$F$—底片　→—照射方向

厂的组织与管理。因此，设计大型焊接结构时要进行分段。一般要综合考虑起重运输条件、焊接变形的控制、焊后处理、机械加工、质量检查和总装配等因素，力求合理划分。

**2.2.3　焊接接头的设计与计算**

焊接接头是指用焊接方法把金属材料连接起来的接头，简称接头。焊接接头通常包括焊缝、熔合区和热影响区。它是组成焊接结构的最基本要素，在某些情况下，它又是焊接结构的薄弱环节，掌握焊接接头的构造特点工作性能，对正确设计、制造和使用具有重要意义。

1. 焊接接头的基本类型

焊接结构上的接头，按被连接构件之间的相对位置及其组成的几何形状，可以归纳为对接、角接、搭接、T 形和卷边五种类型，如图 3.3-14 所示。坡口焊缝和角焊缝的典型形状及各部分名称如图 3.3-15 所示。

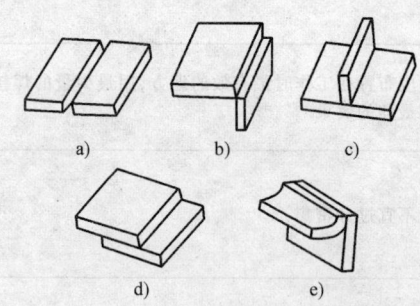

a)　　　　b)　　　　c)

d)　　　　e)

**图3.3-14　焊接接头的基本类型**
a）对接接头　b）角接接头　c）T 形接头
d）搭接接头　e）卷边接头

2. 熔焊接头

（1）对接接头　对接接头用于连接在同一平面

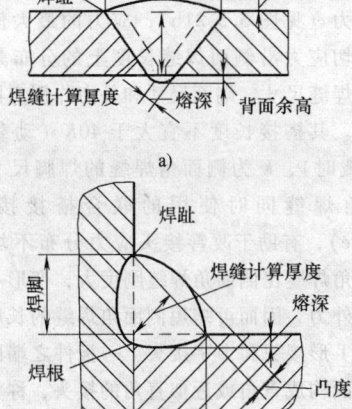

图3.3-15 坡口焊缝和角焊缝的
典型形状及各部分名称
a) 坡口焊缝 b) 角焊缝

的金属板。其传力效率最高,应力集中较低,并易保
证焊透和排除工艺缺陷。具有较好的综合性能,是重
要零件和结构连接的首选接头。

对接接头工作应力分布较均匀,如图 3.3-16 所
示。应力集中产生在焊趾处。应力集中系数 $K$( =
$\sigma_{max}/\sigma_m$)与焊缝余高 $h$、焊缝向母材的过渡角 $\theta$ 以
及焊趾处的过渡圆弧半径 $r$ 有关。增大 $h$、减小 $r$ 或
减小 $\theta$,则 $K$ 增大。如削平焊缝余高,则没有应力集
中,如图 3.3-16b 所示。

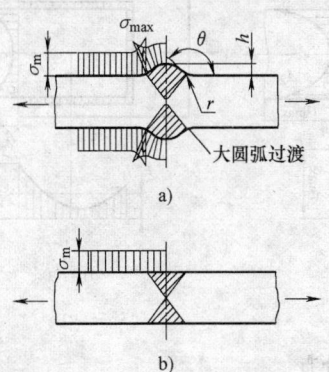

图3.3-16 对接接头的应力分布
a) 一般接头及焊趾处加工成圆弧过渡
b) 削平焊缝余高接头

单面焊对接接头若采用保留垫板形式,虽然在工
艺上可以克服未焊透的缺点,但根部仍存在相当严重
的应力集中,且易在垫板与母材的间隙中发生腐蚀。

因此,这种接头不宜用于承受较大动载荷或腐蚀介
质中。

当两块被连接板的厚度相差较大时,为了防止焊
接时薄的一边金属过热,而厚的一边金属难以熔化的
现象,避免焊不透或烧穿,也为了减少由于接头处厚
度不等、刚度不一而产生焊接变形与裂纹的可能性,
应按 GB/T 985.1～2—2008 的要求将厚板削薄至与薄
板厚度相同时再焊接。为了防止因板厚不同引起作用
力偏心传递,两块板的中心线应尽可能重合,如图
3.3-17 所示。

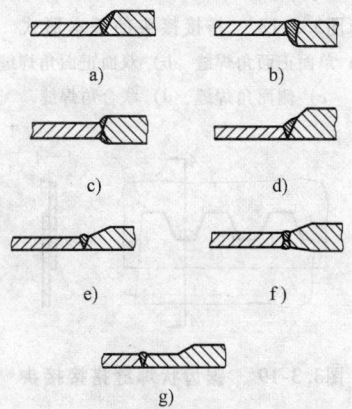

图3.3-17 不等厚度断面对接接头
a)、b)、c)、d) 用于静载 e)、f)、g) 用于动载

(2)搭接接头 搭接接头是两平板部分地相互
搭置,用角焊缝进行连接的接头。其接头不开坡口。
该接头使构件形状发生较大的变化,所以应力集中比
对接接头复杂;母材和焊接材料的消耗量较多;接头
的动载强度较低;搭接面间有间隙,若外露易发生腐
蚀,若封闭则不能在高温工作。但搭接接头焊前准备
工作量较少,装配较容易,对焊工技术水平要求较对
接接头为低,且焊接的横向收缩量也较小。因此,搭
接接头广泛用于工作环境良好,不重要的结构中。

搭接接头的基本形式如图 3.3-18 所示。根据焊
缝所在位置,有正面角焊缝与侧面角焊缝之分。图
3.3-18a 所示的结构中只有一条正面角焊缝,强度
低,应在背面加焊一条焊缝,如图 3.3-18b 所示。当
背面无法焊接第 2 条焊缝时,可采用锯齿状焊缝,如
图 3.3-19 所示。正面角焊缝承受拉力时,接头上会
产生附加弯曲应力,使应力集中加剧。为减少弯曲应
力,两条正面角焊缝之间的距离应不小于其板厚的 4
倍,如图 3.3-20 所示。

正面角焊缝在焊缝根部和焊趾都有较严重的应力
集中,其应力分布如图 3.3-21a 所示。焊趾处的应力
集中系数随角焊缝斜边与水平边夹角 $\theta$ 的不同而改

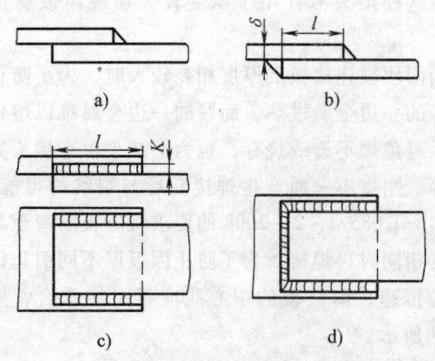

**图3.3-18 搭接接头的基本形式**
a）单面正面角焊缝 b）双面正面角焊缝
c）侧面角焊缝 d）联合角焊缝

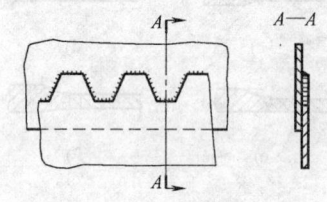

**图3.3-19 锯齿状焊缝搭接接头**

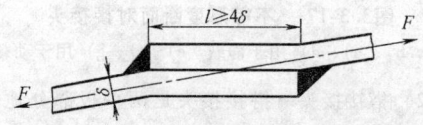

**图3.3-20 正面搭接接头的弯曲变形**

变，减少夹角 $\theta$ 和增大焊接熔深都会使应力集中系数降低；侧面角焊缝接头受力时，焊缝中既有正应力，又有切应力（见图 3.3-21b），应力的最大值在焊缝的两端。切应力沿侧面焊缝长度上的分布是不均匀的，它与焊缝尺寸、端面尺寸和外力作用点的位置等因素有关。其搭接长度不宜大于 $40K$（动载时）或 $60K$（静载时），$K$ 为侧面角焊缝的焊脚尺寸；正面和侧面角焊缝同时使用的联合搭接接头（见图 3.3-21c），有助于改善接头应力分布不均匀的现象。正面角焊缝比侧面角焊缝刚度大，变形小，可分担大部分外力，因而可缩短侧面角焊缝的长度。

（3）T 形接头和十字接头 一板件之端面与另一板件之表面构成直角或近似直角的接头，称为 T 形接头或丁字接头。三件相交组成"十字"形的接头，称为十字接头。这两种接头工作特性相似，焊缝向母材过渡急剧，应力分布极不均匀，在角焊缝的根部和过渡处都有很大的应力集中。图 3.3-22a 所示为未开坡口十字接头正面焊缝的应力分布情况。由于没有焊透，所以焊缝根部应力集中最为严重。开坡口并焊透的接头，应力集中则大大降低。在轴向拉力作用下焊缝中的应力由以切应力为主转变为正应力，可以大大提高接头强度，如图 3.3-22b 所示。对重要结构，尤其是在动载下工作的 T 形或十字形接头应开坡口或用深熔焊使之焊透。只受压载荷的十字接头，如端面接触良好，大部分载荷经由端面直接传递，焊缝所承受的载荷减少，故焊缝可以不熔透，角焊缝的尺寸也可以减小。

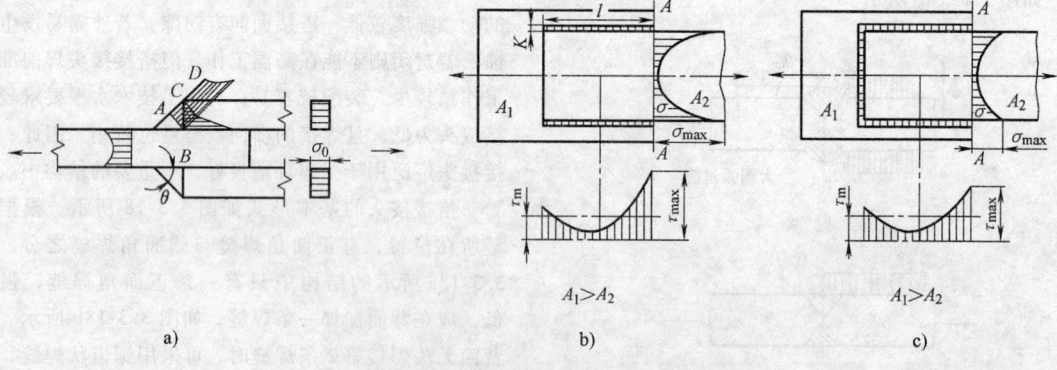

**图3.3-21 搭接接头的应力分布**
a）正面角焊缝 b）侧面角焊缝 c）联合角焊缝

图 3.3-23 所示的十字接头，焊缝不承受工作应力，但会引起应力集中。双面焊缝的接头中 $B$ 点的应力集中系数大于 $A$ 点；单面焊缝接头，$A$ 点的应力集中系数显著增加，且大于 $B$ 点。可见，即便是焊缝不受工作应力的十字接头，单面焊缝也是不可取的。

T 形或十字接头应尽量避免在其板厚方向承受高拉应力，因为轧制的板材常有夹层缺陷，尤其厚板更易产生层状撕裂，应将其工作焊缝（见图 3.3-22b）转化为联系焊缝（见图 3.3-23）。如果两个方向都受

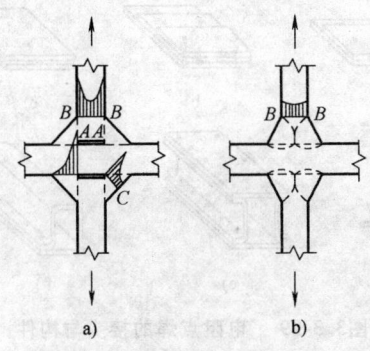

**图3.3-22　十字接头的应力分布**

a) 未开坡口不熔透　b) 开坡口熔透

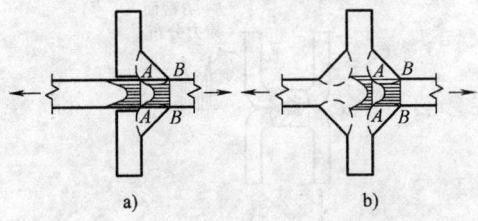

**图3.3-23　焊缝不承受工作应力的十字接头**

a) 单面焊缝　b) 双面焊缝

拉力，则宜采用圆形、正方形或特殊形状的轧制、锻制插入件，如图 3.3-24 所示。

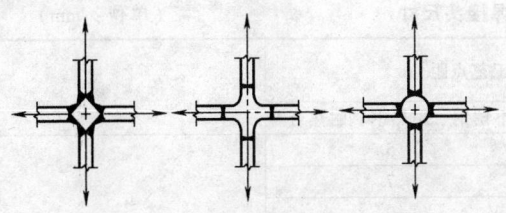

**图3.3-24　双向受拉十字接头的设计**

（4）角接接头　焊接两块不在同一平面上的板边缘时，采用角接接头。角接接头需要较高的装配精度，一般都用它组成箱体结构、容器结构后起作用。常用角接头的形式如图 3.3-25 所示。由于焊接结构中的角接接头处常有弯曲力矩，如仅在接头的一面焊接（见图 3.3-25d），焊根处会有严重的应力集中，易从根部撕裂，因此对角接接头应尽可能在接头的两面进行焊接。两板边缘的形式与相互位置也十分重要，如按图 3.3-25a 所示的形式连接，若板材质量较差，左侧的立板在焊接时或工作时有可能产生层状撕裂。

对于重要的焊接结构，最好不采用角接接头，而选用一块弯成一定角度的板，或者用一段角钢置于转折处，焊缝则移到距转角较远的部位进行对接，可减

少转角处的应力集中，增加抵抗弯矩的能力，如图3.3-26 所示。

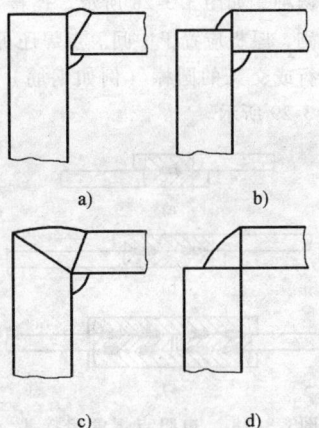

a)　　　　　　b)

c)　　　　　　d)

**图3.3-25　典型的角接接头形式**

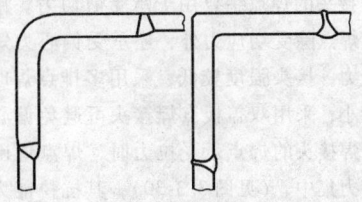

**图3.3-26　改善结构转角处工作性能的接头**

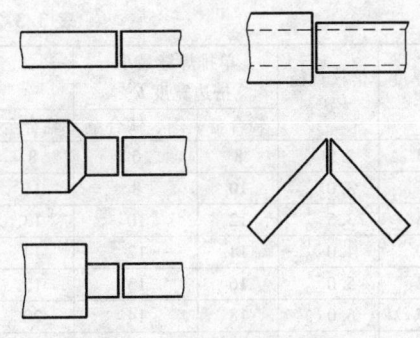

**图3.3-27　电阻焊对接接头**

3. 电阻焊接头

（1）对接焊接头　对接焊的连接面有圆形、正方形、矩形、管形及各种型钢（角钢、T 字钢、钢轨等），且一般垂直于构件的中心线，采用特殊的夹紧装置后也可连接中心线互成一定角度的构件，如图3.3-27 所示。连接时，两个连接面应尽可能具有相同的形式和面积。圆形截面的直径相差不宜大于15%，矩形截面的边长相差不宜大于 10%。用电阻对焊连接的机器零件可简化制造工艺，并节约材料，特别是一些较贵重的材料。

（2）点焊接头　主要用于两块薄板的连接，被

连接钢板的厚度一般不大于 3mm，两块板的厚度相差不大于 3 倍。常用的电阻点焊接头有搭接接头和加盖板的接头两种，如图 3.3-28 所示。连接三块板时，如板厚有差别，厚板应置于中间。点焊还可以将板与棒、相互平行或交叉的圆棒（例如钢筋）连接在一起，如图 3.3-29 所示。

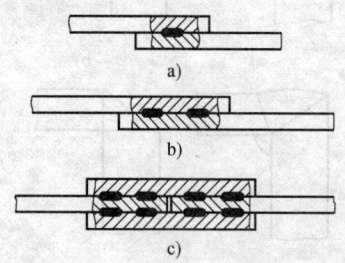

图3.3-28　电阻点焊常用接头

a）单排点焊　b）多排点焊　c）加盖板点焊

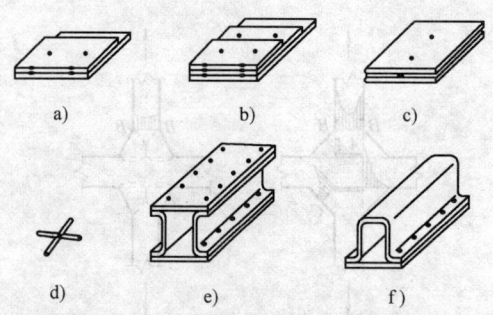

图3.3-29　电阻点焊的接头与构件

a）两板搭接　b）三板搭接　c）板与棒搭接
d）两棒搭接　e）、f）用点焊连接的冲压件

点焊接头的焊点主要用于承受剪切力。单排点焊接头中，焊点除受切应力外，还承受偏心力矩引起的附加拉应力，接头强度较低；采用多排点焊时，这种拉应力较小；采用双盖板点焊接头可避免偏心力矩的产生。点焊接头的焊点承受拉力时，焊点周围产生极严重的应力集中，（见图 3.3-30），其抗拉能力比抗剪能力低，所以设计点焊接头时，要避免受这种载荷。

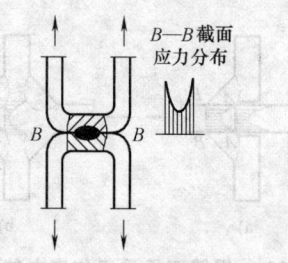

图3.3-30　点焊焊点受撕拉时的应力分布

在设计点焊结构时，为保证点焊接头质量，点焊接头尺寸设计可参考表 3.3-26。

表 3.3-26　推荐点焊接头尺寸　　　　　　　　　（单位：mm）

| 薄件厚度 $\delta$ | 熔核直径 $d$ | 单排焊缝最小搭边宽度 $b$[①] | | 最小工艺点距[②] | | | 备　注 |
|---|---|---|---|---|---|---|---|
| | | 轻合金 | 钢、钛合金 | 轻合金 | 低合金钢 | 不锈钢、耐热钢、耐热合金 | |
| 0.3 | $2.5^{+1}_{0}$ | 8 | 6 | 8 | 7 | 5 | |
| 0.5 | $3.0^{+1}_{0}$ | 10 | 8 | 11 | 10 | 7 | |
| 0.8 | $3.5^{+1}_{0}$ | 12 | 10 | 13 | 11 | 9 | |
| 1.0 | $4.0^{+1}_{0}$ | 14 | 12 | 14 | 12 | 10 | |
| 1.2 | $5.0^{+1}_{0}$ | 16 | 13 | 15 | 13 | 11 | |
| 1.5 | $6.0^{+1}_{0}$ | 18 | 14 | 20 | 14 | 12 | |
| 2.0 | $7.0^{+1.5}_{0}$ | 20 | 16 | 25 | 18 | 14 | |
| 2.5 | $8.0^{+1.5}_{0}$ | 22 | 18 | 30 | 20 | 16 | |
| 3.0 | $9.0^{+1.5}_{0}$ | 26 | 20 | 35 | 24 | 18 | |
| 4.0 | $11^{+2}_{0}$ | 30 | 26 | 45 | 32 | 24 | |
| 4.5 | $12^{+2}_{0}$ | 34 | 30 | 50 | 36 | 26 | |
| 5.0 | $13^{+2}_{0}$ | 36 | 34 | 55 | 40 | 30 | |
| 5.5 | $14^{+2}_{0}$ | 38 | 38 | 60 | 46 | 34 | |
| 6.0 | $15^{+2}_{0}$ | 43 | 44 | 65 | 52 | 40 | |

① 搭边尺寸不包括弯边圆角半径 $r$；点焊双排焊缝或连接三个以上零件时，搭接边宽度应增加 25%～30%。
② 点焊两板件的板厚比大于 2 或连接 3 个以上零件时，点距应增加 10%～20%。

（3）缝焊接头　电阻缝焊接头的焊缝由点焊焊点重叠而成，其工作应力分布较点焊接头均匀，静载强度和疲劳强度明显高于点焊接头。在母材焊接性良好时，其静载强度可与母材等强，因为缝焊焊缝的横截面积。通常是母材横截面积的 2 倍以上。

缝焊接头具有保持水密及气密的特点，特别适用于薄壁容器等的连接。搭接连接时搭接部分的宽度是板厚的 5～6 倍。常见缝焊接头的推荐尺寸见表 3.3-27。

**表 3.3-27　常见缝焊接头的推荐尺寸**

（单位：mm）

| 薄件厚度 $\delta$ | 焊缝宽度 $d$ | 最小搭边宽度 $b$ | | 备　　注 |
|---|---|---|---|---|
| | | 轻合金 | 钢、钛合金 | |
| 0.3 | $2.0^{+1}_{0}$ | 8 | 6 | |
| 0.5 | $2.5^{+1}_{0}$ | 10 | 8 | |
| 0.8 | $3.0^{+1}_{0}$ | 10 | 10 | |
| 1.0 | $3.5^{+1}_{0}$ | 12 | 12 | |
| 1.2 | $4.5^{+1}_{0}$ | 14 | 13 | |
| 1.5 | $5.5^{+1}_{0}$ | 16 | 14 | |
| 2.0 | $6.5^{+1.5}_{0}$ | 18 | 16 | |
| 2.5 | $7.5^{+1.5}_{0}$ | 20 | 18 | |
| 3.0 | $8.0^{+1.5}_{0}$ | 24 | 20 | |

注：1. 搭边尺寸不包括弯边圆角半径 $r$；缝焊双排焊缝或连接 3 个以上零件时，搭边宽度应增加 25%～35%。

2. 压痕深度 $c' < 0.15\delta$，焊透率 $A$ 为 30%～70%。重叠量 $l'-f=(15～20)\% \, l'$ 可保证气密性，而 $l'-f=(40～50)\% \, l'$ 可获得最高强度。

#### 4. 焊接接头坡口的选择

根据设计或工艺需要，将被焊工件的待焊部位加工并装配成一定几何形状的沟槽，称之为坡口。一般焊接结构上的焊缝坡口都可以直接从国家标准 GB/T 985.1—2008《气焊、焊条电弧焊、气体保护焊和高能束焊的推荐坡口》和 GB/T 985.2—2008《埋弧焊的推荐坡口》中选用。国家标准中典型坡口形式及其适用厚度范围见表 3.3-28。

设计和选择这些坡口，主要取决于被焊构件的厚度、焊接方法、焊接位置和焊接工艺程序。此外，还

应尽量做到：填充材料应最少；具有好的可达性；坡口容易加工，且费用低；有利于控制焊接变形等。例如，厚壁容器内部不便焊接时，为减少容器内部的焊接工作量，环缝坡口宜选用 Y 形坡口或 U 形坡口。

T 形接头的焊缝设计在静载等强条件下，成本便成为考虑的主要因素。以开 K 形坡口（见图 3.3-31a）焊缝最省填充金属，但需额外的坡口加工，焊接时要求用小直径焊条和较小的电流打底，熔敷效率低，适合于较厚板 T 形接头；不开坡口的角焊缝需消耗最多的填充金属，但不需要加工坡口，可以用大电流施焊，熔敷率高，适用于小厚板的 T 形接头；单边 V 形坡口（见图 3.3-31b）焊缝在经济上无优越性，仅当另一侧施焊有困难时，可以选用。

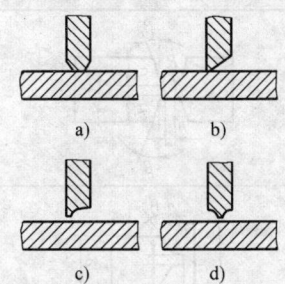

**图3.3-31　T 形接头的坡口形式**

T 形接头和十字接头承受动载荷时，应采用 K 形或单边 V 形坡口，并使之焊透。采用单边 V 形坡口单面焊，焊后再背面清根焊满，比 K 形坡口更可靠。对厚板的 T 形接头和十字接头，应采用 J 形或双 J 形坡口（见图 3.3-31c 和图 3.3-31d），以减少焊缝填充金属的消耗量。

**表 3.3-28　典型坡口形式及其适用厚度范围**

| 序号 | 坡口形式 | 符　号 | 焊接面数 | 厚度范围/mm | |
|---|---|---|---|---|---|
| | | | | 焊条电弧焊 | 埋弧焊 |
| 1 | | ‖ | 单面焊 | 1～3 | 6～12 |
| | | | 双面焊 | 3～6 | 6～24 |
| 2 | | | 单面焊 | 2～4 | 3～12 |
| 3 | | Y | 单面焊 | 3～26 | 10～24 |
| | | | 双面焊 | | 10～30 |
| 4 | | X | 双面焊 | 12～60 | 24～60 |

（续）

| 序号 | 坡口形式 | 符号 | 焊接面数 | 厚度范围/mm | |
|---|---|---|---|---|---|
| | | | | 焊条电弧焊 | 埋弧焊 |
| 5 | | (Y形) | 单面焊 | >30 | >30 |
| | | | 双面焊 | | |
| 6 | | | 双面焊 | >16 | 20~50 |
| 7 | | | 双面焊 | 6~30 | 10~20 |
| 8 | | (X形) | 双面焊 | >30 | 50~160 |
| 9 | | | 双面焊 | >30 | >30 |
| 10 | | (K形) | 双面焊 | >10 | 20~30 |

#### 2.2.4　焊接接头的静载强度计算

在焊接结构中，焊缝按所起的作用可分为工作焊缝和联系焊缝，如图 3.3-32 所示。工作焊缝又称承载焊缝，它与被连接材料是串联的，承担着传递全部载荷的作用；联系焊缝又称非承载焊缝，它与被连接材料是并联的，传递很小载荷，主要起构件之间相互联系的作用。

焊接接头设计的方法有许用应力设计法和极限状态设计法两种。两者在接头上的应力分析和计算中没有本质的区别，在强度表达式上也很类似，但取值的方式和方法却不相同。

1. 许用应力设计法

（1）熔焊接头的静载强度计算　为简化计算，在熔焊接头的静载强度计算中，采用如下假定：①焊接残余应力对接头强度没有影响；②由于几何不连续而引起局部应力集中，对接头强度没有影响；③忽略焊缝的余高和少量的熔深，以焊缝中最小的断面为计算断面；④角焊缝一律按切应力计算其强度；⑤正面角焊缝和侧面角焊缝在强度上无差别。

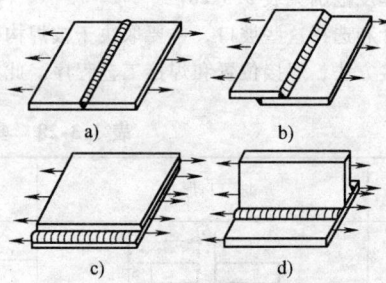

图3.3-32　工作焊缝与联系焊缝
a)、c) 工作焊缝　b)、d) 联系焊缝

1）简易的焊接接头强度计算法。

① 对接焊缝。熔透对接接头的静载强度计算公式与基本金属（母材）的计算公式完全相同，焊缝的计算厚度如图 3.3-33 所示。开坡口熔透的 T 形接头和十字接头按对接焊缝进行强度计算，焊缝的计算厚度取立板的厚度。一般情况下，按等强原则选择焊缝填充金属的优质低合金结构钢和碳素结构钢的对接焊缝，可不进行强度计算。对接焊缝接头静载强度计算公式见表 3.3-29。

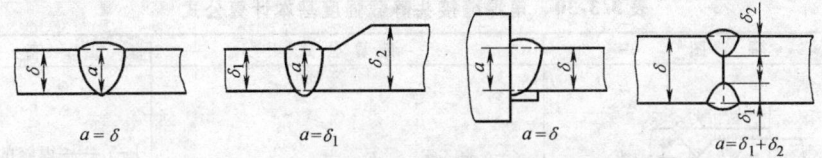

**图3.3-33　对接焊缝的计算断面（$a$ 为计算厚度）**

$a=\delta$　　　$a=\delta_1$　　　$a=\delta$　　　$a=\delta_1+\delta_2$

**表 3.3-29　对接焊缝接头静载强度计算公式**

| 名　称 | 简　图 | 计算公式 | 备　注 |
|---|---|---|---|
| 对接接头 | | 受拉：$\sigma=\dfrac{F}{l\delta}\leqslant[\sigma_l']$ | |
| | | 受压：$\sigma=\dfrac{F}{l\delta}\leqslant[\sigma_a']$ | |
| | | 受剪：$\tau=\dfrac{F_s}{l\delta}\leqslant[\tau']$ | |
| | | 平面内弯矩 $M_1$：$\sigma=\dfrac{6M_1}{l^2\delta}\leqslant[\sigma_l']$ | |
| | | 平面外弯矩 $M_2$：$\sigma=\dfrac{6M_2}{l\delta^2}\leqslant[\sigma_l']$ | $[\sigma_l']$——焊缝的许用拉应力 |
| 开坡口熔透 T 型接头或十字接头 | | 受拉：$\sigma=\dfrac{F}{l\delta}\leqslant[\sigma_l']$ | $[\sigma_a']$——焊缝的许用压应力 |
| | | 受压：$\sigma=\dfrac{F}{l\delta}\leqslant[\sigma_a']$ | $[\tau']$——焊缝的许用切应力 |
| | | 受剪：$\tau=\dfrac{F_s}{l\delta}\leqslant[\tau']$ | $\delta\leqslant\delta_1$ |
| | | 平面内弯矩 $M_1$：$\sigma=\dfrac{6M_1}{l^2\delta}\leqslant[\sigma_l']$ | |
| | | 平面外弯矩 $M_2$：$\sigma=\dfrac{6M_2}{l\delta^2}\leqslant[\sigma_l']$ | |

② 角焊缝接头。在其静载强度简化计算中，角焊缝焊缝的计算长度一般取每条焊缝的实际长度减去 10mm。角焊缝的计算厚度如图 3.3-34 所示。开坡口部分熔透的角焊缝，其计算厚度按图 3.3-35 所示方法确定。不熔透的对接接头应按角焊缝计算。角焊缝接头静载强度计算公式见表 3.3-30。

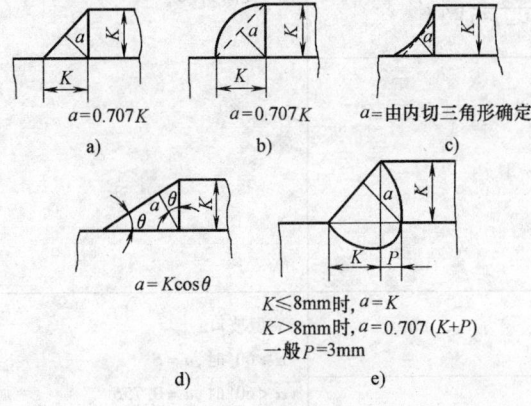

a)　　　b)　　　c)

$a=0.707K$　　$a=0.707K$　　$a=$由内切三角形确定

d)　　　e)

$a=K\cos\theta$

$K\leqslant8\text{mm}$ 时，$a=K$
$K>8\text{mm}$ 时，$a=0.707(K+P)$
一般 $P=3\text{mm}$

**图3.3-34　常用角焊缝的断面形状及其计算断面**

a) 标准角焊缝　b) 外凸焊缝　c) 内凹角焊缝
d) 不等腰角焊缝　e) 深熔角焊缝
$K$—焊脚尺寸　$a$—计算厚度　$P$—熔入母材深度

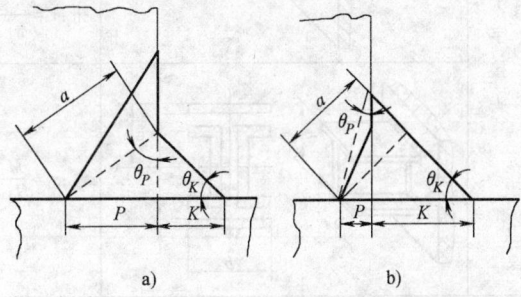

a)　　　b)

**图3.3-35　部分熔透角焊缝计算厚度 $a$ 的确定**

a) $P>K$（或 $\theta_P>\theta_K$），$a=\dfrac{P}{\sin\theta_P}$

当 $\theta_K=45°$ 时，$a=\sqrt{P^2+K^2}$；

b) $P<K$（或 $\theta_P<\theta_K$），$a=(P+K)\sin\theta_K$

当 $\theta_K=45°$ 时，$a=\dfrac{P+K}{\sqrt{2}}$

**表 3.3-30　角焊缝接头静载强度基本计算公式**

| 名称 | 简　图 | 计　算　公　式 | 备　注 |
|---|---|---|---|
| 搭接接头 | | 受拉或受压：$\tau = \dfrac{F}{a\Sigma l} \leqslant [\tau']$ | $[\tau']$——焊缝的许用切应力<br>$\Sigma l = l_1 + l_2 + \cdots + l_5$ |
| 搭接接头 | | 第一法：分段计算法<br>$\tau = \dfrac{M}{al(h+a) + \dfrac{ah^2}{6}} \leqslant [\tau']$<br>第二法：轴惯性矩计算法<br>$\tau = \dfrac{M}{I_x} y_{max} \leqslant [\tau']$<br>第三法：极惯性矩计算法<br>$\tau = \dfrac{M}{I_p} r_{max} \leqslant [\tau']$ | $I_p = I_x + I_y$<br>$I_x$、$I_y$——焊缝计算面积对 $x$ 轴、$y$ 轴的惯性矩<br>$I_p$——焊缝计算面积的极惯性矩<br>$y_{max}$——焊缝计算截面距 $x$ 轴的最大距离<br>$r_{max}$——焊缝计算截面距 $O$ 点的最大距离 |
| T 形接头和十字接头 | | 拉：$\tau = \dfrac{F}{2ah} \leqslant [\tau']$<br>压：$\tau = \dfrac{F}{2ah} \leqslant [\sigma_a']$<br>平面内弯矩 $M_1$：$\tau = \dfrac{3M_1}{ah^2} \leqslant [\tau']$<br>平面外弯矩 $M_2$：$\tau = \dfrac{M_2}{ha(\delta+a)} \leqslant [\tau']$ | |
| T 形接头和十字接头 | | 弯：$\tau = \dfrac{4M(R+a)}{\pi[(R+a)^4 - R^4]} \leqslant [\tau']$<br>扭：$\tau = \dfrac{2T(R+a)}{\pi[(R+a)^4 - R^4]} \leqslant [\tau']$ | 在承受压应力时，考虑到板的端面可以传递部分压力，许用应力从 $[\tau']$ 提高到 $[\sigma_a']$ |
| T 形接头和十字接头 | | 弯：$\tau = \dfrac{M}{I_x} y_{max} \leqslant [\tau']$ | |
| 不熔透对接接头 | | 拉：$\tau = \dfrac{F}{2al} \leqslant [\tau']$<br>剪：$\tau = \dfrac{F_t}{2al} \leqslant [\tau']$<br>弯：$\tau = \dfrac{M}{I_x} y_{max} \leqslant [\tau']$ | V 型坡口：<br>$\alpha \geqslant 60°$ 时，$a = S$<br>$\alpha < 60°$ 时，$a = 0.75S$<br>U 形、J 形坡口：<br>$\alpha = S$<br>$I_x = al(\delta - a)^2$<br>$l$——焊缝长度 |

在设计计算角焊缝时，一般应遵循下列原则和规定：

a. 侧面角焊缝或正面角焊缝的计算长度不得小于 $8K$（$K$ 为焊脚尺寸），且不小于 40mm。

b. 角焊缝的最小焊脚尺寸不应小于 4mm，当焊件厚度小于 4mm 时，可与焊件厚度相同。

c. 因构造上需要的非承载角焊缝，其最小焊脚尺寸可根据焊件厚度及焊接工艺要求确定，可参照表 3.3-31。

表 3.3-31　角焊缝的最小焊脚尺寸

| 接头中较厚板的厚度 $\delta$/mm | 最小焊脚尺寸 $K$/mm |
| --- | --- |
| ≤6.5 | 3.5 |
| >6.5 ~ 13 | 5 |
| >13 ~ 19 | 6.5 |
| >19 ~ 38 | 8 |
| >38 ~ 57 | 10 |
| >57 ~ 152 | 13 |
| >152 | 16 |

注：最小焊脚尺寸 $K$ 不得超过较薄钢板的厚度。

d. 在承受静载的次要焊件中，如果计算出的角焊缝的焊脚尺寸小于规定的最小值，可采用断续焊缝。断续焊缝的焊脚尺寸可根据折算方法确定。断续焊缝之间的距离在受压构件中不应大于 $15\delta$，受拉构件中一般不应大于 $30\delta$（$\delta$ 为被焊构件中较薄件的厚度）。在腐蚀介质下工作的构件不应采用断续焊缝。

③ 承受复杂载荷的焊接接头的静载强度计算。当焊接接头承受复杂载荷时，应分别求出各载荷所引起的应力。根据各应力的方向、性质和位置，确定合成应力最大的点，即危险点，并算出该点的合成应力。当危险点难以确定时，应选几个大应力点计算其合成应力，以最大值的点为危险点。最大正应力和最大切应力不在同一点时，偏于安全的做法是以最大正应力和平均切应力计算其合成应力。

2）按刚度条件选择角焊缝尺寸。焊接机床床身、底座、立柱和横梁等大型机件，一般工作应力较低，只相当于一般结构钢许用应力的 10% ~ 20%。若按工作应力来设计角焊缝尺寸，其值必然很小；若按等强原则选择焊缝，则尺寸将过大，这会增加成本并产生严重的焊接残余应力和变形。因此，这类焊缝不宜再用强度条件选择尺寸。

在 T 形（或十字形）接头中角焊缝尺寸是根据设计要求来确定的，为了使角焊缝和母材强度相等，即按等强度设计，双面角焊缝的焊脚尺寸必须满足：

$$K = \frac{3}{4}\delta$$

式中　$\delta$——较薄板的厚度。

如果按刚度设计焊接构件时，所需的焊脚尺寸相应要减小，经验的做法是取强度设计所需尺寸的 $1/3 ~ 1/2$，即：

$$K = \left(\frac{1}{4} ~ \frac{3}{8}\right)\delta$$

$K = \frac{3}{4}\delta$ 的角焊缝主要用于集中载荷作用的部位，如导轨的焊接。$K = \frac{3}{8}\delta$ 的角焊缝用于焊接箱体中，若为单面角焊缝则焊脚尺寸加倍，即 $K = \frac{3}{4}\delta$。$K = \frac{1}{4}\delta$ 的角焊缝，主要用于不承载焊缝，它可以是单面的，也可以是双面的。按刚度条件设计的角焊缝尺寸见表 3.3-32。

3）焊缝的许用应力。强度设计用的许用应力通常由国家工程主管部门根据安全和经济原则，根据材料性质、载荷、环境、加工质量、计算和检测精确度和构件的重要性等综合后确定。

一般机器焊接结构中焊缝的许用应力见表 3.3-33。我国起重机行业和钢制压力容器行业中采用的焊缝许用应力分别见表 3.3-34 和表 3.3-35。

表 3.3-32　按刚度条件设计的角焊缝尺寸

（单位：mm）

| 板厚 $\delta$ | 强度设计 | 刚度设计 | |
| --- | --- | --- | --- |
| | 100% 强度 $K = \frac{3}{4}\delta$ | 50% 强度 $K = \frac{3}{8}\delta$ | 33% 强度 $K = \frac{1}{4}\delta$ |
| 6.35 | 4.76 | 4.76 | 4.76 |
| 7.94 | 6.35 | 4.76 | 4.76 |
| 9.53 | 7.94 | 4.76 | 4.76 |
| 11.11 | 9.53 | 4.76 | 4.76 |
| 12.70 | 9.53 | 4.76 | 4.76 |
| 14.27 | 11.11 | 6.35 | 6.35 |
| 15.88 | 12.70 | 6.35 | 6.35 |
| 19.05 | 14.27 | 7.94 | 6.35 |
| 22.23 | 15.88 | 9.53 | 7.94 |
| 25.40 | 19.05 | 9.53 | 7.94 |
| 28.58 | 22.23 | 11.11 | 7.94 |
| 31.75 | 25.40 | 12.70 | 7.94 |
| 34.93 | 28.58 | 12.70 | 9.53 |
| 38.10 | 31.75 | 14.29 | 9.53 |
| 41.29 | 34.88 | 15.88 | 11.11 |
| 44.45 | 34.95 | 19.05 | 11.11 |
| 50.86 | 38.10 | 19.05 | 12.70 |
| 53.98 | 41.29 | 22.23 | 14.29 |
| 56.75 | 44.45 | 22.23 | 14.29 |
| 60.33 | 44.45 | 25.40 | 15.88 |
| 63.50 | 47.61 | 25.40 | 15.88 |
| 66.67 | 50.80 | 25.40 | 19.05 |
| 69.85 | 50.80 | 25.40 | 19.05 |
| 76.20 | 56.75 | 28.58 | 19.05 |

**表 3.3-33  一般机器焊接结构中焊缝的许用应力**

| 焊缝种类 | 应力状态 | 焊缝许用应力 | |
|---|---|---|---|
| | | 一般 E43××型及 E50××型焊条电弧焊 | 低氢焊条电弧焊、埋弧焊 |
| 对接焊缝 | 拉应力 | $0.9[\sigma]$ | $[\sigma]$ |
| | 压应力 | $[\sigma]$ | $[\sigma]$ |
| | 切应力 | $0.6[\sigma]$ | $0.65[\sigma]$ |
| 角焊缝 | 切应力 | $0.6[\sigma]$ | $0.65[\sigma]$ |

注：1. $[\sigma]$ 为基本金属的许用拉应力。

2. 适用于低碳钢及 500MPa 级以下的低合金结构钢。

**表 3.3-34  起重机结构焊缝的许用应力**

| 焊缝种类 | 应力种类 | 符号 | 用普通方法检查的焊条电弧焊 | 埋弧焊或用精确方法检查的焊条电弧焊 |
|---|---|---|---|---|
| 对接 | 拉应力、压应力 | $[\sigma']$ | $0.8[\sigma]$ | $[\sigma]$ |
| 对接及角焊缝 | 切应力 | $[\tau']$ | $\dfrac{0.8[\sigma]}{\sqrt{2}}$ | $\dfrac{[\sigma]}{\sqrt{2}}$ |

注：$[\sigma]$ 为基本金属的许用拉应力，$[\sigma']$ 为焊缝金属的许用拉应力，$[\tau']$ 为焊缝的许用切应力。

**表 3.3-35  钢制压力容器焊缝的许用应力**

| 无损检测的程度 | 焊缝类型 | | |
|---|---|---|---|
| | 双面焊或相当于双面焊的全焊透对接焊缝 | 单面对接焊缝，沿焊缝根部全长具有紧贴基本金属垫板 | 单面焊环向对接焊缝，无垫板 |
| 100% 检测 | $[\sigma]$ | $0.9[\sigma]$ | — |
| 局部检测 | $0.85[\sigma]$ | $0.8[\sigma]$ | — |
| 无法检测 | — | — | $0.6[\sigma]$ |

注：此表系数只适用于厚度不超过 16mm、直径不超过 600mm 的壳体环向焊缝。

（2）电阻焊接头的静载强度计算  点焊接头的静载强计算中不考虑焊点受力不均匀的影响，焊点内工作应力均匀分布。点焊和缝焊接头受简单载荷作用的静载强度计算公式见表 3.3-36。碳素结构钢、低合金结构钢和部分铝合金的点焊接头、缝焊接头，其焊缝金属的许用拉应力为 $[\sigma']$，其许用切应力 $[\tau_0]=(0.3\sim0.5)[\sigma']$，抗撕拉许用应力 $[\sigma_0]=(0.25\sim0.3)[\sigma']$。

**表 3.3-36  电阻焊接头静载强度计算公式**

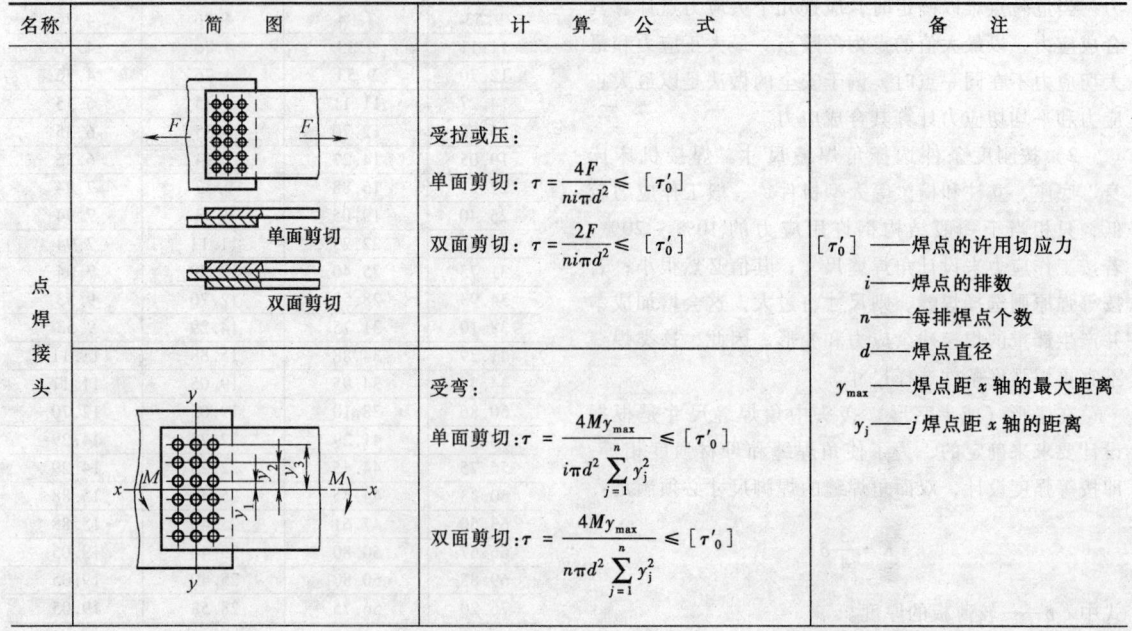

| 名称 | 简图 | 计算公式 | 备注 |
|---|---|---|---|
| 点焊接头 | 单面剪切 / 双面剪切 | 受拉或压：<br>单面剪切：$\tau=\dfrac{4F}{ni\pi d^2}\leqslant[\tau_0']$<br>双面剪切：$\tau=\dfrac{2F}{ni\pi d^2}\leqslant[\tau_0']$<br><br>受弯：<br>单面剪切：$\tau=\dfrac{4My_{max}}{i\pi d^2\sum\limits_{j=1}^{n}y_j^2}\leqslant[\tau_0']$<br>双面剪切：$\tau=\dfrac{4My_{max}}{n\pi d^2\sum\limits_{j=1}^{n}y_j^2}\leqslant[\tau_0']$ | $[\tau_0']$——焊点的许用切应力<br>$i$——焊点的排数<br>$n$——每排焊点个数<br>$d$——焊点直径<br>$y_{max}$——焊点距 $x$ 轴的最大距离<br>$y_j$——$j$ 焊点距 $x$ 轴的距离 |

（续）

| 名称 | 简　图 | 计　算　公　式 | 备　注 |
|------|--------|---------------|--------|
| 缝焊接头 | 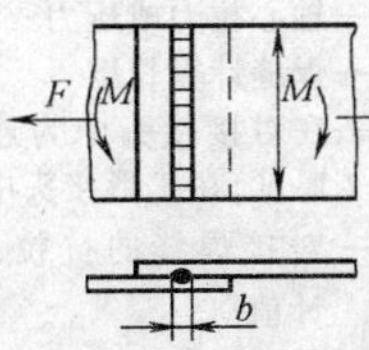 | 受拉或压：$\tau = \dfrac{F}{bl} \le [\tau_0']$<br><br>受弯：$\tau = \dfrac{6M}{bl^2} \le [\tau_0']$ | $[\tau_0']$——缝焊焊缝的许用切应力<br>$b$——焊缝宽度<br>$l$——焊缝长度 |

**2. 极限状态设计法**

该方法仅在建筑钢结构设计中使用。GB 50017—2003《钢结构设计规范》采用的是以概率理论为基础的极限状态设计法，并用分项系数的设计表达式进行计算。

该规范对各种形式焊接接头的强度计算归纳为对接焊缝和角焊缝的强度计算。凡是在对接接头、T 形接头和角接头上的焊缝，如果全熔透，则定义为对接焊缝；如果不熔透（包括部分熔透），则为角焊缝。计算这两类焊缝强度的表达式，在形式上与许用应力设计法相似，只是载荷数值要采用载荷设计值（载荷标准值乘以载荷的分项系数），焊缝强度采用焊缝的强度设计值。焊接接头的分项系数极限状态设计法的基本计算公式见表 3.3-37。在进行强度计算时，要采用载荷设计值 $G_d$，其与载荷标准值 $G_k$ 的关系为

$$G_d = r_G G_k$$

式中，$r_G$——永久载荷分项系数，一般采用 1.2，当永久载荷效应对结构构件的承载能力有效时，应采用 1.0。

焊缝的强度设计值与钢材的尺寸和形状以及焊缝质量有关，Q235 钢型材的分组尺寸见表 3.3-38，焊缝的强度设计值见表 3.3-39。

**表 3.3-37　极限状态法的焊接接头强度计算公式**

| 焊缝类型 | 简　图 | 计　算　公　式 | 备　注 |
|----------|--------|---------------|--------|
| 对接接头和 T 形接头中垂直于轴心拉力的对接焊缝 | 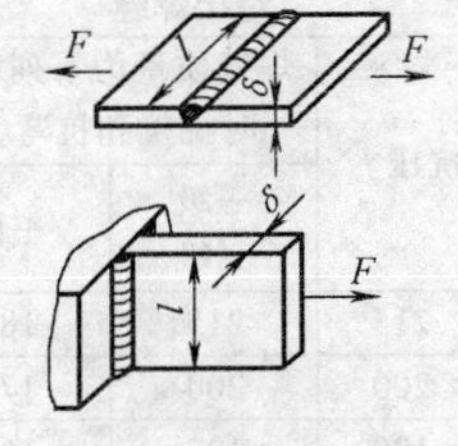 | $\sigma = \dfrac{F}{l\delta} \le f_t^w$ | |
| 对接接头和 T 形接头中垂直于轴心压力的对接焊缝 | 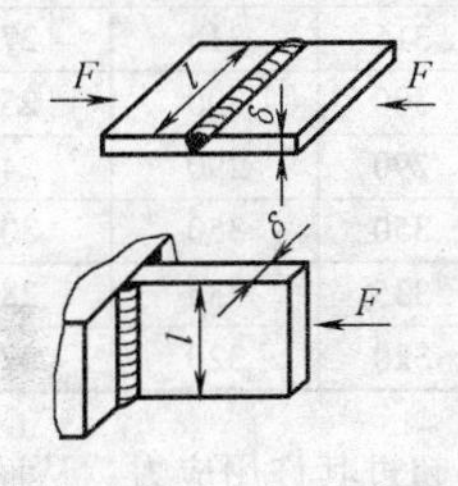 | $\sigma = \dfrac{F}{l\delta} \le f_c^w$ | $F$——轴心拉力或压力<br>$l$——焊缝计算长度<br>$\delta$——在对接接头中为连接件的较小厚度，在 T 形接头中为腹板厚度<br>$f_t^w$、$f_c^w$——对接焊缝的抗拉、抗压强度设计值<br>$F_s$——通过焊缝形心的剪切力<br>$\sigma_f$——角焊缝计算截面上垂直于焊缝的正应力<br>$\tau_f$——与焊缝平行的切应力<br>$f_f^w$——角焊缝的强度设计值<br>$a$——角焊缝的计算高度<br>$\beta_f$——正面角焊缝的增大系数，静载或间接动载，$\beta_f = 1.22$，动载 $\beta_f = 1.0$ |
| 对接接头和 T 形接头中承受弯矩和剪切力共同作用的对接焊缝 | 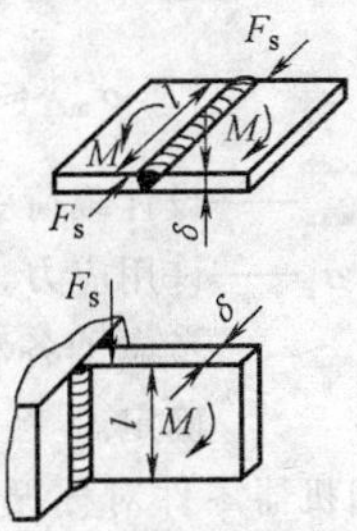 | $\sqrt{\sigma_f^2 + 3\tau_f^2} \le 1.1 f_t^w$ | |

（续）

| 焊缝类型 | 简　图 | 计　算　公　式 | 备　注 |
|---|---|---|---|
| 在通过焊缝形心的拉力、压力或剪切力作用下的角焊缝 | | $\sigma_f = \dfrac{F}{2al} \leqslant \beta_f f_f^w$<br>$\tau_f = \dfrac{N}{2al} \leqslant f_f^w$ | $F$——轴心拉力或压力<br>$l$——焊缝计算长度<br>$\delta$——在对接接头中为连接件的较小厚度，在 T 形接头中为腹板厚度<br>$f_t^w$、$f_c^w$——对接焊缝的抗拉、抗压强度设计值<br>$F_s$——通过焊缝形心的剪切力<br>$\sigma_f$——角焊缝计算截面上垂直于焊缝的正应力 |
| 在各种力综合作用下的角焊缝 | | $\sqrt{\left(\dfrac{\sigma_f}{\beta_f}\right)^2 + \tau_f^2}$<br>$\leqslant f_f^w$ | $\tau_f$——与焊缝平行的切应力<br>$f_f^w$——角焊缝的强度设计值<br>$a$——角焊缝的计算厚度<br>$\beta_f$——正面角焊缝的增大系数，静载或间接动载，$\beta_f = 1.22$，动载 $\beta_f = 1.0$ |

表 3.3-38　　Q235 钢型材的分组尺寸　　　　　　（单位：mm）

| 组　　别 | 圆钢、方钢和扁钢的直径或厚度 | 角钢、工字钢和槽钢的厚度 | 钢板的厚度 |
|---|---|---|---|
| 第一组 | ≤40 | ≤15 | ≤20 |
| 第二组 | >40～100 | >15～20 | >20～40 |
| 第三组 | — | >20 | >40～50 |

注：工字钢和槽钢的厚度指腹板的厚度。

表 3.3-39　　焊缝的强度设计值　　　　　　（单位：MPa）

| 焊接方法和焊条型号 | 构件钢材 | | | 对接焊缝 | | | 角焊缝 | |
|---|---|---|---|---|---|---|---|---|
| | 牌号 | 组别 | 厚度或直径/mm | 抗压 $f_c^w$ | 焊缝质量为下列级别时抗拉和抗弯 $f_t^w$ | | 抗剪 $f_v^w$ | 抗拉、抗压和抗剪 $f_f^w$ |
| | | | | | 一级二级 | 三级 | | |
| 埋弧焊和 E43××型的焊条电弧焊 | Q235 | 第一组 | — | 215 | 215 | 185 | 125 | 160 |
| | | 第二组 | | 200 | 200 | 170 | 115 | 160 |
| | | 第三组 | | 190 | 190 | 160 | 110 | 160 |
| 埋弧焊和 E50××型的焊条电弧焊 | Q345(16Mn) | — | ≤16 | 315 | 315 | 270 | 185 | 200 |
| | | | 17～25 | 300 | 300 | 255 | 175 | 200 |
| | | | 26～36 | 290 | 290 | 245 | 170 | 200 |
| 埋弧焊和 E55××型的焊条电弧焊 | Q390(15MnV) | — | ≤16 | 350 | 350 | 300 | 205 | 220 |
| | | | 17～25 | 335 | 335 | 285 | 195 | 220 |
| | | | 26～36 | 320 | 320 | 270 | 185 | 220 |

**2.2.5　焊接接头的疲劳强度**

焊接结构实际上多数是在不同程度上的变载荷条件下工作的，焊接结构的破坏也大多是由于疲劳裂纹的扩展引起的，而疲劳裂纹源大多在焊接接头处，因此焊接接头的疲劳强度计算方法及其精确度对于保证焊接结构的安全性极为重要。

1. 焊接接头的疲劳强度计算

（1）许用应力计算法　把构件的试验疲劳强度（又称材料的疲劳强度）考虑了各种影响因素并除以一安全系数作为许用应力，使设计载荷引起的应力最

大值不超过其许用应力，从而确定构件截面尺寸的设计方法称为许用应力计算法。其强度条件为

$$\sigma_{max} \leqslant [\sigma_r]$$

式中　$\sigma_{max}$——设计载荷引起构件的最大应力值；

　　　$\sigma_r$——许用应力，以试验的疲劳强度为基础考虑了各种影响因素和安全系数后确定。

普通机器零件对称循环疲劳许用应力可按下式确定：

$$[\sigma_{-1}] = \frac{\varepsilon \cdot \beta}{[n] \cdot K} \sigma_{-1}$$

式中 $\varepsilon$——尺寸系数，是考虑尺寸效应影响的修正系数，一般小于 1；

$\beta$——表面状态系数，考虑表面加工、腐蚀、强化的影响，小于 1；

$K$——有效应力集中系数，考虑缺口效应的影响，大于 1；

$[n]$——许用疲劳安全系数，大于 1；

$\sigma_{-1}$——弯曲、拉压对称循环的材料疲劳极限。

根据 GB/T 3811—2008《起重机设计规范》中规定，起重机金属结构的疲劳强度，采取许用应力计算。起重机结构中焊缝的疲劳许用应力见表 3.3-40。疲劳许用应力的基本值见表 3.3-41，要结合表 3.3-42 中接头的应力集中情况等级选取。

当焊接接头单独承受正应力时，表 3.3-40 中的应力循环特征系数 $r = \sigma_{min}/\sigma_{max}$；单独受切应力作用时，$r = \tau_{min}/\tau_{max}$；当同时承受正应力 $\sigma_x$、$\sigma_y$ 和切应力 $\tau_{xy}$ 时，$r$ 应按下式分别计算：

$$r_{xy} = \frac{\tau_{xymin}}{\tau_{xymax}}; r_x = \frac{\sigma_{xmin}}{\sigma_{xmax}}; r_y = \frac{\sigma_{ymin}}{\sigma_{ymax}}$$

当某种应力在同一载荷组合里显著大于其他两种应力时，则可不考虑其两种应力对疲劳强度的影响，直接按公式：

$$\sigma_{max} \leq [\sigma_r] \quad \text{或} \quad \tau_{max} \leq [\tau_r]$$

验算疲劳强度。$[\sigma_r]$ 表示拉伸（或压缩）疲劳许用应力。$[\tau_r]$ 表示剪切疲劳许用应力。当接头同时承受正应力和切应力，强度验算应符合下式：

$$\left(\frac{\sigma_{xmax}}{[\sigma_{rx}]}\right)^2 + \left(\frac{\sigma_{ymax}}{[\sigma_{ry}]}\right)^2 - \frac{\sigma_{xmax}\sigma_{ymax}}{[\sigma_{rx}][\sigma_{ry}]} + \left(\frac{\tau_{xymax}}{[\tau_r]}\right)^2 \leq 1.1$$

**表 3.3-40 起重机结构中焊缝疲劳许用应力**

| 应力状态 | | 疲劳许用应力计算公式 | 备　注 |
|---|---|---|---|
| $r \leq 0$ | 拉伸 | $[\sigma_{rl}] = \dfrac{1.67[\sigma_{-1}]}{1 - 0.67r}$ | $[\sigma_{-1}]$——疲劳许用应力的基本值（$r = -1$），$[\sigma_{-1}]$ 的值见表 3.3-41 |
| | 压缩 | $[\sigma_{ra}] = \dfrac{2[\sigma_{-1}]}{1 - r}$ | |
| $r > 0$ | 拉伸 | $[\sigma_{rl}] = \dfrac{1.67[\sigma_{-1}]}{1 - \left(1 - \dfrac{[\sigma_{-1}]}{0.45R_m}\right)r}$ | $R_m$——结构件或接头材料的抗拉强度，Q235 钢，取 $R_m = 380\text{MPa}$；Q345（16Mn）钢，$R_m = 500\text{MPa}$ |
| | 压缩 | $[\sigma_{ra}] = \dfrac{2[\sigma_{-1}]}{1 - \left(1 - \dfrac{[\sigma_{-1}]}{0.45R_m}\right)r}$ | |
| 剪切疲劳许用应力 | | $[\tau_r] = \dfrac{[\sigma_{rl}]}{\sqrt{2}}$ | 取表 3.3-41 中与 $K_0$ 相应的 $[\sigma_{rl}]$ 的值 |

**表 3.3-41 疲劳许用应力基本值 $[\sigma_{-1}]$** （单位：MPa）

| 应力集中情况等级 | 材料类型 | 结构工作级别[1] | | | | | | | |
|---|---|---|---|---|---|---|---|---|---|
| | | $A_1$ | $A_2$ | $A_3$ | $A_4$ | $A_5$ | $A_6$ | $A_7$ | $A_8$ |
| $K_0$ | Q235 | | | | | 168.0 | 133.3 | 105.8 | 84.0 |
| | Q345（16Mn） | | | | | 168.0 | 133.3 | 105.8 | 84.0 |
| $K_1$ | Q235 | | | | 170.0 | 150.0 | 119.0 | 94.5 | 75.0 |
| | Q345（16Mn） | | | | 188.4 | 150.0 | 119.0 | 94.5 | 75.0 |
| $K_2$ | Q235 | | | 170.0 | 158.3 | 126.0 | 100.0 | 79.4 | 63.0 |
| | Q345（16Mn） | | | 198.4 | 158.3 | 126.0 | 100.0 | 79.4 | 63.0 |
| $K_3$ | Q235 | | 170.0 | 141.7 | 113.0 | 90.0 | 71.4 | 66.7 | 45.0 |
| | Q345（16Mn） | | 178.5 | 141.7 | 113.0 | 90.0 | 71.4 | 66.7 | 45.0 |
| $K_4$ | Q235 | 135.9 | 107.1 | 85.0 | 67.9 | 54.0 | 42.8 | 34.0 | 27.0 |
| | Q345（16Mn） | 135.9 | 107.1 | 85.0 | 67.9 | 54.0 | 42.8 | 34.0 | 27.0 |

[1] 工作级别由起重机利用等级和载荷状态确定。详见 GB/T 3811—2008。

**表 3.3-42　应力集中情况等级**

| 接头形式 | 工艺方法说明 | | 应力集中情况等级 | 接头形式 | 工艺方法说明 | | 应力集中情况等级 |
|---|---|---|---|---|---|---|---|
| | 对接焊缝 | 力方向垂直于焊缝 | $K_2$ | | 对接焊缝,焊缝受纵向剪切 | | $K_0$ |
| | | 力方向平行于焊缝 | $K_1$ | | | | |
| 非对称斜度<br><br>对称斜度<br><br>无斜度 | 不同厚度的对接焊缝,力方向垂直于焊缝 | 非对称斜度(1:4)~(1:5) | $K_1$ | | 承受弯曲和剪切作用 | K 形焊缝 | $K_3$ |
| | | 非对称斜度 1:3 | $K_2$ | | | 双向角焊缝 | $K_4$ |
| | | 对称斜度 1:3 | $K_1$ | | 承受集中载荷的翼缘和腹板间的焊缝 | K 形焊缝 | $K_3$ |
| | | 对称斜度 1:2 | $K_2$ | | | 双面角焊缝 | $K_4$ |
| | | 非对称、无斜度 | $K_4$ | | | | |
| | 力方向垂直于焊缝 | 用双面角焊缝把构件焊在主要受力构件上 | $K_2$ | | 在整体主要构件侧面焊上与其端面成直角布置的构件,力方向平行于焊缝 | 焊接件两端有侧角或带圆弧 | $K_3$ |
| | | 用连续角焊缝把横隔板、腹板的肋板、圆环或轮毂焊在主要受力构件上(如翼缘或轴) | $K_2$ | | | 焊接件两端无侧角 | $K_4$ |
| | 角焊缝,力方向平行于焊缝 | | $K_1$ | | 弯曲的翼缘与腹板间的焊缝 | K 形焊缝 | $K_3$ |
| | | | | | | 双面角焊缝 | $K_4$ |
| | 梁的盖板和腹板间的 K 形焊缝或角焊缝 | | $K_1$ | | 桁架节点各杆件用角焊缝连接 | | $K_4$ |
| | 梁的腹板横向对接焊缝 | | $K_1$ | | | | |
| | 十字接头焊缝,力方向垂直于焊缝 | K 形焊缝 | $K_3$ | | 用管子制成的桁架,其节点用角焊缝连接 | | $K_4$ |
| | | 双向角焊缝 | $K_4$ | | | | |

（2）应力折减系数法　该方法中，疲劳许用应力 $[\sigma_r]$ 是以静载时所选用的焊缝许用应力 $[\sigma']$ 值乘以折减系数 $\beta$ 而确定的。

$$[\sigma_r] = \beta[\sigma'] \qquad \beta = \frac{1}{(aK_\sigma + b) - (aK_\sigma - b)r}$$

式中　$a$、$b$——材料系数，按表 3.3-43 选取；

　　　$K_\sigma$——有效应力集中系数，按表 3.3-44 选取；

　　　$r$——应力循环特征系数。

疲劳强度按下式计算：　　　　$\sigma_{max} \leq [\sigma_r]$

**表 3.3-43　材料系数 $a$ 和 $b$ 的值**

| 结构形式 | 钢种 | 系数 | |
|---|---|---|---|
| | | $a$ | $b$ |
| 脉动循环载荷作用下的结构 | 碳素结构钢 | 0.75 | 0.3 |
| | 低合金结构钢 | 0.8 | 0.3 |
| 对称循环载荷作用下的结构 | 碳素结构钢 | 0.9 | 0.3 |
| | 低合金结构钢 | 0.95 | 0.3 |

（3）结构构造细节分析法　研究表明，影响疲劳强度的主要因素是动载（包括冲击力）引起的应力幅 $\Delta\sigma$、结构构造细节及应力循环次数。GB 50017—2003《钢结构设计规范》规定，对所有应力循环内的应力幅保持常量的常幅疲劳，疲劳强度按下式计算：

$$\Delta\sigma \leq [\Delta\sigma];\ \Delta\sigma = \sigma_{max} - \sigma_{min};\ [\Delta\sigma] = \left(\frac{C}{n}\right)^{1/\beta}$$

式中　$\Delta\sigma$——焊接部位的应力幅（MPa）；

　　　$\sigma_{max}$、$\sigma_{min}$——计算部位每次应力循环中的最大拉应力（取正值）和最小拉应力或压应力（拉应力取正值，压应力取负值）（MPa）；

　　　$[\Delta\sigma]$——常幅疲劳的许用应力幅（MPa）；

　　　$n$——应力循环次数；

　　　$C$ 和 $\beta$——根据表 3.3-45 提供的连接类别，由表 3.3-46 确定。

对应力循环内的应力幅随机变化的变幅疲劳，若能预测结构在使用寿命期间各种载荷的频率分布、应力幅水平以及频次分布总和所构成的设计应力谱，则可将其折算为等效常幅疲劳，按下式计算：

$$[\Delta\sigma]_e \leq [\Delta\sigma]$$

式中　$\Delta\sigma_e$——变幅疲劳的等效应力幅，按下式确定：

$$\Delta\sigma_e = \left[\frac{\sum n_i (\Delta\sigma_i)^\beta}{\sum n_i}\right]^{1/\beta}$$

其中，$\sum n_i$ 为以应力循环次数表示的结构预期使用寿命；$n_i$ 为预期寿命内应力幅水平达到 $\Delta\sigma_i$ 的应力循环次数。

以上疲劳强度的计算，都以"无缺陷"材料的高周疲劳作为研究对象，即低应力、高应力循环次数的疲劳，因此一般不适用于高应力、低应力循环次数，由反复性塑性应变产生破坏的低周疲劳问题。而且这类方法由于未考虑焊接结构中的缺陷、焊接接头的非均质性及实际加载频率等，因而疲劳强度计算与实际结构有一定的出入。

**表 3.3-44　焊接结构的有效应力集中系数 $K_\sigma$**

| 焊接形式 | | $K_\sigma$ | | 图示（"a-a"表示焊接接头的计算截面） |
|---|---|---|---|---|
| | | 碳素结构钢 | 低合金结构钢 | |
| 对接焊缝,焊缝全部焊透 | | 1.0 | 1.0 | |
| 对接焊缝,焊缝根部未焊透 | | 2.67 | — | |
| 搭接的端焊缝 | 1)焊条电弧焊 | 2.3 | — | |
| | 2)埋弧焊 | 1.7 | — | |
| 侧缝焊,焊条电弧焊 | | 3.4 | 4.4 | |

（续）

| 焊接形式 | | $K_\sigma$ | | 图　示 |
| --- | --- | --- | --- | --- |
| | | 碳素结构钢 | 低合金结构钢 | （"$a-a$"表示焊接接头的计算截面） |
| 邻近焊缝的母材金属，对接焊缝的热影响区 | 1）经机械加工 | 1.1 | 1.2 | |
| | 2）由焊缝至母材金属的过渡区足够平滑时，未经机械加工　直焊缝时 | 1.4 | 1.5 | |
| | 斜焊缝时 | 1.3 | 1.4 | |
| | 3）由焊缝至母材金属的过渡区足够平滑时，但焊缝高出母材金属 $0.2\delta$，未经机械加工的直焊缝 | 1.8 | 2.2 | |
| | 4）由焊缝至母材金属的过渡区足够平滑时，有垫圈的管子对接焊缝，未经机械加工 | 1.5 | 2.0 | |
| | 5）沿力作用线的对接焊缝，未经机械加工 | 1.1 | 1.2 | |
| 邻近焊缝的母材金属，搭接焊缝中端焊缝的热影响区 | 1）焊趾长度比为 $2\sim2.5$ 的端焊缝，未经机械加工 | 2.4 | 2.8 | |
| | 2）焊趾长度比为 $2\sim25$ 的端焊缝，经机械加工 | 1.8 | 2.1 | |
| | 3）焊趾等长度的凸形端焊缝，未经机械加工 | 3.0 | 3.5 | |
| | 4）焊趾长度比为 $2\sim2.5$ 的端焊缝，未经机械加工，但经母材金属传递力 | 1.7 | 2.3 | |
| | 5）焊趾长度比为 $2\sim2.5$ 的端焊缝，由焊缝至母材金属的过渡区经机械加工，经母材金属传递力 | 1.4 | 1.9 | |
| | 6）焊趾等长度的凸形端焊缝，未经机械加工，但经母体金属传递力 | 2.2 | 2.6 | |
| | 7）在母材金属上加焊直焊缝 | 2.0 | 2.3 | |
| 搭接焊缝中的侧焊缝 | 1）经焊缝传递力，并与截面对称 | 3.2 | 3.5 | |
| | 2）经焊缝传递力，与截面不对称 | 3.5 | — | |
| | 3）经母材金属传递力 | 3.0 | 3.8 | |
| | 4）在母材金属上加焊纵向焊缝 | 2.2 | 2.5 | |

（续）

| 焊接形式 | | $K_\sigma$ | | 图　示 ("$a-a$" 表示焊接接头的计算截面) |
|---|---|---|---|---|
| | | 碳素结构钢 | 低合金结构钢 | |
| 母材金属上加焊板件 | 1) 加焊矩形板,周边焊接,应力集中区未经机械加工 | 2.5 | 3.5 | 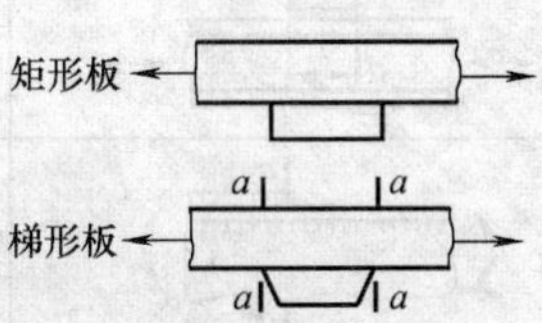 矩形板 |
| | 2) 加焊矩形板,周边焊接,应力集中区经机械加工 | 2.0 | — | 梯形板 |
| | 3) 加焊梯形板,周边焊接,应力集中区经机械加工 | 1.5 | 2.0 | |
| 组合焊缝 | | 3.0 | — | 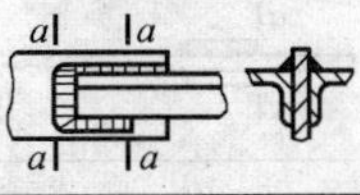 |

**表 3.3-45　疲劳计算的构件和连接分类**

| 简　图 | 说　　　明 | | | 类别 |
|---|---|---|---|---|
| 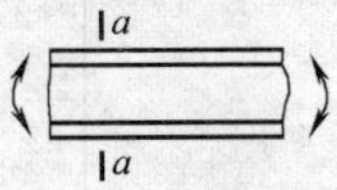 | 无连接处的主体金属 | 1) 轧制工字钢 | | 1 |
| 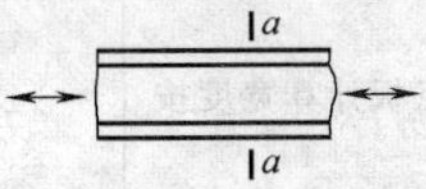 | | 2) 钢板 | 两侧为轧制边或刨边 | 1 |
| | | | 两侧为自动、半自动切割边(切割质量标准应符合《钢结构工程施工及验收规范》一级标准) | 2 |
| 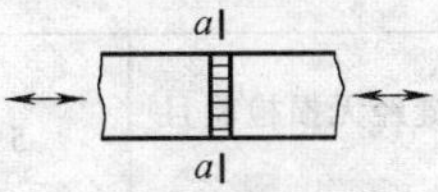 | 横向对接焊缝附近的主体金属 | 1) 焊缝经加工、磨平及无损检验(符合《钢结构工程施工及验收规范》一级标准) | | 2 |
| | | 2) 焊缝经检验,外观尺寸符合一级标准 | | 3 |
| 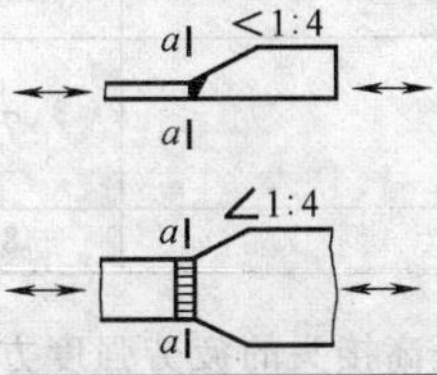 | 不同厚度(或宽度)横向对接焊缝附近的主体金属,焊缝加工成平滑过渡并经无损检验符合一级标准 | | | 2 |
| 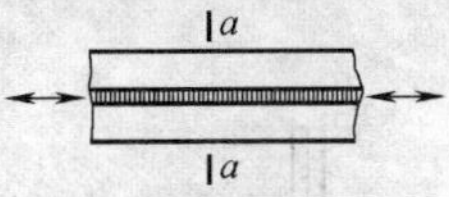 | 纵向对接焊缝附近的主体金属,焊缝经无损检验及外观尺寸检查均符合二级标准 | | | 2 |
| 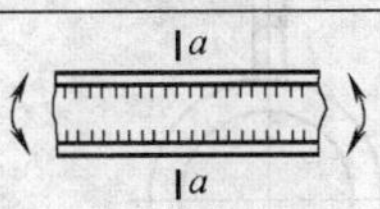 | 翼缘连接焊缝附近的主体金属(焊缝质量经无损检验符合二级标准) | 1) 单层翼缘板 | 埋弧焊 | 2 |
| 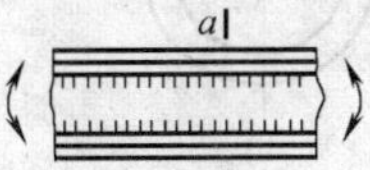 | | | 焊条电弧焊 | 3 |
| | | 2) 双层翼缘板 | | 3 |
| 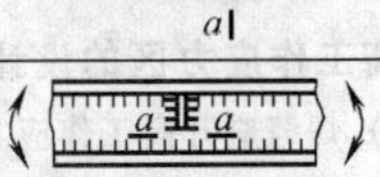 | 横向肋板端部附近的主体金属 | 肋端不断弧(采用回焊) | | 4 |
| | | 肋端断弧 | | 5 |
| 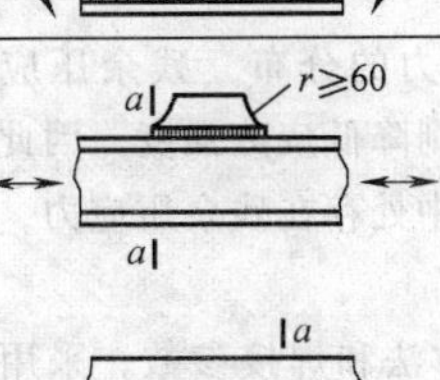 | 梯形节点板对焊于梁翼缘、腹板以及桁架构件处的主体金属,过渡处在焊后铲平、磨光、圆滑过渡,不得有焊接起弧、灭弧缺陷 | | | 5 |

（续）

| 简　图 | 说　明 | 类别 |
|---|---|---|
|  | 矩形节点板用角焊缝连于构件翼缘或腹板处的主体金属, $l > 150\text{mm}$ | 7 |
|  | 翼缘板中断处的主体金属板端有正面焊缝 | 7 |
|  | 向正面角焊缝过渡处的主体金属 | 6 |
|  | 两侧面角焊缝连接端部的主体金属 | 8 |
|  | 三面围焊的角焊缝端部主体金属 | 7 |
|  | 三面围焊（或两侧面）角焊缝连接的节点板主体金属（节点板计算宽度按扩散角 $\theta$ 等于 30°考虑） | 7 |
|  | K 形对接焊缝处的主体金属, 两板轴线偏离小于 $0.15\delta$, 焊缝经无损检验且焊趾角 $\alpha \leqslant 45°$ | 5 |
|  | 十字接头角焊缝处的主体金属, 两板轴线偏离小于 $0.15\delta$ | 7 |
| 角焊缝 | 按有效截面确定的应力幅计算 | 8 |

表 3.3-46　参数 $C$ 和 $\beta$ 的值

| 连接类别 | 1 | 2 | 3 | 4 | 5 | 6 | 7 | 8 |
|---|---|---|---|---|---|---|---|---|
| $C(\times 10^{12})$ | 1940 | 861 | 3.26 | 2.18 | 1.47 | 0.96 | 0.65 | 0.41 |
| $\beta$ | 4 | 4 | 3 | 3 | 3 | 3 | 3 | 3 |

2. 提高焊接接头疲劳强度的措施

（1）降低应力集中　疲劳裂纹源于焊接接头和结构上的应力集中点, 消除或降低应力集中的一切手段都可以提高结构的疲劳强度: 如选择合理的结构形式和焊接接头形式、选择合适的焊缝形状和尺寸、合理地布置焊缝、尽量使焊缝避开高工作应力区等, 如图 3.3-36 所示。图 3.3-37 所示为几种设计方案正误的比较。在选择焊接接头时, 应优先选用应力集中小的对接接头。图 3.3-38 所示为角焊缝改为合理的对接焊缝的实例。在必须采用角焊缝时, 要采取综合措施提高接头的疲劳强度。采用表面机械加工的方法消除焊趾处刻槽, 或采用钨极氩弧焊在焊趾处重熔一遍（见图 3.3-39）, 不仅能使焊缝金属圆滑过渡, 而且能减少和消除该部位的非金属夹杂物（引弧和收弧

应注意不在焊趾处）, 在提高接头的疲劳强度方面较为有效。

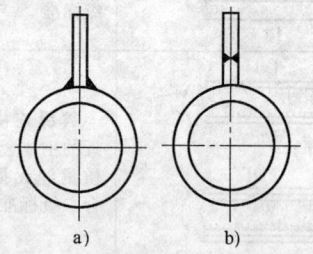

图3.3-36　焊缝避开高工作应力区的设计

a) 焊缝在高工作应力区　b) 焊缝避开高工作应力区

（2）调整焊接残余应力的分布　残余压应力可提高疲劳强度, 而拉应力则降低疲劳强度。因此, 若能调整构件表面或应力集中处存在残余压应力, 就能提高疲劳强度。

1）采用合理的焊接方法和焊接参数, 采用合理的接头形式和装配焊接顺序, 以降低焊接残余应力, 从而提高接头疲劳强度;

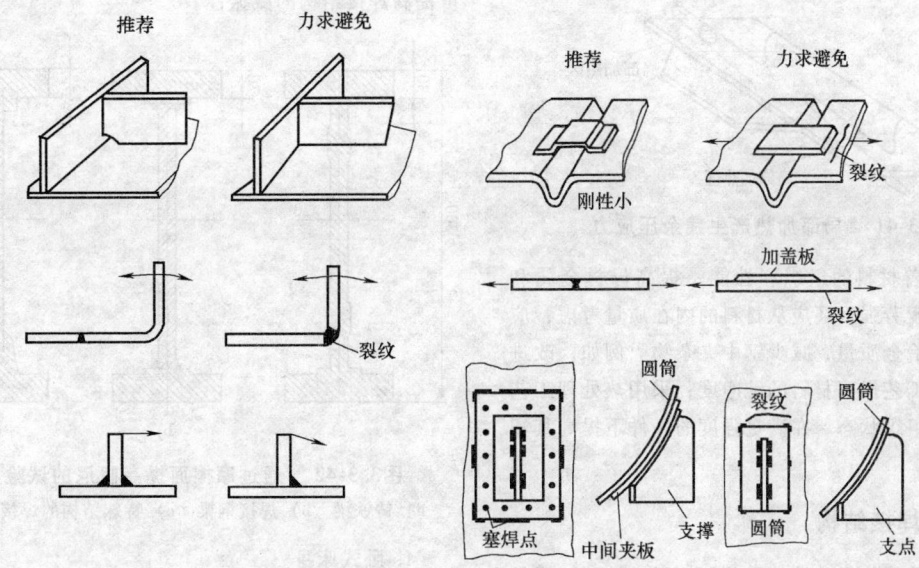

图3.3-37　几种设计方案正误比较

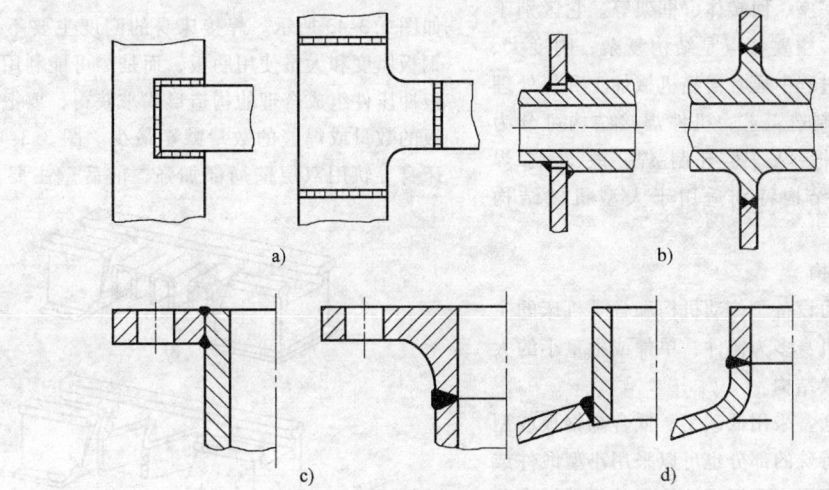

图3.3-38　角焊缝改为合理对接焊缝的设计

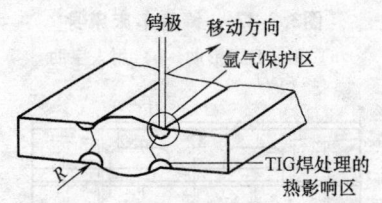

图3.3-39　焊趾处钨极氩弧焊重熔整形

2）利用预超载拉伸方法，可降低残余拉应力，有时还可在缺口处产生残余压应力并使缺口钝化，对提高疲劳强度非常有利。

3）采用焊后整体高温去应力退火处理，降低整体焊接残余应力水平，但应注意并非所有情况都能提高接头的疲劳强度。

4）在高拉伸残余应力区用辗压、锤击、喷丸或离开高应力区局部加热等方法，使高拉伸应力区的应力数值降低或产生压应力（见图 3.3-40 和图3.3-41），也可有效提高疲劳强度。局部加热时应注意控制焊接参数。

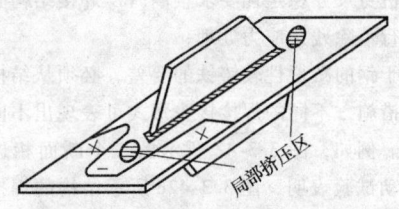

图3.3-40　局部挤压产生残余压应力

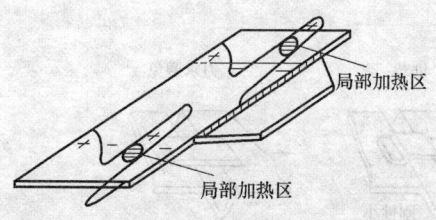

图3.3-41   局部加热产生残余压应力

（3）改善材料的组织和性能　提高母材金属和焊缝金属的疲劳强度还应从材料的内在质量考虑，应提高材料的冶金质量，减少钢中夹杂物。例如，改进材料的冶炼工艺提高材料的纯净度；采用热处理工艺改善材料的组织状态，在满足强度的条件下提高其塑性和韧性等。

## 2.3　机件焊接结构

机件焊接结构是将冲压及轧制型材、铸件、锻件等金属毛坯通过焊接方法连接而成的机械零部件，主要用于机器机体、底座、回转体、框架等。它区别于一般工程焊接结构，主要特点是结构复杂、刚度大、精度要求高，生产过程中通常需经机械加工和热处理等多种工序。根据制造工艺，机件焊接结构可分为铸-焊、锻-焊、铸-锻-焊、铸-轧制-焊、锻-轧制-焊等结构，这类焊接结构特别适用于大型机械结构制造。

### 2.3.1　机身焊接结构

机身是各种动力设备、传动机构和各类机床的主要支撑结构。小型机身多为铸件，单件或批量小的大型机身通常采用焊接结构。

机身焊接结构通常采用低碳钢、低合金钢板或型材焊接而成，形状特殊的部分也可以采用小型锻件或铸件拼焊。材料选择时应采用焊接性好的低碳钢和普通低合金结构钢，拼接用的锻件或铸件也应采用化学成分相近的材料。钢的弹性模量比铸铁的高，在保证相同刚度的情况下焊接钢结构机身比铸铁机身轻很多。由铸件直接改成钢焊件时，可采用等截面法进行结构设计。

焊接结构的残余应力，对结构尺寸的稳定性有影响，对机身尺寸稳定性要求很高时，焊接结构必须在焊后进行消除残余应力处理；

由于钢的减振性较铸铁的要差，必须从结构设计上采取措施，不同的焊接接头形式可表现出不同的减振性能。例如，图 3.3-42 所示的三个断面相近的梁经过振动试验表明，图 3.3-42c 所示结构的焊接梁阻尼指数反而比铸铁梁高 50%。因此，通过改进结构

可提高焊接结构的减振性。

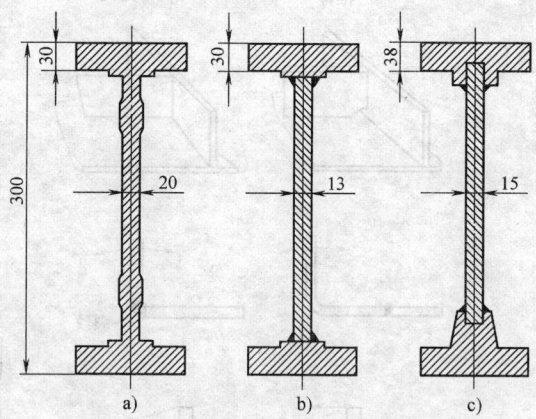

图3.3-42　通过摩擦面提高阻尼的试验梁

a）铸铁梁　b）焊接钢梁　c）特殊结构的焊接钢梁

1. 卧式床身

铸造床身的抗弯刚度和抗扭刚度主要依靠增加壁厚和在前、后壁板之间设置各种形式的肋板来保证，如图 3.3-43 所示。焊接床身的刚度主要不是靠增加钢板厚度和大量使用肋板，而是尽可能利用型钢或钢板冲压件组成合理的构造形式来获得，要把结构中肋板的数量或焊缝的数量减至最少。图 3.3-44 中所示床身导轨用双层壁局部加强；前后壁主要由若干个

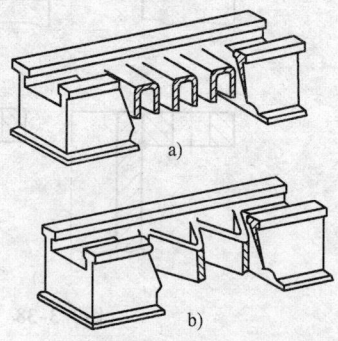

图3.3-43　铸造车床床身

a）用"Ⅱ"形肋　b）用人字肋

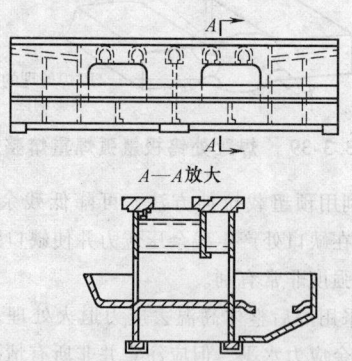

图3.3-44　小型车床焊接床身

"Ⅱ"形肋连结以获得一定的抗扭性能；底座、"Ⅱ"形肋和油底壳均为冲压件。这种焊接床身结构简单，焊缝少，质量轻。

图 3.3-45 所示为大型龙门铣刨床焊接床身（中段）的应用实例。该床身中间有 4 条纵向肋和两侧壁构成 5 个箱形结构。整个床身很长，仅中段的长度就有 8500mm，所以每隔 900mm 左右设置一横肋板，厚为 15mm，中间开减轻孔，整个床身成为箱格结构。底板较厚，有工艺孔，供施焊内部焊缝时焊工出入。

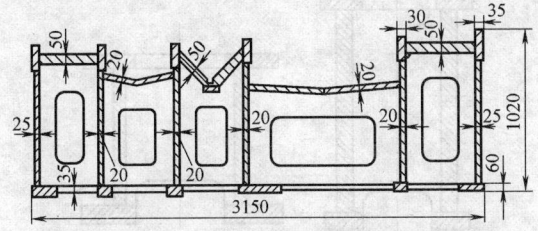

图3.3-45　大型龙门铣刨床焊接床身断面结构

2. 立式床身

锻压采用的压力机通常采用立式机身，由于机身需承受很大的作用力，因此在保证必要的刚度外还要具有较高的强度。压力机机身多是铸钢件或焊接结构，可分为开式和闭式两种结构。

（1）开式机身　开式机身是一个三面敞开的悬臂结构，操作方便，但刚度差，存在角度变形，影响模具寿命和工件精度。开式压力机的 C 形机身可当做弯梁进行强度和刚度设计，如图 3.3-46a 所示。其断面形状有单腹板和双腹板结构，双腹板结构中有些是开式断面，有些是闭式断面。喉口构造对机身的强度和刚度影响很大。在喉口上下转角处有应力集中，设计时应尽量减少喉口的深度 $D$ 和适当增加转角圆弧半径 $R$，以提高疲劳强度。

图 3.3-46b～e 所示为开式机身加强的结构措施。图 3.3-46b 所示为单腹板机身，采用 T 形断面，翼板起加强作用，只适用于小型压力机的机身。图 3.3-46c 所示为在腹板喉口边缘处用补强板局部加厚，沿补强板周边用角焊缝围焊，在补强板上预先开适当的孔或槽，进行塞焊或槽焊，以保证补板与腹板贴牢。图 3.3-46d 和图 3.3-46e 所示为用一块翼板和两

腹板构成"Ⅱ"形断面的弯梁，如果后面再加一块翼板即成封闭式箱形断面。

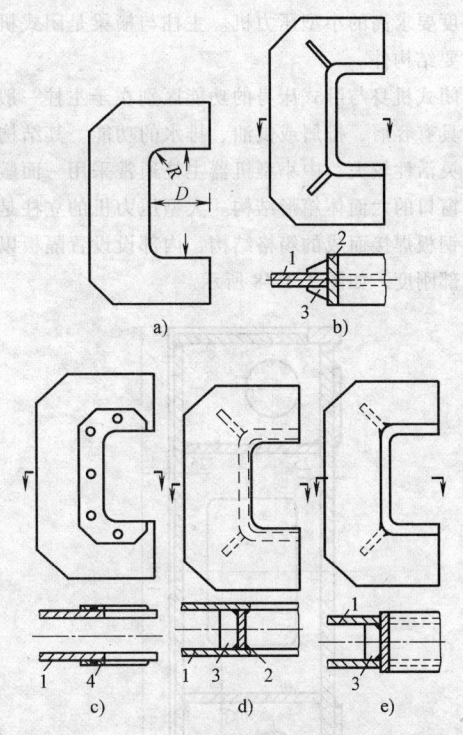

3.3-46　开式压力机C形机身喉口边缘加强措施
1—腹板　2—翼板　3—肋板　4—补强板

图 3.3-47 所示的翼板的结构形式中，图3.3-47a、b 所示的设计不理想，焊缝均为工作焊缝，且焊缝正好处在应力集中区，疲劳强度低，一般不用这两种结构；图 3.3-47c 所示为镶嵌结构，角焊缝不承受主要载荷，可用较小焊脚尺寸，但转角处仍有严重的应力集中，只适用于小型压力机机身；图 3.3-47d 所示为整块翼板，转角处折成两个钝角，缓和了该处应力集中，而且制作并不困难，是较为常用的结构；图 3.3-47e 所示为最理想的结构，但在转角处腹板和翼板装配时两个圆弧要吻合比较困难，而且该处的角焊缝是工作焊缝，对质量要求较高；图 3.3-47f、g 所示为当水平翼板和垂直翼板厚度不同时采用的结构，其共同特点是转角处为圆弧，焊缝避开应力集中区。

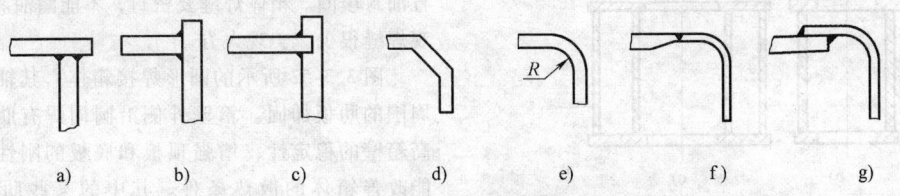

图3.3-47　C形机身喉口转角处翼板的结构形式

（2）闭式机身　闭式机身两侧封闭，刚度较好，但操作不如开式机身方便，适用于大、中型压力机以及精度要求高的小型压力机。主柱与横梁是闭式机身的主要结构件。

闭式机身与卧式床身的功能区别在于主柱一般不要求具有容屑、排屑或供油、排水的功能。其结构设计的灵活性较大，中小型机器主柱通常采用一面敞开或开窗口的六面体箱形结构。大型压力机的立柱是采用厚钢板焊接而成的箱格结构，内部设置隔板以增强局部刚度，如图 3.3-48 所示。

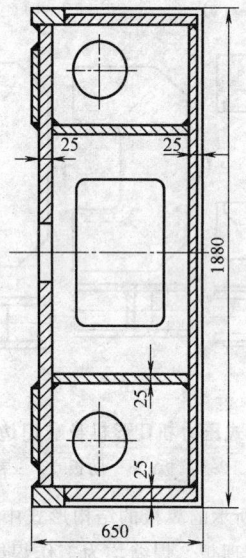

**图3.3-48　大型压力机的焊接立柱断面**

横梁用来连接双立柱，使机床成为封闭式的框架结构。图 3.3-49 所示为压力机上横梁的基本结构形式。其中，图 3.3-49b 所示的腹板为单层壁结构，板厚由强度和刚度计算确定，这种结构简单，制造方

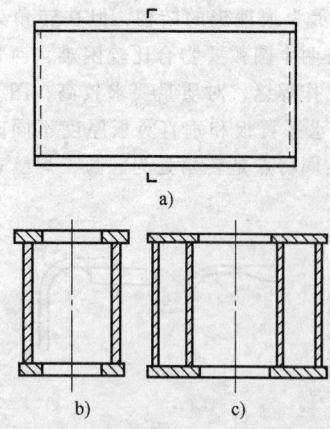

**图3.3-49　压力机上横梁的基本结构形式**

便；图 3.3-49c 所示为双层壁结构，这种结构刚性大，质量因用薄板而大为减轻，但由于板壁减薄，在集中载荷部位，如轴承座周围或柱孔周围，必须用肋板加强，因此焊缝较多，制造较复杂。图 3.3-50 所示为机械压力机下横梁的断面结构形式。大型压力机下横梁的主梁常制成高度不同的等强度梁，即中部高度大于两端，或上、下盖板制成中部厚而两端薄的结构。目的是减轻质量和节约材料。

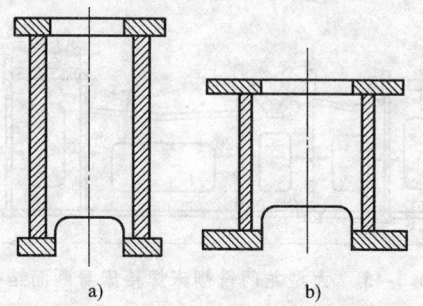

a)　　　　　　　b)

**图3.3-50　机械压力机下横梁断面基本形式**

### 2.3.2　减速器箱体焊接结构

减速器箱体的轴承座上，承受着各轴传递力矩时所产生的反作用力。为保证齿轮的传动效率和使用寿命，通常是按刚度进行设计的。

焊接箱体具有结构紧凑、质量轻、强度和刚度大、生产周期短等优点，适合于小批量生产和适用于经常运动的起重和运输机械上。箱体一般用低碳钢板焊而成，焊缝要密封，不能漏油。焊缝通常不必采用等强度接头，角焊缝的焊脚可取壁板厚度的 1/3 ~ 1/2，加强肋和隔板焊缝可更小，常用间断焊。焊后一般需要消除内应力处理。箱体的设计还应适当考虑油的冷却。

**1. 整体式箱体**

这类箱体常用于中、小型减速器。图 3.3-51 所示为某机床整体式主轴箱焊接箱体，该箱体前后轴承座为铸钢件。为支撑各挡齿轮轴，箱体中间焊有三根延伸到底板的支撑。箱体四角都采用压弯成一定圆角的钢板（见图 3.3-51 的 B—B 剖画）。箱盖也用冲压件制成，并在四周焊有加强圈，以便安装挡油板和放置油封填圈。箱体焊缝要密封，不能漏油。该箱体外观焊缝很少，美观大方。

图 3.3-52 所示的圆形焊接箱体，其轴承座均靠周围的肋板加固。箱壁外侧沿圆周焊有肋板，以提高箱壁的稳定性，增强顶板和底板的刚性，同时也能改善箱体的散热条件。其中的某些肋板可作吊钩用。

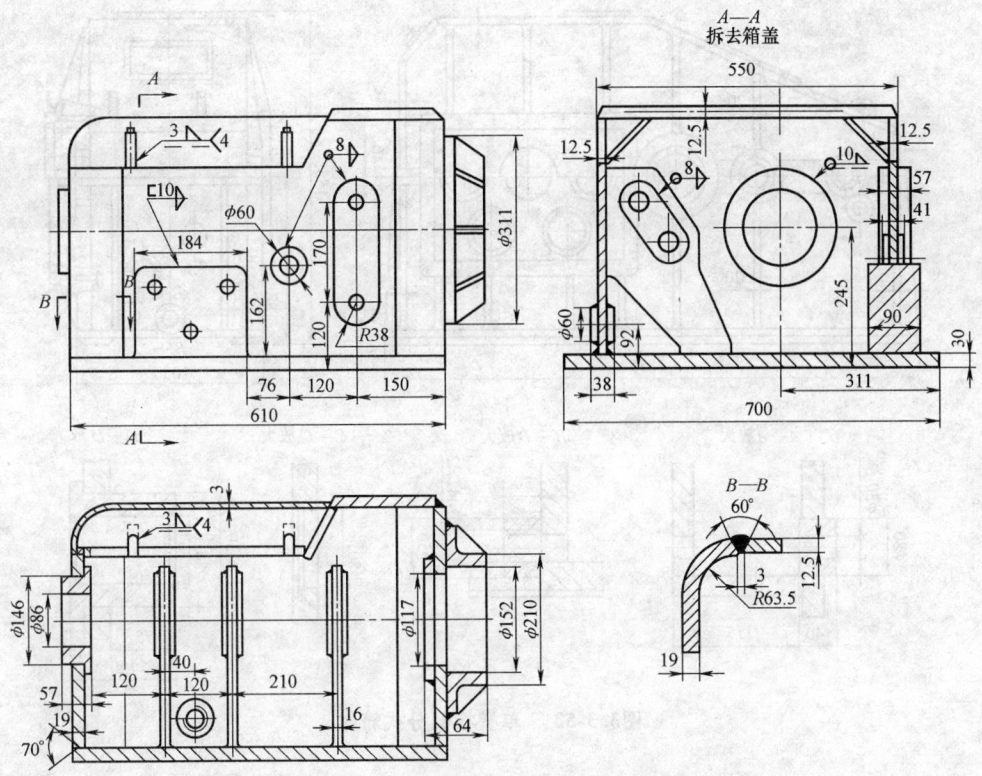

**图3.3-51　某机床整体式主轴箱焊接箱体**

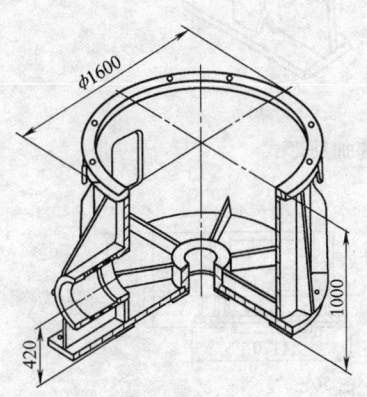

**图3.3-52　整体式圆形减速器箱体**

**2. 剖分式箱体**

（1）单壁板剖分式箱体　图 3.3-53 所示的焊接箱体主要是在单壁板上合理设计轴承座的结构，因它对刚度影响很大，当壁板较厚或作为观察孔（见图 3.3-53A—A 放大）等要求不高时，壁板上可直接加上出孔，但孔不宜过大，否则会明显降低箱体的刚性。当受力小、孔径不大时，用图 3.3-53B—B 放大所示的结构，其优点是结构简单，但装焊凸台不易定位，而且不易与壁板贴紧。图 3.3-53C—C 放大所示的结构强度和刚度较大，但轴向定位困难。若要定位好，装配方便，保证座套的焊接精度，宜用座套上加工有台肩的图 3.3-53D—D 放大所示结构。

为了提高箱壁的稳定性和改善受力状况，在轴承座下应有适当加肋。图 3.3-54a 所示结构适用于轴承座受力较小的情况。图 3.3-54b、c 所示为适用于受重载荷的轴承座。

（2）双壁板剖分式箱体　承受较大扭矩的重型减速器箱体，可用图 3.3-55 所示的双壁板剖分式箱体。按轴承座大小，在两壁板之间可焊肋板。为提高刚性，减少装配和焊接工作量，四个轴承座由一铸钢件制作；在焊接起重吊钩处（见图 3.3-55 中的 P）应加强。

**2.3.3　旋转体焊接结构**

**1. 轮式旋转体**

典型的轮式旋转体焊接结构如图 3.3-56 所示，它们均由轮缘、轮辐和轮毂三个基本构件焊接而成，为了增加轮体的刚性，有些在轮辐上焊加强肋。这三个构件的结构形式，取决于轮子的功能要求和焊接工艺要求。

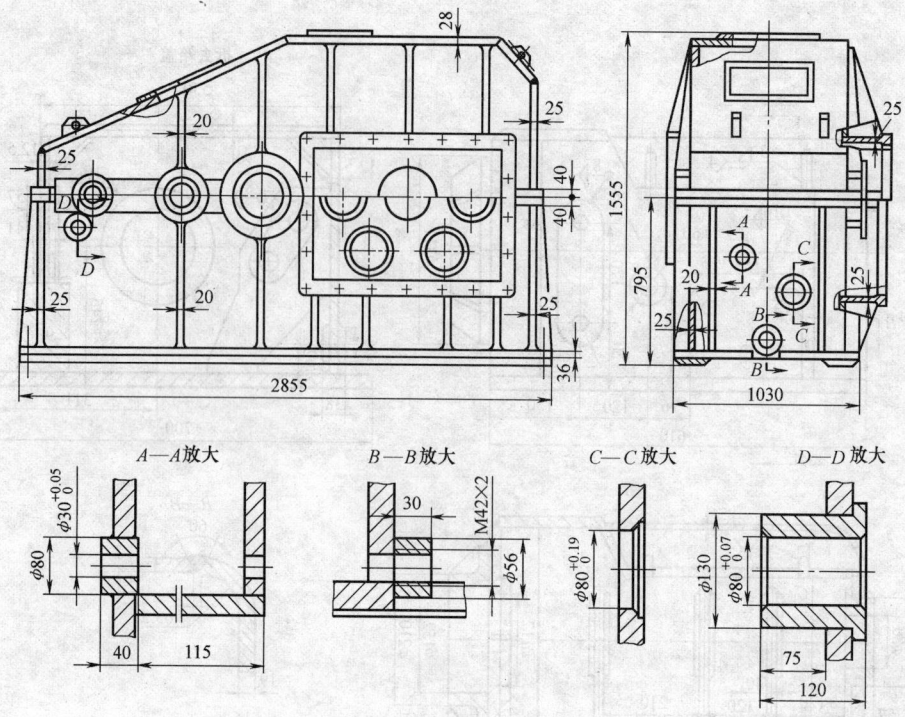

图3.3-53　单壁板剖分式箱体

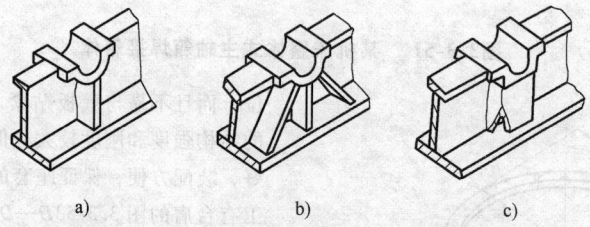

图3.3-54　单壁板剖分式轴承座加肋形式

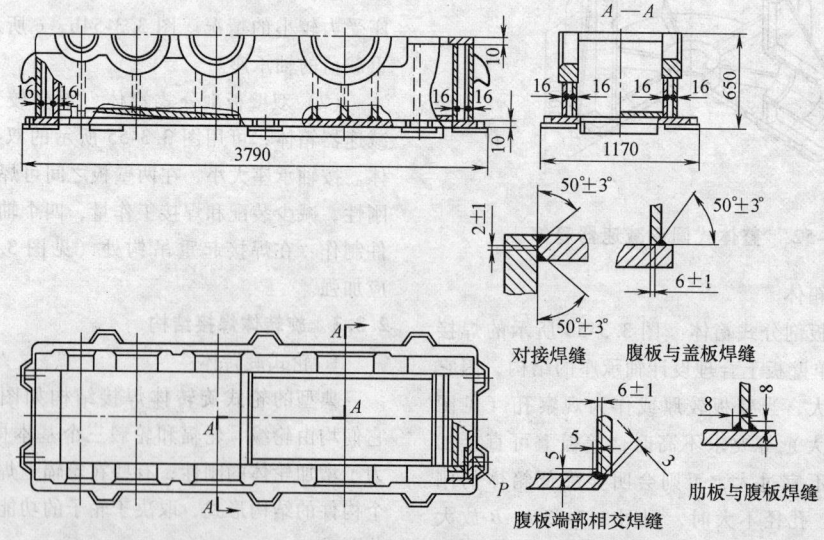

图3.3-55　双壁板剖分式减速器的下箱体结构

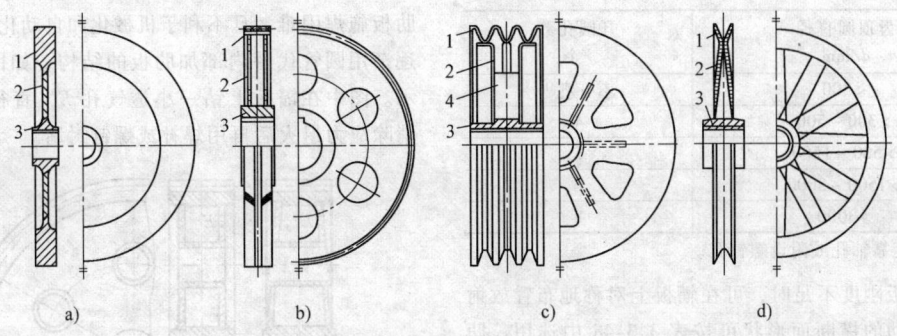

**图3.3-56　典型的轮式旋转体焊接结构**

a）飞轮　b）齿轮　c）普通 V 带带轮　d）绳轮

1—轮缘　2—轮辐　3—轮毂　4—肋板

（1）轮缘　焊接齿轮的齿圈和轮缘可以是整体式的，也可以是装配式的。

整体式的结构，轮齿直接从轮缘上切削出来，其轮缘材料除了必须同时满足轮齿的强度和齿面硬度的要求外，还要满足它与轮辐之间的焊接性要求。轮缘是用钢板卷圆后焊成的。轮缘的焊接方法可根据环截面形状和尺寸来选择。齿圈的拼接焊缝的位置应避开齿面。对辐条式轮体的轮缘，其对接焊缝的位置宜布置在工作应力最小的位置，如图 3.3-57 所示。

装配式的结构，在齿圈和轮缘之间靠压配合连接起来，如图 3.3-58 所示。其轮缘只起支撑齿圈的作用，可以选择廉价的普通碳素结构钢，如 Q235A 钢等制作。而齿圈则可选择强度高，耐磨性好的材料，磨损后还可以拆换。

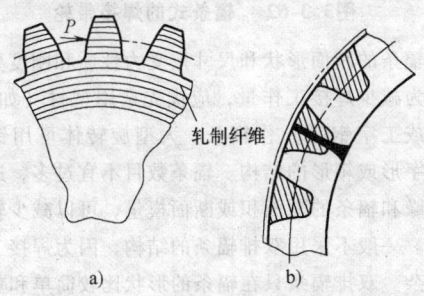

**图3.3-57　轮缘上对接焊缝的布置**

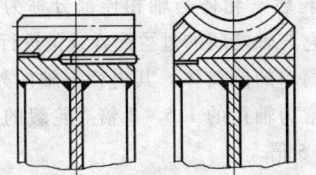

**图3.3-58　齿圈和轮缘的压配合连接**

（2）轮辐　轮辐位于轮缘和轮毂之间，主要起

支撑轮缘和传递轮缘与轮毂之间扭矩的作用。此外，还承受因离心力而产生的径向力和因轴向推力而引起的侧弯矩。轮辐所用材料一般选用焊接性较好的普通结构钢，如 Q235A 钢和 Q345（16Mn）钢等。

轮辐分为板状或条状（即支臂状）两种轮辐结构。板式轮辐是按带中心孔圆板计算其强度和刚度的。条式轮辐的计算较为复杂，要把整个轮体看成超静定杆件系统来计算，按载荷求出辐条的内力才能确定其截面形状和尺寸。

1）单板式的轮辐。这种轮辐适用于轮缘较窄、受力不大的情况，辐板应是等厚的圆钢板。出于减轻结构的质量、有利于冷却通风或便于制造等原因，常在辐板上对称位置开孔。开孔数按旋转体直径大小确定，表 3.3-47 给出了焊接圆柱齿轮辐板内开圆孔数量的参考值。孔的位置约在轮缘内径至轮毂外径中间，沿圆周均布，孔径约为齿顶圆直径的 10% ～ 20%。辐板上开孔的形式如图 3.3-59 所示。

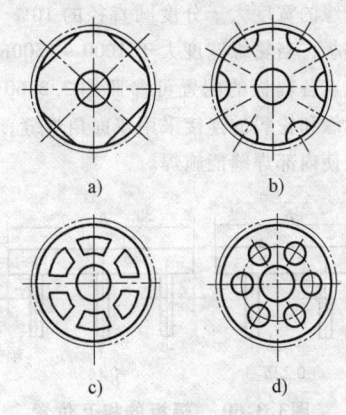

**图3.3-59　辐板上开孔的形式**

a）、b）边缘开孔　c）、d）板内开孔

**表 3.3-47　焊接圆柱齿轮辐板内开圆孔数**

| 齿顶圆直径<br>d/mm | 开圆孔数<br>/个 |
|---|---|
| <300 | 不开孔① |
| >300~500 | 4 |
| >500~1500 | 5 |
| >1500~3000 | 6 |
| >3000 | 8 |

① 吊运靠轴孔或附设螺钉孔。

当辐板刚度不足时，可在辐板上对称地布置放射状的肋。肋的横断面形状可按表 3.3-48 中选用。肋板材料和辐板相同。连接肋的角焊缝可以是连续的或断续的。转速高、载荷大以及有腐蚀情况的旋转体宜用连续焊缝。其焊脚尺寸 $K$ 按肋板厚度 $\delta$ 确定，通常 $K$ 为 $(0.5~0.7)\delta$，$\delta$ 按辐板厚度的 0.6 倍选取。

**表 3.3-48　在辐板上的加强肋断面形式**

| 断面形式 | 特点 | 适用范围 |
|---|---|---|
|  | 在辐板上直接冲压出凸面 | 辐板较薄的轻型轮体 |
|  | 用平板条作肋，较轻便，但空气阻力大 | 直径较大、载荷不复杂的中型轮体 |
|  | 用钢管的一半作肋，刚性大，空气阻力小 | 载荷较复杂、直径较大和转速较高的轮体 |
|  | 用角钢作肋，备料简便，空气阻力小 | 载荷较复杂、直径不大的中型轮体 |
|  | 用槽钢作肋，备料简便，较笨重，空气阻力较大 | 载荷大且复杂、转速小的轮体 |

2）多辐板式的轮辐。多辐板式的轮辐适用于轮缘宽度大且受到较大的径向力和轴向力的情况。当焊接齿轮轮缘的宽度大于分度圆直径的 10%~20% 时，采用双辐板；当轮缘宽度大于 1000~1500mm 时，采用三辐板。各辐板的配置可参照图 3.3-60 确定。若辐板与轮缘和轮毂的连接采用双面角焊缝，应在辐板上开孔，使内部焊缝能施焊。

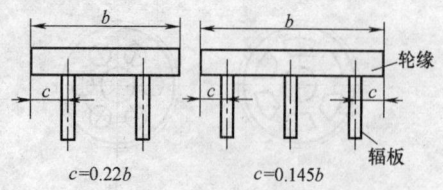

$c=0.22b$　　　　$c=0.145b$

**图 3.3-60　辐板的相互位置**

为了提高辐板的刚度和稳定性，可在两辐板之间

设置肋板。肋板数与开孔数相同，位于两孔之间。因肋板施焊困难，且不利于机械化和自动化生产，现已逐渐用圆管代替内部加肋板的结构，如图 3.3-61 所示。图中在辐板上钻一小透气孔 $E$，直径约 5mm 在消除应力退火后再用焊补或螺钉封堵。

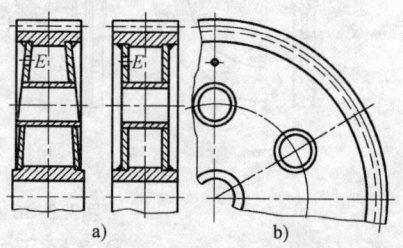

**图 3.3-61　用圆管加强两辐板的刚度**
a) 斜齿轮　b) 正齿或人字齿轮

3）条式轮辐。支撑轮缘的不是圆板，而是若干均布的支臂。这种辐条的轮辐结构主要用于大直径低转速的轮体中，目的是减轻结构的质量，如图 3.3-62 所示。

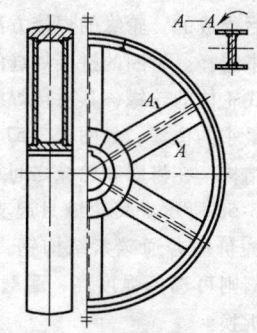

**图 3.3-62　辐条式的焊接带轮**

辐条的断面形状和尺寸按受力性质和刚度要求确定。为减少焊接工作量，应优先选用型材（如扁钢、角钢或工字钢等）作辐条。大型旋转体可用钢板焊成工字形或箱形的结构。辐条数目不宜过多，适当增加轮缘和辐条的断面积或断面模量，可以减少辐条的数量。一般不采用双排辐条的结构，因为焊接工艺过于复杂。双排辐条只在辐条的形状比较简单和负载不大的轮体中应用，如图 3.3-56d 所示。

（3）轮毂　轮体与轴相连部分称为轮毂，转动力矩通过它与轴之间的过盈配合或键进行传递。它的结构是个简单的圆筒体，其内径与轴的外径相适应，其外径通常为轴径的 1.5~2 倍。轮毂的长度为轴径的 1.2~1.5 倍。

单辐板式的旋转体，其轮毂长度较短，可以设计成图 3.3-63 所示的结构。多辐板式旋转体的轮毂，

其长度较大，可分段制造，然后并联使用，如图 3.3-64 所示。如果与轴无拆换要求，则可设计成无毂的焊接旋转体结构，如图 3.3-65 所示。

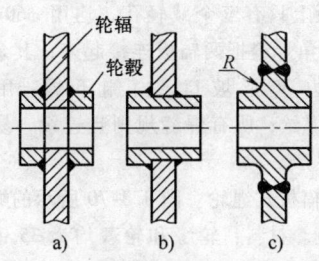

图3.3-63　单辐板式旋转体轮毂的结构形式

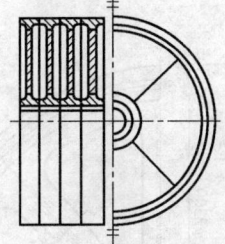

图3.3-64　并联式结构的飞轮焊接结构

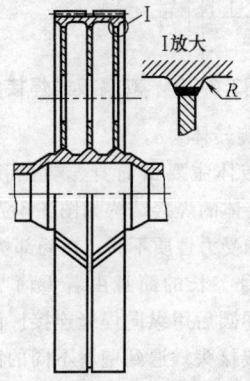

图3.3-65　无轮毂的三辐板焊接齿轮

轮毂所用材料的强度应等于或略高于轮辐所用材料的强度，如 Q235A 钢、35 或 45 钢。轮毂毛坯的制备方法主要是锻造，亦有用铸造的，但后者质量较差。轮毂也可以锻成两半圆片，再用电渣焊接等方法拼接起来。

（4）轮缘、轮辐和轮毂的连接　轮辐和轮毂之间的连接通常采用 T 形接头，其角焊缝均为工作焊缝，其中轮辐和轮毂之间的环形角焊缝承受着最大的载荷。该接头连接的基本结构形式如图 3.3-63 所示。

图 3.3-63a 所示的结构中辐板直接把部分转矩经键传递到轴上，减轻了两环状角焊缝受力，因而可以用较小的焊缝尺寸，主要用于负荷不大、不甚重要的轮体。

图 3.3-63c 所示结构用于工况环境恶劣，有冲击性载荷或经常有逆转和紧急制动等情况。需在轮毂的外缘（或轮缘的内侧）待焊部位预先加工凸台，使之与轮辐对接。这样，就使焊缝避开了结构断面突变部位（应力集中区），易于施焊和焊缝检测。凸台不宜过高，否则增加制造成本，但应保证施焊方便，且使热影响区不要落在拐角处。凸台两侧与基体相连处应有较大的圆角过渡，焊缝与母材表面最好平齐。

图 3.3-63b 和图 3.3-66a 所示均为 T 形接头，区别在于前者有便于装配的止口。两者角焊缝尺寸均较大，填充焊缝金属量多，而且径向力与未焊透面垂直，疲劳强度低。图 3.3-63b 所示为焊透的 T 形接头，有较高的疲劳强度，但焊接工艺较复杂，成本高。图 3.3-63c 所示为较好的设计，轮毂（或轮缘）上加工止口，利于装配定位；辐板上作出单边 V 形坡口，保证垂直于径向力的面焊透，平行于径向力的止口面焊透与否对疲劳强度影响很小。

对于双辐板的旋转体，内部施焊条件差，必须减少两辐板之间的焊接工作量，推荐采用图 3.3-67 所示的接头形式，特别是图 3.3-67c 所示的采用单面焊背面成形焊接工艺。

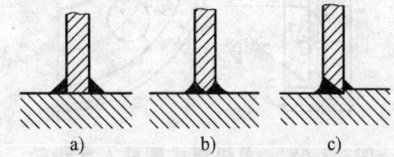

图3.3-66　轮缘、轮毂与轮辐的连接接头

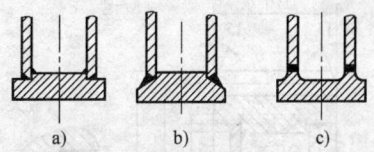

图3.3-67　双辐板与轮毂或轮缘的连接结构

在辐板式的轮体上，连接轮缘、轮辐和轮毂上的环形焊缝是处在刚性拘束下焊接的，易在焊缝或近缝区的母材上产生裂纹。除在工艺上采取预热、调整施焊程序等借施外，在结构设计上应注意以下几点：

1）避免用铸钢件或有层状夹杂的钢材作轮缘或轮毂的毛坯。

2）当轮缘或轮毂是中碳钢或焊接性较差的合金钢时，可在接头处堆焊厚度约为 6mm 的抗裂性能好的过渡金属层。

3）在保证焊缝质量的前提下，装配间隙和坡口角度不宜过大。

4）把 T 形接头改为对接接头。

5）在不影响整体刚度的前提下，在辐板上适当开孔，以减少局部拘束度。

（5）典型实例

1）单辐板式圆柱人字齿轮。图 3.3-68 所示为闭式四点机械压力机主传动中的中间齿轮。材料：轮缘（齿圈）为 45 钢，轮毂为 35 锻钢，辐板为 Q235A。该齿轮结构的最大特点是其轮毂分成两段，把辐板夹在中间构成叠焊，仅在轮毂上开小坡口，用双面角焊缝与辐板连接，轮辐和轮缘连接不要求焊透。齿轮焊接用 $CO_2$ 气体保护焊，H08Mn2SiA 焊丝。焊后经（625±25）℃去应力热处理。切齿后，齿面中频淬火，硬度达到 45～50HRC。

2）多辐板式圆柱齿轮。图 3.3-69 所示为采用双辐板结构的普通斜齿轮。材料：轮缘（齿圈）为 40CrMo4V 钢，轮毂为 45 钢，轮辐和管子为 Q235A。该齿轮的结构特点：斜齿轮有轴向力，采用双辐板式结构；辐板上只有三个减轻孔，均用 $\phi$60mm 管子和 $K=4$mm 的角焊缝把两辐板连接起来；其余角焊缝均开 40°单边 V 形坡口，内侧不焊，用 $CO_2$ 焊，H08Mn2Si 焊丝；所有焊缝规则且连续，易于机械化和自动化生产。

3）双辐板式绳轮。图 3.3-70 所示的绳轮用于重型挖掘机上。材料：轮缘和轮毂均为 35 钢，轮辐和肋板为 Q235A 钢。由于辐板上的开孔较大，其工作特点和辐条式的没有差别，内外焊缝施焊方便。

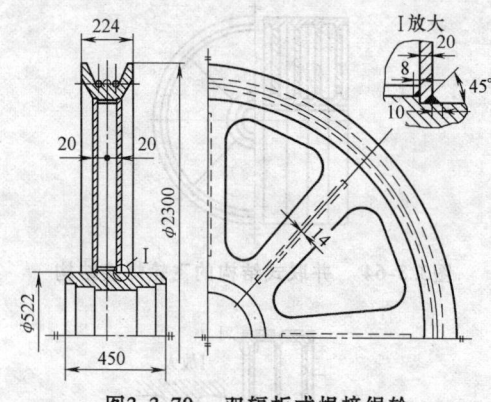

图 3.3-70　双辐板式焊接绳轮

**2. 筒式旋转体**

筒式旋转体主要由筒身、端盖和轴颈等构件焊成，这类旋转体的焊接结构如图 3.3-71 所示。各构件之间因用途和受力性质不同，在局部构造上有差别。

（1）筒身　长的筒身由若干筒节接成。大直径筒节由钢板卷圆后用纵向焊缝连接。筒节之间的连接均应采用对接接头。遇到壁厚不同的筒节对接时，应将较厚筒节的接边削薄（见图 3.3-71d），相邻两筒节的纵向焊缝宜相互错开。

为了防止筒身局部失稳，保持其圆度，可在筒壁外侧或内侧焊上刚性圈（见图 3.3-71b），刚性圈的截面形状如图 3.3-72 所示。它与筒壁的连接可用断续角焊缝，其总长不小于筒身周长的一半。在腐蚀介质中工作或受冲击载荷的筒身应用连续角焊缝，并用最小的焊脚尺寸。

在筒身上开人孔处需补强时，应重视孔形和补强板的设计。图 3.3-73a 所示的结构在交变载荷作用下很快产生疲劳裂纹。如果设计成图 3.3-73b 所示的结构，即将方孔周边缘去棱角，拐角做成圆角；补强板边缘也磨去棱角，并做成圆弧状；周围角焊缝表面向母材表面平滑过渡，则可提高其疲劳强度。

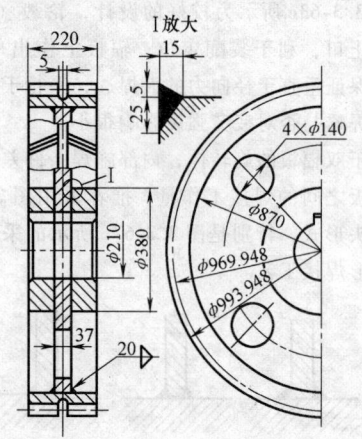

图 3.3-68　单辐板式圆柱人字齿轮

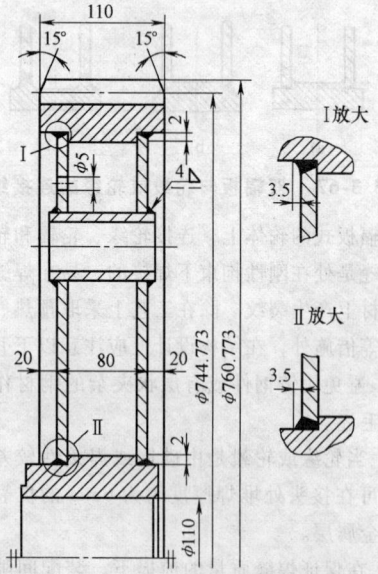

图 3.3-69　双辐板式圆柱焊接斜齿轮

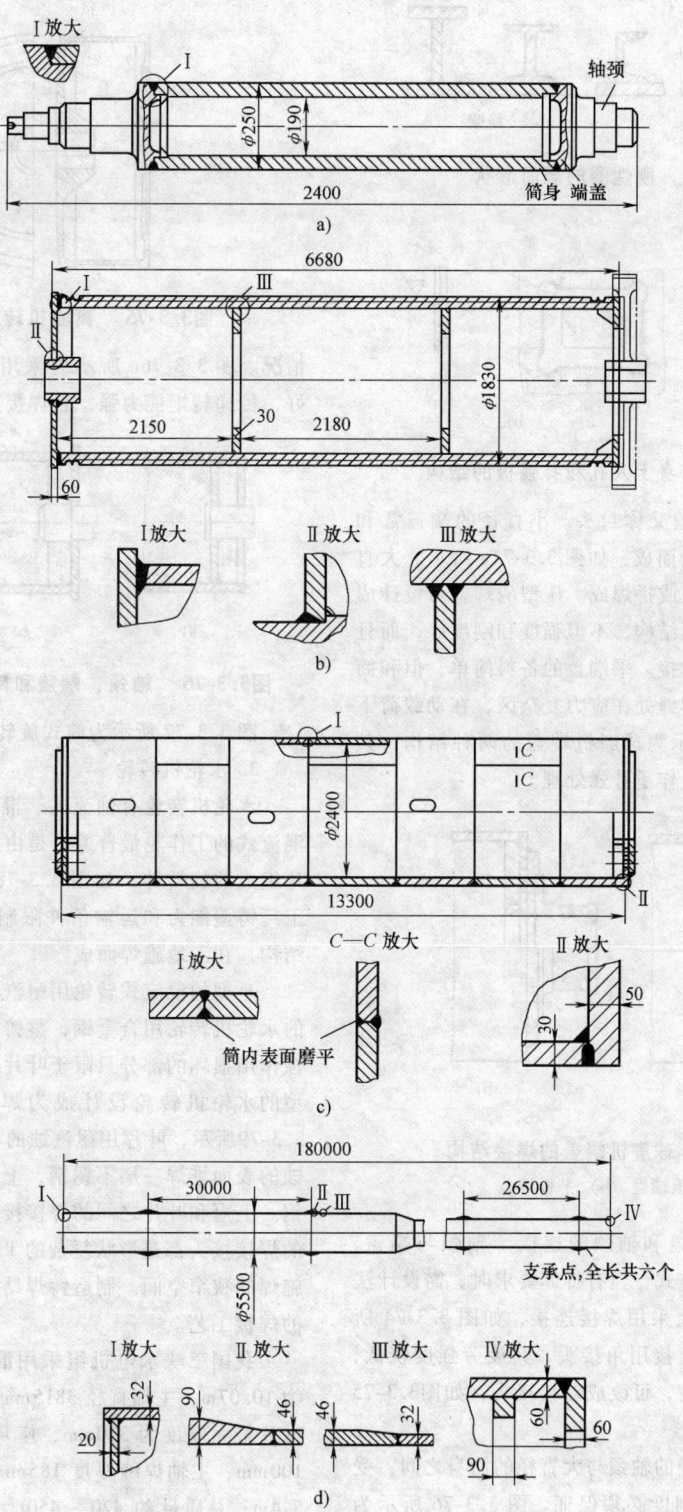

**图3.3-71　几种筒式旋转体的焊接结构**

a）料辊道　b）吊车卷扬筒　c）棒球磨机筒体　d）水泥回转窑筒体

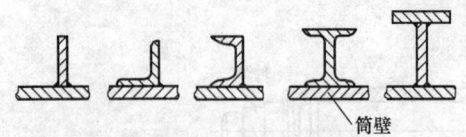

筒壁

图3.3-72　刚性圈的截面形状

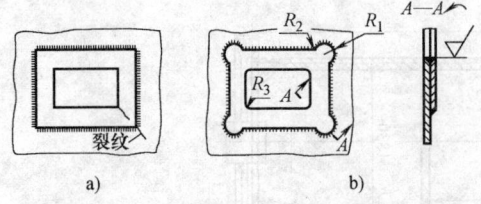

裂纹

a)　　　　　　　　b)

图3.3-73　筒身上人孔和补强板的结构

（2）端盖　端盖又称封头。小直径的端盖常和轴颈一起铸造或锻造而成，如图3.3-71a所示。大直径端盖宜用钢板冲压或拼焊成。压型的端盖可设计成椭球形或碟形的曲面结构，不但强度和刚度好，而且可以实现与筒身的对接。平端盖的备料简单，但和筒身的连接是角接，焊缝处在应力复杂区，在动载荷下不利。图3.3-74所示为球磨机端盖的两种结构，其端盖中心是进料口，作了补强处理。

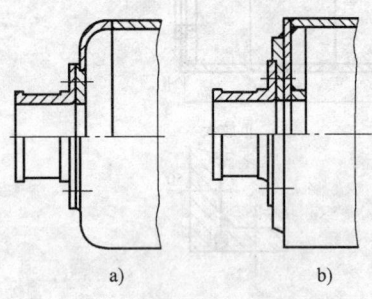

a)　　　　　　　　b)

图3.3-74　球磨机端盖的焊接结构

a）冲压端盖　b）平板端盖

（3）筒身、端盖和轴颈的连接　轴颈与端盖、端盖与筒身的连接方式，当有拆卸要求时，需设计法兰用螺栓连接，其余采用焊接连接，如图3.3-74所示。平端盖与筒身连接用角接头，其疲劳强度较低，为提高它的疲劳强度，可改成对接接头，如图3.3-75所示。

端盖位于小直径的轴颈与大直径的筒身之间，受力复杂，其强度和刚度必须保证。图3.3-76所示为几种可以加强端部的焊接结构形式。图3.3-76a、b所示为呈放射状设置肋板，其中图3.3-76b所示的结构外形平整美观，只能用于直径较大，筒内能施焊的

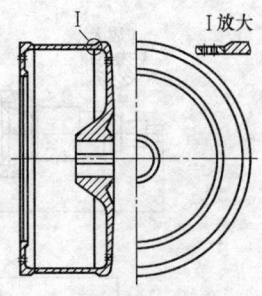

I　　　　　I放大

图3.3-75　离心机转鼓的焊接结构

情况。图3.3-76c所示为采用双层端盖的结构刚性好，传递转矩能力强，且焊接工艺也较简单。

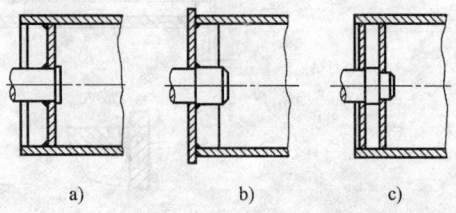

a)　　　　　　b)　　　　　　c)

图3.3-76　轴颈、端盖和筒身之间的加强结构

图3.3-77所示为筒式旋转体的具体应用实例。

3. 水轮机转轮

水轮机转轮有轴流式、混流式和冲击式等形式。混流式的工作轮最普遍，是由上冠、下环和十多个叶片组成的旋转体，如图3.3-78所示。大中型转轮受工厂铸造能力和运输条件限制，多设计成铸-焊联合结构，在工地施焊而成。

小型的混流式转轮用耐汽蚀的合金钢铸造。大型的水轮机转轮用合金钢，整铸不经济。实际上，受汽蚀作用损坏的部分只限于叶片的局部表面，因而把大型的水轮机转轮设计成为焊接结构更合理。如图3.3-79所示，叶片用耐汽蚀的不锈钢，或在叶片受汽蚀的表面堆焊一层不锈钢，上冠和下环用低合金结构钢。上冠和叶片之间的焊接接头以及叶片和下环之间的焊接接头都是形状复杂的T形接头，而且处于不便施焊的狭窄空间。制造铸焊结构的工作轮需要高水平的焊接工艺。

我国三峡水电机组采用混流式转轮（转轮直径为10.07m，主轴直径3815mm），材料厚度大（转轮叶片最大厚度为320mm，座环与蜗壳过渡板厚度为100mm，主轴焊缝厚度185mm），转轮总高约5.1～5.4m，总质量约420～450t。转轮为铸焊结构，上冠、下环、叶片均由ZG0Cr13Ni4Mo马氏体型不锈钢铸造。叶片数13～15片，单片质量约16～18t。叶片与上冠、下环采用熔化极混合气体保护焊。

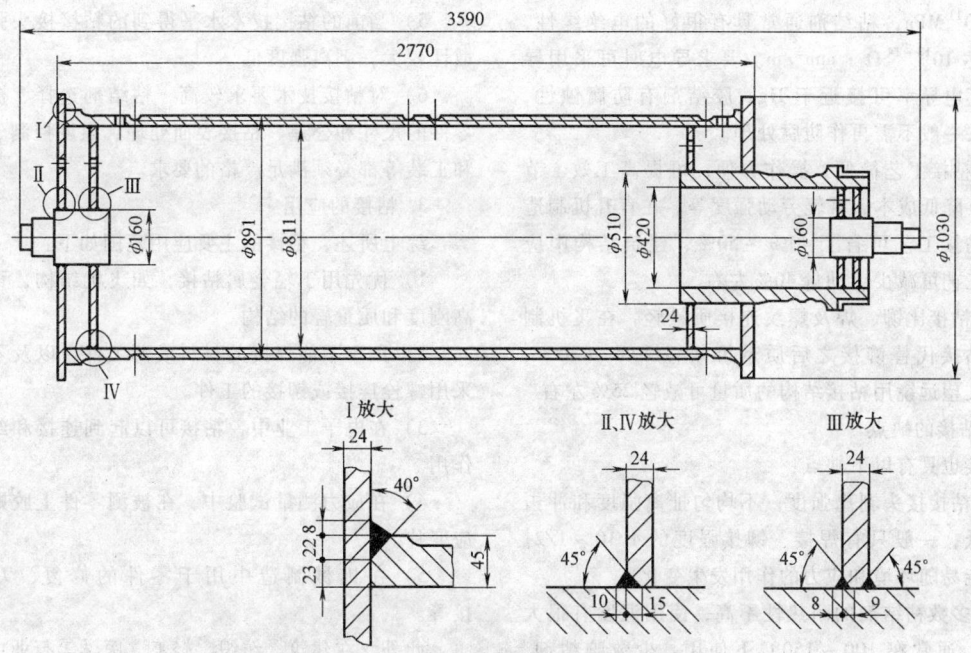

图3.3-77　70/20t 起重机卷扬筒的焊接结构

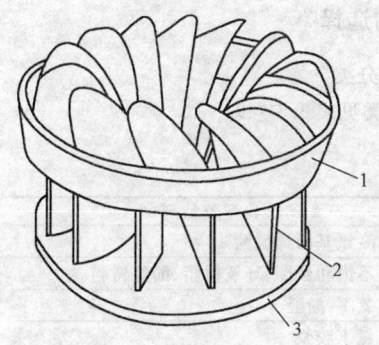

图3.3-78　混流式水轮机的工作轮

1—下环　2—叶片　3—上冠

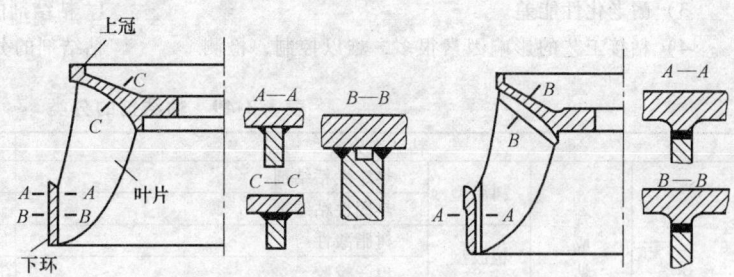

图3.3-79　混流式转轮不同形式的焊接结构

# 3　粘接

## 3.1　粘接的特点和应用

### 1. 粘接的优点

粘接技术近年来发展较快，应用广泛，它与铆接、焊接、螺纹连接等方法相比有许多独特优点，主要表现在如下几个方面：

1）应力分布比较均匀。粘接不要求在被连接件上钻孔，也不像焊接那样存在热影响区。此外，粘接是"面连接"，能避免点焊、铆接、螺栓连接等"点连接"引起的较严重的应力集中。

2）传力面积大，整个粘接面积都能承受载荷，使其承载能力可能超过焊接或铆接。

3）可粘接不同性质的材料。两种性质完全不同的金属是很难焊接的，若采用铆接或螺钉连接容易产生电化学腐蚀。陶瓷等脆性材料，则既不易打孔，也不能焊接，而采用粘接就会取得良好的效果。

4）可以粘接异型、复杂部件及大的薄板结构件。有些结构复杂部件若采用粘接方法制造和组装，比焊接、铆接省工、省时，还可避免焊接时产生的热变形和铆接时产生的机械变形。有些大面积薄板结构件若不采用粘接方法是难以制造的。

5）粘接件外形平滑。对航空工业和导弹、火箭等尖端工业是非常重要的。

6）胶层有较好的密封性，如采用适当的接头结

构，粘接接头容器可耐压 30MPa，真空密封可达
$1.33 \times 10^{11}$ MPa，粘结剂通常具有很好的电绝缘性，
最高可达 $10^{13～14}\Omega \cdot mm^2/m$。要求导电时可采用导
电胶，其电导率可接近于 Hg。胶结剂有防腐蚀性，
粘接接头一般不需再作防腐处理。

7）粘接工艺简便，操作方便，可提高工效、节
约能源、降低成本、减轻劳动强度等。在直升机制造
中应用粘接工艺可省工 40%～50%，建筑结构中应
用粘接工艺可减少劳动量 40%左右。

8）粘接比铆、焊及螺纹连接质量轻，在飞机制
造中，粘接代替铆接之后质量可减轻 20%～30%，
大型天文望远镜用粘接结构的质量可减轻 25%左右。

2. 粘接的缺点

粘接也具有以下缺点：

1）粘接接头剥离强度、不均匀扯离强度和冲击
强度较低，一般只有焊接、铆接强度的 1/10～1/2。
粘接性能易随环境和应力的作用发生变化。

2）多数粘结剂的耐热性不高，使用温度有很大
局限性，通常在 100～150℃下使用。少数胶粘剂，
如芳杂环类和有机硅类可以在 300℃以上使用；无机
粘结剂使用温度可达 600～1000℃，但太脆，经不起
冲击。

3）耐老化性能差。

4）粘接工艺的影响因素很多，难以控制，检测

手段还不完善，有待改进和发展。

5）当前的粘接技术水平得到的粘接接头强度分
散性较大，剥离强度低。

6）对粘接技术要求较高，粘结剂选择、被连接
零件的尺寸和公差、粘接表面处理、温度控制、固化
和工装等都必须满足严格的要求。

3. 粘接的应用

综上所述，粘接的主要应用范围如下：

1）优先用于轻金属粘接，如飞机结构，可得到
高刚度和质量轻的结构。

2）用于不能焊接的材料或薄工件，以及不适于
采用螺栓连接或铆接的工件。

3）在电子工业中，粘接可以起到连接和绝缘的
作用。

4）在应力测量试验中，在被测零件上胶贴电阻
应变片。

5）在机械制造中用于零件的修复，刀具粘
接等。

此外，在建筑、纺织、轻工、医学等行业中粘接
技术也得到了广泛的应用。

## 3.2 粘结剂的选择

1. 粘结剂的分类

粘结剂的分类见表 3.3-49。

表 3.3-49 粘结剂的分类

| 粘结剂分类 | | | | 典型胶粘剂 |
|---|---|---|---|---|
| 有机粘结剂 | 合成粘结剂 | 树脂型 | 热塑性粘结剂 | α-氰基丙烯酸酯 |
| | | | 热固性粘结剂 | 不饱和聚酯、环氧树脂、酚醛树脂 |
| | | 橡胶型 | 树脂酸性 | 氯丁-酚醛 |
| | | | 单一橡胶 | 氯丁胶浆 |
| | | 混合型 | 橡胶与橡胶 | 氯丁-丁腈 |
| | | | 树脂与橡胶 | 酚醛-丁腈、环氧-聚硫 |
| | | | 热固性树脂与热塑性树脂 | 酚醛-缩醛、环氧-尼龙 |
| | 天然粘结剂 | 动物粘结剂 | | 骨胶、虫胶 |
| | | 植物粘结剂 | | 淀粉、松香、桃胶 |
| | | 矿物粘结剂 | | 沥青 |
| | | 天然橡胶粘结剂 | | 橡胶水 |
| 无机粘结剂 | 硫酸盐 | | | 石膏 |
| | 硅酸盐 | | | 水玻璃 |
| | 磷酸盐 | | | 磷酸-氧化铜 |
| | 硼酸盐 | | | |

2. 粘结剂选择原则和常用粘结剂

1）按被粘材料的性质选择粘结剂（见表 3.3-50）。

2）考虑粘接对象的使用条件和工作环境，如粘
接接头受力情况和大小（见表 3.3-51、表 3.3-52）、
环境温度（见表 3.3-53、表 3.3-54）、耐酸碱性能

（见表 3.3-55）等。

在通常情况下，合成树脂类粘结剂的拉伸、剪切
强度较大而剥离强度及撕裂强度较差；合成橡胶类粘
结剂剥离、撕裂强度较高。

对于承受持续性外力作用或者承受冲击外力作用

的粘接接头，一般选用耐老化性好的或柔韧的粘结剂。

在环氧树脂及酸性环氧树脂粘结剂中，其柔韧性的好坏顺序：环氧-胺＜环氧-聚酰胺＜环氧-聚硫橡胶。在酸性酚醛粘结剂中柔韧性的顺序：酚醛-环氧＜酚醛-聚酯酸乙烯酯＜酚醛-丁腈橡胶。

粘结剂可分为结构型和非结构型两大类。可以按受外力的大小选择不同类型的粘结剂，见表3.3-51。

表 3.3-50  常用粘结剂

| 被粘接材料名称 | 粘结剂名称 |
| --- | --- |
| 钢铁 | 环氧-聚酰胺胶、环氧-多胺胶、环氧-丁腈胶、环氧-聚砜胶、环氧-聚硫胶、环氧-尼龙胶、环氧-缩醛胶、酚醛-丁腈胶、第二代丙烯酸酯胶、厌氧胶、α-氰基丙烯酸酯胶、无机胶 |
| 铜及其合金 | 环氧-聚酰胺胶、环氧-丁腈胶、酚醛-缩醛胶、第二代丙烯酸酯胶、α-氰基丙烯酸酯胶、厌氧胶 |
| 铝及其合金 | 环氧-聚酰胺胶、环氧-缩醛胶、环氧-丁腈胶、环氧-脂肪胺胶、酚醛-缩醛胶、酚醛-丁腈胶、第二代丙烯酸酯胶、α-氰基丙烯酸酯胶、厌氧胶、聚氨酯胶 |
| 不锈钢 | 环氧-聚酰胺胶、酚醛-丁腈胶、聚氨酯胶、第二代丙烯酸酯胶、聚苯硫醚胶 |
| 镁及其合金 | 环氧-聚酰胺胶、酚醛-丁腈胶、聚胺酯胶、α-氰基丙烯酸酯胶 |
| 钛及其合金 | 环氧-聚酰胺胶、酚醛-缩醛胶、第二代丙烯酸酯胶 |
| 镍 | 环氧-聚酰胺胶、酚醛-丁腈胶、α-氰基丙烯酸酯胶 |
| 铬 | 环氧-聚酰胺胶、酚醛-丁腈胶、聚胺酯胶 |
| 锡 | 环氧-聚酰胺胶、酚醛-缩醛聚、聚氨酯胶 |
| 锌 | 环氧-聚酰胺胶 |
| 铅 | 环氧-聚酰胺胶、环氧-尼龙胶 |
| 玻璃钢（环氧、酚醛、不饱和聚酯） | 环氧胶、酚醛-缩醛胶、第二代丙烯酸酯胶、α-氰基丙烯酸酯胶 |
| 胶（电）木 | 环氧-脂肪胺胶、酚醛-缩醛胶、α-氰基丙酸酯胶 |
| 层压塑料 | 环氧胶、酚醛-缩醛胶、α-氰基丙烯酸酯胶 |
| 有机玻璃 | α-氰基丙烯酸酯胶、聚氨酯胶、第二代丙烯酸酯胶 |
| 聚苯乙烯 | α-氰基丙烯酸酯胶 |
| ABS | α-氰基烯酸酯胶、第二代丙烯酸酯胶、聚氨酯胶、不饱和聚酯胶 |
| 硬聚氯乙烯 | 过氯乙烯胶、酚醛-氯丁胶、第二代丙烯酸酯胶 |
| 软聚氯乙烯 | 聚氨酯胶、第二代丙烯酸酯胶、PVC 胶 |
| 聚碳酸酯 | α-氰基丙烯酸酯胶、聚氨酯胶、第二代丙烯酸酯胶、不饱和聚酯胶 |
| 聚甲醛 | 环氧-聚酰胺胶、α-氰基丙烯酸酯胶 |
| 尼龙 | 环氧-聚酰胺胶、环氧-尼龙胶、聚氨酯胶 |
| 涤纶 | 氯丁-酚醛胶、聚酯胶 |
| 聚砜 | α-氰基丙烯酸酯胶、第二代丙烯酸酯胶、聚氨酯胶、不饱和聚酯胶 |
| 聚乙（丙）烯 | EVA 热熔胶、丙烯酸压敏胶、聚异丁烯胶 |
| 聚四氟乙烯 | F-2 胶、F-4D 胶、FS-203 胶 |
| 天然橡胶 | 氯丁胶、聚氨酯胶、天然橡胶胶粘剂 |
| 氯丁橡胶 | 氯丁胶、丁腈胶 |
| 丁腈橡胶 | 丁腈胶 |
| 丁苯橡胶 | 氯丁胶、聚氨酯胶 |
| 聚氨酯橡胶 | 聚氨酯胶、接枝氯丁胶 |
| 硅橡胶 | 硅橡胶胶 |
| 氟橡胶 | FXY-3 胶 |
| 玻璃 | 环氧-聚酰胺胶、厌氧胶、不饱和聚酯胶 |
| 陶瓷 | 环氧胶 |
| 混凝土 | 环氧胶、酚醛-氯丁胶、不饱和聚酯胶 |
| 木（竹）材 | 白乳胶、脲醛胶、酚醛胶、环氧胶、丙烯酸酯乳液胶 |
| 棉织物 | 天然胶乳、氯丁胶、白乳胶 |
| 尼龙织物 | 氯丁乳胶、接枝氯丁胶、热熔胶 |
| 涤纶织物 | 氯丁-酚醛胶、氯丁胶乳、热熔胶 |
| 纸张 | 聚乙烯醇胶、聚乙烯醇缩醛胶、白乳胶、热熔胶 |

（续）

| 被粘接材料名称 | 粘结剂名称 |
|---|---|
| 泡沫橡胶 | 氯丁-酚醛胶、聚氨酯胶 |
| 聚苯乙烯泡沫 | 丙烯酸酯浮液 |
| 聚氯乙烯泡沫 | 氯丁胶、聚氨酯胶 |
| 聚氨酯泡沫 | 氯丁-酚醛胶、聚氨酯胶、丙烯酸酯乳液 |
| 聚氯乙烯薄膜 | 过聚乙烯胶、压敏胶 |
| 涤纶薄膜 | 氯丁-酚醛胶 |
| 聚丙烯薄膜 | 热熔胶、压敏胶 |
| 玻璃纸 | 压敏胶 |
| 皮革 | 氯丁胶、聚氨酯胶、热熔胶 |
| 人造革 | 接枝氧丁胶、聚氨酯胶 |
| 合成革 | 接枝氧丁胶、聚氨酯胶 |
| 仿牛皮革 | 聚氨酯胶、接枝氯丁胶、热熔胶 |
| 橡塑材料 | 聚氨酯胶、接枝氯丁胶、热熔胶 |

### 表 3.3-51    按受外力大小选择粘结剂

| 粘接件的特点 | 粘结剂的选择 | | |
|---|---|---|---|
| | 类型 | 组成 | 选择实例 |
| 必须保持稳定持久和高强度的粘接 | 结构型 | 热固性树脂 | 环氧-聚硫橡胶类<br>酚醛-丁腈橡胶类 |
| 不需要保持长久的粘接或者对于粘接强度要求不高 | 非结构型 | 热塑性树脂 | 烯烃类弹性体 |

### 表 3.3-52    粘结剂的强度特性

| 粘结剂种类 | 抗剪 | 抗拉 | 剥离 | 挠曲 | 扭曲 | 冲击 | 蠕变 | 疲劳 |
|---|---|---|---|---|---|---|---|---|
| 环氧树脂 | 好 | 中 | 差 | 差 | 差 | 差 | 好 | 差 |
| 酚醛树脂 | 好 | 中 | 差 | 差 | 差 | 差 | 好 | 差 |
| 氰基丙烯酸脂 | 好 | 中 | 差 | 差 | 差 | 差 | 好 | 差 |
| 尼龙 | 好 | 好 | 中 | 好 | 好 | 好 | 中 | 好 |
| 聚乙烯醇缩甲醛 | 好 | 好 | 中 | 好 | 好 | 好 | 中 | 好 |
| 聚乙烯醇缩丁酯 | 中 | 中 | 中 | 好 | 好 | 好 | 中 | 好 |
| 氰基橡胶 | 差 | 差 | 好 | 好 | 好 | 好 | 差 | 好 |
| 硅酮树脂 | 差 | 差 | 中 | 好 | 好 | 好 | 差 | 好 |
| 热固＋热塑性树脂 | 好 | 好 | 好 | 好 | 好 | 好 | 好 | 好 |

### 表 3.3-53    耐高温粘结剂

| 最高使用温度/℃ | 粘结剂牌号 |
|---|---|
| 200 | TG801、204(JF-1)、J-01、JG-4、F-2、F-3、H-02、J-14、E-8、J-48、SG-200、南大-705、GPS-1 |
| 200～250 | J-06-2、GPS-4、KH-506 |
| 250 | 609 密封胶、FS-203、GD-401、J-04、J-10、J-15、J-16、YJ-30 |
| 300 | TG737、30-40 和 P-32 聚酰亚胺 |
| 350 | J08、J-25、JG-3 |
| 400 | 4017 应变胶、KH-505 |
| 450 | TG747、B-19 应变胶、J-09 |
| 500 | 604 密封胶、聚苯异味唑 |
| 550 | 聚苯硫醚 |
| ＞800 | TG757、WKT 无机胶 |
| ＞1200 | TG777、WJ2101、WPP-1 无机胶 |

### 表 3.3-54    耐低温粘结剂

| 粘结剂牌号 | 使用温度范围/℃ | 粘结剂牌号 | 使用温度范围/℃ |
|---|---|---|---|
| J11 | －120～60 | ZW-3 | －200～70 |
| 1 号超低温胶 | －273～60 | PBI | －253～538 |
| 2 号超低温胶 | －196～100 | 203(FSC-3) | －70～100 |
| 3 号超低温胶 | －200～150 | H-01 | －170～200 |
| E-6 | －196～200 | H-066 | －196～150 |
| TG106 | －196～150 | J-15 | －70～250 |
| 679 | －196～150 | J-06-2 | －196～250 |
| HY-912 | －196～50 | WP-01 无机胶 | －180～600 |
| DW-3 | －269～60 | TG757 | －196～800 |

**表 3.3-55　粘结剂的耐酸碱性能**

| 粘结剂 | 耐酸 | 耐碱 | 粘结剂 | 耐酸 | 耐碱 |
|---|---|---|---|---|---|
| 环氧-脂肪胺 | 尚可 | 良 | 聚氨酯 | 尚可 | 良 |
| 环氧-芳香胺 | 良 | 优 | α-氰基丙烯酸 | 尚可 | 差 |
| 环氧-酸酐 | 良 | 良 | 厌氧 | 良 | 尚可 |
| 环氧-聚酰胺 | 尚可 | 差 | 第二代丙烯酸酯 | 良 | 尚可 |
| 环氧-聚硫 | 良 | 优 | 有机硅树脂 | 差 | 差 |
| 环氧-缩醛 | 良 | 良 | 聚乙烯醇 | 差 | 差 |
| 环氧-尼龙 | 尚可 | 差 | 聚酰亚胺 | 良 | 尚可 |
| 环氧-丁腈 | 良 | 良 | 白乳胶 | 尚可 | 尚可 |
| 环氧-酚醛 | 良 | 良 | 氯丁橡胶 | 良 | 良 |
| 环氧-聚砜 | 尚可 | 良 | 丁腈橡胶 | 尚可 | 尚可 |
| 酚醛-缩醛 | 良 | 尚可 | 丁苯橡胶 | 尚可 | 良 |
| 酚醛-丁腈 | 良 | 尚可 | 丁基橡胶 | 优 | 良 |
| 酚醛-氯丁 | 尚可 | 良 | 聚硫橡胶 | 良 | 良 |
| 脲醛 | 差 | 尚可 | 硅橡胶 | 差 | 尚可 |
| 不饱和聚酯 | 尚可 | 尚可 | 无机 | 尚可 | 差 |

## 3.3　粘接接头的设计

**1. 粘接接头设计原则**

影响粘接接头强度的因素很多,因此粘接接头的强度试验数据离散性很大,尚难以强度计算结果作为粘接接头的可靠依据。在设计粘接接头时,应注意以下几方面的问题:

1) 在可能的条件下应妥善考虑接头部分的形状和尺寸,适当增加粘接面积,以提高粘接接头的承载能力。

2) 尽量使胶缝受剪力或拉力,避免承受剥离和不均匀扯离。

3) 为提高接头强度,可采用混合连接方式,如粘接与机械相结合的混合连接,粘接加螺栓、加铆、点焊、穿销、卷边等方式。

4) 力求接头加工方便、夹具简单、便于胶后加压等,以保证粘接质量。

5) 接头表面粗糙度,对有机胶以 $Ra$ 为 $2.5 \sim 6.3\mu m$ 为宜,无机胶以 $Ra$ 为 $25 \sim 100\mu m$ 为宜。

**2. 常用的粘接接头形式**

常用粘接接头形式见表 3.3-56 和表 3.3-57。

**3. 接头结构的强化措施**

粘接接头结构的强化措施见表 3.3-58。

**表 3.3-56　接头形式及说明**

| 形式 | 简　图 | 说　明 |
|---|---|---|
| 对接 | 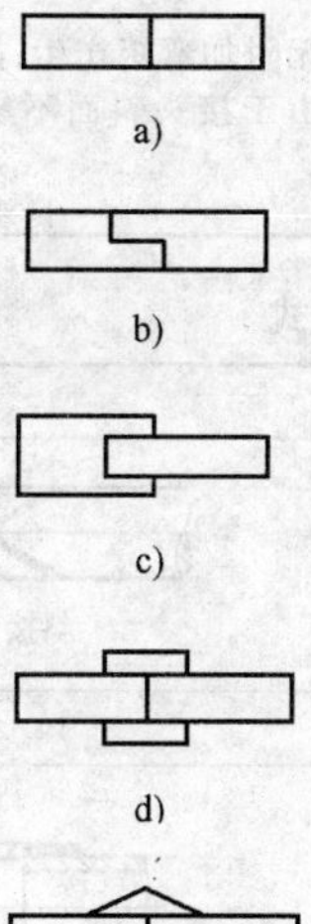 <br>a)<br>b)<br>c)<br>d)<br>e) | 图 a 所示结构粘接面积小,除拉力外,任何方向的力都容易形成不均匀扯离力而造成应力集中,粘接强度低,一般不采用<br>图 b 所示为双对接,明显增加粘接面积,对受压有利<br>图 c 所示为插接形式,对承受弯曲应力有利<br>图 d 所示为加盖板对接,受力性能较图 a 大有提高<br>图 e 所示为加三角盖板对接,可改善图 d 由于截面突变而产生的应力急剧变化 |
| 角接 | 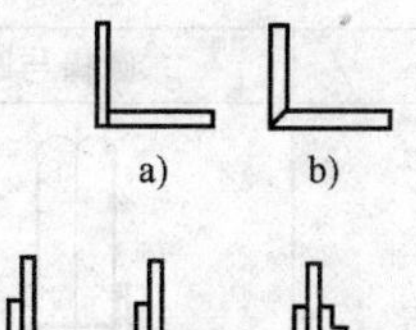 <br>a)　　b)<br>c)　d)　e) | 图 a、图 b 所示结构粘接面积小,所受的力是不均匀扯离力,强度低,应避免使用<br>图 c~图 e 所示为改进设计,合理增加粘接面积,提高承载能力。另外,防止材料厚度突变,使应力分布更加均匀 |

（续）

| 形式 | 简　图 | 说　明 |
|---|---|---|
| T形接 | 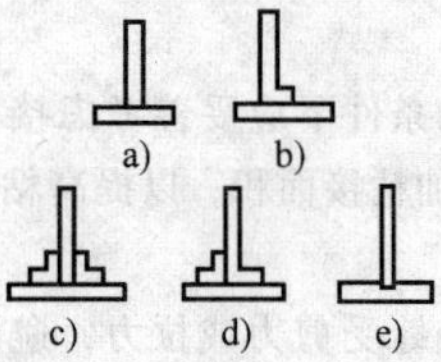 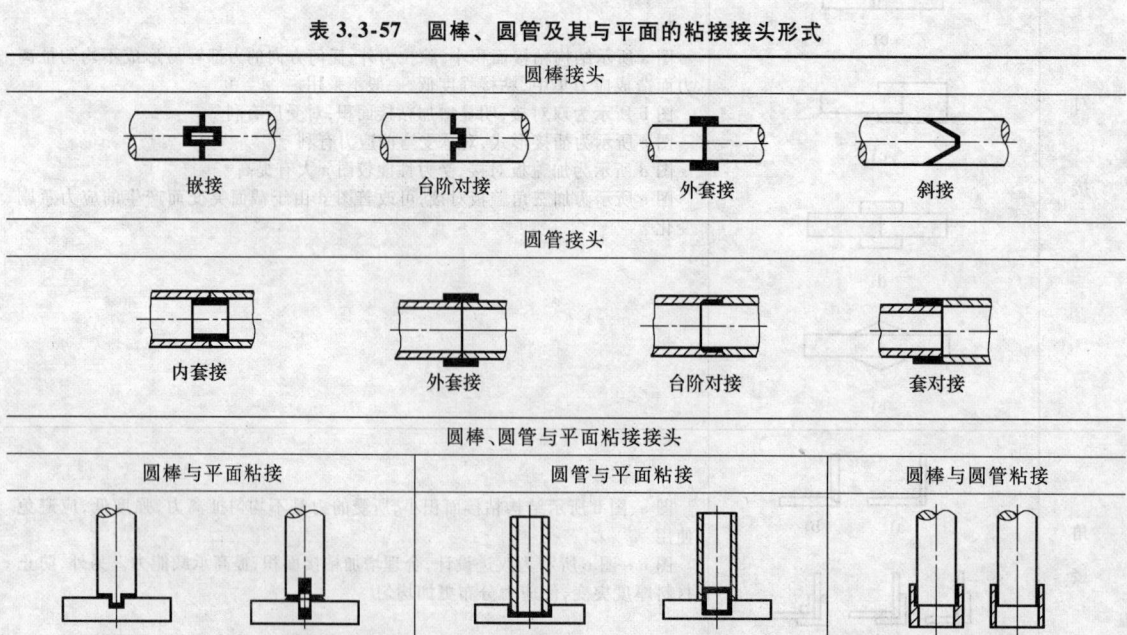 a) b) c) d) e) | 图 a 所示结构粘接强度低,一般不允许采用<br>图 b～图 e 所示为改进设计,采用支撑接头或插入接头,效果较好 |
| 搭接 | 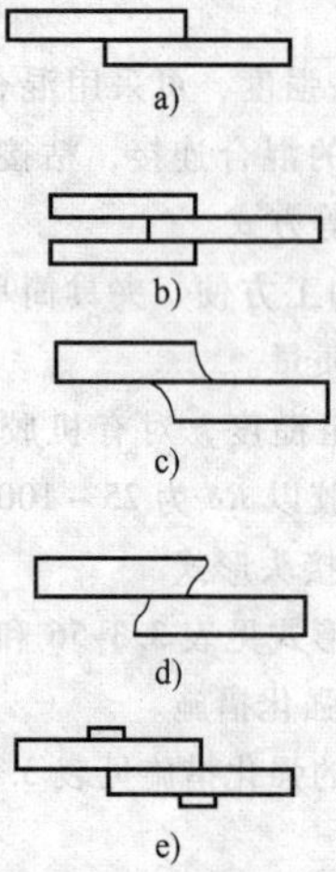 a) b) c) d) e) | 所受的作用力一般是剪切力,应力分布较均匀,有较高强度,接头加工容易,应用较多。图 a 所示为常用形式,工艺较方便,粘接面积可适当增减,但载荷偏心会造成附加弯矩,对接头受力不利。图 b 所示为双搭接,避免了载荷的偏心。外侧切角(见图 c)、内侧切角(见图 d)以及增加端部刚度(见图 e)均为减小粘缝端部应力集中、提高承载能力的方法<br>较佳搭接长度为 1～3cm,一般不超过 5cm,用增加宽度方法提高承载能力较有效 |
| 套接 | 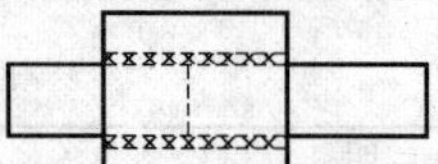 | 所受的作用力基本上是纯剪切力,粘接面积大,强度高,多用于棒材或管材的粘接 |
| 斜搭接 | 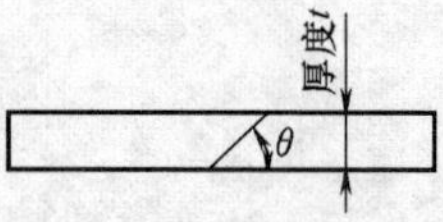 厚度 $t$ $\theta$ | 是效能最好的接头之一。粘接面积大,无附加弯矩产生,故有应力集中小、占据空间小、不影响工件外形等优点,但由于接头斜面不易加工,实际应用较少 |

表 3.3-57　圆棒、圆管及其与平面的粘接接头形式

圆棒接头

嵌接　　台阶对接　　外套接　　斜接

圆管接头

内套接　　外套接　　台阶对接　　套对接

圆棒、圆管与平面粘接接头

| 圆棒与平面粘接 | 圆管与平面粘接 | 圆棒与圆管粘接 |
|---|---|---|
| 嵌接　　镶接 | 嵌接　　镶接 | 套对接 |

表 3.3-58　接头结构的强化措施

| 分　类 | | 结构简图及工艺特点 | 适 用 范 围 |
|---|---|---|---|
| 机械加工 | 嵌入波浪键 | 1）先在损坏的工件上确定裂纹纹路，分析断裂产生原因，给出粘接修复方案<br>2）波形键凸缘的选用数目一般为 5、7、9 等单数<br>3）在待修复的工件裂纹垂直方向上加工波形槽。波形键与波形槽之间的配合，最大允许间隙为 0.1～0.2mm。波形槽深度一般为工件壁厚的 0.7～0.8 倍。波形槽的间距通常控制在 30mm 左右<br>4）用压缩空气吹净波形槽内的金属屑<br>5）用小型铆钉枪铆击波浪键，将其嵌入波形槽。铆击前，先将胶涂在槽内及波浪键的粘接部位<br>6）固化<br> | 适用于壁厚为 8～40mm，承受 6MPa 压力的铸件的断裂处的修复粘接 |
| | 嵌入销钉、螺栓、金属套 | 嵌入螺栓，在裂纹两端钻出止裂孔，攻螺纹，带胶装入 M5～M8 螺钉，两螺钉间相互重叠 1/4 左右，然后铆平<br>对于折断工件对接后可在外周或内孔镶上金属套而得到加固其结构见图<br><br>对接嵌外套　　对接加外套　　对接镶内套<br><br>对接嵌销轴　　对接加外套　　对接嵌外套 | 适用于管、轴的修复 |
| | 镶块与嵌入燕尾槽点焊加固 | 1）镶块的方法：带胶装入镶块，再以定位焊或螺钉固定（见图 a）<br>2）在裂纹或断裂处嵌入燕尾槽，效果相当好，但加工复杂<br>$t=(1/3～2/5)T$、$b=3T$、$T$ 为工件壁厚，$t$ 为燕尾槽厚，$b$ 为燕尾槽宽（见图 b）<br><br>a)　　　　　　　b) | 当损坏部位较大，又要求外观平整时，可采用镶块的方法。嵌入燕尾槽的方法适用于受力较大的裂纹或断裂的修复 |
| | 点焊加固 | 1）镶块补洞在四周用点焊加固强化<br>2）一般在粘结剂初固化后进行点焊，焊点距离为 30～50mm<br>3）焊后清理角涂胶覆盖 | 适用于补洞或较长裂缝处的修复 |
| | 钢板加固 | 在损坏处贴上一块钢板，钢板厚度为 2～5mm，材料为 10～30 钢，尺寸要比损坏部位大 30～50mm，钢板要经过适当的表面处理，涂上粘结剂，贴合后再用螺钉或点焊加固 | 用于受力较大的断裂部位或孔洞 |
| | 构织铁丝网 | 对于孔洞的粘接修复，可在断面处钻排孔，孔间距为 20～25mm，孔径为 2～4mm，孔深为 7～12mm，在纵横方向插入相应直径的细铁丝构成网状，并涂敷粘结剂，贴上玻璃布再用粘结剂填平 | 适用较大孔洞的粘接修复 |

（续）

| 分　类 | 结构简图及工艺特点 | 适　用　范　围 |
|---|---|---|
| 粘贴玻璃布 | 在经过处理的被粘表面涂贴上几层玻璃纤维布，能够增加粘接面积，提高结合力，保证胶层厚度，提高粘接强度，是值得采用的好方法<br>粘贴玻璃布的层数一般为 1～3 层。玻璃布的厚度为 0.05～0.15mm，玻璃布的外层应比内层大，但不应超过粘接面积的 1.5 倍。玻璃布应选用无碱、无蜡类型，且经过一定的处理 | 适用于裂纹和小孔的修复，且粘接面间空隙较大的场合 |
| 防止剥离 | 为防止从胶层边缘开始产生剥离，采用端部加宽、削薄、斜面、卷边等方法（见图）<br><br>　加宽　　　加铆　　　卷边　　　削薄 | 用于被粘物中有一种是软质材质的粘接 |
| 防止分层 | 如果平面搭接，使表层受到切应力，会造成材料内部分层破坏，为得到牢固的粘接，应采用斜接接头，让其纵向受力，避免层间剥离 | 适用于胶合板，纤维板，玻璃钢，石棉板等层压材料 |
| 改变接头的几何形状 | 1）搭接接头末端削成斜角形（见图 a）<br>2）将接头末端的材料去掉一部分，降低刚性（见图 b）<br>3）使接头末端弯曲（见图 c）<br>4）接头末端内部削成斜角（见图 d）<br><br>　　a)　　　　　　　b)<br>　　c)　　　　　　　d) | 适用于需要较高粘接强度的平面搭接 |
| 消除内应力 | 1）采用需膨胀粘接技术<br>2）降低固化反应活性<br>3）在粘结剂中加入活性增韧剂<br>4）加入无机粉末填料<br>5）固化后缓慢冷却<br>6）后固化 | 适用于内应力大的粘接修复场合 |
| 表面进行化学热处理 | 金属的结构粘接，经过化学处理后的粘接强度有极大的提高<br>化学处理就是金属表面脱脂之后，在一定条件下与酸碱溶液接触，通过化学反应在金属表面上生成一层难溶于水的非金属膜，从而大大改善粘结剂与表面结合力，极大地提高粘接强度 | 适用于对性能要求较高的粘接修复 |
| 偶联剂处理 | 用偶联剂对被粘接表面处理，是强化粘接的一种有效方法，操作方便、用量少、效果好<br>偶联剂为 1%～2% 的非水溶液或水溶液，涂敷后要在室温下晾干，再于 80～100℃ 烘干 0.5h | 适用于对性能要求较高的粘接修复 |
| 加热固化 | 加热固化有利于分子进一步扩散渗透、缠结，使化学反应更加完全，提高固化程度和交联程度，减少蠕变，其强度可提高 50%～100% | 获得较高的粘接强度 |
| 缠绕纤维增强 | 在粘接接头处带胶缠绕纤维，常用的是玻璃纤维，固化后为玻璃钢结构，强化效果非常好 | 适用于管或棒等圆形粘接接头 |

# 第4章 弹 簧

## 1 弹簧的性能、类型与应用

### 1.1 弹簧的基本性能

1. 特性线和刚度

弹簧的特性线如图 3.4-1 所示。它有三种基本类型：直线型；渐增型；渐减型。除基本类型外，弹性特性线还可以是以上两种或三种类型的组合（称为组合型特性线）。对于具有直线型特性线的弹簧，其刚度也称为弹簧常数或弹性系数。

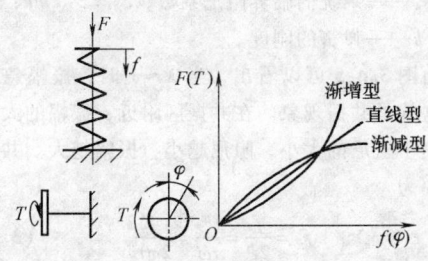

图 3.4-1 弹簧的特性线

2. 弹簧的变形能

拉伸和压缩弹簧的变形能为

$$U = \int_0^f F(f)\,\mathrm{d}f$$

扭转弹簧的变形能为

$$U = \int_0^\varphi T(\varphi)\,\mathrm{d}\varphi$$

当特性线为直线时，则有

$$U = \frac{Ff}{2}$$

$$U = \frac{T\varphi}{2} \tag{3.4-1}$$

另外，变形能的另一表示形式为最大工作应力 $\tau$ 或 $\sigma$ 和弹簧材料体积 $V$ 的方程，即

$$U = K\frac{V_\tau^2}{G}$$

$$U = K\frac{V_\sigma^2}{E} \tag{3.4-2}$$

式中 $G$——弹簧材料的切变模量；
$\quad\quad E$——弹簧材料的弹性模量；
$\quad\quad K$——比例系数，对不同类型的弹簧有不同的值，它标志着材料的利用程度，所以也

称为利用系数，其值见表 3.4-1。

表 3.4-1 弹簧的利用系数

| 弹簧类型 | 变形能 $U$ 计算公式 | 利用系数 $K$ | 变形能的比值[1] |
|---|---|---|---|
| 直杆的拉伸或压缩 | $K\dfrac{V_\sigma^2}{E}$ | $\dfrac{1}{2}$ | 1.00 |
| 一端固定的矩形板弹簧 | | $\dfrac{1}{18}$ | 0.11 |
| 板弹簧 | | $\dfrac{1}{6}$ | 0.33 |
| 圆形截面材料螺旋扭转弹簧 | | $\dfrac{1}{8}$ | 0.25 |
| 矩形截面材料螺旋扭转弹簧 | | $\dfrac{1}{6}$ | 0.33 |
| 平面蜗卷弹簧 | | $\dfrac{1}{6}$ | 0.33 |
| 圆形截面材料扭杆弹簧 | $K\dfrac{V_\tau^2}{G}$ | $\dfrac{1}{4}$ | 0.43 |
| 方形截面材料螺旋拉伸或压缩弹簧 | | $\dfrac{1}{6.5}$ | 0.27 |
| 矩形截面材料螺旋拉伸或压缩弹簧 | $\dfrac{1}{K_1}\dfrac{V_\tau^2}{2G}$[2] | — | — |

① 比值按 $G \approx \dfrac{E}{2.6}$，$\tau \approx \dfrac{\sigma}{\sqrt{3}}$ 换算的。

② 系数 $K_1$ 见表 3.4-51。

当加载和卸载的特性线不重合时，如图 3.4-2 所示，加载与卸载特性线所包围的面积（图中具有斜线阴影部分），就是弹簧在工作过程中由于内耗和摩擦所消耗的能量 $U_0$。$U_0$ 与 $U$ 之比称为阻尼系数 $\psi$，即

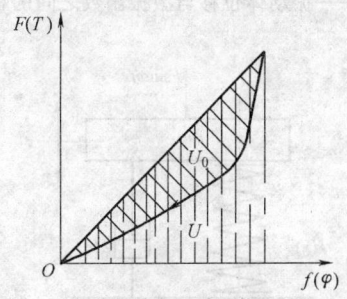

图 3.4-2 具有能量消耗弹簧的变形能

$$\psi = U_0/U$$

评定缓冲弹簧系统效能的指标为缓冲效率 $\eta$，其计算式为

$$\eta = \frac{mv^2/2}{F_{max} f_{max}} \tag{3.4-3}$$

式中　$m$——冲击物体的质量；

　　　$v$——冲击物体与弹簧系统接触时的速度；

　$F_{max}$——最大冲击载荷；

　$f_{max}$——缓冲系统的最大变形。

3. 弹簧的自振频率

当弹簧受到高频振动载荷的作用时，为了检验这种受迫振动对弹簧系统的影响，需要计算弹簧系统的自振频率。弹簧自振频率的计算公式为：

$$\nu = \sqrt{k/m_t} \tag{3.4-4}$$

式中　$k$——弹簧的刚度；

　　$m_t$——当量质量。

$m_t$ 是弹簧本身的质量和弹簧所连接的质量的综合值。图 3.4-3 所示的弹簧系统，其 $m_e = m + \xi m_s$，$\xi$ 为质量转化系数，与弹簧类型有关，图 3.4-3a 中 $\xi = 0.33$，图 3.4-3b 中 $\xi = 0.23$。

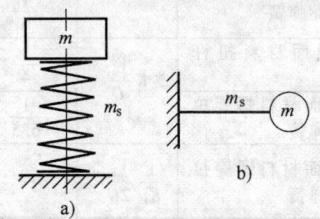

图 3.4-3　弹簧振动系统示意图

4. 弹簧受迫振动时的振幅

当弹簧系统的振动体受到激振力 $F\sin\omega t$ 的作用（见图 3.4-4），或其支撑（弹簧的固定端）受到激振位移 $f\sin\omega t$ 的作用时，其受迫振动可表示为

$$x = f_a \sin(\omega - \varphi)t \tag{3.4-5}$$

式中　$f_a$——受迫振动的振幅；

　　　$\varphi$——振动体位移与激振函数之间的相位差。

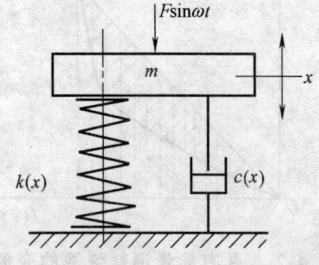

图 3.4-4　弹簧的支撑或悬架系

受迫振动的振幅 $f_{amax}$ 与使用阻尼的大小和类型有

关。对于粘性阻尼，设其阻尼力为 $cx$，当振动体受到激振力 $F\sin\omega t$ 作用时，其振幅为

$$f_a = \frac{f}{\sqrt{(1-\lambda_2)^2 + (2\xi\lambda)^2}} \tag{3.4-6}$$

当支撑弹簧的固定端受到激振位移 $f\sin\omega t$ 的作用时，振动体的绝对振幅为

$$f_a = \frac{f\sqrt{1+(2\xi\lambda)^2}}{\sqrt{(1-\lambda_2)^2 + (2\xi\lambda)^2}} \tag{3.4-7}$$

式中　$f$——在与激振力振幅值相等的静力作用下的系统的静变形；

　　　$\lambda$——系统频率比，$\lambda = \omega_t/\omega = v_t/v$；

　$\omega_t$、$\omega$——系统的固有频率和激振频率；

　　　$\xi$——系统的阻尼比，$\xi = c/c_c$；

　　　$c$——系统的阻尼系数；

　　　$c_c$——系统的临界阻尼系数，$c_c = 2\sqrt{mk}$；

　　　$k$——弹簧的刚度。

由图 3.4-5 可以看出，当 $\lambda \approx 1$ 时，振幅急剧增大，这就是共振现象。在共振区附近，振幅的大小主要取决于阻尼的大小，阻尼越小，振幅越大。共振时的振幅为

$$f_a = \frac{f}{2\xi} = \frac{F}{r\omega} = \frac{F}{2\pi r v} \tag{3.4-8}$$

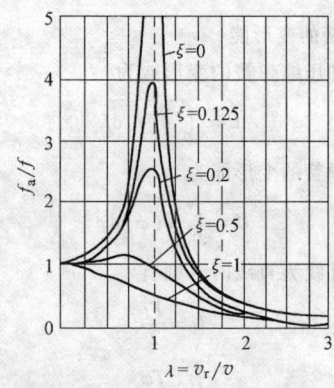

图 3.4-5　支撑系统 $f_a/f$ 与 $\lambda$ 和 $\xi$ 示意图

如阻尼很小，则共振振幅将很大。

当 $\lambda = v_r/v$ 与 1 有一定的距离之后，振幅急骤下降，阻尼的影响也随之减小。当 $\lambda > \sqrt{2}$ 时，振幅小于静变形，这也就是防振的理论基础。

## 1.2　弹簧的类型

常用弹簧的类型及特性见表 3.4-2。

表 3.4-2 常用弹簧的类型及特性

| 类 型 | 结 构 图 | 特 性 线 | 性 能 与 应 用 |
|---|---|---|---|
| 圆柱螺旋弹簧 — 圆形截面圆柱螺旋压缩弹簧 | | | 特性线呈线性,刚度稳定,结构简单,制造方便,应用较广,在机械设备中多用作缓冲、减振以及储能和控制运动等 |
| 矩形截面圆柱螺旋压缩弹簧 | | | 在同样的空间条件下,矩形截面圆柱螺旋压缩弹簧比圆形截面圆柱螺旋压缩弹簧的刚度大,吸收能量多,特性线更接近于直线,刚度更接近于常数 |
| 扁形截面圆柱螺旋压缩弹簧 | | | 与圆形截面圆柱螺旋压缩弹簧比较,储存能量大,压并高度低,压缩量大,因此被广泛用于发动机阀门机构、离合器和自动变速器等安装空间比较小的装置上 |
| 不等节距圆柱螺旋压缩弹簧 | | | 当载荷增大到一定程度后,随着载荷的增大,弹簧从小节距开始依次逐渐并紧,刚度逐渐增大,特性线由线性变为渐增型。因此,其自振频率为变值,有较好的消除或缓和共振的影响,多用于高速变载机构 |
| 多股圆柱螺旋弹簧 | | | 材料为细钢丝拧成的钢丝绳。在未受载荷时,钢丝绳各根钢丝之间的接触比较松,当外载荷达到一定程度时,接触紧密起来,这时弹簧刚性增大,因此多股螺旋弹簧的特性线有折点。比相同截面材料的普通圆柱螺旋弹簧强度高,减振作用大。在武器和航空发动机中常有应用 |
| 圆柱螺旋拉伸弹簧 | | | 性能和特点与圆形截面圆柱螺旋压缩弹簧相同,它主要用于受拉伸载荷的场合,如联轴器过载安全装置中用的拉伸弹簧以及棘轮机构中棘爪复位拉伸弹簧 |
| 圆柱螺旋扭转弹簧 | | | 承受扭转载荷,主要用于压紧和储能以及传动系统中的弹性环节,具有线性特性线,应用广泛,如用于测力计及强制气阀关闭机构 |

（续）

| 类　型 | | 结　构　图 | 特　性　线 | 性能与应用 |
|---|---|---|---|---|
| 变径螺旋弹簧 | 圆锥形螺旋弹簧 | | | 　作用与不等节距螺旋弹簧相似，载荷达到一定程度后，弹簧从大圈到小圈依次逐渐并紧，簧圈开始接触后，特性线为非线性，刚度逐渐增大，自振频率为变值，有利于消除或缓和共振，防共振能力较等节距压缩弹簧强。这种弹簧结构紧凑，稳定性好，多用于承受较大载荷和减振，如应用于重型振动筛的悬挂弹簧及东风型汽车变速器 |
| | 蜗卷螺旋弹簧 | | | 　蜗卷螺旋弹簧和其他弹簧相比较，在相同的空间内可以吸收较大的能量，而且其板间存在的摩擦可利用来衰减振动。常用于需要吸收热膨胀变形而又需要阻尼振动的管道系统或与管道系统相连的部件中，例如火力发电厂汽、水管道系统中。其缺点是板间间隙小，淬火困难，也不能进行喷丸处理，此外制造精度也不够高 |
| 扭杆弹簧 | | | | 　结构简单，但材料和制造精度要求高。主要用作轿车和小型车辆的悬架弹簧，内燃机中作气门辅助弹簧，以及空气弹簧，稳压器的辅助弹簧 |
| 碟形弹簧 | 普通碟形弹簧 | | | 　承载缓冲和减振能力强。采用不同的组合可以得到不同的特性线。可用于压力安全阀、自动转换装置、复位装置、离合器等 |
| 环形弹簧 | | | | 　广泛应用于需要吸收大能量但空间尺寸受到限制的场合，如机车牵引装置弹簧、起重机和大炮的缓冲弹簧、锻锤的减振弹簧、飞机的制动弹簧等 |

（续）

| 类型 | 结 构 图 | 特 性 线 | 性能与应用 |
|---|---|---|---|
| 平面蜗卷弹簧 | 游丝 | | 游丝是小尺寸金属带盘绕而成的平面蜗卷弹簧。可用作测量元件（测量游丝）或压紧元件（接触游丝） |
|  | 发条 | | 发条主要用作储能元件。发条工作可靠、维护简单，被广泛应用于计时仪器和时控装置中，如钟表、记录仪器、家用电器等，用于机动玩具中作为动力源 |
| 片弹簧 | | | 片弹簧是一种矩形截面的金属片，主要用于载荷和变形都不大的场合。可用作检测仪表或自动装置中的敏感元件、电接触点、棘轮机构棘爪、定位器等压紧弹簧及支撑或导轨等 |
| 钢板弹簧 | | | 钢板弹簧是由多片弹簧钢板叠合而成的。广泛应用于汽车、拖拉机、火车中作悬架装置，起缓冲和减振作用，也用于各种机械产品中作减振装置，具有较高的刚度 |
| 橡胶弹簧 | | | 橡胶弹簧因弹性模量较小，可以得到较大的弹性变形，容易实现所需要的非线性特性。形状不受限制，各个方向的刚度可根据设计要求自由选择。同一橡胶弹簧能同时承受多方向载荷，因而可使系统的结构简化。橡胶弹簧在机械设备上的应用正在日益扩展 |
| 橡胶-金属螺旋复合弹簧 | | | 特性线为渐增型。此种橡胶-金属螺旋复合弹簧与橡胶弹簧相比有较大的刚性，与金属弹簧相比有较大的阻尼性。因此，它具有承载能力大、减振性强、耐磨损等优点，适用于矿山机械和重型车辆的悬架结构等 |
| 空气弹簧 | | | 空气弹簧是利用空气的可压缩性实现弹性作用的一种非金属弹簧。用在车辆悬挂装置中可以大大改善车辆的动力性能，从而显著提高其运行舒适度，所以空气弹簧在汽车和火车上得到广泛应用 |

# 2　圆柱螺旋弹簧

## 2.1　圆柱螺旋弹簧的型式、代号及应用

用冷卷或热卷制作的圆柱螺旋弹簧的典型端部结构型式及代号见表 3.4-3。

表 3.4-3　圆柱螺旋弹簧的型式、代号及应用

| 类型 | 代号 | 简　图 | 端部结构型式 | 应　用 |
|---|---|---|---|---|
| 冷卷压缩弹簧 | Y I | | 两端圈并紧并磨平,支撑圈数 $n_2$ 为 1~2.5 | 适用于冷卷,材料直径 $d \geqslant 0.5$mm,不适合用作特殊用途的弹簧 |
| | Y II | | 两端圈并紧不磨,$n_2$ 为1.5~2 | 同上,多用于钢丝直径较细,旋绕比较大的情况,各圈受力不均匀 |
| | Y III | | 两端圈不并紧,$n_2$ 为 0~1 | 适用于冷卷,$d \geqslant 0.5$mm,旋绕比大,而不太重要的弹簧 |
| 热卷压缩弹簧 | RY I | | 两端圈并紧并磨平,$n_2$ 为1.5~2.5 | 适用于热卷,不适用于特殊性能的弹簧 |
| | RY II | | 两端圈制扁并紧不磨或磨平,$n_2$ 为 1.5~2.5 | — |
| 冷卷拉伸弹簧 | L I | | 半圆钩环 | 适用于冷卷,材料直径 $d \geqslant 0.5$mm,钩环型式视装配要求而定,常见的为半圆钩环、圆钩环与圆钩环压中心几种。钩环弯折处应力较大,易折断,一般多用于拉力不太大的情况 |
| | L II | | 圆钩环 | |
| | L III | | 圆钩环压中心 | |
| | L IV | | 偏心圆钩环 | |
| | L V | | 长臂半圆钩环 | |
| | L VI | | 长臂小圆钩环 | |

（续）

| 类 型 | 代号 | 简　图 | 端部结构型式 | 应　用 |
|---|---|---|---|---|
| 冷卷拉伸弹簧 | LⅦ | | 可调式拉簧 | 适用于冷卷,一般多用于受力较大,钢丝直径较粗($d>5$mm)的弹簧,可以调节长度 |
| | LⅧ | | 两端具有可转钩环 | 适用于冷卷,弹簧不弯钩环,强度不被削弱 |
| 热卷拉伸弹簧 | RLⅠ | | 半圆钩环 | 适用于热卷,不适合用作特殊性能的弹簧 |
| | RLⅡ | | 圆钩环 | |
| | RLⅢ | | 圆钩环压中心 | |
| 扭转弹簧 | NⅠ | | 外臂扭转弹簧 | 端部结构型式视装配要求而定适于普通冷卷圆柱扭转弹簧,钢丝直径 $d$ $\geqslant0.5$mm |
| | NⅡ | | 内臂扭转弹簧 | |
| | NⅢ | | 中心臂扭转弹簧 | |
| | NⅣ | | 平列双扭弹簧 | |
| | NⅤ | | 直臂扭转弹簧 | 端部结构型式视装配要求而定,适于普通冷卷圆柱扭转弹簧,钢丝直径 $d\geqslant0.5$mm |
| | NⅥ | | 单臂弯曲扭转弹簧 | |

## 2.2　弹簧的材料和许用应力

弹簧常用的材料及其性能见表 3.4-4 ~ 表 3.4-7。

**表 3.4-4　弹簧常用的材料**（摘自 GB/T 23935—2009）

| 材料名称 | 代号/牌号 | | 直径规格/mm | 切变模量 $G$ /GPa | 弹性模量 $E$/GPa | 推荐硬度范围 HRC | 推荐温度范围 /℃ | 性　　能 |
|---|---|---|---|---|---|---|---|---|
| 碳素弹簧钢丝 | 65Mn、70、72A、72B、82A、82B | | B 级:0.08 ~ 13.0、C 级:0.08 ~ 13.0、D 级:0.08 ~ 6.0 | 79 | 206 | — | −40 ~ 130 | 强度高,性能好,B 级用于低应力弹簧,C 级用于中等应力弹簧,D 级用于高应力弹簧 |
| 重要用途碳素弹簧钢丝 | 65Mn、70、T8MnA、T9A、 | | E 组:0.08 ~ 6.00、F 组:0.08 ~ 6.00、G 组:1.00 ~ 6.00 | | | | | 强度和弹性均优于碳素弹簧钢丝,用于重要的弹簧,F 组强度较高,E 组强度略低、G 组较低 |
| 油淬火-回火弹簧钢丝 | FDC、TDC | 65、65Mn、70 | 0.5 ~ 17.0 | 78 | 200 | | −40 ~ 150 | 用在静状态下的一般弹簧 |
| | VDC | | 0.5 ~ 10.0 | | | | | |
| | FDCrV-A、TDCrV-A | 50CrV | 0.5 ~ 17.0 | | | | | 用于中疲劳强度下的弹簧,例如离合器、悬架弹簧等,B 级材料比 A 级抗拉强度更高一些 |
| | VDCrV-A | | 0.5 ~ 10.0 | | | | | |
| | FDCrV-B、TDCrV-B | 67CrV | 0.5 ~ 17.0 | | | | | |
| | VDCrV-B | | 0.5 ~ 10.0 | | | | | |
| | FDSiMn、TDSiMn | 60Si2Mn、60Si2MnA | 0.5 ~ 17.0 | 78 | 200 | | −40 ~ 200 | 强度高、弹性好、易脱碳,用于中疲劳强度的弹簧 |
| | FDCrSi、TDCrSi | 55CrSi | | 78 | 200 | | −40 ~ 250 | 疲劳强度高,耐高温。用于较高温度的高应力内燃机阀门等弹簧 |
| | VDCrSi | | 0.5 ~ 10.0 | | | | | |
| 硅锰弹簧钢丝 | 60Si2MnA、65Si2MnWA、70Si2MnA | | 1.0 ~ 2.0 | | | | −40 ~ 200 | 强度高、弹性较好、易脱碳,用于普通机械的较大弹簧 |
| 铬钒弹簧钢丝 | 50CrVA | | 0.8 ~ 12.0 | 79 | 206 | 45 ~ 50 | −40 ~ 210 | 高温时强度性能稳定,用于较高工作温度下的弹簧,如内燃机阀门弹簧等 |
| 阀门用铬钒弹簧钢丝 | 50CrVA | | 0.5 ~ 12.0 | | | | | |
| 铬硅弹簧钢丝 | 55CrSiA | | 0.8 ~ 6.0 | | | | −40 ~ 250 | 高温时性能稳定,用于较高工作温度下的高应力弹簧 |

（续）

| 材料名称 | 代号/牌号 | 直径规格/mm | 切变模量 $G$ /GPa | 弹性模量 $E$/GPa | 推荐硬度范围 HRC | 推荐温度范围 /℃ | 性　能 |
|---|---|---|---|---|---|---|---|
| 弹簧用不锈钢丝 | A 组：12Cr18Ni9、022Cr19Ni10、06Cr17Ni12Mo2 B 组：12Cr18Ni9、06Cr18Ni10 C 组：07Cr17Ni7Al | A 组、B 组、C 组 0.8 ~ 12.0 | 71 | 193 | — | -200 ~ 300 | 耐腐蚀,耐高、低温,用于腐蚀或高、低温工作条件下的小弹簧 |
| 硅青铜线 | QSn3 - 1 | 0.1 ~ 6.0 | 41 | 95.5 | 90 ~ 100 HBW | -40 ~ 120 | 有较高的耐腐蚀和防磁性能,用于机械或仪表等用弹性元件 |
| 锡青铜线 | QSn4-3、QSn6.5-0.1、QSn6.5-0.4、QSn7-0.2 | 0.1 ~ 6.0 | 40 | 93.2 | 90 ~ 100 HBW | -250 ~ 120 | 有较高的耐磨损、耐腐蚀和防磁性能,用于机械或仪表等用弹性元件 |
| 铍青铜线 | QBe1.7、QBe1.9、QBe2、QBe2.15 | 0.03 ~ 6.0 | 44 | 129.5 | 37 ~ 40 | -200 ~ 120 | 耐磨损、耐腐蚀、防磁和导电性能均较好,用于机械或仪表等用精密弹性元件 |
| 热轧弹簧钢 | 65Mn | 5 ~ 80 | 78 | 196 | | -40 ~ 120 | 弹性好,用于普通机械用弹簧 |
| | 55Si2Mn、55Si2Mn8、60Si2Mn、60Si2MnA、 | | | | 45 ~ 50 | -40 ~ 200 | 有较高的疲劳强度,弹性好,广泛用于各种机械、交通工具等用弹簧 |
| | 50CrMnA、60CrMnA | | | | 47 ~ 52 | -40 ~ 250 | 强度高,耐高温,用于承受较重载荷的较大弹簧 |
| | 50CrVA | | | | 45 ~ 50 | -40 ~ 210 | 疲劳性能好,耐高温,用于较高工作温度下的较大弹簧 |

**表 3.4-5　弹簧钢丝的抗拉强度 $R_m$ 之一**（摘自 GB/T 23935—2009）　（单位：MPa）

| 钢丝直径/mm | 碳素弹簧钢丝 | | | 琴钢丝 | | | 弹簧用不锈钢丝 | | |
|---|---|---|---|---|---|---|---|---|---|
| | B 级 | C 级 | D 级 | $G_1$ 组 | $G_2$ 组 | F 组 | A 组 | B 组 | C 组 |
| 0.08 | 2400 | 2740 | 2840 | 2893 | 3187 | — | 1618 | 2157 | — |
| 0.09 | 2350 | 2690 | 2840 | 2844 | 3138 | — | 1618 | 2157 | — |
| 0.10 | 2300 | 2650 | 2790 | 2795 | 3080 | — | 1618 | 2157 | — |
| 0.12 | 2250 | 2600 | 2740 | 2746 | 3040 | — | 1618 | 2157 | — |
| 0.14 | 2200 | 2550 | 2740 | 2697 | 2991 | — | 1618 | 2157 | 1961 |
| 0.16 | 2150 | 2550 | 2690 | 2648 | 2942 | — | 1618 | 2157 | 1961 |
| 0.18 | 2150 | 2450 | 2690 | 2599 | 2883 | — | 1618 | 2157 | 1961 |
| 0.20 | 2150 | 2400 | 2690 | 2599 | 2844 | — | 1618 | 2157 | 1961 |
| 0.22 | 2110 | 2350 | 2690 | — | — | — | — | — | — |
| 0.23 | — | — | — | 2550 | 2795 | — | 1569 | 2059 | 1961 |
| 0.25 | 2040 | 2300 | 2640 | | | | | | |

（续）

| 钢丝直径/mm | 碳素弹簧钢丝 | | | 琴钢丝 | | | 弹簧用不锈钢丝 | | |
|---|---|---|---|---|---|---|---|---|---|
| | B 级 | C 级 | D 级 | $G_1$ 组 | $G_2$ 组 | F 组 | A 组 | B 组 | C 组 |
| 0.26 | — | — | — | 2501 | 2746 | — | 1569 | 2059 | 1912 |
| 0.28 | 2010 | 2300 | 2640 | — | — | — | — | — | — |
| 0.29 | — | — | — | 2452 | 2697 | — | 1569 | 2059 | 1912 |
| 0.30 | 2010 | 2300 | 2640 | — | — | — | — | — | — |
| 0.32 | 1960 | 2250 | 2600 | 2403 | 2648 | — | 1569 | 2059 | 1912 |
| 0.35 | 1960 | 2250 | 2600 | 2403 | 2648 | — | 1569 | 2059 | 1912 |
| 0.40 | 1910 | 2250 | 2600 | 2364 | 2599 | — | 1569 | 2059 | 1912 |
| 0.45 | 1860 | 2200 | 2550 | 2305 | 2550 | — | 1569 | 1961 | 1912 |
| 0.50 | 1860 | 2200 | 2550 | 2305 | 2550 | — | 1569 | 1961 | 1912 |
| 0.55 | 1810 | 2150 | 2500 | 2256 | 2501 | — | 1569 | 1961 | 1814 |
| 0.60 | 1760 | 2110 | 2450 | 2206 | 2452 | — | 1569 | 1961 | 1814 |
| 0.65 | 1760 | 2110 | 2450 | 2206 | 2452 | — | 1569 | 1961 | 1814 |
| 0.70 | 1710 | 2060 | 2450 | 2158 | 2403 | — | 1569 | 1961 | 1814 |
| 0.80 | 1710 | 2010 | 2400 | 2108 | 2354 | — | 1471 | 1863 | 1765 |
| 0.90 | 1710 | 2010 | 2350 | 2108 | 2305 | — | 1471 | 1863 | 1765 |
| 1.0 | 1660 | 1960 | 2300 | 2059 | 2256 | — | 1471 | 1863 | 1765 |
| 1.2 | 1620 | 1910 | 2250 | 2010 | 2206 | — | 1373 | 1765 | 1667 |
| 1.4 | 1620 | 1860 | 2150 | 1961 | 2158 | — | 1373 | 1765 | 1667 |
| 1.6 | 1570 | 1810 | 2110 | 1912 | 2108 | — | 1324 | 1667 | 1569 |
| 1.8 | 1520 | 1760 | 2010 | 1883 | 2053 | — | 1324 | 1667 | 1569 |
| 2.0 | 1470 | 1710 | 1910 | 1814 | 2010 | 1716 | 1324 | 1667 | 1569 |
| 2.2 | 1420 | 1660 | 1810 | — | — | — | — | — | — |
| 2.3 | — | — | — | 1765 | 1961 | 1716 | 1275 | 1569 | 1471 |
| 2.5 | 1420 | 1660 | 1760 | — | — | — | — | — | — |
| 2.6 | — | — | — | 1765 | 1961 | 1667 | 1275 | 1569 | 1471 |
| 2.8 | 1370 | 1620 | 1710 | — | — | — | — | — | — |
| 2.9 | — | — | — | 1716 | 1912 | 1667 | 1177 | 1471 | 1373 |
| 3.0 | 1370 | 1570 | 1710 | — | — | — | — | — | — |
| 3.2 | 1320 | 1570 | 1660 | 1667 | 1863 | 1618 | 1177 | 1471 | 1373 |
| 3.5 | 1320 | 1570 | 1660 | 1667 | 1814 | 1618 | 1177 | 1471 | 1373 |
| 4.0 | 1320 | 1520 | 1620 | 1618 | 1765 | 1589 | 1177 | 1471 | 1373 |
| 4.5 | 1320 | 1520 | 1620 | 1569 | 1716 | 1520 | 1079 | 1373 | 1275 |
| 5.0 | 1320 | 1470 | 1570 | 1520 | 1667 | 1471 | 1079 | 1373 | 1275 |
| 5.5 | 1270 | 1470 | 1570 | 1471 | 1618 | — | 1079 | 1373 | 1275 |
| 6.0 | 1220 | 1420 | 1520 | 1422 | 1563 | — | 1079 | 1373 | 1275 |
| 6.5 | 1220 | 1420 | — | — | — | — | 981 | 1275 | — |
| 7.0 | 1170 | 1370 | — | — | — | — | 981 | 1275 | — |
| 8.0 | 1170 | 1370 | — | — | — | — | 981 | 1275 | — |
| 9.0 | 1130 | 1320 | — | — | — | — | — | 1128 | — |
| 10.0 | 1130 | 1320 | — | — | — | — | — | 981 | — |
| 11.0 | 1080 | 1270 | — | — | — | — | — | — | — |
| 12.0 | 1080 | 1270 | — | — | — | — | — | 883 | — |
| 13.0 | 1030 | 1220 | — | — | — | — | — | — | — |

注: 1. 表中 $R_m$ 均为下限值。

2. 碳素弹簧钢丝用 25～80、40Mn～70Mn 钢制造；琴钢丝用 60～80、60Mn～70Mn 钢制造；弹簧用不锈钢丝用 12Cr18Ni9、022Cr19Ni10、06Cr17Ni12Mo2、07Cr17Ni7Al 钢制造。

表 3.4-6　弹簧钢丝的抗拉强度 $R_m$ 之二（GB/T 23935—2009）　　（单位：MPa）

| 钢丝直径 /mm | 阀门用油淬火回火碳素弹簧钢丝 | 油淬火回火碳素弹簧钢丝 A 类 | B 类 | 油淬火回火硅锰合金弹簧钢丝 A 类 | B 类 | C 类 | 阀门用油淬火回火铬硅合金弹簧钢丝 | 阀门用油淬火回火铬钒合金弹簧钢丝 |
|---|---|---|---|---|---|---|---|---|
| 1.0 | — | — | — | — | — | — | — | 1667 |
| 1.2 | — | — | — | — | — | — | — | 1667 |
| 1.4 | — | — | — | — | — | — | — | 1667 |
| 1.6 | — | — | — | — | — | — | 1961 | 1667 |
| 1.8 | — | — | — | — | — | — | 1961 | 1667 |
| 2.0 | 1422 | 1618 | 1716 | 1569 | 1667 | 1765 | 1912 | 1618 |
| 2.2 | 1422 | 1569 | 1667 | 1569 | 1667 | 1765 | 1912 | 1618 |
| 2.5 | 1422 | 1569 | 1667 | 1569 | 1667 | 1765 | 1912 | 1618 |
| 3.0 | 1422 | 1520 | 1618 | 1569 | 1667 | 1765 | 1912 | 1618 |
| 3.2 | 1422 | 1471 | 1569 | 1520 | 1618 | 1716 | 1863 | 1569 |
| 3.5 | 1422 | 1471 | 1569 | 1520 | 1618 | 1716 | 1863 | 1569 |
| 4.0 | 1422 | 1422 | 1520 | 1471 | 1569 | 1667 | 1814 | 1520 |
| 4.5 | 1373 | 1373 | 1471 | 1471 | 1569 | 1667 | 1814 | 1520 |
| 5.0 | 1324 | 1324 | 1422 | 1471 | 1569 | 1667 | 1765 | 1471 |
| 5.5 | — | 1275 | 1373 | 1471 | 1569 | 1667 | 1765 | 1471 |
| 6.0 | — | 1275 | 1373 | 1471 | 1569 | 1667 | 1765 | 1471 |
| 6.5 | — | 1275 | 1373 | 1471 | 1569 | 1667 | 1765 | 1422 |
| 7.0 | — | 1226 | 1324 | 1422 | 1520 | 1618 | 1667 | 1422 |
| 7.5 | — | — | — | 1422 | 1520 | 1618 | — | — |
| 8.0 | — | 1226 | 1324 | 1422 | 1520 | 1618 | 1667 | 1373 |
| 8.5 | — | — | — | 1422 | 1520 | 1618 | — | — |
| 9.0 | — | 1226 | 1324 | 1422 | 1520 | 1618 | — | 1373 |
| 9.5 | — | — | — | 1373 | 1471 | 1569 | — | — |
| 10.0 | — | 1177 | 1275 | 1373 | 1471 | 1569 | — | 1373 |
| 10.5 | — | — | — | 1373 | 1471 | 1569 | — | — |
| 11.0 | — | 1177 | 1275 | 1373 | 1471 | 1569 | — | — |
| 11.5 | — | — | — | 1373 | 1471 | 1569 | — | — |
| 12.0 | — | 1177 | 1275 | 1373 | 1471 | 1569 | — | — |
| 13.0 | — | — | — | 1373 | 1471 | — | — | — |
| 14.0 | — | — | — | 1373 | 1471 | — | — | — |

注：1. 表中 $R_m$ 均为下限值。

　2. 阀门用油淬火回火碳素弹簧钢丝用 70、65Mn 钢制造；油淬火回火碳素弹簧钢丝的 A 类用 65～70、60Mn～70Mn 钢制造，B 类用 65～80、65Mn～70Mn 钢制造；油淬火回火硅锰合金弹簧钢丝用 60Si2MnA 钢制造；阀门用油淬火回火铬硅合金弹簧钢丝用 50CrSi 钢制造；阀门用油淬火回火铬钒合金弹簧钢丝用 50CrVA 钢制造。

表 3.4-7　青铜线的抗拉强度 $R_m$（摘自 GB/T 23935——2009）

| 材　料 | 硅青铜线 | | | 锡青铜线 | | | 铍青铜线 | | |
|---|---|---|---|---|---|---|---|---|---|
| 线材直径/mm | 0.1～2 | >2～4.2 | >4.2～6 | 0.1～2.5 | >2.5～4 | >4～5 | 状态 | 硬化调质前 HBW | 硬化调质后 HBW |
| | | | | | | | 软 | 343～568 | >1029 |
| 抗拉强度 $R_m$/MPa | 784 | 833 | 833 | 784 | 833 | 833 | 1/2 硬 | 579～784 | >1176 |
| | | | | | | | 硬 | >598 | >1274 |

注：表中 $R_m$ 为下限值。

圆柱螺旋弹簧按所受载荷的情况分为三类：I 类——受循环载荷作用次数在 $1×10^6$ 次以上的弹簧；Ⅱ类——受循环载荷作用次数在 $1×10^3$～$1×10^6$ 次范围内及受冲击载荷的弹簧；Ⅲ类——受静荷及受循环载荷作用

次数在 $1×10^3$ 次以下的弹簧。三类弹簧的许用切应力 $\tau_p$ 和许用弯曲应力 $\sigma_{Bp}$ 的值从表 3.4-8 中选用。

在选取材料和确定许用应力时，遇到下列情况应作适当修正：对重要的弹簧，其损坏对整个机械有重

大影响时,许用应力应适当降低;经强压处理的弹簧,能提高其疲劳极限,对改善载荷下的松弛有明显效果,可适当提高许用应力;经喷丸处理的弹簧也能提高疲劳强度或疲劳寿命,其许用应力可提高 20%;当工作温度超过 60℃时,应对切变模量 $G$ 进行修正,其修正公式为

$$G_T = K_T G$$

式中  $G$——常温下的切变模量;

$G_T$——工作温度时下的切变模量;

$K_T$——温度修正系数,其值从表 3.4-9 中查取。

### 表 3.4-8  弹簧许用应力 (摘自 GB/T 23935—2009)

| 钢丝类型或材料 | | 油淬火-回火钢丝 | 碳素钢丝 | 不锈钢丝 | 青铜线 | 65Mn | 55Si2Mn、55Si2MnB、60Si2Mn、60Si2MnA、50CrVA | 55CrMnA、60CrMnA |
|---|---|---|---|---|---|---|---|---|
| 压缩弹簧许用切应力 $\tau_p$ | Ⅲ类($\tau_s$) | $0.55R_m$ | $0.5R_m$ | $0.45R_m$ | $0.4R_m$ | 570MPa | 740MPa | 710MPa |
| | Ⅱ类 | $(0.40 \sim 0.47)R_m$ | $(0.38 \sim 0.45)R_m$ | $(0.34 \sim 0.38)R_m$ | $(0.30 \sim 0.35)R_m$ | 455MPa | 590MPa | 570MPa |
| | Ⅰ类 | $(0.35 \sim 0.40)R_m$ | $(0.30 \sim 0.38)R_m$ | $(0.28 \sim 0.34)R_m$ | $(0.25 \sim 0.30)R_m$ | 340MPa | 445MPa | 430MPa |
| 拉伸弹簧许用切应力 $\tau_p$ | Ⅲ类($\tau_s$) | $0.44R_m$ | $0.40R_m$ | $0.36R_m$ | $0.32R_m$ | 380MPa | 495MPa | 475MPa |
| | Ⅱ类 | $(0.32 \sim 0.38)R_m$ | $(0.30 \sim 0.36)R_m$ | $(0.27 \sim 0.30)R_m$ | $(0.24 \sim 0.28)R_m$ | 325MPa | 420MPa | 405MPa |
| | Ⅰ类 | $(0.28 \sim 0.32)R_m$ | $(0.24 \sim 0.30)R_m$ | $(0.22 \sim 0.27)R_m$ | $(0.20 \sim 0.24)R_m$ | 285MPa | 370MPa | 360MPa |
| 扭转弹簧许用弯曲应力 $\sigma_{Bp}$ | Ⅲ类($\sigma_s$) | $0.80R_m$ | $0.80R_m$ | $0.75R_m$ | $0.75R_m$ | 710MPa | 925MPa | 890MPa |
| | Ⅱ类 | $(0.60 \sim 0.68)R_m$ | $(0.60 \sim 0.68)R_m$ | $(0.55 \sim 0.65)R_m$ | $(0.55 \sim 0.65)R_m$ | 570MPa | 740MPa | 710MPa |
| | Ⅰ类 | $(0.50 \sim 0.60)R_m$ | $(0.50 \sim 0.60)R_m$ | $(0.45 \sim 0.55)R_m$ | $(0.45 \sim 0.55)R_m$ | 455MPa | 590MPa | 570MPa |

注:$\tau_s$—试验切应力;$\sigma_s$—试验弯曲应力;$R_m$—材料抗拉强度。

### 表 3.4-9  温度修正系数 $K_T$

| 材料 | 工作温度/℃ | | | |
|---|---|---|---|---|
| | ≤60 | 150 | 200 | 250 |
| 铬钒钢 | 1 | 0.96 | 0.95 | 0.94 |
| 硅锰钢 | 1 | 0.99 | 0.98 | 0.98 |
| 不锈钢 | 1 | 0.95 | 0.94 | 0.98 |
| 青铜 | 1 | 0.95 | 0.94 | 0.92 |

注:表内各温度之间的 $K_T$ 值,用插入法求出。

## 2.3  压缩、拉伸弹簧的设计

### 2.3.1  圆柱螺旋弹簧的计算公式及几何尺寸 (表 3.4-10)

### 表 3.4-10  圆柱螺旋弹簧的计算公式及几何尺寸

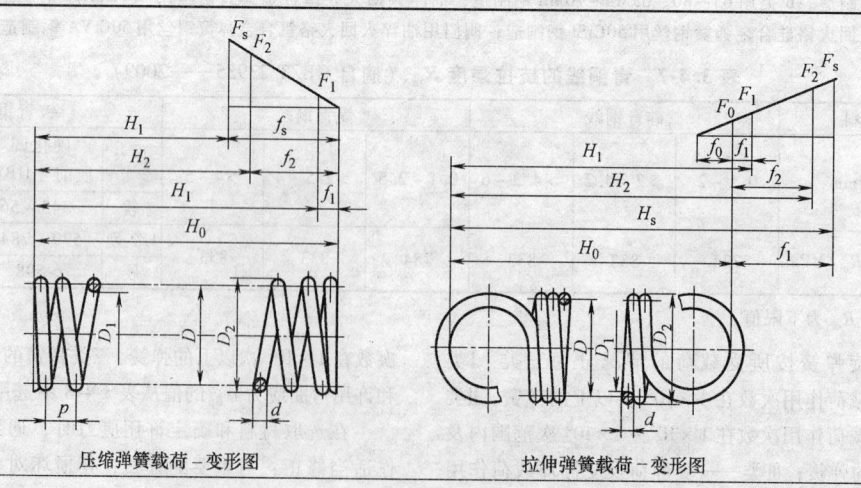

压缩弹簧载荷-变形图                    拉伸弹簧载荷-变形图

（续）

图中 $F_1$、$F_2$、$\cdots$、$F_n$—工作载荷；

　　　　$f_1$、$f_2$、$\cdots$、$f_n$—对应的变形量(mm)；

　　　　　$H_0$—自由高度或长度(mm)；

　　　　　$t$—弹簧的节距

取达到扭转试验应力 $\tau_s$ 的试验载荷为 $F_s$。$F_s$ 为测定弹簧特性时,弹簧允许承受的最大载荷对应的变形为 $f_s$。为了保证指定长度时的载荷,弹簧的工作变形应在试验载荷下变形量的 0.2~0.8 范围内,即

$$0.2f_s \leqslant f_1、f_2、\cdots、f_n \leqslant 0.8\,f_s$$

对应的工作载荷应满足

$$0.2F_s \leqslant F_1、F_2、\cdots、F_n \leqslant 0.8F_s$$

式中　$F_1$——安装时的预加载荷；

　　　$F_0$——拉伸弹簧的初拉力。

. 在特殊需要保证刚度时,其刚度按试验载荷 $F_s$ 下变形量的 30%~70% 选取。

| 项 目 | | 单 位 | 公 式 及 数 据 |
|---|---|---|---|
| 主要计算公式 | 材料直径 $d$ | mm | $$d \geqslant 1.6\sqrt{\dfrac{FKC}{\tau_p}}$$ 式中　$\tau_p$——许用切应力,根据Ⅰ、Ⅱ、Ⅲ类载荷按表3.4-8查取 $$K = \dfrac{4C-1}{4C-4} + \dfrac{0.615}{C}$$ $C = D/d$,一般初假定 $C = 5\sim8$ |
| | 有效圈数 $n$ | 圈 | $n = \dfrac{Gd^4f}{8(F-F_0)D^3} = \dfrac{GD}{8KC^4}$；压缩弹簧 $F_0 = 0$ |
| | 弹簧刚度 $k$ | N/mm | $k = \dfrac{Gd^4}{8D^3n} = \dfrac{GD}{8C^4n}$ |
| 几何尺寸计算 | 弹簧中径 $D$ | mm | 先按结构要求估计,然后按表3.4-11取标准值 |
| | 弹簧内径 $D_1$ | mm | $D_1 = D - d$ |
| | 弹簧外径 $D_2$ | mm | $D_2 = D + d$ |
| | 压缩弹簧的支撑圈数 $n_2$ | 圈 | 按结构型式选取,见表3.4-16 |
| | 总圈数 $n_1$ | 圈 | 压缩弹簧:按 $n_1 = n + n_2$,尾数应为 1/4、1/2、3/4、或整圈,荐用 1/2；拉伸弹簧:$n_1 = n$,当 $n > 20$ 时圆数为整数,$n < 20$ 时圆数为半圈 |
| | 节距 $t$ | mm | 压缩弹簧:两端圈并紧磨平 $t = \dfrac{H_0 - (1\sim2)d}{n}$ 拉伸弹簧:$t = d + \delta$,对密卷拉伸弹簧取 $\delta = 0$ |
| | 间距 $\delta$ | mm | $\delta = t - d$ |
| | 自由高度或自由长度 $H_0$ | mm | 压缩弹簧　两端圈磨平：　$n_1 = n + 1.5$ 时,$H_0 = tn + d$；$n_1 = n + 2$ 时,$H_0 = tn + 1.5d$；$n_1 = n + 2.5$ 时,$H_0 = tn + 2d$　两端圈不磨平：$n_1 = n + 2$ 时,$H_0 = tn + 3d$；$n_1 = n + 2.5$ 时,$H_0 = tn + 3.5d$　拉伸弹簧　半圆钩环：$H_0 = (n+1)d + D_1$；圆钩环：$H_0 = (n+1)d + 2D_1$；圆钩环压中心：$H_0 = (n+1.5)d + 2D_1$ |

（续）

| 项 目 | 单 位 | 公 式 及 数 据 |
|---|---|---|
| 工作高度或工作长度 $H_n$ | mm | 压缩弹簧：$H_n = H_0 - f_n$（$f_n$ 为工作变形量）<br>拉伸弹簧：$H_n = H_0 + f_n$ |
| 试验高度或试验长度 $H_s$ | mm | 压缩弹簧：$H_s = H_0 - f_s$<br>拉伸弹簧：$H_s = H_0 + f_s$ |
| 压缩弹簧的压并高度 $H_b$ | mm | 端面磨削约为 3/4 圈时，$H_b = n_1 d$<br>端面不磨削时，$H_b = (n_1 + 1.5)d$ |
| 螺旋角 $\alpha$ | (°) | $\alpha \approx \arctan\left(\dfrac{t}{\pi D}\right)$，对压缩弹簧荐用 5°~9° |
| 弹簧展开长度 $L$ | mm | 压缩弹簧：$L = \dfrac{\pi D n_1}{\cos\alpha} \approx \pi D n_1$<br>拉伸弹簧：$L \approx \pi D n_1 +$ 钩环展开部分 |

（几何尺寸计算）

## 2.3.2  圆柱螺旋弹簧的参数选择

1）弹簧中径 $D$ 系列尺寸见表 3.4-11。

2）压缩弹簧有效圈数 $n$ 见表 3.4-12。

3）拉伸弹簧有效圈数 $n$ 见表 3.4-13。

4）圆柱螺旋弹簧极限应力与极限载荷见表 3.4-14。

5）圆柱螺旋压缩弹簧的尺寸及参数见表 3.4-15。

### 表 3.4-11   弹簧中径 $D$ 系列尺寸 （单位：mm）

| | | | | | | | | | |
|---|---|---|---|---|---|---|---|---|---|
| 0.4 | 0.5 | 0.6 | 0.7 | 0.8 | 0.9 | 1 | 1.2 | 1.4 | 1.6 |
| (1.8) | 2 | (2.2) | 2.5 | (2.8) | 3 | (3.2) | 3.5 | 3.8 | 4 |
| (4.2) | 4.5 | (4.8) | 5 | (5.5) | 6 | (6.5) | 7 | 7.5 | 8 |
| (8.5) | 9 | (9.5) | 10 | 12 | (14) | 16 | (18) | 20 | (22) |
| 25 | (28) | 30 | (32) | 35 | (38) | 40 | (42) | 45 | (48) |
| 50 | (52) | 55 | (58) | 60 | (65) | 70 | (75) | 80 | (85) |
| 90 | (95) | 100 | (105) | 110 | (115) | 120 | 125 | 130 | (135) |
| 140 | (145) | 150 | 160 | (170) | 180 | (190) | 200 | (210) | 220 |
| (230) | 240 | (250) | 260 | (270) | 280 | (290) | 300 | 320 | (340) |
| 360 | (380) | 400 | (450) | | | | | | |

注：表中括弧（ ）内数值系第二系列，其余为第一系列，应优先采用第一系列。

### 表 3.4-12   压缩弹簧有效圈数 $n$

| | | | | | | | | | | | |
|---|---|---|---|---|---|---|---|---|---|---|---|
| 2 | 2.25 | 2.5 | 2.75 | 3 | 3.25 | 3.5 | 3.75 | 4 | 4.25 | 4.5 | 4.75 |
| 5 | 5.5 | 6 | 6.5 | 7 | 7.5 | 8 | 8.5 | 9 | 9.5 | 10 | 10.5 |
| 11.5 | 12.5 | 13.5 | 14.5 | 15 | 16 | 18 | 20 | 22 | 25 | 28 | 30 |

### 表 3.4-13   拉伸弹簧有效圈数 $n$

| | | | | | | | | | | | | |
|---|---|---|---|---|---|---|---|---|---|---|---|---|
| 2 | 3 | 4 | 5 | 6 | 7 | 8 | 9 | 10 | 11 | 12 | 13 | |
| 14 | 15 | 16 | 17 | 18 | 19 | 20 | 22 | 25 | 28 | 30 | 35 | |
| 40 | 45 | 50 | 55 | 60 | 65 | 70 | 80 | 90 | 110 | | | |

### 表 3.4-14   圆柱螺旋弹簧极限应力与极限载荷

| 工作载荷种类 | 压缩、拉伸弹簧 | | 扭转弹簧 |
|---|---|---|---|
| | 工作极限切应力 $\tau_j$ | 工作极限载荷 $F_j$ | 工作极限弯曲应力 $\sigma_j$ |
| I 类 | $\leqslant 1.67\tau_p$ | — | |
| II 类 | $\leqslant 1.25\tau_p$ | $\geqslant 1.25 F_n$ | $0.625 R_m$ |
| III 类 | $\leqslant 1.12\tau_p$ | $\geqslant F_n$ | $0.8 R_m$ |

注：$F_n$—最大工作载荷；$\tau_p$—弹簧材料的许用应力，见表 3.4-8；$R_m$—弹簧材料的抗拉强度，见表 3.4-6。

表 3. 4-15 圆柱螺旋压缩弹簧的尺寸及参数

| 材料直径 d/mm | 弹簧中径 D/mm | 许用应力 $\tau_p$/MPa | 工作极限载荷 $F_j$/N | 工作极限载荷下的单圈变形量 $f_j$/mm | 单圈刚度 $k_d$/(N/mm) | 最大心轴直径 $D_{Xmax}$/mm | 最小套筒直径 $D_{Tmin}$/mm | 初拉力 $F_0$（用于拉伸弹簧）/N |
|---|---|---|---|---|---|---|---|---|
| | 3 | | 14. 36 | 0. 627 | 22. 9 | 1. 9 | 4. 1 | 1. 64 |
| | 3. 5 | | 12. 72 | 0. 883 | 14. 4 | 2. 4 | 4. 6 | 1. 2 |
| | 4 | | 11. 39 | 1. 181 | 9. 64 | 2. 9 | 5. 1 | 0. 92 |
| 0. 5 | 4. 5 | 1100 | 10. 32 | 1. 524 | 6. 77 | 3. 4 | 5. 6 | — |
| | 5 | | 9. 43 | 1. 912 | 4. 93 | 3. 9 | 6. 1 | 0. 589 |
| | 6 | | 8. 04 | 2. 812 | 2. 86 | 4. 5 | 7. 5 | 0. 409 |
| | 7 | | 7. 00 | 3. 888 | 1. 80 | 5. 5 | 8. 5 | — |
| | 3 | | 22. 75 | 0. 480 | 47. 4 | 1. 8 | 4. 2 | 3. 39 |
| | 3. 5 | | 20. 28 | 0. 680 | 29. 8 | 2. 3 | 4. 7 | 2. 49 |
| | 4 | | 18. 26 | 0. 913 | 20. 0 | 2. 8 | 5. 2 | 1. 91 |
| 0. 6 | 4. 5 | 1055 | 16. 62 | 1. 183 | 14. 0 | 3. 3 | 5. 7 | — |
| | 5 | | 15. 22 | 1. 486 | 10. 2 | 3. 8 | 6. 2 | 1. 22 |
| | 6 | | 13. 03 | 2. 197 | 5. 93 | 4. 4 | 7. 6 | 0. 843 |
| | 7 | | 11. 38 | 3. 051 | 3. 73 | 5. 4 | 8. 6 | 0. 622 |
| | 8 | | 10. 11 | 4. 042 | 2. 50 | 6. 4 | 9. 6 | — |
| | 3. 5 | | 30. 23 | 0. 547 | 55. 3 | 2. 2 | 4. 8 | |
| | 4 | | 27. 37 | 0. 739 | 37. 0 | 2. 7 | 5. 3 | |
| | 4. 5 | | 24. 98 | 0. 960 | 26. 0 | 3. 2 | 5. 8 | |
| [0. 7] | 5 | 1030 | 22. 97 | 1. 211 | 19. 0 | 3. 7 | 6. 3 | |
| | 6 | | 19. 74 | 1. 799 | 11. 0 | 4. 3 | 7. 7 | |
| | 7 | | 17. 31 | 2. 504 | 6. 91 | 5. 3 | 8. 7 | |
| | 8 | | 15. 40 | 3. 325 | 4. 63 | 6. 3 | 9. 7 | |
| | 9 | | 13. 88 | 4. 266 | 3. 25 | 7. 3 | 10. 7 | |
| | 4 | | 38. 54 | 0. 609 | 63. 2 | 2. 6 | 5. 4 | 6. 03 |
| | 4. 5 | | 35. 30 | 0. 796 | 44. 4 | 3. 1 | 5. 9 | — |
| | 5 | | 32. 55 | 1. 006 | 32. 4 | 3. 6 | 6. 4 | 3. 87 |
| | 6 | | 28. 14 | 1. 502 | 18. 7 | 4. 2 | 7. 8 | 2. 68 |
| 0. 8 | 7 | 1005 | 24. 74 | 2. 098 | 11. 8 | 5. 2 | 8. 8 | 1. 97 |
| | 8 | | 22. 06 | 2. 792 | 7. 90 | 6. 2 | 9. 8 | 1. 51 |
| | 9 | | 19. 90 | 3. 588 | 5. 55 | 7. 2 | 10. 8 | 1. 19 |
| | 10 | | 18. 14 | 4. 485 | 4. 04 | 8. 2 | 11. 8 | — |
| | 4 | | 53. 05 | 0. 524 | 101 | 2. 5 | 5. 5 | |
| | 4. 5 | | 48. 77 | 0. 686 | 71. 1 | 3 | 6 | |
| | 5 | | 45. 13 | 0. 871 | 51. 8 | 3. 5 | 6. 5 | |
| | 6 | | 39. 14 | 1. 305 | 30. 0 | 4. 1 | 7. 9 | |
| [0. 9] | 7 | 1005 | 34. 54 | 1. 829 | 18. 9 | 5. 1 | 8. 9 | — |
| | 8 | | 30. 89 | 2. 442 | 12. 7 | 6. 1 | 9. 9 | |
| | 9 | | 27. 92 | 3. 141 | 8. 89 | 7. 1 | 10. 9 | |
| | 10 | | 25. 46 | 3. 930 | 6. 48 | 8. 1 | 11. 9 | |
| | 4. 5 | | 63. 30 | 0. 584 | 108 | 2. 9 | 6. 1 | — |
| | 5 | | 58. 73 | 0. 743 | 79. 0 | 3. 4 | 6. 6 | 9. 42 |
| | 6 | | 51. 19 | 1. 120 | 45. 7 | 4 | 8 | 6. 54 |
| | 7 | | 45. 33 | 1. 575 | 28. 8 | 5 | 9 | 4. 81 |
| 1. 0 | 8 | 980 | 40. 63 | 2. 106 | 19. 3 | 6 | 10 | 3. 68 |
| | 9 | | 36. 80 | 2. 717 | 13. 5 | 7 | 11 | 2. 91 |
| | 10 | | 33. 62 | 3. 403 | 9. 88 | 8 | 12 | 2. 36 |
| | 12 | | 28. 66 | 5. 019 | 5. 71 | 9 | 15 | 1. 64 |
| | 14 | | 24. 95 | 6. 931 | 3. 60 | 11 | 17 | — |

（续）

| 材料直径 $d$/mm | 弹簧中径 $D$/mm | 许用应力 $\tau_p$/MPa | 工作极限载荷 $F_j$/N | 工作极限载荷下的单圈变形量 $f_j$/mm | 单圈刚度 $k_d$/(N/mm) | 最大心轴直径 $D_{Xmax}$/mm | 最小套筒直径 $D_{Tmin}$/mm | 初拉力 $F_0$（用于拉伸弹簧）/N |
|---|---|---|---|---|---|---|---|---|
| 1.2 | 6 | 955 | 82.38 | 0.869 | 94.8 | 3.8 | 8.2 | 13.57 |
| | 7 | | 73.42 | 1.230 | 59.7 | 4.8 | 9.2 | 9.97 |
| | 8 | | 66.13 | 1.653 | 40.0 | 5.8 | 10.2 | 7.63 |
| | 9 | | 60.16 | 2.141 | 28.1 | 6.8 | 11.2 | 6.03 |
| | 10 | | 55.10 | 2.691 | 20.5 | 7.8 | 12.2 | 4.89 |
| | 12 | | 47.16 | 3.980 | 11.9 | 8.8 | 15.2 | 3.39 |
| | 14 | | 41.22 | 5.524 | 7.46 | 10.8 | 17.2 | 2.49 |
| | 16 | | 36.59 | 7.319 | 5.00 | 12.8 | 19.2 | — |
| [1.4] | 7 | 930 | 109.23 | 0.987 | 111 | 4.6 | 9.4 | — |
| | 8 | | 98.90 | 1.335 | 74.1 | 5.6 | 10.4 | |
| | 9 | | 90.19 | 1.734 | 52.0 | 6.6 | 11.4 | |
| | 10 | | 82.94 | 2.187 | 37.9 | 7.6 | 12.4 | |
| | 12 | | 71.32 | 2.634 | 22.0 | 8.6 | 15.4 | |
| | 14 | | 62.52 | 4.522 | 13.8 | 10.6 | 17.4 | |
| | 16 | | 55.62 | 6.006 | 9.26 | 12.6 | 19.4 | |
| | 18 | | 50.11 | 7.704 | 6.50 | 14.6 | 21.4 | |
| | 20 | | 45.55 | 9.609 | 4.74 | 15.6 | 24.4 | |
| 1.6 | 8 | 905 | 138.82 | 1.098 | 126 | 5.4 | 10.6 | 24.1 |
| | 9 | | 127.12 | 1.432 | 88.8 | 6.4 | 11.6 | 19.1 |
| | 10 | | 117.32 | 1.812 | 64.7 | 7.4 | 12.6 | 15.4 |
| | 12 | | 101.33 | 2.706 | 37.5 | 8.4 | 15.6 | 10.7 |
| | 14 | | 89.12 | 3.778 | 23.6 | 10.4 | 17.6 | 7.87 |
| | 16 | | 79.46 | 5.029 | 15.8 | 12.6 | 19.6 | 6.03 |
| | 18 | | 71.69 | 6.461 | 11.1 | 14.4 | 21.6 | 4.77 |
| | 20 | | 65.33 | 8.076 | 8.09 | 15.4 | 23.6 | — |
| | 22 | | 59.94 | 9.864 | 6.08 | 17.4 | 26.6 | — |
| [1.8] | 9 | 680 | 170.78 | 1.201 | 142 | 6.2 | 11.8 | — |
| | 10 | | 157.80 | 1.522 | 104 | 7.2 | 12.8 | |
| | 12 | | 137.06 | 2.286 | 60.0 | 8.2 | 15.8 | |
| | 14 | | 120.92 | 3.203 | 37.8 | 10.2 | 17.8 | |
| | 16 | | 108.34 | 4.279 | 25.3 | 12.2 | 19.8 | |
| | 18 | | 97.82 | 5.501 | 17.8 | 14.2 | 21.8 | |
| | 20 | | 89.20 | 6.882 | 13.0 | 15.2 | 24.8 | |
| | 22 | | 82.01 | 8.424 | 9.74 | 17.2 | 26.8 | |
| | 25 | | 73.16 | 11.03 | 6.63 | 20.2 | 29.8 | |
| 2.0 | 10 | 855 | 204.88 | 1.297 | 158 | 7 | 13 | 37.7 |
| | 12 | | 178.61 | 1.954 | 91.4 | 8 | 16 | 26.2 |
| | 14 | | 158.20 | 1.923 | 57.6 | 10 | 18 | 19.2 |
| | 16 | | 141.80 | 3.676 | 38.6 | 12 | 20 | 14.7 |
| | 18 | | 128.40 | 4.740 | 27.1 | 14 | 22 | 11.6 |
| | 20 | | 117.29 | 5.939 | 19.8 | 15 | 25 | 9.42 |
| | 22 | | 107.96 | 7.275 | 14.9 | 17 | 27 | 7.79 |
| | 25 | | 96.41 | 9.542 | 10.1 | 20 | 30 | — |
| | 28 | | 87.05 | 12.10 | 7.20 | 23 | 33 | — |
| 2.5 | 12 | 830 | 320.30 | 1.435 | 223 | 7.5 | 16.5 | 63.9 |
| | 14 | | 285.78 | 2.033 | 141 | 9.5 | 18.5 | 47 |
| | 16 | | 257.73 | 2.733 | 94.2 | 11.5 | 20.5 | 36 |
| | 18 | | 234.58 | 3.547 | 66.1 | 13.5 | 22.5 | 28.4 |

（续）

| 材料直径 d/mm | 弹簧中径 D/mm | 许用应力 $\tau_p$/MPa | 工作极限载荷 $F_j$/N | 工作极限载荷下的单圈变形量 $f_j$/mm | 单圈刚度 $k_d$/(N/mm) | 最大心轴直径 $D_{Xmax}$/mm | 最小套筒直径 $D_{Tmin}$/mm | 初拉力 $F_0$（用于拉伸弹簧）/N |
|---|---|---|---|---|---|---|---|---|
| 2.5 | 20 | 830 | 215.03 | 4.460 | 48.2 | 14.5 | 25.5 | 23 |
|  | 22 |  | 198.54 | 5.480 | 36.2 | 16.5 | 27.5 | 19 |
|  | 25 |  | 177.90 | 7.206 | 24.7 | 19.5 | 30.5 | 14.7 |
|  | 28 |  | 161.26 | 9.175 | 17.6 | 22.5 | 33.5 | — |
|  | 30 |  | 151.74 | 10.62 | 14.3 | 24.5 | 35.5 | — |
|  | 32 |  | 143.16 | 12.16 | 11.8 | 25.5 | 38.5 | — |
| 3.0 | 14 | 785 | 444.99 | 1.527 | 291 | 9 | 19 | 97.4 |
|  | 16 |  | 403.88 | 2.068 | 195 | 11 | 21 | 74.6 |
|  | 18 |  | 369.03 | 2.690 | 137 | 13 | 23 | 58.9 |
|  | 20 |  | 339.76 | 3.398 | 100 | 14 | 26 | 47.7 |
|  | 22 |  | 314.73 | 4.190 | 75.1 | 16 | 28 | 39.4 |
|  | 25 |  | 283.08 | 5.531 | 51.2 | 19 | 31 | 30.5 |
|  | 28 |  | 264.50 | 7.258 | 36.4 | 22 | 34 | 24.3 |
|  | 30 |  | 242.27 | 8.179 | 29.6 | 24 | 36 | — |
|  | 32 |  | 229.16 | 9.392 | 24.4 | 25 | 39 | — |
|  | 35 |  | 211.75 | 11.35 | 18.7 | 28 | 42 | — |
|  | 38 |  | 196.77 | 13.50 | 14.6 | 31 | 45 | — |
| 3.5 | 16 | 785 | 614.66 | 1.699 | 362 | 10.5 | 21.5 | — |
|  | 18 |  | 564.41 | 2.221 | 254 | 12.5 | 23.5 | 109 |
|  | 20 |  | 521.63 | 2.816 | 185 | 13.5 | 26.5 | 88.5 |
|  | 22 |  | 484.52 | 3.481 | 139 | 15.5 | 28.5 | 73.1 |
|  | 25 |  | 437.67 | 4.614 | 94.8 | 18.5 | 31.5 | 56.6 |
|  | 28 |  | 398.65 | 5.906 | 67.5 | 21.5 | 34.5 | 45.1 |
|  | 30 |  | 376.26 | 6.855 | 54.9 | 23.5 | 36.5 | — |
|  | 32 |  | 356.30 | 7.880 | 45.2 | 24.5 | 39.5 | 34.5 |
|  | 35 |  | 329.78 | 9.546 | 34.6 | 27.5 | 42.5 | 28.9 |
|  | 38 |  | 306.97 | 11.37 | 27.0 | 30.5 | 45.5 | — |
|  | 40 |  | 293.40 | 12.67 | 23.2 | 32.5 | 47.5 | 22.1 |
| 4 | 20 | 760 | 728.45 | 2.305 | 316 | 13 | 27 | 151 |
|  | 22 |  | 679.34 | 2.861 | 237 | 15 | 29 | 125 |
|  | 25 |  | 615.63 | 3.804 | 162 | 18 | 32 | 96.5 |
|  | 28 |  | 562.40 | 4.884 | 115 | 21 | 35 | 76.9 |
|  | 30 |  | 531.91 | 5.680 | 93.6 | 23 | 37 | — |
|  | 32 |  | 504.14 | 6.535 | 77.1 | 24 | 40 | 58.9 |
|  | 35 |  | 467.6 | 7.931 | 59.0 | 27 | 43 | 49.2 |
|  | 38 |  | 435.9 | 9.462 | 46.1 | 30 | 46 | — |
|  | 40 |  | 417.0 | 10.56 | 39.5 | 32 | 48 | 37.7 |
|  | 45 |  | 376.3 | 13.56 | 27.7 | 37 | 53 | 29.8 |
|  | 50 |  | 342.9 | 16.96 | 20.2 | 42 | 58 | — |
| 4.5 | 22 | 760 | 937.0 | 2.464 | 380 | 14.5 | 29.5 | 200 |
|  | 25 |  | 853.3 | 3.293 | 259 | 17.5 | 32.5 | 155 |
|  | 28 |  | 782.04 | 4.234 | 184 | 20.5 | 35.5 | 123 |
|  | 30 |  | 740 | 4.935 | 150 | 22.5 | 37.5 | — |
|  | 32 |  | 702.9 | 5.688 | 124 | 23.5 | 40.5 | 94.5 |
|  | 35 |  | 652.9 | 6.913 | 94.4 | 26.5 | 43.5 | 78.9 |
|  | 38 |  | 609.6 | 8.261 | 73.8 | 29.5 | 46.5 | — |
|  | 40 |  | 584.1 | 9.235 | 63.3 | 41.5 | 48.5 | 60.4 |
|  | 45 |  | 527.8 | 11.88 | 44.4 | 36.5 | 53.5 | 47.7 |

（续）

| 材料直径 $d$/mm | 弹簧中径 $D$/mm | 许用应力 $\tau_p$/MPa | 工作极限载荷 $F_j$/N | 工作极限载荷下的单圈变形量 $f_j$/mm | 单圈刚度 $k_d$/(N/mm) | 最大心轴直径 $D_{Xmax}$/mm | 最小套筒直径 $D_{Tmin}$/mm | 初拉力 $F_0$（用于拉伸弹簧）/N |
|---|---|---|---|---|---|---|---|---|
| 4.5 | 50 | 760 | 481.3 | 14.86 | 32.4 | 41.5 | 58.5 | 38.6 |
|  | 55 |  | 442.7 | 18.19 | 24.3 | 45.5 | 64.5 | 31.9 |
| 5 | 25 | 735 | 1100.6 | 2.787 | 395 | 17 | 33 | 236 |
|  | 28 |  | 1012.5 | 3.60 | 281 | 20 | 36 | 188 |
|  | 30 |  | 960 | 4.199 | 229 | 22 | 38 | 164 |
|  | 32 |  | 912.6 | 4.847 | 188 | 23 | 41 | 144 |
|  | 35 |  | 850 | 5.903 | 144 | 26 | 44 | 120 |
|  | 38 |  | 794.6 | 7.046 | 112 | 29 | 47 | — |
|  | 40 |  | 761.8 | 7.900 | 96.4 | 31 | 49 | 92 |
|  | 45 |  | 690 | 10.19 | 67.7 | 36 | 54 | 72.7 |
|  | 50 |  | 630.2 | 12.76 | 49.4 | 41 | 59 | 58.9 |
|  | 55 |  | 580 | 15.63 | 37.1 | 45 | 65 | 48.7 |
|  | 60 |  | 537.3 | 18.80 | 28.6 | 50 | 70 | 40.9 |
| 6 | 30 | 710 | 1530.9 | 3.230 | 471 | 21 | 39 | 339 |
|  | 32 |  | 1461.1 | 3.741 | 391 | 22 | 42 | 298 |
|  | 35 |  | 1364.8 | 4.572 | 298 | 25 | 45 | 249 |
|  | 38 |  | 1280.3 | 5.489 | 233 | 28 | 48 | — |
|  | 40 |  | 1209.6 | 6.047 | 200 | 30 | 50 | 191 |
|  | 45 |  | 1117.8 | 7.901 | 140 | 35 | 55 | 151 |
|  | 50 |  | 1023.8 | 10.00 | 102 | 40 | 60 | 122 |
|  | 55 |  | 944.78 | 12.28 | 76.9 | 44 | 66 | 101 |
|  | 60 |  | 876.9 | 14.79 | 59.3 | 49 | 71 | 84.8 |
|  | 65 |  | 817.7 | 17.55 | 46.6 | 54 | 76 | 72.3 |
|  | 70 |  | 766.1 | 20.53 | 37.3 | 59 | 81 | 62.3 |
| 8 | 32 | 685 | 3065.5 | 2.484 | 1234 | 20 | 44 | — |
|  | 35 |  | 2887 | 3.060 | 943 | 23 | 47 | — |
|  | 38 |  | 2726.9 | 3.700 | 737 | 26 | 50 | — |
|  | 40 |  | 2626.2 | 4.156 | 632 | 28 | 52 | 603 |
|  | 45 |  | 2408.3 | 5.425 | 444 | 33 | 57 | 477 |
|  | 50 |  | 2220 | 6.860 | 324 | 38 | 62 | 386 |
|  | 55 |  | 2057.5 | 8.463 | 243 | 42 | 68 | 319 |
|  | 60 |  | 1917.3 | 10.24 | 187 | 47 | 73 | 268 |
|  | 65 |  | 1794.2 | 12.18 | 147 | 52 | 78 | 228 |
|  | 70 |  | 1686.4 | 14.29 | 118 | 57 | 83 | 197 |
|  | 75 |  | 1589.N | 16.58 | 95.9 | 62 | 88 | — |
|  | 80 |  | 1504 | 19.03 | 79.0 | 67 | 93 | 151 |
|  | 85 |  | 1422 | 21.60 | 65.9 | 71 | 99 | — |
|  | 90 |  | 1356 | 24.36 | 55.5 | 76 | 104 | — |
| 10 | 40 | 660 | 4615 | 2.991 | 1543 | 26 | 54 | 1470 |
|  | 45 |  | 4264 | 3.934 | 1084 | 31 | 59 | 1163 |
|  | 50 |  | 3954 | 5.005 | 790 | 36 | 64 | 942 |
|  | 55 |  | 3687 | 6.212 | 593 | 40 | 70 | 779 |
|  | 60 |  | 3448 | 7.541 | 457 | 45 | 75 | 654 |
|  | 65 |  | 3239 | 9.01 | 360 | 50 | 80 | 557 |
|  | 70 |  | 3053 | 10.60 | 288 | 55 | 85 | 481 |
|  | 75 |  | 2887 | 12.33 | 234 | 60 | 90 | 419 |
|  | 80 |  | 2736 | 14.19 | 193 | 65 | 95 | 368 |
|  | 85 |  | 2602 | 16.16 | 161 | 69 | 101 | 326 |

（续）

| 材料直径 $d$/mm | 弹簧中径 $D$/mm | 许用应力 $\tau_p$/MPa | 工作极限载荷 $F_j$/N | 工作极限载荷下的单圈变形量 $f_j$/mm | 单圈刚度 $k_d$/(N/mm) | 最大心轴直径 $D_{Xmax}$/mm | 最小套筒直径 $D_{Tmin}$/mm | 初拉力 $F_0$（用于拉伸弹簧）/N |
|---|---|---|---|---|---|---|---|---|
| 10 | 90 | 660 | 2479 | 18.30 | 135 | 74 | 106 | 291 |
| | 95 | | 2366 | 20.55 | 115 | 79 | 111 | 261 |
| | 100 | | 2264 | 22.93 | 98.8 | 84 | 116 | 236 |
| 12 | 50 | 635 | 6227 | 3.801 | 1638 | 34 | 66 | 1953 |
| | 55 | | 5833 | 4.740 | 1231 | 38 | 72 | 1614 |
| | 60 | | 5478 | 5.779 | 948 | 43 | 77 | 1356 |
| | 65 | | 5147 | 6.930 | 746 | 48 | 82 | 1156 |
| | 70 | | 4882 | 8.176 | 597 | 53 | 87 | 997 |
| | 75 | | 4629 | 9.541 | 485 | 58 | 92 | 868 |
| | 80 | | 4397 | 11.00 | 400 | 63 | 97 | 763 |
| | 85 | | 4189 | 12.56 | 333 | 67 | 103 | 676 |
| | 90 | | 4000 | 14.24 | 281 | 72 | 108 | 603 |
| | 95 | | 3825 | 16.01 | 239 | 77 | 113 | 541 |
| | 100 | | 3664 | 17.89 | 205 | 82 | 118 | 488 |
| | 110 | | 3383 | 21.99 | 154 | 92 | 128 | 404 |
| | 120 | | 3136 | 26.46 | 119 | 102 | 138 | 339 |
| 14 | 60 | 740 | 9693.7 | 5.590 | 1734 | 41 | 79 | — |
| | 65 | | 9162 | 6.718 | 1364 | 46 | 84 | |
| | 70 | | 8689 | 7.96 | 1092 | 51 | 89 | |
| | 75 | | 8261 | 9.31 | 888 | 56 | 94 | |
| | 80 | | 7867 | 10.76 | 732 | 61 | 99 | |
| | 85 | | 7511 | 12.31 | 610 | 65 | 105 | |
| | 90 | | 7180 | 13.97 | 514 | 70 | 110 | |
| | 95 | | 6880 | 15.75 | 437 | 75 | 115 | |
| | 100 | | 6601 | 18.99 | 348 | 80 | 120 | |
| | 110 | | 6102 | 21.68 | 281 | 90 | 130 | |
| | 120 | | 5675 | 26.18 | 217 | 100 | 140 | |
| | 130 | | 5302 | 31.10 | 170 | 109 | 151 | |
| 16 | 65 | 740 | 13117 | 5.64 | 2327 | 44 | 86 | — |
| | 70 | | 12475 | 6.70 | 1863 | 49 | 91 | |
| | 75 | | 11888 | 7.85 | 1515 | 54 | 96 | |
| | 80 | | 11349 | 9.09 | 1248 | 59 | 101 | |
| | 85 | | 10855 | 10.43 | 1040 | 63 | 107 | |
| | 90 | | 10405 | 11.87 | 877 | 68 | 112 | |
| | 95 | | 9983 | 13.39 | 745 | 73 | 117 | |
| | 100 | | 9591 | 15.01 | 639 | 78 | 122 | |
| | 110 | | 8481 | 18.52 | 480 | 88 | 132 | |
| | 120 | | 8287 | 22.40 | 370 | 98 | 142 | |
| | 130 | | 7753 | 26.66 | 291 | 107 | 153 | |
| | 140 | | 7285 | 31.29 | 233 | 117 | 163 | |
| | 150 | | 6870 | 36.28 | 189 | 127 | 173 | |
| 18 | 75 | 740 | 16327 | 6.75 | 2426 | 52 | 98 | — |
| | 80 | | 15623 | 7.82 | 1999 | 57 | 103 | |
| | 85 | | 14968 | 8.98 | 1667 | 61 | 109 | |
| | 90 | | 14364 | 10.23 | 1404 | 66 | 114 | |
| | 95 | | 13808 | 11.56 | 1194 | 71 | 119 | |
| | 100 | | 13292 | 12.99 | 1024 | 76 | 124 | |
| | 110 | | 12355 | 16.07 | 769 | 86 | 134 | |

（续）

| 材料直径 $d$/mm | 弹簧中径 $D$/mm | 许用应力 $\tau_p$/MPa | 工作极限载荷 $F_j$/N | 工作极限载荷下的单圈变形量 $f_j$/mm | 单圈刚度 $k_d$/(N/mm) | 最大心轴直径 $D_{X max}$/mm | 最小套筒直径 $D_{T min}$/mm | 初拉力 $F_0$（用于拉伸弹簧）/N |
|---|---|---|---|---|---|---|---|---|
| 18 | 120 | 740 | 11529 | 19.46 | 592 | 96 | 144 | — |
| | 130 | | 10819 | 23.22 | 466 | 105 | 155 | |
| | 140 | | 10172 | 27.27 | 373 | 115 | 165 | |
| | 150 | | 9607 | 31.68 | 303 | 125 | 175 | |
| | 160 | | 9100 | 36.42 | 250 | 134 | 186 | |
| | 170 | | 8639 | 41.46 | 208 | 143 | 197 | |
| 20 | 80 | 740 | 20698 | 6.79 | 3047 | 55 | 105 | — |
| | 85 | | 19891 | 7.83 | 2540 | 59 | 111 | |
| | 90 | | 19120 | 8.93 | 2140 | 64 | 116 | |
| | 95 | | 18413 | 10.12 | 1820 | 69 | 121 | |
| | 100 | | 17733 | 11.37 | 1560 | 74 | 126 | |
| | 110 | | 16537 | 14.11 | 1172 | 84 | 136 | |
| | 120 | | 15461 | 17.13 | 903 | 94 | 146 | |
| | 130 | | 14527 | 20.46 | 710 | 103 | 157 | |
| | 140 | | 13690 | 24.08 | 569 | 113 | 167 | |
| | 150 | | 12949 | 28.01 | 462 | 123 | 177 | |
| | 160 | | 12271 | 32.22 | 381 | 132 | 188 | |
| | 170 | | 11658 | 36.72 | 318 | 141 | 199 | |
| | 180 | | 11114 | 41.55 | 267 | 151 | 209 | |
| | 190 | | 10612 | 46.66 | 227 | 160 | 220 | |
| 25 | 100 | 740 | 32340 | 8.49 | 3809 | 69 | 131 | — |
| | 110 | | 30351 | 10.61 | 2861 | 79 | 141 | |
| | 120 | | 28557 | 12.96 | 2204 | 89 | 151 | |
| | 130 | | 26930 | 15.54 | 1734 | 98 | 162 | |
| | 140 | | 25478 | 18.36 | 1388 | 108 | 172 | |
| | 150 | | 24159 | 21.40 | 1128 | 118 | 182 | |
| | 160 | | 22979 | 24.71 | 930 | 127 | 193 | |
| | 170 | | 21893 | 28.24 | 775 | 136 | 204 | |
| | 180 | | 20916 | 32.03 | 653 | 146 | 214 | |
| | 190 | | 19998 | 36.01 | 555 | 155 | 225 | |
| | 200 | | 19175 | 40.28 | 476 | 165 | 235 | |
| | 220 | | 17700 | 49.49 | 358 | 184 | 256 | |
| 30 | 120 | 740 | 46570 | 10.10 | 4570 | 84 | 156 | — |
| | 130 | | 44137 | 12.28 | 3595 | 93 | 167 | |
| | 140 | | 41949 | 14.57 | 2878 | 103 | 177 | |
| | 150 | | 39899 | 17.05 | 2340 | 113 | 187 | |
| | 160 | | 38073 | 19.74 | 1928 | 122 | 198 | |
| | 170 | | 36370 | 22.62 | 1607 | 131 | 209 | |
| | 180 | | 34788 | 25.69 | 1354 | 141 | 219 | |
| | 190 | | 33356 | 28.97 | 1151 | 150 | 230 | |
| | 200 | | 32025 | 32.44 | 987 | 160 | 240 | |
| | 220 | | 29670 | 40.00 | 742 | 179 | 261 | |
| | 240 | | 27611 | 48.34 | 571 | 198 | 282 | |
| | 260 | | 25814 | 57.45 | 499 | 217 | 303 | |
| 35 | 140 | 740 | 63386 | 11.89 | 5332 | 98 | 182 | — |
| | 150 | | 60585 | 13.98 | 4335 | 108 | 192 | |
| | 160 | | 57897 | 16.20 | 3572 | 117 | 203 | |
| | 170 | | 55481 | 18.63 | 2978 | 126 | 214 | |

（续）

| 材料直径 d/mm | 弹簧中径 D/mm | 许用应力 $\tau_p$/MPa | 工作极限载荷 $F_j$/N | 工作极限载荷下的单圈变形量 $f_j$/mm | 单圈刚度 $k_d$/(N/mm) | 最大心轴直径 $D_{Xmax}$/mm | 最小套筒直径 $D_{Tmin}$/mm | 初拉力 $F_0$（用于拉伸弹簧）/N |
|---|---|---|---|---|---|---|---|---|
| 35 | 180 | 740 | 53204 | 21.21 | 2509 | 136 | 224 | — |
|  | 190 |  | 51111 | 23.96 | 2133 | 145 | 235 |  |
|  | 200 |  | 49168 | 26.88 | 1829 | 155 | 245 |  |
|  | 220 |  | 45672 | 33.24 | 1374 | 174 | 266 |  |
|  | 240 |  | 42622 | 40.27 | 1058 | 193 | 287 |  |
|  | 260 |  | 39967 | 48.02 | 832 | 212 | 308 |  |
|  | 280 |  | 37583 | 56.39 | 667 | 231 | 329 |  |
|  | 300 |  | 35467 | 65.45 | 542 | 250 | 350 |  |
| 40 | 160 | 740 | 82791 | 13.59 | 6093 | 112 | 208 | — |
|  | 170 |  | 79564 | 15.66 | 5080 | 121 | 219 |  |
|  | 180 |  | 76479 | 17.87 | 4280 | 131 | 229 |  |
|  | 190 |  | 73653 | 20.24 | 3639 | 140 | 240 |  |
|  | 200 |  | 70931 | 22.73 | 3120 | 150 | 250 |  |
|  | 220 |  | 66148 | 28.22 | 2344 | 169 | 271 |  |
|  | 240 |  | 61840 | 34.25 | 1806 | 188 | 292 |  |
|  | 260 |  | 58109 | 40.92 | 1420 | 207 | 313 |  |
|  | 280 |  | 54758 | 48.16 | 1137 | 226 | 334 |  |
|  | 300 |  | 51791 | 56.02 | 924 | 245 | 355 |  |
|  | 320 |  | 49088 | 64.44 | 762 | 264 | 376 |  |
| 45 | 180 | 740 | 104782 | 15.41 | 6855 | 126 | 234 | — |
|  | 190 |  | 101141 | 17.35 | 5829 | 135 | 245 |  |
|  | 200 |  | 97642 | 19.54 | 4998 | 145 | 255 |  |
|  | 220 |  | 91325 | 24.32 | 3755 | 164 | 276 |  |
|  | 240 |  | 85665 | 29.62 | 2892 | 183 | 297 |  |
|  | 260 |  | 80640 | 35.45 | 2275 | 202 | 318 |  |
|  | 280 |  | 76147 | 41.81 | 1821 | 221 | 339 |  |
|  | 300 |  | 72056 | 48.66 | 1481 | 240 | 360 |  |
|  | 320 |  | 68447 | 56.10 | 1220 | 259 | 381 |  |
|  | 340 |  | 65120 | 64.02 | 1017 | 278 | 402 |  |
| 50 | 200 | 740 | 129361 | 16.98 | 7617 | 140 | 260 | — |
|  | 220 |  | 121406 | 21.21 | 5723 | 159 | 281 |  |
|  | 240 |  | 112781 | 25.59 | 4408 | 178 | 302 |  |
|  | 260 |  | 107718 | 31.07 | 3467 | 197 | 323 |  |
|  | 280 |  | 101909 | 36.71 | 2776 | 216 | 344 |  |
|  | 300 |  | 96634 | 42.82 | 2257 | 235 | 365 |  |
|  | 320 |  | 91915 | 49.43 | 1860 | 254 | 386 |  |
|  | 340 |  | 87571* | 56.48 | 1550 | 273 | 407 |  |

## 2.3.3　压缩弹簧端部型式与计算公式（表3.4-16）。

**表 3.4-16　总圈数 $n_1$、自由高度 $H_0$、压并高度 $H_b$ 的计算公式**

| 结　构　型　式 | | 总圈数 $n_1$ | 自由高度 $H_0$ | 压并高度 $H_b$ |
|---|---|---|---|---|
| 端部不并紧不磨平 | | $n$ | $nt+d$ | $(n+1)d$ |
| 端部不并紧磨平1/4圈 | | $n+\dfrac{1}{2}$ | $nt$ | $(n+1)d$ |
| 端部并紧不磨平，支撑圈为1圈 | | $n+2$ | $nt+3d$ | $(n+3)d$ |
| 端部不并紧磨平，支撑圈为3/4圈 | 　一般用于$d>8$mm | $n+1.5$ | $nt+d$ | $(n+1)d$ |
| 端部并紧磨平，支撑圈为1圈 | 　一般用于$d\leqslant8$mm | $n+2$ | $nt+1.5d$ | $(n+1.5)d$ |
| 端部并紧磨平，支撑圈为1¼圈 | | $n+2.5$ | $nt+2d$ | $(n+2)d$ |

### 2.3.4 螺旋弹簧的疲劳强度、稳定性、共振和钩环强度的验算

#### 1. 疲劳强度验算

受变载荷的重要弹簧（Ⅰ、Ⅱ类）应进行疲劳强度校核；受循环载荷次数少或所受循环载荷的变化幅度小时，应进行静强度验算，当两者不易区别时，要同时进行两种强度的验算

1）疲劳强度下的安全系数按下式计算：

$$安全系数\ S = \frac{\tau_0 + 0.75\tau_{min}}{\tau_{min}} \geq S_p \quad (3.4\text{-}9)$$

式中 $\tau_0$——弹簧在脉动循环载荷下的剪切疲劳强度，对于高优质钢、不锈钢丝、铍青铜和硅青铜，按表 3.4-17 选取；

$\tau_{min}$——最小工作载荷产生最小的切应力，$\tau_{min} = \frac{8KD}{\pi d^3}F_1$；

$S_p$——许用为安全系数，当弹簧精度高时，取 $S_p$ 为 1.3～1.7，当弹簧精度低时，取 $S_p$ 为 1.8～2.2。

**表 3.4-17 高优质钢、不锈钢丝、铍青铜和硅青铜循环载荷下的剪切强度 $\tau_0$**

| 循环载荷作用次数 N | $10^4$ | $10^5$ | $10^6$ | $10^7$ |
|---|---|---|---|---|
| $\tau_0$ | $0.45R_m^{①}$ | $0.35R_m$ | $0.33R_m$ | $0.3R_m$ |

① 对于硅青铜、不锈钢丝，此值取 $0.35R_m$

2）静强度下的安全系数按下式计算：

$$安全系数\ S = \frac{\tau_s}{\tau_{max}} \geq S_p \quad (3.4\text{-}10)$$

式中 $\tau_{max}$——最大工作载荷产生最大的切应力，$\tau_{max} = \frac{8KD}{\pi d^3}F_n$；

$\tau_s$——弹簧材料的屈服极限。

#### 2. 压缩弹簧稳定性验算

高径比 $b = H_0/D$ 比较大的螺旋压缩旋弹簧，轴向载荷达到一定程度就会产生较大的侧向弯曲而失去稳定性，进而破坏弹簧的特性。所以设计螺旋压缩弹簧时，要进行稳定性的验算。$b$ 应该满足下列要求：

两端固定 $b \leq 5.3$
一端固定另一端回转 $b \leq 3.7$
两端回转 $b \leq 2.6$

当 $b$ 大于上述数字时，要按下式进行验算：

$$F_c = C_B k H_0 > F_n$$

式中 $F_c$——弹簧的临界载荷，（N）；
$C_B$——不稳定系数，从图 3.4-6 中查取；
$k$——弹簧刚度，（N/mm）；
$F_n$——最大工作载荷，（N）。

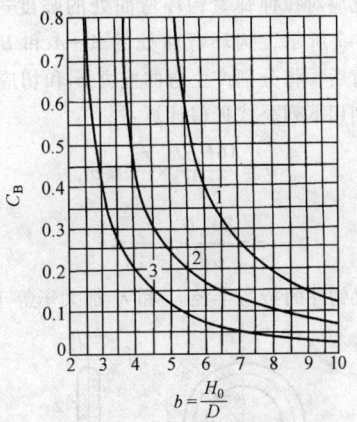

**图 3.4-6 不稳定系数**
1—两端固定支撑 2——端固定支撑一端回转支撑 3—两端回转支撑

如果不满足上式，应重新选取参数，改变 $b$ 值，提高 $F_c$ 值以保证弹簧的稳定性。如果设计网结构受限制，不能改变参数，则应设置导杆或导套。导杆（导套）与弹簧的间歇（直径差）按表 3.4-18 选取。

**表 3.4-18 导杆（导套）与弹簧内（外）直径的间歇值**

（单位：mm）

| 弹簧中径 D | ≤5 | >5~10 | >10~18 | >18~30 | >30~50 | >50~80 | >80~120 | >120~150 |
|---|---|---|---|---|---|---|---|---|
| 间歇值 | 0.5~1 | 1~2 | 2~3 | 3~4 | 4~5 | 5~6 | 6~7 | 7~8 |

为了保证弹簧的特性，弹簧的高径比应大于 0.4。

#### 3. 共振验算

对高速运转中承受循环载荷的弹簧，需要进行共振验算。其经验公式为

$$\gamma_n = 3.56 \times 10^5 \frac{d}{nD^2} > 10\gamma_\varepsilon$$

减振频率，按下式验算

$$\gamma_n = \frac{1}{2\pi}\sqrt{\frac{kg}{F}} \leq 0.5\gamma_\varepsilon \quad (3.4\text{-}11)$$

式中 $\gamma_n$——自振频率（Hz）；
$\gamma_\varepsilon$——强迫机械振动频率（Hz）；
$d$——直径（mm）；
$D$——中径（mm）；
$n$——有效圈数；
$k$——刚度（N/mm）；
$g$——重力加速度，$g = 9800\text{mm/s}^2$；
$F$——载荷（N）。

#### 4. 拉伸弹簧钩环强度验算

钩环弯曲处的应力集中，往往促成拉伸弹簧的损

坏，因此应对拉伸弹簧钩环弯曲处的强度进行计算。如图 3.4-7 所示，钩环弯曲处的 $A—A$ 和 $B—B$ 截面处受载荷后，将分别产生弯曲应力 $\sigma$ 和切应力 $\tau$，其值可分别用下列公式近似计算：

$$\sigma = \frac{16F_n D}{\pi d^3} \times \frac{r_1}{r_2} \leqslant \sigma_p$$

$$\tau = \frac{8F_n D}{\pi d^3} \times \frac{r_3}{r_4} \leqslant \tau_p \qquad (3.4\text{-}12)$$

建议钩环的折弯半径 $r_2$ 和 $r_4$ 都大于等于 $2d$。

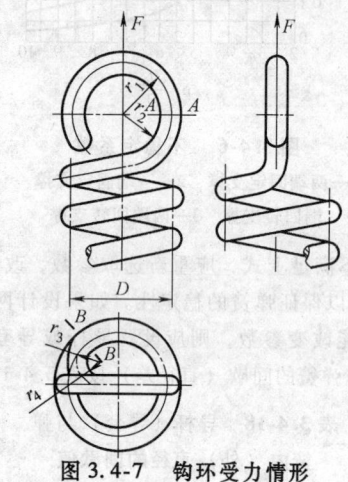

图 3.4-7　钩环受力情形

## 2.4　圆柱螺旋扭转弹簧的设计

### 2.4.1　扭转弹簧的基本几何参数和特性

如图 3.4-8 所示，$T_1$、$T_2$、$\cdots$、$T_n$ 为工作扭矩，对应的扭转变形角为 $\varphi_1$、$\varphi_2$、$\cdots$、$\varphi_n$。取达到试验应力 $\sigma_s$ 的试验扭矩为 $T_s$，对应的试验扭矩下的扭转变形角为 $\varphi_s$。为了保证指定扭转变形角下的扭矩，$T$ 和 $\varphi_s$ 应分别在试验扭矩 $T_s$ 和试验扭矩下变形角 $\varphi_s$ 的 20% ~ 80% 之间。即：

$$0.2T_s \leqslant T_1、T_2、\cdots、T_n \leqslant 0.8T_s$$
$$0.2\varphi_s \leqslant \varphi_1、\varphi_2、\cdots、\varphi_n \leqslant 0.8\varphi_s$$

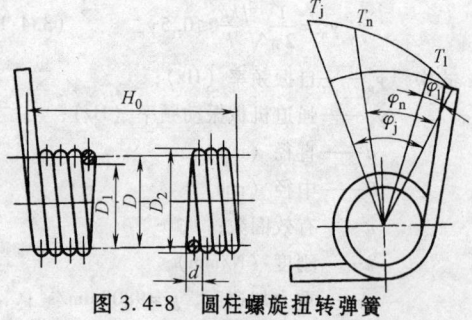

图 3.4-8　圆柱螺旋扭转弹簧

试验扭矩 $T_s$ 为弹簧允许的最大扭矩可按下式计算：

$$T_s = \frac{\pi d^3}{32}\sigma_s \qquad (3.4\text{-}13)$$

式中　$d$——弹簧材料直径；
　　　$\sigma_s$——试验弯曲应力。

### 2.4.2　扭转弹簧的设计计算

当弹簧两端受到扭矩 $T$ 作用时，扭转角 $\varphi$ 的计算公式为

$$\varphi = \frac{180TDn}{EI} \qquad (3.4\text{-}14)$$

当扭转弹簧端部的扭臂比较长时（见图 3.4-9），在扭转变形角中要加上扭臂引起的变形角，其值为

$$\Delta\varphi = \frac{57.3 \times \frac{1}{3}(l_1 + l_2)T}{EI} \qquad (3.4\text{-}15)$$

式中　$\Delta\varphi$——扭臂引起的变形角（°）。

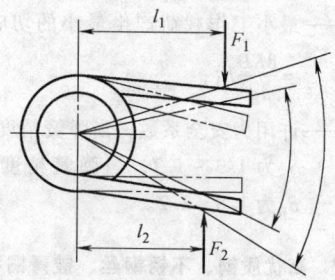

图 3.4-9　扭臂对扭转弹簧变形角的影响

由于弹簧材料只受到弯矩 $M = T$ 的作用，因而弹簧圈内侧的最大应力

$$\sigma = K_1 \frac{T}{Z_m} \qquad (3.4\text{-}16)$$

弹簧的刚度 $k'$、工作圈数 $n$ 和变形能 $U$ 的计算公式为

$$k' = \frac{T}{\varphi} = \frac{EI}{180Dn}$$

$$n = \frac{EI\varphi}{180TD}$$

$$U = \frac{T\varphi}{2} = \frac{V\sigma^2}{8E} \qquad (3.4\text{-}17)$$

式中　$\varphi$——扭转角（°）；
　　　$k'$——刚度 [N·mm/(°)]；
　　　$U$——变形能 [N·mm·(°)]；
　　　$D$——弹簧中径（mm）；
　　　$E$——弹性模量（MPa）；
　　　$I$——材料截面惯性矩（mm⁴）；
　　　$Z_m$——抗弯截面系数（mm³）；
　　　$K_1$——曲度系数，当顺时针旋转时，取 $K_1 = 1$；
　　　$V$——弹簧工作圈材料的体积（mm³）。

对于圆形截面材料，惯性矩 $I = \pi d^4/64$，$Z_m = \pi d^3/32$；对于矩形截面材料，惯性矩 $I = a^3b/12$，$Z_m = a^2b/6$。

扭转弹簧基本参数关系见表 3.4-19。

**表 3.4-19　扭转弹簧基本参数关系**

| 参数名称 | 关系式 | 说明 |
|---|---|---|
| 工作转矩 $T_i$ | $0.2T_s \leqslant T_1 、 \cdots 、 T_n \leqslant 0.8T_s$ | 安装时必须预加转矩 |
| 试验转矩 $T_s$ | $T_s \geqslant 1.25T_n$ | 对应于最大试验弯曲应力的转矩 |
| 工作扭转角 $\varphi$ | $\varphi = \varphi_n - \varphi_1$ | 变形范围 |
| 工作圈数 $n$ | | 所需的最小圈数 |
| 各圈间的间距 $\delta$ | $\delta = 0 \sim 0.5\mathrm{mm}$ | 无间隙的制造容易,有间歇的特性线精度高 |
| 截距 $t$ | $t = d + \delta$ | — |
| 螺旋角 $\alpha$ | $\alpha = \arctan[t/(\pi D)]$ | — |
| 自由长度 $H_0$ | $H_0 = (d + \delta)n + 挂钩部分长度$ | — |
| 簧丝长度 $L$ | $L = \pi Dn + 挂钩部分长度$ | — |

注：对矩形截面弹簧，表中的 $d$ 应对应地改用 $a$ 或 $b$。

## 2.5　圆柱螺旋弹簧的技术要求

### 2.5.1　弹簧特性和尺寸的极限偏差

弹簧特性和尺寸的极限偏差依据工作需要分为 1、2、3 三个等级，各项目的等级应根据需要分别独立选定，其数值从表 3.4-20 查取。

**表 3.4-20　弹簧的极限偏差和公差**（摘自 GB/T 1239.1~3—2009）

| 弹簧类型 | 项目 | | 弹簧制造精度及极限偏差 | | | 备注 |
|---|---|---|---|---|---|---|
| 冷卷压缩弹簧 | 指定高度时载荷 $F$ 的极限偏差/N | 精度等级 | 1 | 2 | 3 | — |
| | | 有效圈数 3~10 | ±0.05F | ±0.10F | ±0.15F | |
| | | >10 | ±0.04F | ±0.08F | ±0.12F | |
| | 弹簧刚度 $k$ 的极限偏差/(N/mm) | 精度等级 | 1 | 2 | 3 | — |
| | | 有效圈数 3~10 | ±0.05k | ±0.10k | ±0.15k | |
| | | >10 | ±0.04k | ±0.08k | ±0.12k | |
| | 弹簧外径或内径的极限偏差/mm | 精度等级 | 1 | 2 | 3 | — |
| | | 旋绕比 $C$ 3~8 | ±0.01D 最小±0.15 | ±0.015D 最小±0.2 | ±0.025D 最小±0.4 | |
| | | >8~15 | ±0.015D 最小±0.2 | ±0.02D 最小±0.3 | ±0.03D 最小±0.5 | |
| | | >15~22 | ±0.02D 最小±0.3 | ±0.03D 最小±0.5 | ±0.04D 最小±0.7 | |
| | 弹簧自由高度 $H_0$ 的极限偏差/mm | 精度等级 | 1 | 2 | 3 | 当弹簧有特性要求时，自由高度作为参考 |
| | | 旋绕比 $C$ 3~8 | ±0.01$H_0$ 最小±0.2 | ±0.02$H_0$ 最小±0.5 | ±0.03$H_0$ 最小±0.7 | |
| | | >8~15 | ±0.015$H_0$ 最小±0.5 | ±0.03$H_0$ 最小±0.7 | ±0.04$H_0$ 最小±0.8 | |
| | | >15~22 | ±0.02$H_0$ 最小±0.6 | ±0.04$H_0$ 最小±0.8 | ±0.06$H_0$ 最小±1.0 | |

（续）

| 弹簧类型 | 项目 | 弹簧制造精度及极限偏差 | | | | 备注 |
|---|---|---|---|---|---|---|
| 冷卷压缩弹簧 | 总圈数的极限偏差（圈） | 总圈数 | ≤10 | >10 ~ 20 | >20 ~ 50 | 当弹簧有特性要求时，总圈数作为参考 |
| | | 极限偏差 | ±0.25 | ±0.5 | ±1.0 | |
| | 两端经磨削的弹簧，轴心线对端面的垂直度/mm 或/(°) | 精度等级 | 1 | 2 | 3 | 弹簧在自由状态下 |
| | | 极限偏差 | $0.02H_0$ (1.15°) | $0.05H_0$ (2.9°) | $0.08H_0$ (4.6°) | |
| 冷卷拉伸弹簧 | 指定长度时载荷 $F$ 的极限偏差/N | ±[初拉力×α + (指定长度时的载荷 - 初拉力)×β] | | | | 有效圈数 $n$ |
| | | 精度等级 | 1 | 2 | 3 | >3 |
| | | α | 0.10 | 0.15 | 0.20 | |
| | | β | 0.05 | 0.10 | 0.15 | 3 ~ 10 |
| | | | 0.04 | 0.08 | 0.12 | >10 |
| | 弹簧刚度 $k$ 的极限偏差/(N/mm) | 精度等级 | 1 | 2 | 3 | — |
| | | 有效圈数 ≥3 ~ 10 | ±0.05k | ±0.10k | ±0.15k | |
| | | >10 | ±0.04k | ±0.08k | ±0.12k | |
| | 弹簧外径或内径的极限偏差/mm | 精度等级 | 1 | 2 | 3 | — |
| | | 旋绕比 $C$ ≥4 ~ 8 | ±0.01D 最小 ±0.15 | ±0.015D 最小 ±0.2 | ±0.025D 最小 ±0.4 | |
| | | >8 ~ 15 | ±0.015D 最小 ±0.2 | ±0.02D 最小 ±0.3 | ±0.03D 最小 ±0.5 | |
| | | >15 ~ 22 | ±0.02D 最小 ±0.3 | ±0.03D 最小 ±0.5 | ±0.04D 最小 ±0.7 | |
| | 弹簧自由高度 $H_0$（两钩环内侧之间的长度）的极限偏差/mm | 精度等级 | 1 | 2 | 3 | 弹簧有特性要求时，自由高度作为参考；对于无初拉力的弹簧；自由高度由供需双方协议规定 |
| | | 旋绕比 $C$ ≥4 ~ 8 | ±0.01$H_0$ 最小 ±0.2 | ±0.02$H_0$ 最小 ±0.5 | ±0.03$H_0$ 最小 ±0.6 | |
| | | >8 ~ 15 | ±0.015$H_0$ 最小 ±0.5 | ±0.03$H_0$ 最小 ±0.7 | ±0.04$H_0$ 最小 ±0.8 | |
| | | >15 ~ 22 | ±0.02$H_0$ 最小 ±0.6 | ±0.04$H_0$ 最小 ±0.8 | ±0.06$H_0$ 最小 ±1.0 | |
| | 弹簧两钩环相对角度的公差/(°) | 弹簧中径 D/mm | 角度公差/(°) | | | — |
| | | ≤10 | 35° | | | |
| | | >10 ~ 25 | 25° | | | |
| | | >25 ~ 55 | 20° | | | |
| | | >55 | 15° | | | |
| | 钩环中心面与弹簧轴心线位置度/mm | 弹簧中径 D/mm | 公差/mm | | | 适用于半圆钩环、圆钩环、压中心圆钩环。其他钩环的位置度公差由供需双方商定 |
| | | >3 ~ 6 | 0.5 | | | |
| | | >6 ~ 10 | 1 | | | |
| | | >10 ~ 18 | 1.5 | | | |
| | | >18 ~ 30 | 2 | | | |
| | | >30 ~ 50 | 2.5 | | | |
| | | >50 ~ 120 | 3 | | | |
| | 弹簧钩环钩部长度 $L$ 的极限偏差/mm | 钩环钩部长度 L/mm | 极限偏差/mm | | | — |
| | | ≤15 | ±1 | | | |
| | | >15 ~ 30 | ±2 | | | |
| | | >30 ~ 50 | ±3 | | | |
| | | >50 | ±4 | | | |

（续）

| 弹簧类型 | 项 目 | | | 弹簧制造精度及极限偏差 | | | | 备 注 |
|---|---|---|---|---|---|---|---|---|
| 冷卷扭转弹簧 | 在指定扭转角时的扭矩极限偏差/N·mm | | | $\pm$（计算扭转角 $\times\beta_1+\beta_2$）$\times k$ | | | | $k$——弹簧刚度 $[N\cdot mm/(°)]$ |
| | | 精度等级 | | 1 | 2 | 3 | | |
| | | $\beta_1$ | | 0.03 | 0.05 | 0.08 | | |
| | | 圈 数 | | >3~10 | >10~20 | >20~30 | | |
| | | $\beta_2/(°)$ | | 10 | 15 | 20 | | |
| | 弹簧外径的极限偏差/mm | 精度等级 | | 1 | 2 | 3 | | — |
| | | 旋绕比 $C$ | ≥4~8 | $\pm 0.01D$ 最小 0.15 | $\pm 0.015D$ 最小 0.2 | $\pm 0.025D$ 最小 $\pm 0.4$ | | |
| | | | >8~15 | $\pm 0.015D$ 最小 $\pm 0.2$ | $\pm 0.02D$ 最小 $\pm 0.3$ | $\pm 0.03D$ 最小 $\pm 0.5$ | | |
| | | | >15~22 | $\pm 0.02D$ 最小 $\pm 0.3$ | $\pm 0.03D$ 最小 $\pm 0.5$ | $\pm 0.04D$ 最小 $\pm 0.7$ | | |
| | 自由角度的极限偏差/(°) | 精度等级 | | 1 | 2 | 3 | | 所列极限偏差数值，适用于旋绕比为 4~22 的弹簧；有特性要求的弹簧，自由角度不作考核 |
| | | 有效圈数 $n$ | ≤3 | $\pm 8$ | $\pm 10$ | $\pm 15$ | | |
| | | | >3~10 | $\pm 10$ | $\pm 15$ | $\pm 20$ | | |
| | | | >10~20 | $\pm 15$ | $\pm 20$ | $\pm 30$ | | |
| | | | >20~30 | $\pm 20$ | $\pm 30$ | $\pm 40$ | | |
| | 自由高度 $H_0$ 的极限偏差/mm | 精度等级 | | 1 | 2 | 3 | | 密卷弹簧的自由高度不作考核 |
| | | 旋绕比 $C$ | ≥4~8 | $\pm 0.015H_0$ 最小 $\pm 0.3$ | $\pm 0.03H_0$ 最小 $\pm 0.6$ | $\pm 0.05H_0$ 最小 $\pm 1$ | | |
| | | | >8~15 | $\pm 0.02H_0$ 最小 $\pm 0.4$ | $\pm 0.04H_0$ 最小 $\pm 0.8$ | $\pm 0.07H_0$ 最小 $\pm 1.4$ | | |
| | | | >15~22 | $\pm 0.03H_0$ 最小 $\pm 0.6$ | $\pm 0.06H_0$ 最小 $\pm 1.2$ | $\pm 0.09H_0$ 最小 $\pm 1.8$ | | |
| | 扭臂长度极限偏差/mm | 精度等级 | | 1 | 2 | 3 | | |
| | | 材料直径 $d$/mm | ≥0.5~1 | $\pm 0.02L(L_1)$ 最小 $\pm 0.5$ | $\pm 0.03L(L_1)$ 最小 $\pm 0.7$ | $\pm 0.04L(L_1)$ 最小 $\pm 1.5$ | | |
| | | | >1~2 | $\pm 0.02L(L_1)$ 最小 $\pm 0.7$ | $\pm 0.03L(L_1)$ 最小 $\pm 1.0$ | $\pm 0.04L(L_1)$ 最小 $\pm 2.0$ | | |
| | | | >2~4 | $\pm 0.02L(L_1)$ 最小 $\pm 1.0$ | $\pm 0.03L(L_1)$ 最小 $\pm 1.5$ | $\pm 0.04L(L_1)$ 最小 $\pm 3.0$ | | |
| | | | >4 | $\pm 0.02L(L_1)$ 最小 $\pm 1.5$ | $\pm 0.03L(L_1)$ 最小 $\pm 2.0$ | $\pm 0.04L(L_1)$ 最小 $\pm 4.0$ | | |
| | 扭臂弯曲角度 $\alpha$ 的极限偏差/(°) | 精度等级 | | 极限偏差 | | | | |
| | | 1 | | $\pm 5$ | | | | |
| | | 2 | | $\pm 10$ | | | | |
| | | 3 | | $\pm 15$ | | | | |
| 热卷压缩及拉伸弹簧 | 指定载荷时高度的极限偏差/mm | $\pm$（1.5 + 指定载荷时计算变形量的 3%）。最小值应为自由高度的 1% | | | | | | 压缩弹簧的自由高度在 900mm 以下并且在小于最大变形量的 6 倍、大于弹簧中径的 0.8 倍时，按表中规定，除此以外的压缩及拉伸弹簧特性极限偏差，由供需双方协商确定 |
| | 指定高度时载荷的极限偏差/N | $\pm$（1.5 + 指定高度时计算变形量的 3%）× 弹簧刚度。（1.5 + 指定高度时计算变形量的 3%）的最小值，应为自由高度的 1% | | | | | | |
| | 弹簧刚度的极限偏差/(N/mm) | $\pm 10\%$ | | | | | | |
| | 弹簧外径（或内径）的极限偏差/mm | 自由高度 $H_0$ | | ≤250 | >250~500 | >500 | | — |
| | | 极限偏差 | | $\pm 0.01D$ 最小 $\pm 1.5$ | $\pm 0.015D$ 最小 $\pm 1.5$ | 供需双方协商规定 | | |

（续）

| 弹簧类型 | 项　目 | 弹簧制造精度及极限偏差 | | 备　注 |
|---|---|---|---|---|
| 热卷压缩及拉伸弹簧 | 自由高度（长度）的极限偏差/mm | 自由高度（长度）的±2% | | 当弹簧有特性要求时，自由高度（长度）作参考 |
| | 总圈数的极限偏差/圈 | 压缩弹簧 | 拉伸弹簧 | 当弹簧有特性要求时，总圈数作参考 |
| | | ±1/4 | 供需双方协议规定 | |
| | 两端圈制扁或磨平，压缩弹簧轴心线对两端面的垂直度/mm 或/(°) | 一般情况 | 特殊需要 | 在自由状态下 |
| | | $0.05H_0$（习惯用 2°52′） | $0.02H_0$（1°15′） | |
| | 压缩弹簧的直线度极限偏差/mm 或/(°) | 不超过垂直度公差之半 | | — |

注：1. 弹簧尺寸的极限偏差，必要时可不对称使用，其公差值不变。

2. 等节距的压缩弹簧在压缩到全变形量的80%时，其正常节距圈不得接触。

### 2.5.2　其他技术要求

1）冷卷弹簧一般在成形后进行去应力退火，其硬度不予考核。根据使用要求也可不进行去应力退火。

2）用硬状态的青铜线冷卷的弹簧需进行去应力退火处理，其硬度不予考核。用冷硬镀青铜线冷卷的弹簧应进行时效处理。

3）需淬火回火处理的冷卷弹簧，淬火次数不得超过两次，回火次数不限，其硬度值在 42～52HRC 内选取。特殊情况下其硬度可扩大选取范围到 55HRC。用退火冷硬镀青铜冷卷的弹簧须经淬火和时效处理。淬火次数不得超过两次，时效处理次数不限。

4）经淬火、回火处理的冷卷弹簧，单边脱碳层的深度允许比原材料标准规定的脱碳层深度再增加材料直径的 0.25%。

5）热卷弹簧成形后，必须进行均匀的热处理，即淬火、回火处理。

6）热卷弹簧淬火、回火后的硬度一般为 388～461HBW 或 41.5～48HRC，单边脱碳层的深度允许为原材料标准规定的深度再增加材料直径的 0.5%。

7）热卷弹簧表面应进行防锈处理。

8）凡弹簧表面镀层为锌、铬与镉时，电镀后应进行去氢处理。

9）弹簧表面应光滑，不得有肉眼可见的有害缺陷，但允许有深度不大于 0.5 倍钢丝直径公差的个别小伤痕存在。

10）根据需要，在图样中对弹簧可规定下列要求：立定处理、强压处理和加温强压处理、喷丸处理、无损检测、疲劳试验、模拟试验。

### 2.6　矩形截面圆柱螺旋压缩弹簧

矩形截面圆柱螺旋压缩弹簧如图 3.4-10a 所示，图中的 $a$ 和 $b$ 分别是和螺旋中心线垂直边和平行边的长度，其余符号和上节相同

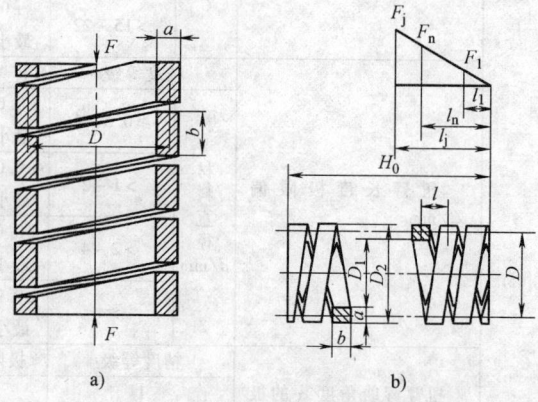

**图 3.4-10　矩形截面圆柱螺旋压缩弹簧**

a）压缩弹簧　b）载荷-变形图

### 2.6.1　矩形截面圆柱螺旋压缩弹簧的计算公式（表 3.4-21）

**表 3.4-21　矩形截面圆柱螺旋压缩弹簧的计算公式**

| 项　目 | 单位 | 公　式　及　数　据 |
|---|---|---|
| 最大工作载荷 $F_n$ | N | $$F_n = \frac{ab\sqrt{ab}}{\beta D}\tau_p = \frac{b\sqrt{ab}}{\beta C}\tau_p$$ 式中　$C = \frac{D}{d}$，由表 3.4-22 查取<br>$\beta$——系数，由图 3.4-12 查取<br>$a = \frac{D}{C} = \frac{D_2}{C+1}$，$D_2$ 根据空间确定<br>$b = \left(\frac{b}{a}\right)a$，$\frac{b}{a}$ 由表 3.4-22 查取，$\tau_p$ 由表 3.4-8 查取 |

（续）

| 项　目 | 单位 | 公 式 及 数 据 |
|---|---|---|
| 最大工作载荷下的变形 $f_n$ | mm | $$f_n = \gamma \frac{F_n D^3 n}{G a^2 b^2}$$ $$= \gamma \frac{F_n C^2 n D}{G b^2}$$ 式中　$\gamma$——系数，由图 3.4-11 查取<br>　　　$n$——有效圈数 |
| 应力 $\tau$ | MPa | $$\tau = \beta \frac{F_n D}{ab \sqrt{ab}} = \beta \frac{F_n C}{b \sqrt{ab}}，若 \tau > \tau_p，需重新计算$$ 式中　$\beta$——系数，由图 3.4-12 查取 |
| 有效圈数 $n$ | 圈 | $$n = \frac{G a^2 b^2 f_n}{\gamma F D^3} = \frac{G f_n a \left( \dfrac{b}{a} \right)^2}{\gamma F_n C^3}$$ |
| 弹簧刚度 $k'$ | N/mm | $$k' = \frac{G a^2 b^2}{\gamma D^3 n}$$ |
| 工作极限载荷 $F_j$ | N | $$F_j = \frac{ab \sqrt{ab}}{\beta D} \tau_j$$　Ⅰ类载荷：$\tau_j \leqslant 1.67\tau_p$<br>Ⅱ类载荷：$\tau_j \leqslant 1.26\tau_p$<br>Ⅲ类载荷：$\tau_j \leqslant 1.12\tau_p$ |
| 工作极限载荷下变形 $f_j$ | mm | $$f_j = \frac{F_j}{k}$$ |
| 最小工作载荷 $F_1$ | N | $$F_1 = \left( \frac{1}{3} \sim \frac{1}{2} \right) F_j$$ |
| 最小工作载荷下变形 $f_1$ | mm | $$f_1 = \frac{F_1}{k}$$ |
| 弹簧外径 $D_2$、<br>弹簧中径 $D$、<br>弹簧内径 $D_1$ | mm | $D_2$ 根据实际空间要求设定<br>$$D = D_2 - a$$ $$D_1 = D_2 - 2a$$ |

| 项目 | 单位 | 公式及数据 | |
|---|---|---|---|
| 端部结构 | — | 端部并紧、磨平，支撑圈为 1 圈 | 端部并紧、不磨平，支撑圈为 1 圈 |
| 总圈数 $n_1$ | 圈 | $n_1 = n + 2$ | $n_1 = n + 2$ |
| 自由高度 $H_0$ | mm | $H_0 = nt + 1.5b$ | $H_0 = nt + 3b$ |
| 压并高度 $H_b$ | mm | $H_b = (n + 1.5) b$ | $H_b = (n + 3) b$ |
| 节距 $t$ | mm | 一般取 $t = (0.28 \sim 0.5) D_2$ | |
| 间距 $\delta$ | mm | $\delta = t - b$ | |
| 工作行程 $h$ | mm | $h = f_n - f_1$ | |
| 螺旋角 $\alpha$ | (°) | $\alpha = \arctan \dfrac{t}{\pi D}$ | |
| 展开长度 $L$ | mm | $L = n_1 \pi D$ | |

**2.6.2　矩形截面圆柱螺旋压缩弹簧相关参数**（表 3.4-22）

**表 3.4-22　矩形截面圆柱螺旋压缩弹簧相关参数**

| 项　目 | 公 式 及 数 据 | | | | | |
|---|---|---|---|---|---|---|
| 旋绕比 $C$ | $C = \dfrac{D}{a}$，其中 $a$ 为矩形截面材料垂直于弹簧轴线的边长 | | | | | |
| | $a$ | 0.2~0.4 | 0.5~1 | 1.1~2.4 | 2.5~6 | 7~16 | 18~50 |
| | $C$ | 4~7 | 5~12 | 5~10 | 4~9 | 4~8 | 4~6 |
| $b/a$ 及 $a/b$ 的值 | 当 $b > a$ 时、$b/a < 4$ 及当 $a > b$ 时、$a/b > 4$ 的矩形截面圆柱螺旋压缩弹簧，由于制造困难，内应力过大，建议不要使用<br>因此推荐如下<br>当 $b > a$ 时，选取 $b/a > 4$ 的值<br>当 $a > b$ 时，选取 $a/b < 4$ 的值 |

（续）

| 项　　目 | 公　式　及　数　据 |
|---|---|
| 工作极限应力 $\tau_j$ | Ⅰ类载荷：$\tau_j \leqslant 1.67\tau_p$<br>Ⅱ类载荷：$\tau_j \leqslant 1.26\tau_p$<br>Ⅲ类载荷：$\tau_j \leqslant 1.12\tau_p$ |

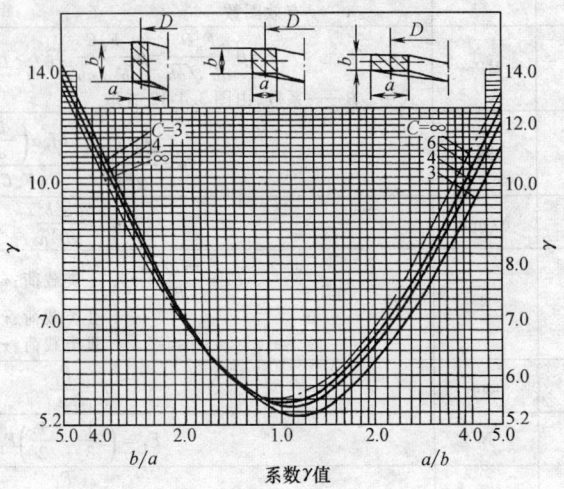

图 3.4-11　系数 $\gamma$ 值

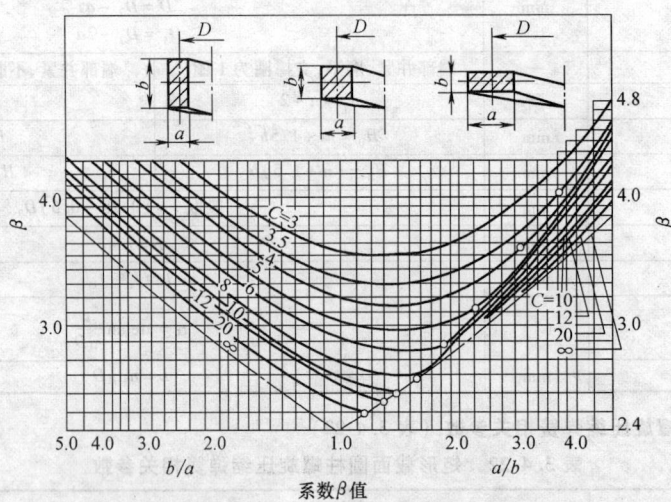

图 3.4-12　系数 $\beta$ 值

# 3　非线性特性线螺旋弹簧

　　非线性关系的螺旋弹簧有不等节距圆柱螺旋压缩弹簧、截锥螺旋弹簧、截锥蜗卷螺旋弹簧以及组合螺旋弹簧等。

## 3.1　不等节距圆柱螺旋压缩弹簧

　　图 3.4-13a 所示为不等节距圆柱压缩螺旋弹簧，其设计计算与普通弹簧相同，需要计算的主要是变形

和刚度，它相当于多个不同节距弹簧的直接组合，组成弹簧各圈的刚度为

$$k = nk' = \frac{Gd^4}{8D^3} \qquad (3.4\text{-}18)$$

　　设弹簧的有效工作圈数为 $n$，则此弹簧在未受载荷时的刚度 $k'$ 为

$$\frac{1}{k} = \sum_{i=1}^{n} \frac{1}{k_i'} = \frac{n}{k'} \qquad (3.4\text{-}19)$$

　　如将弹簧圈序按弹簧间距由小到大排列，当弹簧

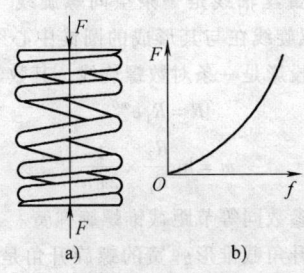

**图 3.4-13 不等节距螺旋弹簧及其特性线**

圈 $i$ 在载荷 $F_i$ 作用下压并后，弹簧的剩余刚度 $k_i$，根据式（3.4-19）可知：

$$\frac{1}{k_i} = \frac{n-i}{k'} = \frac{1}{k'} - \frac{i}{k'} \qquad (3.4\text{-}20)$$

从式（3.4-20）可得弹簧的有效工作圈数为

$$n = \frac{k}{k_i} + i \qquad (3.4\text{-}21)$$

弹簧圈 $i$ 的间距 $\delta_i$ 也就是在载荷 $F_i$ 作用下弹簧圈 $i$ 的变形，当弹簧圈 $i$ 的变形达到 $\delta_i$ 时就并紧了。弹簧圈 $i$ 的并紧过程是逐渐接触并紧的。如图 3.4-14 所示，当弹簧所受的载荷由 $F_{i-1}$ 增加 $F_i$ 时，弹簧圈 $i$ 的刚度由 $k_i$ 逐渐增大到无穷大。在此过程中，弹簧圈 $i$ 的变形量为 $\frac{1}{2} \times \left( \frac{F_i - F_{i-1}}{k_i} \right)$，当弹簧圈 $i$ 压并时，总的变形量为

$$\delta_i = \frac{F_{i-1}}{k_i} + \frac{1}{2}\left(\frac{F_i - F_{i-1}}{k_i}\right) = \frac{1}{2k_i}(F_i + F_{i-1})$$

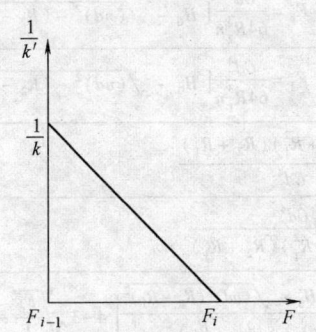

**图 3.4-14 弹簧第 $i$ 圈并紧时 $k'$ 与 $F_i$ 的关系**

从而得：

$$F_i = 2k_i\delta_i - F_{i-1}$$

弹簧 $i$ 的节距为

$$t_i = d + \delta_i$$

到弹簧圈 $i$ 并圈时为止，整个弹簧的变形由两部分组成：并圈部分的变形 $\sum_{i=1}^{i} \delta_i$ 和未并圈部分的变形 $(n-i)\delta_i$。因而得变形的计算式为

$$f_i = \sum_{i=1}^{i} \delta_i + (n-i)\delta_i \qquad (3.4\text{-}22)$$

如根据特性线得知圈距的变化规律为 $\delta_i = f(i)$，则式（3.4-22）变换为

$$f_i = \int_0^i f(i)\,\mathrm{d}i + (n-i)f(i) \qquad (3.4\text{-}23)$$

## 3.2 截锥螺旋弹簧

截锥螺旋弹簧的结构和特性线如图 3.4-15 所示，其刚度为变值，圆锥角 $\theta$ 越大，弹簧的自振频率的变化率越高，对于缓和或消除共振有利。

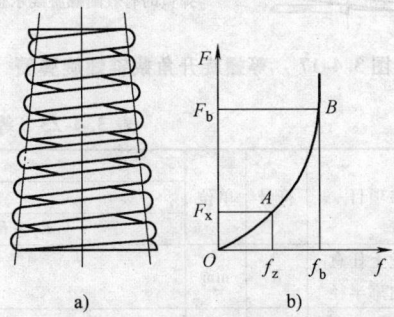

**图 3.4-15 截锥螺旋弹簧及其特性线**

a）截锥螺旋弹簧 b）特性曲线

### 3.2.1 截锥螺旋弹簧的分类

截锥螺旋弹簧可以分成等节距型和等螺旋升角型两种。它们材料的截面为圆形。

1. 等节距截锥螺旋弹簧

它的弹簧丝轴线是一条空间螺旋线（见图 3.4-16），这条螺旋线在与其形成的圆锥中心线相垂直的支撑面上的投影是一条阿基米德螺旋线，其数学表达式为

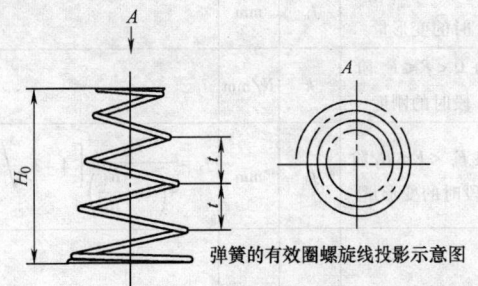

弹簧的有效圈螺旋线投影示意图

**图 3.4-16 等节距截锥螺旋弹簧**

$$R = R_1 + (R_2 - R_1)\frac{\theta}{2\pi n} \qquad (3.4\text{-}24)$$

式中 $R$——弹簧丝上任意一点的曲率半径；

$R_1$——弹簧丝小端头的曲率半径；

$R_2$——弹簧丝大端头的曲率半径；

$\theta$——由弹簧丝小端头 $R_1$ 处为起始点到该弹簧丝上任意一点之间所夹的角度（rad）；

$n$——弹簧的工作圈数。

2. 等螺旋升角截锥螺旋弹簧

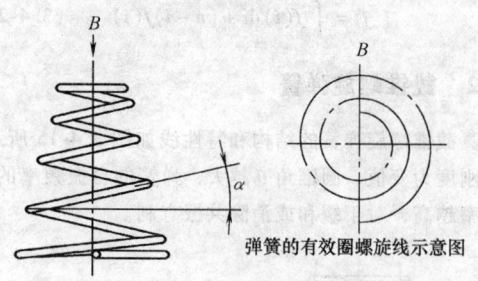

弹簧的有效圈螺旋线示意图

**图 3.4-17　等螺旋升角截锥螺旋弹簧**

它的弹簧丝轴线是一条空间螺旋线（见图 3.4-17），这条螺旋线在与其形成的圆锥中心线相垂直的支撑面上的投影是一条对数螺旋线，其数学表达式为

$$R = R_1 e^{m\theta}$$

$$m = \ln\frac{R_2}{R_1} \times \frac{1}{2\pi n} \qquad (3.4\text{-}25)$$

式中的参数同等节距截锥螺旋弹簧。

等螺旋升角截锥形弹簧的螺旋升角是一个常量，各弹簧圈的螺距是一个变量。其弹簧丝绕弹簧轴心线旋转所形成的面是一个圆锥面。

**3.2.2　截锥螺旋弹簧的计算公式**

1）等节距截锥螺旋弹簧的计算公式见表 3.4-23。

2）等螺旋升角截锥螺旋弹簧的计算公式见表 3.4-24。

**表 3.4-23　等节距截锥螺旋弹簧的计算公式**

| 所求项目 | 符号 | 单位 | 计算公式 等节距 $t =$ 常数 | |
| --- | --- | --- | --- | --- |
| | | | $R_2 - R_1 \geqslant nd$ | $R_2 - R_1 < nd$ |
| 弹簧丝上任意圈的曲率半径 | $R$ | mm | $R = R_1 + (R_2 - R_1)\theta/(2\pi n)$ | |
| 自由高度 | $H_0$ | mm | $H_0 = nt$ | |
| 节距 | $t$ | mm | $t = (H_0 - d)/n$ | |
| 弹簧丝有效圈的展开长度 | $L$ | mm | $L = n_1 \pi (R_2 + R_1)$ | |
| 钢丝直径 | $d$ | mm | $d = \sqrt[3]{\dfrac{16 R_2 F}{\pi[\tau]}}$ | |
| 压并时高度 | $H_b$ | mm | $H_b = d$ | $H_b = \sqrt{(nd)^2 - (R_2 - R_1)^2}$ |
| 大端开始触合时的负荷 | $F_c$ | N | $F_c = \dfrac{Gd^4 H_0}{64 R_2^3 n}$ | $F_c = \dfrac{Gd^4}{64 R_2^3 n}\left[H_0 - \sqrt{(nd)^2 - (R_2 - R_1)^2}\right]$ |
| 全压并时的极限负荷 | $F_J$ | N | $F_J = \dfrac{Gd^4 H_0}{64 R_1^3 n}$ | $F_J = \dfrac{Gd^4}{64 R_1^3 n}\left[H_0 - \sqrt{(nd)^2 - (R_2 - R_1)^2}\right]$ |
| 在 $0 < F \leqslant F_c$ 阶段时的变形量 | $f_c$ | mm | $f_c = \dfrac{16 Fn(R_2^2 + R_1^2)(R_2 + R_1)}{Gd^4}$ | |
| 在 $0 < F \leqslant F_c$ 阶段时的刚度 | $k$ | N/mm | $k = \dfrac{Gd^4}{16n(R_2^2 + R_1^2)(R_2 + R_1)}$ | |
| 在 $F_c < F \leqslant F_J$ 阶段时的变形量 | $f_J$ | mm | $f_J = \dfrac{H_0}{4\left(1 - \dfrac{R_1}{R_2}\right)}\left[4 - 3\sqrt[3]{\dfrac{F_c}{F}} - \dfrac{F}{F_c}\left(\dfrac{R_1}{R_2}\right)^4\right]$ | $f_J = \dfrac{H_0 - \sqrt{(nd)^2(R_2 - R_1)^2}}{4\left(1 - \dfrac{R_1}{R_2}\right)}\left[4 - 3\sqrt[3]{\dfrac{F_c}{F}} - \dfrac{F}{F_c}\left(\dfrac{R_1}{R_2}\right)^4\right]$ |
| 强度校核剪切应力 | $\tau$ | MPa | 在 $0 < F \leqslant F_c$ 时　$\tau = \dfrac{16 F R_2}{\pi d^3}K$ 在 $F_c < F \leqslant F_J$ 时　$\tau = \dfrac{16 F R_2 \sqrt[3]{\dfrac{F_c}{F}}}{\pi d^3}K$ | |
| 曲率系数 | $K$ | | $K = \dfrac{4C - 1}{4C - 3} + \dfrac{0.615}{C}$ | |
| 指数 | $C$ | | $C = \dfrac{2R_n}{d},\ R_n = R_2\sqrt{\dfrac{F_c}{F}}$ | |

表 3.4-24　等螺旋升角截锥螺旋弹簧的计算公式

| 所求项目 | 代号 | 单位 | 计　算　公　式 | |
| --- | --- | --- | --- | --- |
| | | | 等螺旋升角 $\alpha$ = 常数 | |
| | | | $R_2 - R_1 \geqslant nd$ | $R_2 - R_1 < nd$ |
| 弹簧丝上任意圈的曲率半径 | $R$ | mm | $R = R_1 \mathrm{e}^{m\theta}$ | $m = \ln \dfrac{R_2}{R_1} \times \dfrac{1}{2\pi n}$ |
| 自由高度 | $H_0$ | mm | $H_0 = L\sin\alpha$ | |
| 螺旋升角 | $\alpha$ | rad | $\alpha = \arcsin \dfrac{H_0}{L}$ | |
| 节距 | $t$ | mm | — | |
| 弹簧丝有效圈的展开长度 | $L$ | mm | $L = \dfrac{R_2 - R_1}{m}$ | |
| 钢丝直径 | $d$ | mm | $d = \sqrt[3]{\dfrac{16R_2 F}{\pi [\tau]}}$ | |
| 压并高度 | $H_{\mathrm{b}}$ | mm | $H_{\mathrm{b}} = d$ | — |
| 大端圈开始触合时的负荷 | $F_{\mathrm{c}}$ | N | $F_{\mathrm{c}} = \dfrac{H_0 m \pi G d^4}{32 R_2^2 (R_2 - R_1)}$ | |

## 3.3　蜗卷螺旋弹簧

蜗卷螺旋弹簧是将长方形截面的板材卷绕成圆锥状的弹簧，有时也称为宝塔弹簧或竹笋弹簧，如图 3.4-18a 所示。

### 3.3.1　蜗卷螺旋弹簧的特性曲线

蜗卷螺旋弹簧的特性曲线如图 3.4-18b 所示。

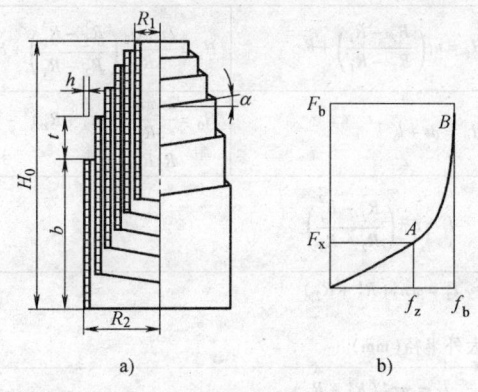

a)　蜗卷螺旋弹簧　　b)　特性曲线图

**图 3.4-18　蜗卷螺旋弹簧的特性曲线图**

a)　蜗卷螺旋弹簧　b)　特性曲线图

### 3.3.2　蜗卷螺旋弹簧的材料及许用应力

蜗卷螺旋弹簧一般采用热卷成形，小型的也可冷卷。材料多用热轧硅锰弹簧钢板，也可用铬钒钢，在不太重要的地方还可用碳素弹簧钢或锰弹簧钢。

坯料两端应加热辗薄，如无条件，也可以刨削。热卷时，要用特制的芯棒在卷簧机上成形，手工卷制难以保证间隙，质量差。因弹簧间隙小，在油淬火时，最好采用热风循环炉加热，延长保温时间及喷油冷却等措施来保证质量。

当上述材料经热处理后的硬度达到或超过 47HRC 时，其许用应力依照表 3.4-25 选取。

表 3.4-25　蜗卷螺旋弹簧的许用应力

| 使用条件 | 许用应力/MPa |
| --- | --- |
| 只压缩使用，或变载荷作用次数很少时 | 1330 |
| 只压缩使用，或变载荷作用次数较多时 | 770 |
| 作为悬架弹簧使用时 | 1120 |
| 当载荷为压缩和拉伸的交变载荷时 | 380 |

### 3.3.3 蜗卷螺旋弹簧的计算公式（表 3.4-26 和表 3.4-27）

**表 3.4-26 蜗卷螺旋弹簧的计算公式**

| 项 目 | | 单位 | 公 式 及 数 据 | | |
|---|---|---|---|---|---|
| | | | 螺旋角 $\alpha$ = 常数 | 节距 $t$ = 常数 | 应力 $\tau$ = 常数 |
| 弹簧圈开始接触前 | 从大端工作圈数起的任意圈 $n_i$ 的半径 $R_i$ | mm | $R_i = R_2 - (R_2 - R_1)\dfrac{n_i}{n}$ 式中 $R_2$——大端工作弹簧圈半径（mm）$R_1$——小端工作弹簧圈半径（mm） | | |
| | 变形 $f$ | mm | $f = \dfrac{\pi n F}{2\xi_1 G b h^3}\left(\dfrac{R_2^4 - R_1^4}{R_2 - R_1}\right)$ 式中 $\xi_1$——系数，其值可查表 3.4-27 $b$——弹簧材料的宽度（mm）$h$——弹簧材料的厚度（mm）$P$——载荷（N） | | |
| | 应力 $\tau$ | MPa | $\tau = K\dfrac{F R_2}{\xi_2 b h^2}$ 式中 $K$——曲度系数，其值 $K = 1 + \dfrac{h}{2R_2}$ $\xi_2$——系数，其值可查表 3.4-27 | | |
| | 刚度 $k$ | N/mm | $k = \dfrac{2\xi_1 G b h^3}{n\pi}\dfrac{R_2 - R_1}{R_2^4 - R_1^4}$ | | |
| 弹簧圈开始接触后 | 弹簧圈 $n_i$ 接触时的载荷 $F_i$ | N | $F_i = \dfrac{\xi_1 G b h^3 \alpha}{R_i^2}$ 式中 $\alpha$——螺旋角（°）$\alpha = \dfrac{F_i R_i^2}{\xi_1 G b h^3}$ = 常数 | $F_i = \dfrac{\xi_1 G b h^3 t}{2\pi R_i^3}$ 式中 $t$——节距（mm） | $F_i = \dfrac{\xi_1 G b h^3 \alpha_2}{R_2 R_i}$ 式中 $\alpha_2$——弹簧大端的螺旋角（°），$\alpha_2 = \dfrac{\alpha_i R_2}{R_i}$ $\alpha_i$——弹簧圈 $n_i$ 的螺旋角（°），$\alpha_i = \alpha_2\dfrac{R_i}{R_2}$ |
| | 弹簧圈 $n_i$ 接触时的变形 $f_i$ | mm | $f_i = \dfrac{n\pi}{R_2 - R_i}\left[(R_2^2 - R_i^2)\alpha + \left(\dfrac{R_i^4 - R_1^4}{2\xi_1 G b h^3}\right)F_i\right]$ | $f_i = \dfrac{n\pi}{R_2 - R_1}\left[(R_2 - R_i)\dfrac{t}{\pi} + \left(\dfrac{R_i^4 - R_1^4}{2\xi_1 G b h^3}\right)F_i\right]$ | $f_i = \dfrac{n\pi}{R_2 - R_1}\left[\dfrac{2\alpha_2}{3R_2}(R_2^3 - R_i^3) + \left(\dfrac{R_i^4 - R_1^4}{2\xi_1 G b h^3}\right)F_i\right]$ |
| | 弹簧圈 $n_i$ 接触时的应力 $\tau_i$ | MPa | $\tau_i = K\dfrac{F_i R_i}{\xi_2 b h^2}$ 式中 $K = 1 + \dfrac{h}{R_i}$ | | |
| | 从大端数起到弹簧圈 $n_i$ 的自由高度 $H_i$ | mm | $H_i = n\pi\alpha\left(\dfrac{R_2^2 - R_i^2}{R_2 - R_1}\right) + b$ | $H_i = nt\left(\dfrac{R_2 - R_i}{R_2 - R_1}\right) + b$ | $H_i = \dfrac{2n\pi\alpha_2}{3R_2}\left(\dfrac{R_2^3 - R_i^3}{R_2 - R_1}\right) + b$ |
| | 弹簧工作圈的自由高度 $H_0$ | mm | $H_0 = n\pi\alpha(R_2 + R_1) + b$ | $H_0 = nt + b$ | $H_0 = \dfrac{2n\pi\alpha_2}{3R_2}\left[(R_2 + R_1)^2 - R_2 R_1\right] + b$ |
| | 由大端到弹簧圈 $n_i$ 的有效工作圈的扁钢的长度 $l_i$ | mm | $l_i = n\pi\left(\dfrac{R_2^2 - R_i^2}{R_2 - R_1}\right)$ | | |
| | 大端支撑圈的扁钢长度 $l_2'$ | mm | $l_2' = \pi n_2'(R_2' + R_2)$ 式中 $n_2'$——大端支撑圈数；$R_2'$——大端支撑圈的最大外半径（mm） | | |
| | 小端支撑圈的扁钢长度 $l_1'$ | mm | $l_1' = \pi n_1'(R_1' + R_1)$ 式中 $n_1'$——小端支撑圈数；$R_1'$——小端支撑圈的最小内半径（mm） | | |

**表 3.4-27  $\xi_1$ 和 $\xi_2$ 之数值**

| $b/h$ | $\xi_1$ | $\xi_2$ | $b/h$ | $\xi_1$ | $\xi_2$ |
|---|---|---|---|---|---|
| 1 | 0.1406 | 0.2082 | 2.25 | 0.2401 | 0.2520 |
| 1.05 | 0.1474 | 0.2112 | 2.5 | 0.2494 | 0.2576 |
| 1.1 | 0.1540 | 0.2139 | 2.75 | 0.2570 | 0.2626 |
| 1.15 | 0.1602 | 0.2165 | 3 | 0.2633 | 0.2672 |
| 1.2 | 0.1661 | 0.2189 | 3.5 | 0.2733 | 0.2751 |
| 1.25 | 0.1717 | 0.2212 | 4 | 0.2808 | 0.2817 |
| 1.3 | 0.1717 | 0.2236 | 4.5 | 0.2866 | 0.2870 |
| 1.35 | 0.1821 | 0.2254 | 5 | 0.2914 | 0.2915 |
| 1.4 | 0.1869 | 0.2273 | 6 | 0.2983 | 0.2984 |
| 1.45 | 0.1914 | 0.2289 | 7 | 0.3033 | 0.3033 |
| 1.5 | 0.1958 | 0.2310 | 8 | 0.3071 | 0.3071 |
| 1.6 | 0.2037 | 0.2343 | 9 | 0.3100 | 0.3100 |
| 1.7 | 0.2109 | 0.2375 | 10 | 0.3123 | 0.3123 |
| 1.75 | 0.2143 | 0.2390 | 20 | 0.3228 | 0.3228 |
| 1.8 | 0.2174 | 0.2404 | 50 | 0.3291 | 0.3291 |
| 1.9 | 0.2233 | 0.2432 | 100 | 0.3312 | 0.3312 |
| 2 | 0.2287 | 0.2459 | ∞ | 0.3333 | 0.3333 |

# 4  碟形弹簧

## 4.1  碟形弹簧的类型与结构

碟形弹簧的主要类型见表 3.4-28。

**表 3.4-28  碟形弹簧的主要类型**

| 类型 | 特性 | 类型 | 特性 |
|---|---|---|---|
| 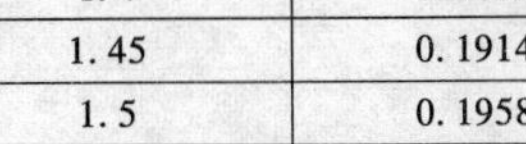 <br>普通碟形弹簧 | 形状和结构简单,应用较广。可以单个、对合、叠合组合或复合组成碟簧组使用。承受静载荷或变载荷。用于重型机械和飞机、大炮等武器中作为强力缓冲和减振弹簧 | 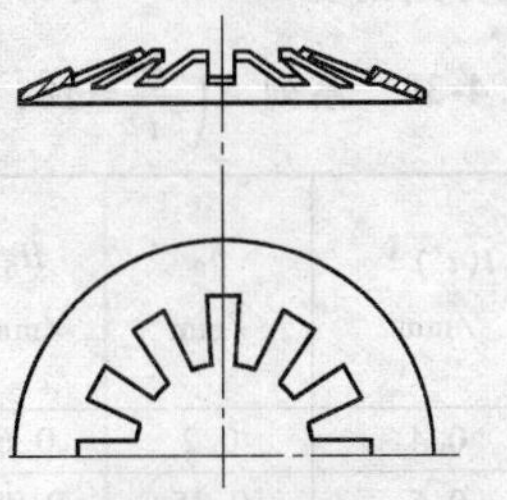 <br>开槽形碟形弹簧 | 通常用于离合器中,如车床、汽车和拖拉机等的离合器 |
| 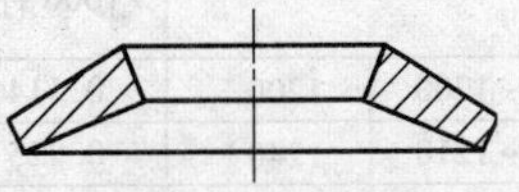 <br>梯形截面碟形弹簧 | | 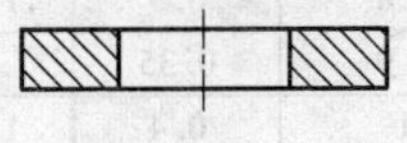 <br>圆板形碟形弹簧 | 截面为圆板形,受载后产生变形而成为截圆锥形。结构简单,刚度较大,用于有特殊要求的场合 |
|  <br>锥状梯形截面碟形弹簧 | | | |

## 4.2  普通碟形弹簧

### 4.2.1  普通碟形弹簧的结构

1. 结构型式

碟形弹簧根据支撑结构不同有两种型式:一种是无支撑面碟簧(见图 3.4-19a),其内缘上边及外缘下边未经加工,因此承受载荷部分没有支撑平面;另一种是有支撑面碟簧(见图 3.4-19b)内外缘经加工后形成支撑面,载荷作用于支撑面。

2. 产品分类

碟形弹簧根据工艺方法分为 1、2、3 三类。每个类别的型式、碟簧厚度和工艺方法见表 3.4-29,根据 $D/t$ 及 $h_0/t$ 的比值不同分为 A、B、C 三个系列,每个系列的比值范围见表 3.4-29。

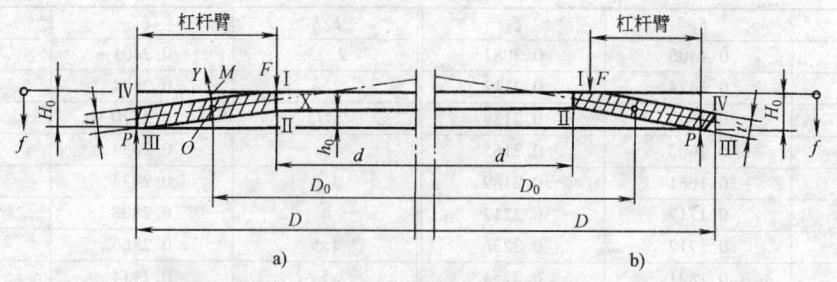

**图 3.4-19　普通碟形弹簧的结构型式**

a）无支撑面　b）有支撑面

**表 3.4-29　碟形弹簧的型式、碟簧厚度和工艺方法**

| 产品分类 | 类别 | 型式 | 碟簧厚度 t/mm | 工 艺 方 法 |
|---|---|---|---|---|
| 产品分类 | 1 | 无支承面 | < 1.25 | 冷冲成形，边缘倒圆角 |
| 产品分类 | 2 | 无支承面 | 1.25 ~ 6.0 | 1）切削内外圆或平面，边缘倒圆角，冷成形或热成形 |
| 产品分类 | 2 | 无支承面 | 1.25 ~ 6.0 | 2）精冲，边缘倒圆角，冷成形和热成形 |
| 产品分类 | 3 | 有支承面 | >6.0 ~ 16.0 | 冷成形或热成形，加工所有表面，边缘倒圆角 |

| 尺寸系列 | 系列 | 比　值 | | 备　注 |
|---|---|---|---|---|
| 尺寸系列 | 系列 | D/t | $h_0/t$ | 备　注 |
| 尺寸系列 | A | ≈18 | ≈0.40 | 材料弹性模量 E = 206000MPa |
| 尺寸系列 | B | ≈28 | ≈0.75 | 泊松比 μ = 0.3 |
| 尺寸系列 | C | ≈40 | ≈1.3 | |

**3. 尺寸系列**

常用碟形弹簧尺寸系列分别见表 3.4-30 ~ 表 3.4-32。

**表 3.4-30　系列 A$\left( \dfrac{D}{t} \approx 18;\ \dfrac{h_0}{t} \approx 0.4;\ E = 206000\text{MPa};\ \mu = 0.3 \right)$**

| 类别 | $D$/mm | $d$/mm | $t(t')$[①]/mm | $h_0$/mm | $H_0$/mm | $P$/N | $f$/mm $f\approx 0.75h_0$ | $H_0-f$/mm | $\sigma_{OM}^{②}$/MPa | $\sigma_{II}^{③}$、$\sigma_{III}$/MPa | $Q$/(kg/1000件) |
|---|---|---|---|---|---|---|---|---|---|---|---|
| 1 | 8 | 4.2 | 0.4 | 0.2 | 0.6 | 210 | 0.15 | 0.45 | -1200 | 1200* | 0.114 |
| 1 | 10 | 5.2 | 0.5 | 0.25 | 0.75 | 329 | 0.19 | 0.56 | -1210 | 1240* | 0.225 |
| 1 | 12.5 | 6.2 | 0.7 | 0.3 | 1 | 673 | 0.23 | 0.77 | -1280 | 1420* | 0.508 |
| 1 | 14 | 7.2 | 0.8 | 0.3 | 1.1 | 813 | 0.23 | 0.87 | -1190 | 1340* | 0.711 |
| 1 | 16 | 8.2 | 0.9 | 0.35 | 1.25 | 1000 | 0.26 | 0.99 | -1160 | 1290* | 1.050 |
| 1 | 18 | 9.2 | 1 | 0.4 | 1.4 | 1250 | 0.3 | 1.1 | -1170 | 1300* | 1.480 |
| 1 | 20 | 10.2 | 1.1 | 0.45 | 1.55 | 1530 | 0.34 | 1.21 | -1180 | 1300* | 2.010 |
| 2 | 22.5 | 11.2 | 1.25 | 0.5 | 1.75 | 1950 | 0.38 | 1.37 | -1170 | 1320* | 2.940 |
| 2 | 25 | 12.2 | 1.5 | 0.55 | 2.05 | 2910 | 0.41 | 1.64 | -1210 | 1410* | 4.40 |
| 2 | 28 | 14.2 | 1.5 | 0.65 | 2.15 | 2850 | 0.49 | 1.66 | -1180 | 1280* | 5.390 |
| 2 | 31.5 | 16.3 | 1.75 | 0.7 | 2.45 | 3900 | 0.53 | 1.92 | -1190 | 1310* | 7.840 |
| 2 | 35.5 | 18.3 | 2 | 0.8 | 2.8 | 5190 | 0.6 | 2.2 | -1210 | 1330* | 11.40 |
| 2 | 40 | 20.4 | 2.25 | 0.9 | 3.15 | 6540 | 0.68 | 2.47 | -1210 | 1340* | 16.40 |
| 2 | 45 | 22.4 | 2.5 | 1 | 3.5 | 7720 | 0.75 | 2.75 | -1150 | 1300* | 23.50 |
| 2 | 50 | 25.4 | 3 | 1.1 | 4.1 | 12000 | 0.83 | 3.27 | -1250 | 1430* | 34.30 |
| 2 | 56 | 28.5 | 3 | 1.3 | 4.3 | 11400 | 0.98 | 3.32 | -1180 | 1280* | 43.00 |
| 2 | 63 | 31 | 3.5 | 1.4 | 4.9 | 15000 | 1.05 | 3.85 | -1140 | 1300* | 64.90 |

（续）

| 类别 | $D$ /mm | $d$ /mm | $t(t')$ [1] /mm | $h_0$ /mm | $H_0$ /mm | $P$/N | $f$/mm | $H_0-f$ /mm | $\sigma_{OM}$ [2] /MPa | $\sigma_{\mathrm{II}}$ [3]、$\sigma_{\mathrm{III}}$ /MPa | $Q$ /（kg /1000 件） |
|---|---|---|---|---|---|---|---|---|---|---|---|
| | | | | | | | | $f \approx 0.75 h_0$ | | | |
| 2 | 71 | 36 | 4 | 1.6 | 5.6 | 20500 | 1.2 | 4.4 | −1200 | 1330* | 91.80 |
| | 80 | 41 | 5 | 1.7 | 6.7 | 33700 | 1.28 | 5.42 | −1260 | 1460* | 145.0 |
| | 90 | 46 | 5 | 2 | 7 | 31400 | 1.5 | 5.5 | −1170 | 1300* | 184.5 |
| | 100 | 51 | 6 | 2.2 | 8.2 | 48000 | 1.65 | 6.55 | −1250 | 1420* | 273.7 |
| | 112 | 57 | 6 | 2.5 | 8.5 | 43800 | 1.88 | 6.62 | −1130 | 1240* | 343.8 |
| 3 | 125 | 64 | 8(7.5) | 2.6 | 10.6 | 85900 | 1.95 | 8.65 | −1280 | 1330* | 533.0 |
| | 140 | 72 | 8(7.5) | 3.2 | 11.2 | 85300 | 2.4 | 8.8 | −1260 | 1280* | 666.6 |
| | 160 | 82 | 10(9.4) | 3.5 | 13.5 | 139000 | 2.63 | 10.87 | −1320 | 1340* | 1094 |
| | 180 | 92 | 10(9.4) | 4 | 14 | 125000 | 3 | 11 | −1180 | 1200* | 1387 |
| | 200 | 102 | 12(11.25) | 4.2 | 16.2 | 183000 | 3.15 | 13.05 | −1210 | 1230* | 2100 |
| | 225 | 112 | 12(11.25) | 5 | 17 | 171000 | 3.75 | 13.25 | −1120 | 1140* | 2640 |
| | 250 | 127 | 14(13.1) | 5.6 | 19.6 | 249000 | 4.2 | 15.4 | −1200 | 1220* | 3750 |

[1] 本表给出的是碟簧厚度 $t$ 的公称数值，在第 3 类碟簧中碟簧厚度减薄为 $t'$。
[2] 本表中 $\sigma_{OM}$ 表示碟簧上表面 $OM$ 点的计算应力（压应力）。
[3] 本表给出的是碟簧下限表面的最大计算应力，有 * 号的数值是在位置 II 处算出的最大计算拉应力，无 * 号的数值是在位置 III 处算出的最大计算拉应力。

表 3.4-31　系列 B $\left(\dfrac{D}{t} \approx 28;\ \dfrac{h_0}{t} \approx 0.75;\ E = 206000\,\mathrm{MPa};\ \mu = 0.3\right)$

| 类别 | $D$ /mm | $d$ /mm | $t(t')$ [1] /mm | $h_0$ /mm | $H_0$ /mm | $P$/N | $f$/mm | $H_0-f$ /mm | $\sigma_{OM}$ [2] /MPa | $\sigma_{\mathrm{II}}$ [3]、$\sigma_{\mathrm{III}}$ /MPa | $Q$ /（kg /1000 件） |
|---|---|---|---|---|---|---|---|---|---|---|---|
| | | | | | | | | $f \approx 0.75 h_0$ | | | |
| 1 | 8 | 4.2 | 0.3 | 0.25 | 0.55 | 119 | 0.19 | 0.36 | −1140 | 1300 | 0.086 |
| | 10 | 5.2 | 0.4 | 0.3 | 0.7 | 213 | 0.23 | 0.47 | −1170 | 1300 | 0.180 |
| | 12.5 | 6.2 | 0.5 | 0.35 | 0.85 | 291 | 0.26 | 0.59 | −1000 | 1110 | 0.363 |
| | 14 | 7.2 | 0.5 | 0.4 | 0.9 | 279 | 0.3 | 0.6 | −970 | 1100 | 0.444 |
| | 16 | 8.2 | 0.6 | 0.45 | 1.05 | 412 | 0.4 | 0.71 | −1010 | 1120 | 0.698 |
| | 18 | 9.2 | 0.7 | 0.5 | 1.2 | 572 | 0.38 | 0.82 | −1040 | 1130 | 1.030 |
| | 20 | 10.2 | 0.8 | 0.55 | 1.35 | 745 | 0.41 | 0.94 | −1030 | 1110 | 1.460 |
| | 22.5 | 11.2 | 0.8 | 0.65 | 1.45 | 710 | 0.49 | 0.96 | −962 | 1080 | 1.880 |
| | 25 | 12.2 | 0.9 | 0.7 | 1.6 | 868 | 0.53 | 1.07 | −938 | 1030 | 2.640 |
| | 28 | 14.2 | 1 | 0.8 | 1.8 | 1110 | 0.6 | 1.2 | −961 | 1090 | 3.590 |
| 2 | 31.5 | 16.3 | 1.25 | 0.9 | 2.15 | 1920 | 0.68 | 1.47 | −1090 | 1190 | 5.600 |
| | 35.5 | 18.3 | 1.25 | 1 | 2.25 | 1700 | 0.75 | 1.5 | −944 | 1070 | 7.130 |
| | 40 | 20.4 | 1.5 | 1.15 | 2.65 | 2620 | 0.86 | 1.79 | −1020 | 1130 | 10.95 |
| | 45 | 22.4 | 1.75 | 1.3 | 3.05 | 3660 | 0.98 | 2.07 | −1050 | 1150 | 16.40 |
| | 50 | 25.4 | 2 | 1.4 | 3.4 | 4760 | 1.05 | 2.35 | −1060 | 1140 | 22.90 |
| | 56 | 28.5 | 2 | 1.6 | 3.6 | 4440 | 1.2 | 2.4 | −963 | 1090 | 28.70 |
| | 63 | 31 | 2.5 | 1.75 | 4.25 | 7180 | 1.31 | 2.94 | −1020 | 1090 | 46.40 |
| | 71 | 36 | 2.5 | 2 | 4.5 | 6730 | 1.5 | 3 | −934 | 1060 | 57.70 |
| | 80 | 41 | 3 | 2.3 | 5.3 | 10500 | 1.73 | 3.57 | −1030 | 1140 | 87.30 |
| | 90 | 46 | 3.5 | 2.5 | 6 | 14200 | 1.88 | 4.12 | −1030 | 1120 | 129.1 |
| | 100 | 51 | 3.5 | 2.8 | 6.3 | 13100 | 2.1 | 4.2 | −926 | 1050 | 159.7 |
| | 112 | 57 | 4 | 3.2 | 7.2 | 17800 | 2.4 | 4.8 | −963 | 1090 | 229.2 |
| | 125 | 64 | 5 | 3.5 | 8.5 | 30000 | 2.63 | 5.87 | −1060 | 1150 | 355.4 |
| | 140 | 72 | 5 | 4 | 9 | 27900 | 3 | 6 | −970 | 1110 | 444.4 |
| | 160 | 82 | 6 | 4.5 | 10.5 | 41100 | 3.38 | 7.12 | −1000 | 1110 | 698.3 |
| | 180 | 92 | 6 | 5.1 | 11.1 | 37500 | 3.83 | 7.27 | −895 | 1040 | 885.4 |

（续）

| 类别 | $D$/mm | $d$/mm | $t(t')$[①]/mm | $h_0$/mm | $H_0$/mm | $P$/N | $f$/mm | $H_0-f$/mm | $\sigma_{OM}$[②]/MPa | $\sigma_{II}$[③]、$\sigma_{III}$/MPa | $Q$/(kg/1000 件) |
|---|---|---|---|---|---|---|---|---|---|---|---|
| | | | | | | | | $f\approx0.75h_0$ | | | |
| | 200 | 102 | 8(7.5) | 5.6 | 13.6 | 76400 | 4.2 | 9.4 | –1060 | 1250 | 1369 |
| 3 | 225 | 112 | 8(7.5) | 6.5 | 14.5 | 70800 | 4.88 | 9.62 | –951 | 1180 | 1761 |
| | 250 | 127 | 10(9.4) | 7 | 17 | 119000 | 5.25 | 11.75 | –1050 | 1240 | 2687 |

① 本表给出的是碟簧厚度 $t$ 的公称数值，在第 3 类碟簧中碟簧厚度减薄为 $t$。

② 本表中 $\sigma_{OM}$ 表示碟簧上表面 $OM$ 点的计算应力（压应力）。

③ 本表给出的是碟簧下限表面的最大计算应力，有 * 号的数值是在位置 II 处算出的最大计算拉应力，无 * 号的数值是在位置 III 处算出的最大计算拉应力。

**表 3.4-32　系列 C $\left(\dfrac{D}{t}\approx40;\ \dfrac{h_0}{t}\approx1.3;\ E=206000\,\text{MPa};\ \mu=0.3\right)$**

| 类别 | $D$/mm | $d$/mm | $t(t')$[①]/mm | $h_0$/mm | $H_0$/mm | $P$/N | $f$/mm | $H_0-f$/mm | $\sigma_{OM}$[②]/MPa | $\sigma_{II}$[③]、$\sigma_{III}$/MPa | $Q$/(kg/1000 件) |
|---|---|---|---|---|---|---|---|---|---|---|---|
| | | | | | | | | $f\approx0.75h_0$ | | | |
| | 8 | 4.2 | 0.2 | 0.25 | 0.45 | 39 | 0.19 | 0.26 | –762 | 1040 | 0.057 |
| | 10 | 5.2 | 0.25 | 0.3 | 0.55 | 58 | 0.23 | 0.32 | –734 | 980 | 0.112 |
| | 12.5 | 6.2 | 0.35 | 0.45 | 0.8 | 152 | 0.34 | 0.46 | –944 | 1280 | 0.252 |
| | 14 | 7.2 | 0.35 | 0.45 | 0.8 | 123 | 0.34 | 0.46 | –769 | 1060 | 0.311 |
| | 16 | 8.2 | 0.4 | 0.5 | 0.9 | 155 | 0.38 | 0.52 | –751 | 1020 | 0.466 |
| | 18 | 9.2 | 0.45 | 0.6 | 1.05 | 214 | 0.45 | 0.6 | –789 | 1110 | 0.661 |
| 1 | 20 | 10.2 | 0.5 | 0.65 | 1.15 | 254 | 0.49 | 0.66 | –772 | 1070 | 0.912 |
| | 22.5 | 11.2 | 0.6 | 0.8 | 1.4 | 425 | 0.6 | 0.8 | –883 | 1230 | 1.410 |
| | 25 | 12.2 | 0.7 | 0.9 | 1.6 | 601 | 0.68 | 0.92 | –936 | 1270 | 2.060 |
| | 28 | 14.2 | 0.8 | 1 | 1.8 | 801 | 0.75 | 1.05 | –961 | 1300 | 2.870 |
| | 31.5 | 16.3 | 0.8 | 1.05 | 1.85 | 687 | 0.79 | 1.06 | –810 | 1130 | 3.580 |
| | 35.5 | 18.3 | 0.9 | 1.15 | 2.05 | 831 | 0.86 | 1.19 | –779 | 1080 | 5.140 |
| | 40 | 20.4 | 1 | 1.3 | 2.3 | 1020 | 0.98 | 1.32 | –772 | 1070 | 7.300 |
| | 45 | 22.4 | 1.25 | 1.6 | 2.85 | 1890 | 1.2 | 1.65 | –920 | 1250 | 11.70 |
| | 50 | 25.4 | 1.25 | 1.6 | 2.85 | 1550 | 1.2 | 1.65 | –754 | 1040 | 14.30 |
| | 56 | 28.5 | 1.5 | 1.95 | 3.45 | 2620 | 1.46 | 1.99 | –879 | 1220 | 21.50 |
| | 63 | 31 | 1.8 | 2.35 | 4.15 | 4240 | 1.76 | 2.39 | –985 | 1350 | 33.40 |
| | 71 | 36 | 2 | 2.6 | 4.6 | 5140 | 1.95 | 2.65 | –971 | 1340 | 46.20 |
| | 80 | 41 | 2.25 | 2.95 | 5.2 | 6610 | 2.21 | 2.99 | –982 | 1370 | 65.50 |
| 2 | 90 | 46 | 2.5 | 3.2 | 5.7 | 7680 | 2.4 | 3.3 | –935 | 1290 | 92.20 |
| | 100 | 51 | 2.7 | 3.5 | 6.2 | 8610 | 2.63 | 3.57 | –895 | 1240 | 123.2 |
| | 112 | 57 | 3 | 3.9 | 6.9 | 10500 | 2.93 | 3.97 | –882 | 1220 | 171.9 |
| | 125 | 61 | 3.5 | 4.5 | 8 | 15100 | 3.38 | 4.62 | –956 | 1320 | 248.9 |
| | 140 | 72 | 3.8 | 4.9 | 8.7 | 17200 | 3.68 | 5.02 | –904 | 1250 | 337.7 |
| | 160 | 82 | 4.3 | 5.6 | 9.9 | 21800 | 4.2 | 5.7 | –892 | 1240 | 500.4 |
| | 180 | 92 | 4.8 | 6.2 | 11 | 26400 | 4.65 | 6.35 | –869 | 1200 | 708.4 |
| | 200 | 102 | 5.5 | 7 | 12.5 | 36100 | 5.25 | 7.25 | –910 | 1250 | 1004 |
| 3 | 225 | 112 | 6.5(6.2) | 7.1 | 13.6 | 44600 | 5.33 | 8.27 | –840 | 1140 | 1456 |
| | 250 | 127 | 7(6.7) | 7.8 | 14.8 | 50500 | 5.85 | 8.95 | –814 | 1120 | 1915 |

① 本表给出的是碟簧厚度 $t$ 的公称数值，在第 3 类碟簧中碟簧厚度减薄为 $t$。

② 本表中 $\sigma_{OM}$ 表示碟簧上表面 $OM$ 点的计算应力（压应力）。

③ 本表给出的是碟簧下限表面的最大计算应力，有 * 号的数值是在位置 II 处算出的最大计算拉应力，无 * 号的数值是在位置 III 处算出的最大计算拉应力。

**4.2.2 普通碟形弹簧的计算**

1. 计算公式

单片碟形弹簧的计算公式见表 3.4-33。

**表 3.4-33 单片碟形弹簧的计算公式**

| 项目 | 单位 | 公 式 及 数 据 |
|---|---|---|
| 碟形弹簧载荷 $F$ | N | $$F = \frac{4E}{1-\mu^2} \times \frac{t^4}{K_1 D^2} K_4^2 \frac{f}{t} \left[ K_4^2 \left( \frac{h_0}{t} - \frac{f}{t} \right) \left( \frac{h_0}{t} - \frac{f}{2t} \right) + 1 \right]$$ 当 $f = h_0$，即碟形弹簧压平时，上式简化为 $$F_c = \frac{4E}{1-\mu^2} \times \frac{t^3 h_0}{K_1 D^2} K_4^2$$ 式中 $F$——单个弹簧的载荷(N) <br> $F_c$——压平时的碟形弹簧载荷计算值(N) <br> $t$——碟簧厚度(mm) <br> $D$——碟形弹簧外径(mm) <br> $f$——单片碟形弹簧的变形量(mm) <br> $h_0$——碟形弹簧压平时变形量的计算值(mm) <br> $E$——弹性模量(MPa) <br> $\mu$——泊松比 <br> $K_1$、$K_4$——见本表 |
| 计算应力 $\sigma_{OM}$、$\sigma_{\mathrm{I}}$、$\sigma_{\mathrm{II}}$、$\sigma_{\mathrm{III}}$、$\sigma_{\mathrm{IV}}$ | MPa | $$\sigma_{OM} = \frac{4E}{1-\mu^2} \times \frac{t^2}{K_1 D^2} K_4 \frac{f}{t} \times \frac{3}{\pi}$$ $$\sigma_{\mathrm{I}} = -\frac{4E}{1-\mu^2} \times \frac{t^2}{K_1 D^2} K_4 \frac{f}{t} \left[ K_4 K_2 \left( \frac{h_0}{t} - \frac{f}{2t} \right) + K_3 \right]$$ $$\sigma_{\mathrm{II}} = -\frac{4E}{1-\mu^2} \times \frac{t^2}{K_1 D^2} K_4 \frac{f}{t} \left[ K_4 K_2 \left( \frac{h_0}{t} - \frac{f}{2t} \right) - K_3 \right]$$ $$\sigma_{\mathrm{III}} = -\frac{4E}{1-\mu^2} \times \frac{t^2}{K_1 D^2} K_4 \frac{1}{C} \times \frac{f}{t} \left[ K_4 (K_2 - 2K_3) \left( \frac{h_0}{t} - \frac{f}{2t} \right) - K_3 \right]$$ $$\sigma_{\mathrm{IV}} = -\frac{4E}{1-\mu^2} \times \frac{t^2}{K_1 D^2} K_4 \frac{1}{C} \times \frac{f}{t} \left[ K_4 (K_2 - 2K_3) \left( \frac{h_0}{t} - \frac{f}{2t} \right) + K_3 \right]$$ 计算应力为正值时是拉应力，负值时为压应力 <br> 式中 $C$——外径和内径的比值，$C = \frac{D}{d}$ <br> $\sigma_{OM}$、$\sigma_{\mathrm{I}}$、$\sigma_{\mathrm{II}}$、$\sigma_{\mathrm{III}}$、$\sigma_{\mathrm{IV}}$——$OM$、$\mathrm{I}$、$\mathrm{II}$、$\mathrm{III}$、$\mathrm{IV}$点的应力 <br> $K_2$、$K_3$——见本表 |
| 碟形弹簧刚度 $k$ | N/mm | $$k = \frac{\mathrm{d}P}{\mathrm{d}f} = \frac{4E}{1-\mu^2} \times \frac{t^3}{K_1 D^2} K_4^2 \left\{ K_4^2 \left[ \left( \frac{h_0}{t} \right)^2 - 3 \frac{h_0}{t} \times \frac{f}{t} + \frac{3}{2} \left( \frac{f}{t} \right)^2 \right] + 1 \right\}$$ |
| 碟形弹簧变形能 $U$ | N·mm | $$U = \int_0^f F \mathrm{d}f = \frac{2E}{1-\mu^2} \times \frac{t^5}{K_1 D^2} K_4^2 \left( \frac{f}{t} \right)^2 \left[ K_4^2 \left( \frac{h_0}{t} - \frac{f}{2t} \right)^2 + 1 \right]$$ |
| 计算系数 $K_1$、$K_2$、$K_3$、$K_4$ | — | $$K_1 = \frac{1}{\pi} \times \frac{\left( \frac{C-1}{C} \right)^2}{\frac{C+1}{C-1} - \frac{2}{\ln C}}$$ $$K_2 = \frac{6}{\pi} \times \frac{\frac{C-1}{\ln C} - 1}{\ln C}$$ $$K_3 = \frac{3}{\pi} \times \frac{C-1}{\ln C}$$ $$K_4 = \sqrt{-\frac{C_1}{2} + \sqrt{\left( \frac{C_1}{2} \right)^2 + C_2}}$$ |

（续）

| 项目 | 单位 | 公式及数据 |
|---|---|---|

其中

$$C_1 = \frac{\left(\dfrac{t'}{t}\right)^2}{\left(\dfrac{1}{4} \times \dfrac{h_0}{t} - \dfrac{t'}{t} + \dfrac{3}{4}\right)\left(\dfrac{5}{8} \times \dfrac{H_0}{t} - \dfrac{t'}{t} + \dfrac{3}{8}\right)}$$

$$C_2 = \frac{C_1}{\left(\dfrac{t'}{t}\right)^3}\left[\frac{5}{32}\left(\frac{H_0}{t} - 1\right)^2 + 1\right]$$

**计算系数**
$K_1$、$K_2$、$K_3$、$K_4$　—

计算系数 $K_1$、$K_2$、$K_3$ 的值也可根据 $C = \dfrac{D}{d}$ 从下表中查取

| $C = \dfrac{D}{d}$ | 1.90 | 1.92 | 1.94 | 1.96 | 1.98 | 2.00 | 2.02 | 2.04 |
|---|---|---|---|---|---|---|---|---|
| $K_1$ | 0.672 | 0.677 | 0.682 | 0.686 | 0.690 | 0.694 | 0.698 | 0.702 |
| $K_2$ | 1.197 | 1.201 | 1.206 | 1.211 | 1.215 | 1.220 | 1.224 | 1.229 |
| $K_3$ | 1.339 | 1.347 | 1.355 | 1.362 | 1.370 | 1.378 | 1.385 | 1.393 |

对于无支撑面弹簧　$K_4 = 1$

对于有支撑面弹簧，$K_4$ 按本表中 $K_4$ 的计算公式计算。为了使上面公式能适用于有支撑面的碟簧，需将其厚度的计算值按右表减薄，然后以减薄后的厚度 $t'$ 代替 $t$ 和以 $h_0' = H_0' - t'$ 代替 $h_0$

有支撑面碟簧厚度减薄量

| 系列 | A | B | C |
|---|---|---|---|
| $t'/t$ | 0.94 | 0.94 | 0.96 |

**2. 单片碟形弹簧的特性曲线**

图 3.4-20 所示为按不同 $h_0/t$ 或 $K_4\dfrac{h_0'}{t'}$ 计算的碟形弹簧特性曲线。

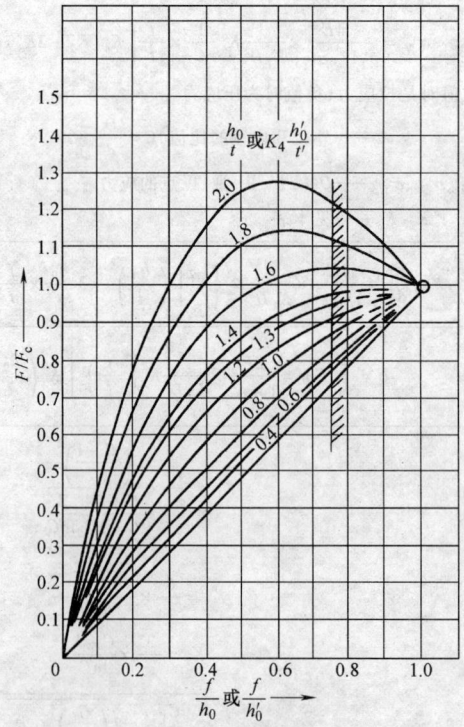

图 3.4-20　单片碟簧特性曲线

### 4.2.3 组合碟形弹簧

碟形弹簧的组合方式和特性见表 3.4-34。

**表 3.4-34 组合碟形弹簧型式与计算公式**

| 组合型式 | 简图及特性曲线 | 计算公式 | 说 明 |
|---|---|---|---|
| 叠合组合(由 $n$ 个同方向、同规格的一组碟簧组成) | 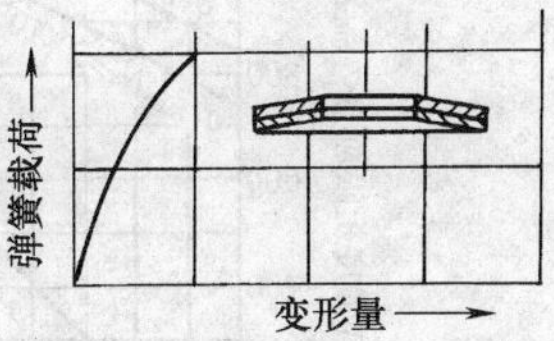 | $F_z = nF$ <br> $f_z = f$ <br> $H_z = H_0 + (n-1)\delta$ | $F_z$、$f_z$、$H_z$ 为组合碟簧的载荷、变形量和自由高度 |
| 对合组合(由 $i$ 个相向同规格的一组碟簧组成) | 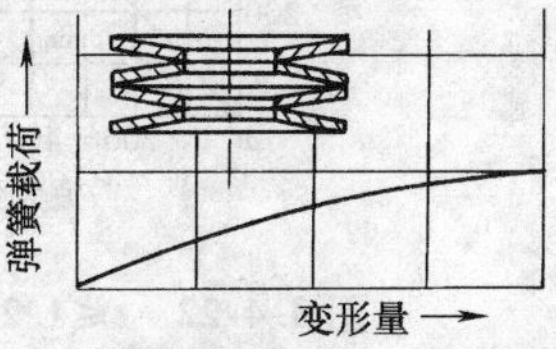 | $F_z = F$ <br> $f_z = if$ <br> $H_z = iH_0$ | |
| 复合组合(由叠合与对合组成) | 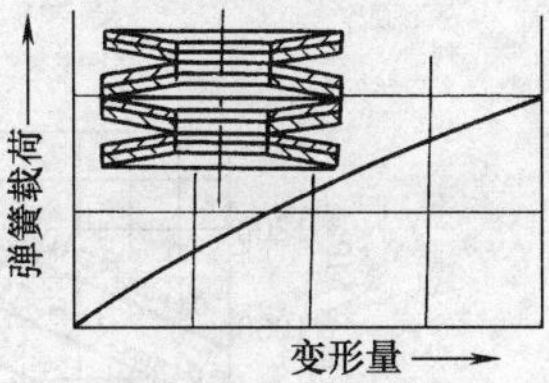 | $F_z = nF$ <br> $f_z = if$ <br> $H_z = i[H_0 + (n-1)t]$ | $F$、$f$、$H_0$ 为单片碟簧的载荷、变形量和高度 |
| 由不同厚度碟簧组成的组合弹簧 | 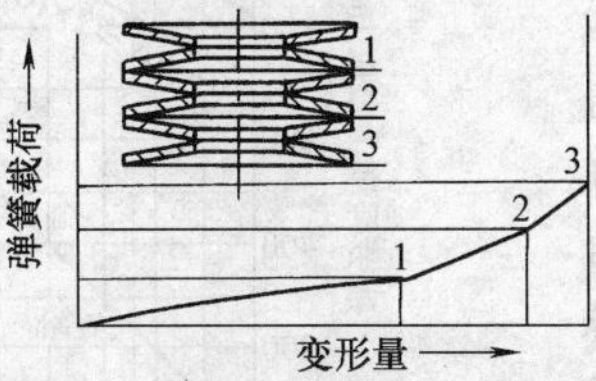 | 以图示为例 <br> $F_z = F_1$ <br> $f_z = 2[f_1 + f_{2(F_1)} + f_{3(F_1)}]$ <br> $H_z = 2(H_1 + H_2 + H_3)$ | $f_{2(F_1)}$、$f_{3(F_1)}$ 为碟簧 2、3 在载荷为 $F_1$ 时的变形量 <br> $n$ 为各叠合层碟簧数量 |
| 由尺寸相同但各组片数逐渐增加的碟簧组成的组合 | 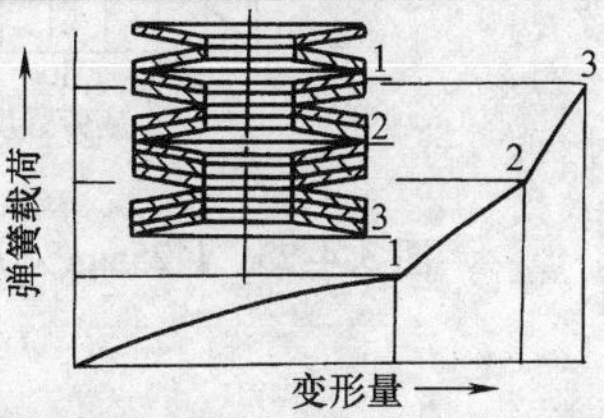 | 以图示为例 <br> $F_z = F$ <br> $f_z = 6f$ <br> $H_z = 6(H_0 + t)$ | $i$ 为对合碟簧数量 <br> $t$ 为厚度 |

考虑摩擦力影响时的碟簧载荷，按下式计算：

$$F_R = F \frac{n}{1 \pm f_M(n-1) \pm f_R} \qquad (3.4\text{-}26)$$

式中 $f_M$——碟簧锥面间的摩擦因数，其值可查表 3.4-35；

$f_R$——承载边缘处的摩擦因数，其值可查表 3.4-35。

式（3.4-26）用于加载时取 – 号，卸载时取 + 号。

复合组合碟簧即由多组叠合弹簧对合组成的复合碟簧。仅考虑叠合表面间的摩擦时，可按下式计算：

$$F_R = F \frac{n}{1 + f_M(n-1)}$$

**表 3.4-35 摩擦因数 $f_M$ 和 $f_R$**

| 系列 | $f_M$ | $f_R$ |
|---|---|---|
| A | 0.005 ~ 0.03 | 0.03 ~ 0.05 |
| B | 0.003 ~ 0.02 | 0.02 ~ 0.04 |
| C | 0.002 ~ 0.015 | 0.01 ~ 0.03 |

### 4.2.4 碟形弹簧的材料及许用应力

1. 碟形弹簧的材料

碟形弹簧多用冷轧或热轧带钢、板材或锻造坯料（锻造比不小于 2）制造，其材料常为 60Si2MnA、50CrVA 等弹簧钢，厚度较薄（<1.1mm）的碟形弹簧也可以用高碳钢制造。有防锈、耐蚀、防磁或耐热等特殊要求时，也可以用不锈钢、耐热钢、青铜或玻璃钢等材料制造。

**2. 碟形弹簧的强度和许用应力**

（1）承受静载荷的碟簧的静强度和许用应力 对于 60Si2MnA 和 50CrVA 的钢制弹簧，可取 $R_{eL} = 1400 \sim 1600 \text{MPa}$。

（2）承受变载荷的碟簧的疲劳强度和许用应力 变载荷作用下碟簧的使用寿命分如下：

1）无限寿命，可以承受 $2 \times 10^6$ 或更多次数载荷变化而不破坏。

2）有限寿命。可以在持久强度范围内承受 $1 \times 10^4 \sim 2 \times 10^6$ 次有限的载荷变化直至破坏。

如图 3.4-19 所示，Ⅱ点和Ⅲ点哪一点先产生疲劳裂纹而比较危险，与直径比 $C = D/d$ 和比值 $h_0/t$ 有关，可以由图 3.4-21 来判断。如图 3.4-21 所示，由 $C$ 值和 $h_0/t$ 比值确定的点落在哪一区，就验算相应点的疲劳强度，若落在两条曲线之间，则表明Ⅱ点或Ⅲ点都可能是危险点，为安全起见都应核验。对于有支撑面的弹簧，应以比值 $K_4(h'_0/t')$ 去查对曲线。

载荷作用下的碟簧，安装时必须有预压变形量，一般取 $f = 0.15h_0 \sim 0.20h_0$。此预压变形量能防止Ⅰ点附近产生疲劳裂纹，对提高寿命有作用。

材料为 50CrVA 的变载荷作用下的单个碟簧，或不超过 10 片的对合组合碟簧的疲劳强度，可根据寿命要求、碟簧厚度及上下限应力（$\sigma_{r\max}$、$\sigma_{r\min}$）、在图 3.4-22 ~ 图 3.4-24 中查取。厚度 $t > 14\text{mm}$ 和组合片数较多的组合碟簧、其他材料的碟簧，以及在特殊情况下（如环境温度较高、有化学影响等）工作的碟簧应适当降低。

（3）蠕变和松弛 长期承受载荷的碟簧，随着时间的延续会产生蠕变和松弛。发生蠕变时，受恒力作用的碟簧自由高度会缩减 $\Delta H$。发生松弛时碟簧在不变高度上受压缩时，载荷会减少 $\Delta F$。

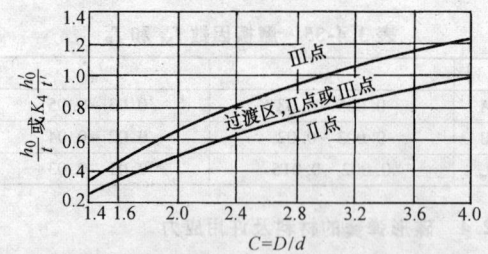

图 3.4-21 碟簧疲劳破坏关键部位

**4.2.5 碟形弹簧的技术要求**

1）普通碟形弹簧尺寸的极限偏差按表 3.4-36 的规定。

2）自由高度的极限偏差按表 3.4-37 的规定。

3）厚度的极限偏差按表 3.4-38 的规定。

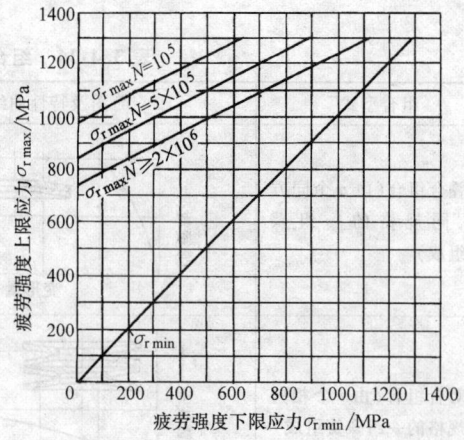

图 3.4-22 $t \leqslant 1.25\text{mm}$ 碟簧的极限应力曲线

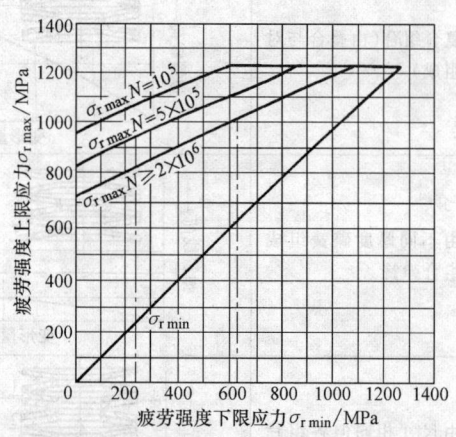

图 3.4-23 $1.25\text{mm} < t \leqslant 6\text{mm}$ 碟簧的极限应力曲线

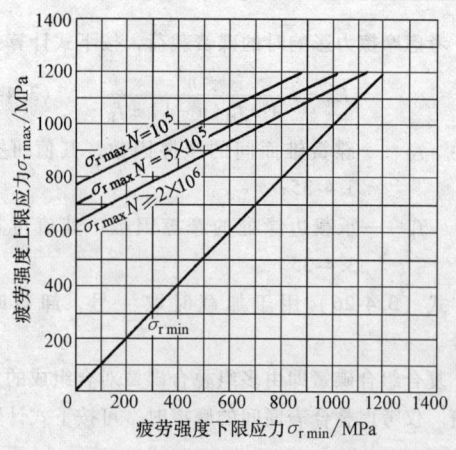

图 3.4-24 $6\text{mm} < t \leqslant 14\text{mm}$ 碟簧的极限应力曲线

4）碟形弹簧在 $f = 0.75h_0$ 时载荷的波动范围按表 3.4-39 的规定。

5）表面粗糙度与外观按表 3.4-40 的规定。

6）碟形弹簧成形后必须进行热处理，淬火次数不得超过两次。淬、回火后的硬度必须在 42～52HRC 内。

7）经热处理后的碟形弹簧，其单面脱碳层的深度：对 1 类碟形弹簧，不得超过其厚度的 5%；对于 2、3 类碟形弹簧，不得超过其厚度的 3%（其最小值允许值为 0.06mm）。

8）碟形弹簧应全部进行强压处理。处理方法：1 次压平，持续时间不少于 12h；短时压平，压平次数不少于 5 次，压平力不小于 2 倍的 $f = 0.75h_0$。

9）承受变载荷的碟形弹簧应进行喷丸或其他方法的表面强化处理。

10）碟形弹簧应进行防腐处理，如磷化、氧化、电镀、电泳或喷塑等形式。凡电镀处理的碟形弹簧必须及时地进行去氢处理，以防氢脆。

**表 3.4-36　普通碟簧尺寸的极限偏差**

（摘自 GB/T 1972—2005）

| 名称 | 极限偏差 | |
|---|---|---|
| | 一级精度 | 二级精度 |
| $D$ | h12 | h13 |
| $d$ | H12 | H13 |

**表 3.4-37　自由高度极限偏差**

（摘自 GB/T 1972—2005）

（单位：mm）

| 类别 | $t$ | $H_0$ 极限偏差 |
|---|---|---|
| 1 | 1.25～2 | 一、二级精度 |
| 2 | >2～3 | +0.10<br>-0.05 |
| | >3～6 | +0.20<br>-0.10 |
| 3 | >6～14 | ±0.30 |

**表 3.4-38　厚度的极限偏差**

（摘自 GB/T 1972—2005）

（单位：mm）

| 类别 | $t(t')$ | $t(t')$ 极限偏差 |
|---|---|---|
| | | 一、二级精度 |
| 1 | 0.2～0.6 | +0.02<br>-0.06 |
| | >0.6～1.25 | +0.03<br>-0.09 |
| 2 | >1.25～3.8 | +0.04<br>-0.12 |
| | >3.8～6 | +0.05<br>-0.15 |
| 3 | >6～14 | ±0.10 |

**表 3.4-39　载荷的波动范围**

（摘自 GB/T 1972—2005）

（单位：mm）

| 类别 | $t$ | $f = 0.75h_0$ 时，$F$ 的波动范围(%) | |
|---|---|---|---|
| | | 一级精度 | 二级精度 |
| 1 | <1.25 | +25<br>-7.5 | +30<br>-10 |
| 2 | 1.25～3 | +15<br>-7.5 | +20<br>-10 |
| | >3～6 | +10<br>-5 | +15<br>-7.5 |
| 3 | >6～14 | ±5 | ±10 |

**表 3.4-40　表面粗糙度与外观的规定**

（摘自 GB/T 1972—2005）

（单位：μm）

| 类别 | 基本制造方法 | 表面粗糙度 $Ra$ | |
|---|---|---|---|
| | | 上、下表面 | 内、外圆 |
| 1 | 冷型、边缘倒圆角 | 3.2 | 12.5 |
| 2 | 冷或热成型，切削内外圆或平面、边缘倒圆角 | 6.3 | 6.3 |
| | 精冲、边缘倒圆角 | 6.3 | 3.2 |
| 3 | 热成型、加工所有表面、边缘倒圆角 | 12.5 | 12.5 |

## 4.3　开槽碟形弹簧

### 4.3.1　开槽碟形弹簧设计参数的选择

为了确定开槽碟形弹簧的几何尺寸，如图 3.4-25 所示，可利用表 3.4-41 进行选择。

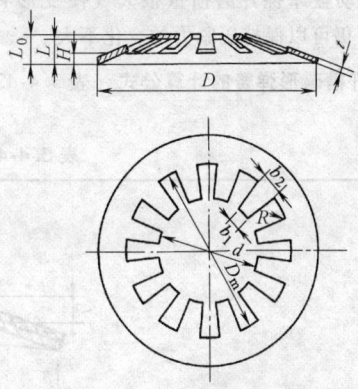

**图 3.4-25　开槽碟形弹簧**

表 3.4-41    开槽碟形弹簧设计参数

| 参数 | 数据及公式 | 备 注 |
|---|---|---|
| $D/d$ | 1.8、2.0、2.5、3.0 | 应根据具体结构上的要求进行选择 |
| $D/D_m$ | 1.15、1.20、1.3、1.4、1.5 | 该比值越小,则 $D$ 与 $D_m$ 的尺寸精度对载荷-变形特性的影响越大,同时应力也越大 |
| $D/t$ | 70、100、>100 | 该比值越大,则设计应力越小,但弹簧尺寸也越大 |
| $H/t$ | 1.3、1.4、1.8、2.2 | 该比值与普通碟形弹簧完全一样,它决定了载荷-变形特性曲线的非线性程度。对于 $H/t>1.4$ 的情况,在普通碟形弹簧中通常是不推荐采用的(因为它会产生跃变)。但当开槽碟形弹簧不是多片串联而是单片使用时,则可以采用 |
| 舌片数 $Z$ | 8、12、16、20 | 舌片数越多,则舌片与封闭环部分连接处的应力分布就越均匀,疲劳性能也就越好 |
| 舌片根部半径 $R$ | $t$、$2t$、$>2t$ | 该半径越大,则应力集中越小 |
| 大端处内锥高 $H$ 和小端处内锥高 $L$ | $H = \dfrac{1-\dfrac{D_m}{D}}{1-\dfrac{d}{D}}L$ | 此式为未受载荷作用时舌片大端部分($D_m$ 处)内锥高 $H$ 与舌片小端部分($d$ 处)内锥高 $L$ 的关系 |
| 舌片大端宽度 $b_2$ 与舌片小端宽度 $b_1$ 的关系 | $b_2 = (D_m/d)b_1$ | — |
| $f_2$ | — | 如果需要确定新尺寸,则舌片变形量 $f_2$ 在第一次近似计算时可以忽略,因为 $f_2$ 约占总变形量的 10% 或更小<br>要考虑 $f_2$ 的因素,将计算得到的尺寸稍加修正即可 |

#### 4.3.2  开槽碟形弹簧的特性曲线

图 3.4-26 所示为开槽碟形弹簧的载荷 $F$ 与变形 $f$ 的关系曲线。

从比值 $H/t$(开槽碟形弹簧圆锥高度 $H$ 与板料厚度 $t$ 之比)大小来看,这种特性曲线属于比值 $H/t$ 中等时 $\left(\sqrt{2} < \dfrac{H}{t} < 2\sqrt{2}\right)$ 的情况,包括有负刚度的区段。

从图 3.4-26 中可以明显地看出,当载荷减小时,变形量反而增大,也就是说,弹簧具有不稳定工况的区段。正因为如此,这种特性的弹簧适用于拖拉机离合器,当从动盘摩擦片磨损量很大(使变形有很大变化)时,仍可以保持压紧力的变化不大。

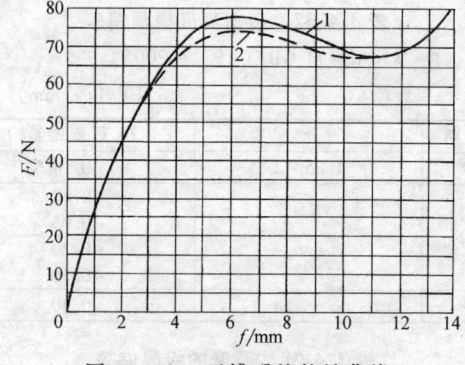

图 3.4-26    开槽碟簧特性曲线
1—试验曲线    2—计算曲线

#### 4.3.3  开槽碟形弹簧的计算公式 (表 3.4-42 ~ 表 3.4-44)

表 3.4-42    开槽碟形弹簧的计算公式

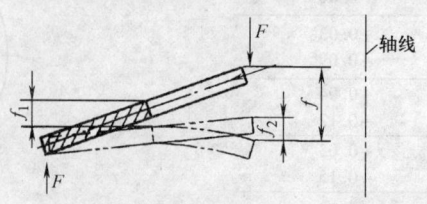

（续）

| 项目 | 单位 | 公 式 及 数 据 |
|---|---|---|
| 计算载荷 $F$ | N | $F = \dfrac{E}{1-\mu^2} \times \dfrac{t^3}{D^2} K_1 f_1 \left[ 1 + \left( \dfrac{H}{t} - \dfrac{f_1}{t} \right) \left( \dfrac{H}{t} - \dfrac{f_1}{2t} \right) \right] \left[ \left( 1 - \dfrac{D_m}{D} \right) \bigg/ \left( 1 - \dfrac{d}{D} \right) \right]$<br><br>式中 $E$——弹性模量（MPa）<br>$\mu$——泊松比，$\mu = 0.3$<br>$K_1$——系数，$K_1 = \dfrac{2}{3}\pi \dfrac{(D/D_m)^2 \ln(D/D_m)}{[(D/D_m)-1]^2}$<br>$K_1$ 可按 $D/D_m$ 从表 3.4-44 查得 |
| 变形量 $f$ | mm | 总变形量 $\qquad f = \left[ \left( 1 - \dfrac{d}{D} \right) \bigg/ \left( 1 - \dfrac{D_m}{D} \right) \right] f_1 + f_2$<br><br>式中 $f_1$——封闭环部分在直径 $D_m$ 处的变形量（mm）<br>$f_2$——舌片的变形量（mm）<br><br>$\qquad f_2 = \dfrac{C(D_m - d)^3 (1-\mu^2) P}{2Et^3 b_2 Z}$<br><br>$C$——系数，可根据 $b_1/b_2$ 值从表 3.4-43 查得 |
| 应力 $\sigma$ | MPa | $\sigma = \dfrac{E}{1-\mu^2} \times \dfrac{t}{D^2} \times \dfrac{D_m}{D} K_2 f_1 \left[ 1 + K_3 \left( \dfrac{H}{t} - \dfrac{f_1}{2t} \right) \right]$<br><br>式中 $K_2$——系数<br><br>$\qquad K_2 = \dfrac{2(D/D_m)^2}{(D/D_m)-1}$<br><br>$K_3$——系数<br><br>$\qquad K_3 = 2 - 2 \left[ \dfrac{1}{\ln(D/D_m)} - \dfrac{1}{(D/D_m)-1} \right]$ |

表 3.4-43　系数 $C$ 值

| $b_1/b_2$ | 0.2 | 0.3 | 0.4 | 0.5 | 0.6 | 0.7 | 0.8 | 0.9 | 1.0 |
|---|---|---|---|---|---|---|---|---|---|
| $C$ | 1.31 | 1.25 | 1.20 | 1.16 | 1.12 | 1.08 | 1.05 | 1.03 | 1.0 |

表 3.4-44　系数 $K_1$、$K_2$、$K_3$ 值

| $D/D_m$ | $K_1$ | $K_2$ | $K_3$ | $D/D_m$ | $K_1$ | $K_2$ | $K_3$ |
|---|---|---|---|---|---|---|---|
| 1.10 | 24.2 | 24.2 | 1.016 | 1.40 | 8.63 | 9.80 | 1.050 |
| 1.15 | 17.2 | 17.6 | 1.023 | 1.45 | 8.08 | 9.35 | 1.061 |
| 1.20 | 13.7 | 14.4 | 1.030 | 1.50 | 7.64 | 9.00 | 1.066 |
| 1.25 | 11.6 | 12.5 | 1.037 | 1.55 | 7.29 | 8.75 | 1.072 |
| 1.30 | 10.3 | 11.3 | 1.044 | 1.60 | 7.00 | 8.53 | 1.078 |
| 1.35 | 9.35 | 10.4 | 1.044 | | | | |

## 4.4　膜片碟簧

### 4.4.1　膜片碟簧的特点及用途

膜片碟簧就是一种碟形弹簧，如图 3.4-27 所示。通常膜片碟簧都是单片使用的，但也可以把几片叠成一组使用。在同一方向上重叠的叫做并联重叠（叠合组合），如图 3.4-28 所示。对于同一变形量来说，并联重叠的载荷与重叠片数成正比。

还有一种重叠的方法，如图 3.4-29 所示，是将两片弹簧面对面地重叠，叫做串联重叠（对合组合），这时的变形量与重叠的片数成正比。除此之外，还有串联重叠组合型（复合组合），用于高载荷、大位移的场合。

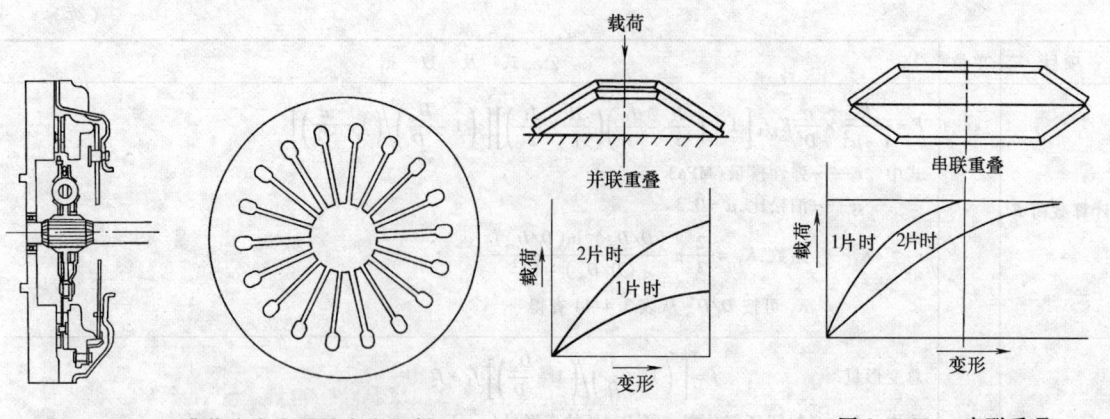

图 3.4-27    干式单片膜片碟簧离合器剖面          图 3.4-28    并联重叠          图 3.4-29    串联重叠

## 4.4.2    膜片碟簧参数的选择（表 3.4-45）

### 表 3.4-45    膜片碟簧参数的选择

| 项 目 | 数 据 及 说 明 |
|---|---|
| 确定膜片碟簧的最大外径 $D_2$ | 1）飞轮安装螺栓的节圆直径。根据这个尺寸的大小来决定离合器的结构尺寸，从而决定膜片碟簧可以外伸的最大直径<br>2）承受的载荷<br>3）磨损量<br>4）必要的分离行程<br>根据许用应力的大小，由 2）、3）、4）三条确定的外径值如果在由 1）条确定的最大外径值范围内，则对于离合器来说，这个外径值是可行的 |
| 选择 $\dfrac{H}{h}$ 值 | 膜片碟簧的特性曲线如图所示，它随 $H$ 和 $h$ 的比值变化而改变。至 $H/h \geqslant 3.0$ 时，波谷处的载荷为负值，这时膜片碟簧就失去了可回复性<br>对于 $H/h$ 值，设计时最好选在 1.7 ~ 2.0 范围内<br><br>膜片碟簧特性曲线 |
| 选择 $\dfrac{r_2}{r_1}$ 值 | $r_2/r_1$ 值即为外径 $r_2$ 与内径 $r_1$ 的比值，由于杠杆比而受限制，最好取 $r_2/r_1 \approx 1.3$。当该比值取得较小时，制造误差会使膜片碟簧强度将有较大的离散性 |
| 膜片碟簧许用应力 $\sigma_{ep}$ | 膜片碟簧一般采用优质弹簧钢，其许用应力应根据使用条件来确定<br>一般取最大压应力 $\sigma_{ep} = 1450\text{MPa}$<br>最大拉应力 $\sigma_{tp} = 700\text{MPa}$ |

#### 4.4.3　膜片碟簧的基本计算公式

膜片碟簧的基本计算公式见表 3.4-46。

**表 3.4-46　膜片碟簧的基本计算公式**

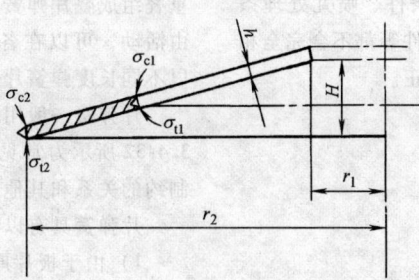

| 项　目 | 单位 | 公　式　及　数　据 |
|---|---|---|
| 膜片碟<br>簧载荷<br>$F$ | N | $$F = \frac{C_1 C E h^4}{r_2^2}$$<br><br>式中　$C_1 = \dfrac{f}{\left(1 - \dfrac{1}{\mu^2}\right)h}\left[ \left(\dfrac{H}{h} - \dfrac{f}{h}\right)\left(\dfrac{H}{h} - \dfrac{f}{2h}\right) + 1 \right]$<br><br>$f$——变形量（mm）<br>$\mu$——泊松比，$\mu = 0.3$<br><br>$C = \left(\dfrac{\alpha + 1}{\alpha - 1} - \dfrac{2}{\lg\alpha}\right)\pi\left(\dfrac{\alpha}{\alpha - 1}\right)^2$<br><br>$\alpha = \dfrac{r_2}{r_1}$<br><br>$H$、$h$、$r_1$、$r_2$ 如图所示 |
| 板材厚<br>$h$ | mm | $$h = 4\sqrt{\frac{F r_2^2}{C_1 C E}}$$<br><br>用该式求 $h$ 时要注意一点，那就是 $C_1$ 值是随 $H/h$ 的变化而变化的，所以在求 $h$ 值之前，必须先假定 $H/h$ 的值 |
| 膜片的<br>应力 $\sigma$ | MPa | 膜片碟簧的应力如图所示，上缘产生压应力，下缘产生拉应力<br><br>$$\sigma_{c1} = -K_{c1}\frac{E h^2}{r_2^2} \quad \sigma_{c2} = K_{c2}\frac{E h^2}{r_2^2} \quad \sigma_{t1} = -K_{t1}\frac{E h^2}{r_2^2} \quad \sigma_{t2} = K_{t2}\frac{E h^2}{r_2^2}$$<br><br>式中　$K_{c1} = \dfrac{C}{1 - \mu^2} \times \dfrac{f}{h} \times \left\{ C_2\left(\dfrac{H}{h} - \dfrac{f}{2h}\right) + C_3 \right\}$<br><br>$K_{c2} = \dfrac{C}{1 - \mu^2} \times \dfrac{f}{h} \times \left\{ C_4\left(\dfrac{H}{h} - \dfrac{f}{2h}\right) - C_5 \right\}$<br><br>$K_{t1} = \dfrac{C}{1 - \mu^2} \times \dfrac{f}{h} \times \left\{ C_2\left(\dfrac{H}{h} - \dfrac{f}{2h}\right) - C_3 \right\}$<br><br>$K_{t2} = \dfrac{C}{1 - \mu^2} \times \dfrac{f}{h} \times \left\{ C_4\left(\dfrac{H}{h} - \dfrac{f}{2h}\right) + C_5 \right\}$<br><br>其中　$C_2 = \left(\dfrac{\alpha - 1}{\lg\alpha} - 1\right) \times \dfrac{6}{\pi\lg\alpha}$<br><br>$C_3 = \dfrac{3(\alpha - 1)}{\pi\lg\alpha}$<br><br>$C_4 = \left(\alpha - \dfrac{\alpha - 1}{\lg\alpha}\right) \times \dfrac{6}{\pi\alpha\lg\alpha}$<br><br>$C_5 = \dfrac{3(\alpha - 1)}{\alpha\pi\lg\alpha} = \dfrac{C_3}{\alpha}$<br><br>膜片碟簧的损坏通常发生在拉应力一侧（内外圆周的下缘），除去 $H/h$ 很大的情形外，多是从内圆周下端开始破坏。对于同样的分离行程来说，应力 $\sigma_{t1}$ 随 $H/h$ 的减少而增大；相反，应力 $\sigma_{t2}$ 随 $H/h$ 的增大而增大。所以，只要进行应力 $\sigma_{t1}$ 和 $\sigma_{t2}$ 校核就可以了 |

膜片碟簧的设计与计算非常烦琐。为了满足所要求的特性，需要进行反复计算来确定各部分的尺寸、$H/h$ 的值等。表 3.4-43 中给出的计算式只是膜片碟簧的基本设计计算式，而热处理条件、喷丸处理条件、弹簧尺寸以及离合器的装配条件等都不会完全相同，因此实际应用还要进行若干修正。

# 5　片弹簧和线弹簧

## 5.1　片弹簧

### 5.1.1　片弹簧的结构与用途

片弹簧按外形可分为直片弹簧（见图 3.4-30a）和弯片弹簧（见图 3.4-30b、c）两类，按板片的形状则可以分为长方形、梯形和三角形等。由于结构空间的限制，直片弹簧的长度往往受到制约。在这种情况下，可采用弯片弹簧，它可以在较小的空间内有较长的工作长度。

片弹簧主要用于载荷和变形均不大、要求弹簧刚度较小的场合，如用于继电器的触点直片弹簧（见图 3.4-30a）、棘轮机构中棘爪的压紧弯片弹簧（见图 3.4-30b）和定位器接触弯片弹簧（见图 3.4-30c），还可作成机械振荡系统用于测量振动和加速度的仪器中。

需要承受较大载荷时，可以采用由几个单片弹簧重叠组成叠片弹簧（见图 3.4-31），为使各片均能自由活动，可以在各片间加衬垫（见图 3.4-31a），或以不同长度弹簧片倾斜连接（见图 3.4-31b）。

片弹簧一般用螺钉固定，有时也采用铆钉。如图 3.4-32 所示为常见的固定方法。也可以利用结构间制约的关系和其他零件镶嵌在一起。

片弹簧具有以下特点：

1）由于板片厚度小，因而在变形较大时，弯曲应力也不高。

2）采用一些辅助零件，可以容易地得到非线性特性。图 3.4-33a 所示为用调节支撑螺钉的位置实现改变片弹簧的特性；图 3.4-33b、c 所示为采用曲线形的支撑板或平板来改变片弹簧的特性，其特性曲线是平滑变化的。

3）片弹簧多采用金属薄片制作，可以冲压成形，适合于批量生产。

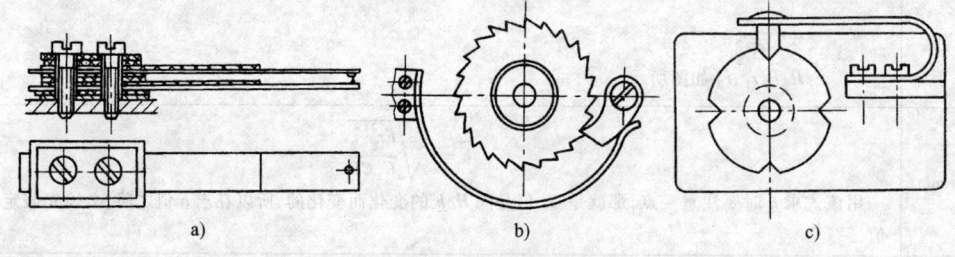

图 3.4-30　片弹簧应用

a）继电器触点直片弹簧　b）棘爪压紧弯片弹簧　c）定位器接触弯片弹簧

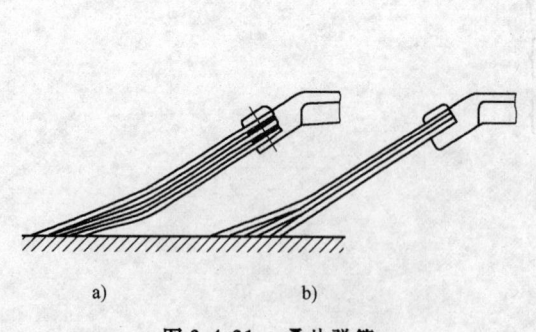

图 3.4-31　叠片弹簧

a）各片间加衬垫　b）不同长度弹簧片

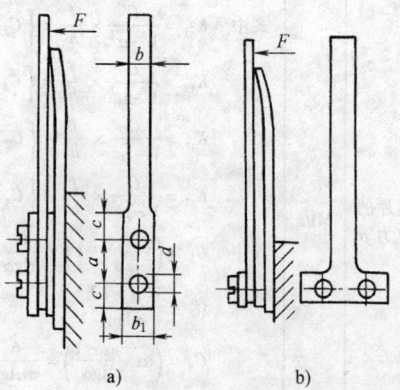

图 3.4-32　片弹簧结构

a）轴向布置螺钉　b）横向布置螺钉

$a = (1.1 \sim 1.2)b_1 \quad b_1 = 1.2b$

$c = (0.60 \sim 0.64)b_1 \quad d = (0.72 \sim 0.77)b_1$

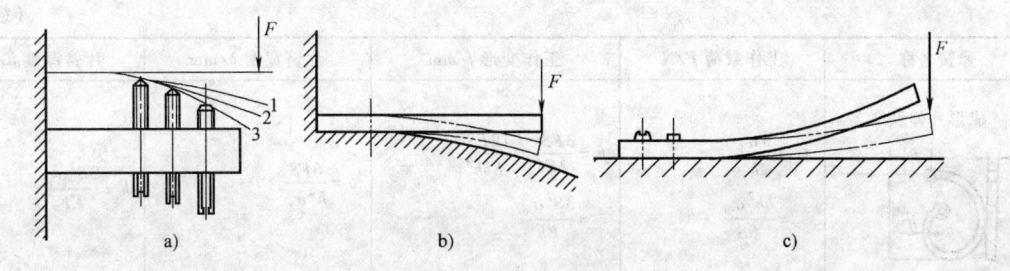

**图 3.4-33 变刚度片弹簧**

a) 调节支撑螺钉 b) 曲线形支撑板 c) 平板支撑

**5.1.2 片弹簧的材料及许用应力**

片弹簧常用铜合金材料及其许用应力见表 3.4-47。

**5.1.3 片弹簧的计算公式**

矩形截面片弹簧的计算公式见表 3.4-48，它们

对圆形截面也可适用，但要改变截面断面系数和截面惯性矩 $I$（其值见表注）。

**表 3.4-47 片弹簧常用铜合金材料及其许用应力**

| 材 料 | 代 号 | 弹性模量 $E$/MPa | 许用应力/MPa | |
|---|---|---|---|---|
| | | | 动载荷 | 静载荷 |
| 锡青铜 | QSn4-3 | 119952 | 166.6~196.0 | 249.9~298.9 |
| 锌白铜 | BZn15~20 | 124264 | 176.4~215.6 | 269.5~318.5 |
| 铍青铜 | QBe2 | 114954 | 196~245 | 294.0~367.5 |
| 硅锰钢 | 60Si2Mn | 205800 | 412.4 | 637.0 |

**表 3.4-48 矩形截面片弹簧计算公式**

| 弹簧名称 | 工作载荷 $F$/N | 工作变形 $f$/mm | 片簧宽度 $b$/mm | 片簧厚度 $h$/mm |
|---|---|---|---|---|
| 悬臂片弹簧 | $F=\dfrac{W\sigma_p}{L}$ $=\dfrac{bh^2}{6L}\sigma_p$ | $f=\dfrac{FL^3}{3EI}=\dfrac{4FL^3}{Ebh^3}$ $=\dfrac{2L^2\sigma_p}{3Eh}$ | $b=\dfrac{6FL}{h^2\sigma_p}$ | $h=\dfrac{2L^2\sigma_p}{3EF}$ |
| 悬臂三角形片弹簧 | $F=\dfrac{W\sigma_p}{L}$ $=\dfrac{bh^2}{6L}\sigma_p$ | $f=\dfrac{FL^3}{2EI}=\dfrac{6FL^3}{Ebh^3}$ $=\dfrac{L^2\sigma_p}{Eh}$ | $b=\dfrac{6FL}{h^2\sigma_p}$ | $h=\dfrac{L^2\sigma_p}{EF}$ |
| 悬臂叠加片弹簧 | $F=\dfrac{Wn\sigma_p}{L}$ $=\dfrac{bh^2}{6L}n\sigma_p$ 式中 $n$——簧片数 | $f=\dfrac{FL^2}{2EIn}=\dfrac{6FL^3}{Ebh^3n}$ $=\dfrac{L^2\sigma_p}{Eh}$ | $b=\dfrac{6FL}{h^2n\sigma_p}$ | $h=\dfrac{L^2\sigma_p}{EFn}$ |

（续）

| 弹簧名称 | 工作载荷 $F/N$ | 工作变形 $f/mm$ | 片簧宽度 $b/mm$ | 片簧厚度 $h/mm$ |
|---|---|---|---|---|
| 成形片弹簧 | $F = \dfrac{W\sigma_p}{h}$ $= \dfrac{bh^2\sigma_p}{6S}$ | $f = \dfrac{3FS^3}{2EI} = \dfrac{18FS^3}{Ebh^3}$ $= \dfrac{3S^2\sigma_p}{Eh}$ | $b = \dfrac{6FS}{h^2\sigma_p}$ | $h = \dfrac{3S^2\sigma_p}{EF}$ |
| $\dfrac{1}{4}$ 圆形片弹簧 | $F = \dfrac{W\sigma_p}{R}$ $= \dfrac{bh^2\sigma_p}{6R}$ | 垂直方向变形 $f_y = \dfrac{47FR^3}{60EI} = 9.4 \times \dfrac{FR^3}{Ebh^3}$ $= \dfrac{1.57R^2\sigma_p}{Eh}$ 水平方向变形 $f_x = \dfrac{FR^3}{2EI} = \dfrac{6FR^3}{Ebh^3}$ $= \dfrac{R^2\sigma_p}{Eh}$ | $b = \dfrac{6FR}{h^2\sigma_p}$ | $h = \dfrac{1.57R^2\sigma_p}{EF_y}$ |
| $\dfrac{1}{4}$ 圆形片弹簧 | $F = \dfrac{W\sigma_p}{R}$ $= \dfrac{bh^2\sigma_p}{6R}$ | 水平方向变形 $f_x = \dfrac{4.27FR^3}{12EI}$ $= \dfrac{4.27FR^3}{Ebh^3}$ $= \dfrac{0.71R^2\sigma_p}{Eh}$ | $b = \dfrac{6FR}{h^2\sigma_p}$ | $h = \dfrac{0.71R^2\sigma_p}{EF_x}$ |
| 半圆形片弹簧 | $F = \dfrac{W\sigma_p}{2R}$ $= \dfrac{bh^2\sigma_p}{12R}$ | 垂直方向变形 $f_y = \dfrac{113FR^3}{24EI}$ $= \dfrac{56.5FR^3}{Ebh^3}$ $= \dfrac{4.71R^2\sigma_p}{Eh}$ | $b = \dfrac{12FR}{h^2\sigma_p}$ | $h = \dfrac{4.71R^2\sigma_p}{EF_y}$ |
| 半圆形片弹簧 | $F = \dfrac{W\sigma_p}{R}$ $= \dfrac{bh^2\sigma_p}{6R}$ | 水平方向变形 $f_x = \dfrac{18.8FR^3}{12EI}$ $= \dfrac{18.8FR^3}{Ebh^3}$ $= \dfrac{\pi R^2\sigma_p}{Eh}$ | $b = \dfrac{6FR}{h^2\sigma_p}$ | $h = \dfrac{\pi R^2\sigma_p}{EF_x}$ |
| 成形片弹簧 | $F = \dfrac{W\sigma_p}{2R}$ $= \dfrac{bh^2\sigma_p}{12R}$ | 垂直方向变形 $f_y = \dfrac{113FR^3}{24EI} = \dfrac{56.5FR^3}{Ebh^3}$ $= \dfrac{4.71R^2\sigma_p}{Eh}$ | $b = \dfrac{12FR}{h^2\sigma_p}$ | $h = \dfrac{4.71R^2\sigma_p}{EF_y}$ |

（续）

| 弹簧名称 | 工作载荷 $F/N$ | 工作变形 $f/mm$ | 片簧宽度 $b/mm$ | 片簧厚度 $h/mm$ |
|---|---|---|---|---|
| 成形片弹簧 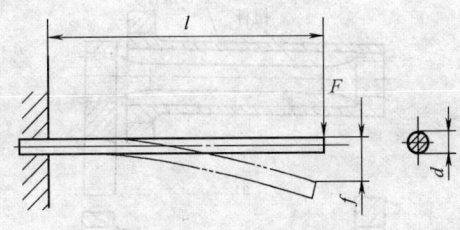 | $F = \dfrac{W\sigma_p}{2R}$ $= \dfrac{bh^2\sigma_p}{12R}$ | 受力后两端靠近的距离 $f_x = \dfrac{113FR^3}{12EI} = \dfrac{113FR^3}{Ebh^3}$ $= \dfrac{9.42R^2\sigma_p}{Eh}$ | $b = \dfrac{12FR}{h^2\sigma_p}$ | $h = \dfrac{9.42R^2\sigma_p}{EF_x}$ |
| 成形片弹簧 | $F = \dfrac{W\sigma_p}{L+R}$ $= \dfrac{bh^2\sigma_p}{6(L+R)}$ | 受力后两端靠近的距离 $f = \dfrac{288F}{EI}\left[\dfrac{J^3}{3} + R \times \right.$ $\left.\left(\dfrac{\pi}{2} - L^2 + \dfrac{\pi}{4}R^2 + 2LR\right)\right]$ $= \dfrac{24F}{Ebh^3}\left[\dfrac{L^3}{3} + R \times \right.$ $\left.\left(\dfrac{\pi}{2}L^2 + \dfrac{\pi}{4}R^2 + 2LR\right)\right]$ $= \dfrac{4\sigma_p}{(L+R)Eh}\left[\dfrac{L^3}{3} + \right.$ $\left. R\left(\dfrac{\pi}{2}L^2 + \dfrac{\pi}{4}R^2 + 2LR\right)\right]$ | $b = \dfrac{6F(L+R)}{h^2\sigma_p}$ | $h = \dfrac{4\sigma_p}{(L+R)EF} \times$ $\left[\dfrac{L^3}{3} + R\left(\dfrac{\pi}{2}L^2 + \right.\right.$ $\left.\left.\dfrac{\pi}{4}R^2 + 2LR\right)\right]$ |

注：矩形截面断面模数 $W = \dfrac{bh^2}{6}$；圆形截面断面模数 $W = 0.1d^3$；矩形截面惯性矩 $I = \dfrac{bh^3}{12}$；圆形截面惯性矩 $I = \dfrac{\pi d^4}{64}$。

## 5.2 线弹簧

线弹簧如图 3.4-34 所示，其断面多为圆形，因此载荷作用没有方向限制，在各个方向都可以有相同的变形。

图 3.4-34　线弹簧

根据工作要求和结构限制的不同，线弹簧的形状有许多种类，因此不可能有同样的计算公式。在一般情况下，可以用片弹簧的计算方法，只需将相应公式中抗弯截面系数 $Z_m$ 和惯性矩 $I$ 按线弹簧的实际截面形状考虑：当截面是一直径为 $d$ 的圆形时，$Z_m = \pi d^3/32$，$I = \pi d^4/64$；截面是边长为 $a$ 的正方形时，$Z_m = a^3/6$，$I = a^4/12$。

下面介绍两种典型结构的计算方法。

1. 圆弧形线弹簧的计算

图 3.4-35 所示为圆弧形线弹簧。钢丝挡圈和弹簧圈即为这类线弹簧。

在载荷 $F$ 作用下，圆弧 $ABC$ 段的弯曲变形能为

$$U = \frac{F^2 r^3}{2EI}\left[(\pi - \alpha)\left(\cos^2\alpha + \frac{1}{2}\right) + \frac{3}{4}\sin 2\alpha\right]$$

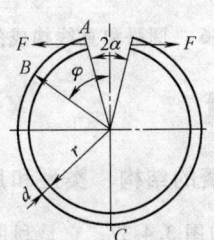

图 3.4-35　圆弧形线弹簧

其变形为

$$f = \frac{2Fr^3}{EI}\left[(\pi - \alpha)\left(\cos^2\alpha + \frac{1}{2}\right) + \frac{3}{4}\sin 2\alpha\right]$$

弹簧刚度为

$$k = \frac{EI}{2r^3\left[(\pi - \alpha)\left(\cos^2\alpha + \dfrac{1}{2}\right) + \dfrac{3}{4}\sin 2\alpha\right]}$$

最大应力产生在缺口对面的 $C$ 点，最大应力为

$$\sigma = \frac{Fr(\cos\alpha + 1)}{Z_m}$$

2. 圆弧和直线构成的线弹簧的计算

如图 3.4-36 所示，在作用载荷 $F$ 时，在 $ABC$ 段的弯曲变形能为

$$U = \frac{F^2 l^3 \cos^2\alpha}{6EI} + \frac{F^2 r\cos^2\alpha}{2EI}\left[l^2\beta + 2lr(1 - \cos\beta) + \right.$$
$$\left. \frac{r^2}{2}\left(\beta - \frac{\sin^2\beta}{2}\right)\right]$$

$C$ 点的变形为

$$f = \frac{Fl^3\cos^2\alpha}{3EI} + \frac{Fr\cos^2\alpha}{EI}\left[ l^2\beta + 2lr(1-\cos\beta) + \frac{r^2}{2}\left(\beta - \frac{\sin^2\beta}{2}\right)\right]$$

弹簧刚度为

$$k = \frac{3EI}{\cos^2\alpha\left[ l^3 + 3r\left( l^2\beta + 2lr - 2lr\cos\beta + \frac{r^2\beta}{2} - \frac{r^2\sin\beta}{4}\right)\right]}$$

最大应力产生在 $A$ 点，最大应力为

$$\sigma = \frac{F(l + r\sin\beta)\cos\alpha}{Z_m}$$

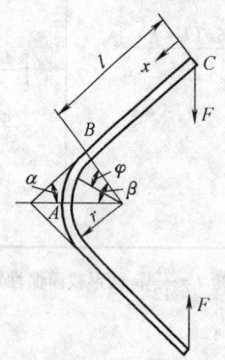

**图 3.4-36　圆弧和直线构成的线弹簧**

## 6　扭杆弹簧

### 6.1　扭杆弹簧的结构、类型和用途

扭杆弹簧如图 3.4-37，它是利用扭杆的扭转弹性变形而发挥弹簧作用的。从前面的表 3.4-1 可以看出扭杆弹簧单位体积的变形能大，所以具有质量轻、结构简单、占空间小等优点。它主要用于汽车、铁道、火炮牵引和履带越野车辆的悬架装置。

**图 3.4-37　汽车悬架用扭杆弹簧**

除此之外，在高速内燃机上，为了避免高速振动载荷在圆柱螺旋弹簧上引起的颤动，可用扭杆做辅助气门弹簧（见图 3.4-38）；在使用空气弹簧作为缓冲器的铁道车辆和汽车上，采用扭杆弹簧做稳压器；有时为了缓和扭矩的变化，在驱动轴中插入扭杆等，它的应用范围正在逐渐扩大。

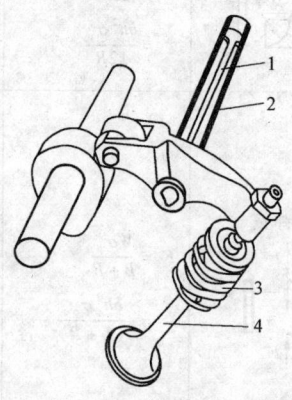

**图 3.4-38　气门用辅助扭杆弹簧**
1—扭杆　2—扭杆套　3—气门弹簧　4—气门

扭杆弹簧的扭杆截面形状有圆形、空心圆形、矩形、方形和多边形等，见表 3.4-50。

为了保证机构的刚度，扭杆弹簧也可以采用组合形式，有串联式（见图 3.4-39a）和并联式（见图 3.4-39b）之分。

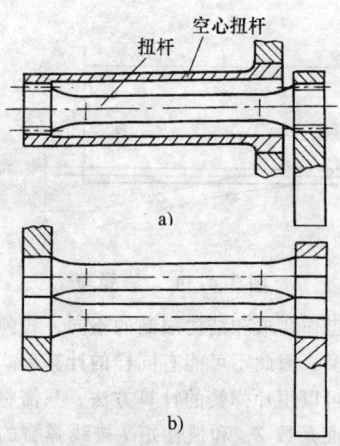

**图 3.4-39　组合式扭杆弹簧**
a）串联式扭杆弹簧　b）并联式扭杆弹簧

### 6.2　扭杆弹簧的计算公式

图 3.4-40 所示为悬架装置扭杆弹簧的机构图。当作用在杆臂上的力 $F$ 处于垂直位置时，此机构弹簧刚度不是定值，而是随着力臂的安装角度和变形角度而变化。因此在计算杆体所承受的扭矩 $T$ 时，必须考虑力臂长度和位置。其计算公式见表 3.4-49。

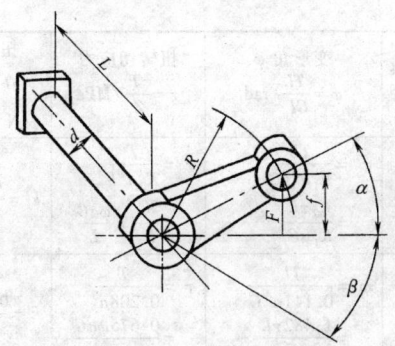

图 3.4-40　悬架装置扭杆弹簧机构图

表 3.4-49　扭杆弹簧计算

| 项　目 | 单　位 | 公式及数据 | 备　注 |
|---|---|---|---|
| 作用于转臂端垂直方向的载荷 $F$ | N | $F = \dfrac{k'\varphi}{R\cos\alpha} = \dfrac{k'(\alpha+\beta)}{R\cos\alpha} = \dfrac{k'}{R}C_1$ | $\alpha$、$\beta$——受载和卸载时力臂中心线与水平线夹角，rad |
| 臂端垂直方向的扭杆弹簧刚度 $k$ | N/mm | $k = \dfrac{\mathrm{d}F}{\mathrm{d}f} = k'[\,1+(\alpha+\beta)\tan\alpha\,]\times$ $\dfrac{1}{R^2\cos^2\alpha} = \dfrac{k'}{R^2}C_2$ | $\varphi = \alpha+\beta$ $C_1 = \dfrac{\alpha+\beta}{\cos\alpha}$或查图 3.4-41 |
| 扭杆弹簧的扭矩 $T$ | N·mm | $T = FR\cos\alpha$ | $C_2 = \dfrac{1+(\alpha+\beta)\tan\alpha}{\cos^2\alpha}$或查图 3.4-42 |
| 扭角刚度 $k'$ | N·mm/rad | $k' = \dfrac{T}{\varphi} = \dfrac{T}{\alpha+\beta} = \dfrac{kR^2}{C_2}$ | $C_3 = \dfrac{\cos\alpha}{\dfrac{1}{\alpha+\beta}+\tan\alpha}$或查图 3.4-43 |
| 静变形 $f_s$ | mm | $f_s = \dfrac{F}{k'} = \dfrac{R\cos\alpha}{\dfrac{1}{\alpha+\beta}+\tan\alpha} = RC_3$ | $v$——自振频率（Hz） $Z_t$——抗扭断面系数（mm³），见表 3.4-50 |
| 扭转切应力 $\tau$ | MPa | $\tau = \dfrac{T}{Z_t}$ | $I_p$——极惯性矩（mm⁴） |
| 扭杆有效长度 $L$ | | $L = \dfrac{GI_p}{k'}$ | $G$——剪切弹性模数（MPa） |
| 扭杆的自振频率 $v$ | Hz | $v = \dfrac{1}{2\pi}\sqrt{\dfrac{g}{f_s}}$ | $g$——重力加速度，$g = 9800\text{mm/s}^2$ |

表 3.4-50　常用扭杆弹簧的有关计算公式

| 截面形状 | 极惯性矩 $I_p/\text{mm}^4$ | 抗扭断面系数 $Z_t/\text{mm}^3$ | 变形角 $\varphi$ $\varphi = \dfrac{TL}{GI_p}$/rad | 扭转切应力 $\tau = \dfrac{T}{Z_t}$/MPa | 扭角刚度 $k' = \dfrac{T}{\varphi}$ /(N·mm/rad) | 载荷作用点 刚度 $k = \dfrac{\mathrm{d}F}{\mathrm{d}f}$ /(N/mm) | 变形能 $U = \dfrac{T\varphi}{2}$ /N·mm |
|---|---|---|---|---|---|---|---|
| 圆形（直径 $d$） | $I_p = \dfrac{\pi d^4}{32}$ | $Z_t = \dfrac{\pi d^3}{16}$ | $\varphi = \dfrac{32TL}{\pi d^4 G}$ $= \dfrac{2\tau L}{dG}$ | $\tau = \dfrac{16T}{\pi d^3}$ $= \dfrac{\varphi dG}{2L}$ | $k' = \dfrac{\pi d^4 G}{32L}$ | $k = \dfrac{\pi d^4 G}{32LR^2}$ | $U = \dfrac{\tau^2 V}{4G}$ |
| 空心圆（外径 $d$、内径 $d_1$） | $I_p = \dfrac{\pi(d^4-d_1^4)}{32}$ | $Z_t = \dfrac{\pi(d^4-d_1^4)}{16d}$ | $\varphi = \dfrac{32TL}{\pi(d^4-d_1^4)G}$ $= \dfrac{2\tau L}{dG}$ | $\tau = \dfrac{16Td}{\pi(d^4-d_1^4)}$ $= \dfrac{\varphi dG}{2L}$ | $k' = \dfrac{\pi(d^4-d_1^4)G}{32L}$ | $k = \dfrac{\pi(d^4-d_1^4)G}{32LR^2}$ | $U = \dfrac{\tau^2(d^2+d_1^2)V}{4d^2G}$ |
| 椭圆形（长轴 $d$、短轴 $d_1$） | $I_p = \dfrac{\pi d^3 d_1^3}{16(d^2+d_1^2)}$ | $Z_t = \dfrac{\pi d d_1^2}{16}$ | $\varphi = \dfrac{16TL(d^2+d_1^2)}{\pi d^3 d_1^3 G}$ $= \dfrac{\tau L(d^2+d_1^2)}{d^2 d_1^2 G}$ | $\tau = \dfrac{16T}{\pi d d_1^2}$ $= \dfrac{\varphi d^2 d_1 G}{L(d^2+d_1^2)}$ | $k' = \dfrac{\pi d^3 d_1^3 G}{16L(d^2+d_1^2)}$ | $k = \dfrac{\pi d^3 d_1^3 G}{16LR^2(d^2+d_1^2)}$ | $U = \dfrac{\tau^2(d^2+d_1^2)V}{8d^2G}$ |

（续）

| 截面形状 | 极惯性矩 $I_p/mm^4$ | 抗扭断面系数 $Z_t/mm^3$ | 变形角 $\varphi$ $\varphi=\dfrac{TL}{GI_p}$/rad | 扭转切应力 $\tau=\dfrac{T}{Z_t}$/MPa | 扭角刚度 $k'=\dfrac{T}{\varphi}$ /(N·mm/rad) | 载荷作用点刚度 $k=\dfrac{dF}{df}$ /(N/mm) | 变形能 $U=\dfrac{T\varphi}{2}$ /N·mm |
|---|---|---|---|---|---|---|---|
| 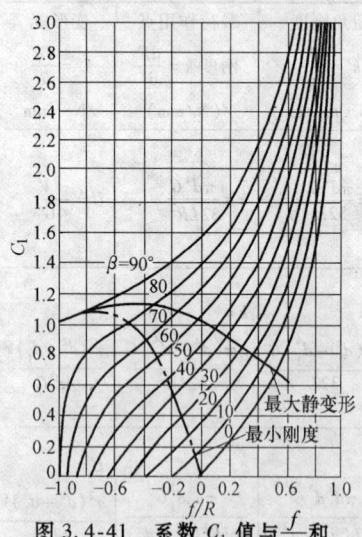 矩形 $b \times a$ | $I_p=K_1 a^3 b$ | $Z_t=K_2 a^2 b$ | $\varphi=\dfrac{TL}{K_1 a^3 bG}$ $=\dfrac{K_2 \tau L}{K_1 aG}$ | $\tau=\dfrac{T}{K_2 a^2 b}$ $=\dfrac{K_1}{K_2}\times\dfrac{\varphi aG}{L}$ | $k'=\dfrac{K_1 a^3 bG}{L}$ | $k=\dfrac{K_1 a^3 bG}{LR^2}$ | $U=\dfrac{K_2^2}{K_1^2}$ $\times\dfrac{\tau^2 V}{2G}$ |
| 正方形 $a \times a$ | $I_p=0.141a^4$ | $Z_t=0.208a^3$ | $\varphi=\dfrac{TL}{0.141a^4 G}$ $=\dfrac{1.482\tau L}{aG}$ | $\tau=\dfrac{T}{0.208a^3}$ $=\dfrac{0.675\varphi aG}{L}$ | $k'=\dfrac{0.141a^4 G}{L}$ | $k=\dfrac{0.141a^4 G}{LR^2}$ | $U=\dfrac{\tau^2 V}{6.48G}$ |
| 三角形 | $I_p=0.0216a^4$ | $Z_t=0.05a^3$ | $\varphi=\dfrac{TL}{0.0216a^4 G}$ $=\dfrac{2.31\tau L}{aG}$ | $\tau=\dfrac{20T}{a^3}$ $=\dfrac{0.43\varphi aG}{L}$ | $k'=\dfrac{a^4 G}{46.2L}$ | $k=\dfrac{a^4 G}{46.2LR^2}$ | $U=\dfrac{\tau^2 V}{7.5G}$ |

注：矩形截面扭杆计算公式中的系数见表 3.4-51。

**表 3.4-51　矩形截面扭杆计算公式中的系数**

| $\dfrac{b}{a}\left(\text{或}\dfrac{a}{b}\right)$ | $K_1$ | $K_2$ | $K_3$ | $\dfrac{b}{a}\left(\text{或}\dfrac{a}{b}\right)$ | $K_1$ | $K_2$ | $K_3$ |
|---|---|---|---|---|---|---|---|
| 1.00 | 0.1406 | 0.2082 | | 1.75 | 0.2143 | 0.2390 | |
| 1.05 | 0.1474 | 0.2112 | | 1.80 | 0.2174 | 0.2404 | 0.8207 |
| 1.10 | 0.1540 | 0.2139 | 1.0000 | 1.90 | 0.2233 | 0.2432 | |
| 1.15 | 0.1602 | 0.2165 | | 2.00 | 0.2287 | 0.2459 | |
| 1.20 | 0.1661 | 0.2189 | | 2.25 | 0.2401 | 0.2520 | 0.7951 |
| 1.25 | 0.1717 | 0.2212 | | 2.50 | 0.2494 | 0.2576 | |
| 1.30 | 0.1771 | 0.2236 | | 2.75 | 0.2570 | 0.2626 | |
| 1.35 | 0.1821 | 0.2254 | 0.9160 | 3.00 | 0.2633 | 0.2672 | 0.7663 |
| 1.40 | 0.1869 | 0.2273 | | 3.50 | 0.2733 | 0.2751 | |
| 1.45 | 0.1914 | 0.2289 | | 4.00 | 0.2808 | 0.2817 | |
| 1.50 | 0.1958 | 0.2310 | 0.8590 | 4.50 | 0.2866 | 0.2870 | 0.7447 |
| 1.60 | 0.2037 | 0.2343 | | 5.00 | 0.2914 | 0.2915 | |
| 1.70 | 0.2109 | 0.2375 | 0.8418 | 10.00 | 0.3123 | 0.3123 | 0.7430 |

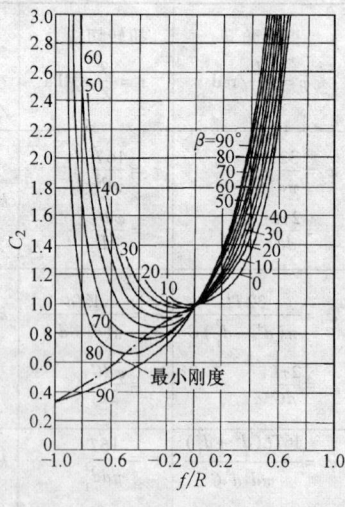

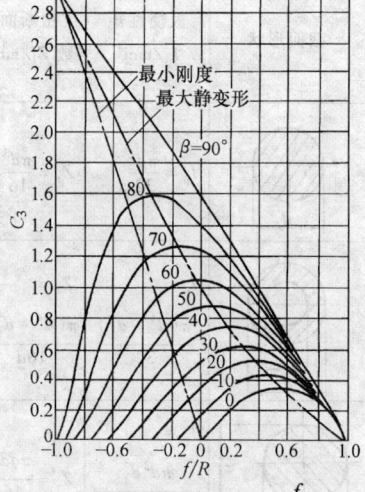

图 3.4-41　系数 $C_1$ 值与 $\dfrac{f}{R}$ 和 $\beta$ 的关系

图 3.4-42　系数 $C_2$ 值与 $\dfrac{f}{R}$ 和 $\beta$ 的关系

图 3.4-43　系数 $C_3$ 值与 $\dfrac{f}{R}$ 和 $\beta$ 的关系

## 6.3 扭杆弹簧的端部结构和有效工作长度

### 6.3.1 端部结构

为了安装，扭杆端部可制成花键轴形（见图 3.4-44a）、细齿形（见图 3.4-44b）和多角形（见图 3.4-44c）等，其中以细齿形应用较多。

如图 3.4-45 所示，细齿形端部外径 $d_0 = (1.15 \sim 1.25)d$，长度 $l_1 = (0.5 \sim 0.7)d$，表 3.4-52 所列为其他结构尺寸参考值。端部为六角形时，其外切圆直径 $d_0 = 1.2d$，长度 $l_1 = d$。为了避免过大的应力集中，端部与杆体连接处的过渡圆角半径 $R = (3 \sim 5)d$（见图 3.4-45a）。如果用圆锥形过渡时（见图 3.4-45b），一般取锥顶角 $2\beta \geqslant 30°$。

**表 3.4-52　细齿形端部几何尺寸**

| 齿形 | 模数 $m$/mm | 压力角/(°) | 外径 | 内径 |
|---|---|---|---|---|
| 渐开线 | 0.7 或 1.0 | 45 | $(z+1)m$ | $(z-1)m$ |

注：表中 $z$ 表示齿数。

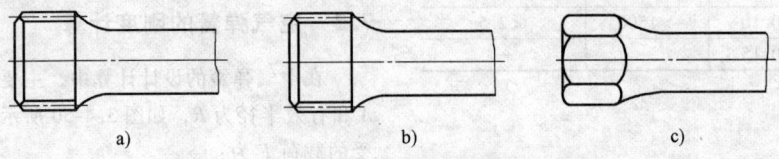

**图 3.4-44　扭杆端部结构**
a）花键形　b）细齿形　c）多角形

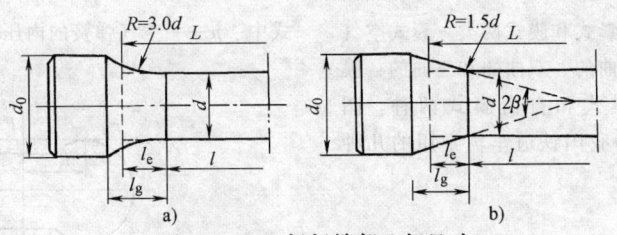

**图 3.4-45　扭杆端部几何尺寸**
a）圆弧过渡结构　b）圆锥过渡结构

### 6.3.2 扭杆的有效工作长度

对于圆形截面扭杆，当采取图 3.4-45 所示的过渡形状时，其过渡部分的当量长度 $l_e$ 可以在图 3.4-46 中查得。扭杆的有效工作长度为

$$L = l + 2l_e$$

式中　$L$——扭杆杆体长度。

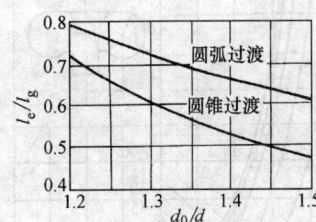

**图 3.4-46　过渡部分当量长度 $l_e$**

## 6.4 扭杆弹簧的材料和许用应力

常用材料为硅锰和铬镍钼等合金钢，如 60Si2MnA 和 45CrNiMoVA 等，其许用应力见表 3.4-53，性能要求较低的场合也可采用碳钢，如 65Mn 等。

扭杆弹簧的使用应力高，但直径的误差对弹簧的刚度影响比较大，所以扭杆表面大多经过磨削，尺寸精度不低于 h12，表面粗糙度 $Ra \leqslant 0.8\mu m$。

## 6.5 扭杆弹簧的技术要求

（1）直径尺寸的偏差　扭杆弹簧直径允许偏差及直线度偏差见表 3.4-54。

（2）表面质量要求

**表 3.4-53　扭杆弹簧的材料和许用应力**

| 材　　料 | 下屈服强度 $R_{eL}$/MPa | 疲劳强度 $\sigma_{-1}$/MPa | 剪切疲劳强度 $\tau_{-1}$/MPa | 许用剪切应力 $\tau_p$/MPa | 弹性模量 $E$/MPa | 切变模量 $G$/MPa |
|---|---|---|---|---|---|---|
| 45CrNiMoVA | $1270 \sim 1370$ | 800 | 440 | $810 \sim 890$ | — | 76000 |
| 50CrVA | 1078 | 510 | — | 735 | 207760 | — |
| 60Si2MnA | 1372 | 529 | — | 785 | 196000 | — |

1）表面应进行强化处理。

2）要求硬度：合金钢 47 ~ 51HRC；高碳钢 48 ~ 55HRC。

3）表面粗糙度 $Ra < 1.25\mu m$。

4）表面不应有裂纹、伤痕、锈蚀和氧化等缺陷。

**表 3.4-54　扭杆弹簧直径允许偏差及直线度偏差**

（单位：mm）

| 直径 d | 直径允许偏差 | 长度 L | 扭杆直线度偏差 |
|---|---|---|---|
| 6 ~ 12 | ± 0.06 | < 1000 | < 1.5 |
| 13 ~ 25 | ± 0.08 | 1000 ~ 1500 | < 2.0 |
| 26 ~ 45 | ± 0.10 | > 1500 | < 2.5 |
| 48 ~ 80 | ± 0.15 | — | — |

# 7　空气弹簧

## 7.1　空气弹簧的结构和特性

空气弹簧大致可分为囊式和膜式两类。囊式空气弹簧可根据需要设计成单曲的、双曲的和三曲的；膜式空气弹簧则有约束膜式和自由膜式两种。图 3.4-47 ~ 图 3.4-49 所示为我国铁道车辆常用的几种空气弹簧结构。

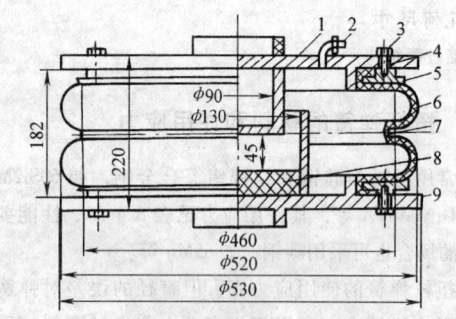

**图 3.4-47　囊式空气弹簧结构**

1—上盖板　2—气嘴　3—螺钉　4—钢丝圈　5—压环
6—橡胶囊　7—腰环　8—橡胶垫　9—下盖板

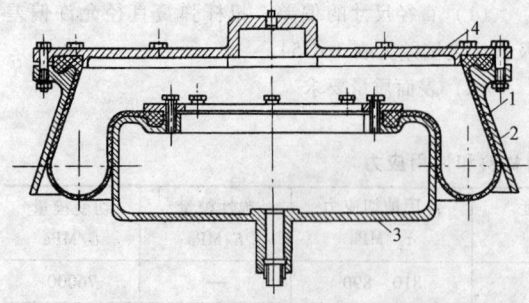

**图 3.4-48　斜筒约束膜式空气弹簧结构**

1—橡胶囊　2—外环　3—内压环　4—上盖板

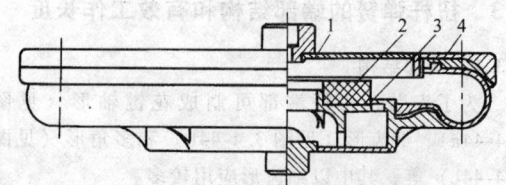

**图 3.4-49　自由膜式空气弹簧结构**

1—上盖板　2—橡胶垫　3—活塞　4—橡胶囊

## 7.2　空气弹簧的刚度计算

在空气弹簧的设计计算中，主要参数是有效面积 $A$ 和有效半径为 $R$，如图 3.4-50 所示。空气弹簧上所受的载荷 $F$ 为：

$$A = \pi R^2$$

$$F = Ap = \pi R^2 p$$

式中　$p$——空气弹簧的内压力（MPa）。

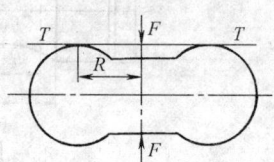

**图 3.4-50　有效面积的定义**

### 7.2.1　空气弹簧的垂直刚度

空气弹簧在工作位置时，垂直刚度 $k'$ 的计算公式见表 3.4-55。

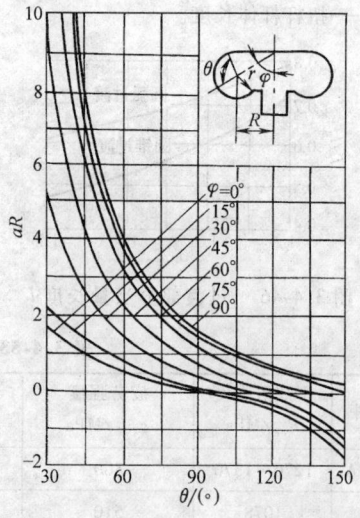

**图 3.4-51　自由膜式空气弹簧的系数 $a$**

**表 3.4-55 空气弹簧垂直刚度 $k'$ 的计算公式**

| 类型及变形简图 | 公 式 及 数 据 | 备 注 |
|---|---|---|
| 囊式弹簧 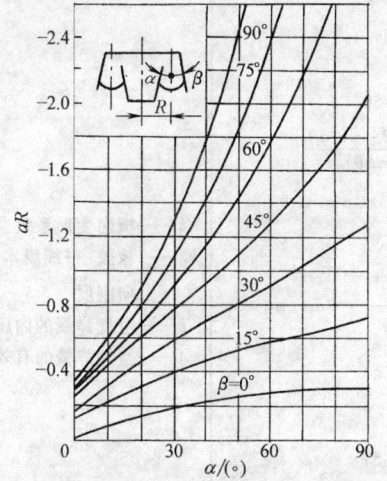 | $$k' = m(p + p_a)\frac{A^2}{V} + apA$$ 式中 $a = \dfrac{1}{nR} \times \dfrac{\cos\theta + \theta\sin\theta}{\sin\theta - \theta\cos\theta}$ | $p$——空气弹簧的内压力 (MPa) $p_a$——大气压力(MPa) |
| 自由膜式弹簧 | $$k' = m(p + p_a)\frac{A^2}{V} + apA$$ 式中的系数 $a$ 可按下式计算或由图 3.4-51 求出 $$a = \frac{1}{R} \times \frac{\sin\theta\cos\theta + \theta(\sin^2\theta - \cos^2\varphi)}{\sin\theta(\sin\theta - \theta\cos\theta)}$$ | $V$——空气弹簧有效容积 $(\text{mm}^3)$ $m$——多变指数,等温过程 (如计算静刚度时) $m = 1$,绝热过程 $m = 1.4$,一般动态过程 $m$ 为 $1 \sim 1.4$ |
| 约束膜式弹簧 | $$k' = m(p + p_a)\frac{A^2}{V} + apA$$ 式中的系数 $a$ 可按下式计算或由图 3.4-52 求出 $$a = -\frac{1}{R} \times \frac{\sin(\alpha+\beta) + (\pi+\alpha+\beta)\sin\beta}{1 + \cos(\alpha+\beta) + \frac{1}{2}(\pi+\alpha+\beta)\sin(\alpha+\beta)}$$ | $n$——空气弹簧的曲数(图中只画出一曲) $k'$——垂直刚度(N/mm) $a$——形状系数 |

图 3.4-52 约束膜式空气弹簧的系数 $a$

**7.2.2 空气弹簧的横向刚度**

1. 囊式空气弹簧

一般囊式空气弹簧在横向载荷作用下的变形,是显示受弯曲和剪切作用的合成变形,如图 3.4-53 所示。

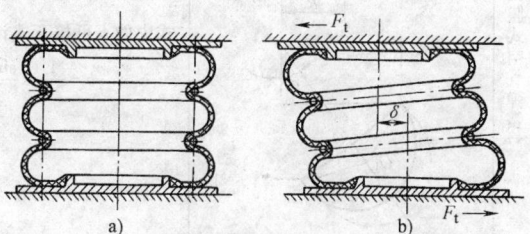

图 3.4-53 橡胶膜在横向载荷作用下的变形

1) 单曲囊式空气弹簧的弯曲刚度 (见图 3.4-54) 计算公式为

$$k' = \frac{1}{2}a\pi pR^3(R + r\cos\theta) \qquad (3.4\text{-}27)$$

式中 $a$——囊式空气弹簧的垂直特性形状系数,可由表 3.4-55 中的有关公式确定。

2) 单曲囊式空气弹簧的剪切刚度 (见图 3.4-55) 计算公式为

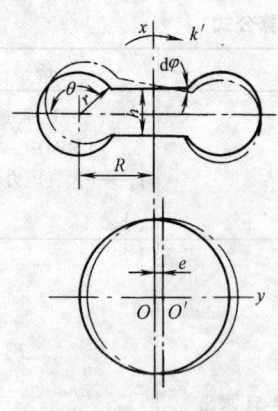

**图 3.4-54　单曲囊式空气弹簧的弯曲变形**

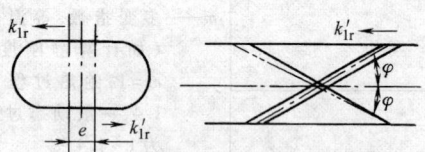

**图 3.4-55　单曲囊式空气弹簧的剪切变形**

$$k'_{1r} = \frac{\pi}{8r\theta} \rho i E_f (R + r\cos\theta) \sin^2 2\varphi \quad (3.4\text{-}28)$$

式中　$\rho$——帘线的密度；

　　　　$i$——帘线的层数；

$E_f$——一根帘线的截面积与其纵向弹性模量的积；

$\varphi$——帘线相对纬线的角度。

对于多曲囊式空气弹簧，横断面受弯曲和剪切载荷而发生的变形，可以利用力和力矩的平衡，将各曲的变形叠加起来而得到。若横断面总的变形很小时，则多曲囊式空气弹簧的横向刚度 $k'_r$ 可由下式求得：

$$k'_r = \left\{ \frac{n}{k'_{1r}} + \frac{\left[ (n-1)\left( h + h' + \frac{F_n}{k'_{1r}} \right) \right]^2}{\left( 2k' + \frac{1}{2}\frac{F_n^2}{k'_{1r}} \right) - F_x (n-1)\left( h + h' + \frac{F_n}{k'_{1r}} \right)} \right\}^{-1}$$

$$(3.4\text{-}29)$$

式中　$h$——一曲橡胶囊的高度；

　　　　$h'$——中间腰环的高度；

　　　　$F_n$——空气弹簧所受垂直载荷；

　　　　$F_x$——空气弹簧承受的轴向载荷；

　　　　$n$——空气弹簧的曲数；

　　　　$k'$——弯曲刚度；

　　　　$k'_{1r}$——剪切刚度。

由式（3.4-29）可以看出，空气弹簧的曲数越多，则其横向刚度越小。实际上，4 曲以上的空气弹簧，由于其弹性不稳定现象已不适于承受横向载荷的场合。

2. 膜式空气弹簧

膜式空气弹簧横向刚度 $k'_r$ 的计算公式见表 3.4-56。

**表 3.4-56　膜式空气弹簧横向刚度 $k'_r$ 的计算公式**

| 类型及变形简图 | 公　式　及　数　据 | 备　注 |
|---|---|---|
| 自由膜式空气弹簧 | $$k'_r = bpA + k'_0$$ 式中的 $b$ 可按下式计算或查图 3.4-56 $$b = \frac{1}{2R} \times \frac{\sin\theta\cos\theta + \theta(\sin^2\theta - \sin^2\varphi)}{\sin\theta(\sin\theta - \theta\cos\theta)}$$ | $b$——横向变形系数 $k'_0$——橡胶-帘线膜本身的横向刚度 $p$——空气弹簧的内压力 $A$——空气弹簧的有效面积 |
| 约束膜式空气弹簧 | $$k'_r = bpA + k'_0$$ 式中的 $b$ 可按下式计算或查图 3.4-57 $$b = \frac{1}{2R} \times \frac{-\sin(\alpha+\beta) + (\pi+\alpha+\beta)\cos\alpha\cos\beta}{1 + \cos(\alpha+\beta) + \frac{1}{2}(\pi+\alpha+\beta)\sin(\alpha+\beta)}$$ | |

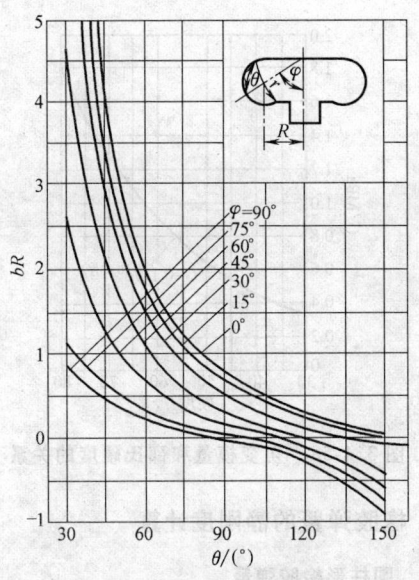

**图 3.4-56 自由膜式空气弹簧的形状系数 $b$**

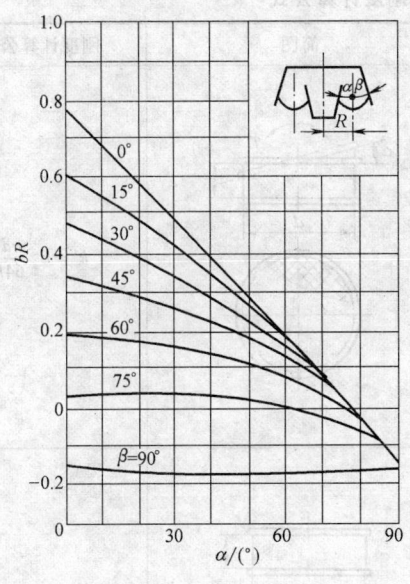

**图 3.4-57 约束膜式空气弹簧的形状系数 $b$**

# 8 橡胶弹簧

## 8.1 橡胶弹簧的类型和弹性特性

### 8.1.1 橡胶弹簧的类型

橡胶弹簧按形状可以分为压缩型、剪切型和复合型三类。橡胶弹簧通常采用的垂直和横向刚度比值范围见表 3.4-57。

**表 3.4-57 橡胶弹簧通常采用的垂直和横向刚度比**

| 类型 | 垂直刚度/横向刚度 |
| --- | --- |
| 压缩型 | >4.5 |
| 剪切型 | <0.2 |
| 复合型 | 0.2～4.5 |

### 8.1.2 橡胶弹簧的变形计算

1. 拉伸和压缩变形

橡胶元件在简单拉伸和压缩变形时，其应力 $\sigma$ 与应变 $\varepsilon$ 之间的关系式为

$$\sigma = \frac{E_a}{3}\left[(1+\varepsilon)-(1+\varepsilon)^{-2}\right]$$

$$\varepsilon = \frac{f}{h} \tag{3.4-30}$$

式中 $E_a$——表观弹性模量（MPa）；
$f$——橡胶材料的变形量（mm）；
$h$——橡胶元件高度（mm）。

对于压缩变形，在主要应用范围内，一般 $\varepsilon<50\%$。当 $\varepsilon<15\%$ 时，可近似取

$$\sigma \approx E_a\varepsilon$$

橡胶弹簧在压缩时，其表观弹性模量 $E_a$ 与橡胶元件的几何形状有关，可表示为

$$E_a = iG \tag{3.4-31}$$

垫圈 $\quad i = 3 + ks^2$

衬套 $\quad i = 4 + 0.56ks^2$

矩形块 $\quad i = \frac{1}{1+b/a}\left[4+2\frac{b}{a}+0.56\left(1+\frac{b}{a}\right)^2 ks^2\right]$

$$k = 10.7 \sim 0.098H_A$$

式中 $G$——橡胶的切变模量；
$i$——几何形状和硬度影响系数；
$H_A$——邵氏硬度；
$s$——形状系数，承载面积 $A_L$ 与自由面积 $A_r$ 之比值，直径为 $d$、高为 $h$ 的圆柱体，$s=d/4h$；长为 $a$、宽为 $b$、高为 $h$ 的矩形块，$s=ab/2(a+b)h$ 等。

橡胶弹簧在拉伸时，表观弹性模量 $E_a$ 为

$$E_a = 3G \tag{3.4-32}$$

2. 剪切变形

橡胶元件在受剪切力作用时，其切应力 $\tau$ 和切应变 $\gamma$ 之间的关系为

$$\tau = G_a\gamma$$

$$\gamma = \frac{f_r}{h} \tag{3.4-33}$$

式中 $G_a$——表观切变模量；
$f_r$——切变形量；
$h$——橡胶元件高度；
$\gamma$——切变形角。

橡胶的表现切变模量为

$$G_a = jG$$

$$j = \left(1 + \frac{h^2}{12i\rho^2}\right)^{-1} \qquad (3.4\text{-}34)$$

式中　$j$——弯曲变形影响系数；

　　　$i$——几何形状和硬度影响系数；

　　　$\rho$——回转半径，直径为 $d$ 的圆柱体，$\rho = d/4$。

当橡胶圆柱体的 $h/d$ 或矩形块的 $h/d$（或 $b$）之值小于 0.5 时，可略去弯曲变形影响。对于较薄的橡胶衬套亦按同样处理，可近似取 $G_a \approx G$。

3. 切变模量和硬度的关系

根据以上分析，橡胶弹簧在压缩或剪切下的应力和应变关系可以归结为确定橡胶的切变模量 $G$。但是在技术条件中，一般并不规定切变模量，而是规定橡胶的硬度。

切变模量 $G$ 和邵氏硬度 $H_A$ 的关系如图 3.4-58 所示，在实用范围内亦可近似地用下式表示

$$G = 0.117e^{0.03H_A}$$

式中　$G$——切变模量（MPa）。

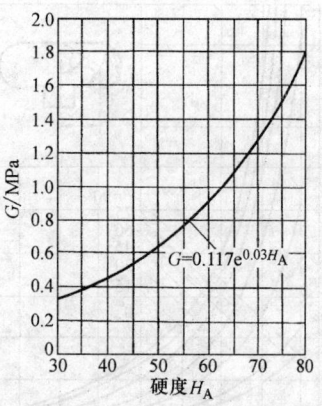

图 3.4-58　切变模量和邵氏硬度的关系

## 8.2　橡胶弹簧的静刚度计算

### 8.2.1　圆柱形橡胶弹簧

圆柱形橡胶弹簧静刚度的计算公式见表 3.4-58。

**表 3.4-58　圆柱形橡胶弹簧静刚度计算公式**

| 变形 | 简图 | 刚度计算公式 | 变形 | 简图 | 刚度计算公式 |
|---|---|---|---|---|---|
| 压缩 | | $k = E_a \dfrac{\pi d^2}{4h}$ | 弯曲 | | $k' = E_a \dfrac{\pi d^4}{64h}$ |
| 剪切 | | $k_r' = G \dfrac{\pi d^2}{4h}$ | 扭转 | | $k' = G \dfrac{\pi d^4}{32h}$ |

### 8.2.2　圆环形橡胶弹簧

圆环形橡胶弹簧静刚度计算公式见表 3.4-59。

## 表 3.4-59　圆环形橡胶弹簧静刚度计算公式

| 变形 | 简图 | 刚度计算公式 | 变形 | 简图 | 刚度计算公式 |
|---|---|---|---|---|---|
| 压缩 | | $k = E_a \dfrac{\pi(d_2^2 - d_1^2)}{4h}$ | 弯曲 | | $k' = E_a \dfrac{\pi(d_2^4 - d_1^4)}{64h}$ |
| 剪切 | | $k_r' = G \dfrac{\pi(d_2^2 - d_1^2)}{4h}$ | 扭转 | | $k' = G \dfrac{\pi(d_2^4 - d_1^4)}{32h}$ |

### 8.2.3　矩形橡胶弹簧

矩形橡胶弹簧静刚度计算公式见表 3.4-60。

### 8.2.4　端部带圆角的橡胶弹簧

端部带圆角的橡胶弹簧静刚度计算公式见表 3.4-61。

## 表 3.4-60　矩形橡胶弹簧静刚度计算公式

| 变形 | 简图 | 刚度计算公式 | 变形 | 简图 | 刚度计算公式 |
|---|---|---|---|---|---|
| 压缩 | | $k = E_a \dfrac{ab}{h}$ | 剪切 | | $k_r' = G \dfrac{ab}{h}$ |
| 弯曲 | | $k' = E_a \dfrac{a^3 b}{12h}$ | 扭转 | | $k' = G \dfrac{ab(a^2 + b^2)}{12h}$ |

表 3.4-61　端部带圆角的橡胶弹簧静刚度计算公式

| 变形 | 简图 | 刚度计算公式 |
|---|---|---|
| 压缩 | 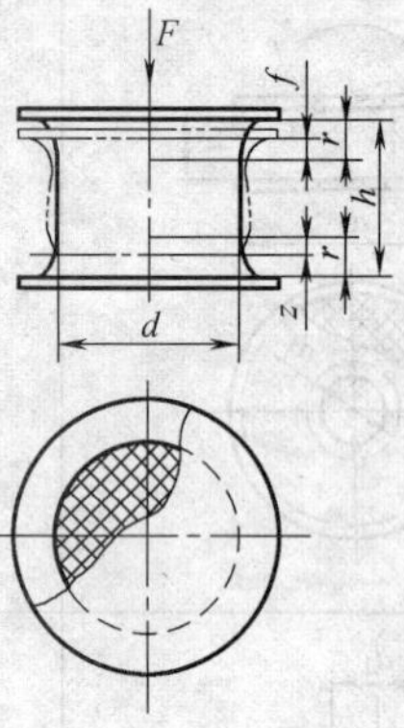 | $$k = E_a \pi \left[ \frac{4(h-2r)}{d^2} + 2 \int_0^r \frac{\mathrm{d}z}{\left( \frac{d}{2} + r - \sqrt{r^2 - z^2} \right)^2} \right]^{-1}$$ 当 $r \ll d$ 时,可用以下简化公式 $$k = E_a \frac{\pi d^2}{4} \left[ h - (8 - 2\pi)\frac{r^2}{d} \right]^{-1}$$ |
| 扭转 | 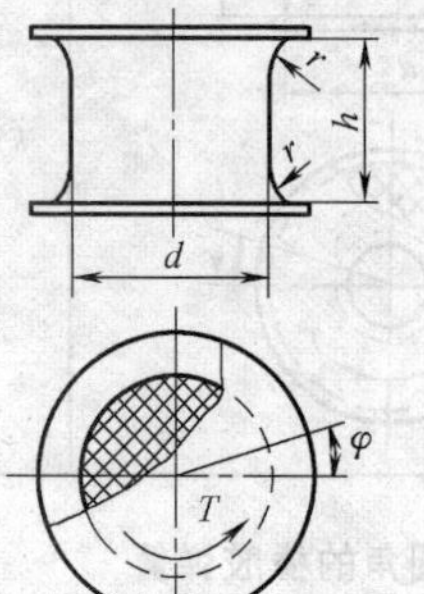 | $$k = G\pi \left[ \frac{32(h-2r)}{d^4} + 4 \int_0^r \frac{\mathrm{d}z}{\left( \frac{d}{2} + r - \sqrt{r^2 - z^2} \right)^4} \right]^{-1}$$ |
| 压缩 | 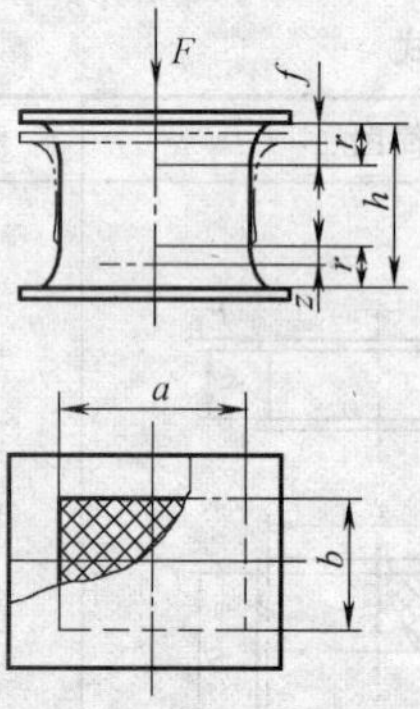 | $$k = E_a \left[ \frac{h-2r}{ab} + 2 \int_0^r \frac{\mathrm{d}z}{(a + r - \sqrt{r^2 - z^2})(b + r - \sqrt{r^2 - z^2})} \right]^{-1}$$ 当 $r \ll a, b$ 时,可用以下简化公式 $$k = E_a ab \left[ h - \left( 2 - \frac{\pi}{2} \right)\frac{a+b}{ab}r^2 \right]^{-1}$$ |
| 扭转 | 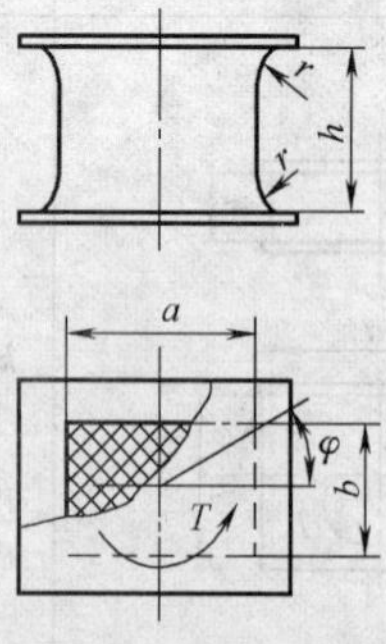 | $$k' = G \left[ \frac{h-2r}{\beta ab^3} + \int_0^r \frac{2}{\beta'} \frac{\mathrm{d}z}{(a + r - \sqrt{r^2 - z^2})(b + r - \sqrt{r^2 - z^2})^3} \right]^{-1}$$ 式中的 $\beta$ 为取决于等截面边长比 $a/b$,而 $\beta'$ 是圆角过渡部分各个不同截面的 $\beta$ 系数值,$\beta$ 值见下图 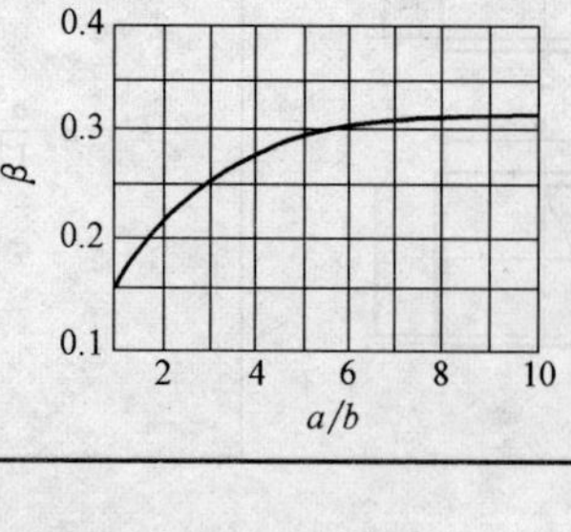 |

### 8.2.5 空心圆锥橡胶弹簧

空心圆锥橡胶弹簧静刚度计算公式见表3.4-62。

### 8.2.6 衬套式橡胶弹簧

衬套式橡胶弹簧静刚度计算公式见表3.4-63。

**表 3.4-62　空心圆锥橡胶弹簧刚度计算公式**

| 变形 | 简图 | 刚度计算公式 | 变形 | 简图 | 刚度计算公式 |
|---|---|---|---|---|---|
| 轴向 | 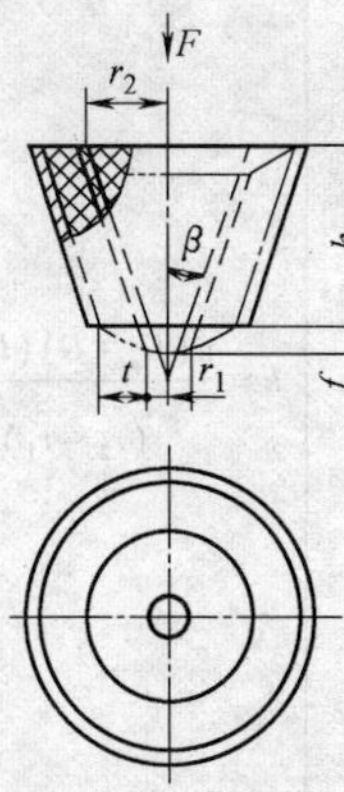 | $k = \dfrac{\pi h(r_1 + r_2)}{t} \times$ $(E_a \sin^2\beta + G\cos^2\beta)$ | 弯曲 | 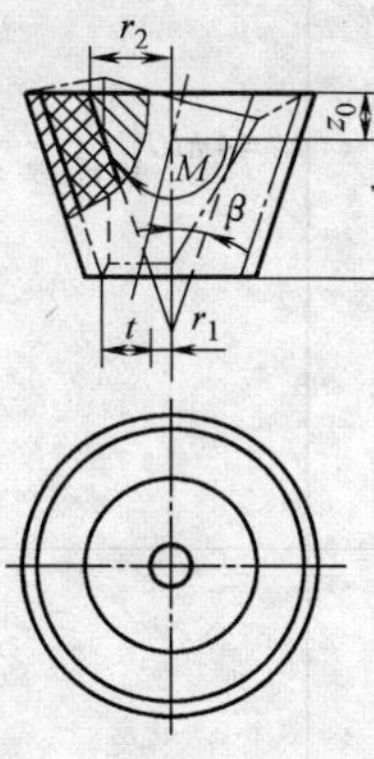 | $k' = \dfrac{\pi h z_0^2 (E_a + G)}{3\ln\left(1 + \dfrac{2t}{2r_2 - z_0\tan\beta}\right)}$ $+ \dfrac{\pi G}{3\tan\beta} \dfrac{(r_2 + t)^3 - (r_1 - t)^3}{\ln\left(\dfrac{2t}{1 + r_1 + r_2}\right)}$ 式中，$z_0$ 由以下方程式求解 $\dfrac{z_0}{\ln\left(1 + \dfrac{2t}{2r_2 - z_0\tan\beta}\right)} = \dfrac{(h - z_0)^2}{\ln\left(1 + \dfrac{2t}{r_1 + r_2 - z_0\tan\beta}\right)}$ |
| 径向 | 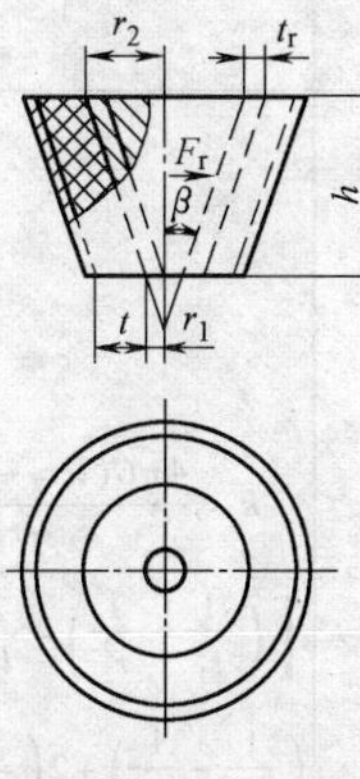 | $k'_r = \dfrac{\pi(r_2 - r_1)}{\tan\beta\ln\left(1 + \dfrac{2t}{r_2 + r_1}\right)}$ $\times (E_a + G)$ | 扭转 | 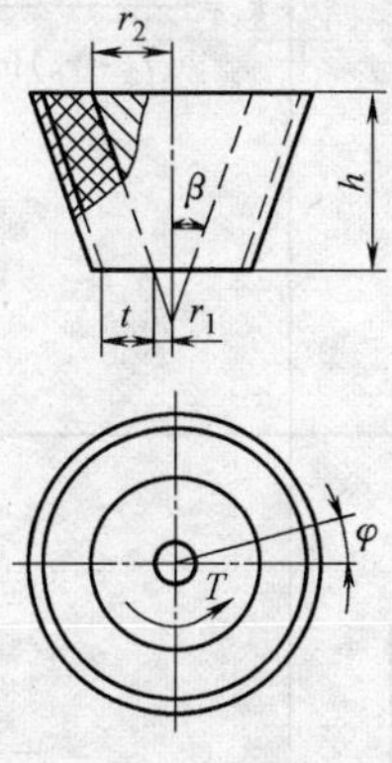 | $k' = \dfrac{4\pi G}{t\tan\beta}\left[\dfrac{1}{8}(r_2^4 - r_1^4) + \right.$ $\dfrac{t}{4}(r_2^3 - r_1^3) + \dfrac{t^2}{16}(r_2^2 - r_1^2)$ $+ \dfrac{t_3}{16}(r_2 - r_1) - \dfrac{t^4}{32}\ln$ $\left.\dfrac{2r_2 + t}{2r_1 + t}\right]$ |

注：空心圆锥橡胶弹簧的形状系数为 $s/2b$。

**表 3.4-63　衬套式橡胶弹簧静刚度计算公式**

| 变形 | 简图 | 刚度计算公式 | 变形 | 简图 | 刚度计算公式 |
|---|---|---|---|---|---|
| 轴向 | 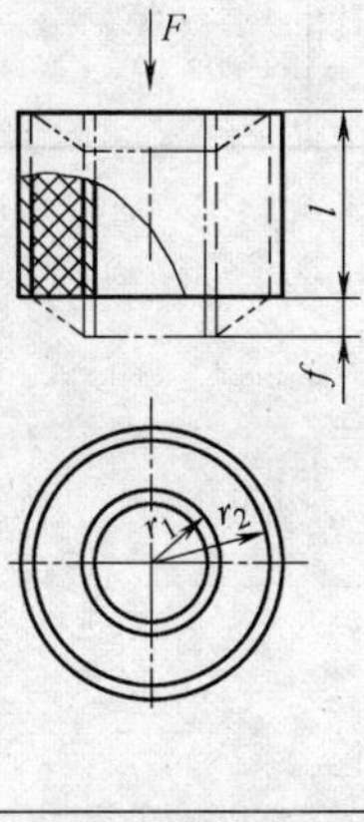 | $k = \dfrac{2\pi lG}{\ln\dfrac{r_2}{r_1}}$ | 弯曲 | 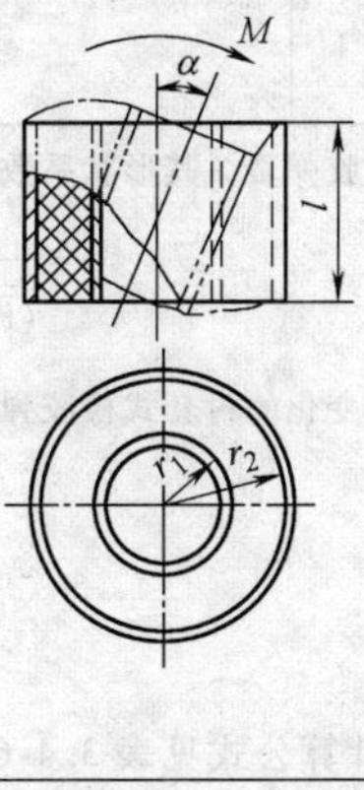 | $k' = \dfrac{\pi l^3 (E_a + G)}{12\ln\dfrac{r_2}{r_1}}$ |

（续）

| 变形 | 简图 | 刚度计算公式 | 变形 | 简图 | 刚度计算公式 |
|---|---|---|---|---|---|
| 扭转 | 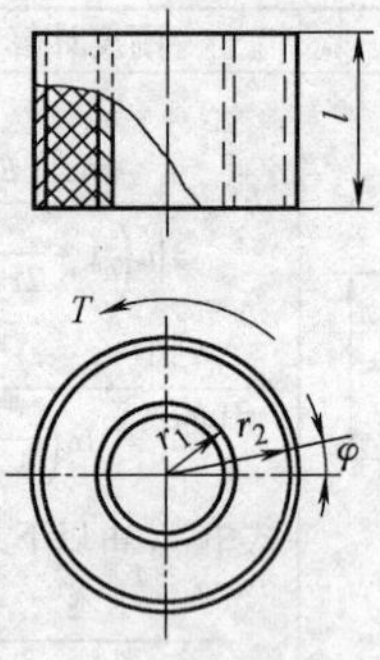 | $k' = 4\pi l G\left(\dfrac{1}{r_1^2} - \dfrac{1}{r_2^2}\right)^{-1}$ | 径向 | 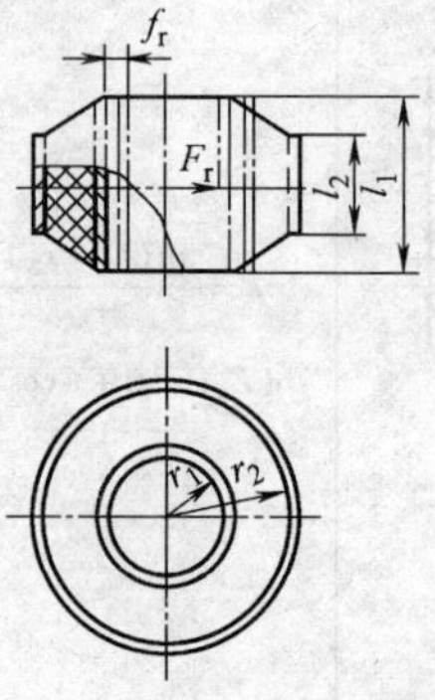 | $k = \dfrac{\pi(E_a + G)(l_1 r_2 - l_2 r_1)}{(r_2 - r_1)\ln\dfrac{l_1 r_2}{l_2 r_1}}$ |
| 轴向 | 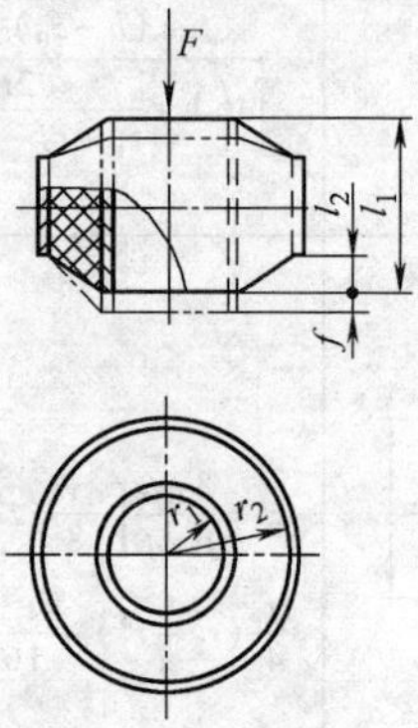 | $k' = \dfrac{2\pi G(l_1 r_2 - l_2 r_1)}{(r_2 - r_1)\ln\dfrac{l_1 r_2}{l_2 r_1}}$ | 扭转 | 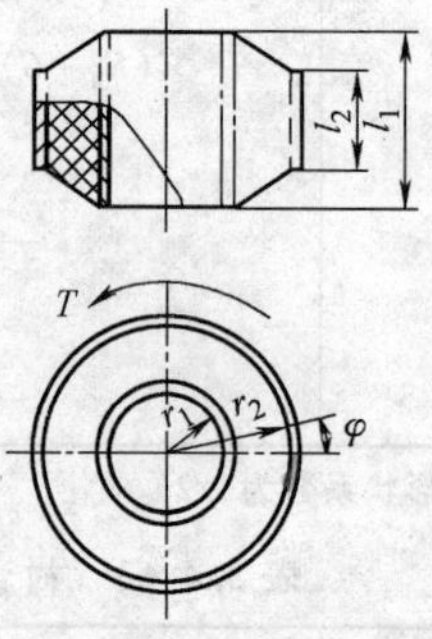 | $k' = \dfrac{4\pi G(l_1 r_2 - l_2 r_1)}{r_2 - r_1} \times$ $\left[\left(\dfrac{1}{r_1^2} - \dfrac{1}{r_2^2}\right) - \dfrac{2(l_2 - l_1)}{l_1 r_2 - l_2 r_1}\right.$ $\left(\dfrac{1}{r_1} - \dfrac{1}{r_2}\right) + 2\left(\dfrac{l_2 - l_1}{l_1 r_2 - l_2 r_1}\right)^2$ $\left.\times \ln\left(\dfrac{r_2 l_1}{r_1 l_2}\right)\right]^{-1}$ |
| 径向 | 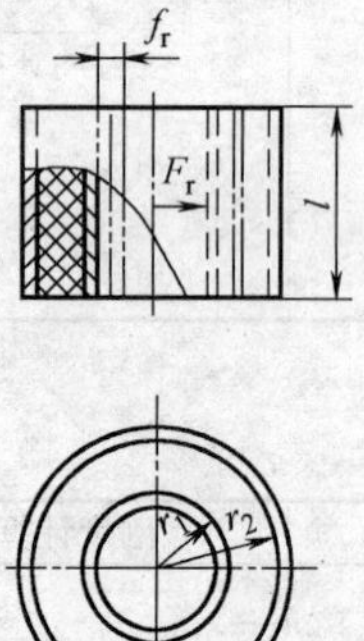 | $k'_r = \dfrac{\pi l(E_a + G)}{\ln\left(\dfrac{r_2}{r_1}\right)}$ | | | |

注：1. 对于等长度衬套式橡胶弹簧，其形状系数按下式计算

$$s = \frac{l}{(r_1 + r_2)\ln\dfrac{r_2}{r_1}} \approx \frac{l}{2(r_2 - r_1)}$$

　　2. 对于长度随半径线性变化的衬套式橡胶弹簧，其形状系数按下式计算

$$s = \frac{l_1 r_2 - l_2 r_1}{(r_2^2 - r_1^2)\ln\dfrac{l_1 r_2}{l_2 r_1}}$$

## 8.2.7　组合式橡胶弹簧

组合式橡胶弹簧静刚度计算公式见表 3.4-64。

表 3.4-64 组合式橡胶弹簧刚度计算公式

| 变形 | 简图 | 刚度计算公式 | 变形 | 简图 | 刚度计算公式 |
|---|---|---|---|---|---|
| 垂直 | | $k=\dfrac{2ab}{h}\times$ $(E_a\cos^2\alpha+G\sin^2\alpha)$ | 剪切 | | $k'_r=\dfrac{2aG(a_2-a_1)}{h\ln\dfrac{a_2}{a_1}}$ $\approx\dfrac{bG(a_1-a_2)}{h}$ |
| 横向 | | $k'_r=\dfrac{2ab}{\pi}$ $\times(E_a\sin^2\alpha+G\cos^2\alpha)$ | 垂直 | | $k=\left(\sum_{i=1}^{n}\dfrac{1}{k_i}\right)^{-1}$ 式中 $k_i$——各组成橡胶元件的压缩刚度,当 $k_1=k_2=\cdots=k_n=k'$时,则 $k=\dfrac{k'}{n}$ |
| 剪切 | | $k'_r=\dfrac{2abG}{h}$ $\times\left[1+\left(\dfrac{t}{h}\right)^2\right]^{-1}$ |  |  |  |

## 8.3 橡胶弹簧的材料和许用应力

### 8.3.1 橡胶弹簧的材料

目前,已用于制造橡胶减振元件的橡胶有以下几种见表 3.4-65。

表 3.4-65 用于制造橡胶减振元件的几种橡胶的特性

| 橡胶类型 | 性能特点 |
|---|---|
| 天然橡胶 | 具有优良的物理力学性能和加工性能,动态特性稳定,滞后损耗小,但它的耐候性和耐油性较差 |
| 丁苯橡胶 | 它的耐候性和耐热性较好,而滞后损耗较大,抗撕裂性较差,但通过添加增强剂可以获得接近于天然橡胶的强度 |
| 顺丁橡胶 | 滞后损耗较小,弹性良好,尤其在低温条件下能保持良好的弹性。它与天然橡胶相比,其耐候性和耐油性均较好,而力学性能则较差 |
| 异戊二烯橡胶 | 动态特性、耐候性、耐油性等与天然橡胶大致相同,但力学性能稍差,在很多情况下和其他橡胶混合使用 |
| 丁腈橡胶 | 具有优良的耐油性能,但耐油性能受丙烯腈含量的影响。制造橡胶弹簧的丁腈橡胶,采用丙烯腈含量为 25%~30% 的品种。若丙烯腈含量过高,橡胶将变硬,所以不宜作为橡胶减振元件的基本原料。由于丁腈橡胶的滞后损耗较大,故多与其他橡胶混合使用 |

（续）

| 橡胶类型 | 性 能 特 点 |
|---|---|
| 氯丁橡胶 | 具有优良的耐候性能。除滞后损耗较大外,可以认为它和天然橡胶相差无几,因而有时可以取代天然橡胶 |
| 丁基橡胶 | 具有优良的振动阻尼特性、耐候性和耐热性,但耐低温性能和加工性能较差。这种橡胶的硫化速度较慢,粘接性能不太好,与其他橡胶的混合性能也较差 |
| 乙丙橡胶 | 耐候性和耐热性好,尤其耐臭氧性特别优良。它与少量天然橡胶、丁苯橡胶混合使用可以改善这些特性,作为在高温环境下使用的橡胶减振元件的材料 |

### 8.3.2 橡胶弹簧的许用应力

橡胶弹簧的许用应力和许用应变见表 3.4-66。

表 3.4-66 橡胶弹簧的许用应力和许用应变

| 应力和应变的类型 | 许用应力/MPa | | 许用应变(%) | |
|---|---|---|---|---|
| | 静态 | 动态 | 静态 | 动态 |
| 压缩 | 30 | ±10 | 15 | 5 |
| 剪切 | 15 | ±0.4 | 25 | 8 |
| 扭转 | 20 | ±0.7 | — | — |

# 第 4 篇 带传动、链传动和螺旋传动

主　编　龚发云、李　波

编写人　龚发云　魏春梅（第 1 章）

　　　　卢耀舜　李　波（第 2 章）

　　　　魏　兵　汤　亮（第 3 章）

审稿人　阁毓杰　闫朝勤　张永林

# 本篇主要内容与特色

第 4 篇为带传动、链传动和螺旋传动。第 1 章介绍了带传动，包括带 V 带传动、平带传动（聚酰胺片基平带、高速带传动）、同步带传动、多楔带传动等类型、特性、应用、结构、设计计算和带传动的张紧及安装；第 2 章介绍链传动，包括链传动类型、特点与和应用，滚子链传动设计和链轮设计；第 3 章介绍螺旋传动，包括滑动螺旋传动、滚动螺旋传动、静压螺旋传动的分类、工作原理、结构、选用及设计计算。

本篇具有以下特色：

1) 从机械设计师设计需求考虑，简单介绍常用带传动、链传动和螺旋传动三种传动方式的基本原理，强调采用手册化、表格化的设计流程，重点介绍各类传动的方式类型、特点、参数、设计计算及应用。

2) 采用最新国家标准、行业标准和相关的国际新标准，最大限度地充实和体现新标准技术资料，为现代机械设计师完成常用机械传动设计任务提供完善的技术参考。

3) 从设计需要角度考虑，合理安排内容取舍与编排体系，本篇所选数据、资料主要来自新标准、新规范及相关权威资料，设计所用方法、公式、参数等内容多是经过长期实践检验，来自生产一线的工程实例。

# 第1章　带　传　动

## 1　带传动的类型、特点及应用

带传动根据传动原理可分为摩擦型带传动和啮合型带传动。前者过载可以打滑，但传动比不准确（弹性滑动率在2%以下）。后者可保证同步传动。根据带的形状，带传动还可分为平带传动、V带传动、多楔带传动和同步带传动等。几种常用带传动的分类、特点与应用见表4.1-1。

表 4.1-1　几种常用带传动的分类、特点与应用

| 类型 | 带简图 | 传动比 | 带速 /(m/s) | 传动效率 (%) | 特点与应用 |
|---|---|---|---|---|---|
| 普通 V 带 | | | 20～30, 最佳20 | | 带两侧与轮槽附着较好，当量摩擦因数较大，允许包角小，传动比较大，中心距较小，预紧力较小，传动功率可达700kW |
| 窄 V 带 | | ≤10 | 最佳 20～25, 极限 40～50 | | 带顶呈弓形，两侧呈内凹形，与轮槽接触面积增大，柔性增加，强力层上移，受力后仍保持整齐排列，除具有普通V带的特点外，能承受较大预紧力，速度和可挠曲次数提高，寿命延长，传动功率增大，单根可达75kW；带轮宽度和直径可减小，费用比普通V带降低20%～40%。可以完全代替普通V带 |
| 联组窄 V 带 | | | 20～30 | 85～95 | 窄V带的延伸产品。各V带长度一致，整体性好；各带受力均匀，横向刚度大，运转平稳，消除了单根带的振动；承载能力较强，寿命较长；适用于脉动载荷和有冲击振动的场合，特别是适用于垂直地面的平行轴传动。要求带轮尺寸加工精度高。目前只有2～5根的联组 |
| 多楔带 | | — | 20～40 | | 在平带内表面纵向布有等间距40°三角楔的环带。兼有平带与联组V带的特点，但比联组带传递功率大，效率高，速度快，传动比大，带体薄，比较柔软，小带轮直径可很小，机床中应用较多 |
| 普通平带 | | 不得大于5，一般不大于3 | 15～30 | 83～95, 有张紧轮 80～92 | 抗拉强度较大，耐湿性好，中心距大，价格便宜，但传动比小，效率较低，可呈交叉、半交叉及有导轮的角度传动，传动功率可达500kW |
| 梯形齿同步带 | | ≤10 | <1～40 | 98～99.5 | 靠齿啮合传动，传动比准确，传动效率高，初张紧力最小，轴承承受压力最小，瞬时速度均匀，单位质量传递的功率最大；与链和齿轮传动相比，噪声小，不需润滑，传动比、线速度范围大，传递功率大；耐冲击振动较好，维修简便、经济。广泛用于各种机械传动中 |
| 圆弧齿同步带 | | | | | 同梯形齿同步带，且齿根应力集中小，寿命更长，传递功率比梯形齿高1.2～2倍 |

# 2　V带传动

V带和带轮有两种宽度制，即基准宽度制和有效宽度制。基准宽度制是以基准线的位置和基准宽度 $b_d$（见图4.1-1a）来定义带轮的槽型和尺寸，当V带的节面与带轮的基准直径重合时，带轮的基准宽度即为V带节面在轮槽内相应位置的槽宽，用以表示轮槽轮截面的特征值。它不受公差影响，是带轮与带标准化的基本尺寸。

有效宽度制规定轮槽两侧边的最外端宽度为有效宽度 $b_e$（见图4.1-1b）。该尺寸不受公差影响，在轮槽有效宽度处的直径是有效直径。

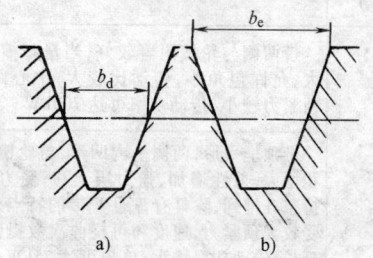

图 4.1-1　V带的两种宽度制

由于尺寸制的不同，带的长度分别以基准长度和有效长度来表示。基准长度是在规定的张紧力下，V带位于测量带轮基准直径处的周长；有效长度则是在规定的张紧力下，位于测量带轮有效直径处的周长。

普通V带采用基准宽度制，窄V带则由于尺寸制的不同，有基本宽度制和有效宽度制两种尺寸系列、基本宽度制分为 SPZ、SPA、SPB、SPC 四种型号，有效宽度制分 9N、15N、25N、9J、15J、25J 六种型号。在设计计算时，基本原理和计算公式是相同的，尺寸则有差别。

## 2.1　V带的尺寸规格

普通V带和窄V带（基准宽度制）的截面尺寸和露出高度见表 4.1-2。有效宽度制窄V带截面尺寸见表 4.1-3。窄V带的力学性能要求见表 4.1-4。普通V带的基准长度系列见表 4.1-5。当表中数系不能满足要求时，可按表 4.1-6 选取普通V带基准长度。

窄V带基准长度见表 4.1-7。窄V带有效长度见表 4.1-8。

**表 4.1-2　V带（基准宽度制）的截面尺寸和露出高度**（摘自 GB/T 13575.1—2008）　　　（单位：mm）

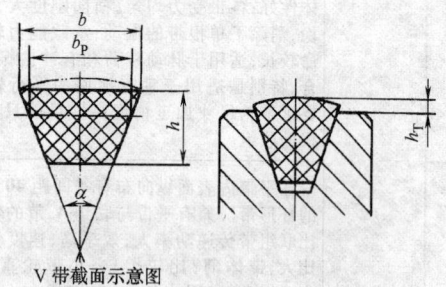

V带截面示意图

规定标记：
型号为 SPA 型基准长度为 1250mm 的窄V带
标记示例为
SPA1250　GB/T 11544—2012

| 型　　　号 | | 节宽 $b_P$ | 顶宽 $b$ | 高度 $h$ | 楔角 $\alpha$ | 露出高度 $h_T$ | | 适用槽形的基准宽度 |
| --- | --- | --- | --- | --- | --- | --- | --- | --- |
| | | | | | | 最大 | 最小 | |
| 普通V带 | Y | 5.3 | 6 | 4.0 | 40° | +0.8 | -0.8 | 5.3 |
| | Z | 8.5 | 10 | 6.0 | | +1.6 | -1.6 | 8.5 |
| | A | 11 | 13 | 8.0 | | +1.6 | -1.6 | 11 |
| | B | 14 | 17 | 11.0 | | +1.6 | -1.6 | 14 |
| | C | 19 | 22 | 14.0 | | +1.5 | -2.0 | 19 |
| | D | 27 | 32 | 19.0 | | +1.6 | -3.2 | 27 |
| | E | 32 | 38 | 23.0 | | +1.6 | -3.2 | 32 |
| 窄V带 | SPZ | 8 | 10 | 8.0 | 40° | +1.1 | -0.4 | 8.5 |
| | SPA | 11 | 13 | 10.0 | | +1.3 | -0.6 | 11 |
| | SPB | 14 | 17 | 14.0 | | +1.4 | -0.7 | 14 |
| | SPC | 19 | 32 | 18.0 | | +1.5 | -1.0 | 19 |

**表 4.1-3  有效宽度制窄 V 带截面尺寸**（摘自 GB/T 13575.1—2008）　（单位：mm）

| 型　号 | 截面尺寸 | | 最大露出高度 $h_T$ |
|---|---|---|---|
| | 顶宽 b | 高度 h | |
| 9N(3V) | 9.5 | 8.0 | 2.5 |
| 15N(5V) | 16.0 | 13.5 | 3.0 |
| 25N(8V) | 25.5 | 23.0 | 4.1 |

**表 4.1-4  窄 V 带的力学性能要求**（摘自 GB/T 12730—2002）

| 项　目 | | 指　标 | | | | |
|---|---|---|---|---|---|---|
| | | SPZ、9N | SPA | SPB、15N | SPC | ZSN |
| 抗拉强度/kN | ≥ | 2.3 | 3.0 | 5.4 | 9.8 | 12.7 |
| 参考力/kN | | 0.8 | 1.1 | 2.0 | 3.9 | 5.0 |
| 参考力伸长率(%) | ≤ | 4 | | | | 5 |
| 粘合强度/(kN/m) | ≥ | 12 | | | 18 | 22 |

**表 4.1-5  普通 V 带的基准长度系列**（摘自 GB/T 11544—1997）　（单位：mm）

| 基准长度 $L_d$ 基本尺寸 | 极限偏差 | Y | Z | A | B | C | D | E | 配组公差 |
|---|---|---|---|---|---|---|---|---|---|
| 200 | +8 | ○ | | | | | | | |
| 224 | | ○ | | | | | | | |
| 250 | −4 | ○ | | | | | | | |
| 280 | +9 | ○ | | | | | | | |
| 316 | −4 | ○ | | | | | | | |
| 355 | +10 | ○ | | | | | | | |
| 400 | −5 | ○ | ○ | | | | | | |
| 450 | +11 | ○ | ○ | | | | | | |
| 500 | −6 | ○ | ○ | | | | | | |
| 560 | +13 | | ○ | | | | | | |
| 630 | −6 | | ○ | ○ | | | | | 2 |
| 710 | +15 | | ○ | ○ | | | | | |
| 800 | −7 | | ○ | ○ | | | | | |
| 900 | +17 | | ○ | ○ | ○ | | | | |
| 1000 | −8 | | ○ | ○ | ○ | | | | |
| 1120 | +19 | | ○ | ○ | ○ | | | | |
| 1250 | −10 | | ○ | ○ | ○ | | | | |
| 1400 | +23 | | ○ | ○ | ○ | | | | |
| 1600 | −11 | | | ○ | ○ | | | | |
| 1800 | +27 | | | ○ | ○ | ○ | | | 4 |
| 2500 | −13 | | | | ○ | ○ | | | |

| 基准长度 $L_d$ 基本尺寸 | 极限偏差 | Y | Z | A | B | C | D | E | 配组公差 |
|---|---|---|---|---|---|---|---|---|---|
| 2240 | +31 | | | ○ | ○ | ○ | | | |
| 2500 | −16 | | | ○ | ○ | ○ | | | 8 |
| 2800 | +37 | | | | ○ | ○ | ○ | | |
| 3150 | −18 | | | | ○ | ○ | ○ | | |
| 3550 | +44 | | | | ○ | ○ | ○ | | |
| 4000 | −22 | | | | ○ | ○ | ○ | | |
| 4500 | +52 | | | | ○ | ○ | ○ | ○ | 12 |
| 5000 | −28 | | | | ○ | ○ | ○ | ○ | |
| 5600 | +63 | | | | | ○ | ○ | ○ | |
| 6300 | −32 | | | | | ○ | ○ | ○ | 20 |
| 7100 | +77 | | | | | ○ | ○ | ○ | |
| 8000 | −38 | | | | | ○ | ○ | ○ | |
| 9000 | +93 | | | | | ○ | ○ | ○ | |
| 10000 | −46 | | | | | ○ | ○ | ○ | 32 |
| 11200 | +112 | | | | | ○ | ○ | ○ | |
| 12500 | −56 | | | | | ○ | ○ | ○ | |
| 14000 | +140 | | | | | | ○ | ○ | |
| 16000 | −70 | | | | | | ○ | ○ | 48 |
| 18000 | +170 | | | | | | ○ | ○ | |
| 20000 | −85 | | | | | | | ○ | |

**表 4.1-6  普通 V 带基准长度**（摘自 GB/T 13575.1—2008）　（单位：mm）

| Y | Z | A | B | C | D | E |
|---|---|---|---|---|---|---|
| 200 | 405 | 630 | 930 | 1565 | 2740 | 4660 |
| 224 | 475 | 700 | 1000 | 1760 | 3100 | 5040 |
| 250 | 530 | 790 | 1100 | 1950 | 3330 | 5420 |
| 280 | 625 | 890 | 1210 | 2195 | 3730 | 6100 |
| 315 | 700 | 990 | 1370 | 2420 | 4080 | 6850 |
| 355 | 780 | 1100 | 1560 | 2715 | 4620 | 7650 |
| 400 | 820 | 1250 | 1760 | 2880 | 5400 | 9150 |
| 450 | 1080 | 1430 | 1950 | 3080 | 6100 | 12230 |
| 500 | 1330 | 1550 | 2180 | 3520 | 6840 | 13750 |
| — | 1420 | 1640 | 2300 | 4060 | 7620 | 15280 |
| — | 1540 | 1750 | 2500 | 4600 | 9140 | 16800 |
| — | — | 1940 | 2700 | 5380 | 10700 | — |
| — | — | 2050 | 2870 | 6100 | 12200 | — |
| — | — | 2200 | 3200 | 6815 | 13700 | — |
| — | — | 2300 | 3600 | 7600 | 15200 | — |
| — | — | 2480 | 4060 | 9100 | — | — |
| — | — | 2700 | 4430 | 10700 | — | — |
| — | — | — | 4820 | — | — | — |
| — | — | — | 5370 | — | — | — |
| — | — | — | 6070 | — | — | — |

**表 4.1-7　基准宽度制窄 V 带的基准长度系列**（摘自 GB/T 13575.1—2008）（单位：mm）

| 基本尺寸 | 极限偏差 | SPZ | SPA | SPB | SPC | 配组公差 |
|---|---|---|---|---|---|---|
| 630 | ±6 | ○ | | | | 2 |
| 710 | ±8 | ○ | | | | |
| 800 | | ○ | ○ | | | |
| 900 | ±10 | ○ | ○ | | | |
| 1000 | | ○ | ○ | | | |
| 1120 | ±13 | ○ | ○ | | | |
| 1250 | | ○ | ○ | ○ | | |
| 1400 | ±16 | ○ | ○ | ○ | | |
| 1600 | | ○ | ○ | ○ | | |
| 1800 | ±20 | ○ | ○ | ○ | | |
| 2000 | | ○ | ○ | ○ | ○ | |
| 2240 | ±25 | ○ | ○ | ○ | | 4 |
| 2500 | | ○ | ○ | ○ | ○ | |
| 2800 | ±32 | ○ | ○ | ○ | ○ | 4 |
| 3150 | | ○ | ○ | ○ | ○ | |
| 3550 | ±40 | ○ | ○ | ○ | ○ | 6 |
| 4000 | | | ○ | ○ | ○ | |
| 4500 | ±50 | | ○ | ○ | ○ | |
| 5000 | | | | ○ | ○ | |
| 5600 | ±63 | | | ○ | ○ | 10 |
| 6300 | | | | ○ | ○ | |
| 7100 | ±80 | | | ○ | ○ | |
| 8000 | | | | ○ | ○ | |
| 9000 | ±100 | | | | ○ | 16 |
| 10000 | | | | | ○ | |
| 11200 | ±125 | | | | ○ | |
| 12500 | | | | | ○ | |

**表 4.1-8　有效宽度制窄 V 带长度系列**（摘自 GB/T 13575.2—2008）（单位：mm）

| 9N | 15N | 25N | 极限偏差 | 配组差 | 9N | 15N | 25N | 极限偏差 | 配组差 | 9N | 15N | 25N | 极限偏差 | 配组差 |
|---|---|---|---|---|---|---|---|---|---|---|---|---|---|---|
| 630 | — | — | ±8 | 4 | 1800 | 1800 | — | ±10 | 6 | — | 5080 | 5080 | ±20 | 10 |
| 670 | — | — | ±8 | 4 | 1900 | 1900 | — | ±10 | 6 | — | 5380 | 5380 | ±20 | 10 |
| 710 | — | — | ±8 | 4 | 2030 | 2030 | — | ±10 | 6 | — | 5690 | 5690 | ±20 | 10 |
| 760 | — | — | ±8 | 4 | 2160 | 2160 | — | ±13 | 6 | — | 6000 | 6000 | ±20 | 10 |
| 800 | — | — | ±8 | 4 | 2290 | 2290 | — | ±13 | 6 | — | 6350 | 6350 | ±20 | 16 |
| 850 | — | — | ±8 | 4 | 2410 | 2410 | — | ±13 | 6 | — | 6730 | 6730 | ±20 | 16 |
| 900 | — | — | ±8 | 4 | 2540 | 2540 | 2540 | ±13 | 6 | — | 7100 | 7100 | ±20 | 16 |
| 950 | — | — | ±8 | 4 | 2690 | 2690 | 2690 | ±15 | 6 | — | 7620 | 7620 | ±20 | 16 |
| 1015 | — | — | ±8 | 4 | 2840 | 2840 | 2840 | ±15 | 10 | — | 8000 | 8000 | ±25 | 16 |
| 1080 | — | — | ±8 | 4 | 3000 | 3000 | 3000 | ±15 | 10 | — | 8500 | 8500 | ±25 | 16 |
| 1145 | — | — | ±8 | 4 | 3180 | 3180 | 3180 | ±15 | 10 | — | 9000 | 9000 | ±25 | 16 |
| 1205 | — | — | ±8 | 4 | 3350 | 3350 | 3350 | ±15 | 10 | — | | 9500 | ±25 | 16 |
| 1270 | 1270 | — | ±8 | 4 | 3550 | 3550 | 3550 | ±15 | 10 | — | | 10160 | ±25 | 16 |
| 1345 | 1345 | — | ±10 | 4 | | 3810 | 3810 | ±20 | 10 | — | | 10800 | ±30 | 16 |
| 1420 | 1420 | — | ±10 | 6 | | 4060 | 4060 | ±20 | 10 | — | | 11430 | ±30 | 16 |
| 1525 | 1525 | — | ±10 | 6 | | 4320 | 4320 | ±20 | 10 | — | | 12060 | ±30 | 24 |
| 1600 | 1600 | — | ±10 | 6 | | 4570 | 4570 | ±20 | 10 | — | | 12700 | ±30 | 24 |
| 1700 | 1700 | — | ±10 | 6 | | 4830 | 4830 | ±20 | 10 | | | | | |

## 2.2　V带传动的设计计算

已知条件：①传递的功率（原动机的额定功率或从动机的实际功率）；②小带轮和大带轮转速；③传动用途、载荷性质、原动机种类及工作制度。设计内容和步骤见表4.1-9。

## 表 4.1-9 V 带传动的设计计算

| 序号 | 计算项目 | 符号 | 单位 | 计算公式和参数选定 | 说 明 |
|---|---|---|---|---|---|
| 1 | 设计功率 | $P_d$ | kW | $P_d = K_A P$ | $P$——传递的功率(kW)<br>$K_A$——工况系数,查表 4.1-10 |
| 2 | 选定带型 | — | — | 根据 $P_d$ 和 $n_1$,由图 4.1-2、图 4.1-3 或图 4.1-4 选取 | $n_1$——小带轮转速(r/min) |
| 3 | 传动比 | $i$ | — | $i = \dfrac{n_1}{n_2} = \dfrac{d_{p2}}{d_{p1}}$<br>若计入滑动率<br>$i = \dfrac{n_1}{n_2} = \dfrac{d_{p2}}{(1-\varepsilon)d_{p1}}$<br>通常 $\varepsilon = 0.01 \sim 0.02$ | $n_2$——大带轮转速(r/min)<br>$d_{p1}$——小带轮的节圆直径(mm)<br>$d_{p2}$——大带轮的节圆直径(mm)<br>$\varepsilon$——弹性滑动率<br>通常带轮的节圆直径可视为基准直径 |
| 4 | 小带轮的基准直径 | $d_{d1}$ | mm | 按表 4.1-16、表 4.1-17 选定 | 为提高 V 带的寿命,宜选取较大的直径 |
| 5 | 大带轮的基准直径 | $d_{d2}$ | mm | $d_{d2} = i d_{d1}(1-\varepsilon)$ | $d_{d2}$ 应按表 4.1-16、表 4.1-17 选取标准值 |
| 6 | 带速 | $v$ | m/s | $v = \dfrac{\pi d_{p1} n_1}{60 \times 1000} \leqslant v_{max}$<br>普通 V 带 $v_{max} = 25 \sim 30$<br>窄 V 带 $v_{max} = 35 \sim 40$ | 一般 $v$ 不得低于 5m/s<br>为充分发挥 V 带的传动能力,应使 $v \approx 20$m/s |
| 7 | 初定轴间距 | $a_0$ | mm | $0.7(d_{d1} + d_{d2}) \leqslant a_0 < 2(d_{d1} + d_{d2})$ | 或根据结构要求定 |
| 8 | 所需基准长度 | $L_{d0}$ | mm | $L_{d0} = 2a_0 + \dfrac{\pi}{2}(d_{d1} + d_{d2}) + \dfrac{(d_{d2} - d_{d1})^2}{4a_0}$ | 由表 4.1-5 ~ 表 4.1-7 选取相近的 $L_d$ 对有效宽度制 V 带,按有效直径计算所需带长由表 4.1-8 选相近带长 |
| 9 | 实际轴间距 | $a$ | mm | $a \approx a_0 + \dfrac{L_d - L_{d0}}{2}$ | 安装时所需最小轴间距<br>$a_{min} = a - i, i = 2b_d + 0.009L_d$<br>张紧或补偿伸长所需最大轴间距<br>$a_{max} = a + s, s = 0.02L_d$ |
| 10 | 小带轮包角 | $\alpha_1$ | (°) | $\alpha_1 = 180° - \dfrac{d_{d2} - d_{d1}}{a} \times 57.3°$ | 如 $\alpha_1$ 较小,应增大 $a$ 或用张紧轮 |
| 11 | 单根 V 带传递的基本额定功率 | $P_1$ | kW | 根据带型、$d_{d1}$ 和 $n_1$ 查表 4.1-15 ~ 表 4.1-28 | $P_1$——$\alpha = 180°$、载荷平稳时,特定基准长度的单根 V 带基本额定功率 |
| 12 | 传动比 $i \neq 1$ 时的额定功率增量 | $\Delta P_1$ | kW | 根据带型、$n_1$ 和 $i$ 查表 4.1-15 ~ 表 4.1-28 | — |
| 13 | V 带的根数 | $z$ | — | $z = \dfrac{P_d}{(P_1 + \Delta P_1) K_\alpha K_L}$ | $K_\alpha$——小带轮包角修正系数,查表 4.1-11<br>$K_L$——带长修正系数,查表 4.1-13、表 4.1-14 |
| 14 | 单根 V 带的预紧力 | $F_0$ | N | $F_0 = 500 \left( \dfrac{2.5}{K_\alpha} - 1 \right) \dfrac{P_d}{zv} + mv^2$ | $m$——V 带每米长的质量查表 4.1-12(kg/m) |
| 15 | 作用在轴上的力 | $F_r$ | N | $F_r = 2F_0 z \sin \dfrac{\alpha_1}{2}$ | — |
| 16 | 带轮的结构和尺寸 | — | — | | 见本章 2.3.2 节 |

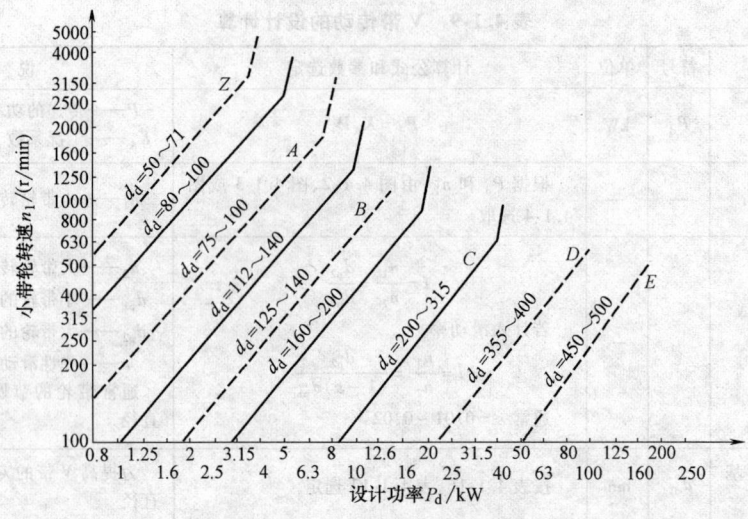

图 4.1-2　普通 V 带选型图

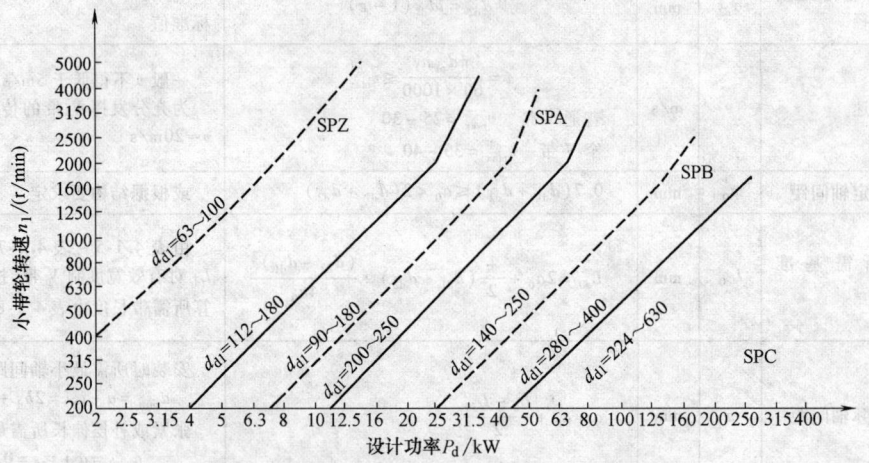

图 4.1-3　窄 V 带（基准宽度制）选型图

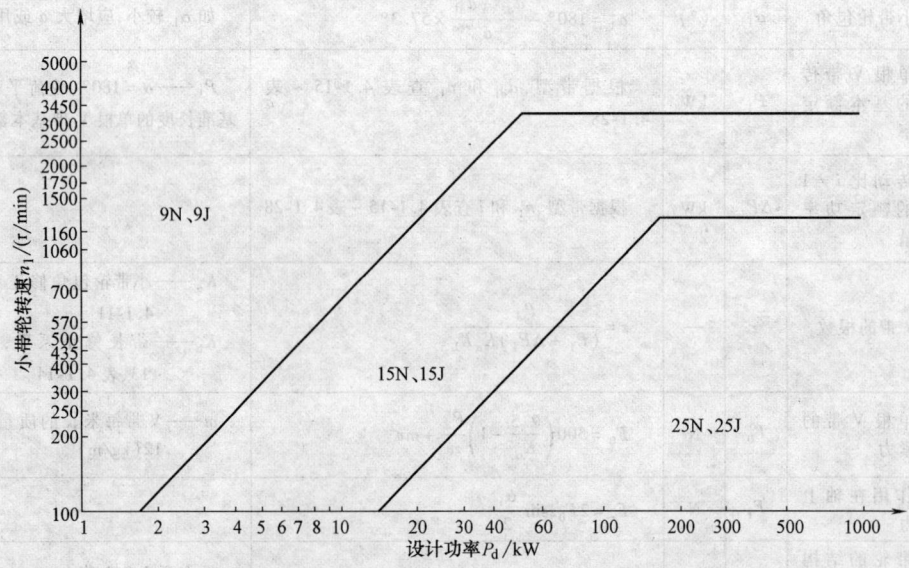

图 4.1-4　窄 V 带（有效宽度制）选型图

表 4.1-10　工况系数 $K_A$（摘自 GB/T 13575.1—2008）

| 工　况 | | $K_A$ | | | | | |
|---|---|---|---|---|---|---|---|
| | | 空、轻载起动 | | | 重载起动 | | |
| | | 每天工作时间/h | | | | | |
| | | <10 | 10~16 | >16 | <10 | 10~16 | >16 |
| 载荷变动最小 | 液体搅拌机、通风机和鼓风机（≤7.5kW）、离心式水泵和压缩机、轻载荷输送机 | 1.0 | 1.1 | 1.2 | 1.1 | 1.2 | 1.3 |
| 载荷变动小 | 带式输送机(不均匀负荷)、通风机（>7.5kW）、旋转式水泵和压缩机(非离心式)、发电机、金属切削机床、印刷机、旋转筛、锯木机和木工机械 | 1.1 | 1.2 | 1.3 | 1.2 | 1.3 | 1.4 |
| 载荷变动较大 | 制砖机、斗式提升机、往复式水泵和压缩机、起重机、磨粉机、冲剪机床、橡胶机械、振动筛、纺织机械、重载输送机 | 1.2 | 1.3 | 1.4 | 1.4 | 1.5 | 1.6 |
| 载荷变动很大 | 破碎机(旋转式、颚式等)、磨碎机(球磨、棒磨、管磨) | 1.3 | 1.4 | 1.5 | 1.5 | 1.6 | 1.8 |

注：1. 空、轻载起动为电动机（交流起动、三角起动、直流并励）、四缸以上的内燃机、装有离心式离合器、液力联轴器的动力机。

2. 重载起动为电动机（联机交流起动、直流复励或串励）、四缸以下的内燃机。

3. 反复起动、正反转频繁、工作条件恶劣等场合，$K_A$ 应乘 1.2，窄 V 带乘 1.1。

4. 增速传动时 $K_A$ 应乘下列系数：

| 增速比 | 1.25~1.74 | 1.75~2.49 | 2.5~3.49 | ≥3.5 |
|---|---|---|---|---|
| 系数 | 1.05 | 1.11 | 1.18 | 1.25 |

表 4.1-11　小带轮包角修正系数 $K_\alpha$（摘自 GB/T 13575.1—2008）

| 小带轮包角 /(°) | $K_\alpha$ | 小带轮包角 /(°) | $K_\alpha$ |
|---|---|---|---|
| 180 | 1 | 140 | 0.89 |
| 175 | 0.99 | 135 | 0.88 |
| 170 | 0.98 | 130 | 0.86 |
| 165 | 0.96 | 120 | 0.82 |
| 160 | 0.95 | 110 | 0.78 |
| 155 | 0.93 | 100 | 0.74 |
| 150 | 0.92 | 95 | 0.72 |
| 145 | 0.91 | 90 | 0.69 |

表 4.1-12　V 带每米长的质量 $m$（摘自 GB/T 13575.1—2008）

| 带型 | | $m/$(kg/m) |
|---|---|---|
| 普通 V 带 | Y | 0.023 |
| | Z | 0.060 |
| | A | 0.105 |
| | B | 0.170 |
| | C | 0.300 |
| | D | 0.630 |
| | E | 0.970 |
| 窄 V 带 | SPZ | 0.072 |
| | SPA | 0.112 |
| | SPB | 0.192 |
| | SPC | 0.370 |

表 4.1-13　普通 V 带和窄 V 带的带长修正系数 $K_L$（摘自 GB/T 13575.1—2008）

| 普通 V 带 | | | | | | | | | | | | | |
|---|---|---|---|---|---|---|---|---|---|---|---|---|---|
| Y | | Z | | A | | B | | C | | D | | E | |
| $L_d$ | $K_L$ | $L_d$ | $K_L$ | $L_d$ | $K_L$ | $L_d$ | $K_L$ | $L_d$ | $K_L$ | $L_d$ | $K_L$ | $L_d$ | $K_L$ |
| 200 | 0.81 | 405 | 0.87 | 630 | 0.81 | 930 | 0.83 | 1565 | 0.82 | 2740 | 0.82 | 4660 | 0.91 |
| 224 | 0.82 | 475 | 0.90 | 700 | 0.83 | 1000 | 0.84 | 1760 | 0.85 | 3100 | 0.86 | 5040 | 0.92 |
| 250 | 0.84 | 530 | 0.93 | 790 | 0.85 | 1100 | 0.86 | 1950 | 0.87 | 3330 | 0.87 | 5420 | 0.94 |
| 280 | 0.87 | 625 | 0.96 | 890 | 0.87 | 1210 | 0.87 | 2195 | 0.90 | 3730 | 0.90 | 6100 | 0.96 |
| 315 | 0.89 | 700 | 0.99 | 990 | 0.89 | 1370 | 0.90 | 2420 | 0.92 | 4080 | 0.91 | 6850 | 0.99 |
| 355 | 0.92 | 780 | 1.00 | 1100 | 0.91 | 1560 | 0.92 | 2715 | 0.94 | 4620 | 0.94 | 7650 | 1.01 |
| 400 | 0.96 | 920 | 1.04 | 1250 | 0.93 | 1760 | 0.94 | 2880 | 0.95 | 5400 | 0.97 | 9150 | 1.05 |
| 450 | 1.00 | 1080 | 1.07 | 1430 | 0.96 | 1950 | 0.97 | 3080 | 0.97 | 6100 | 0.99 | 12230 | 1.11 |
| 500 | 1.02 | 1330 | 1.13 | 1550 | 0.98 | 2180 | 0.99 | 3520 | 0.99 | 6840 | 1.02 | 13750 | 1.15 |
| — | — | 1420 | 1.14 | 1640 | 0.99 | 2300 | 1.01 | 4060 | 1.02 | 7620 | 1.05 | 15280 | 1.17 |
| — | — | 1540 | 1.54 | 1750 | 1.00 | 2500 | 1.03 | 4600 | 1.05 | 9140 | 1.08 | 16800 | 1.19 |
| — | — | — | — | 1940 | 1.02 | 2700 | 1.04 | 5380 | 1.08 | 10700 | 1.13 | — | — |
| — | — | — | — | 2050 | 1.04 | 2870 | 1.05 | 6100 | 1.11 | 12200 | 1.16 | — | — |

（续）

## 普通 V 带

| Y | | Z | | A | | B | | C | | D | | E | |
|---|---|---|---|---|---|---|---|---|---|---|---|---|---|
| $L_d$ | $K_L$ | $L_d$ | $K_L$ | $L_d$ | $K_L$ | $L_d$ | $K_L$ | $L_d$ | $K_L$ | $L_d$ | $K_L$ | $L_d$ | $K_L$ |
| — | — | — | — | 2200 | 1.06 | 3200 | 1.07 | 6815 | 1.14 | 13700 | 1.19 | — | — |
| — | — | — | — | 2300 | 1.07 | 3600 | 1.09 | 7600 | 1.17 | 15200 | 1.21 | — | — |
| — | — | — | — | 2480 | 1.09 | 4060 | 1.13 | 9100 | 1.21 | — | — | — | — |
| — | — | — | — | 2700 | 1.10 | 4430 | 1.15 | 10700 | 1.24 | — | — | — | — |
| — | — | — | — | — | — | 4820 | 1.17 | — | — | — | — | — | — |
| — | — | — | — | — | — | 5370 | 1.20 | — | — | — | — | — | — |
| — | — | — | — | — | — | 6070 | 1.24 | — | — | — | — | — | — |

## 窄 V 带

| $L_d$ | $K_L$ | | | | $L_d$ | $K_L$ | | | |
|---|---|---|---|---|---|---|---|---|---|
| | SPZ | SPA | SPB | SPC | | SPZ | SPA | SPB | SPC |
| 630 | 0.82 | — | — | — | 3150 | 1.11 | 1.04 | 0.98 | 0.90 |
| 710 | 0.84 | — | — | — | 3550 | 1.13 | 1.06 | 1.00 | 0.92 |
| 800 | 0.86 | 0.81 | — | — | 4000 | — | 1.08 | 1.02 | 0.94 |
| 900 | 0.88 | 0.83 | — | — | 4500 | — | 1.09 | 1.04 | 0.96 |
| 1000 | 0.90 | 0.85 | — | — | 5000 | — | — | 1.06 | 0.98 |
| 1120 | 0.93 | 0.87 | — | — | 5600 | — | — | 1.08 | 1.00 |
| 1250 | 0.94 | 0.89 | 0.82 | — | 6300 | — | — | 1.10 | 1.02 |
| 1400 | 0.96 | 0.91 | 0.84 | — | 7100 | — | — | 1.12 | 1.04 |
| 1600 | 1.00 | 0.93 | 0.86 | — | 8000 | — | — | 1.14 | 1.06 |
| 1800 | 1.01 | 0.95 | 0.88 | — | 9000 | — | — | — | 1.08 |
| 2000 | 1.02 | 0.96 | 0.90 | 0.81 | 10000 | — | — | — | 1.10 |
| 2240 | 1.05 | 0.98 | 0.92 | 0.83 | 11200 | — | — | — | 1.12 |
| 2500 | 1.07 | 1.00 | 0.94 | 0.86 | 12500 | — | — | — | 1.14 |
| 2800 | 1.09 | 1.02 | 0.96 | 0.88 | | | | | |

表 4.1-14　有效宽度制窄 V 带的带长修正系数 $K_L$（摘自 GB/T 13575.2—2008）

| $L_e$/mm | 带　型 | | | $L_e$/mm | 带　型 | | |
|---|---|---|---|---|---|---|---|
| | 9N、9J | 15N、15J | 25N、25J | | 9N、9J | 15N、15J | 25N、25J |
| 630 | 0.83 | — | — | 3000 | 1.12 | 0.99 | 0.89 |
| 670 | 0.84 | — | — | 3180 | 1.13 | 1.00 | 0.90 |
| 710 | 0.85 | — | — | 3350 | 1.14 | 1.01 | 0.91 |
| 760 | 0.86 | — | — | 3550 | 1.15 | 1.02 | 0.92 |
| 800 | 0.87 | — | — | 3810 | — | 1.03 | 0.93 |
| 850 | 0.88 | — | — | 4060 | — | 1.04 | 0.94 |
| 900 | 0.89 | — | — | 4320 | — | 1.05 | 0.94 |
| 950 | 0.90 | — | — | 4570 | — | 1.06 | 0.95 |
| 1050 | 0.92 | — | — | 4830 | — | 1.07 | 0.96 |
| 1080 | 0.93 | — | — | 5080 | — | 1.08 | 0.97 |
| 1145 | 0.94 | — | — | 5380 | — | 1.09 | 0.98 |
| 1205 | 0.95 | — | — | 5690 | — | 1.09 | 0.98 |
| 1270 | 0.96 | 0.85 | — | 6000 | — | 1.10 | 0.99 |
| 1345 | 0.97 | 0.86 | — | 6350 | — | 1.11 | 1.00 |
| 1420 | 0.98 | 0.87 | — | 6730 | — | 1.12 | 1.01 |
| 1525 | 0.99 | 0.88 | — | 7100 | — | 1.13 | 1.02 |
| 1600 | 1.00 | 0.89 | — | 7620 | — | 1.14 | 1.03 |
| 1700 | 1.01 | 0.90 | — | 8000 | — | 1.15 | 1.03 |
| 1800 | 1.02 | 0.91 | — | 8500 | — | 1.16 | 1.04 |
| 1900 | 1.03 | 0.92 | — | 9000 | — | 1.17 | 1.05 |
| 2030 | 1.04 | 0.93 | — | 9500 | — | — | 1.06 |
| 2160 | 1.06 | 0.94 | — | 10160 | — | — | 1.07 |
| 2290 | 1.07 | 0.95 | — | 10800 | — | — | 1.08 |
| 2410 | 1.08 | 0.96 | — | 11430 | — | — | 1.09 |
| 2540 | 1.09 | 0.96 | 0.87 | 12060 | — | — | 1.09 |
| 2690 | 1.10 | 0.97 | 0.88 | 12700 | — | — | 1.10 |
| 2840 | 1.11 | 0.98 | 0.88 | | | | |

**表 4.1-15  Y 型 V 带的额定功率**（摘自 GB/T 13575.1—2008）    （单位：kW）

| $n_1$ /(r/min) | — 小带轮基准直径 $d_{d1}$/mm | | | | | | | | 传 动 比 $i$ | | | | | | | | | |
|---|---|---|---|---|---|---|---|---|---|---|---|---|---|---|---|---|---|---|
| | 20 | 25 | 28 | 31.5 | 35.5 | 40 | 45 | 50 | 1.00~1.02 | 1.03~1.04 | 1.05~1.08 | 1.09~1.12 | 1.13~1.18 | 1.19~1.24 | 1.25~1.34 | 1.35~1.50 | 1.51~1.99 | ≥2.00 |
| | 单根 V 带传递的基本额定功率 $P_1$ | | | | | | | | $i\neq1$ 时额定功率的增量 $\Delta P_1$ | | | | | | | | | |
| 200 | — | — | — | — | — | — | — | 0.04 | | | | | | | | | | |
| 400 | — | — | — | — | — | — | 0.04 | 0.05 | | | | | | | | | | |
| 700 | — | — | — | 0.03 | 0.04 | 0.04 | 0.05 | 0.06 | | | | | | | | | | |
| 800 | — | 0.03 | 0.03 | 0.04 | 0.05 | 0.05 | 0.06 | 0.07 | | | | | | | | | | |
| 950 | 0.01 | 0.03 | 0.04 | 0.04 | 0.05 | 0.06 | 0.07 | 0.08 | | | | | | | | | | |
| 1200 | 0.02 | 0.03 | 0.04 | 0.05 | 0.06 | 0.07 | 0.08 | 0.09 | | | | | | | | | | |
| 1450 | 0.02 | 0.04 | 0.05 | 0.06 | 0.06 | 0.08 | 0.09 | 0.11 | | | | | | | | | | |
| 1600 | 0.03 | 0.05 | 0.05 | 0.06 | 0.07 | 0.09 | 0.11 | 0.12 | | | | | | | | | | |
| 2000 | 0.03 | 0.05 | 0.06 | 0.07 | 0.08 | 0.11 | 0.12 | 0.14 | | | | | | | | | | |
| 2400 | 0.04 | 0.06 | 0.07 | 0.09 | 0.09 | 0.12 | 0.14 | 0.16 | | | | | | | | | | |
| 2800 | 0.04 | 0.07 | 0.08 | 0.10 | 0.11 | 0.14 | 0.16 | 0.18 | | | | | | | | | | |
| 3200 | 0.05 | 0.08 | 0.09 | 0.11 | 0.12 | 0.15 | 0.17 | 0.20 | | | | | | | | | | |
| 3600 | 0.06 | 0.08 | 0.10 | 0.12 | 0.13 | 0.16 | 0.19 | 0.22 | | | | | | | | | | |
| 4000 | 0.06 | 0.09 | 0.11 | 0.13 | 0.14 | 0.18 | 0.20 | 0.23 | | | | | | | | | | |
| 4500 | 0.07 | 0.10 | 0.12 | 0.14 | 0.16 | 0.19 | 0.21 | 0.24 | | | | | | | | | | |
| 5000 | 0.08 | 0.11 | 0.13 | 0.15 | 0.18 | 0.20 | 0.23 | 0.25 | | | | | | | | | | |
| 5500 | 0.09 | 0.12 | 0.14 | 0.16 | 0.19 | 0.22 | 0.24 | 0.26 | | | | | | | | | | |
| 6000 | 0.10 | 0.13 | 0.15 | 0.17 | 0.20 | 0.24 | 0.26 | 0.27 | | | | | | | | | | |

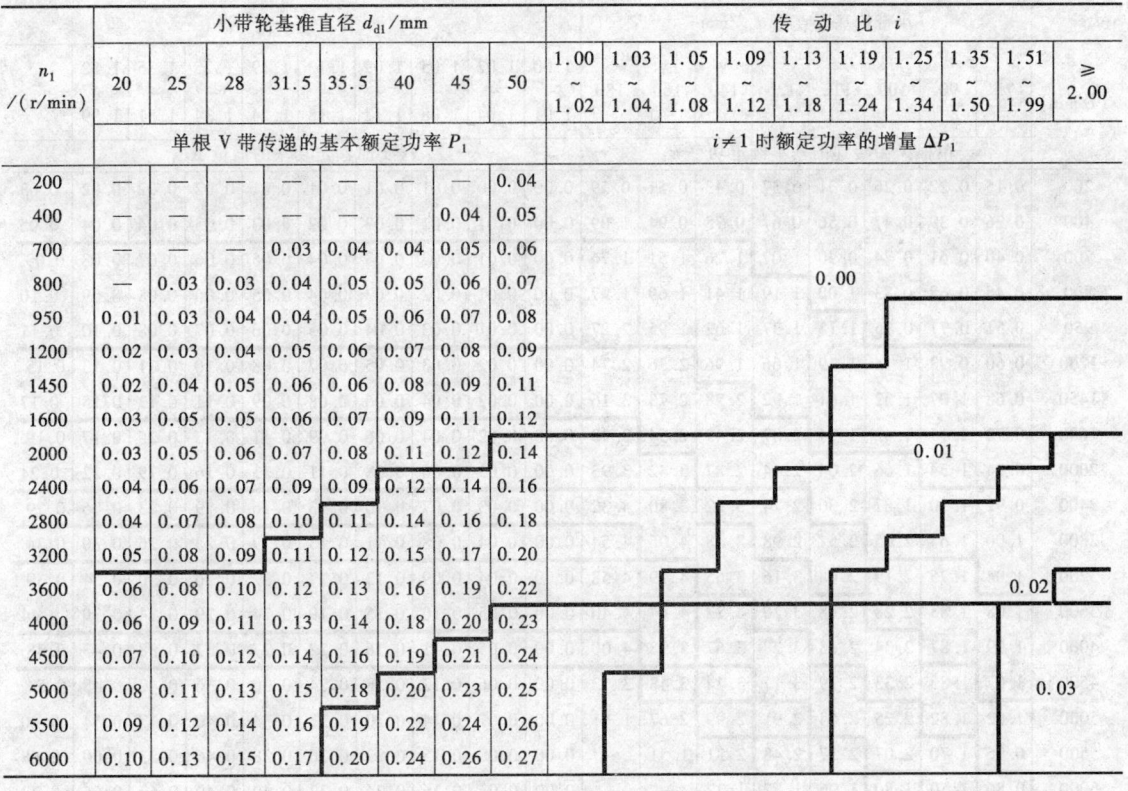

**表 4.1-16  Z 型 V 带的额定功率**（摘自 GB/T 13575.1—2008）    （单位：kW）

| $n_1$ /(r/min) | 小带轮基准直径 $d_{d1}$/mm | | | | | | 传 动 比 $i$ | | | | | | | | | |
|---|---|---|---|---|---|---|---|---|---|---|---|---|---|---|---|---|
| | 50 | 56 | 63 | 71 | 80 | 90 | 1.00~1.01 | 1.02~1.04 | 1.05~1.08 | 1.09~1.12 | 1.13~1.18 | 1.19~1.24 | 1.25~1.34 | 1.35~1.50 | 1.51~1.99 | ≥2.00 |
| | 单根 V 带传递的基本额定功率 $P_1$ | | | | | | $i\neq1$ 时额定功率的增量 $\Delta P_1$ | | | | | | | | | |
| 200 | 0.04 | 0.04 | 0.05 | 0.06 | 0.10 | 0.10 | | | | | | | | | | |
| 400 | 0.06 | 0.06 | 0.08 | 0.09 | 0.14 | 0.14 | | | | | | | | | | |
| 700 | 0.09 | 0.11 | 0.13 | 0.17 | 0.20 | 0.22 | | | | | | | | | | |
| 800 | 0.10 | 0.12 | 0.15 | 0.20 | 0.22 | 0.24 | | | | | | | | | | |
| 960 | 0.12 | 0.14 | 0.18 | 0.23 | 0.26 | 0.28 | | | | | | | | | | |
| 1200 | 0.14 | 0.17 | 0.22 | 0.27 | 0.30 | 0.33 | | | | | | | | | | |
| 1450 | 0.16 | 0.19 | 0.25 | 0.30 | 0.35 | 0.36 | | | | | | | | | | |
| 1600 | 0.17 | 0.20 | 0.27 | 0.33 | 0.39 | 0.40 | | | | | | | | | | |
| 2000 | 0.20 | 0.25 | 1.32 | 0.39 | 0.44 | 0.48 | | | | | | | | | | |
| 2400 | 0.22 | 0.30 | 0.37 | 0.46 | 0.50 | 0.54 | | | | | | | | | | |
| 2800 | 0.26 | 0.33 | 0.41 | 0.50 | 0.56 | 0.60 | | | | | | | | | | |
| 3200 | 0.28 | 0.35 | 0.45 | 0.54 | 0.61 | 0.64 | | | | | | | | | | |
| 3600 | 0.30 | 0.37 | 0.47 | 0.58 | 0.64 | 0.68 | | | | | | | | | | |
| 4000 | 0.32 | 0.39 | 0.49 | 0.61 | 0.67 | 0.72 | | | | | | | | | | |
| 4500 | 0.33 | 0.40 | 0.50 | 0.62 | 0.67 | 0.73 | | | | | | | | | | |
| 5000 | 0.34 | 0.41 | 0.50 | 0.62 | 0.66 | 0.73 | | | | | | | | | | |
| 5500 | 0.33 | 0.41 | 0.49 | 0.61 | 0.64 | 0.65 | | | | | | | | | | |
| 6000 | 0.31 | 0.40 | 0.48 | 0.56 | 0.61 | 0.56 | | | | | | | | | | |

### 表 4.1-17　A型 V 带的额定功率（摘自 GB/T 13575.1—2008）　（单位：kW）

| $n_1$/(r/min) | 小带轮基准直径 $d_{d1}$/mm | | | | | | | | 传动比 $i$ | | | | | | | | | |
|---|---|---|---|---|---|---|---|---|---|---|---|---|---|---|---|---|---|---|
| | 75 | 90 | 100 | 112 | 125 | 140 | 160 | 180 | 1.00~1.01 | 1.02~1.04 | 1.05~1.08 | 1.09~1.12 | 1.13~1.18 | 1.19~1.24 | 1.25~1.34 | 1.35~1.51 | 1.52~1.99 | ≥2.00 |
| | 单根 V 带传递的基本额定功率 $P_1$ | | | | | | | | $i\neq1$ 时额定功率的增量 $\Delta P_1$ | | | | | | | | | |
| 200 | 0.15 | 0.22 | 0.26 | 0.31 | 0.37 | 0.43 | 0.51 | 0.59 | 0.00 | 0.00 | 0.01 | 0.01 | 0.01 | 0.01 | 0.02 | 0.02 | 0.02 | 0.03 |
| 400 | 0.26 | 0.39 | 0.47 | 0.56 | 0.67 | 0.78 | 0.94 | 1.09 | 0.00 | 0.01 | 0.01 | 0.02 | 0.02 | 0.03 | 0.03 | 0.04 | 0.04 | 0.05 |
| 700 | 0.40 | 0.61 | 0.74 | 0.90 | 1.07 | 1.26 | 1.51 | 1.76 | 0.00 | 0.01 | 0.02 | 0.03 | 0.04 | 0.05 | 0.06 | 0.07 | 0.08 | 0.09 |
| 800 | 0.45 | 0.68 | 0.83 | 1.00 | 1.19 | 1.41 | 1.69 | 1.97 | 0.00 | 0.01 | 0.02 | 0.03 | 0.04 | 0.05 | 0.06 | 0.08 | 0.09 | 0.10 |
| 950 | 0.51 | 0.77 | 0.95 | 1.15 | 1.37 | 1.62 | 1.95 | 2.27 | 0.00 | 0.01 | 0.03 | 0.04 | 0.05 | 0.06 | 0.07 | 0.08 | 0.10 | 0.11 |
| 1200 | 0.60 | 0.93 | 1.14 | 1.39 | 1.66 | 1.96 | 2.36 | 2.74 | 0.00 | 0.02 | 0.03 | 0.05 | 0.07 | 0.08 | 0.10 | 0.11 | 0.13 | 0.15 |
| 1450 | 0.68 | 1.07 | 1.32 | 1.61 | 1.92 | 2.28 | 2.73 | 3.16 | 0.00 | 0.02 | 0.04 | 0.06 | 0.08 | 0.09 | 0.11 | 0.13 | 0.15 | 0.17 |
| 1600 | 0.73 | 1.15 | 1.42 | 1.74 | 2.07 | 2.45 | 2.54 | 3.40 | 0.00 | 0.02 | 0.04 | 0.06 | 0.09 | 0.11 | 0.13 | 0.15 | 0.17 | 0.19 |
| 2000 | 0.84 | 1.34 | 1.66 | 2.04 | 2.44 | 2.87 | 3.42 | 3.93 | 0.00 | 0.03 | 0.06 | 0.08 | 0.11 | 0.13 | 0.16 | 0.19 | 0.22 | 0.24 |
| 2400 | 0.92 | 1.50 | 1.87 | 2.30 | 2.74 | 3.22 | 3.80 | 4.32 | 0.00 | 0.03 | 0.07 | 0.10 | 0.13 | 0.16 | 0.19 | 0.23 | 0.26 | 0.29 |
| 2800 | 1.00 | 1.64 | 2.05 | 2.51 | 2.98 | 3.48 | 4.06 | 4.54 | 0.00 | 0.04 | 0.08 | 0.11 | 0.15 | 0.19 | 0.23 | 0.26 | 0.30 | 0.34 |
| 3200 | 1.04 | 1.75 | 2.19 | 2.68 | 3.16 | 3.65 | 4.19 | 4.58 | 0.00 | 0.04 | 0.09 | 0.13 | 0.17 | 0.22 | 0.26 | 0.30 | 0.34 | 0.39 |
| 3600 | 1.08 | 1.83 | 2.28 | 2.78 | 3.26 | 3.72 | 4.17 | 4.40 | 0.00 | 0.05 | 0.10 | 0.15 | 0.19 | 0.24 | 0.29 | 0.34 | 0.39 | 0.44 |
| 4000 | 1.09 | 1.87 | 2.34 | 2.83 | 3.28 | 3.67 | 3.98 | 4.00 | 0.00 | 0.05 | 0.11 | 0.16 | 0.22 | 0.27 | 0.32 | 0.38 | 0.43 | 0.48 |
| 4500 | 1.07 | 1.83 | 2.33 | 2.79 | 3.17 | 3.44 | 3.48 | 3.13 | 0.00 | 0.06 | 0.13 | 0.18 | 0.24 | 0.30 | 0.36 | 0.42 | 0.48 | 0.54 |
| 5000 | 1.02 | 1.82 | 2.25 | 2.64 | 2.91 | 2.99 | 2.67 | 1.81 | 0.00 | 0.07 | 0.14 | 0.20 | 0.27 | 0.34 | 0.40 | 0.47 | 0.54 | 0.60 |
| 5500 | 0.96 | 1.70 | 2.07 | 2.37 | 2.48 | 2.31 | 1.51 | — | 0.00 | 0.08 | 0.15 | 0.23 | 0.30 | 0.38 | 0.46 | 0.53 | 0.60 | 0.68 |
| 6000 | 0.80 | 1.50 | 1.80 | 1.96 | 1.87 | 1.37 | — | — | 0.00 | 0.08 | 0.16 | 0.24 | 0.32 | 0.40 | 0.49 | 0.57 | 0.65 | 0.73 |

### 表 4.1-18　B型 V 带的额定功率（摘自 GB/T 13575.1—2008）　（单位：kW）

| $n_1$/(r/min) | 小带轮基准直径 $d_{d1}$/mm | | | | | | | | 传动比 $i$ | | | | | | | | | |
|---|---|---|---|---|---|---|---|---|---|---|---|---|---|---|---|---|---|---|
| | 125 | 140 | 160 | 180 | 200 | 224 | 250 | 280 | 1.00~1.01 | 1.02~1.04 | 1.05~1.08 | 1.09~1.12 | 1.13~1.18 | 1.19~1.24 | 1.25~1.34 | 1.35~1.51 | 1.52~1.99 | ≥2.00 |
| | 单根 V 带传递的基本额定功率 $P_1$ | | | | | | | | $i\neq1$ 时额定功率的增量 $\Delta P_1$ | | | | | | | | | |
| 200 | 0.48 | 0.59 | 0.74 | 0.88 | 1.02 | 1.19 | 1.37 | 1.58 | 0.00 | 0.01 | 0.01 | 0.02 | 0.03 | 0.04 | 0.04 | 0.05 | 0.06 | 0.06 |
| 400 | 0.84 | 1.05 | 1.32 | 1.59 | 1.85 | 2.17 | 2.50 | 2.89 | 0.00 | 0.01 | 0.03 | 0.04 | 0.06 | 0.07 | 0.08 | 0.10 | 0.11 | 0.13 |
| 700 | 1.30 | 1.64 | 2.09 | 2.53 | 2.96 | 3.47 | 4.00 | 4.61 | 0.00 | 0.02 | 0.05 | 0.07 | 0.10 | 0.12 | 0.15 | 0.17 | 0.20 | 0.22 |
| 800 | 1.44 | 1.82 | 2.32 | 2.81 | 3.30 | 3.86 | 4.46 | 5.13 | 0.00 | 0.03 | 0.06 | 0.08 | 0.11 | 0.14 | 0.17 | 0.20 | 0.23 | 0.25 |
| 950 | 1.64 | 2.08 | 2.66 | 3.22 | 3.77 | 4.42 | 5.10 | 5.85 | 0.00 | 0.03 | 0.07 | 0.10 | 0.13 | 0.17 | 0.20 | 0.23 | 0.26 | 0.30 |
| 1200 | 1.93 | 2.47 | 3.17 | 3.85 | 4.50 | 5.26 | 6.04 | 6.90 | 0.00 | 0.04 | 0.08 | 0.13 | 0.17 | 0.21 | 0.25 | 0.30 | 0.34 | 0.38 |
| 1450 | 2.19 | 2.82 | 3.62 | 4.39 | 5.13 | 5.97 | 6.82 | 7.76 | 0.00 | 0.05 | 0.10 | 0.15 | 0.20 | 0.25 | 0.31 | 0.36 | 0.40 | 0.46 |
| 1600 | 2.33 | 3.00 | 3.86 | 4.68 | 5.46 | 6.33 | 7.20 | 8.13 | 0.00 | 0.06 | 0.11 | 0.17 | 0.23 | 0.28 | 0.34 | 0.39 | 0.45 | 0.51 |
| 1800 | 2.50 | 3.23 | 4.15 | 5.02 | 5.83 | 6.73 | 7.63 | 8.46 | 0.00 | 0.06 | 0.13 | 0.19 | 0.25 | 0.32 | 0.38 | 0.44 | 0.51 | 0.57 |
| 2000 | 2.64 | 3.42 | 4.40 | 5.30 | 6.13 | 7.02 | 7.87 | 8.60 | 0.00 | 0.07 | 0.14 | 0.21 | 0.28 | 0.35 | 0.42 | 0.49 | 0.56 | 0.63 |
| 2200 | 2.76 | 3.58 | 4.60 | 5.52 | 6.35 | 7.19 | 7.97 | 8.53 | 0.00 | 0.08 | 0.16 | 0.23 | 0.31 | 0.39 | 0.46 | 0.54 | 0.62 | 0.70 |
| 2400 | 2.85 | 3.70 | 4.75 | 5.67 | 6.47 | 7.25 | 7.89 | 8.22 | 0.00 | 0.09 | 0.17 | 0.25 | 0.34 | 0.42 | 0.51 | 0.59 | 0.68 | 0.76 |
| 2800 | 2.96 | 3.85 | 4.89 | 5.76 | 6.43 | 6.95 | 7.14 | 6.80 | 0.00 | 0.10 | 0.20 | 0.29 | 0.39 | 0.49 | 0.59 | 0.69 | 0.79 | 0.89 |
| 3200 | 2.94 | 3.83 | 4.80 | 5.52 | 5.95 | 6.05 | 5.60 | 4.26 | 0.00 | 0.11 | 0.23 | 0.34 | 0.45 | 0.56 | 0.68 | 0.79 | 0.90 | 1.01 |
| 3600 | 2.80 | 3.63 | 4.46 | 4.92 | 4.98 | 4.47 | 5.12 | — | 0.00 | 0.13 | 0.25 | 0.38 | 0.51 | 0.63 | 0.76 | 0.89 | 1.01 | 1.14 |
| 4000 | 2.51 | 3.24 | 3.82 | 3.92 | 3.47 | 2.14 | — | — | 0.00 | 0.14 | 0.28 | 0.42 | 0.56 | 0.70 | 0.84 | 0.99 | 1.13 | 1.27 |
| 4500 | 1.93 | 2.45 | 2.59 | 2.04 | 0.73 | — | — | — | 0.00 | 0.16 | 0.32 | 0.48 | 0.63 | 0.79 | 0.95 | 1.11 | 1.27 | 1.43 |
| 5000 | 1.09 | 1.29 | 0.81 | — | — | — | — | — | 0.00 | 0.18 | 0.36 | 0.53 | 0.71 | 0.89 | 1.07 | 1.24 | 1.42 | 1.60 |

**表 4.1-19　C 型 V 带的额定功率**（摘自 GB/T 13575.1—2008）　　（单位：kW）

| $n_1$/(r/min) | 小带轮基准直径 $d_{d1}$/mm | | | | | | | | 传动比 $i$ | | | | | | | | | |
|---|---|---|---|---|---|---|---|---|---|---|---|---|---|---|---|---|---|---|
| | 200 | 224 | 250 | 280 | 315 | 355 | 400 | 450 | 1.00~1.01 | 1.02~1.04 | 1.05~1.08 | 1.09~1.12 | 1.13~1.18 | 1.19~1.24 | 1.25~1.34 | 1.35~1.51 | 1.52~1.99 | ≥2.00 |
| | 单根 V 带传递的基本额定功率 $P_1$ | | | | | | | | $i \neq 1$ 时额定功率的增量 $\Delta P_1$ | | | | | | | | | |
| 200 | 1.39 | 1.70 | 2.03 | 2.42 | 2.84 | 3.36 | 3.91 | 4.51 | 0.00 | 0.02 | 0.04 | 0.06 | 0.08 | 0.10 | 0.12 | 0.14 | 0.16 | 0.18 |
| 300 | 1.92 | 2.37 | 2.85 | 3.40 | 4.04 | 4.75 | 5.54 | 6.40 | 0.00 | 0.03 | 0.06 | 0.09 | 0.12 | 0.15 | 0.18 | 0.21 | 0.24 | 0.26 |
| 400 | 2.41 | 2.99 | 3.62 | 4.32 | 5.14 | 6.05 | 7.06 | 8.20 | 0.00 | 0.04 | 0.08 | 0.12 | 0.16 | 0.20 | 0.23 | 0.27 | 0.31 | 0.35 |
| 500 | 2.87 | 3.58 | 4.33 | 5.19 | 6.17 | 7.27 | 8.52 | 9.81 | 0.00 | 0.05 | 0.10 | 0.15 | 0.20 | 0.24 | 0.29 | 0.34 | 0.39 | 0.44 |
| 600 | 3.30 | 4.12 | 5.00 | 6.00 | 7.14 | 8.45 | 9.82 | 11.29 | 0.00 | 0.06 | 0.12 | 0.18 | 0.24 | 0.29 | 0.35 | 0.41 | 0.47 | 0.53 |
| 700 | 3.69 | 4.64 | 5.64 | 6.76 | 8.09 | 9.50 | 11.02 | 12.63 | 0.00 | 0.07 | 0.14 | 0.21 | 0.27 | 0.34 | 0.41 | 0.48 | 0.55 | 0.62 |
| 800 | 4.07 | 5.12 | 6.23 | 7.52 | 8.92 | 10.46 | 12.10 | 13.80 | 0.00 | 0.08 | 0.16 | 0.23 | 0.31 | 0.39 | 0.47 | 0.55 | 0.63 | 0.71 |
| 950 | 4.58 | 5.78 | 7.04 | 8.49 | 10.05 | 11.73 | 13.48 | 15.23 | 0.00 | 0.09 | 0.19 | 0.27 | 0.37 | 0.47 | 0.56 | 0.65 | 0.74 | 0.83 |
| 1200 | 5.29 | 6.71 | 8.21 | 9.81 | 11.53 | 13.31 | 15.04 | 16.59 | 0.00 | 0.12 | 0.24 | 0.35 | 0.47 | 0.59 | 0.70 | 0.82 | 0.94 | 1.06 |
| 1450 | 5.84 | 7.45 | 9.04 | 10.72 | 12.46 | 14.12 | 15.53 | 16.47 | 0.00 | 0.14 | 0.28 | 0.42 | 0.58 | 0.71 | 0.85 | 0.99 | 1.14 | 1.27 |
| 1600 | 6.07 | 7.75 | 9.38 | 11.06 | 12.72 | 14.19 | 15.24 | 15.57 | 0.00 | 0.16 | 0.31 | 0.47 | 0.63 | 0.78 | 0.94 | 1.10 | 1.25 | 1.41 |
| 1800 | 6.28 | 8.00 | 9.63 | 11.22 | 12.67 | 13.73 | 14.08 | 13.29 | 0.00 | 0.18 | 0.35 | 0.53 | 0.71 | 0.88 | 1.06 | 1.23 | 1.41 | 1.59 |
| 2000 | 6.34 | 8.06 | 9.62 | 11.04 | 12.14 | 12.59 | 11.95 | 9.64 | 0.00 | 0.20 | 0.39 | 0.59 | 0.78 | 0.98 | 1.17 | 1.37 | 1.57 | 1.76 |
| 2200 | 6.26 | 7.92 | 9.34 | 10.48 | 11.08 | 10.70 | 8.75 | 4.44 | 0.00 | 0.22 | 0.43 | 0.65 | 0.86 | 1.08 | 1.29 | 1.51 | 1.72 | 1.94 |
| 2400 | 6.02 | 7.57 | 8.75 | 9.50 | 9.43 | 7.98 | 4.34 | — | 0.00 | 0.23 | 0.47 | 0.70 | 0.94 | 1.18 | 1.41 | 1.65 | 1.88 | 2.12 |
| 2600 | 5.61 | 6.93 | 7.85 | 8.08 | 7.11 | 4.32 | | | 0.00 | 0.25 | 0.51 | 0.76 | 1.02 | 1.27 | 1.53 | 1.78 | 2.04 | 2.29 |
| 2800 | 5.01 | 6.08 | 6.56 | 6.13 | 4.16 | — | | | 0.00 | 0.27 | 0.55 | 0.82 | 1.10 | 1.37 | 1.64 | 1.92 | 2.19 | 2.47 |
| 3200 | 3.23 | 3.57 | 2.93 | — | | | | | 0.00 | 0.31 | 0.61 | 0.91 | 1.22 | 1.53 | 1.63 | 2.14 | 2.44 | 2.75 |

**表 4.1-20　D 型 V 带的额定功率**（摘自 GB/T 13575.1—2008）　　（单位：kW）

| $n_1$/(r/min) | 小带轮基准直径 $d_{d1}$/mm | | | | | | | | 传动比 $i$ | | | | | | | | | |
|---|---|---|---|---|---|---|---|---|---|---|---|---|---|---|---|---|---|---|
| | 355 | 400 | 450 | 500 | 560 | 630 | 710 | 800 | 1.00~1.01 | 1.02~1.04 | 1.05~1.08 | 1.09~1.12 | 1.13~1.18 | 1.19~1.24 | 1.25~1.34 | 1.35~1.51 | 1.52~1.99 | ≥2.00 |
| | 单根 V 带传递的基本额定功率 $P_1$ | | | | | | | | $i \neq 1$ 时额定功率的增量 $\Delta P_1$ | | | | | | | | | |
| 100 | 3.01 | 3.66 | 4.37 | 5.08 | 5.91 | 6.88 | 8.01 | 9.22 | 0.00 | 0.03 | 0.07 | 0.10 | 0.14 | 0.17 | 0.21 | 0.24 | 0.28 | 0.31 |
| 150 | 4.20 | 5.14 | 6.17 | 7.18 | 8.43 | 9.82 | 11.38 | 13.11 | 0.00 | 0.05 | 0.11 | 0.15 | 0.21 | 0.26 | 0.31 | 0.36 | 0.42 | 0.47 |
| 200 | 5.31 | 6.52 | 7.90 | 9.21 | 10.76 | 12.54 | 14.55 | 16.76 | 0.00 | 0.07 | 0.14 | 0.21 | 0.28 | 0.35 | 0.42 | 0.49 | 0.56 | 0.63 |
| 250 | 6.36 | 7.88 | 9.50 | 11.09 | 12.97 | 15.13 | 17.54 | 20.18 | 0.00 | 0.09 | 0.18 | 0.26 | 0.35 | 0.44 | 0.57 | 0.61 | 0.70 | 0.78 |
| 300 | 7.35 | 9.13 | 11.02 | 12.88 | 15.07 | 17.57 | 20.35 | 23.39 | 0.00 | 0.10 | 0.21 | 0.31 | 0.42 | 0.52 | 0.62 | 0.73 | 0.83 | 0.94 |
| 400 | 9.24 | 11.45 | 13.85 | 16.20 | 18.95 | 22.05 | 25.45 | 29.08 | 0.00 | 0.14 | 0.28 | 0.42 | 0.56 | 0.70 | 0.83 | 0.97 | 1.11 | 1.25 |
| 500 | 10.90 | 13.55 | 16.40 | 19.17 | 22.38 | 25.94 | 29.76 | 33.72 | 0.00 | 0.17 | 0.35 | 0.52 | 0.70 | 0.87 | 1.04 | 1.22 | 1.39 | 1.56 |
| 600 | 12.39 | 15.42 | 18.67 | 21.78 | 25.32 | 29.18 | 33.18 | 37.13 | 0.00 | 0.21 | 0.42 | 0.62 | 0.83 | 1.04 | 1.24 | 1.46 | 1.67 | 1.88 |
| 700 | 13.70 | 17.07 | 20.63 | 23.99 | 27.73 | 31.68 | 35.59 | 39.14 | 0.00 | 0.24 | 0.49 | 0.73 | 0.97 | 1.22 | 1.46 | 1.70 | 1.95 | 2.19 |
| 800 | 14.83 | 18.46 | 22.25 | 25.76 | 29.55 | 33.38 | 36.87 | 39.55 | 0.00 | 0.28 | 0.56 | 0.83 | 1.11 | 1.39 | 1.67 | 1.95 | 2.22 | 2.50 |
| 950 | 16.15 | 20.06 | 24.01 | 27.50 | 31.04 | 34.19 | 36.35 | 36.76 | 0.00 | 0.33 | 0.66 | 0.99 | 1.32 | 1.60 | 1.92 | 2.31 | 2.64 | 2.97 |
| 1100 | 16.98 | 20.99 | 24.84 | 28.02 | 30.85 | 32.65 | 32.52 | 29.26 | 0.00 | 0.38 | 0.77 | 1.15 | 1.53 | 1.91 | 2.29 | 2.68 | 3.06 | 3.44 |
| 1200 | 17.25 | 21.20 | 24.84 | 26.71 | 29.67 | 30.15 | 27.88 | 21.32 | 0.00 | 0.42 | 0.84 | 1.25 | 1.67 | 2.09 | 2.50 | 2.92 | 3.34 | 3.75 |
| 1300 | 17.26 | 21.06 | 24.35 | 26.54 | 27.58 | 26.37 | 21.42 | 10.73 | 0.00 | 0.45 | 0.91 | 1.35 | 1.81 | 2.26 | 2.71 | 3.16 | 3.61 | 4.06 |
| 1450 | 16.77 | 20.15 | 22.02 | 23.59 | 22.58 | 18.06 | 7.99 | — | 0.00 | 0.51 | 1.01 | 1.51 | 2.02 | 2.52 | 3.02 | 3.52 | 4.03 | 4.53 |
| 1600 | 15.63 | 18.31 | 19.59 | 18.88 | 15.13 | 6.25 | — | — | 0.00 | 0.56 | 1.11 | 1.67 | 2.23 | 2.78 | 3.33 | 3.89 | 4.45 | 5.00 |
| 1800 | 12.97 | 14.28 | 13.34 | 9.59 | — | — | — | | 0.00 | 0.63 | 1.24 | 1.88 | 2.51 | 3.13 | 3.74 | 4.38 | 5.01 | 5.62 |

表 4.1-21　E 型 V 带的额定功率（摘自 GB/T 13575.1—2008）　　　　　　（单位：kW）

| $n_1$ /(r/min) | 小带轮基准直径 $d_{d1}$/mm | | | | | | | | 传 动 比 $i$ | | | | | | | | | |
| --- | --- | --- | --- | --- | --- | --- | --- | --- | --- | --- | --- | --- | --- | --- | --- | --- | --- | --- |
| | 500 | 560 | 630 | 710 | 800 | 900 | 1000 | 1120 | 1.00~1.01 | 1.02~1.04 | 1.05~1.08 | 1.09~1.12 | 1.13~1.18 | 1.19~1.24 | 1.25~1.34 | 1.35~1.51 | 1.52~1.99 | ≥2.00 |
| | 单根 V 带传递的基本额定功率 $P_1$ | | | | | | | | $i \neq 1$ 时额定功率的增量 $\Delta P_1$ | | | | | | | | | |
| 100 | 6.21 | 7.32 | 8.75 | 10.31 | 12.05 | 13.96 | 15.64 | 18.07 | 0.00 | 0.07 | 0.14 | 0.21 | 0.28 | 0.34 | 0.41 | 0.48 | 0.55 | 0.62 |
| 150 | 8.60 | 10.33 | 12.32 | 14.56 | 17.05 | 19.76 | 22.14 | 25.58 | 0.00 | 0.10 | 0.20 | 0.31 | 0.41 | 0.52 | 0.62 | 0.72 | 0.83 | 0.93 |
| 200 | 10.86 | 13.09 | 15.65 | 18.52 | 21.70 | 25.15 | 28.52 | 32.47 | 0.00 | 0.14 | 0.28 | 0.41 | 0.55 | 0.69 | 0.83 | 0.96 | 1.10 | 1.24 |
| 250 | 12.97 | 15.67 | 18.77 | 22.23 | 26.03 | 30.14 | 34.11 | 38.71 | 0.00 | 0.17 | 0.34 | 0.52 | 0.69 | 0.86 | 1.03 | 1.20 | 1.37 | 1.55 |
| 300 | 14.96 | 18.10 | 21.69 | 25.69 | 30.05 | 34.71 | 39.17 | 44.26 | 0.00 | 0.21 | 0.41 | 0.62 | 0.83 | 1.03 | 1.24 | 1.45 | 1.65 | 1.86 |
| 350 | 16.81 | 20.38 | 24.42 | 28.89 | 33.73 | 38.64 | 43.66 | 49.04 | 0.00 | 0.24 | 0.48 | 0.72 | 0.96 | 1.20 | 1.45 | 1.69 | 1.92 | 2.17 |
| 400 | 18.55 | 22.49 | 26.95 | 31.83 | 37.05 | 42.49 | 47.52 | 52.98 | 0.00 | 0.28 | 0.55 | 0.83 | 1.10 | 1.38 | 1.65 | 1.93 | 2.20 | 2.48 |
| 500 | 21.65 | 26.25 | 31.36 | 36.85 | 42.53 | 48.20 | 53.12 | 57.94 | 0.00 | 0.34 | 0.64 | 1.03 | 1.38 | 1.72 | 2.07 | 2.41 | 2.75 | 3.10 |
| 600 | 24.21 | 29.30 | 34.83 | 40.58 | 46.26 | 51.48 | 55.45 | 58.42 | 0.00 | 0.41 | 0.83 | 1.24 | 1.65 | 2.07 | 2.48 | 2.89 | 3.31 | 3.72 |
| 700 | 26.21 | 31.59 | 37.26 | 42.87 | 47.96 | 51.95 | 54.00 | 53.62 | 0.00 | 0.48 | 0.97 | 1.45 | 1.93 | 2.41 | 2.89 | 3.38 | 3.86 | 4.34 |
| 800 | 27.57 | 33.03 | 38.52 | 43.52 | 47.38 | 49.21 | 48.19 | 42.77 | 0.00 | 0.55 | 1.10 | 1.65 | 2.21 | 2.76 | 3.31 | 3.86 | 4.41 | 4.96 |
| 950 | 28.32 | 33.40 | 37.92 | 41.02 | 41.59 | 38.19 | 30.08 | — | 0.00 | 0.65 | 1.29 | 1.95 | 2.62 | 3.27 | 3.92 | 4.58 | 5.23 | 5.89 |
| 1100 | 27.30 | 31.35 | 33.94 | 33.74 | 29.06 | 17.65 | — | — | 0.00 | 0.76 | 1.52 | 2.27 | 3.03 | 3.79 | 4.40 | 5.30 | 6.06 | 6.82 |
| 1200 | 25.53 | 28.49 | 29.17 | 25.91 | 16.46 | — | — | — | | | | | | | | | | |
| 1300 | 22.82 | 24.31 | 22.56 | 15.44 | — | — | — | — | | | | | | | | | | |
| 1450 | 16.82 | 15.35 | 8.85 | — | | | | | | | | | | | | | | |

表 4.1-22　SPZ 型窄 V 带的额定功率（摘自 GB/T 13575.1—2008）

| $d_{d1}$/mm | $i$ 或 $\frac{1}{i}$ | 小轮转速 $n_k$/(r/min) | | | | | | | | | | | | | | | |
| --- | --- | --- | --- | --- | --- | --- | --- | --- | --- | --- | --- | --- | --- | --- | --- | --- | --- |
| | | 200 | 400 | 700 | 800 | 950 | 1200 | 1450 | 1600 | 2000 | 2400 | 2800 | 3200 | 3600 | 4000 | 4500 | 5000 |
| | | 额定功率 $P_N$/kW | | | | | | | | | | | | | | | |
| 63 | 1 | 0.20 | 0.35 | 0.54 | 0.60 | 0.68 | 0.81 | 0.93 | 1.00 | 1.17 | 1.32 | 1.45 | 1.56 | 1.66 | 1.74 | 1.81 | 1.85 |
| | 1.2 | 0.22 | 0.39 | 0.61 | 0.68 | 0.78 | 0.94 | 1.08 | 1.17 | 1.38 | 1.57 | 1.74 | 1.89 | 2.03 | 2.15 | 2.27 | 2.37 |
| | 1.5 | 0.23 | 0.41 | 0.65 | 0.72 | 0.83 | 1.00 | 1.16 | 1.25 | 1.48 | 1.69 | 1.88 | 2.06 | 2.21 | 2.35 | 2.50 | 2.63 |
| | ≥3 | 0.24 | 0.43 | 0.68 | 0.76 | 0.88 | 1.06 | 1.23 | 1.33 | 1.58 | 1.81 | 2.03 | 2.22 | 2.40 | 2.56 | 2.74 | 2.88 |
| 71 | 1 | 0.25 | 0.44 | 0.70 | 0.78 | 0.90 | 1.08 | 1.25 | 1.35 | 1.59 | 1.81 | 2.00 | 2.18 | 2.33 | 2.46 | 2.59 | 2.68 |
| | 1.2 | 0.27 | 0.49 | 0.77 | 0.87 | 1.00 | 1.20 | 1.40 | 1.51 | 1.79 | 2.05 | 2.29 | 2.51 | 2.70 | 2.87 | 3.05 | 3.20 |
| | 1.5 | 0.28 | 0.51 | 0.81 | 0.91 | 1.04 | 1.26 | 1.47 | 1.59 | 1.90 | 2.18 | 2.43 | 2.67 | 2.88 | 3.08 | 3.28 | 3.45 |
| | ≥3 | 0.29 | 0.53 | 0.85 | 0.95 | 1.09 | 1.33 | 1.55 | 1.68 | 2.00 | 2.30 | 2.58 | 2.83 | 3.07 | 3.28 | 3.51 | 3.71 |
| 80 | 1 | 0.31 | 0.55 | 0.88 | 0.99 | 1.14 | 1.38 | 1.60 | 1.73 | 2.05 | 2.34 | 2.61 | 2.85 | 3.06 | 3.24 | 3.42 | 3.56 |
| | 1.2 | 0.33 | 0.59 | 0.94 | 1.07 | 1.24 | 1.50 | 1.75 | 1.89 | 2.25 | 2.59 | 2.90 | 3.18 | 3.43 | 3.65 | 3.89 | 4.07 |
| | 1.5 | 0.34 | 0.61 | 0.99 | 1.11 | 1.28 | 1.56 | 1.82 | 1.97 | 2.36 | 2.71 | 3.04 | 3.34 | 3.61 | 3.86 | 4.12 | 4.33 |
| | ≥3 | 0.35 | 0.64 | 1.03 | 1.15 | 1.33 | 1.62 | 1.90 | 2.06 | 2.46 | 2.84 | 3.18 | 3.51 | 3.80 | 4.06 | 4.35 | 4.58 |
| 90 | 1 | 0.37 | 0.67 | 1.09 | 1.21 | 1.40 | 1.70 | 1.98 | 2.14 | 2.55 | 2.93 | 3.26 | 3.57 | 3.84 | 4.07 | 4.30 | 4.46 |
| | 1.2 | 0.39 | 0.71 | 1.16 | 1.30 | 1.50 | 1.82 | 2.13 | 2.31 | 2.76 | 3.17 | 3.55 | 3.90 | 4.21 | 4.48 | 4.76 | 4.97 |
| | 1.5 | 0.40 | 0.74 | 1.19 | 1.34 | 1.55 | 1.88 | 2.20 | 2.39 | 2.86 | 3.30 | 3.70 | 4.06 | 4.39 | 4.68 | 4.99 | 5.23 |
| | ≥3 | 0.41 | 0.76 | 1.23 | 1.38 | 1.60 | 1.95 | 2.28 | 2.47 | 2.96 | 3.42 | 3.84 | 4.23 | 4.58 | 4.89 | 5.22 | 5.48 |
| 100 | 1 | 0.43 | 0.79 | 1.28 | 1.44 | 1.66 | 2.02 | 2.36 | 2.55 | 3.05 | 3.49 | 3.90 | 4.26 | 4.58 | 4.85 | 5.10 | 5.27 |
| | 1.2 | 0.45 | 0.83 | 1.35 | 1.52 | 1.76 | 2.14 | 2.51 | 2.72 | 3.25 | 3.74 | 4.19 | 4.59 | 4.95 | 5.26 | 5.57 | 5.79 |
| | 1.5 | 0.46 | 0.85 | 1.39 | 1.56 | 1.81 | 2.20 | 2.58 | 2.80 | 3.35 | 3.86 | 4.33 | 4.76 | 5.13 | 5.46 | 5.80 | 6.05 |
| | ≥3 | 0.47 | 0.87 | 1.43 | 1.60 | 1.86 | 2.27 | 2.66 | 2.88 | 3.46 | 3.99 | 4.48 | 4.92 | 5.32 | 5.67 | 6.03 | 6.30 |
| 112 | 1 | 0.51 | 0.93 | 1.52 | 1.70 | 1.97 | 2.40 | 2.80 | 3.04 | 3.62 | 4.16 | 4.64 | 5.06 | 5.42 | 5.72 | 5.99 | 6.14 |
| | 1.2 | 0.53 | 0.98 | 1.59 | 1.78 | 2.07 | 2.52 | 2.95 | 3.20 | 3.83 | 4.41 | 4.93 | 5.39 | 5.79 | 6.13 | 6.45 | 6.65 |
| | 1.5 | 0.54 | 1.00 | 1.63 | 1.83 | 2.12 | 2.58 | 3.03 | 3.28 | 3.93 | 4.53 | 5.07 | 5.55 | 5.98 | 6.33 | 6.68 | 6.91 |
| | ≥3 | 0.55 | 1.02 | 1.66 | 1.87 | 2.17 | 2.65 | 3.10 | 3.37 | 4.04 | 4.65 | 5.21 | 5.72 | 6.16 | 6.54 | 6.91 | 7.17 |
| 125 | 1 | 0.59 | 1.09 | 1.77 | 1.99 | 2.30 | 2.80 | 3.28 | 3.55 | 4.24 | 4.85 | 5.40 | 5.88 | 6.27 | 6.58 | 6.83 | 6.92 |
| | 1.2 | 0.61 | 1.13 | 1.84 | 2.07 | 2.40 | 2.93 | 3.43 | 3.72 | 4.44 | 5.10 | 5.69 | 6.21 | 6.64 | 6.99 | 7.29 | 7.44 |
| | 1.5 | 0.62 | 1.15 | 1.88 | 2.11 | 2.45 | 2.99 | 3.50 | 3.80 | 4.54 | 5.22 | 5.83 | 6.37 | 6.83 | 7.19 | 7.52 | 7.69 |
| | ≥3 | 0.63 | 1.17 | 1.91 | 2.15 | 2.50 | 3.05 | 3.58 | 3.88 | 4.65 | 5.35 | 5.98 | 6.53 | 7.01 | 7.40 | 7.75 | 7.95 |

（续）

| $d_{d1}$/mm | $i$ 或 $\frac{1}{i}$ | 小轮转速 $n_k$/(r/min) | | | | | | | | | | | | | | | |
|---|---|---|---|---|---|---|---|---|---|---|---|---|---|---|---|---|---|
| | | 200 | 400 | 700 | 800 | 950 | 1200 | 1450 | 1600 | 2000 | 2400 | 2800 | 3200 | 3600 | 4000 | 4500 | 5000 |
| | | 额定功率 $P_N$/kW | | | | | | | | | | | | | | | |
| 140 | 1 | 0.68 | 1.26 | 2.06 | 2.31 | 2.68 | 3.26 | 3.82 | 4.13 | 4.92 | 5.63 | 6.24 | 6.75 | 7.16 | 7.45 | 7.64 | 7.60 |
| | 1.2 | 0.70 | 1.30 | 2.13 | 2.39 | 2.77 | 3.39 | 3.96 | 4.30 | 5.13 | 5.87 | 6.53 | 7.08 | 7.53 | 7.86 | 8.10 | 8.12 |
| | 1.5 | 0.71 | 1.32 | 2.17 | 2.43 | 2.82 | 3.45 | 4.04 | 4.38 | 5.23 | 6.00 | 6.67 | 7.25 | 7.72 | 8.07 | 8.33 | 8.37 |
| | ≥3 | 0.72 | 1.34 | 2.20 | 2.47 | 2.87 | 3.51 | 4.11 | 4.46 | 5.33 | 6.12 | 6.81 | 7.41 | 7.90 | 8.27 | 8.56 | 8.63 |
| 160 | 1 | 0.80 | 1.49 | 2.44 | 2.73 | 3.17 | 3.86 | 4.51 | 4.88 | 5.80 | 6.60 | 7.27 | 7.81 | 8.19 | 8.40 | 8.41 | 8.11 |
| | 1.2 | 0.82 | 1.53 | 2.51 | 2.82 | 3.27 | 3.98 | 4.66 | 5.05 | 6.00 | 6.84 | 7.56 | 8.13 | 8.56 | 8.81 | 8.88 | 8.62 |
| | 1.5 | 0.83 | 1.55 | 2.54 | 2.86 | 3.32 | 4.05 | 4.74 | 5.13 | 6.11 | 6.97 | 7.70 | 8.30 | 8.74 | 9.02 | 9.11 | 8.88 |
| | ≥3 | 0.84 | 1.57 | 2.58 | 2.90 | 3.37 | 4.11 | 4.81 | 5.21 | 6.21 | 7.09 | 7.85 | 8.46 | 8.93 | 9.22 | 9.34 | 9.14 |
| 180 | 1 | 0.92 | 1.71 | 2.81 | 3.15 | 3.65 | 4.45 | 5.19 | 5.61 | 6.63 | 7.50 | 8.20 | 8.71 | 9.01 | 9.08 | 8.81 | 8.11 |
| | 1.2 | 0.94 | 1.76 | 2.88 | 3.23 | 3.75 | 4.57 | 5.34 | 5.77 | 6.84 | 7.75 | 8.49 | 9.04 | 9.38 | 9.49 | 9.28 | 8.62 |
| | 1.5 | 0.95 | 1.78 | 2.92 | 3.28 | 3.80 | 4.63 | 5.41 | 5.86 | 6.94 | 7.87 | 8.63 | 9.21 | 9.57 | 9.70 | 9.51 | 8.88 |
| | ≥3 | 0.96 | 1.80 | 2.95 | 3.32 | 3.85 | 4.69 | 5.49 | 5.94 | 7.04 | 8.00 | 8.78 | 9.37 | 9.75 | 9.90 | 9.74 | 9.14 |

表 4.1-23　SPA 型窄 V 带的额定功率（摘自 GB/T 13575.1—2008）

| $d_{d1}$/mm | $i$ 或 $\frac{1}{i}$ | 小轮转速 $n_k$/(r/min) | | | | | | | | | | | | | | | |
|---|---|---|---|---|---|---|---|---|---|---|---|---|---|---|---|---|---|
| | | 200 | 400 | 700 | 800 | 950 | 1200 | 1450 | 1600 | 2000 | 2400 | 2800 | 3200 | 3600 | 4000 | 4500 | 5000 |
| | | 额定功率 $P_N$/kW | | | | | | | | | | | | | | | |
| 90 | 1 | 0.43 | 0.75 | 1.17 | 1.30 | 1.48 | 1.76 | 2.02 | 2.16 | 2.49 | 2.77 | 3.00 | 3.16 | 3.26 | 3.29 | 3.24 | 3.07 |
| | 1.2 | 0.47 | 0.85 | 1.34 | 1.49 | 1.70 | 2.04 | 2.35 | 2.53 | 2.96 | 3.33 | 3.64 | 3.90 | 4.09 | 4.22 | 4.28 | 4.22 |
| | 1.5 | 0.50 | 0.89 | 1.42 | 1.58 | 1.81 | 2.18 | 2.52 | 2.71 | 3.19 | 3.60 | 3.96 | 4.27 | 4.50 | 4.68 | 4.80 | 4.80 |
| | ≥3 | 0.52 | 0.94 | 1.50 | 1.67 | 1.92 | 2.32 | 2.69 | 2.90 | 3.42 | 3.88 | 4.29 | 4.63 | 4.92 | 5.14 | 5.32 | 5.37 |
| 100 | 1 | 0.53 | 0.94 | 1.49 | 1.65 | 1.89 | 2.27 | 2.61 | 2.80 | 3.27 | 3.67 | 3.99 | 4.25 | 4.42 | 4.50 | 4.48 | 4.31 |
| | 1.2 | 0.57 | 1.03 | 1.65 | 1.84 | 2.11 | 2.54 | 2.95 | 3.17 | 3.73 | 4.22 | 4.64 | 4.98 | 5.25 | 5.43 | 5.52 | 5.46 |
| | 1.5 | 0.60 | 1.08 | 1.73 | 1.93 | 2.22 | 2.68 | 3.11 | 3.36 | 3.96 | 4.50 | 4.96 | 5.35 | 5.66 | 5.89 | 6.04 | 6.04 |
| | ≥3 | 0.62 | 1.13 | 1.81 | 2.02 | 2.33 | 2.82 | 3.28 | 3.54 | 4.19 | 4.78 | 5.29 | 5.72 | 6.08 | 6.35 | 6.56 | 6.62 |
| 112 | 1 | 0.64 | 1.16 | 1.86 | 2.07 | 2.38 | 2.86 | 3.31 | 3.57 | 4.18 | 4.71 | 5.15 | 5.49 | 5.72 | 5.85 | 5.83 | 5.61 |
| | 1.2 | 0.69 | 1.26 | 2.02 | 2.26 | 2.60 | 3.14 | 3.65 | 3.94 | 4.64 | 5.27 | 5.79 | 6.23 | 6.55 | 6.77 | 6.87 | 6.76 |
| | 1.5 | 0.71 | 1.30 | 2.10 | 2.35 | 2.71 | 3.28 | 3.82 | 4.12 | 4.87 | 5.54 | 6.12 | 6.60 | 6.97 | 7.23 | 7.39 | 7.34 |
| | ≥3 | 0.74 | 1.35 | 2.18 | 2.44 | 2.82 | 3.42 | 3.98 | 4.30 | 5.11 | 5.82 | 6.44 | 6.96 | 7.38 | 7.69 | 7.91 | 7.91 |
| 125 | 1 | 0.77 | 1.40 | 2.25 | 2.52 | 2.90 | 3.50 | 4.06 | 4.38 | 5.15 | 5.80 | 6.34 | 6.76 | 7.03 | 7.16 | 7.09 | 6.75 |
| | 1.2 | 0.82 | 1.50 | 2.42 | 2.70 | 3.12 | 3.78 | 4.40 | 4.75 | 5.61 | 6.36 | 6.99 | 7.49 | 7.86 | 8.08 | 8.13 | 7.90 |
| | 1.5 | 0.84 | 1.54 | 2.50 | 2.80 | 3.23 | 3.92 | 4.56 | 4.93 | 5.84 | 6.63 | 7.31 | 7.86 | 8.28 | 8.54 | 8.65 | 8.48 |
| | ≥3 | 0.86 | 1.59 | 2.58 | 2.89 | 3.34 | 4.06 | 4.73 | 5.12 | 6.07 | 6.91 | 7.63 | 8.23 | 8.69 | 9.01 | 9.17 | 9.06 |
| 140 | 1 | 0.92 | 1.66 | 2.71 | 3.03 | 3.49 | 4.23 | 4.91 | 5.29 | 6.22 | 7.01 | 7.64 | 8.11 | 8.39 | 8.48 | 8.27 | 7.69 |
| | 1.2 | 0.96 | 1.77 | 2.87 | 3.21 | 3.71 | 4.50 | 5.24 | 5.66 | 6.68 | 7.56 | 8.29 | 8.85 | 9.22 | 9.40 | 9.31 | 8.85 |
| | 1.5 | 0.99 | 1.82 | 2.95 | 3.31 | 3.82 | 4.64 | 5.41 | 5.84 | 6.91 | 7.84 | 8.61 | 9.22 | 9.64 | 9.85 | 9.83 | 9.42 |
| | ≥3 | 1.01 | 1.86 | 3.03 | 3.40 | 3.93 | 4.78 | 5.58 | 6.03 | 7.14 | 8.12 | 8.94 | 9.59 | 10.05 | 10.32 | 10.35 | 10.00 |
| 160 | 1 | 1.11 | 2.04 | 3.30 | 3.70 | 4.27 | 5.17 | 6.01 | 6.47 | 7.60 | 8.53 | 9.24 | 9.72 | 9.94 | 9.87 | 9.34 | 8.28 |
| | 1.2 | 1.15 | 2.13 | 3.46 | 3.88 | 4.49 | 5.45 | 6.34 | 6.84 | 8.06 | 9.08 | 9.89 | 10.46 | 10.77 | 10.79 | 10.38 | 9.43 |
| | 1.5 | 1.18 | 2.18 | 3.55 | 3.98 | 4.60 | 5.59 | 6.51 | 7.03 | 8.29 | 9.36 | 10.21 | 10.83 | 11.18 | 11.25 | 10.90 | 10.01 |
| | ≥3 | 1.20 | 2.22 | 3.63 | 4.07 | 4.71 | 5.73 | 6.68 | 7.21 | 8.52 | 9.63 | 10.53 | 11.20 | 11.60 | 11.72 | 11.42 | 10.58 |
| 180 | 1 | 1.30 | 2.39 | 3.89 | 4.36 | 5.04 | 6.10 | 7.07 | 7.62 | 8.90 | 9.93 | 10.67 | 11.09 | 11.15 | 10.81 | 9.78 | 7.99 |
| | 1.2 | 1.34 | 2.49 | 4.05 | 4.54 | 5.25 | 6.37 | 7.41 | 7.99 | 9.37 | 10.49 | 11.32 | 11.83 | 11.98 | 11.73 | 10.81 | 9.15 |
| | 1.5 | 1.37 | 2.53 | 4.13 | 4.64 | 5.36 | 6.51 | 7.57 | 8.17 | 9.60 | 10.76 | 11.64 | 12.20 | 12.39 | 12.19 | 11.33 | 9.72 |
| | ≥3 | 1.39 | 2.58 | 4.21 | 4.73 | 5.47 | 6.65 | 7.74 | 8.35 | 9.83 | 11.04 | 11.96 | 12.56 | 12.81 | 12.65 | 11.85 | 10.30 |
| 200 | 1 | 1.49 | 2.75 | 4.47 | 5.01 | 5.79 | 7.00 | 8.10 | 8.72 | 10.13 | 11.22 | 11.92 | 12.19 | 11.98 | 11.25 | 9.50 | 6.75 |
| | 1.2 | 1.53 | 2.84 | 4.63 | 5.19 | 6.00 | 7.27 | 8.44 | 9.08 | 10.60 | 11.77 | 12.56 | 12.93 | 12.81 | 12.17 | 10.54 | 7.91 |
| | 1.5 | 1.55 | 2.89 | 4.71 | 5.29 | 6.11 | 7.41 | 8.61 | 9.27 | 10.83 | 12.05 | 12.89 | 13.30 | 13.23 | 12.63 | 11.06 | 8.43 |
| | ≥3 | 1.58 | 2.93 | 4.79 | 5.38 | 6.22 | 7.55 | 8.77 | 9.45 | 11.06 | 12.32 | 13.21 | 13.67 | 13.64 | 13.09 | 11.58 | 9.06 |

（续）

| $d_{d1}$/mm | $i$或$\frac{1}{i}$ | 小轮转速 $n_k$/(r/min) | | | | | | | | | | | | | | | |
|---|---|---|---|---|---|---|---|---|---|---|---|---|---|---|---|---|---|
| | | 200 | 400 | 700 | 800 | 950 | 1200 | 1450 | 1600 | 2000 | 2400 | 2800 | 3200 | 3600 | 4000 | 4500 | 5000 |
| | | 额定功率 $P_N$/kW | | | | | | | | | | | | | | | |
| 224 | 1 | 1.71 | 3.17 | 5.16 | 5.77 | 6.67 | 8.05 | 9.30 | 9.97 | 11.51 | 12.59 | 13.15 | 13.13 | 12.45 | 11.04 | 8.15 | 3.87 |
| | 1.2 | 1.75 | 3.26 | 5.32 | 5.96 | 6.89 | 8.33 | 9.63 | 10.34 | 11.97 | 13.14 | 13.79 | 13.86 | 13.28 | 11.96 | 9.19 | 5.02 |
| | 1.5 | 1.78 | 3.30 | 5.40 | 6.05 | 6.99 | 8.46 | 9.80 | 10.53 | 12.20 | 13.42 | 14.12 | 14.23 | 13.69 | 12.42 | 9.71 | 5.60 |
| | ≥3 | 1.80 | 3.35 | 5.48 | 6.14 | 7.10 | 8.60 | 9.96 | 10.71 | 12.43 | 13.69 | 14.44 | 14.60 | 14.11 | 12.89 | 10.23 | 6.17 |
| 250 | 1 | 1.95 | 3.62 | 5.88 | 6.59 | 7.60 | 9.15 | 10.53 | 11.26 | 12.85 | 13.84 | 14.13 | 13.62 | 12.22 | 9.83 | 5.29 | — |
| | 1.2 | 1.99 | 3.71 | 6.05 | 6.77 | 7.82 | 9.43 | 10.86 | 11.63 | 13.31 | 14.39 | 14.77 | 14.36 | 13.05 | 10.75 | 6.33 | — |
| | 1.5 | 2.02 | 3.75 | 6.13 | 6.87 | 7.93 | 9.56 | 11.03 | 11.81 | 13.54 | 14.67 | 15.10 | 14.73 | 13.47 | 11.21 | 6.85 | — |
| | ≥3 | 2.04 | 3.80 | 6.21 | 6.96 | 8.04 | 9.70 | 11.19 | 12.00 | 13.77 | 14.95 | 15.42 | 15.10 | 13.83 | 11.67 | 7.36 | — |

**表 4.1-24　SPB 型窄 V 带的额定功率**（摘自 GB/T 13575.1—2008）

| $d_{d1}$/mm | $i$或$\frac{1}{i}$ | 小轮转速 $n_k$/(r/min) | | | | | | | | | | | | | | |
|---|---|---|---|---|---|---|---|---|---|---|---|---|---|---|---|---|
| | | 200 | 400 | 700 | 800 | 950 | 1200 | 1450 | 1600 | 1800 | 2000 | 2200 | 2400 | 2800 | 3200 | 3600 |
| | | 额定功率 $P_N$/kW | | | | | | | | | | | | | | |
| 140 | 1 | 1.08 | 1.92 | 3.02 | 3.35 | 3.83 | 4.55 | 5.19 | 5.54 | 5.95 | 6.31 | 6.62 | 6.86 | 7.15 | 7.17 | 6.89 |
| | 1.2 | 1.17 | 2.12 | 3.35 | 3.74 | 4.29 | 5.14 | 5.90 | 6.32 | 6.83 | 7.29 | 7.69 | 8.03 | 8.52 | 8.73 | 8.65 |
| | 1.5 | 1.22 | 2.21 | 3.53 | 3.94 | 4.52 | 5.43 | 6.25 | 6.71 | 7.27 | 7.70 | 8.23 | 8.61 | 9.20 | 9.51 | 9.52 |
| | ≥3 | 1.27 | 2.31 | 3.70 | 4.13 | 4.76 | 5.72 | 6.61 | 7.40 | 7.71 | 8.26 | 8.76 | 9.20 | 9.89 | 10.29 | 10.40 |
| 160 | 1 | 1.37 | 2.47 | 3.92 | 4.37 | 5.01 | 5.98 | 6.86 | 7.33 | 7.89 | 8.38 | 8.80 | 9.13 | 9.52 | 9.53 | 9.10 |
| | 1.2 | 1.46 | 2.66 | 4.27 | 4.76 | 5.47 | 6.57 | 7.56 | 8.11 | 8.77 | 9.36 | 9.87 | 10.30 | 10.89 | 11.09 | 10.86 |
| | 1.5 | 1.51 | 2.76 | 4.44 | 4.96 | 5.70 | 6.86 | 7.92 | 8.50 | 9.21 | 9.85 | 10.41 | 10.88 | 11.57 | 11.87 | 11.74 |
| | ≥3 | 1.56 | 2.86 | 4.61 | 5.15 | 5.93 | 7.15 | 8.27 | 8.89 | 9.65 | 10.33 | 10.94 | 11.47 | 12.25 | 12.65 | 12.61 |
| 180 | 1 | 1.65 | 3.01 | 4.82 | 5.37 | 6.16 | 7.38 | 8.46 | 9.05 | 9.74 | 10.34 | 10.83 | 11.21 | 11.62 | 11.49 | 10.77 |
| | 1.2 | 1.75 | 3.20 | 5.16 | 5.76 | 6.63 | 7.97 | 9.17 | 9.83 | 10.62 | 11.32 | 11.91 | 12.39 | 12.98 | 13.05 | 12.52 |
| | 1.5 | 1.80 | 3.30 | 5.33 | 5.96 | 6.86 | 8.26 | 9.53 | 10.22 | 11.06 | 11.80 | 12.44 | 12.97 | 13.66 | 13.83 | 13.40 |
| | ≥3 | 1.85 | 3.40 | 5.50 | 6.15 | 7.09 | 8.55 | 9.88 | 10.61 | 11.50 | 12.29 | 12.98 | 13.56 | 14.35 | 14.61 | 14.28 |
| 200 | 1 | 1.94 | 3.54 | 5.96 | 6.35 | 7.30 | 8.74 | 10.02 | 10.70 | 11.50 | 12.18 | 12.72 | 13.11 | 13.41 | 13.01 | 11.83 |
| | 1.2 | 2.03 | 3.74 | 6.03 | 6.94 | 7.76 | 9.33 | 10.73 | 11.48 | 12.38 | 13.15 | 13.79 | 14.28 | 14.78 | 14.57 | 13.69 |
| | 1.5 | 2.08 | 3.84 | 6.21 | 6.94 | 7.99 | 9.62 | 11.03 | 11.87 | 12.82 | 13.64 | 14.33 | 14.86 | 15.46 | 15.36 | 14.46 |
| | ≥3 | 2.13 | 3.93 | 6.38 | 7.14 | 8.23 | 9.91 | 11.43 | 12.26 | 13.26 | 14.13 | 14.86 | 15.45 | 16.14 | 16.14 | 15.34 |
| 224 | 1 | 2.28 | 4.18 | 6.73 | 7.52 | 8.63 | 10.33 | 11.81 | 12.59 | 13.49 | 14.21 | 14.76 | 15.10 | 15.14 | 14.22 | 12.23 |
| | 1.2 | 2.37 | 4.37 | 7.07 | 7.91 | 9.10 | 10.92 | 12.52 | 13.37 | 14.37 | 15.19 | 15.83 | 16.27 | 16.51 | 15.78 | 13.98 |
| | 1.5 | 2.42 | 4.47 | 7.24 | 8.10 | 9.33 | 11.21 | 12.87 | 13.76 | 14.80 | 15.68 | 16.37 | 16.86 | 17.19 | 16.57 | 14.86 |
| | ≥3 | 2.47 | 4.57 | 7.41 | 8.30 | 9.56 | 11.50 | 13.23 | 14.15 | 15.24 | 16.16 | 16.90 | 17.44 | 17.87 | 17.35 | 15.74 |
| 250 | 1 | 2.64 | 4.86 | 7.84 | 8.75 | 10.04 | 11.99 | 13.66 | 14.51 | 15.47 | 16.19 | 16.68 | 16.89 | 16.44 | 14.69 | 11.48 |
| | 1.2 | 2.74 | 5.05 | 8.18 | 9.14 | 10.50 | 12.57 | 14.37 | 15.29 | 16.35 | 17.17 | 17.75 | 18.06 | 17.81 | 16.25 | 13.23 |
| | 1.5 | 2.79 | 5.15 | 8.35 | 9.33 | 10.74 | 12.87 | 14.72 | 15.68 | 16.78 | 17.66 | 18.28 | 18.65 | 18.49 | 17.03 | 14.11 |
| | ≥3 | 2.83 | 5.25 | 8.52 | 9.53 | 10.97 | 13.16 | 15.07 | 16.07 | 17.22 | 18.15 | 18.82 | 19.23 | 19.17 | 17.81 | 14.99 |
| 280 | 1 | 3.05 | 5.63 | 9.09 | 10.14 | 11.62 | 13.82 | 15.65 | 16.56 | 17.52 | 18.17 | 18.48 | 18.43 | 17.13 | 14.04 | 8.92 |
| | 1.2 | 3.15 | 5.83 | 9.43 | 10.53 | 12.08 | 14.41 | 16.36 | 17.34 | 18.39 | 19.14 | 19.55 | 19.60 | 18.49 | 15.60 | 10.68 |
| | 1.5 | 3.20 | 5.93 | 9.60 | 10.72 | 12.32 | 14.70 | 16.72 | 17.73 | 18.83 | 19.63 | 20.09 | 20.18 | 19.18 | 16.38 | 11.56 |
| | ≥3 | 3.25 | 6.02 | 9.77 | 10.92 | 12.55 | 14.99 | 17.07 | 18.12 | 19.27 | 20.12 | 20.62 | 20.77 | 19.86 | 17.16 | 12.43 |
| 315 | 1 | 3.53 | 6.53 | 10.51 | 11.71 | 13.40 | 15.84 | 17.79 | 18.70 | 19.55 | 20.00 | 19.97 | 19.44 | 16.71 | 11.47 | 3.40 |
| | 1.2 | 3.63 | 6.72 | 10.85 | 12.11 | 13.86 | 16.43 | 18.50 | 19.48 | 20.44 | 20.97 | 21.05 | 20.61 | 18.07 | 13.03 | 5.16 |
| | 1.5 | 3.68 | 6.82 | 11.02 | 12.30 | 14.09 | 16.72 | 18.85 | 19.87 | 20.88 | 21.46 | 21.58 | 21.20 | 18.76 | 13.81 | 6.04 |
| | ≥3 | 3.73 | 6.92 | 11.19 | 12.50 | 14.32 | 17.01 | 19.21 | 20.26 | 21.32 | 21.95 | 22.12 | 21.78 | 19.44 | 14.59 | 6.91 |
| 355 | 1 | 4.08 | 7.53 | 12.10 | 13.46 | 15.33 | 17.99 | 19.96 | 20.78 | 21.39 | 21.42 | 20.79 | 19.46 | 14.45 | 5.91 | — |
| | 1.2 | 4.17 | 7.73 | 12.44 | 13.85 | 15.80 | 18.57 | 20.67 | 21.56 | 22.27 | 22.39 | 21.87 | 20.63 | 15.81 | 7.47 | — |
| | 1.5 | 4.22 | 7.82 | 12.61 | 14.04 | 16.03 | 18.86 | 21.02 | 21.96 | 22.72 | 22.88 | 22.40 | 21.22 | 16.50 | 8.25 | — |
| | ≥3 | 4.27 | 7.92 | 12.78 | 14.24 | 16.26 | 19.16 | 21.37 | 22.34 | 23.15 | 23.37 | 22.91 | 21.80 | 17.18 | 9.03 | — |
| 400 | 1 | 4.68 | 8.64 | 13.82 | 15.34 | 17.39 | 20.17 | 22.02 | 22.62 | 22.76 | 22.07 | 20.46 | 17.87 | 9.37 | — | — |
| | 1.2 | 4.78 | 8.84 | 14.16 | 15.73 | 17.85 | 20.75 | 22.72 | 23.40 | 23.63 | 23.04 | 21.54 | 19.04 | 10.74 | — | — |
| | 1.5 | 4.83 | 8.94 | 14.33 | 15.92 | 18.09 | 21.05 | 23.08 | 23.79 | 24.07 | 23.53 | 22.07 | 19.63 | 11.42 | — | — |
| | ≥3 | 4.87 | 9.03 | 14.50 | 16.12 | 18.32 | 21.34 | 23.43 | 24.18 | 24.51 | 24.02 | 22.61 | 20.21 | 12.10 | — | — |

表 4.1-25　SPC 型窄 V 带的额定功率（摘自 GB/T 13575.1—2008）

| $d_{d1}$ /mm | $i$ 或 $\frac{1}{i}$ | 小轮转速 $n_k$/(r/min) | | | | | | | | | | | | | |
|---|---|---|---|---|---|---|---|---|---|---|---|---|---|---|---|
| | | 200 | 300 | 400 | 500 | 600 | 700 | 800 | 950 | 1200 | 1450 | 1600 | 1800 | 2000 | 2200 | 2400 |
| | | 额定功率 $P_N$/kW | | | | | | | | | | | | | |
| 224 | 1 | 2.90 | 4.08 | 5.19 | 6.23 | 7.21 | 8.13 | 8.99 | 10.19 | 11.89 | 13.22 | 13.81 | 14.35 | 14.58 | 14.47 | 14.01 |
| | 1.2 | 3.14 | 4.44 | 5.67 | 6.83 | 7.92 | 8.97 | 9.95 | 11.33 | 13.33 | 14.95 | 15.73 | 16.51 | 16.98 | 17.11 | 16.88 |
| | 1.5 | 3.26 | 4.62 | 5.91 | 7.13 | 8.28 | 8.39 | 10.43 | 11.90 | 14.05 | 15.82 | 16.69 | 17.59 | 18.17 | 18.43 | 18.32 |
| | ≥3 | 3.38 | 4.80 | 6.15 | 7.43 | 8.64 | 9.81 | 10.91 | 12.47 | 14.77 | 16.69 | 17.65 | 18.66 | 19.37 | 19.75 | 19.75 |
| 250 | 1 | 3.50 | 4.95 | 6.31 | 7.60 | 8.81 | 9.95 | 11.02 | 12.51 | 14.61 | 16.21 | 16.52 | 17.52 | 17.70 | 17.44 | 16.69 |
| | 1.2 | 3.74 | 5.31 | 6.79 | 8.19 | 9.53 | 10.79 | 11.98 | 13.64 | 16.05 | 17.95 | 18.83 | 19.67 | 20.10 | 20.08 | 19.57 |
| | 1.5 | 3.86 | 5.49 | 7.03 | 8.49 | 9.89 | 11.21 | 12.46 | 14.21 | 16.77 | 18.82 | 19.79 | 20.75 | 21.30 | 21.40 | 21.01 |
| | ≥3 | 3.98 | 5.67 | 7.27 | 8.79 | 10.25 | 11.63 | 12.94 | 14.78 | 17.49 | 19.69 | 20.75 | 21.83 | 22.50 | 22.72 | 22.45 |
| 280 | 1 | 4.18 | 5.94 | 7.59 | 9.15 | 10.62 | 12.01 | 13.31 | 15.10 | 17.60 | 19.44 | 20.20 | 20.75 | 20.75 | 20.13 | 18.86 |
| | 1.2 | 4.42 | 6.30 | 8.07 | 9.75 | 11.34 | 12.85 | 14.27 | 16.24 | 19.04 | 21.18 | 22.12 | 22.91 | 23.15 | 22.77 | 21.73 |
| | 1.5 | 4.54 | 6.48 | 8.31 | 10.05 | 11.70 | 13.27 | 14.75 | 16.81 | 19.76 | 22.05 | 23.07 | 23.99 | 24.34 | 24.09 | 23.17 |
| | ≥3 | 4.66 | 6.66 | 8.55 | 10.35 | 12.06 | 13.69 | 15.23 | 17.38 | 20.48 | 22.92 | 24.03 | 25.07 | 25.54 | 25.41 | 24.61 |
| 315 | 1 | 4.97 | 7.08 | 9.07 | 10.94 | 12.70 | 14.36 | 15.90 | 18.01 | 20.88 | 22.87 | 23.58 | 23.91 | 23.47 | 22.18 | 19.98 |
| | 1.2 | 5.21 | 7.44 | 9.55 | 11.54 | 13.42 | 15.20 | 16.86 | 19.15 | 22.32 | 24.60 | 25.50 | 26.07 | 25.87 | 24.82 | 32.86 |
| | 1.5 | 5.33 | 7.62 | 9.79 | 11.84 | 13.73 | 15.62 | 17.34 | 19.72 | 23.04 | 25.47 | 26.46 | 27.15 | 27.07 | 26.14 | 24.30 |
| | ≥3 | 5.45 | 7.80 | 10.03 | 12.14 | 14.14 | 16.04 | 17.82 | 20.29 | 23.76 | 26.34 | 27.42 | 28.23 | 28.26 | 27.46 | 25.74 |
| 355 | 1 | 5.87 | 8.37 | 10.72 | 12.94 | 15.02 | 16.96 | 18.76 | 21.17 | 23.34 | 26.29 | 26.80 | 26.62 | 25.37 | 22.94 | 19.22 |
| | 1.2 | 6.11 | 8.73 | 11.20 | 13.54 | 15.74 | 17.80 | 19.72 | 22.31 | 25.78 | 28.03 | 28.72 | 28.78 | 27.77 | 25.58 | 22.10 |
| | 1.5 | 6.23 | 8.91 | 11.44 | 13.84 | 16.10 | 18.22 | 20.20 | 22.88 | 26.50 | 28.90 | 29.68 | 29.86 | 28.97 | 26.90 | 23.54 |
| | ≥3 | 6.35 | 9.09 | 11.68 | 14.14 | 16.46 | 18.64 | 20.68 | 23.45 | 27.22 | 29.77 | 30.64 | 30.94 | 30.17 | 28.22 | 24.98 |
| 400 | 1 | 6.86 | 9.80 | 12.56 | 15.15 | 17.56 | 19.79 | 21.84 | 24.52 | 27.83 | 29.46 | 29.53 | 28.42 | 25.81 | 21.54 | 15.48 |
| | 1.2 | 7.10 | 10.16 | 13.04 | 15.75 | 18.28 | 20.63 | 22.80 | 25.66 | 29.27 | 31.20 | 31.45 | 30.58 | 28.21 | 24.18 | 18.35 |
| | 1.5 | 7.22 | 10.34 | 13.28 | 16.04 | 18.64 | 21.05 | 23.28 | 26.23 | 29.99 | 32.07 | 32.41 | 31.66 | 29.41 | 25.50 | 19.79 |
| | ≥3 | 7.34 | 10.52 | 13.52 | 16.34 | 19.00 | 21.47 | 23.76 | 26.80 | 30.70 | 32.94 | 33.37 | 32.74 | 30.60 | 26.82 | 21.23 |
| 450 | 1 | 7.96 | 11.37 | 14.56 | 17.54 | 20.29 | 22.81 | 25.07 | 27.94 | 31.15 | 32.06 | 31.33 | 28.69 | 23.95 | 16.89 | — |
| | 1.2 | 8.20 | 11.73 | 15.04 | 18.13 | 21.01 | 23.65 | 26.03 | 29.08 | 32.59 | 33.80 | 33.25 | 30.85 | 26.34 | 19.53 | — |
| | 1.5 | 8.32 | 11.91 | 15.28 | 18.43 | 21.37 | 24.07 | 26.51 | 29.65 | 33.31 | 34.67 | 34.21 | 31.92 | 27.54 | 20.85 | — |
| | ≥3 | 8.44 | 12.09 | 15.52 | 18.73 | 21.73 | 24.48 | 26.99 | 30.22 | 34.03 | 35.54 | 35.16 | 33.00 | 28.74 | 22.17 | — |
| 500 | 1 | 9.04 | 12.91 | 16.52 | 19.86 | 22.92 | 25.67 | 28.09 | 31.04 | 33.85 | 33.58 | 31.07 | 26.94 | 19.35 | — | — |
| | 1.2 | 9.28 | 13.27 | 17.00 | 20.46 | 23.64 | 26.51 | 29.05 | 32.18 | 35.29 | 35.31 | 33.62 | 29.10 | 21.74 | — | — |
| | 1.5 | 9.40 | 13.45 | 17.24 | 20.76 | 24.00 | 26.93 | 29.53 | 32.75 | 36.01 | 36.18 | 34.57 | 30.18 | 22.94 | — | — |
| | ≥3 | 9.52 | 13.63 | 17.48 | 21.06 | 24.35 | 27.35 | 30.01 | 33.32 | 36.73 | 37.05 | 35.53 | 31.26 | 24.14 | — | — |
| 560 | 1 | 10.32 | 14.74 | 18.82 | 22.56 | 25.93 | 28.90 | 31.43 | 34.29 | 36.18 | 33.83 | 30.05 | 21.90 | — | — | — |
| | 1.2 | 10.56 | 15.09 | 19.30 | 23.16 | 26.65 | 29.74 | 32.39 | 35.43 | 37.62 | 35.57 | 31.97 | 24.05 | — | — | — |
| | 1.5 | 10.68 | 15.27 | 19.54 | 23.46 | 27.01 | 30.16 | 32.87 | 36.00 | 38.34 | 36.44 | 32.93 | 25.14 | — | — | — |
| | ≥3 | 10.80 | 15.45 | 19.78 | 23.76 | 27.37 | 30.58 | 33.35 | 36.57 | 39.06 | 37.31 | 33.89 | 26.22 | — | — | — |
| 630 | 1 | 11.80 | 16.82 | 21.42 | 25.56 | 29.25 | 32.37 | 34.88 | 37.37 | 37.52 | 31.74 | 24.90 | — | — | — | — |
| | 1.2 | 12.04 | 17.18 | 21.90 | 26.18 | 29.96 | 33.21 | 35.84 | 38.51 | 38.96 | 33.48 | 26.88 | — | — | — | — |
| | 1.5 | 12.16 | 17.36 | 22.14 | 26.48 | 30.32 | 33.63 | 36.32 | 39.07 | 39.68 | 34.35 | 27.84 | — | — | — | — |
| | ≥3 | 12.28 | 17.54 | 22.38 | 26.78 | 30.68 | 34.04 | 36.80 | 39.64 | 40.40 | 35.22 | 28.79 | — | — | — | — |

表 4.1-26　9N、9J 型窄V带的额定功率（摘自 GB/T 13575.2—2008）　　　　　（单位：kW）

| $n_1$/(r/min) | 单根V带传递的基本额定功率 $P_1$ 小带轮有效直径 $d_{e1}$/mm | | | | | | | | | | | | | | 传动比 i 附加功率值 $\Delta P_1$ | | | | | | | | | |
|---|---|---|---|---|---|---|---|---|---|---|---|---|---|---|---|---|---|---|---|---|---|---|---|---|
| | 67 | 71 | 75 | 80 | 90 | 100 | 112 | 125 | 140 | 160 | 180 | 200 | 250 | 315 | 1.00~1.01 | 1.02~1.05 | 1.06~1.11 | 1.12~1.18 | 1.19~1.26 | 1.27~1.38 | 1.39~1.57 | 1.58~1.94 | 1.95~3.38 | 3.39 以上 |
| 100 | 0.12 | 0.13 | 0.15 | 0.17 | 0.21 | 0.24 | 0.29 | 0.34 | 0.39 | 0.47 | 0.54 | 0.61 | 0.79 | 1.02 | 0.0 | 0.00 | 0.00 | 0.01 | 0.01 | 0.01 | 0.01 | 0.02 | 0.02 | 0.02 |
| 200 | 0.21 | 0.24 | 0.27 | 0.31 | 0.38 | 0.46 | 0.54 | 0.64 | 0.74 | 0.88 | 1.02 | 1.16 | 1.50 | 1.94 | 0.0 | 0.00 | 0.01 | 0.01 | 0.02 | 0.02 | 0.03 | 0.03 | 0.03 | 0.03 |
| 300 | 0.30 | 0.35 | 0.39 | 0.44 | 0.55 | 0.66 | 0.78 | 0.92 | 1.07 | 1.28 | 1.48 | 1.68 | 2.18 | 2.81 | 0.0 | 0.00 | 0.01 | 0.02 | 0.03 | 0.03 | 0.04 | 0.05 | 0.05 | 0.05 |
| 400 | 0.38 | 0.44 | 0.50 | 0.57 | 0.71 | 0.85 | 1.01 | 1.19 | 1.39 | 1.66 | 1.92 | 2.18 | 2.83 | 3.65 | 0.0 | 0.01 | 0.02 | 0.03 | 0.04 | 0.05 | 0.05 | 0.06 | 0.06 | 0.07 |
| 500 | 0.46 | 0.53 | 0.60 | 0.69 | 0.86 | 1.03 | 1.23 | 1.45 | 1.70 | 2.03 | 2.35 | 2.67 | 3.46 | 4.46 | 0.0 | 0.01 | 0.02 | 0.03 | 0.05 | 0.06 | 0.07 | 0.08 | 0.08 | 0.09 |
| 600 | 0.54 | 0.62 | 0.70 | 0.80 | 1.01 | 1.21 | 1.45 | 1.71 | 2.00 | 2.39 | 2.77 | 3.15 | 4.08 | 5.25 | 0.0 | 0.01 | 0.02 | 0.04 | 0.06 | 0.07 | 0.08 | 0.09 | 0.10 | 0.10 |
| 700 | 0.61 | 0.70 | 0.80 | 0.92 | 1.15 | 1.38 | 1.66 | 1.96 | 2.29 | 2.74 | 3.18 | 3.61 | 4.68 | 6.02 | 0.0 | 0.01 | 0.03 | 0.05 | 0.07 | 0.08 | 0.09 | 0.11 | 0.11 | 0.12 |
| 725 | 0.63 | 0.73 | 0.82 | 0.95 | 1.19 | 1.43 | 1.71 | 2.02 | 2.37 | 2.83 | 3.28 | 3.73 | 4.83 | 6.21 | 0.0 | 0.01 | 0.03 | 0.05 | 0.07 | 0.08 | 0.10 | 0.11 | 0.12 | 0.13 |
| 800 | 0.68 | 0.79 | 0.89 | 1.03 | 1.29 | 1.55 | 1.87 | 2.20 | 2.58 | 3.08 | 3.58 | 4.07 | 5.26 | 6.76 | 0.0 | 0.01 | 0.03 | 0.06 | 0.08 | 0.09 | 0.11 | 0.12 | 0.13 | 0.14 |
| 900 | 0.75 | 0.87 | 0.99 | 1.13 | 1.43 | 1.72 | 2.07 | 2.44 | 2.86 | 3.42 | 3.97 | 4.51 | 5.83 | 7.48 | 0.0 | 0.01 | 0.04 | 0.06 | 0.08 | 0.10 | 0.12 | 0.14 | 0.14 | 0.16 |
| 950 | 0.78 | 0.91 | 1.03 | 1.19 | 1.50 | 1.80 | 2.17 | 2.56 | 3.00 | 3.59 | 4.17 | 4.73 | 6.11 | 7.83 | 0.0 | 0.01 | 0.04 | 0.07 | 0.09 | 0.11 | 0.13 | 0.14 | 0.16 | 0.17 |
| 1000 | 0.81 | 0.94 | 1.08 | 1.24 | 1.56 | 1.89 | 2.27 | 2.68 | 3.14 | 3.75 | 4.36 | 4.95 | 6.39 | 8.17 | 0.0 | 0.01 | 0.04 | 0.07 | 0.09 | 0.11 | 0.13 | 0.15 | 0.16 | 0.17 |
| 1200 | 0.94 | 1.09 | 1.25 | 1.44 | 1.83 | 2.21 | 2.66 | 3.14 | 3.68 | 4.40 | 5.10 | 5.79 | 7.46 | 9.48 | 0.0 | 0.02 | 0.05 | 0.08 | 0.11 | 0.14 | 0.16 | 0.18 | 0.20 | 0.21 |
| 1400 | 1.06 | 1.24 | 1.42 | 1.64 | 2.08 | 2.51 | 3.03 | 3.58 | 4.21 | 5.02 | 5.82 | 6.60 | 8.46 | 10.67 | 0.0 | 0.02 | 0.06 | 0.10 | 0.13 | 0.16 | 0.19 | 0.21 | 0.23 | 0.24 |
| 1425 | 1.07 | 1.26 | 1.44 | 1.66 | 2.11 | 2.55 | 3.08 | 3.63 | 4.27 | 5.10 | 5.91 | 6.70 | 8.58 | 10.81 | 0.0 | 0.02 | 0.06 | 0.10 | 0.13 | 0.16 | 0.19 | 0.21 | 0.23 | 0.25 |
| 1500 | 1.12 | 1.31 | 1.50 | 1.73 | 2.20 | 2.67 | 3.21 | 3.80 | 4.46 | 5.32 | 6.17 | 6.99 | 8.93 | 11.22 | 0.0 | 0.02 | 0.06 | 0.10 | 0.14 | 0.17 | 0.20 | 0.23 | 0.25 | 0.26 |
| 1600 | 1.17 | 1.38 | 1.58 | 1.83 | 2.32 | 2.81 | 3.39 | 4.01 | 4.71 | 5.62 | 6.50 | 7.36 | 9.39 | 11.74 | 0.0 | 0.02 | 0.06 | 0.11 | 0.15 | 0.18 | 0.21 | 0.24 | 0.26 | 0.28 |
| 1800 | 1.28 | 1.51 | 1.73 | 2.01 | 2.56 | 3.10 | 3.74 | 4.42 | 5.19 | 6.19 | 7.16 | 8.09 | 10.25 | 12.67 | 0.0 | 0.03 | 0.07 | 0.12 | 0.17 | 0.21 | 0.24 | 0.27 | 0.30 | 0.31 |
| 2000 | 1.39 | 1.63 | 1.88 | 2.19 | 2.79 | 3.38 | 4.08 | 4.82 | 5.66 | 6.74 | 7.77 | 8.77 | 11.03 | 13.45 | 0.0 | 0.03 | 0.08 | 0.14 | 0.19 | 0.23 | 0.27 | 0.30 | 0.33 | 0.35 |
| 2200 | 1.49 | 1.76 | 2.02 | 2.35 | 3.01 | 3.65 | 4.41 | 5.21 | 6.11 | 7.26 | 8.36 | 9.40 | 11.73 | 14.07 | 0.0 | 0.03 | 0.09 | 0.15 | 0.21 | 0.25 | 0.29 | 0.33 | 0.36 | 0.38 |
| 2400 | 1.58 | 1.87 | 2.16 | 2.52 | 3.22 | 3.91 | 4.72 | 5.58 | 6.53 | 7.75 | 8.90 | 9.98 | 12.33 | 14.52 | 0.0 | 0.04 | 0.09 | 0.17 | 0.23 | 0.27 | 0.32 | 0.36 | 0.39 | 0.42 |
| 2600 | 1.67 | 1.98 | 2.29 | 2.68 | 3.43 | 4.16 | 5.03 | 5.93 | 6.94 | 8.21 | 9.41 | 10.51 | 12.84 | — | 0.0 | 0.04 | 0.10 | 0.18 | 0.25 | 0.30 | 0.35 | 0.39 | 0.43 | 0.45 |
| 2800 | 1.76 | 2.09 | 2.42 | 2.83 | 3.63 | 4.41 | 5.32 | 6.27 | 7.32 | 8.64 | 9.87 | 10.98 | 13.24 | — | 0.0 | 0.04 | 0.11 | 0.19 | 0.26 | 0.32 | 0.37 | 0.42 | 0.46 | 0.49 |
| 3000 | 1.84 | 2.19 | 2.54 | 2.97 | 3.82 | 4.64 | 5.59 | 6.59 | 7.68 | 9.04 | 10.29 | 11.40 | 13.53 | — | 0.0 | 0.04 | 0.12 | 0.21 | 0.28 | 0.34 | 0.40 | 0.45 | 0.49 | 0.52 |
| 3200 | 1.92 | 2.29 | 2.66 | 3.11 | 4.00 | 4.86 | 5.86 | 6.89 | 8.02 | 9.41 | 10.66 | 11.75 | — | — | 0.0 | 0.05 | 0.13 | 0.22 | 0.30 | 0.37 | 0.43 | 0.48 | 0.52 | 0.56 |
| 3400 | 2.00 | 2.39 | 2.77 | 3.25 | 4.17 | 5.07 | 6.11 | 7.18 | 8.33 | 9.74 | 10.98 | 12.04 | — | — | 0.0 | 0.05 | 0.14 | 0.24 | 0.32 | 0.39 | 0.45 | 0.51 | 0.56 | 0.59 |
| 3600 | 2.07 | 2.47 | 2.88 | 3.37 | 4.34 | 5.27 | 6.34 | 7.44 | 8.62 | 10.04 | 11.25 | 12.25 | — | — | 0.0 | 0.05 | 0.14 | 0.25 | 0.34 | 0.41 | 0.48 | 0.54 | 0.59 | 0.63 |
| 3800 | 2.13 | 2.56 | 2.98 | 3.49 | 4.50 | 5.46 | 6.57 | 7.69 | 8.88 | 10.29 | 11.47 | 12.40 | — | — | 0.0 | 0.06 | 0.15 | 0.26 | 0.36 | 0.43 | 0.51 | 0.57 | 0.62 | 0.66 |
| 4000 | 2.19 | 2.64 | 3.07 | 3.61 | 4.65 | 5.64 | 6.77 | 7.91 | 9.12 | 10.51 | 11.63 | — | — | — | 0.0 | 0.06 | 0.16 | 0.28 | 0.38 | 0.46 | 0.54 | 0.60 | 0.66 | 0.69 |
| 4200 | 2.25 | 2.71 | 3.16 | 3.72 | 4.79 | 5.81 | 6.96 | 8.12 | 9.32 | 10.68 | 11.74 | — | — | — | 0.0 | 0.06 | 0.17 | 0.29 | 0.40 | 0.48 | 0.56 | 0.63 | 0.69 | 0.73 |

表 4.1-27 15N、15J 窄 V 带的额定功率（摘自 GB/T 13575.2—2008） （单位：kW）

| $n_1$/(r/min) | 小带轮有效直径 $d_{e1}$/mm 单根 V 带传递的基本额定功率 $P_1$ | | | | | | | | | | | | | 传动比 i 附加功率值 $\Delta P_1$ | | | | | | | | | |
|---|---|---|---|---|---|---|---|---|---|---|---|---|---|---|---|---|---|---|---|---|---|---|---|
| | 180 | 190 | 200 | 212 | 224 | 236 | 250 | 280 | 315 | 355 | 400 | 450 | 500 | 1.00~1.01 | 1.02~1.05 | 1.06~1.11 | 1.12~1.18 | 1.19~1.26 | 1.27~1.38 | 1.39~1.57 | 1.58~1.94 | 1.95~3.38 | 3.39~以上 |
| 50 | 0.62 | 0.67 | 0.73 | 0.79 | 0.86 | 0.93 | 1.00 | 1.17 | 1.36 | 1.57 | 1.81 | 2.07 | 2.34 | 0.0 | 0.00 | 0.01 | 0.02 | 0.03 | 0.03 | 0.04 | 0.04 | 0.05 | 0.05 |
| 60 | 0.73 | 0.79 | 0.86 | 0.94 | 1.02 | 1.09 | 1.19 | 1.38 | 1.60 | 1.86 | 2.14 | 2.46 | 2.77 | 0.0 | 0.00 | 0.01 | 0.02 | 0.03 | 0.04 | 0.05 | 0.05 | 0.06 | 0.06 |
| 80 | 0.94 | 1.03 | 1.11 | 1.22 | 1.32 | 1.42 | 1.54 | 1.80 | 2.09 | 2.42 | 2.79 | 3.20 | 3.61 | 0.0 | 0.01 | 0.02 | 0.03 | 0.04 | 0.05 | 0.06 | 0.07 | 0.07 | 0.08 |
| 100 | 1.15 | 1.26 | 1.36 | 1.49 | 1.62 | 1.74 | 1.89 | 2.20 | 2.56 | 2.97 | 3.43 | 3.93 | 4.44 | 0.0 | 0.01 | 0.02 | 0.04 | 0.05 | 0.06 | 0.08 | 0.09 | 0.09 | 0.10 |
| 200 | 2.13 | 2.33 | 2.54 | 2.78 | 3.02 | 3.26 | 3.54 | 4.14 | 4.83 | 5.61 | 6.47 | 7.43 | 8.38 | 0.0 | 0.02 | 0.04 | 0.08 | 0.11 | 0.13 | 0.15 | 0.17 | 0.19 | 0.20 |
| 300 | 3.05 | 3.34 | 3.64 | 3.99 | 4.34 | 4.69 | 5.10 | 5.97 | 6.97 | 8.10 | 9.35 | 10.73 | 12.10 | 0.0 | 0.02 | 0.07 | 0.12 | 0.16 | 0.19 | 0.23 | 0.26 | 0.28 | 0.30 |
| 400 | 3.92 | 4.30 | 4.69 | 5.15 | 5.61 | 6.06 | 6.59 | 7.72 | 9.02 | 10.48 | 12.11 | 13.89 | 15.64 | 0.0 | 0.03 | 0.09 | 0.16 | 0.21 | 0.26 | 0.30 | 0.34 | 0.37 | 0.39 |
| 500 | 4.75 | 5.23 | 5.70 | 6.26 | 6.83 | 7.38 | 8.03 | 9.41 | 10.99 | 12.77 | 14.75 | 16.89 | 19.00 | 0.0 | 0.04 | 0.11 | 0.20 | 0.27 | 0.32 | 0.38 | 0.43 | 0.46 | 0.49 |
| 600 | 5.56 | 6.12 | 6.68 | 7.34 | 8.00 | 8.66 | 9.42 | 11.04 | 12.90 | 14.98 | 17.27 | 19.76 | 22.18 | 0.0 | 0.05 | 0.13 | 0.24 | 0.32 | 0.39 | 0.45 | 0.51 | 0.56 | 0.59 |
| 700 | 6.34 | 6.98 | 7.62 | 8.39 | 9.15 | 9.90 | 10.77 | 12.62 | 14.73 | 17.10 | 19.69 | 22.48 | 25.18 | 0.0 | 0.06 | 0.16 | 0.27 | 0.37 | 0.45 | 0.53 | 0.60 | 0.65 | 0.69 |
| 725 | 6.53 | 7.20 | 7.86 | 8.64 | 9.43 | 10.20 | 11.10 | 13.00 | 15.18 | 17.61 | 20.27 | 23.13 | 25.89 | 0.0 | 0.06 | 0.16 | 0.28 | 0.39 | 0.47 | 0.55 | 0.62 | 0.67 | 0.71 |
| 800 | 7.10 | 7.82 | 8.54 | 9.40 | 10.25 | 11.10 | 12.07 | 14.14 | 16.50 | 19.12 | 21.98 | 25.04 | 27.96 | 0.0 | 0.07 | 0.18 | 0.31 | 0.43 | 0.52 | 0.61 | 0.68 | 0.74 | 0.79 |
| 900 | 7.83 | 8.63 | 9.43 | 10.38 | 11.32 | 12.26 | 13.33 | 15.61 | 18.19 | 21.05 | 24.15 | 27.43 | 30.53 | 0.0 | 0.07 | 0.20 | 0.35 | 0.48 | 0.58 | 0.68 | 0.77 | 0.84 | 0.89 |
| 950 | 8.19 | 9.03 | 9.87 | 10.86 | 11.85 | 12.82 | 13.95 | 16.32 | 19.01 | 21.99 | 25.19 | 28.56 | 31.73 | 0.0 | 0.08 | 0.21 | 0.37 | 0.51 | 0.61 | 0.72 | 0.81 | 0.88 | 0.93 |
| 1000 | 8.54 | 9.42 | 10.29 | 11.33 | 12.36 | 13.38 | 14.55 | 17.02 | 19.81 | 22.89 | 26.19 | 29.65 | 32.86 | 0.0 | 0.08 | 0.22 | 0.39 | 0.53 | 0.65 | 0.76 | 0.85 | 0.93 | 0.98 |
| 1200 | 9.89 | 10.92 | 11.93 | 13.14 | 14.33 | 15.50 | 16.85 | 19.67 | 22.82 | 26.24 | 29.83 | 33.48 | 36.73 | 0.0 | 0.10 | 0.27 | 0.47 | 0.64 | 0.78 | 0.91 | 1.02 | 1.11 | 1.18 |
| 1400 | 11.16 | 12.32 | 13.46 | 14.82 | 16.15 | 17.46 | 18.96 | 22.07 | 25.50 | 29.14 | 32.84 | 36.43 | 39.41 | 0.0 | 0.12 | 0.31 | 0.55 | 0.75 | 0.91 | 1.06 | 1.19 | 1.30 | 1.38 |
| 1425 | 11.31 | 12.49 | 13.65 | 15.02 | 16.37 | 17.69 | 19.21 | 22.35 | 25.81 | 29.46 | 33.17 | 36.73 | — | 0.0 | 0.12 | 0.32 | 0.56 | 0.76 | 0.92 | 1.08 | 1.21 | 1.32 | 1.40 |
| 1500 | 11.76 | 12.98 | 14.19 | 15.61 | 17.01 | 18.38 | 19.94 | 23.17 | 26.70 | 30.39 | 34.08 | 37.54 | — | 0.0 | 0.12 | 0.34 | 0.59 | 0.80 | 0.97 | 1.14 | 1.28 | 1.39 | 1.48 |
| 1600 | 12.33 | 13.61 | 14.88 | 16.36 | 17.82 | 19.25 | 20.87 | 24.20 | 27.80 | 31.52 | 35.13 | 38.38 | — | 0.0 | 0.13 | 0.36 | 0.63 | 0.85 | 1.03 | 1.21 | 1.36 | 1.49 | 1.57 |
| 1800 | 13.41 | 14.80 | 16.17 | 17.77 | 19.33 | 20.85 | 22.56 | 26.03 | 29.70 | 33.33 | 36.63 | — | — | 0.0 | 0.15 | 0.40 | 0.71 | 0.96 | 1.16 | 1.36 | 1.53 | 1.67 | 1.77 |
| 2000 | 14.39 | 15.88 | 17.33 | 19.02 | 20.66 | 22.24 | 24.02 | 27.55 | 31.15 | 34.52 | — | — | — | 0.0 | 0.17 | 0.45 | 0.78 | 1.07 | 1.29 | 1.51 | 1.70 | 1.86 | 1.97 |
| 2200 | 15.27 | 16.83 | 18.35 | 20.11 | 21.80 | 23.42 | 25.22 | 28.71 | 32.11 | — | — | — | — | 0.0 | 0.18 | 0.49 | 0.86 | 1.17 | 1.42 | 1.67 | 1.88 | 2.04 | 2.16 |
| 2400 | 16.03 | 17.65 | 19.22 | 21.03 | 22.74 | 24.37 | 26.15 | 29.51 | 32.56 | — | — | — | — | 0.0 | 0.20 | 0.54 | 0.94 | 1.28 | 1.55 | 1.82 | 2.05 | 2.23 | 2.36 |
| 2600 | 16.67 | 18.34 | 19.94 | 21.76 | 23.47 | 25.07 | 26.79 | 29.89 | — | — | — | — | — | 0.0 | 0.21 | 0.58 | 1.02 | 1.39 | 1.68 | 1.97 | 2.22 | 2.41 | 2.56 |
| 2800 | 17.19 | 18.88 | 20.49 | 22.30 | 23.97 | 25.51 | 27.12 | — | — | — | — | — | — | 0.0 | 0.23 | 0.63 | 1.10 | 1.49 | 1.81 | 2.12 | 2.39 | 2.60 | 2.75 |
| 3000 | 17.59 | 19.28 | 20.87 | 22.63 | 24.23 | 25.67 | 27.11 | — | — | — | — | — | — | 0.0 | 0.25 | 0.67 | 1.18 | 1.60 | 1.94 | 2.27 | 2.56 | 2.79 | 2.95 |
| 3 500 | 17.95 | 19.54 | 20.97 | 22.48 | — | — | — | — | — | — | — | — | — | 0.0 | 0.29 | 0.79 | 1.37 | 1.87 | 2.26 | 2.65 | 2.98 | 3.25 | 3.44 |

表 4.1-28　25N、25J 型窄 V 带的额定功率（摘自 GB/T 13575.2—2008）　　　　　　（单位：kW）

表头说明：左侧各直径列为"小带轮有效直径 $d_{e1}$/mm"下"单根 V 带传递的基本额定功率 $P_1$"；右侧各传动比列为"传动比 i"下"附加功率值 $\Delta P_1$"。

| $n_1$/(r/min) | 315 | 335 | 355 | 375 | 400 | 425 | 450 | 475 | 500 | 560 | 630 | 710 | 800 | 1.00~1.01 | 1.02~1.05 | 1.06~1.11 | 1.12~1.18 | 1.19~1.26 | 1.27~1.38 | 1.39~1.57 | 1.58~1.94 | 1.95~3.38 | 3.39 以上 |
|---|---|---|---|---|---|---|---|---|---|---|---|---|---|---|---|---|---|---|---|---|---|---|---|
| 10 | 0.62 | 0.68 | 0.75 | 0.81 | 0.89 | 0.97 | 1.05 | 1.13 | 1.21 | 1.40 | 1.62 | 1.86 | 2.14 | 0.0 | 0.00 | 0.01 | 0.02 | 0.03 | 0.03 | 0.04 | 0.04 | 0.05 | 0.05 |
| 20 | 1.16 | 1.28 | 1.41 | 1.53 | 1.68 | 1.84 | 1.99 | 2.14 | 2.29 | 2.66 | 3.08 | 3.55 | 4.08 | 0.0 | 0.01 | 0.02 | 0.04 | 0.05 | 0.07 | 0.08 | 0.09 | 0.09 | 0.10 |
| 30 | 1.67 | 1.85 | 2.03 | 2.21 | 2.44 | 2.66 | 2.89 | 3.11 | 3.33 | 3.86 | 4.48 | 5.18 | 5.95 | 0.0 | 0.01 | 0.03 | 0.06 | 0.08 | 0.10 | 0.12 | 0.13 | 0.14 | 0.15 |
| 40 | 2.16 | 2.40 | 2.64 | 2.88 | 3.17 | 3.47 | 3.76 | 4.05 | 4.34 | 5.04 | 5.84 | 6.75 | 7.77 | 0.0 | 0.02 | 0.05 | 0.08 | 0.11 | 0.13 | 0.15 | 0.17 | 0.19 | 0.20 |
| 50 | 2.64 | 2.94 | 3.23 | 3.52 | 3.89 | 4.25 | 4.61 | 4.97 | 5.33 | 6.19 | 7.18 | 8.30 | 9.56 | 0.0 | 0.02 | 0.06 | 0.10 | 0.14 | 0.16 | 0.19 | 0.22 | 0.24 | 0.25 |
| 60 | 3.11 | 3.46 | 3.81 | 4.15 | 4.59 | 5.02 | 5.44 | 5.87 | 6.30 | 7.31 | 8.49 | 9.82 | 11.31 | 0.0 | 0.03 | 0.07 | 0.12 | 0.16 | 0.20 | 0.23 | 0.26 | 0.28 | 0.30 |
| 70 | 3.57 | 3.97 | 4.37 | 4.78 | 5.27 | 5.77 | 6.27 | 6.76 | 7.25 | 8.42 | 9.78 | 11.32 | 13.04 | 0.0 | 0.03 | 0.08 | 0.14 | 0.19 | 0.23 | 0.27 | 0.30 | 0.33 | 0.35 |
| 80 | 4.02 | 4.48 | 4.93 | 5.39 | 5.95 | 6.51 | 7.08 | 7.63 | 8.19 | 9.52 | 11.06 | 12.80 | 14.74 | 0.0 | 0.04 | 0.09 | 0.16 | 0.22 | 0.26 | 0.31 | 0.35 | 0.38 | 0.40 |
| 100 | 4.90 | 5.46 | 6.02 | 6.58 | 7.28 | 7.97 | 8.66 | 9.35 | 10.04 | 11.67 | 13.57 | 15.71 | 18.10 | 0.0 | 0.05 | 0.11 | 0.20 | 0.27 | 0.33 | 0.39 | 0.43 | 0.47 | 0.50 |
| 120 | 5.76 | 6.43 | 7.09 | 7.75 | 8.58 | 9.40 | 10.22 | 11.03 | 11.85 | 13.78 | 16.02 | 18.56 | 21.39 | 0.0 | 0.06 | 0.14 | 0.24 | 0.33 | 0.39 | 0.46 | 0.52 | 0.57 | 0.60 |
| 140 | 6.60 | 7.37 | 8.14 | 8.90 | 9.85 | 10.80 | 11.75 | 12.69 | 13.62 | 15.86 | 18.44 | 21.36 | 24.61 | 0.0 | 0.06 | 0.16 | 0.28 | 0.38 | 0.46 | 0.54 | 0.61 | 0.66 | 0.70 |
| 160 | 7.42 | 8.29 | 9.16 | 10.03 | 11.11 | 12.18 | 13.25 | 14.31 | 15.37 | 17.90 | 20.82 | 24.12 | 27.79 | 0.0 | 0.07 | 0.18 | 0.32 | 0.43 | 0.53 | 0.62 | 0.69 | 0.76 | 0.80 |
| 180 | 8.22 | 9.20 | 10.17 | 11.14 | 12.34 | 13.54 | 14.73 | 15.91 | 17.09 | 19.91 | 23.16 | 26.83 | 30.91 | 0.0 | 0.08 | 0.21 | 0.36 | 0.49 | 0.59 | 0.69 | 0.78 | 0.85 | 0.90 |
| 200 | 9.02 | 10.09 | 11.16 | 12.23 | 13.55 | 14.87 | 16.18 | 17.49 | 18.79 | 21.89 | 25.46 | 29.50 | 33.98 | 0.0 | 0.08 | 0.23 | 0.40 | 0.54 | 0.66 | 0.77 | 0.87 | 0.94 | 1.00 |
| 300 | 12.82 | 14.38 | 15.93 | 17.48 | 19.40 | 21.30 | 23.20 | 25.09 | 26.96 | 31.42 | 36.53 | 42.28 | 48.62 | 0.0 | 0.13 | 0.34 | 0.60 | 0.81 | 0.99 | 1.16 | 1.30 | 1.42 | 1.50 |
| 400 | 16.38 | 18.41 | 20.42 | 22.42 | 24.91 | 27.37 | 29.82 | 32.24 | 34.65 | 40.35 | 46.86 | 54.12 | 62.03 | 0.0 | 0.17 | 0.46 | 0.80 | 1.09 | 1.32 | 1.54 | 1.73 | 1.89 | 2.00 |
| 500 | 19.75 | 22.22 | 24.67 | 27.10 | 30.12 | 33.10 | 36.06 | 38.98 | 41.88 | 48.70 | 56.43 | 64.94 | 74.08 | 0.0 | 0.21 | 0.57 | 1.00 | 1.36 | 1.64 | 1.93 | 2.17 | 2.36 | 2.50 |
| 600 | 22.93 | 25.82 | 28.69 | 31.53 | 35.03 | 38.50 | 41.92 | 45.29 | 48.62 | 56.42 | 65.16 | 74.64 | 84.61 | 0.0 | 0.25 | 0.69 | 1.20 | 1.63 | 1.97 | 2.31 | 2.60 | 2.83 | 3.00 |
| 700 | 25.93 | 29.22 | 32.47 | 35.69 | 39.65 | 43.55 | 47.38 | 51.15 | 54.86 | 63.47 | 72.98 | 83.08 | 93.40 | 0.0 | 0.29 | 0.80 | 1.40 | 1.90 | 2.30 | 2.70 | 3.03 | 3.30 | 3.50 |
| 725 | 26.66 | 30.04 | 33.38 | 36.68 | 40.66 | 44.75 | 48.63 | 52.55 | 56.33 | 65.12 | 74.78 | 84.98 | 95.30 | 0.0 | 0.30 | 0.83 | 1.44 | 1.97 | 2.38 | 2.79 | 3.14 | 3.42 | 3.63 |
| 800 | 28.75 | 32.41 | 36.02 | 39.58 | 43.95 | 48.23 | 52.43 | 56.54 | 60.55 | 69.55 | 79.79 | 90.13 | 100.24 | 0.0 | 0.34 | 0.91 | 1.59 | 2.17 | 2.63 | 3.08 | 3.47 | 3.78 | 4.00 |
| 900 | 31.38 | 35.38 | 39.32 | 43.18 | 47.91 | 52.53 | 57.03 | 61.40 | 65.65 | 75.29 | 85.49 | 95.63 | — | 0.0 | 0.38 | 1.03 | 1.79 | 2.44 | 2.96 | 3.47 | 3.90 | 4.25 | 4.50 |
| 950 | 32.62 | 36.79 | 40.87 | 44.87 | 49.76 | 54.52 | 59.15 | 63.63 | 67.96 | 77.72 | 87.89 | 97.75 | — | 0.0 | 0.40 | 1.09 | 1.89 | 2.58 | 3.12 | 3.66 | 4.12 | 4.49 | 4.75 |
| 1000 | 33.82 | 38.13 | 42.35 | 46.49 | 51.52 | 56.41 | 61.14 | 65.71 | 70.10 | 79.93 | 89.98 | 99.42 | — | 0.0 | 0.42 | 1.14 | 1.99 | 2.71 | 3.29 | 3.85 | 4.33 | 4.72 | 5.00 |
| 1100 | 36.05 | 40.64 | 45.11 | 49.48 | 54.76 | 59.85 | 64.74 | 69.41 | 73.87 | 83.61 | 93.14 | — | — | 0.0 | 0.46 | 1.26 | 2.19 | 2.98 | 3.62 | 4.24 | 4.77 | 5.19 | 5.50 |
| 1200 | 38.07 | 42.90 | 47.59 | 52.13 | 57.60 | 62.82 | 67.78 | 72.48 | 76.90 | 86.28 | 94.87 | — | — | 0.0 | 0.50 | 1.37 | 2.39 | 3.26 | 3.95 | 4.62 | 5.20 | 5.67 | 6.00 |
| 1300 | 39.87 | 44.89 | 49.75 | 54.42 | 60.01 | 65.28 | 70.24 | 74.86 | 79.12 | 87.84 | — | — | — | 0.0 | 0.55 | 1.49 | 2.59 | 3.53 | 4.27 | 5.01 | 5.63 | 6.14 | 6.50 |
| 1400 | 41.43 | 46.61 | 51.59 | 56.34 | 61.96 | 67.21 | 72.06 | 76.50 | 80.50 | — | — | — | — | 0.0 | 0.59 | 1.60 | 2.79 | 3.80 | 4.60 | 5.39 | 6.07 | 6.61 | 7.00 |
| 1425 | 41.78 | 47.00 | 51.99 | 56.76 | 62.38 | 67.60 | 72.41 | 76.79 | 80.71 | — | — | — | — | 0.0 | 0.60 | 1.63 | 2.84 | 3.87 | 4.68 | 5.49 | 6.18 | 6.73 | 7.13 |
| 1500 | 42.74 | 48.04 | 53.08 | 57.86 | 63.44 | 68.57 | 73.22 | 77.36 | 80.98 | — | — | — | — | 0.0 | 0.63 | 1.72 | 2.99 | 4.07 | 4.93 | 5.78 | 6.50 | 7.08 | 7.50 |
| 1600 | 43.80 | 49.16 | 54.22 | 58.96 | 64.46 | 69.33 | 73.66 | 77.39 | — | — | — | — | — | 0.0 | 0.67 | 1.83 | 3.19 | 4.34 | 5.26 | 6.16 | 6.93 | 7.55 | 8.00 |
| 1700 | 44.58 | 49.96 | 54.97 | 59.61 | 64.74 | 69.45 | 73.36 | — | — | — | — | — | — | 0.0 | 0.71 | 1.94 | 3.39 | 4.61 | 5.59 | 6.55 | 7.37 | 8.03 | 8.50 |
| 1800 | 45.08 | 50.42 | 55.33 | 59.80 | 64.74 | 68.91 | — | — | — | — | — | — | — | 0.0 | 0.76 | 2.06 | 3.59 | 4.88 | 5.92 | 6.93 | 7.80 | 8.50 | 9.00 |
| 1900 | 45.29 | 50.52 | 55.27 | 59.50 | 64.03 | — | — | — | — | — | — | — | — | 0.0 | 0.80 | 2.17 | 3.79 | 5.15 | 6.25 | 7.32 | 8.23 | 8.97 | 9.50 |

## 2.3　V带带轮

### 2.3.1　带轮的材料与制造

带轮材料常采用灰铸铁、钢、铝合金或工程塑料等，灰铸铁应用最广。$v<20\text{m/s}$ 时，可用 HT150；$v$ 为 $25\sim30\text{m/s}$ 时，可用 HT200；$v>35\text{m/s}$ 且直径较大、功率较大时，用 35 钢或 40 钢；高速、小功率时，可用工程塑料；批量大时，可用压铸铝合金或其他合金。

铸造带轮不允许有砂眼、裂纹、缩孔及气泡。

### 2.3.2　带轮的结构和公差

带轮由轮缘、轮辐和轮毂三部分组成。普通和窄 V 带轮的直径系列见表 4.1-29、表 4.1-30；轮槽截面及尺寸见表 4.1-31 和表 4.1-32。有效宽度制窄 V 带轮的径向和轴向圆跳动公差见表 4.1-33。

轮辐部分有实心、辐板（或孔板）和椭圆轮辐等三种，可根据带轮的基准直径参照表 4.1-34 确定。V 带轮的典型结构如图 4.1-5 所示。

**表 4.1-29　普通和窄 V 带轮（基准宽度制）的直径系列**（摘自 GB/T 13575.1—2008）（单位：mm）

| $d_d$ | Y | Z、SPZ | A、SPA | B、SPB | C、SPC | D | E | 圆跳动公差 $t$ |
|---|---|---|---|---|---|---|---|---|
| 20 | + | | | | | | | |
| 22.4 | + | | | | | | | |
| 25 | + | | | | | | | |
| 28 | + | | | | | | | |
| 31.5 | + | | | | | | | |
| 35.5 | + | | | | | | | |
| 40 | + | | | | | | | |
| 45 | + | | | | | | | 0.2 |
| 50 | + | + | | | | | | |
| 56 | + | + | | | | | | |
| 63 | | ⊕ | | | | | | |
| 71 | | ⊕ | | | | | | |
| 75 | | ⊕ | + | | | | | |
| 80 | + | ⊕ | + | | | | | |
| 85 | | | + | | | | | |
| 90 | + | ⊕ | ⊕ | | | | | |
| 95 | | | ⊕ | | | | | |
| 100 | + | ⊕ | ⊕ | | | | | |
| 106 | | | ⊕ | | | | | |
| 112 | + | | ⊕ | | | | | |
| 118 | | | ⊕ | | | | | |
| 125 | + | ⊕ | ⊕ | | | | | 0.3 |
| 132 | | ⊕ | ⊕ | | | | | |
| 140 | | ⊕ | ⊕ | ⊕ | | | | |
| 150 | | ⊕ | ⊕ | ⊕ | | | | |
| 160 | | ⊕ | ⊕ | ⊕ | | | | |
| 170 | | | ⊕ | ⊕ | | | | |
| 180 | | ⊕ | ⊕ | ⊕ | | | | |
| 200 | | ⊕ | ⊕ | ⊕ | + | | | |
| 212 | | | | ⊕ | + | | | 0.4 |
| 224 | | ⊕ | ⊕ | ⊕ | ⊕ | | | |
| 236 | | | | ⊕ | ⊕ | | | |
| 250 | | ⊕ | ⊕ | ⊕ | ⊕ | | | |

| $d_d$ | Z、SPZ | A、SPA | B、SPB | C、SPC | D | E | 圆跳动公差 $t$ |
|---|---|---|---|---|---|---|---|
| 265 | | | | ⊕ | | | |
| 280 | ⊕ | ⊕ | | ⊕ | | | |
| 300 | ⊕ | ⊕ | | ⊕ | | | |
| 315 | ⊕ | ⊕ | | ⊕ | | | 0.5 |
| 335 | ⊕ | ⊕ | | ⊕ | | | |
| 355 | ⊕ | ⊕ | | ⊕ | + | | |
| 375 | ⊕ | ⊕ | | ⊕ | + | | |
| 400 | ⊕ | ⊕ | | ⊕ | + | | |
| 425 | ⊕ | ⊕ | | ⊕ | + | | |
| 450 | ⊕ | ⊕ | | ⊕ | + | | |
| 475 | | | | ⊕ | + | | |
| 500 | ⊕ | ⊕ | ⊕ | ⊕ | + | + | 0.6 |
| 530 | ⊕ | | | ⊕ | + | + | |
| 560 | ⊕ | | | ⊕ | + | + | |
| 600 | | | | ⊕ | + | + | |
| 630 | ⊕ | ⊕ | ⊕ | ⊕ | + | + | |
| 670 | | | | ⊕ | + | + | |
| 710 | | ⊕ | | ⊕ | + | + | |
| 750 | | ⊕ | | ⊕ | + | + | 0.8 |
| 800 | | ⊕ | | ⊕ | + | + | |
| 900 | | | ⊕ | ⊕ | + | + | |
| 1000 | | | ⊕ | ⊕ | + | + | |
| 1060 | | | | ⊕ | + | | |
| 1120 | | | ⊕ | ⊕ | + | + | |
| 1250 | | | | ⊕ | + | + | 1 |
| 1400 | | | ⊕ | ⊕ | + | + | |
| 1500 | | | | ⊕ | + | + | |
| 1600 | | | ⊕ | ⊕ | + | + | |
| 1800 | | | | ⊕ | + | + | |
| 1900 | | | | ⊕ | | + | |
| 2000 | | | ⊕ | ⊕ | + | + | 1.2 |
| 2240 | | | | ⊕ | | + | |
| 2500 | | | | ⊕ | | + | |

注：1. 有 + 号的只用于普通 V 带，有 ⊕ 号的用于普通 V 带和窄 V 带。

2. 基准直径的极限偏差为 ±0.8%。

3. 轮槽基准直径间的最大偏差，Y 型 ±0.3mm，Z、A、B、SPZ、SPA、SPB 型 ±0.4mm，C、D、E、SPC 型 ±0.5mm。

**表 4.1-30　窄 V 带轮（有效宽度制）的直径系列**（摘自 GB/T 10413—2002）

（单位：mm）

| 有效直径 $d_e$ | 9N/9J 选用情况 | 2Δd | 15N/15J 选用情况 | 2Δd | 25N/25J 选用情况 | 2Δd | 有效直径 $d_e$ | 9N/9J 选用情况 | 2Δd | 15N/15J 选用情况 | 2Δd | 25N/25J 选用情况 | 2Δd |
|---|---|---|---|---|---|---|---|---|---|---|---|---|---|
| 67 | ○ | 4 | | | | | 315 | ◎ | 5 | ◎ | 7 | ○ | 5 |
| 71 | ◎ | 4 | | | | | 335 | | | | | ○ | 5.4 |
| 75 | ○ | 4 | | | | | 355 | ○ | 5.7 | ○ | 7 | ◎ | 5.7 |
| 80 | ◎ | 4 | | | | | 375 | | | | | ○ | 6 |
| 85 | ○ | 4 | | | | | 400 | ◎ | 6.4 | ◎ | 7 | ○ | 6.4 |
| 90 | ◎ | 4 | | | | | 425 | | | | | ○ | 6.8 |
| 95 | ○ | 4 | | | | | 450 | ○ | 7.2 | ○ | 7.2 | ◎ | 7.2 |
| 100 | ◎ | 4 | | | | | 475 | | | | | ○ | 7.6 |
| 106 | ○ | 4 | | | | | 500 | ◎ | 8 | ◎ | 8 | ◎ | 8 |
| 112 | ◎ | 4 | | | | | 530 | | | | | | |
| 118 | ○ | 4 | | | | | 560 | ○ | 9 | ○ | 9 | ○ | 9 |
| 125 | ◎ | 4 | | | | | 600 | | | | | ○ | 9.6 |
| 132 | ◎ | 4 | | | | | 630 | ○ | 10.1 | ◎ | 10.1 | ○ | 10.1 |
| 140 | ○ | 4 | | | | | 710 | ○ | 11.4 | ○ | 11.4 | ○ | 11.4 |
| 150 | ○ | 4 | | | | | 800 | ○ | 12.8 | ○ | 12.8 | ○ | 12.8 |
| 160 | ◎ | 4 | | | | | 900 | | | ○ | 14.4 | ○ | 14.4 |
| 180 | ○ | 4 | ◎ | 7 | | | 1000 | | | ◎ | 16 | ◎ | 16 |
| 190 | | | ○ | 7 | | | 1120 | | | ○ | 17.9 | ○ | 17.9 |
| 200 | ◎ | 4 | ◎ | 7 | | | 1250 | | | ◎ | 20 | ○ | 20 |
| 212 | | | ○ | 7 | | | 1400 | | | ○ | 22.4 | ○ | 22.4 |
| 224 | ○ | 4 | ◎ | 7 | | | 1600 | | | | | ○ | 25.6 |
| 236 | | | ○ | 7 | | | 1800 | | | | | ○ | 28.8 |
| 250 | ◎ | 4 | ◎ | 7 | | | 2000 | | | ○ | 25.6 | ◎ | 32 |
| 265 | | | ○ | 7 | | | 2240 | | | ○ | 28.8 | ○ | 35.8 |
| 280 | ○ | 4.5 | ◎ | 7 | | | 2500 | | | | | ◎ | 40 |
| 300 | | | ○ | 7 | | | | | | | | | |

注：1. 有效直径 $d_e$ 为其最小值，最大值 $d_{emax} = d_e + 2\Delta d$。

　　2. 选用情况，◎—优先选用，○—可以选用。

**表 4.1-31　普通和窄 V 带轮轮槽截面及尺寸**（基准宽度制）（摘自 GB/T 10412—2002）

（单位：mm）

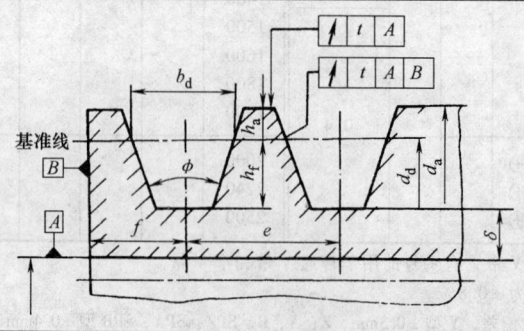

（续）

| 项目 | 符号 | 槽 型 | | | | | | |
|---|---|---|---|---|---|---|---|---|
| | | Y | Z、SPZ | A、SPA | B、SPB | C、SPC | D | E |
| 基准宽度 | $b_d$ | 5.3 | 8.5 | 11.0 | 14.0 | 19.0 | 27.0 | 32.0 |
| 基准线上槽深 | $h_{amin}$ | 1.6 | 2.0 | 2.75 | 3.5 | 4.8 | 8.1 | 9.6 |
| 基准线下槽深 | $h_{fmin}$ | 4.7 | 7.0<br>9.0 | 8.7<br>11.0 | 10.8<br>14.0 | 14.3<br>19.0 | 19.9 | 23.4 |
| 槽间距 | $e$ | 8±0.3 | 12±0.3 | 15±0.3 | 19±0.4 | 25.5±0.5 | 37±0.6 | 44.5±0.7 |
| 第一槽对称面至端面的最小距离 | $f_{min}$ | 6 | 7 | 9 | 11.5 | 16 | 23 | 28 |
| 槽间距累积极限偏差 | — | ±0.6 | ±0.6 | ±0.6 | ±0.8 | ±1.0 | ±1.2 | ±1.4 |
| 带轮宽 | $B$ | $B=(z-1)e+2f$　$z$—轮槽数 | | | | | | |
| 外径 | $d_a$ | $d_a=d_d+2h_a$ | | | | | | |
| 轮槽角 $\varphi$　32° | 相应的基准直径 $d_d$ | ≤60 | — | — | — | — | — | — |
| 34° | | — | ≤80 | ≤118 | ≤190 | ≤315 | — | — |
| 36° | | >60 | — | — | — | — | ≤475 | ≤600 |
| 38° | | — | >80 | >118 | >190 | >315 | >475 | >600 |
| 极限偏差 | | ±0.5° | | | | | | |

**表 4.1-32 窄 V 带轮（有效宽度制）轮槽截面及尺寸（摘自 GB/T 13575.2—2008）**

（单位：mm）

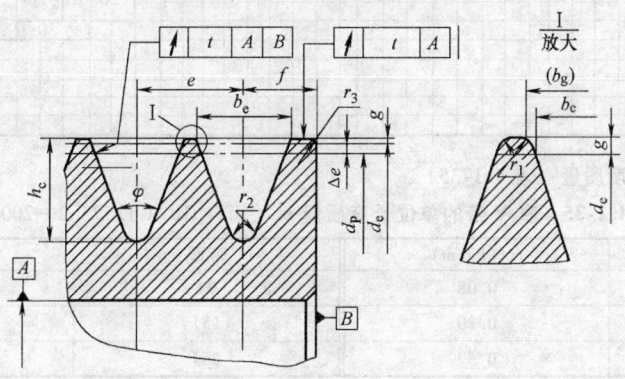

| 槽型 | $d_e$ | $\varphi/(°)$ | $b_e$ | $\Delta e$ | $e$ | $f_{min}$ | $h_c$ | $(b_g)$ | $g$ | $r_1$ | $r_2$ | $r_3$ |
|---|---|---|---|---|---|---|---|---|---|---|---|---|
| 9N、9J | ≤90 | 36 | 8.9 | 0.6 | 10.3±0.25 | 9 | $9.5^{+0.5}_{0}$ | 9.23 | 0.5 | 0.2~0.5 | 0.5~1.0 | 1~2 |
| | >90~150 | 38 | | | | | | 9.24 | | | | |
| | >150~305 | 40 | | | | | | 9.26 | | | | |
| | >305 | 42 | | | | | | 9.28 | | | | |
| 15N、15J | ≤255 | 38 | 15.2 | 1.3 | 17.5±0.25 | 13 | $15.5^{+0.5}_{0}$ | 15.54 | 0.5 | 0.2~0.5 | 0.5~1.0 | 2~3 |
| | >255~405 | 40 | | | | | | 15.56 | | | | |
| | >405 | 42 | | | | | | 15.58 | | | | |
| 25N、25J | ≤405 | 38 | 25.4 | 2.5 | 28.6±0.25 | 19 | $25.5^{+0.5}_{0}$ | 25.74 | 0.5 | 0.2~0.5 | 0.5~1.0 | 3~5 |
| | >405~570 | 40 | | | | | | 25.76 | | | | |
| | >570 | 42 | | | | | | 26.78 | | | | |

**表 4.1-33　有效宽度制窄 V 带轮的径向和轴向圆跳动公差**（摘自 GB/T 10413—2002）　（单位：mm）

| 有效直径基本值 $d_e$ | 径向圆跳动 $t_1$ | 轴向圆跳动 $t_2$ | 有效直径基本值 $d_e$ | 径向圆跳动 $t_1$ | 轴向圆跳动 $t_2$ |
|---|---|---|---|---|---|
| ≤125 | 0.2 | 0.3 | >1000～1250 | 0.8 | 1 |
| >125～315 | 0.3 | 0.4 | >1250～1600 | 1 | 1.2 |
| >315～710 | 0.4 | 0.6 | >1600～2500 | 1.2 | 1.2 |
| >710～1000 | 0.6 | 0.8 | | | |

**表 4.1-34　V 带轮的结构形式和辐板厚度**　（单位：mm）

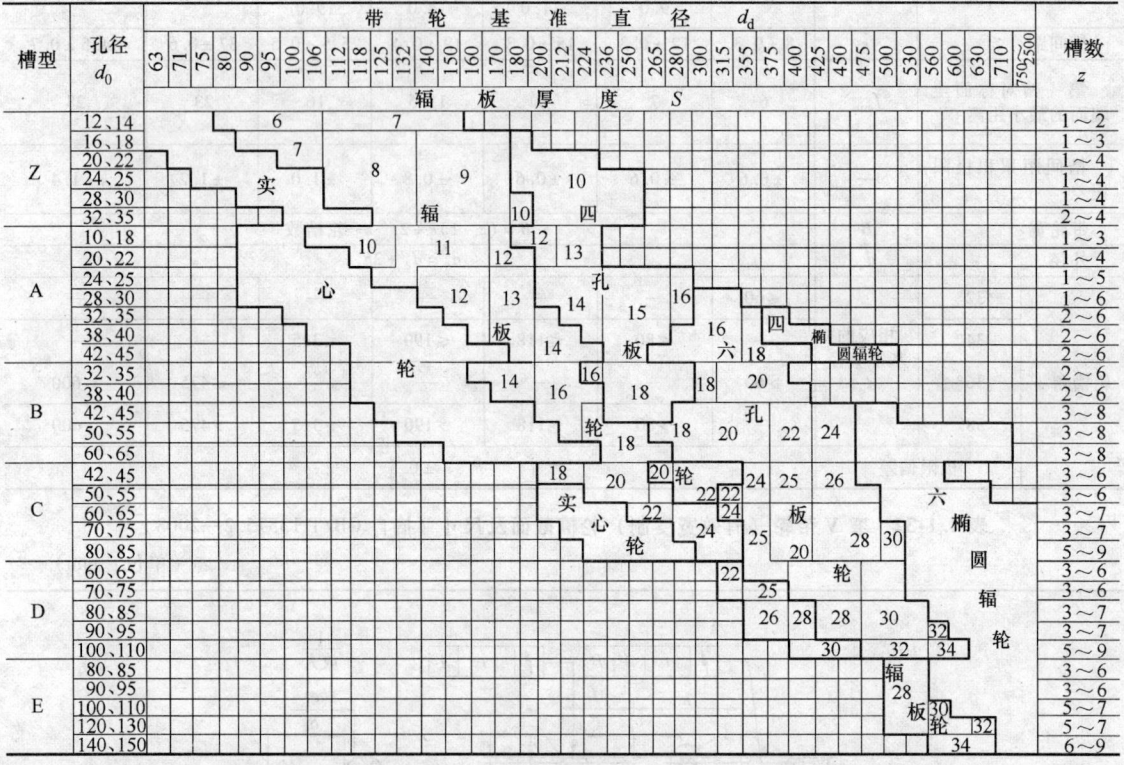

### 2.3.3　窄 V 带的单位长度质量（表 4.1-35）

**表 4.1-35　窄 V 带的单位长度质量 m**（摘自 GB/T 13575.2—2008）

| 带型 | $m/(\mathrm{kg/m})$ | 带型 | $m/(\mathrm{kg/m})$ |
|---|---|---|---|
| 9N | 0.08 | 9J | 0.122 |
| 15N | 0.20 | 15J | 0.252 |
| 25N | 0.57 | 25J | 0.693 |

## 2.4　V 带传动设计中应注意的问题

1）注意加大带轮包角，水平安装时带紧边下置。

2）小带轮直径不宜过小，避免加大带的弯曲应力。

3）带速不宜过高或过低，参照表 4.1-1 推荐值。

4）带中心距不宜过大或过小，参照表 4.1-9 中 $a_0$ 推荐值。

5）带传动的中心距要便于调整。

6）带要方便更换。

7）带轮过宽时不宜悬臂安装。

8）靠自重张紧的带传动，当带重力不够时要加辅助装置。

9）要定期测量、调整带的张紧力。

10）多根带传动，更换带时要一起更换。

11）带安装时要注意两轴的平行度。

12）带传动不宜用在易燃易爆的场合。

13）带传动应尽量加防护罩。

14）带传动与齿轮传动、蜗杆传动组合应用时，

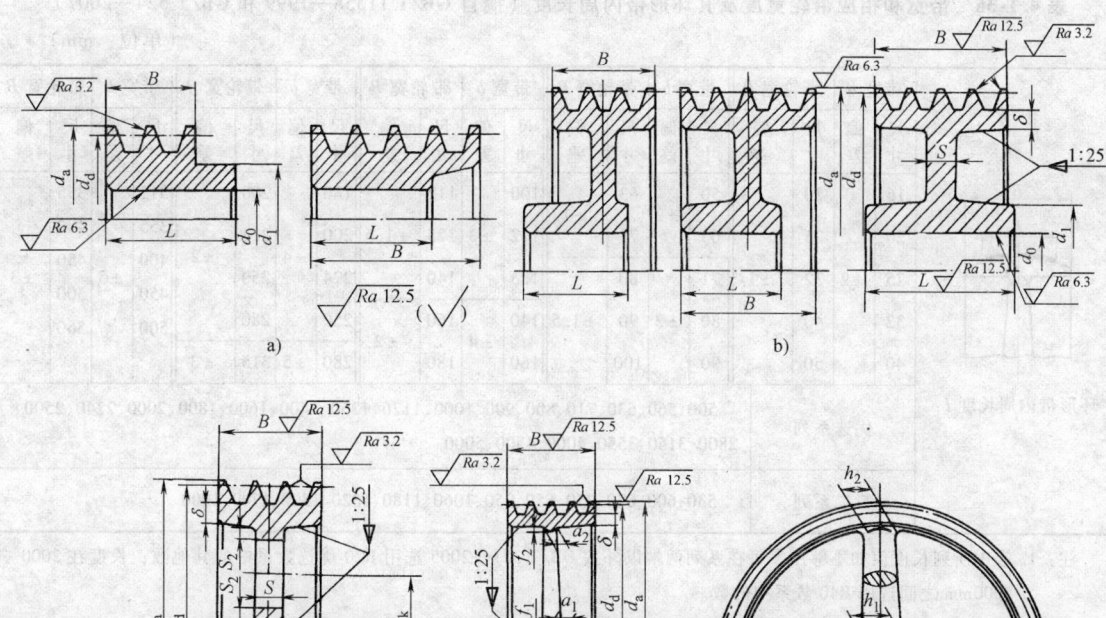

**图 4-1-5　V 带轮的典型结构**

a) 实心轮　b) 辐板轮　c) 孔板轮　d) 椭圆辐轮

$$d_1 = (1.8 \sim 2)d_0, \quad L = (1.5 \sim 2)d_0, \quad S \text{ 查表 } 4.1\text{-}34, \quad S_1 \geqslant 1.5S, \quad S_2 \geqslant 0.5S, \quad h_1 = 290\sqrt[3]{\dfrac{P}{nA}}$$

各式中，$P$—传递的功率（kW），$n$—带轮的转速（r/min），$A$—轮辐数，

$$h_2 = 0.8h_1, \quad a_1 = 0.4h_1, \quad a_2 = 0.8a_1, \quad f_1 = 0.2h_1, \quad f_2 = 0.2h_2$$

带传动应放置在高速级。

# 3　平带传动

## 3.1　平带的类型、结构

### 3.1.1　平带的类型

平带主要分为高速平带、高强力平带和普通平带。这里主要介绍普通平带。普通平带一般采用纯棉帆布或维棉、涤棉混纺帆布经覆胶贴合而成。近年来，在纺织机械、精密机床中采用了尼龙片基平带，它以橡胶、PVC、皮革或聚氨酯作覆盖层，用尼龙片基作骨架材料。这种平带强度大、伸长小、效率高，比一般平带传动节能 15% 以上。

### 3.1.2　平带的结构

普通平带分为切边式（代号为 C）和包边式（代号为 F）两种形式，如图 4.1-6 所示。

（1）切边式　各层帆布不包叠，侧面为切割而

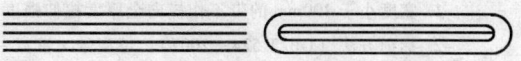

**图 4.1-6　普通平带的切边式和包边式结构示意**

形成的平面。

（2）包边式　最外一层或数层帆布包叠，侧面为弧形面。

## 3.2　平带的规格型号

带宽和相应带轮宽度及其环形带内周长度见表 4.1-36。

普通平带按带的单位最小拉伸强度分为 190 ～ 560 等类型（见表 4.1-37），带长任意截取，再用硫化接头或带扣等连接成环形。

## 3.3　平带传动的设计计算

### 3.3.1　平带的接头形式及特点

平带的接头形式、特点及应用见表 4.1-38。

4 – 26　　第 4 篇　带传动、链传动和螺旋传动

**表 4.1-36　带宽和相应带轮宽度及其环形带内周长度**（摘自 GB/T 11358—1999 和 GB/T 524—2007）

（单位：mm）

| | 带宽 b 尺寸 | 偏差 | 带轮宽 B 尺寸 | 偏差 | 带宽 b 尺寸 | 偏差 | 带轮宽 B 尺寸 | 偏差 | 带宽 b 尺寸 | 偏差 | 带轮宽 B 尺寸 | 偏差 | 带宽 b 尺寸 | 偏差 | 带轮宽 B 尺寸 | 偏差 | 带宽 b 尺寸 | 偏差 | 带轮宽 B 尺寸 | 偏差 |
|---|---|---|---|---|---|---|---|---|---|---|---|---|---|---|---|---|---|---|---|---|
| | 16 | | 20 | | 50 | | 63 | | 100 | | 112 | | 180 | | 200 | | 315 | | 355 | |
| | 20 | | 25 | | 63 | ±2 | 71 | | 112 | ±3 | 125 | ±1.5 | 200 | ±4 | 224 | ±2 | 355 | | 400 | |
| | 25 | ±2 | 32 | ±1 | 71 | | 80 | | 125 | | 140 | | 224 | | 250 | | 400 | ±5 | 450 | ±3 |
| | 32 | | 40 | | 80 | ±3 | 90 | ±1.5 | 140 | ±4 | 160 | ±2 | 250 | | 280 | | 450 | | 500 | |
| | 40 | | 50 | | 90 | | 100 | | 160 | | 180 | | 280 | ±5 | 315 | ±3 | 500 | | 560 | |

| 环形带内周长度 $L_i$ | 优选系列 | 500、560、630、710、800、900、1000、1120、1250、1400、1600、1800、2000、2240、2500、2800、3150、3550、4000、4500、5000 |
|---|---|---|
| | 第二系列 | 530、600、670、750、850、950、1060、1180、1320、1500、1700、1900 |

注：1. 表中所列长度值如不够用，可在系列两端以外按 GB/T 321—2005 选用 R20 优选数系中的其他数；长度在 2000～5000mm 之间选用 R40 数系中的数。

2. 表中所列长度系列是指在规定预紧力下的内周长度。

3. 有端带（非环形带）长度，设计者可自行决定。

**表 4.1-37　全厚度拉伸强度**（摘自 GB/T 524—2007）

| 拉伸强度规格 | 全厚度拉伸强度/(kN/m) | | 棉帆布参考层数 | 拉伸强度规格 | 全厚度拉伸强度/(kN/m) | | 棉帆布参考层数 |
|---|---|---|---|---|---|---|---|
| | 纵向最小值 | 横向最小值 | | | 纵向最小值 | 横向最小值 | |
| 190 | 190 | 75 | 3 | 425 | 425 | 250 | 8 |
| 240 | 240 | 95 | 4 | 450 | 450 | 不作规定 | 9 |
| 290 | 290 | 115 | 5 | 500 | 500 | | 10 |
| 340 | 340 | 130 | 6 | 560 | 560 | | 12 |
| 385 | 385 | 225 | 7 | | | | |

注：1. 宽度小于 400mm 的带不作横向全厚度拉伸强度试验。

2. 标记方法（GB/T 524—2007）：带型号×带宽－内周带长。

3. 标记示例：带宽为 50mm、带长为 2240mm 的 240 型（4 层）普通平带；

切边式标记为：C240×50-2.24；包边式标记为：F240×50-2.24

**表 4.1-38　平带的接头形式、特点及应用**

| 接头种类 | 接头形式 | 特点及应用 | 接头种类 | 接头形式 | 特点及应用 |
|---|---|---|---|---|---|
| 粘接接头 | | 接头平滑、可靠，连接强度高，但粘接技术要求也高。可用于高速（$v < 30$m/s）、大功率或有张紧轮的双面传动中 | 带扣接头 | | 连接迅速方便，但接头强度及工作平稳性较差。可用于中速（$v < 20$m/s）、经常改接的中、小功率的双面传动中。接头效率为 80%～90% |
| | | | 钢丝钩接头 | | |

（续）

| 接头种类 | 接头形式 | 特点及应用 |
|---|---|---|
| 螺栓接头 | 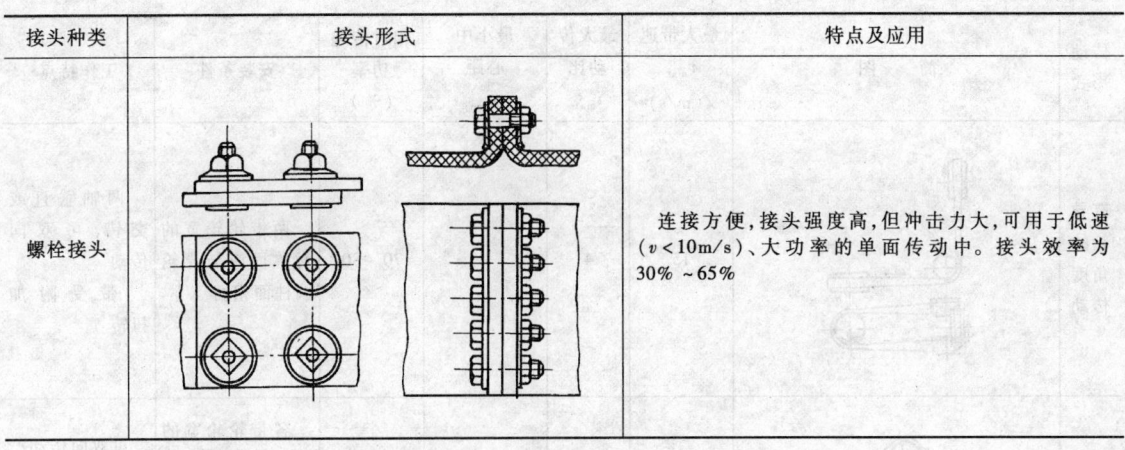 | 连接方便,接头强度高,但冲击力大,可用于低速($v<10\text{m/s}$)、大功率的单面传动中。接头效率为 30% ~ 65% |

注：使用粘接或螺栓接头时，其运行方向应如图4.1-7所示。

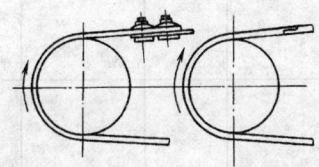

**图 4.1-7 使用粘接或螺栓接头时带的运行方向**

### 3.3.2 平带传动的传动形式及性能（表4.1-39）

**表 4.1-39 平带传动的传动形式及主要性能**

| 传动形式 | 简 图 | 最大带速 $v_{max}$ /(m/s) | 最大传动比 $i_{max}$ | 最小中心距 $a_{min}$ | 相对传递功率 (%) | 安装条件 | 工作特点 |
|---|---|---|---|---|---|---|---|
| 开口传动 |  | 20 ~ 30 | 5 | $1.5(d_1+d_2)$ | 100 | 两带轮轮宽的对称面应重合,且尽可能使紧边在下面 | 两轴平行,转向相同,可双向传动 带只受单向弯曲,寿命长 |
| 交叉传动 |  | 15 | 6 | $20b$ ($b$ 为带宽) | 70 ~ 80 | 两带轮轮宽的对称面应重合 | 两轴平行,转向相反,可双向传动 带受附加扭转,且在交叉处磨损严重 |
| 半交叉传动 |  | 15 | 3 | $5.5(d_2+b)$ | 70 ~ 80 | 一带轮轮宽的对称面,通过另一带轮带的绕出点 | 两轴交错,只能单向传动 带受附加扭转 带轮要有足够的宽度 $B=1.4b+10$ [$B$—轮宽(mm)] |

（续）

| 传动形式 | 简　图 | 最大带速 $v_{max}$ /(m/s) | 最大传动比 $i_{max}$ | 最小中心距 $a_{min}$ | 相对传递功率（%） | 安装条件 | 工作特点 |
|---|---|---|---|---|---|---|---|
| 有导轮的角度传动 | 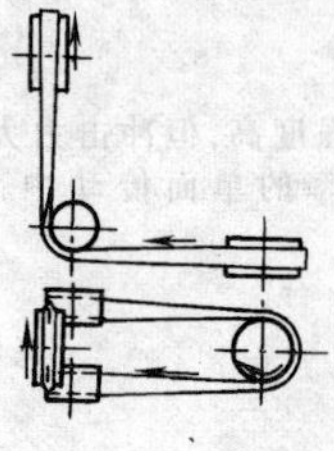 | 15 | 4 | — | 70~80 | 两带轮轮宽的对称面应与导轮圆柱面相切 | 两轴垂直或交错,可双向传动　带受附加扭转 |
| 拉紧惰轮传动 | 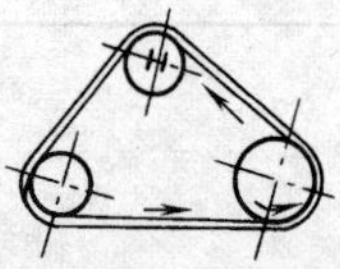 | 25 | 6 | — | — | 各带轮轮宽的对称面相重合,拉紧惰轮配置在松边,并定期调整其位置 | 可双向传动　当主、从动轮之间有障碍物时,可采用此法 |
| 张紧惰轮传动 | 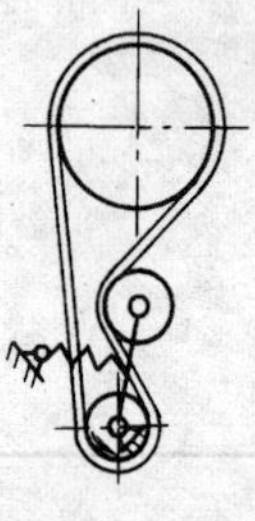 | 25 | 10 | $d_1 + d_2$ | — | 各带轮轮宽的对称面相重合,张紧轮配置在松边 | 只能单向传动。可增大小轮包角,自动调节带的初拉力。可用于中心距小,传动比大的情况下 |
| 多从动轮传动 | 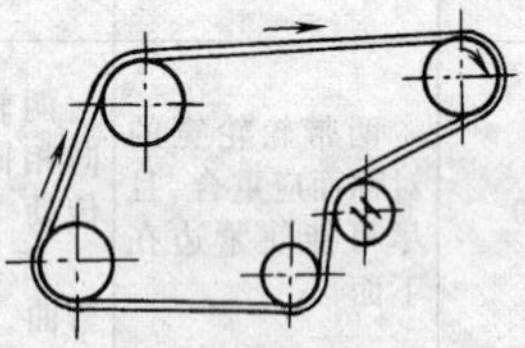 | — | — | — | — | 各带轮轮宽的对称面相重合,应使主动轮和传递功率较大的从动轮有较大的包角,其余从动轮的包角应大于70° | 在复杂的传动系统中简化传动机构,但胶带的挠曲次数增加,降低带的寿命 |

### 3.3.3　计算内容和步骤

已知条件:①传递的功率;②小带轮和大带轮转速;③传动形式、载荷性质、原动机种类以及工作制度。

设计计算公式及数据见表4.1-40。

**表 4.1-40　平带传动设计计算公式及数据**

| 计算项目 | 单位 | 公式及数据 | 说明 |
|---|---|---|---|
| 小带轮直径 $d_1$ | mm | $$d_1 = (1100 \sim 1300)\sqrt[3]{\dfrac{P}{n_1}}$$ 或 $$d_1 = \dfrac{60 \times 1000v}{\pi n_1}$$ | $P$——传递的功率(kW)<br>$n_1$——小带轮转速(r/min)<br>$v$——带速,适宜的 $v$ 为 10~20m/s<br>$d_1$ 按表 4.1-55 选取相近的值 |
| 传动比 $i$ | — | $$i = \dfrac{n_1}{n_2} \leqslant i_{max}$$ | $n_2$——大带轮转速(r/min)<br>$i_{max}$ 见表 4.1-39 |

（续）

| 计算项目 | 单位 | 公式及数据 | 说 明 |
|---|---|---|---|
| 大带轮直径 $d_2$ | mm | $d_2 = i d_1 (1-\varepsilon)$ | $\varepsilon$——弹性滑动系数，$\varepsilon = 0.01 \sim 0.02$<br>$d_2$ 按表 4.1-55 选取相近的值 |
| 带速 $v$ | m/s | $v = \dfrac{\pi d_1 n_1}{60 \times 1000} \leqslant v_{\max}$ | 一般 $v = 10 \sim 20 \mathrm{m/s}$<br>$v_{\max} = 30 \mathrm{m/s}$ |
| 有端带中心距 $a$ | mm | $\begin{array}{c\|c\|c} i & 1\sim2 & 3\sim5 \\ \hline a & (1.5\sim2)(d_1+d_2) & (2\sim5)(d_1+d_2) \end{array}$ | 仅用于开口传动形式，其他传动形式的 $a_{\min}$ 见表 4.1-39 |
| 有端带长度 $L$ | mm | 开口传动<br>$L = 2a + \dfrac{\pi}{2}(d_1+d_2) + \dfrac{(d_2-d_1)^2}{4a}$<br>交叉传动<br>$L = 2a + \dfrac{\pi}{2}(d_1+d_2) + \dfrac{(d_1+d_2)^2}{4a}$<br>半交叉传动<br>$L = 2a + \dfrac{\pi}{2}(d_1+d_2) + \dfrac{d_1^2+d_2^2}{2a}$ | 未考虑接头长度 |
| 带厚 $\delta$ | mm | $\delta = 1.2 \times n$ | $n$——带的层数，见表 4.1-41 |
| 环形带 初定中心距 $a_0$ | mm | $1.5(d_1+d_2) < a_0 < 5(d_1+d_2)$ | 可根据结构需要而定 |
| 环形带 节线长度 $L_{0\mathrm{p}}$ | mm | $L_{0\mathrm{p}} = 2a_0 + \dfrac{\pi}{2}(d_1+d_2) + \dfrac{(d_2-d_1)^2}{4a_0}$ | |
| 环形带 内周长度 $L_\mathrm{i}$ | mm | $L_\mathrm{i} = L_\mathrm{p} - \pi\delta$ | 按表 4.1-36 选取相近的 $L_\mathrm{i}$ 值 |
| 小带轮包角 $\alpha_1$ | （°） | 开口传动<br>$\alpha_1 = 180° - \dfrac{d_2-d_1}{a} \times 57.3° \geqslant 150°$<br>交叉传动<br>$\alpha_1 \approx 180° + \dfrac{d_1+d_2}{a} \times 57.3°$<br>半交叉传动<br>$\alpha_1 \approx 180° + \dfrac{d_1}{a} \times 57.3°$ | 若 $\alpha_1 < 150°$，应增大 $a$ 或降低 $i$ 或采用张紧轮 |
| 挠曲次数 $u$ | 次/s | $u = \dfrac{1000mv}{L} \leqslant u_{\max}$<br>$u_{\max} = 6 \sim 10$ | $m$——带轮数 |
| 设计功率 $P_\mathrm{d}$ | kW | $P_\mathrm{d} = K_\mathrm{A} P$ | $K_\mathrm{A}$——工况系数，见表 4.1-10 |
| 带的截面积 $A$ | cm² | $A = \dfrac{P_\mathrm{d}}{K_\alpha K_\beta P_0}$ | $K_\alpha$——包角修正系数，见表 4.1-43<br>$K_\beta$——传动布置系数，见表 4.1-44<br>$P_0$——平带单位截面积所能传递的额定功率（kW/cm²），见表 4.1-45 |
| 带宽 $b$ | mm | $b = \dfrac{100A}{\delta}$ | 按表 4.1-36 选取 |
| 带的正常张紧应力 $\sigma_0$ | MPa | 短距离的普通传动或接近垂直的传动<br>$\sigma_0 = 1.6$<br>中心距可调且采用定期张紧或中心距固定，但中心距较大时 $\sigma_0 = 1.8$<br>自动调节张紧力的传动 $\sigma_0 = 2.0$ | 新带安装调整时的张紧应力应为正常张紧应力的 1.5 倍 |

（续）

| 计算项目 | 单位 | 公式及数据 | 说明 |
|---|---|---|---|
| 有效圆周力 $F_t$ | N | $$F_t = \dfrac{1000P_d}{v}$$ | — |
| 作用在轴上的力 $F_r$ | N | $$F_r = 2\sigma_0 A \sin\dfrac{\alpha_1}{2}$$ $$F_{rmax} = 3\sigma_0 A \sin\dfrac{\alpha_1}{2}$$ | $F_{rmax}$——考虑新带的最初张紧力为正常张紧力的 1.5 倍时作用在轴上的力 |

### 3.3.4　平带设计标准数据

包边式平带带轮最小直径见表 4.1-41。

**表 4.1-41　包边式平带带轮最小直径 $d_{1min}$**（摘自 GB/T 524—2007）　（单位：mm）

| 拉伸力 /kN | v/(m/s) | | | | | | 棉布层参考层数 n | 拉伸力 /kN | v/(m/s) | | | | | | 棉布层参考层数 n |
|---|---|---|---|---|---|---|---|---|---|---|---|---|---|---|---|
| | 5 | 10 | 15 | 20 | 25 | 30 | | | 5 | 10 | 15 | 20 | 25 | 30 | |
| | $d_{1min}$ | | | | | | | | $d_{1min}$ | | | | | | |
| 190 | 80 | 112 | 125 | 140 | 160 | 180 | 3 | 425 | 500 | 560 | 710 | 710 | 800 | 900 | 8 |
| 240 | 140 | 160 | 180 | 200 | 224 | 250 | 4 | 450 | 630 | 710 | 800 | 900 | 1000 | 1120 | 9 |
| 290 | 200 | 224 | 250 | 280 | 315 | 355 | 5 | 500 | 800 | 900 | 1000 | 1000 | 1120 | 1250 | 10 |
| 340 | 315 | 355 | 400 | 450 | 500 | 560 | 6 | 560 | 1000 | 1000 | 1120 | 1250 | 1400 | 1600 | 12 |
| 385 | 450 | 500 | 560 | 630 | 710 | 710 | 7 | | | | | | | | |

注：切边式平带柔软，用切边式平带其带轮直径比包边式小 20%，但不能用于交叉传动和塔轮上。

带不同承载层材料的 S 值见表 4.1-42。

**表 4.1-42　带不同承载层材料的 S 值**（摘自 GB/T 15531—2008）

| 带承载层材料 | S |
|---|---|
| 低弹性模量材料，如尼龙 | $0.016L_p$ |
| 中弹性模量材料，如涤纶 | $0.011L_p$ |
| 高弹性模量材料，如玻璃纤维、金属丝等 | $0.005L_p$ |

包角修正系数见表 4.1-43。

**表 4.1-43　包角修正系数 $K_\alpha$**

| 包角 $\alpha_1$/(°) | 220 | 210 | 200 | 190 | 180 | 170 | 160 | 150 | 140 | 130 | 120 |
|---|---|---|---|---|---|---|---|---|---|---|---|
| $K_\alpha$ | 1.20 | 1.15 | 1.10 | 1.05 | 1.00 | 0.97 | 0.94 | 0.91 | 0.88 | 0.85 | 0.82 |

传动布置系数见表 4.1-44。

**表 4.1-44　传动布置系数 $K_\beta$**

| 传动形式 | 两带轮中心连线与水平线间的夹角 β | | | 传动形式 | 两带轮中心连线与水平线间的夹角 β | | |
|---|---|---|---|---|---|---|---|
| | 0°~60° | 60°~80° | 80°~90° | | 0°~60° | 60°~80° | 80°~90° |
| 自动张紧传动 | 1.0 | 1.0 | 1.0 | 交叉传动 | 0.9 | 0.8 | 0.7 |
| 简单开口传动（定期张紧或改缝） | 1.0 | 0.9 | 0.8 | 半交叉传动和有导轮的角度传动 | 0.8 | 0.7 | 0.6 |

覆胶帆布平带单位截面积传递的额定功率见表 4.1-45。

**表 4.1-45　覆胶帆布平带单位截面积传递的额定功率 $P_0$**（预紧应力 $\sigma_0 = 1.8\text{MPa}$、$\alpha = 180°$、平稳载荷）

（单位：$\text{kW/cm}^2$）

| $d_1$/mm | 带速 $v$/(m/s) | | | | | | | | | | | | | | | | | | | | | | | | | |
|---|---|---|---|---|---|---|---|---|---|---|---|---|---|---|---|---|---|---|---|---|---|---|---|---|---|---|
| | 5 | 6 | 7 | 8 | 9 | 10 | 11 | 12 | 13 | 14 | 15 | 16 | 17 | 18 | 19 | 20 | 21 | 22 | 23 | 24 | 25 | 26 | 27 | 28 | 29 | 30 |
| 30 | 1.1 | 1.3 | 1.5 | 1.7 | 1.9 | 2.1 | 2.3 | 2.5 | 2.7 | | 3.0 | 3.2 | 3.3 | 3.5 | 3.6 | 3.7 | 3.8 | | 4.0 | 4.1 | 4.2 | | 4.3 | 4.3 | 4.3 | 4.3 |
| 35 | | | | | | | | | | 2.9 | | | | | | 3.8 | 3.9 | 4.0 | | 4.1 | | 4.3 | | | | 4.4 |
| 40 | | | | | 2.0 | 2.2 | 2.4 | | | | 3.1 | | 3.4 | 3.6 | 3.7 | | | | | | | 4.4 | | | | 4.5 |
| 45 | | | 1.6 | 1.8 | | | | 2.6 | 2.8 | | | 3.3 | | | | 3.9 | | 4.0 | 4.1 | 4.2 | 4.3 | | | | 4.5 | 4.6 |
| 50 | | 1.4 | | | | | | | | | 3.0 | 3.2 | | 3.5 | | 3.8 | | 4.0 | | 4.4 | 4.5 | | 4.5 | 4.5 | | 4.6 |
| 60 | 1.2 | | | | | 2.3 | 2.5 | | 2.7 | | 3.1 | 3.3 | | 3.6 | | 3.9 | | 4.2 | 4.3 | 4.4 | | 4.5 | | 4.6 | 4.6 | 4.7 |
| 75 | | | 1.7 | 1.9 | | | | | 2.9 | | | | 3.6 | | 3.8 | | | | 4.3 | 4.4 | 4.5 | 4.6 | | | 4.7 | |
| 100 | | | | | | 2.4 | 2.6 | 2.8 | | 3.2 | 3.4 | 3.5 | | 3.7 | 3.9 | 4.0 | 4.1 | 4.2 | | 4.4 | | 4.6 | 4.7 | 4.7 | 4.8 | 4.8 |

注：1. 平带单位截面积所能传递的功率 $P_0$：当 $\sigma_0 = 1.6\text{MPa}$ 时，比表内数值约小7.8%；$\sigma_0 = 2\text{MPa}$ 时，比表内数值约大7.8%。

2. 自动张紧时，$P_0$ 值仅使用功率表中 $v = 10\text{m/s}$ 一项，并须乘以 $v/10$。

## 3.4　聚酰胺片基平带传动

聚酰胺（PA尼龙）片基平带强度高，摩擦因数大，曲挠性好，不易松弛，适用于大功率传动，薄型的可用于高速传动。

### 3.4.1　结构

以聚酰胺为片基，按其使用和结构的不同，以覆盖层材料进行分类：GG 系列——上、下覆盖层均为橡胶层；LL 系列——上、下覆盖层均为皮革；GL 系列——上覆盖为橡胶，下覆盖层为皮革。其标记示例如图 4.1-8 所示。聚酰胺片基平带内周长度的极限偏差（环带）及宽度和厚度的极限偏差见表 4.1-46 和表 4.1-47。平带的拉伸性能见表 4.1-48。

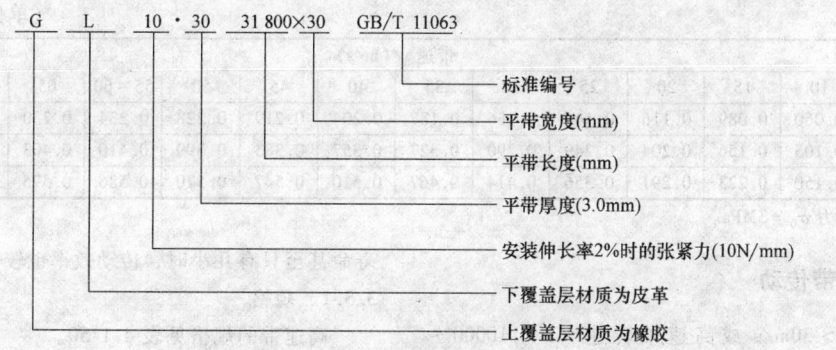

G　L　10·30　31 800×30　GB/T 11063

- 标准编号
- 平带宽度(mm)
- 平带长度(mm)
- 平带厚度(3.0mm)
- 安装伸长率2%时的张紧力(10N/mm)
- 下覆盖层材质为皮革
- 上覆盖层材质为橡胶

**图 4.1-8　平带标记示例**

**表 4.1-46　聚酰胺片基平带内周长度的极限偏差**（摘自 GB/T 11063—2003）（单位：mm）

| 内周长度 $L$ | 极限偏差 |
|---|---|
| ≤1000 | ±5 |
| >1000~2000 | ±10 |
| >2000~5000 | ±0.5% |
| >5000~20000 | ±0.3% |
| >20000~125000 | ±0.2% |

**表 4.1-47　聚酰胺片基平带宽度和厚度的极限偏差**（摘自 GB/T 11063—2003）（单位：mm）

| 宽度 $b$ | | 极限偏差 |
|---|---|---|
| 环形平带 | ≤60 | ±1 |
| | >60~150 | ±1.5 |
| | >150~520 | ±2 |
| 非环形平带 | | +2% / 0 |

| 厚度 | 极限偏差 | 同卷或同条带极限偏差 |
|---|---|---|
| <3.0 | ±0.2 | ±0.1 |
| ≥3.0 | ±0.3 | ±5% |

**表 4.1-48　平带的拉伸性能**（摘自 GB/T 11063—2003）

| 聚酰胺片基厚度 /mm | 平带1%定伸应力/MPa ≥ | 平带拉伸强度/MPa ≥ | 平带拉断伸长率(%) ±5 | 安装伸长率2%时, 张紧强度/(N/mm) |
|---|---|---|---|---|
| 0.2 | 16 | 300 | 22 | 4.0 |
| 0.5 | 18 | 350 | 22 | 10.0 |
| 0.75 | 18 | 350 | 22 | 15.0 |
| 1.0 | 18 | 350 | 22 | 20.0 |
| 1.5 | 18 | 350 | 22 | 30.0 |

### 3.4.2　设计计算

1）按带的拉伸强度规定有 L（轻型）、M（普通型）、H（重型）三种。由图 4.1-9 选择带型。

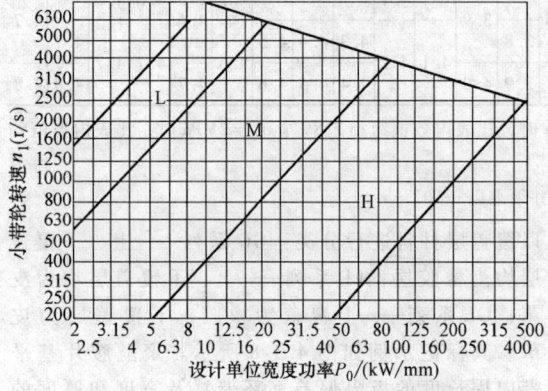

**图 4.1-9　聚酰胺片基平带选型图**

2）小带轮直径 $d_1$ 必须大于规定的 $d_{min}$，通常 $d_1 = \dfrac{60000v}{\pi n_1}$，$v$ 以 10 ~ 15m/s 为宜。

3）曲挠次数 $u$ 应小于 $u_{max}$，$u_{max}$ 为 15 ~ 50，小轮直径大时取高值。

4）确定带的宽度为

$$b = \frac{P_c}{K_\alpha K_\beta P_0}$$

式中　$P_c = K_A P$（$K_A$ 查表 4.1-10，$P$ 为传递的功率）（kW）；

$P_0$——单位带宽的基本额定功率（kW/mm），见表 4.1-49；

$K_\alpha$——包角系数，查表 4.1-11；

$K_\beta$——传动布置系数，查表 4.1-44。

**表 4.1-49　聚酰胺片基平带单位宽度的基本额定功率**（$\alpha_1 = 180°$，载荷平稳）

（单位：kW/m）

| 带型 | 带速 $v$/(m/s) | | | | | | | | | | | | $d_{min}$ /mm |
|---|---|---|---|---|---|---|---|---|---|---|---|---|---|
| | 10 | 15 | 20 | 25 | 30 | 35 | 40 | 45 | 50 | 55 ~ 60 | 65 | 70 | |
| L | 0.060 | 0.089 | 0.116 | 0.143 | 0.166 | 0.187 | 0.204 | 0.219 | 0.228 | 0.234 | 0.230 | 0.218 | 45 |
| M | 0.105 | 0.156 | 0.204 | 0.249 | 0.290 | 0.327 | 0.357 | 0.383 | 0.399 | 0.410 | 0.403 | 0.382 | 71 |
| H | 0.150 | 0.223 | 0.291 | 0.356 | 0.414 | 0.467 | 0.510 | 0.547 | 0.570 | 0.586 | 0.575 | 0.546 | 112 |

注：初应力 $\sigma_0 = 3$MPa。

## 3.5　高速带传动

带速 $v > 30$m/s 或高速轴转速 $n_1$ 为 10000 ~ 50000r/min 的都属于高速带传动，带速 $v \geqslant 100$m/s 的称为超高速带传动。

高速带传动通常都是开口的增速传动，定期张紧时 $i$ 可达到 4；自动张紧时 $i$ 可达到 6；采用张紧轮传动时 $i$ 可达到 8。小带轮直径一般取 $d_1$ 为 20 ~ 40mm。

由于要求传动可靠，运转平稳，并有一定的寿命，所以都采用质量轻、厚度薄而均匀、曲挠性好的环形平带，如特制的编织带（麻、丝、锦纶等）、薄型锦纶片复合平带、高速环形胶带等。高速带传动若采用硫化接头，则必须使接头与带的曲挠性能尽量接近。

高速带传动的缺点是带的寿命短，个别结构的带寿命甚至只有几小时，传动效率也较低。

### 3.5.1　规格

高速带的规格见表 4.1-50。

**表 4.1-50　高速带的规格**（单位：mm）

| 带宽 b | 内周长度 $L_1$ 范围 | 内周长度系列 |
|---|---|---|
| 20 | 450 ~ 1000 | 450、480、500、530、560、600 |
| 25 | 450 ~ 1500 | 630、670、710、750、800、850 |
| 32 | 600 ~ 2000 | 900、950、1000、1060、1120、1180 |
| 40 | 710 ~ 3000 | 1250、1320、1400、1500、1600、1700 |
| 50 | 710 ~ 3000 | 1800、1900、2000、2120、2240、2350 |
| 60 | 1000 ~ 3000 | 2500、2650、2800、3000 |
| 带厚 δ | | 0.8、1.0、1.2、1.5、2.0、2.5、(3) |

注：1. 编织带带厚无 0.8mm 和 1.2mm 的。
　　2. 括号内的尺寸尽可能不用。

标记示例:

带厚为 1mm、宽为 25mm 内周长为 1120mm 的聚氨酯高速带,标记为:

聚氨酯高速带 $1 \times 25 \times 1120$

### 3.5.2 高速带设计计算

高速带传动的设计计算,可参照表 4.1-40 进行。但计算时应考虑下列几点:

1) 小带轮直径可取 $d_1 \geqslant d_0 + 2\delta_{\min}$ ($d_0$ 为轴直径;$\delta_{\min}$ 为最小轮缘厚度,通常取 $3 \sim 5$mm)。若带速和安装尺寸允许,$d_1$ 应尽可能选较大值。

2) 带速 $v$ 应小于表 4.1-51 中的 $v_{\max}$。

3) 带的曲挠次数 $y$ 应小于表 4.1-51 中的 $y_{\max}$。

4) 带厚 $\delta$ 可根据 $d_1$ 和表 4.1-51 中的 $\dfrac{\delta}{d_{\min}}$ 由表 4.1-50 选定。

5) 带宽 $b$ 由下式计算,并选取标准值

$$b = \frac{K_A P}{K_f K_\alpha K_\beta K_i ([\sigma] - \sigma_0) \delta v}$$

式中   $P$——传递的功率(kW);

     $K_A$——工况系数,查表 4.1-10;

$K_f$——拉力计算系数,当 $i=1$、带轮为金属材料时,纤维编织带取 0.47,橡胶带取 0.67,聚氨酯带取 0.79,皮革带取 0.72;

$K_\alpha$——包角修正系数,查表 4.1-43;

$K_\beta$——传动布置系数,查表 4.1-44;

$K_i$——传动比系数,查表 4.1-52;

$[\sigma]$——带的许用拉应力(MPa),查表 4.1-54;

$\sigma_0$——带的离心拉应力(MPa),$\sigma_0 = mv^2$,$m$ 查表 4.1-53。

**表 4.1-51 高速带传动的 $\dfrac{\delta}{d_{\min}}$、$v_{\max}$ 和 $y_{\max}$**

| 高速带种类 | | 棉织带 | 麻、丝、锦纶织带 | 橡胶高速带 | 聚氨酯高速带 | 薄型锦纶片复合平带 |
|---|---|---|---|---|---|---|
| $\dfrac{\delta}{d_{\min}}$ ≤ | 推荐 | $\dfrac{1}{50}$ | $\dfrac{1}{30}$ | $\dfrac{1}{40}$ | $\dfrac{1}{30}$ | $\dfrac{1}{100}$ |
| | 许用 | $\dfrac{1}{40}$ | $\dfrac{1}{25}$ | $\dfrac{1}{30}$ | $\dfrac{1}{20}$ | $\dfrac{1}{50}$ |
| $v_{\max}$/(m/s) | | 40 | 50 | 40 | 50 | 80 |
| $y_{\max}$/(1/s) | | 60 | 60 | 100 | 100 | 50 |

**表 4.1-52 传动比系数 $K_i$**

| $\dfrac{\text{主动轮转速}}{\text{从动轮转速}}$ | $\geqslant \dfrac{1}{1.25}$ | $< \dfrac{1}{1.25} \sim \dfrac{1}{1.7}$ | $< \dfrac{1}{1.7} \sim \dfrac{1}{2.5}$ | $< \dfrac{1}{2.5} \sim \dfrac{1}{3.5}$ | $< \dfrac{1}{3.5}$ |
|---|---|---|---|---|---|
| $K_i$ | 1 | 0.95 | 0.90 | 0.85 | 0.80 |

**表 4.1-53 高速带的密度 $m$**      (单位:kg/cm³)

| 高速带种类 | 无覆胶编织带 | 覆胶编织带 | 橡胶高速带 | 聚氨酯高速带 | 薄型皮革高速带 | 薄型锦纶片复合平带 |
|---|---|---|---|---|---|---|
| 密度 $m$ | $0.9 \times 10^{-3}$ | $1.1 \times 10^{-3}$ | $1.2 \times 10^{-3}$ | $1.34 \times 10^{-3}$ | $1 \times 10^{-3}$ | $1.13 \times 10^{-3}$ |

**表 4.1-54 高速带的许用拉应力 $[\sigma]$**      (单位:MPa)

| 高速带种类 | 棉、麻、丝编织带 | 锦纶编织带 | 橡胶高速带 | | 聚氨酯高速带 | 薄型锦纶片复合平带 |
|---|---|---|---|---|---|---|
| | | | 涤纶绳芯 | 棉绳芯 | | |
| $[\sigma]$ | 3.0 | 5.0 | 6.5 | 4.5 | 6.5 | 20 |

## 3.6 平带带轮

平带带轮的直径、结构形式和辐板厚度 $S$ 见表 4.1-55。直径及其轮冠高度见表 4.1-56。为防止掉带,通常将大带轮轮缘表面制成中凸度,如图 4.1-10 所示。平带轮的典型结构如图 4.1-11 所示。

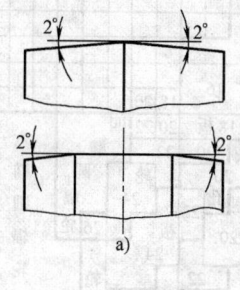
a)

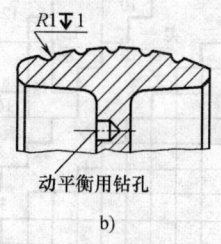
动平衡用钻孔
b)

**图 4.1-10 高速带轮轮缘表面**

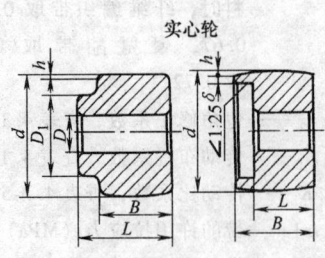
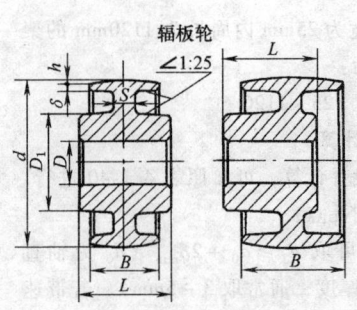
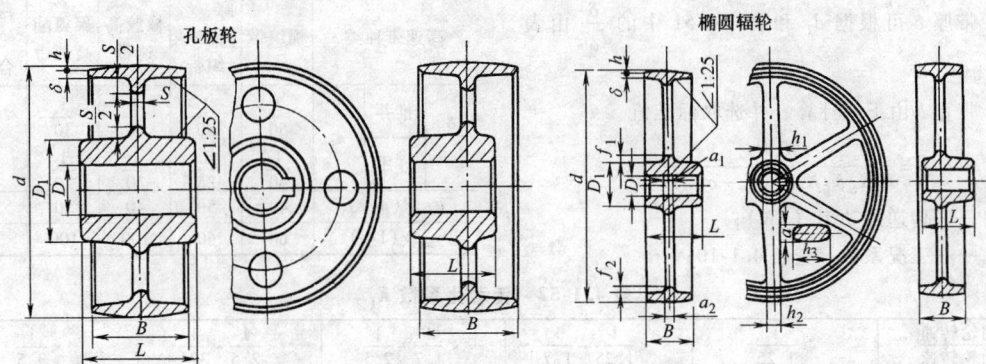

**图 4.1-11　平带轮的典型结构**

结构形式、辐板厚度 S 见表 4.1-55　　　　　开口传动：$B = 1.1b + (5 \sim 15)$ mm

h 见表 4.1-56　　　　　　　　　　　　　交叉和半交叉传动：$1.4b + 10 \leqslant B \leqslant 2b$

$\delta = 0.005d + 3$ mm　　　　　　　　　　b—带宽（mm）

带轮工作表面粗糙度 $Ra3.2\mu$m（$d > 300$mm）或 $Ra1.6\mu$m（$d < 300$mm），其他结构尺寸见普通 V 带轮

**表 4.1-55　带轮结构形式和辐板厚度**　　　　　　　　　　（单位：mm）

| 孔径 D | 带轮直径 d | | | | | | | | | | | | | | | | | | | | | | | | | 轮缘宽度 B |
|---|---|---|---|---|---|---|---|---|---|---|---|---|---|---|---|---|---|---|---|---|---|---|---|---|---|---|
| | 50 | 56 | 63 | 71 | 80 | 90 | 100 | 112 | 125 | 140 | 160 | 180 | 200 | 224 | 250 | 280 | 315 | 355 | 400 | 450 | 500 | 560 | ～ | 2000 | | |
| | 辐板厚度 S | | | | | | | | | | | | | | | | | | | | | | | | | |
| 12、14 | 实 | | | 8 | 9 | 10 | 10 | | 四 | | | | | | | | | | | | | | | | | 20～32 |
| 16、18 | | | | | 10 | | | 12 | | | | | | | | | | | | | | | | | | 20～50 |
| 20、22 | | | | | | 12 | | | 孔 | | | | | | | | | | | | | | | | | 20～56 |
| 24、25 | 辐 | | | | | | 14 | | 板 | 16 | | | | | | | | | | | | | | | | 40～80 |
| 28、30 | | | | | | 14 | | | | | 18 | 20 | | 四 | | | | | | | | | | | | 40～125 |
| 32、35 | 心 | | | | 16 | 16 | 18 | | 20 | 22 | | | | | | | | | | | | | | | | |
| 38、40 | | 板 | | | 18 | 六 | 20 | | 22 | | 椭 | | | 六 | | | | | | | | | | | | 60～160 |
| 42、45 | | | | 18 | | 孔 | 20 | | | | 圆 | | | 椭 | | | | | | | | | | | | |
| 50、55 | 轮 | | 轮 | | 孔 | 22 | | 辐 | 24 | | | 圆 | | | | | | | | | | | | | | |
| 60、65 | | | | 轮 | 20 | | | 板 | | 26 | 辐 | | | | | | | | | | | | | | | 90～200 |
| 70、75 | | | | 22 | | | 24 | | | 轮 | | | | | | | | | | | | | | | | |
| 80、85 | | | | | 22 | | | | 24 | | 轮 | | | | | | | | | | | | | | | |
| 90、95 | | | | | | 24 | | | 26 | | | | | | | | | | | | | | | | | 150～250 |

**表 4.1-56　带轮直径 d 及其轮冠高度 h**（GB/T 11358—1999）　　　　（单位：mm）

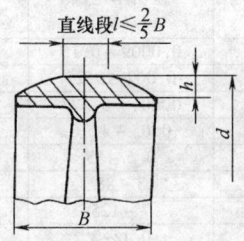

| 直径 d 尺寸 | 偏差 Δ | h 轮宽B ≤250 | h 轮宽B >250 | 直径 d 尺寸 | 偏差 Δ | h 轮宽B ≤250 | h 轮宽B >250 | 直径 d 尺寸 | 偏差 Δ | h 轮宽B ≤250 | h 轮宽B >250 | 直径 d 尺寸 | 偏差 Δ | h 轮宽B ≤250 | h 轮宽B >250 | 直径 d 尺寸 | 偏差 Δ | h 轮宽B ≤250 | h 轮宽B >250 |
|---|---|---|---|---|---|---|---|---|---|---|---|---|---|---|---|---|---|---|---|
| 20 25 | ±0.4 | 0.3 | | 63 | ±0.8 | 0.3 | | 160 180 | ±2.0 | 0.5 | | 315 355 | ±3.2 | 1.0 | | 800 900 1000 | ±6.3 | 1.2 | 1.5 |
| 32 40 | ±0.5 | | | 71 80 | ±1.0 | 0.3 | | 200 | | 0.6 | | 400 450 500 | ±4.0 | 1.0 | | 1120 1250 1400 | ±8.0 | 1.5 | 2.0 |
| 45 50 | ±0.6 | | | 90 100 112 | ±1.2 | | | 224 250 | ±2.5 | | | 560 630 710 | ±5.0 | 1.2 | | 1600 1800 2000 | ±10.0 | 1.8 | 2.5 |
| 56 | ±0.8 | | | 125 140 | ±1.6 | 0.4 | | 280 | ±3.2 | 0.8 | | | | | | | | | |

注：带轮轮冠截面形状是规则对称曲线，中部带有一段直线部分且与曲线相切。

# 4　同步带传动

## 4.1　同步带的规格

同步带也称同步齿形带或齿形带。同步带是一种工作面为齿形的环形胶带。同步带以强力层的中心线为节线，节线周长 $L_p$ 为公称长度。两齿沿节线的长度为节距 p。一般常以模数 m 作为同步带型号的标记，$m = p/\pi$。目前国内系列生产的齿形带多是梯形齿，圆弧齿同步带亦在研制中。同步带的材质以浇注型聚氨酯合成橡胶为主，氯丁胶带近年来也得到快速发展，聚氨酯齿形带的齿形尺寸和规格见表 4.1-57 ~ 表 4.1-64。

同步带的尺寸，包括齿形带的节距、带齿的参数、带宽、带高和带长等，如图 4.1-12 所示。

同步带的节距大致可分为周节制、模数制和特殊节距三大类。汽车同步带和圆弧齿同步带也分别采用特定的节距。

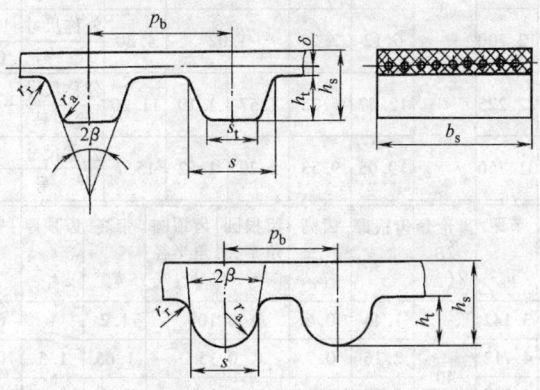

**图 4.1-12　齿形带截面参数**

**表 4.1-57 同步带的类型及主要参数**

| 齿形 | 齿距制式 | 型号 | 节距/mm | 基准带宽所传递功率范围/kW | 基准带宽/mm | 说 明 |
|---|---|---|---|---|---|---|
| 梯形 | 周节制 | MXL | 2.032 | 0.0009～0.15 | 6.4 | 摘自 GB/T 11362—2008 |
| | | XXL | 3.175 | 0.002～0.25 | 6.4 | |
| | | XL | 5.080 | 0.004～0.573 | 9.5 | |
| | | L | 9.525 | 0.05～4.76 | 25.4 | |
| | | H | 12.700 | 0.6～55 | 76.2 | |
| | | XH | 22.225 | 3～88 | 101.6 | |
| | | XXH | 31.750 | 7～125 | 127 | |
| | 模数制 | m1 | 3.142 | 0.1～2 | | 考虑大量引进设备配套设计需要 |
| | | m1.5 | 4.712 | 0.1～2 | | |
| | | m2 | 6.283 | 0.1～4 | | |
| | | m2.5 | 7.854 | 0.1～9 | | |
| | | m3 | 9.425 | 0.1～9 | | |
| | | m4 | 12.566 | 0.15～25 | | |
| | | m5 | 15.708 | 0.3～40 | | |
| | | m7 | 21.998 | 0.5～60 | | |
| | | m10 | 31.416 | 0.15～80 | | |
| | 特殊节距制 | T2.5 | 2.5 | 0.002～0.062 | 10 | |
| | | T5 | 5 | 0.001～0.6 | | |
| | | T10 | 10 | 0.007～1 | | |
| | | T20 | 20 | 0.0036～1.9 | | |
| 圆弧形 | | 3M | 3 | 0.001～0.9 | 6 | 摘自 JB/T 7512.1—1994、JB/T 7512.3—1994 |
| | | 5M | 5 | 0.004～2.6 | 9 | |
| | | 8M | 8 | 0.02～14.8 | 20 | |
| | | 14M | 14 | 0.18～42 | 40 | |
| | | 20M | 20 | 2～267 | 115 | |

**表 4.1-58 带的齿形及其参数** （单位：mm）

| | 型号 | 节距 $p_b$ | 齿形角 2β/(°) | 齿根厚 $s$ | 齿高 $h_t$ | 齿根圆角半径 $r_r$ | 齿顶圆角半径 $r_a$ | 带高 $h_s$ | 带宽 $b_s$ | | | | |
|---|---|---|---|---|---|---|---|---|---|---|---|---|---|
| 周节制（摘自 GB 11616—1989） | MXL | 2.032 | 40 | 1.14 | 0.51 | 0.13 | | 1.14 | 公称尺寸 | 3.0 | 4.8 | 6.4 | |
| | | | | | | | | | 代号 | 012 | 019 | 025 | |
| | XXL | 3.175 | 50 | 1.73 | 0.76 | 0.2 | 0.3 | 1.52 | 公称尺寸 | 3.0 | 4.8 | 6.4 | |
| | | | | | | | | | 代号 | 012 | 019 | 025 | |
| | XL | 5.080 | | 2.57 | 1.27 | 0.38 | | 2.3 | 公称尺寸 | 6.4 | 7.9 | 9.5 | |
| | | | | | | | | | 代号 | 025 | 031 | 037 | |
| | L | 9.525 | | 4.65 | 1.91 | 0.51 | | 3.60 | 公称尺寸 | 12.7 | 19.1 | 25.4 | |
| | | | | | | | | | 代号 | 050 | 075 | 100 | |
| | H | 12.700 | 40 | 6.12 | 2.29 | 1.02 | | 4.30 | 公称尺寸 | 19.1 / 25.4 / 38.1 / 50.8 / 76.2 | | | |
| | | | | | | | | | 代号 | 075 / 100 / 150 / 200 / 300 | | | |
| | XH | 22.225 | | 12.57 | 6.35 | 1.57 | 1.19 | 11.20 | 公称尺寸 | 50.8 | 76.2 | 101.6 | |
| | | | | | | | | | 代号 | 200 | 300 | 400 | |
| | XXH | 31.750 | | 19.05 | 9.53 | 2.29 | 1.52 | 15.7 | 公称尺寸 | 50.8 | 76.2 | 101.6 | 127 |
| | | | | | | | | | 代号 | 200 | 300 | 400 | 500 |

| | 模数 $m$ | 节距 $p_b$ | 齿形角 2β/(°) | 齿根厚 $s$ | 齿高 $h_t$ | 齿根圆角半径 $r_r$ | 齿顶圆角半径 $r_a$ | 带高 $h_s$ | 齿顶厚 $s_t$ | 节顶距 $\delta$ | 带宽 $b_s$ |
|---|---|---|---|---|---|---|---|---|---|---|---|
| 模数制 | 1 | 3.142 | | 1.44 | 0.6 | 0.10 | | 1.2 | 1 | 0.250 | 4、8、10 |
| | 1.5 | 4.712 | 40 | 2.16 | 0.9 | 0.15 | | 1.65 | 1.5 | 0.375 | 8、10、12、16、20 |
| | 2 | 6.283 | | 2.87 | 1.2 | 0.20 | | 2.2 | 2 | 0.500 | 10、12、16、20、25、30 |
| | 2.5 | 7.854 | | 3.59 | 1.5 | 0.25 | | 2.75 | 2.5 | 0.625 | 10、12、16、20、25、30、40 |

（续）

### 模数制

| 模数 $m$ | 节距 $p_b$ | 齿形角 $2\beta$ /(°) | 齿根厚 $s$ | 齿高 $h_t$ | 齿根圆角半径 $r_r$ | 齿顶圆角半径 $r_a$ | 带高 $h_s$ | 齿顶厚 $s_t$ | 节顶距 $\delta$ | 带宽 $b_s$ |
|---|---|---|---|---|---|---|---|---|---|---|
| 3 | 9.425 |  | 4.31 | 1.8 | 0.30 |  | 3.3 | 3 | 0.750 | 12、16、20、25、30、40、50 |
| 4 | 12.566 |  | 5.75 | 2.4 | 0.40 |  | 4.4 | 4 | 1.000 | 16、20、25、30、40、50、60 |
| 5 | 15.708 | 40 | 7.18 | 3.0 | 0.50 |  | 5.5 | 5 | 1.250 | 20、25、30、40、50、60、80 |
| 7 | 21.991 |  | 10.06 | 4.2 | 0.70 |  | 7.7 | 7 | 1.750 | 25、30、40、50、60、80、100 |
| 10 | 31.416 |  | 14.37 | 6.0 | 1.00 |  | 11.0 | 10 | 2.500 | 40、50、60、80、100、120 |

### 特殊节距制

| 型号 | 节距 $p_b$ | 齿形角 $2\beta$ /(°) | 齿根厚 $s$ | 齿高 $h_t$ | 齿根圆角半径 $r_r$ | 齿顶圆角半径 $r_a$ | 带高 $h_s$ | 齿顶厚 $s_t$ | 节顶距 $\delta$ | 带宽 $b_s$ |
|---|---|---|---|---|---|---|---|---|---|---|
| T2.5 | 2.5 |  | 1.5±0.05 | 0.7±0.05 | 0.2 |  | 1.3±0.15 | 1.0 | 0.3 | 4、6、10 |
| T5 | 5 | 40±2 | 2.65±0.05 | 1.2±0.05 | 0.4 |  | 2.2±0.15 | 1.8 | 0.5 | 6、10、16、25 |
| T10 | 10 |  | 5.30±0.1 | 2.5±0.1 | 0.6 |  | 4.5±0.3 | 3.5 | 1.0 | 16、25、32、50 |
| T20 | 20 |  | 10.15±0.15 | 5.0±0.15 | 0.8 |  | 8.0±0.45 | 6.5 | 1.5 | 32、50、75、100 |

### 圆弧齿（摘自 JB/T 7512.1—1994）

| 型号 | 节距 $p_b$ | 齿形角 $2\beta$ /(°) | 齿根厚 $s$ | 齿高 $h_t$ | 齿根圆角半径 $r_r$ | 齿顶圆角半径 $r_a$ | 带高 $h_s$ | | 带宽 $b_s$ |
|---|---|---|---|---|---|---|---|---|---|
| 3M | 3 |  | 1.78 | 1.22 | 0.24~0.30 | 0.87 | 2.40 | 公称尺寸 | 6　9　15 |
| | | | | | | | | 代号 | 6　9　15 |
| 5M | 5 |  | 3.05 | 2.06 | 0.40~0.44 | 1.49 | 3.80 | 公称尺寸 | 9　15　20　25　30　40 |
| | | | | | | | | 代号 | 9　15　20　25　30　40 |
| 8M | 8 | 14 | 5.15 | 3.38 | 0.64~0.76 | 2.46 | 6.00 | 公称尺寸 | 20　25　30　40　50　60　70　85 |
| | | | | | | | | 代号 | 20　25　30　40　50　60　70　85 |
| 14M | 14 |  | 9.40 | 6.02 | 1.20~1.35 | 4.50 | 10.00 | 公称尺寸 | 30　40　55　85　100　115　130　150　170 |
| | | | | | | | | 代号 | 30　40　55　85　100　115　130　150　170 |
| 20M | 20 | 14 | 8.40 |  | 1.77~2.01 | 6.50 | 13.20 | 公称尺寸 | 70　85　100　115　130　150　170　230　290　340 |
| | | | | | | | | 代号 | 70　85　100　115　130　150　170　230　290　340 |

注：1. 周节制同步带有单面齿、双面齿之分，双面齿同步带又分为对称齿（代号为 DA 型）、交错齿（代号为 DB 型），如图 4.1-13 所示。

2. 本表的 $h_s$ 为单面齿的带高。

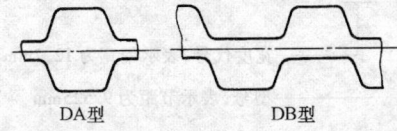

DA型　　　　　　DB型

**图 4.1-13　双面齿同步带对称齿（代号为 DA 型）、交错齿（代号为 DB 型）**

**表 4.1-59　周节制同步带的节线长度（MXL、XL、L、H、XH、XXH）（摘自 GB 11616—1989）**

| 长度代号 | 节线长 $L_p$/mm 公称尺寸 | 节线长 $L_p$/mm 极限偏差 | 型号 MXL | XL | L | H | XH | XXH |
|---|---|---|---|---|---|---|---|---|
| | | | 齿数 $z_b$ | | | | | |
| 36.0 | 91.44 | ±0.41 | 45 | — | — | — | — | — |
| 40.0 | 101.6 | | 50 | | | | | |
| 44.0 | 111.76 | | 55 | | | | | |
| 48.0 | 121.92 | | 60 | | | | | |
| 56.0 | 142.24 | | 70 | | | | | |
| 60.0 | 152.40 | | 75 | 30 | | | | |
| 64.0 | 162.56 | | 80 | — | | | | |
| 70 | 177.8 | | — | 35 | | | | |
| 72.0 | 182.88 | | 90 | — | | | | |
| 80.0 | 203.2 | | 100 | 40 | | | | |
| 88.0 | 223.52 | | 110 | — | | | | |
| 90 | 228.6 | | — | 45 | | | | |
| 100 | 254 | | 125 | 50 | | | | |
| 110 | 279.4 | ±0.46 | — | 55 | | | | |
| 112.0 | 284.48 | | 140 | — | | | | |
| 120 | 304.8 | | — | 60 | | | | |
| 124 | 314.33 | | — | — | 33 | | | |
| 124.0 | 314.96 | | 155 | — | — | | | |
| 130 | 330.2 | | — | 65 | — | | | |
| 140.0 | 355.6 | | 175 | 70 | — | | | |
| 150 | 381 | | — | 75 | 40 | | | |
| 160.0 | 406.4 | ±0.51 | 200 | 80 | — | | | |
| 170 | 431.8 | | — | 85 | — | | | |
| 180.0 | 457.2 | | 225 | 90 | — | | | |
| 187 | 476.25 | | — | — | 50 | | | |
| 190 | 482.6 | | — | 95 | — | | | |
| 200.0 | 508 | | 250 | 100 | — | | | |
| 210 | 533.4 | ±0.61 | — | 105 | 56 | | | |
| 220 | 558.8 | | | 110 | — | | | |
| 225 | 571.5 | | | — | 60 | | | |
| 230 | 584.2 | | | 115 | — | | | |
| 240 | 609.6 | | | 120 | 64 | 48 | | |
| 250 | 635 | | | 125 | — | — | | |
| 255 | 647.7 | | | — | 68 | — | | |
| 260 | 660.4 | | | 130 | — | — | | |
| 270 | 685.8 | | | | 72 | 54 | | |
| 285 | 723.9 | | | | 76 | — | | |
| 300 | 762 | | | | 80 | 60 | | |

| 长度代号 | 节线长 $L_p$/mm 公称尺寸 | 节线长 $L_p$/mm 极限偏差 | 型号 MXL | XL | L | H | XH | XXH |
|---|---|---|---|---|---|---|---|---|
| | | | 齿数 $z_b$ | | | | | |
| 322 | 819.15 | ±0.66 | — | — | 86 | — | — | — |
| 330 | 838.2 | | | | — | 66 | | |
| 345 | 876.3 | | | | 92 | — | | |
| 360 | 914.4 | | | | — | 72 | | |
| 367 | 933.45 | | | | 98 | — | | |
| 390 | 990.6 | | | | 104 | 78 | | |
| 420 | 1066.8 | ±0.76 | | | 112 | 84 | | |
| 450 | 1143 | | | | 120 | 90 | | |
| 480 | 1219.2 | | | | 128 | 96 | | |
| 507 | 1289.05 | ±0.81 | | | — | — | | |
| 510 | 1295.4 | | | | 136 | 102 | 58 | |
| 540 | 1371.6 | | | | 144 | 108 | — | |
| 560 | 1422.4 | | | | — | — | — | |
| 570 | 1447.8 | | | | — | 114 | 64 | |
| 600 | 1524 | | | | 160 | 120 | — | |
| 630 | 1600.2 | ±0.86 | | | | 126 | — | |
| 660 | 1676.4 | | | | — | 132 | 72 | |
| 700 | 1778 | | | | | 140 | — | |
| 750 | 1905 | ±0.91 | | | | 150 | 80 | 56 |
| 770 | 1955.8 | | | | | — | — | — |
| 800 | 2032 | | | | | 160 | 88 | — |
| 840 | 2133.6 | ±0.97 | | | | — | — | 64 |
| 850 | 2159 | | | | | 170 | 96 | — |
| 900 | 2286 | | | | | 180 | — | — |
| 980 | 2489.2 | ±1.02 | | | | — | — | 72 |
| 1000 | 2540 | | | | | 200 | 112 | — |
| 1100 | 2794 | ±1.07 | | | | 220 | — | 80 |
| 1120 | 2844.8 | ±1.12 | | | | — | — | — |
| 1200 | 3048 | | | | | — | 128 | — |
| 1250 | 3175 | ±1.17 | | | | 250 | — | 96 |
| 1260 | 3200.4 | | | | | — | — | — |
| 1400 | 3556 | ±1.22 | | | | 280 | 144 | — |
| 1540 | 3911.6 | ±1.32 | | | | — | 160 | 112 |
| 1600 | 4064 | | | | | — | 176 | — |
| 1700 | 4318 | ±1.37 | | | | 340 | — | 128 |
| 1750 | 4445 | ±1.42 | | | | | — | — |
| 1800 | 4572 | | | | | — | 200 | — |
| | | | | | | | | 144 |

注：标记示例

420　L　050

- 050——宽度代号，表示带宽为 12.7mm
- L——型号，表示节距为 9.525mm
- 420——长度代号，表示节线长为 1066.8mm

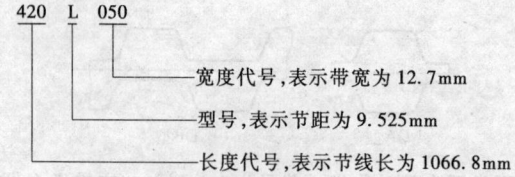

表 4.1-60　周节制同步带的节线长度（XXL）（摘自 GB 11616—1989）

| 长度代号 | 齿数 $z_b$ | 节线长 $L_p$/mm | | 长度代号 | 齿数 $z_b$ | 节线长 $L_p$/mm | | 长度代号 | 齿数 $z_b$ | 节线长 $L_p$/mm | |
|---|---|---|---|---|---|---|---|---|---|---|---|
| | | 公称尺寸 | 偏差 | | | 公称尺寸 | 偏差 | | | 公称尺寸 | 偏差 |
| B40 | 40 | 127 | | B80 | 80 | 254 | ±0.41 | B120 | 120 | 381 | ±0.46 |
| B48 | 48 | 152.4 | | B88 | 88 | 279.4 | | B128 | 128 | 406.4 | |
| B56 | 56 | 177.8 | ±0.41 | B96 | 96 | 304.8 | ±0.46 | B144 | 144 | 457.2 | ±0.51 |
| B64 | 64 | 203.2 | | B104 | 104 | 330.2 | | B160 | 160 | 508 | |
| B72 | 72 | 228.6 | | B112 | 112 | 355.6 | | B176 | 176 | 558 | ±0.61 |

注：1. 目前该型号尚无产品。

　　2. 标记示例：

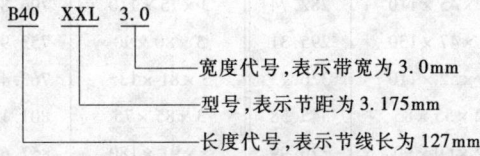

B40　XXL　3.0

　　　　　　宽度代号，表示带宽为 3.0mm
　　　　型号，表示节距为 3.175mm
　　长度代号，表示节线长为 127mm

表 4.1-61　模数制同步带的节线长度和齿数

| 同步带齿数 $z_b$ | 模数 $m$/mm | | | | | | | | |
|---|---|---|---|---|---|---|---|---|---|
| | 1 | 1.5 | 2 | 2.5 | 3 | 4 | 5 | 7 | 10 |
| | 节线长 $L_p$/mm | | | | | | | | |
| 32 | 100.53 | 150.80 | 201.06 | — | — | — | — | — | — |
| 35 | 109.96 | 164.94 | 219.91 | 274.89 | 329.87 | — | — | — | — |
| 40 | 125.66 | 188.50 | 251.33 | 314.16 | 376.99 | 502.65 | 628.32 | — | — |
| 45 | 141.37 | 212.06 | 282.74 | 353.43 | 424.12 | 565.49 | 706.86 | 989.60 | — |
| 50 | 157.08 | 235.62 | 314.16 | 397.20 | 471.24 | 628.32 | 785.40 | 1099.56 | 1570.80 |
| 55 | 172.79 | 259.18 | 345.58 | 431.97 | 518.36 | 691.15 | 863.94 | 1209.51 | 1727.88 |
| 60 | 188.50 | 282.74 | 376.99 | 471.24 | 565.49 | 753.98 | 942.48 | 1319.47 | 1884.96 |
| 65 | 204.20 | 306.31 | 408.41 | 510.51 | 612.61 | 816.81 | 1021.02 | 1429.42 | 2042.04 |
| 70 | 219.91 | 329.87 | 439.82 | 549.78 | 659.73 | 879.65 | 1099.56 | 1539.38 | 2199.11 |
| 75 | 235.62 | 353.43 | 471.24 | 589.05 | 706.86 | 942.48 | 1178.10 | 1649.34 | 2356.19 |
| 80 | 251.33 | 376.99 | 502.65 | 628.32 | 753.98 | 1005.31 | 1256.64 | 1759.29 | 2513.27 |
| 85 | 267.04 | 400.55 | 534.07 | 667.59 | 801.11 | 1068.41 | 1335.18 | 1869.25 | 2670.35 |
| 90 | 282.74 | 424.12 | 565.49 | 706.86 | 848.23 | 1130.97 | 1413.72 | 1979.20 | 2827.43 |
| 95 | 298.45 | 447.68 | 596.90 | 746.13 | 895.35 | 1193.81 | 1492.26 | 2089.16 | 2948.51 |
| 100 | 314.16 | 471.24 | 628.32 | 785.40 | 942.48 | 1256.84 | 1570.80 | 2199.11 | 3141.59 |
| 110 | 345.58 | 518.36 | 691.15 | 863.94 | 1036.73 | 1382.30 | 1727.88 | 2419.03 | 3455.75 |
| 120 | 376.99 | 565.49 | 753.98 | 942.48 | 1130.97 | 1507.96 | 1884.96 | 2638.94 | 3769.91 |
| 140 | 439.82 | 696.90 | 879.65 | 1099.56 | 1319.47 | 1759.29 | 2199.11 | 3078.76 | 4398.23 |
| 160 | 502.65 | 753.98 | 1005.31 | 1256.64 | 1507.96 | 2010.62 | 2513.27 | 3518.58 | 5026.55 |
| 180 | 565.49 | 848.23 | 1130.97 | 1413.72 | 1696.46 | 2261.95 | 2827.43 | 3958.41 | 5654.87 |
| 200 | 628.32 | 942.48 | 1256.63 | 1570.80 | 1884.96 | 2513.27 | 3141.59 | 4398.23 | 6283.19 |

### 表 4.1-62　模数制同步带产品

| 模数 $m$ × 齿数 $z_b$ × 宽度 $b_s$ | 节线长 $L_p$/mm | 模数 $m$ × 齿数 $z_b$ × 宽度 $b_s$ | 节线长 $L_p$/mm | 模数 $m$ × 齿数 $z_b$ × 宽度 $b_s$ | 节线长 $L_p$/mm | 模数 $m$ × 齿数 $z_b$ × 宽度 $b_s$ | 节线长 $L_p$/mm |
|---|---|---|---|---|---|---|---|
| 1 × 51 × 75 | 160.22 | 1.5 × 195 × 105 | 918.92 | 3 × 50 × 105 | 471.24 | 4 × 94 × 190 | 1181.24 |
| 1 × 80 × 50 | 251.33 | 1.5 × 208 × 140 | 980.18 | 3 × 55 × 140 | 518.36 | 4 × 100 × 100 | 1256.64 |
| 1 × 93 × 95 | 292.17 | 1.5 × 240 × 150 | 1130.97 | 3 × 56 × 80 | 527.79 | 4 × 110 × 100 | 1382.30 |
| 1 × 96 × 80 | 301.59 | 1.5 × 255 × 100 | 1201.66 | 3 × 60 × 145 | 565.49 | 4 × 113 × 180 | 1420.00 |
| 1 × 160 × 90 | 502.65 | 1.5 × 288 × 105 | 1357.17 | 3 × 64 × 140 | 603.19 | 4 × 114 × 190 | 1432.57 |
| 1 × 266 × 125 | 835.66 | 2 × 35 × 85 | 219.91 | 3 × 70 × 125 | 659.73 | 4 × 127 × 190 | 1595.93 |
| 1.5 × 32 × 90 | 150.90 | 2 × 45 × 110 | 282.74 | 3 × 75 × 110 | 706.86 | 4 × 133 × 140 | 1671.33 |
| 1.5 × 39 × 80 | 183.78 | 2 × 47 × 130 | 295.31 | 3 × 80 × 90 | 753.98 | 4 × 140 × 190 | 1759.29 |
| 1.5 × 47 × 90 | 221.48 | 2 × 52 × 110 | 326.73 | 3 × 81 × 135 | 763.41 | 4 × 145 × 140 | 1822.12 |
| 1.5 × 48 × 90 | 226.19 | 2 × 55 × 85 | 345.58 | 3 × 85 × 75 | 801.11 | 4 × 160 × 185 | 2010.62 |
| 1.5 × 56 × 90 | 263.89 | 2 × 60 × 90 | 376.99 | 3 × 91 × 180 | 857.65 | 4 × 182 × 195 | 2287.08 |
| 1.5 × 57 × 65 | 268.61 | 2 × 65 × 115 | 408.41 | 3 × 100 × 155 | 942.48 | 4 × 190 × 130 | 2387.61 |
| 1.5 × 59 × 100 | 278.03 | 2 × 70 × 130 | 439.82 | 3 × 104 × 180 | 980.18 | 4 × 290 × 175 | 3644.25 |
| 1.5 × 64 × 80 | 301.59 | 2 × 71 × 100 | 446.11 | 3 × 110 × 190 | 1036.73 | 5 × 35 × 55 | 549.78 |
| 1.5 × 65 × 85 | 306.31 | 2 × 75 × 100 | 471.24 | 3 × 120 × 135 | 1130.97 | 5 × 54 × 100 | 848.23 |
| 1.5 × 67 × 90 | 315.73 | 2 × 84 × 150 | 527.79 | 3 × 129 × 135 | 1215.80 | 5 × 54 × 190 | 848.23 |
| 1.5 × 68 × 90 | 320.44 | 2 × 90 × 100 | 565.49 | 3 × 138 × 185 | 1300.62 | 5 × 55 × 100 | 863.94 |
| 1.5 × 70 × 90 | 329.87 | 2 × 93 × 140 | 584.34 | 3 × 138 × 190 | 1300.62 | 5 × 55 × 185 | 863.94 |
| 1.5 × 78 × 90 | 367.57 | 2 × 98 × 150 | 615.75 | 3 × 140 × 100 | 1319.47 | 5 × 90 × 100 | 1413.72 |
| 1.5 × 80 × 80 | 376.99 | 2 × 100 × 160 | 628.32 | 3 × 160 × 180 | 1507.96 | 5 × 100 × 180 | 1570.80 |
| 1.5 × 81 × 90 | 381.70 | 2 × 104 × 140 | 653.45 | 3 × 170 × 190 | 1602.21 | 5 × 140 × 90 | 2199.11 |
| 1.5 × 83 × 100 | 391.13 | 2 × 114 × 145 | 716.28 | 3 × 186 × 140 | 1753.01 | 5 × 140 × 150 | 2199.11 |
| 1.5 × 85 × 100 | 400.55 | 2 × 120 × 145 | 753.98 | 3 × 202 × 190 | 1903.81 | 5 × 175 × 110 | 2748.89 |
| 1.5 × 90 × 85 | 424.12 | 2 × 127 × 135 | 797.96 | 4 × 41 × 100 | 515.22 | 7 × 70 × 145 | 1539.38 |
| 1.5 × 94 × 90 | 442.96 | 2 × 214 × 150 | 1344.60 | 4 × 45 × 90 | 565.49 | 7 × 72 × 185 | 1583.36 |
| 1.5 × 100 × 90 | 471.24 | 2.5 × 33 × 90 | 259.18 | 4 × 50 × 130 | 628.32 | 7 × 80 × 130 | 1759.29 |
| 1.5 × 105 × 115 | 494.80 | 2.5 × 58 × 115 | 455.53 | 4 × 54 × 130 | 678.58 | 7 × 85 × 155 | 1869.25 |
| 1.5 × 118 × 90 | 556.06 | 2.5 × 70 × 100 | 549.78 | 4 × 55 × 180 | 691.15 | 7 × 88 × 180 | 1935.22 |
| 1.5 × 124 × 90 | 584.34 | 2.5 × 82 × 135 | 644.03 | 4 × 60 × 140 | 753.98 | 7 × 90 × 90 | 1979.20 |
| 1.5 × 128 × 110 | 603.19 | 2.5 × 104 × 125 | 816.81 | 4 × 63 × 190 | 791.68 | 7 × 102 × 125 | 2243.10 |
| 1.5 × 130 × 85 | 612.61 | 2.5 × 160 × 120 | 1256.64 | 4 × 66 × 190 | 829.38 | 7 × 110 × 90 | 2419.03 |
| 1.5 × 134 × 80 | 631.46 | 2.5 × 230 × 190 | 1806.42 | 4 × 70 × 100 | 879.65 | 7 × 125 × 170 | 2748.89 |
| 1.5 × 144 × 70 | 678.58 | 3 × 32 × 110 | 301.59 | 4 × 73 × 165 | 917.35 | | |
| 1.5 × 163 × 80 | 768.12 | 3 × 35 × 95 | 329.87 | 4 × 81 × 85 | 1017.88 | | |
| 1.5 × 182 × 180 | 857.65 | 3 × 40 × 90 | 376.99 | 4 × 90 × 150 | 1130.97 | | |

注：1. $m=10$mm 的，目前国内尚无产品。

2. 标记示例：

$$2 \times 45 \times 110$$
模数　齿数　宽度

3. 表中的宽度为胶带生产时的最大值，厂方可按用户需要的带宽进行切割。

特殊节距同步带的节距有 2.5mm、5mm、10mm、 国和日本等。
20mm 四种。采用特殊节距同步带的国家有德国、法

**表 4.1-63　特殊节距制同步带的节线长度及其偏差**

（型号栏下数值为齿数 $z_b$）

| 节线长 $L_p$ /mm | 极限偏差 | T2.5 | T5 | T10 | T20 | 节线长 $L_p$ /mm | 极限偏差 | T2.5 | T5 | T10 | T20 | 节线长 $L_p$ /mm | 极限偏差 | T2.5 | T5 | T10 | T20 |
|---|---|---|---|---|---|---|---|---|---|---|---|---|---|---|---|---|---|
| 120 | | 48 | — | | | 560 | | | | 112 | 56 | 1150 | | | | 115 | — |
| 150 | | — | 30 | | | 610 | ±0.42 | | | 122 | 61 | 1210 | ±0.64 | | | 121 | — |
| 160 | | 64 | — | | | 630 | | | | 126 | 63 | 1250 | | | | 125 | — |
| 200 | ±0.28 | 80 | 40 | | | 660 | | | | — | 66 | 1320 | | | | 132 | 66 |
| 245 | | 98 | 49 | | | 700 | ±0.48 | | | — | 70 | 1390 | | | | 139 | — |
| 270 | | — | 54 | | | 720 | | | | 144 | 72 | 1460 | ±0.76 | | | 146 | 73 |
| 285 | | 114 | — | | | 780 | | | | 156 | 78 | 1560 | | | | 156 | — |
| 305 | | — | 61 | | | 840 | | | | 168 | 84 | 1610 | | | | 161 | — |
| 330 | | 132 | 66 | | | 880 | | | | — | 88 | 1780 | | | | 178 | 89 |
| 390 | ±0.32 | — | 78 | | | 900 | ±0.56 | | | 180 | — | 1880 | ±0.88 | | | 188 | 94 |
| 420 | | 168 | 84 | | | 920 | | | | — | 92 | 1960 | | | | 196 | — |
| 455 | | — | 91 | | | 960 | | | | — | 96 | 2250 | ±1.04 | | | 225 | — |
| 480 | ±0.36 | 192 | — | | | 990 | | | | 198 | — | 2600 | ±1.22 | | | | 130 |
| 500 | | 200 | 100 | 50 | | 1010 | ±0.64 | | | — | 101 | 3100 | | | | | 155 |
| 530 | ±0.42 | | — | 53 | | 1080 | | | | 108 | 54 | 3620 | ±1.46 | | | | 181 |

注：特殊节距同步带的规格代号目前尚未完全统一。

**表 4.1-64　圆弧齿形带的节线长度**（摘自 JB/T 7512.1—1994）

| 长度代号 | 节线长 $L_p$/mm | 齿数 $z_b$ | 长度代号 | 节线长 $L_p$/mm | 齿数 $z_b$ | 长度代号 | 节线长 $L_p$/mm | 齿数 $z_b$ | 长度代号 | 节线长 $L_p$/mm | 齿数 $z_b$ | 长度代号 | 节线长 $L_p$/mm | 齿数 $z_b$ |
|---|---|---|---|---|---|---|---|---|---|---|---|---|---|---|
| | | | | | | 3M | | | | | | | | |
| 120 | 120 | 40 | 201 | 201 | 67 | 276 | 276 | 92 | 459 | 459 | 153 | 633 | 633 | 211 |
| 144 | 144 | 48 | 207 | 207 | 69 | 300 | 300 | 100 | 486 | 486 | 162 | 750 | 750 | 250 |
| 150 | 150 | 50 | 225 | 225 | 75 | 339 | 339 | 113 | 501 | 501 | 167 | 936 | 936 | 312 |
| 177 | 177 | 59 | 252 | 252 | 84 | 384 | 384 | 128 | 537 | 537 | 179 | 1800 | 1800 | 600 |
| 192 | 192 | 64 | 264 | 264 | 88 | 420 | 420 | 140 | 564 | 564 | 188 | | | |
| | | | | | | 5M | | | | | | | | |
| 295 | 295 | 59 | 520 | 520 | 104 | 710 | 710 | 142 | 930 | 930 | 186 | 1295 | 1295 | 259 |
| 300 | 300 | 60 | 550 | 550 | 110 | 740 | 740 | 148 | 940 | 940 | 188 | 1350 | 1350 | 270 |
| 320 | 320 | 64 | 560 | 560 | 112 | 800 | 800 | 160 | 950 | 950 | 190 | 1380 | 1380 | 276 |
| 350 | 350 | 70 | 565 | 565 | 113 | 830 | 830 | 166 | 975 | 975 | 195 | 1420 | 1420 | 284 |
| 375 | 375 | 75 | 600 | 600 | 120 | 845 | 845 | 169 | 1000 | 1000 | 200 | 1595 | 1595 | 319 |
| 400 | 400 | 80 | 615 | 615 | 123 | 860 | 860 | 172 | 1025 | 1025 | 205 | 1800 | 1800 | 360 |
| 420 | 420 | 84 | 635 | 635 | 127 | 870 | 870 | 174 | 1050 | 1050 | 210 | 1870 | 1870 | 374 |
| 450 | 450 | 90 | 645 | 645 | 129 | 890 | 890 | 178 | 1125 | 1125 | 225 | 2000 | 2000 | 400 |
| 475 | 475 | 95 | 670 | 670 | 134 | 900 | 900 | 180 | 1145 | 1145 | 229 | 2350 | 2350 | 470 |
| 500 | 500 | 100 | 695 | 695 | 139 | 920 | 920 | 184 | 1270 | 1270 | 254 | | | |
| | | | | | | 8M | | | | | | | | |
| 416 | 416 | 52 | 800 | 800 | 100 | 1056 | 1056 | 132 | 1424 | 1424 | 178 | 2400 | 2400 | 300 |
| 424 | 424 | 53 | 840 | 840 | 105 | 1080 | 1080 | 135 | 1440 | 1440 | 180 | 2600 | 2600 | 325 |
| 480 | 480 | 60 | 856 | 856 | 107 | 1120 | 1120 | 140 | 1600 | 1600 | 200 | 2800 | 2800 | 350 |
| 560 | 560 | 70 | 880 | 880 | 110 | 1200 | 1200 | 150 | 1760 | 1760 | 220 | 3048 | 3048 | 381 |
| 600 | 600 | 75 | 920 | 920 | 115 | 1248 | 1248 | 156 | 1800 | 1800 | 225 | 3200 | 3200 | 400 |
| 640 | 640 | 80 | 960 | 960 | 120 | 1280 | 1280 | 160 | 2000 | 2000 | 250 | 3280 | 3280 | 410 |
| 720 | 720 | 90 | 1000 | 1000 | 125 | 1393 | 1393 | 174 | 2240 | 2240 | 280 | 3600 | 3600 | 450 |
| 760 | 760 | 95 | 1040 | 1040 | 130 | 1400 | 1400 | 175 | 2272 | 2272 | 284 | 4400 | 4400 | 550 |

（续）

| 长度代号 | 节线长 $L_p$/mm | 齿数 $z_b$ | 长度代号 | 节线长 $L_p$/mm | 齿数 $z_b$ | 长度代号 | 节线长 $L_p$/mm | 齿数 $z_b$ | 长度代号 | 节线长 $L_p$/mm | 齿数 $z_b$ | 长度代号 | 节线长 $L_p$/mm | 齿数 $z_b$ |
|---|---|---|---|---|---|---|---|---|---|---|---|---|---|---|
| 14M | | | | | | | | | | | | | | |
| 966 | 966 | 69 | 1778 | 1778 | 127 | 2310 | 2310 | 165 | 3360 | 3360 | 240 | 4956 | 4956 | 354 |
| 1196 | 1196 | 85 | 1890 | 1890 | 135 | 2450 | 2450 | 175 | 3500 | 3500 | 250 | 5320 | 5320 | 380 |
| 1400 | 1400 | 100 | 2002 | 2002 | 143 | 2590 | 2590 | 185 | 3850 | 3850 | 275 | | | |
| 1540 | 1540 | 110 | 2100 | 2100 | 150 | 2800 | 2800 | 200 | 4326 | 4326 | 309 | | | |
| 1610 | 1610 | 115 | 2198 | 2198 | 157 | 3150 | 3150 | 225 | 4578 | 4578 | 327 | | | |
| 20M | | | | | | | | | | | | | | |
| 2000 | 2000 | 100 | 3800 | 3800 | 190 | 5000 | 5000 | 250 | 5600 | 5600 | 280 | 6200 | 6200 | 310 |
| 2500 | 2500 | 125 | 4200 | 4200 | 210 | 5200 | 5200 | 260 | 5800 | 5800 | 290 | 6400 | 6400 | 320 |
| 3400 | 3400 | 170 | 4600 | 4600 | 230 | 5400 | 5400 | 270 | 6000 | 6000 | 300 | 6600 | 6600 | 330 |

注：1. 型号20M的，目前国内尚无产品。

　　2. 标记示例：

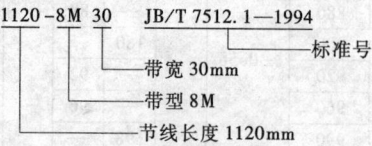

## 4.2　同步带传动的设计计算

### 4.2.1　设计内容和步骤

已知条件：①传动功率；②小带轮、大带轮转速；③传动用途、载荷性质、原动机种类以及工作制度。

设计内容和步骤见表4.1-65。

**表 4.1-65　设计内容和步骤**

| 计算项目 | 单位 | 公　式　及　数　据 | 说　　明 |
|---|---|---|---|
| 设计功率 $P_d$ | kW | $P_d = K_A P$ | $K_A$——工况系数，见表4.1-66<br>$P$——传递的功率（kW） |
| 带型、节距 $p_b$ 或模数 $m$ | mm | 根据 $P_d$ 和 $n_1$，周节制、特殊节距制（见图4.1-14中括号部分）由图4.1-14选取；模数制由图4.1-15选取；圆弧齿由图4.1-16选取 | $n_1$——小带轮转速（r/min）<br>为使传动平稳，提高带的柔性以及增加啮合齿数，节距应尽可能选取较小值；对模数制的，$m$ 也尽可能选取较小值，特别是在高速时 |
| 小带轮齿数 $z_1$ | — | $z_1 \geqslant z_{min}$　　$z_{min}$见表4.1-67 | 带速 $v$ 和安装尺寸允许时，$z_1$ 尽可能选用较大值 |
| 小带轮节圆直径 $d_1$ | mm | 周节制、特殊节距制及圆弧齿<br>$$d_1 = \frac{p_b z_1}{\pi}$$<br>模数制 $d_1 = m z_1$ | 周节制见表4.1-80；圆弧齿见表4.1-81 |
| 带速 $v$ | m/s | $$v = \frac{\pi d_1 n_1}{60 \times 1000} \leqslant v_{max}$$ | <table><tr><td>型号</td><td>MXL、XXL、XL<br>T2.5、T5<br>3M、5M</td><td>L、H<br>T10<br>8M、14M</td><td>XH、XXH<br>T20<br>20M</td></tr><tr><td>模数/mm</td><td>1、1.5、2、2.5</td><td>3、4、5</td><td>7、10</td></tr><tr><td>$v_{max}$/(m/s)</td><td>40～50</td><td>35～40</td><td>25～30</td></tr></table><br>若 $v$ 过大，则应减少 $z_1$ 或选用较小的 $p_b$ 或 $m$ |

（续）

| 计算项目 | 单位 | 公 式 及 数 据 | 说 明 |
|---|---|---|---|
| 传动比 $i$ | — | $i = \dfrac{n_1}{n_2} \leqslant 10$ | $n_2$——大带轮转速（r/min） |
| 大带轮齿数 $z_2$ | — | $z_2 = iz_1$ | — |
| 大带轮节圆直径 $d_2$ | mm | 周节制、特殊节距制及圆弧齿<br>$d_2 = \dfrac{p_b z_2}{\pi} = id_1$<br>模数制 $d_2 = mz_2$ | 周节制见表 4.1-80；圆弧齿见表 4.1-81 |
| 初定中心距 $a_0$ | mm | $0.7(d_1 + d_2) < a_0 < 2(d_1 + d_2)$ | 可根据结构要求定 |
| 初定带的节线长度 $L_{0p}$ 及其齿数 $z_b$ | mm | $L_{0p} \approx 2a_0 + \dfrac{\pi}{2}(d_2 + d_1) + \dfrac{(d_2 - d_1)^2}{4a_0}$ | 周节制按表 4.1-59 和表 4.1-60，模数制按表 4.1-61 和表 4.1-62，特殊节距制按表 4.1-63，圆弧齿按表 4.1-64 选取接近的 $L_p$ 值及其齿数 $z_b$ |
| 实际中心距 $a$ | mm | 中心距可调整 $a \approx a_0 + \dfrac{L_p - L_{0p}}{2}$<br>中心距不可调整 $a = \dfrac{d_2 - d_1}{2\cos\dfrac{\alpha_1}{2}} \mathrm{inv}\dfrac{\alpha_1}{2}$<br>$= \dfrac{L_p - \pi d_2}{d_2 - d_1} = \tan\dfrac{\alpha_1}{2} - \dfrac{\alpha_1}{2}$ | 最好采用中心距可调的结构，其调整范围见表 4.1-68<br>对于中心距不可调的结构，周节制中心距极限偏差见表 4.1-69<br>    $\alpha_1$——小带轮包角<br>    $\mathrm{inv}\dfrac{\alpha_1}{2}$——角 $\dfrac{\alpha_1}{2}$ 的渐开线函数，根据算出的 $\mathrm{inv}\dfrac{\alpha_1}{2}$ 值，由表 4.1-70 查得 $\dfrac{\alpha_1}{2}$，即可得精确的 $a$ 值 |
| 小带轮啮合齿数 $z_m$ | — | 周节制、特殊节距制及圆弧齿<br>$z_m = \mathrm{ent}\left[\dfrac{z_1}{2} - \dfrac{p_b z_1}{2\pi^2 a}(z_2 - z_1)\right]$<br>模数制，上式中 $p_b$ 用 $\pi m$ 代之<br>特殊节距制还可由图 4.1-17 和图 4.1-18 确定 | 对于 MXL、XXL 和 XL 型或对于 $m = 1$、1.5，一般 $z_m \geqslant z_{mmin} = 6$，对于 T2.5、T5 或对于圆弧齿 3M、5M，必要时 $z_{mmin} = 4$<br>    对于特殊节距制首先在图 4.1-17 中纵横坐标的交点求出 $\alpha_1$；然后在图 4.1-18 中由纵横坐标的交点求出，并圆整到最接近的那条 $z_m$ 曲线<br>    若 $z_m < z_{mmin}$ 时，可增大 $a$ 或 $d_1$ 不变时，采用较小的 $p_b$（或 $m$） |
| 基本额定功率 $P_0$（模数制无此项计算） | kW | 周节制<br>$P_0 = \dfrac{(T_a - mv^2)v}{1000}$<br>或根据带型号、$n_1$ 和 $z_1$ 由表 4.1-71 选取<br>特殊节距制带由表 4.1-72 选取<br>圆弧齿带由表 4.1-73 选取 | $T_a$——带宽为 $b_{s0}$ 的许用工作拉力（N），见表 4.1-74<br>$m$——带宽为 $b_{s0}$ 的单位长度的质量，kg/m，见表 4.1-74<br>表 4.1-72 所列为每 10mm 带宽、每啮合 1 个齿的值。该表不适用于 $z_m > 15$ 的情况 |

（续）

| 计算项目 | 单位 | 公 式 及 数 据 | 说 明 |
|---|---|---|---|
| 带宽 $b_s$ | mm | **周节制**<br><br>$$b_s \geq b_{s0} \sqrt[1.14]{\dfrac{P_d}{K_z P_0}}$$<br><br>按表 4.1-58 选定 $b_s$<br><br>**模数制**<br><br>$$b_s \geq \dfrac{P_d}{K_z(F_a{}^① - F_c)v} \times 10^3$$<br><br>$$F_c = m_b v^2$$<br><br>按表 4.1-58 选定 $b_s$<br><br>**特殊节距制**<br><br>$$b_s \geq \dfrac{10 P_d}{z_m P_0}$$<br><br>按表 4.1-58 选定 $b_s$<br><br>**圆弧齿**<br><br>$$b_s \geq b_{s0} \sqrt[1.14]{\dfrac{P_d}{K_L K_z P_0}}$$<br><br>按表 4.1-58 选定 $b_s$ | $b_{s0}$——选定型号的基准宽度（mm），周节制见表 4.1-74<br><br>型号\|3M\|5M\|8M\|14M\|20M<br>$b_{s0}$\|6\|9\|20\|40\|115<br><br>$K_z$——小带轮啮合齿数系数<br>$z_m$\|≥6\|5\|4\|3\|2<br>$K_z$\|1.00\|0.80\|0.60\|0.40\|0.20<br><br>$F_a$——单位带宽的许用拉力，N/mm，见表 4.1-75<br>$F_c$——单位带宽的离心拉力，N/mm<br>$m_b$——带的单位宽度、单位长度的质量 [kg/(mm·m)]，见表 4.1-75<br>$K_L$——圆弧齿同步带的带长系数，见表 4.1-76<br>一般 $b_s < d_1$ |
| 切应力验算 $\tau$（模数制计算用） | MPa | $$\tau = \dfrac{P_d}{1.44 m b_s z_m{}^② v} \times 10^3 \leq \tau_p$$ | $\tau_p$——许用切应力（MPa），见表 4.1-77 |
| 压强验算 $p$（模数制计算用） | MPa | $$p = \dfrac{P_d}{0.6 m b_s z_m{}^② v} \times 10^3 \leq p_p$$ | $p_p$——许用压应力（MPa），见表 4.1-77 |
| 作用在轴上的力 $F_r$ | N | **周节制、模数制、特殊节距制**<br><br>$$F_r = \dfrac{P_d}{v} \times 10^3$$<br><br>**圆弧齿**<br><br>$$F_r = K_F \dfrac{P_d}{v} \times 1500$$<br><br>当 $K_A \geq 1.3$ 时<br><br>$$F_r = K_F \dfrac{P_d}{v} \times 1155$$ | $K_F$——矢量相加修正系数，见图 4.1-19 |

① $v \leq 0.3$ m/s 且 $n_1 \leq 10$ r/min 时，带所受载荷接近静拉力，$F_a$ 可为表中数值的 2～4 倍（速度越低，提高越多）。

② 若 $z_m > 6$，计算时按 $z_m = 6$ 代入，其 $\tau_p$、$p_p$ 可取较大值，$z_m$ 越大，$\tau_p$、$p_p$ 值越大。

## 4.2.2　同步带传动的标准数据

**表 4.1-66　工况系数 $K_A$**（摘自 GB/T 11362—2008、JB/T 7512.3—1994）

| 工 作 机 | 原 动 机 | | | | | |
|---|---|---|---|---|---|---|
| | 交流电动机（普通转矩笼型、同步电动机）、直流电动机（并励）、多缸内燃机 | | | 交流电动机（大转矩、大滑差率、单相、滑环）、直流电动机（复励、串励）、单缸内燃机 | | |
| | 每天连续运转时间/h | | | | | |
| | 断续使用 3～5 | 普通使用 8～10 | 连续使用 16～24 | 断续使用 3～5 | 普通使用 8～10 | 连续使用 16～24 |
| 计算机、复印机、医疗器械、放映机、测量仪表、配油装置 | 1.0 | 1.2 | 1.4 | 1.2 | 1.4 | 1.6 |

（续）

| 工 作 机 | 原 动 机 | | | | | |
|---|---|---|---|---|---|---|
| | 交流电动机（普通转矩笼型、同步电动机）、直流电动机（并励）、多缸内燃机 | | | 交流电动机（大转矩、大滑差率、单相、滑环）、直流电动机（复励、串励）、单缸内燃机 | | |
| | 每天连续运转时间/h | | | | | |
| | 断续使用 3~5 | 普通使用 8~10 | 连续使用 16~24 | 断续使用 3~5 | 普通使用 8~10 | 连续使用 16~24 |
| 清扫机械、办公机械、缝纫机 | 1.2 | 1.4 | 1.6 | 1.4 | 1.6 | 1.8 |
| 带式输送机、轻型包装机、烘干箱、筛选机、绕线机、圆锥成型机、木工车床、带锯 | 1.3 | 1.5 | 1.7 | 1.5 | 1.7 | 1.9 |
| 液体搅拌机、合面机、钻床、车床、冲床、接缝机、龙门刨床、洗衣机、造纸机、印刷机、螺纹加工机、圆盘锯床 | 1.4 | 1.6 | 1.8 | 1.6 | 1.8 | 2.0 |
| 半液体搅拌机、带式输送机（矿石、煤、砂）、天轴、磨床、牛头刨床、铣床、钻镗床、离心泵、齿轮泵、旋转式供给系统、凸轮式振动筛、纺织机械（整经机）、离心压缩机、往复式发动机 | 1.5 | 1.7 | 1.9 | 1.7 | 1.9 | 2.1 |
| 制砖机（除混泥机）、输送机（平板式、盘式）、斗式提升机、悬挂式输送机、升降机、清洗机、离心式排风扇、离心式鼓风机、发电机、励磁机、起重机、重型升降机、发动机、卷扬机、橡胶机械（压延、滚轧压出机）、纺织机械（纺纱、精纺、捻纱机、绕纱机） | 1.6 | 1.8 | 2.0 | 1.8 | 2.0 | 2.2 |
| 离心机、刮板输送机、螺旋输送机、锤式粉碎机、造纸制浆机 | 1.7 | 1.9 | 2.1 | 1.9 | 2.1 | 2.3 |
| 黏土搅拌机、矿山用风扇、鼓风机、强制送风机 | 1.8 | 2.0 | 2.2 | 2.0 | 2.2 | 2.4 |
| 往复式压缩机、球磨机、棒磨机、往复式泵 | 1.9 | 2.1 | 2.3 | 2.1 | 2.3 | 2.5 |

注：1. 对于增速传动，应将下列数值加进本表的 $K_A$ 中：

| 增速比 | 1.00~1.24 | 1.25~1.74 | 1.75~2.49 | 2.50~3.49 | ≥3.50 |
|---|---|---|---|---|---|
| 数值 | 0 | 0.10 | 0.20 | 0.30 | 0.40 |

2. 使用张紧轮时，应将下列数值加进本表的 $K_A$ 中：

| 张紧轮的安装位置 | 松边内侧 | 松边外侧 | 紧边内侧 | 紧边外侧 |
|---|---|---|---|---|
| 数值 | 0 | 0.1 | | 0.2 |

3. 对于频繁正反转、严重冲击、紧急停机等非正常传动，需视具体情况修正工况系数。

4. 圆弧齿同步带中型号为 14M 和 20M 的传动，当 $n_1 \leqslant 600$r/min 时应将下列数值加进本表 $K_A$ 中：

| $n_1$/(r/min) | ≤200 | 201~400 | 401~600 |
|---|---|---|---|
| 数值 | 0.3 | 0.2 | 0.1 |

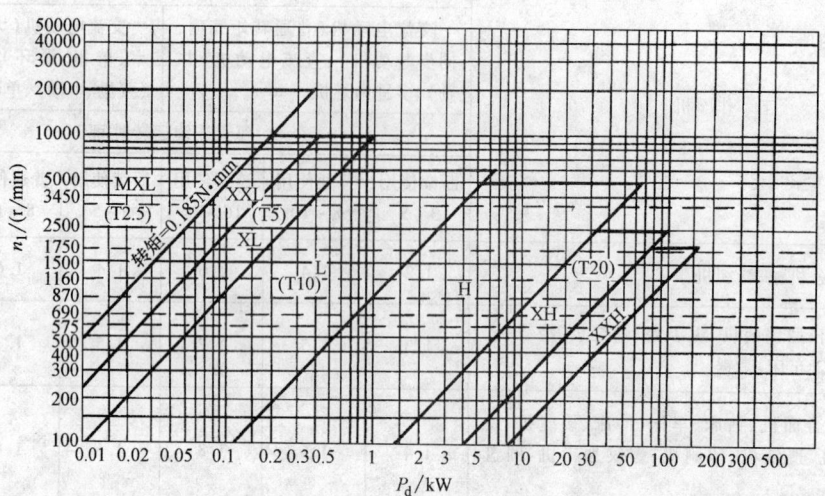

**图 4.1-14　周节制、特殊节距制同步带选型图**

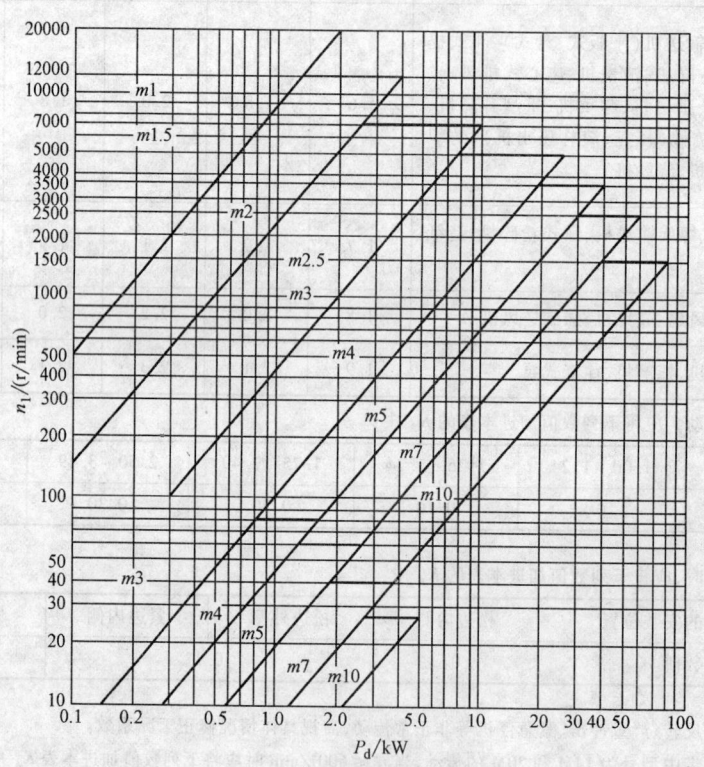

**图 4.1-15　模数制同步带选型图**

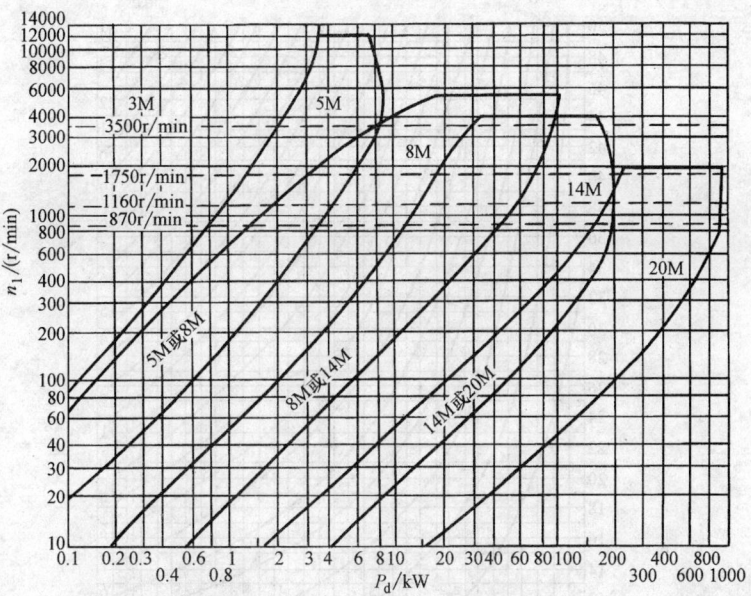

图 4.1-16 圆弧齿同步带选型图

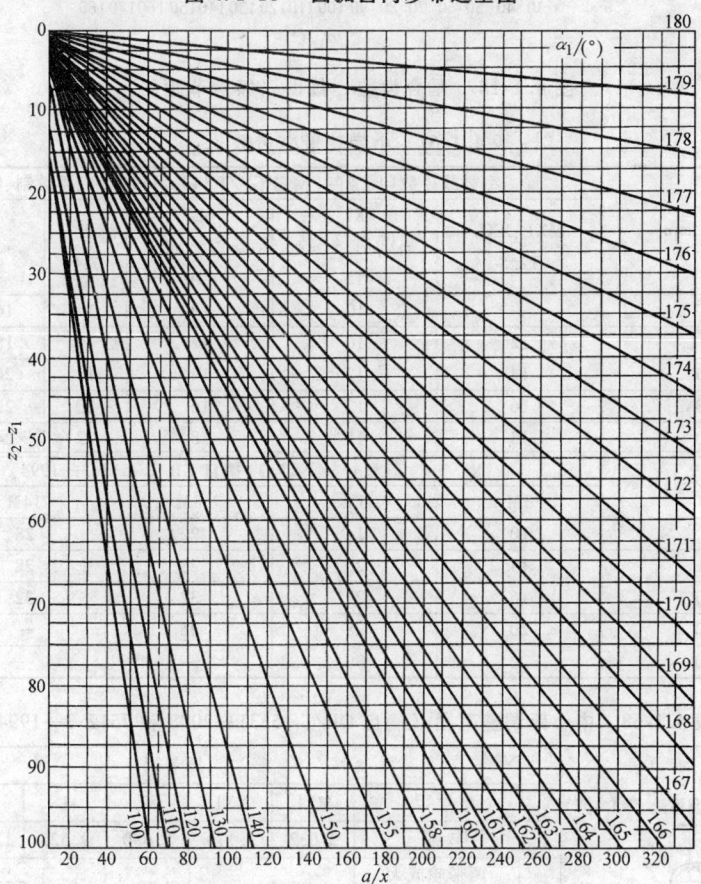

图 4.1-17 啮合齿数 $z_m$ 线图

（$a$—中心距 $x$—比例常数）

| 型号 | T2. 5 | T5 | T10 | T20 |
|---|---|---|---|---|
| $x$ | 1 | 2 | 4 | 8 |

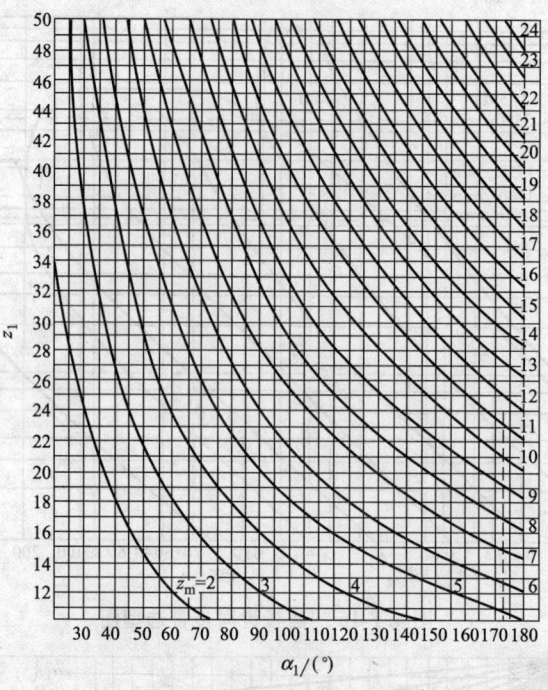

**图 4.1-18　啮合齿数$z_m$ 线图（特殊节距制）**

**表 4.1-67　小带轮最小齿数 $z_{min}$**

| 小带轮转速 $n_1$/(r/min) | 型号或模数［周节制（摘自 GB/T 11362—1989）、模数制、特殊节距制］ | | | | | | |
|---|---|---|---|---|---|---|---|
| | MXL、XXL<br>T2.5 | XL<br>m1、m1.5、m2<br>T5 | L<br>m2.5、m3<br>T10 | H<br>m4 | m5 | XH<br>m7<br>T20 | XXH<br>m10 |
| <900 | — | 10 | 12 | 14 | 16 | 22 | 22 |
| 900～<1200 | 12 | 10 | 12 | 16 | 18 | 24 | 24 |
| 1200～<1800 | 14 | 12 | 14 | 18 | 20 | 26 | 26 |
| 1800～<3600 | 16 | 12 | 16 | 20 | 22 | 30 | — |
| 3600～<4800 | 18 | 15 | 18 | 22 | 24 | — | — |

| 小带轮转速 $n_1$/(r/min) | 型号（圆弧齿）（摘自 GB/T 7512.3—1994） | | | | |
|---|---|---|---|---|---|
| | 3M | 5M | 8M | 14M | 20M |
| ≤900 | 10 | 14 | 22 | 28 | 34 |
| >900～1200 | 14 | 20 | 28 | 28 | 34 |
| >1200～1800 | 16 | 24 | 32 | 32 | 38 |
| >1800～3600 | 20 | 28 | 36 | — | — |
| >3600～4800 | 22 | 30 | — | — | — |

**表 4.1-68　中心距调整范围（摘自 GB/T 15531—2008 和 7512.3—1994）（单位：mm）**

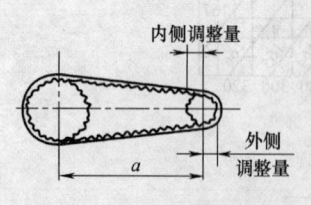

| | | 周节制 | | | | | | |
|---|---|---|---|---|---|---|---|---|
| | 型号 | MXL | XXL | XL | L | H | XH | XXH |
| | 节距 $p_b$ | 2.032 | 3.175 | 5.080 | 9.525 | 12.700 | 22.225 | 31.750 |
| 内侧调整量 | 两带轮或大带轮有挡圈 | 2.5$p_b$ | 1.8$p_b$ | 1.5$p_b$ | | | 2.0$p_b$ | |
| | 小带轮有挡圈 | 1.3$p_b$ | | | | | | |
| | 无挡圈 | 0.9$p_b$ | | | | | | |
| | 外侧调整量 | 0.005$p_b$ | | | | | | |

（续）

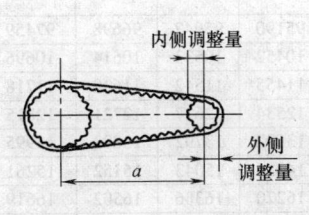

内侧调整量

外侧调整量

$a$

| 模数制、特殊节距制 | | | | | | | |
|---|---|---|---|---|---|---|---|
| 模数 $m$ | 1、1.5 | 2、2.5 | 3 | 4 | 5 | 7 | 10 |
| 型号 | T2.5、T5 | — | T10 | — | | T20 | — |
| 内侧调整量 | 5 | 8 | 10 | 15 | 20 | 40 | 50 |
| 节线长 $L_p$ | ≤500 | >500~1000 | | >1000~2000 | | >2000~3000 | >3000 |
| 外侧调整量 | 3 | 5 | | 10 | | 15 | 22 |
| 圆弧齿 | | | | | | | |
| 节线长 $L_p$ | ≤500 | >500~1000 | >1000~1500 | >1500~2260 | >2260~3020 | >3020~4020 | >4020~4780 | >4780~6860 |
| 外侧调整量 | 0.76 | | 1.02 | | 1.27 | | | |
| 安装量 $I$ | 1.02 | 1.27 | 1.78 | 2.29 | 2.79 | 3.56 | 4.32 | 5.33 |

注：1. 中心距范围为：$(a-I)\sim(a+s)$

　　式中　$a$——实际传动中心距；

　　　　　$I$——中心距安装量；

　　　　　$s$——中心距调整量。

　　2. 当带轮加挡圈时，安装量 $I$ 还应加下列数值：

| 型号 | 3M | 5M | 8M | 14M | 20M |
|---|---|---|---|---|---|
| 单轮加挡圈 | 3.0 | 13.5 | 21.6 | 35.6 | 47.0 |
| 两轮加挡圈 | 6.0 | 19.1 | 32.8 | 58.2 | 77.5 |

**表 4.1-69　周节制带的中心距偏差 $\Delta a$**　　　　（单位：mm）

| 节线长 $L_p$ | ≤250 | >250~500 | >500~750 | >750~1000 | >1000~1500 | >1500~2000 | >2000~2500 | >2500~3000 | >3000~4000 | >4000 |
|---|---|---|---|---|---|---|---|---|---|---|
| $\Delta a$ | ±0.20 | ±0.25 | ±0.30 | ±0.35 | ±0.40 | ±0.45 | ±0.50 | ±0.55 | ±0.60 | ±0.70 |

**表 4.1-70　部分渐开线函数表**（$\mathrm{inv}\alpha=\tan\alpha-\alpha$）

| 分度 | 数值前加 | 0′ | 5′ | 10′ | 15′ | 20′ | 25′ | 30′ | 35′ | 40′ | 45′ | 50′ | 55′ |
|---|---|---|---|---|---|---|---|---|---|---|---|---|---|
| 11° | 0.00 | 23941 | 24495 | 25057 | 25628 | 26208 | 26797 | 27394 | 28001 | 28618 | 29241 | 29875 | 30518 |
| 12° | 0.00 | 31171 | 31832 | 32504 | 33185 | 33875 | 34575 | 35285 | 36005 | 36735 | 37474 | 38224 | 38984 |
| 13° | 0.00 | 39754 | 40534 | 41325 | 42126 | 42938 | 43760 | 44593 | 45437 | 46291 | 47152 | 48033 | 48921 |
| 14° | 0.00 | 49819 | 50729 | 51650 | 52582 | 53526 | 54482 | 55448 | 56427 | 57417 | 58420 | 59434 | 60460 |
| 15° | 0.00 | 61498 | 62548 | 63611 | 64686 | 65773 | 66873 | 67985 | 69110 | 70248 | 71398 | 72561 | 73738 |
| 16° | 0.0 | 07493 | 07613 | 07735 | 07857 | 07982 | 08107 | 08234 | 08362 | 08492 | 08623 | 08756 | 08889 |
| 17° | 0.0 | 09025 | 09161 | 09299 | 09439 | 09580 | 09722 | 09866 | 10012 | 10158 | 10307 | 10456 | 10608 |
| 18° | 0.0 | 10760 | 10915 | 11071 | 11228 | 11387 | 11547 | 11709 | 11873 | 12038 | 12205 | 12373 | 12543 |
| 19° | 0.0 | 12715 | 12888 | 13063 | 13240 | 13418 | 13598 | 13779 | 13963 | 14148 | 14334 | 14523 | 14713 |
| 20° | 0.0 | 14904 | 15098 | 15293 | 15490 | 15689 | 15890 | 16092 | 16296 | 16502 | 16710 | 16920 | 17132 |
| 21° | 0.0 | 17345 | 17560 | 17777 | 17996 | 18217 | 18440 | 18665 | 18891 | 19120 | 19350 | 19583 | 19817 |
| 22° | 0.0 | 20054 | 20292 | 20533 | 20775 | 21019 | 21266 | 21514 | 21765 | 22018 | 22272 | 22529 | 22788 |
| 23° | 0.0 | 23049 | 23312 | 23577 | 23845 | 24114 | 24386 | 24660 | 24936 | 25214 | 25495 | 25778 | 26062 |
| 24° | 0.0 | 26350 | 26639 | 26931 | 27225 | 27521 | 27820 | 28121 | 28424 | 28729 | 29037 | 29348 | 29660 |
| 25° | 0.0 | 29975 | 30293 | 30613 | 30935 | 31260 | 31587 | 31917 | 32249 | 32583 | 32920 | 33260 | 33602 |
| 26° | 0.0 | 33947 | 34294 | 34644 | 34997 | 35352 | 35709 | 36069 | 36432 | 36798 | 37166 | 37537 | 37910 |
| 27° | 0.0 | 38287 | 38666 | 39047 | 39432 | 39819 | 40209 | 40602 | 40997 | 41395 | 41797 | 42201 | 42607 |
| 28° | 0.0 | 43017 | 43430 | 43845 | 44264 | 44685 | 45110 | 45537 | 45967 | 46400 | 46837 | 47276 | 47718 |
| 29° | 0.0 | 48164 | 48612 | 49064 | 49518 | 49976 | 50437 | 50901 | 51368 | 51838 | 52312 | 52788 | 53268 |
| 30° | 0.0 | 53751 | 54238 | 54728 | 55221 | 55717 | 56217 | 56720 | 57226 | 57736 | 58249 | 58765 | 59285 |
| 31° | 0.0 | 59809 | 60335 | 60866 | 61400 | 61937 | 62478 | 63022 | 63570 | 64122 | 64677 | 65236 | 65798 |
| 32° | 0.0 | 66364 | 66934 | 67507 | 68084 | 68665 | 69250 | 69838 | 70430 | 71026 | 71626 | 72230 | 72838 |
| 33° | 0.0 | 73449 | 74064 | 74684 | 75307 | 75934 | 76565 | 77200 | 77839 | 78483 | 79130 | 79781 | 80437 |
| 34° | 0.0 | 81097 | 81760 | 82428 | 83101 | 83777 | 84457 | 85142 | 85832 | 86525 | 87223 | 87925 | 88631 |

（续）

| 分度 | 数值前加 | 0′ | 5′ | 10′ | 15′ | 20′ | 25′ | 30′ | 35′ | 40′ | 45′ | 50′ | 55′ |
|---|---|---|---|---|---|---|---|---|---|---|---|---|---|
| 35° | 0.0 | 89342 | 90058 | 90777 | 91502 | 92230 | 92963 | 93701 | 94443 | 95190 | 95942 | 96698 | 97459 |
| 36° | 0. | 09822 | 09899 | 09977 | 10055 | 10133 | 10212 | 10292 | 10371 | 10452 | 10533 | 10614 | 10696 |
| 37° | 0. | 10778 | 10861 | 10944 | 11028 | 11113 | 11197 | 11283 | 11369 | 11455 | 11542 | 11630 | 11718 |
| 38° | 0. | 11806 | 11895 | 11985 | 12075 | 12165 | 12257 | 12348 | 12441 | 12534 | 12627 | 12721 | 12815 |
| 39° | 0. | 12911 | 13006 | 13102 | 13199 | 13297 | 13395 | 13493 | 13592 | 13692 | 13792 | 13893 | 13995 |
| 40° | 0. | 14097 | 14200 | 14303 | 14407 | 14511 | 14616 | 14722 | 14829 | 14936 | 15043 | 15152 | 15261 |
| 41° | 0. | 15370 | 15480 | 15591 | 15703 | 15815 | 15928 | 16041 | 16156 | 16270 | 16386 | 16502 | 16619 |
| 42° | 0. | 16737 | 16855 | 16974 | 17093 | 17214 | 17335 | 17457 | 17579 | 17702 | 17826 | 17951 | 18076 |
| 43° | 0. | 18202 | 18329 | 18457 | 18585 | 18714 | 18844 | 18975 | 19106 | 19238 | 19371 | 19505 | 19639 |
| 44° | 0. | 19774 | 19910 | 20047 | 20185 | 20323 | 20463 | 20603 | 20743 | 20885 | 21028 | 21171 | 21315 |
| 45° | 0. | 21460 | 21606 | 21753 | 21900 | 22049 | 22198 | 22348 | 22499 | 22651 | 22804 | 22958 | 23112 |
| 46° | 0. | 23268 | 23424 | 23582 | 23740 | 23899 | 24059 | 24220 | 24382 | 24545 | 24709 | 24874 | 25040 |
| 47° | 0. | 25206 | 25374 | 25543 | 25713 | 25883 | 26055 | 26228 | 26401 | 26576 | 26752 | 26929 | 27107 |
| 48° | 0. | 27285 | 27465 | 27646 | 27828 | 28012 | 28196 | 28381 | 28567 | 28755 | 28943 | 29133 | 29324 |
| 49° | 0. | 29516 | 29709 | 29903 | 30098 | 30295 | 30492 | 30691 | 30891 | 31092 | 31295 | 31498 | 31703 |
| 50° | 0. | 31909 | 32116 | 32324 | 32534 | 32745 | 32957 | 33171 | 33385 | 33601 | 33818 | 34037 | 34257 |
| 51° | 0. | 34478 | 34700 | 34924 | 35149 | 35376 | 35604 | 35833 | 36063 | 36295 | 36529 | 36763 | 36999 |
| 52° | 0. | 37237 | 37476 | 37716 | 37958 | 38202 | 38446 | 38693 | 38941 | 39190 | 39441 | 39693 | 39947 |
| 53° | 0. | 40202 | 40459 | 40717 | 40977 | 41239 | 41502 | 41761 | 42034 | 42302 | 42571 | 42843 | 43116 |
| 54° | 0. | 43390 | 43667 | 43945 | 44228 | 44506 | 44789 | 45074 | 45361 | 45650 | 45940 | 46232 | 46526 |
| 55° | 0. | 46822 | 47119 | 47419 | 47720 | 48023 | 48328 | 48635 | 48944 | 49225 | 49568 | 49882 | 50199 |
| 56° | 0. | 50518 | 50838 | 51161 | 51486 | 51813 | 52141 | 52472 | 52805 | 53141 | 53478 | 53817 | 54159 |
| 57° | 0. | 54503 | 54849 | 55197 | 55547 | 55900 | 56255 | 56612 | 56972 | 57333 | 57698 | 58064 | 58433 |
| 58° | 0. | 58804 | 59178 | 59554 | 59933 | 60314 | 60697 | 61083 | 61472 | 61863 | 62257 | 62653 | 63052 |
| 59° | 0. | 63454 | 63858 | 64265 | 64674 | 65086 | 65501 | 65919 | 66340 | 66763 | 67189 | 67618 | 68050 |
| 60° | 0. | 68485 | 68923 | 69364 | 69808 | 70254 | 70704 | 71157 | 71613 | 72072 | 72534 | 72999 | 73468 |
| 61° | 0. | 73940 | 74415 | 74893 | 75375 | 75859 | 76348 | 76839 | 77334 | 77833 | 78335 | 78840 | 79350 |
| 62° | 0. | 79862 | 80378 | 80898 | 81422 | 81949 | 82480 | 83015 | 83554 | 84096 | 84643 | 85193 | 85747 |
| 63° | 0. | 86305 | 86868 | 87434 | 88004 | 88579 | 89158 | 89741 | 90328 | 9091 | 91515 | 92115 | 92720 |
| 64° | — | 0.93329 | 0.93943 | 0.94561 | 0.95184 | 0.95812 | 0.96444 | 0.97081 | 0.97722 | 0.98369 | 0.99020 | 0.99677 | 1.00338 |
| 65° | — | 1.01004 | 1.01676 | 1.02352 | 1.03034 | 1.03721 | 1.04413 | 1.05111 | 1.05814 | 1.0652 | 1.07326 | 1.07956 | 1.08681 |
| 66° | — | 1.09412 | 1.10149 | 1.10891 | 1.11639 | 1.12393 | 1.13154 | 1.13920 | 1.14692 | 1.15471 | 1.16256 | 1.17047 | 1.17844 |
| 67° | — | 1.18648 | 1.19459 | 1.20276 | 1.21100 | 1.21930 | 1.22767 | 1.23612 | 1.24463 | 1.25321 | 1.26187 | 1.27059 | 1.27939 |
| 68° | — | 1.28826 | 1.29721 | 1.30623 | 1.31533 | 1.32451 | 1.33376 | 1.34310 | 1.35251 | 1.36201 | 1.37158 | 1.38124 | 1.39088 |
| 69° | — | 1.40081 | 1.41073 | 1.42073 | 1.43081 | 1.44099 | 1.45126 | 1.46162 | 1.47207 | 1.48261 | 1.49325 | 1.50399 | 1.51488 |
| 70° | — | 1.52575 | 1.53678 | 1.54791 | 1.55914 | 1.57047 | 1.58191 | 1.59346 | 1.60511 | 1.61687 | 1.62874 | 1.64072 | 1.65282 |
| 71° | — | 1.66503 | 1.67735 | 1.68980 | 1.70236 | 1.71504 | 1.72785 | 1.74077 | 1.75383 | 1.76701 | 1.78032 | 1.79376 | 1.80734 |
| 72° | — | 1.82105 | 1.83489 | 1.84888 | 1.86300 | 1.87726 | 1.89167 | 1.90623 | 1.92094 | 1.93579 | 1.95080 | 1.96596 | 1.98128 |
| 73° | — | 1.99676 | 2.01240 | 2.02821 | 2.04418 | 2.06032 | 2.07664 | 2.09313 | 2.10979 | 2.12664 | 2.14366 | 2.16088 | 2.17828 |
| 74° | — | 2.19587 | 2.21366 | 2.23164 | 2.24981 | 2.26821 | 2.28681 | 2.30561 | 2.32463 | 2.34387 | 2.36332 | 2.38301 | 2.40291 |
| 75° | — | 2.42305 | 2.44343 | 2.46405 | 2.48491 | 2.50601 | 2.52737 | 2.54899 | 2.57087 | 2.59301 | 2.61542 | 2.63811 | 2.66108 |
| 76° | — | 2.68433 | 2.70787 | 2.73171 | 2.75585 | 2.78029 | 2.80505 | 2.83012 | 2.85552 | 2.88125 | 2.90731 | 2.93371 | 2.96046 |
| 77° | — | 2.98757 | 3.01504 | 3.04288 | 3.07110 | 3.09970 | 3.12869 | 3.15808 | 3.18788 | 3.21809 | 3.24873 | 3.27980 | 3.31131 |
| 78° | — | 3.34327 | 3.37570 | 3.40859 | 3.44197 | 3.47583 | 3.51020 | 3.54507 | 4.58047 | 3.61641 | 3.65289 | 3.68993 | 3.72755 |
| 79° | — | 3.76574 | 3.80454 | 3.84395 | 3.88398 | 3.92465 | 3.96598 | 4.00798 | 4.05067 | 4.09406 | 4.13817 | 4.18302 | 4.22863 |
| 80° | — | 4.27502 | 4.32220 | 4.37020 | 4.41903 | 4.46872 | 4.51930 | 4.57077 | 4.62318 | 4.67654 | 4.73088 | 4.87622 | 4.84260 |
| 81° | — | 4.90003 | 4.95856 | 5.01822 | 5.07902 | 5.14102 | 5.20424 | 5.26871 | 5.33448 | 5.40159 | 5.47007 | 5.53997 | 5.61133 |
| 82° | — | 5.68420 | 5.75862 | 5.83465 | 5.91233 | 5.99172 | 6.07288 | 6.15586 | 6.24073 | 6.32754 | 6.41638 | 6.50731 | 6.60040 |
| 83° | — | 6.69572 | 6.79337 | 6.89342 | 6.99597 | 7.10111 | 7.20893 | 7.31954 | 7.43305 | 7.54957 | 7.66922 | 7.79214 | 7.91844 |
| 84° | — | 8.04829 | 8.18182 | 8.31919 | 8.46057 | 8.60614 | 8.75608 | 8.91059 | 9.06989 | 9.23420 | 9.40375 | 9.57881 | 9.75964 |
| 85° | — | 9.94652 | 10.13978 | 10.33973 | 10.54673 | 10.76116 | 10.98342 | 11.21395 | 11.45321 | 11.70172 | 11.96001 | 12.22866 | 12.50833 |
| 86° | — | 12.79968 | 13.10348 | 13.42052 | 13.75170 | 14.09798 | 14.46041 | 14.84015 | 15.23845 | 15.65672 | 16.09649 | 16.55945 | 17.04749 |
| 87° | — | 17.56270 | 18.10740 | 18.68427 | 19.29603 | 19.94615 | 20.63827 | 21.37660 | 22.16592 | 23.01168 | 23.92017 | 24.89862 | 25.95542 |
| 88° | — | 27.10036 | 28.34495 | 29.70278 | 31.19001 | 32.82606 | 34.63443 | 36.64384 | 38.88976 | 41.41655 | 44.28037 | 47.55344 | 51.33022 |
| 89° | — | 55.73661 | 60.94435 | 67.19383 | 74.83229 | 84.38062 | 96.65731 | 113.02656 | 135.94389 | 170.32037 | 227.61514 | 342.20561 | 685.97868 |

表 4.1-71 周节制带的基本额定功率

| 型 号 | $n_1$/(r/min) | $z_1$ | 12 | 14 | 15 | 16 | 18 | 20 | 22 | 24 | 25 | 26 | 28 | 30 | 32 | 36 | 40 |
|---|---|---|---|---|---|---|---|---|---|---|---|---|---|---|---|---|---|
| | | $d_1$/mm | 7.76 | 9.06 | 9.70 | 10.35 | 11.64 | 12.94 | 14.23 | 15.52 | 16.17 | 16.82 | 18.11 | 19.40 | 20.70 | 23.29 | 25.87 |
| MXL 型 ($p_b$2.032mm、$b_{s0}$6.4mm) | 100 | $P_0$/W | 0.9 | 1.1 | 1.1 | 1.2 | 1.4 | 1.5 | 1.7 | 1.9 | 1.9 | 2.0 | 2.2 | 2.3 | 2.5 | 2.8 | 3.1 |
| | 200 | | 1.9 | 2.2 | 2.3 | 2.5 | 2.8 | 3.1 | 3.4 | 3.8 | 3.9 | 4.1 | 4.4 | 4.7 | 5.0 | 5.7 | 6.3 |
| | 300 | | 2.8 | 3.3 | 3.5 | 3.8 | 4.2 | 4.7 | 5.2 | 5.7 | 5.9 | 6.1 | 6.6 | 7.1 | 7.6 | 8.5 | 9.5 |
| | 400 | | 3.8 | 4.4 | 4.7 | 5.0 | 5.7 | 6.3 | 6.9 | 7.6 | 7.9 | 8.2 | 8.8 | 9.5 | 10.1 | 11.4 | 12.6 |
| | 500 | | 4.7 | 5.5 | 5.9 | 6.3 | 7.1 | 7.9 | 8.7 | 9.5 | 9.9 | 10.3 | 11.1 | 11.9 | 12.6 | 14.2 | 15.8 |
| | 600 | | 5.7 | 6.6 | 7.1 | 7.6 | 8.5 | 9.5 | 10.4 | 11.4 | 11.9 | 12.3 | 13.3 | 14.2 | 15.2 | 17.1 | 19.0 |
| | 700 | | 6.6 | 7.7 | 8.3 | 8.8 | 10.0 | 11.1 | 12.2 | 13.3 | 13.8 | 14.4 | 15.5 | 16.6 | 17.7 | 19.9 | 22.2 |
| | 800 | | 7.6 | 8.8 | 9.5 | 10.1 | 11.4 | 12.6 | 13.9 | 15.2 | 15.8 | 16.5 | 17.7 | 19.0 | 20.3 | 22.8 | 25.3 |
| | 900 | | 8.5 | 10.0 | 10.7 | 11.4 | 12.8 | 14.2 | 15.7 | 17.1 | 17.8 | 18.5 | 19.9 | 21.4 | 22.8 | 25.7 | 28.5 |
| | 1000 | | 9.5 | 11.1 | 11.9 | 12.6 | 14.2 | 15.8 | 17.4 | 19.0 | 19.8 | 20.6 | 22.2 | 23.8 | 25.3 | 28.5 | 31.7 |
| | 1100 | | 10.4 | 12.2 | 13.0 | 13.9 | 15.7 | 17.4 | 19.2 | 20.9 | 21.8 | 22.6 | 24.4 | 26.1 | 27.9 | 31.4 | 34.8 |
| | 1200 | | 11.4 | 13.3 | 14.2 | 15.2 | 17.1 | 19.0 | 20.9 | 22.8 | 23.8 | 24.7 | 26.6 | 28.5 | 30.4 | 34.2 | 38.0 |
| | 1300 | | — | 14.4 | 15.4 | 16.5 | 18.5 | 20.6 | 22.6 | 24.7 | 25.7 | 26.8 | 28.8 | 30.9 | 32.9 | 37.1 | 41.2 |
| | 1400 | | — | 15.5 | 16.6 | 17.7 | 19.9 | 22.2 | 24.4 | 26.6 | 27.7 | 28.8 | 31.0 | 33.3 | 35.5 | 39.9 | 44.3 |
| | 1500 | | — | 16.6 | 17.8 | 19.0 | 21.4 | 23.8 | 26.1 | 28.5 | 29.7 | 30.9 | 33.3 | 35.6 | 38.0 | 42.8 | 47.5 |
| | 1600 | | — | 17.7 | 19.0 | 20.3 | 22.8 | 25.3 | 27.9 | 30.4 | 31.7 | 32.9 | 35.5 | 38.0 | 40.5 | 45.6 | 50.7 |
| | 1700 | | — | 18.8 | 20.2 | 21.5 | 24.2 | 26.9 | 29.6 | 32.3 | 33.7 | 35.0 | 37.7 | 40.4 | 43.1 | 48.5 | 53.8 |
| | 1800 | | — | 19.9 | 21.4 | 22.8 | 25.7 | 28.5 | 31.4 | 34.2 | 35.6 | 37.1 | 39.9 | 42.8 | 45.6 | 51.3 | 57.0 |
| | 2000 | | — | — | 23.8 | 25.3 | 28.5 | 31.7 | 34.6 | 38.0 | 39.6 | 41.2 | 44.3 | 47.5 | 50.7 | 57.0 | 63.3 |
| | 2200 | | — | — | 26.1 | 27.9 | 31.4 | 34.8 | 38.3 | 41.8 | 43.6 | 45.3 | 48.8 | 52.2 | 55.7 | 62.7 | 69.6 |
| | 2400 | | — | — | 28.5 | 30.4 | 34.2 | 38.0 | 41.8 | 45.6 | 47.5 | 49.4 | 53.2 | 57.0 | 60.8 | 68.3 | 75.9 |
| | 2600 | | — | — | 30.9 | 32.9 | 37.1 | 41.2 | 45.3 | 49.4 | 51.5 | 53.5 | 57.6 | 61.7 | 65.8 | 74.0 | 82.1 |
| | 2800 | | — | — | — | 35.5 | 39.9 | 44.3 | 48.8 | 53.2 | 55.4 | 57.6 | 62.0 | 66.4 | 70.8 | 79.6 | 88.4 |
| | 3000 | | — | — | — | 38.0 | 42.8 | 47.5 | 52.2 | 57.0 | 59.3 | 61.7 | 66.4 | 71.2 | 75.9 | 85.3 | 94.6 |
| | 3200 | | — | — | — | 40.5 | 45.6 | 50.7 | 55.7 | 60.8 | 63.3 | 65.8 | 70.8 | 75.9 | 80.9 | 90.9 | 100.9 |
| | 3400 | | — | — | — | 43.1 | 48.5 | 53.8 | 59.2 | 64.5 | 67.2 | 69.9 | 75.2 | 80.6 | 85.9 | 96.5 | 107.1 |
| | 3600 | | — | — | — | 45.6 | 51.3 | 57.0 | 62.7 | 68.3 | 71.2 | 74.0 | 79.6 | 85.3 | 90.9 | 102.1 | 113.3 |
| | 3800 | | — | — | — | — | 54.1 | 60.1 | 66.1 | 72.1 | 75.1 | 78.1 | 84.0 | 90.0 | 95.9 | 107.7 | 119.5 |
| | 4000 | | — | — | — | — | 57.0 | 63.3 | 69.6 | 75.9 | 79.0 | 82.1 | 88.4 | 94.6 | 100.9 | 113.3 | 125.6 |
| | 4200 | | — | — | — | — | 59.8 | 66.4 | 73.0 | 79.6 | 82.9 | 86.2 | 92.8 | 99.3 | 105.8 | 118.8 | 131.8 |
| | 4400 | | — | — | — | — | 62.7 | 69.6 | 76.5 | 83.4 | 86.8 | 90.3 | 97.1 | 104.0 | 110.8 | 124.4 | 137.9 |
| | 4600 | | — | — | — | — | 65.5 | 72.7 | 79.9 | 87.1 | 90.7 | 94.3 | 101.5 | 108.6 | 115.8 | 129.9 | 144.0 |
| | 4800 | | — | — | — | — | 68.3 | 75.9 | 83.4 | 90.9 | 94.6 | 98.4 | 105.8 | 113.3 | 120.7 | 135.4 | 150.0 |

| 型 号 | $n_1$/(r/min) | $z_1$ | 12 | 14 | 15 | 16 | 18 | 20 | 22 | 24 | 25 | 26 | 28 | 30 | 32 | 36 | 40 |
|---|---|---|---|---|---|---|---|---|---|---|---|---|---|---|---|---|---|
| | | $d_1$/mm | 12.13 | 14.15 | 15.16 | 16.17 | 18.19 | 20.21 | 22.23 | 24.26 | 25.27 | 26.28 | 28.30 | 30.32 | 32.34 | 36.38 | 40.43 |
| XXL 型 ($p_b$3.175mm、$b_{s0}$6.4mm) | 100 | $P_0$/W | 1.6 | 1.8 | 2.0 | 2.1 | 2.4 | 2.6 | 2.9 | 3.2 | 3.3 | 3.4 | 3.7 | 4.0 | 4.3 | 4.8 | 5.3 |
| | 200 | | 3.2 | 3.7 | 4.0 | 4.3 | 4.8 | 5.3 | 5.9 | 6.4 | 6.7 | 6.9 | 7.5 | 8.0 | 8.6 | 9.6 | 10.7 |
| | 300 | | 4.8 | 5.6 | 6.0 | 6.4 | 7.2 | 8.0 | 8.8 | 9.6 | 10.0 | 10.4 | 11.2 | 12.0 | 12.9 | 14.5 | 16.1 |
| | 400 | | 6.4 | 7.5 | 8.0 | 8.6 | 9.6 | 10.7 | 11.8 | 12.9 | 13.4 | 13.9 | 15.0 | 16.1 | 17.2 | 19.3 | 21.5 |
| | 500 | | 8.0 | 9.4 | 10.0 | 10.7 | 12.0 | 13.4 | 14.7 | 16.1 | 16.7 | 17.4 | 18.8 | 20.1 | 21.5 | 24.1 | 26.8 |

（续）

| 型　号 | $n_1$/(r/min) | $z_1$ | 12 | 14 | 15 | 16 | 18 | 20 | 22 | 24 | 25 | 26 | 28 | 30 | 32 | 36 | 40 |
|---|---|---|---|---|---|---|---|---|---|---|---|---|---|---|---|---|---|
| | | $d_1$/mm | 12.13 | 14.15 | 15.16 | 16.17 | 18.19 | 20.21 | 22.23 | 24.26 | 25.27 | 26.28 | 28.30 | 30.32 | 32.34 | 36.38 | 40.43 |
| XXL 型<br>($p_b$ 3.175 mm、<br>$b_{s0}$ 6.4 mm) | 600 | $P_0$/W | 9.6 | 11.2 | 12.0 | 12.9 | 14.5 | 16.1 | 17.7 | 19.3 | 20.1 | 20.9 | 22.5 | 24.1 | 25.7 | 29.0 | 32.2 |
| | 700 | | 11.2 | 13.1 | 14.1 | 15.0 | 16.9 | 18.8 | 20.6 | 22.5 | 23.5 | 24.4 | 26.3 | 28.2 | 30.0 | 33.8 | 37.6 |
| | 800 | | 12.9 | 15.0 | 16.1 | 17.2 | 19.3 | 21.5 | 23.6 | 25.7 | 26.8 | 27.9 | 30.0 | 32.2 | 34.3 | 38.6 | 42.9 |
| | 900 | | 14.5 | 16.9 | 18.1 | 19.3 | 21.7 | 24.1 | 26.6 | 29.0 | 30.2 | 31.4 | 33.8 | 36.2 | 38.6 | 43.5 | 48.3 |
| | 1000 | | 16.1 | 18.8 | 20.1 | 21.5 | 24.1 | 26.8 | 29.5 | 32.2 | 33.5 | 34.9 | 37.6 | 40.2 | 42.9 | 48.3 | 53.6 |
| | 1100 | | 17.7 | 20.6 | 22.1 | 23.6 | 26.6 | 29.5 | 32.5 | 35.4 | 36.9 | 38.4 | 41.3 | 44.3 | 47.2 | 53.1 | 59.0 |
| | 1200 | | 19.3 | 22.5 | 24.1 | 25.7 | 29.0 | 32.2 | 35.4 | 38.6 | 40.2 | 41.8 | 45.1 | 48.3 | 51.5 | 57.9 | 64.3 |
| | 1300 | | — | 24.4 | 26.1 | 27.9 | 31.4 | 34.9 | 38.4 | 41.8 | 43.6 | 45.3 | 48.8 | 52.3 | 55.8 | 62.7 | 69.6 |
| | 1400 | | — | 26.3 | 28.2 | 30.0 | 33.8 | 37.6 | 41.3 | 45.1 | 46.9 | 48.8 | 52.6 | 56.3 | 60.0 | 67.5 | 75.0 |
| | 1500 | | — | 28.2 | 30.2 | 32.2 | 36.2 | 40.2 | 44.3 | 48.3 | 50.3 | 52.3 | 56.3 | 60.3 | 64.3 | 72.3 | 80.3 |
| | 1600 | | — | 30.0 | 32.2 | 34.3 | 38.6 | 42.9 | 47.2 | 51.5 | 53.6 | 55.8 | 60.0 | 64.3 | 68.6 | 77.1 | 85.6 |
| | 1700 | | — | 31.9 | 34.2 | 36.5 | 41.0 | 45.6 | 50.1 | 54.7 | 57.0 | 59.2 | 63.8 | 68.3 | 72.8 | 81.9 | 90.9 |
| | 1800 | | — | 33.8 | 36.2 | 38.6 | 43.5 | 48.3 | 53.1 | 57.9 | 60.3 | 62.7 | 67.5 | 72.3 | 77.1 | 86.7 | 96.2 |
| | 2000 | | — | — | 40.2 | 42.9 | 48.3 | 53.6 | 59.0 | 64.3 | 67.0 | 69.6 | 75.0 | 80.3 | 85.6 | 96.2 | 106.6 |
| | 2200 | | — | — | 44.3 | 47.2 | 53.1 | 59.0 | 64.8 | 70.7 | 43.6 | 76.6 | 82.4 | 88.3 | 94.1 | 105.7 | 117.3 |
| | 2400 | | — | — | 48.3 | 51.5 | 57.9 | 64.3 | 70.7 | 77.1 | 80.3 | 83.5 | 89.9 | 96.2 | 102.6 | 115.2 | 127.8 |
| | 2600 | | — | — | 52.3 | 55.8 | 62.7 | 69.6 | 76.6 | 83.5 | 86.9 | 90.4 | 97.3 | 104.1 | 111.0 | 124.6 | 138.2 |
| | 2800 | | — | — | — | 60.0 | 67.5 | 75.0 | 82.4 | 89.9 | 93.6 | 97.3 | 104.7 | 112.0 | 119.4 | 134.0 | 148.6 |
| | 3000 | | — | — | — | 64.3 | 72.3 | 80.3 | 88.3 | 96.2 | 100.2 | 104.1 | 112.0 | 119.9 | 127.8 | 143.4 | 158.9 |
| | 3200 | | — | — | — | 68.6 | 77.1 | 85.6 | 94.1 | 102.6 | 106.8 | 111.0 | 119.4 | 127.8 | 136.1 | 152.7 | 169.1 |
| | 3400 | | — | — | — | 72.8 | 81.9 | 90.9 | 99.9 | 108.9 | 113.4 | 117.8 | 126.7 | 135.6 | 144.4 | 161.9 | 179.3 |
| | 3600 | | — | — | — | 77.1 | 86.7 | 96.2 | 105.7 | 115.2 | 119.9 | 124.6 | 134.0 | 143.4 | 152.7 | 171.1 | 189.4 |
| | 3800 | | — | — | — | — | 91.4 | 101.5 | 111.5 | 121.5 | 126.5 | 131.4 | 141.3 | 151.1 | 160.9 | 180.2 | 199.4 |
| | 4000 | | — | — | — | — | 96.2 | 106.8 | 117.3 | 127.8 | 133.0 | 138.2 | 148.6 | 158.9 | 169.1 | 189.4 | 109.4 |
| | 4200 | | — | — | — | — | 101.0 | 112.0 | 123.1 | 134.0 | 139.5 | 144.9 | 155.8 | 166.5 | 177.3 | 198.4 | 219.2 |
| | 4400 | | — | — | — | — | 105.7 | 117.3 | 128.8 | 140.3 | 146.0 | 151.7 | 163.0 | 174.2 | 185.4 | 207.4 | 229.0 |
| | 4600 | | — | — | — | — | 110.5 | 122.5 | 134.5 | 146.5 | 152.4 | 158.3 | 170.1 | 181.8 | 193.4 | 216.3 | 238.7 |
| | 4800 | | — | — | — | — | 115.2 | 127.8 | 140.3 | 152.7 | 158.9 | 165.0 | 177.3 | 189.4 | 201.4 | 225.1 | 248.3 |

| 型　号 | $n_1$/(r/min) | $z_1$ | 10 | 12 | 14 | 16 | 18 | 20 | 22 | 24 | 28 | 30 |
|---|---|---|---|---|---|---|---|---|---|---|---|---|
| | | $d_1$/mm | 16.17 | 19.40 | 22.64 | 25.87 | 29.11 | 32.34 | 35.57 | 38.81 | 45.28 | 48.51 |
| XL 型<br>($p_b$ 5.080 mm、<br>$b_{s0}$ 9.5 mm) | 100 | $P_0$/kW | 0.004 | 0.005 | 0.006 | 0.007 | 0.008 | 0.009 | 0.009 | 0.010 | 0.012 | 0.013 |
| | 200 | | 0.009 | 0.010 | 0.012 | 0.014 | 0.015 | 0.017 | 0.019 | 0.020 | 0.024 | 0.026 |
| | 300 | | 0.013 | 0.015 | 0.018 | 0.020 | 0.023 | 0.026 | 0.028 | 0.031 | 0.036 | 0.038 |
| | 400 | | 0.017 | 0.020 | 0.024 | 0.027 | 0.031 | 0.034 | 0.037 | 0.041 | 0.048 | 0.051 |
| | 500 | | 0.021 | 0.026 | 0.030 | 0.034 | 0.038 | 0.043 | 0.047 | 0.051 | 0.060 | 0.064 |
| | 600 | | 0.026 | 0.031 | 0.036 | 0.041 | 0.046 | 0.051 | 0.056 | 0.061 | 0.071 | 0.076 |
| | 700 | | 0.030 | 0.036 | 0.042 | 0.048 | 0.054 | 0.060 | 0.065 | 0.071 | 0.083 | 0.089 |
| | 800 | | 0.034 | 0.041 | 0.048 | 0.054 | 0.061 | 0.068 | 0.075 | 0.082 | 0.095 | 0.102 |
| | 900 | | 0.038 | 0.046 | 0.054 | 0.061 | 0.069 | 0.076 | 0.084 | 0.092 | 0.107 | 0.115 |

（续）

| 型　号 | $n_1$/(r/min) | $z_1$ | 10 | 12 | 14 | 16 | 18 | 20 | 22 | 24 | 28 | 30 |
|---|---|---|---|---|---|---|---|---|---|---|---|---|
| | | $d_1$/mm | 16.17 | 19.40 | 22.64 | 25.87 | 29.11 | 32.34 | 35.57 | 38.81 | 45.28 | 48.51 |
| | 1000 | | 0.043 | 0.051 | 0.060 | 0.068 | 0.076 | 0.085 | 0.093 | 0.102 | 0.119 | 0.127 |
| | 1100 | | 0.047 | 0.056 | 0.065 | 0.075 | 0.084 | 0.093 | 0.103 | 0.112 | 0.131 | 0.140 |
| | 1200 | | — | 0.061 | 0.071 | 0.082 | 0.092 | 0.102 | 0.112 | 0.122 | 0.142 | 0.152 |
| | 1300 | | — | 0.066 | 0.077 | 0.088 | 0.099 | 0.110 | 0.121 | 0.132 | 0.154 | 0.165 |
| | 1400 | | — | 0.071 | 0.083 | 0.095 | 0.107 | 0.119 | 0.131 | 0.142 | 0.166 | 0.178 |
| | 1500 | | — | 0.076 | 0.089 | 0.102 | 0.115 | 0.127 | 0.140 | 0.152 | 0.178 | 0.190 |
| | 1600 | | — | 0.082 | 0.095 | 0.109 | 0.122 | 0.136 | 0.149 | 0.163 | 0.189 | 0.203 |
| | 1700 | | — | 0.087 | 0.101 | 0.115 | 0.130 | 0.144 | 0.158 | 0.173 | 0.201 | 0.215 |
| | 1800 | | — | 0.092 | 0.107 | 0.122 | 0.137 | 0.152 | 0.168 | 0.183 | 0.213 | 0.228 |
| XL 型 | 2000 | | — | 0.102 | 0.119 | 0.136 | 0.152 | 0.169 | 0.186 | 0.203 | 0.236 | 0.252 |
| ($p_b$5.080mm、 | 2200 | | — | 0.112 | 0.131 | 0.149 | 0.168 | 0.186 | 0.204 | 0.223 | 0.259 | 0.277 |
| $b_{s0}$9.5mm) | 2400 | $P_0$/kW | — | 0.122 | 0.142 | 0.163 | 0.183 | 0.203 | 0.223 | 0.242 | 0.282 | 0.301 |
| | 2600 | | — | 0.132 | 0.154 | 0.176 | 0.198 | 0.219 | 0.241 | 0.262 | 0.304 | 0.325 |
| | 2800 | | — | 0.142 | 0.166 | 0.189 | 0.213 | 0.236 | 0.259 | 0.282 | 0.327 | 0.349 |
| | 3000 | | — | 0.152 | 0.178 | 0.203 | 0.228 | 0.252 | 0.277 | 0.301 | 0.349 | 0.373 |
| | 3200 | | — | 0.163 | 0.189 | 0.216 | 0.242 | 0.269 | 0.295 | 0.321 | 0.371 | 0.396 |
| | 3400 | | — | 0.173 | 0.201 | 0.229 | 0.257 | 0.285 | 0.312 | 0.340 | 0.393 | 0.420 |
| | 3600 | | — | 0.183 | 0.213 | 0.242 | 0.272 | 0.301 | 0.330 | 0.359 | 0.415 | 0.443 |
| | 3800 | | — | — | — | 0.256 | 0.287 | 0.317 | 0.348 | 0.378 | 0.436 | 0.465 |
| | 4000 | | — | — | — | 0.269 | 0.301 | 0.333 | 0.365 | 0.396 | 0.458 | 0.487 |
| | 4200 | | — | — | — | 0.282 | 0.316 | 0.349 | 0.382 | 0.415 | 0.478 | 0.509 |
| | 4400 | | — | — | — | 0.295 | 0.330 | 0.365 | 0.400 | 0.433 | 0.499 | 0.531 |
| | 4600 | | — | — | — | 0.308 | 0.345 | 0.381 | 0.417 | 0.452 | 0.519 | 0.552 |
| | 4800 | | — | — | — | 0.321 | 0.359 | 0.396 | 0.433 | 0.470 | 0.539 | 0.573 |

| 型　号 | $n_1$/(r/min) | $z_1$ | 12 | 14 | 16 | 18 | 20 | 22 | 24 | 26 | 28 | 30 | 32 | 36 | 40 | 44 | 48 |
|---|---|---|---|---|---|---|---|---|---|---|---|---|---|---|---|---|---|
| | | $d_1$/mm | 36.38 | 42.45 | 48.51 | 54.57 | 60.64 | 66.70 | 72.77 | 78.83 | 84.89 | 90.96 | 97.02 | 109.15 | 121.28 | 133.40 | 145.53 |
| | 100 | | 0.05 | 0.05 | 0.06 | 0.07 | 0.08 | 0.09 | 0.09 | 0.10 | 0.11 | 0.12 | 0.12 | 0.14 | 0.16 | 0.17 | 0.19 |
| | 200 | | 0.09 | 0.11 | 0.12 | 0.14 | 0.16 | 0.17 | 0.19 | 0.20 | 0.22 | 0.23 | 0.25 | 0.28 | 0.31 | 0.34 | 0.37 |
| | 300 | | 0.14 | 0.16 | 0.19 | 0.21 | 0.23 | 0.26 | 0.28 | 0.30 | 0.33 | 0.35 | 0.37 | 0.42 | 0.47 | 0.51 | 0.56 |
| | 400 | | 0.19 | 0.22 | 0.25 | 0.28 | 0.31 | 0.34 | 0.37 | 0.40 | 0.43 | 0.47 | 0.50 | 0.56 | 0.62 | 0.68 | 0.74 |
| | 500 | | 0.23 | 0.27 | 0.31 | 0.35 | 0.39 | 0.43 | 0.47 | 0.50 | 0.54 | 0.58 | 0.62 | 0.70 | 0.77 | 0.85 | 0.93 |
| | 600 | | 0.28 | 0.33 | 0.37 | 0.42 | 0.47 | 0.51 | 0.56 | 0.60 | 0.65 | 0.70 | 0.74 | 0.83 | 0.93 | 1.02 | 1.11 |
| | 700 | | 0.33 | 0.38 | 0.43 | 0.49 | 0.54 | 0.60 | 0.65 | 0.70 | 0.76 | 0.81 | 0.87 | 0.97 | 1.08 | 1.18 | 1.29 |
| L 型 | 800 | | 0.37 | 0.43 | 0.50 | 0.56 | 0.62 | 0.68 | 0.74 | 0.80 | 0.86 | 0.93 | 0.99 | 1.11 | 1.23 | 1.35 | 1.47 |
| ($p_b$9.525mm、 | 900 | $P_0$/kW | 0.42 | 0.49 | 0.56 | 0.63 | 0.70 | 0.77 | 0.83 | 0.90 | 0.97 | 1.04 | 1.11 | 1.24 | 1.38 | 1.51 | 1.65 |
| $b_{s0}$25.4mm) | 1000 | | 0.47 | 0.54 | 0.62 | 0.70 | 0.77 | 0.85 | 0.93 | 1.00 | 1.08 | 1.15 | 1.23 | 1.38 | 1.53 | 1.67 | 1.82 |
| | 1100 | | 0.51 | 0.60 | 0.68 | 0.77 | 0.85 | 0.93 | 1.02 | 1.10 | 1.18 | 1.27 | 1.35 | 1.51 | 1.68 | 1.83 | 1.99 |
| | 1200 | | 0.56 | 0.65 | 0.74 | 0.83 | 0.93 | 1.02 | 1.11 | 1.20 | 1.29 | 1.38 | 1.47 | 1.65 | 1.82 | 1.99 | 2.16 |
| | 1300 | | 0.60 | 0.70 | 0.80 | 0.90 | 1.00 | 1.10 | 1.20 | 1.30 | 1.39 | 1.49 | 1.59 | 1.78 | 1.96 | 2.15 | 2.33 |
| | 1400 | | 0.65 | 0.76 | 0.87 | 0.97 | 1.08 | 1.18 | 1.29 | 1.39 | 1.50 | 1.60 | 1.70 | 1.91 | 2.11 | 2.30 | 2.49 |
| | 1500 | | 0.70 | 0.81 | 0.93 | 1.04 | 1.15 | 1.27 | 1.38 | 1.49 | 1.60 | 1.71 | 1.82 | 2.04 | 2.25 | 2.45 | 2.65 |
| | 1600 | | 0.74 | 0.87 | 0.99 | 1.11 | 1.23 | 1.35 | 1.47 | 1.59 | 1.70 | 1.82 | 1.94 | 2.16 | 2.38 | 2.60 | 2.81 |
| | 1700 | | 0.79 | 0.92 | 1.05 | 1.18 | 1.30 | 1.43 | 1.56 | 1.68 | 1.81 | 1.93 | 2.05 | 2.29 | 2.52 | 2.74 | 2.96 |

（续）

| 型号 | $n_1$/(r/min) | $z_1$ | 12 | 14 | 16 | 18 | 20 | 22 | 24 | 26 | 28 | 30 | 32 | 36 | 40 | 44 | 48 |
|---|---|---|---|---|---|---|---|---|---|---|---|---|---|---|---|---|---|
| | | $d_1$/mm | 36.38 | 42.45 | 48.51 | 54.57 | 60.64 | 66.70 | 72.77 | 78.83 | 84.89 | 90.96 | 97.02 | 109.15 | 121.28 | 133.40 | 145.53 |
| | 1800 | | 0.83 | 0.97 | 1.11 | 1.24 | 1.38 | 1.51 | 1.65 | 1.78 | 1.91 | 2.04 | 2.16 | 2.41 | 2.65 | 2.88 | 3.11 |
| | 1900 | | 0.88 | 1.03 | 1.17 | 1.31 | 1.45 | 1.59 | 1.73 | 1.87 | 2.01 | 2.14 | 2.27 | 2.53 | 2.78 | 3.02 | 3.25 |
| | 2000 | | 0.93 | 1.08 | 1.23 | 1.38 | 1.53 | 1.67 | 1.82 | 1.96 | 2.11 | 2.25 | 2.38 | 2.65 | 2.91 | 3.15 | 3.39 |
| | 2200 | | 1.02 | 1.18 | 1.35 | 1.51 | 1.68 | 1.83 | 1.99 | 2.15 | 2.30 | 2.45 | 2.60 | 2.88 | 3.16 | 3.41 | 3.65 |
| | 2400 | | 1.11 | 1.29 | 1.47 | 1.65 | 1.82 | 1.99 | 2.16 | 2.33 | 2.49 | 2.65 | 2.81 | 3.11 | 3.39 | 3.65 | 3.89 |
| | 2600 | | 1.20 | 1.39 | 1.59 | 1.78 | 1.96 | 2.15 | 2.33 | 2.51 | 2.68 | 2.85 | 3.01 | 3.32 | 3.61 | 3.87 | 4.10 |
| | 2800 | | 1.29 | 1.50 | 1.70 | 1.91 | 2.11 | 2.30 | 2.49 | 2.68 | 2.85 | 3.03 | 3.20 | 3.52 | 3.81 | 4.07 | 4.29 |
| L型 | 3000 | | 1.38 | 1.60 | 1.82 | 2.04 | 2.25 | 2.45 | 2.65 | 2.85 | 3.03 | 3.21 | 3.39 | 3.71 | 4.00 | 4.24 | 4.45 |
| ($p_b$9.525mm、 | 3200 | $P_0$/kW | — | 1.70 | 1.94 | 2.16 | 2.38 | 2.60 | 2.81 | 3.01 | 3.20 | 3.39 | 3.56 | 3.89 | 4.17 | 4.40 | 4.58 |
| $b_{s0}$25.4mm) | 3400 | | — | 1.81 | 2.05 | 2.29 | 2.52 | 2.74 | 2.96 | 3.17 | 3.37 | 3.55 | 3.73 | 4.05 | 4.32 | 4.53 | 4.67 |
| | 3600 | | — | 1.91 | 2.16 | 2.41 | 2.65 | 2.88 | 3.11 | 3.32 | 3.52 | 3.71 | 3.89 | 4.20 | 4.45 | 4.63 | 4.74 |
| | 3800 | | — | 2.01 | 2.27 | 2.53 | 2.78 | 3.02 | 3.25 | 3.47 | 3.67 | 3.86 | 4.03 | 4.33 | 4.56 | 4.70 | 4.76 |
| | 4000 | | — | 2.11 | 2.38 | 2.65 | 2.91 | 3.15 | 3.39 | 3.61 | 3.81 | 4.00 | 4.17 | 4.45 | 4.65 | 4.75 | 4.75 |
| | 4200 | | — | — | 2.49 | 2.77 | 3.03 | 3.28 | 3.52 | 3.74 | 3.94 | 4.13 | 4.29 | 4.55 | 4.71 | 4.76 | 4.70 |
| | 4400 | | — | — | 2.60 | 2.88 | 3.16 | 3.41 | 3.65 | 3.87 | 4.07 | 4.24 | 4.40 | 4.63 | 4.75 | 4.74 | 4.60 |
| | 4600 | | — | — | 2.70 | 3.00 | 3.27 | 3.53 | 3.77 | 3.99 | 4.18 | 4.35 | 4.49 | 4.69 | 4.76 | 4.69 | 4.46 |
| | 4800 | | — | — | 2.81 | 3.11 | 3.39 | 3.65 | 3.89 | 4.10 | 4.29 | 4.45 | 4.58 | 4.74 | 4.75 | 4.60 | 4.27 |

| 型号 | $n_1$/(r/min) | $z_1$ | 14 | 16 | 18 | 20 | 22 | 24 | 26 | 28 | 30 | 32 | 36 | 40 | 44 | 48 |
|---|---|---|---|---|---|---|---|---|---|---|---|---|---|---|---|---|
| | | $d_1$/mm | 56.60 | 64.68 | 72.77 | 80.85 | 88.94 | 97.02 | 105.11 | 113.19 | 121.28 | 129.36 | 145.53 | 161.70 | 177.87 | 194.04 |
| | 100 | | 0.62 | 0.71 | 0.80 | 0.89 | 0.98 | 1.07 | 1.16 | 1.24 | 1.33 | 1.42 | 1.60 | 1.78 | 1.96 | 2.13 |
| | 200 | | 1.25 | 1.42 | 1.60 | 1.78 | 1.96 | 2.13 | 2.31 | 2.49 | 2.67 | 2.84 | 3.20 | 3.56 | 3.91 | 4.27 |
| | 300 | | 1.87 | 2.13 | 2.40 | 2.67 | 2.93 | 3.20 | 3.47 | 3.73 | 4.00 | 4.27 | 4.80 | 5.33 | 5.86 | 6.39 |
| | 400 | | 2.49 | 2.84 | 3.20 | 3.56 | 3.91 | 4.27 | 4.62 | 4.97 | 5.33 | 5.68 | 6.39 | 7.10 | 7.80 | 8.51 |
| | 500 | | 3.11 | 3.56 | 4.00 | 4.44 | 4.89 | 5.33 | 5.77 | 6.21 | 6.66 | 7.10 | 7.98 | 8.86 | 9.74 | 10.61 |
| | 600 | | 3.73 | 4.27 | 4.80 | 5.33 | 5.86 | 6.39 | 6.92 | 7.45 | 7.98 | 8.51 | 9.56 | 10.61 | 11.66 | 12.71 |
| | 700 | | 4.35 | 4.97 | 5.59 | 6.21 | 6.83 | 7.45 | 8.07 | 8.68 | 9.30 | 9.91 | 11.14 | 12.36 | 13.57 | 14.78 |
| | 800 | | 4.97 | 5.68 | 6.39 | 7.10 | 7.80 | 8.51 | 9.21 | 9.91 | 10.61 | 11.31 | 12.71 | 14.19 | 15.47 | 16.83 |
| | 900 | | — | 6.39 | 7.19 | 7.98 | 8.77 | 9.56 | 10.35 | 11.14 | 11.92 | 12.71 | 14.26 | 15.81 | 17.35 | 18.87 |
| | 1000 | | — | 7.10 | 7.98 | 8.86 | 9.74 | 10.61 | 11.49 | 12.36 | 13.23 | 14.09 | 15.81 | 17.52 | 19.20 | 20.87 |
| | 1100 | | — | 7.80 | 8.77 | 9.74 | 10.70 | 11.66 | 12.62 | 13.57 | 14.52 | 15.47 | 17.35 | 19.20 | 21.04 | 22.85 |
| | 1200 | | — | 8.51 | 9.56 | 10.61 | 11.66 | 12.71 | 13.75 | 14.78 | 15.81 | 16.83 | 18.87 | 20.87 | 22.85 | 24.80 |
| | 1300 | | — | 9.21 | 10.35 | 11.49 | 12.62 | 13.74 | 14.87 | 15.98 | 17.09 | 18.19 | 20.38 | 22.53 | 24.64 | 26.72 |
| | 1400 | | — | 9.91 | 11.14 | 12.36 | 13.57 | 14.78 | 15.98 | 17.18 | 18.36 | 19.54 | 21.87 | 24.16 | 26.40 | 28.59 |
| | 1500 | | — | 10.61 | 11.92 | 13.23 | 14.52 | 15.81 | 17.09 | 18.36 | 19.62 | 20.87 | 23.34 | 25.76 | 28.13 | 30.43 |
| | 1600 | | — | 11.31 | 12.71 | 14.09 | 15.47 | 16.83 | 18.19 | 19.54 | 20.88 | 22.20 | 24.80 | 27.35 | 29.82 | 32.23 |
| H型 | 1700 | $P_0$ | — | 12.01 | 13.49 | 14.95 | 16.41 | 17.85 | 19.29 | 20.71 | 22.12 | 23.51 | 26.24 | 28.90 | 31.48 | 33.98 |
| ($p_b$12.7mm、 | 1800 | /kW | — | 12.71 | 14.26 | 15.81 | 17.35 | 18.87 | 20.38 | 21.87 | 23.34 | 24.80 | 27.66 | 30.43 | 33.11 | 35.68 |
| $b_{s0}$76.2mm) | 1900 | | — | 13.40 | 15.04 | 16.66 | 18.28 | 19.87 | 21.46 | 23.02 | 24.56 | 26.08 | 29.06 | 31.93 | 34.69 | 37.33 |
| | 2000 | | — | 14.09 | 15.81 | 17.52 | 19.20 | 20.87 | 22.53 | 24.16 | 25.76 | 27.35 | 30.43 | 33.40 | 36.24 | 38.93 |
| | 2200 | | — | — | 17.35 | 19.20 | 21.04 | 22.85 | 24.64 | 26.40 | 28.13 | 29.82 | 33.11 | 36.24 | 39.19 | 41.96 |
| | 2400 | | — | — | 18.87 | 20.87 | 22.85 | 24.80 | 26.72 | 28.59 | 30.43 | 32.23 | 35.68 | 38.93 | 41.96 | 44.73 |
| | 2600 | | — | — | 20.38 | 22.53 | 24.64 | 26.72 | 28.75 | 30.73 | 32.67 | 34.55 | 38.14 | 41.47 | 44.51 | 47.24 |
| | 2800 | | — | — | 21.87 | 24.16 | 26.40 | 28.59 | 30.73 | 32.82 | 34.84 | 36.79 | 40.47 | 43.84 | 46.84 | 49.45 |
| | 3000 | | — | — | 23.35 | 25.76 | 28.13 | 30.43 | 32.67 | 34.84 | 36.93 | 38.93 | 42.67 | 46.02 | 48.93 | 51.35 |
| | 3200 | | — | — | 24.80 | 27.35 | 29.82 | 32.23 | 34.55 | 36.79 | 38.93 | 40.97 | 44.73 | 48.01 | 50.75 | 52.91 |
| | 3400 | | — | — | 26.24 | 28.90 | 31.49 | 33.98 | 36.38 | 38.67 | 40.85 | 42.91 | 46.64 | 49.79 | 52.30 | 54.11 |
| | 3600 | | — | — | — | 30.43 | 33.11 | 35.68 | 38.14 | 40.47 | 42.68 | 44.73 | 48.38 | 51.35 | 53.55 | 54.92 |
| | 3800 | | — | — | — | 31.93 | 34.69 | 37.33 | 39.84 | 42.20 | 44.40 | 46.43 | 49.96 | 52.67 | 54.49 | 55.33 |
| | 4000 | | — | — | — | 33.40 | 36.24 | 38.93 | 41.47 | 43.84 | 46.02 | 48.01 | 51.35 | 53.75 | 55.10 | 55.31 |
| | 4200 | | — | — | — | 34.84 | 37.74 | 40.47 | 43.03 | 45.39 | 47.53 | 49.45 | 52.55 | 54.56 | 55.37 | 54.84 |
| | 4400 | | — | — | — | 36.24 | 39.19 | 41.96 | 44.51 | 46.84 | 48.93 | 50.75 | 53.55 | 55.10 | 55.27 | 53.90 |
| | 4600 | | — | — | — | 37.60 | 40.60 | 43.38 | 45.92 | 48.20 | 50.20 | 51.91 | 54.35 | 55.36 | 54.78 | 52.46 |
| | 4800 | | — | — | — | 38.93 | 41.96 | 44.73 | 47.24 | 49.45 | 51.35 | 52.91 | 54.92 | 55.31 | 53.90 | 50.50 |

（续）

| 型　号 | $n_1$/(r/min) | $z_1$ | 22 | 24 | 26 | 28 | 30 | 32 | 40 |
|---|---|---|---|---|---|---|---|---|---|
| | | $d_1$/mm | 155.64 | 169.79 | 183.94 | 198.08 | 212.23 | 226.38 | 282.98 |
| XH 型<br>($p_b$22.225mm、<br>$b_{s0}$101.6mm) | 100 | $P_0$/kW | 3.30 | 3.60 | 3.90 | 4.20 | 4.50 | 4.80 | 5.99 |
| | 200 | | 6.59 | 7.19 | 7.79 | 8.39 | 8.98 | 9.58 | 11.96 |
| | 300 | | 9.88 | 10.77 | 11.66 | 12.55 | 13.44 | 14.33 | 17.87 |
| | 400 | | 13.15 | 14.33 | 15.51 | 16.69 | 17.87 | 19.04 | 23.69 |
| | 500 | | 16.40 | 17.87 | 19.33 | 20.79 | 22.24 | 23.69 | 29.39 |
| | 600 | | 19.62 | 21.37 | 23.11 | 24.84 | 26.56 | 28.26 | 34.95 |
| | 700 | | 22.82 | 24.84 | 26.84 | 28.83 | 30.80 | 32.75 | 40.34 |
| | 800 | | 25.99 | 28.26 | 30.52 | 32.75 | 34.95 | 37.13 | 45.52 |
| | 900 | | 29.11 | 31.64 | 34.13 | 36.59 | 39.01 | 41.39 | 50.47 |
| | 1000 | | 32.19 | 34.95 | 37.67 | 40.34 | 42.96 | 45.52 | 55.17 |
| | 1100 | | 35.23 | 38.21 | 41.13 | 43.99 | 46.78 | 49.50 | 59.57 |
| | 1200 | | 38.21 | 41.39 | 44.50 | 47.53 | 50.47 | 53.32 | 63.65 |
| | 1300 | | 41.13 | 44.50 | 47.78 | 50.95 | 54.02 | 56.96 | 67.39 |
| | 1400 | | 43.99 | 47.53 | 50.96 | 54.25 | 57.40 | 60.41 | 70.74 |
| | 1500 | | 46.78 | 50.47 | 54.02 | 57.40 | 60.62 | 63.65 | 73.70 |
| | 1600 | | 49.50 | 53.32 | 56.96 | 60.41 | 63.65 | 66.67 | 76.22 |
| | 1700 | | 52.15 | 56.07 | 59.78 | 63.26 | 66.48 | 69.45 | 78.27 |
| | 1800 | | 54.71 | 58.71 | 62.46 | 65.93 | 69.11 | 71.98 | 79.84 |
| | 1900 | | 57.18 | 61.24 | 65.00 | 68.43 | 71.52 | 74.24 | 80.88 |
| | 2000 | | 59.57 | 63.65 | 67.39 | 70.74 | 73.70 | 76.22 | 81.37 |
| | 2100 | | 61.85 | 65.94 | 69.61 | 72.85 | 75.63 | 77.90 | 81.28 |
| | 2200 | | 64.04 | 68.09 | 71.67 | 74.76 | 77.30 | 79.27 | 80.59 |
| | 2300 | | 66.12 | 70.10 | 73.56 | 76.44 | 78.71 | 80.32 | 79.26 |
| | 2400 | | 68.09 | 71.98 | 75.26 | 77.90 | 79.84 | 81.02 | 77.26 |
| | 2500 | | — | 73.70 | 76.78 | 79.12 | 80.67 | 81.37 | 74.56 |
| | 2600 | | — | 75.26 | 78.09 | 80.09 | 81.19 | 81.35 | 71.15 |
| | 2800 | | — | 77.90 | 80.09 | 81.24 | 81.28 | 80.13 | — |
| | 3000 | | — | 79.84 | 81.19 | 81.28 | 80.00 | 77.26 | — |
| | 3200 | | — | 81.02 | 81.35 | 80.03 | 77.26 | 72.6 | — |
| | 3400 | | — | 81.41 | ⟦80.48⟧ | ⟦77.11⟧ | 72.95 | 66.05 | — |
| | 3600 | | — | 80.94 | ⟦78.24⟧ | ⟦73.94⟧ | ⟦66.98⟧ | — | — |

| 型　号 | $n_1$/(r/min) | $z_1$ | 22 | 24 | 26 | 30 | 34 | 40 |
|---|---|---|---|---|---|---|---|---|
| | | $d_1$/mm | 222.34 | 242.55 | 262.76 | 303.19 | 343.62 | 404.25 |
| XXH 型<br>($p_b$31.75mm、<br>$b_{s0}$127mm) | 100 | $P_0$/kW | 7.44 | 8.122 | 8.80 | 10.15 | 11.50 | 13.52 |
| | 200 | | 14.87 | 16.21 | 17.55 | 20.23 | 22.91 | 26.90 |
| | 300 | | 22.24 | 24.24 | 26.23 | 30.20 | 34.14 | 39.99 |
| | 400 | | 29.54 | 32.18 | 34.80 | 39.99 | 45.12 | 52.67 |
| | 500 | | 36.75 | 39.99 | 43.21 | 49.55 | 55.76 | 64.78 |
| | 600 | | 43.85 | 47.66 | 51.42 | 58.80 | 65.96 | 76.19 |
| | 700 | | 50.80 | 55.14 | 59.41 | 67.70 | 75.64 | 86.75 |
| | 800 | | 57.59 | 62.41 | 67.12 | 76.19 | 84.72 | 96.33 |
| | 900 | | 64.19 | 69.44 | 74.53 | 84.20 | 93.10 | 104.78 |
| | 1000 | | 70.58 | 76.19 | 81.58 | 91.67 | 100.71 | 111.97 |
| | 1100 | | 76.74 | 82.64 | 88.26 | 98.56 | 107.45 | 117.75 |
| | 1200 | | 82.64 | 88.75 | 94.50 | 104.79 | 113.25 | 121.98 |
| | 1300 | | 88.26 | 94.50 | 100.28 | 110.30 | 118.00 | 124.53 |
| | 1400 | | 93.57 | 99.86 | 105.56 | 115.05 | 121.63 | 125.24 |
| | 1500 | | 98.56 | 104.78 | 110.30 | 118.96 | 124.06 | 123.99 |
| | 1600 | | 103.19 | 109.26 | 114.46 | 121.98 | 125.18 | ⟦120.62⟧ |
| | 1700 | | 107.45 | 113.24 | 118.00 | 124.06 | 124.93 | ⟦115.00⟧ |
| | 1800 | | 111.31 | 116.71 | 120.88 | 125.12 | 123.20 | ⟦106.99⟧ |

注：⟦⟧ 为带轮圆周速度在 33m/s 以上时的功率值，设计时带轮用碳素钢或铸钢。

表 4.1-72　特殊节距制同步带的基本额定功率

| 型号 | T2.5 ($b_{s0}$ 10mm) | | | | | | | | | | | | | | | | | | | |
|---|---|---|---|---|---|---|---|---|---|---|---|---|---|---|---|---|---|---|---|---|
| $n_1$ /(r/min) | $z_1$ | | | | | | | | | | | | | | | | | | | |
| | 11 | 12 | 13 | 14 | 15 | 16 | 17 | 18 | 19 | 20 | 22 | 24 | 26 | 28 | 30 | 32 | 34 | 36 | 38 | 40 |
| | $P_0$/W | | | | | | | | | | | | | | | | | | | |
| 600 | 2.1 | 2.3 | 2.5 | 2.7 | 2.9 | 3.1 | 3.3 | 3.5 | 3.8 | 4.1 | 4.4 | 4.8 | 5.2 | 5.6 | 6.0 | 6.4 | 6.8 | 7.2 | 7.6 | 8.0 |
| 800 | 2.8 | 3.0 | 3.3 | 3.6 | 3.9 | 4.2 | 4.4 | 4.7 | 5.0 | 5.4 | 5.8 | 6.3 | 6.8 | 7.4 | 8.0 | 8.5 | 9.0 | 9.5 | 10.0 | 10.5 |
| 1000 | 3.2 | 3.5 | 3.8 | 4.2 | 4.5 | 4.8 | 5.2 | 5.5 | 5.8 | 6.2 | 6.7 | 7.3 | 7.8 | 8.4 | 9.0 | 9.6 | 10.2 | 11.0 | 11.7 | 12.5 |
| 1200 | 3.8 | 4.3 | 4.7 | 5.0 | 5.4 | 5.8 | 6.2 | 6.6 | 7.1 | 7.6 | 8.1 | 8.8 | 9.6 | 10.4 | 11.0 | 11.8 | 12.6 | 13.4 | 14.2 | 15.0 |
| 1400 | 4.5 | 5.0 | 5.4 | 5.9 | 6.4 | 6.9 | 7.3 | 7.7 | 8.2 | 8.9 | 9.5 | 10.4 | 11.3 | 12.2 | 13.0 | 13.8 | 14.7 | 15.6 | 14.6 | 17.5 |
| 1600 | 5.1 | 5.6 | 6.1 | 6.7 | 7.2 | 7.7 | 8.2 | 8.8 | 9.4 | 10.1 | 10.8 | 11.8 | 12.9 | 14.0 | 15.0 | 16.0 | 17.0 | 18.0 | 19.0 | 20.0 |
| 1800 | 5.8 | 6.4 | 7.0 | 7.6 | 8.0 | 8.5 | 9.0 | 9.5 | 10.4 | 11.3 | 12.2 | 13.3 | 14.5 | 15.6 | 16.8 | 17.9 | 19.0 | 20.2 | 21.3 | 22.5 |
| 2000 | 6.4 | 7.0 | 7.7 | 8.4 | 8.9 | 9.5 | 10.0 | 10.5 | 11.5 | 12.5 | 13.5 | 14.8 | 16.1 | 17.3 | 18.6 | 19.9 | 21.2 | 22.5 | 23.8 | 25.0 |
| 2200 | 6.5 | 7.2 | 7.9 | 8.7 | 9.2 | 9.8 | 10.4 | 11.0 | 11.9 | 12.8 | 13.8 | 15.2 | 16.6 | 18.0 | 19.5 | 21.1 | 22.6 | 24.1 | 25.2 | 26.3 |
| 2400 | 7.0 | 7.7 | 8.5 | 9.3 | 9.9 | 10.7 | 11.3 | 12.0 | 12.8 | 13.5 | 14.3 | 15.8 | 17.3 | 18.9 | 20.5 | 21.9 | 23.4 | 24.8 | 26.3 | 27.5 |
| 2600 | 7.2 | 8.0 | 8.8 | 9.7 | 10.2 | 11.0 | 11.7 | 12.4 | 13.2 | 14.0 | 14.7 | 16.1 | 17.8 | 19.5 | 21.2 | 22.8 | 24.5 | 25.9 | 27.6 | 28.3 |
| 2800 | 7.6 | 8.4 | 9.2 | 10.1 | 10.6 | 11.4 | 12.1 | 12.8 | 13.7 | 14.6 | 15.6 | 17.1 | 18.6 | 20.2 | 21.8 | 23.3 | 24.7 | 26.3 | 28.1 | 29.0 |
| 3000 | 7.9 | 8.8 | 9.7 | 10.6 | 11.4 | 12.1 | 12.9 | 13.7 | 14.6 | 15.5 | 16.3 | 18.0 | 19.9 | 21.7 | 23.3 | 24.6 | 26.0 | 27.4 | 28.7 | 30.0 |
| 3200 | 8.1 | 9.0 | 9.9 | 10.9 | 11.5 | 12.2 | 13.1 | 14.1 | 15.0 | 15.8 | 16.7 | 18.5 | 20.3 | 22.2 | 24.0 | 25.6 | 27.2 | 28.9 | 30.0 | 31.0 |
| 3400 | 8.4 | 9.3 | 10.2 | 11.1 | 11.8 | 12.7 | 13.6 | 14.5 | 15.4 | 16.3 | 17.3 | 19.1 | 20.9 | 22.7 | 24.6 | 26.1 | 27.6 | 29.1 | 30.5 | 32.0 |
| 3600 | 8.8 | 9.6 | 10.5 | 11.4 | 12.1 | 13.0 | 13.9 | 14.8 | 15.9 | 16.9 | 18.3 | 20.0 | 21.8 | 23.6 | 25.2 | 27.0 | 28.8 | 30.6 | 31.9 | 33.5 |
| 3800 | 9.2 | 10.1 | 11.1 | 12.1 | 12.8 | 13.7 | 14.6 | 15.5 | 16.7 | 18.1 | 19.3 | 21.1 | 23.0 | 24.8 | 26.6 | 28.4 | 30.2 | 32.0 | 33.8 | 35.5 |
| 4000 | 9.8 | 10.7 | 11.7 | 12.7 | 13.6 | 14.5 | 15.5 | 16.5 | 17.7 | 19.0 | 20.3 | 22.2 | 24.1 | 26.0 | 28.0 | 29.9 | 31.8 | 33.7 | 35.6 | 37.5 |
| 4200 | 10.3 | 11.3 | 12.3 | 13.3 | 14.3 | 15.3 | 16.3 | 17.3 | 18.7 | 20.1 | 21.4 | 23.4 | 25.4 | 27.4 | 29.4 | 31.4 | 33.4 | 35.4 | 37.4 | 39.4 |
| 4400 | 10.7 | 11.8 | 12.9 | 14.0 | 15.0 | 16.0 | 17.1 | 18.2 | 19.4 | 20.6 | 21.8 | 23.9 | 26.0 | 28.1 | 30.2 | 32.4 | 34.7 | 37.0 | 39.1 | 41.3 |
| 4600 | 10.9 | 12.0 | 13.1 | 14.2 | 15.2 | 16.2 | 17.3 | 18.4 | 19.8 | 21.0 | 22.2 | 24.2 | 26.3 | 28.4 | 30.5 | 32.7 | 35.0 | 37.3 | 39.5 | 41.7 |
| 4800 | 11.2 | 12.2 | 13.3 | 14.4 | 15.4 | 16.4 | 17.5 | 18.6 | 20.0 | 21.3 | 22.7 | 24.6 | 26.6 | 28.7 | 30.8 | 33.0 | 35.3 | 37.6 | 39.8 | 42.2 |
| 5000 | 11.5 | 12.5 | 13.5 | 14.5 | 15.5 | 16.6 | 17.7 | 18.8 | 20.3 | 21.8 | 23.2 | 25.2 | 27.2 | 29.2 | 31.1 | 33.5 | 35.8 | 38.2 | 40.4 | 42.8 |
| 5200 | 11.7 | 12.7 | 13.7 | 14.7 | 15.7 | 16.8 | 17.9 | 19.1 | 20.6 | 22.1 | 23.5 | 25.6 | 27.8 | 30.0 | 32.3 | 34.5 | 36.7 | 38.9 | 41.1 | 43.3 |
| 5400 | 12.0 | 12.9 | 13.8 | 14.8 | 15.9 | 17.1 | 18.2 | 19.4 | 20.9 | 22.5 | 23.9 | 26.0 | 28.2 | 30.4 | 32.7 | 35.3 | 37.9 | 40.5 | 43.0 | 45.5 |
| 5600 | 12.3 | 13.2 | 14.1 | 15.0 | 16.2 | 17.4 | 18.6 | 19.8 | 21.5 | 23.1 | 24.7 | 26.3 | 28.5 | 30.8 | 33.1 | 35.8 | 38.6 | 41.4 | 44.0 | 46.7 |
| 5800 | 12.6 | 13.5 | 14.3 | 15.2 | 16.4 | 17.7 | 19.0 | 20.1 | 21.8 | 23.5 | 25.1 | 26.7 | 28.9 | 31.2 | 33.5 | 36.5 | 39.4 | 42.4 | 45.4 | 48.4 |
| 6000 | 12.8 | 13.7 | 14.5 | 15.4 | 16.6 | 17.9 | 19.1 | 20.4 | 22.1 | 23.9 | 25.5 | 27.1 | 29.3 | 31.7 | 34.0 | 37.2 | 40.4 | 43.6 | 46.8 | 50.0 |
| 6200 | 12.9 | 13.8 | 14.7 | 15.6 | 16.8 | 18.1 | 19.4 | 20.8 | 22.5 | 24.3 | 25.8 | 27.4 | 29.6 | 32.1 | 34.4 | 37.6 | 40.9 | 44.1 | 47.3 | 50.7 |
| 6400 | 13.0 | 13.9 | 14.8 | 15.8 | 17.1 | 18.5 | 19.9 | 21.3 | 22.9 | 24.7 | 26.2 | 27.7 | 30.0 | 32.4 | 34.9 | 38.2 | 41.5 | 44.7 | 48.0 | 51.5 |
| 6600 | 13.1 | 14.0 | 15.0 | 16.0 | 17.3 | 18.8 | 20.2 | 21.7 | 23.3 | 25.0 | 26.6 | 28.0 | 30.4 | 32.8 | 35.3 | 38.7 | 42.2 | 45.5 | 48.9 | 52.2 |
| 6800 | 13.2 | 14.2 | 15.2 | 16.2 | 17.5 | 19.1 | 20.5 | 22.1 | 23.7 | 25.4 | 27.0 | 28.4 | 30.9 | 33.3 | 35.8 | 39.2 | 42.6 | 46.0 | 49.5 | 53.0 |
| 7000 | 13.4 | 14.5 | 15.5 | 16.5 | 17.8 | 19.4 | 20.9 | 22.5 | 24.1 | 25.8 | 27.4 | 28.8 | 31.3 | 33.7 | 36.2 | 39.7 | 43.2 | 46.6 | 50.1 | 53.7 |
| 7500 | 13.5 | 14.6 | 15.7 | 16.7 | 18.0 | 19.7 | 21.3 | 22.9 | 24.5 | 26.2 | 27.8 | 29.2 | 31.8 | 34.1 | 36.8 | 40.3 | 43.9 | 47.5 | 51.0 | 54.5 |
| 8000 | 13.7 | 14.8 | 15.9 | 17.0 | 18.3 | 20.1 | 21.7 | 23.4 | 25.0 | 26.7 | 28.3 | 29.7 | 32.3 | 34.6 | 37.3 | 40.9 | 44.5 | 48.1 | 51.7 | 55.3 |
| 8500 | 14.1 | 15.4 | 16.7 | 18.0 | 19.4 | 20.9 | 22.4 | 23.8 | 25.4 | 27.2 | 28.9 | 30.5 | 33.2 | 35.6 | 38.3 | 41.8 | 45.4 | 48.9 | 52.5 | 56.0 |
| 9000 | 14.5 | 16.0 | 17.5 | 19.1 | 20.4 | 21.7 | 23.1 | 24.3 | 26.0 | 27.9 | 29.6 | 31.3 | 34.1 | 36.8 | 39.4 | 43.0 | 46.6 | 50.2 | 53.8 | 57.3 |
| 9500 | 14.7 | 16.3 | 17.8 | 19.4 | 20.7 | 22.1 | 23.4 | 24.8 | 26.6 | 28.6 | 30.3 | 32.1 | 35.0 | 37.7 | 40.4 | 43.9 | 47.5 | 51.1 | 54.6 | 58.0 |
| 10000 | 15.0 | 16.6 | 18.2 | 19.8 | 21.1 | 22.6 | 23.8 | 25.3 | 27.4 | 29.6 | 31.7 | 33.9 | 36.4 | 38.9 | 41.4 | 44.3 | 48.0 | 51.6 | 55.1 | 58.6 |
| 11000 | 15.3 | 17.0 | 18.6 | 20.2 | 21.6 | 23.1 | 24.3 | 25.8 | 28.0 | 30.2 | 32.4 | 34.7 | 37.3 | 39.5 | 42.4 | 45.8 | 49.2 | 52.6 | 55.8 | 59.1 |
| 12000 | 15.5 | 17.1 | 18.8 | 20.5 | 21.9 | 23.3 | 24.8 | 26.3 | 28.6 | 30.8 | 33.1 | 35.5 | 38.5 | 40.7 | 43.5 | 46.8 | 50.1 | 53.3 | 56.5 | 59.8 |
| 13000 | 15.8 | 17.4 | 19.1 | 20.7 | 22.1 | 23.8 | 25.2 | 26.7 | 29.1 | 31.3 | 33.8 | 36.1 | 39.2 | 41.9 | 44.5 | 47.8 | 51.0 | 54.2 | 57.4 | 60.7 |
| 14000 | 16.1 | 17.7 | 19.3 | 20.9 | 22.3 | 24.1 | 25.4 | 27.2 | 29.6 | 31.8 | 34.7 | 36.5 | 39.5 | 42.5 | 45.5 | 48.8 | 52.0 | 55.2 | 58.4 | 61.6 |
| 15000 | 16.4 | 18.0 | 19.6 | 21.2 | 22.8 | 24.3 | 26.0 | 27.6 | 30.0 | 32.3 | 45.1 | 37.1 | 40.2 | 43.3 | 46.6 | 49.8 | 53.1 | 56.2 | 59.3 | 62.5 |

（续）

| 型号 | T5 ( $b_{s0}$ 10mm) | | | | | | | | | | | | | | | | |
|---|---|---|---|---|---|---|---|---|---|---|---|---|---|---|---|---|---|
| $n_1$ /(r/ min) | $z_1$ | | | | | | | | | | | | | | | | |
| | 11 | 12 | 13 | 14 | 15 | 16 | 17 | 18 | 19 | 20 | 21 | 22 | 23 | 24 | 25 | 26 | 27 |
| | $P_0$/kW | | | | | | | | | | | | | | | | |
| 100 | 0.002 | 0.002 | 0.002 | 0.002 | 0.002 | 0.002 | 0.003 | 0.003 | 0.003 | 0.003 | 0.003 | 0.003 | 0.003 | 0.004 | 0.004 | 0.004 | 0.004 |
| 200 | 0.003 | 0.003 | 0.004 | 0.004 | 0.004 | 0.005 | 0.005 | 0.005 | 0.006 | 0.006 | 0.006 | 0.007 | 0.007 | 0.007 | 0.007 | 0.008 | 0.008 |
| 300 | 0.005 | 0.005 | 0.005 | 0.006 | 0.006 | 0.007 | 0.007 | 0.008 | 0.008 | 0.009 | 0.009 | 0.009 | 0.010 | 0.010 | 0.011 | 0.011 | 0.012 |
| 400 | 0.006 | 0.007 | 0.007 | 0.008 | 0.008 | 0.009 | 0.010 | 0.010 | 0.011 | 0.011 | 0.012 | 0.012 | 0.013 | 0.014 | 0.014 | 0.015 | 0.015 |
| 500 | 0.007 | 0.008 | 0.009 | 0.010 | 0.010 | 0.011 | 0.012 | 0.012 | 0.013 | 0.014 | 0.015 | 0.015 | 0.016 | 0.017 | 0.017 | 0.018 | 0.019 |
| 600 | 0.009 | 0.010 | 0.010 | 0.011 | 0.012 | 0.013 | 0.014 | 0.015 | 0.016 | 0.016 | 0.017 | 0.018 | 0.019 | 0.020 | 0.021 | 0.021 | 0.022 |
| 700 | 0.010 | 0.011 | 0.012 | 0.013 | 0.014 | 0.015 | 0.016 | 0.017 | 0.018 | 0.019 | 0.020 | 0.021 | 0.022 | 0.023 | 0.024 | 0.024 | 0.025 |
| 800 | 0.011 | 0.012 | 0.013 | 0.015 | 0.016 | 0.017 | 0.018 | 0.019 | 0.020 | 0.021 | 0.022 | 0.023 | 0.024 | 0.025 | 0.026 | 0.028 | 0.029 |
| 900 | 0.013 | 0.014 | 0.015 | 0.016 | 0.017 | 0.019 | 0.020 | 0.021 | 0.022 | 0.023 | 0.025 | 0.026 | 0.027 | 0.028 | 0.029 | 0.031 | 0.032 |
| 1000 | 0.014 | 0.015 | 0.016 | 0.018 | 0.019 | 0.020 | 0.022 | 0.023 | 0.024 | 0.026 | 0.027 | 0.028 | 0.030 | 0.031 | 0.032 | 0.033 | 0.035 |
| 1100 | 0.015 | 0.016 | 0.018 | 0.019 | 0.021 | 0.022 | 0.023 | 0.025 | 0.026 | 0.028 | 0.029 | 0.031 | 0.032 | 0.033 | 0.035 | 0.036 | 0.038 |
| 1200 | 0.016 | 0.018 | 0.019 | 0.021 | 0.022 | 0.024 | 0.025 | 0.027 | 0.028 | 0.030 | 0.032 | 0.033 | 0.035 | 0.036 | 0.038 | 0.039 | 0.041 |
| 1300 | 0.017 | 0.019 | 0.021 | 0.022 | 0.024 | 0.026 | 0.027 | 0.029 | 0.031 | 0.032 | 0.034 | 0.036 | 0.037 | 0.039 | 0.041 | 0.042 | 0.044 |
| 1400 | 0.019 | 0.020 | 0.022 | 0.024 | 0.026 | 0.027 | 0.029 | 0.031 | 0.033 | 0.034 | 0.036 | 0.038 | 0.040 | 0.042 | 0.043 | 0.045 | 0.047 |
| 1500 | 0.020 | 0.022 | 0.023 | 0.025 | 0.027 | 0.029 | 0.031 | 0.033 | 0.035 | 0.037 | 0.039 | 0.040 | 0.042 | 0.044 | 0.046 | 0.048 | 0.050 |
| 1700 | 0.022 | 0.024 | 0.026 | 0.028 | 0.030 | 0.032 | 0.034 | 0.036 | 0.038 | 0.041 | 0.043 | 0.045 | 0.047 | 0.049 | 0.051 | 0.053 | 0.055 |
| 1800 | 0.023 | 0.025 | 0.027 | 0.029 | 0.031 | 0.034 | 0.036 | 0.038 | 0.040 | 0.042 | 0.045 | 0.047 | 0.049 | 0.051 | 0.053 | 0.055 | 0.057 |
| 1900 | 0.024 | 0.026 | 0.028 | 0.031 | 0.033 | 0.035 | 0.037 | 0.040 | 0.042 | 0.044 | 0.047 | 0.049 | 0.051 | 0.053 | 0.056 | 0.058 | 0.060 |
| 2000 | 0.025 | 0.027 | 0.030 | 0.032 | 0.034 | 0.037 | 0.039 | 0.041 | 0.044 | 0.046 | 0.049 | 0.051 | 0.053 | 0.056 | 0.058 | 0.060 | 0.063 |
| 2200 | 0.027 | 0.030 | 0.032 | 0.035 | 0.037 | 0.040 | 0.043 | 0.045 | 0.048 | 0.050 | 0.053 | 0.056 | 0.058 | 0.061 | 0.063 | 0.066 | 0.069 |
| 2400 | 0.029 | 0.032 | 0.035 | 0.037 | 0.040 | 0.043 | 0.046 | 0.048 | 0.051 | 0.054 | 0.057 | 0.060 | 0.062 | 0.065 | 0.068 | 0.071 | 0.074 |
| 2600 | 0.031 | 0.034 | 0.037 | 0.040 | 0.043 | 0.046 | 0.049 | 0.052 | 0.055 | 0.058 | 0.061 | 0.064 | 0.067 | 0.069 | 0.072 | 0.075 | 0.078 |
| 2800 | 0.033 | 0.036 | 0.039 | 0.042 | 0.045 | 0.048 | 0.051 | 0.055 | 0.058 | 0.061 | 0.064 | 0.067 | 0.070 | 0.073 | 0.077 | 0.080 | 0.083 |
| 3000 | 0.034 | 0.038 | 0.041 | 0.044 | 0.048 | 0.051 | 0.054 | 0.057 | 0.061 | 0.064 | 0.068 | 0.071 | 0.074 | 0.077 | 0.081 | 0.084 | 0.087 |
| 3200 | 0.036 | 0.040 | 0.043 | 0.046 | 0.050 | 0.053 | 0.057 | 0.060 | 0.064 | 0.067 | 0.071 | 0.074 | 0.078 | 0.081 | 0.084 | 0.088 | 0.091 |
| 3400 | 0.038 | 0.041 | 0.045 | 0.048 | 0.052 | 0.056 | 0.059 | 0.063 | 0.066 | 0.070 | 0.074 | 0.077 | 0.081 | 0.085 | 0.088 | 0.092 | 0.095 |
| 3600 | 0.039 | 0.043 | 0.047 | 0.050 | 0.054 | 0.058 | 0.062 | 0.065 | 0.069 | 0.073 | 0.077 | 0.080 | 0.084 | 0.088 | 0.092 | 0.095 | 0.099 |
| 3800 | 0.041 | 0.045 | 0.049 | 0.053 | 0.057 | 0.060 | 0.064 | 0.068 | 0.072 | 0.076 | 0.080 | 0.084 | 0.086 | 0.092 | 0.096 | 0.100 | 0.104 |
| 4000 | 0.043 | 0.047 | 0.051 | 0.055 | 0.059 | 0.063 | 0.067 | 0.071 | 0.075 | 0.079 | 0.084 | 0.088 | 0.092 | 0.096 | 0.100 | 0.104 | 0.108 |
| 4200 | 0.044 | 0.048 | 0.052 | 0.057 | 0.061 | 0.065 | 0.069 | 0.073 | 0.078 | 0.082 | 0.086 | 0.090 | 0.095 | 0.099 | 0.103 | 0.107 | 0.111 |
| 4400 | 0.045 | 0.049 | 0.054 | 0.058 | 0.062 | 0.067 | 0.071 | 0.075 | 0.080 | 0.084 | 0.089 | 0.093 | 0.097 | 0.101 | 0.106 | 0.110 | 0.114 |
| 4600 | 0.046 | 0.051 | 0.055 | 0.060 | 0.064 | 0.068 | 0.073 | 0.077 | 0.082 | 0.086 | 0.091 | 0.095 | 0.099 | 0.104 | 0.108 | 0.113 | 0.117 |
| 4800 | 0.048 | 0.052 | 0.057 | 0.061 | 0.066 | 0.070 | 0.075 | 0.080 | 0.084 | 0.089 | 0.094 | 0.098 | 0.103 | 0.107 | 0.112 | 0.116 | 0.121 |
| 5000 | 0.049 | 0.054 | 0.059 | 0.063 | 0.068 | 0.073 | 0.077 | 0.082 | 0.087 | 0.092 | 0.097 | 0.101 | 0.106 | 0.110 | 0.115 | 0.120 | 0.125 |
| 5200 | 0.051 | 0.055 | 0.060 | 0.065 | 0.070 | 0.075 | 0.080 | 0.085 | 0.089 | 0.094 | 0.099 | 0.104 | 0.109 | 0.114 | 0.119 | 0.123 | 0.128 |
| 5400 | 0.052 | 0.057 | 0.062 | 0.067 | 0.072 | 0.077 | 0.082 | 0.087 | 0.092 | 0.097 | 0.102 | 0.107 | 0.112 | 0.117 | 0.122 | 0.127 | 0.132 |
| 5600 | 0.054 | 0.059 | 0.064 | 0.069 | 0.075 | 0.080 | 0.085 | 0.090 | 0.095 | 0.100 | 0.106 | 0.111 | 0.116 | 0.121 | 0.126 | 0.132 | 0.137 |
| 5800 | 0.055 | 0.061 | 0.066 | 0.071 | 0.077 | 0.082 | 0.087 | 0.092 | 0.098 | 0.103 | 0.109 | 0.114 | 0.119 | 0.124 | 0.129 | 0.135 | 0.140 |
| 6000 | 0.057 | 0.062 | 0.067 | 0.073 | 0.078 | 0.084 | 0.089 | 0.094 | 0.100 | 0.105 | 0.111 | 0.116 | 0.122 | 0.127 | 0.132 | 0.138 | 0.143 |
| 6200 | 0.058 | 0.063 | 0.069 | 0.074 | 0.080 | 0.085 | 0.091 | 0.097 | 0.102 | 0.108 | 0.114 | 0.119 | 0.124 | 0.130 | 0.135 | 0.141 | 0.147 |
| 6400 | 0.059 | 0.065 | 0.070 | 0.076 | 0.082 | 0.087 | 0.093 | 0.099 | 0.104 | 0.110 | 0.116 | 0.121 | 0.127 | 0.133 | 0.138 | 0.144 | 0.150 |

（续）

| 型号 | T5（$b_{s0}$10mm） | | | | | | | | | | | | | | | | |
|---|---|---|---|---|---|---|---|---|---|---|---|---|---|---|---|---|---|
| $n_1$ /(r/min) | $z_1$ | | | | | | | | | | | | | | | | |
| | 11 | 12 | 13 | 14 | 15 | 16 | 17 | 18 | 19 | 20 | 21 | 22 | 23 | 24 | 25 | 26 | 27 |
| | $P_0$/kW | | | | | | | | | | | | | | | | |
| 6600 | 0.060 | 0.066 | 0.072 | 0.078 | 0.083 | 0.089 | 0.095 | 0.100 | 0.106 | 0.112 | 0.118 | 0.124 | 0.130 | 0.135 | 0.141 | 0.147 | 0.153 |
| 6800 | 0.061 | 0.067 | 0.073 | 0.079 | 0.085 | 0.091 | 0.096 | 0.102 | 0.108 | 0.114 | 0.120 | 0.126 | 0.132 | 0.138 | 0.144 | 0.150 | 0.155 |
| 7000 | 0.063 | 0.069 | 0.075 | 0.081 | 0.087 | 0.093 | 0.099 | 0.105 | 0.111 | 0.118 | 0.124 | 0.130 | 0.136 | 0.142 | 0.148 | 0.154 | 0.160 |
| 7500 | 0.066 | 0.072 | 0.079 | 0.085 | 0.091 | 0.098 | 0.104 | 0.110 | 0.117 | 0.123 | 0.130 | 0.136 | 0.142 | 0.148 | 0.155 | 0.161 | 0.168 |
| 8000 | 0.070 | 0.076 | 0.083 | 0.090 | 0.096 | 0.103 | 0.110 | 0.116 | 0.123 | 0.130 | 0.137 | 0.143 | 0.150 | 0.157 | 0.163 | 0.170 | 0.177 |
| 8500 | 0.072 | 0.079 | 0.086 | 0.093 | 0.100 | 0.107 | 0.114 | 0.121 | 0.128 | 0.135 | 0.142 | 0.149 | 0.156 | 0.162 | 0.169 | 0.176 | 0.183 |
| 9000 | 0.076 | 0.083 | 0.090 | 0.097 | 0.105 | 0.112 | 0.119 | 0.126 | 0.134 | 0.141 | 0.149 | 0.156 | 0.163 | 0.170 | 0.177 | 0.184 | 0.192 |
| 9500 | 0.079 | 0.086 | 0.094 | 0.102 | 0.109 | 0.116 | 0.124 | 0.132 | 0.139 | 0.147 | 0.155 | 0.162 | 0.170 | 0.177 | 0.185 | 0.192 | 0.200 |
| 10000 | 0.082 | 0.090 | 0.098 | 0.106 | 0.113 | 0.121 | 0.129 | 0.137 | 0.145 | 0.153 | 0.161 | 0.169 | 0.176 | 0.184 | 0.192 | 0.200 | 0.208 |
| 11000 | 0.088 | 0.096 | 0.105 | 0.113 | 0.122 | 0.130 | 0.138 | 0.147 | 0.155 | 0.164 | 0.173 | 0.181 | 0.189 | 0.197 | 0.206 | 0.214 | 0.223 |
| 12000 | 0.092 | 0.101 | 0.110 | 0.119 | 0.128 | 0.136 | 0.145 | 0.154 | 0.163 | 0.172 | 0.181 | 0.190 | 0.199 | 0.207 | 0.216 | 0.225 | 0.234 |
| 13000 | 0.096 | 0.105 | 0.114 | 0.124 | 0.133 | 0.142 | 0.151 | 0.160 | 0.169 | 0.179 | 0.188 | 0.197 | 0.206 | 0.215 | 0.225 | 0.234 | 0.243 |
| 14000 | 0.100 | 0.110 | 0.120 | 0.129 | 0.139 | 0.148 | 0.158 | 0.168 | 0.177 | 0.187 | 0.197 | 0.207 | 0.216 | 0.226 | 0.235 | 0.245 | 0.254 |
| 15000 | 0.105 | 0.115 | 0.125 | 0.135 | 0.145 | 0.154 | 0.164 | 0.174 | 0.185 | 0.195 | 0.205 | 0.215 | 0.225 | 0.235 | 0.245 | 0.255 | 0.265 |

| 型号 | T5（$b_{s0}$10mm） | | | | | | | | | | | | | | | | |
|---|---|---|---|---|---|---|---|---|---|---|---|---|---|---|---|---|---|
| $n_1$ /(r/min) | $z_1$ | | | | | | | | | | | | | | | | |
| | 28 | 29 | 30 | 31 | 32 | 33 | 34 | 35 | 36 | 37 | 38 | 39 | 40 | 41 | 42 | 43 | 44 |
| | $P_0$/kW | | | | | | | | | | | | | | | | |
| 100 | 0.004 | 0.004 | 0.005 | 0.005 | 0.005 | 0.005 | 0.005 | 0.005 | 0.005 | 0.006 | 0.006 | 0.006 | 0.006 | 0.006 | 0.006 | 0.007 | 0.007 |
| 200 | 0.008 | 0.009 | 0.009 | 0.009 | 0.010 | 0.010 | 0.010 | 0.010 | 0.011 | 0.011 | 0.011 | 0.012 | 0.012 | 0.012 | 0.013 | 0.013 | 0.013 |
| 300 | 0.012 | 0.013 | 0.013 | 0.013 | 0.014 | 0.014 | 0.015 | 0.015 | 0.016 | 0.016 | 0.017 | 0.017 | 0.017 | 0.018 | 0.018 | 0.019 | 0.019 |
| 400 | 0.016 | 0.017 | 0.017 | 0.018 | 0.018 | 0.019 | 0.019 | 0.020 | 0.021 | 0.021 | 0.022 | 0.022 | 0.023 | 0.023 | 0.024 | 0.025 | 0.025 |
| 500 | 0.020 | 0.020 | 0.021 | 0.022 | 0.022 | 0.023 | 0.024 | 0.024 | 0.025 | 0.026 | 0.027 | 0.027 | 0.028 | 0.029 | 0.029 | 0.030 | 0.031 |
| 600 | 0.023 | 0.024 | 0.025 | 0.026 | 0.026 | 0.027 | 0.028 | 0.029 | 0.030 | 0.031 | 0.031 | 0.032 | 0.033 | 0.034 | 0.035 | 0.036 | 0.037 |
| 700 | 0.026 | 0.027 | 0.028 | 0.029 | 0.030 | 0.031 | 0.032 | 0.033 | 0.034 | 0.035 | 0.036 | 0.037 | 0.038 | 0.039 | 0.040 | 0.041 | 0.042 |
| 800 | 0.030 | 0.031 | 0.032 | 0.033 | 0.034 | 0.035 | 0.036 | 0.037 | 0.038 | 0.039 | 0.041 | 0.042 | 0.043 | 0.044 | 0.045 | 0.046 | 0.047 |
| 900 | 0.033 | 0.034 | 0.035 | 0.037 | 0.038 | 0.039 | 0.040 | 0.041 | 0.043 | 0.044 | 0.045 | 0.046 | 0.047 | 0.049 | 0.050 | 0.051 | 0.052 |
| 1000 | 0.036 | 0.037 | 0.039 | 0.040 | 0.041 | 0.043 | 0.044 | 0.045 | 0.047 | 0.048 | 0.049 | 0.051 | 0.052 | 0.053 | 0.054 | 0.056 | 0.057 |
| 1100 | 0.039 | 0.041 | 0.042 | 0.043 | 0.045 | 0.046 | 0.048 | 0.049 | 0.050 | 0.052 | 0.053 | 0.055 | 0.056 | 0.058 | 0.059 | 0.060 | 0.062 |
| 1200 | 0.042 | 0.044 | 0.045 | 0.047 | 0.048 | 0.050 | 0.052 | 0.053 | 0.055 | 0.056 | 0.058 | 0.059 | 0.061 | 0.062 | 0.064 | 0.065 | 0.067 |
| 1300 | 0.046 | 0.047 | 0.049 | 0.050 | 0.052 | 0.054 | 0.055 | 0.057 | 0.059 | 0.060 | 0.062 | 0.064 | 0.065 | 0.067 | 0.069 | 0.070 | 0.072 |
| 1400 | 0.049 | 0.050 | 0.052 | 0.054 | 0.056 | 0.057 | 0.059 | 0.061 | 0.063 | 0.065 | 0.066 | 0.068 | 0.070 | 0.072 | 0.073 | 0.075 | 0.077 |
| 1500 | 0.052 | 0.054 | 0.055 | 0.057 | 0.059 | 0.061 | 0.063 | 0.065 | 0.067 | 0.069 | 0.070 | 0.072 | 0.074 | 0.076 | 0.078 | 0.180 | 0.182 |
| 1700 | 0.057 | 0.059 | 0.061 | 0.063 | 0.066 | 0.068 | 0.070 | 0.072 | 0.074 | 0.076 | 0.078 | 0.080 | 0.082 | 0.084 | 0.086 | 0.088 | 0.090 |
| 1800 | 0.060 | 0.062 | 0.064 | 0.066 | 0.068 | 0.070 | 0.073 | 0.075 | 0.077 | 0.079 | 0.081 | 0.083 | 0.086 | 0.088 | 0.090 | 0.092 | 0.094 |
| 1900 | 0.062 | 0.065 | 0.067 | 0.069 | 0.071 | 0.074 | 0.076 | 0.078 | 0.081 | 0.083 | 0.085 | 0.087 | 0.090 | 0.092 | 0.094 | 0.096 | 0.099 |
| 2000 | 0.065 | 0.068 | 0.070 | 0.072 | 0.075 | 0.077 | 0.079 | 0.082 | 0.084 | 0.086 | 0.089 | 0.091 | 0.094 | 0.096 | 0.098 | 0.101 | 0.103 |
| 2200 | 0.071 | 0.074 | 0.076 | 0.079 | 0.081 | 0.084 | 0.087 | 0.089 | 0.092 | 0.094 | 0.097 | 0.100 | 0.102 | 0.105 | 0.107 | 0.110 | 0.112 |
| 2400 | 0.076 | 0.079 | 0.082 | 0.085 | 0.087 | 0.090 | 0.093 | 0.096 | 0.098 | 0.101 | 0.104 | 0.107 | 0.110 | 0.112 | 0.115 | 0.118 | 0.121 |
| 2600 | 0.081 | 0.084 | 0.087 | 0.090 | 0.093 | 0.096 | 0.099 | 0.102 | 0.105 | 0.108 | 0.111 | 0.114 | 0.117 | 0.120 | 0.122 | 0.125 | 0.128 |
| 2800 | 0.086 | 0.089 | 0.092 | 0.095 | 0.098 | 0.102 | 0.105 | 0.108 | 0.111 | 0.114 | 0.117 | 0.120 | 0.123 | 0.127 | 0.130 | 0.133 | 0.136 |
| 3000 | 0.090 | 0.094 | 0.097 | 0.100 | 0.104 | 0.107 | 0.110 | 0.113 | 0.117 | 0.120 | 0.123 | 0.127 | 0.130 | 0.133 | 0.136 | 0.140 | 0.143 |
| 3200 | 0.095 | 0.098 | 0.102 | 0.105 | 0.109 | 0.112 | 0.115 | 0.119 | 0.122 | 0.126 | 0.129 | 0.133 | 0.136 | 0.140 | 0.143 | 0.146 | 0.150 |
| 3400 | 0.099 | 0.102 | 0.106 | 0.110 | 0.113 | 0.117 | 0.120 | 0.124 | 0.128 | 0.131 | 0.135 | 0.138 | 0.142 | 0.146 | 0.149 | 0.153 | 0.156 |

（续）

| 型号 | T5（$b_{s0}$10mm） | | | | | | | | | | | | | | | | |
|---|---|---|---|---|---|---|---|---|---|---|---|---|---|---|---|---|---|
| $n_1$ /(r/min) | $z_1$ | | | | | | | | | | | | | | | | |
| | 28 | 29 | 30 | 31 | 32 | 33 | 34 | 35 | 36 | 37 | 38 | 39 | 40 | 41 | 42 | 43 | 44 |
| | $P_0$/kW | | | | | | | | | | | | | | | | |
| 3600 | 0.103 | 0.106 | 0.110 | 0.114 | 0.118 | 0.121 | 0.125 | 0.129 | 0.133 | 0.136 | 0.140 | 0.144 | 0.148 | 0.151 | 0.155 | 0.159 | 0.163 |
| 3800 | 0.107 | 0.111 | 0.115 | 0.119 | 0.123 | 0.127 | 0.131 | 0.135 | 0.139 | 0.143 | 0.146 | 0.150 | 0.154 | 0.158 | 0.162 | 0.166 | 0.170 |
| 4000 | 0.112 | 0.116 | 0.120 | 0.124 | 0.128 | 0.132 | 0.136 | 0.140 | 0.145 | 0.149 | 0.153 | 0.157 | 0.161 | 0.165 | 0.169 | 0.173 | 0.177 |
| 4200 | 0.115 | 0.120 | 0.124 | 0.128 | 0.132 | 0.136 | 0.140 | 0.145 | 0.149 | 0.153 | 0.157 | 0.161 | 0.166 | 0.170 | 0.174 | 0.178 | 0.182 |
| 4400 | 0.118 | 0.123 | 0.127 | 0.131 | 0.136 | 0.140 | 0.144 | 0.149 | 0.153 | 0.157 | 0.162 | 0.166 | 0.170 | 0.174 | 0.179 | 0.183 | 0.187 |
| 4600 | 0.121 | 0.126 | 0.130 | 0.135 | 0.139 | 0.143 | 0.148 | 0.152 | 0.157 | 0.161 | 0.165 | 0.170 | 0.174 | 0.179 | 0.183 | 0.188 | 0.192 |
| 4800 | 0.125 | 0.130 | 0.135 | 0.139 | 0.144 | 0.148 | 0.153 | 0.157 | 0.162 | 0.166 | 0.171 | 0.175 | 0.180 | 0.185 | 0.189 | 0.194 | 0.198 |
| 5000 | 0.129 | 0.134 | 0.139 | 0.143 | 0.148 | 0.153 | 0.157 | 0.162 | 0.167 | 0.171 | 0.176 | 0.181 | 0.186 | 0.190 | 0.195 | 0.200 | 0.204 |
| 5200 | 0.133 | 0.138 | 0.143 | 0.148 | 0.152 | 0.157 | 0.162 | 0.167 | 0.172 | 0.176 | 0.181 | 0.186 | 0.191 | 0.196 | 0.201 | 0.206 | 0.210 |
| 5400 | 0.137 | 0.142 | 0.147 | 0.152 | 0.156 | 0.161 | 0.166 | 0.171 | 0.176 | 0.181 | 0.186 | 0.191 | 0.196 | 0.201 | 0.206 | 0.211 | 0.216 |
| 5600 | 0.142 | 0.147 | 0.152 | 0.157 | 0.162 | 0.167 | 0.172 | 0.178 | 0.183 | 0.188 | 0.193 | 0.198 | 0.204 | 0.209 | 0.214 | 0.219 | 0.224 |
| 5800 | 0.145 | 0.151 | 0.156 | 0.161 | 0.166 | 0.172 | 0.177 | 0.182 | 0.187 | 0.193 | 0.198 | 0.203 | 0.209 | 0.214 | 0.219 | 0.224 | 0.230 |
| 6000 | 0.149 | 0.154 | 0.159 | 0.165 | 0.170 | 0.176 | 0.181 | 0.186 | 0.192 | 0.197 | 0.203 | 0.208 | 0.213 | 0.219 | 0.224 | 0.230 | 0.235 |
| 6200 | 0.152 | 0.157 | 0.163 | 0.169 | 0.174 | 0.180 | 0.185 | 0.190 | 0.196 | 0.202 | 0.207 | 0.213 | 0.218 | 0.224 | 0.229 | 0.235 | 0.240 |
| 6400 | 0.155 | 0.161 | 0.166 | 0.172 | 0.178 | 0.183 | 0.189 | 0.194 | 0.200 | 0.206 | 0.211 | 0.217 | 0.223 | 0.228 | 0.234 | 0.240 | 0.245 |
| 6600 | 0.158 | 0.164 | 0.170 | 0.175 | 0.181 | 0.187 | 0.192 | 0.198 | 0.204 | 0.210 | 0.216 | 0.221 | 0.227 | 0.233 | 0.239 | 0.244 | 0.250 |
| 6800 | 0.161 | 0.167 | 0.173 | 0.179 | 0.184 | 0.190 | 0.196 | 0.202 | 0.208 | 0.214 | 0.220 | 0.226 | 0.231 | 0.237 | 0.243 | 0.249 | 0.255 |
| 7000 | 0.166 | 0.172 | 0.178 | 0.184 | 0.190 | 0.196 | 0.202 | 0.208 | 0.214 | 0.220 | 0.226 | 0.232 | 0.238 | 0.244 | 0.250 | 0.256 | 0.262 |
| 7500 | 0.174 | 0.180 | 0.186 | 0.193 | 0.199 | 0.205 | 0.211 | 0.218 | 0.224 | 0.230 | 0.237 | 0.243 | 0.249 | 0.256 | 0.262 | 0.268 | 0.275 |
| 8000 | 0.183 | 0.190 | 0.196 | 0.203 | 0.210 | 0.216 | 0.223 | 0.230 | 0.236 | 0.243 | 0.250 | 0.256 | 0.263 | 0.269 | 0.276 | 0.283 | 0.290 |
| 8500 | 0.190 | 0.197 | 0.204 | 0.211 | 0.218 | 0.224 | 0.231 | 0.238 | 0.245 | 0.252 | 0.259 | 0.266 | 0.273 | 0.280 | 0.287 | 0.293 | 0.300 |
| 9000 | 0.199 | 0.206 | 0.213 | 0.220 | 0.228 | 0.235 | 0.242 | 0.249 | 0.256 | 0.264 | 0.271 | 0.278 | 0.285 | 0.292 | 0.300 | 0.307 | 0.314 |
| 9500 | 0.207 | 0.215 | 0.222 | 0.230 | 0.237 | 0.245 | 0.252 | 0.260 | 0.267 | 0.275 | 0.282 | 0.290 | 0.298 | 0.305 | 0.313 | 0.320 | 0.328 |
| 10000 | 0.215 | 0.223 | 0.231 | 0.239 | 0.247 | 0.255 | 0.262 | 0.270 | 0.278 | 0.286 | 0.294 | 0.302 | 0.309 | 0.317 | 0.325 | 0.333 | 0.341 |
| 11000 | 0.231 | 0.239 | 0.248 | 0.256 | 0.265 | 0.273 | 0.281 | 0.290 | 0.298 | 0.307 | 0.315 | 0.323 | 0.332 | 0.340 | 0.348 | 0.357 | 0.365 |
| 12000 | 0.242 | 0.251 | 0.260 | 0.269 | 0.277 | 0.286 | 0.295 | 0.304 | 0.313 | 0.322 | 0.330 | 0.339 | 0.348 | 0.357 | 0.366 | 0.374 | 0.383 |
| 13000 | 0.252 | 0.261 | 0.270 | 0.280 | 0.289 | 0.298 | 0.307 | 0.316 | 0.325 | 0.334 | 0.344 | 0.353 | 0.362 | 0.371 | 0.380 | 0.389 | 0.399 |
| 14000 | 0.264 | 0.273 | 0.283 | 0.293 | 0.302 | 0.312 | 0.321 | 0.331 | 0.340 | 0.350 | 0.360 | 0.369 | 0.379 | 0.388 | 0.398 | 0.408 | 0.417 |
| 15000 | 0.275 | 0.285 | 0.295 | 0.305 | 0.314 | 0.325 | 0.334 | 0.344 | 0.354 | 0.364 | 0.374 | 0.384 | 0.395 | 0.404 | 0.414 | 0.424 | 0.434 |

| 型号 | T5（$b_{s0}$10mm） | | | | | | | | | | | | | | | | |
|---|---|---|---|---|---|---|---|---|---|---|---|---|---|---|---|---|---|
| $n_1$ /(r/min) | $z_1$ | | | | | | | | | | | | | | | | |
| | 45 | 46 | 47 | 48 | 49 | 50 | 51 | 52 | 53 | 54 | 55 | 56 | 57 | 58 | 59 | 60 | 61 |
| | $P_0$/kW | | | | | | | | | | | | | | | | |
| 100 | 0.007 | 0.007 | 0.007 | 0.007 | 0.007 | 0.008 | 0.008 | 0.008 | 0.008 | 0.008 | 0.008 | 0.009 | 0.009 | 0.009 | 0.009 | 0.009 | 0.009 |
| 200 | 0.014 | 0.014 | 0.014 | 0.014 | 0.015 | 0.015 | 0.015 | 0.016 | 0.016 | 0.016 | 0.017 | 0.017 | 0.017 | 0.017 | 0.018 | 0.018 | 0.018 |
| 300 | 0.020 | 0.020 | 0.020 | 0.021 | 0.021 | 0.022 | 0.022 | 0.023 | 0.023 | 0.024 | 0.024 | 0.024 | 0.025 | 0.025 | 0.026 | 0.026 | 0.027 |
| 400 | 0.026 | 0.026 | 0.027 | 0.028 | 0.028 | 0.029 | 0.029 | 0.030 | 0.030 | 0.031 | 0.032 | 0.032 | 0.033 | 0.033 | 0.034 | 0.034 | 0.035 |
| 500 | 0.032 | 0.032 | 0.033 | 0.034 | 0.034 | 0.035 | 0.036 | 0.037 | 0.037 | 0.038 | 0.039 | 0.039 | 0.040 | 0.041 | 0.042 | 0.042 | 0.043 |
| 600 | 0.037 | 0.038 | 0.039 | 0.040 | 0.041 | 0.042 | 0.042 | 0.043 | 0.044 | 0.045 | 0.046 | 0.047 | 0.047 | 0.048 | 0.049 | 0.050 | 0.051 |
| 700 | 0.043 | 0.044 | 0.045 | 0.046 | 0.047 | 0.047 | 0.048 | 0.049 | 0.050 | 0.051 | 0.052 | 0.053 | 0.054 | 0.055 | 0.056 | 0.057 | 0.058 |
| 800 | 0.048 | 0.049 | 0.050 | 0.051 | 0.052 | 0.054 | 0.055 | 0.056 | 0.057 | 0.058 | 0.059 | 0.060 | 0.061 | 0.062 | 0.063 | 0.064 | 0.065 |
| 900 | 0.053 | 0.055 | 0.056 | 0.057 | 0.058 | 0.059 | 0.061 | 0.062 | 0.063 | 0.064 | 0.065 | 0.067 | 0.068 | 0.069 | 0.070 | 0.071 | 0.072 |
| 1000 | 0.058 | 0.060 | 0.061 | 0.062 | 0.064 | 0.065 | 0.066 | 0.068 | 0.069 | 0.070 | 0.071 | 0.073 | 0.074 | 0.075 | 0.077 | 0.078 | 0.079 |
| 1100 | 0.063 | 0.065 | 0.066 | 0.068 | 0.069 | 0.070 | 0.072 | 0.073 | 0.075 | 0.076 | 0.077 | 0.079 | 0.080 | 0.082 | 0.083 | 0.085 | 0.086 |
| 1200 | 0.068 | 0.070 | 0.072 | 0.073 | 0.075 | 0.076 | 0.078 | 0.079 | 0.081 | 0.082 | 0.084 | 0.085 | 0.087 | 0.089 | 0.090 | 0.092 | 0.093 |
| 1300 | 0.074 | 0.075 | 0.077 | 0.079 | 0.080 | 0.082 | 0.084 | 0.085 | 0.087 | 0.089 | 0.090 | 0.092 | 0.093 | 0.095 | 0.097 | 0.098 | 0.100 |

（续）

| 型号 | T5（$b_{s0}$10mm） | | | | | | | | | | | | | | | | |
|---|---|---|---|---|---|---|---|---|---|---|---|---|---|---|---|---|---|
| $n_1$/(r/min) | $z_1$ | | | | | | | | | | | | | | | | |
| | 45 | 46 | 47 | 48 | 49 | 50 | 51 | 52 | 53 | 54 | 55 | 56 | 57 | 58 | 59 | 60 | 61 |
| | $P_0$/kW | | | | | | | | | | | | | | | | |
| 1400 | 0.079 | 0.080 | 0.082 | 0.084 | 0.086 | 0.088 | 0.089 | 0.091 | 0.093 | 0.095 | 0.096 | 0.098 | 0.100 | 0.102 | 0.103 | 0.105 | 0.107 |
| 1500 | 0.084 | 0.086 | 0.087 | 0.089 | 0.091 | 0.093 | 0.095 | 0.097 | 0.099 | 0.101 | 0.102 | 0.104 | 0.106 | 0.108 | 0.110 | 0.112 | 0.114 |
| 1700 | 0.093 | 0.095 | 0.097 | 0.099 | 0.101 | 0.103 | 0.105 | 0.107 | 0.109 | 0.111 | 0.113 | 0.115 | 0.118 | 0.120 | 0.122 | 0.124 | 0.126 |
| 1800 | 0.096 | 0.099 | 0.101 | 0.103 | 0.105 | 0.107 | 0.109 | 0.112 | 0.114 | 0.116 | 0.118 | 0.120 | 0.122 | 0.125 | 0.127 | 0.129 | 0.131 |
| 1900 | 0.101 | 0.103 | 0.105 | 0.108 | 0.110 | 0.112 | 0.115 | 0.117 | 0.119 | 0.121 | 0.124 | 0.126 | 0.128 | 0.131 | 0.133 | 0.135 | 0.137 |
| 2000 | 0.105 | 0.108 | 0.110 | 0.113 | 0.115 | 0.117 | 0.120 | 0.122 | 0.124 | 0.127 | 0.129 | 0.131 | 0.134 | 0.136 | 0.139 | 0.141 | 0.143 |
| 2200 | 0.115 | 0.118 | 0.120 | 0.123 | 0.125 | 0.128 | 0.131 | 0.133 | 0.136 | 0.138 | 0.141 | 0.143 | 0.146 | 0.149 | 0.151 | 0.154 | 0.156 |
| 2400 | 0.123 | 0.126 | 0.129 | 0.132 | 0.134 | 0.137 | 0.140 | 0.143 | 0.146 | 0.148 | 0.151 | 0.154 | 0.157 | 0.159 | 0.162 | 0.165 | 0.168 |
| 2600 | 0.131 | 0.134 | 0.137 | 0.140 | 0.143 | 0.146 | 0.149 | 0.152 | 0.155 | 0.158 | 0.161 | 0.164 | 0.167 | 0.170 | 0.173 | 0.176 | 0.179 |
| 2800 | 0.139 | 0.142 | 0.145 | 0.148 | 0.152 | 0.155 | 0.158 | 0.161 | 0.164 | 0.167 | 0.170 | 0.173 | 0.177 | 0.180 | 0.183 | 0.186 | 0.189 |
| 3000 | 0.146 | 0.150 | 0.153 | 0.156 | 0.160 | 0.163 | 0.166 | 0.169 | 0.173 | 0.176 | 0.179 | 0.183 | 0.186 | 0.189 | 0.192 | 0.196 | 0.199 |
| 3200 | 0.153 | 0.157 | 0.160 | 0.164 | 0.167 | 0.171 | 0.174 | 0.178 | 0.181 | 0.184 | 0.188 | 0.191 | 0.195 | 0.198 | 0.202 | 0.205 | 0.208 |
| 3400 | 0.160 | 0.164 | 0.167 | 0.171 | 0.174 | 0.178 | 0.182 | 0.185 | 0.189 | 0.192 | 0.196 | 0.200 | 0.203 | 0.207 | 0.210 | 0.214 | 0.217 |
| 3600 | 0.166 | 0.170 | 0.174 | 0.177 | 0.181 | 0.185 | 0.189 | 0.192 | 0.196 | 0.200 | 0.204 | 0.207 | 0.211 | 0.215 | 0.219 | 0.222 | 0.201 |
| 3800 | 0.174 | 0.178 | 0.182 | 0.186 | 0.189 | 0.193 | 0.197 | 0.201 | 0.205 | 0.209 | 0.213 | 0.217 | 0.221 | 0.225 | 0.228 | 0.232 | 0.236 |
| 4000 | 0.181 | 0.185 | 0.189 | 0.193 | 0.198 | 0.202 | 0.206 | 0.210 | 0.214 | 0.218 | 0.222 | 0.226 | 0.230 | 0.234 | 0.238 | 0.242 | 0.246 |
| 4200 | 0.187 | 0.191 | 0.195 | 0.199 | 0.203 | 0.208 | 0.212 | 0.216 | 0.220 | 0.224 | 0.229 | 0.233 | 0.237 | 0.241 | 0.245 | 0.250 | 0.254 |
| 4400 | 0.192 | 0.196 | 0.200 | 0.205 | 0.209 | 0.213 | 0.218 | 0.222 | 0.226 | 0.230 | 0.235 | 0.239 | 0.243 | 0.248 | 0.252 | 0.256 | 0.261 |
| 4600 | 0.196 | 0.201 | 0.205 | 0.210 | 0.214 | 0.218 | 0.223 | 0.227 | 0.232 | 0.236 | 0.241 | 0.245 | 0.249 | 0.254 | 0.258 | 0.263 | 0.267 |
| 4800 | 0.203 | 0.207 | 0.212 | 0.216 | 0.221 | 0.226 | 0.230 | 0.235 | 0.239 | 0.244 | 0.248 | 0.253 | 0.258 | 0.262 | 0.267 | 0.271 | 0.276 |
| 5000 | 0.209 | 0.214 | 0.218 | 0.223 | 0.228 | 0.233 | 0.237 | 0.242 | 0.247 | 0.251 | 0.256 | 0.261 | 0.266 | 0.270 | 0.275 | 0.280 | 0.284 |
| 5200 | 0.215 | 0.220 | 0.225 | 0.230 | 0.235 | 0.239 | 0.244 | 0.249 | 0.254 | 0.259 | 0.264 | 0.268 | 0.273 | 0.278 | 0.283 | 0.288 | 0.293 |
| 5400 | 0.221 | 0.226 | 0.231 | 0.236 | 0.241 | 0.246 | 0.251 | 0.256 | 0.261 | 0.266 | 0.271 | 0.276 | 0.281 | 0.286 | 0.291 | 0.296 | 0.301 |
| 5600 | 0.229 | 0.235 | 0.240 | 0.245 | 0.250 | 0.255 | 0.260 | 0.265 | 0.270 | 0.276 | 0.281 | 0.286 | 0.291 | 0.296 | 0.301 | 0.307 | 0.312 |
| 5800 | 0.235 | 0.240 | 0.245 | 0.251 | 0.256 | 0.261 | 0.267 | 0.272 | 0.277 | 0.282 | 0.288 | 0.293 | 0.298 | 0.304 | 0.309 | 0.314 | 0.319 |
| 6000 | 0.241 | 0.246 | 0.251 | 0.257 | 0.262 | 0.268 | 0.273 | 0.278 | 0.284 | 0.289 | 0.295 | 0.300 | 0.305 | 0.311 | 0.316 | 0.322 | 0.327 |
| 6200 | 0.246 | 0.251 | 0.257 | 0.262 | 0.268 | 0.273 | 0.279 | 0.285 | 0.290 | 0.295 | 0.301 | 0.307 | 0.212 | 0.318 | 0.323 | 0.329 | 0.334 |
| 6400 | 0.251 | 0.257 | 0.262 | 0.268 | 0.273 | 0.279 | 0.285 | 0.290 | 0.296 | 0.302 | 0.307 | 0.313 | 0.319 | 0.324 | 0.330 | 0.335 | 0.341 |
| 6600 | 0.256 | 0.262 | 0.267 | 0.273 | 0.279 | 0.285 | 0.290 | 0.296 | 0.302 | 0.308 | 0.313 | 0.319 | 0.325 | 0.331 | 0.336 | 0.342 | 0.348 |
| 6800 | 0.261 | 0.267 | 0.272 | 0.278 | 0.284 | 0.290 | 0.296 | 0.302 | 0.307 | 0.313 | 0.319 | 0.325 | 0.331 | 0.337 | 0.343 | 0.349 | 0.354 |
| 7000 | 0.268 | 0.274 | 0.280 | 0.286 | 0.292 | 0.299 | 0.305 | 0.311 | 0.317 | 0.323 | 0.329 | 0.335 | 0.341 | 0.347 | 0.353 | 0.359 | 0.365 |
| 7500 | 0.281 | 0.287 | 0.294 | 0.300 | 0.306 | 0.313 | 0.319 | 0.325 | 0.331 | 0.338 | 0.344 | 0.350 | 0.357 | 0.363 | 0.369 | 0.376 | 0.382 |
| 8000 | 0.296 | 0.303 | 0.309 | 0.316 | 0.323 | 0.330 | 0.336 | 0.343 | 0.349 | 0.356 | 0.363 | 0.370 | 0.376 | 0.383 | 0.389 | 0.396 | 0.403 |
| 8500 | 0.307 | 0.314 | 0.321 | 0.328 | 0.335 | 0.342 | 0.349 | 0.356 | 0.363 | 0.369 | 0.376 | 0.383 | 0.390 | 0.397 | 0.404 | 0.411 | 0.418 |
| 9000 | 0.322 | 0.329 | 0.336 | 0.343 | 0.350 | 0.358 | 0.365 | 0.372 | 0.379 | 0.386 | 0.394 | 0.401 | 0.408 | 0.416 | 0.423 | 0.430 | 0.437 |
| 9500 | 0.335 | 0.343 | 0.350 | 0.358 | 0.365 | 0.373 | 0.380 | 0.388 | 0.395 | 0.403 | 0.411 | 0.418 | 0.426 | 0.433 | 0.441 | 0.448 | 0.456 |
| 10000 | 0.349 | 0.356 | 0.364 | 0.372 | 0.380 | 0.388 | 0.396 | 0.403 | 0.411 | 0.419 | 0.427 | 0.435 | 0.443 | 0.450 | 0.458 | 0.466 | 0.474 |
| 11000 | 0.374 | 0.382 | 0.390 | 0.399 | 0.407 | 0.416 | 0.424 | 0.433 | 0.441 | 0.449 | 0.458 | 0.466 | 0.475 | 0.483 | 0.491 | 0.500 | 0.508 |
| 12000 | 0.392 | 0.401 | 0.410 | 0.418 | 0.427 | 0.436 | 0.445 | 0.454 | 0.462 | 0.471 | 0.480 | 0.489 | 0.498 | 0.507 | 0.515 | 0.524 | 0.533 |
| 13000 | 0.408 | 0.417 | 0.426 | 0.435 | 0.444 | 0.454 | 0.463 | 0.472 | 0.481 | 0.490 | 0.499 | 0.509 | 0.518 | 0.527 | 0.536 | 0.545 | 0.554 |
| 14000 | 0.427 | 0.437 | 0.446 | 0.456 | 0.465 | 0.475 | 0.485 | 0.494 | 0.504 | 0.513 | 0.523 | 0.533 | 0.542 | 0.552 | 0.561 | 0.571 | 0.580 |
| 15000 | 0.444 | 0.454 | 0.464 | 0.474 | 0.484 | 0.494 | 0.504 | 0.514 | 0.524 | 0.534 | 0.544 | 0.554 | 0.564 | 0.574 | 0.584 | 0.594 | 0.604 |

（续）

| 型号 | T10 ($b_{s0}$10mm) | | | | | | | | | | | | | | |
|---|---|---|---|---|---|---|---|---|---|---|---|---|---|---|---|
| $n_1$ | $z_1$ | | | | | | | | | | | | | | |
| /(r/ | 12 | 13 | 14 | 15 | 16 | 17 | 18 | 19 | 20 | 21 | 22 | 23 | 24 | 25 | 26 |
| min) | $P_0$/kW | | | | | | | | | | | | | | |
| 100 | 0.007 | 0.008 | 0.008 | 0.009 | 0.010 | 0.010 | 0.011 | 0.012 | 0.012 | 0.013 | 0.014 | 0.014 | 0.014 | 0.015 | 0.016 |
| 200 | 0.014 | 0.015 | 0.016 | 0.018 | 0.019 | 0.020 | 0.021 | 0.023 | 0.024 | 0.025 | 0.026 | 0.027 | 0.028 | 0.030 | 0.031 |
| 300 | 0.020 | 0.022 | 0.024 | 0.026 | 0.027 | 0.029 | 0.031 | 0.033 | 0.034 | 0.036 | 0.038 | 0.040 | 0.041 | 0.043 | 0.045 |
| 400 | 0.026 | 0.028 | 0.031 | 0.033 | 0.035 | 0.038 | 0.040 | 0.042 | 0.044 | 0.047 | 0.049 | 0.051 | 0.053 | 0.056 | 0.058 |
| 500 | 0.032 | 0.035 | 0.037 | 0.040 | 0.043 | 0.046 | 0.049 | 0.051 | 0.054 | 0.057 | 0.060 | 0.063 | 0.065 | 0.068 | 0.071 |
| 600 | 0.037 | 0.041 | 0.044 | 0.047 | 0.051 | 0.054 | 0.057 | 0.060 | 0.064 | 0.067 | 0.070 | 0.074 | 0.076 | 0.080 | 0.083 |
| 700 | 0.042 | 0.046 | 0.050 | 0.054 | 0.057 | 0.061 | 0.065 | 0.068 | 0.072 | 0.076 | 0.080 | 0.083 | 0.087 | 0.091 | 0.094 |
| 800 | 0.048 | 0.052 | 0.056 | 0.060 | 0.064 | 0.069 | 0.073 | 0.077 | 0.081 | 0.085 | 0.089 | 0.094 | 0.097 | 0.102 | 0.106 |
| 900 | 0.052 | 0.057 | 0.062 | 0.066 | 0.071 | 0.075 | 0.080 | 0.085 | 0.089 | 0.094 | 0.098 | 0.103 | 0.105 | 0.112 | 0.117 |
| 1000 | 0.057 | 0.062 | 0.067 | 0.072 | 0.077 | 0.082 | 0.087 | 0.092 | 0.097 | 0.102 | 0.107 | 0.112 | 0.116 | 0.122 | 0.127 |
| 1100 | 0.062 | 0.067 | 0.073 | 0.078 | 0.084 | 0.089 | 0.095 | 0.100 | 0.105 | 0.111 | 0.116 | 0.122 | 0.127 | 0.133 | 0.138 |
| 1200 | 0.067 | 0.073 | 0.079 | 0.085 | 0.091 | 0.096 | 0.102 | 0.108 | 0.114 | 0.120 | 0.126 | 0.132 | 0.137 | 0.143 | 0.149 |
| 1300 | 0.071 | 0.078 | 0.084 | 0.090 | 0.096 | 0.103 | 0.109 | 0.115 | 0.122 | 0.128 | 0.134 | 0.140 | 0.146 | 0.153 | 0.159 |
| 1400 | 0.076 | 0.082 | 0.089 | 0.096 | 0.102 | 0.109 | 0.115 | 0.122 | 0.129 | 0.135 | 0.142 | 0.149 | 0.155 | 0.162 | 0.168 |
| 1500 | 0.080 | 0.087 | 0.094 | 0.101 | 0.108 | 0.116 | 0.122 | 0.128 | 0.135 | 0.143 | 0.149 | 0.156 | 0.163 | 0.170 | 0.177 |
| 1600 | 0.084 | 0.091 | 0.098 | 0.105 | 0.113 | 0.120 | 0.127 | 0.135 | 0.142 | 0.149 | 0.157 | 0.164 | 0.171 | 0.179 | 0.186 |
| 1700 | 0.087 | 0.095 | 0.102 | 0.110 | 0.118 | 0.125 | 0.133 | 0.140 | 0.148 | 0.156 | 0.163 | 0.171 | 0.178 | 0.186 | 0.194 |
| 1800 | 0.091 | 0.099 | 0.107 | 0.115 | 0.123 | 0.131 | 0.139 | 0.147 | 0.155 | 0.164 | 0.171 | 0.179 | 0.187 | 0.195 | 0.203 |
| 1900 | 0.095 | 0.103 | 0.111 | 0.120 | 0.128 | 0.136 | 0.145 | 0.153 | 0.161 | 0.169 | 0.178 | 0.186 | 0.194 | 0.203 | 0.211 |
| 2000 | 0.099 | 0.107 | 0.116 | 0.125 | 0.133 | 0.142 | 0.151 | 0.159 | 0.168 | 0.177 | 0.185 | 0.194 | 0.202 | 0.211 | 0.220 |
| 2100 | 0.103 | 0.112 | 0.121 | 0.130 | 0.139 | 0.148 | 0.157 | 0.166 | 0.175 | 0.184 | 0.193 | 0.202 | 0.210 | 0.220 | 0.229 |
| 2200 | 0.107 | 0.116 | 0.125 | 0.135 | 0.144 | 0.153 | 0.163 | 0.172 | 0.181 | 0.191 | 0.200 | 0.209 | 0.218 | 0.228 | 0.237 |
| 2300 | 0.109 | 0.119 | 0.128 | 0.138 | 0.148 | 0.157 | 0.167 | 0.176 | 0.186 | 0.196 | 0.205 | 0.215 | 0.224 | 0.234 | 0.243 |
| 2400 | 0.113 | 0.123 | 0.133 | 0.143 | 0.152 | 0.162 | 0.172 | 0.182 | 0.192 | 0.202 | 0.212 | 0.222 | 0.231 | 0.241 | 0.251 |
| 2500 | 0.117 | 0.127 | 0.137 | 0.147 | 0.157 | 0.167 | 0.178 | 0.188 | 0.198 | 0.208 | 0.218 | 0.229 | 0.239 | 0.249 | 0.259 |
| 2600 | 0.120 | 0.130 | 0.141 | 0.151 | 0.162 | 0.172 | 0.183 | 0.193 | 0.204 | 0.215 | 0.225 | 0.235 | 0.246 | 0.256 | 0.267 |
| 2700 | 0.123 | 0.134 | 0.145 | 0.156 | 0.166 | 0.177 | 0.188 | 0.199 | 0.210 | 0.221 | 0.231 | 0.242 | 0.252 | 0.264 | 0.274 |
| 2800 | 0.127 | 0.138 | 0.149 | 0.160 | 0.171 | 0.182 | 0.193 | 0.204 | 0.215 | 0.226 | 0.237 | 0.248 | 0.259 | 0.271 | 0.282 |
| 2900 | 0.130 | 0.141 | 0.152 | 0.164 | 0.175 | 0.186 | 0.198 | 0.209 | 0.221 | 0.232 | 0.243 | 0.255 | 0.266 | 0.277 | 0.289 |
| 3000 | 0.133 | 0.144 | 0.156 | 0.168 | 0.179 | 0.191 | 0.203 | 0.214 | 0.226 | 0.238 | 0.249 | 0.261 | 0.272 | 0.284 | 0.296 |
| 3100 | 0.136 | 0.148 | 0.160 | 0.171 | 0.183 | 0.195 | 0.207 | 0.219 | 0.231 | 0.243 | 0.255 | 0.267 | 0.278 | 0.290 | 0.302 |
| 3200 | 0.139 | 0.151 | 0.163 | 0.175 | 0.187 | 0.199 | 0.212 | 0.224 | 0.236 | 0.248 | 0.260 | 0.272 | 0.284 | 0.296 | 0.309 |
| 3300 | 0.143 | 0.155 | 0.168 | 0.181 | 0.193 | 0.206 | 0.218 | 0.231 | 0.243 | 0.256 | 0.268 | 0.281 | 0.293 | 0.306 | 0.318 |
| 3400 | 0.146 | 0.158 | 0.171 | 0.184 | 0.197 | 0.210 | 0.222 | 0.235 | 0.248 | 0.261 | 0.273 | 0.286 | 0.299 | 0.312 | 0.324 |
| 3500 | 0.148 | 0.161 | 0.174 | 0.187 | 0.200 | 0.213 | 0.226 | 0.239 | 0.252 | 0.265 | 0.278 | 0.291 | 0.304 | 0.317 | 0.330 |
| 3600 | 0.151 | 0.164 | 0.177 | 0.191 | 0.204 | 0.217 | 0.230 | 0.243 | 0.257 | 0.270 | 0.283 | 0.296 | 0.309 | 0.323 | 0.336 |
| 3700 | 0.153 | 0.167 | 0.180 | 0.194 | 0.207 | 0.221 | 0.234 | 0.247 | 0.261 | 0.274 | 0.288 | 0.301 | 0.314 | 0.328 | 0.342 |
| 3800 | 0.156 | 0.169 | 0.183 | 0.197 | 0.210 | 0.224 | 0.238 | 0.251 | 0.265 | 0.279 | 0.292 | 0.306 | 0.319 | 0.338 | 0.347 |
| 3900 | 0.158 | 0.172 | 0.186 | 0.200 | 0.213 | 0.227 | 0.241 | 0.255 | 0.269 | 0.283 | 0.296 | 0.310 | 0.324 | 0.338 | 0.352 |
| 4000 | 0.160 | 0.174 | 0.188 | 0.202 | 0.216 | 0.230 | 0.245 | 0.258 | 0.273 | 0.287 | 0.301 | 0.315 | 0.328 | 0.343 | 0.357 |
| 4200 | 0.166 | 0.181 | 0.195 | 0.210 | 0.224 | 0.239 | 0.254 | 0.268 | 0.283 | 0.298 | 0.312 | 0.327 | 0.341 | 0.356 | 0.370 |
| 4400 | 0.170 | 0.185 | 0.200 | 0.215 | 0.230 | 0.245 | 0.260 | 0.274 | 0.289 | 0.304 | 0.319 | 0.334 | 0.349 | 0.364 | 0.379 |
| 4600 | 0.176 | 0.191 | 0.206 | 0.222 | 0.237 | 0.253 | 0.268 | 0.283 | 0.299 | 0.314 | 0.330 | 0.345 | 0.360 | 0.376 | 0.391 |
| 4800 | 0.181 | 0.197 | 0.213 | 0.229 | 0.244 | 0.260 | 0.276 | 0.292 | 0.308 | 0.324 | 0.340 | 0.356 | 0.371 | 0.387 | 0.403 |
| 5000 | 0.186 | 0.203 | 0.219 | 0.235 | 0.252 | 0.268 | 0.284 | 0.301 | 0.317 | 0.333 | 0.349 | 0.366 | 0.382 | 0.398 | 0.415 |
| 5200 | 0.191 | 0.208 | 0.225 | 0.242 | 0.258 | 0.275 | 0.292 | 0.309 | 0.325 | 0.342 | 0.359 | 0.376 | 0.392 | 0.409 | 0.426 |
| 5400 | 0.196 | 0.213 | 0.231 | 0.248 | 0.265 | 0.282 | 0.299 | 0.316 | 0.334 | 0.351 | 0.368 | 0.385 | 0.402 | 0.420 | 0.437 |

（续）

| 型号 | T10 ($b_{s0}$ 10mm) | | | | | | | | | | | | | | |
|---|---|---|---|---|---|---|---|---|---|---|---|---|---|---|
| $n_1$ | $z_1$ | | | | | | | | | | | | | | |
| /(r/ | 12 | 13 | 14 | 15 | 16 | 17 | 18 | 19 | 20 | 21 | 22 | 23 | 24 | 25 | 26 |
| min) | $P_0$/kW | | | | | | | | | | | | | | |
| 5600 | 0.201 | 0.218 | 0.236 | 0.254 | 0.271 | 0.289 | 0.307 | 0.324 | 0.342 | 0.359 | 0.377 | 0.394 | 0.412 | 0.430 | 0.447 |
| 5800 | 0.205 | 0.223 | 0.241 | 0.259 | 0.277 | 0.295 | 0.313 | 0.331 | 0.349 | 0.367 | 0.385 | 0.403 | 0.421 | 0.439 | 0.457 |
| 6000 | 0.210 | 0.228 | 0.246 | 0.265 | 0.283 | 0.301 | 0.320 | 0.338 | 0.357 | 0.375 | 0.393 | 0.412 | 0.430 | 0.448 | 0.467 |
| 6200 | 0.214 | 0.232 | 0.251 | 0.270 | 0.289 | 0.307 | 0.326 | 0.345 | 0.364 | 0.382 | 0.401 | 0.420 | 0.438 | 0.457 | 0.476 |
| 6400 | 0.218 | 0.237 | 0.256 | 0.275 | 0.294 | 0.313 | 0.332 | 0.351 | 0.370 | 0.389 | 0.408 | 0.427 | 0.446 | 0.465 | 0.485 |
| 6600 | 0.218 | 0.237 | 0.257 | 0.276 | 0.295 | 0.314 | 0.333 | 0.352 | 0.371 | 0.391 | 0.409 | 0.429 | 0.447 | 0.467 | 0.486 |
| 6800 | 0.222 | 0.241 | 0.261 | 0.280 | 0.299 | 0.319 | 0.338 | 0.358 | 0.377 | 0.397 | 0.416 | 0.435 | 0.455 | 0.474 | 0.494 |
| 7000 | 0.225 | 0.245 | 0.264 | 0.284 | 0.304 | 0.324 | 0.343 | 0.363 | 0.383 | 0.403 | 0.422 | 0.442 | 0.461 | 0.481 | 0.501 |
| 7500 | 0.234 | 0.254 | 0.275 | 0.296 | 0.316 | 0.337 | 0.357 | 0.378 | 0.398 | 0.419 | 0.439 | 0.460 | 0.480 | 0.501 | 0.521 |
| 8000 | 0.242 | 0.263 | 0.285 | 0.306 | 0.327 | 0.348 | 0.370 | 0.391 | 0.412 | 0.433 | 0.454 | 0.476 | 0.497 | 0.518 | 0.539 |
| 8500 | 0.250 | 0.271 | 0.293 | 0.315 | 0.337 | 0.359 | 0.381 | 0.402 | 0.424 | 0.446 | 0.468 | 0.490 | 0.511 | 0.533 | 0.555 |
| 9000 | 0.256 | 0.278 | 0.301 | 0.323 | 0.345 | 0.368 | 0.390 | 0.412 | 0.435 | 0.458 | 0.480 | 0.502 | 0.524 | 0.547 | 0.569 |
| 9500 | 0.261 | 0.284 | 0.307 | 0.330 | 0.352 | 0.375 | 0.398 | 0.421 | 0.444 | 0.467 | 0.490 | 0.513 | 0.535 | 0.558 | 0.581 |
| 10000 | 0.270 | 0.294 | 0.318 | 0.341 | 0.365 | 0.389 | 0.412 | 0.436 | 0.460 | 0.483 | 0.507 | 0.531 | 0.554 | 0.578 | 0.602 |
| 11000 | 0.287 | 0.312 | 0.337 | 0.362 | 0.387 | 0.413 | 0.438 | 0.463 | 0.488 | 0.513 | 0.538 | 0.563 | 0.588 | 0.614 | 0.639 |
| 12000 | 0.302 | 0.328 | 0.355 | 0.381 | 0.407 | 0.434 | 0.461 | 0.487 | 0.513 | 0.540 | 0.566 | 0.593 | 0.619 | 0.646 | 0.672 |
| 13000 | 0.315 | 0.342 | 0.370 | 0.398 | 0.425 | 0.453 | 0.481 | 0.508 | 0.536 | 0.563 | 0.591 | 0.618 | 0.646 | 0.673 | 0.701 |
| 14000 | 0.326 | 0.354 | 0.383 | 0.412 | 0.440 | 0.469 | 0.498 | 0.526 | 0.555 | 0.583 | 0.612 | 0.640 | 0.669 | 0.697 | — |
| 15000 | 0.329 | 0.357 | 0.386 | 0.415 | 0.443 | 0.472 | 0.501 | 0.530 | 0.559 | 0.588 | 0.616 | 0.645 | — | — | — |

| 型号 | T10 ($b_{s0}$ 10mm) | | | | | | | | | | | | | | |
|---|---|---|---|---|---|---|---|---|---|---|---|---|---|---|---|
| $n_1$ | $z_1$ | | | | | | | | | | | | | | |
| /(r/ | 27 | 28 | 29 | 30 | 31 | 32 | 33 | 34 | 35 | 36 | 37 | 38 | 39 | 40 | 41 |
| min) | $P_0$/kW | | | | | | | | | | | | | | |
| 100 | 0.017 | 0.017 | 0.018 | 0.019 | 0.019 | 0.020 | 0.021 | 0.021 | 0.022 | 0.022 | 0.023 | 0.024 | 0.024 | 0.025 | 0.026 |
| 200 | 0.032 | 0.034 | 0.035 | 0.036 | 0.037 | 0.038 | 0.040 | 0.041 | 0.042 | 0.043 | 0.045 | 0.046 | 0.047 | 0.048 | 0.049 |
| 300 | 0.047 | 0.049 | 0.050 | 0.052 | 0.054 | 0.056 | 0.058 | 0.059 | 0.061 | 0.063 | 0.065 | 0.066 | 0.068 | 0.070 | 0.072 |
| 400 | 0.060 | 0.063 | 0.065 | 0.067 | 0.069 | 0.072 | 0.074 | 0.076 | 0.079 | 0.081 | 0.083 | 0.086 | 0.088 | 0.090 | 0.092 |
| 500 | 0.074 | 0.077 | 0.079 | 0.082 | 0.085 | 0.088 | 0.091 | 0.093 | 0.096 | 0.099 | 0.102 | 0.105 | 0.107 | 0.110 | 0.113 |
| 600 | 0.087 | 0.090 | 0.093 | 0.097 | 0.100 | 0.103 | 0.106 | 0.110 | 0.113 | 0.116 | 0.119 | 0.123 | 0.126 | 0.129 | 0.133 |
| 700 | 0.098 | 0.102 | 0.106 | 0.109 | 0.113 | 0.117 | 0.120 | 0.124 | 0.128 | 0.132 | 0.135 | 0.139 | 0.143 | 0.146 | 0.150 |
| 800 | 0.110 | 0.115 | 0.119 | 0.123 | 0.127 | 0.131 | 0.135 | 0.140 | 0.144 | 0.148 | 0.152 | 0.156 | 0.161 | 0.165 | 0.169 |
| 900 | 0.121 | 0.126 | 0.130 | 0.135 | 0.140 | 0.144 | 0.149 | 0.153 | 0.158 | 0.163 | 0.167 | 0.172 | 0.176 | 0.181 | 0.186 |
| 1000 | 0.132 | 0.136 | 0.141 | 0.146 | 0.151 | 0.156 | 0.161 | 0.166 | 0.171 | 0.176 | 0.181 | 0.186 | 0.191 | 0.196 | 0.201 |
| 1100 | 0.144 | 0.149 | 0.154 | 0.160 | 0.165 | 0.171 | 0.176 | 0.182 | 0.187 | 0.192 | 0.198 | 0.203 | 0.209 | 0.214 | 0.226 |
| 1200 | 0.155 | 0.161 | 0.167 | 0.173 | 0.179 | 0.185 | 0.191 | 0.196 | 0.202 | 0.208 | 0.214 | 0.220 | 0.226 | 0.232 | 0.238 |
| 1300 | 0.165 | 0.172 | 0.178 | 0.184 | 0.190 | 0.197 | 0.203 | 0.209 | 0.215 | 0.222 | 0.228 | 0.234 | 0.241 | 0.247 | 0.253 |
| 1400 | 0.175 | 0.182 | 0.188 | 0.195 | 0.202 | 0.208 | 0.215 | 0.222 | 0.228 | 0.235 | 0.241 | 0.248 | 0.255 | 0.261 | 0.268 |
| 1500 | 0.184 | 0.191 | 0.198 | 0.205 | 0.212 | 0.219 | 0.226 | 0.233 | 0.240 | 0.247 | 0.254 | 0.261 | 0.268 | 0.275 | 0.282 |
| 1600 | 0.193 | 0.200 | 0.208 | 0.215 | 0.222 | 0.230 | 0.237 | 0.244 | 0.253 | 0.259 | 0.266 | 0.274 | 0.281 | 0.288 | 0.296 |
| 1700 | 0.202 | 0.209 | 0.217 | 0.225 | 0.232 | 0.240 | 0.247 | 0.255 | 0.263 | 0.270 | 0.278 | 0.286 | 0.293 | 0.301 | 0.308 |
| 1800 | 0.212 | 0.219 | 0.228 | 0.236 | 0.243 | 0.252 | 0.260 | 0.268 | 0.276 | 0.284 | 0.292 | 0.300 | 0.308 | 0.316 | 0.324 |
| 1900 | 0.219 | 0.227 | 0.236 | 0.244 | 0.252 | 0.261 | 0.269 | 0.277 | 0.286 | 0.294 | 0.302 | 0.310 | 0.319 | 0.327 | 0.335 |
| 2000 | 0.229 | 0.237 | 0.246 | 0.255 | 0.263 | 0.272 | 0.280 | 0.289 | 0.298 | 0.306 | 0.315 | 0.324 | 0.332 | 0.341 | 0.350 |
| 2100 | 0.238 | 0.247 | 0.256 | 0.265 | 0.274 | 0.283 | 0.292 | 0.301 | 0.310 | 0.319 | 0.328 | 0.337 | 0.346 | 0.355 | 0.364 |
| 2200 | 0.247 | 0.256 | 0.265 | 0.275 | 0.284 | 0.293 | 0.303 | 0.312 | 0.321 | 0.331 | 0.340 | 0.349 | 0.359 | 0.368 | 0.377 |
| 2300 | 0.253 | 0.262 | 0.272 | 0.282 | 0.291 | 0.301 | 0.310 | 0.320 | 0.329 | 0.339 | 0.349 | 0.358 | 0.368 | 0.377 | 0.387 |
| 2400 | 0.261 | 0.271 | 0.281 | 0.291 | 0.301 | 0.311 | 0.321 | 0.331 | 0.340 | 0.350 | 0.360 | 0.370 | 0.380 | 0.390 | 0.400 |

（续）

| 型号 | T10 ($b_{s0}$ 10mm) | | | | | | | | | | | | | | |
|---|---|---|---|---|---|---|---|---|---|---|---|---|---|---|
| $n_1$ /(r/ min) | $z_1$ | | | | | | | | | | | | | | |
| | 27 | 28 | 29 | 30 | 31 | 32 | 33 | 34 | 35 | 36 | 37 | 38 | 39 | 40 | 41 |
| | $P_0$/kW | | | | | | | | | | | | | | |
| 2500 | 0.270 | 0.280 | 0.290 | 0.300 | 0.310 | 0.321 | 0.331 | 0.341 | 0.351 | 0.361 | 0.371 | 0.382 | 0.392 | 0.402 | 0.412 |
| 2600 | 0.278 | 0.288 | 0.298 | 0.309 | 0.319 | 0.330 | 0.341 | 0.351 | 0.362 | 0.372 | 0.382 | 0.393 | 0.404 | 0.414 | 0.425 |
| 2700 | 0.285 | 0.296 | 0.307 | 0.318 | 0.328 | 0.339 | 0.350 | 0.361 | 0.372 | 0.382 | 0.393 | 0.404 | 0.415 | 0.426 | 0.436 |
| 2800 | 0.293 | 0.304 | 0.315 | 0.326 | 0.337 | 0.348 | 0.359 | 0.370 | 0.381 | 0.393 | 0.404 | 0.415 | 0.426 | 0.437 | 0.448 |
| 2900 | 0.300 | 0.311 | 0.323 | 0.334 | 0.346 | 0.357 | 0.368 | 0.380 | 0.391 | 0.402 | 0.414 | 0.425 | 0.437 | 0.448 | 0.459 |
| 3000 | 0.307 | 0.319 | 0.330 | 0.342 | 0.354 | 0.365 | 0.377 | 0.389 | 0.400 | 0.412 | 0.423 | 0.435 | 0.447 | 0.458 | 0.470 |
| 3100 | 0.314 | 0.326 | 0.338 | 0.350 | 0.362 | 0.374 | 0.386 | 0.397 | 0.409 | 0.421 | 0.433 | 0.445 | 0.457 | 0.467 | 0.481 |
| 3200 | 0.321 | 0.333 | 0.345 | 0.357 | 0.369 | 0.382 | 0.394 | 0.406 | 0.418 | 0.430 | 0.442 | 0.454 | 0.467 | 0.479 | 0.491 |
| 3300 | 0.331 | 0.343 | 0.356 | 0.368 | 0.381 | 0.393 | 0.406 | 0.419 | 0.431 | 0.444 | 0.456 | 0.469 | 0.481 | 0.494 | 0.506 |
| 3400 | 0.337 | 0.350 | 0.363 | 0.376 | 0.388 | 0.401 | 0.414 | 0.427 | 0.439 | 0.452 | 0.465 | 0.478 | 0.490 | 0.503 | 0.516 |
| 3500 | 0.343 | 0.356 | 0.369 | 0.382 | 0.395 | 0.408 | 0.421 | 0.434 | 0.447 | 0.460 | 0.473 | 0.486 | 0.499 | 0.512 | 0.525 |
| 3600 | 0.349 | 0.362 | 0.376 | 0.389 | 0.402 | 0.415 | 0.429 | 0.442 | 0.455 | 0.468 | 0.481 | 0.495 | 0.508 | 0.521 | 0.534 |
| 3700 | 0.355 | 0.368 | 0.382 | 0.395 | 0.409 | 0.422 | 0.436 | 0.449 | 0.462 | 0.476 | 0.489 | 0.503 | 0.516 | 0.530 | 0.543 |

| 型号 | T10 ($b_{s0}$ 10mm) | | | | | | | | | | | | | | |
|---|---|---|---|---|---|---|---|---|---|---|---|---|---|---|
| $n_1$ /(r/ min) | $z_1$ | | | | | | | | | | | | | | |
| | 42 | 43 | 44 | 45 | 46 | 47 | 48 | 49 | 50 | 51 | 52 | 53 | 54 | 55 | 56 |
| | $P_0$/kW | | | | | | | | | | | | | | |
| 700 | 0.154 | 0.158 | 0.161 | 0.165 | 0.169 | 0.172 | 0.176 | 0.180 | 0.184 | 0.187 | 0.191 | 0.195 | 0.198 | 0.202 | 0.206 |
| 800 | 0.173 | 0.177 | 0.181 | 0.186 | 0.190 | 0.194 | 0.198 | 0.202 | 0.207 | 0.211 | 0.215 | 0.219 | 0.223 | 0.227 | 0.232 |
| 900 | 0.190 | 0.195 | 0.199 | 0.204 | 0.208 | 0.213 | 0.218 | 0.222 | 0.227 | 0.231 | 0.236 | 0.241 | 0.245 | 0.250 | 0.254 |
| 1000 | 0.206 | 0.211 | 0.216 | 0.221 | 0.226 | 0.231 | 0.236 | 0.241 | 0.246 | 0.251 | 0.256 | 0.261 | 0.266 | 0.271 | 0.276 |
| 1100 | 0.225 | 0.230 | 0.236 | 0.241 | 0.247 | 0.252 | 0.258 | 0.263 | 0.268 | 0.274 | 0.279 | 0.285 | 0.290 | 0.296 | 0.301 |
| 1200 | 0.243 | 0.249 | 0.255 | 0.261 | 0.267 | 0.273 | 0.279 | 0.284 | 0.290 | 0.296 | 0.302 | 0.308 | 0.314 | 0.320 | 0.326 |
| 1300 | 0.259 | 0.266 | 0.272 | 0.278 | 0.284 | 0.291 | 0.297 | 0.303 | 0.309 | 0.316 | 0.322 | 0.328 | 0.334 | 0.341 | 0.347 |
| 1400 | 0.275 | 0.282 | 0.288 | 0.294 | 0.301 | 0.308 | 0.314 | 0.321 | 0.328 | 0.334 | 0.341 | 0.347 | 0.354 | 0.361 | 0.367 |
| 1500 | 0.289 | 0.296 | 0.303 | 0.310 | 0.317 | 0.324 | 0.331 | 0.338 | 0.345 | 0.352 | 0.359 | 0.366 | 0.373 | 0.380 | 0.387 |
| 1600 | 0.303 | 0.310 | 0.318 | 0.325 | 0.332 | 0.339 | 0.347 | 0.354 | 0.361 | 0.369 | 0.376 | 0.383 | 0.391 | 0.398 | 0.405 |
| 1700 | 0.316 | 0.324 | 0.331 | 0.339 | 0.347 | 0.354 | 0.362 | 0.369 | 0.377 | 0.385 | 0.392 | 0.400 | 0.408 | 0.415 | 0.423 |
| 1800 | 0.332 | 0.340 | 0.348 | 0.356 | 0.364 | 0.372 | 0.380 | 0.388 | 0.396 | 0.404 | 0.412 | 0.420 | 0.428 | 0.436 | 0.444 |
| 1900 | 0.344 | 0.352 | 0.360 | 0.369 | 0.377 | 0.385 | 0.393 | 0.402 | 0.410 | 0.418 | 0.427 | 0.435 | 0.443 | 0.451 | 0.460 |
| 2000 | 0.358 | 0.367 | 0.376 | 0.384 | 0.393 | 0.402 | 0.410 | 0.419 | 0.428 | 0.436 | 0.445 | 0.453 | 0.462 | 0.471 | 0.479 |
| 2100 | 0.373 | 0.382 | 0.391 | 0.400 | 0.409 | 0.418 | 0.427 | 0.436 | 0.445 | 0.454 | 0.463 | 0.472 | 0.481 | 0.490 | 0.499 |
| 2200 | 0.387 | 0.396 | 0.405 | 0.415 | 0.424 | 0.433 | 0.443 | 0.452 | 0.461 | 0.417 | 0.480 | 0.489 | 0.499 | 0.508 | 0.517 |
| 2300 | 0.397 | 0.406 | 0.416 | 0.425 | 0.435 | 0.444 | 0.454 | 0.463 | 0.473 | 0.483 | 0.492 | 0.502 | 0.511 | 0.521 | 0.531 |
| 2400 | 0.410 | 0.420 | 0.429 | 0.439 | 0.449 | 0.459 | 0.469 | 0.479 | 0.489 | 0.499 | 0.509 | 0.519 | 0.528 | 0.538 | 0.548 |
| 2500 | 0.423 | 0.433 | 0.443 | 0.453 | 0.463 | 0.474 | 0.484 | 0.494 | 0.504 | 0.514 | 0.525 | 0.535 | 0.545 | 0.558 | 0.565 |
| 2600 | 0.435 | 0.446 | 0.456 | 0.467 | 0.477 | 0.488 | 0.498 | 0.509 | 0.519 | 0.530 | 0.554 | 0.551 | 0.561 | 0.572 | 0.582 |
| 2700 | 0.447 | 0.458 | 0.469 | 0.480 | 0.490 | 0.501 | 0.512 | 0.523 | 0.534 | 0.554 | 0.555 | 0.566 | 0.577 | 0.588 | 0.598 |
| 2800 | 0.459 | 0.470 | 0.481 | 0.492 | 0.503 | 0.514 | 0.526 | 0.537 | 0.548 | 0.559 | 0.570 | 0.581 | 0.592 | 0.603 | 0.614 |
| 2900 | 0.471 | 0.482 | 0.493 | 0.505 | 0.516 | 0.527 | 0.539 | 0.550 | 0.561 | 0.573 | 0.584 | 0.596 | 0.607 | 0.618 | 0.630 |
| 3000 | 0.482 | 0.493 | 0.505 | 0.517 | 0.528 | 0.540 | 0.552 | 0.565 | 0.575 | 0.586 | 0.598 | 0.610 | 0.621 | 0.633 | 0.645 |
| 3100 | 0.493 | 0.504 | 0.516 | 0.528 | 0.540 | 0.552 | 0.564 | 0.576 | 0.588 | 0.600 | 0.611 | 0.623 | 0.635 | 0.647 | 0.659 |
| 3200 | 0.503 | 0.515 | 0.527 | 0.539 | 0.552 | 0.564 | 0.576 | 0.588 | 0.600 | 0.612 | 0.624 | 0.637 | 0.649 | 0.661 | 0.673 |
| 3300 | 0.519 | 0.531 | 0.544 | 0.556 | 0.569 | 0.581 | 0.594 | 0.606 | 0.619 | 0.632 | 0.644 | 0.656 | 0.669 | 0.681 | 0.694 |
| 3400 | 0.529 | 0.541 | 0.554 | 0.567 | 0.580 | 0.593 | 0.605 | 0.618 | 0.631 | 0.644 | 0.656 | 0.669 | 0.682 | 0.695 | 0.707 |
| 3500 | 0.538 | 0.551 | 0.564 | 0.577 | 0.590 | 0.603 | 0.616 | 0.629 | 0.642 | 0.655 | 0.668 | 0.681 | 0.694 | 0.707 | 0.720 |
| 3600 | 0.548 | 0.561 | 0.574 | 0.587 | 0.600 | 0.614 | 0.627 | 0.640 | 0.653 | 0.667 | 0.680 | 0.693 | 0.706 | 0.719 | 0.733 |

（续）

| 型号 | T10（$b_{s0}$10mm） | | | | | | | | | | | | | | |
|---|---|---|---|---|---|---|---|---|---|---|---|---|---|---|---|
| $n_1$ | $z_1$ | | | | | | | | | | | | | | |
| /（r/ | 42 | 43 | 44 | 45 | 46 | 47 | 48 | 49 | 50 | 51 | 52 | 53 | 54 | 55 | 56 |
| min） | $P_0$/kW | | | | | | | | | | | | | | |
| 3700 | 0.557 | 0.570 | 0.583 | 0.597 | 0.610 | 0.624 | 0.637 | 0.651 | 0.664 | 0.678 | 0.691 | 0.704 | 0.718 | 0.731 | 0.745 |
| 3800 | 0.565 | 0.579 | 0.592 | 0.606 | 0.620 | 0.633 | 0.647 | 0.661 | 0.674 | 0.688 | 0.702 | 0.715 | 0.729 | 0.743 | 0.756 |
| 3900 | 0.574 | 0.587 | 0.601 | 0.615 | 0.629 | 0.643 | 0.657 | 0.670 | 0.684 | 0.698 | 0.712 | 0.726 | 0.740 | 0.753 | 0.767 |
| 4000 | 0.581 | 0.595 | 0.609 | 0.624 | 0.638 | 0.652 | 0.666 | 0.680 | 0.694 | 0.708 | 0.722 | 0.736 | 0.750 | 0.764 | 0.778 |
| 4100 | 0.589 | 0.603 | 0.617 | 0.632 | 0.646 | 0.660 | 0.674 | 0.689 | 0.703 | 0.717 | 0.731 | 0.745 | 0.760 | 0.774 | 0.788 |
| 4200 | 0.603 | 0.618 | 0.633 | 0.647 | 0.662 | 0.676 | 0.691 | 0.705 | 0.720 | 0.735 | 0.749 | 0.764 | 0.778 | 0.793 | 0.807 |
| 4300 | 0.611 | 0.625 | 0.640 | 0.655 | 0.669 | 0.684 | 0.699 | 0.714 | 0.726 | 0.743 | 0.756 | 0.773 | 0.787 | 0.802 | 0.817 |
| 4400 | 0.617 | 0.632 | 0.647 | 0.662 | 0.677 | 0.692 | 0.707 | 0.722 | 0.738 | 0.751 | 0.768 | 0.781 | 0.796 | 0.811 | 0.826 |
| 4500 | 0.631 | 0.646 | 0.662 | 0.677 | 0.692 | 0.707 | 0.723 | 0.738 | 0.753 | 0.769 | 0.784 | 0.799 | 0.814 | 0.829 | 0.845 |
| 4600 | 0.638 | 0.653 | 0.668 | 0.684 | 0.699 | 0.715 | 0.730 | 0.745 | 0.761 | 0.776 | 0.791 | 0.807 | 0.822 | 0.838 | 0.853 |
| 4800 | 0.657 | 0.673 | 0.689 | 0.705 | 0.721 | 0.736 | 0.752 | 0.768 | 0.784 | 0.800 | 0.816 | 0.832 | 0.848 | 0.863 | 0.879 |
| 5000 | 0.676 | 0.692 | 0.709 | 0.725 | 0.741 | 0.758 | 0.774 | 0.790 | 0.807 | 0.823 | 0.839 | 0.856 | 0.872 | 0.888 | 0.905 |
| 5200 | 0.694 | 0.711 | 0.728 | 0.745 | 0.761 | 0.778 | 0.795 | 0.812 | 0.828 | 0.845 | 0.862 | 0.879 | 0.896 | 0.912 | 0.929 |
| 5400 | 0.712 | 0.729 | 0.746 | 0.764 | 0.781 | 0.798 | 0.815 | 0.832 | 0.849 | 0.867 | 0.884 | 0.901 | 0.918 | 0.935 | 0.953 |
| 5600 | 0.729 | 0.746 | 0.764 | 0.782 | 0.799 | 0.817 | 0.834 | 0.852 | 0.870 | 0.887 | 0.905 | 0.922 | 0.940 | 0.957 | 0.975 |
| 5800 | 0.745 | 0.763 | 0.781 | 0.799 | 0.817 | 0.835 | 0.853 | 0.871 | 0.889 | 0.907 | 0.925 | 0.943 | 0.961 | 0.979 | 0.997 |
| 6000 | 0.761 | 0.779 | 0.797 | 0.816 | 0.834 | 0.852 | 0.871 | 0.889 | 0.908 | 0.926 | 0.944 | 0.963 | 0.981 | 0.999 | 1.018 |
| 6200 | 0.776 | 0.794 | 0.813 | 0.832 | 0.850 | 0.869 | 0.888 | 0.906 | 0.925 | 0.944 | 0.963 | 0.981 | 1.000 | 1.019 | 1.038 |
| 6400 | 0.790 | 0.809 | 0.828 | 0.847 | 0.866 | 0.885 | 0.904 | 0.923 | 0.942 | 0.961 | 0.980 | 0.999 | 1.019 | 1.037 | 1.057 |
| 6600 | 0.792 | 0.811 | 0.830 | 0.849 | 0.868 | 0.888 | 0.907 | 0.926 | 0.945 | 0.964 | 0.983 | 1.002 | 1.022 | — | — |
| 6800 | 0.805 | 0.824 | 0.843 | 0.863 | 0.882 | 0.902 | 0.921 | 0.940 | 0.960 | 0.979 | 0.999 | — | — | — | — |
| 7000 | 0.816 | 0.836 | 0.856 | 0.876 | 0.895 | 0.915 | 0.935 | 0.954 | 0.974 | 0.994 | — | — | — | — | — |
| 7500 | 0.849 | 0.870 | 0.890 | 0.911 | 0.931 | 0.952 | — | — | — | — | — | — | — | — | — |
| 8000 | 0.879 | 0.900 | 0.921 | 0.943 | — | — | — | — | — | — | — | — | — | — | — |
| 8500 | 0.905 | — | — | — | — | — | — | — | — | — | — | — | — | — | — |

| 型号 | T20（$b_{s0}$10mm） | | | | | | | | | | | | | | |
|---|---|---|---|---|---|---|---|---|---|---|---|---|---|---|---|
| $n_1$ | $z_1$ | | | | | | | | | | | | | | |
| /（r/ | 16 | 17 | 18 | 19 | 20 | 21 | 22 | 23 | 24 | 25 | 26 | 27 | 28 | 29 | 30 | 31 | 32 |
| min） | $P_0$/kW | | | | | | | | | | | | | | |
| 100 | 0.039 | 0.041 | 0.044 | 0.046 | 0.049 | 0.051 | 0.053 | 0.056 | 0.058 | 0.061 | 0.063 | 0.066 | 0.068 | 0.071 | 0.073 | 0.076 | 0.078 |
| 200 | 0.072 | 0.077 | 0.081 | 0.086 | 0.091 | 0.095 | 0.100 | 0.105 | 0.109 | 0.114 | 0.118 | 0.123 | 0.128 | 0.132 | 0.137 | 0.142 | 0.146 |
| 300 | 0.103 | 0.109 | 0.116 | 0.123 | 0.129 | 0.136 | 0.142 | 0.149 | 0.156 | 0.162 | 0.169 | 0.176 | 0.182 | 0.189 | 0.195 | 0.202 | 0.209 |
| 400 | 0.130 | 0.138 | 0.147 | 0.155 | 0.163 | 0.172 | 0.180 | 0.188 | 0.197 | 0.205 | 0.214 | 0.222 | 0.230 | 0.239 | 0.247 | 0.255 | 0.264 |
| 500 | 0.156 | 0.166 | 0.176 | 0.186 | 0.196 | 0.206 | 0.216 | 0.226 | 0.236 | 0.246 | 0.256 | 0.267 | 0.277 | 0.287 | 0.297 | 0.307 | 0.317 |
| 600 | 0.183 | 0.195 | 0.206 | 0.218 | 0.230 | 0.241 | 0.253 | 0.265 | 0.277 | 0.289 | 0.300 | 0.312 | 0.324 | 0.336 | 0.347 | 0.359 | 0.371 |
| 700 | 0.204 | 0.218 | 0.231 | 0.244 | 0.257 | 0.270 | 0.283 | 0.296 | 0.310 | 0.323 | 0.336 | 0.349 | 0.362 | 0.375 | 0.388 | 0.401 | 0.415 |
| 800 | 0.223 | 0.238 | 0.252 | 0.266 | 0.281 | 0.295 | 0.310 | 0.324 | 0.338 | 0.353 | 0.367 | 0.381 | 0.396 | 0.410 | 0.425 | 0.439 | 0.453 |
| 900 | 0.240 | 0.255 | 0.271 | 0.286 | 0.302 | 0.317 | 0.332 | 0.348 | 0.363 | 0.379 | 0.394 | 0.410 | 0.425 | 0.440 | 0.456 | 0.471 | 0.487 |
| 1000 | 0.254 | 0.270 | 0.287 | 0.303 | 0.319 | 0.335 | 0.352 | 0.368 | 0.384 | 0.401 | 0.417 | 0.433 | 0.450 | 0.466 | 0.482 | 0.499 | 0.515 |
| 1100 | 0.276 | 0.294 | 0.312 | 0.330 | 0.348 | 0.365 | 0.383 | 0.401 | 0.419 | 0.436 | 0.454 | 0.472 | 0.490 | 0.508 | 0.525 | 0.543 | 0.561 |
| 1200 | 0.295 | 0.315 | 0.334 | 0.352 | 0.372 | 0.390 | 0.409 | 0.428 | 0.448 | 0.466 | 0.485 | 0.505 | 0.528 | 0.548 | 0.562 | 0.581 | 0.599 |
| 1300 | 0.317 | 0.337 | 0.358 | 0.378 | 0.398 | 0.318 | 0.439 | 0.459 | 0.480 | 0.500 | 0.520 | 0.541 | 0.561 | 0.582 | 0.602 | 0.662 | 0.643 |

（续）

| 型号 | T20($b_{s0}$10mm) | | | | | | | | | | | | | | | | |
|---|---|---|---|---|---|---|---|---|---|---|---|---|---|---|---|---|---|
| $n_1$ /(r/min) | $z_1$ | | | | | | | | | | | | | | | | |
| | 16 | 17 | 18 | 19 | 20 | 21 | 22 | 23 | 24 | 25 | 26 | 27 | 28 | 29 | 30 | 31 | 32 |
| | $P_0$/kW | | | | | | | | | | | | | | | | |
| 1400 | 0.334 | 0.356 | 0.377 | 0.399 | 0.420 | 0.441 | 0.463 | 0.484 | 0.506 | 0.527 | 0.549 | 0.570 | 0.592 | 0.613 | 0.635 | 0.656 | 0.678 |
| 1500 | 0.350 | 0.373 | 0.395 | 0.418 | 0.441 | 0.463 | 0.485 | 0.508 | 0.531 | 0.553 | 0.576 | 0.598 | 0.621 | 0.643 | 0.666 | 0.688 | 0.711 |
| 1600 | 0.366 | 0.389 | 0.413 | 0.436 | 0.460 | 0.483 | 0.507 | 0.530 | 0.554 | 0.577 | 0.601 | 0.624 | 0.648 | 0.671 | 0.695 | 0.718 | 0.742 |
| 1700 | 0.384 | 0.409 | 0.434 | 0.458 | 0.483 | 0.507 | 0.532 | 0.557 | 0.582 | 0.606 | 0.631 | 0.656 | 0.680 | 0.705 | 0.730 | 0.755 | 0.779 |
| 1800 | 0.402 | 0.428 | 0.454 | 0.480 | 0.506 | 0.531 | 0.557 | 0.583 | 0.609 | 0.635 | 0.661 | 0.687 | 0.712 | 0.738 | 0.764 | 0.790 | 0.816 |
| 1900 | 0.415 | 0.442 | 0.468 | 0.495 | 0.522 | 0.548 | 0.575 | 0.601 | 0.628 | 0.655 | 0.681 | 0.708 | 0.735 | 0.761 | 0.788 | 0.815 | 0.842 |
| 2000 | 0.432 | 0.459 | 0.487 | 0.515 | 0.543 | 0.570 | 0.598 | 0.626 | 0.654 | 0.681 | 0.709 | 0.737 | 0.765 | 0.792 | 0.820 | 0.848 | 0.876 |
| 2200 | 0.464 | 0.493 | 0.523 | 0.553 | 0.583 | 0.612 | 0.642 | 0.672 | 0.702 | 0.732 | 0.762 | 0.792 | 0.821 | 0.851 | 0.881 | 0.911 | 0.940 |
| 2400 | 0.493 | 0.525 | 0.557 | 0.589 | 0.621 | 0.652 | 0.684 | 0.716 | 0.747 | 0.779 | 0.811 | 0.843 | 0.874 | 0.906 | 0.938 | 0.970 | 1.001 |
| 2600 | 0.521 | 0.555 | 0.589 | 0.622 | 0.656 | 0.689 | 0.723 | 0.756 | 0.790 | 0.823 | 0.857 | 0.890 | 0.992 | 0.957 | 0.991 | 1.024 | 1.058 |
| 2800 | 0.540 | 0.575 | 0.610 | 0.644 | 0.679 | 0.713 | 0.749 | 0.783 | 0.818 | 0.853 | 0.887 | 0.922 | 0.957 | 0.992 | 1.037 | 1.061 | 1.096 |
| 3000 | 0.564 | 0.600 | 0.636 | 0.672 | 0.709 | 0.744 | 0.781 | 0.817 | 0.854 | 0.890 | 0.926 | 0.962 | 0.998 | 1.035 | 1.071 | 1.107 | 1.143 |
| 3200 | 0.585 | 0.623 | 0.660 | 0.698 | 0.736 | 0.772 | 0.811 | 0.848 | 0.886 | 0.923 | 0.961 | 0.999 | 1.036 | 1.074 | 1.112 | 1.149 | 1.187 |
| 3400 | 0.604 | 0.643 | 0.682 | 0.721 | 0.760 | 0.798 | 0.837 | 0.876 | 0.915 | 0.954 | 0.993 | 1.032 | 1.070 | 1.109 | 1.148 | 1.187 | 1.226 |
| 3600 | 0.621 | 0.662 | 0.701 | 0.741 | 0.781 | 0.821 | 0.861 | 0.901 | 0.941 | 0.981 | 1.021 | 1.061 | 1.101 | 1.141 | 1.181 | 1.121 | 1.261 |
| 3800 | 0.637 | 0.678 | 0.719 | 0.759 | 0.801 | 0.841 | 0.882 | 0.923 | 0.964 | 1.005 | 1.046 | 1.087 | 1.128 | 1.169 | 1.210 | 1.251 | 1.292 |
| 4000 | 0.650 | 0.692 | 0.734 | 0.775 | 0.817 | 0.858 | 0.901 | 0.942 | 0.984 | 1.026 | 1.068 | 1.110 | 1.151 | 1.193 | 1.235 | 1.277 | 1.318 |
| 4200 | 0.661 | 0.704 | 0.746 | 0.789 | 0.831 | 0.873 | 0.916 | 0.958 | 1.001 | 1.044 | 1.086 | 1.129 | 1.171 | 1.214 | 1.256 | 1.299 | 1.341 |
| 4400 | 0.681 | 0.725 | 0.769 | 0.813 | 0.857 | 0.900 | 0.944 | 0.988 | 1.032 | 1.076 | 1.119 | 1.163 | 1.207 | 1.251 | 1.295 | 1.339 | — |
| 4600 | 0.701 | 0.746 | 0.791 | 0.836 | 0.881 | 0.925 | 0.971 | 1.016 | 1.061 | 1.106 | 1.151 | 1.196 | 1.241 | 1.286 | — | — | — |
| 4800 | 0.719 | 0.765 | 0.811 | 0.858 | 0.904 | 0.949 | 0.996 | 1.042 | 1.089 | 1.135 | 1.181 | 1.228 | — | — | — | — | — |
| 5000 | 0.736 | 0.784 | 0.831 | 0.878 | 0.926 | 0.972 | 1.020 | 1.067 | 1.115 | 1.162 | — | — | — | — | — | — | — |
| 5200 | 0.739 | 0.787 | 0.834 | 0.882 | 0.930 | 0.976 | 1.024 | 1.072 | — | — | — | — | — | — | — | — | — |
| 5400 | 0.753 | 0.802 | 0.850 | 0.899 | 0.947 | 0.995 | — | — | — | — | — | — | — | — | — | — | — |
| 5600 | 0.754 | 0.803 | 0.851 | 0.899 | — | — | — | — | — | — | — | — | — | — | — | — | — |
| 5800 | 0.766 | 0.815 | — | — | — | — | — | — | — | — | — | — | — | — | — | — | — |

| 型号 | T20($b_{s0}$10mm) | | | | | | | | | | | | | | | | |
|---|---|---|---|---|---|---|---|---|---|---|---|---|---|---|---|---|---|
| $n_1$ /(r/min) | $z_1$ | | | | | | | | | | | | | | | | |
| | 33 | 34 | 35 | 36 | 37 | 38 | 39 | 40 | 41 | 42 | 43 | 44 | 45 | 46 | 47 | 48 | 49 |
| | $P_0$/kW | | | | | | | | | | | | | | | | |
| 100 | 0.081 | 0.083 | 0.086 | 0.088 | 0.091 | 0.093 | 0.096 | 0.098 | 0.101 | 0.103 | 0.106 | 0.108 | 0.111 | 0.113 | 0.116 | 0.118 | 0.120 |
| 200 | 0.151 | 0.156 | 0.160 | 0.165 | 0.169 | 0.174 | 0.179 | 0.183 | 0.188 | 0.193 | 0.197 | 0.202 | 0.207 | 0.211 | 0.216 | 0.220 | 0.225 |
| 300 | 0.215 | 0.222 | 0.228 | 0.242 | 0.242 | 0.248 | 0.255 | 0.261 | 0.268 | 0.275 | 0.281 | 0.288 | 0.295 | 0.301 | 0.308 | 0.314 | 0.321 |
| 400 | 0.272 | 0.280 | 0.289 | 0.297 | 0.305 | 0.314 | 0.322 | 0.331 | 0.339 | 0.347 | 0.356 | 0.364 | 0.372 | 0.381 | 0.389 | 0.397 | 0.406 |
| 500 | 0.327 | 0.337 | 0.347 | 0.357 | 0.367 | 0.377 | 0.387 | 0.397 | 0.407 | 0.417 | 0.427 | 0.437 | 0.447 | 0.457 | 0.467 | 0.477 | 0.487 |
| 600 | 0.383 | 0.394 | 0.406 | 0.418 | 0.430 | 0.441 | 0.453 | 0.465 | 0.477 | 0.488 | 0.500 | 0.512 | 0.524 | 0.535 | 0.547 | 0.559 | 0.571 |
| 700 | 0.428 | 0.441 | 0.454 | 0.467 | 0.480 | 0.493 | 0.507 | 0.520 | 0.533 | 0.546 | 0.559 | 0.572 | 0.585 | 0.599 | 0.612 | 0.625 | 0.638 |
| 800 | 0.468 | 0.482 | 0.496 | 0.511 | 0.525 | 0.539 | 0.554 | 0.568 | 0.582 | 0.597 | 0.611 | 0.626 | 0.640 | 0.654 | 0.669 | 0.683 | 0.697 |
| 900 | 0.502 | 0.518 | 0.533 | 0.548 | 0.564 | 0.579 | 0.592 | 0.610 | 0.626 | 0.641 | 0.656 | 0.672 | 0.687 | 0.703 | 0.718 | 0.733 | 0.749 |
| 1000 | 0.531 | 0.548 | 0.564 | 0.580 | 0.597 | 0.613 | 0.629 | 0.646 | 0.662 | 0.678 | 0.695 | 0.711 | 0.727 | 0.744 | 0.760 | 0.776 | 0.793 |

（续）

| 型号 | T20( $b_{s0}$ 10mm) | | | | | | | | | | | | | | | | |
|---|---|---|---|---|---|---|---|---|---|---|---|---|---|---|---|---|---|
| $n_1$ /(r/min) | $z_1$ | | | | | | | | | | | | | | | | |
| | 33 | 34 | 35 | 36 | 37 | 38 | 39 | 40 | 41 | 42 | 43 | 44 | 45 | 46 | 47 | 48 | 49 |
| | $P_0$/kW | | | | | | | | | | | | | | | | |
| 1100 | 0.579 | 0.596 | 0.614 | 0.632 | 0.650 | 0.668 | 0.685 | 0.703 | 0.721 | 0.749 | 0.756 | 0.774 | 0.792 | 0.810 | 0.828 | 0.845 | 0.863 |
| 1200 | 0.618 | 0.638 | 0.656 | 0.676 | 0.695 | 0.713 | 0.733 | 0.752 | 0.770 | 0.789 | 0.809 | 0.827 | 0.846 | 0.866 | 0.884 | 0.903 | 0.923 |
| 1300 | 0.663 | 0.684 | 0.704 | 0.724 | 0.745 | 0.765 | 0.785 | 0.806 | 0.826 | 0.846 | 0.867 | 0.887 | 0.908 | 0.928 | 0.948 | 0.969 | 0.989 |
| 1400 | 0.699 | 0.721 | 0.742 | 0.764 | 0.785 | 0.807 | 0.828 | 0.850 | 0.871 | 0.893 | 0.914 | 0.936 | 0.957 | 0.979 | 1.000 | 1.021 | 1.043 |
| 1500 | 0.733 | 0.756 | 0.778 | 0.801 | 0.823 | 0.846 | 0.869 | 0.891 | 0.913 | 0.936 | 0.959 | 0.981 | 1.004 | 1.026 | 1.049 | 1.071 | 1.094 |
| 1600 | 0.765 | 0.789 | 0.812 | 0.836 | 0.859 | 0.883 | 0.906 | 0.930 | 0.953 | 0.977 | 1.000 | 1.024 | 1.047 | 1.071 | 1.094 | 1.118 | 1.141 |
| 1700 | 0.804 | 0.829 | 0.853 | 0.878 | 0.903 | 0.927 | 0.952 | 0.977 | 1.001 | 1.026 | 1.051 | 1.076 | 1.100 | 1.125 | 1.150 | 1.174 | 1.199 |
| 1800 | 0.842 | 0.868 | 0.893 | 0.919 | 0.945 | 0.971 | 0.997 | 1.023 | 1.048 | 1.074 | 1.100 | 1.126 | 1.152 | 1.178 | 1.204 | 1.229 | 1.255 |
| 1900 | 0.868 | 0.895 | 0.922 | 0.948 | 0.975 | 1.002 | 1.028 | 1.055 | 1.082 | 1.108 | 1.135 | 1.162 | 1.188 | 1.215 | 1.242 | 1.268 | 1.295 |
| 2000 | 0.903 | 0.931 | 0.959 | 0.987 | 1.014 | 1.042 | 1.070 | 1.098 | 1.125 | 1.153 | 1.181 | 1.209 | 1.236 | 1.264 | 1.292 | 1.319 | 1.347 |
| 2200 | 0.970 | 1.000 | 1.030 | 1.060 | 1.090 | 1.119 | 1.149 | 1.179 | 1.209 | 1.238 | 1.268 | 1.298 | 1.328 | 1.358 | 1.388 | 1.417 | 1.447 |
| 2400 | 1.033 | 1.065 | 1.096 | 1.128 | 1.160 | 1.192 | 1.223 | 1.255 | 1.287 | 1.318 | 1.350 | 1.382 | 1.414 | 1.446 | 1.477 | 1.509 | 1.541 |
| 2600 | 1.091 | 1.125 | 1.158 | 1.192 | 1.226 | 1.259 | 1.293 | 1.326 | 1.360 | 1.393 | 1.427 | 1.460 | 1.494 | 1.527 | 1.561 | 1.594 | 1.628 |
| 2800 | 1.131 | 1.165 | 1.200 | 1.235 | 1.270 | 1.304 | 1.339 | 1.374 | 1.409 | 1.443 | 1.478 | 1.513 | 1.547 | 1.582 | 1.617 | — | — |
| 3000 | 1.179 | 1.216 | 1.252 | 1.288 | 1.325 | 1.361 | 1.397 | 1.433 | 1.469 | 1.506 | 1.542 | 1.578 | 1.614 | — | — | — | — |
| 3200 | 1.224 | 1.262 | 1.299 | 1.337 | 1.375 | 1.412 | 1.450 | 1.488 | 1.525 | 1.563 | 1.600 | — | — | — | — | — | — |
| 3400 | 1.264 | 1.304 | 1.342 | 1.381 | 1.420 | 1.459 | 1.498 | 1.537 | 1.575 | — | — | — | — | — | — | — | — |
| 3600 | 1.301 | 1.341 | 1.381 | 1.421 | 1.461 | 1.500 | 1.541 | — | — | — | — | — | — | — | — | — | — |
| 3800 | 1.332 | 1.374 | 1.414 | 1.456 | 1.496 | — | — | — | — | — | — | — | — | — | — | — | — |
| 4000 | 1.360 | 1.402 | 1.444 | — | — | — | — | — | — | — | — | — | — | — | — | — | — |
| 4200 | 1.383 | — | — | — | — | — | — | — | — | — | — | — | — | — | — | — | — |

| 型号 | T20( $b_{s0}$ 10mm) | | | | | | | | | | | | | | | | |
|---|---|---|---|---|---|---|---|---|---|---|---|---|---|---|---|---|---|
| $n_1$ /(r/min) | $z_1$ | | | | | | | | | | | | | | | | |
| | 50 | 51 | 52 | 53 | 54 | 55 | 56 | 57 | 58 | 59 | 60 | 61 | 62 | 63 | 64 | 65 | 66 |
| | $P_0$/kW | | | | | | | | | | | | | | | | |
| 100 | 0.123 | 0.125 | 0.128 | 0.130 | 0.133 | 0.135 | 0.138 | 0.140 | 0.145 | 0.145 | 0.148 | 0.150 | 0.153 | 0.155 | 0.158 | 0.160 | 0.163 |
| 200 | 0.230 | 0.234 | 0.239 | 0.244 | 0.248 | 0.253 | 0.258 | 0.262 | 0.267 | 0.271 | 0.276 | 0.281 | 0.285 | 0.290 | 0.294 | 0.298 | 0.303 |
| 300 | 0.328 | 0.334 | 0.341 | 0.347 | 0.354 | 0.361 | 0.367 | 0.374 | 0.380 | 0.387 | 0.394 | 0.400 | 0.406 | 0.413 | 0.419 | 0.425 | 0.431 |
| 400 | 0.414 | 0.442 | 0.431 | 0.439 | 0.448 | 0.456 | 0.464 | 0.473 | 0.481 | 0.489 | 0.498 | 0.506 | 0.516 | 0.525 | 0.533 | 0.542 | 0.550 |
| 500 | 0.497 | 0.507 | 0.518 | 0.528 | 0.538 | 0.548 | 0.558 | 0.568 | 0.578 | 0.588 | 0.598 | 0.608 | 0.618 | 0.627 | 0.637 | 0.647 | 0.657 |
| 600 | 0.582 | 0.594 | 0.606 | 0.618 | 0.629 | 0.641 | 0.653 | 0.665 | 0.676 | 0.688 | 0.700 | 0.712 | 0.723 | 0.735 | 0.747 | 0.758 | 0.770 |
| 700 | 0.651 | 0.664 | 0.677 | 0.691 | 0.704 | 0.717 | 0.730 | 0.743 | 0.756 | 0.769 | 0.783 | 0.796 | 0.809 | 0.822 | 0.834 | 0.847 | 0.860 |
| 800 | 0.712 | 0.726 | 0.741 | 0.755 | 0.769 | 0.784 | 0.798 | 0.812 | 0.827 | 0.841 | 0.855 | 0.870 | 0.855 | 0.899 | 0.914 | 0.929 | 0.943 |
| 900 | 0.764 | 0.780 | 0.795 | 0.811 | 0.826 | 0.842 | 0.857 | 0.872 | 0.888 | 0.903 | 0.919 | 0.934 | 0.950 | 0.965 | 0.981 | 0.996 | 1.012 |
| 1000 | 0.809 | 0.825 | 0.842 | 0.858 | 0.874 | 0.891 | 0.907 | 0.923 | 0.939 | 0.956 | 0.972 | 0.988 | 1.004 | 1.020 | 1.036 | 1.053 | 1.069 |
| 1100 | 0.881 | 0.899 | 0.916 | 0.934 | 0.952 | 0.970 | 0.987 | 1.005 | 1.023 | 1.041 | 1.059 | 1.076 | 1.094 | 1.111 | 1.129 | 1.147 | 1.165 |
| 1200 | 0.941 | 0.960 | 0.980 | 0.999 | 1.017 | 1.037 | 1.056 | 1.074 | 1.094 | 1.113 | 1.131 | 1.150 | 1.169 | 1.187 | 1.207 | 1.226 | 1.244 |
| 1300 | 1.009 | 1.030 | 1.030 | 1.107 | 1.091 | 1.111 | 1.132 | 1.152 | 1.172 | 1.193 | 1.213 | 1.233 | 1.253 | 1.273 | 1.293 | 1.314 | 1.334 |
| 1400 | 1.064 | 1.086 | 1.086 | 1.129 | 1.150 | 1.172 | 1.193 | 1.215 | 1.236 | 1.258 | 1.279 | 1.301 | 1.322 | 1.344 | 1.305 | 1.387 | 1.408 |
| 1500 | 1.116 | 1.139 | 1.139 | 1.184 | 1.206 | 1.229 | 1.251 | 1.274 | 1.296 | 1.319 | 1.341 | 1.364 | 1.386 | 1.408 | 1.431 | 1.454 | 1.476 |

（续）

| 型号 | T20（$b_{s0}$10mm） | | | | | | | | | | | | | | | | |
|---|---|---|---|---|---|---|---|---|---|---|---|---|---|---|---|---|---|
| $n_1$ /(r/min) | $z_1$ | | | | | | | | | | | | | | | | |
| | 50 | 51 | 52 | 53 | 54 | 55 | 56 | 57 | 58 | 59 | 60 | 61 | 62 | 63 | 64 | 65 | 66 |
| | $P_0$/kW | | | | | | | | | | | | | | | | |
| 1600 | 1.165 | 1.188 | 1.188 | 1.235 | 1.259 | 1.282 | 1.306 | 1.329 | 1.353 | 1.376 | 1.400 | 1.423 | 1.447 | 1.470 | 1.494 | 1.517 | 1.541 |
| 1700 | 1.224 | 1.248 | 1.248 | 1.298 | 1.323 | 1.347 | 1.372 | 1.397 | 1.421 | 1.446 | 1.471 | 1.495 | 1.519 | 1.544 | 1.569 | 1.593 | 1.618 |
| 1800 | 1.281 | 1.307 | 1.307 | 1.359 | 1.385 | 1.411 | 1.436 | 1.462 | 1.488 | 1.514 | 1.540 | 1.566 | 1.592 | 1.618 | 1.643 | 1.668 | — |
| 1900 | 1.322 | 1.347 | 1.348 | 1.402 | 1.428 | 1.455 | 1.482 | 1.508 | 1.535 | 1.562 | 1.588 | 1.615 | — | — | — | — | — |
| 2000 | 1.375 | 1.403 | 1.403 | 1.458 | 1.486 | 1.514 | 1.542 | 1.569 | 1.597 | 1.625 | 1.652 | 1.680 | — | — | — | — | — |
| 2200 | 1.477 | 1.507 | 1.507 | 1.566 | 1.596 | 1.626 | 1.656 | 1.686 | — | — | — | — | — | — | — | — | — |
| 2400 | 1.572 | 1.604 | 1.604 | 1.668 | — | — | — | — | — | — | — | — | — | — | — | — | — |

| 型号 | T20（$b_{s0}$10mm） | | | | | | | | | | | | | | | | |
|---|---|---|---|---|---|---|---|---|---|---|---|---|---|---|---|---|---|
| $n_1$ /(r/min) | $z_1$ | | | | | | | | | | | | | | | | |
| | 67 | 68 | 69 | 70 | 71 | 72 | 73 | 74 | 75 | 76 | 77 | 78 | 79 | 80 | 81 | 82 | 83 |
| | $P_0$/kW | | | | | | | | | | | | | | | | |
| 100 | 0.165 | 0.168 | 0.170 | 0.173 | 0.175 | 0.177 | 0.180 | 0.182 | 0.185 | 0.187 | 0.189 | 0.193 | 0.195 | 0.198 | 0.200 | 0.203 | 0.205 |
| 200 | 0.308 | 0.314 | 0.319 | 0.323 | 0.327 | 0.332 | 0.337 | 0.341 | 0.346 | 0.351 | 0.355 | 0.360 | 0.365 | 0.369 | 0.373 | 0.378 | 0.383 |
| 300 | 0.438 | 0.445 | 0.451 | 0.457 | 0.464 | 0.470 | 0.477 | 0.483 | 0.490 | 0.496 | 0.503 | 0.509 | 0.516 | 0.522 | 0.529 | 0.535 | 0.542 |
| 400 | 0.558 | 0.567 | 0.575 | 0.583 | 0.591 | 0.599 | 0.607 | 0.615 | 0.623 | 0.631 | 0.639 | 0.647 | 0.653 | 0.662 | 0.670 | 0.679 | 0.687 |
| 500 | 0.667 | 0.687 | 0.698 | 0.697 | 0.707 | 0.717 | 0.727 | 0.737 | 0.747 | 0.757 | 0.767 | 0.777 | 0.787 | 0.797 | 0.807 | 0.817 | 0.827 |
| 600 | 0.782 | 0.794 | 0.806 | 0.817 | 0.829 | 0.841 | 0.853 | 0.864 | 0.876 | 0.888 | 0.899 | 0.911 | 0.923 | 0.935 | 0.946 | 0.958 | 0.970 |
| 700 | 0.872 | 0.885 | 0.898 | 0.911 | 0.924 | 0.937 | 0.949 | 0.962 | 0.975 | 0.988 | 1.001 | 1.014 | 1.027 | 1.040 | 1.053 | 1.066 | 1.079 |
| 800 | 0.958 | 0.973 | 0.987 | 1.002 | 1.016 | 1.030 | 1.044 | 1.058 | 1.072 | 1.086 | 1.100 | 1.114 | 1.128 | 1.142 | 1.156 | 1.170 | 1.184 |
| 900 | 1.027 | 1.042 | 1.057 | 1.072 | 1.087 | 1.102 | 1.118 | 1.133 | 1.148 | 1.163 | 1.178 | 1.193 | 1.208 | 1.225 | 1.240 | 1.254 | 1.268 |
| 1000 | 1.085 | 1.101 | 1.118 | 1.134 | 1.150 | 1.167 | 1.183 | 1.199 | 1.215 | 1.231 | 1.247 | 1.254 | 1.270 | 1.286 | 1.302 | 1.319 | 1.335 |
| 1100 | 1.183 | 1.200 | 1.218 | 1.236 | 1.253 | 1.271 | 1.289 | 1.307 | 1.324 | 1.342 | 1.360 | 1.377 | 1.395 | 1.412 | 1.430 | 1.448 | 1.466 |
| 1200 | 1.264 | 1.283 | 1.301 | 1.321 | 1.340 | 1.359 | 1.378 | 1.397 | 1.416 | 1.435 | 1.454 | 1.473 | 1.492 | 1.509 | 1.528 | 1.547 | 1.566 |
| 1300 | 1.354 | 1.374 | 1.395 | 1.415 | 1.435 | 1.456 | 1.476 | 1.496 | 1.516 | 1.537 | 1.557 | 1.577 | 1.597 | 1.617 | 1.637 | 1.658 | 1.678 |
| 1400 | 1.430 | 1.451 | 1.473 | 1.494 | 1.516 | 1.537 | 1.559 | 1.580 | 1.602 | 1.624 | 1.645 | 1.667 | 1.688 | 1.709 | 1.731 | 1.753 | 1.774 |
| 1500 | 1.499 | 1.521 | 1.544 | 1.566 | 1.589 | 1.611 | 1.634 | 1.656 | 1.679 | 1.701 | 1.724 | 1.746 | 1.769 | 1.791 | — | — | — |
| 1600 | 1.564 | 1.588 | 1.611 | 1.635 | 1.658 | 1.682 | 1.705 | 1.729 | 1.753 | — | — | — | — | — | — | — | — |
| 1700 | 1.642 | 1.666 | 1.691 | 1.715 | — | — | — | — | — | — | — | — | — | — | — | — | — |

| 型号 | T20（$b_{s0}$10mm） | | | | | | | | | | | | | | | | |
|---|---|---|---|---|---|---|---|---|---|---|---|---|---|---|---|---|---|
| $n_1$ /(r/min) | $z_1$ | | | | | | | | | | | | | | | | |
| | 84 | 85 | 86 | 87 | 88 | 89 | 90 | 91 | 92 | 93 | 94 | 95 | 96 | 97 | 98 | 99 | 100 |
| | $P_0$/kW | | | | | | | | | | | | | | | | |
| 100 | 0.208 | 0.210 | 0.213 | 0.215 | 0.218 | 0.220 | 0.223 | 0.225 | 0.228 | 0.230 | 0.233 | 0.235 | 0.238 | 0.240 | 0.243 | 0.245 | 0.248 |
| 200 | 0.387 | 0.391 | 0.396 | 0.401 | 0.406 | 0.410 | 0.415 | 0.420 | 0.424 | 0.429 | 0.434 | 0.439 | 0.443 | 0.448 | 0.452 | 0.457 | 0.462 |
| 300 | 0.548 | 0.555 | 0.561 | 0.568 | 0.574 | 0.580 | 0.586 | 0.593 | 0.599 | 0.606 | 0.617 | 0.619 | 0.626 | 0.633 | 0.639 | 0.646 | 0.650 |
| 400 | 0.695 | 0.703 | 0.711 | 0.720 | 0.729 | 0.738 | 0.746 | 0.754 | 0.762 | 0.770 | 0.778 | 0.786 | 0.794 | 0.802 | 0.810 | 0.818 | 0.826 |
| 500 | 0.837 | 0.847 | 0.857 | 0.867 | 0.877 | 0.887 | 0.897 | 0.907 | 0.917 | 0.927 | 0.937 | 0.947 | 0.957 | 0.967 | 0.977 | 0.987 | 0.997 |
| 600 | 0.981 | 0.993 | 1.005 | 1.016 | 1.027 | 1.038 | 1.050 | 1.062 | 1.073 | 1.084 | 1.096 | 1.107 | 1.118 | 1.129 | 1.140 | 1.151 | 1.162 |
| 700 | 1.092 | 1.105 | 1.118 | 1.131 | 1.154 | 1.167 | 1.170 | 1.183 | 1.196 | 1.209 | 1.222 | 1.235 | 1.248 | 1.261 | 1.274 | 1.287 | 1.300 |
| 800 | 1.198 | 1.212 | 1.226 | 1.240 | 1.254 | 1.268 | 1.282 | 1.296 | 1.310 | 1.324 | 1.338 | 1.352 | 1.366 | 1.380 | 1.394 | 1.408 | 1.422 |
| 900 | 1.282 | 1.297 | 1.311 | 1.326 | 1.340 | 1.355 | 1.369 | 1.383 | 1.397 | 1.412 | 1.427 | 1.442 | 1.456 | 1.471 | 1.496 | 1.510 | 1.525 |
| 1000 | 1.351 | 1.367 | 1.383 | 1.399 | 1.416 | 1.432 | 1.448 | 1.464 | 1.480 | 1.496 | 1.512 | 1.528 | 1.544 | 1.560 | 1.576 | 1.592 | 1.608 |
| 1100 | 1.484 | 1.502 | 1.520 | 1.537 | 1.555 | 1.573 | 1.591 | 1.608 | 1.626 | 1.644 | 1.661 | 1.679 | 1.697 | 1.715 | 1.732 | 1.749 | 1.767 |
| 1200 | 1.585 | 1.604 | 1.623 | 1.642 | 1.661 | 1.680 | 1.699 | 1.718 | 1.737 | 1.756 | 1.775 | 1.794 | 1.813 | 1.832 | 1.851 | 1.870 | 1.889 |
| 1300 | 1.698 | 1.718 | 1.738 | 1.758 | 1.778 | 1.798 | 1.818 | 1.838 | 1.858 | — | — | — | — | — | — | — | — |
| 1400 | 1.796 | 1.818 | — | — | — | — | — | — | — | — | — | — | — | — | — | — | — |

表4.1-73　圆弧同步带的基本额定功率（GB/T 7512.3—1994）

| 型号 | $n_1$/(r/min) | $z_1$ | 10 | 12 | 14 | 16 | 18 | 20 | 24 | 28 | 32 | 40 | 48 | 56 | 64 | 72 | 80 |
|---|---|---|---|---|---|---|---|---|---|---|---|---|---|---|---|---|---|
| | | $d_1$/mm | 9.55 | 11.46 | 13.37 | 15.28 | 17.19 | 19.10 | 22.92 | 26.74 | 30.56 | 38.20 | 45.48 | 53.48 | 61.12 | 68.75 | 76.39 |
| | | $P_0$/kW | | | | | | | | | | | | | | | |
| 3M | 20 | | 0.001 | 0.001 | 0.001 | 0.001 | 0.002 | 0.002 | 0.002 | 0.003 | 0.003 | 0.004 | 0.006 | 0.007 | 0.008 | 0.008 | 0.009 |
| | 40 | | 0.002 | 0.002 | 0.002 | 0.003 | 0.003 | 0.003 | 0.004 | 0.005 | 0.006 | 0.009 | 0.011 | 0.013 | 0.015 | 0.017 | 0.019 |
| | 60 | | 0.002 | 0.003 | 0.003 | 0.004 | 0.005 | 0.005 | 0.007 | 0.008 | 0.010 | 0.013 | 0.017 | 0.020 | 0.023 | 0.025 | 0.028 |
| | 100 | | 0.004 | 0.005 | 0.006 | 0.007 | 0.008 | 0.009 | 0.011 | 0.013 | 0.016 | 0.021 | 0.028 | 0.033 | 0.038 | 0.042 | 0.047 |
| | 200 | | 0.008 | 0.010 | 0.011 | 0.013 | 0.015 | 0.017 | 0.022 | 0.027 | 0.032 | 0.043 | 0.055 | 0.066 | 0.075 | 0.084 | 0.094 |
| | 300 | | 0.011 | 0.013 | 0.016 | 0.018 | 0.021 | 0.024 | 0.030 | 0.036 | 0.043 | 0.058 | 0.074 | 0.087 | 0.100 | 0.112 | 0.125 |
| | 400 | | 0.013 | 0.016 | 0.019 | 0.023 | 0.026 | 0.030 | 0.037 | 0.045 | 0.053 | 0.071 | 0.090 | 0.107 | 0.122 | 0.138 | 0.153 |
| | 500 | | 0.016 | 0.019 | 0.023 | 0.027 | 0.031 | 0.035 | 0.044 | 0.053 | 0.062 | 0.083 | 0.106 | 0.125 | 0.143 | 0.161 | 0.179 |
| | 600 | | 0.018 | 0.022 | 0.027 | 0.031 | 0.035 | 0.040 | 0.050 | 0.060 | 0.071 | 0.095 | 0.120 | 0.142 | 0.163 | 0.183 | 0.203 |
| | 700 | | 0.020 | 0.025 | 0.030 | 0.035 | 0.040 | 0.045 | 0.056 | 0.068 | 0.080 | 0.106 | 0.134 | 0.159 | 0.181 | 0.204 | 0.227 |
| | 800 | | 0.023 | 0.028 | 0.033 | 0.039 | 0.044 | 0.050 | 0.062 | 0.075 | 0.088 | 0.117 | 0.148 | 0.174 | 0.199 | 0.224 | 0.249 |
| | 870 | | 0.024 | 0.030 | 0.035 | 0.041 | 0.047 | 0.053 | 0.066 | 0.080 | 0.094 | 0.124 | 0.157 | 0.185 | 0.211 | 0.238 | 0.264 |
| | 900 | | 0.025 | 0.030 | 0.036 | 0.042 | 0.048 | 0.055 | 0.068 | 0.082 | 0.096 | 0.127 | 0.160 | 0.189 | 0.216 | 0.243 | 0.270 |
| | 1000 | | 0.027 | 0.033 | 0.039 | 0.046 | 0.052 | 0.059 | 0.073 | 0.088 | 0.104 | 0.137 | 0.173 | 0.204 | 0.233 | 0.262 | 0.291 |
| | 1160 | | 0.030 | 0.037 | 0.044 | 0.051 | 0.059 | 0.066 | 0.082 | 0.099 | 0.116 | 0.153 | 0.192 | 0.226 | 0.258 | 0.291 | 0.323 |
| | 1200 | | 0.031 | 0.038 | 0.045 | 0.052 | 0.060 | 0.068 | 0.084 | 0.101 | 0.119 | 0.156 | 0.197 | 0.232 | 0.265 | 0.298 | 0.330 |
| | 1400 | | 0.035 | 0.043 | 0.051 | 0.059 | 0.068 | 0.076 | 0.094 | 0.113 | 0.133 | 0.175 | 0.219 | 0.258 | 0.295 | 0.331 | 0.368 |
| | 1450 | | 0.036 | 0.044 | 0.052 | 0.061 | 0.069 | 0.078 | 0.097 | 0.116 | 0.137 | 0.179 | 0.225 | 0.264 | 0.302 | 0.339 | 0.377 |
| | 1600 | | 0.039 | 0.047 | 0.056 | 0.065 | 0.075 | 0.084 | 0.104 | 0.125 | 0.147 | 0.192 | 0.241 | 0.283 | 0.323 | 0.363 | 0.403 |
| | 1750 | | 0.042 | 0.051 | 0.060 | 0.070 | 0.080 | 0.090 | 0.112 | 0.134 | 0.157 | 0.205 | 0.256 | 0.301 | 0.344 | 0.386 | 0.429 |
| | 1800 | | 0.042 | 0.052 | 0.062 | 0.072 | 0.082 | 0.092 | 0.114 | 0.136 | 0.160 | 0.209 | 0.261 | 0.307 | 0.351 | 0.394 | 0.437 |
| | 2000 | | 0.046 | 0.056 | 0.067 | 0.077 | 0.089 | 0.100 | 0.123 | 0.148 | 0.173 | 0.226 | 0.281 | 0.331 | 0.377 | 0.423 | 0.469 |
| | 2400 | | 0.053 | 0.065 | 0.077 | 0.089 | 0.102 | 0.115 | 0.141 | 0.169 | 0.197 | 0.257 | 0.319 | 0.375 | 0.427 | 0.479 | 0.530 |
| | 2800 | | 0.060 | 0.073 | 0.086 | 0.100 | 0.114 | 0.129 | 0.158 | 0.189 | 0.221 | 0.287 | 0.355 | 0.416 | 0.474 | 0.530 | 0.586 |
| | 3200 | | 0.066 | 0.081 | 0.096 | 0.111 | 0.126 | 0.142 | 0.175 | 0.209 | 0.243 | 0.315 | 0.389 | 0.455 | 0.517 | 0.578 | 0.638 |
| | 3600 | | 0.073 | 0.088 | 0.105 | 0.121 | 0.138 | 0.155 | 0.191 | 0.227 | 0.265 | 0.342 | 0.421 | 0.492 | 0.558 | 0.622 | 0.685 |
| | 4000 | | 0.079 | 0.096 | 0.113 | 0.131 | 0.150 | 0.168 | 0.206 | 0.245 | 0.285 | 0.368 | 0.451 | 0.526 | 0.596 | 0.663 | 0.727 |
| | 5000 | | 0.094 | 0.114 | 0.134 | 0.155 | 0.177 | 0.198 | 0.243 | 0.288 | 0.334 | 0.427 | 0.521 | 0.603 | 0.678 | 0.749 | 0.814 |
| | 6000 | | 0.108 | 0.131 | 0.154 | 0.178 | 0.202 | 0.227 | 0.277 | 0.327 | 0.378 | 0.481 | 0.581 | 0.667 | 0.743 | 0.812 | 0.871 |
| | 7000 | | 0.121 | 0.147 | 0.173 | 0.200 | 0.227 | 0.254 | 0.309 | 0.364 | 0.419 | 0.528 | 0.631 | 0.718 | 0.790 | 0.850 | 0.896 |
| | 8000 | | 0.134 | 0.163 | 0.191 | 0.221 | 0.250 | 0.279 | 0.339 | 0.398 | 0.456 | 0.569 | 0.673 | 0.754 | 0.816 | 0.861 | 0.885 |
| | 10000 | | 0.159 | 0.192 | 0.226 | 0.259 | 0.293 | 0.326 | 0.393 | 0.457 | 0.519 | 0.631 | 0.724 | 0.781 | 0.804 | 0.792 | 0.729 |
| | 12000 | | 0.182 | 0.220 | 0.257 | 0.295 | 0.332 | 0.368 | 0.438 | 0.505 | 0.566 | 0.666 | 0.729 | 0.739 | 0.691 | 0.582 | — |
| | 14000 | | 0.204 | 0.245 | 0.286 | 0.327 | 0.366 | 0.404 | 0.476 | 0.541 | 0.596 | 0.670 | 0.683 | 0.616 | — | — | — |

（续）

型号 5M　　$P_0$/kW

| $n_1$/(r/min) \ $z_1$ | 14 | 16 | 18 | 20 | 24 | 28 | 32 | 36 | 40 | 44 | 48 | 56 | 64 | 72 | 80 |
|---|---|---|---|---|---|---|---|---|---|---|---|---|---|---|---|
| $d_1$/mm | 22.28 | 25.46 | 28.65 | 31.83 | 38.20 | 44.56 | 50.93 | 57.30 | 63.66 | 70.03 | 76.39 | 89.13 | 101.86 | 114.59 | 127.32 |
| 20 | 0.004 | 0.005 | 0.6 | 0.7 | 0.9 | 0.11 | 0.13 | 0.15 | 0.17 | 0.20 | 0.23 | 0.27 | 0.31 | 0.34 | 0.38 |
| 40 | 0.009 | 0.11 | 0.12 | 0.14 | 0.18 | 0.21 | 0.26 | 0.30 | 0.35 | 0.40 | 0.45 | 0.54 | 0.61 | 0.69 | 0.77 |
| 60 | 0.013 | 0.16 | 0.18 | 0.21 | 0.26 | 0.32 | 0.38 | 0.45 | 0.52 | 0.60 | 0.68 | 0.80 | 0.92 | 0.103 | 0.115 |
| 100 | 0.022 | 0.26 | 0.30 | 0.35 | 0.44 | 0.54 | 0.64 | 0.75 | 0.87 | 0.100 | 0.113 | 0.134 | 0.153 | 0.172 | 0.192 |
| 200 | 0.045 | 0.53 | 0.61 | 0.69 | 0.88 | 0.107 | 0.128 | 0.150 | 0.174 | 0.199 | 0.226 | 0.268 | 0.306 | 0.345 | 0.383 |
| 300 | 0.061 | 0.72 | 0.83 | 0.94 | 0.119 | 0.145 | 0.172 | 0.202 | 0.233 | 0.266 | 0.300 | 0.356 | 0.407 | 0.458 | 0.509 |
| 400 | 0.076 | 0.90 | 0.103 | 0.117 | 0.147 | 0.179 | 0.213 | 0.249 | 0.286 | 0.326 | 0.368 | 0.436 | 0.498 | 0.561 | 0.623 |
| 500 | 0.091 | 0.106 | 0.122 | 0.139 | 0.174 | 0.211 | 0.251 | 0.292 | 0.336 | 0.382 | 0.430 | 0.510 | 0.583 | 0.656 | 0.728 |
| 600 | 0.104 | 0.122 | 0.140 | 0.159 | 0.199 | 0.241 | 0.286 | 0.334 | 0.383 | 0.435 | 0.489 | 0.580 | 0.662 | 0.745 | 0.827 |
| 700 | 0.117 | 0.137 | 0.158 | 0.179 | 0.223 | 0.271 | 0.321 | 0.373 | 0.428 | 0.485 | 0.545 | 0.646 | 0.738 | 0.829 | 0.921 |
| 800 | 0.130 | 0.152 | 0.174 | 0.198 | 0.247 | 0.299 | 0.353 | 0.411 | 0.471 | 0.533 | 0.598 | 0.709 | 0.809 | 0.910 | 1.010 |
| 870 | 0.139 | 0.162 | 0.186 | 0.211 | 0.263 | 0.318 | 0.376 | 0.437 | 0.500 | 0.566 | 0.634 | 0.751 | 0.858 | 0.965 | 1.071 |
| 900 | 0.142 | 0.166 | 0.191 | 0.216 | 0.269 | 0.326 | 0.385 | 0.447 | 0.512 | 0.580 | 0.650 | 0.769 | 0.879 | 0.987 | 1.096 |
| 1000 | 0.154 | 0.180 | 0.206 | 0.234 | 0.291 | 0.352 | 0.416 | 0.483 | 0.552 | 0.625 | 0.699 | 0.828 | 0.945 | 1.062 | 1.178 |
| 1160 | 0.173 | 0.201 | 0.231 | 0.262 | 0.326 | 0.393 | 0.464 | 0.537 | 0.614 | 0.694 | 0.776 | 0.918 | 1.047 | 1.176 | 1.304 |
| 1200 | 0.177 | 0.207 | 0.237 | 0.268 | 0.334 | 0.403 | 0.475 | 0.551 | 0.629 | 0.710 | 0.794 | 0.939 | 1.072 | 1.204 | 1.334 |
| 1400 | 0.199 | 0.232 | 0.266 | 0.301 | 0.375 | 0.451 | 0.532 | 0.615 | 0.702 | 0.791 | 0.884 | 1.044 | 1.191 | 1.336 | 1.480 |
| 1450 | 0.205 | 0.239 | 0.274 | 0.309 | 0.384 | 0.463 | 0.545 | 0.631 | 0.771 | 0.811 | 0.905 | 1.071 | 1.220 | 1.368 | 1.515 |
| 1600 | 0.221 | 0.257 | 0.295 | 0.333 | 0.414 | 0.498 | 0.586 | 0.677 | 0.822 | 0.869 | 0.969 | 1.144 | 1.303 | 1.461 | 1.617 |
| 1750 | 0.236 | 0.275 | 0.315 | 0.356 | 0.442 | 0.532 | 0.625 | 0.722 | 0.838 | 0.925 | 1.030 | 1.215 | 1.384 | 1.550 | 1.713 |
| 1800 | 0.242 | 0.281 | 0.322 | 0.364 | 0.451 | 0.563 | 0.638 | 0.736 | 0.902 | 0.943 | 1.050 | 1.239 | 1.410 | 1.578 | 1.745 |
| 2000 | 0.262 | 0.305 | 0.349 | 0.394 | 0.488 | 0.586 | 0.688 | 0.794 | 1.024 | 1.014 | 1.128 | 1.329 | 1.511 | 1.689 | 1.864 |
| 2400 | 0.301 | 0.350 | 0.400 | 0.451 | 0.558 | 0.669 | 0.784 | 0.902 | 1.137 | 1.148 | 1.274 | 1.479 | 1.697 | 1.891 | 2.079 |
| 2800 | 0.338 | 0.393 | 0.449 | 0.506 | 0.625 | 0.748 | 0.874 | 1.104 | 1.242 | 1.272 | 1.408 | 1.649 | 1.863 | 2.067 | 2.262 |
| 3200 | 0.374 | 0.434 | 0.496 | 0.559 | 0.688 | 0.822 | 0.960 | 1.100 | 1.340 | 1.386 | 1.531 | 1.786 | 2.008 | 2.217 | 2.411 |
| 3600 | 0.409 | 0.474 | 0.541 | 0.609 | 0.749 | 0.893 | 1.040 | 1.190 | 1.431 | 1.492 | 1.644 | 1.908 | 2.134 | 2.340 | 2.526 |
| 4000 | 0.443 | 0.513 | 0.585 | 0.658 | 0.808 | 0.961 | 1.116 | 1.274 | 1.628 | 1.589 | 1.745 | 2.015 | 2.238 | 2.436 | 2.604 |
| 5000 | 0.523 | 0.605 | 0.688 | 0.772 | 0.943 | 1.115 | 1.288 | 1.459 | 1.778 | 1.792 | 1.951 | 2.212 | 2.402 | 2.541 | 2.623 |
| 6000 | 0.598 | 0.690 | 0.783 | 0.877 | 1.064 | 1.250 | 1.433 | 1.610 | 1.880 | 1.973 | 2.084 | 2.301 | 2.411 | 2.434 | 2.358 |
| 7000 | 0.669 | 0.769 | 0.870 | 0.971 | 1.171 | 1.365 | 1.550 | 1.722 | 1.927 | 2.019 | 2.137 | 2.268 | 2.245 | 2.084 | 1.766 |
| 8000 | 0.735 | 0.843 | 0.950 | 1.057 | 1.264 | 1.459 | 1.637 | 1.794 | 1.842 | 2.031 | 2.101 | 2.100 | 1.882 | — | — |
| 10000 | 0.854 | 0.972 | 1.088 | 1.199 | 1.403 | 1.577 | 1.714 | 1.804 | — | 1.819 | 1.729 | — | — | — | — |
| 12000 | 0.956 | 1.078 | 1.193 | 1.299 | 1.476 | 1.594 | 1.643 | 1.609 | — | — | — | — | — | — | — |
| 14000 | 1.039 | 1.158 | 1.354 | 1.473 | 1.495 | 1.403 | — | — | — | — | — | — | — | — | — |

（续）

| 型号 | $n_1$/(r/min) | $z_1$ | 22 | 24 | 26 | 28 | 30 | 32 | 34 | 36 | 38 | 40 | 44 | 48 | 56 | 64 | 72 | 80 |
|---|---|---|---|---|---|---|---|---|---|---|---|---|---|---|---|---|---|---|
| | | $d_1$/mm | 56.02 | 61.12 | 66.21 | 71.30 | 76.38 | 81.49 | 86.58 | 91.67 | 96.77 | 101.85 | 112.05 | 122.23 | 142.60 | 162.97 | 183.35 | 203.72 |
| | 10 | $P_0$/kW | 0.02 | 0.02 | 0.02 | 0.03 | 0.04 | 0.04 | 0.07 | 0.08 | 0.08 | 0.08 | 0.10 | 0.10 | 0.12 | 0.14 | 0.16 | 0.18 |
| | 20 | | 0.04 | 0.04 | 0.05 | 0.06 | 0.07 | 0.08 | 0.14 | 0.14 | 0.16 | 0.17 | 0.19 | 0.19 | 0.22 | 0.26 | 0.30 | 0.33 |
| | 40 | | 0.07 | 0.09 | 0.10 | 0.12 | 0.14 | 0.16 | 0.25 | 0.27 | 0.29 | 0.31 | 0.34 | 0.37 | 0.42 | 0.48 | 0.54 | 0.60 |
| | 60 | | 0.12 | 0.13 | 0.15 | 0.17 | 0.21 | 0.25 | 0.36 | 0.38 | 0.41 | 0.44 | 0.48 | 0.51 | 0.59 | 0.68 | 0.76 | 0.85 |
| | 100 | | 0.19 | 0.22 | 0.25 | 0.28 | 0.34 | 0.41 | 0.54 | 0.58 | 0.63 | 0.68 | 0.74 | 0.79 | 0.92 | 1.04 | 1.18 | 1.31 |
| | 200 | | 0.37 | 0.41 | 0.47 | 0.55 | 0.66 | 0.78 | 0.96 | 1.04 | 1.12 | 1.21 | 1.31 | 1.42 | 1.63 | 1.86 | 2.08 | 2.31 |
| | 300 | | 0.53 | 0.59 | 0.67 | 0.79 | 0.94 | 1.13 | 1.33 | 1.44 | 1.56 | 1.67 | 1.82 | 1.96 | 2.28 | 2.57 | 2.87 | 3.18 |
| | 400 | | 0.69 | 0.76 | 0.87 | 1.01 | 1.20 | 1.45 | 1.66 | 1.81 | 1.95 | 2.10 | 2.28 | 2.47 | 2.86 | 3.22 | 3.59 | 3.96 |
| | 500 | | 0.83 | 0.92 | 1.04 | 1.20 | 1.43 | 1.73 | 1.96 | 2.15 | 2.33 | 2.50 | 2.72 | 2.94 | 3.39 | 3.82 | 4.24 | 4.67 |
| | 600 | | 0.98 | 1.07 | 1.20 | 1.38 | 1.64 | 1.99 | 2.25 | 2.47 | 2.68 | 2.87 | 3.13 | 3.37 | 3.90 | 4.37 | 4.85 | 5.32 |
| | 700 | | 1.14 | 1.25 | 1.35 | 1.54 | 1.83 | 2.22 | 2.51 | 2.77 | 3.01 | 3.23 | 3.51 | 3.79 | 4.37 | 4.89 | 5.41 | 5.92 |
| | 800 | | 1.31 | 1.42 | 1.54 | 1.69 | 1.99 | 2.41 | 2.75 | 3.05 | 3.32 | 3.56 | 3.86 | 4.18 | 4.82 | 5.38 | 5.92 | 6.46 |
| | 900 | | 1.42 | 1.54 | 1.68 | 1.81 | 2.10 | 2.54 | 2.92 | 3.24 | 3.54 | 3.78 | 4.11 | 4.44 | 5.12 | 5.70 | 6.27 | 6.81 |
| 8M | 1000 | | 1.63 | 1.78 | 1.92 | 2.07 | 2.26 | 2.73 | 3.21 | 3.57 | 3.90 | 4.18 | 4.54 | 4.89 | 5.63 | 6.25 | 6.85 | 7.42 |
| | 1160 | | 1.89 | 2.06 | 2.23 | 2.40 | 2.57 | 2.95 | 3.54 | 3.95 | 4.33 | 4.63 | 5.03 | 5.42 | 6.22 | 6.87 | 7.48 | 8.04 |
| | 1200 | | 1.95 | 2.13 | 2.31 | 2.48 | 2.66 | 3.02 | 3.61 | 4.04 | 4.43 | 4.74 | 5.14 | 5.54 | 6.36 | 7.01 | 7.62 | 8.18 |
| | 1400 | | 2.28 | 2.48 | 2.69 | 2.89 | 3.10 | 3.23 | 3.97 | 4.46 | 4.92 | 5.26 | 5.69 | 6.12 | 7.00 | 7.66 | 8.25 | 8.76 |
| | 1600 | | 2.60 | 2.83 | 3.07 | 3.30 | 3.54 | 3.77 | 4.28 | 4.83 | 5.36 | 5.72 | 6.18 | 6.65 | 7.56 | 8.20 | 8.72 | 9.06 |
| | 1750 | | 2.84 | 3.10 | 3.36 | 3.61 | 3.86 | 4.11 | 4.48 | 5.09 | 5.65 | 6.05 | 6.53 | 7.00 | 7.92 | 8.51 | 8.89 | 9.71 |
| | 2000 | | 3.25 | 3.54 | 3.83 | 4.11 | 4.40 | 4.68 | 4.97 | 5.43 | 6.11 | 6.53 | 7.02 | 7.50 | 8.39 | 8.97 | 9.94 | 10.85 |
| | 2400 | | 3.88 | 4.23 | 4.57 | 4.91 | 5.25 | 5.59 | 5.92 | 6.25 | 6.68 | 7.15 | 7.62 | 8.17 | 9.37 | 10.50 | 11.53 | 12.48 |
| | 2800 | | 4.51 | 4.91 | 5.30 | 5.70 | 6.09 | 6.47 | 6.85 | 7.23 | 7.59 | 7.96 | 8.68 | 9.37 | 10.68 | 11.86 | 12.91 | 13.82 |
| | 3200 | | — | — | 6.63 | 6.47 | 6.90 | 7.33 | 7.75 | 8.17 | 8.58 | 8.97 | 9.75 | 10.50 | 11.86 | 13.05 | 14.05 | 14.81 |
| | 3500 | | — | — | — | — | 7.50 | 7.96 | 8.41 | 8.86 | 9.28 | 9.71 | 10.52 | 11.29 | 12.67 | 13.82 | — | — |
| | 4000 | | — | — | — | — | — | 8.97 | 9.47 | 9.94 | 10.41 | 10.85 | 11.70 | 12.48 | 13.82 | — | — | — |
| | 4500 | | — | — | — | — | — | — | 10.46 | 10.96 | 11.44 | 11.91 | 12.76 | 13.51 | — | — | — | — |
| | 5000 | | — | — | — | — | — | — | — | 11.91 | 12.39 | 12.85 | — | — | — | — | — | — |
| | 5500 | | — | — | — | — | — | — | — | — | 13.23 | 13.67 | — | — | — | — | — | — |

（续）

| 型号 | $n_1$/(r/min) | $z_1$ $d_1$/mm | 28 124.78 | 29 129.23 | 30 133.69 | 32 142.60 | 34 151.52 | 36 160.43 | 38 169.34 | 40 178.25 | 44 196.08 | 48 213.90 | 56 249.55 | 64 285.20 | 72 320.86 | 80 365.51 |
|---|---|---|---|---|---|---|---|---|---|---|---|---|---|---|---|---|
| 14M | 10 | $P_0$/kW | 0.18 | 0.19 | 0.19 | 0.21 | 0.23 | 0.27 | 0.32 | 0.377 | 0.41 | 0.45 | 0.52 | 0.60 | 0.68 | 0.78 |
| | 20 | | 0.37 | 0.38 | 0.39 | 0.42 | 0.46 | 0.53 | 0.63 | 0.75 | 0.83 | 0.90 | 1.05 | 1.20 | 1.35 | 1.57 |
| | 40 | | 0.73 | 0.75 | 0.78 | 0.84 | 0.93 | 1.06 | 1.27 | 1.50 | 1.65 | 1.81 | 2.10 | 2.40 | 2.70 | 3.13 |
| | 60 | | 1.10 | 1.13 | 1.17 | 1.25 | 1.39 | 1.59 | 1.91 | 2.25 | 2.48 | 2.70 | 3.16 | 3.60 | 4.05 | 4.70 |
| | 100 | | 1.83 | 1.89 | 1.95 | 2.08 | 2.32 | 2.65 | 3.18 | 3.75 | 4.13 | 4.51 | 5.25 | 6.01 | 6.75 | 7.83 |
| | 200 | | 3.65 | 3.77 | 3.91 | 4.12 | 4.63 | 5.30 | 6.36 | 7.34 | 8.25 | 9.00 | 10.50 | 12.00 | 13.50 | 15.46 |
| | 300 | | 5.01 | 5.25 | 5.54 | 5.74 | 6.87 | 7.94 | 9.12 | 9.86 | 11.28 | 13.07 | 15.73 | 17.97 | 20.21 | 22.89 |
| | 400 | | 6.14 | 6.51 | 6.90 | 7.24 | 8.57 | 10.44 | 11.21 | 12.09 | 13.71 | 15.73 | 19.36 | 22.29 | 24.63 | 27.04 |
| | 500 | | 7.19 | 7.67 | 8.17 | 8.65 | 10.15 | 12.23 | 13.11 | 14.10 | 15.88 | 18.05 | 22.13 | 25.24 | 27.83 | 30.50 |
| | 600 | | 8.16 | 8.76 | 9.36 | 9.98 | 11.63 | 13.89 | 14.85 | 15.94 | 17.84 | 20.13 | 24.56 | 27.76 | 30.54 | 33.40 |
| | 700 | | 9.08 | 9.78 | 10.48 | 11.25 | 13.02 | 15.43 | 16.46 | 17.64 | 19.64 | 22.01 | 26.71 | 29.93 | 32.85 | 35.83 |
| | 800 | | 9.95 | 10.75 | 11.56 | 12.46 | 14.33 | 16.85 | 17.97 | 19.22 | 21.29 | 23.71 | 28.60 | 31.79 | 34.79 | 37.84 |
| | 870 | | 10.54 | 11.41 | 12.27 | 13.27 | 15.21 | 17.80 | 18.96 | 20.25 | 22.37 | 24.80 | 29.80 | 32.94 | 35.96 | 39.16 |
| | 1000 | | 11.59 | 12.57 | 13.55 | 14.72 | 16.76 | 19.64 | 20.69 | 22.05 | 24.21 | 26.65 | 31.76 | 34.73 | 37.73 | 40.72 |
| | 1160 | | 12.81 | 13.92 | 15.02 | 16.40 | 18.54 | 21.31 | 22.63 | 24.06 | 26.23 | 28.63 | 33.75 | 36.37 | 39.25 | 42.01 |
| | 1200 | | 13.11 | 14.25 | 15.37 | 16.80 | 21.75 | 23.08 | 24.53 | 26.69 | 29.08 | 34.17 | 36.73 | 29.52 | 42.19 | — |
| | 1400 | | 14.53 | 15.79 | 17.05 | 18.70 | 20.94 | 23.77 | 25.17 | 26.67 | 28.79 | 31.06 | 35.90 | 27.87 | 40.21 | 42.28 |
| | 1600 | | 15.78 | 17.24 | 18.59 | 20.45 | 22.72 | 25.54 | 26.98 | 28.51 | 30.53 | 32.60 | 37.00 | 38.20 | 39.84 | — |
| | 1750 | | 16.84 | 18.25 | 19.66 | 21.65 | 23.92 | 26.71 | 28.17 | 26.70 | 31.60 | 33.49 | 37.40 | 37.91 | — | — |
| | 2000 | | 18.40 | 19.48 | 21.29 | 23.46 | 25.69 | 28.38 | 26.98 | 31.32 | 32.97 | 34.47 | 37.31 | 36.44 | — | — |
| | 2400 | | 20.82 | 22.08 | 23.52 | 25.83 | 27.91 | 30.30 | 31.66 | 33.00 | 34.72 | 35.14 | — | — | — | — |
| | 2800 | | 23.48 | 24.11 | 25.30 | 27.52 | 29.34 | 31.31 | 32.47 | 33.53 | 33.72 | 33.33 | — | — | — | — |
| | 3200 | | — | 26.36 | 26.91 | 28.51 | 29.97 | 31.41 | 32.24 | 32.88 | — | — | — | — | — | — |
| | 3500 | | — | — | 28.25 | 29.07 | 29.94 | 30.92 | 31.40 | — | — | — | — | — | — | — |
| | 4000 | | — | — | — | 30.17 | 29.27 | — | — | — | — | — | — | — | — | — |

（续）

型号：20M　　$P_0$/kW

| $n_1$/(r/min) \ $z_1$ | 34 | 36 | 38 | 40 | 44 | 48 | 52 | 56 | 60 | 64 | 68 | 72 | 80 | 90 |
|---|---|---|---|---|---|---|---|---|---|---|---|---|---|---|
| $d_1$/mm | 216.45 | 229.18 | 241.92 | 254.65 | 280.11 | 305.58 | 331.04 | 356.51 | 381.97 | 407.44 | 432.90 | 458.37 | 509.30 | 572.96 |
| 10 | 2.01 | 2.16 | 2.31 | 2.46 | 2.69 | 2.98 | 3.21 | 3.43 | 3.66 | 3.80 | 4.03 | 4.18 | 4.55 | 5.00 |
| 20 | 4.03 | 4.33 | 4.55 | 4.85 | 5.45 | 5.80 | 6.42 | 6.86 | 7.31 | 7.68 | 8.06 | 8.18 | 9.17 | 10.00 |
| 30 | 6.04 | 6.49 | 6.86 | 7.31 | 8.13 | 8.88 | 9.62 | 10.29 | 10.97 | 11.49 | 12.09 | 12.61 | 13.73 | 15.07 |
| 40 | 7.98 | 8.58 | 9.18 | 9.77 | 10.82 | 11.79 | 12.70 | 13.80 | 14.55 | 15.37 | 16.11 | 16.86 | 18.28 | 20.07 |
| 50 | 10.00 | 10.74 | 11.41 | 12.16 | 13.50 | 14.77 | 15.96 | 17.23 | 18.20 | 19.17 | 20.14 | 21.04 | 22.90 | 25.06 |
| 60 | 12.01 | 12.91 | 13.73 | 14.62 | 16.26 | 17.68 | 19.17 | 20.14 | 21.86 | 22.97 | 24.17 | 25.29 | 27.45 | 30.06 |
| 80 | 16.04 | 17.23 | 18.28 | 19.47 | 21.63 | 23.57 | 25.59 | 27.53 | 29.17 | 30.66 | 32.15 | 33.64 | 36.55 | 40.06 |
| 100 | 19.99 | 21.48 | 22.90 | 24.32 | 27.08 | 29.54 | 31.93 | 34.39 | 36.40 | 38.34 | 40.21 | 42.07 | 45.73 | 50.06 |
| 150 | 30.06 | 32.23 | 34.32 | 36.48 | 40.58 | 44.24 | 47.89 | 51.62 | 54.61 | 57.44 | 60.28 | 63.04 | 68.48 | 74.97 |
| 200 | 40.06 | 41.78 | 45.73 | 48.64 | 54.01 | 58.93 | 63.80 | 68.71 | 72.66 | 76.47 | 80.20 | 83.93 | 91.09 | 99.67 |
| 300 | 57.96 | 62.29 | 66.17 | 70.35 | 78.93 | 87.80 | 95.53 | 99.14 | 104.66 | 110.14 | 115.26 | 120.40 | 130.40 | 142.34 |
| 400 | 73.03 | 78.33 | 78.18 | 88.40 | 98.99 | 110.04 | 116.97 | 123.76 | 130.40 | 136.82 | 143.08 | 149.20 | 160.99 | 174.49 |
| 500 | 87.06 | 93.25 | 98.99 | 105.11 | 117.57 | 130.40 | 138.35 | 146.14 | 153.68 | 160.99 | 168.00 | 174.49 | 187.69 | 190.39 |
| 600 | 100.19 | 107.27 | 113.77 | 120.70 | 134.74 | 149.20 | — | 166.58 | 174.79 | 182.62 | 190.16 | 197.32 | 210.75 | 25.67 |
| 730 | 116.15 | 124.21 | 131.59 | 139.43 | 155.32 | 171.58 | 192.62 | 190.38 | 199.11 | 207.31 | 215.00 | 222.23 | 235.21 | 248.57 |
| 800 | 124.28 | 132.86 | 140.62 | 148.83 | 165.54 | 182.62 | 203.21 | 201.94 | 210.75 | 218.95 | 225.56 | 233.57 | 245.73 | 257.37 |
| 870 | 132.04 | 141.07 | 149.20 | 157.85 | 175.31 | 193.06 | — | 212.61 | 221.26 | 229.40 | 236.78 | 243.35 | 254.31 | 263.64 |
| 970 | 142.64 | 152.18 | 160.76 | 169.94 | 188.29 | 206.87 | 261.55 | 226.34 | 234.77 | 242.30 | 248.94 | 254.61 | 263.04 | — |
| 1170 | 161.88 | 172.33 | 181.58 | 191.42 | 210.97 | 230.51 | 266.70 | 248.27 | 255.13 | 260.58 | 264.61 | 267.07 | 267.44 | — |
| 1200 | 164.57 | 175.09 | 184.49 | 194.33 | 214.03 | 233.57 | 267.96 | 250.88 | 257.37 | 262.37 | 265.87 | 267.74 | 266.47 | — |
| 1460 | 185.46 | 196.57 | 206.19 | 216.27 | 235.96 | 254.98 | — | 265.95 | 267.96 | 267.52 | 264.46 | — | — | — |
| 1600 | 194.33 | 206.12 | 215.59 | 225.52 | 244.54 | 262.37 | — | 268.04 | 266.47 | — | — | — | — | — |
| 1750 | 203.66 | 214.70 | 223.60 | 233.27 | 251.03 | 266.99 | — | 265.35 | — | — | — | — | — | — |
| 2000 | 214.92 | 225.14 | 233.12 | 241.46 | 225.36 | 266.47 | — | — | — | — | — | — | — | — |

注：表中粗线以下部分带的寿命要降低。

表 4.1-74 周节制带的基准宽度 $b_{s0}$、许用工作拉力 $T_a$ 及单位长度质量 $m$

| 型号 | MXL | XXL | XL | L | H | XH | XXH |
|---|---|---|---|---|---|---|---|
| 基准宽度 $b_{s0}$/mm | | 6.4 | 9.5 | 25.4 | 76.2 | 101.6 | 127.0 |
| 许用工作拉力 $T_a$/N | 27 | 31 | 50.17 | 244.46 | 2100.85 | 4048.90 | 6398.03 |
| 带的单位长度质量 $m$/(kg/m) | 0.007 | 0.01 | 0.022 | 0.095 | 0.448 | 1.484 | 2.437 |

表 4.1-75 模数制聚氨酯同步带（抗拉体为钢丝绳）的许用拉力和单位宽度、单位长度质量

| 模数/mm | 1 | 1.5 | 2 | 2.5 | 3 | 4 | 5 | 7 | 10 |
|---|---|---|---|---|---|---|---|---|---|
| 单位带宽、单位长度的质量 $m_b$/[kg/(mm·m)] | $1.5 \times 10^{-3}$ | $1.8 \times 10^{-3}$ | $2.4 \times 10^{-3}$ | $3 \times 10^{-3}$ | $3.5 \times 10^{-3}$ | $4.8 \times 10^{-3}$ | $6 \times 10^{-3}$ | $8.2 \times 10^{-3}$ | $11.8 \times 10^{-3}$ |
| 单位带宽的许用拉力 $Fa$/(N/mm) | 4 | 5 | 6 | 8 | 10 | 20 | 25 | 30 | 40 |

表 4.1-76 圆弧齿同步带的带长系数

| 项目 | | 节线长 $L_p$/mm | | | | | | |
|---|---|---|---|---|---|---|---|---|
| 型号 | 3M | ≤190 | — | 191 ~ 260 | — | 261 ~ 400 | — | 401 ~ 600 | > 600 |
| | 5M | ≤440 | — | 441 ~ 550 | — | 551 ~ 800 | — | 801 ~ 1100 | > 1100 |
| | 8M | ≤600 | — | 601 ~ 900 | — | 901 ~ 1250 | — | 1251 ~ 1800 | > 1800 |
| | 14M | ≤1400 | — | 1401 ~ 1700 | 1701 ~ 2000 | 2001 ~ 2500 | 2501 ~ 3400 | > 3400 | — |
| | 20M | ≤2000 | 2001 ~ 2500 | — | 2501 ~ 3400 | 3401 ~ 4600 | 4601 ~ 5600 | > 5600 | — |
| $K_L$ | | 0.8 | 0.85 | 0.90 | 0.95 | 1.00 | 1.05 | 1.10 | 1.20 |

表 4.1-77 模数制聚氨酯同步带的许用压力 $p_p$ 和许用切应力 $\tau_p$

| 小带轮转速 $n_1$/(r/min) | ≤100 | ≤750 | ≤1000 | ≤3000 | ≤10000 | ≤20000 |
|---|---|---|---|---|---|---|
| 许用压力 $p_p$/MPa | 2 ~ 2.5 | 1.5 ~ 2 | 1.2 ~ 1.6 | 1.0 ~ 1.4 | 0.6 ~ 1.0 | 0.4 ~ 0.6 |
| 许用切应力 $\tau_p$/MPa | 0.5 ~ 0.8 | | | | | |

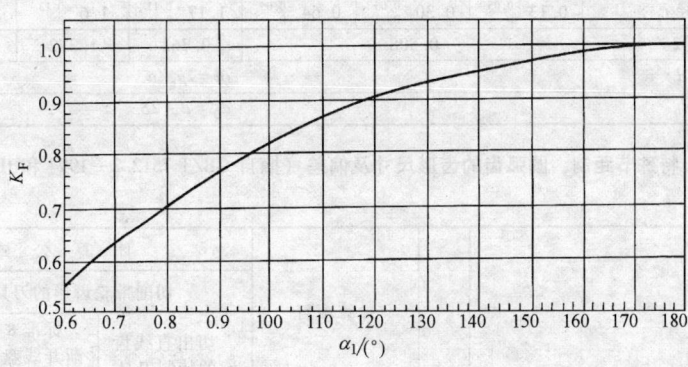

图 4.1-19 矢量相加修正系数

## 4.3 同步带带轮

### 4.3.1 带轮材料

同步带带轮的材料一般采用灰铸铁、钢、轻合金或工程塑料。其中，灰铸铁应用最广，一般用 HT150，当直径较大或线速度 $v$ 为 25 ~ 30m/s 时，可采用 HT200。当线速度 $v \geq 35$m/s，或传递功率较大时，可采用 35 钢或 45 钢。高速、小功率的场合，可用铝合金压铸。小型轻载传动的场合，可采用聚硅酸酯、尼龙等材料挤出成型。

### 4.3.2 带轮设计

1) 周节制同步带带轮有渐开线齿形和梯形齿形两种标准的齿形（齿廓），如图 4.1-20 所示，其尺寸及偏差见表 4.1-78。

2) 模数制、特殊节距制、圆弧齿同步带带轮齿形如图 4.1-21 所示，其尺寸及偏差见表 4.1-79。

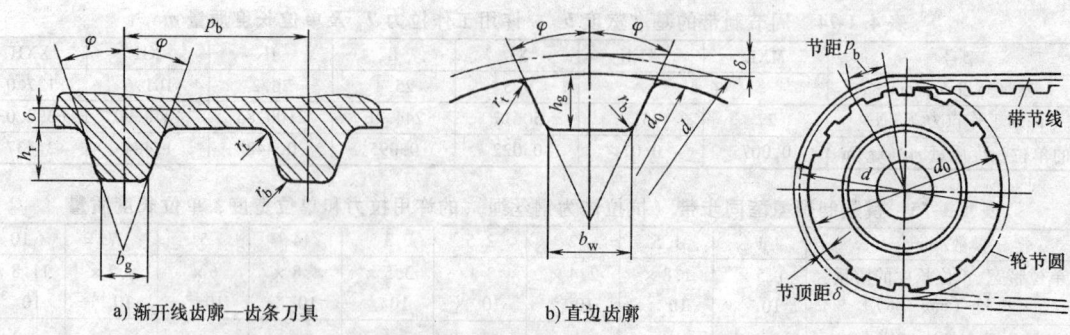

a) 渐开线齿廓—齿条刀具　　　　b) 直边齿廓

图4.1-20　周节制带轮基准齿形　　　　图4.1-21　同步齿形带齿形

表 4.1-78　周节制带轮渐开线齿廓的齿条刀具及直边齿形的尺寸及偏差（摘自 GB/T 11361—2008）

（单位：mm）

| | 型号 | MXL | | XXL | XL | L | H | | XH | XXH |
|---|---|---|---|---|---|---|---|---|---|---|
| 渐开线齿廓齿条刀具 | 带轮齿数 $z$ | >10 | >24 | >10 | >10 | >10 | 14～19 | >19 | >18 | >18 |
| | 节距 $p_b \pm 0.003$ | 2.032 | | 3.175 | 5.085 | 9.525 | 12.700 | | 22.225 | 31.750 |
| | 齿半角 $\varphi \pm 0.12°$ | 28° | 20° | 25° | | | 20° | | | |
| | 齿高 $h_r {}^{+0.05}_{0}$ | 0.64 | | 0.84 | 1.40 | 2.13 | 2.59 | | 6.88 | 10.29 |
| | 齿顶厚 $b_g {}^{+0.05}_{0}$ | 0.61 | 0.67 | 0.96 | 1.27 | 3.10 | 4.24 | | 7.59 | 11.61 |
| | 齿顶圆角直径 $r_t \pm 0.03$ | 0.30 | | | 0.61 | 0.86 | 1.47 | | 2.01 | 2.69 |
| | 齿根圆角半径 $r_b \pm 0.03$ | 0.23 | | 0.28 | 0.61 | 0.53 | 1.04 | 1.42 | 1.93 | 2.82 |
| | 两倍节根距 $2z$ | 0.508 | | | | 0.762 | 1.372 | | 2.794 | 3.048 |
| 直边齿廓 | 齿槽底宽 $b_w$ | 0.84±0.25 | | 1.14±0.05 | 1.32±0.05 | 3.05±0.10 | 4.19±0.13 | | 7.19±0.15 | 12.17±0.18 |
| | 齿槽深 $h_g$ | 0.69 ${}^{0}_{-0.05}$ | | 0.84 ${}^{0}_{-0.05}$ | 1.65 ${}^{0}_{-0.08}$ | 2.67 ${}^{0}_{-0.10}$ | 3.05 ${}^{0}_{-0.13}$ | | 7.14 ${}^{0}_{-0.13}$ | 10.31 ${}^{0}_{-0.13}$ |
| | 齿槽半角 $\varphi \pm 1.5°$ | 20° | | 25° | | 20° | | | | |
| | 齿根圆角半径 $r_b$ | 0.35 | | 0.41 | 1.19 | 1.60 | 1.98 | | 3.96 | — |
| | 齿顶圆角半径 $r_1$ | 0.13 ${}^{+0.05}_{0}$ | | 0.30 ${}^{+0.05}_{0}$ | 0.64 ${}^{+0.05}_{0}$ | 1.17 ${}^{+0.13}_{0}$ | 1.6 ${}^{+0.13}_{0}$ | | 2.39 ${}^{+0.13}_{0}$ | 3.18 ${}^{+0.13}_{0}$ |
| | 两倍节顶距 $2\delta$ | 0.508 | | | | 0.762 | 1.372 | | 2.794 | 3.048 |
| | 节圆直径 $d$ | $d = z p_b / n$ | | | | | | | | |
| | 外圆直径 $d_0$ | $d_0 = d - 2\delta$ | | | | | | | | |

表 4.1-79　模数制、特殊节距制、圆弧齿的齿形尺寸及偏差（摘自 GB/T 7512.2—1994 和 JB/T 7512.2—1994）

（单位：mm）

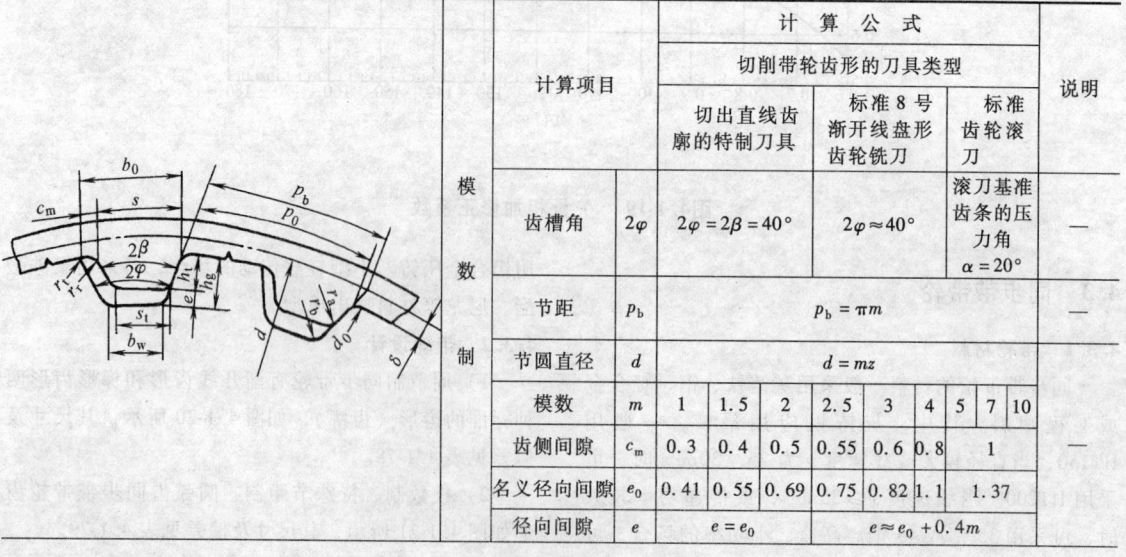

| | 计算项目 | | 计算公式 | | | 说明 |
|---|---|---|---|---|---|---|
| | | | 切削带轮齿形的刀具类型 | | | |
| | | | 切出直线齿廓的特制刀具 | 标准 8 号渐开线盘形齿轮铣刀 | 标准齿轮滚刀 | |
| 模数制 | 齿槽角 | $2\varphi$ | $2\varphi = 2\beta = 40°$ | $2\varphi \approx 40°$ | 滚刀基准齿条的压力角 $\alpha = 20°$ | — |
| | 节距 | $p_b$ | $p_b = \pi m$ | | | — |
| | 节圆直径 | $d$ | $d = mz$ | | | |
| | 模数 | $m$ | 1　1.5　2　2.5　3　4　5　7　10 | | | |
| | 齿侧间隙 | $c_m$ | 0.3　0.4　0.5　0.55　0.6　0.8　　1 | | | — |
| | 名义径向间隙 | $e_0$ | 0.41　0.55　0.69　0.75　0.82　1.1　　1.37 | | | |
| | 径向间隙 | $e$ | $e = e_0$ | $e \approx e_0 + 0.4m$ | | |

（续）

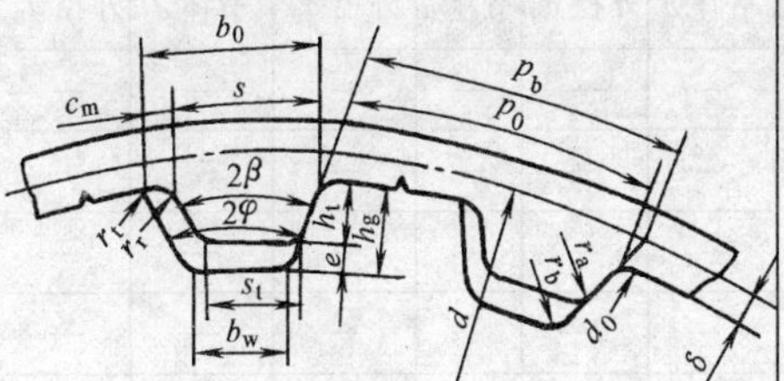

| | 计算项目 | | 计 算 公 式 切削带轮齿形的刀具类型 | | | 说明 |
|---|---|---|---|---|---|---|
| | | | 切出直线齿廓的特制刀具 | 标准 8 号渐开线盘形齿轮铣刀 | 标准齿轮滚刀 | |
| 模数制 | 外圆直径 | $d_0$ | $d_0 = d - 2\delta$ | | | $\delta$ 见表 4.1-78 |
| | 外圆齿距 | $p_0$ | $p_0 = (\pi d_0)/z = \pi(m - 2\delta/z)$ | | | — |
| | 外圆齿槽宽 | $b_0$ | $b_0 = s + c_m$ | | | $s$、$h_t$ 见表 4.1-58 |
| | 齿槽深 | $h_g$ | $h_g = h_t + e$ | | | |
| | 齿槽底宽 | $b_w$ | $b_w = s_t$ | $b_w =$ 铣刀的齿顶厚 | $b_w$ 按滚刀的齿顶范成 | $s_t$ 见表 4.1-58 |
| | 齿根圆角半径 | $r_b$ | $r_b = 0.25m$ | | | — |
| | 齿顶圆角半径 | $r_t$ | $r_t = 0.25m$ | | | |

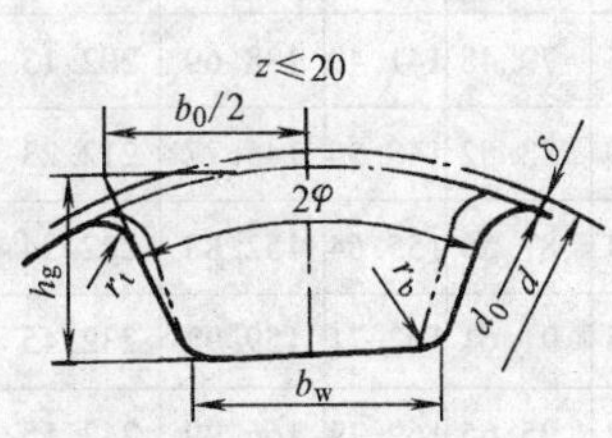

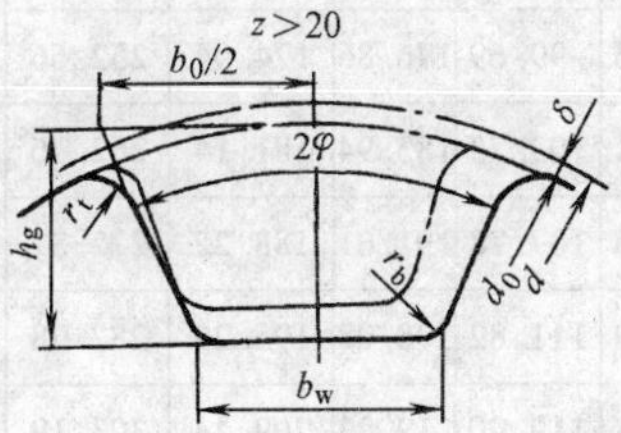

| 槽型 | 节距 $p_b$ | 齿数 $z$ | 外圆齿槽宽 $b_0$ | 齿根圆齿槽底宽 $b_w$ | 齿槽深 $h_g$ | 齿槽角 $2\varphi$ /(°) | 齿根圆角半径 $r_{bmax}$ | 齿顶圆角半径 $r_t$ | 节顶距 $\delta$ |
|---|---|---|---|---|---|---|---|---|---|
| T2.5 | 2.5 | ≤20 | $1.75^{+0.05}_{0}$ | 1.0 | $0.75^{+0.05}_{0}$ | | 0.2 | $0.3^{+0.05}_{0}$ | 0.3 |
| | | >20 | $1.83^{+0.05}_{0}$ | 0.9 | 1 | | | | |
| T5 | 5 | ≤20 | $2.96^{+0.05}_{0}$ | 1.8 | $1.25^{+0.05}_{0}$ | | 0.4 | $0.6^{+0.05}_{0}$ | 0.5 |
| | | >20 | $3.32^{+0.05}_{0}$ | 1.5 | 1.95 | $50 \pm 1.5$ | | | |
| T10 | 10 | ≤20 | $6.02^{+0.1}_{0}$ | 3.6 | $2.6^{+0.1}_{0}$ | | 0.6 | $0.8^{+0.01}_{0}$ | 1 |
| | | >20 | $6.57^{+0.1}_{0}$ | 3.4 | 3.4 | | | | |
| T20 | 20 | ≤20 | $11.65^{+0.15}_{0}$ | 7.0 | $5.2^{+0.13}_{0}$ | | 0.8 | $1.2^{+0.01}_{0}$ | 1.5 |
| | | >20 | $12.60^{+0.15}_{0}$ | | 6 | | | | |

特殊节距制

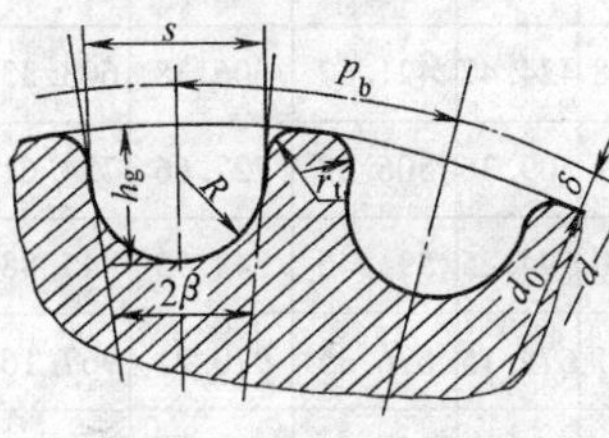

圆弧齿

| 槽型 | 节距 $p_b$ | 齿槽深 $h_g$ | 齿槽圆弧半径 $R$ | 齿顶圆角半径 $r_t$ | 齿槽宽 $s$ | 两倍节顶距 $2\delta$ | 齿形角 $2\beta$/(°) |
|---|---|---|---|---|---|---|---|
| 3M | 3 | 1.28 | 0.91 | 0.26~0.35 | 1.90 | 0.762 | |
| 5M | 5 | 2.16 | 1.56 | 0.48~0.52 | 3.25 | 1.144 | |
| 8M | 8 | 3.54 | 2.57 | 0.78~0.84 | 5.35 | 1.372 | ≈14° |
| 14M | 14 | 6.20 | 4.65 | 1.36~1.50 | 9.80 | 2.794 | |
| 20M | 20 | 8.60 | 6.84 | 1.95~2.25 | 14.80 | 4.320 | |

3）标准的带轮尺寸见表 4.1-80 ~ 表 4.1-85。

**表 4.1-80　周节制带轮直径**（摘自 GB/T 11361—2008）　　　　　（单位：mm）

| 带轮齿数 | 型号 | | | | | | | | | | | | | |
|---|---|---|---|---|---|---|---|---|---|---|---|---|---|---|
| | MXL | | XXL | | XL | | L | | H | | XH | | XXH | |
| | 节径 $d$ | 外径 $d_0$ | 节径 $d$ | 外径 $d_0$ | 节径 $d$ | 外径 $d_0$ | 节径 $d$ | 外径 $d_0$ | 节径 $d$ | 外径 $d_0$ | 节径 $d$ | 外径 $d_0$ | 节径 $d$ | 外径 $d_0$ |
| 10 | 6.47 | 5.96 | 10.11 | 9.60 | 16.17 | 15.66 | — | | | | | | | |
| 11 | 7.11 | 6.61 | 11.12 | 10.61 | 17.79 | 17.28 | — | — | — | — | — | — | — | — |
| 12 | 7.76 | 7.25 | 12.13 | 11.62 | 19.40 | 18.90 | 36.38 | 35.62 | — | — | — | — | — | — |
| 13 | 8.41 | 7.90 | 13.14 | 12.63 | 21.02 | 20.51 | 39.41 | 28.65 | | | | | | |
| 14 | 9.06 | 8.55 | 14.15 | 13.64 | 22.64 | 22.13 | 42.45 | 41.69 | 56.60 | 55.23 | — | | — | |
| 15 | 9.70 | 9.19 | 15.16 | 14.65 | 24.26 | 23.75 | 45.48 | 44.72 | 60.64 | 59.27 | — | | — | |
| 16 | 10.35 | 9.84 | 16.17 | 15.66 | 25.87 | 25.36 | 48.51 | 47.75 | 64.68 | 63.31 | | | | |
| 17 | 11.00 | 10.49 | 17.18 | 16.67 | 27.49 | 26.98 | 51.54 | 50.78 | 68.72 | 67.35 | — | | — | |
| 18 | 11.64 | 11.13 | 18.19 | 17.68 | 29.11 | 28.60 | 54.57 | 53.81 | 72.77 | 71.39 | 127.34 | 124.55 | 181.91 | 178.86 |
| 19 | 12.29 | 11.78 | 19.20 | 18.69 | 30.72 | 30.22 | 57.61 | 56.84 | 76.81 | 75.44 | 134.41 | 131.62 | 192.02 | 188.97 |
| 20 | 12.94 | 12.43 | 20.21 | 19.70 | 32.34 | 31.83 | 69.64 | 59.88 | 80.85 | 79.48 | 141.49 | 138.69 | 202.13 | 199.08 |
| (21) | 13.58 | 13.07 | 21.22 | 20.72 | 33.96 | 33.45 | 63.67 | 62.91 | 84.89 | 83.52 | 148.56 | 145.77 | 212.23 | 209.18 |
| 22 | 14.23 | 13.72 | 22.23 | 21.73 | 35.57 | 35.07 | 66.70 | 65.94 | 88.94 | 87.56 | 155.64 | 152.88 | 222.34 | 219.29 |
| (23) | 14.88 | 14.37 | 23.24 | 22.74 | 37.19 | 36.68 | 69.73 | 68.97 | 92.98 | 91.61 | 162.71 | 159.92 | 232.45 | 229.40 |
| (24) | 15.52 | 15.02 | 24.26 | 23.75 | 38.81 | 38.30 | 72.77 | 72.00 | 97.02 | 95.65 | 169.79 | 166.99 | 242.55 | 239.50 |
| 25 | 16.17 | 15.66 | 25.27 | 24.76 | 40.43 | 39.92 | 75.80 | 75.04 | 101.06 | 99.69 | 176.86 | 174.04 | 252.66 | 249.61 |
| (26) | 16.82 | 16.31 | 25.77 | 26.28 | 42.04 | 41.53 | 78.83 | 78.07 | 105.11 | 103.73 | 183.94 | 181.14 | 262.76 | 259.72 |
| (27) | 17.46 | 16.96 | 26.78 | 27.29 | 43.66 | 43.15 | 81.86 | 81.10 | 109.15 | 107.78 | 191.01 | 188.22 | 272.87 | 269.82 |
| 28 | 18.11 | 17.60 | 27.79 | 28.30 | 45.28 | 44.77 | 84.89 | 84.09 | 113.19 | 111.82 | 198.08 | 195.29 | 282.98 | 279.93 |
| (30) | 19.40 | 18.90 | 29.81 | 30.32 | 48.51 | 48.00 | 90.96 | 90.20 | 121.28 | 119.90 | 212.23 | 209.44 | 303.19 | 300.14 |
| 32 | 20.70 | 20.19 | 32.34 | 31.83 | 51.74 | 51.24 | 97.02 | 96.62 | 129.36 | 127.99 | 226.38 | 223.59 | 323.40 | 320.35 |
| 36 | 23.29 | 22.78 | 36.38 | 35.87 | 57.70 | 57.70 | 109.15 | 108.39 | 145.53 | 144.16 | 254.68 | 251.89 | 363.83 | 360.78 |
| 40 | 25.37 | 25.36 | 40.43 | 39.92 | 64.17 | 64.17 | 121.28 | 120.51 | 161.70 | 160.33 | 282.98 | 280.18 | 404.25 | 401.21 |
| 48 | 31.05 | 30.54 | 48.51 | 48.00 | 77.11 | 77.11 | 145.53 | 144.77 | 194.04 | 192.67 | 339.57 | 336.78 | 485.10 | 482.06 |
| 60 | 38.81 | 38.30 | 60.64 | 60.13 | 96.51 | 96.51 | 181.91 | 181.91 | 242.55 | 241.18 | 424.47 | 421.67 | 606.38 | 603.33 |
| 72 | 46.57 | 46.06 | 72.77 | 72.26 | 116.43 | 115.92 | 218.30 | 217.53 | 291.06 | 289.69 | 509.36 | 506.57 | 727.66 | 724.61 |
| 84 | — | — | — | — | — | — | 254.68 | 253.92 | 339.57 | 338.20 | 594.25 | 591.46 | 848.93 | 845.88 |
| 96 | — | — | — | — | — | — | 291.06 | 290.30 | 388.08 | 386.71 | 679.15 | 676.35 | 970.21 | 967.16 |
| 120 | — | — | — | — | — | — | 363.83 | 363.07 | 485.10 | 483.73 | 848.93 | 846.14 | 1212.76 | 1209.71 |
| 156 | — | — | — | — | — | — | | | 630.64 | 629.26 | — | | — | |

注：括号内的尺寸尽量不采用。

表 4.1-81　圆弧齿带轮直径（摘自 JB/T 7512.2—1994）　　　（单位：mm）

| 齿数 | 节径 $d$ | 外径 $d_0$ | 齿数 | 节径 $d$ | 外径 $d_0$ | 齿数 | 节径 $d$ | 外径 $d_0$ | 齿数 | 节径 $d$ | 外径 $d_0$ | 齿数 | 节径 $d$ | 外径 $d_0$ |
|---|---|---|---|---|---|---|---|---|---|---|---|---|---|---|
| | | | | | | | | 3M | | | | | | |
| 10 | 9.55 | 8.79 | 39 | 37.24 | 36.48 | 68 | 64.94 | 64.17 | 97 | 92.63 | 91.87 | 126 | 120.32 | 119.56 |
| 11 | 10.50 | 9.74 | 40 | 38.20 | 37.44 | 69 | 65.89 | 65.13 | 98 | 93.58 | 92.82 | 127 | 121.28 | 120.51 |
| 12 | 11.46 | 1070 | 41 | 39.15 | 38.39 | 70 | 66.85 | 66.08 | 99 | 94.54 | 93.78 | 128 | 122.23 | 121.47 |
| 13 | 12.41 | 111.65 | 42 | 40.11 | 39.35 | 71 | 67.80 | 67.04 | 100 | 95.49 | 94.73 | 129 | 123.19 | 122.42 |
| 14 | 13.37 | 12.61 | 43 | 41.06 | 40.30 | 72 | 68.75 | 67.99 | 101 | 96.45 | 95.69 | 130 | 124.14 | 123.38 |
| 15 | 14.32 | 13.56 | 44 | 42.02 | 41.25 | 73 | 69.71 | 68.95 | 102 | 97.40 | 96.64 | 131 | 125.10 | 124.33 |
| 16 | 15.28 | 14.52 | 45 | 42.97 | 42.21 | 74 | 70.66 | 69.90 | 103 | 98.36 | 97.60 | 132 | 126.05 | 125.29 |
| 17 | 16.23 | 15.47 | 46 | 43.93 | 43.36 | 75 | 71.62 | 70.85 | 104 | 99.51 | 98.55 | 133 | 127.01 | 126.26 |
| 18 | 17.19 | 16.43 | 47 | 44.88 | 44.12 | 76 | 72.57 | 71.81 | 105 | 100.27 | 99.51 | 134 | 127.96 | 127.20 |
| 19 | 18.14 | 17.38 | 48 | 45.84 | 45.07 | 77 | 73.53 | 72.77 | 106 | 101.22 | 100.46 | 135 | 128.92 | 128.15 |
| 20 | 19.10 | 18.34 | 49 | 46.79 | 46.03 | 78 | 74.48 | 73.72 | 107 | 102.18 | 101.42 | 136 | 129.87 | 129.11 |
| 21 | 20.05 | 19.29 | 50 | 47.75 | 46.98 | 79 | 75.44 | 74.68 | 108 | 103.13 | 102.37 | 137 | 130.83 | 130.06 |
| 22 | 21.01 | 20.25 | 51 | 48.70 | 47.94 | 80 | 76.39 | 75.63 | 109 | 104.09 | 103.33 | 138 | 131.78 | 131.02 |
| 23 | 21.96 | 21.20 | 52 | 49.66 | 48.89 | 81 | 77.35 | 76.59 | 110 | 105.04 | 104.28 | 139 | 132.74 | 131.97 |
| 24 | 22.92 | 22.16 | 53 | 50.61 | 49.85 | 82 | 78.30 | 77.54 | 111 | 106.00 | 105.24 | 140 | 133.69 | 132.93 |
| 25 | 23.87 | 23.11 | 54 | 51.57 | 50.80 | 83 | 79.26 | 78.50 | 112 | 106.95 | 106.19 | 141 | 134.65 | 133.88 |
| 26 | 24.83 | 24.07 | 55 | 52.52 | 51.76 | 84 | 80.21 | 79.45 | 113 | 107.91 | 107.15 | 142 | 135.60 | 134.84 |
| 27 | 25.78 | 25.02 | 56 | 53.48 | 52.71 | 85 | 81.17 | 80.41 | 114 | 108.86 | 108.10 | 143 | 136.55 | 135.79 |
| 28 | 26.74 | 25.98 | 57 | 54.43 | 53.67 | 86 | 82.12 | 81.36 | 115 | 109.82 | 109.05 | 144 | 137.51 | 136.75 |
| 29 | 27.69 | 26.93 | 58 | 55.39 | 54.62 | 87 | 83.08 | 82.32 | 116 | 110.77 | 110.01 | 145 | 138.46 | 137.70 |
| 30 | 28.65 | 27.89 | 59 | 56.34 | 55.58 | 88 | 84.03 | 83.27 | 117 | 111.73 | 110.96 | 146 | 139.42 | 138.66 |
| 31 | 29.60 | 28.84 | 60 | 57.30 | 56.53 | 89 | 84.99 | 84.23 | 118 | 112.68 | 111.92 | 147 | 140.37 | 139.61 |
| 32 | 30.56 | 29.80 | 61 | 58.25 | 57.49 | 90 | 85.94 | 85.18 | 119 | 113.64 | 112.87 | 148 | 141.33 | 140.51 |
| 33 | 31.51 | 30.75 | 62 | 59.21 | 58.44 | 91 | 86.90 | 86.14 | 120 | 114.59 | 113.83 | 149 | 142.28 | 141.52 |
| 34 | 32.47 | 31.71 | 63 | 60.16 | 59.40 | 92 | 87.85 | 87.09 | 121 | 115.55 | 114.78 | 150 | 143.24 | 142.48 |
| 35 | 33.42 | 32.66 | 64 | 61.12 | 60.35 | 93 | 88.81 | 88.05 | 122 | 116.50 | 115.74 | | | |
| 36 | 34.38 | 33.62 | 65 | 62.07 | 61.31 | 94 | 89.76 | 89.00 | 123 | 117.46 | 116.69 | | | |
| 37 | 35.33 | 34.57 | 66 | 63.03 | 62.26 | 95 | 90.72 | 89.96 | 124 | 118.41 | 117.65 | | | |
| 38 | 36.29 | 35.53 | 67 | 63.98 | 63.22 | 96 | 91.67 | 90.91 | 125 | 119.37 | 118.60 | | | |

（续）

| 齿数 | 节径 $d$ | 外径 $d_0$ | 齿数 | 节径 $d$ | 外径 $d_0$ | 齿数 | 节径 $d$ | 外径 $d_0$ | 齿数 | 节径 $d$ | 外径 $d_0$ | 齿数 | 节径 $d$ | 外径 $d_0$ |
|---|---|---|---|---|---|---|---|---|---|---|---|---|---|---|
| | | | | | | | 5M | | | | | | | |
| 13 | 20.69 | 19.55 | 43 | 68.44 | 67.30 | 73 | 116.18 | 115.04 | 103 | 163.93 | 162.79 | 133 | 211.68 | 210.54 |
| 14 | 22.28 | 21.14 | 44 | 70.03 | 68.89 | 74 | 117.77 | 116.63 | 104 | 165.52 | 164.38 | 134 | 213.72 | 212.13 |
| 15 | 23.87 | 22.73 | 45 | 71.62 | 70.48 | 75 | 119.37 | 118.23 | 105 | 167.11 | 165.97 | 135 | 214.86 | 213.72 |
| 16 | 25.46 | 24.32 | 46 | 73.21 | 72.07 | 76 | 120.96 | 119.82 | 106 | 168.70 | 167.96 | 136 | 216.45 | 215.31 |
| 17 | 27.06 | 25.92 | 47 | 74.80 | 73.66 | 77 | 122.55 | 121.41 | 107 | 170.30 | 169.16 | 137 | 218.04 | 216.90 |
| 18 | 28.65 | 27.51 | 48 | 76.39 | 75.25 | 78 | 124.14 | 123.00 | 108 | 171.89 | 170.75 | 138 | 219.63 | 218.49 |
| 19 | 30.24 | 29.10 | 49 | 77.99 | 76.85 | 79 | 125.37 | 124.59 | 109 | 173.49 | 172.34 | 139 | 221.23 | 220.09 |
| 20 | 331.83 | 30.69 | 50 | 79.58 | 78.94 | 80 | 127.32 | 126.18 | 110 | 175.07 | 173.93 | 140 | 222.82 | 221.66 |
| 21 | 33.42 | 32.28 | 51 | 81.17 | 80.03 | 81 | 128.92 | 127.78 | 111 | 176.66 | 175.32 | 141 | 224.41 | 223.37 |
| 22 | 35.01 | 3.87 | 52 | 82.76 | 81.62 | 82 | 130.51 | 129.37 | 112 | 178.25 | 177.11 | 142 | 226.00 | 224.86 |
| 23 | 36.61 | 35.47 | 53 | 84.35 | 83.21 | 83 | 132.10 | 130.96 | 113 | 179.85 | 178.71 | 143 | 227.57 | 226.45 |
| 24 | 38.20 | 37.06 | 54 | 85.94 | 84.80 | 84 | 133.69 | 132.55 | 114 | 181.44 | 180.30 | 144 | 229.18 | 228.04 |
| 25 | 39.79 | 38.65 | 55 | 87.54 | 86.40 | 85 | 135.28 | 134.14 | 115 | 183.03 | 181.89 | 145 | 230.77 | 229.63 |
| 26 | 41.38 | 40.24 | 56 | 89.13 | 87.99 | 86 | 136.87 | 135.73 | 116 | 184.62 | 183.48 | 146 | 232.33 | 231.23 |
| 27 | 42.97 | 41.83 | 57 | 90.72 | 89.58 | 87 | 138.46 | 137.32 | 117 | 186.21 | 185.07 | 147 | 233.96 | 232.62 |
| 28 | 44.56 | 43.42 | 58 | 92.31 | 91.17 | 88 | 140.06 | 138.92 | 118 | 187.80 | 186.66 | 148 | 235.55 | 234.41 |
| 29 | 46.14 | 45.01 | 59 | 93.90 | 92.76 | 89 | 141.65 | 140.51 | 119 | 189.39 | 188.25 | 149 | 237.14 | 236.00 |
| 30 | 47.75 | 46.61 | 60 | 95.49 | 94.35 | 90 | 143.24 | 142.10 | 120 | 190.99 | 189.85 | 150 | 238.73 | 237.59 |
| 31 | 49.34 | 48.20 | 61 | 97.08 | 95.94 | 91 | 144.83 | 143.69 | 121 | 192.58 | 191.44 | 151 | 240.32 | 239.18 |
| 32 | 50.93 | 49.79 | 62 | 98.68 | 97.54 | 92 | 146.42 | 145.28 | 122 | 194.17 | 193.03 | 152 | 241.92 | 240.78 |
| 33 | 52.52 | 51.38 | 63 | 100.27 | 99.13 | 93 | 148.01 | 146.87 | 123 | 195.76 | 194.62 | 153 | 243.51 | 242.37 |
| 34 | 54.11 | 52.97 | 64 | 101.86 | 100.72 | 94 | 149.61 | 148.47 | 124 | 197.35 | 196.21 | 154 | 245.10 | 243.96 |
| 35 | 55.70 | 54.56 | 65 | 103.45 | 102.31 | 95 | 151.20 | 150.06 | 125 | 198.94 | 197.80 | 155 | 246.69 | 245.55 |
| 36 | 57.30 | 56.61 | 66 | 105.04 | 103.90 | 96 | 152.79 | 151.65 | 126 | 200.54 | 199.40 | 156 | 248.28 | 247.14 |
| 37 | 58.89 | 57.75 | 67 | 106.63 | 105.49 | 97 | 154.38 | 153.24 | 127 | 202.13 | 200.99 | 157 | 249.87 | 248.73 |
| 38 | 60.48 | 59.34 | 68 | 108.23 | 107.09 | 98 | 155.97 | 154.83 | 128 | 203.72 | 202.58 | 158 | 251.46 | 250.32 |
| 39 | 62.07 | 60.93 | 69 | 109.82 | 108.68 | 99 | 157.56 | 156.42 | 129 | 205.31 | 204.17 | 159 | 253.06 | 251.92 |
| 40 | 63.66 | 62.52 | 70 | 111.41 | 110.27 | 100 | 159.15 | 158.01 | 130 | 206.90 | 205.76 | 160 | 254.65 | 253.51 |
| 41 | 65.25 | 64.11 | 71 | 113.00 | 111.86 | 101 | 160.75 | 159.61 | 131 | 208.49 | 207.35 | | | |
| 42 | 66.85 | 65.71 | 72 | 114.59 | 113.45 | 102 | 162.34 | 161.20 | 132 | 210.08 | 208.94 | | | |

（续）

| 齿数 | 节径 $d$ | 外径 $d_0$ | 齿数 | 节径 $d$ | 外径 $d_0$ | 齿数 | 节径 $d$ | 外径 $d_0$ | 齿数 | 节径 $d$ | 外径 $d_0$ | 齿数 | 节径 $d$ | 外径 $d_0$ |
|---|---|---|---|---|---|---|---|---|---|---|---|---|---|---|
| | | | | | | | 8M | | | | | | | |
| 22 | 56.02 | 54.65 | 57 | 145.15 | 143.78 | 92 | 234.28 | 232.90 | 127 | 323.44 | 322.03 | 162 | 412.58 | 411.18 |
| 23 | 58.57 | 57.25 | 58 | 147.70 | 146.32 | 93 | 236.82 | 235.45 | 128 | 325.95 | 324.55 | 163 | 415.08 | 413.70 |
| 24 | 61.12 | 59.74 | 59 | 150.24 | 148.87 | 94 | 239.37 | 238.00 | 129 | 328.50 | 327.12 | 164 | 417.62 | 416.25 |
| 25 | 63.66 | 62.28 | 60 | 152.79 | 151.42 | 95 | 241.92 | 240.54 | 130 | 331.04 | 329.67 | 165 | 420.17 | 418.80 |
| 26 | 66.21 | 64.85 | 61 | 155.34 | 153.96 | 96 | 244.46 | 243.09 | 131 | 333.59 | 332.22 | 166 | 422.72 | 421.34 |
| 27 | 68.75 | 67.39 | 62 | 157.88 | 156.51 | 97 | 247.01 | 245.64 | 132 | 336.14 | 334.76 | 167 | 425.26 | 423.89 |
| 28 | 71.30 | 70.08 | 63 | 160.43 | 159.06 | 98 | 249.55 | 248.18 | 133 | 338.68 | 337.31 | 168 | 427.81 | 426.44 |
| 29 | 73.85 | 72.62 | 64 | 162.97 | 161.60 | 99 | 252.10 | 250.73 | 134 | 341.23 | 339.86 | 169 | 430.35 | 428.98 |
| 30 | 76.39 | 75.13 | 65 | 165.52 | 164.15 | 100 | 254.65 | 253.28 | 135 | 343.77 | 342.40 | 170 | 432.90 | 431.53 |
| 31 | 78.94 | 77.65 | 66 | 168.07 | 166.70 | 101 | 257.19 | 255.82 | 136 | 346.32 | 344.95 | 171 | 435.45 | 434.08 |
| 32 | 81.49 | 80.16 | 67 | 170.61 | 169.24 | 102 | 259.74 | 258.37 | 137 | 348.87 | 347.50 | 172 | 437.99 | 436.62 |
| 33 | 84.03 | 82.68 | 68 | 173.16 | 171.79 | 103 | 262.29 | 260.92 | 138 | 351.41 | 350.04 | 173 | 440.54 | 439.17 |
| 34 | 86.53 | 85.22 | 69 | 175.71 | 174.34 | 104 | 264.83 | 263.46 | 139 | 353.96 | 352.59 | 174 | 443.09 | 441.72 |
| 35 | 89.13 | 87.76 | 70 | 178.25 | 176.88 | 105 | 267.38 | 266.01 | 140 | 356.51 | 355.14 | 175 | 445.63 | 444.26 |
| 36 | 91.67 | 90.30 | 71 | 180.80 | 179.43 | 106 | 269.93 | 268.56 | 141 | 359.05 | 357.68 | 176 | 448.18 | 446.81 |
| 37 | 94.22 | 92.85 | 72 | 183.35 | 181.97 | 107 | 272.47 | 271.10 | 142 | 361.60 | 360.23 | 177 | 450.73 | 449.36 |
| 38 | 96.77 | 95.39 | 73 | 185.89 | 184.52 | 108 | 275.02 | 273.65 | 143 | 364.15 | 362.77 | 178 | 453.27 | 451.90 |
| 39 | 99.31 | 97.94 | 74 | 188.44 | 187.07 | 109 | 277.57 | 276.19 | 144 | 366.69 | 365.32 | 179 | 455.82 | 454.45 |
| 40 | 101.86 | 100.49 | 75 | 190.99 | 189.61 | 110 | 280.11 | 278.74 | 145 | 369.24 | 367.87 | 180 | 458.37 | 456.99 |
| 41 | 104.41 | 103.03 | 76 | 193.53 | 192.16 | 111 | 282.66 | 281.29 | 146 | 371.79 | 370.41 | 181 | 460.91 | 459.54 |
| 42 | 106.95 | 105.58 | 77 | 196.08 | 194.71 | 112 | 285.21 | 283.83 | 147 | 374.33 | 372.96 | 182 | 463.46 | 462.09 |
| 43 | 109.50 | 108.13 | 78 | 198.63 | 197.25 | 113 | 287.75 | 286.38 | 148 | 376.88 | 375.51 | 183 | 466.01 | 464.63 |
| 44 | 112.05 | 110.07 | 79 | 201.17 | 199.01 | 114 | 290.30 | 288.94 | 149 | 379.43 | 377.05 | 184 | 468.55 | 467.18 |
| 45 | 114.59 | 113.22 | 80 | 203.72 | 202.35 | 115 | 292.85 | 291.47 | 150 | 381.97 | 380.60 | 185 | 471.10 | 469.73 |
| 46 | 117.14 | 115.77 | 81 | 206.26 | 204.89 | 116 | 295.39 | 294.02 | 151 | 384.52 | 383.45 | 186 | 473.65 | 472.27 |
| 47 | 119.68 | 118.31 | 82 | 208.81 | 207.44 | 117 | 297.94 | 296.57 | 152 | 387.06 | 385.70 | 187 | 476.19 | 474.62 |
| 48 | 122.23 | 120.86 | 83 | 211.36 | 209.99 | 118 | 300.48 | 299.11 | 153 | 389.61 | 388.24 | 188 | 478.74 | 477.37 |
| 49 | 124.78 | 123.46 | 84 | 213.90 | 212.53 | 119 | 303.03 | 301.66 | 154 | 392.16 | 390.79 | 189 | 481.28 | 479.91 |
| 50 | 127.32 | 125.95 | 85 | 216.45 | 215.08 | 120 | 305.58 | 304.21 | 155 | 394.70 | 393.33 | 190 | 483.83 | 482.46 |
| 51 | 129.87 | 128.50 | 86 | 219.00 | 217.63 | 121 | 308.12 | 306.75 | 156 | 397.25 | 395.88 | 191 | 486.38 | 485.01 |
| 52 | 132.42 | 131.05 | 87 | 221.54 | 220.17 | 122 | 310.67 | 309.30 | 157 | 399.80 | 398.43 | 192 | 488.92 | 487.55 |
| 53 | 134.96 | 133.59 | 88 | 224.09 | 222.72 | 123 | 313.22 | 311.85 | 158 | 402.34 | 400.97 | | | |
| 54 | 137.51 | 136.14 | 89 | 226.64 | 225.27 | 124 | 315.76 | 314.39 | 159 | 404.89 | 403.52 | | | |
| 55 | 140.06 | 138.68 | 90 | 229.18 | 227.81 | 125 | 318.31 | 316.94 | 160 | 407.44 | 406.07 | | | |
| 56 | 142.60 | 141.23 | 91 | 231.73 | 230.36 | 126 | 320.86 | 319.48 | 161 | 409.98 | 408.61 | | | |

（续）

| 齿数 | 节径 $d$ | 外径 $d_0$ | 齿数 | 节径 $d$ | 外径 $d_0$ | 齿数 | 节径 $d$ | 外径 $d_0$ | 齿数 | 节径 $d$ | 外径 $d_0$ | 齿数 | 节径 $d$ | 外径 $d_0$ |
|---|---|---|---|---|---|---|---|---|---|---|---|---|---|---|
| | | | | | | 14M | | | | | | | | |
| 28 | 124.78 | 122.12 | 66 | 294.12 | 291.32 | 104 | 463.46 | 460.66 | 142 | 632.80 | 630.01 | 180 | 802.14 | 799.35 |
| 29 | 129.23 | 126.57 | 67 | 298.57 | 295.78 | 105 | 467.92 | 465.12 | 143 | 637.26 | 634.46 | 181 | 806.60 | 803.80 |
| 30 | 133.69 | 130.99 | 68 | 303.03 | 300.24 | 106 | 427.37 | 469.58 | 144 | 641.71 | 638.92 | 182 | 811.05 | 808.26 |
| 31 | 138.15 | 135.46 | 69 | 307.49 | 304.69 | 107 | 476.83 | 474.03 | 145 | 646.17 | 643.37 | 183 | 815.51 | 812.72 |
| 32 | 142.60 | 139.88 | 70 | 311.94 | 309.15 | 108 | 481.28 | 478.49 | 146 | 650.63 | 647.83 | 184 | 819.97 | 817.17 |
| 33 | 147.06 | 144.36 | 71 | 316.40 | 313.61 | 109 | 485.74 | 482.95 | 147 | 655.08 | 652.29 | 185 | 824.42 | 821.63 |
| 34 | 151.52 | 148.79 | 72 | 320.86 | 318.06 | 110 | 490.20 | 487.40 | 148 | 659.54 | 656.74 | 186 | 828.88 | 826.08 |
| 35 | 155.98 | 153.24 | 73 | 325.31 | 322.52 | 111 | 494.65 | 491.86 | 149 | 663.99 | 661.20 | 187 | 833.33 | 830.54 |
| 36 | 160.43 | 157.68 | 74 | 329.77 | 326.97 | 112 | 499.11 | 496.32 | 150 | 668.45 | 665.66 | 188 | 837.79 | 835.00 |
| 37 | 164.88 | 162.13 | 75 | 334.22 | 331.43 | 113 | 503.57 | 500.77 | 151 | 672.91 | 670.11 | 189 | 842.25 | 839.45 |
| 38 | 169.34 | 166.60 | 76 | 338.68 | 335.89 | 114 | 508.20 | 505.23 | 152 | 677.36 | 674.57 | 190 | 846.70 | 843.91 |
| 39 | 173.80 | 171.02 | 77 | 343.14 | 340.34 | 115 | 512.48 | 509.68 | 153 | 681.82 | 679.03 | 191 | 851.16 | 848.37 |
| 40 | 178.25 | 175.49 | 78 | 347.59 | 344.80 | 116 | 516.93 | 514.14 | 154 | 686.28 | 683.48 | 192 | 855.62 | 852.82 |
| 41 | 182.71 | 179.92 | 79 | 352.05 | 349.26 | 117 | 521.39 | 518.60 | 155 | 690.73 | 687.94 | 193 | 860.07 | 857.28 |
| 42 | 187.17 | 184.37 | 80 | 356.51 | 353.71 | 118 | 525.85 | 523.05 | 156 | 695.19 | 692.39 | 194 | 864.53 | 861.75 |
| 43 | 191.62 | 188.83 | 81 | 360.96 | 358.17 | 119 | 530.30 | 527.51 | 157 | 699.64 | 696.85 | 195 | 868.98 | 866.44 |
| 44 | 196.08 | 193.28 | 82 | 365.42 | 362.63 | 120 | 534.76 | 531.97 | 158 | 704.10 | 701.31 | 196 | 873.44 | 870.64 |
| 45 | 200.53 | 197.74 | 83 | 369.88 | 367.08 | 121 | 539.22 | 536.42 | 159 | 708.56 | 705.76 | 197 | 877.90 | 875.11 |
| 46 | 204.99 | 202.20 | 84 | 374.33 | 371.54 | 122 | 543.67 | 540.88 | 160 | 713.01 | 710.22 | 198 | 882.35 | 879.55 |
| 47 | 209.45 | 206.65 | 85 | 378.79 | 375.99 | 123 | 548.13 | 545.34 | 161 | 717.47 | 714.68 | 199 | 886.81 | 884.02 |
| 48 | 213.90 | 211.11 | 86 | 383.24 | 380.45 | 124 | 552.59 | 549.79 | 162 | 721.93 | 719.13 | 200 | 891.27 | 888.47 |
| 49 | 218.36 | 215.57 | 87 | 387.70 | 384.91 | 125 | 557.04 | 554.25 | 163 | 726.38 | 723.59 | 201 | 895.72 | 892.94 |
| 50 | 222.82 | 220.02 | 88 | 392.16 | 389.36 | 126 | 561.50 | 558.70 | 164 | 730.84 | 728.05 | 202 | 900.18 | 897.38 |
| 51 | 227.27 | 224.48 | 89 | 396.61 | 393.82 | 127 | 565.95 | 563.16 | 165 | 735.30 | 732.50 | 203 | 904.64 | 901.85 |
| 52 | 231.73 | 228.94 | 90 | 401.07 | 398.28 | 128 | 570.41 | 567.62 | 166 | 739.75 | 736.96 | 204 | 909.09 | 906.30 |
| 53 | 236.19 | 233.39 | 91 | 405.53 | 402.73 | 129 | 574.87 | 572.07 | 167 | 744.21 | 741.41 | 205 | 913.55 | 910.74 |
| 54 | 240.64 | 237.85 | 92 | 409.98 | 407.19 | 130 | 579.32 | 576.53 | 168 | 748.66 | 745.87 | 206 | 918.00 | 915.21 |
| 55 | 245.10 | 242.30 | 93 | 414.44 | 411.64 | 131 | 583.78 | 580.99 | 169 | 752.12 | 750.33 | 207 | 922.46 | 919.66 |
| 56 | 249.55 | 246.76 | 94 | 418.90 | 416.10 | 132 | 588.24 | 585.44 | 170 | 757.58 | 754.78 | 208 | 926.92 | 924.13 |
| 57 | 254.01 | 251.22 | 95 | 423.35 | 420.56 | 133 | 592.09 | 589.90 | 171 | 762.03 | 759.24 | 209 | 931.37 | 928.57 |
| 58 | 258.47 | 255.67 | 96 | 427.81 | 425.01 | 134 | 597.15 | 594.35 | 172 | 766.49 | 763.70 | 210 | 935.83 | 933.04 |
| 59 | 262.92 | 260.13 | 97 | 432.26 | 429.47 | 135 | 601.61 | 598.81 | 173 | 770.95 | 768.15 | 211 | 940.29 | 937.49 |
| 60 | 267.38 | 264.59 | 98 | 436.72 | 433.93 | 136 | 606.06 | 603.27 | 174 | 775.40 | 772.61 | 212 | 944.74 | 941.96 |
| 61 | 271.84 | 269.04 | 99 | 441.18 | 438.38 | 137 | 610.52 | 607.72 | 175 | 779.86 | 777.06 | 213 | 949.20 | 946.40 |
| 62 | 276.29 | 273.50 | 100 | 445.63 | 442.84 | 138 | 614.97 | 612.18 | 176 | 784.32 | 781.52 | 214 | 953.65 | 950.85 |
| 63 | 280.75 | 277.95 | 101 | 450.09 | 447.30 | 139 | 619.43 | 616.64 | 177 | 788.77 | 785.98 | 215 | 958.11 | 955.32 |
| 64 | 285.21 | 282.41 | 102 | 454.55 | 451.75 | 140 | 623.88 | 621.09 | 178 | 793.29 | 790.43 | 216 | 962.57 | 959.76 |
| 65 | 289.66 | 286.87 | 103 | 459.00 | 456.21 | 141 | 628.34 | 625.55 | 179 | 797.68 | 794.89 | | | |

（续）

表 4.1-82　模数制带轮（项目 GB/T 11361—2008 和 JB/T 7512.2—1994）　（mm）

| 齿数 | 节径 d | 外径 d₀ | 齿数 | 节径 d | 外径 d₀ | 齿数 | 节径 d | 外径 d₀ | 齿数 | 节径 d | 外径 d₀ | 齿数 | 节径 d | 外径 d₀ |
|---|---|---|---|---|---|---|---|---|---|---|---|---|---|---|
| | | | | | | 20M | | | | | | | | |
| 34 | 216.45 | 21.13 | 71 | 452.00 | 447.68 | 108 | 687.55 | 683.23 | 145 | 923.10 | 981.78 | 182 | 1158.65 | 1154.33 |
| 35 | 222.82 | 218.50 | 72 | 458.37 | 454.05 | 109 | 693.92 | 689.60 | 146 | 929.46 | 925.15 | 183 | 1165.01 | 1160.70 |
| 36 | 229.18 | 224.87 | 73 | 464.73 | 460.41 | 110 | 700.28 | 695.96 | 147 | 935.83 | 931.51 | 184 | 1171.38 | 1167.06 |
| 37 | 235.55 | 231.23 | 74 | 471.10 | 466.78 | 111 | 706.65 | 702.33 | 148 | 942.20 | 937.88 | 185 | 1177.75 | 1173.43 |
| 38 | 241.92 | 237.60 | 75 | 477.46 | 473.15 | 112 | 713.01 | 708.70 | 149 | 948.56 | 944.25 | 186 | 1184.11 | 1179.79 |
| 39 | 248.28 | 243.96 | 76 | 483.83 | 479.51 | 113 | 719.38 | 715.06 | 150 | 954.53 | 950.61 | 187 | 1190.48 | 1186.16 |
| 40 | 254.65 | 250.33 | 77 | 490.20 | 485.88 | 114 | 725.75 | 721.43 | 151 | 961.30 | 956.98 | 188 | 1196.85 | 1192.53 |
| 41 | 261.01 | 256.70 | 78 | 495.56 | 492.25 | 115 | 732.11 | 727.79 | 152 | 967.66 | 963.34 | 189 | 1203.21 | 1198.89 |
| 42 | 267.38 | 263.06 | 79 | 502.93 | 498.61 | 116 | 738.49 | 734.16 | 153 | 974.03 | 969.71 | 190 | 1209.58 | 1205.26 |
| 43 | 273.75 | 269.43 | 80 | 509.30 | 504.98 | 117 | 744.85 | 740.53 | 154 | 980.39 | 976.08 | 191 | 1215.94 | 1211.63 |
| 44 | 280.11 | 275.79 | 81 | 515.66 | 511.34 | 118 | 751.21 | 746.89 | 155 | 986.76 | 982.44 | 192 | 1222.31 | 1217.99 |
| 45 | 286.48 | 282.16 | 82 | 522.03 | 517.71 | 119 | 757.28 | 753.26 | 156 | 993.13 | 988.81 | 193 | 1228.68 | 1224.36 |
| 46 | 292.85 | 288.53 | 83 | 528.39 | 524.08 | 120 | 763.94 | 759.63 | 157 | 999.49 | 995.18 | 194 | 1235.04 | 1230.72 |
| 47 | 299.21 | 294.89 | 84 | 534.76 | 530.44 | 121 | 770.31 | 765.99 | 158 | 1005.86 | 1001.54 | 195 | 1241.41 | 1237.09 |
| 48 | 305.58 | 301.26 | 85 | 541.13 | 536.81 | 122 | 776.68 | 772.36 | 159 | 1012.23 | 1007.91 | 196 | 1247.77 | 1243.46 |
| 49 | 311.94 | 307.63 | 86 | 547.49 | 543.18 | 123 | 783.04 | 778.22 | 160 | 1018.59 | 1014.27 | 197 | 1254.14 | 1249.82 |
| 50 | 318.31 | 313.99 | 87 | 553.86 | 549.54 | 124 | 789.41 | 785.09 | 161 | 1024.96 | 1020.64 | 198 | 1260.51 | 1256.19 |
| 51 | 324.68 | 320.36 | 88 | 560.23 | 555.91 | 125 | 795.77 | 791.46 | 162 | 1031.32 | 1027.01 | 199 | 1266.87 | 1262.56 |
| 52 | 331.04 | 326.72 | 89 | 566.59 | 562.27 | 126 | 805.14 | 797.82 | 163 | 1037.69 | 1033.37 | 200 | 1273.24 | 1268.92 |
| 53 | 337.41 | 333.09 | 90 | 572.96 | 568.64 | 127 | 808.51 | 804.19 | 164 | 1044.06 | 1039.74 | 201 | 1279.61 | 1275.29 |
| 54 | 342.77 | 339.46 | 91 | 579.32 | 575.01 | 128 | 814.87 | 810.56 | 165 | 1050.42 | 1046.10 | 202 | 1285.97 | 1281.65 |
| 55 | 350.14 | 345.82 | 92 | 585.69 | 581.37 | 129 | 821.24 | 816.92 | 166 | 1056.79 | 1052.47 | 203 | 1292.34 | 1288.02 |
| 56 | 356.51 | 352.19 | 93 | 592.06 | 587.74 | 130 | 827.61 | 823.29 | 167 | 1063.16 | 1058.34 | 204 | 1298.70 | 1294.39 |
| 57 | 362.87 | 359.56 | 94 | 598.42 | 594.10 | 131 | 833.97 | 829.65 | 168 | 1069.52 | 1065.20 | 205 | 1305.07 | 1300.75 |
| 58 | 369.24 | 364.92 | 95 | 604.72 | 600.47 | 132 | 840.34 | 863.02 | 169 | 1075.89 | 1071.57 | 206 | 1311.44 | 1307.12 |
| 59 | 375.61 | 371.29 | 96 | 611.15 | 606.84 | 133 | 846.70 | 842.39 | 170 | 1082.25 | 1077.94 | 207 | 1317.80 | 1313.48 |
| 60 | 381.97 | 377.65 | 97 | 617.52 | 613.20 | 134 | 853.07 | 848.75 | 171 | 1088.62 | 1084.30 | 208 | 1324.17 | 1319.85 |
| 61 | 388.34 | 384.02 | 98 | 623.89 | 619.57 | 135 | 859.44 | 855.12 | 172 | 1094.99 | 1090.67 | 209 | 1330.54 | 1326.22 |
| 62 | 394.70 | 390.39 | 99 | 630.25 | 625.94 | 136 | 865.80 | 861.48 | 173 | 1101.35 | 1097.03 | 210 | 1336.90 | 1332.58 |
| 63 | 401.07 | 396.75 | 100 | 636.62 | 632.30 | 137 | 872.17 | 867.75 | 174 | 1107.72 | 1103.40 | 211 | 1343.27 | 1335.95 |
| 64 | 407.44 | 403.12 | 101 | 642.99 | 638.67 | 138 | 878.54 | 874.22 | 175 | 1114.08 | 1109.77 | 212 | 1349.63 | 1345.33 |
| 65 | 413.80 | 409.48 | 102 | 649.35 | 645.03 | 139 | 884.90 | 880.58 | 176 | 1120.45 | 1116.13 | 213 | 1356.00 | 1351.68 |
| 66 | 420.17 | 415.85 | 103 | 655.72 | 651.40 | 140 | 891.27 | 886.95 | 177 | 1126.82 | 1122.50 | 214 | 1362.37 | 1358.05 |
| 67 | 426.54 | 422.22 | 104 | 662.03 | 657.77 | 141 | 897.23 | 893.32 | 178 | 1133.18 | 1128.67 | 215 | 1368.73 | 1364.41 |
| 68 | 432.90 | 428.58 | 105 | 668.45 | 664.13 | 142 | 904.00 | 899.68 | 179 | 1139.55 | 1135.23 | 216 | 1375.10 | 1370.79 |
| 69 | 432.27 | 434.95 | 106 | 674.82 | 670.50 | 143 | 910.37 | 906.05 | 180 | 1145.92 | 1144.60 | | | |
| 70 | 445.63 | 441.32 | 107 | 681.18 | 676.87 | 144 | 916.73 | 912.41 | 181 | 1152.28 | 1147.96 | | | |

**表 4.1-82　带轮宽度**（摘自 GB/T 11361—2008 和 JB/T 7512.2—1994）　（单位：mm）

### 周节制

| 槽型 | 轮宽代号 | 轮宽基本尺寸 | $b_f$ | $b''_f$ | $b'_f$ |
|---|---|---|---|---|---|
| MXL | 012 | 3.0 | 3.8 | 5.6 | 4.7 |
| MXL | 019 | 4.8 | 5.3 | 7.1 | 6.2 |
| MXL | 025 | 6.4 | 7.1 | 8.9 | 8.0 |
| XXL | 012 | 3.0 | 3.8 | 5.6 | 4.7 |
| XXL | 019 | 4.8 | 5.3 | 7.1 | 6.2 |
| XXL | 025 | 6.4 | 7.1 | 8.9 | 8.0 |
| XL | 025 | 6.4 | 7.1 | 8.9 | 8.0 |
| XL | 031 | 7.9 | 8.6 | 10.4 | 9.5 |
| XL | 037 | 9.5 | 10.4 | 12.2 | 11.1 |
| L | 050 | 12.7 | 14.0 | 17.0 | 15.5 |
| L | 075 | 19.1 | 20.3 | 23.3 | 21.8 |
| L | 100 | 25.4 | 26.7 | 29.7 | 28.2 |

| 槽型 | 轮宽代号 | 轮宽基本尺寸 | $b_f$ | $b''_f$ | $b'_f$ |
|---|---|---|---|---|---|
| H | 075 | 19.1 | 20.3 | 24.8 | 22.6 |
| H | 100 | 25.4 | 26.7 | 31.2 | 29.0 |
| H | 150 | 38.1 | 39.4 | 43.9 | 41.7 |
| H | 200 | 50.8 | 52.8 | 57.3 | 55.1 |
| H | 300 | 76.2 | 79.0 | 83.5 | 81.3 |
| XH | 200 | 50.8 | 56.6 | 62.6 | 59.6 |
| XH | 300 | 76.2 | 83.8 | 89.8 | 86.9 |
| XH | 400 | 101.6 | 110.7 | 116.7 | 113.7 |
| XXH | 200 | 50.8 | 56.6 | 64.1 | 60.4 |
| XXH | 300 | 76.2 | 83.8 | 91.3 | 87.3 |
| XXH | 400 | 101.6 | 110.7 | 118.2 | 114.5 |
| XXH | 500 | 127.0 | 137.7 | 145.2 | 141.5 |

### 模数制

| 模数 | $b_f$ | $b''_f$ | $b'_f$ |
|---|---|---|---|
| 1, 1.5 | $b_s + 1$ | $b_s + (2 \sim 3)$ | $b_s + (1 \sim 2)$ |
| 2, 2.5 | $b_s + (1 \sim 1.5)$ | $b_s + (3 \sim 4)$ | $b_s + (2 \sim 3)$ |
| 3 | $b_s + 1.5$ | $b_s + (4 \sim 5)$ | $b_s + (3 \sim 4)$ |
| 4 | $b_s + (1.5 \sim 3)$ | $b_s + (6 \sim 7)$ | $b_s + (3 \sim 5)$ |

| 模数 | $b_f$ | $b''_f$ | $b'_f$ |
|---|---|---|---|
| 5 | $b_s + (3 \sim 5)$ | $b_s + (8 \sim 10)$ | $b_s + (6 \sim 8)$ |
| 7 | $b_s + (6 \sim 9)$ | $b_s + (12 \sim 15)$ | $b_s + (9 \sim 12)$ |
| 10 | $b_s + (6 \sim 11)$ | $b_s + (13 \sim 18)$ | $b_s + (12 \sim 15)$ |

### 特殊节距制

| 槽型 | 带宽 $b_s$ | $b'_f$ 或 $b_f$ | $b''_f$ |
|---|---|---|---|
| T2.5 | 4 | 5.5 | 8 |
| T2.5 | 6 | 7.5 | 10 |
| T2.5 | 10 | 11.5 | 14 |
| T5 | 6 | 7.5 | 10 |
| T5 | 10 | 11.5 | 14 |
| T5 | 16 | 17.5 | 20 |
| T5 | 25 | 26.5 | 29 |

| 槽型 | 带宽 $b_s$ | $b'_f$ 或 $b_f$ | $b''_f$ |
|---|---|---|---|
| T10 | 16 | 18 | 21 |
| T10 | 25 | 27 | 30 |
| T10 | 32 | 34 | 37 |
| T10 | 50 | 52 | 55 |
| T20 | 32 | 34 | 38 |
| T20 | 50 | 52 | 56 |
| T20 | 75 | 77 | 81 |
| T20 | 100 | 102 | 106 |

### 圆弧齿

| 槽型 | 轮宽代号 | $b_f$ | $b''_f$ |
|---|---|---|---|
| 3M | 6 | 7.3 | 11.0 |
| 3M | 9 | 10.3 | 14.0 |
| 3M | 15 | 16.3 | 20.0 |
| 5M | 9 | 10.3 | 14.0 |
| 5M | 15 | 16.3 | 20.0 |
| 5M | 20 | 21.3 | 25.0 |
| 5M | 25 | 26.3 | 30.0 |
| 5M | 30 | 31.3 | 35.0 |
| 5M | 40 | 41.3 | 45.0 |
| 8M | 20 | 21.7 | 28.0 |
| 8M | 25 | 26.7 | 33.0 |
| 8M | 30 | 31.7 | 38.0 |
| 8M | 40 | 41.7 | 48.0 |
| 8M | 50 | 52.7 | 59.0 |
| 8M | 60 | 62.7 | 69.0 |
| 8M | 70 | 72.7 | 79.0 |
| 8M | 85 | 88.7 | 95.0 |

| 槽型 | 轮宽代号 | $b_f$ | $b''_f$ |
|---|---|---|---|
| 14M | 30 | 32 | 40 |
| 14M | 40 | 42 | 50 |
| 14M | 55 | 58 | 66 |
| 14M | 70 | 73 | 81 |
| 14M | 85 | 89 | 97 |
| 14M | 100 | 104 | 112 |
| 14M | 115 | 120 | 128 |
| 14M | 130 | 135 | 143 |
| 14M | 150 | 155 | 163 |
| 14M | 170 | 175 | 183 |
| 20M | 70 | 78.5 | 85 |
| 20M | 85 | 89.5 | 102 |
| 20M | 100 | 104.5 | 117 |
| 20M | 115 | 120.5 | 134 |
| 20M | 130 | 136 | 150 |
| 20M | 150 | 158 | 172 |
| 20M | 170 | 178 | 192 |
| 20M | 230 | 238 | 254 |
| 20M | 290 | 298 | 314 |
| 20M | 340 | 348 | 364 |

注：$b_f$ 为双边挡圈带轮最小宽度；$b''_f$ 为无挡圈带轮最小宽度；$b'_f$ 为单边挡圈带轮最小宽度；$b_s$ 为带宽。

**表 4.1-83　带轮挡圈尺寸**（摘自 GB/T 11361—2008 和 JB/T 75122—1994）　（单位:mm）

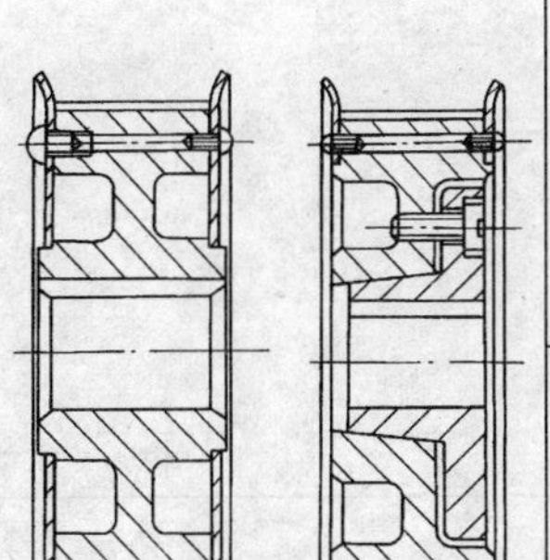

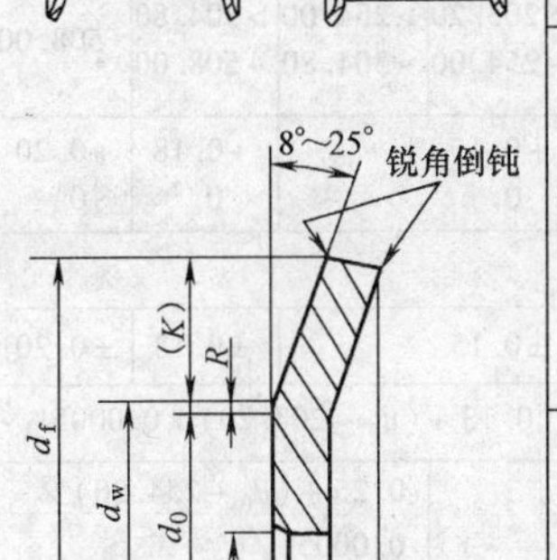

| | 槽型 | MXL | XXL | XL | L | H | XH | XXH |
|---|---|---|---|---|---|---|---|---|
| **周节制** | 挡圈最小高度 $K$ | 0.5 | 0.8 | 1.0 | 1.5 | 2.0 | 4.8 | 6.1 |
| | 挡圈厚度 $t$ | 0.5~1.0 | 0.5~1.5 | 1.0~1.5 | 1.0~2.0 | 1.5~2.5 | 4.0~5.0 | 5.0~6.5 |
| | 带轮外径 $d_0$ | 见表 4.1-80 | | | | | | |
| | 挡圈弯曲处直径 $d_w$ | $d_w = d_0 + (0.38 \pm 0.25)$ | | | | | | |
| | 挡圈外径 $d_f$ | $d_f = d_w + 2K$ | | | | | | |

| | 模数 | 1 | 1.5 | 2 | 2.5 | 3 | 4 | 5 | 7 | 10 |
|---|---|---|---|---|---|---|---|---|---|---|
| **模数制** | $K_{min}$ | 0.5 | 1 | 1.5 | | | 2 | 3 | 5 | 6 |
| | $t$ | 0.5~1 | 1.0~1.5 | 1.0~2.0 | | | 1.5~2.5 | 2.5~4 | 4~5 | 5~6.5 |

| | 槽型 | T2.5 | T5 | T10 | T20 |
|---|---|---|---|---|---|
| **特殊节距制** | 挡圈最小高度 $K$ | 0.8 | 1.2 | 2.2 | 3.2 |
| | 挡圈弯曲处直径 $d_w$ | $d_w = d_0 + (0.38 \pm 0.25)$ | | | |
| | 挡圈外径 $d_f$ | $d_f = d_w + 2K$ | | | |

| | 槽型 | 3M | 5M | 8M | 14M | 20M |
|---|---|---|---|---|---|---|
| **圆弧齿** | 挡圈最小高度 $K$ | 2.0~2.5 | 2.5~3.5 | 4.0~5.5 | 7.0~7.5 | 8.0~8.5 |
| | $R = (d_w - d_0)/2$ | 1 | 1.5 | 2 | 2.5 | 3 |
| | 挡圈厚度 $t$ | 1.5~2.0 | 1.5~2.5 | | 2.5~3.0 | 3.0~3.5 |
| | 带轮外径 $d_0$ | 见表 4.1-81 | | | | |
| | 挡圈弯曲处直径 $d_w$ | $d_w = d_0 + 2R$ | | | | |
| | 挡圈外径 $d_f$ | $d_f = d_w + 2K$ | | | | |

**表 4.1-84　挡圈的设置**

| | | |
|---|---|---|
| **两轴转动** | 1)一般推荐小带轮两侧均设挡圈,大带轮两侧不设,如图 a 所示<br>2)也可在大小带轮的不同侧面各装单侧挡圈,如图 b 所示 | |
| | 3)当 $a > 8d_1$ | 大小带轮两侧均设挡圈 |
| | 4)带轮轴线垂直水平面时 | 大小带轮两侧均设挡圈,或至少主动轮两侧与从动轮下侧设挡圈,如图 c 所示 |
| **多轴转动** | 1)每隔一个轮两侧设挡圈,被隔的不设<br>2)或每个轮的不同侧设挡圈 | |

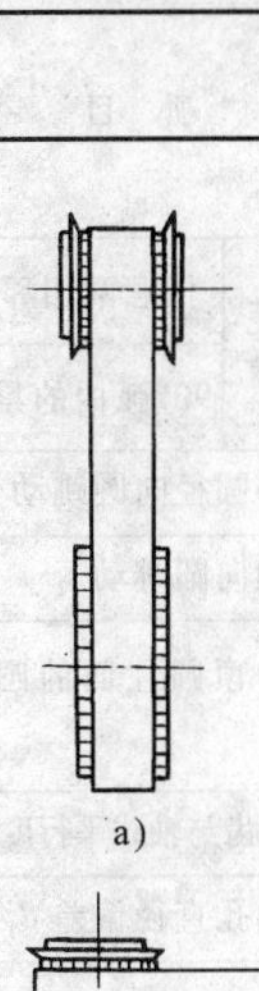

a) 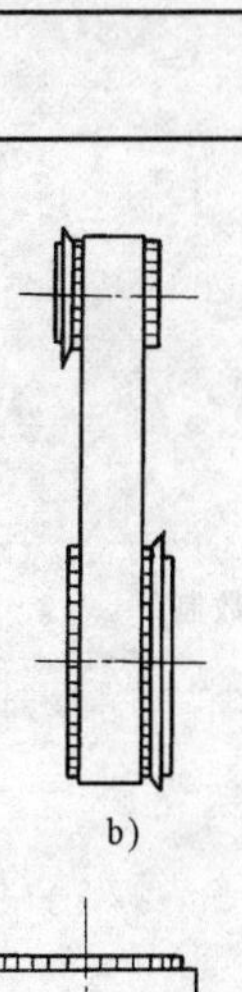　b)

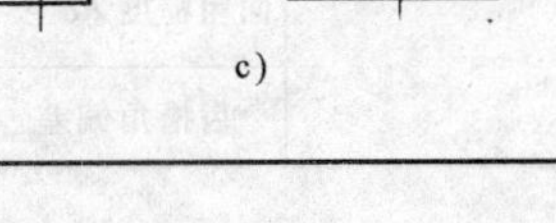

c)

**表 4.1-85　带轮尺寸偏差、几何公差及表面粗糙度**（摘自 GB/T 11361—2008 和 JB/T 7512.2—1994）

（单位：mm）

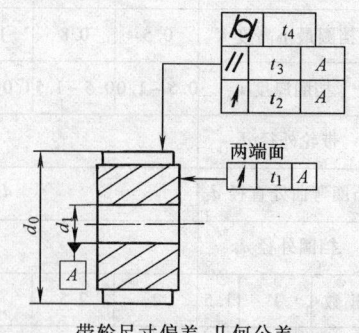

带轮尺寸偏差、几何公差

| | 项　目 | 带轮外径 $d_0$ | | | | | | | | | |
|---|---|---|---|---|---|---|---|---|---|---|---|
| | | ≤25.4 | >25.4 ~50.80 | >50.80 ~101.60 | >101.60 ~177.80 | >177.80 ~203.20 | >203.20 ~254.00 | >254.00 ~304.80 | >304.80 ~508.00 | >508.00 | |
| 周节制 | 外径偏差 | +0.05 0 | +0.08 0 | +0.10 0 | +0.13 0 | +0.15 0 | | | +0.18 0 | +0.20 0 | |
| | 节距偏差　任意两相邻齿 | ±0.03 | | | | | | | | | |
| | 节距偏差　90°弧内的累积 | ±0.05 | ±0.08 | ±0.10 | ±0.13 | ±0.15 | | | ±0.18 | ±0.20 | |
| | 外圆径向圆跳动 $t_2$ | 0.13 | | | | | $0.13+(d_0-203.20)\times0.0005$ | | | | | |
| | 轴向圆跳动 $t_1$ | 0.1 | | | | $d_0 \times 0.001$ | | | $0.25+(d_0-254.00)\times 0.0005$ | | | |
| | 轮齿与轴线平行度 $t_3$ | 0.001 轮宽(轮宽 <10mm 时,以 10mm 计) | | | | | | | | | |
| | 齿顶圆柱面的圆柱度 $t_4$ | | | | | | | | | | |
| | 轴孔直径偏差 $d_1$ | H7 或 H8 | | | | | | | | | |
| | 外圆及两齿侧表面粗糙度 $Ra$ | 3.2μm | | | | | | | | | |

| | 项　目 | 带轮外径 $d_0$ | | | | | | | | | |
|---|---|---|---|---|---|---|---|---|---|---|---|
| | | ≤30 | >30 ~50 | >50 ~80 | >80 ~120 | >120 ~180 | >180 ~250 | >250 ~315 | >315 ~400 | >400 ~500 | >500 |
| 模数制 | 节距偏差　任意两相邻齿 | 0.03 | | | | | | | | | |
| | 节距偏差　90°弧内的累积 | 0.05 | 0.08 | 0.10 | | 0.13 | 0.15 | | 0.18 | | 0.20 |
| | 外圆径向圆跳动 $t_2$ | 0.13 | | | $0.13+0.0005(d_0-180)$ | | | | | | |
| | 轴向圆跳动 $t_1$ | 0.10 | | | $0.001d_0$ | | | $0.25+0.0005(d_0-250)$ | | | |
| | 齿顶圆柱面的圆柱度 $t_4$ | $0.001b_f$(或 $b_f'$、$b_f''$),但不得超过带轮外径偏差 | | | | | | | | | |
| | 轮齿与轴线平行度 $t_3$ | $0.001b_f$(或 $b_f'$、$b_f''$) | | | | | | | | | |
| | 轴孔直径偏差 $d_1$ | H7 | | | | | | | | | |
| | 外圆、端面、轴孔表面粗糙度 $Ra$ | 展成法加工(滚齿、插齿等)1.6μm 或 3.2μm;成形法加工(铣齿)6.3μm | | | | | | | | | |
| | 齿槽角偏差 | ±1.5° | | | | | | | | | |

（续）

| 项　目 | | 带轮外径 $d_0$ | | | | | | | | |
|---|---|---|---|---|---|---|---|---|---|---|
| | | ≤25 | >25 ~50 | >50 ~100 | >100 ~175 | >175 ~200 | >200 ~250 | >250 ~300 | >300 ~500 | >500 |
| 外径偏差 | | 0 -0.05 | | 0 -0.08 | | | 0 -0.1 | | | 0 -0.15 |
| 节距偏差 | 任意两相邻齿 | 0.03 | | | | | | | | |
| | 90°弧内的累积 | 0.05 | 0.08 | 0.10 | 0.13 | 0.15 | | | | |
| 外圆径向圆跳动 $t_2$ | | 0.05 | | | | 0.05 + $(d_0 - 200) \times 0.0005$ | | | | |
| 轴向圆跳动 $t_1$ | | 0.1 | | | $d_0 \times 0.001$ | | | 0.25 + $(d_0 - 250.00) \times 0.0005$ | | |
| 轮齿与轴线平行度 $t_3$ | | $0.001 b_f$(或 $b_f'$、$b_f''$) | | | | | | | | |
| 齿顶圆柱面的圆柱度 $t_4$ | | $0.001 b_f$(或 $b_f'$、$b_f''$),但不得超过带轮外径偏差 | | | | | | | | |
| 轴孔直径偏差 $d_1$ | | H7 或 H8 | | | | | | | | |
| 外圆及两齿侧表面粗糙度 $Ra$ | | 3.2μm | | | | | | | | |

特殊节距制

| 项　目 | | 带轮外径 $d_0$ | | | | | | | | |
|---|---|---|---|---|---|---|---|---|---|---|
| | | ≤25.4 | >25.40 ~50.80 | >50.80 ~101.60 | >101.60 ~177.80 | >177.80 ~203.20 | >203.20 ~254.00 | >254.00 ~304.80 | >304.80 ~508.00 | >508.00 |
| 外径偏差 | | +0.05 0 | +0.08 0 | +0.10 0 | +0.13 0 | +0.15 0 | | +0.18 0 | +0.20 0 | |
| 节距偏差 | 任意两相邻齿 | ±0.03 | | | | | | | | |
| | 90°弧内的累积 | ±0.05 | ±0.08 | ±0.10 | ±0.13 | ±0.15 | | ±0.18 | ±0.20 | |
| 轴向圆跳动 $t_1$ | | 0.1 | | | $d_0 \times 0.001$ | | | 0.25 + $(d_0 - 254.00) \times 0.0005$ | | |
| 外圆径向圆跳动 | 滚切法 | 0.13 | | | | 0.13 + $0.0005(d_0 - 203.20)$ | | | | |
| | 成形刀铣切法 | 0.05 | | | | 0.05 + $0.0005(d_0 - 203.20)$ | | | | |
| 轮齿与轴线平行度 | 带轮宽度 $b_f$($b_f''$) | ≤10 | | >10 | | | | | | |
| | $t_3$ | <0.01 | | <$b_f$($b_f''$)×0.001 | | | | | | |
| 齿顶圆柱面的圆柱度 | 带轮宽度 $b_f''$ | ≤12.7 | >12.7 ~38.1 | | >38.1 ~76.2 | | >76.2 ~127 | | >127 | |
| | $t_4$ | 0.01 | 0.02 | | 0.04 | | 0.05 | | 0.06 | |

圆弧齿

# 5　多楔带传动

多楔带传动综合了 V 带传动和平带传动的优点。它的传递功率较大、振动小、运行平稳。多楔带主要用于传递功率较大而结构要求紧凑的场合,传动比可达 10,带速可达 40m/s。

## 5.1　多楔带尺寸规格

多楔带有 PH、PJ、PK、PL、PM 型,其结构尺寸见表 4.1-86 和表 4.1-87。

**表 4.1-86　多楔带的截面尺寸**（摘自 GB/T 16588—2009）　　　（单位：mm）

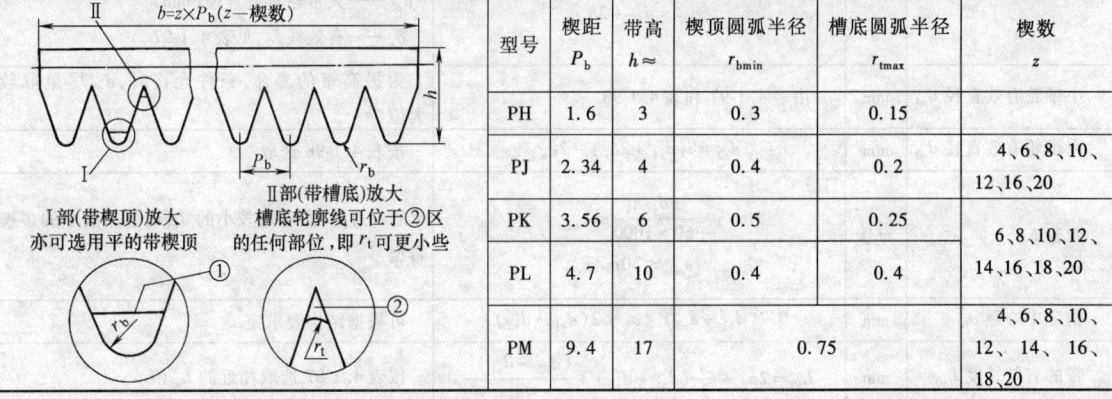

| 型号 | 楔距 $P_b$ | 带高 $h \approx$ | 楔顶圆弧半径 $r_{bmin}$ | 槽底圆弧半径 $r_{tmax}$ | 楔数 $z$ |
|---|---|---|---|---|---|
| PH | 1.6 | 3 | 0.3 | 0.15 | |
| PJ | 2.34 | 4 | 0.4 | 0.2 | 4、6、8、10、12、16、20 |
| PK | 3.56 | 6 | 0.5 | 0.25 | 6、8、10、12、14、16、18、20 |
| PL | 4.7 | 10 | 0.4 | 0.4 | |
| PM | 9.4 | 17 | 0.75 | | 4、6、8、10、12、14、16、18、20 |

注：楔距与带高的值仅为参考尺寸,楔距累积误差是一个重要参数,受带的工作张力和带的拉伸弹性模量影响。

**表 4.1-87　部分多楔带的有效长度 $L_e$（摘自 JB/T 5983—1992）及极限偏差（摘自 GB/T 16588—2009）**

（单位：mm）

| 有效长度 $L_e$ | 极限偏差 | 型号 | | | 有效长度 $L_e$ | 极限偏差 | 型号 | | | 有效长度 $L_e$ | 极限偏差 | 型号 | | |
|---|---|---|---|---|---|---|---|---|---|---|---|---|---|---|
| | | PJ | PL | PM | | | PJ | PL | PM | | | PJ | PL | PM |
| 450 | +5 −10 | + | | | 1600 | +10 −20 | + | + | | 4500 | +20 −40 | | + | + |
| 475 | | + | | | 1700 | | + | + | | 4750 | | | + | − |
| 500 | | + | | | 1800 | | + | + | | 5000 | | | + | − |
| 560 | | + | | | 1900 | | + | + | | 5300 | | | + | − |
| 630 | | + | | | 2000 | | + | + | | 5600 | | | + | + |
| 710 | | + | | | 2120 | +12 −24 | + | + | | 6000 | | | + | − |
| 750 | | + | | | 2240 | | + | + | + | 6300 | +30 −60 | | | + |
| 800 | | + | | | 2360 | | + | + | + | 6700 | | | | + |
| 850 | +6 −12 | + | | − | 2500 | | + | + | + | 7100 | | | | + |
| 900 | | + | | | 2650 | | | + | + | 8000 | | | | + |
| 950 | | + | | | 2800 | | | + | + | 9000 | +45 −90 | | | + |
| 1000 | | + | | | 3000 | | | + | + | 10000 | | | | + |
| 1060 | | + | | | 3150 | | | + | + | 11200 | | | | + |
| 1120 | | + | | | 3350 | +15 −30 | | + | + | 12500 | | | | + |
| 1250 | +8 −16 | + | + | | 3550 | | | + | + | 13200 | | | | + |
| 1320 | | + | + | | 3750 | | | + | + | 14000 | +60 −120 | | | + |
| 1400 | | + | + | | 4000 | +20 −40 | | + | + | 15000 | | | | + |
| 1500 | | + | + | | 4250 | | | + | + | 16000 | | | | + |

注：1. 表中 + 表示可以选用，− 表示没有此长度数据。
　　2. 标记示例 10　　PM　　3350
　　　　　　　　　　｜　　　｜　　　｜
　　　　　　　　　楔数　　型号　　有效长度
　　3. 生产厂为江苏扬中市东海电器有限公司。

## 5.2　多楔带设计计算

已知条件：①传递的功率；②小带轮和大带轮转速；③传动用途、载荷性质、原动机种类以及工作制度。

计算内容和步骤见表 4.1-88。

**表 4.1-88　计算内容和步骤**

| 计算项目 | 单位 | 公　式　及　数　据 | 说　　明 |
|---|---|---|---|
| 设计功率 $P_d$ | kW | $P_d = K_A P$ | $K_A$——工况系数，见表 4.1-89<br>$P$——传递的功率（kW） |
| 带型 | — | 根据 $P_d$ 和 $n_1$，由图 4.1-22 选取 | $n_1$——小带轮转速（r/min） |
| 传动比 $i$ | — | 若不考虑弹性滑动<br>$i = \dfrac{n_1}{n_2} = \dfrac{d_{p2}}{d_{p1}}$<br>$d_{p1} = d_{e1} + 2\delta_e$<br>$d_{p2} = d_{e2} + 2\delta_e$ | $n_2$——大带轮转速（r/min）<br>$d_{p1}$——小带轮节圆直径（mm）<br>$d_{p2}$——大带轮节圆直径（mm）<br>$d_{e1}$——小带轮有效直径（mm）<br>$d_{e2}$——大带轮有效直径（mm）<br>$\delta_e$——有效线差，见表 4.1-97 |
| 小带轮有效直径 $d_{e1}$ | mm | 由表 4.1-97 和表 4.1-98 | 为提高带的寿命，条件允许时，$d_{e1}$ 尽量取较大值 |
| 大带轮有效直径 $d_{e2}$ | mm | $d_{e2} = i(d_{e1} + 2\delta_e) - 2\delta_e$ | 按表 4.1-98 选取 |
| 带速 $v$ | m/s | $v = \dfrac{\pi d_{p1} n_1}{60 \times 1000} \leqslant v_{max}$<br>$v_{max} \leqslant 30 \text{m/s}$ | 若 $v$ 过高，则应取较小的 $d_{p1}$ 或选用较小的多楔带型号 |
| 初定中心距 $a_0$ | mm | $0.7(d_{e1} + d_{e2}) < a_0 < 2(d_{e1} + d_{e2})$ | 可根据结构要求定 |
| 带的有效长度 $L_{e0}$ | mm | $L_{e0} = 2a_0 + \dfrac{\pi}{2}(d_{e1} + d_{e2}) + \dfrac{(d_{e2} - d_{e1})^2}{4a_0}$ | 按表 4.1-87 选取相近的 $L_e$ 值 |

（续）

| 计算项目 | 单位 | 公式及数据 | 说明 |
|---|---|---|---|
| 实际中心距 $a$ | mm | $a = a_0 + \dfrac{L_e - L_{e0}}{2}$ | 为了安装方便以及补偿带的张紧力,中心距内、外侧调整量,见表4.1-90 |
| 小带轮包角 $\alpha_1$ | （°） | $\alpha_1 = 180° - \dfrac{d_{e2} - d_{e1}}{a} \times 57.3°$ | 一般 $\alpha_1 \geqslant 120°$,如 $\alpha_1$ 较小,应增大 $a$ 或采用张紧轮 |
| 带每楔所传递的基本额定功率 $P_1$ | kW | 根据带型、$d_{e1}$ 和 $n_1$ 由表4.1-91～表4.1-93选取 | 特定条件:$i=1$,$\alpha_1 = \alpha_2 = 180°$ 特定有效长度,平稳载荷 |
| $i \neq 1$ 时,带每楔所传递的基本额定功率增量 $\Delta P_1$ | kW | 根据带型、$n_1$ 和 $i$ 由表4.1-91～表4.1-93选取 | — |
| 带的楔数 $z$ | — | $z = \dfrac{P_d}{(P_1 + \Delta P_1) K_\alpha K_L}$<br><br>$z$ 按表4.1-86取整数 | $K_\alpha$——包角修正系数,见表4.1-94<br>$K_L$——带长修正系数,见表4.1-95 |
| 有效圆周力 $F_t$ | N | $F_t = \dfrac{P_d}{v} 10^3$ | — |
| 带的紧边拉力 $F_1$ | N | $F_1 = F_t \left( \dfrac{K_r}{K_r - 1} \right)$ | $K_r$——带与带轮的楔合系数,见表4.1-97 |
| 带的松边拉力 $F_2$ | N | $F_2 = F_1 - F_t$ | — |
| 作用在轴上的力 $F_r$ | N | $F_r = (F_1 + F_2) \sin \dfrac{\alpha_1}{2}$ | — |

表4.1-89 工况系数 $K_A$

| 工 况 | 原动机类型 | | | | | |
|---|---|---|---|---|---|---|
| | 交流电动机(普通转矩、笼型、同步、分相式)、直流电动机(并励)、内燃机 | | | 交流电动机(大转矩、大滑差率、单相、滑环式、串励)、直流电动机(复励) | | |
| | 每天连续运转时间/h | | | | | |
| | $\leqslant 6$ | $>6 \sim 16$ | $>16 \sim 24$ | $\leqslant 6$ | $>6 \sim 16$ | $>16 \sim 24$ |
| | $K_A$ | | | | | |
| 液体搅拌器、鼓风机和排气装置、离心泵和压缩机、风扇($\leqslant 7.5$kW)、轻型输送机 | 1.0 | 1.1 | 1.2 | 1.1 | 1.2 | 1.3 |
| 带式输送机(沙子、尘物等)、和面机、风扇($>7.5$kW)、发电机、洗衣机、机床、冲床、压力机、剪床、印刷机、往复式振动筛、正排量旋转泵 | 1.1 | 1.2 | 1.3 | 1.2 | 1.3 | 1.4 |
| 制砖机、斗式提升机、励磁机、活塞式压缩机、输送机(链板式、盘式、螺旋式)、锻压机床、造纸用打浆机、柱塞泵、正排量鼓风机、粉碎机、锯床和木工机械 | 1.2 | 1.3 | 1.4 | 1.4 | 1.5 | 1.6 |
| 破碎机(旋转式、颚式、滚动式)、研磨机(球式、棒式、圆筒式)、起重机、橡胶机械(压光机、模压机、轧制机) | 1.3 | 1.4 | 1.5 | 1.5 | 1.6 | 1.8 |
| 节流机械 | 2.0 | | | | | |

注:使用张紧轮时,$K_A$ 值应视张紧轮位置的不同增加下列数值:位于松边内侧为0;松边外侧为0.1;紧边内侧为0.1;紧边外侧为0.2。

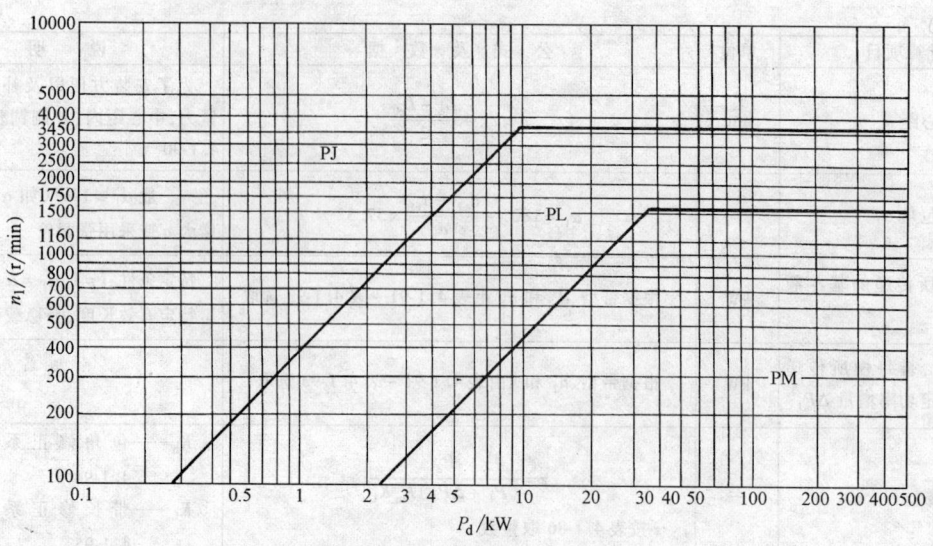

图4.1-22　部分多楔带选型图

表 4.1-90　部分中心距调整量　　　　　　　　（单位：mm）

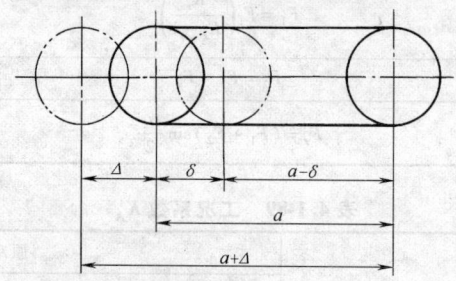

| 带 | | | 型 | | | | | |
|---|---|---|---|---|---|---|---|---|
| PJ | | | PL | | | PM | | |
| 有效长度 $L_e$ | $\Delta_{min}$ | $\delta_{min}$ | 有效长度 $L_e$ | $\Delta_{min}$ | $\delta_{min}$ | 有效长度 $L_e$ | $\Delta_{min}$ | $\delta_{min}$ |
| 450~500 | 5 | 8 | 1250~1500 | 16 | 22 | 2240~2500 | 29 | 38 |
| >500~750 | 8 | 10 | >1500~1800 | 19 | | >2500~3000 | 34 | 40 |
| >750~1000 | 10 | 11 | >1800~2000 | 22 | 24 | >3000~4000 | 40 | 42 |
| >1000~1250 | 11 | 13 | >2000~2240 | 25 | | >4000~5000 | 51 | 46 |
| >1250~1500 | 13 | 14 | >2240~2500 | 29 | 25 | >5000~6000 | 60 | 48 |
| >1500~1800 | 16 | | >2500~3000 | 34 | 27 | >6000~6700 | 76 | 54 |
| >1800~2000 | 18 | | >3000~4000 | 40 | 29 | >6700~8500 | 92 | 60 |
| >2000~2500 | 19 | | >4000~5000 | 51 | 34 | >8500~10000 | 106 | 67 |
| | | | >5000~6000 | 60 | 35 | >10000~11800 | 134 | 73 |
| — | — | | — | — | | >11800~16000 | 168 | 86 |

**表 4.1-91　PJ型多楔带每楔传递的额定功率**

$P_1/\text{kW}$

| $n_1/(\text{r/min})$ | \multicolumn{21}{c}{$d_{e1}/\text{mm}$} |
|---|---|---|---|---|---|---|---|---|---|---|---|---|---|---|---|---|---|---|---|---|---|
| | 20 | 25 | 28 | 31.5 | 35.5 | 40 | 45 | 50 | 53 | 56 | 60 | 63 | 71 | 75 | 80 | 95 | 100 | 112 | 125 | 140 | 150 |
| 200 | 0.01 | 0.01 | 0.01 | 0.01 | 0.01 | 0.02 | 0.02 | 0.03 | 0.03 | 0.03 | 0.04 | 0.04 | 0.04 | 0.04 | 0.04 | 0.06 | 0.06 | 0.07 | 0.08 | 0.09 | 0.10 |
| 400 | 0.01 | 0.01 | 0.02 | 0.02 | 0.03 | 0.04 | 0.04 | 0.05 | 0.05 | 0.06 | 0.06 | 0.07 | 0.07 | 0.08 | 0.09 | 0.10 | 0.12 | 0.13 | 0.15 | 0.16 | 0.18 |
| 600 | 0.01 | 0.02 | 0.02 | 0.03 | 0.04 | 0.05 | 0.06 | 0.07 | 0.07 | 0.08 | 0.09 | 0.10 | 0.11 | 0.12 | 0.13 | 0.16 | 0.16 | 0.19 | 0.21 | 0.24 | 0.25 |
| 800 | 0.01 | 0.02 | 0.03 | 0.04 | 0.05 | 0.07 | 0.07 | 0.09 | 0.10 | 0.10 | 0.11 | 0.12 | 0.14 | 0.16 | 0.16 | 0.20 | 0.22 | 0.25 | 0.28 | 0.31 | 0.33 |
| 1000 | 0.01 | 0.03 | 0.04 | 0.05 | 0.06 | 0.07 | 0.09 | 0.11 | 0.12 | 0.13 | 0.13 | 0.15 | 0.17 | 0.19 | 0.19 | 0.25 | 0.26 | 0.30 | 0.34 | 0.37 | 0.40 |
| 1200 | 0.01 | 0.03 | 0.04 | 0.06 | 0.07 | 0.09 | 0.11 | 0.13 | 0.14 | 0.15 | 0.16 | 0.17 | 0.20 | 0.22 | 0.23 | 0.28 | 0.31 | 0.35 | 0.39 | 0.44 | 0.47 |
| 1400 | 0.01 | 0.04 | 0.05 | 0.07 | 0.08 | 0.10 | 0.13 | 0.14 | 0.16 | 0.17 | 0.19 | 0.20 | 0.23 | 0.25 | 0.27 | 0.33 | 0.35 | 0.40 | 0.45 | 0.51 | 0.54 |
| 1500 | 0.01 | 0.04 | 0.05 | 0.07 | 0.08 | 0.10 | 0.13 | 0.16 | 0.16 | 0.18 | 0.19 | 0.21 | 0.23 | 0.27 | 0.28 | 0.34 | 0.37 | 0.43 | 0.48 | 0.54 | 0.57 |
| 1700 | 0.01 | 0.04 | 0.06 | 0.07 | 0.10 | 0.12 | 0.15 | 0.17 | 0.19 | 0.20 | 0.22 | 0.23 | 0.27 | 0.30 | 0.31 | 0.39 | 0.42 | 0.47 | 0.53 | 0.60 | 0.63 |
| 1800 | 0.01 | 0.04 | 0.06 | 0.07 | 0.10 | 0.13 | 0.15 | 0.18 | 0.19 | 0.21 | 0.22 | 0.25 | 0.28 | 0.31 | 0.33 | 0.40 | 0.43 | 0.49 | 0.55 | 0.63 | 0.67 |
| 2000 | 0.01 | 0.04 | 0.06 | 0.08 | 0.10 | 0.14 | 0.16 | 0.19 | 0.22 | 0.23 | 0.25 | 0.27 | 0.31 | 0.34 | 0.36 | 0.44 | 0.48 | 0.54 | 0.61 | 0.68 | 0.73 |
| 2400 | 0.01 | 0.05 | 0.07 | 0.10 | 0.12 | 0.16 | 0.19 | 0.23 | 0.25 | 0.27 | 0.29 | 0.31 | 0.37 | 0.40 | 0.42 | 0.51 | 0.55 | 0.63 | 0.70 | 0.78 | 0.84 |
| 2800 | 0.01 | 0.05 | 0.08 | 0.11 | 0.14 | 0.18 | 0.22 | 0.26 | 0.28 | 0.31 | 0.33 | 0.36 | 0.41 | 0.45 | 0.48 | 0.58 | 0.63 | 0.71 | 0.79 | 0.89 | 0.94 |
| 3000 | 0.01 | 0.06 | 0.08 | 0.11 | 0.15 | 0.19 | 0.23 | 0.28 | 0.30 | 0.33 | 0.35 | 0.38 | 0.44 | 0.48 | 0.51 | 0.62 | 0.66 | 0.75 | 0.84 | 0.93 | 0.99 |
| 3400 | 0.01 | 0.06 | 0.09 | 0.13 | 0.16 | 0.21 | 0.25 | 0.31 | 0.34 | 0.36 | 0.39 | 0.42 | 0.48 | 0.53 | 0.56 | 0.68 | 0.73 | 0.83 | 0.92 | 1.01 | 1.07 |
| 3600 | 0.01 | 0.06 | 0.10 | 0.13 | 0.17 | 0.22 | 0.27 | 0.32 | 0.35 | 0.37 | 0.40 | 0.44 | 0.51 | 0.55 | 0.58 | 0.72 | 0.76 | 0.86 | 0.95 | 1.05 | 1.11① |
| 4000 | 0.01 | 0.07 | 0.10 | 0.14 | 0.18 | 0.24 | 0.29 | 0.34 | 0.38 | 0.41 | 0.44 | 0.48 | 0.55 | 0.60 | 0.63 | 0.81 | 0.82 | 0.93 | 1.01 | 1.11① | 1.17① |
| 5000 | — | 0.07 | 0.12 | 0.16 | 0.22 | 0.28 | 0.35 | 0.41 | 0.45 | 0.48 | 0.52 | 0.57 | 0.65 | 0.71 | 0.75 | 0.90 | 0.95 | 1.09① | 1.14① | 1.22① | 1.25① |
| 6000 | — | 0.08 | 0.13 | 0.19 | 0.25 | 0.32 | 0.40 | 0.47 | 0.51 | 0.55 | 0.60 | 0.64 | 0.74 | 0.80 | 0.84 | 0.98① | 1.04① | 1.13① | 1.19① | 1.22① | 1.25① |
| 7000 | — | 0.08 | 0.14 | 0.22 | 0.27 | 0.36 | 0.44 | 0.52 | 0.57 | 0.61 | 0.66 | 0.71 | 0.84 | 0.87① | 0.90① | 1.04① | 1.09① | 1.14① | 1.22① | — | — |
| 8000 | — | 0.09 | 0.15 | 0.23 | 0.29 | 0.39 | 0.48 | 0.57 | 0.61 | 0.66 | 0.71 | 0.76 | 0.89① | 0.91① | 0.95① | 1.06① | 1.08① | 1.09① | 1.16① | — | — |
| 9000 | — | 0.09 | 0.16 | 0.24 | 0.31 | 0.42 | 0.51 | 0.60 | 0.65 | 0.70 | 0.75① | 0.79① | 0.92① | 0.93① | 0.96① | 1.03① | 1.02① | — | — | — | — |
| 10000 | — | 0.09 | 0.16 | 0.24 | 0.33 | 0.43 | 0.54 | 0.63 | 0.68① | 0.72① | 0.77① | 0.81① | 0.92① | 0.93① | 0.95① | 0.95① | — | — | — | — | — |

$\Delta P_1/\text{kW}$

| $n_1/(\text{r/min})$ | \multicolumn{7}{c}{$i$} |
|---|---|---|---|---|---|---|---|
| | 1.12~1.18 | 1.19~1.26 | 1.27~1.38 | 1.39~1.57 | 1.58~1.94 | 1.95~3.38 | ≥3.39 |
| 200~800 | 0.00 | 0.00 | 0.00 | 0.00 | 0.00 | 0.00 | 0.00 |
| 1000~1800 | 0.00 | 0.00 | 0.00 | 0.01 | 0.01 | 0.01 | 0.01 |
| 2000~3600 | 0.00 | 0.01 | 0.01 | 0.01 | 0.02 | 0.02 | 0.02 |
| 4000~5000 | 0.01 | 0.01 | 0.02 | 0.02 | 0.03 | 0.03 | 0.03 |
| 6000 | 0.02 | 0.02 | 0.02 | 0.03 | 0.04 | 0.04 | 0.04 |
| 7000~8000 | 0.02 | 0.03 | 0.03 | 0.04 | 0.05 | 0.05 | 0.05 |
| 9000 | 0.03 | 0.03 | 0.04 | 0.05 | 0.06 | 0.06 | 0.06 |
| 10000 | 0.03 | 0.04 | 0.04 | 0.06 | 0.07 | 0.07 | 0.07 |

注: $P_1$ 为传动平稳、$\alpha_1 = 180°$、使用特定长度时的多楔带每楔传递的基本额定功率; $\Delta P_1$ 为由传动比 $i$ 引起的功率增量。

① $v > 27\text{m/s}$, 此时带轮材料不宜使用铸铁, 可用铸钢。

## 表 4.1-92　PL 型多楔带每楔带传递的额定功率

小带轮有效直径 $d_{e1}$/mm；$P_1$/kW　　　传动比 $i$；$\Delta P_1$/kW

传动比 $i$ 分组：① 1.00~1.01　② 1.02~1.05　③ 1.06~1.11　④ 1.12~1.18　⑤ 1.19~1.26　⑥ 1.27~1.38　⑦ 1.39~1.57　⑧ 1.58~1.94　⑨ 1.95~3.38　⑩ ≥3.39

| $n_1$/(r/min) | 75 | 80 | 90 | 95 | 100 | 106 | 112 | 118 | 125 | 132 | 140 | 150 | 160 | 170 | 180 | 200 | 212 | 224 | 236 | 250 | 280 | 300 | 315 | 355 | ≥3.39 | 1.95~3.38 | 1.58~1.94 | 1.39~1.57 | 1.27~1.38 | 1.19~1.26 | 1.12~1.18 | 1.06~1.11 | 1.02~1.05 | 1.00~1.01 |
|---|---|---|---|---|---|---|---|---|---|---|---|---|---|---|---|---|---|---|---|---|---|---|---|---|---|---|---|---|---|---|---|---|---|---|
| 100 | 0.07 | 0.08 | 0.10 | 0.11 | 0.12 | 0.13 | 0.13 | 0.14 | 0.16 | 0.17 | 0.19 | 0.20 | 0.22 | 0.24 | 0.25 | 0.28 | 0.30 | 0.31 | 0.33 | 0.37 | 0.40 | 0.44 | 0.48 | 0.51 | 0.01 | 0.01 | 0.01 | 0.01 | 0.01 | 0.00 | 0.00 | 0.00 | 0.00 | 0.00 |
| 200 | 0.11 | 0.15 | 0.19 | 0.20 | 0.22 | 0.23 | 0.25 | 0.26 | 0.30 | 0.31 | 0.34 | 0.37 | 0.40 | 0.43 | 0.46 | 0.52 | 0.55 | 0.58 | 0.61 | 0.67 | 0.75 | 0.82 | 0.89 | 0.96 | 0.01 | 0.01 | 0.01 | 0.01 | 0.01 | 0.01 | 0.01 | 0.00 | 0.00 | 0.00 |
| 300 | 0.19 | 0.22 | 0.26 | 0.28 | 0.31 | 0.33 | 0.35 | 0.37 | 0.42 | 0.44 | 0.48 | 0.53 | 0.57 | 0.62 | 0.66 | 0.75 | 0.79 | 0.84 | 0.88 | 0.96 | 1.07 | 1.17 | 1.28 | 1.38 | 0.02 | 0.02 | 0.02 | 0.01 | 0.01 | 0.01 | 0.01 | 0.01 | 0.00 | 0.00 |
| 400 | 0.24 | 0.27 | 0.33 | 0.36 | 0.39 | 0.42 | 0.45 | 0.48 | 0.54 | 0.57 | 0.63 | 0.67 | 0.74 | 0.80 | 0.86 | 0.97 | 1.02 | 1.08 | 1.13 | 1.25 | 1.38 | 1.51 | 1.65 | 1.78 | 0.03 | 0.03 | 0.02 | 0.02 | 0.02 | 0.02 | 0.01 | 0.01 | 0.01 | 0.00 |
| 500 | 0.28 | 0.32 | 0.40 | 0.43 | 0.47 | 0.51 | 0.54 | 0.58 | 0.66 | 0.69 | 0.76 | 0.83 | 0.90 | 0.97 | 1.04 | 1.18 | 1.25 | 1.31 | 1.38 | 1.51 | 1.68 | 1.84 | 2.01 | 2.16 | 0.04 | 0.04 | 0.03 | 0.03 | 0.02 | 0.02 | 0.02 | 0.01 | 0.01 | 0.00 |
| 540 | 0.31 | 0.34 | 0.43 | 0.46 | 0.50 | 0.54 | 0.58 | 0.62 | 0.70 | 0.74 | 0.81 | 0.89 | 0.96 | 1.04 | 1.11 | 1.26 | 1.34 | 1.40 | 1.48 | 1.62 | 1.80 | 1.97 | 2.14 | 2.31 | 0.04 | 0.04 | 0.04 | 0.03 | 0.03 | 0.03 | 0.02 | 0.01 | 0.01 | 0.00 |
| 575 | 0.32 | 0.37 | 0.45 | 0.49 | 0.53 | 0.57 | 0.61 | 0.66 | 0.74 | 0.78 | 0.86 | 0.94 | 1.01 | 1.10 | 1.17 | 1.33 | 1.41 | 1.48 | 1.56 | 1.71 | 1.89 | 2.08 | 2.26 | 2.44 | 0.04 | 0.04 | 0.04 | 0.03 | 0.03 | 0.03 | 0.02 | 0.02 | 0.01 | 0.00 |
| 600 | 0.33 | 0.37 | 0.46 | 0.51 | 0.55 | 0.60 | 0.63 | 0.68 | 0.76 | 0.81 | 0.89 | 0.97 | 1.05 | 1.13 | 1.22 | 1.38 | 1.46 | 1.54 | 1.62 | 1.78 | 1.97 | 2.16 | 2.35 | 2.54 | 0.04 | 0.04 | 0.04 | 0.04 | 0.03 | 0.03 | 0.03 | 0.02 | 0.01 | 0.00 |
| 675 | 0.37 | 0.41 | 0.51 | 0.56 | 0.60 | 0.66 | 0.70 | 0.75 | 0.84 | 0.90 | 0.98 | 1.07 | 1.17 | 1.26 | 1.35 | 1.53 | 1.62 | 1.71 | 1.79 | 1.97 | 2.18 | 2.39 | 2.60 | 2.80 | 0.05 | 0.05 | 0.04 | 0.04 | 0.03 | 0.03 | 0.03 | 0.02 | 0.01 | 0.00 |
| 700 | 0.37 | 0.43 | 0.53 | 0.57 | 0.63 | 0.68 | 0.72 | 0.78 | 0.89 | 0.92 | 1.01 | 1.11 | 1.21 | 1.30 | 1.40 | 1.58 | 1.67 | 1.76 | 1.85 | 2.03 | 2.25 | 2.47 | 2.68 | 2.89 | 0.06 | 0.06 | 0.05 | 0.04 | 0.04 | 0.04 | 0.03 | 0.02 | 0.02 | 0.00 |
| 800 | 0.42 | 0.47 | 0.59 | 0.64 | 0.70 | 0.75 | 0.81 | 0.87 | 0.98 | 1.03 | 1.14 | 1.25 | 1.35 | 1.46 | 1.57 | 1.77 | 1.87 | 1.98 | 2.07 | 2.28 | 2.52 | 2.76 | 3.00 | 3.23 | 0.07 | 0.06 | 0.06 | 0.05 | 0.04 | 0.04 | 0.04 | 0.03 | 0.02 | 0.00 |
| 870 | 0.45 | 0.51 | 0.63 | 0.69 | 0.75 | 0.81 | 0.87 | 0.93 | 1.05 | 1.10 | 1.22 | 1.34 | 1.45 | 1.57 | 1.68 | 1.90 | 2.01 | 2.12 | 2.23 | 2.45 | 2.71 | 2.96 | 3.22 | 3.46 | 0.07 | 0.07 | 0.06 | 0.06 | 0.04 | 0.04 | 0.04 | 0.03 | 0.02 | 0.00 |
| 900 | 0.46 | 0.52 | 0.65 | 0.71 | 0.77 | 0.84 | 0.90 | 0.95 | 1.08 | 1.14 | 1.26 | 1.38 | 1.50 | 1.60 | 1.73 | 1.96 | 2.07 | 2.19 | 2.30 | 2.51 | 2.78 | 3.05 | 3.30 | 3.56 | 0.07 | 0.07 | 0.06 | 0.06 | 0.05 | 0.05 | 0.04 | 0.03 | 0.02 | 0.00 |
| 1000 | 0.49 | 0.57 | 0.70 | 0.78 | 0.84 | 0.91 | 0.98 | 1.04 | 1.18 | 1.25 | 1.38 | 1.51 | 1.63 | 1.77 | 1.89 | 2.14 | 2.27 | 2.39 | 2.51 | 2.75 | 3.04 | 3.32 | 3.60 | 3.86 | 0.08 | 0.07 | 0.07 | 0.06 | 0.05 | 0.05 | 0.05 | 0.04 | 0.02 | 0.00 |
| 1100 | 0.54 | 0.61 | 0.76 | 0.84 | 0.91 | 0.98 | 1.06 | 1.13 | 1.28 | 1.35 | 1.49 | 1.63 | 1.78 | 1.91 | 2.05 | 2.32 | 2.45 | 2.59 | 2.72 | 2.97 | 3.28 | 3.59 | 3.88 | 4.16 | 0.08 | 0.08 | 0.07 | 0.07 | 0.06 | 0.06 | 0.05 | 0.04 | 0.03 | 0.00 |
| 1160 | 0.56 | 0.63 | 0.80 | 0.87 | 0.95 | 1.03 | 1.10 | 1.19 | 1.34 | 1.41 | 1.56 | 1.71 | 1.86 | 2.00 | 2.14 | 2.42 | 2.57 | 2.70 | 2.83 | 3.10 | 3.42 | 3.74 | 4.04 | 4.33 | 0.09 | 0.08 | 0.08 | 0.07 | 0.06 | 0.06 | 0.05 | 0.04 | 0.03 | 0.00 |
| 1200 | 0.57 | 0.66 | 0.82 | 0.90 | 0.98 | 1.06 | 1.14 | 1.22 | 1.37 | 1.45 | 1.60 | 1.76 | 1.91 | 2.06 | 2.21 | 2.49 | 2.63 | 2.78 | 2.92 | 3.19 | 3.52 | 3.83 | 4.14 | 4.44 | 0.09 | 0.09 | 0.08 | 0.07 | 0.06 | 0.06 | 0.06 | 0.04 | 0.03 | 0.00 |
| 1300 | 0.60 | 0.69 | 0.87 | 0.95 | 1.04 | 1.13 | 1.22 | 1.30 | 1.47 | 1.55 | 1.72 | 1.88 | 2.04 | 2.20 | 2.36 | 2.66 | 2.81 | 2.96 | 3.11 | 3.39 | 3.74 | 4.07 | 4.39 | 4.69 | 0.10 | 0.09 | 0.09 | 0.08 | 0.07 | 0.07 | 0.06 | 0.05 | 0.03 | 0.00 |
| 1400 | 0.64 | 0.74 | 0.93 | 1.01 | 1.11 | 1.20 | 1.29 | 1.38 | 1.56 | 1.65 | 1.83 | 2.00 | 2.17 | 2.33 | 2.50 | 2.83 | 2.98 | 3.14 | 3.30 | 3.60 | 3.96 | 4.30 | 4.63 | 4.93 | 0.10 | 0.10 | 0.09 | 0.08 | 0.07 | 0.07 | 0.07 | 0.05 | 0.04 | 0.00 |
| 1500 | 0.68 | 0.78 | 0.98 | 1.07 | 1.17 | 1.27 | 1.37 | 1.46 | 1.65 | 1.75 | 1.93 | 2.11 | 2.29 | 2.47 | 2.65 | 2.98 | 3.16 | 3.32 | 3.48 | 3.79 | 4.16 | 4.51 | 4.85 | 5.15 | 0.11 | 0.10 | 0.10 | 0.09 | 0.08 | 0.08 | 0.07 | 0.06 | 0.04 | 0.00 |
| 1600 | 0.71 | 0.81 | 1.03 | 1.13 | 1.23 | 1.34 | 1.44 | 1.54 | 1.74 | 1.84 | 2.04 | 2.22 | 2.42 | 2.60 | 2.78 | 3.14 | 3.31 | 3.48 | 3.65 | 3.98 | 4.36 | 4.71 | 5.05[1] | 5.35[1] | 0.12 | 0.11 | 0.10 | 0.10 | 0.08 | 0.08 | 0.08 | 0.06 | 0.04 | 0.00 |
| 1700 | 0.75 | 0.86 | 1.07 | 1.19 | 1.30 | 1.37 | 1.51 | 1.62 | 1.83 | 1.93 | 2.13 | 2.33 | 2.54 | 2.73 | 2.92 | 3.29 | 3.47 | 3.65 | 3.82 | 4.15 | 4.54 | 4.90 | 5.23[1] | 5.53[1] | 0.13 | 0.12 | 0.11 | 0.10 | 0.09 | 0.09 | 0.08 | 0.06 | 0.05 | 0.00 |
| 1750 | 0.76 | 0.87 | 1.10 | 1.22 | 1.33 | 1.44 | 1.54 | 1.66 | 1.87 | 1.98 | 2.19 | 2.39 | 2.60 | 2.79 | 2.98 | 3.36 | 3.54 | 3.72 | 3.90 | 4.23 | 4.63 | 4.98[1] | 5.31[1] | 5.60[1] | 0.13 | 0.12 | 0.12 | 0.10 | 0.09 | 0.09 | 0.08 | 0.06 | 0.05 | 0.00 |
| 1800 | 0.78 | 0.90 | 1.13 | 1.24 | 1.36 | 1.47 | 1.58 | 1.69 | 1.91 | 2.02 | 2.23 | 2.42 | 2.65 | 2.85 | 3.05 | 3.43 | 3.62 | 3.80 | 3.98 | 4.31 | 4.71 | 5.07[1] | 5.39[1] | 5.68[1] | 0.13 | 0.13 | 0.12 | 0.10 | 0.10 | 0.10 | 0.08 | 0.07 | 0.05 | 0.00 |
| 1900 | 0.81 | 0.93 | 1.17 | 1.30 | 1.42 | 1.53 | 1.65 | 1.77 | 1.99 | 2.11 | 2.33 | 2.55 | 2.76 | 2.98 | 3.18 | 3.57 | 3.76 | 3.95 | 4.16 | 4.47 | 4.86[1] | 5.22[1] | 5.54[1] | 5.80[1] | 0.14 | 0.13 | 0.13 | 0.11 | 0.10 | 0.10 | 0.09 | 0.07 | 0.05 | 0.00 |
| 2000 | 0.84 | 0.97 | 1.22 | 1.35 | 1.47 | 1.60 | 1.72 | 1.84 | 2.07 | 2.19 | 2.42 | 2.65 | 2.87 | 3.09 | 3.30 | 3.71 | 3.90 | 4.05 | 4.27 | 4.62 | 5.01[1] | 5.36[1] | 5.66[1] |  | 0.15 | 0.14 | 0.13 | 0.12 | 0.10 | 0.10 | 0.10 | 0.08 | 0.06 | 0.00 |
| 2100 | 0.87 | 1.00 | 1.27 | 1.40 | 1.53 | 1.66 | 1.78 | 1.91 | 2.16 | 2.28 | 2.51 | 2.75 | 2.98 | 3.20 | 3.42 | 3.80 | 4.03 | 4.22 | 4.41 | 4.75[1] | 5.14[1] | 5.50[1] |  |  | 0.16 | 0.14 | 0.14 | 0.12 | 0.11 | 0.11 | 0.10 | 0.08 | 0.06 | 0.00 |
| 2200 | 0.90 | 1.04 | 1.31 | 1.45 | 1.58 | 1.72 | 1.85 | 1.98 | 2.23 | 2.36 | 2.60 | 2.85 | 3.08 | 3.31 | 3.54 | 3.95 | 4.16 | 4.35 | 4.53 | 4.88[1] | 5.26[1] | 5.58[1] |  |  | 0.16 | 0.16 | 0.14 | 0.13 | 0.11 | 0.11 | 0.10 | 0.09 | 0.07 | 0.00 |
| 2300 | 0.93 | 1.07 | 1.36 | 1.50 | 1.63 | 1.78 | 1.91 | 2.04 | 2.31 | 2.44 | 2.69 | 2.94 | 3.19 | 3.42 | 3.64 | 4.07 | 4.27 | 4.46 | 4.65 | 4.99[1] | 5.33[1] |  |  |  | 0.17 | 0.16 | 0.15 | 0.13 | 0.12 | 0.12 | 0.11 | 0.09 | 0.07 | 0.00 |

（续）

小带轮有效直径 $d_{e1}$/mm（$P_1$/kW）　　传动比 $i$（$\Delta P_1$/kW）

| $n_1$/(r/min) | 75 | 80 | 90 | 95 | 100 | 106 | 112 | 118 | 125 | 132 | 140 | 150 | 160 | 170 | 180 | 200 | 212 | 224 | 236 | 250 | 280 | 300 | 315 | 355 | 1.00~1.01 | 1.02~1.05 | 1.06~1.11 | 1.12~1.18 | 1.19~1.26 | 1.27~1.38 | 1.39~1.57 | 1.58~1.94 | 1.95~3.38 | ≥3.39 |
|---|---|---|---|---|---|---|---|---|---|---|---|---|---|---|---|---|---|---|---|---|---|---|---|---|---|---|---|---|---|---|---|---|---|---|
| 2400 | 0.95 | 1.10 | 1.40 | 1.54 | 1.69 | 1.84 | 1.97 | 2.11 | 2.39 | 2.51 | 2.78 | 3.03 | 3.27 | 3.51 | 3.74 | 4.18 | 4.38 | 4.57① | 4.75① | 5.09① | 5.45① |  |  |  | 0.00 | 0.01 | 0.04 | 0.07 | 0.10 | 0.12 | 0.14 | 0.16 | 0.17 | 0.18 |
| 2500 | 0.98 | 1.13 | 1.44 | 1.60 | 1.74 | 1.89 | 2.03 | 2.18 | 2.45 | 2.60 | 2.86 | 3.12 | 3.37 | 3.61 | 3.84 | 4.28 | 4.48① | 4.68① | 4.86① | 5.18① |  |  |  |  | 0.00 | 0.01 | 0.04 | 0.07 | 0.10 | 0.13 | 0.15 | 0.16 | 0.18 | 0.19 |
| 2600 | 1.01 | 1.17 | 1.48 | 1.64 | 1.79 | 1.94 | 2.09 | 2.24 | 2.53 | 2.66 | 2.94 | 3.21 | 3.46 | 3.71 | 3.94 | 4.38 | 4.58① | 4.77① | 4.95① | 5.28① |  |  |  |  | 0.00 | 0.01 | 0.04 | 0.08 | 0.10 | 0.13 | 0.15 | 0.17 | 0.19 | 0.19 |
| 2700 | 1.04 | 1.20 | 1.52 | 1.69 | 1.84 | 2.00 | 2.15 | 2.30 | 2.60 | 2.74 | 3.01 | 3.28 | 3.54 | 3.79 | 4.02 | 4.47① | 4.65① | 4.85① | 5.02① |  |  |  |  |  | 0.00 | 0.01 | 0.04 | 0.08 | 0.11 | 0.13 | 0.16 | 0.18 | 0.19 | 0.20 |
| 2800 | 1.06 | 1.23 | 1.57 | 1.73 | 1.89 | 2.05 | 2.21 | 2.36 | 2.66 | 2.80 | 3.09 | 3.36 | 3.63 | 3.88 | 4.11 | 4.54① | 4.74① | 4.92① | 5.09① |  |  |  |  |  | 0.00 | 0.01 | 0.05 | 0.08 | 0.11 | 0.14 | 0.16 | 0.19 | 0.20 | 0.22 |
| 2900 | 1.08 | 1.26 | 1.60 | 1.77 | 1.93 | 2.10 | 2.26 | 2.42 | 2.72 | 2.87 | 3.16 | 3.44 | 3.70 | 3.95 | 4.19① | 4.62① | 4.81① | 4.99① | 5.15① |  |  |  |  |  | 0.00 | 0.01 | 0.05 | 0.09 | 0.12 | 0.14 | 0.17 | 0.19 | 0.21 | 0.22 |
| 3000 | 1.10 | 1.29 | 1.64 | 1.81 | 1.98 | 2.15 | 2.31 | 2.47 | 2.78 | 2.94 | 3.23 | 3.51 | 3.78 | 4.03 | 4.27① | 4.68① | 4.87① | 5.04① |  |  |  |  |  |  | 0.00 | 0.02 | 0.05 | 0.09 | 0.13 | 0.15 | 0.18 | 0.20 | 0.22 | 0.23 |
| 3100 | 1.13 | 1.31 | 1.68 | 1.85 | 2.03 | 2.19 | 2.36 | 2.53 | 2.84 | 3.00 | 3.30 | 3.58 | 3.84 | 4.10① | 4.33① | 4.74① | 4.92① |  |  |  |  |  |  |  | 0.00 | 0.02 | 0.05 | 0.09 | 0.13 | 0.16 | 0.18 | 0.21 | 0.22 | 0.24 |
| 3200 | 1.16 | 1.34 | 1.71 | 1.89 | 2.07 | 2.25 | 2.41 | 2.58 | 2.90 | 3.06 | 3.36 | 3.64 | 3.91 | 4.16① | 4.39① | 4.80① |  |  |  |  |  |  |  |  | 0.00 | 0.02 | 0.05 | 0.10 | 0.13 | 0.16 | 0.19 | 0.22 | 0.23 | 0.25 |
| 3300 | 1.18 | 1.37 | 1.75 | 1.95 | 2.11 | 2.30 | 2.46 | 2.63 | 2.95 | 3.11 | 3.42 | 3.70 | 3.97① | 4.22① | 4.45① |  |  |  |  |  |  |  |  |  | 0.00 | 0.02 | 0.06 | 0.10 | 0.14 | 0.17 | 0.19 | 0.22 | 0.24 | 0.25 |
| 3400 | 1.19 | 1.40 | 1.78 | 1.95 | 2.15 | 2.33 | 2.51 | 2.68 | 3.01 | 3.17 | 3.48 | 3.76 | 4.03① | 4.27① | 4.50① |  |  |  |  |  |  |  |  |  | 0.00 | 0.02 | 0.06 | 0.10 | 0.14 | 0.17 | 0.20 | 0.22 | 0.25 | 0.26 |
| 3450 | 1.21 | 1.41 | 1.80 | 1.98 | 2.17 | 2.35 | 2.53 | 2.70 | 3.04 | 3.18 | 3.50 | 3.79 | 4.05① | 4.30① |  |  |  |  |  |  |  |  |  |  | 0.00 | 0.02 | 0.06 | 0.10 | 0.14 | 0.17 | 0.20 | 0.23 | 0.25 | 0.26 |
| 3500 | 1.22 | 1.42 | 1.81 | 2.01 | 2.19 | 2.37 | 2.55 | 2.72 | 3.06 | 3.22 | 3.53 | 3.81① | 4.08① | 4.31① |  |  |  |  |  |  |  |  |  |  | 0.00 | 0.02 | 0.06 | 0.11 | 0.14 | 0.17 | 0.20 | 0.23 | 0.25 | 0.27 |
| 3600 | 1.24 | 1.45 | 1.84 | 2.04 | 2.23 | 2.41 | 2.60 | 2.77 | 3.11 | 3.27 | 3.57 | 3.86① | 4.13① | 4.36① |  |  |  |  |  |  |  |  |  |  | 0.00 | 0.02 | 0.06 | 0.11 | 0.15 | 0.18 | 0.21 | 0.24 | 0.26 | 0.28 |
| 3700 | 1.25 | 1.47 | 1.87 | 2.07 | 2.27 | 2.45 | 2.63 | 2.81 | 3.16 | 3.31 | 3.63 | 3.91① | 4.15① | 4.40① |  |  |  |  |  |  |  |  |  |  | 0.00 | 0.02 | 0.07 | 0.11 | 0.15 | 0.19 | 0.22 | 0.25 | 0.27 | 0.28 |
| 3800 | 1.28 | 1.49 | 1.90 | 2.10 | 2.30 | 2.49 | 2.67 | 2.85 | 3.19 | 3.36 | 3.66① | 3.95① | 4.20① | 4.43① |  |  |  |  |  |  |  |  |  |  | 0.00 | 0.02 | 0.07 | 0.11 | 0.16 | 0.19 | 0.22 | 0.25 | 0.28 | 0.29 |
| 3900 | 1.29 | 1.51 | 1.93 | 2.13 | 2.33 | 2.53 | 2.72 | 2.89 | 3.24 | 3.40 | 3.71① | 3.98① | 4.24① | 4.45① |  |  |  |  |  |  |  |  |  |  | 0.00 | 0.02 | 0.07 | 0.12 | 0.16 | 0.19 | 0.23 | 0.25 | 0.28 | 0.30 |
| 4000 | 1.31 | 1.53 | 1.96 | 2.16 | 2.36 | 2.56 | 2.75 | 2.93 | 3.27 | 3.44① | 3.74① | 4.02① | 4.26① |  |  |  |  |  |  |  |  |  |  |  | 0.00 | 0.03 | 0.07 | 0.12 | 0.16 | 0.20 | 0.23 | 0.26 | 0.28 | 0.31 |
| 4100 | 1.33 | 1.55 | 1.98 | 2.19 | 2.39 | 2.59 | 2.78 | 2.96 | 3.31 | 3.48① | 3.77① | 4.04① | 4.28① |  |  |  |  |  |  |  |  |  |  |  | 0.00 | 0.03 | 0.07 | 0.13 | 0.17 | 0.20 | 0.24 | 0.27 | 0.29 | 0.31 |
| 4200 | 1.34 | 1.57 | 2.01 | 2.22 | 2.42 | 2.63 | 2.81 | 3.00 | 3.34 | 3.51① | 3.80① | 4.07① |  |  |  |  |  |  |  |  |  |  |  |  | 0.00 | 0.03 | 0.08 | 0.13 | 0.17 | 0.21 | 0.24 | 0.28 | 0.30 | 0.32 |
| 4300 | 1.36 | 1.59 | 2.04 | 2.25 | 2.45 | 2.66 | 2.84 | 3.03 | 3.37① | 3.54① | 3.83① | 4.08① |  |  |  |  |  |  |  |  |  |  |  |  | 0.00 | 0.03 | 0.08 | 0.13 | 0.18 | 0.22 | 0.25 | 0.28 | 0.31 | 0.33 |
| 4400 | 1.37 | 1.61 | 2.06 | 2.28 | 2.48 | 2.68 | 2.87 | 3.06 | 3.40① | 3.56① | 3.85① | 4.10① |  |  |  |  |  |  |  |  |  |  |  |  | 0.00 | 0.03 | 0.08 | 0.13 | 0.18 | 0.22 | 0.26 | 0.29 | 0.31 | 0.34 |
| 4500 | 1.39 | 1.63 | 2.08 | 2.30 | 2.51 | 2.71 | 2.90 | 3.08 | 3.42① | 3.58① | 3.87① |  |  |  |  |  |  |  |  |  |  |  |  |  | 0.00 | 0.03 | 0.08 | 0.13 | 0.19 | 0.22 | 0.26 | 0.30 | 0.32 | 0.34 |
| 4600 | 1.40 | 1.64 | 2.10 | 2.32 | 2.53 | 2.73 | 2.92 | 3.10 | 3.45① | 3.60① | 3.88① |  |  |  |  |  |  |  |  |  |  |  |  |  | 0.00 | 0.03 | 0.08 | 0.14 | 0.19 | 0.23 | 0.27 | 0.31 | 0.33 | 0.35 |
| 4700 | 1.41 | 1.66 | 2.12 | 2.33 | 2.55 | 2.75 | 2.95 | 3.13 | 3.45① | 3.62① | 3.89① |  |  |  |  |  |  |  |  |  |  |  |  |  | 0.00 | 0.03 | 0.08 | 0.14 | 0.19 | 0.23 | 0.28 | 0.31 | 0.34 | 0.36 |
| 4800 | 1.41 | 1.67 | 2.13 | 2.36 | 2.57 | 2.78 | 2.96① | 3.15① | 3.47① | 3.63① |  |  |  |  |  |  |  |  |  |  |  |  |  |  | 0.00 | 0.03 | 0.08 | 0.14 | 0.20 | 0.24 | 0.28 | 0.31 | 0.34 | 0.37 |
| 4900 | 1.43 | 1.69 | 2.16 | 2.37 | 2.59 | 2.79 | 2.98① | 3.16① | 3.49① | 3.64① |  |  |  |  |  |  |  |  |  |  |  |  |  |  | 0.00 | 0.03 | 0.08 | 0.15 | 0.20 | 0.25 | 0.28 | 0.32 | 0.35 | 0.37 |
| 5000 | 1.45 | 1.69 | 2.17 | 2.39 | 2.60 | 2.80① | 2.99① | 3.18① | 3.51① | 3.65① |  |  |  |  |  |  |  |  |  |  |  |  |  |  | 0.00 | 0.03 | 0.09 | 0.15 | 0.21 | 0.25 | 0.29 | 0.33 | 0.36 | 0.38 |

注：$P_1$ 为传动平稳、$\alpha_1 = 180°$、使用特定长度时的多楔带每楔传递的基本额定功率；$\Delta P_1$ 为由传动比 $i$ 引起的功率增量。

① $n > 27$m/s，此时带轮材料不宜使用铸铁，可用铸钢。

### 表 4.1-93　PM 型多楔带每楔传递的额定功率

下表中 $d_{e1}$/mm 各列为 $P_1$/kW（基本额定功率）；$i$ 各列为 $\Delta P_1$/kW（功率增量）。

| $n_1$/(r/min) | 180 | 200 | 212 | 236 | 250 | 265 | 280 | 300 | 315 | 355 | 375 | 400 | 450 | 500 | 560 | 600 | 710 | 1.02~1.05 | 1.06~1.11 | 1.12~1.18 | 1.19~1.26 | 1.27~1.38 | 1.39~1.57 | 1.58~1.94 | 1.95~3.38 | ≥3.39 |
|---|---|---|---|---|---|---|---|---|---|---|---|---|---|---|---|---|---|---|---|---|---|---|---|---|---|---|
| 100 | 0.58 | 0.72 | 0.79 | 0.85 | 0.99 | 1.06 | 1.13 | 1.26 | 1.33 | 1.53 | 1.60 | 1.79 | 2.05 | 2.31 | 2.56 | 2.81 | 3.05 |  | 0.01 | 0.02 | 0.03 | 0.04 | 0.04 | 0.05 | 0.05 | 0.06 |
| 200 | 1.03 | 1.20 | 1.42 | 1.55 | 1.81 | 1.93 | 2.06 | 2.31 | 2.44 | 2.80 | 2.93 | 3.30 | 3.78 | 4.26 | 4.73 | 5.19 | 5.60 | 0.01 | 0.02 | 0.04 | 0.06 | 0.07 | 0.09 | 0.10 | 0.10 | 0.11 |
| 300 | 1.43 | 1.81 | 2.00 | 2.19 | 2.55 | 2.74 | 2.92 | 3.28 | 3.46 | 3.99 | 4.17 | 4.69 | 5.39 | 6.06 | 6.74 | 7.39 | 8.04 |  | 0.04 | 0.07 | 0.09 | 0.11 | 0.13 | 0.15 | 0.16 | 0.17 |
| 400 | 1.81 | 2.30 | 2.54 | 2.78 | 3.26 | 3.50 | 3.73 | 4.20 | 4.43 | 5.12 | 5.34 | 6.01 | 6.90 | 7.76 | 8.61 | 9.44 | 10.25 | 0.02 | 0.05 | 0.09 | 0.12 | 0.15 | 0.17 | 0.19 | 0.22 | 0.22 |
| 500 | 2.16 | 2.76 | 3.06 | 3.55 | 3.93 | 4.21 | 4.50 | 5.07 | 5.35 | 6.18 | 6.45 | 7.26 | 8.32 | 9.35 | 10.35 | 11.32 | 12.26 |  | 0.07 | 0.11 | 0.16 | 0.19 | 0.22 | 0.25 | 0.27 | 0.28 |
| 600 | 2.50 | 3.20 | 3.54 | 3.89 | 4.57 | 4.91 | 5.24 | 5.90 | 6.22 | 7.19 | 7.50 | 8.44 | 9.65 | 10.82 | 11.95 | 13.04 | 14.08 | 0.03 | 0.09 | 0.13 | 0.19 | 0.22 | 0.26 | 0.29 | 0.32 | 0.34 |
| 700 | 2.81 | 3.62 | 4.01 | 4.41 | 5.18 | 5.57 | 5.95 | 6.69 | 7.06 | 8.15 | 8.50 | 9.55 | 10.89 | 12.18 | 13.41 | 14.56 | 15.65 |  | 0.09 | 0.16 | 0.22 | 0.26 | 0.31 | 0.34 | 0.37 | 0.40 |
| 800 | 3.12 | 4.02 | 4.46 | 4.90 | 5.77 | 6.19 | 6.62 | 7.45 | 7.86 | 9.05 | 9.44 | 10.59 | 12.04 | 13.41 | 14.70 | 15.89 | 16.98[1] | 0.04 | 0.10 | 0.18 | 0.25 | 0.30 | 0.35 | 0.40 | 0.43 | 0.46 |
| 900 | 3.41 | 4.40 | 4.89 | 5.37 | 6.33 | 6.79 | 7.25 | 8.15 | 8.60 | 9.90 | 10.32 | 11.54 | 13.08 | 14.50 | 15.81 | 16.99[1] | 18.02[1] |  | 0.12 | 0.20 | 0.28 | 0.34 | 0.40 | 0.44 | 0.48 | 0.51 |
| 1000 | 3.69 | 4.77 | 5.30 | 5.83 | 6.86 | 7.36 | 7.86 | 8.83 | 9.30 | 10.68 | 11.13 | 12.41 | 14.01 | 15.45 | 16.73[1] | 17.84[1] | 18.70[1] |  | 0.13 | 0.22 | 0.31 | 0.37 | 0.43 | 0.49 | 0.54 | 0.57 |
| 1100 | 3.95 | 5.12 | 5.69 | 6.25 | 7.36 | 7.89 | 8.43 | 9.46 | 9.96 | 11.41 | 11.88 | 13.20 | 14.82 | 16.23[1] | 17.44[1] | 18.42[1] |  | 0.05 | 0.14 | 0.25 | 0.34 | 0.41 | 0.48 | 0.54 | 0.59 | 0.62 |
| 1200 | 4.20 | 5.45 | 6.06 | 6.66 | 7.83 | 8.40 | 8.96 | 10.04 | 10.57 | 12.07 | 12.54 | 13.89 | 15.49[1] | 16.84[1] | 17.95[1] |  |  | 0.06 | 0.16 | 0.27 | 0.37 | 0.45 | 0.52 | 0.59 | 0.64 | 0.68 |
| 1300 | 4.43 | 5.76 | 6.41 | 7.04 | 8.27 | 8.87 | 9.46 | 10.59 | 11.12 | 12.66 | 13.14 | 14.49[1] | 16.03[1] | 17.26[1] |  |  |  |  | 0.17 | 0.29 | 0.40 | 0.48 | 0.57 | 0.63 | 0.69 | 0.73 |
| 1500 | 4.86 | 6.33 | 7.04 | 7.74 | 9.07 | 9.71 | 10.33 | 11.51 | 12.07 | 13.01[1] | 14.08[1] | 15.34[1] |  |  |  |  |  | 0.07 | 0.19 | 0.34 | 0.46 | 0.56 | 0.66 | 0.73 | 0.80 | 0.85 |
| 1700 | 5.24 | 6.83 | 7.59 | 8.33 | 9.74 | 10.40 | 11.04 | 12.22 | 12.78[1] | 14.24[1] | 14.66[1] |  |  |  |  |  |  |  | 0.22 | 0.38 | 0.52 | 0.63 | 0.74 | 0.84 | 0.91 | 0.96 |
| 1800 | 5.41 | 7.05 | 7.83 | 8.59 | 10.02 | 10.63 | 11.32 | 12.50[1] | 13.03[1] | 14.43[1] | 14.81[1] |  |  |  |  |  |  | 0.08 | 0.23 | 0.40 | 0.55 | 0.67 | 0.78 | 0.89 | 0.96 | 1.01 |
| 2000 | 5.70 | 7.43 | 8.24 | 9.02 | 10.46 | 11.12[1] | 11.74[1] | 12.85[1] | 13.34[1] |  |  |  |  |  |  |  |  | 0.10 | 0.26 | 0.45 | 0.61 | 0.75 | 0.87 | 0.98 | 1.07 | 1.13 |
| 2200 | 5.92 | 7.71 | 8.54 | 9.33 | 10.74[1] | 11.38[1] | 11.95[1] |  |  |  |  |  |  |  |  |  |  | 0.10 | 0.28 | 0.49 | 0.67 | 0.82 | 0.95 | 1.07 | 1.17 | 1.25 |
| 2400 | 6.09 | 7.91 | 8.74 | 9.50[1] | 10.85[1] | 11.43[1] | 11.94[1] |  |  |  |  |  |  |  |  |  |  | 0.11 | 0.31 | 0.54 | 0.74 | 0.90 | 1.04 | 1.18 | 1.28 | 1.36 |
| 2600 | 6.18[1] | 8.00[1] | 8.81[1] | 9.54[1] | 10.78[1] |  |  |  |  |  |  |  |  |  |  |  |  |  | 0.34 | 0.59 | 0.80 | 0.97 | 1.13 | 1.28 | 1.39 | 1.47 |
| 2800 | 6.20[1] | 7.99[1] | 8.76[1] | 9.44[1] |  |  |  |  |  |  |  |  |  |  |  |  |  | 0.13 | 0.37 | 0.63 | 0.86 | 1.04 | 1.22 | 1.37 | 1.49 | 1.58 |
| 3000 | 6.13[1] | 7.86[1] | 8.57[1] |  |  |  |  |  |  |  |  |  |  |  |  |  |  | 0.14 | 0.39 | 0.68 | 0.92 | 1.11 | 1.31 | 1.47 | 1.60 | 1.69 |
| 3200 | 5.99[1] | 7.62[1] |  |  |  |  |  |  |  |  |  |  |  |  |  |  |  | 0.15 | 0.41 | 0.72 | 0.98 | 1.19 | 1.40 | 1.57 | 1.71 | 1.81 |
| 3400 | 5.76[1] |  |  |  |  |  |  |  |  |  |  |  |  |  |  |  |  |  | 0.44 | 0.77 | 1.04 | 1.26 | 1.48 | 1.66 | 1.81 | 1.92 |
| 3500 | 5.62[1] |  |  |  |  |  |  |  |  |  |  |  |  |  |  |  |  | 0.16 | 0.46 | 0.79 | 1.07 | 1.30 | 1.52 | 1.72 | 1.87 | 1.98 |
| 3700 | 5.25[1] |  |  |  |  |  |  |  |  |  |  |  |  |  |  |  |  | 0.18 | 0.48 | 0.84 | 1.14 | 1.37 | 1.61 | 1.81 | 1.98 | 2.09 |

注：$P_1$ 为传动平稳、$\alpha_1 = 180°$，使用特定长度时的多楔带每楔传递的基本额定功率；$\Delta P_1$ 为由传动比 $i$ 引起的功率增量。

[1] $n > 27\,\mathrm{m/s}$，此时带轮材料不宜使用铸铁，可用铸钢。

表 4.1-94　包角修正系数 $K_\alpha$

| 包角 $\alpha_1$/(°) | 180 | 177 | 174 | 171 | 169 | 166 | 163 | 160 | 157 | 154 | 151 | 148 | 145 | 142 | 139 | 136 |
|---|---|---|---|---|---|---|---|---|---|---|---|---|---|---|---|---|
| $K_\alpha$ | 1.00 | 0.99 | 0.98 | 0.97 | 0.97 | 0.96 | 0.95 | 0.94 | 0.93 | 0.92 | 0.91 | 0.90 | 0.89 | 0.88 | 0.87 | 0.86 |
| 包角 $\alpha_1$/(°) | 133 | 130 | 127 | 125 | 120 | 117 | 113 | 110 | 106 | 103 | 99 | 95 | 91 | 87 | 83 | |
| $K_\alpha$ | 0.85 | 0.84 | 0.83 | 0.81 | 0.80 | 0.79 | 0.77 | 0.76 | 0.75 | 0.73 | 0.72 | 0.70 | 0.68 | 0.66 | 0.64 | |

表 4.1-95　带长修正系数 $K_L$

| 有效长度 $L_e$/mm | 型号 PJ | 型号 PL | 型号 PM | 有效长度 $L_e$/mm | 型号 PJ | 型号 PL | 型号 PM | 有效长度 $L_e$/mm | 型号 PJ | 型号 PL | 型号 PM | 有效长度 $L_e$/mm | 型号 PJ | 型号 PL | 型号 PM | 有效长度 $L_e$/mm | 型号 PJ | 型号 PL | 型号 PM | 有效长度 $L_e$/mm | 型号 PJ | 型号 PL | 型号 PM |
|---|---|---|---|---|---|---|---|---|---|---|---|---|---|---|---|---|---|---|---|---|---|---|---|
| | $K_L$ | | | | $K_L$ | | | | $K_L$ | | | | $K_L$ | | | | $K_L$ | | | | $K_L$ | | |
| 450 | 0.78 | | | 1250 | 0.96 | 0.85 | | 2800 | 0.98 | 0.88 | | 5600 | | 1.08 | 0.99 | 12500 | | | 1.10 |
| 500 | 0.79 | | | 1400 | 0.98 | 0.87 | | 3000 | 0.99 | 0.89 | | 6300 | | 1.11 | 1.01 | 13200 | | | 1.12 |
| 630 | 0.83 | | | 1600 | 1.01 | 0.89 | | 3150 | 1.0 | 0.90 | | 6700 | | | 1.01 | 15000 | | | 1.14 |
| 710 | 0.85 | | | 1800 | 1.02 | 0.91 | | 3350 | 1.01 | 0.91 | | 7500 | | | 1.03 | 16000 | | | 1.15 |
| 800 | 0.87 | | | 2000 | 1.04 | 0.93 | 0.85 | 3750 | 1.03 | 0.93 | | 8500 | | | 1.04 | | | | |
| 900 | 0.89 | | | 2360 | 1.08 | 0.96 | 0.86 | 4000 | 1.04 | 0.94 | | 9000 | | | 1.07 | | | | |
| 1000 | 0.91 | | | 2500 | 1.09 | 0.96 | 0.87 | 4500 | 1.06 | 0.95 | | 10000 | | | 1.07 | | | | |
| 1120 | 0.93 | | | 2650 | — | 0.98 | 0.88 | 5000 | 1.07 | 0.97 | | 10600 | | | 1.08 | | | | |

## 5.3　多楔带带轮

多楔带带轮材料一般选用铸铁，常用 HT150、HT200。高速（$v > 30\mathrm{m/s}$）时，采用铸钢。带轮的轮槽截面如图 4.1-23 所示，尺寸见表 4.1-96。带轮的其他参数见表 4.1-98、表 4.1-99。

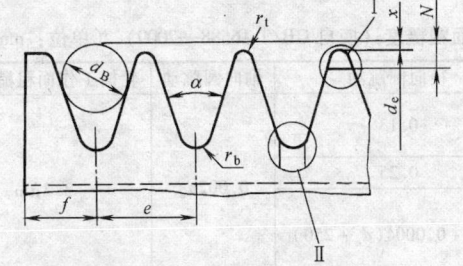

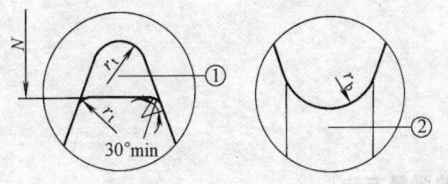

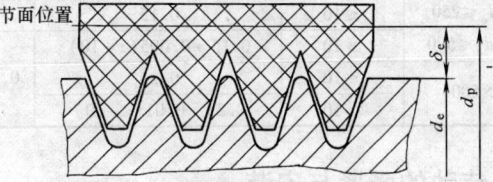

图 4.1-23　轮槽截面

① 轮槽楔顶轮廓线可位于该区域的任何部位，该轮廓线的两端应有一个与轮槽两侧面相切的圆角（最小 30°）。
② 轮槽槽底轮廓线可位于 $r_b$ 弧线以下。

表 4.1-96　部分轮槽截面尺寸（摘自 GB/T 16588—2009）　　　　（单位：mm）

| 型号 | 槽距 $e$ 公称尺寸 | 槽距 $e$ 极限偏差 | 槽距 $e$ 累积误差 | 槽角 $\alpha$ | 楔顶圆角半径 $r_{tmin}$ | 槽底圆弧半径 $r_{bmax}$ | 检验用圆球或圆柱直径 $d_B$ 公称尺寸 | 检验用圆球或圆柱直径 $d_B$ 极限偏差 | $2x$ | $2N_{max}$ | $f_{min}$ | 有效线差 $\delta_e$ | 最小有效直径 $d_{emin}$ |
|---|---|---|---|---|---|---|---|---|---|---|---|---|---|
| PJ | 2.34 | ±0.03 | | 40°±0.5° | 0.2 | 0.4 | 1.5 | | 0.23 | 1.22 | 1.8 | 1.2 | 20 |
| PL | 4.7 | ±0.05 | ±0.3 | | 0.4 | | 3.5 | ±0.01 | 2.36 | 3.5 | 3.3 | 3 | 75 |
| PM | 9.4 | ±0.08 | | | 0.75 | | 7 | | 4.53 | 5.92 | 6.4 | 4 | 180 |

注：槽的中心线应与带轮轴线成 90°±0.5° 角。

**表 4.1-97　带与带轮的楔合系数 $K_r$**

| 小轮包角 $\alpha_1/(°)$ | 180 | 170 | 160 | 150 | 140 | 130 | 120 | 110 | 100 | 90 | 80 | 70 | 60 |
|---|---|---|---|---|---|---|---|---|---|---|---|---|---|
| $K_r$ | 5.00 | 4.57 | 4.18 | 3.82 | 3.50 | 3.20 | 2.92 | 2.67 | 2.45 | 2.24 | 2.04 | 1.87 | 1.71 |

**表 4.1-98　部分带轮有效直径系列（摘自 JB/T 5983—1992）**

| 有效直径 $d_e$/mm | PJ | PL | PM | 有效直径 $d_e$/mm | PJ | PL | PM | 有效直径 $d_e$/mm | PJ | PL | PM | 有效直径 $d_e$/mm | PJ | PL | PM |
|---|---|---|---|---|---|---|---|---|---|---|---|---|---|---|---|
| 20 | + | | | 63 | + | | — | 180 | + | + | + | 475 | | + | + |
| 22.4 | + | | | 71 | + | | | 200 | + | + | + | 500 | | + | + |
| 25 | + | | | 75 | + | + | | 212 | + | + | + | 560 | | + | + |
| 28 | + | | | 80 | + | + | | 224 | + | + | + | 600 | | + | + |
| 31.5 | + | | | 90 | + | + | | 236 | + | + | + | 630 | | + | + |
| 33.5 | + | | | 95 | + | + | | 250 | + | + | + | 710 | | + | + |
| 35.5 | + | | | 100 | + | + | | 265 | + | + | + | 750 | | + | + |
| 37.5 | + | | | 106 | + | + | | 280 | + | + | + | 800 | | | + |
| 40 | + | | | 112 | + | + | | 300 | + | + | + | 850 | | | + |
| 42.5 | + | | | 118 | + | + | | 315 | | + | + | 900 | | | + |
| 45 | + | | | 125 | + | + | | 335 | | + | — | 950 | | | + |
| 47.5 | + | | | 132 | + | + | | 355 | | + | + | 1000 | | | + |
| 50 | + | | | 140 | + | + | | 375 | | + | + | 1120 | | | + |
| 53 | + | | | 150 | + | + | | 400 | | + | + | | | | |
| 56 | + | | | 160 | + | + | | 425 | | + | + | | | | |
| 60 | + | | | 170 | + | + | | 450 | | + | + | | | | |

注：表中 + 表示可以选用；－ 表示不可以选用。

**表 4.1-99　带轮尺寸公差、几何公差及表面粗糙度（摘自 GB/T 16588—2009）（单位：mm）**

| 有效直径 $d_e$ | | 轮槽数 $z$ | 有效直径偏差 $\Delta d_e$ | 径向圆跳动 | 轴向圆跳动 | 轮槽工作面粗糙度 $Ra$ |
|---|---|---|---|---|---|---|
| $d_e \leqslant 74$ | | $\leqslant 6$ | 0.1 | 0.13 | 0.002$d_e$ | 3.2μm |
| | | $> 6$ | $0.1 + 0.003(z-6)$ | | | |
| $74 < d_e \leqslant 250$ | | $\leqslant 10$ | 0.15 | 0.25 | | |
| $250 < d_e \leqslant 500$ | | $> 10$ | $0.15 + 0.005(z-10)$ | | | |
| $d_e > 500$ | | $\leqslant 10$ | 0.25 | $0.25 + 0.0004(d_e - 250)$ | | |
| | | $> 10$ | $0.25 + 0.01(z-10)$ | | | |

# 6　带传动的张紧与安装

## 6.1　张紧方法

带传动的张紧方法见表 4.1-100。

**表 4.1-100　带传动的张紧方法**

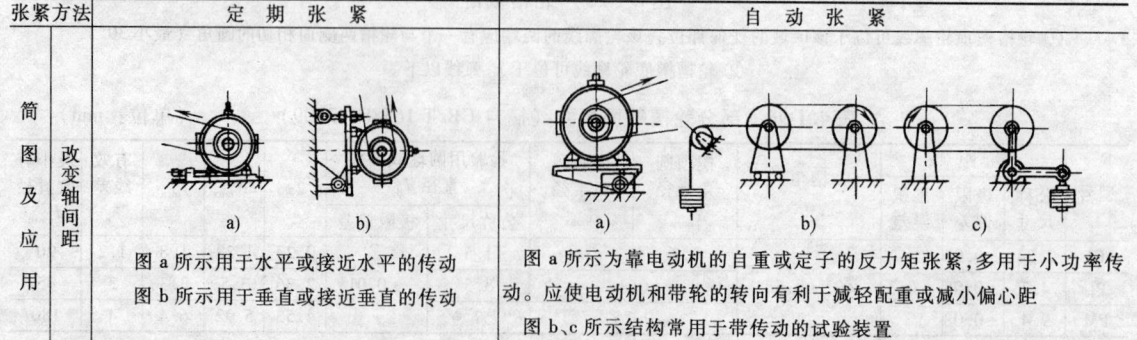

| 张紧方法 | 定　期　张　紧 | 自　动　张　紧 |
|---|---|---|
| 简图及应用 | 改变轴间距　a)　b)　图 a 所示用于水平或接近水平的传动　图 b 所示用于垂直或接近垂直的传动 | a)　b)　c)　图 a 所示为靠电动机的自重或定子的反力矩张紧，多用于小功率传动。应使电动机和带轮的转向有利于减轻配重或减小偏心距　图 b、c 所示结构常用于带传动的试验装置 |

（续）

| 张紧方法 | | 定　期　张　紧 | 自　动　张　紧 |
|---|---|---|---|
| 简图及应用 | 张紧轮 | 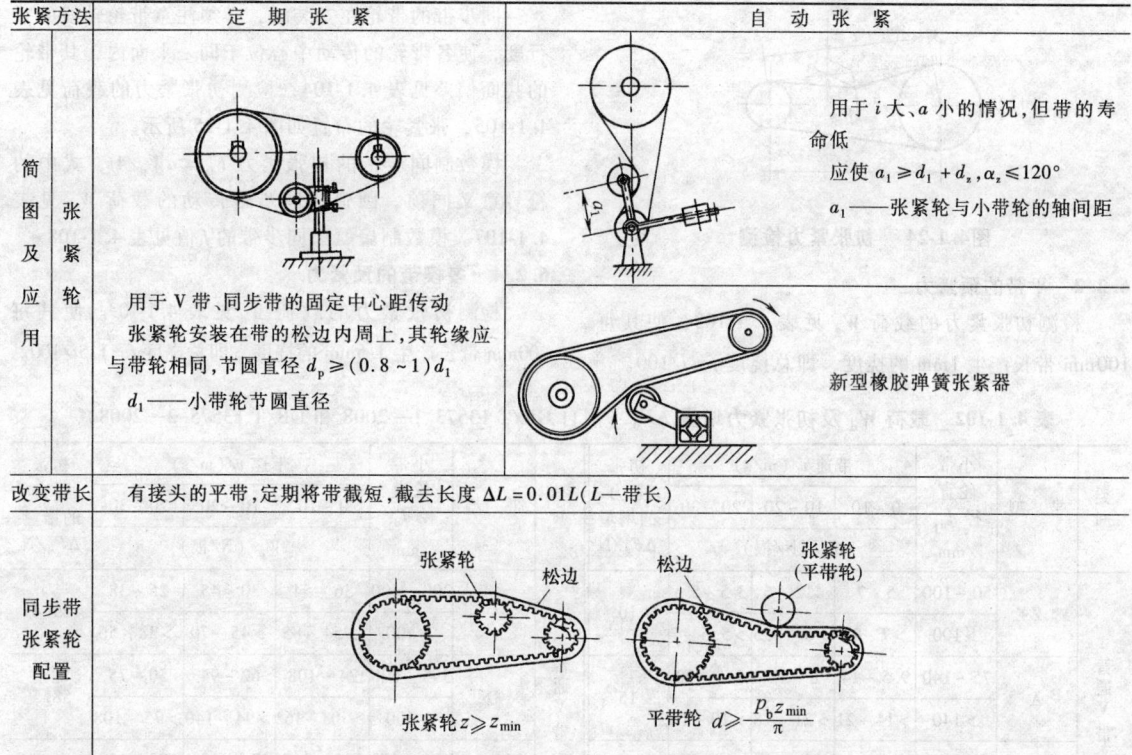用于V带、同步带的固定中心距传动<br>张紧轮安装在带的松边内周上，其轮缘应与带轮相同，节圆直径 $d_p \geq (0.8 \sim 1)d_1$<br>$d_1$——小带轮节圆直径 | 用于 $i$ 大、$a$ 小的情况，但带的寿命低<br>应使 $a_1 \geq d_1 + d_z$，$\alpha_z \leq 120°$<br>$a_1$——张紧轮与小带轮的轴间距<br><br>新型橡胶弹簧张紧器 |
| 改变带长 | | 有接头的平带，定期将带截短，截去长度 $\Delta L = 0.01L$（$L$—带长） | |
| 同步带张紧轮配置 | | 张紧轮 $z \geq z_{min}$ | 平带轮 $d \geq \dfrac{p_b z_{min}}{\pi}$ |

## 6.2　预紧力的控制

带的张紧程度对其传动能力、寿命和轴压力都有很大的影响，为了使带的张紧适度，应有一定的预紧力。预紧力的控制，通常是在带与带轮的两切点中心，加一垂直于带的载荷 $W_d$，使其产生规定的挠度 $f$，如图 4.1-24 所示。

### 6.2.1　V 带的预紧力

V 带类型及载荷 $W_d$ 见表 4.1-101。载荷 $W_d$ 及初张紧力增量 $\Delta F_0$ 见表 4.1-102。

表 4.1-101　V 带类型及载荷 $W_d$

| 项　目 | 单位 | 普通 V 带及基准宽度制窄 V 带 | 有效宽度制窄 V 带 | 说　　　明 |
|---|---|---|---|---|
| 挠度 $f$ | mm | $f = \dfrac{1.6t}{100}$ | | $a$——中心距（mm） |
| 切边长 $t$ | mm | $t = \sqrt{a^2 - \dfrac{(d_{a2}-d_{a1})^2}{4}}$　　$t = \sqrt{a^2 - \dfrac{(d_{e2}-d_{e1})^2}{4}}$<br>或实测 | | $d_{a1}$——小带轮外径（mm）<br>$d_{a2}$——大带轮外径（mm） |
| 载荷 $W_d$<br>新安装的带运转后的带最小极限值 | N | $W_d = \dfrac{1.5F_0 + \Delta F_0}{16}$<br><br>$W_d = \dfrac{1.3F_0 + \Delta F_0}{16}$<br><br>$W_{dmin} = \dfrac{F_0 + \Delta F_0}{16}$ | $W_d = \dfrac{1.5F_0 + \dfrac{\Delta F_0 t}{L_e}}{16}$<br><br>$W_d = \dfrac{1.3F_0 + \dfrac{\Delta F_0 t}{L_e}}{16}$<br><br>$W_d = \dfrac{F_0 + \dfrac{\Delta F_0 t}{L_e}}{16}$<br><br>联组带的载荷 $W_d$ 以 $\dfrac{t}{L_e} = 1$ 代入式中 | $d_{e1}$——小带轮有效直径（mm）<br>$d_{e2}$——大带轮有效直径（mm）<br>$F_0$——单根 V 带的初张紧力（N）<br>普通 V 带、基准宽度制窄 V 带和有效宽度制窄 V 带分别见表 4.1-9 中的公式<br>$\Delta F_0$——初张紧力的增量（N），见表 4.1-102<br>$L_e$——带的有效长度（m） |

注：$W_d$ 可直接查表 4.1-102。

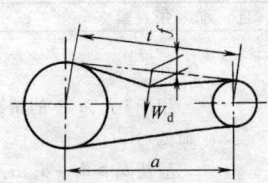

图4.1-24　初张紧力检测

## 6.2.2　平带的预紧力

检测初张紧力的载荷 $W_d$ 见表 4.1-103，使其每 100mm 带长产生 1mm 的挠度，即总挠度 $f = t/100$。

## 6.2.3　同步带的预紧力

同步带的带轮在安装时，必须注意带轮轴线的平行度，使各带轮的传动中心位于同一平面内，其带轮的共面偏差见表 4.1-104，检测初张紧力的载荷见表 4.1-105，张紧轮的布置如图 4.1-25 所示。

模数制同步带的初张紧力 $F_0 = aW_d/4f$，式中的符号意义同前。圆弧齿同步带传动的载荷 $W_d$ 见表 4.1-107。模数制聚氨酯同步带的 $f$ 值见表 4.1-108。

## 6.2.4　多楔带的预紧力

检测初张紧力的载荷 $W_d$ 见表 4.1-109。使其每 100mm 带长产生 1.5mm 的挠度，即总挠度 $f = 1.5t/100$。

**表 4.1-102　载荷 $W_d$ 及初张紧力增量 $\Delta F_0$**（摘自 GB/T 13573.1—2008 和 GB/T 13575.2—2008）

| 类型 | 带型 | 小带轮直径 $d_{d1}$ /mm | 带速 $v$/(m/s) 0～10 | 10～20 | 20～30 | 初张紧力的增量 $\Delta F_0$/N | 类型 | 带型 | 小带轮直径 $d_{d1}$ /mm | 带速 $v$/(m/s) 0～10 | 10～20 | 20～30 | 初张紧力的增量 $\Delta F_0$/N |
|---|---|---|---|---|---|---|---|---|---|---|---|---|---|
| | | | $W_d$/(N/根) | | | | | | | $W_d$/(N/根) | | | |
| 普通 V 带 | Z | 50～100 | 5～7 | 4.2～6 | 3.5～5.5 | 10 | 普通 V 带 | C | 200～400 | 36～54 | 30～45 | 25～38 | 29.4 |
| | | >100 | >7～10 | >6～8.5 | >5.5～7 | | | | >400 | >54～85 | >45～70 | >38～56 | |
| | A | 75～140 | 9.5～14 | 8～12 | 6.5～10 | 15 | | D | 355～600 | 74～108 | 62～94 | 50～75 | 58.5 |
| | | >140 | >14～21 | >21～18 | >10～15 | | | | >600 | >108～162 | >94～140 | >75～108 | |
| | B | 125～200 | 18.5～28 | 15～22 | 12.5～18 | 20 | | E | 600～800 | 145～217 | 124～186 | 100～150 | 108 |
| | | >200 | >28～42 | >22～33 | >18～27 | | | | >800 | >217～325 | >186～280 | >150～225 | |
| 基准宽度制窄 V 带 | SPZ | 67～95 | 9.5～14 | 8～13 | 6.5～11 | 12 | 基准宽度制窄 V 带 | SPB | 160～265 | 30～45 | 26～40 | 22～34 | 32 |
| | | >95 | >14～21 | >13～19 | >11～18 | | | | >265 | >45～58 | >40～52 | >34～47 | |
| | SPA | 67～95 | 18～26 | 15～21 | 12～18 | 19 | | SPC | 224～355 | 58～32 | 48～72 | 40～64 | 55 |
| | | >95 | >26～38 | >21～32 | >18～27 | | | | >355 | >82～106 | >72～96 | >64～90 | |

| 类型 | 带型 | 小带轮有效直径 $d_{e1}$/mm | 最小极限值 $W_{dmin}$ | 新安装的带 | 运转后的带 | 初张紧力的增量 $\Delta F_0$/N |
|---|---|---|---|---|---|---|
| | | | | $W_d$/(N/根) | | |
| 基准宽度制窄 V 带联组窄 V 带 | 9N、9J | 67～90 | 17.65 | 24.54 | 21.57 | 20 |
| | | 91～115 | 19.61 | 28.44 | 25.50 | |
| | | 116～150 | 11.56 | 33.34 | 29.42 | |
| | | 151～300 | 25.5 | 38.25 | 33.34 | |
| | 15N、15J | 180～230 | 57.86 | 85.32 | 74.53 | 40 |
| | | 131～310 | 69.63 | 103.95 | 90.22 | |
| | | 311～400 | 82.38 | 121.60 | 105.91 | |
| | 25N、25J | 315～420 | 152.98 | 226.53 | 197.11 | 100 |
| | | 421～520 | 171.62 | 253.99 | 221.63 | |
| | | 521～630 | 184.37 | 272.62 | 237.32 | |

注：1. Y 型带初张紧力的增量 $\Delta F_0 = 6$N。

2. 普通 V 带及基准宽度制窄 V 带部分，表中大值用于新安装的带或要求张紧力较大的传动（如高带速、小包角、超载起动以及频繁的大转矩起动）。

3. 联组窄 V 带所需初张紧力通常是在最小组合数的联组带上进行测定。测定方法同上，只是所需总载荷 $W_d$ 值应等于单根窄 V 带所需的 $W_d$ 值乘以联组的单根数。

### 表 4.1-103 平带检测初张紧力的载荷 $W_d$

| 带宽 $b$ /mm | 参 考 层 数 | | | | | | | | | | | | | | | | | | | | | | | |
|---|---|---|---|---|---|---|---|---|---|---|---|---|---|---|---|---|---|---|---|---|---|---|---|---|
| | 3 | | 4 | | 5 | | 6 | | 7 | | 8 | | 9 | | 10 | | 12 | | | | | | | |
| | $W_d$/N | | | | | | | | | | | | | | | | | | | | | | | |
| | I | II | I | II | I | II | I | II | I | II | I | II | I | II | I | II | I | II |
| 16 | 4 | 6 | 6 | 9 | 7 | 11 | 8 | 13 | 10 | 15 | 11 | 17 | 13 | 19 | 14 | 21 | 17 | 25 |
| 20 | 5 | 8 | 7 | 11 | 9 | 13 | 11 | 16 | 12 | 19 | 14 | 21 | 16 | 24 | 18 | 26 | 21 | 32 |
| 25 | 7 | 10 | 9 | 13 | 11 | 16 | 13 | 20 | 16 | 23 | 18 | 26 | 20 | 30 | 22 | 33 | 26 | 40 |
| 32 | 8 | 13 | 11 | 17 | 14 | 21 | 17 | 25 | 20 | 30 | 23 | 34 | 25 | 38 | 28 | 42 | 34 | 51 |
| 40 | 11 | 16 | 14 | 21 | 18 | 26 | 21 | 32 | 25 | 37 | 28 | 42 | 32 | 48 | 35 | 53 | 42 | 64 |
| 50 | 13 | 20 | 18 | 26 | 22 | 33 | 26 | 40 | 31 | 46 | 35 | 53 | 40 | 60 | 44 | 66 | 53 | 79 |
| 63 | 17 | 25 | 22 | 33 | 28 | 42 | 33 | 50 | 39 | 58 | 44 | 67 | 50 | 75 | 56 | 83 | 67 | 100 |
| 71 | 19 | 28 | 25 | 38 | 31 | 47 | 38 | 56 | 44 | 66 | 50 | 75 | 56 | 85 | 63 | 94 | 75 | 113 |
| 80 | 21 | 32 | 28 | 42 | 35 | 53 | 42 | 64 | 49 | 74 | 56 | 85 | 64 | 95 | 71 | 106 | 85 | 127 |
| 90 | 24 | 36 | 32 | 48 | 40 | 60 | 48 | 71 | 56 | 83 | 64 | 95 | 71 | 107 | 79 | 119 | 95 | 143 |
| 100 | 26 | 40 | 35 | 53 | 44 | 66 | 53 | 79 | 62 | 93 | 71 | 106 | 79 | 119 | 88 | 132 | 106 | 159 |
| 112 | 30 | 44 | 40 | 59 | 49 | 74 | 59 | 89 | 69 | 104 | 79 | 119 | 89 | 133 | 99 | 148 | 119 | 178 |
| 125 | 33 | 50 | 44 | 66 | 55 | 83 | 66 | 99 | 77 | 116 | 88 | 132 | 99 | 149 | 110 | 166 | 132 | 199 |
| 140 | 37 | 56 | 49 | 74 | 62 | 93 | 74 | 111 | 87 | 130 | 99 | 148 | 111 | 167 | 124 | 185 | 148 | 222 |
| 160 | 42 | 64 | 56 | 85 | 71 | 106 | 85 | 127 | 99 | 148 | 113 | 169 | 127 | 191 | 141 | 212 | 169 | 254 |
| 180 | 48 | 71 | 64 | 95 | 79 | 119 | 95 | 143 | 111 | 167 | 127 | 191 | 143 | 214 | 159 | 238 | 191 | 286 |
| 200 | 53 | 79 | 71 | 106 | 88 | 132 | 106 | 159 | 124 | 185 | 141 | 212 | 159 | 238 | 177 | 265 | 212 | 318 |
| 225 | 60 | 89 | 79 | 119 | 99 | 149 | 119 | 179 | 139 | 209 | 159 | 238 | 179 | 268 | 199 | 298 | 238 | 357 |
| 250 | 66 | 99 | 88 | 132 | 110 | 166 | 132 | 199 | 154 | 232 | 177 | 265 | 199 | 298 | 221 | 331 | 265 | 397 |
| 280 | 74 | 111 | 99 | 148 | 124 | 185 | 148 | 222 | 173 | 259 | 198 | 297 | 222 | 334 | 247 | 368 | 297 | 445 |
| 315 | 83 | 125 | 111 | 167 | 139 | 209 | 167 | 250 | 195 | 292 | 222 | 334 | 250 | 375 | 278 | 417 | 334 | 500 |
| 355 | 94 | 141 | 125 | 188 | 157 | 235 | 188 | 282 | 219 | 329 | 251 | 376 | 282 | 423 | 313 | 470 | 376 | 564 |
| 400 | 106 | 159 | 141 | 212 | 177 | 265 | 212 | 318 | 247 | 371 | 282 | 424 | 318 | 477 | 353 | 530 | 424 | 636 |
| 450 | 119 | 179 | 159 | 238 | 199 | 298 | 235 | 357 | 278 | 417 | 318 | 477 | 357 | 536 | 397 | 596 | 477 | 715 |
| 500 | 132 | 199 | 177 | 265 | 221 | 331 | 265 | 397 | 309 | 463 | 353 | 530 | 397 | 596 | 441 | 662 | 530 | 794 |
| 560 | 148 | 222 | 198 | 297 | 247 | 371 | 297 | 445 | 346 | 519 | 395 | 593 | 445 | 667 | 494 | 741 | 593 | 890 |

注：表中的 I 栏为正常张紧应力 $\sigma_0 = 1.8\text{MPa}$ 所需的 $W_d$ 值；II 栏为考虑新带在最初张紧应力下所需的 $W_d$ 值。

### 表 4.1-104 带轮的共面偏差

| | 宽度 $b_s$/mm | ≤25.4 | 38.1～50.8 | ≥76.2 |
|---|---|---|---|---|
| | $\tan\theta_m$ | $\leqslant \dfrac{6}{1000}$ | $\leqslant \dfrac{4.5}{1000}$ | $\leqslant \dfrac{3}{1000}$ |

### 表 4.1-105 同步带检测初张紧力的载荷 $W_d$

| 项 目 | 单位 | 周 节 制 | 圆弧齿 | 说 明 |
|---|---|---|---|---|
| 切边长 $t$ | mm | $t = \sqrt{a^2 - \dfrac{(d_2 - d_1)^2}{4}}$ | | $a$——中心距（mm）<br>$d_1$——小带轮节圆直径（mm）<br>$d_2$——大带轮节圆直径（mm） |
| 挠度 $f$ | mm | $f = \dfrac{1.6t}{100}$ | $f = \dfrac{t}{64}$ | $L_p$——带长（mm） |
| 载荷 $W_d$ | N | $W_d = \left( F_0 + \dfrac{tY}{L_p} \right)/16$ | 见表 4.1-107 | $Y$——修正系数，见表 4.1-106<br>$F_0$——初张紧力，见表 4.1-106 |

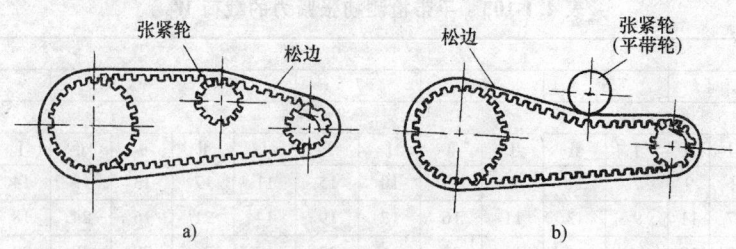

图4.1-25　张紧轮的布置

a) 张紧轮 $z \geqslant z_{min}$　b) 平带轮 $d \geqslant \dfrac{p_b z_{min}}{\pi}$

表 4.1-106　周节制同步带的初张紧力 $F_0$ 与 $Y$ 值

| 带宽/mm | | | 3.2 | 4.8 | 6.4 | 7.9 | 9.5 | 12.7 | 19.1 | 25.4 | 38.1 | 50.8 | 76.2 | 101.6 | 127.0 |
|---|---|---|---|---|---|---|---|---|---|---|---|---|---|---|---|
| MXL | $F_0$ | ① | 6.4 | 9.8 | 13.7 | — | — | — | — | — | — | — | — | — | — |
| | | ② | 2.9 | 5.1 | 7.6 | — | — | — | — | — | — | — | — | — | — |
| | $Y$ | | 0.6 | 1.0 | 1.4 | — | — | — | — | — | — | — | — | — | — |
| XXL | $F_0$ | ① | 6.9 | 10.8 | 15.7 | — | — | — | — | — | — | — | — | — | — |
| | | ② | 3.2 | 5.6 | 8.8 | — | — | — | — | — | — | — | — | — | — |
| | $Y$ | | 0.7 | 1.1 | 1.6 | — | — | — | — | — | — | — | — | — | — |
| XL | $F_0$ | ① | — | — | 29.42 | 37.27 | 44.71 | — | — | — | — | — | — | — | — |
| | | ② | — | — | 13.73 | 19.61 | 25.52 | — | — | — | — | — | — | — | — |
| | $Y$ | | — | — | 0.39 | 0.55 | 0.77 | — | — | — | — | — | — | — | — |
| L | $F_0$ | ① | — | — | — | — | — | 76.50 | 124.55 | 174.57 | — | — | — | — | — |
| | | ② | — | — | — | — | — | 51.68 | 87.28 | 122.59 | — | — | — | — | — |
| | $Y$ | | — | — | — | — | — | 4.5 | 7.7 | 10.9 | — | — | — | — | — |
| H | $F_0$ | ① | — | — | — | — | — | — | 293.23 | 420.72 | 646.28 | 889.5 | 1391.62 | — | — |
| | | ② | — | — | — | — | — | — | 221.64 | 311.7 | 486.43 | 667.86 | 1047.39 | — | — |
| | $Y$ | | — | — | — | — | — | — | 14.5 | 20.9 | 32.2 | 43.1 | 69.0 | — | — |
| XH | $F_0$ | ① | — | — | — | — | — | — | — | — | — | 1009.14 | 1582.85 | 2241.88 | — |
| | | ② | — | — | — | — | — | — | — | — | — | 909.11 | 1426.92 | 2021.22 | — |
| | $Y$ | | — | — | — | — | — | — | — | — | — | 86.3 | 138.5 | 199.8 | — |
| XXI | $F_0$ | ① | — | — | — | — | — | — | — | — | — | 2471.36 | 3883.57 | 5506.63 | 7110.08 |
| | | ② | — | — | — | — | — | — | — | — | — | 1114.08 | 1749.57 | 2479.21 | 3202.97 |
| | $Y$ | | — | — | — | — | — | — | — | — | — | 140.7 | 227.0 | 322.3 | 417.7 |

注: 1. 表中①表示最大值，②表示推荐值。

2. 小节距、高带速、起动力矩在有冲击载荷时，宜选用较大的值，其余情况宜选用推荐值。

表 4.1-107　圆弧齿同步带传动的载荷 $W_d$ 值

| 型号 | 带宽 $b_s$/mm | 载荷 $W_d$/N | 型号 | 带宽 $b_s$/mm | 载荷 $W_d$/N |
|---|---|---|---|---|---|
| 3M | 6 | 2.0 | 14M | 40 | 49.0 |
| | 9 | 2.9 | | 55 | 71.5 |
| | 15 | 4.9 | | 85 | 117.6 |
| 5M | 9 | 3.9 | | 115 | 166.6 |
| | 15 | 6.9 | | 170 | 254.8 |
| | 20 | 9.8 | 20M | 115 | 242.7 |
| | 25 | 12.7 | | 170 | 376.1 |
| | 30 | 15.7 | | 230 | 521.7 |
| 8M | 20 | 17.6 | | 290 | 655.1 |
| | 30 | 26.5 | | 340 | 788.6 |
| | 50 | 49.0 | | | |
| | 85 | 84.3 | | | |

表 4.1-108　模数制聚氨酯同步带的 $f$ 值

| 模数 $m$/mm | 1,1.5 | 2,2.5 | 3 | 4 | 5 | 7 | 10 |
|---|---|---|---|---|---|---|---|
| 挠度 $f$/mm | $(0.05 \sim 0.08)a$ | $(0.04 \sim 0.06)a$ | $(0.03 \sim 0.05)a$ | $(0.02 \sim 0.03)a$ | $(0.015 \sim 0.025)a$ | $(0.01 \sim 0.015)a$ | $(0.007 \sim 0.01)a$ |
| 载荷 $W_d$/N | $1 \times b_s$（$b_s$ 为同步带宽度，单位为 mm） | | | | | | |

注：检测时一般应控制 $f$ 为 10～20mm，否则误差较大，如果 $a$ 特别大或特别小，则可相应增减 $W_d$ 值。

表 4.1-109　部分多楔带的预紧载荷 $W_d$

| 带型 | PJ | | | PL | | | PM | | |
|---|---|---|---|---|---|---|---|---|---|
| 小带轮有效直径 $d_{e1}$/mm | 20～42.5 | 45～56 | 60～75 | 76～95 | 100～125 | 132～170 | 180～236 | 250～300 | 315～400 |
| 每楔带施加的力 $W_d$/(N/楔) | 1.78 | 2.22 | 2.67 | 7.56 | 9.34 | 11.11 | 28.45 | 34.23 | 39.12 |

# 第2章 链 传 动

## 1 链传动的类型、特点和应用

链传动是以链条为中间挠性件的啮合传动。它由装在平行轴上的主、从动链轮和绕在链轮上的链条所组成,通过链和链轮的啮合来传递运动和动力。

链传动兼有齿轮传动和带传动的特点。与齿轮传动相比,链传动较易安装,成本低廉;远距离传动时,其结构要比齿轮轻便得多;只是在传动中心距小、要求传动比恒定、转速极高、噪声很小的情况下不如齿轮传动。与带传动相比,它没有弹性滑动和打滑现象,能保证准确传动比,张力小;结构紧凑,能在低速重载下较好的工作;能适应较恶劣环境,如油污多尘和高温等场合;但它的噪声大,需要良好润滑,在中心距很大、转速极高时不及带传动。

一般的链传动使用的范围如下:

$P \leqslant 100\text{kW}$; $v \leqslant 15\text{m/s}$; $i \leqslant 7$; $a \leqslant 6\text{m}$; $\eta$ 为 $0.92 \sim 0.96$。

链传动广泛用于石油、化工、冶金、农业、采矿、起重、运输、纺织等各种机械和动力传动中,主要用于要求平均传动比准确,两轴间距离相距较远、工作条件恶劣,不宜用带传动和齿轮传动的场合。

按用途不同,链条可分为传动链、输送链、曳引链和特种链四大类。传动链条的主要类型和应用特点见表 4.2-1。

**表 4.2-1 传动链条的主要类型和应用特点**

| 种 类 | 简 图 | 结 构 和 特 点 | 应 用 |
|---|---|---|---|
| 传动用短节距精密滚子链(简称滚子链) | 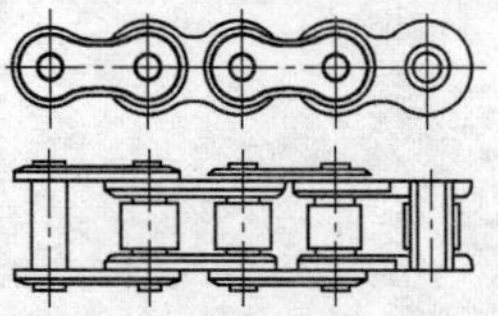 | 由外链节和内链节铰接而成。销轴和外链板、套筒和内链板为过盈配合;销轴和套筒为间隙配合;滚子空套在套筒上,可以自由转动,以减少啮合时的摩擦和磨损,并可以缓和冲击 | 用于动力传动 |
| 双节距滚子链 | 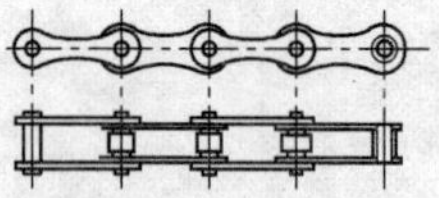 | 除链板节距为滚子链的两倍外,其他尺寸与滚子链相同,可使链条质量减轻 | 用于中小载荷、中低速和中心距较大的传动装置,亦可用于输送装置 |
| 重载传动用弯板滚子传动链(简称弯板链) | 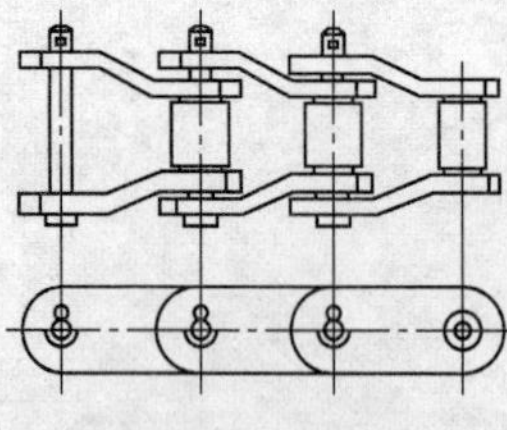 | 无内外链节之分,磨损后链节节距仍较均匀。弯板使链条的弹性增加,抗冲击性能好。销轴、套筒和链板间的间隙较大,对链轮共面性要求较低。销轴拆装容易,便于维修和调整松边下垂量 | 用于低速或极低速、载荷大、有尘土的开式传动和两轮不易共面处,如挖掘机等工程机械的行走机构、石油机械等 |
| 齿形传动链(又名无声链) | 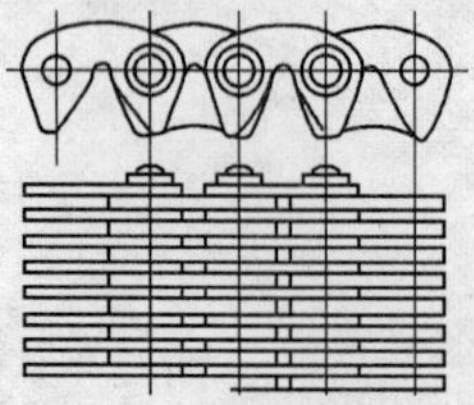 | 由多个齿形链片并列铰接而成。链片的齿形部分和链轮啮合,有共轭啮合和非共轭啮合两种。传动平稳准确,振动、噪声小,强度高,工作可靠;但质量较大,装拆较困难 | 用于高速或运动精度要求较高的传动,如机床主传动、发动机正时运动、石油机械以及重要的操纵机构等 |

(续)

| 种 类 | 简 图 | 结构和特点 | 应 用 |
|------|------|-----------|------|
| 成型链 | | 链节由可锻铸铁或钢制造，装拆方便 | 用于农业机械和链速在3m/s以下的传动 |

# 2 滚子链传动

## 2.1 滚子链的基本参数和尺寸规格

一般机械传动常用的传动链主要为 GB/T 1243—2006 规定的"传动用短节距精密滚子链"（简称滚子链）。滚子链是一种标准件，一般由内链板、外链板、销轴、套筒和滚子组成。链与链轮啮合时，滚子链和链轮之间为滚动摩擦。各元件材料均由碳素钢或合金钢制成，并经适当的热处理以提高强度和耐磨性。滚子链有单排链、双排链和多排链之分。由于精度的原因，链排数不宜过多。多排链的承载能力与排数基本成正比。传动功率较大时，使用多排链。对于滚子链，共有 A、B 两个系列，常用 A 系列。其标记方法为：链号-排数×整链链节数-标准编号。部分滚子链的主要参数见表 4.2-2，其中链节距 $p$ 是其关键尺寸。

由于奇数链节在工作时会产生附加的弯曲应力，所以工作中应该避免使用。链条长度以链节数表示。

## 2.2 传动设计

### 2.2.1 主要失效形式

1. 铰链磨损

链节在进入和退出啮合时，销轴与套筒之间存在相对滑动，在不能保证充分润滑的条件下将引起铰链的过度磨损，导致链轮节圆增大、链与链轮的啮合点外移，最终将产生跳齿或脱链而使传动失效。由于磨损主要表现在外链节节距的变化上，内链节节距的变化很小，因而实际铰链节距的不均匀性增大，使传动更不平稳。通常节距增大 30% 则判为失效，它是开式链传动的主要失效形式。

2. 链板疲劳破坏

链在运动过程中所受的载荷不断变化，因而链板在变应力状态下工作，经过一定的循环次数链板会产生疲劳裂裂。在润滑条件良好且设计安装正确的情况下，链板的疲劳强度是决定链传动的主要失效形式。

3. 点蚀和多次冲击破断

工作中由于链条反复起动、制动、反转或受重复冲击载荷时承受较大的动载荷，经过多次冲击，滚子表面产生点蚀，且滚子、套筒和销轴会产生冲击断裂。此时，应力循环次数一般小于 $10^4$ 次，它的载荷一般较疲劳破坏允许的载荷要大，但比脆性破断载荷小。

4. 链条铰链胶合

组成铰链副的套筒和销轴间存在相对运动，在变载荷的作用下润滑油膜难以形成，当转速过高时套筒与销轴间产生的热量导致套筒和销轴的胶合失效。胶合限制了链传动的极限转速。

5. 链条静强度破断

在低速重载的传动中链传动过载时，链元件发生静强度不足被拉断。

通常链轮的寿命为链的 2 ~ 3 倍以上，故链传动的承载能力以链的强度和寿命为依据。

### 2.2.2 滚子链传动的额定功率曲线

滚子链的额定功率是链传动选择计算的基本依据，图 4.2-1a、b 所示分别为 A 系列和 B 系列滚子链的额定功率曲线。它们是在特定条件下绘制的：$z_1 = 19$；链条长度为 120 个链节；$i = 3$；单排链；两轮共面且两轴在同一水平面内；载荷平稳；润滑充分；工作寿命为 15000 h；链因磨损而引起的相对伸长量不超过 3%。

当实际情况不符合特定条件时，应将图 4.2-1 给出的 $P_0$ 值乘以一系列的修正系数。

### 2.2.3 设计计算

设计计算滚子链传动时应了解其原始设计数据和工作条件，以及使用场合、传动功率、载荷方式、小链轮转速、大链轮转速或传动比、传动布置方式、外廓尺寸限制要求、可能采用的润滑方式及张紧装置等。根据上述要求选择链的类型，确定链的型号，合理地选择参数、设计链轮，确定润滑方式等。设计计算是以某种失效形式及其他影响因素综合考虑为依据的。常见滚子链传动的设计计算见表 4.2-3。

表 4.2-2　链条主要尺寸、测量力、抗拉强度及动载荷（摘自 GB/T 1243—2006）

| 链号① | 节距 $p$ nom | 滚子直径 $d_1$ max | 内节内宽 $b_1$ min | 销轴直径 $d_2$ max | 套筒孔径 $d_3$ min | 链条通道高度 $h_1$ min | 内或通内链板高度 $h_2$ max | 外或中链板高度 $h_3$ max | 过渡链节尺寸② $l_1$ min | $l_2$ min | $c$ | 排距 $p_t$ | 内节外宽 $b_2$ max | 内节内宽 $b_3$ min | 销轴长度 单排 $b_4$ max | 双排 $b_5$ max | 三排 $b_6$ max | 止锁件附加宽度③ $b_7$ max | 测量力 单排 | 双排 | 三排 /N | 抗拉强度 单排 min | 双排 min | 三排 min /kN | 动载强度④⑤⑥ 单排 $F_d$ min /N |
|---|---|---|---|---|---|---|---|---|---|---|---|---|---|---|---|---|---|---|---|---|---|---|---|---|---|
| | | | | | | | | | /mm | | | | | | | | | | | | | | | | |
| 04C | 6.35 | 3.30⑦ | 3.10 | 2.31 | 2.34 | 6.27 | 6.02 | 5.21 | 2.65 | 3.08 | 0.10 | 6.40 | 4.80 | 4.85 | 9.1 | 15.5 | 21.8 | 2.5 | 50 | 1100 | 150 | 3.5 | 7.0 | 10.5 | 630 |
| 06C | 9.525 | 5.08⑦ | 4.68 | 3.60 | 3.62 | 9.30 | 9.05 | 7.81 | 3.97 | 4.60 | 0.10 | 10.13 | 7.46 | 7.52 | 13.2 | 23.4 | 33.5 | 3.3 | 70 | 1140 | 210 | 7.9 | 15.8 | 23.7 | 1410 |
| 05B | 8.00 | 5.00 | 3.00 | 2.31 | 2.36 | 7.37 | 7.11 | 7.11 | 3.71 | 3.71 | 0.08 | 5.64 | 4.77 | 4.90 | 8.6 | 14.3 | 19.9 | 3.1 | 50 | 1100 | 150 | 4.4 | 7.8 | 11.1 | 820 |
| 06B | 9.525 | 6.35 | 5.72 | 3.28 | 3.33 | 8.52 | 8.26 | 8.26 | 4.32 | 4.32 | 0.08 | 10.24 | 8.53 | 8.66 | 13.5 | 23.8 | 34.0 | 3.3 | 70 | 1140 | 210 | 8.9 | 16.9 | 24.9 | 1290 |
| 08A | 12.70 | 7.92 | 7.85 | 3.98 | 4.00 | 12.33 | 12.07 | 10.42 | 5.29 | 6.10 | 0.08 | 14.38 | 11.17 | 11.23 | 17.8 | 32.3 | 46.7 | 3.9 | 120 | 2250 | 370 | 13.9 | 27.8 | 41.7 | 2480 |
| 08B | 12.70 | 8.51 | 7.75 | 4.45 | 4.50 | 12.07 | 11.81 | 10.92 | 5.66 | 6.12 | 0.08 | 13.92 | 11.30 | 11.43 | 17.0 | 31.0 | 44.9 | 3.9 | 120 | 2250 | 370 | 17.8 | 31.1 | 44.5 | 2480 |
| 081 | 12.70 | 7.75 | 3.30 | 3.66 | 3.71 | 10.17 | 9.91 | 9.91 | 5.36 | 5.36 | 0.08 | — | 5.80 | 5.93 | 10.2 | — | — | 1.5 | 125 | — | — | 8.0 | — | — | — |
| 083 | 12.70 | 7.75 | 4.88 | 4.09 | 4.14 | 10.56 | 10.30 | 10.30 | 5.36 | 5.36 | 0.08 | — | 7.90 | 8.03 | 12.9 | — | — | 1.5 | 125 | — | — | 11.6 | — | — | — |
| 084 | 12.70 | 7.75 | 4.88 | 4.09 | 4.14 | 11.41 | 11.15 | 11.15 | 5.77 | 5.77 | 0.08 | — | 8.80 | 8.93 | 14.8 | — | — | 1.5 | 125 | — | — | 15.6 | — | — | — |
| 085 | 12.70 | 7.77 | 6.25 | 3.60 | 3.62 | 10.17 | 9.91 | 8.51 | 4.35 | 5.03 | 0.08 | — | 9.06 | 9.12 | 14.0 | — | — | 2.0 | 80 | — | — | 6.7 | — | — | 1340 |
| 10A | 15.875 | 10.16 | 9.40 | 5.09 | 5.12 | 15.35 | 15.09 | 13.02 | 6.61 | 7.62 | 0.10 | 18.11 | 13.84 | 13.89 | 21.8 | 39.9 | 57.9 | 4.1 | 200 | 3390 | 590 | 21.8 | 43.6 | 65.4 | 3850 |
| 10B | 15.875 | 10.16 | 9.65 | 5.08 | 5.13 | 14.99 | 14.73 | 13.72 | 7.11 | 7.62 | 0.10 | 16.59 | 13.28 | 13.41 | 19.6 | 36.2 | 52.8 | 4.1 | 200 | 3390 | 590 | 22.2 | 44.5 | 66.7 | 3330 |
| 12A | 19.05 | 11.91 | 12.57 | 5.96 | 5.98 | 18.34 | 18.10 | 15.62 | 7.90 | 9.15 | 0.10 | 22.78 | 17.75 | 17.81 | 26.9 | 49.8 | 72.6 | 4.6 | 280 | 5560 | 840 | 31.3 | 62.6 | 93.9 | 5490 |
| 12B | 19.05 | 12.07 | 11.68 | 5.72 | 5.77 | 16.39 | 16.13 | 16.13 | 8.33 | 8.33 | 0.10 | 19.46 | 15.62 | 15.75 | 22.7 | 42.2 | 61.7 | 4.6 | 280 | 5560 | 840 | 28.9 | 57.8 | 86.7 | 3720 |
| 16A | 25.40 | 15.88 | 15.75 | 7.94 | 7.96 | 24.39 | 24.13 | 20.83 | 10.55 | 12.20 | 0.13 | 29.29 | 22.60 | 22.66 | 33.5 | 62.7 | 91.9 | 5.4 | 500 | 1000 | 1490 | 55.6 | 111.2 | 166.8 | 9550 |
| 16B | 25.40 | 15.88 | 17.02 | 8.28 | 8.33 | 21.34 | 21.08 | 21.08 | 11.15 | 11.15 | 0.13 | 31.88 | 25.45 | 25.58 | 36.1 | 68.0 | 99.9 | 5.4 | 500 | 1000 | 1490 | 60.0 | 106.0 | 160.0 | 9530 |
| 20A | 31.75 | 19.05 | 18.90 | 9.54 | 9.56 | 30.48 | 30.17 | 26.04 | 13.16 | 15.24 | 0.15 | 35.76 | 27.45 | 27.51 | 41.1 | 77.0 | 113.0 | 6.1 | 780 | 1560 | 2340 | 87.0 | 174.0 | 261.0 | 14600 |
| 20B | 31.75 | 19.05 | 19.56 | 10.19 | 10.24 | 26.68 | 26.42 | 26.42 | 13.89 | 13.89 | 0.15 | 36.45 | 29.01 | 29.14 | 43.2 | 79.7 | 116.1 | 6.1 | 780 | 1560 | 2340 | 95.0 | 170.0 | 250.0 | 13500 |
| 24A | 38.10 | 22.23 | 25.22 | 11.11 | 11.14 | 36.55 | 36.2 | 31.24 | 15.80 | 18.27 | 0.18 | 45.44 | 35.45 | 35.51 | 50.8 | 96.3 | 141.7 | 6.6 | 1110 | 2220 | 3340 | 125.0 | 250.0 | 375.0 | 20500 |
| 24B | 38.10 | 25.40 | 25.40 | 14.63 | 14.68 | 33.73 | 33.4 | 33.40 | 17.55 | 17.55 | 0.18 | 48.36 | 37.92 | 38.05 | 53.4 | 101.8 | 150.2 | 6.6 | 1110 | 2220 | 3340 | 160.0 | 280.0 | 425.0 | 19700 |
| 28A | 44.45 | 25.40 | 25.22 | 12.71 | 12.74 | 42.67 | 42.23 | 36.45 | 18.42 | 21.32 | 0.20 | 48.87 | 37.18 | 37.24 | 54.9 | 103.6 | 152.4 | 7.4 | 1510 | 3020 | 4540 | 170.0 | 340.0 | 510.0 | 27300 |
| 28B | 44.45 | 27.94 | 30.99 | 15.90 | 15.95 | 37.46 | 37.08 | 37.08 | 19.51 | 19.51 | 0.20 | 59.56 | 46.58 | 46.71 | 65.1 | 124.7 | 184.3 | 7.4 | 1510 | 3020 | 4540 | 200.0 | 360.0 | 530.0 | 27100 |

（表）

| 链号① | 节距 $p$ nom | 滚子直径 $d_1$ max | 内节内宽 $b_1$ min | 销轴直径 $d_2$ max | 套筒孔径 $d_3$ min | 链条通道高度 $h_1$ min | 内链板高度 $h_2$ max | 外或中链板高度 $h_3$ max | 过渡链节尺寸② $l_1$ min | $l_2$ min | $c$ | 排距 $p_t$ | 内节外宽 $b_2$ max | 外节内宽 $b_3$ min | 销轴长度 单排 $b_4$ max | 双排 $b_5$ max | 三排 $b_6$ max | 止锁件附加宽度③ $b_7$ max | 测量力 单排 /N | 双排 | 三排 | 抗拉强度 $F_u$ 单排 min /kN | 双排 min | 三排 min | 动载强度③⑤⑥ 单排 $F_d$ min /N |
|---|---|---|---|---|---|---|---|---|---|---|---|---|---|---|---|---|---|---|---|---|---|---|---|---|---|
| | | /mm | | | | | | | /mm | | | /mm | | | /mm | | | /mm | /N | | | /kN | | | /N |
| 32A | 50.80 | 28.58 | 31.55 | 14.29 | 14.31 | 48.74 | 48.26 | 41.68 | 21.04 | 24.33 | 0.20 | 58.55 | 45.21 | 45.26 | 65.5 | 124.2 | 182.9 | 7.9 | 2000 | 4000 | 6010 | 223.0 | 446.0 | 669.0 | 34800 |
| 32B | 50.80 | 29.21 | 30.99 | 17.81 | 17.86 | 42.72 | 42.29 | 42.29 | 22.20 | 22.20 | 0.20 | 58.55 | 45.57 | 45.70 | 67.4 | 126.0 | 184.5 | 7.9 | 2000 | 4000 | 6010 | 250.0 | 450.0 | 670.0 | 29900 |
| 36A | 57.15 | 35.71 | 35.48 | 17.46 | 17.49 | 54.86 | 54.30 | 46.86 | 23.65 | 27.36 | 0.20 | 65.84 | 50.85 | 50.90 | 73.9 | 140.0 | 206.0 | 9.1 | 2670 | 5340 | 8010 | 281.0 | 562.0 | 843.0 | 44500 |
| 40A | 63.50 | 39.68 | 37.85 | 19.85 | 19.87 | 60.93 | 60.33 | 52.07 | 26.24 | 30.36 | 0.20 | 71.55 | 54.88 | 54.94 | 80.3 | 151.9 | 223.5 | 10.2 | 3110 | 6230 | 9340 | 347.0 | 694.0 | 1041.0 | 53600 |
| 40B | 63.50 | 39.37 | 38.10 | 22.89 | 22.94 | 53.49 | 52.96 | 52.96 | 27.76 | 27.76 | 0.20 | 72.29 | 55.75 | 55.88 | 82.6 | 154.9 | 227.2 | 10.2 | 3110 | 6230 | 9340 | 355.0 | 630.0 | 950.0 | 41800 |
| 48A | 76.20 | 47.63 | 47.35 | 23.81 | 23.84 | 73.13 | 72.39 | 62.49 | 31.45 | 36.40 | 0.20 | 87.83 | 67.81 | 67.87 | 95.5 | 183.4 | 271.3 | 10.5 | 4450 | 8900 | 13340 | 500.0 | 1000.0 | 1500.0 | 73100 |
| 48B | 76.20 | 48.26 | 45.72 | 29.24 | 29.29 | 64.52 | 63.88 | 63.88 | 33.45 | 33.45 | 0.20 | 91.21 | 70.56 | 70.69 | 99.1 | 190.4 | 281.6 | 10.5 | 4450 | 8900 | 13340 | 560.0 | 1000.0 | 1500.0 | 63600 |
| 56B | 88.90 | 53.98 | 53.34 | 34.32 | 34.37 | 78.64 | 77.85 | 77.85 | 40.61 | 40.61 | 0.20 | 106.60 | 81.33 | 81.46 | 114.6 | 221.2 | 327.8 | 11.7 | 6090 | 12190 | 20000 | 850.0 | 1600.0 | 2240.0 | 88900 |
| 64B | 101.60 | 63.50 | 60.96 | 39.40 | 39.45 | 91.08 | 90.17 | 90.17 | 47.07 | 47.07 | 0.20 | 119.89 | 92.02 | 92.15 | 130.9 | 250.8 | 370.7 | 13.0 | 7960 | 15920 | 27000 | 1120.0 | 2000.0 | 3000.0 | 10600 |
| 72B | 114.30 | 72.39 | 68.58 | 44.48 | 44.53 | 104.67 | 103.63 | 103.63 | 53.37 | 53.37 | 0.20 | 136.27 | 103.81 | 103.94 | 147.4 | 283.7 | 420.0 | 14.3 | 10100 | 20190 | 33500 | 1400.0 | 2500.0 | 3750.0 | 12700 |

① 重载系列链条未列。

② 对于高应力使用场合，不推荐使用过渡链节。

③ 正锁件的实际尺寸适用于取决于其类型，但都不应超过规定尺寸，使用者应从制造商处求取详细资料。

④ 动载强度值不适用于过渡链节，连接链节或带有附件的链条。

⑤ 双排链和三排链的动载试验不能用单排链的值按比例套用。

⑥ 动载强度单排值是基于5个链节的试样，不含链号36A、40A、40B、48A、48B、56B、64B和72B，这些链条是基于3个链节的试样。

⑦ 套筒尺寸。

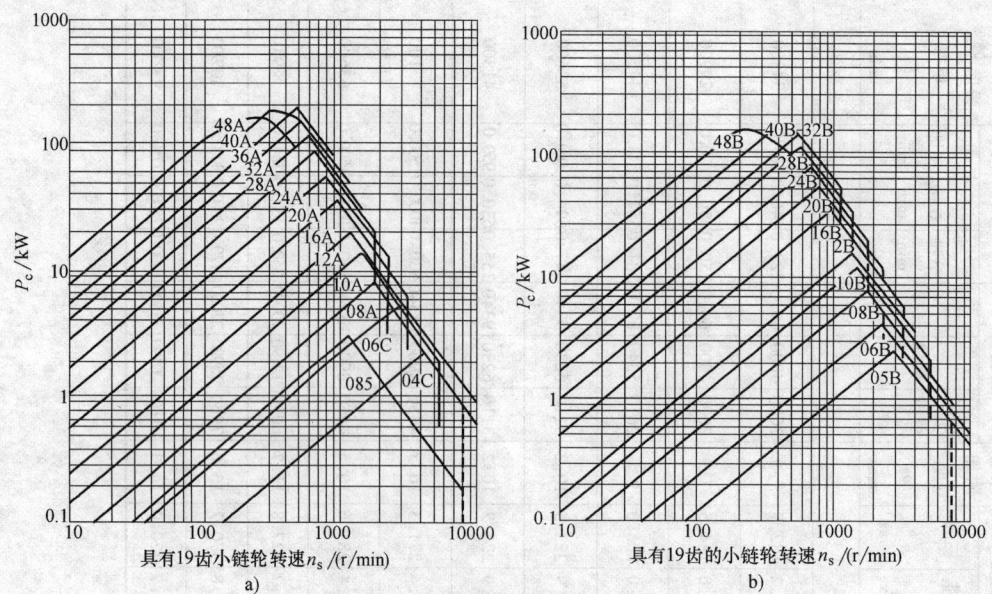

**图4.2-1 滚子链的额定功率曲线**

a）A系列滚子链的额定功率曲线 b）B系列滚子链的额定功率曲线

**表 4.2-3 常见滚子链传动的设计计算**

| 计算项目 | 单位 | 公式及数据 | 说 明 |
|---|---|---|---|
| 传动比 $i$ | — | $$i = \frac{n_1}{n_2} = \frac{z_2}{z_1}$$ | $n_1$——小链轮转速（r/min）<br>$n_2$——大链轮转速（r/min） |
| 小链轮齿数 $z_1$ | — | 推荐齿数范围为：17～144<br><br>| $i$ | 1～2 | 2～3 | 3～4 | 4～5 | 5～6 |<br>\|---\|---\|---\|---\|---\|<br>| $z_1$ | 31～27 | 27～25 | 25～23 | 23～21 | 21～17 | | 对于高速或承受冲击载荷的链传动，小链轮至少应选择25个齿，优先选用齿数：17、19、21、23、25、38、57、76、95 和 114 |
| 大链轮齿数 $z_2$ | — | $z_2 = iz_1 \leqslant 120$ | 增大 $z_2$，链传动的磨损寿命会降低 |
| 设计功率 $P_d$ | kW | $P_d = K_A P$ | $K_A$——工况系数，见表4.2-4<br>$P$——传递功率 |
| 特定条件下单排链传动的功率 $P_c$ | kW | $$P_c = \frac{P_d K_z}{K_p}$$ | $K_z$——小链轮齿数系数，查图4.2-2<br>$K_p$——排数系数，查表4.2-5 |
| 链条节距 $p$ | mm | 根据 $P_c$ 和 $n_1$ 由图 4.2-1 选取 | 为使结构紧凑，寿命长宜选用小节距单排链；速度高、功率大时，则选用小节距多排链 |
| 验算小链轮轴孔直径 $d_{kmax}$ | mm | 由表 4.2-6 确定，应使 $d_{kmax} \geqslant$ 安装链轮处的轴直径 | 当不能满足要求时，可增大 $z_1$ 或 $p$ 重新验算 |
| 初定中心距 $a_0$ | mm | 一般 $a_0 = (30 \sim 50)p$；脉动载荷、无张紧装置时 $a_0 \leqslant 25p$；$a_{0max} = 80p$ | 有张紧装置或托板时，$a_0$ 可大于 $80p$ |
| 以节距定的初定中心距 $a_{0p}$ | — | $$a_{0p} = \frac{a_0}{p}$$ | — |

（续）

| 计算项目 | 单位 | 公式及数据 | 说　明 |
|---|---|---|---|
| 链条节数 $L_p$ | — | $$L_p = \frac{z_1 + z_2}{2} + 2a_{0p} + \frac{f_1}{a_{0p}}$$ | 应圆整为整数,并宜取偶数,以免使用过渡链节(其破断强度为正常链节的 80% 以下)<br>$f_1$ 见表 4.2-7 |
| 链条长度 $L$ | m | $$L = \frac{L_p P}{1000}$$ | — |
| 计算中心距 $a_p$ | mm | $z_1 \neq z_2$ 时, $a_p = p(2L_p - z_1 - z_2)f_2$<br>$z_1 = z_2 = z$ 时, $a_p = \frac{p}{2}(L_p - z)$ | $f_2$ 见表 4.2-8 |
| 实际中心距 $a$ | mm | $a = a_p - \Delta a$<br>一般, $\Delta a = (0.002 \sim 0.004)a_0$ | 为保证链条松边的合理下垂量,实际中心距 $a$ 应相应减小 |
| 链速 $v$ | m/s | $$v = \frac{z_1 n_1 p}{60 \times 1000}$$ | $v < 0.6$ m/s 为低速链传动<br>$v = 0.6 \sim 8$ m/s 为中速链传动<br>$v > 8$ m/s 为高速链传动 |
| 有效圆周力 $F_t$ | N | $$F_t = \frac{1000P}{v}$$ | — |
| 作用在轴上的压力 $F$ | N | 水平或倾斜的传动<br>$F = (1.15 \sim 1.2)K_A F_t$<br>水平或接近垂直的传动<br>$F = 1.05 K_A F_t$ | — |

**表 4.2-4　工况系数 $K_A$**

| 载荷种类 | 工作机 | 原动机 | | |
|---|---|---|---|---|
| | | 电动机、汽轮机、燃气轮机、带液力偶合器的内燃机 | 内燃机($\geqslant 6$ 缸)、频繁起动电动机 | 带机械联轴器的内燃机($< 6$ 缸) |
| 平稳载荷 | 液体搅拌机、离心式泵和压缩机、风机、均匀给料的带式输送机、印刷机械、自动扶梯 | 1.0 | 1.1 | 1.3 |
| 中等冲击 | 固液比大的搅拌机、不均匀负载的输送机、多缸泵和压缩机、滚筒筛 | 1.4 | 1.5 | 1.7 |
| 较大冲击 | 电铲、轧机、橡胶机械、压力机、剪床、石油钻机、单缸或双缸泵和压缩机、破碎机、矿山机械、振动机械、锻压机械 | 1.8 | 1.9 | 2.1 |

**表 4.2-5　排数系数 $K_p$**

| 排数 $m$ | 1 | 2 | 3 | 4 | 5 | 6 |
|---|---|---|---|---|---|---|
| $K_p$ | 1 | 1.7 | 2.5 | 3.3 | 4 | 4.6 |

**表 4.2-6　链轮轴孔的最大许用直径 $d_{kmax}$**　　　　（单位：mm）

| 齿数 $z$ | 节距 $p$ | | | | | | | | | |
|---|---|---|---|---|---|---|---|---|---|---|
| | 9.525 | 12.70 | 15.875 | 19.05 | 25.40 | 31.75 | 38.10 | 44.45 | 50.80 | 63.50 |
| 11 | 11 | 18 | 22 | 27 | 38 | 50 | 60 | 71 | 80 | 103 |
| 13 | 15 | 22 | 30 | 36 | 51 | 64 | 79 | 91 | 105 | 132 |
| 15 | 20 | 28 | 37 | 46 | 61 | 80 | 95 | 111 | 129 | 163 |

（续）

| 齿数 | 节距 p | | | | | | | | | |
|---|---|---|---|---|---|---|---|---|---|---|
| z | 9.525 | 12.70 | 15.875 | 19.05 | 25.40 | 31.75 | 38.10 | 44.45 | 50.80 | 63.50 |
| 17 | 24 | 34 | 45 | 53 | 74 | 93 | 112 | 132 | 152 | 193 |
| 19 | 29 | 41 | 51 | 62 | 84 | 108 | 129 | 153 | 177 | 224 |
| 21 | 33 | 47 | 59 | 72 | 95 | 122 | 148 | 175 | 200 | 254 |
| 23 | 37 | 51 | 65 | 80 | 109 | 137 | 165 | 196 | 224 | 278 |
| 25 | 42 | 57 | 73 | 88 | 120 | 152 | 184 | 217 | 249 | 310 |

表 4.2-7  $f_1$ 的计算值

| $z_2-z_1$ | $f_1$ | $z_2-z_1$ | $f_1$ | $z_2-z_1$ | $f_1$ | $z_2-z_1$ | $f_1$ | $z_2-z_1$ | $f_1$ | $z_2-z_1$ | $f_1$ |
|---|---|---|---|---|---|---|---|---|---|---|---|
| 1 | 0.025 | 18 | 8.21 | 35 | 31.03 | 52 | 68.49 | 69 | 120.60 | 86 | 187.34 |
| 2 | 0.101 | 19 | 9.14 | 36 | 33.83 | 53 | 71.15 | 70 | 124.12 | 87 | 191.73 |
| 3 | 0.228 | 20 | 10.13 | 37 | 34.68 | 54 | 73.86 | 71 | 127.69 | 88 | 196.16 |
| 4 | 0.405 | 21 | 11.17 | 38 | 36.58 | 55 | 76.62 | 72 | 131.31 | 89 | 200.64 |
| 5 | 0.633 | 22 | 12.26 | 39 | 38.58 | 56 | 79.44 | 73 | 134.99 | 90 | 205.18 |
| 6 | 0.912 | 23 | 13.40 | 40 | 40.53 | 57 | 82.30 | 74 | 138.71 | 91 | 209.76 |
| 7 | 1.21 | 24 | 14.59 | 41 | 42.58 | 58 | 85.21 | 75 | 142.48 | 92 | 214.40 |
| 8 | 1.62 | 25 | 15.83 | 42 | 44.68 | 59 | 88.17 | 76 | 146.31 | 93 | 219.08 |
| 9 | 2.05 | 26 | 17.12 | 43 | 46.84 | 60 | 91.19 | 77 | 150.18 | 94 | 223.82 |
| 10 | 2.53 | 27 | 18.47 | 44 | 49.04 | 61 | 94.25 | 78 | 154.11 | 95 | 228.61 |
| 11 | 3.07 | 28 | 19.86 | 45 | 51.29 | 62 | 97.37 | 79 | 158.09 | 96 | 233.44 |
| 12 | 3.65 | 29 | 21.30 | 46 | 53.60 | 63 | 100.54 | 80 | 162.11 | 97 | 238.33 |
| 13 | 4.28 | 30 | 22.80 | 47 | 55.95 | 64 | 103.75 | 81 | 166.19 | 98 | 243.27 |
| 14 | 4.96 | 31 | 24.43 | 48 | 58.36 | 65 | 107.02 | 82 | 170.32 | 99 | 248.26 |
| 15 | 5.70 | 32 | 25.94 | 49 | 60.82 | 66 | 110.34 | 83 | 174.50 | 100 | 253.30 |
| 16 | 6.48 | 33 | 27.58 | 50 | 63.33 | 67 | 113.71 | 84 | 178.73 | | |
| 17 | 7.32 | 34 | 29.28 | 51 | 65.88 | 68 | 117.13 | 85 | 183.01 | | |

注：$f_1=\left(\dfrac{z_2-z_1}{2\pi}\right)^2$。

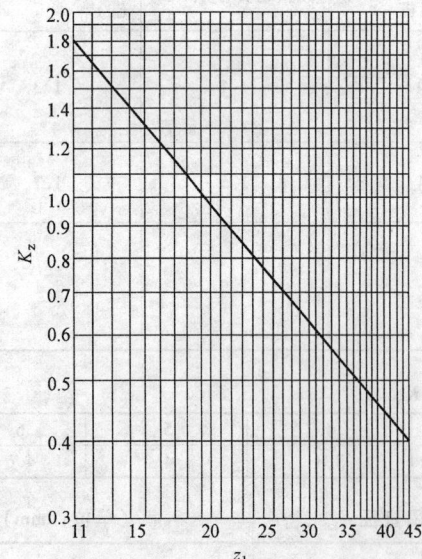

图4.2-2  小链轮齿数系数 $K_z$

### 2.2.4  静强度的计算

对于 $v\leqslant0.6\mathrm{m/s}$ 的低速链传动，其主要失效形式是

链条静强度拉断，故低速链应按静强度条件进行计算。如果仍用额定功率曲线选择计算结果常常不经济，因为额定功率曲线上各点相应的条件性安全系数 $n$ 为 8~20，远比静强度安全系数大。设计时在结构允许的条件下，应尽量取较大的链轮直径以减小链条的拉力。必须保证小链轮与链条同时啮合的齿数大于 3~5。

静强度安全系数应满足下列各式要求：

$$n=\frac{F_u}{K_AF_t+F_c+F_f}\geqslant4~8 \qquad (4.2\text{-}1)$$

$$F_f'=K_fqa\times10^{-2}$$

$$F_f''=(K_f+\sin\theta)qa\times10^{-2} \qquad (4.2\text{-}2)$$

式中  $F_u$——链条极限拉伸载荷（N），见表4.2-2；
  $K_A$——工况系数，见表4.2-4；
  $F_t$——有效圆周力（N）；
  $F_c$——离心力引起的拉力（N），$F_c=qv^2$；
  $q$——链条质量，见表4.2-9；
  $F_f$——悬垂力（N），按式（4.2-2）计算取大者；
  $K_f$——系数，查图4.2-3；

$a$——链传动的中心距（mm）; $\qquad\qquad$ $\theta$——两轮中心连线对水平面倾角。

## 表 4.2-8 $f_2$ 的计算值

| $\dfrac{L_\mathrm{p}-z_1}{z_2-z_1}$ | $f_2$ | $\dfrac{L_\mathrm{p}-z_1}{z_2-z_1}$ | $f_2$ | $\dfrac{L_\mathrm{p}-z_1}{z_2-z_1}$ | $f_2$ | $\dfrac{L_\mathrm{p}-z_1}{z_2-z_1}$ | $f_2$ | $\dfrac{L_\mathrm{p}-z_1}{z_2-z_1}$ | $f_2$ |
|---|---|---|---|---|---|---|---|---|---|
| 1.050 | 0.19245 | 1.150 | 0.21390 | 1.250 | 0.22442 | 1.45 | 0.23490 | 2.50 | 0.24679 |
| 1.052 | 0.19312 | 1.152 | 0.21417 | 1.252 | 0.22457 | 1.46 | 0.23524 | 2.55 | 0.24694 |
| 1.054 | 0.19378 | 1.154 | 0.21445 | 1.254 | 0.22473 | 1.47 | 0.23556 | 2.60 | 0.24709 |
| 1.056 | 0.19441 | 1.156 | 0.21472 | 1.256 | 0.22488 | 1.48 | 0.23588 | 2.65 | 0.24722 |
| 1.058 | 0.19504 | 1.158 | 0.21499 | 1.258 | 0.22504 | 1.49 | 0.23618 | 2.70 | 0.24735 |
| 1.060 | 0.19564 | 1.160 | 0.21525 | 1.260 | 0.22519 | 1.50 | 0.23648 | 2.75 | 0.24747 |
| 1.062 | 0.19624 | 1.162 | 0.21551 | 1.262 | 0.22534 | 1.51 | 0.23677 | 2.80 | 0.24758 |
| 1.064 | 0.19682 | 1.164 | 0.21577 | 1.264 | 0.22548 | 1.52 | 0.23704 | 2.85 | 0.24768 |
| 1.066 | 0.19739 | 1.166 | 0.21602 | 1.266 | 0.22563 | 1.53 | 0.23731 | 2.90 | 0.24778 |
| 1.068 | 0.19794 | 1.168 | 0.21627 | 1.268 | 0.22578 | 1.54 | 0.23757 | 2.95 | 0.24787 |
| 1.070 | 0.19848 | 1.170 | 0.21652 | 1.270 | 0.22592 | 1.55 | 0.23782 | 3.0 | 0.24795 |
| 1.072 | 0.19902 | 1.172 | 0.21677 | 1.272 | 0.22606 | 1.56 | 0.23806 | 3.1 | 0.24811 |
| 1.074 | 0.19954 | 1.174 | 0.21701 | 1.274 | 0.22621 | 1.57 | 0.23830 | 3.2 | 0.24825 |
| 1.076 | 0.20005 | 1.176 | 0.21725 | 1.276 | 0.00635 | 1.58 | 0.23853 | 3.3 | 0.24837 |
| 1.078 | 0.20055 | 1.178 | 0.21748 | 1.278 | 0.22648 | 1.59 | 0.23875 | 3.4 | 0.24848 |
| 1.080 | 0.20104 | 1.180 | 0.21772 | 1.280 | 0.22662 | 1.60 | 0.23896 | 3.5 | 0.24858 |
| 1.082 | 0.20152 | 1.182 | 0.21795 | 1.282 | 0.22676 | 1.61 | 0.23917 | 3.6 | 0.24867 |
| 1.084 | 0.20199 | 1.184 | 0.21817 | 1.284 | 0.22689 | 1.62 | 0.23938 | 3.7 | 0.24876 |
| 1.086 | 0.20246 | 1.186 | 0.21840 | 1.286 | 0.22703 | 1.63 | 0.23957 | 3.8 | 0.24883 |
| 1.088 | 0.20291 | 1.188 | 0.21862 | 1.288 | 0.22716 | 1.64 | 0.23976 | 3.9 | 0.24890 |
| 1.090 | 0.20336 | 1.190 | 0.21884 | 1.290 | 0.22729 | 1.65 | 0.23995 | 4.0 | 0.24896 |
| 1.092 | 0.20380 | 1.192 | 0.21906 | 1.292 | 0.22742 | 1.66 | 0.24013 | 4.1 | 0.24902 |
| 1.094 | 0.20423 | 1.194 | 0.21927 | 1.294 | 0.22755 | 1.67 | 0.24031 | 4.2 | 0.24907 |
| 1.096 | 0.20465 | 1.196 | 0.21948 | 1.296 | 0.22768 | 1.68 | 0.24048 | 4.3 | 0.24912 |
| 1.098 | 0.20507 | 1.198 | 0.21969 | 1.298 | 0.22780 | 1.69 | 0.24065 | 4.4 | 0.24916 |
| 1.100 | 0.20548 | 1.200 | 0.21990 | 1.300 | 0.22793 | 1.70 | 0.24081 | 4.5 | 0.24921 |
| 1.102 | 0.20588 | 1.202 | 0.22011 | 1.305 | 0.22824 | 1.72 | 0.24112 | 4.6 | 0.24924 |
| 1.104 | 0.20628 | 1.204 | 0.22031 | 1.310 | 0.22854 | 1.74 | 0.24142 | 4.7 | 0.24928 |
| 1.106 | 0.20667 | 1.206 | 0.22051 | 1.315 | 0.22883 | 1.76 | 0.24170 | 4.8 | 0.24931 |
| 1.108 | 0.20705 | 1.208 | 0.22071 | 1.320 | 0.22912 | 1.78 | 0.24197 | 4.9 | 0.24934 |
| 1.110 | 0.20743 | 1.210 | 0.22090 | 1.325 | 0.22941 | 1.80 | 0.24222 | 5.0 | 0.27937 |
| 1.112 | 0.20780 | 1.212 | 0.22110 | 1.330 | 0.22968 | 1.82 | 0.24247 | 5.5 | 0.24949 |
| 1.114 | 0.20817 | 1.214 | 0.22129 | 1.335 | 0.22995 | 1.84 | 0.24270 | 6.0 | 0.24958 |
| 1.116 | 0.20852 | 1.216 | 0.22148 | 1.340 | 0.23022 | 1.86 | 0.24292 | 7 | 0.24970 |
| 1.118 | 0.20888 | 1.218 | 0.22167 | 1.345 | 0.23048 | 1.88 | 0.24313 | 8 | 0.24977 |
| 1.120 | 0.20923 | 1.220 | 0.22185 | 1.350 | 0.23073 | 1.90 | 0.24333 | 9 | 0.24983 |
| 1.122 | 0.20957 | 1.222 | 0.22204 | 1.355 | 0.23098 | 1.92 | 0.24352 | 10 | 0.24986 |
| 1.124 | 0.20991 | 1.224 | 0.22222 | 1.360 | 0.23123 | 1.94 | 0.24371 | 11 | 0.24988 |
| 1.126 | 0.21024 | 1.226 | 0.22240 | 1.365 | 0.23146 | 1.96 | 0.24388 | 12 | 0.24900 |
| 1.128 | 0.21057 | 1.228 | 0.22257 | 1.370 | 0.23170 | 1.98 | 0.24405 | 13 | 0.24992 |
| 1.130 | 0.21090 | 1.230 | 0.22275 | 1.375 | 0.23193 | 2.00 | 0.24421 | 14 | 0.24993 |
| 1.132 | 0.21122 | 1.232 | 0.22293 | 1.380 | 0.23215 | 2.05 | 0.24459 | 15 | 0.24994 |
| 1.134 | 0.21153 | 1.234 | 0.22310 | 1.385 | 0.23238 | 2.10 | 0.24493 | 20 | 0.24997 |
| 1.136 | 0.21184 | 1.236 | 0.22327 | 1.390 | 0.23259 | 2.15 | 0.24524 | 25 | 0.24998 |
| 1.138 | 0.21215 | 1.238 | 0.22344 | 1.395 | 0.23281 | 2.20 | 0.24552 | 30 | 0.24999 |
| 1.140 | 0.21245 | 1.240 | 0.22360 | 1.40 | 0.23301 | 2.25 | 0.24578 | >30 | 0.25000 |
| 1.142 | 0.21175 | 1.242 | 0.22377 | 1.41 | 0.23342 | 2.30 | 0.24602 | | |
| 1.144 | 0.21304 | 1.244 | 0.22393 | 1.42 | 0.23381 | 2.35 | 0.24623 | | |
| 1.146 | 0.21333 | 1.246 | 0.22410 | 1.43 | 0.23419 | 2.40 | 0.24643 | | |
| 1.148 | 0.21361 | 1.248 | 0.22426 | 1.44 | 0.23455 | 2.45 | 0.24662 | | |

注: $f_2=\dfrac{1}{2\pi\cos\theta\left(2\dfrac{L_\mathrm{p}-z_1}{z_2-z_1}-1\right)}$; $\mathrm{inv}\theta=\pi\left(\dfrac{L_\mathrm{p}-z_1}{z_2-z_1}-1\right)$。

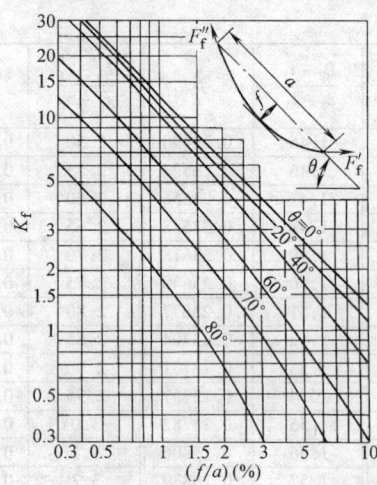

**图4.2-3　确定悬垂拉力的系数$K_f$**

### 2.2.5　疲劳工作能力的计算

当链条实际工作寿命低于15000h、传递功率超过额定功率时，应进行链的疲劳工作能力计算。

当$\dfrac{K_A P}{K_p} \geqslant P_c'$时

则
$$T = \frac{10^7}{z_1 n_1}\left(\frac{K_p P_c'}{K_A P}\right)^{3.71}\frac{L_p}{100} \qquad (4.2\text{-}3)$$

当$P_c'' \leqslant \dfrac{K_A P}{K_p} < P_c'$时

则
$$T = 15000\left(\frac{K_p P_c'}{K_A P}\right)^{3.71}\frac{L_p}{100} \qquad (4.2\text{-}4)$$

式中　　$T$——使用寿命（h）；

$z_1$——小链轮齿数；

$n_1$——小链轮转速（r/min）；

$K_p$——多排链排数系数，见表4.2-5；

$K_A$——工况系数，见表4.2-4；

$L_p$——链长，以节数表示。

$$P_c' = 0.003 z_1^{1.08} n_1^{0.9}\left(\frac{p}{25.4}\right)^{3-0.0028p} \qquad (4.2\text{-}5)$$

$$P_c'' = \frac{950 z_1^{1.5} p^{0.8}}{n_1^{1.5}} \qquad (4.2\text{-}6)$$

### 2.2.6　磨损工作能力的计算

当工作条件要求链条的磨损伸长率$\dfrac{\Delta p}{p}$明显小于3%，或润滑条件不符合图4.2-4（范围1：用油壶或油刷人工定期润滑；范围2：滴油润滑；范围3：油池润滑或油盘飞溅润滑；范围4：强制润滑，带过滤器，必要时可带油冷却器（假如链传动是在高速和大功率下的密闭传动，则必须采用油冷却器）规定

要求方式而有所恶化时，可按下列公式进行滚子链的磨损计算：

$$T = 91500\left(\frac{C_1 C_2 C_3}{p_r}\right)\frac{L_p}{v} \times \frac{z_1 i}{i+1}\left(\frac{\Delta p}{p}\right)\frac{p}{3.2 d_2}$$
$$(4.2\text{-}7)$$

$$p_r = \frac{K_A F + F_c + F_f}{A} \qquad (4.2\text{-}8)$$

式中　　$T$——磨损使用寿命（h）；

$C_1$——磨损系数，查图4.2-5；

$C_2$——节距系数，见表4.2-9；

$C_3$——齿数-速度系数，查图4.2-6；

$L_p$——链长，以节数表示；

$z_1$——小链轮齿数；

$i$——传动比；

$\dfrac{\Delta p}{p}$——许用磨损伸长率，按具体条件确定，一般取3%；

$A$——铰链承压面积（$mm^2$），$A = d_2 b_2$；

$d_2$——销轴直径（mm），查表4.2-2；

$F_c$——离心力引起的拉力（N），$F_c = qv$，$q$查表4.2-9；

$F_f$——悬垂拉力（N），按式（4.2-2）计算；

$p_r$——铰链压强（MPa）。

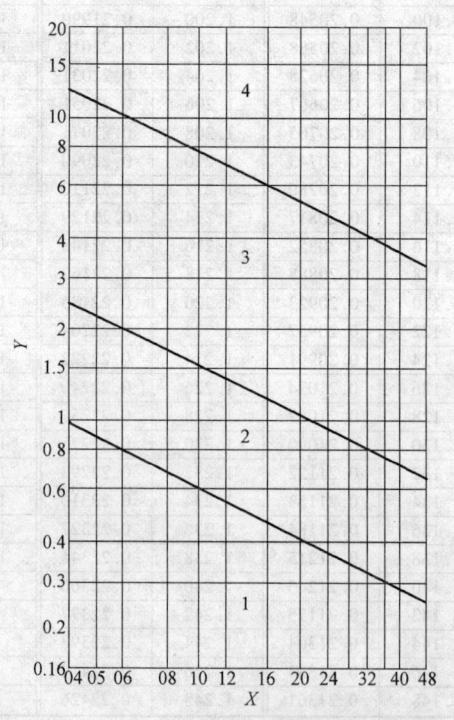

**图4.2-4　润滑范围选择图**

（摘自 GB/T 18150—2006）

当磨损使用寿命 $T$ 一定时，可由式（4.2-7）计算出许用压强 $[p_r]$，再用式（4.2-8）进行铰链的压强验算，使

$$p_r \le [p_r]$$

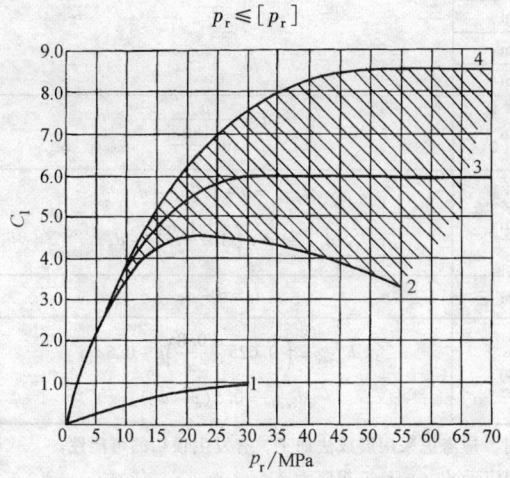

**图4.2-5　磨损系数 $C_1$**

1—干运转，工作温度 $<140℃$，链速 $v<7m/s$
2—润滑不充分，工作温度 $<70℃$，链速 $v<7m/s$
3—采用规定的润滑方法（见图4.2-4）
4—良好的润滑条件

#### 2.2.7　胶合工作能力的计算

由销轴和套筒间的胶合限定的工作能力（通常为计算小链轮的极限转速）可由式（4.2-9）计算。式（4.2-9）仅适用于 A 系列标准滚子链。

$$\left(\frac{n_{max}}{1000}\right)^{1.591 \lg\frac{p}{25.4} + 1.873} = \frac{82.5}{(7.95)^{\frac{p}{25.4}}(1.0278)^{z_1}(1.323)^{\frac{F}{4450}}}$$

$$(4.2-9)$$

式中　$n_{max}$——小链轮的不发生胶合的极限转速(r/min)；

$z_1$——小链轮的齿数；

$F$——单排链的有效圆周力（N）；

$p$——节距（mm）。

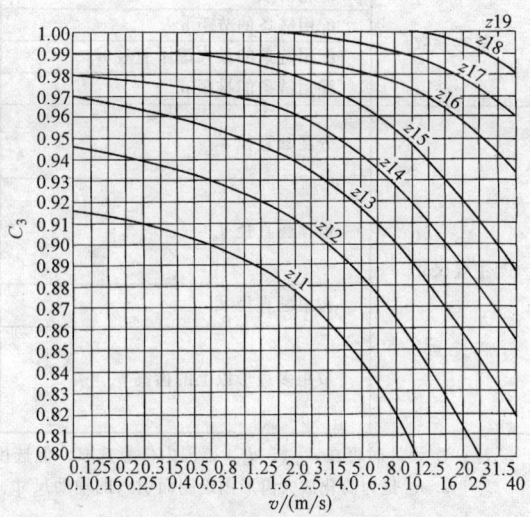

**图4.2-6　齿数-速度系数 $C_3$**

### 2.3　链轮的设计

相对应于标准化的滚子链，其链轮的齿形在 GB/T 1243—2006 中规定了最大和最小齿槽形状。链轮设计主要是确定结构尺寸和材料等。对链轮齿形的要求是应能平稳而自由地进入和退出啮合，受力良好，不易脱链，便于加工制造。滚子链链轮槽齿形状如图4.2-7 所示，可以使用标准刀具切制。对于标准齿形，图样上不画齿形，只需要在图样上注明节距 $p$、最大滚子外径 $d_1$、齿数 $z$、分度圆直径 $d$ 及顶圆直径 $d_a$、根圆直径 $d_f$ 等，注明按 GB/T 1243—2006 制造即可。

#### 2.3.1　基本参数和主要尺寸（表4.2-10）

**表 4.2-9　节距系数 $C_2$ 及滚子链每米质量**

| 节距 $p$/mm | 9.525 | 12.7 | 15.875 | 19.05 | 25.4 | 31.75 | 38.1 | 44.45 | 50.8 | 63.5 |
|---|---|---|---|---|---|---|---|---|---|---|
| 系数 $C_2$ | 1.48 | 1.44 | 1.39 | 1.34 | 1.27 | 1.23 | 1.19 | 1.15 | 1.11 | 1.03 |
| $q/(kg/m)$ | 0.40 | 0.65 | 1.0 | 1.50 | 2.60 | 3.80 | 5.60 | 7.50 | 10.10 | 16.10 |

**表 4.2-10　滚子链链轮的基本参数和主要尺寸**（摘自 GB/T 1243—2006）

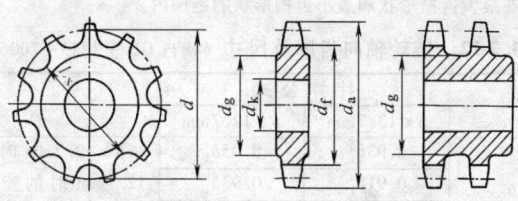

（续）

| 名　称 | | 单位 | 计　算　公　式 |
|---|---|---|---|
| 基本参数 | 链轮齿数 $z$ | — | — |
| | 配用链条的节距 $p$ | mm | |
| | 配用链条的最大滚子直径 $d_1$ | mm | |
| | 配用链条的排距 $p_t$ | mm | |
| 主要尺寸 | 分度圆直径 $d$ | mm | $d = \dfrac{p}{\sin\dfrac{180°}{z}}$ |
| | 齿顶圆直径 $d_a$ | mm | $d_{amax} = d + 1.25p - d_1$<br>$d_{amin} = d + \left(1 - \dfrac{1.6}{z}\right)p - d_1$ |
| | 齿根圆直径 $d_f$ | mm | $d_f = d - d_1$ |
| | 节距多边形以上的齿高 $h_a$ | mm | $h_{amax} = \left(0.625 + \dfrac{0.8}{z}\right)p - 0.5d_1$<br>$h_{amin} = 0.5(p - d_1)$ |

注：1. 设计时可在 $d_{amax}$、$d_{amin}$ 范围内任意选取，但选用 $d_{amax}$ 时，应考虑采用展成法加工，有发生顶切的可能性。
　　2. $h_a$ 是为简化放大齿形图绘制而引入的辅助尺寸，$h_{amax}$ 相应于 $d_{amax}$；$h_{amin}$ 相应于 $d_{amin}$。

### 2.3.2　齿槽形状（图 4.2-7 和表 4.2-11）

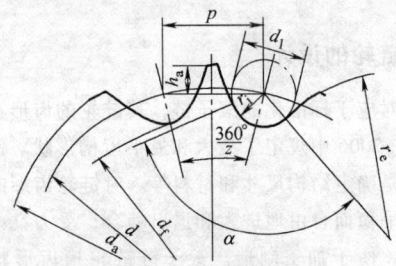

**图4.2-7　齿槽形状**

$p$—弦节距，等于链条节矩　　$d$—分度圆直径

$d_1$—最大滚子圆直径　　$d_a$—齿顶圆直径

$d_f$—齿根圆直径　　$r_e$—齿槽圆弧半径

$r_i$—齿沟圆弧半径　　$z$—齿数

$\alpha$—齿沟角　　$h_a$—节距多边形以上的齿高

### 2.3.3　轴向齿廓

链轮的轴向齿廓也是标准化的，如图 4.2-8 所示，其尺寸见表 4.2-12，在设计时可参考 GB/T 1243—2006。

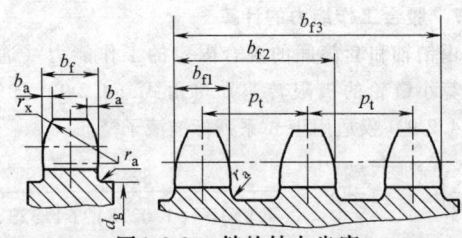

**图4.2-8　链轮轴向齿廓**

$b_a$—齿边倒角宽　　$d_g$—最大齿侧凸缘直径

$b_{f1}$—齿宽　　$b_{f2}$ 和 $b_{f3}$—齿全宽　　$p_t$—链条排距

$r_a$—齿侧凸缘圆角半径　　$r_x$—齿侧半径

**表 4.2-11　齿槽形状尺寸**

| 名　称 | 单位 | 计　算　公　式 | |
|---|---|---|---|
| | | 最大齿槽形状 | 最小齿槽形状 |
| 齿槽圆弧半径 $r_e$ | mm | $r_{emin} = 0.008d_1(z^2 + 180)$ | $r_{emax} = 0.12d_1(z + 2)$ |
| 齿沟圆弧半径 $r_i$ | | $r_{imax} = 0.505d_1 + 0.069\sqrt[3]{d_1}$ | $r_{imin} = 0.505d_1$ |
| 齿沟角 $\alpha$ | (°) | $\alpha_{min} = 120° - \dfrac{90°}{z}$ | $\alpha_{max} = 140° - \dfrac{90°}{z}$ |

注：链轮的实际齿槽形状，应在最大齿槽形状和最小齿槽形状的范围内。

**表 4.2-12　链轮轴向齿廓及尺寸**（摘自 GB/T 1243—2006）

| 名　称 | | 符号 | 计算公式 | | 备　注 |
|---|---|---|---|---|---|
| | | | $p \leqslant 12.7\text{mm}$ | $p > 12.7\text{mm}$ | |
| 齿宽 | 单排 | $b_{f1}$ | $0.93b_1$ | $0.95b_1$ | $p > 12.7\text{mm}$ 时，经制造厂同意，亦可使用 $p \leqslant 12.7\text{mm}$ 时的齿宽。$b_1$——内链节内宽，查表 4.2-2，公差为 h14 |
| | 双排、三排 | | $0.91b_1$ | $0.93b_1$ | |
| | 四排以上 | | $0.88b_1$ | — | |

（续）

| 名　　称 | 符号 | 计 算 公 式 | | 备　　注 |
|---|---|---|---|---|
| | | $p \leqslant 12.7\text{mm}$ | $p > 12.7\text{mm}$ | |
| 齿边倒角宽 | $b_a$ | $b_{a公称} = 0.06p$ | | 适用于 081、083、084 规格的链条 |
| | | $b_{a公称} = 0.13p$ | | 适用于其余链条 |
| 齿侧半径 | $r_x$ | $r_{x公称} = p$ | | — |
| 齿全宽 | $b_{fm}$ | $b_{fm} = (m-1)p_t + b_{fi}$ | | $m$——排数 |

### 2.3.4　链轮的公差和跨柱测量距

#### 1. 链轮公差

滚子链链轮公差见表 4.2-13 ~ 表 4.2-15。对一般的滚子链链轮，其轮齿经机加工后的表面粗糙度 $Ra$ 为 $6.3\mu m$。

**表 4.2-13　滚子链链轮齿根圆直径极限偏差**

（单位：mm）

| 齿根圆直径 $d_f$ | 极限偏差 |
|---|---|
| $\leqslant 127$ | 0<br>$-0.25$ |
| $>127 \sim 250$ | 0<br>$-0.30$ |
| $>250$ | h11 |

**表 4.2-14　滚子链链轮齿根圆径向圆跳动和轴向圆跳动**（摘自 GB/T 1243—2006）

| 项　　目 | 要　　求 |
|---|---|
| 链轮孔和根圆直径之间的径向圆跳动量 | 不应超过下列两数值中的较大值 $0.0008d_f + 0.08\text{mm}$ 或 $0.15\text{mm}$，最大到 $0.76\text{mm}$ |
| 轴孔到链轮齿侧平直部分的轴向圆跳动量 | 不应超过下列计算值 $0.0009d_f + 0.08\text{mm}$，最大到 $1.14\text{mm}$。对焊接链轮，如果上式计算值小，可采用 $0.25\text{mm}$ |

**表 4.2-15　轮坯公差**（摘自 GB/T 1243—2006）

| 项目 | 符号 | 公差带 |
|---|---|---|
| 孔径 | $d_k$ | H8 |
| 齿顶圆直径 | $d_a$ | h11 |
| 齿宽 | $b_f$ | h14 |

#### 2. 跨柱测量距

如图 4.2-9 所示，量柱直径由下式确定：

$$d_R = d_1$$

极限偏差为 $^{+0.01}_{0}\text{mm}$。

对于偶数齿的链轮，跨柱测量距由下式计算：

$$M_R = d + d_{Rmin}$$

对于奇数齿的链轮，跨柱测量距由下式确定：

$$M_R = d\cos\frac{90°}{z} + d_{Rmin}$$

跨柱测量距的极限偏差与齿根圆的极限偏差相同。

### 2.3.5　链轮的材料及热处理

链轮材料常用碳素钢或铸铁，重要的链轮用合金钢制造。链轮齿面基本上都要采用热处理，以提高轮齿的接触强度和耐磨性。同时，由于小链轮轮齿的工作次数比大链轮多，所以材料也要好些。常用链轮材料及其热处理见表 4.2-16。

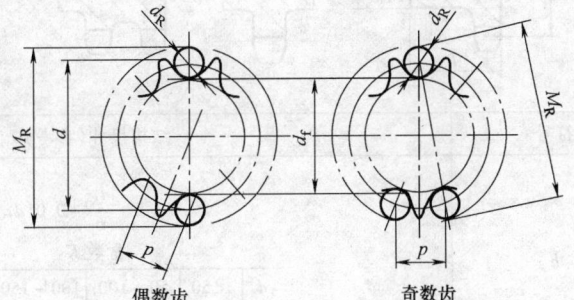

**图 4.2-9　滚子链链轮的跨柱测量距**

$d_R$—量柱直径　　$M_R$—跨柱测量距

**表 4.2-16　常用链轮材料及其热处理**

| 材　　料 | 热　处　理 | 齿面硬度 | 应用范围 |
|---|---|---|---|
| 15、20 | 渗碳、淬火、回火 | 50 ~ 60HRC | $z \leqslant 25$ 有冲击载荷的链轮 |
| 35 | 正火 | 160 ~ 200HBW | $z > 25$ 的主、从动链轮 |
| 45、50<br>45Mn、ZG310-570 | 淬火、回火 | 40 ~ 50HRC | 无剧烈冲击振动和要求耐磨损的主、从动链轮 |

（续）

| 材　料 | 热　处　理 | 齿面硬度 | 应 用 范 围 |
|---|---|---|---|
| 15Cr、20Cr | 渗碳、淬火、回火 | 55～60HRC | $z<30$ 传递较大功率的重要链轮 |
| 40Cr、35SiMn、35CrMo | 淬火、回火 | 40～50HRC | 要求强度较高和耐磨损的重要链轮 |
| Q235、Q275 | 焊接后退火 | ≈140HBW | 中低速、功率不大的较大链轮 |
| 不低于 HT200 的灰铸铁 | 淬火、回火 | 260～280HBW | $z>50$ 的从动链轮以及外形复杂或强度要求一般的链轮 |
| 夹布胶木 | — | — | $P<6kW$,速度较高,要求传动平稳、噪声小的链轮 |

## 2.3.6　链轮的结构

小直径链轮可制造成整体式（见表 4.2-17）；中等直径的链轮可制成腹板式（见表 4.2-18 和表 4.2-19）；直径较大的链轮可设计成组合式（见图 4.2-10），若轮齿因磨损而失效可更换齿圈。

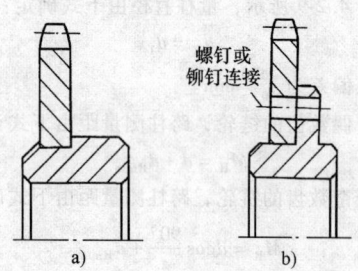

螺钉或铆钉连接

a)　　　　b)

**图4-2-10　其他链轮结构**

a）焊接结构　b）螺钉或铆钉连接结构

## 2.4　设计实例

设计一某带式输送机的滚子链传动。已知：电动机额定功率 $P=8.5kW$，转速 $n_1=720r/min$，传动比 $i=2.5$，载荷平稳，传动为水平布置，小链轮轴直径为 50mm，要求中心距 $a>550mm$。

解：1）确定链轮齿数。

小链轮齿数，取 $z_1=25$。

大链轮齿数 $z_2=iz_1=2.5\times25=62.5$ 取 $z_2=62$。

2）计算实际传动比。$i=\dfrac{z_1}{z_2}=62/25=2.48$。

3）确定设计功率。

由表 4.2-4 选 $K_A=1$。

由图 4.2-2 查小链轮齿数系数 $K_z=0.76$。

**表 4.2-17　整体式钢制小链轮主要结构尺寸**　　　　　（单位：mm）

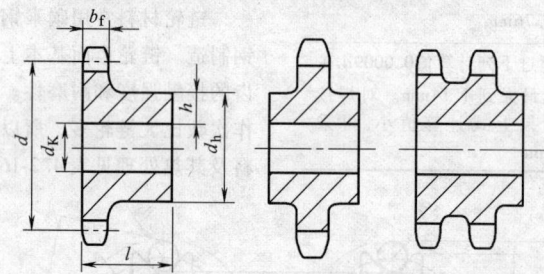

| 名称 | 符号 | 结构尺寸(参考) | | | | |
|---|---|---|---|---|---|---|
| 轮毂厚度 | $h$ | $h=K+\dfrac{d_K}{6}+0.01d$ <br> 常数 $K$ | | | | |
| | | $d$ | <50 | 50～100 | 100～150 | >150 |
| | | $K$ | 3.2 | 4.8 | 6.4 | 9.5 |
| 轮毂长度 | $l$ | $l=3.3h$ <br> $l_{min}=2.6h$ | | | | |
| 轮毂直径 | $d_h$ | $d_h=d_K+2h$ | | | | |
| 齿宽 | $b_f$ | 见表 4.2-12 | | | | |

### 表 4.2-18 腹板式、单排铸造链轮主要结构尺寸 （单位：mm）

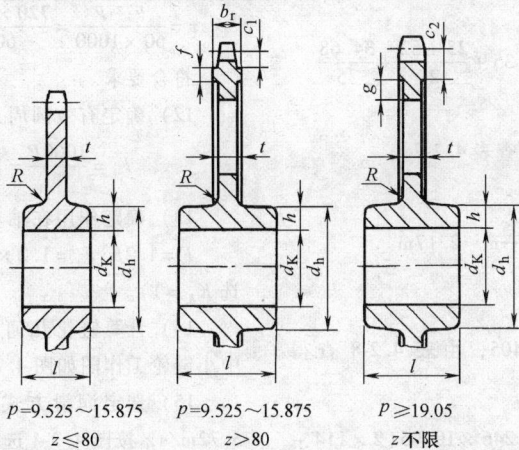

$p=9.525\sim15.875$  $p=9.525\sim15.875$  $p\geqslant19.05$
$z\leqslant80$          $z>80$              $z$ 不限

| 名称 | 符号 | 结构尺寸（参考） |
|---|---|---|
| 轮毂厚度 | $h$ | $h=9.5+\dfrac{d_K}{6}+0.01d$ |
| 轮毂长度 | $l$ | $l=4h$ |
| 轮毂直径 | $d_h$ | $d_h=d_K+2h,d_{h\max}<d_K,d_K$ 查表 4.2-6 |
| 齿侧凸缘宽度 | $b_r$ | $b_r=0.625p+0.93b_1,b_1$—内链节内宽，查表 4.2-2 |
| 轮缘部分尺寸 | $c_1$ | $c_1=0.5p$ |
|  | $c_2$ | $c_2=0.9p$ |
|  | $f$ | $f=4+0.25p$ |
|  | $g$ | $g=2t$ |
| 圆角半径 | $R$ | $R=0.04p$ |
| 腹板厚度 | $p$ | 9.525　15.875　25.4　38.1　50.8　76.2<br>12.7　19.05　31.75　44.45　63.5 |
|  | $t$ | 7.9　10.3　12.7　15.9　22.2　31.8<br>9.5　11.1　14.3　19.1　28.6 |

### 表 4.2-19 腹板式多排铸造链轮

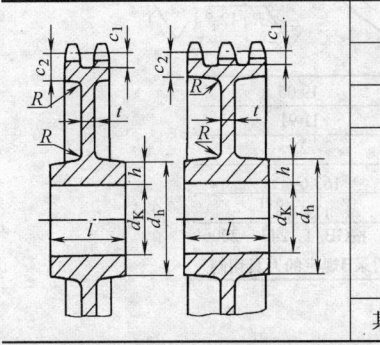

| 名称 | 结构尺寸（参考） | | |
|---|---|---|---|
| 圆角半径 $R$ | $R=0.5t$ | | |
| 轮毂长度 $l$ | $l=4h$ | | |
| 腹板厚度 $t$ | $p$ /mm | 9.525　15.875　25.4　38.1　50.8　76.2<br>12.7　19.05　31.75　44.45　63.5 | |
|  | $t$ /mm | 9.5　11.1　14.3　19.1　25.4　38.1<br>10.3　12.7　15.9　22.2　31.8 | |
| 其余结构尺寸 | 见腹板式单排铸造链轮 | | |

由表 4.2-5 选单排链，排数系数 $K_p=1$。

$$P_d=K_A P=1\times8.5kW$$

$$P_c=\frac{P_d K_z}{K_p}=\frac{8.5\times0.76}{1}kW=6.46kW$$

4）确定链条节距。

根据 $P_c=6.46kW$ 及 $n_1=720r/min$，查图 4.2-1 可选择得滚子链为 12A-1，链条节距为 19.05mm。

5）验算小链轮孔径。

查表 4.2-6 查得 $d_{K\max}=72mm>50mm$，适当。

6）初定中心距。按 $a=(30\sim50)p$ 确定，初定

$a_{0p} = 35p$。

7）确定链条节数。

$$L_p = 2a_{0p} + \frac{z_1 + z_2}{2} + \frac{f_1}{a_{0p}} = 2 \times 35 + \frac{25 + 62}{2} + \frac{34.68}{35}$$

$$= 114.49$$

取 $L_p = 114$ 节（式中的 $f_1$ 查表 4.2-7）。

8）确定链条长度。

$$L = \frac{L_p p}{1000} = \frac{114 \times 19.05}{1000} \text{m} \approx 2.17 \text{m}$$

9）计算中心距。

因 $\dfrac{L_p - z_1}{z_2 - z_1} = \dfrac{114 - 25}{62 - 25} = 2.405$，由表 4.2-8 查得 $f_2 = 0.246$，则

$$a_p = f_2 p(2L_p - z_1 - z_2) = 0.246 \times 19.05(2 \times 114 - 25 - 62) \text{mm} = 661.98 \text{mm}。$$

$a_p > 550 \text{mm}$，符合设计要求。

10）确定实际中心距。

$$a_p = a - \Delta a = 661.98 \text{mm} - 0.004 \times 661.98 \text{mm}$$
$$= 659.3 \text{mm}$$

11）验算链速。

$$v = \frac{n_1 z_1 p}{60 \times 1000} = \frac{720 \times 25 \times 19.05}{60 \times 1000} \text{m/s} = 5.72 \text{m/s}$$

符合要求。

12）确定有效圆周力。

$$F_t = \frac{1000P}{v} = 1000 \frac{8.5}{5.72} \text{N} = 1486 \text{N}$$

13）确定作用在轴上的力。

$F = 1.2 K_A F_t = 1.2 \times 1486 \text{N} = 1783 \text{N}$（由表 4.2-4，选 $K_A = 1$）。

14）计算链轮几何尺寸并绘制链轮工作图，其中小链轮工作图如图 4.2-11 所示。

15）选定润滑方式。根据链号 12A 和链速 $v = 5.72 \text{m/s}$，按图 4.2-4 选择范围 3，即选择油浴或飞溅润滑方式。

16）链条标记。根据设计计算结果，采用单排 12A 滚子链，节距为 19.05mm，节数为 114 节，链轮齿数 $z_1 = 25$，$z_2 = 62$，中心距 $a = 659.3 \text{mm}$，压轴力 $F = 1783 \text{N}$，其标记为：12A-1×114GB/T1243—2006。

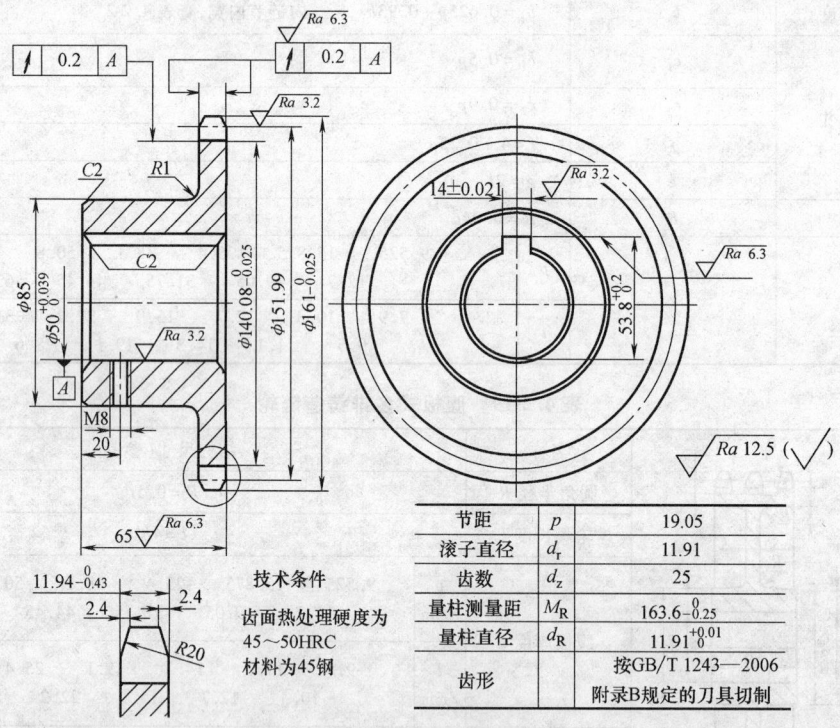

| 节距 | $p$ | 19.05 |
| --- | --- | --- |
| 滚子直径 | $d_r$ | 11.91 |
| 齿数 | $d_z$ | 25 |
| 量柱测量距 | $M_R$ | $163.6^{0}_{-0.25}$ |
| 量柱直径 | $d_R$ | $11.91^{+0.01}_{0}$ |
| 齿形 | | 按GB/T 1243—2006 附录B规定的刀具切制 |

技术条件

齿面热处理硬度为 45～50HRC 材料为45钢

**图4.2-11　小链轮工作图**

# 3　链传动的布置及张紧

## 3.1　链传动的布置

链传动一般布置在铅垂平面内，应该尽可能避免布置在水平或倾斜平面内。如果确实有必要，则应该考虑加装托板或张紧轮等装置，并且设计较紧凑的轴间距。

链传动的安装一般应该使两轮轮宽的中心平面轴向位移误差 $\Delta e \leqslant \dfrac{0.2}{100} a$，两链轮旋转平面间的安装误

差 $\Delta\theta \leqslant \dfrac{0.6}{100}$rad，如图 4.2-12 所示。

链传动的布置应考虑表 4.2-20 给出的一些布置原则。

## 3.2 链传动的张紧

链传动的张紧程度可以用测量 $f$ 的大小来表示。图 4.2-13a 所示为近似的测量 $f$ 的方法，即近视认为两轮公切线与松边最远点的距离为垂度 $f$。对图 4.2-13b 所示的双侧测量，其松边垂度 $f$ 相应为

$$f = \sqrt{f_1^2 + f_2^2} \qquad (4.2\text{-}10)$$

合适的松边垂度推荐为

$$f = (0.01 \sim 0.02)a$$

或
$$f_{\min} \leqslant f \leqslant f_{\max} \qquad (4.2\text{-}11)$$

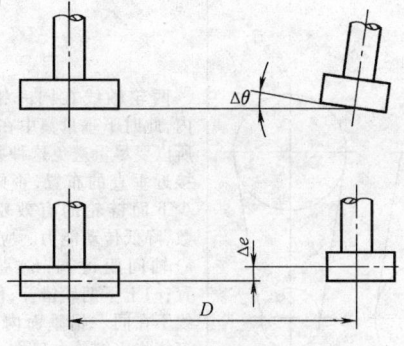

图4.2-12 链轮的安装误差

### 表 4.2-20 链传动的布置

| 传动条件 | 正 确 布 置 | 不 正 确 布 置 | 说 明 |
|---|---|---|---|
| $i$ 与 $a$ 较佳场合：<br>$i = 2 \sim 3$<br>$a = (30 \sim 50)p$ | | — | 两链轮中心连线最好成水平，或与水平面成 60° 以下的倾角。紧边在上面较好 |
| $i$ 大 $a$ 小场合：<br>$i > 2$<br>$a < 30p$ | | | 两轮轴线不在同一水平面上，此时松边应布置在下面，否则松边下垂量增大后，链条易与小链轮钩住 |
| $i$ 小 $a$ 大场合：<br>$i < 1.5$<br>$a > 60p$ | | | 两轮轴线在同一水平面上，松边应布置在下面，否则松边下垂量增大后，松边会与紧边相碰。此外，需经常调整轴间距 |

（续）

| 传动条件 | 正 确 布 置 | 不 正 确 布 置 | 说　　明 |
|---|---|---|---|
| 垂直传动场合：<br>$i$、$a$ 为任意值 | | | 　　两轮轴线在同一铅垂面内，此时下垂量集中在下端，所以要尽量避免这种垂直或接近垂直的布置，否则会减少下面链轮的有效啮合齿数，降低传动能力。应采用：a）轴间距可调；b）张紧装置；c）上下两轮错开，使其轴线不在同一铅垂面内；d）尽可能将小链轮布置在上方等措施 |
| 反向传动<br>$\|i\| < 8$ | | — | 　　为使两轮转向相反，应加装 3 和 4 两个导向轮，且其中至少有一个是可以调整张紧的。紧边应布置在 1 和 2 两轮之间，角 $\delta$ 的大小应使 2 轮的啮合包角满足传动要求 |

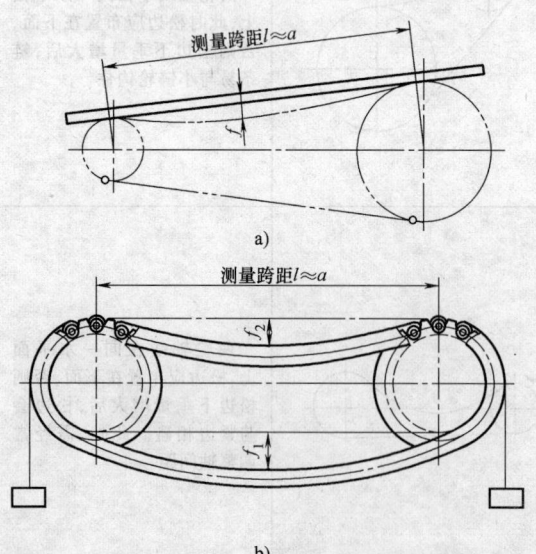

图4.2-13　垂度测量

$$f_{min} = \frac{0.00036\sqrt{a^3}}{K_v}\cos\theta$$

$$f_{max} = 3f_{min}$$

式中　$a$——传动轴间距（mm）；

　　　$f_{max}$——最大垂度（mm）；

　　　$f_{min}$——最小垂度（mm）；

　　　$\theta$——松边对水平面的倾角，见图 4.2-3

　　　$K_v$——速度系数，当 $v \leqslant 10\text{m/s}$ 时，$K_v = 1.0$；若 $v > 10\text{m/s}$，$K_v = 0.1v$。

　　对于重载、经常起动、制动和反转的链传动以及接近铅垂的链传动，其松边垂度应该适当减小。

　　链传动的张紧可以采用下列方法。

　　1. 采用调整轴间距的方法张紧

　　对于滚子链传动，其轴间距调整量可取为 $2p$；对齿形链传动，可取为 $1.5p$（$p$ 为链节距）。

2. 用缩短链长的方法张紧

当传动没有张紧装置而轴间距又不好调整时，可采用缩短链长（即拆去链节）的方法对因为磨损伸长的链条重新张紧，如图 4.2-14 所示。图 4.2-14a 所示为偶数节链条缩短一节的方法（图中拆去三个链节，即两个内链节和一个外链节，换上一个复合过渡链节，即一个内链节和一个过渡链节），采用过渡链节使拉伸强度有所降低；缩短两节虽可避免使用过渡链节，但有时又会过度张紧。图 4.2-14b 所示为奇数节链条缩短一节的方法，即把过渡链节去掉，比较简单。

3. 利用张紧装置实现张紧

下列情况应该增设张紧装置，张紧装置示例见表 4.2-21。

1）轴间距较大（$a > 50p$ 或脉动载荷下 $a > 25p$）。

2）轴间距过小，松边在上面。

3）两轴布置使倾角 $\alpha$ 接近 90°。

4）需要严格控制张紧力。

5）多链轮传动或反向传动。

6）要求减小冲击振动，避免共振。

7）需要增大链轮啮合包角。

8）采用调整轴间距或缩短链长的方法有困难。

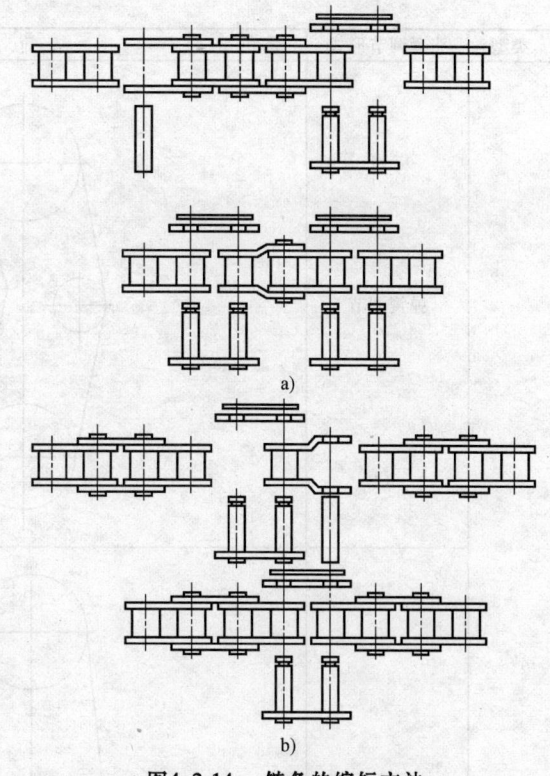

**图 4.2-14 链条的缩短方法**

a) 偶数节链条缩一节的方法缩短链长

b) 奇数节链条缩一节的方法缩短链长

表 4.2-21 张紧装置示例

| 类型 | 张紧调节形式 | 简 图 | 说 明 |
|---|---|---|---|
| 定期张紧 | 螺纹调节 | | 可采用细牙螺纹并带锁紧螺母 |
| | 偏心调节 | | 张紧轮一般布置在链条松边，根据需要可以靠近小链轮或大链轮，或者布置在中间位置。张紧轮可以是链轮或辊轮。张紧链轮的齿数常等于小链轮齿数。张紧辊轮常用于垂直或接近于垂直的链传动，其直径可取为 $(0.6 \sim 0.7)d_1$，$d_1$ 为小链轮直径 |

（续）

| 类型 | 张紧调节形式 | 简　图 | 说　明 |
|---|---|---|---|
| 自动张紧 | 弹簧调节 | | 张紧轮一般布置在链条松边，根据需要可以靠近小链轮或大链轮，或者布置在中间位置。张紧轮可以是链轮或辊轮。张紧链轮的齿数常等于小链轮齿数。张紧辊轮常用于垂直或接近于垂直的链传动，其直径可取为$(0.6 \sim 0.7)$ $d_1$，$d_1$ 为小链轮直径 |
| | 挂重调节 | | |
| | 液压调节 | | 采用液压块与导板相结合的形式，减振效果好，适用于高速传动，如发动机的正时链传动 |

（续）

| 类型 | 张紧调节形式 | 简 图 | 说 明 |
|---|---|---|---|
| 承托装置 | 托板和托架 | | 适用于轴间距较大的场合，托板上可衬以软钢、塑料或耐油橡胶，滚子可在其上滚动；轴间距更大时，托板可以分成两段，借中间 6~10 节链条的自重下垂张紧 |

# 第3章 螺旋传动

## 1 螺旋传动的分类与选用

螺旋传动是通过螺母和螺杆的旋合传递运动和动力的。它一般是将旋转运动变成直线运动,当螺旋不自锁时可将直线运动变成旋转运动。

螺旋传动按用途可分为:以传递动力为主的传力螺旋,如螺旋千斤顶和螺旋压力机;以传递运动为主,精度要求较高的传导螺旋,如金属切削机床的进给丝杠;调整零件相互位置的调整螺旋,如轧钢机轧辊的压下螺旋等。

螺旋传动按螺纹间摩擦状态又可分为滑动螺旋、滚动螺旋与静压螺旋三大类,它们的分类、特点及应用见表4.3-1。

**表 4.3-1 螺旋传动的分类、特点及应用**

| 类别 | 特 点 | 应 用 举 例 |
|---|---|---|
| 滑动螺旋 | 1)结构简单,加工方便,成本低廉<br>2)当螺纹升角小于摩擦角时,能自锁<br>3)传动平稳<br>4)摩擦阻力大,效率较低(仅为0.3~0.7,自锁时低于0.5,常为0.3~0.4)<br>5)螺纹间有侧向间隙,反向时有空行程,定位精度及轴向刚度较差<br>6)磨损快<br>7)低速及微调时可能出现爬行 | 广泛用于金属切削机床进给和分度机构的传导螺旋、摩擦压力机及千斤顶的传力螺旋 |
| 滚动螺旋 | 1)传动效率高达0.9~0.98,平均为滑动螺旋的2~3倍,可节省动力1/2~3/4,有利于主机的小型化及减轻劳动强度<br>2)摩擦力矩小,接触刚度高,使温升及热变形减小,有利于改善主机的动态特性和提高工作精度<br>3)工作寿命长,平均可达滑动螺旋的10倍左右<br>4)传动无间隙,无爬行,运转平稳,传动精度高<br>5)具有很好的高速性能,其临界转速 $D_n(d_0n)$ 值($d_0$ 为滚珠丝杠公称直径,单位为mm;$n$ 为转速,单位为r/min)可达 $2 \times 10^5$ mm·r/min 以上,可实现线速度为120m/min 的高速驱动<br>6)具有传动的可逆性,既可把旋转运动变为直线运动,也可把直线运动转化为旋转运动,且逆传动效率与正传动效率相近<br>7)已经实现系列尺寸标准化,并出现了冷轧滚珠丝杠,提供了多用途的廉价产品,应用于精度要求不很高的场合,节能并延长寿命<br>8)不能自锁<br>9)抗冲击振动性能较差<br>10)承受径向载荷的能力差<br>11)结构较复杂(但结构比静压螺旋简单且维修方便),成本较高 | 随机电一体化技术而迅速发展起来,广泛运用于各种精度的数控机床、加工中心、FMS柔性制造系统、电子设备,如摄像机、雷达天线、计算机、飞行器;宇航设备,如飞机襟翼及尾翼、起落架及登月飞船着陆器、战斗机弹射椅、直升机调速器等;各种仪器仪表,如X射线测量仪、扫描显微镜、液压脉冲马达、X-Y自动绘图仪、万能拉力材料试验机等;交通运输、起重装卸机械,如汽车转向器、船舰转向机构、起重机提升装置,客运索道等;钢铁冶金设备,如高炉出铁槽控制装置、热轧整边和矫平机械、冷轧机调宽机构。此外,核工业及武器系统、医疗机械、化工机械、轻工、印刷、纺织、办公、建筑等均已广泛应用<br><br>近年滚珠丝杠市场需求以每年30%的高速递增,应用领域迅速扩大 |
| 静压螺旋 | 1)摩擦阻力小,传动效率高(可达0.99)<br>2)承载能力大,刚度大,抗振性好,传动平稳<br>3)磨损小,寿命长<br>4)能实现无间隙正反向传动,定位精度高<br>5)油膜有均化螺纹螺母误差的作用,大大提高了传动精度<br>6)传动具有可逆性<br>7)结构复杂,加工困难,安装调整困难<br>8)需要一套压力稳定、温度恒定、过滤要求较高的供油系统<br>9)不能自锁 | 精密机床进给及分度机构的传导螺旋,如高精度螺纹磨床、非圆齿轮插齿机、变型机床等 |

注:本章仅介绍滑动螺旋及滚动螺旋,有关静压螺旋传动的设计计算可参考其他资料。

# 2　滑动螺旋传动

## 2.1　滑动螺旋副的螺纹

滑动螺旋副常用梯形螺纹、锯齿形螺纹和矩形螺纹等。梯形螺纹应用得最多。锯齿形螺纹主要用于承受单向轴向力的场合。矩形螺纹传动效率较高，但不易获得高的加工精度，且强度较低，应用较少。各种螺纹的特点和应用见表4.3-2。

**表 4.3-2　滑动螺旋的种类、特点和应用**

| 种类 | 牙 型 图 | 特 点 | 应 用 |
|---|---|---|---|
| 梯形螺纹 | P, p | 牙型角 $\alpha = 30°$，螺纹副的大径和小径处有相等的径向间隙。牙根强度高，螺纹的工艺性好（可以用高生产率的方法制造）；内外螺纹以锥面贴合，对中性好，不易松动；采用剖分式螺母，可以调整和消除间隙；但其效率较低 | 用于传力螺旋和传动螺旋，如金属切削机床的丝杠、载重螺旋式起重机、锻压机的传力螺旋 |
| 锯齿形螺纹 | P, p | 有两种牙型，一种是工作面牙型斜角 $\alpha_1 = 3°$（便于加工），非工作面牙型斜角 $\alpha_2 = 30°$，已制定 GB/T 13576—2008 的 3°/30°锯齿形螺纹；另一种是 $\alpha_1 = 0°$、$\alpha_2 = 45°$ 的 0°/45°锯齿形螺纹，只有行业标准。其外螺纹的牙根处有相当大的圆角，减小了应力集中，提高了动载强度；大径处无间隙，便于对中；和梯形螺纹一样都具有螺纹的强度高、工艺性好的特点，但有更高的效率 | 用于单向受力的传力螺旋，如初轧机的压下螺旋、大型起重机的螺旋千斤顶，水压机的传力螺旋、火炮的炮栓机构 |
| 圆螺纹 | P, p | 螺纹强度高，应力集中小；和其他螺纹比，对污物和腐蚀的敏感性小，但效率低 | 用于受冲击和变载荷的传力螺旋 |
| 矩形螺纹 | P, p | 牙型为正方形，牙型角 $\alpha = 0°$。传动效率高，但精确制造困难（为便于加工，可制成10°牙型角）；螺纹强度比梯形螺纹、锯齿形螺纹低，对中精度低，螺纹副磨损后的间隙难以补偿与修复 | 用于传力螺旋和传动螺旋，如一般起重螺旋 |
| 管螺纹 | P, p | 牙型角 $\alpha = 60°$ 的特殊螺纹或米制普通螺纹。自锁性好、效率低 | 用于小螺距的高强度调整螺旋，如仪表机构 |

## 2.2　滑动螺旋传动的计算

滑动螺旋传动的几种典型运动形式及载荷分析见表4.3-3，其运动及功率计算见表4.3-4，耐磨性强度、刚度及稳定性等设计计算见表4.3-5。

对于一般的传力螺旋，其主要失效形式是螺旋表面的磨损、螺杆的拉断（或受压时丧失稳定）或剪断以及螺纹牙根部的剪断及弯断。设计时常以耐磨性计算和强度计算确定螺旋传动的主要尺寸。

对于传导螺旋，其失效形式主要是由于磨损而产生的过大间隙或变形导致运动精度的下降。设计时应以螺纹的耐磨性计算和螺杆的刚度计算来确定螺旋传动的主要尺寸。精密的传导螺旋首先按刚度条件确定主要尺寸。对于传导螺旋中同时受较大轴向载荷的还应进行强度核算。

对于受压的长螺杆还要进行压杆稳定性核算。要求自锁的螺旋要验算是否满足自锁条件。较长且转速较高的螺杆，可能产生横向振动，应校核它的临界转速。

对于调整螺旋要求位移精度较高，且调整频繁的情况，可参考传导螺旋的设计计算方法；若在调整中有很大轴向载荷，且调整频繁，则可参考传力螺旋的计算方法。

**表 4.3-3　运动形式及其载荷分析**

| 运动形式 | 传动简图及螺杆载荷图 | 运动形式 | 传动简图及螺杆载荷图 |
|---|---|---|---|
| 螺母固定，螺杆转动并做直线运动，如某些千斤顶 | 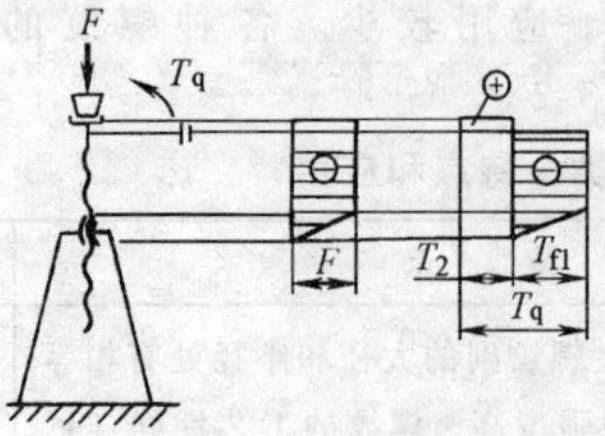 | 螺杆转动，螺母做直线运动，如机床进给传动、虎钳 | 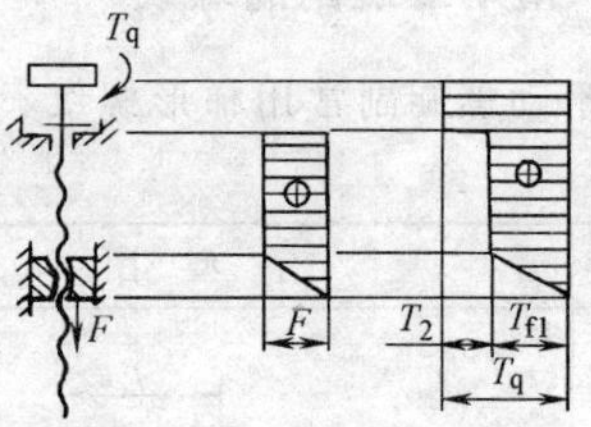 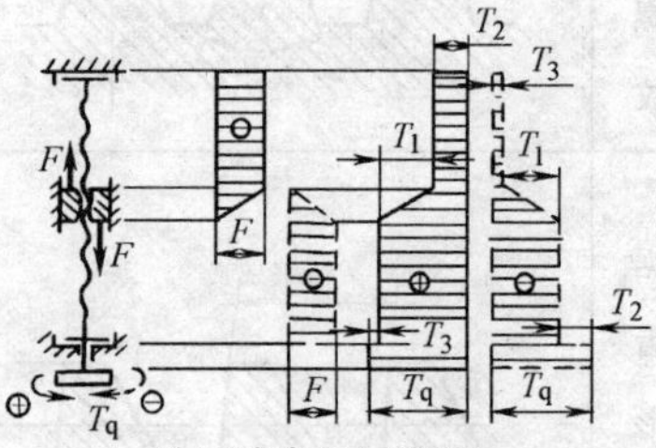 |
| 螺杆转动，螺母做直线运动，如机床进给传动、台虎钳 | 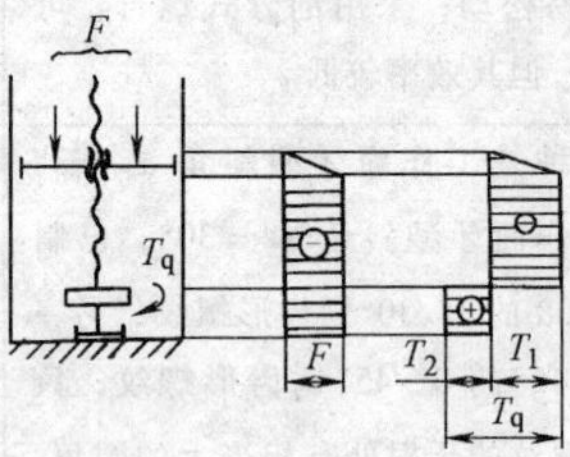 | | <br>（运动方向与力F相反） |
| 螺母固定，螺杆转动并做直线运动，如某些压力机 | 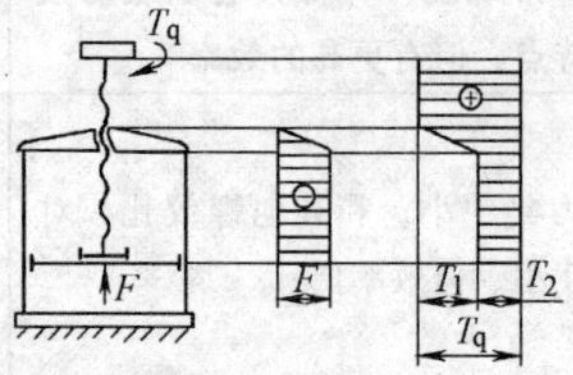 | 螺母转动，螺杆做直线运动，如某些千斤顶、压力机 | 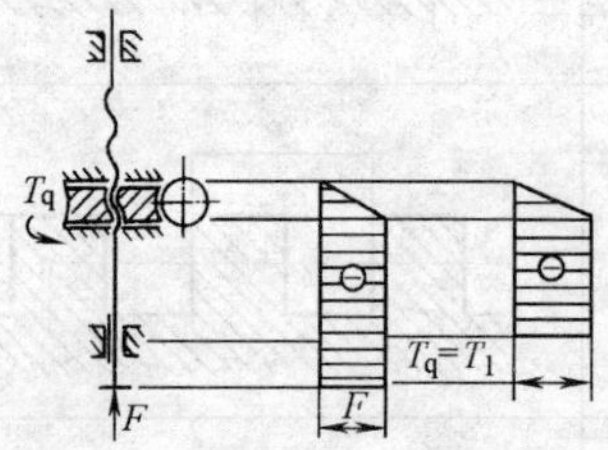 |
| 螺杆固定，螺母转动并做直线运动，用于某些手动调整机构，如插齿机主轴箱的移动调整 | 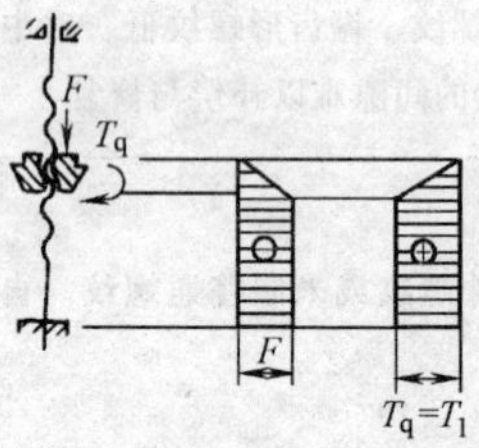 | | |

注：$F$—轴向载荷（N）；$T_q$—驱动转矩（N·m），$T_q = T_1 + T_2 + T_3$；$T_1$—螺纹摩擦力矩（N·m）；$T_2$、$T_3$—轴承摩擦力矩（N·m）。表列螺纹均右旋。

**表 4.3-4　螺旋传动的运动及功率计算**

| 计算项目 | 单位 | 计算公式 | 说　明 |
|---|---|---|---|
| 螺杆（或螺母）轴向位移 $l$ | mm | $l = \dfrac{\varphi}{2\pi} P_h = \dfrac{\varphi}{2\pi} P x$ | $\varphi$——螺母（或螺杆）的转角（rad）<br>$P_h$——导程（mm）<br>$P$——螺距（mm）<br>$x$——螺纹线数 |

（续）

| 计算项目 | 单位 | 计算公式 | 说　明 |
|---|---|---|---|
| 螺杆（或螺母）轴向移动速度 $v$ | mm/s | $v = \dfrac{\omega}{2\pi}P_h = \dfrac{n}{60}P_h = \dfrac{\pi d_2 n}{60}\tan\gamma$ | $\omega$——螺母（或螺杆）的角速度（rad/s）<br>$n$——螺母（或螺杆）的转速（r/min）<br>$d_2$——螺纹中径（mm）<br>$\gamma$——螺旋线升角（°） |
| 螺纹摩擦力矩 $T_1$ | N·mm | $T_1 = \dfrac{1}{2}d_2 F\tan(\gamma + \rho_v)$ | $F$——螺旋传动的轴向载荷（N）<br>$\rho_v$——当量摩擦角，参见表 4.3-5<br>$\mu$——轴向支承面间摩擦因数，见表 4.3-6<br>$D_0$ 及 $d_0$——支承环面的外径及内径（mm）<br>$T_3$——螺旋传动径向轴承摩擦力矩（N·mm），无径向支承时，此项为零 |
| 螺旋传动轴向支承面摩擦力矩 $T_2$ | N·mm | 当为环形面支承时 $T_2 = \dfrac{1}{3}\mu F\dfrac{D_0^3 - d_0^3}{D_0^2 - d_0^2}$ | |
| 驱动转矩 $T_q$ | N·mm | $T_q = T_1 + T_2 + T_3$ | |
| 驱动功率 $P_1$ | kW | $P_1 = \dfrac{T_q n}{9550000} = \dfrac{P_2}{\eta_1 \eta_2 \eta_3}$ | $\eta_1$——螺纹效率，按表 4.3-5 中公式计算<br>$\eta_2$——轴向支承面效率<br>$\eta_3$——径向支承面效率<br>$\eta_2 \approx \eta_3 = 0.95 \sim 0.99$，滚动轴承取大值，滑动轴承取小值，无轴承时为 1 |
| 输出功率 $P_2$ | kW | $P_2 = 10^{-6}Fv = P_1 \eta_1 \eta_2 \eta_3$ | |

**表 4.3-5　滑动螺旋传动的设计计算**

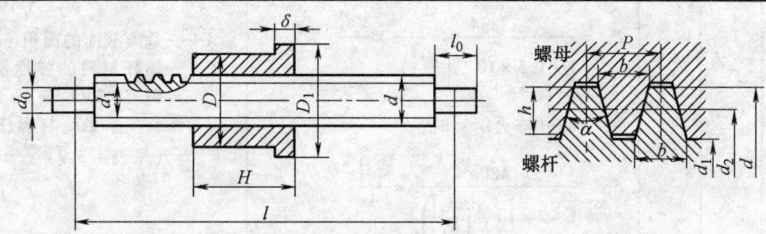

| | 计算项目 | 符号 | 单位 | 计算公式及参数选定 | 说　明 |
|---|---|---|---|---|---|
| 耐磨性 | 螺杆中径 | $d_2$ | mm | 梯形螺纹和矩形螺纹<br>$d_2 \geqslant 0.8\sqrt{\dfrac{F}{\psi p_p}}$<br>30°锯齿形螺纹<br>$d_2 \geqslant 0.65\sqrt{\dfrac{F}{\psi p_p}}$ | $F$——轴向载荷（N）<br>$p_p$——许用比压（MPa），查表 4.3-8，算出 $d_2$，应按国家标准选取相应的公称直径 $d$ 及其螺距 $P$ |
| | 螺母高度 | $H$ | mm | $H = \psi d_2$ | 设计时 $\psi$ 值可根据螺母形式选定：<br>整体式螺母取 $\psi = 1.2 \sim 2.5$<br>剖分式螺母取 $\psi = 2.5 \sim 3.5$ |
| | 旋合圈数 | $z$ | — | $z = \dfrac{H}{P} \leqslant 10 \sim 12$ | $P$——螺距（mm） |
| | 螺纹的工作高度 | $h$ | mm | 梯形螺纹和矩形螺纹 $h = 0.5P$<br>30°锯齿形螺纹 $h = 0.75P$ | — |
| | 工作比压 | $p$ | MPa | $p = \dfrac{F}{\pi d_2 hn} \leqslant p_p$ | 用于校核 |
| 验算自锁 | 导程角 | $\gamma$ | — | $\gamma = \arctan\dfrac{P_h}{\pi d_2} \leqslant \rho_v$，通常 $\gamma \leqslant 4°30'$<br>$\rho_v = \arctan\dfrac{\mu}{\cos\dfrac{\alpha}{2}}$ | $\rho_v$——当量摩擦角<br>$\mu$——摩擦因数（查表 4.3-6）<br>$P_h$——螺纹导程（mm）<br>$\alpha$——螺纹牙型角 |

（续）

| 计算项目 | | | 符号 | 单位 | 计算公式及参数选定 | 说　明 |
|---|---|---|---|---|---|---|
| 螺杆强度 | 当量应力 | | $\sigma_{ca}$ | MPa | $\sigma_{ca} = \sqrt{\left(\dfrac{4F}{\pi d_1^2}\right)^2 + 3\left(\dfrac{T_1}{0.2 d_1^3}\right)^2} \leqslant \sigma_p$ | $T_1$——转矩（N·mm），据转矩图确定<br>$\sigma_p$——螺杆材料的许用应力（MPa）（见表4.3-7） |
| 螺牙强度 | 螺牙根部的宽度 | | $b$ | mm | 梯形螺纹 $b = 0.65P$<br>矩形螺纹 $b = 0.5P$<br>30°锯齿形螺纹 $b = 0.74P$ | $P$——螺距（mm）<br>$\tau_p$——材料的许用切应力（MPa）（见表4.3-7）<br>$\sigma_{bp}$——材料的许用弯曲应力（MPa）（见表4.3-7）<br>螺杆和螺母材料相同时，只需校核螺杆螺牙强度<br>$d$、$d_2$、$d_1$分别为螺杆的大、中、小直径（mm） |
| 螺牙强度 | 螺杆 | 抗剪强度 | $\tau$ | MPa | $\tau = \dfrac{F}{\pi d_1 bz} \leqslant \tau_p$ | |
| 螺牙强度 | 螺杆 | 抗弯强度 | $\sigma_b$ | MPa | $\sigma_b = \dfrac{3F(d - d_2)}{\pi d_1 b^2 z} \leqslant \sigma_{bp}$ | |
| 螺牙强度 | 螺母 | 抗剪强度 | $\tau$ | MPa | $\tau = \dfrac{F}{\pi dbz} \leqslant \tau_p$ | |
| 螺牙强度 | 螺母 | 抗弯强度 | $\sigma_b$ | MPa | $\sigma_b = \dfrac{3F(d - d_2)}{\pi db^2 z} \leqslant \sigma_{bp}$ | |
| 螺杆的稳定性 | 临界载荷 | | $F_{cr}$ | N | $\dfrac{\mu_1 l}{i} > 85 \sim 90$ 时，<br>$F_{cr} = \dfrac{\pi^2 E I_a}{(\mu_1 l)^2}$<br><br>$\dfrac{\mu_1 l}{i} < 90$（未淬火钢）时，<br>$F_{cr} = \dfrac{334}{1 + 1.3 \times 10^{-4}\left(\dfrac{\mu_1 l}{i}\right)^2} \times \dfrac{\pi d_1^2}{4}$<br><br>$\dfrac{\mu_1 l}{i} < 85$（淬火钢）时，<br>$F_{cr} = \dfrac{480}{1 + 2 \times 10^{-4}\left(\dfrac{\mu_1 l}{i}\right)^2} \times \dfrac{\pi d_1^2}{4}$<br><br>稳定条件是 $\dfrac{F_{cr}}{F} \geqslant 2.5 \sim 4$<br>当不能满足此要求时，应增大 $d_1$ | $l$——螺杆最大工作长度（mm）<br>$I_a$——螺杆危险截面的轴惯性矩（mm⁴）<br>$I_a = \dfrac{\pi d_1^4}{64}$<br>$i$——螺杆危险截面的惯性半径（mm）<br>$i = \sqrt{\dfrac{I_a}{A}} = \dfrac{d_1}{4}$<br>$A$——危险截面的面积（mm²）<br>$E$——螺杆材料的弹性模量（MPa），对于钢 $E = 206$GPa<br>$\mu_1$——长度系数，与螺杆的端部结构有关（见表4.3-9） |
| 螺杆的刚度 | 轴向载荷使导程产生的弹性变形 | | $\delta S_F$ | μm | $\delta S_F = \pm 10^3 \dfrac{FP_h}{EA} = \pm 10^3 \dfrac{4FP_h}{\pi E d_1^2}$ | $P_h$——导程（单线的为螺距）（mm）<br>$I_P$——螺杆危险截面的极惯性矩（mm⁴）<br>$I_P = \dfrac{\pi d_1^4}{32}$<br>$G$——螺杆材料的切变形模量（MPa），对于钢 $G = 83.3$GPa<br>伸长变形为"＋"，压缩变形为"－"；设计时常按危险情况考虑取<br>$\delta S = \delta S_F + \delta S_T$ |
| 螺杆的刚度 | 转矩使导程产生的弹性变形 | | $\delta S_T$ | μm | $\delta S_T = \pm 10^3 \dfrac{16 T_1 P_h}{2\pi G I_P} = \pm 10^3 \dfrac{16 T_1 P_h^2}{\pi^2 G d_1^4}$ | |
| 螺杆的刚度 | 导程的总弹性变形量 | | $\delta S$ | μm | $\delta S = \pm \delta S_F \pm \delta S_T = \pm 10^3 \dfrac{16 T_1 P_h^2}{\pi^2 G d_1^4} \pm 10^3 \dfrac{4FP_h}{\pi E d_1^2}$ | |
| 螺杆的刚度 | 每米螺纹距离上的弹性变形量 | | $\dfrac{\delta S}{P_h}$ | μm/m | $\dfrac{\delta S}{P_h} \leqslant \left(\dfrac{\delta S}{P_h}\right)_p$ | $\left(\dfrac{\delta S}{P_h}\right)_p$——每米螺纹距离上弹性变形量的许用值（μm/m）（见表4.3-11） |
| 横向振动 | 临界转速 | | $n_c$ | r/min | $n_c = \dfrac{60\mu_c^2 i}{2\pi l_c^2}\sqrt{\dfrac{E}{\rho}}$<br>对钢制螺杆 $n_c = 12.3 \times 10^6 \dfrac{\mu_c^2 d_1^2}{l_c^2}$<br>应使转速 $n \leqslant 0.8 n_c$ | $l_c$——螺杆两支承间的最大距离（mm）<br>$\mu_c$——系数与螺杆的端部结构有关，见表4.3-10<br>$\rho$——密度，钢 $\rho = 7.8 \times 10^{-9}$kg/mm³ |

（续）

| 计算项目 | 符号 | 单位 | 计算公式及参数选定 | 说　明 |
|---|---|---|---|---|
| 效率 | $\eta$ | — | 当 $T_q$ 为主动时 $\eta=(0.95\sim0.99)\dfrac{\tan\gamma}{(\gamma\pm\rho_v)}$ | $0.95\sim0.99$ 是轴承效率；轴向载荷 $F$ 与运动方向相反时取"＋"号 |
| 牙面滑动速度 | $v_s$ | m/s | $v_s=\dfrac{\pi d_2 v_1}{P_h\cos\gamma}$ | $v_1$——轴向相对运动速度（m/s）<br>$d_2$——中径（mm）<br>$P_h$——导程（mm）<br>$\gamma$——导程角 |

**表 4.3-6　螺旋副材料的摩擦因数 $\mu$ 值**
（定期润滑条件下）

| 螺杆和螺母材料 | $\mu$ 值[1] |
|---|---|
| 淬火钢对青铜 | $0.06\sim0.08$ |
| 钢对青铜 | $0.08\sim0.10$ |
| 钢对耐磨铸铁 | $0.10\sim0.12$ |
| 钢对灰铸铁 | $0.12\sim0.15$ |
| 钢对钢 | $0.11\sim0.17$ |

[1] 起动时取大值，运转中取小值。

**表 4.3-7　滑动螺旋副材料的许用**
**应力 $\sigma_p$、$\tau_p$、$\sigma_{bp}$**
（单位：MPa）

| 螺杆强度 | $\sigma_p=\dfrac{R_{eL}}{3\sim5}$ | | $R_{eL}$——材料的屈服强度 |
|---|---|---|---|
| 螺牙强度 | 材料 | 剪切 $\tau_p$ | 弯曲 $\sigma_{bp}$ |
| | 钢 | $0.6\sigma_p$ | $(1.0\sim1.2)\sigma_p$ |
| | 青铜 | $30\sim40$ | $40\sim60$ |
| | 铸铁 | 40 | $45\sim55$ |
| | 耐磨铸铁 | 40 | $50\sim60$ |

注：静载荷时，许用应力取大值。

**表 4.3-8　滑动螺旋副材料的许用比压 $p_p$**

| 牙面滑动速度 $v_s/$（m/s） | 螺杆材料 | 螺母材料 | 许用比压 $p_p$/MPa |
|---|---|---|---|
| 低速、润滑良好 | 钢 | 钢 | $7.5\sim13$ |
| | | 青铜 | $18\sim25$ |
| <2.4 | 钢 | 铸铁 | $13\sim18$ |
| | | 青铜 | $11\sim18$ |
| <3.0 | | 铸铁 | $4\sim7$ |
| 6~12 | 钢 | 耐磨铸铁 | $6\sim8$ |
| | | 青铜 | $7\sim10$ |
| | 淬火钢 | 青铜 | $10\sim13$ |
| >15 | 钢 | 青铜 | $1\sim2$ |

**表 4.3-9　长度系数 $\mu_1$**

| 螺杆端部结构[1] | 系数 $\mu_1$ |
|---|---|
| 两端固定 | 0.5（一端为不完全固定端时取0.6） |
| 一端固定，一端铰支 | 0.7 |
| 两端铰支 | 1 |
| 一端固定，一端自由 | 2 |

[1] 采用滑动支承时：$\dfrac{l_0}{d_0}<1.5$ 铰支；$\dfrac{l_0}{d_0}=1.5\sim3$ 不完全固定端；$\dfrac{l_0}{d_0}>3$ 固定端（$l_0$—支承长度，$d_0$—支承孔直径）。
采用滚动支承时：只有径向约束铰支；径向和轴向均有约束固定端。

**表 4.3-10　系数 $\mu_c$**

| 螺杆端部结构[1] | 系数 $\mu_c$ |
|---|---|
| 一端固定，一端自由 | 1.875 |
| 两端铰支 | 3.142 |
| 一端固定，一端铰支 | 3.927 |
| 两端固定 | 4.730 |

[1] 采用滑动支承时：$\dfrac{l_0}{d_0}<1.5$ 铰支；$\dfrac{l_0}{d_0}=1.5\sim3$ 不完全固定端；$\dfrac{l_0}{d_0}>3$ 固定端（$l_0$—支承长度，$d_0$—支承孔直径）。
采用滚动支承时：只有径向约束铰支；径向和轴向均有约束固定端。

**表 4.3-11　螺杆每米长度上允许导程的变形 $\left(\dfrac{\delta S}{P_h}\right)_p$**
（单位：μm/m）

| 精度等级 | 5 | 6 | 7 | 8 | 9 |
|---|---|---|---|---|---|
| $\left(\dfrac{\delta S}{P_h}\right)_p$ | 10 | 12 | 30 | 55 | 110 |

## 2.3　材料的选择及其许用应力

滑动螺旋传动的主要零件是螺杆和螺母。螺杆的材料应有足够的强度和耐磨性，以及良好的加工性。不重要的螺杆可以不经淬硬处理，材料一般用 Q275、45、

50、Y40 和 Y40Mn 等。重要的螺杆要求耐磨性好时需经淬硬处理，可选用 T12、65Mn、40Cr、40WMn、18CrMnTi 或 18CrMoAlA 等；对于精密的传导螺旋还要求热处理后有较好的尺寸稳定性，可选用 9Mn2V、CrWMn、38CrMoAlA 等，并在加工中进行适当次数时效处理，其特点详见表 4.3-12。螺母材料中以 ZCuSn10Pb1 最耐磨，但价格较贵，主要用于高精度的传导螺旋，ZCuSn5Pb5Zn5 也较耐磨。重载低速的传力螺旋常用 ZCuAl10Fe3 或 ZCuZn25Al6Fe3Mn3。受重载的调整螺旋，螺母材料可用 35 钢或球墨铸铁，低速轻载时也可选用耐磨铸铁。尺寸大的螺母可用钢或铸铁做外套，内部用离心铸造法浇铸青铜，高速螺母还可以浇铸巴氏合金，钢套材料常用 20、45 及 40Cr。某些机床的进给螺杆的螺母用渗铜的铁基粉末冶金，某些调整螺母用加铜的粉末冶金，使用效果也很好。

常用的滑动螺旋副材料、热处理及应用见表 4.3-12和表 4.3-13，常用材料的许用压强 $p_p$ 见表 4.3-8，许用拉应力 $\sigma_p$、许用弯曲应力 $\sigma_{bp}$ 和许用切应力 $\tau_p$ 见表 4.3-7。

**表 4.3-12　螺杆材料及其选用**

| 螺杆材料 | 热　处　理 | 应　用 |
|---|---|---|
| 45、50 Y40Mn | — | 轻载、低速、精度不高的传动 |
| 45 | 正火 170～200HBW；调质 220～250HBW | 中等精度的一般传动 |
| 40Cr、40CrMn | 调质 230～280HBW；淬火 低温回火 45～50HRC | |
| 65Mn | 表面淬火、低温回火 45～50HRC | |
| T10、T12 | 球化调质 200～230HBW 淬火、低温回火 56～60HRC | 有较高的耐磨性，用于精度较高的重要传动 |
| 20CrMnTi | 渗碳、高频淬火 56～62HRC | |
| CrWMn、9Mn2V | 淬火、低温回火 55～60HRC | 耐磨性高，有较好的尺寸稳定性，用于精密传动螺旋 |
| 38CrMoAl | 渗氮、渗氮层深为 0.45～0.6mm，850HV | |

**表 4.3-13　螺母材料及其选用**

| 材　料 | 特点和应用 |
|---|---|
| ZCuSn10Zn2、ZCuSn10Pb1、ZCuSn5Pb5Zn5 | 和钢制螺杆配合，摩擦因数低，有较好的抗胶合能力和耐磨性；但强度稍低。适用于轻载、中高速传动精度高的传动 |
| ZQAl10Fe3、ZQAl10Fe3Mn2、ZCuZn25Al6Fe3Mn3 | 和钢螺杆配合，摩擦因数较低，强度高，抗胶合能力较低。适用于重载、低速传动 |
| 35 钢、球墨铸铁 | 螺母副的摩擦因数较高，强度高，用于重载调整螺母 |
| 耐磨铸铁 | 强度高，用于低速、轻载传动 |

## 2.4　精度和公差带的选择

GB/T 5796.4—2005 对梯形螺纹的内螺纹大径 $D$、中径 $D_2$、小径 $D_1$ 只规定了一种公差带 H，其基本偏差为零。外螺纹的大径 $d$ 和小径 $d_1$ 也只规定了一种公差带 h，基本偏差为零，只有外螺纹中径 $d_2$ 规定了三种公差带 h、e 和 c，以适应传动对螺旋副配合的需要。

对于公差带的大小，内螺纹小径 $D_1$ 和外螺纹大径 $d$ 仅规定了一个公差等级（4级）；对螺纹中径 $D_2$ 和 $d_2$ 各规定了三个公差等级，即 7、8、9 级；外螺纹的小径 $d_1$ 也分为 7、8、9 级，但在设计时应与其中径一致。

因此，选择梯形螺纹的公差就是选取与标记其中径公差带的位置和等级。

根据传递运动要求的准确程度，标准还规定了两种精度等级，一般传力螺旋和重载调整螺旋多选用中等精度，要求不高时可选用粗糙精度。

梯形螺纹的各种偏差值见第 3 篇第 1 章的表 3.1-6～表 3.1-10。

3°/30°锯齿形螺纹的公差带位置、公差带等级的选择见第 3 篇第 1 章的表 3.1-13～表 3.1-22。

对于做精确运动的传动螺旋（如金属切削机床的丝杠），它不仅要传递运动和动力，有的还要精确地传递位移或定位，螺杆的螺旋线误差、螺距误差、中径尺寸变动量、牙形角的偏差等都会影响其传动精度，尚需分项目提出严格的要求。JB/T 2886—2008 根据用途和使用要求，对机床丝杠和螺母的精度分为 7 个等级，即 3、4、5、6、7、8 和 9 级。3 级精度最高，用于精度要求特别高的传动螺旋，其后依次降低。为适应不同精度等级的要求，均设置了相应的公差项目。

## 3　滚动螺旋传动

滚动螺旋传动的滚动体有球和滚子两大类。本节仅介绍应用最广的以球为滚动体的滚珠丝杠副。随着机电一体化技术的发展，滚珠丝杠的使用范围越来越广。目前我国有 10 余家专业工厂按照国家标准 GB/T 17587.3—1998 和行业标准 JB/T 3162—2011 及 JB/T 9893—1999 来组织生产。用户不必自行设计制造它，可以根据使用工况选择某种结构类型的滚珠丝杠，再根据载荷、转速等条件按本节介绍的计算方法选定合适的尺寸型号，然后向表 4.3-14 中的厂家订货，或上网搜索即可。

**表 4.3-14 国内滚珠丝杠副主要生产厂家**

| 厂名 | 商标 | 规 格 |
|---|---|---|
| 北京机床所<br>精密机电有限<br>公司密云工厂 | JCS | 浮动式内循环、单螺母、增大滚珠预紧,公称直径 16～80mm,导程 4～12mm |
| | | 浮动式内循环、双螺母、垫片预紧,公称直径 20～80mm,导程 4～12mm |
| | | 导珠管凸出式外循环、单螺母、变位导程预紧,公称直径 20～63mm,导程 5～10mm |
| | | 导珠管埋入式外循环、单螺母、变位导程预紧,公称直径 20～63mm,导程 4～20mm |
| | | 导珠管埋入式外循环、单螺母、垫片预紧,公称直径 20～80mm,导程 4～20mm |
| | | 微型导珠管埋入式外循环、单螺母,公称直径 8～20mm,导程 2～16mm |
| | | 大导程导珠管凸出式外循环、单螺母,公称直径 20～50mm,导程 10～50mm |
| | | 大导程导珠管埋入式外循环、单螺母,公称直径 20～50mm,导程 10～50mm |
| 汉江机床有<br>限公司丝杠导<br>轨厂 | HJG | 反向器式内循环、单螺母、无预紧或增大滚珠预紧,公称直径 20～100mm,导程 4～20mm |
| | | 反向器式内循环、双螺母、垫片预紧,公称直径 20～100mm,导程 4～20mm |
| | | 凸出式插管外循环、单螺母、无预紧或增大钢球预紧或变位导程预紧,公称直径 20～100mm,导程 4～20mm |
| | | 内包式插管外循环、双螺母、垫片预紧,公称直径 20～100mm,导程 4～20mm |
| | | 凸出式插管外循环、单螺母、无预紧或增大滚珠预紧或变位导程预紧,公称直径 20～100mm,导程 4～20mm |
| | | 内包式插管外循环、双螺母、垫片预紧,公称直径 20～100mm,导程 4～20mm |
| | | 微型滚珠丝杠副,公称直径 8～16mm,导程 2～3mm |
| | | 大导程外循环滚珠丝杠副,公称直径 20～40mm,导程 16～40mm |
| 南京工艺装<br>备制造厂 | — | 浮动内循环,公称直径 12～100mm |
| | | 浮动内循环、垫片预紧,公称直径 12～100mm |
| | | 浮动内循环、变位导程预紧,公称直径 20～50mm |
| | | 插管式外循环,公称直径 20～100mm |
| | | 插管式外循环、垫片预紧,公称直径 20～100mm |
| | | 插管式外循环、变位导程预紧,公称直径 20～100mm |
| | | 多线大导程埋入式外循环、无预紧,公称直径 20～40mm,导程 20～40mm |
| | | 大导程外循环,公称直径 20～40mm,导程 16～40mm |
| 山东济宁丝<br>杠厂 | — | 浮动内循环、双螺母、垫片预紧,公称直径 20～100mm |
| | | 浮动内循环、双螺母、齿差预紧,公称直径 25～100mm |
| | | 插管凸出式外循环、单螺母、变位导程预紧,公称直径 16～63mm |
| | | 插管埋入式外循环、双螺母、垫片预紧,公称直径 20～100mm |

## 3.1 工作原理

螺杆和旋合螺母的螺纹滚道间置有滚动体,当螺杆或螺母转动时,滚动体在螺纹滚道内滚动,使螺杆和螺母做相对运动时呈现为滚动摩擦,从而提高了传动效率和传动精度。

多数滚动螺旋的螺母(或螺杆)上有滚动体的循环通道,与螺纹滚道形成循环回路,从而使滚动体在螺纹滚道内循环,如图 4.3-1 所示。

根据用途不同,滚动螺旋副分为以下两类:

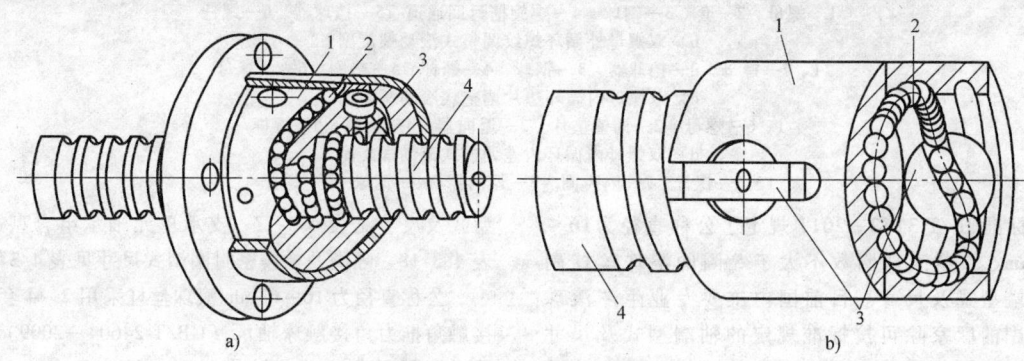

**图4.3-1 滚动螺旋传动**

a) 外循环 b) 内循环

1—螺母 2—钢球 3—挡球器(图 a)、返向器(图 b) 4—螺杆

1）定位滚动螺旋副（P类）。通过转角或导程用于控制轴向位移量的滚动螺旋副。

2）传力滚动螺旋副（T类）。用于传递动力的滚动螺旋副，与转角无关。

## 3.2　滚动螺旋副的结构

### 3.2.1　滚动螺旋副的主要结构形式

根据螺纹滚道法面截形、钢球循环方式、消除轴向间隙和调整预紧力方法的不同，滚动螺旋副的结构形成了多种形式，见表4.3-15和图4.3-2。

### 3.2.2　滚动螺旋副的丝杠轴端型式及尺寸

为了满足高精度、高刚度进给系统的需要，必须充分重视滚动螺旋副支承的设计。注意选用轴向刚度高、摩擦力矩小、运转精度高的轴承及相应的支承形式，见表4.3-16。

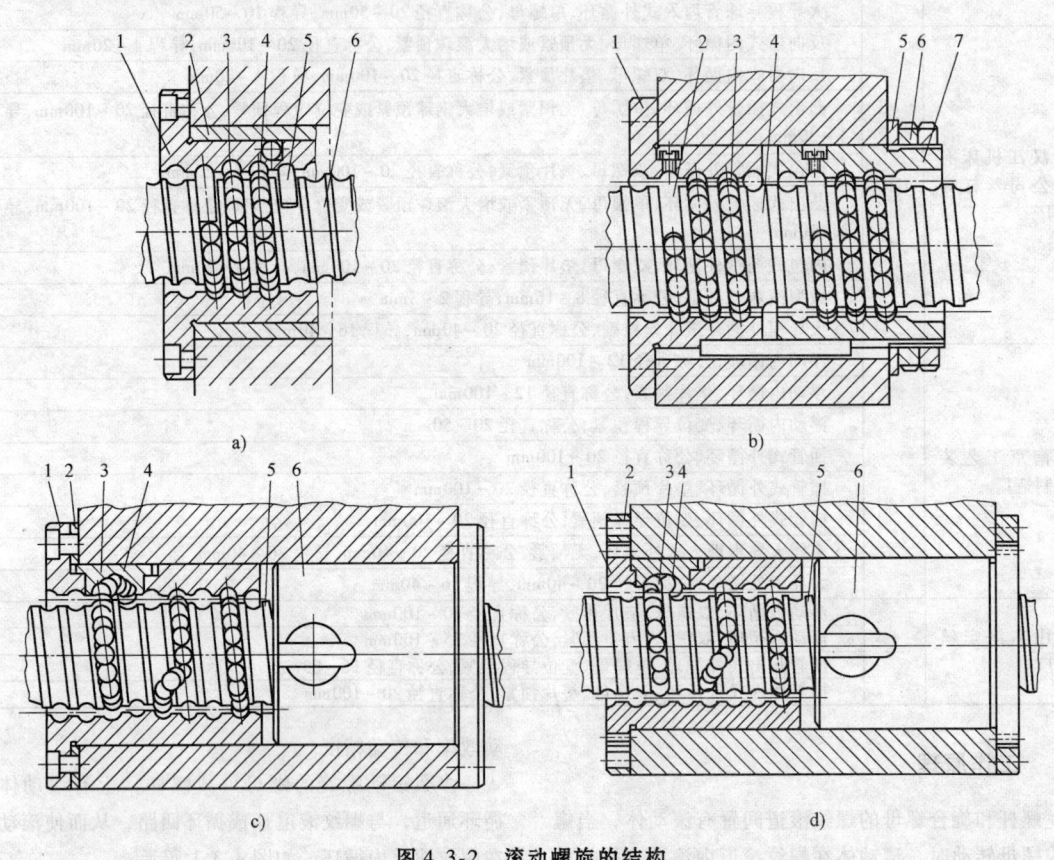

图 4.3-2　滚动螺旋的结构

a）单螺母外循环式滚动螺旋副

1—螺母　2—套　3—钢球　4—螺旋槽返回通道　5—挡球器　6—螺杆

b）双螺母外循环螺纹调整式滚动螺旋副

1、7—螺母　2—挡球器　3—钢球　4—螺杆　5—垫圈　6—圆螺母

c）双螺母内循环垫片调整式滚动螺旋副

1、6—螺母　2—调整垫片　3—返向器　4—钢球　5—螺杆

d）双螺母内循环齿差调整式滚动螺旋副

1、6—螺母　2—内齿圈　3—返向器　4—钢球　5—螺杆

标准 JB/T 3162—2011 规定了公称直径为16～100mm、负载滚珠圈数不大于5圈的滚珠丝杠副的轴端型式及尺寸。目前国内主要专业生产滚珠丝杠副的厂家除可按标准规定的轴端型式及尺寸供货外，也可接受用户提出的其他型式及尺寸的订货。

公称直径为 16～63mm 的滚珠丝杠固定式轴端型式及尺寸见表4.3-17、支承单元轴承组合型式见表4.3-18、隔圈及橡胶密封圈型式尺寸见表4.3-19。

公称直径为 16～63mm 滚珠丝杠采用 2～4 套 60°接触角推力角接触球轴承（GB/T 24604—2009），支承采用隔圈及 U 形橡胶密封圈（尺寸见表4.3-19）和双螺母锁紧。

对大尺寸滚珠丝杠推荐采用滚针和双向推力圆柱

滚子组合轴承和双螺母锁紧（公称直径为 80～100mm 的滚珠丝杠固定式轴端型式及尺寸见表 4.3-20）。滚珠丝杠铰接式轴端型式及尺寸见表 4.3-21。滚珠丝杠轴颈直径公差和表面粗糙度见表 4.3-22。

**表 4.3-15　滚动螺旋副的结构**

| 螺旋滚道法面截形 | | | |
|---|---|---|---|
| | 滚道的法面截形 | 参　数　关　系 | 特　　点 |
| 矩形 | | — | 制造容易，接触应力高，承载能力低，只用于轴向载荷小、要求不高的传动 |
| 半圆弧 | | 接触角 $\alpha = 45°$<br>适应度 $\dfrac{r_s}{D_w} = \dfrac{r_n}{D_w}$ 为 0.51～0.56，常取 0.52、0.555<br>径向间隙<br>$\Delta d = 4\left(r_s - \dfrac{D_w}{2}\right)(1 - \cos\alpha)$<br>轴向间隙 $\Delta a = 4\left(r_s - \dfrac{D_w}{2}\right)\sin\alpha$<br>偏心距 $e = \left(r_s - \dfrac{D_w}{2}\right)\sin\alpha$ | 磨削滚道的砂轮成形简便，可得到较高的加工精度。有较高的接触强度，但适应度 $\dfrac{r_s}{D_w}$ 小，运行时摩擦损失增大<br>接触角 $\alpha$ 随初始间隙和轴向载荷的大小变化，为保证 $\alpha = 45°$，必须严格控制径向间隙<br>消除间隙和调整预紧必须采用双螺母结构 |
| 双圆弧 | | 接触角 $\alpha = 45°$<br>适应度 $\dfrac{r_s}{D_w} = \dfrac{r_n}{D_w}$ 为 0.51～0.56，常取 0.52、0.555<br>偏心距 $e = \left(r_s - \dfrac{D_w}{2}\right)\sin\alpha$ | 有较高的接触强度，轴向间隙和径向间隙理论上为零，接触角稳定；但加工较复杂<br>消除间隙和调整预紧通常是采用双螺母结构，也可采用单螺母和增大钢球直径 |

| 钢球的循环方式 | | | | |
|---|---|---|---|---|
| 类别 | 形式 | 简　图 | 结　构 | 特　点 |
| 外循环 | 螺旋槽式 | | 在螺母外圆柱面上有螺旋形回球槽，槽的两端有通孔与螺母的螺纹滚道相切，形成钢球循环通道<br>为引导钢球在通孔内顺利出入，在孔口置有挡球器 | 结构简单，承载能力较高。回球槽与通孔联接处曲率半径小，钢球的流畅性较好；挡球器端部易磨损 |
| | 插管式 | | 将外接弯管的两端插入与螺母螺纹滚道相切的通孔，形成钢球循环通道。孔口有挡球器引导钢球出入通道<br>弯管有埋入式和凸出式两种<br>一个螺母上通常有 2～3 条循环回路 | 结构简单，工艺性好，弯管可制成钢球流畅性好的通道。螺母结构的外形尺寸较大；若用弯管端部作挡球器，耐磨性差。应用范围广泛 |

（续）

| 钢球的循环方式 | | | | |
|---|---|---|---|---|
| 类别 | 形式 | 简　图 | 结　构 | 特　点 |
| 内循环 | 镶块式 | | 在螺母上开有侧孔，孔内镶有返向器，将相邻两螺纹滚道连接起来，钢球从螺纹滚道进入返向器，越过螺杆牙顶，进入相邻螺纹滚道，形成钢球循环通道<br>反向器有固定式和浮动式两种<br>一个螺母上通常有2～4条循环回路 | 螺母的径向尺寸小，和滑动螺旋副大致相同。钢球循环通道短，有利于减少钢球数量，减小摩擦损失，提高传动效率。返向器回槽加工要求高；不适于重载传动 |

| 消除间隙和调整预紧 | | | |
|---|---|---|---|
| 类别 | 简　图 | 调整方法 | 特　点 |
| 垫片式 | | 调整垫片厚度，使螺母产生轴向位移。为便于调整，垫片常制成剖分式 | 结构简单，装卸方便，刚度高；但调整不便，滚道有磨损时，不能随时消除间隙和预紧<br>适用于高刚度重载传动 |
| 螺纹式 | | 调整端部的圆螺母，使螺母产生轴向位移 | 结构紧凑，工作可靠，调整方便；但准确性差，且易于松动<br>用于刚度要求不高或需随时调节预紧力的传动 |
| 齿差式 | | 螺母1、2的凸缘上有外齿，分别与紧固在螺母座两端的内齿圈3、4（或齿块）啮合，其齿数分别为 $z_1$ 和 $z_2$，且 $z_2 = z_1 + 1$。两个螺母向相同方向同时转动，每转过一个齿，调整的轴向位移量为 $$\Delta s = \frac{P_h}{z_1 z_2}, (P_h\text{——导程})$$ | 能够精确地调整预紧力，但结构尺寸较大，装配调整比较复杂，宜用于高精度的传动机构 |
| 单螺母变导程自预紧式 | | 在同一螺母内的两列循环间，使其导程变位 $P_h \pm \Delta P$，以实现间隙的消除与预紧；靠改变钢球的直径调整预紧力 | 结构简单，尺寸紧凑，价廉，但调整不便，用于中等载荷、要求预紧力不大、无须经常调整间隙的传动 |

**表 4.3-16　滚动螺旋副丝杠的安装方式**（摘自 JB/T 3162—2011）

| 安装方式 | 简　图 | 特　点 |
|---|---|---|
| 一端固定、<br>一端自由 | <br>a)<br>b) | 1）丝杠的静态稳定性和动态稳定性都很低<br>2）结构简单<br>3）轴向刚度较小<br>4）适用于较短的滚珠丝杠安装和垂直的滚珠丝杠安装 |
| 两端铰支 | <br>a)<br>b) | 1）结构简单<br>2）轴向刚度小<br>3）适用于对刚度和位移精度要求不高的滚珠丝杠安装<br>4）对丝杠的热伸长较敏感<br>5）适用于中等回转速度 |
| 一端固定、<br>一端铰支 | <br>a)<br>b) | 1）丝杠的静态稳定性和动态稳定性都较高,适用于中等回转速度<br>2）结构稍复杂<br>3）轴向刚度大<br>4）适用于对刚度和位移精度要求较高的滚珠丝杠安装<br>5）推力球轴承应安置在离热源（步进电动机）较远的一端 |
| 两端固定 | <br>a)<br>b) | 1）丝杠的静态稳定性和动态稳定性最高,适用于高速回转<br>2）结构复杂,两端轴承均调整预紧,丝杠的温度变形可转化为推力轴承的预紧力<br>3）轴向刚度最大<br>4）适用于对刚度和位移精度要求高的滚珠丝杠安装<br>5）适用于较长的丝杠安装 |

注：图 a 采用大接触角 α = 60°角接触球轴承的安装方式；图 b 采用推力球轴承或和角接触球轴承组合的安装方式，或采用滚针和推力滚子组合轴承。

各类滚动轴承特点见下表，其中用得最多的是表中序号 1 及 4，后者用于重型设备上。

| 序号 | 滚动轴承类型 | 轴向刚度 | 轴承安装 | 预载调整 | 摩擦力矩 |
|---|---|---|---|---|---|
| 1 | 60°接触角推力角接触球轴承 | 大 | 简单 | 不需要 | 小 |
| 2 | 双向推力角接触球轴承 | 中 | 简单 | 不需要 | 小 |
| 3 | 圆锥滚子轴承 | 小 | 简单 | 如内圈之间有隔圈则不需调整 | 大 |
| 4 | 滚针和推力滚子组合轴承 | 特大 | 简单 | 不需要 | 最大 |
| 5 | 深沟球轴承和推力球轴承组合使用 | 大 | 复杂 | 麻烦 | 小 |

表 4.3-17　公称直径为 16 ~ 63mm 的滚珠丝杠固定式轴端型式及尺寸　（单位：mm）

支承单元(详见表4.3-18)
轴端头部
A型
B型
C型
D型
E型
Q—Q
P—P

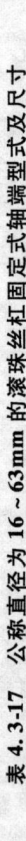

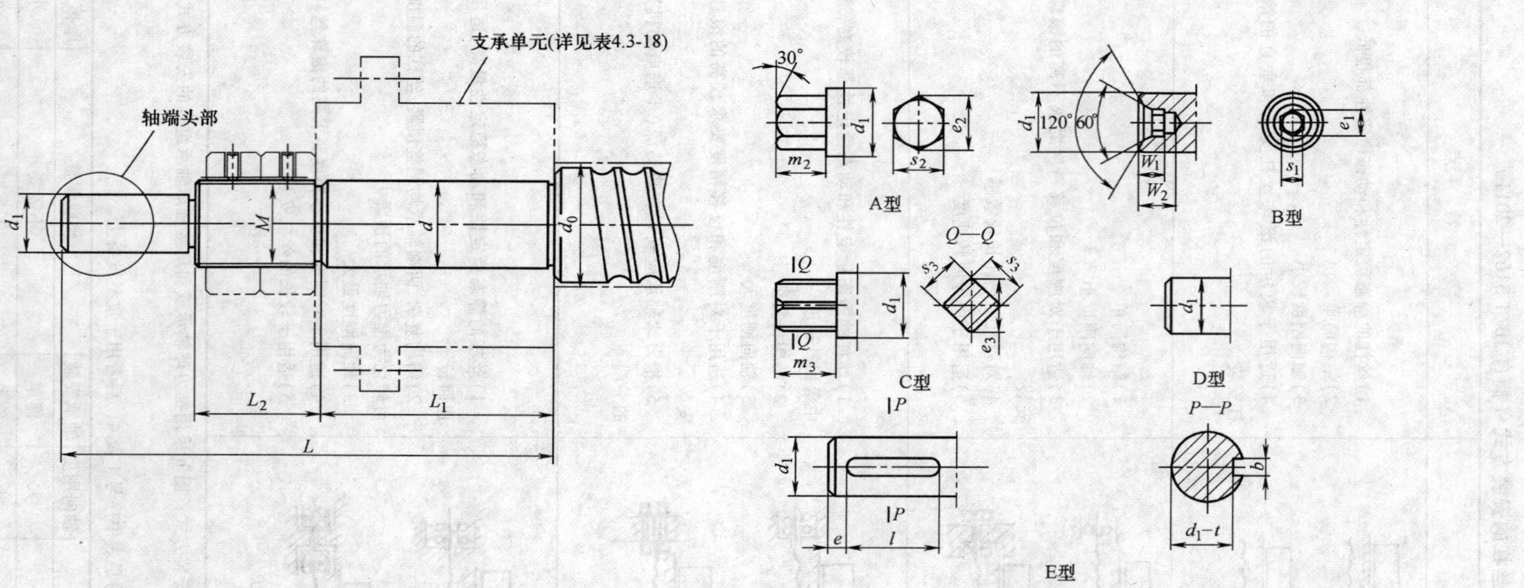

| 公称直径 $d_0$ | $d$ | $M$ 螺纹代号及公差等级 | $M$ 轴承组合 | $d_1$ | $L_1$ | $L_2$ | $L$ | 键槽(E 型) 宽度 $b$ 公称尺寸 | 键槽(E 型) 宽度 $b$ 公差等级 | 键槽(E 型) 深度 $t$ | 键槽(E 型) 长度 $l$ 公称尺寸 | 键槽(E 型) 长度 $l$ 公差等级 | $e$ | 轴端内六角(B 型) $e_1$ | 轴端内六角(B 型) $s_1$ | 轴端内六角(B 型) $W_1$ | 轴端内六角(B 型) $W_2$ | 轴端外六角(A 型) $e_2$ | 轴端外六角(A 型) $s_2$ | 轴端外六角(A 型) $m_2$ | 轴端四方(C 型) $e_3$ | 轴端四方(C 型) $s_3$ | 轴端四方(C 型) $m_3$ | 轴承型号(推荐) |
|---|---|---|---|---|---|---|---|---|---|---|---|---|---|---|---|---|---|---|---|---|---|---|---|---|
| 16 | 12 | M12 ×1 6h 或 6g | DF | 10 | 44 | 14 | 82 | 3 | N9 | $1.8^{+0.1}_{0}$ | 18 | H14 | 2.5 | 4.58 | $4.0^{+0.095}_{+0.030}$ | 5.4 | 5.5 | 8.7 | $8^{0}_{-0.22}$ | 5.7 | 7.3 | $6^{0}_{-0.22}$ | 6 | 7602012 |
| | | | TFT | | 54 | | 92 | | | | | | | | | | | | | | | | | |
| | | | QFC | | 64 | | 102 | | | | | | | | | | | | | | | | | |
| 20 | 15 | M15 ×1 6h 或 6g | DF | 12 | 50 | 16 | 99 | 4 | N9 | $2.5^{+0.1}_{0}$ | 25 | H14 | 2.5 | 5.72 | $5.0^{+0.095}_{+0.020}$ | 5.8 | 6.5 | 11 | $10^{0}_{-0.22}$ | 5.7 | 9.7 | $8^{0}_{-0.22}$ | 7 | 7602015 |
| | | | TFT | | 61 | | 110 | | | | | | | | | | | | | | | | | |
| | | | QFC | | 72 | | 121 | | | | | | | | | | | | | | | | | |

（续）

| 公称直径 $d_0$ | $d$ | 螺纹代号及公差等级 $M$ | 轴承组合 | $d_1$ | $L_1$ | $L_2$ | $L$ | 键槽（E型）宽度 $b$ 公称尺寸（N9） | 深度 $t$ 公称尺寸 | 长度 $l$ 公称尺寸（H14） | $e$ | 轴端内六角（B型）$e_1$ | $s_1$ | $W_1$ | $W_2$ | 轴端外六角（A型）$e_2$ | $s_2$ | $m_2$ | 轴端四方（C型）$e_3$ | $s_3$ | $m_3$ | 轴承型号（推荐） |
|---|---|---|---|---|---|---|---|---|---|---|---|---|---|---|---|---|---|---|---|---|---|---|
| 25 | 17 | M17×1 6h 或 6g | DF | 14 | 52 | | 105 | 5 | $3.0^{+0.1}_{0}$ | 25 | 2.5 | 5.72 | $5.0^{+0.095}_{+0.020}$ | 5.8 | 6.5 | 13.3 | $12^{\ 0}_{-0.27}$ | 13 | 12.2 | $10^{\ 0}_{-0.27}$ | 8 | |
| | | | TFT | | 64 | 16 | 117 | | | | | | | | | | | | | | | 7602017 |
| | | | QFC | | 80 | | 129 | | | | | | | | | | | | | | | |
| 32 | 20 | M20×1 6h 或 6g | DF | 18 | 58 | | 123 | 5 | $3.0^{+0.1}_{0}$ | 32 | 4 | 6.86 | $6.0^{+0.095}_{+0.020}$ | 7.3 | 8 | 15.7 | $14^{\ 0}_{-0.27}$ | 13 | 14.7 | $12^{\ 0}_{-0.27}$ | 12 | |
| | | | TFT | | 73 | 24 | 138 | | | | | | | | | | | | | | | 7603020 |
| | | | QFC | | 88 | | 153 | | | | | | | | | | | | | | | |
| 40 | 30 | M30×1.5 6h 或 6g | DF | 28 | 69 | | 160 | 8 | $4.0^{+0.2}_{0}$ | 50 | 5 | 9.15 | $8.0^{+0.115}_{+0.025}$ | 8.8 | 9.8 | 26.8 | $24^{\ 0}_{-0.33}$ | 25 | 22.8 | $18^{\ 0}_{-0.33}$ | 18 | |
| | | | TFT | | 88 | 30 | 179 | | | | | | | | | | | | | | | 7603030 |
| | | | QFC | | 107 | | 198 | | | | | | | | | | | | | | | |
| 50 | 35 | M35×1.5 6h 或 6g | DF | 30 | 73 | | 186 | 8 | $4.0^{+0.2}_{0}$ | 70 | 5 | 16 | $14^{+0.200}_{+0.050}$ | 13.2 | 14.4 | 26.8 | $24^{\ 0}_{-0.33}$ | 25 | 26.2 | $21^{\ 0}_{-0.33}$ | 20 | |
| | | | TFT | | 94 | 32 | 207 | | | | | | | | | | | | | | | 7603035 |
| | | | QFC | | 115 | | 228 | | | | | | | | | | | | | | | |
| 63 | 50 | M50×1.5 6h 或 6g | DF | 45 | 89 | | 236 | 14 | $5.5^{+0.2}_{0}$ | 100 | 5 | 16 | $14^{+0.200}_{+0.050}$ | 13.2 | 14.4 | 40.7 | $36^{\ 0}_{-0.39}$ | 48 | 37.9 | $30^{\ 0}_{-0.39}$ | 30 | |
| | | | TFT | | 116 | 36 | 263 | | | | | | | | | | | | | | | 7603050 |
| | | | QFC | | 143 | | 290 | | | | | | | | | | | | | | | |

注：轴承型号选用 GB/T 24604—2009 滚动轴承，机床丝杠用推力角接触球轴承（接触角 $\alpha = 60°$）。

**表 4.3-18　公称直径为 16～63mm 滚珠丝杠固定式支承单元轴承组合型式**

| 支承单元轴承组合型式 | 简　图 | 说　明 |
|---|---|---|
| DF 型<br>成对面对面安装两套配置 | 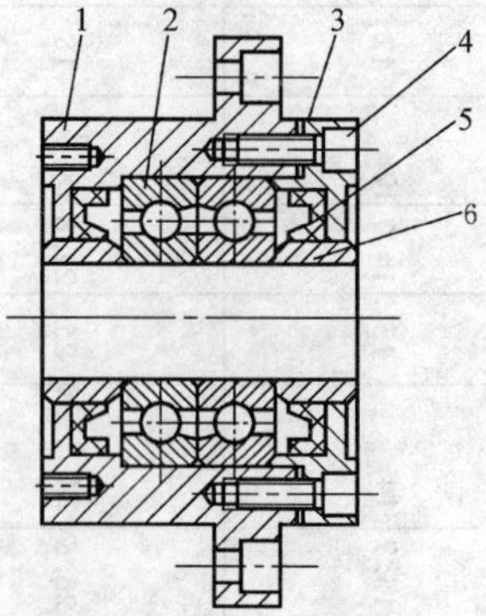 | |
| TFT 型<br>两套串联和一套面对面三套配置 | 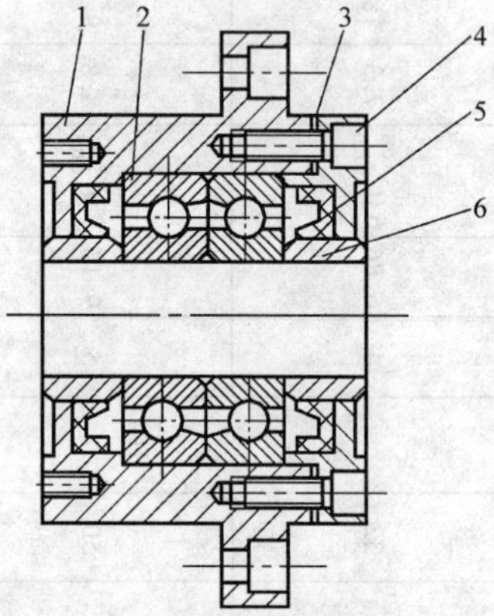 | 1—外罩<br>2—轴承<br>3—压盖<br>4—预压固定螺栓<br>5—防尘密封圈<br>6—隔圈 |
| QFC 型<br>成对串联、面对面安装四套配置 | 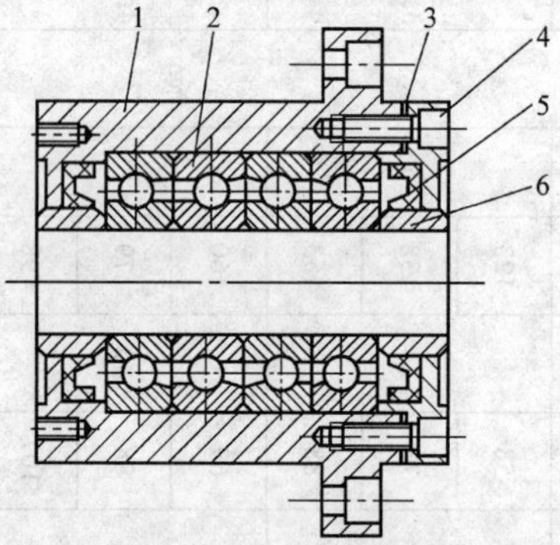 | |

注: 隔圈及橡胶密封圈型式尺寸见表 4.3-19。

**表 4.3-19　隔圈及橡胶密封圈型式尺寸**　　　　　（单位：mm）

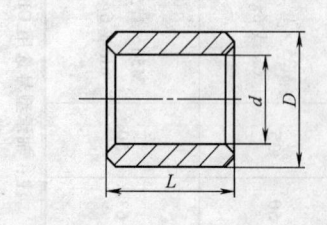

| 轴承型号 | $D$ | $d$ | $L$ | U 形橡胶密封圈公称尺寸 |
|---|---|---|---|---|
| 7602012 | 16 | 12 | 14 | 16 |
| 7602015 | 22 | 15 | 16 | 22 |
| 7602017 | 25 | 17 | 16 | 25 |
| 7603020 | 28 | 20 | 16 | 28 |
| 7603025 | 45 | 30 | 18 | 45 |
| 7603035 | 45 | 35 | 18 | 45 |
| 7603050 | 75 | 50 | 20 | 75 |

表 4.3-20　公称直径为 80 ~ 100mm 的滚珠丝杠固定端型式及尺寸　　　（单位：mm）

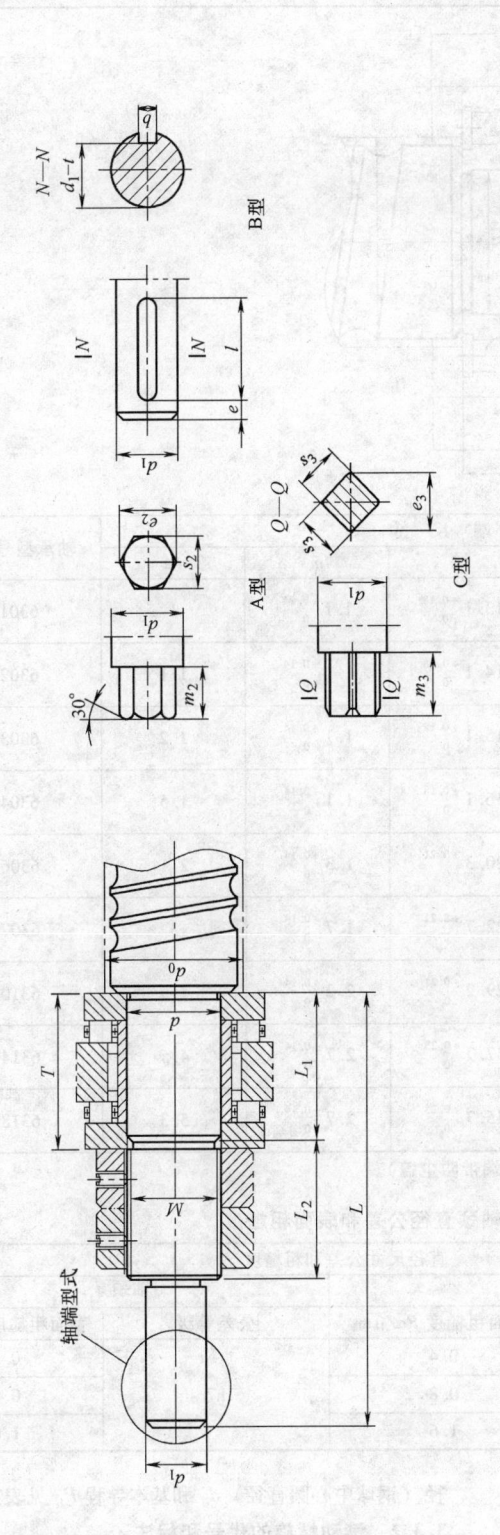

| 公称直径 $d_0$ | d | M 螺纹代号 | M 公差等级 | $d_1$ | $L_1/T$ | $L_2$ | L | 轴端键槽（B 型）宽度 b 公称尺寸 | 宽度 b 公差等级 | 深度 t | 长度 l 公称尺寸 | 长度 l 公差等级 | 轴端外六角（A 型）e | $e_2$ | $s_2$ | $m_2$ | 轴端四方（C 型）$e_3$ | $s_3$ | $m_3$ | 轴承型号（推荐） |
|---|---|---|---|---|---|---|---|---|---|---|---|---|---|---|---|---|---|---|---|---|
| 80 | 70 | M70 × 2 | 6h 或 6g | 65 | 76/82 | 52 | 269 | 18 | N9 | $7.0^{+0.2}_{0}$ | 125 | H14 | 3 | 53.1 | $46^{0}_{-0.39}$ | 48 | 52 | $41^{0}_{-0.39}$ | 42 | ZARN70130 ZARF70160 |
| 100 | 90 | M90 × 2 | | 85 | 106/110 | 52 | 328 | 22 | | $9.0^{+0.2}_{0}$ | 160 | | 5 | 63.5 | $55^{0}_{-0.46}$ | 55 | 58 | $46^{0}_{-0.46}$ | 50 | ZARN90180 ZARF90210 |

注：轴承型号选用 JB/T 6644—2007 滚动轴承，ZARN 为滚针和双向推力圆柱滚子组合轴承，ZARF 为带法兰盘的滚针和双向推力圆柱滚子组合轴承。

表 4.3-21　滚珠丝杠铰接式轴端型式及尺寸　　　　　　（单位：mm）

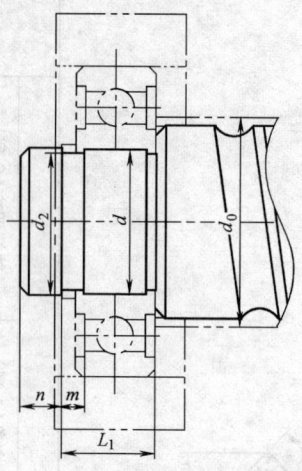

| 公称直径 $d_0$ | 轴端尺寸 | | | | | 轴承型号（推荐） |
|---|---|---|---|---|---|---|
| | $d$ | $d_2$ | $L_1$ | $m$ | $n \geqslant$ | |
| 16 | 12 | 11.5 | $13.1^{+0.18}_{0}$ | $1.1^{+0.14}_{0}$ | 1 | 6301-2Z |
| 20 | 15 | 14.3 | $14.1^{+0.18}_{0}$ | $1.1^{+0.14}_{0}$ | 1.1 | 6302-2Z |
| 25 | 17 | 16.2 | $15.1^{+0.18}_{0}$ | $1.1^{+0.14}_{0}$ | 1.2 | 6303-2Z |
| 32 | 20 | 19 | $16.1^{+0.18}_{0}$ | $1.1^{+0.14}_{0}$ | 1.5 | 6304-2Z |
| 40 | 30 | 28.6 | $20.3^{+0.21}_{0}$ | $1.3^{+0.14}_{0}$ | 2.1 | 6306-2Z |
| 50 | 35 | 33 | $22.7^{+0.21}_{0}$ | $1.7^{+0.14}_{0}$ | 3 | 6307-2Z |
| 63 | 50 | 47 | $29.2^{+0.21}_{0}$ | $2.2^{+0.14}_{0}$ | 4.5 | 6310-2Z |
| 80 | 70 | 67 | $37.7^{+0.25}_{0}$ | $2.7^{+0.14}_{0}$ | 4.5 | 6314-2Z |
| 100 | 90 | 86.5 | $45.7^{+0.25}_{0}$ | $2.7^{+0.14}_{0}$ | 5.3 | 6318-2Z |

注：轴承型号选用 GB/T 276—1994 的深沟球轴承（两端带防尘盖）。

表 4.3-22　滚珠丝杠轴颈直径公差和表面粗糙度

| 滚珠丝杠精度等级 | 直径尺寸公差和粗糙度 | | | |
|---|---|---|---|---|
| | 支承轴颈 $d$ | | 轴颈 $d_1$ | |
| | 公差等级 | 表面粗糙度 $Ra/\mu m$ | 公差等级 | 表面粗糙度 $Ra/\mu m$ |
| 1、2、3 | js6 或 j6 | 0.4 | h7 | 0.4 |
| 4、5 | | 0.8 | | 0.8 |
| 7、10 | | 1.6 | | 1.6 |

## 3.3　滚动螺旋的几何尺寸和标注

### 3.3.1　滚动螺旋的几何尺寸

滚动螺旋副的主要几何尺寸见表 4.3-23。其公称直径（钢球中心圆直径）$d_0$ 和基本导程 $P_h$ 见表 4.3-24。

### 3.3.2　滚动螺旋的代号和标注

滚动螺旋副的型号根据其结构、规格、精度和螺纹旋向等特征，按下列格式编写。

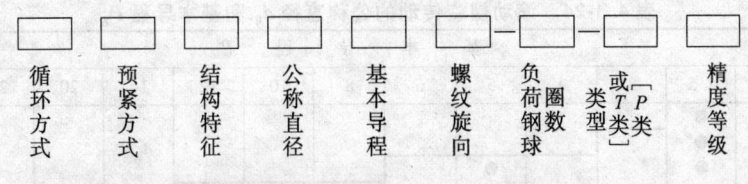

| 循环方式 | 预紧方式 | 结构特征 | 公称直径 | 基本导程 | 螺纹旋向 | 负荷圈钢球数 | 类型 [T类 或 P类] | 精度等级 |
|---|---|---|---|---|---|---|---|---|

**表 4.3-23　滚动螺旋副的主要几何尺寸**

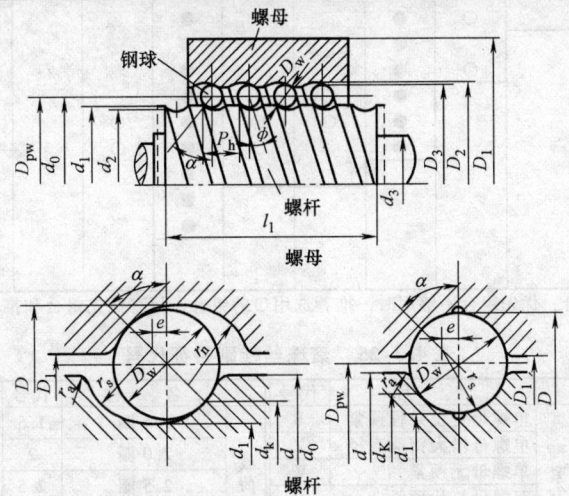

| 主　要　尺　寸 | | 单位 | 符号 | 计　算　公　式 |
|---|---|---|---|---|
| | 公称直径、节圆直径 | mm | $d_0$、$D_{pw}$ | 一般 $d_0 = D_{pw}$，标准系列见表 4.3-24 |
| | 导程 | mm | $P_h$ | 标准系列见表 4.3-24 |
| 螺纹滚道 | 接触角 | (°) | $\alpha$ | $\alpha = 45°$ |
| | 钢球直径 | mm | $D_w$ | $D_w \approx 0.6 P_h$ |
| | 螺杆、螺母螺纹滚道半径 | mm | $r_s$、$r_n$ | $r_s(r_n) = (0.51 \sim 0.56) D_w$ |
| | 偏心距 | mm | $e$ | $e = \left( r_s - \dfrac{D_w}{2} \right) \sin\alpha$ |
| | 螺纹导程角 | (°) | $\phi$ | $\phi = \arctan \dfrac{P_h}{\pi d_0} = \arctan \dfrac{P_h}{\pi D_{pw}}$ |
| 螺杆 | 螺杆大径 | mm | $d$ | $d = d_0 - (0.2 \sim 0.25) D_w$ |
| | 螺杆小径 | mm | $d_1$ | $d_1 = d_0 + 2e - 2r_s$ |
| | 螺杆接触点直径 | mm | $d_K$ | $d_K = d_0 - D_w \cos\alpha$ |
| | 螺杆牙顶圆角半径（内循环用） | mm | $r_a$ | $r_a = (0.1 \sim 0.15) D_w$ |
| | 轴径直径 | mm | $d_3$ | 由结构和强度确定 |
| 螺母 | 螺母螺纹大径 | mm | $D$ | $D = d_0 - 2e + 2r_n$ |
| | 螺母螺纹小径 | mm | $D_1$ | 外循环　$D_1 = d_0 + (0.2 \sim 0.25) D_w$<br>内循环　$D_1 = d_0 + 0.5(d_0 - d)$ |

各种特征代号表示的含义见表 4.3-25。

标注示例：外循环插管式、双螺母垫片预紧、外插管埋入式滚动螺旋副，公称直径为 50mm，基本导程为 10mm，螺纹旋向右旋，负荷钢球圈数为 3 圈，3 级精度定位滚动螺旋副（见图 4.3-3）的型号为：CDM5010-3-P3。

表 4.3-24　滚动螺旋传动的公称直径 $d_0$ 和基本导程 $P_h$　　（单位：mm）

| 公称直径 $d_0$ | 基本导程 $P_h$ | | | | | | | | | | | | | | |
|---|---|---|---|---|---|---|---|---|---|---|---|---|---|---|---|
| | 1 | 2 | 2.5 | 3 | 4 | 5 | 6 | 8 | 10 | 12 | 16 | 20 | 25 | 32 | 40 |
| 6 | | | ● | | | | | | | | | | | | |
| 8 | | | ● | | | | | | | | | | | | |
| 10 | | | ● | | | ● | | | | | | | | | |
| 12 | | | ● | | | ● | | | ● | | | | | | |
| 16 | | | ● | | | ● | | | ● | | | | | | |
| 20 | | | | | ○ | ● | | | ● | | | | | | |
| 25 | | | | | | ● | | | ● | | | | | | |
| 32 | | | | | | ● | | | ● | | | | | | |
| 40 | | | | | | ● | ○ | | ● | | | ● | | | ● |
| 50 | | | | | | ● | ○ | ○ | ● | ○ | | ● | | | ● |
| 63 | | | | | | ● | | ○ | ● | ○ | | ● | | | ● |
| 80 | | | | | | ● | | | ● | | | ● | | | ● |
| 100 | | | | | | | | | ● | | | ● | | | ● |
| 125 | | | | | | ● | | | ● | | | ● | | | ● |
| 180 | | | | | | | | | | | | ● | | | ● |
| 200 | | | | | | | | | | | | ● | | | ● |

注：应优先采用有 ● 的组合，优先组合不够用时，推荐选用 ○ 的组合；只有优先组合和推荐组合不敷用时，才选用框内的普通组合。

表 4.3-25　滚珠丝杠副特征代号

| | 名　称 | 代号 | | 名　称 | 代号 | 名　称 | 代号 | 名　称 | 代号 |
|---|---|---|---|---|---|---|---|---|---|
| 循环方式 | 内循环浮动式 | F | 预紧方式 | 单螺母变位导程预紧 | B | 1.5 圈 | 1.5 | 1 级 | 1 |
| | 内循环固定式 | G | | 单螺母增大钢球直径 | Z | 2.0 圈 | 2 | 2 级 | 2 |
| | 外循环插管式 | C | | 单螺母无预紧 | W | 2.5 圈 | 2.5 | 3 级 | 3 |
| 结构特征 | 导珠管埋入式 | M | | 双螺母垫片预紧 | D | 3.0 圈 | 3 | 4 级 | 4 |
| | 导珠管凸出式 | T | | 双螺母齿差预紧 | C | 3.5 圈 | 3.5 | 5 级 | 5 |
| 螺纹旋向 | 右旋螺纹 | 不标 | 类型 | 双螺母螺帽预紧 | L | 4.0 圈 | 4 | 6 级 | 6 |
| | 左旋螺纹 | LH | | 定位滚珠丝杠 | P | 4.5 圈 | 4.5 | 7 级 | 7 |
| | | | | 传动滚珠丝杠 | T | | | 10 级 | 10 |

（载荷钢球圈数；精度等级）

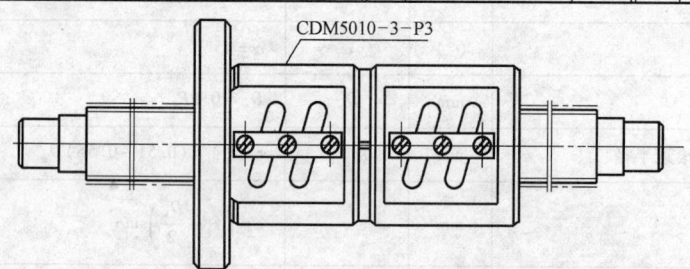

CDM5010-3-P3

图 4.3-3　滚动螺旋副外螺纹的标注

螺旋副螺纹代号标注的表示方法如下：

滚动螺纹代号"GQ"
公称直径
基本导程
螺纹旋向
类型（P 或 T）
精度等级

标注示例如图 4.3-4 和图 4.3-5 所示。

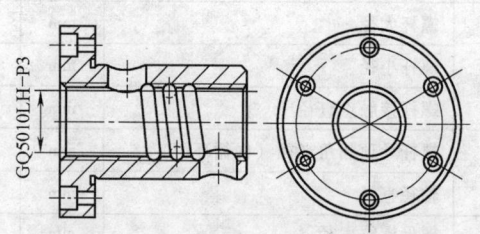

GQ5010LH-P3

图 4.3-5　滚动螺旋副内螺纹的标注

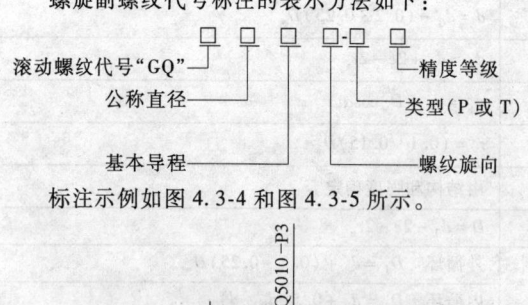

GQ5010-P3

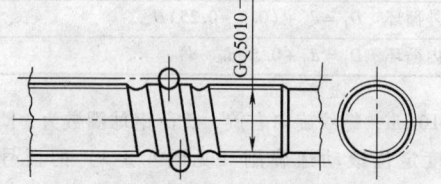

图 4.3-4　滚动螺旋副外螺纹的标注

## 3.4　材料及热处理

为使滚动螺旋传动有高的承载能力和一定的工作寿命，满足工作性能的要求，螺旋副元件应有足够的

接触强度和耐磨性。其工作表面必须具有一定的硬度，通常螺纹滚道表面硬度应达到 58～60HRC，钢球表面硬度达到 62～64HRC。为此，选择适当的材料并确定相应的热处理是十分重要的。

滚动螺旋副材料的选用及热处理见表 4.3-26。

整体淬火在热处理和磨削过程中变形较大，工艺性差，应尽可能采用表面硬化处理。对于高精度螺杆尚需进行稳定处理，去除残余应力。

**表 4.3-26　滚动螺旋副材料的选用及热处理**

| 类别 | 适用范围 | 材料 | 热处理 | 硬度 HRC |
|---|---|---|---|---|
| 精密螺杆 | 滚道长度≤1m | 20CrMo | 渗碳、淬火 | 60±2 |
| | 滚道长度≤2.5m | 42CrMo | 高、中频感应淬火，表面淬火 | |
| | 滚道长度>2.5m | 38CrMoAl | 渗氮 | 850HV |
| 普通螺杆 | 各种尺寸 | 50Mn、60Mn、55 | 高中频感应淬火，表面淬火 | 60±2 |
| | $d_0$≤40mm | GCr15 | 整体淬火、低温回火 | |
| | $d_0$≤40mm、滚道长度≤2m | 9Mn2V | | |
| | $d_0$>40mm | GCr15SiMn | | |
| | $d_0$>40～80mm、滚道长度≤2m | CrWMn | | |
| 耐蚀螺杆 | — | 9Cr18 | 中频感应淬火、表面淬火 | 56～58 |
| 螺母 | — | GCr15、CrWMn、9Cr18 | 整体淬火、低温回火 | 60～62 |
| | | 20CrMnTi、12Cr2Ni4 | 渗碳、淬火 | |
| 返向器 | 内循环 | CrWMn、GCr15 | 整体淬火、低温回火 | |
| | | 20CrMnTi、20Cr、40Cr | 离子渗氮 | 850HV |
| 挡球器 | 外循环 | 45、65Mn | 整体淬火、低温回火 | 40～50 |

注：1. 螺杆滚道长度≥1m 或精度要求高时，硬度可略低，但不得低于56HRC。
　　2. 表面硬化层应保证磨削后的深度：中频淬火的≥2mm；高频淬火、渗碳淬火的≥1mm；渗氮的>0.4mm。

### 3.5　滚动螺旋副的精度标准

滚动螺旋副的制造成本主要取决于制造精度和长径比。因为制造精度越高、长径比越大，工艺难度越大，成品合格率越低。

GB/T 17587.3—1998 规定了公称直径 6～200mm 适用于机床的滚动螺旋副的精度和性能要求等，分为 7 个精度等级，即 1、2、3、4、5、7 和 10 级。其中 1 级精度最高，10 级最低，依次逐级降低。设计时可参考表 4.3-27 选用精度等级。其他机械产品也可参照选用。

滚动螺旋副的行程误差是影响定位精度（特别是 P 类定位滚动螺旋副）的决定性因素，故在其几何精度中规定了目标行程公差 $e_p$、有效行程内允许行程变动量 $V_{up}$、300mm 行程内允许行程变动量 $V_{300p}$ 和 2π 弧度内允许行程变动量 $V_{2πp}$ 等四项指标，并要进行逐项检查。各项检查内容如图 4.3-6 所示，图中粗实线是实际行程误差曲线，它是根据综合行程测量得到的。

定位滚动螺旋副有效行程内的平均行程偏差 $e_p$ 和行程变动量 $V_{up}$（右下标加符号"p"为允许带宽）见表 4.3-28。任意 300mm 行程内的行程变动量 $V_{300p}$

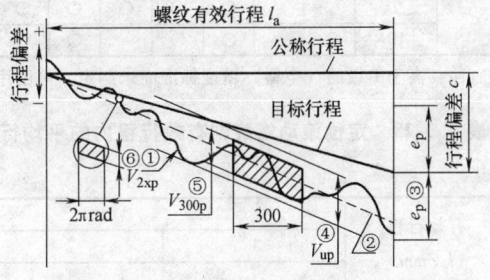

**图 4.3-6　滚动螺旋副的行程误差检验**
①—实际行程误差　②—实际平均行程误差
③—目标行程公差　④—有效行程内行程变动量
⑤—任意300mm长度内行程变动量
⑥—2π-rad 内行程变动量

和 2π 弧度内允许行程变动量 $V_{2πp}$ 见表 4.3-29。对于传力滚动螺旋副只检验有效行程 $l_u$ 内平均行程偏差 $e$ 和任意 300mm 行程内行程变动量 $V_{300p}$，且 $e_p = 2\dfrac{l_u}{300}V_{300p}$。

为了保证滚动螺旋传动的精度和性能要求，还应规定螺杆的位置公差，如螺杆外径、支承轴颈对螺纹轴线的径向圆跳动，支承轴颈肩面对螺纹轴线的轴向圆跳动等。螺杆的跳动和位置公差见表 4.3-30。

**表 4.3-27　机床滚动螺旋副精度等级选用推荐**

| 用途 | NC 工作机床 车床 X | 车床 Z | 加工中心 XY | 加工中心 Z | 台钻 XY | 台钻 Z | 坐标镗床 XY | 坐标镗床 Z | 平面磨床 X | 平面磨床 Y | 平面磨床 Z | 外圆磨床 X | 外圆磨床 Z | 电火花加工机床 XY | 电火花加工机床 Z | 电火花线切割机床 XY | 电火花线切割机床 Z | 电火花线切割机床 UV | 冲压机床 XY |
|---|---|---|---|---|---|---|---|---|---|---|---|---|---|---|---|---|---|---|---|
| （空） |  |  |  |  |  |  | ○ | ○ |  |  |  | ○ |  | ○ |  | ○ |  |  |  |
| 1 | ○ |  |  |  |  |  | ○ | ○ | ○ |  |  | ○ |  | ○ |  | ○ |  |  |  |
| 2 | ○ |  | ○ |  |  |  | ○ | ○ | ○ | ○ |  | ○ | ○ | ○ | ○ | ○ |  |  |  |
| 3 | ○ | ○ | ○ | ○ |  | ○ | ○ | ○ | ○ | ○ | ○ |  | ○ | ○ | ○ | ○ | ○ | ○ | ○ |
| 4 | ○ | ○ | ○ | ○ | ○ | ○ | ○ | ○ |  |  | ○ |  |  |  | ○ | ○ | ○ | ○ | ○ |
| 5 |  |  |  |  |  |  |  | ○ |  |  |  |  |  |  |  |  |  |  | ○ |
| 7 |  |  |  |  |  |  |  |  |  |  |  |  |  |  |  |  |  |  |  |
| 10 |  |  |  |  |  |  |  |  |  |  |  |  |  |  |  |  |  |  |  |

| 用途 | NC 工作机床 激光加工机床 XY | 激光加工机床 Z | 木工机床 | 万能机床·专用机床 | 产业用机器人 直角坐标型 装配 | 直角坐标型 其他 | 垂直多关节型 装配 | 垂直多关节型 其他 | 圆柱坐标型 | 半导体相关装置 曝光装置 | 化学处理装置 | 引线结合机 | 探测器 | 印制电路板冲孔机 | 电子产品插入机 | 三坐标测定机 | 图像处理装置 | 注射模成型机 | 办公机械 |
|---|---|---|---|---|---|---|---|---|---|---|---|---|---|---|---|---|---|---|---|
| （空） |  |  |  |  |  |  |  |  |  | ○ |  |  |  | ○ |  | ○ | ○ |  |  |
| 1 |  |  |  |  |  |  |  |  |  | ○ |  | ○ | ○ | ○ |  | ○ | ○ |  |  |
| 2 |  |  |  |  |  |  |  |  |  |  | ○ | ○ | ○ |  | ○ |  |  |  |  |
| 3 | ○ | ○ |  | ○ | ○ |  | ○ |  |  |  | ○ |  |  |  | ○ |  |  |  |  |
| 4 | ○ | ○ | ○ | ○ | ○ | ○ | ○ | ○ |  |  |  |  |  |  |  |  |  |  |  |
| 5 | ○ | ○ | ○ | ○ | ○ | ○ | ○ | ○ | ○ |  |  |  |  |  |  |  |  | ○ | ○ |
| 7 |  |  |  | ○ | ○ | ○ | ○ | ○ | ○ |  |  |  |  |  |  |  |  | ○ | ○ |
| 10 |  |  |  |  |  |  |  |  |  |  | ○ |  |  |  |  |  |  | ○ | ○ |

注：高于 1 级的（空格）精度标准尚未制定，可由用户与制造厂商定。

**表 4.3-28　定位滚动螺旋副有效行程内的平均行程偏差 $e_p$ 和行程变动量 $V_{up}$**（摘自 GB/T 17587.3—1998）

（单位：μm）

| 有效行程 $l_u$/mm | 精度等级 1 $e_p$ | 1 $V_{up}$ | 2 $e_p$ | 2 $V_{up}$ | 3 $e_p$ | 3 $V_{up}$ | 4 $e_p$ | 4 $V_{up}$ | 5 $e_p$ | 5 $V_{up}$ |
|---|---|---|---|---|---|---|---|---|---|---|
| ≤315 | 6 | 6 | 8 | 8 | 12 | 12 | 16 | 16 | 23 | 23 |
| >315～400 | 7 | 6 | 9 | 8 | 13 | 12 | 18 | 17 | 25 | 25 |
| >400～500 | 8 | 7 | 10 | 10 | 15 | 13 | 20 | 19 | 27 | 26 |
| >500～630 | 9 | 7 | 11 | 11 | 16 | 14 | 22 | 21 | 30 | 29 |
| >630～800 | 10 | 8 | 13 | 12 | 18 | 16 | 25 | 23 | 35 | 31 |
| >800～1000 | 11 | 9 | 15 | 13 | 21 | 17 | 29 | 25 | 40 | 33 |
| >1000～1250 | 13 | 10 | 18 | 14 | 24 | 19 | 34 | 29 | 46 | 39 |
| >1250～1600 | 15 | 11 | 21 | 17 | 29 | 22 | 40 | 33 | 54 | 44 |
| >1600～2000 | 18 | 13 | 25 | 19 | 35 | 25 | 48 | 38 | 65 | 51 |
| >2000～2500 | 22 | 15 | 30 | 22 | 41 | 29 | 57 | 44 | 77 | 59 |
| >2500～3150 | 26 | 17 | 36 | 25 | 50 | 34 | 69 | 52 | 93 | 69 |

**表 4.3-29　任意 300mm 行程和 $2\pi$ 弧度内允许行程变动量 $V_{300p}$、$V_{2\pi p}$**（单位：μm）

| 精度等级 | 1 | 2 | 3 | 4 | 5 | 7 | 10 |
|---|---|---|---|---|---|---|---|
| $V_{300p}$ | 6 | 8 | 12 | 16 | 23 | 52 | 210 |
| $V_{2\pi p}$ | 4 | 5 | 6 | 7 | 8 | — | — |

表 4.3-30　螺杆的跳动和位置公差（摘自 GB/T 17587.3—1998）

| 序号 | 简图 | 检验项目 | 允差 | 检验工具 | 检验说明 |
|---|---|---|---|---|---|
| E5 | | 每 $l_5$ 长度处滚珠丝杠外径的径向圆跳动 $l_5$，用以确定相对于 AA' 的直线度 | 定位或传动滚珠丝杠副（见下表） | 指示器、等高双 V 形铁 | 参照 GB/T 17421.2—2000 的有关条文。置滚珠丝杠于 AA' 处两相同的 V 形铁上。调整指示器，使其测头在距离 $l_5$ 处垂直触及圆柱表面。缓缓转动滚珠丝杠，记下指示器读数变化。在规定的测量上隔重复检验。（注：1. 经商定允许将滚珠丝杠顶在中心孔上测量，此时 $l_1$ 应为丝杠总长。2. 如果 $l_1 < 2l_5$，可在 $l_1/2$ 处测量） |
| E6 | | 每 $l$ 长度处支承轴颈相对于 AA' 的径向圆跳动，当 $l_6 \leq l$ 时为 $l_6$，当 $l_6 > l$ 时其有效值为 $l_{6a} \leq l_{6p} \dfrac{l_6}{l}$ | 定位或传动滚珠丝杠副（见下表） | 指示器、等高双 V 形铁 | 置滚珠丝杠于 AA' 处 V 形铁上。使指示器测头垂直触及在距离 $l_6$ 处圆柱表面。缓缓转动滚珠丝杠，指示器读数变化。（注：经商定允许将丝杠顶在中心孔上测量，此时 $l_6$ 应为测量点至轴端的距离） |
| E7 | | 轴颈相对于支承轴颈的径向圆跳动，当 $l_7$，当 $l_7 > l$ 时其有效值为 $l_{7a} \leq l_{7p} \dfrac{l_7}{l}$ | 定位或传动滚珠丝杠副（见下表） | 指示器、等高双 V 形铁 | 置滚珠丝杠于 AA' 处 V 形铁上。使指示器测头垂直触及丝杠，记下在距离 $l_7$ 处圆柱表面。缓缓转动丝杠，指示器读数变化。（注：经商定允许将丝杠顶在中心孔顶点至中心孔上） |

**E5　定位或传动滚珠丝杠副**

| 公称直径 $d_0$ /mm | $l_5$ /mm | \multicolumn{7}{标准公差等级 在 $l_5$ 长度上的 $l_{5p}$ /μm} | | | | | | |
|---|---|---|---|---|---|---|---|---|
| | | 1 | 2 | 3 | 4 | 5 | 7 | 10 |
| ≥6~12 | 80 | 20 | 22 | 25 | 28 | 32 | 40 | 80 |
| >12~25 | 160 | | | | | | | |
| >25~50 | 315 | | | | | | | |
| >50~100 | 630 | | | | | | | |
| >100~200 | 1250 | | | | | | | |

| 长径比 $l_1/d_0$ | \multicolumn{7}{标准公差等级 $l_1 \geq 4l_5$ 长度上的 $l_{5maxp}$ /μm} | | | | | | |
|---|---|---|---|---|---|---|---|
| | 1 | 2 | 3 | 4 | 5 | 7 | 10 |
| ≤40 | 40 | 45 | 50 | 57 | 64 | 80 | 160 |
| >40~60 | 60 | 67 | 75 | 85 | 96 | 120 | 240 |
| >60~80 | 100 | 112 | 125 | 142 | 160 | 200 | 400 |
| >80~100 | 160 | 180 | 200 | 225 | 256 | 320 | 640 |

**E6　定位或传动滚珠丝杠副**

| 公称直径 $d_0$ /mm | $l$ /mm | \multicolumn{7}{标准公差等级 在 $l$ 长度上的 $l_{6p}$ /μm} | | | | | | |
|---|---|---|---|---|---|---|---|---|
| | | 1 | 2 | 3 | 4 | 5 | 7 | 10 |
| ≥6~20 | 80 | 10 | 11 | 12 | 16 | 20 | 40 | 63 |
| >20~50 | 125 | 12 | 14 | 16 | 20 | 25 | 50 | 80 |
| >50~125 | 200 | 16 | 18 | 20 | 26 | 32 | 63 | 100 |
| >125~200 | 315 | — | — | 25 | 32 | 40 | 80 | 125 |

**E7　定位或传动滚珠丝杠副**

| 公称直径 $d_0$ /mm | $l$ /mm | \multicolumn{7}{标准公差等级 在 $l$ 长度上的 $l_{7p}$ /μm} | | | | | | |
|---|---|---|---|---|---|---|---|---|
| | | 1 | 2 | 3 | 4 | 5 | 7 | 10 |
| ≥6~20 | 80 | 5 | 6 | 7 | 8 | 8 | 12 | 16 |
| >20~50 | 125 | 6 | 7 | 8 | 10 | 10 | 16 | 20 |
| >50~125 | 200 | 8 | 9 | 11 | 12 | 12 | 20 | 25 |
| >125~200 | 315 | — | — | 12 | 14 | 16 | 25 | 32 |

（续）

### E8

**简图**：支承轴颈；标注 $0p$、$F$、$p$、$A$、$A'$、$2d_0$

**检验项目**：支承轴颈面对 $AA'$ 的轴向圆跳动 $t_8$

**允差**：定位传动滚珠丝杠副

| 公称直径 $d_0$/mm | 标准公差等级 | | | | | | |
|---|---|---|---|---|---|---|---|
| | 1 | 2 | 3 | 4 | 5 | 7 | 10 |
| | $t_{8p}$/μm | | | | | | |
| ≥6~63 | 3 | 3 | 4 | 5 | 5 | 6 | 10 |
| >63~125 | 4 | 4 | 5 | 6 | 6 | 8 | 12 |
| >125~200 | — | 6 | 6 | 7 | 8 | 10 | 16 |

**检验工具**：指示器、等高双 V 形铁

**检验说明**：参照 GB/T 17421.2—2000 的有关条文。置滚珠丝杠于 $AA'$ 处 V 形铁上。防止丝杠轴向移动（可将钢珠置于丝杠中心孔和固定面间）。使指示器测头触及轴颈端面和圆柱表面相应的直径处。缓缓转动滚珠丝杠并记下指示器读数。（注：经商定允许将丝杠顶尖在中心孔上测量）

### E9

**简图**：标注 $0p$、$F$、$A$、$A'$、$2d_0$、$D_4$

**检验项目**：滚珠螺母安装端面对 $AA'$ 的轴向圆跳动 $t_9$（仅用于有预加载荷和旋转的滚珠螺母）

**允差**：定位或传动滚珠丝杠副

| 螺母安装端面直径 $D_4$/mm | 标准公差等级 | | | | | | |
|---|---|---|---|---|---|---|---|
| | 1 | 2 | 3 | 4 | 5 | 7 | 10 |
| | $t_{9p}$/μm | | | | | | |
| ≥16~32 | 10 | 10 | 12 | 14 | 16 | 20 | — |
| >32~63 | 12 | 11 | 16 | 18 | 20 | 25 | — |
| >63~125 | 16 | 14 | 20 | 22 | 25 | 32 | — |
| >125~250 | 20 | 18 | 25 | 28 | 32 | 40 | — |
| >250~500 | — | 22 | 32 | 36 | 40 | 50 | — |

**检验工具**：指示器、等高双 V 形铁

**检验说明**：将有预加载荷的滚珠丝杠副置于 $AA'$ 处 V 形铁上。防止丝杠轴向移动（可将钢珠置于丝杠中心孔和固定面间）。使指示器检验直径 $D_4$ 外缘处的安装端面。螺母不转动。缓缓转动丝杠并记下指示器读数

### E10

**简图**：固定；标注 $0p$、$A$、$A'$、$D_1$、$2d_0$

**检验项目**：滚珠螺母安装端径向对 $AA'$ 的径向圆跳动 $t_{10}$（仅用于有预加载荷和旋转的滚珠螺母）

**允差**：定位或传动滚珠丝杠副

| 滚珠螺母安装端外径 $D_1$/mm | 标准公差等级 | | | | | | |
|---|---|---|---|---|---|---|---|
| | 1 | 2 | 3 | 4 | 5 | 7 | 10 |
| | $t_{10p}$/μm | | | | | | |
| ≥16~32 | 10 | 10 | 12 | 14 | 16 | 20 | — |
| >32~63 | 12 | 11 | 16 | 18 | 20 | 25 | — |
| >63~125 | 16 | 14 | 20 | 23 | 25 | 32 | — |
| >125~250 | 20 | 18 | 25 | 28 | 32 | 40 | — |
| >250~500 | — | 22 | 32 | 36 | 40 | 50 | — |

**检验工具**：指示器、等高双 V 形铁

**检验说明**：将有预加载荷的滚珠丝杠副置于 $AA'$ 处 V 形铁上。使指示器测头安装在检验直径 $D_1$ 的圆柱表面。固定滚珠丝杠，缓缓转动滚珠螺母，记下指示器读数

### E11

**简图**：固定；标注 $0p$、$A$、$A'$、$l$、$2d_0$

**检验项目**：矩形滚珠螺母对 $AA'$ 的平行度 $t_{11}$（仅用于有预加载荷的滚珠螺母）

**允差**：定位或传动滚珠丝杠副

| 100 mm 长度上 | 标准公差等级 | | | | | | |
|---|---|---|---|---|---|---|---|
| | 1 | 2 | 3 | 4 | 5 | 7 | 10 |
| | $t_{11p}$/μm | | | | | | |
| | 16 | 18 | 20 | 22 | 25 | 32 | — |

**检验工具**：指示器、等高双 V 形铁

**检验说明**：将有预加载荷的滚珠丝杠副置于 $AA'$ 处 V 形铁上。使指示器测头垂直被测表面，沿规定的检查长度 $l$ 检测。记下指示器读数

加工精度与滚珠丝杠的直径与长度有关。表 4.3-31 给出了济宁博特精密滚珠丝杠厂产

滚珠丝杠的精度等级。各厂的长度范围略有不同。

**表 4.3-31　济宁博特精密滚珠丝杠厂产滚珠丝杠的精度等级**

| 公称直径/mm | 长度范围/mm | | | | | | | | | | |
|---|---|---|---|---|---|---|---|---|---|---|---|
| | ≤500 | 500~1000 | 1000~1500 | 1500~2000 | 2000~2500 | 2500~3000 | 3000~3500 | 3500~4000 | 4000~5000 | 5000~6000 | >6000 |
| 12 | 3、4、5 | 7、10 | | | | | | | | | |
| 16 | 1、2 | 3、4、5 | 7、10 | | | | | | | | |
| 20 | 1、2 | 3、4、5 | | | | | | | | | |
| 25 | 1、2 | 3、4、5 | | | | | | | | | |
| 32 | 1、2、3 | | 4、5 | | 7、10 | | | | | | |
| 40 | 1、2、3 | | 3、4、5 | | | 5、7、10 | | | | | |
| 50 | 1、2、3 | | | 3、4、5 | | 5、7、10 | | | | | |
| 63 | 1、2、3 | | | 3、4、5 | | 5、7、10 | | | | | |
| 80 | 1、2、3 | | | 3、4、5 | | | 5、7、10 | | | | |
| 100 | 1、2、3 | | | 3、4、5 | | | 5、7、10 | | | | |
| 125 | 1、2、3、4 | | | | 5、7、10 | | | | | | |
| 160 | 1、2、3、4 | | | | 5、7、10 | | | | | | |

注：超过范围或不在范围内的咨询厂家。

## 3.6　滚动螺旋副的承载能力与选择计算

### 3.6.1　滚动螺旋副的选择计算

滚动螺旋副已形成定型商品，由专业制造厂生产，用户可根据使用要求选定其尺寸、精度等级和相应的结构。它的选择程序因螺旋的用途不同而异。

传力螺旋应根据其传递的载荷、速度、最大移动长度、寿命和工作环境等，按其承载能力选定其尺寸和结构。通常在较高转速下工作，应按寿命条件选择尺寸，并检查其载荷是否超过额定静载荷；低速工作时，应按寿命和额定静载荷两种方法确定尺寸，选择其中较大的；静止状态或转速低于 10r/min 时，可按额定静载荷选择其尺寸，然后进行稳定性、振动、刚度等项验算。

定位滚动螺旋则根据传递载荷、速度、定位精度要求和系统的刚性选定其尺寸和结构，然后应进行静载、寿命、稳定性等项的验算。而螺杆端部的支承形式对螺旋副的刚性影响最大，更需予以仔细斟酌。

滚动螺旋副的尺寸选择计算见表 4.3-32。

### 3.6.2　滚动螺旋副的承载能力

滚动螺旋副的承载能力是以基本额定静载荷 $C_{0a}$ 和基本额定动载荷 $C_a$ 来表示的。

**1. 基本额定静载荷 $C_{0a}$**

滚动螺旋副在转速 $n \leqslant 10r/min$ 条件下，受接触应力最大的钢球和滚道接触面间产生的塑性变形量之

和为钢球直径万分之一时的轴向载荷，定义为基本额定静载荷 $C_{0a}$。

**2. 基本额定动载荷 $C_a$**

一组相同参数的滚动螺旋副，在相同条件下运转 $10^6 r$ 时，90% 的螺旋副（螺纹滚道表面或钢球表面）不发生疲劳剥伤所能承受的纯轴向载荷，定义为其基本额定动载荷 $C_a$。螺旋副表面任一处发生面积 $\geqslant 0.5mm^2$、深度 $\geqslant 0.05mm$ 的基体金属剥落时，界定为疲劳剥伤。

部分常用滚动螺旋副的基本额定静载荷和基本额定动载荷见表 4.3-40 ~ 表 4.3-46。

**3. 基本额定寿命**

一组相同参数的滚动螺旋副，在相同工作条件下，90% 的螺旋副不发生疲劳剥伤的特定转速（或在一定转速下的工作时数），并规定 $10^6 r$ 为基本额定寿命。

**4. 当量转速和当量载荷**

应该指出，表 4.3-40 ~ 表 4.3-46 中的基本额定动载荷 $C_a$ 是在恒定载荷、恒定转速下得到的，而工作机的实际载荷和转速往往是变化的，这样在选用时就不好直接比较，因而需将其实际的工作载荷和工作转速换算为一个效果相同的恒定载荷和恒定转速（称为当量载荷 $F_m$ 和当量转速 $n_m$），然后再用当量载荷 $F_m$ 和当量转速 $n_m$ 求出滚动螺旋副所需的当量额定动载荷 $C_{am}$，这样才便于与表中的数据进行比较和选择。

### 表 4.3-32　滚动螺旋副的尺寸选择计算

| 计算项目 | 单位 | 计 算 公 式 | 说　明 |
|---|---|---|---|
| 初算导程 $P_h$ | mm | $P_h \geqslant \dfrac{v_{max}}{n_{max}}$　　　　　(1)<br>$P_h$ 要符合表 4.3-24 的值 | $v_{max}$——丝杠副最大移动速度(mm/min)<br>$n_{max}$——丝杠副最大相对转速(r/min) |
| 当量载荷 $F_m$ | N | $F_m = \sqrt[3]{\dfrac{F_1^3 n_1 t_1 + F_2^3 n_2 t_2 + \cdots + F_n^3 n_n t_n}{n_1 t_1 + n_2 t_2 + \cdots + n_n t_n}}$　(2)<br>当载荷在 $F_{min}$ 和 $F_{max}$ 之间近于正比例变化时<br>$F_m = \dfrac{1}{3}(2F_{max} + F_{min})$　　　(3) | $F_1, F_2, \cdots, F_n$——轴向变化载荷(N)<br>$n_1, n_2, \cdots, n_n$——对应 $F_1, F_2, \cdots, F_n$ 时的转速(r/min)<br>$t_1, t_2, \cdots, t_n$——对应 $F_1, F_2, \cdots, F_n$ 时的时间(h) |
| 当量转速 $n_m$ | r/min | $n_m = \dfrac{n_1 t_1 + n_2 t_2 + \cdots + n_n t_n}{t_1 + t_2 + \cdots t_n}$　(4)<br>当转速在 $n_{min}$ 和 $n_{max}$ 之间近于正比例变化时<br>$n_m = \dfrac{1}{2}(n_{max} + n_{min})$　　　(4′) | — |
| 当量动载荷计算 $C_{am}$ | N | $C'_{am} = \dfrac{f_w F_m (60 n_m L_h)^{1/3}}{100 f_a f_c}$　　(5)<br>或 $C'_{am} = \dfrac{f_w F_m (L_s/P_h)^{1/3}}{f_a f_c}$　　(6)<br>有预加载荷时还要计算<br>$C''_{am} = f_e F_{max}$　　　(7)<br>选 $C'_{am}$ 与 $C''_{am}$ 中较大者为预期值 $C_{am}$ | $f_a$——精度系数,见表 4.3-33<br>$f_c$——可靠性系数,见表 4.3-34<br>$f_w$——载荷性质系数,见表 4.3-35<br>$L_h$——预期工作寿命(h),见表 4.3-37<br>$L_s$——预期工作距离(km)<br>$f_e$——预加载荷系数,见表 4.3-36<br>$F_{max}$——最大轴向载荷(N) |
| 估算滚珠丝杠允许最大轴向变形 $\delta_m$ | μm | $\delta'_m = \left(\dfrac{1}{3} \sim \dfrac{1}{4}\right)$ 重复定位精度　(8)<br>$\delta''_m \leqslant \left(\dfrac{1}{4} \sim \dfrac{1}{5}\right)$ 定位精度　　(9)<br>取 $\delta'_m$ 与 $\delta''_m$ 中较小值为 $\delta_m$ | — |
| 估算滚珠丝杠底径 $d_{2m}$ | mm | $d_{2m} = a\sqrt{\dfrac{F_0 L}{\delta_m}}$　　　(10)<br>$F_0 = \mu_0 W$　　　(11) | $a$——支承方式系数,一端固定另一端自由或游动时为 0.078,两端固定或铰支时取 0.039<br>$F_0$——导轨静摩擦力(N)<br>$\mu_0$——导轨静摩擦因数<br>$L$——滚珠丝杠两轴承支点间距离(mm),常取 (1.1~1.2) 行程 + (10~14)$P_h$<br>$W$——导轨面正压力(N) |
| 确定滚珠丝杠副规格代号 | — | 按表 4.3-15 及图 4.3-2 选定滚珠螺母型式,按上述估算的 $P_h$、$C_{am}$ 及 $d_{2m}$ 值从表 4.3-40 ~ 表 4.3-46 中选出合适的规格代号及有关安装、连接尺寸,并使 $d_2 \geqslant d_{2m}$,$C_a \geqslant C_{am}$,但不宜过大,以免增加转动惯量及结构尺寸 | |
| $D_n$ 值校验 | mm·r/min | $D_{pw} n_{max} \leqslant 70000$　　(12)<br>对轧制丝杠<br>$D_{pw} n_{max} \leqslant 50000$　　(12′) | $D_{pw}$——节圆直径(mm),$D_{pw} \approx d_2 + D_w$<br>$n_{max}$——滚珠丝杠副最高转速(r/min) |
| 计算预紧力 $F_p$ | N | 当最大轴向工作载荷 $F_{max}$ 能确定时<br>$F_p = \dfrac{1}{3} F_{max}$　　　(13)<br>当最大轴向工作载荷 $F_{max}$ 不能确定时<br>$F_p = bC_a$　　　(13′) | $b$——系数,轻载荷取 0.05,中载荷取 0.075,重载取 0.10 |
| 行程补偿值 $C$ | μm | $C = 11.8 \Delta t l_u \times 10^{-3}$　　(14) | $\Delta t$——温度变化值,2~3℃<br>$l_u$——滚珠丝杠副有效行程(mm),常取行程 + (8~14)$P_h$ |

（续）

| 计算项目 | 单位 | 计 算 公 式 | 说 明 |
|---|---|---|---|
| 预拉伸力 $F_t$ | N | $F_t = 1.95\Delta t d_2^2$ (15) | $d_2$——丝杠螺纹底径（mm） |
| 滚动轴承型号选择计算 | | 参阅本手册滚动轴承部分并绘制滚珠丝杠副工作图 | — |
| 滚珠丝杠副临界转速 $n_c$ 计算 | r/min | $n_c = \dfrac{10^7 f d_2}{L_{c2}^2}$ (16) | $f$——支承系数，见表4.3-39<br>$L_{c2}$——临界转速计算长度，见表4.3-39 |
| 滚珠丝杠压杆稳定性 $F_e$ 验算 | N | $F_e = \dfrac{10^5 K_1 K_2 d_2^4}{L_{c1}^2} \geq F'_{amax}$ (17) | $F_e$——临界压缩载荷（N）<br>$K_1$——安全系数，丝杠垂直安装取1/2，丝杠水平安装取1/3<br>$K_2$——支承系数，见表4.3-39<br>$L_{c1}$——丝杠最大受压长度，见表4.3-39<br>$F'_{amax}$——滚珠丝杠副所受最大轴向压缩载荷（N） |
| 额定静载荷 $C_{0a}$ 验算 | N | $f_s F_{amax} \leq C_{0a}$ (18) | $C_{0a}$——滚珠丝杠副基本轴向额定静载荷，N，见表4.3-40~表4.3-46<br>$f_s$——静态安全系数，一般取1~2，有冲击及振动时取2~3<br>$F_{amax}$——滚珠丝杠副最大轴向载荷（N） |
| 丝杠轴拉压强度验算 | — | $\dfrac{\pi d_2^2 \sigma_p}{4} \geq F_{amax}$ (19) | $\sigma_p$——丝杠轴许用拉压应力（MPa） |
| 系统刚度验算及精度选择 | N/μm | $\dfrac{1}{R} = \dfrac{1}{R_s} + \dfrac{1}{R_b} + \dfrac{1}{R_{nu}}$ (20)<br>$R_s = \begin{cases} \dfrac{165d_2^2}{a} \text{（一端固定，一端自由或游动）} & (21)\\ \dfrac{165d_2^2 L}{a(L-a)} \text{（两端固定或铰支）} & (21') \end{cases}$<br>对不预紧丝杠副，轴向载荷为 $F$ 时<br>$R_{nu} = R'_{nu}\left(\dfrac{F}{0.3C_a}\right)^{1/3}$ (22)<br>对预紧载荷为 $F_p$ 的丝杠副<br>$R_{nu} = R'_{nu}\left(\dfrac{F_p}{0.1C_a}\right)^{1/3}$ (22') | $R_s$——滚珠丝杠副的拉压刚度（N/μm）<br>$R_b$——轴承刚度（N/μm），见表4.3-38<br>$R'_{nu}$——轴向接触刚度（N/μm），见表4.3-40~表4.3-45<br>$a$——滚珠螺母中点至轴承支点距离（mm）<br>$L$——两支承间的距离（mm）<br>$C_a$——额定动载荷（N），见表4.3-40~表4.3-46（各厂家样本所示符号有所不同）<br>精度选择参见表4.3-27 |

注：1. 滚动丝杠副的几何公差参见表4.3-30，电动机选择参见本手册第11篇。
2. 对于数控机床上使用的滚珠丝杠副和用微电动机控制的检测装置等还要进行驱动转矩的计算。在数控机床中，进给系统的驱动转矩由以下三个方面组成：负载转矩，承载外部载荷所需的转矩；惯性转矩，克服大小齿轮、滚珠丝杠副工作台（包括工件在内）的惯性所需的转矩；摩擦转矩，克服双螺母滚珠丝杠副因预紧力而产生的内部摩擦阻力所需的转矩。
3. 对于运转速度较高、支承间距较大的滚珠丝杠副应进行临界转速计算。

表 4.3-33 精度系数 $f_a$

| 精度等级 | 1,2,3 | 4,5 | 7 | 10 |
|---|---|---|---|---|
| $f_a$ | 1.0 | 0.9 | 0.8 | 0.7 |

表 4.3-34　可靠性系数 $f_c$

| 可靠性/% | 90 | 95 | 96 | 97 | 98 | 99 |
|---|---|---|---|---|---|---|
| $f_c$ | 1 | 0.62 | 0.53 | 0.44 | 0.33 | 0.21 |

表 4.3-35　载荷性质系数 $f_w$

| 载荷性质 | 无冲击(很平稳) | 轻微冲击 | 伴有冲击或振动 |
|---|---|---|---|
| $f_w$ | 1~1.2 | 1.2~1.5 | 1.5~2 |

表 4.3-36　预加载荷系数 $f_e$

| 预加载荷类型 | 轻预载 | 中预载 | 重预载 |
|---|---|---|---|
| $f_e$ | 6.7 | 4.5 | 3.4 |

表 4.3-37　各类机械预期工作寿命 $L_h$　　　　h

| 普通机械 | 5000~10000 | 精密机床 | 20000 |
|---|---|---|---|
| 普通机床 | 10000~20000 | 测试机械 | 15000 |
| 数控机床 | 20000 | 航空机械 | 1000 |

表 4.3-38　$R_B$、$R_{B0}$、$R_b$ 值确定

| 轴承类型 | $R_B$/(N/μm) | $R_{B0}$/(N/μm) | 公式应用条件为: |
|---|---|---|---|
| 角接触球轴承 | $2.34\sqrt[3]{d_Q Z^2 F_a \sin^5\beta}$ | $2\times 2.34\sqrt[3]{d_Q Z^2 F_{amax}\sin^5\beta}$ | 球轴承的预紧力　$F_p \approx \frac{1}{3}F_{amax}$ |
| 推力球轴承 | $1.95\sqrt[3]{d_Q Z^2 F_a}$ | $2\times 1.95\sqrt[3]{d_Q Z^2 F_{amax}}$ | 滚子轴承的预紧力　$F_p \approx \frac{1}{2}F_{amax}$ |
| 圆锥滚子轴承 | $7.8\sin^{1.9}\beta L_r^{0.8} Z^{0.9} F_a^{0.1}$ | $2\times 7.8\sin^{1.9}\beta L_r^{0.8} Z^{0.9} F_{amax}^{0.1}$ | $\beta$——轴承接触角(°)<br>$d_Q$——滚动体直径(mm) |
| 推力圆柱滚子轴承 | $7.8 L_r^{0.8} Z^{0.9} F_a^{0.1}$ | $2\times 7.8 L_r^{0.8} Z^{0.9} F_{amax}^{0.1}$ | $L_r$——滚子的有效长度(mm)<br>$Z$——滚动体个数<br>$F_a$——轴向工作载荷(N) |
| $R_b$ 值的确定方法 | 一端固定,一端游动 | 固定端预紧 $R_b=R_{B0}$ | 一端固定,一端自由　$R_b=R_{B0}$<br>$F_{amax}$——最大轴向工作载荷(N) |
| | 两端固定 | 固定端顶紧 $R_b=2R_{B0}$ | 两端铰支　预紧 $R_b=R_{B0}$　未预紧 $R_b=R_B$ |

表 4.3-39　支承系数 $K_2$、$f$

| 支承方式 | 简图 | $K_2$ | $f$ |
|---|---|---|---|
| 一端固定、一端自由 | 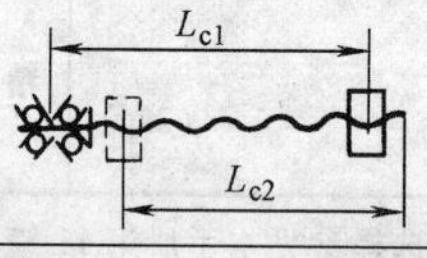 | 0.25 | 3.4 |
| 一端固定、一端铰支 | 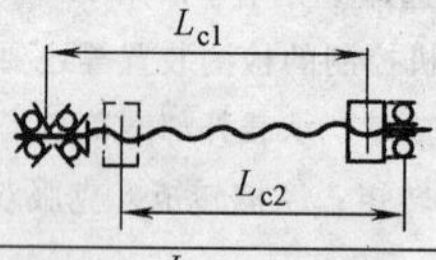 | 2 | 15.1 |
| 两端铰支 | 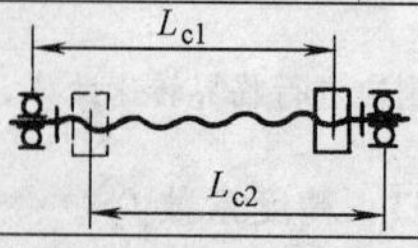 | 1 | 9.7 |
| 两端固定 | 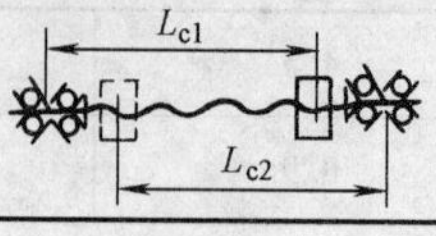 | 4 | 21.9 |

### 表 4.3-40 部分内循环滚珠丝杠副系列尺寸及性能参数 （单位：mm）

**山东济宁博特精密丝杠制造有限公司固定反向器 G 及 GD 型**

| 规格代号 | 钢球直径 $D_w$ | 丝杠底径 $d_2$ | 螺母长度 $L$ G | 螺母长度 $L$ GD | 动载荷 $C_a$ | 静载荷 $C_{0a}$ | 刚度 $R'_{nu}$ G | 刚度 $R'_{nu}$ GD |
|---|---|---|---|---|---|---|---|---|
| 1604-3 | 2.381 | 13.1 | 37 | 65 | 4.612 | 8.779 | 140 | 279 |
| 2004-3 | 2.381 | 17.1 | 40 | 72 | 5.243 | 11.506 | 174 | 347 |
| 2005-3 | 3.175 | 16.2 | 46 | 80 | 9.309 | 21.569 | 234 | 467 |
| 2006-3 | 3.5 | 15.8 | 52 | 92 | 9.366 | 18.324 | 193 | 385 |
| 2504-3 | 2.381 | 22.1 | 40 | 72 | 5.992 | 15.318 | 219 | 437 |
| 2504-4 | | | 44 | 78 | 7.674 | 20.423 | 287 | 574 |
| 2505-3 | 3.175 | 21.2 | 46 | 80 | 9.309 | 21.569 | 234 | 467 |
| 2505-4 | | | 50 | 90 | 11.921 | 28.759 | 308 | 615 |
| 2506-3 | 3.969 | 20.2 | 52 | 92 | 12.097 | 25.340 | 229 | 458 |
| 2506-4 | | | 60 | 108 | 15.493 | 33.787 | 301 | 602 |
| 3205-3 | 3.175 | 28.2 | 46 | 82 | 10.678 | 29.091 | 297 | 594 |
| 3205-4 | | | 52 | 92 | 13.675 | 38.788 | 391 | 781 |
| 3206-3 | 3.969 | 27.2 | 52 | 92 | 14.283 | 35.361 | 300 | 599 |
| 3206-4 | | | 60 | 108 | 18.292 | 47.148 | 394 | 788 |
| 3208-3 | 4.763 | 26.3 | 66 | 115 | 17.958 | 41.206 | 300 | 600 |
| 3208-4 | | | 75 | 135 | 22.998 | 54.914 | 395 | 789 |
| 3210-3 | 5.953 | 24.9 | 80 | 140 | 22.329 | 45.719 | 279 | 558 |
| 3210-4 | | | 90 | 160 | 28.597 | 60.958 | 367 | 734 |
| 4005-3 | 3.175 | 36.2 | 50 | 85 | 11.952 | 37.700 | 365 | 729 |
| 4005-4 | | | 55 | 95 | 15.307 | 50.267 | 480 | 959 |
| 4006-3 | 3.969 | 35.2 | 58 | 100 | 15.960 | 45.465 | 366 | 731 |
| 4006-4 | | | 64 | 112 | 20.440 | 60.619 | 481 | 962 |
| 4008-3 | 4.763 | 34.3 | 66 | 116 | 20.243 | 53.328 | 369 | 737 |
| 4008-4 | | | 76 | 134 | 25.925 | 71.104 | 485 | 969 |
| 4010-3 | 5.953 | 32.9 | 84 | 144 | 26.827 | 64.368 | 370 | 739 |
| 4010-4 | | | 94 | 162 | 34.358 | 85.824 | 486 | 972 |
| 5005-3 | 3.175 | 46.2 | 50 | 85 | 13.277 | 48.472 | 445 | 890 |
| 5005-4 | | | 55 | 95 | 17.004 | 64.630 | 586 | 1171 |
| 5006-3 | 3.969 | 45.2 | 58 | 100 | 17.864 | 58.918 | 449 | 898 |
| 5006-4 | | | 64 | 112 | 22.879 | 78.557 | 449 | 1167 |
| 5008-3 | 4.763 | 44.3 | 70 | 118 | 22.973 | 70.246 | 591 | 1182 |
| 5008-4 | | | 80 | 138 | 29.422 | 93.661 | 604 | 1208 |
| 5010-3 | 5.953 | 42.9 | 82 | 142 | 30.242 | 83.304 | 454 | 907 |
| 5010-4 | | | 94 | 162 | 38.731 | 111.073 | 597 | 1193 |
| 5012-3 | 7.144 | 41.4 | 100 | 170 | 38.338 | 98.104 | 459 | 917 |
| 5012-4 | | | 110 | 195 | 49.099 | 130.806 | 603 | 1206 |
| 6308-3 | 4.763 | 57.3 | 70 | 123 | 25.391 | 89.682 | 557 | 1113 |
| 6308-4 | | | 80 | 140 | 32.519 | 119.576 | 732 | 1464 |
| 6310-3 | 5.953 | 55.9 | 86 | 152 | 34.254 | 109.766 | 565 | 1130 |
| 6310-4 | | | 98 | 172 | 43.870 | 146.354 | 744 | 1487 |
| 6312-3 | 7.144 | 54.4 | 100 | 175 | 42.748 | 125.485 | 557 | 1113 |
| 6312-4 | | | 110 | 198 | 54.748 | 167.313 | 733 | 1465 |

**南京工艺装备制造有限公司浮动反向器 FFZD 型**

| 规格代号 | 钢球直径 $D_w$ | 丝杠底径 $d_2$ | 螺母长度 $L$ | 动载荷 $C_a$ | 静载荷 $C_{0a}$ | 刚度 $R'_{nu}$ /(N/μm) |
|---|---|---|---|---|---|---|
| 1204-3 | 2.381 | 9.5 | 63 | 4 | 6.7 | 417 |
| 1604-3 | 2.381 | 13.5 | 65 | 4.8 | 9.7 | 442 |
| 1605-3 | 3.5 | 12.9 | 83 | 7.6 | 13.2 | 400 |
| 2004LH-3 | 2.381 | 17.5 | 73 | 5.3 | 12.1 | 519 |
| 2004-3 | 3 | 16.9 | 72 | 7.3 | 15.4 | 519 |
| 2005-3 | 3.5 | 16.9 | 83 | 9.1 | 18.3 | 536 |
| 2504-3 | 3 | 21.9 | 74 | 8.3 | 20.2 | 654 |
| 2505-3 | 3.5 | 21.9 | 84 | 10.2 | 23.6 | 657 |
| 2506-3 | 4 | 20.9 | 97 | 11.3 | 23.7 | 636 |
| 3204-3 | 3 | 28.9 | 73 | 9.6 | 27.9 | 823 |
| 3204-5 | | | 92 | 15 | 46.5 | 1340 |
| 3205-3 | 3.5 | 28.9 | 85 | 11.7 | 31.4 | 826 |
| 3205-5 | | | 108 | 18.1 | 52.4 | 1346 |
| 3206-3 | 4 | 27.9 | 99 | 13 | 32.1 | 839 |
| 3206-5 | | | 127 | 20.2 | 53.5 | 1367 |
| 3210-3 | 7.144 | 27.3 | 146 | 25.7 | 50.2 | 772 |
| 3210-5 | | | 191 | 40 | 83.8 | 1256 |
| 4005-3 | 3.5 | 36.9 | 88 | 13 | 40.6 | 1025 |
| 4005-5 | | | 111 | 20.2 | 67.7 | 1671 |
| 4006-3 | 4 | 35.9 | 101 | 15.1 | 43.8 | 1017 |
| 4006-5 | | | 128 | 23.5 | 73 | 1658 |
| 4008-3 | 5 | 34.9 | 128 | 19.8 | 51 | 1004 |
| 4008-5 | | | 163 | 30.7 | 84.9 | 1580 |
| 4010-3 | 7.144 | 34.3 | 146 | 30 | 66.3 | 973 |
| 4010-5 | | | 193 | 46.5 | 110.5 | 1585 |
| 4012-3 | 7.144 | 32.7 | 164 | 36.5 | 81.3 | 909 |
| 4012-5 | | | 227 | 44.2 | 101.6 | 1440 |
| 5005-3 | 3.5 | 46.4 | 87 | 14.3 | 51.1 | 1213 |
| 5005-5 | | | 111 | 22.2 | 85.1 | 1981 |
| 5006-3 | 4 | 45.9 | 101 | 17 | 57.2 | 1224 |
| 5006-5 | | | 130 | 26.4 | 95.4 | 1997 |
| 5008-3 | 5 | 44.9 | 127 | 22.4 | 67 | 1269 |
| 5008-5 | | | 163 | 34.7 | 11.1 | 2069 |
| 5010-3 | 7.144 | 44.3 | 147 | 35.8 | 93.2 | 1273 |
| 5010-5 | | | 194 | 55.6 | 155.3 | 2075 |
| 5012-4 | 7.144 | 42.7 | 195 | 44.4 | 117 | 1137 |
| 5012-5 | | | 223 | 53.8 | 146.3 | 1801 |
| 5020-3 | 10 | 42.8 | 284 | 59.9 | 131.1 | 1138 |
| 5020-4 | | | 306 | 72.5 | 163.9 | 1476 |

（续）

| 山东济宁博特精密丝杠制造有限公司固定反向器 G 及 GD 型 ||||||||| 南京工艺装备制造有限公司浮动反向器 FFZD 型 |||||||
|---|---|---|---|---|---|---|---|---|---|---|---|---|---|---|---|
| 规格代号 | 钢球直径 $D_w$ | 丝杠底径 $d_2$ | 螺母长度 $L$ || 基本额定载荷 /kN || 刚度 $R'_{nu}$ /(N/μm) || 规格代号 | 钢球直径 $D_w$ | 丝杠底径 $d_2$ | 螺母长度 $L$ | 基本额定负荷 /kN || 刚度 $R'_{nu}$ /(N/μm) |
| | | | G | GD | 动载荷 $C_a$ | 静载荷 $C_{0a}$ | G | GD | | | | | 动载荷 $C_a$ | 静载荷 $C_{0a}$ | |
| 8010-3 | 5.953 | 72.9 | 88 | 152 | 38.439 | 143.846 | 687 | 1400 | 6308-4 | 5 | 57.9 | 147 | 33 | 121.1 | 2018 |
| 8010-4 | | | 96 | 172 | 49.228 | 191.795 | 904 | 1842 | 6308-5 | | | 163 | 40 | 151.5 | 2499 |
| 8012-3 | 7.144 | 71.4 | 98 | 175 | 48.980 | 168.973 | 707 | 1413 | 6310-4 | 7.144 | 57.3 | 175 | 51.5 | 160.6 | 2023 |
| 8012-4 | | | 110 | 198 | 62.729 | 225.298 | 930 | 1859 | 6310-5 | | | 198 | 62.4 | 200.7 | 2505 |
| 8016-3 | 9.525 | 68.6 | 122 | 216 | 90.172 | 295.969 | 905 | 1810 | 6312-4 | 7.144 | 55.7 | 203 | 50.3 | 153.3 | 2049 |
| 8016-4 | | | 138 | 248 | 115.483 | 394.625 | 1191 | 2381 | 6312-5 | | | 230 | 60.9 | 191.7 | 2537 |
| 8016-5 | | | 164 | 298 | 139.914 | 493.281 | 1473 | 2945 | 6316-4 | 10 | 52.8 | 266 | 76 | 201 | 1882 |
| 10012-3 | 7.144 | 91.4 | 102 | 180 | 54.604 | 218.041 | 865 | 1729 | 6316-5 | | | 306 | 92.5 | 251.2 | 2290 |
| 10012-4 | | | 115 | 204 | 69.931 | 290.721 | 1138 | 2275 | 6320-4 | 10 | 52.8 | 304 | 76.2 | 200.6 | 2122 |
| 10012-5 | | | 130 | 237 | 84.725 | 363.401 | 1407 | 2814 | 6320-5 | | | 354 | 92.3 | 250.8 | 2612 |
| 10016-3 | 9.525 | 88.6 | 125 | 220 | 102.332 | 389.862 | 1128 | 2256 | 8010-4 | 7.144 | 74.3 | 181 | 58.1 | 211.4 | 2479 |
| 10016-4 | | | 140 | 250 | 131.507 | 519.816 | 1484 | 2968 | 8010-5 | | | 204 | 70.3 | 264.3 | 3071 |
| 10016-5 | | | 163 | 298 | 158.782 | 649.770 | 1836 | 3671 | 8012-4 | 7.144 | 72.7 | 211 | 58.3 | 211 | 2566 |
| 10020-3 | 10 | 88 | 148 | 256 | 107.830 | 400.054 | 1113 | 2226 | 8012-5 | | | 237 | 70.7 | 264 | 3177 |
| 10020-4 | | | 168 | 298 | 138.100 | 533.405 | 1464 | 2928 | 8016-4 | 10 | 69.8 | 274 | 88.3 | 271.9 | 2618 |
| 10020-5 | | | 190 | 379 | 167.315 | 666.757 | 1811 | 3622 | 8016-5 | | | 298 | 107 | 339.9 | 3241 |
| 12516-4 | 9.525 | 113.6 | 140 | 274 | 145.150 | 663.481 | 1799 | 3597 | 8020-4 | 10 | 69.8 | 306 | 85.2 | 258 | 2484 |
| 12516-5 | | | 163 | 298 | 175.857 | 826.351 | 2225 | 4450 | 8020-5 | | | 358 | 103.3 | 322.5 | 3032 |
| 12520-4 | 10 | 113 | 168 | 338 | 154.662 | 691.508 | 1800 | 3599 | 10020-4 | 10 | 89.8 | 311 | 100 | 356.9 | 3214 |
| 12520-5 | | | 190 | 379 | 187.382 | 864.385 | 2227 | 4453 | 10020-5 | | | 368 | 121 | 446.1 | 3979 |
| 16020-4 | 10 | 148 | 168 | 338 | 173.242 | 909.162 | 2235 | 4469 | | | | | | | |
| 16020-5 | | | 190 | 379 | 209.892 | 1136.43 | 2764 | 5528 | | | | | | | |

### 表 4.3-41　内循环轧制 Z 及 ZD 型滚珠丝杠副尺寸及性能参数

（山东济宁博特精密丝杠制造有限公司）　　　　　　　（单位：mm）

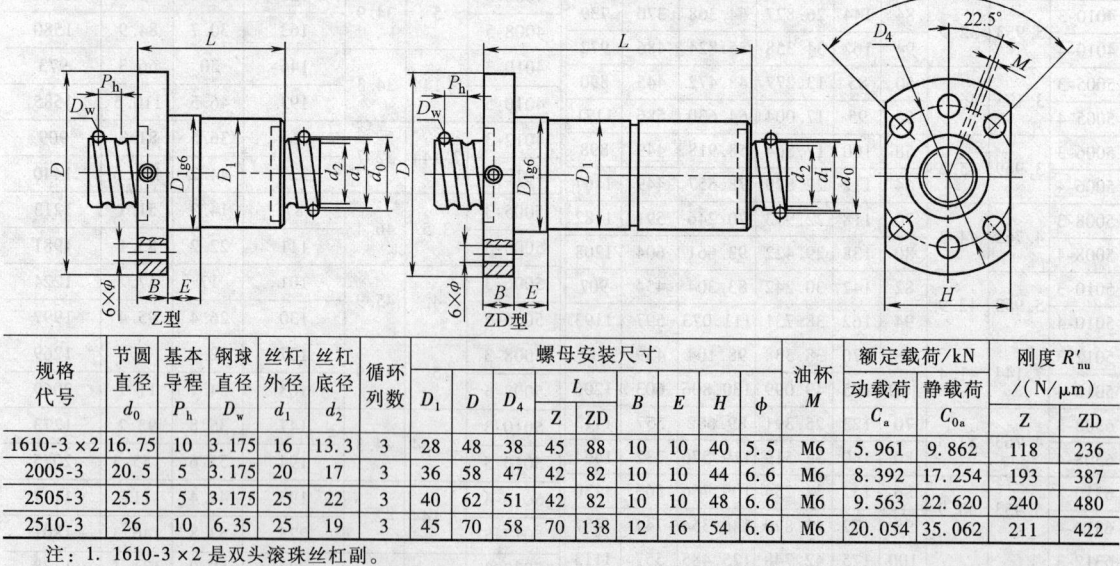

| 规格代号 | 节圆直径 $d_0$ | 基本导程 $P_h$ | 钢球直径 $D_w$ | 丝杠外径 $d_1$ | 丝杠底径 $d_2$ | 循环列数 | 螺母安装尺寸 ||||||||| 油杯 $M$ | 额定载荷/kN || 刚度 $R'_{nu}$ /(N/μm) ||
|---|---|---|---|---|---|---|---|---|---|---|---|---|---|---|---|---|---|---|---|---|
| | | | | | | | $D_1$ | $D$ | $D_4$ | $L$ || $B$ | $E$ | $H$ | $\phi$ | | 动载荷 $C_a$ | 静载荷 $C_{0a}$ | Z | ZD |
| | | | | | | | | | | Z | ZD | | | | | | | | | |
| 1610-3×2 | 16.75 | 10 | 3.175 | 16 | 13.3 | 3 | 28 | 48 | 38 | 45 | 88 | 10 | 10 | 40 | 5.5 | M6 | 5.961 | 9.862 | 118 | 236 |
| 2005-3 | 20.5 | 5 | 3.175 | 20 | 17 | 3 | 36 | 58 | 47 | 42 | 82 | 10 | 10 | 44 | 6.6 | M6 | 8.392 | 17.254 | 193 | 387 |
| 2505-3 | 25.5 | 5 | 3.175 | 25 | 22 | 3 | 40 | 62 | 51 | 42 | 82 | 10 | 10 | 48 | 6.6 | M6 | 9.563 | 22.620 | 240 | 480 |
| 2510-3 | 26 | 10 | 6.35 | 25 | 19 | 3 | 45 | 70 | 58 | 70 | 138 | 12 | 16 | 54 | 6.6 | M6 | 20.054 | 35.062 | 211 | 422 |

注：1. 1610-3×2 是双头滚珠丝杠副。
　　2. 本系列滚珠丝杠副的特点：滚珠丝杠采用轧制工艺生产，感应淬火，硬度在 58HRC 以上；同样的直径下，本系列滚珠丝杠副长度长，最长可达 2m。

**表 4.3-42　外循环滚珠丝杠副尺寸及性能参数**（汉江机床有限公司丝杠导轨厂）

插管凸出式

| 规格代号 | 螺 母 长 度 L /mm | | | 基本额定载荷/kN | | 刚度 $R'_{nu}$ /(N/μm) |
|---|---|---|---|---|---|---|
| | $FC_1$、$FC_2$、$FC_1(Z)$、$FC_2(Z)$ | $FC_1B$、$FC_2B$ | $FYC_1D$、$FYC_2D$ | 动载荷 $C_a$ | 静载荷 $C_{0a}$ | |
| 2004-2.5 | 39 | 55 | 72 | 5.393 | 12.651 | 555 |
| 2004-5 | 55 | 86 | 102 | 9.807 | 25.302 | 1080 |
| 2005-2.5 | 40 | 62 | 76 | 8.630 | 18.241 | 675 |
| 2005-5 | 62 | 91 | 106 | 15.789 | 36.580 | 1185 |
| 2006-2.5 | 44 | 64 | 86 | 8.630 | 18.241 | 630 |
| 2006-5 | 64 | 98 | 122 | 15.789 | 36.580 | 1215 |
| 2504-2.5 | 39 | 56 | 72 | 5.982 | 16.083 | 675 |
| 2504-5 | 56 | 86 | 102 | 10.983 | 32.167 | 1290 |
| 2505-2.5 | 40 | 62 | 76 | 9.610 | 23.340 | 735 |
| 2505-3 | 50 | 76 | 102 | 11.670 | 28.538 | 870 |
| 2505-5 | 62 | 91 | 106 | 17.456 | 46.583 | 1425 |
| 2506-2.5 | 44 | 64 | 86 | 9.610 | 23.340 | 750 |
| 2506-5 | 64 | 98 | 122 | 17.456 | 46.583 | 1455 |
| 2508-2.5 | 52 | 76 | 98 | 16.770 | 33.834 | 765 |
| 2508-5 | 76 | 124 | 151 | 30.401 | 67.766 | 1485 |
| 3204-2.5 | 40 | 58 | 74 | 6.668 | 20.692 | 810 |
| 3204-5 | 58 | 88 | 104 | 12.160 | 41.483 | 1575 |
| 3205-2.5 | 42 | 62 | 76 | 10.689 | 29.911 | 900 |
| 3205-3 | 52 | 78 | 103 | 12.945 | 37.364 | 1050 |
| 3205-5 | 62 | 93 | 106 | 19.417 | 59.822 | 1740 |
| 3206-2.5 | 46 | 66 | 87 | 10.689 | 29.911 | 915 |
| 3206-5 | 66 | 100 | 123 | 19.417 | 59.822 | 1770 |
| 3208-2.5 | 58 | 82 | 106 | 18.437 | 43.739 | 930 |
| 3208-5 | 82 | 130 | 154 | 33.343 | 87.478 | 1815 |
| 3210-2.5 | 70 | 100 | 130 | 26.969 | 57.665 | 975 |
| 3210-5 | 100 | 160 | 183 | 48.740 | 115.330 | 1875 |
| 4005-2.5 | 45 | 65 | 85 | 11.670 | 37.658 | 1065 |
| 4005-3 | 55 | 80 | 106 | 14.220 | 47.073 | 1275 |
| 4005-5 | 65 | 100 | 124 | 21.183 | 75.317 | 2070 |
| 4006-2.5 | 48 | 66 | 90 | 16.083 | 46.779 | 1080 |
| 4006-5 | 66 | 104 | 126 | 29.126 | 93.362 | 2115 |
| 4008-2.5 | 58 | 82 | 106 | 20.202 | 55.213 | 1110 |
| 4008-5 | 82 | 130 | 154 | 36.874 | 109.838 | 2160 |
| 4010-2.5 | 72 | 102 | 133 | 30.303 | 73.062 | 1170 |
| 4010-3 | 90 | 140 | 170 | 36.678 | 91.401 | 1395 |
| 4010-5 | 103 | 163 | 193 | 55.017 | 146.418 | 2250 |

（续）

| 规格代号 | 螺　母　长　度　$L$ /mm | | | 基本额定载荷/kN | | 刚度 $R'_{nu}$ /(N/μm) |
|---|---|---|---|---|---|---|
| | | | | 动载荷 $C_a$ | 静载荷 $C_{0a}$ | |
| | $FC_1$、$FC_2$、$FC_1(Z)$、$FC_2(Z)$ | $FC_1B$、$FC_2B$ | $FYC_1D$、$FYC_2D$ | | | |
| 5005-3 | 58 | 83 | 118 | 15.495 | 58.351 | 1515 |
| 5005-5 | 66 | 101 | 124 | 23.144 | 93.460 | 2460 |
| 5006-3 | 62 | 90 | 116 | 21.379 | 72.277 | 1560 |
| 5006-5 | 68 | 104 | 128 | 32.068 | 115.526 | 2535 |
| 5008-3 | 74 | 114 | 138 | 27.361 | 85.909 | 1590 |
| 5008-5 | 85 | 133 | 157 | 40.993 | 140.142 | 2595 |
| 5010-3 | 90 | 130 | 170 | 40.797 | 114.397 | 1665 |
| 5010-5 | 103 | 163 | 193 | 60.999 | 186.234 | 2715 |
| 5010-7 | 123 | — | 233 | 81.128 | 260.727 | 3730 |
| 5012-3 | 107 | — | 203 | 54.821 | 142.691 | 1725 |
| 5012-5 | 123 | — | 231 | 82.182 | 229.091 | 2805 |
| 6308-3 | 74 | 114 | 138 | 29.715 | 110.034 | 1920 |
| 6308-5 | 85 | 133 | 157 | 44.523 | 179.370 | 3135 |
| 6310-3 | 94 | 134 | 174 | 44.523 | 145.928 | 1995 |
| 6310-5 | 107 | 167 | 197 | 66.785 | 236.446 | 3255 |
| 6310-7 | 126 | — | 236 | 88.824 | 331.024 | 4470 |
| 6312-3 | 107 | — | 203 | 60.705 | 182.998 | 2070 |
| 6312-5 | 123 | — | 231 | 91.107 | 291.954 | 3375 |
| 6312-7 | 147 | — | 279 | 118.439 | 408.735 | 4635 |
| 8010-3 | 94 | 134 | 174 | 49.721 | 188.490 | 2430 |
| 8010-5 | 107 | 167 | 197 | 74.435 | 301.369 | 3945 |
| 8010-7 | 126 | — | 236 | 96.765 | 421.916 | 5420 |
| 8012-3 | 107 | — | 203 | 67.864 | 233.112 | 2505 |
| 8012-5 | 123 | — | 231 | 101.502 | 373.548 | 4080 |
| 8012-7 | 147 | — | 279 | 131.952 | 522.967 | 5605 |
| 8016-3 | 132 | — | 242 | 87.968 | 355.013 | 2820 |
| 8016-5 | 160 | — | 298 | 116.703 | 590.381 | 4590 |
| 10010-5 | 118 | — | 218 | 81.575 | 372.984 | 4690 |
| 10010-7 | 138 | — | 258 | 106.047 | 522.178 | 6440 |
| 10012-3 | 110 | — | 205 | 74.042 | 294.210 | 2985 |
| 10012-5 | 126 | — | 234 | 110.917 | 470.834 | 4860 |
| 10012-7 | 150 | — | 282 | 144.192 | 659.167 | 6670 |
| 10016-3 | 132 | — | 242 | 96.108 | 437.392 | 3345 |
| 10016-5 | 160 | — | 298 | 137.298 | 727.679 | 5460 |
| 10020-2.5 | 130 | — | 240 | 84.634 | 363.839 | 3345 |
| 10020-3 | 150 | — | 280 | 96.108 | 437.392 | 5460 |

插管凸出式

**表 4.3-43 大导程滚珠丝杠副系列尺寸及性能参数** （北京机床所精密机电有限公司）

| 规格代号 | 丝杠底径 $d_2$ /mm | 螺母长度 $L$ /mm | 基本额定载荷 /kN | | 刚度 $R'_{nu}$ /(N/μm) | 规格代号 | 丝杠底径 $d_2$ /mm | 螺母长度 $L$ /mm | 基本额定载荷 /kN | | 刚度 $R'_{nu}$ /(N/μm) |
|---|---|---|---|---|---|---|---|---|---|---|---|
| | | | 动载荷 $C_a$ | 静载荷 $C_{0a}$ | | | | | 动载荷 $C_a$ | 静载荷 $C_{0a}$ | |
| 2010-2.5 | 15.1 | 74 | 11.494 | 23.545 | 309 | 2010-2.5 | 15.1 | 68 | 11.494 | 23.545 | 309 |
| 2020-2.5 | | 103 | 10.937 | 22.718 | 286 | 2020-2.5 | | 96 | 10.937 | 22.718 | 286 |
| 2520-2.5 | 19.2 | 111 | 16.136 | 35.467 | 370 | 2520-2.5 | 19.2 | 97 | 16.136 | 35.467 | 370 |
| 2520-3 | | 131 | 19.363 | 42.560 | 444 | 2525-2.5 | | 113 | 15.787 | 34.874 | 358 |
| 2525-2.5 | | 124 | 15.787 | 34.874 | 358 | | | | | | |
| 3220-2.5 | 26.2 | 112 | 18.141 | 45.090 | 452 | 3220-2.5 | 26.2 | 97 | 18.141 | 45.090 | 452 |
| 3225-2.5 | | 124 | 17.892 | 44.614 | 442 | 3225-2.5 | | 113 | 17.892 | 44.614 | 442 |
| 3232-2.5 | | 145 | 18.023 | 45.893 | 444 | 3232-2.5 | | 130 | 18.023 | 45.893 | 444 |
| 4020-2.5 | 32.3 | 114 | 30.083 | 76.553 | 577 | 4020-2.5 | 32.3 | 104 | 30.083 | 76.553 | 577 |
| 4020-3 | | 134 | 35.190 | 91.864 | 687 | 4020-3 | | 124 | 35.190 | 91.864 | 687 |
| 4025-2.5 | | 127 | 29.814 | 76.027 | 569 | 4025-2.5 | | 119 | 29.814 | 76.027 | 569 |
| 4025-3 | | 152 | 34.875 | 91.232 | 677 | 4025-3 | | 144 | 34.875 | 91.232 | 677 |
| 4032-2.5 | | 147 | 29.352 | 75.119 | 555 | 4032-2.5 | | 138 | 29.352 | 75.119 | 555 |
| 4040-2.5 | | 168 | 25.718 | 64.569 | 485 | 4040-2.5 | | 158 | 25.718 | 64.569 | 485 |
| 5025-2.5 | 40.3 | 135 | 44.958 | 119.629 | 711 | 5025-2.5 | 40.3 | 125 | 40.263 | 104.574 | 643 |
| 5025-3 | | 160 | 52.590 | 143.555 | 846 | 5032-2.5 | | 146 | 44.503 | 118.697 | 699 |
| 5032-2.5 | | 155 | 44.503 | 118.697 | 699 | | | | | | |
| 5032-3 | | 187 | 52.058 | 142.436 | 831 | | | | | | |
| 5040-2.5 | | 176 | 43.867 | 117.388 | 683 | 5050-2.5 | | 195 | 38.435 | 100.902 | 597 |
| 5050-2.5 | | 201 | 38.435 | 100.902 | 597 | | | | | | |

**表 4.3-44 内循环微型 FF 系列滚珠丝杠副尺寸及性能参数** （南京工艺装备制造有限公司）

（单位：mm）

| 规格代号 | 公称直径 $d_0$ | 公称导程 $P_{h0}$ | 丝杠外径 $d_1$ | 钢球直径 $D_w$ | 丝杠底径 $d_2$ | 循环圈数 | 基本额定载荷/kN | |
|---|---|---|---|---|---|---|---|---|
| | | | | | | | 动载荷 $C_a$ | 静载荷 $C_{0a}$ |
| 0801.5-3 | 8 | 1.5 | 8 | 1.2 | 7.1 | 3 | 1.4 | 2.3 |
| 0802-3 | 8 | 2 | 8 | 1.588 | 6.7 | 3 | 1.8 | 2.7 |
| 0802.5-3 | 8 | 2.5 | 8 | 2 | 6.5 | 3 | 2.3 | 3.1 |
| 0803-3 | 8 | 3 | 8 | 2 | 6.5 | 3 | 2.3 | 3.1 |
| 1001.5-3 | 10 | 1.5 | 9.8 | 1.2 | 8.9 | 3 | 1.6 | 3.1 |
| 1002-3 | 10 | 2 | 9.8 | 1.588 | 8.5 | 3 | 2.2 | 3.8 |
| 1002.5-3 | 10 | 2.5 | 9.5 | 2 | 7.9 | 3 | 2.8 | 4.4 |
| 1003-3 | 10 | 3 | 9.5 | 2 | 7.9 | 3 | 2.8 | 4.3 |
| 1201.5-3 | 12 | 1.5 | 11.8 | 1.2 | 10.9 | 3 | 1.7 | 3.9 |
| 1202-3 | 12 | 2 | 11.9 | 1.588 | 10.7 | 3 | 2.5 | 4.9 |
| 1202.5-3 | 12 | 2.5 | 11.7 | 2 | 10.2 | 3 | 3.2 | 5.6 |
| 1203-3 | 12 | 3 | 11.3 | 2.381 | 9.5 | 3 | 3.8 | 6.2 |
| 1602-4 | 16 | 2 | 15.9 | 1.588 | 14.7 | 4 | 2.9 | 7.0 |
| 1602.5-4 | 16 | 2.5 | 15.7 | 2 | 14.2 | 4 | 3.8 | 8.1 |
| 1603-4 | 16 | 3 | 15.3 | 2.381 | 13.5 | 4 | 4.7 | 9.2 |
| 2002-4 | 20 | 2 | 19.9 | 1.588 | 18.7 | 4 | 3.2 | 9.2 |
| 2002.5-4 | 20 | 2.5 | 19.7 | 2 | 18.2 | 4 | 4.3 | 10.7 |
| 2003-4 | 20 | 3 | 19.3 | 2.381 | 17.5 | 4 | 5.3 | 12.2 |

注：正常工作温度范围为 ±60℃。

### 表 4.3-45　外循环插管凸出式大型重载滚珠丝杠副尺寸及性能参数
（山东济宁博特精密丝杠制造有限公司）

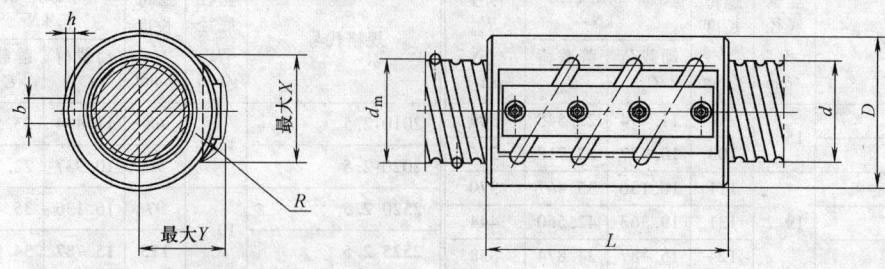

| 螺母型号 | 公称直径 $d_0$ /mm | 公称导程 $P_{h0}$ /mm | 钢球直径 $D_w$ /mm | 回路数（卷数×列数） | 基本额定载荷 /kN 动载荷 $C_a$ | 基本额定载荷 /kN 静载荷 $C_{0a}$ | 刚度 $R'_{nu}$ /(N/μm) | 外径 $D$ /mm | 全长 $L$ /mm | 其他尺寸/mm $b$ | $h$ | $Y$ | $X$ | $R$ |
|---|---|---|---|---|---|---|---|---|---|---|---|---|---|---|
| ZCT12524-5 | 125 | 24 | 10.318 | 2.5×2 | — | — | — | 180 | 200 | 32 | 11 | 100 | 136 | 40 |
| ZCT12524-7.5 | | | | 2.5×3 | 230 | 1051 | 5379 | | 275 | | | | | |
| ZCT12532-5 | | 32 | 15.081 | 2.5×2 | 273 | 1010 | 3823 | 185 | 250 | 32 | 11 | 107 | 140 | 45 |
| ZCT12532-7.5 | | | | 2.5×3 | 386 | 1515 | 5627 | | 350 | | | | | |
| ZCT14024-5 | 140 | 24 | 10.318 | 2.5×2 | 170 | 788 | 4005 | 210 | 200 | 32 | 11 | 115 | 154 | 50 |
| ZCT14024-7.5 | | | | 2.5×3 | 241 | 1182 | 2895 | | 275 | | | | | |
| ZCT14032-5 | | 32 | 15.081 | 2.5×2 | 287 | 1137 | 4196 | 220 | 255 | 32 | 11 | 135 | 163 | 60 |
| ZCT14032-7.5 | | | | 2.5×3 | 406 | 1706 | 6177 | | 350 | | | | | |
| ZCT14040-5 | | 40 | 17.4625 | 2.5×2 | 349 | 1308 | 4262 | 220 | 306 | 32 | 11 | 135 | 163 | 60 |
| ZCT14040-7.5 | | | | 2.5×3 | 495 | 1962 | 6273 | | 430 | | | | | |
| ZCT14050-5 | | 50 | 18 | 2.5×2 | 363 | 1346 | 4265 | 225 | 380 | 32 | 11 | 141 | 167 | 70 |
| ZCT14050-7.5 | | | | 2.5×3 | 515 | 2020 | 6277 | | 530 | | | | | |
| ZCT16032-5 | 160 | 32 | 15.081 | 2.5×2 | 304 | 1306 | 4679 | 245 | 252 | 36 | 12 | 141 | 180 | 60 |
| ZCT16032-7.5 | | | | 2.5×3 | 431 | 1959 | 6887 | | 350 | | | | | |
| ZCT16040-5 | | 40 | 17.4625 | 2.5×2 | 371 | 1504 | 4819 | 245 | 306 | 36 | 12 | 141 | 180 | 60 |
| ZCT16040-7.5 | | | | 2.5×3 | 526 | 2256 | 7093 | | 430 | | | | | |
| ZCT16050-5 | | 50 | 18 | 2.5×2 | 386 | 1548 | 4826 | 350 | 380 | 36 | 12 | 147 | 185 | 70 |
| ZCT16050-7.5 | | | | 2.5×3 | 547 | 2322 | 7104 | | 530 | | | | | |
| ZCT20032-5 | 200 | 32 | 15.081 | 2.5×2 | 334 | 1645 | 5678 | 295 | 252 | 45 | 15 | 162 | 216 | 70 |
| ZCT20032-7.5 | | | | 2.5×3 | 473 | 2468 | 8357 | | 350 | | | | | |
| ZCT20040-5 | | 40 | 17.4625 | 2.5×2 | 408 | 1896 | 5781 | 295 | 306 | 45 | 15 | 162 | 216 | 70 |
| ZCT20040-7.5 | | | | 2.5×3 | 579 | 2843 | 8508 | | 426 | | | | | |
| ZCT20050-5 | | 50 | 18 | 2.5×2 | 426 | 1952 | 5795 | 300 | 380 | 45 | 15 | 168 | 221 | 70 |
| ZCT20050-7.5 | | | | 2.5×3 | 603 | 2928 | 8530 | | 530 | | | | | |
| ZCT25040-5 | 250 | 40 | 17.4625 | 2.5×2 | 447 | 2385 | 6921 | 335 | 312 | 50 | 17 | 194 | 266 | 70 |
| ZCT25040-7.5 | | | | 2.5×3 | 634 | 3578 | 10188 | | 432 | | | | | |
| ZCT25050-5 | | 50 | 18 | 2.5×2 | 467 | 2456 | 6943 | 370 | 385 | 50 | 17 | 206 | 274 | 90 |
| ZCT25050-7.5 | | | | 2.5×3 | 661 | 3685 | 10219 | | 535 | | | | | |

注：表中动静载荷与钢珠直径有关，厂家可根据用户的载荷要求来调整钢球大小。

**表 4.3-46 JBSX 型行星滚柱丝杠副尺寸及性能参数**（山东济宁博特精密丝杠制造有限公司）

| 公称直径 $d_0$/mm | 其他尺寸/mm | | | | 基本额定载荷/kN | | 极限转速 $n$/(r/min) | 键槽尺寸/mm | 性 能 特 点 |
|---|---|---|---|---|---|---|---|---|---|
| | $P_Z$ | $D$ | $h$ | $c$ | 动载荷 $C_a$ | 静载荷 $C_{0a}$ | | | |
| 24 | 2 | 48 | 1.8 | 55 | 12 | 34 | 5000 | 4×4×18 | JBSX 型行星滚柱丝杠副具有长时间承受重载的能力，螺母具有抗冲击性，调速装置更能保证其稳定性，大导程和对称螺母保证高直线速度。<br>行星滚柱丝杠副有以下特殊性能：<br>1）由于很多接触点共同分担载荷，且用滚柱取代滚珠，因而具有很强的承载能力<br>2）使用寿命长<br>3）坚固的设计可以抵抗冲击力<br>4）在较差环境中，如冰、污或润滑差等，均能保持良好的性能<br>5）由于对称螺母和不可再循环的设计，从而保证高循环速度<br>6）导程4～36mm，左旋，无标准导程，成本低<br>7）直线速度大于100m/min<br>8）高效率<br>9）运行平稳，无粘滞事故<br>10）良好的可重复性能<br>11）可靠性好<br>12）可预计寿命<br>13）磨损小，能保证稳定的精度 |
| | 4 | 48 | 1.8 | 55 | 23 | 39 | 5000 | 4×4×18 | |
| | 5 | 48 | 1.8 | 55 | 30 | 42 | 5000 | 4×4×18 | |
| | 6 | 48 | 1.8 | 55 | 34 | 40 | 5000 | 4×4×18 | |
| 30 | 2 | 62 | 1.8 | 55 | 12 | 40 | 4700 | 5×5×22 | |
| | 4 | 62 | 1.8 | 55 | 24 | 47 | 4700 | 5×5×22 | |
| | 5 | 62 | 1.8 | 55 | 30 | 51 | 4700 | 5×5×22 | |
| | 6 | 62 | 1.8 | 55 | 35 | 49 | 4700 | 5×5×22 | |
| | 8 | 62 | 1.8 | 55 | 46 | 49 | 4700 | 5×5×22 | |
| 36 | 2 | 75 | 1.8 | 68 | 18 | 81 | 4400 | 5×5×22 | |
| | 4 | 75 | 1.8 | 68 | 36 | 97 | 4400 | 5×5×22 | |
| | 5 | 75 | 1.8 | 68 | 45 | 102 | 4400 | 5×5×22 | |
| | 6 | 75 | 1.8 | 68 | 53 | 102 | 4400 | 5×5×22 | |
| | 8 | 75 | 1.8 | 68 | 71 | 106 | 4400 | 5×5×22 | |
| 39 | 2 | 80 | 1.8 | 72 | 19 | 94 | 4200 | 5×5×25 | |
| | 4 | 80 | 1.8 | 72 | 39 | 112 | 4200 | 5×5×25 | |
| | 5 | 80 | 1.8 | 72 | 49 | 120 | 4200 | 5×5×25 | |
| | 10 | 80 | 1.8 | 72 | 98 | 134 | 4200 | 5×5×25 | |
| 48 | 5 | 96 | 2.8 | 95 | 63 | 192 | 3800 | 6×6×40 | |
| | 10 | 96 | 2.8 | 95 | 124 | 219 | 3800 | 6×6×40 | |
| 63 | 5 | 118 | 3.6 | 115 | 75 | 290 | 3000 | 8×7×45 | |
| | 10 | 118 | 3.6 | 115 | 146 | 330 | 3000 | 8×7×45 | |

注：$P_Z$ 为螺旋线头数。

## 3.7 设计中应注意的问题

1. 防止逆转滚动螺旋传动逆效率高，不能自锁

为了使螺旋副受力后不逆转，应考虑设置防止逆转装置，如采用制动电动机、步进电动机，在传动系统中设有能够自锁的机构（如蜗杆传动）；在螺杆、螺母或传动系统中装设单向离合器、双向离合器、制动器等，选用离合器时必须注意其可靠性。

2. 防止螺母脱出

在滚动螺旋传动中，特别是垂直传动，容易发生螺母脱出而造成事故，设计时必须考虑防止螺母脱出的安全装置。

3. 热变形

热变形对精密传动螺旋的定位精度、机床的加工精度等都有重要影响。其热源不单是螺旋副的摩擦热，还有其他机械部件工作时产生的热。为此必须分析热源的各因素，采取措施控制热源的各环节；另一方面，还可采用预拉伸、强制冷却等减小螺杆热伸长的影响。

4. 细长螺杆的自重变形

细长而又水平放置的螺杆，常因自重使轴线产生弯曲变形，是影响导程累积误差的因素之一，还会使螺母受载不均。设计长螺杆时，应考虑防止或减小自重弯曲变形的措施。

5. 防护与密封

尘埃和杂质等污物进入螺纹滚道会妨碍滚动体运转通畅，加速滚动体与滚道的磨损，使滚动螺旋副丧失精度。因此，防护与密封是设计滚动螺旋传动必须考虑的一环。

最简单的办法是在螺母两端加密封圈（如橡胶、毛毡、聚氨酯、尼龙等密封圈），但应注意不要使螺杆外露部分受机械损伤。要求高的都采用伸缩套、折叠式防尘罩或螺旋弹簧钢带套管等。

6. 润滑

润滑是减小驱动转矩，提高传动效率，延长螺旋副使用寿命的重要一环。接触表面形成的油膜还有缓冲吸振、减小传动噪声的作用。

可根据传动的用途和转速合理地选择润滑剂。低

速时，可选用锂基润滑脂，它容易粘附在螺纹滚道表面，保持良好的润滑。低速重载时，亦可选用粘度较高的润滑油。高转速且要考虑减小其热变形时，宜选用低粘度润滑油循环润滑。

## 3.8　滚子螺旋传动简介

　　滚子螺旋传动有许多结构形式，但由于其结构复杂，制造工艺困难，并不是所有的结构都得到了广泛的应用。已经应用的滚子螺旋传动，螺杆直径可小到 5mm；效率超过 90%；对于精密传动，任意 300mm 内的行程变动量可达 5μm；从动件移动速度可达到 100m/min，转速达到 6000r/min。它具有可靠性高、

寿命长等特点。螺纹滚子螺旋可以比钢球滚动螺旋做成更小的导程。

　　目前滚子螺旋传动已应用于电梯、升降机和输送机（螺杆直径为 75mm，长达 13m），以及船坞、闸门的重载起重装置以及压力机、千斤顶等。

　　滚子螺旋传动的设计最重要的是，要保证滚子沿螺纹滚道表面的纯滚动，它关系到传动的效率、寿命和灵敏度。

　　图 4.3-7 所示为圆锥滚子螺旋机构。图 4.3-8 所示为无滚道的滚子螺旋机构，其中图 4.3-8a 所示为滚子剖分螺母，半圆螺母的工作部分实际上就是两个滚子。图 4.3-9 所示为有滚道的滚子螺旋机构。

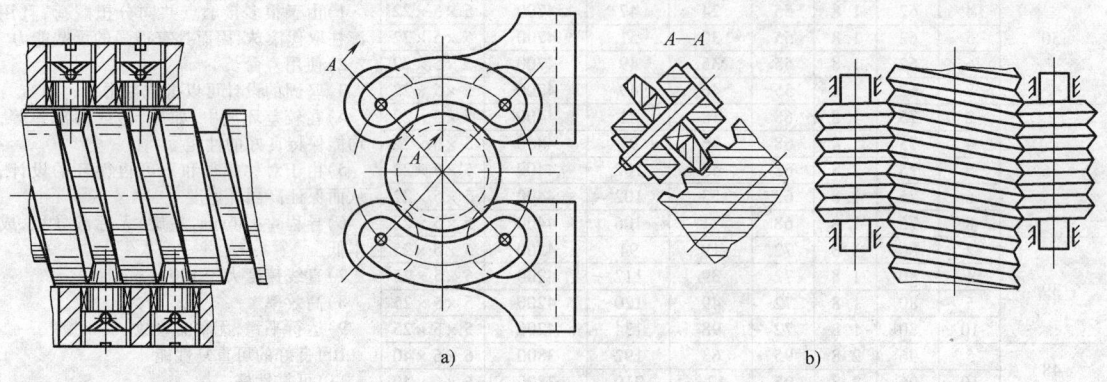

**图 4.3-7　圆锥滚子螺旋机构**

**图 4.3-8　无滚道的滚子螺旋机构**

a）滚子剖分螺母　b）螺纹滚子

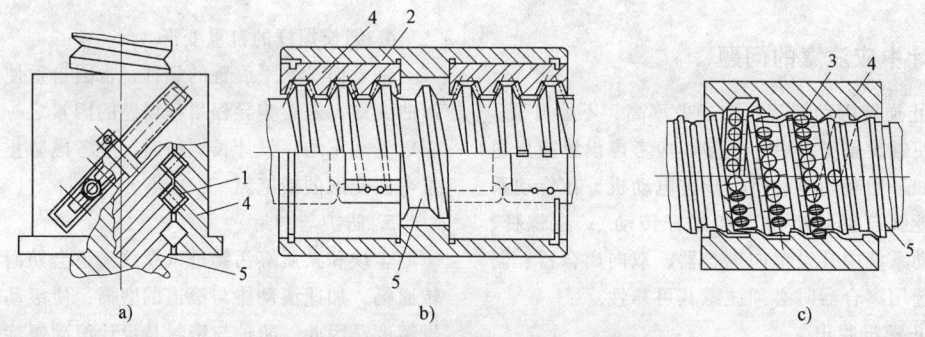

**图 4.3-9　有滚道的滚子螺旋机构**

a）圆柱滚子　b）圆锥滚子　c）圆片滚子

1—圆柱滚子　2—圆锥滚子　3—圆片滚子　4—螺母　5—螺杆

## 4　静压螺旋传动

　　静压螺旋传动的工作原理和双向多垫平面推力静压轴承基本相同。如图 4.3-10 所示，经精细过滤的液压油，通过节流阀进入内螺纹牙两侧的油腔，充满旋合螺纹的间隙，然后经回油通路流回油箱。

　　当螺杆受轴向力 $F_a$ 左移时，间隙 $h_1$ 减小，$h_2$ 增大，由于节流阀的作用，使左侧的压力 $p_{r1} > p_{r2}$，产生一支持 $F_a$ 的反力。

　　若螺杆受径向力 $F_r$ 沿载荷方向发生位移（见图 4.3-10b），油腔 $A$ 侧间隙减小，油腔 $B$、$C$ 侧间隙增大。同样由于节流阀的作用，使 $A$ 侧油压增高，$B$、$C$ 侧油压降低，形成压差与 $F_r$ 平衡。

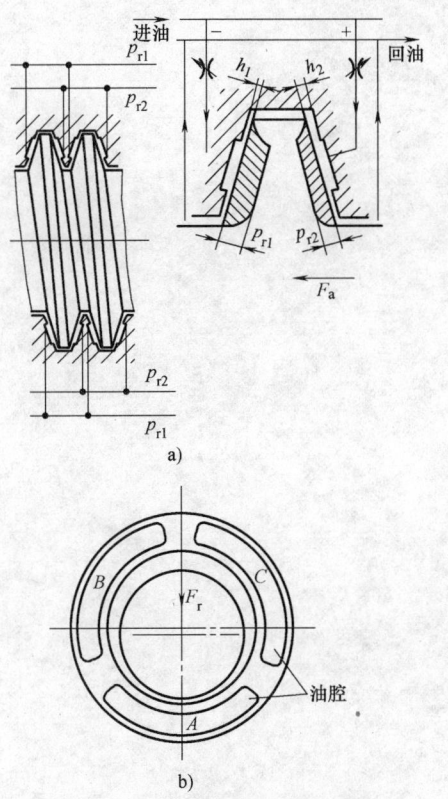

**图 4.3-10　静压螺旋传动工作原理**
a）受轴向力 $F_a$　b）受径向力 $F_r$

　　内螺纹的每一螺旋面设有 3 个以上的油腔时，螺杆（或螺母）不但能承受轴向载荷和径向载荷，也能承受一定的弯曲力矩。

## 4.1　设计计算

　　静压螺旋传动的设计通常是根据其承载能力、刚度和空间位置等要求选定螺母的结构和节流阀的形式，初选螺纹的尺寸参数与节流阀的尺寸，确定供油压力和液压泵的流量，然后根据多环平面推力静压轴承，考虑螺杆的螺纹导程角 $\varphi$ 和牙型角 $\alpha$ 进行有关参数的计算（参见第 2 篇第 2 章）。

## 4.2　设计中的几个问题

　　1. 静压螺母的结构

　　静压螺母由螺纹部分、支承部分（螺杆短的可不要）和油路系统等组成。若不允许液压油从螺母端部流出，尚需设置密封装置。

　　螺母的结构形式有以下几种：

　　1）整体式。内螺纹两侧均开有油腔。结构简单，安装容易，但螺旋副的配合间隙较难保证。

　　2）双螺母式。有固定螺母和调节螺母，只在工作面的一侧开油腔，两螺母的螺纹工作面对称布置，通过调节螺母获得所需的配合间隙。同样的承载能力，螺母的工作牙数比整体式增加一倍。

　　3）镶装式。螺母两端的螺纹为镶装的、起油封作用的扇形齿块，在螺旋副大径、小径的径向间隙间装有塑料密封，使螺纹两侧整个螺纹高度内的空间均成为油腔，增大了有效承载面积，提高了承载能力和刚度。每侧螺纹只有一个进油孔，加工工艺简单。但密封增大了摩擦阻力。

　　2. 螺纹

　　1）牙型。通常采用梯形螺纹，牙型角 $\alpha$ 可取 $10° \sim 30°$。$\alpha$ 小传动精度高。牙型角的误差影响液压油的流量和承载能力，应使误差 $\Delta\alpha/2 \leqslant \pm(3' \sim 5')$。

　　2）主要尺寸参数。螺杆直径 $d$ 可参照滑动螺旋传动确定，但螺纹牙的工作高度应取标准梯形螺纹的 $1.5 \sim 2$ 倍，螺距也应选大一级（最小不得小于 6mm）的，以增大螺旋副的承载面积和封性性。

　　3）旋合圈数。在满足承载能力与传动精度的条件下，应选取较少的圈数，否则将增加制造的困难。

　　4）配合间隙。传动螺旋侧隙值一般推荐取螺母全长螺距的累积误差的 $2 \sim 3$ 倍。减小间隙，可增大油膜的承载能力，减少耗油，但制造困难。

　　3. 油腔

　　当传动承受径向载荷和倾覆力矩时，螺母牙的每一侧螺纹面上应设置 3 个、4 个或 6 个油腔，且两侧面上的油腔必须对应设置，等距分布，使每圈牙都能形成一个单独的承载区。若仅承受轴向载荷，可在螺母牙每一侧螺纹面上设置一条直通的螺旋油腔，以便于制造。

　　油腔深为 $0.3 \sim 1$mm。直通的连续油腔，深度最大可达 2mm。螺母直径大、旋合圈数多的可取较大值。

　　油腔宽度一般为螺母螺纹高的 $1/4 \sim 1/3$。

　　螺母两端始末两牙不设油腔，以起封油作用。

　　4. 节流阀

　　1）静压螺旋传动采用的节流阀有固定式（小孔或毛细管节流阀）和可变式（滑阀或薄膜反馈节流阀）两种。前者用于轻载荷传动，后者用于重载荷传动。

　　2）节流阀设置方式有多节型（每个油腔各一个节流阀控制）和集中节流型（分布在同一素线上的同侧油腔用一个节流阀控制）两种。后者节流阀数量较少，传动的工作性能稳定，便于维护。

# 第 5 篇 齿轮传动

主　编　吴敬兵、谭昕

编写人　罗齐汉（第 1 章）

　　　　吴敬兵　毛娅（第 2、5 章）

　　　　叶　涛（第 3 章）

　　　　谭昕（第 4 章）

　　　　郑方焱　陈定方（第 6 章）

审稿人　鲁保文　吴新跃　常治斌

# 本篇主要内容与特色

第 5 篇为齿轮传动。第 1 章介绍齿轮传动的分类和特点、齿轮传动类型选择的原则及主要代号、意义和单位。第 2 章介绍渐开线圆柱齿轮传动的特点、结构、啮合理论基础和啮合原理等，对传动的效率与强度计算设计计算等进行了详细介绍。第 3 章介绍锥齿轮传动的分类，锥齿轮传动的几何尺寸计算、锥齿轮的传动设计、锥齿轮的结构与精度等。第 4 章介绍蜗轮蜗杆（车削型与磨削型圆柱蜗杆传动、环面蜗杆传动、圆弧圆柱蜗杆传动）的结构特点、设计计算、材料选择等。第 5 章介绍塑料齿轮的分类、性能、特点及设计；第 6 章介绍非圆齿轮传动的参数与设计计算和设计实例。

本篇具有以下特色：

1）编入了与齿轮设计有关的设计资料、最新国家标准和设计规范。

2）突出科学性、先进性和实用性。注重将编者自己从事齿轮设计和研究的实践经验编入其中。

3）资料完整、准确、简明、易于查询。

# 第1章 概　述

## 1 齿轮传动的分类和特点

齿轮传动是机械传动中最重要、应用最广泛的一种传动形式。自 1765 年欧拉（L. Euler）创立渐开线圆柱齿轮以来，至今已有 200 多年的历史。

目前齿轮技术可达到的指标：圆周速度 $v = 300 \text{m/s}$，转速 $n = 10^5 \text{r/min}$，传递的功率 $P = 10^5 \text{kW}$，模数 $m$ 为 $0.004 \sim 100 \text{mm}$。

### 1.1　分类（图 5.1-1）

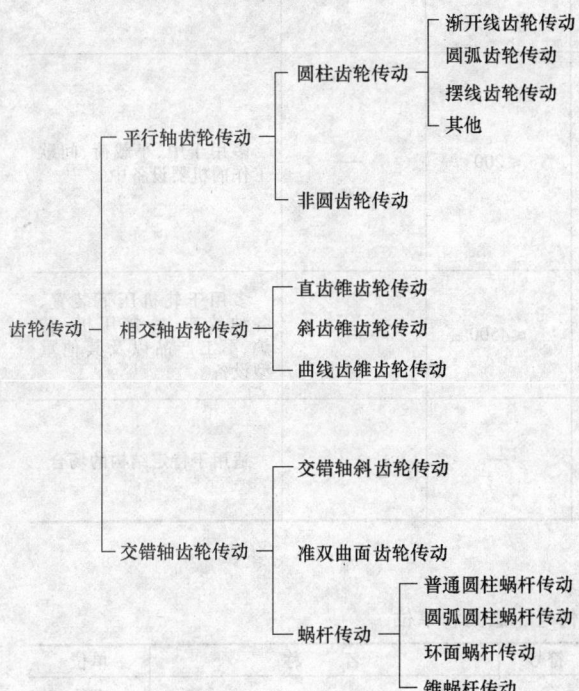

图5.1-1　齿轮传动分类

### 1.2　特点

1）瞬时传动比恒定。非圆齿轮传动的瞬时传动比能按需要的变化规律来设计。

2）传动比范围大，可用于减速或增速。

3）速度（指节圆圆周速度）和传递功率的范围大，可用于高速（$v > 40 \text{m/s}$）、中速和低速（$v < 25 \text{m/s}$）的传动；功率可从 $<1 \text{W}$ 一直到 $10^5 \text{kW}$。

4）传动效率高，一对高精度的渐开线圆柱齿轮，效率可达 99% 以上。

5）结构紧凑，适用于近距离传动。

6）制造成本较高，某些具有特殊齿形或精度很高的齿轮，因需要专用或高精度的机床、刀具和量仪等，故制造工艺复杂，成本高。

7）精度不高的齿轮，传动时噪声、振动和冲击大，污染环境。

8）无过载保护作用。

## 2　齿轮传动类型选择的原则

1）满足使用要求，如对传动结构尺寸、质量大小、功率、速度、传动比、寿命、可靠性的要求等。对以上要求应作全面、深入的分析，满足主要的要求，兼顾其他。如对大功率长期运转的固定式设备，应着重于延长齿轮的寿命和提高齿轮的传动效率；对短期间歇运转的移动式设备，应要求结构紧凑为主；对重要的齿轮传动，则要求可靠性高。

2）考虑工艺条件，如制造厂的工艺水平、设备条件、生产批量等。

3）考虑合理性、先进性和经济性等。

表 5.1-1 列出了各类齿轮传动的主要特点和适用范围，供选型时参考。

**表 5.1-1　各类齿轮传动的主要特点和适用范围**

| 名　称 | 主　要　特　点 | 适　用　范　围 | | | |
| --- | --- | --- | --- | --- | --- |
| | | 传　动　比 | 传递功率/kW | 速度/(m/s) | 应用举例 |
| 渐开线圆柱齿轮传动 | 传动的速度和功率范围很大；传动效率高，一对齿轮可达 98% ~ 99.5%；精度越高，效率越高；对中心距的敏感性小，装配和维修比较简便；可以进行变位切削及各种修形、修缘，以适应提高传动质量的要求；易于进行精确加工 | 单级 1 ~ 8，最大到 10 两级到 45 三级到 75 | ≤25000，最大可达 $10^5$ | ≤150，最高可达 300 | 应用非常广泛 |

（续）

| 名 称 | | 主 要 特 点 | 适 用 范 围 | | | |
|---|---|---|---|---|---|---|
| | | | 传动比 | 传动功率/kW | 速度/(m/s) | 应用举例 |
| 圆弧齿轮传动 | 单圆弧齿轮传动 | 接触强度高;效率高;磨损小而均匀;没有根切现象;不能做成直齿 | 单级1~8,最大可达10两级到45三级到75 | 高速传动可达6000低速传动输出转矩达1.2MN·m,功率达5000 | ≤100 | 高速传动如用于鼓风机、制氧机、汽轮机等;低速传动如用于轧钢机械、矿山机械、起重运输机械等 |
| | 双圆弧齿轮传动 | 具有单圆弧齿轮的优点,可用同一把滚刀加工一对齿轮;传动平稳,振动和噪声较单圆弧齿轮小,抗弯强度比单圆弧齿轮高 | | | | |
| 锥齿轮传动 | 直齿锥齿轮传动 | 轴向力小;比曲线齿锥齿轮制造容易;可制成鼓形齿 | 1~8 | ≤370 | <5 | 用于机床、汽车、拖拉机及其他机械中轴线相交的传动 |
| | 曲线齿锥齿轮传动 | 比直齿锥齿轮传动平稳,噪声小,承载能力大。由于螺旋角产生轴向力,转向变化时,此轴向力方向亦改变,轴承应考虑止推问题 | 1~8 | ≤3700 | >5,磨齿可≥40 | 用于汽车驱动桥传动、机床、拖拉机等传动 |
| 准双曲面齿轮传动 | | 比曲线齿锥齿轮传动更平稳。利用偏置距增加小轮直径,因而可以增加小齿轮刚度,实现两端支承。沿齿长方向有滑动,需用准双曲面齿轮油润滑 | 1~10,用于代替蜗杆传动时可达50~100 | ≤735 | >5 | 最广泛用于越野及小客车,也用于货车 |
| 蜗杆传动 | 圆柱蜗杆传动 / 普通圆柱蜗杆传动 | 传动比大;工作平稳;噪声较小;结构紧凑;在一定条件下有自锁性,效率低 | 8~80 | ≤200 | — | 多用于中、小载荷、间歇工作的机器设备中 |
| | 圆柱蜗杆传动 / 圆弧圆柱蜗杆传动 | 接触线形状优于普通圆柱蜗杆传动,有利于形成油膜;中间平面共轭齿廓为凸凹齿啮合,传动效率及承载能力均高于普通圆柱蜗杆传动 | | | | |
| | 环面蜗杆传动 | 接触线和相对速度夹角接近90°,有利于形成油膜;同时接触齿数多,当量曲率半径大,因而承载能力大,一般比普通圆柱蜗杆传动大2~3倍 | 5~100 | ≤4500 | — | 多用于轧机压下装置、各种绞车、冷挤压机、转炉、军工产品以及其他重型设备 |
| | 锥蜗杆传动 | 同时接触齿数多,齿面得到充分润滑和冷却,易形成油膜,承载能力高;传动平稳;效率高于圆柱蜗杆传动;制造和装配简单 | 10~359 | — | — | 适用于特定结构的场合 |

# 3  主要代号、意义和单位（表5.1-2）

## 表5.1-2  齿轮主要代号、意义和单位

| 符号 | 名 称 | 单位 | 符号 | 名 称 | 单位 |
|---|---|---|---|---|---|
| $a$ | 中心距,标准中心距 | mm | $c$ | 顶隙 | mm |
| $a'$ | 名义中心距（角变位齿轮的中心距） | mm | $c_\gamma$ | 啮合刚度 | N/(mm·μm) |
| $a_0$ | 切齿中心距 | mm | $c'$ | 单对齿刚度 | N/(mm·μm) |
| $a_v$ | 当量圆柱齿轮中心距 | mm | $c^*$ | 顶隙系数 | — |
| $b$ | 齿宽 | mm | $d$ | 直径,分度圆直径 | mm |
| $b_1$ | 小轮齿宽 | mm | $d'$ | 节圆直径 | mm |
| $b_2$ | 大轮齿宽 | mm | $d_a$ | 齿顶圆直径 | mm |
| $b_{cal}$ | 计算齿宽 | mm | $d_{a1}$ | 小轮齿顶圆直径,蜗杆齿顶圆直径 | mm |
| $b_{eF}$ | 抗弯强度计算的有效齿宽 | mm | $d_{a2}$ | 大轮齿顶圆直径,蜗轮喉圆直径 | mm |
| $b_{eH}$ | 接触强度计算的有效齿宽 | mm | $d_b$ | 基圆直径 | mm |
| $C$ | 节点系数 | — | $d_{e2}$ | 蜗轮顶圆直径 | mm |
| $C_a$ | 齿顶修缘量 | μm | $d_{e1},d_{e2}$ | 小轮、大轮大端分度圆直径 | mm |
| $C_{ay}$ | 由磨合产生的齿顶修缘量 | μm | $d_f$ | 齿根圆直径 | mm |
| $C_{eff}$ | 有效修缘量 | μm | $d_{f1},d_{f2}$ | 小轮、大轮齿根圆直径 | mm |

（续）

| 符号 | 名　　称 | 单位 | 符号 | 名　　称 | 单位 |
|---|---|---|---|---|---|
| $d_g$ | 发生圆直径,滚圆直径 | mm | $f_{AM}$ | 齿圆轴向位移极限偏差 | μm |
| $d_{m1}$、$d_{m2}$ | 小轮、大轮齿宽中点分度圆直径 | mm | $f_a$ | 齿轮副的中心距极限偏差,蜗杆副的中心距极限偏差,齿条副的安装距极限偏差 | μm |
| $d_{v1}$、$d_{v2}$ | 小轮、大轮的当量圆柱齿轮分度圆直径 | mm | $f_{a0}$ | 蜗杆副的中心距加工极限偏差 | μm |
| $d_{va1}$、$d_{va2}$ | 小轮、大轮的当量圆柱齿轮齿顶圆直径 | mm | $F_b$ | 接触线公差 | μm |
| | | | $F_{bn}$ | 法面内基圆周上的名义切向力 | N |
| $d_{van1}$ $d_{van2}$ | 小轮、大轮的当量圆柱齿轮法向齿顶圆直径 | mm | $F_{bt}$ | 端面内基圆周上的名义切向力 | N |
| | | | $f_e$ | 齿形相对误差的公差 | μm |
| $d_{vb1}$、$d_{vb2}$ | 小轮、大轮的当量圆柱齿轮基圆直径 | mm | $f_f$ | 齿形公差 | μm |
| $d_{vbn1}$ $d_{vbn2}$ | 小轮、大轮的当量圆柱齿轮法向基圆直径 | mm | $f_{f1}$ | 蜗杆齿形公差 | μm |
| | | | $f_{f2}$ | 蜗轮齿形公差 | μm |
| $d_{vn1}$、$d_{vn2}$ | 小轮、大轮的当量圆柱齿轮法向分度圆直径 | mm | $f_{f\beta}$ | 螺旋线波度公差,螺旋线形状偏差 | μm |
| | | | $f_h$ | 蜗杆一转螺旋线公差 | μm |
| $d_0$、$r_0$ | 刀具直径、半径 | mm | $f_{hL}$ | 蜗杆螺旋线公差 | μm |
| $d_1$ | 小轮分度圆直径,蜗杆分度圆直径 | mm | $F_i'$ | 切向综合公差 | μm |
| $d_1'$ | 小轮节圆直径,蜗杆节圆直径 | mm | $F_i''$ | 径向综合公差 | μm |
| $d_2$ | 大轮分度圆直径,蜗轮分度圆直径 | mm | $f_i'$ | 一齿切向综合公差 | μm |
| $d_2'$ | 大轮节圆直径,蜗轮节圆直径 | mm | $f_i''$ | 一齿径向综合公差 | μm |
| $E$ | 弹性模量 | MPa | $F_{ic}'$ | 蜗杆副的切向综合公差,齿条副的切向综合公差 | μm |
| $E_{red}$ | 综合弹性模量 | MPa | | | |
| $D_M$ | 量柱(柱)直径 | mm | $f_{ic}$ | 蜗杆副的一齿切向综合公差,齿条副的一齿切向综合公差 | μm |
| $E_{yns}$ | 量柱(球)直径测量跨距上偏差 | μm | | | |
| $E_{yni}$ | 量柱(球)直径测量跨距下偏差 | μm | $F_{i\Sigma}''$ | 轴交角综合公差 | μm |
| $E_{sn}$ | 齿厚偏差 | μm | $f_{i\Sigma}''$ | 一齿轴交角综合公差 | μm |
| $E_{sns}$ | 齿厚上偏差 | μm | $F_{i\Sigma c}''$ | 齿轮副轴交角综合公差 | μm |
| $E_{sni}$ | 齿厚下偏差 | μm | $f_{i\Sigma c}''$ | 齿轮副一齿轴交角综合公差 | μm |
| $E_{bn}$ | 公法线长度偏差 | μm | $F_{mt}$ | 齿宽中点分度圆上的名义切向力 | N |
| $E_{bns}$ | 公法线平均长度上偏差 | μm | $F_p$ | 齿距累积公差,齿距累积总偏差 | μm |
| $E_{bni}$ | 公法线平均长度下偏差 | μm | $f_{pb}$ | 基节极限偏差 | μm |
| $E_{sil}$ | 蜗杆齿厚极限下偏差 | μm | $F_{pk}$ | $k$ 个齿距累积公差,齿距累积偏差 | μm |
| $E_{ssl}$ | 蜗杆齿厚极限上偏差 | μm | $f_{pt}$ | 齿距极限偏差,单个齿距偏差 | μm |
| $E_{si2}$ | 蜗轮齿厚极限下偏差 | μm | $F_{px}$ | 轴向齿距极限偏差 | μm |
| $E_{ss2}$ | 蜗轮齿厚极限上偏差 | μm | $f_{px}$ | 蜗杆轴向齿距公差 | μm |
| $E_{wmi}$ | 公法线平均长度极限下偏差 | μm | $f_{pxk}$ | 蜗杆 $k$ 个轴向齿距累积公差 | μm |
| $E_{wms}$ | 公法线平均长度极限上偏差 | μm | $F_r$ | 齿圈径向圆跳动公差,齿槽跳动公差 | μm |
| $E_\Sigma$ | 轴交角极限偏差 | μm | $f_r$ | 蜗杆齿槽径向圆跳动公差 | μm |
| $e$ | 槽宽,分度圆槽宽,偏心距 | mm | $f_{r2}$ | 蜗轮齿形公差 | μm |
| $e_n$ | 分度圆法向槽宽 | mm | $F_t$ | 端面内公度圆周上的名义切向力 | N |
| $e_t$ | 分度圆端面槽宽 | mm | $F_{vj}$ | 侧隙变动公差 | μm |
| $e_x$ | 分度圆轴向槽宽 | mm | $F_W$ | 公法线长度变动公差 | μm |

（续）

| 符号 | 名　　称 | 单位 | 符号 | 名　　称 | 单位 |
|---|---|---|---|---|---|
| $f_x$ | $x$ 方向轴线的平行度公差,蜗杆副的中间平面极限偏差,中间平面传动极限偏差 | μm | $h_{f0}$ | 刀具齿根高 | mm |
| | | | $h_0$ | 刀具齿高 | mm |
| $f_{x0}$ | 中间平面加工极限偏差 | μm | $i$ | 传动比 | — |
| | | | $\mathrm{inv}\alpha$ | $\alpha$ 角的渐开线函数 | — |
| $f_y$ | $y$ 方向轴线的平行度公差,轴线垂直度公差 | μm | $j$ | 侧隙 | μm |
| $f_{zk}$ | 周期误差的公差 | μm | $j_{wt}$ | 圆周侧隙 | μm |
| $f_{zkc}$ | 齿轮副周期误差的公差 | μm | $j_{bn}$ | 法向侧隙 | μm |
| $f_{zzc}$ | 齿轮副齿频周期误差的公差 | μm | $j_r$ | 径向侧隙 | μm |
| $F_\beta$ | 齿向公差 | μm | $j_{wtmin}$ | 最小圆周侧隙 | μm |
| $F_{\beta x}$ | 初始啮合齿向误差 | μm | $j_{wtmax}$ | 最大圆周侧隙 | μm |
| $F_{\beta y}$ | 磨合后的啮合齿向误差 | μm | $j_{bnmin}$ | 最小法向侧隙 | μm |
| $f_\Sigma$ | 蜗杆副的轴交角极限偏差 | μm | $j_{bnmax}$ | 最大法向侧隙 | μm |
| $f_{\Sigma 0}$ | 轴交角加工极限偏差 | μm | $k$ | 跨越齿数,跨越槽数(用于内齿轮),给定范围内的齿数或齿距数 | — |
| $F_\alpha$ | 齿廓总偏差 | μm | $K_A$ | 使用系数 | — |
| $f_{f\alpha}$ | 齿廓形状偏差 | μm | $K_{B\alpha}$ | 胶合承载能力计算的齿间载荷分配系数 | — |
| $f_{H\alpha}$ | 齿廓倾斜偏差 | μm | | | |
| $f_{H\beta}$ | 螺旋线倾斜偏差 | μm | $K_{B\beta}$ | 胶合承载能力计算的齿向载荷分布系数 | — |
| $f_{\Sigma\delta}$ | 轴线平面内的轴线平行度偏差 | μm | $K_{B\gamma}$ | 螺旋线系数 | — |
| $f_{\Sigma\beta}$ | 垂直平面内的轴线平行度偏差 | μm | $K_{F\alpha}$ | 抗弯强度计算的齿间载荷分配系数 | — |
| $G$ | 切变模量 | MPa | $K_{F\beta}$ | 抗弯强度计算的齿向载荷分布系数 | — |
| $g_\alpha$ | 端面啮合线长度 | mm | $K_{H\alpha}$ | 接触强度计算的齿间载荷分配系数 | — |
| $g_\beta$ | 纵向作用线长度 | mm | $K_{H\beta}$ | 接触强度计算的齿向载荷分布系数 | — |
| $g_{v\alpha}$ | 当量圆柱齿轮端面啮合线长度 | mm | $k_{H\beta be}$ | 轴承系数 | — |
| $h$ | 齿高,全齿高,摆线轮齿高 | mm | $K_v$ | 动载系数 | — |
| $h'$ | 工作齿高 | mm | $M$ | 弯矩 | N·m |
| $h_a$ | 齿顶高 | mm | $m$ | 模数,蜗杆轴向模数,蜗轮端面模数 | mm |
| $h_a^*$ | 齿顶高系数 | — | $m$ | 当量质量 | kg/mm |
| $\bar{h}_a$ | 弦齿高 | mm | $m_{et}$ | 大端端面模数 | mm |
| $h_{ae1}$、$h_{ae2}$ | 小轮、大轮大端齿顶高 | mm | $m_{it}$ | 小端端面模数 | mm |
| $h_{am1}$、$h_{am2}$ | 小轮、大轮齿宽中点齿顶高 | mm | $m_m$ | 中点模数 | mm |
| $h_{a0}$ | 刀具齿顶高 | mm | $m_{nm}$ | 齿宽中点法向模数 | mm |
| $h_{a0}^*$ | 刀具齿顶高系数 | — | $m_{tm}$ | 齿宽中点端面模数 | mm |
| $\bar{h}_c$ | 固定弦齿高 | mm | $m_n$ | 法向模数 | mm |
| $h_{Fa}$ | 载荷作用于齿顶时的弯曲力臂 | mm | $m_{red}$ | 诱导质量 | kg/mm |
| $h_{Fe}$ | 载荷作用于单对齿啮合区上界点时的弯曲力臂 | mm | $m_t$ | 端面模数 | mm |
| $h_f$ | 齿根高 | mm | $m_x$ | 轴向模数 | mm |
| $h_{fe1}$、$h_{fe2}$ | 小轮、大轮大端齿根高 | mm | $m_0$ | 刀具模数 | mm |
| $h_{fm1}$、$h_{fm2}$ | 小轮、大轮齿宽中点齿根高 | mm | $N$ | 临界转速比,指数 | — |

（续）

| 符号 | 名　　称 | 单位 | 符号 | 名　　称 | 单位 |
|---|---|---|---|---|---|
| $N_L$ | 应力循环次数 | — | $\bar{s}_e$ | 固定弦齿厚 | mm |
| $n$ | 转速 | r/min | $s_n$ | 法向齿厚,蜗杆分度圆柱的法向齿厚 | mm |
| $n_{gl}$ | 小轮临界转速 | r/min | $\bar{s}_n$ | 法向弦齿厚 | mm |
| $P$ | 名义功率 | kW | $s_{nil}$ | 曲线齿锥齿轮的小轮小端法向齿厚 | mm |
| $P$ | 径节 | — | $s_t$ | 端面齿厚 | mm |
| $p$ | 齿距,分度圆齿距 | mm | $s_x$ | 蜗杆分度圆柱的轴向齿厚 | mm |
| $p_b$ | 基圆齿距 | mm | $s_0$ | 刀具齿厚 | mm |
| $p_n$ | 法向齿距 | mm | $T_{sn}$ | 齿厚公差 | mm |
| $p_{r0}$ | 凸台量 | mm | $T_{s2}$ | 蜗轮齿厚公差 | μm |
| $p_t$ | 端面齿距 | mm | $T_{wm}$ | 公法线平均长度公差 | μm |
| $p_x$ | 轴向齿距 | mm | $T_1、T_2$ | 小轮、大轮名义转矩 | N·m |
| $q$ | 蜗杆的直径系数,辅助系数,单位齿宽柔度 | — | $u$ | 齿数比 | — |
| $q_s$ | 齿根圆角参数 | | $u_v$ | 当量圆柱齿轮齿数比 | — |
| $R$ | 锥距,外锥距 | mm | $v$ | 线速度,分度圆上的线速度 | m/s |
| $R_a$ | 表面粗糙度算术平均值 | μm | $v_m$ | 齿宽中点分度圆圆周速度 | m/s |
| $R_e$ | 外锥距 | mm | $v_x$ | 两轮在啮合点处沿齿廓切线方向速度之和 | m/s |
| $R_i$ | 内锥距 | mm | | | |
| $R_m$ | 中点锥距 | m | $W$ | 公法线长度 | mm |
| $R_v$ | 背锥距 | mm | $W_K$ | 跨$k$齿测量的公法线长度(对于外齿轮),跨$k$槽测量的公法线长度(对于内齿轮) | mm |
| $R_x$ | 平均表面粗糙度 | mm | | | |
| $R_z$ | 轮廓最大高度 | μm | $W_m$ | 单位齿宽平均载荷 | N/mm |
| $r$ | 半径,分度圆半径 | mm | $W_{max}$ | 单位齿宽最大载荷 | N/mm |
| $r'$ | 节圆半径 | | $w_t$ | 单位齿宽载荷 | N/mm |
| $r_a$ | 齿顶圆半径 | mm | $X_{BE}$ | 小轮齿顶$E$点的几何系数 | — |
| $r_b$ | 基圆半径 | mm | $X_{ca}$ | 齿顶修缘系数 | — |
| $r_f$ | 齿根圆半径 | mm | $X_M$ | 热闪系数 | — |
| $r_g$ | 发生圆半径,滚圆半径 | | $X_Q$ | 啮入冲击系数 | — |
| $S_B$ | 胶合承载能力的计算安全系数 | — | $X_s$ | 润滑系数 | — |
| $S_{Bmin}$ | 胶合承载能力的最小安全系数 | — | $X_w$ | 材料焊合系数 | — |
| $S_F$ | 抗弯强度的计算安全系数 | — | $X_\varepsilon$ | 重合度系数 | — |
| $S_{Fmin}$ | 抗弯强度的最小安全系数 | — | $x$ | 径向变位系数 | — |
| $s_{Fn}$ | 危险截面上的齿厚 | mm | $x_t$ | 径向变位系数 | — |
| $s_H$ | 接触强度的计算安全系数 | — | $x_{t2}$ | 大轮切向变位系数 | — |
| $s_{Hmin}$ | 接触强度的最小安全系数 | — | $x_1$ | 小轮径向变位系数 | — |
| $s_{mt}$ | 齿宽中点端面齿厚 | mm | $x_2$ | 大轮径向变位系数,蜗轮变位系数 | — |
| $s'_{mt}$ | 无侧隙时齿宽中点端面齿厚 | mm | $Y_F$ | 载荷作用于单对齿啮合区上界点时的齿形系数 | — |
| $s_t$ | 大端端面齿厚 | mm | | | |
| $s$ | 齿厚,分度圆齿厚 | mm | $Y_{Fa}$ | 载荷作用于齿顶时的齿形系数 | — |
| $\bar{s}$ | 弦齿厚,分度圆弦齿厚 | mm | | | |
| $s_a$ | 齿顶厚 | mm | $Y_K$ | 抗弯强度计算的锥齿轮系数 | — |
| $s_b$ | 基圆齿厚 | mm | | | |

（续）

| 符号 | 名　称 | 单位 | 符号 | 名　称 | 单位 |
|---|---|---|---|---|---|
| $Y_{NT}$ | 抗弯强度计算的寿命系数 | — | $\alpha_{et}$ | 单对齿啮合区上界点处的端面压力角 | (°) |
| $Y_{RrelT}$ | 相对齿根表面状况系数 | — | $\alpha_{Fan}$ | 齿顶法向载荷作用角 | (°) |
| $Y_S$ | 载荷作用于单齿啮合区上界点时的应力修正系数 | — | $\alpha_{Fat}$ | 齿顶端面载荷作用角 | (°) |
| $Y_{Sa}$ | 载荷作用于齿顶时的应力修正系数 | — | $\alpha_{Fen}$ | 单对齿距合区上界点处法向载荷作用角 | (°) |
| $Y_{ST}$ | 试验齿轮的应力修正系数 | — | | | |
| $Y_x$ | 抗弯强度计算的尺寸系数 | — | $\alpha_{Fet}$ | 单对齿啮合区上界点处端面载荷作用角 | (°) |
| $Y_\beta$ | 抗弯强度计算的螺旋角系数 | — | | | |
| $Y_{\delta relT}$ | 相对齿根圆角敏感系数 | — | $\alpha_n$ | 法向压力角 | (°) |
| $Y_\varepsilon$ | 抗弯强度计算的重合度系数 | — | $\alpha_t$ | 端面压力角 | (°) |
| $y$ | 中心距变动系数 | — | $\alpha_t'$ | 端面啮合角 | (°) |
| $y_\alpha$ | 磨合量 | mm | $\alpha_{vt}$ | 当量圆柱齿轮端面压力角 | (°) |
| $Z_B$ | 小轮单对齿啮合系数，单对齿啮合区下界点系数 | — | $\alpha_y$ | 任意点$y$的压力角 | (°) |
| $Z_D$ | 大轮单对齿啮合系数 | — | $\alpha_0$ | 刀具齿形角 | (°) |
| $Z_E$ | 弹性系数 | — | $\beta$ | 螺旋角，分度圆柱螺旋角 | (°) |
| $Z_H$ | 节点区域系数 | — | $\beta'$ | 节圆螺旋角 | (°) |
| $Z_K$ | 接触强度计算的锥齿轮系数 | — | $\beta_b$ | 基圆螺旋角 | (°) |
| $Z_L$ | 润滑油系数 | — | $\beta_e$ | 单对齿啮合区上界点处的螺旋角 | (°) |
| $Z_{NT}$ | 接触强度计算的寿命系数 | — | $\beta_m$ | 齿宽中点分度圆螺旋角 | (°) |
| $Z_R$ | 表面粗糙度系数 | — | $\beta_{vb}$ | 当量圆柱齿轮基圆螺旋角 | (°) |
| $Z_V$ | 速度系数 | — | $\gamma$ | 导程角，分度圆柱导程角 | (°) |
| $Z_W$ | 齿面工作硬化系数 | — | $\gamma_b$ | 基圆柱导程角 | (°) |
| $Z_x$ | 接触强度计算的尺寸系数 | — | $\nu$ | 润滑油运动粘度 | $mm^2/s$ |
| $Z_\beta$ | 接触强度计算的螺旋角系数 | — | $\nu$ | 泊松比 | — |
| $Z_\varepsilon$ | 接触强度计算的重合度系数 | — | $\Delta E_a''$ | 双啮中心距偏差 | μm |
| $z$ | 齿数 | — | $\Delta E_{ai}''$ | 双啮中心距极限下偏差 | μm |
| $z_v$ | 当量齿数 | — | $\Delta E_{as}''$ | 双啮中心距极限上偏差 | μm |
| $z_{v1}、z_{v2}$ | 斜齿轮的小轮、大轮的当量齿数 | — | $\Delta E_M$ | 量柱测量距偏差 | μm |
| $z_{vn1}、z_{vn2}$ | 小轮、大轮当量圆柱齿轮法截面上的齿数 | — | $\Delta E_s$ | 齿厚偏差 | μm |
| | | | $\Delta E_{s1}$ | 蜗杆齿厚偏差 | μm |
| $z_0$ | 刀具齿数 | — | $\Delta E_{s2}$ | 蜗轮齿厚偏差 | μm |
| $z_1$ | 小轮齿数，蜗杆齿数（头数） | — | $\Delta E_{Wm}$ | 公法线平均长度偏差 | μm |
| $z_2$ | 大轮齿数，蜗轮齿数 | — | $\Delta E_\Sigma$ | 轴交角偏差 | μm |
| $\alpha$ | 压力角，齿形角，分度圆压力角 | (°) | $\Delta f_{AM}$ | 齿圈轴向位移 | μm |
| $\alpha'$ | 啮合角，工作压力角 | (°) | $\Delta f_a$ | 齿轮副的中心距偏差，蜗杆副的中心距偏差，齿条副的安装距偏差 | μm |
| $\alpha''$ | 和基准齿轮双面啮合的压力角 | (°) | $\Delta F_b$ | 接触线误差 | μm |
| $\alpha_a$ | 顶圆压力角 | (°) | $\Delta f_e$ | 齿形相对误差 | μm |
| $\alpha_{an}$ | 齿顶法向压力角 | (°) | $\Delta f_f$ | 齿形误差 | μm |
| $\alpha_{at}$ | 齿顶端面压力角 | (°) | $\Delta f_{f1}$ | 蜗杆齿形误差 | μm |
| $\alpha_{en}$ | 单对齿啮合区上界点处的法向压力角 | (°) | $\Delta f_{f2}$ | 蜗轮齿形误差 | μm |
| | | | $\Delta f_{f\beta}$ | 螺旋线波度误差 | μm |

（续）

| 符号 | 名　称 | 单位 | 符号 | 名　称 | 单位 |
|---|---|---|---|---|---|
| $\Delta f_h$ | 蜗杆一转螺旋线误差 | $\mu m$ | $\eta$ | 槽宽半角 | (°) |
| $\Delta f_{hL}$ | 螺杆螺旋线误差 | $\mu m$ | $\eta$ | 润滑油动力粘度 | mPa·s |
| $\Delta F_i'$ | 切向综合误差 | $\mu m$ | $\eta_M$ | 润滑油在本体下的动力粘度 | mPa·s |
| $\Delta F_i''$ | 径向综合误差 | $\mu m$ | $\Theta_1$、$\Theta_2$ | 小轮、大轮的转动惯量 | kg·mm² |
| $\Delta f_i'$ | 一齿切向综合误差 | $\mu m$ | $\theta$ | 与齿高有关的角度,齿宽角 | (°) |
| $\Delta f_i''$ | 一齿径向综合误差 | $\mu m$ | $\theta_a$ | 齿顶角 | (°) |
| $\Delta F_{ie}'$ | 蜗杆副的切向综合误差,齿条副的切向综合误差 | $\mu m$ | $\theta_f$ | 齿根角 | (°) |
| $\Delta F_{ie}''$ | 蜗杆副的一齿切向综合误差,齿条副的一齿切向综合误差 | $\mu m$ | $\theta_{fla}$ | 啮合点瞬时温升 | ℃ |
| | | | $\theta_{flaE}$ | 假定载荷全部作用在小齿轮齿顶 E 点时该点的瞬时温升 | ℃ |
| $\Delta F_{i\Sigma}''$ | 轴交角综合误差 | $\mu m$ | $\theta_{flaint}$ | 沿啮合线的积分平均温度 | ℃ |
| $\Delta F_{i\Sigma}''$ | 一齿轴交角综合误差 | $\mu m$ | $\theta_{int}$ | 积分温度 | ℃ |
| $\Delta F_{i\Sigma c}''$ | 齿轮副轴交角综合误差 | $\mu m$ | $\theta_{sint}$ | 胶合温度 | ℃ |
| $\Delta F_{i\Sigma c}''$ | 齿轮副一齿轴交角综合误差 | $\mu m$ | $\theta_M$ | 本体温度 | ℃ |
| $\Delta F_p$ | 齿距累积误差 | $\mu m$ | $\mu_m$ | 平均摩擦因数 | — |
| $\Delta F_{pb}$ | 基节偏差 | $\mu m$ | $\rho$ | 曲率半径,齿廓曲线的曲率半径 | mm |
| $\Delta F_{pk}$ | $k$ 个齿距累积误差 | $\mu m$ | $\rho$ | 密度 | kg/mm³ |
| $\Delta f_{pt}$ | 齿距偏差 | $\mu m$ | $\rho'$ | 材料滑移层厚度 | $\mu m$ |
| $\Delta F_{px}$ | 轴向齿距偏差 | $\mu m$ | $\rho_a$ | 齿顶圆半径 | mm |
| $\Delta f_{px}$ | 蜗杆轴向齿距偏差 | $\mu m$ | $\rho_{a0}$ | 基本齿条齿顶圆角半径 | mm |
| $\Delta f_{pxk}$ | 蜗杆 $k$ 个轴向齿距累积误差 | $\mu m$ | $\rho_{fp}$ | 齿根过渡曲线半径 | mm |
| $\Delta F_r$ | 齿圈径向圆跳动,齿槽跳动 | $\mu m$ | $\rho_{red}$ | 当量半径,啮合点处的综合曲率半径 | mm |
| $\Delta f_r$ | 蜗杆齿槽径向圆跳动 | $\mu m$ | $\Sigma$ | 轴交角 | (°) |
| $\Delta f_{r2}$ | 蜗轮齿形误差 | $\mu m$ | $R_m$ | 抗拉强度 | MPa |
| $\Delta F_{vj}$ | 侧隙变动量 | $\mu m$ | $\sigma_F$ | 计算齿根应力 | MPa |
| $\Delta F_W$ | 公法线长度变动 | $\mu m$ | $\sigma_{FP}$ | 许用齿根应力 | MPa |
| $\Delta f_x$ | $x$ 方向轴线的平行度误差,蜗杆副的中间平面偏移,中心平面偏移 | $\mu m$ | $\sigma_{Flim}$ | 试验齿轮的弯曲疲劳强度 | MPa |
| | | | $\sigma_{F0}$ | 计算齿根应力基本值 | MPa |
| $\Delta f_y$ | $y$ 方向轴线的平行度误差,轴线垂直度误差 | $\mu m$ | $\sigma_H$ | 计算接触应力 | MPa |
| | | | $\sigma_{Hlim}$ | 试验齿轮的接触疲劳强度 | MPa |
| $\Delta f_{zk}$ | 周期误差 | $\mu m$ | $\sigma_{HP}$ | 许用接触应力 | MPa |
| $\Delta f_{zkc}$ | 齿轮副周期误差 | $\mu m$ | $\sigma_{H0}$ | 计算接触应力基本值 | MPa |
| $\Delta f_{zzc}$ | 齿轮副齿频周期误差 | $\mu m$ | $\tau$ | 齿距角,冠轮上的齿距角 | (°) |
| $\Delta F_\beta$ | 齿向误差 | $\mu m$ | $\varphi$ | 作用角 | (°) |
| $\Delta f_\Sigma$ | 蜗杆副的轴交角偏差 | $\mu m$ | $\phi_d$ | 齿宽系数 | — |
| $\delta$ | 锥角,分锥角 | (°) | $\varphi_\alpha$ | 端面作用角 | (°) |
| $\delta'$ | 节锥角 | (°) | $\varphi_\beta$ | 纵向作用角 | (°) |
| $\delta_a$ | 顶锥角 | (°) | $\varphi_\gamma$ | 总作用角 | (°) |
| $\delta_f$ | 根锥角 | (°) | $\psi$ | 齿厚半角 | (°) |
| $\delta_v$ | 背锥角 | (°) | $\psi_b$ | 基圆齿厚半角 | (°) |
| $\varepsilon$ | 重合度 | — | $\omega$ | 角速度 | rad/s |
| $\varepsilon_\alpha$ | 端面重合度 | — | $\omega_1$ | 小轮角速度 | rad/s |
| $\varepsilon_\beta$ | 纵向重合度 | — | $\omega_2$ | 大轮角速度 | rad/s |
| $\varepsilon_\gamma$ | 总重合度 | — | | | |

# 第2章　渐开线圆柱齿轮传动

## 1　渐开线圆柱齿轮的基本齿廓和模数系列（表5.2-1和表5.2-2）

**表5.2-1　渐开线圆柱齿轮基本齿廓**（摘自 GB/T 1356—2001）

| 符号 | 意　义 | 单位 |
|---|---|---|
| $c_P$ | 标准基本齿条轮齿与相啮标准基本齿条轮齿之间的顶隙 | mm |
| $e_P$ | 标准基本齿条轮齿齿槽宽 | mm |
| $h_{aP}$ | 标准基本齿条轮齿齿顶高 | mm |
| $h_{fP}$ | 标准基本齿条轮齿齿根高 | mm |
| $h_{FfP}$ | 标准基本齿条轮齿齿根直线部分的高度 | mm |
| $h_P$ | 标准基本齿条的齿高 | mm |
| $h_{wP}$ | 标准基本齿条和相啮标准基本齿条轮齿的有效齿高 | mm |
| $m$ | 模数 | mm |
| $p$ | 齿距 | mm |
| $s_P$ | 标准基本齿条轮齿的齿厚 | mm |
| $u_{FP}$ | 挖根量 | mm |
| $\alpha_{FP}$ | 挖根角 | (°) |
| $\alpha_P$ | 压力角 | (°) |
| $\rho_{fP}$ | 基本齿条的齿根圆角半径 | mm |

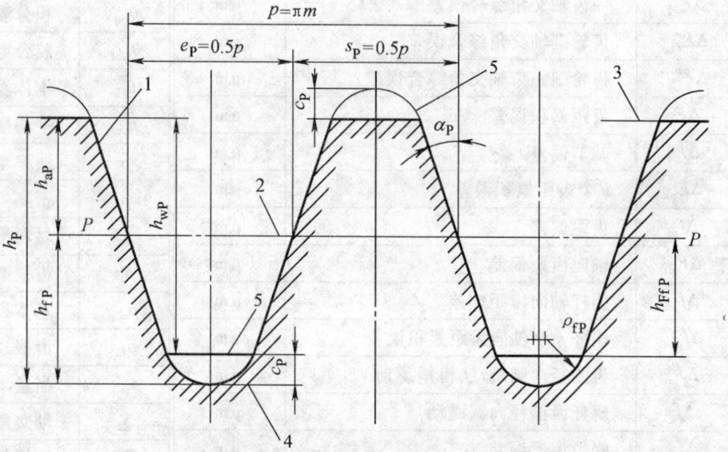

1—标准基本齿条齿廓　2—基准线　3—齿顶线
4—齿根线　5—相啮合标准基本齿条齿廓

**表5.2-2　渐开线圆柱齿轮模数**（摘自 GB/T 1357—2008）　　　　（单位：mm）

| 第一系列 | 0.1 | 0.12 | 0.15 | 0.2 | 0.25 | 0.3 | | 0.4 | 0.5 | 0.6 | | 0.8 |
|---|---|---|---|---|---|---|---|---|---|---|---|---|
| 第二系列 | | | | | | | 0.35 | | | 0.7 | | 0.9 |
| 第一系列 | 1 | 1.25 | 1.5 | | 2 | | 2.5 | | 3 | | | |
| 第二系列 | | | 1.75 | | | 2.25 | | 2.75 | | (3.25) | 3.5 | (3.75) |
| 第一系列 | 4 | | 5 | | 6 | | | 8 | | 10 | | 12 |
| 第二系列 | | 4.5 | | 5.5 | | (6.5) | 7 | | 9 | | (11) | |
| 第一系列 | | 16 | | 20 | | 25 | | 32 | | 40 | | 50 |
| 第二系列 | 14 | | 18 | | 22 | | 28 | | 36 | | 45 | |

注：1. 对于斜齿圆柱齿轮是指法向模数 $m_n$。
　　2. 优先选用第一系列，括号内的数值尽可能不用。

## 2　渐开线圆柱齿轮的齿形修缘

对于外啮合圆柱齿轮，当圆周速度大于表5.2-3给的数值而需要修缘时，推荐使用表5.2-4所列数据。

以下情况不进行齿顶修缘：

1）因修缘的结果，在直齿轮传动中使端面重合度 $\varepsilon < 1.089$ 或在斜齿轮传动中使端面重合度 $\varepsilon_\alpha < 1$ 时。

表 5.2-3　外啮合圆柱齿轮的许用圆周速度

| 齿轮类型 | Ⅱ组精度 | | |
|---|---|---|---|
| | 6 级 | 7 级 | 8 级 |
| | 圆周速度/(m/s) | | |
| 直齿圆柱齿轮 | 10 | 6 | 4 |
| 斜齿圆柱齿轮 | 16 | 10 | 6 |

表 5.2-4　齿顶修缘高度和深度　　　　（单位：mm）

| 图　形 | Ⅱ组精度 | | | | | |
|---|---|---|---|---|---|---|
| | 6 级 | | 7 级 | | 8 级 | |
| | $m$ | $e$ | $m$ | $e$ | $m$ | $e$ |
| | 2 ~ 2.75 | 0.01 | 2 ~ 2.5 | 0.015 | 2 ~ 2.75 | 0.02 |
| | 3 ~ 4.5 | 0.008 | 2.75 ~ 3.5 | 0.012 | 3 ~ 3.5 | 0.0175 |
| | 5 ~ 10 | 0.006 | 3.75 ~ 5 | 0.010 | 3.75 ~ 5 | 0.015 |
| | 11 ~ 16 | 0.005 | 5.5 ~ 7 | 0.009 | 5.5 ~ 8 | 0.012 |
| | — | | 8 ~ 11 | 0.008 | 9 ~ 16 | 0.010 |
| | — | | 12 ~ 20 | 0.007 | 18 ~ 25 | 0.009 |
| | — | | 22 ~ 30 | 0.006 | 28 ~ 50 | 0.008 |

（图中标注：$h_y = 0.45m$，$em$）

注：1. 表中的数值是指在基准齿形上的修缘数值。

　　2. 基准齿形上的修缘部分是一条直线，也允许采用均匀的凸形曲线。

　　3. 在大批量生产中，对于特别重要的传动齿轮以及受工艺要求所限制时，允许改变修缘形状和数值。

　　4. 内啮合齿轮传动也可以应用本表数值。

2）当斜齿轮的螺旋角 $\beta > 17°45'$ 时。

对外啮合高变位齿轮传动（$x_1 + x_2 = 0$），齿顶修缘后使重合度（或端面重合度）达到 1.089（直齿）或 1.0（斜齿）的条件，可按图 5.2-1 求得，即此时齿轮的变位系数 $x$ 不得大于按图 5.2-1 求得的数值。

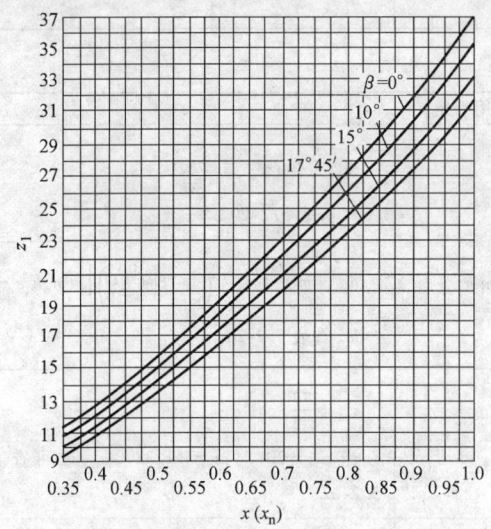

图5.2-1　高变位齿轮传动在端面重合度
$\varepsilon_\alpha$ = 1.089（直齿）和1.0（斜齿）时，
齿数$z_1$与螺旋角$\beta$及变位系数$x$ ($x_n$)的关系

【例】　一对外啮合高变位直齿圆柱齿轮，$z_1 = 20$。由图 5.2-1 可知，当 $x_1 = 0.62$ 时，端面重合度 $\varepsilon_\alpha = 1.089$；如果 $x_1 > 0.62$，则 $\varepsilon_\alpha < 1.089$。

# 3　圆柱齿轮传动的几何尺寸计算

## 3.1　圆柱齿轮传动的几何尺寸计算公式（表 5.2-5 ~ 表 5.2-7）

## 3.2　变位圆柱齿轮传动和变位系数的选择

### 3.2.1　变位齿轮传动的原理

1. 外齿轮

用展成法加工渐开线齿轮，当齿条刀具的基准线与齿轮坯的分度圆相切时，加工出来的齿轮称为标准齿轮；当齿条刀具的基准线与齿轮坯的分度圆不相切时，则加工出来的是变位齿轮。齿条刀具的基准线和齿轮坯的分度圆之间的距离称为变位量，用系数 $x$ 与齿轮模数 $m$ 的乘积 $xm$ 表示，$x$ 称为变位系数；当刀具由齿轮坯中心移远时（见图 5.2-7），$x$ 为正值（$x > 0$），这样加工出来的齿数称为正变位齿轮；当刀具移近齿轮坯中心时，$x$ 为负值（$x < 0$），这样加工出来的齿数称为负变位齿轮。

**表 5.2-5　外啮合标准直齿、斜齿（人字齿）圆柱齿轮传动几何尺寸计算公式**

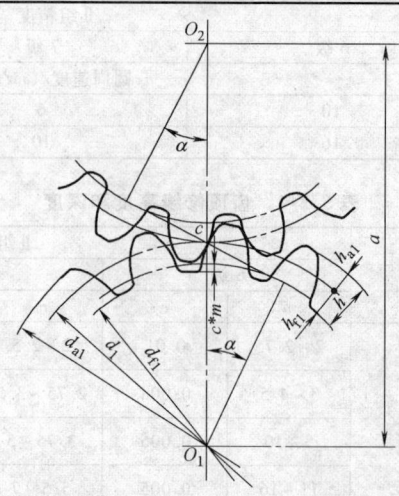

| 名称 | 代号 | 直齿轮 | 斜齿（人字齿）轮 |
|---|---|---|---|
| 模数 | $m$ 或 $m_n$ | $m$ 由强度计算或结构设计确定，并按表 5.2-2 取为标准值 | $m_n$ 由强度计算或结构设计确定，并按表 5.2-1 取为标准值。$m_t = m_n/\cos\beta$ |
| 压力角 | $\alpha$ 或 $\alpha_n$ | $\alpha = 20°$ | $\alpha_n = 20°$　$\tan\alpha_t = \tan\alpha_n/\cos\beta$ |
| 分度圆直径 | $d$ | $d = zm$ | $d = zm_t = zm_n/\cos\beta$ |
| 齿顶高 | $h_a$ | $h_a = h_a^* m = m,(h_a^* = 1)$ | $h_a = h_{an}^* m_n = m_n,(h_{an}^* = 1)$ |
| 齿根高 | $h_f$ | $h_f = (h_a^* + c^*)m = 1.25m,(h_a^* = 1,c^* = 0.25)$ | $h_f = (h_{an}^* + c_n^*)m_n = 1.25m_n,(h_{an}^* = 1,c_n^* = 0.25)$ |
| 齿全高 | $h$ | $h = h_a + h_f = 2.25m$ | $h = h_a + h_f = 2.25m_n$ |
| 齿顶圆直径 | $d_a$ | $d_a = d + 2h_a = (z+2)m$ | $d_a = d + 2h_a$ |
| 齿根圆直径 | $d_f$ | $d_f = d - 2h_f = (z-2.5)m$ | $d_f = d - 2h_f$ |
| 中心距 | $a$ | $a = \dfrac{d_1 + d_2}{2} = \dfrac{(z_1 + z_2)m}{2}$ | $a = \dfrac{d_1 + d_2}{2} = \dfrac{(z_1 + z_2)m_n}{2\cos\beta}$ |
| 齿数比 | $u$ | | $u = \dfrac{z_2}{z_1}$ |

侧隙检验尺寸（选用一组）

| | 名称 | 代号 | 直齿轮 | 斜齿（人字齿）轮 |
|---|---|---|---|---|
| I | 分度圆弧齿厚 | $\bar{s}$ 或 $\bar{s}_n$ | $\bar{s} = zm\sin\dfrac{90°}{z_v} = m\bar{s}^*$　$\bar{s}^*$ 查表 5.2-20 | $\bar{s}_n = z_v m_n \sin\dfrac{90°}{z_v} = m_n\bar{s}_n^*$　$\bar{s}^*$ 查表 5.2-20 |
| | 分度圆弧齿高 | $\bar{h}_a$ 或 $\bar{h}_{an}$ | $\bar{h}_a = m\left[1 + \dfrac{z}{2}\left(1 - \cos\dfrac{90°}{z}\right)\right] = m\bar{h}_a^*$　$\bar{h}_a^*$ 查表 5.2-20 | $\bar{h}_{an} = m_n\left[1 + \dfrac{z_v}{2}\left(1 - \cos\dfrac{90°}{z_v}\right)\right] = m_n\bar{h}_{an}^*$　$\bar{h}_{an}^*$ 查表 5.2-20 |
| II | 固定弦齿厚 | $\bar{s}_c$ 或 $\bar{s}_{cn}$ | $\bar{s}_c = \dfrac{\pi m}{2}\cos^2\alpha$　当 $\alpha = 20°$ 时，$\bar{s}_c = 1.3870m$；$\bar{s}_c$ 可查表 5.2-22 | $\bar{s}_{cn} = \dfrac{\pi m_n}{2}\cos^2\alpha_n$　当 $\alpha_n = 20°$ 时，$\bar{s}_{cn} = 1.3870m_n$；$\bar{s}_{cn}$ 可查表 5.2-22 |
| | 固定弦齿高 | $\bar{h}_c$ 或 $\bar{h}_{cn}$ | $\bar{h}_c = m\left(1 - \dfrac{\pi}{8}\sin2\alpha\right)$　当 $\alpha = 20°$ 时，$\bar{h}_c = 0.7476m$；$\bar{h}_c$ 可查表 5.2-22 | $\bar{h}_{cn} = m_n\left(1 - \dfrac{\pi}{8}\sin2\alpha_n\right)$　当 $\alpha_n = 20°$ 时，$\bar{h}_{cn} = 0.7476m_n$；$\bar{h}_{cn}$ 可查表 5.2-22 |

（续）

| 名称 | 代号 | 直 齿 轮 | 斜齿（人字齿）轮 |
|---|---|---|---|
| | | 侧隙检验尺寸（选用一组） | |
| III 公法线跨齿数 | $k$ | $k = \dfrac{\alpha}{180°}z + 0.5$ 当 $\alpha = 20°$ 时，$k$ 值可按 $z$ 查表 5.2-24 | $k \approx \dfrac{\alpha_n}{180°}z' + 0.5$；假想齿数 $z' = z\dfrac{inv\alpha_t}{inv\alpha_n}$ 当 $\alpha_n = 20°$ 时，比值 $\dfrac{inv\alpha_t}{inv\alpha_n}$ 查表 5.2-25 当 $\alpha_n = 20°$ 时，$k$ 值可按 $z'$ 查表 5.2-24 |
| 公法线长度 | $W_k$ 和 $W_{kn}$ | $W_k = m\cos\alpha[\pi(k-0.5) + zinv\alpha]$ 当 $\alpha = 20°$ 时，$W_k = m[2.9521(k-0.5)+0.014z] = m W_k^*$ $W_k^*$ 按齿数 $z$ 查表 5.2-24 | $W_{kn} = m_n\cos\alpha_n[\pi(k-0.5)+z'inv\alpha_n]$ 当 $\alpha = 20°$ 时，$W_{kn} = m_n[2.9521(k-0.5)+0.014z'] = m_n W_{kn}^*$ $W_{kn}^*$ 按齿数 $z'$ 查表 5.2-24 |

注：斜齿轮按公法线长度进行测量时，必须满足 $b > W_{kn}\sin\beta$ 的条件。

**表 5.2-6　外啮合变位直齿、斜齿（人字齿）圆柱齿轮几何尺寸计算公式**

| 名称 | 代号 | 直齿轮 | 斜齿（人字齿）轮 |
|---|---|---|---|
| | | 主要几何参数的计算 | |
| 已知条件及要求项目 | | 已知 $z_1$、$z_2$、$m$、$a'$，求 $x_\Sigma$ 及 $\Delta y$ | 已知 $z_1$、$z_2$、$m_n(m_t)$、$\beta$、$a'$，求 $x_{n\Sigma}$ 及 $\Delta y_n$ |
| 按公式计算 — 未变位时的中心距 | $a$ | $a = \dfrac{1}{2}m(z_1+z_2)$ | $a = \dfrac{1}{2}m(z_1+z_2) = \dfrac{m_n}{2\cos\beta}(z_1+z_2)$ |
| 中心距变动系数 | $y$ 或 $y_n$ | $y = \dfrac{a'-a}{m}$ | $y_n = \dfrac{a'-a}{m_n}$，$y_t = \dfrac{a'-a}{m_t}$ |
| 压力角 | $\alpha$ 或 $\alpha_t$ | $\alpha = 20°$ | $\alpha_n = 20°$；$\tan\alpha_t = \tan\alpha_n/\cos\beta$ |
| 啮合角 | $\alpha'$ 或 $\alpha_t'$ | $\cos\alpha' = \dfrac{a}{a'}\cos\alpha$，$\alpha'$ 可由图 5.2-2 查得 | $\cos\alpha_t' = \dfrac{a}{a'}\cos\alpha_t$，$\alpha_t'$ 可由图 5.2-2 查得 |
| 总变位系数 | $x_\Sigma$ 或 $x_{n\Sigma}$ | $x_\Sigma = \dfrac{z_1+z_2}{2\tan\alpha}(inv\alpha' - inv\alpha)$ $inv\alpha'$ 及 $inv\alpha$ 可根据 $\alpha'$ 及 $\alpha$ 由表 5.2-30 查得。$x_\Sigma = x_1 + x_2$，可由图 5.2-12 及图 5.2-13 分配为 $x_1$ 及 $x_2$ | $x_{n\Sigma} = \dfrac{z_1+z_2}{2\tan\alpha_n}(inv\alpha_t' - inv\alpha_t)$ $inv\alpha_t'$ 及 $inv\alpha_t$ 可根据 $\alpha_t'$ 及 $\alpha_t$ 由表 5.2-30 查得。$x_{n\Sigma} = x_{n1} + x_{n2}$，可按图 5.2-12 及图 5.2-13 分配为 $x_{n1}$ 及 $x_{n2}$ |
| 齿高变动系数 | $\Delta y$ 或 $\Delta y_n$ | $\Delta y = x_\Sigma - y$ | $\Delta y_n = x_{n\Sigma} - y_n$ |
| 按线图计算 — 中心距变动系数 | $y$ 或 $y_n$ | $y = \dfrac{a'-a}{m}$，其中 $a = \dfrac{1}{2}m(z_1+z_2)$ | $y_n = \dfrac{a'-a}{m_n}$，$y_t = \dfrac{a'-a}{m_t}$ 其中 $a = \dfrac{m_n}{2\cos\beta}(z_1+z_2)$ |
| 齿高变动系数 | $\Delta y$ 或 $\Delta y_n$ | 根据 $z_\Sigma$ 及 $y$ 由图 5.2-3 查得 | $\Delta y_n = (\Delta y_t - \omega z_t)/\cos\beta$ $\Delta y_t$ 根据 $z_\Sigma$ 及 $y_t$ 由图 5.2-3 查得 $\omega$ 根据 $1000y_t/z_\Sigma$ 及 $\beta$ 由图 5.2-5 查得 |
| 总变位系数 | $x_\Sigma$ 或 $x_{n\Sigma}$ | $x_\Sigma = y + \Delta y$；$x_\Sigma = x_1 + x_2$，可按图 5.2-12 或图 5.2-13 将 $x_\Sigma$ 分配为 $x_1$ 及 $x_2$ | $x_{n\Sigma} = y_n + \Delta y_n$；$x_{n\Sigma} = x_{n1} + x_{n2}$，可按图 5.2-12 或图 5.2-13 将 $x_{n\Sigma}$ 分配为 $x_{n1}$ 及 $x_{n2}$ |

（续）

| 名称 | | 代号 | 直齿轮 | 斜齿（人字齿）轮 |
|---|---|---|---|---|
| | | | 主要几何参数的计算 | |
| 已知条件及要求项目 | | | 已知 $z_1$、$z_2$、$m$、$x_\Sigma$，求 $\alpha'$ 及 $\Delta y$ | 已知 $z_1$、$z_2$、$m_n$（$m_t$）、$\beta$、$x_{n\Sigma}$（$x_{t\Sigma}$），求 $\alpha'$ 及 $\Delta y_n$ |
| 按公式计算 | 压力角 | $\alpha$ 或 $\alpha_t$ | $\alpha = 20°$ | $\alpha_n = 20°$；$\tan\alpha_t = \tan\alpha_n / \cos\beta$ |
| | 啮合角 | $\alpha'$ 或 $\alpha_t'$ | $\mathrm{inv}\alpha' = \dfrac{2(x_1 + x_2)}{z_1 + z_2}\tan\alpha + \mathrm{inv}\alpha$ | $\mathrm{inv}\alpha_t' = \dfrac{2(x_{n1} + x_{n2})}{z_1 + z_2}\tan\alpha_n + \mathrm{inv}\alpha_t$ |
| | 中心距变动系数 | $y$ 或 $y_n$ | $y = \dfrac{z_1 + z_2}{2}\left(\dfrac{\cos\alpha}{\cos\alpha'} - 1\right)$ | $y_n = \dfrac{z_1 + z_2}{2\cos\beta}\left(\dfrac{\cos\alpha_t}{\cos\alpha_t'} - 1\right)$，$y_t = \dfrac{z_1 + z_2}{2}\left(\dfrac{\cos\alpha_t}{\cos\alpha_t'} - 1\right)$ |
| | 中心距 | $a'$ | $a' = a + ym$ | $a' = a + y_n m_n$ |
| | 齿高变动系数 | $\Delta y$ 或 $\Delta y_n$ | $\Delta y = x_\Sigma - y$ | $\Delta y_n = x_{n\Sigma} - y_n$ |
| 按线图计算 | 齿高变动系数 | $\Delta y$ 或 $\Delta y_n$ | 根据 $z_\Sigma$ 及 $x_\Sigma$ 由图 5.2-4 查得 | $\Delta y_n = (\Delta y_t - \mu z_\Sigma)/\cos\beta$<br>$\Delta y_t$ 根据 $z_\Sigma$ 及 $x_{t\Sigma}$ 由图 5.2-4 查得<br>$\mu$ 根据 $1000x_{t\Sigma}/z_\Sigma$ 及 $\beta$ 由图 5.2-6 查得 |
| | 中心距变动系数 | $y$ 或 $y_n$ | $y = x_\Sigma - \Delta y$ | $y_n = x_{n\Sigma} - \Delta y_n$ |
| | 中心距 | $a'$ | $a' = a + ym$ | $a' = a + y_n m_n$ |
| 模数 | | $m$ 或 $m_n$ | 由强度计算或结构设计确定，并取为标准值 | 由强度计算或结构设计确定，$m_n$ 应取为标准值；$m_t = m_n / \cos\beta$ |
| 齿数比 | | $u$ | $u = z_2/z_1$ | |
| 分度圆直径 | | $d$ | $d_1 = z_1 m$　$d_2 = z_2 m$ | $d_1 = z_1 m_n / \cos\beta$　$d_2 = z_2 m_n / \cos\beta$ |
| 节圆直径 | | $d'$ | $d_1' = 2a'/(u+1)$　$d_2' = ud_1$ | $d_1' = 2a'/(u+1)$　$d_2' = ud_1$ |
| 齿顶高 | | $h_a$ | $h_a = (h_a^* + x - \Delta y)m$ | $h_a = (h_{an}^* + x_n - \Delta y_n)m_n$ |
| 齿根高 | | $h_f$ | $h_f = (h_a^* + c^* - x)m$ | $h_f = (h_{an}^* + c_n^* - x_n)m_n$ |
| 全齿高 | | $h$ | $h = (2h_a^* + c^* - \Delta y)m$ | $h = (2h_{an}^* + c_n^* - \Delta y_n)m_n$ |
| 齿顶圆直径 | | $d_a$ | $d_a = d + 2(h_a^* + x - \Delta y)m$ | $d_a = d + 2(h_{an}^* + x_n - \Delta y_n)m_n$ |
| 齿根圆直径 | | $d_f$ | $d_f = d - 2(h_a^* + c^* - x)m$ | $d_f = d - 2(h_{an}^* + c_n^* - x_n)m_n$ |
| | | | 侧隙检验尺寸（选用一组） | |
| I | 分度圆弦齿厚 | $\bar{s}$ 或 $\bar{s}_n$ | $\bar{s} = zm\sin\Delta$，$\Delta = \dfrac{90° + 41.7°x}{z}$<br>$\bar{s}$ 可查表 5.2-21 | $\bar{s}_n = z_v m_n \sin\Delta$，$\Delta = \dfrac{90° + 41.7°x_n}{z_v}$<br>$\bar{s}_n$ 可查表 5.2-21 |
| | 分度圆弦齿高 | $\bar{h}_a$ 或 $\bar{h}_{an}$ | $\bar{h}_a = h_a + \dfrac{zm}{2}(1 - \cos\Delta)$<br>$\bar{h}_a$ 可查表 5.2-22 | $\bar{h}_{an} = h_a + \dfrac{z_v m_n}{2}(1 - \cos\Delta)$<br>$\bar{h}_{an}$ 可查表 5.2-21 |
| | 固定弦齿厚 | $\bar{s}_c$ 或 $\bar{s}_{cn}$ | $\bar{s}_c = m\cos^2\alpha\left(\dfrac{\pi}{2} + 2x\tan\alpha\right)$<br>当 $\alpha = 20°$ 时，<br>$\bar{s}_c = m(1.3870 + 0.6428x) = m\bar{s}_c^*$；<br>$\bar{s}_c^*$ 查表 5.2-23 | $\bar{s}_{cn} = m_n\cos^2\alpha_n\left(\dfrac{\pi}{2} + 2x_n\tan\alpha_n\right)$<br>当 $\alpha = 20°$ 时，<br>$\bar{s}_{cn} = m_n(1.3870 + 0.6428x_n) = m_n\bar{s}_{cn}^*$；<br>$\bar{s}_{cn}^*$ 查表 5.2-23 |
| | 固定弦齿高 | $\bar{h}_c$ 或 $\bar{h}_{cn}$ | $\bar{h}_c = h_a - 0.182\bar{s}_c$<br>当 $\alpha = 20°$ 时，$\bar{h}_c = m\bar{h}_c^*$；$\bar{h}_c^*$ 查表 5.2-23 | $\bar{h}_{cn} = h_a - 0.182\bar{s}_{cn}$<br>当 $\alpha_n = 20°$ 时，$\bar{h}_{cn} = m\bar{h}_{cn}^*$；$\bar{h}_{cn}^*$ 查表 5.2-23 |

（续）

| 名称 | 代号 | 直齿轮 | 斜齿（人字齿）轮 |
|---|---|---|---|
| | | 侧隙检验尺寸（选用一组） | |
| Ⅱ 公法线跨齿数 | $k$ | $k = \dfrac{\alpha}{180°}z + 0.5 + \dfrac{2x\cot\alpha}{\pi}$<br>当 $\alpha = 20°$ 时，$k$ 值可查表 5.2-24 | $k \approx \dfrac{\alpha}{180°}z' + 0.5 + \dfrac{2x_n\cot\alpha_n}{\pi}$<br>假想齿数 $z' = z\dfrac{\mathrm{inv}\alpha_t}{\mathrm{inv}\alpha_n}$<br>当 $\alpha = 20°$ 时，比值 $\dfrac{\mathrm{inv}\alpha_t}{\mathrm{inv}\alpha_n}$ 查表 5.2-25<br>当 $\alpha = 20°$ 时，$k$ 值可查表 5.2-24 |
| 公法线长度 | $W_k$ 或 $W_{kn}$ | $W_k = m\cos\alpha[\pi(k-0.5) + z\,\mathrm{inv}\alpha + 2x\tan\alpha]$<br>当 $\alpha = 20°$ 时，<br>$W_k = m[2.9521(k-0.5) + 0.014z + 0.684x] = m(W_k^* + \Delta W^*)$<br>$W_k^*$ 查表 5.2-24；$\Delta W^*$ 查表 5.2-27 | $W_{kn} = m_n\cos\alpha[\pi(k-0.5) + z'\mathrm{inv}\alpha_n + 2x_n\tan\alpha_n]$<br>当 $\alpha = 20°$ 时，<br>$W_{kn} = m_n[2.9521(k-0.5) + 0.014z' + 0.684x_n] = m_n(W_{kn}^* + \Delta W_n^*)$<br>$W_{kn}^*$ 查表 5.2-24；$\Delta W_n^*$ 查表 5.2-27 |

注：1. 斜齿轮按公法线长度进行测量时，必须满足 $b > W_{kn}\sin\beta$ 的条件。

　　2. 表内公式中的 $x$、$x_n$（$x_t$）本身应带正负号代入；$\Delta y$、$\Delta y_t$ 永为正号。

　　3. 计算高度变位圆柱齿轮几何尺寸时，公式中的 $y$ 或 $y_t$，$\Delta y$ 或 $\Delta y_t$ 均为零。

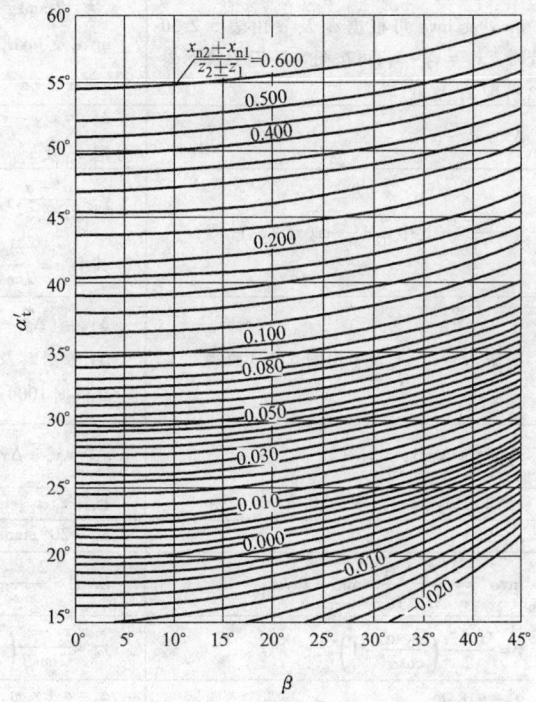

**图5.2-2　确定端面啮合角 $\alpha_t'$ 的线图**

**表 5.2-7　内啮合圆柱齿轮（标准与变位、直齿与斜齿）几何尺寸计算公式**

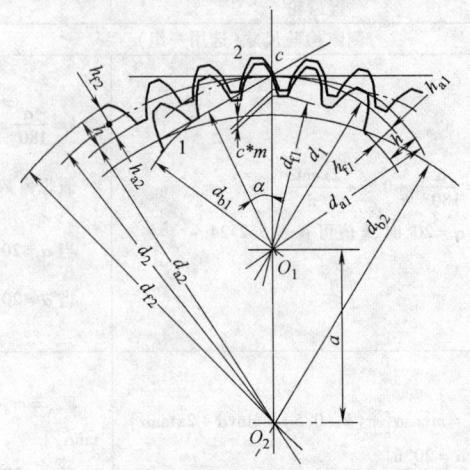

| 名称 | | 代号 | 直齿轮 | 斜齿（人字齿）轮 |
|---|---|---|---|---|
| | | | 主要几何参数的计算 | |
| 已知条件及要求项目 | | | 已知 $z_1$、$z_2$、$m$、$a'$，求 $x_\Sigma$ 及 $\Delta y$ | 已知 $z_1$、$z_2$、$m_n(m_t)$、$\beta$、$a'$，求 $x_{n\Sigma}$ 及 $\Delta y_n$ |
| 按公式计算 | 未变位时的中心距 | $a$ | $a = \dfrac{1}{2}m(z_2 - z_1)$ | $a = \dfrac{1}{2}m(z_2 - z_1) = \dfrac{m_n}{2\cos\beta}(z_2 - z_1)$ |
| | 中心距变动系数 | $y$ 或 $y_n$ | $y = \dfrac{a' - a}{m}$ | $y_n = \dfrac{a' - a}{m_n}$ |
| | 压力角 | $\alpha$ 或 $\alpha_t$ | $\alpha = 20°$ | $\alpha_n = 20°$；$\tan\alpha_t = \tan\alpha_n/\cos\beta$ |
| | 啮合角 | $\alpha'$ 或 $\alpha_t'$ | $\cos\alpha' = \dfrac{a}{a'}\cos\alpha$，$\alpha'$ 可按图 5.2-2 查得 | $\cos\alpha_t' = \dfrac{a}{a'}\cos\alpha_t$，$\alpha_t'$ 可按图 5.2-2 查得 |
| | 总变位系数 | $x_\Sigma$ 或 $x_{n\Sigma}$ | $x_\Sigma = \dfrac{z_2 - z_1}{2\tan\alpha}(\text{inv}\alpha' - \text{inv}\alpha)$　inv$\alpha'$ 及 inv$\alpha$ 可根据 $\alpha'$ 及 $\alpha$ 由表 5.2-30 查得。$x_\Sigma = x_2 - x_1$，可按图 5.2-12 及图 5.2-13 分配 $x_1$ 及 $x_2$ | $x_{n\Sigma} = \dfrac{z_2 - z_1}{2\tan\alpha_n}(\text{inv}\alpha_t' - \text{inv}\alpha_t)$　inv$\alpha_t'$ 及 inv$\alpha_t$ 可根据 $\alpha_t'$ 及 $\alpha_t$ 由表 5.2-30 查得。$x_{n\Sigma} = x_{n2} - x_{n1}$ |
| | 齿高变动系数 | $\Delta y$ 或 $\Delta y_n$ | $\Delta y = x_\Sigma - y$ | $\Delta y_n = x_{n\Sigma} - y_n$，可按图 5.2-12 及图 5.2-13 分配 $x_{n1}$ 及 $x_{n2}$ |
| 按线图计算 | 中心距变动系数 | $y$ 或 $y_n$ | $y = \dfrac{a' - a}{m}$，其中 $a = \dfrac{1}{2}m(z_2 - z_1)$ | $y_n = \dfrac{a' - a}{m_n}$，$y_t = \dfrac{a' - a}{m_t}$　其中 $a = \dfrac{m_n}{2\cos\beta}(z_2 - z_1)$ |
| | 齿高变动系数 | $\Delta y$ 或 $\Delta y_n$ | 根据 $z_\Sigma = z_2 - z_1$ 及 $y$ 由图 5.2-3 查得 | $\Delta y_n = (\Delta y_t - \omega z_\Sigma)/\cos\beta$　$\Delta y_t$ 根据 $z_\Sigma$ 及 $y_t$ 由图 5.2-3 查得　$\omega$ 根据 $1000y_t/z_\Sigma$ 及 $\beta$ 由图 5.2-5 查得 |
| | 总变位系数 | $x_\Sigma$ 或 $x_{n\Sigma}$ | $x_\Sigma = y + \Delta y$；$x_\Sigma = x_2 - x_1$ | $x_{n\Sigma} = y_n + \Delta y_n$；$x_{n\Sigma} = x_{n2} + x_{n1}$ |
| 已知条件及要求项目 | | | 已知 $z_1$、$z_2$、$m$、$x_\Sigma$，求 $\alpha'$ 及 $\Delta y$ | 已知 $z_1$、$z_2$、$m_n(m_t)$、$\beta$、$x_{n\Sigma}(x_{t\Sigma})$，求 $\alpha'$ 及 $\Delta y_n$ |
| 按公式计算 | 压力角 | $\alpha$ 或 $\alpha_t$ | $\alpha = 20°$ | $\alpha_n = 20°$；$\tan\alpha_t = \tan\alpha_n/\cos\beta$ |
| | 啮合角 | $\alpha'$ 或 $\alpha_t'$ | $\text{inv}\alpha' = \dfrac{2(x_2 - x_1)}{z_2 - z_1}\tan\alpha + \text{inv}\alpha$ | $\text{inv}\alpha_t' = \dfrac{2(x_{n2} - x_{n1})}{z_2 - z_1}\tan\alpha_n + \text{inv}\alpha_t$ |
| | 中心距变动系数 | $y$ 或 $y_n$ | $y = \dfrac{z_2 - z_1}{2}\left(\dfrac{\cos\alpha}{\cos\alpha'} - 1\right)$ | $y_n = \dfrac{z_2 - z_1}{2\cos\beta}\left(\dfrac{\cos\alpha_t}{\cos\alpha_t'} - 1\right)$ |
| | 中心距 | $a'$ | $a' = a + ym$ | $a' = a + y_n m_n$ |
| | 齿高变动系数 | $\Delta y$ 或 $\Delta y_n$ | $\Delta y = x_\Sigma - y$ | $\Delta y_n = x_{n\Sigma} - y_n$ |

（续）

| 名称 | | 代号 | 直齿轮 | 斜齿（人字齿）轮 |
|---|---|---|---|---|
| | | | 主要几何参数的计算 | |
| 已知条件及要求项目 | | | 已知 $z_1$、$z_2$、$m$、$x_\Sigma$，求 $\alpha'$ 及 $\Delta y$ | 已知 $z_1$、$z_2$、$m_n(m_t)$、$\beta$、$x_{n\Sigma}(x_{t\Sigma})$，求 $\alpha'$ 及 $\Delta y_n$ |
| 按线图计算 | 齿高变动系数 | $\Delta y$ 或 $\Delta y_n$ | 根据 $z_\Sigma = z_2 - z_1$ 及 $x_\Sigma$ 由图 5.2-4 查得 | $\Delta y_n = (\Delta y_t - \mu z_\Sigma)/\cos\beta$<br>$\Delta y_t$ 根据 $z_\Sigma$ 及 $x_{t\Sigma}$ 由图 5.2-4 查得<br>$\mu$ 根据 $1000 x_{t\Sigma}/z_\Sigma$ 及 $\beta$ 由图 5.2-6 查得 |
| | 中心距变动系数 | $y$ 或 $y_n$ | $y = x_\Sigma - \Delta y$ | $y_n = x_{n\Sigma} - \Delta y_n$ |
| | 中心距 | $a'$ | $a' = a + ym$ | $a' = a + y_n m_n$ |
| 模数 | | $m$ 或 $m_n$ | 由强度计算或结构设计确定，并取为标准值 | 由强度计算或结构设计确定，$m_n$ 应取为标准值；$m_t = m_n/\cos\beta$ |
| 齿数比 | | $u$ | $u = z_2/z_1$ | |
| 分度圆直径 | | $d$ | $d_1 = z_1 m$　　$d_2 = z_2 m$ | $d_1 = z_1 m_n/\cos\beta$　　$d_2 = z_2 m_n/\cos\beta$ |
| 节圆直径 | | $d'$ | $d_1' = 2a'/(u-1)$　　$d_2' = u d_1$ | $d_1' = 2a'/(u-1)$　　$d_2' = u d_1$ |
| 齿顶高 | | $h_a$ | $h_{a1} = 0.5(d_{a1} - d_1)$ | $h_{a2} = 0.5(d_{a2} - d_2)$ |
| 全齿高 | | $h$ | $h_1 = 0.5(d_{a1} - d_{f1})$ | $h_2 = 0.5(d_{f2} - d_{a2})$ |
| 齿顶圆直径 | $d_{a1}$ | | 当 $\vert x_2 - x_1 \vert \leqslant 0.5$，$\vert x_2 \vert < 0.5$ 和 $z_2 - z_1 \geqslant 40$ 时，$d_{a1} = d_1 + 2(h_a^* + x_1)m$ | 当 $\vert x_{n2} - x_{n1} \vert \leqslant 0.5$，$\vert x_{n2} \vert < 0.5$ 和 $z_{n2} - z_{n1} \geqslant 40$ 时，$d_{a1} = d_1 + 2(h_{an}^* + x_{n1})m_n$ |
| | | | 当内齿轮用插刀加工时 | |
| | | | $d_{a1} = d_1 + 2(h_a^* + x_1 + \Delta y - \Delta y_{02})m$ | $d_{a1} = d_1 + 2(h_{an}^* + x_{n1} + \Delta y_{n1} - \Delta y_{n02})m_n$ |
| | $d_{a2}$ | | $d_{a2} = d_2 - 2(h_a^* - x_2 + \Delta y - k_2)m$<br>当 $x_2 < 2$ 时，$k_2 = 0.25 - 0.125 x_2$<br>当 $x_2 \geqslant 2$ 时，$k_2 = 0$ | $d_{a2} = d_2 - 2(h_{an}^* - x_{n2} + \Delta y_n - k_2)m_n$<br>当 $x_{n2} < 2$ 时，$k_2 = 0.25 - 0.125 x_{n2}$<br>当 $x_{n2} \geqslant 2$ 时，$k_2 = 0$ |
| 齿根圆直径 | $d_{f1}$ | | 滚齿：$d_{f1} \approx d_1 - 2(h_a^* + c^* - x_1)m$<br>插齿：$d_{f1} = 2a_{01}' - d_{a0}$ | 滚齿：$d_{f1} \approx d_1 - 2(h_{an}^* + c_n^* - x_{n1})m_n$<br>插齿：$d_{f1} = 2a_{01}' - d_{a0}$ |
| | $d_{f2}$ | | $d_{f2}$ 的近似值可按下式计算 | |
| | | | $d_{f2} \approx d_2 + 2(h_a^* + c^* + x_2)m$ | $d_{f2} \approx d_2 + 2(h_{an}^* + c_n^* + x_{n2})m_n$ |
| | | | 内齿轮用插刀加工时，$d_{f2} = 2a_{02}' + d_{a0}$ | |
| | | | 侧隙检验尺寸（选用一组） | |
| I | 分度圆弦齿厚 | $\bar{s}$ 或 $\bar{s}_n$ | $\bar{s}_1 = z_1 m \sin\Delta_1$，$\Delta_1 = \dfrac{90° + 41.7° x_1}{z_1}$<br>$\bar{s}_2 = z_2 m \sin\Delta_2$，$\Delta_2 = \dfrac{90° - 41.7° x_2}{z_2}$ | $\bar{s}_{n1} = z_{v1} m_n \sin\Delta_1$，$\Delta_1 = \dfrac{90° + 41.7° x_{n1}}{z_{v1}}$<br>$\bar{s}_{n2} = z_{v2} m_n \sin\Delta_2$，$\Delta_2 = \dfrac{90° - 41.7° x_{n2}}{z_{v2}}$ |
| | 分度圆弦齿高 | $\bar{h}_a$ 或 $\bar{h}_{an}$ | $\bar{h}_{a1} = h_{a1} + \dfrac{zm}{2}(1 - \cos\Delta_1)$<br>$\bar{h}_{a2} = h_{a2} - \dfrac{zm}{2}(1 - \cos\Delta_2) + \Delta h$<br>$\Delta h = \dfrac{d_{a2}}{2}(1 - \cos\delta_a)$<br>$\delta_a = \dfrac{\pi}{2 z_2} - \mathrm{inv}\alpha - \dfrac{2x_2}{z_2}\tan\alpha + \mathrm{inv}\alpha_a$（以弧度计）<br>$\cos\alpha_a = \dfrac{d_2}{d_{a2}}\cos\alpha$ | $\bar{h}_{an1} = h_{a1} + \dfrac{z_v m_n}{2}(1 - \cos\Delta_1)$<br>$\bar{h}_{an2} = h_{a2} - \dfrac{z_v m_n}{2}(1 - \cos\Delta_2) + \Delta h$<br>$\Delta h = \dfrac{d_{a2}}{2}(1 - \cos\delta_a)$<br>$\delta_a = \dfrac{\pi}{2 z_2} - \mathrm{inv}\alpha_t - \dfrac{2x_2}{z_2}\tan\alpha + \mathrm{inv}\alpha_a$（以弧度计）<br>$\cos\alpha_a = \dfrac{d_2}{d_{a2}}\cos\alpha_t$ |
| II | 固定弦齿厚 | $\bar{s}_c$ 或 $\bar{s}_{cn}$ | $\bar{s}_{c1} = m\cos^2\alpha\left(\dfrac{\pi}{2} + 2x_1\tan\alpha\right)$<br>$\bar{s}_{c2} = m\cos^2\alpha\left(\dfrac{\pi}{2} - 2x_2\tan\alpha\right)$<br>当 $\alpha = 20°$ 时，<br>$\bar{s}_{c1} = (1.3870 + 0.6428 x_1)m$<br>$\bar{s}_{c2} = (1.3870 - 0.6428 x_2)m$ | $\bar{s}_{cn1} = m_n\cos^2\alpha_n\left(\dfrac{\pi}{2} + 2x_{n1}\tan\alpha_n\right)$<br>$\bar{s}_{cn2} = m_n\cos^2\alpha_n\left(\dfrac{\pi}{2} - 2x_{n2}\tan\alpha_n\right)$<br>当 $\alpha = 20°$ 时，<br>$\bar{s}_{c1} = (1.3870 + 0.6428 x_{n1})m_n$<br>$\bar{s}_{c2} = (1.3870 - 0.6428 x_{n2})m_n$ |
| | 固定弦齿高 | $\bar{h}_c$ 或 $\bar{h}_{cn}$ | $\bar{h}_{c1} = h_{a1} - 0.182\bar{s}_{c1}$<br>$\bar{h}_{c2} = h_{a2} - 0.182\bar{s}_{c2} + \Delta h$ | $\bar{h}_{cn1} = h_{an1} - 0.182\bar{s}_{cn1}$<br>$\bar{h}_{cn2} = h_{an2} - 0.182\bar{s}_{cn2} + \Delta h$ |

（续）

| 名称 | 代号 | 直齿轮 | 斜齿(人字齿)轮 |
|---|---|---|---|
| | | 侧隙检验尺寸(选用一组) | |

<table>
<tr><td rowspan="3">Ⅲ</td><td>公法线跨<br>齿(沟)数</td><td>$k$</td><td>$k = \dfrac{\alpha}{180°}z + 0.5 + \dfrac{2x\cot\alpha}{\pi}$<br>当 $\alpha = 20°$ 时, $k$ 值可查表 5.2-24</td><td>$k \approx \dfrac{\alpha}{180°}z' + 0.5 + \dfrac{2x_n\cot\alpha_n}{\pi}$<br>假想齿数 $z' = z\dfrac{\mathrm{inv}\alpha_t}{\mathrm{inv}\alpha_n}$<br>当 $\alpha = 20°$ 时, 比值 $\dfrac{\mathrm{inv}\alpha_t}{\mathrm{inv}\alpha_n}$ 查表 5.2-25<br>当 $\alpha = 20°$ 时, $k$ 值可查表 5.2-24</td></tr>
<tr><td>公 法 线<br>长 度</td><td>$W_k$ 或 $W_{kn}$</td><td>$W_k = m\cos\alpha[\pi(k-0.5) + z\mathrm{inv}\alpha + 2x\tan\alpha]$<br>当 $\alpha = 20°$ 时,<br>$W_k = m[2.9521(k-0.5) + 0.014z + 0.684x] = m(W_k^* + \Delta W^*)$<br>$W_k^*$ 查表 5.2-24; $\Delta W^*$ 查表 5.2-27</td><td>$W_{kn} = m_n\cos\alpha_n[\pi(k-0.5) + z'\mathrm{inv}\alpha_n + 2x_n\tan\alpha_n]$<br>当 $\alpha = 20°$ 时,<br>$W_{kn} = m_n[2.9521(k-0.5) + 0.014z' + 0.684x_n] = m_n(W_{kn}^* + \Delta W_n^*)$<br>$W_{kn}^*$ 查表 5.2-24; $\Delta W_n^*$ 查表 5.2-27</td></tr>
<tr><td>内齿轮测<br>量用圆棒<br>(圆球)直径</td><td>$d_p$</td><td>圆棒直径:<br>$d_p = 1.44m$ 或 $1.68m$</td><td>圆球直径[①]<br>$d_p = 1.44m_n$ 或 $1.68m_n$</td></tr>
<tr><td>Ⅳ</td><td>内齿轮圆<br>棒(圆球)测<br>量跨距</td><td>$M$</td><td>圆棒测量跨距:<br>齿数为双数: $M = d\dfrac{\cos\alpha}{\cos\alpha_M'} - d_p$<br>齿数为单数: $M = d\dfrac{\cos\alpha}{\cos\alpha_M'}\cos\dfrac{90°}{z} - d_p$<br>$\mathrm{inv}\alpha_M' = \mathrm{inv}\alpha_M + \dfrac{2x\tan\alpha}{z}$<br>当 $\alpha = 20°$ 时, $\mathrm{inv}\alpha_M$ 值可按下式计算:<br>当 $d_p = 1.44m$ 时,<br>$\mathrm{inv}\alpha_M = 0.0149 + 0.03838/z$<br>当 $d_p = 1.68m$ 时,<br>$\mathrm{inv}\alpha_M = 0.0149 - 0.21702/z$<br>对标准直齿内齿轮 $M$ 值可查表 5.2-28</td><td>圆球测量跨距[①]<br>齿数为双数时: $M = \dfrac{z\cos\alpha_t}{\cos\alpha_{Mt}\cos\beta}m_n - d_p$<br>齿数为单数时:<br>$M = \dfrac{z\cos\alpha_t}{\cos\alpha_{Mt}\cos\beta}\cos\dfrac{90°}{z}m_n - d_p$<br>式中<br>$\mathrm{inv}\alpha_{Mt} = \mathrm{inv}\alpha_t - \dfrac{d_p}{z\cos\alpha_n m_t} + \dfrac{\pi}{2z} + \dfrac{2x_n\tan\alpha_n}{z}$</td></tr>
</table>

注: 1. 斜齿轮按公法线长度进行测量时,必须满足 $b > W_{kn}\sin\beta$ 的条件。

2. 表内公式中的 $x$、$x_n$ 本身应带正负号代入; $\Delta y$、$\Delta y_n$ 永为正号。

3. 计算高度变位齿轮 ($x_1 = x_2 \neq 0$ 或 $x_{n1} = x_{n2} \neq 0$) 时,公式中的 $y$、$y_n$、$\Delta y$、$\Delta y_n$ 均为零; 计算标准内啮合传动时,公式中的 $x$、$x_n$、$y$、$y_n$、$\Delta y$、$\Delta y_n$ 均为零。

4. 表中的几何尺寸计算公式也适用于用插刀切制齿轮时的情况。例如,用新插齿刀 ($x_0 > 0$) 加工内齿轮时,刀具的变位系数 $x_0$、啮合角 $\alpha_0'$、中心距 $a_{02}$ 可按下列公式计算:

　　当 $\beta \neq 0$ 时,

$$x_{n0} = \frac{d_{a0}}{2m_n} - \frac{z_0 + 2h_{a0}^*\cos\beta}{2\cos\beta}$$

$$\mathrm{inv}\alpha_{t0}' = \frac{x_{n2} - x_{n0}}{z_2 - z_0}2\tan\alpha_n + \mathrm{inv}\alpha_t$$

$$a_{02} = \frac{m_n(z_2 - z_0)}{2\cos\beta}\frac{\cos\alpha_t}{\cos\alpha_{t02}'}$$

　　当 $\beta = 0$ 时,

$$x_0 = \frac{d_{a0}}{2m} - \frac{z_0 + 2h_{a0}^*}{2}$$

$$\mathrm{inv}\alpha_0' = \frac{x_2 - x_0}{z_2 - z_0}2\tan\alpha + \mathrm{inv}\alpha$$

$$a_{02} = \frac{m(z_2 - z_0)}{2}\frac{\cos\alpha}{\cos\alpha_{02}'}$$

　　式中的 $d_{a0}$、$z_0$ 及 $h_{a0}^*$ 的数值见表 5.2-29。

5. 关于内啮合齿轮的齿形干涉验算,其他资料有详细论述。对内啮合传动,当 $u > 2$ 时,可不必验算干涉。由于 $d_{a2}$ 计算中引入了经验系数 $k_2$,因此可不必验算轮齿过渡曲线干涉。

① 对斜齿圆柱齿轮,一般采用圆球测量代替圆棒测量。

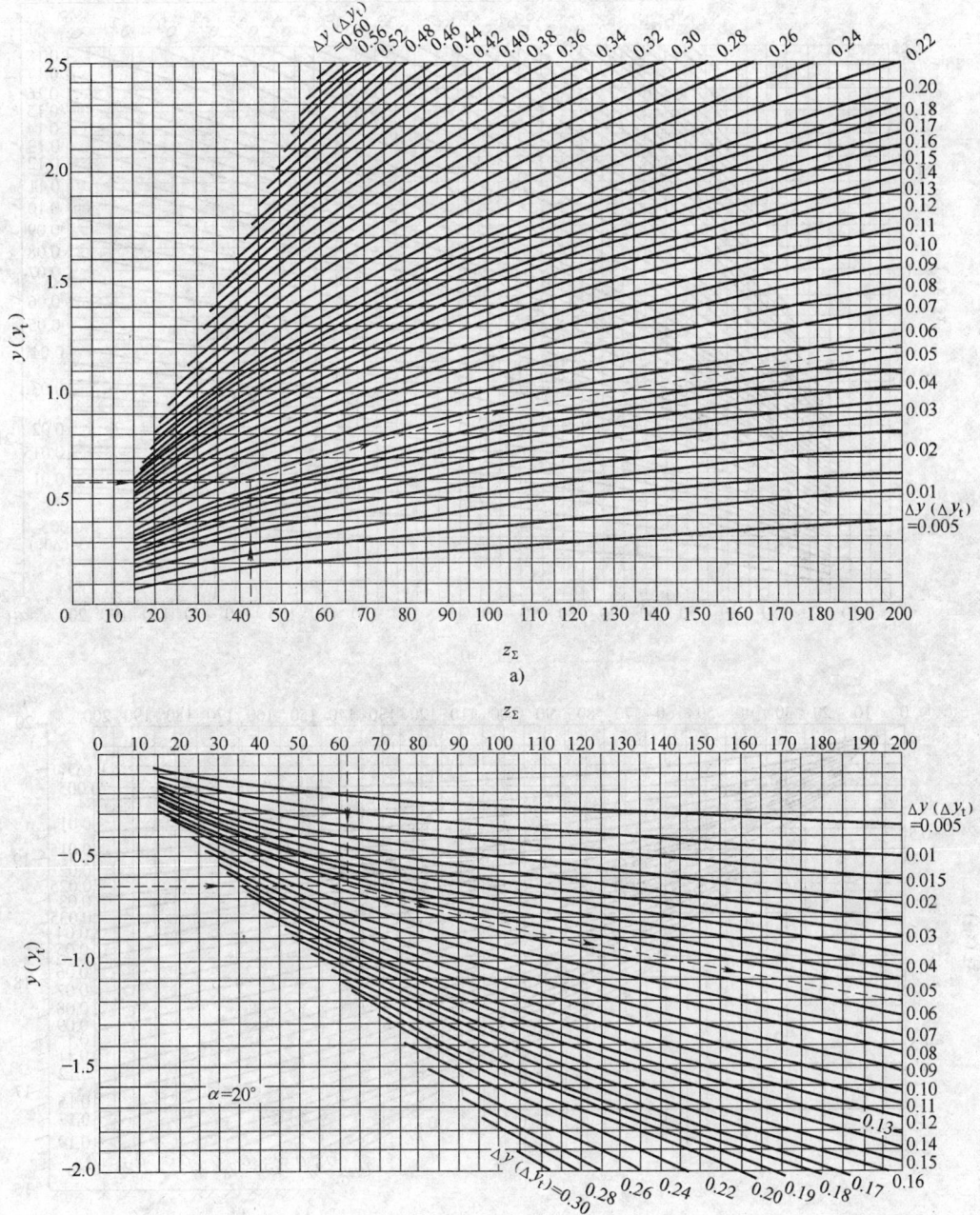

**图 5.2-3　根据 $y(y_t)$ 直接求 $\Delta y(\Delta y_t)$ 的线图**

a) 用于 $y(y_t) > 0$

例：已知 $z_\Sigma = 43$、$y = 0.59$，可查得 $\Delta y = 0.055$

b) 用于 $y(y_t) < 0$

例：已知 $z_\Sigma = 62$、$y = -0.65$，可查得 $\Delta y = 0.055$

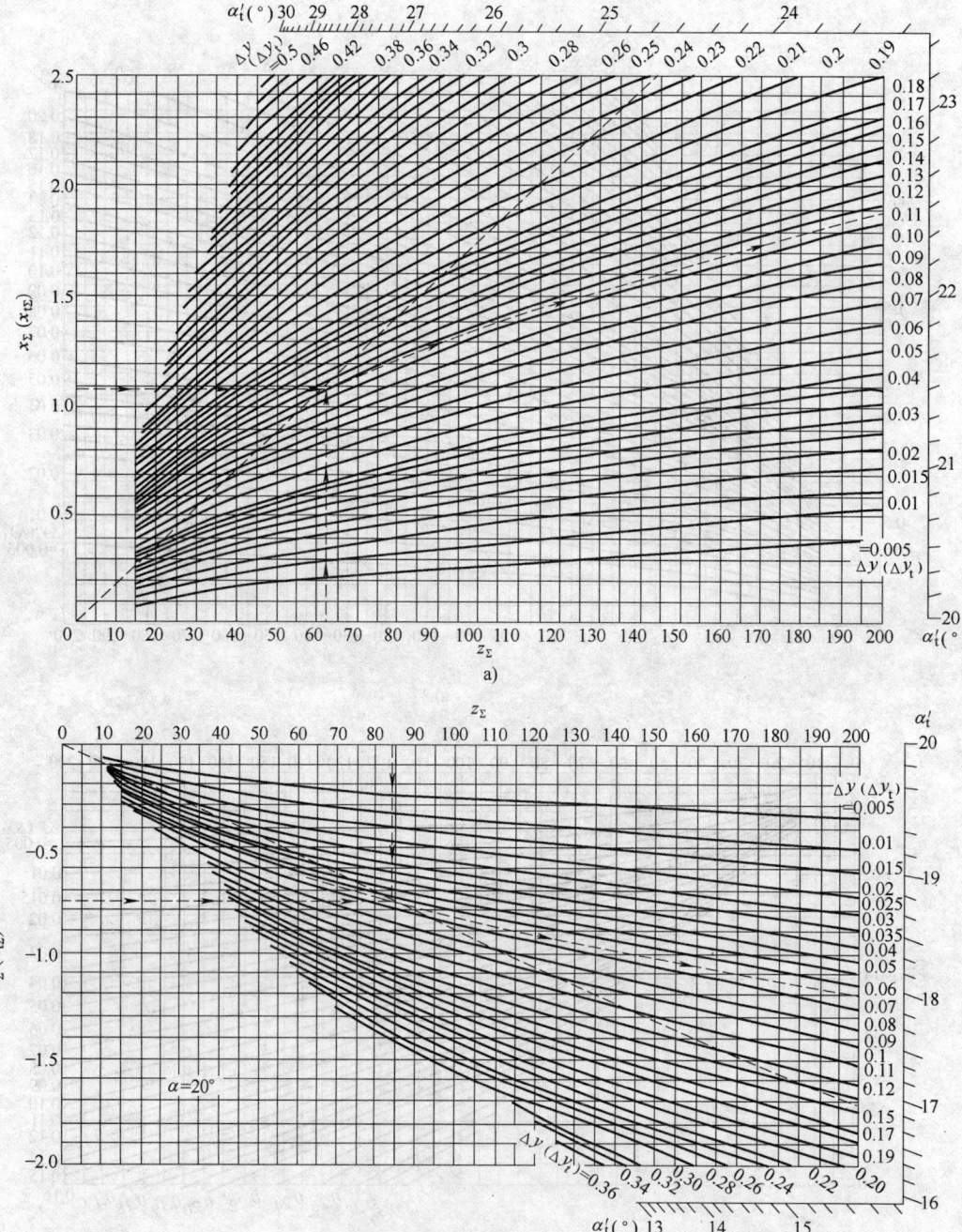

**图 5.2-4　根据 $x_\Sigma$（$x_{t\Sigma}$）直接求 $\Delta y$（$\Delta y_t$）的线图**

a）用于 $x_\Sigma$（$x_{t\Sigma}$）> 0

例：已知 $z_\Sigma = 63$、$x_\Sigma = 1.08$，可查得 $\Delta y = 0.105$、$\alpha'_t \approx 24°20'$

（从 0 点及 $z_\Sigma = 63$、$x_\Sigma = 1.08$ 的坐标点连一直线，可得啮合角 $\alpha'_t$）

b）用于 $x_\Sigma$（$x_{t\Sigma}$）< 0

例：已知 $z_\Sigma = 83$、$x_\Sigma = -0.75$，可查得 $\Delta y = 0.065$、$\alpha'_t \approx 16°38'$。

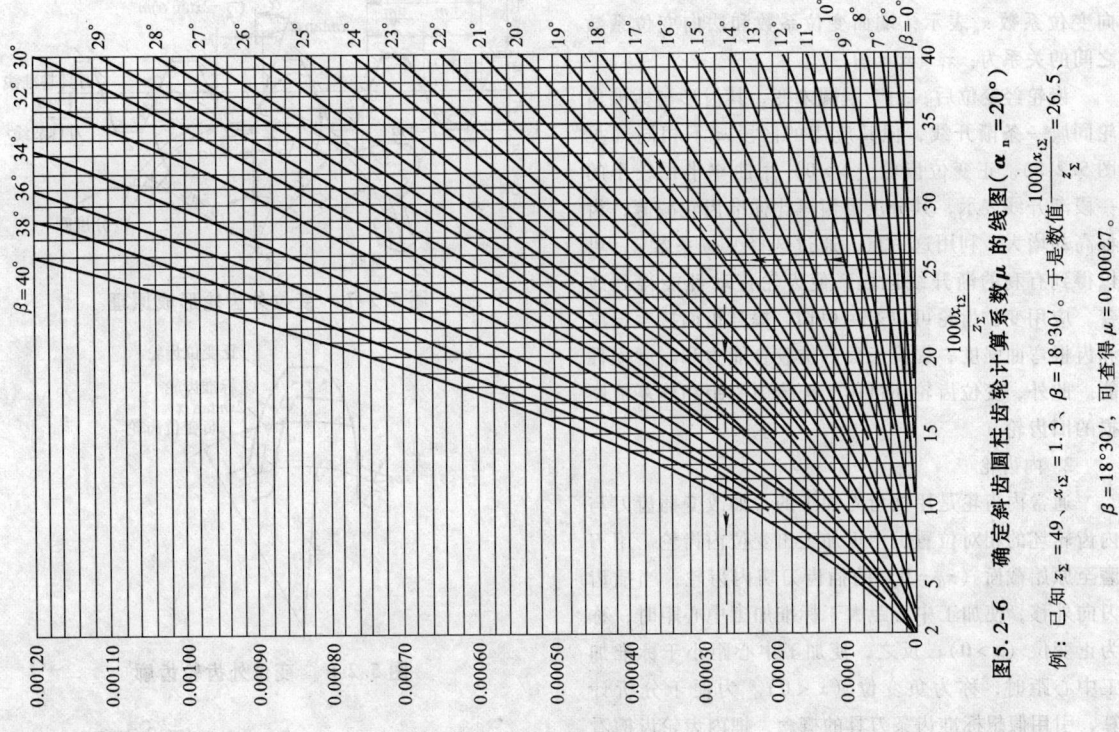

图5.2-6　确定斜齿圆柱齿轮计算系数 **μ** 的线图（$\alpha_n = 20°$）

例：已知 $z_\Sigma = 49$、$x_\Sigma = 1.3$、$\beta = 18°30'$。于是数值 $\dfrac{1000x_\Sigma}{z_\Sigma} = 26.5$，$\beta = 18°30'$，可查得 $\mu = 0.00027$。

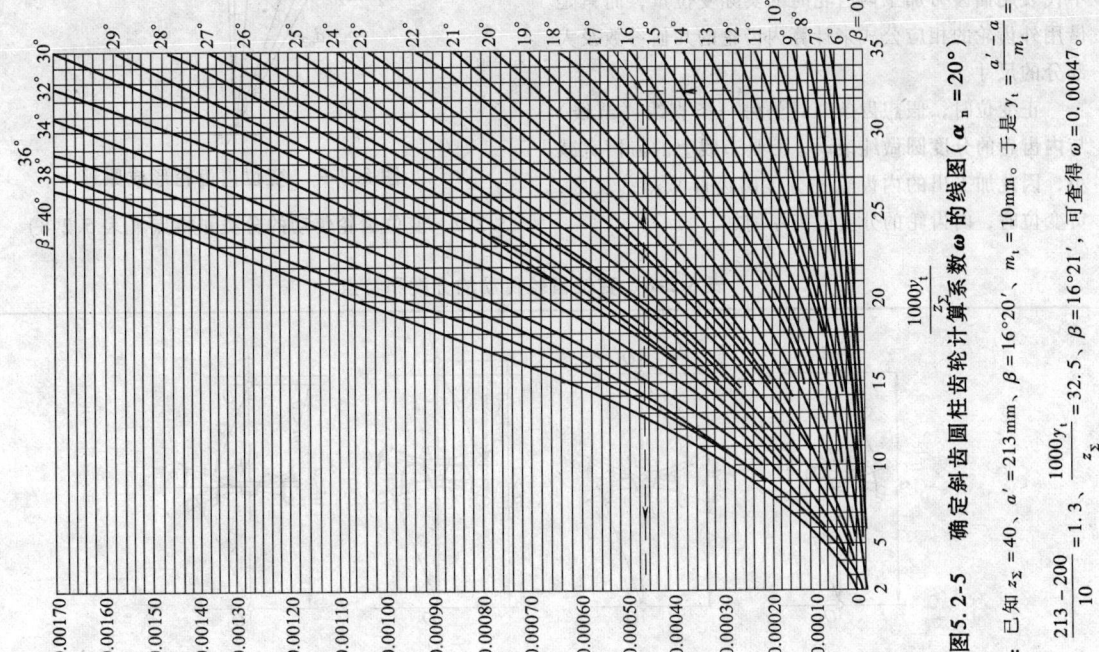

图5.2-5　确定斜齿圆柱齿轮计算系数 **ω** 的线图（$\alpha_n = 20°$）

例：已知 $z_\Sigma = 40$、$a' = 213\,mm$、$\beta = 16°20'$、$m_t = 10\,mm$。于是 $y_t = \dfrac{a' - a}{m_t} = \dfrac{213 - 200}{10} = 1.3$，$\dfrac{1000y_t}{z_\Sigma} = 32.5$，$\beta = 16°21'$，可查得 $\omega = 0.00047$。

斜齿圆柱齿轮的变位，可用端面变位系数 $x_t$ 或法向变位系数 $x_n$ 表示，端面变位系数和法向变位系数之间的关系为：$x_t = x_n \cos\beta$。

齿轮经变位后，由于基圆未变，其齿形与标准齿轮同属一条渐开线，但其应用的区段却不相同（见图 5.2-8）。正变位齿轮（$x > 0$）用曲率半径较小的一段渐开线表示，其分度圆齿厚比标准齿轮减薄，齿根高却增大。利用这一点，通过选择变位系数 $x$，可以得到有利的渐开线区段，使齿轮传动性能得到改善。应用变位齿轮可以避免根切，提高齿面接触强度和齿根弯曲强度，提高齿面的抗胶合能力和耐磨损性能。此外，变位齿轮还可用于配凑中心距和修复被磨损的旧齿轮。

### 2. 内齿轮

通常内齿轮是用插齿刀加工的，如改变插齿刀与内齿轮坯的相对位置，便可加工出变位内齿轮。用刃磨至原始截面（$x_0 = 0$）的插齿刀切内齿轮，当插齿刀向外移，使加工中心距大于标准加工中心距时，称为正变位（$x > 0$）；反之，使加工中心距小于标准加工中心距时，称为负变位（$x < 0$）。为便于分析计算，引用假想标准齿条刀具的概念，把内齿轮齿槽看成外齿轮的轮齿，如图 5.2-9 所示。这个外齿轮用假想标准齿条刀具基准线与内齿轮分度圆移近一段距离，使中心距减小，这时的变位系数 $-x_2$（负变位），就作为内齿轮的负变位系数，但此变位系数并不代表用插齿刀加工内齿轮时的实际变位量，而只是借用外齿轮的相应公式来计算内齿轮的几何参数及大部分的尺寸。

正变位时，假想齿条刀具的另一条直线（节线）与内齿轮的分度圆做纯滚动，刀具节线上的齿槽宽减小，因此加工出的内齿轮的分度圆齿厚减薄；反之，负变位时，内齿轮的分度圆齿厚增加。

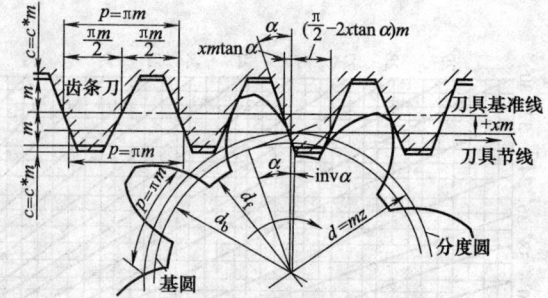

**图 5.2-7　变位外齿轮形成原理**

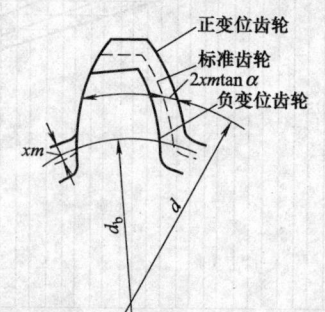

**图 5.2-8　变位外齿轮齿廓**

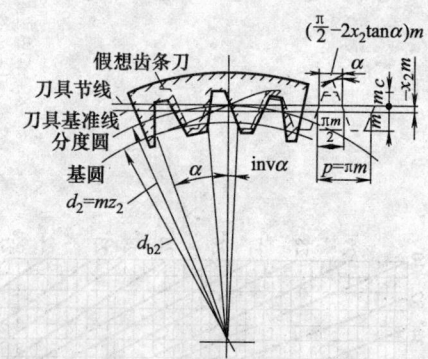

**图 5.2-9　变位内齿轮形成原理**

### 3.2.2　变位齿轮传动的分类和特点（表 5.2-8）

**表 5.2-8　变位齿轮传动的分类和特点**

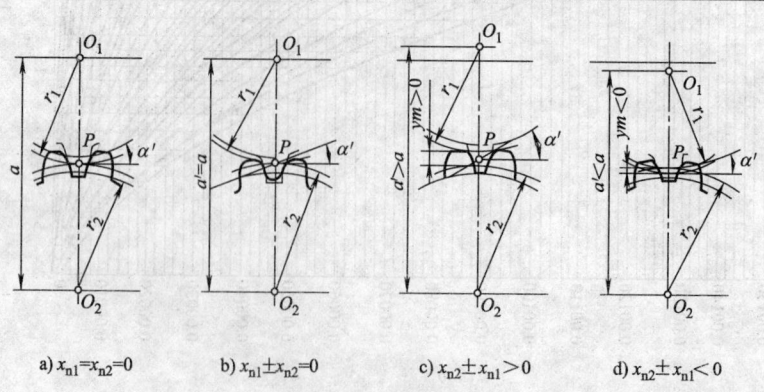

a) $x_{n1} = x_{n2} = 0$　　b) $x_{n1} \pm x_{n2} = 0$　　c) $x_{n2} \pm x_{n1} > 0$　　d) $x_{n2} \pm x_{n1} < 0$

（续）

| 传动类型名称 | | 标准齿轮传动 $x_{n1}=x_{n2}=0$ | 变位齿轮传动 | | |
|---|---|---|---|---|---|
| | | | 高度变位 $x_{n2}\pm x_{n1}=0$　$x_{n1}\neq0$ | 角度变位 $x_{n2}\pm x_{n1}\neq0$ | |
| | | | | 正传动 $x_{n2}\pm x_{n1}>0$ | 负传动 $x_{n2}\pm x_{n1}<0$ |
| 主要几何尺寸 | 分度圆直径 | $d=m_t z$ | 不变 | | |
| | 基圆直径 | $d_b=d\cos\alpha1$ | 不变 | | |
| | 齿距 | $p=\pi m_t$ | 不变 | | |
| | 啮合角 | $\alpha_t'=\alpha_t$ | 不变 | 增大 | 减小 |
| | 节圆直径 | $d'=d$ | 不变 | 增大 | 减小 |
| | 中心距 | $a=\dfrac{1}{2}m_t(z_2+z_1)$ | 不变 | 增大 | 减小 |
| | 分度圆齿厚 | $s_t=\dfrac{1}{2}\pi m_t$ | 外齿轮:正变位,增大;负变位,减小<br>内齿轮:正变位,减小;负变位,增大 | | |
| | 齿顶圆齿厚 | $s_{at}=d_a\left(\dfrac{\pi}{2z}\pm\mathrm{inv}\alpha_t\mp\mathrm{inv}\alpha_{at}\right)$ | 正变位,减小;负变位,增大 | | |
| | 齿根圆齿厚 | $s_{ft}=d_f\left(\dfrac{\pi}{2z}\pm\mathrm{inv}\alpha_t\mp\mathrm{inv}\alpha_{ft}\right)$ | 正变位,增大;负变位,减小 | | |
| | 齿顶高 | $h_a=h_{an}^*m_n$（内齿轮应减去 $\Delta h_{an}^*m_n$） | 外齿轮:正变位,增大(一般情况);负变位,减小<br>内齿轮:正变位,减小(一般情况);负变位,增大 | | |
| 主要几何尺寸 | 齿根高 | $h_f=(h_{an}^*+c_n^*)m_n$ | 外齿轮:正变位,减小;负变位,增大<br>内齿轮:正变位,增大;负变位,减小 | | |
| | 齿高 | $h=h_a+h_f$ | 不变(不计入内齿轮为避免过渡曲线干涉而将齿顶高减小的部分变化) | 外啮合:略减 ⎱ (保证和标准齿轮<br>内啮合:略增 ⎰ 传动同样顶隙时) | |
| 传动质量指标 | 端面重合度 $\varepsilon_\alpha$ | 对 $\alpha=20°,h_{an}^*=1$ 的直齿轮:<br>外啮合 $1.4<\varepsilon_\alpha<2$<br>内啮合 $1.7<\varepsilon_\alpha<2.2$<br>对斜齿轮 $\varepsilon_\alpha$ 低于上述值 | 略减 | 减少 | 增加 |
| | 滑动率 $\eta$ | 小齿轮齿根有较大的 $\eta_{1max}$ | $\eta_{1max}$ 减小,且可使 $\eta_{1max}=\eta_{2max}$ | | $\eta_{1max}$ 和 $\eta_{2max}$ 都增大 |
| | 几何压力系数 $\varphi$ | 小齿轮齿根有较大的 $\varphi_{1max}$ | $\varphi_{1max}$ 减小,且可使 $\varphi_{1max}=\varphi_{2max}$ | | $\varphi_{1max}$ 和 $\varphi_{2max}$ 都增大 |
| 对强度的影响 | 接触强度 | — | 只有当节点处于双齿对啮合区时,才能提高接触强度 | 对直齿轮,承载能力近似与 $\sin2\alpha'/\sin2\alpha$ 成正比,因此接触强度随着 $x_\Sigma$ 的增加而提高;当节点位于双齿对啮合区时,对接触强度更为有利。但是增加 $x_\Sigma$ 对接触强度的有益影响将因 $\varepsilon_a$ 的降低而有所抵消,这对斜齿轮更为显著 | |
| | 弯曲强度 | — | 对外齿轮,当齿数少时,弯曲强度随变位系数的增加而提高;当齿数多时,变位对强度的影响不显著;对高精度齿轮,当增大变位系数时,由于重合度的降低,削弱了变位对提高强度的作用 | | |
| 齿数限制 | | $z_1>z_{min}$,$z_2>z_{min}$ | $z_1+z_2\geqslant2z_{min}$ | $z_1+z_2$ 可小于 $2z_{min}$ | $z_1+z_2>2z_{min}$ |
| 效率 | | — | 提高 | | 降低 |
| 互换性 | | 较大 | 较小 | | |

（续）

| 传动类型名称 | 标准齿轮传动 $x_{n1}=x_{n2}=0$ | 变位齿轮传动 | | |
|---|---|---|---|---|
| | | 高度变位 $x_{n2}\pm x_{n1}=0$  $x_{n1}\neq0$ | 角度变位 $x_{n2}\pm x_{n1}\neq0$ | |
| | | | 正传动 $x_{n2}\pm x_{n1}>0$ | 负传动 $x_{n2}\pm x_{n1}<0$ |
| 应用 | 广泛用于各种传动中 | 1）用于结构紧凑，要求与标准齿轮的中心距相同的传动中<br>2）为不过多地降低大齿轮（负变位）的强度和避免根切，多用于 $z_1\pm z_2$ 较大的场合<br>3）用于希望提高齿轮强度，均衡大小齿轮的弯曲强度和滑动率，而又不希望 $\varepsilon_\alpha$ 下降很多的场合 | 1）用于结构紧凑，$z_1+z_2$ 比较小的场合<br>2）用于希望提高并均衡大小齿轮的强度和滑动率，而又允许 $\varepsilon_\alpha$ 降低的传动<br>3）用于配凑中心距<br>4）对斜齿轮一般仅用于配凑中心距 | 应用较少，一般仅用于配凑中心距或要求具有较大 $\varepsilon_\alpha$ 的场合 |

注：1. 有"±"或"∓"号处，上面的符号用于外啮合，下面的符号用于内啮合。
  2. 对直齿轮，应将表中的代号去掉下标 t 和 n。

### 3.2.3 外啮合齿轮变位系数的选择

1. 外啮合齿轮变位系数选择的限制条件

外啮合齿轮变位系数选择的限制条件见表5.2-9，设计时可用它检验变位量是否恰当和合理。若超出这些限制条件，应考虑调整两啮合齿轮的变位量。外啮合齿轮变位系数的选择原则及方法见表5.2-13。

表5.2-9  外啮合齿轮变位系数选择的限制条件

| 限制条件 | 校验公式 | 说明 |
|---|---|---|
| 加工时不根切 | 1）用齿条型刀具加工时<br>$z_{min}=2h_a^*/\sin^2\alpha$，具体数值见表 5.2-10<br>$x_{min}=h_a^*\dfrac{z_{min}-z}{z_{min}}=h_a^*-\dfrac{z\sin^2\alpha}{2}$，具体数值见表 5.2-10<br>2）用插齿刀加工时<br>$z'_{min}=\sqrt{z_0^2+\dfrac{4h_{a0}^*}{\sin^2\alpha}(z_0+h_{a0}^*)}-z_0$，具体数值见表 5.2-11<br>$x_{min}=\dfrac{1}{2}\left[\sqrt{(z_0+h_{a0}^*)^2+(z^2+2zz_0)\cos^2\alpha}-(z_0+z)\right]$ | 齿数太少（$z<z_{min}$）或变位系数太小（$x<x_{min}$）或负变位系数过大时，都会产生根切<br>$h_a^*$——齿轮的齿顶高系数<br>$z$——被加工齿轮的齿数<br>$\alpha$——插齿刀或齿轮的分度圆压力角<br>$z_0$——插齿刀齿数<br>$h_{a0}^*$——插齿刀的齿顶高系数 |
| 加工时不顶切 | 用插齿刀加工标准齿轮时 $z_{max}=\dfrac{z_0^2\sin^2\alpha-4h_a^{*2}}{4h_a^*-2z_0\sin^2\alpha}$，具体数值见表5.2-12 | 当被加工齿轮的齿顶圆超过刀具的极限啮合点时，将产生根切 |
| 齿顶不过薄 | $s_a=d_n\left(\dfrac{\pi}{2z}+\dfrac{2x\tan\alpha}{z}+inv\alpha-inv\alpha_a\right)\geqslant(0.25\sim0.4)m$<br>一般要求齿顶厚 $s_a\geqslant0.25m$<br>对于表面淬火的齿轮，要求 $s_a>0.4m$ | 正变位的变位系数过大（特别是齿数较少）时，就可能产生齿顶过薄<br>$d_n$——齿轮的齿顶圆直径<br>$\alpha$——齿轮的分度圆压力角<br>$\alpha_a$——齿轮的齿顶压力角 $\alpha_a=\arccos(d_b/d_a)$ |

（续）

| 限制条件 | 校 验 公 式 | 说　明 |
|---|---|---|
| 保证一定的重合度 | $\varepsilon_\alpha = \dfrac{1}{2\pi}\left[ z_1(\tan\alpha_{a1} - \tan\alpha') + z_2(\tan\alpha_{a2} - \tan\alpha') \right] \geqslant 1.2$ | 变位齿轮传动的重合度 $\varepsilon$ 却随着啮合角 $\alpha'$ 的增大而减小<br>$\alpha'$——齿轮传动的啮合角<br>$\alpha_{a1}$、$\alpha_{a2}$——齿轮 $z_1$ 和齿轮 $z_2$ 的齿顶压力角 |
| 不产生过渡曲线干涉 | 1. 用齿条型刀具加工的齿轮啮合时<br>1）小齿轮齿根与大齿轮齿顶不产生干涉的条件<br><br>$\tan\alpha' - \dfrac{z_2}{z_1}(\tan\alpha_{a2} - \tan\alpha') \geqslant \tan\alpha - \dfrac{4(h_a^* - x_1)}{z_1\sin 2\alpha}$<br><br>2）大齿轮齿根与小齿轮齿顶不产生干涉的条件<br><br>$\tan\alpha' - \dfrac{z_1}{z_2}(\tan\alpha_{a1} - \tan\alpha') \geqslant \tan\alpha - \dfrac{4(h_a^* - x_2)}{z_2\sin 2\alpha}$<br><br>2. 用插齿刀加工的齿轮啮合时<br>1）小齿轮齿根与大齿轮齿顶不产生干涉的条件<br><br>$\tan\alpha' - \dfrac{z_2}{z_1}(\tan\alpha_{a2} - \tan\alpha') \geqslant \tan\alpha'_{01} - \dfrac{z_0}{z_1}(\tan\alpha_{a0} - \tan\alpha'_{01})$<br><br>2）大齿轮齿根与小齿轮齿顶不产生干涉的条件<br><br>$\tan\alpha' - \dfrac{z_1}{z_2}(\tan\alpha_{a1} - \tan\alpha') \geqslant \tan\alpha'_{02} - \dfrac{z_0}{z_2}(\tan\alpha'_{a0} - \tan\alpha'_{02})$ | 当以齿轮的齿顶与另一齿轮根部的过渡曲线接触时，不能保证其传动比为常数，此种情况称为过渡曲线干涉<br>当所选的变位系数的绝对值过大时，就可能发生这种干涉<br>用插齿刀加工的齿轮比用齿条型刀具加工的齿轮容易发生这种干涉<br>$\alpha$——齿轮 $z_1$、$z_2$ 的分度圆压力角<br>$\alpha'$——该对齿轮的啮合角<br>$\alpha_{a1}$、$\alpha_{a2}$——齿轮 $z_1$、$z_2$ 的齿顶压力角<br>$x_1$、$x_2$——齿轮 $z_1$、$z_2$ 的变位系数 |

注：本表给出的是直齿轮的公式，对斜齿轮，可用其端面参数按本表计算。

### 表 5.2-10　最少齿数及 $z_{min}$ 最小变位系数 $x_{min}$

| $\alpha$ | 14.5° | 15° | 20° | | 25° |
|---|---|---|---|---|---|
| $h_a^*$ | 1 | 1 | 1 | 0.8 | 1 |
| $z_{min}$ | 32 | 30 | 17 | 14 | 12 |
| $x_{min}$ | $\dfrac{32-z}{32}$ | $\dfrac{30-z}{30}$ | $\dfrac{17-z}{17}$ | $\dfrac{14-z}{17.5}$ | $\dfrac{12-z}{12}$ |

### 表 5.2-11　加工标准外齿直齿轮不根切的最少齿数

| $z_0$ | 12～16 | 17～22 | 24～30 | 31～38 | 40～60 | 68～100 |
|---|---|---|---|---|---|---|
| $h_{a0}^*$ | 1.3 | 1.3 | 1.3 | 1.25 | 1.25 | 1.25 |
| $z'_{min}$ | 16 | 17 | 18 | 18 | 19 | 20 |

注：表中数值是按 $\alpha = 20°$，刀具变位系数 $x_0 = 0$ 时算出的，若 $x_0 > 0$，$z'_{min}$ 将略小于表中数值，若 $x_0 < 0$，$z'_{min}$ 将略大于表中数值。

### 表 5.2-12　不产生顶切的最多齿数

| $z_0$ | 10 | 11 | 12 | 13 | 14 | 15 | 16 | 17 |
|---|---|---|---|---|---|---|---|---|
| $z_{max}$ | 5 | 7 | 11 | 16 | 26 | 45 | 101 | $\infty$ |

### 表 5.2-13　外啮合齿轮变位系数的选择原则及方法

| 齿轮种类 | 变位的目的 | 应用条件 | 选择变位系数的原则 | 选择变位系数的方法 |
|---|---|---|---|---|
| 直齿轮 | 避免根切 | 用于齿数少的齿轮 | 对不允许削弱齿根强度的齿轮，不能产生根切；对允许削弱齿根强度的齿轮，可以产生少量根切 | 按选择外啮合齿轮变位系数的限制条件表 5.2-9 中的公式或表 5.2-10 和表 5.2-11 进行校验<br>对可以产生少量根切的齿轮，用下式校验<br>$x_{min} = \dfrac{14-z}{17}$ |

（续）

| 齿轮种类 | 变位的目的 | 应用条件 | 选择变位系数的原则 | 选择变位系数的方法 |
|---|---|---|---|---|
| 直齿轮 | 提高接触强度 | 多用于软齿面（硬度≤350HBW）的齿轮 | 应适当选择较大的总变位系数 $x_\Sigma$，以增大啮合角，加大齿面当量曲率半径，减小齿面接触应力<br><br>还可以通过变位，使节点位于双齿对啮合区，以降低节点处的单齿载荷。这种方法对精度7级以上的重载齿轮尤为适宜 | 可以根据使用条件按图5.2-10选择变位系数 |
| | 提高弯曲强度 | 多用于硬齿面（硬度＞350HBW）的齿轮 | 应尽量减少齿形系数和齿根应力集中，并尽量使两齿轮的弯曲强度趋于均衡 | 可以根据使用条件按图5.2-10选择变位系数 |
| | 提高抗胶合能力 | 多用于高速、重载齿轮 | 应选择较大的总变位系数 $x_\Sigma$，以减小齿面接触应力，并应使两齿根的最大滑动率相等 | 可以根据使用条件按图5.2-10选择变位系数 |
| | 提高耐磨损性能 | 多用于低速、重载、软齿面齿轮或开式齿轮 | | |
| | 配凑中心距 | 中心距给定时 | 按给定中心距技术总变位系数 $x_\Sigma$，然后进行分配 | 一般情况可按图5.2-10分配总变位系数 $x_\Sigma$ |
| 斜齿轮 | 斜齿轮的变位系数基本上可以参照直齿轮的选择原则和方法，但使用图表时要用当量齿数 $z_v = z/\cos^3\beta$ 代替 $z$，所求出的是法向变位系数 $x_n$。对角度变位的斜齿轮传动，当总变位系数增加时，虽然可以增加齿面的当量曲率半径和齿根圆齿厚，但其接触线长度将缩短，故对承载能力的提高没有显著的效果，一般不推荐 $x_{n\Sigma} > 0.4$ 的变位 | | | |

## 2. 外啮合齿轮变位系数的选择方法

（1）利用线图选择变位系数 图 5.2-10 所示为

用于齿条型刀具加工齿轮的选择变位系数图，它是由哈尔滨工业大学提出的变位系数选择方法。该图用

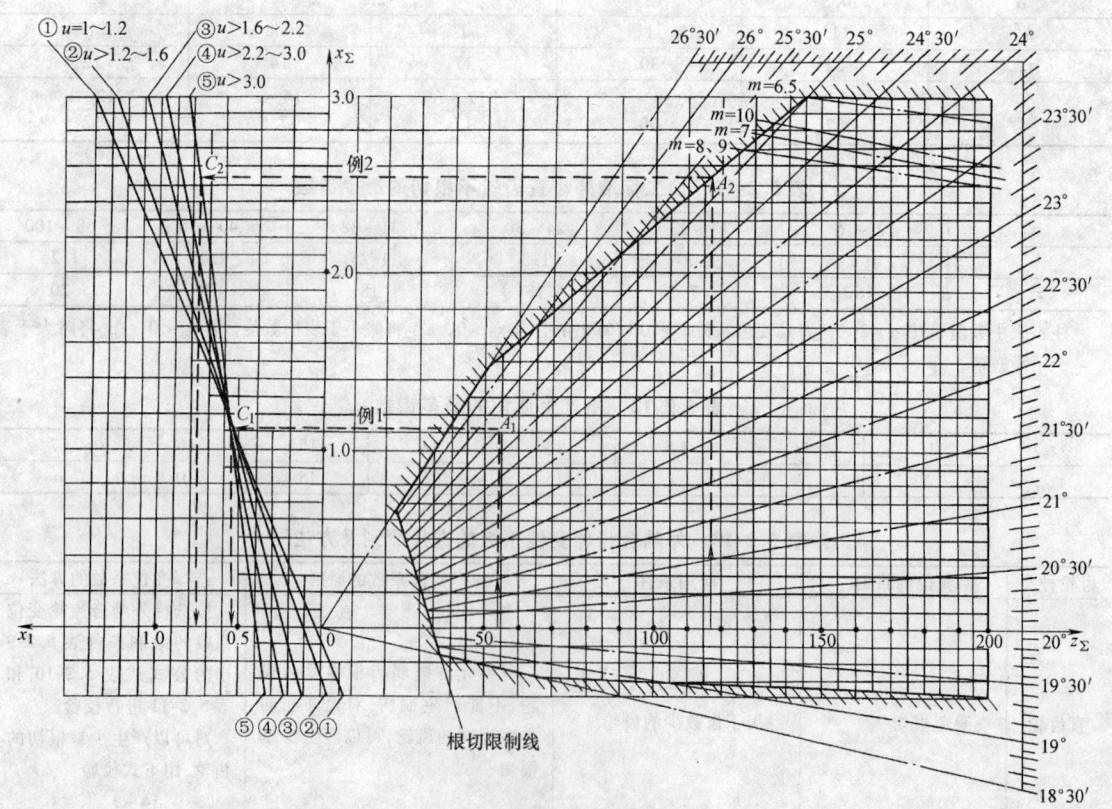

图 5.2-10 选择变位系数图（$h_a^* = 1$，$\alpha = 20°$）

于小齿轮的齿数 $z_1 \geq 12$ 的情形，其右侧部分线图的横坐标表示一对啮合出来的齿数和 $z_\Sigma$，纵坐标表示总变位系数 $x_\Sigma$，图中阴影线以内为许用区，许用区以内各斜线为同一啮合角（如等）时总变位系数 $x_\Sigma$ 与齿数和 $z_\Sigma$ 的函数关系。应用时，可根据所设计的一对齿轮的齿数和 $z_\Sigma$ 的大小及其他具体要求，在该线图的许用区内选择总变位系数 $x_\Sigma$。对于同一 $z_\Sigma$，当所选的 $z_\Sigma$ 越大（即啮合角 $\alpha'$ 越大）时，其传动的重合度 $\varepsilon$ 就越小（即越接近于 $\varepsilon = 1.2$）。

在确定总变位系数 $x_\Sigma$ 之后，再按照该线图左侧的五条斜线分配变位系数 $x_1$ 和 $x_2$。该部分线图的纵坐标仍表示总变位系数 $x_\Sigma$，而横坐标则表示小齿轮 $z_1$ 的变位系数 $x_1$（从坐标原点 0 向左 $x_1$ 为正值，反之 $x_1$ 为负值）。根据 $x_\Sigma$ 及齿数比 $u = (z_1/z_2)$，即可确定 $x_1$，从而得到 $x_2 = x_\Sigma - x_1$。

按此线图选取并分配变位系数，可以保证：

1）齿轮加工时不根切（在根切限制线上选取 $x_\Sigma$，也能保证齿廓工作段不根切）。

2）齿顶厚 $s_a > 0.4m$（个别情况下 $s_a < 0.4m$，但大于 $0.25m$）。

3）重合度 $\varepsilon \geq 1.2$（在线图上方边界线上选取 $x_\Sigma$，也只有少数情况 $\varepsilon = 1.1 \sim 1.2$）。

4）齿轮啮合不干涉。

5）两齿轮最大滑动率接近或相等（$\eta_1 = \eta_2$）。

6）在模数限制线（图中的 $m = 6.5\text{mm}$、$m = 7\text{mm} \cdots\cdots m = 10\text{mm}$ 等线）下方选取变位系数时，用标准滚刀加工该模数的齿轮不会产生不完全切削现象。若使用非标准的滚刀时，可按下式核算滚刀螺纹部分长度 $l$ 是否够用

$$l \geq d_a \sin(\alpha_a - \alpha) + \frac{1}{2}\pi m$$

式中　$d_a$——被加工齿轮的齿顶圆直径；

　　　$\alpha_a$——被加工齿轮的齿顶压力角；

　　　$\alpha$——被加工齿轮的分度圆压力角。

【例 1】　已知某机床变速箱中的一对齿轮 $z_1 = 21$、$z_2 = 33$、$m = 2.5\text{mm}$、$\alpha = 20°$、$h_a^* = 1$、中心距 $a' = 70\text{mm}$，试确定变位系数。

【解】 1）根据给定的中心距 $a'$ 求啮合角 $\alpha'$。

$$\cos\alpha' = \frac{m}{2a'}(z_1 + z_2)\cos\alpha = \frac{2.5}{2 \times 70}(21 + 33) \times 0.93969$$

$$= 0.90613$$

故　$\alpha' = 25°1'25''$

2）在图 5.2-10 中，由 0 点按 $\alpha' = 25°1'25''$ 作射线。与 $z_\Sigma = z_1 + z_2 = 21 + 33 = 54$ 处向上引的垂线相交于 $A_1$ 点，$A_1$ 点的纵坐标即为所求的总变位系数 $x_\Sigma$

（见图中例 1，$x_\Sigma = 1.125$），$A_1$ 点在线图的许用区内，故可用。

3）根据齿数比 $u = z_2/z_1 = 33/21 = 1.57$，故应按线图左侧斜线②分配变位系数 $x_1$。自点 $A_1$ 作水平线与斜线②交于点 $C_1$，$C_1$ 点的纵坐标值 $x_1$ 即为所求的 $x_1$ 值，图中的 $x_1 = 0.55$，故 $x_2 = x_\Sigma - x_1 = 1.125 - 0.55 = 0.575$。

【例 2】　一对齿轮的齿数 $z_1 = 17$、$z_2 = 100$、$\alpha = 20°$、$h_a^* = 1$，要求尽可能地提高接触强度，试选择变位系数。

【解】　为提高接触强度，应按最大啮合角选取总变位系数 $x_\Sigma$。在图 5.2-10 中，自 $z_\Sigma = z_1 + z_2 = 17 + 100 = 117$ 处向上引垂线，与线图的上边界交于 $A_2$ 点，$A_2$ 点处的啮合角值即为 $x_\Sigma = 117$ 时的最大许用啮合角。

$A_2$ 点的纵坐标值即为所求的总变位系数（若需圆整中心距，可以适当调整总变位系数）。

由于齿数比 $u = z_2/z_1 = 100/17 = 5.9 > 3.0$。故应按斜线⑤分配变位系数。自 $A_2$ 点作水平线与斜线⑤交于点 $C_2$，则 $C_2$ 点的横坐标值即为 $x_1$，得 $x_1 = 0.77$，故 $x_2 = x_\Sigma - x_1 = 2.54 - 0.77 = 1.77$。

【例 3】　已知齿轮的齿数 $z_1 = 15$、$z_2 = 28$、$\alpha = 20°$、$h_a^* = 1$，试确定高度变位系数。

【解】　高度定位时，啮合角 $\alpha' = \alpha = 20°$，总变位系数 $x_\Sigma = x_1 + x_2 = 0$，变位系数 $x_1$ 可按齿数比 $u$ 的大小，由图 5.2-10 左侧的五条斜线与 $x_\Sigma = 0$ 的水平线（即横坐标轴）的交点来确定。

齿数比 $u = z_2/z_1 = 28/15 = 1.87$，故应按斜线与横坐标的交点来确定 $x_1$，得 $x_1 = 0.23$，故 $x_2 = x_\Sigma - x_1 = 0 - 0.23 = -0.23$。

（2）利用"封闭线图"选择变位系数　现有许多变位系数表和线图所推荐的变位方案都是在满足上述基本限制条件之下分别侧重于某些传动性能指标的改善，如为了获得最大的接触强度，或为了使一对齿轮均衡的磨损等。利用"封闭线图"有可能综合考虑各种性能指标，较合理地选择变位系数。

图 5.2-11 ~ 图 5.2-13 所示为一种比较简明的外啮合渐开线齿轮变位系数选择线图。它在满足基本的限制条件之下，提供了根据各种具体的工作条件改进传动性能多方面的可能性。而且按这种方法选择变位系数，不会产生轮齿不完全切屑的现象，因此对于用标准滚刀切制的齿轮不需要进行齿数和模数的验算。

利用图 5.2-11 可以根据不同的要求在相应的区间按 $z_\Sigma = z_1 + z_2$ 选定 $x_\Sigma = x_1 + x_2$。$P6 \sim P9$ 为齿根弯

曲及齿面接触承载能力较强的区域，P3 ~ P6 为轮齿承载能力和运转平稳性等综合性能比较好的区域，P1 ~ P3 为重合度较大的区域。P9 以上的"特殊应用区"是具有大啮合角而重合度相应减少的区域。P1 以下的"特殊应用区"是具有较小的啮合角而重合度相应增大的区域。在这个特殊应用区内，对减速传动当 $1 < i < 2.5$ 的情况下有齿廓干涉危险，对增速传动当 $x \leqslant -0.6$ 时有齿廓干涉的危险。

利用图 5.2-12 和图 5.2-13 将 $x_\Sigma$ 分配为 $x_1$ 和 $x_2$。图 5.2-12 用于减速传动，图 5.2-13 的变位系数分配线 $L1 ~ L17$ 及 $S1 ~ S13$ 是根据两齿轮的齿根弯曲强度近似相等，主动轮齿顶的滑动速度稍大于从动轮齿顶的滑动速度，避免过大的滑动比的条件而绘出的。当变位系数 $x_1$ 和 $x_2$ 位于图 5.2-12 下部的阴影区内时，

应验算过渡曲线是否干涉。图 5.2-13 下部的"特殊应用区"是具有较小的啮合角而重合度相应增大的区域。

利用图 5.2-12（或图 5.2-13）分配变位系数时，首先在图 5.2-12（或图 5.2-13）上找出由 $\frac{z_1 + z_2}{2}$ 和 $\frac{x_\Sigma}{2}$ 所决定的点，由此点按 $L$（或 $S$）射线的方向作一射线，在此射线上找出与 $z_1$ 和 $z_2$ 相应的点，然后即可从纵坐标轴上查得 $x_1$ 和 $x_2$。

当齿数 $z > 150$ 时，按 $z = 150$ 处理。

它们用于斜齿轮传动时，变位系数应按当量齿数 $z_v = \dfrac{z}{\cos^3 \beta}$ 来选择。

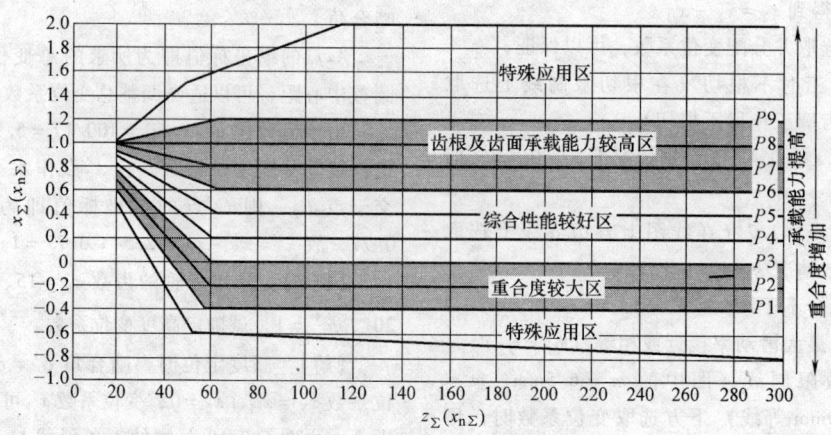

图 5.2-11　变位系数和 $x_\Sigma (x_{n\Sigma})$ 的选择

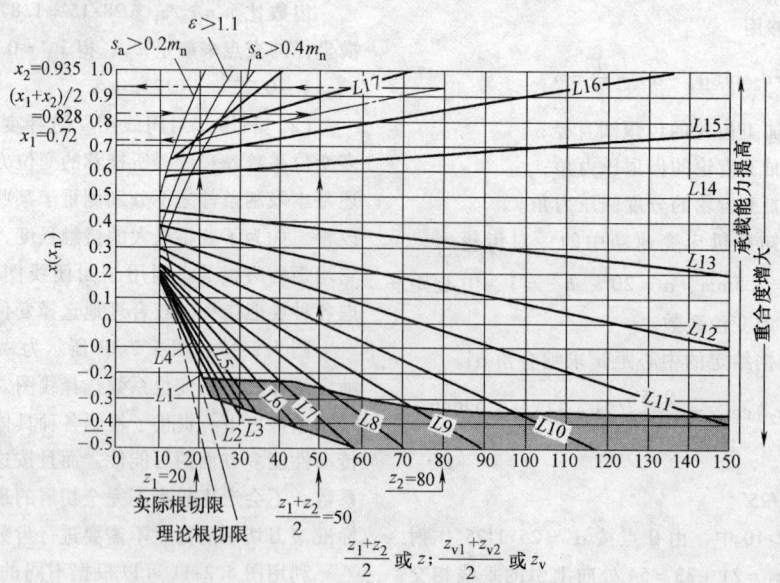

图 5.2-12　将 $x_\Sigma (x_{n\Sigma})$ 分配为 $x_1 (x_{n1})$ 及 $x_2 (x_{n2})$ 的线图（用于减速器传动）

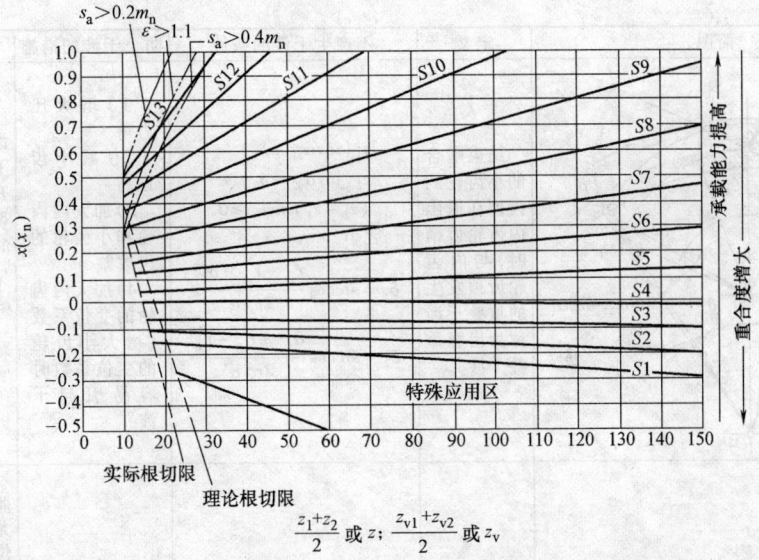

$$\frac{z_1+z_2}{2} \text{ 或 } z; \frac{z_{v1}+z_{v2}}{2} \text{ 或 } z_v$$

**图5.2-13　将 $x_\Sigma(x_{n\Sigma})$ 分配为 $x_1(x_{n1})$ 及 $x_2(x_{n2})$ 的线图（用于增速器传动）**

【例 4】　已知直齿圆柱齿轮，$z_1=20$、$z_2=80$、$m=10mm$，减速传动，希望提高承载能力，试选择变位系数。

【解】　按 $z_\Sigma=z_1+z_2=100$ 从图 5.2-11 中的 $P9$ 线的上方区域初选 $x_\Sigma=1.6$，利用图 5.2-4 可查出 $\Delta y=0.146$，所以 $y=x_\Sigma-\Delta y=1.6-0.146=1.454$。

$a=(\frac{z_\Sigma}{2}+y)m=(\frac{100}{2}+1.454)\times10mm=514.54mm$。

取 $a=515mm$、$y=1.5$，按图 5.2-3 求出 $\Delta y=0.155$。

$$x_\Sigma=y+\Delta y=1.5+0.155=1.655。$$

在图 5.2-12 中找出 $\frac{z_\Sigma}{2}=50$ 和 $\frac{x_\Sigma}{2}=0.828$ 决定的点，由此点按 $L$ 射线的方向引一射线，在此射线上按 $z_1=20$、$z_2=80$ 选定 $x_1=0.72$、$x_2=0.935$。

利用图 5.2-4 可查得 $\alpha'=24°10'18''$。齿面接触强度和轮齿弯曲强度都有所提高，而且两轮滑动比接近相等。

【例 5】　重型机械设备中的减速齿轮，$z_1=40$、$z_2=250$、$m_n=10mm$、$\beta=25°$，希望大小齿轮有均衡的承载能力和耐磨损性能，试选择变位系数。

【解】　$z_{v1}=\frac{z_1}{\cos^3\beta}=\frac{40}{\cos^325°}\approx54$，$z_{v2}=\frac{z_2}{\cos^3\beta}=\frac{250}{\cos^325°}\approx337$，因为 $z_{v2}>150$，所以取 $z_{v2}=150$。

根据所提出的要求，从图 5.2-11 中按 $z_{v1}+z_{v2}=54+150=204$ 选取 $x_{n\Sigma}=0.4$。

在图 5.2-12 中，从 $\frac{54+150}{2}=102$ 以及 $\frac{x_{n\Sigma}}{2}=0.2$ 决定的点引 $L$ 射线，在此射线上按 $z_{v1}=54$，$z_{v2}$ 取 150 选取 $x_{n1}=0.32$、$x_{n2}=0.08$。

### 3.2.4　内啮合齿轮变位系数的选择

1. 内啮合齿轮的干涉

内啮合齿轮的干涉现象和防止干涉的条件见表 5.2-14。

**表 5.2-14　内啮合齿轮的干涉现象和防止干涉的条件**

| 名称 | 简图 | 定义 | 不产生干涉的条件 | 防止干涉的措施 | 说明 |
|---|---|---|---|---|---|
| 渐开线干涉 | | 当实际啮合线的端点 $B_2$ 落在理论啮合线的极限点 $N_1$ 的左侧时，便发生渐开线干涉 | $\frac{z_{02}}{z_2}\geq1-\frac{\tan\alpha_{a2}}{\tan\alpha'_{02}}$ 对标准齿轮 $(x_1=x_2=0)$ $z_2\geq\frac{z_1^2\sin^2\alpha-4(h_{a2}/m)^2}{2z_1\sin^2\alpha-4(h_{a2}/m)}$ | 1）加大压力角 2）加大内齿轮和小齿轮的变位系数 | 用插齿刀加工内齿轮时，在这种干涉下，内齿轮产生展成顶切。不产生顶切的插齿刀最少齿数见表 5.2-15～表 5.2-17 |

（续）

| 名称 | 简图 | 定义 | 不产生干涉的条件 | 防止干涉的措施 | 说明 |
|---|---|---|---|---|---|
| 齿廓重叠干涉 | | 结束啮合的小齿轮的齿顶在退出内齿轮齿槽时，与内齿轮齿顶发生的重叠干涉称为齿廓重叠干涉 | $z_1(\text{inv}\alpha_{a1}+\delta_1)-$ $z_2(\text{inv}\alpha_{a2}+\delta_2)+$ $(z_2-z_1)\text{inv}\alpha'\geqslant 0$ 式中 $\delta_1=\arccos\dfrac{r_{a2}^2-r_{a1}^2-a'^2}{2r_{a1}a'}$ $\delta_2=\arccos\dfrac{a'^2+r_{a2}^2-r_{a1}^2}{2r_{a2}a'}$ | 1）增大压力角 2）减小齿顶高 3）加大内齿轮和小齿轮的齿数差 4）加大内齿轮的变位系数（增大小齿轮的变位系数时容易引起干涉） | 用插齿刀加工内齿轮时，在这种干涉下，内齿轮的齿顶渐开线部分将遭到顶切，不产生重叠干涉时的 $(z_2-z_1)_{\min}$ 值见表 5.2-19 $\alpha_{a1}$、$\alpha_{a2}$——齿轮 1、2 的齿顶压力角 $\alpha'$——啮合角 |
| 过渡曲线干涉 | | 当小齿轮的齿顶与内齿轮的齿根过渡曲线部分接触，或者内齿轮的齿顶与小齿轮的齿根过渡曲线部分接触时，便引起过渡曲线干涉 | 1）不产生内齿轮齿根过渡曲线干的条件： $(z_2-z_1)\tan\alpha'+z_1\tan\alpha_{a1}\leqslant$ $(z_2-z_{02})\tan\alpha'_{02}+z_{02}\tan\alpha_{a02}$ 2）不产生小齿轮齿根过渡曲线干涉的条件： 小齿轮用齿条型刀具加工时 $z_2\tan\alpha_{a2}-(z_2-z_1)\tan\alpha'$ $\geqslant z_1\tan\alpha-\dfrac{4(h_a^*-x_1)}{\sin z_1\alpha}$ 小齿轮用插齿刀型刀加工时 $z_2\tan\alpha_{a2}-(z_2-z_1)\tan\alpha'$ $\geqslant(z_1+z_{01})\tan\alpha'_{01}-z_{01}\tan\alpha_{a01}$ | 1）增大内齿轮的变位系数 2）减小齿顶高 | 小齿轮齿根过渡曲线干涉容易发生，尤其是标准、高度变位及啮合角小的角度变位齿轮。相反，内齿轮齿根过渡曲线干涉较不易发生，只有当 $z_1>z_2$、$x_1\gg x_0$ 时才会发生 $z_{01}$、$z_{02}$ 为加工齿轮 1、齿轮 2 时，插齿刀齿数 $\alpha'_{01}$、$\alpha'_{02}$——加工齿轮 1、轮 2 时的啮合角 $\alpha_{a01}$、$\alpha_{a02}$——加工齿轮 1、轮 2 时的插刀的齿顶压力角 |
| 径向干涉 | | 当把小齿轮从内齿轮的中心位置沿径向装入啮合位置。若 $CD>EF$，则引起径向干涉 | $\dfrac{z_2}{z_1}\left[\arcsin\sqrt{\dfrac{1-\left(\dfrac{\cos\alpha_{a1}}{\cos\alpha_{a2}}\right)^2}{1-\left(\dfrac{z_1}{z_2}\right)^2}}+\right.$ $\left.\arcsin\sqrt{\dfrac{\left(\dfrac{\cos\alpha_{a2}}{\cos\alpha_{a1}}\right)^2-1}{\left(\dfrac{z_1}{z_2}\right)^2-1}}\right.$ $\left.+\text{inv}\alpha_{a1}-\text{inv}\alpha'\right]$ $-\text{inv}\alpha'+\text{inv}\alpha_{a2}\geqslant 0$ 对标准齿轮（$x_1=x_2=0$）可用以下近似式计算 $\begin{cases}z_2-z_1\geqslant\dfrac{2(h_{a1}+h_{a2})}{m\sin^2\delta}\\[2mm]\dfrac{2\delta-\sin 2\delta}{1-\cos 2\delta}=\tan\alpha\end{cases}$ | 1）增大压力角 2）减小齿顶高 3）加大内齿轮和小齿轮的齿数差 4）加大内齿轮的变位系数（增大小齿轮的变位系数时容易引起干涉） | 1）用插齿刀加工内齿轮时，在这种干涉下内齿轮产生进刀顶切。 2）满足径向干涉条件，自然满足齿廓重叠干涉条件 不产生径向干涉的内齿轮最少齿数见表 5.2-18 |

**表5.2-15 加工标准齿轮时，不产生展成顶切的插齿刀最少齿数 $z_{0min}$ （$x_2 = 0$，$x_{02} = 0$，$\alpha = 20°$）**

| 插齿刀最少齿数 $z_{0min}$ 齿数 | 14 | 15 | 16 | 17 | 18 | 19 | 20 | 21 | 22 | 23 | 24 | 25 | 26 | 27 | 28 | 29 |
|---|---|---|---|---|---|---|---|---|---|---|---|---|---|---|---|---|
| 齿轮 $h_a^* = 1$（齿数 $z_2$） | ≥270 | 77~270 | 51~76 | 41~50 | 35~40 | 32~34 | 30,31 | 29 | 28 | — | 27 | | | | | |
| 内齿轮 $h_a^* = 0.8$（齿数 $z_2$） | | | | | ≥160 | 86~160 | 64~85 | 53~63 | 46~52 | 42~45 | 40,41 | 38,39 | 37 | 36 | 35 | 34 |

**表5.2-16 加工内齿轮不产生展成顶切的插齿刀最少齿数 $z_{0min}$ （$x_2 - x_{02} \geq 0$，$h_a^* = 0.8$，$\alpha = 20°$）**

内齿轮齿数 $z_2$

上部分（$x_{02}$ = 0，−0.105，−0.263）

| $z_{0min}$ | $x_2$=0 | 0.2 | 0.4 | 0.6 | 0.8 | 1.0 | 1.2 | 1.4 |
|---|---|---|---|---|---|---|---|---|
| 10 | | | | | 20~35 | 20~53 | 20~74 | 20~97 |
| 11 | | | | 20~28 | 36~52 | 54~79 | 75~100 | 98~100 |
| 12 | | | | 29~48 | 53~89 | 80~100 | | |
| 13 | | | 20~27 | | | | | |
| 14 | | | 28~100 | | | | | |
| 15 | ≥77 | ≥39 | | | | | | |
| 16 | 51~76 | 28~38 | | | | | | |
| 17 | 41~50 | 24~27 | | | | | | |
| 18 | 35~40 | 22,23 | | | | | | |
| 19 | 32~34 | 21 | | | | | | |
| 20 | 30,31 | | | | | | | |
| 21 | 29 | | | | | | | |
| 22 | 28 | | | | | | | |
| 23 | — | | | | | | | |
| 24 | 27 | | | | | | | |
| 25 | | | | | | | | |

（$x_{02}$ = −0.105 栏）1.4：20~69；70~100　1.2：20~53；54~71；72~98；99,100　1.0：20~39；40~52；53~73；74~100　0.8：20~27；28~36；37~50；51~75；76~100　0.6：20,21；22~30；31~44；45~78；79~100　0.2：21,22；23~28；29~56；≥57　0：39~46；47~66；≥67

（$x_{02}$ = −0.263 栏）29~94；31~44；51~75；74~100；76~100；45~78；79~100；≥95

下部分（$x_{02}$ = 0，−0.315）

| $z_{0min}$ | $x_2$=0 | 0.2 | 0.4 | 0.6 | 0.8 | 1.0 | 1.2 | 1.4 |
|---|---|---|---|---|---|---|---|---|
| 10 | | | | | 20 | 20~28 | 20~36 | 20~46 |
| 11 | | 20,21 | | 20,21 | 21~25 | 29~34 | 37~44 | 47~56 |
| 12 | | 22~27 | 20,21 | 22~26 | 26~31 | 35~42 | 45~55 | 57~69 |
| 13 | | 28~34 | 23~28 | 27~33 | 32~39 | 43~53 | 56~69 | 70~86 |
| 14 | 20~26 | 35~43 | 29~37 | 34~44 | 40~50 | 54~68 | 70~88 | 87~100 |
| 15 | 27~40 | 44~57 | 38~52 | 45~61 | 51~66 | 69~90 | 89~100 | |
| 16 | 41~77 | 58~79 | 53~79 | 62~95 | 67~92 | 91~100 | | |
| 17 | | 80~100 | 80~100 | | 93~100 | | | |

（$x_{02}$ = −0.315 栏，$x_2$=0）20~23；24~33；34~51

（续）

**$x_{02} = -0.263$**（表中数值为内齿轮齿数 $z_2$）

| $z_{0min}$ | $x_2=0$ | 0.2 | 0.4 | 0.6 | 0.8 | 1.0 | 1.2 | 1.4 |
|---|---|---|---|---|---|---|---|---|
| 18 | | | 78~100 | | | | | |
| 19 | ≥94 | ≥22 | | | | | | |
| 20 | 51~93 | | | | | | | |
| 21 | 39~50 | | | | | | | |
| 22 | 34~38 | | | | | | | |
| 23 | 31~33 | | | | | | | |
| 24 | 29,30 | | | | | | | |
| 25 | 28 | | | | | | | |

**$x_{02} = -0.315$**（表中数值为内齿轮齿数 $z_2$）

| $z_{0min}$ | $x_2=0$ | 0.2 | 0.4 | 0.6 | 0.8 | 1.0 | 1.2 | 1.4 |
|---|---|---|---|---|---|---|---|---|
| 18 | | | | 96~100 | | | | |
| 19 | ≥77 | | 52~100 | | | | | |
| 20 | 46~76 | ≥23 | | | | | | |
| 21 | 36~45 | 22 | | | | | | |
| 22 | 32~35 | | | | | | | |
| 23 | 29~31 | | | | | | | |
| 24 | 28 | | | | | | | |

注：1. 此表是按内齿轮齿顶圆公式，$d_{a2}=m(z_2-2h_a^*+2x_2)$ 作出的。

2. 当设计内齿轮齿顶圆直径应用 $d_{a2}=m(z_2-2h_a^*+2x_2-2\Delta y)$ 计算时，内齿轮齿顶高比用注 1 公式计算的高 $\Delta ym$。即内齿轮的实际齿顶高系数应为 $(h_a^*+\Delta y)$，则查此表时所采用的齿顶高系数应等于或略大于内齿轮的实际齿顶高系数。例如：已知内齿轮 $h_a^*=0.8$，计算得 $\Delta y=0.1316$，其实际齿顶高系数 $h_a^*+\Delta y=0.9316$，则应按 $h_a^*=1$ 查表 5.2-17 有关数值。

**表 5.2-17　加工内齿轮不产生展成顶切的插齿刀最少齿数 $z_{0min}$ $(x_2-x_{02}\geq0,\ h_a^*=1,\ \alpha=20°)$**

**$x_{02} = 0$**（表中数值为内齿轮齿数 $z_2$）

| $z_{0min}$ | $x_2=0$ | 0.2 | 0.4 | 0.6 | 0.8 | 1.0 | 1.2 | 1.4 |
|---|---|---|---|---|---|---|---|---|
| 10 | | | | | | 20~23 | 20~33 | 20~43 |
| 11 | | | | | | 20~29 | 34~41 | 44~55 |
| 12 | | | | | 20~24 | 30~38 | 42~54 | 56~71 |
| 13 | | | | | 25~32 | 39~51 | 55~72 | 72~95 |
| 14 | | | | 20 | 33~45 | 52~71 | 73~100 | 96~100 |
| 15 | | | | 21~32 | 46~70 | 72~100 | | |
| 16 | | | | 33~64 | 71~100 | | | |
| 17 | | | | 65~100 | | | | |
| 18 | | ≥95 | | | | | | |
| 19 | ≥85 | 53~94 | | | | | | |
| 20 | 64~85 | 41~52 | ≥27 | | | | | |
| 21 | 53~63 | 35~40 | 22~26 | | | | | |
| 22 | 46~52 | 32~34 | | | | | | |
| 23 | 42~45 | 30,31 | | | | | | |

**$x_{02} = -0.105$**（表中数值为内齿轮齿数 $z_2$）

| $z_{0min}$ | $x_2=0$ | 0.2 | 0.4 | 0.6 | 0.8 | 1.0 | 1.2 | 1.4 |
|---|---|---|---|---|---|---|---|---|
| 10 | | | | | | 20 | 20~28 | 20~37 |
| 11 | | | | | | 21~25 | 29~35 | 38~45 |
| 12 | | | | | 20,21 | 26~31 | 36~43 | 46~56 |
| 13 | | | | | 22~26 | 32~39 | 44~54 | 57~70 |
| 14 | | | | | 27~34 | 40~51 | 55~70 | 71~90 |
| 15 | | | | 20~23 | 46~64 | 52~68 | 71~93 | 91~100 |
| 16 | | | | 24~34 | 46~64 | 69~96 | 94~100 | |
| 17 | | | | 35~54 | 65~100 | 97~100 | | |
| 18 | | | | 55~100 | | | | |
| 19 | ≥79 | ≥69 | ≥23 | | | | | |
| 20 | 60~78 | 44~68 | 22 | | | | | |
| 21 | 50~59 | 36~43 | | | | | | |
| 22 | | 32~35 | | | | | | |

（续）

**内齿轮齿数 $z_2$**

$x_{02}=0$

| $z_{0min}$ ＼ $x_2$ | 0 | 0.2 | 0.4 | 0.6 | 0.8 | 1.0 | 1.2 | 1.4 |
|---|---|---|---|---|---|---|---|---|
| 24 | 40,41 | 28,29 | | | | | | |
| 25 | 38,39 | | | | | | | |
| 26 | 37 | | | | | | | |
| 27 | 36 | | | | | | | |
| 28 | 35 | | | | | | | |
| 29 | 34 | | | | | | | |
| 30 | — | | | | | | | |
| 31 | | | | | | | | |

$x_{02}=-0.105$

| $z_{0min}$ ＼ $x_2$ | 0 | 0.2 | 0.4 | 0.6 | 0.8 | 1.0 | 1.2 | 1.4 |
|---|---|---|---|---|---|---|---|---|
| 24 | 45~49 | 29~31 | | | | | | |
| 25 | 41~44 | 28 | | | | | | |
| 26 | 39,40 | | | | | | | |
| 27 | 37,38 | | | | | | | |
| 28 | 36 | | | | | | | |
| 29 | 35 | | | | | | | |
| 30 | — | | | | | | | |
| 31 | 34 | | | | | | | |

**内齿轮齿数 $z_2$**

$x_{02}=-0.263$

| $z_{0min}$ ＼ $x_2$ | 0 | 0.2 | 0.4 | 0.6 | 0.8 | 1.0 | 1.2 | 1.4 |
|---|---|---|---|---|---|---|---|---|
| 10 | | | | | | | 20~24 | 20~30 |
| 11 | | | | | | 20~22 | 25~29 | 31~37 |
| 12 | | | | | | 23~26 | 30~34 | 38~44 |
| 13 | | | | | 20~22 | 27~31 | 35~41 | 45~53 |
| 14 | | | | | 23~27 | 32~38 | 42~50 | 54~64 |
| 15 | | | | | 28~33 | 39~47 | 51~62 | 65~78 |
| 16 | | | | 20~25 | 34~41 | 48~58 | 63~77 | 79~97 |
| 17 | | | | 26~32 | 42~52 | 59~75 | 78~98 | 98~100 |
| 18 | | | | 33~43 | 53~70 | 76~100 | 99~100 | |
| 19 | | | | 44~62 | 71~100 | | | |
| 20 | | | 22~38 | 63~100 | | | | |
| 21 | | | 39~100 | | | | | |
| 22 | | ≥89 | | | | | | |
| 23 | ≥98 | 40~88 | | | | | | |
| 24 | 65~97 | 32~39 | | | | | | |
| 25 | 52~64 | 29~31 | | | | | | |
| 26 | 45~51 | 28 | | | | | | |
| 27 | 41~44 | | | | | | | |
| 28 | 39,40 | | | | | | | |
| 29 | 37,38 | | | | | | | |
| 30 | 36 | | | | | | | |
| 31 | 35 | | | | | | | |
| 32 | 34 | | | | | | | |

$x_{02}=-0.315$

| $z_{0min}$ ＼ $x_2$ | 0 | 0.2 | 0.4 | 0.6 | 0.8 | 1.0 | 1.2 | 1.4 |
|---|---|---|---|---|---|---|---|---|
| 10 | | | | | | | 20~23 | 20~29 |
| 11 | | | | | | | 24~27 | 30~35 |
| 12 | | | | | | 20,21 | 28~33 | 36~41 |
| 13 | | | | | | 22~25 | 34~39 | 42~49 |
| 14 | | | | | 20,21 | 26~30 | 40~46 | 50~58 |
| 15 | | | | | 22~25 | 31~36 | 47~56 | 59~70 |
| 16 | | | | | 26~31 | 37~43 | 57~69 | 71~86 |
| 17 | | | | 20~23 | 32~38 | 44~52 | 70~86 | 87~100 |
| 18 | | | | 24~29 | 39~47 | 53~65 | 87~100 | |
| 19 | | | | 30~38 | 48~60 | 66~84 | | |
| 20 | | | 20~30 | 39~51 | 61~81 | 85~100 | | |
| 21 | | | 31~55 | 52~74 | 82~100 | | | |
| 22 | | ≥56 | 56~100 | 75~100 | | | | |
| 23 | ≥87 | 34~55 | | | | | | |
| 24 | 61~86 | 29~33 | | | | | | |
| 25 | 49~60 | 28 | | | | | | |
| 26 | 43~48 | | | | | | | |
| 27 | 40~42 | | | | | | | |
| 28 | 37~39 | | | | | | | |
| 29 | 36 | | | | | | | |
| 30 | 35 | | | | | | | |
| 31 | 34 | | | | | | | |

表 5.2-18　新直齿插齿刀的基本参数和被加工内齿轮不产生径向切入顶切的最少齿数 $z_{2min}$

| 插齿刀型式 | 插齿刀分度圆直径 $d_0$ /mm | 模数 $m$ /mm | 插齿刀齿数 $z_0$ | 插齿刀变位系数 $x_0$ | 插齿刀齿顶圆直径 $d_{a0}$ /mm | 插齿刀齿高系数 $h_{a0}^*$ | $x_2$ | | | | | | | | |
|---|---|---|---|---|---|---|---|---|---|---|---|---|---|---|---|
| | | | | | | | 0 | 0.2 | 0.4 | 0.6 | 0.8 | 1.0 | 1.2 | 1.5 | 2.0 |
| | | | | | | | $z_{2min}$ | | | | | | | | |
| 盘形直齿插齿刀、碗形直齿插齿刀 | 76 | 1 | 76 | 0.630 | 79.76 | 1.25 | 115 | 107 | 101 | 96 | 91 | 87 | 84 | 81 | 79 |
| | 75 | 1.25 | 60 | 0.582 | 79.58 | | 96 | 89 | 83 | 78 | 74 | 70 | 67 | 65 | 62 |
| | 75 | 1.5 | 50 | 0.503 | 80.26 | | 83 | 76 | 71 | 66 | 62 | 59 | 57 | 54 | 52 |
| | 75.25 | 1.75 | 43 | 0.464 | 81.24 | | 74 | 68 | 62 | 58 | 54 | 51 | 49 | 47 | 45 |
| | 76 | 2 | 38 | 0.420 | 82.68 | | 68 | 61 | 56 | 52 | 49 | 46 | 44 | 42 | 40 |
| | 76.5 | 2.25 | 34 | 0.261 | 83.30 | | 59 | 54 | 49 | 45 | 43 | 40 | 39 | 37 | 36 |
| | 75 | 2.5 | 30 | 0.230 | 82.41 | | 54 | 49 | 44 | 41 | 38 | 34 | 34 | 33 | 31 |
| | 77 | 2.75 | 28 | 0.224 | 85.37 | | 52 | 47 | 42 | 39 | 36 | 34 | 33 | 31 | 30 |
| | 75 | 3 | 25 | 0.167 | 83.81 | 1.3 | 48 | 43 | 38 | 35 | 33 | 31 | 29 | 28 | 26 |
| | 78 | 3.25 | 24 | 0.149 | 87.42 | | 46 | 41 | 37 | 34 | 31 | 29 | 28 | 27 | 25 |
| | 77 | 3.5 | 22 | 0.126 | 86.98 | | 44 | 39 | 35 | 31 | 29 | 27 | 26 | 25 | 23 |
| 盘形直齿插齿刀 | 75 | 3.75 | 20 | 0.105 | 85.55 | 1.3 | 41 | 36 | 32 | 29 | 27 | 25 | 24 | 22 | 21 |
| | 76 | 4 | 19 | 0.105 | 87.24 | | 40 | 35 | 31 | 28 | 26 | 24 | 23 | 21 | 20 |
| | 76.5 | 4.25 | 18 | 0.107 | 88.46 | | 39 | 34 | 30 | 27 | 25 | 23 | 22 | 20 | 19 |
| | 76.5 | 4.5 | 17 | 0.104 | 89.15 | | 38 | 33 | 29 | 26 | 24 | 22 | 21 | 19 | 18 |
| 盘形直齿插齿刀、碗形直齿插齿刀 | 100 | 1 | 100 | 1.060 | 104.6 | 1.25 | 156 | 147 | 139 | 132 | 125 | 118 | 114 | 110 | 105 |
| | 100 | 1.25 | 80 | 0.842 | 105.22 | | 126 | 118 | 111 | 105 | 99 | 94 | 91 | 87 | 83 |
| | 102 | 1.5 | 68 | 0.736 | 107.96 | | 110 | 102 | 95 | 89 | 85 | 80 | 77 | 74 | 71 |
| | 101.5 | 1.75 | 58 | 0.661 | 108.19 | | 96 | 89 | 83 | 77 | 73 | 69 | 66 | 63 | 61 |
| | 100 | 2 | 50 | 0.578 | 107.31 | | 85 | 78 | 72 | 67 | 63 | 60 | 57 | 55 | 52 |
| | 101.25 | 2.25 | 45 | 0.528 | 109.29 | | 78 | 71 | 66 | 61 | 57 | 54 | 52 | 49 | 47 |
| | 100 | 2.5 | 40 | 0.442 | 108.46 | | 70 | 64 | 59 | 54 | 51 | 48 | 46 | 44 | 42 |
| | 99 | 2.75 | 36 | 0.401 | 108.36 | | 65 | 58 | 53 | 49 | 47 | 44 | 42 | 40 | 38 |
| | 102 | 3 | 34 | 0.337 | 111.28 | | 60 | 54 | 50 | 46 | 44 | 41 | 39 | 37 | 35 |
| | 100.75 | 3.25 | 31 | 0.275 | 110.29 | | 56 | 50 | 46 | 42 | 40 | 37 | 36 | 34 | 33 |
| | 98 | 3.5 | 28 | 0.231 | 108.72 | 1.3 | 51 | 46 | 42 | 39 | 37 | 34 | 33 | 31 | 30 |
| | 101.25 | 3.75 | 27 | 0.180 | 112.34 | | 49 | 44 | 40 | 37 | 35 | 33 | 31 | 30 | 28 |
| | 100 | 4 | 25 | 0.168 | 111.74 | | 47 | 42 | 38 | 35 | 33 | 31 | 29 | 28 | 26 |
| | 99 | 4.5 | 22 | 0.105 | 111.65 | | 42 | 38 | 34 | 31 | 23 | 27 | 26 | 24 | 23 |
| 盘形直齿插齿刀碗形、直齿插齿刀 | 100 | 5 | 20 | 0.105 | 114.05 | 1.3 | 40 | 36 | 32 | 29 | 27 | 25 | 24 | 22 | 21 |
| | 104.5 | 5.5 | 19 | 0.105 | 119.96 | | 39 | 35 | 31 | 28 | 26 | 24 | 23 | 21 | 20 |
| | 102 | 6 | 17 | 0.105 | 118.86 | | 37 | 33 | 29 | 26 | 24 | 22 | 21 | 20 | 18 |
| | 104 | 6.5 | 16 | 0.105 | 122.27 | | 36 | 32 | 28 | 25 | 23 | 20 | 20 | 18 | 17 |
| 锥柄直齿插齿刀 | 25 | 1.25 | 20 | 0.106 | 28.39 | 1.25 | 40 | 35 | 32 | 29 | 26 | 25 | 24 | 22 | 21 |
| | 27 | 1.5 | 18 | 0.103 | 31.06 | | 38 | 33 | 30 | 27 | 24 | 23 | 22 | 20 | 19 |
| | 26.25 | 1.75 | 15 | 0.104 | 30.99 | | 35 | 30 | 26 | 23 | 21 | 20 | 19 | 17 | 16 |
| | 26 | 2 | 13 | 0.085 | 31.34 | | 34 | 28 | 24 | 21 | 19 | 17 | 17 | 15 | 14 |
| | 27 | 2.25 | 12 | 0.083 | 33.0 | | 32 | 27 | 23 | 20 | 18 | 16 | 16 | 14 | 13 |
| | 25 | 2.5 | 10 | 0.042 | 31.46 | | 30 | 25 | 21 | 18 | 16 | 14 | 14 | 12 | 11 |
| | 27.5 | 2.75 | 10 | 0.037 | 34.58 | | 30 | 25 | 21 | 18 | 16 | 14 | 14 | 12 | 11 |

注：表中数值是按新插齿刀和内齿轮齿顶圆直径 $d_{a2} = d_2 - 2m(h_a^* - x_2)$ 计算而得。若用旧插齿刀或内齿轮轮齿齿顶圆直径加大 $\Delta d_a = \dfrac{15.1}{z_2}m$ 时，表中数值是更安全的。

表 5.2-19　不产生重叠干涉的条件

| $z_2$ | | 34~77 | 78~200 | $z_2$ | | 22~32 | 33~200 |
|---|---|---|---|---|---|---|---|
| $(z_2 - z_1)_{min}$（当 $d_{a2} = d_2 - 2m_n$ 时） | | 9 | 8 | $(z_2 - z_1)_{min}$（当 $d_{a2} = d_2 - 2m_n + \dfrac{1.51m_n}{z_2}ws^3\beta$ 时） | | 7 | 8 |

2. 内啮合齿轮变位系数的选择原则

（1）变位对内啮合齿轮强度的影响　采用（$x_2 - x_1$）>0 的内啮合齿轮传动，可以提高齿面接触强度，但由于内啮合是凸齿面与凹齿面接触，接触强度已较高，因此提高内啮合齿轮承载能力的重要障碍往往不是接触强度的不够。

对内齿轮进行变位，可以提高其弯曲强度，但内齿轮的弯曲强度不仅与其齿数 $z_2$ 和变位系数 $x_2$ 有关，还与插齿刀齿数 $z_0$ 有关。当 $z_0 > 18$ 时，变位系数 $x_2$ 越大，弯曲强度越低，此时宜用负变位或小的正变位；当齿数 $z_0 < 18$ 时，变位系数越大，弯曲强度越高，此时宜正变位。

由表 5.2-15 知，加工标准内齿轮时，$z_0$ 不得小于 18，若要用 $z_0 < 18$ 的插齿刀加工内齿轮以提高其弯曲强度，就需增大内齿轮的变位系数 $x_2$ 才能避免渐开线干涉现象。

（2）变位对干涉和重合度的影响　内啮合齿轮的变位并不能像外啮合齿轮那样显著地提高强度，内啮合齿轮变位多是为了避免加工或啮合时干涉。

正变位内齿轮（$x_2 > 0$）可以避免渐开线干涉和径向干涉；采用（$x_2 - x_1$）>0 的正传动内啮合，可以避免过度曲线干涉和重叠干涉，但重合度将减小。

内啮合齿轮推荐采用高度变位，也可以采用角度变位。选择内啮合齿轮的变位系数以不使齿顶过薄、重合度不过小、不产生任何形式的干涉为限制条件。对高度变位齿轮，一般可选取 $x_1 = x_2 = 0.5 \sim 0.65$ 为综合考虑内啮合传动的各种条件限制，最好利用内啮合"封闭图"来选择变位系数。

## 3.3　重合度 $\varepsilon$ 的计算

### 3.3.1　计算公式

1. 直齿圆柱齿轮

$$\varepsilon_\alpha = \frac{1}{2\pi}[z_1(\tan\alpha_{a1} - \tan\alpha') \pm z_2(\tan\alpha_{a2} - \tan\alpha')]$$

(5.2-1)

式中的 " + " 号用于外啮合传动，" - " 号用于内啮合传动。

2. 斜齿圆柱齿轮

总重合度　　$\varepsilon_\gamma = \varepsilon_\alpha + \varepsilon_\beta$

式中　$\varepsilon_\alpha$——端面重合度；

　　　$\varepsilon_\beta$——轴向重合度。

$$\varepsilon_\alpha = \frac{1}{2\pi}[z_1(\tan\alpha_{at1} - \tan\alpha_t') \pm z_2(\tan\alpha_{at2} - \tan\alpha_t')]$$

(5.2-2)

$$\varepsilon_\beta = \frac{b\tan\beta}{\pi m_t} = \frac{b\sin\beta}{\pi m_t}$$

(5.2-3)

### 3.3.2　图解线图

为了减小计算重合度可按下述线图确定。

1. 外啮合标准圆柱齿轮

直齿轮　　　　$\varepsilon_\alpha = \varepsilon_I + \varepsilon_{II}$　　　　(5.2-4)

斜齿轮　$\varepsilon_\gamma = \varepsilon_\alpha + \varepsilon_\beta = \varepsilon_I + \varepsilon_{II} + \varepsilon_\beta$　(5.2-5)

式中的 $\varepsilon_I$ 及 $\varepsilon_{II}$ 是相应于 $z_1$（小轮）及 $z_2$（大轮）的部分重合度，根据相应的齿数及分度圆螺旋角 $\beta$（直齿圆柱齿轮 $\beta = 0$）从图 5.2-14 查得。$\varepsilon_\beta$ 可从图 5.2-15 查得。

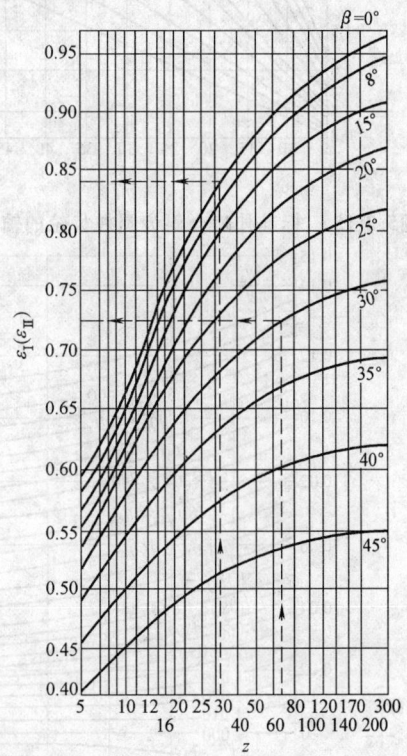

图5.2-14　标准外啮合圆柱齿轮的端面重合度

【例1】　$z_1 = 21$、$z_2 = 32$、$\alpha° = 20°$、$h_a^* = 1$，标准外啮合直齿圆柱齿轮。

【解】　其重合度由图 5.2-14 分别求得：$\varepsilon_I = 0.79$、$\varepsilon_{II} = 0.84$，则得 $\varepsilon_\alpha = \varepsilon_I + \varepsilon_{II} = 0.79 + 0.84 = 1.63$。

【例2】　$z_1 = 48$、$z_2 = 69$、$\alpha = 20°$、$h_a^* = 1$、$\beta = 30°$、$\dfrac{b}{m_n} = 10$，标准外啮合斜齿圆柱齿轮。

【解】　由图5.2-14可查得其部分重合度分别为：$\varepsilon_I = 0.71$、$\varepsilon_{II} = 0.725$。由图 5.2-15 查得其 $\varepsilon_\beta = 1.6$。所以 $\varepsilon_\gamma = \varepsilon_I + \varepsilon_{II} + \varepsilon_\beta = 0.71 + 0.725 + 1.6 = 3.035$。

2. 变位齿轮的重合度

圆柱齿轮直齿

$$\varepsilon_\alpha = z_1\left(\frac{\varepsilon_I}{z_1}\right) \pm z_2\left(\frac{\varepsilon_{II}}{z_2}\right)$$

(5.2-6)

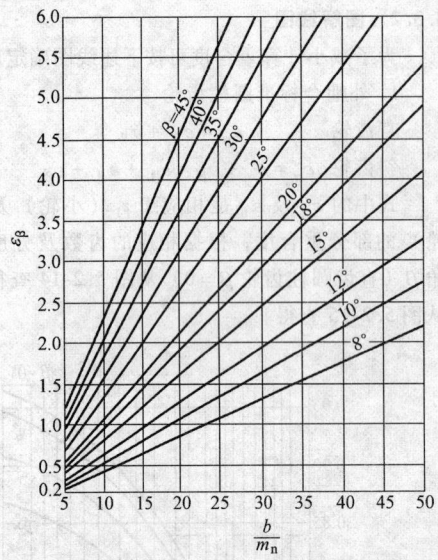

**图5.2-15 标准外啮合斜齿圆柱齿轮的轴向重合度**

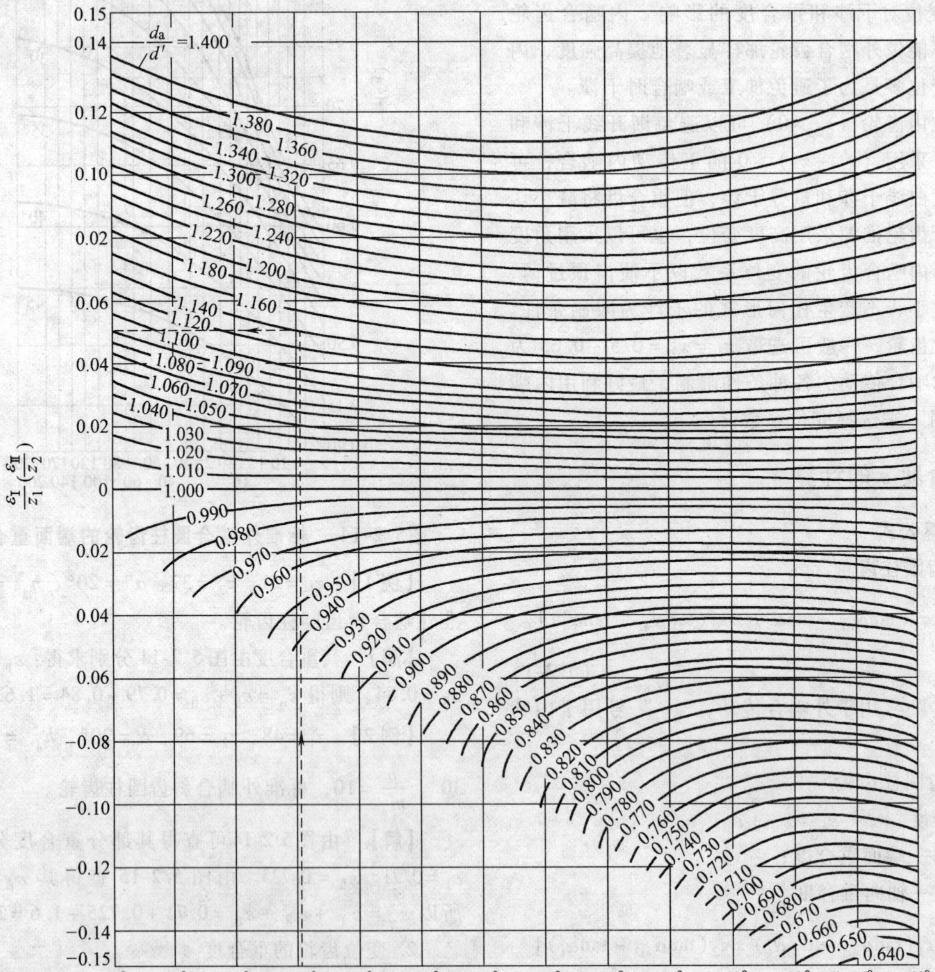

斜齿圆柱齿轮

$$\varepsilon_\alpha = z_1\left(\frac{\varepsilon_{\mathrm{I}}}{z_1}\right) \pm z_2\left(\frac{\varepsilon_{\mathrm{II}}}{z_2}\right) + \varepsilon_\beta \quad (5.2\text{-}7)$$

式中的 $\frac{\varepsilon_{\mathrm{I}}}{z_1}$、$\frac{\varepsilon_{\mathrm{II}}}{z_2}$ 可根据啮合角 $\alpha'$ 和 $\frac{d_{a1}}{d_1'}$ 和 $\frac{d_{a2}}{d_2'}$ 从图 5.2-16 查得。

**【例3】** 一对啮合斜齿圆柱齿轮传动，$z_1 = 21$、$z_2 = 74$、$m_n = 3\mathrm{mm}$、$m_t = 3.067022\mathrm{mm}$、$\beta = 12°$、$x_{n1} = 0.5$、$x_{n2} = -0.5$，求轴向重合度 $\varepsilon_\alpha$。

**【解】** 根据计算，$d_1' = 64.408\mathrm{mm}$、$d_{a1} = 73.408\mathrm{mm}$、$d_2' = 226.960\mathrm{mm}$、$d_{a2} = 229.960\mathrm{mm}$。

$$\frac{d_{a1}}{d_1'} = \frac{73.408}{64.408} = 1.14,\ \frac{d_{a2}}{d_2'} = \frac{229.960}{226.960} = 1.013。$$

当 $\beta = 12°$ 时，$\frac{x_{n1} + x_{n2}}{z_1 + z_2} = 0$，由图 5.2-2 查得 $\alpha_t' \approx 24°24'$。

**图5.2-16 确定 $\dfrac{\varepsilon_{\mathrm{I}}}{z_1}\left(\dfrac{\varepsilon_{\mathrm{II}}}{z_2}\right)$ 的线图**

根据 $\dfrac{x_{n1}+x_{n2}}{z_1+z_2}=0$、$\alpha_t'=24°24'$，由图 5.2-16 查得

$\dfrac{\varepsilon_{\text{I}}}{z_1}=0.052,\dfrac{\varepsilon_{\text{II}}}{z_2}=0.006$。

所以

$$\varepsilon_\alpha=z_1\left(\dfrac{\varepsilon_{\text{I}}}{z_1}\right)+z_2\left(\dfrac{\varepsilon_{\text{II}}}{z_2}\right)=21\times0.052+74\times0.006=1.53$$

## 3.4　圆柱齿轮传动几何尺寸计算及检验有关数据表（表 5.2-20 ～表 5.2-30）

### 表 5.2-20　外啮合标准齿轮分度圆弦齿厚 $\bar{s}$ ($\bar{s}_n$) 和弦齿高 $\bar{h}_a$ ($\bar{h}_{an}$)

（$m_n=m=1\text{mm}$，$\alpha_n=\alpha=20°$，$h_{an}^*=h_a^*=1$）　　　　（单位：mm）

| 齿数 $z(z_v)$ | 分度圆弦齿厚 $\bar{s}(\bar{s}_n)$ | 分度圆弦齿高 $\bar{h}_a(\bar{h}_{an})$ | 齿数 $z(z_v)$ | 分度圆弦齿厚 $\bar{s}(\bar{s}_n)$ | 分度圆弦齿高 $\bar{h}_a(\bar{h}_{an})$ | 齿数 $z(z_v)$ | 分度圆弦齿厚 $\bar{s}(\bar{s}_n)$ | 分度圆弦齿高 $\bar{h}_a(\bar{h}_{an})$ | 齿数 $z(z_v)$ | 分度圆弦齿厚 $\bar{s}(\bar{s}_n)$ | 分度圆弦齿高 $\bar{h}_a(\bar{h}_{an})$ |
|---|---|---|---|---|---|---|---|---|---|---|---|
| 6 | 1.5529 | 1.1022 | 40 | 1.5704 | 1.0154 | 74 | 1.5707 | 1.0084 | 108 | 1.5707 | 1.0057 |
| 7 | 1.5568 | 1.0873 | 41 | 1.5704 | 1.0150 | 75 | 1.5707 | 1.0083 | 109 | 1.5707 | 1.0057 |
| 8 | 1.5607 | 1.0769 | 42 | 1.5704 | 1.0147 | 76 | 1.5707 | 1.0081 | 110 | 1.5707 | 1.0056 |
| 9 | 1.5628 | 1.0864 | 43 | 1.5705 | 1.0143 | 77 | 1.5707 | 1.0080 | 111 | 1.5707 | 1.0056 |
| 10 | 1.5643 | 1.0616 | 44 | 1.5705 | 1.0140 | 78 | 1.5707 | 1.0079 | 112 | 1.5707 | 1.0055 |
| 11 | 1.5654 | 1.0559 | 45 | 1.5705 | 1.0137 | 79 | 1.5707 | 1.0078 | 113 | 1.5707 | 1.0055 |
| 12 | 1.5663 | 1.0514 | 46 | 1.5705 | 1.0134 | 80 | 1.5707 | 1.0077 | 114 | 1.5707 | 1.0054 |
| 13 | 1.5670 | 1.0474 | 47 | 1.5705 | 1.0131 | 81 | 1.5707 | 1.0076 | 115 | 1.5707 | 1.0054 |
| 14 | 1.5675 | 1.0440 | 48 | 1.5705 | 1.0129 | 82 | 1.5707 | 1.0075 | 116 | 1.5707 | 1.0053 |
| 15 | 1.5679 | 1.0411 | 49 | 1.5705 | 1.0126 | 83 | 1.5707 | 1.0074 | 117 | 1.5707 | 1.0053 |
| 16 | 1.5683 | 1.0385 | 50 | 1.5705 | 1.0123 | 84 | 1.5707 | 1.0074 | 118 | 1.5707 | 1.0053 |
| 17 | 1.5686 | 1.0362 | 51 | 1.5706 | 1.0121 | 85 | 1.5707 | 1.0073 | 119 | 1.5707 | 1.0052 |
| 18 | 1.5688 | 1.0342 | 52 | 1.5706 | 1.0119 | 86 | 1.5707 | 1.0072 | 120 | 1.5707 | 1.0052 |
| 19 | 1.5690 | 1.0324 | 53 | 1.5706 | 1.0117 | 87 | 1.5707 | 1.0071 | 121 | 1.5707 | 1.0051 |
| 20 | 1.5692 | 1.0308 | 54 | 1.5706 | 1.0114 | 88 | 1.5707 | 1.0070 | 122 | 1.5707 | 1.0051 |
| 21 | 1.5694 | 1.0294 | 55 | 1.5706 | 1.0112 | 89 | 1.5707 | 1.0069 | 123 | 1.5707 | 1.0050 |
| 22 | 1.5695 | 1.0281 | 56 | 1.5706 | 1.0110 | 90 | 1.5707 | 1.0068 | 124 | 1.5707 | 1.0050 |
| 23 | 1.5696 | 1.0268 | 57 | 1.5706 | 1.0108 | 91 | 1.5707 | 1.0068 | 125 | 1.5707 | 1.0049 |
| 24 | 1.5697 | 1.0257 | 58 | 1.5706 | 1.0106 | 92 | 1.5707 | 1.0067 | 126 | 1.5707 | 1.0049 |
| 25 | 1.5698 | 1.0247 | 59 | 1.5706 | 1.0105 | 93 | 1.5707 | 1.0067 | 127 | 1.5707 | 1.0049 |
| 26 | 1.5698 | 1.0237 | 60 | 1.5706 | 1.0103 | 94 | 1.5707 | 1.0066 | 128 | 1.5707 | 1.0048 |
| 27 | 1.5699 | 1.0228 | 61 | 1.5706 | 1.0101 | 95 | 1.5707 | 1.0065 | 129 | 1.5707 | 1.0048 |
| 28 | 1.570 | 1.0220 | 62 | 1.5706 | 1.010 | 96 | 1.5707 | 1.0064 | 130 | 1.5707 | 1.0047 |
| 29 | 1.570 | 1.0213 | 63 | 1.5706 | 1.0098 | 97 | 1.5707 | 1.0064 | 131 | 1.5708 | 1.0047 |
| 30 | 1.5701 | 1.0205 | 64 | 1.5706 | 1.0097 | 98 | 1.5707 | 1.0063 | 132 | 1.5708 | 1.0047 |
| 31 | 1.5701 | 1.0199 | 65 | 1.5706 | 1.0095 | 99 | 1.5707 | 1.0062 | 133 | 1.5708 | 1.0047 |
| 32 | 1.5702 | 1.0193 | 66 | 1.5706 | 1.0094 | 100 | 1.5707 | 1.0061 | 134 | 1.5708 | 1.0046 |
| 33 | 1.5702 | 1.0187 | 67 | 1.5706 | 1.0092 | 101 | 1.5707 | 1.0061 | 135 | 1.5708 | 1.0046 |
| 34 | 1.5702 | 1.0181 | 68 | 1.5706 | 1.0091 | 102 | 1.5707 | 1.0060 | 140 | 1.5708 | 1.0044 |
| 35 | 1.5702 | 1.0176 | 69 | 1.5707 | 1.0090 | 103 | 1.5707 | 1.0060 | 145 | 1.5708 | 1.0042 |
| 36 | 1.5703 | 1.0171 | 70 | 1.5707 | 1.0088 | 104 | 1.5707 | 1.0059 | 150 | 1.5708 | 1.0041 |
| 37 | 1.5703 | 1.0167 | 71 | 1.5707 | 1.0087 | 105 | 1.5707 | 1.0059 | | | |
| 38 | 1.5703 | 1.0162 | 72 | 1.5707 | 1.0086 | 106 | 1.5707 | 1.0058 | 齿条 | 1.5708 | 1.0000 |
| 39 | 1.5704 | 1.0158 | 73 | 1.5707 | 1.0085 | 107 | 1.5707 | 1.0058 | | | |

注：1. 对于斜齿圆柱齿轮和锥齿轮，本表也可以用，所不同的是齿数要按照当量齿数 $z_v$。

2. 如果当量齿数带小数，就要用比例插入法，把小数部分考虑进去。

3. 当模数 $m$ ($m_n$)$\neq1\text{mm}$ 时，应将查得的 $\bar{s}$ ($\bar{s}_n$) 和 $\bar{h}_a$ ($\bar{h}_{na}$) 乘以 $m$ ($m_n$)。

表 5.2-21　外啮合变位齿轮的分度圆弦齿厚 $\bar{s}(\bar{s}_n)$ 和弦齿高 $\bar{h}(\bar{h}_n)$

($\alpha = \alpha_n = 20°$，$m = m_n = 1\text{mm}$，$h_a^* = h_{an}^* = 1$)

（单位：mm）

| $z(z_n)$ | 10 | | 11 | | 12 | | 13 | | 14 | | 15 | | 16 | | 17 | |
|---|---|---|---|---|---|---|---|---|---|---|---|---|---|---|---|---|
| $x(x_n)$ | $\bar{s}(\bar{s}_n)$ | $\bar{h}(\bar{h}_n)$ | $\bar{s}(\bar{s}_n)$ | $\bar{h}(\bar{h}_n)$ | $\bar{s}(\bar{s}_n)$ | $\bar{h}(\bar{h}_n)$ | $\bar{s}(\bar{s}_n)$ | $\bar{h}(\bar{h}_n)$ | $\bar{s}(\bar{s}_n)$ | $\bar{h}(\bar{h}_n)$ | $\bar{s}(\bar{s}_n)$ | $\bar{h}(\bar{h}_n)$ | $\bar{s}(\bar{s}_n)$ | $\bar{h}(\bar{h}_n)$ | $\bar{s}(\bar{s}_n)$ | $\bar{h}(\bar{h}_n)$ |
| 0.02 | — | — | — | — | — | — | — | — | — | — | — | — | — | — | 1.583 | 1.057 |
| 0.05 | — | — | — | — | — | — | — | — | — | — | 1.604 | 1.093 | 1.604 | 1.090 | 1.605 | 1.088 |
| 0.08 | — | — | — | — | — | — | — | — | — | — | 1.626 | 1.124 | 1.626 | 1.121 | 1.626 | 1.119 |
| 0.10 | — | — | — | — | — | — | — | — | 1.639 | 1.148 | 1.640 | 1.145 | 1.641 | 1.142 | 1.641 | 1.140 |
| 0.12 | — | — | — | — | — | — | — | — | 1.654 | 1.169 | 1.655 | 1.166 | 1.655 | 1.163 | 1.655 | 1.160 |
| 0.15 | — | — | — | — | — | — | 1.675 | 1.204 | 1.676 | 1.200 | 1.677 | 1.197 | 1.677 | 1.194 | 1.677 | 1.192 |
| 0.18 | — | — | — | — | — | — | 1.697 | 1.236 | 1.698 | 1.232 | 1.698 | 1.228 | 1.698 | 1.225 | 1.699 | 1.223 |
| 0.20 | — | — | — | — | 1.710 | 1.261 | 1.711 | 1.257 | 1.712 | 1.253 | 1.713 | 1.249 | 1.713 | 1.246 | 1.713 | 1.243 |
| 0.22 | — | — | — | — | 1.725 | 1.282 | 1.726 | 1.278 | 1.726 | 1.273 | 1.727 | 1.270 | 1.728 | 1.267 | 1.728 | 1.264 |
| 0.25 | 1.744 | 1.327 | 1.745 | 1.320 | 1.746 | 1.314 | 1.747 | 1.309 | 1.748 | 1.305 | 1.749 | 1.301 | 1.749 | 1.298 | 1.750 | 1.295 |
| 0.28 | 1.765 | 1.359 | 1.767 | 1.351 | 1.768 | 1.346 | 1.769 | 1.341 | 1.770 | 1.336 | 1.770 | 1.332 | 1.771 | 1.329 | 1.771 | 1.326 |
| 0.30 | 1.780 | 1.380 | 1.781 | 1.373 | 1.782 | 1.367 | 1.783 | 1.362 | 1.784 | 1.357 | 1.785 | 1.353 | 1.785 | 1.350 | 1.786 | 1.347 |
| 0.32 | 1.794 | 1.401 | 1.796 | 1.394 | 1.797 | 1.388 | 1.798 | 1.383 | 1.798 | 1.378 | 1.799 | 1.374 | 1.800 | 1.371 | 1.800 | 1.368 |
| 0.35 | 1.815 | 1.433 | 1.817 | 1.426 | 1.819 | 1.419 | 1.820 | 1.414 | 1.820 | 1.410 | 1.821 | 1.405 | 1.822 | 1.402 | 1.822 | 1.399 |
| 0.38 | 1.837 | 1.465 | 1.839 | 1.457 | 1.841 | 1.451 | 1.841 | 1.446 | 1.842 | 1.441 | 1.843 | 1.437 | 1.843 | 1.433 | 1.844 | 1.430 |
| 0.40 | 1.851 | 1.486 | 1.853 | 1.479 | 1.855 | 1.472 | 1.856 | 1.467 | 1.857 | 1.462 | 1.857 | 1.458 | 1.858 | 1.454 | 1.858 | 1.451 |
| 0.42 | 1.866 | 1.508 | 1.867 | 1.500 | 1.870 | 1.493 | 1.870 | 1.488 | 1.871 | 1.483 | 1.872 | 1.479 | 1.872 | 1.475 | 1.873 | 1.472 |
| 0.45 | 1.887 | 1.540 | 1.889 | 1.532 | 1.891 | 1.525 | 1.892 | 1.519 | 1.893 | 1.514 | 1.893 | 1.510 | 1.894 | 1.506 | 1.895 | 1.503 |
| 0.48 | 1.908 | 1.572 | 1.910 | 1.564 | 1.917 | 1.557 | 1.913 | 1.551 | 1.914 | 1.546 | 1.915 | 1.541 | 1.916 | 1.538 | 1.916 | 1.534 |
| 0.50 | 1.923 | 1.593 | 1.925 | 1.585 | 1.926 | 1.578 | 1.928 | 1.572 | 1.929 | 1.567 | 1.929 | 1.562 | 1.930 | 1.558 | 1.931 | 1.555 |
| 0.52 | 1.937 | 1.615 | 1.939 | 1.606 | 1.941 | 1.599 | 1.942 | 1.593 | 1.943 | 1.588 | 1.944 | 1.583 | 1.945 | 1.579 | 1.945 | 1.576 |
| 0.55 | 1.959 | 1.647 | 1.961 | 1.638 | 1.962 | 1.631 | 1.964 | 1.625 | 1.965 | 1.620 | 1.966 | 1.615 | 1.966 | 1.611 | 1.967 | 1.607 |
| 0.58 | 1.980 | 1.679 | 1.982 | 1.670 | 1.984 | 1.663 | 1.985 | 1.656 | 1.986 | 1.651 | 1.987 | 1.646 | 1.988 | 1.642 | 1.988 | 1.638 |
| 0.60 | 1.994 | 1.700 | 1.996 | 1.691 | 1.998 | 1.684 | 1.999 | 1.677 | 2.001 | 1.673 | 2.002 | 1.667 | 2.002 | 1.663 | 2.003 | 1.659 |

（续）

| $z(z_v)$ $x(x_n)$ | 18 $\bar{s}(\bar{s}_n)$ | 18 $\bar{h}(\bar{h}_n)$ | 19 $\bar{s}(\bar{s}_n)$ | 19 $\bar{h}(\bar{h}_n)$ | 20 $\bar{s}(\bar{s}_n)$ | 20 $\bar{h}(\bar{h}_n)$ | 21 $\bar{s}(\bar{s}_n)$ | 21 $\bar{h}(\bar{h}_n)$ | 22 $\bar{s}(\bar{s}_n)$ | 22 $\bar{h}(\bar{h}_n)$ | 23 $\bar{s}(\bar{s}_n)$ | 23 $\bar{h}(\bar{h}_n)$ | 24 $\bar{s}(\bar{s}_n)$ | 24 $\bar{h}(\bar{h}_n)$ | 25 $\bar{s}(\bar{s}_n)$ | 25 $\bar{h}(\bar{h}_n)$ |
|---|---|---|---|---|---|---|---|---|---|---|---|---|---|---|---|---|
| -0.12 | — | — | — | — | 1.482 | 0.908 | 1.482 | 0.906 | 1.482 | 0.905 | 1.482 | 0.904 | 1.483 | 0.903 | 1.483 | 0.902 |
| -0.10 | — | — | 1.496 | 0.930 | 1.497 | 0.928 | 1.497 | 0.927 | 1.497 | 0.925 | 1.497 | 0.924 | 1.497 | 0.923 | 1.497 | 0.922 |
| -0.08 | — | — | 1.511 | 0.950 | 1.511 | 0.949 | 1.511 | 0.947 | 1.511 | 0.946 | 1.511 | 0.945 | 1.511 | 0.944 | 1.512 | 0.943 |
| -0.05 | 1.533 | 0.983 | 1.533 | 0.981 | 1.533 | 0.979 | 1.533 | 0.978 | 1.533 | 0.977 | 1.533 | 0.976 | 1.533 | 0.975 | 1.533 | 0.974 |
| -0.02 | 1.554 | 1.014 | 1.554 | 1.012 | 1.555 | 1.010 | 1.555 | 1.009 | 1.555 | 1.008 | 1.555 | 1.006 | 1.555 | 1.005 | 1.555 | 1.004 |
| 0.00 | 1.569 | 1.034 | 1.569 | 1.032 | 1.569 | 1.031 | 1.569 | 1.029 | 1.569 | 1.028 | 1.569 | 1.027 | 1.570 | 1.026 | 1.570 | 1.025 |
| 0.02 | 1.583 | 1.055 | 1.584 | 1.053 | 1.584 | 1.051 | 1.584 | 1.050 | 1.584 | 1.049 | 1.584 | 1.047 | 1.584 | 1.046 | 1.584 | 1.045 |
| 0.05 | 1.605 | 1.086 | 1.605 | 1.084 | 1.605 | 1.082 | 1.606 | 1.081 | 1.606 | 1.079 | 1.606 | 1.078 | 1.606 | 1.077 | 1.606 | 1.076 |
| 0.08 | 1.627 | 1.117 | 1.627 | 1.115 | 1.627 | 1.113 | 1.627 | 1.112 | 1.628 | 1.110 | 1.628 | 1.109 | 1.628 | 1.108 | 1.628 | 1.107 |
| 0.10 | 1.641 | 1.138 | 1.642 | 1.136 | 1.642 | 1.134 | 1.642 | 1.132 | 1.642 | 1.131 | 1.642 | 1.130 | 1.642 | 1.128 | 1.642 | 1.127 |
| 0.12 | 1.656 | 1.158 | 1.656 | 1.156 | 1.656 | 1.154 | 1.656 | 1.153 | 1.657 | 1.151 | 1.657 | 1.150 | 1.657 | 1.149 | 1.657 | 1.147 |
| 0.15 | 1.678 | 1.189 | 1.678 | 1.187 | 1.678 | 1.185 | 1.678 | 1.184 | 1.678 | 1.182 | 1.678 | 1.181 | 1.679 | 1.179 | 1.679 | 1.178 |
| 0.18 | 1.699 | 1.220 | 1.700 | 1.218 | 1.700 | 1.216 | 1.700 | 1.215 | 1.700 | 1.213 | 1.700 | 1.212 | 1.700 | 1.210 | 1.701 | 1.209 |
| 0.20 | 1.714 | 1.241 | 1.714 | 1.239 | 1.714 | 1.237 | 1.714 | 1.235 | 1.715 | 1.234 | 1.715 | 1.232 | 1.715 | 1.231 | 1.715 | 1.229 |
| 0.22 | 1.728 | 1.262 | 1.729 | 1.259 | 1.729 | 1.257 | 1.729 | 1.256 | 1.729 | 1.254 | 1.729 | 1.253 | 1.729 | 1.251 | 1.730 | 1.250 |
| 0.25 | 1.750 | 1.293 | 1.750 | 1.290 | 1.750 | 1.288 | 1.751 | 1.287 | 1.751 | 1.285 | 1.751 | 1.283 | 1.751 | 1.281 | 1.751 | 1.280 |
| 0.28 | 1.772 | 1.324 | 1.772 | 1.321 | 1.772 | 1.319 | 1.773 | 1.318 | 1.773 | 1.316 | 1.773 | 1.314 | 1.773 | 1.313 | 1.773 | 1.311 |
| 0.30 | 1.786 | 1.344 | 1.787 | 1.342 | 1.787 | 1.340 | 1.787 | 1.338 | 1.787 | 1.336 | 1.787 | 1.335 | 1.788 | 1.333 | 1.788 | 1.332 |
| 0.32 | 1.801 | 1.365 | 1.801 | 1.363 | 1.801 | 1.361 | 1.802 | 1.359 | 1.802 | 1.357 | 1.802 | 1.355 | 1.802 | 1.354 | 1.802 | 1.353 |
| 0.35 | 1.822 | 1.396 | 1.823 | 1.394 | 1.823 | 1.392 | 1.823 | 1.390 | 1.824 | 1.388 | 1.824 | 1.386 | 1.824 | 1.385 | 1.824 | 1.383 |
| 0.38 | 1.844 | 1.427 | 1.844 | 1.425 | 1.845 | 1.423 | 1.845 | 1.421 | 1.845 | 1.419 | 1.845 | 1.417 | 1.846 | 1.415 | 1.846 | 1.414 |
| 0.40 | 1.858 | 1.448 | 1.859 | 1.446 | 1.859 | 1.443 | 1.859 | 1.441 | 1.860 | 1.439 | 1.860 | 1.438 | 1.860 | 1.436 | 1.860 | 1.435 |
| 0.42 | 1.873 | 1.469 | 1.873 | 1.466 | 1.874 | 1.464 | 1.874 | 1.462 | 1.874 | 1.460 | 1.874 | 1.458 | 1.875 | 1.457 | 1.875 | 1.455 |
| 0.45 | 1.895 | 1.500 | 1.895 | 1.497 | 1.896 | 1.495 | 1.896 | 1.493 | 1.896 | 1.491 | 1.896 | 1.489 | 1.896 | 1.488 | 1.897 | 1.486 |
| 0.48 | 1.916 | 1.531 | 1.917 | 1.529 | 1.917 | 1.526 | 1.918 | 1.524 | 1.918 | 1.522 | 1.918 | 1.520 | 1.918 | 1.518 | 1.918 | 1.517 |
| 0.50 | 1.931 | 1.552 | 1.931 | 1.549 | 1.932 | 1.547 | 1.932 | 1.545 | 1.932 | 1.543 | 1.933 | 1.541 | 1.933 | 1.539 | 1.933 | 1.537 |
| 0.52 | 1.945 | 1.573 | 1.946 | 1.570 | 1.946 | 1.568 | 1.947 | 1.565 | 1.947 | 1.563 | 1.947 | 1.562 | 1.947 | 1.560 | 1.947 | 1.558 |
| 0.55 | 1.967 | 1.604 | 1.968 | 1.601 | 1.968 | 1.599 | 1.968 | 1.596 | 1.969 | 1.594 | 1.969 | 1.593 | 1.969 | 1.591 | 1.969 | 1.589 |
| 0.58 | 1.989 | 1.635 | 1.989 | 1.632 | 1.990 | 1.630 | 1.990 | 1.627 | 1.990 | 1.625 | 1.991 | 1.624 | 1.991 | 1.621 | 1.991 | 1.620 |
| 0.60 | 2.003 | 1.656 | 2.004 | 1.653 | 2.004 | 1.650 | 2.005 | 1.648 | 2.005 | 1.646 | 2.005 | 1.645 | 2.005 | 1.642 | 2.005 | 1.641 |

（续）

| $z(z_v)$ | 26～30 | 31～69 | 70～200 | 26 | 28 | 30 | 40 | 50 | 60 | 70 | 80 | 90 | 100 | 150 | 200 |
|---|---|---|---|---|---|---|---|---|---|---|---|---|---|---|---|
| $x(x_n)$ | $\bar{s}(\bar{s}_n)$ | $\bar{s}(\bar{s}_n)$ | $\bar{s}(\bar{s}_n)$ | $\bar{h}(\bar{h}_n)$ | $\bar{h}(\bar{h}_n)$ | $\bar{h}(\bar{h}_n)$ | $\bar{h}(\bar{h}_n)$ | $\bar{h}(\bar{h}_n)$ | $\bar{h}(\bar{h}_n)$ | $\bar{h}(\bar{h}_n)$ | $\bar{h}(\bar{h}_n)$ | $\bar{h}(\bar{h}_n)$ | $\bar{h}(\bar{h}_n)$ | $\bar{h}(\bar{h}_n)$ | $\bar{h}(\bar{h}_n)$ |
| -0.60 | 1.134 | 1.134 | 1.134 | 0.413 | 0.412 | 0.411 | 0.408 | 0.406 | 0.405 | 0.405 | 0.404 | 0.404 | 0.403 | 0.403 | 0.402 |
| -0.58 | 1.148 | 1.149 | 1.149 | 0.433 | 0.432 | 0.421 | 0.428 | 0.427 | 0.426 | 0.425 | 0.424 | 0.424 | 0.423 | 0.423 | 0.422 |
| -0.55 | 1.170 | 1.170 | 1.170 | 0.463 | 0.462 | 0.461 | 0.459 | 0.457 | 0.456 | 0.455 | 0.454 | 0.454 | 0.454 | 0.453 | 0.452 |
| -0.52 | 1.192 | 1.192 | 1.192 | 0.494 | 0.493 | 0.492 | 0.489 | 0.487 | 0.486 | 0.485 | 0.484 | 0.484 | 0.484 | 0.483 | 0.482 |
| -0.50 | 1.206 | 1.207 | 1.207 | 0.514 | 0.513 | 0.512 | 0.509 | 0.507 | 0.506 | 0.505 | 0.505 | 0.504 | 0.504 | 0.503 | 0.502 |
| -0.48 | 1.221 | 1.221 | 1.221 | 0.534 | 0.533 | 0.532 | 0.529 | 0.528 | 0.526 | 0.525 | 0.525 | 0.524 | 0.524 | 0.523 | 0.522 |
| -0.45 | 1.243 | 1.243 | 1.243 | 0.565 | 0.564 | 0.563 | 0.560 | 0.558 | 0.557 | 0.556 | 0.555 | 0.554 | 0.554 | 0.553 | 0.552 |
| -0.42 | 1.265 | 1.265 | 1.266 | 0.595 | 0.594 | 0.593 | 0.590 | 0.588 | 0.587 | 0.586 | 0.585 | 0.584 | 0.584 | 0.583 | 0.582 |
| -0.40 | 1.279 | 1.280 | 1.280 | 0.616 | 0.615 | 0.614 | 0.610 | 0.608 | 0.607 | 0.606 | 0.605 | 0.605 | 0.604 | 0.603 | 0.602 |
| -0.38 | 1.294 | 1.294 | 1.294 | 0.636 | 0.635 | 0.634 | 0.630 | 0.628 | 0.627 | 0.626 | 0.625 | 0.625 | 0.624 | 0.623 | 0.622 |
| -0.35 | 1.316 | 1.316 | 1.316 | 0.667 | 0.665 | 0.664 | 0.661 | 0.659 | 0.657 | 0.656 | 0.655 | 0.655 | 0.654 | 0.653 | 0.652 |
| -0.32 | 1.338 | 1.338 | 1.338 | 0.697 | 0.696 | 0.695 | 0.691 | 0.689 | 0.687 | 0.686 | 0.686 | 0.685 | 0.685 | 0.683 | 0.682 |
| -0.30 | 1.352 | 1.352 | 1.352 | 0.718 | 0.716 | 0.715 | 0.711 | 0.709 | 0.708 | 0.707 | 0.706 | 0.705 | 0.705 | 0.703 | 0.702 |
| -0.28 | 1.366 | 1.367 | 1.367 | 0.738 | 0.737 | 0.736 | 0.732 | 0.729 | 0.728 | 0.727 | 0.726 | 0.725 | 0.725 | 0.723 | 0.722 |
| -0.25 | 1.388 | 1.388 | 1.388 | 0.769 | 0.767 | 0.766 | 0.762 | 0.760 | 0.758 | 0.757 | 0.756 | 0.755 | 0.755 | 0.753 | 0.752 |
| -0.22 | 1.410 | 1.411 | 1.411 | 0.799 | 0.798 | 0.797 | 0.792 | 0.790 | 0.788 | 0.787 | 0.786 | 0.786 | 0.786 | 0.784 | 0.783 |
| -0.20 | 1.425 | 1.425 | 1.425 | 0.819 | 0.818 | 0.817 | 0.813 | 0.810 | 0.809 | 0.807 | 0.806 | 0.806 | 0.805 | 0.804 | 0.803 |
| -0.18 | 1.439 | 1.440 | 1.440 | 0.840 | 0.838 | 0.837 | 0.833 | 0.830 | 0.829 | 0.827 | 0.826 | 0.826 | 0.825 | 0.824 | 0.523 |
| -0.15 | 1.461 | 1.462 | 1.462 | 0.871 | 0.869 | 0.868 | 0.863 | 0.861 | 0.859 | 0.858 | 0.857 | 0.856 | 0.855 | 0.854 | 0.853 |
| -0.12 | 1.483 | 1.483 | 1.483 | 0.901 | 0.899 | 0.898 | 0.894 | 0.891 | 0.889 | 0.888 | 0.887 | 0.886 | 0.886 | 0.884 | 0.883 |
| -0.10 | 1.497 | 1.497 | 1.498 | 0.922 | 0.920 | 0.919 | 0.914 | 0.911 | 0.909 | 0.908 | 0.907 | 0.906 | 0.806 | 0.904 | 0.903 |
| -0.08 | 1.512 | 1.512 | 1.513 | 0.942 | 0.940 | 0.939 | 0.934 | 0.931 | 0.929 | 0.928 | 0.927 | 0.926 | 0.926 | 0.924 | 0.923 |
| -0.05 | 1.534 | 1.534 | 1.534 | 0.973 | 0.971 | 0.970 | 0.965 | 0.962 | 0.960 | 0.959 | 0.957 | 0.956 | 0.956 | 0.954 | 0.953 |
| -0.02 | 1.555 | 1.555 | 1.556 | 1.003 | 1.001 | 1.000 | 0.995 | 0.992 | 0.990 | 0.989 | 0.988 | 0.987 | 0.986 | 0.984 | 0.983 |

（续）

| $z(z_v)$ | $26\sim30$ | $31\sim69$ | $70\sim200$ | 26 | 28 | 30 | 40 | 50 | 60 | 70 | 80 | 90 | 100 | 150 | 200 |
|---|---|---|---|---|---|---|---|---|---|---|---|---|---|---|---|
| $x(x_n)$ | $\bar{s}(\bar{s}_n)$ | $\bar{s}(\bar{s}_n)$ | $\bar{s}(\bar{s}_n)$ | $\bar{h}(\bar{h}_n)$ | $\bar{h}(\bar{h}_n)$ | $\bar{h}(\bar{h}_n)$ | $\bar{h}(\bar{h}_n)$ | $\bar{h}(\bar{h}_n)$ | $\bar{h}(\bar{h}_n)$ | $\bar{h}(\bar{h}_n)$ | $\bar{h}(\bar{h}_n)$ | $\bar{h}(\bar{h}_n)$ | $\bar{h}(\bar{h}_n)$ | $\bar{h}(\bar{h}_n)$ | $\bar{h}(\bar{h}_n)$ |
| 0.00 | 1.570 | 1.571 | 1.571 | 1.024 | 1.022 | 1.021 | 1.015 | 1.012 | 1.010 | 1.009 | 1.008 | 1.007 | 1.006 | 1.004 | 1.003 |
| 0.02 | 1.585 | 1.585 | 1.585 | 1.044 | 1.042 | 1.041 | 1.036 | 1.033 | 1.031 | 1.029 | 1.028 | 1.027 | 1.026 | 1.025 | 1.023 |
| 0.05 | 1.606 | 1.607 | 1.607 | 1.075 | 1.073 | 1.072 | 1.066 | 1.063 | 1.061 | 1.059 | 1.058 | 1.057 | 1.057 | 1.055 | 1.053 |
| 0.08 | 1.628 | 1.629 | 1.629 | 1.106 | 1.104 | 1.102 | 1.097 | 1.093 | 1.091 | 1.089 | 1.088 | 1.088 | 1.087 | 1.085 | 1.083 |
| 0.10 | 1.643 | 1.643 | 1.644 | 1.126 | 1.124 | 1.122 | 1.117 | 1.114 | 1.111 | 1.110 | 1.108 | 1.108 | 1.107 | 1.105 | 1.103 |
| 0.12 | 1.657 | 1.658 | 1.658 | 1.147 | 1.145 | 1.143 | 1.137 | 1.134 | 1.132 | 1.130 | 1.129 | 1.128 | 1.127 | 1.125 | 1.124 |
| 0.15 | 1.679 | 1.679 | 1.680 | 1.177 | 1.175 | 1.173 | 1.168 | 1.164 | 1.162 | 1.160 | 1.159 | 1.158 | 1.157 | 1.155 | 1.154 |
| 0.18 | 1.701 | 1.702 | 1.702 | 1.208 | 1.206 | 1.204 | 1.198 | 1.195 | 1.192 | 1.190 | 1.189 | 1.188 | 1.187 | 1.186 | 1.184 |
| 0.20 | 1.715 | 1.716 | 1.716 | 1.228 | 1.226 | 1.224 | 1.218 | 1.215 | 1.212 | 1.210 | 1.209 | 1.208 | 1.207 | 1.206 | 1.204 |
| 0.22 | 1.730 | 1.731 | 1.731 | 1.249 | 1.247 | 1.245 | 1.239 | 1.235 | 1.233 | 1.231 | 1.229 | 1.228 | 1.228 | 1.226 | 1.224 |
| 0.25 | 1.752 | 1.753 | 1.753 | 1.280 | 1.278 | 1.276 | 1.269 | 1.265 | 1.263 | 1.261 | 1.260 | 1.259 | 1.258 | 1.256 | 1.254 |
| 0.28 | 1.774 | 1.774 | 1.775 | 1.310 | 1.308 | 1.306 | 1.300 | 1.296 | 1.293 | 1.291 | 1.290 | 1.289 | 1.288 | 1.286 | 1.284 |
| 0.30 | 1.788 | 1.789 | 1.789 | 1.331 | 1.329 | 1.327 | 1.320 | 1.316 | 1.313 | 1.311 | 1.310 | 1.309 | 1.308 | 1.306 | 1.304 |
| 0.32 | 1.803 | 1.804 | 1.804 | 1.351 | 1.349 | 1.347 | 1.340 | 1.336 | 1.334 | 1.332 | 1.330 | 1.329 | 1.328 | 1.326 | 1.324 |
| 0.35 | 1.824 | 1.825 | 1.826 | 1.382 | 1.380 | 1.378 | 1.371 | 1.366 | 1.364 | 1.362 | 1.360 | 1.359 | 1.358 | 1.356 | 1.354 |
| 0.38 | 1.846 | 1.847 | 1.847 | 1.413 | 1.410 | 1.403 | 1.401 | 1.396 | 1.394 | 1392 | 1.391 | 1.389 | 1.389 | 1.386 | 1.384 |
| 0.40 | 1.861 | 1.862 | 1.862 | 1.433 | 1.431 | 1.429 | 1.422 | 1.417 | 1.414 | 1.412 | 1.411 | 1.410 | 1.409 | 1.407 | 1.404 |
| 0.42 | 1.875 | 1.876 | 1.877 | 1.454 | 1.451 | 1.449 | 1.442 | 1.438 | 1.435 | 1.433 | 1.431 | 1.430 | 1.429 | 1.427 | 1.424 |
| 0.45 | 1.897 | 1.898 | 1.899 | 1.485 | 1.482 | 1.480 | 1.473 | 1.468 | 1.465 | 1.463 | 1.461 | 1.460 | 1.459 | 1.457 | 1.455 |
| 0.48 | 1.919 | 1.920 | 1.920 | 1.516 | 1.513 | 1.511 | 1.503 | 1.498 | 1.495 | 1.493 | 1.492 | 1.490 | 1.489 | 1.487 | 1.485 |
| 0.50 | 1.933 | 1.934 | 1.935 | 1.536 | 1.533 | 1.531 | 1.523 | 1.519 | 1.516 | 1.513 | 1.512 | 1.510 | 1.509 | 1.507 | 1.505 |
| 0.52 | 1.948 | 1.949 | 1.949 | 1.557 | 1.554 | 1.552 | 1.544 | 1.539 | 1.536 | 1.534 | 1.532 | 1.531 | 1.530 | 1.527 | 1.525 |
| 0.55 | 1.970 | 1.970 | 1.971 | 1.587 | 1.585 | 1.582 | 1.574 | 1.569 | 1.566 | 1.564 | 1.562 | 1.561 | 1.560 | 1.557 | 1.555 |
| 0.58 | 1.992 | 1.993 | 1.993 | 1.618 | 1.615 | 1.613 | 1.605 | 1.600 | 1.597 | 1.594 | 1.592 | 1.591 | 1.590 | 1.587 | 1.585 |
| 0.60 | 2.006 | 2.007 | 2.008 | 1.639 | 1.636 | 1.634 | 1.625 | 1.620 | 1.617 | 1.614 | 1.613 | 1.611 | 1.610 | 1.608 | 1.605 |

注：
1. 本表可直接用于高变位齿轮（$h_a = m$ 或 $h_{an} = m_n$），对角变位齿轮，应将表中查出的 $h$（$\bar{h}_n$）减去齿顶高变动系数 $\Delta y$（$\Delta y_n$）。
2. 当模数 $m$（或 $m_n$）$\neq 1\text{mm}$ 时，应将查得的 $\bar{s}$（$\bar{s}_n$）和 $\bar{h}$（$\bar{h}_n$）乘以 $m$（$m_n$）。
3. 对斜齿轮，用 $z_v$ 查表，$z_v$ 有小数时，按插入法计算。

### 表 5.2-22　外啮合标准齿轮固定弦齿厚 $\bar{s}_c(\bar{s}_{cn})$ 和固定弦齿高 $\bar{h}_c(\bar{h}_{cn})$

（$\alpha = \alpha_n = 20°$、$h_a^* = h_{an}^* = 1.0$）　　　　　　　　（单位：mm）

| $m(m_n)$ | $\bar{s}_c(\bar{s}_{cn})$ | $\bar{h}_c(\bar{h}_{cn})$ | $m(m_n)$ | $\bar{s}_c(\bar{s}_{cn})$ | $\bar{h}_c(\bar{h}_{cn})$ | $m(m_n)$ | $\bar{s}_c(\bar{s}_{cn})$ | $\bar{h}_c(\bar{h}_{cn})$ | $m(m_n)$ | $\bar{s}_c(\bar{s}_{cn})$ | $\bar{h}_c(\bar{h}_{cn})$ |
|---|---|---|---|---|---|---|---|---|---|---|---|
| 1 | 1.387 | 0.748 | 3.5 | 4.855 | 2.617 | 12 | 16.645 | 8.971 | 30 | 41.612 | 22.427 |
| 1.25 | 1.734 | 0.934 | 4 | 5.548 | 2.990 | 14 | 19.419 | 10.466 | 33 | 45.773 | 24.670 |
| 1.5 | 2.081 | 1.121 | 5 | 6.935 | 3.738 | 16 | 22.193 | 11.961 | 36 | 49.934 | 26.913 |
| 1.75 | 2.427 | 1.308 | 6 | 8.322 | 4.485 | 18 | 24.967 | 13.456 | 40 | 55.482 | 29.903 |
| 2 | 2.774 | 1.495 | 7 | 9.709 | 5.233 | 20 | 27.741 | 14.952 | 45 | 62.417 | 33.641 |
| 2.25 | 3.121 | 1.682 | 8 | 11.096 | 5.981 | 22 | 30.515 | 16.557 | 50 | 69.353 | 37.379 |
| 2.5 | 3.468 | 1.869 | 9 | 12.483 | 6.728 | 25 | 34.676 | 18.690 | | | |
| 3 | 4.161 | 2.243 | 10 | 13.871 | 7.476 | 28 | 38.837 | 20.932 | | | |

注：$\bar{s}_c = 1.3870m(\bar{s}_{cn} = 1.3870m_n)$；$\bar{h}_c = 0.7476m(\bar{h}_{cn} = 0.7476m_n)$。

### 表 5.2-23　外啮合变位齿轮固定弦齿厚 $\bar{s}_c(\bar{s}_{cn})$ 和固定弦齿高 $\bar{h}_c(\bar{h}_{cn})$

（$m_n = m = 1mm$、$\alpha_n = \alpha = 20°$、$h_{an}^* = h_a^* = 1$）　　　　　　（单位：mm）

| $x(x_n)$ | $\bar{s}_c(\bar{s}_{cn})$ | $\bar{h}_c(\bar{h}_{cn})$ | $x(x_n)$ | $\bar{s}_c(\bar{s}_{cn})$ | $\bar{h}_c(\bar{h}_{cn})$ | $x(x_n)$ | $\bar{s}_c(\bar{s}_{cn})$ | $\bar{h}_c(\bar{h}_{cn})$ | $x(x_n)$ | $\bar{s}_c(\bar{s}_{cn})$ | $\bar{h}_c(\bar{h}_{cn})$ |
|---|---|---|---|---|---|---|---|---|---|---|---|
| -0.40 | 1.1299 | 0.3944 | -0.11 | 1.3163 | 0.6504 | 0.18 | 1.5027 | 0.9065 | 0.47 | 1.6892 | 1.1626 |
| -0.39 | 1.1364 | 0.4032 | -0.10 | 1.3228 | 0.6593 | 0.19 | 1.5092 | 0.9154 | 0.48 | 1.6956 | 1.1714 |
| -0.38 | 1.1428 | 0.4120 | -0.09 | 1.3292 | 0.6681 | 0.20 | 1.5156 | 0.9242 | 0.49 | 1.7020 | 0.1803 |
| -0.37 | 1.1492 | 0.4209 | -0.08 | 1.3356 | 0.6769 | 0.21 | 1.5220 | 0.9330 | 0.50 | 1.7084 | 1.1891 |
| -0.36 | 1.1556 | 0.4297 | -0.07 | 1.3421 | 0.6858 | 0.22 | 1.5285 | 0.9418 | 0.51 | 1.7149 | 1.1979 |
| -0.35 | 1.1621 | 0.4385 | -0.06 | 1.3485 | 0.6946 | 0.23 | 1.5349 | 0.9507 | 0.52 | 1.7213 | 1.2068 |
| -0.34 | 1.1685 | 0.4474 | -0.05 | 1.3549 | 0.7034 | 0.24 | 1.5413 | 0.9595 | 0.53 | 1.7277 | 1.2156 |
| -0.33 | 1.1749 | 0.4562 | -0.04 | 1.3613 | 0.7123 | 0.25 | 1.5477 | 0.9683 | 0.54 | 1.7342 | 1.2244 |
| -0.32 | 1.1814 | 0.4650 | -0.03 | 1.3678 | 0.7211 | 0.26 | 1.5542 | 0.9772 | 0.55 | 1.7406 | 1.2332 |
| -0.31 | 1.1878 | 0.4738 | -0.02 | 1.3742 | 0.7299 | 0.27 | 1.5606 | 0.9860 | 0.56 | 1.7470 | 1.2421 |
| -0.30 | 1.1942 | 0.4827 | -0.01 | 1.3806 | 0.7387 | 0.28 | 1.5670 | 0.9948 | 0.57 | 1.7534 | 1.2509 |
| -0.29 | 1.2006 | 0.4915 | 0.00 | 1.3870 | 0.7476 | 0.29 | 1.5735 | 1.0037 | 0.58 | 1.7599 | 1.2597 |
| -0.28 | 1.2071 | 0.5003 | 0.01 | 1.3935 | 0.7564 | 0.30 | 1.5799 | 1.0125 | 0.59 | 1.7663 | 1.2686 |
| -0.27 | 1.2135 | 0.5092 | 0.02 | 1.3999 | 0.7652 | 0.31 | 1.5863 | 1.0213 | 0.60 | 1.7727 | 1.2774 |
| -0.26 | 1.2199 | 0.5180 | 0.03 | 1.4063 | 0.7741 | 0.32 | 1.5927 | 1.0301 | 0.31 | 1.7791 | 1.2862 |
| -0.25 | 1.2263 | 0.5268 | 0.04 | 1.4128 | 0.7829 | 0.33 | 1.5992 | 1.0390 | 0.32 | 1.7856 | 1.2951 |
| -0.24 | 1.2328 | 0.5357 | 0.05 | 1.4192 | 0.7917 | 0.34 | 1.6056 | 1.0478 | 0.63 | 1.7920 | 1.3039 |
| -0.23 | 1.2392 | 0.5445 | 0.06 | 1.4256 | 0.8006 | 0.35 | 1.6120 | 1.0566 | 0.64 | 1.7984 | 1.3127 |
| -0.22 | 1.2456 | 0.5533 | 0.07 | 1.4320 | 0.8094 | 0.36 | 1.6185 | 1.0655 | 0.65 | 1.8049 | 1.3215 |
| -0.21 | 1.2521 | 0.5621 | 0.08 | 1.4385 | 0.8182 | 0.37 | 1.6249 | 1.0743 | 0.66 | 1.8113 | 1.3304 |
| -0.20 | 1.2585 | 0.5710 | 0.09 | 1.4449 | 0.8271 | 0.38 | 1.6313 | 1.0831 | 0.67 | 1.8177 | 1.3392 |
| -0.19 | 1.2649 | 0.5798 | 0.10 | 1.4513 | 0.8359 | 0.39 | 1.6377 | 1.0920 | 0.68 | 1.8241 | 1.3480 |
| -0.18 | 1.2713 | 0.5886 | 0.11 | 1.4578 | 0.8447 | 0.40 | 1.6442 | 1.1008 | 0.69 | 1.8306 | 1.3569 |
| -0.17 | 1.2778 | 0.5975 | 0.12 | 1.4642 | 0.8535 | 0.41 | 1.6506 | 1.1096 | 0.70 | 1.8370 | 1.3657 |
| -0.16 | 1.2842 | 0.6063 | 0.13 | 1.4706 | 0.8624 | 0.42 | 1.6570 | 1.1184 | 0.71 | 1.8434 | 1.3745 |
| -0.15 | 1.2906 | 0.6151 | 0.14 | 1.4770 | 0.8712 | 0.43 | 1.6634 | 1.1273 | 0.72 | 1.8499 | 1.3834 |
| -0.14 | 1.2971 | 0.6240 | 0.15 | 1.4835 | 0.8800 | 0.44 | 1.6699 | 1.1361 | 0.73 | 1.8563 | 1.3922 |
| -0.13 | 1.3035 | 0.6328 | 0.16 | 1.4899 | 0.8889 | 0.45 | 1.6763 | 1.1449 | 0.74 | 1.8627 | 1.4010 |
| -0.12 | 1.3099 | 0.6416 | 0.17 | 1.4963 | 0.8977 | 0.46 | 1.6827 | 1.1538 | 0.75 | 1.8691 | 1.4098 |

注：1. 模数 $m \neq 1mm(m_n \neq 1mm)$ 时的 $\bar{s}_c(\bar{s}_{cn})$ 和 $\bar{h}_c(\bar{h}_{cn})$，应将表中数值乘以模数 $m(m_n)$。

　　2. 对角变位齿轮，表中 $\bar{h}_c(\bar{h}_{cn})$ 的数值应减去 $\Delta y(\Delta y_n)$，$\Delta y(\Delta y_n)$ 为齿高变动系数。

## 表 5.2-24　公法线长度 $W_k^*$ ($W_{kn}^*$)

（$m_n = m = 1\text{mm}$、$\alpha_n = \alpha = 20°$）　　　　（单位：mm）

| $z(z')$ | $x(x_n)$ | $k$ | $W_k^*$ ($W_{kn}^*$) | $z(z')$ | $x(x_n)$ | $k$ | $W_k^*$ ($W_{kn}^*$) | $z(z')$ | $x(x_n)$ | $k$ | $W_k^*$ ($W_{kn}^*$) |
|---|---|---|---|---|---|---|---|---|---|---|---|
| 7 | ≤0.80 | 2 | 4.526 | | ≤0.60 | 4 | 10.753 | | ≤0.60 | 6 | 16.881 |
| 8 | ≤0.80 | 2 | 4.540 | 30 | >0.60~1.40 | 5 | 13.705 | 46 | >0.60~1.5 | 7 | 19.833 |
| 9 | ≤0.80 | 2 | 4.554 | | >1.40~1.80 | 6 | 16.657 | | >1.5~2.2 | 8 | 22.785 |
| 10 | ≤0.90 | 2 | 4.568 | | ≤0.60 | 4 | 10.767 | | ≤0.55 | 6 | 16.895 |
| 11 | ≤0.90 | 2 | 4.582 | 31 | >0.60~1.40 | 5 | 13.719 | 47 | >0.55~1.55 | 7 | 19.847 |
| 12 | ≤0.80 | 2 | 4.596 | | >1.40~1.80 | 6 | 16.671 | | >1.55~2.2 | 8 | 22.799 |
| | >0.80~1.20 | 3 | 7.548 | | ≤0.60 | 4 | 10.781 | | ≤0.50 | 6 | 16.909 |
| 13 | ≤0.70 | 2 | 4.610 | 32 | >0.60~1.30 | 5 | 13.733 | 48 | >0.50~1.4 | 7 | 19.861 |
| | >0.70~1.20 | 3 | 7.562 | | >1.30~1.80 | 6 | 16.685 | | >1.4~2.2 | 8 | 22.813 |
| 14 | ≤0.60 | 2 | 4.624 | | ≤0.55 | 4 | 10.795 | | >2.2~2.5 | 9 | 25.765 |
| | >0.60~1.20 | 3 | 7.576 | 33 | >0.55~1.30 | 5 | 13.747 | | ≤0.50 | 6 | 16.923 |
| 15 | ≤0.60 | 2 | 4.638 | | >1.30~1.80 | 6 | 16.699 | 49 | >0.50~1.4 | 7 | 19.875 |
| | >0.60~1.20 | 3 | 7.590 | | ≤0.50 | 4 | 10.809 | | >1.4~2.2 | 8 | 22.827 |
| 16 | ≤0.5 | 2 | 4.652 | 34 | >0.55~1.20 | 5 | 13.761 | | >2.2~2.5 | 9 | 25.779 |
| | >0.5~1.20 | 3 | 7.604 | | >1.20~1.80 | 6 | 16.713 | | ≤0.50 | 6 | 16.937 |
| 17 | ≤1.0 | 3 | 7.618 | | ≤0.40 | 4 | 10.823 | 50 | >0.50~1.3 | 7 | 19.889 |
| | >1.0~1.20 | 4 | 10.571 | 35 | >0.40~1.10 | 5 | 13.775 | | >1.3~2.0 | 8 | 22.841 |
| 18 | ≤1.0 | 3 | 7.632 | | >1.10~1.90 | 6 | 16.727 | | >2.0~2.4 | 9 | 25.793 |
| | >1.0~1.20 | 4 | 10.585 | | ≤0.30 | 4 | 10.837 | | ≤45 | 6 | 16.951 |
| 19 | ≤0.90 | 3 | 7.646 | 36 | >0.30~1.0 | 5 | 13.789 | 51 | >0.45~1.2 | 7 | 19.93 |
| | >0.90~1.20 | 4 | 10.627 | | >1.0~1.90 | 6 | 16.741 | | >1.2~1.9 | 8 | 22.855 |
| 20 | ≤0.80 | 3 | 7.660 | | ≤0.80 | 5 | 13.803 | | >1.9~2.4 | 9 | 25.807 |
| | >0.80~1.25 | 4 | 10.613 | 37 | >0.80~1.60 | 6 | 16.755 | | ≤0.40 | 6 | 16.965 |
| 21 | ≤0.70 | 3 | 7.674 | | >1.60~1.80 | 7 | 19.707 | 52 | >0.40~1.1 | 7 | 19.917 |
| | >0.70~1.30 | 4 | 10.627 | | ≤0.70 | 5 | 13.817 | | >1.1~1.8 | 8 | 22.869 |
| 22 | ≤0.65 | 3 | 7.688 | 38 | >0.70~1.70 | 6 | 16.769 | | >1.8~2.4 | 9 | 25.821 |
| | >0.65~1.40 | 4 | 10.641 | | >1.70~2.00 | 7 | 19.721 | | ≤0.30 | 6 | 16.979 |
| 23 | ≤0.60 | 3 | 7.702 | | ≤0.70 | 5 | 13.831 | 53 | >0.30~1.0 | 7 | 19.931 |
| | >0.60~1.40 | 4 | 10.655 | 39 | >0.70~1.70 | 6 | 16.783 | | >1.0~1.7 | 9 | 22.883 |
| 24 | ≤0.55 | 3 | 7.716 | | >1.70~2.00 | 7 | 19.735 | | >1.7~2.4 | 9 | 25.835 |
| | >0.55~1.20 | 4 | 10.669 | | ≤0.60 | 5 | 13.845 | | ≤0.20 | 6 | 16.993 |
| | >1.20~1.60 | 5 | 13.621 | 40 | >0.60~1.60 | 6 | 16.797 | 54 | >0.20~1.0 | 7 | 193945 |
| 25 | ≤0.50 | 3 | 7.730 | | >1.60~2.00 | 7 | 19.749 | | >1.0~1.6 | 8 | 22.897 |
| | >0.50~1.20 | 4 | 10.683 | | ≤0.50 | 5 | 13.859 | | >1.6~2.4 | 9 | 25.849 |
| | >1.20~1.60 | 5 | 13.635 | 41 | >0.50~1.40 | 6 | 16.811 | | ≤0.80 | 7 | 19.959 |
| 26 | ≤0.40 | 3 | 7.744 | | >1.40~2.00 | 7 | 19.763 | 55 | >0.80~1.7 | 8 | 22.911 |
| | >0.40~1.20 | 4 | 10.697 | | ≤0.40 | 5 | 13.873 | | >1.7~2.4 | 9 | 25.863 |
| | >1.20~1.60 | 5 | 13.649 | 42 | >0.40~1.20 | 6 | 16.825 | | ≤0.80 | 7 | 19.973 |
| 27 | ≤0.80 | 4 | 10.711 | | >1.20~2.20 | 7 | 19.777 | 56 | >0.80~1.5 | 8 | 22.925 |
| | >0.80~1.60 | 5 | 13.663 | | ≤0.30 | 5 | 13.887 | | >1.5~2.4 | 9 | 25.877 |
| | >1.60~1.80 | 6 | 16.615 | 43 | >0.30~1.10 | 6 | 16.839 | | ≤0.80 | 7 | 19.987 |
| 28 | ≤0.80 | 4 | 10.725 | | >1.10~2.20 | 7 | 19.791 | | >0.80~1.5 | 8 | 22.939 |
| | >0.80~1.60 | 5 | 13.677 | | ≤0.20 | 5 | 13.901 | 57 | >1.5~2.0 | 9 | 25.891 |
| | >1.60~1.80 | 6 | 16.629 | 44 | >0.20~1.0 | 6 | 16.853 | | >2.0~2.4 | 10 | 28.844 |
| 29 | ≤0.70 | 4 | 10.739 | | >1.6~1.6 | 7 | 19.805 | | ≤0.80 | 7 | 20.001 |
| | >0.70~1.50 | 5 | 13.691 | | >1.6~2.2 | 8 | 22.757 | | >0.80~1.4 | 8 | 22.953 |
| | >1.50~1.80 | 6 | 16.643 | 45 | ≤0.20 | 5 | 13.915 | 58 | >1.4~2.0 | 9 | 25.905 |
| | | | | | >0.20~1.0 | 6 | 16.867 | | >2.0~2.4 | 10 | 28.858 |
| | | | | | >1.0~1.6 | 7 | 19.819 | | | | |
| | | | | | >1.6~2.2 | 8 | 22.771 | | | | |

（续）

| $z(z')$ | $x(x_n)$ | $k$ | $W_k^*(W_{kn}^*)$ | $z(z')$ | $x(x_n)$ | $k$ | $W_k^*(W_{kn}^*)$ | $z(z')$ | $x(x_n)$ | $k$ | $W_k^*(W_{kn}^*)$ |
|---|---|---|---|---|---|---|---|---|---|---|---|
| 59 | ≤0.65 | 7 | 20.015 | 71 | ≤0.50 | 8 | 23.135 | 83 | ≤0.80 | 10 | 29.208 |
|  | >0.65~1.3 | 8 | 22.967 |  | >0.50~1.1 | 9 | 26.087 |  | >0.80~1.5 | 11 | 32.160 |
|  | >1.3~2.0 | 9 | 25.919 |  | >1.1~1.7 | 10 | 29.040 |  | >1.5~2.2 | 12 | 35.112 |
|  | >2.0~2.4 | 10 | 28.872 |  | >1.7~2.5 | 11 | 31.992 |  | >2.2~2.8 | 13 | 38.064 |
| 60 | ≤0.50 | 7 | 20.029 | 72 | ≤0.40 | 8 | 23.149 | 84 | ≤0.80 | 10 | 29.222 |
|  | >0.50~1.2 | 8 | 22.981 |  | >0.40~1.0 | 9 | 26.101 |  | >0.80~1.4 | 11 | 32.174 |
|  | >1.2~2.0 | 9 | 25.933 |  | >1.0~1.6 | 10 | 29.054 |  | >1.4~2.2 | 12 | 35.126 |
|  | >2.0~2.6 | 10 | 28.886 |  | >1.6~2.4 | 11 | 32.006 |  | >2.2~2.8 | 13 | 38.078 |
| 61 | ≤0.40 | 7 | 20.043 | 73 | ≤0.80 | 9 | 26.115 | 85 | ≤0.70 | 10 | 29.236 |
|  | >0.40~1.1 | 8 | 22.995 |  | >0.80~1.7 | 10 | 29.068 |  | >0.70~1.3 | 11 | 32.188 |
|  | >1.1~1.9 | 9 | 25.947 |  | >1.7~2.3 | 11 | 32.020 |  | >1.3~2.1 | 12 | 35.140 |
|  | >1.9~2.6 | 10 | 28.900 |  | >2.3~2.8 | 12 | 34.972 |  | >2.1~2.8 | 13 | 38.092 |
| 62 | ≤0.30 | 7 | 20.057 | 74 | ≤0.80 | 9 | 26.129 | 86 | ≤0.60 | 10 | 29.250 |
|  | >0.30~1.0 | 8 | 23.009 |  | >0.80~1.6 | 10 | 29.082 |  | >0.60~1.2 | 11 | 32.202 |
|  | >1.0~1.8 | 9 | 25.961 |  | >1.6~2.2 | 11 | 32.034 |  | >1.2~2.0 | 12 | 35.154 |
|  | >1.8~2.6 | 10 | 28.914 |  | >2.2~2.8 | 12 | 34.986 |  | >2.0~2.8 | 13 | 38.106 |
| 63 | ≤0.20 | 7 | 20.071 | 75 | ≤0.80 | 9 | 26.144 | 87 | ≤0.60 | 10 | 29.264 |
|  | >0.20~0.9 | 8 | 23.023 |  | >0.80~1.5 | 10 | 29.096 |  | >0.60~1.2 | 11 | 32.216 |
|  | >0.9~1.7 | 9 | 25.975 |  | >1.5~2.1 | 11 | 32.048 |  | >1.2~1.9 | 12 | 35.168 |
|  | >0.7~2.6 | 10 | 28.928 |  | >2.1~2.8 | 12 | 35.000 |  | >1.9~2.7 | 13 | 38.120 |
| 64 | ≤0.80 | 8 | 23.037 | 76 | ≤0.80 | 9 | 26.158 | 88 | ≤0.60 | 10 | 29.278 |
|  | >0.80~1.6 | 9 | 25.989 |  | >0.80~1.4 | 10 | 29.110 |  | >0.60~1.2 | 11 | 32.230 |
|  | >1.6~2.4 | 10 | 28.942 |  | >1.4~2.0 | 11 | 32.062 |  | >1.2~1.8 | 12 | 35.182 |
|  | >2.4~2.6 | 11 | 31.894 |  | >2.0~2.8 | 12 | 35.014 |  | >1.8~2.6 | 13 | 38.134 |
| 65 | ≤0.80 | 8 | 23.051 | 77 | ≤0.70 | 9 | 26.172 | 89 | ≤0.50 | 10 | 29.292 |
|  | >0.80~1.5 | 9 | 26.003 |  | >0.70~1.3 | 10 | 29.124 |  | >0.50~1.1 | 11 | 32.244 |
|  | >1.5~2.3 | 10 | 28.956 |  | >1.3~1.9 | 11 | 32.076 |  | >1.1~1.7 | 12 | 35.196 |
|  | >2.3~2.6 | 11 | 31.908 |  | >1.9~2.7 | 12 | 35.028 |  | >1.7~2.5 | 13 | 38.148 |
| 66 | ≤0.80 | 8 | 23.065 | 78 | ≤0.60 | 9 | 23.186 | 90 | ≤0.40 | 10 | 29.306 |
|  | >0.80~1.5 | 9 | 26.017 |  | >0.60~1.2 | 10 | 29.138 |  | >0.40~1.1 | 11 | 32.258 |
|  | >1.5~2.2 | 10 | 28.970 |  | >1.2~1.8 | 11 | 32.090 |  | >1.1~1.6 | 12 | 35.210 |
|  | >2.2~2.6 | 11 | 31.908 |  | >1.8~2.6 | 12 | 35.042 |  | >1.6~2.4 | 13 | 38.162 |
| 67 | ≤0.80 | 8 | 23.065 | 79 | ≤0.50 | 9 | 26.200 | 91 | ≤0.80 | 11 | 32.272 |
|  | >0.80~1.3 | 9 | 26.017 |  | >0.50~1.1 | 10 | 29.152 |  | >0.80~1.5 | 12 | 35.224 |
|  | >1.3~2.0 | 10 | 28.970 |  | >1.1~1.8 | 11 | 32.104 |  | >1.5~2.2 | 13 | 38.176 |
|  | >2.0~2.8 | 11 | 31.922 |  | >1.8~2.5 | 12 | 35.056 |  | >2.2~2.8 | 14 | 51.128 |
| 68 | ≤0.80 | 8 | 23.079 | 80 | ≤0.40 | 9 | 26.214 | 92 | ≤0.80 | 11 | 32.286 |
|  | >0.80~1.3 | 9 | 26.031 |  | >0.40~1.0 | 10 | 29.166 |  | >0.80~1.4 | 12 | 35.238 |
|  | >1.3~2.0 | 10 | 28.984 |  | >1.0~1.8 | 11 | 32.118 |  | >1.4~2.2 | 13 | 38.190 |
|  | >2.0~2.8 | 11 | 31.936 |  | >1.8~2.4 | 12 | 35.070 |  | >2.2~2.8 | 14 | 41.142 |
| 69 | ≤0.70 | 8 | 23.093 | 81 | ≤0.30 | 9 | 23.228 | 93 | ≤0.70 | 11 | 32.300 |
|  | >0.70~1.2 | 9 | 26.045 |  | >0.30~0.9 | 10 | 29.180 |  | >0.70~1.3 | 12 | 35.252 |
|  | >1.2~1.9 | 10 | 28.998 |  | >0.9~1.8 | 11 | 32.132 |  | >1.3~2.1 | 13 | 38.204 |
|  | >1.9~2.7 | 11 | 31.950 |  | >1.8~2.4 | 12 | 35.084 |  | >2.1~2.8 | 14 | 41.156 |
| 70 | ≤0.60 | 8 | 23.107 | 82 | ≤0.80 | 10 | 29.194 | 94 | ≤0.60 | 11 | 32.314 |
|  | >0.60~1.2 | 9 | 26.059 |  | >0.80~1.6 | 11 | 32.146 |  | >0.60~1.2 | 12 | 35.266 |
|  | >1.2~1.8 | 10 | 29.012 |  | >1.6~2.2 | 12 | 35.098 |  | >1.2~2.0 | 13 | 38.218 |
|  | >1.8~2.6 | 11 | 31.964 |  | >2.2~2.8 | 13 | 38.050 |  | >2.0~2.8 | 14 | 41.170 |

（续）

| $z(z')$ | $x(x_n)$ | $k$ | $W_k^*(W_{kn}^*)$ | $z(z')$ | $x(x_n)$ | $k$ | $W_k^*(W_{kn}^*)$ | $z(z')$ | $x(x_n)$ | $k$ | $W_k^*(W_{kn}^*)$ |
|---|---|---|---|---|---|---|---|---|---|---|---|
| 95 | ≤0.60 | 11 | 32.328 | 111 | ≤0.70 | 13 | 38.456 | 123 | ≤0.50 | 14 | 41.576 |
| | >0.60~1.2 | 12 | 35.280 | | >0.70~1.4 | 14 | 41.408 | | >0.50~1.5 | 15 | 44.528 |
| | >1.2~2.0 | 13 | 38.232 | | >1.4~2.1 | 15 | 44.360 | | >1.5~2.0 | 16 | 47.481 |
| | >2.0~2.6 | 14 | 41.148 | | >2.1~2.8 | 16 | 47.312 | | >2.0~2.5 | 17 | 50.433 |
| 96 | ≤0.60 | 11 | 32.342 | 112 | ≤0.60 | 13 | 38.470 | 124 | ≤0.50 | 14 | 41.590 |
| | >0.60~1.2 | 12 | 32.294 | | >0.60~1.4 | 14 | 41.422 | | >0.50~1.5 | 15 | 44.542 |
| | >1.2~2.0 | 13 | 38.246 | | >1.4~2.0 | 15 | 44.374 | | >1.5~2.0 | 16 | 47.495 |
| | >2.0~2.6 | 14 | 41.198 | | >2.0~2.8 | 16 | 47.326 | | >2.0~2.5 | 17 | 50.447 |
| 97 | ≤0.50 | 11 | 32.356 | 113 | ≤0.60 | 13 | 38.484 | 125 | ≤0.50 | 14 | 41.604 |
| | >0.50~1.1 | 12 | 35.308 | | >0.60~1.3 | 14 | 41.436 | | >0.50~1.5 | 15 | 44.556 |
| | >1.1~1.9 | 13 | 38.260 | | >1.3~1.9 | 15 | 44.388 | | >1.5~2.0 | 16 | 47.509 |
| | >1.9~2.5 | 14 | 41.212 | | >1.9~2.7 | 16 | 47.340 | | >2.0~2.5 | 17 | 50.461 |
| 98 | ≤0.40 | 11 | 32.370 | 114 | ≤0.60 | 13 | 38.498 | 126 | ≤0.50 | 14 | 44.570 |
| | >0.40~1.0 | 12 | 35.322 | | >0.60~1.2 | 14 | 41.450 | | >0.50~1.5 | 16 | 47.523 |
| | >1.0~1.8 | 13 | 38.274 | | >1.2~1.8 | 15 | 44.402 | | >1.5~2.0 | 17 | 50.475 |
| | >1.8~2.5 | 14 | 41.226 | | >1.8~2.6 | 16 | 47.354 | | >2.0~2.5 | 18 | 53.427 |
| 99 | ≤0.30 | 11 | 32.384 | 115 | ≤0.50 | 13 | 38.512 | 128 | ≤0.50 | 15 | 44.598 |
| | >0.30~0.9 | 12 | 35.336 | | >0.50~1.1 | 14 | 41.464 | | >0.50~1.5 | 16 | 47.551 |
| | >0.9~1.7 | 13 | 38.288 | | >1.1~1.8 | 15 | 44.416 | | >1.5~2.0 | 17 | 50.503 |
| | >1.7~2.4 | 14 | 41.240 | | >1.8~2.5 | 16 | 47.368 | | >2.0~2.5 | 18 | 53.455 |
| 100 | ≤0.80 | 12 | 35.350 | 116 | ≤0.40 | 13 | 38.526 | 129 | ≤0.50 | 15 | 44.612 |
| | >0.80~1.6 | 13 | 38.302 | | >0.40~1.0 | 14 | 41.478 | | >0.50~1.5 | 16 | 47.565 |
| | >1.6~2.2 | 14 | 41.254 | | >1.0~1.8 | 15 | 44.430 | | >1.5~2.0 | 17 | 50.517 |
| | >2.2~2.8 | 15 | 44.206 | | >1.8~2.5 | 16 | 47.382 | | >2.0~2.5 | 18 | 53.469 |
| 102 | ≤0.60 | 12 | 35.378 | 117 | ≤0.80 | 14 | 41.492 | 130 | ≤0.50 | 15 | 44.626 |
| | >0.60~1.4 | 13 | 38.330 | | >0.80~1.6 | 15 | 44.444 | | >0.50~1.5 | 16 | 47.579 |
| | >1.4~2.0 | 14 | 41.282 | | >1.6~2.2 | 16 | 47.396 | | >1.5~2.0 | 17 | 50.531 |
| | >2.0~2.8 | 15 | 44.234 | | >2.2~2.6 | 17 | 50.348 | | >2.0~2.5 | 18 | 53.483 |
| 104 | ≤0.40 | 12 | 35.406 | 118 | ≤0.80 | 14 | 41.506 | 132 | ≤0.50 | 15 | 44.654 |
| | >0.40~1.2 | 13 | 38.358 | | >0.80~1.6 | 15 | 44.458 | | >0.50~1.5 | 16 | 47.607 |
| | >1.2~2.0 | 14 | 41.310 | | >1.6~2.2 | 16 | 47.410 | | >1.5~2.0 | 17 | 50.559 |
| | >2.0~2.7 | 15 | 44.262 | | >2.2~2.6 | 17 | 50.362 | | >2.0~2.5 | 18 | 53.511 |
| 105 | ≤0.40 | 12 | 35.420 | 119 | ≤0.80 | 14 | 41.520 | 133 | ≤0.50 | 15 | 44.668 |
| | >0.40~1.2 | 13 | 38.372 | | >0.80~1.5 | 15 | 44.472 | | >0.50~1.5 | 16 | 47.621 |
| | >1.2~1.9 | 14 | 41.324 | | >1.5~2.1 | 16 | 47.424 | | >1.5~2.0 | 17 | 50.573 |
| | >1.9~2.6 | 15 | 44.276 | | >2.1~2.5 | 17 | 50.376 | | >2.0~2.5 | 18 | 53.525 |
| 106 | ≤0.40 | 12 | 35.434 | 120 | ≤0.80 | 14 | 41.534 | 134 | ≤0.50 | 15 | 44.682 |
| | >0.40~1.2 | 13 | 38.386 | | >0.80~1.4 | 15 | 44.486 | | >0.50~1.5 | 16 | 47.635 |
| | >1.2~1.8 | 14 | 41.338 | | >1.4~2.0 | 16 | 47.438 | | >1.5~2.0 | 17 | 50.587 |
| | >1.8~2.5 | 15 | 44.290 | | >2.0~2.5 | 17 | 50.390 | | >2.0~2.5 | 18 | 53.539 |
| 108 | ≤0.20 | 12 | 35.462 | 121 | ≤0.50 | 14 | 41.548 | 135 | ≤0.50 | 16 | 47.649 |
| | >0.20~1.0 | 13 | 38.414 | | >0.50~1.5 | 15 | 44.500 | | >0.50~1.5 | 17 | 50.601 |
| | >1.0~1.6 | 14 | 41.366 | | >1.5~2.0 | 16 | 47.453 | | >1.5~2.0 | 18 | 53.553 |
| | >1.6~2.4 | 15 | 44.318 | | >2.0~2.5 | 17 | 50.405 | | >2.0~2.5 | 19 | 56.505 |
| 110 | ≤0.80 | 13 | 38.442 | 122 | ≤0.50 | 14 | 41.562 | 136 | ≤0.50 | 16 | 47.663 |
| | >0.80~1.5 | 14 | 41.394 | | >0.50~1.5 | 15 | 44.514 | | >0.50~1.5 | 17 | 50.615 |
| | >1.5~2.2 | 15 | 44.346 | | >1.5~2.0 | 16 | 47.467 | | >1.5~2.0 | 18 | 53.567 |
| | >2.2~2.8 | 16 | 47.298 | | >2.0~2.5 | 17 | 50.419 | | >2.0~2.5 | 19 | 65.519 |

（续）

| $z(z')$ | $x(x_n)$ | $k$ | $W_k^*$ ($W_{kn}^*$) | $z(z')$ | $x(x_n)$ | $k$ | $W_k^*$ ($W_{kn}^*$) | $z(z')$ | $x(x_n)$ | $k$ | $W_k^*$ ($W_{kn}^*$) |
|---|---|---|---|---|---|---|---|---|---|---|---|
| 138 | ≤0.50 | 16 | 47.691 | 150 | ≤0.50 | 17 | 50.811 | 162 | ≤0.50 | 19 | 56.883 |
| | >0.50~1.5 | 17 | 50.643 | | >0.50~1.5 | 18 | 53.763 | | >0.50~1.5 | 20 | 59.835 |
| | >1.5~2.0 | 18 | 53.595 | | >1.5~2.0 | 19 | 56.715 | | >1.5~2.0 | 21 | 62.788 |
| | >2.0~2.5 | 19 | 56.547 | | >2.0~2.5 | 20 | 59.667 | | >2.0~2.5 | 22 | 65.740 |
| 139 | ≤0.50 | 16 | 47.705 | 152 | ≤0.50 | 17 | 50.839 | 164 | ≤0.50 | 19 | 56.911 |
| | >0.50~1.5 | 17 | 50.657 | | >0.50~1.5 | 18 | 53.791 | | >0.50~1.5 | 20 | 59.863 |
| | >1.5~2.0 | 18 | 53.609 | | >1.5~2.0 | 19 | 56.743 | | >1.5~2.0 | 21 | 62.816 |
| | >2.0~2.5 | 19 | 56.561 | | >2.0~2.5 | 20 | 59.695 | | >2.0~2.5 | 22 | 65.768 |
| 140 | ≤0.50 | 16 | 47.719 | 153 | ≤0.50 | 18 | 53.805 | 165 | ≤0.50 | 19 | 56.925 |
| | >0.50~1.5 | 17 | 50.671 | | >0.50~1.5 | 19 | 56.757 | | >0.50~1.5 | 20 | 59.877 |
| | >1.5~2.0 | 18 | 53.623 | | >1.5~2.0 | 20 | 59.709 | | >1.5~2.0 | 21 | 62.830 |
| | >2.0~2.5 | 19 | 56.575 | | >2.0~2.5 | 21 | 62.662 | | >2.0~2.5 | 22 | 65.782 |
| 141 | ≤0.50 | 16 | 47.733 | 154 | ≤0.50 | 18 | 53.819 | 166 | ≤0.50 | 19 | 56.939 |
| | >0.50~1.5 | 17 | 50.685 | | >0.50~1.5 | 19 | 56.771 | | >0.50~1.5 | 20 | 59.891 |
| | >1.5~2.0 | 18 | 53.637 | | >1.5~2.0 | 20 | 59.723 | | >1.5~2.0 | 21 | 62.844 |
| | >2.0~2.5 | 19 | 56.589 | | >2.0~2.5 | 21 | 62.676 | | >2.0~2.5 | 22 | 65.769 |
| 142 | ≤0.50 | 16 | 47.747 | 155 | ≤0.50 | 18 | 53.833 | 168 | ≤0.50 | 19 | 56.967 |
| | >0.50~1.5 | 17 | 50.699 | | >0.50~1.5 | 19 | 56.785 | | >0.50~1.5 | 20 | 59.919 |
| | >1.5~2.0 | 18 | 53.651 | | >1.5~2.0 | 20 | 59.737 | | >1.5~2.0 | 21 | 62.872 |
| | >2.0~2.5 | 19 | 56.603 | | >2.0~2.5 | 21 | 62.690 | | >2.0~2.5 | 22 | 65.824 |
| 143 | ≤0.50 | 16 | 47.761 | 156 | ≤0.50 | 18 | 53.847 | 169 | ≤0.50 | 19 | 56.981 |
| | >0.50~1.5 | 17 | 50.713 | | >0.50~1.5 | 19 | 56.799 | | >0.50~1.5 | 20 | 59.933 |
| | >1.5~2.0 | 18 | 53.665 | | >1.5~2.0 | 20 | 59.751 | | >1.5~2.0 | 21 | 62.886 |
| | >2.0~2.5 | 19 | 56.617 | | >2.0~2.5 | 21 | 62.704 | | >2.0~2.5 | 22 | 65.838 |
| 144 | ≤0.50 | 17 | 50.727 | 157 | ≤0.50 | 18 | 53.861 | 170 | ≤0.50 | 19 | 56.995 |
| | >0.50~1.5 | 18 | 53.679 | | >0.50~1.5 | 19 | 56.813 | | >0.50~1.5 | 20 | 59.947 |
| | >1.5~2.0 | 19 | 56.631 | | >1.5~2.0 | 20 | 59.765 | | >1.5~2.0 | 21 | 62.900 |
| | >2.0~2.5 | 20 | 59.583 | | >2.0~2.5 | 21 | 62.718 | | >2.0~2.5 | 22 | 65.852 |
| 145 | ≤0.50 | 17 | 50.741 | 158 | ≤0.50 | 18 | 53.875 | 171 | ≤0.50 | 20 | 59.961 |
| | >0.50~1.5 | 18 | 53.693 | | >0.50~1.5 | 19 | 56.827 | | >0.50~1.5 | 21 | 62.914 |
| | >1.5~2.0 | 19 | 56.645 | | >1.5~2.0 | 20 | 59.779 | | >1.5~2.0 | 22 | 65.866 |
| | >2.0~2.5 | 20 | 59.597 | | >2.0~2.5 | 21 | 62.732 | | >2.0~2.5 | 23 | 68.818 |
| 146 | ≤0.50 | 17 | 50.755 | 159 | ≤0.50 | 18 | 53.889 | 172 | ≤0.50 | 20 | 59.975 |
| | >0.50~1.5 | 18 | 53.707 | | >0.50~1.5 | 19 | 56.841 | | >0.50~1.5 | 21 | 62.928 |
| | >1.5~2.0 | 19 | 56.659 | | >1.5~2.0 | 20 | 59.793 | | >1.5~2.0 | 22 | 65.880 |
| | >2.0~2.5 | 20 | 59.611 | | >2.0~2.5 | 21 | 62.746 | | >2.0~2.5 | 23 | 68.832 |
| 147 | ≤0.50 | 17 | 50.769 | 160 | ≤0.50 | 18 | 53.903 | 174 | ≤0.50 | 20 | 60.003 |
| | >0.50~1.5 | 18 | 53.721 | | >0.50~1.5 | 19 | 56.855 | | >0.50~1.5 | 21 | 62.956 |
| | >1.5~2.0 | 19 | 56.673 | | >1.5~2.0 | 20 | 59.807 | | >1.5~2.0 | 22 | 65.908 |
| | >2.0~2.5 | 20 | 59.625 | | >2.0~2.5 | 21 | 62.760 | | >2.0~2.5 | 23 | 68.860 |
| 148 | ≤0.50 | 17 | 50.783 | 161 | ≤0.50 | 19 | 56.869 | 175 | ≤0.50 | 20 | 60.017 |
| | >0.50~1.5 | 18 | 53.735 | | >0.50~1.5 | 20 | 59.821 | | >0.50~1.5 | 21 | 62.970 |
| | >1.5~2.0 | 19 | 56.687 | | >1.5~2.0 | 21 | 62.774 | | >1.5~2.0 | 22 | 65.922 |
| | >2.0~2.5 | 20 | 59.639 | | >2.0~2.5 | 22 | 65.726 | | >2.0~2.5 | 23 | 68.874 |

（续）

| $z(z')$ | $x(x_n)$ | $k$ | $W_k^*(W_{kn}^*)$ | $z(z')$ | $x(x_n)$ | $k$ | $W_k^*(W_{kn}^*)$ | $z(z')$ | $x(x_n)$ | $k$ | $W_k^*(W_{kn}^*)$ |
|---|---|---|---|---|---|---|---|---|---|---|---|
| 176 | ≤0.50 | 20 | 60.031 | 178 | ≤0.50 | 20 | 60.059 | 180 | ≤0.50 | 21 | 63.040 |
| | >0.50~1.5 | 21 | 62.984 | | >0.50~1.5 | 21 | 63.012 | | >0.50~1.5 | 22 | 65.992 |
| | >1.5~2.0 | 22 | 65.936 | | >1.5~2.0 | 22 | 65.964 | | >1.5~2.0 | 23 | 68.944 |
| | >2.0~2.5 | 23 | 68.888 | | >2.0~2.5 | 23 | 68.916 | | >2.0~2.5 | 24 | 71.896 |
| 177 | ≤0.50 | 20 | 60.045 | | | | | | | | |
| | >0.50~1.5 | 21 | 62.998 | | | | | | | | |
| | >1.5~2.0 | 22 | 65.950 | | | | | | | | |
| | >2.0~2.5 | 23 | 68.902 | | | | | | | | |

注：1. $W_k^*(W_{kn}^*)$ 为 $m=1mm$（$m_n=1mm$）时标准齿轮的公法线长度；当模数 $m\neq1mm$（$m_n\neq1mm$）时标准齿轮的公法线长度应为 $W_k=W_k^*\,m$（或 $W_{kn}=W_{kn}^*\,m_n$）。变位齿轮的公法线长度应按式 $W_k=m(W_k^*+\Delta W^*)$ 或 $W_{kn}=m_n(W_{kn}^*+\Delta W_n^*)$ 计算，式中 $\Delta W^*$（$\Delta W_n^*$）见表 5.2-27。

2. 对直齿轮表中 $z'=z$；对斜齿轮 $z'=z\dfrac{inv\alpha_t}{0.0149}$（比值 $\dfrac{inv\alpha_t}{0.0149}$ 见表 5.2-25），按此式算出的 $z'$ 后面如有小数部分时，应利用表 5.2-25 的数值，按插入法进行补偿计算。

【例】　确定斜齿轮的公法线长。已知 $z=23$、$m_n=4mm$、$\alpha_n=20°$、$\beta_0=29°48'$。

(1) 假想齿数 $z'=z\dfrac{inv\alpha_t}{0.0149}$，由表 5.2-25 查出 $\dfrac{inv\alpha_t}{0.0149}=1.4953$（插入法计算）；

$z'=1.4953\times23=34.39$（取到小数点后两位数值）。

(2) 查表 5.2-24，$z'=34$ 对应的 $W_{kn}^*$ 为 10.809mm；

查表 5.2-26，$z'=0.39$ 对应的 $W_{kn}^*$ 为 0.0055mm；

$\Rightarrow$　$W_{kn}^*=10.809mm+0.0055mm=10.8145mm$。

(3) $W_{kn}=W_{kn}^*\,m_n=10.8145\times4mm=43.258mm$。

表 5.2-25　比值 $\dfrac{inv\alpha_t}{inv\alpha_n}=\dfrac{inv\alpha_t}{0.0149}$（$\alpha_n=20°$）

| $\beta$ | $\frac{inv\alpha_t}{inv\alpha_n}$ | $\beta$ | $\frac{inv\alpha_t}{inv\alpha_n}$ | $\beta$ | $\frac{inv\alpha_t}{inv\alpha_n}$ | $\beta$ | $\frac{inv\alpha_t}{inv\alpha_n}$ | $\beta$ | $\frac{inv\alpha_t}{inv\alpha_n}$ | $\beta$ | $\frac{inv\alpha_t}{inv\alpha_n}$ | $\beta$ | $\frac{inv\alpha_t}{inv\alpha_n}$ |
|---|---|---|---|---|---|---|---|---|---|---|---|---|---|
| 7.00° | 1.021595 | 9.50° | 1.040211 | 12.00° | 1.065083 | 14.50° | 1.096730 | 17.00° | 1.135833 | 19.50° | 1.183260 | 22.00° | 1.240111 |
| 7.10° | 1.022225 | 9.60° | 1.041083 | 12.10° | 1.066215 | 14.60° | 1.098146 | 17.10° | 1.137564 | 19.60° | 1.185345 | 22.10° | 1.242600 |
| 7.20° | 1.022864 | 9.70° | 1.041964 | 12.20° | 1.067357 | 14.70° | 1.099574 | 17.20° | 1.139308 | 19.70° | 1.187445 | 22.20° | 1.245106 |
| 7.30° | 1.023513 | 9.80° | 1.042856 | 12.30° | 1.068511 | 14.80° | 1.101014 | 17.30° | 1.141065 | 19.80° | 1.189560 | 22.30° | 1.247629 |
| 7.40° | 1.024170 | 9.90° | 1.043758 | 12.40° | 1.069676 | 14.90° | 1.102466 | 17.40° | 1.142836 | 19.90° | 1.191691 | 22.40° | 1.250170 |
| 7.50° | 1.024838 | 10.00° | 1.044670 | 12.50° | 1.070851 | 15.00° | 1.103930 | 17.50° | 1.144621 | 20.00° | 1.193837 | 22.50° | 1.252728 |
| 7.60° | 1.025515 | 10.10° | 1.045592 | 12.60° | 1.072038 | 15.10° | 1.105406 | 17.60° | 1.146419 | 20.10° | 1.195998 | 22.60° | 1.255305 |
| 7.70° | 1.026201 | 10.20° | 1.046525 | 12.70° | 1.073215 | 15.20° | 1.106894 | 17.70° | 1.148231 | 20.20° | 1.198175 | 22.70° | 1.257899 |
| 7.80° | 1.026897 | 10.30° | 1.047467 | 12.80° | 1.074444 | 15.30° | 1.108395 | 17.80° | 1.150056 | 20.30° | 1.200367 | 22.80° | 1.260511 |
| 7.90° | 1.027603 | 10.40° | 1.048420 | 12.90° | 1.075664 | 15.40° | 1.109907 | 17.90° | 1.151896 | 20.40° | 1.202573 | 22.90° | 1.263141 |
| 8.00° | 1.028318 | 10.50° | 1.049383 | 13.00° | 1.076895 | 15.50° | 1.111433 | 18.00° | 1.153729 | 20.50° | 1.204799 | 23.00° | 1.265789 |
| 8.10° | 1.029043 | 10.60° | 1.050356 | 13.10° | 1.078137 | 15.60° | 1.112970 | 18.10° | 1.155616 | 20.60° | 1.207039 | 23.10° | 1.268455 |
| 8.20° | 1.029777 | 10.70° | 1.051340 | 13.20° | 1.079390 | 15.70° | 1.114520 | 18.20° | 1.157497 | 20.70° | 1.209295 | 23.20° | 1.271140 |
| 8.30° | 1.030521 | 10.80° | 1.052334 | 13.30° | 1.080655 | 15.80° | 1.116083 | 18.30° | 1.159392 | 20.80° | 1.211567 | 23.30° | 1.273844 |
| 8.40° | 1.031275 | 10.90° | 1.053339 | 13.40° | 1.081931 | 15.90° | 1.117658 | 18.40° | 1.161302 | 20.90° | 1.213855 | 23.40° | 1.276566 |
| 8.50° | 1.032038 | 11.00° | 1.054353 | 13.50° | 1.083219 | 16.00° | 1.119246 | 18.50° | 1.163225 | 21.00° | 1.216159 | 23.50° | 1.279306 |
| 8.60° | 1.032811 | 11.10° | 1.055379 | 13.60° | 1.084518 | 16.10° | 1.120847 | 18.60° | 1.165163 | 21.10° | 1.218479 | 23.60° | 1.282066 |
| 8.70° | 1.033594 | 11.20° | 1.056414 | 13.70° | 1.085828 | 16.20° | 1.122460 | 18.70° | 1.167116 | 21.20° | 1.220816 | 23.70° | 1.284844 |
| 8.80° | 1.034386 | 11.30° | 1.057461 | 13.80° | 1.087150 | 16.30° | 1.124086 | 18.80° | 1.169082 | 21.30° | 1.223169 | 23.80° | 1.287642 |
| 8.90° | 1.035189 | 11.40° | 1.058518 | 13.90° | 1.088484 | 16.40° | 1.125725 | 18.90° | 1.171064 | 21.40° | 1.225539 | 23.90° | 1.290458 |
| 9.00° | 1.036001 | 11.50° | 1.059585 | 14.00° | 1.089829 | 16.50° | 1.127377 | 19.00° | 1.173060 | 21.50° | 1.227925 | 24.00° | 1.293294 |
| 9.10° | 1.036823 | 11.60° | 1.060663 | 14.10° | 1.091186 | 16.60° | 1.129042 | 19.10° | 1.175070 | 21.60° | 1.230329 | 24.10° | 1.2961949 |
| 9.20° | 1.037655 | 11.70° | 1.061752 | 14.20° | 1.092554 | 16.70° | 1.130720 | 19.20° | 1.177095 | 21.70° | 1.232749 | 24.20° | 1.299024 |
| 9.30° | 1.038497 | 11.80° | 1.062852 | 14.30° | 1.093934 | 16.80° | 1.132411 | 19.30° | 1.179135 | 21.80° | 1.235186 | 24.30° | 1.301919 |
| 9.40° | 1.039349 | 11.90° | 1.063962 | 14.40° | 1.095326 | 16.90° | 1.134115 | 19.40° | 1.181190 | 21.90° | 1.237640 | 24.40° | 1.304833 |

（续）

| $\beta$ | $\dfrac{\mathrm{inv}\alpha_t}{\mathrm{inv}\alpha_n}$ | $\beta$ | $\dfrac{\mathrm{inv}\alpha_t}{\mathrm{inv}\alpha_n}$ | $\beta$ | $\dfrac{\mathrm{inv}\alpha_t}{\mathrm{inv}\alpha_n}$ | $\beta$ | $\dfrac{\mathrm{inv}\alpha_t}{\mathrm{inv}\alpha_n}$ | $\beta$ | $\dfrac{\mathrm{inv}\alpha_t}{\mathrm{inv}\alpha_n}$ | $\beta$ | $\dfrac{\mathrm{inv}\alpha_t}{\mathrm{inv}\alpha_n}$ | $\beta$ | $\dfrac{\mathrm{inv}\alpha_t}{\mathrm{inv}\alpha_n}$ |
|---|---|---|---|---|---|---|---|---|---|---|---|---|---|
| 24.50° | 1.307767 | 26.90° | 1.384482 | 29.30° | 1.474656 | 31.70° | 1.580669 | 34.10° | 1.705503 | 36.50° | 1.852919 | 38.90° | 2.027684 |
| 24.60° | 1.310721 | 27.00° | 1.387956 | 29.40° | 1.478738 | 31.80° | 1.585471 | 34.20° | 1.711166 | 36.60° | 1.859617 | 39.00° | 2.035644 |
| 24.70° | 1.313695 | 27.10° | 1.391453 | 29.50° | 1.482848 | 31.90° | 1.590306 | 34.30° | 1.716867 | 36.70° | 1.866364 | 39.10° | 2.043663 |
| 24.80° | 1.316690 | 27.20° | 1.394974 | 29.60° | 1.486986 | 32.00° | 1.595175 | 34.40° | 1.722609 | 36.80° | 1.873158 | 39.20° | 2.051740 |
| 24.90° | 1.319704 | 27.30° | 1.398519 | 29.70° | 1.401152 | 32.10° | 1.600076 | 34.50° | 1.728390 | 36.90° | 1.880001 | 39.30° | 2.059876 |
| 25.00° | 1.322740 | 27.40° | 1.402087 | 29.80° | 1.495346 | 32.20° | 1.605012 | 34.60° | 1.734211 | 37.00° | 1.886893 | 39.40° | 2.068073 |
| 25.10° | 1.325795 | 27.50° | 1.405680 | 29.90° | 1.499569 | 32.30° | 1.609981 | 34.70° | 1.740073 | 37.10° | 1.893834 | 39.50° | 2.076329 |
| 25.20° | 1.328872 | 27.60° | 1.409297 | 30.00° | 1.503820 | 32.40° | 1.614984 | 34.80° | 1.745977 | 37.20° | 1.900824 | 39.60° | 2.084647 |
| 25.30° | 1.331970 | 27.70° | 1.412938 | 30.10° | 1.508100 | 32.50° | 1.620021 | 34.90° | 1.751921 | 37.30° | 1.907865 | 39.70° | 2.093026 |
| 25.40° | 1.335088 | 27.80° | 1.416604 | 30.20° | 1.512409 | 32.60° | 1.625093 | 35.00° | 1.757907 | 37.40° | 1.914956 | 39.80° | 2.101467 |
| 25.50° | 1.338228 | 27.90° | 1.420294 | 30.30° | 1.516747 | 32.70° | 1.630200 | 35.10° | 1.763935 | 37.50° | 1.922098 | 39.90° | 2.109970 |
| 25.60° | 1.341389 | 28.00° | 1.424010 | 30.40° | 1.521115 | 32.80° | 1.635342 | 35.20° | 1.770005 | 37.60° | 1.929292 | 40.00° | 2.118537 |
| 25.70° | 1.344571 | 28.10° | 1.427750 | 30.50° | 1.525512 | 32.90° | 1.640519 | 35.30° | 1.776117 | 37.70° | 1.936537 | 40.10° | 2.127167 |
| 25.80° | 1.347775 | 28.20° | 1.431516 | 30.60° | 1.529939 | 33.00° | 1.645732 | 35.40° | 1.782273 | 37.80° | 1.943835 | 40.20° | 2.135862 |
| 25.90° | 1.351001 | 28.30° | 1.435307 | 30.70° | 1.534396 | 33.10° | 1.650980 | 35.50° | 1.788472 | 37.90° | 1.951185 | 40.30° | 2.144621 |
| 26.00° | 1.354249 | 28.40° | 1.439124 | 30.80° | 1.538883 | 33.20° | 1.656265 | 35.60° | 1.794714 | 38.00° | 1.958588 | 40.40° | 2.153445 |
| 26.10° | 1.357518 | 28.50° | 1.442967 | 30.90° | 1.543401 | 33.30° | 1.661587 | 35.70° | 1.801001 | 38.10° | 1.966045 | 40.50° | 2.162335 |
| 26.20° | 1.360810 | 28.60° | 1.446835 | 31.00° | 1.547950 | 33.40° | 1.666945 | 35.80° | 1.807332 | 38.20° | 1.973556 | 40.60° | 2.171292 |
| 26.30° | 1.364124 | 28.70° | 1.450730 | 31.10° | 1.552529 | 33.50° | 1.672340 | 35.90° | 1.813707 | 38.30° | 1.981122 | 40.70° | 2.180316 |
| 26.40° | 1.367460 | 28.80° | 1.454650 | 31.20° | 1.557140 | 33.60° | 1.677772 | 36.00° | 1.820128 | 38.40° | 1.988742 | 40.80° | 2.189408 |
| 26.50° | 1.370819 | 28.90° | 1.458598 | 31.30° | 1.561782 | 33.70° | 1.683242 | 36.10° | 1.826594 | 38.50° | 1.996418 | 40.90° | 2.198567 |
| 26.60° | 1.374200 | 29.00° | 1.462572 | 31.40° | 1.566455 | 33.80° | 1.688750 | 36.20° | 1.833105 | 38.60° | 2.004149 | | |
| 26.70° | 1.377604 | 29.10° | 1.466573 | 31.50° | 1.571161 | 33.90° | 1.694296 | 36.30° | 1.839663 | 38.70° | 2.011937 | | |
| 26.80° | 1.381032 | 29.20° | 1.470601 | 31.60° | 1.575899 | 34.00° | 1.699880 | 36.40° | 1.846268 | 38.80° | 2.019782 | | |

注：对于中间数值的 $\beta$，$\dfrac{\mathrm{inv}\alpha_t}{0.0149}$ 的值用插入法求出。例如，$\beta = 29°50' = 29.83°$，$\dfrac{\mathrm{inv}\alpha_t}{0.0149} = 1.495346 + \dfrac{3}{10} \times (1.499569 - 1.49536) = 1.497703$。

**表 5.2-26　假想齿数 $z'$ 后面小数部分公法线长度 $W_k^*$（$W_{kn}^*$）** （$m_n = m = 1\,\mathrm{mm}$，$\alpha_n = \alpha = 20°$）

（单位：mm）

| $z'$ | 0.00 | 0.01 | 0.02 | 0.03 | 0.04 | 0.05 | 0.06 | 0.07 | 0.08 | 0.09 |
|---|---|---|---|---|---|---|---|---|---|---|
| 0.0 | 0.0000 | 0.0001 | 0.0003 | 0.0004 | 0.0006 | 0.0007 | 0.0008 | 0.0010 | 0.0011 | 0.0013 |
| 0.1 | 0.0014 | 0.0015 | 0.0017 | 0.0018 | 0.0020 | 0.0021 | 0.0022 | 0.0024 | 0.0025 | 0.0027 |
| 0.2 | 0.0028 | 0.0029 | 0.0031 | 0.0032 | 0.0034 | 0.0035 | 0.0036 | 0.0038 | 0.0039 | 0.0041 |
| 0.3 | 0.0042 | 0.0043 | 0.0045 | 0.0046 | 0.0048 | 0.0049 | 0.0051 | 0.0052 | 0.0053 | 0.0055 |
| 0.4 | 0.0056 | 0.0057 | 0.0059 | 0.0060 | 0.0061 | 0.0063 | 0.0064 | 0.0066 | 0.0067 | 0.0069 |
| 0.5 | 0.0070 | 0.0071 | 0.0073 | 0.0074 | 0.0076 | 0.0077 | 0.0079 | 0.0080 | 0.0081 | 0.0083 |
| 0.6 | 0.0084 | 0.0085 | 0.0087 | 0.0088 | 0.0089 | 0.0091 | 0.0092 | 0.0094 | 0.0095 | 0.0097 |
| 0.7 | 0.0098 | 0.0099 | 0.0101 | 0.0101 | 0.0104 | 0.0105 | 0.0106 | 0.0108 | 0.0109 | 0.0111 |
| 0.8 | 0.0112 | 0.0114 | 0.0115 | 0.0116 | 0.0118 | 0.0119 | 0.0120 | 0.0122 | 0.0123 | 0.0124 |
| 0.9 | 0.0128 | 0.0127 | 0.0129 | 0.0132 | 0.0132 | 0.0133 | 0.0135 | 0.0136 | 0.0137 | 0.0139 |

### 表 5.2-27　变位齿轮的公法线长度附加量 $\Delta W^*$ （$\Delta W_n^*$）（$m_n = m = 1\,\text{mm}$、$\alpha_n = \alpha = 20°$）

（单位：mm）

| $x$ | 0.00 | 0.01 | 0.02 | 0.03 | 0.04 | 0.05 | 0.06 | 0.07 | 0.08 | 0.09 |
|---|---|---|---|---|---|---|---|---|---|---|
| 0.0 | 0.0000 | 0.0068 | 0.0137 | 0.0205 | 0.0274 | 0.0342 | 0.0410 | 0.0479 | 0.0547 | 0.0616 |
| 0.1 | 0.0684 | 0.0752 | 0.0821 | 0.0889 | 0.0958 | 0.1026 | 0.1094 | 0.1163 | 0.1231 | 0.1300 |
| 0.2 | 0.1368 | 0.1436 | 0.1505 | 0.1573 | 0.1642 | 0.1710 | 0.1779 | 0.1847 | 0.1915 | 0.1984 |
| 0.3 | 0.2052 | 0.2120 | 0.2189 | 0.2257 | 0.2326 | 0.2394 | 0.2463 | 0.2531 | 0.2599 | 0.2668 |
| 0.4 | 0.2736 | 0.2805 | 0.2873 | 0.2941 | 0.3010 | 0.3078 | 0.3147 | 0.3215 | 0.3283 | 0.3352 |
| 0.5 | 0.3420 | 0.3489 | 0.3557 | 0.3625 | 0.3694 | 0.3762 | 0.3831 | 0.3899 | 0.3967 | 0.4036 |
| 0.6 | 0.4104 | 0.4173 | 0.4210 | 0.4309 | 0.4378 | 0.4446 | 0.4515 | 0.4583 | 0.4651 | 0.4720 |
| 0.7 | 0.4788 | 0.4857 | 0.4925 | 0.4993 | 0.5062 | 0.5130 | 0.5199 | 0.5267 | 0.5336 | 0.5404 |
| 0.8 | 0.5472 | 0.5541 | 0.5609 | 0.5678 | 0.5746 | 0.5814 | 0.5886 | 0.5951 | 0.6020 | 0.6088 |
| 0.9 | 0.6156 | 0.6225 | 0.6293 | 0.6362 | 0.6430 | 0.6498 | 0.6567 | 0.6635 | 0.6704 | 0.6772 |

### 表 5.2-28　标准直齿内齿圆柱齿轮测量圆柱直径 $d_p$ 及圆柱测量距值 $M$　（单位：mm）

| 圆柱直径 $d_p$ | | 测量跨距值 $M$（$\alpha = 20°$、$m = 1\,\text{mm}$、$d_p = 1.44m$） | | | | | | | |
|---|---|---|---|---|---|---|---|---|---|
| 模数 $m$ | $d_p = 1.44m$ | | 齿数 | | | | 齿数 | | |
| | | | 单数 | 双数 | | | 单数 | 双数 | |
| 1 | 1.44 | 13.5801 | 15 | 14 | 12.6627 | 67.6669 | 69 | 68 | 66.6649 |
| 1.25 | 1.80 | 15.5902 | 17 | 16 | 14.6630 | 69.6475 | 71 | 70 | 68.6649 |
| 1.5 | 2.16 | 17.5981 | 19 | 18 | 16.6633 | 71.6480 | 73 | 72 | 70.6649 |
| 1.75 | 2.50 | 19.6045 | 21 | 20 | 18.6635 | 73.6484 | 75 | 74 | 72.6649 |
| 2 | 2.88 | 21.6099 | 23 | 22 | 20.6636 | 75.6489 | 77 | 76 | 74.6649 |
| 2.25 | 3.24 | 23.6143 | 25 | 24 | 22.6638 | 77.6493 | 79 | 78 | 76.6649 |
| 2.5 | 3.60 | 25.6181 | 27 | 26 | 24.6639 | 79.6497 | 81 | 80 | 78.6649 |
| 3 | 4.32 | 27.6214 | 29 | 28 | 26.6640 | 81.6501 | 83 | 82 | 80.6649 |
| 3.5 | 5.04 | 29.6242 | 31 | 30 | 28.6641 | 83.6505 | 85 | 84 | 82.6649 |
| 4 | 5.76 | 31.6267 | 33 | 32 | 30.6642 | 85.6508 | 87 | 86 | 84.6650 |
| 4.5 | 6.48 | 33.6289 | 35 | 34 | 32.6642 | 87.6511 | 89 | 88 | 86.6650 |
| 5 | 7.20 | 35.6310 | 37 | 36 | 34.6643 | 89.6514 | 91 | 90 | 88.6650 |
| 5.5 | 7.92 | 37.6327 | 39 | 38 | 36.6643 | 91.6517 | 93 | 92 | 90.6650 |
| 6 | 8064 | 39.6343 | 41 | 40 | 38.6644 | 93.6520 | 95 | 94 | 92.6650 |
| 7 | 10.08 | 41.6357 | 43 | 42 | 40.6644 | 95.6523 | 97 | 96 | 94.6650 |
| 8 | 11.52 | 43.6371 | 45 | 44 | 42.6645 | 97.6526 | 99 | 98 | 96.6650 |
| 9 | 12.96 | 45.6383 | 47 | 46 | 44.6645 | 99.6328 | 101 | 100 | 98.6650 |
| 10 | 14.40 | 47.6394 | 49 | 48 | 46.6646 | 101.6531 | 103 | 102 | 100.6650 |
| 12 | 17.28 | 49.6404 | 51 | 50 | 48.6646 | 103.6533 | 105 | 104 | 102.6650 |
| 14 | 20.16 | 51.6414 | 53 | 52 | 50.6646 | 105.6535 | 107 | 106 | 104.6650 |
| 16 | 23.04 | 53.6422 | 55 | 54 | 52.6647 | 107.6537 | 109 | 108 | 106.6650 |
| 18 | 25.92 | 55.6431 | 57 | 56 | 54.6647 | 109.6539 | 111 | 110 | 108.6651 |
| 20 | 28.80 | 57.6438 | 59 | 58 | 56.6648 | 111.6541 | 113 | 112 | 110.6651 |
| 22 | 31.68 | 59.6445 | 61 | 60 | 58.6648 | 113.6543 | 115 | 114 | 112.6651 |
| 25 | 36.00 | 61.6452 | 63 | 62 | 60.6648 | 115.6545 | 117 | 116 | 114.6651 |
| 28 | 40.32 | 63.6458 | 65 | 64 | 62.6648 | 117.6547 | 119 | 118 | 116.6651 |
| 30 | 43.20 | 65.6464 | 67 | 66 | 64.6649 | 119.6548 | 121 | 120 | 118.6651 |

表 5.2-29　直齿插齿刀基本参数（摘自 GB/T 6081—2001）

| 插齿刀型式 | $m$/mm | $z_0$ | $d_0$/mm | $d_{a0}$/mm I型 | $d_{a0}$/mm II型 | $h_{a0}^*$ |
|---|---|---|---|---|---|---|
| I 型盘形直齿插齿刀 II 型碗形直齿插齿刀 公称分圆直径为75mm $m$ 为 1~4mm | 1 | 76 | 76 | 78.50 | 78.72 | 1.25 |
| | 1.25 | 60 | 75 | 78.56 | 78.38 | |
| | 1.5 | 50 | 75 | 79.56 | 19.04 | |
| | 1.75 | 43 | 75.25 | 80.67 | 79.99 | |
| | 2 | 38 | 76 | 82.24 | 81.40 | |
| | 2.25 | 34 | 76.5 | 83.48 | 82.56 | |
| | 2.5 | 30 | 75 | 82.34 | 81.76 | |
| | 2.75 | 28 | 77 | 84.92 | 84.42 | |
| | 3 | 25 | 75 | 83.34 | 83.10 | |
| | 3.5 | 22 | 77 | 86.44 | 86.44 | |
| | 4 | 19 | 76 | 86.32 | 86.80 | |
| I 型盘形直齿插齿刀 II 型碗形直齿插齿刀 公称分圆直径为75mm $m$ 为 1~6mm | 1 | 100 | 100 | 102.62 | | 1.25 |
| | 1.25 | 80 | 100 | 103.94 | | |
| | 1.5 | 68 | 102 | 107.14 | | |
| | 1.75 | 58 | 101.5 | 107.62 | | |
| | 2 | 50 | 100 | 107.00 | | |
| | 2.25 | 45 | 101.25 | 109.09 | | |
| | 2.5 | 40 | 100 | 108.36 | | |
| | 2.75 | 36 | 99 | 107.86 | | |
| | 3 | 34 | 102 | 111.54 | | |
| | 3.5 | 29 | 101.5 | 112.08 | | |
| | 4 | 25 | 100 | 111.46 | | |
| | 4.5 | 22 | 99 | 111.78 | | 1.3 |
| | 5 | 20 | 100 | 113.90 | | |
| | 5.5 | 19 | 104.5 | 119.68 | | |
| | 6 | 18 | 108 | 124.56 | | |
| I 型盘形直齿插齿刀 II 型碗形直齿插齿刀 公称分圆直径为75mm $m$ 为 4~8mm | 4 | 31 | 124 | 136.80 | | 1.3 |
| | 4.5 | 28 | 126 | 140.14 | | |
| | 5 | 25 | 125 | 140.20 | | |
| | 5.5 | 23 | 126.5 | 143.00 | | |
| | 6 | 21 | 126 | 143.52 | | |
| | 7 | 18 | 126 | 145.74 | | |
| | 8 | 16 | 128 | 149.92 | | |
| I 型盘形直齿插齿刀 公称分圆直径为 160mm $m$ 为 6~10mm | 6 | 27 | 162 | 178.20 | | 1.25 |
| | 7 | 23 | 161 | 179.90 | | |
| | .8 | 20 | 160 | 181.60 | | |
| | 9 | 18 | 162 | 186.3 | | |
| | 10 | 16 | 160 | 187.00 | | |

| 插齿刀型式 | $m$/mm | $z_0$ | $d_0$/mm | $d_{a0}$/mm | $h_{a0}^*$ |
|---|---|---|---|---|---|
| I 型盘形直齿插齿刀 公称分圆直径为 200mm $m$ 为 8~12mm | 8 | 25 | 200 | 221.60 | 1.25 |
| | 9 | 22 | 198 | 222.30 | |
| | 10 | 20 | 200 | 227.00 | |
| | 11 | 18 | 198 | 227.70 | |
| | 12 | 17 | 204 | 236.40 | |
| II 型碗形直齿插齿刀 公称分圆直径为 50mm $m$ 为 1~3.5mm | 1 | 50 | 50 | 52.72 | 1.25 |
| | 1.25 | 40 | 50 | 53.38 | |
| | 1.5 | 34 | 51 | 55.04 | |
| | 1.75 | 29 | 50.75 | 55.49 | |
| | 2 | 25 | 50 | 55.40 | |
| | 2.25 | 22 | 49.5 | 55.56 | |
| | 2.5 | 20 | 50 | 56.76 | |
| | 2.75 | 18 | 49.5 | 56.92 | |
| | 3 | 17 | 51 | 59.10 | |
| | 3.5 | 14 | 49 | 58.44 | |
| II 型锥柄直齿插齿刀 公称分圆直径为 25mm $m$ 为 1~2.75mm | 1 | 26 | 26 | 28.72 | 1.25 |
| | 1.25 | 20 | 25 | 28.38 | |
| | 1.5 | 18 | 27 | 31.04 | |
| | 1.75 | 15 | 26 | 30.89 | |
| | 2 | 13 | 26 | 31.24 | |
| | 2.25 | 12 | 27 | 32.90 | |
| | 2.5 | 10 | 25 | 31.26 | |
| | 2.75 | 10 | 27 | 34.48 | |
| II 型锥柄直齿插齿刀 公称分圆直径为 38mm $m$ 为 1~3.5mm | 1 | 38 | 38 | 40.72 | 1.25 |
| | 1.25 | 30 | 37.5 | 40.88 | |
| | 1.5 | 25 | 37.5 | 41.54 | |
| | 1.75 | 22 | 38.5 | 43.24 | |
| | 2 | 19 | 38 | 43.40 | |
| | 2.25 | 16 | 36 | 41.98 | |
| | 2.5 | 15 | 37.5 | 44.26 | |
| | 2.75 | 14 | 38.5 | 45.88 | |
| | 3 | 12 | 36 | 43.74 | |
| | 3.5 | 11 | 38.5 | 47.52 | |

### 表 5.2-30　渐开线函数 $inv\alpha_k = tan\alpha_k - \alpha_k$

| $\alpha_k$(°) | 数值前加 | 0′ | 5′ | 10′ | 15′ | 20′ | 25′ | 30′ | 35′ | 40′ | 45′ | 50′ | 55′ |
|---|---|---|---|---|---|---|---|---|---|---|---|---|---|
| 10 | 0.00 | 17941 | 18397 | 18860 | 19332 | 19812 | 20299 | 20795 | 21299 | 21810 | 22330 | 22859 | 23396 |
| 11 | 0.00 | 23941 | 24495 | 25057 | 25628 | 26208 | 26797 | 27394 | 28001 | 28616 | 29241 | 29875 | 30518 |
| 12 | 0.00 | 31171 | 31832 | 32504 | 33185 | 33875 | 34575 | 35285 | 36005 | 36735 | 37474 | 38224 | 38984 |
| 13 | 0.00 | 39754 | 40534 | 41325 | 42126 | 42938 | 43760 | 44593 | 45437 | 46291 | 47157 | 48033 | 48921 |
| 14 | 0.00 | 49819 | 50729 | 51650 | 52582 | 53526 | 54482 | 55448 | 56427 | 57417 | 58420 | 59434 | 60460 |
| 15 | 0.00 | 61498 | 62548 | 63611 | 64686 | 65773 | 66873 | 67985 | 69110 | 70248 | 71398 | 72561 | 73738 |
| 16 | 0.0 | 07493 | 07613 | 07735 | 07857 | 07982 | 08107 | 08234 | 08360 | 08492 | 08623 | 08756 | 08889 |
| 17 | 0.0 | 09025 | 09161 | 09299 | 09439 | 09580 | 09722 | 09866 | 10012 | 10158 | 10307 | 10456 | 10608 |
| 18 | 0.0 | 10760 | 10915 | 11071 | 11228 | 11387 | 11547 | 11709 | 11873 | 12038 | 12205 | 12373 | 12543 |
| 19 | 0.0 | 12715 | 12888 | 13063 | 13240 | 13418 | 13598 | 13779 | 13963 | 14148 | 14334 | 14523 | 14713 |
| 20 | 0.0 | 14904 | 15098 | 15293 | 15490 | 15689 | 15890 | 16092 | 16296 | 16502 | 16710 | 16920 | 17132 |
| 21 | 0.0 | 17345 | 17560 | 17777 | 17996 | 18217 | 18440 | 18665 | 18891 | 19120 | 19350 | 19583 | 19817 |
| 22 | 0.0 | 20054 | 20292 | 20533 | 20775 | 21019 | 21266 | 21514 | 21765 | 22018 | 22272 | 22529 | 22788 |
| 23 | 0.0 | 23049 | 13312 | 23577 | 23845 | 24114 | 24386 | 24660 | 24936 | 25214 | 25495 | 25778 | 26062 |
| 24 | 0.0 | 26350 | 16639 | 26931 | 27225 | 27521 | 27820 | 28121 | 28424 | 28729 | 29037 | 29348 | 29660 |
| 25 | 0.0 | 29975 | 30293 | 30613 | 30935 | 31260 | 31587 | 31917 | 32249 | 32583 | 32920 | 33260 | 33602 |
| 26 | 0.0 | 33947 | 34294 | 34644 | 34997 | 35352 | 35709 | 36069 | 36432 | 36798 | 37166 | 37537 | 37910 |
| 27 | 0.0 | 38287 | 38666 | 39047 | 39432 | 39819 | 40209 | 40602 | 40997 | 41395 | 41797 | 42201 | 42607 |
| 28 | 0.0 | 43017 | 43430 | 43845 | 44264 | 44685 | 45110 | 45537 | 45967 | 46400 | 46837 | 47276 | 47718 |
| 29 | 0.0 | 48164 | 48612 | 49064 | 49518 | 49976 | 50437 | 50901 | 51368 | 51838 | 52312 | 52788 | 53268 |
| 30 | 0.0 | 53751 | 54238 | 54728 | 55221 | 55717 | 56217 | 56720 | 57226 | 57736 | 58249 | 58765 | 59285 |
| 31 | 0.0 | 59809 | 60336 | 60866 | 61400 | 61937 | 62478 | 63022 | 63570 | 46122 | 64677 | 65236 | 65799 |
| 32 | 0.0 | 66364 | 66934 | 67507 | 68084 | 68665 | 69250 | 69838 | 70430 | 71026 | 71626 | 72230 | 72838 |
| 33 | 0.0 | 73449 | 74064 | 74684 | 75307 | 75934 | 76565 | 77200 | 77839 | 78483 | 79130 | 79781 | 80437 |
| 34 | 0.0 | 81097 | 81760 | 82428 | 83100 | 83777 | 84457 | 85142 | 85832 | 86525 | 87223 | 87925 | 88631 |
| 35 | 0.0 | 89342 | 90058 | 90777 | 91502 | 92230 | 92963 | 93701 | 94443 | 95190 | 95942 | 96698 | 97459 |
| 36 | 0. | 09822 | 09899 | 09977 | 10055 | 10133 | 10212 | 10292 | 10371 | 10452 | 10533 | 10614 | 10696 |
| 37 | 0. | 10778 | 10861 | 10944 | 11028 | 11113 | 11197 | 11283 | 11369 | 11455 | 11542 | 11630 | 11718 |
| 38 | 0. | 11806 | 11895 | 11985 | 12075 | 12165 | 12257 | 12348 | 12441 | 12534 | 12627 | 12721 | 12815 |
| 39 | 0. | 12911 | 13006 | 13102 | 13199 | 13297 | 13395 | 13493 | 13592 | 13692 | 13792 | 13893 | 13995 |
| 40 | 0. | 14097 | 14200 | 14303 | 14407 | 14511 | 14616 | 14722 | 14829 | 14936 | 15043 | 15152 | 15261 |
| 41 | 0. | 15370 | 15480 | 15591 | 15703 | 15815 | 15928 | 16041 | 16156 | 16270 | 16386 | 16502 | 16619 |
| 42 | 0. | 16737 | 16855 | 16974 | 17093 | 17214 | 17336 | 17457 | 17579 | 17702 | 17826 | 17951 | 18076 |
| 43 | 0. | 18202 | 18329 | 18457 | 18585 | 18714 | 18844 | 18975 | 19106 | 19238 | 19371 | 19505 | 19639 |
| 44 | 0. | 19774 | 19910 | 20047 | 21085 | 20323 | 20463 | 20603 | 20743 | 20885 | 21028 | 21171 | 21315 |
| 45 | 0. | 21460 | 21606 | 21753 | 21900 | 22049 | 22198 | 22348 | 22499 | 22651 | 22804 | 22958 | 23112 |
| 46 | 0. | 23268 | 23424 | 23582 | 23740 | 23899 | 24059 | 24220 | 24382 | 24545 | 24709 | 24874 | 25040 |
| 47 | 0. | 25206 | 25374 | 25543 | 25713 | 25883 | 26055 | 26228 | 26401 | 26576 | 26752 | 26929 | 27107 |
| 48 | 0. | 27285 | 27465 | 27646 | 27828 | 28012 | 28196 | 28381 | 28567 | 28755 | 28943 | 29133 | 29324 |
| 49 | 0. | 29516 | 29709 | 29903 | 30098 | 30295 | 30492 | 30691 | 30891 | 31092 | 31295 | 21498 | 31703 |
| 50 | 0. | 31909 | 32116 | 32324 | 32534 | 32745 | 32957 | 33171 | 33385 | 33601 | 33818 | 34037 | 34257 |
| 51 | 0. | 34478 | 34700 | 34924 | 35149 | 35376 | 35604 | 35833 | 36063 | 36295 | 36529 | 36763 | 36999 |
| 52 | 0. | 37237 | 37476 | 37716 | 37958 | 38202 | 38446 | 38693 | 38941 | 39190 | 39441 | 39693 | 39947 |
| 53 | 0. | 40202 | 40459 | 40717 | 40977 | 41239 | 41502 | 41767 | 42034 | 42302 | 42571 | 42843 | 43116 |
| 54 | 0. | 43390 | 43667 | 43945 | 44225 | 44506 | 44789 | 45071 | 45361 | 45650 | 45940 | 46232 | 46526 |
| 55 | 0. | 46822 | 47119 | 47419 | 47720 | 48023 | 48328 | 48635 | 48944 | 49255 | 49568 | 49882 | 50199 |
| 56 | 0. | 50518 | 50838 | 51161 | 51486 | 51813 | 52141 | 52471 | 52805 | 53141 | 53478 | 53817 | 54159 |
| 57 | 0. | 54503 | 54849 | 55197 | 55547 | 55900 | 56255 | 56612 | 56972 | 57333 | 57698 | 58064 | 58433 |
| 58 | 0. | 58804 | 59178 | 59554 | 59933 | 60314 | 60697 | 61083 | 61472 | 61863 | 62257 | 62653 | 63052 |
| 59 | 0. | 63454 | 63858 | 64265 | 64674 | 65086 | 65501 | 65919 | 66340 | 66763 | 67189 | 67618 | 68050 |

**【例 1】** $\text{inv}27°15' = 0.039432$，则

$\text{inv}27°17' = 0.039432 + \dfrac{2}{5} \times 0.000387 = 0.039432 + 0.000155 = 0.039587$。

**【例 2】** $\text{inv}\alpha = 0.0060460$，由表求得 $\alpha_k = 14°55'$。

# 4　渐开线圆柱齿轮传动的设计计算

　　一般情况下设计齿轮传动时已知的条件包括传递的功率 $P$ 或转矩 $T$、转速 $n$、传动比 $i$、预定的寿命、原动机及工作机的载荷特性、结构要求及外形尺寸限制等。

　　设计开始时，往往不知道齿轮的尺寸和参数，无法准确定出某些系数的数值，因而不能进行精确的计算。所以通常需要先初步选择某些参数，按简化计算方法初步确定出主要尺寸，然后再进行精确的校核计算。当主要参数和几何尺寸都已经合适之后，再进行齿轮的结构设计，并绘制零件工作图。

　　本节介绍的计算方法，包括齿面接触疲劳强度、齿根弯曲疲劳强度设计和胶合计算。适用于基本齿廓（$\alpha_P = 20°$、$h_{ap} = 1m$、$c_P = 0.25m$、$\rho_{fp} = 0.38m$）、端面重合度 $\varepsilon_\alpha = 1 \sim 2.5$ 的渐开线圆柱外啮合或内啮合直齿、斜齿齿轮传动。

## 4.1　圆柱齿轮传动的作用力计算（表 5.2-31）

**表 5.2-31　圆柱齿轮传动的作用力计算公式**

| 作用力 | 单位 | 计算公式 | |
|---|---|---|---|
| | | 直齿轮 | 斜齿（人字齿）轮 |
| 分度圆上的圆周力 $F_t$ | N | \multicolumn{2}{c}{$F_t = \dfrac{2000T}{d}$} | |
| 节圆上的圆周力 $F_t'$ | N | \multicolumn{2}{c}{$F_t' = \dfrac{2000T}{d'}$} | |
| 径向力 $F_r'$ | N | $F_r' = F_t'\tan\alpha'$ | $F_r' = F_t'\dfrac{\tan\alpha_n'}{\cos\beta}$ |
| 轴向力 $F_x'$ | N | | $F_x' = F_t'\tan\beta$ （人字齿轮 $F_x = 0$） |
| 转矩 $T$ | N·m | \multicolumn{2}{c}{$T = \dfrac{1000P}{\omega} = \dfrac{9549P}{n}$} | |
| 说明 | \multicolumn{3}{l}{$P$——齿轮传递的功率（kW）　$\omega$——齿轮的角速度（rad/s），$\omega = \dfrac{\pi n}{30}$　$n$——齿轮的转速（r/min）　$d$、$d'$——齿轮的分度圆直径和节圆直径（mm）} | | |

注：计算齿轮的强度时应使用 $F_t$；计算轴和轴承时应使用 $F_t'$、$F_r'$、$F_x'$。

## 4.2　主要参数的选择

**1. 齿数比 $u$**

　　齿数比 $u = \dfrac{z_2}{z_1}$。对于一般减速传动，取 $u$ 为 $6 \sim 8$。开式传动或手动传动，有时 $u$ 可达 $8 \sim 12$。

**2. 齿数 $z$**

　　当中心距一定时，齿数取多，则重合度 $\varepsilon$ 增大，可改善传动的平稳性。同时，齿数多，则模数小、齿顶圆直径小，可使滑动比减小，因此磨损小、胶合的危险性也小；而且还能减少金属切削量，节省材料，降低加工成本。但是模数减小，齿轮的弯曲强度降低。因此，在满足弯曲强度的条件下，宜取较多的齿数。

　　通常取 $z_1 \geqslant 18 \sim 30$。闭式传动，硬度 $\leqslant 350\text{HBW}$，过载不大，宜取较大值；硬度 $> 350\text{HBW}$，过载大，宜取较小值；开式传动，宜取较小值。对载荷平稳、不重要的手动机构，甚至可取到 $10 \sim 12$。而对于高速胶合危险性大的传动，荐用 $z_1 \geqslant 25$。一般减速器中常取 $z_1 + z_2$ 为 $100 \sim 200$。

**3. 模数 $m$**

　　在减速器中，通常取 $m = (0.0007 \sim 0.02)a$。载荷平稳、中心距 $a$ 大及软齿面取较小值；冲击载荷或过载大、中心距 $a$ 小及硬齿面取较大值。

　　对于开式齿轮传动，$m \approx 0.02a$。传递动力的传动模数 $m$ 应 $\geqslant 2\text{mm}$。

　　根据上述经验公式估算出模数 $m$ 后，还需取为标准值，见表 5.2-2。

**4. 螺旋角 $\beta$**

　　$\beta$ 角太小，将失去斜齿轮的优点。但 $\beta$ 太大，将会引起很大的轴向力。一般取 $\beta$ 为 $8° \sim 15°$，常用的是 $8° \sim 12°$。人字齿轮一般取 $\beta$ 为 $25° \sim 40°$，常用的为稍大于 $30°$。

**5. 齿宽系数 $\phi$**

　　齿宽系数取大些，可使中心距及直径 $d$ 减小。但齿宽越大，载荷沿齿宽分布不均匀的现象越严重。

　　齿宽系数常表示为

$$\phi_a = \frac{b}{a}、\phi_d = \frac{b}{d_1}、\phi_m = \frac{b}{m}。$$

　　一般 $\phi_a$ 为 $0.1 \sim 1.2$，闭式传动常取 $\phi_a$ 为 $0.3 \sim 0.6$，通用减速器常取 $\phi_a = 0.4$。变速器中换挡齿轮常用 $\phi_a$ 为 $0.12 \sim 0.15$。开式传动常用 $\phi_a$ 为 $0.1 \sim 0.3$。在设计标准减速器时，$\phi_a$ 要符合标准中规定的数值，其值为 $0.2$、$0.25$、$0.3$、$0.35$、$0.4$、$0.45$、$0.5$、$0.6$。

　　$\phi_d = 0.5(i \pm 1)\phi_a$，一般 $\phi_d$ 为 $0.2 \sim 2.4$。对闭式

传动：当硬度 <350HBW，齿轮对称轴承布置并靠近轴承时，$\phi_d$ 取 0.8 ~ 1.4；齿轮不对称轴承或悬臂布置、结构刚度较大时，$\phi_d$ 取 0.6 ~ 1.2，结构刚性较小时，$\phi_d$ 取 0.4 ~ 0.9。当硬度大于 350HBW 时，$\phi_d$ 的数值应降低一半。对开式齿轮传动，$\phi_d$ 取 0.3 ~ 0.5。

$\phi_m = 0.5(i \pm 1)\phi_a z_1 = \phi_d z_1$，一般 $\phi_m$ 取 8 ~ 25。当加工和安装精度高时，可取大些；对开式齿轮传动可取 $\phi_m$ 为 8 ~ 15；对重载低速齿轮传动，可取 $\phi_m$ 为 20 ~ 25。

## 4.3　主要尺寸的初步确定

齿轮传动的主要尺寸（中心距 $a$、或小齿轮分度圆直径 $d_1$、或模数 $m$）可按下述方法之一初步确定。

1）参照已有的工作条件相同或类似的齿轮传动，用类比方法初步确定主要尺寸。

2）根据齿轮传动在设备上的安装、结构要求，例如中心距、中心高以及外廓尺寸等要求，定出主要尺寸。

3）根据表 5.2-32 的简化计算公式确定主要尺寸。

### 表 5.2-32　圆柱齿轮传动简化设计计算公式

| 齿轮类型 | 接触强度 | 弯曲强度 |
|---|---|---|
| 直齿轮 | $a \geqslant 483(u \pm 1)\sqrt[3]{\dfrac{KT_1}{\phi_a \delta_{HP}^2 u}}$　　$d_1 \geqslant 766\sqrt[3]{\dfrac{KT_1}{\phi_d \sigma_{HP}^2}\cdot\dfrac{u \pm 1}{u}}$ | $m \geqslant 12.6\sqrt[3]{\dfrac{KT_1}{\phi_m z_1 \sigma_{FP}}}$ |
| 斜齿轮 | $a \geqslant 476(u \pm 1)\sqrt[3]{\dfrac{KT_1}{\phi_d \sigma_{HP}^2 u}}$　　$d_1 \geqslant 756\sqrt[3]{\dfrac{KT_1}{\phi_d \sigma_{HP}^2}\cdot\dfrac{u \pm 1}{u}}$ | $m_n \geqslant 12.4\sqrt[3]{\dfrac{KT_1 Y_{FS}}{\phi_m z_1 \sigma_{FP}}}$ |
| 人字齿轮 | $a \geqslant 477(u \pm 1)\sqrt[3]{\dfrac{KT_1}{\phi_a \sigma_{HP}^2 u}}$　　$d_1 \geqslant 709\sqrt[3]{\dfrac{KT_1}{\phi_d \sigma_{HP}^2}\cdot\dfrac{u \pm 1}{u}}$ | $m_n \geqslant 11.5\sqrt[3]{\dfrac{KT_1 Y_{FS}}{\phi_m z_1 \sigma_{FP}}}$ |

说明：

$a$——中心距（mm）

$d_1$——小齿轮的分度圆直径（mm）

$m$、$m_n$——端面模数及法向模数（mm）

$z_1$——小齿轮的齿数

$\phi_a$、$\phi_d$、$\phi_m$——齿宽系数，见 4.2 节

$u$——齿数比，$u = z_2/z_1$

$Y_{FS}$——复合齿形系数，按图 5.2-28 及图 5.2-29 确定

$\sigma_{HP}$——许用接触应力（MPa），简化计算中，近似取 $\sigma_{HP} \approx \sigma_{H\lim}/S_{H\min}$，

$\sigma_{H\lim}$——试验齿轮的接触疲劳强度（MPa），按图 5.2-22 查取，

$S_{H\min}$——接触强度计算的最小安全系数，可取 $S_{H\min} \geqslant 1.1$，

$\sigma_{FP}$——许用抗弯应力（MPa），简化计算中可近似取 $\sigma_{FP} \approx \sigma_{FE}/S_{F\min}$，

$\sigma_{FE}$——齿轮材料的抗弯疲劳强度基本值，按图 5.2-33 查取，

$S_{F\min}$——弯曲强度计算的最小安全系数，可取 $S_{F\min} \geqslant 1.4$，

$T_1$——小齿轮传递的额定转矩（N·m）

$K$——载荷系数，若原动机采用电动机或汽轮机、燃汽轮机，一般可取 $K$ 为 1.2 ~ 2，当载荷平稳、精度较高、速度较低、齿轮对称轴承布置时，应取较小值；对直齿轮应取较大值；若原动机采用多缸内燃机，应将 $K$ 值加大约 1.2 倍

注：1. 各式内 $(u \pm 1)$ 项中，"+"号用于外啮合传动，"-"号用于内啮合传动。

2. 接触强度计算公式中的 $\sigma_{HP}$ 应代入 $\sigma_{HP1}$ 及 $\sigma_{HP2}$ 中的小值；弯曲强度计算公式中的 $\dfrac{Y_{FS}}{\sigma_{FP}}$ 应代入 $\dfrac{Y_{FS1}}{\sigma_{FP1}}$ 及 $\dfrac{Y_{FS2}}{\sigma_{FP2}}$ 中的大值

利用简化计算公式确定尺寸时，对闭式齿轮传动，若两齿轮或两齿轮之一为软齿面（齿面硬度≤350HBW），可只按接触强度的计算公式确定尺寸；若两齿轮均为硬齿面（齿面硬度＞350HBW），则应同时按接触强度及弯曲强度的计算公式确定尺寸，并取其中的大值。对开式齿轮传动，可只按弯曲强度的计算公式确定模数 $m$，并应将求得的 $m$ 值加大 10%～20%，以考虑磨损的影响。

表 5.2-32 中的接触强度计算公式适用于钢制齿轮。对于钢对铸铁、铸铁对铸铁的齿轮传动，应将求

得的 $a$ 或 $d_1$ 分别乘以 0.9 及 0.83。

根据简化计算定出主要尺寸之后，对重要的传动还应进行校核计算，并根据校核计算的结果重新调整初定尺寸。对低速不重要的传动，可不必进行强度校核计算。

## 4.4　齿面接触疲劳强度与齿根抗弯疲劳强度校核计算

### 4.4.1　计算公式（表5.2-33）

**表 5.2-33　圆柱齿轮传动齿面接触疲劳强度与齿根抗弯疲劳强度校核计算公式**

| 项目 | 单位 | 齿面接触疲劳强度 | 齿根抗弯疲劳强度 |
|---|---|---|---|
| 强度条件 | — | $\sigma_H \leqslant \sigma_{HP}$ 或 $S_H \geqslant S_{H\min}$ | $\sigma_F \leqslant \sigma_{FP}$ 或 $S_F \geqslant S_{F\min}$ |
| 计算应力 | MPa | $\sigma_H = Z_H Z_E Z_{e\beta}\sqrt{\dfrac{F_t}{bd_1}\dfrac{u\pm1}{u}K_A K_v K_{H\beta}K_{H\alpha}}$ | $\sigma_F = \dfrac{F_t}{bm_n}K_A K_v K_{F\beta}K_{F\alpha}Y_{FS}Y_{e\beta}$ |
| 许用应力 | MPa | $\sigma_{HP} = \dfrac{\sigma_{H\lim}Z_N Z_{LVR}Z_W Z_X}{S_{H\min}}$ | $\sigma_{FP} = \dfrac{\sigma_{FE}Y_N Y_{\sigma relT}Y_{RrelT}Y_X}{S_{F\min}}$ |
| 安全系数 | — | $S_H = \dfrac{\sigma_{H\lim}Z_N Z_{LVR}Z_W Z_X}{S_{H\min}}$ | $S_F = \dfrac{\sigma_{FE}Y_N Y_{\sigma relT}Y_{RrelT}Y_X}{\sigma_F}$ |
| 说明 | | $m_n$——法向模数（mm）<br>$b$——齿宽（人字齿轮为两半齿圈宽度之和）（mm）<br>$d_1$——小齿轮分度圆直径（mm）<br>$F_t$——分度圆上的圆周力（N），见表5.2-31<br>$K_A$——使用系数，见表5.2-35<br>$K_v$——动载系数，见式（5.2-12）<br>$K_{H\beta}$、$K_{F\beta}$——齿向载荷分布系数，见式（5.2-13）<br>$K_{H\alpha}$、$K_{F\alpha}$——齿间载荷分配系数，见表5.2-39<br>$\sigma_H$——计算接触应力（MPa）<br>$Z_E$——材料弹性系数$\sqrt{MPa}$，见表5.2-40<br>$Z_H$——节点区域系数，见图5.2-20<br>$Z_{e\beta}$——接触强度计算的重合度与螺旋角系数，见图5.2-21<br>$\sigma_{HP}$——许用接触应力（MPa）<br>$Z_N$——接触强度计算的寿命系数，见图5.2-23<br>$Z_{LVR}$——润滑油膜影响系数，见图5.2-24及图5.2-25<br>$Z_W$——工作硬化系数，见图5.2-26<br>$Z_X$——接触强度计算的尺寸系数，见图5.2-27<br>$S_{H\lim}$——接触强度最小安全系数，见式（5.2-19）<br>$\sigma_F$——计算弯曲应力（MPa）<br>$Y_{FS}$——复合齿形系数，见图5.2-28及图5.2-29<br>$Y_{e\beta}$——弯曲强度计算的重合度与螺旋角系数，见图5.2-32<br>$\sigma_{FP}$——许用抗弯应力（MPa）<br>$\sigma_{FE}$——齿轮材料的抗弯疲劳强度基本值（MPa），见图5.2-33<br>$Y_N$——弯曲强度计算的寿命系数，见图5.2-34<br>$Y_{\sigma relT}$——相对齿根圆敏感性系数，见表5.2-41<br>$Y_{RrelT}$——相对表面状况系数，见式（5.2-24）～式（5.2-26）<br>$Y_X$——弯曲强度计算的尺寸系数，见图5.2-35<br>$S_{F\min}$——弯曲强度最小安全系数，见式（5.2-20） | |

注：1. 接触强度应按两齿轮中 $\sigma_{HP}$ 的小值进行计算。
　　2. 弯曲强度应按大小齿轮分别进行计算。

### 4.4.2　计算中有关数据及各系数的确定

#### 1. 分度圆上的圆周力 $F_t$

分度圆上的圆周力 $F_t$ 是作用于端面内并切于分度圆的名义切向力。一般可按齿轮传递的额定转矩（或功率）由表 5.2-31 所列的公式进行计算。在这种情况下，应考虑非稳定载荷用使用系数 $K_A$。

如果通过测定或分析计算，已经确定了齿轮传动的载荷图谱，则应按当量转矩（或当量功率）计算分度圆上的圆周力 $F_t$，这时应取 $K_A = 1$。

当量载荷（当量转矩 $T_{ea}$）可按如下方法确定。

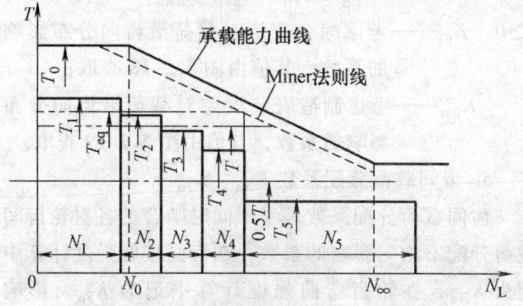

**图5.2-17　承载能力曲线与载荷图谱**

图 5.2-17 所示为对数坐标的某齿轮的承载能力曲线与整个工作寿命的载荷图谱，图中 $T_1$、$T_2$、$T_3$……为经整理后的实测的各级载荷；$N_1$、$N_2$、$N_3$……为与 $T_1$、$T_2$、$T_3$…… 相对应的应力循环次数。小于名义载荷 $T$ 的 50% 的载荷（如图 5.2-17 中的 $T_5$），认为对齿轮的疲劳损伤不起作用，故略去不计，则当量循环次数 $N_{Leq}$ 为

$$N_{Leq} = N_1 + N_2 + N_3 + N_4 \qquad (5.2-8)$$
$$N_i = 60 n_i k h_i \qquad (5.2-9)$$

式中　$N_i$——第 $i$ 级载荷应力循环次数；

$n_i$——第 $i$ 级载荷作用下齿轮的转速（r/min）；

$k$——齿轮每转一周同侧齿面的接触次数；

$h_i$——在 $i$ 级载荷作用下齿轮的工作时间（h）。

根据 Miner 法则（疲劳累积假说），此时的当量载荷为

$$T_{eq} = \left( \frac{N_1 T_1^p + N_2 T_2^p + N_3 T_3^p + N_4 T_4^p}{N_{Leq}} \right)^{1/p}$$
$$(5.2-10)$$

材料的试验指数 $p$ 为

$$p = \frac{\lg N_\infty / N_0}{\lg T_0 / T_\infty} \qquad (5.2-11)$$

常用齿轮材料的特性数 $N_0$、$N_\infty$ 及 $p$ 值见表 5.2-34。

当计算 $T_{eq}$ 时，若 $N_{Leq} < N_0$（材料疲劳破坏最少应力循环次数）时，取 $N_{Leq} = N_0$；当 $N_{Leq} > N_\infty$ 时，取 $N_{Leq} = N_\infty$。

**表 5.2-34　常用齿轮材料的特性数**

| 计算方法 | 齿轮的材料 | $N_0$ | $N_\infty$ | $p$ |
|---|---|---|---|---|
| 接触强度（疲劳点蚀） | 调质钢、球墨铸铁、珠光体可锻铸铁、表面硬化钢 | $10^5$ | $5 \times 10^7$ | 6.6 |
| | 调质钢、球墨铸铁、珠光体可锻铸跌、表面硬化钢（允许有一定量点蚀） | $10^5$ | $9 \times \times 0^7$ | 7.89 |
| | 调质钢或渗氮钢经气体渗氮，灰铸铁 | $10^5$ | $2 \times 10^6$ | 5.7 |
| | 调质钢经液体氮化 | $10^5$ | $2 \times 10^6$ | 15.7 |
| 弯曲强度 | 结构钢，调质钢，球墨铸铁 | $10^4$ | $3 \times 10^6$ | 6.25 |
| | 渗碳淬火钢，表面淬火钢 | $10^3$ | $3 \times 10^6$ | 8.7 |
| | 调质钢或渗氮钢经气体渗氮，灰铸铁 | $10^3$ | $3 \times 10^6$ | 17 |
| | 调质钢经液体氮化 | $10^3$ | $3 \times 10^6$ | 83 |

#### 2. 使用系数 $K_A$

$K_A$ 是考虑由于原动机和工作机械的载荷变动、冲击、过载等对齿轮产生的外部附加动载荷的系数。$K_A$ 与原动机和工作机械的特性、质量比、联轴器的类型以及运行状态等有关。如有可能，$K_A$ 应通过精确测量或对系统进行分析来确定。一般当按额定载荷计算齿轮时，可参考表 5.2-35 选取 $K_A$ 值；当已知载荷图谱，按当量载荷计算齿轮时，应取 $K_A = 1$。

**表 5.2-35　使用系数 $K_A$**

| 原动机工作特性 | 工作机工作特性 | | | |
|---|---|---|---|---|
| | 均匀平稳 | 轻微振动 | 中等振动 | 强烈振动 |
| 均匀平稳 | 1.00 | 1.25 | 1.50 | 1.75 |
| 轻微振动 | 1.10 | 1.35 | 1.60 | 1.85 |
| 中等振动 | 1.25 | 1.50 | 1.75 | 2.0 |
| 强烈振动 | 1.50 | 1.75 | 2.0 | 2.25 |

注：1. 表中数值仅适用于在非共振速度区运转的齿轮装置。对于重载运转、起动力矩大、间歇运行以及有反复振动载荷等情况，就需要校核静强度和有限寿命强度。

2. 对于增速传动、根据经验建议取表值的 1.1 倍。

3. 当外部机械与齿轮装置之间有挠性连接时，通常 $K_A$ 值可适当减小。

表 5.2-35 中原动机的工作特性可参考表 5.2-36；工作机的工作特性可参考表 5.2-37。

**表 5.2-36　原动机工作特性示例**

| 工作特性 | 原　动　机 |
|---|---|
| 均匀平稳 | 电动机（例如直流电动机）、均匀运转的蒸汽轮机、燃汽轮机（功率小的，起动力矩很小） |
| 轻微振动 | 蒸汽轮机、燃汽轮机、液压马达、电动机（功率较大，经常出现较大的起动力矩） |
| 中等振动 | 多缸内燃机 |
| 强烈振动 | 单缸内燃机 |

**表 5.2-37　工作机工作特性示例**

| 工作特性 | 工作机 |
|---|---|
| 均匀平稳 | 发电机,均匀传送的带式运输机或板式运输机、螺旋运输机、轻型升降机、包装机、机床进给传动、通风机、轻型离心机、离心泵、轻质液态物质或均匀密度材料搅拌器、剪切机、冲压机①、车床、行走机构② |
| 轻微振动 | 不均匀传动(如包装件)的带运输机或板式运输机、机床主传动、重型升降机、起重机旋转机构、工业或矿用通风机、重型离心分离器、离心泵、粘稠液体或变密度材料搅拌机、多缸活塞泵、给水泵、普通挤版机、压光机、转炉、轧机(连续锌条、铝条以及线材和棒料轧机)③ |
| 中等振动 | 橡胶挤压机、橡胶和塑料搅拌机、球磨机(轻型)③,④、木工机械(锯片、木床车)、钢坯初轧机③,④、提升机构、单缸活塞泵 |
| 强烈振动 | 挖掘机(铲斗传动装置、多斗传动装置、筛分传动装置、动力铲)、球磨机(重型)、橡胶搓揉机、破碎机(石块、矿石)、冶金机械、重型给水泵、旋转式钻机、压砖机、去皮机卷筒、落砂机、带材料轧机③,⑤、压砖机、碾碎机 |

① 额定转矩＝最大切削、压制、冲压转矩。
② 额定转矩＝最大起动转矩。
③ 额定转矩＝最大轧制转矩。
④ 用电流控制转矩限制器。
⑤ 由于轧制带材经常开裂,可提高 $K_A$ 至 2.0。

3. 动载系数 $K_v$

$K_v$ 是考虑齿轮传动在啮合过程中,大、小齿轮啮合振动所产生的内部附加动载荷影响的系数。影响 $K_v$ 的主要因素有:基节偏差、齿形误差、圆周速度、大小齿轮的质量、轮齿的啮合刚度及其在啮合过程中的变化、载荷、轴及轴承的刚度、轮齿系统的阻尼特性等。

$K_v$ 值可按下式计算确定

$$K_v = 1 + \left[\frac{K_1}{\frac{K_A F_t}{b}} + K_2\right]\frac{z_1 v}{100}\sqrt{\frac{u^2}{1+u^2}} \quad (5.2\text{-}12)$$

式中的系数 $K_1$ 和 $K_2$ 由表 5.2-38 查取。

**表 5.2-38　系数 $K_1$、$K_2$**

| 齿轮种类 | $K_1$ | | | | | $K_2$ |
|---|---|---|---|---|---|---|
| | 齿轮Ⅱ组精度 | | | | | 各种精度等级 |
| | 5 | 6 | 7 | 8 | 9 | |
| 直齿轮 | 7.51 | 14.94 | 26.81 | 39.07 | 52.85 | 0.0193 |
| 斜齿轮 | 6.68 | 13.30 | 23.87 | 34.79 | 47.06 | 0.0087 |

式 (5.2-12) 不适用于在共振区工作的齿轮。对于可能发生共振的高速齿轮传动,$K_v$ 的确定可参考 GB/T 3480—1997《渐开线圆柱齿轮承载能力计算方法》。

4. 齿向载荷分布系数 $K_{H\beta}$、$K_{F\beta}$

齿向载荷分布系数是考虑沿齿向载荷分布不均匀影响的系数,在接触强度计算中记为 $K_{H\beta}$,在弯曲强度计算中记为 $K_{F\beta}$。本手册取 $K_{F\beta} = K_{H\beta}$(这样取值偏于安全)。影响 $K_{H\beta}$、$K_{F\beta}$ 的主要因素有:轮齿、轴系及箱体的刚度、齿宽系数、齿向误差、轴心线平行度、载荷、磨合情况及齿向修形等。齿向载荷分布系数是影响齿轮承载能力的重要因素,应通过改善结构、改进工艺等措施使载荷沿齿向分布均匀,以降低它的影响。如果通过测量和检查能够确切掌握轮齿的接触情况,并进行相应的修形(如螺旋角修形、鼓形修形等),可取 $K_{H\beta} = K_{F\beta} = 1$。如果对齿轮的结构作特殊处理或经过仔细磨合,若使载荷沿齿向均匀分布,也可取 $K_{H\beta} = K_{F\beta} = 1$。

$K_{H\beta}$、$K_{F\beta}$ 的值可按式 (5.2-13) 计算确定。

$$K_{H\beta} = K_{F\beta} = K_{\beta s} + K_{\beta M} \quad (5.2\text{-}13)$$

式中　$K_{\beta s}$——考虑综合变形对载荷沿齿向分布影响的系数,其值由图 5.2-18 查取;

$K_{\beta M}$——考虑制造安装误差对载荷沿齿向分布影响的系数,其值由图 5.2-19 查取。

5. 齿间载荷分配系数 $K_{H\alpha}$、$K_{F\alpha}$

齿间载荷分配系数是考虑同时啮合的各对轮齿间载荷分配不均匀影响的系数,在齿面接触强度计算中记为 $K_{H\alpha}$,在轮齿弯曲强度计算中记为 $K_{F\alpha}$。影响 $K_{H\alpha}$ 和 $K_{F\alpha}$ 的主要因素有:轮齿啮合刚度、基节偏差、重合度、载荷、磨合情况等。

$K_{H\alpha}$ 和 $K_{F\alpha}$ 可由表 5.2-39 查取。

**表 5.2-39　齿间载荷分配系数 $K_{H\alpha}$ 和 $K_{F\alpha}$**

| $K_A F_t/b$ | | ≥100(N/mm) | | | | | <100(N/mm) |
|---|---|---|---|---|---|---|---|
| 精度等级Ⅱ组 | | 5 | 6 | 7 | 8 | 9 | 5 级以下 |
| 经表面硬化的直齿轮 | $K_{H\alpha}$ | 1.0 | | 1.1 | 1.2 | | $1/Z_\varepsilon^2 \geq 1.2$ |
| | $K_{F\alpha}$ | | | | | | $1/Y_\varepsilon \geq 1.2$ |
| 经表面硬化的斜齿轮 | $K_{H\alpha}$ | 1.0 | 1.1② | 1.2 | 1.4 | | $\varepsilon_\alpha/\cos^2\beta_b \geq 1.4$① |
| | $K_{F\alpha}$ | | | | | | |
| 未经表面硬化的直齿轮 | $K_{H\alpha}$ | 1.0 | | 1.1 | 1.2 | | $1/Z_\varepsilon^2 \geq 1.2$ |
| | $K_{F\alpha}$ | | | | | | $1/Y_\varepsilon \geq 1.2$ |
| 未经表面硬化的斜齿轮 | $K_{H\alpha}$ | 1.0 | 1.1 | 1.2 | 1.4 | | $\varepsilon_\alpha/\cos^2\beta_b \geq 1.4$① |
| | $K_{F\alpha}$ | | | | | | |

① 若 $K_{F\alpha} > \dfrac{\varepsilon_Y}{\varepsilon_\alpha Y_\varepsilon}$,则取 $K_{F\alpha} = \dfrac{\varepsilon_Y}{\varepsilon_\alpha Y_\varepsilon}$。
② 对修形齿轮取 $K_{H\alpha} = K_{F\alpha} = 1$。

6. 节点区域系数 $Z_H$

$Z_H$ 是考虑节点啮合处齿面曲率与端向曲率的关系,并把节圆上的圆周力换算为分度圆上的圆周力,把法向圆周力换算为端面圆周力的系数,其计算公式为

$$Z_H = \sqrt{\frac{2\cos\beta_b}{\cos^2\alpha_t \tan\alpha_t'}} \quad (5.2\text{-}14)$$

式中　$\alpha_t$——分度圆端面压力角;

$\alpha_t'$——节圆端面啮合角;

$\beta_b$——基圆柱螺旋角。

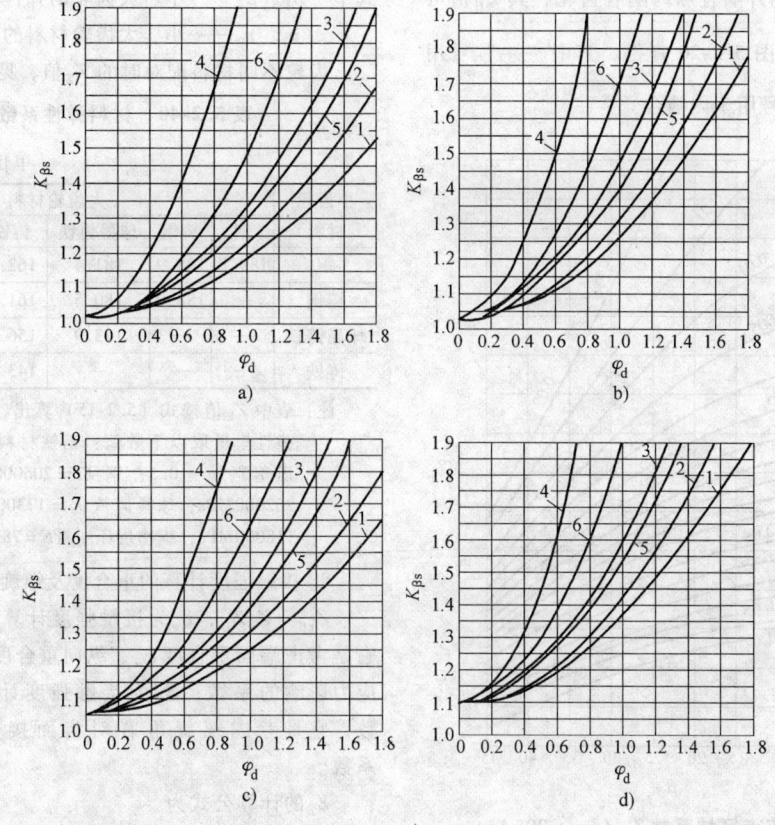

**图5.2-18　　$K_{\beta s}$ 值**

a）直齿轮，小、大齿轮硬度≤350HBW 或小齿轮硬度 >350HBW、大齿轮硬度≤350HBW

b）直齿轮，小、大齿轮硬度 >350HBW　　c）斜齿轮，小、大齿轮硬度≤350HBW 或小齿轮
硬度 >350HBW、大齿轮硬度≤350HBW　　d）斜齿轮，小、大齿轮硬度 >350HBW

1—对称布置　2—非对称布置（轴刚性较大）　3—非对称布置（轴刚性较小）　4—悬臂布置
5—中间轴上布置两个齿轮，同侧啮合　6—中间轴上布置两个齿轮，异侧啮合

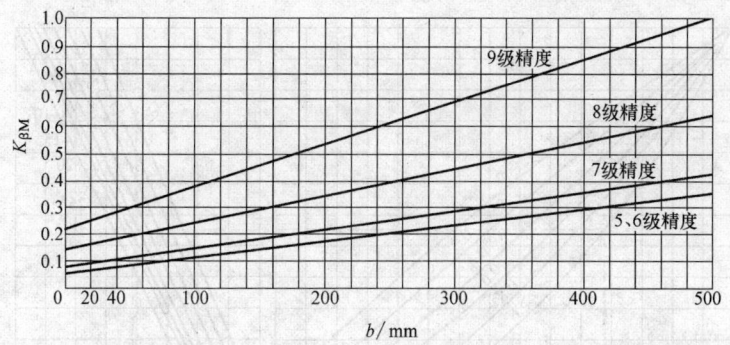

**图5.2-19　　硬度≤350HBW，装配时不作调整的一般齿轮的 $K_{\beta M}$ 值**

注：1. 图中齿轮的精度为第Ⅲ组精度；

2. 小、大齿轮硬度 >350HBW 时，$K_{\beta M}$ 为图值的 1.5 倍；

3. 装配时调整，鼓形齿 $K_{\beta M}$ 为图值的 0.5 倍；

4. 齿端修薄 $K_{\beta M}$ 为图值的 0.75 倍。

对于 $\alpha = 20°$ 的外啮合和内啮合齿轮，其 $Z_H$ 值可根据 $\dfrac{x_2 \pm x_1}{z_2 \pm z_1}$ 及 $\beta$ 由图 5.2-20 查得。其中 "＋" 号用于外啮合；"－" 号用于内啮合。

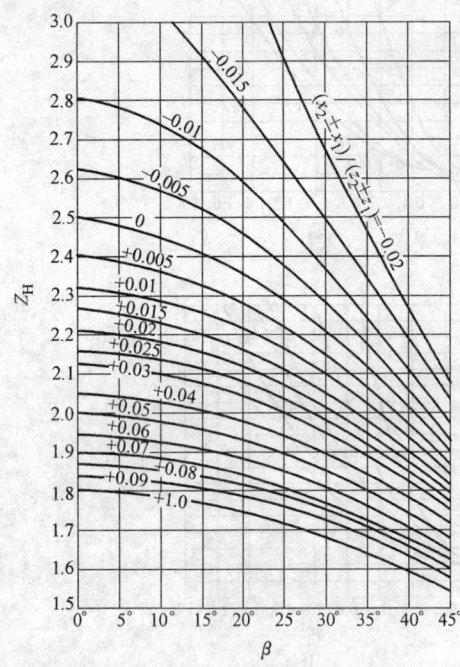

**图5.2-20  节点区域系数 $Z_H$（$\alpha = 20°$）**

7. 弹性系数 $Z_E$

$Z_E$ 是考虑配对齿轮的材料弹性模量 $E$ 和泊松比 $\nu$ 对接触应力影响的系数。其计算公式为

$$Z_E = \sqrt{\dfrac{1}{\pi\left(\dfrac{1 - \nu_1^2}{E_1} + \dfrac{1 - \nu_2^2}{E_2}\right)}} \qquad (5.2\text{-}15)$$

式中  $E_1$、$E_2$——小、大齿轮的弹性模量（MPa）；

$\nu_1$、$\nu_2$——小、大齿轮材料的泊松比。

齿轮不同材料配对时的 $Z_E$ 值，见表 5.2-40。

**表 5.2-40  材料弹性系数 $Z_E$**

（单位：$\sqrt{\text{MPa}}$）

| 小齿轮材料 | 大齿轮材料 | | | | |
|---|---|---|---|---|---|
| | 钢 | 铸钢 | 球墨铸铁 | 铸铁 | 织物层缩料 |
| 钢 | 189.8 | 188.9 | 181.4 | 162.0 | 56.4 |
| 铸钢 | — | 188.0 | 180.5 | 161.4 | — |
| 球墨铸铁 | — | — | 173.9 | 156.6 | — |
| 铸铁 | — | — | — | 143.7 | — |

注：表中 $Z_E$ 值按式（5.2-15）算出，计算时泊松比及弹性模量取以下数值：钢铁材料 $\nu = 0.3$，织物层压塑料 $\nu = 0.5$；钢 $E = 206000\text{MPa}$，铸钢 $E = 202000\text{MPa}$，球墨铸铁 $E = 173000\text{MPa}$，铸铁 $E = 118000\text{MPa}$，织物层压塑料 $E = 7850\text{MPa}$。

8. 接触强度计算的重合度及螺旋角系数 $Z_{\varepsilon\beta}$

$Z_{\varepsilon\beta} = Z_\varepsilon Z_\beta$，$Z_\varepsilon$ 为接触强度计算的重合度系数，它是考虑端面重合度 $\varepsilon_\alpha$、纵向重合度 $\varepsilon_\beta$ 对齿面接触应力影响的系数；$Z_\beta$ 为接触强度计算的螺旋角系数，它是考虑螺旋角 $\beta$ 对齿面接触应力影响的系数。

$Z_\varepsilon$ 的计算公式为

$$Z_\varepsilon = \sqrt{\dfrac{4 - \varepsilon_\alpha}{3}(1 - \varepsilon_\beta) + \dfrac{\varepsilon_\beta}{\varepsilon_\alpha}} \qquad (5.2\text{-}16)$$

当 $\varepsilon_\beta > 1$ 时，按 $\varepsilon_\beta = 1$ 代入式（5.2-16）计算。根据试验，$Z_\beta$ 可按式（5.2-17）计算

$$Z_\beta = \sqrt{\cos\beta} \qquad (5.2\text{-}17)$$

$Z_{\varepsilon\beta}$ 可按式（5.2-16）及式（5.2-17）计算或由图 5.2-21 查取。

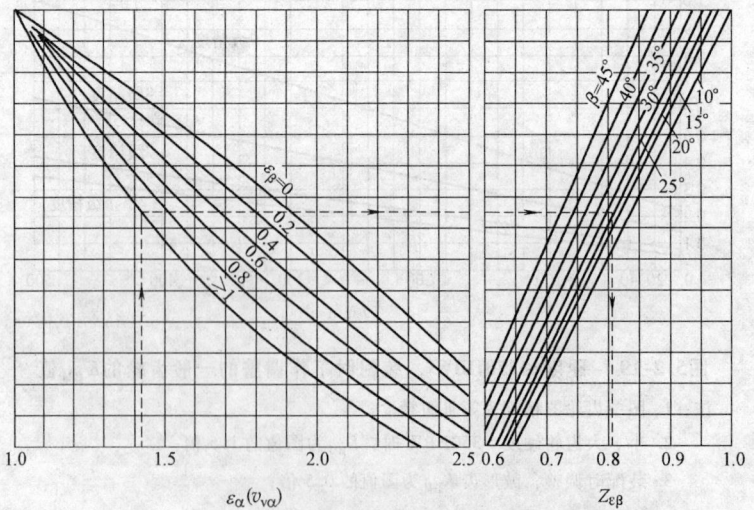

**图5.2-21  接触强度计算的重合度与螺旋角系数 $Z_{\varepsilon\beta}$**

9. 试验齿轮的接触疲劳强度 $\sigma_{Hlim}$

$\sigma_{Hlim}$ 是指某种材料的齿轮经长期持续的重复载荷作用后（通常不少于 $5 \times 10^7$ 次），齿面保持不破坏时的极限应力。由于影响因素很多，如材料的化学成分、金相组织、热处理质量、力学性能、毛坯的种类（锻、轧、铸）、残余应力等。因此，$\sigma_{Hlim}$ 具有一定的离散性。

$\sigma_{Hlim}$ 可按图 5.2-22 查取，图中的 $\sigma_{Hlim}$ 值是试验齿轮在持久寿命期内失效概率为 1% 时的齿面接触疲劳强度；ML 表示对用于齿轮的材料和热处理质量的最低要求；MQ 表示可以由有经验的工业齿轮制造者以合理的生产成本来达到的中等质量要求；ME 表示制造最高承载能力齿轮对材料和热处理质量的要求。

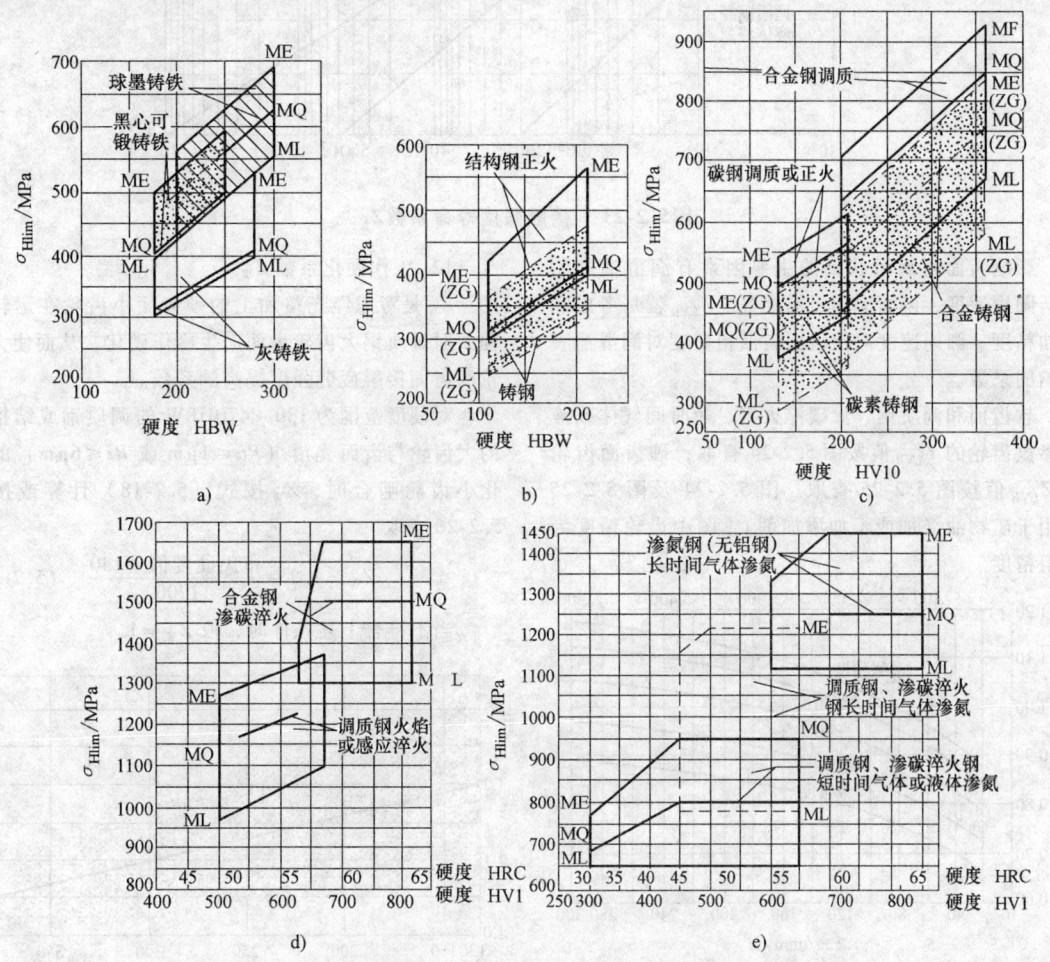

**图5.2-22 齿面接触疲劳强度 $\sigma_{Hlim}$**

a）铸铁 b）正火结构钢和铸钢 c）调质钢 d）调质钢、渗碳钢，表面淬火

e）调质钢、渗碳钢、渗氮钢，渗氮

ML、MQ、ME 级质量要求的材料性能以及热处理要求，见 GB/T 3480.5—2008《直齿轮和斜齿轮承载能力计算 第 5 部分：材料的强度和质量》。

对工业齿轮，通常按 MQ 级质量要求选取 $\sigma_{Hlim}$ 值。

10. 按接触强度计算的寿命系数 $Z_N$

$Z_N$ 是考虑当齿轮只要求有限寿命（$N_L < N_\infty$）时，齿轮的接触疲劳强度可以提高的系数。

齿面接触疲劳的应力循环基数 $N_\infty$ 见图 5.2-23 及表 5.2-34。齿面接触应力的循环次数 $N_L$ 按式（5.2-9）计算。当 $N_L \geq N_\infty$ 时，$Z_N = 1$；当 $N_L < N_\infty$ 时，$Z_N$ 可按图 5.2-23 查取。

对于在非稳定变载下工作的齿轮，$N_L$ 应为当量应力循环次数 $N_{Leq}$，$N_{Leq}$ 按式（5.2-8）计算。

11. 润滑油膜影响系数 $Z_{LVR}$

齿面间的润滑状况对齿面接触强度有很大的影

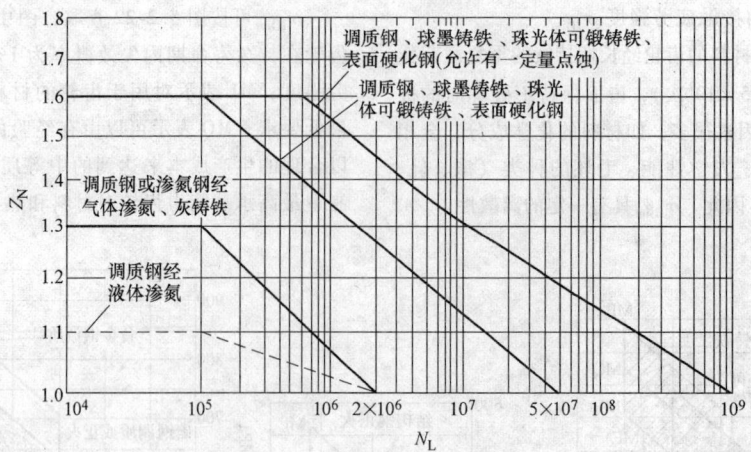

图5.2-23　接触强度寿命系数$Z_N$

响。影响齿面间润滑状况的主要因素有润滑油的粘度、圆周速度、齿面表面粗糙度等。$Z_{LVR}$就是考虑润滑油粘度、圆周速度以及齿面表面粗糙度对润滑油膜影响的系数。

软齿面和调质钢、渗碳淬火钢、短时间气体或液体渗氮齿轮的$Z_{LVR}$值按图5.2-24查取；硬齿面齿轮的$Z_{LVR}$值按图5.2-25查取。图5.2-24及图5.2-25适用于矿物油（加或不加添加剂），图中齿轮精度为Ⅱ组精度。

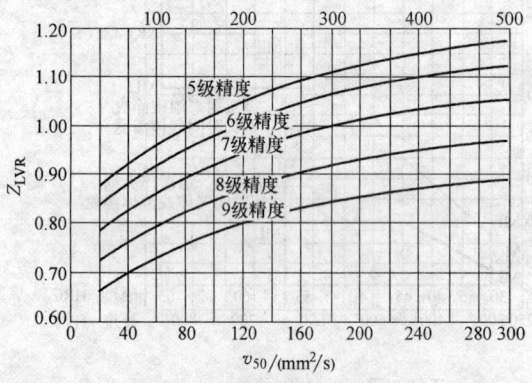

图5.2-24　软齿面及调质钢、渗碳淬火钢、短时间气体或液体渗氮齿轮的$Z_{LVR}$值

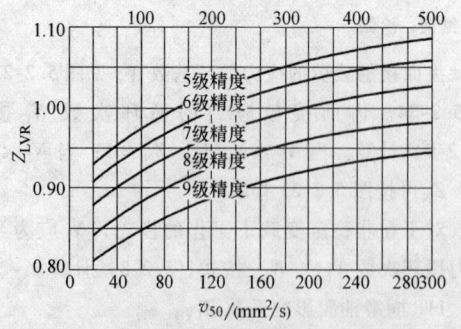

图5.2-25　硬齿面齿轮的$Z_{LVR}$值

**12. 工作硬化系数 $Z_W$**

$Z_W$是考虑经光整加工的硬齿面小齿轮在运转过程中对调质钢大齿轮齿面产生冷作硬化，从而使大齿轮的齿面接触疲劳强度提高的系数。

对硬度范围为 130～470HBW 的调质钢或结构钢的大齿轮与齿面光滑（$Ra \leqslant 1\mu m$ 或 $Rz \leqslant 6\mu m$）的硬化小齿轮啮合时，$Z_W$按式（5.2-18）计算或按图5.2-26查取。

$$Z_W = 1.2 - \frac{\text{布氏硬度值} - 130}{1700} \quad (5.2-18)$$

当不符合上述条件时，取 $Z_W = 1$。

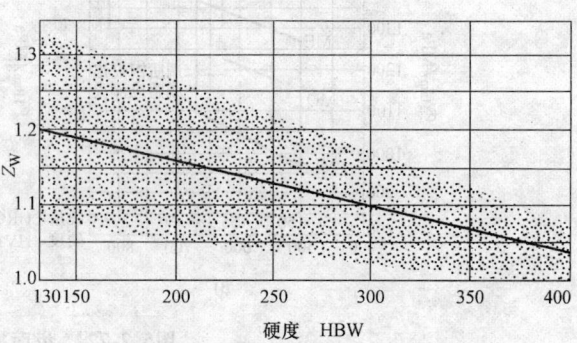

图5.2-26　工作硬化系数$Z_W$

**13. 接触强度计算的尺寸系数 $Z_X$**

$Z_X$是考虑计算齿轮的模数大于试验齿轮时，由于尺寸效应使齿轮的齿面接触疲劳强度降低的系数。$Z_X$可按图5.2-27查取。

**14. 最小安全系数 $S_{Hmin}$、$S_{Fmin}$**

$S_{Hmin}$、$S_{Fmin}$是考虑齿轮工作可靠性的系数。齿轮的使用场合不同，对其可靠性的要求也不同，$S_{Hmin}$、$S_{Fmin}$应根据对齿轮可靠性的要求来决定。

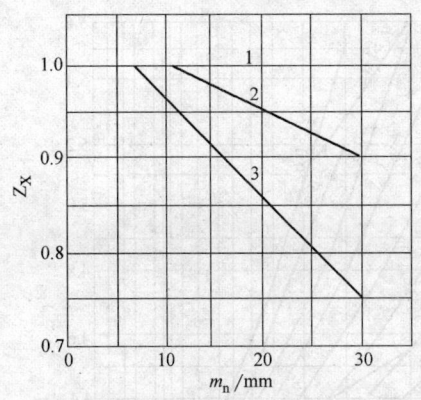

**图5.2-27　按接触强度计算的尺寸系数 $Z_X$（$N_L \geqslant N_C$）**

1—调质钢、正火钢疲劳强度；静强度所有材料
2—短时间液体或气体氮化、长时间气体氮化钢
3—渗碳淬火、感应或火焰淬火表面硬化钢

当齿轮的失效概率为1%时，本手册推荐取接触强度计算的最小安全系数为

$$S_{Hmin} = 1 \qquad (5.2\text{-}19)$$

与点蚀损伤相比，齿轮折断损伤后果更为严重，为此对轮齿的弯曲强度的可靠性应有更高的要求。本手册推荐取弯曲强度计算的最小安全系数为

$$S_{Fmin} = 1.4 \qquad (5.2\text{-}20)$$

15. 复合齿形系数 $Y_{FS}$

$Y_{FS} = Y_{Fa}Y_{Sa}$，其中 $Y_{Fa}$ 为力作用于齿顶时的齿形系数，它是考虑齿形对齿根弯曲应力影响的系数；$Y_{Sa}$ 为力作用于齿顶时的应力修正系数，它是考虑齿根过渡曲线处的应力集中效应以及弯曲应力以外的其他应力对齿根应力影响的系数。

$Y_{FS}$ 可根据齿数 $z(z_v)$、变位系数 $x$ 由图 5.2-28 及图 5.2-29 查取。

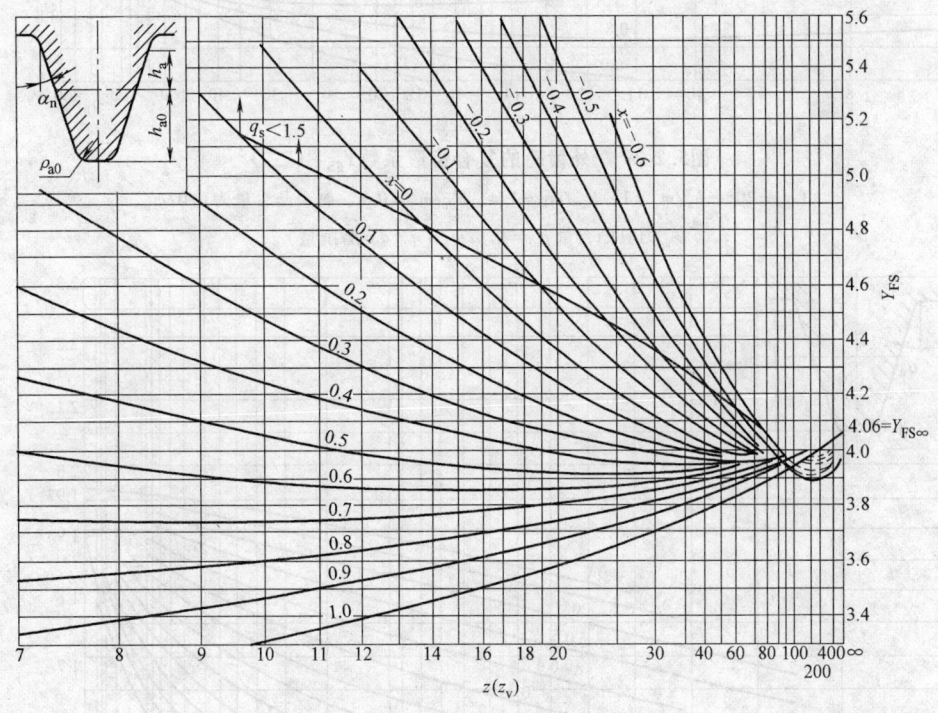

**图5.2-28　外齿轮的复合齿形系数 $Y_{FS}$　（一）**

（$\alpha_n = 20°$、$h_a/m_n = 1$、$h_{a0}/m_n = 1.25$、$\rho_{a0}/m_n = 0.38$，对 $\rho_f = \rho_{a02}/2$、齿高 $h = h_{a0} + h_a$ 的内齿轮，$Y_{FS} = 5.10$，当 $\rho_f = \rho_{a0}$ 时，$Y_{FS} = Y_{FS\infty}$）

内齿轮的齿形系数 $Y_{FS}$ 用替代齿条（$z = \infty$）来确定，见图 5.2-28 的图注。

由于应力修正系数 $Y_{Sa}$ 对静强度没有影响，因此在进行静强度计算时，应把按图 5.2-28 及图 5.2-29 查得的复合齿形系数 $Y_{Fa}$ 除以 $Y_{Sa}$；而且许用应力也不应计试验齿轮的应力修正系数 $Y_{ST}$。$Y_{Sa}$ 可根据齿数

$z(z_v)$ 及变位系数 $x$ 由图 5.2-30 及图 5.2-31 查取。

16. 弯曲强度计算的重合度与螺旋角系数 $Y_{\varepsilon\beta}$

$Y_{\varepsilon\beta} = Y_\varepsilon Y_\beta$，其中 $Y_\varepsilon$ 为弯曲强度计算的重合度系数，它是将载荷由齿顶转换到单对齿啮合区上界点的系数；$Y_\beta$ 为弯曲强度计算的螺旋角系数，它是考虑螺旋角对弯曲应力影响的系数。

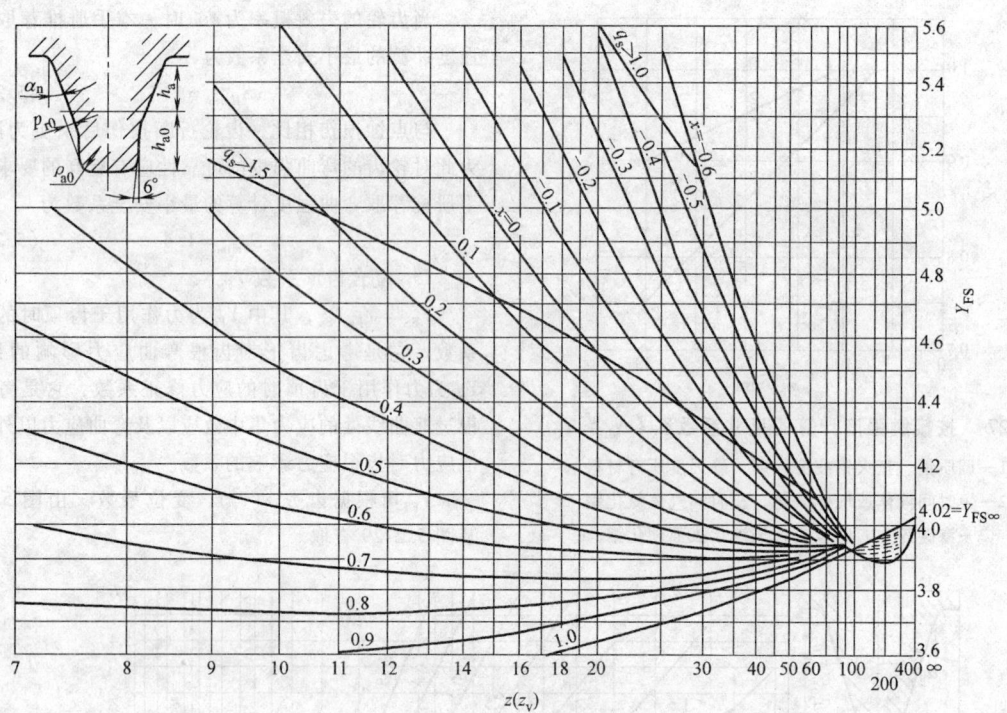

**图5.2-29　外齿轮的复合齿形系数$Y_{FS}$（二）**

（$\alpha_n = 20°$、$h_a/m_n = 1$、$h_{a0}/m_n = 1.4$、$\rho_{a0}/m_n = 0.4$、剩余凸台量为 $0.02m_n$、

刀具凸台量 $p_{r0} = 0.02m_n + q$，$q$ = 磨削量）

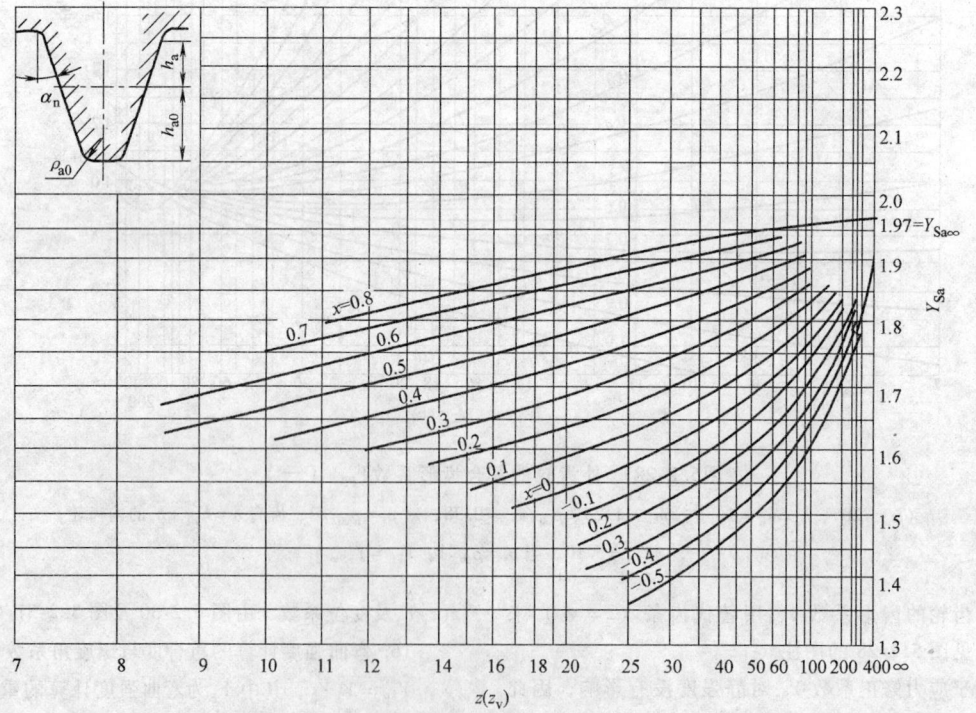

**图5.2-30　外齿轮的应力修正系数$Y_{Sa}$（一）**

（$\alpha_n = 20°$、$h_a/m_n = 1$、$h_{a0}/m_n = 1.25$、$\rho_{a0}/m_n = 0.38$，对 $\rho_f = \rho_{a02}/2$、齿高 $h = h_{a0} + h_a$ 的内齿轮，

$Y_{Sa} = 2.474$、$\rho_f = \rho_{a0}$ 时，$Y_{Sa} = Y_{Sa\infty}$）

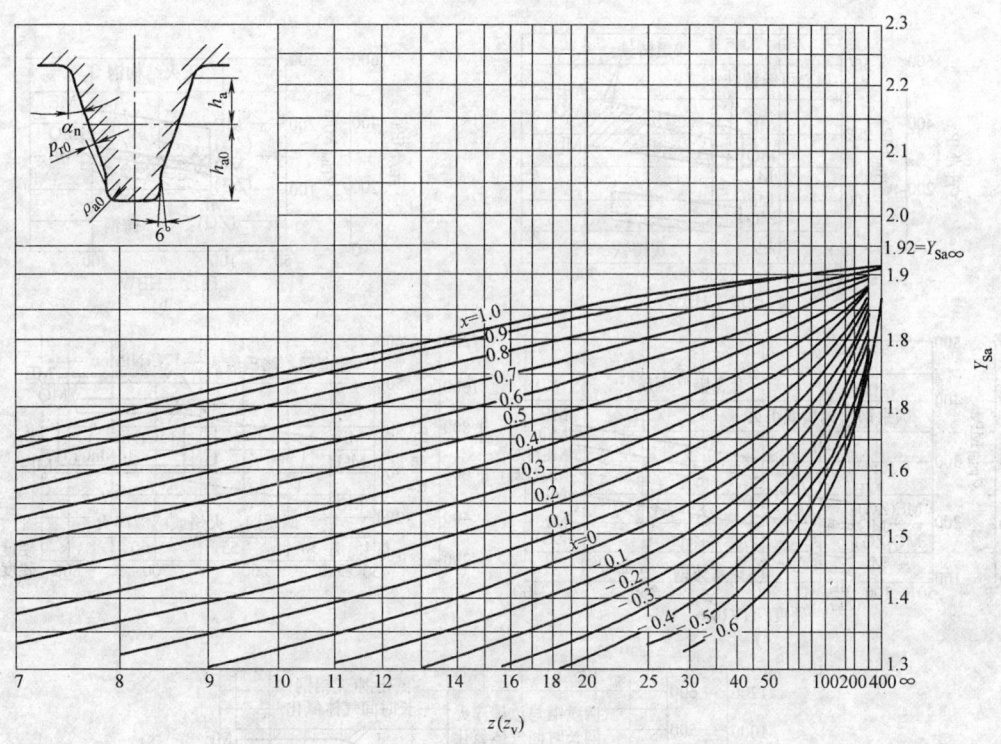

**图5.2-31　外齿轮的应力修正系数$Y_{Sa}$（二）**

（$\alpha_n = 20°$、$h_a/m_n = 1$、$h_{a0}/m_n = 1.4$、$\rho_{a0}/m_n = 0.4$，剩余凸台量为$0.02m_n$，

刀具凸台量$p_{r0} = 0.02m_n + q$，$q = $磨削量）

对于$1 < \varepsilon_\alpha < 2$的齿轮传动，$Y_\varepsilon$可按式（5.2-21）计算

$$Y_\varepsilon = 0.25 + \frac{0.75}{\varepsilon_\alpha} \qquad (5.2\text{-}21)$$

$Y_\beta$可按式（5.2-22）计算

$$Y_\beta = 1 - \varepsilon_\beta \frac{\beta}{120°} \qquad (5.2\text{-}22)$$

当$\varepsilon_\beta > 1$时，按$\varepsilon_\beta = 1$计算；当$\beta > 30°$时，按$\beta = 30°$计算。

一般计算中直接使用$Y_{\varepsilon\beta}$，$Y_{\varepsilon\beta}$可按图5.2-32查取。

17. 齿轮材料的抗弯疲劳强度基本值$\sigma_{FE}$

$\sigma_{FE}$是用齿轮材料制成的无缺口试件，在完全弹性范围内经受脉动载荷作用时的名义弯曲疲劳强度。

$$\sigma_{FE} = \sigma_{Flim} Y_{ST} \qquad (5.2\text{-}23)$$

式中的$\sigma_{Flim}$是试验齿轮的抗弯疲劳强度，它是指某种材料的齿轮经常期持续的重复载荷作用后（至少$3 \times 10^6$），齿根保持不破坏时的极限应力；$Y_{ST}$是试验齿轮的应力修正系数，$Y_{ST} = 2.0$。$\sigma_{FE}$及$\sigma_{Flim}$值可从图5.2-33查取。

图5.2-33中，ML、MQ及ME级质量要求的材料性能及其热处理要求，见GB/T 3480.5—2008。对

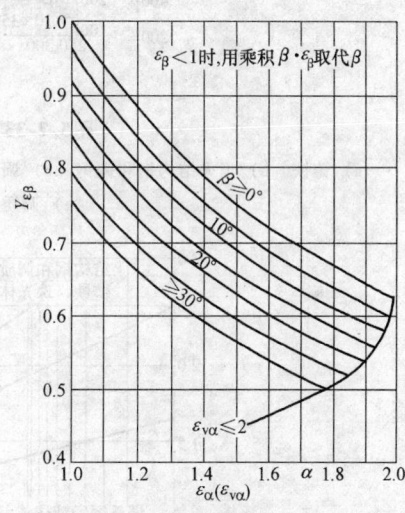

**图5.2-32　弯曲强度计算的重合度与螺旋角系数$Y_{\varepsilon\beta}$**

工业齿轮，通常按MQ级质量要求选取$\sigma_{FE}$及$\sigma_{Flim}$值。

对于在对称循环载荷下工作的齿轮（如行星齿轮、中间齿轮等），应将从图5.2-33中查出的$\sigma_{FE}$及$\sigma_{Flim}$值乘以系数0.7。对于双向运转工作的齿轮，其$\sigma_{FE}$及$\sigma_{Flim}$值所乘系数可稍大于0.7。

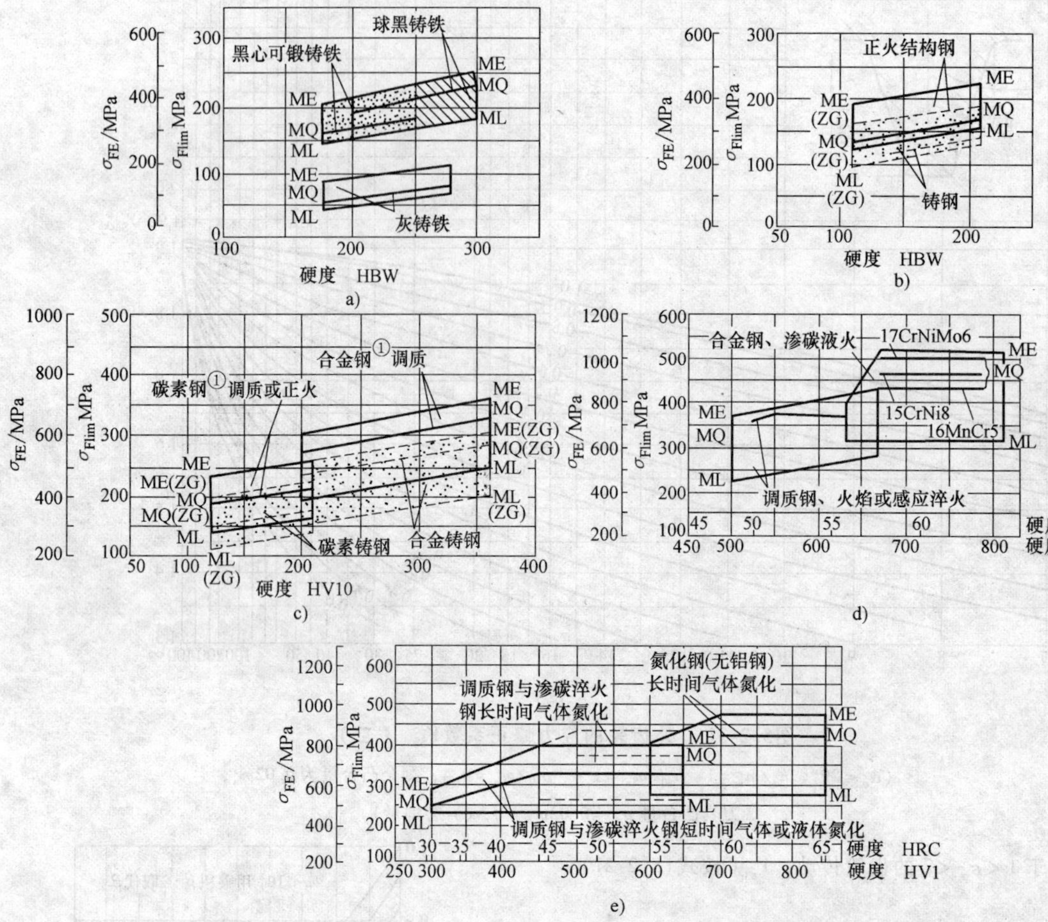

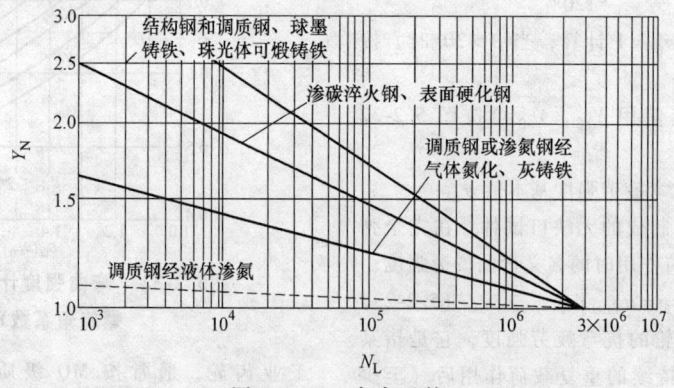

**图5.2-33　齿根抗弯疲劳强度σ Flim**

a) 铸铁　b) 正火结构钢和铸钢　c) 调质钢（①w（C）＞0.32%）　d) 调质钢、渗碳钢，表面淬火

e) 调质钢、渗碳钢、渗氮钢，渗氮

**图5.2-34　寿命系数**

使用图 5.2-33d 时，对表面淬火齿轮，硬化层的深度应 ≥0.15mm，且硬化层应包括齿根圆角部分；当齿根圆角部分不淬硬时则取值应为淬硬时的 70%～80%。

使用图 5.2-33e 时，对气体渗氮齿轮，渗氮层的深度应为 0.4～0.6mm。

18. 弯曲强度计算的寿命系数 $Y_N$

$Y_N$ 是考虑齿轮只要求有限寿命（$N_L < 3 \times 10^6$）

时，齿轮的齿根弯曲疲劳强度可以提高的系数。

齿根抗弯疲劳的应力循环基数 $N_\infty$ 见图 5.2-34 及表 5.2-34。齿根弯曲应力的循环次数 $N_L$ 按式（5.2-9）计算。当 $N_L > N_\infty$ 时，$Y_N = 1$；当 $N_L < N_\infty$ 时，$Y_N$ 可按图 5.2-34 查取。

对于在非稳定变载荷下工作的齿轮，$N_L$ 应为当量应力循环次数 $N_{Leq}$，$N_{Leq}$ 按式（5.2-8）计算。

19. 相对齿根圆角敏感系数 $Y_{\delta relT}$

$Y_{\delta relT}$ 是考虑所计算齿轮的材料、几何尺寸等对齿根应力的敏感度与试验齿轮不同而引进的系数，其值见表 5.2-41。

**表 5.2-41　相对齿根圆角敏感系数 $Y_{\delta relT}$**

| 齿根圆角参数范围 | $Y_{\delta relT}$ 值 | |
|---|---|---|
| | 疲劳强度计算时 | 静强度计算时 |
| $q_s \geq 1.5$ | 1 | 1 |
| $q_s < 1.5$ | 0.95 | 0.7 |

注：$q_s$ 取值范围如图 5.2-28 及图 5.2-29 所示。

20. 相对齿根表面状况系数 $Y_{RrelT}$

$Y_{RrelT}$ 是考虑所计算齿轮的齿根表面状况与试验齿轮不同而引进的系数。

（1）进行疲劳强度计算时

齿根表面粗糙度 $Rz \leq 16\mu m$（$Ra \leq 2.6\mu m$）时，
$$Y_{RrelT} = 1.0 \tag{5.2-24}$$
齿根表面粗糙度 $Rz > 16\mu m$（$Ra > 2.6\mu m$）时，
$$Y_{RrelT} = 0.9 \tag{5.2-25}$$

（2）进行静强度计算时
$$Y_{RrelT} = 1 \tag{5.2-26}$$

21. 弯曲强度计算的尺寸系数 $Y_X$

$Y_X$ 是考虑计算齿轮的模数大于试验齿轮时，由于尺寸效应使齿轮的弯曲疲劳强度降低的系数。$Y_X$ 可按图 5.2-35 查取。

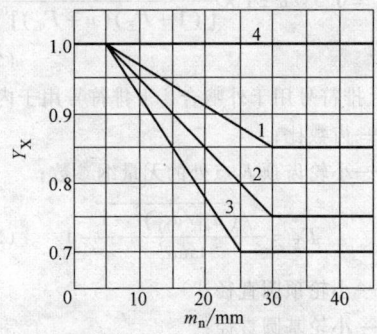

**图 5.2-35　尺寸系数 $Y_X$**
1—结构钢、调质钢、球墨铸铁、珠光体
可锻铸铁　2—表面硬化钢　3—灰铸铁
4—静载荷下的所有材料

## 4.5　胶合承载能力校核计算

### 4.5.1　计算公式（表 5.2-42）

**表 5.2-42　胶合承载能力校核计算**

| 项目 | 单位 | 计算公式 |
|---|---|---|
| 计算准则 | — | $\theta_{int} \leqslant \dfrac{\theta_{Sint}}{S_{Bmin}}$ 或 $S_B = \dfrac{\theta_{Sint}}{\theta_{int}} \geqslant S_{Bmin}$ |
| 积分温度 | ℃ | $\theta_{int} = \theta_M + C_2 \theta_{flaint}$ |
| 本体稳定 | ℃ | $\theta_M = (\theta_{oil} + C_1 \theta_{flaint}) X_s$ |
| 积分平均温升 | ℃ | $\theta_{flaint} = \theta_{flaE} X_\varepsilon$ |
| 载荷作用于小齿轮顶 $E$ 点时，该点的瞬时温升 | ℃ | $\theta_{flaE} = \mu_m X_M X_{BE} \dfrac{w_t^{0.75} v^{0.5}}{(a')^{0.25}} \dfrac{1}{X_Q X_{Ca}}$ |
| 胶合温度 | ℃ | $\theta_{Sint} = \theta_{MT} + C_2 X_W \theta_{flaintT}$ |

说明：

$\theta_{int}$——积分温度（℃）

$\theta_M$——本体温度（℃）

$\theta_{flaint}$——积分平均温升（℃）

$\theta_{flaE}$——载荷作用于小齿轮顶 $E$ 点时，该点的瞬时温升（℃）

$\theta_{Sint}$——胶合温度

$\theta_{oil}$——工作油温（℃）

$S_B$——胶合承载能力计算的安全系数

$C_1$、$C_2$——加权系数，见 4.5.2 节

$X_s$——润滑系数，见 4.5.2 节

$X_\varepsilon$——重合度系数，见 4.5.2 节

$w_t$——单位齿宽载荷（N/mm），见 4.5.2 节

$v$——节圆圆周速度（m/s）

$a'$——实际中心距（mm）

$\mu_m$——平均摩擦因数，见 4.5.2 节

$X_M$——热闪系数，见 4.5.2 节

$X_{BE}$——小齿轮齿顶几何系数，见 4.5.2 节

$X_Q$——啮入冲击系数，见 4.5.2 节

$X_{Ca}$——齿顶修缘系数，见 4.5.2 节

$X_W$——材料焊合系数，见 4.5.2 节

$\theta_{MT}$——试验齿轮的本体温度（℃），见 4.5.2 节

$\theta_{flaintT}$——试验齿轮的积分平均温升（℃），见 4.5.2 节

$S_{Bmin}$——胶合承载能力计算的最小安全系数，见 4.5.2 节

### 4.5.2　计算中的有关数据及各系数的确定

1. 单位齿宽载荷 $w_t$

单位齿宽载荷 $w_t$ 由式（5.2-27）计算。
$$w_t = K_A K_{B\beta} K_{B\alpha} K_{B\gamma} \dfrac{F_t}{b} \tag{5.2-27}$$

式中　$F_t$——名义切向力（N），见表 5.2-31；

$b$——齿宽（mm）；

$K_A$——使用系数，见表5.2-35；

$K_{B\beta}$——胶合承载能力计算的齿向载荷分布系数，取 $K_{B\beta}=K_{H\beta}$，见式（5.2-13）；

$K_{B\alpha}$——胶合承载能力计算的齿间载荷分配系数，取 $K_{B\alpha}=K_{H\alpha}$，见表5.2-39；

$K_{B\gamma}$——螺旋线系数。

2. 螺旋线系数 $K_{B\gamma}$

$K_{B\gamma}$ 是考虑当总重合度 $\varepsilon_r$ 增大时发生胶合的趋势增大而引入的修正系数。其值由试验得出，可按根据试验数据所绘制的图5.2-36查取。

为便于计算机计算，图5.2-36的曲线可近似用式（5.2-28）~式（5.2-30）表示。

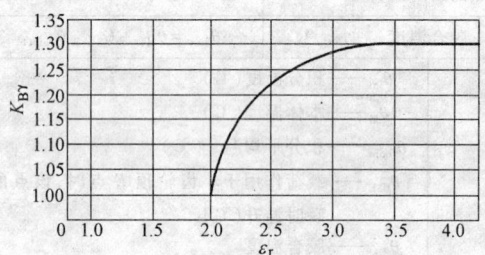

**图5.2-36 螺旋线系数 $K_{B\gamma}$**

$\varepsilon_r \leqslant 2$ 时 $\qquad K_{B\gamma} = 1$ (5.2-28)

$2 < \varepsilon_r < 3.5$ 时

$$K_{B\gamma} = 1 + 0.2\sqrt{(\varepsilon_r - 2)(5 - \varepsilon_r)} \quad (5.2-29)$$

$\varepsilon_r \geqslant 3.5$ 时 $\qquad K_{B\gamma} = 1.3$ (5.2-30)

3. 平均摩擦因数 $\mu_m$

平均摩擦因数 $\mu_m$ 是指齿廓各啮合点处的摩擦因数的平均值。可近似用节点处的摩擦因数表示。

$$\mu_m = 0.12\left(\frac{w_t Ra}{\eta_M v_\Sigma \rho_{red}}\right)^{0.25} \quad (5.2-31)$$

式中 $w_t$——单位齿宽载荷（N/mm），见式（5.2-27）；

$Ra$——沿齿廓方向的齿面轮廓算术平均偏差（$\mu m$），此处取两轮的平均值；

$$Ra = 0.5(Ra_1 + Ra_2) \quad (5.2-32)$$

$\eta_M$——润滑油在本体温度下的动力粘度（mPa·s），可近似取为工作油温下的动力粘度；

$v_\Sigma$——两轮在啮合点处沿齿廓切线方向的速度之和（m/s），在节点处取值为

$$v_\Sigma = 2v\sin\alpha_t' \quad (5.2-33)$$

$v$——节圆圆周速度（m/s）；

$\alpha_t'$——端面啮合角（°）；

$\rho_{red}$——两齿廓在啮合点处的综合曲率半径（mm），在节点处取值为

$$\rho_{red} = \frac{u}{(u \pm 1)^2}a'\frac{\sin\alpha_t'}{\cos\beta_b} \quad (5.2-34)$$

$u$——齿数比，$u = z_2/z_1 \geqslant 1$，式（5.2-34）中的"＋"号用于外啮合，"－"号用于内啮合；

$\beta_b$——基圆螺旋角（°）。

4. 热闪系数 $X_M$。

$X_M$ 是考虑材料特性（弹性模量 $E$、泊松比 $\nu$、热接触系数 $B_M$）和两轮在啮合点处沿齿廓切线方向速度 $v_{\rho 1}$、$v_{\rho 2}$ 影响的系数。

$$X_M = \left[\frac{2}{\frac{1-\nu^2}{E_1} + \frac{1-\nu^2}{E_2}}\right]^{0.25} \frac{v_{\rho 1}^{0.5} + v_{\rho 2}^{0.5}}{B_{M1}v_{\rho 1}^{0.5} + B_{M2}v_{\rho 2}^{0.5}}$$
(5.2-35)

当大小齿轮的弹性模量、泊松比、热接触系数相同时，式（5.2-35）即可简化成式（5.2-36）

$$X_M = \frac{E^{0.25}}{(1-\nu^2)^{0.25}B_M} \quad (5.2-36)$$

式中 $B_M$——热接触系数。

$$B_M = \sqrt{\lambda_M c\rho} \quad (5.2-37)$$

对马氏体钢，热导率 $\lambda_M$ 为 $41 \sim 52\text{W}/(\text{K}\cdot\text{m})$，比热容 $c$ 约为 $4.87 \times 10^2\text{J}/(\text{kg}\cdot\text{K})$，密度 $\rho$ 约为 $7.8 \times 10^3\text{kg}/\text{m}^3$，其热接触系数的平均值为

$$B_M = 13.6\text{N}/(\text{mm}\cdot\text{s}^{0.5}\cdot\text{K}) \quad (5.2-38)$$

对于常用的钢制齿轮副，$E = 206000\text{N}/\text{mm}^2$、$\nu = 0.3$、$B_M = 13.6\text{N}/(\text{mm}\cdot\text{s}^{0.5}\cdot\text{K})$，其热闪系数可取为

$$X_M = 50\text{K}\cdot\text{N}^{-0.75}\cdot\text{s}^{-0.5}\cdot\text{m}^{-0.5}\cdot\text{mm}$$
(5.2-39)

5. 小轮齿顶几何系数 $X_{BE}$

几何系数 $X_{BE}$ 是考虑小轮齿顶 $E$ 点处的几何参数对赫兹应力和滑动速度影响的系数。

$$X_{BE} = 0.5\sqrt{u \pm 1} \times \frac{\sqrt{1 + \Gamma_E} - \sqrt{1 \mp \Gamma_E/u}}{[(1 + \Gamma_E)(u \mp \Gamma_E)]^{0.25}}$$
(5.2-40)

式中 上排符号用于外啮合，下排符号用于内啮合；

$u$——齿数比；

$\Gamma_E$——小轮齿顶 $E$ 点处的无量纲参数；

$$\Gamma_E = \frac{\sqrt{(d_{a1}/d_{b1})^2 - 1}}{\tan\alpha_t'} - 1 \quad (5.2-41)$$

$d_{a1}$——小轮顶圆直径；

$d_{b1}$——小轮基圆直径；

$\alpha_t'$——端面啮合角（°）。

6. 啮入冲击系数 $X_Q$

啮入冲击系数 $X_Q$ 是考虑滑动速度较大的从动轮齿顶啮入冲击载荷影响的系数，按表5.2-43取值。

**表 5.2-43　啮入冲击系数 $X_Q$**

| 驱动方式 | 齿顶重合度 $\varepsilon$ | $X_Q$ |
|---|---|---|
| 小轮驱动<br>大轮 | $\varepsilon_2 \geqslant 1.5\varepsilon_1$ | 0.6 |
| | $\varepsilon_2 < 1.5\varepsilon_1$ | 1 |
| 大轮驱动<br>小轮 | $\varepsilon_1 < 1.5\varepsilon_2$ | 1 |
| | $\varepsilon_1 \geqslant 1.5\varepsilon_2$ | 0.6 |
| 说明 | $\varepsilon_1$——小轮齿顶重合度，<br>$$\varepsilon_1 = \frac{z_1}{2\pi}\left(\sqrt{(d_{a1}/d_{b1})^2-1}-\tan\alpha_t'\right)$$<br>$\varepsilon_2$——大轮齿顶重合度<br>$$\varepsilon_2 = \frac{z_2}{2\pi}\left|\sqrt{(d_{a2}/d_{b2})^2-1}-\tan\alpha_t'\right|$$ | |

**7. 齿顶修缘系数 $X_{Ca}$**

齿顶修缘系数 $X_{Ca}$ 是用以考虑齿顶修缘（或齿根）对胶合的影响系数，由图 5.2-37 查取。

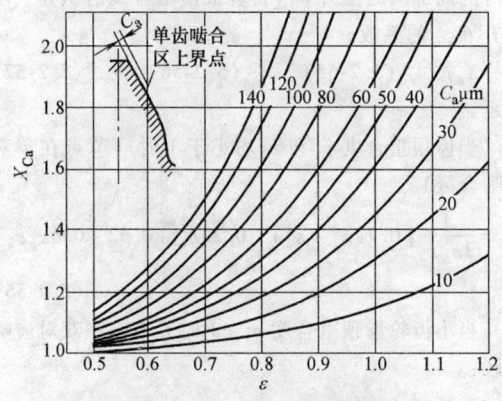

**图5.2-37　齿顶修缘系数 $X_{Ca}$**

为便于计算机计算，图 5.2-37 中的曲线可近似用式（5.2-42）表示。

$$X_{Ca} = 1 + 1.55 \times 10^{-2}\varepsilon^4 C_a \qquad (5.2\text{-}42)$$

式中　$\varepsilon$——齿顶重合度，取 $\varepsilon_1$ 及 $\varepsilon_2$ 中的较大者，$\varepsilon_1$ 及 $\varepsilon_2$ 由表 5.2-43 确定。

　　　　$C_a$——计算用齿顶修缘量（μm），由表 5.2-44 查取。

**8. 啮合刚度 $c_r$**

轮齿刚度的定义是一对或几对轮齿啮合时，单位齿宽产生单位变形所需的载荷。轮齿刚度分为单对齿刚度 $c'$ 和啮合刚度 $c_r$。

单对齿刚度 $c'$ 是指一对轮齿在法面内的最大刚度。经计算可知，对标准齿轮传动，约在节点处的刚度最大。因此，$c'$ 通常指一对齿在节点啮合时的刚度。

啮合刚度 $c_r$ 是指啮合区中啮合轮齿在端截面内总刚度的平均值。

对符合 GB/T 1356—2001 的基本齿廓、齿圈和轮辐刚性较大的外啮合刚性齿轮，当变位系数 $x_{n1} \geqslant x_{n2}$、

**表 5.2-44　计算用齿顶修缘量 $C_a$**

| 驱动方式 | 齿顶重合度 | 条件 | $C_a$ |
|---|---|---|---|
| 小轮驱动大轮 | $\varepsilon_1 > 1.5\varepsilon_2$ | $C_{a1} \leqslant C_{eff}$ | $C_{a1}$ |
| | | $C_{a1} > C_{eff}$ | $C_{eff}$ |
| | $\varepsilon_1 \leqslant 1.5\varepsilon_2$ | $C_{a2} \leqslant C_{eff}$ | $C_{a2}$ |
| | | $C_{a2} > C_{eff}$ | $C_{eff}$ |
| 大轮驱动小轮 | $\varepsilon_2 \leqslant 1.5\varepsilon_1$ | $C_{a1} \leqslant C_{eff}$ | $C_{a1}$ |
| | | $C_{a1} > C_{eff}$ | $C_{eff}$ |
| | $\varepsilon_2 > 1.5\varepsilon_1$ | $C_{a2} \leqslant C_{eff}$ | $C_{a2}$ |
| | | $C_{a2} > C_{eff}$ | $C_{eff}$ |
| 说明 | $\varepsilon_1$、$\varepsilon_2$——小轮、大轮的齿顶重合度，由表 5.2-43 确定<br>$C_{a1}$、$C_{a2}$——小轮、大轮的实际齿顶修缘量（法向值）（μm），当相啮合的轮齿有修根时，应取修缘量与修根量之和<br>$C_{eff}$——有效修缘量（μm），指恰好能补偿轮齿弹性变形的需要修缘量，可按下式估算<br>$$C_{eff} = \frac{K_A F_t/b}{\varepsilon_\alpha c_r}$$<br>$F_t$——名义切向力（N），见表 5.2-31<br>$K_A$——使用系数，见表 5.2-35<br>$c_r$——啮合刚度 N/(mm·μm) 见 4.5.2，直齿轮用单对齿刚度 $c$ 代替 $c_r$<br>$b$——齿宽（mm）<br>$\varepsilon_\alpha$——端面重合度 | | |

$-0.5 \leqslant x_{n1} + x_{n2} \leqslant 2$，在中等载荷作用下时，其单对齿理论刚度可按下述公式近似计算

$$c_{th}' = \frac{1}{q} \qquad (5.2\text{-}43)$$

$$q = 0.04723 + \frac{0.15551}{z_{v1}} + \frac{0.25791}{z_{v2}} - 0.00635x_{n1} -$$

$$0.11654\frac{x_{n1}}{z_{v1}}$$

$$\mp 0.00193x_{n2} \mp 0.24188\frac{x_{n2}}{z_{v2}} + 0.00529x_1^2 + 0.00182x_2^2$$

$$(5.2\text{-}44)$$

式中　含"$\mp$"号的项中，"－"号用于外啮合齿轮，"＋"号用于内啮合齿轮；

　　　　$x_{n1}$、$x_{n2}$——小轮及大轮的法向变位系数；

　　　　$z_{v1}$、$z_{v2}$——小轮及大轮的当量齿数；

　　　　$c_{th}'$——理论单对齿刚度 [N/(mm·μm)]。

$$z_v = \frac{z}{\cos^3\beta} \qquad (5.2\text{-}45)$$

对内齿轮，可近似取 $z_v = \infty$。

单对齿刚度实测结果表明，实际测量的刚度值要比理论计算值小（约小 20%），并且在单位齿宽载荷 $K_A F_t/b < 100 N/mm$ 时，力与变形呈曲线关系，而在

$K_A F_t / b \geqslant 100\text{N/mm}$ 时呈直线关系。此外，齿轮的齿圈和辐板的柔度、斜齿轮轮齿的接触线倾斜对轮齿的刚度都有一定影响。考虑到上述原因需对理论公式进行修正，修正后的单对齿刚度计算公式为

当 $K_A F_t / b \geqslant 100\text{N/mm}$ 时

$$c' = 0.8 c'_{th} C_R \cos\beta \qquad (5.2\text{-}46)$$

当 $K_A F_t / b < 100\text{N/mm}$ 时

$$c' = 0.8 c'_{th} C_R \cos\beta \frac{F_t}{100b} \qquad (5.2\text{-}47)$$

式中 $C_R$——轮体系数，它是考虑齿圈和辐板的柔度对轮齿刚度影响而引入的修正系数，如图5.2-38所示；

$\beta$——分度圆螺旋角；

$c'$——单对齿刚度 $[\text{N}/(\text{mm}\cdot\mu\text{m})]$。

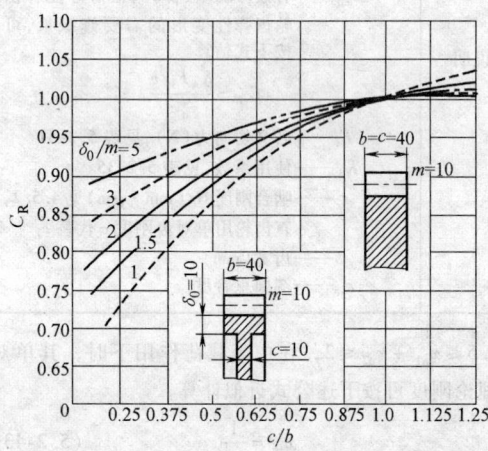

**图5.2-38 轮体系数 $C_R$**

$\delta_0$—齿圈厚度（mm） $m$—模数（mm） $c$—腹板厚度（mm）

啮合刚度 $c_r$ 可从单对齿啮合的极限位置导出下列近似计算公式：

$$c_r = c'(0.75\varepsilon_\alpha + 0.25) \qquad (5.2\text{-}48)$$

式中 $c'$——单对齿刚度，按式（5.2-46）或式（5.2-47）计算；

$c_r$——啮合刚度 $[\text{N}/(\text{mm}\cdot\mu\text{m})]$；

$\varepsilon_\alpha$——端面重合度，见3.3节。

式（5.2-48）适用于直齿圆柱齿轮或 $\beta \geqslant 45°$ 的斜齿圆柱齿轮。对于 $\varepsilon_\alpha < 1.2$ 的直齿圆柱齿轮，其 $c_r$ 可将式（5.2-48）的计算值减小10%。

式（5.2-43）、（5.2-44）及式（5.2-46）～式（5.2-48）仅适用于配对齿轮材料为钢制时，对于其他材料配对情况，轮齿刚度可按下列公式计算。

$$c' = c'_{st}\xi \qquad (5.2\text{-}49)$$
$$c_r = c_{rst}\xi \qquad (5.2\text{-}50)$$
$$\xi = \frac{E}{E_n} \qquad (5.2\text{-}51)$$

$$E = \frac{2E_1 E_2}{E_1 + E_2} \qquad (5.2\text{-}52)$$

式中 $E_1$、$E_2$——小齿轮和大齿轮材料的弹性模量；

带有下标 st 的参数为钢的参数。

配对齿轮材料为钢对铸铁时，取 $\xi = 0.74$；铸铁对铸铁时，取 $\xi = 0.55$。

确定 $c'$ 和 $c_r$ 的简化方法：对于基本齿廓复合GB/T 1356—2001 的钢制齿轮，当 $\varepsilon_\alpha > 1.2$ 时其平均值如下：

单对齿刚度 $c' = 14\text{N}/(\text{mm}\cdot\mu\text{m})$ (5.2-53)

啮合刚度 $c_r = 20\text{N}/(\text{mm}\cdot\mu\text{m})$ (5.2-54)

在 $1.2 < \varepsilon_\alpha < 1.9$ 范围内，上述平均值与由式（5.2-46）和式（5.2-48）计算的结果误差在 ±25% 以内。

**9. 重合度系数 $X_\varepsilon$**

重合度系数 $X_\varepsilon$ 是将假定载荷全部作用于小轮齿顶时的局部瞬时温升 $\theta_{flaE}$ 折算成沿啮合线的积分平均温升 $\theta_{flaint}$ 的系数。

$X_\varepsilon$ 按式（5.2-55）、式（5.2-56）或式（5.2-57）确定。

当齿顶重合度 $\varepsilon_1$ 和 $\varepsilon_2$ 均小于 1 时（节点在单对齿啮合区）：

$$X_\varepsilon = \frac{1}{2\varepsilon_\alpha \varepsilon_2}[0.7(\varepsilon_1^2 + \varepsilon_2^2) - 0.22\varepsilon_\alpha + 0.52 - 0.6\varepsilon_1\varepsilon_2]$$
$$(5.2\text{-}55)$$

当小齿轮齿顶重合度 $\varepsilon_1 \geqslant 1$ 时 $C$ 节点在双对齿啮合区：

$$X_\varepsilon = \frac{1}{2\varepsilon_\alpha \varepsilon_1}[0.18\varepsilon_1^2 + 0.7\varepsilon_2^2 + 0.82\varepsilon_1 + 0.52\varepsilon_2 - 0.3\varepsilon_1\varepsilon_2$$
$$(5.2\text{-}56)$$

当齿顶重合度 $\varepsilon_2 \geqslant 1$ 时（节点在双对齿啮合区）：

$$X_\varepsilon = \frac{1}{2\varepsilon_\alpha \varepsilon_1}[0.18\varepsilon_2^2 + 0.7\varepsilon_1^2 + 0.82\varepsilon_2 + $$
$$0.52\varepsilon_1 - 0.3\varepsilon_1\varepsilon_2] \qquad (5.2\text{-}57)$$

上述公式是在假定载荷及温度沿啮合线呈线性分布等前提下建立的，这是一种近似处理。

**10. 加权数 $C_1$、$C_2$**

加权数 $C_1$，根据试验结果取其平均值为

$$C_1 = 0.7$$

加权系数 $C_2$ 是考虑积分平均温升 $\theta_{flaint}$ 和本体温度 $\theta_M$ 对胶合损伤的影响程度不同而引入的系数，由试验得出。通常可近似地取为

$$C_2 = 1.5$$

**11. 润滑系数 $X_s$**

润滑系数 $X_s$ 是考虑润滑方式对传热的影响，由经验得出。

油浴润滑时

$$X_s = 1.0$$

喷油润滑时

$$X_s = 1.2$$

**12. 材料焊合系数 $X_W$**

材料焊合系数 $X_W$ 是考虑设计齿轮与试验齿轮的材料及表面处理不同而引入的修正系数,它是一个相对的比值,由不同材料及表面处理的试验齿轮与标准试验齿轮进行对比试验得出。其值由表 5.2-45 查取。

**表 5.2-45　材料焊合系数 $X_W$**

| 材料及表面处理 | | $X_W$ |
|---|---|---|
| 奥氏体钢(不锈钢) | | 0.45 |
| 渗碳淬硬钢 | 残留奥氏体含量高于正常值 | 0.85 |
| | 残留奥氏体含量正常(体积分数约20%左右) | 1.00 |
| | 残留奥氏体含量低于正常值 | 1.15 |
| 表面渗氮钢 | | 1.50 |
| 表面磷化钢 | | 1.25 |
| 表面镀铜 | | 1.50 |
| 其他情况(如调质钢) | | 1.00 |

**13. 试验齿轮的本体温度 $\theta_{MT}$ 和积分平均温升 $\theta_{flaintT}$**

试验齿轮的本体温度 $\theta_{MT}$ 和积分平均温升 $\theta_{flaintT}$ 是根据齿轮试验的数据,用式(5.2-58)和式(5.2-59)计算得出的。

当油品的承载能力是按照 GB/T 19936.1—2005《齿轮 FZG 试验程序第 1 部分:油品的相对胶合承载能力 FZG 试验方法 A/8.3/90》的 FZG(A/8.3/90)试验得出时,则 $\theta_{MT}$ 和 $\theta_{flaintT}$ 与载荷的关系曲线如图 5.2-39 所示。此时,$\theta_{MT}$ 和 $\theta_{flaintT}$ 的值可根据设计齿轮所选用润滑油的粘度 $v_{40}$ 和 FZG 胶合载荷级由表 5.2-47 查取。

润滑油的 FZG 胶合载荷级作为油品的性能指标,由油品的生产厂家提供。

为便于计算机计算,图 5.2-39 中的曲线可近似用如下公式表示。

$$\theta_{MT} = 0.032 T_{1T}^{1.301} + 90 \qquad (5.2-58)$$

$$\theta_{flaintT} = 0.08 T_{1T}^{1.2} \left(\frac{100}{v_{40}}\right)^{(v_{40}-0.4)} \qquad (5.2-59)$$

式中　$T_{1T}$——FZG 胶合载荷级相应的试验齿轮小轮转矩(N·m),如图 5.3-39 所示;

$v_{40}$——润滑油在 40℃时的名义运动粘度($mm^2/s$)。

**14. 胶合承载能力最小安全系数 $S_{Bmin}$**

可参考表 5.2-46 选取。

**15. 常用油品的 FZG 胶合载荷级**

常用油品的 FZG 胶合载荷级见表 5.2-47。

**表 5.2-46　胶合承载能力最小安全系数 $S_{Bmin}$**

| 计算依据或使用要求 | $S_{Bmin}$ | 备注 |
|---|---|---|
| 依据尖峰载荷计算时(如剪床、压力机) | 1.5 | — |
| 根据名义载荷计算时(如工业汽轮机) | 1.5~1.8 | 有实测载荷谱为依据精确确定 $K_A$ 时,可取 1.5 |
| 高可靠性要求时(如飞机、汽轮机) | 2~2.5 | 有实测载荷谱为依据精确确定 $K_A$ 时,可取 1.8 |

注:经逐级加载磨合时取小值,不经磨合者取大值。

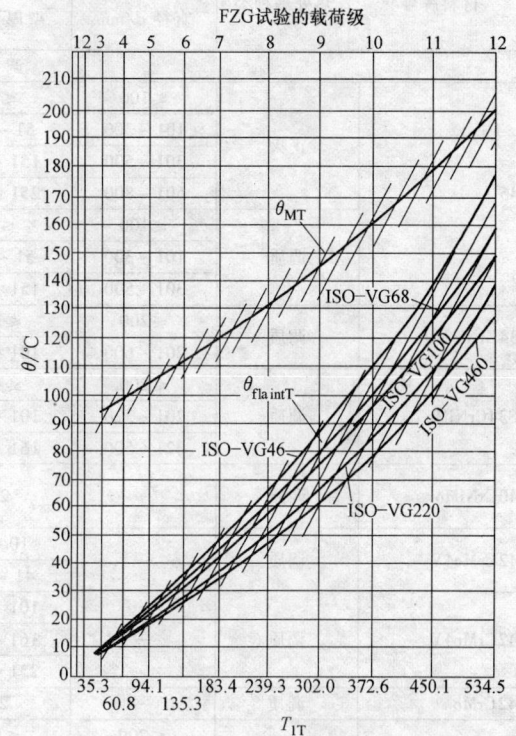

**图 5.2-39　FZG(A/8.3/90)试验齿轮的本体温度 $\theta_{MT}$ 和积分平均温升 $\theta_{flaintT}$**

**表 5.2-47　常用油品的 FZG 胶合载荷级**

| 油　类 | | 机械油液压油 | 汽轮机油 | 工业用齿轮油 | 轧钢机油 | 气缸油 | 柴油机油 | 航空用齿轮油 | 准双曲面齿轮油 |
|---|---|---|---|---|---|---|---|---|---|
| FZG 胶合载荷级 | 矿物油 | 2~4 | 3~5 | 5~7 | 6~8 | 6~8 | 6~8 | 5~8 | |
| | 加极压抗磨添加剂矿物油 | 5~8 | 6~9 | 中极压 >9　全极压 >11 | — | — | — | — | >12 |
| | 高性能合成油 | 9~11 | 10~12 | >12 | — | — | — | 8~11 | |

注:油品的胶合载荷级随原油产地、生产厂家的不同而有所不同,应以油品生产厂家提供的指标为准;重要场合应经专门试验确定。

## 4.6 开式齿轮传动的计算特点

开式齿轮传动的主要破坏形式是磨损。关于齿轮的磨损计算，目前尚没有成熟的计算方法。一般可在计入磨损的影响后，借用闭式齿轮传动强度计算的公式进行条件性计算。

通常，开式齿轮只需计算齿根弯曲强度，计算时可根据齿厚磨损量的指标，由表5.2-48查得磨损系数 $K_m$，并将计算弯曲应力 $\sigma_F$ 乘以 $K_m$。

对低速重载的开式齿轮传动，除按上述方法计算齿根弯曲强度外，建议还进行齿面接触强度计算，不过这时齿面许用应力应取为 $\sigma_{HP} = (1.05 \sim 1.1) \sigma_{Hlimmin}$。当速度较低及润滑剂较净时，可取 $\sigma_{HP}$ 与

$\sigma_{Hlimmin}$ 是两轮 $\sigma_{Hlim}$ 值中较小值。

**表5.2-48 磨损系数 $K_m$**

| 允许齿厚的磨损量占原齿厚的百分数(%) | $K_m$ | 说 明 |
|---|---|---|
| 10 | 1.25 | 这个百分数是开式齿轮传动磨损报废的主要指标，可按有关机器设备维修规程的要求确定 |
| 15 | 1.40 | |
| 20 | 1.60 | |
| 25 | 1.80 | |
| 30 | 2.00 | |

## 4.7 齿轮的材料

齿轮常用材料及其力学性能见表5.2-49，齿轮工作齿面硬度及其组合的应用举例见表5.2-50。

**表5.2-49 齿轮常用材料及其力学性能**

| 材料牌号 | 热处理种类 | 截面尺寸 | | 力学性能 | | 硬度 | |
|---|---|---|---|---|---|---|---|
| | | 直径 $d$/mm | 壁厚 $s$/mm | $R_m$/MPa | $R_{eL}$/MPa | HBW | (表面淬火) HRC |
| 调 质 钢 | | | | | | | |
| 45 | 正火 | ≤100 | ≤50 | 588 | 294 | 169~217 | 40~50 |
| | | 101~300 | 51~150 | 569 | 284 | 162~217 | |
| | | 301~500 | 151~250 | 549 | 275 | 162~217 | |
| | | 501~800 | 251~400 | 530 | 265 | 156~217 | |
| | 调质 | ≤100 | ≤50 | 647 | 373 | 229~286 | |
| | | 101~300 | 51~150 | 628 | 343 | 217~255 | |
| | | 301~500 | 151~250 | 608 | 314 | 197~255 | |
| 34CrNi3Mo | 调质 | ≤200 | ≤100 | 900 | 785 | 269~341 | — |
| | | 201~600 | 101~300 | 855 | 735 | | |
| S34CrNiMo | 调质 | ≤200 | ≤100 | 1000~1200 | 800 | 248 | 52~58 |
| | | 201~320 | 101~160 | 900~1100 | 700 | | |
| | | 321~500 | 161~250 | 800~950 | 600 | | |
| 40CrNiMo | 调质 | — | 25 | 980 | 833 | 芯部>255 表面293~330 | 48~56 |
| 42CrMo4V | 调质 | | 10~40 | 1000~1200 | 750 | 255~286 | 48~56 |
| | | | 41~100 | 900~1100 | 650 | | |
| 42CrMo4V | 调质 | | 101~160 | 800~950 | 550 | 255~286 | 48~56 |
| | | | 161~250 | 750~900 | 500 | | |
| | | | 251~500 | 690~810 | 460 | | |
| 42CrMo | 调质 | — | 25 | 1079 | 981 | 255~286 | 48~56 |
| 37SiMn2MoV | 调质 | ≤200 | ≤100 | 863 | 686 | 269~302 | 50~55 |
| | | 210~400 | 101~200 | 814 | 637 | 241~286 | |
| | | 401~600 | 201~300 | 765 | 588 | 241~269 | |
| 40Cr | 调质 | ≤100 | ≤50 | 735 | 539 | 241~286 | 48~55 |
| | | 101~300 | 51~150 | 686 | 490 | 241~286 | |
| | | 301~500 | 151~250 | 637 | 441 | 229~269 | |
| | | 501~800 | 251~400 | 588 | 343 | 217~255 | |
| 35CrMo | 调质 | ≤100 | ≤50 | 735 | 539 | 241~286 | 45~55 |
| | | 101~300 | 51~150 | 686 | 490 | 241~286 | |
| | | 301~500 | 151~250 | 637 | 441 | 229~269 | |
| | | 501~800 | 251~400 | 588 | 392 | 217~255 | |

（续）

| 材料牌号 | 热处理种类 | 截面尺寸 | | 力学性能 | | 硬度 | |
|---|---|---|---|---|---|---|---|
| | | 直径 $d$/mm | 壁厚 $s$/mm | $R_m$ /MPa | $R_{eL}$/MPa | HBW | （表面淬火）HRC |
| 渗碳钢、渗氮钢 | | | | | | | |
| 20Cr | 渗碳、淬火、回火 | ≤60 | — | 637 | 392 | — | （渗碳）56~62 |
| 20CrMnTi | 渗碳、淬火、回火 | 15 | — | 1079 | 834 | — | （渗碳）56~62 |
| 20CrMnMo | 渗碳、淬火、回火 | 15 | — | 1170 | 883 | 28~33HRC | （渗碳）56~62 |
| | | ≤30 | | 1079 | 786 | | |
| | 两次淬火、回火 | ≤100 | | 834 | 490 | | |
| 16MnCr5 | 渗碳、淬火、回火 | — | ≤11 | 880~1180 | 640 | — | （渗碳）54~62 |
| | | | >11~30 | 780~1080 | 540 | | |
| | | | >20~63 | 640~930 | 440 | | |
| 17CrNiMo6 | 渗碳、淬火、回火 | — | ≤11 | 1180~1420 | 835 | — | 芯部 30~42 |
| | | | >11~20 | 1080~1320 | 785 | | |
| | | | >30~63 | 980~1270 | 685 | | |
| 20CrNi3 | 渗碳、淬火、回火 | — | ≤11 | 931 | 735 | — | |
| S16MnCr | 渗碳、淬火、回火 | — | ≤30 | 780~1080 | 590 | 207 | 56~62 |
| | | | 31~63 | 640~930 | 440 | | |
| S17Cr2Ni2Mo | 渗碳、淬火、回火 | — | ≤30 | 1080~1320 | 780 | 229 | 56~62 |
| | | | 31~63 | 980~1270 | 685 | | |
| 38CrMoA1A | 调质 | 30 | — | 98 | 834 | 229 | （渗氮）>850HV |
| 30CrMoSiA | 调质 | 100 | — | 1079 | 883 | 210~280 | （渗氮）47~51 |
| 铸　钢 | | | | | | | |
| ZG310-570 | 正火 | — | — | 570 | 310 | 163~197 | — |
| ZG340-640 | 正火 | — | — | 640 | 340 | 179~207 | — |
| ZG35SiMn | 正火、回火 | — | | 569 | 343 | 163~217 | 45~53 |
| | 调质 | | | 637 | 412 | 197~248 | |
| ZG42SiMn | 正火、回火 | — | | 588 | 373 | 163~217 | 45~53 |
| | 调质 | | | 637 | 441 | 197~248 | |
| ZG35CrMo | 正火、回火 | — | | 588 | 392 | 179~241 | |
| | 调质 | | | 686 | 539 | 179~241 | |
| ZG35CrMnSi | 正火、回火 | — | | 686 | 343 | 163~217 | |
| | 调质 | | | 785 | 588 | 197~269 | |
| 铸　铁 | | | | | | | |
| HT250 | — | — | >4.0~10 | 270 | | 175~163 | |
| | | | >10~20 | 240 | | 164~247 | |
| | | | >20~30 | 220 | | 157~236 | |
| | | | >30~50 | 200 | | 150~225 | |
| HT800 | — | — | >10~20 | 340 | — | 182~273 | |
| | | | >20~30 | 290 | | 169~255 | |
| | | | >30~50 | 230 | | 160~241 | |
| HT350 | — | — | >10~20 | 340 | | 197~298 | |
| | | | >20~30 | 290 | | 182~273 | |
| | | | >30~50 | 290 | | 171~257 | |
| QT500-7 | — | — | — | 500 | 320 | 170~230 | — |

（续）

| 材料牌号 | 热处理种类 | 截面尺寸 | | 力学性能 | | 硬度 | |
|---|---|---|---|---|---|---|---|
| | | 直径 $d$/mm | 壁厚 $s$/mm | $R_m$/MPa | $R_{eL}$/MPa | HBW | （表面淬火）HRC |
| 铸　　铁 | | | | | | | |
| QT600-3 | — | — | — | 600 | 370 | 190～270 | — |
| QT700-2 | — | — | — | 700 | 420 | 225～305 | — |
| QT800-2 | — | — | — | 800 | 480 | 245～335 | — |
| QT900-2 | — | — | — | 900 | 600 | 280～360 | — |

注：1. 表中合金钢的调制硬度可提高到 320～340HBW。
　　2. 牌号前加 "S" 的为采用德国西马克公司（SMS）的牌号。

**表 5.2-50　齿轮工作面硬度及其组合的应用举例**

| 齿面类型 | 齿轮种类 | 热处理 | | 两轮工作齿面硬度差 HBW | 工作齿面硬度举例 | | 备注 |
|---|---|---|---|---|---|---|---|
| | | 小齿轮 | 大齿轮 | | 小齿轮 HBW | 大齿轮 HBW | |
| 软齿面（硬度≤350HBW） | 直齿 | 调质 | 正火 | 0～25 | 240～270 | 180～220 | 用于重载中低速固定式传动装置 |
| | | | 调质 | | 260～290 | 220～240 | |
| | | | 调质 | | 280～310 | 240～260 | |
| | | | 调质 | | 300～330 | 260～280 | |
| | 斜齿及人字齿 | 调质 | 正火 | 40～50 | 240～270 | 160～190 | |
| | | | 正火 | | 260～290 | 180～210 | |
| | | | 调质 | | 270～300 | 200～230 | |
| | | | 调质 | | 300～330 | 230～260 | |
| 软硬组合齿面（小齿轮硬度＞350HBW，大齿轮硬度≤350HBW） | 斜齿及人字齿 | 表面淬火 | 调质 | 齿面硬度差很大 | 45～50 HRC | 200～230 | 用于负载冲击及过载都不大的重载中低速固定式传动装置 |
| | | | | | | 230～260 | |
| | | 渗氮 | 调质 | | 56～62 HRC | 270～300 | |
| | | | | | | 300～330 | |
| 硬齿面（硬度＞350HBW） | 直齿斜齿及人字齿 | 表面淬火 | 表面淬火 | 齿面硬度大致相同 | 45～50HRC | | 用在传动尺寸受结构条件限制的情形和运输机器上的传动装置 |
| | | 渗氮 | 渗氮 | | 56～62HRC | | |

注：1. 重要齿轮的表面淬火，应采用高频或高中感应淬火；模数较大时，应沿齿沟加热和淬火。
　　2. 通常渗碳后的齿轮要进行磨齿。
　　3. 为了提高抗胶合性能建议小轮和大轮采用不同牌号的钢来制造。

# 5　圆柱齿轮的结构（表 5.2-51 和表 5.2-52）

**表 5.2-51　圆柱齿轮的结构**

| 序号 | 齿坯 | 图　形 | 结构尺寸/mm |
|---|---|---|---|
| 1 | 锻造齿轮 | 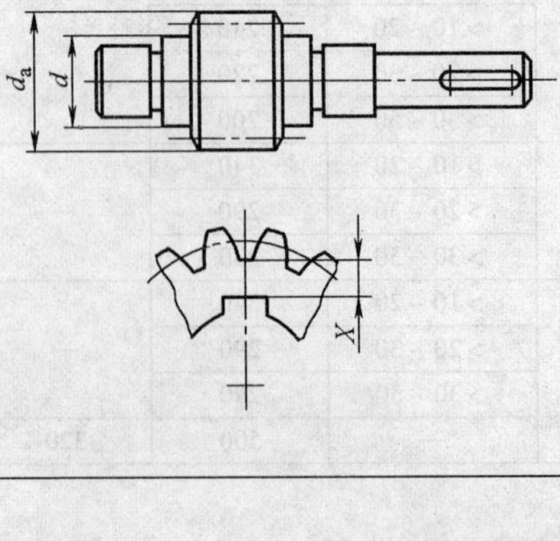 | 当 $d_a < 2d$ 或 $X \leqslant 2.5m_t$ 时，应将齿轮做成齿轮轴 |

（续）

| 序号 | 齿坯 | 图　形 | 结构尺寸/mm |
|---|---|---|---|
| 2 | 锻造齿轮 | | $D_1 = 1.6d_h$<br>$\delta_0 = 2.5m_n$，但不小于 8～10<br>$l = (1.2～1.5)d_h，l \geq b$<br>$n = 0.5m_n$<br>$D_0 = 0.5(D_1 + D_2)$<br>$d_0 = 10～29$，当 $d_a$ 较小时不钻孔 |
| 3 | | 　模段圆柱齿轮　　自由锻造圆柱齿轮 | $D_1 = 1.6d_h$<br>$l = (1.2～1.5)d_h$<br>$l \geq b$<br>$\delta_0 = (2.5～4)m_n$<br>但不小于 8～10<br>$n = 0.5m_n, r \approx 0.5C$<br>$D_0 = 0.5(D_1 + D_2)$<br>$d_0 = 15～25$<br>$C = (0.2～0.3)b$<br>（模锻）或 $0.3b$（自由锻） |
| 4 | 铸造齿轮 | | $D_1 = 1.6d_h$（铸钢）<br>$D_1 = 1.8d_h$（铸铁）<br>$l = (1.2～1.5)d_h, l \geq b$<br>$\delta_0 = (2.5～4)m_n$，但不小于8～10<br>$n = 0.5m_n, r \approx 0.5C$<br>$D_0 = 0.5(D_1 + D_2)$<br>$d_0 = 0.25(D_2 - D_1)$<br>$C = 0.2b$，但不小于 10 |
| 5 | | 　铸造 | $D_1 = 1.6d_h$（铸钢）<br>$D_1 = 1.8d_h$（铸铁）<br>$l = (1.2～1.5)d_h, l > b$<br>$\delta_0 = (2.5～4)m_n$，但不小于8<br>$n = 0.5m_n, r \approx 0.5C$<br>$C = H/5$<br>$S = H/6$，但不小于10<br>$e = 0.8\delta_0$<br>$H = 0.8d_h, H_1 = 0.8H$ |

（续）

| 序号 | 齿坯 | 图 形 | 结构尺寸/mm |
|---|---|---|---|
| 6 | 嵌套齿轮 | 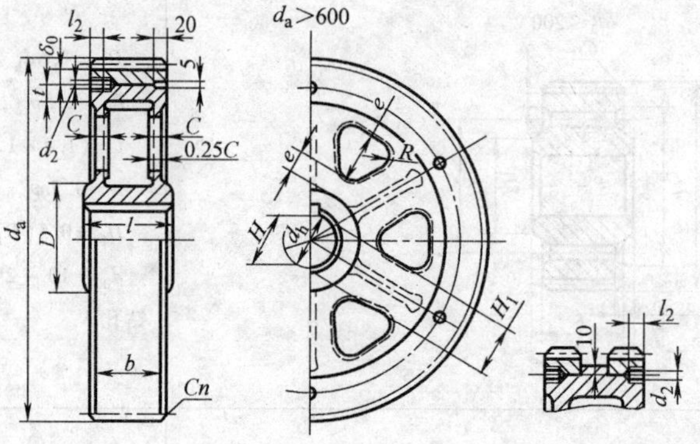 | $D_1 = 1.6d_h$（铸钢）<br>$D_1 = 1.8d_h$（铸铁）<br>$l = (1.2 \sim 1.5)d_h, l \geqslant b$<br>$\delta_0 = 4m_n$，但不小于15<br>$n = 0.5m_n$<br>$C = 0.15b$<br>$e = 0.8\delta_0$<br>$H = 0.8d_h, H_1 = 0.8H$<br>$d_2 = (0.05 \sim 0.1)d_h$<br>$l_2 = 3d_2$ |
| 7 | 铸造轮辐剖面 | 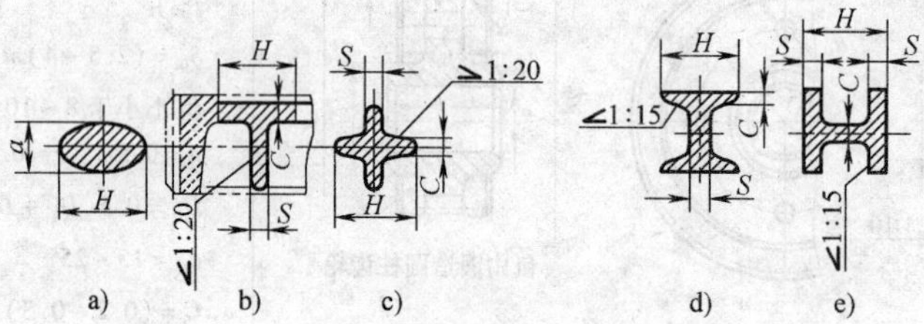 | 图 a 为椭圆形，用于轻载荷齿轮，$a = (0.4 \sim 0.5)H$<br>图 b 为 T 字形，用于中等载荷齿轮，$C = H/5, S = H/6$<br>图 c 为十字形，用于中等载荷齿轮，$C = H/5, S = H/6$<br>图 d、图 e 为工字形，用于重载荷齿轮，$C = S = H/5$ |
| 8 | 焊接齿轮 | 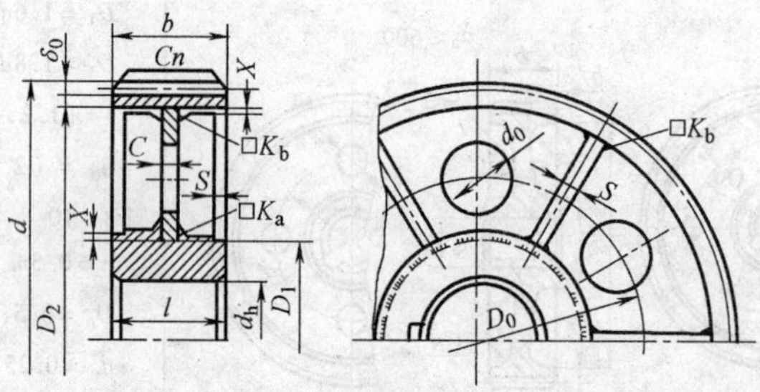 | $D_1 = 1.6d_h$<br>$l = (1.2 \sim 1.5)d_h$,<br>$l \geqslant b$<br>$\delta_0 = 2.5m_n$，但不小于8<br>$X = 5; n = 0.5m_n$<br>$C = (0.1 \sim 0.15)b$，但不小于8<br>$S = 0.8C$<br>$D_0 = 0.5(D_1 + D_2)$<br>$d_0 = 0.2(D_2 - D_1)$<br>$\left. \begin{array}{l} K_a = 0.1d_h \\ K_b = 0.05d_h \end{array} \right\}$但不小于4 |
| 9 | | 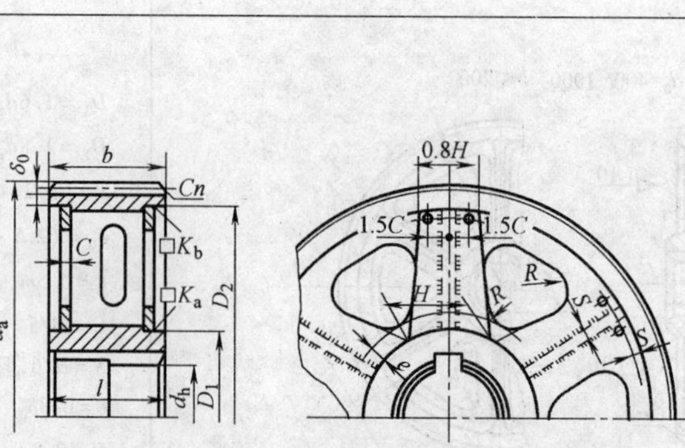 | $d_1 = 1.6d_h$<br>$l = (1.2 \sim 1.5)d_h$,<br>$l \geqslant b$<br>$\delta_0 = 2.5m_n$，但不小于8<br>$X = 5$（图中未示出，参见上图）<br>$C = (0.1 \sim 0.15)b$，但不小于8<br>$S = 0.8C, n = 0.5m_n$<br>$H = 0.8d_h$<br>$e = 0.2d_h$<br>$\left. \begin{array}{l} K_a = 0.12d_h \\ K_b = 0.03d_h \end{array} \right\}$但不小于4 |

（续）

| 序号 | 齿坯 | 图 形 | 结构尺寸/mm |
|---|---|---|---|
| 10 | 焊接齿轮 | 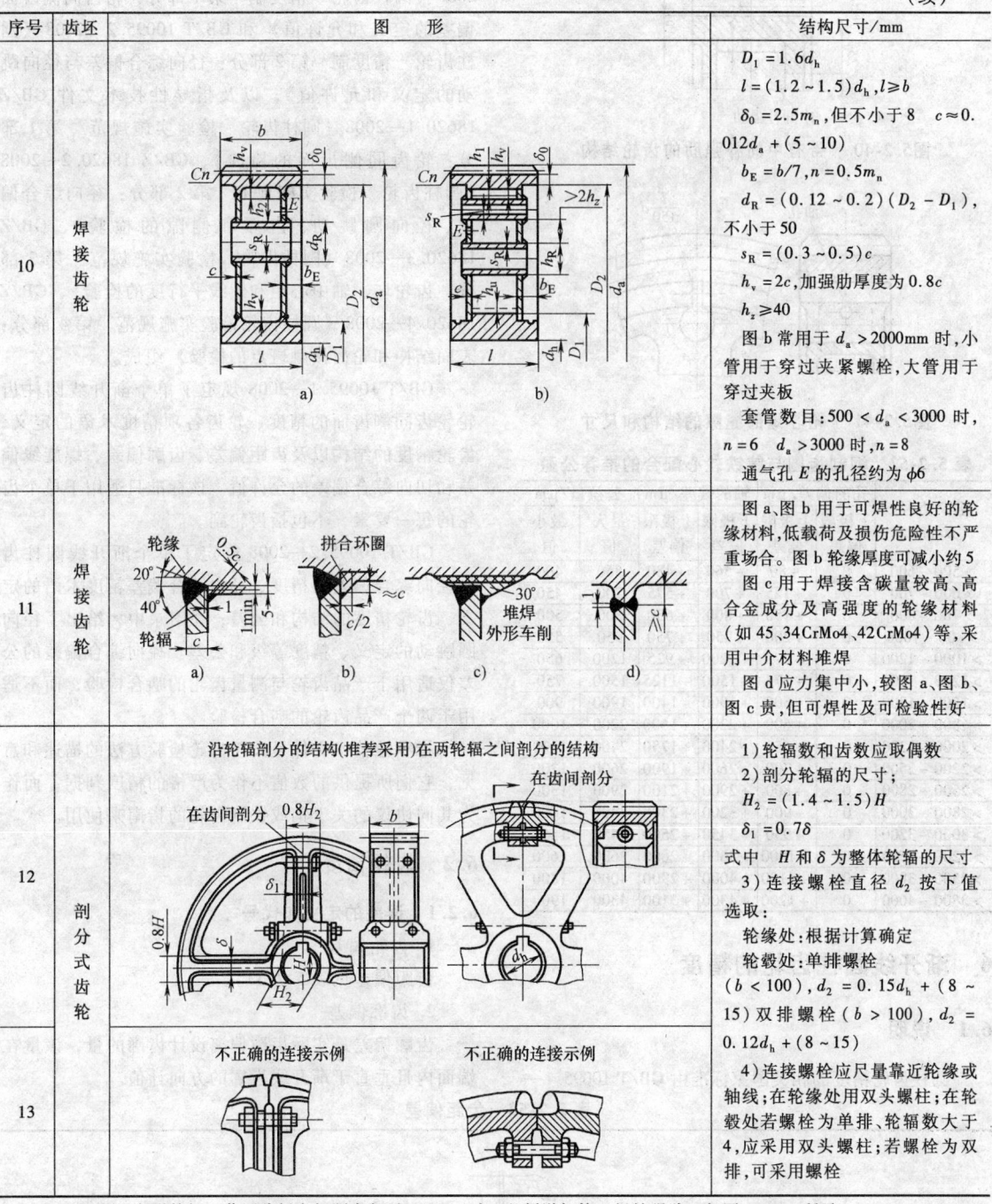 | $D_1 = 1.6d_h$ <br> $l = (1.2 \sim 1.5)d_h, l \geqslant b$ <br> $\delta_0 = 2.5m_n$，但不小于 8 $c \approx 0.012d_a + (5 \sim 10)$ <br> $b_E = b/7, n = 0.5m_n$ <br> $d_R = (0.12 \sim 0.2)(D_2 - D_1)$，不小于 50 <br> $s_R = (0.3 \sim 0.5)c$ <br> $h_v = 2c$，加强肋厚度为 $0.8c$ <br> $h_z \geqslant 40$ <br> 图 b 常用于 $d_a > 2000$mm 时，小管用于穿过夹紧螺栓，大管用于穿过夹板 <br> 套管数目：$500 < d_a < 3000$ 时，$n = 6$ $d_a > 3000$ 时，$n = 8$ <br> 通气孔 $E$ 的孔径约为 $\phi6$ |
| 11 | 焊接齿轮 | | 图 a、图 b 用于可焊性良好的轮缘材料，低载荷及损伤危险性不严重场合。图 b 轮缘厚度可减小约 5 <br> 图 c 用于焊接含碳量较高、高合金成分及高强度的轮缘材料（如 45、34CrMo4、42CrMo4 等），采用中介材料堆焊 <br> 图 d 应力集中小，较图 a、图 b、图 c 贵，但可焊性及可检验性好 |
| 12 | 剖分式齿轮 | | 1）轮辐数和齿数应取偶数 <br> 2）剖分轮辐的尺寸： <br> $H_2 = (1.4 \sim 1.5)H$ <br> $\delta_1 = 0.7\delta$ <br> 式中 $H$ 和 $\delta$ 为整体轮辐的尺寸 <br> 3）连接螺栓直径 $d_2$ 按下值选取： <br> 轮缘处：根据计算确定 <br> 轮毂处：单排螺栓 <br> $(b < 100)$，$d_2 = 0.15d_h + (8 \sim 15)$ 双排螺栓（$b > 100$），$d_2 = 0.12d_h + (8 \sim 15)$ |
| 13 | | | 4）连接螺栓应尽量靠近轮缘或轴线；在轮缘处用双头螺柱；在轮毂处若螺栓为单排，轮辐数大于 4，应采用双头螺柱；若螺栓为双排，可采用螺栓 |

注：1. 对工字形轮辐，若两肋板之间距离超过 400mm 时，必须增加第三根补强肋，如图 5.2-40 所示。

2. 当 $d_h > 100$mm，轮毂长度 $l \geqslant d_h$ 时，在轮毂孔内中部要制出一个凹沟，其直径 $d_h' \approx d_h + 16$mm，长度 $E = \frac{l}{2} - 12$mm，轮毂长度 $l = (1.5 \sim 2)d_h$，但不应小于齿宽 $b$。

3. 对于 $b \leqslant 250$mm 和直径小于 1800mm 的嵌套式齿轮，其轮芯可采用单腹板式，腹板厚度由 $\sigma_0$ 到 $2\sigma_0$（齿宽越大取较大值）。当 $v > 10$m/s 时，采用单腹板式结构尤为有利。

4. 嵌套式结构齿圈与铸铁轮芯的配合推荐采用 H7/s6（或 H7/u7）。

5. 对于采用嵌套式结构的大型齿轮，建议在轮芯的缘部开出缝隙（见图 5.2-41），缝隙的大小一般为轮辐之半，这时应在两侧加定位螺钉 6～12 个。

6. 表中尺寸 $\delta_0$ 与模数的关系式，适用于 $m = (0.01 \sim 0.02)a$ 时，当模数小于以上范围时，$\delta_0$ 值应相应增大。

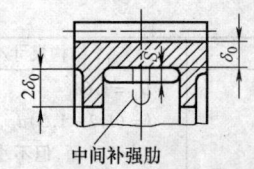

**图5.2-40  带有中间补强肋的齿轮结构**

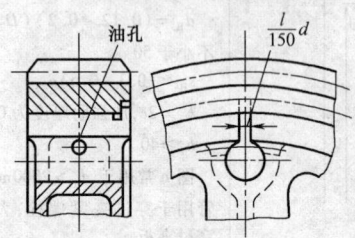

**图5.2-41  轮芯缘部缝隙的结构和尺寸**

**表 5.2-52  钢制齿圈与铸铁轮心配合的推荐公盈**

| 名义直径 $D$/mm | 孔的偏差/μm | | 轴的偏差/μm | | 公盈量/μm | |
|---|---|---|---|---|---|---|
| | 下极限偏差 | 上极限偏差 | 下极限偏差 | 上极限偏差 | 最大值 | 最小值 |
| >500~600 | 0 | +80 | +560 | +480 | 560 | 400 |
| >600~700 | 0 | +125 | +700 | +575 | 700 | 450 |
| >700~800 | 0 | +150 | +800 | +650 | 800 | 500 |
| >800~1000 | 0 | +200 | +950 | +750 | 950 | 550 |
| >1000~1200 | 0 | +275 | +1200 | +925 | 1200 | 650 |
| >1200~1500 | 0 | +375 | +1500 | +1125 | 1500 | 750 |
| >1500~1800 | 0 | +500 | +1900 | +1400 | 1900 | 900 |
| >1800~2000 | 0 | +600 | +2200 | +1600 | 2200 | 1000 |
| >2000~2200 | 0 | +650 | +2400 | +1750 | 2400 | 1100 |
| >2200~2500 | 0 | +700 | +2600 | +1900 | 2600 | 1200 |
| >2500~2800 | 0 | +800 | +2900 | +2100 | 2900 | 1300 |
| >2800~3000 | 0 | +900 | +3200 | +2300 | 3200 | 1400 |
| >3000~3200 | 0 | +950 | +3450 | +2500 | 3450 | 1550 |
| >3200~3500 | 0 | +1000 | +3600 | +2600 | 3600 | 1600 |
| >3500~3800 | 0 | +1100 | +4000 | +2900 | 4000 | 1800 |
| >3800~4000 | 0 | +1200 | +4300 | +3100 | 4300 | 1900 |

# 6  渐开线圆柱齿轮的精度

## 6.1  说明

圆柱齿轮精度的相关国家标准由 GB/T 10095.1—

2008《圆柱齿轮  精度制  第1部分：轮齿同侧齿面偏差的定义和允许值》和 GB/T 10095.2—2008《圆柱齿轮  精度制  第2部分：径向综合偏差与径向跳动的定义和允许值》，以及指导性技术文件 GB/Z 18620.1—2008《圆柱齿轮  检验实施规范  第1部分：轮齿同侧齿面的检验》、GB/Z 18620.2—2008《圆柱齿轮  检验实施规范  第2部分：径向综合偏差、径向圆跳动、齿厚和侧隙的检验》、GB/Z 18620.3—2008《圆柱齿轮  检验实施规范  第3部分：齿轮坯、轴中心距和轴线平行度的检验》、GB/Z 18620.4—2008《圆柱齿轮检验实施规范  第4部分：表面结构和轮齿接触斑点的检验》组成。

GB/T 10095.1—2008 规定了单个渐开线圆柱齿轮轮齿同侧齿面的精度、轮齿各项精度术语的定义、齿轮精度的结构以及齿距偏差、齿廓偏差、螺旋线偏差和切向综合偏差的允许值。该标准只适用于单个齿轮的每一要素，不包括齿轮副。

GB/T 10095.2—2008 规定了单个渐开线圆柱齿轮径向综合偏差的精度、径向综合偏差精度术语的定义、齿轮精度的结构和公差；在附录中，给出了径向圆跳动的定义、精度等级和公差。径向综合偏差的公差仅适用于产品齿轮与测量齿轮的啮合检验，而不适用于两个产品齿轮的啮合检验。

指导性技术文件是关于齿轮检验方法的描述和意见，它们所提供的数值不作为严格的精度判据，而作为共同协议的关于钢或铁制齿轮的指南来使用。

## 6.2  齿轮精度

### 6.2.1  误差的定义和代号

1. 齿轮偏差

齿距偏差见表 5.2-53。

2. 齿廓偏差

齿廓偏差是实际齿廓偏离设计齿廓的量，该量在端面内且垂直于渐开线齿廓的方向计值。

**表 5.2-53  齿距偏差**

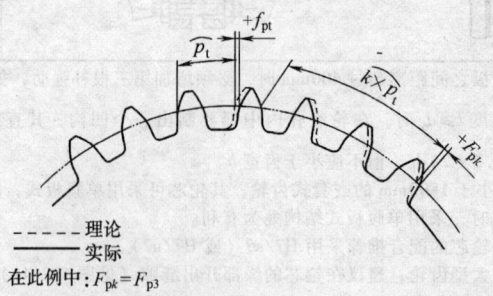

齿距偏差

（续）

| 名称 | 定义 | 备注 |
|---|---|---|
| 单个齿距偏差 $f_{pt}$ | 在端平面上,在接近齿高中部的一个与齿轮轴线同心的圆上,实际齿距与理论齿距的代数差 | $f_{pt}$ 需对每个轮齿的两侧都进行测量 |
| 齿距累积偏差 $F_{pk}$ | 任意 $k$ 个齿距的实际弧长与理论弧长的代数差。理论上它等于这 $k$ 个齿距的各单个齿距偏差的代数和 | 除另有规定,$F_{pk}$ 值被限定在不大于 1/8 的圆周上评定。因此,$F_{pk}$ 的允许值适用于齿距数 $k$ 为 2 到小于 $z/8$ 的弧段内。通常,$F_{pk}$ 取 $k = z/8$ 就足够了,但对于特殊的应用(如高速齿轮),还需要检验较小弧段,并规定相应的 $k$ 值 |
| 齿距累积总偏差 $F_p$ | 齿轮同侧齿面任意弧段($k = 1 \sim k = z$)内的最大齿距累积偏差,它表现为齿距累积偏差曲线的总幅值 | — |

关于齿廓总偏差 $F_\alpha$、齿廓形状偏差 $f_{f\alpha}$ 和齿廓倾斜偏差 $f_{H\alpha}$ 见表 5.2-54。

### 表 5.2-54　齿廓偏差

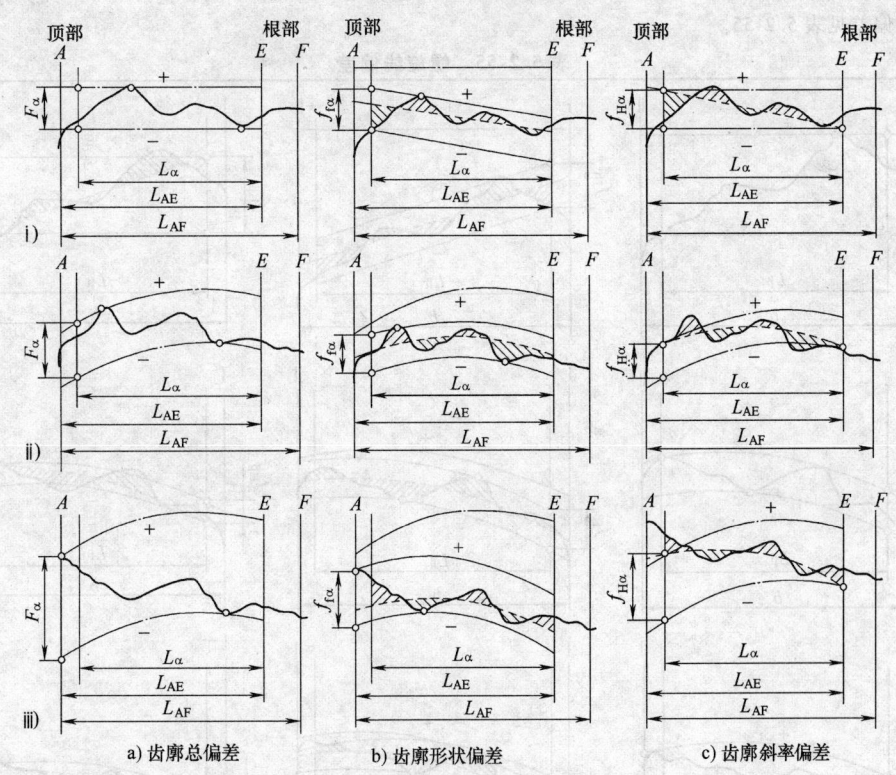

a) 齿廓总偏差　　　　b) 齿廓形状偏差　　　　c) 齿廓斜率偏差

1. 图中,——— 设计齿廓;〜〜〜 实际齿廓;- - - - - 平均齿廓
ⅰ)设计齿廓:未修形的渐开线;实际齿廓:在减薄区内具有偏向体内的负偏差
ⅱ)设计齿廓:修形的渐开线(举例);实际齿廓:在减薄区内具有偏向体内的正偏差
ⅲ)设计齿廓:修形的渐开线(举例);实际齿廓:在减薄区外具有偏向体外的负偏差

2. $L_{AF}$ —可用长度,等于两条端面基圆切线长之差。其中一条从基圆延伸到可用齿廓的外界限点,一条从基圆延伸到可用齿廓的内界限点。依设计而定,可用长度的外界限点被齿顶、齿顶倒棱或齿顶倒圆的起始点(点 $A$)限定,朝齿根方向上,可用长度的内界限点被齿根圆角或挖根的起始点(点 $F$)限定

3. $L_{AE}$ —有效长度,可用长度对应有效齿廓的部分。对于齿顶,其有与可用长度同样的限定(点 $A$)。对于齿根,有效长度延伸到与之配对齿轮有效啮合的终止点 $E$(即有效齿廓起始点)。如不知道配对齿轮,则 $E$ 点为与基本齿条有效啮合的起始点

4. $L_\alpha$ —齿廓计值范围,可用长度中的一部分,在 $L_\alpha$ 范围内应遵照规定精度等级的公差。除另有规定外,具长度等于从点 $E$ 开始延伸到有效长度 $L_{AE}$ 的 92%。

（续）

| 名称 | 定义 | 备注 |
|---|---|---|
| 齿廓总偏差 $F_\alpha$ | 在计值范围内，包容实际齿廓迹线的两条设计齿廓迹线间的距离（见图 a） | 1）设计齿廓指符合设计规定的齿廓，无其他限定时，指端面齿廓。在齿廓曲线图中，未经修形的渐开线齿廓迹线一般为直线<br>2）齿廓迹线是指由齿廓检验设备在纸上或其他适当的介质上画出来的齿廓偏差曲线。齿廓迹线若偏离了直线，其偏离量即表示与被检齿轮的基圆所展成的渐开线的偏差 |
| 齿廓形状偏差 $f_{f\alpha}$ | 在计值范围内，包容实际齿廓迹线的两条与平均齿廓迹线完全相同的曲线间的距离，且两条曲线与平均齿廓迹线的距离为常数（见图 b） | 平均齿廓是指从设计齿廓迹线纵坐标减去一条斜直线的纵坐标后得到的一条迹线，使得在计值范围内，实际齿廓迹线与平均齿廓迹线偏差的平方和最小 |
| 齿廓倾斜偏差 $f_{H\alpha}$ | 在计值范围的两端与平均齿廓迹线相交的两条设计齿廓迹线间的距离（见图 c） | — |

注：齿廓偏差应至少测量三个齿的两侧齿面，这三个齿应取在沿齿轮圆周近似三等分位置处。

3. 螺旋线偏差

螺旋线偏差见表 5.2-55。

**表 5.2-55　螺旋线偏差**

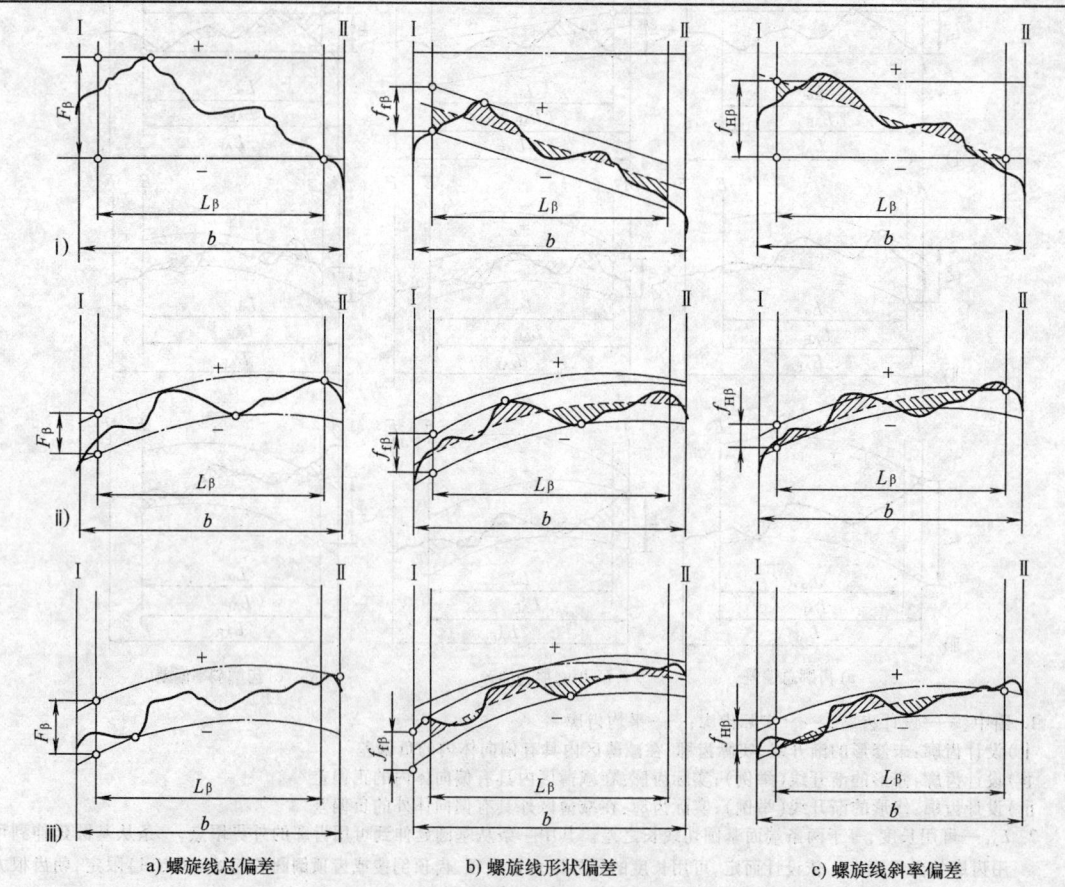

a) 螺旋线总偏差　　　　　b) 螺旋线形状偏差　　　　　c) 螺旋线斜率偏差

1. 图中，———设计螺旋线；∿∿实际螺旋线；……平均螺旋线
ⅰ）设计螺旋线：未修形的渐开线；实际螺旋线：在减薄区内具有偏向体内的负偏差
ⅱ）设计螺旋线：修形的渐开线（举例）；实际螺旋线：在减薄区内具有偏向体内的正偏差
ⅲ）设计螺旋线：修形的渐开线（举例）；实际螺旋线：在减薄区外具有偏向体外的负偏差
2. $L_\beta$—螺旋线计值范围。除另有规定外，$L_\beta$ 等于在轮齿两端各减去5%的齿宽或一个模数的长度后的数值较大者
3. $b$—齿宽

（续）

| 名称 | 定义 | 备注 |
|---|---|---|
| 螺旋线总偏差 $F_\beta$ | 在计值范围内,包容实际螺旋线迹线的两条设计螺旋线迹线间的距离(见图 a) | 1)设计螺旋线是指符合设计规定的螺旋线。在螺旋线曲线图,未经修形的螺旋线迹线一般为直线<br>2)螺旋线迹线是指由螺旋线检验设备在纸上或其他适当的介质上画出来的曲线,此曲线若偏离了直线,其偏离量即表示实际螺旋线与不修形螺旋线偏差 |
| 螺旋线形状偏差 $f_{f\beta}$ | 在计值范围内,包括实际螺旋线迹线的两条与平均螺旋线迹线完全相同的曲线间的距离,且两条曲线与平均螺旋线迹线的距离为常数(见图 b) | 平均螺旋线是指从设计螺旋线迹线纵坐标减去一条斜直线的纵坐标后得到的一条迹线,使得在计值范围内,实际螺旋线迹线与平均螺旋线迹线偏差的平方和最小 |
| 螺旋线倾斜偏差 $f_{H\beta}$ | 在计值范围内的两端与平均螺旋线迹线相交的两条设计螺旋线迹线间的距离(见图 c) | — |

注:螺旋线偏差应至少测量三个齿的两侧齿面,这三个齿应取在沿齿轮圆周近似三等分位置处。

4. 切向综合偏差

切向综合偏差见表 5.2-56。

**表 5.2-56　切向综合偏差**

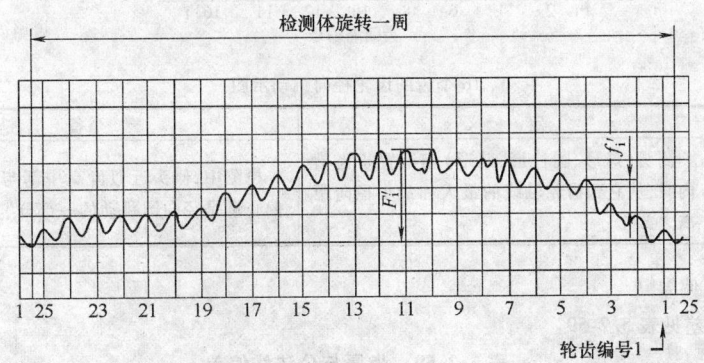

| 名称 | 定义 | 备注 |
|---|---|---|
| 切向综合总偏差 $F_i'$ | 被测齿轮与测量齿轮单面啮合检验时,被测齿轮在一转内齿轮分度圆上实际圆周位移与理论圆周位移的最大差值 | 在检测过程,齿轮的同侧齿面处于单面啮合状态 |
| 一齿切向综合偏差 $f_i'$ | 在一个齿距内的切向综合偏差 | — |

注:除另有规定外,切向综合偏差的测量不是必须的。然而,经供需双方同意时,这种方法最好与轮齿接触的检验同时进行,有时可以用来替代其他检测方法。

5. 径向综合偏差

径向综合偏差见表 5.2-57。

**表 5.2-57　径向综合偏差**

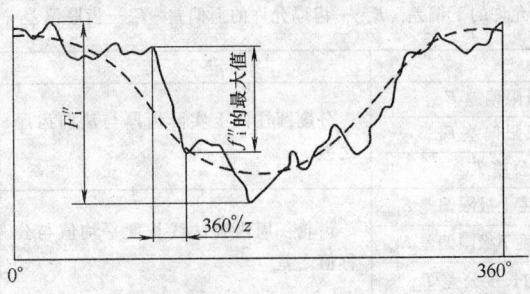

(续)

| 名称 | 定义 | 备注 |
|------|------|------|
| 切向综合总偏差 $F_i''$ | 在径向（双面）综合检验时，产品齿轮的左右齿面同时与测量齿轮接触，并转过一周时出现的中心距最大值和最小值之差 | 产品齿轮是指正在被测量或被评定的齿轮 |
| 一齿切向综合偏差 $f_i''$ | 当产品齿轮啮合一整圈时，对应一个齿距（360°/z）的径向综合偏差 | 产品齿轮所有轮齿 $f_i''$ 的最大值不应超过规定的允许值 |

### 6. 径向圆跳动 $F_r$

径向圆跳动见表 5.2-58。

**表 5.2-58　径向圆跳动**

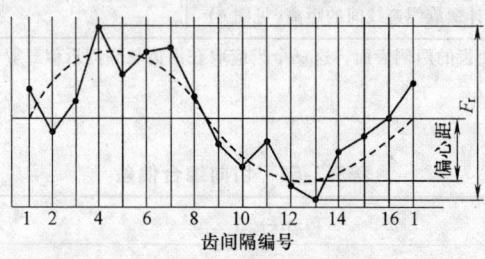

16个齿的齿轮径向跳动示图

| 名称 | 定义 | 备注 |
|------|------|------|
| 径向圆跳动 $F_r$ | 测头（球形、圆柱形、砧形）相继置于齿槽内时，从它到齿轮轴线的最大和最小径向距离之差 | 检测中，侧头近似齿高中部与左右齿面接触。图中偏心量是径向圆跳动的一部分 |

### 7. 齿厚及公法线偏差

齿厚及公法线偏差见表 5.2-59。

**表 5.2-59　齿厚与公法线偏差**

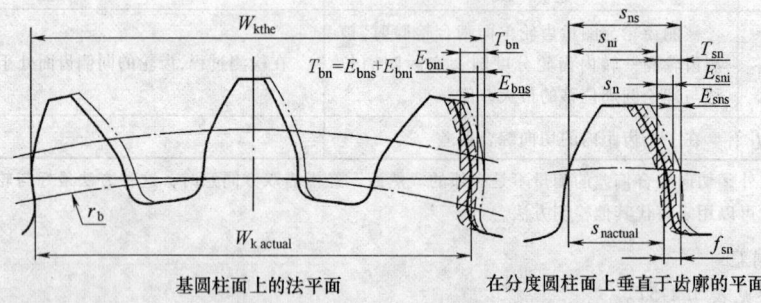

基圆柱面上的法平面　　　　　　　　在分度圆柱面上垂直于齿廓的平面

$E_{bni}$—公法线长度下极限偏差　$E_{bns}$—公法线长度上极限偏差　$s_n$—法向齿厚　$s_{ni}$—齿厚的最小极限尺寸　$s_{ns}$—齿厚的最大极限尺寸　$s_{nactual}$—实际齿厚　$E_{sni}$—齿厚允许的下偏差　$E_{sns}$—齿厚允许的上偏差　$f_{sn}$—齿厚偏差　$T_{sn}$—齿厚公差，$T_{sn} = E_{sns} + E_{sni}$

| 名称 | | 定义 | 备注 |
|------|------|------|------|
| 齿厚偏差 $E_{sn}$ | 齿厚上极限偏差 $E_{sns}$ | 分度圆柱面上实际齿厚与法向齿厚之差 | 对斜齿轮，齿厚是指法向齿厚，标准中未给出齿厚偏差值 |
| | 齿厚下极限偏差 $E_{sni}$ | | |
| | 齿厚公差 $T_{sn}$ | | |
| 公法线长度偏差 $E_{bn}$ | 公法线平均长度上极限偏差 $E_{bns}$ | 齿轮一周内公法线长度平均值与公称值之差 | — |
| | 公法线平均长度下极限偏差 $E_{bni}$ | | |
| | 公法线平均长度公差 $T_{bn}$ | | |

## 8. 齿轮副的侧隙

齿轮副的侧隙见表 5.2-60。

**表 5.2-60　齿轮副的侧隙**

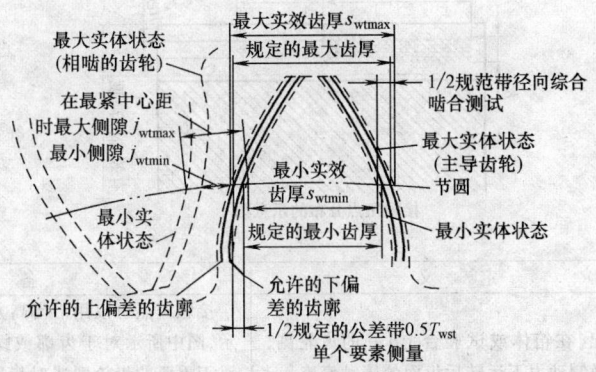

a) 端平面上齿厚

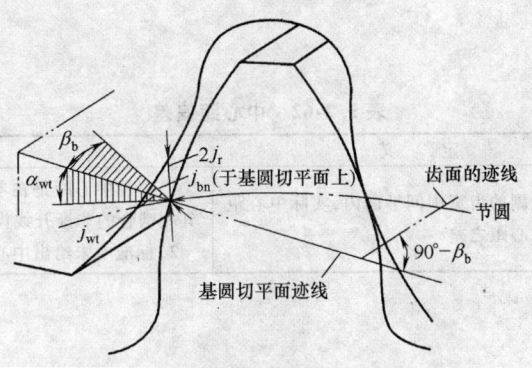

b) 圆周侧隙 $j_{wt}$、法向侧隙 $j_{bn}$ 与径向侧隙 $j_r$ 之间的关系

| 名　称 | 定　义 | 备　注 |
|---|---|---|
| 侧隙 | 两相啮合齿轮工作齿面接触时,在两非工作齿面间形成的间隙(见图 a) | — |
| 圆周侧隙 $j_{wt}$ | 两相啮合齿轮中的一个齿轮固定时,另一个齿轮能转过的节圆弧长度最大值(见图 a) | — |
| 最小侧隙 $j_{wtmin}$ | 节圆上的最小圆周侧隙,即具有最大允许实效齿厚的齿轮与同样具有最大允许实效齿厚的配对齿轮相啮合时,在静态条件下,在最紧允许中心距时的圆周侧隙(见图 a) | 最紧中心距,对于外齿轮是指最小的工作中心距,对于内齿轮是指最大的工作中心距 |
| 最大侧隙 $j_{wtmax}$ | 节圆上的最大圆周侧隙,即具有最小允许实效齿厚的齿轮与同样具有最小允许实效齿厚的配对齿轮相啮合时,在静态条件下,在最大允许中心距时的圆周侧隙(见图 a) | — |
| 法向侧隙 $j_{bn}$ | 两相啮合齿轮工作齿面接触时,在两非工作面间的最短距离(见图 b) | $j_{bn} = j_{wt} \cos\alpha_{wt} \cos\beta_b$ <br> $\beta_b$ ——基圆螺旋角 |
| 径向侧隙 $j_r$ | 两相啮合齿轮的中心距缩小,直到其左右两齿面都相接触时,这个缩小量即为径向侧隙(见图 b) | $j_r = \dfrac{j_{wt}}{2\tan\alpha_{wt}}$ |

### 9. 接触斑点

接触斑点见表 5.2-61。

**表 5.2-61　接触斑点**

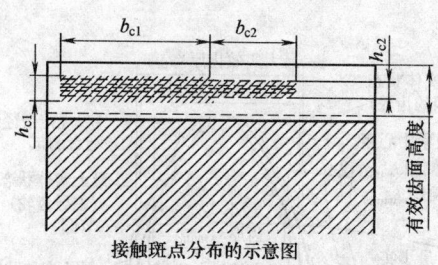

接触斑点分布的示意图

| 名称 | 定 义 | 备 注 |
|---|---|---|
| 接触斑点 | 装配(在箱体或试验台上)好的齿轮副,在轻微制动力下运转后齿面的接触痕迹 | 接触斑点可以用沿齿高方向和齿长方向的百分数表示,图中所示对于齿廓或螺旋线修形的齿面不适用。对于重要的齿轮副或对齿廓或螺旋线修形的齿轮,可在图样中规定所需的接触斑点的位置、形状和大小 |

### 10. 中心距偏差

中心距偏差见表 5.2-62。

**表 5.2-62　中心距偏差**

| 名称 | 定 义 | 备 注 |
|---|---|---|
| 中心距偏差$f_a$ | 在齿轮副的齿宽中间平面内,实际中心距与公称中心距之差 | 1)公称中心距是在考虑了最小侧隙及两齿轮齿顶和其相啮合的非渐开线齿廓齿根部分的干涉后确定的<br>2)标准中未给出中心距偏差值 |

### 11. 轴线平行度

轴线平行度见表 5.2-63。

**表 5.2-63　轴线平行度**

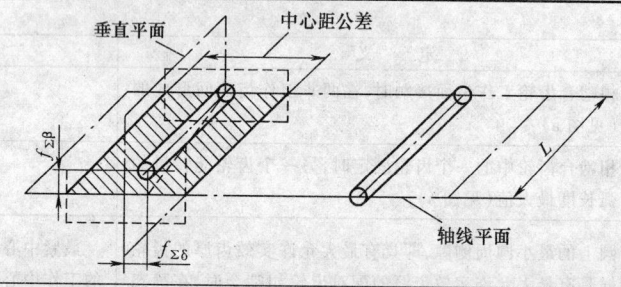

| 名称 | 定 义 | 备 注 |
|---|---|---|
| 轴线平行度偏差 | 一对齿轮的轴线在两轴线的公共平面或垂直平面内投影的平行度偏差 | 平行度偏差用与轴支撑公法线长度$L$(轴承中间距$L$)相关联的值来表示 |
| 轴线平面内的轴线平行度偏差$f_{\Sigma\delta}$ | 一对齿轮的轴线在两轴线的公共平面内投影的平行度偏差。偏差的最大推荐值为 $$f_{\Sigma\delta}=\left(\frac{L}{b}\right)F_\beta$$ | 轴线的公共平面是用两轴承公法线长度较长的一个$L$与另一根轴上的一个轴承来确定。若两轴承公法线长度相同,则用小齿轮轴与大齿轮轴的一个轴承来确定 |
| 垂直平面内的轴线平行度偏差$f_{\Sigma\beta}$ | 一对齿轮的轴线在两轴线公共平面的垂直平面上投影的平行度偏差。偏差的最大推荐值为 $$f_{\Sigma\beta}=0.5\left(\frac{L}{b}\right)F_\beta$$ | — |

### 6.2.2 精度等级及其选择

GB/T 10095.1—2008 对轮齿同侧齿面公差规定了 13 个精度等级，0 级最高，12 级最低。如果要求的齿轮精度等级为 GB/T 10095.1—2008 的某一等级而无其他规定，则齿距、齿廓、螺旋线等各项偏差的允许值均按该精度等级确定。也可以按协议对工作和非工作齿面规定不同的精度等级，或对不同偏差项目规定不同的精度等级。另外，也可仅对工作齿面规定要求的精度等级。

GB/T 10095.2—2008 对径向综合公差规定了 9 个精度等级，4 级最高，12 级最低。对径向圆跳动规定了 13 个精度等级，0 级最高，12 级最低。如果要

求的齿轮精度等级为 GB/T 10095.2—2008 的某一等级而无其他规定，则径向综合与径向圆跳动的各项偏差的公差均按该精度等级确定。也可根据协议，供需双方共同对任意质量要求规定不同的公差。

径向综合偏差的精度等级不一定与 GB/T 10095.1—2008 中的要素偏差（如齿距、齿廓、螺旋线等）选用相同的等级。当文件需要描述齿轮精度要求时，应注明 GB/T 10095.1—2008 或 GB/T 10095.2—2008。

齿轮的精度等级应根据传动的用途、使用条件、传递功率和圆周速度及其他经济、技术条件来确定。常用精度等级齿轮的加工方法及应用范围参见表 5.2-64。

**表 5.2-64 常用精度等级齿轮的加工方法及应用范围**

| 要　素 | | 精　度　等　级 | | | | | |
|---|---|---|---|---|---|---|---|
| | | 4 | 5 | 6 | 7 | 8 | 9 |
| 切齿方法 | | 在周期误差很小的精密机床上用展成法加工 | 在周期误差小的精密机床上用展成法加工 | 在精密机床上用展成法加工 | 在较精密的机床上用展成法加工 | 在机床上用展成法加工 | 在机床上用展成法或分度法精细加工 |
| 齿面最后加工 | | | 精密磨齿；对软或硬齿面的大型齿轮用精密滚齿机滚切后，再研磨或剃齿 | 磨齿、精密滚齿或剃齿 | 高精度滚齿、插齿和剃齿对渗碳淬火齿轮必须做最后加工（磨齿、精刮齿、有修正能力的珩齿） | 滚齿、插齿必要时剃齿或刮齿（或珩齿） | 一般滚、插齿工艺 |
| 齿面粗糙度 | 齿面 | 硬化 | 调质 | 硬化 | 调质 | 硬化 | 调质 | 硬化 | 调质 | 硬化 | 调质 | 硬化 | 调质 |
| | $Ra/\mu m$ | ≤0.4 | ≤0.8 | ≤1.6 | ≤0.8 | ≤1.6 | | ≤3.2 | | ≤6.3 | | ≤3.2 | ≤6.3 |
| | 相当于▽ | 8～9 | 7～8 | 6～7 | 7～8 | 6～7 | | 5～6 | | 4～5 | | 5～6 | 4～5 |
| 工作条件及应用范围 | 动力传动 | 用于超高速的涡轮机传动齿轮圆周速度 $v$ > 70m/s 的斜齿轮 | 用于高速的涡轮机传动齿轮，重型机械进给机构和高速重载齿轮圆周速度 $v$ > 70m/s 的斜齿轮 | 用于高速传动齿轮，工业机械有高可靠性要求的齿轮，重型机械的大功率传动齿轮作业率很高的起重运输机械齿轮圆周速度 $v$ < 30m/s 的斜齿轮圆周速度 $v$ < 15m/s 的直齿轮 | 用高速和适度功率或大功率和适度速度条件下的齿轮、冶金、矿山、石油、林业、轻工、工程机械和小型工业齿轮箱（普通减速器）可有可靠性要求的齿轮圆周速度 $v$ < 25m/s 的斜齿轮圆周速度 $v$ < 15m/s 的直齿轮 | 用于中等速度较平稳传动的齿轮、冶金、矿山、石油、林业、轻工、工程机械和小型工业齿轮箱（普通减速器）的齿轮圆周速度 $v$ < 15m/s 的斜齿轮圆周速度 $v$ < 10m/s 的直齿轮 | 用于一般性工作和噪声要求不高的齿轮，受载低于计算载荷的传动齿轮，圆周速度大于 1m/s 的开式齿轮传动和转盘齿轮圆周速度 $v$ < 6m/s 的斜齿轮圆周速度 $v$ < 4m/s 的直齿轮 |

（续）

| 要　素 | | 精　度　等　级 | | | | | |
|---|---|---|---|---|---|---|---|
| | | 4 | 5 | 6 | 7 | 8 | 9 |
| 工作条件及应用范围 | 航空、船舶和车辆 | 需要很高的平稳性、低噪声的船舶和航空齿轮（注:3级精度）圆周速度 $v>$ 70m/s 的斜齿轮圆周速度 $v>$ 35m/s 的直齿轮 | 需要高的平稳性、低噪声的船用和航空齿轮圆周速度 $v>$ 35m/s 的斜齿轮圆周速度 $v>$ 20m/s 的直齿轮 | 用于高速传动平稳性、低噪声的船用和航空齿轮圆周速度 $v>$ 25m/s 的斜齿轮圆周速度 $v>$ 15m/s 的直齿轮 | 用于有平稳性和噪声要求的航空、船舶和轿车的齿轮圆周速度 $v>$ 35m/s 的斜齿轮圆周速度 $v>$ 20m/s 的直齿轮 | 用于中等速度较平稳传动的载重汽车和拖拉机的齿轮圆周速度 $v>$ 15m/s 的斜齿轮圆周速度 $v>$ 10m/s 的直齿轮 | 用于较低速和噪声要求不高的载重汽车第一档与倒档拖拉机和联合收割机齿轮圆周速度 $v>$ 6m/s 的斜齿轮圆周速度 $v>$ 4m/s 的直齿轮 |
| | 机床 | 高精度和精密的分度链末端齿轮圆周速度 $v>$ 50m/s 的斜齿轮圆周速度 $v>$ 30m/s 的直齿轮 | 一般精度的分度链末端齿轮高精度和精密的分度链的中间端齿轮圆周速度 $v>$ 30～50m/s 的斜齿轮圆周速度 $v>$ 15～30m/s 的直齿轮 | Ⅴ级机床主传动的重要齿轮一般精度的分度链的中间齿轮Ⅱ级和Ⅱ级以上精度等级机床的进给齿轮、油泵齿轮圆周速度 $v>$ 15～30m/s 的斜齿轮圆周速度 $v>$ 10～15m/s 的直齿轮 | Ⅳ级和Ⅳ级以上精度等级机床的进给齿轮圆周速度 $v>$ 8～15m/s 的斜齿轮圆周速度 $v>$ 6～10m/s 的直齿轮 | 一般精度的机床齿轮圆周速度 $v<8/s$ 的斜齿轮圆周速度 $v<$ 6m/s 的直齿轮 | 没有传动精度要求的手动齿轮 |
| | 其他 | 检验7级精度齿轮的测量齿轮 | 检验8～9级精度齿轮的测量齿轮、印刷机印刷棍子用的齿轮 | 读数装置中特别精密传动的齿轮 | 读数装置的传动及具有非直齿的速度传动齿轮、印刷机传动齿轮 | 普通印刷机传动齿轮 | — |
| 单级传动效率 | | 不低于 0.99（包括轴承不低于 0.985） | | | 不低于 0.98（包括轴承不低于 0.975） | 不低于 0.97（包括轴承不低于 0.965） | 不低于 0.96（包括轴承不低于 0.95） |

### 6.2.3　齿厚

在分度圆柱上法向平面的法向齿厚是指齿厚的理论值，具有理论齿厚的相配齿轮在基本中心距下无侧隙啮合。法向齿厚 $s_n$ 的计算公式为

外齿轮　　$s_n = m_n \left( \dfrac{\pi}{2} + 2x\tan\alpha_n \right)$ 　　(5-2-60)

内齿轮　　$s_n = m_n \left( \dfrac{\pi}{2} - 2x\tan\alpha_n \right)$ 　　(5.2-61)

式中　$m_n$——法向模数；

$\alpha_n$——法向压力角；

$x$——径向变位系数。

对于斜齿轮，$s_n$ 值在法面内测量。

为保证一对齿轮在规定的侧隙下运行，控制相配齿轮的齿厚是十分重要的。在有些情况下，由于齿顶高的变位，要在分度圆直径 $d$ 处测量齿厚不太容易，因而在表 5.2-65 中给出了任意直径 $d_y$ 处齿厚（见图 5.2-42）的计算式。

## 表 5.2-65　任意直径 $d_y$ 处齿厚计算式

| 测量位置 $d_y$ | $d_y = d + 2m_n x$ |
|---|---|
| 弦齿厚 $s_{ync}$ | $s_{ync} = d_y \sin\left(\dfrac{s_{yn}}{d_{yn}}\dfrac{180°}{\pi}\right)$<br><br>式中　$d_{yn} = d_y - d + \dfrac{d}{\cos^2\beta_b}$<br><br>$s_{yn} = s_{y1}\cos\beta_y$<br><br>$s_{y1} = d_y\left(\dfrac{s_n}{d\cos\beta} + \mathrm{inv}\alpha_t - \mathrm{inv}\alpha_{yt}\right)$<br><br>$\cos\alpha_{yt} = \dfrac{d\cos\alpha_t}{d_y}$<br><br>$\tan\beta_y = \dfrac{d_y\tan\beta}{d}$<br><br>$\sin\beta_b = \sin\beta\cos\alpha_n$ |
| 弦齿顶高 $h_{yc}$ | $h_{yc} = h_y + \dfrac{d_{yn}}{2}\left[1 - \cos\left(\dfrac{s_{yn}}{d_{yn}}\dfrac{180°}{\pi}\right)\right]$<br><br>式中　$h_y = \dfrac{d_a - d_y}{2}$ |

注：1. 标准推荐在 $d_y = d + 2m_n x$ 处测量齿厚。
　　2. 本表中公式适用于用齿厚游标卡尺测量外齿轮的齿厚。

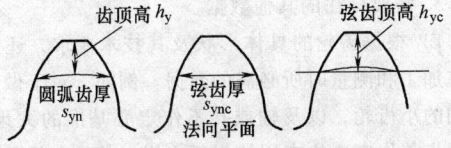

**图 5.2-42　弦齿顶高和弦齿厚**

### 6.2.4　侧隙

齿轮副的侧隙要求应根据工作条件，用最小侧隙 $j_{bnmin}$（$j_{wtmin}$）或最大侧隙 $j_{bnmax}$（$j_{wtmax}$）来规定。侧隙是通过选择适当的中心距偏差、齿厚偏差（或公法线长度偏差）来保证的。

鉴于 GB/T 10095.1～2—2008 和 GB/Z 18620.1～4—2008 中未提供齿厚公差的推荐值，建议设计时根据需要确定最小侧隙，参考 GB/T 10095—1988 中关于齿厚偏差的计算方法，用相应表中的公式计算确定齿厚的上偏差 $E_{sns}$、下偏差 $E_{sni}$、齿厚公差 $T_{sn}$（或计算公法线平均长度上偏差 $E_{bns}$、下偏差 $E_{bni}$）。

GB/Z 18620.2 推荐了工业传动装置最小侧隙，见表 5.2-66。表 5.2-66 中的数值是用式（5.2-62）计算的。

$$j_{bnmin} = \frac{2}{3}(0.06 + 0.0005a_i + 0.03m_n)$$

（5.2-62）

注意，$a_i$ 必须是一个绝对值。

## 表 5.2-66　对于粗齿距（中、大模数）齿轮最小侧隙 $j_{bnmin}$ 的推荐值

（单位：mm）

| 模数 $m_n$ | 最小中心距 $a_i$ | | | | | |
|---|---|---|---|---|---|---|
| | 50 | 100 | 200 | 400 | 800 | 1600 |
| 1.5 | 0.09 | 0.11 | — | — | — | — |
| 2 | 0.10 | 0.12 | 0.15 | — | — | — |
| 3 | 0.12 | 0.14 | 0.17 | 0.24 | — | — |
| 5 | — | 0.18 | 0.21 | 0.28 | — | — |
| 8 | — | 0.24 | 0.27 | 0.34 | 0.47 | — |
| 12 | — | — | 0.35 | 0.42 | 0.55 | — |
| 18 | — | — | — | 0.54 | 0.67 | 0.94 |

需要时，可以根据齿轮副的工作条件，如工作速度、温度、负载、润滑条件等通过计算确定齿轮副的最小侧隙 $j_{bnmin}$。

$$j_{bnmin} = j_{bnmin1} + j_{bnmin2}$$

（5.2-63）

1）补偿温度变化引起的齿轮及箱体热变形所必需的侧隙 $j_{bnmin1}$ 为

$$j_{bnmin1} = 1000a(\alpha_1\Delta t_1 - \alpha_2\Delta t_2)2\sin\alpha_n$$

（5.2-64）

式中　$a$——齿轮副中心距（mm）；
　$\alpha_1$、$\alpha_2$——箱体、齿轮材料的线胀系数；
　$\Delta t_1$、$\Delta t_2$——齿轮温度 $t_1$、箱体温度 $t_2$ 与标准温度之差（℃），$\Delta t_1 = t_1 - 20°$，$\Delta t_2 = t_2 - 20°$；
　$\alpha_n$——法向压力角。

2）保证正常润滑条件所必需的最小侧隙 $j_{bnmin2}$ 可根据润滑方式和圆周速度查表 5.2-67。

### 表 5.2-67　最小侧隙 $j_{bnmin2}$

| 润滑方式 | 齿轮圆周速度／（m/s） | | | |
|---|---|---|---|---|
| | ≤10 | >10～25 | >25～60 | >60 |
| 喷油润滑 | $10m_n$ | $20m_n$ | $30m_n$ | $(30～50)m_n$ |
| 油池润滑 | $(5～10)m_n$ | | | |

### 6.2.5　推荐的检验项目

根据 GB/T 10095.1—2008 和 GB/T 10095.2—2008 两项标准，齿轮的检验可分为单项检验和综合检验，综合检验又分为单面啮合综合检验和双面啮合综合检验，其具体检验项目见表 5.2-68。

### 表 5.2-68　齿轮的检验项目

| 单项检验项目 | 综合检验项目 | |
|---|---|---|
| | 单面啮合综合检验 | 双面啮合综合检验 |
| 齿距偏差 $f_{pt}$、$F_{pk}'$、$F_p$ | 切向综合总偏差 $F_i'$ | 纵向综合总偏差 $F_i''$ |
| 齿廓总偏差 $F_\alpha$ | 一齿切向综合总偏差 $f_i'$ | 一齿纵向综合总偏差 $f_i''$ |
| 螺旋线总偏差 $F_\beta$ | — | — |
| 齿厚偏差 | — | — |
| 径向跳动 $F_r$ | — | — |

关于齿厚偏差，两标准未推荐其偏差，设计者可按齿轮副侧隙计算确定。

径向圆跳动的检验是结合企业贯彻旧标准的经验和我国齿轮生产的现状，建议在单项检验中增加的检验项目。

当采用单面啮合综合检验时。采购方与供货方应就测量元件（齿轮或齿轮测头或蜗杆）的选用、设计、精度等级、偏差的读取以及检测费用达成协议。

当采用双面啮合综合检验时，采购方与供货方应就测量齿轮设计、齿宽、精度等级和公差的确定达成协议。

新标准没有像旧标准那样规定齿轮的检验组。根据企业贯彻旧标准的技术成果及目前齿轮生产的技术与质量控制水平，建议供货方根据齿轮的使用要求、生产批量、在下述检验的检验组中选取一个检验组评定齿轮质量。

1）$f_{pt}$、$f_p$、$F_\alpha$、$F_\beta$、$F_r$。

2）$F_{pk}$、$f_{pt}$、$F_\alpha$、$F_\beta$、$F_r$。

3）$F_i''$、$f_i''$。

4）$f_{pt}$、$F_r$（10 ~ 12 级）。

5）$F_i'$、$f_i'$（有协议要求时）。

### 6.2.6  图样标注

1. 需要在图样上标注的一般尺寸数据

1）顶圆直径及其公差。

2）分度画直径。

3）齿宽。

4）孔或轴径及其公差。

5）定位面及其要求（径向和轴向圆跳动公差应标注在分度圆附近）。

6）齿轮表面粗糙度（标在齿高中部或另行图示表示）。

2. 需要在参数表中列出的数据

1）法向模数。

2）齿数。

3）齿廓类型（基本齿廓符合 GB/T 1356—2001《通用机械和重型机械用圆柱齿轮  标准基本齿条齿廓》时，仅注明齿形角，不符合时应以图样详细描述其特性）。

4）齿顶高系数。

5）螺旋角。

6）螺旋方向。

7）径向变位系数

8）齿厚公称值及其上、下偏差（法向齿厚公称值及其上、下偏差或公法线长度及其上、下偏差或跨球（圆柱）尺寸及其上、下偏差）；

9）精度等级（若齿轮的检验项目同为 7 精度，则应注明 7 GB/T 10095.1 或 7 GB/T 10095.2；若齿轮的各检验项目精度等级不同，如齿廓总偏差 $F_\alpha$ 为 6 级、齿距累积总偏差 $F_p$ 和螺旋线总偏差 $F_\beta$ 均为 7 级时，应注明。6（$F_\alpha$）、7（$F_p$、$F_\beta$）GB/T 10095.1。

10）齿轮副中心距及其偏差。

11）配对齿轮的图号及其齿数。

12）检验项目代号及其公差（或偏差）值。

参数表一般放在图样的右上角，参数表中列出的参数项目可以根据需要增减。

3. 需要标注的其他数据

1）根据齿轮的具体形状及其技术要求，还应给出在加工和测量时所必需的数据。例如，对于做成齿轮轴的小齿轮，以及轴或孔不作定心基准的大齿轮，在切齿前作定心检查用的表面应规定其最大径向圆跳动量。

2）为检查齿轮的加工精度，对某些齿轮还需指出其他一些技术参数（如基圆直径、接触线长度等），或其他检验用的尺寸参数的几何公差（如齿顶圆柱面的几何公差等）。

3）当采用设计齿廓设计螺旋线时，应用图样详述其参数。

### 6.2.7  齿轮精度数值表（表 5.2-69 ~ 表 5.2-80）

表 5.2-69  单个齿距偏差 $\pm f_{pt}$

| 分度圆直径 $d$/mm | 法向模数 $m_n$/mm | 精度等级 | | | | | |
|---|---|---|---|---|---|---|---|
| | | 5 | 6 | 7 | 8 | 9 | 10 |
| | | $\pm f_{pt}$/μm | | | | | |
| 5 ~ 20 | 0.5 ~ 2 | 4.7 | 6.5 | 9.5 | 13.0 | 19.0 | 26.0 |
| | >2 ~ 3.5 | 5.0 | 7.5 | 10.0 | 15.0 | 21.0 | 29.0 |
| >20 ~ 50 | 0.5 ~ 2 | 5.0 | 7.0 | 10.0 | 14.0 | 20.0 | 28.0 |
| | >2 ~ 3.5 | 5.5 | 7.5 | 11.0 | 15.0 | 22.0 | 31.0 |
| | >3.5 ~ 6 | 6.0 | 8.5 | 12.0 | 17.0 | 24.0 | 34.0 |
| | >6 ~ 10 | 7.0 | 10.0 | 14.0 | 20.0 | 28.0 | 40.0 |

（续）

| 分度圆直径 d/mm | 法向模数 $m_n$/mm | 精 度 等 级 | | | | | |
|---|---|---|---|---|---|---|---|
| | | 5 | 6 | 7 | 8 | 9 | 10 |
| | | $\pm f_{pt}$/$\mu$m | | | | | |
| >50~125 | 0.5~2 | 5.5 | 7.5 | 11.0 | 15.0 | 21.0 | 30.0 |
| | >2~3.5 | 6.0 | 8.5 | 12.0 | 17.0 | 23.0 | 33.0 |
| | >3.5~6 | 6.5 | 9.0 | 13.0 | 18.0 | 26.0 | 36.0 |
| | >6~10 | 7.5 | 10.0 | 15.0 | 21.0 | 30.0 | 42.0 |
| | >10~16 | 9.0 | 13.0 | 18.0 | 25.0 | 35.0 | 50.0 |
| | >16~25 | 11.0 | 16.0 | 22.0 | 31.0 | 44.0 | 63.0 |
| >125~280 | 0.5~2 | 6.0 | 8.5 | 12.0 | 17.0 | 24.0 | 34.0 |
| | >2~3.5 | 6.5 | 9.0 | 13.0 | 18.0 | 26.0 | 36.0 |
| | >3.5~6 | 7.0 | 10.0 | 14.0 | 20.0 | 28.0 | 40.0 |
| | >6~10 | 8.0 | 11.0 | 16.0 | 23.0 | 32.0 | 45.0 |
| | >10~16 | 9.5 | 13.0 | 19.0 | 27.0 | 38.0 | 53.0 |
| | >16~25 | 12.0 | 16.0 | 23.0 | 33.0 | 47.0 | 66.0 |
| | >25~40 | 15.0 | 21.0 | 30.0 | 43.0 | 61.0 | 86.0 |
| >280~560 | 0.5~2 | 5.5 | 9.5 | 13.0 | 19.0 | 27.0 | 38.0 |
| | >2~3.5 | 7.0 | 10.0 | 14.0 | 20.0 | 29.0 | 41.0 |
| | >3.5~6 | 8.0 | 11.0 | 16.0 | 22.0 | 31.0 | 44.0 |
| | >6~10 | 8.5 | 12.0 | 17.0 | 25.0 | 35.0 | 49.0 |
| | >10~16 | 10.0 | 14.0 | 20.0 | 29.0 | 41.0 | 58.0 |
| | >16~25 | 12.0 | 18.0 | 25.0 | 35.0 | 50.0 | 70.0 |
| | >25~40 | 16.0 | 22.0 | 32.0 | 45.0 | 63.0 | 90.0 |
| >560~1000 | 0.5~2 | 7.5 | 11.0 | 15.0 | 21.0 | 30.0 | 43.0 |
| | >2~3.5 | 8.0 | 11.0 | 16.0 | 23.0 | 32.0 | 46.0 |
| | >3.5~6 | 8.5 | 12.0 | 17.0 | 24.0 | 35.0 | 49.0 |
| | >6~10 | 9.5 | 14.0 | 19.0 | 27.0 | 38.0 | 54.0 |
| | >10~16 | 11.0 | 16.0 | 22.0 | 31.0 | 44.0 | 63.0 |
| | >16~25 | 13.0 | 19.0 | 27.0 | 38.0 | 53.0 | 75.0 |
| | >25~40 | 17.0 | 24.0 | 34.0 | 47.0 | 67.0 | 95.0 |
| >1000~1600 | 2~3.5 | 9.0 | 13.0 | 18.0 | 26.0 | 36.0 | 51.0 |
| | >3.5~6 | 9.5 | 14.0 | 19.0 | 27.0 | 39.0 | 55.0 |
| | >6~10 | 11.0 | 15.0 | 21.0 | 30.0 | 42.0 | 60.0 |
| | >10~16 | 12.0 | 17.0 | 24.0 | 34.0 | 48.0 | 68.0 |
| | >16~25 | 14.0 | 20.0 | 29.0 | 40.0 | 57.0 | 81.0 |
| | >25~40 | 18.0 | 25.0 | 36.0 | 50.0 | 71.0 | 100.0 |
| >1600~2500 | 3.5~6 | 11.0 | 15.0 | 21.0 | 30.0 | 43.0 | 61.0 |
| | >6~10 | 12.0 | 17.0 | 23.0 | 33.0 | 47.0 | 66.0 |
| | >10~16 | 13.0 | 19.0 | 26.0 | 37.0 | 53.0 | 74.0 |
| | >16~25 | 15.0 | 22.0 | 31.0 | 43.0 | 61.0 | 87.0 |
| | >25~40 | 19.0 | 27.0 | 38.0 | 53.0 | 75.0 | 107.0 |
| >2500~4000 | 6~10 | 13.0 | 18.0 | 26.0 | 37.0 | 52.0 | 74.0 |
| | >10~16 | 15.0 | 21.0 | 29.0 | 41.0 | 58.0 | 82.0 |
| | >16~25 | 17.0 | 24.0 | 33.0 | 47.0 | 67.0 | 95.0 |
| | >25~40 | 20.0 | 29.0 | 40.0 | 57.0 | 81.0 | 114.0 |
| >4000~6000 | 6~10 | 15.0 | 21.0 | 29.0 | 42.0 | 59.0 | 83.0 |
| | >10~16 | 16.0 | 23.0 | 32.0 | 46.0 | 65.0 | 92.0 |
| | >16~25 | 18.0 | 26.0 | 37.0 | 52.0 | 74.0 | 104.0 |
| | >25~40 | 22.0 | 31.0 | 44.0 | 62.0 | 88.0 | 124.0 |

### 表 5.2-70 齿距累积总偏差 $F_p$

| 分度圆直径 $d$/mm | 法向模数 $m_n$/mm | 精度等级 | | | | | |
|---|---|---|---|---|---|---|---|
| | | 5 | 6 | 7 | 8 | 9 | 10 |
| | | $F_p$/μm | | | | | |
| 5~20 | 0.5~2 | 11.0 | 16.0 | 23.0 | 32.0 | 45.0 | 64.0 |
| | >2~3.5 | 12.0 | 17.0 | 23.0 | 33.0 | 47.0 | 66.0 |
| >20~50 | 0.5~2 | 14.0 | 20.0 | 29.0 | 41.0 | 57.0 | 81.0 |
| | >2~3.5 | 15.0 | 21.0 | 30.0 | 42.0 | 59.0 | 84.0 |
| | >3.5~6 | 15.0 | 22.0 | 31.0 | 44.0 | 62.0 | 87.0 |
| | >6~10 | 16.0 | 23.0 | 33.0 | 46.0 | 65.0 | 93.0 |
| >50~125 | 0.5~2 | 18.0 | 26.0 | 37.0 | 52.0 | 74.0 | 104.0 |
| | >2~3.5 | 19.0 | 27.0 | 38.0 | 53.0 | 76.0 | 107.0 |
| | >3.5~6 | 19.0 | 28.0 | 39.0 | 55.0 | 78.0 | 110.0 |
| | >6~10 | 20.0 | 29.0 | 41.0 | 58.0 | 82.0 | 116.0 |
| | >10~16 | 22.0 | 31.0 | 44.0 | 62.0 | 88.0 | 127.0 |
| | >16~25 | 24.0 | 34.0 | 48.0 | 68.0 | 96.0 | 136.0 |
| >125~280 | 0.5~2 | 24.0 | 35.0 | 49.0 | 69.0 | 98.0 | 138.0 |
| | >2~3.5 | 25.0 | 35.0 | 50.0 | 70.0 | 100.0 | 141.0 |
| | >3.5~6 | 25.0 | 36.0 | 51.0 | 72.0 | 102.0 | 144.0 |
| | >6~10 | 26.0 | 37.0 | 53.0 | 75.0 | 106.0 | 149.0 |
| | >10~16 | 28.0 | 39.0 | 56.0 | 79.0 | 112.0 | 158.0 |
| | >16~25 | 30.0 | 43.0 | 60.0 | 85.0 | 120.0 | 170.0 |
| | >25~40 | 34.0 | 47.0 | 67.0 | 95.0 | 134.0 | 190.0 |
| >280~560 | 0.5~2 | 32.0 | 46.0 | 64.0 | 91.0 | 129.0 | 182.0 |
| | >2~3.5 | 33.0 | 46.0 | 65.0 | 92.0 | 131.0 | 185.0 |
| | >3.5~6 | 33.0 | 47.0 | 66.0 | 94.0 | 133.0 | 188.0 |
| | >6~10 | 34.0 | 48.0 | 68.0 | 97.0 | 137.0 | 193.0 |
| | >10~16 | 36.0 | 50.0 | 71.0 | 101.0 | 143.0 | 202.0 |
| | >16~25 | 38.0 | 54.0 | 76.0 | 107.0 | 151.0 | 214.0 |
| | >25~40 | 41.0 | 58.0 | 83.0 | 117.0 | 165.0 | 234.0 |
| >560~1000 | 0.5~2 | 41.0 | 59.0 | 83.0 | 117.0 | 166.0 | 235.0 |
| | >2~3.5 | 42.0 | 59.0 | 84.0 | 119.0 | 168.0 | 238.0 |
| | >3.5~6 | 43.0 | 60.0 | 85.0 | 120.0 | 170.0 | 241.0 |
| | >6~10 | 44.0 | 62.0 | 87.0 | 123.0 | 174.0 | 246.0 |
| | >10~16 | 45.0 | 64.0 | 90.0 | 127.0 | 180.0 | 254.0 |
| | >16~25 | 47.0 | 67.0 | 94.0 | 133.0 | 189.0 | 267.0 |
| | >25~40 | 51.0 | 72.0 | 101.0 | 143.0 | 203.0 | 287.0 |
| >1000~1600 | 2~3.5 | 52.0 | 74.0 | 105.0 | 148.0 | 209.0 | 296.0 |
| | >3.5~6 | 53.0 | 75.0 | 106.0 | 149.0 | 211.0 | 299.0 |
| | >6~10 | 54.0 | 76.0 | 108.0 | 152.0 | 215.0 | 304.0 |
| | >10~16 | 55.0 | 78.0 | 111.0 | 156.0 | 221.0 | 313.0 |
| | >16~25 | 57.0 | 81.0 | 115.0 | 163.0 | 230.0 | 325.0 |
| | >25~40 | 61.0 | 86.0 | 122.0 | 172.0 | 244.0 | 345.0 |
| >1600~2500 | 3.5~6 | 64.0 | 91.0 | 129.0 | 182.0 | 257.0 | 364.0 |
| | >6~10 | 65.0 | 92.0 | 130.0 | 184.0 | 261.0 | 369.0 |
| | >10~16 | 67.0 | 94.0 | 133.0 | 189.0 | 267.0 | 377.0 |
| | >16~25 | 69.0 | 97.0 | 138.0 | 195.0 | 276.0 | 390.0 |
| | >25~40 | 72.0 | 102.0 | 145.0 | 205.0 | 290.0 | 409.0 |
| >2500~4000 | 6~10 | 80.0 | 113.0 | 159.0 | 225.0 | 318.0 | 450.0 |
| | >10~16 | 81.0 | 115.0 | 162.0 | 229.0 | 324.0 | 459.0 |
| | >16~25 | 83.0 | 118.0 | 167.0 | 236.0 | 333.0 | 471.0 |
| | >25~40 | 87.0 | 123.0 | 174.0 | 245.0 | 347.0 | 491.0 |

（续）

| 分度圆直径 $d$/mm | 法向模数 $m_n$/mm | 精度等级 | | | | | |
|---|---|---|---|---|---|---|---|
| | | 5 | 6 | 7 | 8 | 9 | 10 |
| | | $F_p$/μm | | | | | |
| >4000~6000 | 6~10 | 97.0 | 137.0 | 194.0 | 274.0 | 387.0 | 548.0 |
| | >10~16 | 98.0 | 139.0 | 197.0 | 278.0 | 393.0 | 556.0 |
| | >16~25 | 100.0 | 142.0 | 201.0 | 284.0 | 402.0 | 568.0 |
| | >25~40 | 104.0 | 147.0 | 208.0 | 294.0 | 416.0 | 588.0 |

**表 5.2-71　齿廓总偏差 $F_\alpha$**

| 分度圆直径 $d$/mm | 法向模数 $m_n$/mm | 精度等级 | | | | | |
|---|---|---|---|---|---|---|---|
| | | 5 | 6 | 7 | 8 | 9 | 10 |
| | | $F_\alpha$/μm | | | | | |
| 5~20 | 0.5~2 | 4.6 | 6.5 | 9.0 | 13.0 | 18.0 | 26.0 |
| | >2~3.5 | 6.5 | 9.5 | 13.0 | 19.0 | 26.0 | 37.0 |
| >20~50 | 0.5~2 | 5.0 | 7.5 | 10.0 | 15.0 | 21.0 | 29.0 |
| | >2~3.5 | 7.0 | 10.0 | 14.0 | 20.0 | 29.0 | 40.0 |
| | >3.5~6 | 9.0 | 12.0 | 18.0 | 25.0 | 35.0 | 50.0 |
| | >6~10 | 11.0 | 15.0 | 22.0 | 31.0 | 43.0 | 61.0 |
| >50~125 | 0.5~2 | 6.0 | 8.5 | 12.0 | 17.0 | 23.0 | 33.0 |
| | >2~3.5 | 8.0 | 11.0 | 16.0 | 22.0 | 31.0 | 44.0 |
| | >3.5~6 | 9.5 | 13.0 | 19.0 | 27.0 | 38.0 | 54.0 |
| | >6~10 | 12.0 | 16.0 | 23.0 | 33.0 | 46.0 | 65.0 |
| | >10~16 | 14.0 | 20.0 | 28.0 | 40.0 | 56.0 | 79.0 |
| | >16~25 | 17.0 | 24.0 | 34.0 | 48.0 | 68.0 | 96.0 |
| >125~280 | 0.5~2 | 7.0 | 10.0 | 14.0 | 20.0 | 28.0 | 39.0 |
| | >2~3.5 | 9.0 | 13.0 | 18.0 | 25.0 | 36.0 | 50.0 |
| | >3.5~6 | 11.0 | 15.0 | 21.0 | 30.0 | 42.0 | 60.0 |
| | >6~10 | 13.0 | 18.0 | 25.0 | 36.0 | 50.0 | 71.0 |
| | >10~16 | 15.0 | 21.0 | 30.0 | 43.0 | 60.0 | 85.0 |
| | >16~25 | 18.0 | 25.0 | 36.0 | 51.0 | 72.0 | 102.0 |
| | >25~40 | 22.0 | 31.0 | 43.0 | 61.0 | 87.0 | 123.0 |
| >280~560 | 0.5~2 | 8.5 | 12.0 | 17.0 | 23.0 | 33.0 | 47.0 |
| | >2~3.5 | 10.0 | 15.0 | 21.0 | 29.0 | 41.0 | 58.0 |
| | >3.5~6 | 12.0 | 17.0 | 24.0 | 34.0 | 48.0 | 67.0 |
| | >6~10 | 14.0 | 20.0 | 28.0 | 40.0 | 56.0 | 79.0 |
| | >10~16 | 16.0 | 23.0 | 33.0 | 47.0 | 66.0 | 93.0 |
| | >16~25 | 19.0 | 27.0 | 39.0 | 55.0 | 78.0 | 110.0 |
| | >25~40 | 23.0 | 33.0 | 46.0 | 65.0 | 92.0 | 131.0 |
| >560~1000 | 0.5~2 | 10.0 | 14.0 | 20.0 | 28.0 | 40.0 | 56.0 |
| | >2~3.5 | 12.0 | 17.0 | 24.0 | 34.0 | 48.0 | 67.0 |
| | >3.5~6 | 14.0 | 19.0 | 27.0 | 38.0 | 54.0 | 77.0 |
| | >6~10 | 16.0 | 22.0 | 31.0 | 44.0 | 62.0 | 88.0 |
| | >10~16 | 18.0 | 26.0 | 36.0 | 51.0 | 72.0 | 102.0 |
| | >16~25 | 21.0 | 30.0 | 42.0 | 59.0 | 84.0 | 119.0 |
| | >25~40 | 25.0 | 35.0 | 49.0 | 70.0 | 99.0 | 140.0 |
| >1000~1600 | 2~3.5 | 14.0 | 19.0 | 27.0 | 39.0 | 55.0 | 78.0 |
| | >3.5~6 | 15.0 | 22.0 | 31.0 | 43.0 | 61.0 | 87.0 |
| | >6~10 | 17.0 | 25.0 | 35.0 | 49.0 | 70.0 | 99.0 |
| | >10~16 | 20.0 | 28.0 | 40.0 | 56.0 | 80.0 | 113.0 |
| | >16~25 | 23.0 | 32.0 | 46.0 | 65.0 | 91.0 | 129.0 |
| | >25~40 | 27.0 | 38.0 | 53.0 | 75.0 | 106.0 | 150.0 |

（续）

| 分度圆直径<br>d/mm | 法向模数<br>$m_n$/mm | 精 度 等 级 | | | | | |
|---|---|---|---|---|---|---|---|
| | | 5 | 6 | 7 | 8 | 9 | 10 |
| | | $F_\alpha$/μm | | | | | |
| >1600~2500 | 3.5~6 | 17.0 | 25.0 | 35.0 | 49.0 | 70.0 | 98.0 |
| | >6~10 | 19.0 | 27.0 | 39.0 | 55.0 | 78.0 | 110.0 |
| | >10~16 | 22.0 | 31.0 | 44.0 | 62.0 | 88.0 | 124.0 |
| | >16~25 | 25.0 | 35.0 | 50.0 | 70.0 | 99.0 | 141.0 |
| | >25~40 | 29.0 | 40.0 | 57.0 | 81.0 | 114.0 | 161.0 |
| >2500~4000 | 6~10 | 22.0 | 31.0 | 44.0 | 62.0 | 88.0 | 124.0 |
| | >10~16 | 24.0 | 35.0 | 49.0 | 69.0 | 98.0 | 138.0 |
| | >16~25 | 27.0 | 39.0 | 55.0 | 77.0 | 110.0 | 155.0 |
| | >25~40 | 31.0 | 44.0 | 62.0 | 88.0 | 124.0 | 176.0 |
| >4000~6000 | 6~10 | 25.0 | 35.0 | 50.0 | 71.0 | 100.0 | 141.0 |
| | >10~16 | 27.0 | 39.0 | 55.0 | 78.0 | 110.0 | 155.0 |
| | >16~25 | 30.0 | 43.0 | 61.0 | 86.0 | 122.0 | 172.0 |
| | >25~40 | 34.0 | 48.0 | 68.0 | 96.0 | 136.0 | 193.0 |

表 5.2-72　螺旋线总偏差 $F_\beta$

| 分度圆直径<br>d/mm | 齿宽<br>b/mm | 精 度 等 级 | | | | | |
|---|---|---|---|---|---|---|---|
| | | 5 | 6 | 7 | 8 | 9 | 10 |
| | | $F_\beta$/μm | | | | | |
| 5~20 | 4~10 | 6.0 | 8.5 | 12.0 | 17.0 | 24.0 | 35.0 |
| | >10~20 | 7.0 | 9.5 | 14.0 | 19.0 | 28.0 | 39.0 |
| | >20~40 | 8.0 | 11.0 | 16.0 | 22.0 | 31.0 | 45.0 |
| | >40~80 | 9.5 | 13.0 | 19.0 | 26.0 | 37.0 | 52.0 |
| >20~50 | 4~10 | 6.5 | 9.0 | 13.0 | 18.0 | 25.0 | 36.0 |
| | >10~20 | 7.0 | 10.0 | 14.0 | 20.0 | 29.0 | 40.0 |
| | >20~40 | 8.0 | 11.0 | 16.0 | 23.0 | 32.0 | 46.0 |
| | >40~80 | 9.5 | 13.0 | 19.0 | 27.0 | 38.0 | 54.0 |
| | >80~160 | 11.0 | 16.0 | 23.0 | 32.0 | 46.0 | 65.0 |
| >50~125 | 4~10 | 6.5 | 9.5 | 13.0 | 19.0 | 27.0 | 38.0 |
| | >10~20 | 7.5 | 11.0 | 15.0 | 21.0 | 30.0 | 42.0 |
| | >20~40 | 8.5 | 12.0 | 17.0 | 24.0 | 34.0 | 48.0 |
| | >40~80 | 10.0 | 14.0 | 20.0 | 28.0 | 39.0 | 56.0 |
| | >80~160 | 12.0 | 17.0 | 24.0 | 33.0 | 47.0 | 67.0 |
| | >160~250 | 14.0 | 20.0 | 28.0 | 40.0 | 56.0 | 79.0 |
| | >250~400 | 16.0 | 23.0 | 33.0 | 46.0 | 65.0 | 92.0 |
| >125~280 | 4~10 | 7.0 | 10.0 | 14.0 | 20.0 | 29.0 | 40.0 |
| | >10~20 | 8.0 | 11.0 | 16.0 | 22.0 | 32.0 | 45.0 |
| | >20~40 | 9.0 | 13.0 | 18.0 | 25.0 | 36.0 | 50.0 |
| | >40~80 | 10.0 | 15.0 | 21.0 | 29.0 | 41.0 | 58.0 |
| | >80~160 | 12.0 | 17.0 | 25.0 | 35.0 | 49.0 | 69.0 |
| | >160~250 | 14.0 | 20.0 | 29.0 | 41.0 | 58.0 | 82.0 |
| | >250~400 | 17.0 | 24.0 | 34.0 | 47.0 | 67.0 | 95.0 |
| | >400~650 | 20.0 | 28.0 | 40.0 | 56.0 | 79.0 | 112.0 |
| >280~560 | 10~20 | 8.5 | 12.0 | 17.0 | 24.0 | 34.0 | 48.0 |
| | >20~40 | 9.5 | 13.0 | 19.0 | 27.0 | 38.0 | 54.0 |
| | >40~80 | 11.0 | 15.0 | 22.0 | 31.0 | 44.0 | 62.0 |
| | >80~160 | 13.0 | 18.0 | 26.0 | 36.0 | 52.0 | 73.0 |
| | >160~250 | 15.0 | 21.0 | 30.0 | 43.0 | 60.0 | 85.0 |

（续）

| 分度圆直径 d/mm | 齿宽 b/mm | 精 度 等 级 | | | | | |
|---|---|---|---|---|---|---|---|
| | | 5 | 6 | 7 | 8 | 9 | 10 |
| | | $F_\beta/\mu m$ | | | | | |
| >280 ~ 560 | >250 ~ 400 | 17.0 | 25.0 | 35.0 | 49.0 | 70.0 | 98.0 |
| | >400 ~ 650 | 20.0 | 29.0 | 41.0 | 58.0 | 82.0 | 115.0 |
| | >650 ~ 1000 | 24.0 | 34.0 | 48.0 | 68.0 | 96.0 | 136.0 |
| >560 ~ 1000 | 10 ~ 20 | 9.5 | 13.0 | 19.0 | 26.0 | 37.0 | 53.0 |
| | >20 ~ 40 | 10.0 | 15.0 | 21.0 | 29.0 | 41.0 | 58.0 |
| | >40 ~ 80 | 12.0 | 17.0 | 23.0 | 33.0 | 47.0 | 66.0 |
| | >80 ~ 160 | 14.0 | 19.0 | 27.0 | 39.0 | 55.0 | 77.0 |
| | >160 ~ 250 | 16.0 | 22.0 | 32.0 | 45.0 | 63.0 | 90.0 |
| | >250 ~ 400 | 18.0 | 26.0 | 36.0 | 51.0 | 73.0 | 103.0 |
| | >400 ~ 650 | 21.0 | 30.0 | 42.0 | 60.0 | 85.0 | 120.0 |
| | >650 ~ 1000 | 25.0 | 35.0 | 50.0 | 70.0 | 99.0 | 140.0 |
| >1000 ~ 1600 | 20 ~ 40 | 11.0 | 16.0 | 22.0 | 31.0 | 44.0 | 63.0 |
| | >40 ~ 80 | 12.0 | 18.0 | 25.0 | 35.0 | 50.0 | 71.0 |
| | >80 ~ 160 | 14.0 | 20.0 | 29.0 | 41.0 | 58.0 | 82.0 |
| | >160 ~ 250 | 17.0 | 24.0 | 33.0 | 47.0 | 67.0 | 94.0 |
| | >250 ~ 400 | 19.0 | 27.0 | 38.0 | 54.0 | 76.0 | 107.0 |
| | >400 ~ 650 | 22.0 | 31.0 | 44.0 | 62.0 | 88.0 | 124.0 |
| | >650 ~ 1000 | 26.0 | 36.0 | 51.0 | 73.0 | 103.0 | 145.0 |
| >1600 ~ 2500 | 20 ~ 40 | 12.0 | 17.0 | 24.0 | 34.0 | 48.0 | 68.0 |
| | >40 ~ 80 | 13.0 | 19.0 | 27.0 | 38.0 | 54.0 | 76.0 |
| | >80 ~ 160 | 15.0 | 22.0 | 31.0 | 43.0 | 61.0 | 87.0 |
| | >160 ~ 250 | 18.0 | 25.0 | 35.0 | 50.0 | 70.0 | 99.0 |
| | >250 ~ 400 | 20.0 | 28.0 | 40.0 | 56.0 | 80.0 | 112.0 |
| | >400 ~ 650 | 23.0 | 32.0 | 46.0 | 65.0 | 92.0 | 130.0 |
| | >650 ~ 1000 | 27.0 | 38.0 | 53.0 | 75.0 | 106.0 | 150.0 |
| >2500 ~ 4000 | 40 ~ 80 | 15.0 | 21.0 | 29.0 | 41.0 | 58.0 | 82.0 |
| | >80 ~ 160 | 17.0 | 23.0 | 33.0 | 47.0 | 66.0 | 93.0 |
| | >160 ~ 250 | 19.0 | 26.0 | 37.0 | 53.0 | 75.0 | 105.0 |
| | >250 ~ 400 | 21.0 | 30.0 | 42.0 | 59.0 | 84.0 | 119.0 |
| | >400 ~ 650 | 24.0 | 34.0 | 48.0 | 68.0 | 96.0 | 136.0 |
| | >650 ~ 1000 | 28.0 | 39.0 | 55.0 | 78.0 | 111.0 | 157.0 |
| >4000 ~ 5000 | 80 ~ 160 | 18.0 | 25.0 | 36.0 | 51.0 | 72.0 | 101.0 |
| | >160 ~ 250 | 20.0 | 28.0 | 40.0 | 57.0 | 80.0 | 114.0 |
| | >250 ~ 400 | 22.0 | 32.0 | 45.0 | 63.0 | 90.0 | 127.0 |
| | >400 ~ 650 | 25.0 | 36.0 | 51.0 | 72.0 | 102.0 | 144.0 |
| | >650 ~ 1000 | 29.0 | 41.0 | 58.0 | 82.0 | 116.0 | 165.0 |

表 5.2-73　$F_i'/K$ 比值

| 分度圆直径 d/mm | 法向模数 $m_n$/mm | 精 度 等 级 | | | | | |
|---|---|---|---|---|---|---|---|
| | | 5 | 6 | 7 | 8 | 9 | 10 |
| | | $F_i'/K/\mu m$ | | | | | |
| 5 ~ 20 | 0.5 ~ 2 | 14.0 | 19.0 | 27.0 | 38.0 | 54.0 | 77.0 |
| | >2 ~ 3.5 | 16.0 | 23.0 | 32.0 | 45.0 | 64.0 | 91.0 |
| >20 ~ 50 | 0.5 ~ 2 | 14.0 | 20.0 | 29.0 | 47.0 | 58.0 | 82.0 |
| | >2 ~ 3.5 | 17.0 | 24.0 | 34.0 | 48.0 | 68.0 | 96.0 |
| | >3.5 ~ 6 | 19.0 | 27.0 | 38.0 | 54.0 | 77.0 | 108.0 |
| | >6 ~ 10 | 22.0 | 31.0 | 44.0 | 63.0 | 89.0 | 125.0 |

（续）

| 分度圆直径 d/mm | 法向模数 $m_n$/mm | 精度等级 | | | | | |
|---|---|---|---|---|---|---|---|
| | | 5 | 6 | 7 | 8 | 9 | 10 |
| | | $F_i'/K$/μm | | | | | |
| >50~125 | 0.5~2 | 16.0 | 22.0 | 31.0 | 44.0 | 62.0 | 88.0 |
| | >2~3.5 | 18.0 | 25.0 | 36.0 | 51.0 | 72.0 | 102.0 |
| | >3.5~6 | 20.0 | 29.0 | 40.0 | 57.0 | 81.0 | 115.0 |
| | >6~10 | 23.0 | 33.0 | 47.0 | 66.0 | 93.0 | 132.0 |
| | >10~16 | 27.0 | 38.0 | 54.0 | 77.0 | 109.0 | 154.0 |
| | >16~25 | 32.0 | 46.0 | 65.0 | 91.0 | 129.0 | 183.0 |
| >125~280 | 0.5~2 | 17.0 | 24.0 | 34.0 | 49.0 | 69.0 | 97.0 |
| | >2~3.5 | 20.0 | 28.0 | 39.0 | 56.0 | 79.0 | 111.0 |
| | >3.5~6 | 22.0 | 31.0 | 44.0 | 62.0 | 88.0 | 124.0 |
| | >6~10 | 25.0 | 35.0 | 50.0 | 70.0 | 100.0 | 141.0 |
| | >10~16 | 29.0 | 41.0 | 58.0 | 82.0 | 115.0 | 163.0 |
| | >16~25 | 34.0 | 48.0 | 68.0 | 96.0 | 136.0 | 192.0 |
| | >25~40 | 41.0 | 58.0 | 82.0 | 116.0 | 165.0 | 233.0 |
| >280~560 | 0.5~2 | 19.0 | 27.0 | 39.0 | 54.0 | 77.0 | 109.0 |
| | >2~3.5 | 22.0 | 31.0 | 44.0 | 62.0 | 87.0 | 123.0 |
| | >3.5~6 | 24.0 | 34.0 | 48.0 | 68.0 | 96.0 | 136.0 |
| | >6~10 | 27.0 | 38.0 | 54.0 | 76.0 | 108.0 | 153.0 |
| | >10~16 | 31.0 | 44.0 | 62.0 | 88.0 | 124.0 | 175.0 |
| | >16~25 | 36.0 | 51.0 | 72.0 | 102.0 | 144.0 | 204.0 |
| | >25~40 | 43.0 | 61.0 | 86.0 | 122.0 | 173.0 | 245.0 |
| >560~1000 | 0.5~2 | 22.0 | 31.0 | 44.0 | 62.0 | 87.0 | 123.0 |
| | >2~3.5 | 24.0 | 34.0 | 49.0 | 69.0 | 97.0 | 137.0 |
| | >3.5~6 | 27.0 | 38.0 | 53.0 | 75.0 | 105.0 | 160.0 |
| | >6~10 | 30.0 | 42.0 | 59.0 | 84.0 | 118.0 | 167.0 |
| | >10~16 | 33.0 | 47.0 | 67.0 | 95.0 | 134.0 | 189.0 |
| | >16~25 | 39.0 | 55.0 | 77.0 | 109.0 | 154.0 | 218.0 |
| | >25~40 | 46.0 | 65.0 | 92.0 | 129.0 | 183.0 | 259.0 |
| >1000~1600 | 2~3.5 | 27.0 | 38.0 | 54.0 | 77.0 | 108.0 | 153.0 |
| | >3.5~6 | 29.0 | 41.0 | 59.0 | 83.0 | 117.0 | 166.0 |
| | >6~10 | 32.0 | 46.0 | 65.0 | 91.0 | 129.0 | 183.0 |
| | >10~16 | 36.0 | 51.0 | 73.0 | 103.0 | 145.0 | 205.0 |
| | >16~25 | 41.0 | 59.0 | 83.0 | 117.0 | 166.0 | 234.0 |
| | >25~40 | 49.0 | 69.0 | 97.0 | 137.0 | 194.0 | 275.0 |
| >1600~2500 | 3.5~6 | 32.0 | 46.0 | 65.0 | 92.0 | 130.0 | 183.0 |
| | >6~10 | 35.0 | 50.0 | 71.0 | 100.0 | 142.0 | 200.0 |
| | >10~16 | 39.0 | 56.0 | 79.0 | 111.0 | 158.0 | 223.0 |
| | >16~25 | 45.0 | 63.0 | 89.0 | 126.0 | 178.0 | 252.0 |
| | >25~40 | 52.0 | 73.0 | 103.0 | 146.0 | 207.0 | 292.0 |
| >2500~4000 | 6~10 | 39.0 | 56.0 | 79.0 | 111.0 | 157.0 | 223.0 |
| | >10~16 | 43.0 | 61.0 | 87.0 | 122.0 | 173.0 | 245.0 |
| | >16~25 | 48.0 | 68.0 | 97.0 | 137.0 | 194.0 | 274.0 |
| | >25~40 | 56.0 | 79.0 | 111.0 | 157.0 | 222.0 | 315.0 |
| >4000~5000 | >6~10 | 44.0 | 62.0 | 88.0 | 125.0 | 176.0 | 249.0 |
| | >10~16 | 48.0 | 68.0 | 96.0 | 136.0 | 192.0 | 271.0 |
| | >16~25 | 53.0 | 75.0 | 106.0 | 150.0 | 212.0 | 300.0 |
| | >25~40 | 65.0 | 85.0 | 121.0 | 170.0 | 241.0 | 341.0 |

注：$K$值见表5.2-81。

表 5.2-74　齿廓形状公差 $f_{f\alpha}$

| 分度圆直径 $d$/mm | 法向模数 $m_n$/mm | 精度等级 | | | | | |
|---|---|---|---|---|---|---|---|
| | | 5 | 6 | 7 | 8 | 9 | 10 |
| | | $f_{f\alpha}$/μm | | | | | |
| 5~20 | 0.5~2 | 3.5 | 5.0 | 7.0 | 10.0 | 14.0 | 20.0 |
| | >2~3.5 | 5.0 | 7.0 | 10.0 | 14.0 | 20.0 | 29.0 |
| >20~50 | 0.5~2 | 4.0 | 5.5 | 8.0 | 11.0 | 16.0 | 2.0 |
| | >2~3.5 | 5.5 | 8.0 | 11.0 | 16.0 | 22.0 | 31.0 |
| | >3.5~6 | 7.0 | 9.5 | 14.0 | 19.0 | 27.0 | 39.0 |
| | >6~10 | 8.5 | 12.0 | 17.0 | 24.0 | 34.0 | 48.0 |
| >50~125 | 0.5~2 | 4.5 | 6.4 | 9.0 | 13.0 | 18.0 | 26.0 |
| | >2~3.5 | 6.0 | 8.5 | 12.0 | 17.0 | 24.0 | 34.0 |
| | >3.5~6 | 7.5 | 10.0 | 15.0 | 21.0 | 29.0 | 42.0 |
| | >6~10 | 9.0 | 13.0 | 18.0 | 25.0 | 36.0 | 51.0 |
| | >10~16 | 11.0 | 15.0 | 22.0 | 31.0 | 44.0 | 62.0 |
| | >16~25 | 13.0 | 19.0 | 28.0 | 37.0 | 53.0 | 75.0 |
| >125~280 | 0.5~2 | 5.5 | 7.5 | 11.0 | 15.0 | 21.0 | 30.0 |
| | >2~3.5 | 7.0 | 9.5 | 14.0 | 19.0 | 28.0 | 39.0 |
| | >3.5~6 | 8.0 | 12.0 | 16.0 | 23.0 | 33.0 | 46.0 |
| | >6~10 | 10.0 | 14.0 | 20.0 | 28.0 | 39.0 | 55.0 |
| | >10~16 | 12.0 | 17.0 | 23.0 | 33.0 | 47.0 | 66.0 |
| | >16~25 | 14.0 | 20.0 | 28.0 | 40.0 | 56.0 | 79.0 |
| | >25~40 | 17.0 | 24.0 | 34.0 | 48.0 | 68.0 | 96.0 |
| >280~560 | 0.5~2 | 6.5 | 9.0 | 13.0 | 18.0 | 26.0 | 36.0 |
| | >2~3.5 | 8.0 | 11.0 | 16.0 | 22.0 | 32.0 | 45.0 |
| | >3.5~6 | 9.0 | 13.0 | 18.0 | 26.0 | 37.0 | 52.0 |
| | >6~10 | 11.0 | 15.0 | 22.0 | 31.0 | 43.0 | 61.0 |
| | >10~16 | 13.0 | 18.0 | 26.0 | 36.0 | 51.0 | 72.0 |
| | >16~25 | 15.0 | 21.0 | 30.0 | 43.0 | 60.0 | 85.0 |
| | >25~40 | 18.0 | 25.0 | 36.0 | 51.0 | 72.0 | 101.0 |
| >560~1000 | 0.5~2 | 7.5 | 11.0 | 15.0 | 22.0 | 31.0 | 43.0 |
| | >2~3.5 | 9.0 | 13.0 | 18.0 | 26.0 | 37.0 | 52.0 |
| | >3.5~6 | 11.0 | 15.0 | 21.0 | 30.0 | 42.0 | 59.0 |
| | >6~10 | 12.0 | 17.0 | 24.0 | 34.0 | 48.0 | 68.0 |
| | >10~16 | 14.0 | 20.0 | 28.0 | 40.0 | 56.0 | 79.0 |
| | >16~25 | 16.0 | 23.0 | 33.0 | 46.0 | 65.0 | 92.0 |
| | >25~40 | 19.0 | 27.0 | 38.0 | 54.0 | 77.0 | 109.0 |
| >1000~1600 | 2~3.5 | 11.0 | 15.0 | 21.0 | 30.0 | 42.0 | 60.0 |
| | >3.5~6 | 12.0 | 17.0 | 24.0 | 34.0 | 48.0 | 67.0 |
| | >6~10 | 14.0 | 19.0 | 27.0 | 38.0 | 54.0 | 76.0 |
| | >10~16 | 15.0 | 22.0 | 31.0 | 44.0 | 62.0 | 87.0 |
| | >16~25 | 18.0 | 25.0 | 35.0 | 50.0 | 71.0 | 100.0 |
| | >25~40 | 21.0 | 29.0 | 41.0 | 58.0 | 82.0 | 117.0 |
| >1600~2500 | 3.5~6 | 13.0 | 19.0 | 27.0 | 38.0 | 54.0 | 76.0 |
| | >6~10 | 15.0 | 21.0 | 30.0 | 43.0 | 60.0 | 85.0 |
| | >10~16 | 17.0 | 24.0 | 34.0 | 48.0 | 68.0 | 96.0 |
| | >16~25 | 19.0 | 27.0 | 39.0 | 55.0 | 77.0 | 109.0 |
| | >25~40 | 22.0 | 31.0 | 44.0 | 63.0 | 89.0 | 125.0 |
| >2500~4000 | 6~10 | 17.0 | 24.0 | 34.0 | 48.0 | 68.0 | 96.0 |
| | >10~16 | 19.0 | 27.0 | 38.0 | 54.0 | 76.0 | 107.0 |
| | >16~25 | 21.0 | 30.0 | 42.0 | 60.0 | 85.0 | 120.0 |
| | >25~40 | 24.0 | 34.0 | 48.0 | 68.0 | 96.0 | 136.0 |

（续）

| 分度圆直径 $d/mm$ | 法向模数 $m_n/mm$ | 精 度 等 级 | | | | | |
|---|---|---|---|---|---|---|---|
| | | 5 | 6 | 7 | 8 | 9 | 10 |
| | | $f_{f\alpha}/\mu m$ | | | | | |
| >4000 ~ 5000 | 6 ~ 10 | 19.0 | 27.0 | 39.0 | 55.0 | 77.0 | 109.0 |
| | >10 ~ 16 | 21.0 | 30.0 | 43.0 | 60.0 | 85.0 | 120.0 |
| | >16 ~ 25 | 24.0 | 33.0 | 47.0 | 67.0 | 94.0 | 133.0 |
| | >25 ~ 40 | 26.0 | 37.0 | 53.0 | 75.0 | 106.0 | 150.0 |

### 表 5.2-75 齿廓倾斜偏差 $\pm f_{H\alpha}$

| 分度圆直径 $d/mm$ | 法向模数 $m_n/mm$ | 精 度 等 级 | | | | | |
|---|---|---|---|---|---|---|---|
| | | 5 | 6 | 7 | 8 | 9 | 10 |
| | | $\pm f_{H\alpha}/\mu m$ | | | | | |
| 5 ~ 20 | 0.5 ~ 2 | 2.9 | 4.2 | 6.0 | 8.5 | 12.0 | 17.0 |
| | >2 ~ 3.5 | 4.2 | 6.0 | 8.5 | 12.0 | 17.0 | 24.0 |
| >20 ~ 50 | 0.5 ~ 2 | 3.3 | 4.6 | 6.5 | 9.5 | 13.0 | 19.0 |
| | >2 ~ 3.5 | 4.5 | 6.5 | 9.0 | 13.0 | 18.0 | 26.0 |
| | >3.5 ~ 6 | 5.5 | 8.0 | 11.0 | 16.0 | 22.0 | 32.0 |
| | >6 ~ 10 | 7.0 | 9.5 | 14.0 | 19.0 | 27.0 | 39.0 |
| >50 ~ 125 | 0.5 ~ 2 | 3.7 | 5.5 | 7.5 | 11.0 | 15.0 | 21.0 |
| | >2 ~ 3.5 | 5.0 | 7.0 | 10.0 | 14.0 | 20.0 | 28.0 |
| | >3.5 ~ 6 | 6.0 | 8.5 | 12.0 | 17.0 | 24.0 | 34.0 |
| | >6 ~ 10 | 7.5 | 10.0 | 15.0 | 21.0 | 29.0 | 41.0 |
| | >10 ~ 16 | 9.0 | 13.0 | 18.0 | 25.0 | 35.0 | 50.0 |
| | >16 ~ 25 | 11.0 | 15.0 | 21.0 | 30.0 | 43.0 | 60.0 |
| >125 ~ 280 | 0.5 ~ 2 | 4.0 | 6.0 | 9.0 | 12.0 | 18.0 | 25.0 |
| | >2 ~ 3.5 | 5.5 | 8.0 | 11.0 | 16.0 | 23.0 | 32.0 |
| | >3.5 ~ 6 | 6.5 | 9.5 | 13.0 | 19.0 | 27.0 | 38.0 |
| | >6 ~ 10 | 8.0 | 11.0 | 16.0 | 23.0 | 32.0 | 45.0 |
| | >10 ~ 16 | 9.5 | 13.0 | 19.0 | 27.0 | 38.0 | 54.0 |
| | >16 ~ 25 | 11.0 | 16.0 | 23.0 | 32.0 | 45.0 | 64.0 |
| | >25 ~ 40 | 14.0 | 19.0 | 27.0 | 39.0 | 55.0 | 77.0 |
| >280 ~ 560 | 0.5 ~ 2 | 5.5 | 7.5 | 11.0 | 15.0 | 21.0 | 30.0 |
| | >2 ~ 3.5 | 6.5 | 9.0 | 13.0 | 18.0 | 36.0 | 37.0 |
| | >3.5 ~ 6 | 7.5 | 11.0 | 15.0 | 21.0 | 30.0 | 43.0 |
| | >6 ~ 10 | 9.0 | 13.0 | 18.0 | 25.0 | 35.0 | 50.0 |
| | >10 ~ 16 | 10.0 | 15.0 | 21.0 | 29.0 | 42.0 | 59.0 |
| | >16 ~ 25 | 12.0 | 17.0 | 24.0 | 35.0 | 49.0 | 69.0 |
| | >25 ~ 40 | 15.0 | 21.0 | 29.0 | 41.0 | 58.0 | 82.0 |
| >560 ~ 1000 | 0.5 ~ 2 | 6.5 | 9.0 | 13.0 | 18.0 | 25.0 | 36.0 |
| | >2 ~ 3.5 | 7.5 | 11.0 | 15.0 | 21.0 | 30.0 | 43.0 |
| | >3.5 ~ 6 | 8.5 | 12.0 | 17.0 | 24.0 | 34.0 | 49.0 |
| | >6 ~ 10 | 10.0 | 14.0 | 20.0 | 28.0 | 39.0 | 55.0 |
| | >10 ~ 16 | 11.0 | 16.0 | 23.0 | 32.0 | 46.0 | 65.0 |
| | >16 ~ 25 | 13.0 | 19.0 | 27.0 | 38.0 | 53.0 | 75.0 |
| | >25 ~ 40 | 16.0 | 22.0 | 31.0 | 44.0 | 62.0 | 88.0 |
| >1000 ~ 1600 | 2 ~ 3.5 | 8.5 | 12.0 | 17.0 | 25.0 | 35.0 | 49.0 |
| | >3.5 ~ 6 | 10.0 | 14.0 | 20.0 | 28.0 | 39.0 | 55.0 |
| | >6 ~ 10 | 11.0 | 16.0 | 22.0 | 31.0 | 44.0 | 62.0 |
| | >10 ~ 16 | 13.0 | 18.0 | 25.0 | 36.0 | 50.0 | 71.0 |
| | >16 ~ 25 | 14.0 | 20.0 | 29.0 | 41.0 | 58.0 | 82.0 |
| | >25 ~ 40 | 17.0 | 24.0 | 33.0 | 47.0 | 67.0 | 95.0 |

（续）

| 分度圆直径 $d$/mm | 法向模数 $m_n$/mm | 精 度 等 级 | | | | | |
|---|---|---|---|---|---|---|---|
| | | 5 | 6 | 7 | 8 | 9 | 10 |
| | | $\pm f_{H\alpha}$/μm | | | | | |
| >1600 ~ 2500 | 3.5 ~ 6 | 11.0 | 16.0 | 22.0 | 31.0 | 44.0 | 62.0 |
| | >6 ~ 10 | 12.0 | 17.0 | 25.0 | 35.0 | 49.0 | 70.0 |
| | >10 ~ 16 | 14.0 | 20.0 | 28.0 | 39.0 | 55.0 | 72.0 |
| | >16 ~ 25 | 16.0 | 22.0 | 31.0 | 44.0 | 63.0 | 89.0 |
| | >25 ~ 40 | 18.0 | 25.0 | 36.0 | 51.0 | 72.0 | 102.0 |
| >2500 ~ 4000 | 6 ~ 10 | 14.0 | 20.0 | 28.0 | 39.0 | 56.0 | 79.0 |
| | >10 ~ 16 | 15.0 | 22.0 | 31.0 | 44.0 | 62.0 | 88.0 |
| | >16 ~ 25 | 17.0 | 24.0 | 35.0 | 49.0 | 69.0 | 98.0 |
| | >25 ~ 40 | 20.0 | 28.0 | 39.0 | 55.0 | 78.0 | 111.0 |
| >4000 ~ 5000 | 6 ~ 10 | 16.0 | 22.0 | 32.0 | 45.0 | 63.0 | 90.0 |
| | >10 ~ 16 | 17.0 | 25.0 | 35.0 | 49.0 | 70.0 | 98.0 |
| | >16 ~ 25 | 19.0 | 27.0 | 38.0 | 54.0 | 77.0 | 109.0 |
| | >25 ~ 40 | 22.0 | 30.0 | 43.0 | 61.0 | 86.0 | 122.0 |

表 5.2-76　螺旋线形状公差 $f_{f\beta}$ 和螺旋线倾斜偏差 $\pm f_{H\beta}$

| 分度圆直径 $d$/mm | 齿宽 $b$/mm | 精 度 等 级 | | | | | |
|---|---|---|---|---|---|---|---|
| | | 5 | 6 | 7 | 8 | 9 | 10 |
| | | $f_{f\beta}$ 和 $\pm f_{H\beta}$/μm | | | | | |
| 5 ~ 20 | 4 ~ 10 | 4.4 | 6.0 | 8.5 | 12.0 | 17.0 | 25.0 |
| | >10 ~ 20 | 4.9 | 7.0 | 10.0 | 14.0 | 20.0 | 28.0 |
| | >20 ~ 40 | 5.5 | 8.0 | 11.0 | 16.0 | 22.0 | 32.0 |
| | >40 ~ 80 | 6.5 | 9.5 | 13.0 | 19.0 | 26.0 | 37.0 |
| >20 ~ 50 | 4 ~ 10 | 4.5 | 6.5 | 9.0 | 13.0 | 18.0 | 26.0 |
| | >10 ~ 20 | 5.0 | 7.0 | 10.0 | 14.0 | 20.0 | 29.0 |
| | >20 ~ 40 | 6.0 | 8.0 | 12.0 | 16.0 | 23.0 | 33.0 |
| | >40 ~ 80 | 7.0 | 9.5 | 14.0 | 19.0 | 27.0 | 38.0 |
| | >80 ~ 160 | 8.0 | 12.0 | 16.0 | 23.0 | 33.0 | 46.0 |
| >50 ~ 125 | 4 ~ 10 | 4.8 | 6.5 | 9.5 | 13.0 | 19.0 | 27.0 |
| | >10 ~ 20 | 5.5 | 7.5 | 11.0 | 16.0 | 21.0 | 30.0 |
| | >20 ~ 40 | 6.0 | 8.5 | 12.0 | 17.0 | 24.0 | 34.0 |
| | >40 ~ 80 | 7.0 | 10.0 | 14.0 | 20.0 | 28.0 | 40.0 |
| | >80 ~ 160 | 8.5 | 12.0 | 17.0 | 24.0 | 24.0 | 48.0 |
| | >160 ~ 250 | 10.0 | 14.0 | 20.0 | 28.0 | 40.0 | 56.0 |
| | >250 ~ 400 | 12.0 | 16.0 | 23.0 | 33.0 | 45.0 | 66.0 |
| >125 ~ 280 | 4 ~ 10 | 5.0 | 7.0 | 10.0 | 14.0 | 20.0 | 29.0 |
| | >10 ~ 20 | 5.5 | 8.0 | 11.0 | 16.0 | 23.0 | 32.0 |
| | >20 ~ 40 | 6.5 | 9.0 | 13.0 | 18.0 | 25.0 | 36.0 |
| | >40 ~ 80 | 7.5 | 10.0 | 15.0 | 21.0 | 29.0 | 42.0 |
| | >80 ~ 160 | 8.5 | 12.0 | 17.0 | 25.0 | 35.0 | 49.0 |
| | >160 ~ 250 | 10.0 | 15.0 | 21.0 | 29.0 | 41.0 | 58.0 |
| | >250 ~ 400 | 12.0 | 17.0 | 24.0 | 34.0 | 48.0 | 68.0 |
| | >400 ~ 650 | 14.0 | 20.0 | 28.0 | 40.0 | 56.0 | 80.0 |
| >280 ~ 560 | 10 ~ 20 | 6.0 | 8.5 | 12.0 | 17.0 | 24.0 | 34.0 |
| | >20 ~ 40 | 7.0 | 9.5 | 14.0 | 19.0 | 27.0 | 38.0 |
| | >40 ~ 80 | 8.0 | 11.0 | 16.0 | 22.0 | 31.0 | 44.0 |
| | >80 ~ 160 | 9.0 | 13.0 | 18.0 | 26.0 | 37.0 | 52.0 |
| | >160 ~ 250 | 11.0 | 15.0 | 22.0 | 30.0 | 43.0 | 61.0 |

(续)

| 分度圆直径 $d$/mm | 齿宽 $b$/mm | 精度等级 | | | | | |
|---|---|---|---|---|---|---|---|
| | | 5 | 6 | 7 | 8 | 9 | 10 |
| | | $f_{f\beta}$ 和 $\pm f_{H\beta}$ /μm | | | | | |
| >280~560 | >250~400 | 12.0 | 18.0 | 25.0 | 35.0 | 50.0 | 70.0 |
| | >400~650 | 15.0 | 21.0 | 29.0 | 41.0 | 58.0 | 82.0 |
| | >650~1000 | 17.0 | 24.0 | 34.0 | 49.0 | 69.0 | 97.0 |
| >560~1000 | 10~20 | 6.5 | 9.5 | 13.0 | 19.0 | 26.0 | 37.0 |
| | >20~40 | 7.5 | 10.0 | 15.0 | 21.0 | 29.0 | 41.0 |
| | >40~80 | 8.5 | 12.0 | 17.0 | 23.0 | 32.0 | 47.0 |
| | >80~160 | 9.5 | 14.0 | 19.0 | 27.0 | 39.0 | 55.0 |
| | >160~250 | 11.0 | 16.0 | 23.0 | 32.0 | 45.0 | 64.0 |
| | >250~400 | 13.0 | 18.0 | 26.0 | 37.0 | 52.0 | 73.0 |
| | >400~650 | 16.0 | 21.0 | 30.0 | 43.0 | 60.0 | 85.0 |
| | >650~1000 | 18.0 | 25.0 | 35.0 | 50.0 | 71.0 | 100.0 |
| >1000~1600 | 20~40 | 8.0 | 11.0 | 16.0 | 22.0 | 32.0 | 45.0 |
| | >40~80 | 9.0 | 13.0 | 18.0 | 25.0 | 35.0 | 50.0 |
| | >80~160 | 10.0 | 15.0 | 21.0 | 29.0 | 41.0 | 58.0 |
| | >160~250 | 12.0 | 17.0 | 24.0 | 24.0 | 47.0 | 67.0 |
| | >250~400 | 13.0 | 19.0 | 27.0 | 38.0 | 54.0 | 76.0 |
| | >400~650 | 16.0 | 22.0 | 31.0 | 44.0 | 63.0 | 89.0 |
| | >650~1000 | 18.0 | 36.0 | 37.0 | 52.0 | 73.0 | 103.0 |
| >1600~2500 | 20~40 | 8.5 | 12.0 | 17.0 | 24.0 | 34.0 | 48.0 |
| | >40~80 | 9.5 | 13.0 | 19.0 | 27.0 | 38.0 | 54.0 |
| | >80~160 | 11.0 | 15.0 | 22.0 | 31.0 | 44.0 | 62.0 |
| | >160~250 | 12.0 | 18.0 | 25.0 | 35.0 | 50.0 | 71.0 |
| | >250~400 | 14.0 | 20.0 | 28.0 | 40.0 | 57.0 | 80.0 |
| | >400~650 | 16.0 | 23.0 | 33.0 | 46.0 | 65.0 | 92.0 |
| | >650~1000 | 19.0 | 37.0 | 38.0 | 53.0 | 76.0 | 107.0 |
| >2500~4000 | 40~80 | 10.0 | 15.0 | 21.0 | 29.0 | 41.0 | 58.0 |
| | >80~160 | 12.0 | 17.0 | 23.0 | 33.0 | 47.0 | 66.0 |
| | >160~250 | 13.0 | 19.0 | 27.0 | 38.0 | 53.0 | 75.0 |
| | >250~400 | 15.0 | 21.0 | 30.0 | 42.0 | 60.0 | 85.0 |
| | >400~650 | 17.0 | 24.0 | 34.0 | 48.0 | 68.0 | 97.0 |
| | >650~1000 | 20.0 | 28.0 | 39.0 | 26.0 | 79.0 | 112.0 |
| >4000~5000 | 80~160 | 13.0 | 18.0 | 25.0 | 36.0 | 51.0 | 72.0 |
| | >160~250 | 14.0 | 20.0 | 29.0 | 40.0 | 57.0 | 81.0 |
| | >250~400 | 16.0 | 22.0 | 32.0 | 45.0 | 64.0 | 90.0 |
| | >400~650 | 18.0 | 26.0 | 36.0 | 51.0 | 72.0 | 102.0 |
| | >650~1000 | 21.0 | 29.0 | 41.0 | 58.0 | 83.0 | 117.0 |

**表 5.2-77 径向综合总偏差 $F_i''$**

| 分度圆直径 $d$/mm | 法向模数 $m_n$/mm | 精度等级 | | | | | |
|---|---|---|---|---|---|---|---|
| | | 5 | 6 | 7 | 8 | 9 | 10 |
| | | $F_i''$/μm | | | | | |
| 5~20 | 0.2~0.5 | 11 | 15 | 21 | 30 | 42 | 60 |
| | >0.5~0.8 | 12 | 16 | 23 | 33 | 46 | 66 |
| | >0.8~1.0 | 12 | 18 | 25 | 35 | 50 | 70 |
| | >1.0~1.5 | 14 | 19 | 27 | 38 | 54 | 76 |
| | >1.5~2.5 | 16 | 22 | 32 | 45 | 63 | 89 |
| | >2.5~4.0 | 20 | 28 | 39 | 56 | 79 | 112 |

（续）

| 分度圆直径 d/mm | 法向模数 $m_n$/mm | 精度等级 | | | | | |
|---|---|---|---|---|---|---|---|
| | | 5 | 6 | 7 | 8 | 9 | 10 |
| | | $F''_i$/μm | | | | | |
| >20~50 | 0.2~0.5 | 13 | 19 | 26 | 37 | 52 | 74 |
| | >0.5~0.8 | 14 | 20 | 28 | 40 | 56 | 80 |
| | >0.8~1.0 | 15 | 21 | 30 | 42 | 60 | 85 |
| | >1.0~1.5 | 16 | 23 | 32 | 45 | 64 | 91 |
| | >1.5~2.5 | 18 | 36 | 37 | 52 | 73 | 103 |
| | >2.5~4.0 | 22 | 31 | 44 | 63 | 89 | 126 |
| | >4.0~6.0 | 28 | 39 | 56 | 79 | 111 | 157 |
| | >6.0~10 | 37 | 52 | 74 | 104 | 147 | 209 |
| >50~125 | 0.2~0.5 | 16 | 23 | 33 | 46 | 66 | 93 |
| | >0.5~0.8 | 17 | 25 | 35 | 49 | 70 | 98 |
| | >0.8~1.0 | 18 | 26 | 36 | 52 | 73 | 103 |
| | >1.0~1.5 | 19 | 27 | 39 | 55 | 77 | 109 |
| | >1.5~2.5 | 22 | 30 | 43 | 61 | 86 | 122 |
| | >2.5~4.0 | 25 | 36 | 51 | 72 | 102 | 144 |
| | >4.0~6.0 | 31 | 44 | 62 | 88 | 124 | 176 |
| | >6.0~10 | 40 | 57 | 80 | 114 | 161 | 227 |
| >125~280 | 0.2~0.5 | 21 | 30 | 42 | 60 | 85 | 120 |
| | >0.5~0.8 | 22 | 31 | 44 | 63 | 89 | 126 |
| | >0.8~1.0 | 23 | 33 | 46 | 65 | 92 | 131 |
| | >1.0~1.5 | 24 | 34 | 48 | 68 | 97 | 137 |
| | >1.5~2.5 | 26 | 37 | 53 | 75 | 106 | 149 |
| | >2.5~4.0 | 30 | 43 | 61 | 86 | 112 | 172 |
| | >4.0~6.0 | 36 | 51 | 72 | 102 | 144 | 203 |
| | >6.0~10 | 45 | 64 | 90 | 127 | 180 | 255 |

**表 5.2-78 一齿径向综合公差 $f''_i$**

| 分度圆直径 d/mm | 法向模数 $m_n$/mm | 精度等级 | | | | | | |
|---|---|---|---|---|---|---|---|---|
| | | 4 | 5 | 6 | 7 | 8 | 9 | 10 |
| | | $f''_i$/μm | | | | | | |
| 5~20 | 0.2~0.5 | 1.0 | 2.0 | 2.5 | 3.5 | 5.0 | 7.0 | 10 |
| | >0.5~0.8 | 2.0 | 2.5 | 4.0 | 5.5 | 7.5 | 11 | 15 |
| | >0.8~1.0 | 2.5 | 3.5 | 5.0 | 7.0 | 10 | 14 | 20 |
| | >1.0~1.5 | 3.0 | 4.5 | 6.5 | 9.0 | 13 | 18 | 25 |
| | >1.5~2.5 | 4.5 | 6.5 | 9.5 | 13 | 19 | 20 | 37 |
| | >2.5~4.0 | 7.0 | 10 | 14 | 20 | 29 | 41 | 58 |
| >20~50 | 0.2~0.5 | 1.5 | 2.0 | 2.5 | 3.5 | 5.0 | 7.0 | 10 |
| | >0.5~0.8 | 2.0 | 2.5 | 4.0 | 5.5 | 7.5 | 11 | 15 |
| | >0.8~1.0 | 2.5 | 3.5 | 5.0 | 7.0 | 10 | 14 | 20 |
| | >1.0~1.5 | 3.0 | 4.5 | 6.5 | 9.0 | 13 | 18 | 25 |
| | >1.5~2.5 | 4.5 | 6.5 | 9.5 | 13 | 19 | 26 | 37 |
| | >2.5~4.0 | 7.0 | 10 | 14 | 20 | 29 | 41 | 58 |
| | >4.0~6.0 | 11 | 15 | 22 | 31 | 43 | 61 | 87 |
| | >6.0~10 | 17 | 24 | 34 | 48 | 67 | 95 | 135 |
| >50~125 | 0.2~0.5 | 1.5 | 2.0 | 2.5 | 3.5 | 5.0 | 7.5 | 10 |
| | >0.5~0.8 | 2.0 | 3.0 | 4.0 | 5.5 | 8.0 | 11 | 16 |
| | >0.8~1.0 | 2.5 | 3.5 | 5.0 | 7.0 | 10 | 14 | 20 |
| | >1.0~1.5 | 3.0 | 4.5 | 6.5 | 9.0 | 13 | 18 | 26 |

（续）

| 分度圆直径 d/mm | 法向模数 $m_n$/mm | 精度等级 | | | | | | |
|---|---|---|---|---|---|---|---|---|
| | | 4 | 5 | 6 | 7 | 8 | 9 | 10 |
| | | $f'_i$/μm | | | | | | |
| >50~125 | >1.5~2.5 | 4.5 | 6.5 | 9.5 | 13 | 19 | 26 | 37 |
| | >2.5~4.0 | 7.0 | 10 | 14 | 20 | 29 | 41 | 58 |
| | >4.0~6.0 | 11 | 15 | 22 | 31 | 44 | 62 | 87 |
| | >6.0~10 | 17 | 24 | 34 | 48 | 67 | 95 | 135 |
| >125~280 | 0.2~0.5 | 1.5 | 2.0 | 2.5 | 3.5 | 5.5 | 7.5 | 11 |
| | >0.5~0.8 | 2.0 | 3.0 | 4.0 | 5.5 | 8.0 | 11 | 16 |
| | >0.8~1.0 | 2.5 | 3.5 | 5.0 | 7.0 | 10 | 14 | 20 |
| | >1.0~1.5 | 3.0 | 4.5 | 6.5 | 9.0 | 13 | 18 | 26 |
| | >1.5~2.5 | 4.5 | 6.5 | 9.5 | 13 | 19 | 27 | 38 |
| | >2.5~4.0 | 7.5 | 10 | 15 | 20 | 29 | 41 | 58 |
| | >4.0~6.0 | 11 | 15 | 22 | 31 | 44 | 62 | 87 |
| | >6.0~10 | 17 | 24 | 34 | 48 | 67 | 95 | 135 |

注：采用公差表评定齿轮精度，仅用于供需双方有协议时，用模数 $m_n$ 和直径 $d$ 的实际值带入公式计算公差值，评定齿轮精度。

## 表 5.2-79　径向圆跳动公差 $F_r$

| 分度圆直径 d/mm | 法向模数 $m_n$/mm | 精度等级 | | | | | |
|---|---|---|---|---|---|---|---|
| | | 5 | 6 | 7 | 8 | 9 | 10 |
| | | $F_r$/μm | | | | | |
| 5~20 | 0.5~2.0 | 9.0 | 13 | 18 | 25 | 36 | 51 |
| | >2.0~3.5 | 9.5 | 13 | 19 | 27 | 38 | 53 |
| >20~50 | 0.5~2.0 | 11 | 16 | 23 | 32 | 46 | 65 |
| | >2.0~3.5 | 12 | 17 | 24 | 34 | 47 | 67 |
| | >3.5~6.0 | 12 | 17 | 25 | 35 | 49 | 70 |
| | >6.0~10 | 13 | 19 | 26 | 37 | 52 | 74 |
| >50~125 | 0.5~2.0 | 15 | 21 | 29 | 42 | 59 | 83 |
| | >2.0~3.5 | 15 | 21 | 30 | 43 | 61 | 86 |
| | >3.5~5.0 | 16 | 22 | 31 | 44 | 62 | 88 |
| | >6.0~10 | 16 | 23 | 33 | 46 | 65 | 92 |
| | >10~16 | 18 | 25 | 35 | 50 | 70 | 99 |
| | >16~25 | 19 | 27 | 39 | 55 | 77 | 109 |
| >125~280 | 0.5~2.0 | 20 | 28 | 39 | 55 | 78 | 110 |
| | >2.0~3.5 | 20 | 28 | 40 | 56 | 80 | 113 |
| | >3.5~6.0 | 20 | 29 | 41 | 58 | 82 | 115 |
| | >6.0~10 | 21 | 30 | 42 | 60 | 85 | 120 |
| | >10~16 | 22 | 32 | 45 | 63 | 89 | 126 |
| | >16~25 | 24 | 34 | 48 | 68 | 96 | 136 |
| | >25~40 | 27 | 38 | 54 | 76 | 107 | 152 |
| >280~560 | 0.5~2.0 | 26 | 36 | 51 | 73 | 103 | 146 |
| | >2.0~3.5 | 26 | 37 | 52 | 74 | 105 | 148 |
| | >3.5~6.0 | 27 | 38 | 53 | | 106 | 150 |
| | >6.0~10 | 27 | 39 | 55 | 75 | 109 | 155 |
| | >10~16 | 29 | 40 | 57 | 77 | 114 | 161 |
| | >16~25 | 30 | 43 | 61 | 81 | 121 | 171 |
| | >25~40 | 33 | 47 | 66 | 94 | 132 | 187 |
| >560~1000 | 0.5~2.0 | 33 | 47 | 66 | 94 | 133 | 188 |
| | >2.0~3.5 | 34 | 48 | 67 | 95 | 134 | 190 |

（续）

| 分度圆直径 $d/mm$ | 法向模数 $m_n/mm$ | 精 度 等 级 | | | | | |
|---|---|---|---|---|---|---|---|
| | | 5 | 6 | 7 | 8 | 9 | 10 |
| | | $F_r/\mu m$ | | | | | |
| >560 ~ 1000 | >3.5 ~ 6.0 | 34 | 48 | 68 | 96 | 136 | 193 |
| | >6.0 ~ 10 | 35 | 49 | 70 | 98 | 139 | 197 |
| | >10 ~ 16 | 36 | 51 | 72 | 102 | 144 | 204 |
| | >16 ~ 25 | 38 | 53 | 76 | 107 | 151 | 214 |
| | >25 ~ 40 | 41 | 57 | 81 | 115 | 162 | 229 |
| >1000 ~ 1600 | 2.0 ~ 3.5 | 42 | 59 | 84 | 118 | 167 | 236 |
| | >3.5 ~ 6.0 | 42 | 60 | 85 | 120 | 169 | 239 |
| | >6.0 ~ 10 | 43 | 61 | 86 | 122 | 172 | 243 |
| | >10 ~ 16 | 44 | 63 | 88 | 125 | 177 | 250 |
| | >16 ~ 25 | 46 | 65 | 92 | 130 | 184 | 360 |
| | >25 ~ 40 | 49 | 69 | 98 | 138 | 195 | 276 |
| >1600 ~ 2500 | 3.5 ~ 6.0 | 51 | 73 | 103 | 145 | 206 | 291 |
| | >6.0 ~ 10 | 52 | 74 | 104 | 148 | 209 | 295 |
| | >10 ~ 16 | 53 | 75 | 107 | 151 | 213 | 302 |
| | >16 ~ 25 | 55 | 78 | 110 | 156 | 220 | 312 |
| | >25 ~ 40 | 58 | 82 | 116 | 164 | 232 | 328 |
| >2500 ~ 4000 | 6.0 ~ 10 | 64 | 90 | 127 | 180 | 255 | 360 |
| | >10 ~ 16 | 65 | 92 | 130 | 183 | 259 | 367 |
| | >16 ~ 25 | 67 | 94 | 133 | 188 | 267 | 377 |
| | >25 ~ 40 | 69 | 98 | 139 | 196 | 278 | 393 |
| >4000 ~ 6000 | 6.0 ~ 10 | 77 | 110 | 155 | 219 | 310 | 438 |
| | >10 ~ 16 | 79 | 111 | 157 | 222 | 315 | 445 |
| | >16 ~ 25 | 80 | 114 | 161 | 227 | 322 | 455 |
| | >25 ~ 40 | 83 | 118 | 166 | 235 | 333 | 471 |

注：应用该表评定齿轮精度时，供需双方应协商一致。

**表 5.2-80 圆柱齿轮装配后的接触斑点**

| 精度等级 | $b_{c1}$ 占齿宽的百分数 | | $h_{c1}$ 占有效齿面高度的百分数 | | $b_{c2}$ 占齿宽的百分数 | | $h_{c2}$ 占有效齿面高度的百分数 | |
|---|---|---|---|---|---|---|---|---|
| | 直齿轮 | 斜齿轮 | 直齿轮 | 斜齿轮 | 直齿轮 | 斜齿轮 | 直齿轮 | 斜齿轮 |
| 4 级及更高 | 50% | | 70% | 50% | 40% | | 50% | 30% |
| 5、6 | 45% | | 50% | 40% | 35% | | 30% | 20% |
| 7、8 | 35% | | 50% | 40% | 35% | | 30% | 20% |
| 9 ~ 12 | 25% | | 50% | 40% | 35% | | 30% | 20% |

注：1. 本表对齿廓和螺旋线修形的齿面不合适。
2. 本表试图描述那些通过直接测量，证明符合表列精度的齿轮副中获得的最好接触斑点，不能作为证明齿轮精度等级的可替代方法。

### 6.2.8 齿轮精度公差计算公式及使用说明（表 5.2-81）

**表 5.2-81 齿轮精度公差计算公式及使用说明**

| 名 称 | 5 级精度的齿轮偏差计算式 | 使用说明 |
|---|---|---|
| 单个齿距偏差 $f_{pt}$ | $f_{pt}=0.3(m_n+0.4\sqrt{d})+4$ | 1）5 级精度的未圆整的偏差计算值乘以 $2^{0.5(Q-5)}$ 即可得到任意精度等级的待求值，$Q$ 为待求值的精度等级数 |
| 齿距累积偏差 $F_{pk}$ | $F_{pk}=f_{pt}+1.6\sqrt{(k-1)m_n}$ | |
| 齿距累积总偏差 $F_p$ | $F_p=0.3m_n+1.25\sqrt{d}+7$ | |
| 齿廓总偏差 $F_\alpha$ | $F_\alpha=3.2\sqrt{m_n}+0.22\sqrt{d}+0.7$ | |
| 螺旋线总偏差 $F_\beta$ | $F_\beta=0.1\sqrt{d}+0.63\sqrt{b}+4.2$ | |

（续）

| 名 称 | 5 级精度的齿轮偏差计算式 | 使 用 说 明 |
|---|---|---|
| 一齿切向综合偏差 $f'_i$ | $f'_i = K(4.3 + f_{pt} + F_\alpha) = K(9 + 0.3m_n + 3.2$ $\sqrt{m_n} + 0.34\sqrt{d})$ <br> 式中：当 $\varepsilon_\gamma < 4$ 时，$K = 0.2\left(\dfrac{\varepsilon_\gamma + 4}{\varepsilon_\gamma}\right)$ <br> 当 $\varepsilon_\gamma \geqslant 4$ 时，$K = 0.4$ <br> 如果被测齿轮与测量齿轮齿宽不同，按较小的齿宽计算 $\varepsilon_\gamma$ <br> 如果对齿轮的齿廓和螺旋线进行了较大的修形，检测时 $\varepsilon_\gamma$ 和 $K$ 将受到较大影响，因而在评定测量结果时必须考虑这些因素。在这种情况下，对检测条件和记录曲线的评定应另订专门协议 | 2）应用公式编制公差表时，参数 $m_n$、$d$ 和 $b$ 应取其分段界限值的几何平均值代入。例如：如果实际模量是 7mm，分界界段限值为 $m_n = 6$mm 和 $m_n =$ 10mm，计算表值用 $m_n = \sqrt{6 \times 10} = 7.746$mm。如果计算值大于 10μm，圆整到最接近的整数；如果计算值小于 10μm，圆整到最接近的尾数为 0.5μm 的小数或整数；如果计算值小于 0.5μm，圆整到最接近的尾数为 0.1μm 的小数或整数 <br> 3）将实测的齿轮偏差值与公差表（见表 5.2-69 ～ 表 5.2-80）中的值比较，以评定齿轮的精度等级 <br> 4）当齿轮参数不在给定的范围内，或供需双方同意时，可以在公式中代入实际的齿轮参数 |
| 切向综合总偏差 $F'_i$ | $F'_i = F_p + f'_i$ | |
| 齿廓形状偏差 $f_{f\alpha}$ | $f_{f\alpha} = 2.5\sqrt{m_n} + 0.17\sqrt{d} + 0.5$ | |
| 齿廓倾斜偏差 $f_{H\alpha}$ | $f_{H\alpha} = 2\sqrt{m_n} + 0.14\sqrt{d} + 0.5$ | |
| 螺旋线形状偏差 $f_{f\beta}$ <br> 螺旋线倾斜偏差 $f_{H\beta}$ | $f_{f\beta} = f_{H\beta} = 0.07\sqrt{d} + 0.45\sqrt{b} + 3$ | |
| 径向综合总偏差 $F''_i$ | $F''_i = F_r + f''_i = 3.2m_n + 1.01\sqrt{d} + 6.4$ | 1）5 级精度的未圆整的公差计算值乘以 $2^{0.5(Q-5)}$ 即可得到任意精度等级的待求值，$Q$ 为待求值的精度等级数 <br> 2）应用中公式编制公差表时，参数 $m_n$ 和 $d$ 应取其分段界限值的几何平均值代入。如果计算值大于 10μm，圆整到最接近的整数；如果计算值小于 10μm，圆整到最接近的尾数为 0.5μm 的小数或整数 <br> 3）采用公差表评定齿轮精度，仅用于供需双方有协议时，无协议时，用模数 $m_n$ 和直径 $d$ 的实际值代入公式计算公差值，评定齿轮精度 <br> 4）当齿轮参数不在给定的范围内时，使用公式须供需双方协商一致 |
| 一齿径向综合偏差 $f''_i$ | $f''_i = 2.96m_n + 0.01\sqrt{d} + 0.8$ | |
| 径向跳动公差 $F_r$ | $F_r = 0.8F_p = 0.24m_n + 1.0\sqrt{d} + 5.6$ | |

## 6.3 齿轮坯的精度

有关齿轮精度参数（齿廓、齿距和螺旋线偏差等）的数值，只有明确其特定的旋转轴线时才有意义。测量时齿轮围绕其旋转的轴如果有改变，则这些参数测量值也将改变。因此，在齿轮的图样上必须把规定轮齿公差的基准轴线明确地表示出来，而事实上所有整个齿轮的几何形状均以其为基准。

齿轮坯的尺寸偏差和齿轮箱体尺寸偏差，对于齿轮副的接触条件和运行状况有极大的影响。由于加工齿轮坯和箱体时保持较紧的公差，比加工高精度的轮齿要经济得多，因此应首先根据拥有的制造设备的条件尽量使齿轮坯和箱体的制造公差保持最小值。这种方法可使加工的齿轮有较松的公差，从而获得更为经济的整体设计。

在齿轮坯上，影响轮齿加工和齿轮传动质量的有三个表面上的误差（见图 5.2-43）：

1）带孔齿轮的孔（或轴齿轮的轴径）的直径偏差和形状误差。孔是齿轮加工、检验、安装的基准面，孔（或轴径）的轴线是整个齿轮回转的基准轴线。孔径（或轴径）误差太大，将会产生齿圈径向圆跳动，进而影响齿轮传动质量。

2）齿轮坯轴向基准面 $S_i$ 的轴向圆跳动。齿坯上某一端面作为齿轮的轴向定位基准面，当此端面紧靠配合轴的轴肩时，其端面对基准轴线的跳动会使齿轮安装歪斜，造成齿轮回转轴线与基准轴线的交叉，齿轮回转时产生摇摆进而影响承载能力。

3）径向基准面 $S_r$ 或齿顶圆柱面的直径偏差和径

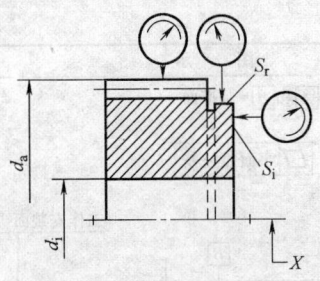

**图5.2-43　基准轴线与基准面**

向圆跳动。径向基准面 $S_r$ 和齿顶圆柱面，虽不直接参与齿轮啮合，但在齿轮加工或检验时常作为齿坯的安装基准或齿厚检验的测量基准。这时，他们的直径

偏差和对基准轴线的径向圆跳动造成加工误差和测量误差。

### 6.3.1　基准轴线及其确定方法

基准轴线是制造者（检验者）用来给单个齿轮零件确定轮齿几何形状的轴线，设计者的责任是确保基准轴线得到足够清楚和精确的确定，从而保证齿轮相对于工作轴线的技术要求得以满足。

满足此要求的最常用的方法，是确定基准轴线，然后将其他所有的轴线（包括工作轴线及可能还有一些制造轴线）用适当的公差与之相联系。在此情况下，公差链中所增加的链节的影响应该考虑进去。

确定基准轴线的方法见表 5.2-82。

**表 5.2-82　确定基准轴线方法**

| 序号 | 说　明 | 图　示 |
|---|---|---|
| 1 | 用两个"短的"圆柱或圆锥形基准面上设定的两个圆的圆心来确定轴线上的两点 | $\boxed{A}$ 和 $\boxed{B}$ =基准面<br>工作安装面=找正点<br>○ 圆度公差<br>找正点<br>径向跳动公差　A-B<br>圆柱度公差<br>其他齿轮的安装面=制造安装面<br>径向圆跳动公差　A-B<br>○ 圆度公差<br>工作安装面<br>$\boxed{B}$ |
| 2 | 用一个"长的"圆柱或圆锥形的面来同时确定轴向的位置和方向，孔的轴线可以用与之相匹配的工作芯轴的轴线来代表 | $\boxed{A}$ =基准面<br>工作安装面=制造安装面<br>$\boxed{A}$<br>找正点<br>圆柱度公差<br>轴向圆跳动公差　A<br>制造安装面<br>径向圆跳动公差　A |

（续）

| 序号 | 说　　明 | 图　　示 |
|---|---|---|
| 3 | 轴线的位置用一个"短的"圆柱形基准面上的一个圆的圆心来确定,其方向则用垂直于轴线的一个基准端面来确定 | 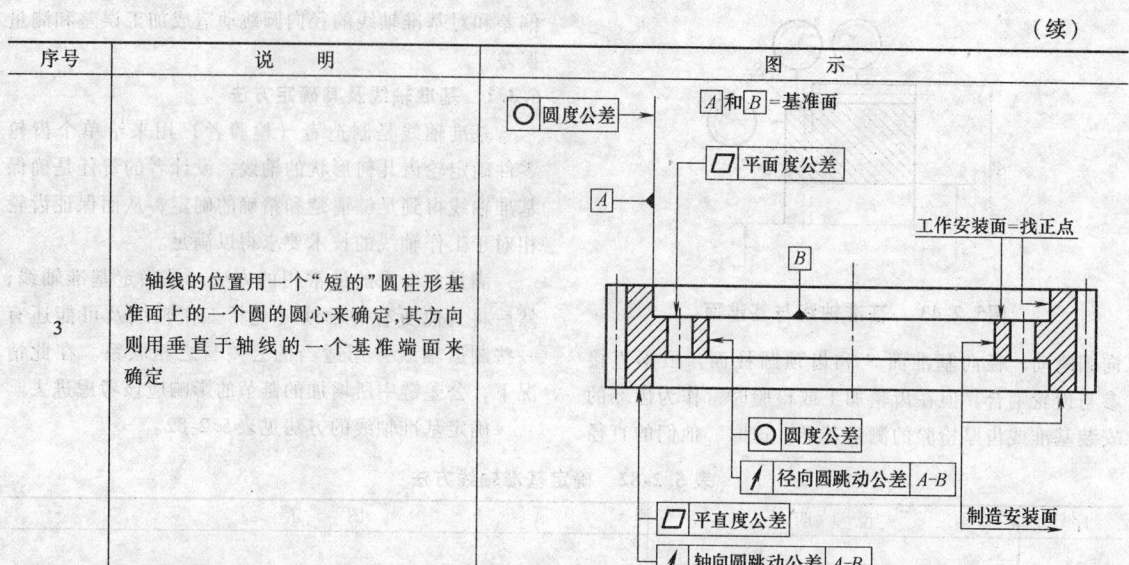 |

设计时,若采用表 5.2-82 中序号 1 或序号 3 的方法,其圆柱或圆锥形基准面必须在轴向很短,应保证它们自己不会单独确定另一条轴线。在序号 3 的方法中,基准面的直径越大越好。

在制造和检验与轴作成一体的小齿轮时,最常用也是最满意的方法是将该零件置于两端的顶尖上,这时两中心孔就确定了它的基准轴线,齿轮公差及(轴承)安装面的公差均须相对于此轴线来规定,如图 5.2-44 所示。

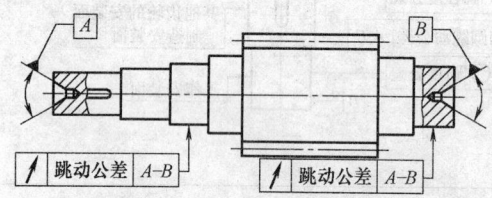

图5.2-44　中心孔确定基准轴线

### 6.3.2　基准面与安装面的形状公差和跳动公差

基准面的要求精度的极限值应确定得比单个轮齿的极限值大,基准面的相对位置、公法线长度占轮齿分度直径的比例越大,给定的公差就可以越大,基准面的精度要求必须在齿轮零件图样上规定,所有基准面的形状公差不应大于表 5.2-83 中所规定的数值,公差应减至最小。

工作安装面的形状公差不应大于表 5.2-83 中所规定的数值。如果用了另外的制造安装面,则应采用同样的限制。

如果工作安装面被选择为基准面,则直接用表 5.2-83 的基准面与安装面的形状公差。当基准轴线与工作轴线并不重合时,工作安装面相对于基准轴线

的跳动公差必须在齿轮零件图样上予以控制,跳动公差不应大于表 5.2-84 中规定的数值。

与小齿轮做成一体的轴上常有一段安装大齿轮,安装面的公差值必须选择得与大齿轮的质量要求相适应。

表 5.2-83　基准面与安装面的形状公差

| 确定轴线的基准面 | 公差项目 | | |
|---|---|---|---|
| | 圆度 | 圆柱度 | 平面度 |
| 两个"短的"圆柱成圆锥形基准面 | $0.04(L/b)F_{\beta}$ 或 $0.1F_p$ | — | — |
| 一个"长的"圆柱或圆锥形基准面 | — | $0.04(L/b)F_{\beta}$ 或 $0.1F_p$ 取两者中之小值 | — |
| 一个短的圆柱面和一个端面 | $0.06F_p$ | — | $0.06(D_d/b)F_{\beta}$ |

注：1. 齿轮坯的公差应减至能经济地制造的最小值。
　　2. $D_d$—基准面直径。
　　3. $b$—齿宽。
　　4. $L$—两轴轴承跨距的大值。

表 5.2-84　安装面的跳动公差

| 确定轴线的基准面 | 跳动量(总的指示幅度) | |
|---|---|---|
| | 径向 | 轴向 |
| 仅圆柱或圆锥形基准面 | $0.15(L/b)F_{\beta}$ 或 $0.3F_p$ 取两者中之大值 | — |
| 一圆柱基准面和一端面基准面 | $0.3F_p$ | $0.06(D_d/b)F_{\beta}$ |

注：1. 齿轮坯的公差应减至能经济地制造的最小值。
　　2. $D_d$—基准面直径
　　3. $b$—齿宽
　　4. $L$—两轴轴承跨距的大值。

设计者应适当选择齿顶圆直径的公差，以保证最小限度地设计重合度，同时又具有足够的顶隙。如果把齿顶圆柱面作基准面，上述数值仍可用作尺寸公差，而其形状公差不应大于表5.2-83 中的适当数值。

当工作轴线与基准线重合或直接从工作轴线来规定公差时，可应用表5.2-84 的公差。不是这种情况时，则两者之间存在着一公差链，此时就需要把表5.2-83 和表5.2-84 中的公差数值适当减小。减小的程度取决于该公差链排列，一般大致与 $n$ 的平方根成正比。其中，$n$ 为公差链中的链节数。

## 6.4　齿面的表面粗糙度

圆柱齿轮经过试验研究和使用经验表明，齿面的表面粗糙度对齿轮抗点蚀能力、抗胶合能力和弯曲强度有影响，也影响齿轮的传动精度（噪声和振动）。因此，设计者应在齿轮零件图样上标注出成品状态齿面的表面粗糙度的数值，如图5.2-45 所示。

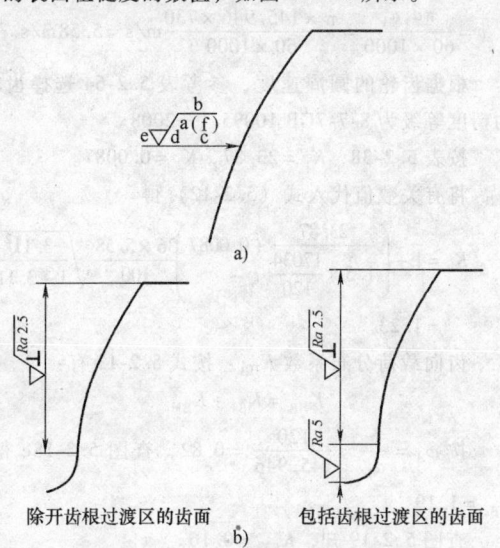

**图5.2-45　表面粗糙度的标准**

a) 表面结构的符号
b) 表面粗糙度和表面加工纹理方向的符号
a—Ra 或 Rz（μm）　b—加工方法、表面处理等
c—第二个要求项目　d—加工纹理方向　e—加工余量
f—粗糙度的其他数值（括号内）

直接测得的表面粗糙度参数值，可直接与规定的允许值比较。规定的参数值应优先从表5.2-85 和表5.2-86 中给出的范围中选择，无论是 Ra 还是 Rz 均可作为一种判断依据。表5.2-85 和表5.2-85 给出的 Ra 和 Rz 的推荐极限值主要考虑了加工后轮齿表面结构及测量仪器和方法。但必须指出，若同时按 Ra、Rz 进行评定，可能得到不一致的结论，主要是由于表面轮廓特征不同时，Ra 和 Rz 比值也不同。所以，

Ra 和 Rz 不应在同一部分中使用。

GB/T 10095.1—2008 中规定的齿轮精度等级与表5.2-85 和表5.2-86 中表面粗糙度等级之间没有直接的关系。在上述两表中，相同的表面状况等级并不与待定的制造工艺相适宜。齿轮精度等级与齿面表面粗糙度的关系见表5.2-87。

**表 5.2-85　算术平均偏差 Ra 的推荐极限值**

（单位：μm）

| 精度等级 | 模数 m/mm | | |
|---|---|---|---|
| | <6 | 6～25 | >25 |
| 5 | 0.50 | 0.63 | 0.80 |
| 6 | 0.8 | 1.00 | 1.25 |
| 7 | 1.25 | 1.6 | 2.0 |
| 8 | 2.0 | 2.5 | 3.2 |
| 9 | 3.2 | 4.0 | 5.0 |
| 10 | 5.0 | 6.3 | 8.0 |

**表 5.2-86　微观不平度十点高度 Rz 的推荐极限值**

（单位：μm）

| 精度等级 | 模数 m/mm | | |
|---|---|---|---|
| | <6 | 6～25 | >25 |
| 5 | 3.2 | 4.0 | 5.0 |
| 6 | 5.0 | 6.3 | 8.0 |
| 7 | 8.0 | 10.0 | 12.5 |
| 8 | 12.5 | 16 | 20 |
| 9 | 20 | 25 | 32 |
| 10 | 32 | 40 | 50 |

**表 5.2-87　齿轮精度与齿面表面粗糙度 Ra**

| 齿轮精度等级 | 4 | | 5 | | 6 | | 7 | | 8 | | 9 | |
|---|---|---|---|---|---|---|---|---|---|---|---|---|
| 齿面 | 硬 | 软 | 硬 | 软 | 硬 | 软 | 硬 | 软 | 硬 | 软 | 硬 | 软 |
| 齿面表面粗糙度 Ra /μm | ≤0.4 | | ≤0.8 | | ≤1.6 | 0.8 | ≤1.6 | 1.6 | ≤3.2 | | 6.3 | 3.2 | 6.3 |

注：本表不属于国家标准中的内容，供参考。

## 7　渐开线圆柱齿轮零件工作图及设计计算实例

**【例】** 设计图5.2-46 所示的球磨机用单级圆柱齿轮减速器的斜齿圆柱齿轮传动。已知小齿轮传动的额定功率 $P = 95\text{kW}$，小齿轮转速 $n_1 = 730\text{r/min}$，传动比 $i = 3.11$。单向运转，满载工作时间为35000h。

**【解】** 1) 选择材料，确定试验齿轮的疲劳强度。

参考表5.2-49 及表5.2-50 选择齿轮的材料。

小齿轮材料为 38SiMnMo，调质，硬度为320～340HBW。

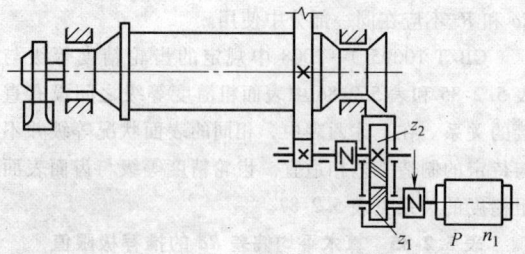

**图 5.2-46　球磨机传动简图**

大齿轮材料为 35SiMn，调质，硬度为 280 ~ 300HBW。

由图 5.2-22 及图 5.2-33，按 MQ 级质量要求取值，查得 $\sigma_{Hlim1} = 790MPa$，$\sigma_{Hlim2} = 760MPa$；$\sigma_{FE1} = 640MPa$，$\sigma_{FE2} = 600MPa$。

2）按接触强度初步确定中心距，并初选主要参数。

由表 5.2-32 知：

$$a \geqslant 476(u+1)\sqrt[3]{\frac{KT_1}{\phi_a \sigma_{HP}^2 u}}。$$

其中，小齿轮传递的转矩 $T_1$ 为

$$T_1 = 9549\frac{P}{n_1} = 9549\frac{95}{730}N \cdot m = 1243N \cdot m。$$

载荷系数 $K$：考虑齿轮对称轴承布置，速度较低，冲击较大，取 $K = 1.6$。

齿宽系数 $\phi_a$：取 $\phi_a = 0.4$。

齿数比 $u$：暂取 $u = i = 3.11$。

许用接触应力 $\sigma_{HP}$：按表 5.2-32 有：

$$\sigma_{HP} = \frac{\sigma_{Hlim}}{S_{Hmin}}。$$

按表 5.2-32，取最小安全系数 $S_{Hmin} = 1.1$，按大齿轮计算

$$\sigma_{HP2} = \frac{760}{1.1}MPa = 691MPa。$$

将以上数据代入计算中心距的公式得

$$a \geqslant 476 \times (3.11+1)\sqrt[3]{\frac{1.6 \times 1243}{0.4 \times 691^2 \times 3.11}}mm$$

$$= 292.67mm。$$

取为标准中心距，$a = 300mm$。

按经验公式：$m_n = (0.007 \sim 0.02)a = (0.007 \sim 0.02) \times 300mm = 2.1 \sim 6mm$。

取标准模数 $m_n = 4mm$。

初取 $\beta = 9°$，则 $\cos\beta = \cos9° = 0.98800$。

$$z_1 = \frac{2a\cos\beta}{m_n(u+1)} = \frac{2 \times 300 \times 0.988}{4 \times (3.11+1)} \approx 36。$$

取 $z_1 = 36$，$z_2 = uz_1 = 3.11 \times 36 \approx 112$。

精求螺旋角 $\beta$：

$$\cos\beta = \frac{m_n(z_1+z_2)}{2a} = \frac{4 \times (36+112)}{2 \times 300} = 0.98667，$$

则 $\beta = 9°22'$。

$$m_t = \frac{m_n}{\cos\beta} = \frac{4mm}{0.98667} = 4.05405mm。$$

$$d_1 = m_t z_1 = 4.05405 \times 36 = 145.946mm。$$

$$b = \phi_a a = 0.4 \times 300 = 120mm。$$

3）校核齿面接触强度。

由表 5.2-33 知：

$$\sigma_H = z_H z_E z_{\varepsilon\beta}\sqrt{\frac{F_t}{bd_1}\frac{u+1}{u}K_A K_v K_{H\beta} K_{H\alpha}}$$

其中，分度圆上的圆周力 $F_t$ 为

$$F_t = \frac{2T_1}{d_1} = \frac{2 \times 1243}{0.145946}N = 17034N。$$

使用系数 $K_A$：查表 5.2-35，$K_A = 1.5$。

动载系数 $K_v$：按式 5.2-12 有：

$$K_v = 1 + \left(\frac{K_1}{K_A\frac{F_t}{b}} + K_2\right)\frac{z_1 v}{100}\sqrt{\frac{u^2}{1+u^2}}$$

$$v = \frac{\pi d_1 n_1}{60 \times 1000} = \frac{\pi \times 145.946 \times 730}{60 \times 1000}m/s = 5.58m/s。$$

根据齿轮的圆周速度，参考表 5.2-64 选择齿轮的精度等级为 8-7-7GB 10095.1—2008。

按表 5.2-38，$K_1 = 23.87$，$K_2 = 0.0087$。

将有关数值代入式（5.2-12）得

$$K_v = 1 + \left(\frac{23.87}{1.5 \times \frac{17034}{120}} + 0.0087\right)\frac{36 \times 5.58}{100}\sqrt{\frac{3.11^2}{1+3.11^2}}$$

$$= 1.23。$$

齿向载荷分布系数 $K_{H\beta}$：按式 5.2-13 有：

$$K_{H\beta} = K_{\beta s} + K_{\beta M}$$

按 $\varphi_d = \frac{b}{d_1} = \frac{120}{145.946} = 0.82$，查图 5.2-18c 得，$K_{\beta s} = 1.19$。

查图 5.2-19 知，$K_{\beta M} = 0.16$。

$K_{H\beta} = 1.19 + 0.16 = 1.35$。

齿向载荷分配系数 $K_{H\alpha}$：按 $K_A F_t/b = 1.5 \times 17034/120N/mm = 213N/mm$，查表 5.2-39 得，$K_{H\alpha} = 1.1$。

节点区域系数 $Z_H$：按 $\beta = 9°22'$、$x = 0$ 查图 5.2-20，$Z_H = 2.47$。

查表 5.2-40，$Z_E = 189.8\sqrt{MPa}$。

按接触强度计算的重合度及螺旋角系数 $Z_{\varepsilon\beta}$：

首先计算当量齿数：

$$z_{v1} = \frac{z_1}{\cos^3\beta} = \frac{36}{(0.98667)^3} = 37.5。$$

$$z_{v2} = \frac{z_2}{\cos^3\beta} = \frac{112}{(0.98667)^3} = 116.6。$$

计算当量齿数的端面重合度 $\varepsilon_{v\alpha}$。$\varepsilon_{v\alpha} = \varepsilon_{v1} + \varepsilon_{v2}$。

按 $\beta = 9°22'$、$z_{v1} = 37.5$、$z_{v2} = 116.6$，从图 5.2-14 可分别查得 $\varepsilon_{v1} = 0.83$、$\varepsilon_{v2} = 0.91$。所以，$\varepsilon_{v\alpha} = 0.83 + 0.91 = 1.74$。

按 $\varphi_m = b/m = 120/4 = 30$、$\beta = 9°22'$，查图 5.2-15 得，纵向重合度 $\varepsilon_\beta = 1.55$。

按 $\varepsilon_{v\alpha} = 1.74$、$\varepsilon_\beta = 1.55$、$\beta = 9°22'$，查图 5.2-21 得，$Z_{\varepsilon\beta} = 0.76$。

将以上各数值代入齿面接触应力计算公式得

$$\sigma_H = 2.47 \times 189.8 \times 0.76 \times$$

$$\sqrt{\frac{17034}{120 \times 145.946} \times \frac{3.11 + 1}{3.11} \times 1.5 \times 1.23 \times 1.35 \times 1.1} \text{MPa}$$

$$= 669 \text{MPa}。$$

计算安全系数 $S_H$：按表 5.2-33 有

$$S_H = \frac{\sigma_{Hlim} Z_N Z_{LVR} Z_W Z_X}{\sigma_H}$$

其中，寿命系数 $Z_N$：先计算应力循环次数。

$N_1 = 60\gamma n_1 t = 60 \times 1 \times 730 \times 35000 = 1.533 \times 10^9$。

$N_2 = 60\gamma n_2 t = 60 \times 1 \times \dfrac{730}{3.11} \times 35000 = 4.93 \times 10^8$。

对调质钢（允许有一定点蚀），从图 5.2-23 可查得 $N_\infty = 10^9$。

因为 $N_1 > N_\infty$，所以取 $Z_{N1} = 1$。按 $N_2 = 4.93 \times 10^8$ 从图 5.2-23 得得 $Z_{N1} = 1.04$。

润滑油膜影响系数 $Z_{LVR}$：按照 $v = 5.58 \text{m/s}$ 选用 220 号中极压型工业齿轮油，其运动粘度 $v_{40} = 220 \text{mm}^2/\text{s}$，查图 5.2-24 知，$Z_{LVR} = 0.95$。

工作硬度系数 $Z_W$：因为小齿轮齿面未硬化，齿面未光整，故取 $Z_W = 1$。

接触强度计算的尺寸系数 $Z_X$：查图 5.2-27，$Z_X = 1$。

将以上数值代入安全系数的计算公式得

$$S_{H1} = \frac{790 \times 1 \times 0.95 \times 1 \times 1}{669} = 1.12。$$

$$S_{H2} = \frac{760 \times 1.04 \times 0.95 \times 1 \times 1}{669} = 1.12。$$

按式 (5.2-19)，$S_{Hmin} = 1$。

$S_H > S_{Hmin}$，故安全。

4）校核齿根弯曲强度。

按表 5.2-33 有：

$$\sigma_F = \frac{F_t}{bm_n} K_A K_v K_{F\beta} K_{F\alpha} Y_{FS} Y_{\varepsilon\beta}$$

其中，弯曲强度计算的载荷分布系数 $K_{F\beta} = K_{H\beta} = 1.35$。

弯曲强度计算的载荷分配系数 $K_{F\alpha}$：$K_{F\alpha} = K_{H\alpha} = 1.1$。

复合齿形系数 $Y_{FS}$：按 $z_{v1} = 37.5$，$z_{v2} = 116.6$ 查图 5.2-28 得，$Y_{F1} = 4.03$、$Y_{F2} = 3.94$。

弯曲强度计算的重合度与螺旋角系数 $Y_{\varepsilon\beta}$：按 $\varepsilon_{v\alpha} = 1.74$、$\beta = 9°22'$ 查图 5.2-32 得，$Y_{\varepsilon\beta} = 0.63$。

将以上各数值代入齿根弯曲应力计算公式得

$$\sigma_{F1} = \frac{17034}{120 \times 4} \times 1.5 \times 1.23 \times 1.35 \times 1.1 \times 4.03 \times$$

$$0.63 \text{MPa} = 247 \text{MPa}$$

$$\sigma_{F2} = \sigma_{F1} \frac{Y_{FS2}}{Y_{FS1}} = 247 \times \frac{3.94}{4.03} \text{MPa} = 242 \text{MPa}$$

计算安全系数 $S_F$：按表 5.2-33 有：

$$S_F = \frac{\sigma_{FE} Y_N Y_{\delta relT} Y_X}{\sigma_F}$$

其中，寿命系数 $Y_N$：对调质钢，由图 5.2-34 查得弯曲疲劳应力的循环基数 $N_\infty = 3 \times 10^6$。因为 $N_1 = 1.533 \times 10^9$、$N_2 = 4.93 \times 10^8$ 均大于 $N_\infty$，所以 $Y_{N1} = Y_{N2} = 1$。

相对齿根圆角敏感系数 $Y_{\delta relT}$：由图 5.2-28 知，$q_{s1} > 1.5$，$q_{s2} > 1.5$，查表 5.2-41 知，$Y_{\delta relT1} = Y_{\delta relT2} = 1$。

相对齿跟表面状况系数 $Y_{RrelT}$：查表 5.2-85，齿面表面粗糙度 $Ra_1 = Ra_2 = 1.6 \mu m$。按式 (5.2-24)，$Y_{RrelT} = 1$。

尺寸系数 $Y_X$：查图 5.2-35 得，$Y_X = 1$。

将以上数值代入安全系数 $S_F$ 的公式得：

$$S_{F1} = \frac{640 \times 1 \times 1 \times 1 \times 1}{247} = 2.59。$$

$$S_{F2} = \frac{600 \times 1 \times 1 \times 1 \times 1}{242} = 2.48。$$

由式 (5.2-20)，$S_{Fmin} = 1.4$。

$S_{F1}$ 及 $S_{F2}$ 均大于 $S_{Fmin}$，故安全。

5）确定主要几何尺寸。

$m_n = 4 \text{mm}$、$m_t = 4.05405 \text{mm}$、$z_1 = 36$、$z_2 = 112$、$\beta = 9°22'$。

$d_1 = z_1 m_t = 36 \times 4.05405 \text{mm} = 145.946 \text{mm}$。

$d_2 = z_2 m_t = 112 \times 4.05405 \text{mm} = 454.054 \text{mm}$。

$d_{a1} = d_1 + 2h_a = 145.946 \text{mm} + 2 \times 4 \text{mm}$
$\quad = 153.946 \text{mm}$。

$d_{a2} = d_2 + 2h_a = 454.054 \text{mm} + 2 \times 4 \text{mm}$
$\quad = 462.054 \text{mm}$。

$a = \dfrac{1}{2}(d_1 + d_2) = \dfrac{1}{2} \times (454.946 + 462.054) \text{mm}$
$\quad = 300 \text{mm}$。

$b = \varphi_a a = 0.4 \times 300 \text{mm} = 120 \text{mm}$。

取 $b_1 = 125 \text{mm}$、$b_2 = 120 \text{mm}$。

6）绘制齿轮的结构和零件图（步骤从略），结果如图 5.2-47 和图 5.2-48 所示。

| 法向模数 | $m_n$ | 4 |
|---|---|---|
| 齿数 | $z$ | 33 |
| 压力角 | $\alpha$ | 20° |
| 齿顶高系数 | $h_a^*$ | 1 |
| 螺旋角 | $\beta$ | 9°22′ |
| 螺旋方向 | — | 左 |
| 法向变位系数 | $x_n$ | 0 |
| 全齿高 | $h$ | 9 |
| 精度等级 | 7（$F_\beta$）、8（$F_p$、$f_{pt}$、$F_\alpha$）GB/T 10095.1—2008<br>8（$F_r$）GB/T 10095.2—2008 | |
| 齿轮副中心距及其极<br>限偏差 | $a \pm f_a$ | 300 ± 0.041 |
| 配对齿轮 | 图号 | — |
| | 齿数 | 115 |
| 公差组 | 检验项目 | 公差（或极限<br>偏差）值 |
| 齿圈径向圆跳动公差 | $F_r$ | 0.071 |
| 公法线长度变动公差 | $F_w$ | 0.050 |
| 齿形公差 | $f_{fa}$ | 0.020 |
| 齿距极限偏差 | $f_{pt}$ | ± 0.028 |
| 螺旋线总偏差的公差 | $F_\beta$ | 0.020 |
| 公法线及其偏差 | $W_{kn}$ | $43.25^{-0.112}_{-0.224}$ |
| | $k$ | 4 |

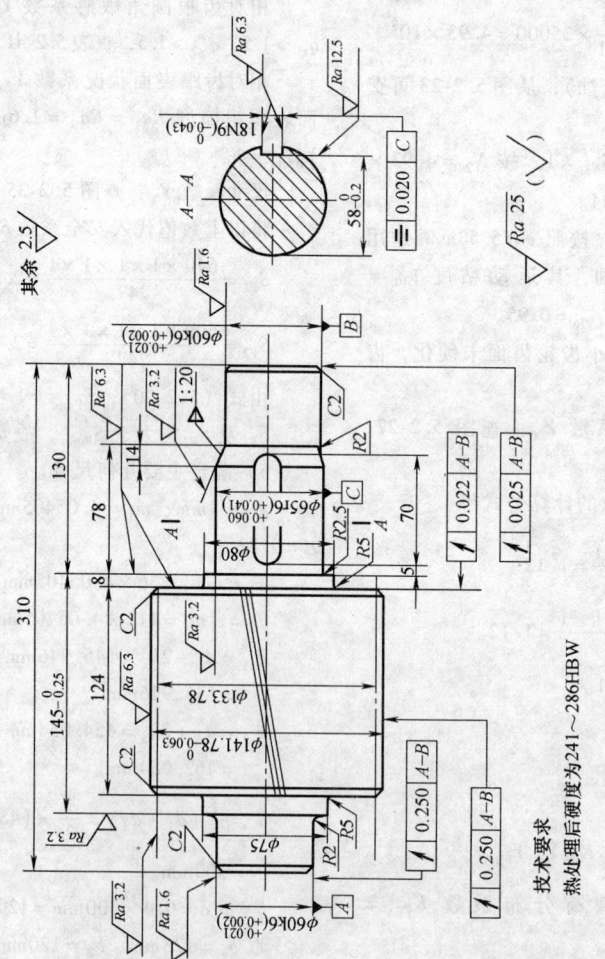

图5.2-47　示例圆柱齿轮工作图之一

技术要求

热处理后硬度为241～286HBW

| 法向模数 | $m_n$ | 5 |
|---|---|---|
| 齿数 | $z$ | 121 |
| 压力角 | $\alpha$ | 20° |
| 齿顶高系数 | $h_a^*$ | 1 |
| 螺旋角 | $\beta$ | 9°22′ |
| 螺旋方向 | | 右 |
| 法向变位系数 | $x_n$ | −0.405 |
| 全齿高 | $h$ | 11.25 |
| 精度等级 | | 7 ($F_\beta$)、8 ($F_p$、$F_{pt}$、$F_\alpha$)<br>GB/T 10095.1—2008<br>8 ($F_r$) GB/T 10095.2—2008 |
| 齿轮副中心距及其极限偏差 | $a \pm f_a$ | 300 ± 0.045 |
| 配对齿轮 | 图号 | — |
| | 齿数 | 17 |
| 公差组 | 检验项目 | 公差 (或极限<br>偏差) 值 |
| 齿圈径向圆跳动公差 | $F_r$ | 0.090 |
| 公法线长度变动公差 | $F_w$ | 0.063 |
| 齿形公差 | $f_{fa}$ | 0.028 |
| 齿距极限偏差 | $f_{pt}$ | ± 0.028 |
| 螺旋线总偏差的公差 | $F_\beta$ | 0.020 |
| 弦齿厚及弦齿顶高 | $\overline{s}_{cn}$ | $5.634_{-0.336}^{-0.224}$ |
| | $\overline{h}_{cn}$ | 1.949 |

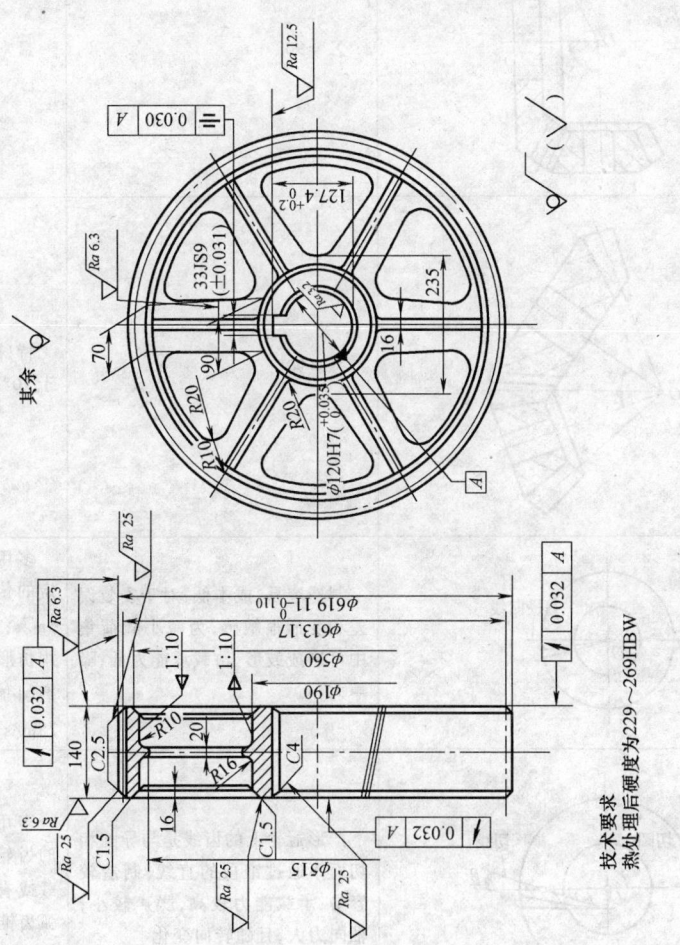

图5.2-48　示例圆柱齿轮工作图之二

技术要求
热处理后硬度为229~269HBW

# 第3章 锥齿轮传动

锥齿轮用于轴线相交的传动，轴线间交角 $\Sigma$ 可成任意角度，但常用的 $\Sigma=90°$。

## 1 概述

### 1.1 分类

锥齿轮传动的分类、特点和应用见表5.3-1。

**表 5.3-1 锥齿轮传动的分类、特点和应用**

| 分类方法 | 类型 | 示意图 | 特点 | 应用 |
|---|---|---|---|---|
| 按轴线位置 | 正交 | | $\Sigma=90°$ | 最常用 |
| | 斜交 | | $\Sigma\neq90°$ | 特殊需要时才用，可用于 $10°\leqslant\Sigma\leqslant170°$ |
| 按齿线形状 | 直齿锥齿轮 | | 制造容易，成本低；对于安装误差和变形很敏感，为减小载荷集中可制成鼓形齿；载承能力低；噪声大 | 多用于低速、轻载而稳定的传动，一般速度 $v_m\leqslant5\text{m/s}$；对于大型锥齿轮，当用仿形加工时，$v_m\leqslant2\text{m/s}$；磨削加工的锥齿轮 $v_m\leqslant75\text{m/s}$ |
| | 斜齿锥齿轮 | | 产形冠轮上的齿线是与导圆相切而不通过锥顶的直线；制造较容易；承载能力较高，噪声较小；轴向力大，且随转向变化 | 多用于大型、$m>15\text{mm}$ 的齿轮；在 $v_m<12\text{m/s}$、重载或有冲击的传动中，用弧齿锥齿轮在制造上有困难时，可用这种齿轮代替 |

（续）

| 分类方法 | 类型 | 示 意 图 | 特 点 | 应 用 |
|---|---|---|---|---|
| 按齿线形状 | 弧齿锥齿轮 | | 产形冠轮上的齿线是圆弧;承载能力高,运转平稳,噪声小;对安装误差和变形不敏感;轴向力大,且随转向变化 | 用于 $v_m \geqslant 5\text{m/s}$ 或转速 $n > 1000\text{r/min}$ 及重载的传动;适于成批生产;磨齿后可用于高速( $v_m$ 为 40 ~ 100m/s) |
| 按齿线形状 | 零度锥齿轮 | | 齿线是一段圆弧,齿宽中点螺旋角 $\beta_m = 0$ ;载荷能力略高于直齿,轴向力与转向无关;运转平稳性好 | 可用以代替直齿锥齿轮;适用 $v_m \leqslant 5\text{m/s}$ 、 $n \leqslant 1000\text{r/min}$ 的传动中;经磨削的齿轮可用于 $v_m \leqslant 50\text{m/s}$ 的传动 |
| 按齿线形状 | 摆线齿锥齿轮 | | 齿线是长幅外摆线;加工时机床调整方便,计算简单;不能磨齿 | 应用情况与弧齿锥齿轮相同,虽不能磨齿,但采用刮削,在硬齿面的条件下所得到的精度和表面粗造度不亚于磨齿;尤其适于单件或小批生产 |
| 按齿高形式 | 不等顶系收缩齿 | | 顶锥、根锥和分锥的顶点相重合;齿轮副的顶隙由大端到小端逐渐减小,齿根圆角较小,齿根强度较弱、小端齿顶薄弱 | 以往广泛地应用于直齿锥齿轮中,因缺点较严重,近来有被等顶隙收缩齿替代的趋势 |
| 按齿高形式 | 等顶系收缩齿 | | 齿轮副的顶隙沿齿长保持与大端相等(即一齿轮的顶锥素线与配对齿轮的根锥素线相平行),顶锥的顶点不与分锥和根锥的顶点重合;齿根的圆角半径增大,减小应力集中,提高齿根强度;同时可增大刀具刀尖圆角,提高了刀具寿命;增加小端齿厚度;减少因齿轮错位而造成小端"咬死"的可能性 | 直齿锥齿轮推荐使用这种类型弧齿锥齿轮和 $m > 2.5\text{mm}$ 的零度锥齿轮,大多采用等顶隙收缩齿 |

（续）

| 分类方法 | 类型 | 示 意 图 | 特 点 | 应 用 |
|---|---|---|---|---|
| 按齿高形式 | 双重收缩齿 | | 从大端到小端齿高急剧减小，顶锥、分锥和根锥的顶点都不重合；齿轮副的顶系沿着齿长保持相等；齿宽中点两个侧面的螺旋角接近相等，便于双重双面法加工；其他特点同等顶系收缩齿 | 用于 $m \leqslant 2.5\text{mm}$ 零度锥齿轮，因为加工这种齿轮常采用双重双面法，以提高生产效率 |
| 按齿高形式 | 等高齿 | | 大端与小端的齿高相等，即齿轮的顶锥角，分锥角和根锥角都相等；加工时机床调整方便，计算简单；小端易产生根切和齿顶过薄 | 摆线齿锥齿轮都采用等高齿；弧齿锥齿轮也可采用 齿宽系数 $\phi_R \leqslant 0.28$ 小轮齿数 $z_1 \geqslant 9$ 平面齿轮齿数 $z_1 \geqslant 9$ |

## 1.2　齿制

　　渐开线锥齿轮的齿制很多，表 5.3-2 列出我国常用的几种齿制的基本齿廓。

表 5.3-2　渐开线锥齿轮常用齿制的基本齿廓

| 齿线种类 | 齿　　制 | 基准齿制参数 | | | | 变位方式 | 齿高种类 |
|---|---|---|---|---|---|---|---|
| | | $\alpha_n$ | $h_a^*$ | $c^*$ | $\beta_m$ | | |
| 直齿斜齿 | GB/T 12369—1990 | 20° | 1 | 0.2 | 直齿为 0°，斜齿由计算确定 | 径向 + 切向变位 | 等顶隙收缩齿 |
| 直齿斜齿 | 格利森（Gleason） | 20°、14.5°、25° | 1 | $0.188 + \dfrac{0.05}{m_e}$ | 直齿为 0°，斜齿由计算确定 | 径向 + 切向变位 | 荐用等顶隙收缩齿，也可用不等顶隙收缩齿 |
| 直齿斜齿 | 埃尼姆斯（энимс） | 20° | 1 | 0.2 | 直齿为 0°，斜齿由计算确定 | 径向 + 切向变位 | 荐用等顶隙收缩齿，也可用不等顶隙收缩齿 |
| 弧齿 | 格利森 | 20° | 0.85 | 0.188 | 35° | 径向 + 切向变位 | 等顶隙收缩齿 |
| 弧齿 | 埃尼姆斯 | 20° | 0.82 | 0.2 | >35° | 径向 + 切向变位 | 等顶隙收缩齿 |
| 零度 | 格利森 | 20° 对于重载可用 225° 或 25° | 1 | $0.188 + \dfrac{0.05}{m_e}$ | 0° | 径向 + 切向变位 | 一般用等顶隙收缩齿；当 $m_e \leqslant$ 2.5 时，用双重收缩齿 |
| 摆线齿 | 奥利康（Oerlikon） | 20°、17.5° | 1 | 0.15 | $\beta_P、\beta_m =$ 30°~45° | 径向 + 切向变位 | 等高齿 |
| 摆线齿 | 克林根贝尔格（Klingelnberg） | 20° | 1 | 0.25 | $\beta_P、\beta_m =$ 30°~45° | 径向 + 切向变位 | 等高齿 |

　　注：1. GB/T 12369—1990 基本齿廓的齿根圆角 $\rho_f = 0.3m_{ne}$，在啮合条件允许下，可取 $\rho_f = 0.35m_{ne}$；齿廓可修缘，齿顶最大修缘量：齿高方向 $0.6m_n$，齿厚方向 $0.02m_n$；齿形角也可采用 $\alpha_n = 14.5°$ 及 25°。与齿高有关的各参数为大端法向值。

　　2. 在一般传动中，格利森和埃尼姆斯齿制可以互相代用。

　　3. 对格利森齿，当 $m_{nm} > 2.5\text{mm}$ 时，全齿高在粗切时，应加深 0.13mm，以免在精切时发生刀齿顶部切削。

## 1.3 模数

锥齿轮的模数是一个变量,由大端向小端逐渐缩小。直齿和斜齿锥齿轮以大端断面模数 $m_e$ 为准,并取为标准系列值(见表 5.3-3)。对曲线齿(弧齿、零度、摆线齿)锥齿轮可用大端端面模数 $m_e$ 或齿宽中点法向模数 $m_{nm}$ 为准,其数值不一定是整数,更不一定要符合标准系列,主要取决于几何计算。

**表 5.3-3 锥齿轮大端端面模数**(摘自 GB/T 12368—1990) (单位:mm)

| | | | | | | | | |
|------|------|-------|------|------|-----|----|----|----|
| 0.1  | 0.35 | 0.9   | 1.75 | 3.75 | 5.5 | 10 | 20 | 36 |
| 0.12 | 0.4  | 1     | 2    | 3.5  | 6   | 11 | 22 | 40 |
| 0.15 | 0.5  | 1.125 | 2.25 | 3.75 | 6.5 | 12 | 25 | 45 |
| 0.2  | 0.6  | 1.25  | 2.5  | 4    | 7   | 14 | 28 | 50 |
| 0.25 | 0.7  | 1.375 | 2.75 | 4.5  | 8   | 16 | 30 |    |
| 0.3  | 0.8  | 1.5   | 3    | 5    | 9   | 18 | 32 |    |

注:表中值适用于直齿、斜齿及曲线齿锥齿轮。

## 1.4 锥齿轮的变位

锥齿轮的变位可分为:切向变位(齿厚变位)和径向变位(齿高变位)。

### 1.4.1 切向变位

用展成法加工锥齿时,当加工轮齿的两侧刀刃在其所构成的产形齿轮的分度面上的距离为 $\frac{\pi m}{2}$ 时,加工出来的齿轮为标准齿轮;若改变两刀刃之间的距离,则加工出来的齿轮为切向变位。变位量用 $x_t m$ 表示,$x_t$ 为切向变位系数(或称齿厚变位系数),如图 5.3-1 所示。变位使齿厚增加时 $x_t$ 为正值;使齿厚减薄时 $x_t$ 为负值。为了均衡大小齿轮的齿根抗弯强度,常采用 $x_{t1} = -x_{t2}$。这种变位除齿厚有所变化外,其他参数不改变,可提高小轮的齿根弯曲强度。

### 1.4.2 径向变位

用展成法加工锥齿轮时,若刀具所构成的产形齿轮的齿条中线与被加工锥齿轮的当量圆柱齿轮的分度圆相切,加工出来的齿轮为标准齿轮;当齿条中线沿当量圆柱齿轮的径向移开一段距离 $xm$ 时,加工出来的齿轮为径向变位齿轮,如图 5.3-2 所示,$xm$ 为变位量,$x$ 为变位系数。刀具远离当量圆柱齿轮轴线时,$x$ 为正值;刀具靠近当量圆柱齿轮轴线时,$x$ 为负值。在齿轮副中,若 $x_1 = -x_2$,则称为高变位传动;若 $x_1 \neq -x_2$,则称为角变位传动。径向变位可以避免根切,提高齿轮的承载能力和改善传动的性能。高变位传动锥齿轮几何计算简单,应用较广。角变位传动锥齿轮几何计算复杂,应用较少,本手册不作详细介绍。

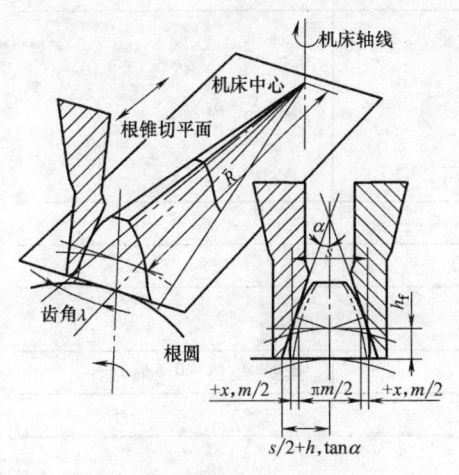

图 5.3-1 锥齿轮的切向变位

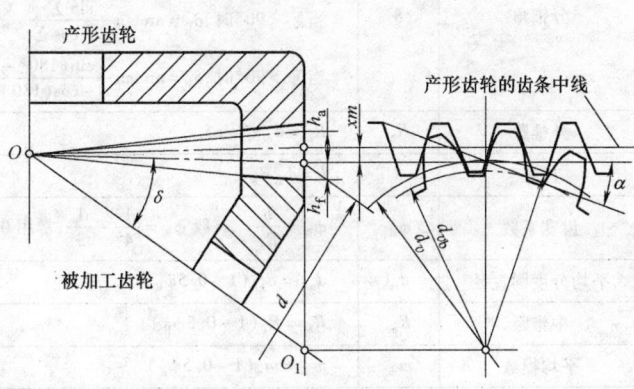

图 5.3-2 锥齿轮径向变位

# 2　锥齿轮传动的几何尺寸计算

## 2.1　标准和高变位直齿锥齿轮传动的几何尺寸计算（表5.3-4）

表5.3-4　标准和高变位直齿锥齿轮传动的几何尺寸计算

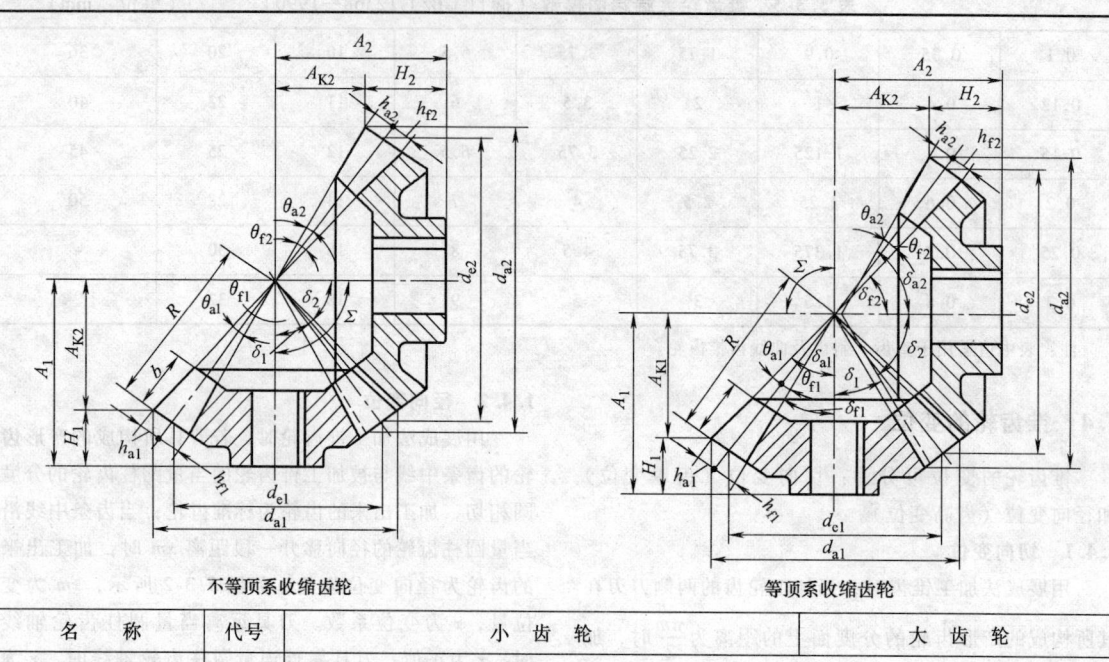

不等顶系收缩齿轮            等顶系收缩齿轮

| 名　称 | 代号 | 小　齿　轮 | 大　齿　轮 |
|---|---|---|---|
| 齿宽比 | $u$ | $u = z_2/z_1$ 按传动要求确定，通常 $u$ 为 1～10 | |
| 大端分度圆直径 | $d_{e1}$ | $d_{e1}$ 根据强度计算初定，或按结构确定 | |
| 齿数 | $z$ | 一般 $z_1$ 为 16～30；当 $d_{e1}$ 确定后，可按图5.3-3选取；最少的 $z_1$ 荐按表5.3-5选取 | $z_2 = uz_1$ |
| 大端模数 | $m_e$ | $m_e = d_{e1}/z_1$　按表5.3-3取成标准系列值后，再确定 $d_{e1} = z_1 m_e$　　　　　$d_{e2} = z_2 m_e$ | |
| 分锥角 | $\delta$ | 当 $\Sigma = 90°$ 时，$\delta_1 = \arctan \dfrac{z_1}{z_2}$ <br> 当 $\Sigma < 90°$ 时，$\delta_1 = \arctan \dfrac{\sin \Sigma}{u + \cos \Sigma}$ <br> 当 $\Sigma > 90°$ 时，$\delta_1 = \arctan \dfrac{\sin(180° - \Sigma)}{u - \cos(180° - \Sigma)}$ | $\delta_2 = \Sigma - \delta_1$ |
| 外锥距 | $R_e$ | $R_e = d_{e1}/2\sin\delta_1$ | |
| 齿宽 | $b$ | $b = \phi_R R_e$ | |
| 齿宽系数 | $\phi_R$ | $\phi_R = \dfrac{b}{R_e}$　一般 $\phi_R = \dfrac{1}{4} \sim \dfrac{1}{3}$，常用0.3 | |
| 平均分度圆直径 | $d_m$ | $d_{m1} = d_{e1}(1 - 0.5\phi_R)$ | $d_{m2} = d_{e2}(1 - 0.5\phi_R)$ |
| 中锥距 | $R_m$ | $R_m = R_e(1 - 0.5\phi_R)$ | |
| 平均模数 | $m_m$ | $m_m = m_e(1 - 0.5\phi_R)$ | |
| 切向变位系数 | $x_t$ | $x_{t1}$ 荐用值见图5.3-4 | $x_{t2} = -x_{t1}$ |

（续）

| 名 称 | 代号 | 小 齿 轮 | 大 齿 轮 |
|---|---|---|---|
| 径向变位系数 | $x$ | 当 $z_1 \geq 13$ 时，$x_1 = 0.46\left(1 - \dfrac{\cos\delta_2}{u\cos\delta_1}\right)$<br>亦可按表 5.3-6 选取 | $x_2 = -x_1$ |
| 齿顶高 | $h_a$ | $h_{a1} = m_e(1 + x_1)$ | $h_{a2} = m_e(1 + x_2)$ |
| 齿根高 | $h_f$ | $h_{f1} = m_e(1 + c^* - x_1)$，$c^*$ 见表 5.3-2 | $h_{f2} = m_e(1 + c^* - x_2)$ |
| 顶隙 | $c$ | $c = c^* m$ | |
| 齿顶角 | $\theta_a$ | 不等顶隙收缩齿 $\theta_{a1} = \arctan(h_{a1}/R_e)$<br>等顶隙收缩齿 $\theta_{a1} = \theta_{f2}$ | $\theta_{a2} = \arctan(h_{a2}/R_e)$<br>$\theta_{a2} = \theta_{f1}$ |
| 齿根角 | $\theta_f$ | $\theta_{f1} = \arctan(h_{f1}/R_e)$ | $\theta_{f2} = \arctan(h_{f2}/R_e)$ |
| 顶锥角 | $\delta_a$ | 不等顶隙收缩齿 $\delta_{a1} = \delta_1 + \theta_{a1}$<br>等顶隙收缩齿 $\delta_{a1} = \delta_1 + \theta_{f2}$ | $\delta_{a2} = \delta_2 + \theta_{a2}$<br>$\delta_{a2} = \delta_2 + \theta_{f1}$ |
| 根锥角 | $\delta_f$ | $\delta_{f1} = \delta_1 - \theta_{f1}$ | $\delta_{f2} = \delta_2 - \theta_{f2}$ |
| 齿顶圆直径 | $d_a$ | $d_{a1} = d_{e1} + 2h_{a1}\cos\delta_1$ | $d_{a2} = d_{e2} + 2h_{a2}\cos\delta_2$ |
| 安装距 | $A$ | 结构确定 | |
| 冠顶距 | $A_K$ | 当 $\Sigma = 90°$ 时，$A_{K1} = d_{e2}/2 - h_{a1}\sin\delta_1$<br>当 $\Sigma \neq 90°$ 时，$A_{K1} = R_e\cos\delta_1 - h_{a1}\sin\delta_1$ | $A_{K2} = d_{e1}/2 - h_{a2}\sin\delta_2$<br>$A_{K2} = R_e\cos\delta_2 - h_{a2}\sin\delta_2$ |
| 轮冠距 | $H$ | $H_1 = A_1 - A_{K1}$ | $H_2 = A_2 - A_{K2}$ |
| 大端分度圆齿厚 | $s$ | $s_1 = m_e\left(\dfrac{\pi}{2} + 2x_1\tan\alpha + x_{t1}\right)$ | $s_2 = \pi m_e - s_1$ |
| 大端分度圆弦齿厚 | $\bar{s}$ | $\bar{s}_1 = s_1\left(1 - \dfrac{s_1^2}{6d_{e1}^2}\right)$ | $\bar{s}_2 = s_2\left(1 - \dfrac{s_2^2}{6d_{e2}^2}\right)$ |
| 大端分度圆弦齿高 | $\bar{h}_a$ | $\bar{h}_{a1} = h_{a1} + \dfrac{s_1^2\cos\delta_1}{4d_{e1}}$ | $\bar{h}_{a2} = h_{a2} + \dfrac{s_2^2\cos\delta_2}{4d_{e2}}$ |
| 当量齿数 | $z_v$ | $z_{v1} = \dfrac{z_1}{\cos\delta_1}$ | $z_{v2} = \dfrac{z_2}{\cos\delta_2}$ |
| 端面重合度 | $\varepsilon_{v\alpha}$ | $\varepsilon_{v\alpha} = \dfrac{1}{2\pi}\left[z_{v1}(\tan\alpha_{v\alpha1} - \tan\alpha) + z_{v2}(\tan\alpha_{v\alpha2} - \tan\alpha)\right]$<br>式中 $\alpha_{v\alpha1} = \arccos\dfrac{z_{v1}\cos\alpha}{z_{v1} + 2h_a^* + 2x_1}$，$\alpha_{v\alpha2} = \arccos\dfrac{z_{v2}\cos\alpha}{z_{v2} + 2h_a^* + 2x_2}$ | |

注：当齿数很少（$z < 13$）时，应按下述公式计算最少齿数 $z_{min}$ 和最小变位系数 $x_{min}$。用刀尖无圆角的刀具加工时，$z_{min} \approx \dfrac{2.4\cos\delta}{\sin^2\alpha}$（具体数值见表 5.3-5），$x_{min} \approx 1.2 - \dfrac{z\sin^2\alpha}{2\cos\delta}$，用刀尖有 $0.2m_e$ 的圆角的刀具加工时，$z_{min} \approx \dfrac{2\cos\delta}{\sin^2\alpha}$，$x_{min} \approx 1 - \dfrac{z\sin^2\alpha}{2\cos\delta}$。

表5.3-5　锥齿轮的最少齿数 $z_{min}$

| $\alpha$ | 直齿锥齿轮 | | 弧齿锥齿轮 | | 零度锥齿轮 | |
|---|---|---|---|---|---|---|
| | 小轮 | 大轮 | 小轮 | 大轮 | 小轮 | 大轮 |
| 20° | 16 | 16 | 17 | 17 | 17 | 17 |
| | 15 | 17 | 16 | 18 | 16 | 20 |
| | 14 | 20 | 15 | 19 | 15 | 25 |
| | 13 | 30 | 14 | 20 | — | — |
| | — | — | 13 | 22 | — | — |
| | — | — | 12 | 26 | — | — |
| 14.5° | 29 | 29 | 28 | 28 | — | — |
| | 28 | 29 | 27 | 29 | — | — |
| | 27 | 31 | 26 | 30 | — | — |
| | 26 | 35 | 25 | 32 | — | — |
| | 25 | 40 | 24 | 33 | — | — |
| | 24 | 57 | 23 | 36 | — | — |
| | — | — | 22 | 40 | — | — |
| | — | — | 21 | 42 | — | — |
| | — | — | 20 | 50 | — | — |
| | — | — | 19 | 70 | — | — |
| 22.5° | 13 | 13 | 14 | 14 | 14 | 14 |
| | | | | | 13 | 15 |
| 25° | 12 | 12 | 13 | 12 | 13 | 13 |

注：1. 本表是根据无限切和两轮齿顶厚大致相同及其等强度而制订的。

2. 考虑子格里森齿制的变位方式。

3. 对于汽车齿轮常采用比本表更少的齿数。

4. 斜齿锥齿轮可近似按弧齿锥齿轮取。

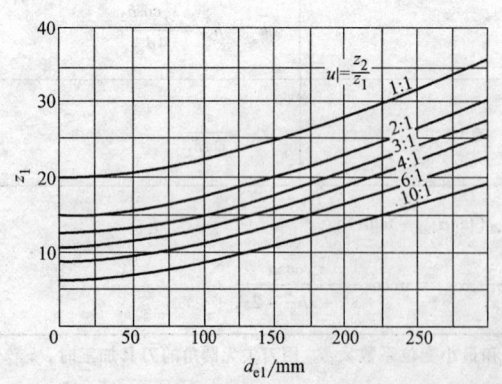

图 5.3-3　渗碳淬火的直齿或零度锥齿轮的小轮齿数
（调质的齿轮，$z_1$ 可比由该图求得的大 20% 左右）

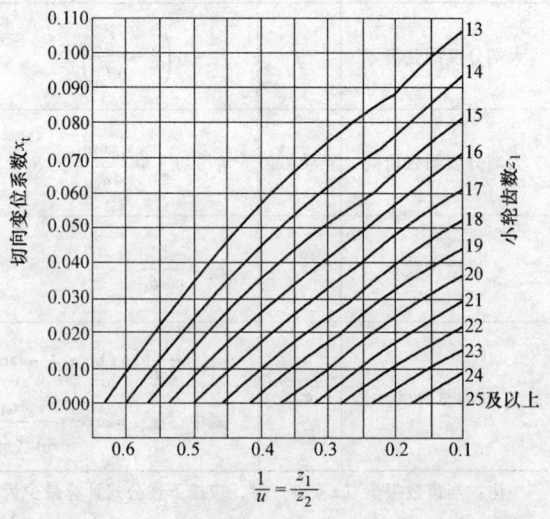

图 5.3-4　直齿及零度锥齿轮的切向变位系数 $x_t$

**表 5.3-6　直齿及零度弧齿锥齿轮径向变位系数 $x$（格里森齿制）**

| $u$ | $x$ | $u$ | $x$ | $u$ | $x$ | $u$ | $x$ |
|---|---|---|---|---|---|---|---|
| <1.00 | 0.00 | >1.15~1.17 | 0.12 | >1.42~1.45 | 0.24 | >2.06~2.16 | 0.36 |
| 1.00~1.02 | 0.01 | >1.17~1.19 | 0.13 | >1.45~1.48 | 0.25 | >2.16~2.27 | 0.37 |
| >1.02~1.03 | 0.02 | >1.19~1.21 | 0.14 | >1.48~1.52 | 0.26 | >2.27~2.41 | 0.38 |
| >1.03~1.04 | 0.03 | >1.21~1.23 | 0.15 | >1.52~1.56 | 0.27 | >2.41~2.58 | 0.39 |
| >1.04~1.05 | 0.04 | >1.23~1.25 | 0.16 | >1.56~1.60 | 0.28 | >2.58~2.78 | 0.40 |
| >1.05~1.06 | 0.05 | >1.25~1.27 | 0.17 | >1.60~1.65 | 0.29 | >2.78~3.05 | 0.41 |
| >1.06~1.08 | 0.06 | >1.27~1.29 | 0.18 | >1.65~1.70 | 0.30 | >3.05~3.41 | 0.42 |
| >1.08~1.09 | 0.07 | >1.29~1.31 | 0.19 | >1.70~1.76 | 0.31 | >3.41~3.94 | 0.43 |
| >1.09~1.11 | 0.08 | >1.31~1.33 | 0.20 | >1.76~1.82 | 0.32 | >3.94~4.82 | 0.44 |
| >1.11~1.12 | 0.09 | >1.33~1.35 | 0.21 | >1.82~1.89 | 0.33 | >4.82~6.81 | 0.45 |
| >1.12~1.14 | 0.10 | >1.36~1.39 | 0.22 | >1.89~1.97 | 0.34 | >6.81 | 0.46 |
| >1.14~1.15 | 0.11 | >1.39~1.42 | 0.23 | >1.97~2.06 | 0.35 | | |

## 2.2　正交斜齿锥齿轮传动的几何尺寸计算（表 5.3-7）

**表 5.3-7　正交斜齿锥齿轮传动的几何尺寸计算**

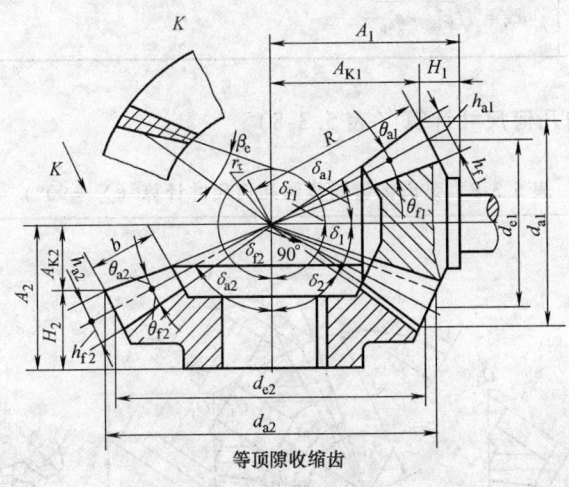

等顶隙收缩齿

| 名　称 | 代号 | 小 齿 轮 | 大 齿 轮 |
|---|---|---|---|
| 主要参数及尺寸 | — | 根据强度计算或结构要求初定 $d_{e1}$，然后按表 5.3-4 方法确定 $z$、$m_e$、$d_e$、$\delta$、$R_e$、$b$、$R_m$ 等 | |
| 大端螺旋角 | $\beta_e$ | $\tan\beta_e \geqslant \dfrac{\pi(R_e-b)m_e}{R_e b}$ <br> 1）轮齿旋向的规定：由锥顶看齿数齿线从小端到大端顺时针为右旋；反之为左旋 <br> 2）轮齿旋向的选用：大小齿轮轮齿齿旋向相反；应使小轮上的轴向分力指向大端（轴向力的确定见表 5.3-17） | |
| 齿根角 | $\theta_f$ | $\theta_{f1}=\arctan\dfrac{h_{f1}}{R_e\cos^2\beta_e}$ | $\theta_{f2}=\arctan\dfrac{h_{f2}}{R_e\cos^2\beta_e}$ |
| 导圆半径 | $r_\tau$ | $r_\tau=R_e\sin\beta_e$ | |

（续）

| 名　称 | 代号 | 小齿轮 | 大齿轮 |
|---|---|---|---|
| 大端分度圆齿厚 | $s$ | $s_1 = \left( \dfrac{\pi}{2} + \dfrac{2x_1 \tan\alpha_n}{\cos\beta_e} + x_{t1} \right) m_e$ | $s_2 = \pi m_e - s_1$ |
| 大端分度圆法向弦齿厚 | $\bar{s}_n$ | $\bar{s}_{n1} = \left( 1 - \dfrac{s_1 \sin 2\beta_e}{4R_e} \right) \left( s_1 - \dfrac{s_1^3 \cos^2\delta_1}{6d_{e1}^2} \right) \cos\beta_e$ | $\bar{s}_{n2} = \left( 1 - \dfrac{s_2 \sin 2\beta_e}{4R_e} \right) \left( s_2 - \dfrac{s_2^3 \cos^2\delta_2}{6d_{e2}^2} \right) \cos\beta_e$ |
| 弦齿高 | $\bar{h}_n$ | $\bar{h}_{n1} = \left( 1 - \dfrac{s_1 \sin 2\beta_e}{4R_e} \right) \left( \bar{h}_{a1} + \dfrac{s_1^2}{4d_1} \cos\delta_1 \right)$ | $\bar{h}_{n2} = \left( 1 - \dfrac{s_2 \sin 2\beta_e}{4R_e} \right) \left( \bar{h}_{a2} + \dfrac{s_2^2}{4d_2} \cos\delta_2 \right)$ |
| 法向当量齿数 | $z_{vn}$ | $z_{vn1} = \dfrac{z_1}{\cos\delta_1 \cos^3\beta_m}$ | $z_{vn2} = \dfrac{z_2}{\cos\delta_2 \cos^3\beta_m}$ |
| 齿宽中点的螺旋角 | $\beta_m$ | $\beta_m = \arcsin \dfrac{R_e \sin\beta_e}{R_m}$ | |
| 端面重合度 | $\varepsilon_{v\alpha}$ | $\varepsilon_{v\alpha} = \dfrac{1}{2\pi} \left[ \dfrac{z_1}{\cos\delta_2} (\tan\alpha_{v\alpha t1} - \tan\alpha_t) + \dfrac{z_2}{\cos\delta_2} (\tan\alpha_{v\alpha t2} - \tan\alpha_t) \right]$ <br> 式中 $\alpha_t = \arctan \left( \dfrac{\tan\alpha_n}{\cos\beta_e} \right)$，$\alpha_{v\alpha t1} = \arccos \dfrac{z_1 \cos\alpha_t}{z_1 + 2(h_a^* + x_1)\cos\delta_1}$，$\alpha_{v\alpha t2} = \arccos \dfrac{z_2 \cos\alpha_t}{z_2 + 2(h_a^* + x_2)\cos\delta_2}$ | |
| 纵向重合度 | $\varepsilon_{v\beta}$ | $\varepsilon_{v\beta} = \dfrac{b \sin\beta_m}{\pi m_{nm}}$ | |
| 法向重合度 | $\varepsilon_{v\alpha n}$ | $\varepsilon_{v\alpha n} = \varepsilon_{v\alpha} / \cos\beta_{vb}$ <br> $\beta_{vb} = \arcsin(\sin\beta_m \cdot \cos\alpha_n)$ | |
| 总重合度 | $\varepsilon_{v\gamma}$ | $\varepsilon_{v\gamma} = \sqrt{\varepsilon_{v\alpha}^2 + \varepsilon_{v\beta}^2}$ | |

## 2.3　弧齿锥齿轮传动的几何尺寸计算（表5.3-8）

**表5.3-8　弧齿锥齿轮传动几何尺寸计算（$\Sigma = 90°$）**

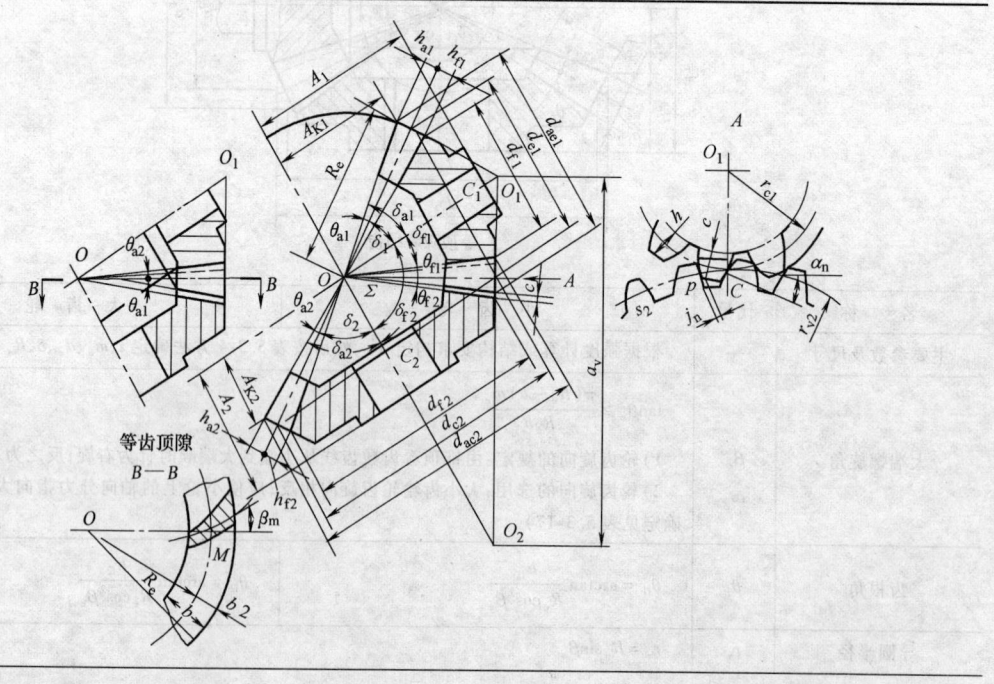

（续）

| 名　称 | 代号 | 小 齿 轮 | 大 齿 轮 | 举 例 |
|---|---|---|---|---|
| 齿数比 | $u$ | $u = \dfrac{z_2}{z_1}$ 按传动要求确定，通常 $u = 1 \sim 10$ | | 3 |
| 大端分度圆直径 | $d_e$ | $d_{e1}$ 根据强度计算（按表 5.3-18）或结构初定 | $d_{e2} = z_2 m_e$ | 按 $T_1 = 600\text{N} \cdot \text{m}$　$K = 1.5$，$\sigma_{HP} = 1350\text{MPa}$，得 $d_{e1} \approx 90\text{mm}$，$d_{e2} = 276\text{mm}$ |
| 齿数 | $z$ | $z_1$ 按图 5.3-5 选取 | $z_2 = z_1 u$，尽可能使 $z_1$，$z_2$ 互为质数 | $z_1 = 15$　$z_2 = 46$ |
| 大端模数 | $m_e$ | $\dfrac{d_{e1}}{z_1}$ 可适当圆整 | | 6mm |
| 分锥角 | $\delta$ | $\delta_1 = \arctan \dfrac{z_1}{z_2}$ | $\delta_2 = 90° - \delta_1$ | $\delta_1 = 18°03'37''$ $\delta_2 = 71°56'23''$ |
| 外锥距 | $R_e$ | $R_e = d_{e1}/2\sin\delta_1$ | | 145.153mm |
| 齿宽系数 | $\phi_R$ | $\phi_R = \dfrac{1}{4} \sim \dfrac{1}{3}$，常取 0.3 | | 0.30313 |
| 齿宽 | $b$ | $b = \phi_R R_e$ 适当圆整 | | 44mm |
| 中点模数 | $m_m$ | $m_m = m_e(1 - 0.5\phi_R)$ | | 5.0906mm |
| 中点法向模数 | $m_{nm}$ | $m_{nm} = m_m \cos\beta_m$ | | 4.17mm |
| 切向变位系数 | $x_t$ | $x_{t1}$ 按表 5.3-9 选取 | $x_{t2} = -x_{t1}$ | $x_{t1} = 0.085$ $x_{t2} = -0.085$ |
| 径向变位系数 | $x$ | $x_1 = 0.39(1 - 1/u^2)$ 或查表 5.3-10 选取 | $x_2 = -x_1$ | $x_1 = 0.35$ $x_2 = -0.35$ |
| 齿宽中点螺旋角 | $\beta_m$ | 等顶隙收缩齿的标准螺旋角 $\beta_m = 35°$，一般 $\beta_m = 10° \sim 35°$，两轮的螺旋角相等，旋向相反。决定 $\beta_m$ 大小时，至少使 $\varepsilon_{v\beta} \geq 1.25$，如果条件允许，应当 $\varepsilon_{v\beta} = 1.5 \sim 2.0$，$\beta_m$ 与 $\varepsilon_{v\beta}$ 之关系可由图 5.3-7 确定；$\beta_m$ 的旋向，应使小轮上的轴向力指向大端（参见表 5.3-17） | | 35° |
| 压力角 | $\alpha_n$ | $\alpha_n = 20°$ | | 20° |
| 齿顶高 | $h_a$ | $h_a = (h_a^* + x)m_e$　$h_a^* = 0.85$ | | $h_{a1} = 7.2\text{mm}$ $h_{a2} = 3\text{mm}$ |
| 齿根高 | $h_f$ | $h_f = (h_a^* + c^* - x)m_e$ | | $h_{f1} = 4.128\text{mm}$ $h_{f2} = 8.328\text{mm}$ |
| 顶隙 | $c$ | $c = c^* m_e$　$c^* = 0.188$ | | 1.128mm |
| 齿顶角 | $\theta_a$ | 等顶隙收缩齿 $\theta_{a1} = \theta_{f2}$ | $\theta_{a2} = \theta_{f1}$ | $\theta_{a1} = 3°17'01''$ $\theta_{a2} = 1°37'44''$ |
| 齿根角 | $\theta_f$ | $\theta_{f1} = \arctan \dfrac{h_{f1}}{R_e}$ | $\theta_{f2} = \arctan \dfrac{h_{f2}}{R_e}$ | $\theta_{f1} = 1°37'44''$ $\theta_{f2} = 3°17'01''$ |
| 顶锥角 | $\delta_a$ | 等顶隙收缩齿 $\delta_{a1} = \delta_1 + \theta_{f2}$ | $\delta_{a2} = \delta_2 + \theta_{f1}$ | $\delta_{a1} = 21°20'38''$ $\delta_{a2} = 73°34'07''$ |
| 根锥角 | $\delta_f$ | $\delta_{f1} = \delta_1 - \theta_{f1}$ | $\delta_{f2} = \delta_2 - \theta_{f2}$ | $\delta_{f1} = 16°25'53''$ $\delta_{f2} = 68°39'22''$ |

（续）

| 名　称 | 代号 | 小 齿 轮 | 大 齿 轮 | 举 例 |
|---|---|---|---|---|
| 齿顶圆直径 | $d_{ae}$ | $d_{ae1} = d_{e1} + 2h_{a1}\cos\delta_1$ | $d_{ae2} = d_{e2} + 2h_{a2}\cos\delta_2$ | $d_{ae1} = 103.69\text{mm}$<br>$d_{ae2} = 277.86\text{mm}$ |
| 锥顶到轮冠距离 | $A_K$ | $A_{K1} = \dfrac{d_{e2}}{2} - h_{a1}\sin\delta_1$ | $A_{K2} = \dfrac{d_{e1}}{2} - h_{a2}\sin\delta_2$ | $A_{K1} = 135.77\text{mm}$<br>$A_{K2} = 42.15\text{mm}$ |
| 中点法向齿厚 | $s_{mn}$ | $s_{mn1} = (0.5\pi\cos\beta_m + 2x_1\tan\alpha_n + x_{t1})m_m$ | $s_{mn2} = \pi m_m\cos\beta_m - s_{mn1}$ | $s_{mn1} = 8.28\text{mm}$<br>$s_{mn2} = 4.82\text{mm}$ |
| 中点法向齿厚半角 | $\psi_{mn}$ | $\psi_{mn} = \dfrac{s_{mn}\cos\delta}{m_m z}\cos^2\beta_m$ | | $\psi_{mn1} = 0.0692$<br>$\psi_{mn2} = 0.01313$ |
| 中点齿厚角系数 | $K_{\psi mn}$ | $K_{\psi mn} = 1 - \dfrac{\psi_{mn}^2}{6}$ | | $K_{\psi mn1} = 0.9992$<br>$K_{\psi mn2} = 0.99997$ |
| 中点分度圆弦齿厚 | $\bar{s}_{mn}$ | $\bar{s}_{mn} = s_{mn}K_{\psi mn}$ | | $\bar{s}_{mn1} = 2.2734\text{mm}$<br>$\bar{s}_{mn2} = 4.82\text{mm}$ |
| 中点分度圆弦齿高 | $h_{am}$ | $h_{am1} = h_{a1} - 0.5b\tan\theta_{f1} + 0.25s_{mn1}\psi_{mn1}$<br>$h_{am2} = h_{a2} - 0.5b\tan\theta_{f2} + 0.25s_{mn2}\psi_{mn2}$ | | $\bar{h}_{am1} = 6.08\text{mm}$<br>$\bar{h}_{am2} = 2.3\text{mm}$ |
| 切齿刀盘直径 | $D_0$ | 由表 5.3-11 查取 | | $D_0 = 210\text{mm}$ |
| 当量齿数 | $z_{vn}$ | $z_{vn} = \dfrac{z}{\cos\delta\cos^3\beta_m}$ | | $z_{vn1} = 28.7$<br>$z_{vn2} = 270$ |
| 端面重合度 | $\varepsilon_\alpha$ | 当 $\alpha_n = 20°$时,$\varepsilon_\alpha$ 查图 5.3-6 | | 1.8 |
| 轴向重合度 | $\varepsilon_\beta$ | $\varepsilon_\beta \approx \dfrac{b\sin\beta_m}{\pi m_{nm}}$,当 $\phi_R = 0.3$ 时,可查图 5.3-7 | | 1.9 |
| 总重合度 | $\varepsilon_\gamma$ | $\varepsilon_\gamma = \sqrt{\varepsilon_\alpha^2 + \varepsilon_\beta^2}$ | | 2.62 |
| 任意点螺旋角 | $\beta_x$ | $\sin\beta_x = \dfrac{1}{D_0}\left[ R_x + \dfrac{R_m(D_0\sin\beta_m - R_m)}{R_x} \right]$<br>$R_x$——任意点的锥距,大端的为 $R_e$,中点的为 $R_m$ | | |
| 刀号 | $N_o$ | $N_o = \dfrac{\theta_{f1} + \theta_{f2}}{20}\sin\beta_m$<br>式中　$\theta_{f1}$、$\theta_{f2}$——小、大齿轮的根锥角,以分为单位;<br>刀号标准为 $3\frac{1}{2}$、$4\frac{1}{2}$、$5\frac{1}{2}$、$6\frac{1}{2}$、……$20\frac{1}{2}$,共 18 种;<br>单刀号单面切削法,一般采用 $7\frac{1}{2}$刀号,此时,中点螺旋角应重新计算<br>$\sin\beta_m = \dfrac{20 \cdot N_标}{\theta_{f1} + \theta_{f2}}$ $(N_{o标} = 7\frac{1}{2})$ | | $N_o = \dfrac{197 + 97.7}{20} \times \sin35°$<br>$= 8.45$<br>选最接近的刀号为 $N_o = 8\frac{1}{2}$ |

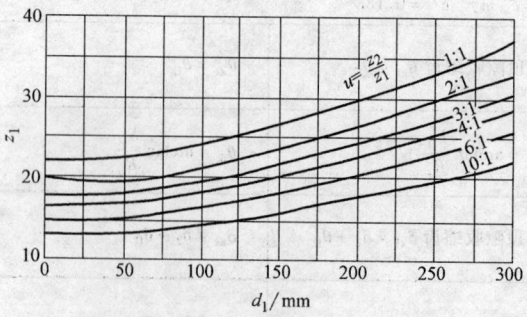

图 5.3-5　弧齿锥齿轮的小轮齿数

**表 5.3-9　弧齿锥齿轮切向变位系数 $x_t$**

| 小齿轮齿数 | 齿　数　比 | | | | | | | | | | | | | | |
|---|---|---|---|---|---|---|---|---|---|---|---|---|---|---|---|
| | 1.00 ~ 1.25 | 1.25 ~ 1.50 | 1.50 ~ 1.75 | 1.75 ~ 2.00 | 2.00 ~ 2.25 | 2.25 ~ 2.50 | 2.50 ~ 2.75 | 2.75 ~ 3.00 | 3.00 ~ 3.25 | 3.25 ~ 3.50 | 3.50 ~ 3.75 | 3.75 ~ 4.00 | 4.00 ~ 4.50 | 4.50 ~ 5.00 | > 5.00 |
| 5 | 0.020 | 0.040 | 0.075 | 0.110 | 0.135 | 0.155 | 0.170 | 0.185 | 0.200 | 0.215 | 0.230 | 0.240 | 0.225 | 0.270 | 0.285 |
| 6 | 0.010 | 0.035 | 0.060 | 0.085 | 0.105 | 0.130 | 0.150 | 0.165 | 0.180 | 0.195 | 0.210 | 0.220 | 0.235 | 0.250 | 0.265 |
| 7 | 0.000 | 0.025 | 0.050 | 0.075 | 0.095 | 0.115 | 0.135 | 0.155 | 0.170 | 0.185 | 0.195 | 0.205 | 0.220 | 0.235 | 0.250 |
| 8 | 0.000 | 0.010 | 0.030 | 0.045 | 0.065 | 0.080 | 0.095 | 0.110 | 0.125 | 0.135 | 0.145 | 0.155 | 0.170 | 0.180 | 0.195 |
| 9 | 0.000 | 0.010 | 0.025 | 0.040 | 0.055 | 0.070 | 0.085 | 0.095 | 0.105 | 0.115 | 0.125 | 0.135 | 0.150 | 0.165 | 0.185 |
| 10 | 0.020 | 0.055 | 0.085 | 0.105 | 0.125 | 0.125 | 0.110 | 0.120 | 0.130 | 0.140 | 0.150 | 0.155 | 0.160 | 0.170 | 0.180 |
| 11 | 0.030 | 0.075 | 0.105 | 0.075 | 0.085 | 0.095 | 0.105 | 0.115 | 0.125 | 0.135 | 0.140 | 0.145 | 0.150 | 0.155 | 0.160 |
| 12 | 0.005 | 0.015 | 0.025 | 0.035 | 0.045 | 0.055 | 0.065 | 0.075 | 0.085 | 0.095 | 0.105 | 0.115 | 0.125 | 0.135 | 0.135 |
| 13 | 0.005 | 0.015 | 0.025 | 0.035 | 0.045 | 0.055 | 0.065 | 0.075 | 0.085 | 0.095 | 0.105 | 0.115 | 0.125 | 0.135 | 0.135 |
| 14 ~ 16 | 0.000 | 0.005 | 0.015 | 0.025 | 0.035 | 0.050 | 0.060 | 0.075 | 0.085 | 0.095 | 0.100 | 0.105 | 0.105 | 0.105 | 0.105 |
| 17 ~ 19 | 0.000 | 0.000 | 0.005 | 0.015 | 0.025 | 0.035 | 0.050 | 0.065 | 0.075 | 0.085 | 0.090 | 0.090 | 0.090 | 0.090 | 0.090 |
| > 19 | 0.000 | 0.000 | 0.000 | 0.015 | 0.025 | 0.040 | 0.050 | 0.055 | 0.060 | 0.060 | 0.060 | 0.060 | 0.060 | 0.060 | 0.060 |

**表 5.3-10　弧齿锥齿轮径向变位系数 $x$（格里森齿制）**

| $u$ | $x$ | $u$ | $x$ | $u$ | $x$ | $u$ | $x$ |
|---|---|---|---|---|---|---|---|
| < 1.00 | 0.00 | 1.15 ~ 1.17 | 0.10 | 1.41 ~ 1.44 | 0.20 | 1.99 ~ 2.10 | 0.30 |
| 1.00 ~ 1.02 | 0.01 | 1.17 ~ 1.19 | 0.11 | 1.44 ~ 1.48 | 0.21 | 2.10 ~ 2.23 | 0.31 |
| 1.02 ~ 1.03 | 0.02 | 1.19 ~ 1.21 | 0.12 | 1.48 ~ 1.52 | 0.22 | 2.23 ~ 2.38 | 0.32 |
| 1.03 ~ 1.05 | 0.03 | 1.21 ~ 1.23 | 0.13 | 1.52 ~ 1.57 | 0.23 | 2.38 ~ 2.58 | 0.33 |
| 1.05 ~ 1.06 | 0.04 | 1.23 ~ 1.26 | 0.14 | 1.57 ~ 1.63 | 0.24 | 2.58 ~ 2.82 | 0.34 |
| 1.06 ~ 1.08 | 0.05 | 1.26 ~ 1.28 | 0.15 | 1.63 ~ 1.68 | 0.25 | 2.82 ~ 3.17 | 0.35 |
| 1.08 ~ 1.09 | 0.06 | 1.28 ~ 1.31 | 0.16 | 1.68 ~ 1.75 | 0.26 | 3.17 ~ 3.67 | 0.36 |
| 1.09 ~ 1.11 | 0.07 | 1.31 ~ 1.34 | 0.17 | 1.75 ~ 1.82 | 0.27 | 3.67 ~ 4.56 | 0.37 |
| 1.11 ~ 1.13 | 0.08 | 1.34 ~ 1.37 | 0.18 | 1.82 ~ 1.90 | 0.28 | 4.56 ~ 7.00 | 0.38 |
| 1.13 ~ 1.15 | 0.09 | 1.37 ~ 1.41 | 0.19 | 1.90 ~ 1.99 | 0.29 | > 7.00 | 0.39 |

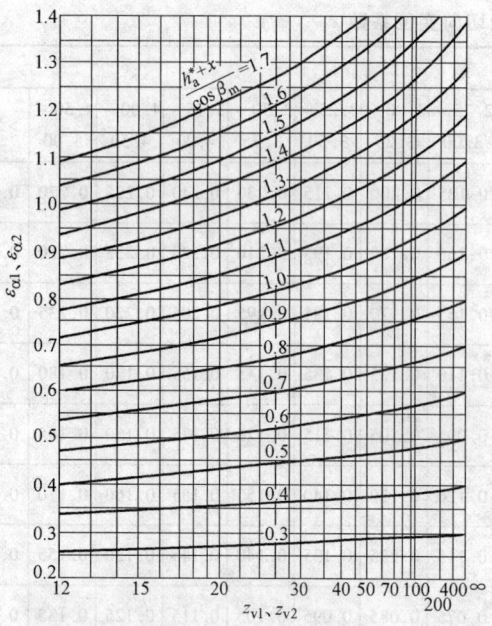

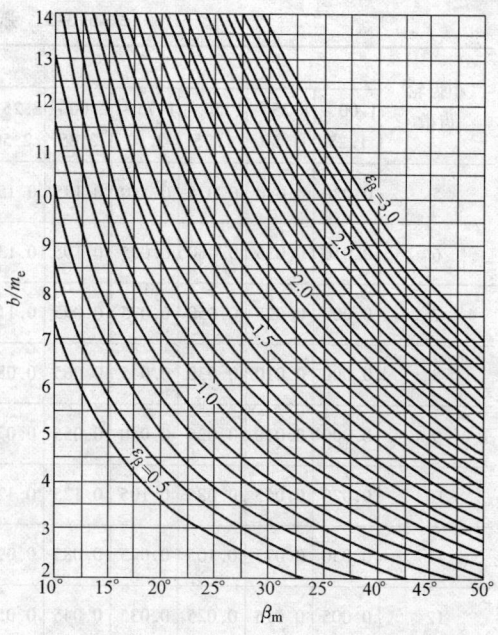

图 5.3-6　锥齿轮传动的端面重合度 $\varepsilon_\alpha$（$\varepsilon_\alpha = 20°$）　　　　图 5.3-7　弧齿锥齿轮传动轴向重合度 $\varepsilon_\beta$

注：1. 对直齿轮，按 $z_{v1}$ 和 $z_{v2}$ 查出 $\varepsilon_{\alpha1}$ 和 $\varepsilon_{\alpha2}$，$\varepsilon_\alpha = \varepsilon_{\alpha1} + \varepsilon_{\alpha2}$

　　2. 对曲线齿，按 $z_{v1}$ 和 $z_{v2}$ 查出 $\varepsilon_{\alpha1}$ 和 $\varepsilon_{\alpha2}$，$\varepsilon_\alpha = K(\varepsilon_{\alpha1} + \varepsilon_{\alpha2})$，$K$ 值如下：

| $\beta_m$ | 15° | 20° | 25° | 30° | 35° |
|---|---|---|---|---|---|
| $K$ | 0.941 | 0.897 | 0.842 | 0.779 | 0.709 |

表 5.3-11　弧齿锥齿轮铣刀盘名义直径的选择

| 名义直径 $D_0$ | | 螺旋角 $\beta_m/(°)$ | 外锥距 $R_e$/mm | 最大齿高 $h$/mm | 最大齿宽 $b$/mm | 最大模数 $m_e$/mm |
|---|---|---|---|---|---|---|
| /in | /mm | | | | | |
| 1/2 | 12.7 | >20 | 6.35 ~ 12.7 | 3.2 | 3.97 | 1.69 |
| 1 1/10 | 27.94 | >20 | 12.7 ~ 19.05 | 3.2 | 6.35 | 1.69 |
| 1 1/2 | 38.1 | >20 | 19.05 ~ 25.4 | 4.7 | 7.9 | 2.54 |
| 2 | 50.8 | >20 | 25.4 ~ 38.1 | 4.7 | 9.5 | 2.54 |
| 3 1/2 ~ 6 | 88.9 ~ 152.4 | 0 ~ 15 | 20 ~ 40 | 8.7 | 20 | 3.5 |
| | | >15 | 35 ~ 65 | | | |
| 6 ~ 7 1/2 | 152.4 ~ 190.5 | 0 ~ 15 | 30 ~ 70 | 10 | 30 | 4.5 |
| | | >15 | 60 ~ 100 | | | 5.0 |
| 7 1/2 ~ 9 | 190.5 ~ 228.6 | 0 ~ 15 | 60 ~ 120 | 15 | 50 | 6.5 |
| | | >15 ~ 25 | 90 ~ 160 | | | 7.5 |
| | | >25 | 140 ~ 210 | | | 8.0 |

（续）

| 名义直径 $D_0$ | | 螺旋角 $\beta_m/(°)$ | 外锥距 $R_e$/mm | 最大齿高 $h$/mm | 最大齿宽 $b$/mm | 最大模数 $m_e$/mm |
|---|---|---|---|---|---|---|
| /in | /mm | | | | | |
| 9 ~ 12 | 228.6 ~ 304.8 | 0 ~ 15 | 90 ~ 180 | 20 | 65 | 9.0 |
| | | > 15 ~ 25 | 140 ~ 210 | | | 10 |
| | | > 25 | 140 ~ 210 | | | 11 |
| 12 ~ 18 | 304.8 ~ 457.2 | 0 ~ 15 | 160 ~ 240 | 28 | 100 | 12 |
| | | > 15 ~ 25 | 190 ~ 320 | | | 14 |
| | | > 25 ~ 30 | 190 ~ 320 | | | 15 |
| | | > 30 ~ 40 | 320 ~ 420 | | | 15 |

## 2.4 零度锥齿轮传动的几何尺寸计算（表 5.3-12）

**表 5.3-12 零度锥齿轮传动的几何尺寸计算（$\Sigma = 90°$）**

| 名 称 | 代号 | 小 齿 轮 | 大 齿 轮 |
|---|---|---|---|
| 齿数 | $z$ | 当 $d_{e1}$ 已知，$z_1$ 可按图 5.3-3 选取 | $z_2 = uz_1$ |
| 齿宽 | $b$ | $b = \varphi_R R_e \leqslant 10m_e$    $\varphi_R \leqslant 0.25$ | |
| 切向变位系数 | $x_t$ | $x_{t1}$ 按图 5.3-4 选取 | $x_{t2} = -x_{t1}$ |
| 径向变位系数 | $x$ | $x_1$ 按表 5.3-6 选取 | $x_2 = -x_1$ |
| 中点螺旋角 | $\beta_m$ | $\beta_m = 0°$ 配对齿轮的螺旋角方向相反 | |
| 齿顶高 | $h_a$ | $h_a = (h_a^* + x)m_e$ | $h_a^* = 1$ |
| 顶隙 | $c$ | $c = c^* m_e$    $c^* = 0.188 + \dfrac{0.05}{m_e}$ | |
| 齿根角 | $\theta_f$ | 等顶隙收缩齿：$\theta_f = \arctan\dfrac{h_f}{R_e}$    双重收缩齿：$\theta_f = \arctan\dfrac{h_f}{R_e} + \Delta\theta_f$ | |
| 齿根角修正量 | $\Delta\theta_f$ | 采用双重收缩齿时：<br><br>$\alpha_n = 20°: \Delta\theta_f = \dfrac{6668}{\sqrt{z_1^2 + z_2^2}} - \dfrac{1512}{\sqrt{z_1^2 + z_2^2}}\dfrac{\sqrt{d_{e1}\sin\delta_2}}{b} - \dfrac{355.6}{\sqrt{z_1^2 + z_2^2}\, m_e}$<br><br>$\alpha_n = 22°30': \Delta\theta_f = \dfrac{4868}{\sqrt{z_1^2 + z_2^2}} - \dfrac{1512}{\sqrt{z_1^2 + z_2^2}}\dfrac{\sqrt{d_{e1}\sin\delta_2}}{b} - \dfrac{355.6}{\sqrt{z_1^2 + z_2^2}\, m_e}$<br><br>$\alpha_n = 25°: \Delta\theta_f = \dfrac{3412}{\sqrt{z_1^2 + z_2^2}} - \dfrac{1512}{\sqrt{z_1^2 + z_2^2}}\dfrac{\sqrt{d_{e1}\sin\delta_2}}{b} - \dfrac{355.6}{\sqrt{z_1^2 + z_2^2}\, m_e}$ | |

注：除表中列出项目外，其余用弧齿锥齿轮几何尺寸公式计算（见表 5.3-8）。

## 2.5　奥利康锥齿轮传动的几何尺寸计算（表 5.3-13）

### 表 5.3-13　奥利康锥齿轮传动的几何尺寸计算（Σ = 90°）

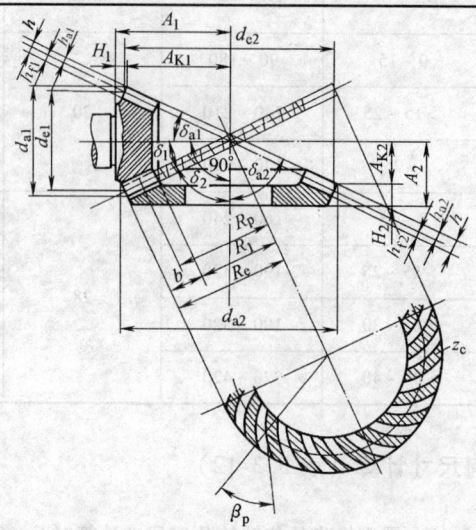

| 名　称 | 代号 | 计算公式及说明 | 举　例 |
|---|---|---|---|
| 压力角 | $\alpha_n$ | EN 刀盘：$\alpha_n = 20°$，TC 刀盘：$\alpha_n = 17°30'$<br>FS、FSS 刀盘：$\alpha_n$ 可调，最大 $\alpha_n = 25°$ | 选用 EN 刀盘 $\alpha_n = 20°$ |
| 齿数比 | $u$ | $u = z_2/z_1$，按传动要求确定，通常 $u = 1 \sim 10$ | 1.35 |
| 估算小轮大端分度圆直径 | $d'_{e1}$ | $d'_{e1}$ 根据强度计算（按表 5.3-22）或按结构确定 | 145.62mm |
| 齿数 | $z$ | $z_1$ 和 $z_2$ 尽可能互质，与刀片组数 $z_0$ 也尽可能互质<br>$z_2 = uz_1$，$z_1 \geqslant 5$ | $z_1 = 23$<br>$z_2 = 31$<br>实际齿数比 $u = 1.3479$ |
| 大端端面模数 | $m_e$ | $m_e = d'_{e1}/z_1$ | $m_e = 6.331$mm 取 $m_e = 6.35$mm |
| 分锥角 | $\delta$ | $\delta_1 = \arctan(z_1/z_2)$；$\delta_2 = 90° - \delta_1$ | $\delta_1 = 36.573° = 36°34'22''$<br>$\delta_2 = 53.427° = 53°25'38''$ |
| 大端分度圆直径 | $d_e$ | $d_{e1} = z_1 m_e$；$d_{e2} = z_2 m_e$ | $d_{e1} = 146.05$mm<br>$d_{e2} = 196.85$mm |
| 外锥距 | $R_e$ | $R_e = \dfrac{d_e}{2\sin\delta}$ | 122.56mm |
| 齿宽系数 | $\phi_R$ | $\phi_R = b/R_e = \dfrac{1}{4} \sim \dfrac{1}{3}$ | $\phi_R = 0.26$ |
| 齿宽 | $b$ | $b = \phi_R R_e$，圆整 | 32mm |
| 中点分度圆直径 | $d_m$ | $d_m = d_e(1 - 0.5\phi_R)$ | $d_{m1} = 126.983$mm<br>$d_{m2} = 171.152$mm |
| 冠轮齿数 | $z_c$ | $z_c = z/\sin\delta$ | 38.6 |
| 小端锥距 | $R_i$ | $R_i = R_e - b$ | 90.56mm |
| 基准点锥距 | $R_p$ | $R_p = R_e - 0.415b$ | 109.28mm |
| 中点螺旋角 | $\beta_m$ | $\beta_m = 30° \sim 45°$，一般 $\beta_m = 35°$ | 初选 $\beta_m = 35°$<br>小轮右旋，大轮左旋 |

（续）

| 名　称 | 代号 | 计算公式及说明 | 举　例 |
|---|---|---|---|
| 初定基准点螺旋角 | $\beta'_p$ | $\beta'_p = 0.914(\beta_m + 6°)$ | 37.474° |
| 选择铣刀盘半径 | $r_0$ | 根据 $R_p$ 和 $\beta'_p$ 按图 5.3-8 决定刀盘的半径 $r_0$，并按选用的 $r_0$ 求出相应的螺旋角 $\beta''_p$，然后由表 5.3-14 确定刀盘号和刀片组数 $z_0$ | 由图 5.3-8 确定 $r_0 = 70$mm，$\beta''_p = 39.5°$，由表 5.3-14 选刀盘号为 EN5-70，$z_0 = 5$ |
| 选择刀片型号 | — | 根据 $z_c$ 及 $\beta''_p$ 按图 5.3-9 及表 5.3-14 确定刀片号，并查出刀片平均节点半径 $r_w$ 的平方值 $r_w^2$ | 由图 5.3-9 查出 $A$ 点，它介于 2 号与 3 号刀片之间，由表 5.3-14 选 3 号刀片，$r_w^2 = 5039.24$mm² |
| 基准点法向模数 | $m_p$ | $m_p = 2\sqrt{\dfrac{R_p^2 - r_w^2}{z_c^2 - z_0^2}}$ | 4.3414mm |
| 基准点实际螺旋角 | $\beta_p$ | $\beta_p = \arccos\dfrac{m_p z_c}{2R_p}$ | 39.938° = 39°56′ |
| 齿高 | $h$ | $h = 2.15 m_p + 0.35$ | 9.68mm |
| 铣刀轴倾角 | $\Delta\alpha$ | 应尽量使 $\delta_2$ 小于由图 5.3-11 所确定的 $\delta_{2max}$，这时 $\Delta\alpha = 0$。若 $\delta_2 > \delta_{2max}$，应通过加大螺旋角，增加齿数，降低齿顶高（最低可到 $0.9 m_p$）等方法使 $\delta_2 < \delta_{2max}$；另外，也可以通过倾斜铣刀轴的方法加大 $\delta_{2max}$，铣刀轴倾角 $\Delta\alpha$ 可为 $1°30′$ 或 $3°$，其相应的 $\delta_{2max}$ 见图 5.3-11 和图 5.3-12 | 由 $\dfrac{r_0}{h} = \dfrac{70}{9.684} = 7.2284$ 及 $\beta_p = 39°56′$ 查表 5.3-11 得 $\delta_{2max} = 79°48″ > \delta_2$ 故 $\Delta\alpha = 0$ |
| 径向变位系数 | $x$ | $z_1 \geqslant 16$ 时　$x_1 = 0$ <br> $z_1 < 16$ 时　$x_1 \geqslant 1 - \dfrac{R_i \dfrac{z_1}{z_2} f - 0.35}{m_p}$ <br> $f = \dfrac{\sin^2(\alpha_n - \Delta\alpha)}{\cos^2 \beta_i}$ <br> $\beta_i$——小端螺旋角，查图 5.3-13。$x_2 = -x_1$ | 因 $z_1 = 23 > 16$，$x_1 = x_2 = 0$ |
| 齿顶高 | $h_a$ | $h_a = (1 + x) m_p$ | $h_{a1} = 4.34$mm <br> $h_{a2} = 4.34$mm |
| 齿根高 | $h_f$ | $h_f = h - h_a$ | $h_{f1} = 5.34 = h_{f2}$ mm |
| 切向变位系数 | $x_t$ | $x_{t1} = \dfrac{u-1}{50}$；当 $u < 2$ 时，$x_{t1} = 0$，$x_{t2} = -x_{t1}$ | $x_{t1} = x_{t2} = 0$ |
| 大端齿顶圆直径 | $d_{ae}$ | $d'_{ae} = d_e + 2h_a \cos\delta$ | $d_{ae1} = 153.02$mm <br> $d_{ae2} = 202.02$mm |
| 锥顶到轮冠距离 | $A_K$ | $A_{K1} = \dfrac{d_{e2}}{2} + h_{a1}\sin\delta_1$ <br> $A_{K2} = \dfrac{d_{e1}}{2} + h_{a2}\sin\delta_2$ | $A_{K1} = 95.84$mm <br> $A_{K2} = 69.54$mm |
| 安装距 | $A$ | 按结构确定 | $A_1 = 134$mm，$A_2 = 145$mm |
| 大端螺旋角 | $\beta_e$ | 参考图 5.3-14 | 由 $\beta_p = 39°56′$ 及 $\dfrac{R_e}{R_p} = 1.12$ 查得 $\beta_e = 47°54′$ |
| 大端分度圆齿厚 | $s_e$ | $s_{e1} = m_e\left(\dfrac{\pi}{2} + 2x_1 \dfrac{\tan\alpha_n}{\cos\beta_e} + x_{t1}\right)$ <br> $s_{e2} = \pi m_e - s_{e1}$ | $s_{e1} = 9.975$mm <br> $s_{e2} = 9.975$mm |

注：1. 奥利康锥齿轮分 N 型（普通型）和 G 型（特殊型）两种，本表只介绍目前常用的 N 型。G 型只用于小螺旋角或小锥距（$R_e < 55$mm）的锥齿轮。

2. TC 刀盘是旧刀盘，EN 刀盘是新刀盘。EN 刀盘的工作转速高，生产率高，改善齿面粗糙度，并有利于去毛刺。

表 5.3-14　　EN 型及 TC 型刀盘及刀片参数

| 刀盘号 | 刀片组数 $z_0$ | 刀盘半径 $r_0$ | | 刀片号 | 参考点法向模数 $m_p$ | | 滚动圆半径 $E_{bw}$ | 刀片平均节点半径 $r_w^2$ | EN 型刀尖圆角半径 $r_{hw}$ |
|---|---|---|---|---|---|---|---|---|---|
| | | 公称值 | 使用范围 | | 公称值 | 使用范围 | | | |
| EN3-39、TC3-39 | 3 | 39 | 36.7～41.3 | 39/2 | 2.35 | 2.1～2.65 | 3.5 | 1533.25 | 0.70 |
| | | | | 39/3 | 2.65 | 2.65～3.00 | 4 | 1537 | 0.75 |
| | | | | 39/5 | 3.35 | 3.0～3.75 | 5 | 1546 | 0.90 |
| EN4-44、TC4-44 | 4 | 44 | 41.3～46.6 | 44/1 | 2.35 | 2.1～2.65 | 4.7 | 1958.09 | 0.70 |
| | | | | 44/3 | 3.00 | 2.65～3.35 | 6 | 1972 | 0.80 |
| | | | | 44/5 | 3.75 | 3.35～4.25 | 7.5 | 1922.25 | 0.95 |
| EN4-49、TC4-49 | 4 | 49 | 46.6～51.9 | 49/1 | 2.65 | 2.35～3.00 | 5.3 | 2429.09 | 0.75 |
| | | | | 49/3 | 3.35 | 3.0～3.75 | 6.7 | 2445.89 | 0.90 |
| | | | | 49/5 | 4.25 | 3.75～4.75 | 8.4 | 2471.56 | 1.05 |
| EN4-55、TC4-55 | 4 | 55 | 51.9～58.3 | 55/1 | 3.00 | 2.65～3.35 | 6 | 3061 | 0.80 |
| | | | | 55/3 | 3.75 | 3.35～4.25 | 7.5 | 3081.25 | 0.95 |
| | | | | 55/5 | 4.75 | 4.25～5.3 | 9.5 | 3115.25 | 1.05 |
| EN5-62、TC5-62 | 4 | 62 | 58.3～65.7 | 62/1 | 3.35 | 3.0～3.75 | 8.4 | 3914.56 | 0.90 |
| | | | | 62/3 | 4.25 | 3.75～4.75 | 10.5 | 3954.25 | 1.05 |
| | | | | 62/5 | 5.3 | 4.75～6.0 | 13.3 | 4020.89 | 1.25 |
| EN5-70、TC5-70 | 5 | 70 | 65.7～74.2 | 70/1 | 3.75 | 3.35～4.25 | 9.4 | 4988.36 | 0.90 |
| | | | | 70/3 | 4.75 | 4.25～5.3 | 11.8 | 5039.24 | 1.15 |
| | | | | 70/5 | 6.0 | 5.3～6.7 | 14.9 | 5122.01 | 1.40 |
| EN5-78、TC5-78 | 5 | 78 | 74.2～82.7 | 78/1 | 4.25 | 3.74～4.75 | 10.5 | 6194.25 | 1.05 |
| | | | | 78/3 | 5.3 | 4.75～6.0 | 13.3 | 6260.89 | 1.25 |
| | | | | 78/5 | 6.7 | 6.0～7.5 | 16.7 | 6362.89 | 1.50 |
| EN5-88、TC5-88 | 5 | 88 | 82.7～93.2 | 88/1 | 4.75 | 4.25～5.3 | 11.8 | 7883.24 | 1.15 |
| | | | | 88/3 | 6.0 | 5.3～6.7 | 14.9 | 7966.01 | 1.40 |
| | | | | 88/5 | 7.5 | 6.7～8.5 | 18.7 | 8093.69 | 1.65 |
| EN5-98、TC5-98 | 5 | 98 | 93.2～103.9 | 98/1 | 5.3 | 4.75～6.0 | 13.3 | 9780.89 | 1.25 |
| | | | | 98/3 | 6.7 | 6.0～7.5 | 16.7 | 9882.89 | 1.50 |
| | | | | 98/5 | 7.5 | 7.5～8.5 | 18.7 | 9953.69 | 1.65 |
| EN6-110、TC6-110 | 6 | 110 | 103.9～116.6 | 110/1 | 6.0 | 5.6～6.7 | 17.9 | 12420.41 | 1.40 |
| | | | | 110/2 | 7.5 | 6.7～8.5 | 22.5 | 12606.25 | 1.65 |
| EN7-125、TC7-125 | 7 | 125 | 116.6～132.5 | 125/1 | 6.7 | 6.0～7.5 | 23.4 | 16172.56 | 1.50 |
| | | | | 125/3 | 7.5 | 7.5～8.5 | 26.2 | 16311.44 | 1.65 |

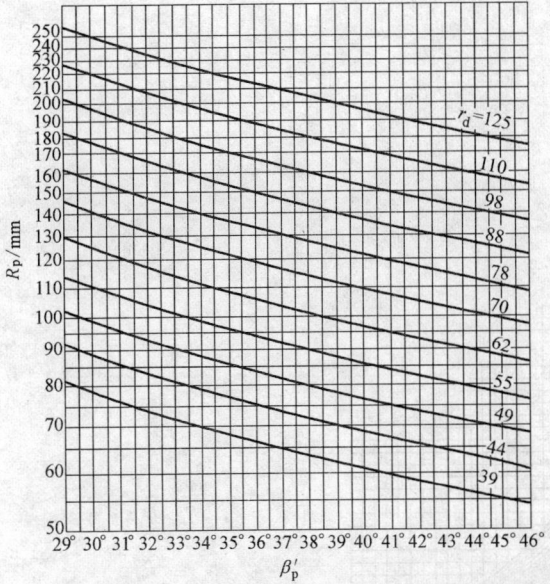

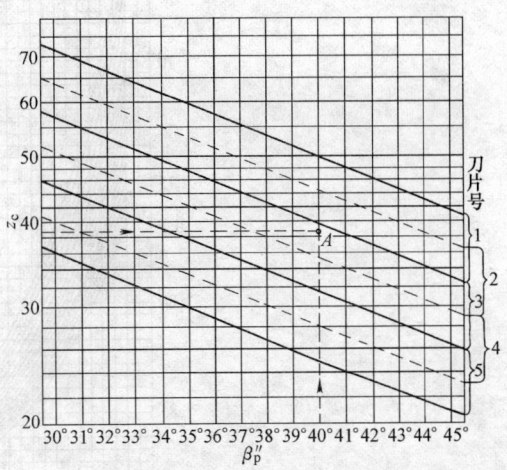

图 5.3-8 选择奥利康锥齿铣刀盘用的曲线

例 当 $R_p = 110$mm、$\beta_p' = 37.5°$时，查得 $r_0$ 在 62 和 70 之间（靠近 70），选取标准刀盘半径 $r_0 = 70$mm，则对应的螺旋角 $\beta_p'' = 39.5°$。

图 5.3-9 选择奥利康锥齿轮刀片型号用的曲线

例 选用 EN5-70 刀盘时，$z_c = 38.6$、$\beta_p'' = 39.5°$，其交点 $A$ 介于 3 号及 2 号刀片之间，由表 5.3-14 选为 3 号刀片，即刀片号为 70/3。

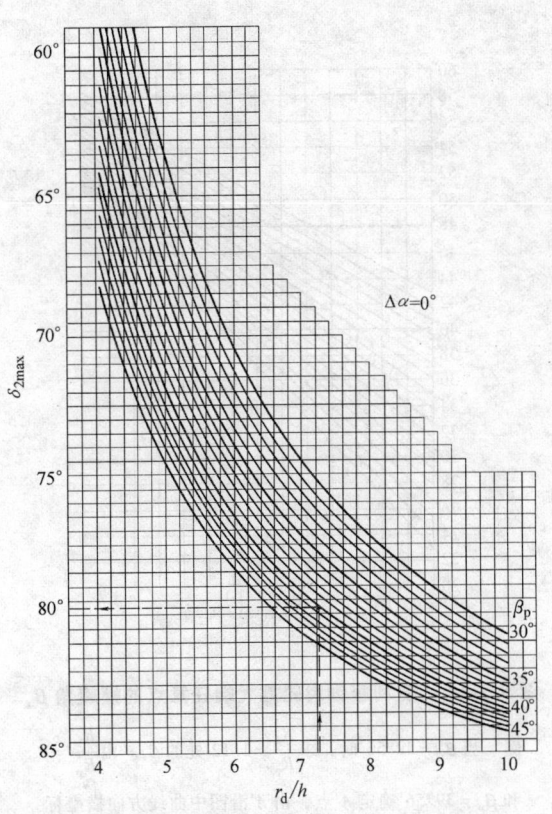

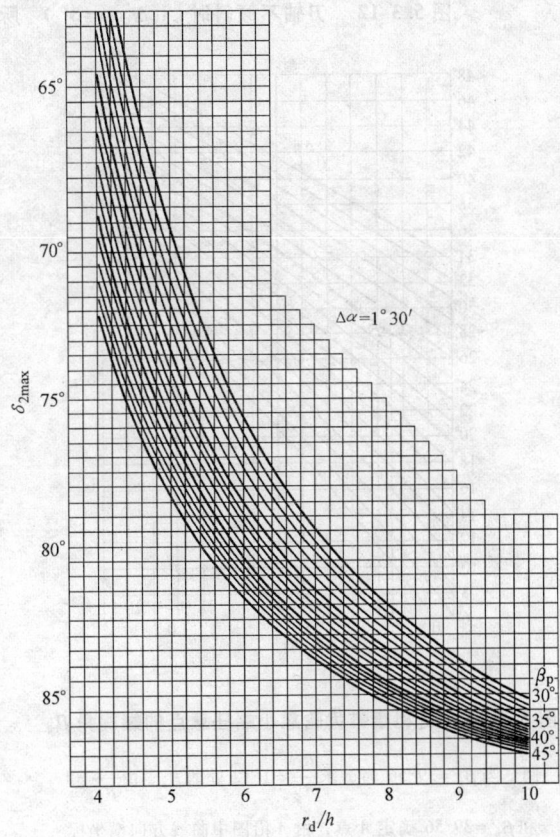

图 5.3-10 刀轴不倾斜时 （$\Delta\alpha = 0°$） 所能加工的奥利康锥齿轮的最大分锥角 $\delta_{2max}$

图 5.3-11 刀轴不倾斜时 （$\Delta\alpha = 1°30'$） 所能加工的奥利康锥齿轮的最大分锥角 $\delta_{2max}$

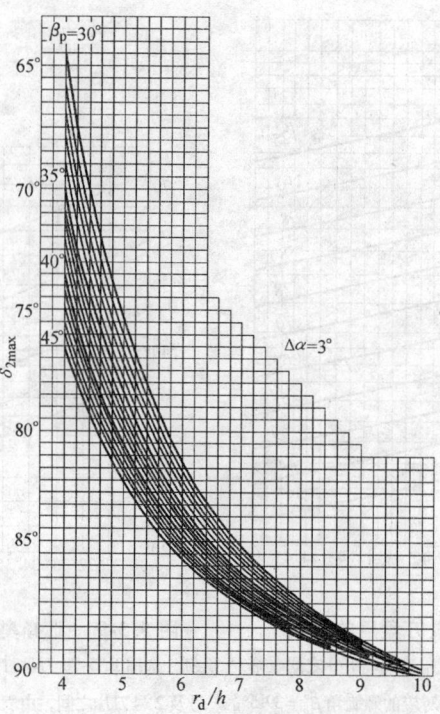

图 5.3-12　刀轴不倾斜时　（Δα = 3°）　所能加工的奥利康锥齿轮的最大分锥角 $\delta_{2max}$

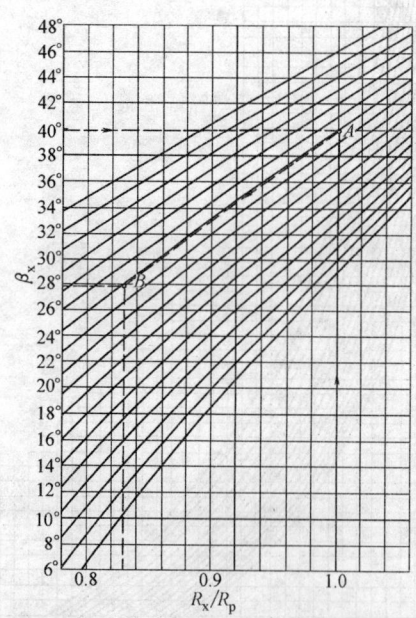

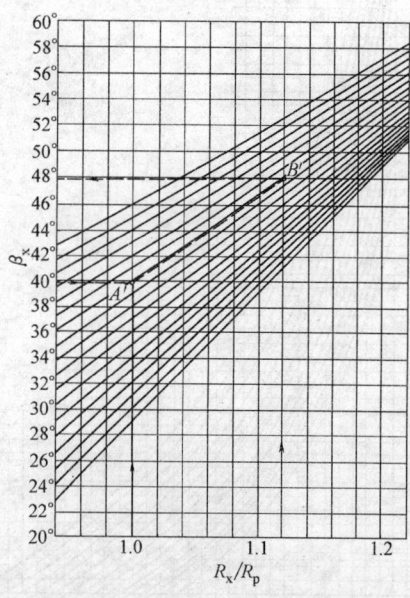

图 5.3-13　奥利康锥齿轮靠小端任意点的螺旋角 $\beta_x$

例　当 $\beta_p = 39°56'$ 时，求 $\dfrac{R_x}{R_p} = 1.12$ 处的 $\beta_x$。由 $\dfrac{R_x}{R_p} = 1$

和 $\beta_p = 39°56'$ 确定 $A$ 点，由 $A$ 沿图中曲线方向横坐标

$\dfrac{R_x}{R_p} = 1.12$ 的垂线相交，其交点 $B$ 的纵坐标即为 $\beta_x = 27.8°$。

图 5.3-14　奥利康锥齿轮靠大端任意点的螺旋角 $\beta_x$

例　当 $\beta_p = 39°56'$ 时，求 $\dfrac{R_x}{R_p} = 1.12$ 处的 $\beta_x$。由 $\dfrac{R_x}{R_p} = 1$

和 $\beta_p = 39°56'$ 确定 $A'$ 点，由 $A'$ 沿图中曲线方向横坐标

$\dfrac{R_x}{R_p} = 1.12$ 的垂线相交，其交点 $B'$ 的纵坐标即为 $\beta_x = 47.9°$。

## 2.6　克林根贝尔格锥齿轮传动的几何尺寸计算（表5.3-15）

### 表 5.3-15　克林根贝尔格锥齿轮传动几何尺寸计算（$\Sigma = 90°$）

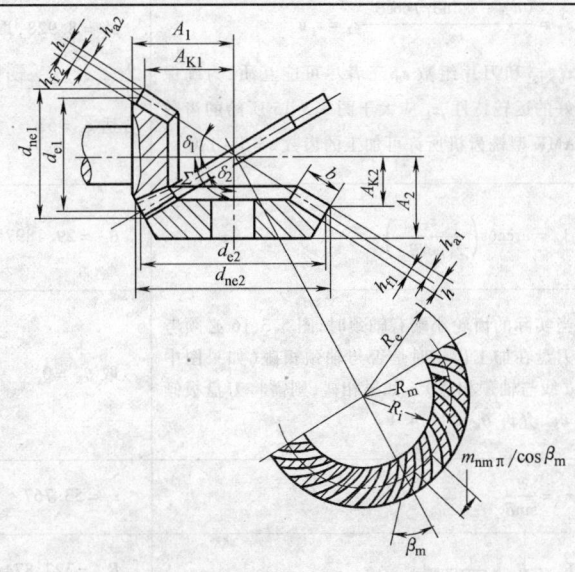

| 名　称 | 代号 | 计算公式及说明 | 举　例 |
|---|---|---|---|
| 压力角 | $\alpha_n$ | $\alpha_n = 20°$ | 20° |
| 齿数比 | $u$ | 按传动要求确定，通常 $u = 1 \sim 10$ | 要求 $u = 5.89$ |
| 估算大端分度圆直径 | $d_e$ | $d_{e1}$ 根据强度计算（按表 5.3-18）或结构要求确定，$d_{e2} = u d_{e1}$ | 已知：$T_1 = 1000\text{N} \cdot \text{m}$，$K = 1.3$，$\beta_m \approx 30°$，大轮采用调质钢（硬度为 300 ~ 350HBW），小轮表面淬火钢（硬度为 42 ~ 45HRC），$\sigma_{HP} = 700\text{MPa}$，求得 $d_{e1} = 126.5\text{mm}$，$d_{e2} = 745\text{mm}$ |
| 大端端面模数 | $m_e$ | $m_e = \dfrac{d_{e1}}{z_1}$ | $m_e = 6.311$ 取 $m_e = 6.35\text{mm}$ |
| 分锥角 | $\delta$ | $\delta_1 = \arctan \dfrac{1}{u}$　$\delta_2 = 90° - \delta_1$ | $\delta_1 = 9.636° = 9°38'08''$<br>$\delta_2 = 80.4364° = 80°21'52''$ |
| 外锥距 | $R_e$ | $R_e = d_{e1}/2\sin\delta_1$ | 377.874mm |
| 齿宽系数 | $\phi_R$ | 轻载和中载齿轮传动：$0.2 \leqslant \phi_R \leqslant 0.286$<br>重载齿轮传动：$0.286 \leqslant \phi_R \leqslant 0.33$ | 初选 $\phi'_R = 0.286$ |
| 齿宽 | $b$ | $b = \phi_R R_e$ | 取 $b = 110\text{mm}$，实际 $\phi_R = 0.291$ |
| 中点法向模数 | $m_{nm}$ | 硬齿面：$m_{nm} = (0.1 \sim 0.14)b$<br>调质钢齿轮：$m_{nm} = (0.083 \sim 0.1)b$ | $m_{nm} = 10.5\text{mm}$ |
| 初选中点螺旋角 | $\beta'_m$ | $\beta'_m$ 在 12° ~ 45° 范围内初选一值，常用 $\beta_m = 35°$ | 初选 $\beta_m = 30°$ |
| 选择铣刀盘半径 | $r_0$ | 由表 5.3-16 根据 $m_{nm}$ 选择机床型号、刀盘半径 $r_0$、刀片模数 $m_0$ 及刀片组数 $z_0$ | 用 AMK852 机床，$r_0 = 210\text{mm}$，$m_0 = 10.5\text{mm}$，刀片组数 $z_0 = 5$（AKM852 机床刀片组数 $z_0 = 5$） |
| 刀盘导角 | $\gamma$ | $\gamma = \arcsin(m_n z_0/2r_d)$ | $\gamma = 7.181°$ |

（续）

| 名 称 | 代号 | 计 算 公 式 及 说 明 | 举 例 |
|---|---|---|---|
| 齿数 | $z$ | $z_1' = \dfrac{(d_{e1} - b\sin\delta_1)\cos\beta_m'}{m_{nm}}$    $z_2 = z_1 u$ <br><br> $z_1$、$z_2$ 和刀片组数 $z_0$ 三者尽可能互质，为确保良好的运转特性，$z_1$ 应大于图 5.3-15 所给的齿数 $z_1''$ AMK 型铣齿机所许可加工的齿数 $z = 5 \sim 120$ | $z_1' = 8.928$，取 $z_1 = 9$ 根据 $d_{e2} = 745\text{mm}$ 及 $\dfrac{R_e}{b} = 3.44$ 查图 5.3-15 得 $z_1'' = 8.5$，$z_1 > z_1''$，故合适 $z_2 = 53$ |
| 实际中点螺旋角 | $\beta_m$ | $\beta_m = \arccos\left(\dfrac{z_1}{z_1'\cos\beta_m'}\right)$ | $\beta_m = 29.1897° = 29°11'23''$ |
| 刀盘平面倾角 | $\theta_K$ | 当实际的齿轮小端有轴颈时，图 5.3-16 必须考虑刀盘在加工齿轮时是否与轴颈相碰（如果图中 $a$-$a$ 线与轴颈相碰）。如果相碰，则需将刀盘板倾角 $\theta_K$，允许 $\theta_K \leqslant \lvert \pm 4° \rvert$ | 取 $\theta_K = 0$ |
| 假想平面齿轮数 | $z_c$ | $z_c = \dfrac{z}{\sin\delta}$ | $z_c = 53.767$ |
| 中点锥距 | $R_m$ | $R_m = R_e - \dfrac{b}{2}\cos\theta_K$ | $R_m = 322.874\text{mm}$ |
| 小端锥距 | $R_i$ | $R_i = R_e - b\cos\theta_K$ | $R_i = 267.874\text{mm}$ |
| 机床距 （见图 5.3-17） | $M_d$ | $M_d = \sqrt{R_m^2 + r_d^2 - 2R_m r_d \sin(\beta_m - \gamma)}$ <br><br> 要求 $M_{d\min} \leqslant M_d \leqslant M_{d\max}$ <br><br> <table><tr><td>机床型号</td><td>$M_{d\min}$/mm</td><td>$M_{d\max}$/mm</td></tr><tr><td>AMK250</td><td>0</td><td>150</td></tr><tr><td>AMK400</td><td>0</td><td>250</td></tr><tr><td>AMK630</td><td>0</td><td>280</td></tr><tr><td>AMK852</td><td>0</td><td>440</td></tr><tr><td>AMK1602</td><td>250</td><td>900</td></tr></table> | $M_d = 312.230\text{mm} < 440\text{mm}$ <br> 可在 AMK852 机床上加工 |
| 基圆半径 | $r_b$ | $r_b = \dfrac{M_d}{1 + \dfrac{z_0}{z_c}}$ | $r_b = 285.665\text{mm}$ |
| $R_e$ 处辅助角 | $\varphi_e$ | $\varphi_e = \arccos\dfrac{R_e^2 + M_d^2 - r_0^2}{2R_e M_d}$ | $\varphi_e = 33.761° = 33°45'36''$ |
| $R_i$ 处辅助角 | $\varphi_i$ | $\varphi_i = \arccos\dfrac{R_i^2 + M_d^2 - r_0^2}{2R_i M_d}$ | $\varphi_i = 41.572° = 41°34'18''$ |
| 大端螺旋角 | $\beta_e$ | $\beta_e = \arctan\dfrac{R_e - r_b\cos\varphi_e}{r_b\sin\varphi_e}$ | $\beta_e = 41.697° = 41°28'10''$ |

（续）

| 名　称 | 代号 | 计算公式及说明 | 举　例 |
|---|---|---|---|
| 小端螺旋角 | $\beta_i$ | $\beta_i = \arctan \dfrac{R_i - r_b \cos\varphi_i}{r_b \sin\varphi_i}$ | $\beta_i = 15.930° = 15°55'48''$ |
| 大端法向模数 | $m_{ne}$ | $m_{ne} = \dfrac{2R_e \cos\beta_e}{z_c}$ | $m_{ne} = 10.532\text{mm}$ |
| 小端法向模数 | $m_{ni}$ | $m_{ni} = \dfrac{2R_i \cos\beta_i}{z_c}$ | $m_{ni} = 9.582\text{mm}$ |
| 校核 | — | $m_{ne} > m_{nm}$ <br> $m_{ne} > m_{ni}$ | $10.532 > 10.5$ <br> $10.532 > 9.582$ |
| 不产生根切的径向变位系数 | $x_g$ | $x_g = 1.1 h_{ap}^* - \dfrac{m_{ni} z_{vi} \sin^2 \alpha_n}{2 \times m_{nm}}$ <br><br> 式中 $z_{vi} = \dfrac{z_1}{\cos^3\beta_i \cos\delta_1}$ <br><br> $h_{ap}^*$ ——齿顶高系数,一般 $h_{ap}^* = 1$ | $z_{vi1} = 10.2$ <br> $x_g = 0.552$ |
| 径向变位系数 | $x$ | $x_1$ 求法如下: <br><br> $f(x_1) = \dfrac{u^2}{\sqrt{[1 + K(h_{ap}^* - x_1)]^2 - \cos\alpha_{tm}}} - \dfrac{1}{\sqrt{[1 + u^2 K(h_{ap}^* + x_1)]^2 - \cos^2\alpha_{tm}}} - \dfrac{u^2 - 1}{\sin\alpha_{tm}}$ <br><br> $f'(x_1) = \dfrac{u^2 K[1 + K(h_{ap}^* - x_1)]}{(\sqrt{[1 + K(h_{ap}^* - x_1)]^2 - \cos^2\alpha_{tm}})^3} + \dfrac{u^2 K[1 + u^2 K(h_{ap}^* + x_1)]}{(\sqrt{[1 + u^2 K(h_{ap}^* + x_1)]^2 - \cos^2\alpha_{tm}})^3}$ <br><br> $(x_1)_{n+1} = (x_1)_n - \dfrac{f(x_1)_n}{f'(x_1)_n}$ <br><br> 由 $n = 1$ 开始计算,此时取 $(x_1)_1 = x_g$,重复计算直至精度为 <br> $\|(x_1)_{n+1} - (x_1)_n\| \leq 0.01$　并保证 $(x_1)_n \geq x_g$ | |
| | | 式中　$K = \dfrac{2\cos\beta_m}{z_2 \sqrt{u^2 + 1}}$ <br><br> $\alpha_{tm} = \arctan \dfrac{\tan\alpha_n}{\cos\beta_m}$ <br><br> $\|(x_1)_{n+1} - (x_1)_n\| = \|0.5487 - 0.552\| = 0.0033 < 0.01$ | $K = 0.00551426$ <br> $\alpha_{tm} = 22.632° = 22°37'55''$ <br> $x_1 = 0.552 = x_g$ <br> $x_2 = -0.552$ |
| 切向变位系数 | $x_t$ | 当小齿轮齿根抗弯强度足够时,取 $x_{t1} = 0$。为提高小齿轮的齿根抗弯强度,一般取 $x_{t1} = 0.05$ <br> $x_{t2} = -x_{t1}$ | $x_{t1} = 0.05$ <br> $x_{t2} = -0.05$ |
| 齿高 | $h$ | $h = (1.25 + 1) h_{ap}^* m_{nm}$ | $h = 23.625\text{mm}$ |
| 齿顶高 | $h_a$ | $h_{a1} = (h_{ap}^* + x_1) m_{nm}$ <br> $h_{a2} = (h_{ap}^* + x_1) m_{nm}$ | $h_{a1} = 16.296\text{mm}$ <br> $h_{a2} = 4.704\text{mm}$ |
| 齿顶圆直径 | $d_{ae}$ | $d_{ae1} = d_{e1} + 2h_{a1}\cos\delta_E \mp b\sin\theta_K \cos\theta_E$ <br> $d_{ae2} = d_{e2} + 2h_{a2}\cos\delta_2$ <br> 式中 $\delta_E = \delta_1 - \theta_K$ | $d_{ae1} = 158.632\text{mm}$ <br> $d_{ae2} = 746.575\text{mm}$ |

（续）

| 名　称 | 代号 | 计算公式及说明 | 举　例 |
|---|---|---|---|
| 锥项到轮冠距离 | $A_K$ | $A_{K1}=d_{e2}/2-h_{a1}\sin\delta_1$<br>$A_{K2}=d_{e1}/2-h_{a2}\sin\delta_2$ | $A_{K1}=369.78\text{mm}$<br>$A_{K2}=58.59\text{mm}$ |
| 安装距 | $A$ | 按结构确定 | $A_1=395\text{mm}$<br>$A_2=80\text{mm}$ |
| 中点法向分度圆弦齿厚 | $\bar{s}_n$ | $\bar{s}_{n1}=m_{nm}z_{v1}\sin\varphi_{n1}$<br>$\bar{s}_{n2}=m_{nm}z_{v2}\sin\varphi_{n2}$<br>式中<br>$\varphi_n=\dfrac{180°}{z_v\pi}\left(\dfrac{\pi}{2}+2x_t+2x\tan\alpha_n+\dfrac{j_t}{2m_{nm}}\cos\beta_m+\dfrac{2j_s}{m_{nm}}\right)$<br>$z_v=\dfrac{z}{\cos^3\beta_m\cos\delta}$<br>$j_s$——精加工时单面留量，一般 $j_s$ 为 0.2～0.3mm<br>$j_t$——精加工时单面留量，一般 $j_t$ 为 0.14～0.45mm | $z_{v1}=13.72,z_{v2}=475.876$<br>取 $j_s=0.2\text{mm},j_t=0.3\text{mm}$<br>$\varphi_{n1}=8.762°,\varphi_{n2}=0.1374°$<br>$\bar{s}_{n1}=21.93\text{mm}$<br>$\bar{s}_{n2}=11.51\text{mm}$ |
| 中点法向分度圆的弦齿高 | $\bar{h}$ | $\bar{h}=h_a+\dfrac{m_{nm}z_v(1-\cos\varphi_n)}{2}$ | $\bar{h}_1=17.137\text{mm}$<br>$\bar{h}_2=4.711\text{mm}$ |

**表 5.3-16　AKM 型机床各种刀盘所能加工的模数范围**

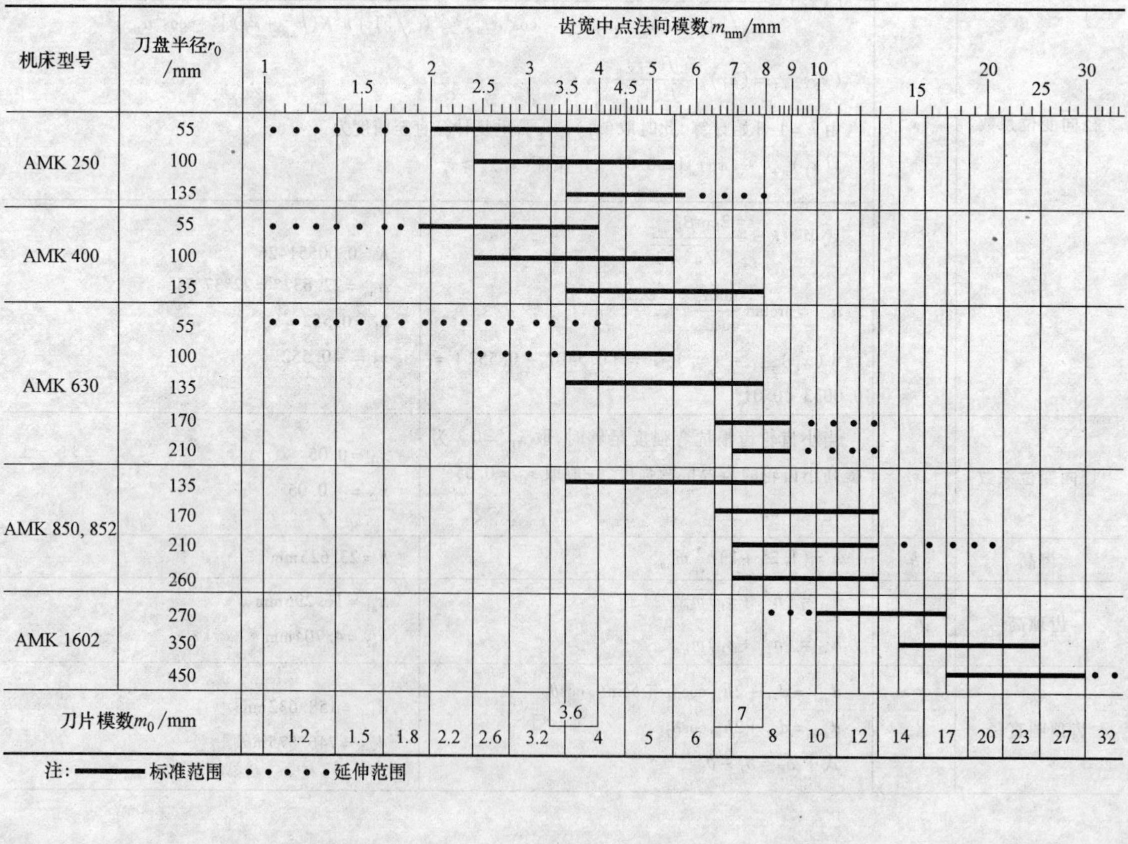

机床型号
刀盘半径$r_0$/mm
齿宽中点法向模数$m_{nm}$/mm
1 1.5 2 2.5 3 3.5 4 4.5 5 6 7 8 9 10 15 20 25 30
AMK 250: 55 100 135
AMK 400: 55 100 135
AMK 630: 55 100 135 170 210
AMK 850, 852: 135 170 210 260
AMK 1602: 270 350 450
刀片模数$m_0$/mm
3.6 7
1.2 1.5 1.8 2.2 2.6 3.2 4 5 6 8 10 12 14 17 20 23 27 32


注：——标准范围　·····延伸范围

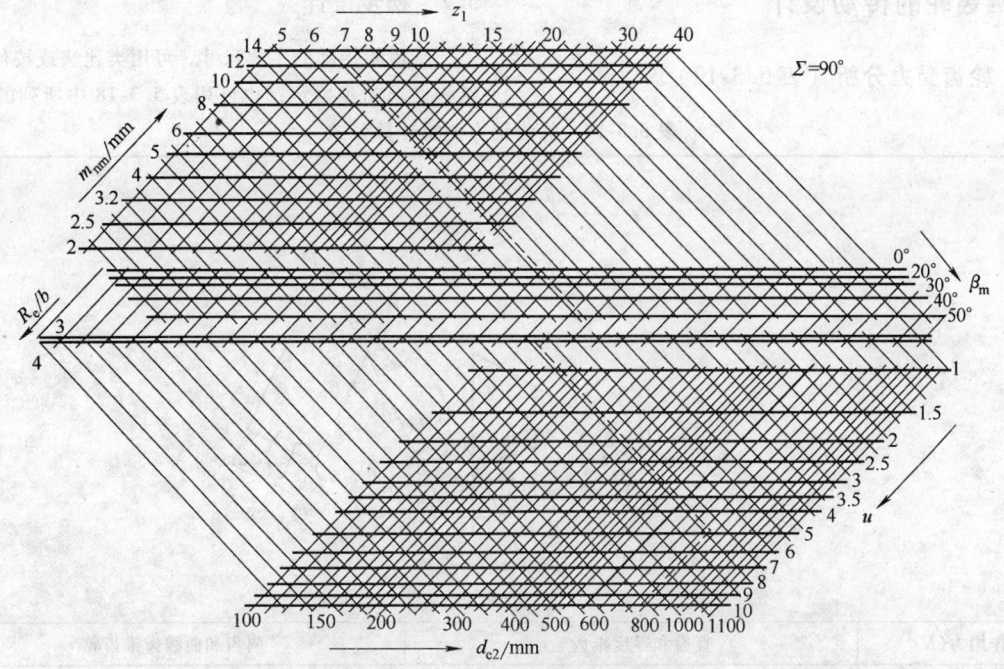

图 5.3-15　机床可加工的最少齿数 $z''$

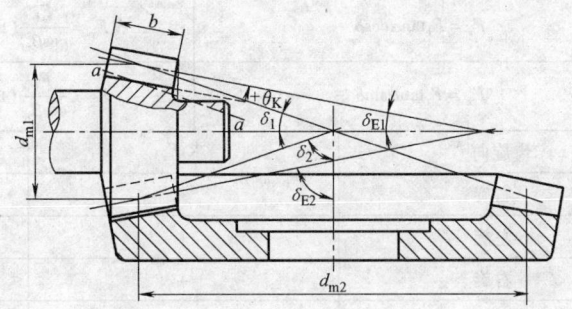

图 5.3-16　锥齿轮轴颈与刀片发生干涉

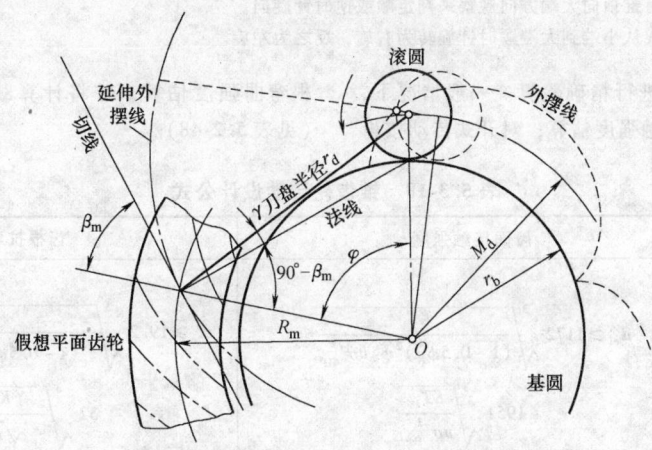

图 5.3-17　摆线-准渐开线齿轮原理

# 3　锥齿轮的传动设计

## 3.1　轮齿受力分析（表 5.3-17）

## 3.2　初步设计

锥齿轮传动的主要尺寸，可用类比法或按传动的结构要求初步确定；也可用表 5.3-18 中所列的计算

**表 5.3-17　轮齿受力分析计算公式**

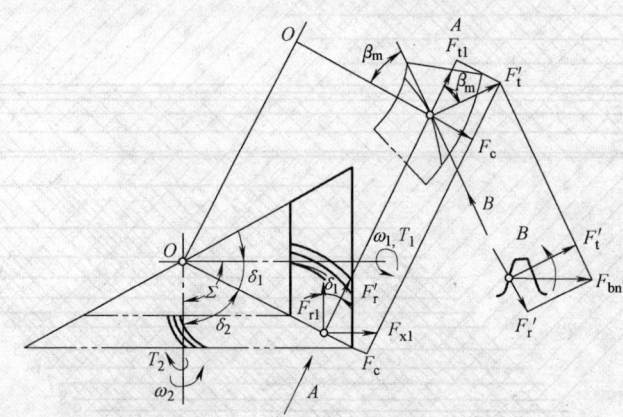

| 作用力（N） | 直齿和零度锥齿轮 | | 斜齿和曲线齿锥齿轮 |
|---|---|---|---|
| 中点分度圆的切向力 | $F_t = \dfrac{2000T}{d_m}$ | | |
| 径向力① | $F_r = F_t \tan\alpha \cos\delta$ | | $F_r = \dfrac{F_t}{\cos\beta_m}(\tan\alpha_n \cos\delta \mp \sin\beta_m \sin\delta)$ |
| 轴向力① | $F_x = F_t \tan\alpha \sin\delta$ | | $F_x = \dfrac{F_t}{\cos\beta_m}(\tan\alpha_n \sin\delta \mp \sin\beta_m \cos\delta)$ |
| 外加转矩 $T$ 的旋向② | 齿旋向③ | 求 $F_r$ | 求 $F_x$ |
| 顺时针 | 右旋 | − | + |
| | 左旋 | + | − |
| 逆时针 | 右旋 | + | − |
| | 左旋 | − | + |

① $F_r$ 指向轮心的方向为正，$F_x$ 指向大端为正。公式中的"∓"按上表规定确定。
② 外加转矩的旋向是由锥顶向大端方向观察来判定顺或逆时针旋向。
③ 从齿顶看齿轮，齿线从小端到大端顺时针旋转为右旋，反之为左旋。

式进行估算，必要时再进行精确验算。一般情况下，对闭式传动可按表面接触强度估算；对开式传动按根弯曲强度估算，并将计算载荷乘以磨损系数 $K_m$（见表 5.2-48）。

**表 5.3-18　锥齿轮传动设计公式**

| 锥齿轮种类 | 齿面接触强度① | 齿根抗弯强度 |
|---|---|---|
| 直齿和零度齿 | $d_{e1} \geqslant 1172 \sqrt[3]{\dfrac{KT_1}{(1-0.5\phi_R)^2 \phi_R u \sigma'^2_{HP}}} \approx$ $1951 \sqrt[3]{\dfrac{KT_1}{u\sigma'^2_{HP}}}$ | $m_e \geqslant 19.2 \sqrt[3]{\dfrac{KT_1 Y_{FS}}{z_1^2 (1-0.5\phi_R)^2 \phi_R \sqrt{u^2+1} \sigma'_{FP}}} \approx$ $32 \sqrt[3]{\dfrac{KT_1 Y_{FS}}{z_1^2 \sqrt{u^2+1} \sigma'_{FP}}}$ |

（续）

| 锥齿轮种类 | 齿面接触强度① | 齿根抗弯强度 |
|---|---|---|
| $\beta = 8° \sim 15°$ 的斜齿和曲线齿 | $d_{e1} \geqslant 1096 \sqrt[3]{\dfrac{KT_1}{(1-0.5\phi_R)^2 \phi_R u \sigma_{HP}'^2}} \approx$ $1825 \sqrt[3]{\dfrac{KT_1}{u\sigma_{HP}'^2}}$ | $m_e \geqslant 18.7 \sqrt[3]{\dfrac{KT_1 Y_{FS}}{z_1^2 (1-0.5\phi_R)^2 \phi_R \sqrt{u^2+1}\,\sigma_{FP}'}} \approx$ $31.1 \sqrt[3]{\dfrac{KT_1 Y_{FS}}{z_1^2 \sqrt{u^2+1}\,\sigma_{FP}'}}$ |
| $\beta = 35°$ 的斜齿和曲线齿 | $d_{e1} \geqslant 983 \sqrt[3]{\dfrac{KT_1}{(1-0.5\phi_R)^2 \phi_R u \sigma_{HP}'^2}} \approx$ $1636 \sqrt[3]{\dfrac{KT_1}{u\sigma_{HP}'^2}}$ | $m_e \geqslant 15.8 \sqrt[3]{\dfrac{KT_1 Y_{FS}}{z_1^2 (1-0.5\phi_R)^2 \phi_R \sqrt{u^2+1}\,\sigma_{FP}'}} \approx$ $26.3 \sqrt[3]{\dfrac{KT_1 Y_{FS}}{z_1^2 \sqrt{u^2+1}\,\sigma_{FP}'}}$ |
| 说明 | \multicolumn{2}{l}{} | |

说明

$K$——载荷系数,当原动机为电动机、汽轮机时,一般可取 $K$ 为 $1.2 \sim 1.8$。当载荷平稳、传动精度较高、速度较低、斜齿、曲线齿以及大、小齿轮皆两侧布置轴承时 $K$ 取较小值,如采用多缸内燃机驱动时,$K$ 值应增大左右 $1.2$ 倍左右

$\sigma_{HP}'$——设计齿轮的许用接触应力,$\sigma_{HP}' = \dfrac{\sigma_{Hlim}}{S_H'}$;试验齿轮的接触疲劳极限 $\sigma_{Hlim}$ 查图 5.2-22 估算时接触强度的安全系数,$S_H'$ 为 $1 \sim 1.2$,当齿轮精度较高,计算载荷精确,设备不甚重要时,可取低值

$\sigma_{FP}'$——设计齿轮的许用弯曲应力,$\sigma_{FP}' = \dfrac{\sigma_{FE}}{S_F'}$;材料抗弯强度基本值 $\sigma_{FE}$ 查图 5.2-33。估算时抗弯强度的安全系数 $S_F'$ 为 $1.4 \sim 2$,对模数较小,精度较高,设备不甚重要及计算载荷较准时,取小值

$Y_{FS}$——复合齿形系数,查图 5.3-18 或图 5.3-19

① 齿面接触强度计算公式仅适用于钢配对齿轮,非钢配对齿轮要将按表中公式求得的 $d_{e1}$ 乘以下表的系数:

| 齿轮 1 | 齿轮 2 | 系数 | 齿轮 1 | 齿轮 2 | 系数 |
|---|---|---|---|---|---|
| 钢 | 球墨铸铁 | 0.97 | 球墨铸铁 | 球墨铸铁 | 0.94 |
| | | | | 灰铸铁 | 0.88 |
| | 灰铸铁 | 0.90 | 灰铸铁 | 灰铸铁 | 0.84 |

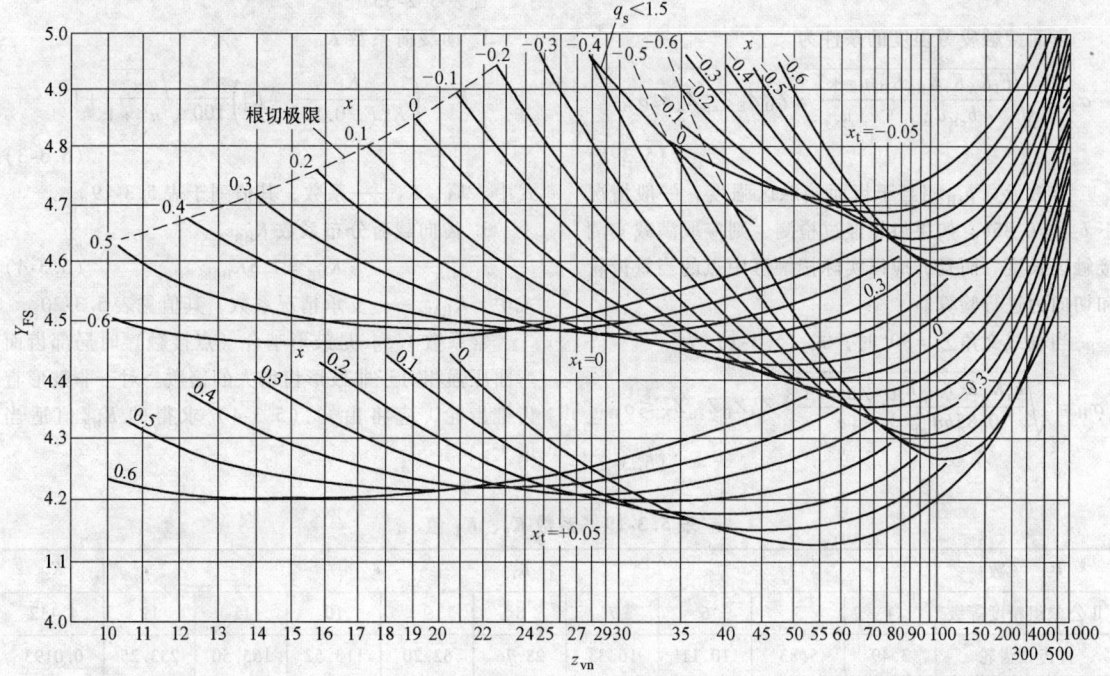

图 5.3-18　基本齿条为 $\alpha_n = 20°$、$h_a/m_{nm} = 1$、$h_f/m_{nm} = 1.25$、$\rho_f/m_{nm} = 0.20$ 的展成锥齿轮的复合齿形系数 $Y_{FS}$

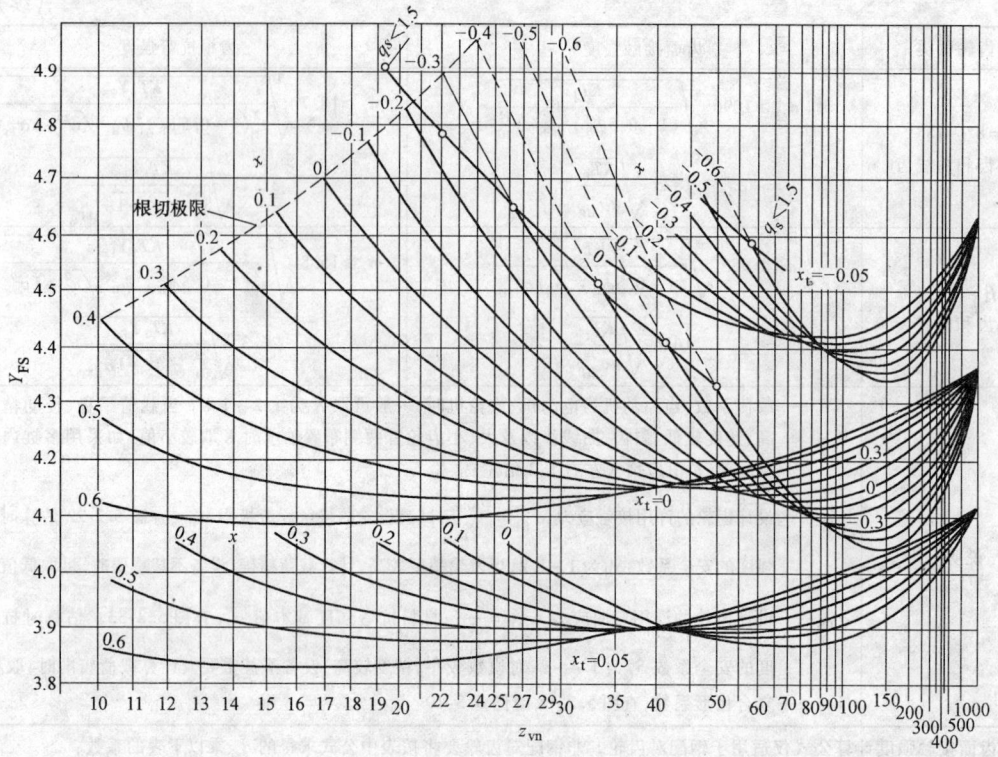

图 5.3-19　基本齿条为 $\alpha_n = 20°$、$h_a/m_{nm} = 1$、$h_f/m_{nm} = 1.25$、
$\rho_t/m_{nm} = 0.30$ 的展成锥齿轮的复合齿形系数 $Y_{FS}$

## 3.3　齿面接触疲劳强度校核

齿面接触疲劳强度的条件为

$$\sigma_H = \sqrt{\frac{F_t K_A K_v K_{H\beta} K_{Ha} u_v + 1}{b_{eH} d_{mv1} \quad u_v}} \times Z_H Z_E Z_{\varepsilon\beta} Z_K \leqslant \sigma_{HP}$$

(5.3-1)

有效齿宽 $b_{eH}$ 相当于齿面接触区强度，一般情况下 $b_{eH} = 0.85b$。如果齿轮经过检测，则应取满载实测接触区长度。而且，应以实际接触区中点的当量齿轮和切向力进行验算。

当轴线交角 $\Sigma = 90°$ 时，式（5.3-1）为

$$\sigma_H = \sqrt{\frac{F_t K_A K_v K_{H\beta} K_{Ha} \sqrt{u^2 + 1}}{0.85 b d_{m1} \quad u}} \times Z_H Z_E Z_{\varepsilon\beta} Z_K \leqslant \sigma_{HP}$$

(5.3-2)

1. 使用系数 $K_A$
查表 5.2-35
2. 动载荷系数 $K_v$

$$K_v = \left( \frac{K_1}{K_A F_t / 0.85b} + K_2 \right) \frac{z_1 v_m}{100} \sqrt{\frac{u^2}{u^2 + 1}} + 1$$

(5.3-3)

式中　$K_1$、$K_2$——系数，其值列于表 5.3-19。
3. 齿向载荷分布系数 $K_{H\beta}$

$$K_{H\beta} = 1.5 K_{H\beta be}$$

(5.3-4)

式中　$K_{H\beta be}$——支承情况系数，其值见表 5.3-20。

常系数 1.5，是鼓形啮合（点接触）时局部齿面弯曲压强相对于非鼓形齿增大的倍数。对于非鼓形直齿锥齿轮，应将由式（5.3-4）求得的 $K_{H\beta}$ 值适当增大。

表 5.3-19　系数 $K_1$、$K_2$ 值

| 系　　数 | $K_1$ | | | | | | | | | $K_2$ |
|---|---|---|---|---|---|---|---|---|---|---|
| Ⅱ公差组精度等级 | 4 | 5 | 6 | 7 | 8 | 9 | 10 | 11 | 12 | 4 ~ 12 |
| 直齿锥齿轮 | 3.49 | 5.83 | 10.11 | 16.33 | 28.76 | 62.20 | 113.52 | 155.50 | 233.25 | 0.0193 |
| 斜齿和曲线齿锥齿轮 | 3.28 | 5.48 | 9.50 | 15.34 | 27.02 | 58.43 | 106.64 | 146.08 | 219.12 | 0.0100 |

**表 5.3-20　支承情况系数 $K_{H\beta be}$ 值**

| 支承情况 | 两轮皆两端支承 | 有一轮悬臂支承 | 两轮皆悬臂 |
|---|---|---|---|
| $K_{H\beta be}$ | 1.1 | 1.25 | 1.5 |

4. 齿间载荷分布系数 $K_{H\alpha}$

齿间载荷分布系数 $K_{H\alpha}$ 可由表 5.3-21 查取。

5. 节点区域系数 $Z_H$

对锥齿轮按齿宽中点当量齿轮节点的齿廓曲率来

**表 5.3-21　齿间载荷分布系数 $K_{H\alpha}$、$K_{F\alpha}$ 值**

| $K_A K_v K_{H\beta} F_t / b_{eH}$ | | | ≥100N/mm | | | | | <100N/mm |
|---|---|---|---|---|---|---|---|---|
| II 公差精度等级 | | | 4、5 | 6 | 7 | 8 | 9 | 10、11、12 | 所有精度 |
| 硬齿面 | 直齿 | $K_{H\alpha}$ | 1 | | 1.1 | 1.2 | | $1/z_\varepsilon^2 \geqslant 1.2$ | |
| | | $K_{F\alpha}$ | 1 | | 1.1 | 1.2 | | $1/Y_\varepsilon \geqslant 1.2$ | |
| | 斜齿和曲线齿轮 | $K_{H\alpha}$ | 1 | 1.1 | 1.2 | 1.4 | | $\varepsilon_{van} \geqslant 1.4$ | |
| | | $K_{F\alpha}$ | 1 | 1.1 | 1.2 | 1.4 | | $\varepsilon_{van} \geqslant 1.4$ | |
| 软齿面 | 直齿 | $K_{H\alpha}$ | | 1 | | 1.1 | 1.2 | $1/z_\varepsilon^2 \geqslant 1.2$ | |
| | | $K_{F\alpha}$ | | 1 | | 1.1 | 1.2 | $1/z_\varepsilon^2 \geqslant 1.2$ | |
| | 斜齿和曲线齿轮 | $K_{H\alpha}$ | 1 | | 1.1 | 1.2 | 1.4 | $\varepsilon_{van} \geqslant 1.4$ | |
| | | $K_{F\alpha}$ | 1 | | 1.1 | 1.2 | 1.4 | — | |

考虑，$x_1 + x_2 = 0$ 和未径向变位的锥齿轮有

$$Z_H = 2\sqrt{\frac{\cos\beta_{vb}}{\sin 2\alpha_{vt}}} \qquad (5.3\text{-}5)$$

常用的标准压力角的 $Z_H$ 值，可由图 5.3-20 查取。

6. 弹性系数 $Z_E$

弹性系数 $Z_E$ 见表 5.2-40。

7. 重合度系数 $Z_\varepsilon$ 和螺旋角系数 $Z_\beta$

直齿锥齿轮的重合度系数

$$Z_\varepsilon = \sqrt{\frac{4 - \varepsilon_{v\alpha}}{3}} \qquad (5.3\text{-}6)$$

斜齿和曲线锥齿轮的重合度系数：当 $\varepsilon_{v\beta} < 1$ 时，有：

$$Z_\varepsilon = \sqrt{\left[\frac{4 - \varepsilon_{v\alpha}}{3}(1 - \varepsilon_{v\beta}) + \frac{\varepsilon_{v\beta}}{\varepsilon_{v\alpha}}\right]} \qquad (5.3\text{-}7)$$

当 $\varepsilon_{v\beta} \geqslant 1$ 时，有：

$$Z_\varepsilon = \sqrt{\frac{1}{\varepsilon_{v\alpha}}} \qquad (5.3\text{-}8)$$

螺旋角系数为

$$Z_\beta = \sqrt{\cos\beta_m} \qquad (5.3\text{-}9)$$

$$Z_{\varepsilon\beta} = Z_\varepsilon Z_\beta \qquad (5.3\text{-}10)$$

当 $\varepsilon_{v\alpha}$、$\varepsilon_{v\beta}$ 和 $\beta_m$ 已知后，$Z_{\varepsilon\beta}$ 可由图 5.2-21 查得。

8. 锥齿轮系数 $Z_K$

锥齿轮系数 $Z_K$ 是考虑锥齿轮齿形与渐开线的差

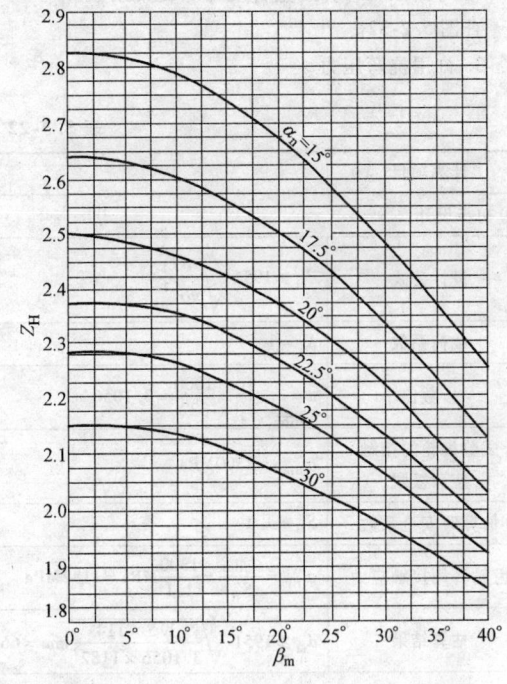

**图 5.3-20　$x_1 + x_2 = 0$ 和未径向变位锥齿轮的 $Z_H$**

异和齿向刚度变化对点蚀的影响而设置的参数。当配对齿轮的齿顶和齿根进行适当修行时，可取 $Z_K = 0.85$；如未进行修行，取 $Z_K = 1$。

9. 许用接触应力 $\sigma_{HP}$

大、小齿轮的许用接触应力应分别计算，而且要

以较小的为准。计算公式为

$$\sigma_{HP} = \frac{\sigma_{Hlim}}{S_{Hlim}} Z_N Z_{LVR} Z_X Z_W \qquad (5.3\text{-}11)$$

式中　$\sigma_{Hlim}$——试验齿轮接触疲劳极限，由图5.2-22
查取；

$Z_N$——寿命系数，由图5.2-23查取；

$Z_{LVR}$——润滑油膜影响系数，由图5.2-24和图5.2-25查取；

$Z_W$——工作硬化系数，由图5.2-26查取；

$Z_X$——尺寸系数，由图5.2-27查取；

$S_{Hlim}$——安全系数，见式（5.2-19）。

## 3.4　齿根弯曲疲劳强度校核

齿根弯曲疲劳强度的条件

$$\sigma_F = \frac{F_t K_A K_v K_{F\beta} K_{F\alpha}}{0.85 b m_n} Y_{FS} Y_{e\beta} \leqslant \sigma_{FP} \qquad (5.3\text{-}12)$$

$K_A$、$K_v$、$K_{F\beta} = K_{H\beta}$、$K_{F\alpha} = K_{H\beta}$同前。

1. 复合齿形系数 $Y_{FS}$

根据 $z_v = \dfrac{z}{\cos^3 \beta_m \cos \delta}$ 查图5.3-18和图5.3-19。

2. 弯曲强度计算的重合度与螺旋角系数 $Y_{e\beta}$

查图5.2-32。

3. 许用抗弯压力

$$\sigma_{FP} = \frac{\sigma_{FE}}{S_{Flim}} Y_N Y_{\delta relT} Y_{RrelT} Y_X \qquad (5.3\text{-}13)$$

式中　$\sigma_{FE}$——齿轮材料的弯曲疲劳强度基本值，查图5.2-33；

$Y_N$——寿命系数，查图5.2-34；

$Y_{\delta relT}$——相对齿根圆角敏感系数，见表5.2-42；

$Y_{RrelT}$——相对（齿根）表面状况系数，见式（5.2-24）~式（5.2-26）；

$Y_X$——尺寸系数，按法向平均模数 $m_{nm}$ 查图5.2-35；

$S_{Flim}$——齿根弯曲强度的最小安全系数，见式（5.2-20）。

## 3.5　直齿锥齿轮传动设计实例

【例】　设计某机床主传动用的6级精度的直齿锥齿轮传动。已知：小轮传递的额定转矩 $T_1 = 114N \cdot m$，转速 $n_1 = 1000r/min$；大轮转速 $n_2 = 322r/min$。两齿轮轴线相交成90°，小轮悬臂支承，大轮两端支承。齿面表面粗糙度 $Rz_1 = Rz_2 = 3.2\mu m$（$Ra = 0.63\mu m$）。大小齿轮均采用20Cr经渗碳、淬火，硬度为58~63HRC。采用100号中极压齿轮油润滑，希望齿轮长期工作。

【解】　设计步骤及结果见表5.3-22。

表 5.3-22　实例设计结果

| 计算项目 | 计算及数据 | 备　注 |
|---|---|---|
| 1）初步设计 | | 表5.3-18 |
| 设计公式 | $d_{e1} \geqslant 1951 \sqrt[3]{\dfrac{KT_1}{u\sigma'^2_{HP}}}$ | |
| 载荷系数 | $K_1 = 1.5$ | — |
| 齿数比 | $u = i = \dfrac{n_1}{n_2} = \dfrac{1000}{322} = 3.1056$ | |
| 试验齿轮的接触疲劳极限 | $\sigma_{Hlim} = 1300MPa$ | 图5.2-22d |
| 估算时安全系数 | $S'_H = 1.1$ | |
| 齿轮许用接触应力 | $\sigma'_{HP} = \dfrac{\sigma_{Hlim}}{S'_H} = \dfrac{1300}{1.1}MPa = 1182MPa$ | — |
| 估算结果 | $d_{e1} \geqslant 1951 \sqrt[3]{\dfrac{1.5 \times 114}{3.1056 \times 1182^2}}mm = 66.4mm$ | |
| 2）几何计算 | | 表5.3-4 |
| 齿数 | 取 $z_1 = 19$、$z_2 = uz_1 = 3.1056 \times 19 = 59$ | |
| 分锥角 | $\delta_1 = \arctan \dfrac{z_1}{z_2} = 17.85° = 17°51'01''$，$\delta_2 = 72°08'59''$ | |
| 大端模数 | $m_e = \dfrac{d_{e1}}{z_1} = \dfrac{66.4}{19}3.49mm$，取 $m_e = 3.5mm$ | |

（续）

| 计算项目 | 计算及数据 | 备　注 |
|---|---|---|
| 大端分度圆直径 | $d_{e1} = z_1 m_e = 19 \times 3.5\text{mm} = 66.5\text{mm}$<br>$d_{e2} = z_2 m_e = 59 \times 3.5\text{mm} = 206.5\text{mm}$ | |
| 平均分度圆直径 | $d_{m1} = d_{e1}(1 - 0.5\phi_R) = 66.5 \times (1 - 0.5 \times 0.3)\text{mm} = 56.525\text{mm}$<br>$d_{m2} = 175.525\text{mm}$ | |
| 平均模数 | $m_m = m_e(1 - 0.5\phi_R) = 3.5 \times (1 - 0.5 \times 0.3)\text{mm} = 2.975\text{mm}$ | |
| 外锥距 | $R_e = d_{e1}/2\sin\delta_1 = 108.474\text{mm}$ | |
| 齿宽 | $b = \phi_R R_e = 0.3 \times 108.474\text{mm} = 32.542\text{mm}$, 取 $b = 33\text{mm}$ | |
| 大端齿顶高 | $h_{a1} = (1 + x_1)m_e = 1 \times 3.5\text{mm} = 3.5\text{mm}$, $h_{a2} = 3.5\text{mm}$ | |
| 大端齿根高 | $h_{fe1} = (1 + c^* - x_1)m_e = (1 + 0.2 - 0) \times 3.5\text{mm} = 4.2\text{mm}$<br>$h_{fe2} = (1 + c^* - x_2)m_e = (1 + 0.2 - 0) \times 3.5\text{mm} = 4.2\text{mm}$ | |
| 齿顶角 | $\theta_{a1} = \theta_{f2}$, $\theta_{a2} = \theta_{f1}$ | |
| 齿根角 | $\theta_{f1} = \arctan\dfrac{h_{fe1}}{R_e} = \arctan\dfrac{4.2}{108.474} = 2.217° = 2°13'02''$<br><br>$\theta_{f2} \approx 2°13'02''$ | |
| 顶锥角 | $\delta_{a1} = \delta_1 + \theta_{f2} = 17°51'01'' + 2°13'02'' = 20°04'03''$<br>$\delta_{a2} = \delta_2 + \theta_{f1} = 72°08'59'' + 2°13'02'' = 74°22'01''$ | |
| 根锥角 | $\delta_{f1} = \delta_1 - \theta_{f1} = 17°51'01'' - 2°13'02'' = 15°37'59''$<br>$\delta_{f2} = \delta_2 - \theta_{f2} = 72°08'59'' - 2°13'02'' = 69°55'57''$ | |
| 大端齿顶圆直径 | $d_{ae1} = d_{e1} + 2h_{a1}\cos\delta_1 = 66.5\text{mm} + 2 \times 3.5\text{mm} \times \cos17°51'02'' = 73.16\text{mm}$<br>$d_{ae2} = d_{e2} + 2h_{a2}\cos\delta_2 = 208.65\text{mm}$ | |
| 安装距 | $A_1 = 116.179\text{mm}$, $A_2 = 100\text{mm}$ | |
| 冠顶距 | $A_{K1} = d_{e2}/2 - h_{a1}\sin\delta_1 = \dfrac{206.5}{2}\text{mm} - 3.5\text{mm} \times \sin17°51'01'' = 102.18\text{mm}$<br>$A_{K2} = d_{e1}/2 - h_{a2}\sin\delta_2 = 29.92\text{mm}$ | ― |
| 大端分度圆齿厚 | $s_1 = m_e\left(\dfrac{\pi}{2} + 2x_1\tan\alpha_n + x_{t1}\right) = 3.5\text{mm} \times \dfrac{\pi}{2} = 5.4978\text{mm}$<br>$s_2 = \pi m_e - s_1 = 5.4978\text{mm}$ | |
| 大端分度圆弦齿厚 | $\bar{s}_1 = s_1\left(1 - \dfrac{s_1^2}{6d_{e1}^2}\right) = 5.4978\text{mm} \times \left(1 - \dfrac{5.4978^2}{6 \times 66.5^2}\right) = 5.4915\text{mm}$<br><br>$\bar{s}_2 = s_2\left(1 - \dfrac{s_2^2}{6d_{e2}^2}\right) = 5.4971\text{mm}$ | |
| 大端分度圆弦齿高 | $\bar{h}_{a1} = h_{a1} + \dfrac{s_1^2\cos\delta_1}{4d_{e1}} = 3.5\text{mm} + \dfrac{5.4978^2\cos17.85°}{4 \times 66.5}\text{mm} = 3.6082\text{mm}$<br><br>$\bar{h}_{a2} = h_{a2} + \dfrac{s_2^2\cos\delta_2}{4d_{e2}} = 3.5112\text{mm}$ | |
| 当量齿数 | $z_{v1} = \dfrac{z_1}{\cos\delta_1} = \dfrac{19}{\cos17.85°} \approx 20$<br><br>$z_{v2} = \dfrac{z_2}{\cos\delta_2} = \dfrac{59}{\cos72.15°} = 192.5$ | |
| 端面重合度 | $\varepsilon_{v\alpha} = \dfrac{1}{2\pi}\left[z_{v1}(\tan\alpha_{v\alpha1} - \tan\alpha) + z_{v2}(\tan\alpha_{v\alpha2} - \tan\alpha)\right]$<br>$= \dfrac{1}{2\pi}\left[20(\tan31.32° - \tan20°) + 192.5(\tan21.56° - \tan20°)\right] = 1.733$<br>式中<br>$\alpha_{v\alpha1} = \arccos\dfrac{z_{v1}\cos\alpha}{z_{v1} + 2h_a^* + 2x_1} = \arccos\dfrac{20 \times \cos20°}{20 + 2} = 31.32°$<br><br>$\alpha_{v\alpha2} = \arccos\dfrac{z_{v2}\cos\alpha}{z_{v2} + 2h_a^* + 2x_2} = 21.56°$ | |

（续）

| 计算项目 | 计算及数据 | 备注 |
|---|---|---|
| 3）接触强度校核 | | — |
| | $$\sigma_H = \sqrt{\dfrac{F_t K_A K_v K_{H\beta} K_{H\alpha}}{0.85 b d_{m1}}}\ \dfrac{\sqrt{u^2+1}}{u}\ Z_H Z_E Z_{e\beta} Z_K \leqslant \sigma_{HP}$$ | 式(5.3-2) |
| 分度圆的切向力 | $F_t = \dfrac{2000 T_1}{d_{m1}} = \dfrac{2000 \times 114}{56.525}\text{N} = 4033.6\text{N}$ | 表5.3-17 |
| 使用系数 | $K_A = 1.25$ | 表5.2-35 |
| 动载荷系数 | $K_v = \left(\dfrac{K_1}{K_A F_t / 0.85 b} + K_2\right)\dfrac{z_1 v_m}{100}\sqrt{\dfrac{u^2}{u^2+1}} + 1$ $= \left(\dfrac{10.11}{\dfrac{1.25 \times 4033.6}{0.85 \times 33}} + 0.0193\right) \times \dfrac{19 \times 3}{100}\sqrt{\dfrac{3.1056^2}{3.1056^2+1}} + 1 = 1.041$ | 式(5.3-3) |
| 载荷分布系数 | $K_{H\beta} = 1.5 K_{H\beta be} = 1.5 \times 1.25 = 1.9$ | 式(5.3-4) |
| 载荷分配系数 | $K_{H\alpha} = 1$ | 表5.3-21 |
| 节点区域系数 | $Z_H = 2.5$ | 图5.3-20 |
| 弹性系数 | $Z_E = 189.8\text{MPa}$ | 表5.2-40 |
| 重合度和螺旋角系数 | $Z_{e\beta} = \sqrt{\dfrac{4 - \varepsilon_{v\alpha}}{3}} = \sqrt{\dfrac{4 - 1.733}{3}} = 0.8693 \approx 0.867$，因 $Z_\beta = 1$ | 式(5.3-10) |
| 锥齿轮系数 | $Z_K = 1$ | |
| 计算结果 | $\sigma_H = \sqrt{\dfrac{4033.6 \times 1.25 \times 1.041 \times 1.9 \times 1}{0.85 \times 33 \times 56.525}}\dfrac{\sqrt{3.1056^2+1}}{3.1056} \times 189.8 \times 2.5 \times 0.867 \times 1\text{MPa}$ $= 1092.7\text{MPa}$ | — |
| 许用接触应力 | $\sigma_{HP} = \dfrac{\sigma_{Hlim}}{S_{Hlim}} Z_N Z_{LVR} Z_X Z_W$ | 式(5.3-11) |
| 试用齿轮接触疲劳极限 | $\sigma_{Hlim} = 1300\text{MPa}$ | 图5.2-22d |
| 寿命系数 | $Z_N$ | |
| 润滑油膜影响系数 | $Z_{LVR} = 0.985$ | |
| 最小安全系数 | $S_{Hlim} = 1.1$ | |
| 尺寸系数 | $Z_X = 1$ | |
| 工作硬化系数 | $Z_W = 1$ | — |
| 许用接触应力值 | $\sigma_{HP} = \dfrac{1300}{1.1} \times 1 \times 0.985 \times 1\text{MPa} = 1164\text{MPa}$ | |
| 结论 | $\sigma_H \leqslant \sigma_{HP}$通过 | |
| 4）抗弯强度校核 | | |
| 计算公式 | $\sigma_{F1} = \dfrac{F_t K_A K_v K_{F\beta} K_{F\alpha}}{0.85 b m_n} Y_{FS} Y_{e\beta} \leqslant \sigma_{FP}$ | 式(5.3-12) |
| 复合齿形系数 | $Y_{FS1} = 4.79,\ Y_{FS2} = 4.6$（按 $z_{v1} = 20,\ z_{v2} = 192.5$） | 图5.3-18 |
| 重合度和螺旋角系数 | $Y_{e\beta} = 0.68$，其余项同前，且 $K_{F\beta} = K_{H\beta}$、$K_{F\alpha} = K_{H\beta}$ | 图5.2-32 |
| 计算结果 | $\sigma_{F1} = \dfrac{4033.6 \times 1.25 \times 1.041 \times 1.9 \times 1}{0.85 \times 33 \times 2.975} \times 4.79 \times 0.68 = 389\text{MPa}$ $\sigma_{F2} = \sigma_{F1}\dfrac{Y_{FS2}}{Y_{FS1}} = 389\dfrac{4.6}{4.79}\text{MPa} = 374\text{MPa}$ | — |
| 许用抗弯应力 | $\sigma_{FP} = \dfrac{\sigma_{FE}}{S_{Flim}} Y_N Y_{\delta relT} Y_{RrelT} Y_X$ | 式(5.3-13) |
| 齿根基本强度 | $\sigma_{FE} = 630\text{MPa}$ | 图5.2-33d |
| 寿命系数 | $Y_N = 1$ | 长期工作 |
| 相对齿根圆角敏感系数 | $Y_{\delta relT} = 1$ | |
| 相对齿根表面状况系数 | $Y_{RrelT} = 1$ | — |
| 尺寸系数 | $Y_X = 1$ | 图5.2-35 |
| 最小安全系数 | $S_{Flim} = 1.4$ | 式(5.2-20) |
| 许用抗弯压力值 | $\sigma_{FP} = \dfrac{630}{1.4} \times 1 \times 1 \times 1\text{MPa} = 450\text{MPa}$ | — |
| 结论 | $\sigma_{F1} < \sigma_{FP1}$，$\sigma_{F2} < \sigma_{FP2}$，通过 | |

## 4　锥齿轮的结构

锥齿轮的结构见表 5.3-23。

表 5.3-23　锥齿轮结构

| 图　形 | 结构尺寸和说明 |
|---|---|

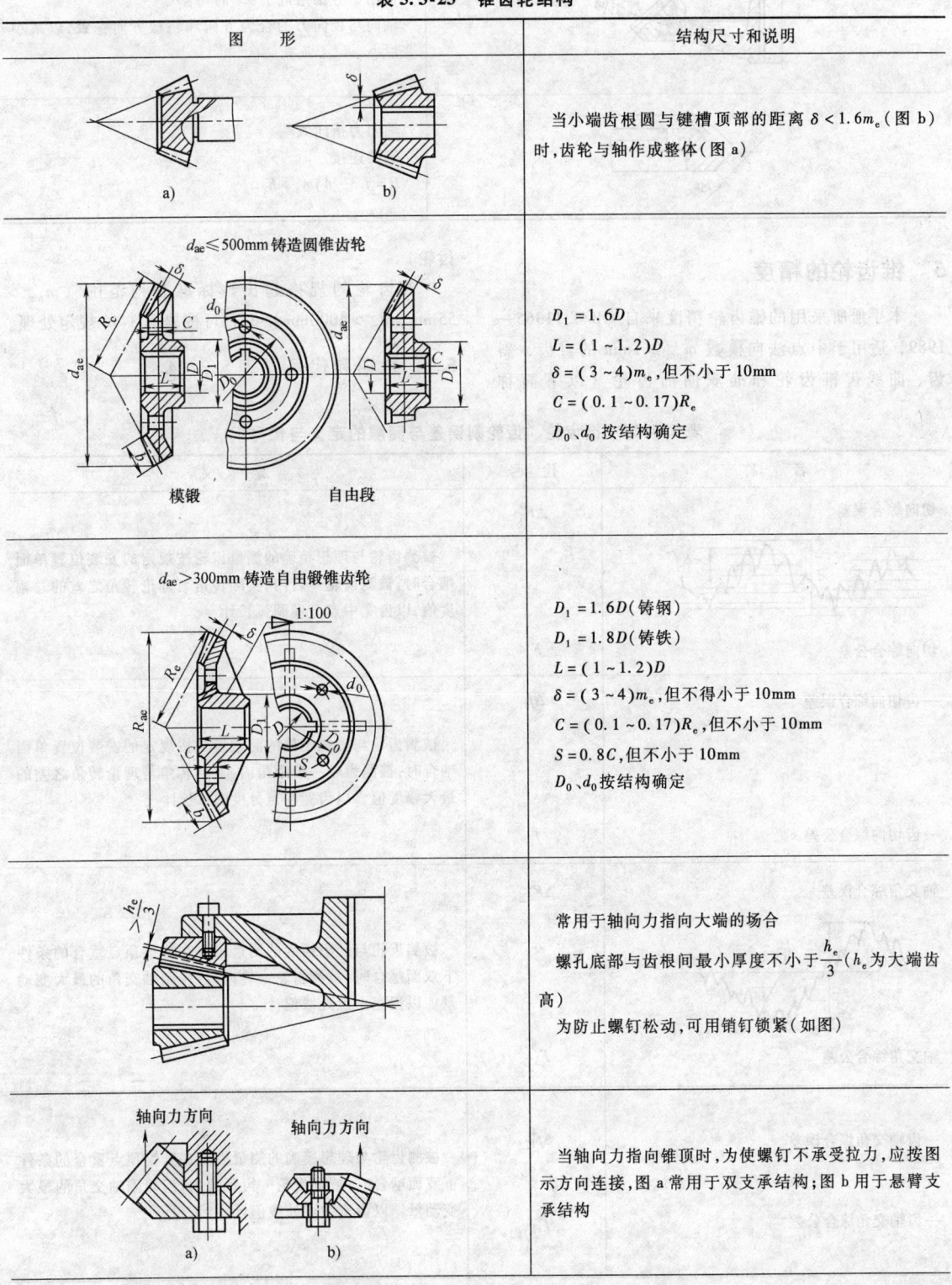

当小端齿根圆与键槽顶部的距离 $\delta < 1.6 m_e$（图 b）时,齿轮与轴作成整体（图 a）

$d_{ae} \leqslant 500mm$ 铸造圆锥齿轮

模锻　　　　　自由段

$D_1 = 1.6D$

$L = (1 \sim 1.2)D$

$\delta = (3 \sim 4)m_e$,但不小于 10mm

$C = (0.1 \sim 0.17)R_e$

$D_0$、$d_0$ 按结构确定

$d_{ae} > 300mm$ 铸造自由锻锥齿轮

$D_1 = 1.6D$（铸钢）

$D_1 = 1.8D$（铸铁）

$L = (1 \sim 1.2)D$

$\delta = (3 \sim 4)m_e$,但不得小于 10mm

$C = (0.1 \sim 0.17)R_e$,但不小于 10mm

$S = 0.8C$,但不小于 10mm

$D_0$、$d_0$ 按结构确定

常用于轴向力指向大端的场合

螺孔底部与齿根间最小厚度不小于 $\dfrac{h_e}{3}$（$h_e$ 为大端齿高）

为防止螺钉松动,可用销钉锁紧（如图）

轴向力方向　　　轴向力方向

a)　　　　b)

当轴向力指向锥顶时,为使螺钉不承受拉力,应按图示方向连接;图 a 常用于双支承结构;图 b 用于悬臂支承结构

（续）

| 图　形 | 结构尺寸和说明 |
|---|---|
| 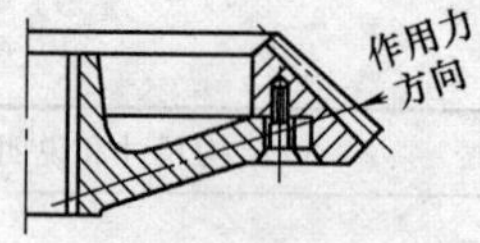 作用力方向 | 常用于分锥角近于 45° 的场合<br>轴向与径向力的合力方向和辐板方向一致，以减小变形 |
| 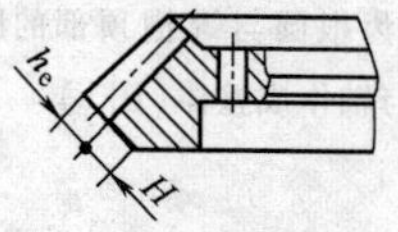 | 轴向力指向大端<br>螺栓连接<br>$H = (3 \sim 4)m_e > h_e$ |

# 5　锥齿轮的精度

本手册所采用的锥齿轮精度来自 GB/T 11365—1989，适用于中点法向模数 $m_{nm} \geqslant 1mm$ 的直齿、斜齿、曲线齿锥齿轮和准双曲面齿轮（以下简称齿轮）。

当齿轮的规格超出该标准表列范围（$m_{nm} > 55mm$、$d_m > 4000mm$）时，可按表 5.3-46 规定处理。

## 5.1　术语和代号（表 5.3-24）

表 5.3-24　锥齿轮、齿轮副误差与侧隙的定义与代号

| 名　称 | 代　号 | 定　义 |
|---|---|---|
| 切向综合误差 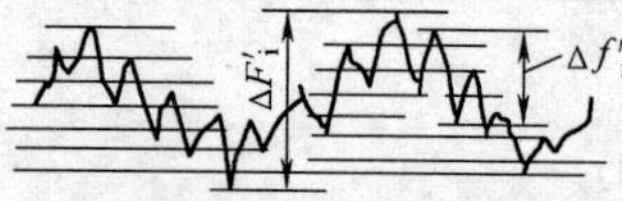<br> | $\Delta F_i'$ | 被测齿轮与理想精确的测量齿轮按规定的安装位置单面啮合时，被测齿轮一转内，实际转角与理论转角之差的总幅度值，以齿宽中点分度圆弧长计 |
| 切向综合公差 | $F_i'$ | |
| 一齿切向综合误差 | $\Delta f_i$ | 被测齿轮与理想精确的测量齿轮按规定的安装位置单面啮合时，被测齿轮一齿距角内，实际转角与理论转角之差的最大幅度值。以齿宽中点分度圆弧长计 |
| 一齿切向综合公差 | $f_i$ | |
| 轴交角综合误差 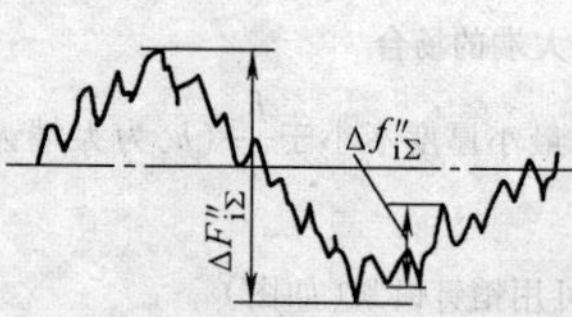<br> | $\Delta F_{i\Sigma}''$ | 被测齿轮与理想精确的测量齿轮在分锥顶点重合的条件下双面啮合时，被测齿轮一转内，齿轮副轴交角的最大变动量。以齿宽中点处线值计 |
| 轴交角综合公差 | $F_{i\Sigma}''$ | |
| 一齿轴交角综合误差 | $\Delta f_{i\Sigma}''$ | 被测齿轮与理想精确的测量齿轮在分锥顶点重合的条件下双面啮合时，被测齿轮一齿距角内，齿轮副轴交角的最大变动量。以齿宽中点处线值计 |
| 一齿轴交角综合公差 | $f_{i\Sigma}''$ | |

（续）

| 名　称 | 代　号 | 定　义 |
|---|---|---|
| 周期误差 | $\Delta f'_{zk}$ | |
| | | 被测齿轮与理想精确的测量齿轮按规定的安装位置单面啮合时，被测齿轮一转内，二次（包括二次）以上各次谐波的总幅度值 |
| 周期误差的公差 | $f'_{zk}$ | |
| 齿距累积误差 | $\Delta F_p$ | |
| | | 在中点分度圆①上，任意两个同侧齿面间的实际弧长与公称弧长之差的最大绝对值 |
| 齿距累积公差 | $F_p$ | |
| $k$ 个齿距累积误差 | $\Delta F_{pk}$ | |
| | | 在中点分度圆①上，$k$ 个齿距的实际弧长与公称弧长之差的最大绝对值。$k$ 为 2 到小于 $z/2$ 的整数 |
| $k$ 个齿距累积公差 | $F_{pk}$ | |
| 齿圈圆跳动 | $\Delta F_r$ | |
| | | 齿轮一转范围内，测头在齿槽内与齿面中部双面接触时，沿分锥法向相对齿轮轴线的最大变动量 |
| 齿圈圆跳动公差 | $F_r$ | |
| 齿距偏差 | $\Delta f_{pt}$ | |
| | | 在中点分度圆①上，实际齿距与公称齿距之差 |
| 齿距极限偏差<br>　上偏差<br>　下偏差 | $+f_{pt}$<br>$-f_{pt}$ | |
| 齿形相对误差 | $\Delta f_c$ | |
| | | 齿轮绕工艺轴线旋转时，各轮齿实际齿面相对于基准实际齿面传递运动的转角之差。以齿宽中点处线值计 |
| 齿形相对误差的公差 | $f_c$ | |

（续）

| 名　称 | 代号 | 定　义 |
|---|---|---|
| 齿厚偏差 | $\Delta E_{\bar{s}}$ | |
| 齿厚极限偏差<br>　上偏差<br>　下偏差<br>　公差 | $E_{\bar{s}s}$<br>$E_{\bar{s}i}$<br>$T_{\bar{s}}$ | 齿宽中点法向弦齿厚的实际值与公称值之差 |
| 齿轮副切向综合误差 | $\Delta F'_{ic}$ | 齿轮副按规定的安装位置单面啮合时,在转动的整周期[②]内,一个齿轮相对另一个齿轮的实际转角与理论转角之差的总幅度值。以齿宽中点分度圆弧长计 |
| 齿轮副切向综合公差 | $F'_{ic}$ | |
| 齿轮副一齿切向综合误差 | $\Delta f'_{ic}$ | 齿轮副按规定的安装位置单面啮合时,在一齿距角内,一个齿轮相对另一个齿轮的实际转角与理论转角之差的最大值。在整周期[②]内取值,以齿宽中点分度圆弧长计 |
| 齿轮副一齿切向综合公差 | $f'_{ic}$ | |
| 齿轮副轴交角综合误差 | $\Delta F''_{i\Sigma c}$ | 齿轮副在分锥顶点重合条件下双面啮合时,在转动的整周期内,轴交角的最大变动量。以齿宽中点处线值计 |
| 齿轮副轴交角综合公差 | $F''_{i\Sigma c}$ | |
| 齿轮副一齿轴交角综合误差 | $\Delta f''_{i\Sigma c}$ | 齿轮副在分锥顶点重合条件下双面啮合时,在一齿距角内,轴交角的最大变动量。在整周期内取值,以齿宽中点处线值计 |
| 齿轮副一齿轴交角综合公差 | $f''_{i\Sigma c}$ | |
| 齿轮副周期误差 | $\Delta f'_{zkc}$ | 齿轮副按规定的安装位置单面啮合时,在大轮一转范围内,二次(包括二次)以上各次谐波的总幅度值 |
| 齿轮副周期误差的公差 | $f'_{zkc}$ | |
| 齿轮副齿频周期误差 | $\Delta f'_{zzc}$ | 齿轮副按规定的安装位置单面啮合时,以齿数为频率的谐波的总幅度值 |
| 齿轮副齿频 周期误差的公差 | $f'_{zzc}$ | |
| 接触斑点<br> | — | 安装好的齿轮副(或被测齿轮与测量齿轮)在轻微力的制动下运转后,在齿轮工作齿面上得到的接触痕迹<br>接触斑点包括形状、位置、大小三方面的要求<br>接触痕迹的大小按百分比确定:<br>沿齿长方向——接触痕迹长度 $b''$ 与工作长度 $b'$ 之比,即<br>$\dfrac{b''}{b'}\times 100\%$<br>沿齿高方向——接触痕迹高度 $h''$ 与接触痕迹中部的工作齿高 $h'$ 之比,即 $\dfrac{h''}{h'}\times 100\%$ |

（续）

| 名　称 | 代　号 | 定　义 |
|---|---|---|
| 齿轮副侧隙<br>圆周侧隙<br> | — | 齿轮副按规定的位置安装后,其中一个齿轮固定时,另一个齿轮从工作齿面接触到非工作齿面接触所转过的齿宽中点分度圆弧长 |
| 法向侧隙<br> | $j_n$ | 齿轮副按规定的位置安装后,工作齿面接触时,非工作齿面间的最短距离。以齿宽中点处计 $j_n = j_t \cos\beta \cos\alpha$ |
| 最小圆周侧隙<br>最大圆周侧隙<br>最小法向侧隙<br>最大法向侧隙 | $j_{tmin}$<br>$j_{tmax}$<br>$j_{nmin}$<br>$j_{nmax}$ | |
| 齿轮副侧隙变动量 | $\Delta F_{Vj}$ | 齿轮副按规定的位置安装后,在转动的整周期[②]内,法向侧隙的最大值与最小值之差 |
| 齿轮副侧隙变动公差 | $F_{Vj}$ | |
| 齿圈轴向位移<br> | $\Delta f_{AM}$ | 齿轮装配后,齿圈相对于滚动检查机上确定的最佳啮合位置的轴向位移量 |
| 齿圈轴向位移极限偏差<br>上偏差<br>下偏差 | $+f_{AM}$<br>$-f_{AM}$ | |
| 齿轮副轴间距偏差<br> | $\Delta f_a$ | 齿轮副实际轴间距与公称轴间距之差 |
| 齿轮副轴间距极限偏差 { 上偏差<br>下偏差 | $+f_a$<br>$-f_a$ | |

（续）

| 名　　称 | 代　号 | 定　　义 |
|---|---|---|
| 齿轮副轴交角偏差 | $\Delta E_{\Sigma}$ | 齿轮副实际轴交角与公称轴交角之差。以齿宽中点处线值计 |
| 齿轮副轴交角极限偏差<br>　　上偏差<br>　　下偏差 | $+ E_{\Sigma}$<br>$- E_{\Sigma}$ | |

① 允许在齿面中部测量。

② 齿轮副转动整周期按下式计算：$n_2 = \dfrac{z_1}{x}$，其中 $n_2$ 为大轮转数，$z_1$ 为小轮齿数，$x$ 为大、小轮齿数的最大公约数。

## 5.2　精度等级

国标规定了齿轮和齿轮副的 12 个精度等级，第 1 级的精度最高，第 12 级的精度最低。

按照公差的特性对传动性能的不同影响，将公差项目分为三个公差组：

第 I 公差组：齿轮：$F'_i$、$F''_{i\Sigma}$、$F_p$、$F_{pk}$、$F_r$；
　　　　　　 齿轮副：$F'_{ic}$、$F''_{i\Sigma c}$、$F_{vj}$；

第 II 公差组：齿轮：$f'_i$、$f''_{i\Sigma}$、$f_{zk}$、$f_{pt}$、$f_c$；
　　　　　　 齿轮副：$f_{ic}$、$f''_{i\Sigma c}$、$f_{zkc}$、$f_{zzc}$、$f_{AM}$；

第 III 公差组：齿轮：接触斑点
　　　　　　 齿轮副：接触斑点、$f_a$。

根据使用要求，允许各组公差组选用不同的精度等级组合，但对齿轮副中大、小轮的同一公差组，应规定同一精度等级。

允许工作齿面与非工作齿面选用不同的精度等级（但 $F''_{i\Sigma}$、$F''_{i\Sigma c}$、$f''_{i\Sigma}$、$f''_{i\Sigma c}$、$F_r$ 和 $F_{vj}$ 除外）。

## 5.3　齿坯的要求

齿轮的加工、检验和安装的定位基准面应尽量一致。要在齿轮零件图上予以标注。齿坯的各项公差和偏差见表 5.3-26 ~ 表 5.3-28。

## 5.4　齿轮的检验组和公差

根据齿轮的工作要求和生产规模，在以下各公差组中任选一个检验组评定和验收齿轮的精度等级。检验组可由订货的供需双方协商确定。

### 5.4.1　齿轮的检验组

第 I 公差组的检验组：$\Delta F'_i$（用于 4 ~ 8 级精度）；$\Delta F''_{i\Sigma}$（用于 7 ~ 12 等级精度的直齿锥齿轮，9 ~ 12 级精度的斜齿、曲线齿锥齿轮）；$\Delta F_p$ 与 $\Delta F_{pk}$（用于 4 ~ 6 级精度）；$\Delta F_p$（用于 7、8 级精度）；$\Delta F_r$（用于 7 ~ 12 级精度，其中 7、8 级用于 $d_m > 1600mm$ 的锥齿轮）。

第 II 公差组的检验组：$\Delta f'_i$（用于 4 ~ 8 级精度）；$\Delta f''_{i\Sigma}$（用于 7 ~ 12 级精度的直齿锥齿轮，9 ~ 12 级精度的斜齿、曲线齿锥齿轮）；$\Delta f_{zk}$（用于 4 ~ 8 级精度，轴向重合度 $\varepsilon_\beta$ 大于表 5.3-25 界限值的齿轮）；$\Delta f_{pt}$ 与 $\Delta f_c$（用于 4-6 级精度）；$\Delta f_{pt}$（用于 7-12 级精度）。

**表 5.3-25　轴向重合度的界限值**

| 接触精度等级 | 4.5 | 6.7 | 8 |
|---|---|---|---|
| 轴向重合度 $\varepsilon_\beta$ 的界限值 | 1.35 | 1.56 | 2.0 |

第 III 公差组的检验组：接触斑点。

### 5.4.2　齿轮的公差

齿轮各项检验项目的公差数值，按如下各式确定：

$$F'_i = F_p + 1.15f_c \qquad (5.3-14)$$

$$f'_i = 0.8(f_{pt} + 1.15f_c) \qquad (5.3-15)$$

$$F''_{i\Sigma} = 0.7F''_{i\Sigma c} \qquad (5.3-16)$$

$$f''_{i\Sigma} = 0.7f''_{i\Sigma c} \qquad (5.3-17)$$

$F_p$、$F_{pk}$ 查表 5.3-29；$F_r$ 查表 5.3-30；$f_{zk}$ 查表 5.3-31；$f_{pt}$ 查表 5.3-32；$f_c$ 查表 5.3-33；$F''_{i\Sigma c}$ 查表 5.3-34；$f''_{i\Sigma c}$ 查表 5.3-36。

接触斑点的形状、位置和大小，由设计者根据齿轮的用途、载荷和齿轮刚度及齿线形状特点等条件自行确定。对齿面修行的齿轮，在齿面大端、小端和齿顶边缘处，不允许出现接触斑点。表 5.3-37 列出的接触斑点大小与精度等级的关系，仅供参考。

## 5.5　齿轮副的检验与公差

### 5.5.1　齿轮副的检验内容

齿轮副检验内容包括 I、II、III 公差组的侧隙四方面。当齿轮安装在实际装置上后，应检验安装误差项目 $\Delta f_{AM}$、$\Delta f_a$、$\Delta E_{\Sigma}$，其极限偏差数值见表 5.3-43 ~ 表 5.3-45。

### 5.5.2　齿轮副的检验组

根据齿轮的工作要求和生产规模，在以下各公差组中任选一个检验组评定和验收齿轮的精度等级。检验组可由订货的供需双方协商确定。

第 I 公差组的检验组：$\Delta F'_{ic}$（用于 4 ~ 8 级精度）；$\Delta F''_{i\Sigma c}$（用于 7 ~ 12 等级精度的直齿锥齿轮副，9 ~ 12 精度等级的斜齿、曲线齿锥齿轮副）；$\Delta F_{vj}$（用于 9 ~ 12 级精度）。

第 II 公差组的检验组：$\Delta f'_{ic}$（用于 4 ~ 8 级精度）；$\Delta f''_{i\Sigma c}$（用于 7 ~ 12 级精度的直齿锥齿轮，9 ~ 12 级精度的斜齿、曲线齿锥齿轮副）；$\Delta f'_{zkc}$（用于 4 ~ 8 级精度，轴向重合度大于表 5.3-25 界限值的齿轮副）；$\Delta f'_{zzc}$（用于 4-8 级精度，轴向重合度 $\varepsilon_\beta$ 大于表 5.3-25 界限值的齿轮副）。

第 III 公差组的检验组：接触斑点。

### 5.5.3　齿轮副的公差

各精度等级的齿轮副各项公差数值，如下确定：

$$F'_{ic} = F'_{i1} + F'_{i2} \tag{5.3-18}$$

当齿轮副的齿数比为 1、2、3，且采用选配时，可将按时（5.3-18）求得的值减小 25% 或更多。

$$f'_{ic} = f'_{i1} + f'_{i2} \tag{5.3-19}$$

$F'_i$、$f'_i$ 的求法，按式（5.3-14）和式（5.3-15）。$F''_{i\Sigma c}$、$F_{vj}$、$f''_{i\Sigma c}$ 的值见表 5.3-34 ~ 表 5.3-36，$f'_{zkc}$ 的值见表 5.3-31；$f'_{zzc}$ 的值见表 5.3-38；接触斑点见本章 5.3.2 节。

## 5.6　齿轮副的侧隙

齿轮副的最小法向侧隙分为 6 种：a、b、c、d、e 和 h。最小法向侧隙值，a 种为最大，依次递减，h 种为零，如图 5.3-21 所示。最小法向侧隙种类和精度等级无关。

最小法向侧隙种类确定后，按表 5.3-40 确定 $E^-_{ss}$，按表 5.3-45 查取 $\pm E_\Sigma$。最小法向侧隙 $j_{nmin}$ 值查表 5.3-39。有特殊要求时，$j_{nmin}$ 可不按表 5.3-39 的中值确定。此时，用线性插值法由表 5.3-40 和表 5.3-45 计算 $E^-_{ss}$ 和 $\pm E_\Sigma$。

最大法向侧隙 $j_{nmax}$

$$j_{nmax} = (|E^-_{ss1} + E^-_{ss2}| + T^-_{s1} + T^-_{s2} + E^-_{s\Delta1} + E^-_{s\Delta2})\cos\alpha \tag{5.3-20}$$

式中　$E^-_{s\Delta}$——制造误差的补偿部分，由表 5.3-42 查取。

齿轮副的法向侧隙公差有 5 种：A、B、C、D 和 H。推荐法向侧隙公差种类与最小侧隙种类的对应关系如图 5.3-21 所示。

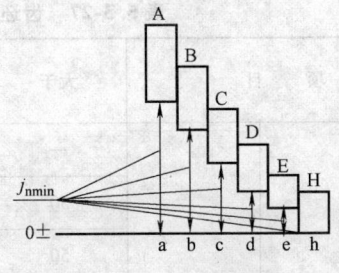

图 5.3-21　侧隙种类

## 5.7　图样标注

在齿轮工作图上应标注齿轮的精度等级和最小法向侧隙种类及法向侧隙公差种类的数字、代号。

标注示例如下：

1）齿轮的三个公差组精度同为 7 级，最小法向侧隙种类为 b，法向侧隙公差种类为 B：

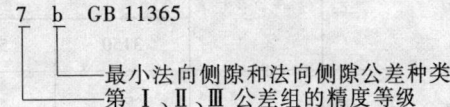

2）齿轮的三个公差精度等级同为 7 级，最小法向侧隙为 $400\mu m$，法向侧隙公差种类为 B：

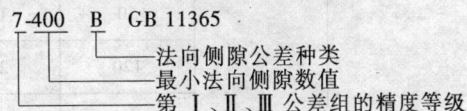

3）齿轮的第 I 公差组精度为 8 级，第 II、III 公差组的精度为 7 级，最小法向侧隙种类为 c、法向侧隙公差种类为 B：

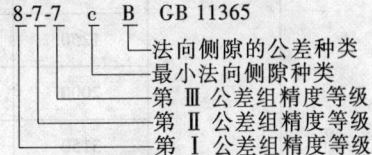

## 5.8　锥齿轮精度数值表（表 5.2-26 ~ 表 5.2-45）

表 5.3-26　齿坯尺寸公差

| 精度等级 | 4 | 5 | 6 | 7 | 8 | 9 | 10 | 11 | 12 |
|---|---|---|---|---|---|---|---|---|---|
| 轴径尺寸公差 | IT4 | | IT5 | | IT6 | | | IT7 | |
| 孔径尺寸公差 | IT4 | | IT5 | | IT6 | | | IT7 | |
| 外径尺寸极限偏差 | 0 | | 0 | | 0 | | | | |
| | – IT7 | | – IT8 | | – IT9 | | | | |

注：1. IT 为标准公差，按 GB/T 1800.1—2009《产品几何技术规范（GPS）极限与配合　第 1 部分：公差、偏差和配合的基础》。

2. 当三个公差精度等级不同时，公差值按最高的精度等级查取。

**表 5.3-27　齿坯顶锥素线圆跳动和基准端面圆跳动公差**　　　　　（单位：μm）

| 项　　目 | | 大于 | 到 | 精度等级[①] | | | |
|---|---|---|---|---|---|---|---|
| | | | | 4 | 5 ~ 6 | 7 ~ 8 | 9 ~ 12 |
| 顶锥素线圆<br>跳动公差 | 外径 | — | 30 | 10 | 15 | 25 | 50 |
| | | 30 | 50 | 12 | 20 | 30 | 60 |
| | | 50 | 120 | 15 | 25 | 40 | 80 |
| | | 120 | 250 | 20 | 30 | 50 | 100 |
| | | 250 | 500 | 25 | 40 | 60 | 120 |
| | | 500 | 800 | 30 | 50 | 80 | 150 |
| | | 800 | 1250 | 40 | 60 | 100 | 200 |
| | | 1250 | 2000 | 50 | 80 | 120 | 250 |
| | | 2000 | 3150 | 60 | 100 | 150 | 300 |
| | | 3150 | 5000 | 80 | 120 | 200 | 400 |
| 基准端面圆<br>跳动公差 | 基准端面<br>直径 | — | 30 | 4 | 6 | 10 | 15 |
| | | 30 | 50 | 5 | 8 | 12 | 20 |
| | | 50 | 120 | 6 | 10 | 15 | 25 |
| | | 120 | 250 | 8 | 12 | 20 | 30 |
| | | 250 | 500 | 10 | 15 | 25 | 40 |
| | | 500 | 800 | 12 | 20 | 30 | 50 |
| | | 800 | 1250 | 15 | 25 | 40 | 60 |
| | | 1250 | 2000 | 20 | 30 | 50 | 80 |
| | | 2000 | 3150 | 25 | 40 | 60 | 100 |
| | | 3150 | 5000 | 30 | 50 | 80 | 120 |

① 当三个公差组精度等级不同时，按最高的精度等级确定公差值。

**表 5.3-28　齿坯轮冠距和顶锥角极限偏差**

| 中点法向模数<br>/mm | 轮冠距极限偏差<br>/μm | 顶锥角极限偏差<br>/(′) |
|---|---|---|
| ≤1.2 | 0<br>－50 | ＋50<br>0 |
| >1.2 ~ 10 | 0<br>－75 | ＋8<br>0 |
| >10 | 0<br>－100 | ＋8<br>0 |

表 5.3-29　齿距累计公差 $F_p$ 和 $k$ 个齿距累计公差值 $F_{pk}$　　　（单位：μm）

| L/mm | | 精 度 等 级 | | | | | | | | |
|---|---|---|---|---|---|---|---|---|---|---|
| 大于 | 到 | 4 | 5 | 6 | 7 | 8 | 9 | 10 | 11 | 12 |
| — | 11.2 | 4.5 | 7 | 11 | 16 | 22 | 32 | 45 | 63 | 90 |
| 11.2 | 20 | 6 | 10 | 16 | 22 | 32 | 45 | 63 | 90 | 125 |
| 20 | 32 | 8 | 12 | 20 | 28 | 40 | 56 | 80 | 112 | 160 |
| 32 | 50 | 9 | 14 | 22 | 32 | 45 | 63 | 90 | 125 | 180 |
| 50 | 80 | 10 | 16 | 25 | 36 | 50 | 71 | 100 | 140 | 200 |
| 80 | 160 | 12 | 20 | 32 | 45 | 63 | 90 | 125 | 180 | 250 |
| 160 | 315 | 18 | 28 | 45 | 63 | 90 | 125 | 180 | 250 | 355 |
| 315 | 630 | 25 | 40 | 63 | 90 | 125 | 180 | 250 | 355 | 500 |
| 630 | 1000 | 32 | 50 | 80 | 112 | 160 | 224 | 315 | 450 | 630 |
| 1000 | 1600 | 40 | 63 | 100 | 140 | 200 | 280 | 400 | 560 | 800 |
| 1600 | 2500 | 45 | 71 | 112 | 160 | 224 | 315 | 450 | 630 | 900 |
| 2500 | 3150 | 56 | 90 | 140 | 200 | 280 | 400 | 560 | 800 | 1120 |
| 3150 | 4000 | 63 | 100 | 160 | 224 | 315 | 450 | 630 | 900 | 1250 |
| 4000 | 5000 | 71 | 112 | 180 | 225 | 355 | 500 | 710 | 1000 | 1400 |
| 5000 | 6300 | 80 | 125 | 200 | 280 | 400 | 560 | 800 | 1120 | 1600 |

注：$F_p$ 和 $F_{pk}$ 按中点分度弧长 $L$ 查表：

查 $F_p$ 时，取 $L = \dfrac{1}{2}\pi d_m = \dfrac{\pi m_{nm} z}{2\cos\beta_m}$；

查 $F_{pk}$ 时，取 $L = \dfrac{k\pi m_{nm}}{\cos\beta_m}$（没有特殊要求时，$k$ 值取 $z/6$ 或最接近的整齿数）。

表 5.3-30　齿圈跳动公差 $F_r$ 值　　　（单位：μm）

| 中点分度圆直径 /mm | | 中点法向模数 /mm | 精 度 等 级 | | | | | | | | |
|---|---|---|---|---|---|---|---|---|---|---|---|
| 大于 | 到 | | 4 | 5 | 6 | 7 | 8 | 9 | 10 | 11 | 12 |
| — | 125 | 1 ~ 3.5 | 10 | 16 | 25 | 36 | 45 | 56 | 71 | 90 | 112 |
| | | > 3.5 ~ 6.3 | 11 | 18 | 28 | 40 | 50 | 63 | 80 | 100 | 125 |
| | | > 6.3 ~ 10 | 13 | 20 | 32 | 45 | 56 | 71 | 90 | 112 | 140 |
| | | > 10 ~ 16 | — | 22 | 36 | 50 | 63 | 80 | 100 | 120 | 150 |
| 125 | 400 | 1 ~ 3.5 | 15 | 22 | 36 | 50 | 63 | 80 | 100 | 125 | 160 |
| | | > 3.5 ~ 6.3 | 16 | 25 | 40 | 56 | 71 | 90 | 112 | 140 | 180 |
| | | > 6.3 ~ 10 | 18 | 28 | 45 | 63 | 80 | 100 | 125 | 160 | 200 |
| | | > 10 ~ 16 | — | 32 | 50 | 71 | 90 | 112 | 140 | 180 | 224 |
| | | > 16 ~ 25 | — | — | — | 80 | 100 | 125 | 160 | 200 | 250 |

（续）

| 中点分度圆直径 /mm | | 中点法向模数 /mm | 精 度 等 级 | | | | | | | | |
|---|---|---|---|---|---|---|---|---|---|---|---|
| 大于 | 到 | | 4 | 5 | 6 | 7 | 8 | 9 | 10 | 11 | 12 |
| 400 | 800 | 1 ~ 3.5 | 18 | 28 | 45 | 63 | 80 | 100 | 125 | 160 | 200 |
| | | >3.5 ~ 6.3 | 20 | 32 | 50 | 71 | 90 | 112 | 140 | 180 | 224 |
| | | >6.3 ~ 10 | 20 | 36 | 56 | 80 | 100 | 125 | 160 | 200 | 250 |
| | | >10 ~ 16 | — | 40 | 63 | 90 | 112 | 140 | 180 | 224 | 280 |
| | | >16 ~ 25 | — | — | — | 100 | 125 | 160 | 200 | 250 | 315 |
| | | >25 ~ 40 | — | — | — | — | 140 | 180 | 224 | 280 | 360 |
| 800 | 1600 | 1 ~ 3.5 | — | — | — | — | — | — | — | — | — |
| | | >3.5 ~ 6.3 | 22 | 36 | 56 | 80 | 100 | 125 | 160 | 200 | 250 |
| | | >6.3 ~ 10 | 25 | 40 | 63 | 90 | 112 | 140 | 180 | 224 | 280 |
| | | >10 ~ 16 | — | 45 | 71 | 100 | 125 | 160 | 200 | 250 | 315 |
| | | >16 ~ 25 | — | — | — | 112 | 140 | 180 | 224 | 280 | 360 |
| | | >25 ~ 40 | — | — | — | — | 160 | 200 | 250 | 315 | 420 |
| 1600 | 2500 | 1 ~ 3.5 | — | — | — | — | — | — | — | — | — |
| | | >3.5 ~ 6.3 | — | — | — | — | — | — | — | — | — |
| | | >6.3 ~ 10 | 28 | 45 | 71 | 100 | 125 | 160 | 200 | 250 | 315 |
| | | >10 ~ 16 | — | 50 | 80 | 112 | 140 | 180 | 224 | 280 | 355 |
| | | >16 ~ 25 | — | — | — | 125 | 160 | 200 | 250 | 315 | 400 |
| | | >25 ~ 40 | — | — | — | — | 190 | 240 | 300 | 380 | 180 |
| | | >40 ~ 55 | — | — | — | — | 220 | 280 | 340 | 450 | 560 |
| 2500 | 4000 | 1 ~ 3.5 | — | — | — | — | — | — | — | — | — |
| | | >3.5 ~ 6.3 | — | — | — | — | — | — | — | — | — |
| | | >6.3 ~ 10 | — | — | — | — | — | — | — | — | — |
| | | >10 ~ 16 | — | 56 | 90 | 125 | 160 | 200 | 250 | 315 | 400 |
| | | >16 ~ 25 | — | — | — | 140 | 180 | 224 | 280 | 355 | 450 |
| | | >25 ~ 40 | — | — | — | — | 224 | 280 | 355 | 450 | 560 |
| | | >40 ~ 55 | — | — | — | — | 240 | 320 | 400 | 530 | 630 |

注：GB/T 11365—1989 中没有 4、5、6 精度等级的数值。

**表 5.3-31 周期误差的公差 $f'_{zk}$ 值（齿轮副周期误差的公差 $f'_{zkc}$ 值）**　　（单位：μm）

| 中点分度圆直径 /mm 大于 | 到 | 中点法向模数 /mm | 精度等级 4 — 齿轮在一转（齿轮副在大轮一转）内的周期数 | | | | | | | | | 精度等级 5 — 齿轮在一转（齿轮副在大轮一转）内的周期数 | | | | | | | | |
|---|---|---|---|---|---|---|---|---|---|---|---|---|---|---|---|---|---|---|---|---|
| | | | 2~4 | >4~8 | >8~16 | >16~32 | >32~63 | >63~125 | >125~250 | >250~500 | >500 | 2~4 | >4~8 | >8~16 | >16~32 | >32~63 | >63~125 | >125~250 | >250~500 | >500 |
| — | 125 | 1~6.3 | 4.5 | 3.2 | 2.4 | 1.9 | 1.5 | 1.3 | 1.2 | 1.1 | 1 | 7.1 | 5 | 3.8 | 3 | 2.5 | 2.1 | 1.9 | 1.7 | 1.6 |
| | | >6.3~10 | 5.3 | 3.8 | 2.8 | 2.2 | 1.8 | 1.5 | 1.4 | 1.2 | 1.1 | 8.5 | 6 | 4.5 | 3.6 | 2.8 | 2.5 | 2.1 | 1.9 | 1.8 |
| 125 | 400 | 1~6.3 | 6.3 | 4.5 | 3.4 | 2.8 | 2.2 | 1.9 | 1.8 | 1.5 | 1.4 | 10 | 7.1 | 5.6 | 4.5 | 3.4 | 3 | 2.8 | 2.4 | 2.2 |
| | | >6.3~10 | 7.1 | 5 | 4 | 3 | 2.5 | 2.1 | 1.9 | 1.7 | 1.6 | 11 | 8 | 6.5 | 4.8 | 4 | 3.2 | 3 | 2.6 | 2.5 |
| 400 | 800 | 1~6.3 | 8.5 | 6 | 4.5 | 3.6 | 2.8 | 2.5 | 2.2 | 2 | 1.9 | 13 | 9.5 | 7.1 | 5.6 | 4.5 | 4 | 3.4 | 3 | 2.8 |
| | | >6.3~10 | 9 | 6.7 | 5 | 3.8 | 3 | 2.6 | 2.2 | 2.1 | 2 | 14 | 10.5 | 8 | 6 | 5 | 4.2 | 3.6 | 3.2 | 3 |
| 800 | 1600 | 1~6.3 | 9 | 6.7 | 5 | 4 | 3.2 | 2.6 | 2.4 | 2.2 | 2 | 14 | 10.5 | 8 | 6.3 | 5 | 4.2 | 3.8 | 3.4 | 3.2 |
| | | >6.3~10 | 11 | 8 | 6 | 4.8 | 3.8 | 3.2 | 2.5 | 2.6 | 2.5 | 16 | 15 | 10 | 7.5 | 6.3 | 5.3 | 4.8 | 4.2 | 4 |
| 1600 | 2500 | 1~6.3 | 10.5 | 7.5 | 5.6 | 4.5 | 3.6 | 3 | 2.6 | 2.5 | 2.2 | 16 | 11 | 8.5 | 7.1 | 5.6 | 4.8 | 4.2 | 4 | 3.6 |
| | | >6.3~10 | 12 | 8.5 | 6.5 | 5 | 4 | 3.6 | 3 | 2.8 | 2.6 | 19 | 14 | 10.5 | 8 | 6.7 | 5.6 | 5 | 4.5 | 4.2 |
| 2500 | 4000 | 1~6.3 | 11 | 8 | 6.3 | 4.8 | 4 | 3.4 | 3 | 2.8 | 2.6 | 18 | 13 | 10 | 7.5 | 6.3 | 5.3 | 4.8 | 4.2 | 4 |
| | | >6.3~10 | 13 | 9.5 | 7.1 | 5.6 | 4.5 | 3.8 | 3.4 | 3 | 2.8 | 21 | 15 | 11 | 9 | 7.1 | 6 | 5.3 | 5 | 4.5 |

（续）

| 中点分度圆直径/mm | | 中点法向模数 /mm | 精　度　等　级 | | | | | | | | | | | | | | | | | | | | | | | | |
| 大于 | 到 | | 6 | | | | | | | | | 7 | | | | | | | | | 8 | | | | | | | |
| | | | 齿轮在一转（齿轮副在大轮一转）内的周期数 | | | | | | | | | | | | | | | | | | | | | | | | |
| | | | 2~4 | >4~8 | >8~16 | >16~32 | >32~63 | >63~125 | >125~250 | >250~500 | >500 | 2~4 | >4~8 | >8~16 | >16~32 | >32~63 | >63~125 | >125~250 | >250~500 | >500 | 2~4 | >4~8 | >8~16 | >16~32 | >32~63 | >63~125 | >125~250 | >250~500 | >500 |
| — | 125 | 1~6.3 | 11 | 8 | 6 | 4.8 | 3.8 | 3.2 | 3 | 2.6 | 2.5 | 17 | 13 | 10 | 8 | 6 | 5.3 | 4.5 | 4.2 | 4 | 25 | 18 | 13 | 10 | 8.5 | 7.5 | 6.7 | 6 | 5.6 |
| — | 125 | >6.3~10 | 13 | 9.5 | 7.1 | 5.6 | 4.5 | 3.8 | 3.4 | 3 | 2.8 | 21 | 15 | 11 | 9 | 7.1 | 6 | 5.3 | 5 | 4.5 | 28 | 21 | 16 | 12 | 10 | 8.5 | 7.5 | 7 | 6.7 |
| 125 | 400 | 1~6.3 | 16 | 11 | 8.5 | 6.7 | 5.6 | 4.8 | 4.2 | 3.8 | 3.6 | 25 | 18 | 13 | 10 | 9 | 7.5 | 6.7 | 6 | 5.6 | 36 | 26 | 19 | 15 | 12 | 10 | 9 | 8.5 | 8 |
| 125 | 400 | >6.3~10 | 18 | 13 | 10 | 7.5 | 6 | 5.3 | 4.5 | 4.2 | 4 | 28 | 20 | 16 | 12 | 10 | 8 | 7.5 | 6.7 | 6.3 | 40 | 30 | 22 | 17 | 14 | 12 | 10.5 | 10 | 8.5 |
| 400 | 800 | 1~6.3 | 21 | 15 | 11 | 9 | 7.1 | 6 | 5.3 | 5 | 4.8 | 32 | 24 | 18 | 14 | 11 | 9 | 8.5 | 8 | 7.5 | 45 | 32 | 25 | 19 | 16 | 13 | 12 | 11 | 10 |
| 400 | 800 | >6.3~10 | 24 | 17 | 12 | 9.5 | 7.5 | 6.7 | 6 | 5.3 | 5 | 36 | 26 | 19 | 15 | 12 | 10 | 9.5 | 8.5 | 8 | 50 | 36 | 28 | 21 | 17 | 15 | 13 | 12 | 11 |
| 800 | 1600 | 1~6.3 | 22 | 17 | 15 | 10 | 8 | 7.5 | 7 | 6.3 | 6 | 36 | 26 | 20 | 16 | 13 | 11 | 10 | 8.5 | 8 | 53 | 38 | 28 | 22 | 18 | 15 | 14 | 12 | 11 |
| 800 | 1600 | >6.3~10 | 27 | 20 | 15 | 12 | 9.5 | 8 | 7.1 | 6.7 | 6.3 | 42 | 30 | 22 | 18 | 15 | 12 | 11 | 10 | 9.5 | 63 | 44 | 32 | 26 | 22 | 18 | 16 | 14 | 13 |
| 1600 | 2500 | 1~6.3 | 26 | 19 | 14 | 11 | 9 | 7.5 | 6.7 | 6.3 | 5.6 | 40 | 30 | 22 | 17 | 14 | 11 | 11 | 9.5 | 9 | 56 | 42 | 30 | 24 | 20 | 17 | 15 | 14 | 13 |
| 1600 | 2500 | >6.3~10 | 30 | 21 | 16 | 12 | 10 | 8 | 7.5 | 7.1 | 6.7 | 45 | 34 | 26 | 20 | 16 | 13 | 12 | 11 | 10 | 67 | 50 | 36 | 28 | 22 | 19 | 17 | 16 | 15 |
| 2500 | 4000 | 1~6.3 | 28 | 21 | 16 | 12 | 10 | 8 | 7.5 | 6.7 | 6.3 | 45 | 32 | 25 | 19 | 16 | 13 | 12 | 11 | 10 | 63 | 45 | 34 | 28 | 22 | 19 | 17 | 15 | 14 |
| 2500 | 4000 | >6.3~10 | 32 | 22 | 17 | 14 | 11 | 9.5 | 8.5 | 7.5 | 7.1 | 53 | 38 | 28 | 22 | 18 | 15 | 14 | 12 | 11 | 71 | 53 | 40 | 30 | 25 | 22 | 19 | 18 | 16 |

**表 5.3-32　齿距极限偏差 ±$f_{pt}$值**　　　　（单位：μm）

| 中点分度圆直径/mm 大于 | 到 | 中点法向模数/mm | 精度等级 4 | 5 | 6 | 7 | 8 | 9 | 10 | 11 | 12 |
|---|---|---|---|---|---|---|---|---|---|---|---|
| — | 125 | 1~3.5 | 4 | 6 | 10 | 14 | 20 | 28 | 40 | 56 | 80 |
| | | >3.5~6.3 | 5 | 8 | 13 | 18 | 25 | 36 | 50 | 71 | 100 |
| | | >6.3~10 | 5.5 | 9 | 14 | 20 | 28 | 40 | 56 | 80 | 112 |
| | | >10~16 | — | 11 | 17 | 24 | 34 | 48 | 67 | 100 | 130 |
| 125 | 400 | 1~3.5 | 4.5 | 7 | 11 | 16 | 22 | 32 | 45 | 63 | 90 |
| | | >3.5~6.3 | 5.5 | 9 | 14 | 20 | 28 | 40 | 56 | 80 | 112 |
| | | >6.3~10 | 6 | 10 | 16 | 22 | 32 | 45 | 63 | 90 | 125 |
| | | >10~16 | — | 11 | 18 | 25 | 36 | 50 | 71 | 100 | 140 |
| | | >16~25 | — | — | — | 32 | 45 | 63 | 90 | 125 | 150 |
| 400 | 800 | 1~3.5 | 5 | 8 | 13 | 18 | 25 | 36 | 50 | 71 | 100 |
| | | >3.5~6.3 | 5.5 | 9 | 14 | 20 | 28 | 40 | 56 | 80 | 112 |
| | | >6.3~10 | 7 | 11 | 18 | 25 | 36 | 50 | 71 | 100 | 140 |
| | | >10~16 | — | 12 | 20 | 28 | 40 | 56 | 80 | 112 | 160 |
| | | >16~25 | — | — | — | 36 | 50 | 71 | 100 | 140 | 200 |
| | | >25~40 | — | — | — | — | 63 | 90 | 125 | 180 | 250 |
| 800 | 1600 | 1~3.5 | — | — | — | — | — | — | — | — | — |
| | | >3.5~6.3 | — | 10 | 16 | 22 | 32 | 45 | 63 | 90 | 125 |
| | | >6.3~10 | 7 | 11 | 18 | 25 | 36 | 50 | 71 | 100 | 140 |
| | | >10~16 | — | 13 | 20 | 28 | 40 | 56 | 80 | 112 | 160 |
| | | >16~25 | — | — | — | 36 | 50 | 71 | 100 | 140 | 200 |
| | | >25~40 | — | — | — | — | 63 | 90 | 125 | 180 | 250 |
| 1600 | 2500 | 1~3.5 | — | — | — | — | — | — | — | — | — |
| | | >3.5~6.3 | — | — | — | — | — | — | — | — | — |
| | | >6.3~10 | 8 | 13 | 20 | 28 | 40 | 56 | 80 | 112 | 160 |
| | | >10~16 | — | 14 | 22 | 32 | 45 | 63 | 90 | 125 | 180 |
| | | >16~25 | — | — | — | 40 | 56 | 80 | 112 | 160 | 224 |
| | | >25~40 | — | — | — | — | 71 | 100 | 140 | 200 | 280 |
| | | >40~55 | — | — | — | — | 90 | 125 | 180 | 250 | 355 |
| 2500 | 4000 | 1~3.5 | — | — | — | — | — | — | — | — | — |
| | | >3.5~6.3 | — | — | — | — | — | — | — | — | — |
| | | >6.3~10 | — | — | — | 32 | — | — | — | — | — |
| | | >10~16 | — | 16 | 25 | 36 | 50 | 71 | 100 | 140 | 200 |
| | | >16~25 | — | — | — | 40 | 56 | 80 | 112 | 160 | 224 |
| | | >25~40 | — | — | — | — | 71 | 100 | 140 | 200 | 280 |
| | | >40~55 | — | — | — | — | 95 | 140 | 180 | 280 | 400 |

表 5.3-33　齿形相对误差的公差 $f_c$ 值　　　　　　（单位：μm）

| 中点分度圆直径/mm | | 中点法向模数 /mm | 精 度 等 级 | | | | |
|---|---|---|---|---|---|---|---|
| 大于 | 到 | | 4 | 5 | 6 | 7 | 8 |
| — | 125 | 1 ~ 3.5 | 3 | 4 | 5 | 8 | 10 |
| | | >3.5 ~ 6.3 | 4 | 5 | 6 | 9 | 13 |
| | | >6.3 ~ 10 | 4 | 6 | 8 | 11 | 17 |
| | | >10 ~ 16 | — | 7 | 10 | 15 | 22 |
| 125 | 400 | 1 ~ 3.5 | 4 | 5 | 7 | 9 | 13 |
| | | >3.5 ~ 6.3 | 4 | 6 | 8 | 11 | 15 |
| | | >6.3 ~ 10 | 5 | 7 | 9 | 13 | 19 |
| | | >10 ~ 16 | — | 8 | 11 | 17 | 25 |
| | | >16 ~ 25 | — | — | — | 22 | 34 |
| 400 | 800 | 1 ~ 3.5 | 5 | 6 | 9 | 12 | 18 |
| | | >3.5 ~ 6.3 | 5 | 7 | 10 | 14 | 20 |
| | | >6.3 ~ 10 | 6 | 8 | 11 | 16 | 24 |
| | | >10 ~ 16 | — | 9 | 13 | 20 | 30 |
| | | >16 ~ 25 | — | — | — | 25 | 38 |
| | | >25 ~ 40 | — | — | — | — | 53 |
| 800 | 1600 | 1 ~ 3.5 | — | — | — | — | — |
| | | >3.5 ~ 6.3 | 6 | 9 | 13 | 19 | 28 |
| | | >6.3 ~ 10 | 7 | 10 | 14 | 21 | 32 |
| | | >10 ~ 16 | — | 11 | 16 | 25 | 38 |
| | | >16 ~ 25 | — | — | — | 30 | 48 |
| | | >25 ~ 40 | — | — | — | — | 60 |
| 1600 | 2500 | 1 ~ 3.5 | — | — | — | — | — |
| | | >3.5 ~ 6.3 | — | — | — | — | — |
| | | >6.3 ~ 10 | 8 | 13 | 19 | 28 | 45 |
| | | >10 ~ 16 | | 14 | 21 | 32 | 50 |
| | | >16 ~ 25 | — | — | — | 38 | 56 |
| | | >25 ~ 40 | — | — | — | — | 71 |
| | | >40 ~ 55 | — | — | — | — | 90 |
| 2500 | 4000 | 1 ~ 3.5 | — | — | — | — | — |
| | | >3.5 ~ 6.3 | — | — | — | — | — |
| | | >6.3 ~ 10 | — | — | — | — | — |
| | | >10 ~ 16 | — | 18 | 28 | 42 | 61 |
| | | >16 ~ 25 | — | — | — | 48 | 75 |
| | | >25 ~ 40 | — | — | — | — | 90 |
| | | >40 ~ 55 | — | — | — | 104 | 105 |

注：表中数值用于测量齿轮加工机床滚切传动链误差的方法，当采用选择基准齿面的方法时，表中数值乘以 1.1。

**表 5.3-34　齿轮副轴交角综合误差 $F''_{i\Sigma c}$ 值**　　　　　　（单位：μm）

| 中点分度圆直径 /mm | | 中点法向模数 /mm | 精 度 等 级 | | | | | |
|---|---|---|---|---|---|---|---|---|
| 大于 | 到 | | 7 | 8 | 9 | 10 | 11 | 12 |
| — | 125 | 1 ~ 3.5 | 67 | 85 | 110 | 130 | 170 | 200 |
| | | >3.5 ~ 6.3 | 75 | 95 | 120 | 150 | 190 | 240 |
| | | >6.3 ~ 10 | 85 | 105 | 130 | 170 | 220 | 260 |
| | | >10 ~ 16 | 100 | 120 | 150 | 190 | 240 | 300 |
| 125 | 400 | 1 ~ 3.5 | 100 | 125 | 160 | 190 | 250 | 300 |
| | | >3.5 ~ 6.3 | 105 | 130 | 170 | 200 | 260 | 340 |
| | | >6.3 ~ 10 | 120 | 150 | 180 | 220 | 280 | 360 |
| | | >10 ~ 16 | 130 | 160 | 200 | 250 | 320 | 400 |
| | | >16 ~ 25 | 150 | 190 | 220 | 280 | 375 | 450 |
| 400 | 800 | 1 ~ 3.5 | 130 | 160 | 200 | 260 | 320 | 400 |
| | | >3.5 ~ 6.3 | 140 | 170 | 220 | 280 | 340 | 420 |
| | | >6.3 ~ 10 | 150 | 190 | 240 | 300 | 360 | 450 |
| | | >10 ~ 16 | 160 | 200 | 260 | 320 | 400 | 500 |
| | | >16 ~ 25 | 180 | 240 | 280 | 360 | 450 | 560 |
| | | >25 ~ 40 | — | 280 | 340 | 420 | 530 | 670 |
| 800 | 1600 | 1 ~ 3.5 | 150 | 180 | 240 | 280 | 360 | 450 |
| | | >3.5 ~ 6.3 | 160 | 200 | 250 | 320 | 400 | 500 |
| | | >6.3 ~ 10 | 180 | 220 | 280 | 360 | 450 | 560 |
| | | >10 ~ 16 | 200 | 250 | 320 | 400 | 500 | 600 |
| | | >16 ~ 25 | — | 280 | 340 | 450 | 560 | 670 |
| | | >25 ~ 40 | — | 320 | 400 | 500 | 630 | 800 |
| 1600 | 2500 | 1 ~ 3.5 | — | — | — | — | — | — |
| | | >3.5 ~ 6.3 | — | — | — | — | — | — |
| | | >6.3 ~ 10 | — | — | — | — | — | — |
| | | >10 ~ 16 | — | — | — | — | — | — |
| | | >16 ~ 25 | — | — | — | — | — | — |
| | | >25 ~ 40 | — | — | — | — | — | — |
| | | >40 ~ 55 | — | — | — | — | — | — |
| 2500 | 4000 | 1 ~ 3.5 | — | — | — | — | — | — |
| | | >3.5 ~ 6.3 | — | — | — | — | — | — |
| | | >6.3 ~ 10 | — | — | — | — | — | — |
| | | >10 ~ 16 | — | — | — | — | — | — |
| | | >16 ~ 25 | — | — | — | — | — | — |
| | | >25 ~ 40 | — | — | — | — | — | — |
| | | >40 ~ 55 | — | — | — | — | — | — |

表 5.3-35　侧隙变动公差 $F_{vj}$ 值　　　　　　　　（单位：μm）

| 直径/mm | | 中点法向 模数/mm | 精 度 等 级 | | | |
|---|---|---|---|---|---|---|
| 大于 | 到 | | 9 | 10 | 11 | 12 |
| — | 125 | 1 ~ 3.5 | 75 | 90 | 120 | 150 |
| | | >3.5 ~ 6.3 | 80 | 100 | 130 | 160 |
| | | >6.3 ~ 10 | 90 | 120 | 150 | 180 |
| | | >10 ~ 16 | 105 | 130 | 170 | 200 |
| 125 | 400 | 1 ~ 3.5 | 110 | 140 | 170 | 200 |
| | | >3.5 ~ 6.3 | 120 | 150 | 180 | 220 |
| | | >6.3 ~ 10 | 130 | 160 | 200 | 250 |
| | | >10 ~ 16 | 140 | 170 | 220 | 280 |
| | | >16 ~ 25 | 160 | 200 | 250 | 320 |
| 400 | 800 | 1 ~ 3.5 | 140 | 180 | 220 | 280 |
| | | >3.5 ~ 6.3 | 150 | 190 | 240 | 300 |
| | | >6.3 ~ 10 | 160 | 200 | 260 | 320 |
| | | >10 ~ 16 | 180 | 220 | 280 | 340 |
| | | >16 ~ 25 | 200 | 250 | 300 | 380 |
| | | >25 ~ 40 | 240 | 300 | 380 | 450 |
| 800 | 1600 | 1 ~ 3.5 | — | — | — | — |
| | | >3.5 ~ 6.3 | 170 | 220 | 280 | 360 |
| | | >6.3 ~ 10 | 200 | 250 | 320 | 400 |
| | | >10 ~ 16 | 220 | 270 | 340 | 440 |
| | | >16 ~ 25 | 240 | 300 | 380 | 480 |
| | | >25 ~ 40 | 280 | 340 | 450 | 530 |
| 1600 | 2500 | 1 ~ 3.5 | — | — | — | — |
| | | >3.5 ~ 6.3 | — | — | — | — |
| | | >6.3 ~ 10 | 220 | 280 | 340 | 450 |
| | | >10 ~ 16 | 250 | 300 | 400 | 500 |
| | | >16 ~ 25 | 280 | 360 | 450 | 560 |
| | | >25 ~ 40 | 320 | 400 | 500 | 630 |
| | | >40 ~ 55 | 360 | 450 | 560 | 710 |
| 2500 | 4000 | 1 ~ 3.5 | — | — | — | — |
| | | >3.5 ~ 6.3 | — | — | — | — |
| | | >6.3 ~ 10 | — | — | — | — |
| | | >10 ~ 16 | 280 | 340 | 420 | 530 |
| | | >16 ~ 25 | 320 | 400 | 500 | 630 |
| | | >25 ~ 40 | 375 | 450 | 560 | 710 |
| | | >40 ~ 55 | 420 | 530 | 670 | 800 |

注：1. 取大、小轮中点分度圆直径之和的一半作为查表直径。

2. 对于齿数比为整数，且不大于 3（1、2、3）的齿轮副，当采用选配时，可将侧隙变动公差值 $F_{vj}$ 减小 25% 或更多些。

**表 5.3-36　齿轮副一齿轴交角综合公差 $f''_{i\Sigma e}$ 值**　　　　　　　（单位：μm）

| 直径/mm | | 中点法向模数/mm | 精 度 等 级 | | | | | |
|---|---|---|---|---|---|---|---|---|
| 大于 | 到 | | 7 | 8 | 9 | 10 | 11 | 12 |
| — | 125 | 1 ~ 3.5 | 28 | 40 | 53 | 67 | 85 | 100 |
| | | >3.5 ~ 6.3 | 36 | 50 | 60 | 75 | 95 | 120 |
| | | >6.3 ~ 10 | 40 | 56 | 71 | 90 | 110 | 140 |
| | | >10 ~ 16 | 48 | 87 | 85 | 105 | 140 | 170 |
| 125 | 400 | 1 ~ 3.5 | 32 | 45 | 60 | 75 | 95 | 120 |
| | | >3.5 ~ 6.3 | 40 | 56 | 67 | 80 | 105 | 130 |
| | | >6.3 ~ 10 | 45 | 63 | 80 | 100 | 125 | 150 |
| | | >10 ~ 16 | 50 | 71 | 90 | 120 | 150 | 190 |
| 400 | 800 | 1 ~ 3.5 | 36 | 50 | 67 | 80 | 105 | 130 |
| | | >3.5 ~ 6.3 | 40 | 56 | 75 | 90 | 120 | 150 |
| | | >6.3 ~ 10 | 50 | 71 | 85 | 105 | 140 | 170 |
| | | >10 ~ 16 | 56 | 80 | 100 | 130 | 160 | 200 |
| 800 | 1600 | 1 ~ 3.5 | — | — | — | — | — | — |
| | | >3.5 ~ 6.3 | 45 | 63 | 80 | 105 | 130 | 160 |
| | | >6.3 ~ 10 | 50 | 71 | 90 | 120 | 150 | 180 |
| | | >10 ~ 16 | 56 | 80 | 110 | 140 | 170 | 210 |
| 1600 | 2500 | 1 ~ 3.5 | — | — | — | — | — | — |
| | | >3.5 ~ 6.3 | — | — | — | — | — | — |
| | | >6.3 ~ 10 | 56 | 80 | 100 | 130 | 160 | 200 |
| | | >10 ~ 16 | 63 | 110 | 120 | 150 | 180 | 240 |
| 2500 | 4000 | 1 ~ 3.5 | — | — | — | — | — | — |
| | | >3.5 ~ 6.3 | — | — | — | — | — | — |
| | | >6.3 ~ 10 | — | — | — | — | — | — |
| | | >10 ~ 16 | 71 | 100 | 125 | 160 | 200 | 250 |

**表 5.3-37　接触斑点大小与精度等级的关系**

| 精度等级 | 4 ~ 5 | 6 ~ 7 | 8 ~ 9 | 10 ~ 12 |
|---|---|---|---|---|
| 沿齿长方向（%） | 68 ~ 80 | 50 ~ 70 | 35 ~ 65 | 25 ~ 55 |
| 沿齿高方向（%） | 65 ~ 85 | 55 ~ 75 | 40 ~ 70 | 30 ~ 60 |

注：表中数值范围用于齿形修形的齿轮。对齿面不作修形的齿轮，其接触斑点大小不小于其平均值。

**表 5.3-38  齿轮副齿频周期误差的公差 $f'_{zzc}$ 值**　　　　　　（单位：$\mu$m）

| 齿数 | | 中点法向模数/mm | 精 度 等 级 | | | | |
|---|---|---|---|---|---|---|---|
| 大于 | 到 | | 4 | 5 | 6 | 7 | 8 |
| — | 16 | 1 ~ 3.5 | 4.5 | 6.7 | 10 | 15 | 22 |
| | | >3.5 ~ 6.3 | 5.6 | 8 | 12 | 18 | 28 |
| | | >6.3 ~ 10 | 6.7 | 10 | 14 | 22 | 32 |
| 16 | 32 | 1 ~ 3.5 | 5 | 7.1 | 10 | 16 | 24 |
| | | >3.5 ~ 6.3 | 5.6 | 8.5 | 13 | 19 | 28 |
| | | >6.3 ~ 10 | 7.1 | 11 | 16 | 24 | 34 |
| | | >10 ~ 16 | — | 13 | 19 | 28 | 42 |
| 32 | 63 | 1 ~ 3.5 | 5 | 7.5 | 11 | 17 | 24 |
| | | >3.5 ~ 6.3 | 6 | 9 | 14 | 20 | 30 |
| | | >6.3 ~ 10 | 7.1 | 11 | 17 | 24 | 36 |
| | | >10 ~ 16 | — | 14 | 20 | 30 | 45 |
| 63 | 125 | 1 ~ 3.5 | 5.3 | 8 | 12 | 18 | 25 |
| | | >3.5 ~ 6.3 | 6.7 | 10 | 15 | 22 | 32 |
| | | >6.3 ~ 10 | 8 | 12 | 18 | 26 | 33 |
| | | >10 ~ 16 | — | 15 | 22 | 34 | 48 |
| 125 | 250 | 1 ~ 3.5 | 5.6 | 8.5 | 13 | 19 | 28 |
| | | >3.5 ~ 6.3 | 7.1 | 11 | 16 | 24 | 34 |
| | | >6.3 ~ 10 | 8.5 | 13 | 19 | 30 | 42 |
| | | >10 ~ 16 | — | 16 | 24 | 36 | 53 |
| 250 | 500 | 1 ~ 3.5 | 6.3 | 9.5 | 14 | 21 | 3 |
| | | >3.5 ~ 6.3 | 8 | 12 | 18 | 28 | 40 |
| | | >6.3 ~ 10 | 9 | 15 | 22 | 34 | 48 |
| | | >10 ~ 16 | — | 18 | 28 | 42 | 60 |
| 500 | — | 1 ~ 3.5 | 7.1 | 11 | 16 | 24 | 34 |
| | | >3.5 ~ 6.3 | 9 | 14 | 21 | 30 | 45 |
| | | >6.3 ~ 10 | 11 | 14 | 25 | 38 | 56 |
| | | >10 ~ 16 | — | 21 | 32 | 48 | 71 |

注：1. 表中齿数为齿轮副中大轮齿数。

2. 表中数值用于轴向有效重合度 $\varepsilon_{\beta e} \leqslant 0.45$ 的齿轮副。对 $\varepsilon_{\beta e} > 0.45$ 的齿轮副，表中的 $f'_{zzc}$ 值按以下规定减小：$\varepsilon_{\beta e} > 0.45 \sim 0.58$，表中值乘以 0.6；$\varepsilon_{\beta e} > 0.58 \sim 0.67$，乘以 0.4；$\varepsilon_{\beta e} > 0.67$，乘以 0.3。轴向有效重合度 $\varepsilon_{\beta e}$ 等于名义轴向重合度 $\varepsilon_\beta$ 乘以齿长方向接触斑点大小百分比的平均值。

**表 5.3-39　最小法向侧隙 $j_{nmin}$ 值**　　　　　　　　（单位：μm）

| 直径/mm | | 中点法向模数/mm | | 精 度 等 级 | | | | | |
|---|---|---|---|---|---|---|---|---|---|
| 大于 | 到 | 大于 | 到 | h | e | d | c | b | a |
| — | 50 | — | 15 | 0 | 15 | 22 | 36 | 58 | 90 |
| | | 15 | 25 | 0 | 21 | 33 | 52 | 84 | 130 |
| | | 25 | — | 0 | 25 | 39 | 62 | 100 | 160 |
| 50 | 100 | — | 15 | 0 | 21 | 33 | 52 | 84 | 130 |
| | | 15 | 25 | 0 | 25 | 39 | 62 | 100 | 160 |
| | | 25 | — | 0 | 30 | 46 | 74 | 120 | 190 |
| 100 | 200 | — | 15 | 0 | 25 | 39 | 62 | 100 | 160 |
| | | 15 | 25 | 0 | 35 | 54 | 87 | 140 | 220 |
| | | 25 | — | 0 | 40 | 63 | 100 | 160 | 250 |
| 200 | 400 | — | 15 | 0 | 30 | 46 | 74 | 120 | 190 |
| | | 15 | 25 | 0 | 46 | 72 | 115 | 185 | 290 |
| | | 25 | — | 0 | 52 | 81 | 130 | 210 | 320 |
| 400 | 800 | — | 15 | 0 | 40 | 63 | 100 | 160 | 250 |
| | | 15 | 25 | 0 | 57 | 89 | 140 | 230 | 360 |
| | | 25 | — | 0 | 70 | 110 | 175 | 280 | 440 |
| 800 | 1600 | — | 15 | 0 | 52 | 81 | 130 | 210 | 320 |
| | | 15 | 25 | 0 | 80 | 125 | 200 | 320 | 500 |
| | | 25 | — | 0 | 105 | 165 | 26 | 420 | 660 |
| 1600 | — | — | 15 | 0 | 70 | 110 | 175 | 280 | 440 |
| | | 15 | 25 | 0 | 125 | 195 | 310 | 500 | 780 |
| | | 25 | — | 0 | 175 | 280 | 440 | 710 | 1100 |

注：1. 正交齿轮副按中点锥距 $R_m$ 查表，非正交齿轮副按下式算出的 $R'$ 查表；

$$R' = \frac{R_m}{2}(\sin 2\delta_1 - \sin 2\delta_2)$$

式中　$\delta_1$、$\delta_2$——大、小轮分锥角。

　　2. 准双曲面齿轮副按大轮中点锥距查表。

**表 5.3-40　齿厚上偏差 $E_{ss}^-$ 值的求法**　　　　　　　（单位：μm）

| 中点法向模数/mm | 中点分度圆直径/mm | | | | | | | | | | |
|---|---|---|---|---|---|---|---|---|---|---|---|
| | 125 | | | >125~400 | | | >400~800 | | | >800~1600 | | |
| | 分锥角(°) | | | | | | | | | | | |
| | ≤20 | >20~45 | >45 | ≤20 | >20~45 | >45 | ≤20 | >20~45 | >45 | ≤20 | >20~45 | >45 |
| 1~3.5 | -20 | -20 | -22 | -28 | -32 | -30 | -36 | -50 | -45 | — | — | — |
| >3.5~6.3 | -22 | -22 | -25 | -32 | -32 | -30 | -38 | -55 | -45 | -75 | -85 | -80 |
| >6.3~10 | -25 | -25 | -28 | -36 | -36 | -34 | -40 | -55 | -50 | -80 | -90 | -85 |
| >10~16 | -28 | -28 | -30 | -36 | -38 | -36 | -48 | -60 | -55 | -80 | -100 | -85 |
| >16~25 | — | — | — | -40 | -40 | -40 | -50 | -65 | -60 | -80 | -100 | -90 |

（续）

| 最小法向侧隙种类 | 第Ⅱ公差组精度等级 | | | | | | |
|---|---|---|---|---|---|---|---|
| | 4 ~ 6 | 7 | 8 | 9 | 10 | 11 | 12 |

| 系数 | | | | | | | | |
|---|---|---|---|---|---|---|---|---|
| | h | 0.9 | 1 | — | — | — | — | — |
| | e | 1.45 | 1.6 | — | — | — | — | — |
| | d | 1.8 | 2.0 | 2.2 | — | — | — | — |
| | c | 2.4 | 2.7 | 3.0 | 3.2 | — | — | — |
| | b | 3.4 | 3.8 | 4.2 | 4.6 | 4.9 | — | — |
| | a | 5.0 | 5.5 | 6.0 | 6.6 | 7.0 | 7.8 | 9.0 |

注：1. 最小法向侧隙种类和各精度等级齿轮的 $E_{\bar{s}s}$ 值，由基本值栏查出的数值乘以系数得出。

2. 当轴交角公差带相对于零线不对称时，$E_{\bar{s}s}$ 值应作修正；当增大轴交角上偏差时，$E_{\bar{s}s}$ 加上（$|E_{\Sigma i}|-|E_{\Sigma}|$）$\tan\alpha$；当减小轴交角时，$E_{\bar{s}s}$ 减去（$|E_{\Sigma i}|-|E_{\Sigma}|$）$\tan\alpha$。

$E_{\Sigma s}$、$E_{\Sigma i}$ —修改后的轴交角上、下偏差；

$E_{\Sigma}$ 见表 5.3-45。

3. 允许把大小轮齿厚上偏差（$E_{ss1}$、$E_{ss2}$）之和，重新分配在两个齿轮上。

### 表 5.3-41　齿厚公差 $T_{\bar{s}}$ 值　　　　　　　　　　　（单位：μm）

| 齿圈跳动公差 | | 法向侧隙种类公差 | | | | |
|---|---|---|---|---|---|---|
| 大于 | 到 | H | D | C | B | A |
| — | 8 | 21 | 25 | 30 | 40 | 52 |
| 8 | 10 | 22 | 28 | 34 | 45 | 55 |
| 10 | 12 | 24 | 30 | 36 | 48 | 60 |
| 12 | 16 | 26 | 32 | 40 | 52 | 65 |
| 16 | 20 | 28 | 36 | 45 | 58 | 75 |
| 20 | 25 | 32 | 42 | 52 | 65 | 85 |
| 25 | 32 | 38 | 48 | 60 | 75 | 95 |
| 32 | 40 | 42 | 55 | 70 | 85 | 110 |
| 40 | 50 | 50 | 65 | 80 | 100 | 130 |
| 50 | 60 | 60 | 75 | 95 | 120 | 150 |
| 60 | 80 | 70 | 90 | 110 | 130 | 180 |
| 80 | 100 | 90 | 110 | 140 | 170 | 220 |
| 100 | 125 | 110 | 130 | 170 | 200 | 260 |
| 125 | 160 | 130 | 160 | 200 | 250 | 320 |
| 160 | 200 | 160 | 200 | 260 | 320 | 400 |
| 200 | 250 | 200 | 250 | 320 | 380 | 500 |
| 250 | 320 | 240 | 300 | 400 | 480 | 630 |
| 320 | 400 | 300 | 380 | 500 | 600 | 750 |
| 400 | 500 | 380 | 480 | 600 | 750 | 950 |
| 500 | 630 | 450 | 500 | 750 | 950 | 1180 |

## 表 5.3-42　最大法向侧隙（$j_{nmax}$）的制造误差补偿部分 $E_{s\Delta}^-$ 值

| 第Ⅱ公差组精度等级 | 中点法向模数/mm | 中点分度圆直径/mm | | | | | | | | | | |
|---|---|---|---|---|---|---|---|---|---|---|---|---|
| | | 125 | | | >125~400 | | | >400~800 | | | >800~1600 | | |
| | | 分锥角/(°) | | | | | | | | | | | |
| | | ≤20 | >20~45 | >45 | ≤20 | >20~45 | >45 | ≤20 | >20~45 | >45 | ≤20 | >20~45 | >45 |
| 4~6 | 1~3.5 | 18 | 18 | 20 | 25 | 28 | 28 | 32 | 45 | 40 | — | — | — |
| | >3.5~6.3 | 20 | 20 | 22 | 28 | 28 | 28 | 34 | 50 | 40 | 67 | 75 | 72 |
| | >6.3~10 | 22 | 22 | 25 | 32 | 32 | 30 | 36 | 50 | 45 | 72 | 80 | 75 |
| | >10~16 | 25 | 25 | 28 | 32 | 34 | 32 | 45 | 55 | 50 | 72 | 90 | 75 |
| | >16~25 | — | — | — | 36 | 36 | 36 | 45 | 56 | 45 | 72 | 90 | 85 |
| 7 | 1~3.5 | 20 | 20 | 22 | 28 | 32 | 30 | 36 | 50 | 45 | — | — | — |
| | >3.5~6.3 | 22 | 22 | 25 | 32 | 32 | 30 | 38 | 55 | 45 | 75 | 85 | 80 |
| | >6.3~10 | 25 | 25 | 28 | 36 | 36 | 34 | 40 | 55 | 50 | 80 | 90 | 85 |
| | >10~16 | 28 | 28 | 30 | 36 | 38 | 36 | 48 | 60 | 55 | 80 | 100 | 85 |
| | >16~25 | — | — | — | 40 | 40 | 40 | 50 | 65 | 60 | 80 | 100 | 95 |
| 8 | 1~3.5 | 22 | 22 | 24 | 30 | 36 | 32 | 40 | 55 | 50 | — | — | — |
| | >3.5~6.3 | 24 | 24 | 28 | 36 | 36 | 32 | 42 | 60 | 50 | 80 | 90 | 85 |
| | >6.3~10 | 28 | 28 | 30 | 40 | 40 | 38 | 40 | 60 | 55 | 85 | 100 | 95 |
| | >10~16 | 30 | 30 | 32 | 40 | 42 | 40 | 55 | 65 | 60 | 85 | 110 | 95 |
| | >16~25 | — | — | — | 45 | 45 | 45 | 55 | 72 | 65 | 85 | 110 | 105 |
| 9 | 1~3.5 | 24 | 24 | 25 | 32 | 38 | 36 | 45 | 65 | 55 | — | — | — |
| | >3.5~6.3 | 25 | 25 | 30 | 38 | 38 | 36 | 45 | 65 | 55 | 900 | 100 | 95 |
| | >6.3~10 | 30 | 30 | 32 | 45 | 45 | 40 | 48 | 65 | 60 | 95 | 110 | 100 |
| | >10~16 | 32 | 32 | 36 | 45 | 45 | 45 | 48 | 70 | 65 | 95 | 120 | 100 |
| | >16~25 | — | — | — | 48 | 48 | 48 | 60 | 75 | 70 | 95 | 120 | 115 |
| 10 | 1~3.5 | 25 | 25 | 28 | 36 | 42 | 40 | 48 | 65 | 60 | — | — | — |
| | >3.5~6.3 | 28 | 28 | 32 | 42 | 42 | 40 | 50 | 70 | 60 | 95 | 110 | 105 |
| | >6.3~10 | 32 | 32 | 36 | 48 | 48 | 45 | 50 | 70 | 65 | 105 | 115 | 110 |
| | >10~16 | 36 | 36 | 40 | 48 | 50 | 48 | 60 | 80 | 70 | 105 | 130 | 110 |
| | >16~25 | — | — | — | 50 | 50 | 50 | 65 | 85 | 80 | 105 | 130 | 125 |
| 11 | 1~3.5 | 30 | 30 | 32 | 40 | 45 | 45 | 50 | 70 | 65 | — | — | — |
| | >3.5~6.3 | 32 | 32 | 36 | 45 | 45 | 45 | 55 | 80 | 65 | 110 | 125 | 115 |
| | >6.3~10 | 36 | 36 | 40 | 50 | 50 | 50 | 60 | 80 | 70 | 115 | 130 | 125 |
| | >10~16 | 40 | 40 | 45 | 50 | 55 | 50 | 70 | 85 | 80 | 115 | 145 | 125 |
| | >16~25 | — | — | — | 60 | 60 | 60 | 70 | 95 | 85 | 115 | 130 | 125 |
| 12 | 1~3.5 | 32 | 32 | 35 | 45 | 50 | 48 | 60 | 80 | 70 | — | — | — |
| | >3.5~6.3 | 35 | 35 | 40 | 50 | 50 | 48 | 60 | 90 | 70 | 120 | 135 | 130 |
| | >6.3~10 | 40 | 40 | 45 | 60 | 60 | 55 | 65 | 90 | 80 | 130 | 145 | 135 |
| | >10~16 | 45 | 45 | 48 | 60 | 60 | 60 | 75 | 95 | 90 | 130 | 160 | 135 |
| | >16~25 | — | — | — | 65 | 65 | 65 | 80 | 105 | 95 | 130 | 160 | 150 |

表5.3-43　齿圈轴向位移极限偏差 ±$f_{AM}$值

μm

| 中点锥距/mm 大于 | 到 | 分锥角/(°) 大于 | 到 | 4级 1~3.5 | 4级 >3.5~6.3 | 4级 >6.3~10 | 4级 >10~16 | 5级 1~3.5 | 5级 >3.5~6.3 | 5级 >6.3~10 | 5级 >10~16 | 6级 1~3.5 | 6级 >3.5~6.3 | 6级 >6.3~10 | 6级 >10~16 | 7级 1~3.5 | 7级 >3.5~6.3 | 7级 >6.3~10 | 7级 >10~16 | 7级 >16~25 | 8级 1~3.5 | 8级 >3.5~6.3 | 8级 >6.3~10 | 8级 >10~16 | 8级 >16~25 | 8级 >25~40 | 8级 >40~55 |
|---|---|---|---|---|---|---|---|---|---|---|---|---|---|---|---|---|---|---|---|---|---|---|---|---|---|---|---|
| — | 50 | — | 20 | 5.6 | 3.2 | — | — | 9 | 5 | — | — | 14 | 8 | — | — | 20 | 11 | — | — | — | 28 | 16 | — | — | — | — | — |
| — | 50 | 20 | 45 | 4.8 | 2.6 | — | — | 7.5 | 4.2 | — | — | 12 | 6.7 | — | — | 17 | 9.5 | — | — | — | 24 | 13 | — | — | — | — | — |
| — | 50 | 45 | — | 2 | 1.1 | — | — | 3 | 1.7 | — | — | 5 | 2.8 | — | — | 7 | 4 | — | — | — | 10 | 5.6 | — | — | — | — | — |
| 50 | 100 | — | 20 | 19 | 10.5 | 6.7 | 5 | 30 | 16 | 11 | 8 | 48 | 26 | 17 | 13 | 67 | 38 | 24 | 18 | — | 95 | 53 | 34 | 26 | — | — | — |
| 50 | 100 | 20 | 45 | 16 | 9 | 6 | 4.5 | 25 | 14 | 9 | 7.1 | 40 | 22 | 15 | 11 | 56 | 32 | 21 | 16 | — | 80 | 45 | 30 | 22 | — | — | — |
| 50 | 100 | 45 | — | 6.5 | 3.6 | 2.4 | 1.8 | 10.5 | 6 | 3.8 | 3 | 17 | 9.5 | 6 | 4.5 | 24 | 13 | 8.5 | 6.1 | — | 34 | 17 | 12 | 9 | — | — | — |
| 100 | 200 | — | 20 | 42 | 22 | 15 | 11 | 60 | 36 | 24 | 16 | 105 | 60 | 38 | 28 | 150 | 85 | 53 | 40 | 30 | 200 | 120 | 75 | 56 | 45 | 36 | — |
| 100 | 200 | 20 | 45 | 36 | 19 | 13 | 9.5 | 50 | 30 | 20 | 14 | 90 | 50 | 32 | 24 | 130 | 71 | 45 | 34 | 26 | 180 | 100 | 63 | 48 | 38 | 30 | — |
| 100 | 200 | 45 | — | 15 | 8 | 5 | 4 | 21 | 13 | 8.5 | 6 | 38 | 21 | 13 | 10 | 53 | 30 | 19 | 14 | 11 | 75 | 40 | 26 | 20 | 15 | 13 | — |
| 200 | 400 | — | 20 | 95 | 50 | 32 | 24 | 130 | 80 | 53 | 36 | 240 | 130 | 85 | 60 | 340 | 180 | 120 | 85 | 67 | 480 | 250 | 170 | 120 | 95 | 75 | 67 |
| 200 | 400 | 20 | 45 | 80 | 42 | 28 | 20 | 110 | 67 | 45 | 30 | 200 | 105 | 71 | 50 | 280 | 150 | 100 | 71 | 56 | 400 | 210 | 140 | 100 | 80 | 63 | 56 |
| 200 | 400 | 45 | — | 34 | 18 | 12 | 8.5 | 48 | 28 | 18 | 12 | 85 | 45 | 30 | 21 | 120 | 63 | 40 | 30 | 22 | 170 | 90 | 60 | 42 | 32 | 26 | 22 |
| 400 | 800 | — | 20 | 210 | 110 | 71 | 50 | 300 | 170 | 110 | 75 | 530 | 280 | 180 | 130 | 750 | 400 | 250 | 180 | 140 | 1050 | 560 | 360 | 260 | 200 | 160 | 140 |
| 400 | 800 | 20 | 45 | 180 | 95 | 60 | 42 | 250 | 160 | 95 | 63 | 450 | 240 | 150 | 110 | 630 | 340 | 210 | 160 | 120 | 900 | 480 | 300 | 220 | 170 | 130 | 120 |
| 400 | 800 | 45 | — | 75 | 40 | 25 | 18 | 105 | 63 | 40 | 26 | 190 | 100 | 63 | 45 | 270 | 140 | 90 | 64 | 50 | 380 | 200 | 125 | 90 | 70 | 56 | 48 |
| 800 | 1600 | — | 20 | — | — | — | 140 | — | — | — | 200 | — | — | — | 280 | — | — | — | 400 | 300 | — | — | — | 560 | 420 | 340 | 280 |
| 800 | 1600 | 20 | 45 | — | — | — | 120 | — | — | — | 170 | — | — | — | 240 | — | — | — | 340 | 250 | — | — | — | 480 | 360 | 280 | 240 |
| 800 | 1600 | 45 | — | — | — | — | 50 | — | — | — | 70 | — | — | — | 100 | — | — | — | 140 | 105 | — | — | — | 200 | 150 | 120 | 100 |
| 1600 | — | — | 20 | — | — | — | — | — | — | — | — | — | — | — | — | — | — | — | — | 630 | — | — | — | — | 900 | 710 | 600 |
| 1600 | — | 20 | 45 | — | — | — | — | — | — | — | — | — | — | — | — | — | — | — | — | 530 | — | — | — | — | 750 | 600 | 500 |
| 1600 | — | 45 | — | — | — | — | — | — | — | — | — | — | — | — | — | — | — | — | — | 220 | — | — | — | — | 320 | 260 | 210 |

注：精度等级列下子栏为中点法向模数/mm。

（续）

精度等级 — 中点法向模数/mm（单位：μm）

| 中点锥距/mm 大于 | 到 | 分锥角/(°) 大于 | 到 | 9: 1~3.5 | 9: >3.5~6.3 | 9: >6.3~10 | 9: >10~16 | 9: >16~25 | 9: >25~40 | 9: >40~55 | 10: 1~3.5 | 10: >3.5~6.3 | 10: >6.3~10 | 10: >10~16 | 10: >16~25 | 10: >25~40 | 10: >40~55 | 11: 1~3.5 | 11: >3.5~6.3 | 11: >6.3~10 | 11: >10~16 | 11: >16~25 | 11: >25~40 | 11: >40~55 | 12: 1~3.5 | 12: >3.5~6.3 | 12: >6.3~10 | 12: >10~16 | 12: >16~25 | 12: >25~40 | 12: >40~55 |
|---|---|---|---|---|---|---|---|---|---|---|---|---|---|---|---|---|---|---|---|---|---|---|---|---|---|---|---|---|---|---|---|
| — | 50 | — | 20 | 40 | 22 | — | — | — | — | — | 56 | 32 | — | — | — | — | — | 80 | 45 | — | — | — | — | — | 110 | 63 | — | — | — | — | — |
|  |  | 20 | 45 | 34 | 19 | — | — | — | — | — | 48 | 26 | — | — | — | — | — | 67 | 38 | — | — | — | — | — | 95 | 53 | — | — | — | — | — |
|  |  | 45 | — | 14 | 8 | — | — | — | — | — | 20 | 11 | — | — | — | — | — | 28 | 16 | — | — | — | — | — | 40 | 22 | — | — | — | — | — |
| 50 | 100 | — | 20 | 140 | 75 | 50 | 38 | — | — | — | 190 | 105 | 71 | 50 | — | — | — | 280 | 150 | 100 | 75 | — | — | — | 380 | 210 | 140 | 105 | — | — | — |
|  |  | 20 | 45 | 120 | 63 | 42 | 30 | — | — | — | 160 | 90 | 60 | 40 | — | — | — | 220 | 130 | 85 | 63 | — | — | — | 320 | 180 | 120 | 90 | — | — | — |
|  |  | 45 | — | 48 | 26 | 17 | 13 | — | — | — | 67 | 38 | 24 | 18 | — | — | — | 95 | 53 | 34 | 26 | — | — | — | 130 | 75 | 48 | 36 | — | — | — |
| 100 | 200 | — | 20 | 300 | 160 | 105 | 80 | 50 | — | — | 420 | 240 | 150 | 110 | 71 | — | — | 600 | 320 | 210 | 160 | 100 | — | — | 850 | 450 | 300 | 220 | 140 | — | — |
|  |  | 20 | 45 | 260 | 140 | 90 | 67 | 42 | — | — | 360 | 200 | 130 | 95 | 60 | — | — | 500 | 280 | 180 | 130 | 85 | — | — | 710 | 380 | 250 | 190 | 120 | — | — |
|  |  | 45 | — | 105 | 60 | 38 | 28 | 18 | — | — | 150 | 85 | 53 | 40 | 25 | — | — | 210 | 120 | 75 | 56 | 34 | — | — | 300 | 160 | 105 | 80 | 48 | — | — |
| 200 | 400 | — | 20 | 670 | 360 | 240 | 170 | 130 | 105 | 90 | 950 | 500 | 320 | 240 | 180 | 150 | 130 | 1300 | 710 | 480 | 340 | 260 | 210 | 190 | 1900 | 1000 | 670 | 480 | 360 | 300 | 260 |
|  |  | 20 | 45 | 560 | 300 | 200 | 150 | 110 | 90 | 80 | 800 | 420 | 280 | 200 | 150 | 130 | 100 | 1100 | 600 | 400 | 280 | 220 | 180 | 160 | 1600 | 850 | 560 | 400 | 320 | 250 | 220 |
|  |  | 45 | — | 240 | 130 | 85 | 60 | 48 | 38 | 32 | 340 | 180 | 120 | 85 | 67 | 53 | 45 | 500 | 260 | 160 | 120 | 95 | 75 | 67 | 670 | 360 | 240 | 170 | 130 | 105 | 90 |
| 400 | 800 | — | 20 | 1500 | 800 | 500 | 380 | 280 | 220 | 190 | 2100 | 1100 | 710 | 500 | 400 | 320 | 280 | 3000 | 1600 | 1000 | 750 | 560 | 450 | 380 | 4200 | 2200 | 1400 | 1000 | 800 | 630 | 560 |
|  |  | 20 | 45 | 1300 | 670 | 440 | 300 | 240 | 190 | 170 | 1700 | 950 | 600 | 440 | 340 | 260 | 240 | 2500 | 1400 | 850 | 630 | 480 | 380 | 320 | 3600 | 1900 | 1200 | 850 | 670 | 560 | 480 |
|  |  | 45 | — | 530 | 280 | 180 | 130 | 100 | 80 | 71 | 750 | 400 | 250 | 180 | 150 | 110 | 100 | 1050 | 560 | 360 | 260 | 210 | 160 | 140 | 1500 | 800 | 500 | 360 | 300 | 240 | 190 |
| 800 | 1600 | — | 20 | — | — | 1100 | 800 | 600 | 480 | 400 | — | — | 1500 | 1100 | 850 | 670 | 560 | — | — | 2200 | 1600 | 1200 | 950 | 800 | — | — | 3000 | 2200 | 1700 | 1300 | 1100 |
|  |  | 20 | 45 | — | — | 950 | 670 | 500 | 400 | 340 | — | — | 1300 | 950 | 700 | 560 | 480 | — | — | 1900 | 1300 | 1000 | 780 | 670 | — | — | 2200 | 1900 | 1400 | 1100 | 950 |
|  |  | 45 | — | — | — | 400 | 280 | 210 | 170 | 140 | — | — | 560 | 400 | 300 | 240 | 200 | — | — | 800 | 560 | 420 | 340 | 280 | — | — | 900 | 800 | 600 | 450 | 400 |
| 1600 | — | — | 20 | — | — | — | 1200 | 1000 | 850 | 700 | — | — | — | 1700 | 1400 | 1200 | 1000 | — | — | — | 2500 | 2000 | 1700 | 1400 | — | — | — | 3600 | 3000 | 2400 | 2400 |
|  |  | 20 | 45 | — | — | — | 1050 | 850 | 700 | 600 | — | — | — | 1500 | 1200 | 1000 | 850 | — | — | — | 2100 | 1700 | 1400 | 1200 | — | — | — | 3000 | 2400 | 2000 | 2000 |
|  |  | 45 | — | — | — | — | 450 | 360 | 300 | 300 | — | — | — | 600 | 500 | 420 | 420 | — | — | — | 900 | 700 | 600 | 600 | — | — | — | 1300 | 1000 | 850 | 850 |

注: 1. 表中数值适用于非修形齿轮，对修形齿轮允许采用低 1 级的 $\pm f_{AM}$ 值。

2. 表中数值适用于 $\alpha = 20°$ 的齿轮，对 $\alpha \neq 20°$ 的齿轮，将表中数值乘以 $\sin 20° / \sin \alpha$。

**表 5.3-44　轴间距极限偏差 ±$f_a$ 值**　　　　　　　　　（单位：μm）

| 中点锥距/mm | | 精 度 等 级 | | | | | | | | |
|---|---|---|---|---|---|---|---|---|---|---|
| 大于 | 到 | 4 | 5 | 6 | 7 | 8 | 9 | 10 | 11 | 12 |
| — | 50 | 10 | 10 | 12 | 18 | 28 | 36 | 67 | 105 | 180 |
| 50 | 100 | 12 | 12 | 15 | 20 | 30 | 45 | 75 | 120 | 200 |
| 100 | 200 | 13 | 15 | 18 | 25 | 36 | 55 | 90 | 150 | 240 |
| 200 | 400 | 15 | 18 | 25 | 30 | 45 | 75 | 120 | 190 | 300 |
| 400 | 800 | 18 | 25 | 30 | 36 | 60 | 90 | 150 | 250 | 360 |
| 800 | 1600 | 25 | 36 | 40 | 50 | 85 | 130 | 200 | 300 | 450 |
| 1600 | — | 32 | 45 | 56 | 67 | 100 | 160 | 220 | 420 | 630 |

注：1. 表中数只用于无纵向修形的齿轮副。对纵向修形的齿轮副，允许采用低 1 级的 ±$f_a$ 值。
　　2. 对双准曲面齿轮副，按大轮中点锥距查表。

**表 5.3-45　轴交角极限偏差 ±$E_\Sigma$ 值**　　　　　　　　　（单位：μm）

| 点焦距/mm | | 小轮分锥角/(°) | | 最小法向侧隙种类 | | | | | |
|---|---|---|---|---|---|---|---|---|---|
| 大于 | 到 | 大于 | 到 | h e | d | c | b | a | |
| — | 50 | — | 15 | 7.5 | 11 | 18 | 30 | 45 | |
| | | 15 | 25 | 10 | 16 | 26 | 42 | 63 | |
| | | 25 | — | 12 | 19 | 30 | 50 | 80 | |
| 50 | 100 | — | 15 | 10 | 16 | 26 | 42 | 63 | |
| | | 15 | 25 | 12 | 19 | 30 | 50 | 80 | |
| | | 25 | — | 15 | 22 | 32 | 60 | 95 | |
| 100 | 200 | — | 15 | 12 | 19 | 30 | 50 | 80 | |
| | | 15 | 25 | 17 | 26 | 45 | 71 | 110 | |
| | | 25 | — | 20 | 32 | 50 | 80 | 125 | |
| 200 | 400 | — | 15 | 15 | 22 | 32 | 60 | 95 | |
| | | 15 | 25 | 24 | 36 | 56 | 90 | 140 | |
| | | 25 | — | 26 | 40 | 63 | 100 | 160 | |
| 400 | 800 | — | 15 | 22 | 32 | 50 | 80 | 125 | |
| | | 15 | 25 | 28 | 45 | 71 | 110 | 180 | |
| | | 25 | — | 34 | 56 | 85 | 140 | 220 | |
| 800 | 1600 | — | 15 | 26 | 40 | 63 | 100 | 160 | |
| | | 15 | 25 | 40 | 63 | 100 | 160 | 250 | |
| | | 25 | — | 53 | 85 | 130 | 210 | 320 | |
| 1600 | — | — | 15 | 34 | 66 | 85 | 140 | 222 | |
| | | 15 | 25 | 63 | 95 | 160 | 250 | 380 | |
| | | 25 | — | 85 | 140 | 220 | 340 | 530 | |

注：1. ±$E_\Sigma$ 的公差带位置相对于零线，可以不对称或取一侧。
　　2. 准双准曲面齿轮副按大轮中点锥距查表。
　　3. 表中数值用于正交齿轮副。对非正交齿轮副的 ±$E_\Sigma$ 值为 ±$j_{nmin}$/2。
　　4. 表中数值用于 $\alpha = 20°$ 的齿轮，对 $\alpha \neq 20°$ 的齿轮副要将表中数值乘以 $\sin20°/\sin\alpha$。

## 5.9 极限偏差及公差与齿轮几何参数的关系式（表5.3-46）

### 表5.3-46 极限偏差及公差与齿轮几何参数的关系式

| 精度等级 | $F_p$ $F_p = B\sqrt{d_m}+C$ $F_{pk}=0.8B\sqrt{L}+C$ | | $F_r$ 1 $Am_{nm}+B\sqrt{d_m}+C$ $B=0.25A$ | | 2 $Am_{nm}+B\sqrt{d_m}+C$ $B=1.4A$ | | $f_{pt}$ $Am_{nm}+B\sqrt{d_m}+C$ $B=0.25A$ | | $f_c$ $0.84(Am_{nm}+Bd_m+C)$ $B=0.0125A$ | | $f_{zzc}$ $Am_{nm}B+zC$ | | | $f_a$ $A\sqrt{0.3R_m}+C$ | |
|---|---|---|---|---|---|---|---|---|---|---|---|---|---|---|---|
| | $B$ | $C$ | $A$ | $C$ | $A$ | $C$ | $A$ | $C$ | $A$ | $C$ | $A$ | $B$ | $C$ | $A$ | $C$ |
| 4 | 1.25 | 2.5 | 0.9 | 11.2 | 0.4 | 4.8 | 0.25 | 3.15 | 0.21 | 3.4 | 2.5 | 0.315 | 0.115 | 0.94 | 4.7 |
| 5 | 2 | 4 | 1.4 | 18 | 0.63 | 7.5 | 0.4 | 5 | 0.34 | 4.2 | 3.46 | 0.349 | 0.123 | 1.2 | 6 |
| 6 | 3.15 | 6 | 2.24 | 28 | 1 | 12 | 0.63 | 8 | 0.53 | 5.3 | 5.15 | 0.344 | 0.126 | 1.5 | 7.5 |
| 7 | 4.45 | 9 | 3.15 | 40 | 1.4 | 17 | 0.9 | 11.2 | 0.84 | 6.7 | 7.69 | 0.348 | 0.125 | 1.87 | 9.45 |
| 8 | 6.3 | 12.5 | 4 | 50 | 1.75 | 21 | 1.25 | 16 | 1.34 | 8.4 | 9.27 | 0.185 | 0.072 | 3 | 15 |
| 9 | 9 | 18 | 5 | 63 | 2.2 | 26.5 | 1.8 | 22.4 | 2.1 | 13.4 | — | — | — | 4.75 | 24 |
| 10 | 12.5 | 25 | 6.3 | 80 | 2.75 | 33 | 2.5 | 31.5 | 3.35 | 21 | — | — | — | 7.5 | 37.5 |
| 11 | 17.5 | 35.5 | 8 | 100 | 3.44 | 41.5 | 3.55 | 45 | 5.3 | 34 | — | — | — | 12 | 60 |
| 12 | 25 | 50 | 10 | 125 | 4.3 | 51.5 | 5 | 63 | 8.4 | 53 | — | — | — | 19 | 94.5 |

$F_{vj}=1.36F_r$；$f'_{zk}=f'_{zkc}=(k^{-0.6}+0.13)F_r$（按高 I 级精度的 $F_r$ 值计算）；$\pm f_{AM}=\dfrac{R_m\cos\delta}{8m_{nm}}$；$F''_{i\Sigma c}=1.96F_r$，$i''_{i\Sigma c}=1.96f_{pt}$

| 说明 | |
|---|---|
| $d_m$——中点分度圆直径 | |
| $m_{nm}$——中点法向模数 | |
| $z$——齿数 | |
| $L$——中点分度圆弧长 | |
| $R_m$——中点锥距 | |
| $\delta$——分锥角 | |
| $k$——齿轮在一转（齿轮副在大轮一转）内的周期数 | |

注：$F_r$ 值，取表中关系式 1 和关系式 2 计算所得所得的较小值。

## 5.10  应用示例

已知正交弧齿锥齿副：大齿轮齿数 =30、小齿轮齿数 =28、中点法向模数 = 2.7376mm、中点法向压力角 =20°、中点螺旋角 =35°、齿宽 $b$ =27mm、精度等级为 6-7-6c GB/T 11365，则所求齿轮副的各项公差或极限偏差见表 5.3-47。

**表 5.3-47  所求齿轮副的各项公差或极限偏差**

| 检验对象 | 项目名称 | 代号 | 公差或极限偏差/μm | | 说　明 |
|---|---|---|---|---|---|
| | | | 大轮 | 小轮 | |
| 齿轮 | 切向综合公差 | $F'_i$ | 41 | | $F'_i = F_p + 1.15f_c$ |
| | 齿距累积公差 | $F_p$ | 32 | | 按表 5.3-29 |
| | $k$ 个齿距累积公差 | $F_{pk}$ | 25 | | 按表 5.3-29 |
| | 一齿切向综合公差 | $f'_i$ | 19 | | $f'_i = 0.8(F_{pt} + 1.15f_c)$ |
| | 周期误差的公差 | $f'_{zk}$ | 17 | 2 ~ 4 | 周期数 $k$ |
| | | | 13 | >4 ~ 8 | |
| | | | 10 | >8 ~ 16 | |
| | | | 8 | >16 ~ 32 | |
| | | | 6 | >32 ~ 63 | 轴向重合度 $\varepsilon_\beta$ 大于表 5.3-25 界限值按表 5.3-31 |
| | | | 5.3 | >63 ~ 125 | |
| | | | 4.5 | >125 ~ 250 | |
| | | | 4.2 | >250 ~ 500 | |
| | | | 4 | >500 | |
| | 齿距极限偏差 | $\pm f_{pt}$ | ± 14 | | 按表 5.3-32 |
| | 齿形相对误差的公差 | $f_c$ | 8 | | 按表 5.3-33 |
| | 齿厚上偏差 | $E^-_{ss}$ | − 59 | − 54 | 按表 5.3-40 |
| | 齿厚公差 | $T^-_s$ | 52 | | 按表 5.3-41 |
| 齿轮副 | 齿轮副切向综合公差 | $F'_{ic}$ | 82 | | $F'_{ic} = F_{i1} + F_{i2}$ |
| | 齿轮副切向相邻齿综合公差 | $f'_{ic}$ | 38 | | $f'_{ic} = f_{i1} + f_{i2}$ |
| | 齿轮副周期误差的公差 | $f'_{zkc}$ | 同 $f'_{zk}$ | | 按表 5.3-31 |
| | 接触斑点 | 沿齿长 | 50% ~ 70% | | 按表 5.3-37 |
| | | 沿齿高 | 55% ~ 75% | | |
| | 最小法向侧隙 | $j_{nmin}$ | 74 | | 按表 5.3-39 |
| | 最大法向侧隙 | $j_{nmax}$ | 240 | | $j_{nmax} = E^-_{ss1} + E^-_{ss2} + T^-_{s1} + T^-_{s2} + E^-_{s\Delta1} + E^-_{s\Delta2}$ |
| 安装精度 | 齿圈轴向位移极限偏差 | $\pm f_{AM}$ | ± 24 | ± 56 | 按表 5.3-43 |
| | 轴间距极限偏差 | $\pm f_a$ | ± 20 | | 按表 5.3-44 |
| | 轴交角极限偏差 | $\pm E_\Sigma$ | ± 32 | | 按表 5.3-45 |

# 6　锥齿轮工作图例（图 5.3-22 ~ 图 5.3-24）

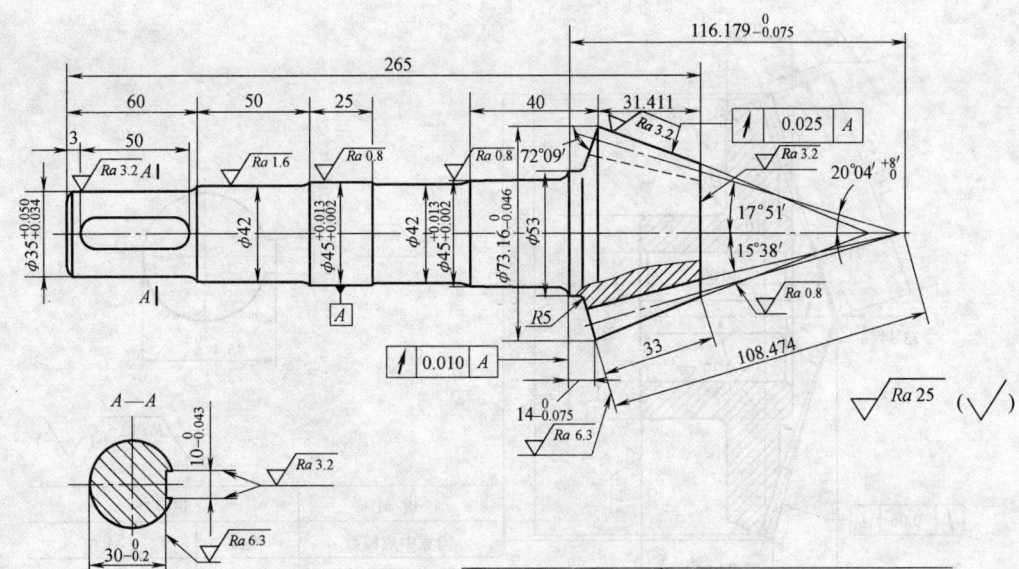

| 齿　制 | | GB/T 12369—1990 |
|---|---|---|
| 大端断面模数 | $m_e$ | 3.5 |
| 齿　数 | $z$ | 19 |
| 中点螺旋角 | $\beta$ | 0 |
| 螺转方向 | — | — |
| 刀具的齿形角 | $\alpha$ | 20° |
| 刀具的齿顶高系数 | $h_a^*$ | 1 |
| 切向变位系数 | $x_t$ | 0 |
| 径向变位系数 | $x$ | 0 |
| 大端齿高 | $h_e$ | 7.7 |
| 配对齿轮 | 图号 | — |
| | 齿数 | 59 |
| 精度等级 | | 6cB GB/T 11365—1989 |
| 公差组 | 检验项目 | 数　值 |
| Ⅰ | $F_i'$ | 0.038 |
| Ⅱ | $f_i'$ | 0.013 |
| Ⅲ | 沿齿长接触率>60% | |
| | 沿齿高接触率>60% | |
| 大端分度圆弦齿厚 | $\bar{s}$ | $5.452_{-0.113}^{-0.048}$ |
| 大端分度圆弦齿高 | $\bar{h}_{ac}$ | 3.608 |

技术要求

1.渗碳淬火后齿面硬度为58～63HRC

2.未注明倒角为C2；

3.未注明圆角半径为R2；

4.两轴端中心孔为A5/10.6 GB/T 145—2001。

图 5.3-22　直齿锥齿轮工作图

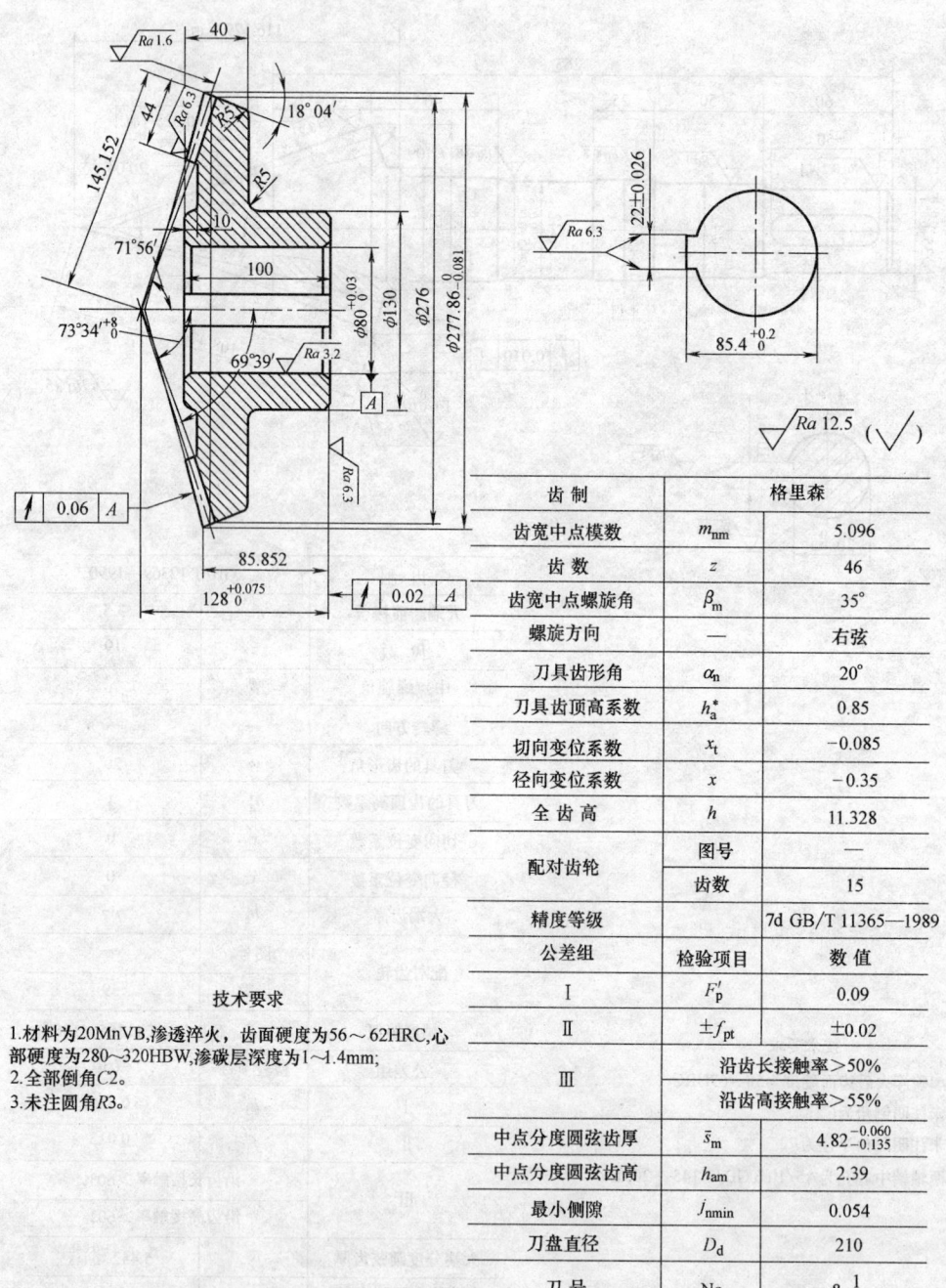

| 齿 制 | | 格里森 |
|---|---|---|
| 齿宽中点模数 | $m_{nm}$ | 5.096 |
| 齿 数 | $z$ | 46 |
| 齿宽中点螺旋角 | $\beta_m$ | 35° |
| 螺旋方向 | — | 右弦 |
| 刀具齿形角 | $\alpha_n$ | 20° |
| 刀具齿顶高系数 | $h_a^*$ | 0.85 |
| 切向变位系数 | $x_t$ | −0.085 |
| 径向变位系数 | $x$ | −0.35 |
| 全 齿 高 | $h$ | 11.328 |
| 配对齿轮 | 图号 | — |
| | 齿数 | 15 |
| 精度等级 | | 7d GB/T 11365—1989 |
| 公差组 | 检验项目 | 数 值 |
| Ⅰ | $F_p'$ | 0.09 |
| Ⅱ | $\pm f_{pt}$ | ±0.02 |
| Ⅲ | | 沿齿长接触率＞50% |
| | | 沿齿高接触率＞55% |
| 中点分度圆弦齿厚 | $\bar{s}_m$ | $4.82^{-0.060}_{-0.135}$ |
| 中点分度圆弦齿高 | $h_{am}$ | 2.39 |
| 最小侧隙 | $j_{nmin}$ | 0.054 |
| 刀盘直径 | $D_d$ | 210 |
| 刀 号 | No. | $8\frac{1}{2}$ |

**技术要求**

1. 材料为20MnVB,渗透淬火，齿面硬度为56～62HRC,心部硬度为280~320HBW,渗碳层深度为1～1.4mm;
2. 全部倒角C2。
3. 未注圆角R3。

**图 5.3-23　格里森曲线齿锥齿轮工作图**

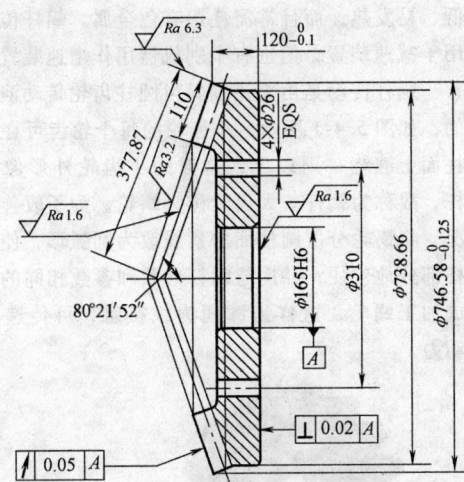

$\sqrt{Ra\,12.5}\;(\sqrt{\phantom{x}})$

**技术要求**

1. 渗透淬火后，齿面硬度为58～62HRC；
2. 未注明倒角为C3。

| 齿 制 | | 克林根贝尔格 |
|---|---|---|
| 齿宽中点模数 | $m_{nm}$ | 10.5 |
| 齿 数 | $z$ | 53 |
| 齿宽中点螺旋角 | $\beta_m$ | 29°11′23″ |
| 螺旋方向 | — | 左 |
| 刀具的齿形角 | $\alpha_n$ | 20° |
| 刀具的齿顶高系数 | $h_a^*$ | 1 |
| 径向变位系数 | $x_t$ | − 0.05 |
| 径向变位系数 | $x$ | − 0.552 |
| 齿 高 | $h$ | 23.625 |
| 齿顶高 | $h_a$ | 4.704 |
| 配对齿轮 | 图号 | |
| | 齿数 | 9 |
| 精度等级 | — | 6b GB/T 11365—1989 |
| 公差组 | 检验项目 | 数 值 |
| Ⅰ | $F_i'$ | 0.115 |
| Ⅱ | $f_i'$ | 0.028 |
| Ⅲ | 沿齿长接触率＞60% | |
| | 沿齿高接触率＞60% | |
| 齿宽中点法向弦齿厚 | $\bar{s}_n$ | $11.51^{-0.12}_{-0.25}$ |
| 齿宽中点法向弦齿高 | $h$ | 4.711 |
| 刀盘半径 | $r_b$ | 210 |
| 刀片组数 | $z_0$ | 5 |

**图 5.3-24　克林根贝尔格锥齿轮工作图**

# 第4章 蜗杆传动

## 1 概述

### 1.1 蜗杆传动的名词术语

蜗杆传动是在空间交错的两轴间传递运动和动力的一种传动，两轴线间的夹角可为任意值，常用的为90°。这种传动由于具有结构紧凑、传动比大、传动平稳以及在一定的条件下具有可靠的自锁性等优点，被广泛应用在机床、汽车、仪器、起重运输机械、冶金机械及其他机器或设备中。其不足之处是传动效率低、易发热，而且常需耗用有色金属。蜗杆传动通常用于减速装置，但也有个别机器用作增速装置。

蜗杆传动是由交错轴斜齿圆柱齿轮传动演变而来的，如图5.4-1所示。小齿轮的每个轮齿可在分度圆柱面上缠绕一周以上，这样的小齿轮外形像一根螺杆，故称为蜗杆。大齿轮称为蜗轮。为了改善啮合状况，将蜗轮分度圆柱面的素线改为圆弧形，使之将蜗杆部分地包住，并用与蜗杆形状和参数相同的滚刀展成加工蜗轮，这样齿廓间为线接触，可传递较大的动力。

图5.4-1 蜗杆蜗轮

随着机器功率的提高，近年来出现了多种新型的蜗杆传动，效率低的缺点正在逐步改善。蜗杆传动的特征如下：

1）能实现大的传动比。在动力传动中，蜗杆传动的一般传动比 $i$ 为 5~80；在分度机构或手动机构的传动中，传动比可达300；若只传递运动，传动比可达1000。由于传动比大，零件数目又少，因而结构很紧凑。

2）在蜗杆传动中，由于蜗杆齿是连续不断的螺旋齿，它和蜗轮齿是逐渐进入啮合及逐渐退出啮合的，同时啮合的齿对又较多，故冲击载荷小，传动平稳，噪声低。

3）当蜗杆的导程角小于啮合面的当量摩擦角时，蜗杆传动便具有自锁性。

4）蜗杆传动与螺旋齿轮传动相似，在啮合处有相对滑动。当滑动速度很大，工作条件不够良好时，会产生较严重的摩擦与磨损，从而引起过分发热，使润滑情况恶化。因此，摩擦损失较大，效率低；当传动具有自锁性时，效率仅为0.4左右。

5）蜗杆传动是一种特殊的交错轴斜齿轮传动，交错角 $\Sigma = 90°$，蜗杆齿数很少，一般 $z_1$ 为 1~4；它具有螺旋传动的某些特点，蜗杆相当于螺杆，蜗轮相当于螺母，蜗轮部分地包容蜗杆，如图5.4-2所示。

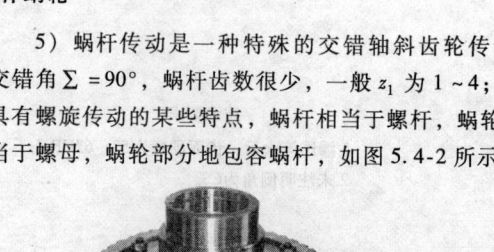

图5.4-2 蜗轮和蜗杆

### 1.2 蜗杆传动的分类

#### 1.2.1 按蜗杆外形分类

1. 圆柱蜗杆传动

圆柱蜗杆传动又分为普通圆柱蜗杆传动和圆弧蜗

杆传动两类。普通圆柱蜗杆包括阿基米德蜗杆、渐开
线蜗杆、法向直廓蜗杆和锥面包络蜗杆等,如图
5.4-3所示。圆弧蜗杆如图5.4-4所示。

2. 环面蜗杆传动

环面蜗杆传动的蜗杆外形是以一段凹圆弧曲线绕
蜗杆轴线回转而成的圆环面,故称其为环面蜗杆
(Enveloping worm),也有文献称其为圆弧回转面蜗杆
或球面蜗杆。由环面蜗杆和相配的蜗轮啮合就构成了
环面蜗杆传动,如图5.4-5所示。环面蜗杆传动分为
轨迹面型(车削型)环面蜗杆传动和包络型环面蜗
杆传动两大类。

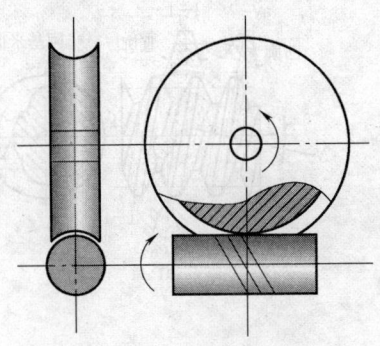

图 5.4-3 普通圆柱蜗杆

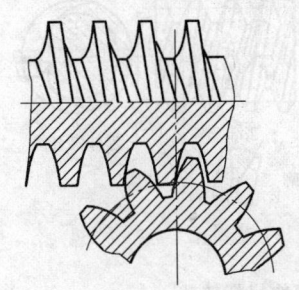
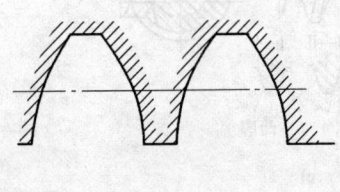

图 5.4-4 圆弧蜗杆

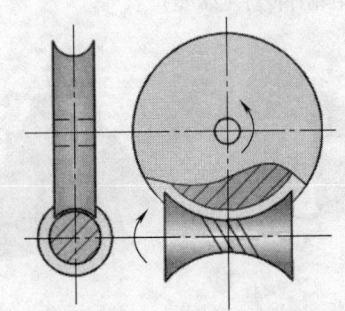

图 5.4-5 环面蜗杆

3. 锥蜗杆传动

图5.4-6所示为锥蜗杆传动,由于蜗杆总是偏置
于蜗轮的侧面,故又称为偏置蜗杆传动。锥蜗杆传动
按齿坯外形分为两种:①蜗杆、蜗轮外形都是锥形

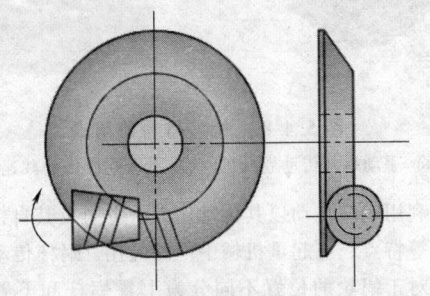

图 5.4-6 锥蜗杆

的,称为锥蜗杆传动(Spiroid worm gearing),其锥角
分别为5°和82°;②蜗轮外形是锥形、蜗杆外形是圆
柱形的,称为偏置蜗杆传动(Helicon worm gearing)。

**1.2.2 按蜗杆齿廓曲线形状分类**

1. 阿基米德圆柱蜗杆(ZA 型)

如图5.4-7a所示,由于蜗杆在端面内的齿廓形
状为阿基米德螺旋线,故称为阿基米德圆柱蜗杆。这
种蜗杆应用历史悠久,工艺成熟,应用广泛,但由于
共轭齿面呈凸凸啮合、诱导曲率小、大螺旋角蜗杆难
以加工,故只适用于中小载荷传动。

2. 法面直廓圆柱蜗杆(ZN 型)

如图5.4-7b所示,将车刀切削平面放置于蜗杆
法面上,可加工出 ZN 型蜗杆。由于蜗杆法面齿形是
直线,故称为法面直廓蜗杆。ZN 型蜗杆分为三类:
①齿槽法向直廓蜗杆;②齿体法向直廓蜗杆;③齿面
法向直廓蜗杆。由于可以加工出大螺旋角蜗杆,因此
ZN 型蜗杆多用于分度传动。

3. 渐开线圆柱蜗杆(ZI 型)

如图5.4-7c所示,由于蜗杆在端面内的齿廓形
状为渐开线,故称为渐开线蜗杆。ZI 型蜗杆磨削工
艺性好,可用平面砂轮磨削,可获得精度高的硬齿面
蜗杆,具有较高的承载能力和传动效率,是圆柱蜗杆
中应用最多的动力传动蜗杆。

4. 锥面包络圆柱蜗杆(ZK 型)

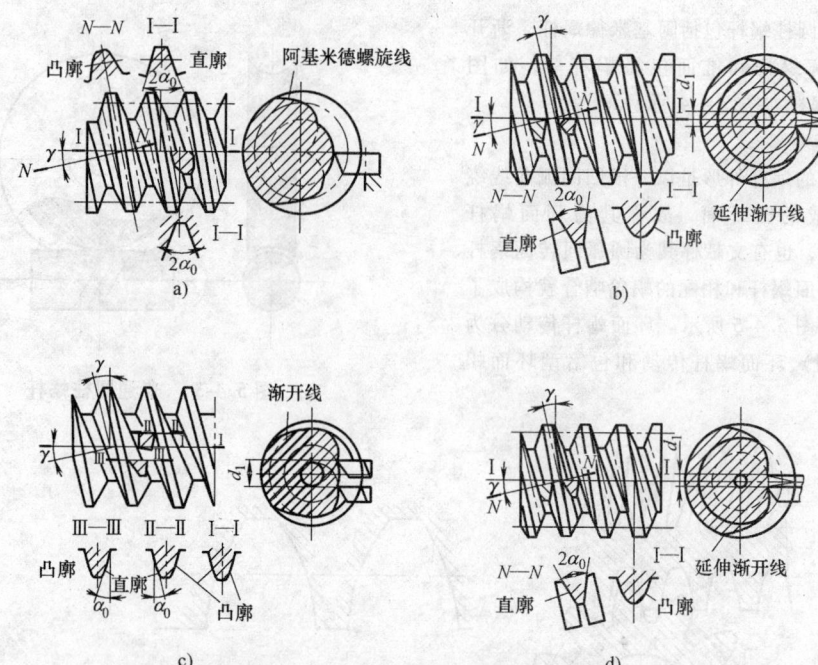

**图 5.4-7　不同蜗杆齿廓曲线的蜗杆传动**

a）阿基米德圆柱蜗杆传动（ZA 型）　b）法向直廓圆柱蜗杆传动（ZN 型）

c）渐开线圆柱蜗杆传动（ZI 型）　d）锥面包络圆柱蜗杆传动（ZK 型）

如图 5.4-7d 所示，ZK 型蜗杆的啮合特性和车削直廓圆柱蜗杆基本相同。由于是包络型蜗杆齿面，因而磨削工艺性好，可获得高精度的硬齿面蜗杆。但齿形曲线复杂、测量困难，因此应用较少，有待进一步研究。

## 1.3　蜗杆传动的特点与应用

1. 蜗杆传动的特点

（1）优点　蜗杆传动具有以下优点：

1）传动比大，机构紧凑。

2）重合度大，传动平稳、噪声低。

3）反向行程时可自锁，安全可靠。

（2）缺点　蜗杆传动具有以下缺点：

1）齿面磨损大。

2）效率低，成本较高。

2. 蜗杆传动的应用

蜗杆传动常用于两轴交错、传动比较大的场合，广泛应用在机床、汽车、仪器、冶金机械及其他机器或设备中，如图 5.4-8 所示。由于蜗杆传动的效率随蜗杆头数的增加而增加，因此传递较大功率时常取蜗杆头数 $Z_1$ 为 2～4。需要机构自锁时，应选择较少的蜗杆头数且应减小蜗杆导程角。具有反向自锁能力的蜗杆常用于卷扬机等起重机械中（见图 5.4-8a、b），起安全保护作用。

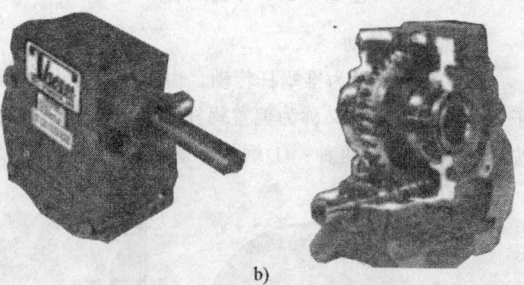

**图 5.4-8　蜗杆传动的用途**

a）手动蜗杆传动卷扬机　b）单级蜗杆传动减速器

利用蜗杆传动以其传动比大、省力及其自锁性能优良等特点，在起重机械中广泛应用。蜗杆传动按蜗杆相对于蜗轮的位置不同分为上置蜗杆和下置蜗杆传动。

## 1.4　影响蜗杆传动质量的主要因素

动力蜗杆传动的综合质量指标是承载能力（或使用寿命）和传动效率。

改善接触线形状是提高传动质量的主要途径；工艺上寻找便于磨削的齿形以提高传动精度，减小齿面的表面粗糙度数值；合理选择润滑油及润滑方式；合理选择材料、材料热处理；材料搭配；合理采用非对偶展成法，加工出"人工油涵"等都是提高现代化蜗杆传动的承载能力和传动效率举措的重要方面。

## 2　蜗杆传动的啮合原理

### 2.1　啮合的理论基础

#### 2.1.1　共轭曲面

机构中两构件上用以实现给定运动规律连续相切的一对曲面称为共轭曲面。空间齿轮传动、蜗杆传动、空间凸轮机构、齿轮加工刀具设计、多种泵的设计和各种空间曲面，如涡轮机叶片、光学镜面的加工等都涉及共轭曲面问题。

单自由度线接触共轭曲面是应用最多的共轭曲面。已知共轭运动和共轭曲面中的一个曲面，求另一个曲面，是共轭曲面原理中的基本问题，大多数齿轮和凸轮等曲面设计都属于这种情况。其求解方法有包络法和运动法等，因包络法比较繁琐，故人们多用运动法求解。一对共轭曲面在啮合过程中连续相切的条件是两曲面在接触点处的相对速度应与过该点所作这对共轭曲面的公法线垂直。根据这个原理，在给定的曲面 1 上任选一点，找出该点进入接触位置曲面所需的转角和位移，用坐标转换法或矢量回转法等即可求得接触点在固定空间中的位置，即啮合曲面上的一个对应点，同时也可求出曲面 2 上的对应点。这样一点

一点地求解，最后可求得整个啮合曲面和与曲面 1 共轭的曲面 2。

共轭曲面应用很广，为了提高工作性能，各种齿轮，特别是蜗杆传动中新齿形层出不穷。将共轭曲面原理与生产实际相结合，特别是一些大型部件曲面的加工、近似曲面的研究与应用和新齿形等，都是进一步研究的方向。此外，共轭曲面结合工艺方法、加工精度、材料弹性、热处理变形和润滑等问题，也有待进一步研究。

**1. 啮合函数**

蜗杆副的共轭条件是共轭点处相对速度与其公法线相互垂直。根据共轭条件获得的啮合函数式可表达为

$$\phi(u,v,t) = (r_u, r_v, r_t) = n \cdot v^{(12)} \quad (5.4\text{-}1)$$

啮合方程式为

$$n \cdot v^{(12)} = n_x v_x^{(12)} + n_y v_y^{(12)} + n_z \cdot v_z^{(12)} = 0$$
$$(5.4\text{-}2)$$

考虑到蜗杆齿面为螺旋面，满足条件为

$$n_x \cdot y - n_y \cdot x = n_z \cdot p$$

于是啮合方程式可写成

$$\begin{cases} A\sin\varphi_1 + B\cos\varphi_2 - C = 0 \\ A = n_{y1}y + n_{x1}x + n_{y1}zi_{21} \\ B = -(pn_{z1} + zn_{x1}i_{21}) \\ C = -n_{z1}(a+x)i_{21} \end{cases}$$

或

$$\begin{cases} \cos(\varphi_1 - \delta) = C/\sqrt{A^2+B^2} \\ \sin\delta = A/\sqrt{A^2+B^2} \\ \cos\delta = B/\sqrt{A^2+B^2} \\ \tan\delta = A/B \end{cases} \quad (5.4\text{-}3)$$

**2. 共轭曲面相关方程式**

共轭曲面相关方程式见表 5.4-1。

**表 5.4-1　共轭曲面方程式**

| 名　称 | 矢　量　式 | 坐　标　式 |
|---|---|---|
| 蜗杆齿面上接触线方程式 | $\begin{cases} r_1 = r_1(u,v) \\ A\sin\varphi_1 + B\cos\varphi_1 - C = 0 \end{cases}$ | $\begin{cases} x_1 = x_1(u,v) \\ y_1 = y_1(u,v) \\ z_1 = z_1(u,v) \\ A\sin\varphi_1 + B\cos\varphi_1 - C = 0 \end{cases}$ |
| 啮合线方程式 | $\begin{cases} r = r(u,v,t) \\ A\sin\varphi_1 + B\cos\varphi_1 - C = 0 \end{cases}$ | $\begin{cases} x = x(u,v,t) \\ y = y(u,v,t) \\ z = z(u,v,t) \\ A\sin\varphi_1 + B\cos\varphi_1 - C = 0 \end{cases}$ |
| 蜗轮齿面方程式 | $\begin{cases} r_2 = r_2(u,v,t,i_{21}) \\ A\sin\varphi_1 + B\cos\varphi_1 - C = 0 \end{cases}$ | $\begin{cases} x_2 = x_2(u,v,t,i_{21}) \\ y_2 = y_2(u,v,t,i_{21}) \\ z_2 = z_2(u,v,t,i_{21}) \\ A\sin\varphi_1 + B\cos\varphi_1 - C = 0 \end{cases}$ |

#### 2.1.2　两类界限线的基本概念

1. 一类界限线（根切界限线）

蜗轮齿面上异常点的集合组成一类界限，即根切界限线。在一类界限线上各点的运动条件为

$$
\begin{cases}
\dfrac{dr_1}{dt} = -v^{(12)} \\[2mm]
\dfrac{d^2 r_2}{dt} = 0
\end{cases}
\tag{5.4-4}
$$

根切界限线可由式（5.4-4）求解

$$
\begin{cases}
r_2 = r_2(u,v,\varphi_1,\varphi_2) \\
\phi(u,v,t) = 0 \\
\psi(u,v,t) = 0
\end{cases}
\tag{5.4-5}
$$

式中

$$
\psi(u,v,t) = \frac{1}{D^2}
\begin{vmatrix}
r_u^2 \cdots r_u r_v \cdots r_u v^{(12)} \\
r_v \cdot r_u \cdots r_v^2 \cdots r_v v^{(12)} \\
\Phi_u \cdots \Phi_v \cdots \Phi_t
\end{vmatrix}
$$

$$
D^2 = r_u^2 r_v^2 - (r_u r_v)^2
$$

2. 二类界限线（啮合界限线）

在蜗杆齿面上工作区（共轭区）与非工作区的分界线称二类界限线，即啮合界限线，二类界限线上各点的运动条件是：

$$
\begin{cases}
\dfrac{dr_1}{dt} = 0 \\[2mm]
\dfrac{d^2 r_2}{dt} = 0
\end{cases}
\tag{5.4-6}
$$

由共轭曲面的啮合方程式可知，$A^2 + B^2 = C^2$ 必然是啮合界限线上的点，于是有 $\Phi = \Phi_t = 0$ 是二类界限线存在条件，亦即：

$$
\begin{cases}
r = r(u, v, t) \\
\Phi(u, v, t) = 0，\text{其中 } \Phi_t = \\
\Phi_t(u, v, t) = 0
\end{cases}
$$

$\dfrac{d\Phi}{dt}$。

#### 2.1.3　二次啮合的基本概念

如图 5.4-9 所示，由共轭曲面的啮合方程式可

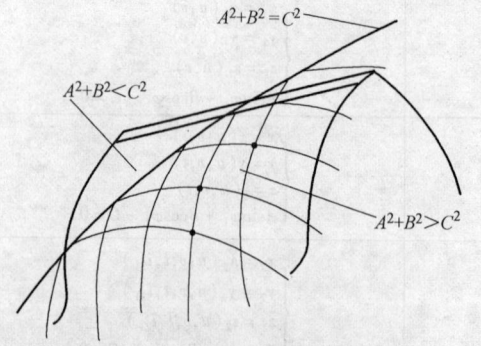

图 5.4-9　蜗杆齿面的二次啮合线

知，$A^2 + B^2 < C^2$ 时，$\cos(\varphi_1 - \delta) = 0$ 无解，是非啮合区内的点；$A^2 + B^2 = C^2$ 是啮合界限线上的点；$A^2 + B^2 > C^2$ 时，则 $\cos(\varphi_1 - \delta) = 0$ 有两个解，亦即共轭区内的点有可能两次进入啮合。这种现象称为二次接触（或称二次啮合）。可见，二次接触的条件是 $A^2 + B^2 > C^2$。

#### 2.1.4　诱导法曲率

如图 5.4-10 所示，两个相接触的共轭曲面 $\Sigma^{(1)}$、$\Sigma^{(2)}$ 做啮合运动时，在每一啮合点 $M$ 处相切，在该点处沿任意切线方向曲面的法曲率之差，称为该方向的诱导法曲率。诱导法曲率的大小表明了两个共轭曲面在啮合点 $M$ 沿所求诱导法曲率方向的贴近程度。设 $K_n^{(1)}$、$K_n^{(2)}$、$\rho_n^{(1)}$、$\rho_n^{(2)}$ 分别表示两曲面在 $M$ 点处所求方向的曲率和曲率半径则有：

$$
\begin{cases}
K_n^{(12)} = K_n^{(1)} - K_n^{(2)} \\[2mm]
\dfrac{1}{\rho_n^{(12)}} = \dfrac{1}{\rho_n^{(1)}} - \dfrac{1}{\rho_n^{(2)}}
\end{cases}
\tag{5.4-7}
$$

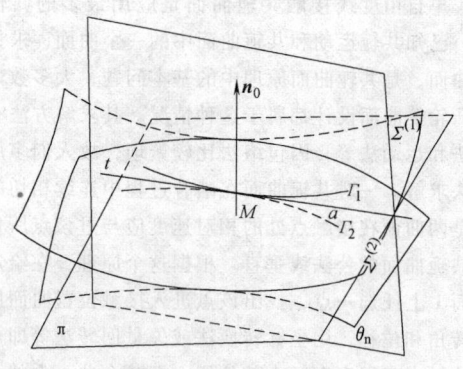

图 5.4-10　蜗杆齿面的诱导法曲率

### 2.2　圆柱蜗杆传动的啮合原理

#### 2.2.1　车削型圆柱蜗杆传动的啮合原理

1. 车刀切削刃廓曲线及数学表达式

设坐标系 $\sigma_0[O_0, x_0, y_0, z_0]$ 和车刀固连，则可用的车刀切削刃廓曲线及其数学表达式见表 5.4-2。

2. 圆柱蜗杆螺旋面通用方程式

图 5.4-11 所示为车刀加工蜗杆螺旋面时的相对运动坐标图解。将车刀切削刃廓置于蜗杆基圆柱 $r_b$ 的切面内，然后再绕 $x_0$ 轴转 $\gamma_0$ 角，使 $\gamma_0$ 角等于蜗杆导程角 $\gamma_1$。约定蜗杆不动，车刀绕毛坯做定导程螺旋运动，车刀切削刃廓的轨迹就可以创成出螺旋面。蜗杆螺旋面的数学表达式如下。

**表 5.4-2　可用的车刀切削刃廓曲线**

| 名称 | 示 意 图 | | 数学表达式 | 备 注 |
|---|---|---|---|---|
| 直线刃廓 | | 右侧刃 | $\begin{cases} x_0 = (u\cos\alpha + r_g) \\ y_0 = 0 \\ z_0 = u\sin\alpha \end{cases}$ | $r_g = r_1 - \dfrac{1}{2}e \times \cot\alpha$ |
| | | 左侧刃 | $\begin{cases} x_0 = -(u\cos\alpha + r_g) \\ y_0 = 0 \\ z_0 = -u\sin\alpha \end{cases}$ | |
| 单圆弧刃廓 | | 右侧刃 | $\begin{cases} x_0 = \rho\sin\theta - b \\ y_0 = 0 \\ z_0 = \rho\cos\theta - c \end{cases}$ | — |
| | | 左侧刃 | $\begin{cases} x_0 = \rho\sin\theta - b \\ y_0 = 0 \\ z_0 = c - \rho\cos\theta \end{cases}$ | |
| 双圆弧刃廓 | | 右侧刃 | $\begin{cases} x_0 = \pm\rho_{1,2}\sin\theta_{1,2} - b_{1,2} \\ y_0 = 0 \\ z_0 = \mp\rho_{1,2}\cos\theta_{1,2} \pm c_{1,2} \end{cases}$ | "±"及"∓",上边符号用于凸弧,下边符号用于凹弧 |
| | | 左侧刃 | $\begin{cases} x_0 = \mp\rho_{1,2}\sin\theta_{1,2} - b_{1,2} \\ y_0 = 0 \\ z_0 = \pm\rho_{1,2}\cos\theta_{1,2} \mp c_{1,2} \end{cases}$ | |
| 椭圆刃廓 | | 右侧刃 | $\begin{cases} x_0 = \rho_{1,2}\sin\theta_{1,2} - b_{1,2} \\ y_0 = 0 \\ z_0 = \rho_{1,2}\cos\theta_{1,2} - c_{1,2} \end{cases}$ | — |
| | | 左侧刃 | $\begin{cases} x_0 = \rho_{1,2}\sin\theta_{1,2} - b_{1,2} \\ y_0 = 0 \\ z_0 = \rho_{1,2}\cos\theta_{1,2} - c_{1,2} \end{cases}$ | |

（续）

| 名称 | 示　意　图 | 数学表达式 | 备　注 |
|---|---|---|---|
| 直线刃廓 | 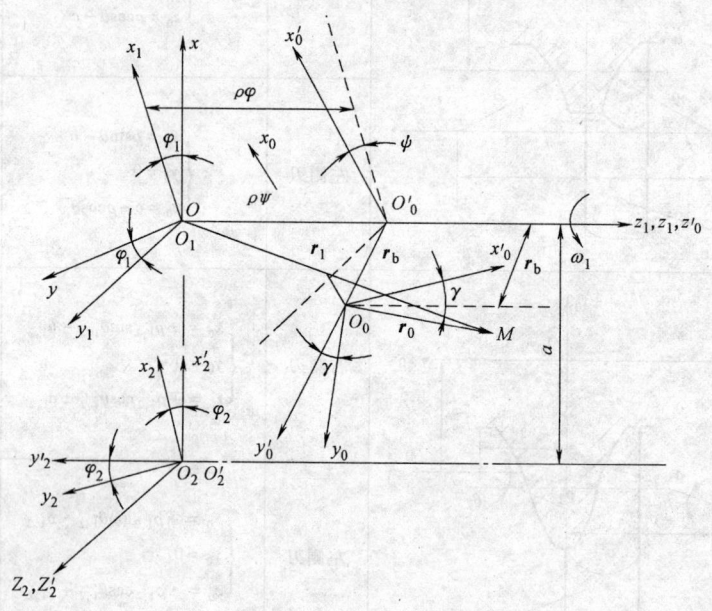 | 右侧刃 $\begin{cases} x_0 = \dfrac{r_b}{\cos\alpha_i}\cos(\psi-\theta) - A \\[2mm] y_0 = 0 \\[2mm] z_0 = \dfrac{r_b}{\cos\alpha_i}\sin(\psi-\theta) \end{cases}$ | |
| | | 左侧刃 $\begin{cases} x_0 = \dfrac{r_b}{\cos\alpha_i}\cos(\psi-\theta) - A \\[2mm] y_0 = 0 \\[2mm] z_0 = -\dfrac{r_b}{\cos\alpha_i}\sin(\psi-\theta) \end{cases}$ | $\theta$-渐开线展角 $\alpha_i$-$\theta$ 对应点的压力角 |

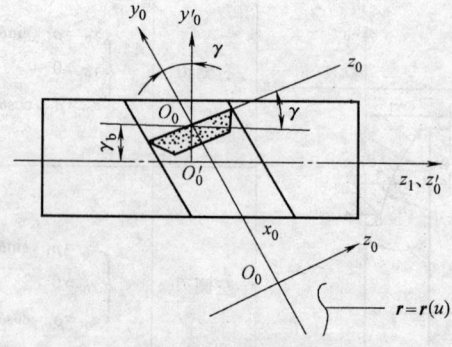

图 5.4-11　车刀加工蜗杆螺旋面时的相对运动关系

在 $\sigma_1$ 坐标系中，

$$\begin{cases} x_1 = x_0\cos\psi - [y_0\cos\gamma_0 + z_0\sin\gamma_0 + r_b]\sin\psi \\ y_1 = x_0\sin\psi + [y_0\cos\gamma_0 + z_0\sin\gamma_0 + r_b]\cos\psi \\ z_1 = y_0\sin\gamma_0 + z_0\cos\gamma_0 + p\psi \end{cases} \quad (5.4\text{-}8)$$

在 $\sigma$ 坐标系中，

$$\begin{cases} x_1 = x_0\cos(\varphi_1 + \psi) - [y_0\cos\gamma_0 + z_0\sin\gamma_0 + r_b]\sin(\varphi_1 + \psi) \\ y_1 = x_0\sin(\varphi_1 + \psi) + [y_0\cos\gamma_0 + z_0\sin\gamma_0 + r_b]\cos(\varphi_1 + \psi) \\ z_1 = y_0\sin\gamma_0 + z_0\cos\gamma_0 + p\psi \end{cases}$$

$$(5.4\text{-}9)$$

式（5.4-8）、式（5.4-9）为车削型圆柱蜗杆右旋螺旋面的通用方程式。左旋时螺旋参数 $p$ 取负值。同时应注意：当车刀切削刃面置于基圆柱的切面上时，式中 $\gamma_0 = 0$；当置于圆柱螺旋线的法面时，$r_b = 0$；而置于轴面内时，$\gamma_0 = 0$，$r_b = 0$。再考虑到 $x_0$、$y_0$、$z_0$ 的数值（由刃廓曲线决定）就可以得到不同齿廓、不同类型的各种圆柱蜗杆螺旋面方程式。

3. 圆柱蜗杆传动的通用啮合方程式

通用啮合方程式为

$$\begin{cases} n \cdot v^{(12)} = n_y x - n_x y + i_{21}(a+x)n_z - i_{21}n_x z = 0 \\ yn_x - xn_y = pn_z \\ p = r_1'\tan\gamma \\ i_{21} = r_1'\tan\gamma/(a - r_1') \end{cases}$$

$$(5.4\text{-}10)$$

由于式中

$$z = \frac{n_z(x - r_1')}{n_x}$$

最后得啮合通用方程式为

$$\begin{cases} z = \dfrac{\left[x_0\dfrac{\mathrm{d}x_0}{\mathrm{d}u} + AB\right](x + r_1')}{M\sin(\varphi_1 + \psi) + N\cos(\varphi_1 + \psi)} \\[2mm] A = \dfrac{\mathrm{d}z_0}{\mathrm{d}u}\sin\gamma_0 + \dfrac{\mathrm{d}y_0}{\mathrm{d}u}\sin\gamma_0 \\[2mm] B = z_0\sin\gamma_0 + y_0\cos\gamma_0 + r_b \\[2mm] M = \dfrac{\mathrm{d}x_0}{\mathrm{d}u}p - B\dfrac{\mathrm{d}y_0}{\mathrm{d}u}\sin\gamma_0 + \dfrac{\mathrm{d}z_0}{\mathrm{d}u}B\cos\gamma_0 \\[2mm] N = \dfrac{\mathrm{d}z_0}{\mathrm{d}u}\sin\gamma_0 + \dfrac{\mathrm{d}y_0}{\mathrm{d}u}\cos\gamma_0 \end{cases}$$

$$(5.4\text{-}11)$$

### 2.2.2 磨削型圆柱蜗杆传动的啮合原理

如图 5.4-12 所示，砂轮除绕自身轴线 $z_0$ 高速转动外，还相对蜗杆毛坯做定导程螺旋运动。蜗杆螺旋面是砂轮刃面的包络面。砂轮加工螺旋面的过程是一个啮合过程，应满足啮合条件 $n_0 \cdot v^{(01)} = 0$，称第一次啮合条件。若以蜗杆为刀具（滚刀）用对偶展成

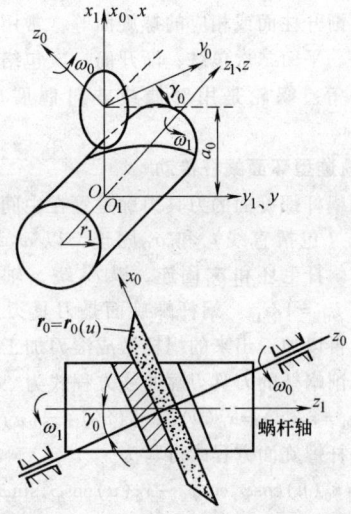

**图 5.4-12　砂轮磨削蜗杆原理图**

法加工蜗轮，则蜗轮齿面又是蜗杆螺旋面的包络面，故应满足啮合条件 $n \cdot v^{(12)} = 0$，称为第二次啮合条件。

第一次啮合通用方程式

$$n_0 \cdot v^{(01)} = 0$$

$$n_0 = \left[-x_0'\cos\beta\frac{\mathrm{d}z_0'}{\mathrm{d}u}\right]i + \left[-x_0'\sin\beta\frac{\mathrm{d}z_0'}{\mathrm{d}u}\right]j + x_0'\frac{\mathrm{d}x_0'}{\mathrm{d}u}k$$

$$\begin{aligned} v^{(01)} = & \left[-\omega_1(z_0\sin\gamma_0 - y_0\cos\gamma_0)\right]i_0 + \\ & \left[-\omega_1\cos\gamma_0(a_0 + x_0) - \omega_1 \times p\sin\gamma_0\right]j_0 + \\ & \omega\left[\sin\gamma_0(a_0 + x_0) - p\cos\gamma_0\right]k_0 \end{aligned}$$

经整理上式可得第一次啮合方程式为

$$\begin{aligned} &\cos\beta\left[\frac{\mathrm{d}z_0'}{\mathrm{d}u}z_0' + \frac{\mathrm{d}x_0'}{\mathrm{d}u}x_0'\right] + \left[a_0\frac{\mathrm{d}z_0'}{\mathrm{d}u}\sin\beta - p\frac{\mathrm{d}x_0'}{\mathrm{d}u}\right]\cot\gamma_0 + \\ & \left[a_0\frac{\mathrm{d}x_0'}{\mathrm{d}u} - p\frac{\mathrm{d}z_0'}{\mathrm{d}u}\sin\beta\right] = 0 \quad (5.4\text{-}12) \end{aligned}$$

第二次啮合方程式为

$$Z = \frac{\left(\dfrac{\mathrm{d}z_0'}{\mathrm{d}u} - \dfrac{\mathrm{d}x_0'}{\mathrm{d}u}\dfrac{\cot\gamma_0}{\sin\beta}\right)\dfrac{x + r_1'}{\sin(\psi - \varphi_1)}}{\dfrac{\mathrm{d}x_0'}{\mathrm{d}u}\dfrac{1}{\sin\beta} + \dfrac{\mathrm{d}z_0'}{\mathrm{d}u}\dfrac{1}{\sin\gamma_0}\left[\cot\beta\cot(\psi - \varphi_1) + \cos\gamma_0\right]}$$

$$(5.4\text{-}13)$$

## 2.3　环面蜗杆传动的啮合原理

环面蜗杆传动是指环形面蜗杆和相应的蜗轮啮合所构成的蜗杆传动机构。按照蜗杆螺旋面形成原理分两大类：一是由刀具切削刃廓线（置在中间平面内）做相对螺旋运动创成的轨迹型（车削型）螺旋面蜗杆（刃廓线可为直线亦可为曲线，用得最多的是直线）；二是刀具刃面在相对运动中包络成的包络型螺

旋面蜗杆。刀具切削刃面可为平面、锥面圆柱面、圆弧柱面、渐开柱面或相应的螺旋面等，常用的有平面一次包络、平面二次包络、渐开面一次包络和渐开面二次包络等。蜗轮是用对偶或非对偶展成法加工而成。

### 2.3.1　轨迹型环面蜗杆传动

切削蜗杆螺旋面的刀具刃廓是置在中间平面内的平面曲线（包括直线）和 $\sigma_0$ 固连，以 $\omega_0$ 绕 $z_0$ 轴转动，同时蜗杆毛坯和 $\sigma_1$ 固连，以 $\omega_1$ 绕 $z_1$ 轴转动，一般情况下 $i_{01} = 1/i_{12}$。蜗杆螺旋面是刀具刃廓曲线的轨迹面，再以加工出来的蜗杆做成滚刀加工蜗轮。

设车削蜗杆的刀具刃廓曲线方程式为

$$r_0 = r_0(u) = x_0(u)i + y_0(u)j + z_0(u)k$$

则蜗杆螺旋面方程式可写为

$$
\begin{cases}
x_1 = x_0(u)\cos\varphi_1\cos\varphi_0 - y_0(u)\cos\varphi_1\sin\varphi_0 - \\
\qquad z_0(u)\sin\varphi_0 + a_0\cos\varphi_0 \\
y_1 = -x_0(u)\sin\varphi_1\cos\varphi_0 + y_0(u)\sin\varphi_1\sin\varphi_0 - \\
\qquad z_0(u)\cos\varphi_0 - a_0\sin\varphi_0 \\
z_1 = x_0(u)\sin\varphi_0 + y_0(u)\cos\varphi_0
\end{cases}
$$

$$(5.4\text{-}14)$$

### 2.3.2　一次包络环面蜗杆传动的通用啮合方程式

以蜗轮齿面为刀具切削刃面，用对偶展成法（或非对偶展成法）加工蜗杆，蜗杆螺旋面是蜗轮齿面的包络面，加工出的蜗杆和相应刀具的蜗轮相啮合即构成一次包络环面蜗杆传动。最常见的是平面一次包络蜗杆传动。还应说明的是，在一次包络蜗杆传动中蜗轮多做成圆柱体，故又可称单包围环面蜗杆传动。

设刀具切削刃面方程式为

$$r_0 = r_0(u,v) = x_0(u,v)i + y_0(u,v)j + z_0(u,v)k$$

由此可求得法矢量 $n_{x0}$、$n_{y0}$、$n_{z0}$。

设啮合点处相对速度为 $v^{(01)}$，在 $\sigma_0$ 里的表达式为

$$
\begin{cases}
v_{x0}^{(01)} = -z_0\cos\varphi_0^{(1)} - i_{01}y_0 \\
v_{y0}^{(01)} = z_0\sin\varphi_0^{(1)} + i_{01}x_0 \\
v_{z0}^{(01)} = -y_0\sin\varphi_0^{(1)} + x_0\cos\varphi_0^{(1)} + a_{01}
\end{cases}
$$

故可利用啮合函数 $\Phi^{(1)} = n \cdot v^{(01)}$ 得通用啮合函数式

$$
\begin{cases}
\Phi^{(1)} = M_1^{(1)}\cos\varphi_0^{(1)} - M_2^{(1)}\sin\varphi_0^{(1)} - M_3^{(1)} \\
M_1^{(1)} = n_{z0}x_0 - n_{x0}z_0 \\
M_2^{(1)} = n_{z0}y_0 - n_{y0}z_0 \\
M_3^{(1)} = (n_{x0}y_0 - n_{y0}x)i_{01} - a_{01}n_{z0}
\end{cases}
$$

$$(5.4\text{-}15)$$

### 2.3.3　二次包络环面蜗杆传动

以第一次包络创成的蜗杆螺旋面为切削刃面（滚刀），再次包络蜗轮齿面称为二次包络面，亦即蜗杆齿面和蜗轮齿面都是刃面的包络面。

二次包络的切削刃面方程式就是蜗杆螺旋面方程式。由 $r_0 = r_0(u,v)$ 的法线和蜗杆螺旋面的法线重合，于是有

$$
\begin{pmatrix} n_{x1} \\ n_{y1} \\ n_{z1} \end{pmatrix} =
\begin{bmatrix}
\cos\varphi_1^{(1)}\cos\varphi_0^{(1)} & -\cos\varphi_1^{(1)}\sin\varphi_0^{(1)} & -\sin\varphi_0^{(1)} \\
-\sin\varphi_1^{(1)}\cos\varphi_0^{(1)} & \sin\varphi_1^{(1)}\sin\varphi_0^{(1)} & -\cos\varphi_0^{(1)} \\
\sin\varphi_0^{1} & \cos\varphi_0^{(1)} & 0
\end{bmatrix}
\begin{bmatrix} n_{x0} \\ n_{y0} \\ n_{z0} \end{bmatrix}
$$

蜗杆和蜗轮的相对速度为

$$
\begin{cases}
v_{x1}^{(12)} = -z_1\cos\varphi_1^{(2)} - i_{12}y_1 \\
v_{y1}^{(12)} = -z_1\sin\varphi_1^{(2)} + i_{12}x_1 \\
v_{z1}^{(12)} = y_1\sin\varphi_1^{(2)} - x_1\cos\varphi_1^{(2)} + a_{02}
\end{cases}
$$

于是，二次包络通用啮合函数为

$$
\begin{aligned}
\Phi_2^{(2)} &= n_{x1}v_{x1}^{(12)} + n_{y1}v_{y1}^{(12)} + n_{z1}v_{z1}^{(12)} \\
&= M_1^{(2)}\cos\varphi_1^{(2)} - M_2^{(2)}\sin\varphi_1^{(2)} - M_3^{(2)}
\end{aligned}
$$

$$(5.4\text{-}16)$$

啮合方程式为

$$
\begin{cases}
M_1^{(2)}\cos\varphi_1^{(2)} - M_2^{(2)}\sin\varphi_1^{(2)} - M_3^{(2)} = 0 \\
M_1^{(2)} = n_{x1}z_1 - n_{z1}x_1 \\
M_2^{(2)} = n_{y1}z_1 - n_{z1}y_1 \\
M_3^{(2)} = (n_{x1}y_1 - n_{y1}x_1)i_{12} - a_{02}n_{z1}
\end{cases}
$$

$$(5.4\text{-}17)$$

二次包络蜗杆传动可以出现"双接触线"，瞬时出现的双接触线中有一条是一次包络时出现的，有一条是蜗杆为刀具是出现的新接触线。这时蜗轮齿面由两部分组成，一部分是一次包络时的刀具切削刃面，一部分是二次包络时蜗杆螺旋面的包络面。

## 3　普通圆柱蜗杆传动的设计

按国家标准规定，普通圆柱蜗杆有四种类型，即 ZA 型、ZI 型、ZN 型和 ZK 型，由于蜗杆齿面的加工工艺存在着可磨削和不可磨削的区别，导致其传动效率和使用寿命有很大差异。

### 3.1　普通圆柱蜗杆传动的啮合特性、啮合要素和有关计算

普通圆柱蜗杆传动，轴交角 $\Sigma$ 为 $90°$，在其中间平面内与齿条传动相同，两共轭齿面呈线接触。蜗轮沿齿长方向是圆环面，包围蜗杆，相当于螺旋副啮

合，所以蜗轮与蜗杆的啮合具有这两种传动副的啮合特性。

### 3.1.1　普通圆柱蜗杆传动的正确啮合条件

普通圆柱蜗杆传动的正确啮合条件是：啮合点处的绝对速度相等（$v_{n1} = v_{n2}$）；法向齿距相等（$p_{n1} = p_{n2}$）；法向齿形角相等（$a_{n1} = a_{n2}$）。当轴交角 $\Sigma = 90°$，模数取标准值，且使 $m_{x1} = m_{t2}$ 时，其正确啮合条件可写成：

$$\begin{cases} m_{x1} = m_{t2} = m \\ \alpha_{n1} = \alpha_{n2}（等效于 \alpha_{x1} = \alpha_{t2}）\\ \gamma_1 = \beta_2（蜗杆与蜗轮螺旋方向相同）\\ i_{12} = d_2/(d_1 \tan\gamma_1) \end{cases}$$

$$(5.4\text{-}18)$$

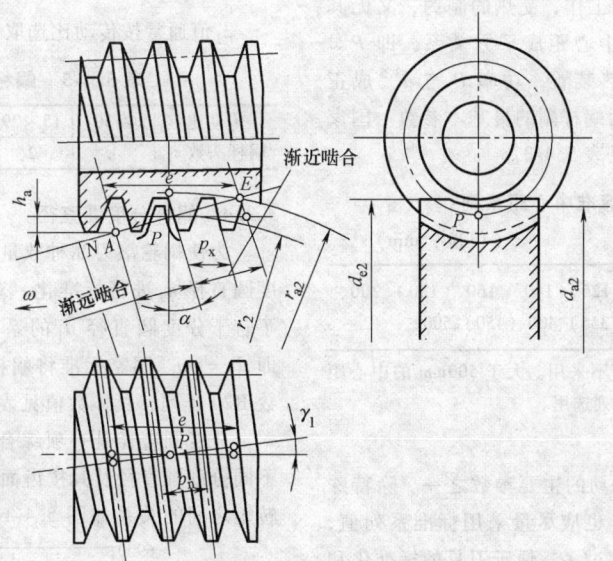

图 5.4-13　普通圆柱蜗杆传动重合度的计算

$$\frac{实际啮合线长度}{法向齿距} = \frac{e}{\cos\gamma_1 \cdot p_n} = \frac{\overline{AE}}{\cos\alpha \cdot \cos^2\gamma_1 \cdot p_x}$$

所以

$$\varepsilon_t = \frac{\sqrt{r_{a2}^2 - (r_2\cos\alpha_x)^2} - \sqrt{r_2^2 - (r_2\cos\alpha_x)^2} + \dfrac{h_a}{\sin\alpha_x}}{\cos\alpha_x \cdot \cos^2\gamma_1 \cdot p_x}$$

$$(5.4\text{-}19)$$

除蜗轮端面重合度 $\varepsilon_t$ 外，还要考虑轴向重合度 $\varepsilon_x$，

$$\varepsilon_x \approx k\frac{b_2'\sin\beta}{m\pi}$$

$$(5.4\text{-}20)$$

式中　$k$——系数，取值为 0.75；

　　　$b_2'$——蜗轮的有效齿宽。

所以蜗杆传动总重合度 $\varepsilon = \varepsilon_t + \varepsilon_x$。

### 3.1.2　普通圆柱蜗杆传动的重合度

蜗杆传动的弯曲强度计算公式大部分没有反映出重合度对弯曲强度的影响，这是不够全面的，重合度应该作为强度计算的一个重要因素来考虑。关于重合度 $\varepsilon$ 的精确计算比较复杂，现介绍一种近似计算方法。首先把蜗杆传动的啮合看成是斜齿轮与齿条的啮合，中间平面上的啮合线为一条与轴线成 $\alpha$ 角的斜线，如图 5.4-13 所示，图中 $A$、$E$ 分别为蜗杆、蜗轮的齿顶与斜线的交点，在蜗杆螺旋面的法向测量时，啮合线的长度约为

$$\frac{\overline{AE}\cos\alpha_n}{\cos\alpha\cos\gamma_1} = \frac{e\cos\alpha_n}{\cos\gamma_1}$$

则蜗轮中间平面上重合度 $\varepsilon_t$ 可按式（5.4-19）计算

### 3.1.3　普通圆柱蜗杆传动的根切及无根切蜗轮的最少齿数

当蜗轮齿数较少时，由于蜗轮滚刀的顶圆超过 $N$ 点，如图 5.4-13 所示，则会使蜗轮轮齿产生根切。根切会削弱齿根强度，减小重合度和接触线长度。因此，设计时要避免根切的发生。不发生根切的蜗轮最少齿数 $Z_{2min}$ 可由式（5.4-21）计算。

$$Z_{2min} = \frac{2h_{a0}^*}{\sin^2\alpha}$$

$$(5.4\text{-}21)$$

如设计需要 $Z_2 < Z_{2min}$，则可以采用正径向变位而避免根切，最小正变位系数 $x_{min}$ 为

$$x_{min} = h_a^* - \frac{z_2\sin^2\alpha}{2}$$

$$(5.4\text{-}22)$$

## 3.2　普通圆柱蜗杆传动的主要参数及参数搭配

普通圆柱蜗杆传动主要参数选择的优劣，直接影响着减速装置的好坏与其承载能力的大小，设计者要慎重处理。国家已制定了圆柱蜗杆的主要参数标准及参数搭配标准，这些参数适用于 ZA、ZI、ZN 和 ZK 蜗杆。蜗杆的旋向，除特殊要求外，均应采用右旋。

### 3.2.1　中心距

中心距 $a$ 是蜗杆传动的主要参数之一，它的大小主要表明了传递功率的大小。限制蜗杆传动功率提高的因素主要有两个方面：一是受传动装置发热的限制，二是受齿面接触强度和轮齿弯曲强度的限制。一般齿根的弯曲强度大于齿面接触强度，如果传动装置不考虑发热，则中心距的增大与传动功率成立方关系，即 $P \propto a^3$；如果长期工作，受热的制约，又无其他散热措施，则功率与中心距成平方关系，即 $P \propto a^2$；装有风扇或其他散热装置，功率 $P$ 与 $a^{2.5}$ 成正比。所以中心距 $a$ 是动力蜗杆副的最基本参数。国家标准规定的中心距系列见表 5.4-3。

**表 5.4-3　标准中心距系列**

（单位：mm）

| $a$ | 40、50、63、80、100、125、(140)、160、(180)、200、(225)、250、280、315、(355)、400、(450)、500 |
| --- | --- |

注：括号中的数值尽量不采用。大于 500mm 的中心距可按优先数 R20 系列选用。

### 3.2.2　传动比

传动比 $i$ 也是蜗杆传动的主要参数之一。除特殊的使用要求外，传动比 $i$ 也应尽量采用标准系列值，这样做可使刀具数目不致过多，便于刀具的标准化和组织生产。传动比 $i$、中心距 $a$、蜗杆分度圆直径 $d_1$、模数 $m$ 和蜗杆头数 $z_1$ 存在着如下关系。

$$i = \frac{2a - d_1}{mz_1} = \frac{2a - mq}{mz_1} = \frac{1}{z_1}\left(\frac{2a}{m} - q\right) \quad (5.4\text{-}23)$$

在给定中心距 $a$ 时，改变 $d_1$、$m$ 和 $z_1$（或 $q$ 值），可以得到不同传动比。其他参数可以系列化，传动比也可以标准化。国家标准规定一级圆柱蜗杆传动的传动比为 5、7.5、10、12.5、15、20、25、30、35、40、50、60、70、80。设计时公称传动比与实际值之差不应超过 ±6%。

### 3.2.3　蜗杆头数和蜗轮齿数

当蜗轮齿数过少时，会产生根切，从而影响重合度和承载能力。除根切外，为保证轮齿工作面能参加啮合，像圆柱齿轮一样，应使蜗杆的基圆直径 $d_{b2}$ 小于有效啮合直径（$d_2 - h'$）（$h'$ 为有效工作齿高），即

$$d_{b2} = mz_2 \cos\alpha \leqslant mz_2 - h'$$

$$z_2 \geqslant \frac{h'}{(1 - \cos\alpha)m} \quad (5.4\text{-}24)$$

当 $\alpha = 15°$ 时，$z_2 \geqslant 46$；当 $\alpha = 20°$ 时，$z_2 \geqslant 34$。

蜗杆头数 $z_1$ 一般是根据传动比选取的。中心距确定后，相同传动比蜗杆的头数增加可提高传动效率，但模数要减小，需同时考虑强度是否满足要求。几个主要工业国家采用的蜗杆头数见表 5.4-4。

**表 5.4-4　部分国家采用的蜗杆头数**

| 德国 | 1、2、4、6 |
| --- | --- |
| 中国 | 1、2、4、6 |
| 日本 | 1、2、4 |
| 俄罗斯 | 1、2、4 |
| 英国 | 1～14 |
| 美国 | 1～10 |

$z_1$ 值通常按传动比选取，推荐值见表 5.4-5。

**表 5.4-5　蜗杆头数推荐值**

| 传动比 | ≥30 | 15～29 | 10～14 | 6～10 | 4～5 |
| --- | --- | --- | --- | --- | --- |
| 蜗杆头数 $z_1$ | 1 | 2 | (3) | 4 | 6 |

### 3.2.4　蜗杆分度圆直径

为使蜗轮滚刀品种数量不致过多，需要将蜗杆分度圆直径 $d_1$ 进行标准化，对每一个标准模数，规定了若干分度圆直径 $d_1$ 的系列值。$d_1$ 是个计算数值，即 $d_1 = mq$。国家标准将蜗杆分度圆直径系列按优先数 R20 排列，具体数值见表 5.4-7。

分度圆直径是一项综合指标，当中心距给定时，不同分度圆直径及其按齿面接触强度计算所能传递的转矩之间的关系如图 5.4-14 所示。可见，蜗杆传动

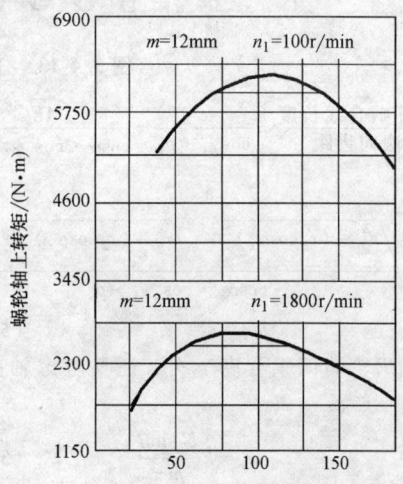

**图 5.4-14　蜗杆分度圆直径随模数、转速和中心距变化的关系**

的工作能力与模数和转速都有关系，在某一确定转速下，最佳蜗杆分度圆直径只有一个，然而能达到工作能力95％的分度圆直径却有一个区域（以靠近曲线顶部的水平线表示）。只要蜗杆直径在这个区域内，就认为是合适的。

### 3.2.5 模数

圆柱蜗杆传动的模数是标准值，蜗杆副第一模数系列为：0.1mm、0.12mm、0.16mm、0.2mm、0.25mm、0.3mm、0.4mm、0.5mm、0.6mm、0.8mm、1mm、1.25mm、1.6mm、2mm、2.5mm、3.15mm、4mm、5mm、6.3mm、8mm、10mm、12.5mm、16mm、20mm、25mm、31.5mm、40mm。第二系列为：0.7mm、0.9mm、1.5mm、3mm、3.5mm、4.5mm、5.5mm、6mm、7mm、12mm、14mm。蜗杆模数系列对应的传动比见表5.4-6。

### 3.2.6 蜗杆的基本尺寸和参数

蜗杆的基本尺寸和参数见表5.4-7。

### 表5.4-6 蜗杆模数系列对应的传动比

| $i$ | 30 | 5 | 40 | 10 | 53 | 60 | 70 | 80 |
|---|---|---|---|---|---|---|---|---|
| $q$ | 10 | 10 | 10 | 10 | 10 | 18 | 10 | 10 |
| $z_1$ | 1 | 6 | 1 | 4 | 1 | 1 | 1 | 1 |
| $\dfrac{2a}{m}$ | 40 | | | 50 | 63 | 78 | 80 | 100 |
| $m$/mm | 8 | | | 6.3 | 5 | 4 | 4 | 3.15 |

### 表5.4-7 蜗杆的基本尺寸和参数（摘自 GB 10085—1988）

| 模数 $m$/mm | 轴向齿距 $p_x$/mm | 分度圆直径 $d_1$/mm 第一系列 | 第二系列 | 头数 $z_1$ | 直径系数 $q$ | 齿顶圆直径 $d_{a1}$/mm | 齿根圆直径 $d_{f1}$/mm | 分度圆柱导程角 $\gamma$ | 说明 |
|---|---|---|---|---|---|---|---|---|---|
| 1 | 3.141 | 18 | — | 1 | 18.00 | 20 | 15.6 | 3°10′47″ | 自锁 |
| 1.25 | 3.927 | 20 | — | 1 | 16.00 | 22.5 | 17 | 3°34′35″ | — |
| | | 22.4 | — | 1 | 17.92 | 24.9 | 19.4 | 3°11′38″ | 自锁 |
| 1.6 | 5.027 | 20 | — | 1 | 12.50 | 23.2 | 16.16 | 4°34′25″ | — |
| | | | | 2 | | | | 9°05′25″ | |
| | | | | 4 | | | | 17°44′41″ | |
| | | 28 | — | 1 | 17.50 | 31.2 | 24.16 | 3°16′14″ | 自锁 |
| 2 | 6.283 | 18 | — | 1 | 9.00 | 22 | 13.2 | 6°20′25″ | — |
| | | | | 2 | | | | 12°31′44″ | |
| | | | | 4 | | | | 23°57′445″ | |
| | | 22.4 | — | 1 | 11.200 | 26.4 | 17.6 | 5°06′08″ | — |
| | | | | 2 | | | | 10°07′29″ | |
| | | | | 4 | | | | 19°39′14″ | |
| | | | | 6 | | | | 28°10′43″ | |
| | | (28) | — | 1 | 14.000 | 32 | 23.2 | 4°05′08″ | — |
| | | | | 2 | | | | 8°07′48″ | |
| | | | | 4 | | | | 15°56′43″ | |
| | | 35.5 | — | 1 | 17.750 | 39.5 | 30.7 | 3°13′28″ | 自锁 |
| 2.5 | 7.854 | (22.4) | — | 1 | 8.960 | 27.4 | 16.4 | 6°22′06″ | — |
| | | | | 2 | | | | 12°34′59″ | |
| | | | | 4 | | | | 24°03′26″ | |
| | | 28 | — | 1 | 11.200 | 33 | 22 | 5°06′08″ | — |
| | | | | 2 | | | | 10°07′29″ | |
| | | | | 4 | | | | 19°39′14″ | |
| | | | | 6 | | | | 28°10′43″ | |

（续）

| 模数 $m$/mm | 轴向齿距 $p_x$/mm | 分度圆直径 $d_1$/mm 第一系列 | 第二系列 | 头数 $z_1$ | 直径系数 $q$ | 齿顶圆直径 $d_{a1}$/mm | 齿根圆直径 $d_{f1}$/mm | 分度圆柱导程角 $\gamma$ | 说明 |
|---|---|---|---|---|---|---|---|---|---|
| 2.5 | 7.854 | (35.5) | — | 1 | 14.200 | 40.5 | 29.5 | 4°01′42″ | — |
|  |  |  |  | 2 |  |  |  | 8°01′02″ |  |
|  |  |  |  | 4 |  |  |  | 15°43′55″ |  |
| 3.15 | 9.896 | (28) | — | 1 | 8.889 | 34.3 | 20.4 | 6°25′28″ | — |
|  |  |  |  | 2 |  |  |  | 12°40′49″ |  |
|  |  |  |  | 4 |  |  |  | 24°13′40″ |  |
|  |  | 35.5 |  | 1 | 11.270 | 41.8 | 27.9 | 5°04′15″ |  |
|  |  |  |  | 2 |  |  |  | 10°03′08″ |  |
|  |  |  |  | 4 |  |  |  | 19°32′29″ |  |
|  |  |  |  | 6 |  |  |  | 28°10′50″ |  |
|  |  | (45) | — | 1 | 14.286 | 51.3 | 37.4 | 4°00′15″ | — |
|  |  |  |  | 2 |  |  |  | 7°58′11″ |  |
|  |  |  |  | 4 |  |  |  | 15°38′32″ |  |
|  |  | 56 | — | 1 | 17.778 | 62.3 | 48.4 | 3°13′10″ | — |
| 4 | 12.566 | (31.5) | — | 1 | 7.785 | 39.5 | 21.9 | 7°14′15″ | — |
|  |  |  |  | 2 |  |  |  | 14°15′00″ |  |
|  |  |  |  | 4 |  |  |  | 26°55′40″ |  |
|  |  | 40 | — | 1 | 10.000 | 48 | 30.4 | 5°42′38″ | — |
|  |  |  |  | 2 |  |  |  | 11°18′36″ |  |
|  |  |  |  | 4 |  |  |  | 21°48′05″ |  |
|  |  |  |  | 6 |  |  |  | 30°57′50″ |  |
|  |  | (59) | — | 1 | 12.500 | 58 | 40.4 | 4°34′26″ | — |
|  |  |  |  | 2 |  |  |  | 9°05′25″ |  |
|  |  |  |  | 4 |  |  |  | 17°44′41″ |  |
|  |  | 71 | — | 1 | 17.750 | 79 | 61.4 | 3°13′28″ | 自锁 |
| 5 | 15.708 | (40) | — | 1 | 8.000 | 50 | 28 | 7°07′30″ | — |
|  |  |  |  | 2 |  |  |  | 14°02′10″ |  |
|  |  |  |  | 4 |  |  |  | 28°33′54″ |  |
|  |  | 50 | — | 1 | 10.000 | 60 | 38 | 5°42′38″ | — |
|  |  |  |  | 2 |  |  |  | 11°18′36″ |  |
|  |  |  |  | 4 |  |  |  | 21°48′05″ |  |
|  |  |  |  | 6 |  |  |  | 30°57′50″ |  |
|  |  | (63) | — | 1 | 12.600 | 73 | 51 | 4°32′16″ | — |
|  |  |  |  | 2 |  |  |  | 9°01′10″ |  |
|  |  |  |  | 4 |  |  |  | 17°36′45″ |  |
|  |  | 90 | — | 1 | 18.000 | 100 | 78 | 3°10′47″ | 自锁 |
| 6.3 | 19.792 | (50) | — | 1 | 7.936 | 62.6 | 34.9 | 7°10′53″ | — |
|  |  |  |  | 2 |  |  |  | 14°08′39″ |  |
|  |  |  |  | 4 |  |  |  | 26°44′53″ |  |
|  |  | 63 | — | 1 | 10.000 | 75.6 | 47.9 | 5°42′38″ | — |
|  |  |  |  | 2 |  |  |  | 11°18′36″ |  |

（续）

| 模数 $m$/mm | 轴向齿距 $p_x$/mm | 分度圆直径 $d_1$/mm | | 头数 $z_1$ | 直径系数 $q$ | 齿顶圆直径 $d_{a1}$/mm | 齿根圆直径 $d_{f1}$/mm | 分度圆柱导程角 $\gamma$ | 说明 |
|---|---|---|---|---|---|---|---|---|---|
| | | 第一系列 | 第二系列 | | | | | | |
| 6.3 | 17.792 | 63 | — | 4 | 10.000 | 75.6 | 47.9 | 21°48′05″ | — |
| | | | | 6 | | | | 30°57′50″ | |
| | | (80) | — | 1 | 12.698 | 92.8 | 64.8 | 4°30′10″ | — |
| | | | | 2 | | | | 8°57′02″ | |
| | | | | 4 | | | | 17°29′04″ | |
| | | 112 | — | 1 | 17.778 | 124.6 | 96.9 | 3°13′10″ | 自锁 |
| 8 | 25.133 | (63) | — | 1 | 7.875 | 79 | 43.8 | 7°14′13″ | — |
| | | | | 2 | | | | 14°15′00″ | |
| | | | | 4 | | | | 26°53′40″ | |
| | | 80 | — | 1 | 10.000 | 96 | 60.8 | 5°42′38″ | — |
| | | | | 2 | | | | 11°18′36″ | |
| | | | | 4 | | | | 21°48′05″ | |
| | | | | 6 | | | | 30°57′50″ | |
| | | (100) | — | 1 | 12.500 | 116 | 80.8 | 4°34′26″ | — |
| | | | | 2 | | | | 9°05′25″ | |
| | | | | 4 | | | | 17°44′41″ | |
| | | 140 | — | 1 | 17.500 | 156 | 120.8 | 3°16′14″ | — |
| 10 | 31.416 | (71) | — | 1 | 7.100 | 91 | 47 | 8°01′02″ | — |
| | | | | 2 | | | | 15°43′55″ | |
| | | | | 4 | | | | 29°23′46″ | |
| | | 90 | — | 1 | 9.000 | 110 | 66 | 6°20′25″ | |
| | | | | 2 | | | | 12°31′44″ | |
| | | | | 4 | | | | 23°57′45″ | |
| | | | | 6 | | | | 33°41′24″ | |
| | | (112) | — | 1 | 11.200 | 132 | 88 | 5°06′08″ | — |
| | | | | 2 | | | | 10°07′29″ | |
| | | | | 4 | | | | 19°39′14″ | |
| | | 160 | — | 1 | 16.000 | 180 | 136 | 3°34′35″ | 自锁 |
| 12.5 | 39.270 | (90) | — | 1 | 7.200 | 115 | 60 | 7°50′26″ | — |
| | | | | 2 | | | | 15°31′27″ | |
| | | | | 4 | | | | 29°03′17″ | |
| | | 112 | — | 1 | 8.960 | 137 | 82 | 6°22′06″ | — |
| | | | | 2 | | | | 12°34′59″ | |
| | | | | 4 | | | | 24°03′26″ | |
| | | (140) | — | 1 | 11.200 | 165 | 110 | 5°06′08″ | — |
| | | | | 2 | | | | 10°07′29″ | |
| | | | | 4 | | | | 19°39′14″ | |
| | | 200 | — | 1 | 16.000 | 225 | 170 | 3°34′35″ | — |
| 16 | 50.265 | (112) | — | 1 | 7.000 | 144 | 73.6 | 8°07′48″ | — |
| | | | | 2 | | | | 15°56′45″ | |
| | | | | 4 | | | | 29°44′42″ | |

（续）

| 模数 $m$/mm | 轴向齿距 $p_x$/mm | 分度圆直径 $d_1$/mm | | 头数 $z_1$ | 直径系数 $q$ | 齿顶圆直径 $d_{a1}$/mm | 齿根圆直径 $d_{f1}$/mm | 分度圆柱导程角 $\gamma$ | 说明 |
|---|---|---|---|---|---|---|---|---|---|
| | | 第一系列 | 第二系列 | | | | | | |
| 16 | 50.265 | 140 | — | 1 | 8.750 | 172 | 101.6 | 6°31′11″ | — |
| | | | | 2 | | | | 12°52′30″ | |
| | | | | 4 | 10.000 | 75.6 | 47.9 | 24°34′02″ | |
| | | (180) | — | 1 | 11.250 | 212 | 141.6 | 5°04′47″ | — |
| | | | | 2 | | | | 10°04′50″ | |
| | | | | 4 | | | | 19°34′23″ | |
| | | 250 | — | 1 | 15.625 | 282 | 211.6 | 3°39′43″ | 自锁 |
| 20 | 62.832 | (140) | — | 1 | 7.000 | 180 | 92 | 8°07′48″ | — |
| | | | | 2 | | | | 15°56′43″ | |
| | | | | 4 | | | | 29°44′42″ | |
| | | 160 | — | 1 | 8.000 | 200 | 112 | 7°07′30″ | — |
| | | | | 2 | | | | 14°02′10″ | |
| | | | | 4 | | | | 26°33′54″ | |
| | | (224) | — | 1 | 11.200 | 264 | 176 | 5°06′08″ | — |
| | | | | 2 | | | | 10°07′29″ | |
| | | | | 4 | | | | 19°39′14″ | |
| | | 315 | — | 1 | 15.750 | 355 | 267 | 3°37′59″ | — |
| 25 | 78.540 | (180) | — | 1 | 7.200 | 230 | 120 | 7°54′26″ | — |
| | | | | 2 | | | | 15°31′27″ | |
| | | | | 4 | | | | 27°03′17″ | |
| | | 200 | — | 1 | 8.000 | 250 | 140 | 7°07′30″ | — |
| | | | | 2 | | | | 14°02′10″ | |
| 25 | 78.540 | 200 | — | 4 | 8.000 | 250 | 140 | 26°33′54″ | — |
| | | (280) | — | 1 | 11.200 | 330 | 220 | 5°06′08″ | — |
| | | | | 2 | | | | 10°07′29″ | |
| | | | | 4 | | | | 19°39′14″ | |
| | | 400 | — | 1 | 16.000 | 450 | 340 | 3°34′35″ | 自锁 |

### 3.2.7　普通圆柱蜗杆传动的参数搭配

普通圆柱蜗杆传动中蜗杆、蜗轮参数的搭配见表5.4-8。

表5.4-8　普通圆柱蜗杆传动中蜗杆、蜗轮参数的搭配

| 中心距 $a$/mm | 模数 $m$/mm | 分度圆直径 $d_1$/mm | $m^2 d_1$/mm³ | 蜗杆头数 $z_1$ | 直径系数 $q$ | 分度圆导程角 $\gamma$ | 蜗轮齿数 $z_2$ | 变位系数 $x_2$ |
|---|---|---|---|---|---|---|---|---|
| 40 | 1 | 18 | 18 | 1 | 18.00 | 3°10′47″ | 62 | 0 |
| 50 | | | | | | | 82 | 0 |
| 40 | 1.25 | 20 | 31.25 | 1 | 16.00 | 3°34′35″ | 49 | -0.500 |
| 50 | 1.25 | 22.4 | 35 | 1 | 17.92 | 3°12′38″ | 62 | +0.040 |
| 63 | | | | | | | 82 | +0.440 |
| 50 | 1.6 | 20 | 51.2 | 1 | 12.50 | 4°34′26″ | 51 | -0.500 |
| 50 | 1.6 | 20 | 51.2 | 2 | 12.50 | 9°05′25″ | 51 | -0.500 |
| 50 | 1.6 | 20 | 51.2 | 4 | 12.50 | 17°44′41″ | 51 | -0.500 |

第 4 章 蜗杆传动　　　　5－183

（续）

| 中心距 $a$/mm | 模数 $m$/mm | 分度圆直径 $d_1$/mm | $m^2 d_1$ /mm³ | 蜗杆头数 $z_1$ | 直径系数 $q$ | 分度圆导程角 $\gamma$ | 蜗轮齿数 $z_2$ | 变位系数 $x_2$ |
|---|---|---|---|---|---|---|---|---|
| 63 | 1.6 | 28 | 71.68 | 1 | 17.50 | 3°16′14″ | 61 | +0.125 |
| 80 | | | | | | | 82 | +0.250 |
| 40 | 2 | 22.4 | 89.6 | 1 | 11.20 | 5°06′08″ | 29 | -0.100 |
| (50) | | | | 2 | | 10°07′29″ | (39) | (-0.100) |
| | | | | 4 | | 19°39′14″ | | |
| (63) | | | | 6 | | 28°10′43″ | (51) | (+0.400) |
| 80 | 2 | 35.5 | 142 | 1 | 17.75 | 3°13′28″ | 62 | +0.125 |
| 100 | | | | | | | 82 | |
| 50 | 2.5 | 28 | 175 | 1 | 11.20 | 5°06′08″ | 29 | -0.100 |
| (63) | | | | 2 | | 10°07′29″ | (39) | (+0.100) |
| | | | | 4 | | 19°39′14″ | | |
| (80) | | | | 6 | | 28°10′43″ | (53) | (-0.100) |
| 100 | 2.5 | 45 | 281.25 | 1 | 18.00 | 3°10′47″ | 62 | 0 |
| 63 | 3.15 | 35.5 | 352.25 | 1 | 11.27 | 5°04′15″ | 29 | -0.1349 |
| (80) | | | | 2 | | 10°03′48″ | (39) | (+0.2619) |
| | | | | 4 | | 19°32′29″ | | |
| (100) | | | | 6 | | 28°01′50″ | (53) | (-0.3889) |
| 125 | 3.15 | 56 | 555.56 | 1 | 17.78 | 3°13′10″ | 62 | -0.2063 |
| 80 | 4 | 40 | 640 | 1 | 10.00 | 5°42′38″ | 31 | -0.500 |
| (100) | | | | 2 | | 11°18′36″ | (41) | (-0.500) |
| | | | | 4 | | 21°48′05″ | | |
| (125) | | | | 6 | | 30°57′50″ | (51) | (+0.750) |
| 160 | 4 | 71 | 1136 | 1 | 17.75 | 3°13′28″ | 62 | +0.125 |
| 100 | 5 | 50 | 1250 | 1 | 10.00 | 5°42′38″ | 31 | -0.500 |
| (125) | | | | 2 | | 11°18′36″ | (41) | (-0.500) |
| (160) | | | | 4 | | 21°48′05″ | (53) | (+0.500) |
| (180) | | | | 6 | | 30°57′50″ | (61) | (+0.500) |
| 200 | 5 | 90 | 2250 | 1 | 18.00 | 3°10′47″ | 62 | 0 |
| 125 | 6.3 | 63 | 2500.47 | 1 | 10.00 | 5°42′38″ | 31 | -0.6587 |
| (160) | | | | 2 | | 11°18′36″ | (41) | (-0.1032) |
| (180) | | | | 4 | | 21°48′05″ | (48) | (-0.4286) |
| (200) | | | | 6 | | 30°57′50″ | (53) | (+0.2460) |
| 250 | 6.3 | 112 | 4445.28 | 1 | 17.778 | 3°13′10″ | 61 | +0.2937 |
| 160 | 8 | 80 | 5120 | 1 | 10.00 | 5°42′38″ | 31 | -0.500 |
| (200) | | | | | | | (41) | (-0.500) |
| (225) | | | | | | | (47) | (-0.375) |
| (250) | | | | | | | (52) | (+0.250) |

## 3.3　普通圆柱蜗杆副的几何计算（表 5.4-9）

表 5.4-9　普通圆柱蜗杆副的几何尺寸计算公式

| 名　称 | 计算公式 | |
|---|---|---|
| | 蜗　杆 | 蜗　轮 |
| 齿顶高 | $h_{a1} = m$ | $h_{a2} = m$ |
| 齿根高 | $h_{f1} = 1.2m$ | $h_{f2} = 1.2m$ |
| 分度圆直径 | $d_1 = mq$ | $d_2 = mz_2$ |
| 齿顶圆直径 | $d_{a1} = m(q+2)$ | $d_{a2} = m(z_2+2)$ |
| 齿根圆直径 | $d_{f1} = m(q-2.4)$ | $d_{f2} = m(z_2-2.4)$ |
| 顶隙 | $c = 0.2m$ | |
| 蜗杆轴向齿距 | $p_x = \pi m$ | |
| 蜗杆分度圆柱的导程角 | $\gamma = \arctan \dfrac{z_1}{q}$ | |
| 蜗轮分度圆柱的螺旋角 | — | $\beta = \gamma$ |
| 中心距 | $a = \dfrac{m}{2}(q+z_2)$ | |
| 蜗杆螺纹部分长度 | $z_1 = 1.2, b_1 \geqslant (11 + 0.06z_2)m$<br>$z_1 = 4, b_1 \geqslant (12.5 + 0.09z_2)m$ | |
| 蜗轮咽喉母圆半径 | — | $r_{g2} = a - \dfrac{1}{2}d_{a2}$ |
| 蜗轮最大外圆直径 | — | $z_1 = 1, d_{e2} \leqslant d_{a2} + 2m$<br>$z_1 = 2, d_{e2} \leqslant d_{a2} + 1.5m$<br>$z_1 = 4, d_{e2} \leqslant d_{a2} + m$ |
| 蜗轮轮缘宽度 | — | $z_1 = 1.2, b_2 \leqslant 0.75 d_{a1}$<br>$z_1 = 4, b_2 \leqslant 0.67 d_{a1}$ |
| 蜗轮轮齿包角 | — | $\theta = 2\arcsin\left(\dfrac{b_2}{d_1}\right)$<br>一般动力传动, $\theta$ 为 70°~90° 高速动力传动, $\theta$ 为 90°~130° 分度传动, $\theta$ 为 45°~60° |

## 4　圆弧圆柱蜗杆传动的设计计算

### 4.1　圆弧圆柱蜗杆传动的正确啮合条件

中间平面（主平面）是通过蜗杆轴线并垂直于蜗轮轴线的平面。在中间平面内蜗杆蜗轮的啮合传动相当于渐开线齿轮与齿条的啮合传动。

正确啮合条件为

$$\begin{cases} \alpha_{n1} = \alpha_{n2}, \alpha_{x1} = \alpha_{t2} = \alpha \\ m_{n1} = m_{n2}, m_{x1} = m_{t2} = m \\ \gamma_1 = \beta_2 (\text{螺旋方向相同}) \\ \rho_{n1} = \rho_{n2} \end{cases}$$ (5.4-25)

式中　$\rho_{n1}$、$\rho_{n2}$——法向齿廓曲率半径。

### 4.2　轴面圆弧圆柱蜗杆传动（$ZC_3$）

#### 4.2.1　中间平面内的诱导曲率半径

中间平面内的诱导曲率半径为

$$\rho_\Sigma = \frac{r_2(b-r_i)^3 + \rho_1^2(r_1'-r_i)(b-r_1')}{\rho_1(b-r_1')^2}$$

$$= \frac{r_2(b-r_i)^3}{\rho_1(b-r_1)} + \frac{\rho_1(r_1'-r_i)}{(b-r_1')}$$ (5.4-26)

式中　$r_i$——任意圆半径。

#### 4.2.2　蜗轮在中间平面内的弦齿厚

弦齿厚 $\bar{s}_{y2}$ 和测量深度 $\bar{h}_{y2}$ 的求法如下：
可先根据式（5.4-27）

$$\begin{cases} x_1 = -\rho_1\cos\theta + c \\ y_1 = \rho_1\sin\theta - b' \\ b' = \rho_1\sin\alpha \\ c = \rho_1\cos\alpha - \dfrac{1}{2}e_x \end{cases} \quad (5.4\text{-}27)$$

求得：$\varphi_2 = \dfrac{(y_1 + mx)\cot\theta - x}{\dfrac{1}{2}mz_2}$，$\psi = \arctan$

$\left[\dfrac{(y_1 + mx)\cot\theta}{r_2' + mx + y_1}\right]$，$r_x = \dfrac{r_2' + mx + y_1}{\cos\psi}$，$\begin{cases} x_2 = r_x\sin(\psi - \varphi_2) \\ y_2 = r_x\cos(\psi - y_2) \end{cases}$

然后得：$\begin{cases} \bar{s}_{y2} = 2x_2 \\ \bar{h}_{y2} = r_x - y_2 \end{cases}$

应注意选定 $\theta$ 时应使其靠近 $\alpha$，且使 $\theta < \alpha$。

#### 4.2.3　法面和轴面几何参数换算

$$\begin{cases} \tan\alpha_n = \tan\alpha_x\cos\gamma_1 \\ S_{n1} = S_{x1}\cos\gamma_1 \\ m_n = m_x\cos\gamma_1 \end{cases}$$

$$\begin{cases} \dfrac{1}{\rho_x} = \left(\dfrac{\cos\alpha}{\cos\alpha_n}\right)^3\dfrac{1}{\cos\gamma_1}\left[\dfrac{1}{\rho_{nn1}} + \dfrac{1}{r_1}\sin^2\alpha\sin\alpha_n(2 - \sin\alpha_n)\right] \\ \dfrac{1}{\rho_{nn1}} = \left(\dfrac{\cos\alpha_n}{\cos\alpha}\right)^3\dfrac{\cos\gamma_1}{\rho_x} - \dfrac{1}{r_1}\sin^2\gamma_1\sin\alpha_n(2 - \sin^2\alpha_n) \end{cases}$$

$$(5.4\text{-}28)$$

### 4.3　$ZC_3$ 蜗杆传动几何参数选择

#### 4.3.1　几何参数选择的原则

几何参数合理搭配对 $ZC_3$ 蜗杆传动质量影响极大，合理选择几何参数是体现 $ZC_3$ 蜗杆传动啮合特性的重要环节。分析影响传动质量的诸多因素后认为，选择 $ZC_3$ 蜗杆传动几何参数要遵循如下原则：

1）要尽量实现共轭齿面间良好的润滑状态。为了实现良好的润滑状态，在选择几何参数时要力求改善瞬时接触线形状，减小接触线特性角 $\beta$（最好使 $\beta$ 为 $50° \sim 80°$），同时要增大诱导法曲率半径 $\rho_n^{(12)}$。实现良好的润滑状态，能大幅度地扩大实际接触面积及实际接触线长度，从而减小接触应力及摩擦因数，达到降低油温升、提高抗胶合能力及传动效率的目的。

2）避免蜗轮根切、"边切"及齿顶变尖。在实现良好润滑条件的前提下，扩大啮合区也值得重视。

3）选择几何参数要充分考虑工艺性。

4）要掌握 $ZC_3$ 蜗杆传动几何参数选择的灵活性，对不同要求的设备可以灵活地选择参数。

#### 4.3.2　参数 $z_1$、$z_2$、$d_1(q)$ 的选择

为改善润滑状态，降低油温升，提高传动效率，减小表面接触力及摩擦因数，从而提高表面强度，在

传动比 $i_{12}$、中心距 $a$ 给定时，减小模数、增多齿数可以增大重合度 $\varepsilon$，提高生产率。所以应当选择较多的 $z_1$（对 $ZC_3$ 蜗杆传动特别重要）、$z_2$ 和较小的 $m$。另外，为了提高蜗杆和滚刀的切削性能及工艺性能，也为了实现较大的有效啮合区，应当选择较大的 $d_1$（即 $q$）值。$z_1$、$z_2$、$i_{12}$ 的搭配关系见下表 5.4-10。

表 5.4-10　$z_1$、$z_2$、$i_{12}$ 的搭配值

| $i_{12}$ | 5 | 6.3 | 8、10、12.5 | 16、20、25 | 31.5、40、50、63 |
|---|---|---|---|---|---|
| $z_1$ | 10 | 8 | 6 | 4 | 2 |
| $z_2$ | 48 ~ 52 | 48 ~ 52 | 55 ~ 75 | 60 ~ 120 | 60 ~ 120 |

#### 4.3.3　齿形参数的选择

1. 齿形角 $\alpha$

为了改善润滑条件，减小齿面接触应力，同时又不使齿顶变尖，可取齿形角 $\alpha$ 为 $21° \sim 24°$，常用 $\alpha = 23°$（或 $\alpha = 21°$）。

2. 齿廓圆弧半径 $\rho_1$

为了改善润滑状态，又不使齿顶变尖，可取 $\rho_1$ 为 $5 \sim 5.5m$。当 $z_1$ 为 $1 \sim 2$ 时，$\rho_1 = 5m$；当 $z_1$ 为 $4 \sim 6$ 时，$\rho_1 = 5.5m$（模数 $m$ 小者可适当取值）。

#### 4.3.4　变位系数的选择

变位系数 $x$ 是影响 $ZC_3$ 蜗杆传动质量最显著的参数，原因如下：

1）$x$ 取大值，可明显减小 $\beta$ 角，改善接触线形状，降低油温升，提高抗胶能力与传动效率，这已被大量试验结果所证实。

2）$x$ 取大值，可以使不利的啮合区脱开工作，改善啮合特征，延长使用命。

3）$x$ 取大值，可避免根切，增大齿根厚度，减小轮齿弹性变形，改善啮合特征，增大弯曲强度，为材料代用提供了方便。

4）$x$ 取大值，可以减小蜗轮宽度 $b_2$，节约钢合金材料。

5）$x$ 取大值，导致蜗轮齿顶变尖，重合系数减小；同时使啮合区减小，非工作区增大。

考虑综合影响关系，变位系数取大值为好，一般取 $x$ 为 $0.5 \sim 1.5$，最好取 $x$ 为 $0.7 \sim 1.2$。在推荐的变位系数范围内，具体数值的选用方法是：$z_2$ 较多或速度较高时，选 $x$ 为 $1 \sim 1.5$；当 $z_2$ 少、起动次数较多、冲击载荷较大、小时负荷率小时，选 $x$ 为 $0.5 \sim 1$（开式蜗杆传动取较小值）；通用减速器或情况不明时，取 $x$ 为 $0.7 \sim 1.2$。

#### 4.3.5　$ZC_3$ 蜗杆传动的几何尺寸计算

$ZC_3$ 蜗杆传动几何尺寸计算见表 5.4-11。

表 5.4-11　ZC₃ 蜗杆传动几何尺寸计算

| 序号 | 名　　称 | 公　　式 |
|---|---|---|
| 1 | 传动比 $i$ | $i_{12} = \dfrac{1}{i_{12}} = \dfrac{w_1}{w_2} = \dfrac{n_1}{n_2} = \dfrac{z_2}{z_1}$ |
| 2 | 蜗轮齿数 | $z_2 = i_{12}z_1 = d_2/m = \dfrac{2a}{m}(q + 2x)$ |
| 3 | 蜗杆齿数 | $z_1 = z_2/i_{12}$ |
| 4 | 模数 | $m = \dfrac{za}{q + z_2 + 2x} = \dfrac{2a - d_1}{z_2 + 2x}$ |
| 5 | 中心距 | $a = \dfrac{1}{2}d_1' + \dfrac{1}{2}d_2 = \dfrac{1}{2}d_2 + \dfrac{1}{2}(d_1 + 2mx) = \dfrac{1}{2}m(q + z_2 + 2x)$ |
| 6 | 变位系数 | $x = \dfrac{r_1'r_1}{m} = \dfrac{a}{m} \cdot \dfrac{1}{2}(q + z_3)$ |
| 7 | 直径系数 | $q = d_1/m = \dfrac{2a(z_2 + 2x)}{m}$ |
| 8 | 法向齿形角 | $\alpha_n = \arctan(\tan\alpha\cos\gamma_1)$ |
| 9 | 法向模数 | $m_n = m\cos\gamma_1$ |
| 10 | 法向齿厚 | $s_{n1} = s_1\cos\gamma_1$ |
| 11 | 蜗杆分度圆直径 | $d_1 = mq = 2a - d_2 - 2mx$ |
| 12 | 蜗杆轴向齿距 | $p_x = m\pi$ |
| 13 | 蜗杆导程 | $p_x' = \pi mz_1 = p_x z_1 = \pi d_1 \tan\gamma_1$ |
| 14 | 蜗杆螺旋参数 | $p = \dfrac{mz_1}{2} = r_1 \tan\gamma_1$ |
| 15 | 蜗杆节圆直径 | $d_1' = mq + 2mx = d_1 + 2mx = 2a - d_2 = 2a - d_2'$ |
| 16 | 蜗杆顶圆直径 | $d_{a1} = d_1 + 2h_a^*m = d_1 + 2m$ |
| 17 | 蜗杆根圆直径 | $d_{f1} = d_1 - 2(h_a^* + c^*)m = d_1 - 2.5m$ |
| 18 | 蜗杆宽度 | $b_1 = (12.5 + 0.1z_2)m$，圆整 |
| 19 | 蜗轮分圆直径 | $d_2 = mz_2 = 2a - d_1 - 2mx$ |
| 20 | 蜗轮节圆直径 | $d_2' = d_2$ |
| 21 | 蜗轮喉圆直径 | $d_{a2} = d_2 + 2h_a^*m + 2mx = 2a - (d_1 + 2.5m)$ |
| 22 | 蜗杆根圆直径 | $d_{f2} = d_2 - 2(h_a^* + c^*)m + 2mx$ |
| 23 | 蜗轮咽喉母圆半径 | $r_{g2} = a - d_{a2}/2 = r_{f1} + c^*m = m(0.5q - 1)$ |
| 24 | 蜗轮顶圆直径 | $d_{e2} = d_{a2} + (1 - 1.5)m$ |
| 25 | 蜗轮宽度 | $b_2 = (0.65 - 0.7)d_{a1}$ |

## 4.4　圆环面圆柱蜗杆传动（ZC₂）

### 4.4.1　圆环面圆柱蜗杆传动的特点

刀具的轴面为凸圆弧的圆环面，利用啮合轴在空间的固定位置，将刀具相对毛坯安装在相应的位置，如图 5.4-15 所示。这样加工出来的蜗杆螺旋面在一个截面内和刀具轴面刃廓重合，亦即蜗杆与刀具表面整修及中心距变化而改变蜗杆齿廓形状，这就为合理选择几何参数提供了方便，并简化了设计与几何计算。

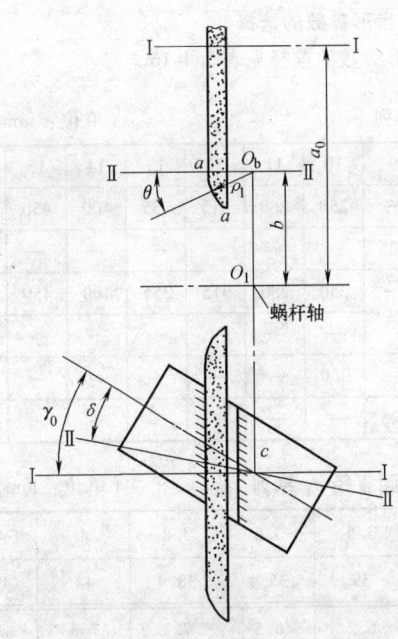

$$\begin{cases} x = -\rho_0[\sin\theta\cos(\psi - \varphi_1) + \sin\gamma_0\cos\theta\sin(\psi - \varphi_1)] + \\ \qquad b\cos(\psi - \varphi_1) \\ y = \rho_0[\sin\theta\sin(\psi - \varphi_1) - \sin\gamma_0\cos\theta\cos(\psi - \varphi_1)] - \\ \qquad b\sin(\psi - \varphi_1) \\ z = \rho_0\cos\gamma_0\cos\theta - p\psi \\ \tan\theta = \left[b + \dfrac{r_1'}{\cos(\psi - \varphi_1)}\right]\dfrac{\cos\gamma_0}{p\psi} - \sin\gamma_0\tan(\psi - \varphi_1) \end{cases}$$
$$(5.4\text{-}30)$$

### 4.4.2 几何参数选择的方案

变位系数 $x$ 为 $1.25 \sim 1.30$；蜗杆轴面齿厚 $s_{x1} = 0.4\pi m$；轴面齿形角 $\alpha = 20°$。

砂轮轴面齿廓圆弧半径 $\rho_1$ 由式（5.4-31）确定。

$$\rho_0^2\left(\frac{p^2}{r_1'^2 + p^2} - \sin^2\alpha_n\right) - 2\rho_0\left(\frac{yp}{\sqrt{r_1^2 + p^2}} + r_1\sin\alpha_n\right) + y^2 + (r_1')^2 - r_1^2 = 0$$

$$\frac{y}{m} = -nq, q = \frac{d_1}{m}, x > 1, n = 0.25; x < 1, n = 0.3。$$
$$(5.4\text{-}31)$$

其中对 $q$ 的值的限制是 $q \geqslant 2\left(\dfrac{p}{m}\cot\alpha_n - x\right)$

## 4.5 圆环面包络圆柱蜗杆传动（ZC₁）

### 4.5.1 几何参数对蜗杆、蜗轮齿形尺寸的影响及其和啮合特性的关系

几何参数和啮合特性的影响见表 5.4-12。

图 5.4-15 ZC₂ 蜗杆加工时的刀具安装

刀具相对毛坯安装参数为
$$\begin{cases} b = p/\tan\gamma_0 \\ \delta = \arctan(p/a_0) \end{cases} \qquad (5.4\text{-}29)$$

圆环面圆柱蜗杆传动同样有四条啮合枢纽线，两条和啮合轴Ⅰ-Ⅰ相交，两条和啮合轴Ⅱ-Ⅱ相交，则啮合线方程式为

表 5.4-12 几何参数对蜗杆、蜗轮齿形尺寸的影响及其和啮合特性的关系

| 因变量 | 自变量增大 | | | | |
|---|---|---|---|---|---|
| | $\alpha$ | $\rho_0$ | $x$ | $z_1$ | $\alpha_0$ |
| $\beta$ | 稍有增加 | 微量增大 | 缓慢增大 | 稍有减小 | 微量增大 |
| $p_n^{(12)}$ | 缓慢增大 | 缓慢减小 | 缓慢增大 | 影响十分明显,齿面各点处都有明显的增大,为此应取多齿数蜗杆 | 稍有变小 |
| $\theta_0$ | 稍有减小 | $\rho_0$增大齿顶处$v_\rho$小,且由顶到根缓慢降低;$\rho_0$减小齿顶处$v_\rho$大,且顶到底明显减小 | 缓慢增大,且齿顶大于齿根 | 明显增大齿根处远小于齿顶处和两侧 | 稍有变小 |
| $e_\varepsilon$ | 稍有减小 | 缓慢减小 | 啮合区明显减小,$\varepsilon$减小但一般情况下$\varepsilon \geqslant 1.8$ | 有所增大 | 影响甚小 |
| $l_切$ | 明显减小 | 缓慢减小 | 明显减小,当$x \geqslant 1.5$时永不产生根切但"边切"明显 | 明显减小多齿蜗杆一般不产生根切 | 影响不明显 |

**4.5.2　几何参数的选择**

　　$ZC_1$ 蜗杆传动的中心距见表 5.4-13。

　　模数 $m$ 系列及蜗杆分度圆直径 $d_1$ 系列见表 5.4-14。

　　传动比系列值见表 5.4-15。

**4.5.3　齿形参数的选择**

　　齿形参数的选择见表 5.4-16。

**表 5.4-13　中心距 $a$ 系列**　　　　　（单位：mm）

| 代号 | | 1 | 2 | 3 | 4 | 5 | 6 | 7 | 8 | 9 | 10 | 11 | 12 | 13 | 14 | 15 | 16 |
|---|---|---|---|---|---|---|---|---|---|---|---|---|---|---|---|---|---|
| CWX | 第一系列 | 63 | 80 | 100 | 125 | — | 160 | — | 200 | — | 250 | 280 | 315 | 355 | 400 | 450 | 500 |
| | 第二系列 | | | | | 140 | — | 180 | | 225 | — | | | | | | |
| CWC | 第一系列 | 63 | 80 | 100 | 125 | — | 160 | — | 200 | — | 250 | 280 | 315 | 355 | 400 | 450 | 500 |
| | 第二系列 | | | | | | | | | | | | | | | | |
| CWS | 第一系列 | 63 | 80 | 100 | 125 | — | 160 | — | 200 | — | 250 | | | | | | |
| | 第二系列 | | | | | 140 | — | 180 | | 225 | | | | | | | |

**表 5.4-14　模数 $m$ 系列及蜗杆分度圆直径 $d_1$ 系列**　　　　　（单位：mm）

| $m$ | 2 | 2.25 | 2.5 | 2.75 | 3 | 3.2 | 3.5 | 3.6 | 3.8 | 4 | 4.4 |
|---|---|---|---|---|---|---|---|---|---|---|---|
| $d_1$ | 26 | 26.5 | 26 | 32.5 | 30.4 | 36.6 | 39 | 35.4 | 38.4 | 44 | 47.2 |
| $m$ | 4.5 | 4.8 | 5 | 5.2 | 5.6 | 5.8 | 6.2 | 6.5 | 7.1 | 7.3 | 7.8 |
| $d_1$ | 43.6 | 46.4 | 55 | 54.6 | 58.8 | 49.4 | 57.6 | 67 | 70.8 | 61.8 | 69.4 |
| $m$ | 7.9 | 8.2 | 9 | 9.1 | 9.2 | 9.5 | 10 | 10.5 | 11.5 | 11.8 | 12.5 |
| $d_1$ | 82.2 | 78.6 | 84 | 91.8 | 80.6 | 73 | 82 | 99 | 107 | 93.5 | 105 |
| $m$ | 13 | 14.5 | 15 | 16 | | 18 | 19 | 20 | | 22 | 24 |
| $d_1$ | 129 | 127 | 111 | 124 | | 165 | 136 | 141 | 148 | 165 | 160 | 172 |

**表 5.4-15　传动比 $i_{12}$ 值（公称值）**

| 代号 | 1 | 2 | 3 | 4 | 5 | 6 | 7 | 8 | 9 | 10 | 11 | 12 |
|---|---|---|---|---|---|---|---|---|---|---|---|---|
| $i_{12}$ | 5 | 6.3 | 8 | 10 | 12.5 | 16 | 20 | 25 | 31.5 | 40 | 50 | 60 |

**表 5.4-16　齿形参数的选择**

| 序号 | 名　称 | 数　值 | 备　注 |
|---|---|---|---|
| 1 | 变位系数 | $x$ 为 0.5～1.2 | 最佳值为 0.7～1.2，某种情况可取 $x < 0.5$ |
| 2 | 齿形角 | $\alpha$ 为 23°±1°，一般取 $\alpha = 23°$ | — |
| 3 | 砂轮轴面圆弧半径 | $\rho_0$ 为 (5～6) $m$ | $m < 10 \text{mm}$，$\rho_0$ 为 (5.5～6) $m$；$m \geqslant 10 \text{mm}$，$\rho_0$ 为 (5～5.5) $m$ |
| 4 | 齿厚 | $s_1$ 为 (0.35～0.4)$\pi m$ | 一般取 $s_1 = 0.4\pi m$ |
| 5 | 砂轮参数 | $d = a_0 - (r_1 + \rho_0 \sin\alpha_0)$ | 圆整 |
| 6 | 齿顶高系数 | $h_a^* = 1$；$z_1 > 3$ 时，可取 $h_2^*$ 为 0.85～0.95 | 保证 $d_{a1}$ 为整数 |
| 7 | 顶隙系数 | $c^*$ 为 0.16～0.2 | |
| 8 | 最小值 | $h_a/\sin\alpha_0$ 或 $mx/\sin\alpha_0$ | 取二者中的大者 |

## 4.5.4　$ZC_1$ 蜗杆传动的几何尺寸计算（表 5.4-17）

### 表 5.4-17　$ZC_1$ 蜗杆传动的几何尺寸计算

| 序号 | 名　称 | 公　式 |
|---|---|---|
| 1 | 传动比 | $i_{12} = \dfrac{1}{i_{12}} = \dfrac{\omega_1}{\omega_2} = \dfrac{n_1}{n_2} = \dfrac{z_2}{z_1}$ |
| 2 | 蜗轮齿数 | $z_2 = i_{12}z_1 = d_2/m = \dfrac{2a}{m} - (q+2x)$ |
| 3 | 蜗杆齿数 | $z_1 = z_2/i_{12}$ |
| 4 | 模数 | $m = \dfrac{za}{q+z_2+2x} = \dfrac{2a-d_1}{z_2+2x}$ |
| 5 | 中心距 | $a = \dfrac{1}{2}d_1' + \dfrac{1}{2}d_2 = \dfrac{1}{2}d_2 + \dfrac{1}{2}(d_1+2mx) = \dfrac{1}{2}m(q+z_2+2x)$ |
| 6 | 变位系数 | $x = \dfrac{r_1'r_1}{m} = \dfrac{a}{m} - \dfrac{1}{2}z_2 - \dfrac{1}{2m}d_1$ |
| 7 | 直径系数 | $q = d_1/m = \dfrac{2a}{m} - (z_2+2x)$ |
| 8 | 法向齿形角 | $\alpha_n = \arctan(\tan\alpha\cos\gamma_1)$ |
| 9 | 法向模数 | $m_n = m\cos\gamma_1$ |
| 10 | 法向齿厚 | $s_{n1} = s_1\cos\gamma_1$ |
| 11 | 蜗杆分度圆直径 | $d_1 = mq = 2a - d_2 - 2mx$ |
| 12 | 蜗杆轴向齿距 | $p_x = m\pi$ |
| 13 | 蜗杆导程 | $p_x' = \pi mz_1 = \pi d_1'\tan\gamma_1'$ |
| 14 | 蜗杆导程角 | $\gamma_1 = \arctan\left(\dfrac{z_1}{q}\right) = \arctan\left(\dfrac{mz_1}{d_1}\right)$ |
| 15 | 蜗杆节圆直径 | $d_1' = mq + 2mx = d_1 + 2mx = 2a - d_2 - d_2'$ |
| 16 | 蜗杆顶圆直径 | $d_{a1} = d_1 + 2h_a^* m$ |
| 17 | 蜗杆根圆直径 | $d_{f1} = d_1 - 2(h_a^* + c^*)m$ |
| 18 | 蜗杆螺旋宽度 | $b_1 = (12.5 + 0.1z_2)m$ 圆整 |
| 19 | 蜗轮分度圆直径 | $d_2 = mz_2 = 2a - d_1 - 2mx$ |
| 20 | 蜗轮节圆直径 | $d_2' = d_2$ |
| 21 | 蜗轮喉圆直径 | $d_{a2} = d_2 + 2h_a^* m + 2mx = 2a - (d_1 + 2.5m)$ |
| 22 | 蜗轮根圆直径 | $d_{f2} = d_2 - 2(h_a^* + c^*)m + 2mx$ |
| 23 | 蜗轮咽喉母圆半径 | $r_{g2} = a - d_{a2}/2 = r_{f1} + c^* m = m(0.5q - 1)$ |
| 24 | 蜗轮顶圆直径 | $d_{e2} = d_{a2} + (1 \sim 1.5)m$ |
| 25 | 蜗轮宽度 | $b_2 = (0.65 \sim 0.7)d_{a1}$ |

# 5　圆柱蜗杆传动的强度计算

## 5.1　圆柱蜗杆传动的效率

蜗杆传动效率是动力蜗杆传动的重要综合质量指标。效率的高低，不但影响能量损耗，而且影响失效形式及使用寿命。

1. 影响传动效率的因素

不同的传动类型有不同的传动效率，而且仅就同一种传动类型也有很多因素影响其传动效率的高低，其影响因素主要有以下一些：

1）几何因素，主要有中心距 $a$、蜗杆齿数 $z_1$、

蜗杆分度圆直径 $d_1$、齿形角 $\alpha$、变位系数 $x$ 等，其中，$a$、$z_1$、$x$ 影响较明显。

2）运动参数，主要有转速 $n_1$（或 $w_1$）、传动比 $i$ 等。

3）其他因素，诸如润滑油及润滑方式、材料及材料热处理、齿面表面粗糙度及精度、工作类型及蜗杆装配形式等。

2. 传动效率及其计算

蜗杆减速器的效率可分为三部分：

$$\eta = 1 - \psi = \eta_1 \eta_2 \eta_3 \qquad (5.4\text{-}32)$$

式中　$\psi$——损耗系数；

$\eta_1$——考虑轴承损耗的效率，$\eta_1 \approx 1 - 0.01 = 0.99$；

$\eta_2$——考虑搅油及溅油损耗的效率，$\eta_2 \approx 0.99$，$\eta_1 \eta_2 \approx 0.98$；

$\eta_3$——考虑到蜗杆、蜗轮啮合损耗的效率。蜗杆主动，$\eta_3 = \tan\gamma_1 / \tan(\gamma_1 + \rho')$；蜗轮主动，$\eta_3 = \tan(\gamma_1 - \rho') / \tan\gamma_1$。

（1）用线图求传动效率　当已知蜗杆传动的 $\alpha$、$i_{12}$ 和 $n_1$，圆弧圆柱蜗杆传动，蜗杆齿面硬度 >45HRC，表面粗糙度值 $Ra$ 低于 $0.8\mu m$，经过磨合，啮合部位合理，润滑良好时，可用相应的图表查取。其他的情况要降低效率使用，普通圆柱蜗杆传动要降低效率 5% ~ 15%。

（2）估算法求效率　几何参数未知，在蜗杆传动强度设计计算时，往往需要先知道传动效率，这时可用下式进行估算。

普通圆柱蜗杆传动　$\eta = (100 - 3.5\sqrt{i_{12}})\%$

圆弧圆柱蜗杆传动　$\eta = (100 - 2.5\sqrt{i_{12}})\%$

## 5.2　圆柱蜗杆传动的受力分析

蜗杆传动的受力分析和斜齿圆柱齿轮传动相似。在进行蜗杆传动的受力分析时，通常不考虑摩擦力的影响。图 5.4-16 所示为以右旋蜗杆为主动件，并沿图示的方向旋转时，蜗杆螺旋面上的受力情况。设 $F_n$ 为集中作用于节点 $P$ 处的法向载荷，它作用于法向截面 $Pabc$ 内。$F_n$ 可分解为三个互相垂直的分力，即圆周力 $F_t$、径向力 $F_r$ 和轴向力 $F_a$。显然，在蜗杆与蜗轮间，相互作用着 $F_{t1}$ 与 $F_{a2}$、$F_{r1}$ 与 $F_{r2}$ 和 $F_{a1}$ 与 $F_{t2}$ 这三对大小相等、方向相反的力。在确定各力的方向时，尤其需要注意蜗杆所受轴向力方向的确定。因为轴向力的方向是由螺旋线的旋向和蜗杆的转向来决定的，蜗杆齿的右侧为工作面，故蜗杆所受的轴向力 $F_{a1}$（即蜗轮齿给它的阻力的轴向分力）必然指向左端。如果该蜗杆的转向相反，则蜗杆齿的左侧为工作

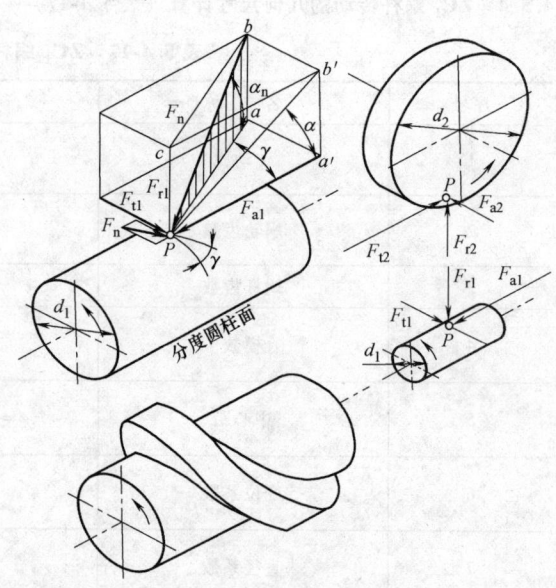

图 5.4-16　蜗杆受力分析

面，故此时蜗杆所受的轴向力必指向右端。至于蜗杆所受圆周力的方向，总是与它的转向相反的；径向力的方向则总是指向轴心的。

当不计摩擦力的影响时，各力的大小可按下列各式计算：

$$\begin{cases} F_{t1} = F_{a2} = \dfrac{2T_1}{d_1} \\[2mm] F_{a1} = F_{t2} = \dfrac{2T_2}{d_2} \\[2mm] F_{r1} = F_{r2} = F_{t2}\tan\alpha \\[2mm] F_n = \dfrac{F_{a1}}{\cos\alpha_n \cos\gamma} = \dfrac{F_{t2}}{\cos\alpha_n \cos\gamma} = \dfrac{2T_2}{d_2 \cos\alpha_n \cos\gamma} \end{cases}$$

$$(5.4\text{-}33)$$

式中　$T_1$、$T_2$——蜗杆及蜗轮上的公称转矩；

$d_1$、$d_2$——蜗杆及蜗轮的分度圆直径。

## 5.3　圆柱蜗杆传动的承载能力计算

和齿轮传动一样，蜗杆传动的失效形式也有点蚀（齿面接触疲劳破坏）、齿根折断、曲面胶合及过度磨损等。由于材料和结构上的原因，蜗杆螺旋齿部分的强度总是高于蜗轮轮齿的强度，所以失效经常发生在蜗轮轮齿上。因此，一般只对蜗轮轮齿进行承载能力计算。由于蜗杆与蜗轮齿面间有较大的相对滑动，从而增加了产生胶合和磨损失效的可能性，尤其在某些条件下（如润滑

不良），蜗杆传动因齿面胶合而失效的可能性更大。因此，蜗杆传动的承载能力往往受到抗胶合能力的限制。

在开式传动中多发生齿面磨损和轮齿折断，因此应以保证齿根弯曲疲劳强度作为开式传动的主要设计准则。

在闭式传动中，蜗杆副多因齿面胶合或点蚀而失效。因此，通常是按齿面接触疲劳强度进行设计，而按齿根弯曲疲劳强度进行校核。此外，闭式蜗杆传动由于散热较为困难，还应作热平衡核算。

**1. 蜗轮齿面接触疲劳强度计算**

蜗轮齿面接触疲劳强度计算的原始公式仍来源于赫兹公式。接触应力为

$$\sigma_H = \sqrt{\frac{KF_n}{L_0 \rho_\Sigma}} Z_E \qquad (5.4\text{-}34)$$

式中　$F_n$——啮合齿面上的法向载荷（N）；

　　　$L_0$——接触线总长（mm）；

　　　$K$——载荷系数；

　　　$Z_E$——材料的弹性影响系数（$\sqrt{\text{MPa}}$），青铜或铸铁蜗轮与钢蜗杆配对时，取 $Z_E = 160 \sqrt{\text{MPa}}$。

将以上公式中的法向载荷 $F_n$ 换算成蜗轮分度圆直径 $d_2$ 与蜗轮转矩 $T$ 的关系式，再将 $d_2$、$L_0$、$\rho_\Sigma$ 等换算成中心距的函数后，即得蜗轮齿面接触疲劳强度的验算公式：

$$\sigma_H = Z_E Z_\rho \sqrt{KT/a^3} \leqslant [\sigma]_H \qquad (5.4\text{-}35)$$

式中　$Z_\rho$——蜗杆传动的接触线长度和曲率半径对接触强度的影响系数，简称接触系数；

　　　$[\sigma]_H$——蜗轮齿面的许用接触应力；

　　　$K$——载荷系数，$K = K_A K_\beta K_V$，其中 $K_A$ 为使用系数，查表 5.4-18；$K_\beta$ 为齿向载荷分布系数，当蜗杆传动在平稳载荷下工作时，载荷分布不均现象将由于工作表面良好的磨合而得到改善，此时可取 $K_\beta = 1$；当载荷变化较大，或有冲击、振动时，可取 $K_\beta$ 为 1.3 ~ 1.6；$K_V$ 为动载系数，由于蜗杆传动一般较平稳，动载荷要比齿轮传动的小得多，故 $K_V$ 值可取定如下：对于精确制造，且蜗轮圆周速度 $v_2 \leqslant 3\text{m/s}$ 时，取 $K_V$ 为 1.0 ~ 1.1；$v_2 > 3\text{m/s}$ 时，取 $K_V$ 为 1.1 ~ 1.2。

**表 5.4-18　使用系数 $K_A$**

| 工作类型 | I | II | III |
|---|---|---|---|
| 载荷性质 | 均匀，<br>无冲击 | 不均匀，<br>小冲击 | 不均匀，<br>大冲击 |
| 每小时起动次数 | <25 | 25 ~ 50 | >50 |
| 起动载荷 | 小 | 较大 | 大 |
| $K_A$ | 1 | 1.15 | 1.2 |

**2. 蜗轮齿根弯曲疲劳强度计算**

蜗轮轮齿因弯曲强度不足而失效的情况，多发生在蜗轮齿数较多（如 $z_2 \geqslant 90$）或开式传动中。因此，对闭式蜗杆传动通常只作弯曲强度的校核计算，这种计算是必须进行的。因为校核蜗轮轮齿的弯曲强度决不只是为了判别其弯曲断裂的可能性，对于那些承受重载的动力蜗杆副来说，蜗轮轮齿的弯曲变形量还要直接影响到蜗杆副的运动平稳性精度。由于蜗轮轮齿的齿形比较复杂，要精确计算齿根的弯曲应力是比较困难的，所以常用的齿根弯曲疲劳强度计算方法就带有很大的条件性。通常是把蜗轮近似地当做斜齿圆柱齿轮来考虑，于是得蜗轮齿根的弯曲应力为

$$\sigma_F = \frac{KF_{t2}}{\hat{b}_2 m_n} Y_{Fa2} Y_{Sa2} Y_\varepsilon Y_\beta = \frac{2KT}{\hat{b}_2 d_2 m_n} Y_{Fa2} Y_{Sa2} Y_\varepsilon Y_\beta$$

$$(5.4\text{-}36)$$

式中　$\hat{b}_2$——蜗轮轮齿弧长，$\hat{b}_2 = \dfrac{\pi d_1 \theta}{360° \cos\gamma}$，其中 $\theta$ 是蜗轮齿宽角；

　　　$m_n$——法向模数（mm），$m_n = m\cos\gamma$；

　　　$Y_{Sa2}$——齿根应力校正系数，放在 $[\sigma]_F$ 中考虑；

　　　$Y_\varepsilon$——弯曲疲劳强度的重合度系数，取 $Y_\varepsilon = 0.667$；

　　　$Y_\beta$——螺旋角影响系数，$Y_\beta = 1 - \gamma/120°$。

将以上参数代入式（5.4-36）得

$$\sigma_F = \frac{1.53KT_2}{d_1 d_2 m\cos\gamma} Y_{Fa2} Y_\beta \leqslant [\sigma]_F \qquad (5.4\text{-}37)$$

式中　$Y_{Fa2}$——蜗轮齿形系数，可由蜗轮的当量齿数 $z_{v2} = z_2/\cos^3\gamma$ 及蜗轮的变位系数 $x_2$ 从"蜗轮齿形系数"中查得。

　　　$[\sigma]_F$——蜗轮的许用弯曲应力，（MPa），$[\sigma]_F = [\sigma]'_F K_{FN}$，其中 $[\sigma]'_F$ 是计入齿根应力校正系数 $Y_{Sa2}$ 后蜗轮的基本许用应力，由表 5.4-41 和表 5.4-42 中选取；$K_{FN}$ 是寿命系数，

$$K_{FN} = \sqrt[9]{\frac{10^6}{N}}$$

其中，应力循环次数 $N$ 的计算方法如前述。

式（5.4-37）为蜗轮弯曲疲劳强度的校核公式，经整理后可得蜗轮轮齿按弯曲疲劳强度条件设计的公式为

$$m^2 d_1 \geq \frac{1.53 K T_2}{z_2 \cos\gamma [\sigma]_F} Y_{Fa2} Y_\beta \qquad (5.4-38)$$

3. 蜗杆的刚度计算

蜗杆受力后如果产生过大的变形，就会造成轮齿上的载荷集中，影响蜗杆与蜗轮的正确啮合，所以蜗杆还必须进行刚度校核。校核蜗杆的刚度时，通常是把蜗杆螺旋部分看作以蜗杆齿根圆直径为直径的轴段，主要是校核蜗杆的弯曲刚度，其最大挠度 y 可按下式作近似计算，并得其刚度条件为

$$y = \frac{\sqrt{F_{t1}^2 + F_{r1}^2}}{48EI} L'^3 \leq [y] \qquad (5.4-39)$$

式中　$F_{t1}$——蜗杆所受的圆周力（N）；

　　　$F_{r1}$——蜗杆所受的径向力（N）；

　　　$E$——蜗杆材料的弹性模量（MPa）；

　　　$I$——蜗杆危险截面的惯性矩（mm⁴），$I = \frac{\pi d_{f1}^4}{64}$，其中 $d_{f1}$ 为蜗杆齿根圆直径（mm）；

　　　$L'$——蜗杆两端支承间跨距（mm），视具体结构要求而定，初算时可取 $L' \approx 0.9 d_2$，$d_2$ 为蜗轮分度圆直径；

　　　$[y]$——许用最大挠度，$[y] = d_1/1000$，此处 $d_1$ 为蜗杆分度圆直径（mm）。

# 6　圆柱蜗杆副的加工工艺

## 6.1　蜗杆和蜗轮的毛坯成形

### 6.1.1　蜗杆的毛坯成形

1. 齿面高频淬火的蜗杆

这种蜗杆多用于高速、重载、承载一定冲击载荷的场合，应采用淬透性较好的材料，如42SiMn、40Cr等。小直径蜗杆用圆棒，大直径或大批量生产的蜗杆可采用锻坯。高频淬火齿面容易产生裂纹，防止措施之一是毛坯在粗车后进行调质处理，提高硬度和改善组织。高频淬火后必须测定硬度，进行磁力无损检测，检查有无淬火裂纹。

2. 齿面渗碳淬火的蜗杆

这种蜗杆用于承受负荷不大而传动运动精度要求很高的场合。材料多数采用20MnVB、20Cr等。小直径蜗杆用圆棒料，大直径或大批量生产的蜗杆采用锻坯。锻坯要进行正火或锻造后退火，以去除内应力。粗车和切齿时，对渗碳淬火部分留磨削余量，其他部分留一定的加工余量，非渗碳淬火部分必须进行镀铜或采取其他防止渗碳措施。

3. 调质蜗杆

这种蜗杆一般用于低速、中载的场合，材料多采用42CrMo或40Cr等。小直径蜗杆用圆棒料，大直径蜗杆或大批量生产时可采用锻坯。粗车时要在蜗杆外径留1~2mm加工余量，以使调质改善组织和提高硬度的效果能够达到蜗杆齿底。由于调质的有效硬化层深度随材料牌号、坯件尺寸而不同，对于大型蜗杆，有时在粗切齿后进行热处理的情况下，一定要选取适当的切面加工余量。

4. 铸铁蜗杆

这种蜗杆一般用于蜗轮的圆周速度不重要的或手动传动的场合，常采用灰铸铁（HT200或HT250），也可采用耐磨铸铁材料。铸铁蜗杆通常不与轴铸成整体结构，而采用与轴配合结构。

### 6.1.2　蜗轮的毛坯成形

1. 热压组合式蜗轮

这是最普通的蜗轮结构，由锡磷青铜或铝铁青铜铸造的轮缘热压配合于铸铁或钢板焊接的轮体外圆上，轮缘系按设计要求的齿面滑动速度大小分别选用砂型、金属型或离心铸造方法制成的环形坯件。坯件铸出后需进行回火处理，并按图样技术要求车削后热压配合于轮体上。热压配合后，一般还要装上止动螺钉，以防松动，以轴孔为基准精车齿部外圆，最后进行铣齿。如果尺寸管理得当，也可将进行了精铣齿的轮缘热压于轮体上。

热压配合最重要的是确定转矩所需的过盈量，其过盈量 δ 可用下式计算：

$$\delta = \frac{0.5D}{1000} - \frac{1.0D}{1000}$$

式中　δ——过盈量（mm）；

　　　D——热压配合部分直径（mm）。

从使用条件来说，过盈量过小易产生轮缘滑移，过大则会因热压而产生轮缘内部切向拉应力增大，造成轮缘断裂。因此，对热压操作必须注意以下几点：

1）热压配合面的尺寸、几何精度应严格要求。加工工件时，必须等到工件温度降至常温时测量尺寸，否则会因尺寸变化而造成热压失败。批量生产可以预先进行试验，决定控制的尺寸范围。

2）配合面的表面粗糙度数值在可能条件下应尽量减小。

3）加热温度应按过盈量大小及材料的热膨胀系数进行计算。对于进行了精铣齿的轮缘，加热温度更应严格控制，否则热变形将影响齿形精度。

2. 用轻迫配合螺栓连接轮缘轮体的蜗轮

轻迫配合螺栓连接的轮缘轮体，材料选择及毛坯铸造方法均可按上述热压组合式蜗轮毛坯来选取。采取这种蜗轮组合方式的目的是为了绝对不发生滑移事故。

3. 轮缘、轮体材料不同的整体蜗轮

轮缘、轮体材料不同时，绝大多数采用前述组合结构蜗轮。但对小直径蜗轮采取组合形式会增加成本。因而可采取在铸造或钢材车制而成的轮体外圆上直接浇注轮缘材料，通常采用砂型铸造或金属型铸造。采用这种结构方式时，由于轮缘和轮体接触部分的材料并没有熔合，所以在轮体外圆接触部分上要留点凸凹不平，以消除轮缘在圆周方向和轴向的滑动。

4. 轮缘、轮体材料相同的整体蜗轮

一般多采用铸铁（HT200、HT350 等）、铜合金材料用砂型铸造或金属型铸造成整体结构蜗轮。这种形式适用于小直径蜗轮及内孔带有螺纹等特殊用途的蜗轮。

5. 轮缘轮体焊接的蜗轮

这种蜗轮是将轮缘和轮体用特殊焊条焊接在一起。这种蜗轮国内见到的不多，但在英国和美国已实用化。

目前普遍采用砂型铸造和金属型铸造的方法获得蜗轮毛坯。用不同的方法铸造的蜗轮毛坯，其力学性能相差很大，见表 5.4-19。

表 5.4-19 常用蜗轮材料力学性能对比表

| 序号 | 合金牌号 | 方法 | 抗拉强度/MPa | 伸长率（%） | 硬度 HBW |
|---|---|---|---|---|---|
| 1 | ZCuSn5Pb5Zn5 | S | 175 | 8 | 60 |
| | | J | 195 | 10 | 65 |
| 2 | ZCuSn10Pb1 | S | 215 | 3 | 80 |
| | | J | 245 | 5 | 90 |
| 3 | ZCuAl10Fe3 | S | 390 | 10 | 100 |
| | | J | 490 | 12 | 110 |

注：1. 所列力学性能数值为最小值。
2. S 为砂型铸造，J 为金属型铸造。

## 6.2 蜗杆的加工工艺

蜗杆的加工工艺与蜗杆零件的结构、螺旋的类型、精度等级、材料及热处理工艺、生产规模等有关。

为了提高蜗杆的传动效率、使用寿命和精度，目前大部分蜗杆，特别是高精度蜗杆，都以硬齿面的磨削作为最后加工程序。磨削蜗杆必须具备能实现螺旋导程运动的机床和砂轮修整装置。为提高磨削生产率及精度，应考虑磨削方式。

### 6.2.1 磨削蜗杆的砂轮修整装置

圆柱蜗杆分为车削型及包络型两大类。车削型圆柱蜗杆主要有 ZA、ZI、ZN 蜗杆，其螺旋面是车刀切削刃廓相对蜗杆毛坯做旋转运动形成的。若用盘状砂轮磨削，需将砂轮刃面修整成和蜗杆螺旋面相共轭的曲面，才能磨出正确的圆柱蜗杆螺旋面（ZI 蜗杆也可用平面砂轮进行磨削，但需专用机床）。

修整砂轮一般要用到砂轮校正器和磨样板装置。砂轮校正器的特点是，使用时它取代被磨蜗杆安装在机床平面与砂轮做相对的螺旋运动，与此同时它上面的金刚石笔单独做直线往复运动，金刚石笔的运动轨迹即为所需蜗杆螺旋面，从而使砂轮被修整成蜗杆的共轭曲面。这种展成修形法比较麻烦，必须将砂轮校正器装入机床两顶尖间，为避免重复的麻烦工作，配备有磨样板装置。通常是修整好砂轮后卸下砂轮校正器，换上磨样板装置，将样板坯件放入磨样板装置中，紧固并调整水准器水平位置，同时砂轮做纵向进给运动，这样就可将砂轮的截面形状直接反映到样板上。然后将磨好的样板放入磨头上的砂轮修整器内。触头沿着样板移动，即可完成砂轮廓线的修整。它的特点是省去了复杂的砂轮廓形理论计算，直接用砂轮校正器和磨样板装置将砂轮刃面修整成和蜗杆螺旋面相共轭的曲面。缺点是该装置仅适用于磨削由直素线展成的 ZA、ZI、ZN 蜗杆。代表性机床有 S7732 蜗杆磨床。

修整砂轮的另一种方法是按理论计算的砂轮廓线制作样板，再用样板来修整砂轮。采取这种方法要注意以下两点：其一是砂轮直径的变化要控制在一定的范围内；其二是样板安装时，节点位置必须落在砂轮的节圆位置上。如果控制了上述两点，就可以提高蜗杆螺旋面的精度。

磨削蜗杆螺旋面，需用专用的砂轮修整器。该修

整器的结构特点是设有砂轮轴角度调整装置和砂轮沿自身轴向移动机构。这种结构满足了以下两点要求：其一是使砂轮轴线对被加工蜗杆轴向倾斜一个导程角；其二是砂轮轴向截形廓线名义曲率中心 $D$ 在两轴公垂线上，砂轮廓线是围绕名义曲率中心 $D$ 的一条平面曲线。

砂轮修整器采用了靠模。为了使不同模数（规格）的靠模体尺寸相近，减少靠模体制造误差的影响，靠模触头与金刚石笔之间用一个可变化比例的放缩机构连接起来。当摆动机座转动时，触头因靠模制约沿 $A$ 向移动，经斜块推拉顶杆使杠杆摆动，最后迫使金刚石笔尖沿 $C$ 向移动，修整出正确的砂轮廓线。触头沿靠模的移动量 $A$ 按比例缩小一次，再经杠杆按调整好的比例再缩小一次（也可以放大），使金刚石笔的移动量 $c$ 为调整量规，改变支承点的位置，均可改变实现比例的变换。为使 A、C 在工作中的比例常数不变，制造时应保证 P、Q、R 三支承圆柱在同一直线上。

包络型圆柱蜗杆有 ZK、ZC 蜗杆等，其螺旋面是刀具刃面的包络。这种蜗杆的优点易于磨削，只要砂轮廓形和砂轮对蜗杆的相对位置符合要求，就能磨出正确的蜗杆螺旋面。

### 6.2.2　蜗杆的磨削方式

蜗杆磨削方式分为逆磨和顺磨两种。逆磨时工作台向右移动磨削右齿面，顺磨时工作台向左移动磨削左齿面。

蜗杆磨床的操作，除控制砂轮旋转方向和工件旋转方向以外，还要控制工作台移动方向。往复磨削操作时，要控制砂轮和工件的相互运动关系。所谓往复磨削是指工作台拖板在往返行程的移动中都是磨削过程，它无空行程，具有很高的磨削效率。另外，还有单程磨削，即在工作台拖板向左移动时只磨左齿面，直到磨削成形后，再由工作台拖板向右移动磨削右齿面。在每磨一齿面时都有空返回行程消耗，所以磨削生产率低。实现往复双向磨削，不是所有的蜗杆磨床都能完成的，必须机床本身配有双向间隙消除装置才可进行。

由于砂轮磨削工作面的不同，对砂轮左右两面的成形误差必须限制在一定范围内，为此应做到以下几点：

1）检测砂轮成形误差。可在专用仪器（如滚刀检查仪、蜗杆齿形检查仪等）上或通用仪器（如万能工具显微镜、投影仪等）检测被磨蜗杆左右螺旋面齿形误差，依此再修整砂轮。

2）对砂轮进行准确的平衡。砂轮的重心必须与它的回转轴线重合，否则会引起砂轮的不平衡。不平衡的砂轮在高速运转时，会产生不平衡的离心力，使主轴产生振动，造成工作表面振痕和工件精度误差，严重影响工件质量。

3）限制砂轮轴的径向圆跳动和轴向窜动量，按机床精度调整轴承间隙。

4）保持金刚石笔的锋利性。应定期调整金刚石笔的安装位置，正确选择每次修整砂轮时的修磨量。金刚石笔颗粒大小应根据砂轮直径大小来选择，见表 5.4-20。

**表 5.4-20　金刚石笔颗粒大小选择**

| 砂轮直径/mm | 金刚石笔颗粒大小/克拉 |
|---|---|
| 10 ~ 100 | 0.2 ~ 0.3 |
| >100 ~ 300 | 0.5 |
| >300 ~ 500 | 0.5 ~ 1 |
| >500 | 1 |

金刚石笔的安装位置，应保持其轴线相对通过金刚石笔尖端的砂轮半径偏转 5°~15°，偏转方向与砂轮旋转方向相反。当金刚石笔在一个方向磨钝后，转动一下又会出现新的棱角，继续保持锋利性。修整时必须在整个砂轮宽度上浇注充分的切削液，绝对不允许断续地供给切削液，以免金刚石笔因骤热而碎裂。

### 6.2.3　渐开线蜗杆（ZI）的车削及磨削

1. 渐开线蜗杆的车削

渐开线蜗杆可用直线刃廓的车刀车削而成。两车刀的直线刃廓必须置在切于基圆柱两相互平行切平面内，与螺旋线的素线相吻合。

蜗杆基圆直径越大，刀具刃面离开蜗杆中心线越远，因而刀具的切削角度变化增大，导致加工困难。因此，可用车刀切削刃廓置于蜗杆轴截面内的成形车刀加工，切削方法与车削阿基米德螺杆相同。其区别点是车刀切削刃廓不是直线，而是理论计算的特定曲线，故车刀的设计与制造都比较困难。当单件或小批量生产作为磨前的粗切齿时，可将车刀的直线刃廓置于蜗杆的轴截面内进行车削。这种加工方法会给磨齿增加困难，使磨削余量较大，而且又不均匀。

旋风铣床及蜗杆铣床也是磨齿前加工的一种高效机床，刀具的安装都是法向装刀（刀齿切削刃通过齿形法向截面）。刀具廓形为被加工蜗杆的法向截形，齿槽两侧可同时成形。

在蜗杆铣床上铣削渐开线蜗杆时，可用法向直廓圆盘铣刀加工。将圆盘铣刀安装在蜗杆铣床的刀轴上，刀盘轴心线对被加工蜗杆轴倾斜一个导程角，按导程配好交换齿轮，并根据工件、刀具材质选择好切

削速度即可进行铣削。

在旋风铣床上铣削渐开线蜗杆时，用旋转车刀切削蜗杆，固定有1~4把车刀的刀盘做高速旋转，工件夹持在卡盘中或顶尖上做缓慢的转动，刀尖运动轨迹的中心与工件的旋转中心有一偏心 $H$（$H$ = 蜗杆齿高 + 2~3mm），刀齿的旋转平面倾斜一个蜗杆导程角，刀盘旋转并随刀架拖板平行于工件轴线纵向走刀，每转一转工件前进一个导程。简易的旋风铣床可加工 ZA、ZN、ZK 齿形蜗杆。当圆盘铣刀或旋转车刀做成直线刃廓时，对 ZA 蜗杆切出的工件截形与理论截形极为相近。对于 ZA、ZI、ZK 蜗杆，则会产生较大的截形轮廓误差。因此，对于非磨削蜗杆，必须要求其刀具具有被加工齿形所需要的理论计算特定曲线的截形。这样的刀具在制造上是比较困难的，因此铣削方法多应用于蜗杆齿形磨削前的粗加工工序。另外，由于渐开线圆柱蜗杆是大螺旋角的斜齿轮，故可用模数等于其法向模数的渐开线圆柱齿轮滚刀，在工作台上快速旋转的滚齿机上加工，用这种方法可加工出分度误差较小的渐开线蜗杆。

**2. 渐开线蜗杆的磨削**

渐开线蜗杆螺旋面是可展螺旋面，可用碟形、碗形砂轮的端平面磨削。磨削时一定要使砂轮平面切削刃相切于蜗杆直线线。这种用平面砂轮磨削蜗杆的机床，如英国霍尔罗伊德公司生产的蜗杆磨床（此机床零件的一次安装只磨削一侧齿面），该机床所加工的蜗杆精度很高。目前国内尚不生产这种蜗杆磨床。也可在 C8955 型或 C8950 型的铲齿车床或在普通车床上装上磨头部件，来完成渐开线蜗杆的磨削。

渐开线蜗杆的磨削除用平面砂轮磨削外，还可用盘形锥面砂轮进行磨削。这种方法工艺性较好，砂轮的修形比较容易。借助于特殊的砂轮修整器，使金刚石笔做出符合于被磨蜗杆螺旋面的空间运动。利用这种方法所修整出的砂轮就能磨出齿形正确的蜗杆。德国克林根堡公司生产的 HSS350 型蜗杆磨床装有万能可调的成形修整器装置，通过凹凸两块模板，金刚石笔沿模板导向，即可将砂轮两侧面修整为接近理论计算的砂轮形状曲率，可磨削 ZA、ZI、ZN、ZK 四种齿形。该机床还具有双向间隙消除装置，可实往复双向行程磨削，因没有空行程，所以生产率极高，可适应大批量生产的要求。

磨削单头或导程角很小的渐开线蜗杆，可用国产的 S7520 型万能螺纹磨床。用盘形锥面砂轮，砂轮轴的调整可不按导程角倾斜，使砂轮轴线与蜗杆轴线平行。砂轮型面角应等于蜗杆基圆柱上的导程角。

磨削多头渐开线蜗杆，可选用国产的 S7732 型蜗杆磨床。该机床带有砂轮修整器，由砂轮校正器和磨样板装置用展成修形法获得所需砂轮型面。磨削蜗杆时，调整砂轮轴倾斜一个蜗杆导程角即可。

**6.2.4 法向直廓蜗杆（ZN）的车削及磨削**

**1. 法向直廓蜗杆的车削**

法向直廓蜗杆可在车床上用直线刃廓车刀加工而成，其切削要领与车螺纹一样。车刀直线刃廓置于法向截面内，则形成蜗杆法向直廓齿形。

ZN 蜗杆齿形的车刀切削刃直线若延长，则不是相交于蜗杆轴线，而是相切于基圆柱。一般情况下，由于 ZN 蜗杆基圆柱半径较小，所以不会产生根切。但对于导程角大、头数多的蜗杆，则必须校核基圆半径。

**2. 法向直廓蜗杆的磨削**

法向直廓蜗杆螺旋面可用盘形锥面砂轮在螺纹磨床、蜗杆磨床上进行磨削。此时，砂轮的廓线必须采用理论上求出的特定曲线。磨削时，应将砂轮轴倾斜一个蜗杆导程角。所用设备前文已述及。

法向直廓蜗杆的磨削同其车削一样，必须对车刀或砂轮的刀具角进行修正。蜗杆法面齿形角小于车刀或砂轮的刀具角，导程角越大，其差值亦越大。因此，要想得到法面齿形角，要用试切法找出对刀具角的修正量。

**6.2.5 阿基米德蜗杆（ZA）的切削及磨削**

**1. 阿基米德蜗杆的切削**

车削阿基米德蜗杆螺旋面，与在车床上车削普通螺纹的方法完全相同。车刀直线刃廓应置于蜗杆轴面内。当蜗杆导程角小而齿距也不大时，可同时加工两侧齿面。若导程角大，则需增大左右切削刃刀具角的差。

阿基米德蜗杆除车削加工外，还可以采用铣削加工，但铣刀的切削刃必须采用理论上求出的特定曲线。

**2. 阿基米德蜗杆的磨削**

阿基米德蜗杆螺旋面可在 S7520 型螺纹磨床上用盘形锥面砂轮进行磨削。与磨削普通的梯形螺旋一样，在磨削时应将砂轮轴线对蜗杆轴线一个蜗杆导程角。由于蜗杆螺旋面在不同直径上导程角不同，而砂轮的倾斜角应等于蜗杆分度圆柱导程角，因而在磨削时有干涉现象发生。因此，砂轮在轴面上的刃廓应不是直线。在 S7520 型螺纹磨床上所采用的普通砂轮修整，只能修整刃廓为直线的砂轮，造成蜗杆齿廓形状有歪曲现象发生，且歪曲量随着蜗杆导程角、砂轮直径及齿高的增大而增加。

加工较大导程角的蜗杆，应采用 S7732 蜗杆磨

床。该磨床带有砂轮校正器和磨样板装置，可将砂轮修整成理论上计算的特定曲线，从而磨出正确的蜗杆齿形，以减小或消除上述截形歪曲现象。

### 6.2.6　圆弧齿圆柱蜗杆（ZC）的车削及磨削

#### 1. ZC 蜗杆螺旋的车削

车刀切削刃廓相对圆柱毛坯做螺旋运动，刃廓的轨迹面即为蜗杆螺旋面。一般而言，车削蜗杆螺旋面时在蜗杆螺旋面内的车刀切削刃廓曲线是一条近似圆弧的复杂曲线。将计算结果描绘成曲线，放大磨削出样板，根据样板来制造车刀（或直接磨出车刀切削刃廓）。蜗杆的车削，其车刀切削刃廓曲线为一段凸形圆弧，圆弧半径和砂轮轴面圆弧半径相同。车削蜗杆的车刀切削刃廓曲线即蜗杆轴面圆弧廓线。应当说明的是，蜗杆多用砂轮磨削加工，而车削仅作为粗加工，这时可用近似于砂轮轴面的圆弧刃廓曲线作为车刀切削刃廓曲线。

#### 2. 蜗杆的磨削

蜗杆螺旋面是由具有圆环面的盘状砂轮磨削加工而成的，蜗杆齿面是圆环面的包络面。磨削时砂轮轴线相对于蜗杆轴线偏转一个导程角，砂轮的轴向齿形角与蜗杆法向齿形角相同，砂轮与蜗杆齿面的瞬间接触线为一空间曲线。因此，砂轮齿面的形状还取决于砂轮的直径、圆环面的圆弧半径和圆心的位置。

磨削较小模数的蜗杆时，两轴公垂线通过蜗杆齿槽中分线。磨削较大模数的蜗杆时，两轴公垂线通过蜗杆齿廓节点。

在蜗杆的磨削过程中，砂轮的修整会引起砂轮直径和砂轮与蜗杆两轴间的最短距离减小，影响齿形精度。

## 6.3　多头蜗杆的加工

加工多头蜗杆时，当加工完一条螺旋线后，要进行分头再加工另一条螺旋线。分头的精度直接影响蜗杆轴向齿距的误差，是影响多头蜗杆加工精度的一个重要问题。本节主要介绍加工多头蜗杆的分头方法。

#### 1. 车削多头蜗杆常用的分头方法

在车床上车削多头蜗杆常用的分头方法有以下三种。

（1）移动小刀架法　多头蜗杆的两条相邻螺旋线的轴向距离等于蜗杆的轴向齿距。当车完一条螺旋线后，车床主轴不转，手摇小刀架使车刀相对工件轴向移动的距离，就可以加工出另一条螺旋线。这种方法是最简便的，但分头精度不高。有的生产厂家采用了分头误差测量仪，可在机床上直接检测出工件的分头误差，以提高分头精度。

（2）脱开交换齿轮法　脱开交换齿轮法是保持刀具不动，使工件相对刀具转动，达到分头的目的。多头蜗杆螺旋线在垂直轴心线的截面的圆周上是均匀分布的，在车完一条螺旋线后刀具位置不动，工件转一角度 $\dfrac{360°}{z_1}$（$z_1$ 是蜗杆头数），就可车出另一条螺旋线。

在车床上可以脱开进给交换齿轮，然后扳动传动带使主轴转动，交换齿轮也转动，但有些交换齿轮不转。主轴转过的角度可用交换齿轮转过的齿数来控制。这种分头方法分头精度很高，但是分头数受交换齿轮齿数的限制，交换齿轮必须转过整个齿，否则无法精确计数。另外，操作上也比较麻烦。

（3）分度盘法　分度盘法是在脱开交换齿轮分头法的基础上，利用夹具来简化操作的。分度拨盘固定在车床主轴上，盘上有均匀分布的小圆柱，一般为12 个（可分 2、3、4、6 头），工件两端利用顶尖顶住，加工时拨盘通过小圆柱拨动鸡心夹头带动工件转动。当加工完一条螺线后，将鸡心夹头连同工件转动一个小圆柱。如车四头蜗杆，就将鸡心夹头转过三个小圆柱，此时工件就转过了 90°。这种方法比较简单，但需要制造夹具，而且小圆柱的等分位置精度要求较高，因为分头精度主要决定于分度盘的精度。

#### 2. 磨削多头蜗杆的分头方法

在 S7732 型和 HSS350 型蜗杆磨床上磨削多头蜗杆都是由自动分度机构来完成分头工作的，而且分度机构的分度精度很高。

## 6.4　蜗轮的加工工艺

在蜗杆传动中，蜗轮的加工是比较困难的，也是加工中的关键问题。蜗轮加工的规律就是要保证刀具和工件在形状和相互运动关系上应和蜗轮蜗杆传动的啮合状态一致。根据这个基本规律，就可以来分析蜗轮的各种加工方法。

### 6.4.1　蜗轮的滚齿

蜗轮的切齿方法有滚齿、飞刀切齿和剃齿等，这里仅对应用最广的滚切法加以介绍。滚切法有径向进给滚切法和切向进给滚切法两种。

#### 1. 径向进给法切削蜗轮

使用尺寸和外形与蜗杆相当的圆柱形滚刀，以径向进给切削，直到滚刀中心与蜗轮中心的距离与蜗轮蜗杆啮合的理论尺寸相等时为止。安装刀具时应使其中心线在被加工蜗轮的中间平面内，并与蜗轮轴线相垂直。加工时刀具和工件做滚切旋转运动，分齿交换齿轮应保持恒定速比。这种方法由于进给行程比较

小，仅等于齿高，所以具有生产率高的优点。但由于蜗轮在齿顶的螺旋角与滚刀在齿顶的导程角不一致而发生干涉，使蜗轮齿的两端产生边切现象，所以在蜗杆导程角大于 6°~8°。时最好不要以此作为蜗轮的最终加工工序。

**2. 切向进给法切削蜗轮**

使用一端为圆锥形的滚刀，并沿被加工的蜗轮的切向做进给运动，使滚刀由小头逐渐进给到圆柱部分。圆柱部分尺寸及截形应与工件蜗杆一样。滚刀在切削过程中，齿深逐渐增加，直到圆柱部分进入切削时，蜗轮的齿才达到全深。滚刀圆锥部分的刀齿作切入和粗加工用，圆柱部分的刀齿作精加工和最后修整用。

滚刀装在专用的能做切向进给运动的刀架上，其中心线应在被加工蜗轮的中间平面上，并与蜗轮中心线相垂直。两者中心距应与蜗轮蜗杆理论中心距相等。加工过程中，此中心距保持不变。在切削过程中，由于滚刀在展成运动的同时还要作切向进给，所以被加工蜗轮除了正常的旋转运动外（展成运动所需要的旋转运动），还要利用机床上差动装置附加的旋转运动。滚刀在轴向进给量为 $s_x$ 时，被加工蜗轮就应该转 $\left(1 \pm \dfrac{s_x}{\pi d_2'}\right)$ 转（$d_2'$ 是蜗轮的节圆直径），可以根据这种关系来调整机床。

这种进给法的主要优点是齿面不会产生边切现象，可得到较高等级的精度和较低的表面粗糙度值。这主要是由于整个滚切过程由不同的刀齿来完成粗切和精切，滚刀圆锥部分完成最大的粗切加工，圆柱部分刀齿只完成精加工，滚刀的精度可以长期保持。切向进给法的最大缺点是生产率较低。

通常将上述两种加工方法综合使用，即粗加工时采用径向进给法，精加工时则采用切向进给法。

**3. 飞刀切齿法**

在单件小批生产中，在缺少蜗轮滚刀的情况下可采用飞刀切齿法来加工蜗轮。用这种方法加工蜗轮时，将蜗轮坯件水平地安装在滚齿机工作台上，装有一个或数个刀齿的刀杆（刀齿数应与蜗杆头数相等）装在能做切向进给的刀架上。刀齿的截形和尺寸与蜗轮滚刀的刀齿一样。刀齿的前面与刀杆中心线所成的角度应与蜗杆的导程角相等。此刀杆就相当只有一个齿的蜗轮滚刀，进行切削时，一边旋转，一边做运动，滚齿机上应装有切向刀架，挂上切向进给交换齿轮就能使飞刀在铣齿过程中连续地沿轴向移动。如果滚齿机上不具备切向刀架，那就不能连续地进行展成了，而要在每一位置上铣一圈后，停下来将刀杆沿轴向移动一定距离，逐渐地完成展成运动。

采用飞刀加工时，被加工蜗轮除有展成运动所需要的旋转外，还有和前述的切向进给法相同的（对应于飞刀轴向移动的）附加转动。

采用飞刀切齿法生产效率很低，但具有刀具价廉制造简单的优点。飞刀切齿法还可用于对蜗轮齿面进行适当的修整，所以广泛地使用于少量生产和特殊规格的蜗轮加工等。

用各种刀具进行蜗轮切齿的切削条件见表5.4-21。

**表 5.4-21　各种刀具切削蜗轮的切削条件**

| 切削速度/(m/min) | 铸铁 | 15~25 |
|---|---|---|
| | 青铜 | 25~50 |
| 径向进给蜗杆每转进给量/(mm/r) | 0.075~0.50，理想情况是开始切入时最大，在加工过程中逐步减小 | |
| 切向进给蜗杆每转进给量/(mm/r) | 0.25~1.0，开始切入时大，加工中减小，退出时再增大，可达 5.0 | |
| 旋风刀具蜗轮每转进给量/(mm/r) | 0.01~0.10，蜗轮每转1转中切削另外齿槽时，进给量采用此值除以头数 | |

### 6.4.2　在万能铣床上用飞刀加工蜗轮

蜗轮加工除了用滚齿机加工以外，还有很多简单易行的方法，如在万能铣床上用飞刀加工蜗轮就是其中的一种。

在设备条件不具备的情况下，可对通用的万能铣床稍加改装来完成蜗轮的加工。若不加改装，只要在万能铣床上将工作台转过一个蜗轮螺旋角，用模数片铣刀也能加工蜗轮，但这样加工出来的蜗轮精度很低。其原因有以下三点：①铣刀直径与蜗杆直径选取不一样大；②铣出的齿形为齿轮渐开线齿形，不是按展成原理形成的齿形；③刀轴与工件之间没有固定的运动联系，铣出的齿槽是斜直槽，不是螺旋槽。

**1. 改进刀杆的结构与安装**

将刀杆固定在铣床主轴孔内，滑键轴上装有套有主动链轮。飞刀杆通过螺纹固定在滑键轴上，当蜗杆直径不同时，可更换飞刀杆。刀头固定在圆孔中，用锁紧螺母通过压紧刀头，可防止刀头转动。飞刀杆的另一端用可调尖顶住。

**2. 改装附件**

将分度头旋转 90°，并将自定心卡盘旋转 90° 竖立。旋转后分度头，设法与工作台固定牢。被动链轮装在交换齿轮架上，调节位置保证飞刀工作时链轮自动下垂，松紧合适。为了克服链轮在工作时的拉力，

需另加支点将交换齿轮架固定于工作台或分度头上。挂上分齿交换齿轮，调整分度头内的蜗杆副间隙，不可过紧。用于转动刀轴或分度头时，分度头应转动灵活，方可保证正常的分齿运动。

### 6.4.3　用开槽淬硬的蜗杆对滚加工蜗轮

蜗轮的加工误差是由机床、刀具等一系列因素的影响而产生的。当蜗轮齿形误差较大时将导致蜗轮蜗杆啮合接触不良，从而带来运动中的噪声和振动。长时间对研后，会使蜗轮齿形被磨坏。解决办法是用蜗轮剃齿刀对滚齿后的蜗轮进行剃削。但是，采用这种方法必须用到剃齿刀，而刀具的制造周期较长，造价也高。一般在设备条件不具备的情况下，可采用开槽淬硬的蜗杆（相当于剃齿刀）与滚齿后的蜗轮进行对滚。这样就缩短了对研时间，并使蜗轮齿形正确。

**1. 开槽淬硬蜗杆的制造**

开槽淬硬蜗杆的标准截形和尺寸与工作蜗杆一样，只是外径增大了 0.4m，一般用 45 优质碳素钢或高速工具钢来制造。车制蜗杆后在轴向平面内开勾槽，勾槽最好与蜗杆螺旋线垂直，在刃口上应锉出一定的后角，然后进行淬火。

**2. 对滚余量及对滚方法**

对滚前的粗切应使蜗轮初步成形，齿厚要留有 0.5mm 左右的对滚余量。用开槽淬硬蜗杆对滚蜗轮时，必须符合蜗杆与蜗轮的啮合传动条件。开槽淬硬蜗杆应置于蜗轮中间平面内，对滚时蜗杆带动蜗轮转动，并使蜗轮作径向进给。对滚可在通用的铣床和普通车床上进行。

（1）车床对滚　将开槽淬硬的蜗杆一端装在车床的自定心卡盘内，另一端用顶尖顶住。卸下方刀架，换上定位心轴，配合精度要高。同时，在蜗轮内孔中装一滚动轴承，套在定位心轴上，安装时必须使蜗轮中间平面与蜗杆轴心线在同一平面内。对滚时，由车床主轴带动对滚蜗杆转动，蜗杆带动蜗轮在定位心轴上转动，手摇车床刀架纵向移动手柄做径向进给。

（2）铣床对滚　将开槽淬硬的蜗杆装在铣床刀杆上（套式蜗杆），蜗轮装在心轴上，两端用工作台上的顶尖顶住。对滚时主轴带动蜗杆转动，蜗杆带动蜗轮转动，用垂直移动手柄使蜗轮向上移动获得进给。

上述两种对滚法必须注意，对滚时转速不宜过高，径向进给量要小，否则因挤压力加大会损害机床精度。

### 6.4.4　蜗轮的加工工艺实例

一般精度的蜗轮加工工艺与齿轮的加工工艺相似，只是切齿方法和刀具有些差异。7 级精度蜗轮的加工工艺见表 5.4-22。

**表 5.4-22　7 级精度蜗轮的加工工艺过程**

| 序号 | 工种 | 工 序 内 容 | 加工设备 | 定位基准 |
|---|---|---|---|---|
| 1 | 铸 | 铸造毛坯 | — | — |
| 2 | 热 | 退火 | — | — |
| 3 | 车 | 粗车安装基准端端面、内孔、外圆，留加工余量 3～5mm | CA6140 车床 | 外圆、端面 |
| 4 | 车 | 调头粗车一端端面、内孔、外圆，留加工余量 3～5mm | CA6140 车床 | 外圆、端面 |
| 5 | 车 | 精车内孔及基准面，达到图样尺寸 | CA6140 车床 | 外圆、端面 |
| 6 | 钳 | 用模版（或按线）钻螺孔 | Z3050 摇臂钻床 | 端面 |
| 7 | 车 | 以端面定位，精车使各部分尺寸达到图样要求 | CA6140 车床 | 端面 |
| 8 | 铣 | 以安装基准定位于滚齿胎具，用千分表测量零件的轴向振动不大于 0.07mm，外圆径向跳动不大于 0.048mm，粗滚齿形，齿厚及喉圆同时切出，靠粗滚齿刀齿厚留有约 0.5mm 的精切余量 | YM31125 滚齿机 | 内孔及端面 |
| 9 | 钳 | 齿部倒角，并去除毛刺 | 倒角机床 | 内孔及端面 |
| 10 | 铣 | 以粗滚齿的找正方法找正，调整规定的中心距，精滚齿形，滚切过程中以中心距作参考保证齿厚符合图样要求 | YM31125 滚齿机 | 内孔及端面 |
| 11 | 钳 | 去除精滚齿后的齿部毛刺 | 铜刷 | — |

（续）

| 序号 | 工种 | 工 序 内 容 | 加工设备 | 定位基准 |
|------|------|-------------|----------|----------|
| 12 | 检 | 1）切距误差（包括相邻误差和累计误差）<br>2）啮合试验（包括啮合中心距、啮合侧隙及接触斑点面积和分布位置） | 对滚试验台 | — |
| 13 | 钳 | 用钻模版钻孔 | Z3050 摇臂钻床 | — |
| 14 | 钳 | 热压配合轮体；加热蜗轮后装于轮体上，并用 0.03mm 塞尺在圆周三处检测结合面间隙 | 加热炉 | — |
| 15 | 钳 | 钻铰孔 | Z3050 摇臂钻床 | 端面 |

### 6.4.5　滚刀的选择和滚齿胎具

1. 蜗轮滚刀的选择

蜗轮滚刀是按对偶展成原理加工蜗轮的一种专用工具。蜗轮滚刀切削蜗轮时，处于工作蜗杆的位置，使工作蜗杆与蜗轮模拟啮合。因此，蜗轮滚刀的基本尺寸如模数、齿形角分度圆直径、头数、螺旋方向、导程角、齿距等都应该与工作蜗杆相同，滚刀与被加工蜗轮的轴交角和中心距（粗切例外）亦应等于工作蜗杆和蜗轮的轴交角及啮合中心距。由于这些原因，每加工一种规格的蜗轮，就单独需要一种专用的滚刀。而齿轮滚刀，则是通用滚刀，同一齿轮滚刀可以加工模数和齿形角相同而齿数和螺旋角不同的齿轮。

（1）蜗轮滚刀基本蜗杆的类型　蜗轮滚刀基本蜗杆的类型有以下一些。

1）阿基米德蜗杆（ZA），对应的滚刀称为阿基米德蜗轮滚刀（ZA 滚刀）。

2）法向直廓蜗杆（ZN），对应的滚刀称为法向直廓蜗轮滚刀（ZN 滚刀）。

3）渐开线蜗杆（ZI），对应的滚刀称为渐开线蜗轮滚刀（ZI 滚刀）。

4）圆弧圆柱蜗杆（ZC3），对应的滚刀称为 ZC3 蜗轮滚刀。

5）圆环面圆柱蜗轮（ZC1），对应的滚刀称为 ZC1 蜗轮滚刀。

（2）蜗轮滚刀工作时的走刀方式　蜗轮滚切时主要采用径向走刀和切向走刀两种走刀方式。切向走刀的蜗轮滚刀是一端带有切削锥的蜗轮滚刀。切削锥相对蜗轮滚刀体的位置应按下述原则确定：面对滚刀的前刃面，右旋滚刀的切削锥在右端，左旋滚刀的切削锥在左端。

（3）蜗轮滚刀的结构形式　按滚刀装卡方式不同，蜗轮滚刀可分为套式带轴向键的、套式带端面键的和整体带柄的三种结构形式。

设计时，根据滚刀的强度和结构的可能性，应尽可能的选用套式带轴向键的结构形式。如果设计带柄的蜗轮滚刀，除刃部尺寸外，其余的结构尺寸按所用机床确定。

（4）蜗轮滚刀的精度选择　蜗轮滚刀分 AA 级、A 级、B 级和 C 级四种精度等级。在一定的加工条件下，这四种精度的滚刀分别用于加工 6、7、8、9 级精度的蜗轮。

2. 滚齿胎具

由于工件的安装精度是影响工件加工精度的重要因素，所以在蜗轮滚齿加工过程中，必须保证滚齿胎具本身的制造精度和安装调整精度。

（1）对滚齿胎具的要求　滚齿胎具应满足如下要求：

1）应具有足够的刚性，夹压变形小，加工中振动小。

2）定位精度高。

3）齿坯直径应与滚齿胎具直径相平衡。

4）装卸调整方便，结构简单，具有通用性及可靠性。

5）滚齿胎具支承面与机床工作台的平行度应在 0.01mm 以内，且没有凹凸不平等缺陷。

（2）滚齿胎具的选择　滚齿胎具的选择见表 5.4-23。

表 5.4-23　滚齿胎具的选择

| 工件在胎具上的安装方式 | 应　用 | 特　点 |
|------------------------|--------|--------|
| 锥度式 | 产量较大，产品稳定 | 齿坯内孔定心端面定（用专用心轴） |
| 嵌套式 | 产量较大，产品稳定 | 以齿坯的装配基准定心端面定位 |
| 夹固式 | 大批量生产 | 以齿坯内孔定心并夹紧端面定位 |
| 自由式 | 单件、小批量大型蜗轮 | 齿坯外圆对中端面定位 |

（3）保证滚齿面胎具本身的制造精度　主要体现在如下几方面：

1）平行度在 0.01mm 以内。

2）心轴制造精度对齿圈的胎具底座的影响较大。要求胎具底锥孔中心线对底面的垂直在 0.01mm 以内，顶面（定位基准面）与底面的径向圆跳动影响最大，应保证定位锥的尺寸精度和表面粗糙度、定心轴颈尺寸精度和表面粗糙度，以及它们的径向圆跳动公差。其具体的要求见表 5.4-24。

3）垫圈两端面的平行度和表面粗糙度不得任意规定，具体要求：平行度不得超过 0.005mm，端面的表面粗糙度值不得大于 $Ra6.3\mu m$。

**表 5.4-24　心轴制造精度要求**

| 项　　目 | | 蜗 轮 精 度 | | | |
|---|---|---|---|---|---|
| | | 6 | 7 | 8 | 9 |
| 定心轴径配合精度 | | h5 | h6 | h6 或 h7 | h8 或 h9 |
| 定心轴径的表面粗糙度 $Ra/\mu m$ | | 0.4 | 0.8 | 1.6 | 3.2 |
| A、B、C 三处径向圆跳动/mm | | 0.003 | 0.005 | 0.008 | 0.015 |
| 锥面表面粗糙度 $Ra/\mu m$ | | 0.1 ~ 0.2 | 0.4 | 0.8 | 1.6 |
| 锥面接触面积占比 | | 80% | 70% | 60% | 60% |
| 中心孔 | 表面粗糙度 $Ra/\mu m$ | 0.2 | 0.2 | 0.8 | 1.6 |
| | 接触面积占比 | 80% | 70% | 60% | 60% |

（4）保证滚齿胎具的安装调整精度　上述的四种滚齿胎具，实质上就有两种定位方式：一种是内孔定心端定位，这种定位方法定位基准是轮坯内孔及端面，用轮坯内孔与胎具（或心轴）配合保证中心位置，以基准端面定位夹紧，切齿前不用再找正；一种是外圆定心端面定位，这种定位方法轮坯内孔与心轴之间隙配合，轮坯装到胎具后要用千分表找正轮坯外圆确定中心位置，以基准端面定位夹紧。

### 6.4.6　鼓形齿的加工

由于装配误差和重负荷条件下的弹性变形，蜗杆副会出现齿面接触不良的情况。蜗轮齿的接触面不良是造成胶合、磨损和传动性能变坏的原因。从蜗轮性能分析，这些都是致命的问题。如果蜗轮的齿面加上负荷，齿的接触面就会偏向啮入端，切断油膜，造成吸油困难，油温急剧上升而引起齿面烧损。为了避免这种现象的发生，应在齿的啮入端留有一定的入口间隙。因此，切齿时必须对蜗轮齿面进行修整，即要在齿的两侧面形成一定的凸起量（在齿宽两端或入端使轮齿齿厚减薄）。在齿的两侧面形成一定的凸起量而获得鼓形齿，是得到良好齿接触面的一种有效方法。

### 6.4.7　ZC₃ 蜗轮滚刀的设计计算

设计 $ZC_3$ 蜗杆滚刀和设计普通蜗轮滚刀区别不大，仅需注意以下几点：

1）保证轴向齿厚 $S_{x0}$。

2）考虑到 $ZC_3$ 蜗杆为曲线齿廓，滚刀多次刃磨后齿形将有较大的误差，因而应控制滚刀的刃磨。

## 7　环面蜗杆传动

环面蜗杆传动的特征是蜗杆体在轴向的外形是以凹圆弧为素线所形成的旋转曲面，所以把这种蜗杆传动叫做环面蜗杆传动，如图 5.4-17 所示。在这种传动的啮合带内，蜗轮的节圆位于蜗杆的节弧面上，亦即蜗杆的节弧沿蜗轮的节圆包着蜗轮。在中间平面内，蜗杆和蜗轮都是直线齿廓。由于同时相啮合的齿对多，而且轮齿的接触线与蜗杆齿运动的方向近似于垂直，这就大大改善了轮齿受力情况和润滑油膜形成的条件，因而承载能力约为阿基米德蜗杆传动的 2 ~ 4 倍，效率一般高达 0.85 ~ 0.9。但是，它需要较高的制造和安装精度。

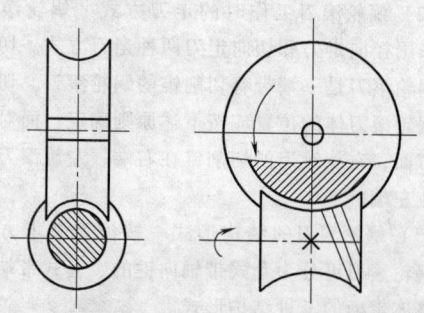

**图 5.4-17　环面蜗杆传动**

除上述环面蜗杆传动外，还有包络环面蜗杆传动。这种蜗杆传动分为一次包络和二次包络（双包）环面蜗杆传动两种。它们的承载能力和效率较上述环面蜗杆传动均有显著的提高。

## 7.1　直廓环面蜗杆传动

这种传动的蜗杆螺旋面是以直线为素线做螺旋运动而形成的，故蜗杆轴向齿廓为直线。直廓环面蜗杆传动的特点如下：

1）蜗杆和蜗轮互相包围，能实现多齿接触和双线接触。

2）接触线和相对滑动速度方向之间的夹角接近 $90°$，易于形成润滑油膜。

3）相啮合齿面间综合曲率半径较大，因而承载能力大大高于普通圆柱蜗杆传动。

4）制造工艺复杂，且蜗杆相对蜗轮的轴向和径向安装位置要求严格。

5）直线环面蜗杆难于用砂轮精确磨削，对加工蜗杆和蜗轮用的滚刀的精度要求很高，故蜗杆和蜗轮表面的粗糙度难以降低。

直廓环面蜗杆传动应用较广，常用于轧钢机压下装置等重型机械设备中。

### 7.1.1　基本成形原理

如图 5.4-18 所示，蜗杆毛坯轴线 $O_1$ 与刀座回转轴线 $O_2$ 的垂直距离等于蜗杆传动的中心距 $a$，毛坯以

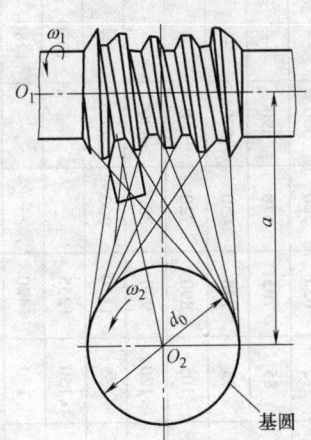

图 5.4-18　直廓环面蜗杆基本成形原理

$\omega_1$ 角速度回转，刀座以 $\omega_2$ 角速度回转，$\omega_1/\omega_2$ 等于传动的传动比，切削刃（即素线）为直线，这样切制出的螺旋面是"原始型"的直廓环面蜗杆，其轴向齿廓为直线。

### 7.1.2　参数选择及几何计算

1. 参数选择

（1）中心距及传动比　中心距 $a$ 和传动比 $i_{12}$ 由承载能力计算及使用要求确定。它们直接影响着其他的几何参数设计及工艺装备。为了设计、生产、使用及管理上的方便，$a$ 和 $i_{12}$ 应当标准化、系列化。在进行非标准设计时，中心距及传动比也要力求取整数，这样有利于设计计算及加工。

（2）蜗杆喉部分度圆直径 $d_1$　蜗杆喉部分度圆直径 $d_1$ 不但直接影响根径 $d_{f1}$ 的大小，从而影响蜗杆的刚度和强度，而且对传动的效率和承载能力都有重大的影响。计算时作为基本参数应首先确定，计算过程中再作少量的调整。非标准的蜗杆分度圆直径 $d_1$ 可按表 5.4-25 选取。

表 5.4-25　$d_1$ 的选取

| $i_{12}$ | < 10 | 10 ~ 20 | > 20 ~ 35 | > 35 |
|---|---|---|---|---|
| $d_1$ | $(0.4 \sim 0.48)a$ | $(0.36 \sim 0.4)a$ | $(0.33 \sim 0.36)a$ | $(0.3 \sim 0.33)a$ |

注：$a$ 为中心距，当 $a$ 较大时，括号内取小值，反之取大值。

（3）蜗杆齿数的确定　蜗杆包围蜗轮的齿数 $z'$ 的确定见表 5.4-26。蜗轮的端面模数可以不是标准值，但是必须保证等于蜗杆的轴面模数（$m_{t2} = m_{x1}$）。

各参数具体推荐值见表 5.4-27 和表 5.4-28。

2. 几何计算

直廓环面蜗杆传动的几何计算见图 5.4-19 和表 5.4-29。

### 7.1.3　直廓环面蜗杆的制造工艺

直廓环面蜗杆传动的制造及装配质量直接影响其优点的发挥。在不能保证制造质量的情况下选用直廓环面蜗杆传动，其承载能力及传动效率都将显著下降。与此相反，直廓环面蜗杆传动与圆柱蜗杆传动相比，可提高承载能力 2 ~ 3 倍。因此，应当对其制造工艺予以特别重视。

表 5.4-26　蜗杆包围蜗轮的齿数 $z'$ 的确定

| $z_2$ | 30 ~ 35 | | 36 ~ 42 | 45 ~ 50 | 54 ~ 67 | 70 ~ 80 | 93 |
|---|---|---|---|---|---|---|---|
| $z'$ | $z_1 = 1$ | $z_1 \geq 2$ | 4 | 5 | 6 | 7 | 8 |
| | 3 | 3.5 | | | | | |

**表 5.4-27　环面蜗杆传动基本参数及蜗轮轮圈尺寸**　　　　　　　　　　　　　　（单位：mm）

| 中心距 $a$ | 第 一 系 列 | | | | | | | | 第 二 系 列 | | | | | | | | 主基圆直径 $d_b$ | |
|---|---|---|---|---|---|---|---|---|---|---|---|---|---|---|---|---|---|---|
| | 蜗轮喉圆直径 $d_{a2}$ | 蜗轮齿宽 $b_2$ | 齿顶圆弧半径 $r_{a2}$ | 蜗轮顶圆直径 $d_{e2}$ | 蜗轮齿圈内孔直径 $d_{i2}$（蜗轮齿数 $z_2$） | | | | 蜗轮喉圆直径 $d_{a2}$ | 蜗轮齿宽 $b_2$ | 齿顶圆弧半径 $r_{a2}$ | 蜗轮顶圆直径 $d_{e2}$ | 蜗轮齿圈内孔直径 $d_{i2}$（蜗轮齿数 $z_2$） | | | | A组 | B组 |
| | | | | | 35~45 | 46~72 | 50~63 | 64~94 | | | | | 35~45 | 46~72 | 50~63 | 64~94 | | |
| 80 | 133 | 21 | 20 | 135 | 105 | 105 | — | — | 124 | 30 | 25 | 130 | 95 | 95 | — | — | 50 | 56 |
| 100 | 170 | 24 | 25 | 172 | 135 | 135 | — | — | 160 | 34 | 30 | 165 | 125 | 130 | — | — | 63 | 70 |
| 125 | 215 | 28 | 30 | 217 | 170 | 170 | — | — | 205 | 38 | 35 | 210 | 160 | 165 | — | — | 80 | 90 |
| (140) | 242 | 31 | 30 | 245 | 190 | 195 | — | — | 230 | 42 | 40 | 235 | 180 | 185 | — | — | 90 | 100 |
| 160 | 278 | 34 | 35 | 280 | 215 | 220 | — | — | 265 | 45 | 40 | 270 | 210 | 215 | — | — | 100 | 112 |
| (180) | 312 | 38 | 40 | 315 | 245 | 250 | — | — | 300 | 50 | 45 | 306 | 235 | 245 | — | — | 112 | 125 |
| 200 | 348 | 42 | 45 | 350 | 270 | 280 | — | — | 335 | 55 | 50 | 342 | 265 | 275 | — | — | 125 | 140 |
| (225) | 392 | 47 | 50 | 395 | 310 | 320 | — | — | 378 | 60 | 65 | 385 | 295 | 310 | — | — | 140 | 160 |
| 250 | 435 | 55 | 55 | 440 | 340 | 355 | — | — | 420 | 68 | 60 | 430 | 330 | 340 | — | — | 160 | 180 |
| 280 | 493 | 60 | 60 | 495 | 390 | 405 | — | — | 475 | 75 | 70 | 478 | 370 | 380 | — | — | 180 | 200 |
| 320 | 560 | 65 | 70 | 565 | 445 | 460 | — | — | 540 | 85 | 80 | 550 | 430 | 440 | — | — | 200 | 225 |
| 360 | 630 | 75 | 75 | 635 | 520 | 530 | — | — | 505 | 95 | 90 | 615 | 490 | 510 | — | — | 225 | 250 |
| 400 | 700 | 85 | 85 | 705 | 570 | 590 | — | — | 670 | 110 | 100 | 685 | 540 | 560 | — | — | 250 | 280 |
| 450 | 790 | 95 | 95 | 798 | 650 | 670 | — | — | 760 | 120 | 110 | 775 | 620 | 650 | — | — | 280 | 320 |
| 500 | 880 | 105 | 105 | 890 | 720 | 740 | — | — | 840 | 140 | 125 | 855 | 680 | 700 | — | — | 320 | 360 |
| 560 | 980 | 120 | 120 | 990 | 800 | 820 | — | — | 940 | 150 | 140 | 955 | 760 | 790 | — | — | 360 | 400 |
| 630 | 1100 | 135 | 135 | 1110 | 900 | 930 | — | — | 1060 | 170 | 160 | 1080 | 860 | 890 | — | — | 400 | 450 |
| 710 | 1240 | 150 | 150 | 1255 | — | — | 1050 | 1070 | 1200 | 190 | 175 | — | — | — | 1000 | 1030 | 450 | 500 |
| 800 | 1400 | 170 | 170 | 1420 | — | — | 1180 | 1200 | 1360 | 210 | 190 | — | — | — | 1140 | 1170 | 500 | 560 |
| 900 | 1580 | 190 | 190 | 1600 | — | — | 1330 | 1360 | 1520 | 240 | 220 | — | — | — | 1280 | 1300 | 560 | 630 |
| 1000 | 1750 | 210 | 215 | 1770 | — | — | 1480 | 1500 | 1690 | 260 | 250 | — | — | — | 1420 | 1450 | 630 | 710 |

（续）

**第一系列**

| 中心距 a | 蜗轮喉圆直径 $d_{a2}$ | 蜗轮顶圆直径 $d_{e2}$ | 齿顶圆弧半径 $r_{a2}$ | 蜗轮齿宽 $b_2$ | $d_{i2}$ (z₂=35~45) | 46~72 | 50~63 | 64~94 |
|---|---|---|---|---|---|---|---|---|
| 1120 | 1970 | 2040 | 235 | 230 | — | — | 1670 | 1700 |
| 1250 | 2210 | 2240 | 255 | 250 | — | — | 1860 | 1900 |
| 1400 | 2480 | 2510 | 280 | 280 | — | — | 2100 | 2140 |
| 1600 | 2850 | 2880 | 310 | 300 | — | — | 2400 | 2460 |

**第二系列**

| 中心距 a | 蜗轮喉圆直径 $d_{a2}$ | 蜗轮齿宽 $b_2$ | 齿顶圆弧半径 $r_{a2}$ | 蜗轮顶圆直径 $d_{e2}$ | $d_{i2}$ (z₂=35~45) | 46~72 | 50~63 | 64~94 | 主基圆直径 $d_b$ A组 | B组 |
|---|---|---|---|---|---|---|---|---|---|---|
| 1120 | 1910 | 280 | 260 | — | — | — | 1610 | 1640 | 710 | 800 |
| 1250 | 2150 | 300 | 290 | — | — | — | 1800 | 1840 | 800 | 900 |
| 1400 | 2400 | 340 | 325 | — | — | — | 2000 | 2060 | 900 | 1000 |
| 1600 | 2770 | 380 | 360 | — | — | — | 2320 | 2400 | 1000 | 1120 |

**表 5.4-28　中心距、传动比、蜗轮齿数和蜗杆头数的推荐值**

| 中心距 a/mm | 组 | 12.5 | 14 | 16 | 18 | 20 | 22.5 | 25 | 28 | 31.5 | 35.4 | 40 | 45 | 50 | 56 | 63 | 71 | 80 | 90 |
|---|---|---|---|---|---|---|---|---|---|---|---|---|---|---|---|---|---|---|---|
| 80~320 | A | 38/3 或 49/4 | 41/3 | 49/3 | 37/2 或 56/3 | 41/2 或 61/3 | 45/2 或 67/3 | 49/2 | 55/2 | 63/2 | 36/1 | 40/1 | 45/1 | 50/1 | 56/1 | 63/1 | — | — | — |
| 80~320 | B | 36/3 或 48/4 | 42/3 | 48/3 | 36/2 或 54/3 | 40/2 或 60/3 | 46/2 或 66/3 | 50/2 | 56/2 | 64/2 | 36/1 | 40/1 | 45/1 | 50/1 | 56/1 | 63/1 | — | — | — |
| >320~630 | A | 49/4 | 55/4 | 49/3 | 56/3 | 41/2 或 61/3 | 45/2 或 67/3 | 49/2 | 55/2 | 63/2 | 36/1 或 71/2 | 40/1 | 45/1 | 50/1 | 56/1 | 63/1 | 71/1 | — | — |
| >320~630 | B | 48/4 | 56/4 | 48/3 | 54/3 | 40/2 或 60/3 | 46/2 或 66/3 | 50/2 | 56/2 | 64/2 | 36/1 或 72/2 | 40/1 | 45/1 | 50/1 | 56/1 | 63/1 | 71/1 | — | — |
| >630~1000 | A | 63/5 | 71/5 | 63/4 | 71/4 | 61/3 | 67/3 | 74/3 | 83/3 | 63/2 | 71/2 | 79/2 | 91/2 | 50/1 | 56/1 | 63/1 | 71/1 | 79/1 | 91/1 |
| >630~1000 | B | 65/5 | 70/5 | 64/4 | 72/4 | 60/3 | 66/3 | 76/3 | 84/2 | 64/2 | 72/2 | 80/2 | 90/2 | 50/1 | 56/1 | 63/1 | 71/1 | 80/1 | 91/1 |
| >1000~1600 | A | 74/6 | 71/5 | 79/5 | 71/4 | 79/4 | 91/4 | 74/3 | 83/3 | 91/3 | 71/2 | 79/2 | 91/2 | 50/1 | 56/1 | 63/1 | 71/1 | 79/1 | 91/1 |
| >1000~1600 | B | 72/6 | 70/5 | 80/5 | 72/4 | 80/4 | 92/4 | 75/3 | 84/3 | 93/3 | 72/2 | 80/2 | 90/2 | 50/1 | 56/1 | 63/1 | 71/1 | 80/1 | 91/1 |

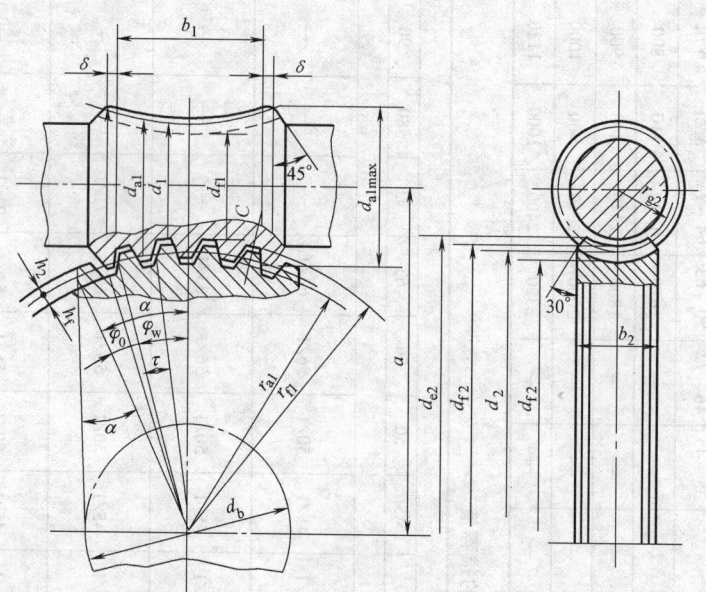

**图 5.4-19  直廓环面蜗杆传动几何计算**

**表 5.4-29  直廓环面蜗杆几何参数计算**

| 名　　称 | 代号 | 公式及说明 | 名　　称 | 代号 | 公式及说明 |
|---|---|---|---|---|---|
| 中心距 | $a$ | 由承载能力计算确定 | 蜗杆包围蜗轮齿数 | $z'$ | $z' = \dfrac{z_2}{10}$，$z_2 \leqslant 60$ 按四舍五入圆整；$z_2 > 60$ 取其中整数部分 |
| 传动比 | $i$ | $i = \dfrac{z_2}{z_1}$ 由传动要求决定参照表 5.4-28 选用推荐值 | | | |
| 蜗轮齿数 | $z_2$ | | 蜗杆工作包角之半 | $\varphi_w$ | $\varphi_w = 0.5(z' - 0.45)\tau$ |
| 蜗杆头数 | $z_1$ | | 蜗杆工作部分长度 | $L_w$ | $L_w = d_2 \sin\phi_w$ |
| 蜗轮喉圆直径 | $d_{a2}$ | 按表 5.4-27 选取，对非标准中心距：$d_{a2}$ 按插入法求得并圆整；$b_2$ 和 $d_b$ 按系列的靠近值选取 | 蜗杆最大根径 | $d_{f1max}$ | $d_{f1max} = 2\left[ a - \sqrt{R_{f1}^2 - (0.5L_w)^2} \right]$ |
| | | | 蜗杆最大外径 | $d_{a1max}$ | $d_{a1max} = 2[a - R_{a1}\cos(\phi_w - 1°)]$ |
| 蜗轮齿宽 | $b_2$ | | 蜗轮最大外径 | $d_{e2}$ | 按表 5.4-27 选取，对非标准传动按结构确定 |
| 主基圆直径 | $d_b$ | 查表 5.4-27 | 蜗轮齿顶圆弧半径 | $R_{a2}$ | |
| 蜗轮端面模数 | $m$ | $m = \dfrac{d_{a2}}{z_2 + 1.5}$ | 蜗杆喉部导程角 | $\gamma_m$ | $\gamma_m = \arctan\dfrac{d_2}{i d_1}$ |
| 顶隙和根部圆角半径 | $c = r$ | $c = r = 0.2m$ | 分度圆压力角 | $\alpha$ | $\alpha = \arcsin(d_b/d_2)$ |
| 齿顶高 | $h_a$ | $h_a = 0.75m$ | 蜗轮法面弦齿厚 | $\bar{s}_{n2}$ | $\bar{s}_{n2} = d_2 \sin(0.275\tau)\cos\gamma_m$ |
| 齿根高 | $h_f$ | $h_f = h_a + c$ | 蜗轮弦齿高 | $\bar{h}_{a2}$ | $\bar{h}_{a2} = h_a + 0.5d_2[1 - \cos(0.275\tau)]$ |
| 蜗轮分度圆直径 | $d_2$ | $d_2 = d_{a2} - 2h_a$ | 蜗杆喉部法面弦齿厚 | $\bar{s}_{n1}$ | $\bar{s}_{n1} = d_2 \sin(0.225\tau)\cos\gamma_m$ |
| 蜗轮齿根圆直径 | $d_{f2}$ | $d_{f2} = d_2 - 2h_f$ | | | $2\Delta_f\left(0.3 - \dfrac{50.4°}{z_2\varphi_w}\right)^2 \cos\gamma_m$ |
| 蜗杆分度圆直径 | $d_1$ | $d_1 = 2a - d_2$ | | | |
| 蜗杆喉部齿顶圆直径 | $d_{a1}$ | $d_{a1} = d_1 + 2h_a$ | 蜗杆螺旋面啮入口修行量 | $\Delta_f$ | $\Delta_f = (0.0003 + 0.000034i)a$ |
| 蜗杆喉部齿根圆直径 | $d_{f1}$ | $d_{f1} = d_1 - 2h_f$ | 蜗杆螺旋面啮出口修行量 | $\Delta_e$ | $\Delta_e = 0.16\Delta_f$ |
| 蜗杆齿顶圆弧半径 | $R_{a1}$ | $R_{a1} = a - 0.5d_{a1}$ | 蜗杆螺旋面啮入口修缘量 | $\Delta'_f$ | $\Delta'_f = 0.6\Delta_f$ |
| 蜗杆齿根圆弧半径 | $R_{f1}$ | $R_{f1} = a - 0.5d_{f1}$ | 蜗杆弦齿高 | $\bar{h}_{a1}$ | $\bar{h}_{a1} = h_a - 0.5d_2(1 - \cos 0.225\tau)$ |
| 齿距角 | $\tau$ | $\tau = \dfrac{360°}{z_2}$ | 肩带宽度 | $t$ | $t = \pi d_2 / 5.5 z_2$ |

直廓环面蜗杆加工工艺的特点：在加工蜗杆、蜗轮及蜗轮滚刀时，刀具与被加工件必须保持准确的中心距及正确的相互位置，中心距一般在正向公差的范围内变动。在加工蜗杆、蜗轮及蜗轮滚刀时，必须保持规定的形成直径。无论蜗杆螺旋齿面的削薄及蜗轮轮齿的削瘦，都只能在规定的中心距下，用切向进给方法实现，不得用径向进刀法实现。

图 5.4-20 所示为一个"综合对称修型"直廓环面蜗杆工作图。这个蜗杆的工艺程序大体为：

锻坯（按工艺图加工出工艺锥度部分）→退火→钻顶尖孔→粗车→调质→研中心孔→精车蜗杆各部（要求表面粗糙度 $Ra < 0.8\mu m$ 的部位留磨削余量，其余按图加工）→喉部刻线→划铣加工线→铣工艺加长部分扁方及键槽至图中尺寸要求→磨轴颈及工艺锥度部分至图中尺寸要求→粗、精加工蜗杆螺旋面至图中尺寸要求→铣除螺旋两端的不全齿→切除工艺加长部分。

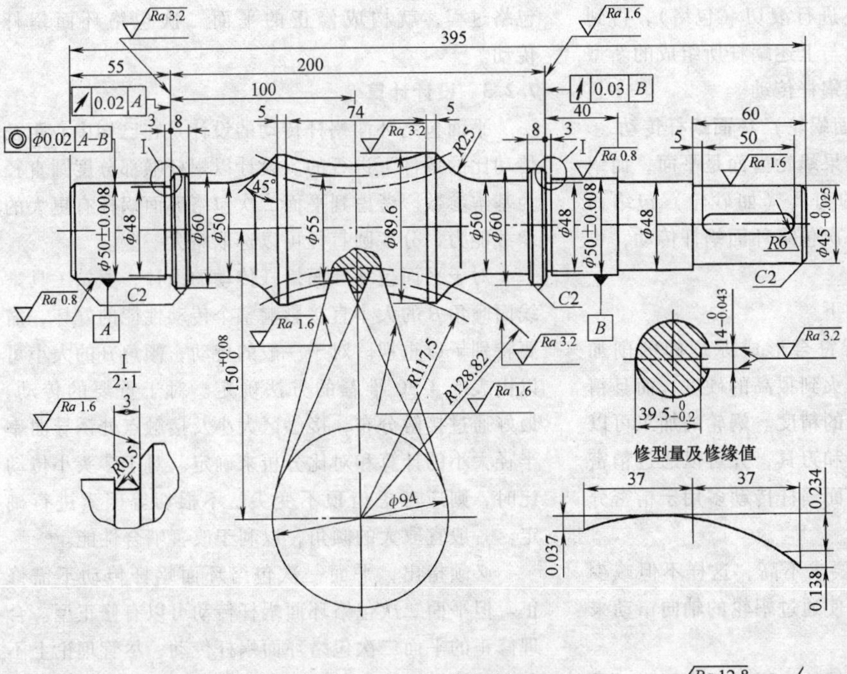

| 传动类型 | | 直廓环圈 | 蜗轮列 |
|---|---|---|---|
| 蜗杆头数 | $z_1$ | | 1 |
| 蜗轮齿数 | $z_2$ | | 37 |
| 蜗杆包围蜗轮齿数 | $z'$ | | 4 |
| 轴向模数 | $m_x$ | | 6.02mm |
| 蜗杆喉部导程角 | $\gamma_m$ | | 5°51′64″ |
| 分度圆压力角 | $\alpha$ | | 22°33′41″ |
| 蜗杆工作半角 | $\varphi_w$ | | 17°16′12″ |
| 蜗杆螺旋方向 | — | | 右旋 |
| 精度等级 | — | | B 级 |
| 配对蜗轮图号 | — | | |
| 蜗杆圆周齿距极限偏差 | — | | ±0.020mm |
| 蜗杆圆周齿距极限体积偏差 | — | | ±0.040 |
| 蜗杆齿形误差的公差 | $f_{ft}$ | | 0.036mm |
| $\bar{s}_{n1}$ $s_{n1} - (\Delta_m s_1 + \delta s_1)$ $-\Delta_m s_1$ | | | $9.27 ^{-0.53}_{-0.68}$ |
| $\bar{h}_{a1}$ | | | 4.91 |

**技术要求**
1. 调质硬度为 250～300HBW
2. 未标注切削圆角R2.5
3. 啮入口修缘角度 $\varphi_f$ 为5°50′16″

修型量及修缘值

图中标注：395, 55, 200, 100, 74, 40, 60, 50, 5, 8, 3, $Ra 3.2$, $Ra 1.6$, $\phi0.02 A-B$, $0.02 A$, $0.03 B$, $R2.5$, $45°$, $\phi48$, $\phi60$, $\phi50$, $\phi55$, $\phi89.6$, $\phi50$, $\phi60$, $\phi48$, $\phi48$, $\phi45^{-0.025}_{-0.025}$, $\phi50±0.008$, $R6$, $C2$, $Ra 0.8$, $A$, $B$, $150^{+0.08}_{0}$, $R117.5$, $R128.82$, $\phi94$, $14^{0}_{-0.043}$, $39.5^{0}_{-0.2}$, $37$, $37$, $0.234$, $0.037$, $0.138$, $\sqrt{Ra 12.8}$, $R0.5$, $I$ $2:1$

**图 5.4-20　直廓环面蜗杆的工作图**

直廓环面蜗杆的工作图应注意以下几点：

1) 工作图上要画出螺旋修型曲线图及修型方法。

2) 工作图上应标注加工蜗杆螺旋时的主基圆直径 $d_{b0}$。

3) 对于成批量生产的环面蜗杆，图样上可以注出圆弧回转面的中间平面到某一基准面之间的距离，这样有利于加工蜗杆时轴向位置的确定。

## 7.2　平面包络环面蜗杆传动

如图 5.4-21 所示，设平面 $F$ 与一个基圆锥相切并一起绕轴线 $O_2 - O_2$ 以角速度 $\omega_2$ 回转。与此同时，

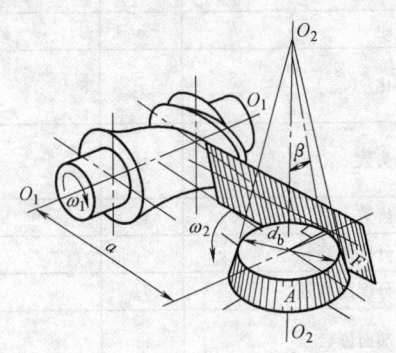

**图 5.4-21　平面包络环面蜗杆的形成**

蜗杆毛坯绕其轴线 $O_1 - O_1$ 以角速度 $\omega_1$ 回转。这样，平面 $F$ 在蜗杆毛坯上包络出的曲面便是平面包络环面蜗杆的螺旋齿面。平面 $F$ 就是母面，实际上是平面工艺齿轮的齿面（工艺齿轮的假想齿数见表 5.4-31），在传动中也就是配对蜗轮的齿面。这种传动称为平面一次包络环面蜗杆传动。中间平面与基圆锥截得的圆称为基圆，其直径为 $d_b$。当平面 $F$ 与轴线 $O_2 - O_2$ 的夹角 $\beta > 0°$ 时，是斜齿平面包络环面蜗杆，适用于传递动力。

若再以上述蜗杆齿面为母面，即用与上述蜗杆齿面相同的滚刀，对蜗轮毛坯进行滚切（包络），得到一种新型的蜗轮，用此蜗轮与上述蜗杆所组成的新型传动称为平面二次包络环面蜗杆传动。

### 7.2.1　平面一次包络（平面蜗轮）环面蜗杆传动

在环面蜗杆传动中，如果蜗轮齿面是平面，而蜗杆齿面由与上述平面相当的刀具（如砂轮）包络而成，就构成了所谓的平面一次包络环面蜗杆传动，也称为平面蜗杆传动。

平面蜗杆传动的优点如下。

1）蜗轮齿面可以进行符合形成原理的磨削加工，齿面可以在粗加工后淬火到很高的硬度，而且精确的磨削加工可以保证蜗杆的精度。蜗轮的加工可以利用通用的铣削、磨削设备和刀具，并可以通过精密测量保证其精度。因此，平面蜗杆传动多用于精密分度传动。

2）对蜗轮的轴向位置要求不高，这样不但减少了对装配误差的敏感性，也使通过蜗轮的轴向窜动来恢复传动的精度成为可能。

平面蜗杆传动的缺点是蜗轮齿面的工作区小，承载能力受到限制。

### 7.2.2　平面二次包络环面蜗杆传动

以平面为原始工具母面，通过一次包络过程就形成了平面包络环面蜗杆。做一把与平面包络蜗杆齿面相当的环面滚刀，把置于一次包络过程刀具位置的毛坯加工成蜗轮的过程，就称为二次包络过程。一次包络过程形成的环面蜗杆与二次包络过程加工成的蜗轮相啮合，就构成了平面二次包络环面蜗杆传动。

二次包络过程的中心距及传动比可以与一次包络相同，这样构成的是标准的平面二次包络环面蜗杆传动。如果二次包络过程的中心距及传动比不同于一次包络过程，就构成修正的平面二次包络环面蜗杆传动。

### 7.2.3　设计计算

平面包络环面蜗杆传动的设计是在已知中心距及传动比的条件下进行的。设计以蜗杆喉部分度圆直径为基本参数。考虑到平面二次包络环面蜗杆有更大的承载能力，分度圆直径可以选取略大一些。

对于平面包络环面蜗杆传动的设计，原始工具素线面倾角 $\beta$ 的大小直接影响整个传动性能的好坏，需要特别予以重视。对于一般的传动，倾角 $\beta$ 的大小可以由表 5.4-30 推荐的方法确定。对于重要的传动，最好通过接触分布，接触区大小及接触点处诱导曲率半径大小的计算和对比分析来确定。对于多头小传动比时，则应考虑齿顶不变尖、不根切等因素进行确定。一般宜取大的倾角，以利于改善啮合性能。

必须指出，平面一次包络环面蜗杆传动不需修正。但平面二次包络环面蜗杆传动可以有修正型。合理修正的平面二次包络环面蜗杆传动，尽管理论上不存在双接触线，但传动性能仍可以得到改善。平面包络环面蜗杆传动的几何计算见表 5.4-30 和图 5.4-22。

**表 5.4-30　平面包络环面蜗杆传动几何计算**

| 项　目 | 代号 | 计算公式及说明 | |
|---|---|---|---|
| | | 平面一次包络环面蜗杆传动 | 平面二次包络环面传动 |
| 中心距 | $a$ | 由承载能力计算确定 | |
| 传动比 | $i$ | $i = \dfrac{z_2}{z_1} = \dfrac{n_1}{n_2}$，标准参数传动按表 5.4-28 选取 | |
| 蜗杆头数 | $z_1$ | $z_1 = \dfrac{z_2}{i} = 1 \sim 7$，标准参数传动按表 5.4-28 选取 | |
| 蜗轮齿数 | $z_2$ | $z_2 = z_1 i$，标准参数传动按表 5.4-28 选取 | |
| 蜗杆分度圆直径 | $d_1$ | $d_1 = (0.3 \sim 0.48)a$ | |
| 蜗轮分度圆直径 | $d_2$ | $d_2 = 2a - d_1$ | |
| 蜗轮端面模数 | $m$ | $m = \dfrac{d_2}{z_2}$ | |
| 顶隙 | $c$ | $c = 0.2m$ | |

（续）

| 项　目 | | 代号 | 计算公式及说明 | |
|---|---|---|---|---|
| | | | 平面一次包络环面蜗杆传动 | 平面二次包络环面传动 |
| 齿顶高 | | $h_a$ | $h_a = 0.75 m_t$ | $h_a = 0.7 m_t$ |
| 齿根高 | | $h_f$ | $h_f = h_a + c$ | |
| 蜗杆喉部齿根圆直径 | 计算公式 | $d_{f1}$ | $d_f = d_1 - 2h_f$ | |
| | 检验公式 | | 当 $\dfrac{L}{a} \leqslant 2.5$ 时，$d_{f1} \geqslant 0.5 a^{0.875}$ ；当 $\dfrac{L}{a} > 2.5$ 时，$d_{f1} \geqslant 0.6 a^{0.875}$ 式中　$L$——蜗杆两端支承点间距离 | |
| 蜗杆喉部齿顶圆直径 | | $d_{a1}$ | $d_{a1} = d_1 + 2h_{a1}$ | |
| 蜗杆齿顶圆弧半径 | | $R_{a1}$ | $R_{a1} = a - 0.5 d_{f1}$ | |
| 蜗杆齿根圆弧半径 | | $R_{f1}$ | $R_{f1} = a - 0.5 d_{f1}$ | |
| 蜗轮喉圆直径 | | $d_{a2}$ | $d_{a2} = d_2 + 2h_a$ | |
| 蜗轮齿顶圆直径 | | $d_{f2}$ | $d_{f2} = d_2 - 2h_f$ | |
| 蜗杆喉部导程角 | | $\gamma_m$ | $\gamma_m = \arctan \dfrac{d_2}{d_1 i}$ | |
| 齿距角 | | $\tau$ | $\tau = \dfrac{360°}{z_2}$ | |
| 主基圆直径 | | $d_b$ | $d_b = \sin(22° \sim 25°) d_2$，$z_1$ 较小时括弧内取较小值，反之取较大值，计算出的 $d_b$ 值 按表 5.4-27 选取系列值 | |
| 分度圆压力角 | | $\alpha$ | $\alpha = \arcsin(d_b / d_2)$ | |
| 蜗杆包围蜗轮齿数 | | $z'$ | 按表 5.4-26 选取 | |
| 蜗杆工作半角 | | $\varphi_w$ | $\varphi_w = 0.5 \tau (z - 0.45)$ | |
| 工作起始角 | | $\varphi_0$ | $\varphi_0 = \alpha - \varphi_w$ | |
| 蜗轮齿宽 | | $b_2$ | $b = (0.9 - 1) d_{f1}$ | |
| 蜗杆工作部分宽度 | | $b_1$ | $L_w = d_2 \sin \varphi_w$ | |
| 蜗杆螺纹两侧肩带宽度 | | $\delta$ | $\delta \leqslant m_t$ | |
| 蜗杆最大齿顶圆直径 | | $d_{xmax}$ | $d_{xmax} = 2\left[ a - \sqrt{r_{a1}^2 - (0.5 L_w)^2} \right]$ | |
| 蜗杆最大齿根圆直径 | | $d_{fmax}$ | $d_{fmax} = 2\left[ a - \sqrt{r_{r1}^2 - (0.5 L_w)^2} \right]$ | |
| 蜗轮齿顶圆弧半径 | | $r_{b2}$ | — | $r_{b2} = 0.55 d_{f1 \, max}$ |
| 母平面倾斜角 | | $\beta$ | $\beta = \arctan(K_1 \tan \cos \alpha)$ 当 $i > 20$ 时，$K_1 = 1$ ; 当 $i \leqslant 20$ 时，$K_1$ 为 $1.4 \sim 0.02 i$ | $\beta = \arctan\left[ \dfrac{\cos(\alpha + \Delta) \dfrac{d_2}{2a} \cos \alpha}{\cos(\alpha + \Delta) - \dfrac{d_2}{2a} \cos \alpha} \cdot \dfrac{1}{i} \right]$ 式中　$\Delta$ 值为　$\begin{array}{c\|c\|c\|c} i & \leqslant 10 & 10 \sim 30 & > 30 \\ \hline \Delta & 4° & 6° & 8° \end{array}$ |
| 蜗轮齿距 | | $p_2$ | $p_2 = \pi m_t$ | |
| 蜗轮节圆齿厚 | | $s_2$ | $s_2 = 0.55 p_2$ | |
| 蜗杆节圆齿厚 | | $s_1$ | $s_1 = p_2 - s_2 - j_n$ | |
| 蜗杆分度圆法向齿厚 | | $\bar{s}_{n1}$ | $\bar{s}_{n1} = s_1 \cos \gamma$ | |
| 蜗轮分度圆法向齿厚 | | $\bar{s}_{n2}$ | $\bar{s}_{n2} = s_2 \cos \gamma$ | |
| 蜗杆弦边高 | | $h_{a1}$ | $h_{a1} = h_a - 0.5 d_2 \left( 1 - \cos \arcsin \dfrac{s_1}{d_2} \right)$ | |

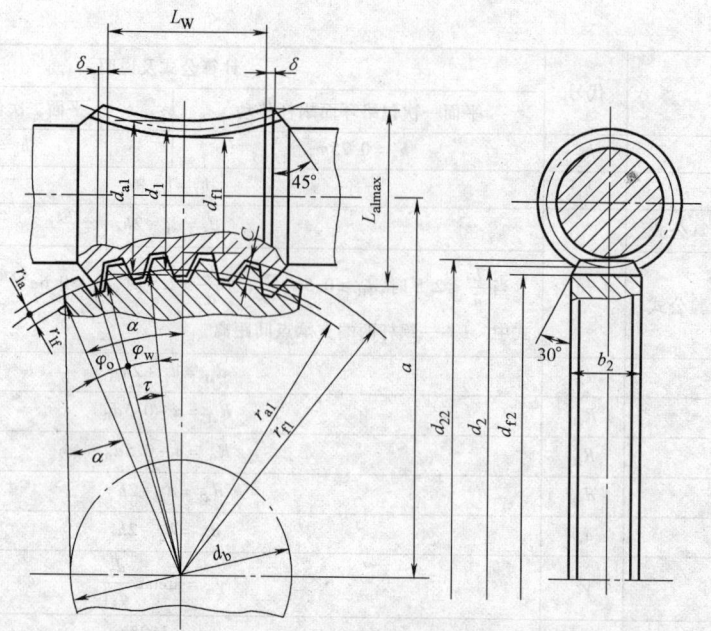

图 5.4-22　平面包络环面蜗杆传动的几何计算

表 5.4-31　工艺齿轮假想齿数 $z_0$

| $z_2$ | ≤32 | 33~45 | 46~55 | 56~85 |
|---|---|---|---|---|
| $z_0-z_2$ | ≤2 | 2~4 | 4~6 | 6~8 |

#### 7.2.4　平面包络环面蜗杆的制造工艺

1. 对加工机床的要求

直廓环面蜗杆螺旋的精加工方法主要是切削,而平面包络环面蜗杆螺旋的精加工主要是磨削。精加工之前的制造工艺几乎没有区别,因此对加工机床的要求也基本相同。所不同的只是用于精加工平面包络环面蜗杆的精加工机床,必须能正确而方便地磨削平面包络环面蜗杆的螺旋齿面。

和直廓环面蜗杆的加工机床一样,专门用来加工平面包络环面蜗杆螺旋的加工机床更是稀少。多数厂家在立式滚齿机上进行平面包络环面蜗杆螺旋的磨削加工。而产量比较大的生产厂多用车床进行改装,或专门设计专用机床进行加工。除类似于加工直廓环面蜗杆的切削速度、圆周进给及精度等方面的要求外,回转工作台上必须安装一个磨削头。该磨削头所带的可以高速旋转的砂轮应该准确地调整到所需的位置,并有一定的通用性。

2. 蜗杆螺旋的粗加工

蜗杆螺旋粗加工之前的工序可以和直廓环面蜗杆完全相同。螺旋面的粗加工同样用切削方式或铣削方式。但是,要注意以下几点:

1) 平面包络蜗杆在轴截面内的齿形不是直线,而且在不同截面内的齿形也各不相同。用切削法粗加工环面蜗杆螺旋面,不可能有均匀的磨削加工余量,

磨削余量一般根据喉部螺旋的齿厚控制。为了保证沿整齿面都有足够的加工量,磨削余量一般选得都比较大,可按下表 5.4-32 选取。

表 5.4-32　蜗杆螺旋的磨削余量

| 蜗杆头数 | 1 | 2 | 3 | 4 | 5 |
|---|---|---|---|---|---|
| 磨削余量/mm | 0.6~1 | 0.8~1.2 | 1.0~1.3 | 1.2~1.5 | >1.8 |

2) 对于经渗氮处理的平面包络环面蜗杆,由于渗氮层薄,按表数值留磨量的环面蜗杆,必须在渗氮前进行磨削加工。否则,渗氮层会被全部磨掉。一般采用粗车→磨削→氮化处理→抛光的工艺程序。

3) 蜗杆螺旋齿深要达到要求,甚至比图样要求的略深,以避免精磨蜗杆螺旋时砂轮外圆参加磨削,影响工作齿面的精度及表面粗糙度。

#### 7.2.5　平面包络环面蜗轮滚刀的设计与制造

无论是材料、结构还是加工工序,直廓环面蜗轮滚刀和平面包络环面蜗轮滚刀并没有什么大的区别,其主要区别仅在于基本蜗杆的形成原理不同。平面包络环面蜗轮滚刀的切削刃,位于由倾斜搁置的原始工具母面在相对运动中包络形成的基本蜗杆齿面上。这样的基本蜗杆在不同截面内的齿形是各不相同的。这一特性就排斥了制造铲齿齿形平面包络环面蜗轮滚刀的可能性,因为我们不可能使铲磨砂轮的形状随时变化,以适应变化的滚刀刀齿齿形。但是,平面包络环面蜗杆的可磨削性,容易保证蜗轮滚刀的切削刃准确地落在基本蜗杆齿面上。可以采用和磨削蜗杆螺旋齿面同样的方法,在完全相同的调整参数下,磨削成形滚刀刀齿的切削刃。滚刀

与蜗杆的一致性，自然保证了蜗杆蜗轮的正确啮合。这也成为平面包络环面蜗杆传动质量容易得到保证，优良性能得以充分发挥的重要原因之一。

平面包络环面蜗轮滚刀无法铲齿的特性，使不可能在成形刀齿齿形的同时形成切削所必须的侧后角。这就不得不在切削刃口成形之前和成形之后采取其他工艺措施以形成侧后角。这样成形的滚刀刀齿，几乎是不允许重磨的，这也是这种滚刀的主要缺点。

1. 结构特点

相对于直廓环面蜗轮滚刀而言，平面包络环面蜗轮滚刀在结构上有如下几个特点：

1）平面包络环面蜗轮滚刀的基本蜗杆截形在不同点是各不相同的，就是在同一个轴截面内，也是不同的。但是，由于能容易地保证基本蜗杆的一致性，而滚刀刀齿的切削后角又不是铲制而成的，因此允许把容屑槽做成倾斜的，或者螺旋形的。这在原工艺方法上不会再带来麻烦，而斜槽或螺旋滚刀刀齿的切削性能，将明显得到改善。

2）由于刀齿侧后角往往需要通过铣削，甚至手工磨削等方法形成，因此滚刀的容屑槽数不能太多，以避免刀具及砂轮的干涉。

3）滚刀各刀齿的齿形及齿厚是各不相同的，一般通过控制喉部的刀齿形状及齿厚来控制同一螺旋曲面上各刀齿的形状及尺寸。在铣削容屑槽时，一般要保证喉部的一个刀齿的对称轴应位于基本蜗杆喉部中间平面内，以作为加工和测量的基准。

2. 工艺特点

1）用直线刃口切削工具粗切的平面包络环面蜗杆齿面，各处的余量是不均匀的。在加工滚刀时，这一不均匀性要求在开出刀齿后角之前，因此必须通过磨削方式成形刀齿，否则上述不均匀性会导致各刀齿切削刃口宽度的不均匀，使刀齿的切削性能恶化。

2）由于无法铲齿，只能采取以下几种方法形成刀齿后角。

① 在普通立式铣床上，用立铣刀铣出后角，铣削后角之前的滚刀刀齿必须经过良好磨削，余量要小。滚刀经淬火后，精磨好前刀面，再精磨好齿侧面，力求使刀齿的切削刃带宽度控制在 0.10 ~ 0.15mm，否则必须修磨，以免影响刀齿的切削性能。

② 在滚齿机或改装后用于加工蜗杆的机床上加工。在回转台上安装指形齿轮铣刀切削装置，以利于切向进给法铣侧后角，保留一定宽度的切削刃。铣刀的角度需要经常调整，以保证切削刃宽度均匀。整个操作比用立铣床加工容易些。

③ 在万能工具磨床上刃磨后角。刀齿侧后角的铣削，只是为了减少淬火后的磨削量。淬火后的滚刀

除内孔、端面及肩等的磨削加工外，必须先刃磨前刀面，然后像精磨蜗杆一样磨削刀齿刃口，最后磨侧后角。在工具磨床上磨侧后角是平面包络环面蜗轮滚刀加工的关键工序。首先必须在刃口处保留包络成形的刃口，刃口一般要涂色以便识别。已成形刃口的任何损伤都会增加蜗轮齿面上的残留金属，严重时会导致接触位置的不正确，降低传动的承载能力。其次，要保证切削刃宽度的均匀。由于滚刀上刀齿刃口是曲线，而且各不相同，靠手工控制是相当困难的。这就需要精心地操作。刃带宽度一般控制在 0.10 ~ 0.15mm。刃带太宽，切削抗力增大，蜗轮齿面质量降低；刃带太窄，滚刀的使用寿命降低，磨削时也容易引起包络刃带的伤损。平面包络环面蜗轮滚刀的设计，与基本蜗杆的设计几乎无异，只是要考虑滚刀的特点，诸如保证蜗杆齿机与蜗轮齿根之间有必要的顶隙；滚刀的工作长度要大于蜗杆的工作长度，小于主基圆直径。环面蜗杆螺旋的导程角是处处变化的，喉部的导程角最大，两端的导程角最小。这样一来，就不可能找到一个与该螺旋曲面处处正交的简单曲面作为刀齿的前刃面。多数滚刀的容屑槽都开成直槽，也有开成和喉部螺旋曲面正交的倾斜平面。对于单头滚刀，由于导程角不大，左右切削刃切削角度的差异还不至于引起严重后果。但是当头数多，导程角大时，这一影响将是不可忽视的。为了解决这一问题，采用所谓单纹滚刀是可行的。

3. 单纹滚刀

单纹滚刀，它是介于滚刀和飞刀之间的装配刀具，多用于多头大型蜗轮加工。单纹滚刀的所有切削刀齿都分布在基本蜗杆的同一条螺旋线上。计算出每一刀齿所有位置的导程角，然后根据这一角度就可以找到与之垂直的平面，并把它作为这一刀齿的前刃面。这样可以使每一刀齿的左右切削刃具有相同的切削性能，从而保证蜗轮两侧齿面具有相同的加工质量。

设计单纹滚刀时，需要注意的事项如下：

1）由于基本包络环面蜗杆螺旋在不同点有各不相同的截形，单纹滚刀各刀齿的切削刃形状也各不相同，因此不可能像刃磨其他刃口那样用修磨砂轮、样板透光等办法控制。刀齿切削刃的形状完全依赖于磨削时滚刀与砂轮之间定位参数及运动关系调整的正确性来保证。

2）沿螺旋线布置尽可能多的奇数刀齿，其中一个刀齿的对称轴线应位于喉部中间平面内，作为齿厚控制的基准刀齿。两端两个刀齿的位置应能保证整个滚刀的工作长度大于蜗杆的工作长度，各刀齿的前刃面倾角要分别计算和定位，以确保同一刀齿的两侧切削刃具有相同的切削性能。加工蜗轮时，刀齿的左右

切削刃同时参加切削，负荷很大，因此要求刀齿要有足够的刚度和有利的切削条件。刀齿的定位夹紧必须方便，可靠，有良好的重复定位精度。

## 7.3 环面蜗杆传动的强度计算

不同的环面蜗杆传动有不同的承载能力，但它们都受蜗轮齿面接触强度的限制，亦即环面蜗杆传动主

要失效形式发生在蜗轮齿面。其强度计算通常按输入功率 $[P_1']$ 确定。

直廓环面蜗杆传动蜗杆轴上的许用功率 $[P_1']$ 可按图 5.4-23 确定。平面一次包络环面蜗杆传动蜗杆上的许用功率可按图 5.4-24 确定。平面二次包络环面蜗杆传动，目前尚无可靠的计算方法，可暂按图 5.4-23 确定。

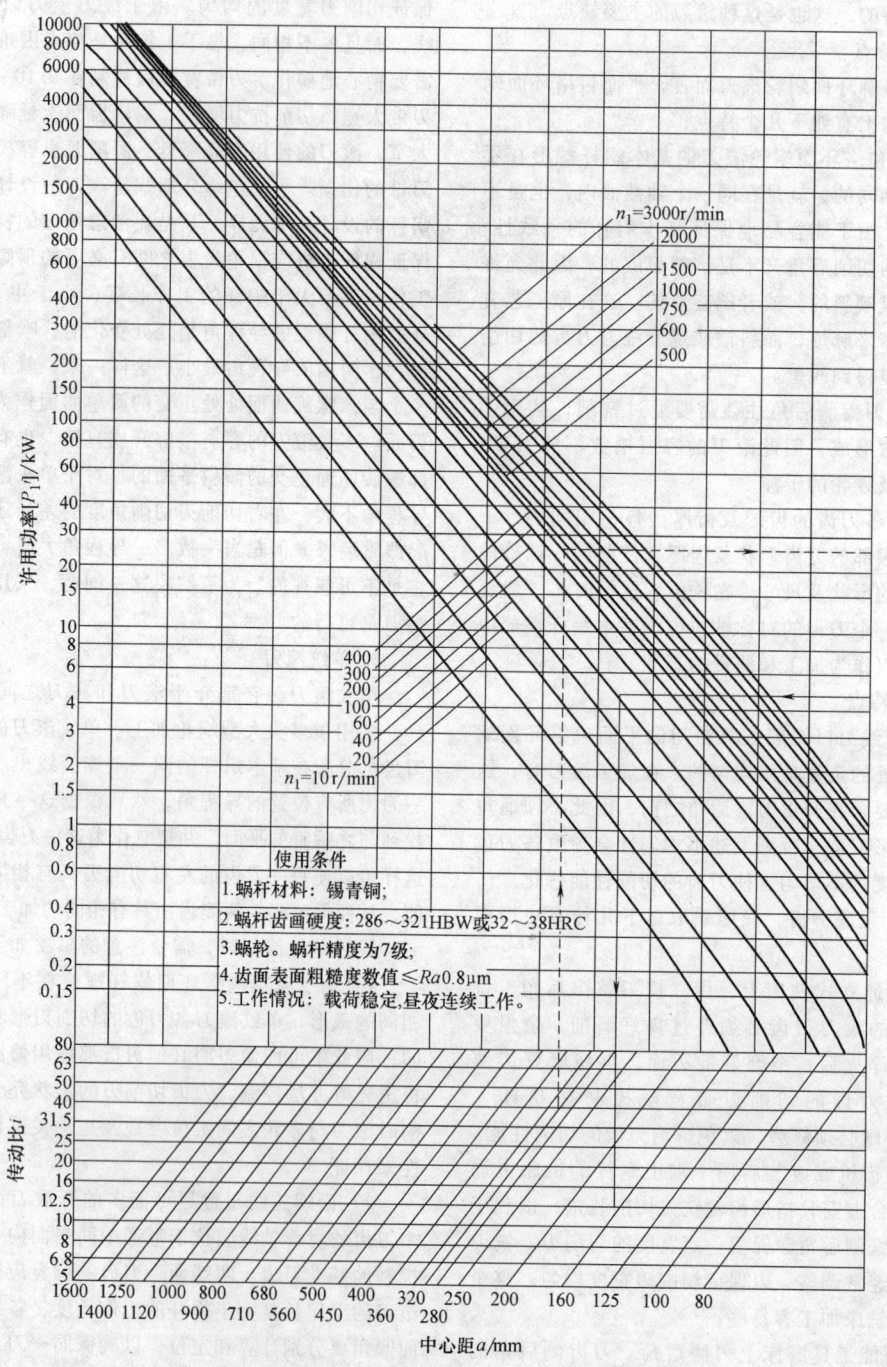

图 5.4-23  直廓环面蜗杆传动的许用功率线图

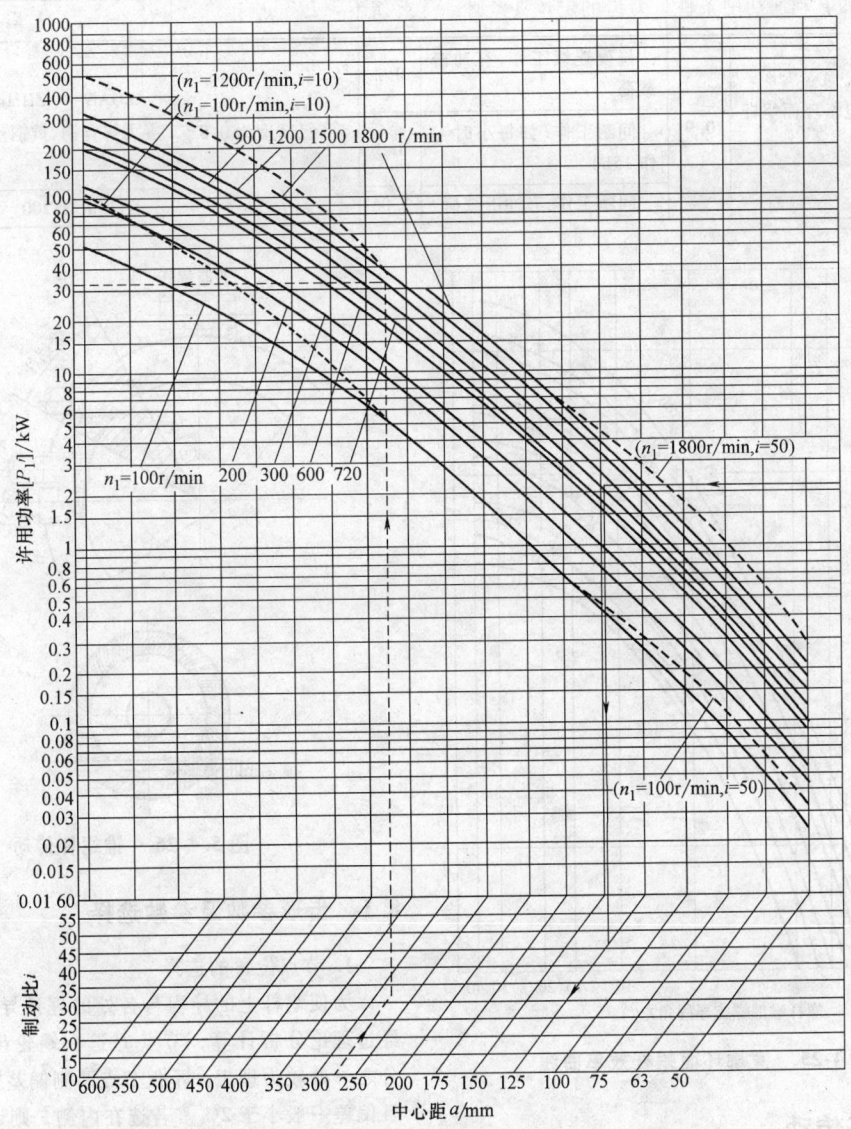

**图 5.4-24 平面一次包络环面蜗杆传动的许用功率线图**

当传动符合图 5.4-23、图 5.4-24 的条件时，蜗
杆轴的计算功率 $P_c$ 为

式中 $K_1$——传动类型系数，见表 5.4-33；
$K_2$——工作情况系数，见表 5.4-33；
$K_3$——加工质量系数，见表 5.4-33；
$K_4$——蜗轮材料系数，见表 5.4-33。

$$P_c = \frac{P}{K_1 K_2 K_3 K_4} \leqslant [P'] \qquad (5.4\text{-}40)$$

直廓环面蜗杆的效率曲线如图 5.4-25 所示。

**表 5.4-33 系数 $K_1$、$K_2$、$K_3$、$K_4$ 的选取**

| $K_1$ | | $K_2$ | | $K_3$ | $K_4$ | |
|---|---|---|---|---|---|---|
| 直廓环面蜗杆传动和平面二次包络环面蜗杆传动 | 1.0 | 昼夜连续平稳工作 | 1.0 | 7 级精度为 1.0 | ZQSn10-1、ZQSn10-2-1.5 等锡青铜 | 1.0 |
| | | 每日连续工作 8h，有冲击载荷 | 0.8 | | | |

（续）

| $K_1$ | | $K_2$ | | $K_3$ | $K_4$ | |
|---|---|---|---|---|---|---|
| 平面一次包络环面蜗杆传动 | 0.9 | 昼夜连续工作,有冲击载荷 | 0.7 | 8 级精度为 0.8 | ZQAl9-4、ZHMn58-2-2 等无锡青铜、黄铜 | 0.8 |
| | | 间断工作(如每小时工作 15h) | 1.3 | | | |
| | | 间断工作,有冲击载荷 | 1.06 | | HT150、HT200 | 0.5 |

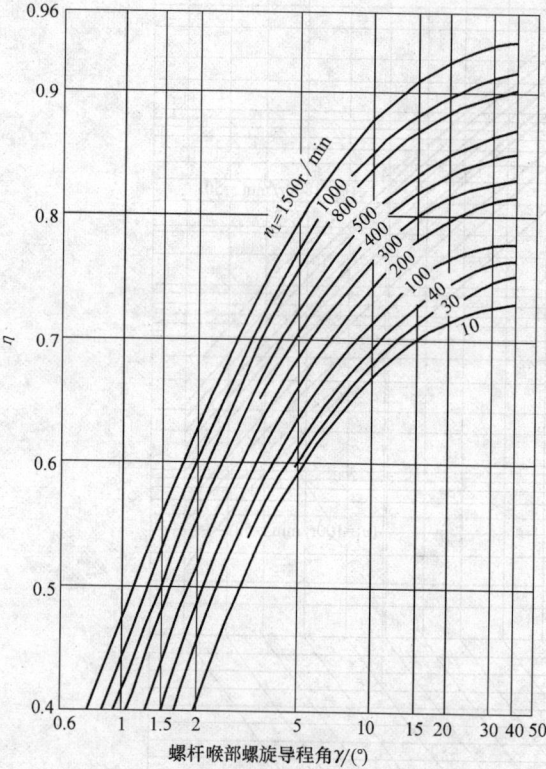

图 5.4-25　直廓环面蜗杆效率曲线

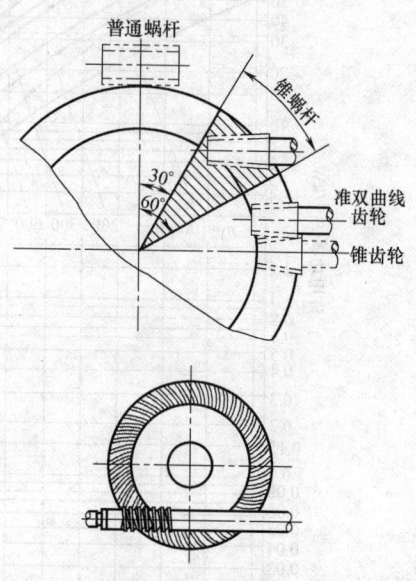

图 5.4-26　锥蜗杆传动

# 8　锥蜗杆传动

图 5.4-26 所示为锥蜗杆传动。锥蜗杆传动与其他蜗杆传动一样，是用于两轴交错，一般两轴交角 $\Sigma = 90°$ 的齿轮传动机构。蜗杆偏置于蜗轮的侧面，故又称偏置蜗杆传动。

偏置蜗杆传动，以齿坯外形又可分为以下两种：

1）蜗轮、蜗杆外形都是锥形的。一般锥角分别为 82°和 5°，称为锥蜗杆传动。

2）蜗杆外形是圆柱形的，则简称偏置蜗杆传动。

两种蜗杆虽然在加工方法上有些不同，但在传动性质上却是有许多共同之处。实质上偏置蜗杆传动是锥蜗杆传动的一个特例。

## 8.1　齿形参数及参数选择

### 1. 节点位置的选择

为使蜗杆上的导程与各处的理论导程偏差最小，经过理论分析计算，节点 $P$ 选在蜗轮齿面距内侧三分之一处较为理想。不仅节点两侧偏差接近一致，而且偏差一般小于 2%。若选在内侧，则误差加大，最大可到 5%以上。这样对齿面很不利，同时会造成齿牙接触高度降低，影响承载能力。原始节锥，即节点一般选在锥蜗杆的外圆锥表面，包含螺纹牙顶。这样使轮齿的共轭作用达到最大程度。所以节点的位置，应选在蜗杆的节表面，距蜗轮齿面内侧三分之一处。

### 2. 节点角 $\sigma$ 的选择

节点角 $\sigma$ 是决定中心距（或偏距）$\sigma$ 的主要参数，同时也关系到传动比。$\sigma$ 取大值，只能得到小的传动比，反之就可以得到大的传动比。在一般情况下，节点角 $\sigma$ 的选取范围为 30°～ 60°。为了设计上的方便，可取 $\sigma = 40°$ 作为标准节点角。

### 3. 节锥角 $\delta_1'$、$\delta_2'$ 的选择

节锥角 $\delta_1'$，$\delta_2'$ 的大小，关系到加工的难易程度和

承载齿面的大小，及共轭程度的多少。$\delta_1'$ 过大并不有利，因此一般选取 $\delta_1'$ 为 5°～10°，相应地取 $\delta_2'$ 为 82°～76°。为了标准化和制造上的方便，一般取 $\delta_1'=5°$、$\delta_2'=82°$。个别情况也可选取 $\delta_1'$ 为 7°、10°，相应地取 $\delta_2'$ 为 79°、76°。

4. 齿形角 $\alpha_1$、$\alpha_2$ 的选取

锥蜗杆在轴向截面内，为避免根切，齿牙两侧的齿形角不对称。位于蜗杆小端一侧的称为低边压力角，以 $\alpha_1$ 表示。另一侧称为高边压力角，以 $\alpha_2$ 表示。$\alpha_1$ 是根据蜗杆的平均导程角 $\gamma_m$ 大小来选取。

$$\gamma_m = \arctan \frac{p_z}{\pi d_{1m}\cos\delta'} \qquad (5.4\text{-}41)$$

当 $\gamma_m < 16°$ 时，取 $\alpha_1 = 10°$；当 $\gamma_m > 16°$ 时，取 $\alpha_1 = 15°$。否则，将发生根切。

高边压力角 $\alpha_2$ 的选取，同样要考虑根切问题。所选 $\alpha_2$ 必须大于临界压力角 $\alpha_{临} + 5°$，即 $\alpha_2 \geq \alpha_{临} + 5°$。

$$\alpha_{临} = \arctan\left[\frac{d_1}{2z_M} + \frac{2ay_M}{d_1\left(\dfrac{z_2}{z_1}x_M - z_M\right)}\right] \qquad (5.4\text{-}42)$$

一般取 $\alpha_2$ 为 30°、35°。

若求得的临界压力角 $\alpha_{临}$ 大于 35°，但是 $\alpha_2$ 也不能选取大于 35°。在这种情况下，只有通过减小蜗杆直径 $d_1$ 或增大节点角 $\sigma$，以降低临界压力角 $\alpha_{临}$。但是减小 $d_1$ 应考虑蜗杆的刚度。

5. 齿数及模数

在选择锥蜗杆的头数 $z_1$ 时，要考虑传动比、效率及制造等方面的因素。锥蜗杆传动的模数，不像普通蜗杆传动直观和容易求得，它是由导程转换而来的。

$$m = \frac{p_z}{\pi z_1} \qquad (5.4\text{-}43)$$

锥蜗杆传动的模数，在设计、制造上有两个。在设计中常用轴向模数，这时，

$$m_x = \frac{p_z}{\pi z_1} \qquad (5.4\text{-}44)$$

为了测量上的方便，又有一个沿圆锥素线的轴向模数，用 $m_{x\delta}$ 表示。

$$m_{x\delta} = \frac{m_x}{\cos\delta_1'} = \frac{p_z}{\pi z_1 \cos\delta_1'} \qquad (5.4\text{-}45)$$

## 8.2 几何尺寸计算

可先根据设计任务书的条件，如传递功率（或转矩）、传动比等，进行齿面的耐久性估算，得出中心距 $a$。然后选取蜗杆、蜗轮的头数和齿数、螺旋方向以及其他标准参数。最后的几何尺寸计算按相应的公式和顺序进行，见表 5.4-34。

**表 5.4-34 锥蜗杆传动几何尺寸计算**

| 序号 | 名 称 | 符号 | 计算公式及说明 | 举 例 |
|---|---|---|---|---|
| | | | 原始参数及选择参数 | |
| 1 | 传动比 | $i$ | $i = \dfrac{n_1}{n_2}\left(u = \dfrac{z_2}{z_1}\right)$ | 51 |
| 2 | 锥蜗杆头数 | $z_1$ | 根据 $i$ 参照普通蜗杆传动选取 | 1 |
| 3 | 锥蜗轮齿数 | $z_2$ | $z_2 = iz_1$ | 51 |
| 4 | 中心距 | $a$ | 按齿面耐久性估算 $\left(a = \dfrac{d_2'}{2}\cos\sigma + \dfrac{d_1'}{2}\sin\varphi\right)$ | 100mm |
| 5 | 节点角 | $\delta$ | 选标准值 | 40° |
| 6 | 锥蜗杆节锥角 | $\delta_1'$ | 选标准值 | 5° |
| 7 | 锥涡轮节锥角 | $\delta_2'$ | 选标准值 | 82° |
| 8 | 锥蜗杆螺旋方向 | — | 选右旋蜗杆传动蜗杆为右旋 | 右旋 |
| 9 | 锥涡轮螺旋方向 | — | 选左旋蜗杆传动蜗杆为左旋 | 左旋 |
| 10 | 节圆直径比值 | $C$ | — | 4.075 |
| | | | 几何尺寸计算 | |
| 11 | 模数 | $m_x$ | $m_x = \dfrac{d_2'\cos\sigma}{z_1(u - c\sin\sigma\cos\varphi)}$ | 4mm |
| | | $m_{x\delta}$ | $m_{x\delta} = \dfrac{m_x}{\cos\delta_1'}$ | 4.01528mm |

（续）

| 序号 | 名 称 | | 符号 | 计算公式及说明 | 举 例 |
|---|---|---|---|---|---|
| 12 | 作用角 | | $\varphi$ | $\sin\varphi = \dfrac{\tan\delta_1'}{\tan\sigma}$ | 5.985°(5°59′6″) |
| 13 | 锥蜗杆节圆直径 | | $d_1'$ | $d_1' = \dfrac{2a}{\sin\varphi + C\cos\sigma}$ | 61.998mm |
| 14 | 锥蜗轮节圆直径 | | $d_2'$ | $d_2' = Cd_1'$ | 252.642mm |
| 15 | 锥蜗杆节点导程角 | | $\gamma_1$ | $\tan\gamma_1 = \dfrac{z_1 m_x}{d_1'}$ | 3.6915°(3°41′29″) |
| 16 | 节点 $P$ 的坐标值 | | $x_P$ | $x_P = \dfrac{d_1'}{2}\cos\varphi$ | 30.83mm |
| | | | $y_P$ | $y_P = \dfrac{d_1'}{2}\sin\varphi$ | 3.232mm |
| | | | $z_P$ | $z_P = \dfrac{d_2'}{2}\sin\sigma$ | 81.198mm |
| 17 | 锥蜗杆原点处直径 | | $d_0$ | $d_0 = d_1' - 2z_P\tan\delta_1'$ | 47.790mm |
| 18 | 锥蜗杆大端直径 | | $d_e$ | $d_e = d_0 + 2z_L\tan\delta_1'$<br>$z_L = 1.2a$ 或从图上测量 | 68.787mm |
| 19 | 齿高 | 正常齿 | $h$ | $h = 2.2m_x$ | 8.8mm |
| | | 高齿 | | $h = 2.4m_x$ | — |
| | | 短齿 | | $h = 2m_x$ | |
| 20 | 顶隙 | | $c_x$ | $c_x = 0.2m_x$ | 0.8mm |
| 21 | 锥蜗杆平均直径 | | $d_{1m}$ | $d_{1m} = d_0 - 2hm_x + 2z_m\tan\delta_1'$<br>$z_m = 0.827a$ 或从图上测量 | 54.261mm |
| 22 | 锥蜗杆平均导程角 | | $\gamma_m$ | $\gamma_m = \arctan\dfrac{z_1 m_x}{d_{1m}\cos\delta_1'}$ | 4.232°(4°13′56″) |
| 23 | 临界压力角 | | $\alpha_{临}$ | $\alpha_{临} = \arctan\left[\dfrac{d_1'}{2z_P} + \dfrac{2ay_P}{d_1'(ux_P - z_P)}\right]$ | 21.244°(21°14′39″) |
| 24 | 锥蜗杆螺纹牙部分长度 | | $L_P$ | $L_P = 0.73a$ 或从图上测量 | 73mm |
| 25 | 锥蜗轮外径 | | $d_e$ | $d_e = 3a$(当 $\sigma = 40°$ 时) | 300mm |
| 26 | 锥蜗轮内径 | | $d_1$ | $d_1 = 2.2a$ | 220mm |
| 27 | 高点位置 | | $z_b$ | $z_b = \sqrt{\left(\dfrac{d_1}{2}\right)^2 - (a - z_p)^2}$ | 52.306mm |
| | | | $d_b$ | $d_b = d_0 - 4h' + 2z_b\tan\delta_1$ | 41.125mm |
| | | | $x_b$ | $x_b = \sqrt{\left(\dfrac{d_1}{2}\right)^2 - y_P^2}$ | 20.302mm |

## 8.3  受力分析

如图 5.4-27 所示，锥蜗杆传动的受力分析比较复杂。一是接触齿数多，二是不在一个平面内。若再考虑齿面的摩擦力，则对受力分析就更增加了困难。在机械设计中，粗略的计算可以将各点作用力集中在齿面中点，并将摩擦力忽略不计。作用在齿面上法向方向的合力 $F_n$，可以分解为互相垂直的三个分力：

圆周力 $F_t$、轴向力 $F_a$、径向力 $F_r$，在蜗杆上为 $F_{t1}$、$F_{r1}$、$F_{a1}$；在蜗轮上为 $F_{t2}$、$F_{r2}$、$F_{a2}$。但是在数值上，三对力不是像普通蜗杆那样，两两相等。

各力的方向，当蜗杆为主动时，$F_{t1}$ 与蜗杆的旋转方向相反，沿接触点处的圆周切线的方向。$F_{t2}$ 与蜗轮的旋转方向一致。蜗杆的轴向力 $F_{a1}$，在低边传动时，指向蜗杆的大端；反之，高边传动时，指向蜗杆小端。蜗轮的 $F_{a2}$，不论低边或高边传动，总是指

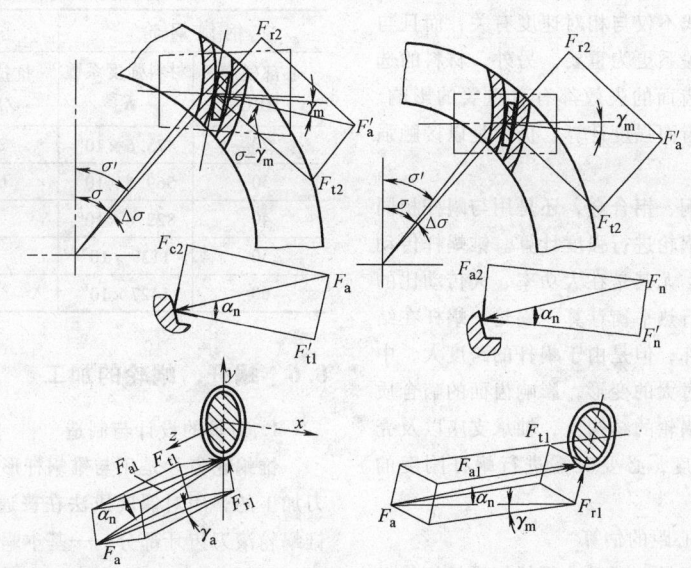

**图 5.4-27　锥蜗杆传动的受力分析**

向蜗轮齿根。蜗杆的径向力 $F_{r1}$，不论高边、低边传动，总是指向其回转中心。蜗轮的 $F_{r2}$，在低边传动时指向其回转中心；反之高边传动时，背向其回转中心。

在已知蜗杆、蜗轮上的扭距 $T_1$、$T_2$，并忽略了齿面中点与节点之间的位置差角 $\Delta\sigma$ 后，各分力可由下面公式求得：

$$\left.\begin{array}{l} F_{t1} = \dfrac{2000T_1}{d_{1m}} \\[2mm] F_{a1} = F_{t1}\cot\gamma_m \\[2mm] F_{r1} = F_{t1}\tan\alpha\cot\gamma_m \end{array}\right\} \left.\begin{array}{l} F_{t2} = \dfrac{2000T_2}{d_{2m}} \\[2mm] F_{a2} = F_{t2}\dfrac{\tan\alpha}{\cos(\sigma-\gamma_m)} \\[2mm] F_{r2} = F_{t2}\tan(\sigma-\gamma_m) \end{array}\right\}$$

$$(5.4-46)$$

式中　$d_{2m}$——蜗轮齿面中点啮合处直径，$d_{2m} = \dfrac{1}{2}(D_e + D_i)$；

　　　　$\alpha$——可为低边压力角 $\alpha_1$，也可为高边压力角 $\alpha_2$；

　　　　$\gamma_m$——蜗杆的平均导程角。

## 8.4　效率及传动形式选择

锥蜗杆传动的效率也应包括三个部分，即 $\eta = \eta_1\eta_2\eta_3$

常用的锥蜗杆传动，蜗杆、蜗轮齿牙的螺旋方向不同。螺旋角可以选成 $\gamma_1 < \gamma_2$，也可以选成 $\gamma_1 > \gamma_2$，其啮合效率分别为

当 $\gamma_1 < \gamma_2$ 时，

$$\eta_1 = \frac{\cos\alpha_n + f\cot\gamma_2}{\cos\alpha_n + f\cot\gamma_1}; \qquad (5.4-47)$$

当 $\gamma_1 > \gamma_2$ 时，

$$\eta_1 = \frac{\cos\alpha_n - f\cot\gamma_1}{\cos\alpha_n - f\cot\gamma_2}; \qquad (5.4-48)$$

两种方案比较，以 $\gamma_1 < \gamma_2$ 时为佳。

蜗轮节点处的导程角，可由式（5.4-49）求出：

$$\sin\gamma_2 = \frac{u}{C}\sin\gamma_1 \qquad (5.4-49)$$

或用简便近似的方法计算：$\gamma_2 = 90° - (\sigma - \gamma_1)$

以上效率分析，均是以蜗杆为主动件。当蜗轮为主动件时，其啮合效率 $\eta_G$ 为

$$\eta_G = \frac{\cos\alpha_n - f\cot\gamma_1}{\cos\alpha_n - f\cot\gamma_2} \qquad (5.4-50)$$

若需蜗杆传动自锁，则可令 $\eta_G \leqslant 0$，则式（5.4-50）为

$$\cos\alpha_n - f\cot\gamma_1 \leqslant 0, \quad \cot\gamma_1 \geqslant \frac{\cos\alpha_n}{f}$$

式中　$\alpha_n$——法向压力角，$\alpha_n = \arctan(\tan\alpha\cos\gamma_1)$，$\alpha$ 可以为高边压力角 $\alpha_2$，也可以为低边压力角 $\alpha_1$；

　　　　$\gamma_1$、$\gamma_2$——蜗杆、蜗轮的导程角。

## 8.5　强度计算

1. 失效形式及设计准则的确定

锥蜗杆传动的失效形式，最常见的有在齿面上出现点蚀、胶合、磨损以及蜗轮轮齿折断，胶合和磨损

是锥蜗杆传动的主要失效形式。

齿表面的失效形式不仅与相对速度有关，而且与齿面接触应力的大小关系更为重要。另外，材料的选配、润滑剂的性质对齿面的失效都有着重要的影响。因此，锥蜗杆传动的齿面强度计算，仍然是以接触强度为理论基础的。

蜗轮不论是用青铜、铝合金，还是用与蜗杆相同的钢制造，都只是对蜗轮进行强度计算。锥蜗杆传动也会产生一定的热量，尤其是在大功率、大传动比的情况下，还必须要进行热平衡计算。蜗轮、蜗杆在结构上一般不会发生破坏，但是由于蜗杆的跨度大，中间直径小，容易产生过大的变形，影响齿面的啮合质量。因此，在蜗杆、蜗轮的结构上，轴承支座以及壳体上都应适当加强刚度，必要时需进行蜗杆刚度的验算。

**2. 锥蜗杆传动中心距的估算**

用齿面的许用磨损量，可以求得任何锥蜗杆传动的负荷能力。然而在实际设计工作中，往往是已知所传递功率、转速以及传动比，来求标准蜗杆传动的近似尺寸，即求所需中心距 $a$ 的大小。

中心距 $a$ 可用式（5.4-51）近似计算。

$$a = 25.4 \times \left[ \frac{1.36P}{\left(n^{0.546} - 7\right)\left(\frac{36}{i^{0.64}} - 1\right)K_{\mathrm{m}}} \right]^{0.373}$$

（5.4-51）

式中　$P$——功率（kW）；

　　　　$i$——传动比；

　　　　$K_{\mathrm{m}}$——材料系数，当蜗轮、蜗杆均用淬火钢支座，并用极压润滑油润滑时，取 $K_{\mathrm{m}} = 0.002$；当蜗杆用淬火钢，蜗轮用青铜制造，用蜗轮润滑油润滑时，取 $K_{\mathrm{m}} = 0.0012$。

式（5.4-51）适用于中心距 $a$ 为 25~130mm、$n_1$ 为 1000~3000r/min 的场合。

**3. 轮齿断裂强度计算**

锥蜗杆传动的主要失效形式是齿面的胶合、磨损和点蚀。然而有时也发生整个齿牙的破坏，但其破坏形式属于剪切类型。

轮齿不产生断裂所能传递的输出转矩 $T_2$ 由式（5.4-42）计算。

$$T_2 = \frac{K_{\mathrm{s}} a^3}{Z_2^{0.64}}$$

（5.4-52）

式中　$K_{\mathrm{s}}$——材料强度系数，由表5.4-35查取。

式（5.4-52）适用于 $a$ 为 25~130mm、$z_2$ 为 30~100，蜗杆表面硬度为 60~62HRC 的场合。

**表 5.4-35　材料强度系数 $K_{\mathrm{s}}$**

| 钢制蜗轮 | | 青铜蜗轮 | |
|---|---|---|---|
| 心部硬度 HRC | 材料强度系数 $K_{\mathrm{s}}$ | 抗拉强度 /MPa | 材料强度系数 $K_{\mathrm{s}}$ |
| 20 | $475.6 \times 10^6$ | 246 | $380 \times 10^6$ |
| 30 | $569.5 \times 10^6$ | 633 | $759 \times 10^6$ |
| 40 | $822.6 \times 10^6$ | | |
| 50 | $1139 \times 10^6$ | | |
| 60 | $1427 \times 10^6$ | | |

## 8.6　蜗杆、蜗轮的加工

**1. 刀具的设计与制造**

锥蜗轮齿牙是用与锥蜗杆形状完全相同的锥形滚刀加工的，用对偶展成法在普通滚齿机上滚切而成。锥蜗轮滚刀齿牙部分——基本蜗杆和蜗轮仅仅是在齿高、宽度上有差别。其他，如容屑槽数、齿顶后角、铲削量等均可依普通蜗轮滚刀方法确定。

锥蜗轮滚刀与普通蜗轮滚刀，在设计上有许多相同之处，但在加工中与加工普通蜗轮相比，其位置要求严格，必须保证滚刀螺旋部分与锥蜗杆螺旋部分的位置完全符合，不能沿其轴向有所窜动，尤其是多头蜗杆，否则便会破坏齿面的共轭。为了控制刀具螺旋部分的位置，必须在刀杆上设计一个安装基准面。

锥形蜗轮的滚刀结构，对于小型的可以设计成整体式。对中型的可以分成刀杆和切削刃两部分，由焊接而成。对大型的滚刀也可以设计成套装式的。

锥形滚刀比普通蜗轮滚刀加工困难，一是锥形螺旋车削，二是刀齿的铲背和磨削都比较有难度。在现有的车床和铲床上必须增加附具，使刀架沿着圆锥素线的方向移动完成切削，这种方法比较复杂。另外，也可以采用一特殊的万向节和偏转车床尾架的方法完成加工。

**2. 锥蜗杆的加工**

锥蜗杆螺旋面和锥形滚刀螺旋面的加工，可以在普通车床的溜板箱上加一楔形导板，也可以在带有液压仿型刀架的车床上加工。这两种方法都可以满足工艺和精度上的要求。

**3. 锥蜗轮的加工**

锥蜗轮是在普通滚齿机上，用对偶展成法进行切削加工。滚刀与毛坯的相对安装位置，进刀方向不同于普通蜗轮加工。加工时要保证蜗轮滚刀位置准确，包括蜗轮滚刀轴向和其垂直方向，不允许窜动和摆动。另外，进给量也不宜过大。

蜗轮的切齿深度，可根据高点尺寸控制进刀的距离，以达到切齿深度的要求。

## 8.7 锥蜗轮、蜗杆的材料、热处理及润滑

锥蜗杆传动的润滑条件，比普通蜗杆传动要好。因为在锥蜗杆传动中，不仅接触线与相对速度方向之间的夹角大，而且接触线沿着蜗轮齿面为滑扫而过。在摩擦性质上，尽管润滑条件好，但还是要出现非液体摩擦。所以其齿面失效形式仍然为胶合、磨损和点蚀。因此，在材料的选用以及润滑油的配备方面与普通蜗杆传动相比，既有相似之处，又有不同之所。

### 1. 蜗杆材料

锥蜗杆传动的蜗杆一般采用碳素钢或合金钢锻造毛坯。根据使用要求、载荷性质和大小以及加工能力，采用不同的热处理工艺，得到不同的齿面硬度。较高硬度的齿面，还需进行磨削、珩磨或抛光。其常用的材料及不同的热处理方式分述如下。

（1）调质钢 表面硬度为 30～38HRC（＜350HBW）。一般常用的材料有：40、45、40Cr、40CrNi、35CrMo、38CrMnNi 等。对作一般用途的传动，可以用 45 钢调质，硬度为 255～270HBW。

（2）表面淬火钢 硬度一般为 50～55HRC。常用的材料有 45、40Cr、40CrNi、38CrMnNi 等。

（3）渗碳钢 通常表面硬度为 58～63HRC，心部硬度为 35～40HRC。常用的材料有 20Cr、20CrV、20CrMoTi、18CrNiTi、12CrNi3A 以及 20MnVB、20SiMnVB 等。

（4）渗氮或碳氮共渗处理用钢 经渗氮或碳氮共渗热处理的钢变形量很小，尤其是经过辉光离子氮化处理的钢，可以说基本上没有变形。虽然硬度都在 60HRC 以上，但不需要再进行磨齿或研齿，很适合于锥蜗杆使用。一般常用的材料有 38CrMoAlA、38CrWVAlA 等。

（5）其他材料 对于手动或不重要场合使用的锥蜗杆传动，也可以使用铸铁制造。

### 2. 蜗轮材料

（1）碳素钢和合金钢 对于重型载荷动力传动的蜗轮，可以使用与蜗杆同样材料的钢，而且表面热处理要求也和蜗杆一样，其硬度都在 60HRC 以上。

（2）锡青铜 锡青铜的材料适合于中等负载或精密传动。实践证明，它是制造蜗轮理想的材料，尤其是在可能出现非液体摩擦或腐蚀的场合更是如此。锡青铜蜗轮可以采用砂型、金属型或离心铸造。

（3）铸造铝青铜和铸造黄 这类材料有足够的强度，但抗胶合能力差，仅适用于一般场合。常用的材料有 ZCuAl10Fe3（ZQAl9-4）、ZCuAl9Fe4Ni4Mn2（ZQAl9-4-4-2）以及 ZCuZn25Al6Fe3Mn3（ZHAl66-6-3-2）等。

（4）灰铸铁 用于速度较低或直径很大，负荷不重的蜗轮。其牌号有 HT150、HT200 等。

（5）其他材料 对于负载很轻或间隙工作的蜗轮可以采用烧结铁、压铸铝或注射尼龙等。

### 3. 润滑

锥蜗杆传动齿面的滑动情况，既有与一般蜗杆传动相似的地方，也有与准双曲线齿轮相似的地方，而且蜗轮、蜗杆所使用的材料有很多不同的组合，因此其润滑油的选择比较困难，没有哪一种润滑油适用于其所有的传动。

润滑油的选用要根据蜗轮、蜗杆所使用的材料、载荷性质、环境温度以及滑动速度的大小决定。只从某一方面考虑，会造成不好的后果。

1）在低速重载或高温工作的动力传动，据国外有关资料介绍，推荐使用加入硫、氯及磷酸添加剂的极压型齿轮油。粘度为 25～43cSt[⊖]（99℃），如美国的 SAE140。我国类似的润滑油为 SYB1102-60S 残渣型双曲线齿轮油，具体规格为 28 号。

2）对于正常负载，蜗杆转速高达 3000r/min 或低温处工作的动力传动，有关资料介绍推荐使用与上面类型相同的极压性齿轮油。粘度为 14～25cSt（99℃），如美国的 SAE90。我国类似的润滑油为 SYB1102-60S 残渣型双曲线齿轮油，具体规格为 22 号。

3）对于蜗轮、蜗杆都用钢制造，但仅作运动传递或轻负荷运转；或蜗杆用钢、蜗轮用青铜的传动，可使用粘度在 7.5～34cSt（99℃）范围的润滑油。最好加入环烷酸铅的添加剂。这样粘度的润滑油有 38 号气缸油、28 号轧钢机油以及硫铅型极压工业齿轮油、硫磷型极压工业齿轮油的各种牌号。

4）蜗轮、蜗杆全用钢制造，或者蜗杆用钢、蜗轮用铜合金制造，当其蜗杆的转速低于 100r/min 或手动蜗杆传动时，均可采用脂润滑。

5）对于轻载的仪表传动，不论用什么材料组合，皆可采用脂润滑。

6）蜗轮用铝或烧结铁粉制造，用脂润滑都可以得到良好的效果。

---

⊖ 1cSt = $10^{-6}$ $m^2/s$。

在润滑剂中增加添加剂的重要性，以及各种添加剂的作用，在专门著作中已有讲述。如若选用润滑剂时仅从粘度值方面考虑，不管有无一定的添加剂，都不会得到满意的效果，可能会造成过早的失效，降低承载能力和使用寿命。

锥蜗杆传动的润滑方式，在采用油润滑时可用油池润滑法、喷油润滑法、喷雾润滑法等。

油池润滑油面的高度，蜗杆在下面时，浸油面高度应达到蜗杆的中心线，或不低于蜗轮的内圆，蜗杆在上面时，浸油面高度可达到蜗轮外圆直径的 1/5 处，或不低于蜗轮的内圆。

## 8.8　传动结构、蜗杆支承及间隙调整

### 1. 传动结构

锥蜗杆传动在一般情况下均采用一个蜗杆带动一个蜗轮的方式。但是在一些特殊情况下，空间尺寸限制很严，传递的功率要求又较大，还可以采用一个蜗杆同时驱动固定在同一根轴上的两个蜗轮的方式。

这种传动形式比单个蜗杆传动结构更为紧凑，其寿命、抗冲击能力均为单个蜗轮的两倍。并且在支承上不需要推力轴承，两个装成一体的蜗轮可以沿轴向移动自行调整，从而达到平衡，平均分担载荷。这种传动可应用于传动比为 50 或更大的情况。

一般的蜗杆传动，在蜗杆转速和转向不变的情况下，蜗轮轴的转向和转速也只能是一个。然而，由于锥蜗杆在结构上的特点，在蜗杆转向和转速不变的情况下蜗轮轴可以得到两个转向和两个转速，而且操纵也比较方便。

### 2. 蜗杆支承结构

锥蜗杆传动，蜗轮轴的支承结构与其他蜗轮差别不大。但锥蜗杆的支承有所不同，其结构形式有三种：双支点跨装式、短双支点跨装式、悬臂式。

在一般的小型传动中，锥蜗杆采用双支点跨装式完全可以得到满意的刚度。对于大、中型的传动，蜗杆、蜗轮均采用钢制造，或蜗轮用铜、但节圆直径比选得大，即 $C$ 值大，这种双支点跨装式的刚度就不易满足了，以致影响齿面接触，造成过早的失效。这种情况补救的方法是可以在蜗杆中部细颈处增加一个半圆形的轴承。

对大、中型锥蜗杆传动，蜗杆的支承也可采用短双支点跨装式。这种支承可以得到满意的刚度。如若安装滚动轴承受到空间限制，宜采用滑动轴承。锥蜗杆轴承采用悬臂式的结构也可以得到满意的刚度。

从蜗轮、蜗杆的受力情况可以知道，蜗轮、蜗杆的轴向力都比较大。在轴承的选择上是必须要考虑的。所选轴承既要能承受径向力，又要能承受轴向力。这里除一般采用滚动轴承之外，滑动轴承也可以使用。当然功率损失可能会大一点，但是对受冲击、振动严重的传动会有比较好的效果。

### 3. 间隙的调整

由于锥蜗轮、蜗杆几何形状的特点，将蜗轮或者蜗杆沿其轴向做适当的移动（当然在加工蜗轮时，刀具窜动是不允许的），只能改变其侧隙，而不会破坏齿面的共轭。因此，对安装位置和装配公差可以放宽（当然中心距公差不在此列）。

锥蜗轮、蜗杆通过其轴向位置的调整，可以得到一定的间隙，因此制作公差、精度等级就不同于普通蜗杆传动。普通蜗杆传动是由加工精度等级和侧隙的结合形式来决定传动精度等级的，然而锥蜗杆传动则在装配时，通过调整轴向位置得到不同的间隙来决定传动精度，这在公差中并不能全部反映出来。同一个制作精度等级的锥蜗轮、蜗杆，由于对轴向位置的不同调整，可以得到无侧隙、小侧隙、大侧隙的各种传动，以满足各种需要。

对于一个具有标准节锥角的锥蜗杆传动，如果将蜗轮沿其轴线向蜗杆方向移动 0.025mm，则侧隙减少约 0.025mm，反之则增大 0.025mm。如果将蜗杆沿其轴向向蜗轮中心线移动 0.3mm，则侧隙减少 0.025mm，反之则加大。蜗杆轴向移动的距离与侧隙变化的数值大约为 12:1。所以在进行侧隙调整时，应根据需要分别调整蜗轮或蜗杆。

当锥蜗杆的节锥角为 $\delta' = 7°$ 时，这个比值大约为 8:1。

在装配中，通常使用纸垫片来调整侧隙，这是个较为方便的办法。纸垫片总厚度可以用到 1~2mm，若要求较大的厚度，使用铜片更为合适，尤其在重载情况下更应如此。

为了更方便地调整间隙，还可以采用轴承套筒。套筒可以旋进旋出，从而改变蜗杆的位置，调整间隙。这种结构的特点是，在装配好之后再作调整。不用拆卸就可调整，极为方便。调整好后通过螺钉将轴承套筒锁紧定位。

在要求消除侧隙的仪表蜗杆副中，常常在锥蜗轮的背面装有弹簧和卡环，使齿面在啮合中产生一个必要的预紧力，以消除侧隙。

## 9　蜗杆、蜗轮常用材料

### 9.1　选择蜗杆、蜗轮材料应注意的问题

在选择蜗杆、蜗轮材料时应注意如下问题。

1) 蜗杆材料应选用硬度高、刚度好的材料，蜗轮则要选择耐磨和减磨性能好的材料。

2) 选择材料时要特别重视提高抗胶合能力及耐磨和减磨能力。

3) 要重视材料的热处理工艺及其他工艺。试验证明，在蜗杆齿面表面粗糙度满足技术要求的前提下，蜗杆、蜗轮齿面硬度差越大，抗胶合能力越高，耐磨性能越好。蜗轮材料硬度变化不大，故用热处理的方法提高蜗杆齿面硬度显得特别重要。所以蜗杆材料要具有良好的热处理工艺性能，同时还要有良好的切削和磨削工艺性能。

4) 材料选择要和润滑油选择相适应。

5) 要注意材料的来源和成本。

## 9.2 材料的选择

### 9.2.1 蜗杆传动对材料的要求

蜗杆传动对材料有如下要求：

1) 抗胶合性能要好，应尽量选择脆性材料，尽量选用互溶性小的材料相搭配，通过热处理，金属表面易生成互溶性小、多相有机化合物组织。

2) 材质软，易磨合。

3) 材料导热性能好。

4) 材料组织应在软质基础上分布着硬质点，同时还要具有耐磨损、耐高温、抗磁性、热膨胀系数小等性能。在特殊条件下的耐蚀性、耐酸性、耐碱性也要引起重视。

### 9.2.2 常用的热处理工艺

蜗轮材料多用软齿面，常用的热处理工艺有回火处理及时效处理。

蜗杆热处理工艺要根据齿面硬度、表面粗糙度值、变形大小的要求来选用。常用的热处理工艺有调质处理、淬火处理、渗碳处理、低温渗硫、软渗氮、氯体渗氮、辉光离子渗氮等。

热处理后，工件的硬层厚度及其分布十分重要，一般蜗杆顶部硬层可薄些，主要工作齿廓硬层要厚些。另外，还要注意使轮齿心部具有良好的韧性。渗碳蜗杆齿面渗碳层深度见表5.4-36。

**表 5.4-36　蜗杆齿面渗碳层深度**

| 蜗杆模数/mm | 公称深度/mm | 深度范围/mm |
|---|---|---|
| <1.25 | 0.3 | 0.2~0.4 |
| 1.75~2.5 | 0.5 | 0.4~0.7 |
| 3~4 | 0.9 | 0.7~1.1 |
| ≥5 | 1.3 | 1.1~1.5 |

### 9.2.3 蜗杆常用材料

蜗杆常用材料及热处理方法见表5.4-37。

蜗杆常用材料的应用见表5.4-38。

**表 5.4-37　蜗杆常用材料及热处理方法**

| 材料牌号 | 热处理 | 硬度 HRC | 齿面粗糙度 $Ra/\mu m$ |
|---|---|---|---|
| 42SiMn、40Cr、37SiMn2MoV、38SiMnMo、42CrMo | 表面淬火 | 45~55 | 0.8~1.6 |
| 20MnVB、20SiMnVB 20Cr、18CrMnTi、20CrMo、22CrMnMo、20Cr2Mn2Mo | 渗碳淬火 | 58~63 | 0.8~1.6 |
| 15、45、35SiMn、40Cr 42CrMo、34CrNi1Mo、34CrNi3Mo | 调质 | <350HBW | 3.2~6.3 |
| 38CrMoAl、50CrV 35CrMo、42CrMo、12Cr2Ni4A | 表面渗氮 | 65~70 | 1.6~3.2 |

**表 5.4-38　蜗杆常用材料的应用**

| 材料牌号 | 应用情况 | 热处理标记符号 |
|---|---|---|
| 15 | 用于受载荷不大、心部要求具有一定强度且表面要求耐磨的蜗杆 | S-C59 或 S-G59 |
| 45 | 用于切面实体厚度<50mm,具有高强度和耐磨性,且在工作中不受冲击的蜗杆 | C48 |
| | 用于模数<4mm,受恒定重载和中速下工作的蜗杆 | G54 或 T-G54 |
| 50 | 用于具有高表面硬度和淬火变形小的蜗杆 | G57 或 T-G57 |
| 20Cr | 用于工作表面要求较高硬度、而心部要求具有一定强度的蜗杆 | S-G 59 或 S-Y59 |

（续）

| 材料牌号 | 应 用 情 况 | 热处理标记符号 |
|---|---|---|
| 18CrMnTi | 由于受负荷不大而传动运动精度要求很高的分度蜗杆 | S-G 59 或 S-Y59 |
| 20CrMnMoVBA | 用于承受冲击、重载及高速度工作的蜗杆 | S-Y59 |
| 40Cr | 用于心部具有较高强度而工作表面要求耐磨并具有相当硬度的蜗杆 | G52 或 T-G52 |
| 45MnB、42SiMn、35SiMn | 用于承受高负荷和中速度工作并有冲击的蜗杆 | T235 |
| 45MnB | 用于承受高负荷和低冲击工作表面并具有相当耐磨性,切面实体厚度在 30mm 的蜗杆 | Y252 |
| 35CrMo | 用于精密传动装置中的蜗杆 | Y280 |
| 38CrAlA、38CrMoAlA | 用于具有高硬度表面,耐磨性良好和心部强度不大及热处理变形很小的蜗杆 | D900,渗氮层深度为 0.45～0.6mm |

注：1. 蜗杆和蜗轮材料可以相互配搭。
　　2. 蜗轮材料在不太重要的场合可以用球墨铸铁、稀土铸铁, 蜗杆也可用球墨铸铁。

**9.2.4　蜗轮常用材料**

蜗轮常用材料的铸造方法及力学性能见表 5.4-39。蜗轮常用材料及热处理见表 5.4-40。

**9.2.5　蜗杆、蜗轮材料的配搭**

蜗杆材料配搭包括材料配搭及材料的硬度、蜗轮材料铸造方法两个方面。

蜗杆、蜗轮材料在不同配合及铸造方法情况下的基础许用应力数值见表 5.4-41。

不同搭配蜗杆副的基础许用应力见表 5.4-42。

蜗杆、蜗轮材料的搭配关系见表 5.4-43。

**表 5.4-39　蜗轮常用材料的铸造方法及力学性能**

| 组别 | 蜗轮材料 | 铸造方法 | 力 学 性 能 | | |
|---|---|---|---|---|---|
| | | | $R_m$/MPa | $R_{eL}$/MPa | 硬度 HBW |
| 1 | ZCuSn10Pb1 | 砂型 | 230 | 140 | 80～100 |
| | ZCuSn10Pb1 | 冷型 | 250 | 200 | 100～120 |
| | 锡磷镍青铜 | 离心浇注 | 290 | 170 | 100～120 |
| 2 | ZCuSn5Pb5Zn5 | 砂型 | 150～200 | 80～100 | 60～75 |
| | ZCuSn5Pb5Zn5 | 冷型 | 180～220 | 80～100 | 60～75 |
| | ZCuSn5Pb5Zn5 | 铁型 | 200～250 | 80～100 | 60～75 |
| | 锑镍青铜 7-2 | — | 180 | — | 90 |
| 3 | ZCuAl10Fe3 | 砂型 | 400 | 200 | 110 |
| | | 冷型 | 500 | 200 | 125 |
| | | 离心浇注 | 500 | 200 | 120 |
| | ZCuAl9Fe4Ni4Mn2 | 铁模离心浇注 | 600 | 200 | 170 |
| | ZCuAl10Fe3Mn2 | 铁型 | 500 | 200 | 120～140 |
| | ZCuZn25Al6Fe3Mn3 | 砂型 | 600 | 240 | 160 |
| | | 冷型 | 650 | 240 | 160 |
| | | 离心浇注 | 700 | 240 | 160 |
| | ZCuZn38Mn2P62 | 冷型 | 340 | 140 | 95 |
| | ZCuZn38Mn2P62 | 铁型 | 500 | 380 | 189 |

**表 5.4-40 蜗轮常用材料及热处理**

| 相对速度 /(m/s) | 材料 | | 浇注方法 | 热处理方法 | 说明 |
|---|---|---|---|---|---|
| | 名称 | 牌号 | | | |
| ≥5 | 锡青铜 | ZCuSn10Pb1 | 砂型浇注、硬型浇注 | 1) 在轮坯铸出后即进行回火处理 | 耐磨性最好,但价格较高 |
| ≤8 | 铸造铝青铜 | ZCuAl10Fe3 | 砂型浇注、硬型浇注 | 2) 在轮缘粗加工后进行时效处理 | 耐磨性、轻度好,但比 ZQSn10-1 稍差 |
| | | ZCuAl10Fe3Mn2 | 砂型浇注 | 3) 在轮缘切齿后进行调质处理,一般要求硬度为180～220HBW,标记为T215 | |
| | 锡青铜 | ZCuSn5Pb5Zn5 | 砂型浇注、硬型浇注、离心浇注 | | |
| ≤2 | 灰铸铁 | HT300、HT250、HT200、HT150 | 砂型浇注、硬型浇注 | 4) 在调质处理后即进行时效处理 | — |

**表 5.4-41 蜗杆副在不同配合及铸造方法情况下的基础许用应力**

| 蜗轮材料 | 铸造方法 | 适宜的滑动速度 /(m/s) | 力学性能 | | 蜗杆齿面硬度 | |
|---|---|---|---|---|---|---|
| | | | $R_{eL}$/MPa | $R_m$/MPa | ≤350HBW | >45HRC |
| | | | | | $\sigma_{HO}$/MPa | |
| ZCuSn10Pb1 | 砂型 | ≤12 | 137 | 216 | 177 | 196 |
| | 冷型 | ≤25 | 196 | 245 | 196 | 216 |
| ZCuSn5Pb5Zn5① | 砂型 | ≤10 | 78 | 177 | 108 | 127 |
| | 冷型 | ≤12 | 78 | 196 | 132 | 147 |

① 为旧牌号。

**表 5.4-42 不同搭配蜗杆副基础许用应力**     （单位：MPa）

| 蜗轮材料 | 蜗杆材料 | 滑动速度/(m/s) | | | | | | | |
|---|---|---|---|---|---|---|---|---|---|
| | | 0.25 | 0.5 | 1 | 2 | 3 | 4 | 6 | 8 |
| ZCuAl10Fe3、ZCuAl10Fe3Mn2 | 钢(淬火) | — | 240 | 226 | 206 | 176 | 157 | 118 | 88 |
| ZCuZn38Mn2Pb2 | 钢(淬火) | — | 211 | 196 | 176 | 147 | 132 | 93 | 74 |
| HT200、HT150 | 渗碳钢 | 157 | 127 | 113 | 88.3 | — | — | — | — |
| HT150 | 钢(调质或正火) | 157 | 108 | 88.3 | 69 | — | — | — | — |

**表 5.4-43 蜗杆、蜗轮材料的搭配关系**

| 序号 | 蜗轮材料 | 蜗杆材料 | 特点 |
|---|---|---|---|
| 1 | 磷青铜 | 碳素钢、Ni-Cr 钢、Ni 钢、Cr-Mo 钢等 | 耐磨强度高,抗粘着能力强 |
| 2 | 镍青铜 | | 耐磨强度高 |
| 3 | 铝青铜 | | 耐磨强度高,抗粘着能力强 |
| 4 | 高铝青铜 | | 耐磨强度高,抗粘着能力强 |
| 5 | 以上各类青铜 | 球墨铸铁 | 普通载荷其特性可以和序号1~4的特性相比较 |
| 6 | 灰铸铁 | 淬火钢 | 抗粘着能力低 |
| 7 | 灰铸铁 | 灰铸铁 | 抗粘着能力较好 |

# 10 蜗杆传动的润滑

润滑对蜗杆传动来说，具有特别重要的意义。因为当润滑不良时，传动效率将显著降低，并且会带来剧烈的磨损和产生胶合破坏的危险，所以往往采用粘度大的矿物油进行良好的润滑，而且在润滑油中还常加入添加剂，使其提高抗胶合能力。

蜗杆传动润滑的目的，在于防止共轭齿面过早地发生磨粒磨损、胶合和点蚀，以提高传动的承载能力、传动效率，延长使用寿命。

## 10.1 蜗杆传动的润滑条件

## 10.2 润滑油和添加剂对蜗杆传动质量的影响

蜗杆副传动的共轭齿面间承受的压力较大，其润滑大多属边界润滑，传动效率低，油温升高快。因此，蜗杆传动的润滑油必须要有较高的粘度，以及足够的极压性和较好的抗氧化安定性、防腐性等。对于添加剂的选用要特别慎重，否则会引起相反的效果。添加剂对蜗杆传动性能的影响见表 5.4-44。

**表 5.4-44 添加剂对蜗杆传动性能的影响**

| 添加剂 | 传动效率 | 降低磨损 | 抗胶合 | 抗点蚀 |
|---|---|---|---|---|
| 基础油 | 差 | 中 | 差 | 优 |
| 油脂型油性剂 | 优 | 优 | 优 | 中 |
| 磷型极压剂 | 中 | 优 | 优 | 差 |
| 铅型极压剂 | 中 | 中 | 中 | 中 |
| 硫氯型极压剂 | 中 | 差 | 差 | 差 |

### 10.2.1 对胶合的影响

蜗杆传动材料的搭配，通常是钢蜗杆和铜蜗轮。

由于磷青铜蜗轮在高温、高压工况下会在蜗轮表面上形成一层不稳定的油酸铜薄膜，其作用类似于极压添加剂，因此磷青铜蜗轮抗胶合能力强而抗点蚀能力差。故对低速重载蜗杆传动，常用铝青铜蜗轮。为了防止铝青铜胶合破坏，多用粘度大的润滑油以形成良好的润滑，而不依赖边界润滑。

各种添加剂对磷青铜蜗轮-钢蜗杆的影响：加 1%~2% 油酸和三丁基亚磷酸酯，可有效地防止胶合，而且摩擦因数小；而氯化石蜡、二苯基二硫化物，二烷基二硫化物等的抗胶合效果不好；含有磷、硫、氯、锌型极压剂，可明显提高蜗杆传动的抗胶合能力。当采用磷青铜蜗轮、钢蜗杆时，由于油脂系化合物特别容易在磷青铜表面上吸附，故润滑效果较好，摩擦因数小，可减少摩擦面之间的发热，从而提高抗胶合能力。

### 10.2.2 对疲劳点蚀的影响

润滑油的粘度对形成疲劳点蚀有很大的影响。粘度高的润滑油，有利于建立动压油膜，使接触部分的应力均匀化，同时对裂纹的渗入和扩展比较迟缓，这都有利于齿面抗点蚀能力。但润滑油中若含有腐蚀物质，则易使齿面锈蚀。锈蚀处是裂纹的发源地，将降低轮齿材料的接触疲劳极限。

很多试验表明，在蜗杆传动润滑油中加入极压添加剂，有时反而对抗点蚀不利。硫、氯系极压剂有促进磷青铜蜗轮点蚀的发生，磷系极压剂亦有促进点蚀的倾向。这可能是由于极压剂的腐蚀的作用，引起齿面微小凹坑，进一步发展为裂纹所引起。用磷青铜-钢滚柱试验得出点蚀和润滑油的关系见表 5.4-45。

**表 5.4-45 点蚀和润滑油的关系**

| 润 滑 油 | 油在20℃时的粘度/cSt | 至发生点蚀的时间/h | | | | | 总运转次数 |
|---|---|---|---|---|---|---|---|
| | | 第一次 | 第二次 | 第三次 | 第四次 | 平均 | |
| 矿物油 A | 55 | 60 | 90 | 67 | — | 72 | $3.25 \times 10^6$ |
| 矿物油 B | 55 | 30 | 17 | 31 | — | 26 | $1.15 \times 10^6$ |
| A + 硫氯系剂 | 49 | 16 | 12 | 35 | 47 | 27 | $1.2 \times 10^6$ |
| A + 硫化油 | 55 | 13 | 17 | 27 | — | 19 | $0.85 \times 10^6$ |

注：$1cSt = 10^{-6} m^2/s$。

### 10.2.3 对磨粒磨损和传动效率的影响

相互啮合的表面如果缺乏润滑油，将发生严重的磨粒磨损。对于普通圆柱蜗杆传动，由于传动特性所致，在中间部位对形成动压润滑条件极其不利属于边界润滑，甚至有时会出现干摩擦造成严重的磨粒磨损。

润滑油的粘度较低对洗除啮合区域内齿面上磨损颗粒的效果较好，同时可将较大的磨损颗粒沉淀在油速较低的区域。但粘度过低对啮合区域内形成动压油膜不利，反而易于产生磨粒磨损。

润滑油中加入脂肪酸油脂、金属皂以及三甲苯基磷酸酯（TCP）、三丁基亚磷酸酯（TBP）等磷系极压剂，对防止磷青铜-钢蜗杆传动磨粒磨损有效。氯化石蜡、二苯基硫化物（DBDS）、硫化油等极压剂，

二烷基二硫代硫酸锌（ZnDTP）等硫、磷系抗氧剂有促进磨粒磨损的作用。一般说来，所有添加剂都可减小基础油的摩擦因数，而且摩擦因数随添加剂量的增加而降低。其中，油酸效果最好，油酸复合物、菜籽油、硫化油稍差，三甲苯基磷酸酯、氯化石蜡、环烷酸铅最差。试验和实践证明，对于钢蜗杆和青铜蜗轮的传动，低速运转时使用复合润滑剂比使用纯矿物油时摩擦因数低。在高温高压条件下，蜗轮齿面上形成一层不稳定的油酸铜薄膜能够减小摩擦，提高传动效率。在大转矩时，用低粘度的纯矿物油润滑温升很高而当温度高于70℃以后，由于油的氧化生成极性化合物而使摩擦因数剧烈降低。含有添加剂的摩擦因数一般都降低，且不随温度的变化而发生显著的变化。

## 10.3 润滑油和添加剂的选择

考虑蜗杆传动滑动速度大、发热量高的特点及易于发生磨粒磨损、胶合等失效形式，故在选用润滑剂时应慎重考虑。对闭式蜗杆传动，要重视粘度、油性、极压性，同时也要注意抗泡性、增粘性、防锈蚀性等；而对开式蜗杆传动，要注意粘度、油性、对水和异物的抵抗性及防锈性等。

一般说来，对蜗杆传动应选用粘度高的润滑油，推荐使用复合型齿轮油，适宜的中等极压齿轮油，在一些不重要或低速的传动场合，可用粘度较高的矿物油。

1. 润滑油的选择

润滑油的种类很多，需根据蜗杆、蜗轮配对材料和运转条件合理选用。在钢蜗杆配青铜蜗轮时，常用的润滑油见表5.4-46。

2. 润滑油的粘度及给油方法

润滑油的粘度及给油方法一般根据相对滑动速度及载荷类型进行选择。对于闭式传动，常用的润滑油粘度及给油方法见表5.4-47；对于开式传动，则采用粘度较高的齿轮油或润滑脂。

**表5.4-46 蜗杆传动常用的润滑油**

| 全损耗系统用有牌号 L-AN | | 68 | 100 | 150 | 220 | 320 | 460 | 680 |
|---|---|---|---|---|---|---|---|---|
| 运动粘度 $\nu_{40}/(mm^2/s)$ | | 61.2~74.8 | 90~110 | 135~165 | 198~242 | 288~352 | 414~506 | 612~748 |
| 粘度指数 | ≥ | 90 | | | | | | |
| 闪点（开口）/℃ | ≥ | 180 | | | 200 | | | 220 |
| 倾点/℃ | ≤ | -8 | | | | | | -5 |

**表5.4-47 蜗杆传动的润滑油粘度荐用值及给油方法**

| 蜗杆传动的相对滑动速度 $v_s/(m/s)$ | 0~1 | >1~2.5 | >2.5~5 | >5~10 | >10~15 | >15~25 | >25 |
|---|---|---|---|---|---|---|---|
| 载荷类型 | 重 | 重 | 中 | （不限） | （不限） | （不限） | （不限） |
| 运动粘度 $\nu_{40}/(mm^2/s)$ | 900 | 500 | 350 | 220 | 150 | 100 | 80 |
| 给油方法 | 油池润滑 | | | 喷油润滑或油池润滑 | 喷油润滑时的喷油压力/MPa | | |
| | | | | | 0.7 | 2 | 3 |

如果采用喷油润滑，喷油嘴要对准蜗杆啮入端。蜗杆正反转时两边都要装有喷油嘴，而且要控制一定的油压。

3. 润滑油量

对闭式蜗杆传动采用油池润滑时，在搅油损耗不至过大的情况下，应有适当的油量。这样不仅有利于动压油膜的形成，而且有助于散热。对于蜗杆下置式或蜗杆侧置式的传动，浸油深度应为蜗杆的一个齿高；当蜗杆上置式时，浸油深度约为蜗轮外径的1/3。

## 10.4 圆弧圆柱蜗杆减速器的润滑

圆弧圆柱蜗杆减速器一般采用油池润滑。当中心

距 $a \geq 100mm$ 时，油面高度应与蜗杆轴线重合；当 $a < 100mm$ 时，蜗杆应全浸；当滑动速度 >10m/s 时，采用压力喷油润滑。通常情况下，根据滑动速度的大小选择润滑油粘度（见表5.4-48）。

**表5.4-48 根据滑动速度选择粘度**

| 滑动速度/(m/s) | ≤2.2 | >2.2~5 | >5~12 | >12 |
|---|---|---|---|---|
| 润滑油粘度 $\nu_{50}/(mm^2/s)$ | 324 | 225 | 169 | 114 |

## 10.5 环面蜗杆减速器的润滑

环面蜗杆减速器蜗轮蜗杆啮合，一般采用油池润

滑。对于 TPU（蜗杆下置）型式和 TPS（蜗杆侧置）型式，油池液面与螺杆轴线重合；TPA（蜗杆上置）型式，油池液面高度有相应高度。通常情况下，可根据相对滑动速度选择润滑粘度。当滑动速度 >10m/s 时，采用压力喷油润滑。

# 11　公差与测量

## 11.1　普通圆柱蜗杆传动的精度及其选择

根据圆柱蜗杆的使用要求和制造的难易程度，在国家标准 GB 10089—1988 中将蜗杆、蜗轮及传动的制造精度分成 12 等级。该标准适用于普通圆柱蜗杆和圆弧圆柱蜗杆传动。

蜗杆、蜗轮制造精度及蜗杆副的安装精度是根据蜗轮的圆周速度、传递功率、使用条件（如振动、噪声及其他技术要求）来选择的。一般动力蜗杆传动的精度选在 6～9 级，蜗杆、蜗轮的精度一般是一致的，但也可以将配对的蜗杆副左右齿面选择不同的精度，对非工作面也不规定精度要求。

按蜗轮圆周速度精度等级选择见表 5.4-49。

**表 5.4-49　按蜗轮圆周速度 $v_2$ 精度等级选择**

| 项 目 | | 蜗轮圆周速度 $v_2$/（m/s） | | | |
|---|---|---|---|---|---|
| | | ≥7.5 | <7.5～3 | ≤3～1.5 | <1.5 或手动 |
| 精度等级 | | 6 | 7 | 8 | 9 |
| 齿工作表面表面粗糙度 $Ra$/μm | 蜗杆 | 0.8 | 1.6 | 3.2 | 6.3 |
| | 蜗轮 | 1.6 | 1.6 | 3.2 | 6.3 |

## 11.2　各项公差的分组原则及检测项目的选择

1. 三个公差组

按照公差的特性和对传动性能的主要保证作用，可将蜗轮和蜗杆及传动误差项目分成三个公差组，（即将公差按对传动运动的准确性、传动的平稳性和载荷分布的均匀性的影响，划分成三个组），每个公差组都有自己的检验项目及适用公差等级。

2. 精度等级的选择

依据使用要求不同，允许各公差组选用不同的精度等级组合，但在同一公差中各项公差与极限偏差应采用同一精度等级。

蜗杆与相配对蜗轮的精度等级一般都是一致的，也允许取成不相同。对使用要求不同的蜗杆传动，除 $F_r$、$f_r$、$F_i''$、$f_i''$ 项目外，其蜗杆左右齿面的精度等级也可以取成不同。

## 11.3　各种公差项目的检测方法及使用仪器

蜗杆副制造精度的检测，在检查仪器的不断发展和进步的情况下，以综合误差的检测最能反映传动工作状态。单项误差的检测多用于 5 级精度以下的单件小批生产的蜗杆传动。

1. $\Delta F_i'$ 和 $\Delta f_i'$ 的检测

$\Delta F_i'$ 和 $\Delta f_i'$ 主要用于 5 级以上精度，可在蜗轮动态精度检查仪或单面啮合综合检查仪上测量，配检元件一般要比被检元件高 2 级以上；所测得的记录曲线，按最大摆幅值计。

$\Delta F_i'$ 综合反映蜗轮的几何偏心、运动偏心及高频误差，是 $\Delta F_p$、$\Delta f_{f2}$ 和 $\Delta f_{pt}$ 的综合叠加结果。$\Delta f_i'$ 其误差来源于刀具的制造、安装误差和机床分度链的短周期误差。

2. $\Delta F_i''$ 和 $\Delta f_i''$ 的检测

$\Delta F_i''$ 和 $\Delta f_i''$ 主要用于 7 级精度以下的动力蜗轮，可在双面啮合综合检查仪上检测。因其只能反映径向误差而不反映切向误差，故不适用于精密蜗轮。

3. $\Delta f_{f2}$ 的检测

$\Delta f_{f2}$ 的检测是现行国家标准新增加的项目，它是综合反映齿廓的形状误差和齿形误差，来源于刀具系统和机床分度链的短周期误差。目前没有 $\Delta f_{f2}$ 检测的专门仪器，所以它的测量难度较大，可用三坐标机床或渐开线齿形检查仪测量。

测量的基本原理是在普通圆柱蜗杆传动中，蜗杆在某一截面为直线，（包括 ZA、ZI、ZN），则相应的在蜗轮的某一截面为渐开线。理论分析和试验证明以下事实：

1）ZA 型蜗杆传动中，蜗轮的中间平面为渐开线齿形。

2）ZN 型蜗杆传动中，在距蜗轮中间平面的导圆柱半径为 $r$ 的截面为渐开线。ZN 型蜗杆导圆柱半径 $r$ 的计算式为

$$r = a_0 \sin\alpha_{t1}$$

式中　$\alpha_{t1} = \arctan\ (\tan\alpha_n \sin\beta)$；

$$a_0 = r_1 - \frac{C_n}{2}\cot\alpha_{n1}, \ \ C_n = \frac{\pi m}{4}。$$

3）ZI 型蜗杆传动中，距蜗轮中间平面为基圆半径 $r_b$ 的截面上是渐开线。因此找到这些位置，即可用万能渐开线检查仪或三坐标仪测量 $\Delta f_{f2}$ 的误差了。

4. 蜗杆误差的检测

蜗杆的各项单项误差，大部分可在 PWF250 或 PWF200 滚刀检测仪上测量，这类检查仪已得到广泛使用。

## 11.4　蜗杆、蜗轮齿坯的尺寸公差及检测

蜗杆、蜗轮齿坯的尺寸，形状公差及其基准面的径向和轴向圆跳动公差按表 5.4-50 及表 5.4-51 选取和检测。

## 11.5　侧隙的概念、侧隙的选择与计算

蜗杆传动的侧隙是指在蜗杆、蜗轮工作中两个工作面间存在的间隙，用以补偿变形、制造和安装误差，留存润滑油使齿间不致卡死，以保证正常啮合和传动。

**表 5.4-50　蜗杆、蜗轮齿坯尺寸和形状公差**

| 精　度　等　级 | | 1 | 2 | 3 | 4 | 5 | 6 | 7 | 8 | 9 | 10 | 11 | 12 |
|---|---|---|---|---|---|---|---|---|---|---|---|---|---|
| 孔 | 尺寸公差 | IT4 | IT4 | IT4 | | IT5 | IT6 | IT7 | | IT8 | | IT8 | |
| | 形状公差 | IT1 | IT2 | IT3 | | IT4 | IT5 | IT6 | | IT7 | | — | |
| 轴 | 尺寸公差 | IT4 | IT4 | IT4 | | IT5 | | IT6 | | IT7 | | IT8 | |
| | 形状公差 | IT1 | IT2 | IT3 | | IT4 | | IT5 | | IT6 | | — | |
| 齿顶圆直径公差 | | IT6 | | | IT7 | | | IT8 | | | IT9 | IT11 | |

注：1. 当三个公差组的精度等级不同时，按最高精度等级确定公差。
　　2. 当齿顶圆不作测量齿厚基准时，尺寸公差按 IT1 确定，但不得大于 0.1mm。
　　3. IT 为标准公差，可查 GB/T 1800.1—2009。

**表 5.4-51　蜗杆、蜗轮齿坯基准面的径向和轴向圆跳动公差**　　　　（单位：μm）

| 基准面直径 $d$/mm | 精　度　等　级 | | | | | |
|---|---|---|---|---|---|---|
| | 1 ~ 2 | 3 ~ 4 | 5 ~ 6 | 7 ~ 8 | 9 ~ 10 | 11 ~ 12 |
| ≤31.5 | 1.2 | 2.8 | 4 | 7 | 10 | 10 |
| >31.5 ~ 63 | 1.6 | 4 | 6 | 10 | 16 | 16 |
| >63 ~ 125 | 2.2 | 5.5 | 8.5 | 14 | 22 | 22 |
| >125 ~ 400 | 2.8 | 7 | 10 | 18 | 28 | 28 |
| >400 ~ 800 | 3.6 | 9 | 14 | 22 | 36 | 36 |
| >800 ~ 1600 | 5.0 | 12 | 20 | 32 | 50 | 50 |
| >1600 ~ 2500 | 7.0 | 18 | 28 | 45 | 71 | 71 |
| >2500 ~ 4000 | 10 | 25 | 40 | 63 | 100 | 100 |

注：1. 当三个公差组的精度等级不同时，按最高精度等级确定公差。
　　2. 当以齿顶圆作为测量基准时，它也就是蜗杆、蜗轮的齿坯基准面。

标准中规定以最小法向侧隙 $j_{nmin}$ 为侧隙值，它是在蜗杆副装配后无负载和在标准温度下（即 20℃ 时）所测得蜗轮、蜗杆齿间的最小距离，由于法向侧隙不易测量，常用圆周侧隙 $j_{tmin}$ 代替，近似换算式为

$$j_n = j_t \cos\alpha_n \cos\gamma_1 \qquad (5.4\text{-}53)$$

ZA 型蜗杆的 $\alpha_n$ 可用式 (5.4-54) 计算。

$$\alpha_n = \arctan(\tan\alpha_x \cos\gamma_1) \qquad (5.4\text{-}54)$$

标准规定侧隙种类分为 8 种，即 a、b、c、d、e、f、g 和 h。$j_{nmin}$ 值以 a 为最大，h 为零侧隙。

侧隙种类由设计人员根据实际需要选取。侧隙的形成是在传动中心距 $a$ 一定的情况下，把蜗轮齿厚作为基准，用减薄蜗杆螺牙齿厚 [即蜗杆上偏差 $E_{ss1}$（负值）]。$j_{nmin}$ 是该传动允许的最小法向侧隙，蜗轮分度圆齿厚规定上偏差为零，公差带在负值上，所以最大法向侧隙 $j_{nmin}$ 由蜗轮的齿厚公差 $T_{s1}$ 和 $T_{s2}$ 来决定，同时还要考虑中心距正值及制造误差对加大侧隙的影响。

蜗杆齿厚上偏差 $E_{ss1}$ 主要包括两个因素：

1) 要满足 $j_{nmin}$ 的需要，即 $E_{ss1(I)} = -j_{nmin}/\cos\alpha_n$

当 $\gamma' \leqslant 6°$ 时，$E_{ss1(I)} \approx -j_{nmin}/\cos\alpha_n$

$\alpha_x = 20°$ 时，$E_{ss1(I)} \approx -1.06j_{nmin}$

$\alpha_x = 15°$ 时，$E_{ss1(I)} \approx -1.04j_{nmin}$

其二，为补偿制造误差引起侧隙减小值为

$$E_{S\Delta} = \sqrt{f_{px}^2 + f_{p1}^2 + 4f_x^2 + 4f_\Sigma^2 + f_a^2}$$

简化后 $$E_{S\Delta} = \sqrt{10f_{px}^2 + f_a^2}$$

因而蜗杆上偏差为

$$E_{ss1} = E_{ss1(I)} + E_{s\Delta} = -\left(j_{nmin}/\cos\alpha_x + \sqrt{f_a^2 + 10f_{px}^2}\right)$$

## 11.6 环面蜗杆传动的精度及其选择

环面蜗杆传动的精度，一般适用于轴交角 $\Sigma = 90°$、机械加工的金属蜗杆和蜗轮，其中心距 $a$ 为 $80 \sim 1250$mm，蜗轮周速 $v_2 < 10$m/s 的动力环面蜗杆传动。

其具体项及选择见 GB/T 16848—1999 和 GB/T 16445—1996。

## 11.7 锥蜗杆的传动精度及其选择

锥蜗杆传动在我国才开始推广应用，还在摸索阶段，没有成熟的经验。其精度公差方面尚无标准，可根据锥蜗杆传动的特点，参照普通圆柱蜗杆传动精度标准，选择一些检验项目和公差。

## 12 蜗杆、蜗轮工作图例

1. 圆柱蜗杆传动设计计算及工作图示例

【例】 某轧钢车间设计一台普通蜗杆减速器。已知蜗杆轴输入功率 $P = 10$kW，转速 $n_1 = 1450$r/min，传动比 $i = 20$，要求使用 10 年，每年工作 300 天，每日工作 16h，每小时载荷时间 15min，每小时起动次数为 $20 \sim 50$ 次，起动载荷较大，并有较大冲击，工作环境温度为 $35 \sim 40℃$。

【解】 1) 选择材料和加工精度。

蜗杆选用 20CrMnTi，心部调质，表面渗碳淬火，表面硬度 >45HRC

蜗轮选用 ZCuSn10Pb1，金属型铸造。

加工精度为 8 级。

2) 初选几何参数。

选 $z_1 = 2$；$z_2 = z_1 i = 2 \times 20 = 40$。

3) 计算蜗轮输出转矩 $T_2$。

粗算传动效率 $\eta$ 为

$\eta = (100 - 3.5\sqrt{i})\% = (100 - 3.5\sqrt{20})\% = 0.843$。

$T_2 = 9550\dfrac{P_1\eta i}{n_1} = 9550\dfrac{10 \times 0.843 \times 20}{1450}$N·m = 1110N·m。

4) 确定许用接触应力 $\sigma_{HP}$。

当蜗轮材料为锡青铜时，$\sigma_{HP} = \sigma'_{HP}Z_{vs}Z_N$

查得 $\sigma_{HP} = 220$MPa。

查得滑动速度 $v_s = 8.35$m/s。

采用浸油润滑，求得 $Z_{vs} = 0.86$。

求得 $N = 60n_2t = 60 \times \dfrac{1450}{20} \times 10 \times 300 \times 16 \times \dfrac{15}{60} =$

$5.22 \times 10^7$。

根据 $N$ 查得 $Z_N = 0.81$。

所以 $\sigma_{HP} = 220 \times 0.86 \times 0.81$MPa = 153MPa。

5) 计算 $m$ 和 $d_1$ 值。

取载荷系数 $K = 1.2$。

按齿面接触强度设计

$$m^2 d_1 \geqslant \left(\frac{15000}{\sigma_{HP}Z_2}\right)^2 KT_2 = \left(\frac{15000}{153 \times 40}\right)^2 \times$$

$$1.2 \times 1110\text{mm}^3 = 8001.73\text{mm}^3$$

取 $m = 10$mm，$d_1 = 90$mm。

6) 确定主要几何尺寸计算。

按 $i = 20$mm、$m = 10$mm、$d_1 = 90$mm、$a = 250$mm、$z_2 = 41$、$z_1 = 2$、$x_2 = 0$，则实际传动比 $i = \dfrac{z_2}{z_1} = \dfrac{41}{2} =$

$20.5$，$n_2 = \dfrac{1450}{20.5}$r/min = 70.73r/min

$d_2 = mz_2 = 10 \times 41$mm = 410mm

$\gamma = \arctan\dfrac{z_1 m}{d_1} = \arctan\dfrac{2 \times 10}{90} = 12.53° = 12°31'44''$

7) 蜗轮齿面接触强度校核验算。

$$\sigma_H = Z_E\sqrt{\frac{9400T_2}{d_1 d_2^2}K_A K_V K_\beta} \leqslant \sigma_{HP}$$

得 $Z_E = 155\sqrt{\text{MPa}}$，取 $K_A = 0.9$；蜗轮圆周速度

$v_2 = \dfrac{\pi d_2 n_2}{60000} = \dfrac{\pi \times 410 \times 70.73}{60000}$m/s = 1.518m/s < 3m/s，

取 $K_V = 1.1$、取 $K_\beta = 1.1$，则 $\sigma_H = 134.33$MPa $< \sigma_{HP}$，接触强度足够要求。

8) 工作图如图 5.4-28 和图 5.4-29 所示。

2. 直廓环面蜗杆传动工作图例（图 5.4-30 和图 5.4-31）

3. 平面二次包络环面蜗杆传动工作图（图 5.4-32 和图 5.4-33）

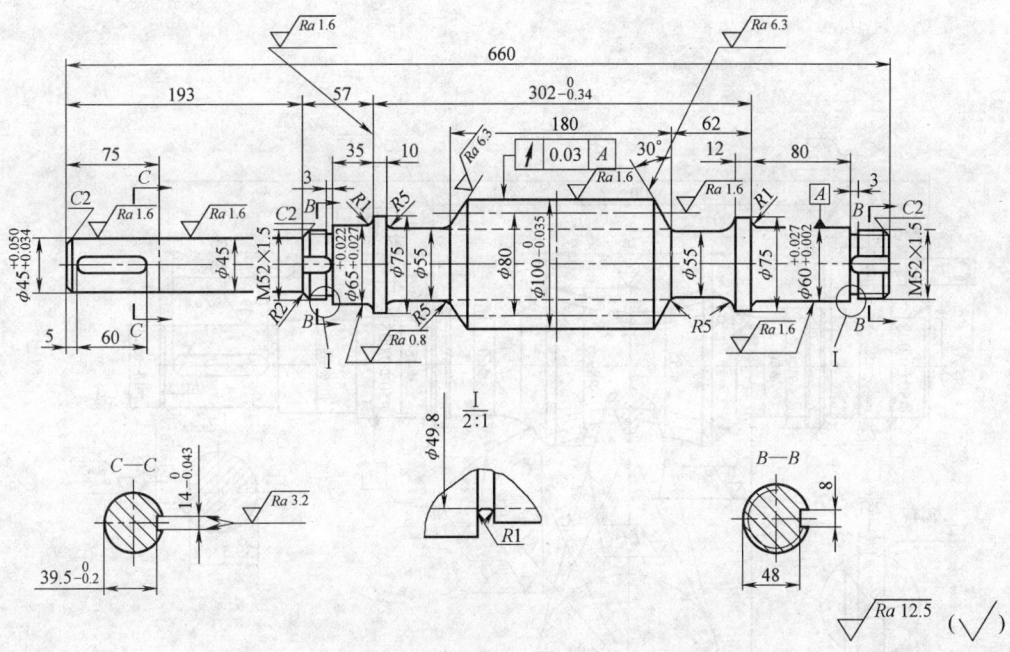

| 蜗杆类型 | ZA 型 | | 蜗杆类型 | ZA 型 | | 蜗杆类型 | ZA 型 | | 蜗杆类型 | ZA 型 | |
|---|---|---|---|---|---|---|---|---|---|---|---|
| 模数 | $m$ | 10mm | 导程 | $p_z$ | 62.83mm | 精度等级 | — | 8d GB/T 10089—1988 | | $\Delta f_{px}$ | 0.025mm |
| 齿数 | $z_1$ | 2 | 导程角 | $\gamma$ | 12°31′44″ | 配对蜗轮 | 图号 | 图 5.4-29 | II | $\Delta f_{px}$ | 0.045mm |
| 齿形角 | $\alpha$ | 20° | 螺旋方向 | — | 右 | | 齿数 | 41 | | $\Delta f_r$ | 0.025mm |
| 齿顶高系数 | $h_{a1}^*$ | 1 | 法向齿厚 | $\bar{s}_{n1}$ | 15.33mm | 公差组 | 检验项目 | 公差(或极限偏差) | III | $\Delta f_{f1}$ | 0.04mm |

图5.4-28　普通圆柱蜗杆传动蜗杆工作图

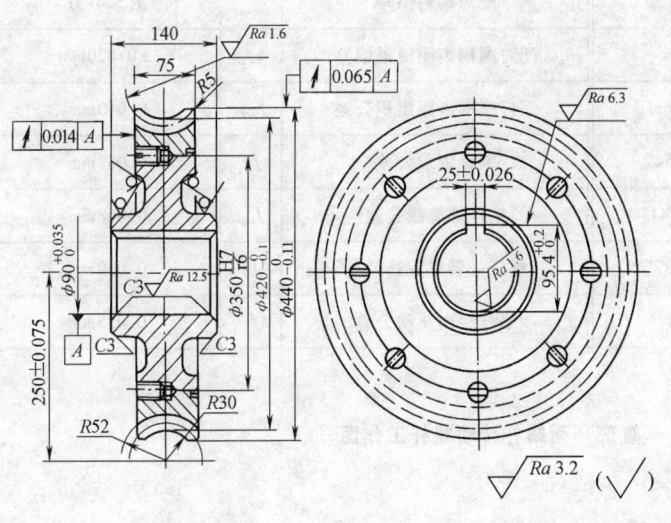

| 模数 | $m$ | 10mm | |
|---|---|---|---|
| 齿数 | $z_2$ | 41 | |
| 分度圆直径 | $d_2$ | 410mm | |
| 齿顶高系数 | $h_{ax}^*$ | 1 | |
| 变位系数 | $x_2$ | 0 | |
| 分度圆齿厚 | $s_2$ | 15.71mm | |
| 精度等级 | — | 8d GB/T 10089—1988 | |
| 配对蜗杆 | 图号 | 图 5.4-29 | |
| | 齿数 | 2 | |
| 公差组 | 检验项目 | 公差(或极值偏差)值 | |
| I | $\Delta F_P$ | 0.125mm | |
| II | $\Delta f_{p1}$ | 0.032mm | |
| III | $\Delta f_{f2}$ | 0.028mm | |

图5.4-29　普通圆柱蜗杆传动蜗轮工作图

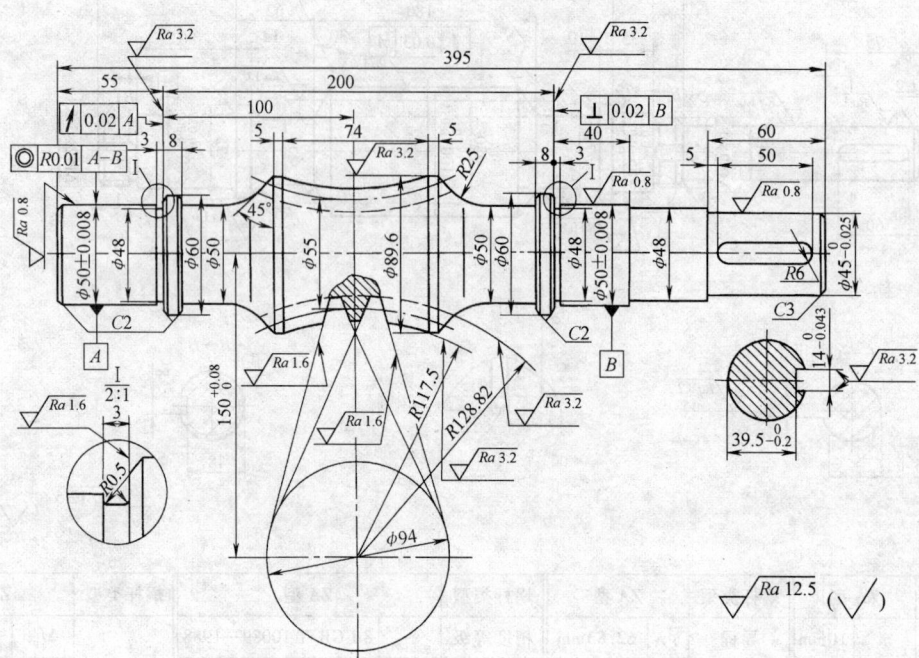

| 传 动 类 型 | | TSL 型蜗杆副 | 传 动 类 型 | | TSL 型蜗杆副 |
|---|---|---|---|---|---|
| 蜗杆头数 | $z_1$ | 1 | 精度等级 | — | 7 GB/T 16848—1997 |
| 蜗轮齿数 | $z_2$ | 37 | 配对蜗轮图号 | — | 图 5.4-31 |
| 蜗杆包围蜗轮齿数 | $z'$ | 4 | 配对圆周齿距极限偏差 | $\pm f_{px}$ | ± 0.020mm |
| 轴面模数 | $m_x$ | 6.62mm | 蜗杆圆周齿距累积公差 | $f_{pxL}$ | 0.040mm |
| 蜗杆喉部导程角 | $\gamma_m$ | 6°51′54″ | 蜗杆齿形公差 | $f_{fl}$ | 0.032mm |
| 分度圆齿形角 | $\alpha$ | 22°33′41″ | 蜗杆螺旋线公差 | $f_{hL}$ | 0.068mm |
| 蜗杆工作半角 | $\varphi_h$ | 14°1′37″ | 蜗杆一转螺旋线公差 | $f_h$ | 0.030mm |
| 蜗杆螺旋方向 | — | 右旋 | 蜗杆径向跳动公差 | $f_r$ | 0.025mm |

图5.4-30 直廓环面蜗杆传动蜗杆工作面

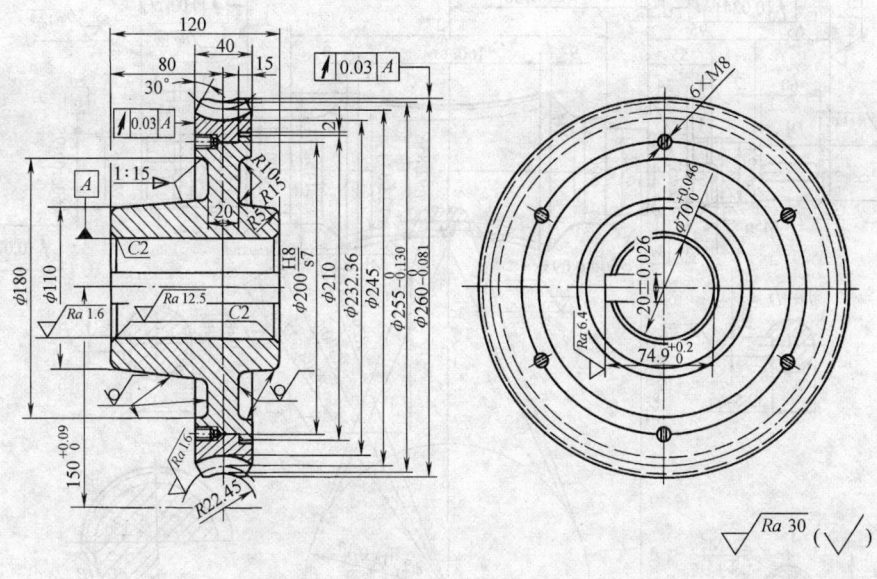

技术要求：1. 轮缘和轮心装配好后再精车和切制轮齿。
        2. 加工蜗轮时刀具中间平面极限偏移量为 ±0.025mm。

| 传 动 类 型 | | TSL 型蜗杆副 | 传 动 类 型 | | TSL 型蜗杆副 |
|---|---|---|---|---|---|
| 蜗杆头数 | $z_1$ | 1 | 蜗杆螺旋方向 | — | 右旋 |
| 蜗轮齿数 | $z_2$ | 37 | 精度等级 | — | 7 GB/T 16848—1997 |
| 蜗杆包围蜗轮齿数 | $z'$ | 4 | 配对蜗杆图号 | — | 图 5.4-30 |
| 轴面模数 | $m_x$ | 6.62mm | 蜗轮齿距累积公差 | $F_p$ | 0.03mm |
| 蜗杆喉部导程角 | $\gamma_m$ | 6°51′54″ | 蜗杆齿形公差 | $f_{f2}$ | 0.032mm |
| 分度圆齿形角 | $\alpha$ | 22°33′41″ | 蜗轮齿距极限偏移 | $\pm f_{pt}$ | 0.028mm |
| 蜗杆工作半角 | $\varphi_h$ | 14°1′37″ | 蜗轮齿圈径向跳动公差 | $F_r$ | 0.035mm |

图5.4-31   直廓环面蜗杆传动蜗轮工作图

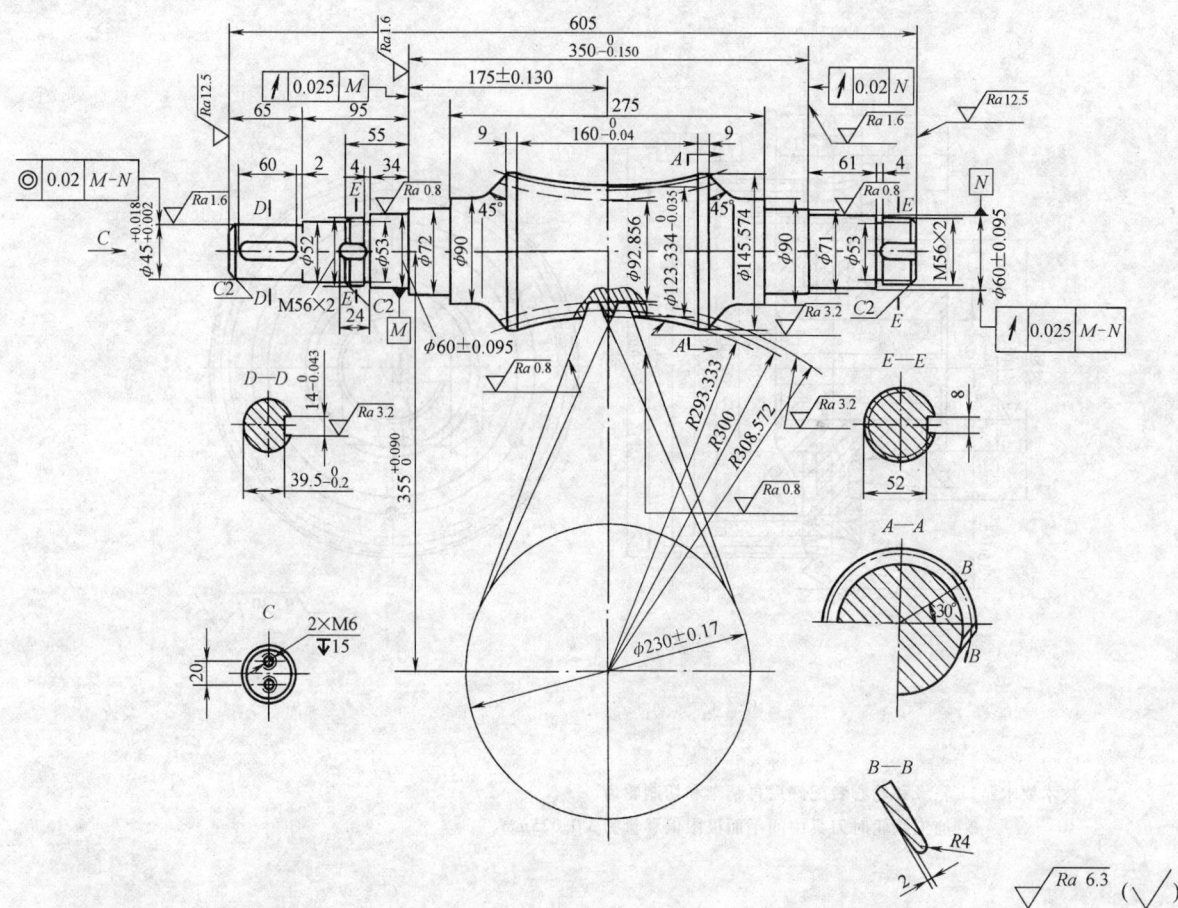

**图5.4-32 平面二次包络环面蜗杆传动蜗杆工作图**

| 传 动 类 型 | | TOP 型蜗杆副 | 传 动 类 型 | | TOP 型蜗杆副 |
|---|---|---|---|---|---|
| 蜗杆头数 | $z_1$ | 1 | 配对蜗轮图号 | — | 图 5.4-33 |
| 蜗轮齿数 | $z_2$ | 63 | 蜗杆螺牙啮入口修缘值 | $\Delta f_r$ | 0.85mm |
| 蜗杆包围蜗轮齿数 | $z'$ | 6 | 蜗杆螺牙啮出口修缘值 | $\Delta f_c$ | 0.57mm |
| 轴面模数 | $m_x$ | 9.524mm | 蜗杆周围齿距极限偏差 | $f_{p1}$ | 0.030mm |
| 蜗杆喉部导程角 | $\gamma_m$ | 4°56′54″ | 蜗杆分度公差 | $f_{z1}$ | 0.075mm |
| 分度圆齿形角 | $\alpha$ | 22°32′24″ | 蜗杆螺旋线误差的公差 | $f_{h1}$ | 0.063mm |
| 蜗杆工作半角 | $\varphi_h$ | 15°51′23″ | 蜗杆法向弦齿厚公差 | $T_{s1}$ | 0.140mm |
| 蜗杆螺旋方向 | — | 右旋 | 蜗杆喉部外圆直径公差 | $t_1$ | h8 |
| 母平面倾斜角 | $\beta$ | 7°30′±0.08° | 蜗杆周围齿距累积偏差 | $F_{p1}$ | 0.060mm |
| 精度等级 | — | 7j GB/T 16445—1996 | | | |

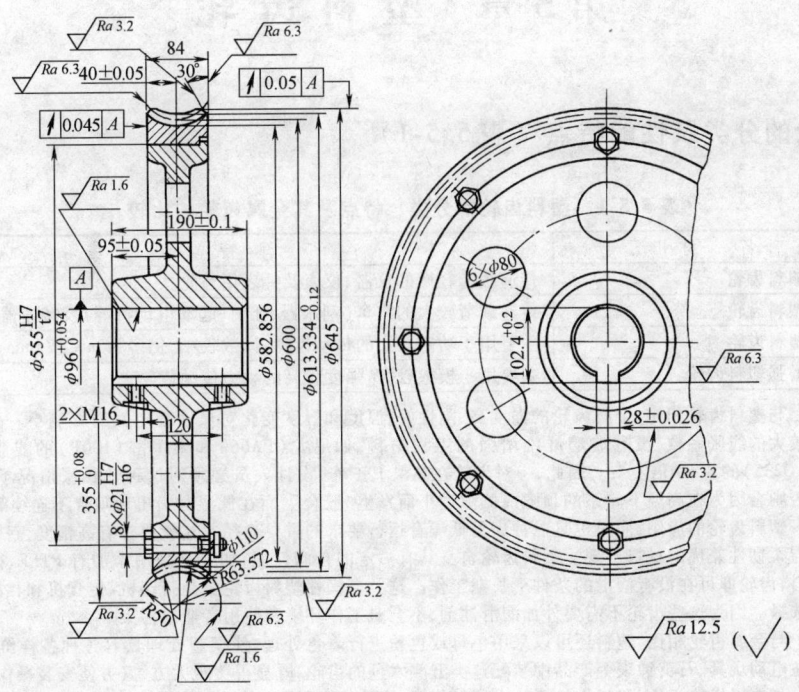

| 传 动 类 型 | | TOP 型蜗杆副 | 传 动 类 型 | | TOP 型蜗杆副 |
|---|---|---|---|---|---|
| 蜗杆头数 | $z_1$ | 1 | 蜗杆螺旋方向 | — | 右 |
| 蜗轮齿数 | $z_2$ | 63 | 配对蜗杆图号 | — | 图 5.4-32 |
| 蜗杆包围蜗轮齿数 | $z'$ | 6 | 蜗杆齿距累积公差 | $F_{p2}$ | 0.04mm |
| 蜗轮端面模数 | $m_1$ | 9.524mm | 蜗杆齿圈径向跳动公差 | $F_{r2}$ | 0.04mm |
| 蜗杆喉部导程角 | $\gamma_m$ | 4°56′54″ | 蜗轮齿距极限偏差 | $f_{p2}$ | 0.028mm |
| 分度圆齿形角 | $\alpha$ | 22°32′24″ | 蜗轮法向弦齿厚公差 | $T_{s2}$ | 0.200mm |
| 蜗杆工作半角 | $\varphi_h$ | 15°51′23″ | 精度等级 | — | 7j GB/T 16445—1996 |
| 母平面倾斜角 | $\beta$ | 7°30′ | | | |

**图5.4-33　平面二次包络环面蜗杆传动蜗轮工作图**

# 第5章 塑料齿轮

## 1 塑料齿轮的分类及性能特点（表5.5-1）

表5.5-1 塑料齿轮的分类、特点及其金属齿轮的比较

| 名称 | | 特点 |
|---|---|---|
| 分类 | 运动型塑料齿轮 | 传递载荷轻微的仪器、仪表及钟表用齿轮 |
| | 动力型塑料齿轮 | 传递载荷较大的汽车（刮水器、摇窗、起动电动机等）及减速器用齿轮 |
| | 热塑性塑料齿轮 | 主要用于功率较小的传动齿轮，模数较小，仍多为 $m \leqslant 1.5\text{mm}$ |
| | 热固性增强塑料齿轮 | 主要用于模数较大，强度较高的动力传动齿轮 |
| 与金属齿轮比较 | 性能特点 | 与塑料齿轮相比，金属齿轮的强度高、刚性好、温度和湿度变化对尺寸稳定性的影响小。而塑料齿轮则有较大的线胀系数，没有玻璃纤维增强的工程塑料，如尼龙（PA66）和聚甲醛（100P）的线胀系数是碳素钢（Q235）的 8~9 倍左右。因此，一对齿轮在高温下工作，设计人员必须对这种热膨胀情况予以充分的考虑，否则会因为在高温下轮系的顶隙或侧隙过小而发生"胶合"，而在低温时又出现啮合不连续等问题<br><br>塑料齿轮的应用，同时也是一种满足低噪音运行要求的重要途径。这就要求有高精度、新型齿形和润滑性与柔韧性兼优的材料出现。塑料齿轮自身具有一定的自润性能，如果是采用添加有 PTFE、硅油等的复合材料，齿轮即可在没有润滑的条件下长期工作。这类自润性塑料齿轮更是打印机、传真机和相机等产品的最佳选择。因为这些齿轮不需要外加润滑油剂，不会对工作环境和使用者造成污染<br><br>与金属齿轮相比，塑料还可以采用色母或色粉进行着色处理，使模塑处理具有各种各样鲜艳美丽的色彩，在电动玩具、石英钟表等产品中装配这类五颜六色的齿轮，既显得美观大方，又方便安装操作<br><br>与金属齿轮相比，塑料齿轮还比金属材料轻、惰性好，可用在金属齿轮易腐蚀、退化的环境中，例如水表和化学设备的控制。同时，塑料齿轮在传动过程中，通过轮齿的弹性倾斜来吸引冲击载荷，能较好地分散安装轴的平行度、齿轮径向圆跳动及齿距误差所造成的局部负荷变化，具有较好的吸振降噪作用<br><br>与金属齿轮相比，当前塑料齿轮的最大弱点在于它的弹性模量较小，其轮宽的弯曲强度、齿形和尺寸精度较低。齿轮用热塑性材料种类繁多，其发展由于缺乏有关这类齿轮强度、磨损、磨耗和使用寿命等可靠地计算方法和可靠数据而受到限制。因此，在动力传动中，设计人员提出塑料齿轮的"以塑代钢"方案备受质疑的现象时有发生。对于汽车动力传动等用塑料齿轮，通常要求按产品设计特性规范，通过对样件特性和寿命的型式试验来验证轮系的设计和材料选择的可行性 |
| | 成型工艺 | 与金属齿轮相比，模塑成型工艺的固有特点大大提高了设计上的自由度，可以用一次模射成型内齿轮、齿轮组件、蜗杆和涡轮等产品。如果采用金属制造，则加工周期长、技术难度大、生产成本高。因此，如图 a~f 所示各种复杂塑料齿轮组件已在汽车、仪表、家用电器和钟表等产品中获得广泛应用<br>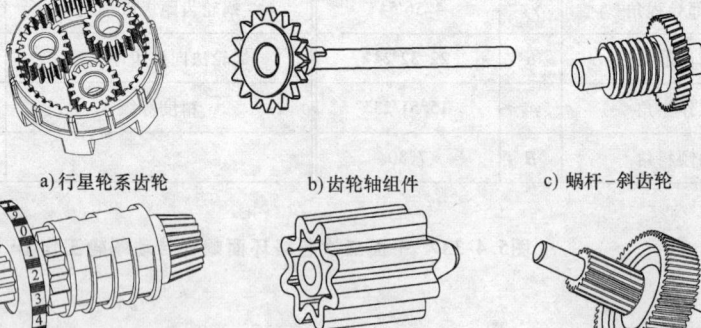<br>a)行星轮系齿轮　　b)齿轮轴组件　　c)蜗杆-斜齿轮<br>d)凸轮计数组件　　e)异型齿轮组件　　f)双联齿轮组件<br><br>模塑直齿轮型腔一般可采用 EDM 电火花线切割成型工艺加工，其原理是采用一根通电的金属丝，按事先编排的程序进行切割成型。这种线切割成型方法，除了要详尽了解齿轮渐开线和齿根的准确形状之外，再没有其他要求。此法不采用基本齿条按展成原理来确定轮齿的几何尺寸和齿根，而是通过一配对齿轮按展成原理来创成最大实体齿廓齿条概念的约束，通过 CAD 等软件对齿轮轮系进行优化设计和校核 |

# 2　塑料齿轮设计

## 2.1　塑料齿轮的齿形制

塑料齿轮与金属齿轮一样，普遍采用渐开线齿形。而在钟表等计时仪器仪表中，为了提高传动效率和节能降耗的目的，仍采用圆弧齿形。

### 2.1.1　渐开线齿形制

渐开线圆柱直齿轮基本齿条见表 5.5-2。计时仪器用渐开线圆柱直齿轮基本齿条见表 5.5-3。

**表 5.5-2　渐开线圆柱直齿轮基本齿条**

<table>
<tr><td>特点、适用范围</td><td colspan="2">运动传动用（简称运动型）塑料齿轮多为小模数圆柱直齿轮，其齿廓采用渐开线齿形制。适应于小模数渐开线圆柱齿轮国家标准 GB 2363—1990，模数 $m_n < 1.00$mm 系列，随着汽车用塑料齿轮所需承载负荷越来越大，这类齿轮模数已逐渐扩展到 $m_n \approx 2.00$mm 系列；适应于渐开线圆柱齿轮的国家标准 GB/T 10095.1～2—2008<br>我国现行的齿轮基本齿条标准为 GB/T 1356—2001《通用机械和重型机械用圆柱齿轮　标准基本齿条齿廓》（与 ISO53：1998 等同）当渐开线圆柱齿轮的基圆无穷增大时，齿轮将变成齿条，渐开线齿廓将逼近直线形齿廓，正是这一点成为统一齿轮齿廓的基础，基本齿条标准不仅要统一压力角，而且还要统一齿廓各部分的几何尺寸<br>为了确定渐开线类圆柱齿轮的轮齿尺寸，国标中标准基本齿条齿廓仅给出了渐开线类齿轮齿廓的几何参数。它不包括对刀具的限定，但对采用展成法加工齿轮渐开线齿廓，可以采用与标准基本齿条相啮合的基本齿条来规定切齿刀具齿廓的几何参数</td></tr>
<tr><td>标准基本齿条齿廓和相啮标准基本齿条齿廓</td><td colspan="2">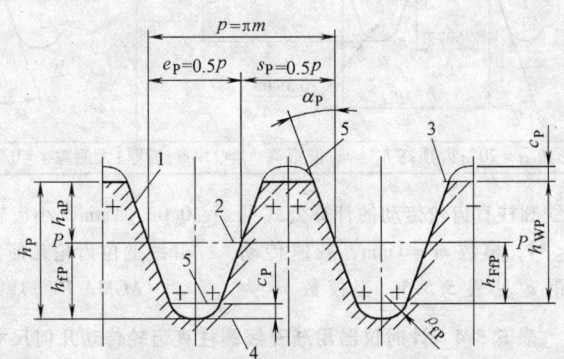<br>1—标准基本齿条齿廓　2—基准线　3—齿顶线　4—齿根线　5—相啮标准基本齿条齿廓</td></tr>
<tr><td>标准基本齿条齿廓</td><td colspan="2">标准基本齿条齿廓是指基本齿条的法向截形，基本齿条相当于齿数 $z = \infty$、分度圆直径 $d = \infty$ 的外齿轮。上图所示为 GB/T 1356—2001 所定义的标准基本齿条齿廓和与之相啮的标准基本齿条齿廓</td></tr>
<tr><td>相啮标准基本齿条齿廓</td><td colspan="2">相啮标准基本齿条齿廓是指齿条齿廓在基准线 P-P 上对称于标准基本齿条齿廓，且相对于标准基本齿条齿廓偏移了半个齿距的齿廓</td></tr>
</table>

<table>
<tr><td rowspan="6">代号与单位</td><td>符号</td><td>定义</td><td>单位</td><td>符号</td><td>定义</td><td>单位</td></tr>
<tr><td>$c_P$</td><td>标准基本齿条轮齿与相啮标准基本齿条轮齿之间的顶隙</td><td rowspan="5">mm</td><td>$h_P$</td><td>标准基本齿条的齿高</td><td rowspan="6">mm</td></tr>
<tr><td>$e_P$</td><td>标准基本齿条轮齿齿槽宽</td><td>$h_{WP}$</td><td>标准基本齿条与相啮标准基本齿条轮齿之间的有效齿高</td></tr>
<tr><td>$h_{aP}$</td><td>标准基本齿条轮齿齿顶宽</td><td>$m$</td><td>模数</td></tr>
<tr><td>$h_{fP}$</td><td>标准基本齿条轮齿齿根高</td><td>$p$</td><td>齿距</td></tr>
<tr><td rowspan="2">$h_{FfP}$</td><td rowspan="2">标准基本齿条轮齿齿根直线部分的高度</td><td>$s_P$</td><td>标准基本齿条轮齿的齿厚</td></tr>
<tr><td>$\alpha_P$</td><td>压力角（或齿形角）</td><td>（°）</td></tr>
<tr><td></td><td></td><td></td><td></td><td>$\rho_{fP}$</td><td>基本齿条的齿根圆半径</td><td>mm</td></tr>
</table>

<table>
<tr><td rowspan="4">标准基本齿廓几何参数</td><td>项目</td><td>$\alpha_P$</td><td>$h_{aP}$</td><td>$c_P$</td><td>$h_{fP}$</td><td>$\rho_{fP}$</td></tr>
<tr><td>标准基本齿条齿廓的几何参数</td><td>20°</td><td>$1m$</td><td>$0.25m$</td><td>$1.25m$</td><td>$0.38m$</td></tr>
<tr><td colspan="6">当渐开线圆柱齿轮 $m \geqslant 1$mm 时，允许齿顶修缘。其修缘量的大小由设计者确定。当齿轮 $m < 1$mm 时，一般不需齿顶修缘；$h_{fP} = 1.35m$</td></tr>
<tr><td colspan="6">1）标准基本齿条齿廓的齿距为 $p = \pi m$</td></tr>
</table>

（续）

| 标准基本齿条齿廓几何参数 | 2）在 $h_{aP} + h_{FfP}$ 的高度上，标准基本齿条的侧顶面齿廓为直线<br>3）在基准线 $P\text{-}P$ 上的齿厚与齿槽宽度相等，即齿距的一般<br>4）标准基本齿条的齿侧面直线齿廓与基准线的垂线之间的夹角为压力角 $\alpha_P$。齿顶线平行于基准线 $P\text{-}P$，距离 $P\text{-}P$ 线之间距为 $h_{aP}$；齿根线亦平行于基准线 $P\text{-}P$，距离 $P\text{-}P$ 线之间距离为 $h_{fP}$<br>5）标准根据不同的使用要求，推荐使用四种类型代替的基本齿条齿廓，在通常情况下多使用 B、C 型 |
|---|---|

### 表 5.5-3　计时仪器用渐开线圆柱直齿轮基本齿条

| 适用范围 | 计时仪器用渐开线圆柱直齿塑料齿轮，多用于石英钟表、洗衣机定时器等计时仪器仪表的传动轮系。由哈尔滨工业大学原计时仪器用渐开线齿形研究组编制的计时仪器用渐开线圆柱直齿轮标准 GB 9821.4—1988，适用于模数 $m$ 为 $0.08 \sim 1.00\text{mm}$，齿数 $z \geqslant 7$ 的计时仪器用渐开线圆柱直齿轮传动系设计 |
|---|---|

| | 无侧隙基本齿条<br>当齿数 $z = 7$、8、9 时采用 | 有侧隙基本齿条<br>当齿数 $z \geqslant 10$ 时采用 |
|---|---|---|
| 基本齿条齿廓 | 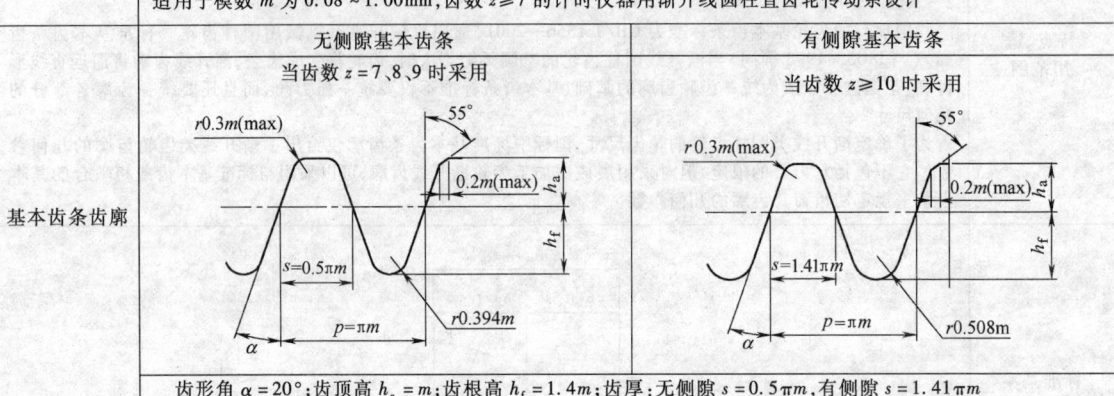 | |
| | 齿形角 $\alpha = 20°$；齿顶高 $h_a = m$；齿根高 $h_f = 1.4m$；齿厚：无侧隙 $s = 0.5\pi m$，有侧隙 $s = 1.41\pi m$ | |

计时仪器用渐开线圆柱直齿轮传动的计算公式见表 5.5-4。当 $z_1 + z_2 < 34$，模数 $m = 1\text{mm}$，减速传动变位齿轮副的中心距 $a'$ 见表 5.5-5。当模数 $m$ 为 $0.08 \sim 1\text{mm}$，小齿轮 $z_1 = 7$，大齿轮 $z_2 \geqslant 20$ 的减速渐开线变位齿轮几何参数的计算公式见表 5.5-6。

AGMA PT 塑料齿轮基本齿条齿廓见表 5.5-7。

### 表 5.5-4　计时仪器用渐开线圆柱直齿轮传动几何尺寸计算公式

| 序号 | 名称 | 代号 | 标准值齿轮计算公式 | 变位直齿轮计算公式 |
|---|---|---|---|---|
| 1 | 模数 | $m$ | $m = 0.12 \sim 1.0\text{mm}$ | $m = 0.12 \sim 1.0\text{mm}$ |
| 2 | 齿数 | $z$ | 适用于 $z_1 \geqslant 17$ | 适用于 $z_1 = 8 \sim 16, z_2 \geqslant 10$ |
| 3 | 变位系数 | $x_1$ | $x_1 = 0$ | $x_1 = \dfrac{17 - z_1}{17} + \Delta, z_1 = 8 \sim 11, \Delta = 0.003$<br>$z_1 = 12 \sim 16, \Delta = 0.004$ |
| | | $x_2$ | $x_2 = 0$ | 当 $z_1 + z_2 \geqslant 34$ 时，$x_2 = -x_1$<br>当 $z_1 + z_2 < 34$ 时，$x_2 = 0$ |
| 4 | 压力角 | $\alpha$ | $\alpha = 20°$ | $\alpha = 20°$ |
| 5 | 啮合角 | $\alpha'$ | $\alpha' = \alpha = 20°$ | 当 $z_1 + z_2 \geqslant 34$ 时，$\alpha' = \alpha = 20°$<br>当 $z_1 + z_2 < 34$ 时，$\text{inv}\alpha' = \dfrac{2(x_1 + x_2)}{z_1 + z_2}\tan\alpha + \text{inv}\alpha$ |
| 6 | 侧隙系数 | $c^*$ | $c^* = 0.4$ | $c^* = 0.4$ |
| 7 | 顶隙 | $c$ | $c = c^* m$ | 当 $z_1 + z_2 \geqslant 34$ 时，$c = c^* m$<br>当 $z_1 + z_2 < 34$ 时，<br>$c = \alpha' - \dfrac{(z_1 + z_2)m}{2} - x_1 m + 0.4m$ |
| 8 | 法向侧隙 | $j_n$ | $j_n = 0.3m$ | $z_1 \geqslant 10, j_n = 0.3m$<br>$z_1 = 8 \sim 9, j_n = 0.15m$ |

（续）

| 序号 | 名称 | 代号 | 标准值齿轮计算公式 | 变位直齿轮计算公式 |
|---|---|---|---|---|
| 9 | 分度圆直径 | $d$ | $d = zm$ | $d_1 = z_1 m, d_2 = z_2 m$ |
| 10 | 节圆直径 | $d'$ | $d' = d$ | 当 $z_1 + z_2 \geq 34, d' = d$<br>当 $z_1 + z_2 < 34$ 时，<br>$d'_1 = d_1 \dfrac{\cos\alpha}{\cos\alpha'}, d'_2 = d_2$ |
| 11 | 顶圆直径 | $d_a$ | $d_a = (z + 2)m$ | $d_a = (z + 2 + 2x)m$ |
| 12 | 根圆直径 | $d_f$ | $d_f = (z - 2.8)m$ | $d_f = (z - 2.8 + 2x)m$ |
| 13 | 中心距 | $a$、$a'$ | $a = \dfrac{1}{2}(z_1 + z_2)m$ | 当 $z_1 + z_2 \geq 34$ 时，$a = \dfrac{1}{2}(z_1 + z_2)m$<br>当 $z_1 + z_2 < 34$ 时，$a' = \dfrac{1}{2}(d'_1 + d_2)$ |

表 5.5-5    $m = 1$、$z_1 + z_2 < 34$ 减速传动变位齿轮副中心距 $a'$      （单位：mm）

| $z_2$ \\ $z_1$ | 8 | 9 | 10 | 11 | 12 | 13 | 14 | 15 | 16 |
|---|---|---|---|---|---|---|---|---|---|
| 10 | 9.756 | 10.221 | 10.685 | — | — | — | — | — | — |
| 11 | 10.221 | 10.685 | 11.146 | 11.606 | — | — | — | — | — |
| 12 | 10.685 | 11.146 | 11.606 | 12.064 | 12.521 | — | — | — | — |
| 13 | 11.146 | 11.606 | 12.064 | 12.521 | 12.977 | 13.431 | — | — | — |
| 14 | 11.606 | 12.064 | 12.521 | 12.977 | 13.431 | 13.883 | 14.334 | — | — |
| 15 | 12.064 | 12.521 | 12.977 | 13.431 | 13.883 | 14.334 | 14.784 | 15.232 | — |
| 16 | 12.521 | 12.977 | 13.431 | 13.883 | 14.334 | 14.784 | 15.232 | 15.679 | 16.125 |
| 17 | 12.972 | 13.426 | 13.879 | 14.330 | 14.779 | 15.227 | 15.674 | 16.119 | 15.563 |
| 18 | 13.474 | 13.927 | 14.380 | 14.830 | 15.280 | 15.728 | 16.174 | 16.620 | |
| 19 | 13.975 | 14.429 | 14.881 | 15.331 | 15.780 | 16.228 | 16.674 | — | |
| 20 | 14.477 | 14.930 | 15.381 | 15.832 | 16.281 | 16.728 | — | | |
| 21 | 14.978 | 15.431 | 15.882 | 16.332 | 16.782 | — | — | — | — |
| 22 | 15.480 | 15.932 | 16.383 | 16.833 | — | — | — | — | — |
| 23 | 15.981 | 16.433 | 16.884 | — | — | — | — | — | — |
| 24 | 16.482 | 16.934 | — | — | — | — | — | — | — |
| 25 | 16.983 | — | — | — | — | — | — | — | — |

表 5.5-6    $z_1 = 7$、$z_2 \geq 20$ 减速渐开线变位齿轮几何参数的计算公式

| 序号 | 名称 | 代号 | 计算公式 |
|---|---|---|---|
| 1 | 模数 | $m$ | $m = 0.08 \sim 1.0$mm |
| 2 | 齿数 | $z$ | $z_1 = 7, z_2 \geq 20$ |
| 3 | 变位齿轮 | $x_1$ | $z_1 = 7$ 时，$x_1 = 0.414$ |
| | | $x_2$ | $z_1 = 20 \sim 26$ 时，$x_2 = 0$<br>$z_1 \geq 26$ 时，$x_2 = -0.501$ |
| 4 | 压力角、啮合角 | $\alpha$、$\alpha'$ | 见表 5.5-4 |
| 5 | 顶隙 | $c$ | 当 $z_1 + z_2 > 34$ 时，$c = 0.577m$<br>当 $z_1 + z_2 < 34$ 时，<br>$c = \alpha' - \dfrac{(z_1 + z_2)m}{2} - x_1 m + 0.4m$ |
| 6 | 侧隙（法向） | $j_n$ | 当 $z_1 + z_2 \geq 34$ 时，$j_n = 0.27m$<br>当 $z_1 + z_2 < 34$ 时，$j_n = 0.23m$ |

（续）

| 序号 | 名称 | 代号 | 计算公式 |
|---|---|---|---|
| 7 | 中心距 | $a$ | $z_1 = 7, z_2 \geqslant 26, a = \dfrac{1}{2}(z_1 + z_2)m$ |
|  |  | $a'$ | $z_1 = 7, z_1 = 20 \sim 26,$<br>$a' = \dfrac{m}{2}(z_1 + z_2) + m[(z_2 - 20) \times 0.0012 + 0.475]$ |
| 8 | 分度圆、节圆、顶圆、根圆直径 | $d$、$d'$、$d_a$、$d_f$ | 见表 5.5-4 |

### 表 5.5-7　AGMA PT 塑料齿轮基本齿条齿廓

| 适用范围 | "塑料齿轮齿形尺寸"ANSI/AGMA 1106-A97 推出的 AGMA PT(PT 为 Plastic Gearing Toothform 的缩写)为适应动力传动(简称动力型)塑料齿轮设计的基本齿条 |
|---|---|

AGMA PT
基本齿条齿廓

$m$ 或 $m_n = 1\,mm$

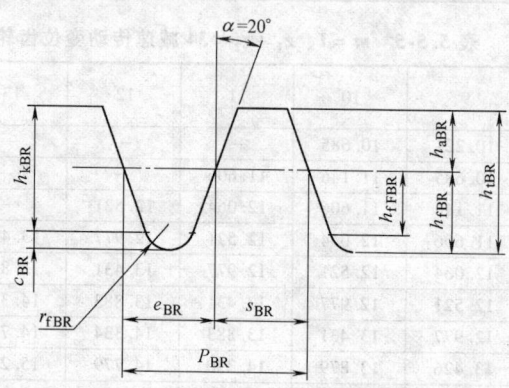

$c_{BR}$—顶隙　$h_{fFBR}$—齿根直线段齿廓高　$r_{fBR}$—齿根圆弧半径　$e_{BR}$—齿槽宽　$h_{kBR}$—工作齿高
$s_{BR}$—齿厚　$h_{aBR}$—齿顶高　$h_{tBR}$—全齿高　$\alpha$—齿形角　$h_{fBR}$—齿根高　$P_{BR}$—齿距

AGMA PT 标准基本齿条几何参数

　　图中标注出了齿廓的全部参数。这些尺寸参数的值列于下表,同时还列出 AGMA 细齿距标准和 ISO 粗齿距(多数为粗齿距)标准的规定值,以资比较。表中所有数据全部以单位模数($m = 1mm$)为基准。将表中数据乘以所要设计齿轮的模数即可求得该齿轮齿形的尺寸参数。AGMA PT 基本齿条所定义的参数代号与国标有所不同,这里在介绍按 AGMA PT 基本齿条设计计算齿轮几何参数时,仍将沿用该标准所采用的参数代号不变

| 基本齿形参数 | AGMA PT | ANSI/AGMA 1003-G93 细齿距 | ISO53(1974)粗齿距 | 说明 |
|---|---|---|---|---|
| 齿形角 $\alpha$[1] | 20° | 20° | 20° | ①即直齿轮分度圆压力角或斜齿轮分度圆法向压力角 |
| 齿距 $P_{BR}$/mm | 3.14159 | 3.14159 | 3.14159 |  |
| 齿厚 $s_{BR}$/mm | 1.57080 | 1.57080 | 1.57080 |  |
| 齿顶高 $h_{aBR}$/mm | 1.00000 | 1.00000 | 1.00000 | ②表中数据乘以齿轮模数之后,再加上括号内的数值 |
| 全齿高 $h_{tBR}$/mm | 2.33000 | 2.20000(+0.05000)[2] | 2.25000 |  |
| 齿根圆弧半径 $r_{fBR}$/mm | 0.43032 | 0.00000[3] | 0.38000 | ③ANSI/AGMA1003-G93 标准中写明零齿根圆角半径意味着滚刀齿顶圆角为尖角。在实际处理上,将此顶角视为最小半径圆角 |
| 齿根高 $h_{fBR}$/mm | 1.33000 | 1.20000(+0.05000)[2] | 1.25000 |  |
| 工作齿高 $h_{kBR}$/mm | 2.00000 | 2.00000 | 2.00000 |  |
| 顶隙 $c_{BR}$/mm | 0.33000 | 0.20000(+0.05000)[2] | 0.25000 |  |
| 齿根直线段齿廓高 $h_{fFBR}$[4]/mm | 1.04686 | 1.2000(+0.05000)[3] | 1.05261 | ④$h_{fFBR}$ 为齿根直线段齿廓与齿根圆弧相切点至齿条节线的距离 |
| 齿槽宽 $e_{BR}$/mm | 1.57080 | 1.57080 | 1.57080 |  |

（续）

| | |
|---|---|
| 比较 | 比较表中三种基本齿条几何参数，最大差别是 AGMA PT 的齿根圆角半径的增大，其值相当于齿根全圆弧半径。同时也是保证齿根直线段高度 $h_{fFKB} \geqslant 1.1m$ 的最大可能圆角半径。这样便保证了 AGMA PT 与其他 AGMA 基本齿条的兼容性。有关 AGMA PT 的齿廓修形以及几种试验性基本齿条的设计计算等，详见 2.4 节 |
| AGMA PT 基本齿条是基于塑料齿轮的右列特性而制定的 | 1）采取塑料成型方法制造齿轮，所要受到的实际限制与采用切削加工方法制造齿轮有所不同，每种模具都具有它自身的"非标准"属性。模具型腔由于要考虑材料的收缩率，以及塑料收缩率的异向性，其型腔几何尺寸不可能遵循一个固定的模式设计。再者，现代模具先进的型腔线切割加工方法，已与切削刀具无关（即不需按基本齿条展成方法加工），即便是二者有关联，一般都需要采用非标准的专用刀具。因此，模塑齿轮齿形尺寸无需严格遵循原切削加工齿轮的传统规范<br>2）热塑性材料的某些特性会影响齿轮齿形尺寸的选取。因为热塑性材料的分子结构和排列定向，不管是采取什么加工方式，都会造成材料强度对小半径凹圆角的特别敏感性。如果齿轮齿根能避免这类小圆角，则轮齿便能具备相当高的弯曲强度。而按照原 AGMA 细齿距基本齿条设计制造的齿轮，其轮齿通常会形成较小的全根圆角<br>3）在某些应用场合下，由于塑料的热膨胀性较强，要求配对齿轮间的工作高度需要比其他标准齿形的许用值要大 |
| 渐开线齿形制的主要特点 | 按以上三种渐开线基本齿条设计的齿轮轮系，具有以下主要特点<br>1）在传动过程中瞬时传动比为常数，稳定不变<br>2）中心距变动不影响传动比<br>3）两齿轮的啮合线是一条直线<br>4）能与直线齿廓的齿条相啮合<br>综上所述几点可以看出，渐开线齿形不仅能够准确而平稳地传递运动，保证轮系的瞬时传动比稳定不变，而且又不受中心距变动的影响，还能与直线齿廓的齿条相啮合。就是以上特点给齿轮齿廓的切削加工及其检测带来了极大的方便，即可以采用直线型齿廓的齿条刀具，按展成原理滚刀成形加工渐开线齿轮齿形。也正是这些特点，使渐开线齿形制在机械传动领域中获得了广泛的应用 |

### 2.1.2　计时仪器用圆弧齿形制

计时仪器用圆弧齿轮，主要指应用于钟表、定时器等计时仪器仪表的圆弧齿轮（俗称修正摆线齿轮或钟表齿轮），其模数范围为 $m = 0.05 \sim 1.00mm$。$z \leqslant 20$ 的圆弧齿轮简称为蚫轮，$z > 20$ 的圆弧齿轮简称为轮片。

**1. 齿形**

计时仪器用圆弧齿轮齿形及其参数见表 5.5-8 ~ 表 5.5-11。

表 5.5-8　齿形类型

| 分类 | 适用范围 |
|---|---|
| 第一类齿形 | 适用于传递力矩、稳定性要求较高的增速传动轮系齿轮；也可用于传递稳定性要求不高的，轮片既可主动也可从动的双向传动轮系的计时仪器用圆弧齿形 |
| 第二类齿形 | 适用于要求传动灵活的减速传动轮系齿轮 |

表 5.5-9　计时仪器用圆弧齿轮齿形参数、系数及代号说明

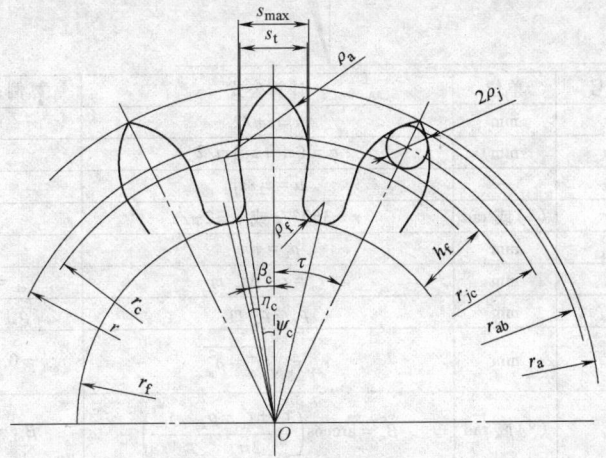

（续）

| 代号 | 说　明 | 代号 | 说　明 |
|---|---|---|---|
| $r_a$ | 齿顶圆半径(无齿尖圆弧) | $r_{ab}$ | 齿顶圆半径(有齿尖圆弧) |
| $r$ | 分度圆半径 | $r_c$ | 中心圆半径 |
| $r_f$ | 齿根圆半径 | $r_{jc}$ | 齿尖圆弧中心圆半径 |
| $\rho_a$ | 齿顶圆弧半径 | $\rho_j$ | 齿尖圆弧半径 |
| $\rho_f$ | 齿根圆弧半径 | $h_f$ | 齿根高 |
| $s_{max}$ | 最大齿厚 | $s_t$ | 端面齿厚 |
| $\beta_c$ | 过齿顶圆弧中心的径向线与轮齿的平分线间的夹角 | $\eta_c$ | 过齿根圆弧中心的径向线与齿廓径向直线的夹角 |
| $\psi_c$ | 过齿的平分线与齿廓径向线间夹角 | $\tau$ | 齿距角 |
| $\rho_{a1}^*$ | 小齿轮齿顶圆弧半径系数 | $\rho_{a2}^*$ | 大齿轮齿顶圆弧半径系数 |
| $\Delta r_{c1}^*$ | 小齿轮中心圆位移系数 | $\Delta r_{c2}^*$ | 大齿轮中心圆位移系数 |
| $s_{c1}^*$ | 小齿轮端面齿厚系数 | $s_{c2}^*$ | 大齿轮端面齿厚系数 |
| $c$ | 顶隙 | $h_{f2}^*$ | 最小齿根高系数 |

**表 5.5-10　计时仪器用圆弧齿轮传动实例几何尺寸的计算公式**

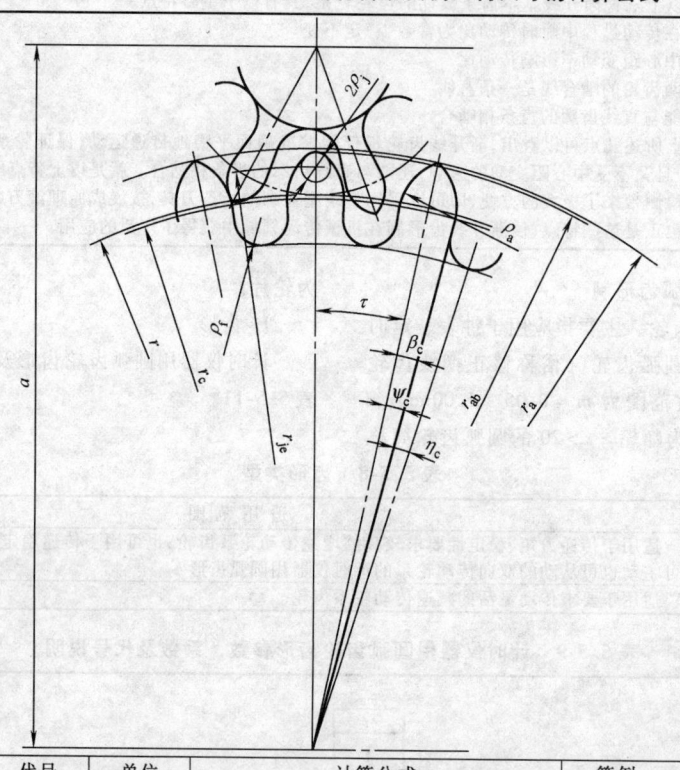

| 名称 | 代号 | 单位 | 计算公式 | 算例：$z_1 = 8$、$m = 0.2\,mm$、$z_2 = 30$ |
|---|---|---|---|---|
| 分度圆半径 | $r$ | mm | $r = zm/2$ | $r_1 = 0.8\,mm$，$r_2 = 3\,mm$ |
| 中心距 | $a$ | mm | $a = (z_1 + z_2)m/2$ | $a = 3.8\,mm$ |
| 齿数比 | $\mu$ | — | $\mu = z_2/z_1$ | $\mu = 3.75$ |
| 齿距角 | $\tau$ | (°)或 rad | $\tau = 360°/z$ 或 $\tau = 2\pi/z$ | $\tau_1 = 45°$，$\tau_2 = 12°$ |
| 齿距 | $p_t$ | mm | $p_t = \pi m$ | $p_t = 0.62832\,mm$ |
| 中心圆半径 | $r_c$ | mm | $r_c = r - \Delta r_c^* m$ | $r_{c1} = 0.79\,mm$，$r_{c1} = 2.978\,mm$ |
| 齿顶圆弧半径 | $\rho_a$ | mm | $\rho_a = \rho_a^* m$ | $\rho_{a1} = 0.2\,mm$，$\rho_{a2} = 0.32\,mm$ |
| 齿顶圆弧衔接点圆半径 | $r_{ax}$ | mm | $r_{ax} = \sqrt{r_c^2 - \rho_a^2}$ | $r_{ax1} = 0.76426\,mm$，$r_{ax2} = 2.96076\,mm$ |
| 参数角 | $\beta_c$ | (°)或 rad | $\beta_c = \arccos\left(\dfrac{r^2 + r_c^2 - \rho_a^2}{2rr_c} - \dfrac{s_t^*}{z}\right)$ | $\beta_{c1} = 6.91436°$，$\beta_{c2} = 3.124°$ |

（续）

| 名称 | 代号 | 单位 | 计算公式 | 算例：$z_1 = 8$、$m = 0.2\,mm$、$z_2 = 30$ |
|---|---|---|---|---|
| 顶隙 | $c$ | mm | $c = c^* m$ | $c = 0.08\,mm$ |
| 齿尖圆弧半径 | $\rho_j$ | mm | $\rho_j = (0.2 \sim 0.4) m$（本例取 0.4） | $\rho_{j1} = 0.04\,mm$，$\rho_{j2} = 0.08\,mm$ |
| 齿顶圆半径 | $r_a$ | mm | 无齿尖圆弧，$$r_a = r_c \cos\beta_c + \sqrt{\rho_a^2 - r_c^2 \sin^2\beta_c}$$ 有齿尖圆弧，$r_{ab} = r_{jc} + \rho_j$ $$r_{jc} = r_c \cos\beta_c + \sqrt{(\rho_a - \rho_j)^2 - r_c^2 \sin^2\beta_c}$$ | $r_{a1} = 0.9602\,mm$ $r_{jc1} = 0.9129\,mm$ $r_{ab1} = 0.9529\,mm$ $r_{a2} = 3.2494\,mm$ $r_{jc2} = 3.1504\,mm$ $r_{ab2} = 3.23038\,mm$ |
| 齿根圆半径 | $r_f$ | mm | 大齿轮齿根圆半角 $r_{f2} = r_2 - h_{f2}^* m$ 小齿轮齿根圆半角 $r_{f1} = r_1 - (r_{a2} - r_2) - c$ | $r_{f1} = 0.47063\,mm$ $r_{f2} = 2.74\,mm$ |
| 齿距角 | $\psi_c$ | (°) 或 rad | $\psi_c = \arcsin\left(\dfrac{\rho_a}{r_c}\right) - \beta_c$ | $\psi_{c1} = 7.7505°$，$\psi_{c2} = 2.9554°$ |
| 齿距角 $\eta_c$ | $\eta_c$ | (°) 或 rad | $\eta_c = \dfrac{\pi}{z} - \psi_c$ | $\eta_{c1} = 14.7495°$，$\eta_{c2} = 2.9554°$ |
| 齿根圆弧半径 | $\rho_f$ | mm | $\rho_f = \dfrac{r_f \sin\eta_c}{1 - \sin\eta_c}$ | $\rho_{f1} = 0.16075\,mm$，$\rho_{f2} = 0.14895\,mm$ |
| 端面齿厚 | $s_t$ | mm | $s_t = s_t^* m$ | $s_{t1} = 0.21\,mm$，$s_{t2} = 0.314\,mm$ |
| 最大齿厚 | $s_{max}$ | mm | $s_{max} = 2(\rho_a - r_c \sin\beta_c)$ | $s_{max1} = 0.21\,mm$，$s_{max2} = 0.3154\,mm$ |

**表 5.5-11 计时仪器用圆弧齿轮齿形参数的系数值**

| 齿形类型 | 小齿轮齿数 $z_1$ | $\rho_{a1}^*$ | $\Delta r_{c1}^*$ | $\rho_{a2}^*$ | $\Delta r_{c2}^*$ | $s_{t1}^*$ | $s_{t2}^*$ | $s_{t3}^*$ |
|---|---|---|---|---|---|---|---|---|
| 第一类型 | 6 | 1.00 | 0.01 | 1.60 | 0.19 | 1.05 | 1.57 | 1.30 |
| | 7 | | 0.02 | | 0.16 | | | |
| | 8 | | 0.05 | | 0.11 | | | |
| | 9 | | 0.13 | 2.00 | 0.28 | | | |
| | 10 ～ 11 | | 0.15 | | 0.23 | 1.25 | | |
| | ≥12 | | 0.19 | | 0.15 | | | |
| 第二类型 | 6 ～ 20 | 0.90 | 0 | 1.20 | 0.40 | 1.30 | 1.30 | 1.30 |

注：计时仪器用圆弧齿轮齿形参数的系数值，根据齿形类型的不同和齿数的不同而不同；圆弧齿轮顶隙系数 $c^* \geqslant 0.4$。

2. 计时仪器用圆弧齿轮传动的主要特点

计时仪器用圆弧齿轮传动的主要特点如下：

1）在传动中传动比保持恒定，但瞬时传动比不为常数。

2）在传动中只能是一对齿在工作，即重合度等 1。因此，其传动的准确性不如渐开线齿轮高。

3）输出力矩变动小，传动力矩平稳，传动效率比渐开线齿轮高。

4）圆弧齿轮的最少齿数为 6，单级传动比大、轮系结构紧凑。

5）齿侧间隙较大，保证轮系传动灵活，避免卡滞现象发生。

由于计时仪器用圆弧齿轮的瞬时传动比有变化，传动不够准确、平稳，因此不适宜精密和高速齿轮传动。但一些对传动比变动量要求不高的运动型低速传动机构，诸如手表、高档石英钟等计时用产品机芯中的走时传动轮系仍在广泛地应用。

## 2.2 塑料齿轮的轮齿设计

运动传动型塑料齿轮轮系，齿轮轮齿可优先参考国标所定义的标准基本齿条进行设计。其轮齿与金属齿轮基本相同，可选用标准所规定的模数系列值、标准压力角 $\alpha$（或 $\alpha_n$）= 20° 等参数值。动力传递型塑料齿轮轮系的齿轮轮齿可优先选用 AGMA PT 基本齿条设计。本节将重点介绍采用 AGMA PT 基本齿条设计塑料齿轮轮齿的主要特点。

**2.2.1 轮齿齿根倒圆**（表 5.5-12）

**2.2.2 轮齿高度修正**（表 5.5-13）

表 5.5-12   轮齿齿根倒圆

| 塑料齿轮采用全圆弧 | 按 AGMA PT 基本齿条设计的塑料齿轮轮齿采用全圆弧齿根,除了增强齿根的弯曲强度和提高传递载荷的能力外,还要如下目的:为了在模塑时促使塑胶熔体更加流畅地注入型腔内槽内,以减少内应力的形成和使塑胶在冷却凝固过程中的散热更加均匀。这种模塑齿轮的几何形状和尺寸会更趋稳定 |
|---|---|
| 两种不同基本齿条设计齿轮齿根圆弧应力分布图 | 根据 ANSI/AGMA 1003-G93 细齿距基本齿条设计的 $Z=12$ 小圆弧齿根齿轮       根据 AGMA PT 基本齿条设计的同一全圆弧齿根齿轮<br><br>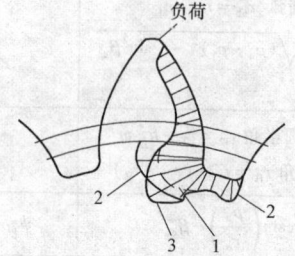<br><br>a) AGMA 细齿距齿轮(小圆弧齿根)      b) AGMA PT 齿轮(全圆弧齿根)<br><br>1—Lewis  2—Dolan&Broghamer  3—Boundary Element Method<br>小齿轮主要参数:模数为 1.0mm;齿数为 12;齿厚为 1.95mm<br><br>  图中对每种齿根圆角分别示出了反映齿根处所产生的应力状况的三个应力分布图,最里面曲线内是"Lewis"的应力图,其应力值是根据 Lewis(路易斯)基本方程,不计入应力集中的影响而求得的;中间曲线内是"Dolan 和 Broghamer"的应力图,计入了应力集中的影响,AGMA 标准的齿轮强度计算通常便是对这一影响作出的估算;最外面曲线是"Boundary Element Method"的应力图,是采用边界元方法算得的应力。以上三种计算法,由 AGMA PT 基本齿条标准所确定的齿根圆角,其应力水平都比 AGMA 细齿距基本齿条标准所确定的齿轮齿根圆角要低 |
| c) 滚切齿轮齿根过渡曲线 |   滚刀成型的齿轮(或 EDM 用电极)齿根曲线,是由延伸渐开线所形成的齿根圆角,主要取决于滚刀齿顶两侧的圆角半径。齿顶圆角半径越大,则齿轮齿根处延长渐开线的曲率半径也越大,所形成的"圆角"的曲率半径也越大。当载荷施加于轮齿齿顶上时,在齿根圆角处所产生的弯矩最大。在较小的齿根圆角周围所形成的压力集中,会增大弯曲应力,齿根圆角半径越大,这种压力集中便越小,轮齿承受施加载荷的能力便越强。齿轮传动属于典型的反复载荷,齿根圆角越大的特点更加实用这类反复载荷的传递<br>  由齿条型刀具展成原理,所滚切成型的齿轮齿根圆角延长渐开线(在 ANSI/AGMA 1006-A97 中称"次摆线"),其曲率半径变化范围从齿根曲线底部的最小,至与渐开线齿侧相接处的最大,如图 c 所示。当齿数较少和齿厚较小的齿轮,这一变化十分明显。所有由齿条型刀具展成滚切的齿轮齿根圆角曲线,均存在这一现象,只是大小程度不同而已。采用圆弧来替代齿根圆角延伸渐开线,对齿轮型腔制造工艺(线切割编程)或齿根圆角的检验和投影样板绘制均有好处。必须注意的是这种代用圆弧,不要使齿根圆角处的材料增加至足以引起与配对齿轮齿顶发生干涉的程度。另一方面,在齿根圆角危险截面处过小的圆弧半径,会降低轮齿的弯曲强度。还可以采用两段不同半径的光顺相接圆弧来替代齿根曲率变化较大的延伸渐开线 |

表 5.5-13   轮齿高度修正

  标准渐开线齿轮采用20°压力角、两倍模数的轮齿工作齿高。然而,对于弹性模量较低、温度敏感性高的不同摩擦、磨损系数的热塑性塑料齿轮而言,要求比标准齿轮具有更大的工作齿高。这种工作齿高最大的轮齿,更能适应塑料齿轮的热膨胀、化学膨胀和吸湿膨胀等所引起的中心距变动,保证轮系在以上环境条件下工作的重合度 $\varepsilon \geqslant 1$

  据 ANSI/AGMA 1006-A97 介绍,William Mckinley(威廉·麦金利)曾提出一种非保证基本齿条,这种基本齿条已获得美国塑料齿轮业内的广泛采用,并且常用来代替 AGMA 细齿距标准基本齿条。因为这些齿形尺寸含有模塑齿轮优先选用的尺寸,并且已经为业内所公认,经过某些变更后,在编制 AGMA PT 过程中已用作蓝本。这种非标准基本齿条包括有四种型号,其中第一种型号中的啮合高度,也即工作高度与其他几个 AGMA 标准相同。这种型号的应用最为广泛,所以 AGMA PT 仍选定它作为新齿形尺寸的标准基本齿条。其他三种试验性基本齿条的啮合高度均有所增大,但增大的程度又有所不同。其中,PGT-4 的齿顶高最大为 $1.33m$。设计者可根据不同的需要自行选定

（续）

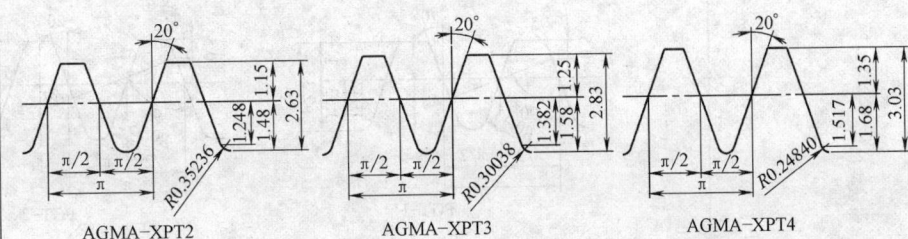

| | AGMA-XPT2 | AGMA-XPT3 | AGMA-XPT4 |

<table>
<tr><td rowspan="12">AGMA PT 三种<br>（m = 1mm）<br>试验性基本<br>齿条齿廓</td></tr>
</table>

AGMA PT 三种
（m = 1mm）
试验性基本
齿条齿廓

　　图示为 AGMA PT 所推荐的三种试验性基本齿条齿廓。它们的主要优点是轮系的重合度可能有所增大，因而对有效中心距变动的适应性较高。但对于齿数少以及增加齿厚来避免根切的齿轮，这一优点又将会受到限制。需适当注意的是全齿高不得增大到引起轮齿机械强度降低的程度，原因不仅在于轮齿过长，还在于齿根圆角半径减小将造成应力集中现象会有所加剧

　　AGMA PT 基本齿条的某些参数会影响轮齿的齿根圆角应力，因而影响轮齿的弯曲强度。从一方面说，AGMA PT 齿根高略大，有增大齿根处弯矩的倾向。但是，由于轮齿齿底处的齿厚较宽，会对齿根圆角半径减小所引发的应力集中现象有所减轻。两者所形成的综合效应所带来的有利因素通常会胜过上述程度轻微的有害影响

　　以上 AGMA PT 三种试验性基本齿条的参数见下表

| AGMA PT 三种<br>试验性基本<br>齿条参数 | 基本齿形参数 | | AGMA XPT-2 | AGMA XPT-3 | AGMA XPT-4 |
|---|---|---|---|---|---|
| | 压力角 $\alpha$/(°) | | 20 | 20 | 20 |
| | 齿距 $p_{BR}$/mm | | 3.14159 | 3.14159 | 3.14159 |
| | 齿厚 $s_{BR}$/mm | | 1.57080 | 1.57080 | 1.57080 |
| $m = 1$mm | 齿顶高 $h_{aBR}$/mm | | 1.15000 | 1.25000 | 1.35000 |
| | 全齿高 $h_{tBR}$/mm | | 2.63000 | 2.83000 | 3.03000 |
| | 齿根圆弧半径 $r_{fBR}$/mm | | 0.35236 | 0.30038 | 0.24840 |
| | 齿根高 $h_{fBR}$/mm | | 1.48000 | 1.58000 | 1.68000 |
| | 工作齿高 $h_{kBR}$/mm | | 2.30000 | 2.50000 | 2.70000 |
| | 顶隙 $c_{BR}$/mm | | 0.33000 | 0.33000 | 0.33000 |
| | 齿根直线段齿廓高 $h_{fFBR}$/mm | | 1.24816 | 1.38236 | 1.51656 |
| | 齿槽宽 $e_{BR}$/mm | | 1.57080 | 1.57080 | 1.57080 |

| 设计注意事项 | 不要采用由 AGMA PT 基本齿条与表中三种试验性基本齿条中任一种所设计的齿轮箱啮合。而且，也不可以采用表中任两种不同试验性基本齿条所设计的齿轮箱啮合，以免造成两齿轮轮齿间"干涉" |
|---|---|

**2.2.3　轮齿齿顶修缘**（表5.5-14）　　**2.2.4　压力角的修正**（表5.5-15）

表 5.5-14　轮齿齿顶修缘

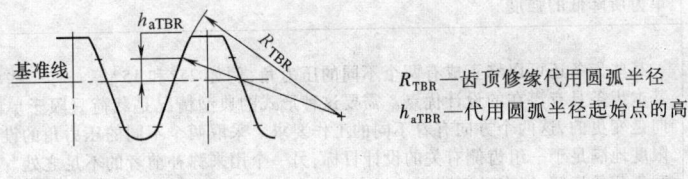

$R_{TBR}$—齿顶修缘代用圆弧半径
$h_{aTBR}$—代用圆弧半径起始点的高度

a)

AGMA PT
齿顶修缘的
基本齿条
齿廓

　　这是 AGMA PT 推荐的一种对塑料齿轮轮齿齿顶修缘基本齿条。这种试验性基本齿条如图 a 所示，即将两侧齿廓沿着连接齿顶附近除一层呈细薄片材料。基本齿条齿顶附近所切除的一小段直线齿廓，由一小段圆弧齿廓（$R = 4m$）所代替来实现齿顶修缘。塑料齿轮齿顶修缘的主要目的在于能缓解伴随与啮合相毗连的轮齿之间，在传递载荷发生突然变化的情况下（尤其是当齿轮经受重载荷轮齿出现弯曲变形时）的啮合噪声是有效的。采用这种齿顶修缘措施时，必须注意避免修形过量。齿顶修缘起始点过"低"或齿顶修缘过度，不但不会改善齿顶的啮合质量，反而会引起载荷冲击力增大，从而造成弯曲应力、噪声和振动的增大。此外，这种试验性基本齿条的齿顶修缘还有较多的技术难度，只有当传递重载荷和出现较大啮合噪声等特殊情况下方可考虑使用

（续）

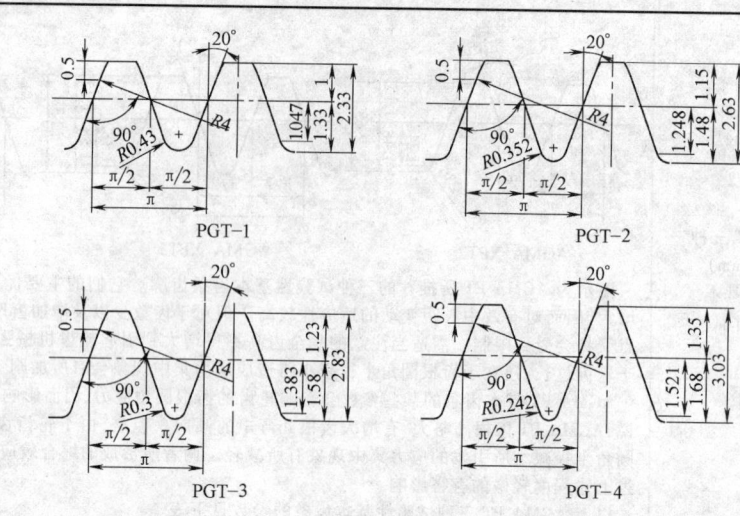

b)

当采用这类试验性基本齿条时，需要将齿顶修缘基本齿条作为塑料齿轮设计图中的组成部分提供给施工者

将齿顶高度增大与齿顶修缘的组合修形基本齿条，受到塑料齿轮制造业内的广泛重视。图 b 所示为四种不同型号的模数 $m=1mm$ 的组合修形基本齿条。这类组合修形基本齿条，实质上即是 AGMA PT 标准型和三种试验性基本齿条与该标准所推荐的齿顶修缘基本齿条的组合

## 表 5.5-15 压力角的修正

| 方法 | 说 明 |
|---|---|
| 增大压力角 | ISO、AGMA 和 GB 等齿轮标准均定义 20°为标准压力角。当压力角增大时，节点最小油膜厚度和接触区内的平均油膜厚度和中心油膜厚度显著增大，对改善齿面润滑极为有利。大压力角对小齿数齿轮来说，还有另一个优点，减少了靠增加齿厚来避免根切的需要。但是，增大压力角也存在一些缺点：齿顶宽度和齿根圆角半径有所减小。将本类型基本齿条的压力角增大修正和增大全齿高组合使用的可能性较小，因为支承齿轮的轴承的载荷有所增大，受力方向也会有所变动。中心距变动所引起的侧隙变动较之压力角为 20°时要大 |
| 减小压力角 | 基本齿条也可以修正成为减小压力角。减小压力角的优、缺点，正好与增大压力角相反 |
| 减小压力角增大重合度 | 对于重合度或侧隙控制，有比承载能力更紧要的应用场合，这类小压力角基本齿条的修正可以使设计效果有所改进。在某些场合凭借减小齿形角与增大全齿高的结合，有可能挽回各种强度损失，可以理想地达到使重合度超过 2 的程度。由于使载荷分布在更多数目同时啮合的轮齿上，足以抵消各个单齿所降低的强度 |
| 基本齿条修正成两个压力角 | 某些齿条还可以修正成有两个不同的压力角，例如 25°和 15°等。有一些场合，应用这样一种特殊基本齿条具有潜在的设计优点。需要这种形式的典型情况是载荷只限于单向传动，或者如果载荷方向是变更的，这两个方向有着不同的工作要求。采取两个不同的压力角的设计，选用其中一个来最大限度地满足于一组齿侧有关的设计目标，另一个用来弥补前者的不足之处。例如，将大压力角用于承载负荷的齿侧，这有助于降低接触应力；而将小压力角用于非承载齿侧，这样可以增大齿顶厚，又可增大全齿高。反之，也可选择小压力角用于承载负荷的齿侧，以提高重合度或减小工作啮合角；而将大齿形角用于非承载的齿侧，可以起到增强轮齿弯曲强度的作用<br><br>四种不同压力角渐开线齿廓的比较 |

## 2.2.5 避免齿根根切及齿根"限缩"现象的方法 2.2.6 大小齿轮分度圆弧齿厚的平衡
（表 5.5-16）

**表 5.5-16 避免齿根根切及齿根"限缩"现象的方法**

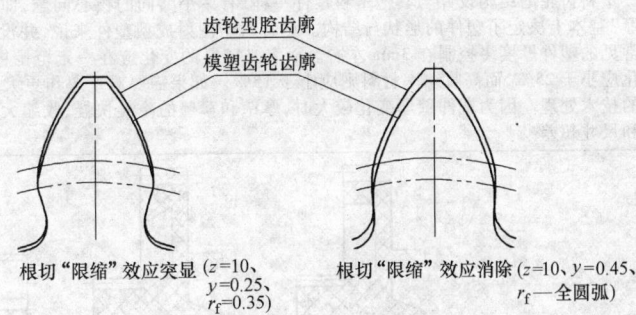

| 同一种少齿数渐开线齿轮的两种齿形"限缩"效应比较 | |
|---|---|

齿轮型腔齿廓
模塑齿轮齿廓

根切"限缩"效应突显 ($z=10$、$y=0.25$、$r_f=0.35$)　根切"限缩"效应消除 ($z=10$、$y=0.45$、$r_f$—全圆弧)

a) 同一少齿数渐开线齿轮齿根"限缩"比较

当圆柱渐开线齿轮的压力角 $\alpha=20°$、齿数少于 17、基本齿条变位量 $y$ 又不够大时，采用齿轮滚刀展成滚切加工的齿轮齿根就会出现根切。这种根切将严重削弱轮齿强度，特别是塑料齿轮应予以避免。此外，这类根切还将带来另一类模塑成型问题，当根切圆角较小时，轮齿根切更加突显。即齿轮在模塑成型的冷却、收缩过程中，根切状态会在型腔齿槽内相对狭窄部位引发"限缩"现象，限制齿轮径向和周向的自由综合收缩。图 a 所示为两个齿数相同的 $m=1mm$ 小齿轮齿根不同的"限缩"效应。在左图中，齿根圆角较小的小齿轮，基本齿条的变位量 $y=0.25$ 时，其齿根的"限缩"效应仍显著。而右图所示，当齿根为全圆弧，基本齿条变位量增大为 $y=0.45$，则这种"限缩"现象已基本消除。在计时仪器用渐开线齿轮轮系设计中，为了提高单级齿轮副的传动比，小齿轮数往往 $z<10$。如果仍按标准所定义的参数设计齿轮，则这种少齿数齿轮的齿根将出现严重的"限缩"效应。为了避免这种情况的发生，最好的解决方案是对少齿数轮的基本齿条采取足够大的正变位修正和齿根全圆弧的设计方案

| 非标准圆弧齿轮 |
|---|

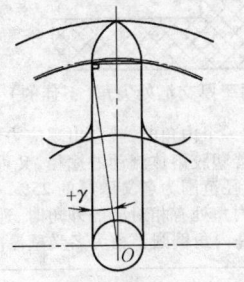

b) 非标准圆弧齿形

计时仪器用圆弧齿轮齿形，由于分度圆齿厚要比齿根厚度大，如果塑料圆弧齿轮仍按这种标准齿形设计，就会出现以下不良情况：一是轮齿齿根处的弯曲强度弱；二是轮齿的"限缩"效应会影响模塑齿轮的收缩和顶出脱模。为了避免伊以上情况出现，图 b 中推荐一种非标准计时仪器用圆弧齿轮齿形。这种圆弧齿形的主要特点是轮齿的齿根段为非径向直线，它相对标准圆弧齿形的径向直线齿根，已向轮齿体外偏转了一个 $+\gamma$ 角

圆弧齿轮啮合传动分析研究表明，这种非标准圆弧齿根非径向性齿轮，对其轮系的传动啮合曲线特性的影响甚小，可以忽略不计

在塑料齿轮轮系设计中，两个齿轮的分度圆弧齿厚，如果仍采用金属齿轮弧齿厚的设计方式（$s_1 \approx s_2$），那么少齿数小齿轮的轮齿齿根要比大齿轮齿根瘦弱许多。这样的小齿轮承载负荷的能力还将要比大齿轮低得多，小齿轮的齿根强度就成为轮系设计中的薄弱环节。为了使齿轮副的负载传输能力最佳化和保证合理的侧隙要求，小齿轮的分度圆弧的齿厚应适当增大，大齿轮的弧齿厚则应适当减小。通过调整两齿轮分度圆弧齿厚，在保证合理啮合侧隙的前提下，达到两齿轮齿齿在齿根处的弧齿厚基本相同要求。由于小齿轮参与啮合的频率是大齿轮的 $i$（传动比）倍，因此小齿轮齿根弧齿厚大于大齿轮齿根弧齿厚，就显得更为合理。

## 2.3　塑料齿轮的结构设计（表 5.5-17）

### 表 5.5-17　塑料齿轮的结构设计

<table>
<tr>
<td rowspan="4">塑件名义壁厚的基本要求</td>
<td>名义壁厚</td>
<td>塑料齿轮的结构设计与其他塑料零件一样,有一个共同的核心问题,即塑件在冷凝过程中的收缩。"名义壁厚"基本上决定了塑件的形状与结构。尽管对于注射成型塑件来说,并没有一个平均壁厚之类的概念,但十分常见的塑件厚度多控制在 3mm 左右。而名义壁厚的变化应在一定范围内。对于低收缩率材料的名义壁厚变化应小于 25%,而高收缩率材料则应小于 15%。如果需要对壁厚作更大的改变,就必须对塑件壁厚作出必要的技术处理。因为塑件壁厚变化较大时,厚壁和薄壁的冷凝快慢、收缩大小不均,这样就会导致塑件弯曲变形和尺寸超差</td>
</tr>
<tr>
<td rowspan="1">名义壁厚设计及其效果</td>
<td>
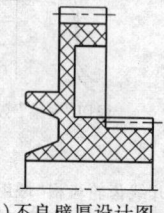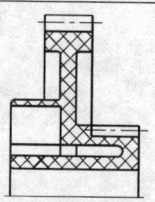

　　　　a) 不良壁厚设计图　　　　b) 不良壁厚的缺陷图　　　　c) 合理壁厚的效果

　　必须把握好塑件名义壁厚和内角倒圆两个级别准则。图 a 中各部壁厚差异较大和内角处没有倒圆为不良设计;图 b 所示为不良设计注射成型的塑料齿轮,出现轮缘凹陷、内孔口向内翘曲和模具制造成本较高等缺陷;图 c 所示为较好的设计方案,其优点有:①塑件各部壁厚基本一致;②齿轮腹板的结构和位置合理;③降低了模具的制造成本;④基本上消除了塑件出现如图 b 所示的各种不良缺陷</td>
</tr>
<tr>
<td>两壁汇处避免出现尖角</td>
<td>
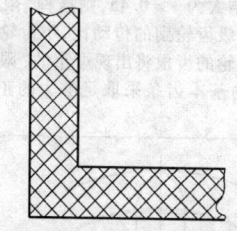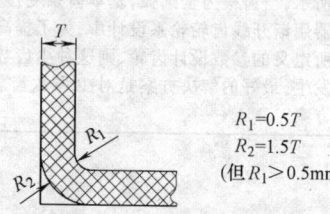

　　　　d) 两壁厚交汇处尖角(不佳的)　　　　e) 两壁厚交汇处内外倒圆

$$R_1 = 0.5T$$
$$R_2 = 1.5T$$
（但 $R_1 > 0.5mm$）

　　当塑件的两壁交汇成一个内角时,就会出现应力集中和塑胶熔体流动不畅等现象。当将此处型腔两成型面交汇处倒圆时,既可改善塑胶熔体流动的途径,又可使塑件获得比较均匀的壁厚,还可将应力扩散至一较大的区域。通常内角倒圆半径范围为名义壁厚的 25%～75%。较大的倒圆半径虽然会减小应力集中,但会使塑件倒圆处的壁厚增大,当内角处有相对应的外角时,通过调整外角半径值,就可满足塑件保持一个较均匀壁厚的要求。如图 e 所示,塑件内角倒圆半径为名义壁厚的 50%,则外角倒圆半径取值 150%</td>
</tr>
<tr>
<td>肋的高度、壁厚和间距</td>
<td>
　　所有齿宽较厚、形状复杂的塑料齿轮,都在名义壁上设置如图 f～图 h 所示凸肋。塑料齿轮最常见的是加强肋的目的,一是增强齿轮的刚性和提高塑件尺寸的稳定性,二是控制注入型腔塑胶熔体的流程,三是减轻齿轮的质量,节省材料

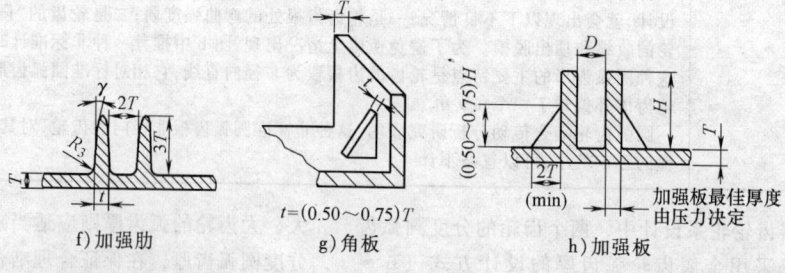

　　　　f) 加强肋　　　　g) 角板　　　　h) 加强板

　　　　　　　　$t = (0.50～0.75)T$

　　通常塑料凸肋的高度部应超过名义壁厚的 2.5～3 倍。尽管较高的凸肋会增强齿轮的刚性,但也可能造成塑胶熔体的填充和排气困难,以致很难准确成型。因此,往往采用两条矮肋代替一条高肋的设计方案。凸肋的厚度对于高收缩率材料,推荐取为名义厚度的一半,对于低收缩率材料,则大约为 75%。凸肋的合理厚度将有助于控制凸肋与名义壁接合处的收缩,接合处应倒圆,最小倒圆半径可取壁厚的 25%。取较大的倒圆半径将会增加接合处的厚度,会在设置凸肋处的塑件外表面上出现凹陷。当需要使用多条凸肋时,肋与肋之间的距离不应小于两倍名义壁厚。凸肋间距太小,可能会造成凸肋处很难冷凝,并产生较大的残余内应力</td>
</tr>
</table>

（续）

| 名义壁上的加强肋 | 不同加强肋的实例 | 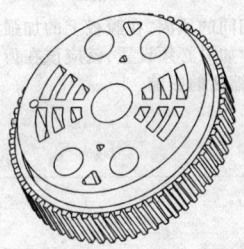 i)刮水器电动机斜齿轮侧视图　　　　　j)摇窗电动机斜齿轮立体图 |
|---|---|---|

刮水器、摇窗等汽车电动机中的塑料斜齿轮的特点是齿宽较厚，直径较大。为了提高齿轮的成型精度和强度，通常在齿轮两段面上设置有不同形式的加强肋。图 i 所示为轿车刮水器电动机塑料斜齿轮驱动轴一侧端面上的轮缘与轮毂之间，设置了环状和辐射式加强肋。图 j 所示为摇窗电动机塑料斜齿轮的沉孔和加强肋的设置，其造型美观适用，既减轻塑件质量、增强了刚性，提高注射成型精度和尺寸稳定性，还节约了制造成本。在设计环状和辐射状凸肋时，应保证这类凸肋不会影响斜齿轮的顶出和旋转脱模

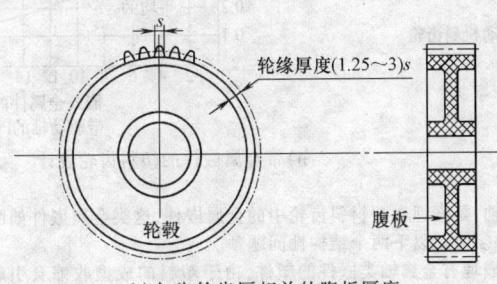

k) 与齿轮齿厚相关的腹板厚度

最简单塑料齿轮的基体结构是片状齿轮。这种只有单一名义壁厚的齿轮，由于壁厚变化，从理论上讲将不会有均匀的收缩。这类齿轮的厚度一般不要超过6mm，当齿轮厚度大于4.5mm时，设计成腹板和轮毂-轮缘式的基体结构，将有利于动力传递的要求

当设计带轮缘-轮毂的塑料齿轮时，必须对齿轮基体结构各个部位的厚度作周密考虑。轮齿的厚度和齿高已经由齿轮的强度要求所决定，困难在于确定齿轮的哪个部分应选作为名义壁，以及它的性能、作用于其他部分之间的关系。齿轮的各个部位按照塑件的基本设计准则，应满足模塑成型的工艺要求。因此，对于任何设计准则，毫无疑问也要作出一些相应的妥协和调整，尽量做到基本满足准则要求

如果将轮齿视为轮缘上的突起部分，则轮缘（或轮毂）的厚度如图 k 所示，可取齿厚 $s$ 的1.25～3倍。而腹板和轮毂至少应和轮缘一样厚。由于轮缘-轮毂是设置在腹板上，为了便于塑胶熔体更好的填充和提高齿轮结构的强度，腹板的厚度应该比轮缘更厚一些。但腹板的厚度仍不应超过轮缘厚度的1.25～3倍。为了便于塑胶熔体的填充减少出现应力集中，应对塑件基体结构上所有内角进行倒圆，倒圆半径为壁厚的50%～75%

| 齿轮的轮缘、轮毂 | 带轮缘、轮毂的塑料齿轮设计 |
|---|---|

| 塑料齿轮的腹板设计 | 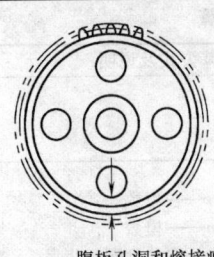 腹板孔洞和熔接痕处形成低收缩率区圆形孔洞 | 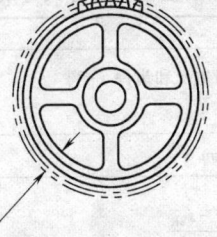 扁形孔洞 | 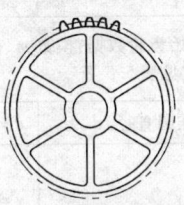 一侧面上的加强肋 | 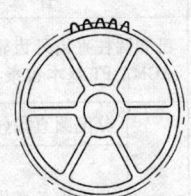 另一侧面上的加强肋 |
|---|---|---|---|---|
| | l)塑料齿轮腹板上应避免设置孔洞 | | m)塑料齿轮腹板两侧面上加强肋的位置 | |

在塑料齿轮的腹板上设计孔洞减轻塑件质量和降低成本的做法应该避免。因为在塑件孔洞周围的表面增加皱纹，并在齿圈上（见图 l）将产生高、低收缩区，使得齿轮齿顶圆直径偏差和圆度误差变大。这种不良的基体结构设计还消弱了齿轮的强度

（续）

| 齿轮的轮缘 - 轮毂 | 塑料齿轮腹板设计 | 与上相同的原因,在腹板上的加强肋的设置也会影响齿轮的精度。因此,除了为适应动力传动之需要,应尽量避免。如果必须设置,就应该在齿轮的两侧设置如图 m 所示的方位刚好对称错开的加强肋,尽量降低塑件高、低收缩区的影响 |
|---|---|---|

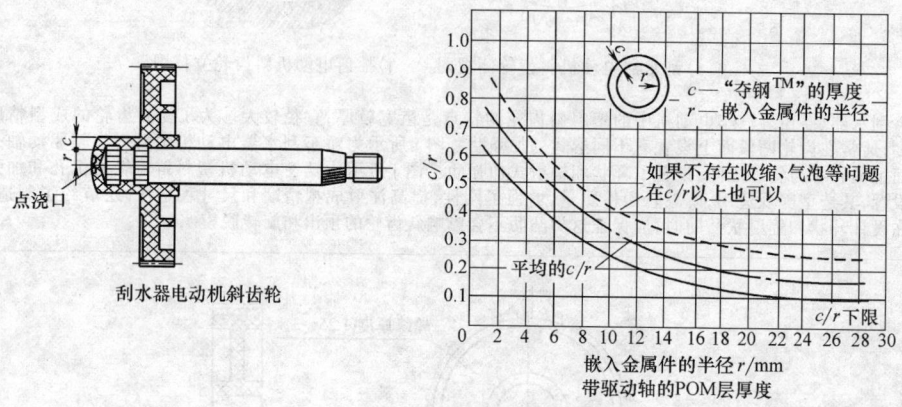

n)带金属嵌件的塑料齿轮设计

汽车刮水器的驱动轴,是嵌埋在塑料斜齿轮中的金属嵌件,这类金属嵌件如图 n 的左图所示。在设计带金属嵌件的塑料斜齿轮结构时,必须注意以下两个结构性问题

1)塑料层的厚度。嵌埋有金属轴类嵌件的塑件,由于塑料的成型收缩会引起塑件包裹层产生应力,如果包裹层太薄,这种应力可能会导致制品开裂。如果在包裹层处还有熔接痕时,更要注意这类情况的出现。塑胶层的厚度取决于金属嵌件的直径大小,可参照图 n 中右图所示关系确定

2)金属轴的嵌埋段结构　为了防止在动力传输中斜齿轮在驱动轴之间出现滑转现象,可将嵌埋段滚扎成直纹三角滚花。为了防止驱动轴相对斜齿轮产生轴向位移,在花键段中部加工有凹槽。金属嵌件的凹槽的深度不宜过大,防止嵌件凹槽处包裹层成型收缩产生应力集中,致使塑件发生破损

## 2.4　采用 AGMA PT 基本齿条确定齿轮齿形尺寸

采用 AGMA PT 基本齿条确定圆柱直齿轮齿形尺寸,只需由已确定了模数 $m$、齿数 $z$ 和齿厚 $s$ 等少数几项原始数据即可计算出来,其计算公式见表 5.5-18。这些公式对于斜齿轮也同样适用,但须将基本齿条的模数 $m$ 改为斜齿轮的法向模数 $m_n$,基本齿条的压力角 $\alpha$ 改为斜齿轮的法向压力角 $\alpha_n$。

表 5.5-18　圆柱齿轮齿形尺寸的计算

| 类型 | 计算项目 | | 计算公式及说明 | |
|---|---|---|---|---|
| 圆柱直齿外齿轮 | 已知圆柱直齿外齿轮原始齿轮数据:模数 $m$、齿数 $z$ 和齿厚 $s$ <br> AGMA PT 基本齿条参数见表 5.5-7 | | | |
| | 基本参数 | 分度圆直径(基准圆直径)$d$ | $d = zm$ | $z$——齿数 <br> $m$——模数 <br> $s$——分度圆弧齿厚 <br> $s_{BR}$——基本齿条齿厚 <br> $\alpha$——基本齿条压力角(直齿轮分度圆压力角或斜齿轮分度圆法向压力角) <br> $h_{aBR}$——基本齿条齿顶高 <br> $h_{fBR}$——基本齿条齿根高 |
| | | 基本齿条变位量 $y$ | $y = \dfrac{s - s_{BR}}{2\tan\alpha}$ | |
| | | 齿顶圆直径 $d_{ae}$ | $d_{ae} = d + 2y + 2h_{aBR}$ | |
| | | 齿根圆直径 $d_f$ | $d_f = d + 2y - 2h_{fBR}$ | |
| | | 基圆直径 $d_b$ | $d_b = d\cos\alpha$ | |

（续）

| 类型 | 计算项目 | | 计算公式及说明 | |
|---|---|---|---|---|
| 圆柱直齿外齿轮 | 导出参数 | 构成圆直径 $d_F$ | 外齿轮构成圆是指 AGMA PT 基本齿条齿根直线与齿根全圆弧的衔接点（即相切点），在齿轮齿廓上的共轭点所形成的几何圆<br><br>$$d_F = \sqrt{d_b + \frac{(2y + d\sin^2\alpha - 2h_{fFBR})^2}{\sin^2\alpha}}$$<br><br>式中 $h_{fFBR}$——基本齿条有效齿根高（衔接点至基准线的距离）<br>本式括号项如果等于或大于零，即为非根切齿轮 | |
| | | 齿顶宽度 $s_{ae}$ | $$s_{ae} = d_{ae}\left(\frac{s}{d} + inv\alpha - inv\alpha_{ae}\right)$$ | $\alpha_{ae}$——直齿轮齿顶圆渐开线压力角<br>$\alpha_{ae} = \arccos\left(\dfrac{d_b}{d_{ae}}\right)$ |
| | | 齿根圆角 | 齿轮齿根圆角，取决于滚刀尺寸和齿顶构型。其确切形状可由滚刀齿顶在展成过程所构成的图形中测得，采用解析法计算十分复杂，当滚刀齿顶为两圆弧时，则这类齿根过渡曲线理论上是一条延伸渐开线的等距线。在设计上可采用一段或两段圆弧来替代齿根理论曲线 | |
| 圆柱直齿内齿轮 | 齿顶圆直径 $d_{ai}$ | | $d_{ai} = d - 2y - 2h_{aBR}$，齿顶圆直径 $d_{ai}$ 不得小于齿轮基圆直径 $d_b$ | |
| | 齿根圆直径 $d_f$ | | $d_f = d - 2y + 2h_{fBR}$ | |
| | 构成圆直径 $d_F$ | | 内齿轮构成圆直径 $d_F$ 取决于造型母齿轮的尺寸 | |
| | 齿顶圆的齿顶宽度 $s_{ai}$ | | $$s_{ai} = d_{ai}\left(\frac{s}{d} - inv\alpha + inv\alpha_{ai}\right)$$ | $\alpha_{ai}$——内齿轮齿顶圆渐开线压力角，<br>$\alpha_{ai} = \arccos\left(\dfrac{d_b}{d_{ai}}\right)$ |
| | 齿根圆角形状 | | 内齿轮齿根圆角，取决于其造型母齿轮的尺寸和齿顶构型。其确切形状可由母齿轮齿顶在展成过程所构成的图形中测得，这种齿根圆角形状也可采用单一半径的近似圆弧代替 | |
| 圆柱斜齿外齿轮 | 已知小齿轮原始齿轮数据：模数 $m$、齿数 $z$、法向齿厚 $s_n$、螺旋角 $\beta$ | | | |
| | 分度圆直径（基准圆直径）$d$ | | $d = \dfrac{zm_n}{\cos\beta}$ | $m_n$——法向模数<br>$\beta$——分度圆螺旋角 |
| | 齿条变位量 $y$ | | $y = \dfrac{s_n - s_{BR}}{2\tan\alpha}$ | $s_n$——分度圆法向齿厚 |
| | 齿顶圆直径 $d_{ae}$ | | $d_{ae} = d + 2y + 2h_{aBR}$ | |
| | 齿根圆直径 $d_f$ | | $d_f = d + 2y - 2h_{fBR}$ | |
| | 分度圆端面压力角 $\alpha_t$ | | $\alpha_t = \arctan\left(\dfrac{\tan\alpha}{\cos\beta}\right)$ | |
| | 基圆直径 $d_b$ | | $d_b = d\cos\alpha_t$ | |
| | 构成圆直径 $d_F$ | | $$d_F = \sqrt{d_b^2 + \frac{(2y + d\sin\alpha_t^2 - 2h_{fFBR})^2}{\sin\alpha_t^2}}$$<br>本式括号项如果等于或大于零，即为非根切齿轮 | $h_{fFBR}$——基本齿条有效齿根高（衔接点至基准线的距离） |
| | 法向齿顶宽度 $s_{nae}$ | | $s_{nae} = s_{tae}\cos\beta_{ae}$ | $S_{tea}$——齿顶圆端面齿顶宽度<br>$\beta_{ae}$——齿顶圆螺旋角，$\beta_{ae} = \arctan\left(\dfrac{d_{ae}\tan\beta}{d}\right)$ |
| | 端面齿根圆角形状 | | 斜齿轮端面齿根圆角形状，同样取决于滚刀参数和齿顶构型。其确切形状可由滚刀基本齿条齿廓展成运动所生产的过渡曲线中测得 | |

（续）

| 类型 | 计 算 项 目 | 计 算 公 式 及 说 明 |
|---|---|---|
| 圆柱斜齿内齿轮 | 齿顶圆直径 $d_{ai}$ | $d_{ai} = d - 2y - 2h_{aBR}$ |
| | 齿根圆直径 $d_f$ | $d_f = d - 2y - 2h_{fBR}$ |
| | 构成圆直径 $d_F$ | 与直齿内齿轮构成圆直径 $d_F$ 相同，取决于造型母齿轮的尺寸。$d_F$ 对内齿轮几何参数的确定并不重要，故讨论从略 |
| | 齿顶圆法向齿顶宽度 $s_{nai}$ | $s_{nai} = s_{tai}\cos\beta_{ai}$   $s_{tai}$——内直径端面齿顶宽度，$$s_{tai} = d_{ai}\left(\frac{s_n}{d\cos\beta} - inv\alpha_t + inv\alpha_{tai}\right)$$ $\alpha_{tai}$——齿顶圆端面压力角，$$\alpha_{tai} = \arccos\left(\frac{d_b}{d_{ai}}\right)$$ $\beta_{ai}$——齿顶圆螺旋角，$$\beta_{ai} = \arctan\left(\frac{d_{ai}\tan\beta}{d}\right)$$ |
| | 齿根圆角形状 | 斜齿内齿轮与直齿内齿轮一样，这种齿根圆角形状也常采用单半径的近似圆弧代替 |

## 2.4.1　AGMA PT 基本齿条确定齿轮齿顶修缘的计算

采用试验性基本齿条所确定的齿轮齿顶修缘的结果，可以通过从齿顶修缘基本齿条的展成运动所构成齿廓图形中测得。对于直齿或斜齿轮的齿顶修缘量也可以采用以下近似计算法求得，其计算公式见表 5.5-19。这种近似计算所产生的误差很小，故没有必要采用繁杂的解析法求解。

**表 5.5-19　齿轮齿顶修缘计算**

| 类型 | 计算项目 | 计 算 公 式 及 说 明 |
|---|---|---|
| 圆柱直齿外齿轮 | 齿顶修缘起点直径 $d_T$ | $d_T = \sqrt{d^2 + 4d(h_{aTBR} + y) + \left[\frac{2(h_{aTBR} + y)}{\sin\alpha}\right]^2}$   $d$——分度圆直径，$d = zm$；$y$——齿条变位量，$y = \dfrac{s - s_{BR}}{2\tan\alpha}$；$h_{aTBR}$——基本齿条齿顶修缘起点的齿顶高。当小直齿轮的 $d_T \geqslant d_{ae}$ 时，该齿轮齿顶修缘的条件及不复存在 |
| | 齿顶修缘量 $v_{Tae}$（法向深度）计算 | $v_{Tae} \approx \dfrac{(h_{aeBR} - h_{aTBR})^2}{2R_{TBR}\cos^2\alpha}$   $R_{TBR}$——基本齿条齿顶修缘半径；$h_{aTBR}$——基本齿条齿顶修缘起点至基准线的距离；$h_{aeBR}$——与齿轮齿顶圆相对应的基本齿条齿顶高，$h_{aeBR} = 0.5d_b\sin\alpha(\tan\alpha_{ae} - \tan\alpha) - y$；$d_b$——基圆直径，$d_b = d\cos\alpha$；$\alpha_{ae}$——齿顶圆压力角，$\alpha_{ae} = \arccos\left(\dfrac{d_b}{d_{ae}}\right)$；$y$——齿条变位量，$y = \dfrac{s - s_{BR}}{2\tan\alpha}$ |
| | 齿顶修缘量后齿顶宽度 $s_{Tae}$ 的近似值计算 | $s_{Tae} \approx s_{ae} - \dfrac{2v_{Tae}}{\cos\alpha_{ae}}$   $s_{ae}$——无齿顶修缘的齿顶宽度，$s_{ae} = d_{ae}\left(\dfrac{s}{d} + inv\alpha - inv\alpha_a\right)$ |

（续）

| 类型 | 计算项目 | 计算公式及说明 | |
|---|---|---|---|
| 圆柱斜齿外齿轮 | 齿顶修缘起点直径 $d_T$ | $d_T = \sqrt{d^2 + 4d(h_{aTBR} + y) + \left[\frac{2(h_{aTBR} + y)}{\sin\alpha}\right]^2}$ | $d$——分度圆直径，$d = \dfrac{zm}{\cos\beta}$ <br><br> $y$——齿条变位量，$y = \dfrac{s_n - s_{BR}}{2\tan\alpha}$ <br><br> $h_{aTBR}$——基本齿条齿顶修缘起点的齿顶高，见表 5.5-14 中的图 a，当小斜齿轮的 $d_T \geq d_{ae}$ 时，该斜齿轮齿顶修缘的条件将不复存在 |
| | 齿顶修缘量 $v_{Tae}$（法向深度）计算 | $v_{Tae} \approx \dfrac{(h_{aeBR} - h_{aTBR})^2}{2R_{TBR}\cos^2\alpha}$ | $R_{TBR}$——基本齿条齿顶修缘半径 <br><br> $h_{aTBR}$——基本齿条齿顶修缘起点至基准线的距离 <br><br> $h_{aeBR}$——与齿轮齿顶圆相对应的基本齿条齿顶高，$h_{aeBR} = 0.5d_b \sin\alpha_t (\tan\alpha_{tae} - \tan\alpha_t) - y$ <br><br> $d_b$——基圆直径，$d_b = d\cos\alpha_t$ <br><br> $\alpha_t$——分度圆端面压力角，$\alpha_t = \arctan\left(\dfrac{\tan\alpha}{\cos\beta}\right)$ <br><br> $\alpha_{tae}$——齿顶圆端面压力角，$\alpha_{tae} = \arccos\left(\dfrac{d_b}{d_{ae}}\right)$ <br><br> $y$——齿条变位量，$y = \dfrac{s_n - s_{BR}}{2\tan\alpha}$ |
| | 齿顶修缘后的端面齿顶宽度 $s_{Tae}$ 的近似值计算 | $s_{Tae} \approx s_{ae} - \dfrac{2v_{Tae}}{\cos\alpha_{ae}}$ | $s_{ae}$——无齿顶修缘的端面齿顶宽度，<br><br> $s_{ae} = d_{ae}\dfrac{s_n}{d\cos\beta} + \text{inv}\alpha_t - \text{inv}\alpha_{ae}$ |
| | 齿顶修缘后的齿顶法向宽度 $s_{nTae}$ 的近似值计算 | 无齿顶修缘的法向齿顶宽度 $s_{nTae}$ <br> $s_{nTae} = s_{tae}\cos\beta_{ae}$ <br> 齿顶修缘后的法向齿顶宽度 $s_{nTae}$ <br><br> $s_{nTae} \approx s_{nae} - \dfrac{2v_{nTae}}{\cos\alpha_{nae}}$ | $\alpha_{nae}$——齿顶圆法向压力角，<br><br> $\alpha_{nae} = \arctan(\tan\alpha_{tae}\cos\beta_{ae})$ <br><br> $\beta_{ae}$——齿顶螺旋角，<br><br> $\beta_{ae} = \arctan\left(\dfrac{d_{ae}\tan\beta}{d}\right)$ |

### 2.4.2 圆柱外齿轮齿顶倒圆后的齿廓参数计算

基于一些设计方面的原因，要使齿轮直径略不同于由设定齿厚和基本齿条所确定的数值。例如，齿顶圆的直径稍许增大一些，可显著改进齿轮啮合的重合度，而又不引起配对齿轮齿根干涉。另一方面，由于齿顶倒圆会使有效齿顶圆直径有所变小，特别是少齿数的小齿轮，由基本齿条直接导出的齿顶圆直径，为了避免根切，可能会使得相应的齿顶宽太窄，甚至齿顶变尖。大齿轮齿顶宽度不存在上述问题，即使是齿顶修缘，也没有必要计算齿顶是否变尖。

同样也由于设计方面的理由，要使内齿轮的齿顶圆直径不同于基本齿条所确定的值。一个十分重要的原因是配对小齿轮的齿顶与内齿轮齿顶两者之间可能发生的干涉，特别是小齿轮和内齿轮二者的齿数差不够大时，就有可能出现这类现象。增大内齿轮齿圆直径，常足以消除这类干涉。对内齿轮的齿顶宽度也不需要计算。圆柱外齿轮齿顶倒圆后的齿廓参数计算见表 5.5-20。

**表 5.5-20　圆柱外齿轮齿顶倒圆后的齿廓参数计算**

| 类型 | 计算项目 | 计算公式及说明 |
|---|---|---|
| 直齿外齿轮齿顶齿廓参数的计算 | | <br><br><br><br><br> |
| | 齿顶圆齿宽度 $s_{aeR}$ | $s_{aeR} \approx s_{ae} - 2r_T \tan[\,0.5(90° - \alpha_{ae})\,]$ | $s_{ae}$——齿轮齿顶宽度，$s_{ae} = d_{ae}\left(\dfrac{s}{d} + \mathrm{inv}\alpha - \mathrm{inv}\alpha_a\right)$<br>$r_T$——齿顶圆角半径，由设计者根据需要确定<br>$\alpha_{ae}$——齿顶圆渐开线压力角，$\alpha_{ae} = \arccos\left(\dfrac{d_b}{d_{ae}}\right)$ |
| | 有效齿顶圆直径 $d_{aeE}$ | $d_{aeE} \approx d_{ae} - 2r_T(1 - \sin\alpha_{ae})$ | $d_{ae}$——齿顶圆直径，$d_{ae} = d + 2y + 2h_{aBR}$ |
| | 有效齿顶宽度 $s_{aeE}$ | $s_{aeE} \approx s_{aeR} + 2r_T\cos\alpha_{ae}$ | — |
| 斜齿直齿外齿轮齿顶齿廓参数计算 | 齿顶法向圆齿宽度 $s_{naeR}$ | $s_{naeR} \approx s_{nae} - 2r_T\tan[\,0.5(90° - \alpha_{nae})\,]$ | $s_{nae}$——齿轮法向齿顶宽度，$s_{nae} = s_{tae}\cos\beta_{ae}$<br>$r_T$——齿顶圆角半径，由设计者确定<br>$\alpha_{nae}$——齿顶圆渐开线法向压力角 |
| | 有效齿顶圆直径 $d_{aeE}$ | $d_{aeE} \approx d_{ae} - 2r_T(1 - \sin\alpha_{nae})$ | $d_{ae}$——齿顶圆直径 |
| | 有效齿顶宽度 $s_{naeE}$ | $s_{naeE} \approx s_{naeR} + 2r_T\cos\alpha_{nae}$ | |

## 2.5　齿轮 $M$ 值、公法线长度的计算

### 2.5.1　$M$ 值的计算（表 5.5-21）

**表 5.5-21　$M$ 值的计算**

| 渐开线齿轮 $M$ 值的计算示意图 | 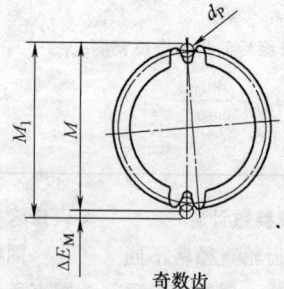<br>偶数齿　　　　　　　　　奇数齿<br>a) | $r_P$——量柱中心到被测齿轮中心的距离<br>$d_P$——量柱直径 |
|---|---|---|

　　如图 a 所示，通常可优先选用检测螺纹用三针作为量柱。压力角 $\alpha = 20°$ 的不同模数齿轮的 $M$ 值测量，可参照下表选择三针。测量 $M$ 值的最佳量柱直径选择原则：要求量柱与齿轮齿槽两侧齿廓在分度圆附近相接触。但非标准压力角或变位齿轮，按下表选择的三针与被测齿轮的接触点可能偏离分度圆较远，在这种情况下需要先凭目测选择基本上符合上述要求的专用量柱后，在进行 $M$ 值的计算

（续）

| 渐开线齿轮 M 值的计算示意图 | $\alpha = 20°$的不同模数齿轮的三针直径 $d_P$ | | | | | | |
|---|---|---|---|---|---|---|---|
| | $m/\text{mm}$ | 0.1 | 0.15 | 0.2 | 0.25 | 0.3 | 0.4 | 0.5 |
| | $d_P/\text{mm}$ | 0.201 | 0.291 | 0.402 | 0.433 | 0.572 | 0.724 | 0.866 |
| | $m/\text{mm}$ | 0.6 | 0.7 | 0.8 | 1.0 | 1.25 | 1.5 | 2.0 |
| | $d_P/\text{mm}$ | 1.008 | 1.302 | 1.441 | 1.732 | 2.311 | 2.595 | 3.468 |

| 类型 | 计算项目 | 计算公式及说明 | |
|---|---|---|---|
| 圆柱直齿外齿轮 | 偶数齿 | $M = D_M + d_P$ | $D_M = 2r_P = d\dfrac{\cos\alpha}{\cos\alpha_M}$ |
| | 奇数齿 | $M = D_M \cos\dfrac{\pi}{2z} + d_P$ | $\text{inv}\alpha_M = \dfrac{d_P}{mz\cos\alpha} + \text{inv}\alpha - \dfrac{\pi}{2z} + 2x\dfrac{\tan\alpha}{z}$ |
| 圆柱斜齿外齿轮 | 偶数齿 | 圆柱斜齿轮 M 值，应在端面上进行计算 $M = D_M + d_P$ | $D_M = 2r_P = d\dfrac{\cos\alpha_t}{\cos\alpha_{Mt}} = \dfrac{m_n z}{\cos\beta} \times \dfrac{\cos\alpha_t}{\cos\alpha_{Mt}}$ $\text{inv}\alpha_{Mt} = \dfrac{d_P}{m_n z\cos\alpha_n} + \text{inv}\alpha_t - \dfrac{\pi}{2z} + 2x_n\dfrac{\tan\alpha_n}{z}$ |
| | 奇数齿 | $M = D_M \cos\dfrac{\pi}{2z} + d_P$ | $\tan\alpha_t = \dfrac{\tan\alpha_n}{\cos\beta}$ 式中　$\beta$——分度圆柱上的螺旋角 |
| 直齿内齿轮 | 偶数齿 | 直齿内齿轮 M 值计算与外齿轮相似，但末项前的运算符号易号 $M = D_M - d_P$ | $D_M = 2r_P = d\dfrac{\cos\alpha}{\cos\alpha_M}$ |
| | 奇数齿 | $M = D_M \cos\dfrac{\pi}{2z} - d_P$ | $\text{inv}\alpha_M = \dfrac{\pi}{2z} + \text{inv}\alpha - \dfrac{d_P}{mz\cos\alpha} + 2x\dfrac{\tan\alpha}{z}$ |

采用以上公式的 M 值计算比较费事，一些齿轮测量手册针对标准齿轮在公式中引用了相关系数，通过查表来简化计算。但是塑料齿轮的压力角，特别是齿轮型腔和 EDM 加工用的齿轮电极均为非标准压力角，因此无法引入这类系数来简化 M 值的计算

| 蜗杆 | 阿基米德蜗杆 M 值的计算 | 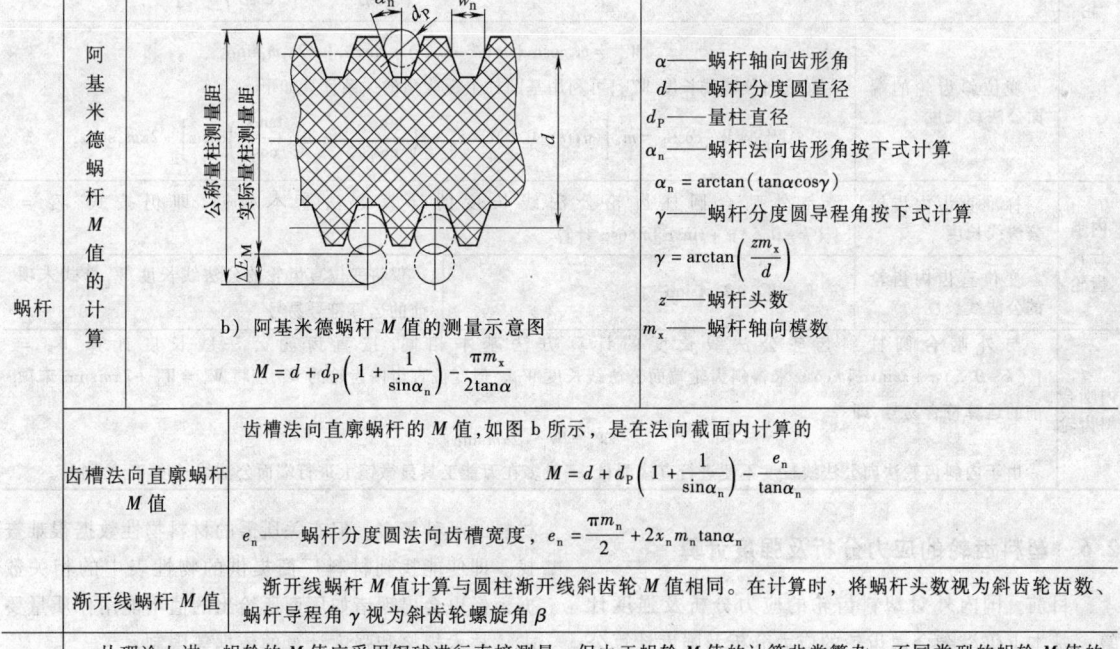 b）阿基米德蜗杆 M 值的测量示意图 $M = d + d_P\left(1 + \dfrac{1}{\sin\alpha_n}\right) - \dfrac{\pi m_x}{2\tan\alpha}$ | $\alpha$——蜗杆轴向齿形角 $d$——蜗杆分度圆直径 $d_P$——量柱直径 $\alpha_n$——蜗杆法向齿形角按下式计算 $\alpha_n = \arctan(\tan\alpha\cos\gamma)$ $\gamma$——蜗杆分度圆导程角按下式计算 $\gamma = \arctan\left(\dfrac{zm_x}{d}\right)$ $z$——蜗杆头数 $m_x$——蜗杆轴向模数 |
|---|---|---|---|
| | 齿槽法向直廓蜗杆 M 值 | 齿槽法向直廓蜗杆的 M 值，如图 b 所示，是在法向截面内计算的 $M = d + d_P\left(1 + \dfrac{1}{\sin\alpha_n}\right) - \dfrac{e_n}{\tan\alpha_n}$ $e_n$——蜗杆分度圆法向齿槽宽度，$e_n = \dfrac{\pi m_n}{2} + 2x_n m_n\tan\alpha_n$ | |
| | 渐开线蜗杆 M 值 | 渐开线蜗杆 M 值计算与圆柱渐开线斜齿轮 M 值相同。在计算时，将蜗杆头数视为斜齿轮齿数、蜗杆导程角 $\gamma$ 视为斜齿轮螺旋角 $\beta$ | |
| 蜗轮 | | 从理论上讲，蜗轮的 M 值应采用钢球进行直接测量。但由于蜗轮 M 值的计算非常繁杂，不同类型的蜗轮 M 值的计算公式各异，均需通过多次渐近法求得所需的精确值，无法直接求解，既费时又易出错。在生产中普遍采用两标准蜗杆代替两钢球测量蜗轮 M 值，更接近实际使用情况 | |

## 2.5.2 公法线长度的计算（表 5.5-22）

**表 5.5-22  公法线长度的计算**

| 类型 | 计算项目 | 计算公式及说明 |
|---|---|---|
| 圆柱直齿轮 | 原理图 | a) 外齿轮　　　　b) 内齿轮 |
| | 圆柱直齿轮的公法线长度 $W_k$ | $W_k = [(k-0.5)\pi + zinv\alpha]m\cos\alpha$　　$k$——跨齿数，$k = \dfrac{\alpha}{180}z + 0.5$　当 $\alpha = 20°$ 时，$k = 0.11z + 0.5$　$\alpha = 15°$ 时，$k = 0.08z + 0.5$　$\alpha = 14.5$ 时，$k = 0.08z + 0.5$ |
| | 变位置齿轮的公法线长度 $W'_k$ | $W'_k = W_k + 2xm\sin\alpha$　对以上计算所得的值经四舍五入后取其整数 |
| 圆柱斜齿轮 | 斜齿轮的法向公法线长度 | 先按直齿轮公法线长度计算公式求得端面的公法线长度 $W_{kt}$，而后按端、法面之间的几何关系，求得 $$W_{kn} = W_{kt}\cos\beta_b = m_t\cos\alpha_t[\pi(k-0.5) + zinv\alpha_t]\cos\beta_b$$ 式中　$\beta_b$——基圆柱上的螺旋角 $inv\alpha_t = tan\alpha_t - \alpha_t, \cos\beta_b = \cos\beta\dfrac{\cos\alpha_n}{\cos\alpha_t}, tan\alpha_t = \dfrac{tan\alpha_n}{\cos\beta}, m_t = \dfrac{m_n}{\cos\beta}, \alpha_t = \arctan\dfrac{tan\alpha_n}{\cos\beta}$ 在以上各式中代入法向模数，则 $W_{kn}$ 可按下式计算 $$W_{kn} = m_n\left[\pi(k-0.5)\cos\alpha_n + z\left(\dfrac{tan\alpha_n}{\cos\beta} - \arctan\dfrac{tan\alpha_n}{\cos\beta}\right)\cos\alpha\right]$$ |
| | 变位斜齿轮的端面公法线长度 | $$W'_{kt} = m_t\cos\alpha_t[\pi(k-0.5) + zinv\alpha_t] + 2x_tm_t\sin\alpha_t$$ 而法向公法线长度 $W'_{kn}$，可利用基圆柱上螺旋角的关系计算如下 $$W'_{kn} = W'_{kt}\cos\beta_b = m_n\left[\pi(k-0.5)\cos\alpha_n + z\left(\dfrac{tan\alpha_n}{\cos\beta} - \arctan\dfrac{tan\alpha_n}{\cos\beta}\right)\cos\alpha\right] + 2xm_n\sin\alpha_n$$ |
| 内啮合直齿轮 | 标准直齿内齿轮公法线长度 | 与外啮合圆柱齿轮公法线长度的计算方法基本相同，即仍按式 $W_k = [(k-0.5)\pi + zinv\alpha]m\cos\alpha$ 计算 |
| | 变位直齿内齿轮的公法线长度 | $W_i = W_k - 2xm\sin\alpha$　仅将变位直齿轮的公法线长度 $W'_k$ 算式末项前的运算符号易号 |
| 内啮合斜齿轮 | | 与外啮合圆柱斜齿轮公法线长度的计算方法基本相同，按直齿轮公法线长度计算 $W_k = [(k-0.5)\pi + zxinv\alpha]m\cos\alpha$ 求得斜齿轮端面公法线长度 $W_{it}$。但变位直齿内齿轮的 $W_i$，应将 $W'_k = W_k + 2xm\sin\alpha$ 末项前的运算符号易号，即 $$W_{it} = W_i - 2xm\sin\alpha$$ 由于内斜齿轮法向公法线长度不便进行直接测量，一般多在万能工具显微镜上进行端面公法线长度 $W_{it}$ 的测量。 |

## 2.6  塑料齿轮的应力分析及强度计算

目前，国内外对塑料齿轮的应力分析及强度计算，基本上仍沿袭金属齿轮的应力分析及强度计算公式，只是在此基础上加了一些有关塑料物性与安全的系数，具体见表 5.5-23。用来制作齿轮的热塑性材料的品种繁多，但有关所需的材料物性数据很难查找。即使能找到材料厂商提供的物性表中的相关数据，但也会出现诸如厂商所给出的值不能用作质量要求、技术规格和强度计算的依据等限制。

只有通过了严格的产品特性试验，方可证明所设计制造的塑料齿轮轮系的参数和材料的选用是可行的。

**表 5.5-23　塑料齿轮的应力分析及强度计算**

在轮系传动过程中,每个轮齿都是一个一端支承在轮缘上的悬臂梁。在轮系传递力的工程中,该作用力企图使悬臂梁弯曲并把它从轮缘上剪切下来。因此,齿轮材料需要具备较高的抗弯曲强度和刚性

另一作用力为齿面压应力,是由摩擦力和点接触(或线接触)在齿面产生的压应力(赫兹接触应力)

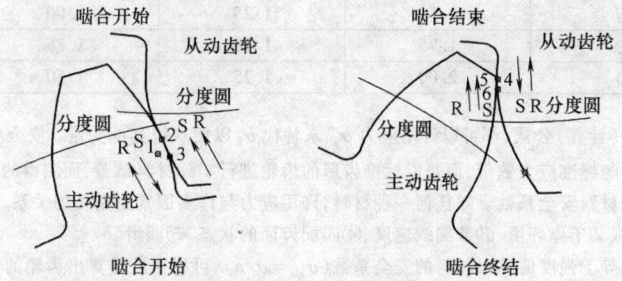

a) 齿轮副在啮合过程中的作用力

在齿轮副传动过程中两轮齿副齿面间相互滚动,同时又相互滑移。一旦轮齿副开始啮合上,即出现初始接触载荷。齿轮的滚动作用把接触应力(是一种特殊的压应力)推进至接触点的正前方。同时,由于齿轮啮合部分的接触长度有所不同,遂发生滑移现象。这样便产生摩擦力,在接触点正后方形成拉伸应力区。图 a 中"R"的箭头所指为滚动方向;"S"的箭头所指为滑移方向。在两个运动方向相反的区域,合力所引起的问题最多

如图 a 中的左图所示,齿轮副刚好开始啮合时在主动齿轮上点"1"处,齿轮材料由于节点方向的滚动作用处于压缩状态;而由于背离节点的滑动运动的摩擦阻力而处于拉伸状态。这两个力的合力能够引起齿面裂纹、齿面疲劳和热积蓄:这些因素都可能引起严重的点蚀。从动齿轮上点"2"处,滚动和滑动为同一方向,朝向节点。这使点"2"处的材料承受压力(由滚动所致),而点"3"处的材料承受拉力(由滑动所致)。此处的受力状况没有主动齿轮严重

如图 a 中的右图所示,这对齿轮副啮合的终结时,滚动运动仍为相同的方向,但滑动运动改变了方向。现在,从动齿轮齿根承受的载荷最高,因为点"4"同时承受压缩(由滚动)和拉伸(由滑动)载荷。主动齿轮齿顶承受的应力较前者为轻,因为点"5"处于压应力状态,而点"6"处于拉应力状态

在节点处,滑动力将改变方向,出现零滑动点(单纯滚动)。因此,可能会被误认为齿轮在此区段齿面的失效最轻。其实不然,节点区段是发生严重失效情况的首发区域之一。虽然节点处已不见复合应力,但可见较高的单位载荷。在齿轮副开始啮合或终止啮合时,前一对轮齿和后一对轮齿都会承受一定的载荷。因而,单位载荷有所降低。当齿轮在节点处或略高于节点处啮合时,即出现最高的点载荷。在这一点上,一对轮齿副通常要承受全部或绝大部分载荷。这就是可能导致疲劳失效、严重热积蓄和齿面损伤的主要原因

齿轮最重要的部分是轮齿。如果无轮齿,齿轮无异就变成摩擦轮,几乎不能用来传递有序运动或动力。齿轮的载荷能力,基本上是对其轮齿进行估算的。虽然齿轮的原型试验始终是被推荐的,但是比较耗费财力和时间,因此需要有一种粗略评估齿轮强度的计算方法

| 计算公式 | 说明 |
|---|---|
| 当载荷作用于节点处时,标准齿轮轮齿的弯曲应力 $\sigma_b$ 可采用刘易斯公式计算<br><br>$$\sigma_b = \frac{F}{mY}$$<br><br>试验表明,当对轮齿在节点处施加切向载荷,而啮合的轮齿副数趋近 1 时,轮齿载荷为最大。如果齿轮轮系所需传输的功率为已知,则可推导出一下形式的计算公式<br><br>$$\sigma_b = \frac{3700.61P}{mfYdn}$$<br><br>另一种修正的刘易斯公式,引入了节圆线速度和使用因数<br><br>$$\sigma_b = \frac{41.01 \times (1968.5 + v)PC_s}{mfyv}$$<br><br>使用因数用来说明输入扭矩的类型和齿轮副工作循环的周期,其典型数值如下表所示 | $F$——齿轮节点切向载荷<br>$m$——模数(mm)<br>$f$——齿面宽度(mm)<br>$Y$——载荷作用于节点处塑料齿轮刘易斯齿形因数<br>$P$——功率(kW)<br>$d$——分度圆直径,(mm)<br>$n$——转速(r/min)<br>$v$——节圆线速度(m/min)<br>$y$——齿顶刘易斯齿形因数<br>$C_s$——使用因数,见下表 |

（左侧行标题）轮齿的弯曲应力及强度计算

（续）

| 使用因数 $C_s$ | | | | |
|---|---|---|---|---|
| 载荷类型 | 工作循环周期 | | | |
| | 24h/d | 8～10h/d | 间隙式 3h/d | 偶然式 0.5h/d |
| 稳定 | 1.25 | 1.00 | 0.80 | 0.50 |
| 轻度冲击 | 1.50 | 1.25 | 1.00 | 0.80 |
| 中度冲击 | 1.75 | 1.50 | 1.25 | 1.00 |
| 重度冲击 | 2.00 | 1.75 | 1.50 | 1.25 |

**轮齿的弯曲应力及强度计算**

对于各种应力（计算）公式，都可以许用应力 $\sigma_{all}$ 来替代 $\sigma_b$ 以便求解其他变量。安全应力（也即许用应力）并不是数据表中所列的标准应力数值，而是以标准齿形的齿轮进行实际材料试验，而测得的许用应力。许用应力在其数值中已包含了材料安全系数。对任何一种材料，许用应力与许多因素由密切的关系。这些因素包括以下几点：①寿命循环次数、②工作环境、③节圆线速度、④匹配齿面的状态、⑤润滑。

因为许用应力等于强度值除以材料的安全系数（$\sigma_{all}=\sigma/n$），可以由此推算出齿轮的安全系数。安全系数是指部件在其使用寿命期间，能适应以上各种因素，发挥其正常工效，而不发生失效的能力

安全系数可以有多种不同的定义途径，但基本上是表示所容许的因素与引起失效的因素二者的关系的。安全系数可以有以下三种基本应用方式：总安全系数可用于材料性能，如强度；也可用于载荷；或者多个安全系数可以分别用于各个载荷和材料性能

后一种用法常是最有用的，因为可以研究每个载荷，然后用一个安全系数确定其绝对的最大载荷。此后，把各个最大载荷用于应力分析，使得几何尺寸及边界条件得出许用应力。将强度安全系数用于最终使用条件下的材料强度，由此可以确定许用应力极限

载荷安全系数可按惯常方式确定。但是，塑料的强度安全系数难以确定。这是因为塑料的强度不是一个常数，而是在最终使用条件下的一种强度统计分布。因此，设计人员需要了解最终使用条件，例如温度、应变速率和载荷持续时间。需要了解模塑过程，以便掌握熔接痕的位置情况、各向异性效应、残余应力和过程变量。了解材料极其重要，因为对材料在最终使用条件下的性能了解越清楚，所确定的安全系数越正确，塑件最终可获得最优的几何尺寸。情况越是不清楚，未知数越多，所需的安全系数便越大。即便对应条件已进行了细致的了解和分析，所推荐的最小安全系数应取为2

如果不掌握预先计算好的许用应力数据，而对塑料来说，通常没有这类数据，则齿轮设计人员必须极其审慎地考虑以上提及的一切因素，以便能够确定正确的安全系数，进而计算 $\sigma_{all}$。不限于是否有类似的现成经验，仍很有必要建立原型模塑件，在所要求的应用条件下对齿轮进行型式试验。目前有两种常用材料（聚甲醛 POM 和尼龙 PA66），提供有预先计算的许用应力值（见图 b）。这两种材料已广泛应用于齿轮，其许用应力也是由供货商所提供的

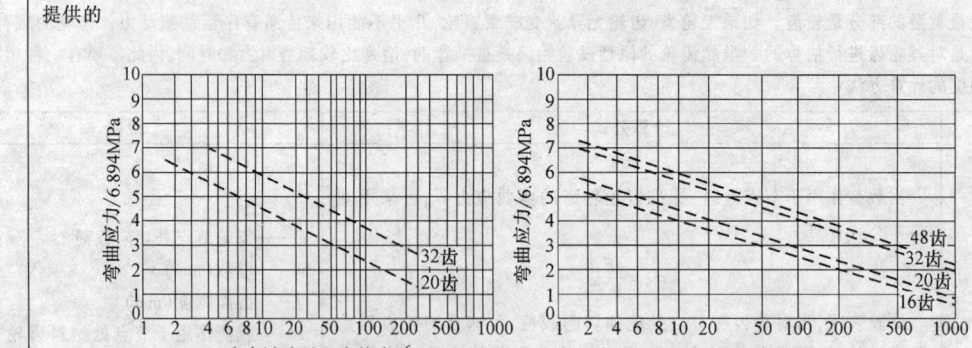

b）两种常用塑料的齿轮轮齿最大弯曲应力

至此，所考察的公式，它所研究的是力图将轮齿弯曲并把它从轮缘上剪切下来的力。这类力，由于静载荷或疲劳作用引起轮齿开裂而使齿轮失效。在研究齿轮作用时，还有另一类力，由于轮齿之间啮合并做相对运动而产生轮齿表面应力。这类应力有可能引起齿轮轮齿表面点蚀或失效。为确保具备所要求的使用寿命，齿轮设计必须确保齿面动态应力不超过材料表面疲劳极限的范围

（续）

| 计算公式 | 说明 |
|---|---|
| 下列公式是从两个圆柱体之间接触应力 $\sigma_H$ 的赫兹理论导出的<br><br>$$\sigma_H = \sqrt{\dfrac{W_t}{fD_P} \times \dfrac{1}{\pi\left(\dfrac{1-\mu_P^2}{z_P} + \dfrac{1-\mu_g^2}{z_g}\right) \times \dfrac{\cos\alpha\sin\alpha}{2} \times \dfrac{m_g}{m_g+1}}}$$<br><br>按照米制换算,上式可换成如下公式<br><br>$$\sigma_H = \sqrt{\dfrac{P}{b+d_1} \times \dfrac{i+1}{i} \times \sqrt{\dfrac{14}{\left(\dfrac{1}{E_1} + \dfrac{1}{E_2}\right)\sin2\alpha}}}$$ | $W_t$——传递的功率(马力)<br>$D_P$——小齿轮的节圆直径(英寸)<br>$\mu_P$——小齿轮泊松比<br>$\mu_g$——大齿轮泊松比<br>$E$——弹性模量(MPa)<br>$\alpha$——压力角<br>$m_g$——传动比($z_g/z_P$)<br>$z_P$——小齿轮齿数<br>$z_g$——大齿轮齿数<br>$b$——齿宽(mm)<br>$d_1$——小齿轮分度圆直径(mm)<br>$i$——传动比<br>$\alpha$——压力角 |

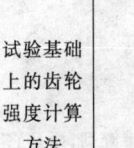

**轮齿的弯曲应力及强度计算**

　　计算出齿轮的接触应力,然后与材料的表面疲劳极限比较。但是,对塑料此项数据很少能从物性表中查到。因此,再一次强调,确定这类数据的最佳途径,仍是通过对齿轮副在使用条件下进行运转试验。不过,以上计算可以使设计人员对于以下的情况有个概念,即相对于材料的纯粹抗压强度,齿轮齿面承受的应力已达到何种程度。而材料的抗压强度可以从物性表中很便捷的获得

**试验基础上的齿轮强度计算方法**

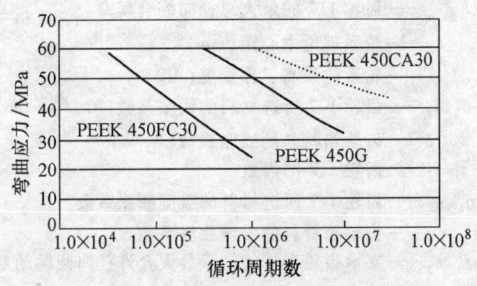

c)三种 PEEK 塑料齿轮寿命特性曲线

　　英国威克斯(VICTREX)在计算齿轮轮齿强度时,最关注的机械特性是最大面压和齿根弯曲强度。它们是齿轮齿形和几何尺寸计算的重要因素。在一项与德国柏林理工大学合作进行的综合研究计划中,威克斯公司对非增强型 PEEK 450G、耐磨改性型 PEEK 450FC30 和碳纤维增强型 PEEK 450CA30 小齿轮的承载强度做了详细研究如图 c 所示,是以上材料在 50% 失效概率下的寿命特性曲线,三种材料均达到很高的水平。将这些数值代入通用公式,就可计算出轮齿齿根和齿面实际的负载能力。由此可见,VICTREX 齿轮强度计算是建立在试验基础之上的方法

## 2.7　塑料齿轮轮系参数的设计计算

　　塑料齿轮轮系按传动方式可分为平行轴轮系和交错轴轮系。按传动功能可分运动和动力传动型两大类,其参数设计计算及实例见表 5.5-24 和表 5.5-25。

**表 5.5-24　平行轴轮系圆柱直齿塑料齿轮的设计计算**

| 步骤 | 要　点 |
|---|---|
| 了解轮系的工作任务与环境条件 | 首先对所设计的塑料齿轮轮系的类型和主要工作任务(传输功率的大小、传动比、转速等)、工作环境及其温度范围、安装空间及其使用寿命等要求进行详细调查了解,尽可能多地收集相关数据 |
| 拟定轮系初步设计方案和轮齿的主要参数 | 根据所收集的数据,拟定轮系初步设计方案(齿数、模数、压力角、直齿或斜齿齿轮),选用齿轮材料的类型等 |

（续）

| 步骤 | 要　点 |
|---|---|
| 轮系参数的设计计算 | 运动型传动轮系对强度的要求低,轮系参数设计的风险很小,对齿轮强度一般不做过多的考虑和要求。在设计时,可沿用金属仪表齿轮的设计步骤与方法,只是对个别参数作一些调整或处理(见表 5.5-25 实例一)。设计这类轮系最重要的一点是确保相互啮合齿轮之间有足够的齿侧间隙,以防传动卡滞或卡死现象出现(有回隙要求的轮系例外)。而动力型传动轮系,由于所需传输负荷较大,因此塑料齿轮的承载能力和失效形式也就成为其设计者所关注的首要问题。在设计时,可采用 AGMA PT 基本齿条和三种试验性基本齿条计算齿轮几何尺寸的步骤与方法(见表 5.5-25 实例二) |
| 确定轮系齿轮的精度级别 | 由于受到材料收缩率、注射工艺、设备、模具以及热膨胀等多种因素的影响,注射成型齿轮精度比较低,一般为 9 ~ 10 级或 10 级以下。滚切加工塑料齿轮精度为 7 ~ 8 级或 8 级以下 |
| 避免齿根根切和齿顶变尖的验算 | 当小齿轮的齿数 ≤17 时,直齿轮的齿根可能出现根切,而且齿数越少根切越严重,这种齿根根切是塑料齿轮所不允许的。在设计中,一般都可以通过正变位加以避免<br>对于 $h_a^* = 1$、$\alpha = 20°$ 的直齿轮,避免根切的最小变位系数按下式计算 $$x_{min} = \frac{17 - z}{17}$$ 符合 AGMA PT 三种试验基本齿条所设计的少齿数齿轮,由于齿顶高系数大于 1,避免根切需用式 $2y + d\sin^2\alpha - 2h_{\text{tFBR}} \geq 0$ 作出判断(见表 5.5-18)<br>设计少齿数齿轮,当选用的正变位较大时,特别是采用 AGMA PT 三种试验性基本齿条,轮齿齿顶又会出现"变尖"现象。这也是塑料齿轮所不允许的,可通过调整齿顶圆直径来避免齿顶变尖。有关以上避免齿根根切和齿顶变尖的验算,参见本章 2.4 节中相关公式 |
| 调整中心距满足轮系最小侧隙要求 | $$\Delta a = \frac{F_{i1max}'' + F_{i2max}''}{2} + a_0\left[(T - 21)\left(\frac{\delta_1 \times z_1}{z_1 + z_2} + \frac{\delta_2 \times z_2}{z_1 + z_2} - \delta\right) + \left(\frac{\eta_1 \times z_1}{z_1 + z_2} + \frac{\eta_2 \times z_2}{z_1 + z_2} - \eta\right) + \frac{r_1' + r_2'}{2}\right]$$ 式中　$\Delta a$——要求增加的中心距,mm<br>　　$F_{i1max}''$、$F_{i2max}''$——齿轮 1、2 的最大总径向综合误差<br>　　$a_0$——轮系理论中心距(mm)<br>　　$T$——轮系的最高工作温度(℃)<br>　　$\delta_1$、$\delta_2$——齿轮 1、2 所选材料的线胀系数(℃$^{-1}$)<br>　　$\delta$——齿轮箱材料的线胀系数(℃$^{-1}$)<br>　　$z_1$、$z_2$——齿轮 1、2 的齿数<br>　　$\eta_1$、$\eta_2$——齿轮 1、2 所选材料的吸湿膨胀系数<br>　　$\eta$——齿轮箱材料的吸湿膨胀系数<br>　　$r_1'$、$r_2'$——支承齿轮 1、2 的轴承最大允许径向圆跳动系数<br>线胀系数通常可在材料供应商提供的物性表中查到。而吸湿所引起的膨胀一般很难查到,而且它又不等于通常物性表中的吸水率,如果轮系不在暴露在高湿度下工作,大多数塑料的吸湿膨胀量是很微小的。而且当注射应力的逐渐释放对会使塑件产生轻微收缩时,其吸湿膨胀可能被抵消<br>对于如尼龙类吸湿材料,吸湿膨胀也许比热膨胀更为重要。一些常用轮系塑料的许可吸湿膨胀系数见下表。对于表中没有列出的材料,建议用聚碳酸酯的数据替代低吸湿性材料,用尼龙 PA66 的数据替代吸湿性齿轮。<br><br>常用齿轮塑料许可吸湿量<br><br>{inner_table} |
| 轮系重合度的校核 | 对金属小模数齿轮传动的重合度要求一般取 $\varepsilon \geq 1.2$,而对塑性齿轮传动的重合度应该比金属齿轮更大一些。当圆柱直齿轮几何参数确定以后,可按下式进行轮系重合度的校核 $$\varepsilon = \frac{1}{2\pi}[z_1(\tan\alpha_{a1}' - \tan\alpha') + z_2(\tan\alpha_{a2}' - \tan\alpha')]$$ 式中　$\alpha'$——啮合角(即节圆压力角),对标准齿轮传动 $\alpha' = \alpha$<br>　　$\alpha_{a1}'$,$\alpha_{a2}'$——分别为齿轮 1、2 的有效齿顶圆处(即扣除齿顶倒圆后)的压力角,$\alpha_{a1}'$,$\alpha_{a2}'$ 可由下式求得 $$\alpha_{a1}' = a\cos\frac{r_{b1}}{r_{a1}'}, \quad \alpha_{a2}' = a\cos\frac{r_{b2}}{r_{a2}'}$$ |

Inner table (常用齿轮塑料许可吸湿量):

| 塑料名称 | 吸湿膨胀系数 |
|---|---|
| 聚甲醛(POM) | 0.0005 |
| 尼龙 PA66 | 0.0025 |
| 尼龙 PA66 + 30% 玻璃纤维 | 0.0015 |
| 聚碳酸酯 | 0.0005 |

（续）

| 步骤 | 要　点 |
|---|---|
| 轮系承载能力的估算 | 根据所选用材料的拉伸强度和轮系所传输的功率,参照本章 2.6 节介绍的方法对齿轮的承载能力和强度进行粗略估算,本节实例从略 |
| 确定轮系参数表和绘制产品图 | |

**表 5.5-25　圆柱直齿外啮合齿轮轮系参数设计计算实例**

| | | | | | |
|---|---|---|---|---|---|
| 已知条件 | | 传动比 $i = 3.0$、理论中心距 $a = 15$(允许调整) | | | |
| 初选轮系参数 | | 模数 $m = 0.5$,齿数 $z_1 = 15$、$z_2 = 45$,压力角 $\alpha = 20°$,齿顶倒圆半径 $r_{T1} = 0.05$、$r_{T2} = 0.1$,设计中心距 $a = 15.25$ | | | |
| 材料选择 | | 小齿轮-POM(M25 或 100P)、大齿轮-POM(M90 或 500P) | | | |

（实例一）某仪表运动型传动齿轮轮系

齿轮几何尺寸计算

按国标 GB/T 2363—1990 基本齿条的要求(齿形参数及代号见表 5.5-2),先按 $x_1 = 0.53$、$x_2 = 0$、$h_{a1}^* = h_{a2}^* = 1$ 外啮合角变位圆柱齿轮几何尺寸计算公式设计。但轮齿齿根按全圆弧半径设计,其轮系参数计算见下表中"常规计算"列。对该组计算数据验算表明,当中心距已增大 0.25mm 时在只计入中心距和齿轮公法线长度公差的情况下,轮系的齿侧啮合间隙仍显得过小。因此,进行多次调整后,由 $x_1 = 0.5$、$x_2 = -0.15$、$h_{a1}^* = h_{a2}^* = 1.15$ 所求得轮系参数见下表中"修正计算"列。再次验算表明两齿轮齿形参数能保证轮系在较宽广的环境温度条件下,仍能满足轮系的最小侧隙和重合度等基本要求。实例轮系齿轮的产品齿形参数见下表中轮系齿形参数

| 序号 | 参数名称 | 代号 | 计算公式<br>已知条件:<br>$a'$、$z_1$、$z_2$、$m$、$\alpha$、$c^*$、$h_a^*$ | 常规计算<br>$a' = 15.25\text{mm}$、$z_1 = 15$、$z_2 = 45$、$m = 0.5\text{mm}$,$\alpha = 20°$、$c^* = 0.35$、$h_a^* = 1$ | 修正计算 |
|---|---|---|---|---|---|
| 1 | 分度圆直径 | $d$ | $d = mz$ | $d_1 = 7.5\text{mm}$,$d_2 = 22.5\text{mm}$ | |
| 2 | 理论中心距 | $a$ | $a = \dfrac{d_1 + d_2}{2}$ | $a = 15.25\text{mm}$ | |
| 3 | 中心距变动系数 | $y'$ | $y' = \dfrac{a' - a}{m}$ | $y' = 0.5$ | |
| 4 | 啮合角 | $\alpha'$ | $\cos\alpha' = \dfrac{a}{a'}\cos\alpha$ | $\alpha' = 22.4388°$ | |
| 5 | 总变位系数 | $x_\Sigma$ | $x_\Sigma = \dfrac{(z_1 + z_2)(\text{inv}\alpha' + \text{inv}\alpha)}{2\tan\alpha}$ | $x_\Sigma = 0.5298$ | |
| 6 | 变位系数分配 | $x$ | 按设计要求选择<br>$x_\Sigma = x_1 + x_2$ | $x_1 = 0.53$、<br>$x_2 = 0$ | $x_1 = 0.5$、<br>$x_2 = -0.15$ |
| 7 | 齿高变动系数 | $\Delta y'$ | $\Delta y' = x_\Sigma - y'$ | $\Delta y' = 0.0298$ | $\Delta y' = 0.0298$ |
| 8 | 齿顶圆直径 | $d_a$ | $d_a = d + 2m(h_a^* + x - \Delta y')$ | $d_{a1} = 9\text{mm}$、<br>$d_{a2} = 23.47\text{mm}$ | $d_{a1} = 9.12\text{mm}$、<br>$d_{a2} = 23.47\text{mm}$ |
| 9 | 齿根圆直径 | $d_f$ | $d_f = d + 2m(h_a^* + c^* - x)$ | $d_{f1} = 6.68\text{mm}$、<br>$d_{f2} = 21.15\text{mm}$ | $d_{f1} = 6.5\text{mm}$、<br>$d_{f2} = 20.85\text{mm}$ |
| 10 | 节圆直径 | $d'$ | $d_1' = \dfrac{2a'z_1}{z_1 + z_2}$,$d_2 = \dfrac{2a'z_2}{z_1 + z_2}$ | $d_1' = 7.625\text{mm}$,$d_2' = 22.875\text{mm}$ | |
| 11 | 基圆直径 | $d_b$ | $d_b = d\cos\alpha$ | $d_{b1} = 7.048\text{mm}$、<br>$d_{b2} = 21.1431\text{mm}$ | |
| 12 | 齿距 | $p$ | $p = \pi m$ | $p = 1.5708\text{mm}$ | |
| 13 | 基圆齿距 | $p_b$ | $p_b = p\cos\alpha$ | $p_b = 1.4761\text{mm}$ | |
| 14 | 齿顶高 | $h_a$ | $h_a = m(h_a^* + x - \Delta y')$ | $h_{a1} = 0.75\text{mm}$、<br>$h_{a2} = 0.485\text{mm}$ | $h_{a1} = 0.81\text{mm}$、<br>$h_{a2} = 0.485\text{mm}$ |
| 15 | 齿根高 | $h_f$ | $h_f = m(h_a^* + c^* - x)$ | $h_{f1} = 0.41\text{mm}$、<br>$h_{f2} = 0.675\text{mm}$ | $h_{f1} = 0.5\text{mm}$、<br>$h_{f2} = 0.825\text{mm}$ |
| 16 | 全齿高 | $h$ | $h = h_a + h_f$ | $h = 1.16\text{mm}$ | $h = 1.31\text{mm}$ |
| 17 | 顶隙 | $c$ | $c = c^* m$ | $c = 0.175\text{mm}$ | |
| 18 | 齿顶倒圆半径 | $\rho_a$ | 按设计要求选择 | $\rho_{a1} = 0.05$,$\rho_{a2} = 0.1$ | |

第 5 篇 齿 轮 传 动

（续）

<table>
<tr><th colspan="2" rowspan="2"></th><th rowspan="2">序号</th><th rowspan="2">参数名称</th><th rowspan="2">代号</th><th colspan="2">计算公式</th><th>常规计算</th><th>修正计算</th></tr>
<tr><th colspan="2">已知条件：<br>$a'$、$z_1$、$z_2$、$m$、$\alpha$、$c^*$、$h_a^*$</th><th colspan="2">$a' = 15.25\text{mm}$、$z_1 = 15$、$z_2 = 45$、$m = 0.5\text{mm}$、$\alpha = 20°$、$c^* = 0.35$、$h_a^* = 1$</th></tr>
<tr><td rowspan="18">齿轮几何尺寸计算</td><td></td><td>19</td><td>齿根倒圆半径</td><td>$\rho_f$</td><td colspan="2">从图 a 中测得</td><td>—</td><td>$\rho_{f1} \approx 0.221\text{mm}$、<br>$\rho_{f2} \approx 0.248\text{mm}$</td></tr>
<tr><td></td><td rowspan="2">20</td><td rowspan="2">公法线</td><td>跨越齿数</td><td>$k$</td><td colspan="2">$k = \dfrac{\alpha}{180°}z + 0.5 - \dfrac{2x\tan\alpha}{\pi}$<br>（取整数）</td><td colspan="2">$k_1 = 2$、$k_2 = 5$</td></tr>
<tr><td></td><td>公法线长度</td><td>$W$</td><td colspan="2">$W = m\cos\alpha[\pi(k - 0.5)) + z\,\text{inv}\alpha + 2x\tan\alpha]$</td><td>$W_1 = 2.5\text{mm}$、<br>$W_2 = 6.96\text{mm}$</td><td>$W_1 = 2.490\text{mm}$<br>$W_2 = 6.906\text{mm}$</td></tr>
<tr><td></td><td rowspan="4">21</td><td rowspan="4">$M$ 值测量</td><td>量柱直径</td><td>$d_p$</td><td colspan="2">$d_p = (1.68 \sim 1.9)m$<br>（优先螺纹三针中选取）</td><td colspan="2">$d_{p1} = 1.00\text{mm}$，$d_{p2} = 1.00\text{mm}$</td></tr>
<tr><td></td><td>量柱中心处压力角</td><td>$\alpha_M$</td><td colspan="2">$\text{inv}\alpha_M = \text{inv}\alpha + \dfrac{d_p}{d\cos\alpha} - \dfrac{\pi}{2z} + \dfrac{2x\tan\alpha}{z}$</td><td>$\alpha_{M1} = 33.57005°$、<br>$\alpha_{M2} = 24.26759°$</td><td>$\alpha_{M1} = 33.387°$、<br>$\alpha_{M2} = 23.5629°$</td></tr>
<tr><td></td><td rowspan="2">量柱测量距离</td><td rowspan="2">$M$</td><td>偶数齿</td><td>$M = \dfrac{d\cos\alpha}{\cos\alpha_M} + d_p$</td><td>—</td><td>—</td></tr>
<tr><td></td><td>奇数齿</td><td>$M = \dfrac{d\cos\alpha}{\cos\alpha_M}\cos\left(\dfrac{90°}{z}\right) + d_p$</td><td>$M_1 = 9.41214\text{mm}$、<br>$M_2 = 24.17834\text{mm}$</td><td>$M_1 = 9.3944\text{mm}$、<br>$M_2 = 24.0523\text{mm}$</td></tr>
</table>

<table>
<tr><td rowspan="15">（实例一）某仪表运动型传动齿轮轮系</td><td rowspan="15">轮系齿形参数表</td><td colspan="3">小齿轮</td><td colspan="3">大齿轮</td></tr>
<tr><td>模数</td><td>$m$</td><td>0.5mm</td><td>模数</td><td>$m$</td><td>0.5mm</td></tr>
<tr><td>齿数</td><td>$z_1$</td><td>15</td><td>齿数</td><td>$z_2$</td><td>45</td></tr>
<tr><td>压力角</td><td>$\alpha$</td><td>20°</td><td>压力角</td><td>$\alpha$</td><td>20°</td></tr>
<tr><td>变位系数</td><td>$x_1$</td><td>0.5</td><td>变位系数</td><td>$x_2$</td><td>-0.15</td></tr>
<tr><td>分度圆直径</td><td>$d_1$</td><td>7.5mm</td><td>分度圆直径</td><td>$d_2$</td><td>22.5mm</td></tr>
<tr><td>齿顶圆直径</td><td>$d_{a1}$</td><td>$(9.12 \pm 8.05)$mm</td><td>齿顶圆直径</td><td>$d_{a2}$</td><td>$(23.47 \pm 8.1)$mm</td></tr>
<tr><td>齿根圆直径</td><td>$d_{f1}$</td><td>$(6.5 \pm 8.07)$mm</td><td>齿根圆直径</td><td>$d_{f2}$</td><td>$(20.85 \pm 8.15)$mm</td></tr>
<tr><td>跨越齿数</td><td>$k_1$</td><td>2</td><td>跨越齿数</td><td>$k_2$</td><td>5</td></tr>
<tr><td>公法线长度</td><td>$W_{k1}$</td><td>$(2.49 \pm 8.025)$mm</td><td>公法线长度</td><td>$W_{k2}$</td><td>$(6.906 \pm 8.035)$mm</td></tr>
<tr><td>齿顶倒圆半径</td><td>$\rho_{a1}$</td><td>0.06mm</td><td>齿顶倒圆半径</td><td>$\rho_{a2}$</td><td>0.1mm</td></tr>
<tr><td>齿根全圆弧半径</td><td>$\rho_{f1}$</td><td>0.221mm</td><td>齿根全圆弧半径</td><td>$\rho_{f2}$</td><td>0.248mm</td></tr>
<tr><td>配对齿轮齿数</td><td>$z_2$</td><td>45</td><td>配对齿轮齿数</td><td>$z_1$</td><td>15</td></tr>
<tr><td>中心距</td><td>$a$</td><td colspan="4">$(15.25 \pm 0.025)$mm</td></tr>
<tr><td>精度等级</td><td colspan="5">9 级（GB/T 2362—1990）</td></tr>
</table>

<table>
<tr><td rowspan="2">轮系齿轮名义齿廓啮合图</td><td rowspan="2"></td></tr>
</table>

小齿轮齿形　大齿轮齿形

a)

为了确保齿轮数据计算正确无误，可通过 CAD 软件绘制出齿轮名义齿廓（即齿轮最大实体齿廓）及其啮合图，从而可检查轮系的名义啮合侧隙、重合度、齿根宽度以及公法线长度 $W_k$ 或 $M$ 值等。在图 a 中，直接测得的齿轮参数如下：

小齿轮：$W_{k1} = 2.491\text{mm}$，$s_{f1} \approx 1.002\text{mm}$，$\rho_{f1} \approx 0.221\text{mm}$

大齿轮：$W_{k2} = 6.905\text{mm}$，$s_{f2} \approx 0.994\text{mm}$，$\rho_{f2} \approx 0.248\text{mm}$

轮系名义齿廓重合度：$\varepsilon \approx 1.45$

以上实测结果与调整后的轮系参数"修正计算"所得的数据基本一致；两齿轮的齿根厚度也基本相同

（续）

| 已知条件 | 传动比 $i = 35$、中心距 $a_0 = a = 22.5$mm（不调整） |
|---|---|
| 轮系初选参数 | 模数 $m = 1$mm、齿数 $z_1 = 10$、$z_2 = 35$、弧齿厚 $s_1 = 1.95$mm、$s_2 = 1.195$mm，齿顶倒圆半径 $r_{T1} = 0.06$mm、$r_{T2} = 0.1$mm |
| 材料选择 | 小齿轮-POM（M25 或 100P）、大齿轮-POM（M90 或 500P） |

（实例二）某汽车电动机动力传动型齿轮轮系

**齿轮几何尺寸计算**

本实例采用 AGMA PT 基本齿条设计齿轮几何尺寸，有关基本齿条参数及其代号见表 5.5-7

基本齿条数据：$\alpha = 20°$、$p_{BR} = \pi m = 3.1416$mm、$h_{aBR} = 1.00m = 1.00$mm、$h_{fBR} = 1.33m = 1.33$mm、$h_{fFBR} = 1.04686m = 1.0469$mm、$s_{BR} = 1.5708 = 1.5708$mm

根据以上轮系初选参数和基本齿条数据，按 2.4 节中 AGMA PT 基本齿条设计齿轮尺寸的公式进行齿轮参数计算。本实例设计中，在中心距 $a_0$ 保持不变的条件下，通过相关参数的调整，满足一下技术要求

1）首先根据轮系初选的分圆齿厚 $s_1 = 1.95$mm、$s_2 = 1.195$mm，校核小齿轮有无根切与齿顶是否变尖。由于小齿轮出现根切，应对齿厚进行调整

2）所调整后的齿轮齿厚 $s_1$、$s_2$，还应保证轮系能适应高低温的工作条件下，两齿轮存在制造和安装偏差等条件下不会出现轮系齿轮轮齿胶合和卡死现象

3）如果小齿轮齿顶宽度过小，可适当调整小齿轮齿顶圆直径加以避免，要求齿顶宽度基本满足 $s_{ea} \approx 0.275m$。大小齿轮的有效齿顶圆直径还应保证轮系的重合度平均值 $\varepsilon_{AVG} \geqslant 1.2$，在极端条件下不允许齿轮出现"脱啮"现象，即要求轮系最小重合度 $\varepsilon_{min} \geqslant 1$

4）由于传动比较大，小齿轮齿数少，无法做到两齿轮齿根宽度相同。本实例的齿根宽度 $s_{f1} \geqslant s_{f2}$，较好地满足了大小齿轮齿根强度要求

5）由于实例小齿轮的齿顶少，因 $d_T < d_{ae}$，齿顶修缘的条件已不复存在；又因为本实例的模数较小，故对大齿轮的齿顶修缘，其作用也不大，故产品图未给出齿顶修缘参数

由于对齿轮齿顶修缘存在以下技术难度：①采用 EDM 精密电火花成型加工齿轮型腔，所需电极要求采用齿条型的滚刀加工，这类专用滚刀的制造难度大、成本高；②采用 EDM 慢走丝线切割成型加工齿轮型腔，要求设计者根据与齿顶修缘基本齿条相啮的基本齿条，采用展成法求得型腔齿顶修缘段的共轭曲线，其计算过程复杂；③电极及型腔齿形的检测；④可能存在某些常规设计理念所不易发现的隐患，因此对于这类齿轮的齿顶修缘，设计者应该持慎重态度

**轮系参数设计计算**

| 序号 | 参数名称 | 代号 | 计算公式<br>已知齿轮参数：<br>$m = 1$mm、$a = 22.5$mm、$z_1 = 10$、$z_2 = 35$、$\alpha = 20°$ | 设计计算<br>已知基本齿条参数：<br>$\alpha = 20°$，$p_{BR} = 3.1416$mm，<br>$h_{aBR} = 1.00$mm；$h_{fBR} = 1.33$mm，<br>$h_{fFBR} = 1.069$mm，$s_{BR} = 1.5708$mm |
|---|---|---|---|---|
| 1 | 分度圆直径 | $d$ | $d = mz$ | $d_1 = 10$mm、$d_2 = 35$mm |
| 2 | 中心距 | $a$ | $a = \dfrac{d_1 + d_2}{2}$ | $a = 22.5$mm |
| 3 | 齿厚 | $s$ | 在设计过程中调整确定 | $s_1 = 1.91$mm、$s_2 = 1.14$mm |
| 4 | 齿条变位量 | $y$ | $y = \dfrac{s - s_{BR}}{2\tan\alpha}$ | $y_1 = 0.466$mm、$y_2 = -0.5918$mm |
| 5 | 齿顶圆直径 | $d_{ae}$ | $d_{ae} = d + 2(y + h_{aBR})$ | $d_{ae1} = 12.932$mm、$d_{ae2} = 35.816$mm |
| 6 | 基圆直径 | $d_b$ | $d_b = d\cos\alpha$ | $d_{b1} = 9.3969$mm、<br>$d_{b2} = 32.8892$mm |
| 7 | 齿根圆直径 | $d_f$ | $d_f = d + 2y - 2h_{fBR}$ | $d_{f1} = 8.272$mm、<br>$d_{f2} = 31.1564$mm |
| 8 | 构成圆直径 | $d_F$ | $d_F = \sqrt{d_b^2 + \dfrac{(2y + d\sin^2\alpha_t - 2h_{fFBR})^2}{\sin^2\alpha_t}}$ | $d_{F1} = 9.397$mm、$d_{F2} = 32.977$mm |
| 9 | 无根切判断式 | $B_T$ | $B_T = (2y + d\sin^2\alpha_t - 2h_{fFBR}) \geqslant 0$ | $B_{T1} = 0.008$、$B_{T2} = 0.8169$ |
| 10 | 齿顶修缘起点直径 | $d_T$ | $d_T = \sqrt{d^2 + 4d(h_{aTBR} + y) + \left[\dfrac{z(h_{aTBR} + y)}{\sin\alpha}\right]^2}$ | $d_{T1} = 13.059$mm $> d_{ae1}$，<br>$d_{T2} = 34.82$mm $< d_{ae2}$ |
| 11 | 计算用参数 | $h_{aeBR}$ | $h_{aeBR} = 0.5d_b\sin\alpha(\tan\alpha_{ae} - \tan\alpha) - y$ | $h_{aeBR1} = 0.4685$mm、<br>$h_{aeBR2} = 0.9669$mm |
| 12 | 齿顶修缘半径 | $R_{TBR}$ | $R_{TBR} = 4.0m_n$ | $R_{TBR2} = 4$mm |
| 13 | 齿顶倒圆半径 | $r_T$ | 由设计者确定 | $r_{T1} = 0.06$mm、<br>$r_{T2} = 0.1$mm |

（续）

| | 序号 | 参数名称 | 代号 | 计算公式<br>已知齿轮参数：<br>$m=1\text{mm}$、$a=22.5\text{mm}$、$z_1=10$、<br>$z_2=35$、$\alpha=20°$ | | 设计计算<br>已知基本齿条参数：<br>$\alpha=20°$，$p_{BR}=3.1416\text{mm}$，<br>$h_{aBR}=1.00\text{mm}$，$h_{fBR}=1.33\text{mm}$，<br>$h_{fFBR}=1.069\text{mm}$，$s_{BR}=1.5708\text{mm}$ |
|---|---|---|---|---|---|---|
| 轮系参数设计计算 | 14 | 齿顶修缘量 | $v_{Tae}$ | $v_{Tae}\approx\dfrac{(h_{aeBR}-h_{aTBR})^2}{2R_{TBR}\cos^2\alpha}$ | | $v_{Tae2}=0.0312\text{mm}$ |
| | 15 | 无修缘齿顶宽 | $s_{ae}$ | $s_{ae}=d_{ae}\left(\dfrac{s}{d}+\text{inv}\alpha-\text{inv}\alpha_{ae}\right)$ | | $s_{ae1}=0.214\text{mm}$ |
| | 16 | 修缘齿顶宽 | $s_{Tae}$ | $s_{Tae}\approx s_{ae}-\dfrac{2v_{Tae}}{\cos\alpha_{ae}}$ | | $s_{Tae2}\approx0.774\text{mm}$ |
| | 17 | 顶隙 | $c_{BR}$ | $c_{BR}=a-\dfrac{d_{ae}+d_f}{2}$ | | $c_{BR1}=c_{BR2}=0.454\text{mm}$ |
| | 18 | 齿根倒圆半径 | $\rho_f$ | 从图 b 中测得 | | $\rho_{f1}\approx0.48635\text{mm}$<br>$\rho_{f2}\approx0.68083\text{mm}$ |
| | 19 | 公法线 | 跨越齿数 $k$ | $k=\dfrac{\alpha}{180°}z+0.5-\dfrac{2x\tan\alpha}{\pi}$（取整数） | | $k_1=2$、$k_2=3$ |
| | | | 长度 $W$ | $W=m\cos\alpha[\pi(k-0.5)+z\text{inv}\alpha+2x\tan\alpha]$ | | $W_1=4.887\text{mm}$、<br>$W_2=7.466\text{mm}$ |
| | 20 | $M$ 值测量 | 量柱直径 $d_p$ | $d_p$ 为 $(1.68\sim1.9)m$<br>（优先螺纹三针中选取） | | $d_{p1}=1.9\text{mm}$、<br>$d_{p2}=1.732\text{mm}$ |
| | | | 量柱中心处压力角 $\alpha_M$ | $\text{inv}\alpha_M=\text{inv}\alpha+\dfrac{d_p}{d\cos\alpha}-\dfrac{\pi}{2z}+\dfrac{2x\tan\alpha}{z}$ | | $\alpha_{M1}=35.52673°$、<br>$\alpha_{M2}=17.78962°$ |
| | | | 量柱测量距 $M$ | 偶数齿 $M=\dfrac{d\cos\alpha}{\cos\alpha_M}+d_p$ | | $M_1=13.446\text{mm}$ |
| | | | | 奇数齿 $M=\dfrac{d\cos\alpha}{\cos\alpha_M}\cos\left(\dfrac{90°}{z}\right)+d_p$ | | $M_2=35.238\text{mm}$ |

（实例二）某汽车电动机动力传动型齿轮轮系

产品轮系齿形参数表

| 小齿轮参数 | | | | 大齿轮参数 | | | |
|---|---|---|---|---|---|---|---|
| 模数 | $m$ | | 1mm | 模数 | $m$ | | 1mm |
| 齿数 | $z_1$ | | 10 | 齿数 | $z_2$ | | 35 |
| 压力角 | $\alpha$ | | 20° | 压力角 | $\alpha$ | | 20° |
| 基本齿条变位量 | $y_1$ | | 0.466mm | 基本齿条变位量 | $y_2$ | | $-0.5918\text{mm}$ |
| 分度圆直径 | $d_1$ | | 10mm | 分度圆直径 | $d_2$ | | 35mm |
| 齿顶圆直径 | $d_{a1}$ | | $(12.93\pm8.05)\text{mm}$ | 齿顶圆直径 | $d_{a2}$ | | $(35.82\pm8.1)\text{mm}$ |
| 齿根圆直径 | $d_{f1}$ | | $(8.27\pm8.07)\text{mm}$ | 齿根圆直径 | $d_{f2}$ | | $(31.15\pm8.12)\text{mm}$ |
| 跨越齿数 | $k_1$ | | 2 | 跨越齿数 | $k_2$ | | 3 |
| 公法线长度 | $W_{k1}$ | | $(4.89\pm8.03)\text{mm}$ | 公法线长度 | $W_{k2}$ | | $(7.46\pm8.053)\text{mm}$ |
| 齿顶倒圆半径 | $r_{T1}$ | | 0.06mm | 齿顶倒圆半径 | $r_{T2}$ | | 0.1mm |
| 齿根全圆弧半径 | $\rho_{f1}$ | | 0.486mm | 齿根全圆弧半径 | $\rho_{f2}$ | | 0.681mm |
| 配对齿轮齿数 | $z_2$ | | 35 | 配对齿轮齿数 | $z_1$ | | 10 |
| 中心距 | $a$ | | $(22.5\pm0.035)\text{mm}$ | | | | |
| 精度等级 | | | $9\sim10$ 级（GB/T 2362—1990） | | | | |

（续）

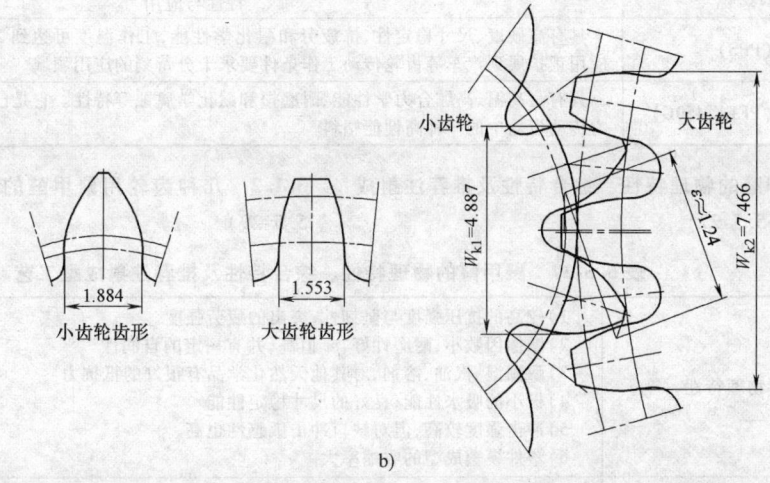

小齿轮齿形    大齿轮齿形

b)

| | | |
|---|---|---|
| （实例二）某汽车电动机动力传动型齿轮轮系 | 轮系齿轮名义齿廓啮合图 | 同样可通过 CAD 软件绘制出两齿轮名义齿廓（即齿轮最大实体齿廓）及其啮合图，从而可检查两齿轮轮齿的名义齿廓啮合侧隙、重合度、两齿轮齿根宽度以及 $W_k$、$M$ 值等。在图 b 中，可分别测得如下参数<br><br>小齿轮：$W_{k1}=4.887$mm、$s_{f1}\approx1.884$mm、$\rho_{f1}\approx0.486$mm<br>大齿轮：$W_{k2}=4.887$mm、$s_{f2}\approx1.884$mm、$\rho_{f2}\approx0.486$mm<br>轮系名义齿廓重合度：$\varepsilon=1.24$<br>轮系最小侧隙：$\Delta=0.092$mm、节圆法向侧隙：$\Delta_{jn}=0.125$mm<br>以上实测结果与调整后的轮系参数设计计算所得的齿轮数据基本一致，说明本实例的调整设计计算是可行的 |

# 3 塑料齿轮材料

## 3.1 聚甲醛（POM）

常用塑料齿轮材料见表 5.5-26。

表 5.5-26 常用塑料齿轮材料

| 材料名称 | 特性与应用 |
|---|---|
| 聚甲醛（POM） | 聚甲醛吸湿性特小，可保证齿轮长时间的尺寸稳定性和在较宽广温度范围内的抗疲劳、耐腐蚀等优良特性和自润滑性能，一直是塑料齿轮的首选工程塑料。作为一种最常用、最重要的齿轮用材料，已有 40 多年的历史 |
| 尼龙（PA6、PA66 和 PA46 等） | 具有良好的坚韧性和耐用性等优点，是另一种常用的齿轮工程塑料。但尼龙具有较强的吸湿性，会引起了塑料性能和尺寸发生变化。因此，尼龙齿轮不适合在精密传动领域应用 |
| 聚对苯二酰对苯二胺（PPA） | 具有高热变形稳定性，可以在较高较宽的温度范围内和高湿度环境中，保持其优越的强度、硬度、抗疲劳性及抗蠕变性能。可以在某些 PA6、PA66 齿轮所无法承受的高温、高湿条件下正常工作 |
| PBT 聚酯 | 可模塑出表面非常光滑的齿轮，未经填充改性的最高工作温度可达 150℃，玻璃纤维增强后的产品工作温度可达 170℃。它的传动性能良好，也被经常应用于齿轮结构件中 |
| 聚碳酸酯（PC） | 具有抗冲击性和耐候性优良、硬度高、收缩率小和尺寸稳定等优点。但聚碳酸酯的自润滑性能、耐化学性能和耐疲劳性能较差。这种材料无色透明，易于着色，塑件美观，在仪器仪表精密齿轮传动中仍多有应用 |
| 液晶聚合物（LCP） | 早已成功应用于注射成型模数特小的精密塑料齿轮。这种齿轮具有尺寸稳定性好、耐化学性能好和成型收缩率低等特点。该材料早已应用于注射成型手表塑料齿轮 |
| ABS 和 LDPE | 通常不能满足塑料齿轮的润滑性能、抗疲劳性能、尺寸稳定性以及耐热、抗蠕变、耐化学腐蚀等性能要求。但也多用于各种低档玩具等运动型传动领域 |
| 热塑性弹性体 | 热塑性弹体模塑齿轮柔韧性更好，能够很好地吸收传动所产生的冲击负荷，使齿轮噪声低、运行更平稳。常用共聚酯类的热塑性弹性体模塑低动力高速传动齿轮，这种齿轮在运行时即使出现一些变形偏差，同样也能够降低运行噪声 |

（续）

| 材料名称 | 特性与应用 |
|---|---|
| 聚苯硫醚（PPS） | 具有高硬度、尺寸稳定性、抗疲劳和耐化学性能，工作温度可达到200℃。聚苯硫醚齿轮的应用正扩展到汽车等齿轮传动工作条件要求十分苛刻的应用领域 |
| 聚醚醚酮（PEEK 450G） | 具有耐高温、高综合力学性能、耐磨损和耐化学腐蚀等特性。它是已成功应用于较大负载动力传动齿轮中的一种高性能塑料 |

**3.1.1 聚甲醛的物理特性、综合特性及推荐注射成型工艺**（表5.5-27）

**3.1.2 几种齿轮用聚甲醛的性能**（表5.5-28和表5.5-29）

**表5.5-27 聚甲醛的物理特性、综合特性及推荐注射成型工艺**

| | | |
|---|---|---|
| 主要物理特性 | | 1）较高的抗压强度与坚韧性，突出的疲劳强度<br>2）摩擦因数小，耐磨性好，$pv$ 值高，并有一定的自润性<br>3）耐潮湿、汽油、溶剂，对其他天然化学品有很好的抵抗力<br>4）极小的吸水性能，良好的尺寸稳定性能<br>5）冲击强度较高，但对缺口冲击敏感性也高<br>6）塑件模塑成型的收缩率大 |
| 综合特性及注射成型工艺 | 结构 | 部分晶体 |
| | 密度/（g/cm³） | 1.41～1.42 |
| | 物理性能 | 坚硬、刚性、坚韧，在 -40℃ 低温下也不易开裂；高抗热性、高耐磨性、良好的抗摩擦性能；低吸水性、无毒 |
| | 化学性能 | 耐弱酸、弱碱溶液、汽油、苯、酒精；但不耐强酸 |
| | 识别方法 | 高易燃性。燃烧时火焰呈浅蓝色，滴落离开明火仍能燃烧，当熄灭时有甲醛气味 |
| | 机筒温度/℃ | 喂料区为 40～50（50）；1 区为 160～180（180）；2 区为 180～205（190）；<br>3 区为 185～205（200）；4 区为 195～215（205）；5 区为 195～215（205）；<br>喷嘴为 190～215（205）<br>括号内的温度建议作为基本设定值，行程利用率为35%和65%，模件流长与壁厚之比为50:1～100:1 |
| | 预烘干 | 一般不需要预烘干。若材料受潮，可在100℃下烘干约4h |
| | 熔融温度/℃ | 205～215 |
| | 机筒保温温度/℃ | 170 以下（短时间停机） |
| | 模具温度/℃ | 80～120 |
| | 注射压力/MPa | 100～150，对截面厚度为 3～4mm 的壁厚制品件，注射压力约为100，对薄壁制品件，可升至150 |
| | 保压压力/MPa | 取决于制品壁厚和模具温度。保压时间越长，零件收缩越小，保压应为 80～100，模内压力可达 60～70。需要精密成型的齿轮，保持注射压力和保压为相同水平是很有利的（没有压力降）。在相同的循环时间条件下，延长保压时间，成型质量不再增加，这意味着保压时间已为最优。通常保压时间为总循环时间的30%，成型质量仅为标准质量的95%，此时收缩率为 2.3%。成型总量达到100%时，收缩率为 1.85%，均衡的和低的收缩率有利于制品尺寸保持稳定 |
| | 背压/MPa | 5～10 |
| | 注射速度 | 中等注射速度，如果注射速度太慢或模具型腔与熔料温度太低，制品表面往往容易出现皱纹或缩孔 |
| | 螺杆转速 | 最大螺杆转速折合线速度为 0.7m/s，将螺杆转速设置为能在冷却时间结束前完成塑化过程即可，螺杆扭矩要求为中等 |
| | 计量行程（最小值～最大值） | $(0.5～3.5)D$，$D$ 为机筒直径 |
| | 余料量/mm | 2～6，取决于计量行程和螺杆直径 |
| | 回收率 | 一般塑件可用100%的回料，精密塑件最多可加20%的回料 |
| | 收缩率 | 约为2%（1.8%～3%），24h 后收缩停止 |
| | 浇口系统 | 壁厚平均的小制品可用点式浇口，浇口横截面应为制品最厚截面50%～60%，当模腔内有障碍物（型芯或嵌件等）时，浇口以正对着障碍物注射为好 |

（续）

| 综合特性及注 射成型工艺 | 机器停工时段 | 生产结束前 5～10min 关闭加热系统,设背压为零,清空机筒。当更换其他树脂时,如 PA 或 PC,可用 PE 清洗机筒 |
|---|---|---|
| | 机筒设备 | 标准螺杆,止逆环,直通喷嘴 |

注: 1. 以上推荐的注射成型工艺,在模塑齿轮时,可根据实际情况作相应的调整。
　　2. 我国聚甲醛生产厂家主要有云天化等。

### 表 5.5-28 "云天化"四种聚甲醛标准等级的性能

| 性　能 | | 测试条件 | 牌　号 | | | |
|---|---|---|---|---|---|---|
| | | | M25 | M90 | M120 | M270 |
| 力学性能 | 熔融指数/(g/10min) | 190℃、21.18N | 2.5 | 9 | 13 | 27 |
| | 拉伸屈服强度/MPa | 23℃ | 60 | 62 | 62 | 65 |
| | 屈服伸长率(%) | 23℃ | 14 | 13 | 11 | 8 |
| | 断裂伸长率(%) | 23℃ | 65 | 50 | 45 | 30 |
| | 标称断裂伸长率(%) | 23℃ | 40 | 30 | 25 | 20 |
| | 拉伸弹性模量/MPa | 23℃ | 2350 | 2700 | 2800 | 3000 |
| | 弯曲强度/MPa | 23℃ | 57 | 61 | 64 | 68 |
| | 弯曲模量/MPa | 23℃ | 2100 | 2400 | 2500 | 2600 |
| | 简支梁缺口冲击强度/(kJ/m²) | 23℃ | 8 | 7 | 6 | 5 |
| | 悬臂梁缺口冲击强度/(kJ/m²) | 23℃ | 9 | 7.5 | 7 | 6 |
| | 球压痕硬度/MPa | 23℃、358N、30s | 135 | 140 | 140 | 140 |
| | 硬度 HRM | 23℃ | 82 (114HRR) | 82 (114HRR) | 82 (114HRR) | 82 (114HRR) |
| 热性能 | 热变形温度/℃ | 1.8MPa | 110 | 115 | 115 | 120 |
| | 熔点/℃ | DSC | 172 | 172 | 172 | 172 |
| | 维卡软化温度/℃ | 50N | 150 | 150 | 150 | 150 |
| | | 10N | 163 | 163 | 163 | 163 |
| | 线胀系数 /10⁻⁵K⁻¹ | 30～60℃ | 11 | 11 | 11 | 11 |
| | 比热容/[J/(g·K)] | 20℃ | 1.48 | 1.48 | 1.48 | 1.48 |
| | 最高连续使用温度/℃ | — | 100 | 100 | 100 | 100 |
| 电性能 | 体积电阻率/Ω·mm | 20℃ | $10^{15}$ | $10^{15}$ | $10^{15}$ | $10^{15}$ |
| | 20℃时介电常数 | 50Hz | 3.9 | 3.9 | 3.9 | 3.9 |
| | | 1kHz | 3.9 | 3.9 | 3.9 | 3.9 |
| | | 1MHz | 3.9 | 3.9 | 3.9 | 3.9 |
| | 20℃时介质损耗因数/10⁻⁴ | 50Hz | 20 | 20 | 20 | 20 |
| | | 1kHz | 10 | 10 | 10 | 10 |
| | | 1MHz | 85 | 85 | 85 | 85 |
| | 介电强度/(kV/mm) | 20℃ | 25 | 25 | 25 | 25 |
| | 抗电弧性/mm | 20℃、65%RH | 1.9 | 1.9 | 1.9 | 1.9 |
| | 抗漏失性/10¹⁴Ω | 20℃、65%RH | 7.5 | 7.5 | 7.5 | 7.5 |
| | 对比电弧径迹指数/V | — | 600 | 600 | 600 | 600 |
| 其他性能 | 密度/(g/cm³) | 23℃ | 1.41 | 1.41 | 1.41 | 1.41 |
| | 阻燃性 | UL94 | HB | HB | HB | HB |
| | | FMVSS | B50 | B50 | B50 | B50 |
| | 吸水率(%) | 23℃ | 0.7 | 0.7 | 0.7 | 0.7 |

（续）

| 性　　能 | | 测试条件 | | 牌　号 | | | |
|---|---|---|---|---|---|---|---|
| | | | | M25 | M90 | M120 | M270 |
| 其他性能 | 水分吸收率（%） | 23℃、50% RH | | 0.2 | 0.2 | 0.2 | 0.2 |
| | 注射收缩率（%） | 流动方向 | 24h、 | 2.9～3.1 | 2.8～2.9 | 2.7～2.9 | 2.5～2.7 |
| | | 垂直方向 | 4mm | 1.9～2.2 | 2.1～2.4 | 2.1～2.3 | 2.0～2.2 |

注：表中的数值是由云天化公司生产的多组制品测得的平均值，不能看作任何一组的保证值，表中所列出的值不能用作质量要求、技术规格和强度计算的依据。由于生产和操作时有许多因素会影响产品的性能，因此建议用产品进行测试，测得其特定值或确定是否用于预期用途。

### 表 5.5-29　Dupont Delrin 三种均聚甲醛的性能

| 性　　能 | | 测试条件 | 通用级 | 高韧级 | 低磨损、磨耗 |
|---|---|---|---|---|---|
| | | | 500P | 100P | 500AL |
| 力学性能 | 屈服强度/MPa | −20℃ | 83 | 80 | 80 |
| | | 23℃、5mm/min | — | — | — |
| | | 23℃、50mm/min | 70 | 71 | 64 |
| | 屈服伸长率（%） | −20℃ | 14 | 21 | 7 |
| | | 23℃、5mm/min | — | — | — |
| | | 23℃、50mm/min | 16 | 25 | 10 |
| | 拉伸模量/MPa | −20℃ | 3900 | 3900 | 3700 |
| | | 23℃、1mm/min | 3200 | 3000 | 2900 |
| | | 23℃、50mm/min | — | — | — |
| | 断裂伸长率（%） | 23℃、50mm/min | 40 | 65 | 35 |
| | 埃佐缺口冲击试验（Izod）/（kJ/m²） | −40℃ | 6 | 8 | — |
| | | 23℃ | 7 | 12 | 6 |
| | 夏比缺口冲击试验（简支梁）/（kJ/m²） | −20℃ | 8 | 10 | — |
| | | 23℃ | 9 | 15 | 7 |
| 热性能 | 热变形温度（HDT）/℃ | 0.45MPa 无退火 | 160 | 165 | 166 |
| | | 1.8MPa 无退火 | 95 | 95 | 102 |
| | 维卡软化温度（Vicat）/℃ | 10N | 174 | 174 | 174 |
| | | 50N | 160 | 160 | 160 |
| | 熔点/℃ | — | 178 | 178 | 178 |
| | 线胀系数/10⁻⁴K⁻¹ | — | 1.2 | 1.2 | 1.2 |
| 电性能 | 表面电阻率/Ω | — | $1 \times 10^{13}$ | $1 \times 10^{15}$ | $7 \times 10^{14}$ |
| | 体积电阻率/Ω·mm | — | $1 \times 10^{13}$ | $1 \times 10^{15}$ | $7 \times 10^{15}$ |
| | 介电强度/（kV/mm） | — | 32 | 32 | — |
| | 耗散因素/10⁻⁴ | 100Hz | 200 | 200 | — |
| | | 1MHz | 50 | — | — |
| 其他性能 | 密度/（g/cm³） | — | 1.42 | 1.42 | 1.38 |
| | 吸水率（%） | 平衡于 50% RH | 0.28 | 0.28 | — |
| | | 沉浸 24 小时 | 0.32 | 0.32 | — |
| | | 饱和 | 1.40 | 1.40 | — |
| | 熔融指数/（g/10min） | — | 1.5 | 2.3 | 15 |
| | UL 阻燃性等级 | — | HB | HB | HB |
| | 硬度（Rockwell）HRM | — | 92（120HRR） | 92（120HRR） | — |
| | 磨耗速度率（塑料对塑料）/10⁻⁶mm⁻³ | — | 1600 | 1600 | 22 |
| | 动态摩擦因数（塑料对塑料） | — | 0.21～0.52 | 0.21～0.52 | 0.16 |
| | 磨耗速度率（塑料对钢料）/10⁻⁶mm⁻³ | — | 13～14 | 13～14 | 6 |
| | 动态摩擦因数（塑料对钢料） | — | 0.32～0.41 | 0.32～0.41 | 0.18 |

注：不应该采用表中提供的数据建立规格限定或者单独作为设计的依据。

## 3.2　尼龙

### 3.2.1　尼龙 PA66

尼龙是工程塑料中最大、最重要的品种,主要是通过改性来实现尼龙的高强度、高刚性,改善尼龙的吸水性,提高塑件的尺寸稳定性,改善低温脆性、耐热性、阻燃性和阻隔性,从而适用于各种不同要求的产品用途。为提高 PA66 的力学特性,已通过添加增强、增韧、阻燃和润滑等各种各样的改性剂,开发出多种品质优良的改性材料。其中,玻璃纤维就是常见的添料,有时为了提高抗冲击性还加入合成橡胶,如 EPDM 和 SBR 等。这些材料已广泛应用于汽车、电器、通信和机械行业。PA66 的物理特性、综合特性及推荐注射成型工艺见表 5.5-30,三种 Dupont Zytel 齿轮用尼龙的性能见表 5.5-31。

**表 5.5-30　PA66 的物理特性、综合特性及推荐注射成型工艺**

| 主要物理特性 | 1)PA66 在聚酰胺中有较高的熔点,是一种半晶体-晶体材料<br>2)在高温条件下,也能保持较好的强度和刚度<br>3)材质坚硬,刚性好,有很好的抗磨损、抗摩擦及自润滑性能<br>4)模塑成型后仍然具有吸湿性,塑件的尺寸稳定性较差<br>5)粘性较低,因此流动性很好(但不如 PA6),但其粘度对温度变化很敏感<br>6)PA66 具有好的抗溶性,但对酸和一些氯化剂的抵抗力较弱 | |
|---|---|---|
| 综合特性及推荐注射成型工艺 | 结构 | 部 分 晶 体 |
| | 密度/(g/cm³) | 1.14 |
| | 物理性能 | 干燥时较脆,当含水量为 2%~3% 时,则非常坚韧。具有好的颜色淀积性,无毒,与各种填充材料容易结合 |
| | 化学性能 | 具有好的抗油剂、汽油、苯、碱溶液溶剂、氯化碳氢化合物,以及酯和酮的性能。但不能抗臭氧、盐酸和双氧水 |
| | 识别方法 | 可燃,离开明火后仍能继续燃烧,燃烧时起泡并有滴落,焰心为蓝色,外圈为黄色,发出燃烧角质物等气味 |
| | 机筒温度/℃ | 喂料区为 60~90 (80);1 区为 260~290 (280);2 区为 260~290 (280);3 区为 280~290 (200);4 区为 280~290 (290);5 区为 280~290 (290);喷嘴为 280~290 (290)<br>　括号内的温度建议作为基本设定值,行程利用率为 35% 和 65%,模件流长与壁厚之比为 50:1~100:1。喂料区和 1 区的温度直接影响喂料效率,提高这些温度可使喂料更均匀 |
| | 熔融温度/℃ | 270~290,应避免高于 300 |
| | 机筒保温/℃ | 240 以下(短时间停机) |
| | 模具温度/℃ | 60~100,建议 80 |
| | 注射压力/MPa | 100~160,如果是加工薄截面长流道制品(如电线扎带),则需达到 180 |
| | 保压压力 | 注射压力的 50%,由于材料凝结相对较快,短的保压时间已足够,降低保压压力可减少制品内应力 |
| | 背压/MPa | 2~8,需要准确调节,因背压太高会造成塑化不均 |
| | 注射速度 | 建议采用相对较快的注射速度,模具应有良好的排气系统,否则制品上易出现焦化现象 |
| | 螺杆线速度/(m/s) | 高螺杆转速,线速度为 1。然而,最好将螺杆转速设置低一点,只要能在冷却时间结束前完成塑化过程即可,对螺杆的扭矩要求较低 |
| | 计量行程(最小值~最大值) | (0.5~3.5)D,D 为机筒直径 |
| | 余料量/mm | 2~6,取决于计量行程和螺杆直径 |

（续）

| | 结构 | 部分晶体 |
|---|---|---|
| 综合特性及推荐注射成型工艺 | 预烘干 | 在80℃温度下烘干2~4h；如果加工前材料是密封未受潮，则不用烘干。尼龙吸水性能较强，应保存在防潮容器内和密闭的料斗内，当含水量超过0.25%，就会引起成型性能的改变 |
| | 回收率 | 回料的加入率，可根据产品的要求确定 |
| | 收缩率 | 0.7%~2.0%，填充30%玻璃纤维的收缩率为0.4%~0.7%；在流程方向和与该流程垂直方向上的收缩率差异较大。如果塑件顶出脱模后的温度仍超过60℃，制品应该逐渐冷却。这样可降低成型后收缩，使制品具有更好的尺寸稳定性和小的内应力；建议采用蒸汽法冷却，尼龙制品还可通过特殊配制的溶剂来检查应力 |
| | 浇口系统 | 点式、潜伏式、片式或直浇口都可采用。建议在主流道和分流道上设置不通孔或凹槽冷料井。可使用热流道，由于熔料可加工温度范围较窄，热流道应提供闭环温度控制 |
| | 机筒设备 | 标准螺杆，特殊几何尺寸有较高塑化能力；止逆环，直通喷嘴，对注射纤维增强材料，应采用双金属螺杆和机筒 |
| | 机器停工时段 | 无需用其他料清洗，在高于240℃下，熔料残留在机筒内时间可达20min，此后材料容易发生热降解 |

### 表 5.5-31　三种 Dupont Zytel 齿轮用尼龙的性能

| 性能 | | 测试条件 | 普通型 101L NC010 | 33%玻璃纤维增强 70G33L NC010 | 超强 ST801 NC010 | 说明 |
|---|---|---|---|---|---|---|
| 力学性能 | 拉伸强度 | -40℃ | — | 214 | — | 没有特别指明时，力学性能测量温度为23℃ |
| | | 23℃ | 83 | 186 | 51.7 | |
| | | 77℃ | — | 110 | — | |
| | 屈服拉伸强度/MPa | | — | 83 | 50 | |
| | 断裂延长率(%) | | — | 60 | 3 | 60 |
| | 屈服延长率(%) | | — | 5 | | 5.5 |
| | 泊松比 | | — | 0.41 | 0.39 | 0.41 |
| | 剪切强度/MPa | | — | — | 86 | — |
| | 弯曲模量/MPa | | — | 2830 | 8965 | 1689 |
| | 弯曲强度/MPa | | — | — | 262 | 68 |
| | 变形量(13.8MPa,50℃)(%) | | — | — | 0.8 | — |
| | Lzod 冲击/(J/m) | | — | 53(缺口) | 117 | 907 |
| 热性能 | 热变形温度(HDT)/℃ | 0.45MPa | 210 | 260 | 216 | |
| | | 1.8MPa | 65 | 249 | 71 | |
| | 线胀系数/10$^{-4}$K$^{-1}$ | | — | 0.7 | 0.8 | 1.2 |
| | 熔点/℃ | | — | 262 | 262 | 263 |
| 电性能 | 体积电阻率/(Ω·cm) | | — | $1 \times 10^{15}$ | $1 \times 10^{15}$ | $7 \times 10^{14}$ |
| | 介电强度/(kV/mm) | 短时间的 | | 20.9 | — | |
| | 介电强度/(kV/mm) | 逐步的 | | 17.3 | — | |
| | 介电常数 | 100Hz | 4.0 | — | 3.2 | |
| | | 1kHz | 3.9 | 4.5 | 3.2 | |
| | | 1MHz | 3.6 | 3.7 | 2.9 | |
| | 介质损耗因数 | 100Hz | 0.01 | — | 0.01 | |
| | | 1kHz | 0.02 | 0.02 | 0.01 | |
| | | 1MHz | 0.02 | 0.02 | 0.02 | |

（续）

| 性能 | | 测试条件 | 普通型 101L NC010 | 33%玻璃纤维增强 70G33L NC010 | 超强 ST801 NC010 | 说明 |
|---|---|---|---|---|---|---|
| 阻燃性能 | 最小厚度的阻燃等级 | UL94 | V-2 | HB | HB | |
| | 最小测试阻燃厚度/mm | UL94 | 0.71 | 0.71 | 0.81 | |
| | 高电压弧延伸速率/(mm/min) | — | — | 32.2 | — | |
| | 发热线着火时间/s | — | — | 9 | — | |
| 其他性能 | 密度/(g/cm³) | — | 1.14 | 1.38 | 1.08 | |
| | 硬度 HRM | | 79 (121HRR) | 101 | | |
| | 挺度磨损/mg | CS-17轮,9.8N, 1000 循环 | — | — | 5~6 | |
| | 吸水率(%) | 浸泡 24h | 1.2 | 0.7 | 1.2 | |
| | | 饱和 | 8.5 | 5.4 | 6.7 | |
| | 收缩率(%) | 3.2mm,流动方向 | 1.5 | 0.2 | 1.8 | |
| 注射工艺 | 融化温度范围/℃ | — | 280~305 | 290~305 | 288~293 | |
| | 模温范围/℃ | — | 40~95 | 65~120 | 38~93 | |
| | 注射温度要求/℃ | — | <0.2 | <0.2 | <0.2 | |
| | 干燥温度/℃ | — | | 80 | | |
| | 干燥时间/h | 除湿干燥机 | | 2~4 | | |

### 3.2.2　尼龙 PA46

尼龙 PA46 的物理特性、综合特性及推荐注射成型工艺见表 5.5-32，三种齿轮用 DSM Stanyl PA46 的性能见表 5.5-33。

#### 表 5.5-32　尼龙 PA46 的物理特性、综合特性及推荐注射成型工艺

| | | |
|---|---|---|
| 主要物理特性 | | 1）高温稳定性好,能适应在 100℃以上环境下工作<br>2）流动性好,注射周期比 PA6 缩短 30%左右<br>3）高结晶度,高抗拉强度,高温下塑件力学性能的保持能力较好<br>4）动态摩擦因数低,即使是在高 pv 值下仍表现良好<br>5）抗疲劳性能好,在高温下能保持齿轮有较长的使用寿命 |
| 综合特性及推荐注射成型工艺 | 结构 | 部分结晶(未填充) |
| | 密度/(g/cm³) | 1.18 |
| | 物理性能 | 浅黄色,良好的耐温性能,高模量、高强度、高刚性、高抗疲劳性;良好的抗蠕变、抗磨损和磨耗性能;良好的流动性 |
| | 化学性能 | 很好的抗化学和抗油性 |
| | 机筒温度/℃ | 喂料区为 60~90 (80);1 区为 300~320 (310);2 区为 295~315 (305);3 区为 295~315 (300);4 区为 290~300 (295);5 区为 280~290 (290);喷嘴为 280~300 (295)<br>以上括号内的温度为推荐温度 |
| | 干燥 | 用热风干燥机,干燥工艺为 115~125℃×4~8h;除湿干燥机,干燥工艺为 80~85℃×4~6h(建议使用除湿干燥机) |
| | 熔融温度/℃ | 295~300 |
| | 模具温度/℃ | 800~120(建议在 100 以上) |
| | 注射压力/MPa | 80~140 |
| | 保压压力 | 注射压力的 30%~50% |
| | 背压/MPa | 0.5~1 |
| | 注射速度 | 尽可能快(但防止因注射速度过快使产品焦化) |
| | 螺杆转速/(r/min) | 100~150 |
| | 射退 | 2~10mm,取决于计量行程和螺杆直径,在喷嘴不流涎的前提下应尽可能小 |
| | 回收率 | 精密齿轮可添加 10%回料,一般用途齿轮为 20%以上 |
| | 收缩率 | 见表 5.5-33 |

表 5.5-33　三种齿轮用 DSM Stanyl PA46 的性能

| 物性参数 | | TW341 | TW271F6 | TW241F10 | 说　明 |
|---|---|---|---|---|---|
| 流变性能<br>(干态/湿态) | 模塑收缩率(平行)(%) | 2/— | 0.5/— | 0.4/— | |
| | 模塑收缩率(垂直)(%) | 2/— | 13/— | 0.9/— | |
| 力学性能<br>(干态/湿态) | 拉伸模量/MPa | 3300/1000 | 9000/6000 | 16000/10000 | |
| | 拉伸模量(120℃)/MPa | 800 | 5500 | 8200 | |
| | 拉伸模量(160℃)/MPa | 650 | 5000 | 7400 | |
| | 断裂应力/MPa | 100/55 | 190/110 | 250/160 | |
| | 断裂应力(120℃)/MPa | 50 | 100 | 140 | |
| | 断裂应力(160℃)/MPa | 40 | 85 | 120 | |
| | 断裂伸长率(%) | 40/ >50 | 3.7/7 | 2.7/5 | |
| | 弯曲模量/MPa | 3000/900 | 8500/5700 | 14000/9000 | |
| | 弯曲模量(120℃)/MPa | 800 | | 7300 | |
| | 弯曲模量(160℃)/MPa | 600 | | 6500 | |
| | 无缺口简支梁冲击强度<br>(+23℃)/(kJ/m²) | N/N | — | 90/100 | 表中 TW341 为热稳定性、润滑等级;TW241F10 为50%玻璃纤维增强,热稳定、强化等级;TW271F6 为 15% PTFE 及 30% 玻璃纤维增强、热稳定、耐摩擦磨耗改良等级<br>TW241F6、TW241F10 已用于汽车起动电动机内齿轮;TW271F6 已用于模塑汽车电子节气门齿轮 |
| | 无缺口简支梁冲击强度<br>(−40℃)/(kJ/m²) | N/N | | 80 | |
| | 简支梁冲击强度<br>(+23℃)/(kJ/m²) | 12/45 | 14/22 | 16/24 | |
| | 简支梁冲击强度<br>(−40℃)/(kJ/m²) | 9/12 | 11/11 | 12/12 | |
| | Izod 缺口冲击强度<br>(23℃)/(kJ/m²) | 10/40 | 12/19 | 16/24 | |
| | Izod 缺口冲击强度<br>(−40℃)/(kJ/m²) | 9/12 | 10/10 | 12/12 | |
| 热性能<br>(干态/湿态) | 熔融温度(10℃/min)/℃ | 295/— | 295/— | 295/— | |
| | 热变形温度(1.80MPa)/℃ | 195/— | 290/— | 290/— | |
| | 线胀系数(平行)/10⁻⁴K⁻⁴ | 0.85/— | 0.2/— | 0.2/— | |
| | 线胀系数(垂直)/10⁻⁴K⁻⁴ | 1.1/— | 0.8/— | 0.8/— | |
| | 1.5mm 名义厚度时的燃烧性 | V-2/— | HB/— | HB/— | |
| | 测试用试样的厚度/mm | 1.5/— | 1.5/— | 1.5/— | |
| | 厚度为 h 是的燃烧性 | V-2/— | HB/— | HB/— | |
| | 测试用试样的厚度/mm | 0.75/— | 0.9/— | 0.75/— | |
| 电性能<br>(干态/湿态) | 体积电阻率/(Ω·m) | LE13/LE7 | LE12/LE7 | LE12/LE8 | |
| | 介电强度/(kV/mm) | 25/15 | 30/20 | 30/20 | |
| | 相对漏电起痕指数 | 400/400 | 300/300 | 300/300 | |
| | 吸湿性(%) | 3.7/— | — | — | |
| | 密度/(g/cm³) | 1.18/— | — | — | |

## 3.3　聚醚醚酮（PEEK）

### 3.3.1　PEEK 450G 的主要物理特性、综合特性及推荐成型加工工艺（表 5.5-34）

表 5.5-34　PEEK 450G 的主要物理特性、综合特性及推荐成型加工工艺

| | |
|---|---|
| 主要物理特性 | 1)PEEK 聚合物和混合物的玻璃态转化温度通常为 143℃、熔点为 343℃。独立测试显示,聚合物的热变形温度高达 315℃,且连续工作温度高达 250℃<br>2)PEEK 聚合物的强度高、坚韧性好、耐冲击性能强、传动噪声低,可大幅度提高齿轮的使用寿命<br>3)PEEK 聚合物具有良好的耐摩擦和耐磨损性能,其中以专门配方(添加有 PTFE)润滑级 450FC30 和 150FC30 材料表现最佳。这些材料在宽广的压力、速度、温度和接触面表面粗糙度的范围内,都表现出良好的耐磨损性能 |

（续）

| | | |
|---|---|---|
| 主要物理特性 | | 4）PEEK 聚合物在大多数化学环境下具有优良的耐腐蚀性能,即使在温度升高的情况下也一样。在一般环境中,唯一能够溶解这种聚合物的只有浓硫酸 |
| 综合特性及推荐加工工艺 | 结构 | 部分结晶高聚物 |
| | 密度/（g/cm³） | 1.3 |
| | 物理性能 | 通常含水率低于 0.5%。非常坚韧,刚性好,高的耐摩擦、耐磨损性能。无毒,无卤天然阻燃,低烟,耐高温 |
| | 化学性能 | 化学性能稳定,耐各种有机、无机化学试剂、油剂;还耐有机、无机酸,弱碱和强碱,但不耐浓硫酸 |
| | 识别方法 | 难燃,离开火焰后不能继续燃烧,本色呈淡米黄色 |
| | 机筒温度/℃ | 后部为 350~370;中部为 355~380;前部为 365~390;喷嘴:365~395 |
| | 烘干 | 150℃×3h 或 160℃×2h（露点 -40℃）,确保含水率低于 0.02%（模塑齿轮建议使用除湿干燥剂） |
| | 熔融温度/℃ | 370~390 |
| | 机筒保温/℃ | 300（停机时间 3h 以内的机筒允许温度） |
| | 模具温度/℃ | 175~190 |
| | 注射压力/MPa | 70~140,对于填充增强牌号可能需要更高的压力 |
| | 保压压力/MPa | 40~100,对于狭长流道,可能需要更高保压压力 |
| | 背压/MPa | 3 |
| | 注射速度 | 建议采用相对较高的注射速度,保证充模效果 |
| | 螺杆转速/（r/min） | 50~100 |
| | 计量行程 | 最小值~最大值为（0.5~3.5）D（D 为机筒直径） |
| | 余料量/mm | 2~6,取决于计量行程和螺杆直径 |
| | 回收率 | 无填充牌号回收料添加不超过 30%;填充牌号回收料添加不超过 10% |
| | 收缩率 | 见表 5.5-35 |
| | 浇口系统 | 适用于大部分浇口形式,但应避免细长形浇口,建议最小浇口直径或厚度为 1~2mm,尽量不使用潜伏式浇口。为了节省昂贵的原材料、降低生产成本,注射模应采用热流道 |
| | 机器停工时段 | 开停机需用本料或专用高温清洗料清洗螺杆和机筒,停机时间不超过 1h,不需要降低温度;停机时间超过 1h,则需降低机筒温度到 340℃ 以下;如果停机时间在 3h 以内,需要降低机筒温度到 300℃ 以下;如果带料停机时间超过 3h 以上,在开机前,需要清洗机筒 |
| | 机筒设备 | 大部分通用螺杆均能适用,建议螺杆长径比的最小值 16:1,但应优先选用 18:1 或 24:1 的螺杆。压缩比在 2:1 至 3:1 之间,止逆环必须一直安装在螺杆顶部,止逆环与螺杆之间的空隙应能使材料不受限制的流过。机筒材料需经过硬化处理,应避免使用铜或铜合金（会导致材料降解）。磨具模腔和型芯材料要求采用耐热合金模具钢,在注射成型温度下仍具有 52~54HRC 的硬度值 |

### 3.3.2　齿轮用 PEEK 聚合材料的性能（表 5.5-35）

表 5.5-35　三种 Victrex PEEK 材料的性能

| 特性 | 状态 | PEEK 450G | PEEK 450CA30 | PEEK 450FC30 | 说明 |
|---|---|---|---|---|---|
| 拉伸强度/MPa | 屈服,23℃ | 100 | — | | 表中的 PEEK 450G 为纯颗粒的通用等级; PEEK 450C A30 为碳纤强化颗粒的强化等级; PEEK 450FC30 为润滑等级 |
| | 屈服,130℃ | 51 | | | |
| | 屈服,250℃ | 13 | — | | |
| | 断裂,23℃ | | 220 | 134 | |
| | 断裂,130℃ | | 124 | 82 | |
| | 断裂,250℃ | | 60 | 40 | |

（续）

| 特性 | 状态 | PEEK<br>450G | PEEK<br>450CA30 | PEEK<br>450FC30 | 说明 |
|---|---|---|---|---|---|
| 拉伸伸长率(%) | 断裂,23℃ | 34 | 1.8 | 2.2 | |
| | 屈服,23℃ | 5 | — | — | |
| 拉伸模量/GPa | 23℃ | 3.5 | 22.3 | 10.1 | |
| 弯曲强度/MPa | 23℃ | 163 | 298 | 186 | |
| | 120℃ | 100 | 260 | 135 | |
| | 250℃ | 13 | 105 | 36 | |
| 弯曲模量/GPa | 23℃ | 4.0 | 19 | 8.2 | |
| | 120℃ | 4.0 | 18 | 8.0 | |
| | 250℃ | 0.3 | 5.1 | 3.0 | |
| 简支梁冲击强度/(kJ/m²) | 2mm 缺口,23℃ | 35 | 7.8 | — | |
| | 0.25mm 缺口,23℃ | 8.2 | 5.4 | — | |
| 拉伸强度/MPa | 屈服,23℃ | — | — | — | |
| | 断裂,23℃ | 97 | 228 | 138 | |
| 拉伸伸长率(%) | 屈服,23℃ | 65 | 2 | 2.2 | |
| | 断裂,23℃ | 5 | — | — | |
| 拉伸模量/GPa | 23℃ | 3.5 | 22.3 | 10.1 | |
| 弯曲强度/MPa | 23℃ | 156 | 331 | 211 | |
| 弯曲模量/GPa | 23℃ | 4.1 | 19 | 9.5 | |
| 切变强度/MPa | 23℃ | 53 | 85 | — | |
| 切变模量/GPa | 23℃ | 1.3 | — | — | |
| 压缩强度/MPa | 平行于流动方向,23℃ | 118 | 240 | 150 | 表中的 PEEK 450G 为纯颗粒的通用等级;PEEK 450CA30 为碳纤强化颗粒的强化等级;PEEK 450FC30 为润滑等级 |
| | 90°于流动方向,23℃ | 119 | 153 | 127 | |
| 泊松比 | 23℃ | 0.4 | 0.44 | — | |
| 硬度 HRM | — | 99 | 107 | | |
| Izod 冲击强度/(J/m²) | 0.25mm,缺口 | 94 | 120 | 90 | |
| | 23℃无缺口,23℃ | 无断裂 | 643 | 444 | |
| 颜色 | — | 原色/浅褐色/黑色 | 黑色 | 黑色 | |
| 密度/(g/cm³) | 结晶态 | 1.30 | 1.40 | 1.44 | |
| | 非结晶态 | 1.26 | — | — | |
| 典型结晶度 | — | 35 | 30 | 30 | |
| 成型收缩率(%) | 流动方向,3mm,170℃ 成型 | 1.2 | 1.0 | 0.3 | |
| | 垂直方向,3mm,170℃ 成型 | 1.5 | 0.5 | 0.5 | |
| | 流动方向,3mm,210℃ 成型 | 1.4 | 1.0 | 0.3 | |
| | 垂直方向,3mm,210℃ 成型 | 1.7 | 0.5 | 0.6 | |
| 拉伸伸长率(%) | 流动方向,6mm,170℃ 成型 | 1.7 | 0.2 | 0.4 | |
| | 垂直方向,6mm,170℃ 成型 | 1.8 | 0.6 | 0.7 | |
| | 流动方向,6mm,210℃ 成型 | 2.0 | 0.2 | 0.4 | |
| | 垂直方向,6mm,210℃ 成型 | 2.2 | 0.7 | 0.7 | |

（续）

| 特性 | 状态 | PEEK 450G | PEEK 450CA30 | PEEK 450FC30 | 说明 |
|---|---|---|---|---|---|
| 吸水性(%) | 24h,23℃ | 0.50 | 0.06 | 0.06 | |
| | 平衡,23℃ | 0.50 | — | — | |
| 熔点/℃ | | 343 | 343 | 343 | |
| 玻璃态转化温度<br>$(T_g)$/℃ | — | 143 | 143 | 143 | 表中的 PEEK 450G |
| 比热容/<br>[kJ/(kg·℃)] | — | 2.16 | 1.8 | 1.8 | 为纯颗粒的通用等<br>级；PEEK 450CA30 为 |
| 线胀系数<br>/$10^{-5}$℃$^{-1}$ | $<T_g$ | 4.7 | 1.5 | 2.2 | 碳纤强化颗粒的强化 |
| | $>T_g$ | 10.8 | — | — | 等级；PEEK 450FC30 |
| 热变形温度/℃ | 1.8MPa | 152 | 315 | >293 | 为润滑等级 |
| 热导率<br>/[W/(m·℃)] | — | 0.25 | 0.92 | 0.78 | |
| 连续使用温度<br>/℃ | 电气 | 260 | 240 | 240 | |
| | 机械(没有冲击) | 240 | 200 | 180 | |
| | 机械(有冲击) | 180 | — | — | |

## 3.4　塑料齿轮材料的匹配（表 5.5-36）

## 3.5　塑料齿轮的失效形式（表 5.5-37）

### 表 5.5-36　最常用塑料齿轮材料的匹配

| 匹配类型 | 效果及应用 |
|---|---|
| 两种聚甲醛齿轮匹配 | 摩擦与磨损没有聚甲醛与淬硬钢齿轮匹配时优良、尽管如此，完全由聚甲醛匹配的齿轮轮系仍获得了广泛的应用(如电器、时钟、定时器等小型精密减速和其他轻微载荷运动型机械传动轮系中)。如果一对啮合齿轮均采用 Delrin 聚甲醛模塑而成，即使采用不同等级，如100与900F 或与500CL 匹配，也不会改进耐摩擦与磨损性能 |
| Delrin 聚甲醛与 Zytel 尼龙匹配 | 在许多场合下能够显著改进耐摩擦与磨耗性能。在要求较长使用寿命场合，这一组合特别有效。当不允许进行初始润滑时，更有优势 |
| 塑料齿轮与金属齿轮匹配 | 凡是两个塑料齿轮匹配的场合，都必须考虑传统热塑性材料导热性差的影响。散热问题取决于传动装置的总体设计，当两种材料都有较强的隔热性时，散热问题要突出考虑<br>如果是塑料齿轮与金属齿轮匹配，轮系的散热要好得多，因而可以传递较高的载荷。塑料齿轮与金属齿轮匹配的轮系运转性能较好，比塑料与塑料匹配齿轮的摩擦及磨耗要轻。但只有当金属齿轮具有淬硬齿面，这种效果会更加突出。一种十分常见轮系的第一个小齿轮被当作电动机驱动轴，直接嵌装入电动机转子体内。由于热量可从电磁线圈和轴承直接传递至驱动轴，会使齿轮轮齿的温度升高，并可能会超过所预设的温度，因此设计人员应该特别重视对电动机的充分冷却问题。受牙形加工工艺限制，在汽车刮水器、摇窗器中均普遍采用金属轧齿或铣齿蜗杆与塑料斜齿轮轮系匹配，这已是一种十分典型的匹配方式 |

### 表 5.5-37　塑料齿轮的失效形式

| | 节点附近断裂 | 齿根附近断裂 |
|---|---|---|
| 失效形式 | 动力传动轮系中塑料齿轮有多种多样的失效形式，其中齿轮轮齿断裂是主要的失效形式。它可分为两类：一是轮齿在节点附近断裂；二是轮齿在齿根附近断裂 | |

（续）

| | 节点附近断裂 | | 齿根附近断裂 |
|---|---|---|---|
| 失效形式 | 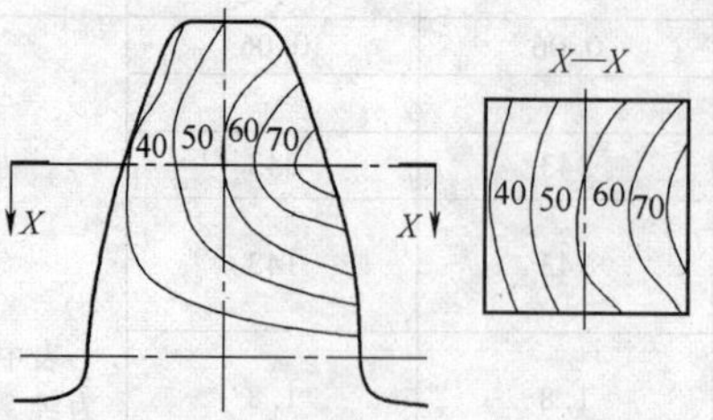 　a) 轮齿节点附近的温度分布（单位：℃） | 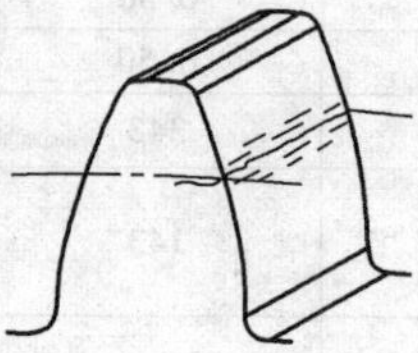 　b) 节点附近断裂 | 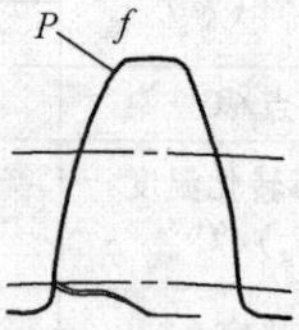 　c) 齿根附近处折断 |
| 失效原因 | 　　在齿轮传动中，齿面摩擦热和材料粘弹性内耗热所引起的轮齿温升分布情况如图 a 所示。在节点附近形成高温区，由于温度的升高，材料的拉伸强度则会明显降低。在这种情况下，危险点不是在齿根部位，而是在节点附近。随着运转次数的增加，危险点附近首先产生点蚀和裂纹，然后逐渐扩展直至节点附近的轮齿断裂。<br>　　当齿轮由中速到高速传递动力时，在节点到最大负荷点之间的区间内，由于材料的高温无法很快释放出去，造成齿面软化而出现点蚀，进而在齿宽中间部位沿轴向产生细小裂纹。随着传动的进行，裂纹向齿宽方向发展，直至两端面，最后引起轮齿在节线附近发生断裂。这种失效多发区因模数、齿数、负荷及其他传动条件的不同而有所差异，但基本上集中在节点附近最大负荷点上下的区域内<br>　　节点附近断裂如图 b 所示，是由于材料的抗热能力差，在啮合过程中轮齿齿面摩擦热和齿面内部粘弹性体材料受到挤压后分子间的内耗热所引起的温升，以及机械负荷共同作用所产生的一种失效形式 | | 　　齿根附近处折断如图 c 所示。当轮齿进入啮合起始点承载时，轮齿齿根处所承受的拉伸负荷（或弯曲负荷）最大。这种拉伸负荷在某一瞬时可能会引发裂纹，并逐渐向体内延伸，直至轮齿断裂。<br>　　这种失效通常发生在高负荷、低速运转的工况下和当齿轮齿根圆角大小、应力过分集中、轮齿抗弯强度不足时 |
| 降低节点处断裂失效的优化设计要点 | 　　轮齿节点附近断裂失效，主要是塑料的耐热能力差所引起的。如何抑制热的生成和将热量迅速扩散出去，是塑料齿轮轮系设计中的重要课题。日本学者通过数百对钢齿轮与滚切加工的塑料齿轮样机传动啮合试验，提出以下塑料齿轮轮齿参数的优化设计意见<br>　　1) 增加齿数 $z$。通过选择比较多的齿数来减少齿根处的滑动速度，降低摩擦热量的生成<br>　　2) 减小模数 $m$。尽量选择小一些的模数值，降低齿面间的相对滑动速度，使每对轮齿的啮合时间缩短，所生成的热量也会有所减少。一般情况下，所选取的模数 $m$ 可上靠标准模数系列推荐值<br>　　3) 控制压力角 $\alpha$。取标准压力角 $\alpha = 20°$，为增大轮系重合度，可选较小的压力角；为增强齿根弯曲强度，可选较大的压力角<br>　　4) 增大齿宽 B。根据轮齿齿根强度的需要，可适当增大<br>　　5) 选用钢蜗杆。钢蜗杆与塑料蜗轮（或斜齿轮）组合比塑料蜗杆与塑料蜗轮（斜齿轮）组合的效果更佳 | | |

# 4　塑料齿轮的制造

## 4.1　塑料齿轮的加工工艺（表 5.5-38）

### 4.2　注射机及其辅助设备

#### 4.2.1　注射机

　　注射机的类型、特点和参数见表 5.3-39。

**表 5.5-38　塑料齿轮的加工工艺**

| 滚切加工 | 应用场合 | 　　在小批单件或精度要求较高塑料齿轮的生产中，常采用滚切加工工艺。通过滚切加工的齿轮齿根的材料组织结构已经改变，在齿根较小的圆角处的弯曲强度会有所降低。因此，这类塑料齿轮一般多用于仪器仪表中载荷较轻的精密运动传动。为了节省试验成本，采用滚切加工的塑料齿轮，用作用力传动轮系的原型进行型式试验是不合适的。因为这类齿轮轮齿的失效，并不能全面反映同类模塑齿轮的真实工作特性 |
|---|---|---|

（续）

| 滚切加工 | 注意事项 | 1）采用滚切加工的塑料齿轮的精度,比模数齿轮一般要提高 1~2 级<br>2）采用齿宽较大的聚甲醛模塑坯件进行滚切加工的齿轮（或蜗轮）,其模数不可太大,因为在坯件体内存在许多大大小小的真空缩孔,这类孔洞很可能就出现在轮齿根部或附近,因即降低了轮齿的强度。如果有充分理由必须采取这种工艺,则必须在模塑后留有足够的滚切裕量<br>3）在滚切加工塑料齿轮时,公法线长度尺寸是较难控制的。由于尼龙或聚甲醛的质地柔韧,在切削加工中,刀刃摩擦会产生大量切削热,使齿部出现热膨胀。这种齿轮在加工中,其公法线长度误差的分散性较大,特别是搁置一段时间后公法线长度还要膨胀许多<br>4）对玻璃纤维增强齿轮加工时,其材质对滚刀刀刃的磨损更为严重,在大批量生产中常采用硬质合金滚刀 |
|---|---|---|
| 模塑成型 | 工艺特性及影响 | 塑胶在模塑成型过程中,在齿轮根圆角处会形成应力集中区,这类应力会导致轮齿齿根圆角的弯曲强度降低;齿轮齿根圆角半径越小,轮齿的弯曲强度越低。现将这种情况的出现和所造成的影响,通过图 a 中的塑胶熔体流程路线分别描述如下:<br>当塑胶熔体注入模腔齿槽时,熔体流程方向主要取决于流动过程中所产生的切应力。当绕过小凸圆角的流程或流速骤变时,这一类突变齿轮齿根圆角形状对模塑齿轮轮齿成型的影响过程（会在型腔齿槽表面附近造成不规则的流动现象,与湍流现象类似但不等同）如图 a 左所示。此处的熔体就地迅速凝固,后果是使模塑齿轮齿根小圆角处因内应力过分集中而降低了轮齿弯曲强度。此后,由于时间、温度、潮湿或在化学环境下使用等影响,使得这种应力逐渐释放出来,从而导致齿轮几何尺寸和精度发生变化 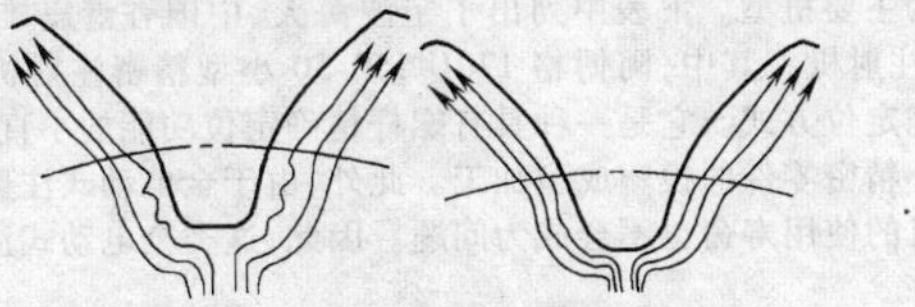<br><br>a) 齿根圆角形状对型腔内塑胶熔体流动的影响 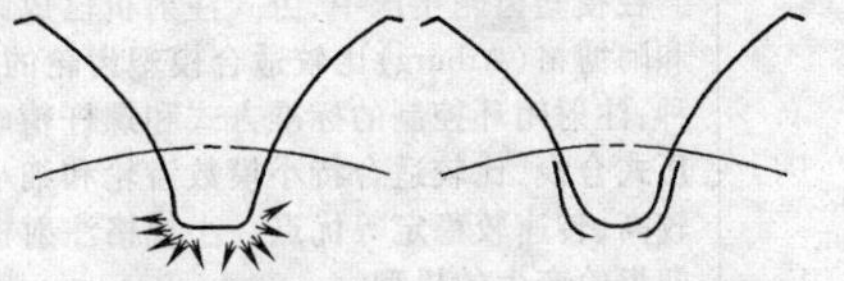　　　b) 齿根圆角形状对齿轮齿根表层内塑胶纤维排列定向的影响 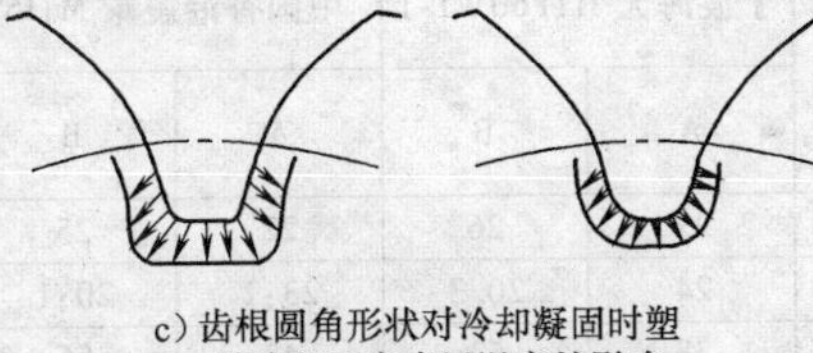<br>c) 齿根圆角形状对冷却凝固时塑胶齿根圆角表层温度的影响<br>对于纤维增强塑料,这种类型的注射流动需要引起注意。如果模塑齿轮的齿根为全圆弧,塑料熔体注入模腔齿槽时,塑胶熔体流程的型式呈平滑连续流动过程,型腔齿根大凸圆角表面附近材料中的纤维会顺应流程方向呈流线式排列。但是,如果熔体流过的型腔齿根是较尖的小凸圆角,则纤维会呈小凸圆角径向排列,如图 b 左所示。这样的纤维排列状况不但不能对轮齿齿根小圆角起到增强作用,反而降低了齿轮的弯曲强度,甚至给轮齿埋下断裂失效隐患。再者,纤维排列定向不良,还会造成塑件收缩不均和几何尺寸不良等后果 |
| | 注意事项 | 1）有利于塑胶熔体在型腔内冷却均匀的设计,对模塑尺寸温度和低应力的塑件是十分重要的。型腔齿根小凸缘角处,对塑胶熔体的流动如同"尖角",在其型腔表面会形成一片沿导热路径呈狭窄的区域,如图 c 所示。所造成的后果是在邻近的塑胶熔体凝固时,成为过热区域。如果型腔齿根小凸缘圆角如同"尖角",也会出现类似的导热不良问题,从而引起此区域内的温度升高,使得上述情况进一步加剧。塑件体内冷却速率不均所产生的收缩力,会使齿轮轮齿齿根附近形成空隙或局部应力高度集中。此外,这类不受控制、不稳定的应力,会使齿轮轮齿齿廓产生不可预测的几何变形<br>2）齿根圆角如果是全圆弧半径,便可降低轮齿圆角处塑胶的温差和由此产生的收缩应力,减轻齿廓变形及对轮齿弯曲强度所造成的损失 |

### 表 5.5-39　注射机的类型、特点和参数

| 类　型 | 特　点 |
|---|---|
| 立式注射机 | 国内已有多家民营、合资或外资立式注射机生产厂家,主要生产双柱、四柱螺杆式立式系列注射机。此外,还有双滑板式、角式注射和转盘式立式注射机。由于齿轮零件一般为小型塑件,因此应以选择小型机为主。注射成型带金属嵌件的汽车用齿轮(如雨刮电机斜齿轮),应选用双滑板式、转盘式注射机,可大幅度提高生产效率 |
| 卧式注射机 | 随着塑料制品多样化市场需求越来越大,注射机设备的升级换代也越来越快。以前,国内生产的注射机主要是全液压式,由于环保和节能要求,以及伺服电动机的成熟应用和价格的大幅度下降,近年来全电动式的精密注射机也越来越多 |
| | **全液压式注射机**　在成型精密、形状复杂的制品方面有许多独特的优势,它从传统的单缸充液式发展到现在的两板直压式。其中以两板直压式最具代表性,但其控制技术难度大,机械加工精度高,液压技术也难掌握 |
| | **全电动式注射机**　有一系列的优点,特别是在环保和节能方面具有优势。由于使用伺服电动机注射控制精度较高,转速也较稳定,还可以实现多级调节。但全电动式注射机的使用寿命上不如全液压式注射机长,而全液压式注射机要保证精度就必须使用带闭环控制的伺服阀,而伺服阀价格昂贵,使这类注射机的成本提升 |
| | **电动-液压式注射机**　它是集液压和电驱动于一体的新型注射机。它融合了全液压式注射机的高性能和全电动式的节能优点。这种复合式注射机已成为注射机技术的发展方向。由于在注射成型产品的成本构成中,电费占了相当大的比例,依据注射机设备工艺的需求,注射机液压泵马达的耗电占整个设备耗电量的比例高达 50% ~65% ,因而极具节能潜力。设计与制造新一代"节能型"注射机就成为了迫切需要关注和解决的问题 |
| | 在模塑齿轮生产中,卧式注射机已成为主要机型。下表中列出了宁波海天、中国香港震雄、德国德马格(Demag)和阿博格(Arburg)比较适合模塑齿轮的注射机。其中,阿博格 170U 150-30 小型精密注射机的注射控制方式有两种:注射闭环控制的标准方式和螺杆精确定位方式。它是一种具有螺杆精确定位功能的小直径螺杆注射机,采用直压式合模,比较适合特小模数齿轮和细小精密零件的模塑成型加工。此外,由于全电动式注射机具有注射控制精度较高、转速较稳定等优点,小规格注射机的使用寿命也不会成为问题。因此,这类全电动式注射机也是比较适合模塑齿轮产生的机型 |

| 项目 | 宁波海天 HTF60W1-1 | | 中国香港震雄 MJ35 | | 德国德马格 Ergotech35-80 | 日本东芝 EC40C Y | 德国阿博格 170U 150-30　30(双泵、欧标) |
|---|---|---|---|---|---|---|---|
| | A | B | A | B | | | |
| 螺杆直径/mm | 22 | 26 | 22 | 25 | 18 | 22 | 15/18 |
| 螺杆长径比(L/D) | 24 | 20.3 | 23:1 | 20:1 | 20 | 20 | 17.7/14.5 |
| 理论容量/cm³ | 38 | 53 | 43 | 55 | 23 | 38 | 10.6/15.3 |
| 注射量/g | 35 | 48 | 40 | 50 | 20 | 35 | 9.5/14 |
| 注射压力/MPa | 266 | 191 | 225 | 174 | 280 | 258 | 220/200 |
| 螺杆转速/(r/min) | 0 ~230 | | 0 ~200 | | | 420 | 357 ~430 |
| 合模力/kN | 600 | | 350 | | 350 | 400 | 150 |
| 开模行程/mm | 270 | | 230 | | — | 250 | 200 |
| 拉杆内距/mm | 310 ×310 | | 280 ×260 | | 280 ×280 | 320 ×320 | 170 ×170 |
| 最大模厚/mm | 330 | | 300 | | | 320 | 350 |
| 最小模厚/mm | 120 | | 80 | | 180 | 150 | 150 |
| 顶出行程/mm | 70 | | 60 | | 100 | 60 | 75 |
| 顶出力/kN | 22 | | 27 | | 26 | 20 | 16 |
| 顶出杆根数/根 | 1 | | — | | | 3 | — |
| 最大油泵压力/MPa | 16 | | 17.0 | | — | — | 21.0 |
| 油泵马达/kW | 7.5 | | 5.5 | | 7.5 | — | 7.5 |
| 电热功率/kW | 4.55 | | 4.2 | | 5 | 3.9 | — |
| 外形尺寸(长×宽×高)/m | 3.64 ×1.2 ×1.76 | | 3.0 ×1.0 ×1.6 | | 3.3 ×1.2 ×2 | 3.4 ×1.1 ×1.6 | 2.64 ×1.17 ×1.17 |
| 重量/t | 2.3 | | 1.6 | | 2.6 | 2.6 | 1.65 |
| 料斗容积/kg | 25 | | — | | 35 | — | 8 |
| 油箱容积/L | 210 | | 105 | | 140 | | 120 |

国内外几种小型注射机的主要参数

（续）

| 类 型 | 特 点 |
|---|---|
| 精密齿轮对注射机的要求 | 塑料齿轮的尺寸小、公差要求严,属于精密注射成型类型产品。因此,对其注射机及其周边设备有较高的技术要求<br>1)机床的刚性好,锁模、射出系统选用全闭环控制,确保机械运动稳定性和重复性精度。开、合模位置精度要求:开模≤0.05mm,合模≤0.01mm<br>2)注射压力、速度稳定,注射位置精度(保压终止点)≤0.05mm,预塑位置精度≤0.03mm,每模生产周期的误差≤2s<br>3)定、动模板平行度:锁模力为零或锁模力最大时,平行度≤0.03mm。由于结构原因,直压式机的模版平行度要高于曲臂式机<br>4)选用双金属螺杆、机筒,聚甲醛改性材料应选用不锈钢双金属螺杆、机筒。机筒、螺杆的温控精度≤±3℃<br>5)小尺寸齿轮和蜗杆应选用锁模力较小的小直径螺杆机型,而且应缩短熔料在机筒中的停留时间,避免机筒内熔料出现高温降解等问题 |

### 4.2.2 辅助设备配置

用来模塑精密塑件的注射机,周边辅助设备种类繁多,有模温机、干燥机和除湿干燥机、冷水机、真空中央供料系统、热流道温控计和机械手等。其中,最重要的是模温机和除湿干燥机,其基本介绍见表5.5-40。

表 5.5-40 模温机和除湿干燥机

<table>
<tr><td colspan="2">分类</td><td colspan="6">分为水式普通型(室温 5 ~180℃)和油式高温型(室温 +5 ~350℃)模温机两大类</td></tr>
<tr><td rowspan="13">模温机</td><td>功能</td><td colspan="6">模温机是专为控制磨具温度而设计的,在注射加工之前,能使模具迅速达到所需温度并保持稳定。在塑料齿轮大量生产中,由于齿轮的尺寸精度和力学性能要求,模塑成型过程中的塑胶熔体的注射温度和模具型腔温度必须保持稳定,因此模温机是确保模具型腔温度稳定必不可少的周边设备。此外,结晶型聚合物必须达到材料自身玻璃态转化温度,才能开始结晶。为了加快结晶的进程,还必须有足够高的模具温度才能保证材料在短时间内的充分结晶,否则塑件在使用过程中,由于温度升高到玻璃态转化温度,材料又将发生二次结晶而导致齿轮尺寸的变化。根据材料的物性要求,可选择不同功能的模温机为模具型腔提供足够高的模具温度</td></tr>
<tr><td>主要技术要求</td><td colspan="6">1)温度传感器探头应安装在型腔体内,便于对模温的优化控制<br>2)模温机与机床控制系统通信,实现对模温机故障实时报警<br>3)模温机内存少量水(3L),传热快,调节稳定<br>4)模具的温控精度要求 ±1℃<br>5)模温机具有流量监视功能</td></tr>
<tr><td rowspan="5">几种常用齿轮材料注射成型的模温要求</td><td>材料牌号</td><td>组织结构</td><td>玻璃态转化温度 $T_g$/℃</td><td>熔融温度(熔点温度)/℃</td><td>热变形温度/℃(1.8/MPa)</td><td>模具温度/℃</td></tr>
<tr><td>POM 100P</td><td>部分结晶</td><td>-70</td><td>(178)</td><td>95</td><td>80 ~120</td></tr>
<tr><td>PA66 101LNG010</td><td>部分结晶</td><td>50</td><td>(262)</td><td>65</td><td>60 ~100</td></tr>
<tr><td>PA46 TW341</td><td>部分结晶</td><td>78</td><td>295 ~300</td><td>190</td><td>80 ~120</td></tr>
<tr><td>PEEK 450G</td><td>部分结晶</td><td>143</td><td>370 ~390</td><td>152</td><td>175 ~190</td></tr>
<tr><td>模温机的选用</td><td colspan="6">根据上表中的前三种材料模塑成型所需模具温度要求,可选用水式模温机;而 PEEK 450G 材料应选用油式高温模温机。根据模塑成型蜗杆的特殊需要,还可采用双温模温机</td></tr>
<tr><td rowspan="2">除湿干燥机</td><td>功能</td><td colspan="6">任何热塑性材料都有不同程度的吸湿性。其中,尼龙类材料的吸湿性较强,聚甲醛的吸湿性极小。塑料中的水分对模塑成型十分有害:一是在塑件体内要出现气体缩孔;二是在高温下材料易发生降解,降低组织结晶和塑件的强度。因此,高性能塑料要求在注射前进行除湿干燥处理。采用稳定性高的低露点干燥风(-32℃以下),搭配合适的干燥温度才能保证最终塑料的含湿率降低到 0.2% 以下。经过除湿干燥的塑料模塑成型的产品,具有最佳的物理性质及表面质量。某些除湿干燥机,由于其密闭循环系统可以给出低至 -50℃以下的低露点干燥风,能促进塑料快速释放体内水分至干燥风。经干燥风除湿处理后的塑料可以有效地避免塑件浇口处出现缩水、银纹或凹坑等缺陷</td></tr>
</table>

（续）

| | | 材料牌号 | 吸水率(23℃,24h)（%） | 热风干燥机干燥 | | 除湿干燥机（露点 -40℃）干燥 | | 除湿干燥后的含水量(%) |
|---|---|---|---|---|---|---|---|---|
| | | | | 温度/℃ | 时间/h | 温度/℃ | 时间/h | |
| 除湿干燥机 | 几种齿轮材料的除湿干燥要求 | POM 100P | 0.28 | 未受潮不干燥 | | 未受潮不干燥 | | <0.2 |
| | | | | 100 | 4 | — | — | |
| | | PA66 10 1LNC010 | 1.2 | 未受潮不干燥 | | 未受潮不干燥 | | <0.2 |
| | | | | 80 | 2～4 | — | — | |
| | | PA46 TW341 | 3.7 | 115 | 8 | 80 | 6 | <0.2 |
| | | | | 120 | 6 | 85 | 4 | |
| | | PEEK 450G | 0.50 | — | — | 150 | 3 | <0.2 |
| | | | | — | — | 150 | 2 | |

## 4.3  齿轮注射模的典型结构

在塑料齿轮制造中，注射模的设计与制造是最重要的环节。齿轮注射模的结构与其他塑件一样，同样具有支承、成型、导向、顶出、流道和温控六大系统。由于齿轮的尺寸精度和质量要求较高，因此在型腔、浇口、排气已经冷却水道的设计上，会有较大的不同。此外，模具定、动模型腔的精定位系统也十分重要。这里仅介绍几种塑料齿轮的典型结构，见表 5.5-41。

表 5.5-41   齿轮注射模的典型结构

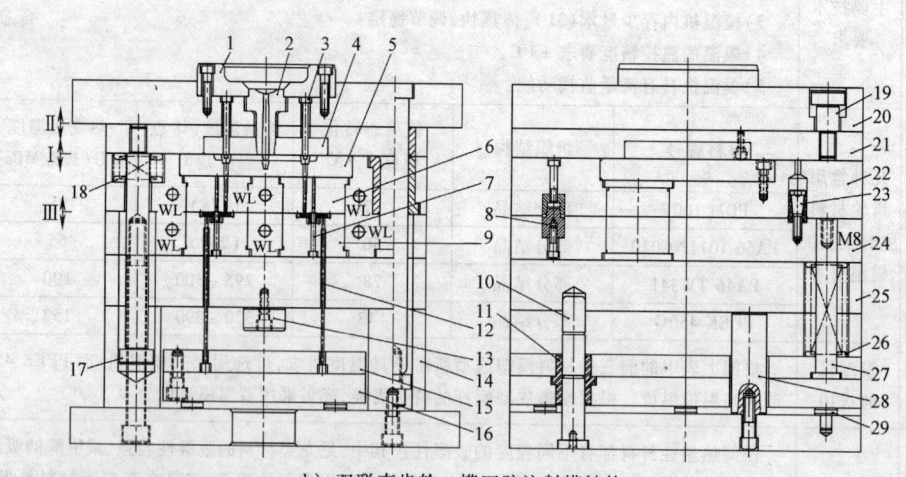

| | 大齿轮 | | 小齿轮 | |
|---|---|---|---|---|
| 齿轮参数和产品图 | 模数 $m$ | 0.8 | 模数 $m$ | 0.8 |
| | 齿数 $z_1$ | 29 | 齿数 $z_2$ | 9 |
| | 齿形角 $\alpha$ | 20° | 齿形角 $\alpha$ | 20° |
| | 变位系数 $x_1$ | -0.5 | 变位系数 $x_2$ | 0.5 |

a）双联齿轮产品

图 a 所示为 POM-M90 塑料双联齿轮产品图，齿轮参数见右上表

b）双联直齿轮一模四腔注射模结构

1—定位圈  2—浇口套  3—拉料销  4—脱料板镶件  5—流道镶件  6—定模镶件  7—型芯  8—尼龙锁模器  9—动模镶件  10—推板导柱  11—推板导套  12—顶杆  13—限位柱  14—垫块  15—顶杆固定板  16—顶板  17—拉杆  18、26—弹簧  19—定距拉杆  20—定模座板  21—脱料板  22—定模板  23—尼龙锁模器  24—动模板  25—支承板  27—复位杆  28—支承柱  29—垃圾钉

（续）

| | | |
|---|---|---|
| 双联直齿轮注射模 | 工作循环 | 当塑料熔胶注射填充完成之后,动模(下模)部分在注塑机座板后退拖动下,开始按一下步骤进行开模分型和顶出脱模<br>　1)第Ⅰ次分型。在弹簧 18 的作用下,脱料板 21 与定模板 22 开始分型,由于拉料销 3 的作用,主流道(凝料)被暂时固定在脱料板 21 上,点浇口被拉断并与塑件分离<br>　2)第Ⅱ次分型。模具开模一定距离后,在尼龙锁模器 23 和拉杆 17 的作用下,脱料板与定模座板 20 开始分离,将主流道从浇口套 2 和拉料销上脱离出来<br>　3)第Ⅲ次分型。模具机械开模,在拉杆 17 的作用下,定模板 22 与动模板 24 开始分型,开模到一定距离之后,注射机座板停止运动<br>　4)注射机的顶出机构推动顶板 16 并带动顶杆 12 将塑件向前推动,从而使塑件从齿轮型腔中顶出脱模<br>　5)塑料齿轮脱模后,注射机的顶出机构带动推杆回退,模具顶出机构在弹簧 26 和复位杆 27 的作用下复位。模具合模,并开始进入下一个工作循环 |

## 齿轮参数和产品图

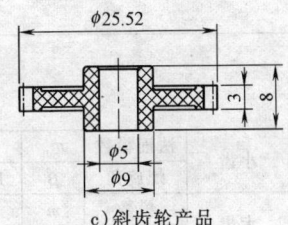

c) 斜齿轮产品

| 模数 | $m$ | 0.75 |
|---|---|---|
| 齿数 | $z$ | 30 |
| 齿形角 | $\alpha$ | 20° |
| 变位系数 | $x_B$ | 0.156 |
| 螺旋角 | $\beta$ | 15° |

　　图 c 所示为 PA66（101LNC010）斜齿轮产品图，齿形参数见右上表，其中未标注有关斜齿轮尺寸公差和位置度要求

## 斜齿轮注射模

斜齿轮一模二腔注射模结构图

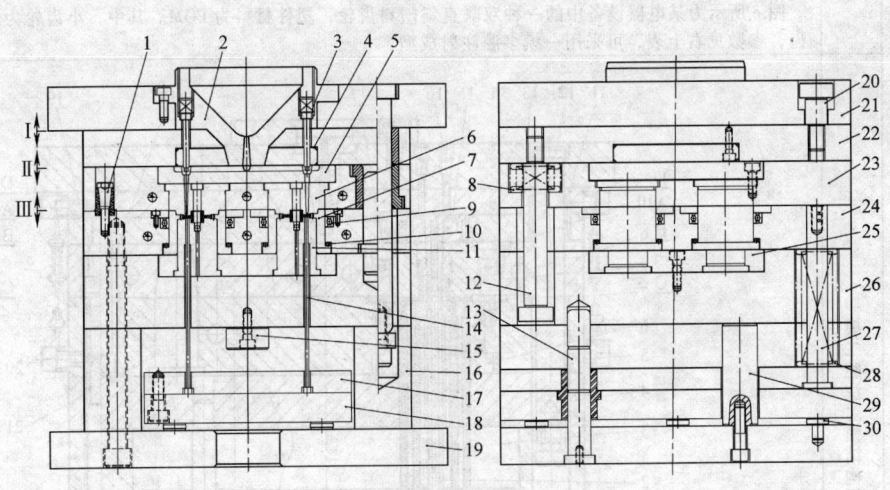

d) 斜齿轮一模二腔注射模结构

1—尼龙锁模器　2—定位圈　3—拉料销　4—脱料板镶件　5—流道镶件　6—定模镶件　7—斜齿轮型腔
8、28—弹簧　9—轴承　10—钢珠　11—动模镶件　12—拉杆　13—推板导柱　14—顶杆　15—限位柱
16—垫块　17—顶杆固定板　18—顶板　19—动模座板　20—定距螺钉　21—定模座板　22—脱料板
23—定模板　24—动模板　25—型芯固定座　26—支承板　27—复位杆　29—支承柱　30—垃圾钉

（续）

| | | |
|---|---|---|
| 斜齿轮注射模 | 工作循环 | 　模具结构如图 d 所示，为一模二腔的三板式注射模。采用锥度精度定位装置，尼龙锁模器，顶板配有导柱、导套，设置有垫板支承柱，模具结构紧凑，工作运行可靠。在注射开模过程中，各模板的分型顺序，也与双联直齿轮注射模基本相似。该模具的主要特点是斜齿轮型腔 7 安装在轴承 9 内，在型腔下端凸台与定模模板凹坑直径还有带保持圈的一组钢球起止推作用。斜齿轮型腔与动模镶件 11 配合孔之间要有微量的过盈，保证在推杆顶出脱模过程中齿轮型腔能灵活转动。斜齿轮注射模的工作过程如下<br>　当塑料熔胶注射完成后，模具动模部分在注射机座板后退拖动下，开始按以下步骤进行开模分型和顶出脱模<br>　1）第Ⅰ次分型。在弹簧 8 的作用下，脱料板 22 与定模板 23 之间开始分型，在拉料销 3 的作用下，主流道（凝料）被暂时固定在脱料板上，点浇口被拉断与塑件分离<br>　2）第Ⅱ次分型。模具开模一定距离后，在尼龙锁模器 1 和拉杆 12 的作用下，脱料板与定模座板 21 之间开始分离，将主流道（凝料）从浇口套和拉料销 3 上脱离出来<br>　3）第Ⅲ次分型。模具继续开模，在拉杆 12 的作用下定模板与动模板 24 开始分型，开模到一定距离后，注塑机座板停止运动<br>　4）注射机的顶出机构推动顶板 18，带动顶杆 14 将塑件推动。此时，塑件斜齿轮对型腔内齿轮产生一个与齿槽螺旋齿面的沿圆柱面的法向推力，使齿轮型腔相随塑件的旋转运动，从而将塑料斜齿轮顺利顶出脱模。斜齿轮脱模后，注射机顶出机构带动推杆回退，模具顶出机构在弹簧 28 的作用下复位。模具合模，并开始进行下一个工作循环 |

| 齿轮参数和产品图 | |
|---|---|

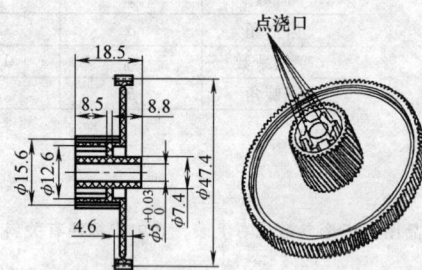

| 小齿 | 法面模数 | $m_n$ | 0.4 | 斜齿 |
|---|---|---|---|---|
| | 螺旋角 | $\beta$ | 18.4° | |
| 大齿 | 模数 | $m$ | 0.4 | 直齿 |
| | 齿形角 | $\alpha$ | 20 | |

e）双联直斜齿轮产品

　图 e 所示为某电器设备中的一种双联直斜塑料齿轮，塑件材料为 POM。其中，小齿轮为斜齿，大齿轮为直齿，参数见右上表，可采用一模多腔注射成型

双联直斜齿轮注射模　一模二腔注射模结构图

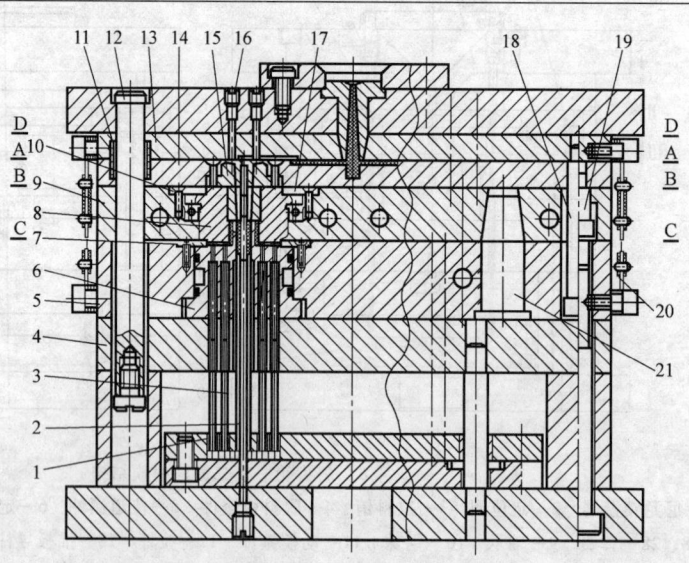

f）双联直斜齿轮一模二腔注射模结构

1—推杆　2—推管　3、6—型芯　4—支承板　5—动模板　7—直齿轮型腔镶件　8—斜齿轮型腔拼块
9—定模板　10—压板　11—弹簧　12—拉杆导柱　13—推杆板　14—分流道镶件固定板　15—分流道镶件
16—拉料杆　17—球轴承　18、19—定距螺钉　20—链条　21—锥形导柱　A、B、C、D—分型面

（续）

| 双联直斜齿轮注射模 | 工作循环 | 　　模具结构如图 f 所示,为一模二腔注射模。塑料熔体进入型腔的分流道采用六等分的点浇口形式,点浇口的进料位置设置在 6 条加强肋的半圆中心,点浇口拉断后不需休整,有利于自动化生产。分流道转折的外侧设置有 6 根拉料杆 16,以减小塑料熔体的流动阻力<br>　　双联直/斜齿轮注射模的工作过程:当塑料熔胶注射填充完成之后,动模部分在注射座板后退拖动下,开始按一下步骤进行开模分型和顶出脱模<br>　　1)第Ⅰ次分型(A)。在弹簧 11 作用下,推料板 13 与分流道镶件固定板 14 开始分离:在定距螺钉 18 的限位下,两板开模较大距离。由于拉料杆 16 的作用,主流道(凝料)被暂时固定在脱料板上,点浇口被拉断并与塑件分离<br>　　2)第Ⅱ次分型(B)。继续开模一定距离后,在定距螺钉 19 的作用下,分流道镶件固定板 14 与定模板 9 开始分开小段距离,使环形型芯(未标注)先从小斜齿轮塑件中拔出<br>　　3)第Ⅲ次分型(C)。继续开模一定距离后,在长拉杆导柱 12 的作用下,定模板 9 与动模板 5 开始分离;小斜齿轮从处于自由旋转状态的斜齿轮型腔拼块 8 中先完成脱模<br>　　4)第Ⅳ次分型(D):继续开模一定距离后,在链条 20 的拉动下,推料板 13 与定模座板(未标注)分离,将主流道(凝料)从推管 2 和拉料杆 16 上脱离出来<br>　　5)开模到设定距离之后,注射机座板停止运动<br>　　6)注射机的顶出机构推动顶板(未标注)并带动推杆 1 和推管 2 将塑件向前推动,从而使塑件从直齿轮型腔 7 中顶出脱模<br>　　7)塑料齿轮脱模后,注射机的顶出机构带动推杆回退,模具顶出机构在弹簧和复位杆(均未标注)的作用下复位。模具合模,并开始进入下一个工作循环 |
| --- | --- | --- |

| 蜗杆注射模 | 蜗杆参数和产品图 | 　　蜗杆齿形参数和产品结构,如图 g 所示。蜗杆材料为 DuPont Delrin 100P(黑色)。该蜗杆结构的主要特点是心部为 $\phi1.4^{+0.025}_{-0}$ 通孔,一端有外径与蜗杆大径相同的凸台将螺纹封闭。因此,蜗杆在注射成型后只能朝封闭端旋转脱模<br>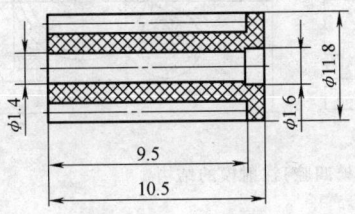<br>　　　　　　　　g）蜗杆产品图<br><br>表（右侧）<br>模数 $m$ 0.4<br>头数 $z$ 1<br>齿形角 $\alpha$ 20°<br>分度圆直径 $d$ $\phi4.4$<br>螺旋角 $\beta$ 5.19443° |
| 蜗杆注射模 | 工作循环 | 　　蜗杆注射模结构如图 h 所示, 它是一模四腔模具。该注射模的主要特点是模塑蜗杆在型腔旋转的驱动上朝下 (凸台端) 退出脱模。蜗杆注射模的工作过程如下<br>　　当塑料熔胶注射填充、保压和冷却完成后,模具动模部分在注射机座板回退拖动下,只有一次开模分型蜗杆的退出脱模靠齿轮传动系统选择蜗杆型腔来完成<br>　　当上下模板开模到一定距离后,拨块与微动行程开关分离,起动电动机开始工作。电动机通过一对齿轮副带动蜗杆选择,蜗杆驱动斜齿轮和前端带有小螺纹型芯的中心轴旋转,中心轴上的斜齿轮又通过 4 斜齿轮带动型芯轴和蜗杆型腔一起转动,从而实现中心轴和型芯轴做反向同步旋转。这样就通过小螺纹型芯和蜗杆型腔做同步转动将与分流道 (凝料) 连成一体的模塑蜗杆从型腔中强制退出。当电动机运转 4s 后,延时继电器断开,电动机即停止转动,蜗杆的退出脱模运动完成。至此, 模具合模,开始下一个工作循环 |

心部产品尺寸：$\phi1.4$　$\phi1.6$　$\phi11.8$　9.5　10.5

（续）

<table>
<tr><td rowspan="2">蜗杆注射模</td><td>一模四腔注射模结构图</td><td>
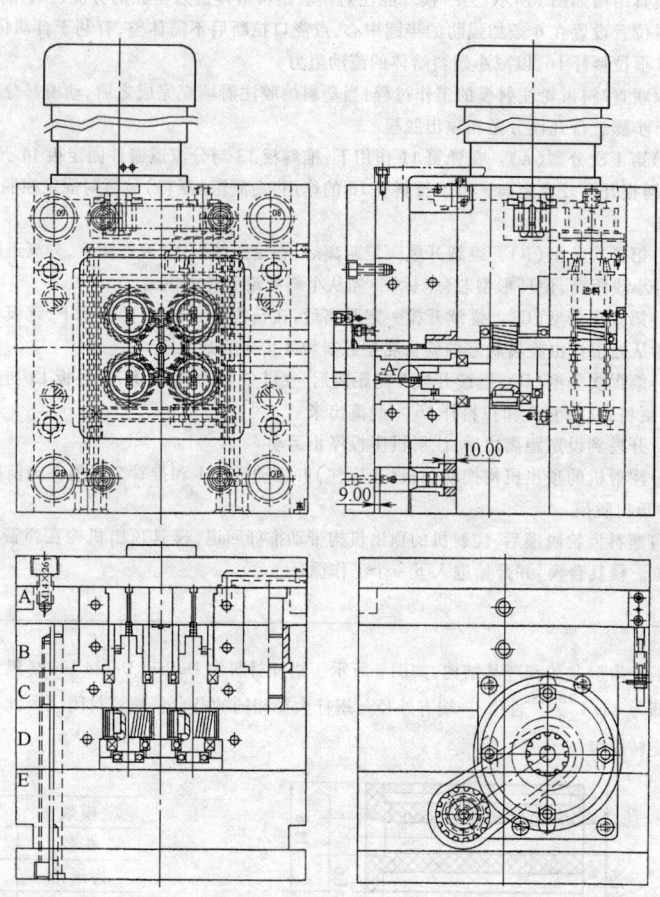

h)蜗杆(一模四腔)注射模的结构

该蜗杆注射模的强制退出脱模设计方式独特,为简化模具结构和实现二板式设计创造了有利条件。在蜗杆强制退出脱模过程中,图 i 所示的分流道(凝料)起了支架作用。为了保证 4 件模塑蜗杆顺利实现朝上退出脱模,要求小螺纹型芯的螺纹旋向与型腔螺纹相反,但牙距(或导程)相等

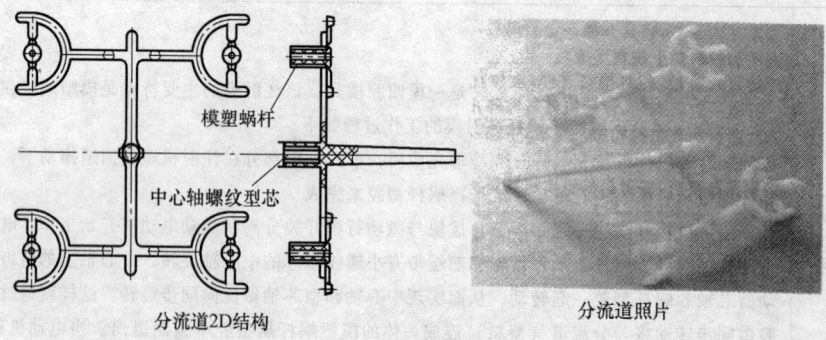

分流道2D结构　　　　　　分流道照片

i)分流道(凝料)结构
</td></tr>
</table>

（续）

蜗杆参数和产品图

高精度、高速传动用蜗杆多采用整体型腔注射成型,而精度要求不高的运动型传动用蜗杆,为了提高生产效率,多采用滑块式型腔。本模塑蜗杆结构和齿形参数尺寸如图 j 所示。齿轮材料为 POM-M90(黑色)

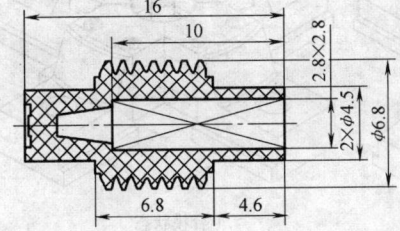

右旋蜗杆齿形参数

| 模数 | $m_n$ | 0.4 |
|---|---|---|
| 头数 | $z_1$ | 1 |
| 齿形角 | $\alpha$ | 20° |
| 分度圆直径 | $d$ | $\phi 5.96$ |
| 导程角 | $\gamma$ | 3.84825° |

j) 蜗杆-斜齿轮产品图

四滑块式蜗杆注射模结构

蜗杆注射模结构如图 k 所示,为一模二腔模具。该注射模的主要特点是蜗杆型腔为四滑块结构,在三次开模分型后,机床顶出机构顶杆向前推动顶板,顶板上复位杆向前推动活动动模板,通过动模板将蜗杆从方形芯上强行推出脱模。本蜗杆注射模的工作过程如下

当塑料熔胶注射填充、保压和冷却完成后,模具动模部分在注射机座板后退带动下,开始按以下步骤开模分型

1) 第 I 次分型。在弹簧的作用下,脱料板与定模板开始分型,在拉料销的作用下,主流道(凝料)被暂时固定在脱料板上,点浇口被拉断与产品分离

2) 第 II 次分型。模具开模一定距离后,在尼龙锁模器和拉杆的作用下,脱料板与动模座板开始分离,将主流道从浇口套中和拉料销上脱离下来

3) 第 III 次分型。模具继续开模,在拉杆的作用下,定模板与动模板之间开始分型,滑块在斜导柱的作用下向外滑移。开模一定距离后,注射机座板即停止运动

4) 注射机的顶出机构推动顶板,带动复位杆将 B 板向前推动,从而将塑料制品可从型芯上脱离。此时用机械手将产品取出

5) 制品脱模后,注射机的顶出机构带动推杆回退,模具顶出机构在复位弹簧的作用下复位。模具合模,开始下一个循环

工作循环

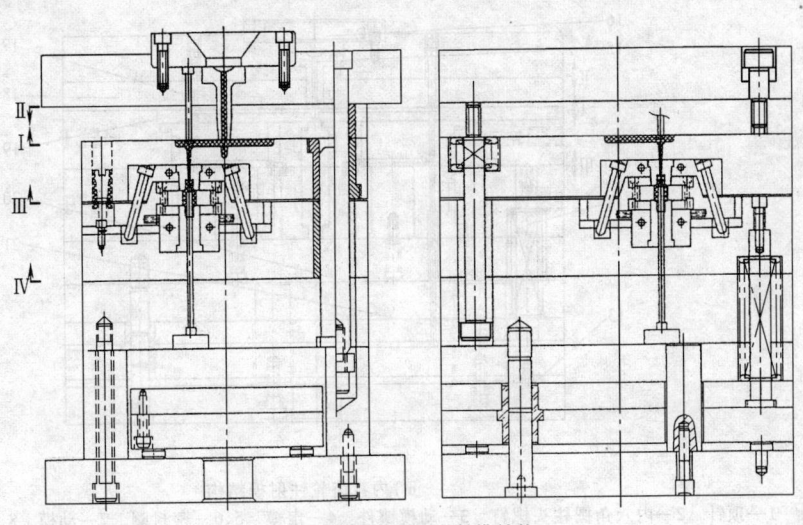

k) 四滑块式蜗杆注射模结构

（续）

四滑块式蜗杆注射模结构

一模二腔注射模结构图

本注射模采用了如图 l 所示的四滑块蜗杆型腔结构

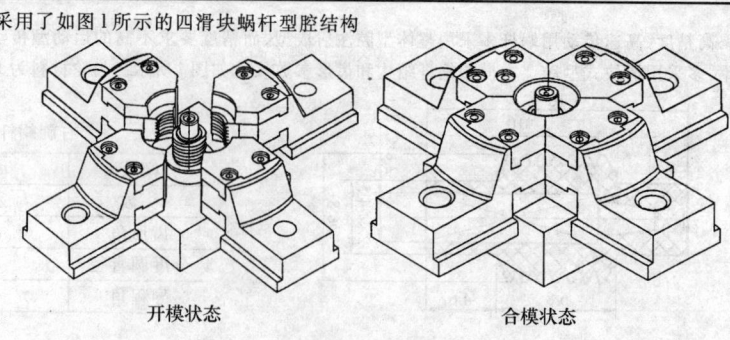

开模状态　　　　　　　　　　合模状态

1）四滑块的合模与开模状态

本内齿轮注射模结构如图 m 所示，为点浇口、一模二腔、三板式结构，与大多数外齿轮注射模结构基本相同，不同之处在于外齿轮齿圈有齿轮型腔成型，而内齿轮由动模镶件 3 成型。此外，本模具由于产品结构尺寸较大，定模 4 型腔和动模 7 型腔都采用了封闭式的环型运水流道，还采用了精定位导柱-导套装置和独立的分流板 19。内直齿轮注射模的工作过程如下

内直齿轮注射模

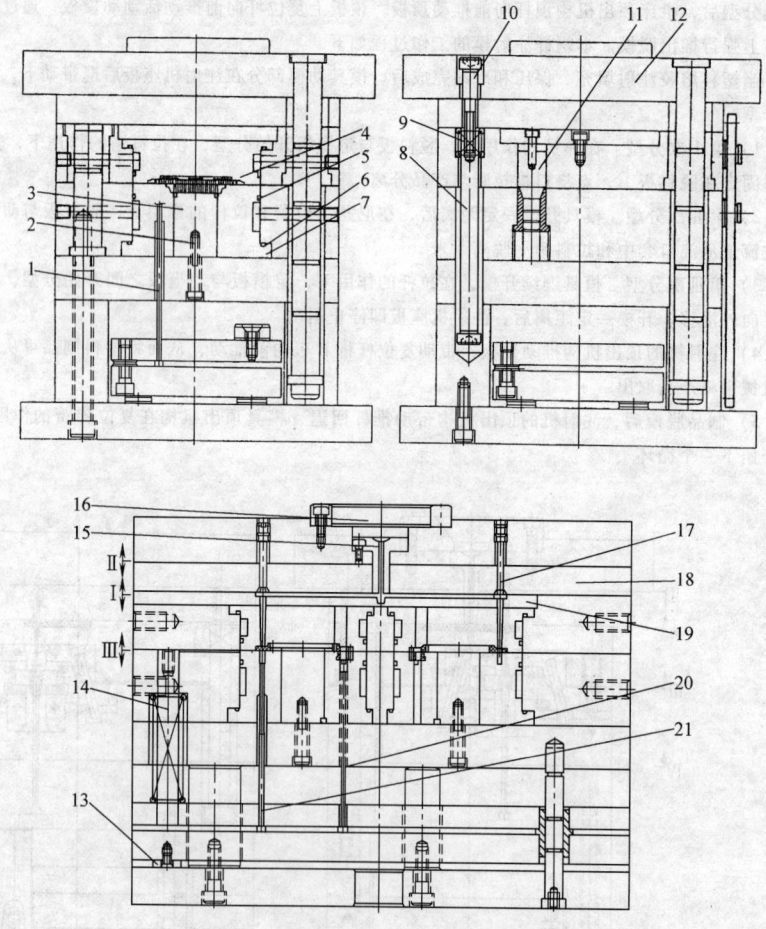

m）内直齿轮注射模结构

1—顶针　2—内六角圆柱头螺钉　3—动模镶件　4—定模　5、6—密封圈　7—动模　8、10—小拉杆-A 型
9、14—弹簧　11—导柱　12—定模座板　13—垃圾钉　15—浇口套　16—定位圈
17—拉料钉　18—脱料板　19—分流板　20—长顶针　21—双节顶针

（续）

| | |
|---|---|
| 内直齿轮注射模 | 当塑料熔胶注射填充完成之后，动模部分在注射机座板后退拖动下，开始按以下步骤进行开模分型和顶出脱模<br>1）第Ⅰ次分型。在弹簧 9 的作用下，脱料板 18 与定模板之间首先开模分型。在拉料钉 17 的作用下，主流道（凝料）暂时固定在脱料板上，点浇口被拉断并与塑件分离<br>2）第Ⅱ次分型。模具开模一定距离后，在小拉杆 10 的作用下，脱料板与定模座板 12 开始分离，主流道从浇口套 15 和拉料销上脱离<br>3）第Ⅲ次分型：在侧拉板（未标注）的作用下，定模 4 型腔与动模 7 型腔开始分型，开模到一定距离之后，注射机座板终止运动<br>4）注射机的顶出机构推动顶板（未标注）并带动顶针 20、21，将塑件向前推动，从而使塑件从齿轮型芯上顶出脱模<br>5）塑料齿轮脱模后，注射机的顶出机构带动推杆回退，模具顶出机构在弹簧 14 和复位杆（未标注）的作用下复位。模具合模，并开始进入下一个工作循环 |

# 5　塑料齿轮的检测

与金属齿轮相比，塑料齿轮的检测有所不同：一是目前塑料齿轮的模数较小（$m \leqslant 1.5mm$）、齿轮精度较低（多为 9～10 级以下）；二是对动力型塑料齿轮要求进行力学性能测试。本节只讨论塑料齿轮的几何尺寸及误差的检测。

## 5.1　塑料齿轮光学投影检测（表 5.5-42）

表 5.5-42　塑料齿轮的光学投影检测

| | | | |
|---|---|---|---|
| 特点及应用 | | | 在国内外仪器仪表齿轮行业生产中，$m \leqslant 1mm$ 的小模数金属齿轮，长期广泛采用光学投影仪，通过透明齿廓样板对齿轮齿形、相邻和累积齿距误差进行投影放大比对检测。在国内外手表生产厂家，光学投影检测至今仍是小模数齿轮和细小零件尺寸及误差的主要测量方法。特别是 $m \leqslant 0.2mm$ 的特小模数齿轮，采用齿轮投影检测仪器或量具，往往由于齿轮本体太小、齿间太狭窄，而无法进行直接测量。这种光线投影检测便成为了最重要的检测手段。对于计时仪器用圆弧齿轮来说，它更是不可替代的唯一可行的检测方法。这种间接检测方法的测量效率较高，检测精度只与投影样板的放大倍数与制作精度有关。不过目测的主观性也较大，但能满足精度要求不高的塑料齿轮的检测要求。另外，在注射成型过程中，由于种种原因塑料齿轮分型面齿廓容易出现"跑边"（溢料）现象，这是齿轮啮合传动中所不允许的第一种常见的模塑齿轮质量缺陷。通过光学投影检测可一目了然地及时发现和杜绝这类质量缺陷的存在。投影检测圆柱斜齿轮，必须采用具备反射投影功能的仪器，但目测的清晰度不及直齿轮的投影检测高 |
| 投影样板的设计与制作 | 投影样板放大倍数选定 | | 根据齿轮齿廓尺寸及其精度要求和仪器投影屏幕尺寸，以及绘图设备（如瑞士 SFM500 样板铣床）的纵横坐标的移动范围，来确定投影样板的放大倍数。根据齿轮模数大小来选定投影样板齿形放大倍数：$m \geqslant 0.5mm$ 的片齿轮可选为 10×、20× 或 50×；$m < 0.5mm$ 的片齿轮可选为 20×、50× 或 100×。模数特小（$m \leqslant 0.1mm$）、少齿数手表齿轴可选为 100×、200×。齿轴齿形放大图可画出全部轮齿，齿数较多的片齿轮只需画出其中的 5 颗轮齿齿形即可 |
| | 投影样板的制作 | | 根据所采用的基板材料和齿形绘制方法的不同，有以下多种可供齿轮生产与检测选用的光学投影检测样板 |
| | | 玻璃投影样板 | 传统的投影样板及其母板均采用厚度为 2～3mm 的透明玻璃作基板，这种玻璃投影样板的精度较高，受温度的影响较小，在手表齿轮和精密零件生产中广泛使用。这种投影样板的制作工艺特别适合大批量生产和检测使用，因为一块母板可复制多块投影样板 |
| | | 有机玻璃投影样板 | 在仪器仪表齿轮生产中，可采用有机玻璃作基板制作投影样板。可在基板上直接绘制齿形，不需制作母板。但受环境温度的影响较大，要求在恒温条件下绘制和使用 |
| | | 透明胶片投影样板 | 在生产中还可采用透明胶片，在 CNC 精密绘图仪上按齿轮几何参数编程，直接绘制成形放大图。这种胶片投影样板放大图的几何精度较高，但受环境温度的影响大。在恒温、恒湿环境下，可供齿轮及零件检测使用 |
| | | 复印件用胶片投影样板 | 先在计算机上将齿轮齿形按所需放大倍数，精确绘制成 CAD 图形，而后采用激光打印机直接将复印件用胶片打印成投影样板。但这种投影样板的齿形精度取决于激光打印纵横坐标的运用精度，因此投影样板齿形的精度较低，只适合模塑齿轮在工艺试模过程中的样件投影检测使用 |
| | 绘制投影样板齿形几何参数的设计计算 | | 采用绘图设备手工操作绘制或采用精密绘图仪、激光打印机制作的齿形放大图，都需要事先提供齿轮齿廓的几何参数及其精确到小数点后五位数的坐标值。通常是采用几段圆弧对渐开线齿廓进行拟合，其代用圆弧与理论渐开线之间的偏离误差应小于 $0.5\mu m$。此项计算工作均由齿轮设计者完成，先计算出绘图所需的尺寸和坐标值，然后通过计算机绘制出完整的 CAD 齿廓放大图。这种数据和 CAD 齿廓图还可直接用来线切割加工齿轮注射模型腔 |

（续）

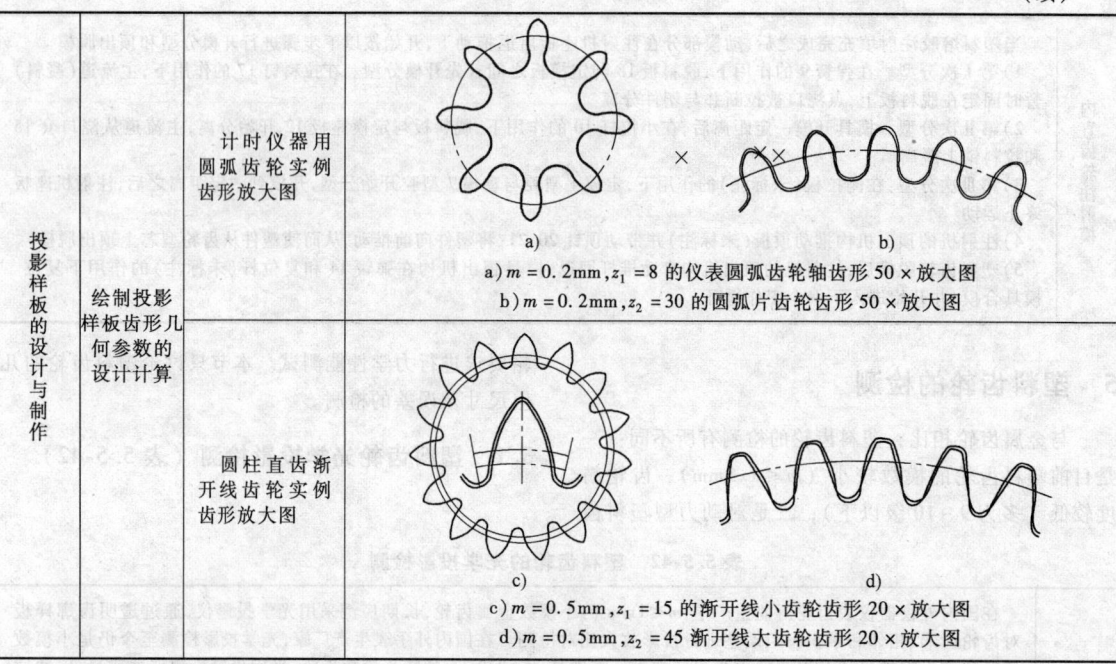

| 投影样板的设计与制作 | 绘制投影样板齿形几何参数的设计计算 | 计时仪器用圆弧齿轮实例齿形放大图 | a） b）<br>a）$m = 0.2mm$，$z_1 = 8$ 的仪表圆弧齿轮轴齿形 50 × 放大图<br>b）$m = 0.2mm$，$z_2 = 30$ 的圆弧片齿轮齿形 50 × 放大图 |
|---|---|---|---|
| | | 圆柱直齿渐开线齿轮实例齿形放大图 | c） d）<br>c）$m = 0.5mm$，$z_1 = 15$ 的渐开线小齿轮齿形 20 × 放大图<br>d）$m = 0.5mm$，$z_2 = 45$ 渐开线大齿轮齿形 20 × 放大图 |

## 5.2　影像测量在小模数齿测量中的应用（表 5.5-43）

**表 5.5-43　影像测量在小模数齿测量中的应用**

| 影像测量的特点 | 天准 VMP322 影像测量仪的小模数齿轮测量模块，借助自动影像测量仪的强大功能，自动扫描齿轮轮廓，精准计量齿轮的各个参数。既可用于对未知齿轮的测绘，以获取齿轮的有关参数　也可用于对已知齿轮的精度测量，以管控齿轮的加工过程 |
|---|---|
| 原理及其应用 | 　　影像测量仪与万能工具显微镜及光学投影仪有相似之处。但影像测量仪摆脱了以调整被测工件的测量目标对准仪器基准进行测量的方式，它利用影像测头（镜头和 CCD）采集工件的影像，通过捕捉工件表面影像的边缘，采用数字图像处理技术获得影像中几何要素的坐标数据，再结合影像侧头参考点在仪器基础坐标系中的坐标构成被测点的完整物理坐标，通过测量软件对大量被测点的坐标数据进行几何运算，可产生各种测量、扫描功能，极大地增强了仪器的应用范围<br>　　齿轮测量模块可根据轮廓计算齿轮的齿数、模数、压力角、变位系数，计算出齿轮的各个参数：齿顶圆半径、齿根圆半径、基圆半径、分度圆半径、平均公法线长度、平静齿厚、平静齿距、齿顶高、齿根高、齿顶高系数、齿根高系数等还可按照 GB/T 10095.1~2—2008 测量单个齿距偏差 $f_{pt}$、齿距累计偏差 $F_{pk}$、齿距累积总偏差 $F_p$、齿廓总偏差 $F_a$、齿廓形状偏差 $f_{fa}$、齿廓倾斜偏差 $f_{Ha}$、径向综合总偏差 $F''_i$、一齿径向综合偏差 $f''_i$，齿轮质量控制的其他数据：公法线长度 $W$、跨棒距 $M$ 值和径向圆跳动 $F_r$ 等 |
| 齿轮影像检测系统的结构图 | 齿轮图像<br><br>计算机<br><br>CCD<br><br>镜头<br><br>齿轮<br><br>轮廓光源 |

## 5.3 三坐标测量仪检测（表 5.5-44）

**表 5.5-44 三坐标测量仪检测**

| 特点 | 三坐标测量仪，是一种以坐标测量为主的和用于轮廓测量的高性能台式投影仪，是集图像处理技术与精密测定技术于一体的高功能非接触式三维测量仪 |
| --- | --- |
| 优缺点及应用 | 三坐标测量仪直观、精确、效率高，可用透视、反射的方法，对零件的长度、角度、轮廓外形和表面形状等进行测量。特别适合检测细小的或轮廓形状复杂的零件，如钟表、齿轮、凸轮、样板、模具、刀具、螺纹、量规及冲压零件等。这类影像式精密测量仪克服了传统投影仪的不足，观察系统除了用投影屏幕刻划线瞄准外，还可用光电轮廓自动对准，被测物体影像直接输入计算机并使其数字化，在显示屏上生产画面，能直观、简便、清晰地显示产品的形状、大小及尺寸。同时，还可以讲所得结果输出到 Excel 或 Word 软件里面进行数据备份和客户所需测量资料的传送。仪器集绘图、测量、数据转换等功能三坐标测量仪于一体，功能更强大，操作更简便 |
| 测量精度 | 某精密型三坐标测量仪测量精度：线性精度为（3+测量距离/200）μm（单一方向重复精度≤0.75μm），最小显示位数为 0.001，系统最小解析精度为 0.0001。软件为 YR-3T，工作温度为 20℃±1℃，操作温度为 13～35℃。目前，这类仪器主要用于塑料齿轮的工程开发、齿轮样件参数测绘和精密齿轮的品质检测。对于生产现场，仍应以采用传统光学投影仪为主，进行塑料齿轮的注射成型质量检测 |

## 5.4 齿轮径向综合误差、齿圈径向圆跳动、公法线长度和 $M$ 值的测量（表 5.5-45）

**表 5.5-45 齿轮径向综合误差、齿圈径向圆跳动、公法线长度和 $M$ 值的测量**

| 齿轮径向综合误差和齿圈径向圆跳动的测量 | 齿轮径向综合误差的测量 | 双啮综合测量 | 在渐开线齿轮生产中，普遍采用双啮仪测量齿轮径向综合误差。因为双啮仪的结构简单，操作方便，检测效率高，特别适合在生产现场检测 8、9 级以下精度的塑料齿轮径向综合误差 $F_i''$ 测量的要求<br>双啮综合测量比较接近被测齿轮的使用状态，能较全面地反映出齿轮的啮合质量。因此，$F_i''$ 已成为这类加工精度较低齿轮，产、需双方都能接受的齿轮交验的主要检测手段 |
| | | 双啮仪的基本结构及工作原理 | 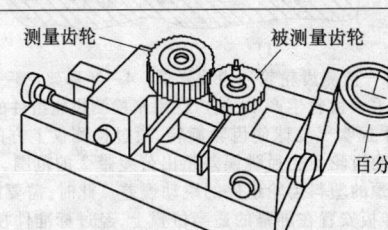<br>a）双啮综合测量的基本工作原理图 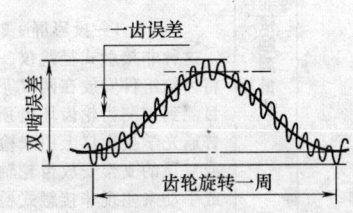<br>b）双啮一周误差 $F_i''$、一齿误差 $f_i''$ 示意图<br>理想精确的测量齿轮和被测齿轮在弹簧的作用下，做无侧隙的啮合转动，两齿轮中心距的变化由千分表示出，如图 a 所示。被测齿轮转动一周范围内的最大变动量即为双啮一转误差 $F_i''$，如图 b 所示。同时，也可测得齿轮的双啮一齿最大误差 $f_i''$<br>在双啮仪上检测渐开线齿 $F_i''$，需配备模数和压力角与受检齿轮相同的测量齿轮，其精度等级要求比被测齿轮高出 2～3 级<br>与蜗杆配对啮合的塑料斜齿轮，也可在双啮仪上检测 $F_i''$，这时需要用测量蜗杆来代替测量斜齿轮，更能接近蜗杆-斜齿轮的使用状态。但要求对双啮仪进行必要的改装，以便满足测量蜗杆-斜齿轮的交错轴系传动的要求。如果被检测的是蜗杆，可将被测蜗杆与标准斜齿轮视为一对螺旋齿轮，实现对蜗杆进行双啮误差 $F_i''$ 的检测<br>在双啮仪上检测齿轮、斜齿轮或蜗杆时，可采取手动或电动方式施加旋转运动。双啮误差可目测千分表或通过电测系统数显读数。电测系统具有误差显示、打印和超差报警灯多种功能<br>国内外部分小模数齿轮径仪、双啮仪、齿轮检测仪及其测量中心、滚刀检查仪，其中一些双啮仪的智能化改造的程度较高。这类双啮仪采用测量软件控制，除了可用来检测平行轴系的圆柱齿轮外，还配备有蜗杆-蜗轮、内齿轮和锥齿轮副等检测附件。在检测塑料轮径向综合误差时，要求标准齿轮和被测齿轮齿面清洁，双啮仪的活动滑板移动灵活，工作可靠和测力适中 |
| | | 径跳仪 | 计时仪器用圆弧齿轮以及模数较小（$m\leq0.2$mm）的渐开线齿轮不适合采用双啮仪检测，这类齿轮可在小模数齿轮跳动检查仪（简称径跳仪）上测量齿圈径向圆跳动误差 $F_r$ |

（续）

| 齿轮径向综合误差和齿圈径向圆跳动的测量 | 齿圈径向跳动的测量 | 测量齿轮齿圈跳动的三种测头式样 | 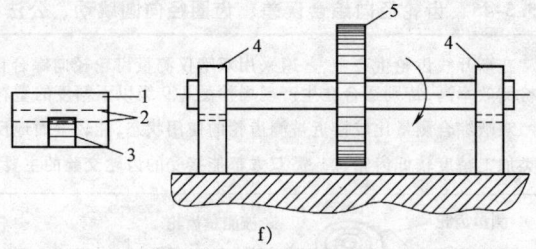 c)圆锥测头　　d)球形测头　　e)平测头<br><br>在径跳仪上测量齿轮齿圈径向圆跳动误差 $F_r$ 的测头，主要有三种方式。图 c 所示为采用锥角为 $2\alpha$ 的锥形测头与齿槽固定弦接触测量；图 d 所示为采用球形测头在分度圆附近与齿廓接触测量[当变位系数 $x=0$ 时，球头直径 $d_p=(1.68-0.684x)m$]；图 e 所示为采用平测头与齿顶圆接触测量。对于计时仪器用圆弧齿轮和 $m\le0.5\text{mm}$ 的渐开线塑料齿轮，均适宜采用平测头检测齿顶跳动来替代齿圈径向圆跳动检测。其原因是齿轮型腔要求齿顶圆与齿圈一次加工成型，因此模塑成型的齿轮比较类似于采用顶切法滚齿加工的齿轮 |
| | | 测量齿轮齿圈跳动的非接触测量法 | 模数特小（$m<0.2\text{mm}$）、两端轴颈特细的齿轮，已不适宜采用接触法测量齿圈跳动 这类齿轮可采用如图 f 所示的非接触法测量<br><br>1—投影屏　2—公差带　3—被测齿轮轮片齿顶影像　4—V 形架　5—被测齿轮<br>这种非接触式径跳仪一直在国内外手表齿轮生产中，被广泛应用来检测齿轮组件的齿顶径跳。测量时，将齿轮组件安放在两 V 形架 4 上，用手捏吹气皮球使齿轮旋转，通过检测仪上方的小光学投影屏 1，可目测到被测齿轮坯齿顶影像 3 和被测齿轮 5 的径跳误差超出公差带 2 的范围。根据以上原理，可在普通光学投影仪上用来检测两端带轴颈的塑料齿轮组件的跳动误差。此时，需要改制一套带双 V 形块或双顶的支架安放齿轮轴颈，将投影样板安置在屏幕的适当位置上，经过标准件校准后，即可采用气吹或手动来实现非接触式检测齿轮 $F_r$ |
| 公法线长度的测量方法与数据处理 | | | 相互啮合的两齿轮轮齿之间要有一定的侧隙。才能保证正常的传动。这种侧隙是通过控制两齿轮的分度圆弧齿厚来满足的。在齿轮生产中，则通过测量公法线长度得到齿轮精度指标中所规定的公法线长度变动量 $F_W$ 和侧隙指标中的公法线平均长度偏差 $E_W$。有关齿轮的公称法线长度以及跨齿数，标注在产品图中。有关 $F_W$ 和 $E_W$ 可从相应标准中查取 |
| | 测量方法 | | 公法线长度测量方法有直接测量法和间接测量法。$m\ge0.5\text{mm}$ 的渐开线齿轮可采用公法线长度千分尺进行直接测量；6 级精度以上的精密齿轮可在测长仪上测量。塑料齿轮建议采用测力较小的杠杆公法线长度千分尺测量。测量时，两平行测量面接触于跨越齿数 $k$ 之外侧异名齿廓分度圆附近，即可读取齿轮实际公法线长度。为了得到公法线长度的最大长度 $W_{max}$ 与最小长度 $W_{min}$，必须对整个齿圈轮齿进行逐齿测量<br><br>$$F_W=W_{max}-W_{min}$$<br>$$E_{\overline{W}}=\overline{W}-W$$<br>式中　$\overline{W}$——公法线长度实测平均值<br>　　　$W$——公法线长度理论计算值<br><br>无法采用公法线千分尺直接测量内直齿轮和 $m<0.5\text{mm}$ 渐开线外齿轮，可在大型工具显微镜、万能工具显微镜和光学投影仪上，通过光学刻划线对准两外侧异名齿廓相切点的方法测量公法线长度 |
| $M$ 值的测量方法与评定 | | | 测量 $M$ 值，在小模数齿轮生产中是控制齿轮分度圆弧齿厚的另一种重要检测方法。特别是 $m<0.5\text{mm}$、螺旋角较大和齿宽较小的斜齿轮、蜗杆和蜗轮以及内齿轮等。测量 $M$ 值已成为控制这类齿轮副啮合侧隙的重要检测手段。在塑料齿轮的生产中，采用 $M$ 值测量要比公法线长度检测更为普遍。外直齿、斜齿渐开线齿轮的 $M$ 值的计算与测量，如表 5.5-21 中的图 a 所示 |

（续）

| | | |
|---|---|---|
| M 值的测量方法与评定 | 蜗杆测量 M 值 | 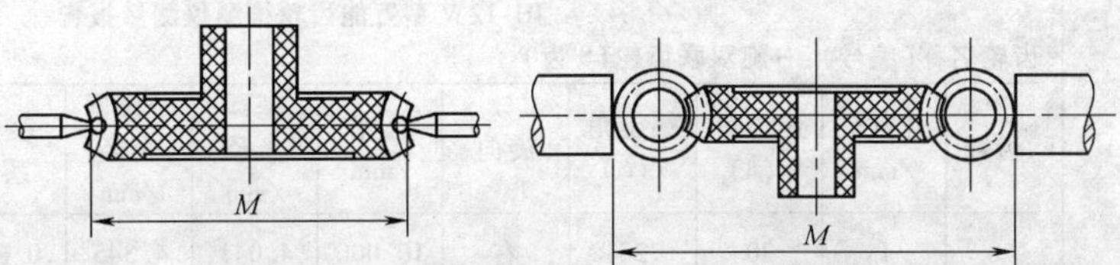 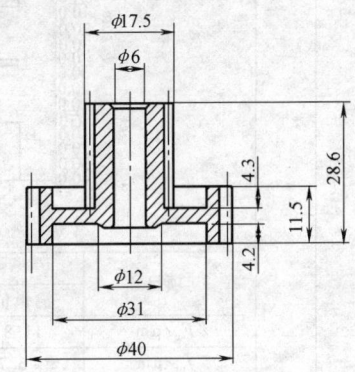<br>钢球式　　　　　标准蜗杆式<br>g）蜗轮 M 值测量示意图<br>　　蜗杆的 M 值测量，由计算法求得的 M 值如图 g 左图所示，通过两钢球采用测长仪或千分尺进行直接测量。但在生产过程中，可采用两标准蜗杆代替钢球，如图 g 右图所示，通过测长仪或千分尺直接测量两标准蜗杆大径间的跨距来测量蜗轮 M 值。标准蜗杆参数的设计应保证与蜗轮的无侧隙啮合条件，两标准蜗杆大径之间的跨距 M 按下式求得<br>$$M = d + d'_{AVG} + d''_{AVG}$$<br>式中　$d$——蜗轮分度圆直径<br>　　　$d'_{AVG}$——两标准蜗杆分度圆直径实际尺寸的平均值<br>　　　$d''_{AVG}$——两标准蜗杆大径实际尺寸的平均值 |
| | 偶数齿齿轮和蜗杆 M 值 | 　　测量偶数齿齿轮和蜗杆 M 值时，应按模数大小和分度圆齿槽宽，选择两根直径相同的量柱，置于齿轮两个相对的齿槽中，要求量柱与两齿面在分度圆附近相接触。采用千分尺测量两量棒之间的最大跨距。测量 $m < 0.5mm$ 塑料齿轮和蜗杆 M 值时，建议采用杠杆千分尺，较小的温度测力更加有利于保证测量精度 |
| | 奇数齿齿轮和蜗杆 M 值 | 　　奇数头齿轮和蜗杆的 M 值采用三根量柱测量更加方便和可靠。采用三根量柱测量奇数齿齿轮 M 值，此时所测得的 $M'$ 应按下式换算为两量柱计算所得的 M 值<br>$$M = M'\cos\left(\frac{\pi}{4z}\right) + \left[1 - \cos\left(\frac{\pi}{4z}\right)\right]$$ |
| | 内齿轮的 M 值 | 　　内齿轮的 M 值可采用内径式千分尺测得两量柱间的跨距。为了得到最大 M 值与最小 M 值，必须对整个齿圈轮齿进行逐齿测量。M 值的误差 $F_M$ 是由实测 $M_{实}$ 减去理论值 M 求得的<br>$$F_M = M_{实} - M$$ |

## 5.5　塑料齿轮的精确测量（表 5.5-46）

### 表 5.5-46　塑料齿轮的精确测量

| | |
|---|---|
| 检测项目 | 　　在现代齿轮制造业中，普遍采用万能齿轮检查仪和齿轮测量中心等作为主要检测仪器。这类仪器用来检测以下三项主要偏差<br>　　1）齿轮齿廓偏差：细分为齿廓总偏差 $F_a$、齿廓形状偏差 $f_{fa}$ 和齿廓倾斜偏差 $F_{Ha}$<br>　　2）齿轮螺旋线偏差：细分为螺旋线总偏差 $F_\beta$ 和螺旋线形状偏差 $f_{f\beta}$<br>　　3）齿轮齿距偏差：细分为单个齿距偏差 $f_{pt}$、齿距累积偏差 $F_{pk}$ 和齿距累积总偏差 $F_p$<br>　　某汽车电动机双联斜齿轮如图 a 所示，其大、小斜齿轮参数如下 $m_{n1} = 1mm$、$z_1 = 8$、$\alpha_1 = 20°$、$\beta_1 = 23°$；$m_{n2} = 0.6mm$、$z_2 = 40$、$\alpha_2 = 16°$、$\beta_2 = 5°55'$<br>　　在国产 JH-12BW 万能齿轮检测仪上直接检测的试制样件，检测结果如下 |

a）双联斜齿轮结构

（续）

测量实例　小塑料斜齿轮检测结果

**JH-12W 型万能齿轮检测仪测量报告**

齿轮名称（编号）：右旋双联齿轮（8齿）　　测量日期：2010-04-13，16:49

| 齿数 | 模数 /mm | 压力角 /(°) | 螺旋角 /(°) | 旋向 | 齿宽 /mm | 基圆半径 /mm | 分度圆半径 /mm | 变位系数 | 评定等级 | 标准 |
|---|---|---|---|---|---|---|---|---|---|---|
| 8 | 1 | 20 | 23 | 右 | 10.000 | 4.041 | 4.345 | 0.629 | 9 | GB/T 10045.1～2—2008 |

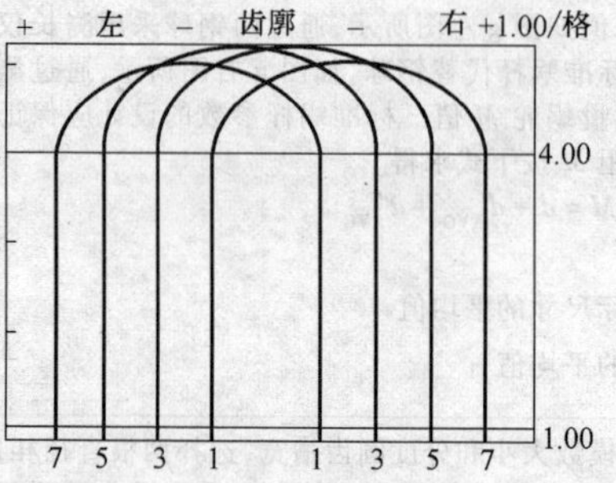


| 齿号 | 左 | | | | | 公差 |
|---|---|---|---|---|---|---|
| | 7 | 5 | 3 | 1 | 平均 | |
| 齿形误差 $F_\alpha$/μm | 9.6 | 8.3 | 7.9 | 9.7 | 8.9 | 18.0 |
| 形状误差 $f_{f\alpha}$/μm | 8.2 | 9.6 | 5.6 | 7.1 | 7.6 | 14.0 |
| 角度误差 $f_{H\alpha}$/μm | 3.1 | 3.3 | 5.0 | 6.5 | 2.8 | 12.0 |
| 齿号 | 右 | | | | | 质量等级 |
| | 1 | 3 | 5 | 7 | 平均 | |
| 齿形误差 $F_\alpha$/μm | 6.8 | 10.2 | 8.9 | 9.1 | 8.8 | 8 |
| 形状误差 $f_{f\alpha}$/μm | 6.4 | 9.8 | 8.4 | 9.0 | 8.4 | 8 |
| 角度误差 $f_{H\alpha}$/μm | 1.9 | 2.0 | 1.4 | 1.2 | 0.9 | 8 |

b）齿廓误差曲线

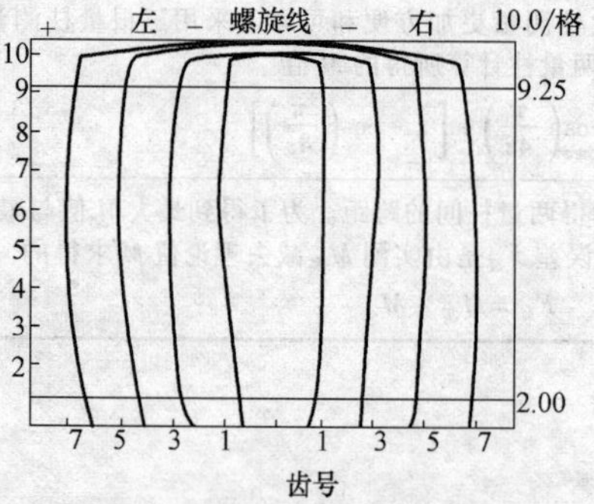


| 齿号 | 左 | | | | | 公差 |
|---|---|---|---|---|---|---|
| | 7 | 5 | 3 | 1 | 平均 | |
| 齿形误差 $F_\beta$/μm | 7.4 | 9.1 | 2.9 | 3.0 | 5.6 | 24.0 |
| 形状误差 $f_{f\beta}$/μm | 2.9 | 4.1 | 2.6 | 2.7 | 3.1 | 17.0 |
| 角度误差 $f_{H\beta}$/μm | 6.2 | 8.2 | 1.9 | 0.9 | 4.3 | 17.0 |
| 齿号 | 右 | | | | | 质量等级 |
| | 1 | 3 | 5 | 7 | 平均 | |
| 齿形误差 $F_\beta$/μm | 11.5 | 9.3 | 12.2 | 9.5 | 10.6 | 8 |
| 形状误差 $f_{f\beta}$/μm | 4.1 | 5.0 | 3.5 | 3.5 | 4.0 | 6 |
| 角度误差 $f_{H\beta}$/μm | －10.1 | －6.7 | －10.9 | －9.8 | －9.4 | 8 |

c）螺旋线误差曲线

齿距

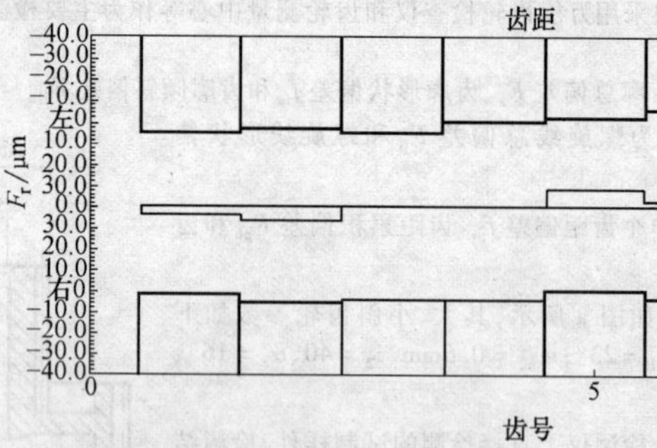


| 项目 | 左 | | | 右 | | | 质量等级 |
|---|---|---|---|---|---|---|---|
| | 测量值 | 公差 | 齿号 | 测量值 | 公差 | 齿号 | |
| $F_p$/μm | 11.8 | 45.0 | — | 7.3 | 45.0 | — | 6 |
| $f_{pt}$/μm | －6.7 | 19.0 | 3～4 | 5.5 | 19.0 | 4～5 | 7 |
| $F_{p3}$/μm | 11.8 | 28.0 | 7～2 | 7.3 | 28.0 | 3～6 | 7 |
| $F_r$/μm | 15.2 | — | — | — | — | — | — |

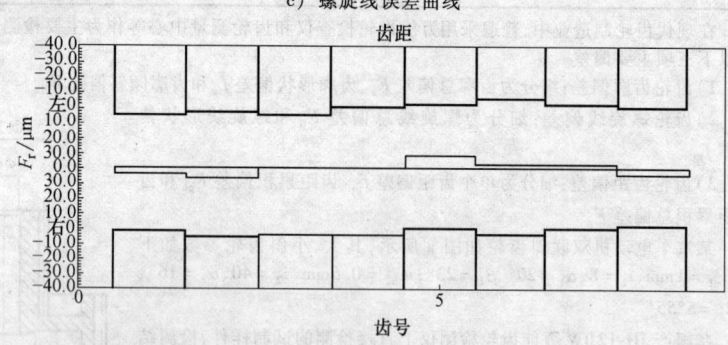

d）齿距误差（中部为径向圆跳动误差）曲线

（续）

### JH-12W 型万能齿轮检测仪测量报告

齿轮名称（编号）：右旋双联齿轮（40 齿）　　　　　　　测量日期：2010-04-13，15:37

| 齿数 | 模数/mm | 压力角 | 螺旋角 | 旋向 | 齿宽/mm | 基圆半径/mm | 分度圆半径/mm | 变位系数 | 评定等级 | 标准 |
|---|---|---|---|---|---|---|---|---|---|---|
| 40 | 0.6 | 16.000° | 5°55′3″ | 右 | 7.000 | 11.5922 | 12.064 | 1.206 | 9 | GB/T 10095.1~2—2008 |

测量实例　大塑料斜齿轮检测结果

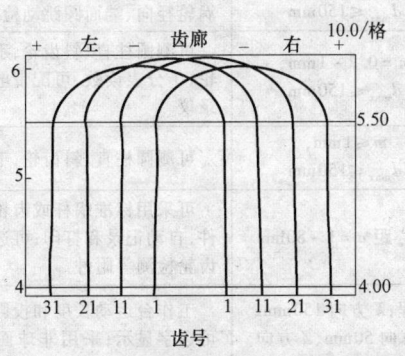

| 齿号 | 左 | | | | 平均 | 公差 |
|---|---|---|---|---|---|---|
| | 31 | 21 | 11 | 1 | | |
| 齿形误差 $F_\alpha$/μm | 3.1 | 4.7 | 2.2 | 4.7 | 3.7 | 21.0 |
| 形状误差 $f_{f\alpha}$/μm | 3.3 | 4.6 | 2.5 | 5.1 | 3.9 | 16.0 |
| 角度误差 $f_{H\alpha}$/μm | -1.7 | 0.3 | -1.0 | -1.6 | -1.0 | 13.0 |

| 齿号 | 右 | | | | 平均 | 质量等级 |
|---|---|---|---|---|---|---|
| | 1 | 11 | 21 | 31 | | |
| 齿形误差 $F_\alpha$/μm | 5.5 | 4.6 | 3.6 | 4.1 | 4.4 | 6 |
| 形状误差 $f_{f\alpha}$/μm | 2.6 | 2.4 | 2.5 | 2.8 | 2.5 | 6 |
| 角度误差 $f_{H\alpha}$/μm | -5.5 | -4.6 | -3.2 | -3.3 | -4.1 | 7 |

e）齿廓误差曲线

| 齿号 | 左 | | | | 平均 | 公差 |
|---|---|---|---|---|---|---|
| | 31 | 21 | 11 | 1 | | |
| 齿形误差 $F_\beta$/μm | 20.7 | 13.6 | 13.1 | 18.9 | 16.6 | 25.0 |
| 形状误差 $f_{f\beta}$/μm | 12.1 | 10.1 | 12.2 | 10.9 | 11.3 | 18.0 |
| 角度误差 $f_{H\beta}$/μm | 13.9 | 6.3 | 1.8 | 16.6 | 2.5 | 18.0 |

| 齿号 | 右 | | | | 平均 | 质量等级 |
|---|---|---|---|---|---|---|
| | 1 | 11 | 21 | 31 | | |
| 齿形误差 $F_\beta$/μm | 10.5 | 10.9 | 8.1 | 13.9 | 10.9 | 9 |
| 形状误差 $f_{f\beta}$/μm | 6.7 | 5.7 | 8.6 | 10.4 | 7.9 | 8 |
| 角度误差 $f_{H\beta}$/μm | -8.0 | -10.5 | -0.9 | 6.7 | -3.2 | 9 |

f）螺旋线误差曲线

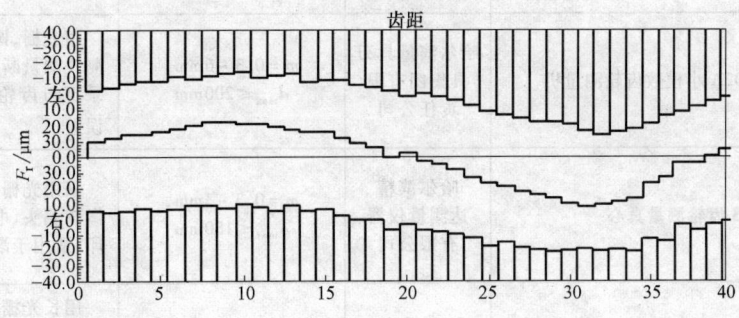

| 项目 | 左 | | | 右 | | | 质量等级 |
|---|---|---|---|---|---|---|---|
| | 测量值 | 公差 | 齿号 | 测量值 | 公差 | 齿号 | |
| $F_p$/μm | 38.5 | 57.0 | — | 28.8 | 57.0 | — | 8 |
| $f_{pt}$/μm | 5.0 | 20.0 | 13~14 | 8.6 | 20.0 | 36~37 | 7 |
| $F_{p3}$/μm | -12.9 | 29.0 | 35~38 | 16.8 | 29.0 | 35~38 | 8 |
| $F_r$/μm | 51.2 | — | — | — | — | — | — |

g）齿距误差（中部为径向跳动误差）曲线

## 5.6 国内外部分小模数齿轮检测用仪器

国内外部分小模数齿轮检测用仪器包括:径跳仪、双啮仪、光学投影仪、三次测量仪、齿轮检测仪、齿轮测量中心和滚刀检查仪等,其型号规格与特点见表 5.5-47。这些仪器正在朝着电量化、智能化、多用途方向发展。

### 表 5.5-47 国内外部分小模数齿轮检测用仪器

| 序号 | 仪器型号、名称 | 生产厂商 | 规格 | 特点 |
|---|---|---|---|---|
| 1 | DD150 型齿轮跳动检查仪 | 上海量刃具厂 | $m = 0.3 \sim 2mm$,$d_{max} \leqslant 150mm$ | 用于 6 级以下圆柱齿轮、锥齿轮及涡轮径向、端面圆跳动检查 |
| 2 | CA120 型小模数齿轮双啮仪 | 北京量刃具厂 | $m = 0.2 \sim 1mm$,$d_{max} \leqslant 150mm$ | 可测圆柱直、斜齿轮,手动或机动齿轮,千分表读数,可配带电感侧头和记录仪 |
| 3 | CSS80 型小模数齿轮双啮仪 | 成都量具精仪厂 | $m \leqslant 1mm$,$d_{max} \leqslant 150mm$ | 可测圆柱直、斜齿轮,千分表读数 |
| 4 | 896 型齿轮双啮仪 | 德国 Carl-Mahr | 中心距 $a = 1 \sim 80mm$ | 可采用标准蜗杆或齿轮两种测量元件,自动记录和打印;可选配涡轮及锥齿轮检测等附件 |
| 5 | JT12A-BΦ300 数字式投影仪 | 贵阳新天光电科技有限公司 | 行程:$X$ 方向 150mm、$Y$ 方向 50mm、$Z$ 方向 80mm;放大倍数:10×、20×、50×、100× | 工作台运动长度和投影屏旋转角度可数字显示;采用非球面聚光镜照明系统;带有二坐标测量软件;适用于齿轮、螺纹检测 |
| 6 | 影像三次元测量仪 TESA-VI-SIO300/300DCC | 瑞士 TESA 公司 | 软件:PCDMIS,行程:$X$ 方向 300mm、$Y$ 方向 200mm、$Z$ 方向 150mm | 采用光栅悬浮气动滑动原理构成,属于光栅接触或影像式测量;仪器探测头可以 360° 自由旋转,并可自由取出 |
| 7 | GGW300 型滚刀检查仪 | 成都工具研究所 | $m = 0.5 \sim 25mm$,$d_{max} \leqslant 300mm$,最大导程为 22mm | 采用长光栅、圆光删、计算机、电子展成式;适用于 ZA、ZN、ZI 型滚刀(蜗杆)齿形、齿距、螺旋角及其啮合误差检测 |
| 8 | JH-12BW 万能齿轮检测仪 | 北京中自精合精密仪器有限公司 | $m = 0.5 \sim 5mm$,$d_{max} \leqslant 180mm$ | 采用光栅、智能化数字控制、电子展成式;自动记录和打印;适用渐开线圆柱齿轮 $\Delta f_f$、$\Delta F_\beta$、$\Delta F_p$、$\Delta f_{pt}$、$\Delta F_r$ 测量 |
| 9 | 3002A 小模数齿轮测量机 | 哈尔滨量具刃具集团有限责任公司 | $m = 0.3 \sim 6mm$,$d_{max} \leqslant 200mm$ | 用光栅、圆光栅、电子展成式;用点测头测量断面渐开线;计算机、自动记录打印齿轮 $\Delta f_f$、$\Delta F_\beta$、$\Delta F_p$、$\Delta f_{pt}$、$\Delta F_r$ 误差 |
| 10 | JD18S 齿轮测量真心 | 哈尔滨精达测量仪器有限公司 | $m = 0.3 \sim 3mm$,$d_{max} \leqslant 180mm$ | 采用光栅、数字控制及误差评值、测微软头、电子展成式,自动记录和打印;适用于渐开线圆柱齿轮及刀具 |
| 11 | 891 型齿轮测量中心 | 德国 Carl-Mahr 公司 | $m = 0.2 \sim 20mm$ | 用长光栅、圆光栅、计算机、电子展成式;用闭环伺服驱动系统,适用渐开线圆柱齿轮 $\Delta f_f$、$\Delta F_\beta$、$\Delta F_p$、$\Delta f_{pt}$、$\Delta F_r$ 测量 |
| 12 | 3102 型齿轮双面啮合综合检查仪 | 哈尔滨哈量集团精密仪器有限公司 | $m = 1 \sim 6mm$,$a = 20 \sim 160mm$,$d_{max} \leqslant 150mm$,分辨率为 0.01mm | 纯机械结构测量仪,结构简单、体积小、质量轻、操作方便,测量精度稳定,既可测量带轴圆柱齿轮,亦可测量带孔圆柱齿轮,比较适合生产现场使用 |

# 6　塑料齿轮的应用实例

## 6.1　煤气表字轮式计数器与交换齿轮

家用水、电、气三表中的计数器是我国最早采用塑料齿轮的产品。浙江奉化早在 1976 年就开始试制塑料齿轮，用来替代水表计数器中的容易锈蚀的铜齿轮。随后，塑料齿轮在电表和气体流量表（煤气表）计数器中也获得了成功应用。

我国有上亿户城市居民家庭的生活用气（天然气、管道煤气和石油液化等）大多采用膜片式家用煤气表计量，浙江某企业生产的煤气表计数器如图 5.5-1 所示。

重庆某煤气表厂采用的字轮式计数器的结构如图 5.5-2 所示，包括有计数器架 1、字轮组 7、从动轮轴 2、双联齿轮 3、传动齿轮 4 和首位字轮 6。传动齿轮 4 的轴端呈开口弹性卡状，齿轮与传动轴端胀接，可方便齿轮的安装或更换，以适应不同规格煤气表的调校。该字轮式计数器具有结构简单、通用性强等优

点，适合于公称流量为 $2.5 \sim 250 m^3/h$ 系列膜片式煤气表中配套使用。该计数器除两字轮轴及其挡圈为金属件外，其他字轮、开关轮和传动齿轮均为塑料件。字轮组 7 共有 8 个字轮，左 5 个从右向左分别为个、十、百、千、万位数字轮，右 3 个分别为小数点后三位字轮。该计数器的总计数量为 $100000 m^3$。若三口之家每月平均用气量为 $60 m^3$，则年用气量为 $720 m^3$。膜片式家用煤气表按国家计量检定规程规定：以天然气为介质的使用年限不得超过 10 年，使用到规定年限后要求更换新表。在 10 年内，该户的总用气量为 $72000 m^3$，仍尚未超出该计数器的最大计数范围。

图 5.5-1　浙江某企业生产的煤气表计数器外观

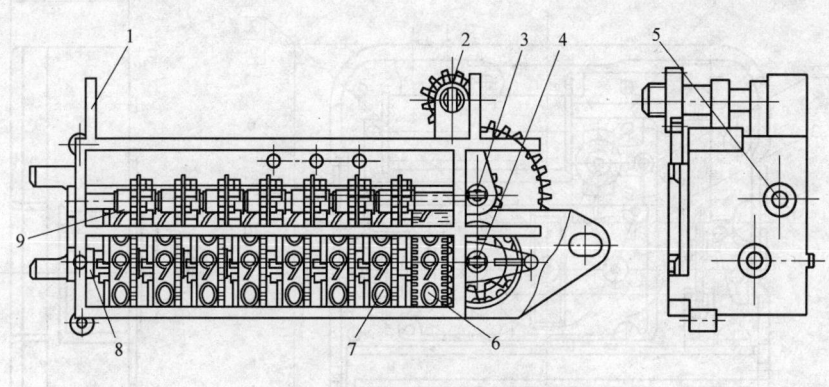

图 5.5-2　煤气表字轮式计数器
1—计数器架　2—从动轮轴　3—双联齿轮　4—传动齿轮　5—字轮轴　6—首位字轮
7—字轮组　8—字轮轴挡圈　9—开关轮

膜片式煤气表由于膜片容积的差异较大，装配后均要经过精心检测并通过更换交换齿轮来进行调校。交换齿轮分别安装在煤气表的输出轴和计数器从动轮轴 2 上。煤气表有多达 44 组 88 件不同模数和齿数的交换齿轮，可将表的流量初始误差从 + 7.37% ~ 8.57% 调校到符合出厂精度 ±1%（或 ±1.5%）要求内。煤气表质量较好的生产厂家，表的流量初始误差可控制在 ±4% 以内。序号 1 组交换齿轮如图 5.5-3 所示。为了便于识别，各种不同序号组的交换齿轮均按规定进行着色处理。

煤气表几种序号组交换齿轮的有关参数

见表 5.5-48。

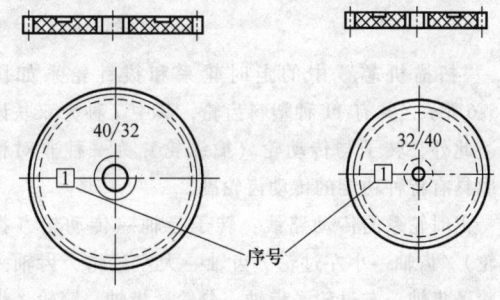

图 5.5-3　序号 1（$z_1 = 32$、$z_2 = 40$）组交换齿轮

表 5.5-48　煤气表几种序号组交换齿轮的有关参数

| 序号 | 1 | 1.5 | 3 | 5 | 7.5 | 13.5 | 15 | 17 | 19 |
|---|---|---|---|---|---|---|---|---|---|
| 调整量（%） | 0 | + 0.4 | + 1.05 | 1.94 | 3.03 | - 0.4 | - 1.05 | - 2.07 | - 3.16 |
| 齿数 $z_1$ | 32 | 49 | 38 | 31 | 33 | 47 | 38 | 29 | 38 |
| 齿数 $z_2$ | 40 | 61 | 47 | 38 | 40 | 59 | 48 | 37 | 49 |
| 模数/mm | 0.8 | 0.53 | 0.68 | 0.83 | 0.79 | 0.55 | 0.67 | 0.87 | 0.66 |
| 着色 | 纯白 | 纯白 | 绿蓝 | 粉红 | 橘黄 | 鹿褐 | 深黑 | 硫磺黄 | 紫红 |

## 6.2　石英闹钟机芯与全塑料齿轮传动轮系

塑料机芯石英钟表早已成为人们十分喜爱的生活必需品。石英闹钟和挂钟的核心装置是机芯。机芯中所有传动齿轮和上、中、下精密夹板均为塑料制品。普通石英闹钟机芯如图 5.5-4 所示。

采用普通机芯的挂钟，在走动过程中，秒针是每秒"跳跃"一次，转动 6°，给人以不适的感觉。而采用"扫描机芯"的挂钟，由于秒针每秒要"跳跃" 8 次，每次仅转动 0.75°，让人凭肉眼已不易察觉秒针是在跳跃，好像是在连续扫描。这种石英机芯全塑

齿轮传动轮系布局如图 5.5-5 所示，其结构十分紧凑。目前，这种机芯正在取代普通机芯。

图 5.5-4　普通石英闹钟机芯

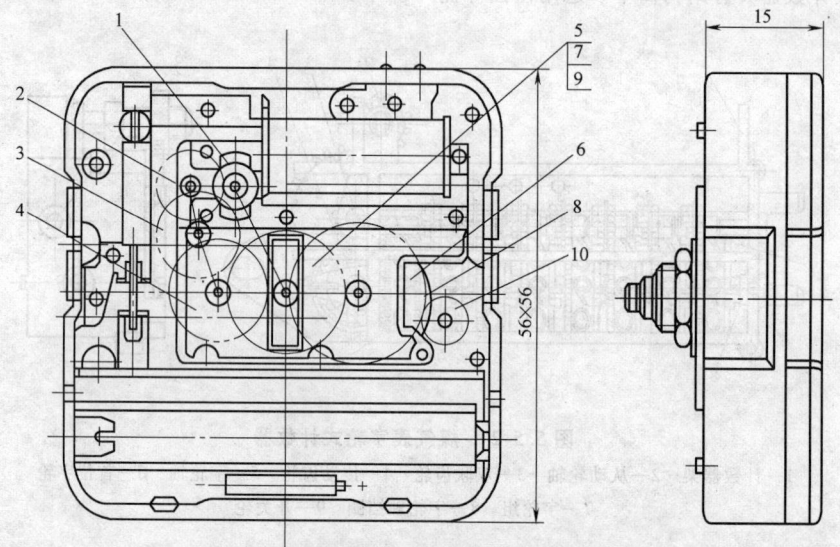

图 5.5-5　"扫描机芯"全塑齿轮传动轮系布局图
1—转子组件　2—传动轮　3—小左过轮　4—大左过轮　5—秒轮组件　6—右过轮
7—分轮组件　8—跨轮　9—时轮　10—拔针轮

"扫描机芯"中的走时轮系和拔针轮系如图 5.5-6 所示，共有 11 种塑料齿轮，其中 7 种为双联齿轮。此外，转子与传动轮（擒纵轮）为一种非对称齿廓具有特种功能的传动齿轮副。

走时轮系的传动路线：转子齿轴→传动轮（擒纵轮）/齿轴→小左过轮/齿轴→大左过轮/齿轴→秒轮/齿轴→右过轮/齿轴→分轮/齿轴→跨轮/齿轴→时轮。走时轮系中齿轮的模数和齿数

见表 5.5-49。

## 6.3　汽车刮水器及摇窗电动机

### 6.3.1　轿车刮水器电动机

汽车刮水器（见图 5.5-7）与摇窗机（见图 5.5-8）属于同一类型汽车电装产品。塑料斜齿轮替代涡轮最先在这类汽车电装产品中获得成功应用。这类汽车电装电动机驱动器的工作原理如图 5.5-9 所示。

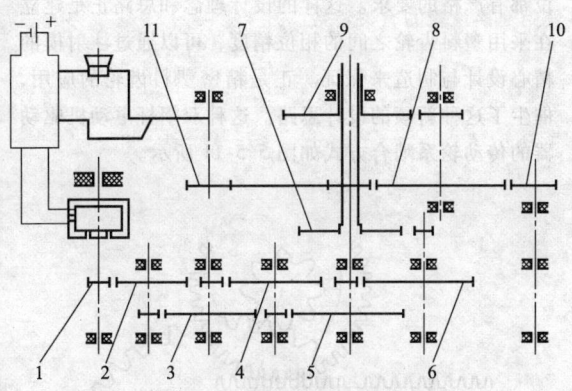

图 5.5-6　　"扫描机芯" 传动轮系示意图
1—转子组件　2—传动轮　3—小左过轮　4—大左过轮
5—秒轮组件　6—右过轮　7—分轮组件　8—跨轮
9—时轮　10—拔针轮　11—闸轮

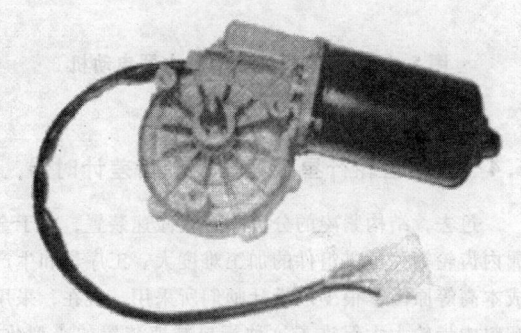

图 5.5-7　汽车刮水器

图 5.5-8　汽车左、右摇窗机

汽车刮水器电动机驱动器通过金属蜗杆-塑料涡轮传动轮系，经过输出轴带动连动杆、刮臂、刮片进行工作。金属蜗杆参数由于所采取的加工工艺而不同，如日本电装多采用冷轧成型工艺，蜗杆牙厚减薄量较小，齿形角一般为 20°；而德国博世多采用旋风铣切削工艺，蜗杆牙厚减薄量特大、牙型角较小。采用冷轧成型工艺的制造成本低，但蜗杆的牙厚和牙型角太小会给成型工艺造成很大困难。采用旋风铣削工艺的制造成本较高，但受蜗杆的牙厚和牙型角的影响小。此外，采用旋风铣由于蜗杆牙厚的减薄量特大，可以用来增加塑料涡轮的齿厚；又由于齿形角特小，从而增大了轮系重合度，改善了啮合性能。

表 5.5-49　　某扫描机芯走时传动轮系齿轮模数和齿数 （$\alpha = 20°$）

| 名称 | 转子齿轴 | 传动轮 | 传动齿轴 | 小左过轮 | 小左轴齿 | 大左过轮 | 大左轴齿 | 秒轮片 | 秒齿轴 | 右过轮片 |
|---|---|---|---|---|---|---|---|---|---|---|
| 序号 | 1 | 2-1 | 2-2 | 3-1 | 3-2 | 4-1 | 4-2 | 5-1 | 5-2 | 6-1 |
| 模数/mm | 0.38 | 0.38 | 0.32 | 0.32 | 0.22 | 0.22 | 0.27 | 0.27 | 0.17 | 0.17 |
| 齿数 | 6 | 24 | 8 | 32 | 8 | 48 | 8 | 40 | 8 | 64 |

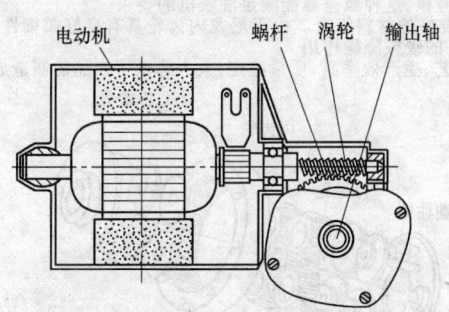

图 5.5-9　刮水器电动机驱动器的工作原理图

由于塑料涡轮的注射成型需要采用多滑块式型腔，这种型腔的结构复杂、制造难度大，在注射成型中很难保证塑料涡轮的成型精度，因此在实际应用中

多采取斜齿轮替代涡轮。采用金属蜗杆（45 调制钢）与塑料斜齿轮组合，被实践证明是最佳的材料匹配。机构运行中所产生的热，可通过金属蜗杆及时传导出去，保证轮系工作温度能长期维持在所允许的范围内。塑料斜齿轮的应用，大大降低了这类汽车电装电动机轮系的啮合噪声和制造成本。这类电动机驱动器的带输出轴的塑料斜齿轮一般采用聚甲醛（100P）注射成型。这种材料具有吸湿性小、尺寸稳定性好、在较宽广温度范围内抗疲劳、耐腐蚀等优点和自润性。

### 6.3.2　法雷奥刮水器

法雷奥（Valeo）刮水器和座椅调角器的传动轮系为同一种方式，所不同的是刮水器驱动器的大斜齿

轮带输出轴（金属嵌件）。而座椅调角器如图 5.5-10 所示，大斜齿轮中央呈花键式的方孔。这类驱动器的特点主要是电动机驱动轴的前端做成左、右旋向单头双蜗杆，驱动蜗杆左右两侧颜色不同的双联齿轮旋转，同时又通过其中的小斜齿轮驱动中央大斜齿轮旋转。

**图 5.5-10    法雷奥电动座椅调角器 （去上盖）**

法雷奥刮水器电动机双蜗杆驱动设计新颖，结构紧凑，布局合理。电动机驱动轴的后段右旋蜗杆与白色双联斜齿轮啮合，承担着主要驱动任务；前段左旋蜗杆与黄色双联斜齿轮啮合，既起着辅助驱动作用，还对"悬背梁"式的蜗杆起着支撑作用。前后两段蜗杆的牙型角特小 （$\alpha = 12°$），其传动力的轴向、径向以及切向分力的方向相反、大小相等，对蜗杆来说基本上相互抵消，这对提高传动的稳定性十分有利。因此，这种双蜗杆驱动轮系的噪声较低。由于采用了双旋向蜗杆，传动过程中的轴向分力大小基本相等，所以对电动机驱动轴来说又起着一种"自动"止推的作用。在蜗杆驱动轴的两段不需升级止推装置。

法雷奥刮水器电动机双驱动蜗杆前后两段螺纹之间的相位，以及两双联齿轮的大、小斜齿轮之间的相

位都有严格的要求。这样的设计理念和思路正是建立在采用塑料齿轮之间的相位精度，可以通过注射模的精心设计与制造来保证。正是精密塑料齿轮的应用，催生了这种新颖的设计思路。这种双蜗杆电动机驱动器的传动轮系啮合方式如图 5.5-11 所示。

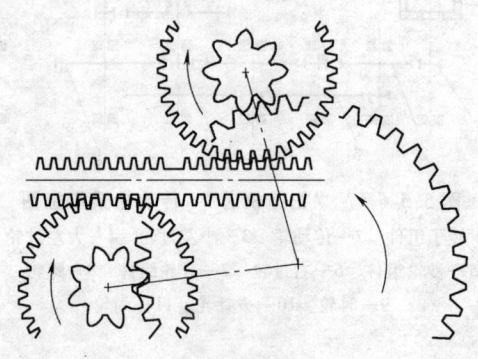

**图 5.5-11    双蜗杆驱动刮水器电动机
传动轮系的啮合方式**

## 6.4    塑料齿轮行星减速器及少齿差计时器

过去，结构紧凑的分流式行星减速装置，由于金属内齿轮等关键零组件的加工难度大、工序长和生产成本高等原因，很少被设计师们所采用。现在，采用塑料内齿轮大大促进了这种行星减速装置的小型化、轻量化并使其在家用电器和汽车电装中已获得了广泛的应用，其具体应用见表 5.5-50。

**表 5.5-50    塑料齿轮行星减速器及少齿差计时器**

| 洗衣机小型塑料齿轮行星减速器 | 一种为不同型号洗衣机开发生产的小型塑料齿轮行星减速器如图 a 所示，左图是外观图，减速器由输入轴、行星传动部件、输出部件和输出轴组成；右图是内部结构图，行星轮系包括太阳轮（金属件）、四个塑料行星齿轮和塑料内齿轮等。该结构具有体积小、质量轻、效率高、工作平稳、噪声低和寿命长等优点。这种减速器除输入、输出部件外，其他零部件均为塑料制品。采用塑料齿轮的行星减速器具有以下特点<br>1）塑料齿轮与金属齿轮相比，最大的弱点是强度较低，由于减速器采用四个行星齿轮，分摊到每个行星轮上的传动扭矩比较小，通过寿命试验和用户长期使用考核，这种减速器能满足洗衣机的要求<br>2）采用聚甲醛行星齿轮与尼龙内齿轮是一种比较友好的材料组合。由于尼龙内齿轮具有良好柔韧性，在啮合受力时，轮齿会产生轻微的弹性变形，能起到较好的吸振降噪作用<br>3）在大批量生产中，大部分零组件采用注射成型工艺，生产效率高，质量稳定，大大降低了产品的制造成本 |
| --- | --- |

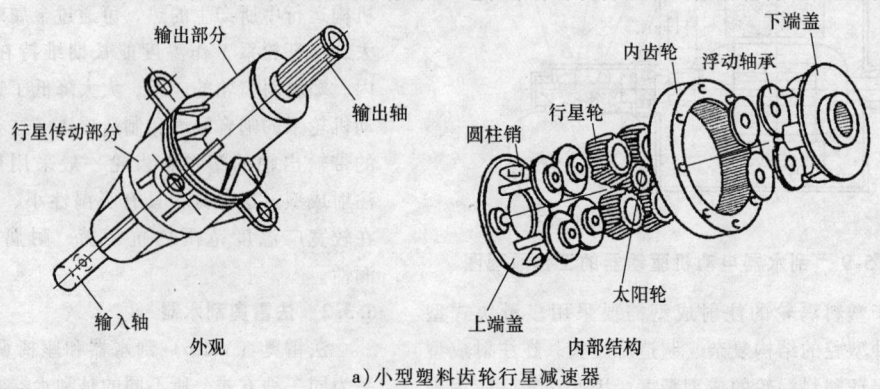

a）小型塑料齿轮行星减速器

（续）

| | |
|---|---|
| 轿车起动电动机行星轮系 | 图 b 所示为 20 世纪 90 年代初日本某电装公司开发的轿车新型起动电动机行星轮系的配置图,采用了尼龙内齿轮和三个钢制行星齿轮。问世后不久,钢制行星齿轮也被聚甲醛塑料行星齿轮所取代<br>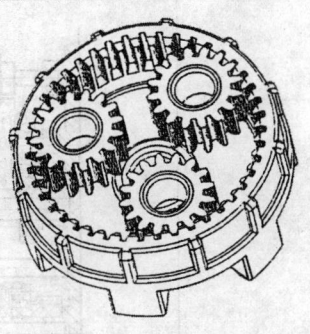<br>b) 塑料齿轮行星轮系 |

| | |
|---|---|
| 卷扬门自动升降多级式行星减速器 | 近年来,行星减速器在向小型化、微型化和多级减速方向发展,在小载荷或轻载荷高传动比的行星机构中,多采用塑料齿轮轮系。串接式行星减速器一般为三级减速:一级减速比≤10:1、二级减速比为 10:1~100:1、三级减速比≥100:1<br>一种卷扬门自动升降式行星减速器如图 c 所示,载荷小、转速高的第一级采用了三个塑料行星齿轮;载荷较大、转速低的第二、三级则采用金属行星齿轮。该三级行星减速器各级齿轮轮系的齿数及减速比参见下表<br>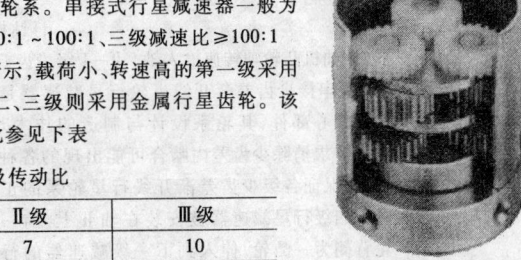<br>c) 三级行星减速器 |

三级行星轮系齿数及传动比

| | I 级 | II 级 | III 级 |
|---|---|---|---|
| 太阳轮($z_1$) | 8 | 7 | 10 |
| 行星轮($z_2$) | 21 | 15 | 14 |
| 内齿轮($z_3$) | 50 | 38 | 38 |
| 减速比($i$) | 7.25 | 6.429 | 4.8 |

该行星减速器总减速比为 223.7,如果该减速器电动机负载转速 3000r/min,电动机轴齿轮为第 I 级塑料齿轮行星轮系太阳轮,则第 II 级行星轮系的输出转速约为 13.4r/min。实践表明,该行星减速器第 I 级采用塑料齿轮轮系,对减振降噪的效果十分明显

| | |
|---|---|
| 少齿差渐开线齿轮行星减速计时器 | 当行星齿轮与内齿轮的齿数差减少到 1~4 齿时,则称之为少齿差内啮合行星轮系。塑料齿轮也为这类少齿差内啮合轮系的开发与应用创造了极好的条件。20 世纪 70 年代,我国从美国引进的钻机用柴油机上就安装有这类计时器。80 年代初,重庆某仪表厂曾组织过对这种计时器的学习、消化和研发试制,用于国产钻机用柴油机自动累计运转工作计时,以便定期对柴油机进行强制保养,保证柴油机在正常的工况下持续工作。此外,由于柴油机长期在野外作业,可根据计时器对野外工作人员的工效进行量化考核与有序管理<br>计时器的基本参数和主要技术性能如下<br>1) 多级少齿差减速器的传动比,柴油机额定功率时的凸轮转速为 600r/min 时,为 1:360000;柴油机额定功率时的凸轮轴转速为 1200r/min 时,为 1:720000<br>2) 五位字轮计数器最大记录时间为 99999h<br>3) 环境工作温度: -40~+60℃<br>4) 计数器字轮和少齿差行星轮系全部采用塑料制品<br>5) 计时器的外形尺寸为 φ67mm×67mm<br>计时器内部结构如图 d 所示,柴油机凸轮轴转速通过轴 I 传输给轴 II 上的 4 级串接少齿差渐开线齿轮行星减速器,而后又经过传动轴 III（2 件）两齿轮,将减速器最后一级的转速 1:1 地传递给计数器中的个位数字轮进行累积计数 |

（续）

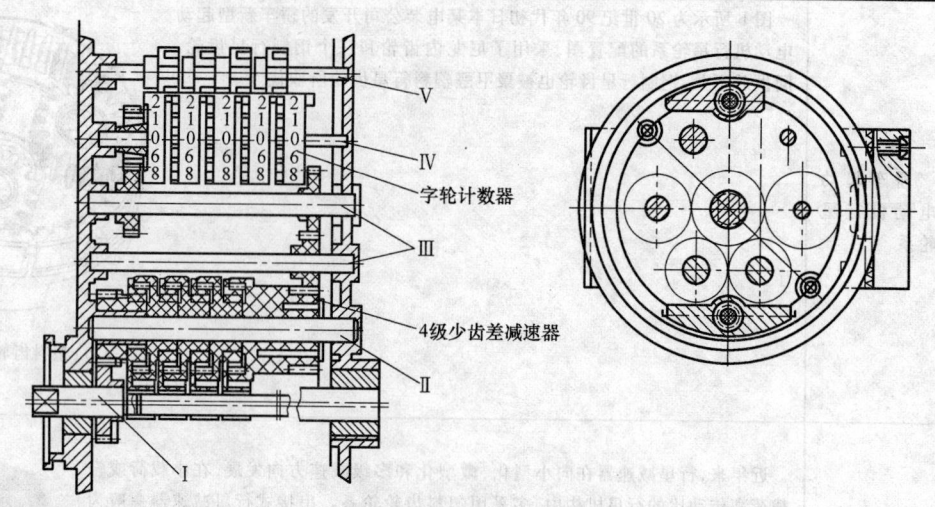

d）钻机柴油机计时器内部结构

少齿差渐<br>
开线齿轮行<br>
星减速计<br>
时器

I—柴油机凸轮轴转速输入轴　Ⅱ—4 级少齿差减速器轴　Ⅲ—传动轴（2 件）　Ⅳ—5 位字轮轴　Ⅴ—开关轮轴

　　4 级串接少齿差渐开线齿轮行星减速器是该计时器的最核心部件，其轮系设计与制造的技术难度较大。设计要求消除少齿差内啮合可能出现的各种齿廓干涉现象，保证各级少齿差渐开线行星轮系的正常啮合传动。四级行星减速器被安装在轴Ⅱ上，前一级的内齿轮背侧为一凸轮，伸入到下一级减速器的行星相对内齿轮做行星摇动。第Ⅲ级行星减速轮系啮合如图 e 所示，当第Ⅱ级减速内齿轮凸轮做顺时针旋转时，第Ⅲ级行星轮跟着做顺时针方向行星摇动，致使第Ⅲ级内齿轮也做顺时针方向旋转。四级串接少齿差减速器渐开线塑料齿轮的齿数和减速比见下表

4 级少齿差渐开线行星减速器<br>
的齿数及减速比（$\alpha = 20°$）

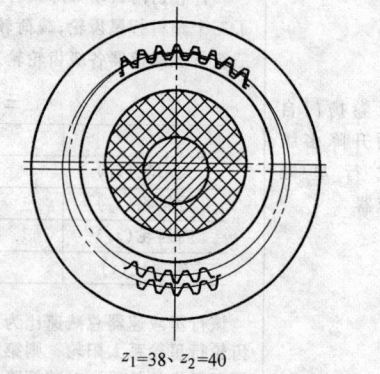

$z_1=38$、$z_2=40$

e）第Ⅲ级行星轮系啮合图

| 减速器级数 | I | Ⅱ | Ⅲ | Ⅳ |
|---|---|---|---|---|
| 行星轮齿数 | 29 | 29 | 38 | 39 |
| 内齿轮齿数 | 30 | 30 | 40 | 40 |
| 减速比 | 30 | 30 | 20 | 40 |

　　四级串接少齿差减速器的减速比为（$30 \times 30 \times 20 \times 40$）:1 = 720000:1，当钻机柴油机输入转数为 1200r/min 时，每小时的轴 I 的转数为 72000 转，此时计数器的个位数字轮转 1/10 周，即正好转过一个字

## 6.5　汽车电动座椅驱动器

　　随着科学技术的发展与进步，汽车人性化设计要求越来越高。座椅是人与汽车直接接触的部位，因此对座椅的舒适度要求也越来越高。为了达到上述目的，在座椅下增设有多重起调整作用的电动机驱动器，其具体应用见表 5.5-51。

**表 5.5-51　塑料齿轮在汽车电动座椅上的应用**

| | |
|---|---|
| 座椅水平驱动器（HDM） | 座椅水平驱动器如图 a 中左图所示，用来调整座椅前后位置，它由驱动螺杆、止动盘、浮动螺母组件和齿轮箱组成。齿轮箱如图 a 中右图所示，是蜗杆-涡轮单机减速器。由于采用塑料斜齿轮替代涡轮与金属蜗杆啮合具有较好的吸振降噪作用。为了降低水平驱动器噪声和制造成本，国内外都在对采用塑料蜗杆替代金属蜗杆进行了研发 |

（续）

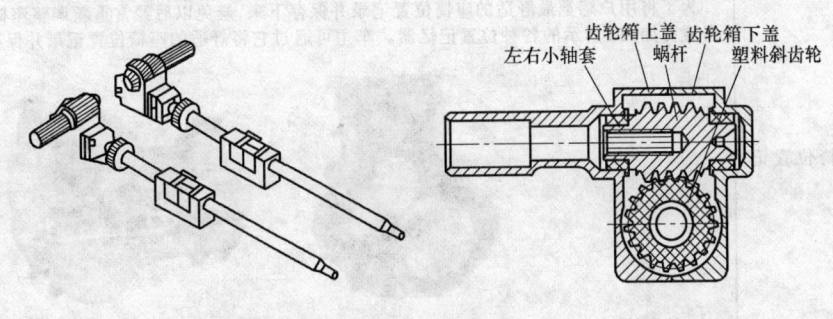

左右小轴套　齿轮箱上盖　齿轮箱下盖
蜗杆　塑料斜齿轮

驱动器　　　　　　　　　齿轮箱

a）座椅左右水平驱动器及齿轮箱

| 座椅水平驱动器（HDM） | 近几年来，国内外还出现了一种新型的水平驱动器。这种驱动器的设计理念与上述驱动器有两大不同点：一是传动机构采用塑料蜗杆与金属涡轮相啮合，其啮合噪声低；二是齿轮箱及传动机构安装在驱动螺杆的中部位置，使座椅水平电动机、电动机支架等部件更加紧凑。这种新型水平驱动器的齿轮箱如图 b 中的左图所示，采用如图 b 中右图所示的聚醚醚酮（PEEK 450G）塑料蜗杆与金属涡轮传动 |
|---|---|

新型齿轮箱　　　　　PEEK 450G 驱动蜗杆

b）座椅左右水平新型驱动器及塑料蜗杆

| 座椅垂直驱动器（VDM） | 汽车座椅垂直驱动器，又称抬高器。为了实现对座椅的高度调整，其驱动器执行机构已有多种不同方式，常见的座椅垂直驱动器如图 c 所示。其执行机构亦与水平驱动器相似，电动机驱动轴前段蜗杆与螺杆注射成型成一体的塑料斜齿轮相啮合，通过螺杆来调整座椅的高度位置。与水平驱动器比较，由于座椅高度的调整范围小，驱动螺杆的长度短、直径大，产品的制造难度也相对较小 |
|---|---|

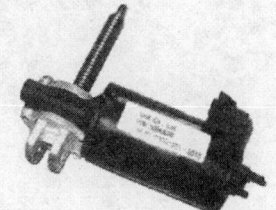

c）座椅垂直驱动器

| 座椅调角器 | 座椅调角器的执行机构也有多种不同的形式，其中法雷奥（Valeo）调角器如图 5.5-10 所示。另一种调角器如图 d 所示，由金属蜗杆驱动中央呈花键式方孔的聚醚醚酮（PEEK 450G）涡轮。产品设计美观、小巧 |
|---|---|

d）小型座椅调教驱动器

| 腰托驱动器 | 为了减轻驾驶人和乘客旅途疲劳，已经在高档轿车座椅上安装腰托驱动器，可以在任何时间对腰部进行按摩。腰托驱动器如图 e 所示，传动机构中的蜗杆、太阳轮（双联齿轮）、行星齿轮和内齿轮均采用塑料齿轮，驱动器的结构紧凑、噪声小、制造成本低廉。这种腰托驱动器正在向民航飞机座椅扩展 |
|---|---|

e）腰托驱动器

（续）

| 座椅位置记忆器 | 为了将用户感觉最舒适的座椅位置记录并保存下来,避免以后经常重新调整座椅位置,高档轿车座椅已备置有如图 f 所示的各种位置记忆器。车主可通过它将舒适的座椅位置记录并保存下来<br><br>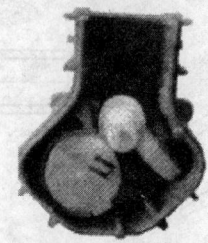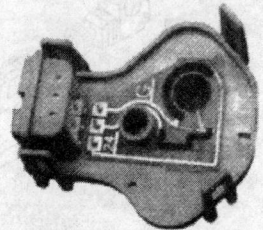<br><br>f)座椅位置记忆器 |
| --- | --- |

# 第6章 非圆齿轮传动

## 1 非圆齿轮传动概述

非圆齿轮也叫异形齿轮，是指分度曲面不是旋转曲面的齿轮。它必须成对设计并以成对的方式存在。非圆齿轮传动在啮合过程中，当主动轮匀速转动时，从动轮的瞬时角速度按某种既定的运动规律而变化。

非圆齿轮机构可以实现特殊的运动和函数运算，如摆动、分度、变速等；可以用于改善特定机构的动态性能，如在传统槽轮机构中增加一对椭圆齿轮，可显著改善分度装置的性能；可以简化机构，使布局更加紧凑，承载能力更高，有利于机械的轻型、高速与重载化，如非圆齿轮行星轮齿轮泵、非圆齿轮分度装置等。

由于非圆齿轮相对圆齿轮设计计算更加复杂（普遍的情况是无法得到设计参数的解析解），加工更加困难，所以非圆齿轮的应用受到很多限制。但计算机数值计算、图形学技术及数控技术的发展，给非圆齿轮的设计和加工带来了光明。

## 2 非圆齿轮传动的基本参数及计算公式

1. 传动比函数

传动比函数 $i_{12}(\varphi_1)$ 是以主动齿轮转角为自变量的周期函数（在圆齿轮传动中，此函数为常数，相当于传动比），它表征主、从动齿轮的速度变化关系。由运动要求或者受力情况推导而出。

规定外啮合时

$$i_{12}(\varphi_1) = \frac{\omega_1}{\omega_2} \qquad (5.6-1)$$

式中 $\omega_1$、$\omega_2$——主动轮和从动轮的角速度。

2. 从动轮位置函数

从动轮位置函数 $\varphi_2(\varphi_1)$ 是以主动齿轮转角为自变量的函数，它表征主从动齿轮的角度变化关系。为了保证从动齿轮是一个封闭的齿轮，必须满足 $\varphi_2(2\pi) = 2n\pi$ 或 $\varphi_2(2\pi) = \frac{2\pi}{n}$（$n$ 为整数）。

从动轮位置函数计算公式为

$$\varphi_2(\varphi_1) = \int_0^{\varphi_1} \frac{1}{i_{12}(\varphi_1)} d\varphi_1 \qquad (5.6-2)$$

3. 节曲线（面）

节曲线（面）是一对非圆齿轮传动时的瞬轴线（面）。在圆齿轮传动中，此曲线（面）退化成旋转曲线（面），相当于平面齿轮传动中的分度圆。它实际上是一对互相啮合的齿轮在在其啮合过程中实现无滑动地滚动的共轭曲线。以节曲线的纯滚动表征非圆齿轮传动，给设计和制造带来了极大的便利。

主动齿轮的节曲线计算公式为

$$r_1(\varphi_1) = \frac{a}{1 + i_{12}(\varphi_1)} \qquad (5.6-3)$$

从动齿轮的节曲线计算公式为

$$r_2(\varphi_1) = a - \frac{a}{1 + i_{12}(\varphi_1)} \qquad (5.6-4)$$

式中 $a$——两齿轮的中心距。

4. 节曲线（面）的曲率

节曲线（面）的曲率是表征非圆齿轮节曲线（面）弯曲程度的数值量。对于平面齿轮传动，直接应用平面曲线的曲率公式

$$k = \frac{r''}{(1 + r'^2)^{\frac{3}{2}}} \qquad (5.6-5)$$

若曲线曲率恒正，则曲线为外凸；恒负，则曲线为内凹。

5. 工具齿条的基本参数

非圆齿轮的齿廓由工具齿条与齿轮节曲线根据法向纯滚动关系包络而成（相当于滚齿加工）。选用不同形状的齿条刀具可以得到不同的齿廓方程（如若工具齿条为普通标准齿条，非圆齿轮退化为圆齿轮，则生成的齿廓为渐开线齿廓）。工具齿条的一些基本参数和圆齿轮传动一致（如齿顶高、齿根高、顶隙等），但模数 $m$、齿轮中心距 $a$ 和齿轮齿数必须满足

$$L = pz = \pi mz \qquad (5.6-6)$$

式中 $L$——节曲线的弧长，可由弧积分公式得出

$$L = \int_0^{2\pi} \sqrt{r(\varphi)^2 + \left(\frac{dr(\varphi)}{d\varphi}\right)^2} d\varphi \qquad (5.6-7)$$

工具齿条与非圆齿轮纯滚动的运动关系如图5.6-1所示。

在图5.6-1中，使工具齿条的节线的方向保持不变，位置可沿水平、垂直两个方向移动。齿轮旋转中心位置固定不变，取为坐标原点，建立固定的直角坐标系 $Oxy$ 和随轮转动坐标系 $Ox'y'$。在直角坐标系 $Oxy$ 中，节曲线的相切位置为 $P(x_p, y_p)$。$OP$ 与初

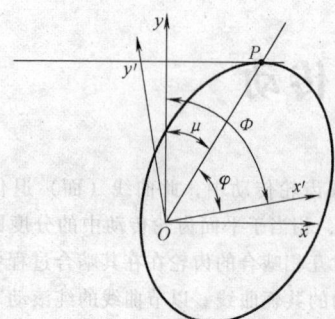

**图 5.6-1　工具齿条与非圆齿轮**
**的运动关系**

始位置的夹角

$$\mu = \arctan\left(\frac{-r'(\varphi)}{r(\varphi)}\right) \quad (5.6-8)$$

非圆齿轮转过的角度为 $\phi(\varphi) = \mu + \varphi$，从而得到 $P$ 点坐标。共扼齿条的水平移动量

$$s = \int_0^\phi \sqrt{r(\varphi)^2 + \left(\frac{\mathrm{d}r(\varphi)}{\mathrm{d}\varphi}\right)^2}\,\mathrm{d}\varphi - x_p$$

$$(5.6-9)$$

通过坐标变换得到 P 在 $Ox'y'$ 中的坐标 $P'$（$x_p$，$y_p$），表示为 $r_p = (x_p, y_p, 0)^T$，则有

$$x_p(\varphi) = \frac{-r(\varphi) \cdot r'(\varphi)}{\sqrt{r(\varphi)^2 + r'(\varphi)^2}}$$

$$y_p(\varphi) = \frac{r(\varphi)^2}{\sqrt{r(\varphi)^2 + r'(\varphi)^2}} \quad (5.6-10)$$

**6. 其他参数**

圆齿轮传动的一些其他参数，如齿距、齿厚、齿顶、齿根等也可以和圆齿轮一样定义，这里不再赘述。

# 3　非圆齿轮的设计步骤

非圆齿轮的设计一般根据以下步骤进行。

1）根据运动或者受力情况的变化要求确定齿轮的传动比函数。

2）根据传动比函数推导主从动轮的角度位置函数，判断其是否满足节曲线封闭条件。

3）根据传动比函数及齿轮传动的中心距对主从动轮的节曲线进行推导，并对节曲线的平滑性，凹凸性进行验证。

4）选用合适齿廓的齿条刀具或者齿轮刀具对齿轮进行加工模拟或者计算机模拟。

5）对齿廓的压力角进行数值验证。

6）根据生成齿廓的刀具坐标关系用数控机床加工试切，或者根据坐标关系直接应用电火花加工。

# 4　设计实例

【例】　传动比函数为 $i_{12}(\varphi_1) = 1.41 + \sin(\varphi_1)$，如图 5.6-2 所示。该函数是以齿轮 1 的转角为自变量的周期函数。齿轮的中心距 $a = 50\text{mm}$。齿轮齿数 $z = 20$。

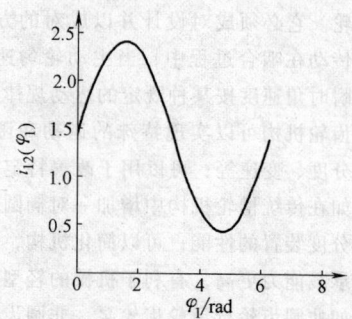

**图 5.6-2　传动比函数**

【解】　1）从动轮的位置函数

$$\varphi_2(\varphi_1) = \int_0^{\varphi_1} \frac{1}{i_{12}(\varphi)}\,\mathrm{d}\varphi$$

$$= 2a\tan\left[1.414\tan\left(\frac{\varphi_1}{2}\right) + 1\right] - 0.707$$

$$(5.6-11)$$

该函数图像如图 5.6-3 所示。对该函数进行验证，当 $\varphi_1 = 2\pi$ 时，$\varphi_2(2\pi) = 2\pi$，即当主动轮转过一周，从动轮也刚好转过一周，满足节曲线封闭条件。

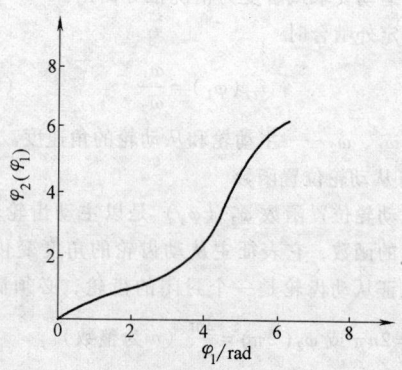

**图 5.6-3　从动非圆齿轮的位置函数**

2）节曲线推导。主动轮的节曲线

$$r_1(\varphi_1) = \frac{a}{1 + i_{12}(\varphi_1)} = \frac{50}{2.41 + \sin(\varphi_1)}$$

$$(5.6-12)$$

直角坐标表示为

$$x_{r1}(\varphi_1) = r_1(\varphi_1)\cos(\varphi_1) = \frac{50}{2.41 + \sin(\varphi_1)}\cos(\varphi_1)$$

$$y_{r1}(\varphi_1) = r_1(\varphi_1)\sin(\varphi_1) = \frac{50}{2.41 + \sin(\varphi_1)}\sin(\varphi_1)$$

$$(5.6\text{-}13)$$

其图像如图 5.6-4 所示。

从动轮的节曲线

$$r_2(\varphi_1) = a - \frac{a}{1 + i_{12}(\varphi_1)} = 50 - \frac{50}{2.41 + \sin(\varphi_1)}$$

$$(5.6\text{-}14)$$

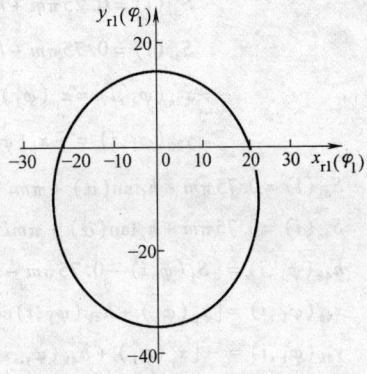

图 5.6-4　主动非圆齿轮的节曲线

直角坐标表示为

$$x_{r2}(\varphi_1) = r_2(\varphi_1)\cos[\varphi_2(\varphi_1)] = \cos\left\{2\operatorname{atan}\left[1.414\tan\left(\frac{\varphi_1}{2}\right) + 1\right] - 1.57\right\}\left[50 - \frac{50}{\sin(\varphi_1) + 2.414}\right]$$

$$y_{r2}(\varphi_1) = r_2(\varphi_1)\sin[\varphi_2(\varphi_1)] = \sin\left\{2\operatorname{atan}\left[1.414\tan\left(\frac{\varphi_1}{2}\right) + 1\right] - 1.57\right\}\left[50 - \frac{50}{\sin(\varphi_1) + 2.414}\right]$$

$$(5.6\text{-}15)$$

其图像如图 5.6-5 所示。

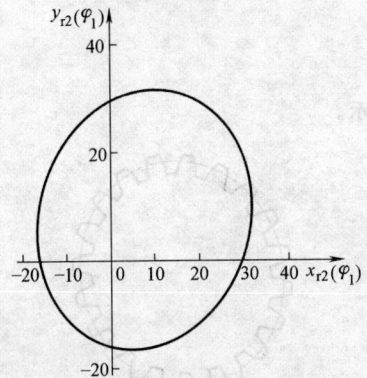

图 5.6-5　从动非圆齿轮的节曲线

3）节曲线的校核。由于传动比函数为连续函数，故节曲线函数连续平滑。

其凹凸性可由平面曲线的曲率公式进行验证，则节曲线内凹。将上述节曲线公式代入曲率公式。从数

值结果可知道主从动轮的节曲线均外凸。

4）齿廓的设计。由上述可知该轮节曲线外凸，故可用齿轮刀具（插齿）或者齿条刀具（滚齿）进行加工（如果有内凹部分只能用插刀加工）。

因为中心距已经确定，齿轮模数的确定由节曲线的弧长与齿数确定：

计算节曲线的周长，由弧积分公式

$$L = \int_0^{2\pi}\sqrt{r_1(\varphi)^2 + \left(\frac{\mathrm{d}r_1(\varphi)}{\mathrm{d}\varphi}\right)^2}\,\mathrm{d}\varphi = 150.108\text{mm}$$

$$(5.6\text{-}16)$$

齿轮的模数

$$m = \frac{L}{\pi z} = 2.389\text{mm} \qquad (5.6\text{-}17)$$

选用直线（渐开线）齿条滚刀，刀具齿条的标准参数参考渐开线齿轮。

按照齿轮加工的原理，确定齿轮刀具运动与轮坯的运动关系，可以得到齿廓方程如下：

$$S_{1s}(i) = i\pi m$$

$$S_{1e}(i) = 0.25\pi m - h_a\tan(\alpha) + \pi m i$$

$$x_{1k}(\phi_1, i) = x_p(\varphi_1)\sin[\varphi(\varphi_1)] + [y_p(\varphi_1) + h_a]\cos[\varphi(\varphi_1)]$$

$$y_{1k}(\varphi_1, i) = -x_p(\varphi_1)\cos[\varphi(\varphi_1)] + [y_p(\varphi_1) + h_a]\sin[\varphi(\varphi_1)]$$

$$S_{2s}(i) = 0.25\pi m - h_a\tan(\alpha) + \pi m i$$

$$S_{2e}(i) = 0.25\pi m + h_f\tan(\alpha) + \pi m i$$

$$h_{2k}(\varphi_1, i) = [S_1(\varphi_1, i) - 0.25\pi m - i\pi m]\sin(\alpha)\cos(\alpha)$$

$$x_{2k}(\varphi_1, i) = [x_p(\varphi_1) + h_{2k}(\varphi_1, i)\cot(\alpha)]\sin[\varphi(\varphi_1)] + [y_p(\varphi_1) - h_{2k}(\varphi_1, i)]\cos(\varphi(\varphi_1))$$

$$y_{2k}(\varphi_1, i) = -[x_p(\varphi_1) + h_{2k}(\varphi_1, i)\cot(\alpha)]\cos[\varphi(\varphi_1)] + [y_p(\varphi_1) - h_{2k}(\varphi_1, i)]\sin[\varphi(\varphi_1)]$$

$$S_{3s}(i) = 0.25\pi m + h_f\tan(\alpha) + \pi mi$$

$$S_{3e}(i) = 0.75\pi m - h_f\tan(\alpha) + \pi mi$$

$$x_{3k}(\varphi_1,i) = x_p(\varphi_1)\sin[\varphi(\varphi_1)] + [y_p(\varphi_1) - h_f]\cos[\varphi(\varphi_1)]$$

$$y_{3k}(\varphi_1,i) = -x_p(\varphi_1)\cos[\varphi(\varphi_1)] + [y_p(\varphi_1) - h_f]\sin[\varphi(\varphi_1)]$$

$$S_{4s}(i) = 0.75\pi m - h_f\tan(\alpha) + \pi mi$$

$$S_{4e}(i) = 0.75\pi m + h_a\tan(\alpha) + \pi mi$$

$$h_{4k}(\varphi_1,i) = [S_1(\varphi,i) - 0.75\pi m - i\pi m]\sin(\alpha)\cos(\alpha)$$

$$x_{4k}(\varphi_1,i) = [x_p(\varphi_1) + h_{4k}(\varphi_1,i)\cot(\alpha)]\sin[\varphi(\varphi_1)] + [y_p(\varphi_1) - h_{4k}(\varphi_1,i)]\cos[\varphi(\varphi_1)]$$

$$y_{4k}(\varphi_1,i) = -[x_p(\varphi_1) + h_{4k}(\varphi_1,i)\cot(\alpha)]\cos[\varphi(\varphi_1)] + [y_p(\varphi_1) - h_{4k}(\varphi_1,i)]\sin[\varphi(\varphi_1)]$$

$$S_{5s}(i) = 0.75\pi m - h_f\tan(\alpha) + \pi mi$$

$$S_{5e}(i) = 0.75\pi m + h_a\tan(\alpha) + \pi mi \qquad (5.6\text{-}18)$$

$$x_{5k}(\varphi_1,i) = x_p(\varphi_1)\sin[\varphi(\varphi_1)] + (y_p(\varphi_1) + h_a)\cos[\varphi(\varphi_1)]$$

$$y_{5k}(\varphi_1,i) = -x_p(\varphi_1)\cos[\varphi(\varphi_1)] + [y_p(\varphi_1) + h_a]\sin[\varphi(\varphi_1)]$$

各式中　　$$x_p(\varphi_1) = \frac{-r(\varphi_1)r'(\varphi_1)}{\sqrt{r(\varphi_1)^2 + r'(\varphi_1)^2}};$$

$$y_p(\varphi_1) = \frac{r(\varphi_1)^2}{\sqrt{r(\varphi_1)^2 + r'(\varphi_1)^2}};$$

$$i = 1,2\cdots z_\circ$$

最后得到主动轮和从动轮其齿廓形状如图 5.6-6 和图 5.6-7 所示。

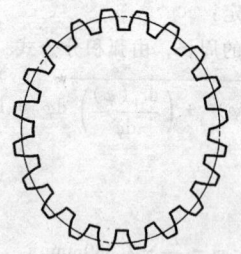

图 5.6-6　主动非圆齿轮齿廓

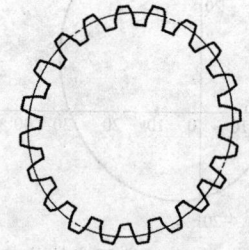

图 5.6-7　从动非圆齿轮的齿廓

# 第6篇 轴 承

主 编 卢全国

编写人 陶 珍 卢全国 祝志芳（第1章）

祝志芳 卢全国（第2章）

徐 斌（第3章）

审稿人 桂 林 刘小芹 李鹏辉

# 本篇主要内容与特色

第 6 篇为轴承。第 1 章为滚动轴承,主要介绍滚动轴承的分类与代号、滚动轴承的选择计算、常用滚动轴承的主要尺寸和数据、滚动轴承的组合设计、滚动轴承附件及滚动轴承座、回转轴承、有关滚动轴承设计的各种问题等内容。第 2 章为滑动轴承,主要介绍滑动轴承类型与特性及选用、非液体摩擦轴承、液体动压轴承、液体静压轴承、气体轴承、轴瓦结构、滑动轴承的润滑、滑动轴承座、滑动轴承设计的各种问题等内容。第 3 章为其他轴承,主要介绍直线运动滚动支承和关节轴承的分类与代号、结构、特性、应用以及载荷计算等内容。此外,还简要介绍了几种特殊轴承。

本篇具有以下特色:

(1) 先进性 以我国最新的轴承国家标准及国内轴承产品样本为基础。

(2) 系统性 全面系统地介绍滚动轴承、滑动轴承的选用、计算及支承结构设计,同时也简要介绍了较常使用的其他轴承。

(3) 实用性 在各类轴承的设计中,尽量减少繁琐的推导与计算,同时还给出轴承设计中的一些禁忌。

# 第1章 滚动轴承

## 1 分类、代号

### 1.1 分类与特性

滚动轴承从不同角度有多种分类，见表 6.1-1。

**表 6.1-1 滚动轴承的分类**（摘自 GB/T 271—2008）

| 分类方法 | 类型名称及特点 | | |
|---|---|---|---|
| 按承受的载荷方向或公称接触角 $\alpha$ 的不同 | 向心轴承——主要用于承受径向载荷的滚动轴承，其公称接触角从 0° 到 45°。按公称接触角不同，分为： | 径向接触轴承。$\alpha = 0°$，主要承受径向载荷，有的可承受较小轴向载荷 | |
| | | 角接触向心轴承。$0° < \alpha \leqslant 45°$，能同时承受径向载荷及轴向载荷联合作用，一般以径向载荷为主 | |
| | 推力轴承——主要用于承受轴向载荷的滚动轴承，其公称接触角大于 45° 到 90°。按公称接触角不同，分为： | 轴向接触轴承。$\alpha = 90°$，只能承受轴向载荷 | |
| | | 角接触推力轴承。$45° < \alpha < 90°$，主要承受轴向载荷，也可以承受较小的径向载荷 | |
| 按滚动体的种类 | 球轴承：滚动体为球；点接触 | | |
| | 滚子轴承 | 圆柱滚子轴承 | |
| | | 滚针轴承 | |
| | | 圆锥滚子轴承 | |
| | | 调心滚子轴承 | |
| 按能否调心 | 调心轴承——滚道是球面形的，能适应两滚道轴心线间的角偏差及角运动的轴承 | | |
| | 非调心轴承——能阻抗滚道间轴心线角偏差的轴承 | | |
| 按滚动体的列数 | 单列轴承——具有一列滚动体的轴承 | | |
| | 双列轴承——具有两列滚动体的轴承 | | |
| | 多列轴承——具有多于两列的滚动体的轴承并承受同一方向载荷的轴承 | | |
| 按主要用途 | 通用轴承——应用于通用机械或一般用途的轴承 | | |
| | 专用轴承——专门用于或主要用于特定主机或特殊工况的轴承 | | |
| 按外形尺寸是否符合标准尺寸系列 | 标准轴承——外形尺寸符合标准尺寸系列规定的轴承 | | |
| | 非标准轴承——外形尺寸中任一尺寸不符合标准尺寸系列规定的轴承 | | |
| 按是否有密封圈或防尘盖 | 开型轴承——无防尘盖及密封圈的轴承 | | |
| | 闭型轴承——带有一个或两个防尘盖、一个或两个密封圈、一个防尘盖和一个密封圈的轴承 | | |
| 按外形尺寸及公差的表示单位 | 公制（米制）轴承——尺寸及公差采用公制（米制）单位表示的滚动轴承 | | |
| | 英制（寸制）——外形尺寸及公差采用英制（寸制）单位表示的滚动轴承 | | |
| 按其组件能否分离 | 可分离轴承——具有可分离组件的轴承 | | |
| | 不可分离轴承——轴承在最终配套后，套圈均不能任意自由分离的轴承 | | |
| 按产品扩展 | 轴承 | | |
| | 组合轴承 | | |
| | 轴承单元 | | |
| 按载荷方向或公称接触角、滚动体的种类综合分类 | 深沟球轴承 | | |
| | 圆柱滚子轴承 | | |
| | 滚针轴承 | | |
| | 调心球轴承 | | |
| | 角接触球轴承 | | |
| | 圆锥滚子轴承 | | |
| | 调心滚子轴承 | | |
| | 推力球轴承 | | |

（续）

| 分类方法 | 类型名称及特点 |
|---|---|
| 按载荷方向或公称接触角、滚动体的种类综合分类 | 推力圆柱滚子轴承 |
| | 推力滚针轴承 |
| | 推力角接触球轴承 |
| | 推力圆锥滚子轴承 |
| | 推力调心轴承 |
| | 组合轴承 |
| | 轴承单元 |
| 按轴承外径尺寸大小 | 微型轴承——公称外径尺寸范围为 26mm 以下的轴承 |
| | 小型轴承——公称外径尺寸范围为 28～55mm 的轴承 |
| | 中小型轴承——公称外径尺寸范围为 60～115mm 的轴承 |
| | 中大型轴承——公称外径尺寸范围为 120～190mm 的轴承 |
| | 大型轴承——公称外径尺寸范围为 200～430mm 的轴承 |
| | 特大型轴承——公称外径尺寸范围为 440mm 以上的轴承 |

各类滚动轴承的特性比较见表 6.1-2。

**表 6.1-2　滚动轴承的分类特性比较**

| 轴承类型 | | 一 般 特 性 | 其 他 特 性 |
|---|---|---|---|
| 深沟球轴承 | | 主要承受径向载荷，也可同时承受少量的双向轴向载荷。在转速较高、不宜用推力轴承时，可承受较轻纯轴向载荷 | 结构简单，使用方便。6000 型在安装、密封、配合无特殊要求的地方，均可采用。外圈带止动槽的可简化轴向定位，缩小轴向尺寸。带防尘盖的防尘性好，带密封圈的密封性好，两面带防尘盖或密封圈的已装入适量润滑脂，工作中在一定时期内不用再加油。UC、UEL 内圈较一般轴承宽，供装置密封及紧定螺钉或偏心套用，安装、拆卸和使用方便，适用于要求密封较高的长轴，安装或受载荷时弯曲、倾斜较大的轴上，对主机的制造安装精度要求较低 |
| | | 能限制轴的双向轴向移动在轴承的游隙范围内 | |
| | | 摩擦比:1.0 | |
| | | 转速比:1.0 | |
| | | 旋转精度:A | |
| | | 刚度:C | |
| | | 噪声、振动:A | |
| | | 调心性:C | |
| | | 内外圈分离性:× | |
| | | 固定侧用:√ | |
| | | 游动侧用:√ | |
| | | 使用寿命:长 | |
| | | 价格:低 | |
| 角接触球轴承 | 单列 | 7、B7、S7、SN7 型承受径向和单向轴向的联合载荷;QJ、QJS 型承受径向和双向轴向的联合载荷。不宜受纯轴向载荷 | 单列角接触球轴承接触角越大，承受轴向载荷的能力越高，在承受径向载荷时，同时产生轴向力，必须施加反向轴向力。因此一般应成对使用。成对双联角接触球轴承由厂家选配组合提供，一般安装后有预过盈，消除了轴承中的游隙。因而提高了载荷能力、刚度和旋转精度。QJ 型具有双半内圈，在无载荷和纯径向载荷作用时，钢球与套圈呈四点接触，径向载荷容量大;在纯轴向载荷作用下，钢球与套圈呈两点接触，可承受双向轴向载荷，兼有单、双列角接触球轴承的功能 |
| | | 能限制轴(外壳)的单向轴向移动。额定动载荷比:1 | |
| | | 摩擦比:1.3 | |
| | | 转速比:$\alpha=15°$,1.4;$\alpha=40°$,0.8 | |
| | | 旋转精度:A | |
| | | 刚度:C | |
| | | 噪声、振动:B | |
| | | 调心性:C | |
| | | 内外圈分离性:√ | |
| | | 固定侧用:√ | |
| | | 游动侧用:× | |
| | | 使用寿命:长 | |
| | | 价格:低 | |

（续）

| 轴承类型 | | 一 般 特 性 | | 其 他 特 性 |
|---|---|---|---|---|
| 角接触球轴承 | 双列 | 双列角接触球轴承承受径向为主和双向轴向载荷的联合载荷。不宜承受纯轴向载荷 | 能限制轴（外壳）的双向轴向移动在轴承轴向游隙范围内 | 单列角接触球轴承接触角越大，承受轴向载荷的能力越高，在承受径向载荷时，同时产生轴向力，必须施加反向轴向力。因此一般应成对使用。对双联角接触球轴承由厂家选配组合提供，一般安装后有预过盈，消除了轴承中的游隙。因而提高了载荷能力、刚度和旋转精度。QJ型具有双半内圈，在无载荷和纯径向载荷作用时，钢球与套圈呈四点接触，径向载荷容量大；在纯轴向载荷作用下，钢球与套圈呈两点接触，可承受双向轴向载荷，兼有单、双列角接触球轴承的功能 |
| | | 摩擦比：1.4 | | |
| | | 转速比：0.6 | | |
| | | 旋转精度：C | | |
| | | 刚度：B | | |
| | | 噪声、振动：C | | |
| | | 调心性：C | | |
| | | 内外圈分离性：× | | |
| | | 固定侧用：√ | | |
| | | 游动侧用：√ | | |
| | | 使用寿命：长 | | |
| | | 价格：低 | | |
| | 组合 | 承受以径向载荷为主的径、轴向联合载荷（串联为单向轴向，其他配置可承受双向轴向），也可承受纯轴向载荷 | | |
| | | 串联式配置限制轴（外壳）的单向轴向移动 | | |
| | | 摩擦比：1.4 | | |
| | | 转速比：0.8 | | |
| | | 旋转精度：A | | |
| | | 刚度：B | | |
| | | 噪声、振动：B | | |
| | | 调心性：C | | |
| | | 内外圈分离性：× | | |
| | | 固定侧用：√ | | |
| | | 游动侧用：√ | | |
| 调心球轴承 | | 主要承受径向载荷，也可同时承受少量的双向轴向载荷 | | 主要用在载荷作用下弯曲较大的传动轴，以及支承座孔不易保证严格同心的地方。调心滚子轴承的滚子与两套圈滚道为修正线接触，承载能力大，特别适于重载或振动载荷下工作。10000K，20000K 移动内圈，带紧定套的移动紧定套可微量调整径向游隙，10000K + H0000 型，20000K + H0000 型安装、拆卸方便 |
| | | 限制轴（外壳）的双向轴向移动在轴承轴向游隙范围内 | | |
| | | 摩擦比：0.8 | | |
| | | 转速比：0.7 | | |
| | | 旋转精度：C | | |
| | | 刚度：C | | |
| | | 噪声、振动：C | | |
| | | 调心性：A | | |
| | | 内外圈分离性：× | | |
| | | 固定侧用：√ | | |
| | | 游动侧用：√ | | |
| | | 使用寿命：较短 | | |
| | | 价格：较高 | | |
| 调心滚子轴承 | | 主要承受径向载荷，也可同时承受少量的双向轴向载荷 | | |
| | | 限制轴（外壳）的双向轴向移动 | | |
| | | 摩擦比：1.3 | | |
| | | 转速比：0.6 | | |
| | | 旋转精度：C | | |
| | | 刚度：A | | |
| | | 噪声、振动：C | | |
| | | 调心性：A | | |
| | | 内外圈分离性：× | | |
| | | 固定侧用：√ | | |
| | | 游动侧用：√ | | |
| | | 使用寿命：较长 | | |
| | | 价格：高 | | |

（续）

| 轴承类型 | 一般 特 性 | 其 他 特 性 |
|---|---|---|
| 圆柱滚子轴承 | 仅能承受径向载荷，内、外圈的带挡边的单列轴承可承受较小轴向载荷（加带挡圈的可承受双向的）<br><br>NF,NJ 限制轴（外壳）单向（NUP 双向）轴向移动<br><br>摩擦比:0.8<br><br>转速比:1.0<br><br>旋转精度:A<br><br>刚度:A<br><br>噪声、振动:A<br><br>调心性:C<br><br>内外圈分离性:√<br><br>固定侧用:NUP√<br><br>游动侧用:N 、NU 、NNU√<br><br>NU、N 和滚针不能限制轴（外壳）的轴向移动<br><br>使用寿命:很长<br><br>价格:较低（双列较高） | 允许外圈与内圈轴线偏斜度较小（2′～4′），故只能用于刚性较大的轴上，并要求支承座孔很好地对中。常用于受外力弯曲较小的固定短轴上，或因发热而使轴伸长的机件上，此时，于一个支点上安装无挡边的滚子轴承，另一个支点上则应安装使轴与轴承箱能固定起来的轴承 |
| 滚针 | 仅能承受径向载荷<br><br>摩擦比:1.3<br><br>转速比:有保持架 0.6<br><br>旋转精度:C<br><br>刚度:A<br><br>噪声、振动:C<br><br>调心性:C<br><br>内外圈分离性:√<br><br>固定侧用:√<br><br>游动侧用:√<br><br>使用寿命:较长<br><br>价格:较低 | 适用于径向安装尺寸受限制的地方，无保持架的极限转速比有保持架的低，无内、外圈时，作为滚道的轴或外壳的表面硬度一般为 58～64HRC。表面粗糙度当对公差要求不高时，$Ra \leqslant 0.32\mu m$；当对公差要求较高时，$Ra \leqslant 0.2\mu m$。对 HK、BK 型，当轴承与外壳孔的配合不比 K6 更紧时，轴径公差一般取 h5。向心滚针和保持架组件一般壳孔尺寸公差用 G6。当轴径 $d=3\sim80mm$ 时，轴径公差为 h5，当 $d \geqslant 80\sim250mm$ 时，取 g5，公差不应超过直径公差的 50%。BK 型的一端面封闭，用于轴颈无伸出端的支承中，端面封闭起密封作用 |
| 圆锥滚子轴承 | 主要承受以径向载荷为主的径、轴向（单列为单轴向，双列为双轴向）联合载荷，而大圆锥角可承受以轴向载荷为主的径、轴向联合载荷<br><br>30000 型限制轴（外壳）的单向轴向移动，双列和四列可限制轴（外壳）的双向轴向移动<br><br>摩擦比:1.3<br><br>转速比:0.6<br><br>旋转精度:A<br><br>刚度:A<br><br>噪声、振动:C<br><br>调心性:C<br><br>内外圈分离性:√<br><br>固定侧用:单列 双列√<br><br>游动侧用:单列 × 双列√<br><br>使用寿命:单列很长,双列长<br><br>价格:较低 | 为分离型轴承，其内圈（含圆锥滚子和保持架）和外圈可以分别安装。在安装和使用过程中可以调整轴承的径向和轴向游隙，也可以预过盈安装。单列的在径向载荷作用下，会产生附加轴向力，因此，一般应成对配置（同名端面相对安装）。如单独使用，其外加轴向力应大于附加轴向力。双列的两内圈之间、四列的内、外圈之间均有隔圈，改变其厚度可以调整轴承的游隙。四列性能与双列性能基本相同，可承受更大径向载荷，但极限转速低，主要用于重型机械，如轧钢机等。这类轴承轴向游隙的大小，对轴承能否良好工作影响很大，过小时温升高，过大则轴承易损坏 |

（续）

| 轴承类型 | | 一 般 特 性 | | 其 他 特 性 |
|---|---|---|---|---|
| 推力轴承 | 球 | 51000 型只能承受单向轴向载荷,52000 型可承受双向轴向载荷,230000 型主要承受单向轴向载荷,也可同时承受一定量的径向载荷 | 51000、81000型,圆锥和调心滚子限制轴(外壳)的单向轴向移动 | 推力球(滚子)轴承在运转中,如外加轴向力小,轴承未被压紧,由于离心力(或离心力矩)作用,钢球(滚子)和滚道之间产生滑移而破坏轴承的正常运转,因此,必须施加足够的轴向力,轴向力小时可以用弹簧使轴承预紧。推力球轴承为分离型轴承,两支承平面必须平行,不允许有任何偏差,轴中心线与外壳支承面应保证垂直,若不能保证,可采用球面座圈和调心垫圈加以补偿 |
| | | 5200 型能限制轴(外壳)的双向轴向移动 | | |
| | | 摩擦比:0.7 | | |
| | | 转速比:0.2 | | |
| | | 旋转精度:B | | |
| | | 刚度:B | | |
| | | 噪声、振动:C | | |
| | | 调心性:球面垫圈 A | | |
| | | 内外圈分离性:√ | | |
| | | 固定侧用:× | | |
| | | 游动侧用:× | | |
| | | 使用寿命:较短 | | |
| | | 价格:较低 | | |
| | 圆柱 | 承受单向轴向载荷 | | |
| | | 摩擦比:2.0 | | |
| | | 转速比:0.2 | | |
| | | 旋转精度:A | | |
| | | 刚度:A | | |
| | | 噪声、振动:C | | |
| | | 内外圈分离性:√ | | |
| | | 固定侧用:× | | |
| | | 游动侧用:× | | |
| | | 使用寿命:较长 | | |
| | | 价格:较低 | | |
| | 圆锥 | 承受单向轴向载荷 | | |
| | | 摩擦比:1.3 | | |
| | | 转速比:0.3 | | |
| | | 旋转精度:C | | |
| | | 刚度:A | | |
| | | 噪声、振动:C | | |
| | | 内外圈分离性:√ | | |
| | | 固定侧用:× | | |
| | | 游动侧用:× | | |
| | | 使用寿命:较长 | | |
| | | 价格:较高 | | |
| | 调心滚子 | 承受轴向载荷为主的轴、径向联合载荷,但径向载荷不得超过轴向载荷的 55% | | |
| | | 摩擦比:1.0 | | |
| | | 转速比:0.6 | | |
| | | 旋转精度:C | | |
| | | 刚度:A | | |
| | | 噪声、振动:C | | |
| | | 调心性:A | | |
| | | 内外圈分离性:√ | | |
| | | 固定侧用:× | | |
| | | 游动侧用:× | | |
| | | 使用寿命:较长 | | |
| | | 价格:高 | | |

注: 1. 表中:√为适用；×为不适用；A 为好；B 为尚好；C 为不好。

　　 2. 表中的摩擦比、转速比都是以深沟球轴承为基准的比较值。

## 1.2 代号构成

滚动轴承代号是用字母加数字来表示滚动轴承的结构、尺寸、公差等级、技术性能等特征的产品符号。

轴承代号由基本代号、前置代号和后置代号构成，其排列如下：

| 前置代号 | 基本代号 | 后置代号 |

### 1.2.1 基本代号

基本代号表示轴承的基本类型、结构和尺寸，是轴承代号的基础。

（1）滚动轴承（滚针轴承除外）基本代号 轴承外形尺寸符合 GB/T 273.1—2011、GB/T 273.2—2006、GB/T 273.3—1999、GB/T 3882—1995 任一标准规定的外形尺寸，其基本代号由轴承类型代号、尺寸系列代号、内径代号构成。滚动轴承基本代号排列见表 6.1-3。

**表 6.1-3 滚动轴承基本代号排列**

| 基本代号 | | |
|---|---|---|
| 类型代号 | 尺寸系列代号 | 内径代号 |

表 6.1-3 中类型代号用阿拉伯数字（以下简称数字）或大写拉丁字母（以下简称字母）表示，尺寸系列代号和内径代号用数字表示。

【例】 6204，6—类型代号，2—尺寸系列（02）代号，04—内径代号。

N2210，N—类型代号，22—尺寸系列代号，10—内径代号。

1）类型代号。一般滚动轴承类型代号用数字或字母表示，见表 6.1-4。

**表 6.1-4 一般滚动轴承类型代号**

| 代 号 | 轴承类型 |
|---|---|
| 0 | 双列角接触球轴承 |
| 1 | 调心球轴承 |
| 2 | 调心滚子轴承和推力调心滚子轴承 |
| 3 | 圆锥滚子轴承 |
| 4 | 双列深沟球轴承 |
| 5 | 推力球轴承 |
| 6 | 深沟球轴承 |
| 7 | 角接触球轴承 |
| 8 | 推力圆柱滚子轴承 |
| N | 圆柱滚子轴承<br>双列或多列用字母 NN 表示 |
| U | 外球面球轴承 |
| QJ | 四点接触球轴承 |

注：在表中代号后或前加字母或数字表示该类轴承的不同结构。

2）尺寸系列代号。尺寸系列代号由轴承的宽（高）度系列代号和直径系列代号组合而成。向心轴承、推力轴承尺寸系列代号见表 6.1-5。

3）常用的轴承类型、结构及轴承类型代号、尺寸系列代号、组合代号见表 6.1-6。

**表 6.1-5 向心轴承、推力轴承尺寸系列代号**

| 直径系列代号 | 向心轴承 | | | | | | | | 推力轴承 | | | |
|---|---|---|---|---|---|---|---|---|---|---|---|---|
| | 宽度系列代号 | | | | | | | | 高度系列代号 | | | |
| | 8 | 0 | 1 | 2 | 3 | 4 | 5 | 6 | 7 | 9 | 1 | 2 |
| | 尺 寸 系 列 代 号 | | | | | | | | | | | |
| 7 | — | — | 17 | — | 37 | | | | — | — | — | — |
| 8 | — | 08 | 18 | 28 | 38 | 48 | 58 | 68 | — | — | — | — |
| 9 | — | 09 | 19 | 29 | 39 | 49 | 59 | 69 | — | — | — | — |
| 0 | — | 00 | 10 | 20 | 30 | 40 | 50 | 60 | 70 | 90 | 10 | — |
| 1 | — | 01 | 11 | 21 | 31 | 41 | 51 | 61 | 71 | 91 | 11 | — |
| 2 | 82 | 02 | 12 | 22 | 32 | 42 | 52 | 62 | 72 | 92 | 12 | 22 |
| 3 | 83 | 03 | 13 | 23 | 33 | — | — | — | 73 | 93 | 13 | 23 |
| 4 | — | 04 | — | 24 | — | — | — | — | 74 | 94 | 14 | 24 |
| 5 | — | — | — | — | — | — | — | — | — | 95 | — | — |

**表 6.1-6 常用的轴承类型、结构及轴承基本代号对照**

| 轴承类型 | 简 图 | 类型代号 | 尺寸系列代号 | 组合代号 | 标准号 |
|---|---|---|---|---|---|
| 双列角接触球轴承 | | （0） | 32 | 32 | GB/T 296—1994 |
| | | （0） | 33 | 33 | |

（续）

| 轴承类型 | | 简　图 | 类型代号 | 尺寸系列代号 | 组合代号 | 标准号 |
|---|---|---|---|---|---|---|
| 调心球轴承 | | | 1 | (0)2 | 12 | GB/T 281—1994 |
| | | | (1) | 22 | 22 | |
| | | | 1 | (0)3 | 13 | |
| | | | (1) | 23 | 23 | |
| 调心滚子轴承 | | | 2 | 13 | 213 | GB/T 288—1994 |
| | | | 2 | 22 | 222 | |
| | | | 2 | 23 | 223 | |
| | | | 2 | 30 | 230 | |
| | | | 2 | 31 | 231 | |
| | | | 2 | 32 | 232 | |
| | | | 2 | 40 | 240 | |
| | | | 2 | 41 | 241 | |
| 推力调心滚子轴承 | | | 2 | 92 | 292 | GB/T 5859—2008 |
| | | | 2 | 93 | 293 | |
| | | | 2 | 94 | 294 | |
| 圆锥滚子轴承 | | | 3 | 02 | 302 | GB/T 297—1994 |
| | | | 3 | 03 | 303 | |
| | | | 3 | 13 | 313 | |
| | | | 3 | 20 | 320 | |
| | | | 3 | 22 | 322 | |
| | | | 3 | 23 | 323 | |
| | | | 3 | 29 | 329 | |
| | | | 3 | 30 | 330 | |
| | | | 3 | 31 | 331 | |
| | | | 3 | 32 | 332 | |
| 双列深沟球轴承 | | | 4 | (2)2 | 42 | — |
| | | | 4 | (2)3 | 43 | |
| 推力球轴承 | 推力球轴承 | | 5 | 11 | 511 | GB/T 28697—2012 |
| | | | 5 | 12 | 512 | |
| | | | 5 | 13 | 513 | |
| | | | 5 | 14 | 514 | |
| | 双向推力球轴承 | | 5 | 22 | 522 | GB/T 28697—2012 |
| | | | 5 | 23 | 523 | |
| | | | 5 | 24 | 524 | |
| | 带球面座圈的推力球轴承 | | 5 | 32① | 532 | |
| | | | 5 | 33 | 533 | |
| | | | 5 | 34 | 534 | |
| | 带球面座圈的双向推力球轴承 | | 5 | 42② | 542 | |
| | | | 5 | 43 | 543 | |
| | | | 5 | 44 | 544 | |

（续）

| 轴承类型 | 简　图 | 类型代号 | 尺寸系列代号 | 组合代号 | 标准号 |
|---|---|---|---|---|---|
| 深沟球轴承 | | 6 | 17 | 617 | GB/T 276—1994 |
| | | 6 | 37 | 637 | |
| | | 6 | 18 | 618 | |
| | | 6 | 19 | 619 | |
| | | 16 | (0)0 | 160 | |
| | | 6 | (1)0 | 60 | |
| | | 6 | (0)2 | 62 | |
| | | 6 | (0)3 | 63 | |
| | | 6 | (0)4 | 64 | |
| 角接触球轴承 | | 7 | 19 | 719 | GB/T 292—2007 |
| | | 7 | (1)0 | 70 | |
| | | 7 | (0)2 | 72 | |
| | | 7 | (0)3 | 73 | |
| | | 7 | (0)4 | 74 | |
| 推力圆柱滚子轴承 | | 8 | 11 | 811 | GB/T 4663—1994 |
| | | 8 | 12 | 812 | |
| 圆柱滚子轴承 | 外圈无挡边圆柱滚子轴承 | N | 10 | N10 | GB/T 283—2007 |
| | | N | (0)2 | N2 | |
| | | N | 22 | N22 | |
| | | N | (0)3 | N3 | |
| | | N | 23 | N23 | |
| | | N | (0)4 | N4 | |
| | 内圈无挡边圆柱滚子轴承 | NU | 10 | NU10 | |
| | | NU | (0)2 | NU2 | |
| | | NU | 22 | NU22 | |
| | | NU | (0)3 | NU3 | |
| | | NU | 23 | NU23 | |
| | | NU | (0)4 | NU4 | |
| | 内圈单挡边圆柱滚子轴承 | NJ | (0)2 | NJ2 | |
| | | NJ | 22 | NJ22 | |
| | | NJ | (0)3 | NJ3 | |
| | | NJ | 23 | NJ23 | |
| | | NJ | (0)4 | NJ4 | |
| | 内圈单挡边并带平挡圈圆柱滚子轴承 | NUP | (0)2 | NUP2 | |
| | | NUP | 22 | NUP22 | |
| | | NUP | (0)3 | NUP3 | |
| | | NUP | 23 | NUP23 | |
| | 外圈单挡边圆柱滚子轴承 | NF | (0)2 | NF2 | |
| | | | (0)3 | NF3 | |
| | | | 23 | NF3 | |
| | 双列圆柱滚子轴承 | NN | 30 | NN30 | GB/T 285—1994 |
| | 内圈无挡边双列圆柱滚子轴承 | NNU | 49 | NNU49 | |

（续）

| 轴承类型 | 简　图 | 类型代号 | 尺寸系列代号 | 组合代号 | 标准号 |
|---|---|---|---|---|---|
| 外球面球轴承 带顶丝外球面球轴承 | 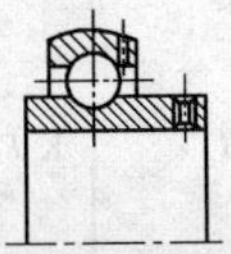 | UC | 2 | UC2 | |
| | | UC | 3 | UC3 | |
| 带偏心套外球面球轴承 | 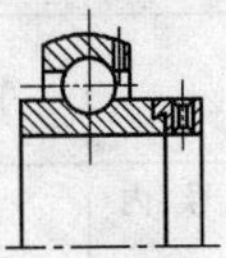 | UEL | 2 | UEL2 | GB/T 3882—1995 |
| | | UEL | 3 | UEL3 | |
| 圆锥孔外球面球轴承 | 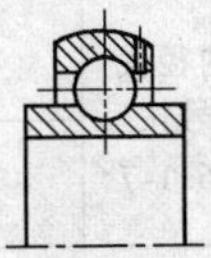 | UK | 2 | UK2 | |
| | | UK | 3 | UK3 | |
| 四点接触球轴承 |  | QJ | (0)2 | QJ2 | GB/T 294—1994 |
| | | | (03) | QJ3 | |

注：表中用"（ ）"号括住的数字表示在组合代号中省略。
① 尺寸系列实为 12，13，14，分别用 32，33，34 表示。
② 尺寸系列实为 22，23，24，分别用 42，43，44 表示。

4）表示轴承公称内径的内径代号见表 6.1-7。

**表 6.1-7　轴承公称内径的内径代号**

| 轴承公称内径/mm | | 内 径 代 号 | 示　例 |
|---|---|---|---|
| 0.6 到 10（非整数） | | 用公称内径毫米数直接表示，在其与尺寸系列代号之间用"/"分开 | 深沟球轴承 618/2.5 $d=2.5$mm |
| 1 到 9（整数） | | 用公称内径毫米数直接表示，对深沟及角接触球轴承 7、8、9 直径系列，内径与尺寸系列代号之间用"/"分开 | 深沟球轴承 625　618/5 $d=5$mm |
| 10 到 17 | 10 | 00 | 深沟球轴承 6200 $d=10$mm |
| | 12 | 01 | |
| | 15 | 02 | |
| | 17 | 03 | |
| 20 到 480（22,28,32 除外） | | 公称内径除以 5 的商数，商数为个位数，需在商数左边加"0"，如 08 | 调心滚子轴承 23208 $d=40$mm |
| 大于和等于 500 以及 22,28,32 | | 用公称内径毫米数直接表示，但在与尺寸系列之间用"/"分开 | 调心滚子轴承 230/500 $d=500$mm 深沟球轴承 62/22 $d=22$mm |

【例】 调心滚子轴承 23224，2—类型代号，32—尺寸系列代号，24—内径代号，$d=120$mm。

（2）滚针轴承基本代号　轴承外形尺寸符合 GB 290，GB 4605，GB 5846 等标准，其基本代号由轴承类型代号和表示轴承配合安装特征的尺寸构成。滚针轴承基本代号排列见表 6.1-8。

**表 6.1-8　滚针轴承基本代号排列**

| 轴承基本代号 | |
|---|---|
| 类型代号 | 表示轴承配合安装特征的尺寸 |

代号中类型代号用字母表示，表示轴承配合安装特征的尺寸，用尺寸系列、内径代号或者直接用毫米数表示。类型代号和表示配合安装特征尺寸的轴承基本代号见表 6.1-9。

**表 6.1-9　类型代号和表示配合安装特征尺寸的轴承基本代号**

| 轴承类型 | | 简　图 | 类型代号 | 配合安装特征尺寸表示 | | 轴承基本代号 | 标准号 |
|---|---|---|---|---|---|---|---|
| 滚针和保持架组件 | 滚针和保持架组件 | 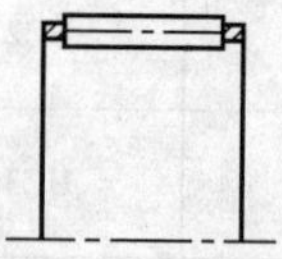 | K | $F_W \times E_W \times B_c$ | | $K\ F_W \times E_W \times B_c$ | — |
| | 推力滚针和保持架组件 | 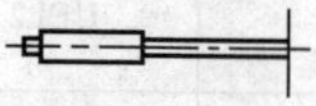 | AXK | $D_{c1} D_c$ [1] | | $AXK\ D_{c1} D_c$ | GB/T 4605—2003 |
| 滚针轴承 | 滚针轴承 | 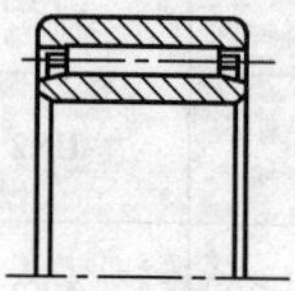 | NA | 用尺寸系列代号、内径代号表示 | | NA 4800 | GB/T 5801—2006 |
| | | | | 尺寸系列代号<br>48<br>49<br>69 | 内径代号按表 6.1-7 [2] | NA 4900 | |
| | | | | | | NA 6900 | |
| | 穿孔型冲压外圈滚针轴承 | 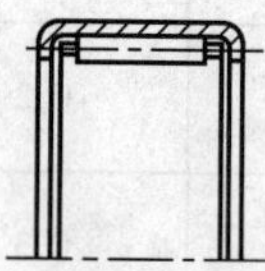 | HK | $F_W B$ [1] | | $HK\ F_W B$ | GB/T 290—1998 |
| | 封口型冲压外圈滚针轴承 | 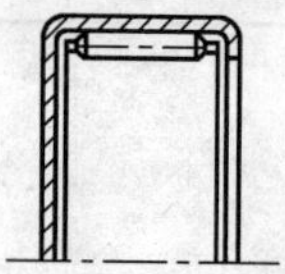 | BK | $F_W B$ [1] | | $BK\ F_W B$ | |

注：表中，$F_W$ 为无内圈滚针轴承滚针总体内径（滚针保持架组件内径）；$E_W$ 为滚针保持架组件外径；$B$ 为轴承公称宽度；$B_c$ 为滚针保持架组件宽度；$D_{c1}$ 为推力滚针保持架组件内径；$D_c$ 为推力滚针保持架组件外径。

[1] 尺寸直接用毫米数表示时，如是个位数，需在其左边加上"0"。如 8mm 用 08 表示。

[2] 内径代号除 $d < 10mm$ 用"/实际公称毫米数"表示外，其余按表 6.1-7。

（3）基本代号编制规则　基本代号中当轴承类型代号用字母表示时，编排时应与表示轴承尺寸的系列代号、内径代号或安装配合特征尺寸的数字之间空半个汉字距。例如：NJ 230，AXK 0821。

## 1.2.2　前置、后置代号

前置、后置代号是轴承在结构形状、尺寸、公差、技术要求等有改变时，在其基本代号左右添加的补充代号。其排列见表 6.1-10。

**表 6.1-10　前置、后置代号排列**

| 轴承代号 | | | | | | | | | |
|---|---|---|---|---|---|---|---|---|---|
| 前置代号 | 基本代号 | 后置代号（组） | | | | | | | |
| | | 1 | 2 | 3 | 4 | 5 | 6 | 7 | 8 |
| 成套轴承分部件 | | 内部结构 | 密封与防尘套圈变形 | 保持架及其材料 | 轴承材料 | 公差等级 | 游隙 | 配置 | 其他 |

（1）前置代号　前置代号用字母表示。前置代号及其含义见表 6.1-11。

**表 6.1-11　前置代号及含义**

| 代号 | 含　义 | 示例 | 代号 | 含　义 | 示例 |
|---|---|---|---|---|---|
| L | 可分离轴承的可分离内圈或外圈 | LNU 207<br>LN 207 | F | 凸缘外圈的深沟球轴承（仅适用于 $d \leqslant 10mm$） | F618/4 |
| R | 不带可分离内圈或外圈的轴承（滚针轴承仅适用于 NA 型） | RNU 207<br>RNA 6904 | KOW- | 无轴圈推力轴承 | KOW-51108 |
| | | | KIW- | 无座圈推力轴承 | KIW-51108 |
| K | 滚子和保持架组件 | K 81107 | LR | 带可分离的内圈或外圈的滚动体组件轴承 | — |
| WS | 推力圆柱滚子轴承轴圈 | WS 81107 | | | |
| GS | 推力圆柱滚子轴承座圈 | GS 81107 | | | |

（2）后置代号　后置代号用字母（或加数字）表示。后置代号组内容见表 6.1-10，其中

1）内部结构代号见表 6.1-12。

### 表 6.1-12　内部结构代号

| 代　号 | | 含　义 | | 示　例 |
|---|---|---|---|---|
| A、B、C、E | A | 无装球缺口的双列角接触或深沟球轴承 | | 3205 A |
| | | 滚针轴承外圈带双锁圈（$d > 9\text{mm}$，$F_W > 12\text{mm}$） | | — |
| | | 套圈无挡边的深沟球轴承 | | — |
| | B | 角接触球轴承，公称接触角 $\alpha = 40°$ | | 7210 B |
| | | 圆锥滚子轴承，接触角加大 | | 32310 B |
| | C | 调心滚子轴承内圈无挡边，活动中挡圈，冲压保持架，对称型滚子，加强型 | 角接触球轴承，公称接触角 $\alpha = 15°$ | 7005 C |
| | | | 调心滚子轴承，C 型 | 23122 C |
| | E | 加强型[①] | | NU 207 E |
| AC | | 角接触球轴承，公称接触角 $\alpha = 25°$ | | 7210 AC |
| D | | 剖分式轴承 | | K 50 × 55 × 20 D |
| ZW | | 滚针保持架组件，双列 | | K 20 × 25 × 40 ZW |
| CA | | C 型调心滚子轴承，内圈带挡边，活动中挡圈，实体保持架 | | 23084 CA/W 33 |
| CC[②] | | C 型调心滚子轴承，滚子引导方式有改进 | | 22205 CC |
| CAB | | CA 型调心滚子轴承，滚子中部穿孔，带柱销式保持架 | | — |
| CABC | | CAB 型调心滚子轴承，滚子引导方式有改进 | | — |
| CAC | | CA 型调心滚子轴承，滚子引导方式有改进 | | 22252 CACK |

注：表中，$d$ 为滚针轴承内径；$F_W$ 为无内圈滚针轴承滚针总体内径。
① 加强型，即内部结构设计改进，增大轴承载能力。
② CC 还有第二种解释，见表 6.1-19。

2）密封、防尘与外部形状变化代号及含义按表 6.1-13。

### 表 6.1-13　密封、防尘与外部形状变化代号及含义

| 后置代号 | 含　义 | 示　例 |
|---|---|---|
| K | 圆锥孔轴承，锥度 1∶12（外球面球轴承除外） | 1210K |
| K30 | 圆锥孔轴承，锥度 1∶30 | 24122K30 |
| R | 外圈有止动挡边（凸缘外圈）（不适用于内径小于 10mm 的深沟球轴承） | 30307R |
| N | 外圈上有止动槽 | 6210N |
| NR | 外圈上有止动槽，并带止动环 | 6210NR |
| -RS | 一面带骨架式橡胶密封圈（接触式） | 6210-RS |
| -2RS | 两面带骨架式橡胶密封圈（接触式） | 6210-2RS |
| -RZ | 一面带骨架式橡胶密封圈（非接触式） | 6210-RZ |
| -2RZ | 两面带骨架式橡胶密封圈（非接触式） | 6210-2RZ |
| -Z | 一面带防尘盖 | 6210-Z |
| -2Z | 两面带防尘盖 | 6210-2Z |
| -RSZ | 一面带骨架式橡胶密封圈（接触式）、一面带防尘盖 | 6210-RSZ |
| -RZZ | 一面带骨架式橡胶密封圈（非接触式）、一面带防尘盖 | 6210-RZZ |
| -ZN | 一面带防尘盖，另一面外圈有止动槽 | 6210-ZN |
| -ZNR | 一面带防尘盖，另一面外圈有止动槽并带止动环 | 6210-ZNR |
| -ZNB | 一面带防尘盖，同一面外圈有止动槽 | 6210-ZNB |
| -2ZN | 两面带防尘盖，外圈有止动槽 | 6210-2ZN |
| U | 推力球轴承，带球面垫圈 | 53210U |
| CA<br>CB<br>CC | 可任意配对安装的角接触球轴承，面对面或背对背配置时，轴向内部游隙，与正常值比较：<br>小（CA）<br>中等（CB）<br>较大（CC） | 7328 BCB |

（续）

| 后置代号 | 含　义 | 示　例 |
|---|---|---|
| ⎰GA⎱GB⎰GC | 可任意配对安装的角接触球轴承,面对面或背对背配置时,预紧与正常值比较:<br>较小（GA）<br>中等（GB）<br>较大（GC） | 7206 BGB |
| -FS | 一面带毡圈密封 | 6203-FS |
| -2FS | 两面带毡圈密封 | 6206-2FSWB |
| -LS[①] | 一面带骨架式橡胶密封圈（接触式,套圈不开槽） | — |
| -2LS[①] | 两面带骨架式橡胶密封圈（接触式,套圈不开槽） | NNF5012-2LSNV |
| PP | 两面带软质橡胶密封圈 | NATR 8 PP |
| -2K | 双圆锥孔轴承,锥度为 1:12 | QF 2308-2K |
| D | 双列角接触球轴承,双内圈,接触角 $\alpha = 45°$ | 3307D |
|  | 双列圆锥滚子轴承,无内隔圈,端面不修磨 | — |
| DC | 双列角接触球轴承,双外圈 | 3924-2KDC |
| DI | 双列圆锥滚子轴承,无内隔圈,端面修磨 | — |
| DH | 有两个座圈的单向推力轴承 | — |
| DS | 有两个轴圈的单向推力轴承 | — |
| N1 | 外圈有一个定位槽口 | — |
| N2 | 外圈有两个或两个以上的对称定位槽口 | — |
| N4 | N + N2,定位槽口和止动槽不在同一侧 | — |
| N6 | N + N2,定位槽口和止动槽在同一侧 | — |
| P | 双半外圈的调心滚子轴承 | — |
| PR | 同 P,两半外圈间有隔圈 | — |
| S | 外圈表面为球面（球面球轴承除外） | — |
|  | 游隙可调（滚针轴承） | NA 4906 S |
| WB | 宽内圈轴承（双面宽）:WB1 为单面宽 | — |
| WC | 宽外圈轴承 | — |
| SC | 带外罩向心轴承 | — |
| X | 滚轮滚针轴承外圈表面为圆柱面 | KR30X |
| Z | 带防尘罩的滚针组合轴承 | NK25Z |
| ZH | 推力轴承,座圈带防尘罩 | — |
| ZS | 推力轴承,轴圈带防尘罩 | — |

注：密封圈代号与防尘盖代号同样可以与止动槽代号进行多种组合。

① -LS、-2LS 多用于滚子轴承。

3）保持架代号及含义见表 6.1-14。不编制保持架后置代号的轴承类型、结构和材料见表 6.1-15。

**表 6.1-14　保持架代号及含义**

| 项目 | 代号 | 含　义 | 备　注 |
|---|---|---|---|
| 保持架材料代号 | F | 钢、球墨铸铁或粉末冶金实体保持架,用附加数字表示不同的材料 | — |
|  | F1 | 碳素钢 |  |
|  | F2 | 石墨钢 |  |
|  | F3 | 球墨铸铁 |  |
|  | F4 | 粉末冶金 |  |
|  | Q | 青铜实体保持架,用附加数字表示不同的材料 |  |
|  | Q1 | 铝铁锰青铜 |  |
|  | Q2 | 硅铁锌青铜 |  |
|  | Q3 | 硅镍青铜 |  |
|  | Q4 | 铝青铜 |  |
|  | M | 黄铜实体保持架 |  |
|  | L | 轻合金实体保持架,用附加数字表示不同的材料 |  |

（续）

| 项目 | 代号 | 含义 | 备注 |
|---|---|---|---|
| 保持架材料代号 | L1 | 2A11CZ | |
| | L2 | 2A12CZ | |
| | T | 酚醛层压布管实体保持架 | |
| | TH | 玻璃纤维增强酚醛树脂保持架（筐型） | |
| | TN | 工程塑料模注保持架，用附加数字表示不同的材料 | — |
| | TN1 | 尼龙 | |
| | TN2 | 聚砜 | |
| | TN3 | 聚酰亚胺 | |
| | TN4 | 聚碳酸酯 | |
| | TN5 | 聚甲醛 | |
| | J | 钢板冲压保持架，材料有变化时附加数字区别 | |
| | Y | 铜板冲压保持架，材料有变化时附加数字区别 | |
| | SZ | 保持架由弹簧钢丝或弹簧钢板（带）制造 | |
| 保持架结构型式及表面处理代号 | H | 自锁兜孔保持架 | 此条代号，只能与保持架材料代号结合使用，例：MPS——有拉孔或冲孔（窗形保持架）的黄铜实体保持架，外圈或内圈引导，引导面有润滑油槽　JA——钢板冲压保持架，外圈引导　FE——经磷化处理的钢制实体保持架 |
| | W | 焊接保持架 | |
| | R | 铆接保持架（用于大型轴承） | |
| | E | 磷化处理保持架 | |
| | D | 碳氮共渗保持架 | |
| | D1 | 渗碳保持架 | |
| | D2 | 渗氮保持架 | |
| | C | 有镀层的保持架（C1为镀银） | |
| | A | 外圈引导 | |
| | B | 内圈引导 | |
| | P | 由内圈或外圈引导的拉孔或冲孔的窗形保持架 | |
| | S | 引导面有润滑槽 | |
| 无保持架代号 | V | 满装滚动体（无保持架） | 例：6208V——满装球深沟球轴承 |
| 不编制保持架代号的轴承 | | 凡轴承的保持架采用表6.1-15规定的结构和材料时，不编制保持架材料改变的后置代号 | 见表6.1-15 |

表6.1-15　不编制保持架后置代号的轴承类型、结构和材料

| 序号 | 轴承类型 | 保持架的结构和材料 |
|---|---|---|
| 1 | 深沟球轴承 | 当轴承外径 $D \leq 400$mm 时，采用钢板（带）或黄铜板（带）冲压保持架 |
| | | 当轴承外径 $D > 400$mm 时，采用黄铜实体保持架 |
| 2 | 调心球轴承 | 当轴承外径 $D \leq 200$mm 时，采用钢板（带）冲压保持架 |
| | | 当轴承外径 $D > 200$mm 时，采用黄铜实体保持架 |
| 3 | 圆柱滚子轴承 | 圆柱滚子轴承：轴承外径 $D \leq 400$mm 时，采用钢板（带）冲压保持架，外径 $D > 400$mm 时，采用钢制实体保持架 |
| | | 双列圆柱滚子轴承，采用黄铜实体保持架 |
| 4 | 调心滚子轴承 | 对称调心滚子轴承（带活动中挡圈），采用钢板（带）冲压保持架 |
| | | 其他调心滚子轴承，采用黄铜实体保持架 |
| 5 | 滚针轴承 | 采用钢板或硬铝冲压保持架 |
| | 长圆柱滚子轴承 | 采用钢板（带）冲压保持架 |
| 6 | 角接触球轴承 | 分离型角接触球轴承采用酚醛层压布管实体保持架 |
| | | 双半内圈或双半外圈（三点、四点接触）球轴承采用铝制实体保持架 |
| | | 角接触球轴承及其变形：当轴承外径 $D \leq 250$mm 时，接触角 $\alpha = 15°$、$25°$，采用酚醛层压布管实体保持架；$\alpha = 40°$，采用钢板冲压保持架 当轴承外径 $D > 250$mm 时，采用黄铜或硬铝制实体保持架 P5、P4、P2 级采用酚醛层压布管实体保持架 锁口在内圈的角接触球轴承及其变形采用酚醛层压布管实体保持架 |
| | | 双列角接触球轴承，采用钢板（带）冲压保持架 |

（续）

| 序号 | 轴承类型 | 保持架的结构和材料 |
|---|---|---|
| 7 | 圆锥滚子轴承 | 当轴承外径 $D \leqslant 650\text{mm}$ 时，采用钢板冲压保持架 |
| | | 当轴承外径 $D > 650\text{mm}$ 时，采用钢制实体保持架 |
| 8 | 推力球轴承 | 当轴承外径 $D \leqslant 250\text{mm}$ 时，采用钢板（带）冲压保持架 |
| | | 当轴承外径 $D > 250\text{mm}$ 时，采用实体保持架 |
| 9 | 推力滚子轴承 | 推力圆柱滚子轴承，采用实体保持架 |
| | | 推力调心滚子轴承，采用实体保持架 |
| | | 推力圆锥滚子轴承，采用实体保持架 |
| | | 推力滚针轴承，采用冲压保持架 |

4）轴承材料改变的代号及含义，见表 6.1-16。

**表 6.1-16　轴承材料改变的代号及含义**

| 后置代号 | 含　义 | 示　例 |
|---|---|---|
| /HE | 套圈滚动体和保持架或仅是套圈和滚动体由电渣重熔轴承钢（军甲钢）ZGCr15 钢制造 | 6204/HE |
| /HA | 套圈滚动体和保持架或仅是套圈和滚动体由真空冶炼轴承钢制造 | 6204/HA |
| /HU | 套圈滚动体和保持架或仅是套圈和滚动体由不可淬硬不锈钢 12Cr18Ni9Ti 制造 | 6004/HU |
| /HV | 套圈滚动体和保持架或仅是套圈和滚动体由可淬硬不锈钢（/HV—95Cr18；/HV1—90Cr18Mo）制造 | 6014/HV |
| /HN | 套圈滚动体由耐热钢（/HN—Cr4Mo4V；/HN1—Cr14Mo4；/HN2—Cr15Mo4V；/HN3—W18Cr4V）制造 | NU208/HN |
| /HC | 套圈和滚动体或仅是套圈由渗碳钢（/HC—20Cr2Ni4A；/HC1—20Cr2Mn2MoA；/HC2—15Mn）制造 | — |
| /HP | 套圈和滚动体由铍青铜或其他防磁材料制造，材料有变化时，附加数字表示 | — |
| /HQ | 套圈和滚动体由不常用的材料（/HQ—塑料；/HQ1—陶瓷合金）制造 | — |
| /HG | 套圈和滚动体或仅是套圈由其他轴承钢（/HG—5CrMnMo；/HG1—55SiMoVA）制造 | — |

5）公差等级代号见表 6.1-17。

**表 6.1-17　公差等级代号**

| 代　号 | 含　义 | 示　例 |
|---|---|---|
| /P0 | 公差等级符合标准规定的 0 级，代号中省略不表示 | 6203 |
| /P6 | 公差等级符合标准规定的 6 级 | 6203/P6 |
| /P6X | 公差等级符合标准规定的 6X 级 | 30210/P6X |
| /P5 | 公差等级符合标准规定的 5 级 | 6203/P5 |
| /P4 | 公差等级符合标准规定的 4 级 | 6203/P4 |
| /P2 | 公差等级符合标准规定的 2 级 | 6203/P2 |
| /SP | 尺寸精度相当于 5 级，旋转精度相当于 4 级 | 234420/SP |
| /UP | 尺寸精度相当于 4 级，旋转精度高于 4 级 | 234730/UP |

6）轴承游隙代号见表 6.1-18。

**表 6.1-18　轴承游隙代号**

| 代号 | 含　义 | 示　例 |
|---|---|---|
| /C1 | 游隙符合标准规定的 1 组 | NN 3006K/C1 |
| /C2 | 游隙符合标准规定的 2 组 | 6210/C2 |
| — | 游隙符合标准规定的 0 组 | 6210 |
| /C3 | 游隙符合标准规定的 3 组 | 6210/C3 |
| /C4 | 游隙符合标准规定的 4 组 | NN 3006K/C4 |
| /C5 | 游隙符合标准规定的 5 组 | NNU 4920K/C5 |
| /CN | 0 组游隙，/CN 与字母 H、M 或 L 组合，表示游隙范围减半，或与 P 组合，表示游隙范围偏移，如：<br>　/CNH　0 组游隙减半，位于上半部<br>　/CNM　0 组游隙减半，位于中部<br>　/CNL　0 组游隙减半，位于下半部<br>　/CNP　游隙范围位于 0 组的上半部及 3 组的下半部 | — |
| /C9 | 轴承游隙不同于现标准 | 6205-2RS/CP |

注：公差等级代号与游隙代号需同时表示时，可进行简化，取公差等级代号加上游隙组号（0 组不表示）组合表示。
　　例：/P63 表示轴承公差等级为 P6 级，径向游隙为 3 组；/P52 表示轴承公差等级为 P5 级，径向游隙为 2 组。

7）常用配置、预紧及轴向游隙代号见表 6.1-19。

**表 6.1-19 常用配置、预紧及轴向游隙代号**

| 配置代号及含义 | 预紧代号及含义 | 轴向游隙及载荷分布代号和含义 |
|---|---|---|
| /DB 两套,背对背安装 | GA 轻预紧 | CA 轴向游隙较小 |
| /DF 两套,面对面安装 | GB 中预紧 | CB 轴向游隙较 CA 大 |
| /DT 两套,串联 | GC 重预紧 | CC 轴向游隙较 CB 大 |
| /TBT 三套,两套串联一套背对背 | | CG 轴向游隙为零 |
| /TFT 三套,两套串联一套面对面 | | R 载荷均匀分布 |
| /TT 三套,串联 | 用于深沟球轴承和角接触球轴承。当用于角接触球轴承时"G"省略 | |
| /QBC 四套,成对串联的背对背 | | 其中:CA、CB、CC 用于深沟球轴承和角接触球轴承,CG 用于圆锥滚子轴承 |
| /QFC 四套,成对串联的面对面 | | |
| /QT 四套,串联 | | |
| /QBT 四套,三套串联一套背对背 | | |
| /QFT 四套,三套串联一套面对面 | | |
| /PT 五套,串联 | | |
| 示例 7210C/DBA α=15°,两套,背对背安装 | 7210C/DBA 角接触球轴承轻预紧 | |
| 32208/DF 圆锥滚子轴承,两套,面对面安装 | | |
| 7210C/DT 两套 7210C,串联 | | |
| 7210C/TBT 两套串联一套背对背 | | |
| 7210C/TFT 两套串联一套面对面 | | |
| 7210C/TT 三套串联 | | NU210/QTR 圆柱滚子轴承四套串联载荷均匀分布 |
| 7210C/QBC 成对串联的背对背 | 6210C/DFGA 深沟球轴承轻预紧 | |
| 7210C/QFC 成对串联的面对面 | | |
| 7210C/QT 四套串联 | | |
| 7210C/QBT 三套串联一套背对背 | | |
| 7210C/QFT 三套串联一套面对面 | | |
| 7210C/PT 五套串联 | | |
| 7210AC/QBT α=15°,三套串联,一套背对背 | | |

8）其他特性代号。在轴承振动、噪声、摩擦力矩、工作温度、润滑等要求特殊时,其代号见表 6.1-20。

**表 6.1-20 其他特性代号及含义**

| 代号 | 含义 | 示例 |
|---|---|---|
| /Z | 振动加速度级极值组别。附加数字表示极值不同<br>Z1——振动加速度级极值符合标准规定的 Z1 组<br>Z2——振动加速度级极值符合标准规定的 Z2 组<br>Z3——振动加速度级极值符合标准规定的 Z3 组 | 6204/Z1<br>6205-2RS/Z2 |
| /V | 轴承的振动速度级极值组别,附加数字表示极值不同<br>V1——振动速度级极值符合标准规定的 V1 组<br>V2——振动速度级极值符合标准规定的 V2 组<br>V3——振动速度级极值符合标准规定的 V3 组 | 6306/V1<br>6304/V2 |
| /ZC | 噪声级值有规定,附加数字表示极值不同 | — |
| /T | 对起动力矩有要求的轴承,后接数字表示起动力矩 | — |
| /RT | 对转动力矩有要求的轴承,后接数字表示转动力矩 | — |
| /S0 | 套圈经过高温回火处理,工作温度可达 150℃ | N 210/S0 |
| /S1 | 套圈经过高温回火处理,工作温度可达 200℃ | NUP 212/S1 |
| /S2 | 套圈经过高温回火处理,工作温度可达 250℃ | NU 214/S2 |
| /S3 | 套圈经过高温回火处理,工作温度可达 300℃ | NU 308/S3 |
| /S4 | 套圈经过高温回火处理,工作温度可达 350℃ | NU 214/S4 |
| /W20 | 外圈上有三个润滑油孔 | — |
| /W26 | 内圈上有六个润滑油孔 | — |

（续）

| 代　号 | 含　　　　义 | 示　例 |
|---|---|---|
| /W33 | 外圈上有润滑油槽和三个润滑油孔 | 23120 CC/W33 |
| /W33X | 外圈上有润滑油槽和六个润滑油孔 | — |
| /W513 | W26 + W33 | — |
| /W518 | W20 + W26 | — |
| /AS | 外圈有油孔,附加数字表示油孔数(滚针轴承) | HK 2020/AS1 |
| /IS | 内圈有油孔,附加数字表示油孔数(滚针轴承) | NAO 17 × 30 × 13/IS1 |
|  | 在 AS、IS 后加"R"分别表示内圈或外圈上有润滑油孔和沟槽 | NAO 15 × 28 × 13/ASR |
| /HT | 轴承内充特殊高温润滑脂。当轴承内润滑脂的装脂量和标准值不同时附加字母表示:<br>A——润滑脂装填量少于标准值<br>B——润滑脂装填量多于标准值<br>C——润滑脂装填量多于B(充满) | NA 6909/ISR/HT |
| /LT | 轴承内充特殊低温润滑脂。附加字母的含义同 HT | — |
| /MT | 轴承内充特殊中温润滑脂。附加字母的含义同 HT | — |
| /LHT | 轴承内装填特殊高、低温润滑脂。附加字母含义同 HT | — |
| /Y | Y 和另一个字母(如 YA、YB)或再加数字组合用来识别无法用现有后置代号表达的非成系列的改变<br>YA——结构改变(综合表达)<br>YA1——轴承外圈外表面与标准设计有差异<br>YA2——轴承内圈内孔与标准设计有差异<br>YA3——轴承套圈端面与标准设计有差异<br>YA4——轴承套圈滚道与标准设计有差异<br>YA5——轴承滚动体与标准设计有差异<br>YB——技术条件改变(综合表达)<br>YB1——轴承套圈表面有镀层<br>YB2——轴承尺寸和公差要求改变<br>YB3——轴承套圈表面粗糙度要求改变<br>YB4——热处理要求(如硬度)改变 |  |

注: 凡轴承代号中有 Y 和另一个字母或加数字的后置代号, 必须查阅图样或补充技术条件才能了解改变的具体内容。

（3）后置代号的编制规则

1）后置代号置于基本代号的右边并与基本代号空半个汉字距（代号中有符号"-"、"/"除外）。当改变项目多, 具有多组后置代号时, 按表 6.1-10 所列从左至右的顺序排列。

2）改变为4组（含4组）以后的内容, 则在其代号前用"/"与前面代号隔开。例: 6205-2Z/P6 和 22308/P63。

3）改变内容为第4组后的两组, 在前组与后组代号中的数字或文字表示含义可能混淆时, 两代号间空半个汉字距, 例: 6208/P63 V1。

# 2　选择计算

## 2.1　选择

滚动轴承的选择计算, 是根据轴承的工作条件, 合理地选择轴承类型、尺寸、公差等级及游隙等, 并验算轴承寿命（或承载能力）、静强度及极限转速。

### 2.1.1　类型选择

各种类型的轴承具有各自的特性, 具有各自的应用场合。通常选择轴承类型时应综合考虑下列各主要因素。

（1）载荷情况　载荷是选择轴承最主要的依据, 通常应根据载荷的大小、方向和性质选择轴承。

1）载荷大小: 一般情况下, 滚子轴承由于是线接触, 承载能力大, 适于承受较大载荷, 球轴承由于是点接触, 承载能力小, 适用于轻、中等载荷。各种轴承的载荷能力一般以额定载荷比表示。

2）载荷方向: 纯径向力作用, 宜选用深沟球轴承、圆柱滚子轴承或滚针轴承, 也可考虑选用调心轴承。纯轴向载荷作用, 选用推力球轴承或推力滚子轴承。径向载荷及轴向载荷联合作用时, 一般选用角接触球轴承或圆锥滚子轴承, 这两种轴承随接触角 α 增大承受轴向载荷的能力提高。若径向载荷较大而轴向载荷较小时, 也可选用深沟球轴承和内、外圈都有挡边的圆柱滚子轴承。若轴向载荷较大而径向载荷较

小时，可选用推力角接触球轴承、推力圆锥滚子轴承。

3）载荷性质：有冲击载荷时，宜选用滚子轴承。

（2）高速性能 球轴承比滚子轴承有较高的极限转速，故高速时应优先考虑选用球轴承。在相同内径时，外径越小，滚动体越轻、小，运转时滚动体作用在外圈上的离心力也越小，因此更适于较高转速下工作。在一定条件下，工作转速较高时，宜选用超轻、特轻系列的轴承。保持架的材料与结构对轴承转速影响很大。实体保持架比冲压保持架允许的转速高。高速重要的轴承要验算其极限转速。

（3）调心性能 当轴两端轴承孔同心性差（制造误差或安装误差所致）或轴的刚度小，变形较大，及多支点轴，均要求轴承调心性好，这时应选用调心球轴承或调心滚子轴承。

（4）允许的空间 径向尺寸受限制的机械装置可选用滚针轴承或特轻、超轻型轴承；轴向尺寸受限制时，宜选用窄或特窄系列的轴承。

（5）安装与拆卸方便 整体式轴承座或频繁拆时，应优先选用内、外圈可分离的轴承。轴承装在长轴上时，为装拆方便可选用带锥孔和紧定套的轴承。

### 2.1.2 公差等级选择

滚动轴承按公称尺寸精度和旋转精度分为 P0、P6（6X）、P5、P4、P2 五个公差等级，等级依次增高。向心轴承（圆锥滚子轴承除外）公差等级分为 P0、P6、P5、P4、P2 五级；圆锥滚子轴承公差等级分为 P0、P6X、P5、P4 四级；推力轴承公差等级分为 P0、P6、P5、P4 四级，等级均依次由低到高。只有在高精度机械中才选用公差级高的轴承，相应的轴与壳体孔的加工精度也应高。表 6.1-21 是高公差等级轴承的应用实例。

表 6.1-21 高公差等级轴承的应用实例

| 设 备 类 型 | 轴承精度 | | | | |
|---|---|---|---|---|---|
| | 深沟球轴承 | 圆柱滚子轴承 | 角接触球轴承 | 圆锥滚子轴承 | 推力与角接触推力球轴承 |
| 普通车床主轴 | — | P5、P4 | P5 | P5 | P5、P4 |
| 精密车床主轴 | — | P4 | P5、P4 | P5、P4 | P5、P4 |
| 铣床主轴 | — | P5、P4 | P5 | P5 | P5、P4 |
| 镗床主轴 | — | P5、P4 | P5 | P5、P4 | P5、P4 |
| 坐标镗床主轴 | — | P4、P2 | P4、P2 | P4、P2 | P4 |
| 机械磨头 | — | — | P5、P4 | P4 | P5 |
| 高速磨头 | — | — | P4 | P2 | P4、P2 |
| 精密仪表 | P5、P4 | — | P5、P4 | | |
| 增压器 | P5 | | P5 | | |
| 航空发动机主轴 | P5 | P5 | P5、P4 | | |

### 2.1.3 游隙选择

滚动轴承的游隙分径向游隙 $u_r$ 和轴向游隙 $u_a$。它们分别表示一个套圈固定时，另一个套圈沿径向及轴向由一个极限位置到另一个极限位置的移动量，见图 6.1-1。

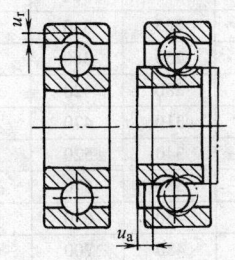

图6.1-1 滚动轴承的游隙

各类轴承的径向游隙 $u_r$ 和轴向游隙 $u_a$ 之间有一定的对应关系，如图 6.1-2 所示。

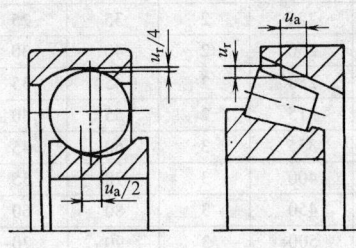

图6.1-2 径向游隙和轴向游隙的关系

径向游隙又分为原始游隙、安装游隙和工作游隙。原始游隙指未安装前的游隙。各种轴承的原始游隙分组数值见表 6.1-22 ~ 表 6.1-29。

轴承的基本额定动载荷，严格说来，是随游隙的大小而变化的。产品样本中所列的基本额定载荷（$C$ 和 $C_0$），是工作游隙为零时的载荷数值。

试验分析表明，使轴承寿命最大的工作游隙值，是一个比零稍小的数值（微量的负游隙最佳）。

合理的轴承游隙的选择，应在原始游隙的基础上，考虑因配合、内外圈热变形以及载荷等因素所引起的游隙变化，以使工作游隙接近于最佳状态。

轴承零件在工作中的温度是不同的，在稳定状态下，内圈比外圈的温度高，膨胀量大，从而使径向游隙减小。径向游隙的减小量 $\Delta u$（mm）可由下式估定。

$$\Delta u = \Delta t \alpha (d + D)/2 \qquad (6.1\text{-}1)$$

式中　$\Delta t$——内外圈温差（℃）；

$\alpha$——钢的线胀系数，$\alpha = 0.000011$。

在一般条件下，$\Delta t$ 为 5～10℃，当工作温度较高以及轴承散热条件不好时，$\Delta t$ 可达 15～20℃。

如有外部热源影响轴承时，径向游隙的变化会更大；外热源既可使径向游隙减小，也可使径向游隙增大，主要取决于热量是从轴颈还是外壳导入轴承。

此外，过盈配合也将造成轴承径向游隙的减小。

轴承的径向游隙，是在考虑上述温度及配合等因素的影响下确定的。所以在一般工作条件下，应优先选用基本组 0 值；在温度较高或有外热源存在，或配合的过盈量较大时，在需要降低摩擦力矩、改善调心性能以及深沟球轴承承受较大轴向载荷的场合，宜采用较大游隙组；当运转精度要求较高，或需严格限制轴向位移时，宜用较小游隙组。

角接触球轴承、圆锥滚子轴承及内圈带锥孔的轴承，其工作游隙可以在安装或使用中调整。

转速很低或在回转运动中产生振荡的轴承，可采用无游隙或预紧安装。

## 表 6.1-22　深沟球轴承径向游隙　　　　　　　　　（单位：μm）

| 公称内径 d/mm | | 2 组 | | 0 组 | | 3 组 | | 4 组 | | 5 组 | |
|---|---|---|---|---|---|---|---|---|---|---|---|
| 超过 | 到 | min | max | min | max | min | max | min | max | min | max |
| 2.5 | 6 | 0 | 7 | 2 | 13 | 8 | 23 | — | — | — | — |
| 6 | 10 | 0 | 7 | 2 | 13 | 8 | 23 | 14 | 29 | 20 | 37 |
| 10 | 18 | 0 | 9 | 3 | 18 | 11 | 25 | 18 | 33 | 25 | 45 |
| 18 | 24 | 0 | 10 | 5 | 20 | 13 | 28 | 20 | 36 | 28 | 48 |
| 24 | 30 | 1 | 11 | 5 | 20 | 13 | 28 | 23 | 41 | 30 | 53 |
| 30 | 40 | 1 | 11 | 6 | 20 | 15 | 33 | 28 | 46 | 40 | 64 |
| 40 | 50 | 1 | 11 | 6 | 23 | 18 | 36 | 30 | 51 | 45 | 73 |
| 50 | 65 | 1 | 15 | 8 | 28 | 23 | 43 | 38 | 61 | 55 | 90 |
| 65 | 80 | 1 | 15 | 10 | 30 | 25 | 51 | 46 | 71 | 65 | 105 |
| 80 | 100 | 1 | 18 | 12 | 36 | 30 | 58 | 53 | 84 | 75 | 120 |
| 100 | 120 | 2 | 20 | 15 | 41 | 36 | 66 | 61 | 97 | 90 | 140 |
| 120 | 140 | 2 | 23 | 18 | 48 | 41 | 81 | 71 | 114 | 105 | 160 |
| 140 | 160 | 2 | 23 | 18 | 53 | 46 | 91 | 81 | 130 | 120 | 180 |
| 160 | 180 | 2 | 25 | 20 | 61 | 53 | 102 | 91 | 147 | 135 | 200 |
| 180 | 200 | 2 | 30 | 25 | 71 | 63 | 117 | 107 | 163 | 150 | 230 |
| 200 | 225 | 2 | 35 | 25 | 85 | 75 | 140 | 125 | 195 | 175 | 265 |
| 225 | 250 | 2 | 40 | 30 | 95 | 85 | 160 | 145 | 225 | 205 | 300 |
| 250 | 280 | 2 | 45 | 35 | 105 | 90 | 170 | 155 | 245 | 225 | 340 |
| 280 | 315 | 2 | 55 | 40 | 115 | 100 | 190 | 175 | 270 | 245 | 370 |
| 315 | 355 | 3 | 60 | 45 | 125 | 110 | 210 | 195 | 300 | 275 | 410 |
| 355 | 400 | 3 | 70 | 55 | 145 | 130 | 240 | 225 | 340 | 315 | 460 |
| 400 | 450 | 3 | 80 | 60 | 170 | 150 | 270 | 250 | 380 | 350 | 510 |
| 450 | 500 | 3 | 90 | 70 | 190 | 170 | 300 | 280 | 420 | 390 | 570 |
| 500 | 560 | 10 | 100 | 80 | 210 | 190 | 330 | 310 | 470 | 440 | 630 |
| 560 | 630 | 10 | 110 | 90 | 230 | 210 | 360 | 340 | 520 | 490 | 690 |
| 630 | 710 | 20 | 130 | 110 | 260 | 240 | 400 | 380 | 570 | 540 | 760 |
| 710 | 800 | 20 | 140 | 120 | 290 | 270 | 450 | 430 | 630 | 600 | 840 |
| 800 | 900 | 20 | 160 | 140 | 320 | 300 | 500 | 480 | 700 | 670 | 940 |
| 900 | 1000 | 20 | 170 | 150 | 350 | 330 | 550 | 530 | 770 | 740 | 1040 |
| 1000 | 1120 | 20 | 180 | 160 | 380 | 360 | 600 | 580 | 850 | 820 | 1150 |
| 1120 | 1250 | 20 | 190 | 170 | 410 | 390 | 650 | 630 | 920 | 890 | 1260 |

表 6.1-23　调心球轴承径向游隙　　　　　　　　　　（单位：μm）

| 公称内径 d/mm | | 圆柱孔 | | | | | | | | | | 圆锥孔 | | | | | | | | | |
|---|---|---|---|---|---|---|---|---|---|---|---|---|---|---|---|---|---|---|---|---|---|
| | | 2组 | | 0组 | | 3组 | | 4组 | | 5组 | | 2组 | | 0组 | | 3组 | | 4组 | | 5组 | |
| 超过 | 到 | min | max | min | max | min | max | min | max | min | max | min | max | min | max | min | max | min | max | min | max |
| 2.5 | 6 | 1 | 8 | 5 | 15 | 10 | 20 | 15 | 25 | 21 | 33 | — | — | — | — | — | — | — | — | — | — |
| 6 | 10 | 2 | 9 | 6 | 17 | 12 | 25 | 19 | 33 | 27 | 42 | — | — | — | — | — | — | — | — | — | — |
| 10 | 14 | 2 | 10 | 6 | 19 | 13 | 26 | 21 | 35 | 30 | 48 | — | — | — | — | — | — | — | — | — | — |
| 14 | 18 | 3 | 12 | 8 | 21 | 15 | 28 | 23 | 37 | 32 | 50 | — | — | — | — | — | — | — | — | — | — |
| 18 | 24 | 4 | 14 | 10 | 23 | 17 | 30 | 25 | 39 | 34 | 52 | 7 | 17 | 13 | 26 | 20 | 33 | 28 | 42 | 37 | 55 |
| 24 | 30 | 5 | 16 | 11 | 24 | 19 | 35 | 29 | 46 | 40 | 58 | 9 | 20 | 15 | 28 | 23 | 39 | 33 | 50 | 44 | 62 |
| 30 | 40 | 6 | 18 | 13 | 29 | 23 | 40 | 34 | 53 | 46 | 66 | 12 | 24 | 19 | 35 | 29 | 46 | 40 | 59 | 52 | 72 |
| 40 | 50 | 6 | 19 | 14 | 31 | 25 | 44 | 37 | 57 | 50 | 71 | 14 | 27 | 22 | 39 | 33 | 52 | 45 | 65 | 58 | 79 |
| 50 | 65 | 7 | 21 | 16 | 36 | 30 | 50 | 45 | 69 | 62 | 88 | 18 | 32 | 27 | 47 | 41 | 61 | 56 | 80 | 73 | 99 |
| 65 | 80 | 8 | 24 | 18 | 40 | 35 | 60 | 54 | 83 | 76 | 108 | 23 | 39 | 35 | 57 | 50 | 75 | 69 | 98 | 91 | 123 |
| 80 | 100 | 9 | 27 | 22 | 48 | 42 | 70 | 64 | 96 | 89 | 124 | 29 | 47 | 42 | 68 | 62 | 90 | 84 | 116 | 109 | 144 |
| 100 | 120 | 10 | 31 | 25 | 56 | 50 | 83 | 75 | 114 | 105 | 145 | 35 | 56 | 50 | 81 | 75 | 108 | 100 | 139 | 130 | 170 |
| 120 | 140 | 10 | 38 | 30 | 68 | 60 | 100 | 90 | 135 | 125 | 175 | 40 | 68 | 60 | 98 | 90 | 130 | 120 | 165 | 155 | 205 |
| 140 | 160 | 15 | 44 | 35 | 80 | 70 | 120 | 110 | 161 | 150 | 210 | 45 | 74 | 65 | 110 | 100 | 150 | 140 | 191 | 180 | 240 |

表 6.1-24　圆柱孔圆柱滚子轴承及滚针轴承径向游隙　　　　　　　　　　（单位：μm）

| 公称内径 d/mm | | 2组 | | 0组 | | 3组 | | 4组 | | 5组 | |
|---|---|---|---|---|---|---|---|---|---|---|---|
| 超过 | 到 | min | max | min | max | min | max | min | max | min | max |
| — | 10 | 0 | 25 | 20 | 45 | 35 | 60 | 50 | 75 | — | — |
| 10 | 24 | 0 | 25 | 20 | 45 | 35 | 60 | 50 | 75 | 65 | 90 |
| 24 | 30 | 0 | 25 | 20 | 45 | 35 | 60 | 50 | 75 | 70 | 95 |
| 30 | 40 | 5 | 30 | 25 | 50 | 45 | 70 | 60 | 85 | 80 | 105 |
| 40 | 50 | 5 | 35 | 30 | 60 | 50 | 80 | 70 | 100 | 95 | 125 |
| 50 | 65 | 10 | 40 | 40 | 70 | 60 | 90 | 80 | 110 | 110 | 140 |
| 65 | 80 | 10 | 45 | 40 | 75 | 65 | 100 | 90 | 125 | 130 | 165 |
| 80 | 100 | 15 | 50 | 50 | 85 | 75 | 110 | 105 | 140 | 155 | 190 |
| 100 | 120 | 15 | 55 | 50 | 90 | 85 | 125 | 125 | 165 | 180 | 220 |
| 120 | 140 | 15 | 60 | 60 | 105 | 100 | 145 | 145 | 190 | 200 | 245 |
| 140 | 160 | 20 | 70 | 70 | 120 | 115 | 165 | 165 | 215 | 225 | 275 |
| 160 | 180 | 25 | 75 | 75 | 125 | 120 | 170 | 170 | 220 | 250 | 300 |
| 180 | 200 | 35 | 90 | 90 | 145 | 140 | 195 | 195 | 250 | 275 | 330 |
| 200 | 225 | 45 | 105 | 105 | 165 | 160 | 220 | 220 | 280 | 305 | 365 |
| 225 | 250 | 45 | 110 | 110 | 175 | 170 | 235 | 235 | 300 | 330 | 395 |
| 250 | 280 | 55 | 125 | 125 | 195 | 190 | 260 | 260 | 330 | 370 | 440 |
| 280 | 315 | 55 | 130 | 130 | 205 | 200 | 275 | 275 | 350 | 410 | 485 |
| 315 | 355 | 65 | 145 | 145 | 225 | 225 | 305 | 305 | 385 | 455 | 535 |
| 355 | 400 | 100 | 190 | 190 | 280 | 280 | 370 | 370 | 460 | 510 | 600 |
| 400 | 450 | 110 | 210 | 210 | 310 | 310 | 410 | 410 | 510 | 565 | 665 |
| 450 | 500 | 110 | 220 | 220 | 330 | 330 | 440 | 440 | 550 | 625 | 735 |

表 6.1-25　调心滚子轴承径向游隙　　　　　　　　　　　　　　　　（单位：μm）

| 公称内径 d/mm | | 圆 柱 孔 | | | | | | | | | | 圆 锥 孔 | | | | | | | | | |
|---|---|---|---|---|---|---|---|---|---|---|---|---|---|---|---|---|---|---|---|---|---|
| | | 2组 | | 0组 | | 3组 | | 4组 | | 5组 | | 2组 | | 0组 | | 3组 | | 4组 | | 5组 | |
| 超过 | 到 | min | max | min | max | min | max | min | max | min | max | min | max | min | max | min | max | min | max | min | max |
| 14 | 18 | 10 | 20 | 20 | 35 | 35 | 45 | 45 | 60 | 60 | 75 | — | — | — | — | — | — | — | — | — | — |
| 18 | 24 | 10 | 20 | 20 | 35 | 35 | 45 | 45 | 60 | 60 | 75 | 15 | 25 | 25 | 35 | 35 | 45 | 45 | 60 | 60 | 75 |
| 24 | 30 | 15 | 25 | 25 | 40 | 40 | 55 | 55 | 75 | 75 | 95 | 20 | 30 | 30 | 40 | 40 | 55 | 55 | 75 | 75 | 95 |
| 30 | 40 | 15 | 30 | 30 | 45 | 45 | 60 | 60 | 80 | 80 | 100 | 25 | 35 | 35 | 50 | 50 | 65 | 65 | 85 | 85 | 105 |
| 40 | 50 | 20 | 35 | 35 | 55 | 55 | 75 | 75 | 100 | 100 | 125 | 30 | 45 | 45 | 60 | 60 | 80 | 80 | 100 | 100 | 130 |
| 50 | 65 | 20 | 40 | 40 | 65 | 65 | 90 | 90 | 120 | 120 | 150 | 40 | 55 | 55 | 75 | 75 | 95 | 95 | 120 | 120 | 160 |
| 65 | 80 | 30 | 50 | 50 | 80 | 80 | 110 | 110 | 145 | 145 | 180 | 50 | 70 | 70 | 95 | 95 | 120 | 120 | 150 | 150 | 200 |
| 80 | 100 | 35 | 60 | 60 | 100 | 100 | 135 | 135 | 180 | 180 | 225 | 55 | 80 | 80 | 110 | 110 | 140 | 140 | 180 | 180 | 230 |
| 100 | 120 | 40 | 75 | 75 | 120 | 120 | 160 | 160 | 210 | 210 | 260 | 65 | 100 | 100 | 135 | 135 | 170 | 170 | 220 | 220 | 280 |
| 120 | 140 | 50 | 95 | 95 | 145 | 145 | 190 | 190 | 240 | 240 | 300 | 80 | 120 | 120 | 160 | 160 | 200 | 200 | 260 | 260 | 330 |
| 140 | 160 | 60 | 110 | 110 | 170 | 170 | 220 | 220 | 280 | 280 | 350 | 90 | 130 | 130 | 180 | 180 | 230 | 230 | 300 | 300 | 380 |
| 160 | 180 | 65 | 120 | 120 | 180 | 180 | 240 | 240 | 310 | 310 | 390 | 100 | 140 | 140 | 200 | 200 | 260 | 260 | 340 | 340 | 430 |
| 180 | 200 | 70 | 130 | 130 | 200 | 200 | 260 | 260 | 340 | 340 | 430 | 110 | 160 | 160 | 220 | 220 | 290 | 290 | 370 | 370 | 470 |
| 200 | 225 | 80 | 140 | 140 | 220 | 220 | 290 | 290 | 380 | 380 | 470 | 120 | 180 | 180 | 250 | 250 | 320 | 320 | 410 | 410 | 520 |
| 225 | 250 | 90 | 150 | 150 | 240 | 240 | 320 | 320 | 420 | 420 | 520 | 140 | 200 | 200 | 270 | 270 | 350 | 350 | 450 | 450 | 570 |
| 250 | 280 | 100 | 170 | 170 | 260 | 260 | 350 | 350 | 460 | 460 | 570 | 150 | 220 | 220 | 300 | 300 | 390 | 390 | 490 | 490 | 620 |
| 280 | 315 | 110 | 190 | 190 | 280 | 280 | 370 | 370 | 500 | 500 | 630 | 170 | 240 | 240 | 330 | 330 | 430 | 430 | 540 | 540 | 680 |
| 315 | 355 | 120 | 200 | 200 | 310 | 310 | 410 | 410 | 550 | 550 | 690 | 190 | 270 | 270 | 360 | 360 | 470 | 470 | 590 | 590 | 740 |
| 355 | 400 | 130 | 220 | 220 | 340 | 340 | 450 | 450 | 600 | 600 | 750 | 210 | 300 | 300 | 400 | 400 | 520 | 520 | 650 | 650 | 820 |
| 400 | 450 | 140 | 240 | 240 | 370 | 370 | 500 | 500 | 660 | 660 | 820 | 230 | 330 | 330 | 440 | 440 | 570 | 570 | 720 | 720 | 910 |
| 450 | 500 | 140 | 260 | 260 | 410 | 410 | 550 | 550 | 720 | 720 | 900 | 260 | 370 | 370 | 490 | 490 | 630 | 630 | 790 | 790 | 1000 |
| 500 | 560 | 150 | 280 | 280 | 440 | 440 | 600 | 600 | 780 | 780 | 1000 | 290 | 410 | 410 | 540 | 540 | 680 | 680 | 870 | 870 | 1100 |
| 560 | 630 | 170 | 310 | 310 | 480 | 480 | 650 | 650 | 850 | 850 | 1100 | 320 | 460 | 460 | 600 | 600 | 760 | 760 | 980 | 980 | 1230 |
| 630 | 710 | 190 | 350 | 350 | 530 | 530 | 700 | 700 | 920 | 920 | 1190 | 350 | 510 | 510 | 670 | 670 | 850 | 850 | 1090 | 1090 | 1360 |
| 710 | 800 | 210 | 390 | 390 | 580 | 580 | 770 | 770 | 1010 | 1010 | 1300 | 390 | 570 | 570 | 750 | 750 | 960 | 960 | 1220 | 1220 | 1509 |
| 800 | 900 | 230 | 430 | 430 | 650 | 650 | 860 | 860 | 1120 | 1120 | 1440 | 440 | 640 | 640 | 840 | 840 | 1070 | 1070 | 1370 | 1370 | 1690 |
| 900 | 1000 | 260 | 480 | 480 | 710 | 710 | 930 | 930 | 1220 | 1220 | 1570 | 490 | 710 | 710 | 930 | 930 | 1190 | 1190 | 1520 | 1520 | 1860 |

表 6.1-26　双列圆柱滚子轴承径向游隙　　　　　　　　　　　　　　　　（单位：μm）

| 公称内径 d/mm | | 圆 柱 孔 | | | | | | 圆 锥 孔 | | | |
|---|---|---|---|---|---|---|---|---|---|---|---|
| | | 1组 | | 2组 | | 3组 | | 1组 | | 2组 | |
| 超过 | 到 | min | max | min | max | min | max | min | max | min | max |
| — | 24 | 5 | 15 | 10 | 20 | 20 | 30 | 10 | 20 | 20 | 30 |
| 24 | 30 | 5 | 15 | 10 | 25 | 25 | 35 | 15 | 25 | 25 | 35 |
| 30 | 40 | 5 | 15 | 12 | 25 | 25 | 40 | 15 | 25 | 25 | 40 |
| 40 | 50 | 5 | 18 | 15 | 30 | 30 | 45 | 17 | 30 | 30 | 45 |
| 50 | 65 | 5 | 20 | 15 | 35 | 35 | 50 | 20 | 35 | 35 | 50 |
| 65 | 80 | 10 | 25 | 20 | 40 | 40 | 60 | 25 | 40 | 40 | 60 |
| 80 | 100 | 10 | 30 | 25 | 45 | 45 | 70 | 35 | 55 | 45 | 70 |
| 100 | 120 | 10 | 30 | 25 | 50 | 50 | 80 | 40 | 60 | 50 | 80 |
| 120 | 140 | 10 | 35 | 30 | 60 | 60 | 90 | 45 | 70 | 60 | 90 |
| 140 | 160 | 10 | 35 | 35 | 65 | 65 | 100 | 50 | 75 | 65 | 100 |
| 160 | 180 | 10 | 40 | 35 | 75 | 75 | 110 | 55 | 85 | 75 | 110 |
| 180 | 200 | 15 | 45 | 40 | 80 | 80 | 120 | 60 | 90 | 80 | 120 |
| 200 | 225 | 15 | 50 | 45 | 90 | 90 | 135 | 60 | 95 | 90 | 135 |
| 225 | 250 | 15 | 50 | 50 | 100 | 100 | 150 | 65 | 100 | 100 | 150 |
| 250 | 280 | 20 | 55 | 55 | 110 | 110 | 165 | 75 | 110 | 110 | 165 |
| 280 | 315 | 20 | 60 | 60 | 120 | 120 | 180 | 80 | 120 | 120 | 180 |
| 315 | 355 | 20 | 65 | 65 | 135 | 135 | 200 | 90 | 135 | 135 | 200 |
| 355 | 400 | 25 | 75 | 75 | 150 | 150 | 225 | 100 | 150 | 150 | 225 |
| 400 | 450 | 25 | 85 | 85 | 170 | 170 | 255 | 110 | 170 | 170 | 255 |
| 450 | 500 | 25 | 95 | 95 | 190 | 190 | 285 | 120 | 190 | 190 | 285 |

表 6.1-27 双列和四列圆锥滚子轴承径向游隙 （单位：μm）

| 公称内径 d/mm | | 1组 | | 2组 | | 0组 | | 3组 | | 4组 | | 5组 | |
|---|---|---|---|---|---|---|---|---|---|---|---|---|---|
| 超过 | 到 | min | max | min | max | min | max | min | max | min | max | min | max |
| — | 30 | 0 | 10 | 10 | 20 | 20 | 30 | 40 | 50 | 50 | 60 | 70 | 80 |
| 30 | 40 | 0 | 12 | 12 | 25 | 25 | 40 | 45 | 60 | 60 | 75 | 80 | 95 |
| 40 | 50 | 0 | 15 | 15 | 30 | 30 | 45 | 50 | 65 | 65 | 80 | 90 | 110 |
| 50 | 65 | 0 | 15 | 15 | 30 | 30 | 50 | 50 | 70 | 70 | 90 | 90 | 120 |
| 65 | 80 | 0 | 20 | 20 | 40 | 40 | 60 | 60 | 80 | 80 | 110 | 110 | 150 |
| 80 | 100 | 0 | 20 | 20 | 45 | 45 | 70 | 70 | 100 | 100 | 130 | 130 | 170 |
| 100 | 120 | 0 | 25 | 25 | 50 | 50 | 80 | 80 | 110 | 110 | 150 | 150 | 200 |
| 120 | 140 | 0 | 30 | 30 | 60 | 60 | 90 | 90 | 120 | 120 | 170 | 170 | 230 |
| 140 | 160 | 0 | 30 | 30 | 65 | 65 | 100 | 100 | 140 | 140 | 190 | 190 | 260 |
| 160 | 180 | 0 | 35 | 35 | 70 | 70 | 110 | 110 | 150 | 150 | 210 | 210 | 280 |
| 180 | 200 | 0 | 40 | 40 | 80 | 80 | 120 | 120 | 170 | 170 | 230 | 230 | 310 |
| 200 | 225 | 0 | 40 | 40 | 90 | 90 | 140 | 140 | 190 | 190 | 260 | 260 | 340 |
| 225 | 250 | 0 | 50 | 50 | 100 | 100 | 150 | 150 | 210 | 210 | 290 | 290 | 380 |
| 250 | 280 | 0 | 50 | 50 | 110 | 110 | 170 | 170 | 230 | 230 | 320 | 320 | 420 |
| 280 | 315 | 0 | 60 | 60 | 120 | 120 | 180 | 180 | 250 | 250 | 350 | 350 | 460 |
| 315 | 355 | 0 | 70 | 70 | 140 | 140 | 210 | 210 | 280 | 280 | 390 | 390 | 510 |
| 355 | 400 | 0 | 70 | 70 | 150 | 150 | 230 | 230 | 310 | 310 | 440 | 440 | 580 |
| 400 | 450 | 0 | 80 | 80 | 170 | 170 | 260 | 260 | 350 | 350 | 490 | 490 | 650 |
| 450 | 500 | 0 | 90 | 90 | 190 | 190 | 290 | 290 | 390 | 390 | 540 | 540 | 720 |
| 500 | 560 | 0 | 100 | 100 | 210 | 210 | 320 | 320 | 430 | 430 | 590 | 590 | 790 |
| 560 | 630 | 0 | 110 | 110 | 230 | 230 | 350 | 350 | 480 | 480 | 660 | 660 | 880 |
| 630 | 710 | 0 | 130 | 130 | 260 | 260 | 400 | 400 | 540 | 540 | 740 | 740 | 910 |
| 710 | 800 | 0 | 140 | 140 | 290 | 290 | 450 | 450 | 610 | 610 | 830 | 830 | 1100 |
| 800 | 900 | 0 | 160 | 160 | 330 | 330 | 500 | 500 | 670 | 670 | 920 | 920 | 1240 |
| 900 | 1000 | 0 | 180 | 180 | 360 | 360 | 540 | 540 | 720 | 720 | 980 | 980 | 1300 |
| 1000 | 1120 | 0 | 200 | 200 | 400 | 400 | 600 | 600 | 820 | — | — | — | — |
| 1120 | 1250 | 0 | 220 | 220 | 450 | 450 | 670 | 670 | 900 | — | — | — | — |
| 1250 | 1400 | 0 | 250 | 250 | 500 | 500 | 750 | 750 | 980 | — | — | — | — |

表 6.1-28 外球面球轴承径向游隙 （单位：μm）

| 轴承公称内径 d/mm | | 圆 柱 孔 | | | | | | 圆 锥 孔 | | | | | |
|---|---|---|---|---|---|---|---|---|---|---|---|---|---|
| | | 2组 | | 0组 | | 3组 | | 2组 | | 0组 | | 3组 | |
| 超过 | 到 | min | max | min | max | min | max | min | max | min | max | min | max |
| 10 | 18 | 3 | 18 | 10 | 25 | 18 | 33 | 10 | 25 | 18 | 33 | 25 | 45 |
| 18 | 24 | 5 | 20 | 12 | 28 | 20 | 36 | 12 | 28 | 20 | 36 | 28 | 48 |
| 24 | 30 | 5 | 20 | 12 | 28 | 22 | 41 | 12 | 28 | 23 | 41 | 30 | 53 |
| 30 | 40 | 6 | 20 | 13 | 33 | 28 | 46 | 13 | 33 | 28 | 46 | 40 | 64 |
| 40 | 50 | 6 | 23 | 14 | 36 | 30 | 51 | 14 | 36 | 30 | 51 | 45 | 73 |
| 50 | 65 | 8 | 28 | 18 | 43 | 38 | 61 | 18 | 43 | 38 | 61 | 55 | 90 |
| 65 | 80 | 10 | 30 | 20 | 51 | 46 | 71 | 20 | 51 | 46 | 71 | 65 | 105 |
| 80 | 100 | 12 | 36 | 24 | 58 | 53 | 84 | 24 | 58 | 53 | 84 | 75 | 120 |
| 100 | 120 | 15 | 41 | 28 | 66 | 61 | 97 | 28 | 66 | 61 | 97 | 90 | 140 |
| 120 | 140 | 18 | 48 | 33 | 81 | 71 | 114 | 33 | 81 | 71 | 114 | 105 | 160 |

**表6.1-29　四点接触球轴承轴向游隙**　（单位：μm）

| 公称内径 $d$/mm | | 2组 | | 0组 | | 3组 | | 4组 | |
|---|---|---|---|---|---|---|---|---|---|
| 超过 | 到 | min | max | min | max | min | max | min | max |
| 10 | 18 | 15 | 55 | 45 | 85 | 75 | 115 | 105 | 145 |
| 18 | 40 | 26 | 66 | 56 | 106 | 96 | 146 | 136 | 186 |
| 40 | 60 | 36 | 86 | 76 | 126 | 116 | 166 | 156 | 206 |
| 60 | 80 | 46 | 96 | 86 | 136 | 126 | 176 | 166 | 216 |
| 80 | 100 | 56 | 116 | 96 | 156 | 136 | 196 | 176 | 236 |
| 100 | 140 | 66 | 136 | 116 | 176 | 156 | 216 | 196 | 256 |
| 140 | 180 | 76 | 156 | 136 | 196 | 176 | 236 | 216 | 276 |
| 180 | 220 | 96 | 176 | 156 | 216 | 196 | 256 | 236 | 296 |
| 220 | 260 | 115 | 195 | 175 | 235 | 215 | 295 | 275 | 335 |
| 260 | 300 | 135 | 215 | 195 | 275 | 255 | 335 | 295 | 355 |

## 2.2　设计计算

### 2.2.1　寿命计算

在一般条件下工作的轴承，只要类型选择合适，安装、维护得好、绝大多数均因疲劳点蚀而报废。因此，滚动轴承的尺寸（型号）主要取决于疲劳寿命。在轴承寿命计算中常用下列术语：

1）寿命。单个轴承，其中一个套圈（垫圈）或滚动体首次出现疲劳扩展之前，一套圈（或垫圈）相对另一套圈（或垫圈）的转数。

2）可靠度。在同一条件下运转的一组近于相同的轴承期望值达到或超过某一规定寿命的百分率（或概率）。

3）基本额定寿命。同一批轴承在相同条件下运转，其可靠度为90%时的寿命，即总转数或给定转数下的工作小时数。记为 $L_{10}$ 或 $L_{10h}$。

4）基本额定动载荷。同一批轴承，其基本额定寿命为一百万转时所承受的载荷 $C$。对于向心轴承，这一载荷为径向载荷 $C_r$；对于单列角接触轴承，这一载荷为使轴承套圈之间只产生纯径向位移的载荷的径向分量；对于推力轴承，这一载荷为作用于轴承中心的轴向载荷 $C_a$。

5）当量动载荷。是指一大小和方向恒定的载荷。在这一载荷的作用下，轴承寿命与实际载荷作用下的寿命相等。

6）平均当量动载荷。平均当量动载荷用于计算在变载荷作用下工作的轴承。将此载荷作用于轴承，所得寿命与在实际使用条件下轴承达到的寿命相同。

1. 滚动轴承基本额定寿命

滚动轴承基本额定寿命计算公式如下

$$L_{10}=\left(\frac{C_r}{p}\right)^{\varepsilon} \tag{6.1-2}$$

式中　$L_{10}$——失效概率10%（可靠度为90%）的基本额定寿命（$10^6$r）；

$C_r$——基本额定动载荷（N），见表6.1-43～表6.1-73；

$p$——当量动载荷；

$\varepsilon$——寿命指数，对球轴承 $\varepsilon=3$，滚子轴承 $\varepsilon=10/3$。

对于给定转速 $n$ 时，轴承寿命可用小时表示，小时寿命计算公式为

$$L_{10h}=\frac{10^6}{60n}\left(\frac{C_r}{p}\right)^{\varepsilon} \tag{6.1-3}$$

式中　$L_{10h}$——基本额定寿命（h），$L_{10h}$ 应大于或等于轴承的预期使用寿命，常用机械设备轴承的使用寿命见表6.1-30；

$n$——轴承工作转速（r/min）。

**表6.1-30　常用机械设备轴承的使用寿命**

| 使用条件 | 使用寿命/h |
|---|---|
| 不经常使用的仪器和设备 | 300～3000 |
| 短期或间断使用的机械，中断使用不致引起严重后果，如手动机械、农业机械、装配吊车、自动送料装置 | 3000～8000 |
| 间断使用的机械，中断使用将引起严重后果，如发电站辅助设备、流水作业的传动装置、带式运输机、车间吊车 | 8000～12000 |
| 每天8h工作的机械，但经常不是满载荷使用，如电动机、一般齿轮装置、压碎机、起重机和一般机械 | 10000～25000 |
| 每天8h工作，满载荷使用，如机床、木材加工机械、工程机械、印刷机械、分离机、离心机 | 20000～30000 |
| 24h连续工作的机械，如压缩机、泵、电动机、轧机齿轮装置、纺织机械 | 40000～50000 |
| 24h连续工作的机械、中断使用将引起严重后果，如纤维机械、造纸机械、电站主要设备、给水排水设备、矿用泵、矿用通风机 | ≈100000 |

**2. 滚动轴承修正的寿命**

按式 (6.1-3) 算出的轴承基本额定寿命是适用于常规轴承材料、正常运转条件和可靠度为 90% 的寿命，对于非常规材料或运转条件、可靠度不是 90% 时，轴承寿命修正公式为

$$L_{nh} = a_1 a_2 a_3 L_{10h} \qquad (6.1\text{-}4)$$

式中　$L_{nh}$——失效概率为 $n\%$ 的寿命 (h)；

　　　$a_1$——可靠度的寿命修正系数，见表 6.1-31；

　　　$a_2$——材料的寿命修正系数，一般由轴承厂家根据实验结果及经验给出，常规轴承钢 $a_2 = 1$；

　　　$a_3$——运转条件的寿命修正系数，当转速特别低 [$n \cdot D_{pw} < 1000\text{mm} \cdot \text{r/min}$，$D_{pw}$ 为轴承滚动体组的节圆直径（球心或滚子中部轴心线所在圆直径）mm；$n$ 为轴承转速，r/min] 或高温工作使润滑剂的粘度对球轴承小于 $13\text{mm}^2/\text{s}$，对滚子轴承小于 $20\text{mm}^2/\text{s}$，应考虑降低 $a_3$ 值；润滑条件特别优越，足以在轴承滚动接触表面形成弹性流体动压油膜时，取 $a_3 > 1$。一般运转条件下，$a_3 = 1$。

**表 6.1-31　可靠度的寿命修正系数 $a_1$**

| 可靠度(%) | 90 | 95 | 96 | 97 | 98 | 99 |
|---|---|---|---|---|---|---|
| $a_1$ | 1 | 0.62 | 0.53 | 0.44 | 0.33 | 0.21 |

**3. 滚动轴承的修正额定动载荷**

轴承的基本额定动载荷 $C$ 是按常规材料，轴承工作温度低于 120℃，轴承零件表面硬度为 60 ~ 65HRC 的条件下实验得出的，条件改变时应进行修正，修正的额定动载荷按下式确定

$$C_{MTH} = g_M g_T g_H C \qquad (6.1\text{-}5)$$

式中　$C_{MTH}$——修正的额定动载荷 (N)；

　　　$g_M$——材质系数，见表 6.1-32；

　　　$g_T$——温度系数，见表 6.1-33；

$g_H$——硬度系数，当轴承零件的表面硬度低于 58HRC 时，需将 $C$ 值乘以硬度系数，$g_H$ 按下式计算：

$$g_H = \left(\frac{\text{硬度值}}{58}\right)^{3.6} \qquad (6.1\text{-}6)$$

**表 6.1-32　材质系数 $g_M$**

| 材料<br>轴承类型 | 真空脱氧<br>轴承钢 | 电渣重熔<br>轴承钢 |
|---|---|---|
| 深沟球轴承 | 1.3 | 1.7 |
| 调心球轴承 | 1.3 | 1.6 |
| 圆柱滚子轴承 | 1.1 | 1.6 |
| 调心滚子轴承 | 1.5 | 1.2 ~ 1.3 |
| 滚针轴承 | 1.1 | — |
| 角接触球轴承 | 1.3 | 1.7 |
| 圆锥滚子轴承 | 1.1 | 1.2 ~ 1.3 |
| 推力球轴承 | 1.3 | 1.6 ~ 1.7 |
| 推力调心滚子轴承 | 1.15 | 1.2 ~ 1.5 |
| 推力圆锥滚子轴承 | 1.1 | 1.2 ~ 1.5 |
| 推力圆柱滚子轴承 | — | 1.2 ~ 1.4 |

**表 6.1-33　温度系数 $g_T$**

| 轴承的工作<br>环境温度<br>/℃ | <120 | 125 | 150 | 175 | 200 | 225 | 250 | 300 |
|---|---|---|---|---|---|---|---|---|
| $g_T$ | 1 | 0.95 | 0.90 | 0.85 | 0.80 | 0.75 | 0.70 | 0.60 |

**4. 滚动轴承的当量动载荷**

滚动轴承的实际运转条件一般与确定基本额定动载荷的假定条件不同。为了进行寿命计算，须将实际载荷换算成当量动载荷。

(1) 当量动载荷计算　当量动载荷的一般计算公式为

$$P = X F_r + Y F_a \qquad (6.1\text{-}7)$$

式中　$P$——当量动载荷 (N)；

　　　$F_r$——轴承所受的径向载荷 (N)；

　　　$F_a$——轴承所受的轴向载荷 (N)；

　　　$X$——径向系数；

　　　$Y$——轴向系数。

各类轴承系数 $X$ 与 $Y$ 的值见表 6.1-34 和表 6.1-35。

**表 6.1-34　向心轴承的系数 $X$、$Y$**

| 轴承类型 | 相对轴向载荷 | | 单列轴承 | | | | 双列轴承 | | | | $e$ |
|---|---|---|---|---|---|---|---|---|---|---|---|
| | | | $F_a/F_r \leqslant e$ | | $F_a/F_r > e$ | | $F_a/F_r \leqslant e$ | | $F_a/F_r > e$ | | |
| | $F_a/C_{or}$ | $F_a/(ZD_w^2)$ | $X$ | $Y$ | $X$ | $Y$ | $X$ | $Y$ | $X$ | $Y$ | |
| 深沟球轴承 | 0.014 | 0.172 | 1 | 0 | 0.56 | 2.30 | 1 | 0 | 0.56 | 2.30 | 0.19 |
| | 0.028 | 0.345 | | | | 1.99 | | | | 1.99 | 0.22 |
| | 0.056 | 0.689 | | | | 1.71 | | | | 1.71 | 0.26 |
| | 0.084 | 1.03 | | | | 1.55 | | | | 1.55 | 0.28 |
| | 0.11 | 1.38 | | | | 1.45 | | | | 1.45 | 0.30 |

（续）

| 轴承类型 | | 相对轴向载荷 | | 单列轴承 | | | | 双列轴承 | | | | e |
|---|---|---|---|---|---|---|---|---|---|---|---|---|
| | | | | $F_a/F_r \leq e$ | | $F_a/F_r > e$ | | $F_a/F_r \leq e$ | | $F_a/F_r > e$ | | |
| | | $F_a/C_{or}$ | $F_a/(ZD_w^2)$ | X | Y | X | Y | X | Y | X | Y | |
| 深沟球轴承 | | 0.17 | 2.07 | 1 | 0 | 0.56 | 1.31 | 1 | 0 | 0.56 | 1.31 | 0.34 |
| | | 0.28 | 3.45 | | | | 1.15 | | | | 1.15 | 0.38 |
| | | 0.42 | 5.17 | | | | 1.04 | | | | 1.04 | 0.42 |
| | | 0.56 | 6.89 | | | | 1.00 | | | | 1.00 | 0.44 |
| 角接触球轴承 | $\alpha = 5°$ | 0.014 | 0.172 | 1 | 0 | 此类轴承用单列深沟球轴承的 X、Y 和 e 值 | | 1 | 2.78 | 0.78 | 3.74 | 0.23 |
| | | 0.028 | 0.345 | | | | | | 2.40 | | 3.23 | 0.26 |
| | | 0.056 | 0.689 | | | | | | 2.07 | | 2.78 | 0.30 |
| | | 0.085 | 1.03 | | | | | | 1.87 | | 2.52 | 0.34 |
| | | 0.11 | 1.38 | | | | | | 1.75 | | 2.36 | 0.36 |
| | | 0.17 | 2.07 | | | | | | 1.58 | | 2.13 | 0.40 |
| | | 0.28 | 3.45 | | | | | | 1.39 | | 1.87 | 0.45 |
| | | 0.42 | 5.17 | | | | | | 1.26 | | 1.69 | 0.50 |
| | | 0.52 | 6.89 | | | | | | 1.21 | | 1.63 | 0.52 |
| | $\alpha = 10°$ | 0.014 | 0.172 | 1 | 0 | 0.46 | 1.88 | 1 | 2.18 | 0.75 | 3.06 | 0.29 |
| | | 0.029 | 0.345 | | | | 1.71 | | 1.98 | | 2.78 | 0.32 |
| | | 0.057 | 0.689 | | | | 1.52 | | 1.76 | | 2.47 | 0.36 |
| | | 0.086 | 1.03 | | | | 1.41 | | 1.63 | | 2.29 | 0.38 |
| | | 0.11 | 1.38 | | | | 1.34 | | 1.55 | | 2.18 | 0.40 |
| | | 0.17 | 2.07 | | | | 1.23 | | 1.42 | | 2.00 | 0.44 |
| | | 0.29 | 3.45 | | | | 1.10 | | 1.27 | | 1.79 | 0.49 |
| | | 0.43 | 5.17 | | | | 1.01 | | 1.17 | | 1.64 | 0.54 |
| | | 0.57 | 6.89 | | | | 1.00 | | 1.16 | | 1.63 | 0.54 |
| | $\alpha = 15°$ (7000C) | 0.015 | 0.172 | 1 | 0 | 0.44 | 1.47 | 1 | 1.65 | 0.72 | 2.39 | 0.38 |
| | | 0.029 | 0.345 | | | | 1.40 | | 1.57 | | 2.28 | 0.40 |
| | | 0.058 | 0.689 | | | | 1.30 | | 1.46 | | 2.11 | 0.43 |
| | | 0.087 | 1.03 | | | | 1.23 | | 1.38 | | 2.00 | 0.46 |
| | | 0.12 | 1.38 | | | | 1.19 | | 1.34 | | 1.93 | 0.47 |
| | | 0.17 | 2.07 | | | | 1.12 | | 1.26 | | 1.82 | 0.50 |
| | | 0.29 | 3.45 | | | | 1.02 | | 1.14 | | 1.66 | 0.55 |
| | | 0.44 | 5.17 | | | | 1.00 | | 1.12 | | 1.63 | 0.56 |
| | | 0.58 | 6.89 | | | | 1.00 | | 1.12 | | 1.63 | 0.56 |
| | $\alpha = 20°$ | — | — | 1 | 0 | 0.43 | 1.00 | 1 | 1.09 | 0.70 | 1.63 | 0.57 |
| | $\alpha = 25°$ (7000AC) | — | — | | | 0.41 | 0.87 | | 0.92 | 0.67 | 1.41 | 0.68 |
| | $\alpha = 30°$ | — | — | | | 0.39 | 0.76 | | 0.78 | 0.63 | 1.24 | 0.80 |
| | $\alpha = 35°$ | — | — | | | 0.37 | 0.66 | | 0.66 | 0.60 | 1.07 | 0.95 |
| | $\alpha = 40°$ (7000B) | — | — | | | 0.35 | 0.57 | | 0.55 | 0.57 | 0.93 | 1.14 |
| | $\alpha = 45°$ | — | — | | | 0.33 | 0.50 | | 0.47 | 0.54 | 0.81 | 1.34 |
| 调心球轴承 | | | | 1 | 0 | 0.40 | $0.40\cot\alpha$ | 1 | $0.42\cot\alpha$ | 0.65 | $0.65\cot\alpha$ | $1.5\tan\alpha$ |
| 磁电动机球轴承 | | | | 1 | 0 | 0.50 | 0.25 | — | — | — | — | 0.2 |
| 圆锥滚子轴承 $\alpha \neq 0°$ | | | | 1 | 0 | 0.40 | $0.40\cot\alpha$ | 1 | $0.45\cot\alpha$ | 0.67 | $0.67\cot\alpha$ | $1.5\tan\alpha$ |

**表 6.1-35 推力轴承的系数 $X$、$Y$**

| 轴承类型 | $\alpha$ | 单向轴承[①] $F_a/F_r > e$ X | Y | 双向轴承 $F_a/F_r \leq e$ X | Y | $F_a/F_r > e$ X | Y | $e$ |
|---|---|---|---|---|---|---|---|---|
| 推力球轴承 | 45° | 0.66 | | 1.18 | 0.59 | 0.66 | | 1.25 |
| | 50° | 0.73 | | 1.37 | 0.57 | 0.73 | | 1.49 |
| | 55° | 0.81 | | 1.60 | 0.56 | 0.81 | | 1.79 |
| | 60° | 0.92 | | 1.90 | 0.55 | 0.92 | | 2.17 |
| | 65° | 1.06 | 1 | 2.30 | 0.54 | 1.06 | 1 | 2.68 |
| | 70° | 1.28 | | 2.90 | 0.53 | 1.28 | | 3.43 |
| | 75° | 1.66 | | 3.89 | 0.52 | 1.66 | | 4.67 |
| | 80° | 2.43 | | 5.86 | 0.52 | 2.43 | | 7.09 |
| | 85° | 4.80 | | 11.75 | 0.51 | 4.80 | | 14.29 |
| | $\alpha \neq 90°$ | $1.25\tan\alpha \times \left(1-\dfrac{2}{3}\sin\alpha\right)$ | 1 | $\dfrac{20}{13}\tan\alpha \times \left(1-\dfrac{1}{3}\sin\alpha\right)$ | $\dfrac{10}{13} \times \left(1-\dfrac{1}{3}\times\sin\alpha\right)$ | $1.25\tan\alpha \times \left(1-\dfrac{2}{3}\sin\alpha\right)$ | 1 | $1.25\tan\alpha$ |
| 推力滚子轴承 | $\alpha \neq 90°$ | $\tan\alpha$ | 1 | $1.5\tan\alpha$ | 0.67 | $\tan\alpha$ | 1 | $1.5\tan\alpha$ |

① 对单向推力轴承，$F_a/F_r \leq e$ 不适用。

当考虑轴承受力矩载荷和冲击载荷作用时，当量动载荷可按下式计算

$$P = f_m f_d (XF_r + YF_a) \qquad (6.1-8)$$

式中 $f_d$——冲击载荷系数，见表 6.1-36；
    $f_m$——力矩载荷系数，见表 6.1-37。

**表 6.1-36 冲击载荷系数 $f_d$**

| 载荷性质 | $f_d$ | 举 例 |
|---|---|---|
| 无冲击或轻微冲击 | 1.0 ~ 1.2 | 电动机，汽轮机，通风机，水泵等 |
| 中等冲击或中等惯性力 | 1.2 ~ 1.8 | 车辆，动力机械，起重机，造纸机，冶金机械，选矿机，水力机械，木材加工机械，卷扬机，机床，传动装置等 |
| 强大冲击 | 1.8 ~ 3.0 | 破碎机，轧钢机，石油钻机，振动筛等 |

**表 6.1-37 力矩载荷系数 $f_m$**

| 载荷大小 | $f_m$ |
|---|---|
| 力矩载荷较小时 | 1.5 |
| 力矩载荷较大时 | 2 |

(2) 角接触向心轴承的轴向载荷计算

1) 载荷作用中心。角接触向心轴承在计算支承反力时，首先要确定载荷作用中心 $o$ 点的位置（见图 6.1-3），其位置参数 $a$ 的数值见表 6.1-49、表 6.1-61。

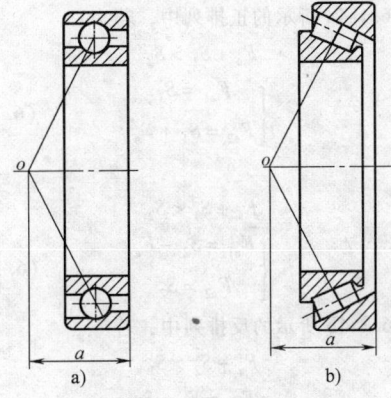

**图6.1-3 角接触向心轴承的载荷作用中心**
a) 角接触球轴承   b) 圆锥滚子轴承

2) 内部附加轴向力。角接触向心轴承在承受纯径向载荷时，将产生附加轴向力 $S$，其计算公式为

角接触球轴承
$$\left. \begin{array}{l} S = eF_r \qquad (\alpha = 15°) \\ S = 0.63F_r \qquad (\alpha = 25°) \\ S = 1.14F_r \qquad (\alpha = 40°) \end{array} \right\} \quad (6.1-9)$$

式中，$e$ 值见表 6.1-34。

圆锥滚子轴承 $\qquad S = F_r/2Y \qquad (6.1-10)$

式中，$Y$ 应取表 6.1-34 中 $F_a/F_r > e$ 的数值。

3) 成对安装的角接触向心轴承的轴向载荷计算。成对安装的角接触向心轴承，在计算轴向载荷时要同时考虑由径向力引起的内部附加轴向载荷 $S$ 和作用于轴上的轴向工作载荷，计算方法如图 6.1-4

所示。

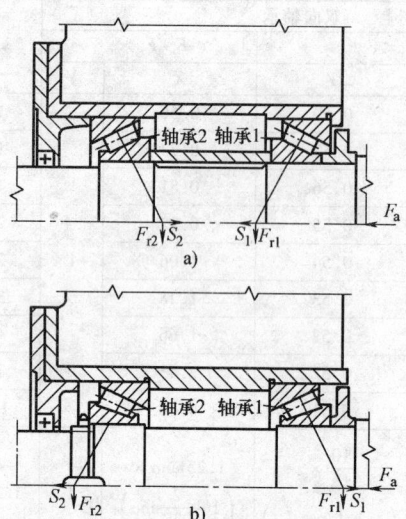

**图6.1-4　成对安装的角接触向心**
**轴承的轴向载荷计算**

a）正排列　b）反排列

图 6.1-4a 所示的正排列中，若

$$F_a + S_1 > S_2$$

则

$$\begin{cases} F_{a1} = S_1 \\ F_{a2} = S_1 + F_a \end{cases} \qquad (6.1-11a)$$

若

$$F_a + S_1 < S_2$$

则

$$\begin{cases} F_{a1} = S_2 - F_a \\ F_{a2} = S_2 \end{cases} \qquad (6.1-11b)$$

图 6.1-4b 所示的反排列中，若

$$F_a + S_2 > S_1$$

则

$$\begin{cases} F_{a1} = F_a + S_2 \\ F_{a2} = S_2 \end{cases} \qquad (6.1-12a)$$

若

$$F_a + S_2 < S_1$$

则

$$\begin{cases} F_{a1} = S_1 \\ F_{a2} = S_1 - F_a \end{cases} \qquad (6.1-12b)$$

若外加轴向力的方向与图示方向相反，则需将轴承 1 和轴承 2 交换一下代号，计算公式仍为式（6.1-11）和式（6.1-12）。

（3）同一支点成对安装同型号角接触向心轴承的计算特点　图 6.1-5 所示实际为三支点静不定轴系，近似计算时，可将成对安装的角接触向心轴承看成是一个点，并认为力的作用点位于两轴承的中点。但在计算其当量动载荷 $P$ 时，系数 $X$ 与 $Y$ 采用双列轴承的数值，基本额定动载荷 $C_\Sigma$ 应为

角接触球轴承

$$C_\Sigma = 2^{0.7} C_r = 1.625 C_r \qquad (6.1-13)$$

圆锥滚子轴承

$$C_\Sigma = 2^{7/9} C_r = 1.71 C_r \qquad (6.1-14)$$

实际上，力的作用点应在受轴向力轴承支点与两轴承中点之间，随轴向力的大小而变，具体求法可参考有关资料。

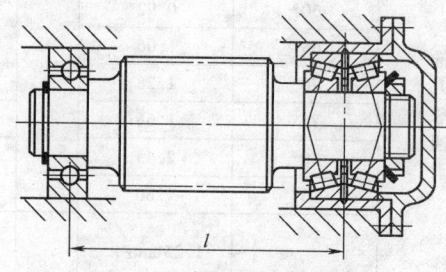

**图6.1-5　同一支点成对安装**
**同型号角接触向心轴承**

（4）变载荷、变转速下工作的轴承平均当量动载荷和平均转速计算　若轴承是在变动载荷和变动转速下工作，在确定轴承寿命时，则应用平均当量动载荷和平均转速来计算。

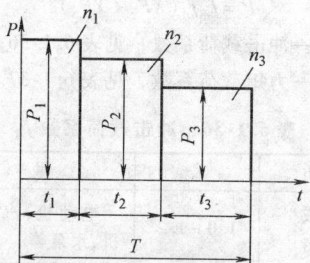

**图6.1-6　非稳定载荷图**

在图 6.1-6 所示规律性非稳定载荷作用时，平均当量动载荷 $P_m$ 及平均转速 $n_m$ 计算公式为

$$P_m = \left( \frac{\sum_{i=1}^{s} n_i t_i P_i^{\,\varepsilon}}{n_i t_i} \right)^{1/\varepsilon} \qquad (6.1-15)$$

$$n_m = \frac{1}{T} \sum_{i=1}^{s} n_i t_i \qquad (6.1-16)$$

式中　$P_m$——平均当量动载荷（N）；

$\quad P_i$——各级载荷下计算的当量动载荷（N）；

$\quad n_i$——$P_i$ 对应的转速（r/min），$i = 1 \cdots s$；

$\quad t_i$——$P_i$ 作用的时间（h）；

$\quad T$——总的运转时间，$T = \sum_{i=1}^{s} t_i$；

$\quad \varepsilon$——寿命指数，对球轴承 $\varepsilon = 3$，滚子轴承 $\varepsilon = 10/3$；

$n_{m}$——平均转速（r/min）。

把 $P_{m}$ 及 $n_{m}$ 代入式（6.1-3）中计算轴承的寿命。

### 2.2.2 静载荷计算

对于工作于静止状态、缓慢摆动或极低速运转的轴承，主要是防止滚动体与滚道接触处产生过大的塑性变形，以保证轴承轻快、平稳地工作。此时，应按轴承的静载荷选择轴承的尺寸。

在轴承的静载荷计算中常用如下术语。

基本额定静载荷：指一个轴承在静止状态（或套圈间相对转速为零）或很慢的回转运动时假想所能承受的一个大小和方向恒定的载荷。在这一载荷作用下，应力最大的滚动体和滚道接触处，套圈和滚动体的总永久变形量为滚动体直径的 0.0001 倍，或者接触处的接触应力为

① 4600MPa 调心球轴承；
② 4200MPa 球轴承（调心球轴承除外）；
③ 4000MPa 滚子轴承。

对于向心轴承，这一载荷为径向静载荷（对于单列角接触轴承，这一载荷为使轴承套圈之间只产生纯径向位移的载荷的径向分量）；对于推力轴承为作用于轴承中心的轴向静载荷。

当量静载荷：指一大小和方向恒定的静载荷。在这一载荷作用下，应力最大的滚动体和滚道接触处，引起的总永久变形量与实际载荷条件下相同。

（1）轴承所需基本额定静载荷的确定 按额定静载荷选择轴承的基本公式为

$$C_{0r} \geqslant S_0 P_0 \qquad (6.1-17)$$

式中 $C_{0r}$——基本额定静载荷（N），见表6.1-43～表6.1-73；

$P_0$——当量静载荷（N）；

$S_0$——安全系数，见表6.1-40、表6.1-41。

若轴承由于特殊热处理、高温工作等原因而引起表面硬度降低时，将导致轴承静载荷能力下降。此时，轴承的额定静载荷可参考下式计算

$$C_{0H} = \eta_H C_{0r} \qquad (6.1-18)$$

$$\eta_H = f_H \left(\frac{HV}{800}\right)^2 \leqslant 1 \qquad (6.1-19)$$

式中 $C_{0H}$——经过材料硬度修正的额定静载荷（N）；

$\eta_H$——硬度系数；

$f_H$——与接触类型有关的系数，见表6.1-38；

$HV$——维氏硬度值。

**表 6.1-38 系数 $f_H$**

| 接 触 类 型 | $f_H$ |
|---|---|
| 球与平面接触（调心球轴承） | 1 |
| 球与沟道接触 | 1.5 |
| 滚子与滚子接触（向心滚子轴承） | 2 |
| 滚子与平面接触 | 2.5 |

（2）当量静载荷的计算 向心轴承的径向当量静载荷按下列公式计算

$\alpha = 0°$的角接触向心滚子轴承

$$P_0 = F_r \qquad (6.1-20)$$

角接触向心球轴承和 $\alpha \neq 0°$的向心滚子轴承

$$\begin{cases} P_{0r} = X_0 F_r + Y_0 F_a \\ P_{0r} = F_r \end{cases} \qquad (6.1-21)$$

取上两式计算的较大值。

式中 $F_r$——径向载荷；

$F_a$——轴向载荷；

$X_0$——静径向载荷系数；

$Y_0$——静轴向载荷系数。

各类轴承 $X_0$、$Y_0$ 的数值，见表6.1-39。

**表 6.1-39 向心轴承的系数 $X_0$、$Y_0$**

| 轴承类型 | | 单列轴承 | | 双列轴承 | |
|---|---|---|---|---|---|
| | | $X_0$ | $Y_0$[2] | $X_0$ | $Y_0$[2] |
| 深沟球轴承[1] | | 0.6 | 0.5 | 0.6 | 0.5 |
| 角接触向心球轴承 | 角接触球轴承 $\alpha =$ 15° | 0.5 | 0.46 | 1 | 0.92 |
| | 20° | 0.5 | 0.42 | 1 | 0.84 |
| | 25° | 0.5 | 0.38 | 1 | 0.76 |
| | 30° | 0.5 | 0.33 | 1 | 0.66 |
| | 35° | 0.5 | 0.29 | 1 | 0.58 |
| | 40° | 0.5 | 0.26 | 1 | 0.52 |
| | 45° | 0.5 | 0.22 | 1 | 0.44 |
| | 调心球轴承 $\alpha \neq 0°$ | 0.5 | $0.22\cot\alpha$ | 1 | $0.44\cot\alpha$ |
| 角接触向心滚子轴承 | 向心滚子轴承 $\alpha \neq 0°$ | 0.5 | $0.22\cot\alpha$ | 1 | $0.44\cot\alpha$ |

① 许可的 $F_a/C_{0r}$ 最大值与轴承设计（内部游隙和沟道深度）有关。
② 对于中间接触角的 $Y_0$ 值，用线形插入法求取。

推力轴承的轴向当量静载荷按下列公式计算

$\alpha = 90°$的推力轴承

$$P_{0a} = F_a \qquad (6.1-22)$$

$\alpha \neq 90°$的推力轴承

$$P_{0a} = 2.3 F_r \tan\alpha + F_a \qquad (6.1-23)$$

（3）安全系数的选取

1）静止轴承。静止轴承以及缓慢摆动或转速极低的轴承，安全系数 $S_0$ 可参照表 6.1-40 选取。

**表 6.1-40  静止轴承的安全系数 $S_0$**

| 轴承的使用场合 | $S_0$ |
|---|---|
| 飞机变距螺旋桨叶片 | ≥0.5 |
| 水坝闸门装置 | ≥1 |
| 吊桥 | ≥1.5 |
| 附加动载荷较小的大型起重机吊钩 | ≥1 |
| 附加动载荷很大的小型装卸起重机吊钩 | ≥1.6 |

2）旋转轴承。对某些承受载荷变化较大，尤其是在转动中有较大冲击载荷作用的旋转轴承，在按基本额定动载荷选择轴承后，必须再根据基本额定静载荷进行校验。若轴承的转速较低，对运转精度和摩擦力矩要求不高时，可以允许有较大的永久变形，即可取 $S_0 < 1$；反之，则应取 $S_0 > 1$。旋转轴承的安全系数 $S_0$，可参考表 6.1-41 选取。

对于推力调心滚子轴承，无论其旋转与否，均应取 $S_0 \geq 2$。

另外，在按基本额定静载荷选择轴承时，还必须注意与轴承相配合部位的刚度。轴承箱的刚度较低时，可选取较高的安全系数；反之，则应取较低的安全系数。

**表 6.1-41  旋转轴承的安全系数 $S_0$**

| 使用要求或载荷性质 | $S_0$ |
|---|---|
| 对旋转精度及平稳性要求较高，或承受强大的冲击载荷 | 1.2 ~ 2.5 |
| 正常使用 | 0.8 ~ 1.2 |
| 对旋转精度及平稳性要求较低，没有冲击和振动 | 0.5 ~ 0.8 |

对于成对安装在轴上一个支承体运转时，其径向基本额定静载荷为单列轴承的 2 倍。

### 2.2.3 极限转速

滚动轴承的极限转速是指在一定的载荷、润滑条件下轴承允许的最高转速。它与轴承类型、尺寸、载荷的大小与方向、润滑剂的种类与数量、润滑方法、轴承精度、游隙、保持架材料与结构及冷却条件等多种因素有关。轴承性能表中列出的各种型号轴承系在脂润滑和油浴润滑条件下的极限转速 $n_{lim}$，适用于当量动载荷 $P \leq 0.1 C_r$，（$C_r$ 为基本额定动载荷）、润滑

与冷却条件正常，向心轴承仅受径向载荷，推力轴承仅受轴向载荷的普通级精度轴承。

当轴承的 $P > 0.1 C_r$ 时，由于接触面上的接触应力增大，致使轴承温度升高，影响润滑性能。因此须将性能表所列极限转速乘以载荷系数 $f_1$，$f_1$ 可由图 6.1-7 查得。

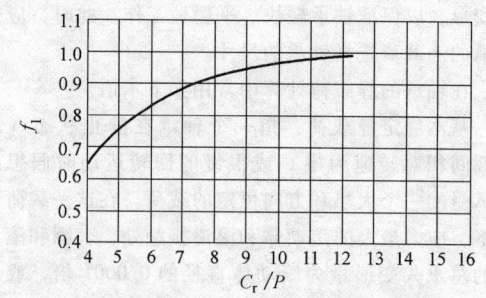

**图6.1-7   载荷系数**

当轴承在径向和轴向载荷联合作用下工作时，由于承受载荷的滚动体数量增加，摩擦与润滑条件恶化。因此需要根据轴承的类型和轴向载荷的大小将极限转速乘以载荷分布系数 $f_2$，$f_2$ 可由图 6.1-8 查得。

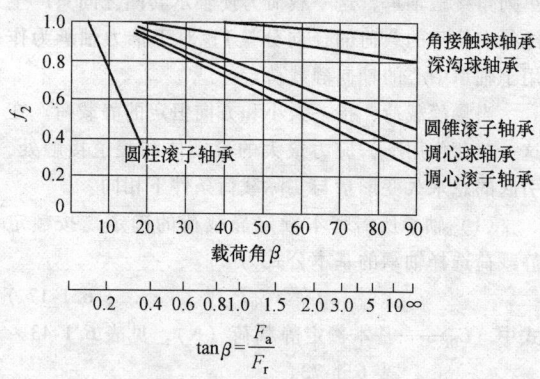

**图6.1-8   载荷分布系数**

这样，实际工作条件下轴承允许的最高转速 $n_{max}$ 为

$$n_{max} \leq f_1 f_2 n_{lim} \qquad (6.1-24)$$

式中  $n_{lim}$——轴承性能表中给出的极限转速（r/min）。

### 2.2.4 推力轴承的最小轴向载荷

推力轴承旋转时，特别是高速旋转时，作用于滚动体上的陀螺力矩，将影响轴承的正常运转，使钢球和滚道之间产生滑动导致发热。在推力和推力向心滚子轴承中，该力矩驱使两套圈相互分离。

为防止该力矩在轴承上所造成的一个轴向载荷，必须确定一个最小值称为最小轴向载荷 $F_{amin}$。

各类推力轴承的 $F_{amin}$ 计算公式见表 6.1-42。

在许多情况下，推力轴承的实际载荷都超过 $F_{amin}$ 的计算值。反之，轴承必须预紧。

**表 6.1-42 各类推力轴承的 $F_{amin}$ 计算公式**

| 轴 承 类 型 | $F_{amin}$ , N | 轴 承 类 型 | $F_{amin}$ , N |
|---|---|---|---|
| 推力球轴承 | $F_{amin} > A\left(\dfrac{n}{1000}\right)^2$ | 推力滚子轴承 | $\dfrac{C_{0r}}{1000} \leqslant F_{amin} > A\left(\dfrac{n}{1000}\right)^2$ |
| 推力角接触球轴承 $\alpha = 45°$ | $F_{amin} > 1.9F_r + A\left(\dfrac{n}{1000}\right)^2$ | 推力向心球面滚子轴承 | $\dfrac{C_{0r}}{1000} \leqslant F_{amin} > 1.8F_r + A\left(\dfrac{n}{1000}\right)^2$ |
| $\alpha = 60°$ | $F_{amin} < 3.3F_r + A\left(\dfrac{n}{1000}\right)^2$ | | |

注：表中，$\alpha$ 为接触角；$A$ 为最小载荷常数，列于轴承性能表中；$n$ 为轴承转速（r/min）。

# 3 常用滚动轴承的主要尺寸和数据

## 3.1 深沟球轴承（表 6.1-43 ~ 表 6.1-46）

**表 6.1-43 深沟球轴承（摘自 GB/T 276—1994）**

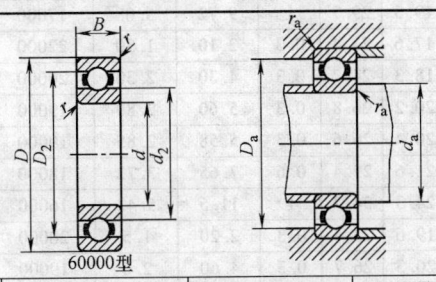

60000型

| 公称尺寸/mm | | | 安装尺寸/mm | | | 其他尺寸/mm | | | 基本额定载荷/kN | | 极限转速/(r/min) | | 质量/kg | 轴承代号 |
|---|---|---|---|---|---|---|---|---|---|---|---|---|---|---|
| $d$ | $D$ | $B$ | $d_a$ min | $D_a$ max | $r_a$ max | $d_2$ ≈ | $D_2$ ≈ | $r$ min | $C_r$ | $C_{0r}$ | 脂 | 油 | $W$ ≈ | 60000 型 |
| 3 | 8 | 3 | 4.2 | 6.8 | 0.15 | 4.5 | 6.5 | 0.15 | 0.45 | 0.15 | 38000 | 48000 | 0.0008 | 619/3 |
| | 10 | 4 | 4.2 | 8.8 | 0.15 | 5.2 | 8.1 | 0.15 | 0.65 | 0.22 | 38000 | 48000 | 0.002 | 623 |
| 4 | 9 | 3.5 | 4.8 | 8.2 | 0.1 | 5.52 | 7.48 | 0.1 | 0.55 | 0.18 | 38000 | 48000 | 0.0008 | 628/4 |
| | 11 | 4 | 5.2 | 9.8 | 0.15 | 5.9 | 9.1 | 0.15 | 0.95 | 0.35 | 36000 | 45000 | 0.002 | 619/4 |
| | 13 | 5 | 5.6 | 11.4 | 0.2 | 6.7 | 10.1 | 0.2 | 1.15 | 0.4 | 36000 | 45000 | 0.0003 | 624 |
| | 16 | 5 | 6.4 | 13.6 | 0.3 | 8.4 | 10.1 | 0.3 | 1.88 | 0.68 | 32000 | 40000 | 0.005 | 634 |
| 5 | 13 | 5 | 6.6 | 11.4 | 0.2 | 7.35 | 10.1 | 0.2 | 1.08 | 0.42 | 34000 | 43000 | 0.0025 | 619/5 |
| | 14 | 5 | 6.6 | 12.4 | 0.2 | 7.35 | 10.1 | 0.2 | 1.05 | 0.5 | 30000 | 38000 | 0.0045 | 605 |
| | 16 | 5 | 7.4 | 13.6 | 0.3 | 8.4 | 12.6 | 0.3 | 1.88 | 0.68 | 32000 | 40000 | 0.004 | 625 |
| | 19 | 6 | 7.4 | 17.0 | 0.3 | 10.7 | 15.3 | 0.3 | 2.80 | 1.02 | 28000 | 36000 | 0.008 | 635 |
| 6 | 13 | 5 | 7.2 | 11.8 | 0.15 | 7.9 | 11.1 | 0.15 | 1.08 | 0.42 | 34000 | 43000 | 0.0021 | 628/6 |
| | 15 | 5 | 7.6 | 13.4 | 0.2 | 8.6 | 12.4 | 0.2 | 1.48 | 0.60 | 32000 | 40000 | 0.0045 | 619/6 |
| | 17 | 6 | 8.4 | 14.6 | 0.3 | 9.0 | ˉ14 | 0.3 | 1.95 | 0.72 | 30000 | 38000 | 0.006 | 606 |
| | 19 | 6 | 8.4 | 17.0 | 0.3 | 10.7 | 15.7 | 0.3 | 2.80 | 1.05 | 28000 | 36000 | 0.008 | 626 |
| 7 | 14 | 5 | 8.2 | 12.8 | 0.15 | 9.0 | 12 | 0.15 | 1.18 | 0.50 | 32000 | 40000 | 0.0024 | 628/7 |
| | 17 | 5 | 9.4 | 15.2 | 0.3 | 9.6 | 14.4 | 0.3 | 2.02 | 0.80 | 30000 | 38000 | 0.0057 | 619/7 |
| | 19 | 6 | 9.4 | 16.6 | 0.3 | 10.7 | 15.3 | 0.3 | 2.88 | 1.08 | 28000 | 36000 | 0.007 | 607 |
| | 22 | 7 | 9.4 | 19.6 | 0.3 | 11.8 | 18.2 | 0.3 | 3.28 | 1.35 | 26000 | 34000 | 0.014 | 627 |
| 8 | 16 | 5 | 9.6 | 14.4 | 0.2 | 10.8 | 14 | 0.2 | 1.32 | 0.65 | 30000 | 38000 | 0.004 | 628/8 |
| | 19 | 6 | 10.4 | 17.2 | 0.3 | 11.0 | 16 | 0.3 | 2.25 | 0.92 | 28000 | 36000 | 0.0085 | 619/8 |
| | 22 | 7 | 10.4 | 19.6 | 0.3 | 11.8 | 18.2 | 0.3 | 3.32 | 1.38 | 26000 | 34000 | 0.015 | 608 |
| | 24 | 8 | 10.4 | 21.6 | 0.3 | 12.8 | 19.2 | 0.3 | 3.35 | 1.40 | 24000 | 32000 | 0.016 | 628 |
| 9 | 17 | 5 | 10.6 | 15.4 | 0.2 | 11.1 | 14.9 | 0.2 | 1.60 | 0.72 | 28000 | 36000 | 0.0042 | 628/9 |
| | 20 | 6 | 11.4 | 18.2 | 0.3 | 12.0 | 17 | 0.3 | 2.48 | 1.08 | 27000 | 34000 | 0.0092 | 619/9 |
| | 24 | 7 | 11.4 | 21.6 | 0.3 | 14.2 | 19.2 | 0.3 | 3.35 | 1.40 | 22000 | 30000 | 0.016 | 609 |
| | 26 | 8 | 11.4 | 23.6 | 0.3 | 14.4 | 21.1 | 0.3 | 4.45 | 1.95 | 22000 | 30000 | 0.019 | 629 |

6-32
第6篇 轴 承

（续）

| 公称尺寸/mm | | | 安装尺寸/mm | | | 其他尺寸/mm | | | 基本额定载荷/kN | | 极限转速/(r/min) | | 质量/kg | 轴承代号 |
|---|---|---|---|---|---|---|---|---|---|---|---|---|---|---|
| $d$ | $D$ | $B$ | $d_a$ min | $D_a$ max | $r_a$ max | $d_2$ ≈ | $D_2$ ≈ | $r$ min | $C_r$ | $C_{0r}$ | 脂 | 油 | $W$ ≈ | 60000 型 |
| 10 | 19 | 5 | 12.0 | 17 | 0.3 | 12.6 | 16.4 | 0.3 | 1.80 | 0.93 | 28000 | 36000 | 0.005 | 61800 |
|  | 22 | 6 | 12.4 | 20 | 0.3 | 13.5 | 18.5 | 0.3 | 2.70 | 1.30 | 25000 | 32000 | 0.008 | 61900 |
|  | 26 | 8 | 12.4 | 23.6 | 0.3 | 14.9 | 21.3 | 0.3 | 4.58 | 1.98 | 22000 | 30000 | 0.019 | 6000 |
|  | 30 | 9 | 15.0 | 26 | 0.6 | 17.4 | 23.8 | 0.6 | 5.10 | 2.38 | 20000 | 26000 | 0.032 | 6200 |
|  | 35 | 11 | 15.0 | 30.0 | 0.6 | 19.4 | 27.6 | 0.6 | 7.65 | 3.48 | 18000 | 24000 | 0.053 | 6300 |
| 12 | 21 | 5 | 14 | 19 | 0.3 | 14.6 | 18.4 | 0.3 | 1.90 | 1.00 | 24000 | 32000 | 0.005 | 61801 |
|  | 24 | 6 | 14.4 | 22 | 0.3 | 15.5 | 20.6 | 0.3 | 2.90 | 1.50 | 22000 | 28000 | 0.008 | 61901 |
|  | 28 | 7 | 14.4 | 25.6 | 0.3 | 16.7 | 23.3 | 0.3 | 5.10 | 2.40 | 20000 | 26000 | 0.015 | 16001 |
|  | 28 | 8 | 14.4 | 25.6 | 0.3 | 17.4 | 23.8 | 0.3 | 5.10 | 2.38 | 20000 | 26000 | 0.022 | 6001 |
|  | 32 | 10 | 17.0 | 28 | 0.6 | 18.3 | 26.1 | 0.6 | 6.82 | 3.05 | 19000 | 24000 | 0.035 | 6201 |
|  | 37 | 12 | 18.0 | 32 | 1 | 19.3 | 29.7 | 1 | 9.72 | 5.08 | 17000 | 22000 | 0.051 | 6301 |
| 15 | 24 | 5 | 17 | 22 | 0.3 | 17.6 | 21.4 | 0.3 | 2.10 | 1.30 | 22000 | 30000 | 0.005 | 61802 |
|  | 28 | 7 | 17.4 | 26 | 0.3 | 18.3 | 24.7 | 0.3 | 4.30 | 2.30 | 20000 | 26000 | 0.012 | 61902 |
|  | 32 | 8 | 17.4 | 29.6 | 0.3 | 20.2 | 26.8 | 0.3 | 5.60 | 2.80 | 19000 | 24000 | 0.023 | 16002 |
|  | 32 | 9 | 17.4 | 29.6 | 0.3 | 20.4 | 26.6 | 0.3 | 5.58 | 2.85 | 19000 | 24000 | 0.031 | 6002 |
|  | 35 | 11 | 20.0 | 32 | 0.6 | 21.6 | 29.4 | 0.6 | 7.65 | 3.72 | 18000 | 22000 | 0.045 | 6202 |
|  | 42 | 13 | 21.0 | 37 | 1 | 24.3 | 34.7 | 1 | 11.5 | 5.42 | 16000 | 20000 | 0.080 | 6302 |
| 17 | 26 | 5 | 19 | 24 | 0.3 | 19.6 | 23.4 | 0.3 | 2.20 | 1.5 | 20000 | 28000 | 0.007 | 61803 |
|  | 30 | 7 | 19.4 | 28 | 0.3 | 20.3 | 26.7 | 0.3 | 4.60 | 2.6 | 19000 | 24000 | 0.014 | 61903 |
|  | 35 | 8 | 19.4 | 32.6 | 0.3 | 22.7 | 29.3 | 0.3 | 6.00 | 3.3 | 18000 | 22000 | 0.028 | 16003 |
|  | 35 | 10 | 19.4 | 32.6 | 0.3 | 22.9 | 29.1 | 0.3 | 6.00 | 3.25 | 17000 | 21000 | 0.040 | 6003 |
|  | 40 | 12 | 22.0 | 36 | 0.6 | 24.6 | 33.4 | 0.6 | 9.58 | 4.78 | 16000 | 20000 | 0.064 | 6203 |
|  | 47 | 14 | 23.0 | 41.0 | 1 | 26.8 | 38.2 | 1 | 13.5 | 6.58 | 15000 | 18000 | 0.109 | 6303 |
|  | 62 | 17 | 24.0 | 55.0 | 1 | 31.9 | 47.1 | 1.1 | 22.7 | 10.8 | 11000 | 15000 | 0.268 | 6403 |
| 20 | 32 | 7 | 22.4 | 30 | 0.3 | 23.5 | 28.6 | 0.3 | 3.50 | 2.20 | 18000 | 24000 | 0.015 | 61804 |
|  | 37 | 9 | 22.4 | 34.6 | 0.3 | 25.2 | 31.8 | 0.3 | 6.40 | 3.70 | 17000 | 22000 | 0.031 | 61904 |
|  | 42 | 8 | 22.4 | 39.6 | 0.3 | 27.1 | 34.9 | 0.3 | 7.90 | 4.50 | 16000 | 19000 | 0.052 | 16004 |
|  | 42 | 12 | 25.0 | 38 | 0.6 | 26.9 | 35.1 | 0.6 | 9.38 | 5.02 | 16000 | 19000 | 0.068 | 6004 |
|  | 47 | 14 | 26.0 | 42 | 1 | 29.3 | 39.7 | 1 | 12.8 | 6.65 | 14000 | 18000 | 0.103 | 6204 |
|  | 52 | 15 | 27.0 | 45.0 | 1 | 29.8 | 42.2 | 1.1 | 15.8 | 7.88 | 13000 | 16000 | 0.142 | 6304 |
|  | 72 | 19 | 27.0 | 65.0 | 1 | 38.0 | 56.1 | 1 | 31.0 | 15.2 | 9500 | 13000 | 0.400 | 6404 |
| 25 | 37 | 7 | 27.4 | 35 | 0.3 | 28.2 | 33.8 | 0.3 | 4.3 | 2.90 | 16000 | 20000 | 0.017 | 61805 |
|  | 42 | 9 | 27.4 | 40 | 0.3 | 30.2 | 36.8 | 0.3 | 7.0 | 4.50 | 14000 | 18000 | 0.038 | 61905 |
|  | 47 | 8 | 27.4 | 44.6 | 0.3 | 33.1 | 40.9 | 0.3 | 8.8 | 5.60 | 13000 | 17000 | 0.059 | 16005 |
|  | 47 | 12 | 30 | 43 | 0.6 | 31.9 | 40.1 | 0.6 | 10.0 | 5.85 | 13000 | 17000 | 0.078 | 6005 |
|  | 52 | 15 | 31 | 47 | 1 | 33.8 | 44.2 | 1 | 14.0 | 7.88 | 12000 | 15000 | 0.127 | 6205 |
|  | 62 | 17 | 32 | 55 | 1 | 36.0 | 51.0 | 1.1 | 22.2 | 11.5 | 10000 | 14000 | 0.219 | 6305 |
|  | 80 | 21 | 34 | 71 | 1.5 | 42.3 | 62.7 | 1.5 | 38.2 | 19.2 | 8500 | 11000 | 0.529 | 6405 |
| 30 | 42 | 7 | 32.4 | 40 | 0.3 | 33.2 | 38.8 | 0.3 | 4.70 | 3.60 | 13000 | 17000 | 0.019 | 61806 |
|  | 47 | 9 | 32.4 | 44.6 | 0.3 | 35.2 | 41.8 | 0.3 | 7.20 | 5.00 | 12000 | 16000 | 0.043 | 61906 |
|  | 55 | 9 | 32.4 | 52.6 | 0.3 | 38.1 | 47.0 | 0.3 | 11.2 | 7.40 | 11000 | 14000 | 0.084 | 16006 |
|  | 55 | 13 | 36 | 50.0 | 1 | 38.4 | 47.7 | 1 | 13.2 | 8.30 | 11000 | 14000 | 0.113 | 6006 |
|  | 62 | 16 | 36 | 56 | 1 | 40.8 | 52.2 | 1 | 19.5 | 11.5 | 9500 | 13000 | 0.200 | 6206 |
|  | 72 | 19 | 37 | 65 | 1 | 44.8 | 59.2 | 1.1 | 27.0 | 15.2 | 9000 | 11000 | 0.349 | 6306 |
|  | 90 | 23 | 39 | 81 | 1.5 | 48.6 | 71.4 | 1.5 | 47.5 | 24.5 | 8000 | 10000 | 0.710 | 6406 |
| 35 | 47 | 7 | 37.4 | 45 | 0.3 | 38.2 | 43.8 | 0.3 | 4.90 | 4.00 | 11000 | 15000 | 0.023 | 61807 |
|  | 55 | 10 | 40 | 51 | 0.6 | 41.1 | 48.9 | 0.6 | 9.50 | 6.80 | 10000 | 13000 | 0.078 | 61907 |
|  | 62 | 9 | 37.4 | 59.6 | 0.3 | 44.6 | 53.5 | 0.3 | 12.2 | 8.80 | 9500 | 12000 | 0.107 | 16007 |

（续）

| 公称尺寸/mm | | | 安装尺寸/mm | | | 其他尺寸/mm | | | 基本额定载荷/kN | | 极限转速/(r/min) | | 质量/kg | 轴承代号 |
|---|---|---|---|---|---|---|---|---|---|---|---|---|---|---|
| $d$ | $D$ | $B$ | $d_a$ min | $D_a$ max | $r_a$ max | $d_2$ ≈ | $D_2$ ≈ | $r$ min | $C_r$ | $C_{0r}$ | 脂 | 油 | $W$ ≈ | 60000型 |
| 35 | 62 | 14 | 41 | 56 | 1 | 43.3 | 53.7 | 1 | 16.2 | 10.5 | 9500 | 12000 | 0.148 | 6007 |
| | 72 | 17 | 42 | 65 | 1 | 46.8 | 60.2 | 1.1 | 25.5 | 15.2 | 8500 | 11000 | 0.288 | 6207 |
| | 80 | 21 | 44 | 71 | 1.5 | 50.4 | 66.6 | 1.5 | 33.4 | 19.2 | 8000 | 9500 | 0.455 | 6307 |
| | 100 | 25 | 44 | 91 | 1.5 | 54.9 | 80.1 | 1.5 | 56.8 | 29.5 | 6700 | 8500 | 0.926 | 6407 |
| 40 | 52 | 7 | 42.4 | 50 | 0.3 | 43.2 | 48.8 | 0.3 | 5.10 | 4.40 | 10000 | 13000 | 0.026 | 61808 |
| | 62 | 12 | 45 | 58 | 0.6 | 46.3 | 55.7 | 0.6 | 13.7 | 9.90 | 9500 | 12000 | 0.103 | 61908 |
| | 68 | 9 | 42.4 | 65.6 | 0.3 | 49.6 | 58.5 | 0.3 | 12.6 | 9.60 | 9000 | 11000 | 0.125 | 16008 |
| | 68 | 15 | 46 | 62 | 1 | 48.8 | 59.2 | 1 | 17.0 | 11.8 | 9000 | 11000 | 0.185 | 6008 |
| | 80 | 18 | 47 | 73 | 1 | 52.8 | 67.2 | 1.1 | 29.5 | 18.0 | 8000 | 10000 | 0.368 | 6208 |
| | 90 | 23 | 49 | 81 | 1.5 | 56.5 | 74.6 | 1.5 | 40.8 | 24.0 | 7000 | 8500 | 0.639 | 6308 |
| | 110 | 27 | 50 | 100 | 2 | 63.9 | 89.1 | 2 | 65.5 | 37.5 | 6300 | 8000 | 1.221 | 6408 |
| 45 | 58 | 7 | 47.4 | 56 | 0.3 | 48.3 | 54.7 | 0.3 | 6.40 | 5.60 | 9000 | 12000 | 0.030 | 61809 |
| | 68 | 12 | 50 | 63 | 0.6 | 51.8 | 61.2 | 0.6 | 14.1 | 10.90 | 8500 | 11000 | 0.123 | 61909 |
| | 75 | 10 | 50 | 70 | 0.6 | 55.0 | 65.0 | 0.6 | 15.6 | 12.2 | 8000 | 10000 | 0.155 | 16009 |
| | 75 | 16 | 51 | 69 | 1 | 54.2 | 65.9 | 1 | 21.0 | 14.8 | 8000 | 10000 | 0.230 | 6009 |
| | 85 | 19 | 52 | 78 | 1 | 58.8 | 73.2 | 1.1 | 31.5 | 20.5 | 7000 | 9000 | 0.416 | 6209 |
| | 100 | 25 | 54 | 91 | 1.5 | 63.0 | 84.0 | 1.5 | 52.8 | 31.8 | 6300 | 7500 | 0.837 | 6309 |
| | 120 | 29 | 55 | 110 | 2 | 70.7 | 98.3 | 2 | 77.5 | 45.5 | 5600 | 7000 | 1.520 | 6409 |
| 50 | 65 | 7 | 52.4 | 62.6 | 0.3 | 54.3 | 60.7 | 0.3 | 6.6 | 6.1 | 8500 | 10000 | 0.043 | 61810 |
| | 72 | 12 | 55 | 68 | 0.6 | 56.3 | 65.7 | 0.6 | 14.5 | 11.7 | 8000 | 9500 | 0.122 | 61910 |
| | 80 | 10 | 55 | 75 | 0.6 | 60.0 | 70.0 | 0.6 | 16.1 | 13.1 | 8000 | 9500 | 0.166 | 16010 |
| | 80 | 16 | 56 | 74 | 1 | 59.2 | 70.9 | 1 | 22.0 | 16.2 | 7000 | 9000 | 0.250 | 6010 |
| | 90 | 20 | 57 | 83 | 1 | 62.4 | 77.6 | 1.1 | 35.0 | 23.2 | 6700 | 8500 | 0.463 | 6210 |
| | 110 | 27 | 60 | 100 | 2 | 69.1 | 91.9 | 2 | 61.8 | 38.0 | 6000 | 7000 | 1.082 | 6310 |
| | 130 | 31 | 62 | 118 | 2.1 | 77.3 | 107.8 | 2.1 | 92.2 | 55.2 | 5300 | 6300 | 1.855 | 6410 |
| 55 | 72 | 9 | 57.4 | 69.6 | 0.3 | 60.2 | 66.9 | 0.3 | 9.1 | 8.4 | 8000 | 9500 | 0.070 | 61811 |
| | 80 | 13 | 61 | 75 | 1 | 62.9 | 72.2 | 1 | 15.9 | 13.2 | 7500 | 9000 | 0.170 | 61911 |
| | 90 | 11 | 60 | 85 | 0.6 | 67.3 | 77.7 | 0.6 | 19.4 | 16.2 | 7000 | 8500 | 0.207 | 16011 |
| | 90 | 18 | 62 | 83 | 1 | 65.4 | 79.7 | 1.1 | 30.2 | 21.8 | 7000 | 8500 | 0.362 | 6011 |
| | 100 | 21 | 64 | 91 | 1.5 | 68.9 | 86.1 | 1.5 | 43.2 | 29.2 | 6000 | 7500 | 0.603 | 6211 |
| | 120 | 29 | 65 | 110 | 2 | 76.1 | 100.9 | 2 | 71.5 | 44.8 | 5600 | 6700 | 1.367 | 6311 |
| | 140 | 33 | 67 | 128 | 2.1 | 82.8 | 115.2 | 2.1 | 100 | 62.5 | 4800 | 6000 | 2.316 | 6411 |
| 60 | 78 | 10 | 62.4 | 75.6 | 0.3 | 66.2 | 72.9 | 0.3 | 9.1 | 8.7 | 7000 | 8500 | 0.093 | 61812 |
| | 85 | 13 | 66 | 80 | 1 | 67.9 | 77.2 | 1 | 16.4 | 14.2 | 6700 | 8000 | 0.181 | 61912 |
| | 95 | 11 | 65 | 90 | 0.6 | 72.3 | 82.7 | 0.6 | 19.9 | 17.5 | 6300 | 7500 | 0.224 | 16012 |
| | 95 | 18 | 67 | 89 | 1 | 71.4 | 85.7 | 1.1 | 31.5 | 24.2 | 6300 | 7500 | 0.385 | 6012 |
| | 110 | 22 | 69 | 101 | 1.5 | 76.0 | 94.1 | 1.5 | 47.8 | 32.8 | 5600 | 7000 | 0.789 | 6212 |
| | 130 | 31 | 72 | 118 | 2.1 | 81.7 | 108.4 | 2.1 | 81.8 | 51.8 | 5000 | 6000 | 1.710 | 6312 |
| | 150 | 35 | 72 | 138 | 2.1 | 87.9 | 122.2 | 2.1 | 109 | 70.0 | 4500 | 5600 | 2.811 | 6412 |
| 65 | 85 | 10 | 69 | 81 | 0.6 | 71.1 | 78.9 | 0.6 | 11.9 | 11.5 | 6700 | 8000 | 0.13 | 61813 |
| | 90 | 13 | 71 | 85 | 1 | 72.9 | 82.2 | 1 | 17.4 | 16.0 | 6300 | 7500 | 0.196 | 61913 |
| | 100 | 11 | 70 | 95 | 0.6 | 77.3 | 87.7 | 0.6 | 20.5 | 18.6 | 6000 | 7000 | 0.241 | 16013 |
| | 100 | 18 | 72 | 93 | 1 | 75.3 | 89.7 | 1.1 | 32.0 | 24.8 | 6000 | 7000 | 0.410 | 6013 |
| | 120 | 23 | 74 | 111 | 1.5 | 82.5 | 102.5 | 1.5 | 57.2 | 40.0 | 5000 | 6300 | 0.990 | 6213 |
| | 140 | 33 | 77 | 128 | 2.1 | 88.1 | 116.9 | 2.1 | 93.8 | 60.5 | 4500 | 5300 | 2.100 | 6313 |
| | 160 | 37 | 77 | 148 | 2.1 | 94.5 | 130.6 | 2.1 | 118 | 78.5 | 4300 | 5300 | 3.342 | 6413 |
| 70 | 90 | 10 | 74 | 86 | 0.6 | 76.1 | 83.9 | 0.6 | 12.1 | 11.9 | 6300 | 7500 | 0.138 | 61814 |
| | 100 | 16 | 76 | 95 | 1 | 79.3 | 90.7 | 1 | 23.7 | 21.1 | 6000 | 7000 | 0.336 | 61914 |

（续）

| 公称尺寸/mm | | | 安装尺寸/mm | | | 其他尺寸/mm | | | 基本额定载荷/kN | | 极限转速/(r/min) | | 质量/kg | 轴承代号 |
|---|---|---|---|---|---|---|---|---|---|---|---|---|---|---|
| $d$ | $D$ | $B$ | $d_a$ min | $D_a$ max | $r_a$ max | $d_2$ ≈ | $D_2$ ≈ | $r$ min | $C_r$ | $C_{0r}$ | 脂 | 油 | $W$ ≈ | 60000型 |
| 70 | 110 | 13 | 75 | 105 | 0.6 | 83.8 | 96.2 | 0.6 | 27.9 | 25.0 | 5600 | 6700 | 0.386 | 16014 |
| | 110 | 20 | 77 | 103 | 1 | 82.0 | 98.0 | 1.1 | 38.5 | 30.5 | 5600 | 6700 | 0.575 | 6014 |
| | 125 | 24 | 79 | 116 | 1.5 | 89.0 | 109.0 | 1.5 | 60.8 | 45.0 | 4800 | 6000 | 1.084 | 6214 |
| | 150 | 35 | 82 | 138 | 2.1 | 94.8 | 125.3 | 2.1 | 105 | 68.0 | 4300 | 5000 | 2.550 | 6314 |
| | 180 | 42 | 84 | 166 | 2.5 | 105.6 | 146.4 | 3 | 140 | 99.5 | 3800 | 4500 | 4.896 | 6414 |
| 75 | 95 | 10 | 79 | 91 | 0.6 | 81.1 | 88.9 | 0.6 | 12.5 | 12.8 | 6000 | 7000 | 0.147 | 61815 |
| | 105 | 16 | 81 | 100 | 1 | 84.3 | 95.7 | 1 | 24.3 | 22.5 | 5600 | 6700 | 0.355 | 61915 |
| | 115 | 13 | 80 | 110 | 0.6 | 88.8 | 101.2 | 0.6 | 28.7 | 26.8 | 5300 | 6300 | 0.411 | 16015 |
| | 115 | 20 | 82 | 108 | 1 | 88.0 | 104.0 | 1.1 | 40.2 | 33.2 | 5300 | 6300 | 0.603 | 6015 |
| | 130 | 25 | 84 | 121 | 1.5 | 94.0 | 115.0 | 1.5 | 66.0 | 49.5 | 4500 | 5600 | 1.171 | 6215 |
| | 160 | 37 | 87 | 148 | 2.1 | 101.3 | 133.7 | 2.1 | 113 | 76.8 | 4000 | 4800 | 3.050 | 6315 |
| | 190 | 45 | 89 | 176 | 2.5 | 112.1 | 155.9 | 3 | 154 | 115 | 3600 | 4300 | 5.739 | 6415 |
| 80 | 100 | 10 | 84 | 96 | 0.6 | 86.1 | 93.9 | 0.6 | 12.7 | 13.3 | 5600 | 6700 | 0.155 | 61816 |
| | 110 | 16 | 86 | 105 | 1 | 89.3 | 100.7 | 1 | 24.9 | 23.9 | 5300 | 6300 | 0.375 | 61916 |
| | 125 | 14 | 85 | 120 | 0.6 | 95.8 | 109.2 | 0.6 | 33.1 | 31.4 | 5000 | 6000 | 0.539 | 16016 |
| | 125 | 22 | 87 | 118 | 1 | 95.2 | 112.8 | 1.1 | 47.5 | 39.8 | 5000 | 6000 | 0.821 | 6016 |
| | 140 | 26 | 90 | 130 | 2 | 100.0 | 122.0 | 2 | 71.5 | 54.2 | 4300 | 5300 | 1.448 | 6216 |
| | 170 | 39 | 92 | 158 | 2.1 | 107.9 | 142.2 | 2.1 | 123 | 86.5 | 3800 | 4500 | 3.610 | 6316 |
| | 200 | 48 | 94 | 186 | 2.5 | 117.1 | 162.9 | 3 | 163 | 125 | 3400 | 4000 | 6.752 | 6416 |
| 85 | 110 | 13 | 90 | 105 | 1 | 92.5 | 102.5 | 1 | 19.2 | 19.8 | 5000 | 6300 | 0.245 | 61817 |
| | 120 | 18 | 92 | 113.5 | 1 | 95.8 | 109.2 | 1.1 | 31.9 | 29.7 | 4800 | 6000 | 0.507 | 61917 |
| | 130 | 14 | 90 | 125 | 0.6 | 100.8 | 114.2 | 0.6 | 34 | 33.3 | 4500 | 5600 | 0.568 | 16017 |
| | 130 | 22 | 92 | 123 | 1 | 99.4 | 117.6 | 1.1 | 50.8 | 42.8 | 4500 | 5600 | 0.848 | 6017 |
| | 150 | 28 | 95 | 140 | 2 | 107.1 | 130.9 | 2 | 83.2 | 63.8 | 4000 | 5000 | 1.803 | 6217 |
| | 180 | 41 | 99 | 166 | 2.5 | 114.4 | 150.6 | 3 | 132 | 96.5 | 3600 | 4300 | 4.284 | 6317 |
| | 210 | 52 | 103 | 192 | 3 | 123.5 | 171.5 | 4 | 175 | 138 | 3200 | 3800 | 7.933 | 6417 |
| 90 | 115 | 13 | 95 | 110 | 1 | 97.5 | 107.5 | 1 | 19.5 | 20.5 | 4800 | 6000 | 0.258 | 61818 |
| | 125 | 18 | 97 | 118.5 | 1 | 100.8 | 114.2 | 1.1 | 32.8 | 31.5 | 4500 | 5600 | 0.533 | 61918 |
| | 140 | 16 | 96 | 134 | 1 | 107.3 | 122.8 | 1 | 41.5 | 39.3 | 4300 | 5300 | 0.671 | 16018 |
| | 140 | 24 | 99 | 131 | 1.5 | 107.2 | 126.8 | 1.5 | 58.0 | 49.8 | 4300 | 5300 | 1.10 | 6018 |
| | 160 | 30 | 100 | 150 | 2 | 111.7 | 138.4 | 2 | 95.8 | 71.5 | 3800 | 4800 | 2.17 | 6218 |
| | 190 | 43 | 104 | 176 | 2.5 | 120.8 | 159.2 | 3 | 145 | 108 | 3400 | 4000 | 4.97 | 6318 |
| | 225 | 54 | 108 | 207 | 3 | 131.8 | 183.2 | 4 | 192 | 158 | 2800 | 3600 | 9.56 | 6418 |
| 95 | 120 | 13 | 100 | 115 | 1 | 102.5 | 112.5 | 1 | 19.8 | 21.3 | 4500 | 5600 | 0.27 | 61819 |
| | 130 | 18 | 102 | 124 | 1 | 105.8 | 119.2 | 1.1 | 33.7 | 33.3 | 4300 | 5300 | 0.56 | 61919 |
| | 145 | 16 | 101 | 139 | 1 | 112.3 | 127.8 | 1 | 42.7 | 41.9 | 4000 | 5000 | 0.71 | 16019 |
| | 145 | 24 | 104 | 136 | 1.5 | 110.2 | 129.8 | 1.5 | 57.8 | 50.0 | 4000 | 5000 | 1.15 | 6019 |
| | 170 | 32 | 107 | 158 | 2.1 | 118.1 | 146.9 | 2.1 | 110 | 82.8 | 3600 | 4500 | 2.62 | 6219 |
| | 200 | 45 | 109 | 186 | 2.5 | 127.1 | 167.9 | 3 | 157 | 122 | 3200 | 3800 | 5.74 | 6319 |
| 100 | 125 | 13 | 105 | 120 | 1 | 107.5 | 117.5 | 1 | 20.1 | 22.0 | 4300 | 5300 | 0.28 | 61820 |
| | 140 | 20 | 107 | 133 | 1 | 112.3 | 127.8 | 1.1 | 42.7 | 41.9 | 4000 | 5000 | 0.77 | 61920 |
| | 150 | 16 | 106 | 144 | 1 | 118.3 | 133.8 | 1 | 43.8 | 44.3 | 3800 | 4800 | 0.74 | 16020 |
| | 150 | 24 | 109 | 141 | 1.5 | 114.6 | 135.4 | 1.5 | 64.5 | 56.2 | 3800 | 4800 | 1.18 | 6020 |
| | 180 | 34 | 112 | 168 | 2.1 | 124.8 | 155.3 | 2.1 | 122 | 92.8 | 3400 | 4300 | 3.19 | 6220 |
| | 215 | 47 | 114 | 201 | 2.5 | 135.6 | 179.4 | 3 | 173 | 140 | 2800 | 3600 | 7.09 | 6320 |
| | 250 | 58 | 118 | 232 | 3 | 146.4 | 203.6 | 4 | 223 | 195 | 2400 | 3200 | 12.9 | 6420 |
| 105 | 130 | 13 | 110 | 125 | 1 | 112.5 | 122.5 | 1 | 20.3 | 22.7 | 4000 | 5000 | 0.30 | 61821 |
| | 145 | 20 | 112 | 138 | 1 | 117.3 | 132.8 | 1.1 | 43.9 | 44.3 | 3800 | 4800 | 0.81 | 61921 |

（续）

| 公称尺寸/mm | | | 安装尺寸/mm | | | 其他尺寸/mm | | | 基本额定载荷/kN | | 极限转速/(r/min) | | 质量/kg | 轴承代号 |
|---|---|---|---|---|---|---|---|---|---|---|---|---|---|---|
| $d$ | $D$ | $B$ | $d_a$ min | $D_a$ max | $r_a$ max | $d_2$ ≈ | $D_2$ ≈ | $r$ min | $C_r$ | $C_{0r}$ | 脂 | 油 | $W$ ≈ | 60000 型 |
| 105 | 160 | 18 | 111 | 154 | 1 | 123.7 | 141.3 | 1 | 51.8 | 50.6 | 3600 | 4500 | 1.00 | 16021 |
| | 160 | 26 | 115 | 150 | 2 | 121.5 | 143.6 | 2 | 71.8 | 63.2 | 3600 | 4500 | 1.52 | 6021 |
| | 190 | 36 | 117 | 178 | 2.1 | 131.3 | 163.7 | 2.1 | 133 | 105 | 3200 | 4000 | 3.78 | 6221 |
| | 225 | 49 | 119 | 211 | 2.5 | 142.1 | 187.9 | 3 | 184 | 153 | 2600 | 3200 | 8.05 | 6321 |
| 110 | 140 | 16 | 115 | 135 | 1 | 119.3 | 130.7 | 1 | 28.1 | 30.7 | 3800 | 5000 | 0.50 | 61822 |
| | 150 | 20 | 117 | 143 | 1.1 | 122.3 | 137.8 | 1.1 | 43.6 | 44.4 | 3600 | 4500 | 0.84 | 61922 |
| | 170 | 19 | 116 | 164 | 1 | 130.7 | 149.3 | 1 | 57.4 | 56.7 | 3400 | 4300 | 1.27 | 16022 |
| | 170 | 28 | 120 | 160 | 2 | 129.1 | 152.9 | 2 | 81.8 | 72.8 | 3400 | 4300 | 1.89 | 6022 |
| | 200 | 38 | 122 | 188 | 2.1 | 138.9 | 173.2 | 2.1 | 144 | 117 | 3000 | 3800 | 4.42 | 6222 |
| | 240 | 50 | 124 | 226 | 2.5 | 150.2 | 199.8 | 3 | 205 | 178 | 2400 | 3000 | 9.53 | 6322 |
| | 280 | 65 | 128 | 262 | 3 | 163.6 | 226.5 | 4 | 225 | 238 | 2000 | 2800 | 18.34 | 6422 |
| 120 | 150 | 16 | 125 | 145 | 1 | 129.3 | 140.7 | 1 | 28.9 | 32.9 | 3400 | 4300 | 0.54 | 61824 |
| | 165 | 22 | 127 | 158 | 1 | 133.7 | 151.3 | 1.1 | 55.0 | 56.9 | 3200 | 4000 | 1.13 | 61924 |
| | 180 | 19 | 126 | 174 | 1 | 140.7 | 159.3 | 1 | 58.8 | 60.4 | 3000 | 3800 | 1.374 | 16024 |
| | 180 | 28 | 130 | 170 | 2 | 137.7 | 162.4 | 2 | 87.5 | 79.2 | 3000 | 3800 | 1.99 | 6024 |
| | 215 | 40 | 132 | 203 | 2.1 | 149.4 | 185.6 | 2.1 | 155 | 131 | 2600 | 3400 | 5.30 | 6224 |
| | 260 | 55 | 134 | 246 | 2.5 | 163.3 | 216.7 | 3 | 228 | 208 | 2200 | 2800 | 12.2 | 6324 |
| 130 | 165 | 18 | 137 | 158 | 1 | 140.8 | 154.2 | 1.1 | 37.9 | 42.9 | 3200 | 4000 | 0.736 | 61826 |
| | 180 | 24 | 139 | 171 | 1.5 | 145.2 | 164.8 | 1.5 | 65.1 | 67.2 | 3000 | 3800 | 1.496 | 61926 |
| | 200 | 22 | 137 | 193 | 1 | 153.6 | 176.4 | 1.1 | 79.7 | 79.2 | 2800 | 3600 | 1.868 | 16026 |
| | 200 | 33 | 140 | 190 | 2 | 151.4 | 178.7 | 2 | 105 | 96.8 | 2800 | 3600 | 3.08 | 6026 |
| | 230 | 40 | 144 | 216 | 2.5 | 162.9 | 199.1 | 3 | 165 | 148.0 | 2400 | 3200 | 6.12 | 6226 |
| | 280 | 58 | 148 | 262 | 3 | 176.2 | 233.8 | 4 | 253 | 242 | 2000 | 2600 | 14.77 | 6326 |
| 140 | 175 | 18 | 147 | 168 | 1 | 150.8 | 164.2 | 1.1 | 38.2 | 44.3 | 3000 | 3800 | 0.784 | 61828 |
| | 190 | 24 | 149 | 181 | 1.5 | 155.2 | 174.8 | 1.5 | 66.6 | 71.2 | 2800 | 3600 | 1.589 | 61928 |
| | 210 | 22 | 147 | 203 | 1 | 163.6 | 186.4 | 1.1 | 82.1 | 85 | 2400 | 3200 | 2.00 | 16028 |
| | 210 | 33 | 150 | 200 | 2 | 160.6 | 189.5 | 2 | 116 | 108 | 2400 | 3200 | 3.17 | 6028 |
| | 250 | 42 | 154 | 236 | 2.5 | 175.8 | 214.2 | 3 | 179 | 167 | 2000 | 2800 | 7.77 | 6228 |
| | 300 | 62 | 158 | 282 | 3 | 189.5 | 250.5 | 4 | 275 | 272 | 1900 | 2400 | 18.33 | 6328 |
| 150 | 190 | 20 | 157 | 183 | 1 | 162.3 | 177.8 | 1.1 | 49.1 | 57.1 | 2800 | 3400 | 1.114 | 61830 |
| | 210 | 28 | 160 | 180 | 2 | 168.6 | 191.4 | 2 | 84.7 | 90.2 | 2600 | 3200 | 2.454 | 61930 |
| | 225 | 24 | 157 | 218 | 1 | 175.6 | 199.4 | 1.1 | 91.9 | 98.5 | 2200 | 3000 | 2.638 | 16030 |
| | 225 | 35 | 162 | 213 | 2.1 | 172.0 | 203.0 | 2.1 | 132 | 125 | 2200 | 3000 | 3.903 | 6030 |
| | 270 | 45 | 164 | 256 | 2.5 | 189.0 | 231.0 | 3 | 203 | 199 | 1900 | 2600 | 9.78 | 6230 |
| | 320 | 65 | 168 | 302 | 3 | 203.6 | 266.5 | 4 | 288 | 295 | 1700 | 2200 | 21.87 | 6330 |
| 160 | 200 | 20 | 167 | 193 | 1 | 172.3 | 187.8 | 1.1 | 49.6 | 59.1 | 2600 | 3200 | 1.176 | 61832 |
| | 220 | 28 | 170 | 190 | 2 | 178.6 | 201.4 | 2 | 86.9 | 95.5 | 2400 | 3000 | 2.589 | 61932 |
| | 240 | 25 | 169 | 231 | 1.5 | 187.6 | 212.4 | 1.5 | 98.7 | 107 | 2000 | 2800 | 2.835 | 16032 |
| | 240 | 38 | 172 | 228 | 2.1 | 183.8 | 216.3 | 2.1 | 145 | 138 | 2000 | 2800 | 4.83 | 6032 |
| | 290 | 48 | 174 | 276 | 2.5 | 203.1 | 246.9 | 3 | 215 | 218 | 1800 | 2400 | 12.22 | 6232 |
| | 340 | 68 | 178 | 322 | 3 | 221.6 | 284.5 | 4 | 313 | 340 | 1600 | 2000 | 26.43 | 6332 |
| 170 | 215 | 22 | 177 | 208 | 1 | 183.7 | 201.3 | 1.1 | 61.5 | 73.3 | 2200 | 3000 | 1.545 | 61834 |
| | 230 | 28 | 180 | 220 | 2 | 188.6 | 211.4 | 2 | 88.8 | 100 | 2000 | 2800 | 2.725 | 61934 |
| | 260 | 28 | 179 | 251 | 1.5 | 201.4 | 228.7 | 1.5 | 118 | 130 | 1900 | 2600 | 4.157 | 16034 |
| | 260 | 42 | 182 | 248 | 2.1 | 196.8 | 233.2 | 2.1 | 170 | 170 | 1900 | 2600 | 6.50 | 6034 |
| | 310 | 52 | 188 | 292 | 3 | 216.0 | 264.0 | 4 | 245 | 260 | 1700 | 2200 | 15.241 | 6234 |
| | 360 | 72 | 188 | 342 | 3 | 237.0 | 303.0 | 4 | 335 | 378 | 1500 | 1900 | 31.14 | 6334 |

（续）

| 公称尺寸/mm | | | 安装尺寸/mm | | | 其他尺寸/mm | | | 基本额定载荷/kN | | 极限转速/(r/min) | | 质量/kg | 轴承代号 |
|---|---|---|---|---|---|---|---|---|---|---|---|---|---|---|
| $d$ | $D$ | $B$ | $d_a$ min | $D_a$ max | $r_a$ max | $d_2$ $\approx$ | $D_2$ $\approx$ | $r$ min | $C_r$ | $C_{0r}$ | 脂 | 油 | $W$ $\approx$ | 60000 型 |
| | 225 | 22 | 187 | 218 | 1 | 193.7 | 211.3 | 1.1 | 62.3 | 75.9 | 2000 | 2800 | 1.621 | 61836 |
| | 250 | 33 | 190 | 240 | 2 | 201.6 | 228.5 | 2 | 118 | 133 | 1900 | 2600 | 4.062 | 61936 |
| 180 | 280 | 31 | 190 | 270 | 2 | 214.5 | 245.5 | 2 | 144 | 157 | 1800 | 2400 | 5.135 | 16036 |
| | 280 | 46 | 192 | 268 | 2.1 | 212.4 | 251.6 | 2.1 | 188 | 198 | 1800 | 2400 | 8.51 | 6036 |
| | 320 | 52 | 198 | 302 | 3 | 227.5 | 277.9 | 4 | 262 | 285 | 1600 | 2000 | 15.518 | 6236 |
| | 240 | 24 | 199 | 231 | 1.5 | 205.2 | 224.9 | 1.5 | 75.1 | 91.6 | 1900 | 2600 | 2.1 | 61838 |
| | 260 | 33 | 200 | 250 | 2 | 211.6 | 238.5 | 2 | 117 | 133 | 1800 | 2400 | 4.216 | 61938 |
| 190 | 290 | 31 | 200 | 280 | 2 | 224.5 | 255.5 | 2 | 149 | 168 | 1700 | 2200 | 5.429 | 16038 |
| | 290 | 46 | 202 | 278 | 2.1 | 220.4 | 259.7 | 2.1 | 188 | 200 | 1700 | 2200 | 8.865 | 6038 |
| | 340 | 55 | 208 | 322 | 3 | 241.2 | 294.6 | 4 | 285 | 322 | 1500 | 1900 | 18.691 | 6238 |
| | 250 | 24 | 209 | 241 | 1.5 | 215.2 | 234.9 | 1.5 | 74.2 | 91.2 | 1800 | 2400 | 2.178 | 61840 |
| | 280 | 38 | 212 | 268 | 2.1 | 224.5 | 255.5 | 2.1 | 149 | 168 | 1700 | 2200 | 5.879 | 61940 |
| 200 | 310 | 34 | 210 | 300 | 2 | 238.5 | 271.6 | 2 | 167 | 191 | 1800 | 2000 | 6.624 | 16040 |
| | 310 | 51 | 212 | 298 | 2.1 | 234.2 | 275.8 | 2.1 | 205 | 225 | 1600 | 2000 | 11.64 | 6040 |
| | 360 | 58 | 218 | 342 | 3 | 253.0 | 307.0 | 4 | 288 | 332 | 1400 | 1800 | 22.577 | 6240 |
| | 270 | 24 | 229 | 261 | 1.5 | 235.2 | 254.9 | 1.5 | 76.4 | 97.8 | 1700 | 2200 | 2.369 | 61844 |
| | 300 | 38 | 232 | 288 | 2.1 | 244.5 | 275.5 | 2.1 | 152 | 178 | 1600 | 2000 | 6.340 | 61944 |
| 220 | 340 | 37 | 232 | 328 | 2.1 | 262.5 | 297.6 | 2.1 | 181 | 216 | 1400 | 1800 | 9.285 | 16044 |
| | 340 | 56 | 234 | 326 | 2.5 | 257.0 | 304.0 | 3 | 252 | 268 | 1400 | 1800 | 18.0 | 6044 |
| | 400 | 65 | 238 | 382 | 3 | 282.0 | 336.0 | 4 | 355 | 365 | 1200 | 1600 | 36.5 | 6244 |
| | 300 | 28 | 250 | 290 | 2 | 259.0 | 282 | 2 | 83.5 | 108 | 1500 | 1900 | 4.50 | 61848 |
| | 320 | 38 | 252 | 308 | 2.1 | 266.0 | 294.0 | 2.1 | 142 | 178 | 1400 | 1800 | 8.2 | 61948 |
| 240 | 360 | 37 | 252 | 348 | 2.1 | 281.0 | 319 | 2.1 | 172 | 210 | 1200 | 1600 | 14.5 | 16048 |
| | 360 | 56 | 254 | 346 | 2.5 | 277.0 | 324 | 3 | 270 | 292 | 1200 | 1600 | 20.0 | 6048 |
| | 440 | 72 | 258 | 422 | 3 | 308.0 | 373 | 4 | 358 | 467 | 1000 | 1400 | 53.9 | 6248 |
| | 320 | 28 | 270 | 310 | 2 | 279.0 | 302.0 | 2 | 95 | 128 | 1300 | 1700 | 4.85 | 61852 |
| | 360 | 46 | 272 | 348 | 2.1 | 292.0 | 328.0 | 2.1 | 210 | 268 | 1200 | 1600 | 13.70 | 61952 |
| 260 | 400 | 44 | 274 | 386 | 2.5 | 306.0 | 354.0 | 3 | 235 | 310 | 1100 | 1500 | 22.5 | 16052 |
| | 400 | 65 | 278 | 382 | 3 | 304.0 | 357.0 | 4 | 292 | 372 | 1100 | 1500 | 28.80 | 6052 |
| | 350 | 33 | 290 | 340 | 2 | 302.0 | 329.0 | 2 | 135 | 178 | 1200 | 1600 | 7.4 | 61856 |
| 280 | 380 | 46 | 292 | 368 | 2.1 | 312.0 | 349.0 | 2.1 | 210 | 268 | 1100 | 1400 | 15.0 | 61956 |
| | 420 | 65 | 298 | 402 | 3 | 324.0 | 376.0 | 4 | 305 | 408 | 950 | 1300 | 32.10 | 6056 |
| 300 | 380 | 38 | 312 | 368 | 2.1 | 326.0 | 356.0 | 2.1 | 162 | 222 | 1100 | 1400 | 11.0 | 61860 |
| | 420 | 56 | 314 | 406 | 2.5 | 338.0 | 382.0 | 3 | 270 | 370 | 1000 | 1300 | 21.10 | 61960 |
| | 400 | 38 | 332 | 388 | 2.1 | 346.0 | 375.0 | 2.1 | 168 | 235 | 1000 | 1300 | 11.80 | 61864 |
| 320 | 440 | 56 | 334 | 426 | 2.5 | 358.0 | 402.0 | 3 | 275 | 392 | 950 | 1200 | 23.0 | 61964 |
| | 480 | 74 | 338 | 462 | 3 | 370.0 | 431.0 | 4 | 345 | 510 | 900 | 1100 | 48.4 | 6064 |
| 340 | 460 | 56 | 354 | 446 | 2.5 | 378.0 | 422.0 | 3 | 292 | 418 | 900 | 1100 | 27.0 | 61968 |
| 360 | 540 | 82 | 382 | 518 | 4 | 416.0 | 485.0 | 5 | 400 | 622 | 750 | 950 | 68.0 | 6072 |
| 380 | 480 | 46 | 392 | 468 | 2.1 | 412.0 | 449.0 | 2.1 | 235 | 348 | 800 | 1000 | 20.5 | 61876 |
| 400 | 60 | 90 | 422 | 478 | 4 | 462.0 | 536.0 | 5 | 512 | 868 | 630 | 800 | 89.4 | 6080 |
| 460 | 580 | 56 | 474 | 566 | 2.5 | 498.0 | 542.0 | 3 | 322 | 538 | 600 | 750 | 36.28 | 61892 |
| 500 | 670 | 78 | 522 | 648 | 4 | 555.0 | 615.0 | 5 | 445 | 808 | 500 | 630 | 79.50 | 619/500 |
| | 720 | 100 | 528 | 692 | 5 | 568.0 | 650.0 | 6 | 625 | 1178 | 450 | 560 | 117.00 | 60/500 |

表 6.1-44 带防尘盖的深沟球轴承（摘自 GB/T 276—1994）

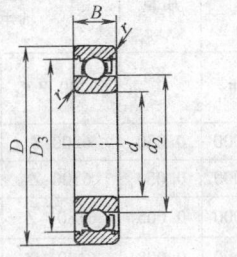
60000-Z型

60000-2Z型

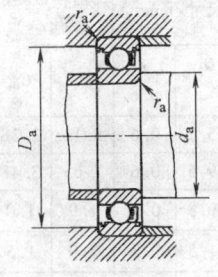

代号含义
Z——一面带防尘盖
2Z——两面带防尘盖

| 公称尺寸/mm | | | 安装尺寸/mm | | | 其他尺寸/mm | | | 基本额定载荷/kN | | 极限转速/(r/min) | | 质量/kg | 轴承代号 | |
|---|---|---|---|---|---|---|---|---|---|---|---|---|---|---|---|
| $d$ | $D$ | $B$ | $d_a$ min | $D_a$ max | $r_a$ max | $d_2$ ≈ | $D_3$ ≈ | $r$ min | $C_r$ | $C_{0r}$ | 脂 | 油 | $W$ ≈ | 60000-Z 型 | 60000-2Z 型 |
| 3 | 8 | 3 | 4.2 | 6.8 | 0.15 | 4.5 | 6.8 | 0.15 | 0.45 | 0.15 | 38000 | 48000 | 0.0008 | 619/3-Z | 619/3-2Z |
| | 10 | 4 | 4.2 | 8.8 | 0.15 | 5.2 | 8.3 | 0.15 | 0.65 | 0.22 | 38000 | 48000 | 0.002 | 623-Z | 623-2Z |
| 4 | 9 | 3.5 | 4.8 | 8.2 | 0.1 | 5.52 | 7.8 | 0.1 | 0.55 | 0.18 | 38000 | 48000 | 0.0008 | 628/4-Z | 628/4-2Z |
| | 11 | 4 | 5.2 | 9.8 | 0.15 | 5.9 | 9.6 | 0.15 | 0.95 | 0.35 | 36000 | 45000 | 0.002 | 619/4-Z | 619/4-2Z |
| | 13 | 5 | 5.6 | 11.4 | 0.2 | 6.7 | 10.8 | 0.2 | 1.15 | 0.4 | 36000 | 45000 | 0.0003 | 624-Z | 624-2Z |
| | 16 | 5 | 6.4 | 13.6 | 0.3 | 8.4 | 13.3 | 0.3 | 1.88 | 0.68 | 32000 | 40000 | 0.005 | 634-Z | 634-2Z |
| 5 | 13 | 4 | 6.6 | 11.4 | 0.2 | 7.35 | 10.7 | 0.2 | 1.08 | 0.42 | 34000 | 43000 | 0.0025 | 619/5-Z | 619/5-2Z |
| | 14 | 5 | 6.6 | 12.4 | 0.2 | 7.35 | 11.1 | 0.2 | 1.05 | 0.5 | 30000 | 38000 | 0.0045 | 605-Z | 605-2Z |
| | 16 | 5 | 7.4 | 13.6 | 0.3 | 8.4 | 13.3 | 0.3 | 1.88 | 0.68 | 32000 | 40000 | 0.004 | 625-Z | 625-2Z |
| | 19 | 6 | 7.4 | 17.0 | 0.3 | 10.7 | 16.8 | 0.3 | 2.80 | 1.02 | 28000 | 36000 | 0.008 | 635-Z | 635-2Z |
| 6 | 13 | 5 | 7.2 | 11.8 | 0.15 | 7.9 | 11.8 | 0.15 | 1.08 | 0.42 | 34000 | 43000 | 0.0021 | 628/6-Z | 628/6-2Z |
| | 15 | 5 | 7.6 | 13.4 | 0.2 | 8.6 | 13 | 0.2 | 1.48 | 0.60 | 32000 | 40000 | 0.0045 | 619/6-Z | 619/6-2Z |
| | 17 | 6 | 8.4 | 14.6 | 0.3 | 9.0 | 14.7 | 0.3 | 1.95 | 0.72 | 30000 | 38000 | 0.006 | 606-Z | 606-2Z |
| | 19 | 6 | 8.4 | 17.0 | 0.3 | 10.7 | 16.8 | 0.3 | 2.80 | 1.05 | 28000 | 36000 | 0.008 | 626-Z | 626-2Z |
| 7 | 14 | 5 | 8.2 | 12.8 | 0.15 | 9.0 | 12.5 | 0.15 | 1.18 | 0.50 | 32000 | 40000 | 0.0024 | 628/7-Z | 628/7-2Z |
| | 17 | 5 | 9.4 | 15.2 | 0.3 | 9.6 | 15.1 | 0.3 | 2.02 | 0.80 | 30000 | 38000 | 0.0057 | 619/7-Z | 619/7-2Z |
| | 19 | 6 | 9.4 | 16.6 | 0.3 | 10.7 | 16.5 | 0.3 | 2.88 | 1.08 | 28000 | 36000 | 0.007 | 607-Z | 607-2Z |
| | 22 | 7 | 9.4 | 19.6 | 0.3 | 11.8 | 19.3 | 0.3 | 3.28 | 1.35 | 26000 | 34000 | 0.014 | 627-Z | 627-2Z |
| 8 | 16 | 5 | 9.6 | 14.4 | 0.2 | 10.8 | 14.5 | 0.2 | 1.32 | 0.65 | 30000 | 38000 | 0.004 | 628/8-Z | 628/8-2Z |
| | 19 | 6 | 10.4 | 17.2 | 0.3 | 11.0 | 17.1 | 0.3 | 2.25 | 0.92 | 28000 | 36000 | 0.0085 | 619/8-Z | 619/8-2Z |
| | 22 | 7 | 10.4 | 19.6 | 0.3 | 11.8 | 19.3 | 0.3 | 3.32 | 1.38 | 26000 | 34000 | 0.015 | 608-Z | 608-2Z |
| | 24 | 8 | 10.4 | 21.6 | 0.3 | 12.8 | 20.3 | 0.3 | 3.35 | 1.40 | 24000 | 32000 | 0.016 | 628-Z | 628-2Z |
| 9 | 17 | 5 | 10.6 | 15.4 | 0.2 | 11.1 | 15.4 | 0.2 | 1.60 | 0.72 | 28000 | 36000 | 0.0042 | 628/9-Z | 628/9-2Z |
| | 20 | 6 | 11.4 | 18.2 | 0.3 | 12.0 | 18.1 | 0.3 | 2.48 | 1.08 | 27000 | 34000 | 0.0092 | 619/9-Z | 619/9-2Z |
| | 24 | 7 | 11.4 | 21.6 | 0.3 | 14.2 | 20.3 | 0.3 | 3.35 | 1.40 | 22000 | 30000 | 0.016 | 609-Z | 609-2Z |
| | 26 | 8 | 11.4 | 23.6 | 0.3 | 14.4 | 22.2 | 0.3 | 4.45 | 1.95 | 22000 | 30000 | 0.019 | 629-Z | 629-2Z |
| 10 | 19 | 5 | 12.0 | 17 | 0.3 | 12.6 | 17.3 | 0.3 | 1.8 | 0.93 | 28000 | 36000 | 0.005 | 61800-Z | 61800-2Z |
| | 19 | 6 | 12.0 | 17 | 0.3 | 12.6 | 16.4 | 0.3 | 1.6 | 0.75 | 26000 | 34000 | 0.0063 | 62800-Z | 62800-2Z |
| | 22 | 6 | 12.4 | 20 | 0.3 | 13.5 | 19.4 | 0.3 | 2.7 | 1.3 | 25000 | 32000 | 0.008 | 61900-Z | 61900-2Z |
| | 22 | 8 | 12.4 | 20 | 0.3 | 13.5 | 18.5 | 0.3 | 2.7 | 1.28 | 25000 | 32000 | 0.015 | 62900-Z | 62900-2Z |
| | 26 | 8 | 12.4 | 23.6 | 0.3 | 14.9 | 22.6 | 0.3 | 4.58 | 1.98 | 22000 | 30000 | 0.020 | 6000-Z | 6000-2Z |

（续）

| 公称尺寸/mm | | | 安装尺寸/mm | | | 其他尺寸/mm | | | 基本额定载荷/kN | | 极限转速/(r/min) | | 质量/kg | 轴承代号 | |
|---|---|---|---|---|---|---|---|---|---|---|---|---|---|---|---|
| $d$ | $D$ | $B$ | $d_a$ min | $D_a$ max | $r_a$ max | $d_2$ ≈ | $D_3$ ≈ | $r$ min | $C_r$ | $C_{0r}$ | 脂 | 油 | $W$ ≈ | 60000-Z 型 | 60000-2Z 型 |
| 10 | 30 | 9 | 15 | 26 | 0.6 | 17.4 | 25.2 | 0.6 | 5.10 | 2.38 | 20000 | 26000 | 0.030 | 6200-Z | 6200-2Z |
| | 35 | 11 | 15 | 30 | 0.6 | 19.4 | 29.5 | 0.6 | 7.65 | 3.48 | 18000 | 24000 | 0.050 | 6300-Z | 6300-2Z |
| 12 | 21 | 5 | 14 | 19 | 0.3 | 14.6 | 19.3 | 0.3 | 1.9 | 1.0 | 24000 | 32000 | 0.005 | 61801-Z | 61801-2Z |
| | 24 | 6 | 14.4 | 22 | 0.3 | 15.5 | 21.5 | 0.3 | 2.9 | 1.5 | 22000 | 28000 | 0.008 | 61901-Z | 61901-2Z |
| | 28 | 8 | 14.4 | 25.6 | 0.3 | 17.4 | 24.8 | 0.3 | 5.10 | 2.38 | 20000 | 26000 | 0.022 | 6001-Z | 6001-2Z |
| | 32 | 10 | 17 | 28 | 0.6 | 18.3 | 28.0 | 0.6 | 6.82 | 3.05 | 19000 | 24000 | 0.040 | 6201-Z | 6201-2Z |
| | 37 | 12 | 18 | 32 | 1 | 19.3 | 31.6 | 1 | 9.72 | 5.08 | 17000 | 22000 | 0.060 | 6301-Z | 6301-2Z |
| 15 | 24 | 5 | 17 | 22 | 0.3 | 17.6 | 22.3 | 0.3 | 2.1 | 1.3 | 22000 | 30000 | 0.005 | 61802-Z | 61802-2Z |
| | 28 | 7 | 17.4 | 26 | 0.3 | 18.3 | 25.6 | 0.3 | 4.3 | 2.3 | 20000 | 26000 | 0.012 | 61902-Z | 61902-2Z |
| | 32 | 9 | 17.4 | 29.6 | 0.3 | 20.4 | 28.5 | 0.3 | 5.58 | 2.85 | 19000 | 24000 | 0.030 | 6002-Z | 6002-2Z |
| | 35 | 11 | 20 | 32.0 | 0.6 | 21.6 | 31.3 | 0.6 | 7.65 | 3.72 | 18000 | 22000 | 0.040 | 6202-Z | 6202-2Z |
| | 42 | 13 | 21 | 37 | 1 | 24.3 | 36.6 | 1 | 11.5 | 5.42 | 16000 | 20000 | 0.080 | 6302-Z | 6302-2Z |
| 17 | 26 | 5 | 19 | 24 | 0.3 | 19.6 | 24.3 | 0.3 | 2.2 | 1.5 | 20000 | 28000 | 0.007 | 61803-Z | 61803-2Z |
| | 30 | 7 | 19.4 | 28 | 0.3 | 20.3 | 27.6 | 0.3 | 4.6 | 2.6 | 19000 | 24000 | 0.014 | 61903-Z | 61903-2Z |
| | 35 | 10 | 19.4 | 32.6 | 0.3 | 22.9 | 31.0 | 0.3 | 6.00 | 3.25 | 17000 | 21000 | 0.040 | 6003-Z | 6003-2Z |
| | 40 | 12 | 22 | 36 | 0.6 | 24.6 | 35.3 | 0.6 | 9.58 | 4.kN | 16000 | 20000 | 0.060 | 6203-Z | 6203-2Z |
| | 47 | 14 | 23 | 41 | 1 | 26.8 | 40.1 | 1 | 13.5 | 6.58 | 15000 | 18000 | 0.110 | 6303-Z | 6303-2Z |
| 20 | 32 | 7 | 22.4 | 30 | 0.3 | 23.5 | 29.7 | 0.3 | 3.5 | 2.2 | 18000 | 24000 | 0.015 | 61804-Z | 61804-2Z |
| | 37 | 9 | 22.4 | 34.6 | 0.3 | 25.2 | 32.9 | 0.3 | 6.4 | 3.7 | 17000 | 22000 | 0.031 | 61904-Z | 61904-2Z |
| | 42 | 12 | 25 | 38 | 0.6 | 26.9 | 37.0 | 0.6 | 9.38 | 5.02 | 16000 | 19000 | 0.070 | 6004-Z | 6004-2Z |
| | 47 | 14 | 26 | 42 | 1 | 29.3 | 41.6 | 1 | 12.8 | 6.65 | 14000 | 18000 | 0.10 | 6204-Z | 6204-2Z |
| | 52 | 15 | 27 | 45 | 1 | 29.8 | 44.4 | 1.1 | 15.8 | 7.88 | 13000 | 16000 | 0.140 | 6304-Z | 6304-2Z |
| 25 | 37 | 7 | 27.4 | 35 | 0.3 | 28.2 | 34.9 | 0.3 | 4.3 | 2.9 | 16000 | 20000 | 0.017 | 61805-Z | 61805-2Z |
| | 42 | 9 | 27.4 | 40 | 0.3 | 30.2 | 37.9 | 0.3 | 7.0 | 4.5 | 14000 | 18000 | 0.038 | 61905-Z | 61905-2Z |
| | 47 | 12 | 30 | 43 | 0.6 | 31.9 | 42.0 | 0.6 | 10.0 | 5.85 | 13000 | 17000 | 0.080 | 6005-Z | 6005-2Z |
| | 52 | 15 | 31 | 47 | 1 | 33.8 | 46.4 | 1 | 14.0 | 7.88 | 12000 | 15000 | 0.120 | 6205-Z | 6205-2Z |
| | 62 | 17 | 32 | 55 | 1 | 36.0 | 53.2 | 1.1 | 22.2 | 11.5 | 10000 | 14000 | 0.220 | 6305-Z | 6305-2Z |
| 30 | 42 | 7 | 32.4 | 40 | 0.3 | 33.2 | 39.9 | 0.3 | 4.7 | 3.6 | 13000 | 17000 | 0.019 | 61806-Z | 61806-2Z |
| | 47 | 9 | 32.4 | 44.6 | 0.3 | 35.2 | 42.9 | 0.3 | 7.2 | 5.0 | 12000 | 16000 | 0.043 | 61906-Z | 61906-2Z |
| | 55 | 13 | 36 | 50 | 1 | 38.4 | 49.9 | 1 | 13.2 | 8.3 | 11000 | 14000 | 0.120 | 6006-Z | 6006-2Z |
| | 62 | 16 | 36 | 56 | 1 | 40.8 | 54.4 | 1 | 19.5 | 11.5 | 9500 | 13000 | 0.190 | 6206-Z | 6206-2Z |
| | 72 | 19 | 37 | 65 | 1 | 44.8 | 61.4 | 1.1 | 27.0 | 15.2 | 9000 | 11000 | 0.350 | 6306-Z | 6306-2Z |
| 35 | 47 | 7 | 37.4 | 45 | 0.3 | 38.2 | 44.9 | 0.3 | 4.9 | 4.0 | 11000 | 15000 | 0.023 | 61807-Z | 61807-2Z |
| | 55 | 10 | 40 | 51 | 0.6 | 41.1 | 50.3 | 0.6 | 9.5 | 6.8 | 10000 | 13000 | 0.078 | 61907-Z | 61907-2Z |
| | 62 | 14 | 41 | 56 | 1 | 43.3 | 55.9 | 1 | 16.2 | 10.5 | 9500 | 12000 | 0.160 | 6007-Z | 6007-2Z |
| | 72 | 17 | 42 | 65 | 1 | 46.8 | 62.4 | 1.1 | 25.5 | 15.2 | 8500 | 11000 | 0.270 | 6207-Z | 6207-2Z |
| | 80 | 21 | 44 | 71 | 1.5 | 50.4 | 68.8 | 1.5 | 33.4 | 19.2 | 8000 | 9500 | 0.420 | 6307-Z | 6307-2Z |

（续）

| 公称尺寸/mm | | | 安装尺寸/mm | | | 其他尺寸/mm | | | 基本额定载荷/kN | | 极限转速/(r/min) | | 质量/kg | 轴承代号 | |
|---|---|---|---|---|---|---|---|---|---|---|---|---|---|---|---|
| $d$ | $D$ | $B$ | $d_a$ min | $D_a$ max | $r_a$ max | $d_2$ ≈ | $D_3$ ≈ | $r$ min | $C_r$ | $C_{0r}$ | 脂 | 油 | $W$ ≈ | 60000-Z 型 | 60000-2Z 型 |
| 40 | 52 | 7 | 42.4 | 50 | 0.3 | 43.2 | 49.9 | 0.3 | 5.1 | 4.4 | 10000 | 13000 | 0.026 | 61808-Z | 61808-2Z |
| | 62 | 12 | 45 | 58 | 0.6 | 46.3 | 57.1 | 0.6 | 13.7 | 9.9 | 9500 | 12000 | 0.103 | 61908-Z | 61908-2Z |
| | 68 | 15 | 46 | 62 | 1 | 48.8 | 61.4 | 1 | 17.0 | 11.8 | 9000 | 11000 | 0.190 | 6008-Z | 6008-2Z |
| | 80 | 18 | 47 | 73 | 1 | 52.8 | 69.4 | 1.1 | 29.5 | 18.0 | 8000 | 10000 | 0.370 | 6208-Z | 6208-2Z |
| | 90 | 23 | 49 | 81 | 1.5 | 56.5 | 77.0 | 1.5 | 40.8 | 24.0 | 7000 | 8500 | 0.630 | 6308-Z | 6308-2Z |
| 45 | 58 | 7 | 47.4 | 56 | 0.3 | 48.3 | 55.8 | 0.3 | 6.4 | 5.6 | 9000 | 12000 | 0.030 | 61809-Z | 61809-2Z |
| | 68 | 12 | 50 | 63 | 0.6 | 51.8 | 62.6 | 0.6 | 14.1 | 10.9 | 8500 | 11000 | 0.123 | 61909-Z | 61909-2Z |
| | 75 | 16 | 51 | 69 | 1 | 54.2 | 68.1 | 1 | 21.0 | 14.8 | 8000 | 10000 | 0.230 | 6009-Z | 6009-2Z |
| | 85 | 19 | 52 | 78 | 1 | 58.8 | 75.7 | 1.1 | 31.5 | 20.5 | 7000 | 9000 | 0.420 | 6209-Z | 6209-2Z |
| | 100 | 25 | 54 | 91 | 1.5 | 63.0 | 86.5 | 1.5 | 52.8 | 31.8 | 6300 | 7500 | 0.830 | 6309-Z | 6309-2Z |
| 50 | 65 | 7 | 52.4 | 62.6 | 0.3 | 54.3 | 61.8 | 0.3 | 6.6 | 6.1 | 8500 | 10000 | 0.043 | 61810-Z | 61810-2Z |
| | 72 | 12 | 55 | 68 | 0.6 | 56.3 | 67.1 | 0.6 | 14.5 | 11.7 | 8000 | 9500 | 0.122 | 61910-Z | 61910-2Z |
| | 80 | 16 | 56 | 74 | 1 | 59.2 | 73.1 | 1 | 22.0 | 16.2 | 7000 | 9000 | 0.280 | 6010-Z | 6010-2Z |
| | 90 | 20 | 57 | 83 | 1 | 62.4 | 80.1 | 1.1 | 35.0 | 23.2 | 6700 | 8500 | 0.470 | 6210-Z | 6210-2Z |
| | 110 | 27 | 60 | 100 | 2 | 69.1 | 94.4 | 2 | 61.8 | 38.0 | 6000 | 7000 | 1.080 | 6310-Z | 6310-2Z |
| 55 | 72 | 9 | 57.4 | 69.6 | 0.3 | 60.2 | 68.3 | 0.3 | 9.1 | 8.4 | 8000 | 9500 | 0.070 | 61811-Z | 61811-2Z |
| | 80 | 13 | 61 | 75 | 1 | 62.9 | 73.6 | 1 | 15.9 | 13.2 | 7500 | 9000 | 0.170 | 61911-Z | 61911-2Z |
| | 90 | 18 | 62 | 83 | 1 | 65.4 | 82.2 | 1.1 | 30.2 | 21.8 | 7000 | 8500 | 0.380 | 6011-Z | 6011-2Z |
| | 100 | 21 | 64 | 91 | 1.5 | 68.9 | 88.6 | 1.5 | 43.2 | 29.2 | 6000 | 7500 | 0.580 | 6211-Z | 6211-2Z |
| | 120 | 29 | 65 | 110 | 2 | 76.1 | 103.4 | 2 | 71.5 | 44.8 | 5600 | 6700 | 1.370 | 6311-Z | 6311-2Z |
| 60 | 78 | 10 | 62.4 | 75.6 | 0.3 | 66.2 | 74.6 | 0.3 | 9.1 | 8.7 | 7000 | 8500 | 0.093 | 61812-Z | 61812-2Z |
| | 85 | 13 | 66 | 80 | 1 | 67.9 | 78.6 | 1 | 16.4 | 14.2 | 6700 | 8000 | 0.181 | 61912-Z | 61912-2Z |
| | 95 | 18 | 67 | 89 | 1 | 71.4 | 88.2 | 1.1 | 31.5 | 24.2 | 6300 | 7500 | 0.390 | 6012-Z | 6012-2Z |
| | 110 | 22 | 69 | 101 | 1.5 | 76.0 | 96.5 | 1.5 | 47.8 | 32.8 | 5600 | 7000 | 0.770 | 6212-Z | 6212-2Z |
| | 130 | 31 | 72 | 118 | 2.1 | 81.7 | 111.1 | 2.1 | 81.8 | 51.8 | 5000 | 6000 | 1.710 | 6312-Z | 6312-2Z |
| 65 | 85 | 10 | 69 | 81 | 0.6 | 71.1 | 80.6 | 0.6 | 11.9 | 11.5 | 6700 | 8000 | 0.130 | 61813-Z | 61813-2Z |
| | 90 | 13 | 71 | 85 | 1 | 72.9 | 83.6 | 1 | 17.4 | 16.0 | 6300 | 7500 | 0.196 | 61913-Z | 61913-2Z |
| | 100 | 18 | 72 | 93 | 1 | 75.3 | 92.2 | 1.1 | 32.0 | 24.8 | 6000 | 7000 | 0.420 | 6013-Z | 6013-2Z |
| | 120 | 23 | 74 | 111 | 1.5 | 82.5 | 105.0 | 1.5 | 57.2 | 40.0 | 5000 | 6300 | 0.980 | 6213-Z | 6213-2Z |
| | 140 | 33 | 77 | 128 | 2.1 | 88.1 | 119.7 | 2.1 | 93.8 | 60.5 | 4500 | 5300 | 2.090 | 6313-Z | 6313-2Z |
| 70 | 90 | 10 | 74 | 86 | 0.6 | 76.1 | 85.6 | 0.6 | 12.1 | 11.9 | 6300 | 7500 | 0.138 | 61814-Z | 61814-2Z |
| | 100 | 16 | 76 | 95 | 1 | 79.3 | 92.6 | 1 | 23.7 | 21.1 | 6000 | 7000 | 0.336 | 61914-Z | 61914-2Z |
| | 110 | 20 | 77 | 103 | 1 | 82.0 | 100.5 | 1.1 | 38.5 | 30.5 | 5600 | 6700 | 0.570 | 6014-Z | 6014-2Z |
| | 125 | 24 | 79 | 116 | 1.5 | 89.0 | 111.8 | 1.5 | 60.8 | 45.0 | 4800 | 6000 | 1.040 | 6214-Z | 6214-2Z |
| | 150 | 35 | 82 | 138 | 2.1 | 94.8 | 128.0 | 2.1 | 105 | 68.0 | 4300 | 5000 | 2.60 | 6314-Z | 6314-2Z |
| 75 | 95 | 10 | 79 | 91 | 0.6 | 81.1 | 90.6 | 0.6 | 12.5 | 12.8 | 6000 | 7000 | 0.147 | 61815-Z | 61815-2Z |
| | 105 | 16 | 81 | 100 | 1 | 84.3 | 97.6 | 1 | 24.3 | 22.5 | 5600 | 6700 | 0.355 | 61915-Z | 61915-2Z |
| | 115 | 20 | 82 | 108 | 1 | 88.0 | 106.5 | 1.1 | 40.2 | 33.2 | 5300 | 6300 | 0.640 | 6015-Z | 6015-2Z |

（续）

| 公称尺寸/mm | | | 安装尺寸/mm | | | 其他尺寸/mm | | | 基本额定载荷/kN | | 极限转速/(r/min) | | 质量/kg | 轴承代号 | |
|---|---|---|---|---|---|---|---|---|---|---|---|---|---|---|---|
| $d$ | $D$ | $B$ | $d_a$ min | $D_a$ max | $r_a$ max | $d_2$ ≈ | $D_3$ ≈ | $r$ min | $C_r$ | $C_{0r}$ | 脂 | 油 | $W$ ≈ | 60000-Z 型 | 60000-2Z 型 |
| 75 | 130 | 25 | 84 | 121 | 1.5 | 94.0 | 117.8 | 1.5 | 66.0 | 49.5 | 4500 | 5600 | 1.180 | 6215-Z | 6215-2Z |
| | 160 | 37 | 87 | 148 | 2.1 | 101.3 | 136.5 | 2.1 | 113 | 76.8 | 4000 | 4800 | 3.050 | 6315-Z | 6315-2Z |
| 80 | 100 | 10 | 84 | 96 | 0.6 | 86.1 | 95.6 | 0.6 | 12.7 | 13.3 | 5600 | 6700 | 0.155 | 61816-Z | 61816-2Z |
| | 110 | 16 | 86 | 105 | 1 | 89.3 | 102.6 | 1 | 24.9 | 23.9 | 5300 | 6300 | 0.375 | 61916-Z | 61916-2Z |
| | 125 | 22 | 87 | 118 | 1 | 95.2 | 115.6 | 1.1 | 47.5 | 39.8 | 5000 | 6000 | 0.830 | 6016-Z | 6016-2Z |
| | 140 | 26 | 90 | 130 | 2 | 100.0 | 124.8 | 2 | 71.5 | 54.2 | 4300 | 5300 | 1.380 | 6216-Z | 6216-2Z |
| | 170 | 39 | 92 | 158 | 2.1 | 107.9 | 144.9 | 2.1 | 123 | 86.5 | 3800 | 4500 | 3.620 | 6316-Z | 6316-2Z |
| 85 | 110 | 13 | 90 | 105 | 1 | 92.5 | 104.4 | 1 | 19.2 | 19.8 | 5000 | 6300 | 0.245 | 61817-Z | 61817-2Z |
| | 120 | 18 | 92 | 113.5 | 1 | 95.8 | 111.1 | 1.1 | 31.9 | 29.7 | 4800 | 6000 | 0.507 | 61917-Z | 61917-2Z |
| | 130 | 22 | 92 | 123 | 1 | 99.4 | 120.4 | 1.1 | 50.8 | 42.8 | 4500 | 5600 | 0.860 | 6017-Z | 6017-2Z |
| | 150 | 28 | 95 | 140 | 2 | 107.1 | 133.7 | 2 | 83.2 | 63.8 | 4000 | 5000 | 1.750 | 6217-Z | 6217-2Z |
| | 180 | 41 | 99 | 166 | 2.5 | 114.4 | 153.4 | 3 | 132 | 96.5 | 3600 | 4300 | 4.270 | 6317-Z | 6317-2Z |
| 90 | 115 | 13 | 95 | 110 | 1 | 97.5 | 109.4 | 1 | 19.5 | 20.5 | 4800 | 6000 | 0.258 | 61818-Z | 61818-2Z |
| | 125 | 18 | 97 | 118.5 | 1 | 100.8 | 116.1 | 1.1 | 32.8 | 31.5 | 4500 | 5600 | 0.533 | 61918-Z | 61918-2Z |
| | 140 | 24 | 99 | 131 | 1.5 | 107.2 | 129.6 | 1.5 | 58.0 | 49.8 | 4300 | 5300 | 1.10 | 6018-Z | 6018-2Z |
| | 160 | 30 | 100 | 150 | 2 | 111.7 | 141.1 | 2 | 95.8 | 71.5 | 3800 | 4800 | 2.20 | 6218-Z | 6218-2Z |
| 95 | 120 | 13 | 100 | 115 | 1 | 102.5 | 114.4 | 1.0 | 19.8 | 21.3 | 4500 | 5600 | 0.27 | 61819-Z | 61819-2Z |
| | 130 | 18 | 102 | 124 | 1 | 105.8 | 121.1 | 1.1 | 33.7 | 33.3 | 4300 | 5300 | 0.558 | 61919-Z | 61919-2Z |
| | 145 | 24 | 104 | 136 | 1.5 | 110.2 | 132.6 | 1.5 | 57.8 | 50.0 | 4000 | 5000 | 1.14 | 6019-Z | 6019-2Z |
| | 170 | 32 | 107 | 158 | 2.1 | 118.1 | 149.7 | 2.1 | 110 | 82.8 | 3600 | 4500 | 2.62 | 6219-Z | 6219-2Z |
| 100 | 125 | 13 | 105 | 120 | 1 | 107.5 | 119.4 | 1.0 | 20.1 | 22.0 | 4300 | 5300 | 0.283 | 61820-Z | 61820-2Z |
| | 140 | 20 | 107 | 133 | 1 | 112.3 | 130.1 | 1.1 | 42.7 | 41.9 | 4000 | 5000 | 0.774 | 61920-Z | 61920-2Z |
| | 150 | 24 | 109 | 141 | 1.5 | 114.6 | 138.2 | 1.5 | 64.5 | 56.2 | 3800 | 4800 | 1.250 | 6020-Z | 6020-2Z |
| | 180 | 34 | 112 | 168 | 2.1 | 124.8 | 158.0 | 2.1 | 122 | 92.8 | 3400 | 4300 | 3.200 | 6220-Z | 6220-2Z |
| 105 | 130 | 13 | 110 | 125 | 1 | 112.5 | 124.4 | 1.0 | 20.3 | 22.7 | 4000 | 5000 | 0.295 | 61821-Z | 61821-2Z |
| | 145 | 20 | 112 | 138 | 1 | 117.3 | 135.1 | 1.1 | 43.9 | 44.3 | 3800 | 4800 | 0.808 | 61921-Z | 61921-2Z |
| | 160 | 26 | 115 | 150 | 2 | 121.5 | 146.4 | 2 | 71.8 | 63.2 | 3600 | 4500 | 1.52 | 6021-Z | 6021-2Z |
| 110 | 140 | 16 | 115 | 135 | 1 | 119.3 | 133.0 | 1.0 | 28.1 | 30.7 | 3800 | 5000 | 0.496 | 61822-Z | 61822-2Z |
| | 150 | 20 | 117 | 143 | 1 | 122.3 | 140.1 | 1.1 | 43.6 | 44.4 | 3600 | 4500 | 0.835 | 61922-Z | 61922-2Z |
| | 170 | 28 | 120 | 160 | 2 | 129.1 | 155.7 | 2 | 81.8 | 72.8 | 3400 | 4300 | 1.87 | 6022-Z | 6022-2Z |
| 120 | 150 | 16 | 125 | 145 | 1 | 129.3 | 143.0 | 1.0 | 28.9 | 32.9 | 3400 | 4300 | 0.536 | 61824-Z | 61824-2Z |
| | 165 | 22 | 127 | 158 | 1 | 133.7 | 153.6 | 1.1 | 55 | 56.9 | 3200 | 4000 | 1.131 | 61924-Z | 61924-2Z |
| | 180 | 28 | 130 | 170 | 2 | 137.7 | 165.2 | 2 | 87.5 | 79.2 | 3000 | 3800 | 2.00 | 6024-Z | 6024-2Z |
| 130 | 165 | 18 | 137 | 158 | 1 | 140.8 | 156.5 | 1.1 | 37.9 | 42.9 | 3200 | 4000 | 0.736 | 61826-Z | 61826-2Z |
| | 180 | 24 | 139 | 171 | 1.5 | 145.2 | 167.1 | 1.5 | 65.1 | 67.2 | 3000 | 3800 | 1.496 | 61926-Z | 61926-2Z |
| 140 | 175 | 18 | 147 | 168 | 1 | 150.8 | 166.5 | 1.1 | 38.2 | 44.3 | 3000 | 3800 | 0.784 | 61828-Z | 61828-2Z |

## 表 6.1-45　带止动槽及单面防尘盖的深沟球轴承（摘自 GB/T 276—1994）

代号含义：
N——外圈有止动槽
ZN——一面带防尘盖，一面外圈有止动槽

60000-N型　　60000-ZN型

| 公称尺寸/mm | | | 安装尺寸/mm | | | | 其他尺寸/mm | | | | | | | 基本额定载荷/kN | | 极限转速/(r/min) | | 质量/kg | 轴承代号 | |
|---|---|---|---|---|---|---|---|---|---|---|---|---|---|---|---|---|---|---|---|---|
| $d$ | $D$ | $B$ | $d_a$ min | $D_a$ max | $D_b$ | $a_1$ | $r_a$ max | $r_1$ max | $d_2$ | $D_2$ | $D_1$ max | $D_3$ | $r$ min | $C_r$ | $C_{0r}$ | 脂 | 油 | $W$ ≈ | 60000-N型 | 60000-ZN型 |
| 10 | 19 | 5 | 12.0 | 17 | — | — | 0.3 | — | 12.6 | 16.4 | — | 17.3 | 0.3 | 1.8 | 0.93 | 28000 | 36000 | 0.005 | 61800-N | 61800-ZN |
| | 22 | 6 | 12.4 | 20 | 26 | 0.8 | 0.3 | 0.2 | 13.5 | 18.5 | 20.8 | 19.4 | 0.3 | 2.7 | 1.3 | 25000 | 32000 | 0.008 | 61900-N | 61900-ZN |
| | 26 | 8 | 12.4 | 23.6 | 31 | 1.4 | 0.3 | 0.3 | 14.9 | 21.3 | 25.15 | 22.6 | 0.3 | 4.58 | 1.98 | 22000 | 30000 | 0.019 | 6000-N | 6000-ZN |
| | 30 | 9 | 15.0 | 26 | 36 | 1.6 | 0.6 | 0.5 | 17.4 | 23.8 | 28.17 | 25.2 | 0.6 | 5.10 | 2.38 | 20000 | 26000 | 0.030 | 6200-N | 6200-ZN |
| | 35 | 11 | 15.0 | 30 | 41 | 1.6 | 0.6 | 0.5 | 19.4 | 27.6 | 33.17 | 29.5 | 0.6 | 7.65 | 3.48 | 18000 | 24000 | 0.050 | 6300-N | 6300-ZN |
| 12 | 21 | 5 | 14 | 19 | — | — | 0.3 | — | 14.6 | 18.4 | — | 19.3 | 0.3 | 1.9 | 1.0 | 24000 | 32000 | 0.005 | 61801-N | 61801-ZN |
| | 24 | 6 | 14.4 | 22 | 28 | 0.8 | 0.3 | 0.2 | 15.5 | 20.6 | 22.8 | 21.5 | 0.3 | 2.9 | 1.5 | 22000 | 28000 | 0.008 | 61901-N | 61901-ZN |
| | 28 | 8 | 14.4 | 25.6 | 32 | 1.4 | 0.3 | 0.3 | 17.4 | 23.8 | 26.7 | 24.8 | 0.3 | 5.1 | 2.38 | 20000 | 26000 | 0.022 | 6001-N | 6001-ZN |
| | 32 | 10 | 17.0 | 28 | 38 | 1.6 | 0.6 | 0.5 | 18.3 | 26.1 | 30.15 | 28.0 | 0.6 | 6.82 | 3.05 | 19000 | 24000 | 0.035 | 6201-N | 6201-ZN |
| | 37 | 12 | 18.0 | 32 | 43 | 1.6 | 1 | 0.5 | 19.3 | 29.7 | 34.77 | 31.6 | 1 | 9.72 | 5.08 | 17000 | 22000 | 0.050 | 6301-N | 6301-ZN |
| 15 | 24 | 5 | 17 | 22 | — | — | 0.3 | — | 17.6 | 21.4 | — | 22.3 | 0.3 | 2.1 | 1.3 | 22000 | 30000 | 0.005 | 61802-N | 61802-ZN |
| | 28 | 7 | 17.4 | 26 | 32 | 1.1 | 0.3 | 0.3 | 18.3 | 24.7 | 26.7 | 25.6 | 0.3 | 4.3 | 2.3 | 20000 | 26000 | 0.012 | 61902-N | 61902-ZN |
| | 32 | 9 | 17.4 | 29.6 | 38 | 1.6 | 0.3 | 0.3 | 20.4 | 26.6 | 30.15 | 28.5 | 0.3 | 5.58 | 2.85 | 19000 | 24000 | 0.030 | 6002-N | 6002-ZN |
| | 35 | 11 | 20.0 | 32.0 | 41 | 1.6 | 0.6 | 0.5 | 21.6 | 29.4 | 33.17 | 31.3 | 0.6 | 7.65 | 3.72 | 18000 | 22000 | 0.040 | 6202-N | 6202-ZN |
| | 42 | 13 | 21.0 | 37 | 48 | 1.6 | 1 | 0.5 | 24.3 | 34.7 | 39.75 | 36.6 | 1 | 11.5 | 5.42 | 16000 | 20000 | 0.080 | 6302-N | 6302-ZN |
| 17 | 26 | 5 | 19 | 24 | — | — | 0.3 | — | 19.6 | 23.4 | — | 24.3 | 0.3 | 2.2 | 1.5 | 20000 | 28000 | 0.007 | 61803-N | 61803-ZN |
| | 30 | 7 | 19.4 | 28 | 34 | 1.1 | 0.3 | 0.3 | 20.3 | 26.7 | 28.7 | 27.6 | 0.3 | 4.6 | 2.6 | 19000 | 24000 | 0.014 | 61903-N | 61903-ZN |
| | 35 | 10 | 19.4 | 32.6 | 42 | 1.6 | 0.3 | 0.3 | 22.9 | 29.1 | 33.17 | 31 | 0.3 | 6.0 | 3.25 | 17000 | 21000 | 0.040 | 6003-N | 6003-ZN |
| | 40 | 12 | 22.0 | 36 | 46 | 1.6 | 0.6 | 0.5 | 24.6 | 33.4 | 38.1 | 35.3 | 0.6 | 9.58 | 4.78 | 16000 | 20000 | 0.060 | 6203-N | 6203-ZN |
| | 47 | 14 | 23 | 41 | 54 | 2 | 1 | 0.5 | 26.8 | 38.2 | 44.6 | 40.1 | 1 | 13.5 | 6.58 | 15000 | 18000 | 0.110 | 6303-N | 6303-ZN |
| | 62 | 17 | 24 | 55 | 69 | 2.7 | 1 | 0.5 | 31.9 | 47.1 | 59.61 | — | 1.1 | 22.7 | 10.8 | 11000 | 15000 | 0.268 | 6403-N | 6403-ZN |
| 20 | 32 | 7 | 22.4 | 30 | 36 | 1.1 | 0.3 | 0.3 | 23.5 | 28.6 | 30.7 | 29.7 | 0.3 | 3.5 | 2.2 | 18000 | 24000 | 0.015 | 61804-N | 61804-ZN |
| | 37 | 9 | 22.4 | 34.6 | 41 | 1.4 | 0.3 | 0.3 | 25.2 | 31.8 | 35.7 | 32.9 | 0.3 | 6.4 | 3.7 | 17000 | 22000 | 0.031 | 61904-N | 61904-ZN |

（续）

| 公称尺寸/mm | | | 安装尺寸/mm | | | | | | 其他尺寸/mm | | | | | 基本额定载荷/kN | | 极限转速/(r/min) | | 质量/kg | 轴承代号 | |
|---|---|---|---|---|---|---|---|---|---|---|---|---|---|---|---|---|---|---|---|---|
| d | D | B | $d_a$ min | $D_a$ max | $D_b$ | $a_1$ | $r_a$ max | $r_1$ max | $d_2$ | $D_2$ | $D_1$ max | $D_3$ | $r$ min | $C_r$ | $C_{0r}$ | 脂 | 油 | $W$ ≈ | 60000-N 型 | 60000-ZN 型 |
| 20 | 42 | 12 | 25 | 38 | 49 | 1.6 | 0.6 | 0.5 | 26.9 | 35.1 | 39.75 | 37 | 0.6 | 9.38 | 5.02 | 16000 | 19000 | 0.070 | 6004-N | 6004-ZN |
|  | 47 | 14 | 26 | 42 | 54 | 2 | 1 | 0.5 | 29.3 | 39.7 | 44.6 | 41.6 | 1 | 12.8 | 6.65 | 14000 | 18000 | 0.100 | 6204-N | 6204-ZN |
|  | 52 | 15 | 27 | 45 | 59 | 2 | 1 | 0.5 | 29.8 | 42.2 | 49.73 | 44.6 | 1.1 | 15.8 | 7.88 | 13000 | 16000 | 0.140 | 6304-N | 6304-ZN |
|  | 72 | 19 | 27 | 65 | 80 | 2.7 | 1 | 0.5 | 38.0 | 56.1 | 68.81 | — | 1.1 | 31.0 | 15.2 | 9500 | 13000 | 0.40 | 6404-N | 6404-ZN |
| 25 | 37 | 7 | 27.4 | 35 | 41 | 1.1 | 0.3 | 0.3 | 28.2 | 33.8 | 35.7 | 34.9 | 0.3 | 4.3 | 2.9 | 16000 | 20000 | 0.017 | 61805-N | 61805-ZN |
|  | 42 | 9 | 27.4 | 40 | 46 | 1.4 | 0.3 | 0.3 | 30.2 | 36.8 | 40.7 | 37.9 | 0.3 | 7.0 | 4.5 | 14000 | 18000 | 0.038 | 61905-N | 61905-ZN |
|  | 47 | 12 | 30 | 43 | 54 | 1.6 | 0.6 | 0.6 | 31.9 | 40.1 | 44.6 | 42 | 0.6 | 10.0 | 5.85 | 13000 | 17000 | 0.080 | 6005-N | 6005-ZN |
|  | 52 | 15 | 31 | 47 | 59 | 2 | 1 | 1 | 33.8 | 44.2 | 49.73 | 46.4 | 1 | 14.0 | 7.88 | 12000 | 15000 | 0.120 | 6205-N | 6205-ZN |
|  | 62 | 17 | 32 | 55 | 69 | 2.6 | 1 | 1 | 36.0 | 51.0 | 59.61 | 53.2 | 1.1 | 22.2 | 11.5 | 10000 | 14000 | 0.220 | 6305-N | 6305-ZN |
|  | 80 | 21 | 34 | 71 | 88 | 2.7 | 1.5 | 1.5 | 42.3 | 62.7 | 76.81 | — | 1.5 | 38.2 | 19.2 | 8500 | 11000 | 0.529 | 6405-N | 6405-ZN |
| 30 | 42 | 7 | 32.4 | 40 | 46.0 | 1.1 | 0.3 | 0.3 | 33.2 | 38.8 | 40.7 | 39.9 | 0.3 | 4.7 | 3.6 | 13000 | 17000 | 0.019 | 61806-N | 61806-ZN |
|  | 47 | 9 | 32.4 | 44.6 | 51.0 | 1.4 | 0.3 | 0.3 | 35.2 | 41.8 | 45.7 | 42.9 | 0.3 | 7.2 | 5.0 | 12000 | 16000 | 0.043 | 61906-N | 61906-ZN |
|  | 55 | 13 | 36.0 | 50 | 62.0 | 1.6 | 1 | 0.5 | 38.4 | 47.7 | 52.6 | 49.9 | 1 | 13.2 | 8.3 | 11000 | 14000 | 0.120 | 6006-N | 6006-ZN |
|  | 62 | 16 | 36.0 | 56.0 | 69.0 | 2.6 | 1 | 0.5 | 40.8 | 52.2 | 59.61 | 54.4 | 1 | 19.5 | 11.5 | 9500 | 13000 | 0.190 | 6206-N | 6206-ZN |
|  | 72 | 19 | 37.0 | 65.0 | 80.0 | 2.6 | 1 | 0.5 | 44.8 | 59.2 | 68.81 | 61.4 | 1.1 | 27.0 | 15.2 | 9000 | 11000 | 0.350 | 6306-N | 6306-ZN |
|  | 90 | 23 | 39 | 81 | 98.0 | 2.7 | 1.5 | 0.5 | 48.6 | 71.4 | 86.79 | — | 1.5 | 47.5 | 24.5 | 8000 | 10000 | 0.710 | 6406-N | 6406-ZN |
| 35 | 47 | 7 | 37.4 | 45 | 46.0 | 1.1 | 0.3 | 0.3 | 38.2 | 43.8 | 45.7 | 44.9 | 0.3 | 4.9 | 4.0 | 11000 | 15000 | 0.023 | 61807-N | 61807-ZN |
|  | 55 | 10 | 40 | 51 | 54.0 | 1.4 | 0.6 | 0.5 | 41.1 | 48.9 | 53.7 | 50.3 | 0.6 | 9.5 | 6.8 | 10000 | 13000 | 0.078 | 61907-N | 61907-ZN |
|  | 62 | 14 | 41.0 | 56 | 69.0 | 1.6 | 1 | 0.5 | 43.3 | 53.7 | 59.61 | 55.9 | 1 | 16.2 | 10.5 | 9500 | 12000 | 0.160 | 6007-N | 6007-ZN |
|  | 72 | 17 | 42.0 | 65 | 80.0 | 2.6 | 1.5 | 0.5 | 46.8 | 60.2 | 68.81 | 62.4 | 1.1 | 25.5 | 15.2 | 8500 | 11000 | 0.270 | 6207-N | 6207-ZN |
|  | 80 | 21 | 44.0 | 71.0 | 88.0 | 2.6 | 1.5 | 0.5 | 50.4 | 66.6 | 76.81 | 68.8 | 1.5 | 33.4 | 19.2 | 8000 | 9500 | 0.420 | 6307-N | 6307-ZN |
|  | 100 | 25 | 44 | 91 | 108.0 | 2.7 | 1.5 | 0.5 | 54.9 | 80.1 | 96.8 | — | 1.5 | 56.8 | 29.5 | 6700 | 8500 | 0.926 | 6407-N | 6407-ZN |
| 40 | 52 | 7 | 42.4 | 50 | 51.0 | 1.1 | 0.3 | 0.3 | 43.2 | 48.8 | 50.7 | 49.9 | 0.3 | 5.1 | 4.4 | 10000 | 13000 | 0.026 | 61808-N | 61808-ZN |
|  | 62 | 12 | 45 | 58 | 61.0 | 1.4 | 0.6 | 0.5 | 46.3 | 55.7 | 60.7 | 57.1 | 0.6 | 13.7 | 9.9 | 9500 | 12000 | 0.103 | 61908-N | 61908-ZN |
|  | 68 | 15 | 46.0 | 62.0 | 76.0 | 2 | 1 | 0.5 | 48.8 | 59.2 | 64.82 | 61.4 | 1 | 17.0 | 11.8 | 9000 | 11000 | 0.190 | 6008-N | 6008-ZN |
|  | 80 | 18 | 47.0 | 73.0 | 88.0 | 2.6 | 1 | 0.5 | 52.8 | 67.2 | 76.81 | 69.4 | 1.1 | 29.5 | 18.0 | 8000 | 10000 | 0.370 | 6208-N | 6208-ZN |
|  | 90 | 23 | 49.0 | 81.0 | 98.0 | 2.6 | 1.5 | 0.5 | 56.5 | 74.6 | 86.79 | 77.0 | 1.5 | 40.8 | 24.0 | 7000 | 8500 | 0.630 | 6308-N | 6308-ZN |
|  | 110 | 27 | 50 | 100 | 118.0 | 2.7 | 2 | 0.5 | 63.9 | 89.1 | 106.81 | — | 2 | 65.5 | 37.5 | 6300 | 8000 | 1.221 | 6408-N | 6408-ZN |
| 45 | 58 | 7 | 47.4 | 56 | 57.0 | 1.1 | 0.3 | 0.3 | 48.3 | 54.7 | 56.7 | 55.8 | 0.3 | 6.4 | 5.6 | 9000 | 12000 | 0.030 | 61809-N | 61809-ZN |
|  | 68 | 12 | 50 | 63 | 66.0 | 1.4 | 0.6 | 0.5 | 51.8 | 61.2 | 66.7 | 62.6 | 0.6 | 14.1 | 10.9 | 8500 | 11000 | 0.123 | 61909-N | 61909-ZN |
|  | 75 | 16 | 51.0 | 69.0 | 83.0 | 2 | 1 | 0.5 | 54.2 | 65.9 | 71.83 | 68.1 | 1 | 21.0 | 14.8 | 8000 | 10000 | 0.230 | 6009-N | 6009-ZN |

（续）

| d | D | B | $d_a$ min | $D_a$ max | $D_b$ | $a_1$ | $r_a$ max | $r_1$ max | $d_2$ | $D_2$ | $D_1$ max | $D_3$ | $r$ min | $C_r$ | $C_{0r}$ | 脂 | 油 | $W \approx$ | 60000-N型 | 60000-ZN型 |
|---|---|---|---|---|---|---|---|---|---|---|---|---|---|---|---|---|---|---|---|---|
| | | | 公称尺寸/mm | | | 安装尺寸/mm | | | | | 其他尺寸/mm | | | 基本额定载荷/kN | | 极限转速/(r/min) | | 质量/kg | 轴承代号 | |
| 45 | 85 | 19 | 52.0 | 78.0 | 93.0 | 2.6 | 1 | 0.5 | 58.8 | 73.2 | 81.81 | 75.7 | 1.1 | 31.5 | 20.5 | 7000 | 9000 | 0.420 | 6209-N | 6209-ZN |
| | 100 | 25 | 54 | 91 | 108.0 | 2.6 | 1.5 | 0.5 | 63.0 | 84.0 | 96.8 | 86.5 | 1.5 | 52.8 | 31.8 | 6300 | 7500 | 0.837 | 6309-N | 6309-ZN |
| | 120 | 29 | 55 | 110 | 131.0 | 3.4 | 2 | 0.5 | 70.7 | 98.3 | 115.21 | — | 2 | 77.5 | 45.5 | 5600 | 7000 | 1.520 | 6409-N | 6409-ZN |
| 50 | 65 | 7 | 52.4 | 62.6 | 69.0 | 1.1 | 0.3 | 0.3 | 54.3 | 60.7 | 63.7 | 61.8 | 0.3 | 6.6 | 6.1 | 8500 | 10000 | 0.043 | 61810-N | 61810-ZN |
| | 72 | 12 | 55 | 68 | 76.0 | 1.4 | 0.6 | 0.5 | 56.3 | 65.7 | 70.7 | 67.1 | 0.6 | 14.5 | 11.7 | 8000 | 9500 | 0.122 | 61910-N | 61910-ZN |
| | 80 | 16 | 56 | 74 | 88 | 2 | 1 | 0.5 | 59.2 | 70.9 | 76.81 | 73.1 | 1 | 22.0 | 16.2 | 7000 | 9000 | 0.280 | 6010-N | 6010-ZN |
| | 90 | 20 | 57 | 83 | 98 | 2.6 | 1 | 0.5 | 62.4 | 77.6 | 86.79 | 80.1 | 1.1 | 35.0 | 23.2 | 6700 | 8500 | 0.470 | 6210-N | 6210-ZN |
| | 110 | 27 | 60 | 100 | 118 | 2.6 | 2 | 0.5 | 69.1 | 91.9 | 106.81 | 94.4 | 1.1 | 61.8 | 38.0 | 6000 | 7000 | 1.080 | 6310-N | 6310-ZN |
| | 130 | 31 | 62 | 118 | 141.0 | 3.4 | 2.1 | 0.5 | 77.3 | 107.8 | 125.22 | — | 2.1 | 92.2 | 55.2 | 5300 | 6300 | 1.855 | 6410-N | 6410-ZN |
| 55 | 72 | 9 | 57.4 | 69.6 | 76.0 | 1.4 | 0.3 | 0.3 | 60.2 | 66.9 | 70.7 | 68.3 | 0.3 | 9.1 | 8.4 | 8000 | 9500 | 0.070 | 61811-N | 61811-ZN |
| | 80 | 13 | 61 | 75 | 86.0 | 1.7 | 1 | 0.5 | 62.9 | 72.2 | 77.9 | 73.6 | 1 | 15.9 | 13.2 | 7500 | 9000 | 0.170 | 61911-N | 61911-ZN |
| | 90 | 18 | 62 | 83 | 98 | 2.2 | 1 | 0.5 | 65.4 | 79.7 | 86.79 | 82.2 | 1.1 | 30.2 | 21.8 | 7000 | 8500 | 0.380 | 6011-N | 6011-ZN |
| | 100 | 21 | 64 | 91 | 108 | 2.6 | 1.5 | 0.5 | 68.9 | 86.1 | 96.8 | 88.6 | 1.5 | 43.2 | 29.2 | 6000 | 7500 | 0.580 | 6211-N | 6211-ZN |
| | 120 | 29 | 65 | 110 | 131 | 3.2 | 2 | 0.5 | 76.1 | 100.9 | 115.21 | 103.4 | 2 | 71.5 | 44.8 | 5600 | 6700 | 1.370 | 6311-N | 6311-ZN |
| | 140 | 33 | 67 | 128 | 151.0 | 4.1 | 2.1 | 0.5 | 82.8 | 115.2 | 135.23 | — | 2.1 | 100 | 62.5 | 4800 | 6000 | 2.316 | 6411-N | 6411-ZN |
| 60 | 78 | 10 | 62.4 | 75.6 | 84.0 | 1.4 | 0.3 | 0.3 | 66.2 | 72.9 | 76.2 | 74.6 | 0.3 | 9.1 | 8.7 | 7000 | 8500 | 0.093 | 61812-N | 61812-ZN |
| | 85 | 13 | 66 | 80 | 91.0 | 1.7 | 1 | 0.5 | 67.9 | 77.2 | 82.9 | 78.6 | 1 | 16.4 | 14.2 | 6700 | 8000 | 0.181 | 61912-N | 61912-ZN |
| | 95 | 18 | 67 | 89 | 103 | 2.2 | 1 | 0.5 | 71.4 | 85.7 | 91.82 | 88.2 | 1.1 | 31.5 | 24.2 | 6300 | 7500 | 0.390 | 6012-N | 6012-ZN |
| | 110 | 22 | 69 | 101 | 118 | 2.6 | 1.5 | 0.5 | 76.0 | 94.1 | 106.81 | 96.5 | 1.5 | 47.8 | 32.8 | 5600 | 7000 | 0.770 | 6212-N | 6212-ZN |
| | 130 | 31 | 72 | 118 | 141 | 3.2 | 2.1 | 0.5 | 81.7 | 108.4 | 125.22 | 111.1 | 2.1 | 81.8 | 51.8 | 5000 | 6000 | 1.710 | 6312-N | 6312-ZN |
| | 150 | 35 | 72 | 138 | 161.0 | 4.1 | 2.1 | 0.5 | 87.9 | 122.2 | 145.24 | — | 2.1 | 109 | 70.0 | 4500 | 5600 | 2.811 | 6412-N | 6412-ZN |
| 65 | 85 | 10 | 69 | 81 | 91.0 | 1.4 | 0.6 | 0.5 | 71.1 | 78.9 | 82.9 | 80.6 | 0.6 | 11.9 | 11.5 | 6700 | 8000 | 0.130 | 61813-N | 61813-ZN |
| | 90 | 13 | 71 | 85 | 96.0 | 1.7 | 1 | 0.5 | 72.9 | 82.2 | 87.9 | 83.6 | 1 | 17.4 | 16.0 | 6300 | 7500 | 0.196 | 61913-N | 61913-ZN |
| | 100 | 18 | 72 | 93 | 108 | 2.2 | 1 | 0.5 | 75.3 | 89.7 | 96.8 | 92.2 | 1.1 | 32.0 | 24.8 | 6000 | 7000 | 0.420 | 6013-N | 6013-ZN |
| | 120 | 23 | 74 | 111 | 131 | 3.2 | 1.5 | 0.5 | 82.5 | 102.5 | 115.21 | 105.0 | 1.5 | 57.2 | 40.0 | 5000 | 6300 | 0.980 | 6213-N | 6213-ZN |
| | 140 | 33 | 77 | 128 | 151 | 3.9 | 2.1 | 0.5 | 88.1 | 116.9 | 135.23 | 119.7 | 2.1 | 93.8 | 60.5 | 4500 | 5300 | 2.090 | 6313-N | 6313-ZN |
| | 160 | 37 | 77 | 148 | 171.0 | 4.1 | 2.1 | 0.5 | 94.5 | 130.6 | 155.23 | — | 2.1 | 118 | 78.5 | 4300 | 5300 | 3.342 | 6413-N | 6413-ZN |
| 70 | 90 | 10 | 74 | 86 | 96.0 | 1.4 | 0.6 | 0.5 | 76.1 | 83.9 | 87.9 | 85.6 | 0.6 | 12.1 | 11.9 | 6300 | 7500 | 0.138 | 61814-N | 61814-ZN |
| | 100 | 16 | 76 | 95 | 106.0 | 2.1 | 1 | 0.5 | 79.3 | 90.7 | 97.9 | 92.6 | 1 | 23.7 | 21.1 | 6000 | 7000 | 0.336 | 61914-N | 61914-ZN |
| | 110 | 20 | 77 | 103 | 118 | 2.2 | 1 | 0.5 | 82.0 | 98.0 | 106.81 | 100.5 | 1.1 | 38.5 | 30.5 | 5600 | 6700 | 0.57 | 6014-N | 6014-ZN |
| | 125 | 24 | 79 | 116 | 136 | 3.2 | 1.5 | 0.5 | 89.0 | 109.0 | 120.22 | 111.8 | 1.5 | 60.8 | 45.0 | 4800 | 6000 | 1.04 | 6214-N | 6214-ZN |

（续）

| 公称尺寸/mm | | | 安装尺寸/mm | | | | | | 其他尺寸/mm | | | | | 基本额定载荷/kN | | 极限转速/(r/min) | | 质量/kg | 轴承代号 | |
|---|---|---|---|---|---|---|---|---|---|---|---|---|---|---|---|---|---|---|---|---|
| d | D | B | $d_a$ min | $D_a$ max | $D_b$ | $r_a$ max | $a_1$ | $r_1$ max | $d_2$ | $D_2$ | $D_1$ max | $D_3$ | r min | $C_r$ | $C_{0r}$ | 脂 | 油 | W ≈ | 60000-N型 | 60000-ZN型 |
| 70 | 150 | 35 | 82 | 138 | 161 | 2.1 | 3.9 | 0.5 | 94.8 | 125.3 | 145.24 | 128.0 | 2.1 | 105 | 68.0 | 4300 | 5000 | 2.60 | 6314-N | 6314-ZN |
|  | 180 | 42 | 84 | 166 | 194 | 2.5 | 4.8 | 0.5 | 105.6 | 146.4 | 173.66 | — | 3 | 140 | 99.5 | 3800 | 4500 | 4.896 | 6414-N | 6414-ZN |
| 75 | 95 | 10 | 79 | 91 | 101.0 | 0.6 | 1.4 | 0.5 | 81.1 | 88.9 | 92.9 | 90.6 | 0.6 | 12.5 | 12.8 | 6000 | 7000 | 0.147 | 61815-N | 61815-ZN |
|  | 105 | 16 | 81 | 100 | 112.0 | 1 | 2.1 | 0.5 | 84.3 | 95.7 | 102.6 | 97.6 | 1 | 24.3 | 22.5 | 5600 | 6700 | 0.355 | 61915-N | 61915-ZN |
|  | 115 | 20 | 82 | 108 | 123 | 1 | 2.2 | 0.5 | 88.0 | 104.0 | 111.81 | 106.5 | 1.1 | 40.2 | 33.2 | 5300 | 6300 | 0.64 | 6015-N | 6015-ZN |
|  | 130 | 25 | 84 | 121 | 141 | 1.5 | 3.2 | 0.5 | 94.0 | 115.0 | 125.22 | 117.8 | 1.1 | 66.0 | 49.5 | 4500 | 5600 | 1.180 | 6215-N | 6215-ZN |
|  | 160 | 37 | 87 | 148 | 171 | 2.1 | 3.9 | 0.5 | 101.3 | 133.7 | 155.22 | 136.5 | 1.5 | 113 | 76.8 | 4000 | 4800 | 3.050 | 6315-N | 6315-ZN |
|  | 190 | 45 | 89 | 176 | 204 | 2.5 | 4.8 | 0.5 | 112.1 | 155.9 | 183.64 | — | 2.1 | 154 | 115 | 3600 | 4300 | 5.739 | 6415-N | 6415-ZN |
| 80 | 100 | 10 | 84 | 96 | 106.0 | 0.6 | 1.4 | 0.5 | 86.1 | 93.9 | 97.9 | 95.6 | 0.6 | 12.7 | 13.3 | 5600 | 6700 | 0.155 | 61816-N | 61816-ZN |
|  | 110 | 16 | 86 | 105 | 117.0 | 1 | 2.1 | 0.5 | 89.3 | 100.7 | 107.6 | 102.6 | 1 | 24.9 | 23.9 | 5300 | 6300 | 0.375 | 61916-N | 61916-ZN |
|  | 125 | 22 | 87 | 118 | 136 | 1 | 2.2 | 0.5 | 95.2 | 112.8 | 120.22 | 115.6 | 1.1 | 47.5 | 39.8 | 5000 | 6000 | 0.830 | 6016-N | 6016-ZN |
|  | 140 | 26 | 90 | 130 | 151 | 2 | 3.9 | 0.5 | 100.0 | 122.0 | 135.23 | 124.8 | 2 | 71.5 | 54.2 | 4300 | 5300 | 3.620 | 6216-N | 6216-ZN |
|  | 170 | 39 | 92 | 158 | 184 | 2.1 | 4.6 | 0.5 | 107.9 | 142.0 | 163.65 | 144.9 | 2.1 | 123 | 86.5 | 3800 | 4500 | 3.620 | 6316-N | 6316-ZN |
|  | 200 | 48 | 94 | 186 | 214 | 2.5 | 4.8 | 0.5 | 117.1 | 162.9 | 193.65 | — | 3 | 163 | 125 | 3400 | 4000 | 6.740 | 6416-N | 6416-ZN |
| 85 | 110 | 13 | 90 | 105 | 117.0 | 1 | 1.7 | 0.5 | 92.5 | 102.5 | 107.6 | 104.4 | 1 | 19.2 | 19.8 | 5000 | 6300 | 0.245 | 61817-N | 61817-ZN |
|  | 120 | 18 | 92 | 113.5 | 127.0 | 1 | 2.6 | 0.5 | 95.8 | 109.2 | 117.6 | 111.1 | 1.1 | 31.9 | 29.7 | 4800 | 6000 | 0.507 | 61917-N | 61917-ZN |
|  | 130 | 22 | 92 | 123 | 141 | 1 | 2.2 | 0.5 | 99.4 | 117.6 | 125.22 | 120.4 | 1.1 | 50.8 | 42.8 | 4500 | 5600 | 0.860 | 6017-N | 6017-ZN |
|  | 150 | 28 | 95 | 140 | 161 | 2 | 3.9 | 0.5 | 107.1 | 130.9 | 145.24 | 133.7 | 2 | 83.2 | 63.8 | 4000 | 5000 | 1.750 | 6217-N | 6217-ZN |
|  | 180 | 41 | 99 | 166 | 191 | 2.5 | 4.6 | 0.5 | 114.4 | 150.6 | 173.66 | 153.4 | 3 | 132 | 96.5 | 3600 | 4300 | 4.270 | 6317-N | 6317-ZN |
|  | 210 | 52 | 103 | 192 | 224 | 3 | 4.8 | 0.5 | 123.5 | 171.5 | 203.6 | — | 4 | 175 | 138 | 3200 | 3800 | 7.933 | 6417-N | 6417-ZN |
| 90 | 115 | 13 | 95 | 110 | 122.0 | 1 | 1.7 | 0.5 | 97.5 | 107.5 | 112.6 | 109.4 | 1 | 19.5 | 20.5 | 4800 | 6000 | 0.258 | 61818-N | 61818-ZN |
|  | 125 | 18 | 97 | 118.5 | 132.0 | 1 | 2.6 | 0.5 | 100.8 | 114.2 | 122.6 | 116.1 | 1.1 | 32.8 | 31.5 | 4500 | 5600 | 0.533 | 61918-N | 61918-ZN |
|  | 140 | 24 | 99 | 131 | 151 | 1.5 | 2.8 | 0.5 | 107.2 | 126.8 | 135.23 | 129.6 | 1.1 | 58.0 | 49.8 | 4300 | 5300 | 1.10 | 6018-N | 6018-ZN |
|  | 160 | 30 | 100 | 150 | 171 | 2 | 3.9 | 0.5 | 111.7 | 138.4 | 155.22 | 141.1 | 2 | 95.8 | 71.5 | 3800 | 4800 | 2.20 | 6218-N | 6218-ZN |
| 95 | 120 | 13 | 100 | 115 | 127.0 | 1 | 1.7 | 0.5 | 102.5 | 112.5 | 117.6 | 114.4 | 1 | 19.8 | 21.3 | 4500 | 5600 | 0.270 | 61819-N | 61819-ZN |
|  | 130 | 18 | 102 | 124 | 137.0 | 1.5 | 2.8 | 0.5 | 105.8 | 119.2 | 127.6 | 121.1 | 1.1 | 33.7 | 33.3 | 4300 | 5300 | 0.558 | 61919-N | 61919-ZN |
|  | 145 | 24 | 104 | 136 | 156 | 1.5 | 2.8 | 0.5 | 110.2 | 129.8 | 140.23 | 132.6 | 1.5 | 57.8 | 50.0 | 4000 | 5000 | 1.140 | 6019-N | 6019-ZN |
|  | 170 | 32 | 107 | 158 | 184 | 2.1 | 4.6 | 0.5 | 118.1 | 146.9 | 163.65 | 149.7 | 2.1 | 110 | 82.8 | 3600 | 4500 | 2.350 | 6219-N | 6219-ZN |
| 100 | 125 | 13 | 105 | 120 | 132.0 | 1 | 1.7 | 0.5 | 107.5 | 117.5 | 122.6 | 119.4 | 1 | 20.1 | 22.0 | 4300 | 5300 | 0.283 | 61820-N | 61820-ZN |
|  | 140 | 20 | 107 | 133 | 147.0 | 1.5 | 2.8 | 0.5 | 112.3 | 127.8 | 137.6 | 130.1 | 1.1 | 42.7 | 41.9 | 4000 | 5000 | 0.774 | 61920-N | 61920-ZN |
|  | 150 | 24 | 109 | 141 | 161 | 1.5 | 2.8 | 0.5 | 114.6 | 135.4 | 145.24 | 138.2 | 1.5 | 64.5 | 56.2 | 3800 | 4800 | 1.250 | 6020-N | 6020-ZN |
|  | 180 | 34 | 112 | 168 | 194 | 2.1 | 4.6 | 0.5 | 124.8 | 155.3 | 173.66 | 158.0 | 2.1 | 122 | 92.8 | 3400 | 4300 | 3.120 | 6220-N | 6220-ZN |

表 6.1-46　带密封圈的深沟球轴承（摘自 GB/T 276—1994）

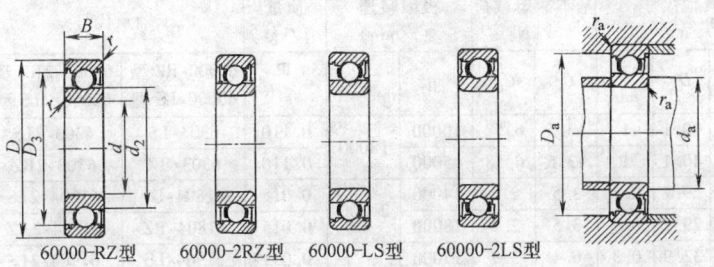

60000-RZ型　　60000-2RZ型　　60000-LS型　　60000-2LS型

代号含义:
RZ——一面带橡胶骨架密封圈（非接触式）
2RZ——两面带橡胶骨架密封圈（非接触式）
LS——一面带橡胶骨架密封圈（接触式）
2LS——两面带橡胶骨架密封圈（接触式）

| 公称尺寸 /mm | | | 安装尺寸 /mm | | | 其他尺寸 /mm | | | 基本额定载荷 /kN | | 极限转速 /(r/min) | | 质量 /kg | 轴承代号 | |
|---|---|---|---|---|---|---|---|---|---|---|---|---|---|---|---|
| $d$ | $D$ | $B$ | $d_a$ min | $D_a$ max | $r_a$ max | $d_2$ | $D_3$ | $r$ min | $C_r$ | $C_{0r}$ | 脂 | 油 | $W \approx$ | 60000-RZ 型 60000-LS 型 | 60000-2RZ 型 60000-2LS 型 |
| 10 | 19 | 5 | 12 | 17 | 0.3 | 12.6 | 17.3 | 0.3 | 1.8 | 0.93 | 21000 | 36000 | 0.005 | 61800-LS | 61800-2LS |
| | 19 | 5 | 12 | 17 | 0.3 | 12.6 | 17.3 | 0.3 | 1.8 | 0.93 | 28000 | | 0.005 | 61800-RZ | 61800-2RZ |
| | 22 | 6 | 12.4 | 20 | 0.3 | 13.5 | 19.4 | 0.3 | 2.7 | 1.3 | 19000 | 32000 | 0.008 | 61900-LS | 61900-2LS |
| | 22 | 6 | 12.4 | 20 | 0.3 | 13.5 | 19.4 | 0.3 | 2.7 | 1.3 | 25000 | | 0.008 | 61900-RZ | 61900-2RZ |
| | 26 | 8 | 12.4 | 23.6 | 0.3 | 14.9 | 22.6 | 0.3 | 4.58 | 1.98 | 15000 | 30000 | 0.019 | 6000-LS | 6000-2LS |
| | 26 | 8 | 12.4 | 23.6 | 0.3 | 14.9 | 22.6 | 0.3 | 4.58 | 1.98 | 22000 | | 0.019 | 6000-RZ | 6000-2RZ |
| | 30 | 9 | 15 | 26 | 0.6 | 17.4 | 25.2 | 0.6 | 5.10 | 2.38 | 14000 | 26000 | 0.030 | 6200-LS | 6200-2LS |
| | 30 | 9 | 15 | 26 | 0.6 | 17.4 | 25.2 | 0.6 | 5.10 | 2.38 | 20000 | | 0.030 | 6200-RZ | 6200-2RZ |
| | 35 | 11 | 15 | 30 | 0.6 | 19.4 | 29.5 | 0.6 | 7.65 | 3.48 | 12000 | 24000 | 0.050 | 6300-LS | 6300-2LS |
| | 35 | 11 | 15 | 30 | 0.6 | 19.4 | 29.5 | 0.6 | 7.65 | 3.48 | 18000 | | 0.050 | 6300-RZ | 6300-2RZ |
| 12 | 21 | 5 | 14.0 | 19 | 0.3 | 14.6 | 19.3 | 0.3 | 1.9 | 1.0 | 18000 | 32000 | 0.005 | 61801-LS | 61801-2LS |
| | 21 | 5 | 14.0 | 19 | 0.3 | 14.6 | 19.3 | 0.3 | 1.9 | 1.0 | 24000 | | 0.005 | 61801-RZ | 61801-2RZ |
| | 24 | 6 | 14.4 | 22 | 0.3 | 15.5 | 25.6 | 0.3 | 2.9 | 1.5 | 17000 | 28000 | 0.008 | 61901-LS | 61901-2LS |
| | 24 | 6 | 14.4 | 22 | 0.3 | 15.5 | 25.6 | 0.3 | 2.9 | 1.5 | 22000 | | 0.008 | 61901-RZ | 61901-2RZ |
| | 28 | 8 | 14.4 | 25.6 | 0.3 | 17.4 | 24.8 | 0.3 | 5.10 | 2.38 | 14000 | 26000 | 0.020 | 6001-LS | 6001-2LS |
| | 28 | 8 | 14.4 | 25.6 | 0.3 | 17.4 | 24.8 | 0.3 | 5.10 | 2.38 | 20000 | | 0.020 | 6001-RZ | 6001-2RZ |
| | 32 | 10 | 17 | 28.0 | 0.6 | 18.3 | 28.0 | 0.6 | 6.82 | 3.05 | 13000 | 24000 | 0.040 | 6201-LS | 6201-2LS |
| | 32 | 10 | 17 | 28.0 | 0.6 | 18.3 | 28.0 | 0.6 | 6.82 | 3.05 | 19000 | | 0.040 | 6201-RZ | 6201-2RZ |
| | 37 | 12 | 18 | 32.0 | 1 | 19.3 | 31.6 | 1 | 9.72 | 5.08 | 12000 | 22000 | 0.060 | 6301-LS | 6301-2LS |
| | 37 | 12 | 18 | 32.0 | 1 | 19.3 | 31.6 | 1 | 9.72 | 5.08 | 17000 | | 0.060 | 6301-RZ | 6301-2RZ |
| 15 | 24 | 5 | 17.0 | 22 | 0.3 | 17.6 | 22.3 | 0.3 | 2.1 | 1.3 | 17000 | 30000 | 0.005 | 61802-LS | 61802-2LS |
| | 24 | 5 | 17.0 | 22 | 0.3 | 17.6 | 22.3 | 0.3 | 2.1 | 1.3 | 22000 | | 0.005 | 61802-RZ | 61802-2RZ |
| | 28 | 7 | 17.4 | 26 | 0.3 | 18.3 | 25.6 | 0.3 | 4.3 | 2.3 | 15000 | 26000 | 0.012 | 61902-LS | 61902-2LS |
| | 28 | 7 | 17.4 | 26 | 0.3 | 18.3 | 25.6 | 0.3 | 4.3 | 2.3 | 20000 | | 0.012 | 61902-RZ | 61902-2RZ |
| | 32 | 9 | 17.4 | 29.6 | 0.3 | 20.4 | 28.5 | 0.3 | 5.58 | 2.85 | 13000 | 24000 | 0.030 | 6002-LS | 6002-2LS |
| | 32 | 9 | 17.4 | 29.6 | 0.3 | 20.4 | 28.5 | 0.3 | 5.58 | 2.85 | 19000 | | 0.030 | 6002-RZ | 6002-2RZ |
| | 35 | 11 | 20 | 32 | 0.6 | 21.6 | 31.3 | 0.6 | 7.65 | 3.72 | 12000 | 22000 | 0.040 | 6202-LS | 6202-2LS |
| | 35 | 11 | 20 | 32 | 0.6 | 21.6 | 31.3 | 0.6 | 7.65 | 3.72 | 18000 | | 0.040 | 6202-RZ | 6202-2RZ |
| | 42 | 13 | 21 | 37 | 1 | 24.3 | 36.6 | 1 | 11.5 | 5.42 | 11000 | 20000 | 0.080 | 6302-LS | 6302-2LS |
| | 42 | 13 | 21 | 37 | 1 | 24.3 | 36.6 | 1 | 11.5 | 5.42 | 16000 | | 0.080 | 6302-RZ | 6302-2RZ |
| 17 | 26 | 5 | 19.0 | 24 | 0.3 | 19.6 | 24.3 | 0.3 | 2.2 | 1.5 | 15000 | 28000 | 0.007 | 61803-LS | 61803-2LS |
| | 26 | 5 | 19.0 | 24 | 0.3 | 19.6 | 24.3 | 0.3 | 2.2 | 1.5 | 20000 | | 0.007 | 61803-RZ | 61803-2RZ |
| | 30 | 7 | 19.4 | 28 | 0.3 | 20.3 | 27.6 | 0.3 | 4.6 | 2.6 | 14000 | 24000 | 0.014 | 61903-LS | 61903-2LS |
| | 30 | 7 | 19.4 | 28 | 0.3 | 20.3 | 27.6 | 0.3 | 4.6 | 2.6 | 19000 | | 0.014 | 61903-RZ | 61903-2RZ |
| | 35 | 10 | 19.4 | 32.6 | 0.3 | 22.9 | 31.0 | 0.3 | 6.00 | 3.25 | 12000 | 21000 | 0.040 | 6003-LS | 6003-2LS |
| | 35 | 10 | 19.4 | 32.6 | 0.3 | 22.9 | 31.0 | 0.3 | 6.00 | 3.25 | 17000 | | 0.040 | 6003-RZ | 6003-2RZ |
| | 40 | 12 | 22 | 36.0 | 0.6 | 24.6 | 35.3 | 0.6 | 9.58 | 4.78 | 11000 | 20000 | 0.060 | 6203-LS | 6203-2LS |
| | 40 | 12 | 22 | 36.0 | 0.6 | 24.6 | 35.3 | 0.6 | 9.58 | 4.78 | 16000 | | 0.060 | 6203-RZ | 6203-2RZ |

（续）

| 公称尺寸 /mm | | | 安装尺寸 /mm | | | 其他尺寸 /mm | | | 基本额定载荷 /kN | | 极限转速 /(r/min) | | 质量 /kg | 轴承代号 | |
|---|---|---|---|---|---|---|---|---|---|---|---|---|---|---|---|
| $d$ | $D$ | $B$ | $d_a$ min | $D_a$ max | $r_a$ max | $d_2$ | $D_3$ | $r$ min | $C_r$ | $C_{0r}$ | 脂 | 油 | $W$ ≈ | 60000-RZ型 60000-LS型 | 60000-2RZ型 60000-2LS型 |
| 17 | 47 | 14 | 23 | 41.0 | 1 | 26.8 | 40.1 | 1 | 13.5 | 6.58 | 10000 | 18000 | 0.110 | 6303-LS | 6303-2LS |
| | 47 | 14 | 23 | 41.0 | 1 | 26.8 | 40.1 | 1 | 13.5 | 6.58 | 15000 | | 0.110 | 6303-RZ | 6303-2RZ |
| 20 | 32 | 7 | 22.4 | 30 | 0.3 | 23.5 | 29.7 | 0.3 | 3.5 | 2.2 | 14000 | 24000 | 0.015 | 61804-LS | 61804-2LS |
| | 32 | 7 | 22.4 | 30 | 0.3 | 23.5 | 29.7 | 0.3 | 3.5 | 2.2 | 18000 | | 0.015 | 61804-RZ | 61804-2RZ |
| | 37 | 9 | 22.4 | 34.6 | 0.3 | 25.2 | 32.9 | 0.3 | 6.4 | 3.7 | 13000 | 22000 | 0.031 | 61904-LS | 61904-2LS |
| | 37 | 9 | 22.4 | 34.6 | 0.3 | 25.2 | 32.9 | 0.3 | 6.4 | 3.7 | 17000 | | 0.031 | 61904-RZ | 61904-2RZ |
| | 42 | 12 | 25 | 38.0 | 0.6 | 26.9 | 37.0 | 0.6 | 9.38 | 5.02 | 11000 | 19000 | 0.070 | 6004-LS | 6004-2LS |
| | 42 | 12 | 25 | 38.0 | 0.6 | 26.9 | 37.0 | 0.6 | 9.38 | 5.02 | 16000 | | 0.070 | 6004-RZ | 6004-2RZ |
| | 47 | 14 | 26 | 42.0 | 1 | 29.3 | 41.6 | 1 | 12.8 | 6.65 | 9500 | 18000 | 0.100 | 6204-LS | 6204-2LS |
| | 47 | 14 | 26 | 42.0 | 1 | 29.3 | 41.6 | 1 | 12.8 | 6.65 | 14000 | | 0.100 | 6204-RZ | 6204-2RZ |
| | 52 | 15 | 27 | 45 | 1.1 | 29.8 | 44.4 | 1.1 | 15.8 | 7.88 | 9000 | 16000 | 0.140 | 6304-LS | 6304-2LS |
| | 52 | 15 | 27 | 45 | 1.1 | 29.8 | 44.4 | 1.1 | 15.8 | 7.88 | 13000 | | — | 6304-RZ | 6304-2RZ |
| 25 | 37 | 7 | 27.4 | 35 | 0.3 | 28.2 | 34.9 | 0.3 | 4.3 | 2.9 | 12000 | 20000 | 0.017 | 61805-LS | 61805-2LS |
| | 37 | 7 | 27.4 | 35 | 0.3 | 28.2 | 34.9 | 0.3 | 4.3 | 2.9 | 16000 | | 0.017 | 61805-RZ | 61805-2RZ |
| | 42 | 9 | 27.4 | 40 | 0.3 | 30.2 | 37.9 | 0.3 | 7.0 | 4.5 | 11000 | 18000 | 0.038 | 61905-LS | 61905-2LS |
| | 42 | 9 | 27.4 | 40 | 0.3 | 30.2 | 37.9 | 0.3 | 7.0 | 4.5 | 14000 | | 0.038 | 61905-RZ | 61905-2RZ |
| | 47 | 12 | 30 | 43 | 0.6 | 31.9 | 42.0 | 0.6 | 10.0 | 5.85 | 9000 | 17000 | 0.080 | 6005-LS | 6005-2LS |
| | 47 | 12 | 30 | 43 | 0.6 | 31.9 | 42.0 | 0.6 | 10.0 | 5.85 | 13000 | | 0.080 | 6005-RZ | 6005-2RZ |
| | 52 | 15 | 31 | 47 | 1 | 33.8 | 46.4 | 1 | 14.0 | 7.88 | 8000 | 15000 | 0.120 | 6205-LS | 6205-2LS |
| | 52 | 15 | 31 | 47 | 1 | 33.8 | 46.4 | 1 | 14.0 | 7.88 | 12000 | | 0.120 | 6205-RZ | 6205-2RZ |
| | 62 | 17 | 32 | 55 | 1.1 | 36.0 | 53.2 | 1.1 | 22.2 | 11.5 | 6800 | 14000 | 0.220 | 6305-LS | 6305-2LS |
| | 62 | 17 | 32 | 55 | 1.1 | 36.0 | 53.2 | 1.1 | 22.2 | 11.5 | 10000 | | 0.220 | 6305-RZ | 6305-2RZ |
| 30 | 42 | 7 | 32.4 | 40 | 0.3 | 33.2 | 39.9 | 0.3 | 4.7 | 3.6 | 11000 | 17000 | 0.019 | 61806-LS | 61806-2LS |
| | 42 | 7 | 32.4 | 40 | 0.3 | 33.2 | 39.9 | 0.3 | 4.7 | 3.6 | 13000 | | 0.019 | 61806-RZ | 61806-2RZ |
| | 47 | 9 | 32.4 | 44.6 | 0.3 | 35.2 | 42.9 | 0.3 | 7.2 | 5.0 | 9000 | 16000 | 0.043 | 61906-LS | 61906-2LS |
| | 47 | 9 | 32.4 | 44.6 | 0.3 | 35.2 | 42.9 | 0.3 | 7.2 | 5.0 | 12000 | | 0.043 | 61906-RZ | 61906-2RZ |
| | 55 | 13 | 36 | 50 | 1 | 38.4 | 49.8 | 1 | 13.2 | 8.30 | 7500 | 14000 | 0.120 | 6006-LS | 6006-2LS |
| | 55 | 13 | 36 | 50 | 1 | 38.4 | 49.8 | 1 | 13.2 | 8.30 | 11000 | | 0.120 | 6006-RZ | 6006-2RZ |
| | 62 | 16 | 36 | 56 | 1 | 40.8 | 54.4 | 1 | 19.5 | 11.5 | 6700 | 13000 | 0.190 | 6206-LS | 6206-2LS |
| | 62 | 16 | 36 | 56 | 1 | 40.8 | 54.4 | 1 | 19.5 | 11.5 | 9500 | | 0.190 | 6206-RZ | 6206-2RZ |
| | 72 | 19 | 37 | 65 | 1 | 44.8 | 61.4 | 1.1 | 27.0 | 15.2 | 6000 | 11000 | 0.350 | 6306-LS | 6306-2LS |
| | 72 | 19 | 37 | 65 | 1 | 44.8 | 61.4 | 1.1 | 27.0 | 15.2 | 9000 | | 0.350 | 6306-RZ | 6306-2RZ |
| 35 | 47 | 7 | 37.4 | 45 | 0.3 | 38.2 | 44.9 | 0.3 | 4.9 | 4.0 | 9000 | 15000 | 0.023 | 61807-LS | 61807-2LS |
| | 47 | 7 | 37.4 | 45 | 0.3 | 38.2 | 44.9 | 0.3 | 4.9 | 4.0 | 11000 | | 0.023 | 61807-RZ | 61807-2RZ |
| | 55 | 10 | 40 | 51 | 0.6 | 41.1 | 50.3 | 0.6 | 9.5 | 6.8 | 7500 | 13000 | 0.078 | 61907-LS | 61907-2LS |
| | 55 | 10 | 40 | 51 | 0.6 | 41.1 | 50.3 | 0.6 | 9.5 | 6.8 | 10000 | | 0.078 | 61907-RZ | 61907-2RZ |
| | 62 | 14 | 41 | 56 | 1 | 43.3 | 55.9 | 1 | 16.2 | 10.5 | 6500 | 12000 | 0.160 | 6007-LS | 6007-2LS |
| | 62 | 14 | 41 | 56 | 1 | 43.3 | 55.9 | 1 | 16.2 | 10.5 | 9500 | | 0.160 | 6007-RZ | 6007-2RZ |
| | 72 | 17 | 42 | 65 | 1 | 46.8 | 62.4 | 1.1 | 25.5 | 15.2 | 5800 | 11000 | 0.270 | 6207-LS | 6207-2LS |
| | 72 | 17 | 42 | 65 | 1 | 46.8 | 62.4 | 1.1 | 25.5 | 15.2 | 8500 | | 0.270 | 6207-RZ | 6207-2RZ |
| | 80 | 21 | 44 | 71 | 1.5 | 50.4 | 68.8 | 1.5 | 33.4 | 19.2 | 5400 | 9500 | 0.420 | 6307-LS | 6307-2LS |
| | 80 | 21 | 44 | 71 | 1.5 | 50.4 | 68.8 | 1.5 | 33.4 | 19.2 | 8000 | | 0.420 | 6307-RZ | 6307-2RZ |
| 40 | 52 | 7 | 42.4 | 50 | 0.3 | 43.2 | 49.9 | 0.3 | 5.1 | 4.4 | 7500 | 13000 | 0.026 | 61808-LS | 61808-2LS |
| | 52 | 7 | 42.4 | 50 | 0.3 | 43.2 | 49.9 | 0.3 | 5.1 | 4.4 | 10000 | | 0.026 | 61808-RZ | 61808-2RZ |
| | 62 | 12 | 45 | 58 | 0.6 | 46.3 | 57.1 | 0.6 | 13.7 | 9.9 | 7000 | 12000 | 0.103 | 61908-LS | 61908-2LS |
| | 62 | 12 | 45 | 58 | 0.6 | 46.3 | 57.1 | 0.6 | 13.7 | 9.9 | 9500 | | 0.103 | 61908-RZ | 61908-2RZ |
| | 68 | 15 | 46 | 62 | 1 | 48.8 | 61.4 | 1 | 17.0 | 11.8 | 6000 | 11000 | 0.190 | 6008-LS | 6008-2LS |

（续）

| 公称尺寸 /mm | | | 安装尺寸 /mm | | | 其他尺寸 /mm | | | 基本额定载荷 /kN | | 极限转速 /(r/min) | | 质量 /kg | 轴承代号 | |
|---|---|---|---|---|---|---|---|---|---|---|---|---|---|---|---|
| $d$ | $D$ | $B$ | $d_a$ min | $D_a$ max | $r_a$ max | $d_2$ | $D_3$ | $r$ min | $C_r$ | $C_{0r}$ | 脂 | 油 | $W$ ≈ | 60000-RZ 型 60000-LS 型 | 60000-2RZ 型 60000-2LS 型 |
| 40 | 68 | 15 | 46 | 62 | 1 | 48.8 | 61.4 | 1 | 17.0 | 11.8 | 9000 | 11000 | 0.190 | 6008-RZ | 6008-2RZ |
| | 80 | 18 | 47 | 73 | 1 | 52.8 | 69.4 | 1.1 | 29.5 | 18.0 | 5400 | 10000 | 0.370 | 6208-LS | 6208-2LS |
| | 80 | 18 | 47 | 73 | 1 | 52.8 | 69.4 | 1.1 | 29.5 | 18.0 | 8000 | | 0.370 | 6208-RZ | 6208-2RZ |
| | 90 | 23 | 49 | 81 | 1.5 | 56.5 | 77.0 | 1.5 | 40.8 | 24.0 | 4800 | 8500 | 0.630 | 6308-LS | 6308-2LS |
| | 90 | 23 | 49 | 81 | 1.5 | 56.5 | 77.0 | 1.5 | 40.8 | 24.0 | 7000 | | 0.630 | 6308-RZ | 6308-2RZ |
| 45 | 58 | 7 | 47.4 | 56 | 0.3 | 48.3 | 55.8 | 0.3 | 6.4 | 5.6 | 6800 | 12000 | 0.030 | 61809-LS | 61809-2LS |
| | 58 | 7 | 47.4 | 56 | 0.3 | 48.3 | 55.8 | 0.3 | 6.4 | 5.6 | 9000 | | 0.030 | 61809-RZ | 61809-2RZ |
| | 68 | 12 | 50 | 63 | 0.6 | 51.8 | 62.6 | 0.6 | 14.1 | 10.9 | 6400 | 11000 | 0.123 | 61909-LS | 61909-2LS |
| | 68 | 12 | 50 | 63 | 0.6 | 51.8 | 62.6 | 0.6 | 14.1 | 10.9 | 8500 | | 0.123 | 61909-RZ | 61909-2RZ |
| | 75 | 16 | 51 | 69 | 1 | 54.2 | 68.1 | 1 | 21.0 | 14.8 | 5400 | 10000 | 0.240 | 6009-LS | 6009-2LS |
| | 75 | 16 | 51 | 69 | 1 | 54.2 | 68.1 | 1 | 21.0 | 14.8 | 8000 | | 0.240 | 6009-RZ | 6009-2RZ |
| | 85 | 19 | 52 | 78 | 1 | 58.8 | 75.7 | 1.1 | 31.5 | 20.5 | 4800 | 9000 | 0.420 | 6209-LS | 6209-2LS |
| | 85 | 19 | 52 | 78 | 1 | 58.8 | 75.7 | 1.1 | 31.5 | 20.5 | 7000 | | 0.420 | 6209-RZ | 6209-2RZ |
| | 100 | 25 | 54 | 91 | 1.5 | 63.0 | 86.5 | 1.5 | 52.8 | 31.8 | 4300 | 7500 | 0.830 | 6309-LS | 6309-2LS |
| | 100 | 25 | 54 | 91 | 1.5 | 63.0 | 86.5 | 1.5 | 52.8 | 31.8 | 6300 | | 0.830 | 6309-RZ | 6309-2RZ |
| 50 | 65 | 7 | 52.4 | 62.6 | 0.3 | 54.3 | 61.8 | 0.3 | 6.6 | 6.1 | 6400 | 10000 | 0.043 | 61810-LS | 61810-2LS |
| | 65 | 7 | 52.4 | 62.6 | 0.3 | 54.3 | 61.8 | 0.3 | 6.6 | 6.1 | 8500 | | 0.043 | 61810-RZ | 61810-2RZ |
| | 72 | 12 | 55 | 68 | 0.6 | 56.3 | 67.1 | 0.6 | 14.5 | 11.7 | 6000 | 9500 | 0.122 | 61910-LS | 61910-2LS |
| | 72 | 12 | 55 | 68 | 0.6 | 56.3 | 67.1 | 0.6 | 14.5 | 11.7 | 8000 | | 0.122 | 61910-RZ | 61910-2RZ |
| | 80 | 16 | 56 | 74 | 1 | 59.2 | 73.1 | 1 | 22.0 | 16.2 | 4800 | 9000 | 0.280 | 6010-LS | 6010-2LS |
| | 80 | 16 | 56 | 74 | 1 | 59.2 | 73.1 | 1 | 22.0 | 16.2 | 7000 | | 0.280 | 6010-RZ | 6010-2RZ |
| | 90 | 20 | 57 | 83 | 1 | 62.4 | 80.1 | 1.1 | 35.0 | 23.2 | 4600 | 8500 | 0.470 | 6210-LS | 6210-2LS |
| | 90 | 20 | 57 | 83 | 1 | 62.4 | 80.1 | 1.1 | 35.0 | 23.2 | 6700 | | 0.470 | 6210-RZ | 6210-2RZ |
| | 110 | 27 | 60 | 100 | 2 | 69.1 | 94.4 | 2 | 61.8 | 38.0 | 4100 | 7000 | 1.080 | 6310-LS | 6310-2LS |
| | 110 | 27 | 60 | 100 | 2 | 69.1 | 94.4 | 2 | 61.8 | 38.0 | 6000 | | 1.080 | 6310-RZ | 6310-2RZ |
| 55 | 72 | 9 | 57.4 | 69.6 | 0.3 | 60.2 | 68.3 | 0.3 | 9.1 | 8.4 | 6000 | 9500 | 0.070 | 61811-LS | 61811-2LS |
| | 72 | 9 | 57.4 | 69.6 | 0.3 | 60.2 | 68.3 | 0.3 | 9.1 | 8.4 | 8000 | | 0.070 | 61811-RZ | 61811-2RZ |
| | 80 | 13 | 61 | 75 | 1 | 62.9 | 73.6 | 1 | 15.9 | 13.2 | 5600 | 9000 | 0.170 | 61911-LS | 61911-2LS |
| | 80 | 13 | 61 | 75 | 1 | 62.9 | 73.6 | 1 | 15.9 | 13.2 | 7500 | | 0.170 | 61911-RZ | 61911-2RZ |
| | 90 | 18 | 62 | 83 | 1 | 65.4 | 82.2 | 1.1 | 30.2 | 21.8 | 4800 | 8500 | 0.380 | 6011-LS | 6011-2LS |
| | 90 | 18 | 62 | 83 | 1 | 65.4 | 82.2 | 1.1 | 30.2 | 21.8 | 7000 | | 0.380 | 6011-RZ | 6011-2RZ |
| | 100 | 21 | 64 | 91 | 1.5 | 68.9 | 88.6 | 1.5 | 43.2 | 29.2 | 4100 | 7500 | 0.580 | 6211-LS | 6211-2LS |
| | 100 | 21 | 64 | 91 | 1.5 | 68.9 | 88.6 | 1.5 | 43.2 | 29.2 | 6000 | | 0.580 | 6211-RZ | 6211-2RZ |
| | 120 | 29 | 65 | 110 | 2 | 76.1 | 103.4 | 2 | 71.5 | 44.8 | 3800 | 6700 | 1.370 | 6311-LS | 6311-2LS |
| | 120 | 29 | 65 | 110 | 2 | 76.1 | 103.4 | 2 | 71.5 | 44.8 | 5600 | | 1.370 | 6311-RZ | 6311-2RZ |
| 60 | 78 | 10 | 62.4 | 75.6 | 0.3 | 66.2 | 74.6 | 0.3 | 9.1 | 8.7 | 5300 | 8500 | 0.093 | 61812-LS | 61812-2LS |
| | 78 | 10 | 62.4 | 75.6 | 0.3 | 66.2 | 74.6 | 0.3 | 9.1 | 8.7 | 7000 | | 0.093 | 61812-RZ | 61812-2RZ |
| | 85 | 13 | 66 | 80 | 1 | 67.9 | 78.6 | 1 | 16.4 | 14.2 | 5000 | 8000 | 0.181 | 61912-LS | 61912-2LS |
| | 85 | 13 | 66 | 80 | 1 | 67.9 | 78.6 | 1 | 16.4 | 14.2 | 6700 | | 0.181 | 61912-RZ | 61912-2RZ |
| | 95 | 18 | 67 | 89 | 1 | 71.4 | 88.2 | 1.1 | 31.5 | 24.2 | 4300 | 7500 | 0.410 | 6012-LS | 6012-2LS |
| | 95 | 18 | 67 | 89 | 1 | 71.4 | 88.2 | 1.1 | 31.5 | 24.2 | 6300 | | 0.410 | 6012-RZ | 6012-2RZ |
| | 110 | 22 | 69 | 101 | 1.5 | 76.0 | 96.5 | 1.5 | 47.8 | 32.8 | 3800 | 7000 | 0.770 | 6212-LS | 6212-2LS |
| | 110 | 22 | 69 | 101 | 1.5 | 76.0 | 96.5 | 1.5 | 47.8 | 32.8 | 5600 | | 0.770 | 6212-RZ | 6212-2RZ |
| | 130 | 31 | 72 | 118 | 2.1 | 81.7 | 111.1 | 2.1 | 81.8 | 51.8 | 3400 | 6000 | 1.710 | 6312-LS | 6312-2LS |
| | 130 | 31 | 72 | 118 | 2.1 | 81.7 | 111.1 | 2.1 | 81.8 | 51.8 | 5000 | | 1.710 | 6312-RZ | 6312-2RZ |
| 65 | 85 | 10 | 69 | 81 | 0.6 | 71.1 | 80.6 | 0.6 | 11.9 | 11.5 | 5000 | 8000 | 0.130 | 61813-LS | 61813-2LS |
| | 85 | 10 | 69 | 81 | 0.6 | 71.1 | 80.6 | 0.6 | 11.9 | 11.5 | 6700 | | 0.130 | 61813-RZ | 61813-2RZ |

（续）

| 公称尺寸 /mm | | | 安装尺寸 /mm | | | 其他尺寸 /mm | | | 基本额定载荷 /kN | | 极限转速 /(r/min) | | 质量 /kg | 轴承代号 | |
|---|---|---|---|---|---|---|---|---|---|---|---|---|---|---|---|
| d | D | B | $d_a$ min | $D_a$ max | $r_a$ max | $d_2$ | $D_3$ | $r$ min | $C_r$ | $C_{0r}$ | 脂 | 油 | $W$ ≈ | 60000-RZ 型 60000-LS 型 | 60000-2RZ 型 60000-2LS 型 |
| 65 | 90 | 13 | 71 | 85 | 1 | 72.9 | 83.6 | 1 | 17.4 | 16.0 | 4700 | 7500 | 0.196 | 61913-LS | 61913-2LS |
| | 90 | 13 | 71 | 85 | 1 | 72.9 | 83.6 | 1 | 17.4 | 16.0 | 6300 | | 0.196 | 61913-RZ | 61913-2RZ |
| | 100 | 18 | 72 | 93 | 1 | 75.3 | 92.2 | 1.1 | 32.0 | 24.8 | 4100 | 7000 | 0.410 | 6013-LS | 6013-2LS |
| | 100 | 18 | 72 | 93 | 1 | 75.3 | 92.2 | 1.1 | 32.0 | 24.8 | 6000 | | 0.410 | 6013-RZ | 6013-2RZ |
| | 120 | 23 | 74 | 111 | 1.5 | 82.5 | 105.0 | 1.5 | 57.2 | 40.0 | 3400 | 6300 | 0.980 | 6213-LS | 6213-2LS |
| | 120 | 23 | 74 | 111 | 1.5 | 82.5 | 105.0 | 1.5 | 57.2 | 40.0 | 5000 | | 0.980 | 6213-RZ | 6213-2RZ |
| | 140 | 33 | 77 | 128 | 2.1 | 88.1 | 119.7 | 2.1 | 93.8 | 60.5 | 3000 | 5300 | 2.090 | 6313-LS | 6313-2LS |
| | 140 | 33 | 77 | 128 | 2.1 | 88.1 | 119.7 | 2.1 | 93.8 | 60.5 | 4500 | | 2.090 | 6313-RZ | 6313-2RZ |
| 70 | 90 | 10 | 74 | 86 | 0.6 | 76.1 | 85.6 | 0.6 | 12.1 | 11.9 | 4700 | 7500 | 0.138 | 61814-LS | 61814-2LS |
| | 90 | 10 | 74 | 86 | 0.6 | 76.1 | 85.6 | 0.6 | 12.1 | 11.9 | 6300 | | 0.138 | 61814-RZ | 61814-2RZ |
| | 100 | 16 | 76 | 95 | 1 | 79.3 | 92.6 | 1 | 23.7 | 21.1 | 4500 | 7000 | 0.336 | 61914-LS | 61914-2LS |
| | 100 | 16 | 76 | 95 | 1 | 79.3 | 92.6 | 1 | 23.7 | 21.1 | 6000 | | 0.336 | 61914-RZ | 61914-2RZ |
| | 110 | 20 | 77 | 103 | 1 | 82.0 | 100.5 | 1.1 | 38.5 | 30.5 | 3800 | 6700 | 0.60 | 6014-LS | 6014-2LS |
| | 110 | 20 | 77 | 103 | 1 | 82.0 | 100.5 | 1.1 | 38.5 | 30.5 | 5600 | | 0.60 | 6014-RZ | 6014-2RZ |
| | 125 | 24 | 79 | 116 | 1.5 | 89.0 | 111.8 | 1.5 | 60.8 | 45.0 | 3300 | 6000 | 1.04 | 6214-LS | 6214-2LS |
| | 125 | 24 | 79 | 116 | 1.5 | 89.0 | 111.8 | 1.5 | 60.8 | 45.0 | 4800 | | 1.04 | 6214-RZ | 6214-2RZ |
| | 150 | 35 | 82 | 138 | 2.1 | 94.8 | 128.0 | 2.1 | 105 | 68.0 | 2900 | 5000 | 2.60 | 6314-LS | 6314-2LS |
| | 150 | 35 | 82 | 138 | 2.1 | 94.8 | 128.0 | 2.1 | 105 | 68.0 | 4300 | | 2.60 | 6314-RZ | 6314-2RZ |
| 75 | 95 | 10 | 79 | 91 | 0.6 | 81.1 | 90.6 | 0.6 | 12.5 | 12.8 | 4500 | 7000 | 0.147 | 61815-LS | 61815-2LS |
| | 95 | 10 | 79 | 91 | 0.6 | 81.1 | 90.6 | 0.6 | 12.5 | 12.8 | 6000 | | 0.147 | 61815-RZ | 61815-2RZ |
| | 105 | 16 | 81 | 100 | 1 | 84.3 | 97.6 | 1 | 24.3 | 22.5 | 4200 | 6700 | 0.355 | 61915-LS | 61915-2LS |
| | 105 | 16 | 81 | 100 | 1 | 84.3 | 97.6 | 1 | 24.3 | 22.5 | 5600 | | 0.355 | 61915-RZ | 61915-2RZ |
| | 115 | 20 | 82 | 108 | 1 | 88.0 | 106.5 | 1.1 | 40.2 | 33.2 | 3600 | 6300 | 0.64 | 6015-LS | 6015-2LS |
| | 115 | 20 | 82 | 108 | 1 | 88.0 | 106.5 | 1.1 | 40.2 | 33.2 | 5300 | | 0.64 | 6015-RZ | 6015-2RZ |
| | 130 | 25 | 84 | 121 | 1.5 | 94.0 | 117.8 | 1.5 | 66.0 | 49.5 | 3000 | 5600 | 1.18 | 6215-LS | 6215-2LS |
| | 130 | 25 | 84 | 121 | 1.5 | 94.0 | 117.8 | 1.5 | 66.0 | 49.5 | 4500 | | 1.18 | 6215-RZ | 6215-2RZ |
| | 160 | 37 | 87 | 148 | 2.1 | 101.3 | 136.5 | 2.1 | 113 | 76.8 | 2800 | 4800 | 3 | 6315-LS | 6315-2LS |
| | 160 | 37 | 87 | 148 | 2.1 | 101.3 | 136.5 | 2.1 | 113 | 76.8 | 4000 | | 3 | 6315-RZ | 6315-2RZ |
| 80 | 100 | 10 | 84 | 96 | 0.6 | 86.1 | 95.6 | 0.6 | 12.7 | 13.3 | 4200 | 6700 | 0.155 | 61816-LS | 61816-2LS |
| | 100 | 10 | 84 | 96 | 0.6 | 86.1 | 95.6 | 0.6 | 12.7 | 13.3 | 5600 | | 0.155 | 61816-RZ | 61816-2RZ |
| | 110 | 16 | 86 | 105 | 1 | 89.3 | 102.6 | 1 | 24.9 | 23.9 | 4000 | 6300 | 0.375 | 61916-LS | 61916-2LS |
| | 110 | 16 | 86 | 105 | 1 | 89.3 | 102.6 | 1 | 24.9 | 23.9 | 5300 | | 0.375 | 61916-RZ | 61916-2RZ |
| | 125 | 22 | 87 | 118 | 1 | 95.2 | 115.6 | 1.1 | 47.5 | 39.8 | 3400 | 6000 | 1.05 | 6016-LS | 6016-2LS |
| | 125 | 22 | 87 | 118 | 1 | 95.2 | 115.6 | 1.1 | 47.5 | 39.8 | 5000 | | 1.05 | 6016-RZ | 6016-2RZ |
| | 140 | 26 | 90 | 130 | 2 | 100.0 | 124.8 | 2 | 71.5 | 54.2 | 2900 | 5300 | 1.38 | 6216-LS | 6216-2LS |
| | 140 | 26 | 90 | 130 | 2 | 100.0 | 124.8 | 2 | 71.5 | 54.2 | 4300 | | 1.38 | 6216-RZ | 6216-2RZ |
| | 170 | 39 | 92 | 158 | 2.1 | 107.9 | 144.9 | 2.1 | 123 | 86.5 | 2600 | 4500 | 3.62 | 6316-LS | 6316-2LS |
| | 170 | 39 | 92 | 158 | 2.1 | 107.9 | 144.9 | 2.1 | 123 | 86.5 | 3800 | | 3.62 | 6316-RZ | 6316-2RZ |
| 85 | 110 | 13 | 90 | 105 | 1 | 92.5 | 104.4 | 1 | 19.2 | 19.8 | 3800 | 6300 | 0.245 | 61817-LS | 61817-2LS |
| | 110 | 13 | 90 | 105 | 1 | 92.5 | 104.4 | 1 | 19.2 | 19.8 | 5000 | | 0.245 | 61817-RZ | 61817-2RZ |
| | 120 | 18 | 92 | 113.5 | 1 | 95.8 | 111.1 | 1.1 | 31.9 | 29.7 | 3600 | 6000 | 0.507 | 61917-LS | 61917-2LS |
| | 120 | 18 | 92 | 113.5 | 1 | 95.8 | 111.1 | 1.1 | 31.9 | 29.7 | 4800 | | 0.507 | 61917-RZ | 61917-2RZ |
| | 130 | 22 | 92 | 123 | 1 | 99.4 | 120.4 | 1.1 | 50.8 | 42.8 | 3200 | 5600 | 1.10 | 6017-LS | 6017-2LS |
| | 130 | 22 | 92 | 123 | 1 | 99.4 | 120.4 | 1.1 | 50.8 | 42.8 | 4500 | | 1.10 | 6017-RZ | 6017-2RZ |
| | 150 | 28 | 95 | 140 | 2 | 107.1 | 133.7 | 2 | 83.2 | 63.8 | 2800 | 5000 | 1.75 | 6217-LS | 6217-2LS |
| | 150 | 28 | 95 | 140 | 2 | 107.1 | 133.7 | 2 | 83.2 | 63.8 | 4000 | | 1.75 | 6217-RZ | 6217-2RZ |

（续）

| 公称尺寸 /mm | | | 安装尺寸 /mm | | | 其他尺寸 /mm | | | 基本额定载荷 /kN | | 极限转速 /(r/min) | | 质量 /kg | 轴承代号 | |
|---|---|---|---|---|---|---|---|---|---|---|---|---|---|---|---|
| $d$ | $D$ | $B$ | $d_a$ min | $D_a$ max | $r_a$ max | $d_2$ | $D_3$ | $r$ min | $C_r$ | $C_{0r}$ | 脂 | 油 | $W$ ≈ | 60000-RZ 型 60000-LS 型 | 60000-2RZ 型 60000-2LS 型 |
| 85 | 180 | 41 | 99 | 166 | 2.5 | 114.4 | 153.4 | 3 | 132 | 96.5 | 2400 | 4300 | 4.27 | 6317-LS | 6317-2LS |
|  | 180 | 41 | 99 | 166 | 2.5 | 114.4 | 153.4 | 3 | 132 | 96.5 | 3600 |  | 4.27 | 6317-RZ | 6317-2RZ |
| 90 | 115 | 13 | 95 | 110 | 1 | 97.5 | 109.4 | 1 | 19.5 | 20.5 | 3600 | 6000 | 0.258 | 61818-LS | 61818-2LS |
|  | 115 | 13 | 95 | 110 | 1 | 97.5 | 109.4 | 1 | 19.5 | 20.5 | 4800 |  | 0.258 | 61818-RZ | 61818-2RZ |
|  | 125 | 18 | 97 | 118.5 | 1 | 100.8 | 116.1 | 1.1 | 32.8 | 31.5 | 3400 | 5600 | 0.533 | 61918-LS | 61918-2LS |
|  | 125 | 18 | 97 | 118.5 | 1 | 100.8 | 116.1 | 1.1 | 32.8 | 31.5 | 4500 |  | 0.533 | 61918-RZ | 61918-2RZ |
|  | 140 | 24 | 99 | 131 | 1.5 | 107.2 | 129.6 | 1.5 | 58.0 | 49.8 | 3000 | 5300 | 1.16 | 6018-LS | 6018-2LS |
|  | 140 | 24 | 99 | 131 | 1.5 | 107.2 | 129.6 | 1.5 | 58.0 | 49.8 | 4300 |  | 1.16 | 6018-RZ | 6018-2RZ |
|  | 160 | 30 | 100 | 150 | 2 | 111.7 | 141.1 | 2.0 | 95.8 | 71.5 | 2600 | 4800 | 2.18 | 6218-LS | 6218-2LS |
|  | 160 | 30 | 100 | 150 | 2 | 111.7 | 141.1 | 2.0 | 95.8 | 71.5 | 3800 |  | 2.18 | 6218-RZ | 6218-2RZ |
|  | 190 | 43 | 104 | 176 | 2.5 | 120.8 | 164.0 | 3 | 145 | 108 | 2200 | 4000 | 4.96 | 6318-LS | 6318-2LS |
|  | 190 | 43 | 104 | 176 | 2.5 | 120.8 | 164.0 | 3 | 145 | 108 | 3400 |  | 4.96 | 6318-RZ | 6318-2RZ |
| 95 | 120 | 13 | 100 | 115 | 1 | 102.5 | 114.4 | 1 | 19.8 | 21.3 | 3400 | 5600 | 0.27 | 61819-LS | 61819-2LS |
|  | 120 | 13 | 100 | 115 | 1 | 102.5 | 114.4 | 1 | 19.8 | 21.3 | 4500 |  | 0.27 | 61819-RZ | 61819-2RZ |
|  | 130 | 18 | 102 | 124 | 1 | 105.8 | 121.1 | 1.1 | 33.7 | 33.3 | 3200 | 5300 | 0.558 | 61919-LS | 61919-2LS |
|  | 130 | 18 | 102 | 124 | 1 | 105.8 | 121.1 | 1.1 | 33.7 | 33.3 | 4300 |  | 0.558 | 61919-RZ | 61919-2RZ |
|  | 145 | 24 | 104 | 136 | 1.5 | 110.2 | 132.6 | 1.5 | 57.8 | 50.0 | 2800 | 5000 | 1.21 | 6019-LS | 6019-2LS |
|  | 145 | 24 | 104 | 136 | 1.5 | 110.2 | 132.6 | 1.5 | 57.8 | 50.0 | 4000 |  | 1.21 | 6019-RZ | 6019-2RZ |
|  | 170 | 32 | 107 | 158 | 2.1 | 118.1 | 149.7 | 2.1 | 110 | 82.8 | 2400 | 4500 | 2.62 | 6219-LS | 6219-2LS |
|  | 170 | 32 | 107 | 158 | 2.1 | 118.1 | 149.7 | 2.1 | 110 | 82.8 | 3600 |  | 2.62 | 6219-RZ | 6219-2RZ |
| 100 | 125 | 13 | 105 | 120 | 1 | 107.5 | 119.4 | 1 | 20.1 | 22.0 | 3200 | 5300 | 0.283 | 61820-LS | 61820-2LS |
|  | 125 | 13 | 105 | 120 | 1 | 107.5 | 119.4 | 1 | 20.1 | 22.0 | 4300 |  | 0.283 | 61820-RZ | 61820-2RZ |
|  | 140 | 20 | 107 | 133 | 1 | 112.3 | 130.1 | 1.1 | 42.7 | 41.9 | 3000 | 5000 | 0.774 | 61920-LS | 61920-2LS |
|  | 140 | 20 | 107 | 133 | 1 | 112.3 | 130.1 | 1.1 | 42.7 | 41.9 | 4000 |  | 0.774 | 61920-RZ | 61920-2RZ |
|  | 150 | 24 | 109 | 141 | 1.5 | 114.6 | 138.2 | 1.5 | 64.5 | 56.2 | 2600 | 4800 | 1.25 | 6020-LS | 6020-2LS |
|  | 150 | 24 | 109 | 141 | 1.5 | 114.6 | 138.2 | 1.5 | 64.5 | 56.2 | 3800 |  | 1.25 | 6020-RZ | 6020-2RZ |
|  | 180 | 34 | 112 | 168 | 2.1 | 124.8 | 158.0 | 2.1 | 122 | 92.8 | 2200 | 4300 | 3.2 | 6220-LS | 6220-2LS |
|  | 180 | 34 | 112 | 168 | 2.1 | 124.8 | 158.0 | 2.1 | 122 | 92.8 | 3400 |  | 3.2 | 6220-RZ | 6220-2RZ |
| 105 | 130 | 13 | 110 | 125 | 1 | 112.5 | 124.4 | 1 | 20.3 | 22.7 | 3000 | 5000 | 0.295 | 61821-LS | 61821-2LS |
|  | 130 | 13 | 110 | 125 | 1 | 112.5 | 124.4 | 1 | 20.3 | 22.7 | 4000 |  | 0.295 | 61821-RZ | 61821-2RZ |
|  | 145 | 20 | 112 | 138 | 1 | 117.3 | 135.1 | 1.1 | 43.9 | 44.3 | 2900 | 4800 | 0.808 | 61921-LS | 61921-2LS |
|  | 145 | 20 | 112 | 138 | 1 | 117.3 | 135.1 | 1.1 | 43.9 | 44.3 | 3800 |  | 0.808 | 61921-RZ | 61921-2RZ |
|  | 160 | 26 | 115 | 150 | 2 | 121.5 | 146.4 | 2 | 71.8 | 63.2 | 2400 | 4500 | 1.52 | 6021-LS | 6021-2LS |
|  | 160 | 26 | 115 | 150 | 2 | 121.5 | 146.4 | 2 | 71.8 | 63.2 | 3600 |  | 1.52 | 6021-RZ | 6021-2RZ |
| 110 | 140 | 16 | 115 | 135 | 1 | 119.3 | 133.0 | 1 | 28.1 | 30.7 | 2900 | 5000 | 0.496 | 61822-LS | 61822-2LS |
|  | 140 | 16 | 115 | 135 | 1 | 119.3 | 133.0 | 1 | 28.1 | 30.7 | 3800 |  | 0.496 | 61822-RZ | 61822-2RZ |
|  | 150 | 20 | 117 | 143 | 1 | 122.3 | 140.1 | 1.1 | 43.6 | 44.4 | 2700 | 4500 | 0.835 | 61922-LS | 61922-2LS |
|  | 150 | 20 | 117 | 143 | 1 | 122.3 | 140.1 | 1.1 | 43.6 | 44.4 | 3600 |  | 0.835 | 61922-RZ | 61922-2RZ |
|  | 170 | 28 | 120 | 160 | 2 | 129.1 | 155.7 | 2 | 81.8 | 72.8 | 2200 | 4300 | 1.87 | 6022-LS | 6022-2LS |
|  | 170 | 28 | 120 | 160 | 2 | 129.1 | 155.7 | 2 | 81.8 | 72.8 | 3400 |  | 1.87 | 6022-RZ | 6022-2RZ |
| 120 | 150 | 16 | 125 | 145 | 1 | 129.3 | 143.0 | 1 | 28.9 | 32.9 | 2600 | 4300 | 0.536 | 61824-LS | 61824-2LS |
|  | 150 | 16 | 125 | 145 | 1 | 129.3 | 143.0 | 1 | 28.9 | 32.9 | 3400 |  | 0.536 | 61824-RZ | 61824-2RZ |
|  | 165 | 22 | 127 | 158 | 1 | 133.7 | 153.6 | 1.1 | 55 | 56.9 | 2400 | 4000 | 1.131 | 61924-LS | 61924-2LS |
|  | 165 | 22 | 127 | 158 | 1 | 133.7 | 153.6 | 1.1 | 55 | 56.9 | 3200 |  | 1.131 | 61924-RZ | 61924-2RZ |
|  | 180 | 28 | 130 | 170 | 2 | 137.7 | 165.2 | 2 | 87.5 | 79.2 | 2000 | 3800 | 2 | 6024-LS | 6024-2LS |
|  | 180 | 28 | 130 | 170 | 2 | 137.7 | 165.2 | 2 | 87.5 | 79.2 | 3000 |  | 2 | 6024-RZ | 6024-2RZ |

## 3.2 调心球轴承 (表6.1-47～表6.1-48)

### 表6.1-47 调心球轴承 (摘自 GB/T 281—1994)

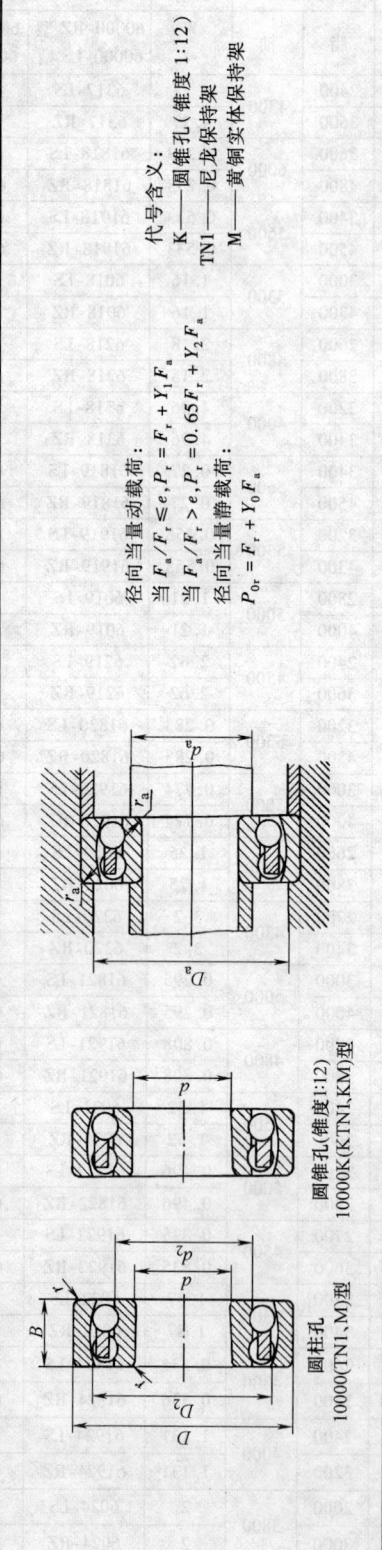

圆柱孔 10000(TN1,M)型

圆锥孔(锥度1:12) 10000K(KTN1,KM)型

径向当量动载荷：
当 $F_a/F_r \le e$, $P_r = F_r + Y_1 F_a$
当 $F_a/F_r > e$, $P_r = 0.65 F_r + Y_2 F_a$
径向当量静载荷：
$P_{0r} = F_r + Y_0 F_a$

代号含义：
K——圆锥孔（锥度1:12）
TN1——尼龙保持架
M——黄铜实体保持架

| 公称尺寸/mm | | | 安装尺寸/mm | | | 其他尺寸/mm | | | e | 计算系数 | | | 基本额定载荷/kN | | 极限转速/(r/min) | | 质量/kg | 轴承代号 | |
|---|---|---|---|---|---|---|---|---|---|---|---|---|---|---|---|---|---|---|---|
| d | D | B | $d_a$ max | $D_a$ max | $r_a$ max | $d_2$ | $D_2$ | $r$ min | | $Y_1$ | $Y_2$ | $Y_0$ | $C_r$ | $C_{0r}$ | 脂 | 油 | $W \approx$ | 圆柱孔 10000(TN1,M)型 | 圆锥孔 10000 K(KTN1,KM)型 |
| 10 | 30 | 9 | 15 | 25 | 0.6 | 16.7 | 24.4 | 0.6 | 0.32 | 2.0 | 3.0 | 2.0 | 5.48 | 1.20 | 24000 | 28000 | 0.035 | 1200 | 1200 K |
| | 30 | 9 | 15 | 25 | 0.6 | 16.7 | 23.5 | 0.6 | 0.31 | 2.1 | 3.17 | 2.1 | 5.40 | 1.20 | 24000 | 28000 | 0.035 | 1200 TN1 | 1200 KTN1 |
| | 30 | 14 | 15 | 25 | 0.6 | 15.3 | 23.32 | 0.6 | 0.62 | 1.0 | 1.6 | 1.1 | 7.12 | 1.58 | 24000 | 28000 | 0.050 | 2200 | 2200 K |
| | 30 | 14 | 15 | 25 | 0.6 | 15.6 | 23.3 | 0.6 | 0.48 | 1.3 | 2.0 | 1.4 | 8.00 | 1.70 | 24000 | 28000 | 0.054 | 2200 TN1 | — |
| | 35 | 11 | 15 | 30 | 0.6 | 18.5 | 26.4 | 0.6 | 0.33 | 1.9 | 3.0 | 2.0 | 7.22 | 1.62 | 20000 | 24000 | 0.06 | 1300 | 1300 K |
| | 35 | 11 | 15 | 30 | 0.6 | — | — | 0.6 | 0.33 | 1.9 | 3.0 | 2.0 | 7.30 | 1.60 | 20000 | 24000 | 0.062 | 1300 TN1 | — |
| | 35 | 17 | 15 | 30 | 0.6 | 18.5 | 25.4 | 0.6 | 0.66 | 0.95 | 1.5 | 1.0 | 11.0 | 2.45 | 18000 | 22000 | 0.09 | 2300 | 2300 K |
| | 35 | 17 | 15 | 30 | 0.6 | 17.1 | 26.2 | 0.6 | 0.56 | 1.1 | 1.7 | 1.1 | 10.8 | 2.40 | 18000 | 22000 | 0.097 | 2300 TN1 | — |
| 12 | 32 | 10 | 17 | 27 | 0.6 | 18.5 | 25.4 | 0.6 | 0.33 | 1.9 | 2.9 | 2.0 | 5.55 | 1.25 | 22000 | 26000 | 0.042 | 1201 | 1201 K |
| | 32 | 10 | 17 | 27 | 0.6 | 18.4 | 25.5 | 0.6 | 0.32 | 1.9 | 3.0 | 2.1 | 6.20 | 1.40 | 22000 | 26000 | 0.042 | 1201 TN1 | 1201 KTN1 |
| | 32 | 14 | 17 | 27 | 0.6 | — | — | 0.6 | — | — | — | — | 8.80 | 1.80 | 22000 | 26000 | — | 2201 | 2201 K |
| | 32 | 14 | 17 | 27 | 0.6 | 17.6 | 25.6 | 0.6 | 0.45 | 1.4 | 2.2 | 1.5 | 8.50 | 1.90 | 22000 | 26000 | 0.059 | 2201 TN1 | — |
| | 37 | 12 | 18 | 31 | 0.6 | 20.0 | 30.8 | 1 | 0.35 | 1.8 | 2.8 | 1.9 | 9.42 | 2.12 | 18000 | 22000 | 0.07 | 1301 | 1301 K |
| | 37 | 12 | 18 | 31 | 0.6 | 20.0 | 29.2 | 1 | 0.34 | 1.8 | 2.8 | 1.9 | 9.40 | 2.10 | 18000 | 22000 | 0.071 | 1301 TN1 | — |
| | 37 | 17 | 18 | 31 | 1 | — | — | 1 | — | — | — | — | 12.5 | 2.72 | 17000 | 22000 | — | 2301 | 2301 K |
| | 37 | 17 | 18 | 31 | 1 | 18.8 | 27.5 | 1 | 0.53 | 1.1 | 1.9 | 1.3 | 11.5 | 2.60 | 17000 | 22000 | 0.105 | 2301 TN1 | — |

| d | 代号(K) | 代号 | (3) | (4) | (5) | (6) | (7) | (8) | (9) | (10) | (11) | (12) | (13) | (14) | (15) | (16) | (17) | (18) | (19) |
|---|---|---|---|---|---|---|---|---|---|---|---|---|---|---|---|---|---|---|---|
| 15 | 1202 K | 1202 | 0.051 | 22000 | 18000 | 1.75 | 7.48 | 2.0 | 3.0 | 1.9 | 0.33 | 0.6 | 29.9 | 20.9 | 0.6 | 30 | 20 | 11 | 35 |
| 15 | 1202 KTN1 | 1202 TN1 | 0.051 | 22000 | 18000 | 1.70 | 7.40 | 2.2 | 3.2 | 2.1 | 0.30 | 0.6 | 29.0 | 21.0 | 0.6 | 30 | 20 | 11 | 35 |
| 15 | 2202 K | 2202 | 0.06 | 22000 | 18000 | 1.80 | 7.65 | 1.3 | 2.0 | 1.3 | 0.50 | 0.6 | 30.4 | 20.8 | 0.6 | 30 | 20 | 14 | 35 |
| 15 | — | 2202 TN1 | 0.066 | 22000 | 18000 | 2.00 | 8.70 | 1.7 | 2.5 | 1.6 | 0.39 | 0.6 | 28.6 | 20.5 | 0.6 | 30 | 20 | 14 | 35 |
| 15 | 1302 K | 1302 | 0.1 | 20000 | 16000 | 2.28 | 9.50 | 2.0 | 2.9 | 1.9 | 0.33 | 1 | 34.1 | 23.6 | 1 | 36 | 21 | 13 | 42 |
| 15 | — | 1302 TN1 | 0.097 | 20000 | 16000 | 2.60 | 10.8 | 2.1 | 3.1 | 2.0 | 0.31 | 1 | 33.7 | 23.9 | 1 | 36 | 21 | 13 | 42 |
| 15 | 2302 K | 2302 | 0.11 | 18000 | 14000 | 2.88 | 12.0 | 1.3 | 1.9 | 1.2 | 0.51 | 1 | 35.2 | 23.2 | 1 | 36 | 21 | 17 | 42 |
| 15 | — | 2302 TN1 | 0.126 | 18000 | 14000 | 2.90 | 11.8 | 1.4 | 2.1 | 1.4 | 0.46 | 1 | 33.5 | 23.9 | 1 | 36 | 21 | 17 | 42 |
| 17 | 1203 K | 1203 | 0.076 | 20000 | 16000 | 2.02 | 7.90 | 2.1 | 3.2 | 2.0 | 0.31 | 0.6 | 33.7 | 24.2 | 0.6 | 35 | 22 | 12 | 40 |
| 17 | 1203 KTN1 | 1203 TN1 | 0.075 | 20000 | 16000 | 2.20 | 8.90 | 2.2 | 3.2 | 2.1 | 0.30 | 0.6 | 32.8 | 24.1 | 0.6 | 35 | 22 | 12 | 40 |
| 17 | 2203 K | 2203 | 0.09 | 20000 | 16000 | 2.45 | 9.00 | 1.3 | 1.9 | 1.2 | 0.50 | 0.6 | 34.3 | 23.5 | 0.6 | 35 | 22 | 16 | 40 |
| 17 | — | 2203 TN1 | 0.098 | 20000 | 16000 | 2.50 | 10.5 | 1.6 | 2.4 | 1.6 | 0.40 | 0.6 | 33.1 | 23.6 | 0.6 | 35 | 22 | 16 | 40 |
| 17 | 1303 K | 1303 | 0.14 | 17000 | 14000 | 3.18 | 12.5 | 2.0 | 3.0 | 1.9 | 0.33 | 1 | 38.3 | 26.4 | 1 | 41 | 23 | 14 | 47 |
| 17 | — | 1303 TN1 | 0.131 | 17000 | 14000 | 3.40 | 12.8 | 2.2 | 3.2 | 2.1 | 0.30 | 1 | 39.5 | 28.9 | 1 | 41 | 23 | 14 | 47 |
| 17 | 2303 K | 2303 | 0.17 | 16000 | 13000 | 3.58 | 14.5 | 1.3 | 1.9 | 1.2 | 0.52 | 1 | 39.4 | 25.8 | 1 | 41 | 23 | 19 | 47 |
| 17 | — | 2303 TN1 | 0.175 | 16000 | 13000 | 3.60 | 14.5 | 1.3 | 1.9 | 1.3 | 0.50 | 1 | 37.5 | 26.5 | 1 | 41 | 23 | 19 | 47 |
| 20 | 1204 K | 1204 | 0.12 | 17000 | 14000 | 2.65 | 9.95 | 2.4 | 3.6 | 2.3 | 0.27 | 1 | 39.1 | 28.9 | 1 | 41 | 26 | 14 | 47 |
| 20 | 1204 KTN1 | 1204 TN1 | 0.12 | 17000 | 14000 | 3.40 | 12.8 | 2.2 | 3.2 | 2.1 | 0.30 | 1 | 39.6 | 29.2 | 1 | 41 | 26 | 14 | 47 |
| 20 | 2204 K | 2204 | 0.15 | 17000 | 14000 | 3.28 | 12.5 | 1.4 | 2.0 | 1.3 | 0.48 | 1.1 | 40.4 | 28.0 | 1 | 41 | 26 | 18 | 47 |
| 20 | 2204 KTN1 | 2204 TN1 | 0.152 | 17000 | 14000 | 4.20 | 16.8 | 1.6 | 2.4 | 1.6 | 0.40 | 1.1 | 39.3 | 27.4 | 1 | 41 | 26 | 18 | 47 |
| 20 | 1304 K | 1304 | 0.17 | 15000 | 12000 | 3.38 | 12.5 | 2.3 | 3.4 | 2.2 | 0.29 | 1.1 | 43.6 | 31.3 | 1 | 45 | 27 | 15 | 52 |
| 20 | 1304 KTN1 | 1304 TN1 | 0.169 | 15000 | 12000 | 4.00 | 14.2 | 2.3 | 3.4 | 2.2 | 0.28 | 1.1 | 43.4 | 32.4 | 1 | 45 | 27 | 15 | 52 |
| 20 | 2304 K | 2304 | 0.22 | 14000 | 11000 | 4.75 | 17.8 | 1.3 | 1.9 | 1.2 | 0.51 | 1.1 | 43.7 | 28.8 | 1 | 45 | 27 | 21 | 52 |
| 20 | 2304 KTN1 | 2304 TN1 | 0.238 | 14000 | 11000 | 4.70 | 18.2 | 1.5 | 2.2 | 1.4 | 0.44 | 1.1 | 40.9 | 29.5 | 1 | 45 | 27 | 21 | 52 |
| 25 | 1205 K | 1205 | 0.14 | 14000 | 12000 | 3.30 | 12.0 | 2.4 | 3.6 | 2.3 | 0.27 | 1 | 44.9 | 33.1 | 1 | 46 | 31 | 15 | 52 |
| 25 | 1205 KTN1 | 1205 TN1 | 0.148 | 14000 | 12000 | 4.00 | 14.2 | 2.4 | 3.5 | 2.3 | 0.28 | 1 | 44.2 | 33.3 | 1 | 46 | 31 | 15 | 52 |
| 25 | 2205 K | 2205 | 0.19 | 14000 | 12000 | 3.40 | 12.5 | 1.5 | 2.3 | 1.5 | 0.41 | 1 | 44.7 | 33.0 | 1 | 46 | 31 | 18 | 52 |
| 25 | 2205 KTN1 | 2205 TN1 | 0.17 | 14000 | 12000 | 4.40 | 16.8 | 2.0 | 3.0 | 1.9 | 0.33 | 1 | 44.6 | 32.6 | 1 | 46 | 31 | 18 | 52 |
| 25 | 1305 K | 1305 | 0.26 | 13000 | 10000 | 5.05 | 17.8 | 2.4 | 3.5 | 2.3 | 0.27 | 1.1 | 52.5 | 37.8 | 1 | 55 | 32 | 17 | 62 |
| 25 | 1305 KTN1 | 1305 TN1 | 0.272 | 13000 | 10000 | 5.50 | 18.8 | 2.3 | 3.5 | 2.2 | 0.28 | 1.1 | 50.3 | 37.3 | 1 | 55 | 32 | 17 | 62 |
| 25 | 2305 K | 2305 | 0.35 | 12000 | 9500 | 6.48 | 24.5 | 1.4 | 2.1 | 1.3 | 0.47 | 1.1 | 52.5 | 35.2 | 1 | 55 | 32 | 24 | 62 |
| 25 | 2305 KTN1 | 2305 TN1 | 0.375 | 12000 | 9500 | 6.50 | 24.5 | 1.6 | 2.3 | 1.5 | 0.41 | 1.1 | 50.0 | 36.1 | 1 | 55 | 32 | 24 | 62 |

（续）

| d | D | B | $d_a$ max | $D_a$ max | $r_a$ max | $d_2$ | $D_2$ | $r$ min | $e$ | $Y_1$ | $Y_2$ | $Y_0$ | $C_r$ | $C_{0r}$ | 脂 | 油 | $W \approx$ | 圆柱孔 10000(TN1,M)型 | 圆锥孔 10000K(KTN1,KM)型 |
|---|---|---|---|---|---|---|---|---|---|---|---|---|---|---|---|---|---|---|---|
| | | | 安装尺寸/mm | | | 其他尺寸/mm | | | | 计算系数 | | | 基本额定载荷/kN | | 极限转速/(r/min) | | 质量/kg | 轴承代号 | |
| 30 | 62 | 16 | 36 | 56 | 1 | 40.1 | 53.2 | 1 | 0.24 | 2.6 | 4.0 | 2.7 | 15.8 | 4.70 | 10000 | 12000 | 0.23 | 1206 | 1206 K |
| | 62 | 16 | 36 | 56 | 1 | 40.0 | 51.7 | 1 | 0.25 | 2.5 | 3.9 | 2.7 | 15.5 | 4.70 | 10000 | 12000 | 0.228 | 1206 TN1 | 1206 KTN1 |
| | 62 | 20 | 36 | 56 | 1 | 40.0 | 53.0 | 1 | 0.39 | 1.6 | 2.4 | 1.7 | 15.2 | 4.60 | 10000 | 12000 | 0.26 | 2206 | 2206 K |
| | 62 | 20 | 36 | 56 | 1 | 38.8 | 53.4 | 1 | 0.33 | 1.9 | 3.0 | 2.0 | 23.8 | 6.60 | 10000 | 12000 | 0.275 | 2206 TN1 | 2206 KTN1 |
| | 72 | 19 | 37 | 65 | 1 | 44.9 | 60.9 | 1.1 | 0.26 | 2.4 | 3.8 | 2.6 | 21.5 | 6.28 | 8500 | 11000 | 0.4 | 1306 | 1306 K |
| | 72 | 19 | 37 | 65 | 1 | 44.9 | 59.0 | 1.1 | 0.25 | 2.5 | 3.9 | 2.6 | 21.2 | 6.30 | 8500 | 11000 | 0.399 | 1306 TN1 | 1306 KTN1 |
| | 72 | 27 | 37 | 65 | 1 | 41.7 | 60.9 | 1.1 | 0.44 | 1.4 | 2.2 | 1.5 | 31.5 | 8.68 | 8000 | 10000 | 0.5 | 2306 | 2306 K |
| | 72 | 27 | 37 | 65 | 1 | 41.9 | 60.7 | 1.1 | 0.43 | 1.5 | 2.3 | 1.5 | 31.5 | 8.70 | 8000 | 10000 | 0.556 | 2306 TN1 | 2306 KTN1 |
| 35 | 72 | 17 | 42 | 65 | 1 | 47.5 | 58.5 | 1.1 | 0.23 | 2.7 | 4.2 | 2.9 | 15.8 | 5.08 | 8500 | 10000 | 0.32 | 1207 | 1207 K |
| | 72 | 17 | 42 | 65 | 1 | 47.1 | 60.2 | 1.1 | 0.23 | 2.7 | 4.2 | 2.9 | 18.8 | 5.90 | 8500 | 10000 | 0.328 | 1207 TN1 | 1207 KTN1 |
| | 72 | 23 | 42 | 65 | 1 | 46.0 | 62.2 | 1.1 | 0.38 | 1.7 | 2.6 | 1.8 | 21.8 | 6.65 | 8500 | 10000 | 0.44 | 2207 | 2207 K |
| | 72 | 23 | 42 | 65 | 1 | 45.1 | 61.9 | 1.1 | 0.31 | 2.0 | 3.1 | 2.1 | 30.5 | 8.70 | 8500 | 10000 | 0.425 | 2207 TN1 | 2207 KTN1 |
| | 80 | 21 | 44 | 71 | 1.5 | 51.5 | 69.5 | 1.5 | 0.25 | 2.6 | 4.0 | 2.7 | 25.0 | 7.95 | 7500 | 9500 | 0.54 | 1307 | 1307 K |
| | 80 | 21 | 44 | 71 | 1.5 | 51.7 | 67.1 | 1.5 | 0.25 | 2.5 | 3.9 | 2.6 | 26.2 | 8.50 | 7500 | 9500 | 0.534 | 1307 TN1 | 1307 KTN1 |
| | 80 | 31 | 44 | 71 | 1.5 | 46.5 | 68.4 | 1.5 | 0.46 | 1.4 | 2.1 | 1.4 | 39.2 | 11.0 | 7100 | 9000 | 0.68 | 2307 | 2307 K |
| | 80 | 31 | 44 | 71 | 1.5 | 47.7 | 66.6 | 1.5 | 0.39 | 1.6 | 2.5 | 1.7 | 39.5 | 11.2 | 7100 | 9000 | 0.763 | 2307 TN1 | 2307 KTN1 |
| 40 | 80 | 18 | 47 | 73 | 1 | 53.6 | 68.8 | 1.1 | 0.22 | 2.9 | 4.4 | 3.0 | 19.2 | 6.40 | 7500 | 9000 | 0.41 | 1208 | 1208 K |
| | 80 | 18 | 47 | 73 | 1 | 53.6 | 66.7 | 1.1 | 0.22 | 2.9 | 4.5 | 3.0 | 20.0 | 6.90 | 7500 | 9000 | 0.43 | 1208 TN1 | 1208 KTN1 |
| | 80 | 23 | 47 | 73 | 1 | 52.4 | 68.8 | 1.1 | 0.24 | 1.9 | 2.9 | 2.0 | 22.5 | 7.38 | 7500 | 9000 | 0.53 | 2208 | 2208 K |
| | 80 | 23 | 47 | 73 | 1 | 52.1 | 69.3 | 1.1 | 0.29 | 2.2 | 3.4 | 2.3 | 31.8 | 10.2 | 7500 | 9000 | 0.523 | 2208 TN1 | 2208 KTN1 |
| | 90 | 23 | 49 | 81 | 1.5 | 57.5 | 76.8 | 1.5 | 0.24 | 2.6 | 4.0 | 2.7 | 29.5 | 9.50 | 6700 | 8500 | 0.71 | 1308 | 1308 K |
| | 90 | 23 | 49 | 81 | 1.5 | 60.6 | 78.1 | 1.5 | 0.24 | 2.6 | 4.1 | 2.8 | 33.7 | 11.3 | 6700 | 8500 | 0.723 | 1308 TN1 | 1308 KTN1 |
| | 90 | 33 | 49 | 81 | 1.5 | 53.5 | 76.8 | 1.5 | 0.43 | 1.5 | 2.3 | 1.5 | 44.8 | 13.2 | 6300 | 8000 | 0.93 | 2308 | 2308 K |
| | 90 | 33 | 49 | 81 | 1.5 | 53.4 | 76.2 | 1.5 | 0.40 | 1.6 | 2.5 | 1.7 | 54.0 | 15.8 | 6300 | 8000 | 1.013 | 2308 TN1 | 2308 KTN1 |
| 45 | 85 | 19 | 52 | 78 | 1 | 57.3 | 73.7 | 1.1 | 0.21 | 2.9 | 4.6 | 3.1 | 21.8 | 7.32 | 7100 | 8500 | 0.49 | 1209 | 1209 K |
| | 85 | 19 | 52 | 78 | 1 | 57.4 | 71.7 | 1.1 | 0.22 | 2.9 | 4.5 | 3.0 | 23.5 | 8.30 | 7100 | 8500 | 0.489 | 1209 TN1 | 1209 KTN1 |
| | 85 | 23 | 52 | 78 | 1 | 57.5 | 74.1 | 1.1 | 0.31 | 2.1 | 3.2 | 2.2 | 23.2 | 8.00 | 7100 | 8500 | 0.55 | 2209 | 2209 K |
| | 85 | 23 | 52 | 78 | 1 | 55.3 | 72.4 | 1.1 | 0.26 | 2.4 | 3.8 | 2.5 | 32.5 | 10.5 | 7100 | 8500 | 0.574 | 2209 TN1 | 2209 KTN1 |
| | 100 | 25 | 54 | 91 | 1.5 | 63.7 | 85.7 | 1.5 | 0.25 | 2.5 | 3.9 | 2.6 | 38.0 | 12.8 | 6000 | 7500 | 0.96 | 1309 | 1309 K |
| | 100 | 25 | 54 | 91 | 1.5 | 67.7 | 87.0 | 1.5 | 0.23 | 2.7 | 4.2 | 2.8 | 38.8 | 13.5 | 6000 | 7500 | 0.978 | 1309 TN1 | 1309 KTN1 |
| | 100 | 36 | 54 | 91 | 1.5 | 60.2 | 86.0 | 1.5 | 0.42 | 1.5 | 2.3 | 1.6 | 55.0 | 16.2 | 5600 | 7100 | 1.25 | 2309 | 2309 K |
| | 100 | 36 | 54 | 91 | 1.5 | 60.0 | 85.0 | 1.5 | 0.37 | 1.7 | 2.6 | 1.8 | 63.8 | 19.2 | 5600 | 7100 | 1.351 | 2309 TN1 | 2309 KTN1 |

| 型号 (K) | 型号 | | | | | | | | | | | | | | | | | | | d |
|---|---|---|---|---|---|---|---|---|---|---|---|---|---|---|---|---|---|---|---|---|
| 1210 K | 1210 | 0.54 | 8000 | 6300 | 8.08 | 22.8 | 3.3 | 4.8 | 3.1 | 0.20 | 1.1 | 78.7 | 62.3 | 1 | 83 | 57 | 20 | 90 | 50 |
| 1210 KTN1 | 1210 TN1 | 0.55 | 8000 | 6300 | 9.50 | 26.5 | 3.1 | 4.6 | 3.0 | 0.21 | 1.1 | 77.5 | 62.3 | 1 | 83 | 57 | 20 | 90 | 50 |
| 2210 K | 2210 | 0.68 | 8000 | 6300 | 8.45 | 23.2 | 2.3 | 3.4 | 2.2 | 0.29 | 1.1 | 79.3 | 62.5 | 1 | 83 | 57 | 23 | 90 | 50 |
| 2210 KTN1 | 2210 TN1 | 0.596 | 8000 | 6300 | 11.2 | 33.5 | 2.8 | 4.1 | 2.7 | 0.24 | 1.1 | 79.3 | 61.3 | 1 | 83 | 57 | 23 | 90 | 50 |
| 1310 K | 1310 | 1.21 | 6700 | 5600 | 14.2 | 43.2 | 2.8 | 4.1 | 2.7 | 0.24 | 2 | 95.0 | 70.1 | 2 | 100 | 60 | 27 | 110 | 50 |
| 1310 KTN1 | 1310 TN1 | 1.301 | 6700 | 5600 | 15.2 | 43.8 | 2.8 | 4.1 | 2.7 | 0.24 | 2 | 90.6 | 70.3 | 2 | 100 | 60 | 27 | 110 | 50 |
| 2310 K | 2310 | 1.64 | 6300 | 5000 | 19.8 | 64.5 | 1.6 | 2.3 | 1.5 | 0.43 | 2 | 94.4 | 65.8 | 2 | 100 | 60 | 40 | 110 | 50 |
| 2310 KTN1 | 2310 TN1 | 1.839 | 6300 | 5000 | 20.2 | 64.8 | 2.0 | 2.9 | 1.9 | 0.34 | 2 | 91.4 | 67.7 | 2 | 100 | 60 | 40 | 110 | 50 |
| 1211 K | 1211 | 0.72 | 7100 | 6000 | 10.0 | 26.8 | 3.4 | 5.0 | 3.2 | 0.20 | 1.5 | 88.4 | 70.1 | 1.5 | 91 | 64 | 21 | 100 | 55 |
| 1211 KTN1 | 1211 TN1 | 0.717 | 7100 | 6000 | 10.5 | 27.8 | 3.4 | 5.1 | 3.3 | 0.19 | 1.5 | 86.4 | 70.7 | 1.5 | 91 | 64 | 21 | 100 | 55 |
| 2211 K | 2211 | 0.81 | 7100 | 6000 | 9.95 | 26.8 | 2.4 | 3.5 | 2.3 | 0.28 | 1.5 | 87.8 | 69.7 | 1.5 | 91 | 64 | 25 | 100 | 55 |
| 2211 KTN1 | 2211 TN1 | 0.81 | 7100 | 6000 | 13.5 | 39.2 | 2.8 | 4.2 | 2.7 | 0.23 | 1.5 | 87.4 | 67.6 | 1.5 | 91 | 64 | 25 | 100 | 55 |
| 1311 K | 1311 | 1.58 | 6300 | 5000 | 18.2 | 51.5 | 2.8 | 4.2 | 2.7 | 0.23 | 2 | 104 | 77.7 | 2 | 110 | 65 | 29 | 120 | 55 |
| 1311 KTN1 | 1311 TN1 | 1.641 | 6300 | 5000 | 18.8 | 52.8 | 2.8 | 4.2 | 2.7 | 0.23 | 2 | 101.5 | 78.7 | 2 | 110 | 65 | 29 | 120 | 55 |
| 2311 K | 2311 | 2.1 | 6000 | 4800 | 23.5 | 75.2 | 1.6 | 2.4 | 1.5 | 0.41 | 2 | 103 | 72 | 2 | 110 | 65 | 43 | 120 | 55 |
| 2311 KTN1 | 2311 TN1 | 2.345 | 6000 | 4800 | 24.0 | 75.2 | 2.0 | 3.0 | 1.9 | 0.33 | 2 | 99.7 | 73.9 | 2 | 110 | 65 | 43 | 120 | 55 |
| 1212 K | 1212 | 0.9 | 6300 | 5300 | 11.5 | 30.2 | 3.6 | 5.3 | 3.4 | 0.19 | 1.5 | 97.5 | 77.8 | 1.5 | 101 | 69 | 22 | 110 | 60 |
| 1212 KTN1 | 1212 TN1 | 0.917 | 6300 | 5300 | 12.2 | 31.2 | 3.6 | 5.3 | 3.4 | 0.18 | 1.5 | 95.7 | 78.6 | 1.5 | 101 | 69 | 22 | 110 | 60 |
| 2212 K | 2212 | 1.1 | 6300 | 5300 | 12.5 | 34.0 | 2.4 | 3.5 | 2.3 | 0.28 | 1.5 | 96.1 | 75.5 | 1.5 | 101 | 69 | 28 | 110 | 60 |
| 2212 KTN1 | 2212 TN1 | 1.109 | 6300 | 5300 | 16.2 | 46.5 | 2.7 | 4.0 | 2.6 | 0.24 | 1.5 | 96.0 | 74.8 | 1.5 | 101 | 69 | 28 | 110 | 60 |
| 1312 K | 1312 | 1.96 | 5600 | 4500 | 20.8 | 57.2 | 2.9 | 4.3 | 2.8 | 0.23 | 2.1 | 115 | 87 | 2.1 | 118 | 72 | 31 | 130 | 60 |
| 1312 KTN1 | 1312 TN1 | 2.023 | 5600 | 4500 | 21.2 | 58.2 | 2.9 | 4.3 | 2.8 | 0.23 | 2.1 | 111.5 | 87.1 | 2.1 | 118 | 72 | 31 | 130 | 60 |
| 2312 K | 2312 | 2.6 | 5300 | 4300 | 27.5 | 86.8 | 1.6 | 2.5 | 1.6 | 0.41 | 2.1 | 112 | 76.9 | 2.1 | 118 | 72 | 46 | 130 | 60 |
| 2312 KTN1 | 2312 TN1 | 2.912 | 5300 | 4300 | 28.2 | 87.5 | 2.0 | 3.0 | 1.9 | 0.33 | 2.1 | 108.5 | 80.0 | 2.1 | 118 | 72 | 46 | 130 | 60 |
| 1213 K | 1213 | 0.92 | 6000 | 4800 | 12.5 | 31.0 | 3.9 | 5.7 | 3.7 | 0.17 | 1.5 | 105 | 85.3 | 1.5 | 111 | 74 | 23 | 120 | 65 |
| 1213 KTN1 | 1213 TN1 | 1.155 | 6000 | 4800 | 13.8 | 35.0 | 3.8 | 5.6 | 3.6 | 0.18 | 1.5 | 104.0 | 85.7 | 1.5 | 111 | 74 | 23 | 120 | 65 |
| 2213 K | 2213 | 1.5 | 6000 | 4800 | 16.2 | 43.5 | 2.4 | 3.5 | 2.3 | 0.28 | 1.5 | 105 | 81.9 | 1.5 | 111 | 74 | 31 | 120 | 65 |
| 2213 KTN1 | 2213 TN1 | 1.504 | 6000 | 4800 | 20.2 | 56.8 | 2.7 | 4.0 | 2.6 | 0.24 | 1.5 | 104.5 | 80.9 | 1.5 | 111 | 74 | 31 | 120 | 65 |
| 1313 K | 1313 | 2.39 | 5300 | 4300 | 22.8 | 61.8 | 2.9 | 4.3 | 2.8 | 0.23 | 2.1 | 122 | 92.5 | 2.1 | 128 | 77 | 33 | 140 | 65 |
| 1313 KTN1 | 1313 TN1 | 2.528 | 5300 | 4300 | 22.8 | 62.8 | 2.9 | 4.2 | 2.7 | 0.23 | 2.1 | 115.7 | 90.4 | 2.1 | 128 | 77 | 33 | 140 | 65 |
| 2313 K | 2313 | 3.2 | 4800 | 3800 | 32.5 | 96.0 | 1.7 | 2.6 | 1.6 | 0.38 | 2.1 | 122 | 85.5 | 2.1 | 128 | 77 | 48 | 140 | 65 |
| 2313 KTN1 | 2313 TN1 | 3.477 | 4800 | 3800 | 31.8 | 97.2 | 2.1 | 3.1 | 2.0 | 0.32 | 2.1 | 118.4 | 87.6 | 2.1 | 128 | 77 | 48 | 140 | 65 |

（续）

| 公称尺寸/mm | | | 安装尺寸/mm | | | 其他尺寸/mm | | | e | 计算系数 | | | 基本额定载荷/kN | | 极限转速/(r/min) | | 质量/kg | 轴承代号 | |
|---|---|---|---|---|---|---|---|---|---|---|---|---|---|---|---|---|---|---|---|
| $d$ | $D$ | $B$ | $d_a$ max | $D_a$ max | $r_a$ max | $d_2$ | $D_2$ | $r$ min | | $Y_1$ | $Y_2$ | $Y_0$ | $C_r$ | $C_{0r}$ | 脂 | 油 | $W$ ≈ | 圆柱孔 10000(TN1,M)型 | 圆锥孔 10000 K(KTN1,KM)型 |
| 70 | 125 | 24 | 79 | 116 | 1.5 | 87.4 | 109 | 1.5 | 0.18 | 3.5 | 5.4 | 3.7 | 34.5 | 13.5 | 4800 | 5600 | 1.29 | 1214 | 1214 K |
|  | 125 | 24 | 79 | 116 | 1.5 | 88.7 | 106.9 | 1.5 | 0.18 | 3.5 | 5.4 | 3.7 | 34.5 | 13.5 | 4800 | 5600 | 1.345 | 1214 M | 1214 KM |
|  | 125 | 31 | 79 | 116 | 1.5 | 87.5 | 111 | 1.5 | 0.27 | 2.4 | 3.7 | 2.5 | 44.0 | 17.0 | 4500 | 5600 | 1.62 | 2214 | 2214 K |
|  | 125 | 31 | 79 | 116 | 1.5 | 88.1 | 109.3 | 1.5 | 0.23 | 2.7 | 4.2 | 2.9 | 55.2 | 19.5 | 4500 | 5600 | 1.575 | 2214 TN1 | 2214 KTN1 |
|  | 150 | 35 | 82 | 138 | 2.1 | 97.7 | 129 | 2.1 | 0.22 | 2.8 | 4.4 | 2.9 | 74.5 | 27.5 | 4000 | 5000 | 3.0 | 1314 | 1314 K |
|  | 150 | 35 | 82 | 138 | 2.1 | 97.2 | 125.1 | 2.1 | 0.23 | 2.8 | 4.3 | 2.9 | 75.0 | 28.5 | 4000 | 5000 | 3.267 | 1314 M | 1314 KM |
|  | 150 | 51 | 82 | 138 | 2.1 | 91.6 | 130 | 2.1 | 0.38 | 1.7 | 2.6 | 1.8 | 110 | 37.5 | 3600 | 4500 | 3.9 | 2314 | 2314 K |
|  | 150 | 51 | 82 | 138 | 2.1 | 91.7 | 126.1 | 2.1 | 0.37 | 1.7 | 2.6 | 1.8 | 113 | 37.2 | 3600 | 4500 | 5.358 | 2314 M | 2314 KM |
| 75 | 130 | 25 | 84 | 121 | 1.5 | 93.9 | 116 | 1.5 | 0.17 | 3.6 | 5.6 | 3.8 | 38.8 | 15.2 | 4300 | 5300 | 1.35 | 1215 | 1215 K |
|  | 130 | 25 | 84 | 121 | 1.5 | 93.1 | 113.3 | 1.5 | 0.17 | 3.7 | 5.7 | 3.8 | 38.8 | 15.5 | 4300 | 5300 | 1.461 | 1215 M | 1215 KM |
|  | 130 | 31 | 84 | 121 | 1.5 | 93.2 | 117 | 1.5 | 0.25 | 2.5 | 3.9 | 2.6 | 44.2 | 18.0 | 4300 | 5300 | 1.72 | 2215 | 2215 K |
|  | 130 | 31 | 84 | 121 | 1.5 | 93.2 | 113.9 | 1.5 | 0.22 | 2.9 | 4.4 | 3.0 | 56.5 | 20.8 | 4300 | 5300 | 1.619 | 2215 TN1 | 2215 KTN1 |
|  | 160 | 37 | 87 | 148 | 2.1 | 104 | 138 | 2.1 | 0.22 | 2.8 | 4.4 | 3.0 | 79.0 | 29.8 | 3800 | 4500 | 3.6 | 1315 | 1315 K |
|  | 160 | 37 | 87 | 148 | 2.1 | 106.0 | 135.0 | 2.1 | 0.22 | 2.8 | 4.4 | 3.0 | 78.8 | 30.0 | 3800 | 4500 | 3.898 | 1315 M | 1315 KM |
|  | 160 | 55 | 87 | 148 | 2.1 | 97.8 | 139 | 2.1 | 0.38 | 1.7 | 2.6 | 1.7 | 122 | 42.8 | 3400 | 4300 | 4.7 | 2315 | 2315 K |
|  | 160 | 55 | 87 | 148 | 2.1 | 98.8 | 135.2 | 2.1 | 0.37 | 1.7 | 2.7 | 1.8 | 126 | 42.2 | 3400 | 4300 | 6.535 | 2315 M | 2315 KM |
| 80 | 140 | 26 | 90 | 130 | 2 | 101 | 125 | 2 | 0.18 | 3.6 | 5.5 | 3.7 | 39.5 | 16.8 | 4000 | 5000 | 1.65 | 1216 | 1216 K |
|  | 140 | 26 | 90 | 130 | 2 | 102 | 121.7 | 2 | 0.17 | 3.7 | 5.7 | 3.9 | 39.5 | 16.2 | 4000 | 5000 | 1.792 | 1216 M | 1216 KM |
|  | 140 | 33 | 90 | 130 | 2 | 98.8 | 124 | 2 | 0.25 | 2.5 | 3.9 | 2.6 | 48.8 | 20.2 | 4000 | 5000 | 2.19 | 2216 | 2216 K |
|  | 140 | 33 | 90 | 130 | 2 | 98.9 | 124.5 | 2 | 0.22 | 2.9 | 4.4 | 3.0 | 65.2 | 25.5 | 4000 | 5000 | 2.057 | 2216 TN1 | 2216 KTN1 |
|  | 170 | 39 | 92 | 158 | 2.1 | 109 | 147 | 2.1 | 0.22 | 2.9 | 4.5 | 3.1 | 88.5 | 32.8 | 3600 | 4300 | 4.2 | 1316 | 1316 K |
|  | 170 | 39 | 92 | 158 | 2.1 | 110.2 | 140.7 | 2.1 | 0.22 | 2.8 | 4.4 | 3.0 | 86.5 | 32.8 | 3600 | 4300 | 4.648 | 1316 M | 1316 KM |
|  | 170 | 58 | 92 | 158 | 2.1 | 104 | 148 | 2.1 | 0.39 | 1.6 | 2.5 | 1.7 | 128 | 45.5 | 3200 | 4000 | 5.7 | 2316 | 2316 K |
|  | 170 | 58 | 92 | 158 | 2.1 | 105.4 | 144.4 | 2.1 | 0.37 | 1.7 | 2.6 | 1.8 | 137 | 47.5 | 3200 | 4000 | 7.785 | 2316 M | 2316 KM |
| 85 | 150 | 28 | 95 | 140 | 2 | 107 | 134 | 2 | 0.17 | 3.7 | 5.7 | 3.9 | 48.8 | 20.5 | 3800 | 4500 | 2.1 | 1217 | 1217 K |
|  | 150 | 28 | 95 | 140 | 2 | 107.1 | 129 | 2 | 0.17 | 3.6 | 5.6 | 3.8 | 47.8 | 19.5 | 3800 | 4500 | 2.240 | 1217 M | 1217 KM |
|  | 150 | 36 | 95 | 140 | 2 | 105 | 133 | 2 | 0.25 | 2.5 | 3.8 | 2.6 | 58.2 | 23.5 | 3800 | 4500 | 2.53 | 2217 | 2217 K |
|  | 150 | 36 | 95 | 140 | 2 | 104.7 | 130.3 | 2 | 0.22 | 2.9 | 4.5 | 3.0 | 66.3 | 26.2 | 3800 | 4500 | 2.611 | 2217 TN1 | 2217 KTN1 |
|  | 180 | 41 | 99 | 166 | 2.5 | 117 | 158 | 3 | 0.22 | 2.9 | 4.5 | 3.0 | 97.8 | 37.8 | 3400 | 4000 | 5.0 | 1317 | 1317 K |
|  | 180 | 41 | 99 | 166 | 2.5 | 117.4 | 149.4 | 3 | 0.22 | 2.9 | 4.4 | 3.0 | 97.8 | 38.5 | 3400 | 4000 | 5.475 | 1317 M | 1317 KM |
|  | 180 | 60 | 99 | 166 | 2.5 | 111 | 157 | 3 | 0.38 | 1.7 | 2.6 | 1.7 | 140 | 51.0 | 3000 | 3800 | 6.70 | 2317 | 2317 K |
|  | 180 | 60 | 99 | 166 | 2.5 | 114.6 | 153.6 | 3 | 0.36 | 1.8 | 2.7 | 1.8 | 140 | 51.5 | 3000 | 3800 | 8.982 | 2317 M | 2317 KM |
| 90 | 160 | 30 | 100 | 150 | 2 | 112 | 142 | 2 | 0.17 | 3.8 | 5.7 | 4.0 | 56.5 | 23.2 | 3600 | 4300 | 2.5 | 1218 | 1218 K |
|  | 160 | 30 | 100 | 150 | 2 | 113.9 | 137.2 | 2 | 0.18 | 3.6 | 5.5 | 3.7 | 52.5 | 21.7 | 3600 | 4300 | 2.753 | 1218 M | 1218 KM |
|  | 160 | 40 | 100 | 150 | 2 | 112 | 142 | 2 | 0.27 | 2.4 | 3.7 | 2.5 | 70.0 | 28.5 | 3600 | 4300 | 3.22 | 2218 | 2218 K |

| 型号(K型) | 型号(M型) | d | D | B | da | Da | ra | (尺寸) | (尺寸) | r | e | Y | Y₀ | Cr | C0r | n(脂) | n(油) | m |
|---|---|---|---|---|---|---|---|---|---|---|---|---|---|---|---|---|---|---|
| 2218 KM | 2218 M | 90 | 160 | 40 | 100 | 150 | 2 | 112.6 | 139 | 2 | 0.26 | 2.4 | 3.7 | 2.5 | 70.2 | 28.5 | 3600 | 4300 | 4.073 |
| 1318 K | 1318 | 90 | 190 | 43 | 104 | 176 | 2.5 | 122 | 165 | 3 | 0.22 | 2.8 | 4.4 | 2.9 | 115 | 44.5 | 3200 | 3800 | 6.0 |
| 1318 KM | 1318 M | 90 | 190 | 43 | 104 | 176 | 2.5 | 126.7 | 162.4 | 3 | 0.23 | 2.7 | 4.2 | 2.9 | 115.8 | 46.2 | 3200 | 3800 | 6.418 |
| 2318 K | 2318 | 90 | 190 | 64 | 104 | 176 | 2.5 | 115 | 164 | 3 | 0.39 | 1.6 | 2.5 | 1.7 | 142 | 57.2 | 2800 | 3600 | 7.9 |
| 2318 KM | 2318 M | 90 | 190 | 64 | 104 | 176 | 2.5 | 119.4 | 160.5 | 3 | 0.37 | 1.7 | 2.6 | 1.8 | 152 | 57.8 | 2800 | 3600 | 10.722 |
| 1219 K | 1219 | 95 | 170 | 32 | 107 | 158 | 2.1 | 120 | 151 | 2.1 | 0.17 | 3.7 | 5.7 | 3.9 | 63.5 | 27.0 | 3400 | 4000 | 3.0 |
| 1219 KM | 1219 M | 95 | 170 | 32 | 107 | 158 | 2.1 | 121.8 | 147.6 | 2.1 | 0.17 | 3.7 | 5.7 | 3.8 | 63.8 | 26.8 | 3400 | 4000 | 3.314 |
| 2219 K | 2219 | 95 | 170 | 43 | 107 | 158 | 2.1 | 118 | 151 | 2.1 | 0.26 | 2.4 | 3.7 | 2.5 | 82.8 | 33.8 | 3400 | 4000 | 4.2 |
| 2219 KM | 2219 M | 95 | 170 | 43 | 107 | 158 | 2.1 | 119.1 | 147.9 | 2.1 | 0.27 | 2.3 | 3.6 | 2.5 | 83.2 | 34.2 | 3400 | 4000 | 5.024 |
| 1319 K | 1319 | 95 | 200 | 45 | 109 | 186 | 2.5 | 127 | 174 | 3 | 0.23 | 2.8 | 4.3 | 2.9 | 132 | 50.8 | 3000 | 3600 | 7.0 |
| 1319 KM | 1319 M | 95 | 200 | 45 | 109 | 186 | 2.5 | 131.1 | 170.2 | 3 | 0.24 | 2.6 | 4.0 | 2.7 | 132 | 52.4 | 3000 | 3600 | 7.5 |
| 2319 K | 2319 | 95 | 200 | 67 | 109 | 186 | 2.5 | 125 | 168.6 | 3 | 0.38 | 1.7 | 2.6 | 1.8 | 162 | 64.2 | 2800 | 3400 | 9.2 |
| 2319 KM | 2319 M | 95 | 200 | 67 | 109 | 186 | 2.5 | 125.7 | 159 | 3 | 0.37 | 1.7 | 2.7 | 1.8 | 165 | 64.2 | 2800 | 3400 | 12.414 |
| 1220 K | 1220 | 100 | 180 | 34 | 112 | 168 | 2.1 | 125.1 | 155.4 | 2.1 | 0.18 | 3.5 | 5.4 | 3.7 | 68.5 | 29.2 | 3200 | 3800 | 3.7 |
| 1220 KM | 1220 M | 100 | 180 | 34 | 112 | 168 | 2.1 | 127 | 160 | 2.1 | 0.17 | 3.7 | 5.7 | 3.8 | 69.2 | 29.5 | 3200 | 3800 | 3.979 |
| 2220 K | 2220 | 100 | 180 | 46 | 112 | 168 | 2.1 | 128.5 | 156.8 | 2.1 | 0.27 | 2.3 | 3.6 | 2.5 | 97.2 | 40.5 | 3200 | 3800 | 5.0 |
| 2220 KM | 2220 M | 100 | 180 | 46 | 112 | 168 | 2.1 | 125 | 185 | 2.1 | 0.27 | 2.4 | 3.7 | 2.5 | 97.5 | 40.5 | 3200 | 3800 | 6.065 |
| 1320 K | 1320 | 100 | 215 | 47 | 114 | 201 | 2.5 | 125.7 | 181 | 3 | 0.24 | 2.7 | 4.1 | 2.8 | 142 | 57.2 | 2800 | 3400 | 8.64 |
| 1320 KM | 1320 M | 100 | 215 | 47 | 114 | 201 | 2.5 | — | 182.5 | 3 | 0.24 | 2.7 | 4.1 | 2.8 | 145 | 59.5 | 2800 | 3400 | 9.240 |
| 2320 K | 2320 | 100 | 215 | 73 | 114 | 201 | 2.5 | 131.9 | 167 | 3 | 0.37 | 1.7 | 2.6 | 1.8 | 192 | 78.5 | 2400 | 3200 | 12.4 |
| 2320 KM | 2320 M | 100 | 215 | 73 | 114 | 201 | 2.5 | 140.3 | 163.7 | 3 | 0.37 | 1.7 | 2.6 | 1.8 | 192 | 78.5 | 2400 | 3200 | 15.949 |
| 1221 K | 1221 | 105 | 190 | 36 | 117 | 178 | 2.1 | 148.5 | — | 2.1 | 0.18 | 3.5 | 5.5 | 3.7 | 74 | 32.2 | 3000 | 3600 | 4.4 |
| 1221 KM | 1221 M | 105 | 190 | 36 | 117 | 178 | 2.1 | 140.8 | 164.8 | 2.1 | 0.17 | 3.7 | 5.7 | 3.9 | 74.5 | 32.2 | 3000 | 3600 | 4.727 |
| 2221 K | 2221 | 105 | 190 | 50 | 117 | 178 | 2.1 | 140 | — | 2.1 | — | — | — | — | — | — | 3000 | 3600 | — |
| — | 2221 M | 105 | 190 | 50 | 117 | 178 | 2.1 | 142.5 | 190.8 | 2.1 | 0.27 | 2.3 | 3.6 | 2.4 | 110 | 46.5 | 3000 | 3600 | 7.391 |
| 1321 K | 1321 | 105 | 225 | 49 | 119 | 211 | 2.5 | 137 | 190.9 | 3 | 0.24 | 2.6 | 4.1 | 2.7 | 152 | 64.5 | 2600 | 3200 | 9.55 |
| 1321 KM | 1321 M | 105 | 225 | 49 | 119 | 211 | 2.5 | 138.3 | 176 | 3 | 0.24 | 2.7 | 4.3 | 2.8 | 150 | 63.5 | 2600 | 3200 | 10.544 |
| 2321 KM | 2321 M | 105 | 225 | 77 | 119 | 211 | 3 | 154 | 173.2 | 3 | 0.36 | 1.7 | 2.7 | 1.8 | 205 | 86.8 | 2400 | 3000 | 18.284 |
| 1222 K | 1222 | 110 | 200 | 38 | 122 | 188 | 2.1 | 157.8 | 177 | 2.1 | 0.17 | 3.6 | 5.6 | 3.8 | 87.2 | 37.5 | 2800 | 3400 | 5.2 |
| 1222 KM | 1222 M | 110 | 200 | 38 | 122 | 188 | 2.1 | — | 174.1 | 2.1 | 0.17 | 3.6 | 5.6 | 3.8 | 88.0 | 38.5 | 2800 | 3400 | 5.578 |
| 2222 K | 2222 | 110 | 200 | 53 | 122 | 188 | 2.1 | 149.8 | 206 | 3 | 0.28 | 2.2 | 3.5 | 2.4 | 125 | 52.2 | 2800 | 3400 | 7.2 |
| 2222 KM | 2222 M | 110 | 200 | 53 | 122 | 188 | 2.1 | — | 201.9 | 3 | 0.28 | 2.3 | 3.5 | 2.4 | 125 | 52.2 | 2800 | 3400 | 8.759 |
| 1322 K | 1322 | 110 | 240 | 50 | 124 | 226 | 2.5 | — | — | 3 | 0.23 | 2.8 | 4.3 | 2.9 | 162 | 72.8 | 2400 | 3000 | 11.8 |
| 1322 KM | 1322 M | 110 | 240 | 50 | 124 | 226 | 2.5 | — | 202.6 | 3 | 0.23 | 2.8 | 4.3 | 2.9 | 162 | 72.5 | 2400 | 3000 | 12.452 |
| 2322 K | 2322 | 110 | 240 | 80 | 124 | 226 | 2.5 | — | — | 3 | 0.39 | 1.6 | 2.5 | 1.7 | 215 | 94.2 | 2200 | 2800 | 17.6 |
| 2322 KM | 2322 M | 110 | 240 | 80 | 124 | 226 | 2.5 | — | — | 3 | 0.37 | 1.7 | 2.7 | 1.8 | 215 | 94.2 | 2200 | 2800 | 21.967 |

## 表 6.1-48　带紧定套的调心球轴承（摘自 GB/T 281—1994）

代号含义：
同表 6.1-47
H0000——紧定套

10000 K(KTN1,KM)+H0000 型

| 公称尺寸/mm | | | | 安装尺寸/mm | | | | | 其他尺寸/mm | | | | | 计算系数 | | | | 基本额定载荷/kN | | 极限转速/(r/min) | | 质量/kg | 轴承代号 |
|---|---|---|---|---|---|---|---|---|---|---|---|---|---|---|---|---|---|---|---|---|---|---|---|
| $d_1$ | $D$ | $B$ | | $d_a$ max | $d_b$ min | $D_a$ max | $B_a$ min | $r_a$ max | $d_2$ | $D_2$ | $B_1$ | $B_2$ | $r$ min | $e$ | $Y_1$ | $Y_2$ | $Y_0$ | $C_r$ | $C_{0r}$ | 脂 | 油 | $W$ ≈ | 10000K(KTN1、KM)+H0000 型 |
| 17 | 47 | 14 | | 28 | 23 | 41 | 5 | 1 | 32 | 39.1 | 24 | 7 | 1 | 0.27 | 2.3 | 3.6 | 2.4 | 9.95 | 2.65 | 14000 | 17000 | — | 1204K＋H 204 |
| | 47 | 14 | | 29 | 23 | 41 | 5 | 1 | 32 | 39.5 | 24 | 7 | 1 | 0.3 | 2.1 | 3.2 | 2.2 | 12.8 | 3.4 | 14000 | 17000 | — | 1204 KTN1＋H 204 |
| | 47 | 18 | | 28 | 23 | 41 | 5 | 1 | 32 | 40.4 | 28 | 7 | 1 | 0.48 | 1.3 | 2.0 | 1.4 | 12.5 | 3.28 | 14000 | 17000 | — | 2204 K＋H 304 |
| | 47 | 18 | | 27 | 23 | 41 | 5 | 1 | 32 | 39.3 | 28 | 7 | 1 | 0.40 | 1.6 | 2.4 | 1.7 | 16.8 | 4.2 | 14000 | 17000 | — | 2204 KTN1＋H 304 |
| | 52 | 15 | | 31 | 23 | 45 | 8 | 1 | 32 | 43.6 | 28 | 7 | 1.1 | 0.29 | 2.2 | 3.4 | 2.3 | 12.5 | 3.38 | 12000 | 15000 | — | 1304 K＋H 304 |
| | 52 | 15 | | 32 | 23 | 45 | 8 | 1 | 32 | 43.4 | 28 | 7 | 1.1 | 0.28 | 2.2 | 3.4 | 2.3 | 14.2 | 4.0 | 12000 | 15000 | — | 1304 KTN1＋H 304 |
| | 52 | 21 | | 28 | 24 | 45 | 5 | 1 | 32 | 43.7 | 31 | 7 | 1.1 | 0.51 | 1.2 | 1.9 | 1.3 | 17.8 | 4.75 | 11000 | 14000 | — | 2304 K＋H 2304 |
| | 52 | 21 | | 29 | 24 | 45 | 5 | 1 | 32 | 40.9 | 31 | 7 | 1.1 | 0.44 | 1.4 | 2.2 | 1.5 | 18.2 | 4.7 | 11000 | 14000 | — | 2304 KTN1＋H 2304 |
| 20 | 52 | 15 | | 33 | 28 | 46 | 5 | 1 | 38 | 44.9 | 26 | 8 | 1 | 0.27 | 2.3 | 3.6 | 2.4 | 12.0 | 3.30 | 12000 | 14000 | 0.21 | 1205 K＋H 205 |
| | 52 | 15 | | 33 | 28 | 46 | 5 | 1 | 38 | 44.2 | 26 | 8 | 1 | 0.28 | 2.3 | 3.5 | 2.4 | 14.2 | 4.0 | 12000 | 14000 | 0.218 | 1205 KTN1＋H 205 |
| | 52 | 18 | | 33 | 28 | 46 | 5 | 1 | 38 | 44.7 | 29 | 8 | 1 | 0.41 | 1.5 | 2.3 | 1.5 | 12.5 | 3.40 | 12000 | 14000 | 0.35 | 2205 K＋H 305 |
| | 52 | 18 | | 32 | 28 | 46 | 5 | 1 | 38 | 44.6 | 29 | 8 | 1 | 0.33 | 1.9 | 3.0 | 2.0 | 16.8 | 4.40 | 12000 | 14000 | 0.329 | 2205 KTN1＋H 305 |
| | 62 | 17 | | 37 | 28 | 55 | 6 | 1 | 38 | 52.5 | 29 | 8 | 1.1 | 0.27 | 2.3 | 3.5 | 2.4 | 17.8 | 5.05 | 10000 | 13000 | 0.51 | 1305 K＋H 305 |
| | 62 | 17 | | 37 | 28 | 55 | 6 | 1 | 38 | 50.3 | 29 | 8 | 1.1 | 0.28 | 2.2 | 3.5 | 2.3 | 18.8 | 5.50 | 10000 | 13000 | 0.521 | 1305 KTN1＋H 305 |
| | 62 | 24 | | 34 | 30 | 55 | 5 | 1 | 38 | 52.5 | 35 | 8 | 1.1 | 0.47 | 1.3 | 2.1 | 1.4 | 24.5 | 6.48 | 9500 | 12000 | — | 2305 K＋H 2305 |
| | 62 | 24 | | 36 | 30 | 55 | 5 | 1 | 38 | 50.0 | 35 | 8 | 1.1 | 0.41 | 1.5 | 2.3 | 1.6 | 24.5 | 6.50 | 9500 | 12000 | — | 2305 KTN1＋H 2305 |
| 25 | 62 | 16 | | 40 | 33 | 56 | 5 | 1 | 45 | 53.2 | 27 | 8 | 1 | 0.24 | 2.6 | 4.0 | 2.7 | 15.8 | 4.70 | 10000 | 12000 | 0.33 | 1206 K＋H 206 |
| | 62 | 16 | | 40 | 33 | 56 | 5 | 1 | 45 | 51.7 | 27 | 8 | 1 | 0.25 | 2.5 | 3.9 | 2.7 | 15.5 | 4.70 | 10000 | 12000 | 0.328 | 1206 KTN1＋H 206 |
| | 62 | 20 | | 40 | 33 | 56 | 5 | 1 | 45 | 53 | 31 | 8 | 1 | 0.39 | 1.6 | 2.4 | 1.7 | 15.2 | 4.60 | 10000 | 12000 | 0.37 | 2206 K＋H 306 |
| | 62 | 20 | | 38 | 33 | 56 | 5 | 1 | 45 | 53.4 | 31 | 8 | 1 | 0.33 | 1.9 | 3.0 | 2.0 | 23.8 | 6.60 | 10000 | 12000 | 0.384 | 2206 KTN1＋H 306 |

| 代号 | | | | | | | | | | | | | | | | | | | | | D | d |
|---|---|---|---|---|---|---|---|---|---|---|---|---|---|---|---|---|---|---|---|---|---|---|
| 1306 K + H 306 | 0.51 | 11000 | 8500 | 6.28 | 21.5 | 2.6 | 3.8 | 2.4 | 0.26 | 1.1 | 8 | 31 | 60.9 | 45 | 1 | 6 | 65 | 33 | 44 | 19 | 72 | 25 |
| 1306 KTN1 + H 306 | 0.504 | 11000 | 8500 | 6.30 | 21.2 | 2.6 | 3.9 | 2.5 | 0.25 | 1.1 | 8 | 31 | 59.0 | 45 | 1 | 6 | 65 | 33 | 44 | 19 | 72 | 25 |
| 2306 K + H 2306 | 0.63 | 10000 | 8000 | 8.68 | 31.5 | 1.5 | 2.2 | 1.4 | 0.44 | 1.1 | 8 | 38 | 60.9 | 45 | 1 | 5 | 65 | 35 | 41 | 27 | 72 | 25 |
| 2306 KTN1 + H 2306 | 0.685 | 10000 | 8000 | 8.70 | 31.5 | 1.5 | 2.3 | 1.5 | 0.43 | 1.1 | 8 | 38 | 58.5 | 45 | 1 | 5 | 65 | 35 | 41 | 27 | 72 | 25 |
| 1207 K + H 207 | 0.45 | 10000 | 8500 | 5.08 | 15.8 | 2.9 | 4.2 | 2.7 | 0.23 | 1.1 | 9 | 29 | 60.7 | 52 | 1 | 5 | 65 | 38 | 47 | 17 | 72 | 30 |
| 1207 KTN1 + H 207 | 0.457 | 10000 | 8500 | 5.90 | 18.8 | 2.9 | 4.2 | 2.7 | 0.23 | 1.1 | 9 | 29 | 60.2 | 52 | 1 | 5 | 65 | 38 | 47 | 17 | 72 | 30 |
| 2207 K + H 307 | 0.58 | 10000 | 8500 | 6.65 | 21.8 | 1.8 | 2.6 | 1.7 | 0.38 | 1.1 | 9 | 35 | 62.2 | 52 | 1 | 5 | 65 | 39 | 46 | 23 | 72 | 30 |
| 2207 KTN1 + H 307 | 0.563 | 10000 | 8500 | 8.70 | 30.5 | 2.1 | 3.1 | 2.0 | 0.31 | 1.1 | 9 | 35 | 61.9 | 52 | 1 | 5 | 65 | 39 | 45 | 23 | 72 | 30 |
| 1307 K + H 307 | 0.68 | 9500 | 7500 | 7.95 | 25 | 2.7 | 4.0 | 2.6 | 0.25 | 1.5 | 9 | 35 | 69.5 | 52 | 1.5 | 7 | 71 | 39 | 51 | 21 | 80 | 30 |
| 1307 KTN1 + H 307 | 0.673 | 9500 | 7500 | 8.50 | 26.2 | 2.6 | 3.9 | 2.5 | 0.25 | 1.5 | 9 | 35 | 67.1 | 52 | 1.5 | 7 | 71 | 39 | 51 | 21 | 80 | 30 |
| 2307 K + H 2307 | 0.85 | 9000 | 7100 | 11 | 39.2 | 1.4 | 2.1 | 1.4 | 0.46 | 1.5 | 9 | 43 | 68.4 | 52 | 1.5 | 5 | 71 | 40 | 46 | 31 | 80 | 30 |
| 2307 KTN1 + H 2307 | 0.931 | 9000 | 7100 | 11.2 | 39.5 | 1.7 | 2.5 | 1.6 | 0.39 | 1.5 | 9 | 43 | 66.0 | 52 | 1.5 | 5 | 71 | 40 | 47 | 31 | 80 | 30 |
| 1208 K + H 208 | 0.58 | 9000 | 7500 | 6.40 | 19.2 | 3.0 | 4.4 | 2.9 | 0.22 | 1.1 | 10 | 31 | 68.8 | 58 | 1 | 6 | 73 | 43 | 53 | 18 | 80 | 35 |
| 1208 KTN1 + H 208 | 0.599 | 9000 | 7500 | 6.90 | 20.0 | 3.0 | 4.5 | 2.9 | 0.22 | 1.1 | 10 | 31 | 66.7 | 58 | 1 | 6 | 73 | 43 | 53 | 18 | 80 | 35 |
| 2208 K + H 308 | 0.72 | 9000 | 7500 | 7.38 | 22.5 | 2.0 | 2.9 | 1.9 | 0.24 | 1.1 | 10 | 36 | 68.8 | 58 | 1 | 6 | 73 | 44 | 52 | 23 | 80 | 35 |
| 2208 KTN1 + H 308 | 0.711 | 9000 | 7500 | 10.2 | 31.8 | 2.3 | 3.4 | 2.2 | 0.29 | 1.1 | 10 | 36 | 69.3 | 58 | 1 | 6 | 73 | 44 | 52 | 23 | 80 | 35 |
| 1308 K + H 308 | 0.9 | 8500 | 6700 | 9.5 | 29.5 | 2.7 | 4.0 | 2.6 | 0.24 | 1.5 | 11 | 36 | 76.8 | 58 | 1.5 | 6 | 81 | 44 | 57 | 23 | 90 | 35 |
| 1308 KTN1 + H 308 | 0.917 | 8500 | 6700 | 11.0 | 33.7 | 2.8 | 4.1 | 2.6 | 0.24 | 1.5 | 11 | 36 | 78.7 | 58 | 1.5 | 6 | 81 | 44 | 61 | 23 | 90 | 35 |
| 2308 K + H 2308 | 1.15 | 8000 | 6300 | 13.2 | 44.8 | 1.5 | 2.3 | 1.5 | 0.43 | 1.5 | 11 | 46 | 76.8 | 58 | 1.5 | 6 | 81 | 45 | 53 | 33 | 90 | 35 |
| 2308 KTN1 + H 2308 | 1.23 | 8000 | 6300 | 15.8 | 54.0 | 1.7 | 2.5 | 1.6 | 0.40 | 1.5 | 11 | 46 | 76.2 | 58 | 1.5 | 6 | 81 | 45 | 53 | 33 | 90 | 35 |
| 1209 K + H 209 | 0.72 | 8500 | 7100 | 7.32 | 21.8 | 3.1 | 4.6 | 2.9 | 0.21 | 1.1 | 11 | 33 | 73.7 | 65 | 1 | 6 | 78 | 48 | 57 | 19 | 85 | 40 |
| 1209 KTN1 + H 209 | 0.718 | 8500 | 7100 | 8.30 | 23.5 | 3.0 | 4.5 | 2.9 | 0.22 | 1.1 | 11 | 33 | 71.7 | 65 | 1 | 6 | 78 | 48 | 59 | 19 | 85 | 40 |
| 2209 K + H 309 | 0.8 | 8500 | 7100 | 8.00 | 23.2 | 2.2 | 3.2 | 2.1 | 0.31 | 1.1 | 11 | 39 | 74.1 | 65 | 1 | 8 | 78 | 50 | 57 | 23 | 85 | 40 |
| 2209 KTN1 + H 309 | 0.822 | 8500 | 7100 | 10.5 | 32.5 | 2.5 | 3.8 | 2.4 | 0.26 | 1.5 | 11 | 39 | 72.4 | 65 | 1 | 8 | 78 | 50 | 55 | 23 | 85 | 40 |
| 1309 K + H 309 | 1.21 | 7500 | 6000 | 12.8 | 38.0 | 2.6 | 3.9 | 2.5 | 0.25 | 1.5 | 12 | 39 | 85.7 | 65 | 1.5 | 6 | 91 | 50 | 63 | 25 | 100 | 40 |
| 1309 KTN1 + H 309 | 1.225 | 7500 | 6000 | 13.5 | 38.8 | 2.8 | 4.2 | 2.7 | 0.23 | 1.5 | 12 | 39 | 87.0 | 65 | 1.5 | 6 | 91 | 50 | 67 | 25 | 100 | 40 |
| 2309 K + H 2309 | 1.51 | 7100 | 5600 | 16.2 | 54.0 | 1.6 | 2.3 | 1.7 | 0.42 | 1.5 | 12 | 50 | 86 | 65 | 1.5 | 10 | 91 | 50 | 60 | 36 | 100 | 40 |
| 2309 KTN1 + H 2309 | 1.625 | 7100 | 5600 | 19.2 | 63.8 | 1.8 | 2.6 | 1.7 | 0.37 | 1.5 | 12 | 50 | 85 | 65 | 1.5 | 10 | 91 | 50 | 60 | 36 | 100 | 40 |
| 1210 K + H 210 | 0.81 | 8000 | 6300 | 8.08 | 22.8 | 2.3 | 4.8 | 3.1 | 0.20 | 1.1 | 12 | 35 | 78.7 | 70 | 1 | 6 | 83 | 53 | 62 | 20 | 90 | 45 |
| 1210 KTN1 + H 210 | 0.816 | 8000 | 6300 | 9.50 | 26.5 | 3.1 | 4.6 | 3.0 | 0.21 | 1.1 | 12 | 35 | 77.5 | 70 | 1 | 6 | 83 | 53 | 62 | 20 | 90 | 45 |
| 2210 K + H 310 | 0.98 | 8000 | 6300 | 8.45 | 23.2 | 2.2 | 3.4 | 2.2 | 0.29 | 1.1 | 12 | 42 | 79.3 | 70 | 1 | 6 | 83 | 55 | 62 | 23 | 90 | 45 |
| 2210 KTN1 + H 310 | 0.859 | 8000 | 6300 | 11.2 | 33.5 | 2.7 | 4.1 | 2.7 | 0.24 | 1.1 | 12 | 42 | 79.3 | 70 | 1 | 6 | 83 | 55 | 61 | 23 | 90 | 45 |
| 1310 K + H 310 | 1.51 | 6700 | 5600 | 14.2 | 43.2 | 2.8 | 4.1 | 2.7 | 0.24 | 2 | 12 | 42 | 95 | 70 | 2 | 6 | 100 | 55 | 70 | 27 | 110 | 45 |
| 1310 KTN1 + H 310 | 1.602 | 6700 | 5600 | 15.2 | 43.8 | 2.8 | 4.1 | 2.7 | 0.24 | 2 | 12 | 42 | 90.6 | 70 | 2 | 6 | 100 | 55 | 70 | 27 | 110 | 45 |
| 2310 K + H 2310 | 2 | 6300 | 5000 | 19.8 | 64.5 | 1.6 | 2.3 | 1.5 | 0.43 | 2 | 12 | 55 | 94.4 | 70 | 2 | 6 | 100 | 56 | 65 | 40 | 110 | 45 |
| 2310 KTN1 + H 2310 | 2.097 | 6300 | 5000 | 20.2 | 64.8 | 2.0 | 2.9 | 1.9 | 0.34 | 2 | 12 | 55 | 91.4 | 70 | 2 | 6 | 100 | 56 | 67 | 40 | 110 | 45 |
| 1211 K + H 211 | 1.03 | 7100 | 6000 | 10 | 26.8 | 3.4 | 5.0 | 3.2 | 0.2 | 1.5 | 12 | 37 | 88.4 | 75 | 1.5 | 7 | 91 | 60 | 70 | 21 | 100 | 50 |
| 1211 KTN1 + H 211 | 1.025 | 7100 | 6000 | 10.5 | 27.8 | 3.4 | 5.1 | 3.3 | 0.19 | 1.5 | 12 | 37 | 86.4 | 75 | 1.5 | 7 | 91 | 60 | 70 | 21 | 100 | 50 |

（续）

| 公称尺寸/mm | | | 安装尺寸/mm | | | | | 其他尺寸/mm | | | | | 计算系数 | | | | 基本额定载荷/kN | | 极限转速/(r/min) | | 质量/kg | 轴承代号 |
|---|---|---|---|---|---|---|---|---|---|---|---|---|---|---|---|---|---|---|---|---|---|---|
| $d_1$ | D | B | $d_a$ max | $d_b$ min | $D_a$ max | $B_a$ min | $r_a$ max | $d_2$ | $D_2$ | $B_1$ | $B_2$ | r min | e | $Y_1$ | $Y_2$ | $Y_0$ | $C_r$ | $C_{0r}$ | 脂 | 油 | W ≈ | 10000K(KTN1、KM) + H0000 型 |
| 50 | 100 | 25 | 69 | 60 | 91 | 11 | 1.5 | 75 | 87.8 | 45 | 12 | 1.5 | 0.28 | 2.3 | 3.5 | 2.4 | 26.8 | 9.95 | 6000 | 7100 | 1.2 | 2211 K + H 311 |
| | 100 | 25 | 67 | 60 | 91 | 11 | 1.5 | 75 | 87.4 | 45 | 12 | 1.5 | 0.23 | 2.7 | 4.2 | 2.8 | 39.2 | 13.5 | 6000 | 7100 | 1.196 | 2211 KTN1 + H 311 |
| | 120 | 29 | 77 | 60 | 110 | 7 | 2 | 75 | 104 | 45 | 12 | 2 | 0.23 | 2.7 | 4.2 | 2.8 | 51.5 | 18.2 | 5000 | 6300 | 1.97 | 1311 K + H 311 |
| | 120 | 29 | 78 | 60 | 110 | 7 | 2 | 75 | 101.5 | 45 | 12 | 2 | 0.23 | 2.7 | 4.2 | 2.8 | 52.8 | 18.8 | 5000 | 6300 | 2.026 | 1311 KTN1 + H 311 |
| | 120 | 43 | 72 | 61 | 110 | 7 | 2 | 75 | 103 | 59 | 12 | 2 | 0.41 | 1.5 | 2.4 | 1.6 | 75.2 | 23.5 | 4800 | 6000 | 2.52 | 2311 K + H 2311 |
| | 120 | 43 | 73 | 61 | 110 | 7 | 2 | 75 | 99.7 | 59 | 12 | 2 | 0.33 | 1.9 | 3.0 | 2.0 | 75.2 | 24 | 4800 | 6000 | 2.761 | 2311 KTN1 + H 2311 |
| 55 | 110 | 22 | 77 | 64 | 101 | 7 | 1.5 | 80 | 97.5 | 38 | 13 | 1.5 | 0.19 | 3.4 | 5.3 | 3.6 | 30.2 | 11.5 | 5300 | 6300 | 1.25 | 1212 K + H 212 |
| | 110 | 22 | 78 | 64 | 101 | 7 | 1.5 | 80 | 95.7 | 38 | 13 | 1.5 | 0.18 | 3.4 | 5.3 | 3.6 | 31.2 | 12.2 | 5300 | 6300 | 1.265 | 1212 KTN1 + H 212 |
| | 110 | 28 | 75 | 65 | 101 | 10 | 1.5 | 80 | 96.1 | 47 | 13 | 1.5 | 0.28 | 2.3 | 3.5 | 2.4 | 34.0 | 12.5 | 5300 | 6300 | 1.49 | 2212 K + H 312 |
| | 110 | 28 | 74 | 65 | 101 | 10 | 1.5 | 80 | 96.0 | 47 | 13 | 1.5 | 0.24 | 2.6 | 4.0 | 2.7 | 46.5 | 16.2 | 5300 | 6300 | 1.512 | 2212 KTN1 + H 312 |
| | 130 | 31 | 87 | 65 | 118 | 7 | 2.1 | 80 | 115 | 47 | 13 | 2.1 | 0.23 | 2.8 | 4.3 | 2.9 | 57.2 | 20.8 | 4500 | 5600 | 2.35 | 1312 K + H 312 |
| | 130 | 31 | 87 | 65 | 118 | 7 | 2.1 | 80 | 111.5 | 47 | 13 | 2.1 | 0.23 | 2.8 | 4.3 | 2.9 | 58.2 | 21.2 | 4500 | 5600 | 2.49 | 1312 KTN1 + H 312 |
| | 130 | 46 | 76 | 66 | 118 | 7 | 2.1 | 80 | 112 | 62 | 13 | 2.1 | 0.41 | 1.6 | 2.5 | 1.6 | 86.8 | 27.5 | 4300 | 5300 | 3.09 | 2312 K + H 2312 |
| | 130 | 46 | 80 | 66 | 118 | 7 | 2.1 | 80 | 108.5 | 62 | 13 | 2.1 | 0.33 | 1.9 | 3.0 | 2.0 | 87.5 | 28.2 | 4300 | 5300 | 3.402 | 2312 KTN1 + H 2312 |
| 60 | 120 | 23 | 85 | 70 | 111 | 7 | 1.5 | 85 | 105 | 40 | 14 | 1.5 | 0.17 | 3.7 | 5.7 | 3.9 | 31.0 | 12.5 | 4800 | 6000 | 1.32 | 1213 K + H 213 |
| | 120 | 23 | 85 | 70 | 111 | 7 | 1.5 | 85 | 104 | 40 | 14 | 1.5 | 0.18 | 3.6 | 5.6 | 3.8 | 35.0 | 13.8 | 4800 | 6000 | 1.552 | 1213 KTN1 + H 213 |
| | 120 | 31 | 81 | 70 | 111 | 7 | 1.5 | 85 | 105 | 50 | 14 | 1.5 | 0.28 | 2.3 | 3.5 | 2.4 | 56.8 | 20.2 | 4800 | 6000 | 1.96 | 2213 K + H 313 |
| | 120 | 31 | 80 | 70 | 111 | 7 | 1.5 | 85 | 104.5 | 50 | 14 | 1.5 | 0.24 | 2.6 | 4.0 | 2.7 | 61.8 | 22.2 | 4800 | 6000 | 1.964 | 2213 KTN1 + H 313 |
| | 140 | 33 | 92 | 70 | 128 | 7 | 2.1 | 85 | 122 | 50 | 14 | 2.1 | 0.23 | 2.8 | 4.3 | 2.9 | 62.8 | 22.8 | 4300 | 5300 | 2.85 | 1313 K + H 313 |
| | 140 | 33 | 89 | 70 | 128 | 7 | 2.1 | 85 | 115.7 | 50 | 14 | 2.1 | 0.23 | 2.7 | 4.2 | 2.9 | 62.8 | 22.8 | 4300 | 5300 | 2.993 | 1313 KTN1 + H 313 |
| | 140 | 48 | 85 | 72 | 128 | 9 | 2.1 | 85 | 122 | 65 | 14 | 2.1 | 0.38 | 1.6 | 2.6 | 1.7 | 96.0 | 32.5 | 3800 | 4800 | 3.75 | 2313 K + H 2313 |
| | 140 | 48 | 87 | 72 | 128 | 9 | 2.1 | 85 | 118.4 | 65 | 14 | 2.1 | 0.32 | 2.0 | 3.1 | 2.1 | 97.2 | 31.8 | 3800 | 4800 | 4.022 | 2313 KTN1 + H 2313 |
| 65 | 130 | 25 | 93 | 80 | 121 | 13 | 1.5 | 98 | 116 | 43 | 15 | 1.5 | 0.17 | 3.6 | 5.6 | 3.8 | 38.8 | 15.2 | 4300 | 5300 | 2.06 | 1215 K + H 215 |
| | 130 | 25 | 93 | 80 | 121 | 13 | 1.5 | 98 | 121.7 | 43 | 15 | 1.5 | 0.17 | 3.7 | 5.7 | 3.8 | 38.8 | 15.5 | 4300 | 5300 | 2.171 | 1215 KM + H 215 |
| | 130 | 31 | 93 | 80 | 121 | 13 | 1.5 | 98 | 113.3 | 55 | 15 | 1.5 | 0.25 | 2.5 | 3.9 | 2.6 | 44.2 | 18.0 | 4300 | 5300 | 2.55 | 2215 K + H 315 |
| | 130 | 31 | 93 | 80 | 121 | 13 | 1.5 | 98 | 113.9 | 55 | 15 | 1.5 | 0.22 | 2.9 | 4.4 | 3.0 | 56.5 | 20.8 | 4300 | 5300 | 2.457 | 2215 KTN1 + H 315 |
| | 160 | 37 | 104 | 80 | 148 | 7 | 2.1 | 98 | 138 | 55 | 15 | 2.1 | 0.22 | 2.8 | 4.4 | 3.0 | 79.0 | 29.8 | 3800 | 4500 | 4.43 | 1315 K + H 315 |
| | 160 | 37 | 106 | 80 | 148 | 7 | 2.1 | 98 | 135 | 55 | 15 | 2.1 | 0.22 | 2.8 | 4.4 | 3.0 | 78.8 | 30.0 | 3800 | 4500 | 4.741 | 1315 KTN1 + H 315 |
| | 160 | 55 | 97 | 82 | 148 | 7 | 2.1 | 98 | 139 | 73 | 15 | 2.1 | 0.38 | 1.7 | 2.6 | 1.7 | 122 | 42.8 | 3400 | 4300 | 5.75 | 2315 K + H 2315 |
| | 160 | 55 | 98 | 82 | 148 | 7 | 2.1 | 98 | 135.2 | 73 | 15 | 2.1 | 0.37 | 1.7 | 2.7 | 1.8 | 126 | 42.2 | 3400 | 4300 | 7.585 | 2315 KM + H 2315 |
| 70 | 140 | 26 | 101 | 85 | 130 | 7 | 2 | 105 | 125 | 46 | 17 | 2 | 0.18 | 3.6 | 5.5 | 3.7 | 39.5 | 16.8 | 4000 | 5000 | 2.53 | 1216 K + H 216 |
| | 140 | 26 | 102 | 85 | 130 | 7 | 2 | 105 | 121.7 | 46 | 17 | 2 | 0.17 | 3.7 | 3.7 | 3.9 | 39.5 | 16.2 | 4000 | 5000 | 2.672 | 1216 KM + H 216 |
| | 140 | 33 | 98 | 85 | 130 | 13 | 2 | 105 | 124 | 59 | 17 | 2 | 0.25 | 2.5 | 3.9 | 2.6 | 48.8 | 20.2 | 4000 | 5000 | 3.19 | 2216 K + H 316 |
| | 140 | 33 | 98 | 85 | 130 | 13 | 2 | 105 | 124.5 | 59 | 17 | 2 | 0.22 | 2.9 | 4.4 | 3.0 | 65.2 | 25.5 | 4000 | 5000 | 3.053 | 2216 KTN1 + H 316 |
| | 170 | 39 | 109 | 85 | 158 | 7 | 2.1 | 105 | 147 | 59 | 17 | 2.1 | 0.22 | 2.9 | 4.5 | 3.1 | 86.5 | 32.8 | 3600 | 4300 | 5.2 | 1316 K + H 316 |
| | 170 | 39 | 110 | 85 | 158 | 7 | 2.1 | 105 | 141.7 | 59 | 17 | 2.1 | 0.22 | 2.8 | 4.4 | 3.0 | 86.5 | 32.8 | 3600 | 4300 | 5.652 | 1316 KTN1 + H 316 |
| | 170 | 58 | 104 | 88 | 158 | 7 | 2.1 | 105 | 148 | 78 | 17 | 2.1 | 0.39 | 1.6 | 2.5 | 1.7 | 128 | 45.5 | 3200 | 4000 | 7.0 | 2316 K + H 2316 |
| | 170 | 58 | 105 | 88 | 158 | 7 | 2.1 | 105 | 144.4 | 78 | 17 | 2.1 | 0.37 | 1.7 | 2.6 | 1.8 | 135 | 47.5 | 3200 | 4000 | 9.085 | 2316 KM + H 2316 |

| 轴承代号 | d | (1) | (2) | (3) | (4) | (5) | (6) | (7) | (8) | (9) | (10) | (11) | (12) | (13) | (14) | (15) | (16) | (17) | (18) | (19) | (20) | (21) |
|---|---|---|---|---|---|---|---|---|---|---|---|---|---|---|---|---|---|---|---|---|---|---|
| 1217 K + H 217 | 75 | 3.1 | 4500 | 3800 | 20.5 | 48.8 | 3.9 | 5.7 | 3.7 | 0.17 | 2 | 18 | 50 | 134 | 110 | 2 | 8 | 140 | 90 | 107 | 28 | 150 |
| 1217 KM + H 217 | 75 | 3.24 | 4500 | 3800 | 19.5 | 47.8 | 3.8 | 5.6 | 3.6 | 0.17 | 2 | 18 | 50 | 129 | 110 | 2 | 8 | 140 | 90 | 107 | 28 | 150 |
| 2217 K + H 317 | 75 | 3.73 | 4500 | 3800 | 23.5 | 58.2 | 2.6 | 3.8 | 2.5 | 0.25 | 2 | 18 | 63 | 133 | 110 | 2 | 13 | 140 | 91 | 105 | 36 | 150 |
| 2217 KTN1 + H 317 | 75 | 3.805 | 4500 | 3800 | 26.2 | 66.2 | 3.0 | 4.5 | 2.9 | 0.22 | 3 | 18 | 63 | 130.3 | 110 | 2.1 | 13 | 140 | 91 | 104 | 36 | 150 |
| 1317 K + H 317 | 75 | 6.7 | 4000 | 3400 | 37.8 | 97.8 | 3.0 | 4.5 | 2.9 | 0.22 | 3 | 18 | 63 | 158 | 110 | 2.1 | 8 | 166 | 91 | 117 | 41 | 180 |
| 1317 KM + H 317 | 75 | 7.175 | 4000 | 3400 | 38.5 | 97.8 | 3.0 | 4.4 | 2.9 | 0.22 | 3 | 18 | 63 | 149.4 | 110 | 2.1 | 8 | 166 | 91 | 117 | 41 | 180 |
| 2317 K + H 2317 | 75 | 8.15 | 3800 | 3000 | 51.5 | 140 | 1.7 | 2.6 | 1.7 | 0.38 | 3 | 18 | 82 | 157 | 110 | 2.5 | 8 | 166 | 94 | 111 | 60 | 180 |
| 2317 KM + H 2317 | 75 | 10.432 | 3800 | 3000 | 51.5 | 140 | 1.8 | 2.7 | 1.8 | 0.36 | 3 | 18 | 82 | 153.6 | 110 | 2.5 | 8 | 166 | 94 | 114 | 60 | 180 |
| 1218 K + H 218 | 80 | 3.7 | 4300 | 3600 | 23.2 | 56.5 | 4.0 | 5.7 | 3.8 | 0.17 | 2 | 18 | 52 | 142 | 120 | 2 | 8 | 150 | 95 | 112 | 30 | 160 |
| 1218 KM + H 218 | 80 | 3.953 | 4300 | 3600 | 21.8 | 52.5 | 3.7 | 5.5 | 3.6 | 0.18 | 2 | 18 | 52 | 137.2 | 120 | 2 | 8 | 150 | 95 | 113 | 30 | 160 |
| 2218 K + H 318 | 80 | 4.57 | 4300 | 3600 | 28.5 | 70.0 | 2.5 | 3.7 | 2.4 | 0.27 | 2 | 18 | 65 | 142 | 120 | 2 | 11 | 150 | 96 | 112 | 40 | 160 |
| 2218 KM + H 318 | 80 | 5.423 | 4300 | 3600 | 28.5 | 70.2 | 2.5 | 3.7 | 2.4 | 0.26 | 3 | 18 | 65 | 139 | 120 | 2.5 | 11 | 150 | 96 | 112 | 40 | 160 |
| 1318 K + H 318 | 80 | 7.35 | 3800 | 3200 | 44.5 | 115 | 2.9 | 4.4 | 2.8 | 0.22 | 3 | 18 | 65 | 165 | 120 | 2.5 | 8 | 176 | 96 | 122 | 43 | 190 |
| 1318 KM + H 318 | 80 | 7.768 | 3800 | 3200 | 46.2 | 115.8 | 2.9 | 4.2 | 2.7 | 0.23 | 3 | 18 | 65 | 162.4 | 120 | 2.5 | 8 | 176 | 96 | 126 | 43 | 190 |
| 2318 K + H 2318 | 80 | 9.6 | 3600 | 2800 | 57.2 | 142 | 1.7 | 2.5 | 1.6 | 0.39 | 3 | 18 | 86 | 164 | 120 | 2.5 | 8 | 176 | 100 | 115 | 64 | 190 |
| 2318 KM + H 2318 | 80 | 12.422 | 3600 | 2800 | 57.8 | 152 | 1.8 | 2.6 | 1.7 | 0.37 | 3 | 18 | 86 | 160.5 | 120 | 2.5 | 8 | 176 | 100 | 119 | 64 | 190 |
| 1219 K + H 219 | 85 | 4.35 | 4000 | 3400 | 27.0 | 63.5 | 3.9 | 5.7 | 3.7 | 0.17 | 2.1 | 19 | 55 | 151 | 125 | 2.1 | 8 | 158 | 100 | 120 | 32 | 170 |
| 1219 KM + H 219 | 85 | 4.664 | 4000 | 3400 | 26.8 | 63.8 | 3.8 | 5.7 | 3.7 | 0.17 | 2.1 | 19 | 55 | 147.6 | 125 | 2.1 | 8 | 158 | 100 | 121 | 32 | 170 |
| 2219 K + H 319 | 85 | 5.75 | 4000 | 3400 | 33.8 | 82.8 | 2.5 | 3.7 | 2.4 | 0.26 | 2.1 | 19 | 68 | 157 | 125 | 2.1 | 10 | 158 | 102 | 118 | 43 | 170 |
| 2219 KM + H 319 | 85 | 6.574 | 4000 | 3400 | 34.2 | 83.2 | 2.5 | 3.6 | 2.3 | 0.27 | 2.1 | 19 | 68 | 147.9 | 125 | 2.1 | 10 | 158 | 102 | 119 | 43 | 170 |
| 1319 K + H 319 | 85 | 8.55 | 3600 | 3000 | 50.8 | 132 | 2.9 | 4.3 | 2.8 | 0.23 | 3 | 19 | 68 | 174 | 125 | 2.5 | 8 | 186 | 102 | 126 | 45 | 200 |
| 1319 KM + H 319 | 85 | 9.0 | 3600 | 3000 | 52.4 | 132 | 2.7 | 4.0 | 2.6 | 0.24 | 3 | 19 | 68 | 170.2 | 125 | 2.5 | 8 | 186 | 102 | 133 | 45 | 200 |
| 2319 K + H 2319 | 85 | — | 3400 | 2800 | 64.2 | 162 | 1.8 | 2.6 | 1.7 | 0.38 | 3 | 19 | 90 | — | 125 | 2.5 | 8 | 186 | 105 | — | 67 | 200 |
| 2319 KM + H 2319 | 85 | — | 3400 | 2800 | 64.8 | 165 | 1.8 | 2.7 | 1.7 | 0.37 | 3 | 19 | 90 | 168.6 | 125 | 2.5 | 8 | 186 | 105 | 125 | 67 | 200 |
| 1220 K + H 220 | 90 | 5.2 | 3800 | 3200 | 29.2 | 68.5 | 3.7 | 5.4 | 3.5 | 0.18 | 2.1 | 20 | 58 | 159 | 130 | 2.1 | 8 | 168 | 106 | 127 | 34 | 180 |
| 1220 KM + H 220 | 90 | 5.479 | 3800 | 3200 | 29.5 | 69.2 | 3.7 | 5.7 | 3.7 | 0.17 | 2.1 | 20 | 58 | 155.4 | 130 | 2.1 | 8 | 168 | 106 | 128 | 34 | 180 |
| 2220 K + H 320 | 90 | 6.7 | 3800 | 3200 | 40.5 | 97.2 | 2.5 | 3.6 | 2.3 | 0.27 | 2.1 | 20 | 71 | 160 | 130 | 2.1 | 9 | 168 | 108 | 125 | 46 | 180 |
| 2220 KM + H 320 | 90 | 8.305 | 3800 | 3200 | 40.5 | 97.5 | 2.5 | 3.7 | 2.4 | 0.27 | 2.1 | 20 | 71 | 156.8 | 130 | 2.1 | 9 | 168 | 108 | 125 | 46 | 180 |
| 1320 K + H 320 | 90 | 10.34 | 3400 | 2800 | 57.2 | 142 | 2.8 | 4.1 | 2.7 | 0.24 | 3 | 20 | 71 | 185 | 130 | 2.5 | 8 | 201 | 108 | 136 | 47 | 215 |
| 1320 KM + H 320 | 90 | 10.94 | 3400 | 2800 | 59.5 | 145 | 2.8 | 4.1 | 2.7 | 0.24 | 3 | 20 | 71 | 181 | 130 | 2.5 | 8 | 201 | 108 | 140 | 47 | 215 |
| 2320 K + H 2320 | 90 | — | 3200 | 2400 | 78.5 | 192 | 1.8 | 2.6 | 1.7 | 0.37 | 3 | 20 | 97 | — | 130 | 2.5 | 7 | 201 | 110 | — | 73 | 215 |
| 2320 KM + H 2320 | 90 | — | 3200 | 2400 | 78.5 | 192 | 1.8 | 2.6 | 1.7 | 0.37 | 3 | 20 | 97 | 182.5 | 130 | 2.5 | 7 | 201 | 110 | 134 | 73 | 215 |
| 1222 K + H 222 | 100 | 7.1 | 3400 | 2800 | 37.5 | 87.2 | 3.8 | 5.6 | 3.6 | 0.17 | 2.1 | 21 | 63 | 176 | 145 | 2.1 | 8 | 188 | 116 | 140 | 38 | 200 |
| 1222 KM + H 222 | 100 | 7.478 | 3400 | 2800 | 38.5 | 88.0 | 3.8 | 5.6 | 3.6 | 0.17 | 2.1 | 21 | 63 | 173.1 | 145 | 2.1 | 8 | 188 | 116 | 142 | 38 | 200 |
| 2222 K + H 322 | 100 | 9.4 | 3400 | 2800 | 52.2 | 125 | 2.4 | 3.5 | 2.3 | 0.28 | 2.1 | 21 | 77 | 177 | 145 | 2.1 | 7 | 188 | 118 | 137 | 53 | 200 |
| 2222 KM + H 322 | 100 | 10.959 | 3400 | 2800 | 52.2 | 125 | 2.4 | 3.5 | 2.3 | 0.28 | 2.1 | 21 | 77 | 174.1 | 145 | 2.1 | 7 | 188 | 118 | 138 | 53 | 200 |
| 1322 K + H 322 | 100 | 14 | 3000 | 2400 | 72.8 | 162 | 2.9 | 4.3 | 2.8 | 0.23 | 3 | 21 | 77 | 206 | 145 | 2.5 | 10 | 226 | 118 | 154 | 50 | 240 |
| 1322 KM + H 322 | 100 | 14.652 | 3000 | 2400 | 72.5 | 162 | 2.9 | 4.3 | 2.8 | 0.23 | 3 | 21 | 77 | 201.9 | 145 | 2.5 | 10 | 226 | 118 | 157 | 50 | 240 |

## 3.3　角接触球轴承（表6.1-49～表6.1-53）

**表6.1-49　角接触球轴承**（摘自 GB/T 292—2007）

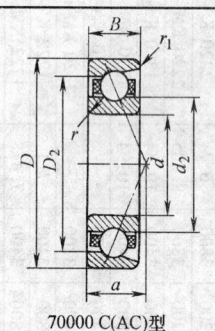

70000 C(AC)型

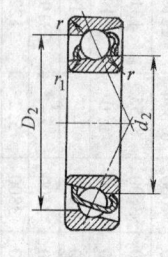

70000 B型

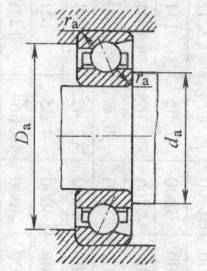

代号含义：
C——$\alpha = 15°$
AC——$\alpha = 25°$
B——$\alpha = 40°$

| 公称尺寸 /mm | | | 安装尺寸 /mm | | | 其他尺寸 /mm | | | | | 基本额定载荷/kN | | 极限转速 /(r/min) | | 质量 /kg | 轴承代号 |
|---|---|---|---|---|---|---|---|---|---|---|---|---|---|---|---|---|
| $d$ | $D$ | $B$ | $d_a$ min | $D_a$ max | $r_a$ max | $d_2$ ≈ | $D_2$ ≈ | $a$ | $r$ min | $r_1$ min | $C_r$ | $C_{0r}$ | 脂 | 油 | $W$ ≈ | 70000 C (AC、B)型 |
| 10 | 26 | 8 | 12.4 | 23.6 | 0.3 | 14.9 | 21.1 | 6.4 | 0.3 | 0.15 | 4.92 | 2.25 | 19000 | 28000 | 0.018 | 7000 C |
| | 26 | 8 | 12.4 | 23.6 | 0.3 | 14.9 | 21.1 | 8.2 | 0.3 | 0.15 | 4.75 | 2.12 | 19000 | 28000 | 0.018 | 7000 AC |
| | 30 | 9 | 15 | 25 | 0.6 | 17.4 | 23.6 | 7.2 | 0.6 | 0.15 | 5.82 | 2.95 | 18000 | 26000 | 0.03 | 7200 C |
| | 30 | 9 | 15 | 25 | 0.6 | 17.4 | 23.6 | 9.2 | 0.6 | 0.15 | 5.58 | 2.82 | 18000 | 26000 | 0.03 | 7200 AC |
| 12 | 28 | 8 | 14.4 | 25.6 | 0.3 | 17.4 | 23.6 | 6.7 | 0.3 | 0.15 | 5.42 | 2.65 | 18000 | 26000 | 0.02 | 7001 C |
| | 28 | 8 | 14.4 | 25.6 | 0.3 | 17.4 | 23.6 | 8.7 | 0.3 | 0.15 | 5.20 | 2.55 | 18000 | 26000 | 0.02 | 7001 AC |
| | 32 | 10 | 17 | 27 | 0.6 | 18.3 | 26.1 | 8 | 0.6 | 0.15 | 7.35 | 3.52 | 17000 | 24000 | 0.035 | 7201 C |
| | 32 | 10 | 17 | 27 | 0.6 | 18.3 | 26.1 | 10.2 | 0.6 | 0.15 | 7.10 | 3.35 | 17000 | 24000 | 0.035 | 7201 AC |
| 15 | 32 | 9 | 17.4 | 29.6 | 0.3 | 20.4 | 26.6 | 7.6 | 0.3 | 0.15 | 6.25 | 3.42 | 17000 | 24000 | 0.028 | 7002 C |
| | 32 | 9 | 17.4 | 29.6 | 0.3 | 20.4 | 26.6 | 10 | 0.3 | 0.15 | 5.95 | 3.25 | 17000 | 24000 | 0.028 | 7002 AC |
| | 35 | 11 | 20 | 30 | 0.6 | 21.6 | 29.4 | 8.9 | 0.6 | 0.15 | 8.68 | 4.62 | 16000 | 22000 | 0.043 | 7202 C |
| | 35 | 11 | 20 | 30 | 0.6 | 21.6 | 29.4 | 11.4 | 0.6 | 0.15 | 8.35 | 4.40 | 16000 | 22000 | 0.043 | 7202 AC |
| 17 | 35 | 10 | 19.4 | 32.6 | 0.3 | 22.9 | 29.1 | 8.5 | 0.3 | 0.15 | 6.60 | 3.85 | 16000 | 22000 | 0.036 | 7003 C |
| | 35 | 10 | 19.4 | 32.6 | 0.3 | 22.9 | 29.1 | 11.1 | 0.3 | 0.15 | 6.30 | 3.68 | 16000 | 22000 | 0.036 | 7003 AC |
| | 40 | 12 | 22 | 35 | 0.6 | 24.6 | 33.4 | 9.9 | 0.6 | 0.3 | 10.8 | 5.95 | 15000 | 20000 | 0.062 | 7203 C |
| | 40 | 12 | 22 | 35 | 0.6 | 24.6 | 33.4 | 12.8 | 0.6 | 0.3 | 10.5 | 5.65 | 15000 | 20000 | 0.062 | 7203 AC |
| 20 | 42 | 12 | 25 | 37 | 0.6 | 26.9 | 35.1 | 10.2 | 0.6 | 0.15 | 10.5 | 6.08 | 14000 | 19000 | 0.064 | 7004 C |
| | 42 | 12 | 25 | 37 | 0.6 | 26.9 | 35.1 | 13.2 | 0.6 | 0.15 | 10.0 | 5.78 | 14000 | 19000 | 0.064 | 7004 AC |
| | 47 | 14 | 26 | 41 | 1 | 29.3 | 39.7 | 11.5 | 1 | 0.3 | 14.5 | 8.22 | 13000 | 18000 | 0.1 | 7204 C |
| | 47 | 14 | 26 | 41 | 1 | 29.3 | 39.7 | 14.9 | 1 | 0.3 | 14.0 | 7.82 | 13000 | 18000 | 0.1 | 7204 AC |
| | 47 | 14 | 26 | 41 | 1 | 30.5 | 37 | 21.1 | 1 | 0.3 | 14.0 | 7.85 | 13000 | 18000 | 0.11 | 7204 B |
| 25 | 47 | 12 | 30 | 42 | 0.6 | 31.9 | 40.1 | 10.8 | 0.6 | 0.15 | 11.5 | 7.45 | 12000 | 17000 | 0.074 | 7005 C |
| | 47 | 12 | 30 | 42 | 0.6 | 31.9 | 40.1 | 14.4 | 0.6 | 0.15 | 11.2 | 7.08 | 12000 | 17000 | 0.074 | 7005 AC |
| | 52 | 15 | 31 | 46 | 1 | 33.8 | 44.2 | 12.7 | 1 | 0.3 | 16.5 | 10.5 | 11000 | 16000 | 0.12 | 7205 C |
| | 52 | 15 | 31 | 46 | 1 | 33.8 | 44.2 | 16.4 | 1 | 0.3 | 15.8 | 9.88 | 11000 | 16000 | 0.12 | 7205 AC |
| | 52 | 15 | 31 | 46 | 1 | 35.4 | 42.1 | 23.7 | 1 | 0.3 | 15.8 | 9.45 | 9500 | 14000 | 0.13 | 7205 B |
| | 62 | 17 | 32 | 55 | 1.1 | 39.2 | 48.4 | 26.8 | 1.1 | 0.6 | 26.2 | 15.2 | 8500 | 12000 | 0.3 | 7305 B |
| 30 | 55 | 13 | 36 | 49 | 1 | 38.4 | 47.7 | 12.2 | 1 | 0.3 | 15.2 | 10.2 | 9500 | 14000 | 0.11 | 7006 C |
| | 55 | 13 | 36 | 49 | 1 | 38.4 | 47.7 | 16.4 | 1 | 0.3 | 14.5 | 9.85 | 9500 | 14000 | 0.11 | 7006 AC |
| | 62 | 16 | 36 | 56 | 1 | 40.8 | 52.2 | 14.2 | 1 | 0.3 | 23.0 | 15.0 | 9000 | 13000 | 0.19 | 7206 C |
| | 62 | 16 | 36 | 56 | 1 | 40.8 | 52.2 | 18.7 | 1 | 0.3 | 22.0 | 14.2 | 9000 | 13000 | 0.19 | 7206 AC |
| | 62 | 16 | 36 | 56 | 1 | 42.8 | 50.1 | 27.4 | 1 | 0.3 | 20.5 | 13.8 | 8500 | 12000 | 0.21 | 7206 B |
| | 72 | 19 | 37 | 65 | 1 | 46.5 | 56.2 | 31.1 | 1.1 | 0.6 | 31.0 | 19.2 | 7500 | 10000 | 0.37 | 7306 B |

(续)

| 公称尺寸/mm | | | 安装尺寸/mm | | | 其他尺寸/mm | | | | | 基本额定载荷/kN | | 极限转速/(r/min) | | 质量/kg | 轴承代号 |
|---|---|---|---|---|---|---|---|---|---|---|---|---|---|---|---|---|
| $d$ | $D$ | $B$ | $d_a$ min | $D_a$ max | $r_a$ max | $d_2$ ≈ | $D_2$ ≈ | $a$ | $r$ min | $r_1$ min | $C_r$ | $C_{0r}$ | 脂 | 油 | $W$ ≈ | 70000 C (AC、B)型 |
| 35 | 62 | 14 | 41 | 56 | 1 | 43.3 | 53.7 | 13.5 | 1 | 0.3 | 19.5 | 14.2 | 8500 | 12000 | 0.15 | 7007 C |
| | 62 | 14 | 41 | 56 | 1 | 43.3 | 53.7 | 18.3 | 1 | 0.3 | 18.5 | 13.5 | 8500 | 12000 | 0.15 | 7007 AC |
| | 72 | 17 | 42 | 65 | 1 | 46.8 | 60.2 | 15.7 | 1.1 | 0.6 | 30.5 | 20.0 | 8000 | 11000 | 0.28 | 7207 C |
| | 72 | 17 | 42 | 65 | 1 | 46.8 | 60.2 | 21 | 1.1 | 0.6 | 29.0 | 19.2 | 8000 | 11000 | 0.28 | 7207 AC |
| | 72 | 17 | 42 | 65 | 1 | 49.5 | 58.1 | 30.9 | 1.1 | 0.6 | 27.0 | 18.8 | 7500 | 10000 | 0.3 | 7207 B |
| | 80 | 21 | 44 | 71 | 1.5 | 52.4 | 63.4 | 34.6 | 1.5 | 0.6 | 38.2 | 24.5 | 7000 | 9500 | 0.51 | 7307 B |
| 40 | 68 | 15 | 46 | 62 | 1 | 48.8 | 59.2 | 14.7 | 1 | 0.3 | 20.0 | 15.2 | 8000 | 11000 | 0.18 | 7008 C |
| | 68 | 15 | 46 | 62 | 1 | 48.8 | 59.2 | 20.1 | 1 | 0.3 | 19.0 | 14.5 | 8000 | 11000 | 0.18 | 7008 AC |
| | 80 | 18 | 47 | 73 | 1 | 52.8 | 67.2 | 17 | 1.1 | 0.6 | 36.8 | 25.8 | 7500 | 10000 | 0.37 | 7208 C |
| | 80 | 18 | 47 | 73 | 1 | 52.8 | 67.2 | 23 | 1.1 | 0.6 | 35.2 | 24.5 | 7500 | 10000 | 0.37 | 7208 AC |
| | 80 | 18 | 47 | 73 | 1 | 56.4 | 65.7 | 34.5 | 1.1 | 0.6 | 32.5 | 23.5 | 6700 | 9000 | 0.39 | 7208 B |
| | 90 | 23 | 49 | 81 | 1.5 | 59.3 | 71.5 | 38.8 | 1.5 | 0.6 | 46.2 | 30.5 | 6300 | 8500 | 0.67 | 7308 B |
| | 110 | 27 | 50 | 100 | 2 | 64.6 | 85.4 | 38.7 | 2 | 1 | 67.0 | 47.5 | 6000 | 8000 | 1.4 | 7408 B |
| 45 | 75 | 16 | 51 | 69 | 1 | 54.2 | 65.9 | 16 | 1 | 0.3 | 25.8 | 20.5 | 7500 | 10000 | 0.23 | 7009 C |
| | 75 | 16 | 51 | 69 | 1 | 54.2 | 65.9 | 21.9 | 1 | 0.3 | 25.8 | 19.5 | 7500 | 10000 | 0.23 | 7009 AC |
| | 85 | 19 | 52 | 78 | 1 | 58.8 | 73.2 | 18.2 | 1.1 | 0.6 | 38.5 | 28.5 | 6700 | 9000 | 0.41 | 7209 C |
| | 85 | 19 | 52 | 78 | 1 | 58.8 | 73.2 | 24.7 | 1.1 | 0.6 | 36.8 | 27.2 | 6700 | 9000 | 0.41 | 7209 AC |
| | 85 | 19 | 52 | 78 | 1 | 60.5 | 70.2 | 36.8 | 1.1 | 0.6 | 36.0 | 26.2 | 6300 | 8500 | 0.44 | 7209 B |
| | 100 | 25 | 54 | 91 | 1.5 | 66 | 80 | 42.0 | 1.5 | 0.6 | 59.5 | 39.8 | 6000 | 8000 | 0.9 | 7309 B |
| 50 | 80 | 16 | 56 | 74 | 1 | 59.2 | 70.9 | 16.7 | 1 | 0.3 | 26.5 | 22.0 | 6700 | 9000 | 0.25 | 7010 C |
| | 80 | 16 | 56 | 74 | 1 | 59.2 | 70.9 | 23.2 | 1 | 0.3 | 25.2 | 21.0 | 6700 | 9000 | 0.25 | 7010 AC |
| | 90 | 20 | 57 | 83 | 1 | 62.4 | 77.7 | 19.4 | 1.1 | 0.6 | 42.8 | 32.0 | 6300 | 8500 | 0.46 | 7210 C |
| | 90 | 20 | 57 | 83 | 1 | 62.4 | 77.7 | 26.3 | 1.1 | 0.6 | 40.8 | 30.5 | 6300 | 8500 | 0.46 | 7210 AC |
| | 90 | 20 | 57 | 83 | 1 | 65.5 | 75.2 | 39.4 | 1.1 | 0.6 | 37.5 | 29.0 | 5600 | 7500 | 0.49 | 7210 B |
| | 110 | 27 | 60 | 100 | 2 | 74.2 | 88.8 | 47.5 | 2 | 1 | 68.2 | 48.0 | 5000 | 6700 | 1.15 | 7310 B |
| | 130 | 31 | 62 | 118 | 2.1 | 77.6 | 102.4 | 46.2 | 2.1 | 1.1 | 95.2 | 64.2 | 5000 | 6700 | 2.08 | 7410 B |
| 55 | 90 | 18 | 62 | 83 | 1 | 65.4 | 79.7 | 18.7 | 1.1 | 0.6 | 37.2 | 30.5 | 6000 | 8000 | 0.38 | 7001 C |
| | 90 | 18 | 62 | 83 | 1 | 65.4 | 79.7 | 25.9 | 1.1 | 0.6 | 35.2 | 29.2 | 6000 | 8000 | 0.38 | 7011 AC |
| | 100 | 21 | 64 | 91 | 1.5 | 68.9 | 86.1 | 20.9 | 1.5 | 0.6 | 52.8 | 40.5 | 5600 | 7500 | 0.61 | 7211 C |
| | 100 | 21 | 64 | 91 | 1.5 | 68.9 | 86.1 | 28.6 | 1.5 | 0.6 | 50.8 | 38.5 | 5600 | 7500 | 0.61 | 7211 AC |
| | 100 | 21 | 64 | 91 | 1.5 | 72.4 | 83.4 | 43 | 1.5 | 0.6 | 46.2 | 36.0 | 5300 | 7000 | 0.65 | 7211 B |
| | 120 | 29 | 65 | 110 | 2 | 80.5 | 96.3 | 51.4 | 2 | 1 | 78.8 | 56.5 | 4500 | 6000 | 1.45 | 7311 B |
| 60 | 95 | 18 | 67 | 88 | 1.1 | 71.4 | 85.7 | 19.4 | 1.1 | 0.6 | 38.2 | 32.8 | 5600 | 7500 | 0.4 | 7012 C |
| | 95 | 18 | 67 | 88 | 1.1 | 71.4 | 85.7 | 27.1 | 1.1 | 0.6 | 36.2 | 31.5 | 5600 | 7500 | 0.4 | 7012 AC |
| | 110 | 22 | 69 | 101 | 1.5 | 76 | 94.1 | 22.4 | 1.5 | 0.6 | 61.0 | 48.5 | 5300 | 7000 | 0.8 | 7212 C |
| | 110 | 22 | 69 | 101 | 1.5 | 76 | 94.1 | 30.8 | 1.5 | 0.6 | 58.5 | 46.2 | 5300 | 7000 | 0.8 | 7212 AC |
| | 110 | 22 | 69 | 101 | 1.5 | 79.3 | 91.5 | 46.7 | 1.5 | 0.6 | 56.0 | 44.5 | 4800 | 6300 | 0.84 | 7212 B |
| | 130 | 31 | 72 | 118 | 2.1 | 87.1 | 104.2 | 55.4 | 2.1 | 1.1 | 90.0 | 66.3 | 4300 | 5600 | 1.85 | 7312 B |
| | 150 | 35 | 72 | 138 | 2.1 | 91.4 | 118.6 | 55.7 | 2.1 | 1.1 | 118 | 85.5 | 4300 | 5600 | 3.56 | 7412 B |

（续）

| 公称尺寸 /mm | | | 安装尺寸 /mm | | | 其他尺寸 /mm | | | | | 基本额定 载荷/kN | | 极限转速 /(r/min) | | 质量 /kg | 轴承代号 |
|---|---|---|---|---|---|---|---|---|---|---|---|---|---|---|---|---|
| $d$ | $D$ | $B$ | $d_a$ min | $D_a$ max | $r_a$ max | $d_2$ ≈ | $D_2$ ≈ | $a$ | $r$ min | $r_1$ min | $C_r$ | $C_{0r}$ | 脂 | 油 | $W$ ≈ | 70000 C (AC、B)型 |
| 65 | 100 | 18 | 72 | 93 | 1 | 75.3 | 89.8 | 20.1 | 1.1 | 0.6 | 40.0 | 35.5 | 5300 | 7000 | 0.43 | 7013 C |
| | 100 | 18 | 72 | 93 | 1 | 75.3 | 89.8 | 28.2 | 1.1 | 0.6 | 38.0 | 33.8 | 5300 | 7000 | 0.43 | 7013 AC |
| | 120 | 23 | 74 | 111 | 1.5 | 82.5 | 102.5 | 24.2 | 1.5 | 0.6 | 69.8 | 55.2 | 4800 | 6300 | 1 | 7213 C |
| | 120 | 23 | 74 | 111 | 1.5 | 82.5 | 102.5 | 33.5 | 1.5 | 0.6 | 66.5 | 52.5 | 4800 | 6300 | 1 | 7213 AC |
| | 120 | 23 | 74 | 111 | 1.5 | 88.4 | 101.2 | 51.1 | 1.5 | 0.6 | 62.5 | 53.2 | 4300 | 5600 | 1.05 | 7213 B |
| | 140 | 33 | 77 | 128 | 2.1 | 93.9 | 112.4 | 59.5 | 2.1 | 1.1 | 102 | 77.8 | 4000 | 5300 | 2.25 | 7313 B |
| 70 | 110 | 20 | 77 | 103 | 1 | 82 | 98 | 22.1 | 1.1 | 0.6 | 48.2 | 43.5 | 5000 | 6700 | 0.6 | 7014 C |
| | 110 | 20 | 77 | 103 | 1 | 82 | 98 | 30.9 | 1.1 | 0.6 | 45.8 | 41.5 | 5000 | 6700 | 0.6 | 7014 AC |
| | 125 | 24 | 79 | 116 | 1.5 | 89 | 109 | 25.3 | 1.5 | 0.6 | 70.2 | 60.0 | 4500 | 6700 | 1.1 | 7214 C |
| | 125 | 24 | 79 | 116 | 1.5 | 89 | 109 | 35.1 | 1.5 | 0.6 | 69.2 | 57.5 | 4500 | 6700 | 1.1 | 7214 AC |
| | 125 | 24 | 79 | 116 | 1.5 | 91.1 | 104.9 | 52.9 | 1.5 | 0.6 | 70.2 | 57.2 | 4300 | 5600 | 1.15 | 7214 B |
| | 150 | 35 | 82 | 138 | 2.1 | 100.9 | 120.5 | 63.7 | 2.1 | 1.1 | 115 | 87.2 | 3600 | 4800 | 2.75 | 7314 B |
| 75 | 115 | 20 | 82 | 108 | 1 | 88 | 104 | 22.7 | 1.1 | 0.6 | 49.5 | 46.5 | 4800 | 6300 | 0.63 | 7015 C |
| | 115 | 20 | 82 | 108 | 1 | 88 | 104 | 32.2 | 1.1 | 0.6 | 46.8 | 44.2 | 4800 | 6300 | 0.63 | 7015 AC |
| | 130 | 25 | 84 | 121 | 1.5 | 94 | 115 | 26.4 | 1.5 | 0.6 | 79.2 | 65.8 | 4300 | 5600 | 1.2 | 7215 C |
| | 130 | 25 | 84 | 121 | 1.5 | 94 | 115 | 36.6 | 1.5 | 0.6 | 75.2 | 63.0 | 4300 | 5600 | 1.2 | 7215 AC |
| | 130 | 25 | 84 | 121 | 1.5 | 96.1 | 109.9 | 55.5 | 1.5 | 0.6 | 72.8 | 63.0 | 4000 | 5300 | 1.3 | 7215 B |
| | 160 | 37 | 87 | 148 | 2.1 | 107.9 | 128.6 | 68.4 | 2.1 | 1.1 | 125 | 98.5 | 3400 | 4500 | 3.3 | 7315 B |
| 80 | 125 | 22 | 87 | 118 | 1 | 95.2 | 112.8 | 24.7 | 1.1 | 0.6 | 58.5 | 55.8 | 4500 | 6000 | 0.85 | 7016 C |
| | 125 | 22 | 87 | 118 | 1 | 95.2 | 112.8 | 34.9 | 1.1 | 0.6 | 55.5 | 53.2 | 4500 | 6000 | 0.85 | 7016 AC |
| | 140 | 26 | 90 | 130 | 2 | 100 | 122 | 27.7 | 2 | 1 | 89.5 | 78.2 | 4000 | 5300 | 1.45 | 7216 C |
| | 140 | 26 | 90 | 130 | 2 | 100 | 122 | 38.9 | 2 | 1 | 85.0 | 74.5 | 4000 | 5300 | 1.45 | 7216 AC |
| | 140 | 26 | 90 | 130 | 2 | 103.2 | 117.8 | 59.2 | 2 | 1 | 80.2 | 69.5 | 3600 | 4800 | 1.55 | 7216 B |
| | 170 | 39 | 92 | 158 | 2.1 | 114.8 | 136.8 | 71.9 | 2.1 | 1.1 | 135 | 110 | 3600 | 4800 | 3.9 | 7316 B |
| 85 | 130 | 22 | 92 | 123 | 1 | 99.4 | 117.6 | 25.4 | 1.1 | 0.6 | 62.5 | 60.2 | 4300 | 5600 | 0.89 | 7017 C |
| | 130 | 22 | 92 | 123 | 1 | 99.4 | 117.6 | 36.1 | 1.1 | 0.6 | 59.2 | 57.2 | 4300 | 5600 | 0.89 | 7017 AC |
| | 150 | 28 | 95 | 140 | 2 | 107.1 | 131 | 29.9 | 2 | 1 | 99.8 | 85.0 | 3800 | 5000 | 1.8 | 7217 C |
| | 150 | 28 | 95 | 140 | 2 | 107.1 | 131 | 41.6 | 2 | 1 | 94.8 | 81.5 | 3800 | 5000 | 1.8 | 7217 AC |
| | 150 | 28 | 95 | 140 | 2 | 110.1 | 126 | 63.6 | 2 | 1 | 93.0 | 81.5 | 3400 | 4500 | 1.95 | 7217 B |
| | 180 | 41 | 99 | 166 | 2.5 | 121.2 | 145.6 | 76.1 | 3 | 1.1 | 48 | 122 | 3000 | 4000 | 4.6 | 7317 B |
| 90 | 140 | 24 | 99 | 131 | 1.5 | 107.2 | 126.8 | 27.4 | 1.5 | 0.6 | 71.5 | 69.8 | 4000 | 5300 | 1.15 | 7018 C |
| | 140 | 24 | 99 | 131 | 1.5 | 107.2 | 126.8 | 38.8 | 1.5 | 0.6 | 67.5 | 66.5 | 4000 | 5300 | 1.15 | 7018 AC |
| | 160 | 30 | 100 | 150 | 2 | 111.7 | 138.4 | 31.7 | 2 | 1 | 22 | 105 | 3600 | 4800 | 2.25 | 7218 C |
| | 160 | 30 | 100 | 150 | 2 | 111.7 | 138.4 | 44.2 | 2 | 1 | 18 | 100 | 3600 | 4800 | 2.25 | 7218 AC |
| | 160 | 30 | 100 | 150 | 2 | 118.1 | 135.2 | 67.9 | 2 | 1 | 50 | 94.5 | 3200 | 4300 | 2.4 | 7218 B |
| | 190 | 43 | 104 | 176 | 2.5 | 128.6 | 153.2 | 80.2 | 3 | 1.1 | 58 | 138 | 2800 | 3800 | 5.4 | 7318 B |
| 95 | 145 | 24 | 104 | 136 | 1.5 | 110.2 | 129.8 | 28.1 | 1.5 | 0.6 | 73.5 | 73.2 | 3800 | 5000 | 1.2 | 7019 C |
| | 145 | 24 | 104 | 136 | 1.5 | 110.2 | 129.8 | 40 | 1.5 | 0.6 | 69.5 | 69.8 | 3800 | 5000 | 1.2 | 7019 AC |
| | 170 | 32 | 107 | 158 | 2.1 | 118.1 | 147 | 33.8 | 2.1 | 1.1 | 35 | 115 | 3400 | 4500 | 2.7 | 7219 C |
| | 170 | 32 | 107 | 158 | 2.1 | 118.1 | 147 | 46.9 | 2.1 | 1.1 | 28 | 108 | 3400 | 4500 | 2.7 | 7219 AC |
| | 170 | 32 | 107 | 158 | 2.1 | 126.1 | 144.4 | 72.5 | 2.1 | 1.1 | 20 | 108 | 3000 | 4000 | 2.9 | 7219 B |
| | 200 | 45 | 109 | 186 | 2.5 | 135.4 | 161.5 | 84.4 | 3 | 1.1 | 72 | 155 | 2800 | 3800 | 6.25 | 7319 B |

（续）

| 公称尺寸 /mm | | | 安装尺寸 /mm | | | 其他尺寸 /mm | | | | | 基本额定载荷/kN | | 极限转速 /(r/min) | | 质量 /kg | 轴承代号 |
|---|---|---|---|---|---|---|---|---|---|---|---|---|---|---|---|---|
| $d$ | $D$ | $B$ | $d_a$ min | $D_a$ max | $r_a$ max | $d_2$ ≈ | $D_2$ ≈ | $a$ | $r$ min | $r_1$ min | $C_r$ | $C_{0r}$ | 脂 | 油 | $W$ ≈ | 70000 C (AC、B)型 |
| 100 | 150 | 24 | 109 | 141 | 1.5 | 114.6 | 135.4 | 28.7 | 1.5 | 0.6 | 79.2 | 78.5 | 3800 | 5000 | 1.25 | 7020 C |
| | 150 | 24 | 109 | 141 | 1.5 | 114.6 | 135.4 | 41.2 | 1.5 | 0.6 | 75 | 74.8 | 3800 | 5000 | 1.25 | 7020 AC |
| | 180 | 34 | 112 | 168 | 2.1 | 124.8 | 155.3 | 35.8 | 2.1 | 1.1 | 148 | 128 | 3200 | 4300 | 3.25 | 7220 C |
| | 180 | 34 | 112 | 168 | 2.1 | 124.8 | 155.3 | 49.7 | 2.1 | 1.1 | 142 | 122 | 3200 | 4300 | 3.25 | 7220 AC |
| | 180 | 34 | 112 | 168 | 2.1 | 130.9 | 150.5 | 75.7 | 2.1 | 1.1 | 130 | 115 | 2600 | 3600 | 3.45 | 7220 B |
| | 215 | 47 | 114 | 201 | 2.5 | 144.5 | 172.5 | 89.6 | 3 | 1.1 | 188 | 180 | 2400 | 3400 | 7.75 | 7320 B |
| 105 | 160 | 26 | 115 | 150 | 2 | 121.5 | 143.6 | 30.8 | 2 | 1 | 88.5 | 88.8 | 3600 | 4800 | 1.6 | 7021 C |
| | 160 | 26 | 115 | 150 | 2 | 121.5 | 143.6 | 43.9 | 2 | 1 | 83.8 | 84.2 | 3600 | 4800 | 1.6 | 7021 AC |
| | 190 | 36 | 117 | 178 | 2.1 | 131.3 | 163.8 | 37.8 | 2.1 | 1.1 | 162 | 145 | 3000 | 4000 | 3.85 | 7221 C |
| | 190 | 36 | 117 | 178 | 2.1 | 131.3 | 163.8 | 52.4 | 2.1 | 1.1 | 155 | 138 | 3000 | 4000 | 3.85 | 7221 AC |
| | 190 | 36 | 117 | 178 | 2.1 | 137.5 | 159 | 79.9 | 2.1 | 1.1 | 142 | 130 | 2600 | 3600 | 4.1 | 7221 B |
| | 225 | 49 | 119 | 211 | 2.5 | 151.4 | 180.7 | 93.7 | 3 | 1.1 | 202 | 195 | 2200 | 3200 | 8.8 | 7321 B |
| 110 | 170 | 28 | 120 | 160 | 2 | 129.1 | 152.9 | 32.8 | 2 | 1 | 100 | 102 | 3600 | 4800 | 1.95 | 7022 C |
| | 170 | 28 | 120 | 160 | 2 | 129.1 | 152.9 | 46.7 | 2 | 1 | 95.5 | 97.2 | 3600 | 4800 | 1.95 | 7022 AC |
| | 200 | 38 | 122 | 188 | 2.1 | 138.9 | 173.2 | 39.8 | 2.1 | 1.1 | 175 | 162 | 2800 | 3800 | 4.55 | 7222 C |
| | 200 | 38 | 122 | 188 | 2.1 | 138.9 | 173.2 | 55.2 | 1.1 | 2.1 | 168 | 155 | 2800 | 3800 | 4.55 | 7222 AC |
| | 200 | 38 | 122 | 188 | 2.1 | 144.8 | 166.8 | 84 | 2.1 | 1.1 | 155 | 145 | 2400 | 3400 | 4.8 | 7222 B |
| | 240 | 50 | 124 | 226 | 2.5 | 160.3 | 192 | 98.4 | 3 | 1.1 | 225 | 225 | 2000 | 3000 | 10.5 | 7322 B |
| 120 | 180 | 28 | 130 | 170 | 2 | 137.7 | 162.4 | 34.1 | 2 | 1 | 108 | 110 | 2800 | 3800 | 2.1 | 7024 C |
| | 180 | 28 | 130 | 170 | 2 | 137.7 | 162.4 | 48.9 | 2 | 1 | 102 | 105 | 2800 | 3800 | 2.1 | 7024 AC |
| | 215 | 40 | 132 | 203 | 2.1 | 149.4 | 185.7 | 42.4 | 2.1 | 1.1 | 188 | 180 | 2400 | 3400 | 5.4 | 7224 C |
| | 215 | 40 | 132 | 203 | 2.1 | 149.4 | 185.7 | 59.1 | 2.1 | 1.1 | 180 | 172 | 2400 | 3400 | 5.4 | 7224 AC |
| 130 | 200 | 33 | 140 | 190 | 2 | 151.4 | 178.7 | 38.6 | 2 | 1 | 128 | 135 | 2600 | 3600 | 3.2 | 7026 C |
| | 200 | 33 | 140 | 190 | 2 | 151.4 | 178.7 | 54.9 | 2 | 1 | 122 | 128 | 2600 | 3200 | 3.2 | 7026 AC |
| | 230 | 40 | 144 | 216 | 2.5 | 162.9 | 199.3 | 44.3 | 3 | 1.1 | 205 | 210 | 2200 | 3200 | 6.25 | 7226 C |
| | 230 | 40 | 144 | 216 | 2.5 | 162.9 | 199.3 | 62.2 | 3 | 1.1 | 195 | 200 | 2200 | 3200 | 6.25 | 7226 AC |
| 140 | 210 | 33 | 150 | 200 | 2 | 162 | 188 | 40 | 2 | 1 | 140 | 145 | 2400 | 3400 | 3.62 | 7028 C |
| | 210 | 33 | 150 | 200 | 2 | 162 | 188 | 59.2 | 2 | 1 | 140 | 150 | 2200 | 3200 | 3.62 | 7028 AC |
| | 250 | 42 | 154 | 236 | 2.5 | — | — | 41.7 | 3 | 1.1 | 230 | 245 | 1900 | 2800 | 9.36 | 7228 C |
| | 250 | 42 | 154 | 236 | 2.5 | — | — | 68.6 | 3 | 1.1 | 230 | 235 | 1900 | 2800 | 9.24 | 7228 AC |
| | 300 | 62 | 158 | 282 | 3 | — | — | 111 | 4 | 1.5 | 288 | 315 | 1700 | 2400 | 22.44 | 7328 B |
| 150 | 225 | 35 | 162 | 213 | 2.1 | 174 | 201 | 43 | 2.1 | 1.1 | 160 | 155 | 2200 | 3200 | 4.83 | 7030 C |
| | 225 | 35 | 162 | 213 | 2.1 | 174 | 201 | 63.2 | 2.1 | 1.1 | 152 | 168 | 2000 | 3000 | 4.83 | 7030 AC |
| 160 | 290 | 48 | 174 | 276 | 2.5 | — | — | 47.9 | 3 | 1.1 | 262 | 298 | 1700 | 2400 | 14.5 | 7232 C |
| | 290 | 48 | 174 | 276 | 2.5 | — | — | 78.9 | 3 | 1.1 | 248 | 278 | 1700 | 2400 | 14.5 | 7232 AC |
| 170 | 260 | 42 | 182 | 248 | 2.1 | — | — | 73.4 | 2.1 | 1.1 | 192 | 222 | 1800 | 2600 | 8.25 | 7034 AC |
| | 310 | 52 | 188 | 292 | 3 | — | — | 51.5 | 4 | 1.5 | 322 | 390 | 1600 | 2200 | 19.2 | 7234 C |
| | 310 | 52 | 188 | 292 | 3 | — | — | 84.5 | 4 | 1.5 | 305 | 368 | 1600 | 2200 | 17.2 | 7234 AC |
| 180 | 320 | 52 | 198 | 302 | 3 | — | — | 52.6 | 4 | 1.5 | 335 | 415 | 1500 | 2000 | 18.1 | 7236 C |
| | 320 | 52 | 198 | 302 | 3 | | | 87 | 4 | 1.5 | 315 | 388 | 1500 | 2000 | 18.1 | 7236 AC |
| 190 | 290 | 46 | 202 | 278 | 2.1 | — | — | 81.5 | 2.1 | 1.1 | 215 | 262 | 1600 | 2200 | 10.7 | 7038 AC |
| 200 | 310 | 51 | 212 | 298 | 2.1 | — | — | 87.7 | 2.1 | 1.1 | 252 | 325 | 1500 | 2000 | 14.04 | 7040 AC |
| | 360 | 58 | 218 | 342 | 3 | — | — | 58.8 | 4 | 1.5 | 360 | 475 | 1300 | 1800 | 25.2 | 7240 C |
| | 360 | 58 | 218 | 342 | 3 | — | — | 97.3 | 4 | 1.5 | 345 | 448 | 1300 | 1800 | 25.2 | 7240 AC |
| 220 | 400 | 65 | 238 | 382 | 3 | — | — | 108.1 | 4 | 1.5 | 358 | 482 | 1100 | 1600 | 38.5 | 7244 AC |

表 6.1-50　成对安装角接触球轴承（摘自 GB/T 292—2007）

代号含义：
DT——成对串联
DB——成对背靠背
DF——成对面对面

70000 C(AC、B)/DT型
70000 C(AC、B)/DB型
70000 C(AC、B)/DF型

| 公称尺寸/mm | | | 安装尺寸/mm | | | | | 其他尺寸/mm | | | | | 基本额定载荷/kN | | 极限转速/(r/min) | | 质量/kg | 轴承代号 | | |
|---|---|---|---|---|---|---|---|---|---|---|---|---|---|---|---|---|---|---|---|---|
| d | D | 2B | $d_a$ min | $D_a$ max | $D_b$ max | $r_a$ max | $r_b$ max | $d_2$ ≈ | $D_2$ ≈ | a | r min | $r_1$ min | $C_r$ | $C_{or}$ | 脂 | 油 | W≈ | 串联 70000 C(AC、B)/DT型 | 背对背 70000 C(AC、B)/DB型 | 面对面 70000 C(AC、B)/DF型 |
| 10 | 26 | 16 | 12.4 | 23.6 | 24.8 | 0.3 | 0.15 | 14.9 | 21.1 | 6.4 | 0.3 | 0.15 | 7.98 | 4.50 | 14000 | 20000 | 0.036 | 7000 C/DT | 7000 C/DB | 7000 C/DF |
| | 26 | 16 | 12.4 | 23.6 | 24.8 | 0.3 | 0.15 | 14.9 | 21.1 | 8.2 | 0.3 | 0.15 | 7.68 | 4.25 | 14000 | 20000 | 0.036 | 7000 AC/DT | 7000 AC/DB | 7000 AC/DF |
| | 30 | 18 | 15 | 25 | 28.8 | 0.6 | 0.15 | 17.4 | 23.6 | 7.2 | 0.6 | 0.15 | 9.42 | 5.90 | 13000 | 18000 | 0.06 | 7200 C/DT | 7200 C/DB | 7200 C/DF |
| | 30 | 18 | 15 | 25 | 28.8 | 0.6 | 0.15 | 17.4 | 23.6 | 9.2 | 0.6 | 0.15 | 9.02 | 5.65 | 13000 | 18000 | 0.06 | 7200 AC/DT | 7200 AC/DB | 7200 AC/DF |
| 12 | 28 | 16 | 14.4 | 25.6 | 26.8 | 0.3 | 0.15 | 17.4 | 23.6 | 6.7 | 0.3 | 0.15 | 8.78 | 5.30 | 13000 | 18000 | 0.04 | 7001 C/DT | 7001 C/DB | 7001 C/DF |
| | 28 | 16 | 14.4 | 25.6 | 26.8 | 0.3 | 0.15 | 17.4 | 23.6 | 8.7 | 0.3 | 0.15 | 8.42 | 5.20 | 13000 | 18000 | 0.04 | 7001 AC/DT | 7001 AC/DB | 7001 AC/DF |
| | 32 | 20 | 17 | 27 | 30.8 | 0.6 | 0.15 | 18.3 | 26.1 | 8 | 0.6 | 0.15 | 11.8 | 7.05 | 12000 | 17000 | 0.07 | 7201 C/DT | 7201 C/DB | 7201 C/DF |
| | 32 | 20 | 17 | 27 | 30.8 | 0.6 | 0.15 | 18.3 | 26.1 | 10.2 | 0.6 | 0.15 | 11.5 | 6.70 | 12000 | 17000 | 0.07 | 7201 AC/DT | 7201 AC/DB | 7201 AC/DF |
| 15 | 32 | 18 | 17.4 | 29.6 | 30.8 | 0.3 | 0.15 | 20.4 | 26.6 | 7.6 | 0.3 | 0.15 | 11.5 | 6.85 | 12000 | 17000 | 0.056 | 7002 C/DT | 7002 C/DB | 7002 C/DF |
| | 32 | 18 | 17.4 | 29.6 | 30.8 | 0.3 | 0.15 | 20.4 | 26.6 | 10 | 0.3 | 0.15 | 10.0 | 6.50 | 12000 | 17000 | 0.056 | 7002 AC/DT | 7002 AC/DB | 7002 AC/DF |
| | 35 | 22 | 20 | 30 | 33.8 | 0.6 | 0.15 | 21.6 | 29.4 | 8.9 | 0.6 | 0.15 | 14.0 | 9.25 | 11000 | 15000 | 0.086 | 7202 C/DT | 7202 C/DB | 7202 C/DF |
| | 35 | 22 | 20 | 30 | 33.8 | 0.6 | 0.15 | 21.6 | 29.4 | 11.4 | 0.6 | 0.15 | 13.5 | 8.80 | 11000 | 15000 | 0.086 | 7202 AC/DT | 7202 AC/DB | 7202 AC/DF |
| 17 | 35 | 20 | 19.4 | 32.6 | 33.8 | 0.3 | 0.15 | 22.9 | 29.1 | 8.5 | 0.3 | 0.15 | 10.8 | 7.70 | 11000 | 15000 | 0.072 | 7003 C/DT | 7003 C/DB | 7003 C/DF |
| | 35 | 20 | 19.4 | 32.6 | 33.8 | 0.3 | 0.15 | 22.9 | 29.1 | 11.1 | 0.3 | 0.15 | 10.2 | 7.35 | 11000 | 15000 | 0.072 | 7003 AC/DF | 7003 AC/DB | 7003 AC/DF |
| | 40 | 24 | 22 | 35 | 37.6 | 0.6 | 0.3 | 24.8 | 33.4 | 9.9 | 0.6 | 0.3 | 17.5 | 11.8 | 10000 | 14000 | 0.124 | 7203 C/DF | 7203 C/DB | 7203 C/DF |
| | 40 | 24 | 22 | 35 | 37.6 | 0.6 | 0.3 | 24.8 | 33.4 | 12.9 | 0.6 | 0.3 | 17.0 | 11.5 | 10000 | 14000 | 0.124 | 7203 AC/DT | 7203 AC/DB | 7203 AC/DF |
| 20 | 42 | 24 | 25 | 37 | 40.8 | 0.6 | 0.15 | 26.9 | 35.1 | 10.2 | 0.6 | 0.15 | 17.0 | 12.2 | 9500 | 13000 | 0.128 | 7004 C/DT | 7004 C/DB | 7004 C/DF |
| | 42 | 24 | 25 | 37 | 40.8 | 0.6 | 0.15 | 26.9 | 35.1 | 13.2 | 0.6 | 0.15 | 16.2 | 11.5 | 9500 | 13000 | 0.128 | 7004 AC/DT | 7004 AC/DB | 7004 AC/DF |
| | 47 | 28 | 26 | 41 | 44.6 | 1 | 0.3 | 29.3 | 39.7 | 11.5 | 1 | 0.3 | 23.8 | 16.5 | 9500 | 13000 | 0.2 | 7204 C/DT | 7204 C/DB | 7204 C/DF |

| 代号 /DF | 代号 /DB | 代号 /DT | 系数 | n(脂) | n(油) | | | | | | | | | | | | | | D | d |
|---|---|---|---|---|---|---|---|---|---|---|---|---|---|---|---|---|---|---|---|---|
| 7204 AC/DF | 7204 AC/DB | 7204 AC/DT | 0.2 | 13000 | 9500 | 22.8 | 22.8 | 0.3 | 1 | 14.9 | 39.7 | 29.3 | 0.3 | 1 | 44.6 | 41 | 26 | 28 | 47 | 20 |
| 7204 B/DF | 7204 B/DB | 7204 B/DT | 0.22 | 13000 | 9500 | 15.5 | 22.8 | 0.3 | 1 | 21.1 | 37 | 30.5 | 0.3 | 1 | 44.6 | 41 | 26 | 28 | 47 | |
| 7005 C/DF | 7005 C/DB | 7005 C/DT | 0.148 | 14000 | 9500 | 15.8 | 18.8 | 0.15 | 0.6 | 10.8 | 40.1 | 31.9 | 0.15 | 0.6 | 45.8 | 42 | 30 | 24 | 47 | 25 |
| 7005 AC/DF | 7005 AC/DB | 7005 AC/DT | 0.148 | 14000 | 9500 | 14.8 | 18.0 | 0.15 | 0.6 | 14.4 | 40.1 | 31.9 | 0.15 | 0.6 | 45.8 | 42 | 30 | 24 | 47 | |
| 7205 C/DF | 7205 C/DB | 7205 C/DT | 0.24 | 11000 | 8000 | 14.2 | 26.8 | 0.3 | 1 | 12.7 | 44.2 | 33.8 | 0.3 | 1 | 49.6 | 46 | 31 | 30 | 52 | |
| 7205 AC/DF | 7205 AC/DB | 7205 AC/DT | 0.24 | 11000 | 8000 | 21.0 | 25.5 | 0.3 | 1 | 16.4 | 44.2 | 33.8 | 0.3 | 1 | 49.6 | 46 | 31 | 30 | 52 | |
| 7205 B/DF | 7205 B/DB | 7205 B/DT | 0.26 | 11000 | 8000 | 19.8 | 25.5 | 0.3 | 1 | 23.7 | 42.1 | 35.4 | 0.3 | 1 | 49.6 | 46 | 31 | 30 | 52 | |
| 7305 B/DF | 7305 B/DB | 7305 B/DT | — | 10000 | 6700 | 18.8 | 42.5 | 0.6 | 1.1 | 26.8 | 48.4 | 39.2 | 0.6 | 1.1 | 57 | 55 | 32 | 34 | 62 | |
| 7006 C/DF | 7006 C/DB | 7006 C/DT | 0.22 | 10000 | 6700 | 30.5 | 24.5 | 0.3 | 1 | 12.2 | 47.7 | 38.4 | 0.3 | 1 | 52.6 | 49 | 36 | 36 | 55 | 30 |
| 7006 AC/DF | 7006 AC/DB | 7006 AC/DT | 0.22 | 10000 | 6700 | 20.5 | 23.0 | 0.3 | 1 | 16.4 | 47.7 | 38.4 | 0.3 | 1 | 52.6 | 49 | 36 | 36 | 55 | |
| 7206 C/DF | 7206 C/DB | 7206 C/DT | 0.38 | 9500 | 6300 | 19.8 | 37.2 | 0.3 | 1 | 14.2 | 52.2 | 40.8 | 0.3 | 1 | 59.6 | 56 | 36 | 32 | 62 | |
| 7206 AC/DF | 7206 AC/DB | 7206 AC/DT | 0.38 | 9000 | 6300 | 30.0 | 35.5 | 0.3 | 1 | 18.7 | 52.2 | 40.8 | 0.3 | 1 | 59.6 | 56 | 36 | 32 | 62 | |
| 7206 B/DF | 7206 B/DB | 7206 B/DT | 0.42 | 9000 | 6300 | 28.5 | 33.2 | 0.3 | 1 | 27.4 | 50.1 | 42.8 | 0.3 | 1 | 59.6 | 56 | 36 | 32 | 62 | |
| 7306 B/DF | 7306 B/DB | 7306 B/DT | 0.74 | 8500 | 6000 | 27.5 | 50.2 | 0.6 | 1.1 | 31.1 | 56.2 | 46.8 | 0.6 | 1.1 | 67 | 65 | 37 | 37 | 72 | |
| 7007 C/DF | 7007 C/DB | 7007 C/DT | 0.3 | 8500 | 6000 | 38.5 | 31.5 | 0.3 | 1 | 13.5 | 53.7 | 43.3 | 0.3 | 1 | 59.6 | 56 | 28 | 28 | 62 | 35 |
| 7007 AC/DF | 7007 AC/DB | 7007 AC/DT | 0.3 | 8500 | 6000 | 28.5 | 30.0 | 0.3 | 1 | 18.3 | 53.7 | 43.3 | 0.3 | 1 | 59.6 | 56 | 28 | 28 | 62 | |
| 7027 C/DF | 7207 C/DB | 7207 C/DT | 0.56 | 7500 | 5600 | 27.0 | 49.0 | 0.6 | 1 | 15.3 | 60.2 | 46.8 | 0.6 | 1 | 67 | 65 | 42 | 34 | 72 | |
| 7027 AC/DF | 7207 AC/DB | 7207 AC/DT | 0.56 | 7500 | 5600 | 40.0 | 47.0 | 0.6 | 1 | 21 | 60.2 | 46.8 | 0.6 | 1 | 67 | 65 | 42 | 34 | 72 | |
| 7207 B/DF | 7207 B/DB | 7207 B/DT | 0.6 | 7500 | 5600 | 38.5 | 43.7 | 0.6 | 1.1 | 30.9 | 58.1 | 49.5 | 0.6 | 1.1 | 67 | 71 | 44 | 42 | 80 | |
| 7307 B/DF | 7307 B/DB | 7307 B/DT | 1.02 | 7000 | 5300 | 37.5 | 61.8 | 0.6 | 1.5 | 34.6 | 63.4 | 52.4 | 0.6 | 1.5 | 75 | 62 | 46 | 44 | 68 | |
| 7008 C/DF | 7008 C/DB | 7008 C/DT | 0.36 | 7500 | 5600 | 49.0 | 32.5 | 0.3 | 1 | 14.7 | 59.2 | 48.8 | 0.3 | 1 | 65.6 | 62 | 46 | 30 | 68 | 40 |
| 7008 AC/DF | 7008 AC/DB | 7008 AC/DT | 0.36 | 7500 | 5600 | 30.5 | 30.8 | 0.3 | 1 | 20.1 | 59.2 | 48.8 | 0.3 | 1 | 65.6 | 62 | 47 | 30 | 68 | |
| 7208 C/DF | 7208 C/DB | 7208 C/DT | 0.74 | 7000 | 5300 | 29.0 | 59.5 | 0.6 | 1.1 | 17 | 67.2 | 52.8 | 0.6 | 1.1 | 75 | 73 | 47 | 36 | 80 | |
| 7208 AC/DF | 7208 AC/DB | 7208 AC/DT | 0.74 | 7000 | 5300 | 51.5 | 57.0 | 0.6 | 1.1 | 23 | 67.2 | 52.8 | 0.6 | 1.1 | 75 | 73 | 47 | 36 | 80 | |
| 7208 B/DF | 7208 B/DB | 7208 B/DT | 0.78 | 7000 | 5300 | 49.0 | 52.5 | 0.6 | 1.1 | 34.5 | 65.7 | 56.4 | 0.6 | 1.1 | 75 | 73 | 49 | 36 | 80 | |
| 7308 B/DF | 7308 B/DB | 7308 B/DT | 1.34 | 6300 | 4500 | 47.0 | 74.8 | 0.6 | 1.5 | 38.8 | 71.5 | 59.3 | 0.6 | 1.5 | 85 | 81 | 51 | 49 | 90 | |
| 7009 C/DF | 7009 C/DB | 7009 C/DT | 0.46 | 7000 | 5300 | 41.0 | 41.8 | 0.3 | 1 | 16 | 65.9 | 54.2 | 0.3 | 1 | 72.6 | 69 | 51 | 32 | 75 | 45 |
| 7009 AC/DF | 7009 AC/DB | 7009 AC/DT | 0.46 | 7000 | 5300 | 39.0 | 41.8 | 0.3 | 1 | 21.9 | 65.9 | 54.2 | 0.3 | 1 | 72.6 | 69 | 51 | 32 | 75 | |
| 7209 C/DF | 7209 C/DB | 7209 C/DT | 0.82 | 6300 | 4500 | 57.0 | 62.5 | 0.6 | 1.1 | 18.2 | 73.2 | 58.8 | 0.6 | 1.1 | 80 | 78 | 52 | 38 | 85 | |
| 7209 AC/DF | 7209 AC/DB | 7209 AC/DT | 0.82 | 6300 | 4500 | 54.5 | 59.5 | 0.6 | 1.1 | 24.7 | 73.2 | 58.8 | 0.6 | 1.1 | 80 | 78 | 52 | 38 | 85 | |
| 7209 B/DF | 7209 B/DB | 7209 B/DT | 0.88 | 6300 | 4500 | 52.5 | 58.2 | 0.6 | 1.1 | 36.8 | 70.2 | 60.5 | 0.6 | 1.1 | 80 | 78 | 54 | 38 | 85 | |
| 7309 B/DF | 7309 B/DB | 7309 B/DT | 1.8 | 5600 | 4000 | 79.5 | 96.5 | 0.6 | 1.5 | 42.9 | 80 | 66 | 0.6 | 1.5 | 95 | 91 | 56 | 50 | 100 | |
| 7010 C/DF | 7010 C/DB | 7010 C/DT | 0.5 | 6300 | 4500 | 44.0 | 43.0 | 0.3 | 1 | 16.7 | 70.9 | 59.2 | 0.3 | 1 | 77.6 | 74 | 56 | 32 | 80 | 50 |
| 7010 AC/DF | 7010 AC/DB | 7010 AC/DT | 0.5 | 6300 | 4500 | 42.0 | 40.8 | 0.3 | 1 | 23.2 | 70.9 | 59.2 | 0.3 | 1 | 77.6 | 74 | 56 | 32 | 80 | |
| 7210 C/DF | 7210 C/DB | 7210 C/DT | 0.92 | 6000 | 4300 | 64.0 | 69.2 | 0.6 | 1.1 | 19.4 | 77.7 | 62.4 | 0.6 | 1.1 | 85 | 83 | 57 | 40 | 90 | |
| 7210 AC/DF | 7210 AC/DB | 7210 AC/DT | 0.92 | 6000 | 4300 | 61.0 | 66.2 | 0.6 | 1.1 | 26.3 | 77.7 | 62.4 | 0.6 | 1.1 | 85 | 83 | 57 | 40 | 90 | |

（续）

| 公称尺寸/mm | | | 安装尺寸/mm | | | | | 其他尺寸/mm | | | | | 基本额定载荷/kN | | 极限转速/(r/min) | | 质量/kg | 轴承代号 | | |
|---|---|---|---|---|---|---|---|---|---|---|---|---|---|---|---|---|---|---|---|---|
| | | | | | | | | | | | | | | | | | | 串联 70000 C(AC,B)/DT型 | 背对背 70000 C(AC,B)/DB型 | 面对面 70000 C(AC,B)/DF型 |
| d | D | 2B | $d_a$ min | $D_a$ max | $D_b$ max | $r_a$ max | $r_b$ max | $d_2$ ≈ | $D_2$ ≈ | a | r min | $r_1$ min | $C_r$ | $C_{0r}$ | 脂 | 油 | W≈ | | | |
| 50 | 90 | 40 | 57 | 83 | 85 | 1 | 0.6 | 65.4 | 75.2 | 39.4 | 1.1 | 0.6 | 60.8 | 58.0 | 4300 | 6000 | 0.98 | 7210 B/DT | 7210 B/DB | 7210 B/DF |
| | 110 | 54 | 60 | 100 | 104 | 2 | 1 | 74.2 | 88.8 | 47.5 | 2 | 1 | 110 | 96.0 | 3800 | 5300 | 2.3 | 7310 B/DT | 7310 B/DB | 7310 B/DF |
| | 90 | 36 | 62 | 83 | 85 | 1 | 0.6 | 66 | 79 | 18.7 | 1.1 | 0.6 | 60.2 | 64.0 | 4000 | 5600 | 0.76 | 7011 C/DT | 7011 C/DB | 7011 C/DF |
| | 90 | 36 | 62 | 83 | 85 | 1 | 0.6 | 66 | 79 | 25.9 | 1.1 | 0.6 | 57.0 | 58.5 | 4000 | 5600 | 0.76 | 7011 AC/DT | 7011 AC/DB | 7011 AC/DF |
| 55 | 100 | 42 | 64 | 91 | 95 | 1.5 | 0.6 | 68.9 | 86.1 | 20.9 | 1.5 | 0.6 | 85.5 | 81.0 | 3800 | 5300 | 1.22 | 7211 C/DT | 7211 C/DB | 7211 C/DF |
| | 100 | 42 | 64 | 91 | 95 | 1.5 | 0.6 | 68.9 | 86.1 | 28.6 | 1.5 | 0.6 | 81.8 | 77.0 | 3800 | 5300 | 1.22 | 7211 AC/DT | 7211 AC/DB | 7211 AC/DF |
| | 100 | 42 | 64 | 91 | 95 | 1.5 | 0.6 | 72.4 | 83.4 | 43 | 1.5 | 0.6 | 74.8 | 72.0 | 3800 | 5300 | 1.3 | 7211 B/DT | 7211 B/DB | 7211 B/DF |
| | 120 | 58 | 65 | 110 | 114 | 2 | 1 | 80.5 | 96.4 | 51.4 | 2 | 1 | 128 | 112 | 3400 | 4800 | 2.9 | 7311 B/DT | 7311 B/DB | 7311 B/DF |
| 60 | 95 | 36 | 67 | 88 | 90 | 1 | 0.6 | 71.4 | 85.7 | 19.38 | 1.1 | 0.6 | 61.8 | 65.5 | 3800 | 5300 | 0.8 | 7012 C/DT | 7012 C/DB | 7012 C/DF |
| | 95 | 36 | 67 | 88 | 90 | 1 | 0.6 | 71.4 | 85.7 | 27.1 | 1.1 | 0.6 | 58.6 | 63.0 | 3800 | 5300 | 0.8 | 7012 AC/DT | 7012 AC/DB | 7012 AC/DF |
| | 110 | 44 | 69 | 101 | 105 | 1.5 | 0.6 | 76 | 94.1 | 22.4 | 1.5 | 0.6 | 98.8 | 97.0 | 3600 | 5000 | 1.6 | 7212 C/DT | 7212 C/DB | 7212 C/DF |
| | 110 | 44 | 69 | 101 | 105 | 1.5 | 0.6 | 76 | 94.1 | 30.8 | 1.5 | 0.6 | 94.2 | 92.5 | 3600 | 5000 | 1.6 | 7212 AC/DT | 7212 AC/DB | 7212 AC/DF |
| | 110 | 44 | 69 | 101 | 105 | 1.5 | 0.6 | 79.3 | 91.5 | 46.7 | 1.5 | 0.6 | 90.8 | 89.0 | 3600 | 5000 | 1.68 | 7212 B/DT | 7212 B/DB | 7212 B/DF |
| | 130 | 62 | 72 | 118 | 123 | 2.1 | 1 | 87.1 | 104.2 | 55.4 | 2.1 | 1.1 | 145 | 135 | 3400 | 4500 | 3.7 | 7312 B/DT | 7312 B/DB | 7312 B/DF |
| 65 | 100 | 36 | 72 | 93 | 95 | 1 | 0.6 | 75.3 | 89.8 | 20.1 | 1.1 | 0.6 | 64.8 | 71.0 | 3600 | 5000 | 0.86 | 7013 C/DT | 7013 C/DB | 7013 C/DF |
| | 100 | 36 | 72 | 93 | 95 | 1 | 0.6 | 75.3 | 89.8 | 28.2 | 1.1 | 0.6 | 61.5 | 67.5 | 3600 | 5000 | 0.86 | 7013 AC/DT | 7013 AC/DB | 7013 AC/DF |
| | 120 | 46 | 74 | 111 | 115 | 1.5 | 0.6 | 82.5 | 102.5 | 24.2 | 1.5 | 0.6 | 112 | 110 | 3400 | 4500 | 2 | 7213 C/DT | 7213 C/DB | 7213 C/DF |
| | 120 | 46 | 74 | 111 | 115 | 1.5 | 0.6 | 82.5 | 102.5 | 33.5 | 1.5 | 0.6 | 108 | 105 | 3400 | 4500 | 2 | 7213 AC/DT | 7213 AC/DB | 7213 AC/DF |
| | 120 | 46 | 74 | 111 | 115 | 1.5 | 0.6 | 88.4 | 101.2 | 51.1 | 1.5 | 0.6 | 102 | 105 | 3400 | 4500 | 2.1 | 7213 B/DT | 7213 B/DB | 7213 B/DF |
| | 140 | 66 | 77 | 128 | 133 | 2.1 | 1 | 93.9 | 112.4 | 59.5 | 2.1 | 1.1 | 165 | 155 | 3000 | 4000 | 4.5 | 7313 B/DT | 7313 B/DB | 7313 B/DF |
| 70 | 110 | 40 | 77 | 103 | 105 | 1 | 0.6 | 82 | 98 | 22.1 | 1.1 | 0.6 | 78.0 | 87.0 | 3400 | 4800 | 1.2 | 7014 C/DT | 7014 C/DB | 7014 C/DF |
| | 110 | 40 | 77 | 103 | 105 | 1 | 0.6 | 82 | 98 | 30.9 | 1.1 | 0.6 | 74.2 | 83.0 | 3400 | 4800 | 1.2 | 7014 AC/DT | 7014 AC/DB | 7014 AC/DF |
| | 125 | 48 | 79 | 116 | 120 | 1.5 | 0.6 | 89 | 109 | 25.3 | 1.5 | 0.6 | 115 | 120 | 3200 | 4300 | 2.2 | 7214 C/DT | 7214 C/DB | 7214 C/DF |
| | 125 | 48 | 79 | 116 | 120 | 1.5 | 0.6 | 89 | 109 | 35.1 | 1.5 | 0.6 | 112 | 115 | 3200 | 4300 | 2.2 | 7214 AC/DT | 7214 AC/DB | 7214 AC/DF |
| | 125 | 48 | 79 | 116 | 120 | 1.5 | 0.6 | 91.1 | 104.9 | 52.9 | 1.5 | 0.6 | 115 | 115 | 3200 | 4300 | 2.3 | 7214 B/DT | 7214 B/DB | 7214 B/DF |
| | 150 | 70 | 82 | 138 | 143 | 2.1 | 1 | 100.9 | 120.5 | 63.7 | 2.1 | 1.1 | 185 | 175 | 2800 | 3600 | 5.5 | 7314 B/DT | 7314 B/DB | 7314 B/DF |
| 75 | 115 | 40 | 82 | 108 | 110 | 1 | 0.6 | 88 | 104 | 22.7 | 1.1 | 0.6 | 80.2 | 93.0 | 3400 | 4500 | 1.26 | 7015 C/DT | 7015 C/DB | 7015 C/DF |
| | 115 | 40 | 82 | 108 | 110 | 1 | 0.6 | 88 | 104 | 32.2 | 1.1 | 0.6 | 75.8 | 88.5 | 3400 | 4500 | 1.26 | 7015 AC/DT | 7015 AC/DB | 7015 AC/DF |
| | 130 | 50 | 84 | 121 | 125 | 1.5 | 0.6 | 94 | 115 | 26.4 | 1.5 | 0.6 | 128 | 132 | 3000 | 4000 | 2.4 | 7215 C/DT | 7215 C/DB | 7215 C/DF |
| | 130 | 50 | 84 | 121 | 125 | 1.5 | 0.6 | 94 | 115 | 36.6 | 1.5 | 0.6 | 122 | 125 | 3000 | 4000 | 2.4 | 7215 AC/DT | 7215 AC/DB | 7215 AC/DF |

| d | D | B | | | | | | | | | | | Cr | C0r | 脂 | 油 | W | 代号 /DT | 代号 /DB | 代号 /DF |
|---|---|---|---|---|---|---|---|---|---|---|---|---|---|---|---|---|---|---|---|---|
| 75 | 130 | 50 | 84 | 121 | 125 | 1.5 | 0.6 | 96.1 | 109.9 | 55.5 | 1.5 | 0.6 | 118 | 125 | 3000 | 4000 | 2.6 | 7215 B/DT | 7215 B/DB | 7215 B/DF |
| 75 | 160 | 74 | 87 | 148 | 153 | 2.1 | 1 | 107.9 | 128.6 | 68.4 | 2.1 | 1.1 | 202 | 198 | 2600 | 3400 | 6.6 | 7315 B/DT | 7315 B/DB | 7315 B/DF |
| 80 | 125 | 44 | 87 | 118 | 120 | 1 | 0.6 | 95.2 | 112.8 | 24.7 | 1.1 | 0.6 | 94.8 | 112 | 3200 | 4300 | 1.7 | 7016 C/DT | 7016 C/DB | 7016 C/DF |
| 80 | 125 | 44 | 87 | 118 | 120 | 1 | 0.6 | 95.2 | 112.8 | 34.9 | 1.1 | 0.6 | 90.0 | 105 | 3200 | 4300 | 1.7 | 7016 AC/DT | 7016 AC/DB | 7016 AC/DF |
| 80 | 140 | 52 | 90 | 130 | 134 | 2 | 1 | 100 | 122 | 27.7 | 2 | 1 | 145 | 155 | 2800 | 3600 | 2.9 | 7216 C/DT | 7216 C/DB | 7216 C/DF |
| 80 | 140 | 52 | 90 | 130 | 134 | 2 | 1 | 100 | 122 | 28.9 | 2 | 1 | 138 | 148 | 2800 | 3600 | 2.9 | 7216 AC/DT | 7216 AC/DB | 7216 AC/DF |
| 80 | 140 | 52 | 90 | 130 | 134 | 2 | 1 | 103.2 | 117.8 | 59.2 | 2 | 1 | 130 | 138 | 2800 | 3600 | 3.1 | 7216 B/DT | 7216 B/DB | 7216 B/DF |
| 80 | 170 | 78 | 92 | 158 | 163 | 2.1 | 1 | 114.8 | 136.8 | 71.9 | 2.1 | 1.1 | 218 | 220 | 2400 | 3400 | 7.8 | 7316 B/DT | 7316 B/DB | 7316 B/DF |
| 85 | 130 | 44 | 92 | 123 | 125 | 1 | 0.6 | 99.4 | 117.6 | 25.4 | 1.1 | 0.6 | 102 | 120 | 3000 | 4000 | 1.78 | 7017 C/DT | 7017 C/DB | 7017 C/DF |
| 85 | 130 | 44 | 92 | 123 | 125 | 1 | 0.6 | 99.4 | 117.6 | 36.1 | 1.1 | 0.6 | 95.8 | 115 | 3000 | 4000 | 1.78 | 7017 AC/DT | 7017 AC/DB | 7017 AC/DF |
| 85 | 150 | 56 | 95 | 140 | 144 | 2 | 1 | 107.1 | 131 | 29.9 | 2 | 1 | 162 | 170 | 2600 | 3400 | 3.6 | 7217 C/DT | 7217 C/DB | 7217 C/DF |
| 85 | 150 | 56 | 95 | 140 | 144 | 2 | 1 | 107.1 | 131 | 41.6 | 2 | 1 | 152 | 162 | 2600 | 3400 | 3.6 | 7217 AC/DT | 7217 AC/DB | 7217 AC/DF |
| 85 | 150 | 56 | 95 | 140 | 144 | 2 | 1 | 110.1 | 126 | 63.3 | 2 | 1 | 150 | 162 | 2600 | 3400 | 3.9 | 7217 B/DT | 7217 B/DB | 7217 B/DF |
| 85 | 180 | 82 | 99 | 166 | 173 | 2.5 | 1 | 121.2 | 145.6 | 76.1 | 3 | 1.1 | 240 | 245 | 2400 | 3200 | 9.2 | 7317 B/DT | 7317 B/DB | 7317 B/DF |
| 90 | 140 | 48 | 99 | 131 | 135 | 1.5 | 0.6 | 107.2 | 126.8 | 27.4 | 1.5 | 0.6 | 115 | 140 | 2800 | 3600 | 2.3 | 7018 C/DT | 7018 C/DB | 7018 C/DF |
| 90 | 140 | 48 | 99 | 131 | 135 | 1.5 | 0.6 | 107.2 | 126.8 | 38.8 | 1.5 | 0.6 | 110 | 132 | 2800 | 3600 | 2.3 | 7018 AC/DT | 7018 AC/DB | 7018 AC/DF |
| 90 | 160 | 60 | 100 | 150 | 154 | 2 | 1 | 111.7 | 138.4 | 31.7 | 2 | 1 | 198 | 210 | 2400 | 3400 | 4.5 | 7218 C/DT | 7218 C/DB | 7218 C/DF |
| 90 | 160 | 60 | 100 | 150 | 154 | 2 | 1 | 111.7 | 138.4 | 44.2 | 2 | 1 | 192 | 200 | 2400 | 3400 | 4.5 | 7218 AC/DT | 7218 AC/DB | 7218 AC/DF |
| 90 | 160 | 60 | 100 | 150 | 154 | 2 | 1 | 118.1 | 135.2 | 67.9 | 2 | 1 | 170 | 188 | 2400 | 3400 | 4.8 | 7218 B/DT | 7218 B/DB | 7218 B/DF |
| 90 | 190 | 86 | 104 | 176 | 183 | 2.5 | 1 | 128.6 | 153.2 | 80.2 | 3 | 1.1 | 255 | 275 | 2200 | 3000 | 10.8 | 7318 B/DT | 7318 B/DB | 7318 B/DF |
| 95 | 145 | 48 | 104 | 136 | 140 | 1.5 | 0.6 | 110.2 | 129.8 | 28.1 | 1.5 | 0.6 | 118 | 145 | 2600 | 3400 | 2.4 | 7019 C/DT | 7019 C/DB | 7019 C/DF |
| 95 | 145 | 48 | 104 | 136 | 140 | 1.5 | 0.6 | 110.2 | 129.8 | 40 | 1.5 | 0.6 | 112 | 138 | 2600 | 3400 | 2.4 | 7019 AC/DT | 7019 AC/DB | 7019 AC/DF |
| 95 | 170 | 64 | 107 | 158 | 163 | 2.1 | 1 | 118.1 | 147 | 33.8 | 2.1 | 1.1 | 218 | 228 | 2400 | 3200 | 5.4 | 7219 C/DT | 7219 C/DB | 7219 C/DF |
| 95 | 170 | 64 | 107 | 158 | 163 | 2.1 | 1 | 118.1 | 147 | 46.9 | 2.1 | 1.1 | 208 | 218 | 2400 | 3200 | 5.4 | 7219 AC/DT | 7219 AC/DB | 7219 AC/DF |
| 95 | 170 | 64 | 107 | 158 | 163 | 2.1 | 1 | 126.1 | 144.4 | 72.5 | 2.1 | 1.1 | 195 | 218 | 2400 | 3200 | 5.8 | 7219 B/DT | 7219 B/DB | 7219 B/DF |
| 95 | 200 | 90 | 109 | 186 | 193 | 2.5 | 1 | 135.4 | 161.5 | 84.4 | 3 | 1.1 | 278 | 310 | 2000 | 2800 | 12.5 | 7319 B/DT | 7319 B/DB | 7319 B/DF |
| 100 | 150 | 48 | 109 | 141 | 145 | 1.5 | 0.6 | 114.6 | 135.4 | 28.7 | 1.5 | 0.6 | 128 | 158 | 2600 | 3400 | 2.5 | 7020 C/DT | 7020 C/DB | 7020 C/DF |
| 100 | 150 | 48 | 109 | 141 | 145 | 1.5 | 0.6 | 114.6 | 135.4 | 41.2 | 1.5 | 0.6 | 122 | 150 | 2600 | 3400 | 2.5 | 7020 AC/DT | 7020 AC/DB | 7020 AC/DF |
| 100 | 180 | 68 | 112 | 168 | 173 | 2.1 | 1 | 124.8 | 155.3 | 35.8 | 2.1 | 1.1 | 240 | 255 | 2200 | 3000 | 6.5 | 7220 C/DT | 7220 C/DB | 7220 C/DF |
| 100 | 180 | 68 | 112 | 168 | 173 | 2.1 | 1 | 124.8 | 155.3 | 49.7 | 2.1 | 1.1 | 230 | 245 | 2200 | 3000 | 6.5 | 7220 AC/DT | 7220 AC/DB | 7220 AC/DF |
| 100 | 180 | 68 | 112 | 168 | 173 | 2.1 | 1 | 130.9 | 150.5 | 75.7 | 2.1 | 1.1 | 210 | 230 | 2200 | 3000 | 6.9 | 7220 B/DT | 7220 B/DB | 7220 B/DF |
| 100 | 215 | 94 | 114 | 201 | 208 | 2.5 | 1 | 144.5 | 172.5 | 89.6 | 3 | 1.1 | 305 | 360 | 1800 | 2400 | 15.5 | 7320 B/DT | 7320 B/DB | 7320 B/DF |
| 105 | 160 | 52 | 115 | 150 | 154 | 2 | 1 | 121.5 | 143.6 | 30.8 | 2 | 1 | 142 | 178 | 2600 | 3400 | 3.2 | 7021 C/DT | 7021 C/DB | 7021 C/DF |
| 105 | 160 | 52 | 115 | 150 | 154 | 2 | 1 | 121.5 | 143.6 | 43.9 | 2 | 1 | 135 | 168 | 2600 | 3400 | 3.2 | 7021 AC/DT | 7021 AC/DB | 7021 AC/DF |
| 105 | 190 | 72 | 117 | 178 | 183 | 2.1 | 1 | 131.3 | 163.8 | 37.8 | 2.1 | 1.1 | 262 | 290 | 2000 | 2800 | 7.7 | 7221 C/DT | 7221 C/DB | 7221 C/DF |
| 105 | 190 | 72 | 117 | 178 | 183 | 2.1 | 1 | 131.3 | 163.8 | 52.4 | 2.1 | 1.1 | 250 | 275 | 2000 | 2800 | 7.7 | 7221 AC/DT | 7221 AC/DB | 7221 AC/DF |
| 105 | 190 | 72 | 117 | 178 | 183 | 2.1 | 1 | 137.5 | 159 | 79.9 | 2.1 | 1.1 | 230 | 258 | 2000 | 2800 | 8.2 | 7221 B/DT | 7221 B/DB | 7221 B/DF |

（续）

| 公称尺寸/mm | | | 安装尺寸/mm | | | | | 其他尺寸/mm | | | | | 基本额定载荷/kN | | 极限转速/(r/min) | | 质量/kg | 轴承代号 | | |
|---|---|---|---|---|---|---|---|---|---|---|---|---|---|---|---|---|---|---|---|---|
| d | D | 2B | $d_a$ min | $D_a$ max | $D_b$ max | $r_a$ max | $r_b$ max | $d_2 \approx$ | $D_2 \approx$ | a | r min | $r_1$ min | $C_r$ | $C_{0r}$ | 脂 | 油 | W≈ | 串联 70000 C(AC,B)/DT型 | 背对背 70000 C(AC,B)/DB型 | 面对面 70000 C(AC,B)/DF型 |
| 105 | 225 | 98 | 119 | 211 | 218 | 2.5 | 1 | 151.4 | 180.7 | 93.7 | 3 | 1.1 | 328 | 392 | 1700 | 2400 | 17.6 | 7321 B/DT | 7321 B/DB | 7321 B/DF |
| 110 | 170 | 56 | 120 | 160 | 164 | 2 | 1 | 129.1 | 152.9 | 32.8 | 2 | 1 | 162 | 205 | 2400 | 3400 | 3.9 | 7022 C/DT | 7022 C/DB | 7022 C/DF |
| | 170 | 56 | 120 | 160 | 164 | 2 | 1 | 129.1 | 152.9 | 46.7 | 2 | 1 | 155 | 195 | 2400 | 3400 | 3.9 | 7022 AC/DT | 7022 AC/DB | 7022 AC/DF |
| | 200 | 76 | 122 | 188 | 193 | 2.1 | 1 | 138.9 | 173.2 | 39.8 | 2.1 | 1.1 | 285 | 325 | 1900 | 2600 | 9.1 | 7222 C/DT | 7222 C/DB | 7222 C/DF |
| | 200 | 76 | 122 | 188 | 193 | 2.1 | 1 | 138.8 | 173.2 | 55.2 | 2.1 | 1.1 | 272 | 310 | 1900 | 2600 | 9.1 | 7222 AC/DT | 7222 AC/DB | 7222 AC/DF |
| | 240 | 100 | 124 | 226 | 233 | 2.5 | 1 | 160.3 | 192 | 84 | 3 | 1.1 | 365 | 450 | 1500 | 2200 | 22.56 | 7322 B/DT | 7322 B/DB | 7322 B/DF |
| 120 | 180 | 56 | 130 | 170 | 174 | 2 | 1 | 137.7 | 162.4 | 34.1 | 2 | 1 | 175 | 222 | 1900 | 2600 | 4.2 | 7024 C/DT | 7024 C/DB | 7024 C/DF |
| | 180 | 56 | 130 | 170 | 174 | 2 | 1 | 137.7 | 162.4 | 48.9 | 2 | 1 | 165 | 210 | 1900 | 2600 | 4.2 | 7024 AC/DT | 7024 AC/DB | 7024 AC/DF |
| | 215 | 80 | 132 | 203 | 208 | 2.1 | 1 | 149.4 | 185.7 | 42.4 | 2.1 | 1.1 | 305 | 362 | 1700 | 2400 | 10.8 | 7224 C/DT | 7224 C/DB | 7224 C/DF |
| | 215 | 80 | 132 | 203 | 208 | 2.1 | 1 | 149.4 | 185.7 | 59.1 | 2.1 | 1.1 | 292 | 345 | 1700 | 2400 | 10.8 | 7224 AC/DT | 7224 AC/DB | 7224 AC/DF |
| 130 | 200 | 66 | 140 | 190 | 194 | 2 | 1 | 151.4 | 178.7 | 38.6 | 2 | 1 | 208 | 272 | 1800 | 2400 | 6.4 | 7026 C/DT | 7026 C/DB | 7026 C/DF |
| | 200 | 66 | 140 | 190 | 194 | 2 | 1 | 151.4 | 178.7 | 54.9 | 2 | 1 | 198 | 258 | 1800 | 2400 | 6.4 | 7026 AC/DT | 7026 AC/DB | 7026 AC/DF |
| | 230 | 80 | 144 | 216 | 223 | 2.5 | 1 | 162.9 | 199.3 | 44.3 | 3 | 1.1 | 332 | 418 | 1500 | 2200 | 12.5 | 7226 C/DT | 7226 C/DB | 7226 C/DF |
| | 230 | 80 | 144 | 216 | 223 | 2.5 | 1 | 162.9 | 199.3 | 62.2 | 3 | 1.1 | 315 | 400 | 1500 | 2200 | 12.5 | 7226 AC/DT | 7226 AC/DB | 7226 AC/DF |
| 140 | 210 | 66 | 150 | 200 | 204 | 2 | 1 | — | — | — | 2 | 1 | 228 | 290 | 1700 | 2400 | 7.24 | 7028 C/DT | 7028 C/DB | 7028 C/DF |
| | 210 | 66 | 150 | 200 | 204 | 2 | 1 | — | 204 | 59.2 | 2 | 1 | 228 | 300 | 1500 | 2200 | 7.84 | 7028 AC/DT | 7028 AC/DB | 7028 AC/DF |
| | 250 | 84 | 154 | 236 | 243 | 2.5 | 1 | — | — | 41.7 | 3 | 1.1 | 372 | 490 | 1300 | 2000 | 18.72 | 7228 C/DT | 7228 C/DB | 7228 C/DF |
| | 250 | 84 | 154 | 236 | 243 | 2.5 | 1 | — | — | 68.6 | 3 | 1.1 | 372 | 470 | 1300 | 2000 | 18.48 | 7228 AC/DT | 7228 AC/DB | 7228 AC/DF |
| | 300 | 124 | 158 | 282 | 291 | 3 | 1.5 | — | — | 111 | 4 | 1.5 | 465 | 630 | 1200 | 1700 | 44.88 | 7328 B/DT | 7328 B/DB | 7328 B/DF |
| 150 | 225 | 70 | 162 | 213 | 218 | 2.1 | 1 | — | — | 63.2 | 2.1 | 1.1 | 260 | 312 | 1500 | 2200 | 9.66 | 7030 C/DT | 7030 C/DB | 7030 C/DF |
| | 225 | 70 | 162 | 213 | 218 | 2.1 | 1 | — | — | 47.9 | 2.1 | 1.1 | 245 | 335 | 1400 | 2000 | 9.66 | 7030 AC/DT | 7030 AC/DB | 7030 AC/DF |
| 160 | 290 | 96 | 174 | 276 | 283 | 2.5 | 1 | — | — | 78.9 | 3 | 1.1 | 425 | 595 | 1200 | 1700 | 29 | 7232 C/DT | 7232 C/DB | 7232 C/DF |
| | 290 | 96 | 174 | 276 | 283 | 2.5 | 1 | — | — | 73.4 | 3 | 1.1 | 402 | 555 | 1200 | 1700 | 29 | 7232 AC/DT | 7232 AC/DB | 7232 AC/DF |
| 170 | 260 | 84 | 182 | 248 | 253 | 2.1 | 1 | — | — | 51.5 | 2.1 | 1.1 | 310 | 445 | 1200 | 1800 | 16.5 | 7034 AC/DT | 703 4AC/DB | 7034 AC/DF |
| | 310 | 104 | 188 | 292 | 301 | 3 | 1.5 | — | — | 84.5 | 4 | 1.5 | 522 | 780 | 1100 | 1500 | 38.4 | 7234 C/DT | 7234 C/DB | 7234 C/DF |
| | 310 | 104 | 188 | 292 | 301 | 3 | 1.5 | — | — | 52.6 | 4 | 1.5 | 495 | 735 | 1100 | 1500 | 34.4 | 7234 AC/DT | 7234 AC/DB | 7234 AC/DF |
| 180 | 320 | 104 | 198 | 302 | 311 | 3 | 1.5 | — | — | 87 | 4 | 1.5 | 542 | 830 | 1000 | 1400 | 36.2 | 7326 C/DT | 7236 C/DB | 7236 C/DF |
| | 320 | 104 | 198 | 302 | 311 | 3 | 1.5 | — | — | 81.5 | 4 | 1.5 | 510 | 775 | 1100 | 1500 | 36.2 | 7236 AC/DT | 7236 AC/DB | 7236 AC/DF |
| 190 | 310 | 92 | 202 | 278 | 283 | 2.1 | 1 | — | — | 87.7 | 2.1 | 1.1 | 348 | 525 | 1000 | 1400 | 21.4 | 7038 AC/DT | 7038 AC/DB | 7038 AC/DF |
| 200 | 360 | 116 | 212 | 342 | 351 | 3 | 1.5 | — | — | 58.8 | 4 | 1.5 | 410 | 650 | 900 | 1300 | 28.08 | 7040 AC/DT | 7040 AC/DB | 7040 AC/DF |
| | 360 | 116 | 218 | 342 | 351 | 3 | 1.5 | — | — | 97.3 | 4 | 1.5 | 558 | 895 | 900 | 1300 | 50.4 | 7240 AC/DT | 7240 AC/DB | 7240 AC/DF |
| 220 | 400 | 130 | 238 | 382 | 391 | 3 | 1.5 | — | — | 108.1 | 4 | 1.5 | 580 | 965 | 750 | 1100 | 77 | 7244 AC/DT | 7244 AC/DB | 7244 AC/DF |

## 表 6.1-51　分离型角接触球轴承（摘自 GB/T 292—2007）

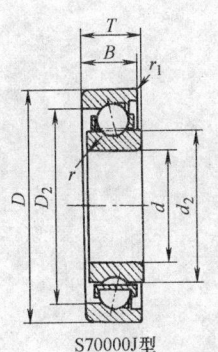

S70000J型

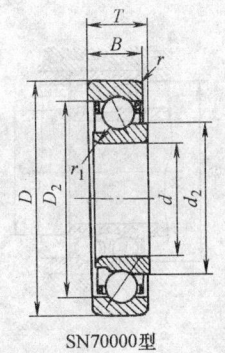

SN70000型

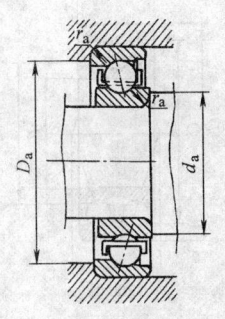

代号含义：

S——外圈可分离

SN——内圈可分离

J——钢板冲压保持架

| 公称尺寸/mm | | | 安装尺寸/mm | | | 其他尺寸/mm | | | | | 基本额定载荷/kN | | 极限转速/(r/min) | | 质量/kg | 轴承代号 |
|---|---|---|---|---|---|---|---|---|---|---|---|---|---|---|---|---|
| $d$ | $D$ | $B$ | $d_a$ min | $D_a$ max | $r_a$ max | $d_2$ ≈ | $D_2$ ≈ | $T$ | $r$ min | $r_1$ min | $C_r$ | $C_{0r}$ | 脂 | 油 | $W$ ≈ | S 70000J 型 SN 70000 型 |
| 3 | 10 | 4 | 4.2 | 8.8 | 0.15 | 7.7 | 5.55 | 4 | 0.15 | 0.08 | 0.25 | 0.18 | 36000 | 48000 | 0.015 | S 723 J |
| 5 | 13 | 4 | 6.6 | 11.4 | 0.2 | 7.25 | 10.1 | 4 | 0.2 | 0.1 | 0.45 | 0.42 | 32000 | 43000 | 0.0023 | S 7195 J |
| | 16 | 5 | 7.4 | 13.6 | 0.3 | 8.1 | 12.8 | 5 | 0.3 | 0.15 | 1.10 | 0.82 | 30000 | 40000 | 0.046 | S 725 J |
| 6 | 15 | 5 | 7.6 | 13.4 | 0.3 | 8.8 | 12.2 | 5 | 0.3 | 0.15 | 1.10 | 0.92 | 30000 | 40000 | 0.0039 | S 7196 J |
| | 19 | 6 | 8.4 | 16.6 | 0.3 | 9.5 | 15.45 | 6 | 0.3 | 0.15 | 1.50 | 1.12 | 26000 | 36000 | — | S 726 J |
| 7 | 22 | 7 | 9.4 | 19.6 | 0.3 | 10.7 | 17.6 | 7 | 0.3 | 0.15 | 2.20 | 1.30 | 24000 | 34000 | 0.022 | S 727 J |
| 8 | 22 | 7 | 10.4 | 19.6 | 0.3 | 12.1 | 17.8 | 7 | 0.3 | 0.15 | 1.60 | 1.40 | 24000 | 34000 | — | S 708 J |
| | 24 | 8 | 10.4 | 21.6 | 0.3 | 12.1 | 19 | 8 | 0.3 | 0.15 | 2.20 | 1.25 | 22000 | 30000 | — | S 728 J |
| 9 | 26 | 8 | 11.4 | 23.6 | 0.3 | 14.2 | 20.8 | 8 | 0.3 | 0.15 | 2.20 | 1.25 | 20000 | 29000 | — | S 729 J |
| 10 | 26 | 8 | 12.4 | 23.6 | 0.3 | 14.5 | 21.2 | 8 | 0.3 | 0.15 | 2.30 | 2.45 | 19000 | 28000 | — | S 7000 J |
| | 30 | 9 | 15 | 25 | 0.6 | 15.9 | 24.1 | 9 | 0.6 | 0.15 | 3.60 | 3.20 | 18000 | 26000 | 0.03 | S 7200 J |
| 12 | 28 | 8 | 14.4 | 25.6 | 0.3 | 16.7 | 23.3 | 8 | 0.3 | 0.15 | 2.30 | 2.68 | 18000 | 26000 | — | S 7001 J |
| | 32 | 7 | 14.4 | 29.6 | 0.3 | 17.7 | 24.6 | 7 | 0.3 | — | 2.50 | 3.00 | 17000 | 24000 | 0.028 | S 78201 J |
| | 32 | 9 | 17.4 | 29.6 | 0.3 | 19.9 | 27.2 | 9 | 0.3 | 0.15 | 2.50 | 3.00 | 17000 | 24000 | 0.028 | S 7002 J |
| 15 | 35 | 8 | 17.4 | 32.6 | 0.3 | 20.7 | 29 | 8 | 0.3 | — | 3.30 | 4.00 | 16000 | 22000 | 0.035 | S 78202 J |
| | 35 | 11 | 20 | 30 | 0.6 | 20.7 | 29.5 | 11 | 0.6 | — | 6.70 | 4.50 | 16000 | 22000 | 0.0436 | SN 7202 J |
| | 35 | 11 | 20 | 30 | 0.6 | 20.5 | 29.2 | 11 | 0.6 | 0.15 | 3.70 | 4.50 | 16000 | 22000 | 0.044 | S 7202 J |
| 17 | 40 | 12 | 22 | 35 | 0.6 | 23.4 | 33.8 | 12 | 0.6 | 0.15 | 9.20 | 6.45 | 15000 | 20000 | 0.0596 | SN 7203 J |
| 20 | 42 | 12 | 25 | 37 | 0.6 | 26.1 | 36.1 | 12 | 0.6 | 0.15 | 3.80 | 4.92 | 14000 | 19000 | 0.065 | S 7004 J |
| | 47 | 14 | 26 | 41 | 1 | 27.9 | 39.8 | 14 | 1 | — | 10.1 | 8.05 | 13000 | 18000 | 0.0946 | SN 7204 J |
| 25 | 52 | 15 | 31 | 46 | 1 | 32.9 | 44.4 | 15 | 1 | — | 12.8 | 9.55 | 11000 | 16000 | 0.114 | SN 7205 J |
| 30 | 62 | 16 | 36 | 56 | 1 | 40.3 | 52.7 | 16 | 1 | — | 17.8 | 14.8 | 9000 | 13000 | 0.187 | SN 7206 J |
| 600 | 730 | 60 | 614 | 716 | 2.5 | — | — | 60 | 3 | — | 332 | 888 | 380 | 500 | 60.7 | S 718/600 |
| 800 | 980 | 82 | 822 | 958 | 4 | — | — | | 5 | — | 568 | 1890 | 200 | 300 | 132 | S 718/800 |
| 1180 | 1420 | 106 | 1208 | 1392 | 5 | — | — | | 6 | — | 850 | 3580 | — | — | 332 | S 718/1180 |

**表 6.1-52　双列角接触球轴承**（摘自 GB/T 296—2007）

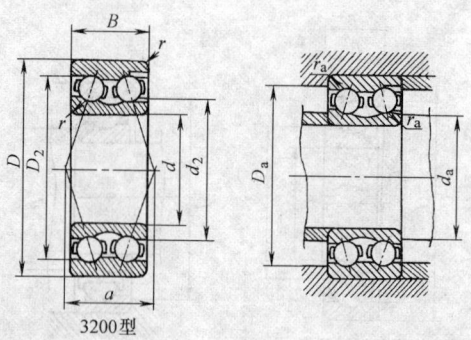

3200型

| 公称尺寸/mm | | | 安装尺寸/mm | | | 其他尺寸/mm | | | | 基本额定载荷/kN | | 极限转速/(r/min) | | 质量/kg | 轴承代号 |
|---|---|---|---|---|---|---|---|---|---|---|---|---|---|---|---|
| $d$ | $D$ | $B$ | $d_a$ min | $D_a$ max | $r_a$ max | $d_2$ ≈ | $D_2$ ≈ | $a$ | $r$ min | $C_r$ | $C_{0r}$ | 脂 | 油 | $W$ ≈ | 3200 型 3300 型 |
| 10 | 30 | 14.3 | 15 | 25 | 0.6 | 17.7 | 23.6 | 18 | 0.6 | 7.42 | 4.30 | 16000 | 22000 | 0.054 | 3200 |
| 12 | 32 | 15.9 | 17 | 27 | 0.6 | 19.1 | 26.5 | 20 | 0.6 | 10.2 | 5.60 | 15000 | 20000 | 0.058 | 3201 |
| 15 | 35 | 15.9 | 20 | 30 | 0.6 | 22.1 | 29.5 | 22 | 0.6 | 11.2 | 6.80 | 12000 | 17000 | 0.066 | 3202 |
| 17 | 40 | 17.5 | 22 | 35 | 0.6 | 25.2 | 33.6 | 25 | 0.6 | 14.0 | 8.65 | 10000 | 15000 | 0.1 | 3203 |
| 20 | 47 | 20.6 | 26 | 41 | 1 | 29.6 | 39.5 | 30 | 1 | 18.5 | 12.0 | 9000 | 13000 | 0.16 | 3204 |
| | 52 | 22.2 | 27 | 45 | 1 | 31.8 | 42.6 | 32 | 1.1 | 22.2 | 14.2 | 8500 | 12000 | 0.22 | 3304 |
| 25 | 52 | 20.6 | 31 | 46 | 1 | 34.6 | 44.5 | 33 | 1 | 20.2 | 14.0 | 8000 | 11000 | 0.18 | 3205 |
| | 62 | 25.4 | 32 | 55 | 1 | 38.4 | 51.4 | 38 | 1.1 | 31.2 | 2.8 | 7500 | 10000 | 0.35 | 3305 |
| 30 | 62 | 23.8 | 36 | 56 | 1 | 41.4 | 53.2 | 38 | 1 | 25.2 | 20.0 | 7000 | 9500 | 0.29 | 3206 |
| | 72 | 30.2 | 37 | 65 | 1 | 39.8 | 64.1 | 44 | 1.1 | 36.8 | 28.5 | 6300 | 8500 | 0.53 | 3306 |
| 35 | 72 | 27 | 42 | 65 | 1 | 48.1 | 61.9 | 45 | 1.1 | 33.5 | 27.5 | 6000 | 8000 | 0.44 | 3207 |
| | 80 | 34.9 | 44 | 71 | 1.5 | 44.6 | 70.1 | 49 | 1.5 | 44.0 | 34.0 | 5600 | 7500 | 0.73 | 3307 |
| 40 | 80 | 30.2 | 47 | 73 | 1.5 | 47.8 | 72.1 | 49 | 1.5 | 40.5 | 33.5 | 5600 | 7500 | 0.58 | 3208 |
| | 90 | 36.5 | 49 | 81 | 1.5 | 50.8 | 80.1 | 56 | 1.5 | 53.2 | 43.0 | 5000 | 6700 | 0.95 | 3308 |
| 45 | 85 | 30.2 | 52 | 78 | 1 | 52.8 | 77.1 | 52 | 1.1 | 42.8 | 38.0 | 5000 | 6700 | 0.63 | 3209 |
| | 100 | 39.7 | 54 | 91 | 1.5 | 63.8 | 86.3 | 64 | 1.5 | 64.8 | 73.5 | 4500 | 6000 | 1.40 | 3309 |
| 50 | 90 | 30.2 | 57 | 83 | 1 | 57.8 | 82.1 | 56 | 1.1 | 42.8 | 39.0 | 4800 | 6300 | 0.66 | 3210 |
| | 110 | 44.4 | 60 | 100 | 2 | 73.3 | 97.0 | 73 | 2 | 79.2 | 96.5 | 4000 | 5300 | 1.95 | 3310 |
| 55 | 100 | 33.3 | 64 | 91 | 1.5 | 70.4 | 88.3 | 64 | 1.5 | 51.5 | 67.0 | 4300 | 5600 | 1.05 | 3211 |
| | 120 | 49.2 | 65 | 110 | 2 | 81.0 | 110 | 80 | 2 | 85.8 | 108 | 3800 | 5000 | 2.55 | 3311 |
| 60 | 110 | 36.5 | 69 | 101 | 1.5 | 78.0 | 98.3 | 71 | 1.5 | 65.0 | 85.0 | 3800 | 5000 | 1.4 | 3212 |
| | 130 | 54 | 72 | 118 | 2.1 | 87.2 | 115 | 86 | 2.1 | 100 | 128 | 3400 | 4500 | 3.25 | 3312 |
| 65 | 120 | 38.1 | 74 | 111 | 1.5 | 83.7 | 105 | 76 | 1.5 | 70.2 | 95.0 | 3600 | 4800 | 1.75 | 3213 |
| | 140 | 58.7 | 77 | 128 | 2.1 | 92.5 | 122 | 94 | 2.1 | 115 | 150 | 3200 | 4300 | 4.1 | 3313 |
| 70 | 125 | 39.7 | 79 | 116 | 1.5 | 90.6 | 111 | 81 | 1.5 | 68.8 | 98.0 | 3200 | 4300 | 1.90 | 3214 |
| | 150 | 63.5 | 82 | 138 | 2.1 | 99.2 | 131 | 101 | 2.1 | 132 | 172 | 2800 | 3800 | 5.05 | 3314 |
| 75 | 130 | 41.3 | 84 | 121 | 1.5 | 94.7 | 116 | 84 | 1.5 | 75.8 | 110 | 3200 | 4300 | 2.10 | 3215 |
| | 160 | 68.3 | 87 | 148 | 2.1 | 106 | 139 | 107 | 2.1 | 142 | 185 | 2600 | 3600 | 6.15 | 3315 |
| 80 | 140 | 44.4 | 90 | 130 | 2 | 102 | 127 | 91 | 2 | 90.8 | 135 | 2800 | 3800 | 2.65 | 3216 |
| | 170 | 68.3 | 92 | 158 | 2.1 | 113 | 148 | 112 | 2.1 | 158 | 212 | 2400 | 3400 | 6.95 | 3316 |
| 85 | 150 | 49.2 | 95 | 140 | 2 | 107 | 133 | 97 | 2 | 98 | 145 | 2600 | 3600 | 3.40 | 3217 |
| | 180 | 73 | 99 | 166 | 2.5 | 120 | 157 | 119 | 3 | 175 | 240 | 2200 | 3200 | 8.30 | 3317 |
| 90 | 160 | 52.4 | 100 | 150 | 2 | 115 | 143 | 104 | 2 | 115 | 172 | 2400 | 3400 | 4.15 | 3218 |
| | 190 | 73 | 104 | 176 | 2.5 | 128 | 169 | 125 | 3 | 198 | 285 | 2000 | 3000 | 9.25 | 3318 |

(续)

| 公称尺寸/mm | | | 安装尺寸/mm | | | 其他尺寸/mm | | | | 基本额定载荷/kN | | 极限转速/(r/min) | | 质量/kg | 轴承代号 |
|---|---|---|---|---|---|---|---|---|---|---|---|---|---|---|---|
| $d$ | $D$ | $B$ | $d_a$ min | $D_a$ max | $r_a$ max | $d_2$ ≈ | $D_2$ ≈ | $a$ | $r$ min | $C_r$ | $C_{0r}$ | 脂 | 油 | $W$ ≈ | 3200 型 / 3300 型 |
| 95 | 170 | 55.6 | 107 | 158 | 2.1 | 124 | 154 | 111 | 2.1 | 132 | 205 | 2200 | 3200 | 5.00 | 3219 |
|  | 200 | 77.8 | 109 | 186 | 2.5 | 135 | 178 | 133 | 3 | 215 | 315 | 1900 | 2800 | 11.0 | 3319 |
| 100 | 180 | 60.3 | 112 | 168 | 2.1 | 129 | 160 | 118 | 2.1 | 142 | 220 | 2000 | 3000 | 6.10 | 3220 |
|  | 215 | 82.6 | 114 | 201 | 2.5 | 142 | 187 | 139 | 3 | 230 | 355 | 1800 | 2600 | 13.5 | 3320 |
| 110 | 200 | 69.8 | 122 | 188 | 2.1 | 143 | 178 | 132 | 2.1 | 170 | 270 | 1900 | 2800 | 8.80 | 3222 |
|  | 240 | 92.1 | 124 | 226 | 2.5 | 155 | 205 | 153 | 3 | 262 | 425 | 1700 | 2400 | 19.0 | 3322 |

**表 6.1-53　四点接触球轴承**（摘自 GB/T 294—2007）

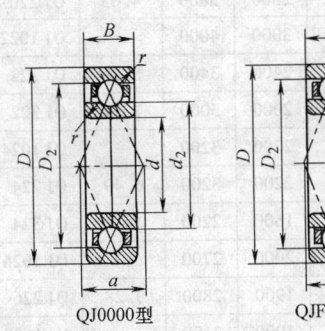
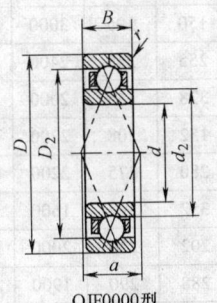
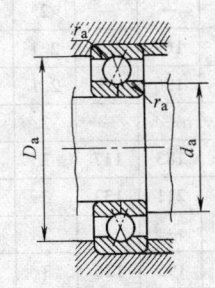

QJ0000型　　　QJF0000型

代号含义:
QJ——双半内圈
QJF——双半外圈

| 公称尺寸/mm | | | 安装尺寸/mm | | | 其他尺寸/mm | | | | 基本额定载荷/kN | | 极限转速/(r/min) | | 质量/kg | 轴承代号 |
|---|---|---|---|---|---|---|---|---|---|---|---|---|---|---|---|
| $d$ | $D$ | $B$ | $d_a$ min | $D_a$ max | $r_a$ max | $d_2$ ≈ | $D_2$ ≈ | $a$ | $r$ min | $C_r$ | $C_{0r}$ | 脂 | 油 | $W$ ≈ | QJ 0000 型 / QJF 0000 型 |
| 30 | 72 | 19 | 37 | 65 | 1 | 45.8 | 58.2 | 36 | 1.1 | 44.5 | 31.2 | 6700 | 9000 | 0.42 | QJ 306 |
| 35 | 72 | 17 | 42 | 65 | 1 | — | — | — | 1.1 | 28.0 | 25.8 | 6300 | 8500 | 0.356 | QJF 207 |
|  | 80 | 21 | 44 | 71 | 1.5 | 50.7 | 64.3 | 40 | 1.5 | 53.2 | 37.2 | 6000 | 8000 | 0.57 | QJ 307 |
| 40 | 80 | 18 | 47 | 73 | 1 | — | — | — | 1.1 | 36.0 | 32.0 | 6000 | 8000 | 0.394 | QJF 208 |
|  | 80 | 18 | 47 | 73 | 1 | 54 | 66 | 42 | 1.1 | 40.5 | 37.0 | 6700 | 9000 | 0.391 | QJ 208 |
| 45 | 85 | 19 | 52 | 78 | 1 | — | — | — | 1.1 | 40.0 | 37.8 | 5300 | 7000 | 0.43 | QJF 209 |
|  | 100 | 25 | 54 | 91 | 1.5 | — | — | — | 1.5 | 55.5 | 50.2 | 4800 | 6300 | 0.923 | QJF 309 |
| 50 | 90 | 20 | 57 | 83 | 1 | — | — | — | 1.1 | 41.8 | 40.2 | 5000 | 6700 | 0.514 | QJF 210 |
|  | 90 | 20 | 57 | 83 | 1 | 63.5 | 76.5 | 49 | 1.1 | 55.5 | 44.8 | 5000 | 6700 | 0.52 | QJ 210 |
|  | 110 | 27 | 60 | 100 | 2 | — | — | — | 2 | 73.5 | 72.2 | 4500 | 6000 | 1.2 | QJF 310 |
|  | 110 | 27 | 60 | 100 | 2 | 70 | 90 | 56 | 2 | 85.0 | 80.0 | 5000 | 6700 | 1.33 | QJ 310 |
| 55 | 100 | 21 | 64 | 91 | 1.5 | — | — | — | 1.5 | 50.2 | 50.2 | 4500 | 6000 | 0.76 | QJF 211 |
|  | 100 | 21 | 64 | 91 | 1.5 | 70.3 | 84.7 | 54 | 1.5 | 71.0 | 62.0 | 5300 | 7000 | 0.769 | QJ 211 |
|  | 120 | 29 | 65 | 110 | 2 | — | — | — | 2 | 86.5 | 85.0 | 4000 | 5300 | 1.48 | QJF 311 |
|  | 120 | 29 | 65 | 110 | 2 | 77.2 | 97.8 | 61 | 2 | 115 | 86.5 | 4000 | 5300 | 1.48 | QJ 311 |
| 60 | 110 | 22 | 69 | 101 | 1.5 | — | — | — | 1.5 | 62.8 | 63.8 | 4300 | 5600 | 1.0 | QJF 212 |
|  | 110 | 22 | 69 | 101 | 1.5 | 77 | 93 | 60 | 1.5 | 81.0 | 71.0 | 4800 | 6300 | 0.99 | QJ 212 |
|  | 130 | 31 | 72 | 118 | 2.1 | — | — | — | 2.1 | 93.5 | 93.2 | 3800 | 5000 | 2.2 | QJF 312 |
| 65 | 120 | 23 | 74 | 111 | 1.5 | — | — | — | 1.5 | 65.2 | 67.8 | 3800 | 5000 | 1.12 | QJF 213 |
|  | 120 | 23 | 74 | 111 | 1.5 | 84.5 | 101 | 65 | 1.5 | 90.0 | 83.0 | 4300 | 5600 | 1.2 | QJ 213 |
|  | 140 | 33 | 77 | 128 | 2.1 | — | — | — | 2.1 | 105 | 102 | 3400 | 4500 | 2.32 | QJF 313 |

（续）

| 公称尺寸/mm | | | 安装尺寸/mm | | | 其他尺寸/mm | | | | 基本额定载荷/kN | | 极限转速/(r/min) | | 质量/kg | 轴承代号 |
|---|---|---|---|---|---|---|---|---|---|---|---|---|---|---|---|
| $d$ | $D$ | $B$ | $d_a$ min | $D_a$ max | $r_a$ max | $d_2$ ≈ | $D_2$ ≈ | $a$ | $r$ min | $C_r$ | $C_{0r}$ | 脂 | 油 | $W$ ≈ | QJ 0000 型 QJF 0000 型 |
| 70 | 125 | 24 | 79 | 116 | 1.5 | 89 | 106 | 68 | 1.5 | 98.0 | 91.5 | 4300 | 5600 | 2.32 | QJ 214 |
| | 150 | 35 | 82 | 138 | 2.1 | 97.3 | 123 | 77 | 2.1 | 168 | 132 | 3200 | 4300 | 3.15 | QJ 314 |
| 75 | 130 | 25 | 84 | 121 | 1.5 | 93.8 | 112 | 72 | 1.5 | 108 | 98.0 | 4000 | 5300 | 1.45 | QJ 215 |
| 85 | 180 | 41 | 99 | 166 | 2.5 | 117 | 148 | 93 | 3 | 210 | 188 | 2600 | 3600 | 5.5 | QJ 317 |
| | 140 | 24 | 99 | 131 | 1.5 | — | — | | 1.5 | 102 | 130 | 3200 | 4300 | — | QJ 1018 |
| 90 | 160 | 30 | 100 | 150 | 2.0 | 114 | 136 | 88 | 2 | 165 | 150 | 3200 | 4300 | 2.91 | QJ 218 |
| | 190 | 43 | 104 | 176 | 2.5 | 124 | 156 | 98 | 3 | 238 | 228 | 2400 | 3400 | 6.41 | QJ 318 |
| 100 | 180 | 34 | 112 | 168 | 2.1 | 127 | 153 | 98 | 2.1 | 212 | 192 | 2800 | 3800 | 4.05 | QJ 220 |
| | 170 | 28 | 120 | 160 | 2 | — | — | | 2 | 150 | 195 | 3000 | 4000 | — | QJ 1022 |
| 110 | 200 | 38 | 122 | 188 | 2.1 | 141 | 169 | 109 | 2.1 | 255 | 245 | 2400 | 3400 | 5.76 | QJ 222 |
| | 240 | 50 | 122 | 188 | 2.1 | 154 | 196 | 23 | 2.1 | 328 | 345 | 2000 | 3000 | 12.4 | QJ 322 |
| | 180 | 28 | 130 | 170 | 2 | — | — | | 2 | 152 | 208 | 2200 | 3200 | — | QJ 1024 |
| 120 | 215 | 40 | 132 | 203 | 2.1 | 152 | 183 | 117 | 2 | 280 | 275 | 2200 | 3200 | 6.49 | QJ 224 |
| | 260 | 55 | 134 | 246 | 2.5 | 169 | 211 | 133 | 3 | 352 | 392 | 1600 | 2200 | 15.3 | QJ 324 |
| 130 | 200 | 33 | 140 | 190 | 2 | — | — | | 2 | 202 | 230 | 2000 | 2700 | — | QJ 1026 |
| | 230 | 40 | 144 | 216 | 2.5 | 165 | 195 | 126 | 3 | 288 | 290 | 1900 | 2800 | 7.28 | QJ 226 |
| 140 | 210 | 33 | 150 | 200 | 2 | — | — | | 2 | 205 | 242 | 1900 | 2600 | — | QJ 1028 |
| | 250 | 42 | 154 | 236 | 2.5 | 179 | 211 | 137 | 3 | 292 | 352 | 1500 | 2000 | 10.5 | QJ 228 |
| | 300 | 62 | 158 | 282 | 3 | 196 | 244 | 154 | 4 | 422 | 512 | 1300 | 1800 | 22.4 | QJ 328 |
| 150 | 225 | 35 | 162 | 213 | 2.1 | 174 | 201 | 131 | 2.1 | 225 | 275 | 1800 | 2400 | 4.59 | QJ 1030 |
| | 270 | 45 | 164 | 256 | 2.5 | 194 | 226 | 147 | 3 | 302 | 372 | 1400 | 1900 | 12.4 | QJ 230 |
| 160 | 240 | 38 | 172 | 228 | 2.1 | — | — | 140 | 2.1 | 260 | 318 | 1600 | 2200 | — | QJ 1032 |
| | 290 | 48 | 174 | 276 | 2.5 | 207 | 243 | 158 | 3 | 352 | 455 | 1300 | 1800 | 14.7 | QJ 232 |
| 170 | 260 | 42 | 182 | 248 | 2.1 | 198.8 | 231.2 | 151 | 2.1 | 200 | 350 | 1500 | 2000 | 7.45 | QJ 1034 |
| | 310 | 52 | 188 | 292 | 3 | 222 | 258 | 168 | 4 | 358 | 480 | 1200 | 1700 | 18.1 | QJ 234 |
| 180 | 280 | 46 | 192 | 268 | 2.1 | 212.7 | 247.8 | 161 | 2.1 | 335 | 408 | 1400 | 1800 | 10.7 | QJ 1036 |
| | 320 | 52 | 198 | 302 | 3 | 231 | 269 | 175 | 4 | 392 | 545 | 1100 | 1600 | — | QJ 236 |
| 190 | 290 | 46 | 202 | 278 | 2.1 | — | — | 168 | 2.1 | 348 | 430 | 1300 | 1700 | — | QJ 1038 |
| 200 | 310 | 51 | 212 | 298 | 2.1 | — | — | 179 | 2.1 | 382 | 498 | 1200 | 1600 | — | QJ 1040 |
| 220 | 340 | 56 | 234 | 326 | 2.5 | 259 | 301 | 196 | 3 | 448 | 622 | 1000 | 1400 | 18 | QJ 1044 |
| 240 | 360 | 56 | 254 | 346 | 2.5 | 282.2 | 318 | 210 | 3 | 458 | 655 | 950 | 1300 | 21 | QJ 1048 |
| 260 | 400 | 65 | 278 | 382 | 3 | — | — | — | 4 | 510 | 765 | 850 | 1200 | — | QJ 1052 |
| 280 | 420 | 65 | 298 | 402 | 3 | — | — | 245 | 4 | 540 | 835 | 800 | 1000 | — | QJ 1056 |
| 300 | 460 | 74 | 318 | 442 | 3 | — | — | — | 4 | 630 | 1040 | 700 | 950 | — | QJ 1060 |
| 320 | 480 | 74 | 338 | 462 | 3 | — | — | 280 | 4 | 650 | 1090 | 650 | 850 | — | QJ 1064 |
| 340 | 520 | 82 | 362 | 498 | 4 | — | — | 301 | 5 | 725 | 1270 | 600 | 800 | — | QJ 1068 |
| 360 | 540 | 82 | 382 | 518 | 4 | — | — | | 5 | 768 | 1380 | 530 | 700 | — | QJ 1072 |
| 380 | 560 | 82 | 402 | 538 | 4 | — | — | | 5 | 805 | 1430 | 500 | 670 | — | QJ 1076 |

## 3.4 圆柱滚子轴承 (表 6.1-54~表 6.1-58)

### 表 6.1-54 圆柱滚子轴承 (1) (摘自 GB/T 283—2007)

代号含义:
NU——内圈无挡边
NJ——内圈单挡边
NUP——内圈无挡边并带平挡圈
E——加强型,内圈结构改进,增大承载能力

| 公称尺寸/mm | | | | 安装尺寸/mm | | | | | | | 其他尺寸/mm | | | | 基本额定载荷/kN | | 极限转速/(r/min) | | 质量/kg | 轴承代号 | | |
|---|---|---|---|---|---|---|---|---|---|---|---|---|---|---|---|---|---|---|---|---|---|---|
| d | D | B | $F_w$ | $d_a$ max | $d_a$ min | $d_b$ min | $d_c$ min | $D_a$ max | $r_a$ max | $r_b$ max | $d_2$ | $D_2$ | $r$ min | $r_1$ min | $C_r$ | $C_{0r}$ | 脂 | 油 | $W \approx$ | NU 型 | NJ 型 | NUP 型 |
| 15 | 35 | 11 | 19.3 | — | 17 | 21 | 23 | 31 | 0.6 | 0.3 | 22 | 26.4 | 0.6 | 0.3 | 7.98 | 5.5 | 15000 | 19000 | — | NU 202 | NJ 202 | — |
| 17 | 40 | 12 | 22.9 | — | 19 | 24 | 27 | 36 | 0.6 | 0.3 | 25.5 | 30.9 | 0.6 | 0.3 | 9.12 | 7.0 | 14000 | 18000 | 0.147 | NU 203 | NJ 203 | NUP 203 |
| 17 | 47 | 14 | 27 | — | 21 | 27 | 30 | 42 | 1 | 0.6 | — | — | 1 | 0.6 | 12.8 | 10.8 | 13000 | 17000 | 0.09 | NU 303 | NJ 303 | NUP 303 |
| 20 | 42 | 12 | 25.5 | 22 | 22 | 27 | — | 38 | 0.6 | 0.3 | — | — | 0.6 | 0.3 | 10.5 | 9.2 | 13000 | 17000 | 0.117 | NU 1004 | — | — |
| 20 | 47 | 14 | 26.5 | 26 | 24 | 29 | 32 | 42 | 1 | 0.6 | 29.7 | 38.5 | 1 | 0.6 | 25.8 | 24.0 | 12000 | 16000 | 0.149 | NU 204E | NJ 204E | NUP 204 E |
| 20 | 47 | 18 | 26.5 | 26 | 24 | 29 | 32 | 42 | 1 | 0.6 | 29.7 | 38.5 | 1 | 0.6 | 30.8 | 30.0 | 12000 | 16000 | 0.155 | NU 2204 E | NJ 2204 E | NUP 2204 E |
| 20 | 52 | 15 | 27.5 | 27 | 24 | 30 | 33 | 45.5 | 1 | 0.6 | 31.2 | 42.3 | 1.1 | 0.6 | 29.0 | 25.5 | 11000 | 15000 | 0.216 | NU 304 E | NJ 304 E | NUP 304 E |
| 20 | 52 | 21 | 27.5 | 27 | 24 | 30 | 33 | 45.5 | 1 | 0.6 | 29.7 | 38.5 | 1.1 | 0.6 | 39.2 | 37.5 | 10000 | 14000 | 0.1 | NU 2304 E | NJ 2304 E | NUP 2304 E |
| 25 | 47 | 12 | 30.5 | 30 | 27 | 32 | — | 43 | 0.6 | 0.3 | — | — | 0.6 | 0.3 | 11.0 | 10.2 | 11000 | 15000 | 0.14 | NU 1005 | — | — |
| 25 | 52 | 15 | 31.5 | 31 | 29 | 34 | 37 | 47 | 1 | 0.6 | 34.7 | 43.5 | 1 | 0.6 | 27.5 | 26.8 | 11000 | 14000 | 0.168 | NU 205 E | NJ 205 E | NUP 205 E |
| 25 | 52 | 18 | 31.5 | 31 | 29 | 34 | 37 | 47 | 1 | 0.6 | 34.7 | 43.5 | 1 | 0.6 | 32.8 | 33.8 | 11000 | 14000 | 0.251 | NU 2205 E | NJ 2205 E | NUP 2205 E |
| 25 | 62 | 17 | 34 | 33 | 31.5 | 37 | 40 | 55.5 | 1 | 1 | 38.1 | 50.4 | 1.1 | 1.1 | 38.5 | 35.8 | 9000 | 12000 | 0.355 | NU 305 E | NJ 305 E | NUP 305 E |
| 25 | 62 | 17 | 34 | 33 | 31.5 | 37 | 40 | 55.5 | 1 | 1 | 38.1 | 50.4 | 1.1 | 1.1 | 53.2 | 54.5 | 9000 | 12000 | 0.12 | NU 2305 E | NJ 2305 E | NUP 2303 E |
| 30 | 55 | 13 | 36.5 | 35 | 34 | 38 | — | 50 | 0.6 | 0.6 | — | 45.6 | 0.6 | 0.6 | 13.0 | 12.8 | 9500 | 12000 | 0.214 | NU 1006 | — | — |
| 30 | 62 | 16 | 37.5 | 37 | 34 | 40 | 44 | 57 | 1 | 0.6 | 41.3 | 52.3 | 1 | 0.6 | 36.0 | 35.5 | 8500 | 11000 | 0.268 | NU 206 E | NJ 206 E | NUP 206 E |
| 30 | 62 | 20 | 37.5 | 37 | 34 | 40 | 44 | 57 | 1 | 0.6 | 41.3 | 52.3 | 1 | 0.6 | 45.5 | 48.0 | 5800 | 11000 | 0.377 | NU 2206 E | NJ 2206 E | NUP 2206 E |
| 30 | 72 | 19 | 40.5 | 40 | 36.5 | 44 | 48 | 65.5 | 1 | 1 | 45 | 58.6 | 1.1 | 1.1 | 49.2 | 48.2 | 8000 | 10000 | 0.538 | NU 306 E | NJ 306 E | NUP 306 E |
| 30 | 72 | 27 | 40.5 | 40 | 36.5 | 44 | 48 | 65.5 | 1 | 1 | 45 | 58.6 | 1.1 | 1.1 | 70.0 | 75.5 | 8000 | 10000 | 0.73 | NU 2306 E | NJ 2306 E | NUP 2306 E |
| 30 | 90 | 23 | 45 | 44 | 38 | 47 | 52 | 82 | 1.5 | 1.5 | 50.5 | 65.8 | 1.5 | 1.5 | 57.2 | 53.0 | 7000 | 9000 | 0.16 | NU 406 | NJ 406 | NUP 406 |
| 35 | 62 | 14 | 42 | 41 | 39 | 44 | — | 57 | 1 | 0.6 | — | 54.5 | 1 | 0.6 | 19.5 | 18.8 | 8500 | 11000 | | NU 1007 | — | — |

（续）

| 公称尺寸/mm | | | | 安装尺寸/mm | | | | | | 其他尺寸/mm | | | | 基本额定载荷/kN | | 极限转速/(r/min) | | 质量/kg | 轴承代号 | | |
|---|---|---|---|---|---|---|---|---|---|---|---|---|---|---|---|---|---|---|---|---|---|
| $d$ | $D$ | $B$ | $F_w$ | $d_a$ max | $d_a$ min | $d_c$ min | $d_b$ min | $r_a$ max | $r_b$ max | $d_2$ | $D_2$ | $r$ min | $r_1$ min | $C_r$ | $C_{0r}$ | 脂 | 油 | $W$ ≈ | NU 型 | NJ 型 | NUP 型 |
| 35 | 72 | 17 | 44 | 43 | 39 | 50 | 46 | 1 | 0.6 | 48.3 | 60.5 | 1.1 | 0.6 | 46.5 | 48.0 | 7500 | 9500 | 0.311 | NU 207 E | NJ 207 E | NUP 207 E |
|  | 72 | 23 | 44 | 43 | 39 | 50 | 46 | 1 | 0.6 | 48.3 | 60.5 | 1.1 | 0.6 | 57.5 | 63.0 | 7500 | 9500 | 0.414 | NU 2207 E | NJ 2207 E | NUP 2207E |
|  | 80 | 21 | 46.2 | 45 | 41.5 | 53 | 48 | 1.5 | 1 | 51.1 | 66.3 | 1.5 | 1.1 | 62.0 | 63.2 | 7000 | 9000 | 0.501 | NU 307 E | NJ 307 E | NUP 307 E |
|  | 80 | 31 | 46.2 | 45 | 41.5 | 53 | 48 | 1.5 | 1 | 51.1 | 66.3 | 1.5 | 1.1 | 87.5 | 98.2 | 7000 | 9000 | 0.738 | NU 2307 E | NJ 2307 E | NUP 2307 E |
|  | 100 | 25 | 53 | 52 | 43 | 61 | 55 | 1.5 | 1.5 | 59 | 75.3 | 1.5 | 1.5 | 70.8 | 68.2 | 6000 | 7500 | 0.94 | NU 407 | NJ 407 | NUP 407 |
| 40 | 68 | 15 | 47 | 46 | 44 | — | 49 | 1 | 0.6 | — | 57.6 | 1 | 0.6 | 21.2 | 22.0 | 7500 | 9500 | 0.22 | NU 1008 | NJ 1008 | — |
|  | 80 | 18 | 49.5 | 49 | 46.5 | 56 | 52 | 1 | 1 | 54.2 | 67.6 | 1.1 | 1.1 | 51.5 | 53.0 | 7000 | 9000 | 0.394 | NU 208 E | NJ 208 E | NUP 208 E |
|  | 80 | 23 | 49.5 | 49 | 46.5 | 56 | 52 | 1 | 1 | 54.2 | 67.6 | 1.1 | 1.1 | 67.5 | 75.2 | 7000 | 9000 | 0.507 | NU 2208 E | NJ 2208 E | NUP 2208 E |
|  | 90 | 23 | 52 | 51 | 48 | 60 | 55 | 1.5 | 1.5 | 57.7 | 75.4 | 1.5 | 1.5 | 76.8 | 77.8 | 6300 | 8000 | 0.68 | NU 308 E | NJ 308 E | NUP 308 E |
|  | 90 | 33 | 52 | 51 | 48 | 60 | 55 | 1.5 | 1.5 | 5.7 | 75.4 | 1.5 | 1.5 | 105 | 118 | 6300 | 8000 | 0.974 | NU 2308 E | NJ 2308 E | NUP 2308 E |
|  | 110 | 27 | 58 | 57 | 49 | 67 | 60 | 2 | 2 | 64.8 | 83.3 | 2 | 2 | 90.5 | 89.8 | 5600 | 7000 | 1.25 | NU 408 | NJ 408 | NUP 408 |
| 45 | 75 | 16 | 52.5 | 52 | 49 | — | 54 | 1 | 0.6 | — | 63.9 | 1 | 0.6 | 23.2 | 23.8 | 6500 | 8500 | 0.26 | NU 1009 | NJ 1009 |  |
|  | 85 | 19 | 54.5 | 54 | 51.5 | 61 | 57 | 1 | 1 | 59.2 | 72.6 | 1.1 | 1.1 | 58.5 | 63.8 | 6300 | 8000 | 0.45 | NU 209 E | NJ 209 E | NUP 209 E |
|  | 85 | 23 | 54.5 | 54 | 51.5 | 61 | 57 | 1 | 1 | 59.2 | 72.6 | 1.1 | 1.1 | 71.0 | 82.0 | 6300 | 8000 | 0.55 | NU 2209 E | NJ 2209 E | NUP 2209 E |
|  | 100 | 25 | 65 | 57 | 53 | 66 | 60 | 1.5 | 1.5 | 64.7 | 83.6 | 1.5 | 1.5 | 93.0 | 98.0 | 5600 | 7000 | 0.93 | NU 309 E | NJ 309 E | NUP 309 E |
|  | 100 | 36 | 65 | 57 | 53 | 66 | 60 | 1.5 | 1.5 | 64.7 | 83.6 | 1.5 | 1.5 | 130 | 152 | 5600 | 7000 | 1.34 | NU 2309 E | NJ 2309 E | NUP 2309 E |
|  | 120 | 29 | 70.8 | 63 | 54 | 74 | 66 | 2 | 2 | 71.8 | 91.4 | 2 | 2 | 102 | 100 | 5000 | 6300 | 1.8 | NU 409 | NJ 409 | NUP 409 |
| 50 | 80 | 16 | 57.5 | 57 | 54 | — | 59 | 1 | 0.6 | — | 68.9 | 1 | 0.6 | 25.0 | 27.5 | 6300 | 8000 | — | NU 1010 | NJ 1010 |  |
|  | 90 | 20 | 59.5 | 58 | 56.5 | 67 | 62 | 1.5 | 1 | 64.2 | 77.6 | 1.1 | 1.1 | 61.2 | 69.2 | 6000 | 7500 | 0.505 | NU 210 E | NJ 210 E | NUP 210 E |
|  | 90 | 23 | 59.5 | 58 | 56.5 | 67 | 62 | 1.5 | 1 | 64.2 | 77.6 | 1.1 | 1.1 | 74.2 | 88.8 | 6000 | 7500 | 0.59 | NU 2210 E | NJ 2210 E | NUP 2210 E |
|  | 110 | 27 | 65 | 63 | 59 | 73 | 67 | 2 | 2 | 71.2 | 91.7 | 2 | 2 | 105 | 112 | 5300 | 6700 | 1.2 | NU 310 E | NJ 310 E | NUP 310 E |
|  | 110 | 40 | 65 | 63 | 59 | 73 | 67 | 2 | 2 | 71.2 | 91.7 | 2 | 2 | 155 | 185 | 5300 | 6700 | 1.79 | NU 2310 E | NJ 2310 E | NUP 2310 E |
|  | 130 | 31 | 70.5 | 69 | 61 | 81 | 73 | 2.1 | 2.1 | 78.8 | 101 | 2.1 | 2.1 | 120 | 120 | 4800 | 6000 | 2.3 | NU 410 | NJ 410 | NUP 410 |
| 55 | 90 | 18 | 64.5 | 63 | 60 | — | 66 | 1 | 1 | — | 79 | 1.1 | 1 | 35.8 | 40.0 | 5600 | 7000 | 0.45 | NU 1011 | NJ 1011 |  |
|  | 100 | 21 | 66 | 65 | 61.5 | 73 | 68 | 1.5 | 1.5 | 70.9 | 86.2 | 1.5 | 1.1 | 80.2 | 95.5 | 5300 | 6700 | 0.68 | NU 211 E | NJ 211 E | NUP 211 E |
|  | 100 | 25 | 66 | 65 | 61.5 | 73 | 68 | 1.5 | 1.5 | 70.9 | 86.2 | 1.5 | 1.1 | 94.8 | 118 | 5300 | 6700 | 0.81 | NU 2211 E | NJ 2211 E | NUP 2211 E |
|  | 120 | 29 | 70.5 | 69 | 64 | 80 | 72 | 2 | 2 | 77.4 | 100.6 | 2 | 2 | 128 | 138 | 4800 | 6000 | 1.53 | NU 311 E | NJ 311 E | NUP 311 E |
|  | 120 | 43 | 70.5 | 69 | 64 | 80 | 72 | 2 | 2 | 77.4 | 100.6 | 2 | 2 | 190 | 228 | 4800 | 6000 | 2.28 | NU 2311 E | NJ 2311 E | NUP 2311 E |
|  | 140 | 33 | 77.2 | 76 | 66 | 87 | 79 | 2.1 | 2.1 | 85.2 | 108 | 2.1 | 2.1 | 128 | 132 | 4300 | 5300 | 2.8 | NU 411 | NJ 411 | NUP 411 |
| 60 | 95 | 18 | 69.5 | 68 | 65 | — | 71 | 1 | 1 | — | 81.6 | 1.1 | 1 | 38.5 | 45.0 | 5300 | 6700 | 0.48 | NU 1012 | NJ 1012 |  |
|  | 110 | 22 | 72 | 71 | 68 | 80 | 75 | 1.5 | 1.5 | 77.7 | 95.8 | 1.5 | 1.5 | 89.8 | 102 | 5000 | 6300 | 0.86 | NU 212 E | NJ 212 E | NUP 212 E |

(续)

| 公称尺寸/mm | | | | 安装尺寸/mm | | | | | | | 其他尺寸/mm | | | | 基本额定载荷/kN | | 极限转速/(r/min) | | 质量/kg | 轴承代号 | | |
|---|---|---|---|---|---|---|---|---|---|---|---|---|---|---|---|---|---|---|---|---|---|---|
| $d$ | $D$ | $B$ | $F_W$ | $d_a$ max | $d_a$ min | $d_b$ min | $d_c$ min | $D_a$ max | $r_a$ max | $r_b$ max | $d_2$ | $D_2$ | $r$ min | $r_1$ min | $C_r$ | $C_{0r}$ | 脂 | 油 | $W$ ≈ | NU型 | NJ型 | NUP型 |
| 60 | 110 | 28 | 72 | 71 | 68 | 75 | 80 | 102 | 1.5 | 1.5 | 77.7 | 95.8 | 1.5 | 1.5 | 122 | 152 | 5000 | 6300 | 1.12 | NU 2212 E | NJ 2212 E | NUP 2212 E |
|  | 130 | 31 | 77 | 75 | 71 | 79 | 86 | 119 | 2.1 | 2.1 | 84.3 | 109.9 | 2.1 | 2.1 | 142 | 155 | 4500 | 5600 | 1.87 | NU 312 E | NJ 312E | NUP 312 E |
|  | 130 | 46 | 77 | 75 | 71 | 79 | 86 | 119 | 2.1 | 2.1 | 84.3 | 109.9 | 2.1 | 2.1 | 212 | 260 | 4500 | 5600 | 2.81 | NU 2312 E | NJ 2312 E | NUP 2312 E |
|  | 150 | 35 | 83 | 82 | 71 | 85 | 94 | 139 | 2.1 | 2.1 | 91.8 | 116 | 2.1 | 2.1 | 155 | 162 | 4000 | 5000 | 3.4 | NU 412 | NJ 412 | NUP 412 |
| 65 | 100 | 18 | 74.5 | 73 | 70 | 76 | — | 93.5 | 1 | 1 | — | 86.6 | 1.1 | 1 | 39 | 46.5 | 4800 | 6000 | 0.51 | NU 1013 | NJ 1013 | — |
|  | 120 | 23 | 78.8 | 77 | 73 | 81 | 87 | 112 | 1.5 | 1.5 | 84.6 | 104 | 1.5 | 1.5 | 102 | 118 | 4500 | 5600 | 1.08 | NU 213 E | NJ 213E | NUP213 E· |
|  | 120 | 31 | 78.5 | 77 | 73 | 81 | 87 | 112 | 1.5 | 1.5 | 84.6 | 104 | 1.5 | 1.5 | 142 | 180 | 4500 | 5600 | 1.48 | NU 2213 E | NJ 2213 E | NUP 2213 E |
|  | 140 | 33 | 82.5 | 81 | 76 | 85 | 93 | 129 | 2.1 | 2.1 | 90.6 | 118.8 | 2.1 | 2.1 | 170 | 188 | 4000 | 5000 | 2.31 | NU 313 E | NJ 313 E | NUP 313 E |
|  | 140 | 48 | 82.5 | 81 | 76 | 85 | 93 | 129 | 2.1 | 2.1 | 90.6 | 118.8 | 2.1 | 2.1 | 235 | 285 | 4000 | 5000 | 3.34 | NU 2313 E | NJ 2313 E | NUP 2313 E |
|  | 160 | 37 | 89.5 | 88 | 76 | 91 | 100 | 149 | 2.1 | 2.1 | 98.5 | 124 | 2.1 | 2.1 | 170 | 178 | 3800 | 4800 | 4 | NU 413 | NJ 413 | NUP 413 |
| 70 | 110 | 20 | 80 | 78 | 75 | 82 | — | 103.5 | 1 | 1 | — | 95.4 | 1.1 | 1 | 47.5 | 57.0 | 4800 | 6000 | 0.71 | NU 1014 | NJ 1014 | — |
|  | 125 | 24 | 83.5 | 82 | 78 | 86 | 92 | 117 | 1.5 | 1.5 | 89.6 | 109 | 1.5 | 1.5 | 112 | 135 | 4300 | 5300 | 1.2 | NU 214 E | NJ 214 E | NUP 214 E |
|  | 125 | 31 | 83.5 | 82 | 78 | 86 | 92 | 117 | 1.5 | 1.5 | 89.6 | 109 | 1.5 | 1.5 | 148 | 192 | 4300 | 5300 | 1.56 | NU 2214 E | NJ 2214 E | NUP 2214 E |
|  | 150 | 35 | 89 | 87 | 81 | 92 | 100 | 139 | 2.1 | 2.1 | 97.5 | 127 | 2.1 | 2.1 | 195 | 220 | 3800 | 4800 | 2.86 | NU 314 E | NJ 314 E | NUP 314 E |
|  | 150 | 51 | 89 | 87 | 81 | 92 | 100 | 139 | 2.1 | 2.1 | 97.5 | 127 | 2.1 | 2.1 | 260 | 320 | 3800 | 4800 | 4.1 | NU 2314 E | NJ 2314 E | NUP 2314 E |
|  | 180 | 42 | 100 | 99 | 83 | 102 | 112 | 167 | 2.5 | 2.5 | 110 | 139 | 3 | 3 | 215 | 232 | 3400 | 4300 | 5.9 | NU 414 | NJ 414 | NUP 414 |
| 75 | 115 | 20 | 85 | 83 | 80 | 87 | — | 108.5 | 1 | 1 | — | 101 | 1.1 | 1 | 51.5 | 61.2 | 4500 | 5600 | 0.74 | NU 1015 | NJ 1015 | — |
|  | 130 | 25 | 88.5 | 87 | 83 | 90 | 96 | 122 | 1.5 | 1.5 | 94.6 | 114 | 1.5 | 1.5 | 125 | 155 | 4000 | 5000 | 1.32 | NU 215 E | NJ 215 E | NUP 215 E |
|  | 130 | 31 | 88.5 | 87 | 83 | 90 | 96 | 122 | 1.5 | 1.5 | 94.6 | 114 | 1.5 | 1.5 | 155 | 205 | 4000 | 5000 | 1.64 | NU 2215 E | NJ 2215 E | NUP 2215 E |
|  | 160 | 37 | 95 | 93 | 86 | 97 | 106 | 149 | 2.1 | 2.1 | 104.2 | 136.5 | 2.1 | 2.1 | 228 | 260 | 3600 | 4500 | 3.43 | NU 315 E | NJ 315 E | NJP 315 E |
|  | 160 | 55 | 95.5 | 93 | 86 | 98 | 107 | 149 | 2.1 | 2.1 | 104 | 129 | 2.1 | 2.1 | 245 | 308 | 3600 | 4500 | 5.4 | NU 2315 | NJ 2315 | NUP 2315 |
|  | 190 | 45 | 104.5 | 103 | 88 | 107 | 118 | 177 | 2.5 | 2.5 | 116 | 147 | 3 | 3 | 250 | 272 | 3200 | 4000 | 7.1 | NU 415 | NJ 415 | NUP 415 |
| 80 | 125 | 22 | 91.5 | 90 | 85 | 94 | — | 118.5 | 1 | 1 | — | 109 | 1.1 | 1 | 59.2 | 77.8 | 4300 | 5300 | 1 | NU 1016 | NJ 1016 | — |
|  | 140 | 26 | 95.3 | 94 | 89 | 97 | 104 | 131 | 2 | 2 | 101.1 | 123.1 | 2 | 2 | 132 | 165 | 3800 | 4800 | 1.58 | NU 216 E | NJ 216 E | NUP 216 E |
|  | 140 | 33 | 95.3 | 94 | 89 | 97 | 104 | 131 | 2 | 2 | 101.1 | 123.1 | 2 | 2 | 178 | 242 | 3800 | 4800 | 2.05 | NU 2216 E | NJ 2216 E | NUP 2216 E |
|  | 170 | 39 | 101 | 99 | 91 | 105 | 114 | 159 | 2.1 | 2.1 | 110.1 | 144.2 | 2.1 | 2.1 | 245 | 282 | 3400 | 4300 | 4.05 | NU 316 E | NJ 316 E | NUP 316 E |
|  | 170 | 58 | 103 | 99 | 91 | 106 | 114 | 159 | 2.1 | 2.1 | 111 | 136 | 2.1 | 2.1 | 258 | 328 | 3400 | 4300 | 6.4 | NU 2316 | NJ 2316 | NUP 2316 |
|  | 200 | 48 | 110 | 109 | 93 | 112 | 124 | 187 | 2.5 | 2.5 | 122 | 156 | 3 | 3 | 285 | 315 | 3000 | 3800 | 8.3 | NU 416 | NJ 416 | NUP 416 |
| 85 | 130 | 22 | 96.5 | 95 | 90 | 99 | — | 123.5 | 1 | 1 | — | 114 | 1.1 | 1 | 64.5 | 81.6 | 4000 | 5000 | 1.05 | NU 1017 | NJ 1017 | — |
|  | 150 | 28 | 100.5 | 99 | 94 | 104 | 110 | 141 | 2 | 2 | 107.1 | 131.7 | 2 | 2 | 158 | 192 | 3600 | 4500 | 2 | NU 217 E | NJ 217 E | NUP 217 E |
|  | 150 | 36 | 100.5 | 99 | 94 | 104 | 110 | 141 | 2 | 2 | 107.1 | 131.7 | 2 | 2 | 205 | 272 | 3600 | 4500 | 2.58 | NU 2217 E | NJ 2217 E | NUP 2217 E |

（续）

| 公称尺寸/mm | | | | 安装尺寸/mm | | | | | | | 其他尺寸/mm | | | | 基本额定载荷/kN | | 极限转速/(r/min) | | 质量/kg | 轴承代号 | | |
|---|---|---|---|---|---|---|---|---|---|---|---|---|---|---|---|---|---|---|---|---|---|---|
| d | D | B | $F_w$ | $d_a$ max | $d_a$ min | $d_b$ min | $d_c$ min | $D_a$ max | $r_a$ max | $r_b$ max | $d_2$ | $D_2$ | $r$ min | $r_1$ min | $C_r$ | $C_{0r}$ | 脂 | 油 | $W \approx$ | NU型 | NJ型 | NUP型 |
| 85 | 180 | 41 | 108 | 106 | 98 | 110 | 119 | 167 | 2.5 | 2.5 | 117.4 | 153 | 3 | 3 | 280 | 332 | 3200 | 4000 | 4.82 | NU 317 E | NJ 317 E | NUP 317 E |
|  | 180 | 60 | 108 | 106 | 98 | 111 | 120 | 167 | 2.5 | 2.5 | 117 | 144 | 3 | 3 | 295 | 380 | 3200 | 4000 | 7.4 | NU 2317 | NJ 2317 | NUP 2317 |
|  | 210 | 52 | 113 | 111 | 101 | 115 | 128 | 194 | 3 | 3 | 126 | 162 | 4 | 4 | 312 | 345 | 2800 | 3600 | 9.8 | NU 417 | NJ 417 | NUP 417 |
|  | 140 | 24 | 103 | 101 | 96.5 | 106 | — | 132 | 1.5 | 1 | — | 122 | 1.1 | 1.1 | 74.0 | 94.8 | 3800 | 4800 | 1.36 | NU 1018 | NJ 1018 | NUP 1018 |
| 90 | 160 | 30 | 107 | 105 | 99 | 109 | 116 | 151 | 2 | 2 | 113.9 | 140 | 2 | 2 | 172 | 215 | 3400 | 4300 | 2.44 | NU 218 E | NJ 218 E | NUP 218 E |
|  | 160 | 40 | 107 | 105 | 99 | 109 | 116 | 151 | 2 | 2 | 113.9 | 140 | 2 | 2 | 230 | 312 | 3400 | 4300 | 3.26 | NU 2218 E | NJ 2218 E | NUP P2218 E |
|  | 190 | 43 | 113.5 | 111 | 103 | 117 | 127 | 177 | 2.5 | 2.5 | 123.7 | 161.9 | 3 | 3 | 298 | 348 | 3000 | 3800 | 5.59 | NU 318 E | NJ 318 E | NUP 318 E |
|  | 190 | 64 | 115 | 111 | 103 | 118 | 128 | 177 | 2.5 | 2.5 | 125 | 153 | 3 | 3 | 310 | 395 | 3000 | 3800 | 8.4 | NU 2318 | NJ 2318 | NUP 2318 |
|  | 225 | 54 | 123.5 | 122 | 106 | 125 | 139 | 209 | 3 | 3 | 137 | 175 | 4 | 4 | 352 | 392 | 2400 | 3200 | 11 | NU 418 | NJ 418 | NUP 418 |
| 95 | 145 | 24 | 108 | 106 | 101.5 | 111 | — | 137 | 1.5 | 1 | — | 127 | 1.5 | 1.1 | 75.5 | 98.5 | 3600 | 4500 | 1.4 | NU 1019 | NJ 1019 | — |
|  | 170 | 32 | 112.5 | 111 | 106 | 116 | 123 | 159 | 2.1 | 2.1 | 120.2 | 148.9 | 2.1 | 2.1 | 208 | 262 | 3200 | 4000 | 2.96 | NU 219 E | NJ 219 E | NUP 219 E |
|  | 170 | 43 | 112.5 | 111 | 106 | 116 | 123 | 159 | 2.1 | 2.1 | 120.2 | 148.9 | 2.1 | 2.1 | 275 | 368 | 3200 | 4000 | 3.97 | NU 2219 E | NJ 2219 E | NUP 2219 E |
|  | 200 | 45 | 121.5 | 119 | 108 | 124 | 134 | 187 | 2.5 | 2.5 | 131.7 | 169.9 | 3 | 3 | 315 | 380 | 2800 | 3600 | 6.52 | NU 319 E | NJ 319 E | NUP 319 E |
|  | 200 | 67 | 121.5 | 119 | 108 | 124 | 135 | 187 | 2.5 | 2.5 | 132 | 161 | 3 | 3 | 370 | 500 | 2800 | 3600 | 10.4 | NU 2319 | NJ 2319 | NUP 2319 |
|  | 240 | 55 | 133.5 | 132 | 111 | 136 | 149 | 224 | 3 | 3 | 147 | 185 | 4 | 4 | 378 | 428 | 2200 | 3000 | 14 | NU 419 | NJ 419 | NUP 419 |
| 100 | 150 | 24 | 113 | 111 | 106.5 | 116 | — | 142 | 1.5 | 1 | — | 132 | 1.5 | 1.1 | 78.0 | 102 | 3400 | 4300 | 1.5 | NU 1020 | NJ 1020 | NUP 1020 |
|  | 180 | 34 | 119 | 117 | 111 | 122 | 130 | 169 | 2.1 | 2.1 | 127 | 157.2 | 2.1 | 2.1 | 235 | 302 | 3000 | 3800 | 3.58 | NU 220 E | NJ 220 E | NUP 220 E |
|  | 180 | 46 | 119 | 117 | 111 | 122 | 130 | 169 | 2.1 | 2.1 | 127 | 157.2 | 2.1 | 2.1 | 318 | 440 | 3000 | 3800 | 4.86 | NU 2220 E | NJ 2220 E | NUP 2220 E |
|  | 215 | 47 | 127.5 | 125 | 113 | 132 | 143 | 202 | 2.5 | 2.5 | 139.1 | 182.3 | 3 | 3 | 365 | 425 | 2600 | 3200 | 7.89 | NU 320 E | NJ 320 E | NUP 320 E |
|  | 215 | 73 | 129.5 | 125 | 113 | 132 | 143 | 202 | 2.5 | 2.5 | 140 | 172 | 3 | 3 | 415 | 558 | 2600 | 3200 | 13.5 | NU 2320 | NJ 2320 | NUP 2320 |
|  | 250 | 58 | 139 | 137 | 116 | 141 | 156 | 234 | 3 | 3 | 153 | 194 | 4 | 4 | 418 | 480 | 2000 | 2800 | 16 | NU 420 | NJ 420 | NUP 420 |
| 105 | 160 | 26 | 119.5 | 118 | 112 | 122 | — | 151 | 2 | 1 | — | 140 | 2 | 1.1 | 91.5 | 122 | 3200 | 4000 | 1.9 | NU 1021 | NJ 1021 | NUP 1021 |
|  | 190 | 36 | 126.8 | 124 | 116 | 129 | 137 | 179 | 2.1 | 2.1 | 135 | 159 | 2.1 | 2.1 | 185 | 235 | 2800 | 3600 | 4 | NU 221 | NJ 221 | NUP 221 |
|  | 225 | 49 | 135 | 132 | 118 | 137 | 149 | 212 | 2.5 | 2.5 | 147 | 181 | 3 | 3 | 322 | 392 | 2200 | 3000 | — | NU 321 | NJ 321 | NUP 321 |
|  | 260 | 60 | 144.5 | 143 | 121 | 147 | 162 | 244 | 3 | 3 | 159 | 202 | 4 | 4 | 508 | 602 | 1900 | 2600 | — | NU 421 | NJ 421 | NUP 421 |
| 110 | 170 | 28 | 125 | 124 | 116.5 | 128 | — | 161 | 2 | 1 | 131 | 149 | 2 | 1.1 | 115 | 155 | 3000 | 3800 | 2.3 | NU 1022 | NJ 1022 | NUP 1022 |
|  | 200 | 38 | 132.5 | 130 | 121 | 135 | 144 | 189 | 2.1 | 2.1 | 141.3 | 174.1 | 2.1 | 2.1 | 278 | 360 | 2600 | 3400 | 5.02 | NU 222 E | NJ 222 E | NUP 222 E |
|  | 200 | 53 | 132.5 | 130 | 121 | 135 | 144 | 189 | 2.1 | 2.1 | 141 | 167 | 2.1 | 2.1 | 312 | 445 | 2600 | 3400 | 7.5 | NU 2222 | NJ 2222 | NUP 2222 |
|  | 240 | 50 | 143 | 140 | 123 | 145 | 158 | 227 | 2.5 | 2.5 | 155 | 192 | 3 | 3 | 352 | 428 | 2000 | 2800 | 11 | NU 322 | NJ 322 | NUP 322 |
|  | 240 | 80 | 143 | 140 | 123 | 145 | 158 | 227 | 2.5 | 2.5 | 155 | 201 | 3 | 3 | 535 | 740 | 2000 | 2800 | 17.5 | NU 2322 | NJ 2322 | NUP 2322 |
|  | 280 | 65 | 155 | 153 | 126 | 157 | 173 | 264 | 3 | 3 | 171 | 216 | 4 | 4 | 515 | 602 | 1800 | 2400 | 22 | NU 422 | NJ 422 | NUP 422 |

（续）

| 公称尺寸/mm | | | | 安装尺寸/mm | | | | | | | 其他尺寸/mm | | | | 基本额定载荷/kN | | 极限转速/(r/min) | | 质量/kg | 轴承代号 | | |
|---|---|---|---|---|---|---|---|---|---|---|---|---|---|---|---|---|---|---|---|---|---|---|
| d | D | B | Fw | da max | da min | db min | dc min | Da max | ra max | rb max | d2 | D2 | r min | r1 min | Cr | Cor | 脂 | 油 | W ≈ | NU型 | NJ型 | NUP型 |
| 120 | 180 | 28 | 135 | 134 | 126.5 | 138 | — | 171 | 2 | 1 | — | 159 | 2 | 1.1 | 130 | 168 | 2600 | 3400 | 2.96 | NU 1024 | NJ 1024 | — |
| | 215 | 40 | 143.5 | 141 | 131 | 146 | 156 | 204 | 2.1 | 2.1 | 153 | 188.1 | 2.1 | 2.1 | 322 | 422 | 2200 | 3000 | 6.11 | NU 224E | NJ 224E | NUP 224E |
| | 215 | 58 | 143.5 | 141 | 131 | 146 | 156 | 204 | 2.1 | 2.1 | 153 | 180 | 2.1 | 2.1 | 345 | 522 | 2200 | 3000 | 9.5 | NU 2224 | NJ 2224 | NUP 2224 |
| | 260 | 55 | 154 | 151 | 133 | 156 | 171 | 247 | 2.5 | 2.5 | 168 | 209 | 3 | 3 | 440 | 552 | 1900 | 2600 | 14 | NU 324 | NJ 324 | NUP 324 |
| | 260 | 86 | 154 | 151 | 133 | 156 | 171 | 247 | 2.5 | 2.5 | 168 | 219 | 3 | 3 | 632 | 868 | 1900 | 2600 | 22.5 | NU 2324 | NJ 2324 | NUP 2324 |
| | 310 | 72 | 170 | 168 | 140 | 172 | 190 | 290 | 4 | 4 | 188 | 238 | 5 | 5 | 642 | 772 | 1700 | 2200 | 30 | NU 424 | NJ 424 | NUP 424 |
| 130 | 200 | 33 | 148 | 146 | 136.5 | 151 | — | 191 | 2 | 1 | 165 | 175 | 2 | 1.1 | 152 | 212 | 2400 | 3200 | 3.7 | NU 1026 | NJ 1026 | — |
| | 230 | 40 | 156 | 151 | 143 | 158 | 168 | 217 | 2.5 | 2.5 | — | 192 | 3 | 3 | 258 | 352 | 2000 | 2800 | 7 | NU 226 | NJ 226 | NUP 226 |
| | 230 | 64 | 156 | 151 | 143 | 158 | 168 | 217 | 2.5 | 2.5 | — | 192 | 3 | 3 | 368 | 552 | 2000 | 2800 | 11.5 | NU 2226 | NJ 2226 | NUP 2226 |
| | 280 | 58 | 167 | 164 | 146 | 169 | 184 | 264 | 3 | 3 | 182 | 225 | 4 | 4 | 492 | 620 | 1700 | 2200 | 18 | NU 326 | NJ 326 | NUP 326 |
| | 280 | 93 | 167 | 164 | 146 | 169 | 184 | 264 | 3 | 3 | 182 | 236 | 4 | 4 | 748 | 1060 | 1700 | 2200 | 28.5 | NU 2326 | NJ 2326 | NUP 2326 |
| | 340 | 78 | 185 | 183 | 150 | 187 | 208 | 320 | 4 | 4 | — | — | 5 | 5 | 782 | 942 | 1500 | 1900 | 39 | NU 426 | NJ 426 | NUP 426 |
| 140 | 210 | 33 | 158 | 156 | 146.5 | 161 | — | 201 | 2 | 1 | — | 185 | 2 | 1.1 | 158 | 220 | 2000 | 2800 | 4 | NU 1028 | NJ 1028 | — |
| | 250 | 42 | 169 | 166 | 153 | 171 | 182 | 237 | 2.5 | 2.5 | 179 | 208 | 3 | 3 | 302 | 415 | 1800 | 2400 | 9.1 | NU 228 | NJ 228 | NUP 228 |
| | 250 | 68 | 169 | 166 | 153 | 171 | 182 | 237 | 2.5 | 2.5 | 179 | 208 | 3 | 3 | 438 | 700 | 1800 | 2400 | 15 | NU 2228 | NJ 2228 | NUP 2228 |
| | 300 | 62 | 180 | 176 | 156 | 182 | 198 | 284 | 3 | 3 | 196 | 241 | 4 | 4 | 545 | 690 | 1600 | 2000 | 22 | NU 328 | NJ 328 | NUP 328 |
| | 300 | 102 | 180 | 176 | 156 | 182 | 198 | 284 | 3 | 3 | 192 | 252 | 4 | 4 | 825 | 1180 | 1600 | 2000 | 37 | NU 2328 | NJ 2328 | NUP 2328 |
| | 360 | 82 | 196 | 195 | 160 | 200 | 222 | 340 | 4 | 4 | — | — | 5 | 5 | 845 | 1020 | 1400 | 1800 | — | NU 428 | NJ 428 | NUP 428 |
| 150 | 225 | 35 | 169.5 | 167 | 158 | 173 | — | 214 | 2.1 | 1.5 | — | 198 | 2.1 | 1.5 | 188 | 268 | 1900 | 2600 | 4.8 | NU 1030 | NJ 1030 | — |
| | 270 | 45 | 182 | 179 | 163 | 184 | 196 | 257 | 2.5 | 2.5 | 193 | 225 | 3 | 3 | 360 | 490 | 1700 | 2200 | 11 | NU 230 | NJ 230 | NUP 230 |
| | 270 | 73 | 182 | 179 | 163 | 184 | 196 | 257 | 2.5 | 2.5 | 193 | 225 | 3 | 3 | 530 | 772 | 1700 | 2200 | 17 | NU 2230 | NJ 2230 | NUP 2230 |
| | 320 | 65 | 193 | 190 | 166 | 195 | 213 | 304 | 3 | 3 | 209 | 270 | 4 | 4 | 595 | 765 | 1500 | 1900 | 26 | NU 330 | NJ 330 | NUP 330 |
| | 320 | 108 | 193 | 190 | 166 | 195 | 213 | 304 | 3 | 3 | 209 | 270 | 4 | 4 | 930 | 1340 | 1500 | 1900 | 26 | NU 2330 | NJ 2330 | NUP 2330 |
| | 380 | 85 | 209 | 210 | 170 | 216 | 237 | 360 | 4 | 4 | — | — | 5 | 5 | 912 | 1100 | 1300 | 1700 | 53 | NU 430 | NJ 430 | NUP 430 |
| 160 | 240 | 38 | 180 | 178 | 168 | 184 | — | 229 | 2.1 | 1.5 | — | 211 | 2.1 | 1.5 | 212 | 302 | 1800 | 2400 | 6 | NU 1032 | NJ 1032 | — |
| | 290 | 48 | 195 | 192 | 173 | 197 | 210 | 277 | 2.5 | 2.5 | 206 | 250 | 3 | 3 | 405 | 552 | 1600 | 2000 | 14 | NU 232 | NJ 232 | NUP 232 |
| | 290 | 80 | 195 | 192 | 173 | 196 | 209 | 277 | 2.5 | 2.5 | 205 | 252 | 3 | 3 | 590 | 898 | 1600 | 2000 | 25 | NU 2232 | NJ 2232 | NUP 2232 |
| | 340 | 68 | 208 | 200 | 176 | 211 | 228 | 324 | 3 | 3 | — | — | 4 | 4 | 628 | 825 | 1400 | 1800 | 31.6 | NU 332 | NJ 332 | NUP 332 |
| | 340 | 114 | 208 | 200 | 176 | 211 | 228 | 324 | 3 | 3 | — | — | 4 | 4 | 972 | 1430 | 1400 | 1800 | 55.8 | NU 2332 | NJ 2332 | NUP 2332 |
| 170 | 260 | 42 | 193 | 190 | 181 | 197 | — | 249 | 2.1 | 2.1 | — | 227 | 2.1 | 2.1 | 255 | 365 | 1700 | 2200 | 8.14 | NU 1034 | NJ 1034 | — |
| | 310 | 52 | 208 | 204 | 186 | 211 | 233 | 294 | 3 | 3 | 220 | 269 | 4 | 4 | 425 | 650 | 1500 | 1900 | 17.1 | NU 234 | NJ 234 | NUP 234 |

（续）

| 公称尺寸/mm | | | | 安装尺寸/mm | | | | | | | 其他尺寸/mm | | | | 基本额定载荷/kN | | 极限转速/(r/min) | | 质量/kg | 轴承代号 | | |
|---|---|---|---|---|---|---|---|---|---|---|---|---|---|---|---|---|---|---|---|---|---|---|
| d | D | B | $F_w$ | $d_a$ max | $d_a$ min | $d_b$ min | $d_c$ min | $D_a$ max | $r_a$ max | $r_b$ max | $d_2$ | $D_2$ | $r$ min | $r_1$ min | $C_r$ | $C_{0r}$ | 脂 | 油 | $W$ ≈ | NU 型 | NJ 型 | NUP 型 |
| 170 | 360 | 72 | 220 | 216 | 186 | 223 | 241 | 344 | 3 | 3 | — | 290 | 4 | 4 | 715 | 952 | 1300 | 1700 | 36 | NU 334 | NJ 334 | NUP 334 |
| | 360 | 120 | 220 | 212 | 186 | 223 | 241 | 344 | 3 | 3 | — | 290 | 4 | 4 | 1110 | 1650 | 1300 | 1700 | 63 | NU 2334 | NJ 2334 | NUP 2334 |
| 180 | 280 | 46 | 205 | 203 | 191 | 209 | — | 269 | 2.1 | 2.1 | 215 | 244 | 2.1 | 2.1 | 300 | 438 | 1600 | 2000 | 10.1 | NU 1036 | NJ 1036 | — |
| | 320 | 52 | 218 | 214 | 196 | 221 | 233 | 304 | 3 | 3 | 230 | 279 | 4 | 4 | 425 | 650 | 1400 | 1800 | 18 | NU 236 | NJ 236 | NUP 236 |
| | 380 | 75 | 232 | 227 | 196 | 235 | 255 | 364 | 3 | 3 | 252 | 306 | 4 | 4 | 835 | 1100 | 1200 | 1600 | 42 | NU 336 | NJ 336 | NUP 336 |
| | 380 | 126 | 232 | 222 | 196 | 236 | 255 | 364 | 3 | 3 | 252 | 306 | 4 | 4 | 1210 | 1780 | 1200 | 1600 | 71.2 | NU 2336 | NJ 2336 | NUP 2336 |
| 190 | 290 | 46 | 215 | 213 | 201 | 219 | — | 279 | 2.1 | 2.1 | 244 | 254 | 2.1 | 2.1 | 335 | 495 | 1500 | 1900 | — | NU 1038 | NJ 1038 | — |
| | 340 | 55 | 231 | 227 | 206 | 234 | 247 | 324 | 3 | 3 | — | 295 | 4 | 4 | 512 | 745 | 1300 | 1700 | 23 | NU 238 | NJ 238 | NUP 238 |
| | 340 | 92 | 231 | 227 | 206 | 234 | 247 | 324 | 3 | 3 | — | 295 | 4 | 4 | 975 | 1570 | 1300 | 1700 | 38.5 | NU 2238 | NJ 2238 | NUP 2238 |
| | 400 | 78 | 245 | 240 | 210 | 248 | 268 | 380 | 4 | 4 | — | 322 | 5 | 5 | 882 | 1190 | 1100 | 1500 | 50 | NU 338 | NJ 338 | NUP 338 |
| 200 | 310 | 51 | 229 | 226 | 211 | 233 | — | 299 | 2.1 | 2.1 | 239 | 269 | 2.1 | 2.1 | 408 | 615 | 1400 | 1800 | 14.3 | NU 1040 | NJ 1040 | — |
| | 360 | 58 | 244 | 240 | 216 | 247 | 261 | 344 | 3 | 3 | 258 | 312 | 4 | 4 | 570 | 842 | 1200 | 1600 | 26 | NU 240 | NJ 240 | NUP 240 |
| | 360 | 98 | 244 | — | 216 | 247 | 261 | 344 | 3 | 3 | — | — | 4 | 4 | 1120 | 1725 | 1200 | 1600 | — | NU 2240 | NJ 2240 | NUP 2240 |
| | 420 | 80 | 260 | 254 | 220 | 263 | 283 | 400 | 4 | 4 | — | — | 5 | 5 | 972 | 1290 | 1000 | 1400 | — | NU 340 | NJ 340 | NUP 340 |
| 220 | 340 | 56 | 250 | 248 | 233 | 254 | — | 327 | 2.5 | 2.5 | 262 | 297 | 3 | 3 | 448 | 685 | 1200 | 1600 | — | NU 1044 | NJ 1044 | — |
| | 400 | 65 | 270 | 266 | 236 | 273 | 289 | 384 | 3 | 3 | 286 | 332 | 4 | 4 | 702 | 1050 | 1000 | 1400 | 36 | NU 244 | NJ 244 | NUP 244 |
| | 400 | 108 | 270 | — | 236 | 274 | — | 384 | 3 | 3 | — | 332 | 4 | 4 | 1360 | 2330 | 1000 | 1400 | 62 | NU 2244 | NJ 2244 | NUP 2244 |
| | 460 | 88 | 284 | 278 | 240 | 287 | — | 440 | 4 | 4 | 307 | 371 | 5 | 5 | 1080 | 1465 | 900 | 1200 | 75 | NU 344 | NJ 344 | — |
| 240 | 360 | 56 | 270 | 268 | 253 | 275 | — | 347 | 2.5 | 2.5 | 282 | 317 | 3 | 3 | 470 | 745 | 1000 | 1400 | 21 | NU 1048 | NJ 1048 | — |
| | 440 | 72 | 295 | 293 | 256 | 298 | 316 | 424 | 3 | 3 | 313 | 365 | 4 | 4 | 880 | 1345 | 900 | 1200 | 48.2 | NU 248 | NJ 248 | NUP 248 |
| | 500 | 95 | 310 | 296 | 260 | 313 | — | 480 | 4 | 4 | 335 | 403 | 5 | 5 | 1290 | 1810 | 800 | 1000 | 97.1 | NU 348 | NJ 348 | — |
| 260 | 400 | 65 | 296 | 292 | 276 | 300 | — | 384 | 3 | 3 | 309 | 349 | 4 | 4 | 592 | 932 | 950 | 1300 | 31 | NU 1052 | NJ 1052 | — |
| 280 | 420 | 65 | 316 | 311 | 296 | 320 | — | 404 | 3 | 3 | 329 | 369 | 4 | 4 | 600 | 965 | 850 | 1100 | 33 | NU 1056 | NJ 1056 | — |
| 300 | 460 | 74 | 340 | 335 | 316 | 344 | — | 444 | 3 | 3 | 356 | 402 | 4 | 4 | 800 | 1470 | 800 | 1000 | 44.4 | NU 1060 | NJ 1060 | — |
| | 540 | 85 | 364 | 358 | 320 | 368 | 392 | 520 | 4 | 4 | 387 | 451 | 5 | 5 | 1360 | 2190 | 700 | 900 | 87.2 | NU 260 | NJ 260 | — |
| 320 | 480 | 74 | 360 | 355 | 336 | 364 | — | 464 | 3 | 3 | 376 | 422 | 4 | 4 | 890 | 1520 | 750 | 950 | 47 | NU 1064 | NJ 1064 | — |
| 400 | 600 | 90 | 450 | 446 | 420 | 455 | — | 580 | 4 | 4 | 470 | 527 | 5 | 5 | 1420 | 2480 | 560 | 700 | 88.8 | NU 1080 | NJ 1080 | — |

注：质量以 NJ 型为主。

表 6.1-55　圆柱滚子轴承 (2)　(摘自 GB/T 283—2007)

代号含义:
N——外圈无挡边
NF——外圈有单挡边
NH——内圈有单挡边(NJ)并带斜挡边(HJ)
E——加强型

| 公称尺寸/mm | | | | 安装尺寸/mm | | | | 其他尺寸/mm | | | | | 基本额定载荷/kN | | 极限转速/(r/min) | | 质量/kg | 轴承代号 | | |
|---|---|---|---|---|---|---|---|---|---|---|---|---|---|---|---|---|---|---|---|---|
| d | D | B | $E_w$ | $d_a$ min | $D_a$ max | $r_a$ max | $r_b$ max | $d_2$ | $D_2$ | $B_1$ | $r$ min | $r_1$ min | $C_r$ | $C_{0r}$ | 脂 | 油 | $W$ ≈ | N 型 | NF 型 | NH(NJ+HJ)型 |
| 15 | 35 | 11 | 29.3 | 19 | — | 0.6 | 0.3 | 22 | 26.4 | — | 0.6 | 0.3 | 7.98 | 5.5 | 15000 | 19000 | — | N 202 | NF 202 | — |
| 17 | 40 | 12 | 33.9 | 21 | — | 0.6 | 0.3 | 25.5 | 30.9 | — | 0.6 | 0.3 | 9.12 | 7.0 | 14000 | 18000 | — | N 203 | NF 203 | — |
| 20 | 42 | 12 | 36.5 | 24 | — | 0.6 | 0.3 | 28.3 | — | — | 0.6 | 0.3 | 10.5 | 8.0 | 13000 | 17000 | 0.09 | N 1004 | — | — |
| 20 | 47 | 14 | 40 | 25 | 42 | 1 | 0.6 | 29.9 | 36.7 | 3 | 1 | 0.6 | 12.5 | 11.0 | 12000 | 16000 | 0.11 | N 204 E | NF 204 | NJ 204+HJ 204 |
| 20 | 47 | 14 | 41.5 | 25 | 42 | 1 | 0.6 | 29.7 | — | — | 1 | 0.6 | 25.8 | 24.0 | 12000 | 16000 | 0.117 | N 2204 E | — | — |
| 20 | 47 | 18 | 41.5 | 25 | 42 | 1 | 0.6 | 29.7 | — | 4 | 1 | 0.6 | 30.8 | 30.0 | 12000 | 16000 | 0.149 | N 304 E | NF 304 | NJ 304+HJ 304 |
| 20 | 52 | 15 | 44.5 | 26.5 | 47 | 1 | 0.6 | 31.8 | 39.8 | — | 1.1 | 0.6 | 18.0 | 15.0 | 11000 | 15000 | 0.17 | N 2304 E | — | — |
| 20 | 52 | 15 | 45.5 | 26.5 | 47 | 1 | 0.6 | 31.2 | — | — | 1.1 | 0.6 | 29.0 | 25.5 | 11000 | 15000 | 0.155 | N 1005 | — | — |
| 20 | 52 | 21 | 45.5 | 26.5 | 47 | 1 | 0.6 | 31.2 | — | — | 1.1 | 0.6 | 39.2 | 37.5 | 10000 | 14000 | 0.216 | N 205 E | NF 205 | NJ 205+HJ 205 |
| 25 | 47 | 12 | 41.5 | 29 | — | 0.6 | 0.3 | 34.9 | — | 3 | 0.6 | 0.3 | 11.0 | 10.2 | 11000 | 15000 | 0.1 | N 2205 E | — | NJ 2205+HJ 2205 |
| 25 | 52 | 15 | 45 | 30 | 47 | 1 | 0.6 | 34.7 | 41.6 | — | 1 | 0.6 | 14.2 | 12.8 | 11000 | 14000 | 0.16 | N 305 E | NF 305 | NJ 305+HJ 305 |
| 25 | 52 | 15 | 46.5 | 30 | 47 | 1 | 0.6 | 34.9 | — | 3 | 1 | 0.6 | 27.5 | 26.8 | 11000 | 14000 | 0.14 | N 2305 E | NF 2305 | — |
| 25 | 52 | 18 | 46.5 | 30 | 47 | 1 | 0.6 | 34.7 | 41.6 | — | 1 | 0.6 | 21.2 | 19.8 | 11000 | 14000 | 0.168 | N 206 E | NF 206 | NJ 206+HJ 206 |
| 25 | 52 | 18 | 46.5 | 30 | 47 | 1 | 0.6 | 34.7 | — | 4 | 1 | 0.6 | 32.8 | 33.8 | 11000 | 14000 | 0.2 | — | — | — |
| 25 | 62 | 17 | 53 | 31.5 | 55 | 1 | 1 | 39 | 48 | — | 1.1 | 1.1 | 25.5 | 22.5 | 9000 | 12000 | 0.251 | — | — | — |
| 25 | 62 | 17 | 54 | 31.5 | 55 | 1 | 1 | 38.1 | — | — | 1.1 | 1.1 | 38.5 | 35.8 | 9000 | 12000 | 0.355 | — | — | — |
| 25 | 62 | 24 | 53 | 31.5 | 55 | 1 | 1 | 39 | 48 | — | 1.1 | 1.1 | 38.5 | 39.2 | 9000 | 12000 | — | — | — | — |
| 25 | 62 | 24 | 54 | 31.5 | 55 | 1 | 1 | 38.1 | — | 4 | 1.1 | 1.1 | 53.2 | 54.5 | 9000 | 12000 | 0.2 | — | — | — |
| 30 | 62 | 16 | 53.5 | 36 | 56 | 1 | 0.6 | 41.8 | 49.1 | — | 1 | 0.6 | 19.5 | 18.2 | 8500 | 11000 | 0.214 | — | — | — |
| 30 | 62 | 16 | 55.5 | 36 | 56 | 1 | 0.6 | 41.3 | — | — | 1 | 0.6 | 36.0 | 35.5 | 8500 | 11000 | — | — | — | — |

（续）

| d | D | B | $E_w$ | $d_a$ min | $D_a$ max | $r_a$ max | $r_b$ max | $d_2$ | $D_2$ | $B_1$ | $r$ min | $r_1$ min | $C_r$ | $C_{0r}$ | 脂 | 油 | $W \approx$ | N型 | NF型 | NH(NJ+HJ)型 |
|---|---|---|---|---|---|---|---|---|---|---|---|---|---|---|---|---|---|---|---|---|
| | | | | 公称尺寸/mm | 安装尺寸/mm | | | | 其他尺寸/mm | | | | 基本额定载荷/kN | | 极限转速/(r/min) | | 质量/kg | 轴承代号 | | |
| 30 | 62 | 20 | 53.5 | 36 | — | 1 | 0.6 | 41.8 | 49.1 | 4 | 1 | 0.6 | 28.8 | 30.2 | 8500 | 11000 | 0.29 | — | — | NJ 2206+HJ 2206 |
| | 62 | 20 | 55.5 | 36 | 56 | 1 | 0.6 | 41.3 | — | 5 | 1 | 0.6 | 45.5 | 48.0 | 8500 | 11000 | 0.268 | N 2206E | — | — |
| | 72 | 19 | 62 | 37 | 64 | 1 | 1 | 45.9 | 56.7 | — | 1.1 | 1.1 | 33.5 | 31.5 | 8000 | 10000 | 0.3 | N 306 E | NF306 | NJ 306+HJ 306 |
| | 72 | 19 | 62.5 | 37 | 64 | 1 | 1 | 45 | — | 5 | 1.1 | 1.1 | 49.2 | 48.2 | 8000 | 10000 | 0.377 | — | — | — |
| | 72 | 27 | 62 | 37 | 64 | 1 | 1 | 45.9 | 56.7 | — | 1.1 | 1.1 | 46.5 | 47.5 | 8000 | 10000 | 0.6 | N 2306 E | NF 2306 | — |
| | 72 | 27 | 62.5 | 37 | 64 | 1 | 1 | 45 | — | 7 | 1.1 | 1.1 | 70.0 | 75.5 | 8000 | 10000 | 0.538 | — | — | — |
| | 90 | 23 | 73 | 39 | 84 | 1.5 | 1.5 | 50.5 | 65.8 | 4 | 1.5 | 1.5 | 57.2 | 53.0 | 7000 | 9000 | 0.73 | N406 | — | NJ 406+HJ 406 |
| 35 | 72 | 17 | 61.8 | 42 | 64 | 1 | 0.6 | 47.6 | 56.8 | — | 1.1 | 0.6 | 28.5 | 28.0 | 7500 | 9500 | 0.3 | N 207 E | NF 207 | NJ 207+HJ 207 |
| | 72 | 17 | 64 | 42 | 64 | 1 | 0.6 | 48.3 | — | 4 | 1.1 | 0.6 | 46.5 | 48.0 | 7500 | 9500 | 0.311 | — | — | — |
| | 72 | 23 | 61.8 | 42 | — | 1 | 0.6 | 47.6 | 56.8 | 6 | 1.1 | 1.1 | 43.8 | 48.5 | 7500 | 9500 | 0.45 | N 2207 E | — | NJ 2207+HJ 2207 |
| | 72 | 23 | 64 | 42 | 64 | 1 | 0.6 | 48.3 | — | — | 1.1 | 0.6 | 57.5 | 63.0 | 7500 | 9500 | 0.414 | — | — | — |
| | 80 | 21 | 68.2 | 44 | 71 | 1.5 | 1 | 50.8 | 62.4 | — | 1.5 | 1.1 | 41.0 | 39.2 | 7000 | 9000 | 0.56 | N 307 E | NF 307 | NJ 307+HJ 307 |
| | 80 | 21 | 70.2 | 44 | 71 | 1.5 | 1 | 51.1 | — | — | 1.5 | 1.1 | 62.0 | 63.2 | 7000 | 9000 | 0.501 | — | — | — |
| | 80 | 31 | 68.2 | 44 | 71 | 1.5 | 1 | 50.8 | 62.4 | — | 1.5 | 1.1 | 54.8 | 57.0 | 7000 | 9000 | 0.85 | N 2307 E | NF 2307 | — |
| | 80 | 31 | 70.2 | 44 | — | 1.5 | 1 | 51.5 | — | 8 | 1.5 | 1.1 | 87.5 | 98.2 | 7000 | 9000 | 0.738 | — | — | — |
| | 100 | 25 | 83 | 45 | 71 | 1.5 | 1.5 | 59 | 75.3 | — | 1.5 | 1.5 | 70.8 | 68.2 | 6000 | 7500 | 0.94 | N 407 | — | NJ 407+HJ 407 |
| 40 | 68 | 15 | 61 | 47 | — | 1 | 0.6 | 50.3 | — | 5 | 1 | 0.6 | 21.2 | 22.0 | 7500 | 9500 | 0.22 | N 1008 | — | — |
| | 80 | 18 | 70 | 47 | 72 | 1 | 1 | 54.2 | 64.7 | — | 1.1 | 1.1 | 37.5 | 38.2 | 7000 | 9000 | 0.4 | N 208 E | NF 208 | NJ 208+HJ 208 |
| | 80 | 18 | 71.5 | 47 | 72 | 1 | 1 | 54.2 | — | 5 | 1.1 | 1.1 | 51.5 | 53.4 | 7000 | 9000 | 0.394 | — | — | — |
| | 80 | 23 | 70 | 47 | 72 | 1 | 1 | 54.2 | 64.7 | — | 1.1 | 1.1 | 52.0 | 57.8 | 7000 | 9000 | 0.53 | H 2208 E | — | NJ 2208+HJ 2208 |
| | 80 | 23 | 71.5 | 47 | 72 | 1 | 1 | 54.2 | — | 7 | 1.1 | 1.1 | 67.5 | 75.2 | 7000 | 9000 | 0.507 | — | — | — |
| | 90 | 27 | 77.5 | 49 | 80 | 1.5 | 1.5 | 58.4 | 71.2 | — | 1.5 | 1.5 | 48.8 | 47.5 | 6300 | 9000 | 0.7 | N 308 E | NF 308 | NJ 308+HJ 308 |
| | 90 | 23 | 80 | 49 | 80 | 1.5 | 1.5 | 57.7 | 69.7 | 8 | 1.5 | 1.5 | 76.8 | 77.8 | 6300 | 9000 | 0.68 | N 2308 E | NF 2308 | — |
| | 90 | 33 | 77.5 | 49 | 80 | 1.5 | 1.5 | 58.4 | 71.2 | — | 1.5 | 1.5 | 70.8 | 76.8 | 6300 | 9000 | 1.1 | N 408 | — | NJ 408+HJ 408 |
| | 90 | 33 | 80 | 49 | 80 | 1.5 | 1.5 | 57.7 | — | 5 | 1.5 | 1.5 | 105 | 118 | 6300 | 9000 | 0.974 | — | — | — |
| | 110 | 27 | 92 | 50 | 77 | 2 | 2 | 64.8 | 83.3 | — | 2 | 2 | 90.5 | 89.8 | 5600 | 7000 | 1.25 | — | — | — |
| 45 | 85 | 19 | 75 | 52 | 77 | 1 | 1 | 59 | 69.7 | 5 | 1.1 | 1.1 | 39.8 | 41.0 | 6300 | 8000 | 0.5 | N 209 E | NF 209 | NJ 209+HJ 209 |
| | 85 | 19 | 76.5 | 52 | 77 | 1 | 1 | 59.2 | — | — | 1.1 | 1.1 | 58.5 | 63.8 | 6300 | 8000 | 0.45 | — | — | — |
| | 85 | 23 | 75 | 52 | — | 1 | 1 | 59 | 69.7 | — | 1.1 | 1.1 | 54.8 | 62.2 | 6300 | 8000 | 0.59 | N 2209 E | — | NJ 2209+HJ 2209 |
| | 85 | 23 | 76.5 | 52 | 77 | 1 | 1 | 59.2 | — | — | 1.1 | 1.1 | 71.0 | 82.0 | 6300 | 8000 | 0.55 | — | — | — |

（续）

| 公称尺寸/mm | | | | 安装尺寸/mm | | | | 其他尺寸/mm | | | | | 基本额定载荷/kN | | 极限转速/(r/min) | | 质量/kg | 轴承代号 | | |
|---|---|---|---|---|---|---|---|---|---|---|---|---|---|---|---|---|---|---|---|---|
| $d$ | $D$ | $B$ | $E_w$ | $d_a$ min | $D_a$ max | $r_a$ max | $r_b$ max | $d_2$ | $D_2$ | $B_1$ | $r$ min | $r_1$ min | $C_r$ | $C_{0r}$ | 脂 | 油 | $W\approx$ | N型 | NF型 | NH(NJ+HJ)型 |
| 45 | 100 | 25 | 86.5 | 54 | 89 | 1.5 | 1.5 | 64 | 79.3 | 7 | 1.5 | 1.5 | 66.8 | 66.8 | 5600 | 7000 | 0.9 | — | NF 309 | NJ 309+HJ 309 |
|  | 100 | 25 | 88.5 | 54 | 89 | 1.5 | 1.5 | 64.7 | — | — | 1.5 | 1.5 | 93.0 | 98.0 | 5600 | 7000 | 0.93 | N 309 E | — | — |
|  | 100 | 36 | 86.5 | 54 | 89 | 1.5 | 1.5 | 64 | 79.6 | — | 1.5 | 1.5 | 91.5 | 100 | 5600 | 7000 | 1.5 | — | NF 2309 | — |
|  | 100 | 36 | 88.5 | 54 | 89 | 1.5 | 1.5 | 64.7 | 79.6 | — | 1.5 | 1.5 | 130 | 152 | 5600 | 7000 | 1.34 | N 2309 E | — | — |
|  | 120 | 29 | 100.5 | 55 | — | 2 | 2 | 71.8 | 91.4 | 8 | 2 | 2 | 102 | 100 | 5000 | 6300 | 1.8 | N 409 | — | N 409+HJ 409 |
| 50 | 80 | 16 | 72.5 | 55 | — | 1 | 0.6 | — | — | — | 1 | 0.6 | 25.0 | 27.5 | 6300 | 8000 | — | N 1010 | — | — |
|  | 90 | 20 | 80.4 | 57 | 83 | 1 | 1 | 64.6 | 75.1 | 5 | 1.1 | 1.1 | 43.2 | 48.5 | 6000 | 7500 | 0.6 | — | NF 210 | NJ 210+HJ 210 |
|  | 90 | 20 | 81.5 | 57 | 83 | 1 | 1 | 64.2 | — | — | 1.1 | 1.1 | 61.2 | 69.2 | 6000 | 7500 | 0.505 | N 210 E | — | — |
|  | 90 | 23 | 80.4 | 57 | — | 1 | 1 | 64.6 | 75.1 | 5 | 1.1 | 1.1 | 57.2 | 69.2 | 6000 | 7500 | 0.65 | — | — | NJ 2210+HJ 2210 |
|  | 90 | 23 | 81.5 | 57 | 83 | 1 | 1 | 64.2 | — | — | 1.1 | 1.1 | 74.2 | 88.8 | 6000 | 7500 | 0.59 | N 2210 E | — | — |
|  | 110 | 27 | 95 | 60 | 98 | 2 | 2 | 71 | 87.3 | 8 | 2 | 2 | 76.0 | 79.5 | 5300 | 6700 | 1.2 | — | NF 310 | NJ 310+HJ 310 |
|  | 110 | 27 | 97 | 60 | 98 | 2 | 2 | 71.2 | — | — | 2 | 2 | 105 | 112 | 5300 | 6700 | 1.2 | N 310 E | — | — |
|  | 110 | 40 | 95 | 60 | 98 | 2 | 2 | 71 | 87.3 | 8 | 2 | 2 | 112 | 132 | 5300 | 6700 | 1.85 | — | — | — |
|  | 110 | 40 | 97 | 60 | 98 | 2 | 2 | 71.2 | — | — | 2 | 2 | 155 | 185 | 5300 | 6700 | 1.79 | N 2310 E | — | — |
|  | 130 | 31 | 110.8 | 62 | — | 2.1 | 2.1 | 78.8 | 101 | 9 | 2.1 | 2.1 | 120 | 120 | 4800 | 6000 | 2.3 | N 410 | — | NJ 410+HJ 410 |
| 55 | 90 | 18 | 80.5 | 61.5 | — | 1 | 1 | — | — | — | 1.1 | 1 | 35.8 | 40.0 | 5600 | 7000 | 0.45 | N 1011 | — | — |
|  | 100 | 21 | 88.5 | 64 | 91 | 1.5 | 1 | 70.8 | 82.7 | 6 | 1.5 | 1.1 | 52.8 | 60.2 | 5300 | 6700 | 0.7 | — | NF 211 | NJ 211+HJ 211 |
|  | 100 | 21 | 90.0 | 64 | 91 | 1.5 | 1 | 70.2 | — | — | 1.5 | 1.1 | 80.2 | 95.5 | 5300 | 6700 | 0.68 | N 211 E | — | — |
|  | 100 | 25 | 88.5 | 64 | 91 | 1.5 | 1 | 70.8 | 82.7 | 6 | 1.5 | 1.1 | 70.8 | 87.5 | 5300 | 6700 | 0.86 | — | — | NJ 2211+HJ 2211 |
|  | 100 | 25 | 90 | 64 | — | 1.5 | 1 | 70.9 | — | — | 1.5 | 1.1 | 94.8 | 118 | 5300 | 6700 | 0.81 | N 2211 E | — | — |
|  | 120 | 29 | 104.5 | 65 | 91 | 2 | 2 | 77.2 | 95.8 | 9 | 2 | 2 | 97.8 | 105 | 4800 | 6000 | 1.7 | — | NF 311 | NJ 311+HJ 311 |
|  | 120 | 29 | 106.5 | 65 | 107 | 2 | 2 | 77.4 | — | — | 2 | 2 | 128 | 138 | 4800 | 6000 | 1.53 | N 311 E | — | — |
|  | 120 | 43 | 104.5 | 65 | 107 | 2 | 2 | 77.2 | 95.8 | 9 | 2 | 2 | 130 | 148 | 4800 | 6000 | 2.4 | — | NF 2311 | NJ 2311+HJ 2311 |
|  | 120 | 43 | 106.5 | 65 | 107 | 2 | 2 | 77.4 | — | — | 2 | 2 | 190 | 228 | 4800 | 6000 | 2.28 | N 2311 E | — | — |
|  | 140 | 33 | 117.2 | 67 | — | 2.1 | 2.1 | 85.2 | 108 | 10 | 2.1 | 2.1 | 128 | 132 | 4300 | 5300 | 2.8 | N 411 | — | NJ 411+HJ 411 |
| 60 | 95 | 18 | 85.5 | 66.5 | — | 1 | 1 | 72.9 | — | — | 1.1 | 1 | 38.5 | 45.0 | 5300 | 6700 | 0.48 | N 1012 | — | — |
|  | 110 | 22 | 97 | 69 | 100 | 1.5 | 1.5 | — | — | 6 | 1.5 | 1.5 | 62.8 | 73.5 | 5000 | 6300 | 0.9 | — | NF 212 | NJ 212+HJ 212 |

（续）

| d | D | B | $E_w$ | $d_a$ min | $D_a$ max | $r_a$ max | $r_b$ max | $d_2$ | $D_2$ | $B_1$ | $r$ min | $r_1$ min | $C_r$ | $C_{0r}$ | 脂 | 油 | $W \approx$ | N 型 | NF 型 | NH(NJ+HJ) 型 |
|---|---|---|---|---|---|---|---|---|---|---|---|---|---|---|---|---|---|---|---|---|
| 60 | 110 | 22 | 100 | 69 | 100 | 1.5 | 1.5 | 77.7 | — | — | 1.5 | 1.5 | 89.8 | 102 | 5000 | 6300 | 0.86 | N 212E | — | — |
| | 110 | 28 | 97 | 69 | — | 1.5 | 1.5 | — | — | 6 | 1.5 | 1.5 | 91.2 | 118 | 5000 | 6300 | 1.25 | N 2212E | — | NJ 2212+HJ 2212 |
| | 110 | 28 | 100 | 69 | 100 | 1.5 | 1.5 | 77.7 | — | — | 1.5 | 1.5 | 122 | 152 | 5000 | 6300 | 1.12 | N 312 E | — | — |
| | 130 | 31 | 113 | 72 | 116 | 2.1 | 2.1 | 84.2 | 104 | 9 | 2.1 | 2.1 | 118 | 128 | 4500 | 5600 | 2 | — | NF 312 | NJ 312+HJ 312 |
| | 130 | 31 | 115 | 72 | 116 | 2.1 | 2.1 | 84.3 | — | — | 2.1 | 2.1 | 142 | 155 | 4500 | 5600 | 1.87 | N 312 E | — | — |
| | 130 | 46 | 113 | 72 | 116 | 2.1 | 2.1 | 84.2 | 104 | 9 | 2.1 | 2.1 | 155 | 195 | 4500 | 5600 | 2 | — | NF 2312 | NJ 2312+HJ 2312 |
| | 130 | 46 | 115 | 72 | 116 | 2.1 | 2.1 | 84.3 | — | — | 2.1 | 2.1 | 212 | 260 | 4500 | 5600 | 2.81 | N 2312 E | — | — |
| | 150 | 35 | 127 | 72 | — | 2.1 | 2.1 | 91.8 | 116 | 10 | 2.1 | 2.1 | 155 | 162 | 4000 | 5600 | 3.4 | N 412 | — | NJ 412+HJ 412 |
| 65 | 120 | 23 | 105.5 | 74 | 108 | 1.5 | 1.5 | 84.8 | 98.9 | 6 | 1.5 | 1.5 | 73.2 | 87.5 | 4500 | 5600 | 1.1 | — | NF 213 | NJ 213+HJ 213 |
| | 120 | 23 | 108.5 | 74 | 108 | 1.5 | 1.5 | 84.6 | — | — | 1.5 | 1.5 | 102 | 118 | 4500 | 5600 | 1.08 | N 213 E | — | — |
| | 120 | 31 | 105.5 | 74 | 108 | 1.5 | 1.5 | 84.8 | 98.6 | 6 | 1.5 | 1.5 | 108 | 145 | 4500 | 5600 | 1.48 | — | — | NJ 2213+HJ 2213 |
| | 120 | 31 | 108.5 | 74 | 108 | 1.5 | 1.5 | 84.6 | — | — | 1.5 | 1.5 | 142 | 180 | 4500 | 5600 |  | N 2213 E | — | — |
| | 140 | 33 | 121.5 | 77 | 125 | 2.1 | 2.1 | 91 | 112 | 10 | 2.1 | 2.1 | 125 | 135 | 4000 | 5000 | 2.5 | — | NF 313 | NJ 313+HJ 313 |
| | 140 | 33 | 124.5 | 77 | 125 | 2.1 | 2.1 | 90.6 | — | — | 2.1 | 2.1 | 170 | 188 | 4000 | 5000 | 2.31 | N 313 E | — | — |
| | 140 | 48 | 121.5 | 77 | 125 | 2.1 | 2.1 | 91 | 112 | 10 | 2.1 | 2.1 | 175 | 210 | 4000 | 5000 | 4 | — | NF 2313 | NJ 2313+HJ 2313 |
| | 140 | 48 | 124.5 | 77 | 125 | 2.1 | 2.1 | 90.6 | — | — | 2.1 | 2.1 | 235 | 285 | 4000 | 5000 | 3.34 | N 2313 E | — | — |
| | 160 | 37 | 135.3 | 77 | — | 2.1 | 2.1 | 98.5 | 124 | 11 | 2.1 | 2.1 | 170 | 178 | 3800 | 4800 | 4 | N 413 | — | NJ 413+HJ 413 |
| 70 | 110 | 20 | 100 | 76.5 | — | 1 | 1 | 84.5 | — | — | 1.1 | 1 | 47.5 | 57.0 | 4800 | 6000 | 0.71 | N 1014 | — | — |
| | 125 | 24 | 110.5 | 79 | 114 | 1.5 | 1.5 | 89.6 | 104 | 7 | 1.5 | 1.5 | 73.2 | 87.5 | 4300 | 5300 | 1.3 | — | NF 214 | NJ 214+HJ 214 |
| | 125 | 24 | 113.5 | 79 | 114 | 1.5 | 1.5 | 89.6 | — | — | 1.5 | 1.5 | 112 | 135 | 4300 | 5300 | 1.2 | N 214 E | — | — |
| | 125 | 31 | 110.5 | 79 | 114 | 1.5 | 1.5 | 89.6 | 104 | 7 | 1.5 | 1.5 | 108 | 145 | 4300 | 5300 | 1.7 | — | — | NJ 2214+HJ 2214 |
| | 125 | 31 | 113.5 | 79 | 114 | 1.5 | 1.5 | 89.6 | — | — | 1.5 | 1.5 | 148 | 192 | 4300 | 5300 | 1.56 | N 2214 E | — | — |
| | 150 | 35 | 130 | 82 | 134 | 2.1 | 2.1 | 98 | 120 | 10 | 2.1 | 2.1 | 145 | 162 | 3800 | 4800 | 3.1 | — | NF 314 | NJ 314+HJ 314 |
| | 150 | 35 | 133 | 82 | 134 | 2.1 | 2.1 | 97.5 | — | — | 2.1 | 2.1 | 195 | 220 | 3800 | 4800 | 2.86 | N 314 E | — | — |
| | 150 | 51 | 130 | 82 | 134 | 2.1 | 2.1 | 98 | 120 | 10 | 2.1 | 2.1 | 212 | 260 | 3800 | 4800 | 4.4 | — | NF 2314 | NJ 2314+HJ 2314 |
| | 150 | 51 | 133 | 82 | 134 | 2.1 | 2.1 | 97.5 | — | — | 2.1 | 2.1 | 260 | 320 | 3800 | 4800 | 4.1 | N 2314 E | — | — |
| | 180 | 42 | 152 | 84 | — | 2.5 | 2.5 | 110 | 139 | 12 | 3 | 3 | 215 | 232 | 3400 | 4300 | 5.9 | N 414 | — | NJ 414+HJ 414 |

（续）

| 公称尺寸/mm | | | | 安装尺寸/mm | | | | 其他尺寸/mm | | | | | 基本额定载荷/kN | | 极限转速/(r/min) | | 质量/kg | 轴承代号 | | |
|---|---|---|---|---|---|---|---|---|---|---|---|---|---|---|---|---|---|---|---|---|
| $d$ | $D$ | $B$ | $E_W$ | $d_a$ min | $D_a$ max | $r_a$ max | $r_b$ max | $d_2$ | $D_2$ | $B_1$ | $r$ min | $r_1$ min | $C_r$ | $C_{0r}$ | 脂 | 油 | $W\approx$ | N 型 | NF 型 | NH(NJ+HJ)型 |
| 75 | 130 | 25 | 116.5 | 84 | 120 | 1.5 | 1.5 | 94 | 110 | 7 | 1.5 | 1.5 | 89.0 | 110 | 4000 | 5000 | 1.4 | — | NF 215 | NJ 215+HJ 215 |
| | 130 | 25 | 118.5 | 84 | 120 | 1.5 | 1.5 | 94.6 | — | — | 1.5 | 1.5 | 125 | 155 | 4000 | 5000 | 1.32 | N 215 E | — | — |
| | 130 | 31 | 116.5 | 84 | 120 | 1.5 | 1.5 | 94 | 110 | 7 | 1.5 | 1.5 | 125 | 165 | 4000 | 5000 | 1.8 | — | — | NJ 2215+HJ 2215 |
| | 130 | 31 | 118.5 | 84 | 120 | 1.5 | 1.5 | 94.6 | — | — | 1.5 | 1.5 | 155 | 205 | 4000 | 5000 | 1.64 | N 2215 E | — | — |
| | 160 | 37 | 139.5 | 87 | 143 | 2.1 | 2.1 | 104 | 129 | 11 | 2.1 | 2.1 | 165 | 188 | 3600 | 4500 | 3.7 | — | NF 315 | NJ 315+HJ 315 |
| | 160 | 37 | 143 | 87 | 143 | 2.1 | 2.1 | 104.2 | — | — | 2.1 | 2.1 | 228 | 260 | 3600 | 4500 | 3.43 | N 315 E | — | — |
| | 160 | 55 | 139.5 | 87 | 143 | 2.1 | 2.1 | 104 | 129 | 11 | 2.1 | 2.1 | 245 | 308 | 3600 | 4500 | 5.4 | N 2315 | NF 2315 | NJ 2315+5HJ 2315 |
| | 190 | 45 | 160.5 | 89 | — | 2.5 | 2.5 | 116 | 147 | 13 | 3 | 3 | 250 | 272 | 3200 | 4000 | 7.1 | N 415 | — | NJ 415+HJ 415 |
| 80 | 125 | 22 | 113.5 | 86.5 | — | 1 | 1 | — | — | — | 1.1 | 1 | 59.2 | 77.8 | 4300 | 5300 | 1 | N 1016 | — | — |
| | 140 | 26 | 125 | 90 | 128 | 2 | 2 | 101 | 118 | 8 | 2 | 2 | 102 | 125 | 3800 | 4800 | 1.7 | — | NF 216 | NJ 216+HJ 216 |
| | 140 | 26 | 127.3 | 90 | 128 | 2 | 2 | 101.1 | — | — | 2 | 2 | 132 | 165 | 3800 | 4800 | 1.58 | N 216 E | — | — |
| | 140 | 33 | 125 | 90 | 128 | 2 | 2 | 101 | 118 | 8 | 2 | 2 | 145 | 195 | 3800 | 4800 | 2.2 | — | — | NJ 2216+HJ 2216 |
| | 140 | 33 | 127.3 | 90 | 128 | 2 | 2 | 101.1 | — | — | 2 | 2 | 178 | 242 | 3800 | 4800 | 2.05 | N 2216 E | — | — |
| | 170 | 39 | 147 | 92 | 151 | 2.1 | 2.1 | 111 | 136 | 11 | 2.1 | 2.1 | 175 | 200 | 3400 | 4300 | 4.4 | — | NF 316 | NJ 316+HJ 316 |
| | 170 | 39 | 151 | 92 | 151 | 2.1 | 2.1 | 110.1 | — | — | 2.1 | 2.1 | 245 | 282 | 3400 | 4300 | 4.05 | N 316 E | — | — |
| | 170 | 58 | 147 | 92 | 151 | 2.1 | 2.1 | 111 | 136 | 11 | 2.1 | 2.1 | 258 | 328 | 3400 | 4300 | 6.4 | N 2316 | NF 2316 | NJ 2316+HJ 2316 |
| | 200 | 48 | 170 | 94 | — | 2.5 | 2.5 | 122 | 156 | 13 | 3 | 3 | 285 | 315 | 3000 | 3800 | 8.3 | N 416 | — | NJ 416+HJ 416 |
| 85 | 150 | 28 | 133.8 | 95 | 137 | 2 | 2 | 108 | 126 | 8 | 2 | 2 | 115 | 145 | 3600 | 4500 | 2.1 | — | NF 217 | NJ 217+HJ 217 |
| | 150 | 28 | 136.5 | 95 | 137 | 2 | 2 | 107.1 | — | — | 2 | 2 | 158 | 192 | 3600 | 4500 | 2 | N 217 E | — | — |
| | 150 | 36 | 133.8 | 95 | 137 | 2 | 2 | 108 | 126 | 8 | 2 | 2 | 165 | 230 | 3600 | 4500 | 2.8 | — | — | NJ 2217+HJ 2217 |
| | 150 | 36 | 136.5 | 95 | 137 | 2 | 2 | 107.1 | — | — | 2 | 2 | 205 | 272 | 3600 | 4500 | 2.58 | N 2217 E | — | — |
| | 180 | 41 | 156 | 99 | 160 | 2.5 | 2.5 | 117 | 144 | 12 | 3 | 3 | 212 | 242 | 3200 | 4000 | 5.2 | — | NF 317 | NJ 317+HJ 317 |
| | 180 | 41 | 160 | 99 | 160 | 2.5 | 2.5 | 117.4 | — | — | 3 | 3 | 280 | 332 | 3200 | 4000 | 4.82 | N 317 E | — | — |
| | 180 | 60 | 156 | 99 | 160 | 2.5 | 2.5 | 117 | 144 | 12 | 3 | 3 | 295 | 380 | 3200 | 4000 | 7.4 | N 2317 | NF 2317 | NJ 2317+HJ 2317 |
| | 210 | 52 | 179.5 | 103 | — | 3 | 3 | 126 | 162 | 14 | 4 | 4 | 312 | 345 | 2800 | 3600 | 9.8 | N 417 | — | NJ 417+HJ 417 |
| 90 | 140 | 24 | 127 | 98 | — | 1.5 | 1 | — | — | — | 1.5 | 1.1 | 74.0 | 94.8 | 3800 | 4800 | 1.36 | N 1018 | — | — |
| | 160 | 30 | 143 | 100 | 146 | 2 | 2 | 114 | 134 | 9 | 2 | 2 | 142 | 178 | 3400 | 4300 | 2.5 | — | NF 218 | NJ 218+HJ 218 |
| | 160 | 30 | 145 | 100 | 146 | 2 | 2 | 113.9 | — | — | 2 | 2 | 172 | 215 | 3400 | 4300 | 2.44 | N 218E | — | — |
| | 160 | 40 | 143 | 100 | 146 | 2 | 2 | 114 | 134 | 9 | 2 | 2 | 192 | 268 | 3400 | 4300 | 3.5 | — | — | NJ 2218+HJ 2218 |
| | 160 | 40 | 145 | 100 | 146 | 2 | 2 | 113.9 | — | — | 2 | 2 | 230 | 312 | 3400 | 4300 | 3.26 | N 2218 E | — | — |
| | 190 | 43 | 165 | 104 | 169 | 2.5 | 2.5 | 125 | 153 | 12 | 3 | 3 | 228 | 265 | 3000 | 3800 | 6.1 | — | NF 318 | NJ 318+HJ 318 |

（续）

| 公称尺寸/mm | | | | 安装尺寸/mm | | | | 其他尺寸/mm | | | | | 基本额定载荷/kN | | 极限转速/(r/min) | | 质量/kg | 轴承代号 | | |
|---|---|---|---|---|---|---|---|---|---|---|---|---|---|---|---|---|---|---|---|---|
| $d$ | $D$ | $B$ | $E_w$ | $d_a$ min | $D_a$ max | $r_a$ max | $r_b$ max | $d_2$ | $D_2$ | $B_1$ | $r$ min | $r_1$ min | $C_r$ | $C_{0r}$ | 脂 | 油 | $W \approx$ | N型 | NF型 | NH(NJ+HJ)型 |
| 90 | 190 | 43 | 169.5 | 104 | 169 | 2.5 | 2.5 | 123.7 | — | — | 3 | 3 | 298 | 348 | 3000 | 3800 | 5.59 | N 318 E | — | — |
| | 190 | 64 | 165 | 104 | 169 | 2.5 | 2.5 | 125 | 153 | 12 | 3 | 3 | 310 | 395 | 3000 | 3800 | 8.4 | N 2318 | NF 2318 | NJ 2318+HJ 2318 |
| | 225 | 54 | 191.5 | 108 | — | 3 | 3 | 137 | 175 | 14 | 4 | 4 | 352 | 392 | 2400 | 3200 | 11 | N 418 | — | NJ 418+HJ 418 |
| 95 | 170 | 32 | 151.5 | 107 | 155 | 2.1 | 2.1 | 121 | 142 | 9 | 2.1 | 2.1 | 152 | 190 | 3200 | 4000 | 3.2 | N 219 E | NF 219 | NJ 219+HJ 219 |
| | 170 | 32 | 154.5 | 107 | 155 | 2.1 | 2.1 | 120.2 | — | — | 2.1 | 2.1 | 208 | 262 | 3200 | 4000 | 2.96 | — | — | — |
| | 170 | 43 | 151.5 | 107 | — | 2.1 | 2.1 | 121 | 142 | 9 | 2.1 | 2.1 | 215 | 298 | 3200 | 4000 | 4.5 | N 2219E | — | NJ 2219+HJ 2219 |
| | 170 | 43 | 154.5 | 107 | 155 | 2.1 | 2.1 | 120.2 | — | — | 2.1 | 2.1 | 275 | 368 | 3200 | 4000 | 3.97 | — | — | — |
| | 200 | 45 | 173.5 | 109 | 178 | 2.5 | 2.5 | 132 | 161 | 13 | 3 | 3 | 245 | 288 | 2800 | 3600 | 7 | N 319 E | NF 319 | NJ 319+HJ 319 |
| | 200 | 45 | 177.5 | 109 | 178 | 2.5 | 2.5 | 131.7 | — | — | 3 | 3 | 315 | 380 | 2800 | 3600 | 6.52 | — | — | — |
| | 200 | 67 | 173.5 | 109 | 178 | 2.5 | 2.5 | 132 | 161 | 13 | 3 | 3 | 370 | 500 | 2800 | 3600 | 10.4 | N 2319 | NF 2319 | NJ 2319+HJ 2319 |
| | 240 | 55 | 201.5 | 113 | — | 3 | 4 | 147 | 185 | 15 | 4 | 4 | 378 | 428 | 2200 | 3000 | 14 | N 419 | — | NJ 419+HJ 419 |
| 100 | 150 | 24 | 137 | 108 | 137 | 1.5 | 1 | — | — | — | 1.5 | 1.1 | 78.0 | 102 | 3400 | 4300 | 1.5 | N 1020 | — | — |
| | 180 | 34 | 160 | 112 | 164 | 2.1 | 2.1 | 128 | 150 | 10 | 2.1 | 2.1 | 168 | 212 | 3000 | 3800 | 3.5 | N 220 E | NF 220 | NJ 220+HJ 220 |
| | 180 | 34 | 163 | 112 | 164 | 2.1 | 2.1 | 127 | — | — | 2.1 | 2.1 | 235 | 302 | 3000 | 3800 | 3.58 | — | — | — |
| | 180 | 46 | 160 | 112 | 164 | 2.1 | 2.1 | 128 | 150 | 10 | 2.1 | 2.1 | 240 | 335 | 3000 | 3800 | 5.2 | N 2220 E | — | NJ 2220+HJ 2220 |
| | 180 | 46 | 163 | 112 | 164 | 2.1 | 2.1 | 127 | — | — | 2.1 | 2.1 | 318 | 440 | 3000 | 3800 | 4.86 | — | — | — |
| | 215 | 47 | 185.5 | 114 | 190 | 2.5 | 2.5 | 140 | 172 | 13 | 3 | 3 | 282 | 340 | 2600 | 3200 | 8.6 | N 320 E | NF 320 | NJ 320+HJ 320 |
| | 215 | 47 | 191.5 | 114 | 190 | 2.5 | 2.5 | 139.1 | — | — | 3 | 3 | 365 | 425 | 2600 | 3200 | 7.89 | — | — | — |
| | 215 | 73 | 185.5 | 114 | 190 | 2.5 | 2.5 | 140 | 172 | 13 | 3 | 3 | 415 | 558 | 2600 | 3200 | 13.5 | N 2320 | NF 2320 | NJ 2320+HJ 2320 |
| | 250 | 58 | 211 | 118 | — | 3 | 3 | — | 194 | 16 | 4 | 4 | 418 | 480 | 2000 | 2800 | 16 | N 420 | — | NJ 420+HJ 420 |
| 105 | 160 | 26 | 145.5 | 114 | — | 2 | 1 | 125.5 | — | — | 2 | 1.1 | 91.5 | 122 | 3200 | 4200 | 1.9 | N 1021 | — | — |
| | 190 | 36 | 168.8 | 117 | 173 | 2.1 | 2.1 | 135 | 159 | 10 | 2.1 | 2.1 | 185 | 235 | 2800 | 3600 | 4 | N 221 | NF 221 | NJ 221+HJ 221 |
| | 225 | 49 | 196 | 119 | 199 | 2.5 | 2.5 | 147 | 181 | 13 | 3 | 3 | 322 | 392 | 2200 | 3000 | — | N 321 | NF 321 | NJ 321+HJ 321 |
| | 260 | 60 | 220.5 | 123 | — | 3 | 3 | 159 | 202 | 16 | 4 | 4 | 508 | 602 | 1900 | 2600 | — | N 421 | — | NJ 421+HJ 421 |
| 110 | 170 | 28 | 155 | 119 | 155 | 2 | 1 | 131 | 167 | 11 | 2 | 1.1 | 115 | 155 | 3000 | 3800 | 2.3 | N 1022 | — | — |
| | 200 | 38 | 178.5 | 122 | 182 | 2.1 | 2.1 | 141 | — | — | 2.1 | 2.1 | 220 | 285 | 2600 | 3400 | 5 | N 222 E | NF 222 | NJ 222+HJ 222 |
| | 200 | 38 | 180.5 | 122 | 182 | 2.1 | 2.1 | 141.3 | 167 | 11 | 2.1 | 2.1 | 278 | 360 | 2600 | 3400 | 5.02 | — | — | — |
| | 200 | 53 | 178.5 | 122 | — | 2.1 | 2.1 | 141 | 167 | 11 | 2.1 | 2.1 | 312 | 445 | 2600 | 3400 | 7.5 | N 2222 | NF 2222 | NJ 2222+HJ 2222 |
| | 240 | 50 | 207 | 124 | 211 | 2.5 | 2.5 | 155 | 192 | 14 | 3 | 3 | 352 | 428 | 2000 | 2800 | 11 | N 322 | NF 322 | NJ 322+HJ 322 |
| | 240 | 80 | 207 | 124 | 211 | 2.5 | 2.5 | 155 | 201 | 14 | 3 | 3 | 535 | 740 | 2000 | 2800 | 7.5 | N 2322 | NF 2322 | NJ 2322+HJ 2322 |

（续）

| 公称尺寸/mm | | | | 安装尺寸/mm | | | | 其他尺寸/mm | | | | | 基本额定载荷/kN | | 极限转速/(r/min) | | 质量/kg | 轴承代号 | | |
|---|---|---|---|---|---|---|---|---|---|---|---|---|---|---|---|---|---|---|---|---|
| d | D | B | $E_w$ | $d_a$ min | $D_a$ max | $r_a$ max | $r_b$ max | $d_2$ | $D_2$ | $B_1$ | $r$ min | $r_1$ min | $C_r$ | $C_{0r}$ | 脂 | 油 | $W \approx$ | N 型 | NF 型 | NH(NJ+HJ)型 |
| 110 | 280 | 65 | 235 | 128 | — | 3 | 3 | 171 | 216 | 17 | 4 | 4 | 515 | 602 | 1800 | 2400 | 22 | N 422 | — | NJ 422+HJ 422 |
| | 180 | 28 | 165 | 129 | — | 2 | 1 | 156 | 180 | — | 2 | 1.1 | 130 | 168 | 2600 | 3400 | 2.96 | N 1024 | — | — |
| | 215 | 40 | 191.5 | 132 | 196 | 2.1 | 2.1 | 153 | 180 | 11 | 2.1 | 2.1 | 230 | 332 | 2200 | 3000 | 6.4 | N 224 E | NF 224 | NJ 224+HJ 224 |
| | 215 | 40 | 195.5 | 132 | 196 | 2.1 | 2.1 | 153 | — | — | 2.1 | 2.1 | 322 | 422 | 2200 | 3000 | 6.11 | N 224 E | — | — |
| 120 | 215 | 58 | 191.5 | 132 | — | 2.1 | 2.1 | 153 | 180 | 11 | 2.1 | 2.1 | 345 | 522 | 2200 | 3000 | 9.5 | N 2224 | — | NJ 2224+HJ 2224 |
| | 260 | 55 | 226 | 134 | 230 | 2.5 | 2.5 | 168 | 209 | 14 | 3 | 3 | 440 | 552 | 1900 | 2600 | 14 | N 324 | NF 324 | NJ 324+HJ 324 |
| | 260 | 86 | 226 | 134 | 230 | 2.5 | 2.5 | 168 | 219 | 14 | 3 | 3 | 632 | 868 | 1900 | 2600 | 22.5 | N 2324 | NF 2324 | NJ 2324+HJ 2324 |
| | 310 | 72 | 160 | 142 | — | 4 | 4 | 188 | 238 | 17 | 5 | 5 | 642 | 772 | 1700 | 2200 | 30 | N 424 | — | NJ 424+HJ 424 |
| 130 | 200 | 33 | 182 | 139 | — | 2 | 1 | 156 | 192 | — | 2 | 1.1 | 152 | 212 | 2400 | 3200 | 3.7 | N 1026 | — | — |
| | 230 | 40 | 204 | 144 | 208 | 2.5 | 2.5 | 165 | 192 | 11 | 3 | 3 | 258 | 352 | 2000 | 2800 | 7 | N 226 | NF 226 | NJ 226+HJ 226 |
| | 230 | 64 | 204 | 144 | — | 2.5 | 2.5 | 167 | 195 | 11 | 3 | 3 | 368 | 552 | 2000 | 2800 | 11.5 | N 2226 | NF 2226 | NJ 2226+HJ 2226 |
| | 280 | 58 | 243 | 148 | 247 | 3 | 3 | 182 | 225 | 14 | 4 | 4 | 492 | 620 | 1700 | 2200 | 18 | N 326 | NF 326 | NJ 326+HJ 326 |
| | 280 | 93 | 243 | 148 | 247 | 3 | 3 | 182 | 236 | 14 | 4 | 4 | 748 | 1060 | 1700 | 2200 | 28.5 | N 2326 | NF 2326 | NJ 2326+HJ 2326 |
| | 340 | 78 | 285 | 152 | — | 4 | 4 | — | — | 18 | 5 | 5 | 782 | 942 | 1500 | 1900 | 39 | N 426 | — | NJ 426+HJ 426 |
| 140 | 210 | 33 | 192 | 149 | — | 2 | 1 | 179 | 208 | — | 2 | 1.1 | 158 | 220 | 2000 | 2800 | 4 | N 1028 | — | — |
| | 250 | 42 | 221 | 154 | 221 | 2.5 | 2.5 | 179 | 208 | 11 | 3 | 3 | 302 | 415 | 1800 | 2400 | 9.1 | N 228 | NF 228 | NJ 228+HJ 228 |
| | 250 | 68 | 221 | 154 | — | 2.5 | 2.5 | 196 | 208 | 11 | 3 | 3 | 438 | 700 | 1800 | 2400 | 15 | N 2228 | NF 2228 | NJ 2228+HJ 2228 |
| | 300 | 62 | 260 | 158 | 260 | 3 | 3 | 192 | 241 | 15 | 4 | 4 | 545 | 690 | 1600 | 2000 | 22 | N 328 | NF 328 | NJ 328+HJ 328 |
| | 300 | 102 | 260 | 158 | 260 | 3 | 3 | — | 252 | 15 | 4 | 4 | 825 | 1180 | 1600 | 2000 | 37 | N 2328 | NF 2328 | NJ 2328+HJ 2328 |
| | 360 | 82 | 304 | 162 | 304 | 4 | 4 | — | — | 18 | 5 | 5 | 845 | 1020 | 1400 | 1800 | — | N 428 | — | NJ 428+HJ 428 |
| 150 | 225 | 35 | 205.5 | 161 | — | 2.1 | 1.5 | 177 | 225 | — | 2.1 | 1.5 | 188 | 268 | 1900 | 2600 | 4.8 | N 1030 | — | — |
| | 270 | 45 | 238 | 164 | 238 | 2.5 | 2.5 | 193 | 225 | 12 | 3 | 3 | 360 | 490 | 1700 | 2200 | 11 | N 230 | NF 230 | NJ 230+HJ 230 |
| | 270 | 73 | 238 | 164 | — | 2.5 | 2.5 | 193 | 225 | 12 | 3 | 3 | 530 | 772 | 1700 | 2200 | 17 | N 2230 | NF 2230 | NJ 2230+HJ 2230 |
| | 320 | 65 | 277 | 168 | 277 | 3 | 3 | 209 | 270 | 15 | 4 | 4 | 595 | 765 | 1500 | 1900 | 26 | N 330 | NF 330 | NJ 330+HJ 330 |
| | 320 | 108 | 277 | 168 | 277 | 3 | 3 | 209 | 270 | 15 | 4 | 4 | 930 | 1340 | 1500 | 1900 | 45 | N 2330 | NF 2330 | NJ 2330+HJ 2330 |
| | 380 | 85 | 321 | 172 | 321 | 4 | 4 | — | — | 20 | 5 | 5 | 912 | 1100 | 1300 | 1700 | 53 | N 430 | — | NJ 430+HJ 430 |
| 160 | 240 | 38 | 220 | 171 | — | 2.1 | 1.5 | 206 | 250 | — | 2.1 | 1.5 | 212 | 302 | 1800 | 2400 | 6 | N 1032 | — | — |
| | 290 | 48 | 255 | 174 | 255 | 2.5 | 2.5 | 205 | 250 | 12 | 3 | 3 | 405 | 552 | 1600 | 2000 | 14 | N 232 | NF 232 | NJ 232+HJ 232 |
| | 290 | 80 | 255 | 174 | — | 2.5 | 2.5 | — | 252 | 12 | 3 | 3 | 590 | 898 | 1600 | 2000 | 25 | N 2232 | NF 2232 | NJ 2232+HJ 2232 |
| | 340 | 68 | 292 | 178 | 292 | 3 | 3 | — | — | — | 4 | 4 | 628 | 825 | 1400 | 1800 | 31.6 | N 332 | NF 332 | NJ 332+HJ 332 |
| | 340 | 114 | 292 | 178 | 292 | 3 | 3 | — | — | — | 4 | 4 | 972 | 1430 | 1400 | 1800 | 55.8 | N 2332 | NF 2332 | — |

（续）

| 公称尺寸/mm | | | | 安装尺寸/mm | | | | 其他尺寸/mm | | | | | 基本额定载荷/kN | | 极限转速/(r/min) | | 质量/kg | 轴承代号 | | |
|---|---|---|---|---|---|---|---|---|---|---|---|---|---|---|---|---|---|---|---|---|
| $d$ | $D$ | $B$ | $E_w$ | $d_a$ min | $D_a$ max | $r_a$ max | $r_b$ max | $d_2$ | $D_2$ | $B_1$ | $r$ min | $r_1$ min | $C_r$ | $C_{0r}$ | 脂 | 油 | $W \approx$ | N型 | NF型 | NH(NJ+HJ)型 |
| 170 | 260 | 42 | 237 | 181 | — | 2.1 | 2.1 | 201 | — | — | 2.1 | 2.1 | 255 | 365 | 1700 | 2200 | 8.14 | N 1034 | — | — |
| | 310 | 52 | 272 | 188 | — | 3 | 3 | 220 | 269 | 12 | 4 | 4 | 425 | 650 | 1500 | 1900 | 17.1 | N 234 | NF 234 | NJ 234+HJ 234 |
| | 360 | 72 | 310 | 188 | — | 3 | 3 | — | — | — | 4 | 4 | 715 | 952 | 1300 | 1700 | 36 | N 334 | — | — |
| | 360 | 120 | 310 | 188 | — | 3 | 3 | 215 | 290 | — | 4 | 4 | 1110 | 1650 | 1300 | 1700 | 63 | N 2334 | NF 2334 | — |
| 180 | 280 | 46 | 255 | 191 | — | 2.1 | 2.1 | — | — | — | 2.1 | 2.1 | 300 | 438 | 1600 | 2000 | 10.1 | N 1036 | — | — |
| | 320 | 52 | 282 | 198 | — | 3 | 3 | 230 | 279 | 12 | 4 | 4 | 425 | 650 | 1400 | 1800 | 18 | N 236 | NF 236 | NJ 236+HJ 236 |
| | 380 | 75 | 328 | 198 | — | 3 | 3 | 252 | — | — | 4 | 4 | 835 | 1100 | 1200 | 1600 | 42 | N 336 | — | — |
| | 380 | 126 | 328 | 198 | — | 3 | 3 | — | 306 | — | 4 | 4 | 1210 | 1780 | 1200 | 1600 | 71.2 | N 2336 | NF 2336 | — |
| 190 | 290 | 46 | 265 | 201 | — | 2.1 | 2.1 | 225 | — | — | 2.1 | 2.1 | 335 | 495 | 1500 | 1900 | 10.0 | N 1038 | — | — |
| | 340 | 55 | 299 | 208 | — | 3 | 3 | 244 | 295 | 13 | 4 | 4 | 512 | 745 | 1300 | 1700 | 23 | N 238 | NF 238 | NJ 238+HJ 238 |
| | 340 | 92 | 299 | 208 | — | 3 | 3 | — | 295 | 13 | 4 | 4 | 975 | 1570 | 1300 | 1700 | 38.5 | N 2238 | — | NJ 2238+HJ 2238 |
| | 400 | 78 | 345 | 212 | — | 4 | 4 | 264 | — | — | 5 | 5 | 882 | 1190 | 1100 | 1500 | 50 | N 338 | — | — |
| 200 | 310 | 51 | 281 | 211 | — | 2.1 | 2.1 | 239 | — | — | 2.1 | 2.1 | 408 | 615 | 1400 | 1800 | 14.3 | N 1040 | — | — |
| | 360 | 58 | 316 | 218 | — | 3 | 3 | 258 | 312 | 14 | 4 | 4 | 570 | 842 | 1200 | 1600 | 26 | N 240 | NF 240 | NJ 240+HJ 240 |
| | 360 | 98 | 316 | 218 | — | 3 | 3 | 256 | 313 | 14 | 4 | 4 | 1120 | 1725 | 1200 | 1600 | — | N 2240 | — | NJ 2240+HJ 2240 |
| | 420 | 80 | 360 | 222 | — | 4 | 4 | 280 | — | — | 5 | 5 | 972 | 1290 | 1000 | 1400 | 36 | N 340 | — | — |
| 220 | 340 | 56 | 310 | 233 | — | 2.5 | 2.5 | — | — | — | 3 | 3 | 448 | 685 | 1200 | 1600 | — | N 1044 | — | — |
| | 400 | 65 | 350 | 238 | — | 3 | 3 | 286 | 332 | 15 | 4 | 4 | 702 | 1050 | 1000 | 1400 | 62 | N 244 | NF 244 | NJ 244+HJ 244 |
| | 400 | 108 | 350 | 238 | — | 3 | 3 | 282 | — | — | 4 | 4 | 1360 | 2330 | 1000 | 1400 | | N 2244 | — | — |
| 240 | 360 | 56 | 330 | 253 | — | 2.5 | 2.5 | 282 | — | — | 3 | 3 | 470 | 745 | 1000 | 1400 | 21 | N 1048 | — | — |
| | 440 | 72 | 385 | 258 | — | 3 | 3 | 313 | 365 | 16 | 4 | 4 | 880 | 1345 | 900 | 1200 | 48.2 | N 248 | NF 248 | NJ 248+HJ 248 |
| | 500 | 95 | 430 | 262 | — | 4 | 4 | — | — | — | 5 | 5 | 1290 | 1810 | 800 | 1000 | 97.1 | N 348 | — | — |
| 260 | 400 | 65 | 346 | 276 | — | 3 | 3 | 309 | — | — | 4 | 4 | 592 | 932 | 950 | 1300 | 31 | N 1052 | — | — |
| 280 | 420 | 65 | 384 | 296 | — | 3 | 3 | 329 | — | — | 4 | 4 | 600 | 965 | 850 | 1100 | 33 | N 1056 | — | — |
| 300 | 460 | 74 | 420 | 316 | — | 3 | 3 | 356 | — | — | 4 | 4 | 880 | 1470 | 800 | 1000 | 44.4 | N 1060 | — | — |
| | 540 | 85 | 475 | 322 | 487 | 4 | 4 | — | — | — | 5 | 5 | 1360 | 2190 | 700 | 900 | 87.2 | N 260 | — | — |
| 320 | 480 | 74 | 440 | 336 | — | 3 | 3 | 376 | — | — | 4 | 4 | 890 | 1520 | 750 | 950 | 47 | N 1064 | — | — |
| 400 | 600 | 90 | 550 | 420 | — | 4 | 4 | 470 | — | — | 5 | 5 | 1420 | 2480 | 560 | 700 | 88.8 | N 1080 | — | — |

表 6.1-56　无外圈圆柱滚子轴承（摘自 GB/T 283—2007）

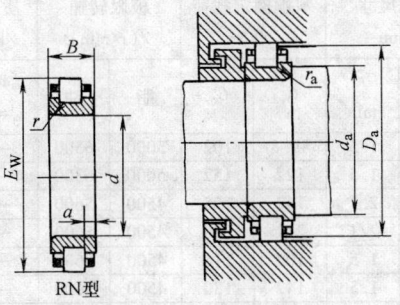

RN 型

代号含义：
RN——无外圈，内圈有双挡边
E——加强型

| 公称尺寸/mm | | | 安装尺寸/mm | | | 其他尺寸/mm | | 基本额定载荷/kN | | 极限转速/(r/min) | | 质量/kg | 轴承代号 |
|---|---|---|---|---|---|---|---|---|---|---|---|---|---|
| $d$ | $E_W$ | $B$ | $d_a$ min | $D_a$ max | $r_a$ max | $a$ | $r$ min | $C_r$ | $C_{0r}$ | 脂 | 油 | $W$ ≈ | RN 型 |
| 20 | 41.5 | 14 | 25 | 37.3 | 1 | 2.5 | 1 | 25.8 | 24.0 | 12000 | 16000 | — | RN 204 E |
| | 41.5 | 18 | 25 | 37.3 | 1 | 3.5 | 1 | 30.8 | 30.0 | 12000 | 16000 | — | RN 2204 E |
| | 45.5 | 15 | 26.5 | 41.2 | 1 | 2.5 | 1.1 | 29.0 | 25.5 | 11000 | 15000 | — | RN 304 E |
| | 45.5 | 21 | 26.5 | 41.2 | 1 | 3.5 | 1.1 | 39.2 | 37.5 | 10000 | 14000 | — | RN 2304 E |
| 25 | 46.5 | 15 | 30 | 42.3 | 1 | 3 | 1 | 27.5 | 26.8 | 11000 | 14000 | — | RN 205 E |
| | 46.5 | 18 | 30 | 42.3 | 1 | 3.5 | 1 | 32.8 | 33.8 | 11000 | 14000 | — | RN 2205 E |
| | 54 | 17 | 31.5 | 49.4 | 1 | 3 | 1.1 | 38.5 | 35.8 | 9000 | 12000 | — | RN 305 E |
| | 54 | 24 | 31.5 | 49.4 | 1 | 4 | 1.1 | 53.2 | 54.5 | 9000 | 12000 | — | RN 2305 E |
| 30 | 55.5 | 16 | 36 | 50.5 | 1 | 3 | 1 | 36.0 | 35.5 | 8500 | 11000 | — | RN 206 E |
| | 55.5 | 20 | 36 | 50.5 | 1 | 3.5 | 1 | 45.0 | 48.0 | 8500 | 11000 | — | RN 2206 E |
| | 62.5 | 19 | 37 | 58.2 | 1 | 3.5 | 1.1 | 49.2 | 48.2 | 8000 | 10000 | — | RN 306 E |
| | 62.5 | 27 | 37 | 58.2 | 1 | 4.5 | 1.1 | 70.0 | 75.5 | 8000 | 10000 | — | RN 2306 E |
| 35 | 64 | 17 | 42 | 59 | 1 | 3 | 1.1 | 46.5 | 48.0 | 7500 | 9500 | — | RN 207 E |
| | 64 | 23 | 42 | 59 | 1 | 4.5 | 1.1 | 57.5 | 63.0 | 7500 | 9500 | — | RN 2207 E |
| | 70.2 | 21 | 44 | 64.3 | 1.5 | 3.5 | 1.5 | 62.0 | 63.2 | 7000 | 9000 | — | RN 307 E |
| | 70.2 | 31 | 44 | 64.3 | 1.5 | 5 | 1.5 | 87.5 | 98.2 | 7000 | 9000 | — | RN 2307 E |
| | 83 | 25 | 44 | — | 1.5 | — | 1.5 | 70.8 | 68.2 | 6000 | 7500 | 0.64 | RN 407 |
| 40 | 71.5 | 18 | 47 | 66.2 | 1 | 3.5 | 1.1 | 51.5 | 53.0 | 7000 | 9000 | — | RN 208 E |
| | 71.5 | 23 | 47 | 66.2 | 1 | 4 | 1.1 | 67.5 | 75.2 | 7000 | 9000 | — | RN 2208 E |
| | 80 | 23 | 49 | 73.3 | 1.5 | 4 | 1.5 | 76.8 | 77.8 | 6300 | 8000 | — | RN 308 E |
| | 80 | 33 | 49 | 73.3 | 1.5 | 5.5 | 1.5 | 105 | 118 | 6300 | 8000 | — | RN 2308 E |
| | 92 | 27 | 50 | — | 2 | — | 2 | 90.5 | 89.8 | 5600 | 7000 | — | RN 408 |
| 45 | 76.5 | 19 | 52 | 71.2 | 1 | 3.5 | 1.1 | 58.5 | 63.8 | 6300 | 8000 | — | RN 209 E |
| | 76.5 | 23 | 52 | 71.2 | 1 | 4 | 1.1 | 71.0 | 82.0 | 6300 | 8000 | — | RN 2209 E |
| | 88.5 | 25 | 54 | 81.5 | 1.5 | 4.5 | 1.5 | 93.0 | 98.0 | 5600 | 7000 | — | RN 309 E |
| | 88.5 | 36 | 54 | 81.5 | 1.5 | 6 | 1.5 | 130 | 152 | 5600 | 7000 | — | RN 2309 E |
| 50 | 72.5 | 16 | 55 | — | 1 | — | 1 | 25.0 | 27.5 | 6300 | 8000 | — | RN 1010 |
| | 81.5 | 20 | 57 | 77 | 1 | | 1.1 | 61.2 | 69.2 | 6000 | 7500 | — | RN 210 E |
| | 81.5 | 23 | 57 | 77 | 1 | 4 | 1.1 | 74.2 | 88.8 | 6000 | 7500 | — | RN 2210 E |
| | 97 | 27 | 60 | 89.6 | 2 | 5 | 2 | 105 | 112 | 5300 | 6700 | — | RN 310 E |
| | 97 | 40 | 60 | 89.6 | 2 | 6.5 | 2 | 155 | 185 | 5300 | 6700 | — | RN 2310 E |
| 55 | 90 | 21 | 64 | 85 | 1.5 | 3.5 | 1.5 | 80.2 | 95.5 | 5300 | 6700 | — | RN 211 E |
| | 90 | 25 | 64 | 85 | 1.5 | 4 | 1.5 | 94.8 | 118 | 5300 | 6700 | — | RN 2211 E |
| | 106.5 | 29 | 65 | 98.2 | 2 | 5 | 2 | 128 | 138 | 4800 | 6000 | — | RN 311 E |
| | 106.5 | 43 | 65 | 98.2 | 2 | 6.5 | 2 | 190 | 228 | 4800 | 6000 | — | RN 2311 E |
| 60 | 86.5 | 18 | 66.5 | — | 1 | — | 1.1 | 38.5 | 45.0 | 5300 | 6700 | 0.303 | RN 1012 |

（续）

| 公称尺寸/mm | | | 安装尺寸/mm | | | 其他尺寸/mm | | 基本额定载荷/kN | | 极限转速/(r/min) | | 质量/kg | 轴承代号 |
|---|---|---|---|---|---|---|---|---|---|---|---|---|---|
| $d$ | $E_W$ | $B$ | $d_a$ min | $D_a$ max | $r_a$ min | $a$ | $r$ min | $C_r$ | $C_{0r}$ | 脂 | 油 | $W$ ≈ | RN 型 |
| 60 | 100 | 22 | 69 | 93.2 | 1.5 | 4 | 1.5 | 89.8 | 102 | 5000 | 6300 | — | RN 212 E |
| | 100 | 28 | 69 | 93.2 | 1.5 | 4 | 1.5 | 122 | 152 | 5000 | 6300 | — | RN 2212 E |
| | 115 | 31 | 72 | 106.5 | 2.1 | 5.5 | 2.1 | 142 | 155 | 4500 | 5600 | — | RN 312 E |
| | 115 | 46 | 72 | 106.5 | 2.1 | 7 | 2.1 | 212 | 260 | 4500 | 5600 | — | RN 2312 E |
| 65 | 108.5 | 23 | 74 | 101 | 1.5 | 4 | 1.5 | 102 | 118 | 4500 | 5600 | — | RN 213 E |
| | 108.5 | 31 | 74 | 101 | 1.5 | 4.5 | 1.5 | 142 | 180 | 4500 | 5600 | — | RN 2213 E |
| | 124.5 | 33 | 77 | 114.6 | 2.1 | 5.5 | 2.1 | 170 | 188 | 4000 | 5000 | — | RN 313 E |
| | 124.5 | 48 | 77 | 114.6 | 2.1 | 8 | 2.1 | 235 | 285 | 4000 | 5000 | — | RN 2313 E |
| 70 | 100 | 20 | 76.5 | — | 1 | — | 1.1 | 47.5 | 57.0 | 4800 | 6000 | — | RN 1014 |
| | 113.5 | 24 | 79 | 105.8 | 1.5 | 4 | 1.5 | 112 | 135 | 4300 | 5300 | — | RN 214 E |
| | 113.5 | 31 | 79 | 105.8 | 1.5 | 4.5 | 1.5 | 148 | 192 | 4300 | 5300 | — | RN 2214 E |
| | 133 | 35 | 82 | 123.5 | 2.1 | 5.5 | 2.1 | 195 | 220 | 3800 | 4800 | — | RN 314 E |
| | 133 | 51 | 82 | 123.5 | 2.1 | 8.5 | 2.1 | 260 | 320 | 3800 | 4800 | — | RN 2314 E |
| 75 | 118.5 | 25 | 84 | 111.4 | 1.5 | 4 | 1.5 | 125 | 155 | 4000 | 5000 | — | RN 215 E |
| | 118.5 | 31 | 84 | 111.4 | 1.5 | 4.5 | 1.5 | 155 | 205 | 4000 | 5000 | — | RN 2215 E |
| | 143 | 37 | 87 | 131.6 | 2.1 | 5.5 | 2.1 | 228 | 260 | 3600 | 4500 | — | RN 315 E |
| 80 | 127.3 | 26 | 90 | 119.8 | 2 | 4.5 | 2 | 132 | 165 | 3800 | 4800 | — | RN 216 E |
| | 127.3 | 33 | 90 | 119.8 | 2 | 4.5 | 2 | 178 | 242 | 3800 | 4800 | — | RN 2216 E |
| | 151 | 39 | 92 | 139 | 2.1 | 6 | 2.1 | 245 | 282 | 3400 | 4300 | — | RN 316 E |
| 85 | 136.5 | 28 | 95 | 129 | 2 | 4.5 | 2 | 158 | 192 | 3600 | 4500 | — | RN 217 E |
| | 136.5 | 36 | 95 | 129 | 2 | 5 | 2 | 205 | 272 | 3600 | 4500 | — | RN 2217 E |
| | 160 | 41 | 99 | 147 | 3 | 6.5 | 3 | 280 | 332 | 3200 | 4000 | — | RN 317 E |
| 90 | 145 | 30 | 100 | 136.4 | 2 | 5 | 2 | 172 | 215 | 3400 | 4300 | — | RN 218 E |
| | 145 | 40 | 100 | 136.4 | 2 | 6 | 2 | 230 | 312 | 3400 | 4300 | — | RN 2218 E |
| | 169.5 | 43 | 104 | 155.5 | 3 | 6.5 | 3 | 298 | 348 | 3000 | 3800 | — | RN 318 E |
| 95 | 154.5 | 32 | 107 | 145.5 | 2.1 | 5 | 2.1 | 208 | 262 | 3200 | 4000 | — | RN 219 E |
| | 154.5 | 43 | 107 | 145.5 | 2.1 | 6.5 | 2.1 | 275 | 368 | 3200 | 400 | — | RN 2219 E |
| | 177.5 | 45 | 109 | 163.5 | 2.5 | 7.5 | 3 | 315 | 380 | 2800 | 3600 | — | RN 319 E |
| 100 | 163 | 34 | 112 | 152.8 | 2.1 | 5 | 2.1 | 235 | 302 | 3000 | 3800 | — | RN 220 E |
| | 163 | 46 | 112 | 152.8 | 2.1 | 6 | 2.1 | 318 | 440 | 3000 | 3800 | — | RN 2220 E |
| | 191.5 | 47 | 114 | 175 | 2.5 | 7.5 | 3 | 365 | 425 | 2600 | 3200 | — | RN 320 E |
| 105 | 168.8 | 36 | 117 | 161.2 | 2.1 | 7.5 | 2.1 | 185 | 235 | 2800 | 3600 | 2.76 | RN 221 |
| | 195 | 49 | 119 | 184 | 2.5 | 9.5 | 3 | 322 | 392 | 2200 | 3000 | — | RN 321 |
| 110 | 180.5 | 38 | 122 | 170.2 | 2.1 | 6 | 2.1 | 278 | 360 | 2600 | 3400 | — | RN 222 E |
| | 207 | 50 | 124 | 195 | 2.5 | 9 | 3 | 352 | 428 | 2000 | 2800 | — | RN 322 |
| 120 | 195.5 | 40 | 132 | 183.5 | 2.1 | 6 | 2.1 | 322 | 422 | 2200 | 3000 | — | RN 224 E |
| | 226 | 55 | 134 | 213 | 2.5 | 9.5 | 3 | 440 | 552 | 1900 | 2600 | — | RN 324 |
| 130 | 204 | 40 | 144 | 195 | 2.5 | 8 | 3 | 258 | 352 | 2000 | 2800 | 4.48 | RN 226 |
| | 243 | 58 | 148 | 229 | 3 | 10 | 4 | 492 | 620 | 1700 | 2200 | — | RN 326 |
| 140 | 221 | 42 | 154 | 211.5 | 2.5 | 8 | 3 | 302 | 415 | 1800 | 2400 | 5.94 | RN 228 |
| | 260 | 62 | 158 | 245 | 3 | 11 | 4 | 545 | 690 | 1600 | 2000 | 13.2 | RN 328 |
| 150 | 238 | 45 | 164 | 228 | 2.5 | 8.5 | 3 | 360 | 490 | 1700 | 2200 | — | RN 230 |
| | 277 | 65 | 168 | 262 | 3 | 11.5 | 4 | 595 | 765 | 1500 | 1900 | 17.04 | RN230 |
| 160 | 255 | 48 | 174 | 245 | 2.5 | 9 | 3 | 405 | 552 | 1600 | 2000 | — | RN 232 |
| | 292 | 68 | 178 | 276 | 3 | 13 | 4 | 628 | 825 | 1400 | 1800 | — | RN 332 |
| 170 | 272 | 52 | 188 | 262 | 3 | 10 | 4 | 425 | 650 | 1500 | 1900 | — | RN 234 |
| | 310 | 72 | 188 | 293 | 3 | 13.5 | 4 | 715 | 952 | 1300 | 1700 | — | RN 334 |
| 180 | 282 | 52 | 198 | 270 | 3 | 10 | 4 | 425 | 650 | 1400 | 1800 | — | RN 236 |
| | 328 | 75 | 198 | 309 | 3 | 13.5 | 4 | 835 | 1100 | 1200 | 1600 | 35.9 | RN 336 |

（续）

| 公称尺寸/mm | | | 安装尺寸/mm | | | 其他尺寸/mm | | 基本额定载荷/kN | | 极限转速/(r/min) | | 质量/kg | 轴承代号 |
|---|---|---|---|---|---|---|---|---|---|---|---|---|---|
| $d$ | $E_W$ | $B$ | $d_a$ min | $D_a$ max | $r_a$ min | $a$ | $r$ min | $C_r$ | $C_{0r}$ | 脂 | 油 | $W$ ≈ | RN 型 |
| 190 | 299 | 55 | 208 | 286.5 | 3 | 10.5 | 4 | 512 | 745 | 1300 | 1700 | — | RN 238 |
| | 345 | 78 | 212 | 325 | 4 | 14 | 5 | 882 | 1190 | 1100 | 1500 | 31.6 | RN 338 |
| 200 | 316 | 58 | 218 | 302.5 | 3 | 11.5 | 4 | 570 | 842 | 1200 | 1600 | — | RN 240 |
| | 360 | 80 | 222 | 340 | 4 | 15 | 5 | 972 | 1290 | 1000 | 1400 | — | RN 340 |
| 220 | 350 | 65 | 238 | 335 | 3 | 12.5 | 4 | 702 | 1050 | 1000 | 1400 | — | RN 244 |

表 6.1-57　无内圈圆柱滚子轴承（摘自 GB/T 283—2007）

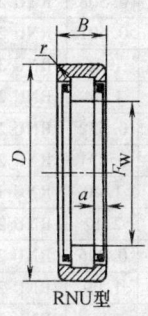

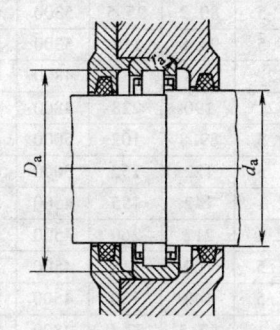

代号含义：

RNU——无内圈，外圈有双挡边

E——加强型

| 公称尺寸/mm | | | 安装尺寸/mm | | | 其他尺寸/mm | | 基本额定载荷/kN | | 极限转速/(r/min) | | 质量/kg | 轴承代号 |
|---|---|---|---|---|---|---|---|---|---|---|---|---|---|
| $F_W$ | $D$ | $B$ | $d_a$ max | $D_a$ max | $r_a$ max | $a$ | $r$ min | $C_r$ | $C_{0r}$ | 脂 | 油 | $W$ ≈ | RNU 型 |
| 20 | 35 | 11 | 22.4 | 31 | 0.6 | 3 | 0.6 | 7.98 | 5.5 | 15000 | 19000 | 0.038 | RNU 202 |
| 22.9 | 40 | 12 | 25.3 | 36 | 0.6 | 3.25 | 0.6 | 9.12 | 7.0 | 14000 | 18000 | — | RNU 203 |
| 26.5 | 47 | 14 | 29.8 | 42 | 1 | 2.5 | 1 | 25.8 | 24.0 | 12000 | 16000 | 0.089 | RNU 204 E |
| | 47 | 18 | 29.8 | 42 | 1 | 3.5 | 1 | 30.8 | 30.0 | 12000 | 16000 | 0.113 | RNU 2204 E |
| 27.5 | 52 | 15 | 32 | 45.5 | 1 | 2.5 | 1.1 | 29.0 | 25.5 | 11000 | 15000 | 0.12 | RNU 304 E |
| | 52 | 21 | 32 | 45.5 | 1 | 3.5 | 1.1 | 39.2 | 37.5 | 10000 | 14000 | 0.168 | RNU 2304 E |
| 30.5 | 47 | 12 | 32.6 | 43 | 0.6 | 3.25 | 0.6 | 11.0 | 10.2 | 11000 | 15000 | — | RNU 1005 |
| 31.5 | 52 | 15 | 34.9 | 47 | 1 | 3 | 1 | 27.5 | 26.8 | 11000 | 14000 | 0.104 | RNU 205 E |
| | 52 | 18 | 34.9 | 47 | 1 | 3.5 | 1 | 33.8 | 33.8 | 11000 | 14000 | 0.124 | RNU 2205 E |
| 34 | 62 | 17 | 39 | 55.5 | 1 | 3 | 1.1 | 38.5 | 35.8 | 9000 | 12000 | 0.193 | RNU 305 E |
| | 62 | 24 | 39 | 55.5 | 1 | 4 | 1.1 | 53.2 | 54.5 | 9000 | 12000 | 0.272 | RNU 2305 E |
| 37.5 | 62 | 16 | 41.8 | 57 | 1 | 3 | 1 | 36.0 | 35.5 | 8500 | 11000 | 0.159 | RNU 206 E |
| | 62 | 20 | 41.8 | 57 | 1 | 3.5 | 1 | 45.5 | 48.0 | 8500 | 11000 | 0.202 | RNU 2206 E |
| 40.5 | 72 | 19 | 46.2 | 61.5 | 1 | 3.5 | 1.1 | 49.2 | 48.2 | 8000 | 10000 | 0.285 | RNU 306 E |
| | 72 | 27 | 46.2 | 61.5 | 1 | 4.5 | 1.1 | 70.0 | 75.5 | 8000 | 10000 | 0.409 | RNU 2306 E |
| 44 | 72 | 17 | 47.4 | 61.5 | 1 | 3 | 1.1 | 46.5 | 48.0 | 7500 | 9500 | 0.233 | RNU 207 E |
| | 72 | 23 | 47.4 | 61.5 | 1 | 4.5 | 1.1 | 57.5 | 63.0 | 7500 | 9500 | 0.307 | RNU 2207 E |
| 46.2 | 80 | 21 | 50.3 | 72 | 1.5 | 3.5 | 1.5 | 62.0 | 63.2 | 7000 | 9000 | 0.379 | RNU 307 E |
| | 80 | 31 | 50.3 | 72 | 1.5 | 5 | 1.5 | 87.5 | 98.2 | 7000 | 9000 | 0.557 | RNU 2307 E |
| 49.5 | 80 | 18 | 54.2 | 73.5 | 1 | 3 | 1.1 | 51.5 | 53.0 | 7000 | 9000 | 0.294 | RNU 208 E |
| | 80 | 23 | 54.2 | 73.5 | 1 | 4 | 1.1 | 67.5 | 75.2 | 7000 | 9000 | 0.38 | RNU 2208 E |
| 52 | 90 | 23 | 58.3 | 82 | 1.5 | 4 | 1.5 | 76.8 | 77.8 | 6300 | 8000 | 0.515 | RNU 308 E |
| | 90 | 33 | 58.3 | 82 | 1.5 | 5.5 | 1.5 | 105 | 118 | 6300 | 8000 | 0.738 | RNU 2308 E |

（续）

| 公称尺寸/mm | | | 安装尺寸/mm | | | 其他尺寸/mm | | 基本额定载荷/kN | | 极限转速/(r/min) | | 质量/kg | 轴承代号 |
|---|---|---|---|---|---|---|---|---|---|---|---|---|---|
| $F_W$ | $D$ | $B$ | $d_a$ max | $D_a$ max | $r_a$ max | $a$ | $r$ min | $C_r$ | $C_{0r}$ | 脂 | 油 | $W$ ≈ | RNU 型 |
| 54.5 | 85 | 19 | 59 | 78.5 | 1 | 3.5 | 1.1 | 58.5 | 63.8 | 6300 | 8000 | 0.335 | RNU 209 E |
| | 85 | 23 | 59 | 78.5 | 1 | 4 | 1.1 | 71.0 | 82.0 | 6300 | 8000 | 0.407 | RNU 2209 E |
| 58.5 | 100 | 25 | 64 | 92 | 1.5 | 4.5 | 1.5 | 93.0 | 98.0 | 5600 | 7000 | 0.703 | RNU 309 E |
| | 100 | 36 | 64 | 92 | 1.5 | 6 | 1.5 | 130 | 152 | 5600 | 7000 | 1.01 | RNU 2309 E |
| 59.5 | 90 | 20 | 64.1 | 83.5 | 1 | 4 | 1.1 | 61.2 | 69.2 | 6000 | 7500 | 0.369 | RNU 210 E |
| | 90 | 23 | 64.1 | 83.5 | 1 | 4 | 1.1 | 74.2 | 88.8 | 6000 | 7500 | 0.433 | RNU 2210 E |
| 65 | 110 | 27 | 71 | 101 | 2 | 5 | 2 | 105 | 112 | 5300 | 6700 | 0.896 | RNU 310 E |
| | 110 | 40 | 71 | 101 | 2 | 6.5 | 2 | 155 | 185 | 5300 | 6700 | 1.34 | RNU 2310E |
| 66 | 100 | 21 | 70 | 92 | 1.5 | 3.5 | 1.5 | 80.2 | 95.5 | 5300 | 6700 | 0.508 | RNU 211 E |
| | 100 | 25 | 70 | 92 | 1.5 | 4 | 1.5 | 94.8 | 118 | 5300 | 6700 | 0.601 | RNU 2211E |
| 70.5 | 120 | 29 | 77.2 | 111 | 2 | 5 | 2 | 128 | 138 | 4800 | 6000 | 1.16 | RNU 311 E |
| | 120 | 43 | 77.2 | 111 | 2 | 6.5 | 2 | 190 | 228 | 4800 | 6000 | 1.74 | RNU 2311 E |
| 72 | 110 | 22 | 77.6 | 102 | 1.5 | 4 | 1.5 | 89.8 | 102 | 5000 | 6300 | 0.632 | RNU 212 E |
| | 110 | 28 | 77.6 | 102 | 1.5 | 4 | 1.5 | 122 | 152 | 5000 | 6300 | 0.831 | RNU 2212 E |
| 77 | 130 | 31 | 82.5 | 119 | 2.1 | 5.5 | 2.1 | 142 | 155 | 4500 | 5600 | 1.40 | RNU 312 E |
| | 130 | 46 | 82.5 | 119 | 2.1 | 7 | 2.1 | 212 | 260 | 4500 | 5600 | 2.12 | RNU 2312 E |
| 78.5 | 120 | 23 | 84 | 112 | 1.5 | 4 | 1.5 | 102 | 118 | 4500 | 5600 | 0.796 | RNU 213 E |
| | 120 | 31 | 84 | 112 | 1.5 | 4.5 | 1.5 | 142 | 180 | 4500 | 5600 | 1.09 | RNU 2213 E |
| 80 | 110 | 20 | 83.8 | 103.5 | 1 | 5 | 1.1 | 47.5 | 57.0 | 4800 | 6000 | — | RNU 1014 |
| 82.5 | 140 | 33 | 90.8 | 129 | 2.1 | 5.5 | 2.1 | 170 | 188 | 4000 | 5000 | 1.75 | RNU 313 E |
| | 140 | 48 | 90.8 | 129 | 2.1 | 8 | 2.1 | 235 | 285 | 4000 | 5000 | 2.54 | RNU 2313 E |
| 83.5 | 125 | 24 | 88.6 | 117 | 1.5 | 4 | 1.5 | 112 | 135 | 4300 | 5300 | 0.878 | RNU 214 E |
| | 125 | 31 | 88.6 | 117 | 1.5 | 4.5 | 1.5 | 148 | 192 | 4300 | 5300 | 1.15 | RNU 2214 E |
| 88.5 | 130 | 25 | 92.9 | 122 | 1.5 | 4 | 1.5 | 125 | 155 | 4000 | 5000 | 0.964 | RNU 215 E |
| | 130 | 31 | 92.9 | 122 | 1.5 | 4.5 | 1.5 | 155 | 205 | 4000 | 500 | 1.21 | RNU 2215 E |
| 89 | 150 | 35 | 97.5 | 139 | 2.1 | 5.5 | 2.1 | 195 | 220 | 3800 | 4800 | 2.18 | RNU 314 E |
| | 150 | 51 | 97.5 | 139 | 2.1 | 8.5 | 2.1 | 260 | 320 | 3800 | 4800 | 3.11 | RNU 2314 E |
| 95 | 160 | 37 | 103.5 | 149 | 2.1 | 5.5 | 2.1 | 228 | 260 | 3600 | 4500 | 2.62 | RNU 315 E |
| 95.3 | 140 | 26 | 100 | 131 | 2 | 4.5 | 2 | 132 | 165 | 3800 | 4800 | 1.14 | RNU 216 E |
| | 140 | 33 | 100 | 131 | 2 | 4.5 | 2 | 178 | 242 | 3800 | 4800 | 1.49 | RNU 2216 E |
| 95.5 | 160 | 55 | 103.5 | 149 | 2.1 | — | 2.1 | 245 | 308 | 3600 | 4500 | 4.54 | RNU 2315 |
| 96.5 | 130 | 22 | 100.8 | 123.5 | 1 | 5.5 | 1.1 | 64.5 | 81.6 | 4000 | 5000 | 0.72 | RNU 1017 |
| 100.5 | 150 | 28 | 107 | 141 | 2 | 4.5 | 2 | 158 | 192 | 3600 | 4500 | 1.48 | RNU 217 E |
| | 150 | 36 | 107 | 141 | 2 | 5 | 2 | 205 | 272 | 3600 | 4500 | 1.93 | RNU 2217 E |
| 101 | 170 | 39 | 111.8 | 159 | 2.1 | 6 | 2.1 | 245 | 282 | 3400 | 4300 | 3.1 | RNU 316 E |
| 103 | 140 | 24 | 107.8 | 132 | 1.5 | 6 | 1.5 | 74.0 | 94.8 | 3800 | 4800 | 0.98 | RNU 1018 |
| 107 | 160 | 30 | 114.2 | 151 | 2 | 5 | 2 | 172 | 215 | 3400 | 4300 | 1.79 | RNU 218 E |
| | 160 | 40 | 114.2 | 151 | 2 | 6 | 2 | 230 | 312 | 3400 | 4300 | 2.41 | RNU 2218 E |
| 108 | 180 | 41 | 115.5 | 167 | 2.5 | 6.5 | 3 | 280 | 332 | 3200 | 4000 | 3.66 | RNU 317 E |
| | 180 | 60 | 115.5 | 167 | 2.5 | — | 3 | 295 | 380 | 3200 | 4000 | 6.47 | RNU 2317 |
| 112.5 | 170 | 32 | 120 | 159 | 2.1 | 5 | 2.1 | 208 | 262 | 3200 | 4000 | 2.22 | RNU 219 E |
| | 170 | 43 | 120 | 159 | 2.1 | 6.5 | 2.1 | 275 | 368 | 3200 | 4000 | 2.97 | RNU 2219 E |
| 113.5 | 190 | 43 | 125 | 177 | 2.5 | 6.5 | 3 | 298 | 348 | 3000 | 3800 | 4.27 | RNU 318 E |
| 119 | 180 | 34 | 128 | 169 | 2.1 | 5 | 2.1 | 235 | 302 | 3000 | 3800 | 2.68 | RNU 220 E |
| | 180 | 46 | 128 | 169 | 2.1 | 6 | 2.1 | 318 | 440 | 3000 | 3800 | 3.65 | RNU 2220 E |
| 121.5 | 200 | 45 | 132 | 187 | 2.5 | 7.5 | 3 | 315 | 380 | 2800 | 3600 | 4.86 | RNU 319 E |
| 125 | 170 | 28 | 130.7 | 161 | 2 | 6.5 | 2 | 115 | 155 | 3000 | 3800 | 1.91 | RNU 1022 |

（续）

| 公称尺寸/mm | | | 安装尺寸/mm | | | 其他尺寸/mm | | 基本额定载荷/kN | | 极限转速/(r/min) | | 质量/kg | 轴承代号 |
|---|---|---|---|---|---|---|---|---|---|---|---|---|---|
| $F_W$ | $D$ | $B$ | $d_a$ max | $D_a$ max | $r_a$ max | $a$ | $r$ min | $C_r$ | $C_{0r}$ | 脂 | 油 | $W$ ≈ | RNU 型 |
| 127.5 | 215 | 47 | 140.5 | 202 | 2.5 | 7.5 | 3 | 365 | 425 | 2600 | 3200 | 5.98 | RNU 320 E |
| 132.5 | 200 | 38 | 141.5 | 189 | 2.1 | 6 | 2.1 | 278 | 360 | 2600 | 3400 | 3.69 | RNU 222 E |
| 135 | 180 | 28 | 140.7 | 171 | 2 | 6.5 | 2 | 130 | 168 | 2600 | 3400 | 2.31 | RNU 1024 |
| | 225 | 49 | 147 | 212 | 2.5 | 9.5 | 3 | 322 | 392 | 2200 | 3000 | — | RNU 321 |
| 143 | 240 | 50 | 155.5 | 227 | 2.5 | 9 | 3 | 352 | 428 | 2000 | 2800 | — | RNU 322 |
| 143.5 | 215 | 40 | 153 | 204 | 2.1 | 6 | 2.1 | 322 | 422 | 2200 | 3000 | 4.52 | RNU 224 E |
| 154 | 260 | 55 | 168.5 | 247 | 2.5 | 9.5 | 3 | 440 | 552 | 1900 | 2600 | — | RNU 324 |
| 156 | 230 | 40 | 165.5 | 217 | 2.5 | 8 | 3 | 258 | 352 | 2000 | 2800 | 5.6 | RNU 226 |
| 158 | 210 | 33 | 164.5 | 201 | 2 | 8 | 2 | 158 | 220 | 2000 | 2800 | — | RNU 1028 |
| 167 | 280 | 58 | 182 | 246 | 3 | 10 | 4 | 492 | 620 | 1700 | 2200 | — | RNU 326 |
| 169 | 250 | 42 | 179.5 | 237 | 2.5 | 8 | 3 | 302 | 415 | 1800 | 2400 | — | RNU 228 |
| 169.5 | 225 | 35 | 176.7 | 214 | 2.1 | 8.5 | 2.1 | 188 | 268 | 1900 | 2600 | 3.64 | RNU 1030 |
| 180 | 300 | 62 | 196 | 284 | 3 | 11 | 4 | 545 | 690 | 1600 | 2000 | — | RNU 328 |
| 182 | 270 | 45 | 193 | 257 | 2.5 | 8.5 | 3 | 360 | 490 | 1700 | 2200 | — | RNU 230 |
| 193 | 320 | 65 | 210 | 304 | 3 | 11.5 | 4 | 595 | 765 | 1500 | 1900 | — | RNU 330 |
| 195 | 290 | 48 | 205 | 277 | 2.5 | 9 | 3 | 405 | 552 | 1600 | 2000 | — | RNU 232 |
| 205 | 280 | 46 | 214.5 | 269 | 2.1 | 10.5 | 2.1 | 300 | 438 | 1600 | 2000 | — | RNU 1036 |
| 208 | 340 | 68 | 225 | 324 | 3 | 13 | 4 | 628 | 825 | 1400 | 1800 | — | RNU 332 |
| | 310 | 52 | 219.8 | 294 | 3 | 10 | 4 | 425 | 650 | 1500 | 1900 | — | RNU 234 |
| 218 | 320 | 52 | 230.5 | 304 | 3 | 10 | 4 | 425 | 650 | 1400 | 2800 | — | RNU 236 |
| 220 | 360 | 72 | 238 | 344 | 3 | 13.5 | 4 | 715 | 952 | 1300 | 1700 | — | RNU 334 |
| 231 | 340 | 55 | 244.5 | 324 | 3 | 10.5 | 4 | 512 | 745 | 1300 | 1700 | — | RNU 238 |
| 232 | 380 | 75 | 251 | 364 | 3 | 13.5 | 4 | 835 | 1100 | 1200 | 1600 | — | RNU 336 |
| 244 | 360 | 58 | 258 | 344 | 3 | 11 | 4 | 570 | 842 | 1200 | 1600 | — | RNU 240 |
| 245 | 400 | 78 | 265 | 380 | 4 | 14 | 5 | 882 | 1190 | 1100 | 1500 | — | RNU 338 |
| 260 | 420 | 80 | 280 | 400 | 4 | 15 | 5 | 972 | 1290 | 1000 | 1400 | — | RNU 340 |
| 270 | 400 | 65 | 286 | 384 | 3 | 12.5 | 4 | 702 | 1050 | 1000 | 1400 | — | RNU 244 |

**表 6.1-58　轧机用四列圆柱滚子轴承（摘自 JB/T 5389.1—2005）**

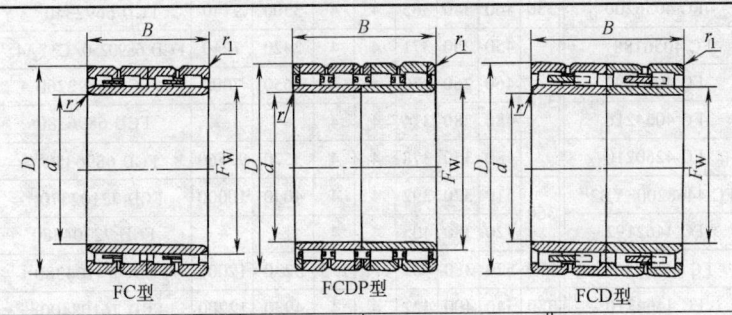

FC 型　　　FCDP 型　　　FCD 型

代号含义：

FC——一个内圈，外圈带双挡边

FCD——双内圈，外圈双挡边

FCDP——双内圈，外圈单挡边且带
　　　　平挡圈

| 主要尺寸/mm | | | | | | 基本额定载荷/kN | | 轴承代号 | 主要尺寸/mm | | | | | | 基本额定载荷/kN | | 轴承代号 |
|---|---|---|---|---|---|---|---|---|---|---|---|---|---|---|---|---|---|
| $d$ | $D$ | $B$ | $F_W$ | $r$ min | $r_1$ min | $C_r$ | $C_{0r}$ | FC 型、FCD 型 | $d$ | $D$ | $B$ | $F_W$ | $r$ min | $r_1$ min | $C_r$ | $C_{0r}$ | FC 型、FCD 型 |
| 100 | 140 | 104 | 111 | 1.5 | 1.1 | 335 | 730 | FC 2028104 | 100 | 150 | 106 | 113 | 1.5 | 1.1 | — | — | FC 2030106 |
| | 140 | 70 | 111 | 1.5 | 1.1 | 209 | 435 | FC 202870/YA3[2] | 110 | 170 | 120 | 127 | 2 | 2 | 605 | 1060 | FC 2234120 |
| | 145 | 70 | 113 | 1.5 | 1.1 | 218 | 432 | FC 202970 | 120 | 180 | 105 | 135 | 2 | 2 | 612 | 930 | FC 2436105 |

（续）

| 主要尺寸/mm | | | | | | 基本额定载荷/kN | | 轴承代号 | 主要尺寸/mm | | | | | | 基本额定载荷/kN | | 轴承代号 |
|---|---|---|---|---|---|---|---|---|---|---|---|---|---|---|---|---|---|
| $d$ | $D$ | $B$ | $F_w$ | $r$ min | $r_1$ min | $C_r$ | $C_{0r}$ | FC 型、FCD 型 | $d$ | $D$ | $B$ | $F_w$ | $r$ min | $r_1$ min | $C_r$ | $C_{0r}$ | FC 型、FCD 型 |
| 130 | 200 | 125 | 149 | 2 | 2 | 738 | 1220 | FC 2640125 | 240 | 340 | 192 | 265 | 2.1 | 2.1 | 1540 | 3650 | FC 4868192A② |
| 140 | 210 | 125 | 158 | 2 | 2 | 718 | 1150 | FC 2842125 | | 360 | 220 | 272 | 2.1 | 2.1 | 2070 | 3860 | FC 4872220 |
| | 210 | 155 | 158 | 2 | 2 | — | — | FC 2842155 | | 340 | 230 | 276 | 3.5 | 3.5 | — | — | FC D5068230 |
| 145 | 210 | 155 | 166 | 2 | 2 | 578 | 1590 | FC 2942155 | 250 | 350 | 220 | 278 | 3 | 3 | 1610 | 4210 | FC 5070220 |
| | 225 | 156 | 169 | 2 | 2 | 838 | 1690 | FC 2945156 | | 360 | 220 | 282 | 3 | 3 | 1650 | 4250 | FC 5072220/YA3② |
| 150 | 225 | 120 | 169 | 2 | 2 | 788 | 1290 | FC 3045120 | | 360 | 200 | 288 | 3 | 3 | 2000 | 4650 | FC 5272200/YA3B2② |
| | 230 | 156 | 174 | 2 | 2 | 840 | 1760 | FC 3046156 | | 370 | 220 | 292 | 3 | 3 | 1530 | 3860 | FC 5274220 |
| 160 | 230 | 130 | 180 | 1.5 | 1.5 | 742 | 1705 | FC 3246130② | 260 | 370 | 280 | 292 | 3 | 3 | — | — | FCD 5274280 |
| | 230 | 168 | 180 | 2.1 | 2.1 | 852 | 2170 | FC 3246168/YA3② | | 380 | 280 | 294 | 3 | 3 | 2270 | 5380 | FCD 5276280 |
| | 240 | 168 | 183 | 2.1 | 2.1 | 942 | 1950 | FC 3248168 | | 380 | 220 | 290 | 3 | 3 | 2150 | 4750 | FC 5276220/C4YA4② |
| | 240 | 124 | 183 | 2.1 | 2.1 | 690 | 1310 | FC 3248124 | 270 | 380 | 230 | 298 | 3 | 3 | 2140 | 4750 | FCD 5476230 |
| 170 | 230 | 160 | 185.5 | 2 | 2 | 1210 | 2360 | FCD 3446160② | | 390 | 236 | 312 | 3 | 3 | 2310 | 5950 | FC 5478236② |
| | 250 | 170 | 192 | 2.1 | 2.1 | 1070 | 2080 | FC 3450170 | | 390 | 220 | 312 | 3 | 3 | 1690 | 4820 | FC 5678220 |
| | 260 | 120 | 195 | 2.1 | 2.1 | 648 | 1020 | FC 3452120 | 280 | 390 | 275 | 308 | 1.5 | 1.1 | 2930 | 6250 | FCDP 5678275 |
| 180 | 250 | 156 | 200 | 2.1 | 2.1 | 1210 | 1770 | FC 3650156/C4YA4② | | 420 | 280 | 318 | 4 | 4 | 2670 | 5570 | FCD 5684280 |
| | 260 | 124 | 202 | 2.1 | 2.1 | 809 | 1730 | FC 3652124② | 290 | 390 | 190 | 316 | 3 | 3 | — | — | FC 5878190 |
| | 260 | 168 | 202 | 2.1 | 2.1 | 1050 | 2170 | FC 3652168 | | 410 | 240 | 320 | 4 | 4 | 2470 | 5330 | FCD 5882240 |
| | 280 | 180 | 207 | 2.1 | 2.1 | 1460 | 2340 | FC 3656180 | | 420 | 300 | 327 | 4 | 4 | — | — | FCD 5884300 |
| 190 | 270 | 168 | 212 | 2.1 | 2.1 | 1420 | 2430 | FC 3854168② | 300 | 420 | 218 | 332 | 4 | 4 | 1980 | 4680 | FC 6084218 |
| | 270 | 170 | 212 | 2.1 | 2.1 | 1430 | 2430 | FC 3854170/YA3② | | 420 | 240 | 332 | 4 | 4 | 2170 | 5280 | FCD 6084240 |
| | 260 | 168 | 212 | 2.1 | 2.1 | 755 | 2440 | FC 3852168 | | 420 | 300 | 332 | 3 | 3 | 2920 | 7370 | FCD 6084300① |
| | 270 | 200 | 212 | 2.1 | 2.1 | 1360 | 3200 | FC 3854200 | 320 | 450 | 240 | 355 | 4 | 4 | 2220 | 5320 | FCD 6490240 |
| | 280 | 200 | 214 | 2.1 | 2.1 | — | — | FC 3856200 | | 480 | 290 | 364 | 4 | 4 | 2980 | 5980 | FCD 6496290 |
| 200 | 270 | 170 | 222 | 2.1 | 2.1 | 1120 | 2270 | FC 4054170Q1/YA3② | | 480 | 350 | 364 | 4 | 4 | 3970 | 8320 | FCD 6496350① |
| | 280 | 200 | 222 | 2.1 | 2.1 | 1340 | 3320 | FC 4056200 | 330 | 460 | 340 | 365 | 4 | 4 | 3300 | 9140 | FCD 6692340① |
| | 280 | 188 | 222 | 2.1 | 2.1 | 1430 | 2580 | FC 4056188② | 340 | 450 | 250 | 371 | 4 | 4 | 2420 | 7240 | FCD 6890250/C3YA4② |
| | 290 | 192 | 226 | 2.1 | 2.1 | 1230 | 2820 | FC 4058192 | | 460 | 260 | 370 | 4 | 4 | 2650 | 7000 | FCD 6892260 |
| | 320 | 216 | 233 | 2.1 | 2.1 | — | — | FC 4064216 | | 480 | 280 | 374 | 4 | 4 | — | — | FCD 6896280 |
| 210 | 300 | 210 | 234 | 2.1 | 2.1 | 1540 | 3400 | FC 4260210 | | 480 | 350 | 378 | 4 | 4 | 3570 | 9.560 | FCD 6896350① |
| 220 | 340 | 200 | 250 | 4 | 4 | 1950 | 3350 | FC 4468200/YB2② | 360 | 510 | 370 | 392 | 4 | 4 | 4040 | 10000 | FCD 72102370① |
| | 310 | 192 | 246 | 2.1 | 2.1 | 1230 | 3120 | FC 4462192 | | 520 | 380 | 405 | 4 | 4 | — | — | FCD 72104380 |
| | 310 | 225 | 244 | 2.1 | 2.1 | 1850 | 4050 | FC 4462225② | 370 | 520 | 380 | 409 | 1.5 | 1.5 | 5230 | 12000 | FCDP 74104380② |
| | 320 | 210 | 248 | 2.1 | 2.1 | 1510 | 3330 | FC 4464210 | 380 | 540 | 400 | 422 | 4 | 4 | 4930 | 12200 | FCD 76108400① |
| 230 | 330 | 206 | 260 | 2.1 | 2.1 | 1350 | 3510 | FC 4666206 | 400 | 550 | 300 | 442 | 5 | 5 | 4460 | 5050 | FC 80110300② |
| | 340 | 260 | 261 | 2.1 | 2.1 | 2000 | 4400 | FCD 4668260 | | 560 | 410 | 445 | 5 | 5 | 4480 | 13100 | FCD 80112410① |
| 240 | 330 | 220 | 264 | 2.1 | 2.1 | 1780 | 4850 | FC 4866220② | 420 | 600 | 440 | 470 | 5 | 5 | 5450 | 14800 | FCD 84120440① |

注：FCD 型及 FCDP 型，标准中尚有 $d$ = 440、460、480、500、530、550、560、570、600、630、650、670、690、700、710、730、750、800、830、850、900、950、1000、1060、1110、1120 等各种规格，本表未编入。

① FCDP 型轴承与 FCD 型轴承外形尺寸和额定载荷相同。

② 轴承代号及基本额定载荷数据来自瓦房店轴承集团公司样本。

## 3.5 调心滚子轴承（表 6.1-59～表 6.1-60）

### 表 6.1-59 调心滚子轴承（摘自 GB/T 288—1994）

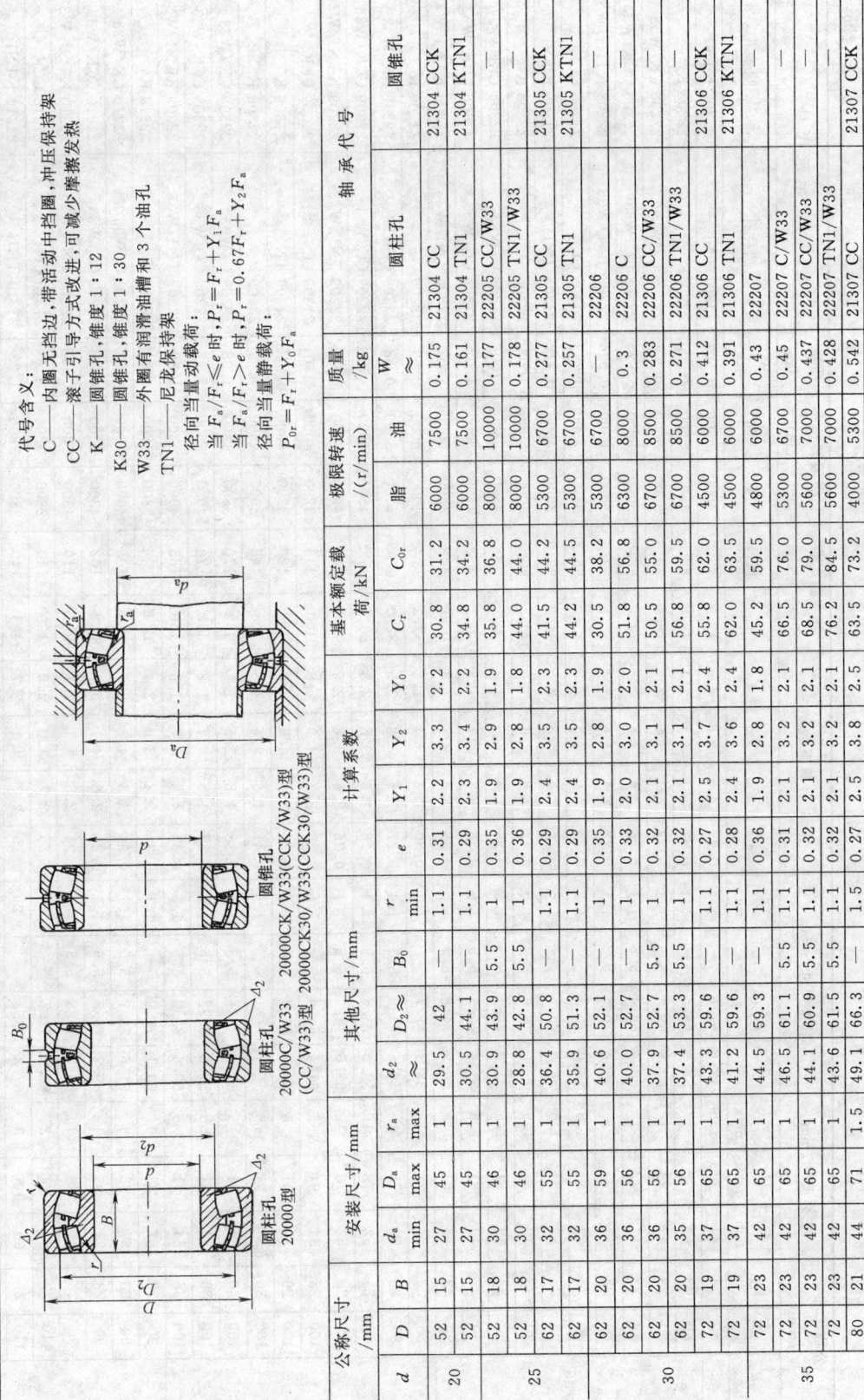

代号含义：
C——内圈无挡边，带活动中挡圈，冲压保持架
CC——滚子引导方式改进，可减少摩擦发热
K——圆锥孔，锥度 1∶12
K30——圆锥孔，锥度 1∶30
W33——外圈有润滑油槽和 3 个油孔
TN1——尼龙保持架

径向当量动载荷：
当 $F_a/F_r \leqslant e$ 时，$P_r = F_r + Y_1 F_a$
当 $F_a/F_r > e$ 时，$P_r = 0.67 F_r + Y_2 F_a$
径向当量静载荷：
$P_{0r} = F_r + Y_0 F_a$

圆锥孔 20000CK/W33　20000CK30/W33(CCK/W33)型　20000CK30(CCK30/W33)型
圆柱孔 20000C/W33 (CC/W33)型
圆柱孔 20000型

| 公称尺寸/mm | | | 安装尺寸/mm | | | 其他尺寸/mm | | | | 计算系数 | | | | 基本额定载荷/kN | | 极限转速/(r/min) | | 质量/kg | 轴承代号 | |
|---|---|---|---|---|---|---|---|---|---|---|---|---|---|---|---|---|---|---|---|---|
| $d$ | $D$ | $B$ | $d_a$ min | $D_a$ max | $r_a$ max | $d_2 \approx$ | $D_2 \approx$ | $B_0$ | $r$ min | $e$ | $Y_1$ | $Y_2$ | $Y_0$ | $C_r$ | $C_{0r}$ | 脂 | 油 | $W \approx$ | 圆柱孔 | 圆锥孔 |
| 20 | 52 | 15 | 27 | 45 | 1 | 29.5 | 42 | — | 1.1 | 0.31 | 2.2 | 3.3 | 2.2 | 30.8 | 31.2 | 6000 | 7500 | 0.175 | 21304 CC | 21304 CCK |
| | 52 | 15 | 27 | 45 | 1 | 30.5 | 44.1 | — | 1.1 | 0.29 | 2.3 | 3.4 | 2.2 | 34.4 | 34.2 | 6000 | 7500 | 0.161 | 21304 TN1 | 21304 KTN1 |
| | 52 | 18 | 30 | 46 | 1 | 30.9 | 43.9 | 5.5 | 1 | 0.35 | 1.9 | 2.9 | 1.9 | 35.8 | 36.8 | 8000 | 10000 | 0.177 | 22205 CC/W33 | 22205 CCK/W33 |
| | 52 | 18 | 30 | 46 | 1 | 28.8 | 42.8 | 5.5 | 1 | 0.36 | 1.9 | 2.8 | 1.8 | 44.0 | 44.0 | 8000 | 10000 | 0.178 | 22205 TN1/W33 | 22205 TN1/W33 |
| 25 | 62 | 17 | 32 | 55 | 1 | 36.4 | 50.8 | — | 1.1 | 0.29 | 2.4 | 3.5 | 2.3 | 41.5 | 44.2 | 5300 | 6700 | 0.277 | 21305 CC | 21305 CCK |
| | 62 | 17 | 32 | 55 | 1 | 35.9 | 51.3 | — | 1.1 | 0.29 | 2.4 | 3.5 | 2.3 | 44.2 | 44.5 | 5300 | 6700 | 0.257 | 21305 TN1 | 21305 KTN1 |
| 30 | 62 | 20 | 36 | 59 | 1 | 40.6 | 52.1 | — | 1 | 0.35 | 1.9 | 2.8 | 1.9 | 30.5 | 38.2 | 5300 | 6700 | — | 22206 | — |
| | 62 | 20 | 36 | 56 | 1 | 40.0 | 52.7 | — | 1 | 0.33 | 2.0 | 3.0 | 2.0 | 51.8 | 56.8 | 6300 | 8000 | 0.3 | 22206 C | — |
| | 62 | 20 | 36 | 56 | 1 | 37.9 | 52.7 | 5.5 | 1 | 0.32 | 2.1 | 3.1 | 2.1 | 50.5 | 55.0 | 6700 | 8500 | 0.283 | 22206 CC/W33 | 22206 CC/W33 |
| | 62 | 20 | 35 | 56 | 1 | 37.4 | 53.3 | 5.5 | 1 | 0.32 | 2.1 | 3.1 | 2.1 | 56.8 | 59.5 | 6700 | 8500 | 0.271 | 22206 TN1/W33 | 22206 TN1/W33 |
| | 72 | 19 | 37 | 65 | 1 | 43.3 | 59.6 | — | 1.1 | 0.27 | 2.5 | 3.7 | 2.4 | 55.8 | 62.0 | 4500 | 6000 | 0.412 | 21306 CC | 21306 CCK |
| | 72 | 19 | 37 | 65 | 1 | 41.2 | 59.6 | — | 1.1 | 0.28 | 2.4 | 3.6 | 2.4 | 62.0 | 63.5 | 4500 | 6000 | 0.391 | 21306 TN1 | 21306 KTN1 |
| 35 | 72 | 23 | 42 | 65 | 1 | 44.5 | 59.3 | — | 1.1 | 0.36 | 1.9 | 2.8 | 1.8 | 45.2 | 59.5 | 4800 | 6000 | 0.43 | 22207 | — |
| | 72 | 23 | 42 | 65 | 1 | 46.5 | 61.1 | 5.5 | 1.1 | 0.31 | 2.1 | 3.2 | 2.1 | 66.5 | 76.0 | 5300 | 6700 | 0.45 | 22207 C/W33 | 22207 CC/W33 |
| | 72 | 23 | 42 | 65 | 1 | 44.1 | 60.9 | 5.5 | 1.1 | 0.32 | 2.1 | 3.2 | 2.1 | 68.5 | 79.0 | 5600 | 7000 | 0.437 | 22207 CC/W33 | 22207 CC/W33 |
| | 72 | 23 | 42 | 65 | 1 | 43.6 | 61.5 | 5.5 | 1.1 | 0.32 | 2.1 | 3.2 | 2.1 | 76.2 | 84.5 | 5600 | 7000 | 0.428 | 22207 TN1/W33 | 22207 TN1/W33 |
| | 80 | 21 | 44 | 71 | 1.5 | 49.1 | 66.3 | — | 1.5 | 0.27 | 2.5 | 3.8 | 2.5 | 63.5 | 73.2 | 4000 | 5300 | 0.542 | 21307 CC | 21307 CCK |

（续）

| 公称尺寸/mm | | | 安装尺寸/mm | | | 其他尺寸/mm | | | | 计算系数 | | | | 基本额定载荷/kN | | 极限转速/(r/min) | | 质量/kg | 轴承代号 | |
|---|---|---|---|---|---|---|---|---|---|---|---|---|---|---|---|---|---|---|---|---|
| $d$ | $D$ | $B$ | $d_a$ min | $D_a$ max | $r_a$ max | $d_2 \approx$ | $D_2 \approx$ | $B_0$ | $r$ min | $e$ | $Y_1$ | $Y_2$ | $Y_0$ | $C_r$ | $C_{or}$ | 脂 | 油 | $W \approx$ | 圆柱孔 | 圆锥孔 |
| 35 | 80 | 21 | 44 | 71 | 1.5 | 47.6 | 67.8 | — | 1.5 | 0.27 | 2.5 | 3.8 | 2.5 | 72.2 | 75.5 | 4000 | 5300 | 0.507 | 21307 TN1 | 21307 KTN1 |
| 40 | 80 | 23 | 47 | 73 | 1 | 52.6 | 66.5 | — | 1.1 | 0.32 | 2.1 | 3.1 | 2.1 | 49.8 | 68.5 | 4500 | 5600 | 0.55 | 22208 | 22208 K |
| | 80 | 23 | 47 | 73 | 1 | 52.6 | 69.4 | 5.5 | 1.1 | 0.28 | 2.4 | 3.6 | 2.3 | 78.5 | 90.8 | 5000 | 6000 | 0.54 | 22208 C/W33 | 22208 CK/W33 |
| | 80 | 23 | 47 | 73 | 1 | 50.4 | 69.4 | 5.5 | 1.1 | 0.28 | 2.4 | 3.6 | 2.4 | 77.0 | 88.5 | 5000 | 6300 | 0.524 | 22208 CC/W33 | 22208 CCK/W33 |
| | 80 | 23 | 47 | 73 | 1 | 49.4 | 70.5 | 5.5 | 1.1 | 0.28 | 2.4 | 3.6 | 2.4 | 92.5 | 102 | 5000 | 6300 | 0.524 | 22208 TN1/W33 | 22208 KTN1/W33 |
| | 90 | 23 | 49 | 81 | 1.5 | 54.0 | 75.1 | — | 1.5 | 0.26 | 2.6 | 3.8 | 2.5 | 85.0 | 96.2 | 3600 | 4500 | 0.743 | 21308 CC | 21308 CCK |
| | 90 | 23 | 49 | 81 | 1.5 | 53.5 | 75.6 | — | 1.5 | 0.26 | 2.6 | 3.8 | 2.5 | 91.2 | 99.0 | 3600 | 4500 | 0.717 | 21308 TN1 | 21308 KTN1 |
| | 90 | 33 | 49 | 81 | 1.5 | — | 75.6 | — | 1.5 | 0.42 | 1.6 | 2.1 | 1.6 | 73.5 | 90.5 | 4000 | 5000 | 1.03 | 22308 | 22308 K |
| | 90 | 33 | 49 | 81 | 1.5 | 51.2 | 74.1 | 5.5 | 1.5 | 0.38 | 1.8 | 2.6 | 1.7 | 120 | 138 | 4300 | 5300 | 1.0 | 22308 C/W33 | 22308 CK/W33 |
| | 90 | 33 | 49 | 81 | 1.5 | 51.4 | 74.3 | 5.5 | 1.5 | 0.38 | 1.8 | 2.7 | 1.8 | 120 | 138 | 4500 | 6000 | 1.02 | 22308 CC/W33 | 22308 CCK/W33 |
| | 90 | 33 | 48 | 81 | 1.5 | 50.9 | 74.8 | 5.5 | 1.5 | 0.38 | 1.8 | 2.7 | 1.8 | 130 | 148 | 4500 | 6000 | 1.02 | 22308 TN1/W33 | 22308 KTN1/W33 |
| 45 | 85 | 23 | 52 | 78 | 1 | 58.1 | 71.7 | — | 1.1 | 0.30 | 2.3 | 3.4 | 2.2 | 52.2 | 73.2 | 4000 | 5000 | 0.59 | 22209 | 22209 K |
| | 85 | 23 | 52 | 78 | 1 | 56.6 | 73.5 | 5.5 | 1.1 | 0.27 | 2.5 | 3.8 | 2.5 | 82.0 | 97.5 | 4500 | 5600 | 0.58 | 22209 C/W33 | 22209 CK/W33 |
| | 85 | 23 | 52 | 78 | 1 | 54.6 | 73.6 | 5.5 | 1.1 | 0.26 | 2.6 | 3.8 | 2.5 | 80.5 | 95.2 | 4500 | 6000 | 0.571 | 22209 CC/W33 | 22209 CCK/W33 |
| | 85 | 23 | 52 | 78 | 1 | 53.6 | 74.7 | 5.5 | 1.1 | 0.26 | 2.6 | 3.8 | 2.5 | 92.5 | 102 | 4500 | 6000 | 0.555 | 22209 TN1/W33 | 22209 KTN1/W33 |
| | 100 | 25 | 54 | 91 | 1.5 | 61.4 | 84.4 | — | 1.5 | 0.25 | 2.7 | 4.0 | 2.6 | 100 | 115 | 3200 | 4000 | 1.0 | 21309 CC | 21309 CCK |
| | 100 | 25 | 54 | 91 | 1.5 | 60.4 | 84.4 | — | 1.5 | 0.25 | 2.7 | 4.0 | 2.6 | 108 | 120 | 3200 | 4000 | 0.949 | 21309 TN1 | 21309 KTN1 |
| | 100 | 36 | 54 | 91 | 1.5 | 57.3 | 82 | — | 1.5 | 0.41 | 1.6 | 2.4 | 1.6 | 108 | 140 | 3600 | 4500 | 1.4 | 22309 | 22309 K |
| | 100 | 36 | 54 | 91 | 1.5 | 57.6 | 82.2 | 5.5 | 1.5 | 0.38 | 1.8 | 2.6 | 1.7 | 142 | 170 | 3800 | 4800 | 1.38 | 22309 C/W33 | 22309 CK/W33 |
| | 100 | 36 | 54 | 91 | 1.5 | 57.6 | 83.3 | 5.5 | 1.5 | 0.37 | 1.8 | 2.7 | 1.8 | 142 | 170 | 4000 | 5300 | 1.37 | 22309 CC/W33 | 22309 CCK/W33 |
| | 100 | 36 | 54 | 91 | 1.5 | 57.6 | 83.3 | 5.5 | 1.5 | 0.37 | 1.8 | 2.7 | 1.8 | 160 | 185 | 4000 | 5300 | 1.39 | 22309 TN1/W33 | 22309 KTN1/W33 |
| 50 | 90 | 23 | 57 | 83 | 1 | 63.1 | 76.9 | — | 1.1 | 0.30 | 2.4 | 3.6 | 2.4 | 52.2 | 73.2 | 3800 | 4800 | 0.87 | 22210 | 22210 K |
| | 90 | 23 | 57 | 83 | 1 | 61.6 | 78.7 | 5.5 | 1.1 | 0.24 | 2.8 | 4.1 | 2.7 | 84.5 | 105 | 4000 | 5000 | 0.62 | 22210 C/W33 | 22210 CK/W33 |
| | 90 | 23 | 57 | 83 | 1 | 59.7 | 78.8 | 5.5 | 1.1 | 0.24 | 2.8 | 4.1 | 2.7 | 83.8 | 102 | 4300 | 5300 | 0.614 | 22210 CC/W33 | 22210 CCK/W33 |
| | 90 | 23 | 57 | 83 | 1 | 58.7 | 79.8 | 5.5 | 1.1 | 0.24 | 2.8 | 4.1 | 2.7 | 96.5 | 110 | 4300 | 5300 | 0.596 | 22210 TN1/W33 | 22210 KTN1/W33 |
| | 110 | 27 | 60 | 100 | 2 | 66.7 | 91.7 | — | 2 | 0.25 | 2.7 | 4.0 | 2.6 | 120 | 140 | 2800 | 3800 | 1.3 | 21310 CC | 21310 CCK |
| | 110 | 27 | 60 | 100 | 2 | 67.3 | 93.3 | — | 2 | 0.25 | 2.7 | 4.1 | 2.7 | 125 | 140 | 2800 | 3800 | 1.22 | 21310 TN1 | 21310 KTN1 |
| | 110 | 40 | 60 | 100 | 2 | 66.5 | 90.9 | — | 2 | 0.41 | 1.6 | 2.4 | 1.6 | 128 | 170 | 3400 | 4300 | 1.9 | 22310 | 22310 K |
| | 110 | 40 | 60 | 100 | 2 | 63.2 | 92.1 | 5.5 | 2 | 0.37 | 1.8 | 2.7 | 1.8 | 175 | 210 | 3400 | 4300 | 1.85 | 22310 C/W33 | 22310 CK/W33 |
| | 110 | 40 | 60 | 100 | 2 | 63.4 | 91.9 | 5.5 | 2 | 0.37 | 1.8 | 2.7 | 1.8 | 178 | 212 | 3800 | 4800 | 1.79 | 22310 CC/W33 | 22310 CCK/W33 |
| | 110 | 40 | 60 | 100 | 2 | 64.1 | 92.7 | 5.5 | 2 | 0.37 | 1.8 | 2.8 | 1.8 | 192 | 228 | 3800 | 4800 | 1.84 | 22310 TN1/W33 | 22310 KTN1/W33 |

（续）

| 公称尺寸/mm | | | 安装尺寸/mm | | | 其他尺寸/mm | | | | 计算系数 | | | | 基本额定载荷/kN | | 极限转速/(r/min) | | 质量/kg | 轴承代号 | |
|---|---|---|---|---|---|---|---|---|---|---|---|---|---|---|---|---|---|---|---|---|
| $d$ | $D$ | $B$ | $d_a$ min | $D_a$ max | $r_a$ max | $d_2 \approx$ | $D_2 \approx$ | $B_0$ | $r$ min | $e$ | $Y_1$ | $Y_2$ | $Y_0$ | $C_r$ | $C_{0r}$ | 脂 | 油 | $W \approx$ | 圆柱孔 | 圆锥孔 |
| 55 | 100 | 25 | 64 | 91 | 1.5 | 69.6 | 85 | — | 1.5 | 0.28 | 2.5 | 3.7 | 2.4 | 60 | 87.2 | 3400 | 4300 | — | 22211 | 22211K |
|  | 100 | 25 | 64 | 91 | 1.5 | 68 | 87.9 | 5.5 | 1.5 | 0.24 | 2.8 | 4.1 | 2.7 | 102 | 125 | 3600 | 4500 | 0.84 | 22211 C/W33 | 22211 CK/W33 |
|  | 100 | 25 | 64 | 91 | 1.5 | 66 | 88 | 5.5 | 1.5 | 0.24 | 2.8 | 4.2 | 2.8 | 102 | 125 | 3800 | 5000 | 0.847 | 22211 CC/W33 | 22211 CCK/W33 |
|  | 100 | 25 | 63 | 91 | 1.5 | 65.5 | 88.5 | 5.5 | 1.5 | 0.24 | 2.8 | 4.2 | 2.8 | 118 | 140 | 3800 | 5000 | 0.823 | 22211 TN1/W33 | 22211 KTN1/W33 |
|  | 120 | 29 | 65 | 110 | 2 | 72.6 | 100.5 | — | 2 | 0.25 | 2.7 | 4.1 | 2.7 | 142 | 170 | 2600 | 3400 | 1.65 | 21311 CC | 21311 CCK |
|  | 120 | 29 | 65 | 110 | 2 | 74.1 | 102.1 | — | 2 | 0.24 | 2.8 | 4.2 | 2.7 | 145 | 165 | 2600 | 3400 | 1.57 | 21311 TN1 | 21311 KTN1 |
|  | 120 | 43 | 65 | 110 | 2 | — | 107.9 | — | 2 | 0.39 | 1.7 | 2.6 | 1.7 | 155 | 198 | 3000 | 3800 | 2.4 | 22311 | 22311 K |
|  | 120 | 43 | 65 | 110 | 2 | 68.9 | 100.5 | 5.5 | 2 | 0.37 | 1.8 | 2.7 | 1.8 | 208 | 250 | 3000 | 3800 | 2.35 | 22311 C/W33 | 22311 CK/W33 |
|  | 120 | 43 | 65 | 110 | 2 | 69.2 | 100.5 | 5.5 | 2 | 0.36 | 1.9 | 2.8 | 1.8 | 210 | 252 | 3400 | 4300 | 2.31 | 22311 CC/W33 | 22311 CCK/W33 |
|  | 120 | 43 | 65 | 110 | 2 | 68.8 | 101.2 | 5.5 | 2 | 0.36 | 1.9 | 2.8 | 1.8 | 225 | 262 | 3400 | 4300 | 2.32 | 22311 TN1/W33 | 2231 KTN1/W33 |
| 60 | 110 | 28 | 69 | 101 | 1.5 | 75.7 | 93.5 | — | 1.5 | 0.28 | 2.4 | 3.6 | 2.4 | 81.8 | 122 | 3200 | 4000 | 1.22 | 22212 | 22212 K |
|  | 110 | 28 | 69 | 101 | 1.5 | 75 | 96.4 | 5.5 | 1.5 | 0.24 | 2.8 | 4.1 | 2.7 | 122 | 155 | 3200 | 4000 | 1.2 | 22212 C/W33 | 22212 CK/W33 |
|  | 110 | 28 | 69 | 101 | 1.5 | 72.7 | 96.5 | 5.5 | 1.5 | 0.24 | 2.8 | 4.1 | 2.7 | 122 | 155 | 3600 | 4500 | 1.15 | 22212 CC/W33 | 22212 CCK/W33 |
|  | 110 | 28 | 69 | 101 | 1.5 | 72.7 | 98.6 | 5.5 | 1.5 | 0.24 | 2.8 | 4.2 | 2.7 | 150 | 185 | 3600 | 4500 | 1.14 | 22212 TN1/W33 | 22212 KTN1/W33 |
|  | 130 | 31 | 72 | 118 | 2.1 | 79.5 | 109.3 | — | 2.1 | 0.24 | 2.8 | 4.2 | 2.7 | 162 | 195 | 2400 | 3200 | 2.08 | 21312 CC | 21312 CCK |
|  | 130 | 31 | 72 | 118 | 2.1 | 80 | 110.8 | — | 2.1 | 0.24 | 2.8 | 4.2 | 2.8 | 170 | 195 | 2400 | 3200 | 1.96 | 21312 TN1 | 21312 KTN1 |
|  | 130 | 46 | 72 | 118 | 2.1 | — | 107.9 | — | 2.1 | 0.40 | 1.7 | 2.5 | 1.6 | 168 | 225 | 2800 | 3600 | 3.0 | 22312 | 22312 K |
|  | 130 | 46 | 72 | 118 | 2.1 | 74.7 | 108.8 | 5.5 | 2.1 | 0.37 | 1.8 | 2.7 | 1.8 | 238 | 285 | 2800 | 3600 | 2.95 | 22312 C/W33 | 22312 CK/W33 |
|  | 130 | 46 | 72 | 118 | 2.1 | 74.9 | 109 | 5.5 | 2.1 | 0.36 | 1.9 | 2.8 | 1.8 | 242 | 292 | 3200 | 4000 | 2.88 | 22312 CC/W33 | 22312 CCK/W33 |
|  | 130 | 46 | 72 | 118 | 2.1 | 75.5 | 109.6 | 5.5 | 2.1 | 0.36 | 1.9 | 2.8 | 1.9 | 262 | 312 | 3200 | 4000 | 2.96 | 22312TN 1/W33 | 22312 KTN1/W33 |
| 65 | 120 | 31 | 74 | 111 | 1.5 | 83 | 102.3 | — | 1.5 | 0.28 | 2.4 | 3.6 | 2.4 | 88.5 | 128 | 2800 | 3600 | 1.63 | 22213 | 22213 K |
|  | 120 | 31 | 74 | 111 | 1.5 | 81 | 103.9 | 5.5 | 1.5 | 0.25 | 2.7 | 4.0 | 2.6 | 150 | 195 | 2800 | 3600 | 1.6 | 22213 C/W33 | 22213 CK/W33 |
|  | 120 | 31 | 74 | 111 | 1.5 | 78.4 | 104 | 5.5 | 1.5 | 0.25 | 2.7 | 4.0 | 2.6 | 150 | 195 | 3200 | 4000 | 1.54 | 22213 CC/W33 | 22213 CCK/W33 |
|  | 120 | 31 | 74 | 111 | 1.5 | 77.4 | 105 | 5.5 | 1.5 | 0.24 | 2.9 | 4.3 | 2.8 | 172 | 212 | 3200 | 4000 | 1.53 | 22213 TN1/W33 | 22213 KTN1/W33 |
|  | 140 | 33 | 77 | 128 | 2.1 | 87.4 | 118.1 | — | 2.1 | 0.24 | 2.9 | 4.3 | 2.8 | 182 | 228 | 2200 | 3000 | 2.57 | 21313 CC | 21313 CCK |
|  | 140 | 33 | 77 | 128 | 2.1 | 86.4 | 119.1 | — | 2.1 | 0.24 | 2.9 | 4.3 | 2.8 | 198 | 235 | 2200 | 3000 | 2.45 | 21313 TN1 | 21313 KTN1 |
|  | 140 | 48 | 77 | 128 | 2.1 | — | 117.3 | — | 2.1 | 0.39 | 1.7 | 2.6 | 1.7 | 188 | 252 | 2400 | 3200 | 3.6 | 22313 | 22313 K |
|  | 140 | 48 | 77 | 128 | 2.1 | 81.4 | 117.4 | 5.5 | 2.1 | 0.35 | 1.9 | 2.9 | 1.9 | 260 | 315 | 2400 | 3200 | 3.55 | 22313 C/W33 | 22313 CK/W33 |
|  | 140 | 48 | 77 | 128 | 2.1 | 81.5 | 118.5 | 5.5 | 2.1 | 0.35 | 1.9 | 2.9 | 1.9 | 265 | 320 | 3000 | 3800 | 3.47 | 22313 CC/W33 | 22313 CCK/W33 |
|  | 140 | 48 | 77 | 128 | 2.1 | 81.5 | 118.5 | 5.5 | 2.1 | 0.35 | 2.0 | 2.9 | 1.9 | 295 | 355 | 3000 | 3800 | 3.57 | 22313 TN1/W33 | 22313 KTN1/W33 |
| 70 | 125 | 31 | 79 | 116 | 1.5 | 87.4 | 106 | — | 1.5 | 0.27 | 2.4 | 3.7 | 2.4 | 95 | 142 | 2600 | 3400 | 1.66 | 22214 | 22214 K |

（续）

| 公称尺寸/mm | | | 安装尺寸/mm | | | 其他尺寸/mm | | | | 计算系数 | | | | 基本额定载荷/kN | | 极限转速/(r/min) | | 质量/kg W≈ | 轴承代号 | |
|---|---|---|---|---|---|---|---|---|---|---|---|---|---|---|---|---|---|---|---|---|
| $d$ | $D$ | $B$ | $d_a$ min | $D_a$ max | $r_a$ max | $d_2\approx$ | $D_2\approx$ | $B_0$ | $r$ min | $e$ | $Y_1$ | $Y_2$ | $Y_0$ | $C_r$ | $C_{0r}$ | 脂 | 油 | | 圆柱孔 | 圆锥孔 |
| 70 | 125 | 31 | 79 | 116 | 1.5 | 85.8 | 109.5 | 5.5 | 1.5 | 0.23 | 2.9 | 4.3 | 2.8 | 158 | 205 | 2600 | 3400 | 1.7 | 22214 C/W33 | 22214 CK/W33 |
| | 125 | 31 | 79 | 116 | 1.5 | 84.1 | 109.7 | 5.5 | 1.5 | 0.24 | 2.9 | 4.3 | 2.8 | 150 | 195 | 3000 | 3800 | 1.6 | 22214 CC/W33 | 22214 CCK/W33 |
| | 125 | 31 | 79 | 116 | 1.5 | 83 | 110.6 | 5.5 | 1.5 | 0.24 | 2.9 | 4.3 | 2.8 | 180 | 225 | 3000 | 3800 | 1.6 | 22214 TN1/W33 | 22214 KTN1/W33 |
| | 150 | 35 | 82 | 138 | 2.1 | 94.3 | 127.9 | — | 2.1 | 0.23 | 2.9 | 4.3 | 2.8 | 212 | 268 | 2000 | 2800 | 3.11 | 21314 CC | 21314 CCK |
| | 150 | 35 | 82 | 138 | 2.1 | 92.8 | 127.4 | — | 2.1 | 0.23 | 2.9 | 4.3 | 2.8 | 220 | 265 | 2000 | 2800 | 2.97 | 21314 TN1 | 21314 KTN1 |
| | 150 | 51 | 82 | 138 | 2.1 | 92 | 126.6 | — | 2.1 | 0.37 | 1.8 | 2.7 | 1.8 | 230 | 315 | 2200 | 3000 | 4.4 | 22314 | 22314 K |
| | 150 | 51 | 82 | 138 | 2.1 | 88.1 | 125.9 | 8.3 | 2.1 | 0.35 | 1.9 | 2.9 | 1.9 | 292 | 362 | 2200 | 3000 | 4.4 | 22314 C/W33 | 22314 CK/W33 |
| | 150 | 51 | 82 | 138 | 2.1 | 88.2 | 125.9 | 8.3 | 2.1 | 0.34 | 2.0 | 2.9 | 1.9 | 312 | 395 | 2800 | 3400 | 4.34 | 22314 CC/W33 | 22314 CCK/W33 |
| | 150 | 51 | 82 | 138 | 2.1 | 87.7 | 126.5 | 8.3 | 2.1 | 0.34 | 2.0 | 2.9 | 1.9 | 332 | 405. | 2800 | 3400 | 4.35 | 22314 TN1/W33 | 22314KTN1/W33 |
| 75 | 130 | 31 | 84 | 121 | 1.5 | 94 | 113.3 | — | 1.5 | 0.26 | 2.6 | 3.9 | 2.6 | 95 | 142 | 2400 | 3200 | 1.75 | 22215 | 22215 K |
| | 130 | 31 | 84 | 121 | 1.5 | 90.5 | 114.7 | 5.5 | 1.5 | 0.22 | 3.0 | 4.5 | 2.9 | 162 | 215 | 2400 | 3200 | 1.8 | 22215 C/W33 | 22215 CK/W33 |
| | 130 | 31 | 84 | 121 | 1.5 | 88.2 | 114.8 | 5.5 | 1.5 | 0.22 | 3.0 | 4.5 | 2.9 | 162 | 215 | 3000 | 3800 | 1.69 | 22215 CC/W33 | 22215 CCK/W33 |
| | 130 | 31 | 84 | 121 | 1.5 | 87.7 | 115.4 | 5.5 | 1.5 | 0.22 | 3.0 | 4.5 | 2.9 | 180 | 232 | 3000 | 3800 | 1.67 | 22215 TN1/W33 | 22215 KTN1/W33 |
| | 160 | 37 | 87 | 148 | 2.1 | 102.2 | 137.7 | — | 2.1 | 0.23 | 3.0 | 4.4 | 2.9 | 238 | 302 | 1900 | 2600 | 3.76 | 21315 CC | 21315 CCK |
| | 160 | 37 | 87 | 148 | 2.1 | 99.5 | 136 | — | 2.1 | 0.23 | 2.9 | 4.3 | 2.9 | 252 | 310 | 1900 | 2600 | 3.63 | 21315 TN1 | 21315 KTN1 |
| | 160 | 55 | 87 | 148 | 2.1 | 99 | — | — | 2.1 | 0.36 | 1.7 | 2.6 | 1.7 | 262 | 388 | 2000 | 2800 | 5.4 | 22315 | 22315 K |
| | 160 | 55 | 87 | 148 | 2.1 | 97.6 | 133.6 | 8.3 | 2.1 | 0.35 | 1.9 | 2.9 | 1.9 | 342 | 438 | 2000 | 2800 | 5.25 | 22315 C/W33 | 22315 CK/W33 |
| | 160 | 55 | 87 | 148 | 2.1 | 95.1 | 133.8 | 8.3 | 2.1 | 0.35 | 2.0 | 2.9 | 1.9 | 348 | 448 | 2600 | 3200 | 5.28 | 22315 CC/W 22 | 22315 CCK/W33 |
| | 160 | 55 | 87 | 148 | 2.1 | 93.7 | 135.1 | 8.3 | 2 | 0.35 | 2.0 | 2.9 | 1.9 | 380 | 470 | 2600 | 3200 | 5.33 | 22315 TN1/W33 | 22315 KTN1/W33 |
| 80 | 140 | 33 | 90 | 130 | 2 | 99 | 120.7 | — | 2 | 0.25 | 2.7 | 4.0 | 2.6 | 115 | 180 | 2200 | 3000 | 2.2 | 22216 | 22216 K |
| | 140 | 33 | 90 | 130 | 2 | 97.6 | 120.7 | 5.5 | 2 | 0.22 | 3.0 | 4.5 | 2.9 | 175 | 238 | 2200 | 3000 | 2.2 | 22216 C/W33 | 22216 CK/W33 |
| | 140 | 33 | 90 | 130 | 2 | 95.1 | 122.8 | 5.5 | 2 | 0.22 | 3.0 | 4.5 | 3.0 | 175 | 235 | 2800 | 3400 | 2.13 | 22216 CC/W33 | 22216 CCK/W33 |
| | 140 | 33 | 90 | 130 | 2 | 93.5 | 124.2 | 5.5 | 2 | 0.22 | 3.0 | 4.5 | 3.0 | 212 | 275 | 2800 | 3400 | 2.09 | 22216 TN1/W33 | 22216 KTN1/W33 |
| | 170 | 39 | 92 | 158 | 2.1 | 107 | 144.4 | — | 2.1 | 0.23 | 3.0 | 4.4 | 2.9 | 260 | 332 | 1800 | 2400 | 4.47 | 21316 CC | 21316 CCK |
| | 170 | 39 | 92 | 158 | 2.1 | 105 | 143.4 | — | 2.1 | 0.23 | 2.9 | 4.3 | 2.9 | 280 | 350 | 1800 | 2400 | 4.33 | 21316 TN1 | 21316 KTN1 |
| | 170 | 39 | 92 | 158 | 2.1 | 105 | 143.7 | — | 2.1 | 0.37 | 1.8 | 2.7 | 1.8 | 288 | 405 | 1900 | 2600 | 6.4 | 22316 | 22316 K |
| | 170 | 58 | 92 | 158 | 2.1 | 100.4 | 142.5 | 8.3 | 2.1 | 0.35 | 1.9 | 2.9 | 1.9 | 385 | 498 | 1900 | 2600 | 6.39 | 22316 C/W33 | 22316 CK/W33 |
| | 170 | 58 | 92 | 158 | 2.1 | 100.4 | 142.5 | 8.3 | 2.1 | 0.34 | 2.0 | 2.9 | 1.9 | 392 | 508 | 2400 | 3000 | 6.32 | 22316 CC/W33 | 22316 CCK/W33 |
| | 170 | 58 | 92 | 158 | 2.1 | 100.4 | 143.6 | 8.3 | 2.1 | 0.34 | 2.0 | 2.9 | 1.9 | 412 | 515 | 2400 | 3000 | 6.27 | 22316 TN1/W33 | 22316 KTN1/W33 |
| 85 | 150 | 36 | 95 | 140 | 2 | 105 | 129.5 | — | 2 | 0.26 | 2.6 | 3.9 | 2.5 | 145 | 228 | 2000 | 2800 | 2.8 | 22217 | 22217 K |
| | 150 | 36 | 95 | 140 | 2 | 103.4 | 132.1 | 8.3 | 2 | 0.22 | 3.0 | 4.4 | 2.9 | 210 | 278 | 2000 | 2800 | 2.7 | 22217 C/W33 | 22217 CK/W33 |

（续）

| 公称尺寸/mm | | | 安装尺寸/mm | | | 其他尺寸/mm | | | | 计算系数 | | | | 基本额定载荷/kN | | 极限转速/(r/min) | | 质量/kg W ≈ | 轴承代号 | |
|---|---|---|---|---|---|---|---|---|---|---|---|---|---|---|---|---|---|---|---|---|
| d | D | B | $d_a$ min | $D_a$ max | $r_a$ max | $d_2 ≈$ | $D_2 ≈$ | $B_0$ | $r$ min | $e$ | $Y_1$ | $Y_2$ | $Y_0$ | $C_r$ | $C_{0r}$ | 脂 | 油 | | 圆柱孔 | 圆锥孔 |
| 85 | 150 | 36 | 95 | 140 | 2 | 100.6 | 132.2 | 8.3 | 2 | 0.23 | 3.0 | 4.4 | 2.9 | 212 | 282 | 2600 | 3200 | 2.67 | 22217 CC/W33 | 22217 CCK/W33 |
| | 150 | 36 | 95 | 140 | 2 | 101.3 | 135.9 | 8.3 | 2 | 0.22 | 3.0 | 4.5 | 2.9 | 262 | 340 | 2600 | 3200 | 2.64 | 22217 TN1/W33 | 22217 KTN1/W33 |
| | 180 | 41 | 99 | 166 | 2.5 | 112.9 | 153.3 | — | 3 | 0.23 | 3.0 | 4.4 | 2.9 | 298 | 385 | 1700 | 2200 | 5.23 | 21317 CC | 21317 CCK |
| | 180 | 41 | 99 | 166 | 2.5 | 111.9 | 152.3 | — | 3 | 0.23 | 3.0 | 4.4 | 2.9 | 310 | 390 | 1700 | 2200 | 5.07 | 21317 TN1 | 21317 KTN1 |
| | 180 | 60 | 99 | 166 | 2.5 | — | — | — | 3 | 0.37 | 1.8 | 2.7 | 1.8 | 308 | 440 | 1800 | 2400 | 7.4 | 22317 | 22317 K |
| | 180 | 60 | 99 | 166 | 2.5 | 106.3 | 151.4 | 8.3 | 3 | 0.34 | 1.9 | 3.0 | 2.0 | 420 | 540 | 1800 | 2400 | 7.25 | 22317 C/W33 | 22317 CK/W33 |
| | 180 | 60 | 99 | 166 | 2.5 | 106.3 | 151.6 | 8.3 | 3 | 0.34 | 2.0 | 3.0 | 2.0 | 430 | 555 | 2200 | 2800 | 7.27 | 22317 CC/W33 | 22317 CCK/W33 |
| | 180 | 60 | 99 | 166 | 2.5 | 105.3 | 152.6 | 8.3 | 3 | 0.34 | 2.0 | 3.0 | 2.0 | 460 | 572 | 2200 | 2800 | 7.27 | 22317 TN1/W33 | 22317 KTN1/W33 |
| 90 | 160 | 40 | 100 | 150 | 2 | 112 | 138.3 | — | 2 | 0.27 | 2.5 | 3.8 | 2.5 | 168 | 272 | 1900 | 2600 | 4.0 | 22218 | 22218 K |
| | 160 | 40 | 100 | 150 | 2 | 111 | 141 | 8.3 | 2 | 0.23 | 2.9 | 4.4 | 2.9 | 240 | 322 | 1900 | 2600 | 3.28 | 22218 C/W33 | 22218 CK/W33 |
| | 160 | 40 | 100 | 150 | 2 | 107.8 | 141 | 8.3 | 2 | 0.24 | 2.9 | 4.3 | 2.8 | 250 | 338 | 2400 | 3000 | 3.38 | 22218 CC/W33 | 22218 CCK/W33 |
| | 160 | 40 | 100 | 150 | 2 | 107.8 | 142.1 | 8.3 | 2 | 0.24 | 2.9 | 4.3 | 2.8 | 280 | 378 | 2400 | 3000 | 3.35 | 22218 TN1/W33 | 22218 KTN1/W33 |
| | 160 | 52.4 | 100 | 150 | 2 | 105.5 | 137 | 5.5 | 2 | 0.31 | 2.1 | 3.2 | 2.1 | 325 | 478 | 1700 | 2200 | 4.6 | 23218 C/W33 | 23218 CK/W33 |
| | 160 | 52.4 | 100 | 150 | 2 | 105.5 | 137.2 | 5.5 | 2 | 0.31 | 2.2 | 3.2 | 2.1 | 330 | 482 | 1800 | 2400 | 4.4 | 23218 CC/W33 | 23218 CCK/W33 |
| | 190 | 43 | 104 | 176 | 2.5 | 119.7 | 161 | — | 3 | 0.23 | 3.0 | 4.5 | 2.9 | 320 | 420 | 1600 | 2200 | 6.17 | 21318 CC | 21318 CCK |
| | 190 | 43 | 104 | 176 | 2.5 | 119.7 | 161 | — | 3 | 0.23 | 3.0 | 4.5 | 2.9 | 330 | 420 | 1600 | 2200 | 5.88 | 21318 TN1 | 21318 KTN1 |
| | 190 | 64 | 104 | 176 | 2.5 | 118 | 159.2 | — | 3 | 0.37 | 1.8 | 2.7 | 1.8 | 365 | 542 | 1700 | 2200 | 8.8 | 22318 | 22318 K |
| | 190 | 64 | 104 | 176 | 2.5 | 112.7 | 159.5 | 8.3 | 3 | 0.34 | 2.0 | 2.9 | 2.0 | 475 | 622 | 1800 | 2400 | 8.6 | 22318 C/W33 | 22318 CK/W 33 |
| | 190 | 64 | 104 | 176 | 2.5 | 112.8 | 159.7 | 8.3 | 3 | 0.34 | 2.0 | 3.0 | 2.0 | 482 | 640 | 2200 | 2600 | 8.63 | 22318 CC/W33 | 22318 CCK/W33 |
| | 190 | 64 | 104 | 176 | 2.5 | 111.8 | 160.8 | 8.3 | 3 | 0.34 | 2.0 | 3.0 | 2.0 | 518 | 660 | 2200 | 2600 | 8.72 | 22318 TN1/W33 | 22318 KTN1/W33 |
| 95 | 170 | 43 | 107 | 158 | 2.1 | 119 | 148.4 | — | 2.1 | 0.27 | 2.5 | 3.7 | 2.4 | 212 | 322 | 1800 | 2400 | 4.2 | 22219 | 22219 K |
| | 170 | 43 | 107 | 158 | 2.1 | 117 | 148.4 | 8.3 | 2.1 | 0.24 | 2.9 | 4.4 | 2.7 | 278 | 380 | 1900 | 2600 | 4.1 | 22219 C/W33 | 22219 CK/W33 |
| | 170 | 43 | 107 | 158 | 2.1 | 113.5 | 148.5 | 8.3 | 2.1 | 0.24 | 2.8 | 4.2 | 2.7 | 282 | 390 | 2200 | 2800 | 4.2 | 22219 CC/W33 | 22219 CCK/W33 |
| | 170 | 43 | 107 | 158 | 2.1 | 113.5 | 149.6 | 8.3 | 2.1 | 0.24 | 2.8 | 4.2 | 2.7 | 310 | 420 | 2200 | 2800 | 4.1 | 22219 TN1/W33 | 22219 KTN1/W33 |
| | 200 | 45 | 109 | 186 | 2.5 | 129.7 | 171.9 | — | 3 | 0.22 | 3.1 | 4.6 | 3.0 | 355 | 485 | 1700 | 2200 | 7.15 | 21319 CC | 21319 CCK |
| | 200 | 45 | 109 | 186 | 2.5 | 127.6 | 169.8 | — | 3 | 0.22 | 3.0 | 4.5 | 3.0 | 365 | 482 | 1700 | 2200 | 6.9 | 21319 TN1 | 21319 KTN1 |
| | 200 | 67 | 109 | 186 | 2.5 | — | — | — | 3 | 0.38 | 1.8 | 2.7 | 1.8 | 385 | 570 | 1600 | 2000 | 10.3 | 22319 | 22319 K |
| | 200 | 67 | 109 | 186 | 2.5 | 118.5 | 168 | 8.3 | 3 | 0.34 | 2.0 | 3.0 | 2.0 | 520 | 688 | 1700 | 2200 | 10.1 | 22319 C/W33 | 22319 CK/W33 |
| | 200 | 67 | 109 | 186 | 2.5 | 118.5 | 168.2 | 8.3 | 3 | 0.34 | 2.0 | 3.0 | 2.0 | 530 | 705 | 2000 | 2600 | 9.97 | 22319 CC/W33 | 22319 CCK/W33 |
| | 200 | 67 | 109 | 186 | 2.5 | 117.5 | 169.2 | 8.3 | 3 | 0.34 | 2.0 | 3.0 | 2.0 | 568 | 728 | 2000 | 2600 | 10.1 | 22319 TN1/W33 | 22319 KTN1/W33 |
| 100 | 165 | 52 | 110 | 155 | 2 | 115.4 | 144.1 | 5.5 | 2 | 0.30 | 2.3 | 3.4 | 2.2 | 320 | 505 | 1600 | 2000 | 5 | 23120 C/W33 | 23120 CK/W33 |

（续）

| 公称尺寸/mm | | | 安装尺寸/mm | | | 其他尺寸/mm | | | | e | 计算系数 | | | 基本额定载荷/kN | | 极限转速/(r/min) | | 质量/kg | 轴承代号 | |
|---|---|---|---|---|---|---|---|---|---|---|---|---|---|---|---|---|---|---|---|---|
| d | D | B | $d_a$ min | $D_a$ max | $r_a$ max | $d_2 \approx$ | $D_2 \approx$ | $B_0$ | r min | | $Y_1$ | $Y_2$ | $Y_0$ | $C_r$ | $C_{0r}$ | 脂 | 油 | $W \approx$ | 圆柱孔 | 圆锥孔 |
| 100 | 165 | 52 | 110 | 155 | 2 | 115.5 | 144.3 | 5.5 | 2 | 0.29 | 2.3 | 3.5 | 2.3 | 322 | 510 | 1700 | 2200 | 4.31 | 23120 CC/W33 | 23120 CCK/W33 |
| | 180 | 46 | 112 | 168 | 2.1 | 125 | 156.1 | — | 2.1 | 0.27 | 2.5 | 3.7 | 2.4 | 222 | 358 | 1700 | 2200 | 5 | 22220 | 22220 K |
| | 180 | 46 | 112 | 168 | 2.1 | 124 | 158 | 8.3 | 2.1 | 0.23 | 2.9 | 4.3 | 2.8 | 310 | 425 | 1800 | 2400 | 5 | 22220 C/W33 | 22220 CK/W33 |
| | 180 | 46 | 112 | 168 | 2.1 | 120.3 | 158.1 | 8.3 | 2.1 | 0.24 | 2.8 | 4.1 | 2.7 | 315 | 435 | 2200 | 2600 | 5.01 | 22220 CC/W33 | 22220 CCK/W33 |
| | 180 | 46 | 112 | 168 | 2.1 | 119.3 | 159.1 | 8.3 | 2.1 | 0.24 | 2.8 | 4.1 | 2.7 | 368 | 492 | 2200 | 2600 | 4.97 | 22220 TN1/W33 | 22220 KTN1/W33 |
| | 180 | 60.3 | 112 | 168 | 2.1 | 118.5 | 154.4 | 5.5 | 2.1 | 0.33 | 2.0 | 3.0 | 2.0 | 415 | 618 | 1600 | 2000 | 6.7 | 23200 C/W33 | 23220 CK/W33 |
| | 180 | 60.3 | 112 | 168 | 2.1 | 118.6 | 154.5 | 5.5 | 2.1 | 0.32 | 2.1 | 3.2 | 2.1 | 420 | 630 | 1600 | 2200 | 6.52 | 23220 CC/W33 | 23220 CCK/W33 |
| | 215 | 47 | 114 | 201 | 2.5 | 136.6 | 180.6 | — | 3 | 0.22 | 3.1 | 4.6 | 3.0 | 385 | 530 | 1600 | 2000 | 8.81 | 21320 CC | 21320 CCK |
| | 215 | 47 | 114 | 201 | 2.5 | 136.6 | 181.7 | — | 3 | 0.22 | 3.1 | 4.6 | 3.0 | 425 | 575 | 1600 | 2000 | 8.63 | 21320 TN1 | 21320 KTN1 |
| | 215 | 73 | 114 | 201 | 2.5 | 135 | 181.5 | — | 3 | 0.37 | 1.8 | 2.7 | 1.8 | 450 | 668 | 1400 | 1800 | 13 | 22320 | 22320 K |
| | 215 | 73 | 114 | 201 | 2.5 | 126.5 | 179.6 | 11.1 | 3 | 0.35 | 1.9 | 2.9 | 1.9 | 608 | 815 | 1400 | 1800 | 13.4 | 22320 C/W33 | 22320 CK/W33 |
| | 215 | 73 | 114 | 201 | 2.5 | 126.7 | 179.8 | 11.1 | 3 | 0.34 | 2.0 | 2.9 | 1.9 | 618 | 832 | 1900 | 2400 | 12.8 | 22320 CC/W33 | 22320 CCK/W33 |
| | 215 | 73 | 114 | 201 | 2.5 | 125.7 | 180.9 | 11.1 | 3 | 0.34 | 2.0 | 2.9 | 1.9 | 658 | 855 | 1900 | 2400 | 13 | 22320 TN1/W33 | 22320 KTN1/W33 |
| 105 | 175 | 56 | 119 | 161 | 2.5 | — | — | — | 3 | 0.32 | 2.1 | 3.1 | 2.1 | 242 | 480 | 1400 | 1800 | 6.64 | 23121 | 23121 K |
| | 225 | 49 | 119 | 211 | 2.5 | 140.4 | 186.3 | — | 3 | 0.22 | 3.1 | 4.5 | 3.0 | 408 | 558 | 1500 | 1900 | 10.0 | 21321 CC | 21321 CCK |
| | 225 | 49 | 119 | 211 | 2.5 | 143.4 | 190.4 | — | 3 | 0.22 | 3.1 | 4.6 | 3.0 | 445 | 605 | 1500 | 1900 | 9.75 | 21321 TN1 | 21321 KTN1 |
| | 170 | 45 | 120 | 160 | 2 | 125.4 | 152 | — | 2 | 0.26 | 2.6 | 3.9 | 2.6 | 195 | 410 | 1400 | 1800 | 3.9 | 23022 | 23022 K |
| | 170 | 45 | 120 | 160 | 2 | 125.4 | 152.1 | 5.5 | 2 | 0.24 | 2.8 | 4.2 | 2.8 | 270 | 448 | 1400 | 1800 | 3.9 | 23022 C/W33 | 23022 CK/W33 |
| | 170 | 45 | 120 | 160 | 2 | 124.9 | 154.2 | 5.5 | 2 | 0.24 | 2.8 | 4.2 | 2.8 | 272 | 452 | 2000 | 2400 | 3.68 | 23022 CC/W33 | 23022 CCK/W33 |
| | 180 | 56 | 120 | 170 | 2 | 126.3 | 157.8 | — | 2 | 0.32 | 2.1 | 3.1 | 2.1 | 262 | 475 | 1300 | 1700 | 3.1 | 23122 | 23122 K |
| | 180 | 56 | 120 | 170 | 2 | 126.4 | 157.9 | 5.5 | 2 | 0.29 | 2.3 | 3.4 | 2.3 | 375 | 595 | 1300 | 1700 | 6.25 | 23122 C/W33 | 23122 CK/W33 |
| | 180 | 56 | 120 | 170 | 2 | 124.9 | 154.2 | 5.5 | 2 | 0.29 | 2.3 | 3.5 | 2.3 | 378 | 602 | 1600 | 2000 | 5.51 | 23122 CC/W33 | 23122 CCK/W33 |
| | 180 | 69 | 120 | 170 | 3 | — | — | 5.5 | 2.1 | 0.35 | 1.9 | 2.8 | 1.9 | 458 | 775 | 1600 | 2000 | 6.63 | 24122 CC/W33 | 24122 CCK30/W33 |
| 110 | 200 | 53 | 122 | 188 | 2.1 | 138 | 173.4 | — | 2.1 | 0.28 | 2.4 | 3.6 | 2.3 | 288 | 465 | 1500 | 1900 | 7.4 | 22222 | 22222 K |
| | 200 | 53 | 122 | 188 | 2.1 | 137 | 173.6 | 8.3 | 2.1 | 0.25 | 2.7 | 4.0 | 2.6 | 405 | 575 | 1700 | 2200 | 7.2 | 22222 C/W33 | 22222 CK/W33 |
| | 200 | 53 | 122 | 188 | 2.1 | 132.5 | 173.7 | 8.3 | 2.1 | 0.25 | 2.7 | 4.0 | 2.6 | 410 | 588 | 1900 | 2400 | 7.32 | 22222 CC/W33 | 22222 CCK/W33 |
| | 200 | 53 | 122 | 188 | 2.1 | 132.5 | 174.8 | 8.3 | 2.1 | 0.25 | 2.7 | 4.0 | 2.6 | 450 | 635 | 1900 | 2400 | 7.25 | 22222 TN1/W33 | 22222 KTN1/W33 |
| | 200 | 69.8 | 122 | 188 | 2.1 | 130.1 | 169 | 5.5 | 2.1 | 0.33 | 2.0 | 3.0 | 2.0 | 515 | 785 | 1400 | 1800 | 9.7 | 23222 C/W33 | 23222 CK/W33 |
| | 200 | 69.8 | 122 | 188 | 2.1 | 130.2 | 169.1 | 5.5 | 2.1 | 0.34 | 2.0 | 3.0 | 2.0 | 520 | 800 | 1500 | 1900 | 9.46 | 23222 CC/W33 | 23222 CCK/W33 |
| | 240 | 50 | 124 | 226 | 2.5 | 150.5 | 201.5 | — | 3 | 0.21 | 3.2 | 4.8 | 3.1 | 460 | 635 | 1400 | 1800 | 11.8 | 21322 CC | 21322 CCK |
| | 240 | 50 | 124 | 226 | 2.5 | 150.5 | 201.5 | — | 3 | 0.21 | 3.2 | 4.8 | 3.1 | 512 | 695 | 1400 | 1800 | 11.7 | 21322 TN1 | 21322 KTN1 |

（续）

| 公称尺寸/mm | | | 安装尺寸/mm | | | 其他尺寸/mm | | | | e | 计算系数 | | | 基本额定载荷/kN | | 极限转速/(r/min) | | 质量/kg | 轴承代号 | |
|---|---|---|---|---|---|---|---|---|---|---|---|---|---|---|---|---|---|---|---|---|
| d | D | B | $d_a$ min | $D_a$ max | $r_a$ max | $d_2 \approx$ | $D_2 \approx$ | $B_0$ | $r$ min | | $Y_1$ | $Y_2$ | $Y_0$ | $C_r$ | $C_{0r}$ | 脂 | 油 | $W \approx$ | 圆柱孔 | 圆锥孔 |
| 110 | 240 | 80 | 124 | 226 | 2.5 | 149 | 201.1 | — | 3 | 0.37 | 1.9 | 2.7 | 1.8 | 545 | 832 | 1200 | 1600 | 18.1 | 22322 | 22322 K |
| | 240 | 80 | 124 | 226 | 2.5 | 149 | 199.4 | 13.9 | 3 | 0.34 | 2.0 | 2.9 | 1.9 | 695 | 935 | 1500 | 1900 | 18 | 22322 C/W33 | 22322 CK/W33 |
| | 240 | 80 | 124 | 226 | 2.5 | 141 | 199.6 | 13.9 | 3 | 0.34 | 2.0 | 3.0 | 2.0 | 715 | 968 | 1700 | 2200 | 17.5 | 22322 CC/W33 | 22322 CCK/W33 |
| | 240 | 80 | 124 | 226 | 2.5 | 140 | 200.7 | 13.9 | 3 | 0.34 | 2.0 | 3.0 | 2.0 | 795 | 1058 | 1700 | 2200 | 18.2 | 22322 TN1//W33 | 22322 KTN1/W33 |
| 120 | 180 | 46 | 130 | 170 | 2 | — | — | — | 2 | 0.25 | 2.7 | 4.0 | 2.6 | 212 | 470 | 1200 | 1600 | 4.3 | 23024 | 23024 K |
| | 180 | 46 | 130 | 170 | 2 | 134.5 | 162.1 | 5.5 | 2 | 0.22 | 3.0 | 4.6 | 2.8 | 295 | 495 | 1400 | 1800 | — | 23024 C/W33 | 23024 CK/W33 |
| | 180 | 46 | 130 | 170 | 2 | 133.5 | 162.2 | 5.5 | 2 | 0.23 | 2.9 | 4.4 | 2.9 | 300 | 500 | 1800 | 2200 | 3.98 | 23024 CC/W33 | 23024 CCK/W33 |
| | 180 | 60 | 130 | 170 | 2 | 133.1 | 159.9 | 5.5 | 2 | 0.30 | 2.3 | 3.4 | 2.2 | 380 | 675 | 1500 | 2000 | 5.05 | 24024 CC/W33 | 24024 CCK30/W33 |
| | 200 | 62 | 130 | 190 | 2 | 139.1 | 175 | — | 2 | 0.32 | 2.1 | 3.1 | 2.0 | 290 | 572 | 1100 | 1500 | 7.63 | 23124 | 23124 K |
| | 200 | 62 | 130 | 190 | 2 | 139.1 | 175 | 5.5 | 2 | 0.28 | 2.4 | 3.6 | 2.5 | 450 | 715 | 1300 | 1700 | 7.67 | 23124 C/W33 | 23124 CK/W33 |
| | 200 | 62 | 130 | 190 | 2 | 140.1 | 175.1 | 5.5 | 2 | 0.29 | 2.4 | 3.5 | 2.3 | 450 | 722 | 1400 | 1800 | 9.65 | 23124 CC/W33 | 23124 CCK/W33 |
| | 200 | 80 | 130 | 190 | 2 | 138.2 | 170.2 | 5.5 | 2 | 0.37 | 1.8 | 2.7 | 1.8 | 575 | 998 | 1400 | 1800 | 9.2 | 24124 CC/W33 | 24124 CCK30/W33 |
| | 215 | 58 | 132 | 203 | 2.1 | 149 | 187.7 | — | 2.1 | 0.29 | 2.4 | 3.5 | 2.3 | 342 | 565 | 1300 | 1700 | 8.9 | 22224 | 22224 K |
| | 215 | 58 | 132 | 203 | 2.1 | 148 | 187.9 | 11.1 | 2.1 | 0.24 | 2.8 | 4.1 | 2.7 | 470 | 678 | 1600 | 2000 | 9.0 | 22224 C/W33 | 22224 CK/W33 |
| | 215 | 58 | 132 | 203 | 2.1 | 143 | 187.9 | 11.1 | 2.1 | 0.26 | 2.6 | 3.9 | 2.6 | 480 | 690 | 1700 | 2200 | 9.1 | 22224 CC/W33 | 22224 CCK/W33 |
| | 215 | 58 | 132 | 203 | 2.1 | 142 | 189 | 11.1 | 2.1 | 0.26 | 2.6 | 3.9 | 2.6 | 542 | 765 | 1700 | 2200 | 12 | 22224 TN1/W33 | 22224 KTN1/W33 |
| | 215 | 76 | 132 | 203 | 2.1 | 141 | 182.5 | 8.3 | 2.1 | 0.35 | 1.9 | 2.9 | 1.9 | 602 | 940 | 1300 | 1700 | 11.7 | 23224 C/W33 | 23224 CK/W33 |
| | 215 | 76 | 132 | 203 | 2.1 | 141.5 | 182.7 | 8.3 | 2.1 | 0.34 | 2.0 | 3.0 | 2.0 | 610 | 955 | 1300 | 1700 | | 23224 CC/W33 | 23224 CCK/W33 |
| | 260 | 86 | 134 | 246 | 2.5 | 162 | 218.4 | — | 3 | 0.37 | 1.9 | 2.7 | 1.8 | 645 | 992 | 1100 | 1500 | 22 | 22324 | 22324 K |
| | 260 | 86 | 134 | 246 | 2.5 | 152 | 216.5 | 13.9 | 3 | 0.34 | 2.0 | 2.9 | 1.9 | 822 | 1120 | 1300 | 1700 | 22 | 22324 C/W33 | 22324 CK/W33 |
| | 260 | 86 | 134 | 246 | 2.5 | 152 | 216.6 | 13.9 | 3 | 0.34 | 2.0 | 3.0 | 2.0 | 845 | 1160 | 1500 | 1900 | 22.2 | 22324 CC/W33 | 22324 CCK/W33 |
| | 260 | 86 | 134 | 246 | 2.5 | 152.4 | 216.6 | 13.9 | 3 | 0.34 | 2.0 | 3.0 | 2.0 | 910 | 1230 | 1500 | 1900 | 22.9 | 22324 TN1/W33 | 22324 KTN1/W33 |
| 130 | 200 | 52 | 140 | 190 | 2 | — | — | — | 2 | 0.26 | 2.6 | 3.8 | 2.5 | 270 | 608 | 1100 | 1500 | 6.2 | 23026 | 23026 K |
| | 200 | 52 | 140 | 190 | 2 | 148.5 | 180.3 | 5.5 | 2 | 0.23 | 2.9 | 4.4 | 2.8 | 372 | 625 | 1200 | 1600 | — | 23026 C/W33 | 23026 CK/W33 |
| | 200 | 52 | 140 | 190 | 2 | 148.1 | 180.5 | 5.5 | 2 | 0.23 | 2.9 | 4.3 | 2.8 | 375 | 630 | 1700 | 2000 | 5.85 | 23026 CC/W33 | 23026 CCK/W33 |
| | 200 | 69 | 140 | 190 | 2 | 145.9 | 175.8 | 5.5 | 2 | 0.31 | 2.2 | 3.2 | 2.1 | 472 | 852 | 1400 | 1800 | 7.55 | 24026 CC/W33 | 24026 CCK30/W33 |
| | 210 | 64 | 140 | 200 | 2 | 148 | 183.8 | 8.3 | 2 | 0.28 | 2.4 | 3.6 | 2.5 | 478 | 788 | 1300 | 1700 | 8.49 | 23126 C/W33 | 23126 CK/W33 |
| | 210 | 64 | 140 | 200 | 2 | 148 | 183.9 | 8.3 | 2 | 0.28 | 2.4 | 3.6 | 2.4 | 482 | 802 | 1300 | 1700 | 10.3 | 23126 CC/W33 | 23126 CCK/W33 |
| | 210 | 80 | 140 | 200 | 2 | 147.7 | 181.1 | 8.3 | 2 | 0.35 | 1.9 | 2.9 | 1.9 | 585 | 1030 | 1300 | 1700 | 11.2 | 24126 CC/W33 | 24126 CCK30/W33 |
| | 230 | 64 | 144 | 216 | 2.5 | 161 | 201 | — | 3 | 0.29 | 2.3 | 3.4 | 2.3 | 408 | 708 | 1200 | 1600 | 11.2 | 22226 | 22226 K |
| | 230 | 64 | 144 | 216 | 2.5 | 159 | 200.7 | 11.1 | 3 | 0.26 | 2.6 | 3.9 | 2.5 | 550 | 810 | 1400 | 1800 | | 22226 C/W33 | 22226 CK/W33 |

（续）

| 公称尺寸/mm | | | 安装尺寸/mm | | | 其他尺寸/mm | | | | 计算系数 | | | | 基本额定载荷/kN | | 极限转速/(r/min) | | 质量/kg | 轴承代号 | |
|---|---|---|---|---|---|---|---|---|---|---|---|---|---|---|---|---|---|---|---|---|
| $d$ | $D$ | $B$ | $d_a$ min | $D_a$ max | $r_a$ max | $d_2\approx$ | $D_2\approx$ | $B_0$ | $r$ min | $e$ | $Y_1$ | $Y_2$ | $Y_0$ | $C_r$ | $C_{0r}$ | 脂 | 油 | $W\approx$ | 圆柱孔 | 圆锥孔 |
| 130 | 230 | 64 | 144 | 216 | 2.5 | 153.3 | 200.9 | 11.1 | 3 | 0.26 | 2.6 | 3.8 | 2.5 | 562 | 832 | 1600 | 2000 | 11.2 | 22226 CC/W33 | 22226 CCK/W33 |
| | 230 | 64 | 144 | 216 | 2.5 | 152.3 | 201.9 | 11.1 | 3 | 0.26 | 2.6 | 3.8 | 2.5 | 630 | 912 | 1600 | 2000 | 11.3 | 22226 TN1/W33 | 22226 KTN1/W33 |
| | 230 | 80 | 144 | 216 | 2.5 | 152.1 | 196.2 | 8.3 | 3 | 0.33 | 2.0 | 3.0 | 2.0 | 668 | 1060 | 1200 | 1600 | 14 | 23226 C/W33 | 23226 CK/W33 |
| | 230 | 80 | 144 | 216 | 2.5 | 152.2 | 196.4 | 8.3 | 3 | 0.33 | 2.0 | 3.0 | 2.0 | 678 | 1080 | 1200 | 1600 | 13.8 | 23226 CC/W33 | 23226 CCK/W33 |
| | 280 | 93 | 148 | 262 | 3 | 176 | 234.3 | — | 4 | 0.39 | 1.7 | 2.6 | 1.7 | 722 | 1140 | 950 | 1300 | 29 | 22326 | 22326 K |
| | 280 | 93 | 148 | 262 | 3 | 164 | 233.2 | 16.7 | 4 | 0.34 | 1.9 | 2.9 | 1.9 | 942 | 1300 | 1200 | 1600 | 28.5 | 22326 C/W33 | 22326 CK/W33 |
| | 280 | 93 | 148 | 262 | 3 | 164.6 | 233.5 | 16.7 | 4 | 0.34 | 2.0 | 3.0 | 2.0 | 965 | 1340 | 1400 | 1800 | 27.5 | 22326 CC/W33 | 22326 CCK/W33 |
| | 280 | 93 | 148 | 262 | 3 | 164.6 | 233.5 | 16.7 | 4 | 0.34 | 2.0 | 3.0 | 2.0 | 1050 | 1440 | 1400 | 1800 | 28.6 | 22326 TN1/W33 | 22325 KTN1/W33 |
| | 210 | 53 | 150 | 200 | 2 | — | — | — | 2 | 0.25 | 2.7 | 4.0 | 2.6 | 285 | 635 | 950 | 1300 | 6.7 | 23028 | 23028 K |
| | 210 | 53 | 150 | 200 | 2 | 158.2 | 190.2 | 8.3 | 2 | 0.22 | 3.0 | 4.6 | 2.8 | 402 | 698 | 1100 | 1500 | — | 23028 C/W33 | 23028 CK/W33 |
| | 210 | 53 | 150 | 200 | 2 | 158 | 190.4 | 8.3 | 2 | 0.22 | 3.0 | 4.5 | 2.9 | 395 | 680 | 1600 | 1900 | 6.31 | 23028 CC/W33 | 23028 CCK/W33 |
| | 210 | 69 | 150 | 200 | 2 | 156.3 | 186.4 | 5.5 | 2 | 0.29 | 2.3 | 3.4 | 2.3 | 488 | 895 | 1300 | 1700 | 8.01 | 24028 CC/W33 | 24028 CCK30/W33 |
| | 225 | 68 | 152 | 213 | 2.1 | 175 | 219.7 | — | 2.1 | 0.29 | 2.3 | 3.4 | 2.3 | 398 | 605 | 950 | 1300 | 10.9 | 23128 | 23128 K |
| | 225 | 68 | 152 | 213 | 2.1 | 159.7 | 197.2 | 8.3 | 2.1 | 0.28 | 2.4 | 3.6 | 2.5 | 545 | 925 | 1100 | 1500 | — | 23128 C/W33 | 23128 CK/W33 |
| | 225 | 68 | 152 | 213 | 2.1 | 159.7 | 197.4 | 8.3 | 2.1 | 0.28 | 2.4 | 3.6 | 2.4 | 538 | 905 | 1200 | 1600 | 10.2 | 23128 CC/W33 | 23128 CCK/W33 |
| | 255 | 85 | 152 | 213 | 2.1 | 158.2 | 193.1 | 8.3 | 2.1 | 0.35 | 1.9 | 2.9 | 1.9 | 670 | 1200 | 1200 | 1600 | 12.5 | 24128 CC/W33 | 24128 CCK30/W33 |
| 140 | 250 | 68 | 154 | 236 | 2.5 | 173 | 218.3 | — | 3 | 0.29 | 2.3 | 3.5 | 2.3 | 478 | 805 | 1000 | 1400 | 14.5 | 22228 | 22228 K |
| | 250 | 68 | 154 | 236 | 2.5 | 167.1 | 218.5 | 11.1 | 3 | 0.29 | 2.7 | 3.9 | 2.5 | 628 | 930 | 1300 | 1700 | 14.5 | 22228 C/W33 | 22228 CK/W33 |
| | 250 | 68 | 154 | 236 | 2.5 | 166.1 | 219.5 | 11.1 | 3 | 0.26 | 2.6 | 3.9 | 2.6 | 640 | 955 | 1400 | 1700 | 14.2 | 22228 CC/W33 | 22228 CCK/W33 |
| | 250 | 68 | 154 | 236 | 2.5 | 166.1 | 219.5 | 11.1 | 3 | 0.26 | 2.6 | 3.9 | 2.6 | 725 | 1060 | 1400 | 1700 | 14.4 | 22228 TN1/W33 | 22228 KTN1/W33 |
| | 250 | 88 | 154 | 236 | 2.5 | 164.6 | 212.4 | 16.7 | 3 | 0.35 | 1.9 | 2.9 | 1.9 | 802 | 1280 | 1000 | 1400 | 18.5 | 23228 C/W33 | 23228 CK/W33 |
| | 250 | 88 | 154 | 236 | 2.5 | 164.2 | 212.6 | 16.7 | 3 | 0.34 | 2.0 | 3.0 | 2.0 | 812 | 1300 | 1100 | 1500 | 18.1 | 23228 CC/W33 | 23228 CCK/W33 |
| | 300 | 102 | 158 | 282 | 3 | 184.5 | 246.6 | — | 4 | 0.38 | 1.8 | 2.6 | 1.7 | 825 | 1340 | 900 | 1200 | 36 | 22328 | 22328 K |
| | 300 | 102 | 158 | 282 | 3 | 177.2 | 250.1 | 16.7 | 4 | 0.34 | 1.9 | 2.9 | 1.9 | 1110 | 1570 | 1100 | 1500 | 34.5 | 22328 C/W33 | 22328 CK/W33 |
| | 300 | 102 | 158 | 282 | 3 | 177.4 | 250.3 | 16.7 | 4 | 0.34 | 2.0 | 2.9 | 1.9 | 1130 | 1610 | 1300 | 1700 | 34.6 | 22328 CC/W33 | 22328 CCK/W33 |
| | 300 | 102 | 158 | 282 | 3 | 176.3 | 250.3 | 16.7 | 4 | 0.34 | 2.0 | 2.9 | 1.9 | 1230 | 1720 | 1300 | 1700 | 36.2 | 22328 TN1/W33 | 22328 KTN1/W33 |
| 150 | 225 | 56 | 162 | 213 | 2.1 | — | — | — | 2.1 | 0.25 | 2.7 | 4.0 | 2.5 | 328 | 768 | 900 | 1200 | 8.14 | 23030 | 23030 K |
| | 225 | 56 | 162 | 213 | 2.1 | 168.8 | 202.9 | 8.3 | 2.1 | 0.22 | 3.0 | 4.6 | 2.8 | 438 | 762 | 1100 | 1400 | — | 23030 C/W33 | 23030 CK/W33 |
| | 225 | 56 | 162 | 213 | 2.1 | 168.8 | 203 | 8.3 | 2.1 | 0.22 | 3.0 | 4.5 | 3.0 | 432 | 750 | 1400 | 1800 | 7.74 | 23030 CC/W33 | 23030 CCK/W33 |
| | 225 | 75 | 162 | 213 | 2.1 | 167.6 | 199.2 | 5.5 | 2.1 | 0.30 | 2.3 | 3.4 | 2.2 | 570 | 1070 | 1200 | 1500 | 10.1 | 24030 CC/W33 | 24030 CCK30/W33 |
| | 250 | 80 | 162 | 238 | 2.1 | — | — | — | 2.1 | 0.33 | 2.0 | 3.0 | 2.0 | 512 | 1080 | 850 | 1100 | 16.1 | 23130 | 23130 K |

（续）

| 公称尺寸/mm | | | 安装尺寸/mm | | | 其他尺寸/mm | | | | 计算系数 | | | | 基本额定载荷/kN | | 极限转速/(r/min) | | 质量/kg | 轴承代号 | |
|---|---|---|---|---|---|---|---|---|---|---|---|---|---|---|---|---|---|---|---|---|
| $d$ | $D$ | $B$ | $d_a$ min | $D_a$ max | $r_a$ max | $d_2 \approx$ | $D_2 \approx$ | $B_0$ | $r$ min | $e$ | $Y_1$ | $Y_2$ | $Y_0$ | $C_r$ | $C_{0r}$ | 脂 | 油 | $W \approx$ | 圆柱孔 | 圆锥孔 |
| 150 | 250 | 80 | 162 | 238 | 2.1 | 173.1 | 216.3 | 11.1 | 2.1 | 0.30 | 2.3 | 3.4 | 2.2 | 725 | 1230 | 1000 | 1300 | — | 23130 C/W33 | 23130 CK/W33 |
| | 250 | 80 | 162 | 238 | 2.1 | 173 | 216.5 | 11.1 | 2.1 | 0.30 | 2.3 | 3.4 | 2.2 | 738 | 1250 | 1100 | 1400 | 15.7 | 23130 CC/W33 | 23130 CCK/W33 |
| | 250 | 100 | 162 | 238 | 2.1 | 171.7 | 211.6 | 8.3 | 2.1 | 0.37 | 1.8 | 2.7 | 1.8 | 890 | 1600 | 1100 | 1400 | 19.0 | 24130 CC/W33 | 24130 CCK30/W33 |
| | 270 | 73 | 164 | 256 | 2.5 | 188 | 236.2 | — | 3 | 0.29 | 2.3 | 3.5 | 2.3 | 508 | 875 | 950 | 1300 | 18.5 | 22230 | 22230 K |
| | 270 | 73 | 164 | 256 | 2.5 | 185 | 234.7 | 13.9 | 3 | 0.26 | 2.6 | 3.9 | 2.5 | 738 | 1100 | 1200 | 1600 | 18.6 | 22230 C/W33 | 22230 CK/W33 |
| | 270 | 73 | 164 | 256 | 2.5 | 178.7 | 234.7 | 13.9 | 3 | 0.26 | 2.6 | 3.9 | 2.6 | 750 | 1130 | 1300 | 1600 | 18 | 22230 CC/W33 | 22230 CCK/W33 |
| | 270 | 73 | 164 | 256 | 2.5 | 178.7 | 236.8 | 13.9 | 3 | 0.26 | 2.6 | 3.9 | 2.6 | 835 | 1230 | 1300 | 1600 | 18.4 | 22230 TN1/W33 | 22230 KTN1/W33 |
| | 270 | 96 | 164 | 256 | 2.5 | 176.6 | 228.5 | 11.1 | 3 | 0.35 | 1.9 | 2.9 | 1.9 | 935 | 1520 | 950 | 1300 | 24 | 23230 C/W33 | 23230 CK/W33 |
| | 270 | 96 | 164 | 256 | 2.5 | 177.1 | 228.8 | 11.1 | 3 | 0.34 | 2.0 | 3.0 | 1.9 | 948 | 1540 | 1100 | 1400 | 23.2 | 23230 CC/W33 | 23230 CCK/W33 |
| | 320 | 108 | 168 | 302 | 3 | 198 | 269.2 | — | 4 | 0.36 | 1.9 | 2.8 | 1.8 | 1020 | 1740 | 850 | 1100 | 43 | 23230 | 22330 K |
| | 320 | 108 | 168 | 302 | 3 | 189.8 | 266.3 | 16.7 | 4 | 0.34 | 2.0 | 3.0 | 1.9 | 1270 | 1850 | 1200 | 1500 | 42 | 22330 CC/W33 | 22330 CCK/W33 |
| | 320 | 108 | 168 | 302 | 3 | 190.8 | 267.3 | 16.7 | 4 | 0.34 | 2.0 | 3.0 | 1.9 | 1370 | 1970 | 1200 | 1500 | 43.6 | 22330 TN1/W33 | 22330 KTN1/W33 |
| 160 | 240 | 60 | 172 | 228 | 2.1 | — | — | — | 2.1 | 0.25 | 2.7 | 4.0 | 2.6 | 368 | 825 | 850 | 1100 | 10 | 23032 | 23032 K |
| | 240 | 60 | 172 | 228 | 2.1 | 179.5 | 216.3 | 11.1 | 2.1 | 0.22 | 3.0 | 4.6 | 2.8 | 500 | 875 | 1000 | 1300 | — | 23032 C/W33 | 23032 CK/W33 |
| | 240 | 60 | 172 | 228 | 2.1 | 179.5 | 216.4 | 11.1 | 2.1 | 0.22 | 3.0 | 4.5 | 3.0 | 508 | 890 | 1300 | 1700 | 9.43 | 23032 CC/W33 | 23032 CCK/W33 |
| | 240 | 80 | 172 | 228 | 2.5 | 178.1 | 212.2 | 8.3 | 2.1 | 0.30 | 2.3 | 3.4 | 2.2 | 652 | 1230 | 1100 | 1400 | 12.2 | 24032 CC/W33 | 24032 CCK30/W33 |
| | 270 | 86 | 172 | 258 | 2.1 | — | — | — | 2.1 | 0.34 | 2.0 | 2.9 | 2.0 | 520 | 1110 | 800 | 1000 | 19.7 | 23132 | 23132 K |
| | 270 | 86 | 172 | 258 | 2.1 | 185.4 | 234.4 | 13.9 | 2.1 | 0.30 | 2.3 | 3.4 | 2.2 | 845 | 1420 | 900 | 1200 | — | 23132 C/W33 | 23132 CK/W33 |
| | 270 | 86 | 172 | 258 | 2.1 | 186.5 | 234.5 | 13.9 | 2.1 | 0.30 | 2.3 | 3.4 | 2.2 | 845 | 1440 | 1000 | 1300 | 19.8 | 23132 CC/W33 | 23132 CCK/W33 |
| | 270 | 109 | 172 | 258 | 2.5 | 184.4 | 228.4 | 8.3 | 2.1 | 0.37 | 1.8 | 2.7 | 1.8 | 1040 | 1880 | 1000 | 1300 | 24.4 | 24132 CC/W33 | 24132 CCK30/W33 |
| | 290 | 80 | 174 | 276 | 3 | — | 252.2 | — | 3 | 0.30 | 2.3 | 3.4 | 2.6 | 642 | 1140 | 900 | 1200 | 22.2 | 22232 | 2232 K |
| | 290 | 80 | 174 | 276 | 3 | 199 | 251.2 | 13.9 | 3 | 0.26 | 2.6 | 3.9 | 2.5 | 825 | 1250 | 1000 | 1400 | 23.1 | 22232 C/W33 | 22232 CK/W33 |
| | 290 | 80 | 174 | 276 | 3 | 191.9 | 251.4 | 13.9 | 3 | 0.26 | 2.6 | 3.8 | 2.5 | 848 | 1290 | 1200 | 1500 | 22.9 | 22232 CC/W33 | 22232 CCK/W33 |
| | 290 | 80 | 174 | 276 | 3 | 190.9 | 252.4 | 13.9 | 3 | 0.26 | 2.6 | 3.8 | 2.5 | 952 | 1430 | 1200 | 1500 | 23.4 | 22232 TN1/W33 | 22232 KTN1/W33 |
| | 290 | 104 | 174 | 276 | 3 | 189 | 244.9 | 13.9 | 3 | 0.35 | 1.9 | 2.9 | 1.9 | 1080 | 1760 | 900 | 1200 | 30 | 23232 C/W33 | 23232 CK/W33 |
| | 290 | 104 | 174 | 276 | 3 | 189.1 | 244.9 | 13.9 | 3 | 0.34 | 2.0 | 2.9 | 1.9 | 1090 | 1780 | 1100 | 1400 | 29.4 | 23232 CC/W33 | 23232 CCK/W33 |
| | 340 | 114 | 178 | 322 | 3 | 213 | 279.4 | — | 4 | 0.38 | 1.8 | 2.7 | 1.8 | 1040 | 1770 | 800 | 1000 | 51 | 22332 | 22332 K |
| 170 | 260 | 67 | 182 | 248 | 2.1 | — | — | — | 2.1 | 0.26 | 2.6 | 3.8 | 2.5 | 445 | 1010 | 800 | 1000 | 13 | 23034 | 23034 K |
| | 260 | 67 | 182 | 248 | 2.1 | 192.8 | 233 | 11.1 | 2.1 | 0.23 | 2.9 | 4.4 | 2.8 | 608 | 1080 | 800 | 1200 | — | 23034 C/W33 | 23034 CK/W33 |
| | 260 | 67 | 182 | 248 | 2.1 | 192.8 | 233.2 | 11.1 | 2.1 | 0.23 | 2.9 | 4.3 | 2.9 | 615 | 1100 | 900 | 1600 | 12.8 | 23034 CC/W33 | 23034 CCK/W33 |
| | 260 | 90 | 182 | 248 | 2.1 | 190.7 | 227.7 | 8.3 | 2.1 | 0.31 | 2.2 | 3.2 | 2.1 | 792 | 1520 | 1000 | 1300 | 16.7 | 24034 CC/W33 | 24034 CCK30/W33 |

（续）

| 公称尺寸/mm | | | 安装尺寸/mm | | | 其他尺寸/mm | | | | 计算系数 | | | | 基本额定载荷/kN | | 极限转速/(r/min) | | 质量/kg | 轴承代号 | |
|---|---|---|---|---|---|---|---|---|---|---|---|---|---|---|---|---|---|---|---|---|
| d | D | B | $d_a$ min | $D_a$ max | $r_a$ max | $d_2 \approx$ | $D_2 \approx$ | $B_0$ | r min | e | $Y_1$ | $Y_2$ | $Y_0$ | $C_r$ | $C_{or}$ | 脂 | 油 | W ≈ | 圆柱孔 | 圆锥孔 |
| 170 | 280 | 88 | 182 | 268 | 2.1 | 195.5 | 244.3 | 13.9 | 2.1 | 0.30 | 2.3 | 3.4 | 2.2 | 885 | 1520 | 850 | 1100 | — | 23134 C/W33 | 23134 CK/W33 |
| | 280 | 88 | 182 | 268 | 2.1 | 195.5 | 244.4 | 13.9 | 2.1 | 0.29 | 2.3 | 3.5 | 2.3 | 900 | 1550 | 1000 | 1300 | 21.1 | 23134 CC/W33 | 23134 CCK/W33 |
| | 280 | 109 | 182 | 268 | 2.1 | 192.9 | 238.2 | 8.3 | 2.1 | 0.36 | 1.9 | 2.8 | 1.8 | 1070 | 1930 | 1000 | 1300 | 25.5 | 24134 CC/W33 | 24134 CCK30/W33 |
| | 310 | 86 | 188 | 292 | 3 | 212 | 267.5 | — | 4 | 0.30 | 2.3 | 3.4 | 2.2 | 720 | 1300 | 850 | 1100 | 29 | 22234 | 22234 K |
| | 310 | 86 | 188 | 292 | 3 | 205.4 | 269.6 | 16.7 | 4 | 0.26 | 2.6 | 3.8 | 2.5 | 975 | 1500 | 1100 | 1400 | 28.1 | 22234 CC/W33 | 22234 CCK/W33 |
| | 310 | 86 | 188 | 292 | 3 | 204.4 | 270.7 | 16.7 | 4 | 0.26 | 2.6 | 3.8 | 2.5 | 1090 | 1660 | 1100 | 1400 | 28.9 | 22234 TN1/W33 | 22234 KTN1/W33 |
| | 310 | 110 | 188 | 292 | 3 | 205.7 | 264.4 | 13.9 | 4 | 0.34 | 2.0 | 3.0 | 2.0 | 1200 | 2030 | 900 | 1200 | 35.7 | 23234 CC/W33 | 23234 CCK/W33 |
| | 360 | 120 | 188 | 342 | 3 | 227.4 | 319 | — | 4 | 0.39 | 1.7 | 2.6 | 1.7 | 1150 | 2060 | 750 | 950 | 60 | 22334 | 22334 K |
| 180 | 280 | 74 | 192 | 268 | 2.1 | — | — | — | 2.1 | 0.26 | 2.6 | 3.8 | 2.5 | 540 | 1230 | 750 | 950 | 17.6 | 23036 | 23036 K |
| | 280 | 74 | 192 | 268 | 2.1 | 205 | 249.8 | 13.9 | 2.1 | 0.24 | 2.8 | 4.2 | 2.8 | 710 | 1260 | 800 | 1000 | — | 23036 C/W33 | 23036 CK/W33 |
| | 280 | 74 | 192 | 268 | 2.1 | 206.1 | 248.9 | 13.9 | 2.1 | 0.24 | 2.8 | 4.2 | 2.8 | 718 | 1310 | 1200 | 1400 | 16.9 | 23036 CC/W33 | 23036 CCK/W33 |
| | 280 | 100 | 192 | 268 | 2.1 | 204.3 | 243.1 | 8.3 | 2.1 | 0.32 | 2.1 | 3.1 | 2.1 | 928 | 1820 | 950 | 1200 | 22.1 | 24036 CC/W33 | 24036 CCK30/W33 |
| | 300 | 96 | 194 | 286 | 2.5 | — | — | — | 3 | 0.32 | 2.1 | 3.1 | 2.1 | 695 | 1480 | 750 | 900 | 27.1 | 23136 | 23136 K |
| | 300 | 96 | 194 | 286 | 2.5 | 208.6 | 260.7 | 13.9 | 3 | 0.30 | 2.3 | 3.4 | 2.2 | 1030 | 1800 | 800 | 1000 | — | 23136 C/W33 | 23136 CK/W33 |
| | 300 | 96 | 194 | 286 | 2.5 | 208.5 | 260.9 | 13.9 | 3 | 0.30 | 2.3 | 3.4 | 2.2 | 1050 | 1830 | 900 | 1200 | 26.9 | 23136 CC/W33 | 23136 CCK/W33 |
| | 300 | 118 | 194 | 286 | 2.5 | 207.8 | 256.4 | 11.1 | 3 | 0.36 | 1.9 | 2.8 | 1.8 | 1210 | 2220 | 900 | 1200 | 32.0 | 24136 CC/W33 | 24136 CCK30/W33 |
| | 320 | 86 | 198 | 302 | 3 | 222 | 276.9 | — | 4 | 0.29 | 2.3 | 3.5 | 2.3 | 735 | 1370 | 800 | 1000 | 30.0 | 22236 | 22236 K |
| | 320 | 86 | 198 | 302 | 3 | 215.7 | 280.1 | 16.7 | 4 | 0.25 | 2.7 | 3.9 | 2.6 | 1010 | 1590 | 1100 | 1300 | 29.4 | 22236 CC/W3 | 22236 CCK/W33 |
| | 320 | 86 | 198 | 302 | 3 | 214.7 | 281.1 | 16.7 | 4 | 0.25 | 2.7 | 3.9 | 2.6 | 1140 | 1760 | 1100 | 1300 | 30.2 | 22236 TN1/W33 | 22236 KTN1/W33 |
| | 320 | 112 | 198 | 302 | 3 | 213.7 | 274.3 | 13.9 | 4 | 0.33 | 2.0 | 3.0 | 2.0 | 1280 | 2170 | 850 | 1100 | 37.9 | 23236 CC/W33 | 23236 CCK/W33 |
| | 380 | 126 | 198 | 362 | 3 | 240.8 | 336.5 | — | 4 | 0.38 | 1.8 | 2.6 | 1.7 | 1260 | 2270 | 700 | 900 | 70 | 22336 | 22336 K |
| 190 | 290 | 75 | 202 | 278 | 2.1 | — | — | — | 2.1 | 0.25 | 2.7 | 4.0 | 2.6 | 555 | 1230 | 700 | 900 | 20 | 23038 | 23038 K |
| | 290 | 75 | 202 | 278 | 2.1 | 215.2 | 260 | 13.9 | 2.1 | 0.23 | 2.9 | 4.4 | 2.8 | 745 | 1350 | 800 | 1000 | — | 23038 C/W33 | 23038 CK/W33 |
| | 290 | 75 | 202 | 278 | 2.1 | 215.2 | 260 | 13.9 | 2.1 | 0.23 | 2.9 | 4.3 | 2.8 | 755 | 1380 | 1100 | 1400 | 17.7 | 23038 CC/W33 | 23038 CCK/W33 |
| | 290 | 100 | 202 | 278 | 2.1 | 213.7 | 254.9 | 8.3 | 2.1 | 0.31 | 2.2 | 3.3 | 2.1 | 975 | 1910 | 900 | 1200 | 23.0 | 24038 CC/W33 | 24038 CCK30/W33 |
| | 320 | 104 | 204 | 306 | 2.5 | — | — | — | 3 | 0.33 | 2.0 | 3.0 | 2.0 | 788 | 1830 | 670 | 850 | 35.3 | 23138 | 23138 K |
| | 320 | 104 | 204 | 306 | 2.5 | 222.6 | 279.2 | 16.7 | 3 | 0.30 | 2.2 | 3.3 | 2.2 | 1200 | 2120 | 850 | 1100 | 33.6 | 23138 CC/W33 | 23138 CCK/W33 |
| | 320 | 128 | 204 | 306 | 2.5 | 219.3 | 271.6 | 11.1 | 3 | 0.37 | 1.8 | 2.7 | 1.8 | 1410 | 2590 | 850 | 1100 | 40.2 | 24138 CC/W33 | 24138 CCK30/W33 |
| | 340 | 92 | 208 | 322 | 3 | 238 | 295 | — | 4 | 0.29 | 2.3 | 3.5 | 2.3 | 818 | 1510 | 750 | 950 | 35.3 | 22238 | 22238 K |
| | 340 | 120 | 208 | 322 | 3 | 227.7 | 291.6 | 16.7 | 4 | 0.33 | 2.0 | 3.0 | 2.0 | 1450 | 2490 | 800 | 1100 | 46.1 | 23238 CC/W33 | 23238 CCK/W33 |
| | 400 | 132 | 212 | 378 | 4 | 255 | 328.4 | — | 5 | 0.36 | 1.8 | 2.7 | 1.8 | 1390 | 2530 | 670 | 850 | 81 | 22338 | 22338 K |

（续）

| 公称尺寸/mm | | | 安装尺寸/mm | | | 其他尺寸/mm | | | r min | 计算系数 | | | | 基本额定载荷/kN | | 极限转速/(r/min) | | 质量/kg | 轴承代号 | |
|---|---|---|---|---|---|---|---|---|---|---|---|---|---|---|---|---|---|---|---|---|
| d | D | B | $d_a$ min | $D_a$ max | $r_a$ max | $d_2\approx$ | $D_2\approx$ | $B_0$ | | e | $Y_1$ | $Y_2$ | $Y_0$ | $C_r$ | $C_{or}$ | 脂 | 油 | W ≈ | 圆柱孔 | 圆锥孔 |
| 200 | 310 | 82 | 212 | 298 | 2.1 | — | — | — | 2.1 | 0.25 | 2.7 | 4.0 | 2.6 | 580 | 1310 | 670 | 850 | 24 | 23040 | 23040 K |
| | 310 | 82 | 212 | 298 | 2.1 | 228.5 | 276.7 | 13.9 | 2.1 | 0.24 | 2.8 | 4.2 | 2.8 | 890 | 1650 | 1000 | 1300 | 22.7 | 23040 CC/W33 | 23040 CCK/W33 |
| | 310 | 109 | 212 | 298 | 2.1 | 226.5 | 270.8 | 11.1 | 2.1 | 0.32 | 2.1 | 3.2 | 2.1 | 1120 | 2220 | 850 | 1100 | 29.3 | 24040 CC/W33 | 24040 CCK30/W33 |
| | 340 | 112 | 214 | 326 | 2.5 | — | — | — | 3 | 0.34 | 2.0 | 3.0 | 2.0 | 910 | 2010 | 630 | 800 | 50.7 | 23140 | 23140 K |
| | 340 | 112 | 214 | 326 | 2.5 | 235.6 | 295.5 | 16.7 | 3 | 0.31 | 2.2 | 3.0 | 2.2 | 1380 | 2460 | 800 | 1000 | 41.6 | 23140 CC/W33 | 23140 CCK/W33 |
| | 340 | 140 | 214 | 326 | 2.5 | 231.2 | 285.8 | 11.1 | 3 | 0.38 | 1.8 | 2.6 | 1.7 | 1580 | 2950 | 800 | 1000 | 49.9 | 24140 CC/W33 | 24140 CCK30/W33 |
| | 340 | 98 | 218 | 342 | 3 | 251 | 311.4 | — | 4 | 0.29 | 2.3 | 3.4 | 2.3 | 920 | 1740 | 700 | 900 | 47.7 | 22240 | 22240 K |
| | 360 | 128 | 218 | 342 | 3 | 240.7 | 307.8 | 16.7 | 4 | 0.34 | 2.0 | 3.0 | 2.0 | 1610 | 2790 | 750 | 1000 | 55.4 | 23240 CC/W33 | 23240 CCK/W33 |
| | 360 | 138 | 222 | 398 | 4 | 267.4 | 371.3 | — | 5 | 0.38 | 1.8 | 2.7 | 1.7 | 1490 | 2720 | 630 | 800 | 94 | 22340 | 22340 K |
| 220 | 340 | 90 | 234 | 326 | 2.5 | — | — | — | 3 | 0.25 | 2.7 | 4.0 | 2.6 | 760 | 1810 | 600 | 750 | 28.8 | 23044 | 23044 K |
| | 340 | 90 | 234 | 326 | 2.5 | 252.9 | 305.8 | 13.9 | 3 | 0.24 | 2.9 | 4.3 | 2.8 | 1060 | 1990 | 950 | 1200 | 29.7 | 23044 CC/W33 | 23044 CCK/W33 |
| | 340 | 118 | 234 | 326 | 2.5 | 248.7 | 297.5 | 11.1 | 3 | 0.31 | 2.2 | 3.2 | 2.1 | 1330 | 2680 | 750 | 1000 | 38.1 | 24044 CC/W33 | 24044 CCK30/W33 |
| | 370 | 120 | 238 | 352 | 3 | — | — | — | 4 | 0.34 | 2.0 | 3.0 | 2.2 | 1030 | 2350 | 600 | 750 | 55 | 23144 | 23144 K |
| | 370 | 120 | 238 | 352 | 3 | 258 | 332.7 | 16.7 | 4 | 0.30 | 2.3 | 3.4 | 2.2 | 1570 | 2820 | 700 | 950 | 51.5 | 23144 CC/W33 | 23144 CC K/W33 |
| | 370 | 150 | 238 | 352 | 3 | 253.3 | 313.5 | 11.1 | 4 | 0.38 | 1.8 | 2.7 | 1.8 | 1850 | 3490 | 700 | 950 | 62.3 | 24144 CC/W33 | 24144 CCK30/W33 |
| | 400 | 108 | 238 | 382 | 3 | 274 | 344.4 | — | 4 | 0.29 | 2.3 | 3.4 | 2.2 | 1170 | 2220 | 630 | 800 | 61.5 | 22244 | 22244 K |
| | 400 | 144 | 238 | 382 | 3 | 263.6 | 340.2 | 16.7 | 4 | 0.34 | 2.0 | 2.9 | 1.9 | 2070 | 3620 | 670 | 900 | 78.5 | 23244 CC/W33 | 23244 CCK/W33 |
| | 460 | 145 | 242 | 438 | 4 | 295.2 | 406.1 | — | 5 | 0.35 | 1.9 | 2.8 | 1.9 | 1690 | 3200 | 560 | 700 | 120 | 22344 | 22344 K |
| 240 | 360 | 92 | 254 | 346 | 2.5 | — | — | — | 3 | 0.25 | 2.7 | 4.1 | 2.7 | 792 | 2060 | 530 | 670 | 35.5 | 23048 | 23048 K |
| | 360 | 92 | 254 | 346 | 2.5 | 271 | 325 | 13.9 | 3 | 0.23 | 3.0 | 4.4 | 2.9 | 1130 | 2160 | 850 | 1100 | 32.4 | 23048 CC/W33 | 23048 CCK/W33 |
| | 360 | 118 | 254 | 346 | 2.5 | 267.5 | 317.8 | 11.1 | 3 | 0.29 | 2.3 | 3.4 | 2.3 | 1400 | 2850 | 700 | 950 | 40.8 | 24048 CC/W33 | 24048 CCK30/W33 |
| | 400 | 128 | 258 | 382 | 3 | — | — | — | 4 | 0.32 | 2.1 | 3.1 | 2.1 | 1200 | 2830 | 500 | 630 | 55.5 | 23148 | 23148 K |
| | 400 | 128 | 258 | 382 | 3 | 278.4 | 350.6 | 16.7 | 4 | 0.30 | 2.3 | 3.4 | 2.2 | 1790 | 3220 | 670 | 850 | 63.7 | 23148 CC/W33 | 23148 CCK/W33 |
| | 400 | 160 | 258 | 382 | 3 | 274.4 | 340.9 | 11.1 | 4 | 0.37 | 1.8 | 2.7 | 1.8 | 2100 | 3980 | 670 | 850 | 76.9 | 24148 CC/W33 | 24178 CCK30/W33 |
| | 440 | 160 | 258 | 422 | 3 | 289.6 | 372.5 | 22.3 | 4 | 0.35 | 2.0 | 2.9 | 1.9 | 2490 | 4490 | 630 | 800 | 107.3 | 23248 CC/W33 | 23248 CCK/W33 |
| | 500 | 155 | 262 | 478 | 4 | 322.2 | 440.9 | — | 5 | 0.35 | 1.9 | 2.8 | 1.9 | 1730 | 3250 | 500 | 630 | 153 | 22348 | 22348 K |
| 260 | 400 | 104 | 278 | 382 | 3 | — | — | — | 4 | 0.26 | 2.6 | 3.8 | 2.5 | 1000 | 2450 | 500 | 630 | 51.5 | 23052 | 23052 K |
| | 400 | 104 | 278 | 382 | 3 | 297.9 | 358.1 | 16.7 | 4 | 0.23 | 2.9 | 4.3 | 2.8 | 1420 | 2770 | 800 | 950 | 47.7 | 23052 CC/W33 | 23052 CCK/W33 |
| | 400 | 140 | 278 | 382 | 3 | 293.3 | 348.2 | 11.1 | 4 | 0.31 | 2.1 | 3.2 | 2.1 | 1790 | 3740 | 630 | 850 | 62.4 | 24052 CC/W33 | 24052 CCK30/W33 |
| | 440 | 144 | 278 | 422 | 3 | — | — | — | 4 | 0.34 | 2.0 | 2.9 | 1.9 | 1430 | 3320 | 450 | 560 | 95.3 | 23152 | 23152 K |
| | 440 | 144 | 278 | 422 | 3 | 306.5 | 385.2 | 16.7 | 4 | 0.30 | 2.2 | 3.3 | 2.2 | 2210 | 4070 | 600 | 800 | 88.2 | 23152 CC/W33 | 23152 CCK/W33 |

（续）

| 公称尺寸/mm | | | 安装尺寸/mm | | | 其他尺寸/mm | | | | 计算系数 | | | | 基本额定载荷/kN | | 极限转速/(r/min) | | 质量/kg | 轴承代号 | |
|---|---|---|---|---|---|---|---|---|---|---|---|---|---|---|---|---|---|---|---|---|
| $d$ | $D$ | $B$ | $d_a$ min | $D_a$ max | $r_a$ max | $d_2\approx$ | $D_2\approx$ | $B_0$ | $r$ min | $e$ | $Y_1$ | $Y_2$ | $Y_0$ | $C_r$ | $C_{0r}$ | 脂 | 油 | $W\approx$ | 圆柱孔 | 圆锥孔 |
| 260 | 440 | 180 | 278 | 422 | 3 | 300.4 | 372.4 | 13.9 | 4 | 0.38 | 1.8 | 2.7 | 1.7 | 2660 | 5180 | 600 | 800 | 107.6 | 24152 CC/W33 | 24152 CCK30/W33 |
|  | 540 | 165 | 288 | 512 | 5 | 351 | 446.5 | — | 6 | 0.34 | 2.0 | 2.9 | 1.9 | 2200 | 4190 | 480 | 600 | 191 | 22352 | 22352 K |
| 280 | 420 | 106 | 298 | 402 | 3 | 315 | 379.4 | 16.7 | 4 | 0.25 | 2.7 | 4.0 | 2.6 | 1080 | 2680 | 450 | 560 | 62 | 23056 | 23056 K |
|  | 420 | 106 | 298 | 402 | 3 |  |  |  | 4 | 0.22 | 3.0 | 4.5 | 2.9 | 1540 | 3000 | 700 | 900 | 50.9 | 23056 CC/W33 | 23056 CCK30/W33 |
|  | 420 | 140 | 298 | 402 | 3 | 310 | 369.6 | 11.1 | 4 | 0.30 | 2.3 | 3.4 | 2.2 | 1910 | 3980 | 600 | 800 | 65.8 | 24056 CC/W33 | 24056 CCK30/W33 |
|  | 460 | 146 | 302 | 438 | 4 | 324.8 | 406.1 | 16.7 | 5 | 0.33 | 2.0 | 3.0 | 2.0 | 1590 | 3630 | 430 | 530 | 103 | 23156 | 23156 K |
|  | 460 | 146 | 302 | 438 | 4 |  |  |  | 5 | 0.29 | 2.3 | 3.5 | 2.3 | 2310 | 4290 | 560 | 750 | 94.1 | 23156 CC/W33 | 23156 CCK30/W33 |
|  | 460 | 180 | 302 | 438 | 4 | 318.4 | 393.8 | 13.9 | 5 | 0.36 | 1.9 | 2.8 | 1.8 | 2730 | 5330 | 560 | 750 | 113.2 | 24156 CC/W33 | 24156 CCK30/W33 |
|  | 500 | 130 | 302 | 478 | 4 | 355 | 431.1 | — | 5 | 0.28 | 2.4 | 3.6 | 2.4 | 1690 | 3380 | 500 | 630 | — | 22256 | 22256 K |
|  | 580 | 175 | 308 | 552 | 5 |  |  |  | 6 | 0.34 | 2.0 | 3.0 | 1.9 | 2420 | 4650 | 450 | 560 | 238 | 22356 | 22356 K |
| 300 | 460 | 118 | 318 | 442 | 3 | 344 | 414.4 | 16.7 | 4 | 0.26 | 2.6 | 3.9 | 2.6 | 1260 | 3070 | 430 | 530 | 75.2 | 23060 | 23060 K |
|  | 460 | 118 | 318 | 442 | 3 |  |  |  | 4 | 0.23 | 3.0 | 4.4 | 2.9 | 1860 | 3690 | 670 | 850 | 71.4 | 23060 CC/W33 | 23060 CCK30/W33 |
|  | 460 | 160 | 318 | 442 | 4 | 337 | 401.6 | 13.9 | 4 | 0.31 | 2.2 | 3.2 | 2.1 | 2360 | 5010 | 530 | 700 | 94.1 | 24060 CC/W33 | 24060 CCK30/W33 |
|  | 500 | 160 | 322 | 478 | 4 |  |  |  | 5 | 0.32 | 2.1 | 3.1 | 2.0 | 1940 | 4420 | 400 | 500 | 133 | 23160 | 23160 K |
|  | 540 | 140 | 322 | 518 | 4 | 378 | 464.2 | — | 5 | 0.28 | 2.4 | 3.6 | 2.4 | 1840 | 3450 | 450 | 560 | 134 | 22260 | 22260 K |
| 320 | 480 | 121 | 338 | 462 | 3 |  |  |  | 4 | 0.26 | 2.6 | 3.8 | 2.5 | 1380 | 3260 | 400 | 500 | 81.5 | 23064 | 23064 K |
| 340 | 520 | 133 | 362 | 498 | 4 |  |  |  | 5 | 0.25 | 2.7 | 4.0 | 2.6 | 1580 | 3810 | 380 | 480 | 109 | 23068 | 23068 K |
| 360 | 540 | 134 | 382 | 518 | 4 |  |  |  | 5 | 0.25 | 2.7 | 4.0 | 2.6 | 1710 | 4180 | 360 | 450 | 114 | 23072 | 23072 K |
| 380 | 560 | 135 | 402 | 538 | 5 |  |  |  | 5 | 0.24 | 2.8 | 4.1 | 2.7 | 1710 | 4240 | 340 | 430 | 120 | 23076 | 23072 K |
|  | 620 | 194 | 402 | 598 | 5 |  |  |  | 5 | 0.24 | 2.8 | 4.1 | 2.7 | 2620 | 6240 | 300 | 380 | 244 | 23176 | 23176 K |
| 400 | 600 | 148 | 422 | 578 | 4 |  |  |  | 5 | 0.25 | 2.6 | 3.8 | 2.5 | 2060 | 5110 | 300 | 380 | 154 | 23080 | 23080 K |
|  | 820 | 243 | 436 | 784 | 6 |  |  |  | 7.5 | 0.33 | 2.1 | 3.1 | 2.0 | 4530 | 9290 | 240 | 320 | 644 | 22380 | 22380 K |
| 420 | 620 | 150 | 442 | 598 | 4 |  |  |  | 6 | 0.24 | 2.8 | 4.3 | 2.8 | 2060 | 5110 | 280 | 360 | 160 | 23084 | 23084 K |
| 440 | 650 | 157 | 468 | 622 | 5 |  |  |  | 6 | 0.24 | 2.8 | 4.2 | 2.8 | 2170 | 5740 | 260 | 340 | 192 | 23088 | 23088 K |
| 460 | 680 | 163 | 488 | 652 | 5 |  |  |  | 6 | 0.23 | 2.9 | 4.4 | 2.9 | 2460 | 6670 | 220 | 300 | 232 | 23092 | 23092 K |
|  | 760 | 240 | 496 | 724 | 6 |  |  |  | 6 | 0.33 | 2.0 | 3.0 | 2.0 | 3920 | 9190 | 190 | 260 | 479 | 23192 | 23192 K |
| 480 | 700 | 165 | 508 | 672 | 5 |  |  |  | 7.5 | 0.24 | 2.8 | 4.2 | 2.9 | 2500 | 6440 | 200 | 280 | 232 | 23096 | 23096 K |
| 500 | 720 | 167 | 528 | 692 | 5 |  |  |  | 6 | 0.24 | 3.0 | 4.4 | 2.9 | 2700 | 7180 | 190 | 260 | 235 | 230/500 | 230/500 K |
| 530 | 780 | 185 | 558 | 752 | 5 |  |  |  | 6 | 0.23 | 2.9 | 4.3 | 2.8 | 3180 | 8310 | 170 | 220 | 304 | 230/530 | 230/530 K |
| 560 | 820 | 195 | 588 | 792 | 5 |  |  |  | 6 | 0.23 | 2.9 | 4.3 | 2.8 | 3492 | 9950 | 160 | 200 | 364 | 230/560 | 230/560 K |
| 600 | 870 | 200 | 628 | 842 | 6 |  |  |  | 6 | 0.22 | 3.0 | 4.5 | 2.9 | 3760 | 10400 | 130 | 170 | 417 | 230/600 | 230/600 K |
| 630 | 920 | 212 | 666 | 884 | 6 |  |  |  | 7.5 | 0.23 | 3.0 | 4.4 | 2.9 | 4170 | 11500 | 120 | 160 | 511 | 230/630 | 230/630 K |
| 850 | 1220 | 272 | 886 | 1184 | 6 |  |  |  | 7.5 | 0.28 | 2.4 | 3.5 | 2.3 | 7760 | 22200 | 75 | 95 | 1388 | 230/850 | 230/850 K |

注：代号不包括结构变化附加代号，结构如有加油槽或油孔等变化，需与厂家联系。

表 6.1-60　带紧定套调心滚子轴承（摘自 GB/T 288—1994）

代号含义：
同表 6.1-59

20000K/W33(CK/W33 CCK/W33)+H型

| 公称尺寸/mm | | | 安装尺寸/mm | | | | | 其他尺寸/mm | | | | | 计算系数 | | | | 基本额定载荷/kN | | 极限转速/(r/min) | | 质量/kg | 轴承代号 |
|---|---|---|---|---|---|---|---|---|---|---|---|---|---|---|---|---|---|---|---|---|---|---|
| $d_1$ | $D$ | $B$ | $d_a$ max | $d_b$ min | $D_a$ max | $B_a$ min | $r_a$ max | $d_2$ ≈ | $D_2$ ≈ | $B_1$ | $B_2$ ≈ | $r$ min | $e$ | $Y_1$ | $Y_2$ | $Y_0$ | $C_r$ | $C_{0r}$ | 脂 | 油 | $W$ ≈ | 20000 K/W33（CK/W33 CCK/W33 KTN1/W33）+ H 型 |
| 17 | 52 | 15 | 29 | 23 | 45 | 8 | 1 | 29.5 | 42 | 28 | 7 | 1.1 | 0.31 | 2.2 | 3.3 | 2.2 | 30.8 | 31.2 | 6000 | 7500 | — | 21304 CCK + H 304 |
| 17 | 52 | 15 | 30 | 23 | 45 | 8 | 1 | 30.5 | 44.1 | 28 | 7 | 1.1 | 0.29 | 2.3 | 3.4 | 2.2 | 34.8 | 34.2 | 6000 | 7500 | — | 21304 KTN1 + H 304 |
| 20 | 62 | 17 | 36 | 28 | 55 | 6 | 1 | 36.4 | 50.8 | 29 | 8 | 1.1 | 0.29 | 2.4 | 3.5 | 2.3 | 41.5 | 44.2 | 5300 | 6700 | 0.348 | 21305 CCK + H 305 |
| 20 | 62 | 17 | 35 | 28 | 55 | 6 | 1 | 35.9 | 51.3 | 29 | 8 | 1.1 | 0.29 | 2.4 | 3.5 | 2.3 | 44.2 | 44.5 | 5300 | 6700 | 0.328 | 21305 KTN1 + H 305 |
| 25 | 72 | 19 | 43 | 33 | 65 | 6 | 1 | 43.3 | 59.6 | 31 | 8 | 1.1 | 0.27 | 2.5 | 3.7 | 2.4 | 55.8 | 62 | 4500 | 6000 | 0.507 | 21306 CCK + H 306 |
| 25 | 72 | 19 | 41 | 33 | 65 | 6 | 1 | 41.2 | 59.6 | 31 | 8 | 1.1 | 0.28 | 2.4 | 3.6 | 2.4 | 62 | 63.5 | 4500 | 6000 | 0.486 | 21306 KTN1 + H 306 |
| 30 | 80 | 21 | 49 | 39 | 71 | 7 | 1.5 | 49.1 | 66.3 | 35 | 9 | 1.5 | 0.27 | 2.5 | 3.8 | 2.5 | 63.5 | 73.2 | 4000 | 5300 | 0.682 | 21307 CCK + H 307 |
| 30 | 80 | 21 | 47 | 39 | 71 | 7 | 1.5 | 47.6 | 67.8 | 35 | 9 | 1.5 | 0.27 | 2.5 | 3.8 | 2.5 | 72.2 | 75.5 | 4000 | 5300 | 0.647 | 21307 KTN1 + H 307 |
| 30 | 80 | 23 | 52 | 44 | 73 | 5 | 1 | 52.6 | 66.5 | 36 | 10 | 1.1 | 0.32 | 2.1 | 3.1 | 2.1 | 49.8 | 68.5 | 4500 | 5600 | 0.74 | 22208 K + H 308 |
| 30 | 80 | 23 | 52 | 44 | 73 | 5 | 1 | 52.6 | 69.4 | 36 | 10 | 1.1 | 0.28 | 2.4 | 3.6 | 2.3 | 78.5 | 90.8 | 5000 | 6000 | 0.70 | 22208 CK/W33 + H 308 |
| 30 | 80 | 23 | 50 | 44 | 73 | 5 | 1 | 50.4 | 69.4 | 36 | 10 | 1.1 | 0.28 | 2.4 | 3.6 | 2.4 | 77 | 88.5 | 5000 | 6300 | 0.71 | 22208 CCK/W33 + H 308 |
| 30 | 80 | 23 | 49 | 44 | 73 | 5 | 1 | 49.4 | 70.5 | 36 | 10 | 1.1 | 0.28 | 2.4 | 3.6 | 2.4 | 92.5 | 102 | 5000 | 6300 | 0.71 | 22208 KTN1/W33 + H 308 |
| 35 | 90 | 23 | 54 | 44 | 81 | 5 | 1.5 | 54 | 75.1 | 36 | 10 | 1.5 | 0.26 | 2.6 | 3.8 | 2.5 | 85 | 96.2 | 3600 | 4500 | 0.93 | 21308 CCK + H 308 |
| 35 | 90 | 23 | 53 | 44 | 81 | 5 | 1.5 | 53.5 | 75.6 | 36 | 10 | 1.5 | 0.26 | 2.6 | 3.8 | 2.5 | 91.2 | 99 | 3600 | 4500 | 0.91 | 21308 KTN1 + H 308 |
| 35 | 90 | 33 | 50 | 45 | 81 | 5 | 1.5 | — | — | 46 | 10 | 1.5 | 0.42 | 1.6 | 2.4 | 1.6 | 73.5 | 90.5 | 4000 | 5000 | 1.25 | 22308 K + H 2308 |
| 35 | 90 | 33 | 51 | 45 | 81 | 5 | 1.5 | 51.2 | 74.1 | 46 | 10 | 1.5 | 0.38 | 1.8 | 2.6 | 1.7 | 120 | 138 | 4300 | 5300 | 1.22 | 22308 CK/W33 + H 2308 |
| 35 | 90 | 33 | 51 | 45 | 81 | 5 | 1.5 | 51.4 | 74.3 | 46 | 10 | 1.5 | 0.38 | 1.8 | 2.7 | 1.8 | 120 | 138 | 4500 | 6000 | 1.24 | 22308 CCK/W33 + H 2308 |
| 35 | 90 | 33 | 50 | 45 | 81 | 5 | 1.5 | 50.9 | 74.8 | 46 | 10 | 1.5 | 0.38 | 1.8 | 2.7 | 1.8 | 130 | 148 | 4500 | 6000 | 1.24 | 22308 KTN1/W33 + H 2308 |

20000K/W33(CK/W33 CCK/W33 KTN1/W33)+H型

（续）

| 公称尺寸/mm $d_1$ | $D$ | $B$ | 安装尺寸/mm $d_a$ max | $d_b$ min | $D_a$ max | $B_a$ min | $r_a$ max | 其他尺寸/mm $d_2$ ≈ | $D_2$ ≈ | $B_1$ | $B_2$ ≈ | $r$ min | 计算系数 $e$ | $Y_1$ | $Y_2$ | $Y_0$ | 基本额定载荷/kN $C_r$ | $C_{0r}$ | 极限转速(r/min) 脂 | 油 | 质量/kg $W$ ≈ | 轴承代号 20000 K/W33（CK/W33 CCK/W33 KTN1/W33）+H 型 |
|---|---|---|---|---|---|---|---|---|---|---|---|---|---|---|---|---|---|---|---|---|---|---|
| 40 | 85 | 23 | 58 | 50 | 78 | 7 | 1 | 58.1 | 71.7 | 39 | 11 | 1.1 | 0.30 | 2.3 | 3.4 | 2.2 | 52.2 | 73.2 | 4000 | 5000 | 0.84 | 22209 K+H 309 |
| | 85 | 23 | 56 | 50 | 78 | 7 | 1 | 56.6 | 73.5 | 39 | 11 | 1.1 | 0.27 | 2.5 | 3.8 | 2.5 | 82.0 | 97.5 | 4500 | 5600 | 0.8 | 22209 CK/W33+H 309 |
| | 85 | 23 | 54 | 50 | 78 | 7 | 1 | 54.6 | 73.6 | 39 | 11 | 1.1 | 0.26 | 2.6 | 3.8 | 2.5 | 80.5 | 95.2 | 4500 | 6000 | 0.79 | 22209 CCK/W33+H 309 |
| | 85 | 23 | 53 | 50 | 78 | 7 | 1 | 53.6 | 74.7 | 39 | 11 | 1.1 | 0.26 | 2.6 | 3.8 | 2.5 | 92.5 | 102 | 4500 | 6000 | 0.78 | 22209 KTN1/W33+H 309 |
| | 100 | 25 | 61 | 50 | 91 | 5 | 1.5 | 61.4 | 84.4 | 39 | 11 | 1.5 | 0.25 | 2.7 | 4.0 | 2.6 | 100 | 115 | 3200 | 4000 | 1.22 | 21309 CCK+H 309 |
| | 100 | 25 | 60 | 50 | 91 | 5 | 1.5 | 60.4 | 84.4 | 39 | 11 | 1.5 | 0.25 | 2.7 | 4.0 | 2.6 | 108 | 120 | 3200 | 4000 | 1.17 | 21309 KTN1+H 309 |
| | 100 | 36 | 57 | 51 | 91 | 5 | 1.5 | — | — | 50 | 11 | 1.5 | 0.41 | 1.6 | 2.4 | 1.6 | 108 | 140 | 3600 | 4500 | 1.68 | 22309 K+H 2309 |
| | 100 | 36 | 57 | 51 | 91 | 5 | 1.5 | 57.3 | 82 | 50 | 11 | 1.5 | 0.38 | 1.8 | 2.6 | 1.7 | 142 | 170 | 3800 | 4800 | 1.63 | 22309 CK/W33+H 2309 |
| | 100 | 36 | 57 | 51 | 91 | 5 | 1.5 | 57.6 | 82.2 | 50 | 11 | 1.5 | 0.37 | 1.8 | 2.7 | 1.8 | 142 | 170 | 4000 | 5300 | 1.65 | 22309 CCK/W33+H 2309 |
| | 100 | 36 | 57 | 51 | 91 | 5 | 1.5 | 57.6 | 83.3 | 50 | 11 | 1.5 | 0.37 | 1.8 | 2.7 | 1.8 | 160 | 185 | 4000 | 5300 | 1.67 | 22309 KTN1/W33+H 2309 |
| 45 | 90 | 23 | 63 | 55 | 83 | 9 | 1 | 63.1 | 76.9 | 42 | 12 | 1.1 | 0.30 | 2.4 | 3.6 | 2.4 | 52.2 | 73.2 | 3800 | 4800 | 1.17 | 22210 K+H 310 |
| | 90 | 23 | 61 | 55 | 83 | 9 | 1 | 61.6 | 78.7 | 42 | 12 | 1.1 | 0.24 | 2.8 | 4.1 | 2.7 | 84.5 | 105 | 4000 | 5000 | 0.89 | 22210 CK/W33+H 310 |
| | 90 | 23 | 58 | 55 | 83 | 9 | 1 | 58.7 | 79.8 | 42 | 12 | 1.1 | 0.24 | 2.8 | 4.1 | 2.7 | 85 | 102 | 4300 | 5300 | 0.914 | 22210 CCK/W33+H 310 |
| | 90 | 23 | 58 | 55 | 83 | 9 | 1 | 58.7 | 79.8 | 42 | 12 | 1.1 | 0.24 | 2.8 | 4.1 | 2.7 | 96.5 | 110 | 4300 | 5300 | 0.896 | 22210 KTN1/W33+H 310 |
| | 110 | 27 | 66 | 55 | 100 | 5 | 2 | 66.7 | 91.7 | 42 | 12 | 2 | 0.25 | 2.7 | 4.0 | 2.6 | 120 | 140 | 2800 | 3800 | 1.60 | 21310 CCK+H 310 |
| | 110 | 27 | 67 | 55 | 100 | 5 | 2 | 67.3 | 93.3 | 42 | 12 | 2 | 0.25 | 2.7 | 4.1 | 2.7 | 125 | 140 | 2800 | 3800 | 1.52 | 21310 KTN1+H 310 |
| | 110 | 40 | 66 | 56 | 100 | 5 | 2 | 66.5 | 90.9 | 55 | 12 | 2 | 0.41 | 1.6 | 2.4 | 1.6 | 128 | 170 | 3400 | 4300 | 2.26 | 22310 K+H 2310 |
| | 110 | 40 | 63 | 56 | 100 | 5 | 2 | 63.2 | 92.1 | 55 | 12 | 2 | 0.37 | 1.8 | 2.7 | 1.8 | 175 | 210 | 3400 | 4800 | 2.16 | 22310 CK/W33+H 2310 |
| | 110 | 40 | 63 | 56 | 100 | 5 | 2 | 63.4 | 91.9 | 55 | 12 | 2 | 0.37 | 1.8 | 2.7 | 1.8 | 178 | 212 | 3800 | 4800 | 2.15 | 22310 CCK/W33+H 2310 |
| | 110 | 40 | 64 | 56 | 100 | 5 | 2 | 64.1 | 92.7 | 55 | 12 | 2 | 0.37 | 1.8 | 2.8 | 1.8 | 192 | 228 | 3800 | 4800 | 2.2 | 22310 KTN1/W33+H 2310 |
| 50 | 100 | 25 | 69 | 60 | 91 | 10 | 1.5 | 69.6 | 85 | 45 | 12 | 1.5 | 0.28 | 2.5 | 3.7 | 2.4 | 60 | 87.2 | 3400 | 4300 | — | 22211 K+H 311 |
| | 100 | 25 | 68 | 60 | 91 | 10 | 1.5 | 68 | 87.9 | 45 | 12 | 1.5 | 0.24 | 2.8 | 4.1 | 2.7 | 102 | 125 | 3600 | 4500 | 1.19 | 22211 CK/W33+H 311 |
| | 100 | 25 | 66 | 60 | 91 | 10 | 1.5 | 66 | 88 | 45 | 12 | 1.5 | 0.24 | 2.8 | 4.2 | 2.8 | 102 | 125 | 3800 | 5000 | 1.20 | 22211 CCK/W33+H 311 |
| | 100 | 25 | 65 | 60 | 91 | 10 | 1.5 | 65.5 | 88.5 | 45 | 12 | 1.5 | 0.24 | 2.8 | 4.2 | 2.8 | 118 | 140 | 3800 | 5000 | 1.17 | 22211 KTN1/W33+H 311 |
| | 120 | 29 | 72 | 60 | 110 | 6 | 2 | 72.6 | 100.5 | 45 | 12 | 2 | 0.25 | 2.7 | 4.1 | 2.7 | 142 | 170 | 2600 | 3400 | 2.00 | 21311 CCK+H 311 |
| | 120 | 29 | 74 | 60 | 110 | 6 | 2 | 74.1 | 102.1 | 45 | 12 | 2 | 0.24 | 2.8 | 4.2 | 2.7 | 145 | 165 | 2600 | 3400 | 1.92 | 21311 KTN1+H 311 |
| | 120 | 43 | 69 | 61 | 110 | 6 | 2 | — | — | 59 | 12 | 2 | 0.39 | 1.7 | 2.6 | 1.7 | 155 | 198 | 3000 | 3800 | 2.82 | 22311 K+H 2311 |
| | 120 | 43 | 68 | 61 | 110 | 6 | 2 | 68.9 | 100.5 | 59 | 12 | 2 | 0.37 | 1.8 | 2.7 | 1.8 | 208 | 250 | 3000 | 3800 | 2.72 | 22311 CK/W33+H 2311 |
| | 120 | 43 | 69 | 61 | 110 | 6 | 2 | 69.2 | 100.5 | 59 | 12 | 2 | 0.36 | 1.9 | 2.8 | 1.8 | 210 | 252 | 3400 | 4300 | 2.73 | 22311 CCK/W33+H 2311 |
| | 120 | 43 | 68 | 61 | 110 | 6 | 2 | 68.8 | 101.2 | 59 | 12 | 2 | 0.36 | 1.9 | 2.8 | 1.8 | 225 | 262 | 3400 | 4300 | 2.74 | 22311 KTN1/W33+H 2311 |

（续）

| 公称尺寸/mm | | | 安装尺寸/mm | | | | | 其他尺寸/mm | | | | | 计算系数 | | | | 基本额定载荷/kN | | 极限转速/(r/min) | | 质量/kg | 轴承代号 |
|---|---|---|---|---|---|---|---|---|---|---|---|---|---|---|---|---|---|---|---|---|---|---|
| $d_1$ | $D$ | $B$ | $d_a$ max | $d_b$ min | $D_a$ max | $B_a$ min | $r_a$ max | $d_2$ ≈ | $D_2$ ≈ | $B_1$ | $B_2$ ≈ | $r$ min | $e$ | $Y_1$ | $Y_2$ | $Y_0$ | $C_r$ | $C_{0r}$ | 脂 | 油 | $W$ ≈ | 20000 K/W33 (CK/W33 CCK/W33 KTN1/W33)+H型 |
| 55 | 110 | 28 | 75 | 65 | 101 | 9 | 1.5 | 75.7 | 93.5 | 47 | 13 | 1.5 | 0.28 | 2.4 | 3.6 | 2.4 | 81.8 | 122 | 3200 | 4000 | 1.31 | 22212 K+H 312 |
| | 110 | 28 | 75 | 65 | 101 | 9 | 1.5 | 75 | 96.4 | 47 | 13 | 1.5 | 0.24 | 2.8 | 4.1 | 2.7 | 122 | 155 | 3200 | 4000 | 1.49 | 22212 CK/W33+H 312 |
| | 110 | 28 | 72 | 65 | 101 | 9 | 1.5 | 72.7 | 96.5 | 47 | 13 | 1.5 | 0.24 | 2.8 | 4.1 | 2.7 | 122 | 155 | 3600 | 4500 | 1.24 | 22212 CCK/W33+H 312 |
| | 110 | 28 | 72 | 65 | 101 | 9 | 1.5 | 72.7 | 98.6 | 47 | 13 | 1.5 | 0.24 | 2.8 | 4.2 | 2.7 | 150 | 185 | 3600 | 4500 | 1.23 | 22212 KTN1/W33+H 312 |
| | 130 | 31 | 79 | 65 | 118 | 6 | 2.1 | 79.5 | 109.3 | 47 | 13 | 2.1 | 0.24 | 2.8 | 4.2 | 2.7 | 162 | 195 | 2400 | 3200 | 2.17 | 21312 CCK+H 312 |
| | 130 | 31 | 80 | 65 | 118 | 6 | 2.1 | 80 | 110.8 | 47 | 13 | 2.1 | 0.24 | 2.8 | 4.2 | 2.8 | 170 | 195 | 2400 | 3200 | 2.05 | 21312 KTN1+H 312 |
| | 130 | 46 | 79 | 67 | 118 | 6 | 2.1 | 79 | 107.9 | 62 | 13 | 2.1 | 0.40 | 1.7 | 2.5 | 1.6 | 168 | 225 | 2800 | 3600 | 3.48 | 22312 K+H 2312 |
| | 130 | 46 | 74 | 67 | 118 | 6 | 2.1 | 74.7 | 108.8 | 62 | 13 | 2.1 | 0.37 | 1.8 | 2.7 | 1.8 | 238 | 285 | 2800 | 3600 | 3.33 | 22312 CK/W33+H 2312 |
| | 130 | 46 | 74 | 67 | 118 | 6 | 2.1 | 74.9 | 109 | 62 | 13 | 2.1 | 0.36 | 1.9 | 2.8 | 1.8 | 242 | 292 | 3200 | 4000 | 3.36 | 22312 CCK/W33+H 2312 |
| | 130 | 46 | 75 | 67 | 118 | 6 | 2.1 | 75.5 | 109.6 | 62 | 13 | 2.1 | 0.36 | 1.9 | 2.8 | 1.9 | 262 | 312 | 3200 | 4000 | 3.44 | 22312 KTN1/W33+H 2312 |
| | 120 | 31 | 83 | 70 | 111 | 8 | 1.5 | 83 | 102.3 | 50 | 14 | 1.5 | 0.28 | 2.4 | 3.6 | 2.4 | 88.5 | 128 | 2800 | 3600 | 2.09 | 22213 K+H 313 |
| | 120 | 31 | 81 | 70 | 111 | 8 | 1.5 | 81 | 103.9 | 50 | 14 | 1.5 | 0.25 | 2.7 | 4.0 | 2.6 | 150 | 195 | 2800 | 3600 | 1.91 | 22213 CK/W33+H 313 |
| | 120 | 31 | 78 | 70 | 111 | 8 | 1.5 | 78.4 | 104 | 50 | 14 | 1.5 | 0.25 | 2.7 | 4.0 | 2.6 | 150 | 195 | 3200 | 4000 | 2 | 22213 CCK/W33+H 313 |
| | 120 | 31 | 77 | 70 | 111 | 8 | 1.5 | 77.4 | 105 | 50 | 14 | 1.5 | 0.25 | 2.7 | 4.0 | 2.6 | 172 | 212 | 3200 | 4000 | 1.99 | 22213 KTN1/W33+H 313 |
| | 140 | 33 | 87 | 70 | 128 | 6 | 2.1 | 87.4 | 118.1 | 50 | 14 | 2.1 | 0.24 | 2.9 | 4.3 | 2.8 | 182 | 228 | 2200 | 3000 | 3.03 | 21313 CCK+H 313 |
| | 140 | 33 | 86 | 70 | 128 | 6 | 2.1 | 86.4 | 119.1 | 50 | 14 | 2.1 | 0.24 | 2.9 | 4.3 | 2.8 | 198 | 235 | 2200 | 3000 | 2.91 | 21313 KTN1+H 313 |
| | 140 | 48 | 79 | 72 | 128 | 5 | 2.1 | — | — | 65 | 14 | 2.1 | 0.39 | 1.7 | 2.6 | 1.7 | 188 | 252 | 2400 | 3200 | 4.15 | 22313 K+H 2313 |
| | 140 | 48 | 81 | 72 | 128 | 5 | 2.1 | 81.4 | 117.3 | 65 | 14 | 2.1 | 0.35 | 1.9 | 2.9 | 1.9 | 260 | 315 | 2400 | 3200 | 4.00 | 22313 CK/W33+H 2313 |
| | 140 | 48 | 81 | 72 | 128 | 5 | 2.1 | 81.5 | 117.4 | 65 | 14 | 2.1 | 0.35 | 1.9 | 2.9 | 1.9 | 265 | 320 | 3000 | 3800 | 4.02 | 22313 CCK/W33+H 2313 |
| | 140 | 48 | 81 | 72 | 128 | 5 | 2.1 | 81.5 | 118.5 | 65 | 14 | 2.1 | 0.35 | 2.0 | 2.9 | 1.9 | 295 | 355 | 3000 | 3800 | 4.12 | 22313 KTN1/W33+H 2313 |
| 60 | 125 | 31 | 87 | 76 | 116 | 9 | 1.5 | 87.4 | 106 | 52 | 14 | 1.5 | 0.27 | 2.4 | 3.7 | 2.4 | 95 | 142 | 2600 | 3400 | 1.66 | 22214 K+H 314 |
| | 125 | 31 | 85 | 76 | 116 | 9 | 1.5 | 85.8 | 109.5 | 52 | 14 | 1.5 | 0.23 | 2.9 | 4.3 | 2.8 | 158 | 205 | 2600 | 3400 | 1.7 | 22214 CK/W33+H 314 |
| | 125 | 31 | 84 | 76 | 116 | 9 | 1.5 | 84.1 | 109.7 | 52 | 14 | 1.5 | 0.24 | 2.9 | 4.3 | 2.8 | 150 | 195 | 3000 | 3800 | 1.6 | 22214 CCK/W33+H 314 |
| | 125 | 31 | 83 | 76 | 116 | 9 | 1.5 | 83 | 110.6 | 52 | 14 | 1.5 | 0.24 | 2.9 | 4.3 | 2.8 | 180 | 225 | 3000 | 3800 | 1.6 | 22214 KTN1/W33+H 314 |
| | 150 | 35 | 94 | 76 | 138 | 6 | 2.1 | 94.3 | 127.9 | 52 | 14 | 2.1 | 0.23 | 2.9 | 4.3 | 2.8 | 212 | 268 | 2000 | 2800 | 3.11 | 21314 CCK+H 314 |
| | 150 | 35 | 92 | 76 | 138 | 6 | 2.1 | 92.8 | 127.4 | 52 | 14 | 2.1 | 0.23 | 2.9 | 4.3 | 2.8 | 220 | 265 | 2000 | 2800 | 2.97 | 21314 KTN1+H 314 |
| | 150 | 51 | 92 | 77 | 138 | 6 | 2.1 | 92 | 126.6 | 68 | 14 | 2.1 | 0.37 | 1.8 | 2.7 | 1.8 | 230 | 315 | 2200 | 3000 | 4.4 | 22314 K+H 2314 |
| | 150 | 51 | 88 | 77 | 138 | 6 | 2.1 | 88.1 | 125.9 | 68 | 14 | 2.1 | 0.35 | 1.9 | 2.9 | 1.9 | 292 | 362 | 2200 | 3000 | 4.4 | 22314 CK/W33+H 2314 |
| | 150 | 51 | 88 | 77 | 138 | 6 | 2.1 | 88.2 | 125.9 | 68 | 14 | 2.1 | 0.34 | 2.0 | 2.9 | 1.9 | 312 | 395 | 2800 | 3400 | 4.34 | 22314 CCK/W33+H 2314 |
| | 150 | 51 | 87 | 77 | 138 | 6 | 2.1 | 87.7 | 126.5 | 68 | 14 | 2.1 | 0.34 | 2.0 | 2.9 | 1.9 | 332 | 405 | 2800 | 3400 | 4.35 | 22314 KTN1/W33+H 2314 |

（续）

| 公称尺寸/mm | | | 安装尺寸/mm | | | | | 其他尺寸/mm | | | | | 计算系数 | | | | 基本额定载荷/kN | | 极限转速/(r/min) | | 质量/kg | 轴承代号 |
|---|---|---|---|---|---|---|---|---|---|---|---|---|---|---|---|---|---|---|---|---|---|---|
| $d_1$ | $D$ | $B$ | $d_a$ max | $d_b$ min | $D_a$ max | $B_a$ min | $r_a$ max | $d_2$ ≈ | $D_2$ ≈ | $B_1$ | $B_2$ ≈ | $r$ min | $e$ | $Y_1$ | $Y_2$ | $Y_0$ | $C_r$ | $C_{0r}$ | 脂 | 油 | $W$ ≈ | 20000 K/W33（CK/W33 KTN1/W33）+H型 CCK/W33 KTN1/W33）+H型 |
| 65 | 130 | 31 | 94 | 81 | 121 | 12 | 1.5 | 94 | 113.3 | 55 | 15 | 1.5 | 0.26 | 2.6 | 3.9 | 2.6 | 95 | 142 | 2400 | 3200 | 2.58 | 22215 K + H 315 |
| | 130 | 31 | 90 | 81 | 121 | 12 | 1.5 | 90.5 | 114.7 | 55 | 15 | 1.5 | 0.22 | 3.0 | 4.5 | 2.9 | 162 | 215 | 2400 | 3200 | 2.43 | 22215 CK/W33 + H 315 |
| | 130 | 31 | 88 | 81 | 121 | 12 | 1.5 | 88.2 | 114.8 | 55 | 15 | 1.5 | 0.22 | 3.0 | 4.5 | 2.9 | 162 | 215 | 3000 | 3800 | 2.52 | 22215 CCK/W33 + H 315 |
| | 130 | 31 | 87 | 81 | 121 | 12 | 1.5 | 87.7 | 115.4 | 55 | 15 | 1.5 | 0.22 | 3.0 | 4.5 | 2.9 | 180 | 232 | 3000 | 3800 | 2.5 | 22215 KTN1/W33 + H 315 |
| | 160 | 37 | 102 | 81 | 148 | 6 | 2.1 | 102.2 | 137.7 | 55 | 15 | 2.1 | 0.23 | 3.0 | 4.4 | 2.9 | 238 | 302 | 1900 | 2600 | 4.59 | 21315 CCK + H 315 |
| | 160 | 37 | 99 | 81 | 148 | 6 | 2.1 | 99.5 | 136 | 55 | 15 | 2.1 | 0.23 | 2.9 | 4.3 | 2.9 | 252 | 310 | 1900 | 2600 | 4.46 | 21315 KTN1 + H 315 |
| | 160 | 55 | 94 | 82 | 148 | 5 | 2.1 | — | — | 73 | 15 | 2.1 | 0.36 | 1.7 | 2.6 | 1.7 | 262 | 388 | 2000 | 2800 | 6.45 | 22315 K + H 2315 |
| | 160 | 55 | 94 | 82 | 148 | 5 | 2.1 | 94.5 | 133.6 | 73 | 15 | 2.1 | 0.35 | 1.9 | 2.9 | 1.9 | 342 | 438 | 2000 | 2800 | 6.20 | 22315 CK/W33 + H 2315 |
| | 160 | 55 | 94 | 82 | 148 | 5 | 2.1 | 94.5 | 133.8 | 73 | 15 | 2.1 | 0.35 | 2.0 | 2.9 | 1.9 | 348 | 448 | 2600 | 3200 | 6.33 | 22315 CCK/W33 + H 2315 |
| | 160 | 55 | 93 | 82 | 148 | 5 | 2.1 | 93.7 | 135.1 | 73 | 15 | 2.1 | 0.35 | 2.0 | 2.9 | 1.9 | 380 | 470 | 2600 | 3200 | 6.38 | 22315 KTN1/W33 + H 2315 |
| 70 | 140 | 33 | 99 | 86 | 130 | 12 | 2 | 99 | 120.7 | 59 | 17 | 2 | 0.25 | 2.7 | 4.0 | 2.6 | 115 | 180 | 2200 | 3000 | 3.20 | 22216 K + H 316 |
| | 140 | 33 | 97 | 86 | 130 | 12 | 2 | 97.6 | 120.7 | 59 | 17 | 2 | 0.22 | 3.0 | 4.5 | 2.9 | 175 | 238 | 2200 | 3000 | 3.00 | 22216 CK/W33 + H 316 |
| | 140 | 33 | 95 | 86 | 130 | 12 | 2 | 95.1 | 122.8 | 59 | 17 | 2 | 0.22 | 3.0 | 4.5 | 3.0 | 175 | 235 | 2800 | 3400 | 3.13 | 22216 CCK/W33 + H 316 |
| | 140 | 33 | 93 | 86 | 130 | 12 | 2 | 93.5 | 124.2 | 59 | 17 | 2 | 0.22 | 3.0 | 4.5 | 3.0 | 212 | 275 | 2800 | 3400 | 3.09 | 22216 KTN1/W33 + H 316 |
| | 170 | 39 | 107 | 86 | 158 | 6 | 2.1 | 107 | 144.4 | 59 | 17 | 2.1 | 0.23 | 2.9 | 4.4 | 2.9 | 260 | 332 | 1800 | 2400 | 5.47 | 21316 CCK + H 316 |
| | 170 | 39 | 105 | 86 | 158 | 6 | 2.1 | 105 | 143.4 | 59 | 17 | 2.1 | 0.23 | 2.9 | 4.3 | 2.9 | 280 | 350 | 1800 | 2400 | 5.33 | 21316 KTN1 + H 316 |
| | 170 | 58 | 105 | 88 | 158 | 6 | 2.1 | 105 | 143.7 | 78 | 17 | 2.1 | 0.37 | 1.8 | 2.7 | 1.8 | 288 | 405 | 1900 | 2600 | 7.70 | 22316 K + H 2316 |
| | 170 | 58 | 100 | 88 | 158 | 6 | 2.1 | 100.4 | 142.5 | 78 | 17 | 2.1 | 0.35 | 1.9 | 2.9 | 1.9 | 385 | 498 | 1900 | 2600 | 7.35 | 22316 CK/W33 + H 2316 |
| | 170 | 58 | 100 | 88 | 158 | 6 | 2.1 | 100.4 | 142.5 | 78 | 17 | 2.1 | 0.34 | 2.0 | 2.9 | 1.9 | 392 | 508 | 2400 | 3000 | 7.62 | 22316 CCK/W33 + H 2316 |
| | 170 | 58 | 100 | 88 | 158 | 6 | 2.1 | 100.4 | 143.6 | 78 | 17 | 2.1 | 0.34 | 2.0 | 2.9 | 1.9 | 412 | 515 | 2400 | 3000 | 7.57 | 22316 KTN1/W33 + H 2316 |
| 75 | 150 | 36 | 105 | 91 | 140 | 12 | 2 | 105 | 129.5 | 63 | 18 | 2 | 0.26 | 2.6 | 3.9 | 2.5 | 145 | 228 | 2000 | 2800 | 4.00 | 22217 K + H 317 |
| | 150 | 36 | 103 | 91 | 140 | 12 | 2 | 103.4 | 132.1 | 63 | 18 | 2 | 0.22 | 3.0 | 4.4 | 2.9 | 210 | 278 | 2000 | 2800 | 3.75 | 22217 CK/W33 + H 317 |
| | 150 | 36 | 100 | 91 | 140 | 12 | 2 | 100.6 | 132.2 | 63 | 18 | 2 | 0.23 | 3.0 | 4.4 | 2.9 | 212 | 282 | 2600 | 3200 | 3.87 | 22217 CCK/W33 + H 317 |
| | 150 | 36 | 101 | 91 | 140 | 12 | 2 | 101.3 | 135.9 | 63 | 18 | 2 | 0.22 | 3.0 | 4.5 | 2.9 | 262 | 340 | 2600 | 3200 | 3.84 | 22217 KTN1/W33 + H 317 |
| | 180 | 41 | 112 | 91 | 166 | 7 | 2.5 | 112.9 | 153.3 | 63 | 18 | 2.5 | 0.23 | 3.0 | 4.4 | 2.9 | 298 | 385 | 1700 | 2200 | 6.43 | 21317 CCK + H 317 |
| | 180 | 41 | 111 | 91 | 166 | 7 | 2.5 | 111.9 | 152.3 | 63 | 18 | 2.5 | 0.23 | 3.0 | 4.4 | 2.9 | 310 | 390 | 1700 | 2200 | 6.27 | 21317 KTN1 + H 317 |
| | 180 | 60 | 106 | 93 | 166 | 7 | 2.5 | — | — | 82 | 18 | 2.5 | 0.37 | 1.8 | 2.7 | 1.8 | 308 | 440 | 1800 | 2400 | 8.70 | 22317 K + H 2317 |
| | 180 | 60 | 106 | 93 | 166 | 7 | 2.5 | 106.3 | 151.4 | 82 | 18 | 2.5 | 0.34 | 1.9 | 3.0 | 2.0 | 420 | 540 | 1800 | 2400 | 8.55 | 22317 CK/W33 + H 2317 |
| | 180 | 60 | 106 | 93 | 166 | 7 | 2.5 | 106.3 | 151.6 | 82 | 18 | 2.5 | 0.34 | 2.0 | 3.0 | 2.0 | 430 | 555 | 2200 | 2800 | 8.57 | 22317 CCK/W33 + H 2317 |
| | 180 | 60 | 105 | 93 | 166 | 7 | 2.5 | 105.3 | 152.6 | 82 | 18 | 2.5 | 0.34 | 2.0 | 3.0 | 2.0 | 460 | 572 | 2200 | 2800 | 8.57 | 22317 KTN1/W33 + H 2317 |

（续）

| 公称尺寸/mm | | | | 安装尺寸/mm | | | | | 其他尺寸/mm | | | | | 计算系数 | | | | 基本额定载荷/kN | | 极限转速/(r/min) | | 质量/kg | 轴承代号 |
|---|---|---|---|---|---|---|---|---|---|---|---|---|---|---|---|---|---|---|---|---|---|---|---|
| $d_1$ | $D$ | $B$ | | $d_a$ max | $d_b$ min | $D_a$ max | $B_a$ min | $r_a$ max | $d_2$ ≈ | $D_2$ ≈ | $B_1$ | $B_2$ ≈ | $r$ min | $e$ | $Y_1$ | $Y_2$ | $Y_0$ | $C_r$ | $C_{0r}$ | 脂 | 油 | $W$ ≈ | 20000 K/W33（CK/W33 CCK/W33 KTN1/W33）+H 型 |
| 80 | 160 | 40 | | 112 | 96 | 150 | 10 | 2 | 112 | 138.3 | 65 | 18 | 2 | 0.27 | 2.5 | 3.8 | 2.5 | 168 | 272 | 1900 | 2600 | 5.35 | 22218 K+H 318 |
| | 160 | 40 | | 111 | 96 | 150 | 10 | 2 | 111 | 141 | 65 | 18 | 2 | 0.23 | 2.9 | 4.4 | 2.8 | 240 | 322 | 1900 | 2600 | 4.55 | 22218 CK/W33+H 318 |
| | 160 | 40 | | 107 | 96 | 150 | 10 | 2 | 107.8 | 141 | 65 | 18 | 2 | 0.24 | 2.9 | 4.3 | 2.8 | 250 | 338 | 2400 | 3000 | 4.73 | 22218 CCK/W33+H 318 |
| | 160 | 40 | | 107 | 96 | 150 | 10 | 2 | 107.8 | 142.1 | 65 | 18 | 2 | 0.24 | 2.9 | 4.3 | 2.8 | 280 | 378 | 2400 | 3000 | 4.7 | 22218 KTN1/W33+H 318 |
| | 160 | 52.4 | | 105 | 99 | 150 | 18 | 2 | 105.5 | 137 | 86 | 18 | 2 | 0.31 | 2.1 | 3.2 | 2.1 | 325 | 478 | 1700 | 2200 | 6.3 | 23218 CK/W33+H 2318 |
| | 160 | 52.4 | | 105 | 99 | 150 | 18 | 2 | 105.5 | 137.2 | 86 | 18 | 2 | 0.31 | 2.1 | 3.2 | 2.1 | 330 | 482 | 1800 | 2400 | 6.1 | 23218 CCK/W33+H 2318 |
| | 190 | 43 | | 119 | 96 | 176 | 7 | 2.5 | 119.7 | 161 | 65 | 18 | 3 | 0.23 | 3.0 | 4.5 | 2.9 | 320 | 420 | 1700 | 2200 | 7.52 | 21318 CCK+H 318 |
| | 190 | 43 | | 119 | 96 | 176 | 7 | 2.5 | 119.7 | 161 | 65 | 18 | 3 | 0.23 | 3.0 | 4.5 | 2.9 | 330 | 420 | 1700 | 2200 | 7.23 | 21318 KTN1+H 318 |
| | 190 | 64 | | 118 | 99 | 176 | 7 | 2.5 | 118 | 159.2 | 86 | 18 | 3 | 0.37 | 1.8 | 2.7 | 1.8 | 365 | 542 | 1700 | 2200 | 10.5 | 22318 K+H 2318 |
| | 190 | 64 | | 112 | 99 | 176 | 7 | 2.5 | 112.7 | 159.5 | 86 | 18 | 3 | 0.34 | 2.0 | 2.9 | 2.0 | 475 | 622 | 1800 | 2400 | 10.1 | 22318 CK/W33+H 2318 |
| | 190 | 64 | | 112 | 99 | 176 | 7 | 2.5 | 112.8 | 159.7 | 86 | 18 | 3 | 0.34 | 2.0 | 3.0 | 2.0 | 482 | 640 | 2200 | 2600 | 10.3 | 22318 CCK/W33+H 2318 |
| | 190 | 64 | | 111 | 99 | 176 | 7 | 2.5 | 111.8 | 160.8 | 86 | 18 | 3 | 0.34 | 2.0 | 3.0 | 2.0 | 518 | 660 | 2200 | 2600 | 10.4 | 22318 KTN1/W33+H 2318 |
| 85 | 170 | 43 | | 119 | 102 | 158 | 9 | 2.1 | 119 | 148.4 | 68 | 19 | 2.1 | 0.27 | 2.5 | 3.7 | 2.4 | 212 | 322 | 1800 | 2400 | 5.75 | 22219 K+H 319 |
| | 170 | 43 | | 117 | 102 | 158 | 9 | 2.1 | 117 | 148.4 | 68 | 19 | 2.1 | 0.24 | 2.9 | 4.4 | 2.7 | 278 | 380 | 1900 | 2600 | 5.45 | 22219 CK/W33+H 319 |
| | 170 | 43 | | 113 | 102 | 158 | 9 | 2.1 | 113.5 | 148.5 | 68 | 19 | 2.1 | 0.24 | 2.8 | 4.2 | 2.7 | 282 | 390 | 2200 | 2800 | 5.75 | 22219 CCK/W33+H 319 |
| | 170 | 43 | | 113 | 102 | 158 | 9 | 2.1 | 113.5 | 149.6 | 68 | 19 | 2.1 | 0.24 | 2.8 | 4.2 | 2.7 | 310 | 420 | 2200 | 2800 | 5.65 | 22219 KTN1/W33+H 319 |
| | 200 | 45 | | 129 | 102 | 186 | 7 | 2.5 | 129.7 | 171.9 | 68 | 19 | 3 | 0.22 | 3.1 | 4.6 | 3.0 | 355 | 485 | 1700 | 2200 | 8.7 | 21319 CCK+H 319 |
| | 200 | 45 | | 127 | 102 | 186 | 7 | 2.5 | 127.6 | 169.8 | 68 | 19 | 3 | 0.22 | 3.0 | 4.5 | 3.0 | 365 | 482 | 1700 | 2200 | 8.45 | 21319 KTN1+H 319 |
| | 200 | 67 | | 118 | 104 | 186 | 7 | 2.5 | — | — | 90 | 19 | 3 | 0.38 | 1.8 | 2.7 | 1.8 | 385 | 570 | 1600 | 2000 | 12.2 | 22319 K+H 2319 |
| | 200 | 67 | | 118 | 104 | 186 | 7 | 2.5 | 118.5 | 168 | 90 | 19 | 3 | 0.34 | 2.0 | 3.0 | 2.0 | 520 | 688 | 1700 | 2200 | 11.7 | 22319 CK/W33+H 2319 |
| | 200 | 67 | | 118 | 104 | 186 | 7 | 2.1 | 118.5 | 168.2 | 90 | 19 | 3 | 0.34 | 2.0 | 3.0 | 2.0 | 530 | 705 | 2000 | 2600 | 11.9 | 22319 CCK/W33+H 2319 |
| | 200 | 67 | | 117 | 104 | 186 | 7 | 2.1 | 117.5 | 169.2 | 90 | 19 | 3 | 0.34 | 2.0 | 3.0 | 2.0 | 568 | 728 | 2000 | 2600 | 12 | 22319 KTN1/W33+H 2319 |
| 90 | 165 | 52 | | 115 | 107 | 155 | 7 | 2 | 115.4 | 144.1 | 76 | 20 | 2 | 0.30 | 2.3 | 3.4 | 2.2 | 320 | 505 | 1600 | 2000 | — | 23120 CK/W33+H 3120 |
| | 165 | 52 | | 115 | 107 | 155 | 7 | 2 | 115.5 | 144.3 | 76 | 20 | 2 | 0.29 | 2.3 | 3.5 | 2.3 | 322 | 510 | 1700 | 2200 | — | 23120 CCK/W33+H 3120 |
| | 180 | 46 | | 125 | 108 | 168 | 8 | 2.1 | 125 | 156.1 | 71 | 20 | 2.1 | 0.27 | 2.5 | 3.7 | 2.4 | 222 | 358 | 1700 | 2200 | 6.7 | 22220 K+H 320 |
| | 180 | 46 | | 124 | 108 | 168 | 8 | 2.1 | 124 | 158 | 71 | 20 | 2.1 | 0.23 | 2.9 | 4.3 | 2.8 | 310 | 425 | 1800 | 2400 | 6.45 | 22220 CK/W33+H 320 |
| | 180 | 46 | | 120 | 108 | 168 | 8 | 2.1 | 120.3 | 158.1 | 71 | 20 | 2.1 | 0.24 | 2.8 | 4.1 | 2.7 | 315 | 435 | 2200 | 2600 | 6.71 | 22220 CCK/W33+H 320 |
| | 180 | 46 | | 119 | 108 | 168 | 8 | 2.1 | 119.3 | 159.1 | 71 | 20 | 2.1 | 0.24 | 2.8 | 4.1 | 2.7 | 368 | 492 | 2200 | 2600 | 6.68 | 22220 KTN1/W33 320 |
| | 180 | 60.3 | | 118 | 110 | 168 | 19 | 2.1 | 118.5 | 154.4 | 97 | 20 | 2.1 | 0.33 | 2.0 | 3.0 | 2.0 | 415 | 618 | 1600 | 2000 | 8.85 | 23220 CK/W33+H 2320 |
| | 180 | 60.3 | | 118 | 110 | 168 | 19 | 2.1 | 118.6 | 154.5 | 97 | 20 | 2.1 | 0.32 | 2.1 | 3.2 | 2.1 | 420 | 630 | 1600 | 2200 | 8.67 | 23220 CCK/W33+H 2320 |
| | 215 | 47 | | 136 | 108 | 201 | 7 | 2.5 | 136.6 | 180.6 | 71 | 20 | 3 | 0.22 | 3.1 | 4.6 | 3.0 | 385 | 530 | 1600 | 2000 | 10.5 | 21320 CCK+H 320 |

（续）

| $d_1$ | $D$ | $B$ | $d_a$ max | $d_b$ min | $D_a$ max | $B_a$ min | $r_a$ max | $d_2 \approx$ | $D_2 \approx$ | $B_1 \approx$ | $B_2 \approx$ | $r$ min | $e$ | $Y_1$ | $Y_2$ | $Y_0$ | $C_r$ | $C_{0r}$ | 脂 | 油 | $W \approx$ | 轴承代号 20000 K/W33（CK/W33 CCK/W33 KTN1/W33）+ H型 |
|---|---|---|---|---|---|---|---|---|---|---|---|---|---|---|---|---|---|---|---|---|---|---|
| 90 | 215 | 47 | 136 | 108 | 201 | 7 | 2.5 | 136.6 | 181.7 | 71 | 20 | 3 | 0.22 | 3.1 | 4.6 | 3.0 | 425 | 575 | 1600 | 2000 | 10.33 | 21320 KTN1 + H 320 |
|  | 215 | 73 | 135 | 110 | 201 | 7 | 2.5 | 135 | 181.5 | 97 | 20 | 3 | 0.37 | 1.8 | 2.7 | 1.8 | 450 | 668 | 1400 | 1800 | 15.15 | 22320 K + H 2320 |
|  | 215 | 73 | 126 | 110 | 201 | 7 | 2.5 | 126.5 | 179.6 | 97 | 20 | 3 | 0.35 | 1.9 | 2.9 | 1.9 | 608 | 815 | 1400 | 1800 | 14.65 | 22320 CK/W33 + H 2320 |
|  | 215 | 73 | 126 | 110 | 201 | 7 | 2.5 | 126.7 | 179.8 | 97 | 20 | 3 | 0.34 | 2.0 | 2.9 | 1.9 | 618 | 832 | 1900 | 2400 | 14.95 | 22320 CCK/W33 + H 2320 |
|  | 215 | 73 | 125 | 110 | 201 | 7 | 2.5 | 125.7 | 180.9 | 97 | 20 | 3 | 0.34 | 2.0 | 2.9 | 1.9 | 658 | 855 | 1900 | 2400 | 15.15 | 22320 KTN1/W33 + H 2320 |
|  | 180 | 56 | 126 | 117 | 170 | 7 | 2 | — | — | 81 | 21 | 2 | 0.32 | 2.1 | 3.1 | 2.1 | 262 | 475 | 1300 | 1700 | 5.2 | 23122 K + H 3122 |
|  | 180 | 56 | 126 | 117 | 170 | 7 | 2 | 126.3 | 157.8 | 81 | 21 | 2 | 0.29 | 2.3 | 3.4 | 2.3 | 375 | 595 | 1300 | 1700 | 8.35 | 23122 CK/W33 + H 3122 |
|  | 180 | 56 | 126 | 117 | 170 | 7 | 2 | 126.4 | 157.9 | 81 | 21 | 2 | 0.29 | 2.4 | 3.5 | 2.3 | 378 | 602 | 1600 | 2000 | 7.61 | 23122 CCK/W33 + H 3122 |
|  | 200 | 53 | 138 | 118 | 188 | 6 | 2.1 | 138 | 173.4 | 77 | 21 | 2.1 | 0.28 | 2.4 | 3.6 | 2.3 | 288 | 465 | 1500 | 1900 | 9.60 | 22222 K + H 322 |
|  | 200 | 53 | 137 | 118 | 188 | 6 | 2.1 | 137 | 173.6 | 77 | 21 | 2.1 | 0.25 | 2.7 | 4.0 | 2.6 | 405 | 575 | 1700 | 2200 | 8.95 | 22222 CK/W33 + H 322 |
|  | 200 | 53 | 132 | 118 | 188 | 6 | 2.1 | 132.5 | 173.7 | 77 | 21 | 2.1 | 0.25 | 2.7 | 4.0 | 2.6 | 410 | 588 | 1900 | 2400 | 9.52 | 22222 CCK/W33 + H 322 |
|  | 200 | 53 | 132 | 118 | 188 | 6 | 2.1 | 132.5 | 174.8 | 77 | 21 | 2.1 | 0.25 | 2.7 | 4.0 | 2.6 | 450 | 635 | 1900 | 2400 | 9.45 | 22222 KTN1/W33 + H 322 |
|  | 200 | 69.8 | 130 | 121 | 188 | 17 | 2.1 | 130.1 | 169 | 105 | 21 | 2.1 | 0.33 | 2.0 | 3.0 | 2.0 | 515 | 785 | 1400 | 1800 | 12.45 | 23222 CK/W33 + H 322 |
|  | 200 | 69.8 | 130 | 121 | 188 | 17 | 2.1 | 130.2 | 169.1 | 105 | 21 | 2.1 | 0.34 | 2.0 | 3.0 | 2.0 | 520 | 800 | 1500 | 1900 | 12.21 | 23222 CCK/W33 + H 322 |
| 100 | 240 | 50 | 150 | 118 | 226 | 9 | 2.5 | 150.5 | 200.5 | 77 | 21 | 3 | 0.21 | 3.2 | 4.8 | 3.1 | 460 | 635 | 1400 | 1800 | 14 | 21322 CCK + H 322 |
|  | 240 | 50 | 150 | 118 | 226 | 9 | 2.5 | 150.5 | 201.5 | 77 | 21 | 3 | 0.21 | 3.2 | 4.8 | 3.1 | 512 | 695 | 1400 | 1800 | 13.9 | 21322 KTN1 + H 322 |
|  | 240 | 80 | 149 | 121 | 226 | 7 | 2.5 | 149 | 201.1 | 105 | 21 | 3 | 0.37 | 1.9 | 2.7 | 1.8 | 545 | 832 | 1200 | 1600 | 20.85 | 22322 K + H 2322 |
|  | 240 | 80 | 140 | 121 | 226 | 7 | 2.5 | 140.9 | 199.4 | 105 | 21 | 3 | 0.34 | 2.0 | 2.9 | 1.9 | 695 | 935 | 1500 | 1900 | 20.25 | 22322 CK/W33 + H 2322 |
|  | 240 | 80 | 140 | 121 | 226 | 7 | 2.5 | 140.9 | 199.6 | 105 | 21 | 3 | 0.34 | 2.0 | 3.0 | 2.0 | 715 | 968 | 1700 | 2200 | 20.25 | 22322 CCK/W33 + H 2322 |
|  | 240 | 80 | 140 | 121 | 226 | 7 | 2.5 | 140 | 200.7 | 105 | 21 | 3 | 0.34 | 2.0 | 3.0 | 2.0 | 795 | 1058 | 1700 | 2200 | 20.95 | 22322 KTN1/W33 + H 2322 |
|  | 180 | 46 | 133 | 127 | 170 | 7 | 2 | — | — | 72 | 22 | 3 | 0.25 | 2.7 | 4.0 | 2.6 | 212 | 470 | 1200 | 1600 | 6.00 | 23024 K + H 3024 |
|  | 180 | 46 | 134 | 127 | 170 | 7 | 2.1 | 134.5 | 162.1 | 72 | 22 | 2 | 0.22 | 3.0 | 4.6 | 2.8 | 295 | 495 | 1400 | 1800 | — | 23024 CK/W33 + H 3024 |
|  | 180 | 46 | 133 | 127 | 170 | 7 | 2.1 | 133.5 | 162.2 | 72 | 22 | 2 | 0.23 | 2.9 | 4.4 | 2.9 | 300 | 500 | 1800 | 2200 | 5.68 | 23024 CCK/W33 + H 3024 |
|  | 200 | 62 | 139 | 128 | 190 | 11 | 2.1 | 139.1 | 175 | 88 | 22 | 2.1 | 0.32 | 2.1 | 3.1 | 2.0 | 290 | 572 | 1100 | 1500 | 10.2 | 23124 K + H 3124 |
|  | 200 | 62 | 139 | 128 | 190 | 11 | 2.1 | 139.1 | 175 | 88 | 22 | 2.1 | 0.28 | 2.4 | 3.6 | 2.5 | 450 | 715 | 1300 | 1700 | — | 23124 CK/W33 + H 3124 |
|  | 200 | 62 | 140 | 128 | 190 | 11 | 2 | 140.1 | 175.1 | 88 | 22 | 2.1 | 0.29 | 2.4 | 3.5 | 2.3 | 450 | 722 | 1400 | 1800 | 10.24 | 23124 CCK/W33 + H 3124 |
| 110 | 215 | 58 | 149 | 128 | 203 | 11 | 2.1 | 149 | 187.7 | 88 | 22 | 2.1 | 0.29 | 2.4 | 3.5 | 2.3 | 342 | 565 | 1300 | 1700 | 11.85 | 22224 K + H 3124 |
|  | 215 | 58 | 148 | 128 | 203 | 11 | 2.1 | 148 | 187.9 | 88 | 22 | 2.1 | 0.24 | 2.8 | 4.1 | 2.7 | 470 | 678 | 1600 | 2000 | 11.15 | 22224 CK/W33 + H 3124 |
|  | 215 | 58 | 143 | 128 | 203 | 11 | 2.1 | 143 | 187.9 | 88 | 22 | 2.1 | 0.26 | 2.6 | 3.9 | 2.6 | 480 | 690 | 1700 | 2200 | 11.65 | 22224 CCK/W33 + H 3124 |
|  | 215 | 58 | 142 | 128 | 203 | 11 | 2.1 | 142 | 189 | 88 | 22 | 2.1 | 0.26 | 2.6 | 3.9 | 2.6 | 542 | 765 | 1700 | 2200 | 11.75 | 22224 KTN1/W33 + H 3124 |
|  | 215 | 76 | 141 | 131 | 203 | 17 | 2.1 | 141 | 182.5 | 112 | 22 | 2.1 | 0.35 | 1.9 | 2.9 | 1.9 | 602 | 940 | 1300 | 1700 | 15.2 | 23224 CK/W33 + H 2324 |

（续）

| 公称尺寸/mm | | | 安装尺寸/mm | | | | | 其他尺寸/mm | | | | | 计算系数 | | | | 基本额定载荷/kN | | 极限转速/(r/min) | | 质量/kg | 轴承代号 |
|---|---|---|---|---|---|---|---|---|---|---|---|---|---|---|---|---|---|---|---|---|---|---|
| $d_1$ | $D$ | $B$ | $d_a$ max | $d_b$ min | $D_a$ max | $B_a$ min | $r_a$ max | $d_2$ ≈ | $D_2$ ≈ | $B_1$ | $B_2$ ≈ | $r$ min | $e$ | $Y_1$ | $Y_2$ | $Y_0$ | $C_r$ | $C_{0r}$ | 脂 | 油 | $W$ ≈ | 20000 K/W33(CK/W33) CCK/W33 KTN1/W33)+H 型 |
| 110 | 215 | 76 | 141 | 131 | 203 | 17 | 2.1 | 141.5 | 182.7 | 112 | 22 | 2.1 | 0.34 | 2.0 | 3.0 | 2.0 | 610 | 955 | 1300 | 1700 | 14.9 | 23324 CCK/W33(CK/W33)+H 2324 |
| | 260 | 86 | 162 | 131 | 246 | 7 | 2.5 | 162 | 218.4 | 112 | 22 | 3 | 0.37 | 1.9 | 2.7 | 1.8 | 645 | 992 | 1100 | 1500 | 25.2 | 22324 K+H 2324 |
| | 260 | 86 | 152 | 131 | 246 | 7 | 2.5 | 152 | 216.5 | 112 | 22 | 3 | 0.34 | 2.0 | 2.9 | 1.9 | 822 | 1120 | 1300 | 1700 | 24.7 | 22324 CK/W33+H 2324 |
| | 260 | 86 | 152 | 131 | 246 | 7 | 2.5 | 152.4 | 216.6 | 112 | 22 | 3 | 0.34 | 2.0 | 3.0 | 2.0 | 845 | 1160 | 1500 | 1900 | 25.4 | 22324 CCK/W33+H 2324 |
| | 260 | 86 | 152 | 131 | 246 | 7 | 2.5 | 152.4 | 216.6 | 112 | 22 | 3 | 0.34 | 2.0 | 3.0 | 2.0 | 910 | 1230 | 1500 | 1900 | 26.1 | 22324 KTN1/W33+H 2324 |
| 115 | 200 | 52 | 148 | 137 | 190 | 8 | 2 | — | — | 80 | 23 | 2 | 0.26 | 2.6 | 3.8 | 2.5 | 270 | 608 | 1100 | 1500 | 8.75 | 23026 K+H 3026 |
| | 200 | 52 | 148 | 137 | 190 | 8 | 2 | 148.5 | 180.3 | 80 | 23 | 2 | 0.23 | 2.9 | 4.4 | 2.8 | 372 | 625 | 1200 | 1600 | — | 23026 CK/W33+H 3026 |
| | 200 | 52 | 148 | 137 | 190 | 8 | 2 | 148.1 | 180.5 | 80 | 23 | 2 | 0.23 | 2.9 | 4.3 | 2.8 | 375 | 630 | 1700 | 2000 | 8.4 | 23026 CCK/W33+H 3026 |
| | 210 | 64 | 148 | 138 | 200 | 8 | 2 | 148 | 183.8 | 92 | 23 | 2 | 0.28 | 2.4 | 3.6 | 2.5 | 478 | 788 | 1300 | 1700 | — | 23126 CK/W33+H 3126 |
| | 210 | 64 | 148 | 138 | 200 | 8 | 2 | 148 | 183.9 | 92 | 23 | 2 | 0.28 | 2.4 | 3.6 | 2.4 | 482 | 802 | 1300 | 1700 | 11.9 | 23126 CCK/W33+H 3126 |
| | 230 | 64 | 161 | 138 | 216 | 8 | 2.5 | 161 | 201 | 92 | 23 | 3 | 0.29 | 2.3 | 3.4 | 2.3 | 408 | 708 | 1200 | 1600 | 14.85 | 22226 K+H 3126 |
| | 230 | 64 | 159 | 138 | 216 | 8 | 2.5 | 159 | 200.7 | 92 | 23 | 3 | 0.26 | 2.6 | 3.9 | 2.5 | 550 | 810 | 1400 | 1800 | 14.15 | 22226 CK/W33+H 3126 |
| | 230 | 64 | 153 | 138 | 216 | 8 | 2.5 | 153.3 | 200.9 | 92 | 23 | 3 | 0.26 | 2.6 | 3.8 | 2.5 | 562 | 832 | 1600 | 2000 | 14.85 | 22226 CCK/W33+H 3126 |
| | 230 | 64 | 152 | 138 | 216 | 8 | 2.5 | 152.3 | 201.9 | 92 | 23 | 3 | 0.26 | 2.6 | 3.8 | 2.5 | 630 | 912 | 1600 | 2000 | 14.95 | 22226 KTN1/W33+H 3126 |
| | 230 | 64 | 152 | 138 | 216 | 8 | 2.5 | 152.1 | 196.2 | 121 | 23 | 3 | 0.33 | 2.0 | 3.0 | 2.0 | 668 | 1060 | 1200 | 1600 | 18.6 | 23226 CK/W33+H 2326 |
| | 230 | 64 | 152 | 138 | 216 | 8 | 2.5 | 152.2 | 196.4 | 121 | 23 | 3 | 0.33 | 2.0 | 3.0 | 2.0 | 678 | 1080 | 1200 | 1600 | 18.4 | 23226 CCK/W33+H 2326 |
| | 280 | 93 | 176 | 142 | 262 | 8 | 3 | 176 | 234.3 | 121 | 23 | 4 | 0.39 | 1.7 | 2.6 | 1.7 | 722 | 1140 | 950 | 1300 | 33.6 | 22326 K+H 2326 |
| | 280 | 93 | 164 | 142 | 262 | 8 | 3 | 164 | 233.2 | 121 | 23 | 4 | 0.34 | 1.9 | 2.9 | 1.9 | 942 | 1300 | 1200 | 1600 | 32.6 | 22326 CK/W33+H 2326 |
| | 280 | 93 | 164 | 142 | 262 | 8 | 3 | 164.6 | 233.5 | 121 | 23 | 4 | 0.34 | 2.0 | 3.0 | 2.0 | 965 | 1340 | 1400 | 1800 | 32.1 | 22326 CCK/W33+H 2326 |
| | 280 | 93 | 164 | 142 | 262 | 8 | 3 | 164.6 | 233.5 | 121 | 23 | 4 | 0.34 | 2.0 | 3.0 | 2.0 | 1050 | 1440 | 1400 | 1800 | 33.2 | 22326 KTN1/W33+H 2326 |
| 125 | 210 | 53 | 158 | 147 | 200 | 8 | 2 | — | — | 82 | 24 | 2 | 0.25 | 2.7 | 4.0 | 2.6 | 285 | 635 | 950 | 1300 | 9.5 | 23028 K+H 3028 |
| | 210 | 53 | 158 | 147 | 200 | 8 | 2 | 158.2 | 190.2 | 82 | 24 | 2 | 0.22 | 3.0 | 4.6 | 2.8 | 402 | 698 | 1100 | 1500 | — | 23028 CK/W33+H 3028 |
| | 210 | 53 | 158 | 147 | 200 | 8 | 2 | 158 | 190.4 | 82 | 24 | 2 | 0.22 | 3.0 | 4.5 | 2.9 | 395 | 680 | 1600 | 1900 | 9.11 | 23028 CCK/W33+H 3028 |
| | 225 | 68 | 159 | 149 | 213 | 8 | 2.1 | — | — | 97 | 24 | 2.1 | 0.29 | 2.3 | 3.4 | 2.3 | 398 | 605 | 950 | 1300 | 14.35 | 23128 K+H 3128 |
| | 225 | 68 | 159 | 149 | 213 | 8 | 2.1 | 159.7 | 197.2 | 97 | 24 | 2.1 | 0.28 | 2.4 | 3.6 | 2.5 | 545 | 925 | 1100 | 1500 | — | 23128 CK/W33+H 3128 |
| | 225 | 68 | 159 | 149 | 213 | 8 | 2.1 | 159.7 | 197.4 | 97 | 24 | 2.1 | 0.28 | 2.4 | 3.6 | 2.4 | 538 | 905 | 1200 | 1600 | 13.65 | 23128 CCK/W33+H 3128 |
| | 250 | 68 | 175 | 149 | 236 | 8 | 2.5 | 175 | 219.7 | 97 | 24 | 3 | 0.29 | 2.3 | 3.5 | 2.3 | 478 | 805 | 1000 | 1400 | 18.85 | 22228 K+H 3128 |
| | 250 | 68 | 173 | 149 | 236 | 8 | 2.5 | 173 | 218.3 | 97 | 24 | 3 | 0.25 | 2.7 | 3.9 | 2.5 | 628 | 930 | 1300 | 1700 | 17.85 | 22228 CK/W33+H 3128 |
| | 250 | 68 | 167 | 149 | 236 | 8 | 2.5 | 167.1 | 218.5 | 97 | 24 | 3 | 0.26 | 2.6 | 3.9 | 2.6 | 640 | 955 | 1400 | 1700 | 18.55 | 22228 CCK/W33+H 3128 |
| | 250 | 68 | 166 | 149 | 236 | 8 | 2.5 | 166.1 | 219.5 | 97 | 24 | 3 | 0.26 | 2.6 | 3.9 | 2.6 | 725 | 1060 | 1400 | 1700 | 18.75 | 22228 KTN1/W33+H 3128 |
| | 250 | 88 | 163 | 152 | 236 | 22 | 2.5 | 163.6 | 212.4 | 131 | 24 | 3 | 0.35 | 1.9 | 2.9 | 1.9 | 802 | 1280 | 1000 | 1400 | 24.05 | 23228 CK/W33+H 2328 |

（续）

| 公称尺寸/mm | | | 安装尺寸/mm | | | | | 其他尺寸/mm | | | | | 计算系数 | | | | 基本额定载荷/kN | | 极限转速/(r/min) | | 质量/kg | 轴承代号 |
|---|---|---|---|---|---|---|---|---|---|---|---|---|---|---|---|---|---|---|---|---|---|---|
| $d_1$ | $D$ | $B$ | $d_a$ max | $d_b$ min | $D_a$ max | $B_a$ min | $r_a$ max | $d_2 \approx$ | $D_2 \approx$ | $B_1$ | $B_2 \approx$ | $r$ min | $e$ | $Y_1$ | $Y_2$ | $Y_0$ | $C_r$ | $C_{0r}$ | 脂 | 油 | $W \approx$ | 20000 K/W33 CCK/W33 (CK/W33 KTN1/W33) +H 型 |
| 125 | 250 | 88 | 164 | 152 | 236 | 22 | 2.5 | 164.2 | 212.6 | 131 | 24 | 3 | 0.34 | 2.0 | 3.0 | 2.0 | 812 | 1300 | 1100 | 1500 | 23.65 | 23228 CCK/W33（CK/W33）+H 2328 |
|  | 300 | 102 | 184 | 152 | 282 | 8 | 3 | 184.5 | 246.6 | 131 | 24 | 4 | 0.38 | 1.8 | 2.6 | 1.7 | 825 | 1340 | 900 | 1200 | 41.55 | 22328 K + H 2328 |
|  | 300 | 102 | 177 | 152 | 282 | 8 | 3 | 177.2 | 250.1 | 131 | 24 | 4 | 0.34 | 1.9 | 2.9 | 1.9 | 1110 | 1570 | 1100 | 1500 | 39.55 | 22328 CK/W33 + H 2328 |
|  | 300 | 102 | 177 | 152 | 282 | 8 | 3 | 177.4 | 250.3 | 131 | 24 | 4 | 0.34 | 2.0 | 2.9 | 1.9 | 1130 | 1610 | 1300 | 1700 | 40.15 | 22328 CCK/W33 + H 2328 |
|  | 300 | 102 | 176 | 152 | 282 | 8 | 3 | 176.3 | 250.3 | 131 | 24 | 4 | 0.34 | 2.0 | 2.9 | 1.9 | 1230 | 1720 | 1300 | 1700 | 41.75 | 22328 KTN1/W33 + H 2328 |
|  | 225 | 56 | 169 | 158 | 213 | 8 | 2.1 | — | — | 87 | 26 | 2.1 | 0.25 | 2.7 | 4.0 | 2.5 | 328 | 768 | 900 | 1200 | 11.6 | 23030 K + H 3030 |
|  | 225 | 56 | 168 | 158 | 213 | 8 | 2.1 | 168.8 | 202.9 | 87 | 26 | 2.1 | 0.22 | 3.0 | 4.6 | 2.8 | 438 | 762 | 1100 | 1400 | — | 23030 CK/W33 + H 3030 |
|  | 225 | 56 | 168 | 158 | 213 | 8 | 2.1 | 168.8 | 203 | 87 | 26 | 2.1 | 0.22 | 3.0 | 4.5 | 3.0 | 432 | 750 | 1400 | 1800 | 11.2 | 23030 CCK/W33 + H 3030 |
|  | 250 | 80 | 172 | 160 | 238 | 8 | 2.1 | — | — | 111 | 26 | 2.1 | 0.33 | 2.0 | 3.0 | 2.0 | 512 | 1080 | 850 | 1100 | 21.0 | 23130 K + H 3130 |
|  | 250 | 80 | 173 | 160 | 238 | 8 | 2.1 | 173.1 | 216.3 | 111 | 26 | 2.1 | 0.30 | 2.3 | 3.4 | 2.2 | 725 | 1230 | 1000 | 1300 | — | 23130 CK/W33 + H 3130 |
|  | 250 | 80 | 173 | 160 | 238 | 8 | 2.1 | 173 | 216.5 | 111 | 26 | 2.1 | 0.30 | 2.3 | 3.4 | 2.2 | 738 | 1250 | 1100 | 1400 | 20.6 | 23130 CCK/W33 + H 3130 |
| 135 | 270 | 73 | 188 | 160 | 256 | 15 | 2.5 | 188 | 236.2 | 111 | 26 | 3 | 0.29 | 2.3 | 3.5 | 2.3 | 508 | 875 | 950 | 1300 | 24.0 | 22230 K + H 3130 |
|  | 270 | 73 | 185 | 160 | 256 | 15 | 2.5 | 185 | 234.7 | 111 | 26 | 3 | 0.26 | 2.6 | 3.9 | 2.5 | 738 | 1100 | 1200 | 1600 | 23.0 | 22230 CK/W33 + H 3130 |
|  | 270 | 73 | 178 | 160 | 256 | 15 | 2.5 | 178.7 | 234.7 | 111 | 26 | 3 | 0.26 | 2.6 | 3.9 | 2.6 | 750 | 1130 | 1300 | 1600 | 23.5 | 22230 CCK/W33 + H 3130 |
|  | 270 | 73 | 178 | 160 | 256 | 15 | 2.5 | 178.7 | 236.8 | 111 | 26 | 3 | 0.26 | 2.6 | 3.9 | 2.6 | 835 | 1230 | 1300 | 1600 | 23.9 | 22230 KTN1/W33 + H 3130 |
|  | 270 | 96 | 176 | 163 | 256 | 20 | 2.5 | 176.6 | 228.5 | 139 | 26 | 3 | 0.35 | 1.9 | 2.9 | 1.9 | 935 | 1520 | 950 | 1300 | 30.6 | 23230 CK/W33 + H 3230 |
|  | 270 | 96 | 177 | 163 | 256 | 20 | 2.5 | 177.1 | 228.8 | 139 | 26 | 3 | 0.34 | 2.0 | 3.0 | 1.9 | 948 | 1540 | 1100 | 1400 | 29.8 | 23230 CCK/W33 + H 3230 |
|  | 320 | 108 | 198 | 163 | 302 | 8 | 3 | 198 | 269.2 | 139 | 26 | 4 | 0.36 | 1.9 | 2.8 | 1.8 | 1020 | 1740 | 850 | 1100 | 49.6 | 22330 K + H 2330 |
|  | 320 | 108 | 189 | 163 | 302 | 8 | 3 | 189.8 | 266.3 | 139 | 26 | 4 | 0.34 | 2.0 | 3.0 | 2.0 | 1270 | 1850 | 1200 | 1500 | 48.6 | 22330 CCK/W33 + H 2330 |
|  | 320 | 108 | 190 | 163 | 302 | 8 | 3 | 190.8 | 267.3 | 139 | 26 | 4 | 0.34 | 2.0 | 3.0 | 1.9 | 1370 | 1970 | 1200 | 1500 | 50.2 | 22330 KTN1/W33 + H 2330 |
| 140 | 240 | 60 | 180 | 168 | 228 | 8 | 2.1 | — | — | 93 | 28 | 2.1 | 0.25 | 2.7 | 4.0 | 2.6 | 368 | 825 | 850 | 1100 | 14.6 | 23032 K + H 3032 |
|  | 240 | 60 | 179 | 168 | 228 | 8 | 2.1 | 179.5 | 216.3 | 93 | 28 | 2.1 | 0.22 | 3.0 | 4.6 | 2.8 | 500 | 875 | 1000 | 1300 | — | 23032 CK/W33 + H 3032 |
|  | 240 | 60 | 179 | 168 | 228 | 8 | 2.1 | 179.5 | 216.4 | 93 | 28 | 2.1 | 0.22 | 3.0 | 4.5 | 3.0 | 508 | 890 | 1300 | 1700 | 14.03 | 23032 CCK/W33 + H 3032 |
|  | 270 | 86 | 184 | 170 | 258 | 8 | 2.1 | — | — | 119 | 28 | 2.1 | 0.34 | 2.0 | 2.9 | 2.0 | 520 | 1110 | 800 | 1000 | 27.65 | 23132 K + H 3132 |
|  | 270 | 86 | 185 | 170 | 258 | 8 | 2.1 | 185.4 | 234.4 | 119 | 28 | 2.1 | 0.30 | 2.3 | 3.4 | 2.2 | 845 | 1420 | 900 | 1200 | — | 23132 CK/W33 + H 3132 |
|  | 270 | 86 | 186 | 170 | 258 | 8 | 2.1 | 186.5 | 234.5 | 119 | 28 | 2.1 | 0.30 | 2.3 | 3.4 | 2.2 | 845 | 1440 | 1000 | 1300 | 27.75 | 23132 CCK/W33 + H 3132 |
|  | 290 | 80 | 200 | 170 | 276 | 14 | 2.5 | 200 | 252.2 | 119 | 28 | 3 | 0.26 | 2.6 | 3.9 | 2.2 | 642 | 1140 | 900 | 1200 | 29.85 | 22232 K + H 3132 |
|  | 290 | 80 | 199 | 170 | 276 | 14 | 2.5 | 199 | 251.2 | 119 | 28 | 3 | 0.26 | 2.6 | 3.9 | 2.5 | 825 | 1250 | 1200 | 1400 | 29.65 | 22232 CK/W33 + H 3132 |
|  | 290 | 80 | 191 | 170 | 276 | 14 | 2.5 | 191.9 | 251.4 | 119 | 28 | 3 | 0.26 | 2.6 | 3.8 | 2.5 | 848 | 1290 | 1200 | 1500 | 30.55 | 22232 CCK/W33 + H 3132 |
|  | 290 | 80 | 190 | 170 | 276 | 14 | 2.5 | 190.9 | 252.4 | 119 | 28 | 3 | 0.26 | 2.6 | 3.8 | 2.5 | 952 | 1430 | 1200 | 1500 | 31.05 | 22232 KTN1/W33 + H 2332 |
|  | 290 | 104 | 189 | 174 | 276 | 18 | 2.5 | 189 | 244.9 | 147 | 28 | 3 | 0.35 | 1.9 | 2.9 | 1.9 | 1080 | 1760 | 900 | 1200 | 39.15 | 23232 CK/W33 + H 2332 |
|  | 290 | 104 | 189 | 174 | 276 | 18 | 2.5 | 189.1 | 244.9 | 147 | 28 | 3 | 0.34 | 2.0 | 2.9 | 1.9 | 1090 | 1780 | 1100 | 1400 | 38.55 | 23232 CCK/W33 + H 2332 |
|  | 340 | 114 | 213 | 174 | 322 | 8 | 3 | 213 | 279.4 | 147 | 28 | 4 | 0.38 | 1.8 | 2.7 | 1.8 | 1040 | 1770 | 800 | 1000 | 60.15 | 22332 K + H 2332 |

（续）

| 公称尺寸/mm | | | 安装尺寸/mm | | | | | 其他尺寸/mm | | | | r min | 计算系数 | | | | 基本额定载荷/kN | | 极限转速/(r/min) | | 质量/kg | 轴承代号 |
|---|---|---|---|---|---|---|---|---|---|---|---|---|---|---|---|---|---|---|---|---|---|---|
| $d_1$ | $D$ | $B$ | $d_a$ max | $d_b$ min | $D_a$ max | $B_a$ min | $r_a$ max | $d_2 \approx$ | $D_2 \approx$ | $B_1$ | $B_2 \approx$ | r min | $e$ | $Y_1$ | $Y_2$ | $Y_0$ | $C_r$ | $C_{0r}$ | 脂 | 油 | $W \approx$ | 20000 K/W33 (CK/W33) + H型　CCK/W33 KTN1/W33) + H型 |
| 150 | 260 | 67 | 191 | 179 | 248 | 8 | 2.1 | — | — | 101 | 29 | 2.1 | 0.26 | 2.6 | 3.8 | 2.5 | 445 | 1010 | 800 | 1000 | 18.5 | 23034 K + H 3034 |
| | 260 | 67 | 192 | 179 | 248 | 8 | 2.1 | 192.8 | 233 | 101 | 29 | 2.1 | 0.23 | 2.9 | 4.4 | 2.8 | 608 | 1080 | 900 | 1200 | — | 23034 CK/W33 + H 3034 |
| | 260 | 67 | 192 | 179 | 248 | 8 | 2.1 | 192.8 | 233.2 | 101 | 29 | 2.1 | 0.23 | 2.9 | 4.3 | 2.9 | 615 | 1100 | 1200 | 1600 | 18.3 | 23034 CCK/W33 + H 3034 |
| | 280 | 88 | 195 | 180 | 268 | 8 | 2.1 | 195.5 | 244.3 | 122 | 29 | 2.1 | 0.30 | 2.3 | 3.4 | 2.2 | 885 | 1520 | 850 | 1100 | — | 23134 CK/W33 + H 3134 |
| | 280 | 88 | 195 | 180 | 268 | 8 | 2.1 | 195.5 | 244.4 | 122 | 29 | 2.1 | 0.29 | 2.3 | 3.5 | 2.3 | 900 | 1550 | 1000 | 1300 | 29.5 | 23134 CCK/W33 + H 3134 |
| | 310 | 86 | 212 | 180 | 292 | 10 | 3 | 212 | 267.5 | 122 | 29 | 4 | 0.30 | 2.3 | 3.4 | 2.2 | 720 | 1300 | 850 | 1100 | 37.4 | 22234 K + H 3134 |
| | 310 | 86 | 205 | 180 | 292 | 10 | 3 | 205.4 | 269.6 | 122 | 29 | 4 | 0.26 | 2.6 | 3.8 | 2.5 | 975 | 1500 | 1100 | 1400 | 36.5 | 22234 CCK/W33 + H 3134 |
| | 310 | 86 | 204 | 180 | 292 | 10 | 3 | 204.4 | 270.7 | 122 | 29 | 4 | 0.26 | 2.6 | 3.8 | 2.5 | 1090 | 1660 | 1100 | 1400 | 37.3 | 22234 KTN1/W33 + H 3134 |
| | 310 | 110 | 205 | 185 | 292 | 18 | 3 | 205.7 | 264.4 | 154 | 29 | 4 | 0.34 | 2.0 | 3.0 | 2.0 | 1200 | 2030 | 900 | 1200 | 45.7 | 23234 CCK/W33 + H 2334 |
| | 360 | 120 | 227 | 185 | 342 | 8 | 2.1 | 227.4 | 319 | 154 | 29 | 4 | 0.39 | 1.7 | 2.6 | 1.7 | 1150 | 2060 | 750 | 950 | 70 | 22334 K + H 2334 |
| 160 | 280 | 74 | 204 | 189 | 268 | 8 | 2.1 | — | — | 109 | 30 | 2.1 | 0.26 | 2.6 | 3.8 | 2.5 | 540 | 1230 | 750 | 950 | 23.35 | 23036 K + H 3036 |
| | 280 | 74 | 205 | 189 | 268 | 8 | 2.1 | 205 | 249.8 | 109 | 30 | 2.1 | 0.24 | 2.8 | 4.2 | 2.8 | 710 | 1260 | 800 | 1000 | — | 23036 CK/W33 + H 3036 |
| | 280 | 74 | 206 | 189 | 268 | 8 | 2.1 | 206.1 | 248.9 | 109 | 30 | 2.1 | 0.24 | 2.8 | 4.2 | 2.8 | 718 | 1310 | 1200 | 1400 | 22.65 | 23036 CCK/W33 + H 3036 |
| | 300 | 96 | 207 | 191 | 286 | 8 | 2.5 | — | — | 131 | 30 | 3 | 0.32 | 2.1 | 3.1 | 2.1 | 695 | 1480 | 750 | 900 | 29.4 | 23136 K + H 3136 |
| | 300 | 96 | 208 | 191 | 286 | 8 | 2.5 | 208.6 | 260.7 | 131 | 30 | 3 | 0.30 | 2.3 | 3.4 | 2.2 | 1030 | 1800 | 800 | 1000 | — | 23136 CK/W33 + H 3136 |
| | 300 | 96 | 208 | 191 | 286 | 8 | 2.5 | 208.5 | 260.9 | 131 | 30 | 3 | 0.30 | 2.3 | 3.4 | 2.2 | 1050 | 1830 | 900 | 1200 | 29.2 | 23136 CCK/W33 + H 3136 |
| | 320 | 86 | 222 | 191 | 302 | 18 | 3 | 222 | 276.9 | 131 | 30 | 4 | 0.29 | 2.3 | 3.5 | 2.3 | 735 | 1370 | 800 | 1000 | 39.5 | 22236 K + H 3136 |
| | 320 | 86 | 215 | 191 | 302 | 18 | 3 | 215.7 | 280.1 | 131 | 30 | 4 | 0.25 | 2.7 | 3.9 | 2.6 | 1010 | 1590 | 1100 | 1300 | 38.9 | 22236 CCK/W33 + H 3136 |
| | 320 | 86 | 214 | 191 | 302 | 18 | 3 | 214.7 | 281.1 | 131 | 30 | 4 | 0.25 | 2.7 | 3.9 | 2.6 | 1140 | 1760 | 1100 | 1300 | 39.7 | 22236 KTN1/W33 + H 3136 |
| | 320 | 112 | 213 | 195 | 302 | 8 | 3 | 213.7 | 274.3 | 161 | 30 | 4 | 0.33 | 2.0 | 3.0 | 2.0 | 1280 | 2170 | 850 | 1100 | 48.9 | 23236 CCK/W33 + H 2336 |
| | 380 | 126 | 240 | 195 | 362 | 8 | 3 | 240.8 | 336.5 | 161 | 30 | 4 | 0.38 | 1.8 | 2.6 | 1.7 | 1260 | 2270 | 700 | 900 | 81.0 | 22336 K + H 2336 |
| 170 | 290 | 75 | 216 | 199 | 278 | 9 | 2.1 | — | — | 112 | 31 | 2.1 | 0.25 | 2.7 | 4.0 | 2.6 | 555 | 1230 | 700 | 900 | 24.95 | 23038 K + H 3038 |
| | 290 | 75 | 215 | 199 | 278 | 9 | 2.1 | 215.2 | 260 | 112 | 31 | 2.1 | 0.23 | 2.9 | 4.4 | 2.8 | 745 | 1350 | 800 | 1000 | — | 23038 CK/W33 + H 3038 |
| | 290 | 75 | 215 | 199 | 278 | 9 | 2.1 | 215.2 | 260 | 112 | 31 | 2.1 | 0.23 | 2.9 | 4.3 | 2.8 | 755 | 1380 | 1100 | 1400 | 22.65 | 23038 CCK/W33 + H 3038 |
| | 320 | 104 | 220 | 202 | 306 | 9 | 2.5 | — | — | 141 | 31 | 3 | 0.33 | 2.0 | 3.0 | 2.0 | 788 | 1830 | 670 | 850 | 44.5 | 23138 K + H 3138 |
| | 320 | 104 | 222 | 202 | 306 | 9 | 2.5 | 222.6 | 279.2 | 141 | 31 | 3 | 0.30 | 2.3 | 3.3 | 2.2 | 1200 | 2120 | 850 | 1100 | 42.8 | 23138 CCK/W33 + H 3138 |
| | 340 | 92 | 238 | 202 | 322 | 21 | 3 | 238 | 295 | 141 | 31 | 4 | 0.29 | 2.3 | 3.5 | 2.3 | 818 | 1510 | 750 | 950 | 46.3 | 22238 K + H 3138 |
| | 340 | 120 | 227 | 206 | 322 | 21 | 3 | 227.7 | 291.6 | 169 | 31 | 4 | 0.33 | 2.0 | 3.0 | 2.0 | 1450 | 2490 | 800 | 1100 | 57.6 | 23238 CCK/W33 + H 2338 |
| | 400 | 132 | 255 | 206 | 378 | 9 | 4 | 255 | 328.4 | 169 | 31 | 5 | 0.36 | 1.8 | 2.7 | 1.8 | 1390 | 2530 | 670 | 850 | 92.5 | 22238 K + H 2338 |

（续）

| 公称尺寸/mm | | | 安装尺寸/mm | | | | | 其他尺寸/mm | | | | | 计算系数 | | | | 基本额定载荷/kN | | 极限转速/(r/min) | | 质量/kg | 轴承代号 |
|---|---|---|---|---|---|---|---|---|---|---|---|---|---|---|---|---|---|---|---|---|---|---|
| $d_1$ | $D$ | $B$ | $d_a$ max | $d_b$ min | $D_a$ max | $B_a$ min | $r_a$ max | $d_2$ ≈ | $D_2$ ≈ | $B_1$ ≈ | $B_2$ ≈ | $r$ min | $e$ | $Y_1$ | $Y_2$ | $Y_0$ | $C_r$ | $C_{0r}$ | 脂 | 油 | $W$ ≈ | 20000 K/W33 (CK/W33 KTNI/W33) + H型 / CCK/W33 (CK/W33) + H型 |
| 180 | 310 | 82 | 228 | 210 | 298 | 9 | 2.1 | — | — | 120 | 32 | 2.1 | 0.25 | 2.7 | 4.0 | 2.6 | 580 | 1310 | 670 | 850 | 31.7 | 23040 K + H 3040 |
| | 310 | 82 | 228 | 210 | 298 | 9 | 2.1 | 228.5 | 276.7 | 120 | 32 | 2.1 | 0.24 | 2.8 | 4.2 | 2.8 | 890 | 1650 | 1000 | 1300 | 30.4 | 23040 CCK/W33 + H 3040 |
| | 340 | 112 | 231 | 212 | 326 | 9 | 2.5 | — | — | 150 | 32 | 3 | 0.34 | 2.0 | 3.0 | 2.0 | 910 | 2010 | 630 | 800 | 53.0 | 23140 K + H 3140 |
| | 340 | 112 | 235 | 212 | 326 | 9 | 2.5 | 235.6 | 295.5 | 150 | 32 | 3 | 0.31 | 2.2 | 3.3 | 2.2 | 1380 | 2460 | 800 | 1000 | 43.9 | 23140 CCK/W33 + H 3140 |
| | 360 | 98 | 251 | 216 | 342 | 24 | 3 | 251 | 311.4 | 150 | 32 | 4 | 0.29 | 2.3 | 3.4 | 2.3 | 920 | 1740 | 700 | 900 | 59.7 | 22240 K + H 3140 |
| | 360 | 128 | 240 | 216 | 342 | 19 | 3 | 240.7 | 307.8 | 176 | 32 | 4 | 0.34 | 2.0 | 3.0 | 2.0 | 1610 | 2790 | 750 | 1000 | 69.4 | 23240 CCK/W33 + H 2340 |
| | 420 | 138 | 267 | 216 | 398 | 9 | 4 | 267.4 | 371.3 | 176 | 32 | 5 | 0.38 | 1.8 | 2.7 | 1.7 | 1490 | 2720 | 630 | 800 | 108 | 22340 K + H 2340 |
| 200 | 340 | 90 | 252 | 231 | 326 | 9 | 2.5 | — | — | 126 | 35 | 3 | 0.25 | 2.7 | 4.0 | 2.6 | 760 | 1810 | 600 | 750 | 40.0 | 23044 K + H 3044 |
| | 340 | 90 | 252 | 231 | 326 | 9 | 2.5 | 252.9 | 305.9 | 126 | 35 | 3 | 0.24 | 2.8 | 4.3 | 2.8 | 1060 | 1990 | 950 | 1200 | 40.9 | 23044 CCK/W33 + H 3044 |
| | 370 | 120 | 255 | 233 | 352 | 9 | 3 | — | — | 161 | 35 | 4 | 0.34 | 2.0 | 3.0 | 2.0 | 1030 | 2350 | 600 | 750 | 66.5 | 23144 K + H 3144 |
| | 370 | 120 | 258 | 233 | 352 | 9 | 3 | 258 | 323.7 | 161 | 35 | 4 | 0.30 | 2.3 | 3.4 | 2.2 | 1570 | 2820 | 700 | 950 | 62.7 | 23144 CCK/W33 + H 3144 |
| | 400 | 108 | 274 | 233 | 382 | 21 | 3 | 274 | 344.4 | 161 | 35 | 4 | 0.29 | 2.3 | 3.4 | 2.2 | 1170 | 2220 | 630 | 800 | 76.5 | 22244 K + H 3144 |
| | 400 | 144 | 263 | 236 | 382 | 10 | 3 | 263.6 | 340.2 | 186 | 35 | 4 | 0.34 | 2.0 | 2.9 | 1.9 | 2070 | 3620 | 670 | 900 | 95.5 | 23244 CCK/W33 + H 2344 |
| | 460 | 145 | 295 | 236 | 438 | 9 | 4 | 295.2 | 406.1 | 186 | 35 | 5 | 0.35 | 1.9 | 2.8 | 1.9 | 1690 | 3200 | 560 | 700 | 137 | 22344 K + H 2344 |
| 220 | 360 | 92 | 271 | 251 | 346 | 11 | 2.5 | — | — | 133 | 37 | 3 | 0.25 | 2.7 | 4.1 | 2.7 | 792 | 2060 | 530 | 670 | 45.5 | 23048 K + H 3048 |
| | 360 | 92 | 271 | 251 | 346 | 11 | 2.5 | 271 | 325 | 133 | 37 | 3 | 0.23 | 3.0 | 4.4 | 2.9 | 1130 | 2160 | 850 | 1100 | 42.4 | 23048 CCK/W33 + H 3048 |
| | 400 | 128 | 277 | 254 | 382 | 11 | 3 | — | — | 172 | 37 | 4 | 0.32 | 2.1 | 3.1 | 2.1 | 1200 | 2830 | 500 | 630 | 81.5 | 23148 K + H 3148 |
| | 400 | 128 | 278 | 254 | 382 | 11 | 3 | 278.4 | 350.6 | 172 | 37 | 4 | 0.30 | 2.3 | 3.4 | 2.2 | 1790 | 3220 | 670 | 850 | 89.7 | 23148 CCK/W33 + H 3148 |
| | 440 | 160 | 289 | 257 | 422 | 6 | 3 | 289.6 | 372.5 | 199 | 37 | 4 | 0.35 | 2.0 | 2.9 | 1.9 | 2490 | 4490 | 630 | 800 | 127.3 | 23248 CCK/W33 + H 2348 |
| | 500 | 155 | 322 | 257 | 478 | 11 | 4 | 322.2 | 440.9 | 199 | 37 | 5 | 0.35 | 1.9 | 2.8 | 1.9 | 1730 | 3250 | 500 | 630 | 173 | 22348 K + H 2348 |
| 240 | 400 | 104 | 297 | 272 | 382 | 11 | 3 | — | — | 145 | 37 | 4 | 0.26 | 2.6 | 3.8 | 2.5 | 1000 | 2450 | 500 | 630 | 65 | 23052 K + H 3052 |
| | 400 | 104 | 297 | 272 | 382 | 11 | 3 | 297.9 | 358.1 | 145 | 37 | 4 | 0.23 | 3.0 | 4.3 | 2.8 | 1420 | 2770 | 800 | 950 | 61.2 | 23052 CCK/W33 + H 3052 |
| | 440 | 144 | — | 276 | 422 | 11 | 3 | — | — | 190 | 39 | 4 | 0.34 | 2.0 | 2.9 | 1.9 | 1430 | 3320 | 450 | 560 | 116 | 23152 K + H 3152 |
| | 440 | 144 | 306 | 276 | 422 | 11 | 5 | 306.5 | 385.2 | 190 | 39 | 4 | 0.30 | 2.2 | 3.3 | 2.2 | 2210 | 4070 | 600 | 800 | 109 | 23152 CCK/W33 + H 3152 |
| | 540 | 165 | 351 | 278 | 512 | 11 | 5 | 351 | 446.5 | 211 | 39 | 6 | 0.34 | 2.0 | 2.9 | 1.9 | 2200 | 4190 | 480 | 600 | 214 | 22352 K + H 2352 |
| 260 | 420 | 106 | — | 292 | 402 | 12 | 3 | — | — | 152 | 41 | 4 | 0.25 | 3.0 | 4.5 | 2.6 | 1080 | 2680 | 450 | 560 | 78 | 23056 K + H 3056 |
| | 420 | 106 | 315 | 292 | 402 | 12 | 4 | 315 | 379.4 | 152 | 41 | 4 | 0.22 | 3.0 | 4.5 | 2.9 | 1540 | 3000 | 700 | 900 | 66.9 | 23056 CCK/W33 + H 3056 |
| | 460 | 146 | — | 296 | 438 | 12 | 4 | — | — | 195 | 41 | 5 | 0.33 | 2.3 | 3.5 | 2.0 | 1590 | 3630 | 430 | 530 | 126 | 23156 K + H 3156 |
| | 460 | 146 | 324 | 296 | 438 | 12 | 4 | 324.8 | 406.1 | 195 | 41 | 5 | 0.29 | 2.0 | 3.0 | 2.3 | 2310 | 4290 | 560 | 750 | 117 | 23156 CCK/W33 + H 3156 |
| | 580 | 175 | 355 | 299 | 552 | 12 | 5 | 355 | 431.1 | 224 | 41 | 6 | 0.34 | 2.0 | 3.0 | 2.0 | 2420 | 4650 | 450 | 560 | 265 | 22356 K + H 2356 |
| 280 | 460 | 118 | — | 313 | 442 | 12 | 3 | — | — | 168 | 42 | 4 | 0.26 | 2.6 | 3.9 | 2.6 | 1260 | 3070 | 430 | 530 | 95.7 | 23060 K + H 3060 |
| | 460 | 118 | 344 | 313 | 442 | 12 | 4 | 344 | 414.4 | 168 | 42 | 4 | 0.23 | 3.0 | 4.4 | 2.9 | 1860 | 3690 | 670 | 850 | 91.9 | 23060 CCK/W33 + H 3060 |
| | 500 | 160 | — | 318 | 478 | 12 | 4 | — | — | 208 | 40 | 5 | 0.32 | 2.1 | 3.1 | 2.0 | 1940 | 4420 | 400 | 500 | 162 | 23160 K + H 3160 |
| | 540 | 140 | 378 | 318 | 518 | 32 | 4 | 378 | 464.2 | 208 | 40 | 5 | 0.28 | 2.4 | 3.6 | 2.4 | 1840 | 3450 | 450 | 560 | 163 | 22260 K + H 3160 |

## 3.6 圆锥滚子轴承（表6.1-61 ~ 表6.1-63）

### 表6.1-61 圆锥滚子轴承（摘自 GB/T 297—1994）

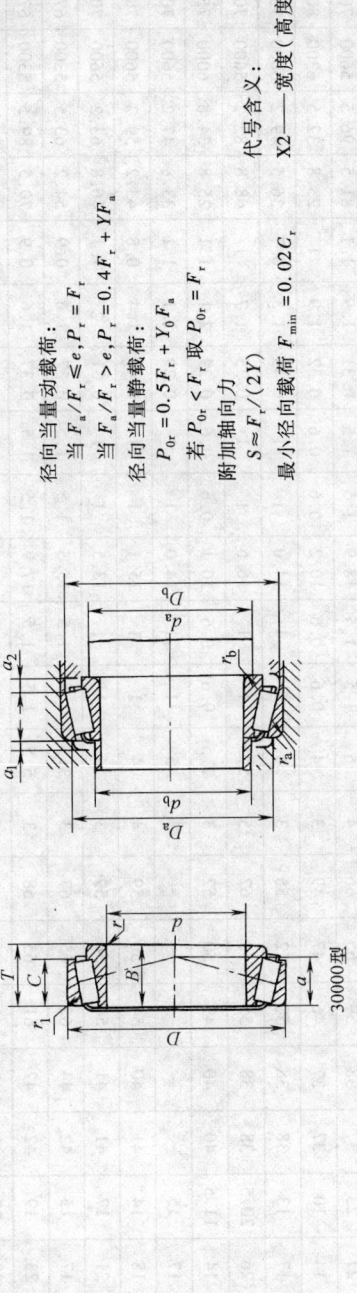

径向当量动载荷：

当 $F_a/F_r \le e$，$P_r = F_r$

当 $F_a/F_r > e$，$P_r = 0.4F_r + YF_a$

径向当量静载荷：

$P_{0r} = 0.5F_r + Y_0 F_a$

若 $P_{0r} < F_r$，取 $P_{0r} = F_r$

附加轴向力

$S \approx F_r/(2Y)$

最小径向载荷 $F_{min} = 0.02C_r$

代号含义：

X2 — 宽度（高度）非标准

| 公称尺寸/mm | | | | | 安装尺寸/mm | | | | | | | | | 其他尺寸/mm | | | 计算系数 | | | 基本额定载荷/kN | | 极限转速/(r/min) | | 质量/kg | 型 |
|---|---|---|---|---|---|---|---|---|---|---|---|---|---|---|---|---|---|---|---|---|---|---|---|---|---|
| $d$ | $D$ | $T$ | $B$ | $C$ | $d_a$ min | $d_b$ min | $D_a$ min | $D_a$ max | $D_b$ min | $a_1$ min | $a_2$ min | $r_a$ max | $r_b$ max | $a\approx$ | $r$ min | $r_1$ min | $e$ | $Y$ | $Y_0$ | $C_r$ | $C_{0r}$ | 脂 | 油 | $W\approx$ | 轴承代号 30000型 |
| 15 | 42 | 14.25 | 13 | 11 | 21 | 22 | 36 | 36 | 38 | 2 | 3.5 | 1 | 1 | 9.6 | 1 | 1 | 0.29 | 2.1 | 1.2 | 22.8 | 21.5 | 9000 | 12000 | 0.094 | 30302 |
|  | 40 | 13.25 | 12 | 11 | 23 | 23 | 34 | 34 | 37 | 2 | 2.5 | 1 | 1 | 9.9 | 1 | 1 | 0.35 | 1.7 | 1 | 20.8 | 21.8 | 9000 | 12000 | 0.079 | 30203 |
| 17 | 47 | 15.25 | 14 | 12 | 23 | 25 | 40 | 41 | 43 | 3 | 3.5 | 1 | 1 | 10.4 | 1 | 1 | 0.29 | 2.1 | 1.2 | 28.2 | 27.2 | 8500 | 11000 | 0.129 | 30303 |
|  | 47 | 20.25 | 19 | 16 | 23 | 24 | 39 | 41 | 43 | 3 | 4.5 | 1 | 1 | 12.3 | 1 | 1 | 0.29 | 2.1 | 1.2 | 35.2 | 36.2 | 8500 | 11000 | 0.173 | 32303 |
|  | 37 | 12 | 12 | 9 | — | — | — | — | — | — | 3 | — | — | 8.2 | 0.3 | 0.3 | 0.32 | 1.9 | 1 | 13.2 | 17.5 | 9500 | 13000 | 0.056 | 32904 |
|  | 42 | 15 | 15 | 12 | 25 | 25 | 36 | 37 | 39 | 3 | 3 | 0.6 | 0.6 | 10.3 | 0.6 | 0.6 | 0.37 | 1.6 | 0.9 | 25.0 | 28.2 | 8500 | 11000 | 0.095 | 32004 |
| 20 | 47 | 15.25 | 15 | 12 | 26 | 27 | 40 | 41 | 43 | 2 | 3.5 | 1 | 1 | 11.2 | 1 | 1 | 0.35 | 1.7 | 1 | 28.2 | 30.5 | 8000 | 10000 | 0.126 | 30204 |
|  | 52 | 16.25 | 15 | 13 | 27 | 28 | 44 | 45 | 48 | 3 | 3.5 | 1.5 | 1.5 | 11.1 | 1.5 | 1.5 | 0.3 | 2 | 1.1 | 33.0 | 33.2 | 7500 | 9500 | 0.165 | 30304 |
|  | 52 | 22.25 | 21 | 18 | 27 | 26 | 43 | 45 | 48 | 3 | 4.5 | 1.5 | 1.5 | 13.6 | 1.5 | 1.5 | 0.3 | 2 | 1.1 | 42.8 | 46.2 | 7500 | 9500 | 0.230 | 32304 |
|  | 40 | 12 | 12 | 9 | — | — | — | — | — | — | 3.5 | — | — | 8.5 | 0.3 | 0.3 | 0.32 | 1.9 | 1 | 15.0 | 20.0 | 8500 | 11000 | 0.065 | 329/22 |
|  | 44 | 15 | 15 | 11.5 | 27 | 27 | 38 | 39 | 41 | 3 | 3.5 | 0.6 | 0.6 | 10.8 | 0.6 | 0.6 | 0.40 | 1.5 | 0.8 | 26.0 | 30.2 | 8000 | 10000 | 0.100 | 320/22 |
| 22 | 42 | 12 | 12 | 9 | — | — | — | — | — | — | 3.5 | — | — | 8.7 | 0.3 | 0.3 | 0.32 | 1.9 | 1 | 16.0 | 21.0 | 6300 | 10000 | 0.064 | 32905 |
|  | 47 | 15 | 15 | 11.5 | 30 | 30 | 40 | 42 | 44 | 3 | 3 | 0.6 | 0.6 | 11.6 | 0.6 | 0.6 | 0.43 | 1.4 | 0.8 | 28.0 | 34.0 | 7500 | 9500 | 0.11 | 32005 |
| 25 | 47 | 17 | 17 | 14 | 30 | 30 | 40 | 42 | 45 | 3 | 3 | 0.6 | 0.6 | 11.1 | 0.6 | 0.6 | 0.29 | 2.1 | 1.1 | 32.5 | 42.5 | 7500 | 9500 | 0.129 | 33005 |
|  | 52 | 16.25 | 15 | 13 | 31 | 31 | 44 | 46 | 48 | 2 | 3.5 | 1 | 1 | 12.5 | 1 | 1 | 0.37 | 1.6 | 0.9 | 32.2 | 37.0 | 7000 | 9000 | 0.154 | 30205 |
|  | 52 | 22 | 22 | 18 | 31 | 30 | 43 | 46 | 49 | 4 | 4 | 1 | 1 | 14.0 | 1 | 1 | 0.35 | 1.7 | 0.9 | 47.0 | 55.8 | 7000 | 9000 | 0.216 | 33205 |

| 公称尺寸/mm | | | | | 安装尺寸/mm | | | | | | | | | 其他尺寸/mm | | | 计算系数 | | | 基本额定载荷/kN | | 极限转速/(r/min) | | 质量/kg | 轴承代号 |
|---|---|---|---|---|---|---|---|---|---|---|---|---|---|---|---|---|---|---|---|---|---|---|---|---|---|
| $d$ | $D$ | $T$ | $B$ | $C$ | $d_a$ min | $d_b$ max | $D_a$ min | $D_a$ max | $D_b$ min | $a_1$ min | $a_2$ min | $r_a$ max | $r_b$ max | $a \approx$ | $r$ min | $r_1$ min | $e$ | $Y$ | $Y_0$ | $C_r$ | $C_{0r}$ | 脂 | 油 | $W \approx$ | 30000型 |
| 25 | 62 | 18.25 | 17 | 15 | 32 | 34 | 54 | 55 | 58 | 3 | 3.5 | 1.5 | 1.5 | 13.0 | 1.5 | 1.5 | 0.3 | 2 | 1.1 | 46.8 | 48.0 | 6300 | 8000 | 0.263 | 30305 |
|  | 62 | 18.25 | 17 | 13 | 32 | 31 | 47 | 55 | 59 | 3 | 5.5 | 1.5 | 1.5 | 20.1 | 1.5 | 1.5 | 0.83 | 0.7 | 0.4 | 40.5 | 46.0 | 6300 | 8000 | 0.262 | 31305 |
|  | 62 | 25.25 | 24 | 20 | 32 | 32 | 52 | 55 | 58 | 3 | 5.5 | 1.5 | 1.5 | 15.9 | 1.5 | 1.5 | 0.3 | 2 | 1.1 | 61.5 | 68.8 | 6300 | 8000 | 0.368 | 32305 |
| 28 | 45 | 12 | 12 | 9 | — | — | — | — | 49 | — | — | 0.3 | 0.3 | 9.0 | 0.3 | 0.3 | 0.32 | 1.9 | 1 | 16.8 | 22.8 | 7500 | 9500 | 0.069 | 329/28 |
|  | 52 | 16 | 16 | 12 | 34 | 33 | 45 | 46 | 49 | 3 | 4 | 1 | 1 | 12.6 | 1 | 1 | 0.43 | 1.4 | 0.8 | 31.5 | 40.5 | 6700 | 8500 | 0.142 | 320/28 |
|  | 58 | 24 | 24 | 19 | 34 | 33 | 49 | 52 | 55 | 4 | 5 | 1 | 1 | 15.0 | 1 | 1 | 0.34 | 1.8 | 1.0 | 58.0 | 68.2 | 6300 | 8000 | 0.286 | 332/28 |
| 30 | 47 | 12 | 12 | 9 | — | — | — | — | — | — | — | 0.3 | 0.3 | 9.2 | 0.3 | 0.3 | 0.32 | 1.9 | 1 | 17.0 | 23.2 | 7000 | 9000 | 0.072 | 32906 |
|  | 55 | 17 | 16 | 14 | — | — | — | — | 52 | 3 | 5 | — | — | 12.0 | 1 | — | 0.26 | 2.3 | 1.3 | 27.8 | 35.5 | 6300 | 8000 | 0.16 | 32006 X2 |
|  | 55 | 17 | 17 | 13 | 36 | 35 | 48 | 49 | 52 | 3 | 4 | 1 | 1 | 13.3 | 1 | 1 | 0.43 | 1.4 | 0.8 | 35.8 | 46.8 | 6300 | 8000 | 0.170 | 32006 |
|  | 55 | 20 | 20 | 16 | 36 | 35 | 48 | 49 | 52 | 3 | 4 | 1 | 1 | 12.8 | 1 | 1 | 0.29 | 2.1 | 1.1 | 43.8 | 58.8 | 6300 | 8000 | 0.201 | 33006 |
|  | 62 | 17.25 | 16 | 14 | 36 | 37 | 53 | 56 | 58 | 3 | 3.5 | 1 | 1 | 13.8 | 1 | 1 | 0.37 | 1.6 | 0.9 | 43.2 | 50.5 | 6000 | 7500 | 0.281 | 30206 |
|  | 62 | 21.25 | 20 | 17 | 36 | 36 | 52 | 56 | 58 | 3 | 4.5 | 1 | 1 | 15.6 | 1 | 1 | 0.37 | 1.6 | 0.9 | 51.8 | 63.8 | 6000 | 7500 | 0.287 | 32206 |
|  | 62 | 25 | 25 | 19.5 | 36 | 36 | 53 | 56 | 59 | 3 | 5.5 | 1 | 1 | 15.7 | 1 | 1 | 0.34 | 1.8 | 1 | 63.8 | 75.5 | 6000 | 7500 | 0.342 | 33206 |
|  | 72 | 20.75 | 19 | 16 | 37 | 40 | 62 | 65 | 66 | 3 | 5 | 1.5 | 1.5 | 15.3 | 1.5 | 1.5 | 0.31 | 1.9 | 1 | 59.0 | 63.0 | 5600 | 7000 | 0.387 | 30306 |
|  | 72 | 20.75 | 19 | 14 | 37 | 37 | 55 | 65 | 68 | 3 | 7 | 1.5 | 1.5 | 23.1 | 1.5 | 1.5 | 0.83 | 0.7 | 0.4 | 52.5 | 60.5 | 5600 | 7000 | 0.392 | 31306 |
|  | 72 | 28.75 | 27 | 23 | 37 | 38 | 59 | 65 | 66 | 4 | 6 | 1.5 | 1.5 | 18.9 | 1.5 | 1.5 | 0.31 | 1.9 | 1 | 81.5 | 96.5 | 5600 | 7000 | 0.562 | 32306 |
| 32 | 52 | 14 | 14 | 10 | 37 | 37 | 46 | 47 | 49 | 3 | 4 | 0.6 | 0.6 | 10.2 | 0.6 | 0.6 | 0.32 | 1.9 | 1 | 23.8 | 32.5 | 6300 | 8000 | 0.106 | 329/32 |
|  | 58 | 17 | 17 | 13 | 38 | 38 | 50 | 52 | 55 | 3 | 4 | 1 | 1 | 14.0 | 1 | 1 | 0.45 | 1.3 | 0.7 | 36.5 | 49.2 | 6000 | 7500 | 0.187 | 320/32 |
|  | 65 | 26 | 26 | 20.5 | 38 | 38 | 55 | 59 | 62 | 5 | 5.5 | 1 | 1 | 16.6 | 1 | 1 | 0.35 | 1.7 | 1 | 68.8 | 82.2 | 5600 | 7000 | 0.385 | 332/32 |
| 35 | 55 | 14 | 14 | 11.5 | 40 | 40 | 49 | 50 | 52 | 3 | 2.5 | 0.6 | 0.6 | 10.1 | 0.6 | 0.6 | 0.29 | 2.1 | 1.1 | 25.8 | 34.8 | 6000 | 7500 | 0.114 | 32907 |
|  | 62 | 18 | 17 | 15 | — | — | — | — | 59 | 3 | 5 | 1 | 1 | 14.0 | 1 | 1 | 0.29 | 2.1 | 1.1 | 33.8 | 47.2 | 5600 | 7000 | 0.21 | 32007 X2 |
|  | 62 | 18 | 18 | 14 | 41 | 40 | 54 | 56 | 59 | 4 | 4 | 1 | 1 | 15.1 | 1 | 1 | 0.44 | 1.4 | 0.8 | 43.2 | 59.2 | 5600 | 7000 | 0.224 | 32007 |
|  | 62 | 21 | 21 | 17 | 41 | 41 | 54 | 56 | 59 | 3 | 4 | 1 | 1 | 13.5 | 1 | 1 | 0.31 | 2 | 1.1 | 46.8 | 63.2 | 5600 | 7000 | 0.254 | 33007 |
|  | 72 | 18.25 | 17 | 15 | 42 | 44 | 62 | 65 | 67 | 3 | 3.5 | 1.5 | 1.5 | 15.3 | 1.5 | 1.5 | 0.37 | 1.6 | 0.9 | 54.2 | 63.5 | 5600 | 6700 | 0.331 | 30207 |
|  | 72 | 24.25 | 23 | 19 | 42 | 42 | 61 | 65 | 68 | 3 | 5.5 | 1.5 | 1.5 | 17.9 | 1.5 | 1.5 | 0.37 | 1.6 | 0.9 | 70.5 | 89.5 | 5300 | 6700 | 0.445 | 32207 |
|  | 72 | 28 | 28 | 22 | 42 | 42 | 61 | 65 | 68 | 5 | 6 | 1.5 | 1.5 | 18.2 | 1.5 | 1.5 | 0.35 | 1.7 | 0.9 | 82.5 | 102 | 5300 | 6700 | 0.515 | 33207 |
|  | 80 | 22.75 | 21 | 18 | 44 | 45 | 70 | 71 | 74 | 3 | 5 | 2 | 2 | 16.8 | 2 | 1.5 | 0.31 | 1.9 | 1 | 75.2 | 82.5 | 5300 | 6700 | 0.515 | 30307 |
|  | 80 | 22.75 | 21 | 15 | 44 | 42 | 62 | 71 | 76 | 4 | 8 | 2 | 2 | 25.8 | 2 | 1.5 | 0.83 | 0.7 | 0.4 | 65.8 | 76.8 | 5000 | 6300 | 0.514 | 31307 |
|  | 80 | 32.75 | 31 | 25 | 44 | 43 | 66 | 71 | 74 | 4 | 8.5 | 2 | 1.5 | 20.4 | 2 | 1.5 | 0.31 | 1.9 | 1.1 | 99.0 | 118 | 5000 | 6300 | 0.763 | 32307 |

（续）

| 公称尺寸/mm d | D | T | B | C | 安装尺寸/mm $d_a$ min | $d_b$ max | $D_a$ min | $D_a$ max | $D_b$ min | $a_1$ min | $a_2$ min | $r_a$ max | $r_b$ max | 其他尺寸/mm $a$≈ | $r$ min | $r_1$ min | 计算系数 $e$ | $Y$ | $Y_0$ | 基本额定载荷/kN $C_r$ | $C_{0r}$ | 极限转速/(r/min) 脂 | 油 | 质量/kg $W$≈ | 轴承代号 30000型 |
|---|---|---|---|---|---|---|---|---|---|---|---|---|---|---|---|---|---|---|---|---|---|---|---|---|---|
| 40 | 62 | 15 | 14 | 12 | — | — | — | — | — | 3 | 5 | 0.6 | 0.6 | 12.0 | 0.6 | 0.6 | 0.28 | 2.1 | 1.2 | 21.2 | 28.2 | 5600 | 7000 | 0.14 | 32908 X2 |
| | 62 | 15 | 15 | 12 | 45 | 45 | 55 | 57 | 59 | 3 | 3 | 0.6 | 0.6 | 11.1 | 0.6 | 0.6 | 0.29 | 2.1 | 1.1 | 31.5 | 46.0 | 5600 | 7000 | 0.155 | 32908 |
| | 68 | 19 | 18 | 16 | — | — | — | — | — | 3 | 5 | 1 | 1 | 15.0 | 1 | 1 | 0.3 | 2 | 1.1 | 39.8 | 55.2 | 5300 | 6700 | 0.27 | 32008 X2 |
| | 68 | 19 | 19 | 14.5 | 46 | 46 | 60 | 62 | 65 | 4 | 4.5 | 1 | 1 | 14.9 | 1 | 1 | 0.38 | 1.6 | 0.9 | 51.8 | 71.0 | 5300 | 6700 | 0.267 | 32008 |
| | 68 | 22 | 22 | 18 | 46 | 46 | 60 | 62 | 64 | 3 | 4 | 1 | 1 | 14.1 | 1 | 1 | 0.28 | 2.1 | 1.2 | 60.2 | 79.5 | 5300 | 6700 | 0.306 | 33008 |
| | 75 | 26 | 26 | 20.5 | 47 | 47 | 65 | 68 | 71 | 4 | 5.5 | 1.5 | 1.5 | 18.0 | 1.5 | 1.5 | 0.36 | 1.7 | 0.9 | 84.8 | 110 | 5000 | 6300 | 0.496 | 33108 |
| | 80 | 19.75 | 18 | 16 | 47 | 49 | 69 | 73 | 75 | 3 | 4 | 1.5 | 1.5 | 16.9 | 1.5 | 1.5 | 0.37 | 1.6 | 0.9 | 63.0 | 74.0 | 5000 | 6300 | 0.422 | 30208 |
| | 80 | 24.75 | 23 | 19 | 47 | 48 | 68 | 73 | 75 | 3 | 6 | 1.5 | 1.5 | 18.9 | 1.5 | 1.5 | 0.37 | 1.6 | 0.9 | 77.8 | 97.2 | 5000 | 6300 | 0.532 | 32208 |
| | 80 | 32 | 32 | 25 | 47 | 47 | 67 | 73 | 76 | 5 | 7 | 1.5 | 1.5 | 20.8 | 1.5 | 1.5 | 0.36 | 1.7 | 0.9 | 105 | 135 | 5000 | 6300 | 0.715 | 33208 |
| | 90 | 25.25 | 23 | 20 | 49 | 52 | 77 | 81 | 84 | 3 | 5.5 | 2 | 1.5 | 19.5 | 2 | 1.5 | 0.35 | 1.7 | 1 | 90.8 | 108 | 4500 | 5600 | 0.747 | 30308 |
| | 90 | 25.25 | 23 | 17 | 49 | 48 | 71 | 81 | 87 | 4 | 8.5 | 2 | 1.5 | 29.0 | 2 | 1.5 | 0.83 | 0.7 | 0.4 | 81.5 | 96.5 | 4500 | 5600 | 0.727 | 31308 |
| | 90 | 35.25 | 33 | 27 | 49 | 49 | 73 | 81 | 83 | 4 | 8.5 | 2 | 1.5 | 23.3 | 2 | 1.5 | 0.35 | 1.7 | 1 | 115 | 148 | 4500 | 5600 | 1.04 | 32308 |
| 45 | 68 | 15 | 14 | 12 | — | — | — | — | — | 3 | 5 | 0.6 | 0.6 | 13.0 | 0.6 | 0.6 | 0.31 | 1.9 | 1.1 | 22.2 | 32.8 | 5300 | 6700 | — | 32909 X2 |
| | 68 | 15 | 15 | 12 | 50 | 50 | 61 | 63 | 65 | 4 | 3 | 0.6 | 0.6 | 12.2 | 0.6 | 0.6 | 0.32 | 1.9 | 1.1 | 32.0 | 48.5 | 5300 | 6700 | 0.180 | 32909 |
| | 75 | 20 | 19 | 16 | — | — | — | — | — | 4 | 6 | 1 | 1 | 16.0 | 1 | 1 | 0.3 | 2 | 1.1 | 44.5 | 62.5 | 5000 | 6300 | 0.32 | 32009 X2 |
| | 75 | 20.75 | 20 | 15.5 | 51 | 51 | 67 | 69 | 72 | 4 | 4.5 | 1.5 | 1.5 | 16.5 | 1 | 1.5 | 0.39 | 1.5 | 0.8 | 58.5 | 81.5 | 5000 | 6300 | 0.337 | 32009 |
| | 75 | 24 | 24 | 19 | 51 | 51 | 67 | 69 | 72 | 4 | 5 | 1.5 | 1.5 | 15.9 | 1 | 1.5 | 0.32 | 1.9 | 1 | 72.5 | 100 | 5000 | 6300 | 0.398 | 33009 |
| | 80 | 26 | 26 | 20.5 | 52 | 52 | 69 | 73 | 77 | 4 | 5.5 | 1.5 | 1.5 | 19.1 | 1.5 | 1.5 | 0.38 | 1.6 | 0.8 | 87.0 | 118 | 4500 | 5600 | 0.535 | 33109 |
| | 85 | 20.75 | 19 | 16 | 52 | 53 | 74 | 78 | 80 | 3 | 5 | 1.5 | 1.5 | 18.6 | 1.5 | 1.5 | 0.4 | 1.5 | 0.8 | 67.8 | 83.5 | 4500 | 5600 | 0.474 | 30209 |
| | 85 | 24.75 | 23 | 19 | 52 | 53 | 73 | 78 | 81 | 3 | 6 | 1.5 | 1.5 | 20.1 | 1.5 | 1.5 | 0.4 | 1.5 | 0.8 | 80.8 | 105 | 4500 | 5600 | 0.573 | 32209 |
| | 85 | 32 | 32 | 25 | 54 | 52 | 72 | 78 | 81 | 5 | 7 | 1.5 | 1.5 | 21.9 | 1.5 | 1.5 | 0.39 | 1.5 | 0.9 | 110 | 145 | 4500 | 5600 | 0.771 | 33209 |
| | 100 | 27.25 | 25 | 22 | 54 | 59 | 86 | 91 | 94 | 3 | 5.5 | 2 | 2 | 21.3 | 2 | 1.5 | 0.35 | 1.7 | 1 | 108 | 130 | 4000 | 5000 | 0.984 | 30309 |
| | 100 | 27.25 | 25 | 18 | 54 | 54 | 79 | 91 | 96 | 4 | 9.5 | 2.0 | 2 | 31.7 | 2 | 1.5 | 0.83 | 0.7 | 0.4 | 95.5 | 115 | 4000 | 5000 | 0.944 | 31309 |
| | 100 | 38.25 | 36 | 30 | 54 | 56 | 82 | 91 | 93 | 4 | 8.5 | 2.0 | 2 | 25.6 | 2 | 1.5 | 0.35 | 1.7 | 1 | 145 | 188 | 4000 | 5000 | 1.40 | 32309 |
| 50 | 72 | 15 | 14 | 12 | — | — | — | — | — | 3 | 5 | 0.6 | 0.6 | 15.0 | 0.6 | 0.6 | 0.35 | 1.7 | 0.9 | 22.2 | 32.8 | 5000 | 6300 | 0.7 | 32910 X2 |
| | 72 | 15 | 15 | 12 | 55 | 55 | 64 | 67 | 69 | 3 | 3 | 0.6 | 0.6 | 13.0 | 0.6 | 0.6 | 0.34 | 1.8 | 0.8 | 36.8 | 56.0 | 5000 | 6300 | 0.181 | 32910 |
| | 80 | 20 | 19 | 16 | — | — | — | — | — | 4 | 6 | 1 | 1 | 17.0 | 1 | 1 | 0.32 | 1.9 | 0.8 | 45.8 | 66.2 | 4500 | 5600 | 0.31 | 32010 X2 |
| | 80 | 20 | 20 | 15.5 | 56 | 56 | 72 | 74 | 77 | 4 | 4.5 | 1 | 1 | 17.8 | 1 | 1 | 0.42 | 1.4 | 0.8 | 61.0 | 89.0 | 4500 | 5600 | 0.366 | 32010 |
| | 80 | 24 | 24 | 19 | 56 | 56 | 72 | 74 | 76 | 4 | 5 | 1 | 1 | 17.0 | 1 | 1 | 0.32 | 1.9 | 1 | 76.8 | 110 | 4500 | 5600 | 0.433 | 33010 |
| | 85 | 26 | 26 | 20 | 57 | 56 | 74 | 78 | 82 | 4 | 6 | 1.5 | 1.5 | 20.4 | 1.5 | 1.5 | 0.41 | 1.5 | 0.8 | 89.2 | 125 | 4300 | 5300 | 0.572 | 33110 |
| | 90 | 21.75 | 20 | 17 | 57 | 58 | 79 | 83 | 86 | 3 | 5 | 1.5 | 1.5 | 20.0 | 1.5 | 1.5 | 0.42 | 1.4 | 0.8 | 73.2 | 92.0 | 4300 | 5300 | 0.529 | 30210 |

（续）

| 公称尺寸/mm | | | | | 安装尺寸/mm | | | | | | | | | 其他尺寸/mm | | | 计算系数 | | | 基本额定载荷/kN | | 极限转速/(r/min) | | 质量/kg | 轴承代号 |
|---|---|---|---|---|---|---|---|---|---|---|---|---|---|---|---|---|---|---|---|---|---|---|---|---|---|
| $d$ | $D$ | $T$ | $B$ | $C$ | $d_a$ min | $d_b$ max | $D_a$ min | $D_a$ max | $D_b$ min | $a_1$ min | $a_2$ min | $r_a$ max | $r_b$ max | $a$ ≈ | $r$ min | $r_1$ min | $e$ | $Y$ | $Y_0$ | $C_r$ | $C_{0r}$ | 脂 | 油 | $W$ ≈ | 30000 型 |
| 50 | 90 | 24.75 | 23 | 19 | 57 | 57 | 78 | 83 | 86 | 3 | 6 | 1.5 | 1.5 | 21.0 | 1.5 | 1.5 | 0.42 | 1.4 | 0.8 | 82.8 | 108 | 4300 | 5300 | 0.626 | 32210 |
| | 90 | 32 | 32 | 24.5 | 57 | 57 | 77 | 83 | 87 | 5 | 7.5 | 1.5 | 1.5 | 23.2 | 1.5 | 1.5 | 0.41 | 1.5 | 0.8 | 112 | 155 | 4300 | 5300 | 0.825 | 33210 |
| | 110 | 29.25 | 27 | 23 | 60 | 65 | 95 | 100 | 103 | 4 | 6.5 | 2 | 2 | 23.0 | 2.5 | 2 | 0.35 | 1.7 | 1 | 130 | 158 | 3800 | 4800 | 1.28 | 30310 |
| | 110 | 29.25 | 27 | 19 | 60 | 58 | 87 | 100 | 105 | 4 | 10.5 | 2 | 2 | 34.8 | 2.5 | 2 | 0.83 | 0.7 | 0.4 | 108 | 128 | 3800 | 4800 | 1.21 | 31310 |
| | 110 | 42.25 | 40 | 33 | 60 | 61 | 90 | 100 | 102 | 5 | 9.5 | 2 | 2 | 28.2 | 2.5 | 2 | 0.35 | 1.7 | 1 | 178 | 235 | 3800 | 4800 | 1.89 | 32310 |
| 55 | 80 | 17 | 17 | 14 | 61 | 60 | 71 | 74 | 77 | 3 | 3 | 1 | 1 | 14.3 | 1 | 1 | 0.31 | 1.9 | 1.1 | 41.5 | 66.8 | 4800 | 6000 | 0.262 | 32911 |
| | 90 | 23 | 22 | 19 | — | — | — | — | — | 4 | 6 | 1.5 | 1.5 | 19.0 | 1.5 | 1.5 | 0.31 | 1.9 | 1.1 | 63.8 | 93.2 | 4000 | 5000 | 0.53 | 32011 X2 |
| | 90 | 23 | 23 | 17.5 | 62 | 63 | 81 | 83 | 86 | 4 | 5.5 | 1.5 | 1.5 | 19.8 | 1.5 | 1.5 | 0.41 | 1.5 | 0.8 | 80.2 | 118 | 4000 | 5000 | 0.551 | 32011 |
| | 90 | 27 | 27 | 21 | 62 | 63 | 81 | 83 | 86 | 5 | 6 | 1.5 | 1.5 | 19.0 | 1.5 | 1.5 | 0.31 | 1.9 | 1.1 | 94.8 | 145 | 4000 | 5000 | 0.651 | 33011 |
| | 95 | 30 | 30 | 23 | 62 | 62 | 83 | 88 | 91 | 5 | 7 | 1.5 | 1.5 | 21.9 | 1.5 | 1.5 | 0.37 | 1.6 | 0.9 | 115 | 165 | 3800 | 4800 | 0.843 | 33111 |
| | 100 | 22.75 | 21 | 18 | 64 | 64 | 88 | 91 | 95 | 4 | 5 | 2 | 2 | 21.0 | 2 | 1.5 | 0.4 | 1.5 | 0.8 | 90.8 | 115 | 3800 | 4800 | 0.713 | 30211 |
| | 100 | 26.75 | 25 | 21 | 64 | 62 | 87 | 91 | 96 | 4 | 6 | 2 | 2 | 22.8 | 2 | 1.5 | 0.4 | 1.5 | 0.8 | 108 | 142 | 3800 | 4800 | 0.853 | 32211 |
| | 100 | 35 | 35 | 27 | 64 | 70 | 85 | 91 | 96 | 6 | 8 | 2 | 2 | 25.1 | 2 | 1.5 | 0.4 | 1.5 | 0.8 | 142 | 198 | 3800 | 4800 | 1.15 | 33211 |
| | 120 | 31.5 | 29 | 25 | 65 | 63 | 104 | 110 | 112 | 4 | 6.5 | 2.5 | 2.5 | 24.9 | 2.5 | 1.5 | 0.35 | 1.7 | 1 | 152 | 188 | 3400 | 4300 | 1.63 | 30311 |
| | 120 | 31.5 | 29 | 21 | 65 | 66 | 94 | 110 | 114 | 4 | 10.5 | 2.5 | 2.5 | 37.5 | 2.5 | 2 | 0.83 | 0.7 | 0.4 | 130 | 158 | 3400 | 4300 | 1.56 | 31311 |
| | 120 | 45.5 | 43 | 35 | 65 | 66 | 99 | 110 | 111 | 5 | 10 | 2.5 | 2 | 30.4 | 2.5 | 2 | 0.35 | 1.7 | 1 | 202 | 270 | 3400 | 4300 | 2.37 | 32311 |
| 60 | 85 | 17 | 16 | 14 | — | — | — | — | — | 3 | 5 | 1 | 1 | 18.0 | 1 | 1 | 0.38 | 1.6 | 0.9 | 34.5 | 56.5 | 4000 | 5000 | 0.24 | 32912 X2 |
| | 85 | 17 | 17 | 14 | 66 | 65 | 75 | 79 | 82 | 3 | 3 | 1 | 1 | 15.1 | 1 | 1 | 0.33 | 1.8 | 1 | 46.0 | 73.0 | 4000 | 5000 | 0.279 | 32912 |
| | 95 | 23 | 22 | 19 | — | — | — | — | — | 4 | 6 | 1.5 | 1.5 | 20.0 | 1.5 | 1.5 | 0.33 | 1.8 | 0.8 | 64.8 | 98.0 | 3800 | 4800 | 0.56 | 32012 X2 |
| | 95 | 23 | 23 | 17.5 | 67 | 67 | 85 | 88 | 91 | 4 | 5.5 | 1.5 | 1.5 | 20.9 | 1.5 | 1.5 | 0.43 | 1.4 | 0.8 | 81.8 | 122 | 3800 | 4800 | 0.584 | 32012 |
| | 95 | 27 | 27 | 21 | 67 | 67 | 85 | 88 | 90 | 5 | 6 | 1.5 | 1.5 | 19.8 | 1.5 | 1.5 | 0.33 | 1.8 | 1 | 96.8 | 150 | 3800 | 4800 | 0.691 | 33012 |
| | 100 | 30 | 30 | 23 | 67 | 67 | 88 | 93 | 96 | 5 | 7 | 1.5 | 1.5 | 23.1 | 1.5 | 1.5 | 0.4 | 1.5 | 0.8 | 118 | 172 | 3600 | 4500 | 0.895 | 33112 |
| | 110 | 23.75 | 22 | 19 | 69 | 69 | 96 | 101 | 103 | 4 | 5 | 2 | 2 | 22.3 | 2 | 1.5 | 0.4 | 1.5 | 0.8 | 102 | 130 | 3600 | 4500 | 0.904 | 30212 |
| | 110 | 29.75 | 28 | 24 | 69 | 68 | 95 | 101 | 105 | 6 | 6 | 2 | 2 | 25.0 | 2 | 1.5 | 0.4 | 1.5 | 0.8 | 132 | 180 | 3600 | 4500 | 1.17 | 32212 |
| | 110 | 38 | 38 | 29 | 69 | 69 | 93 | 101 | 105 | 6 | 9 | 2 | 2 | 27.5 | 2 | 1.5 | 0.4 | 1.5 | 0.8 | 165 | 230 | 3600 | 4500 | 1.51 | 33212 |
| | 130 | 33.5 | 31 | 26 | 72 | 76 | 112 | 118 | 121 | 5 | 7.5 | 2.5 | 2.1 | 26.6 | 3 | 2.5 | 0.35 | 1.7 | 1 | 170 | 210 | 3200 | 4000 | 1.99 | 30312 |
| | 130 | 33.5 | 31 | 22 | 72 | 69 | 103 | 118 | 124 | 5 | 11.5 | 2.5 | 2.1 | 40.4 | 3 | 2.5 | 0.83 | 0.7 | 0.4 | 145 | 178 | 3200 | 4000 | 1.90 | 31312 |
| | 130 | 48.5 | 46 | 37 | 72 | 72 | 107 | 118 | 122 | 6 | 11.5 | 2.5 | 2.1 | 32.0 | 3 | 2.5 | 0.35 | 1.7 | 1 | 228 | 302 | 3200 | 4000 | 2.90 | 32312 |

（续）

| d | 公称尺寸 /mm D | T | B | C | 安装尺寸 /mm $d_a$ min | $d_b$ max | $D_a$ min | $D_a$ max | $D_b$ min | $a_1$ min | $a_2$ min | $r_a$ max | $r_b$ max | 其他尺寸 /mm $a$ ≈ | $r$ min | $r_1$ min | 计算系数 $e$ | $Y$ | $Y_0$ | 基本额定载荷 /kN $C_r$ | $C_{0r}$ | 极限转速 /(r/min) 脂 | 油 | 质量 $W$ /kg ≈ | 轴承代号 30000型 |
|---|---|---|---|---|---|---|---|---|---|---|---|---|---|---|---|---|---|---|---|---|---|---|---|---|---|
| 65 | 90 | 17 | 17 | 14 | 71 | 70 | 80 | 84 | 87 | 3 | 3 | 1 | 1 | 16.2 | 1 | 1 | 0.35 | 1.7 | 0.9 | 45.5 | 73.2 | 3800 | 4800 | 0.295 | 32913 |
| | 100 | 23 | 22 | 19 | — | — | — | — | — | 4 | 6 | 1.5 | 1.5 | 21.0 | 1.5 | 1.5 | 0.35 | 1.7 | 0.9 | 67.0 | 102 | 3600 | 4500 | 0.63 | 32013 X2 |
| | 100 | 23 | 23 | 17.5 | 72 | 72 | 90 | 93 | 97 | 4 | 5.5 | 1.5 | 1.5 | 22.4 | 1.5 | 1.5 | 0.46 | 1.3 | 0.7 | 82.8 | 128 | 3600 | 4500 | 0.620 | 32013 |
| | 100 | 27 | 27 | 21 | 72 | 72 | 89 | 93 | 96 | 5 | 6 | 1.5 | 1.5 | 20.9 | 1.5 | 1.5 | 0.35 | 1.7 | 1 | 98.0 | 158 | 3600 | 4500 | 0.732 | 33013 |
| | 110 | 34 | 34 | 26.5 | 72 | 73 | 96 | 103 | 106 | 6 | 7.5 | 1.5 | 1.5 | 26.0 | 1.5 | 1.5 | 0.39 | 1.6 | 0.9 | 142 | 220 | 3400 | 4300 | 1.30 | 33113 |
| | 120 | 24.75 | 23 | 20 | 74 | 77 | 106 | 111 | 114 | 4 | 5 | 2 | 1.5 | 23.8 | 2 | 1.5 | 0.4 | 1.5 | 0.8 | 120 | 152 | 3200 | 4000 | 1.13 | 30213 |
| | 120 | 32.75 | 31 | 27 | 74 | 75 | 104 | 111 | 115 | 4 | 6 | 2 | 1.5 | 27.3 | 2 | 1.5 | 0.4 | 1.5 | 0.8 | 160 | 222 | 3200 | 4000 | 1.55 | 32213 |
| | 120 | 41 | 41 | 32 | 74 | 74 | 102 | 111 | 115 | 7 | 9 | 2 | 1.5 | 29.5 | 2 | 1.5 | 0.39 | 1.5 | 0.9 | 202 | 282 | 3200 | 4000 | 1.99 | 33213 |
| | 140 | 36 | 33 | 28 | 77 | 83 | 122 | 128 | 131 | 5 | 8 | 2.5 | 2.1 | 28.7 | 3 | 2.5 | 0.35 | 1.7 | 1 | 195 | 242 | 2800 | 3600 | 2.44 | 30313 |
| | 140 | 36 | 33 | 23 | 77 | 75 | 111 | 128 | 134 | 5 | 13 | 2.5 | 2.1 | 44.2 | 3 | 2.5 | 0.83 | 0.7 | 0.4 | 165 | 202 | 2800 | 3600 | 2.37 | 31313 |
| | 140 | 51 | 48 | 39 | 77 | 79 | 117 | 128 | 131 | 6 | 12 | 2.5 | 2.1 | 34.3 | 3 | 2.5 | 0.35 | 1.7 | 1 | 260 | 350 | 2800 | 3600 | 3.51 | 32313 |
| 70 | 100 | 20 | 19 | 16 | — | — | — | — | — | 4 | 6 | 1 | 1 | 19.0 | 1 | 1 | 0.33 | 1.8 | 1 | 53.2 | 85.5 | 3600 | 4500 | — | 32914 X2 |
| | 100 | 20 | 20 | 16 | 76 | 76 | 90 | 94 | 96 | 4 | 4 | 1 | 1 | 17.6 | 1 | 1 | 0.32 | 1.9 | 1 | 70.8 | 115 | 3600 | 4500 | 0.471 | 32914 |
| | 110 | 25 | 24 | 20 | — | — | — | — | — | 5 | 7 | 1.5 | 1.5 | 23.0 | 1.5 | 1.5 | 0.34 | 1.8 | 1 | 83.8 | 128 | 3400 | 4300 | 0.85 | 32014 X2 |
| | 110 | 25 | 25 | 19 | 77 | 78 | 98 | 103 | 105 | 5 | 6 | 1.5 | 1.5 | 23.8 | 1.5 | 1.5 | 0.43 | 1.4 | 0.8 | 105 | 160 | 3400 | 4300 | 0.839 | 32014 |
| | 110 | 31 | 31 | 25.5 | 77 | 79 | 99 | 103 | 105 | 5 | 5.5 | 1.5 | 1.5 | 22.0 | 1.5 | 1.5 | 0.28 | 2 | 1 | 135 | 220 | 3400 | 4300 | 1.07 | 33014 |
| | 120 | 37 | 37 | 29 | 79 | 79 | 104 | 111 | 115 | 6 | 8 | 2 | 1.5 | 28.2 | 1.5 | 1.5 | 0.39 | 1.5 | 1.2 | 172 | 268 | 3200 | 4000 | 1.70 | 33114 |
| | 125 | 26.25 | 24 | 21 | 79 | 81 | 110 | 116 | 119 | 4 | 5.5 | 2 | 1.5 | 25.8 | 2 | 1.5 | 0.42 | 1.4 | 0.8 | 132 | 175 | 3000 | 3800 | 1.26 | 30214 |
| | 125 | 33.25 | 31 | 27 | 79 | 79 | 108 | 116 | 120 | 4 | 6.5 | 2 | 1.5 | 28.8 | 2 | 1.5 | 0.42 | 1.4 | 0.8 | 168 | 238 | 3000 | 3800 | 1.64 | 32214 |
| | 125 | 41 | 41 | 32 | 79 | 79 | 107 | 116 | 120 | 7 | 9 | 2 | 1.5 | 30.7 | 2 | 1.5 | 0.41 | 1.5 | 0.8 | 208 | 298 | 3000 | 3800 | 2.10 | 33214 |
| | 150 | 38 | 35 | 30 | 82 | 89 | 130 | 138 | 141 | 5 | 8 | 2.5 | 2.1 | 30.7 | 3 | 2.5 | 0.35 | 1.7 | 1 | 218 | 272 | 2600 | 3400 | 2.98 | 30314 |
| | 150 | 38 | 35 | 25 | 82 | 80 | 118 | 138 | 143 | 5 | 13 | 2.5 | 2.1 | 46.8 | 3 | 2.5 | 0.83 | 0.7 | 0.4 | 188 | 230 | 2600 | 3400 | 2.86 | 31314 |
| | 150 | 54 | 51 | 42 | 82 | 84 | 125 | 138 | 141 | 6 | 12 | 2.5 | 2.1 | 36.5 | 3 | 2.5 | 0.35 | 1.7 | 1 | 298 | 408 | 2600 | 3400 | 4.34 | 32314 |
| 75 | 105 | 20 | 20 | 16 | 81 | 81 | 94 | 99 | 102 | 4 | 4 | 1 | 1 | 18.5 | 1 | 1 | 0.33 | 1.8 | 1 | 78.2 | 125 | 3400 | 4300 | 0.490 | 32915 |
| | 115 | 25 | 25 | 20 | — | — | — | — | — | 5 | 7 | 1.5 | 1.5 | 24.0 | 1.5 | 1.5 | 0.35 | 1.7 | 0.9 | 85.2 | 135 | 3200 | 4000 | 0.88 | 32015 X2 |
| | 115 | 25 | 25 | 19 | 82 | 83 | 103 | 108 | 110 | 5 | 6 | 1.5 | 1.5 | 25.2 | 1.5 | 1.5 | 0.46 | 1.3 | 0.7 | 102 | 160 | 3200 | 4000 | 0.875 | 32015 |
| | 115 | 31 | 31 | 25.5 | 82 | 83 | 103 | 108 | 110 | 6 | 5.5 | 2 | 1.5 | 22.8 | 1.5 | 1.5 | 0.3 | 2 | 1 | 132 | 220 | 3200 | 4000 | 1.12 | 33015 |
| | 125 | 37 | 37 | 29 | 84 | 84 | 109 | 116 | 120 | 6 | 8 | 2 | 1.5 | 29.4 | 2 | 1.5 | 0.4 | 1.5 | 0.8 | 175 | 280 | 3000 | 3800 | 1.78 | 33115 |
| | 130 | 27.25 | 25 | 22 | 84 | 85 | 115 | 121 | 125 | 4 | 5.5 | 2 | 1.5 | 27.4 | 2 | 1.5 | 0.44 | 1.4 | 0.8 | 138 | 185 | 2800 | 3600 | 1.36 | 30215 |
| | 130 | 33.25 | 31 | 27 | 84 | 84 | 115 | 121 | 126 | 4 | 6.5 | 2 | 1.5 | 30.0 | 2 | 1.5 | 0.44 | 1.4 | 0.8 | 170 | 242 | 2800 | 3600 | 1.74 | 32215 |
| | 130 | 41 | 41 | 31 | 84 | 83 | 111 | 121 | 125 | 7 | 10 | 2 | 1.5 | 31.9 | 2 | 1.5 | 0.43 | 1.4 | 0.8 | 208 | 300 | 2800 | 3600 | 2.17 | 33215 |

（续）

| d | D | T | B | C | $d_a$ min | $d_b$ max | $D_a$ min | $D_a$ max | $D_b$ min | $a_1$ min | $a_2$ min | $r_a$ max | $r_b$ max | $a$≈ | $r$ min | $r_1$ min | $e$ | $Y$ | $Y_0$ | $C_r$ | $C_{0r}$ | 脂 | 油 | $W$≈ | 轴承代号 30000 型 |
|---|---|---|---|---|---|---|---|---|---|---|---|---|---|---|---|---|---|---|---|---|---|---|---|---|---|
| 75 | 160 | 40 | 37 | 31 | 87 | 95 | 139 | 148 | 150 | 5 | 9 | 2.5 | 2.1 | 32.0 | 3 | 2.5 | 0.35 | 1.7 | 1 | 252 | 318 | 2400 | 3200 | 3.57 | 30315 |
|  | 160 | 40 | 37 | 26 | 87 | 86 | 127 | 148 | 153 | 6 | 14 | 2.5 | 2.1 | 49.7 | 3 | 2.5 | 0.83 | 0.7 | 0.4 | 208 | 258 | 2400 | 3200 | 3.38 | 31315 |
|  | 160 | 58 | 55 | 45 | 87 | 91 | 133 | 148 | 150 | 7 | 13 | 2.5 | 2.1 | 39.4 | 3 | 2.5 | 0.35 | 1.7 | 1 | 348 | 482 | 2400 | 3200 | 5.37 | 32315 |
|  | 110 | 20 | 20 | 16 | 86 | 85 | 99 | 104 | 107 | 4 | 4 | 1 | 1 | 19.6 | 1 | 1 | 0.35 | 1.7 | 0.9 | 79.2 | 128 | 3200 | 4000 | 0.514 | 32916 |
| 80 | 125 | 29 | 27 | 23 | — | — | — | — | — | 5 | 8 | 1.5 | 1.5 | 26.0 | 1.5 | 1.5 | 0.34 | 1.8 | 1 | 102 | 162 | 3000 | 3800 | 1.18 | 32016 X2 |
|  | 125 | 29 | 29 | 22 | 87 | 89 | 112 | 117 | 120 | 6 | 7 | 1.5 | 1.5 | 26.8 | 1.5 | 1.5 | 0.42 | 1.4 | 0.8 | 140 | 220 | 3000 | 3800 | 1.27 | 32016 |
|  | 125 | 36 | 36 | 29.5 | 87 | 90 | 112 | 117 | 119 | 6 | 7 | 1.5 | 1.5 | 25.2 | 1.5 | 1.5 | 0.28 | 2.2 | 1.2 | 182 | 305 | 3000 | 3800 | 1.63 | 33016 |
|  | 130 | 37 | 37 | 29 | 89 | 89 | 114 | 121 | 126 | 6 | 8 | 2 | 1.5 | 30.7 | 2 | 1.5 | 0.42 | 1.4 | 0.8 | 180 | 292 | 2800 | 3600 | 1.87 | 33116 |
|  | 140 | 28.25 | 26 | 22 | 90 | 90 | 124 | 130 | 133 | 4 | 6 | 2.1 | 2 | 28.1 | 2.5 | 1.5 | 0.42 | 1.4 | 0.8 | 160 | 212 | 2600 | 3400 | 1.67 | 30216 |
|  | 140 | 35.25 | 33 | 28 | 90 | 89 | 122 | 130 | 135 | 5 | 7.5 | 2.1 | 2 | 31.4 | 2.5 | 1.5 | 0.42 | 1.4 | 0.8 | 198 | 278 | 2600 | 3400 | 2.13 | 32216 |
|  | 140 | 46 | 46 | 35 | 90 | 89 | 119 | 130 | 135 | 7 | 11 | 2.1 | 2 | 35.1 | 2.5 | 2 | 0.43 | 1.4 | 0.8 | 245 | 362 | 2600 | 3400 | 2.83 | 33216 |
|  | 170 | 42.5 | 39 | 33 | 92 | 102 | 148 | 158 | 160 | 5 | 9.5 | 2.5 | 2.1 | 34.4 | 3 | 2.5 | 0.35 | 1.7 | 1 | 278 | 352 | 2200 | 3000 | 4.27 | 30316 |
|  | 170 | 42.5 | 39 | 27 | 92 | 91 | 134 | 158 | 161 | 6 | 15.5 | 2.5 | 2.1 | 52.8 | 3 | 2.5 | 0.83 | 0.7 | 0.4 | 230 | 288 | 2200 | 3000 | 4.05 | 31316 |
|  | 170 | 61.5 | 58 | 48 | 92 | 97 | 142 | 158 | 160 | 7 | 13.5 | 2.5 | 2.1 | 42.1 | 3 | 2.5 | 0.35 | 1.7 | 1 | 388 | 542 | 2200 | 3000 | 6.38 | 32316 |
| 85 | 120 | 23 | 22 | 29 | 92 | 92 | 111 | 113 | 115 | 4 | 6 | 1.5 | 1.5 | 21.0 | 1.5 | 1.5 | 0.26 | 2.3 | 1.3 | 74.2 | 125 | 3400 | 3800 | 0.73 | 32917 X2 |
|  | 120 | 23 | 23 | 18 | 92 | 92 | 111 | 113 | 115 | 4 | 5 | 1.5 | 1.5 | 21.1 | 1.5 | 1.5 | 0.33 | 1.8 | 1 | 96.8 | 165 | 3400 | 3800 | 0.767 | 32917 |
|  | 130 | 29 | 27 | 23 | 92 | 94 | 117 | 122 | 125 | 5 | 8 | 1.5 | 1.5 | 27.0 | 1.5 | 1.5 | 0.35 | 1.7 | 0.9 | 105 | 170 | 2800 | 3600 | 1.25 | 32017 X2 |
|  | 130 | 29 | 29 | 22 | 92 | 94 | 118 | 122 | 125 | 6 | 7 | 1.5 | 1.5 | 28.1 | 1.5 | 1.5 | 0.44 | 1.4 | 0.8 | 140 | 220 | 2800 | 3600 | 1.32 | 32017 |
|  | 130 | 36 | 36 | 29.5 | 95 | 95 | 122 | 130 | 135 | 6 | 6.5 | 2.1 | 1.5 | 26.2 | 2.5 | 1.5 | 0.29 | 2.1 | 1.1 | 180 | 305 | 2800 | 3600 | 1.69 | 33017 |
|  | 140 | 41 | 41 | 32 | 95 | 96 | 122 | 130 | 142 | 7 | 9 | 2.1 | 1.5 | 33.1 | 2.5 | 2 | 0.41 | 1.5 | 0.8 | 215 | 355 | 2600 | 3600 | 2.43 | 33117 |
|  | 150 | 30.5 | 28 | 24 | 95 | 96 | 132 | 140 | 143 | 5 | 6.5 | 2.1 | 1.5 | 30.3 | 2.5 | 2 | 0.42 | 1.4 | 0.8 | 178 | 238 | 2400 | 3200 | 2.06 | 30217 |
|  | 150 | 38.5 | 36 | 30 | 95 | 95 | 130 | 140 | 144 | 5 | 8.5 | 2.1 | 1.5 | 33.9 | 2.5 | 1.5 | 0.42 | 1.4 | 0.8 | 228 | 325 | 2400 | 3200 | 2.68 | 32217 |
|  | 150 | 49 | 49 | 37 | 95 | 95 | 128 | 140 | 144 | 7 | 12 | 2.1 | 2 | 36.9 | 2.5 | 1.5 | 0.42 | 1.4 | 0.8 | 282 | 415 | 2400 | 3200 | 3.52 | 33217 |
|  | 180 | 44.5 | 41 | 34 | 99 | 107 | 156 | 166 | 168 | 6 | 10.5 | 3 | 2.5 | 35.9 | 4 | 3 | 0.35 | 1.7 | 1 | 305 | 388 | 2000 | 2800 | 4.96 | 30317 |
|  | 180 | 44.5 | 41 | 28 | 99 | 96 | 143 | 166 | 171 | 6 | 16.5 | 3 | 2.5 | 55.6 | 4 | 3 | 0.83 | 0.7 | 0.4 | 255 | 318 | 2000 | 2800 | 4.69 | 31317 |
|  | 180 | 63.5 | 60 | 49 | 99 | 102 | 150 | 166 | 168 | 8 | 14.5 | 3 | 2.5 | 43.5 | 4 | 3 | 0.35 | 1.7 | 1 | 422 | 592 | 2000 | 2800 | 7.31 | 32317 |
| 90 | 125 | 23 | 22 | 19 | 97 | — | 113 | 117 | 121 | 4 | 6 | 1.5 | 1.5 | 25.0 | 1.5 | 1.5 | 0.38 | 1.6 | 0.9 | 77.8 | 140 | 3200 | 3600 | — | 32918 X2 |
|  | 125 | 23 | 23 | 18 | — | 96 | — | 117 | — | 4 | 5 | 1.5 | 1.5 | 22.2 | 1.5 | 1.5 | 0.34 | 1.8 | 1 | 95.8 | 165 | 3200 | 3600 | 0.796 | 32918 |
|  | 140 | 32 | 30 | 26 | — | 100 | 125 | 131 | 134 | 5 | 8 | 2 | 1.5 | 29.0 | 2 | 1.5 | 0.34 | 1.8 | 1 | 122 | 192 | 2600 | 3400 | 1.7 | 32018 X2 |
|  | 140 | 32 | 32 | 24 | 99 | 100 | 127 | 131 | 135 | 6 | 8 | 2 | 1.5 | 30.0 | 2 | 1.5 | 0.42 | 1.4 | 0.8 | 170 | 270 | 2600 | 3400 | 1.72 | 32018 |
|  | 140 | 39 | 39 | 32.5 | 99 | 100 | 127 | 131 | 135 | 7 | 6.5 | 2 | 1.5 | 27.2 | 2 | 1.5 | 0.27 | 2.2 | 1.2 | 232 | 388 | 2600 | 3400 | 2.20 | 33018 |

（续）

| 公称尺寸/mm | | | | | 安装尺寸/mm | | | | | | | | | 其他尺寸/mm | | | 计算系数 | | | 基本额定载荷/kN | | 极限转速/(r/min) | | 质量/kg | 轴承代号 |
|---|---|---|---|---|---|---|---|---|---|---|---|---|---|---|---|---|---|---|---|---|---|---|---|---|---|
| $d$ | $D$ | $T$ | $B$ | $C$ | $d_a$ min | $d_b$ max | $D_a$ min | $D_a$ max | $D_b$ min | $a_1$ min | $a_2$ min | $r_a$ max | $r_b$ max | $a$ ≈ | $r$ min | $r_1$ min | $e$ | $Y$ | $Y_0$ | $C_r$ | $C_{0r}$ | 脂 | 油 | $W$ ≈ | 30000 型 |
| 90 | 150 | 45 | 45 | 35 | 100 | 100 | 130 | 140 | 144 | 7 | 10 | 2.1 | 2 | 34.9 | 2.5 | 2 | 0.4 | 1.5 | 0.8 | 252 | 415 | 2400 | 3200 | 3.13 | 33118 |
| | 160 | 32.5 | 30 | 26 | 100 | 102 | 140 | 150 | 151 | 5 | 6.5 | 2.1 | 2 | 32.3 | 2.5 | 2 | 0.42 | 1.4 | 0.8 | 200 | 270 | 2200 | 3000 | 2.54 | 30218 |
| | 160 | 42.5 | 40 | 34 | 100 | 101 | 138 | 150 | 153 | 5 | 8.5 | 2.1 | 2 | 36.8 | 2.5 | 2 | 0.42 | 1.4 | 0.8 | 270 | 395 | 2200 | 3000 | 3.44 | 32218 |
| | 160 | 55 | 55 | 42 | 100 | 100 | 134 | 150 | 154 | 8 | 13 | 2.1 | 2 | 40.8 | 2.5 | 2 | 0.4 | 1.5 | 0.8 | 330 | 500 | 2200 | 3000 | 4.55 | 33218 |
| | 190 | 46.5 | 43 | 36 | 104 | 113 | 165 | 176 | 178 | 6 | 10.5 | 3 | 2.5 | 37.5 | 4 | 3 | 0.35 | 1.7 | 1 | 342 | 440 | 1900 | 2600 | 5.80 | 30318 |
| | 190 | 46.5 | 43 | 30 | 104 | 102 | 151 | 176 | 181 | 6 | 16.5 | 3 | 2.5 | 58.5 | 4 | 3 | 0.83 | 0.7 | 0.4 | 282 | 358 | 1900 | 2600 | 5.46 | 31318 |
| | 190 | 67.5 | 64 | 53 | 104 | 107 | 157 | 176 | 178 | 8 | 14.5 | 3 | 2.5 | 46.2 | 4 | 3 | 0.35 | 1.7 | 1 | 478 | 682 | 1900 | 2600 | 8.81 | 32318 |
| 95 | 130 | 23 | 23 | 18 | 102 | 101 | 117 | 122 | 126 | 4 | 5 | 1.5 | 1.5 | 23.4 | 1.5 | 1.5 | 0.36 | 1.7 | 0.9 | 97.2 | 170 | 2600 | 3400 | 0.831 | 32919 |
| | 145 | 32 | 30 | 26 | — | — | — | — | — | 5 | 8 | 1.5 | 1.5 | 30.0 | 2 | 1.5 | 0.36 | 1.7 | 0.9 | 122 | 192 | 2400 | 3200 | 1.7 | 32019 X2 |
| | 145 | 32 | 32 | 24 | 104 | 105 | 130 | 136 | 140 | 6 | 8 | 2 | 1.5 | 31.4 | 2 | 1.5 | 0.44 | 1.4 | 0.8 | 175 | 280 | 2400 | 3200 | 1.79 | 32019 |
| | 145 | 39 | 39 | 32.5 | 104 | 104 | 131 | 136 | 139 | 7 | 6.5 | 2 | 1.5 | 28.4 | 2 | 1.5 | 0.28 | 2.2 | 1.2 | 230 | 390 | 2400 | 3200 | 2.26 | 33019 |
| | 160 | 49 | 49 | 38 | 105 | 105 | 138 | 150 | 154 | 7 | 11 | 2.1 | 2 | 37.3 | 2.5 | 2 | 0.39 | 1.5 | 0.8 | 298 | 498 | 2200 | 3000 | 3.94 | 33119 |
| | 170 | 34.5 | 32 | 27 | 107 | 108 | 149 | 158 | 160 | 5 | 7.5 | 2.5 | 2.1 | 34.2 | 3 | 2.5 | 0.42 | 1.4 | 0.8 | 228 | 308 | 2000 | 2800 | 3.04 | 30219 |
| | 170 | 45.5 | 43 | 37 | 107 | 106 | 145 | 158 | 163 | 5 | 8.5 | 2.5 | 2.1 | 39.2 | 3 | 2.5 | 0.42 | 1.4 | 0.8 | 302 | 448 | 2000 | 2800 | 4.24 | 32219 |
| | 170 | 58 | 58 | 44 | 107 | 105 | 144 | 158 | 163 | 9 | 14 | 2.5 | 2.1 | 42.7 | 3 | 2.5 | 0.41 | 1.5 | 0.8 | 378 | 568 | 2000 | 2800 | 5.48 | 33219 |
| | 200 | 49.5 | 45 | 38 | 109 | 118 | 172 | 186 | 185 | 6 | 11.5 | 3 | 2.5 | 40.1 | 4 | 3 | 0.35 | 1.7 | 1 | 370 | 478 | 1800 | 2400 | 6.80 | 30319 |
| | 200 | 49.5 | 45 | 32 | 109 | 107 | 157 | 186 | 189 | 6 | 17.5 | 3 | 2.5 | 61.2 | 4 | 3 | 0.83 | 0.7 | 0.4 | 310 | 400 | 1800 | 2400 | 6.46 | 31319 |
| | 200 | 71.5 | 67 | 55 | 109 | 114 | 166 | 186 | 187 | 8 | 16.5 | 3 | 2.5 | 49.0 | 4 | 3 | 0.35 | 1.7 | 1 | 515 | 738 | 1800 | 2400 | 10.1 | 32319 |
| 100 | 140 | 25 | 25 | 20 | 107 | 108 | 128 | 132 | 136 | 4 | 5 | 1.5 | 1.5 | 24.3 | 1.5 | 1.5 | 0.33 | 1.8 | 1 | 128 | 218 | 2400 | 3200 | 1.12 | 32920 |
| | 150 | 32 | 30 | 26 | — | — | — | — | — | 5 | 8 | 2 | 1.5 | 32.0 | 2 | 1.5 | 0.37 | 1.6 | 0.9 | 125 | 205 | 2200 | 3000 | 1.79 | 32020 X2 |
| | 150 | 32 | 32 | 24 | 109 | 109 | 134 | 141 | 144 | 6 | 8 | 2 | 1.5 | 32.8 | 2 | 1.5 | 0.46 | 1.3 | 0.7 | 172 | 282 | 2200 | 3000 | 1.85 | 32020 |
| | 150 | 39 | 39 | 32.5 | 109 | 108 | 135 | 141 | 143 | 7 | 6.5 | 2 | 1.5 | 29.1 | 2 | 1.5 | 0.29 | 2.1 | 1.2 | 230 | 390 | 2200 | 3000 | 2.33 | 33020 |
| | 165 | 52 | 52 | 40 | 110 | 110 | 142 | 155 | 159 | 8 | 12 | 2.1 | 2 | 40.3 | 2.5 | 2 | 0.41 | 1.5 | 0.8 | 308 | 528 | 2000 | 2800 | 4.31 | 33120 |
| | 180 | 37 | 34 | 29 | 112 | 114 | 157 | 168 | 169 | 5 | 8 | 2.5 | 2.1 | 36.4 | 3 | 2.5 | 0.42 | 1.4 | 0.8 | 255 | 350 | 1900 | 2600 | 3.72 | 30220 |
| | 180 | 49 | 46 | 39 | 112 | 113 | 154 | 168 | 172 | 5 | 10 | 2.5 | 2.1 | 41.9 | 3 | 2.5 | 0.42 | 1.4 | 0.8 | 340 | 512 | 1900 | 2600 | 5.10 | 32220 |
| | 180 | 63 | 63 | 48 | 112 | 112 | 151 | 168 | 172 | 10 | 15 | 2.5 | 2.1 | 45.5 | 4 | 2.5 | 0.4 | 1.5 | 0.8 | 438 | 665 | 1900 | 2600 | 6.71 | 33220 |
| | 215 | 51.5 | 47 | 39 | 114 | 127 | 184 | 201 | 199 | 6 | 12.5 | 3 | 2.5 | 42.2 | 4 | 3 | 0.35 | 1.7 | 1 | 405 | 525 | 1600 | 2000 | 8.22 | 30320 |
| | 215 | 56.5 | 51 | 35 | 114 | 115 | 168 | 201 | 204 | 7 | 21.5 | 3 | 2.5 | 68.4 | 4 | 3 | 0.83 | 0.7 | 0.4 | 372 | 488 | 1600 | 2000 | 8.59 | 31320 |
| | 215 | 77.5 | 73 | 60 | 114 | 122 | 177 | 201 | 201 | 8 | 17.5 | 3 | 2.5 | 52.9 | 4 | 3 | 0.35 | 1.7 | 1 | 600 | 872 | 1600 | 2000 | 13.0 | 32320 |

（续）

| 公称尺寸/mm | | | | | 安装尺寸/mm | | | | | | | | | 其他尺寸/mm | | | 计算系数 | | | 基本额定载荷/kN | | 极限转速/(r/min) | | 质量/kg | 轴承代号 |
|---|---|---|---|---|---|---|---|---|---|---|---|---|---|---|---|---|---|---|---|---|---|---|---|---|---|
| $d$ | $D$ | $T$ | $B$ | $C$ | $d_a$ min | $d_b$ max | $D_a$ min | $D_a$ max | $D_b$ min | $a_1$ min | $a_2$ min | $r_a$ max | $r_b$ max | $a\approx$ | $r$ min | $r_1$ min | $e$ | $Y$ | $Y_0$ | $C_r$ | $C_{0r}$ | 脂 | 油 | $W\approx$ | 30000型 |
| 105 | 145 | 25 | 25 | 20 | 112 | 112 | 132 | 137 | 141 | 5 | 5 | 1.5 | 1.5 | 25.4 | 1.5 | 1.5 | 0.34 | 1.8 | 1 | 128 | 225 | 2200 | 3000 | 1.16 | 32921 |
| | 160 | 35 | 33 | 28 | — | — | — | — | — | 6 | 9 | 2.1 | 2 | 33.0 | 2.5 | 2 | 0.36 | 1.7 | 0.9 | 162 | 270 | 2000 | 2800 | 2.5 | 32021 X2 |
| | 160 | 35 | 35 | 26 | 115 | 116 | 143 | 150 | 154 | 6 | 9 | 2.1 | 2 | 34.6 | 2.5 | 2 | 0.44 | 1.4 | 0.7 | 205 | 335 | 2000 | 2800 | 2.40 | 32021 |
| | 160 | 43 | 43 | 34 | 115 | 116 | 145 | 150 | 153 | 7 | 9 | 2.1 | 2 | 30.8 | 2.5 | 2 | 0.28 | 2.1 | 1.2 | 258 | 438 | 2000 | 2800 | 2.97 | 33021 |
| | 175 | 56 | 56 | 44 | 115 | 115 | 149 | 165 | 170 | 8 | 12 | 2.1 | 2 | 42.9 | 2.5 | 2 | 0.4 | 1.5 | 0.8 | 352 | 608 | 1900 | 2600 | 5.29 | 33121 |
| | 190 | 39 | 36 | 30 | 117 | 121 | 165 | 178 | 178 | 6 | 9 | 2.5 | 2.1 | 38.5 | 3 | 2.5 | 0.42 | 1.4 | 0.8 | 285 | 398 | 1800 | 2400 | 4.38 | 30221 |
| | 190 | 53 | 50 | 43 | 117 | 118 | 161 | 178 | 182 | 5 | 10 | 2.5 | 2.1 | 45.0 | 3 | 2.5 | 0.42 | 1.4 | 0.8 | 380 | 578 | 1800 | 2400 | 6.26 | 32221 |
| | 190 | 68 | 68 | 52 | 117 | 117 | 159 | 178 | 182 | 12 | 16 | 2.5 | 2.1 | 48.6 | 3 | 2.5 | 0.4 | 1.5 | 0.8 | 498 | 770 | 1800 | 2400 | 8.12 | 33221 |
| | 225 | 53.5 | 49 | 41 | 119 | 133 | 193 | 211 | 208 | 7 | 12.5 | 3 | 2.5 | 43.6 | 4 | 3 | 0.35 | 1.7 | 1 | 432 | 562 | 1500 | 1900 | 9.38 | 30321 |
| | 225 | 58 | 53 | 36 | 119 | 121 | 176 | 211 | 213 | 7 | 22 | 3 | 2.5 | 70.0 | 4 | 3 | 0.83 | 0.7 | 0.4 | 398 | 525 | 1500 | 1900 | 9.58 | 31321 |
| | 225 | 81.5 | 77 | 63 | 119 | 128 | 185 | 211 | 210 | 8 | 18.5 | 3 | 2.5 | 55.1 | 4 | 3 | 0.35 | 1.7 | 1 | 648 | 945 | 1500 | 1900 | 14.8 | 32321 |
| 110 | 150 | 25 | 24 | 20 | — | — | 137 | 142 | 146 | 5 | 7 | 1.5 | 1.5 | 25 | 1.5 | 1.5 | 0.28 | 2.1 | 1.2 | 85.5 | 148 | 2000 | 2800 | 1.1 | 32922 X2 |
| | 150 | 25 | 25 | 20 | 117 | 117 | — | — | — | 5 | 5 | 1.5 | 1.5 | 26.5 | 1.5 | 1.5 | 0.36 | 1.7 | 0.9 | 130 | 232 | 2000 | 2800 | 1.20 | 32922 |
| | 170 | 38 | 36 | 31 | 120 | 122 | 152 | 160 | 163 | 6 | 9 | 2.1 | 2 | 35 | 2.5 | 2 | 0.35 | 1.7 | 0.9 | 182 | 302 | 1900 | 2600 | 3.1 | 32022 X2 |
| | 170 | 38 | 38 | 29 | 120 | 123 | 152 | 160 | 161 | 7 | 9 | 2.1 | 2 | 36.6 | 2.5 | 2 | 0.43 | 1.4 | 0.8 | 245 | 402 | 1900 | 2600 | 3.02 | 32022 |
| | 170 | 47 | 47 | 37 | 120 | 121 | 155 | 170 | 174 | 7 | 10 | 2.1 | 2 | 33.2 | 2.5 | 2 | 0.29 | 2.1 | 1.2 | 288 | 502 | 1900 | 2600 | 3.74 | 33022 |
| | 180 | 56 | 56 | 43 | 122 | 128 | 174 | 188 | 189 | 6 | 9 | 2.5 | 2.1 | 44.0 | 2.5 | 2.5 | 0.42 | 1.4 | 0.8 | 372 | 638 | 1800 | 2400 | 5.50 | 33122 |
| | 200 | 41 | 38 | 32 | 122 | 124 | 170 | 188 | 192 | 6 | 9 | 2.5 | 2.1 | 40.4 | 3 | 2.5 | 0.42 | 1.4 | 0.8 | 315 | 445 | 1700 | 2200 | 5.21 | 30222 |
| | 200 | 56 | 53 | 46 | 122 | 142 | 206 | 226 | 222 | 8 | 12.5 | 3 | 2.5 | 47.3 | 4 | 3 | 0.35 | 1.7 | 1 | 430 | 665 | 1700 | 2200 | 7.43 | 32222 |
| | 240 | 54.5 | 50 | 42 | 124 | 129 | 188 | 226 | 226 | 7 | 25 | 3 | 2.5 | 45.1 | 4 | 3 | 0.35 | 1.7 | 1 | 472 | 612 | 1400 | 1800 | 11.0 | 30322 |
| | 240 | 63 | 57 | 38 | 124 | 137 | 198 | 226 | 224 | 9 | 19.5 | 3 | 2.5 | 75.3 | 4 | 3 | 0.83 | 0.7 | 0.4 | 458 | 610 | 1400 | 1800 | 12.1 | 31322 |
| | 240 | 84.5 | 80 | 65 | 124 | 128 | 150 | 226 | 160 | 6 | 6 | 3 | 2.5 | 57.8 | 4 | 3 | 0.35 | 1.7 | 1 | 725 | 1060 | 1400 | 1800 | 17.8 | 32322 |
| 120 | 165 | 29 | 29 | 23 | 127 | 128 | 150 | 157 | 160 | 6 | 6 | 1.5 | 1.5 | 29.3 | 1.5 | 1.5 | 0.35 | 1.7 | 0.9 | 172 | 318 | 1800 | 2400 | 1.78 | 32924 |
| | 180 | 38 | 36 | 31 | — | — | — | — | — | 6 | 9 | 2.1 | 2 | 38.0 | 2.5 | 2 | 0.37 | 1.6 | 0.7 | 198 | 338 | 1700 | 2200 | 3.1 | 32024 X2 |
| | 180 | 38 | 38 | 29 | 130 | 131 | 161 | 170 | 173 | 7 | 9 | 2.1 | 2 | 39.3 | 2.5 | 2 | 0.46 | 1.3 | 1.1 | 242 | 405 | 1700 | 2200 | 3.18 | 32024 |
| | 180 | 48 | 48 | 38 | 130 | 132 | 160 | 170 | 171 | 6 | 10 | 2.1 | 2 | 35.5 | 2.5 | 2 | 0.31 | 2 | 0.8 | 298 | 535 | 1700 | 2200 | 4.07 | 33024 |
| | 200 | 62 | 62 | 48 | 130 | 130 | 172 | 190 | 192 | 10 | 14 | 2.1 | 2 | 47.6 | 2.5 | 2 | 0.40 | 1.5 | 0.8 | 448 | 778 | 1600 | 2000 | 7.68 | 33124 |
| | 215 | 43.5 | 40 | 34 | 132 | 139 | 187 | 203 | 203 | 6 | 9.5 | 2.5 | 2.1 | 44.1 | 3 | 2.5 | 0.44 | 1.4 | 0.8 | 338 | 482 | 1500 | 1900 | 6.20 | 30224 |
| | 215 | 61.5 | 58 | 50 | 132 | 134 | 181 | 203 | 206 | 7 | 11.5 | 2.5 | 2.1 | 52.3 | 3 | 2.5 | 0.44 | 1.4 | 0.8 | 478 | 758 | 1500 | 1900 | 9.26 | 32224 |
| | 260 | 59.5 | 55 | 46 | 134 | 153 | 221 | 246 | 238 | 8 | 13.5 | 3 | 2.5 | 49.0 | 4 | 3 | 0.35 | 1.7 | 1 | 562 | 745 | 1300 | 1700 | 14.2 | 30324 |
| | 260 | 68 | 62 | 42 | 134 | 140 | 203 | 246 | 246 | 9 | 26 | 3 | 2.5 | 81.8 | 4 | 3 | 0.83 | 0.7 | 0.4 | 535 | 725 | 1300 | 1700 | 15.3 | 31324 |
| | 260 | 90.5 | 86 | 69 | 134 | 147 | 213 | 246 | 240 | 9 | 21.5 | 3 | 2.5 | 61.6 | 4 | 3 | 0.35 | 1.7 | 1 | 825 | 1230 | 1300 | 1700 | 22.1 | 32324 |

（续）

| d | D | T | B | C | $d_a$ min | $d_b$ max | $D_a$ min | $D_a$ max | $D_b$ min | $a_1$ min | $a_2$ min | $r_a$ max | $r_b$ max | $a$ ≈ | $r$ min | $r_1$ min | $e$ | $Y$ | $Y_0$ | $C_r$ | $C_{0r}$ | 脂 | 油 | $W$ ≈ /kg | 轴承代号 30000型 |
|---|---|---|---|---|---|---|---|---|---|---|---|---|---|---|---|---|---|---|---|---|---|---|---|---|---|
| 130 | 180 | 32 | 30 | 26 | — | — | — | 171 | — | 5 | 8 | 2 | 1.5 | 30.0 | 2 | 1.5 | 0.27 | 2.2 | 1.2 | 142 | 260 | 1700 | 2200 | 2.31 | 32926 X2 |
| | 180 | 32 | 32 | 25 | 140 | 139 | 164 | 171 | 174 | 6 | 7 | 2 | 1.5 | 31.6 | 2 | 1.5 | 0.34 | 1.8 | 1 | 205 | 380 | 1700 | 2200 | 2.34 | 32926 |
| | 200 | 45 | 42 | 36 | — | — | 178 | 190 | 192 | 7 | 11 | 2.1 | 2 | 42.0 | 2.5 | 2 | 0.35 | 1.7 | 0.9 | 242 | 418 | 1600 | 2000 | 4.46 | 32026 X2 |
| | 200 | 45 | 45 | 34 | 140 | 144 | 178 | 190 | 192 | 8 | 11 | 2.1 | 2 | 43.3 | 2.5 | 2 | 0.43 | 1.4 | 0.8 | 335 | 568 | 1600 | 2000 | 4.94 | 32026 |
| | 200 | 55 | 55 | 43 | 140 | 140 | 178 | 190 | 192 | 8 | 12 | 2.1 | 2 | 42.0 | 2.5 | 2 | 0.34 | 1.8 | 1 | 400 | 728 | 1600 | 2000 | 6.14 | 33026 |
| | 230 | 43.75 | 40. | 34 | 144 | 150 | 203 | 216 | 219 | 7 | 10 | 3 | 2.5 | 46.1 | 4 | 3 | 0.44 | 1.4 | 0.8 | 365 | 520 | 1400 | 1800 | 6.94 | 30226 |
| | 230 | 67.75 | 64 | 54 | 144 | 143 | 193 | 216 | 221 | 7 | 14 | 3 | 2.5 | 56.6 | 4 | 3 | 0.44 | 1.4 | 0.8 | 552 | 888 | 1400 | 1800 | 11.4 | 32226 |
| | 280 | 63.75 | 58 | 49 | 145 | 165 | 239 | 262 | 258 | 8 | 15 | 4 | 3 | 53.2 | 5 | 4 | 0.35 | 1.7 | 1 | 640 | 855 | 1100 | 1500 | 17.3 | 30326 |
| | 280 | 72 | 66 | 44 | 147 | 150 | 218 | 262 | 263 | 9 | 28 | 4 | 3 | 87.2 | 5 | 4 | 0.83 | 0.7 | 0.4 | 592 | 805 | 1100 | 1500 | 18.4 | 31326 |
| 140 | 190 | 32 | 30 | 26 | — | — | — | 181 | — | 5 | 8 | 2 | 1.5 | 32.0 | 2 | 1.5 | 0.29 | 2.1 | 1.1 | 145 | 265 | 1600 | 2000 | 2.43 | 32928 X2 |
| | 190 | 32 | 32 | 25 | 150 | 150 | 177 | 181 | 184 | 6 | 6 | 2 | 1.5 | 33.8 | 2 | 1.5 | 0.36 | 1.7 | 0.9 | 208 | 392 | 1600 | 2000 | 2.47 | 32928 |
| | 210 | 45 | 42 | 36 | — | — | 187 | 200 | 202 | 7 | 11 | 2.1 | 2 | 44.0 | 2.5 | 2 | 0.37 | 1.6 | 0.9 | 258 | 452 | 1400 | 1800 | 5.21 | 32028 X2 |
| | 210 | 45 | 45 | 34 | 150 | 153 | 186 | 200 | 202 | 8 | 11 | 2.1 | 2 | 46.0 | 2.5 | 2 | 0.46 | 1.3 | 0.7 | 330 | 568 | 1400 | 1800 | 5.15 | 32028 |
| | 210 | 56 | 56 | 44 | 150 | 150 | 186 | 200 | 202 | 9 | 12 | 2.1 | 2 | 45.1 | 2.5 | 2 | 0.36 | 1.7 | 0.9 | 408 | 755 | 1400 | 1800 | 6.57 | 33028 |
| | 250 | 45.75 | 42 | 36 | 154 | 162 | 219 | 236 | 236 | 8 | 11 | 3 | 2.5 | 49.0 | 4 | 3 | 0.44 | 1.4 | 0.8 | 408 | 585 | 1200 | 1600 | 8.73 | 30228 |
| | 250 | 71.75 | 68 | 58 | 154 | 156 | 210 | 236 | 240 | 9 | 14 | 3 | 2.5 | 60.7 | 4 | 3 | 0.44 | 1.4 | 0.8 | 645 | 1050 | 1200 | 1600 | 14.4 | 32228 |
| | 300 | 67.75 | 62 | 53 | 155 | 176 | 255 | 282 | 275 | 9 | 15 | 4 | 3 | 56.5 | 5 | 4 | 0.35 | 1.7 | 1 | 722 | 975 | 1000 | 1400 | 21.4 | 30328 |
| | 300 | 77 | 70 | 47 | 157 | 162 | 235 | 282 | 283 | 9 | 30 | 4 | 3 | 94.1 | 5 | 4 | 0.83 | 0.7 | 0.4 | 678 | 928 | 1000 | 1400 | 22.8 | 31328 |
| 150 | 210 | 38 | 36 | 31 | — | — | — | 200 | — | 6 | 9 | 2.1 | 2 | 35.6 | 2.5 | 2 | 0.27 | 2.2 | 1.2 | 198 | 368 | 1400 | 1800 | — | 32930 X2 |
| | 210 | 38 | 38 | 30 | 160 | 162 | 192 | 200 | 202 | 7 | 8 | 2.1 | 2 | 36.4 | 2.5 | 2 | 0.33 | 1.8 | 1 | 260 | 510 | 1400 | 1800 | 3.87 | 32930 |
| | 225 | 48 | 45 | 38 | — | — | 200 | 213 | 216 | 8 | 12 | 2.5 | 2.1 | 47.0 | 3 | 2.5 | 0.37 | 1.6 | 0.9 | 292 | 525 | 1300 | 1700 | 6.2 | 32030 X2 |
| | 225 | 48 | 48 | 36 | 162 | 164 | 200 | 213 | 218 | 8 | 12 | 2.5 | 2.1 | 49.2 | 3 | 2.5 | 0.46 | 1.3 | 0.7 | 368 | 635 | 1300 | 1700 | 6.25 | 32030 |
| | 225 | 59 | 59 | 46 | 162 | 162 | 200 | 213 | 218 | 9 | 13 | 2.5 | 2.1 | 48.2 | 3 | 2.5 | 0.36 | 1.7 | 0.9 | 460 | 875 | 1300 | 1700 | 7.98 | 33030 |
| | 270 | 49 | 45 | 38 | 164 | 174 | 234 | 256 | 252 | 8 | 11 | 3 | 2.5 | 52.4 | 4 | 3 | 0.44 | 1.4 | 0.8 | 450 | 645 | 1100 | 1500 | 10.8 | 30230 |
| | 270 | 77 | 73 | 60 | 164 | 168 | 226 | 256 | 256 | 9 | 17 | 3 | 2.5 | 65.4 | 4 | 3 | 0.44 | 1.4 | 0.8 | 720 | 1180 | 1100 | 1500 | 18.2 | 32230 |
| | 320 | 72 | 65 | 55 | 165 | 190 | 273 | 302 | 294 | 8 | 17 | 4 | 3 | 60.6 | 5 | 4 | 0.35 | 1.7 | 1 | 802 | 1090 | 950 | 1300 | 25.2 | 30330 |
| | 320 | 82 | 75 | 50 | 167 | 173 | 251 | 302 | 302 | 9 | 32 | 4 | 3 | 100.1 | 5 | 4 | 0.83 | 0.7 | 0.4 | 772 | 1070 | 950 | 1300 | 27.4 | 31330 |
| 160 | 220 | 38 | 36 | 31 | — | — | — | 210 | — | 6 | 9 | 2.1 | 2 | 36.0 | 2.5 | 2 | 0.27 | 2.2 | 1.2 | 218 | 405 | 1300 | 1700 | 3.79 | 32932 X2 |
| | 220 | 38 | 38 | 30 | 170 | 170 | 199 | 210 | 214 | 7 | 8 | 2.1 | 2 | 38.7 | 2.5 | 2 | 0.35 | 1.7 | 1 | 262 | 525 | 1300 | 1700 | 4.07 | 32932 |
| | 240 | 51 | 48 | 41 | — | — | — | 228 | — | 7 | 12 | 2.5 | 2.1 | 50.0 | 3 | 2.5 | 0.37 | 1.6 | 0.9 | 345 | 632 | 1200 | 1600 | 7.7 | 32032 X2 |
| | 240 | 51 | 51 | 38 | 172 | 175 | 213 | 228 | 231 | 8 | 13 | 2.5 | 2.1 | 52.6 | 3 | 2.5 | 0.46 | 1.3 | 0.7 | 420 | 735 | 1200 | 1600 | 7.66 | 32032 |

（续）

| 公称尺寸/mm | | | | | 安装尺寸/mm | | | | | | | | | 其他尺寸/mm | | | 计算系数 | | | 基本额定载荷/kN | | 极限转速/(r/min) | | 质量/kg | 轴承代号 |
|---|---|---|---|---|---|---|---|---|---|---|---|---|---|---|---|---|---|---|---|---|---|---|---|---|---|
| $d$ | $D$ | $T$ | $B$ | $C$ | $d_a$ min | $d_b$ max | $D_a$ min | $D_a$ max | $D_b$ min | $a_1$ min | $a_2$ min | $r_a$ max | $r_b$ max | $a$ ≈ | $r$ min | $r_1$ min | $e$ | $Y$ | $Y_0$ | $C_r$ | $C_{0r}$ | 脂 | 油 | $W$ ≈ | 30000 型 |
| 160 | 290 | 52 | 48 | 40 | 174 | 189 | 252 | 276 | 271 | 9 | 12 | 3 | 2.5 | 55.5 | 4 | 3 | 0.44 | 1.4 | 0.8 | 512 | 738 | 1000 | 1400 | 13.3 | 30232 |
| | 290 | 84 | 80 | 67 | 174 | 180 | 242 | 276 | 276 | 10 | 17 | 3 | 2.5 | 70.9 | 4 | 3 | 0.44 | 1.4 | 0.8 | 858 | 1430 | 1000 | 1400 | 23.3 | 32232 |
| | 340 | 75 | 68 | 58 | 175 | 202 | 290 | 320 | 312 | 9 | 17 | 4 | 3 | 63.3 | 5 | 4 | 0.35 | 1.7 | 1 | 878 | 1190 | 900 | 1200 | 29.5 | 30332 |
| 170 | 230 | 38 | 36 | 31 | — | — | 213 | 220 | — | 6 | 6 | 2.1 | 2 | 38.0 | 2.5 | 2 | 0.28 | 2.1 | 1.2 | 222 | 418 | 1200 | 1600 | 3.84 | 32934 X2 |
| | 230 | 38 | 38 | 30 | 180 | 183 | 213 | 220 | 222 | 7 | 8 | 2.1 | 2 | 41.9 | 2.5 | 2 | 0.38 | 1.6 | 0.9 | 280 | 560 | 1200 | 1600 | 4.33 | 32934 |
| | 260 | 57 | 54 | 46 | — | — | 230 | 248 | 249 | 8 | 13 | 2.5 | 2.1 | 51.0 | 3 | 2.5 | 0.31 | 1.9 | 1.1 | 385 | 728 | 1100 | 1500 | 10.1 | 32034 X2 |
| | 260 | 57 | 57 | 43 | 182 | 187 | 230 | — | 249 | 10 | 14 | 2.5 | 2.1 | 56.4 | 3 | 2.5 | 0.44 | 1.4 | 0.7 | 520 | 920 | 1100 | 1500 | 10.4 | 32034 |
| | 310 | 57 | 52 | 43 | 188 | 201 | 269 | 292 | 290 | 9 | 14 | 4 | 3 | 60.4 | 5 | 4 | 0.44 | 1.4 | 0.8 | 590 | 865 | 1000 | 1300 | 16.6 | 30234 |
| | 310 | 91 | 86 | 71 | 188 | 194 | 259 | 292 | 296 | 10 | 20 | 4 | 3 | 76.3 | 5 | 4 | 0.44 | 1.4 | 0.8 | 968 | 1640 | 1000 | 1300 | 28.6 | 32234 |
| | 360 | 80 | 72 | 62 | 185 | 214 | 307 | 342 | 331 | 10 | 18 | 4 | 3 | 68.0 | 5 | 4 | 0.35 | 1.7 | 1 | 995 | 1370 | 850 | 1100 | 35.6 | 30334 |
| 180 | 250 | 45 | 45 | 34 | 190 | 193 | 225 | 240 | 241 | 8 | 11 | 2.1 | 2 | 54.0 | 2.5 | 2 | 0.48 | 1.3 | 0.7 | 340 | 708 | 1100 | 1500 | 6.44 | 32936 |
| | 280 | 64 | 60 | 52 | — | — | — | — | — | 8 | 14 | 2.5 | 2.1 | 63 | 3 | 2.5 | 0.4 | 1.5 | 0.8 | 502 | 890 | 1000 | 1400 | 14.7 | 32036 X2 |
| | 280 | 64 | 64 | 48 | 192 | 199 | 247 | 268 | 267 | 10 | 16 | 2.5 | 2.1 | 60.1 | 3 | 2.5 | 0.42 | 1.4 | 0.8 | 640 | 1150 | 1000 | 1400 | 14.1 | 32036 |
| | 320 | 57 | 52 | 43 | 198 | 209 | 278 | 302 | 300 | 9 | 14 | 4 | 3 | 62.8 | 5 | 4 | 0.45 | 1.3 | 0.7 | 610 | 912 | 900 | 1200 | 17.3 | 30236 |
| | 320 | 91 | 86 | 71 | 198 | 201 | 267 | 302 | 306 | 10 | 20 | 4 | 3 | 78.8 | 5 | 4 | 0.45 | 1.3 | 0.7 | 998 | 1720 | 900 | 1200 | 29.9 | 32236 |
| | 380 | 83 | 75 | 64 | 198 | 228 | 327 | 362 | 351 | 10 | 19 | 4 | 3 | 70.9 | 5 | 4 | 0.35 | 1.7 | 1 | 1090 | 1500 | 900 | 1100 | 40.7 | 30336 |
| 190 | 260 | 45 | 42 | 36 | — | — | — | — | — | 7 | 11 | 2.1 | 2 | 52.0 | 2.5 | 2 | 0.38 | 1.6 | 0.9 | 292 | 580 | 1000 | 1400 | 6.52 | 32938 X2 |
| | 260 | 45 | 45 | 34 | 200 | 204 | 235 | 250 | 251 | 8 | 11 | 2.1 | 2 | 55.2 | 2.5 | 2.5 | 0.48 | 1.3 | 0.7 | 360 | 740 | 1000 | 1400 | 6.66 | 32938 |
| | 290 | 64 | 60 | 52 | — | — | — | — | — | 8 | 14 | 2.5 | 2.1 | 56.0 | 3 | 2.5 | 0.29 | 2.1 | 1.1 | 502 | 932 | 950 | 1300 | 14.1 | 32038 X2 |
| | 290 | 64 | 64 | 48 | 202 | 209 | 257 | 278 | 279 | 10 | 16 | 2.5 | 2.1 | 62.8 | 3 | 2.5 | 0.44 | 1.4 | 0.8 | 652 | 1180 | 950 | 1300 | 14.6 | 32038 |
| | 340 | 60 | 55 | 46 | 208 | 223 | 298 | 322 | 321 | 9 | 14 | 4 | 3 | 65.0 | 5 | 4 | 0.44 | 1.4 | 0.8 | 698 | 1030 | 850 | 1100 | 20.8 | 30238 |
| | 340 | 97 | 92 | 75 | 208 | 214 | 286 | 322 | 326 | 10 | 22 | 4 | 3 | 82.1 | 5 | 4 | 0.44 | 1.4 | 0.8 | 1120 | 1900 | 850 | 1100 | 36.1 | 32238 |
| 200 | 280 | 51 | 48 | 41 | — | — | — | — | — | 7 | 12 | 2.5 | 2 | 57.0 | 3 | 2.5 | 0.39 | 1.5 | 0.8 | 345 | 710 | 950 | 1300 | 8.86 | 32940 X2 |
| | 280 | 51 | 51 | 39 | 212 | 214 | 257 | 268 | 271 | 9 | 12 | 2.5 | 2 | 54.2 | 3 | 2.5 | 0.39 | 1.5 | 0.8 | 460 | 950 | 950 | 1300 | 9.43 | 32940 |
| | 310 | 70 | 66 | 56 | — | — | — | — | — | 10 | 16 | 2.5 | 2.1 | 67.0 | 3 | 2.5 | 0.37 | 1.6 | 0.9 | 575 | 1120 | 900 | 1200 | 17.4 | 32040 X2 |
| | 310 | 70 | 70 | 53 | 212 | 221 | 273 | 298 | 297 | 11 | 17 | 2.5 | 2.1 | 66.9 | 3 | 2.5 | 0.43 | 1.4 | 0.8 | 782 | 1420 | 900 | 1200 | 18.9 | 32040 |
| | 360 | 64 | 58 | 48 | 218 | 236 | 315 | 342 | 338 | 9 | 16 | 4 | 3 | 69.3 | 5 | 4 | 0.44 | 1.4 | 0.8 | 765 | 1140 | 800 | 1000 | 24.7 | 30240 |
| | 360 | 104 | 98 | 82 | 218 | 222 | 302 | 342 | 342 | 11 | 22 | 4 | 3 | 85.1 | 5 | 4 | 0.41 | 1.5 | 0.8 | 1320 | 2180 | 800 | 1000 | 43.2 | 32240 |

（续）

| 公称尺寸 /mm | | | | | 安装尺寸 /mm | | | | | | | | | 其他尺寸 /mm | | | 计 算 系 数 | | | 基本额定载荷 /kN | | 极限转速 /(r/min) | | 质量 /kg | 轴承代号 |
|---|---|---|---|---|---|---|---|---|---|---|---|---|---|---|---|---|---|---|---|---|---|---|---|---|---|
| d | D | T | B | C | $d_a$ min | $d_b$ max | $D_a$ min | $D_a$ max | $D_b$ min | $a_1$ min | $a_2$ min | $r_a$ max | $r_b$ max | a ≈ | r min | $r_1$ min | e | Y | $Y_0$ | $C_r$ | $C_{0r}$ | 脂 | 油 | W ≈ | 30000 型 |
| 220 | 300 | 51 | 48 | 41 | — | — | — | — | — | 7 | 12 | 2 | 2.5 | 53.0 | 3 | 2.5 | 0.31 | 1.9 | 1.1 | 372 | 795 | 900 | 1200 | 10.1 | 32944 X2 |
|  | 300 | 51 | 51 | 39 | 232 | 214 | 275 | 288 | 290 | 10 | 12 | 2.5 | 2.1 | 59.1 | 3 | 2.5 | 0.43 | 1.4 | 0.8 | 470 | 978 | 900 | 1200 | 10.0 | 32944 |
|  | 340 | 76 | 72 | 62 | — | — | — | 326 | — | 10 | 16 | 3.5 | 2.5 | 71.0 | 4 | 3 | 0.35 | 1.7 | 0.9 | 702 | 1330 | 800 | 1000 | 22.3 | 32044 X2 |
|  | 340 | 76 | 76 | 57 | 234 | 243 | 300 | 326 | 326 | 12 | 19 | 3 | 2.5 | 73.0 | 4 | 2.5 | 0.43 | 1.4 | 0.8 | 908 | 1670 | 800 | 1000 | 24.4 | 32044 |
| 240 | 320 | 51 | 48 | 41 | — | — | — | 308 | — | 7 | 12 | 2.5 | 2.1 | 67.0 | 3 | 2.5 | 0.45 | 1.3 | 0.7 | 390 | 860 | 800 | 1000 | 10.9 | 32948 X2 |
|  | 320 | 51 | 51 | 39 | 252 | 254 | 290 | 308 | 311 | 10 | 12 | 2.5 | 2.1 | 64.7 | 3 | 2.5 | 0.46 | 1.3 | 0.7 | 520 | 1060 | 800 | 1000 | 10.7 | 32948 |
|  | 360 | 76 | 72 | 62 | — | — | — | 346 | — | 10 | 16 | 2.5 | 2.5 | 70.0 | 4 | 3 | 0.32 | 1.9 | 1 | 710 | 1420 | 700 | 900 | 25.5 | 32048 X2 |
|  | 360 | 76 | 76 | 57 | 254 | 261 | 318 | 346 | 346 | 12 | 19 | 2.5 | 2.5 | 78.4 | 3 | 3 | 0.46 | 1.3 | 0.7 | 920 | 1730 | 700 | 900 | 25.9 | 32048 |
| 260 | 360 | 63.5 | 60 | 52 | — | — | — | — | — | 8 | 14 | 2.5 | 2.1 | 64.0 | 3 | 2.5 | 0.3 | 2 | 1.1 | 525 | 1150 | 700 | 900 | 19.2 | 32952 X2 |
|  | 360 | 63.5 | 63.5 | 48 | 272 | 279 | 328 | 348 | 347 | 11 | 15.5 | 2.5 | 2.1 | 69.6 | 3 | 2.5 | 0.41 | 1.5 | 0.8 | 688 | 1470 | 700 | 900 | 18.6 | 32952 |
|  | 400 | 87 | 82 | 71 | 278 | 287 | 352 | 382 | 383 | 12 | 18 | 4 | 3 | 76.0 | 5 | 4 | 0.3 | 2 | 1.1 | 902 | 1810 | 670 | 850 | 37.8 | 32052 X2 |
|  | 400 | 87 | 87 | 65 | 292 | 298 | 344? | 382 | 368 | 18 | 22 | 4 | 3 | 85.6 | 5 | 4 | 0.43 | 1.4 | 0.8 | 1120 | 2170 | 670 | 850 | 38.0 | 32052 |
| 280 | 380 | 63.5 | 63.5 | 48 | 292 | 298 | 344 | 368 | 368 | 11 | 15 | 2.5 | 2.1 | 74.5 | 3 | 2.5 | 0.43 | 1.4 | 0.7 | 745 | 1580 | 630 | 800 | 19.7 | 32956 |
|  | 420 | 87 | 82 | 71 | — | — | — | 402 | — | 12 | 18 | 4 | 3 | 87.0 | 5 | 4 | 0.37 | 1.6 | 0.9 | 622 | 1940 | 600 | 750 | 39.6 | 32056 X2 |
|  | 420 | 87 | 87 | 65 | 298 | 305 | 370 | 402 | 402 | 14 | 22 | 4 | 3 | 90.3 | 5 | 4 | 0.46 | 1.3 | 0.7 | 1190 | 2290 | 600 | 750 | 40.2 | 32056 |
| 300 | 420 | 76 | 72 | 62 | — | — | — | 406 | — | 10 | 16 | 3 | 2.5 | 72.0 | 4 | 3 | 0.28 | 2.1 | 1.2 | 778 | 1700 | 600 | 750 | 30.2 | 32960 X2 |
|  | 420 | 76 | 76 | 57 | 315 | 324 | 379 | 406 | 405 | 13 | 19 | 3 | 2.5 | 80.0 | 4 | 3 | 0.39 | 1.5 | 0.8 | 1020 | 2200 | 600 | 750 | 31.5 | 32960 |
|  | 460 | 100 | 95 | 82 | — | — | — | 442 | — | 14 | 20 | 4 | 3 | 90.0 | 5 | 4 | 0.31 | 1.9 | 1.1 | 1050 | 2190 | 560 | 700 | 55.9 | 32060 X2 |
|  | 460 | 100 | 100 | 74 | 335 | 343 | 404 | 442 | 439 | 15 | 26 | 4 | 3 | 97.7 | 5 | 4 | 0.43 | 1.4 | 0.8 | 1520 | 2940 | 560 | 700 | 57.5 | 32060 |
| 320 | 440 | 76 | 72 | 62 | 338 | 350 | 398 | 426 | 426 | 10 | 16 | 3 | 2.5 | 76.0 | 4 | 3 | 0.3 | 2 | 1.1 | 798 | 1760 | 560 | 700 | 44.7 | 32964 X2 |
|  | 440 | 76 | 76 | 57 | — | — | — | 426 | — | 13 | 19 | 4 | 2.5 | 85.1 | 4 | 3 | 0.42 | 1.4 | 0.8 | 1040 | 2320 | 560 | 700 | 33.3 | 32964 |
|  | 480 | 100 | 95 | 82 | 355 | 362 | 424 | 462 | 461 | 14 | 20 | 4 | 2.5 | 106 | 5 | 4 | 0.42 | 1.4 | 0.8 | 1050 | 2190 | 530 | 670 | 59.1 | 32064 X2 |
|  | 480 | 100 | 100 | 74 | — | — | — | 462 | — | 15 | 26 | 4 | 2.5 | 103.5 | 5 | 4 | 0.46 | 1.3 | 0.7 | 1540 | 3000 | 530 | 670 | 60.6 | 32064 |
| 340 | 460 | 76 | 72 | 62 | 355 | 350 | 417 | 446 | 446 | 10 | 16 | 3 | 2.5 | 80.0 | 4 | 3 | 0.31 | 1.9 | 1.1 | 805 | 1830 | 530 | 670 | 34.3 | 32968 X2 |
|  | 460 | 76 | 76 | 57 | 355 | 362 | 417 | 446 | 446 | 13 | 19 | 3 | 2.5 | 90.5 | 4 | 3 | 0.44 | 1.4 | 0.8 | 1050 | 2380 | 530 | 670 | 34.8 | 32968 |
| 360 | 480 | 76 | 72 | 62 | — | — | — | 466 | — | 10 | 16 | 3 | 2.5 | 84.0 | 4 | 3 | 0.33 | 1.8 | 1 | 838 | 1940 | 500 | 630 | 35.8 | 32972 X2 |
|  | 480 | 76 | 76 | 57 | 375 | 381 | 436 | 466 | 466 | 13 | 19 | 3 | 2.5 | 96.2 | 4 | 3 | 0.46 | 1.3 | 0.7 | 1060 | 2430 | 500 | 630 | 36.3 | 32972 |

表 6.1-62　双列圆锥滚子轴承（摘自 GB/T 299—2008）

350000型

径向当量动载荷：

当 $F_a/F_r \le e$，$P_r = F_r + Y_1 F_a$

当 $F_a/F_r > e$，$P_r = 0.67 F_r + Y_2 F_a$

径向当量静载荷：

$P_{0r} = F_r + Y_0 F_a$

式中 $F_r$、$F_a$ 均指作用于轴承上的总载荷

最小径向载荷 $F_{min} = 0.02 C_r$

代号含义：

E——加强型

X2——宽度（高度）非标准

| 公称尺寸/mm | | | 安装尺寸/mm | | | | | 其他尺寸/mm | | | | $e$ | 计算系数 | | | 基本额定载荷/kN | | 极限转速/(r/min) | | 质量/kg | 轴承代号① |
| --- | --- | --- | --- | --- | --- | --- | --- | --- | --- | --- | --- | --- | --- | --- | --- | --- | --- | --- | --- | --- | --- |
| $d$ | $D$ | $B_1$ | $d_a$ min | $D_a$ min | $a_2$ min | $r_a$ max | $r_b$ max | $C_1$ | $b_1$ | $r$ min | $r_1$ min | | $Y_1$ | $Y_2$ | $Y_0$ | $C_r$ | $C_{0r}$ | 脂 | 油 | $W \approx$ | 350000 型 |
| 25 | 62 | 42 | 32 | 59 | 5.5 | 1.5 | 0.6 | 31.5 | 8 | 1.5 | 0.6 | 0.83 | 0.8 | 1.2 | 0.8 | 66.5 | 100 | 4600 | 5600 | — | 351305 E |
| 30 | 72 | 47 | 37 | 68 | 7 | 1.5 | 0.6 | 33.5 | 9 | 1.5 | 0.6 | 0.83 | 0.8 | 1.2 | 0.8 | 85 | 125 | 4000 | 5000 | — | 351306 E |
| 35 | 80 | 51 | 44 | 76 | 8 | 2 | 0.6 | 35.5 | 9 | 2 | 0.6 | 0.83 | 0.8 | 1.2 | 0.8 | 108 | 160 | 3600 | 4500 | — | 351307 E |
| 40 | 80 | 55 | 48 | 74 | 8 | 1.5 | 0.6 | 40 | 8 | 1.5 | 0.6 | 0.38 | 1.8 | 2.6 | 1.7 | 108 | 65.8 | 3800 | 4500 | 1.18 | 352208 X2 |
| 40 | 80 | 55 | 47 | 75 | 6 | 1.5 | 0.6 | 43.5 | 9 | 1.5 | 0.6 | 0.37 | 1.8 | 2.7 | 1.8 | 128 | 188 | 3800 | 4500 | 1.56 | 352208 E |
| 40 | 90 | 56 | 49 | 87 | 8.5 | 2 | 0.6 | 39.5 | 10 | 2 | 0.6 | 0.83 | 0.8 | 1.2 | 0.8 | 132 | 170 | 3200 | 4000 | 1.27 | 351308 E |
| 45 | 85 | 55 | 52 | 81 | 6 | 1.5 | 0.6 | 43.5 | 9 | 1.5 | 0.6 | 0.4 | 1.7 | 2.5 | 1.6 | 135 | 200 | 3200 | 4000 | 2.11 | 352209 E |
| 45 | 100 | 60 | 54 | 96 | 9.5 | 2 | 0.6 | 41.5 | 10 | 2 | 0.6 | 0.83 | 0.8 | 1.2 | 0.8 | 152 | 218 | 2900 | 3600 | 1.36 | 351309 E |
| 50 | 90 | 55 | 57 | 86 | 6 | 1.5 | 0.6 | 43.5 | 9 | 1.5 | 0.6 | 0.42 | 1.6 | 2.4 | 1.6 | 145 | 218 | 3200 | 3800 | 2.65 | 352210 E |
| 50 | 110 | 64 | 60 | 105 | 10.5 | 2.1 | 0.6 | 43.5 | 10 | 2.5 | 0.6 | 0.83 | 0.8 | 1.2 | 0.8 | 175 | 260 | 2700 | 3400 | 1.85 | 351310 E |
| 55 | 100 | 60 | 64 | 96 | 6 | 2.1 | 0.6 | 48.5 | 10 | 2 | 0.6 | 0.4 | 1.7 | 2.5 | 1.6 | 175 | 270 | 3800 | 3400 | 3.92 | 352211 E |
| 55 | 120 | 70 | 65 | 114 | 10.5 | 2.1 | 0.6 | 49 | 12 | 2.5 | 0.6 | 0.83 | 0.8 | 1.2 | 0.8 | 208 | 305 | 2400 | 3000 | — | 351311 E |
| 60 | 110 | 66 | 69 | 105 | 6 | 2 | 1 | 54.5 | 10 | 2 | 0.6 | 0.4 | 1.7 | 2.5 | 1.6 | 215 | 330 | 2600 | 3200 | — | 352212 E |
| 60 | 130 | 74 | 72 | 124 | 11.5 | 2.5 | 1 | 51 | 12 | 3 | 1 | 0.83 | 0.8 | 1.2 | 0.8 | 235 | 350 | 2300 | 2800 | — | 351312 E |
| 65 | 120 | 70 | 74 | 114 | 7.5 | 2 | 0.6 | 55 | 8 | 2 | 0.6 | 0.37 | 1.8 | 2.7 | 1.8 | 220 | 365 | 2200 | 3000 | 2.49 | 352213 X2 |
| 65 | 120 | 73 | 74 | 115 | 6 | 2 | 0.6 | 61.5 | 11 | 2 | 0.6 | 0.4 | 1.7 | 2.5 | 1.6 | 260 | 410 | 2200 | 3000 | 5.16 | 352213 E |
| 65 | 140 | 79 | 77 | 134 | 13 | 2.5 | 1 | 53 | 13 | 3 | 1 | 0.83 | 0.8 | 1.2 | 0.8 | 268 | 410 | 2000 | 2600 | — | 351313 E |
| 70 | 125 | 70 | 79 | 118 | 8 | 2 | 0.6 | 55 | 8 | 2 | 0.6 | 0.39 | 1.7 | 2.6 | 1.7 | 230 | 388 | 2200 | 2800 | 3.56 | 352214 X2 |
| 70 | 125 | 74 | 79 | 120 | 6.5 | 2 | 0.6 | 61.5 | 12 | 2 | 0.6 | 0.42 | 1.6 | 2.4 | 1.6 | 272 | 440 | 2200 | 2800 | 6.23 | 352214 E |
| 70 | 150 | 83 | 82 | 143 | 13 | 2.5 | 1 | 57 | 13 | 3 | 1 | 0.83 | 0.8 | 1.2 | 0.8 | 302 | 460 | 1900 | 2400 | | 351314 E |

（续）

| 公称尺寸/mm | | | 安装尺寸/mm | | | | | 其他尺寸/mm | | | | 计算系数 | | | | 基本额定载荷/kN | | 极限转速/(r/min) | | 质量/kg | 轴承代号 |
|---|---|---|---|---|---|---|---|---|---|---|---|---|---|---|---|---|---|---|---|---|---|
| $d$ | $D$ | $B_1$ | $d_a$ min | $D_a$ min | $a_2$ min | $r_a$ max | $r_b$ max | $C_1$ | $b_1$ | $r$ min | $r_1$ min | $e$ | $Y_1$ | $Y_2$ | $Y_0$ | $C_r$ | $C_{0r}$ | 脂 | 油 | $W\approx$ | 350000 型 |
| 75 | 130 | 74 | 84 | 126 | 6.5 | 2 | 0.6 | 61.5 | 12 | 2 | 0.6 | 0.44 | 1.6 | 2.3 | 1.5 | 275 | 445 | 2000 | 2600 | 3.68 | 352215 E |
|  | 130 | 75 | 84 | 124 | 7 | 2 | 0.6 | 62 | 8 | 2 | 0.6 | 0.41 | 1.7 | 2.5 | 1.6 | 235 | 412 | 2000 | 2600 | 3.6 | 352215 X2 |
|  | 160 | 88 | 87 | 153 | 14 | 2.5 | 1 | 60 | 14 | 3 | 1 | 0.83 | 0.8 | 1.2 | 0.8 | 338 | 510 | 1700 | 2200 | — | 351315 E |
| 80 | 140 | 78 | 90 | 135 | 7.5 | 2.1 | 0.6 | 63.5 | 12 | 2.5 | 0.6 | 0.42 | 1.6 | 2.4 | 1.6 | 320 | 530 | 1900 | 2400 | 4.58 | 352216 E |
|  | 140 | 80 | 90 | 133 | 8 | 2.1 | 0.6 | 65 | 10 | 2.5 | 0.6 | 0.4 | 1.7 | 2.5 | 1.6 | 270 | 480 | 1900 | 2400 | 4.97 | 352216 X2 |
|  | 170 | 94 | 92 | 161 | 15.5 | 2.5 | 1 | 63 | 16 | 3 | 1 | 0.83 | 0.8 | 1.2 | 0.8 | 370 | 590 | 1600 | 2200 | — | 351316 E |
| 85 | 150 | 85 | 95 | 142 | 11 | 2.1 | 0.6 | 65 | 10 | 2.5 | 0.6 | 0.4 | 1.7 | 2.5 | 1.6 | 315 | 560 | 1700 | 2200 | 6.01 | 352217 E |
|  | 150 | 86 | 95 | 143 | 8.5 | 2.1 | 0.6 | 69 | 14 | 2.5 | 0.6 | 0.42 | 1.6 | 2.4 | 1.6 | 368 | 600 | 1700 | 2200 | 5.85 | 352217 X2 |
|  | 180 | 99 | 99 | 171 | 16.5 | 3 | 1 | 66 | 17 | 4 | 1 | 0.83 | 0.8 | 1.2 | 0.8 | 408 | 660 | 1400 | 2000 | — | 351317 E |
| 90 | 160 | 94 | 100 | 153 | 8.5 | 2.1 | 0.6 | 77 | 14 | 2.5 | 0.6 | 0.42 | 1.6 | 2.4 | 1.6 | 440 | 720 | 1600 | 2200 | 7.35 | 352218 E |
|  | 160 | 95 | 100 | 152 | 9.5 | 2.1 | 0.6 | 78 | 10 | 2.5 | 0.6 | 0.39 | 1.7 | 2.6 | 1.7 | 358 | 630 | 1600 | 2200 | 7.46 | 352218 X2 |
|  | 190 | 103 | 104 | 181 | 16.5 | 3 | 0.6 | 70 | 17 | 4 | 1 | 0.83 | 0.8 | 1.2 | 0.8 | 455 | 738 | 1300 | 1900 | — | 351318 E |
| 95 | 170 | 100 | 107 | 163 | 8.5 | 2.5 | 0.6 | 83 | 14 | 3 | 1 | 0.42 | 1.6 | 2.4 | 1.6 | 492 | 835 | 1400 | 2000 | 9.04 | 352219 E |
|  | 200 | 100 | 109 | 189 | 17.5 | 3 | 1 | 74 | 19 | 4 | 1 | 0.83 | 0.8 | 1.2 | 0.8 | 502 | 830 | 1300 | 1700 | — | 351319 E |
| 100 | 180 | 107 | 112 | 172 | 10 | 2.5 | 1 | 87 | 15 | 3 | 1 | 0.42 | 1.6 | 2.4 | 1.6 | 555 | 925 | 1400 | 1900 | 10.7 | 352220 E |
|  | 180 | 112 | 111 | 172 | 11 | 2.5 | 1 | 92 | 10 | 3 | 1 | 0.39 | 1.7 | 2.6 | 1.7 | 458 | 860 | 1400 | 1900 | 11.5 | 352220 X2 |
|  | 215 | 124 | 114 | 204 | 21.5 | 3 | 1 | 81 | 22 | 4 | 1 | 0.83 | 0.8 | 1.2 | 0.8 | 602 | 1010 | 1100 | 1400 | — | 351320 E |
| 105 | 190 | 115 | 117 | 182 | 10 | 2.5 | 1 | 95 | 15 | 3 | 1 | 0.42 | 1.6 | 2.4 | 1.6 | 618 | 1080 | 1300 | 1700 | 13.1 | 352221 E |
|  | 190 | 118 | 116 | 181 | 12 | 2.5 | 1 | 96 | 12 | 3 | 1 | 0.4 | 1.7 | 2.5 | 1.7 | 532 | 982 | 1300 | 1700 | 13 | 352221 X2 |
|  | 225 | 127 | 119 | 213 | 22 | 3 | 1 | 83 | 21 | 4 | 1 | 0.83 | 0.8 | 1.2 | 0.8 | 640 | 1080 | 1100 | 1400 | — | 351321 E |
| 110 | 180 | 95 | 120 | 173 | 10.5 | 2 | 0.6 | 76 | 11 | 2 | 0.6 | 0.25 | 2.7 | 4 | 2.6 | 422 | 840 | 1300 | 1700 | 10 | 352122 |
|  | 200 | 121 | 122 | 192 | 15 | 2.5 | 1 | 101 | 15 | 3 | 1 | 0.42 | 1.6 | 2.4 | 1.6 | 698 | 1210 | 1200 | 1600 | 15.5 | 352222 E |
|  | 200 | 125 | 121 | 191 | 12 | 2.5 | 1 | 102 | 12 | 3 | 1 | 0.39 | 1.7 | 2.6 | 1.7 | 595 | 1120 | 1200 | 1600 | 16.4 | 352222 X2 |
|  | 240 | 137 | 124 | 226 | 25 | 3 | 1 | 87 | 23 | 4 | 1 | 0.83 | 0.8 | 1.2 | 0.8 | 752 | 1290 | 1000 | 1300 | — | 351322 E |
| 120 | 200 | 110 | 130 | 194 | 11 | 2 | 0.6 | 90 | 14 | 2 | 0.6 | 0.3 | 2.2 | 3.3 | 2.2 | 508 | 910 | 1100 | 1500 | 12.6 | 352124 |
|  | 215 | 132 | 132 | 206 | 11.5 | 2.5 | 1 | 109 | 16 | 3 | 1 | 0.44 | 1.6 | 2.3 | 1.5 | 775 | 1360 | 1100 | 1400 | 18.9 | 352224 E |
|  | 215 | 132 | 132 | 206 | 14 | 2.5 | 1 | 106 | 12 | 3 | 1 | 0.41 | 1.6 | 2.5 | 1.6 | 698 | 1340 | 1100 | 1400 | 19.1 | 352224 X2 |
|  | 260 | 148 | 134 | 246 | 26 | 3 | 1 | 96 | 24 | 4 | 1 | 0.83 | 0.8 | 1.2 | 0.8 | 862 | 1490 | 900 | 1200 | — | 351324 E |

（续）

| 公称尺寸/mm | | | 安装尺寸/mm | | | | | 其他尺寸/mm | | | | e | 计算系数 | | | 基本额定载荷/kN | | 极限转速/(r/min) | | 质量/kg W ≈ | 轴承代号[①] 350000 型 |
|---|---|---|---|---|---|---|---|---|---|---|---|---|---|---|---|---|---|---|---|---|---|
| d | D | $B_1$ | $d_a$ min | $D_a$ min | $a_2$ min | $r_a$ max | $r_b$ max | $C_1$ | $b_1$ | $r$ min | $r_1$ min | | $Y_1$ | $Y_2$ | $Y_0$ | $C_r$ | $C_{0r}$ | 脂 | 油 | | |
| 130 | 180 | 70 | 139 | 174 | 11 | 2 | 0.6 | 50 | 10 | 2 | 0.6 | 0.27 | 2.5 | 3.7 | 2.4 | 258 | 565 | 1200 | 1600 | 4.88 | 352926 X2 |
| | 200 | 95 | 140 | 194 | 11 | 2.1 | 0.6 | 75 | 10 | 2.5 | 0.6 | 0.35 | 1.9 | 2.9 | 1.9 | 422 | 830 | 1100 | 1500 | 9.72 | 352026 X2 |
| | 210 | 110 | 141 | 203 | 11 | 2 | 0.6 | 90 | 14 | 2 | 0.6 | 0.26 | 2.6 | 3.8 | 2.5 | 540 | 1000 | 1000 | 1400 | 12.9 | 352126 |
| | 230 | 145 | 144 | 221 | 14 | 3 | 1 | 117.5 | 17 | 4 | 1 | 0.44 | 1.6 | 2.3 | 1.5 | 895 | 1630 | 1000 | 1300 | 24.1 | 352226 E |
| | 230 | 150 | 142 | 222 | 16 | 3 | 1 | 120 | 12 | 4 | 1 | 0.39 | 1.7 | 2.6 | 1.7 | 700 | 1400 | 1000 | 1300 | 26.2 | 352226 X2 |
| | 280 | 156 | 147 | 263 | 28 | 4 | 1 | 100 | 24 | 5 | 1.1 | 0.83 | 0.8 | 1.2 | 0.8 | 968 | 1640 | 800 | 1100 | — | 351326 E |
| 140 | 210 | 95 | 150 | 204 | 11 | 2.1 | 0.6 | 75 | 12 | 2.5 | 0.6 | 0.37 | 1.8 | 2.7 | 1.8 | 448 | 900 | 950 | 1300 | 8.35 | 352028 X2 |
| | 225 | 115 | 151 | 217 | 13.5 | 2.1 | 0.6 | 90 | 15 | 2.5 | 0.6 | 0.34 | 2 | 3 | 2 | 560 | 1110 | 950 | 1300 | 15.3 | 352128 |
| | 250 | 153 | 154 | 240 | 14 | 3 | 1 | 125.5 | 17 | 4 | 1 | 0.44 | 1.6 | 2.3 | 1.5 | 1050 | 1840 | 850 | 1100 | 30.1 | 352228 E |
| | 250 | 158 | 153 | 241 | 16 | 3 | 1 | 128 | 12 | 4 | 1 | 0.33 | 2.1 | 3.1 | 2 | 985 | 1840 | 850 | 1100 | 30.6 | 352228 X2 |
| | 300 | 168 | 157 | 283 | 30 | 4 | 1 | 108 | 28 | 5 | 1.1 | 0.83 | 0.8 | 1.2 | 0.8 | 1110 | 1940 | 700 | 1000 | — | 351328 E |
| 150 | 210 | 80 | 159 | 204 | 10 | 2.1 | 0.6 | 62 | 10 | 2.5 | 0.6 | 0.27 | 2.5 | 3.7 | 2.4 | 352 | 790 | 950 | 1300 | 9.32 | 352930 X2 |
| | 250 | 138 | 163 | 242 | 14 | 2.1 | 1 | 112 | 18 | 2.5 | 1 | 0.3 | 2.2 | 3.3 | 2.2 | 778 | 1560 | 850 | 1100 | 25.8 | 352130 |
| | 270 | 164 | 164 | 256 | 17 | 3 | 1 | 130 | 18 | 4 | 1 | 0.44 | 1.6 | 2.3 | 1.5 | 1170 | 2140 | 800 | 1100 | 37.3 | 352230 E |
| | 270 | 172 | 164 | 260 | 18 | 3 | 1 | 138 | 12 | 4 | 1 | 0.39 | 1.7 | 2.6 | 1.7 | 1070 | 2180 | 800 | 1100 | 38.9 | 352230 X2 |
| | 320 | 178 | 167 | 302 | 32 | 4 | 1 | 114 | 28 | 5 | 1.1 | 0.83 | 0.8 | 1.2 | 0.8 | 1260 | 2250 | 670 | 950 | — | 351330 E |
| 160 | 240 | 115 | 171 | 234 | 13.5 | 2.5 | 0.6 | 90 | 12 | 3 | 0.6 | 0.37 | 1.8 | 2.7 | 1.8 | 608 | 1260 | 850 | 1100 | 16.5 | 352032 X2 |
| | 270 | 150 | 174 | 262 | 16 | 2.1 | 1 | 120 | 18 | 2.5 | 1 | 0.36 | 1.9 | 2.8 | 1.8 | 872 | 1720 | 800 | 1000 | 28.2 | 352132 |
| | 290 | 178 | 174 | 276 | 17 | 3 | 1 | 144 | 18 | 4 | 1 | 0.44 | 1.6 | 2.3 | 1.5 | 1390 | 2840 | 700 | 1000 | 46.9 | 352232 E |
| 170 | 230 | 82 | 180 | 223 | 9.5 | 2.1 | 0.6 | 65 | 10 | 2.5 | 0.6 | 0.28 | 2.4 | 3.6 | 2.3 | 395 | 922 | 850 | 1100 | 8.11 | 352934 X2 |
| | 260 | 120 | 183 | 252 | 13.5 | 2.5 | 1 | 95 | 12 | 3 | 1 | 0.31 | 2.2 | 3.2 | 2.1 | 672 | 1460 | 800 | 1000 | 20.4 | 352034 X2 |
| | 280 | 150 | 184 | 271 | 16 | 2.1 | 1 | 120 | 18 | 2.5 | 1 | 0.38 | 1.8 | 2.6 | 1.7 | 962 | 2000 | 750 | 950 | 35.6 | 352134 |
| | 310 | 192 | 188 | 296 | 20 | 4 | 1 | 152 | 20 | 5 | 1.1 | 0.44 | 1.6 | 2.3 | 1.5 | 1580 | 3200 | 750 | 950 | 58.2 | 352234 E |
| 180 | 250 | 95 | 190 | 243 | 11.5 | 2.1 | 0.6 | 74 | 10 | 2.5 | 0.6 | 0.37 | 1.8 | 2.7 | 1.8 | 468 | 1080 | 800 | 1000 | 13 | 352936 X2 |
| | 280 | 134 | 191 | 272 | 14 | 2.5 | 1 | 108 | 12 | 3 | 1 | 0.28 | 2.4 | 3.6 | 2.4 | 742 | 1540 | 750 | 950 | 28.5 | 352036 X2 |
| | 300 | 164 | 196 | 287 | 16 | 2.5 | 1 | 134 | 20 | 3 | 1 | 0.26 | 2.6 | 3.8 | 2.6 | 1100 | 2350 | 700 | 900 | 39.9 | 352136 |
| | 320 | 190 | 196 | 308 | 23.5 | 4 | 1 | 145 | 12 | 5 | 1.1 | 0.36 | 1.9 | 2.8 | 1.8 | 1390 | 2770 | 670 | 850 | 51.5 | 352236 E |
| | 320 | 192 | 198 | 306 | 20 | 4 | 1 | 152 | 20 | 5 | 1.1 | 0.45 | 1.5 | 2.2 | 1.5 | 1620 | 3350 | 670 | 850 | 63.8 | 352236 X2 |
| 190 | 260 | 95 | 200 | 253 | 11 | 2.1 | 0.6 | 75 | 12 | 2.5 | 0.6 | 0.38 | 1.8 | 2.6 | 1.7 | 522 | 1270 | 750 | 950 | 13.3 | 352938 X2 |
| | 290 | 134 | 202 | 282 | 16 | 2.5 | 1 | 104 | 12 | 3 | 1 | 0.45 | 1.5 | 2.2 | 1.5 | 742 | 1540 | 700 | 900 | 28.8 | 352038 X2 |
| | 320 | 170 | 207 | 306 | 21 | 2.5 | 1 | 130 | 14 | 3 | 1 | 0.31 | 2.2 | 3.2 | 2.1 | 1160 | 2420 | 670 | 850 | 52 | 352138 |
| | 340 | 204 | 208 | 326 | 22 | 4 | 1 | 160 | 20 | 5 | 1.1 | 0.44 | 1.6 | 2.3 | 1.5 | 1740 | 3350 | 600 | 800 | 69.8 | 352238 E |

（续）

| 公称尺寸/mm | | | 安装尺寸/mm | | | | | 其他尺寸/mm | | | | | 计算系数 | | | 基本额定载荷/kN | | 极限转速/(r/min) | | 质量/kg | 轴承代号[①] |
|---|---|---|---|---|---|---|---|---|---|---|---|---|---|---|---|---|---|---|---|---|---|
| $d$ | $D$ | $B_1$ | $d_a$ min | $D_a$ min | $a_2$ min | $r_a$ max | $r_b$ max | $C_1$ | $b_1$ | $r$ min | $r_1$ min | $e$ | $Y_1$ | $Y_2$ | $Y_0$ | $C_r$ | $C_{0r}$ | 脂 | 油 | $W \approx$ | 350000 型 |
| 200 | 280 | 105 | 211 | 273 | 13.5 | 2.5 | 1 | 80 | 12 | 3 | 1 | 0.39 | 1.8 | 2.6 | 1.7 | 610 | 1520 | 700 | 900 | 18.1 | 352940 X2 |
|  | 310 | 152 | 212 | 300 | 17 | 2.5 | 1 | 120 | 12 | 3 | 1 | 0.39 | 1.7 | 2.6 | 1.7 | 912 | 2140 | 670 | 850 | 39 | 352040 X2 |
|  | 340 | 184 | 220 | 326 | 18 | 2.5 | 1 | 150 | 20 | 3 | 1 | 0.25 | 2.7 | 4 | 2.7 | 1450 | 2970 | 630 | 800 | 63.8 | 352140 |
|  | 360 | 218 | 218 | 342 | 22 | 4 | 1 | 174 | 22 | 5 | 1.1 | 0.41 | 1.7 | 2.5 | 1.6 | 2140 | 3950 | 560 | 700 | 90.7 | 352240 E |
| 220 | 300 | 110 | 231 | 292 | 12 | 2.5 | 1 | 88 | 12 | 3 | 1 | 0.31 | 2.2 | 3.2 | 2.1 | 660 | 1710 | 670 | 850 | 21.7 | 352944 X2 |
|  | 340 | 165 | 234 | 331 | 18.5 | 3 | 1 | 130 | 12 | 4 | 1 | 0.35 | 1.9 | 2.9 | 1.9 | 1240 | 2680 | 600 | 750 | 49 | 352044 X2 |
|  | 370 | 195 | 238 | 356 | 23.5 | 3 | 1 | 150 | 19 | 4 | 1.1 | 0.37 | 1.8 | 2.7 | 1.8 | 1540 | 3240 | 600 | 750 | 76.3 | 352144 |
| 240 | 320 | 110 | 251 | 312 | 11 | 2.5 | 1 | 90 | 12 | 3 | 1 | 0.32 | 2.1 | 3.1 | 2.1 | 660 | 1580 | 600 | 750 | 22.2 | 352948 X2 |
|  | 360 | 165 | 256 | 349 | 18.5 | 3 | 1 | 130 | 12 | 4 | 1 | 0.33 | 2 | 3 | 2 | 1240 | 2820 | 530 | 670 | 52.8 | 352048 X2 |
|  | 400 | 210 | 261 | 384 | 25 | 3 | 1 | 163 | 20 | 4 | 1.1 | 0.31 | 2.2 | 3.2 | 2.1 | 1870 | 4050 | 500 | 630 | 98.1 | 352148 |
| 260 | 360 | 134 | 274 | 350 | 14.5 | 2.5 | 1 | 108 | 12 | 3 | 1 | 0.37 | 1.8 | 2.7 | 1.8 | 942 | 2490 | 530 | 670 | 37 | 352952 X2-1 |
|  | 400 | 186 | 277 | 386 | 21.5 | 4 | 1 | 146 | 12 | 5 | 1.1 | 0.3 | 2.3 | 3.3 | 2.2 | 1570 | 3600 | 500 | 630 | 79.3 | 352052 X2 |
|  | 440 | 225 | 284 | 421 | 24 | 3 | 1 | 180 | 13 | 4 | 1.1 | 0.24 | 2.8 | 4.2 | 2.8 | 2210 | 4720 | 450 | 560 | 124 | 352152 |
| 280 | 380 | 134 | 294 | 371 | 14.5 | 2.5 | 1 | 108 | 12 | 3 | 1 | 0.29 | 2.3 | 3.4 | 2.3 | 1080 | 2810 | 480 | 600 | 41.3 | 352956 X2 |
|  | 420 | 186 | 297 | 409 | 21.5 | 4 | 1 | 146 | 16 | 5 | 1 | 0.37 | 1.8 | 2.7 | 1.8 | 1700 | 3880 | 450 | 560 | 81.5 | 352056 X2 |
|  | 420 | 160 | 317 | 408 | 17.5 | 3 | 1 | 128 | 16 | 4 | 1 | 0.28 | 2.4 | 3.6 | 2.3 | 1360 | 3610 | 450 | 560 | 60.8 | 352960 X2-1 |
| 300 | 460 | 210 | 320 | 445 | 24 | 4 | 1 | 165 | 16 | 5 | 1.1 | 0.31 | 2.2 | 3.2 | 2.1 | 1830 | 4390 | 430 | 530 | 117 | 352060 X2 |
|  | 500 | 205 | 327 | 480 | 28 | 4 | 1.5 | 165 | 25 | 5 | 1.5 | 0.32 | 2.1 | 3.2 | 2.1 | 2110 | 4460 | 400 | 500 | 143 | 351160 |
| 320 | 440 | 160 | 335 | 427 | 17.5 | 3 | 1 | 128 | 16 | 4 | 1 | 0.3 | 2.3 | 3.3 | 2.2 | 1410 | 3830 | 430 | 530 | 67 | 352964 X2 |
|  | 480 | 210 | 340 | 468 | 26.5 | 4 | 1 | 160 | 16 | 5 | 1.1 | 0.42 | 1.6 | 2.4 | 1.6 | 1830 | 4390 | 400 | 500 | 122 | 352064 X2 |
|  | 460 | 160 | 355 | 448 | 17.5 | 3 | 1 | 128 | 16 | 4 | 1 | 0.31 | 2.2 | 3.2 | 2.1 | 1450 | 4050 | 400 | 500 | 71 | 352968 X2 |
| 340 | 520 | 180 | 360 | 501 | 24 | 4 | 1.5 | 135 | 16 | 5 | 1.5 | 0.29 | 2.3 | 3.4 | 2.3 | 1870 | 4070 | 380 | 480 | 128 | 351068 |
|  | 580 | 242 | 365 | 555 | 37.5 | 4 | 1.5 | 170 | 30 | 5 | 1.5 | 0.42 | 1.6 | 2.4 | 1.6 | 2870 | 5970 | 340 | 430 | 235 | 351168 |
|  | 480 | 160 | 376 | 468 | 17.5 | 3 | 1 | 128 | 16 | 4 | 1 | 0.33 | 2.1 | 3.1 | 2 | 1490 | 4270 | 380 | 480 | 74.3 | 352972 X2 |
| 360 | 540 | 185 | 380 | 522 | 24 | 4 | 1.5 | 140 | 21 | 5 | 1.5 | 0.3 | 2.3 | 3.3 | 2.2 | 2120 | 4910 | 360 | 450 | 132 | 351072 |
|  | 600 | 242 | 390 | 572 | 37.5 | 4 | 1.5 | 170 | 30 | 5 | 1.5 | 0.44 | 1.5 | 2.3 | 1.5 | 2950 | 6270 | 320 | 400 | 235 | 351172 |
|  | 520 | 145 | 402 | 505 | 21.5 | 3 | 1 | 105 | 15 | 4 | 1.1 | 0.43 | 1.6 | 2.3 | 1.6 | 1210 | 3250 | 360 | 450 | 80.3 | 351976 |
| 380 | 560 | 190 | 406 | 542 | 26.5 | 4 | 1.5 | 140 | 26 | 5 | 1.5 | 0.31 | 2.2 | 3.2 | 2.1 | 2150 | 5090 | 340 | 430 | 146 | 351076 |
|  | 620 | 242 | 406 | 598 | 37.5 | 4 | 1.5 | 170 | 30 | 5 | 1.5 | 0.46 | 1.5 | 3.2 | 1.4 | 3310 | 7430 | 300 | 380 | 264 | 351176 |

（续）

公称尺寸/mm，安装尺寸/mm，其他尺寸/mm，计算系数，基本额定载荷/kN，极限转速/(r/min)，质量/kg，轴承代号①

| $d$ | $D$ | $B_1$ | $d_a$ min | $D_a$ min | $a_2$ min | $r_a$ max | $r_b$ max | $C_1$ | $b_1$ | $r$ min | $r_1$ min | $e$ | $Y_1$ | $Y_2$ | $Y_0$ | $C_r$ | $C_{0r}$ | 脂 | 油 | $W \approx$ | 350000型 |
|---|---|---|---|---|---|---|---|---|---|---|---|---|---|---|---|---|---|---|---|---|---|
| 400 | 540 | 150 | 420 | 525 | 21.5 | 3 | 1 | 105 | 20 | 4 | 1.1 | 0.45 | 1.5 | 2.2 | 1.5 | 1210 | 3110 | 320 | 400 | 86.9 | 351980 |
|  | 600 | 206 | 420 | 580 | 29.5 | 4 | 1.5 | 150 | 26 | 5 | 1.5 | 0.4 | 1.7 | 2.5 | 1.7 | 2620 | 6380 | 300 | 380 | 180 | 351080 |
| 420 | 560 | 145 | 440 | 546 | 21.5 | 3 | 1 | 105 | 15 | 4 | 1.1 | 0.31 | 2.2 | 3.2 | 2.1 | 1450 | 3740 | 300 | 380 | 88.8 | 351984 |
|  | 620 | 206 | 448 | 601 | 29.5 | 4 | 1.5 | 150 | 26 | 5 | 1.5 | 0.41 | 1.6 | 2.5 | 1.6 | 2650 | 6600 | 280 | 360 | 196 | 351084 |
|  | 700 | 275 | 460 | 670 | 39 | 5 | 2.5 | 200 | 31 | 6 | 2.5 | 0.32 | 2.1 | 3.2 | 2.1 | 4270 | 8810 | 240 | 320 | 392 | 351184 |
| 440 | 600 | 170 | 462 | 585 | 21.5 | 3 | 1 | 125 | 22 | 4 | 1.1 | 0.39 | 1.8 | 2.6 | 1.7 | 1890 | 4860 | 280 | 360 | 114 | 351988 |
|  | 650 | 212 | 469 | 629 | 31.5 | 5 | 2.1 | 152 | 24 | 6 | 2.5 | 0.43 | 1.6 | 2.3 | 1.5 | 2750 | 7020 | 260 | 340 | 213 | 351088 |
| 460 | 620 | 174 | 480 | 605 | 23.5 | 3 | 1 | 130 | 26 | 4 | 1.1 | 0.4 | 1.7 | 2.5 | 1.7 | 1910 | 4990 | 260 | 340 | 128 | 351992 |
|  | 680 | 230 | 489 | 657 | 29 | 5 | 2.1 | 175 | 30 | 6 | 2.5 | 0.31 | 2.2 | 3.2 | 2.1 | 3320 | 8160 | 220 | 300 | 253 | 351092 |
| 480 | 650 | 180 | 502 | 633 | 26.5 | 4 | 1.5 | 130 | 24 | 5 | 1.5 | 0.42 | 1.6 | 2 | 1.6 | 1950 | 5270 | 240 | 320 | 133 | 351996 |
|  | 700 | 240 | 511 | 677 | 31.5 | 5 | 2.1 | 180 | 40 | 6 | 2.5 | 0.32 | 2.1 | 3.1 | 2.1 | 3330 | 8190 | 200 | 280 | 281 | 351096 |
|  | 790 | 310 | 520 | 755 | 44.5 | 6 | 2.5 | 224 | 38 | 7.5 | 3 | 0.41 | 1.6 | 2.5 | 1.6 | 5000 | 11990 | 180 | 240 | 561 | 351196 |
| 500 | 670 | 180 | 524 | 650 | 26.5 | 4 | 1.6 | 130 | 24 | 5 | 1.5 | 0.44 | 1.5 | 2.3 | 1.5 | 2150 | 6120 | 220 | 300 | 129 | 3519/500 |
|  | 720 | 236 | 530 | 700 | 29.5 | 5 | 2.1 | 180 | 36 | 6 | 2.5 | 0.33 | 2 | 3 | 2 | 3390 | 8450 | 190 | 260 | 289 | 3510/500 |
| 530 | 710 | 190 | 554 | 693 | 28.5 | 4 | 1.5 | 136 | 26 | 5 | 1.5 | 0.41 | 1.6 | 2.5 | 1.6 | 2390 | 6800 | 190 | 260 | 192 | 3519/530 |
| 560 | 750 | 213 | 586 | 731 | 30 | 4 | 1.5 | 156 | 43 | 5 | 1.5 | 0.44 | 1.5 | 2.3 | 1.5 | 2550 | 7060 | 170 | 220 | 235 | 3519/560 |
|  | 820 | 260 | 594 | 795 | 39 | 5 | 2.1 | 185 | 30 | 6 | 2.5 | 0.4 | 1.7 | 2.5 | 1.7 | 4340 | 10800 | 160 | 200 | 410 | 3510/560 |
| 600 | 800 | 205 | 625 | 779 | 26 | 4 | 1.5 | 156 | 25 | 5 | 1.5 | 0.33 | 2.1 | 3.1 | 2 | 3210 | 9460 | 150 | 190 | 265 | 3519/600 |
|  | 870 | 270 | 630 | 845 | 37.5 | 5 | 2.1 | 198 | 34 | 6 | 2.5 | 0.41 | 1.6 | 2.5 | 1.6 | 4880 | 12730 | 130 | 170 | 500 | 3510/600 |
| 630 | 850 | 242 | 657 | 829 | 31.5 | 5 | 2.1 | 182 | 42 | 6 | 2.5 | 0.4 | 1.7 | 2.5 | 1.7 | 3730 | 10390 | 130 | 170 | 368 | 3519/630 |
| 670 | 1090 | 410 | 719 | 1050 | 59 | 6 | 2.5 | 295 | 40 | 7.5 | 3 | 0.32 | 2.1 | 3.2 | 2.1 | 9680 | 23200 | 90 | 120 | 1370 | 3511/670 |
| 710 | 950 | 240 | 743 | 925 | 34 | 5 | 2.1 | 175 | 28 | 6 | 2.5 | 0.49 | 1.5 | 2.2 | 1.4 | 4070 | 12400 | 100 | 140 | 444 | 3519/710 |
|  | 1030 | 315 | 752 | 1000 | 49 | 6 | 2.5 | 220 | 35 | 7.5 | 3 | 0.43 | 1.6 | 2.3 | 1.5 | 6560 | 17930 | 90 | 120 | 810 | 3510/710 |
| 750 | 1000 | 264 | 783 | 978 | 36.5 | 5 | 2.1 | 194 | 40 | 6 | 2.5 | 0.4 | 1.7 | 2.5 | 1.6 | 5020 | 14480 | 90 | 120 | 499 | 3519/750 |
| 800 | 1060 | 270 | 838 | 1031 | 34.5 | 5 | 2.1 | 204 | 40 | 6 | 2.5 | 0.35 | 1.9 | 2.9 | 1.9 | 5020 | 15000 | 80 | 100 | 604 | 3519/800 |
| 850 | 1120 | 268 | 886 | 1093 | 40.5 | 5 | 2.1 | 188 | 32 | 6 | 2.5 | 0.46 | 1.5 | 2.2 | 1.5 | 5460 | 16860 | 75 | 95 | 636 | 3519/850 |
| 900 | 1180 | 275 | 940 | 1146 | 36.5 | 5 | 2.1 | 205 | 31 | 6 | 2.5 | 0.39 | 1.7 | 2.6 | 1.7 | 5000 | 16200 | 70 | 90 | 730 | 3519/900 |
| 950 | 1250 | 300 | 994 | 1220 | 41.5 | 6 | 2.5 | 220 | 36 | 7.5 | 3 | 0.33 | 2 | 3 | 2 | 6790 | 21100 | — | — | 910 | 3519/950 |

① 按国标 GB/T 299—2008 规定，优化设计的轴承代号后不加"E"。为了与老结构区分，本表中优化设计的双列圆锥滚子轴承代号后均加"E"。

### 表 6.1-63　四列圆锥滚子轴承（摘自 GB/T 300—2008）

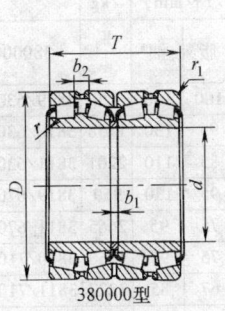

380000型

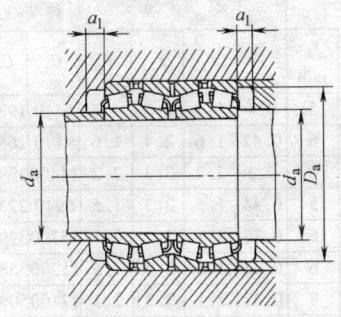

径向当量动载荷：

当 $F_a/F_r \leqslant e$ 时，$P_r = F_r + Y_1 F_a$

当 $F_a/F_r > e$ 时，$P_r = 0.67 F_r + Y_2 F_a$

径向当量静载荷：

$P_{0r} = F_r + Y_0 F_a$

式中　$F_r$、$F_a$ 均指作用于轴承上的总载荷

最小径向载荷 $F_{\min} = 0.02 C_r$

| 公称尺寸 /mm | | | 安装尺寸 /mm | | | 其他尺寸 /mm | | | | | 计算系数 | | | | 基本额定载荷/kN | | 极限转速 /(r/min) | | 质量 /kg | 轴承代号 |
|---|---|---|---|---|---|---|---|---|---|---|---|---|---|---|---|---|---|---|---|---|
| $d$ | $D$ | $T$ | $d_a$ max | $D_a$ min | $a_1$ | $b_1$ | $b_2$ | $r$ min | $r_1$ min | $e$ | $Y_1$ | $Y_2$ | $Y_0$ | $C_r$ | $C_{0r}$ | 脂 | 油 | $W$ ≈ | 380000 型 |
| 140 | 210 | 185 | 150 | 196 | 16 | 14 | 17.5 | 2.5 | 2 | 0.37 | 0.2 | 0.3 | 2 | 605 | 1400 | 800 | 1000 | 24.1 | 382028 |
| 150 | 210 | 165 | 160 | 196 | 15 | 10 | 17.5 | 2.5 | 2 | 0.27 | 2.5 | 3.7 | 2.4 | 602 | 1580 | 800 | 1000 | 21.2 | 382930 |
| 170 | 260 | 230 | 183 | 240 | 15 | 14 | 22 | 3 | 2.5 | 0.44 | 1.5 | 2.3 | 1.5 | 1270 | 3290 | 670 | 850 | 39.5 | 382034 |
| 200 | 310 | 275 | 213 | 284 | 15 | 14 | 24.5 | 3 | 2.5 | 0.37 | 1.7 | 2.3 | 2.1 | 1760 | 4200 | 560 | 700 | 75.1 | 382040 |
| 220 | 340 | 305 | 234 | 314 | 15 | 14 | 31.5 | 4 | 3 | 0.35 | 1.9 | 2.8 | 1.9 | 2070 | 5430 | 500 | 630 | 98 | 382044 |
| 240 | 360 | 310 | 256 | 334 | 18 | 14 | 34 | 4 | 3 | 0.31 | 2.2 | 3.2 | 2.1 | 2110 | 5610 | 450 | 560 | 91 | 382048 |
| 260 | 360 | 265 | 274 | 337 | 20 | 14 | 29.5 | 4 | 2.5 | 0.37 | 1.8 | 2.7 | 1.8 | 1760 | 5220 | 450 | 560 | 76.3 | 382952 |
| | 400 | 345 | 277 | 370 | 20 | 16 | 34.5 | 5 | 4 | 0.29 | 2.3 | 3.4 | 2.3 | 2710 | 7140 | 430 | 530 | 153 | 382052 |
| 280 | 460 | 324 | 304 | 423 | 20 | 16 | 30 | 5 | 4 | 0.33 | 2.1 | 3.1 | 2 | 2840 | 7290 | 360 | 450 | 200 | 381156 |
| | 420 | 300 | 317 | 394 | 20 | 14 | 29 | 4 | 3 | 0.29 | 2.3 | 3.4 | 2.3 | 2330 | 7210 | 380 | 480 | 130 | 382960 |
| 300 | 460 | 390 | 320 | 425 | 20 | 20 | 37 | 5 | 4 | 0.31 | 2.2 | 3.2 | 2.1 | 3180 | 9330 | 360 | 450 | 219 | 382060 |
| | 500 | 370 | 327 | 460 | 20 | 15 | 39 | 5 | 4 | 0.32 | 2.1 | 3.2 | 2.1 | 3390 | 8710 | 340 | 430 | 285 | 381160 |
| 320 | 480 | 390 | 340 | 440 | 20 | 20 | 37 | 5 | 4 | 0.42 | 1.6 | 2.4 | 1.6 | 3180 | 9330 | 340 | 430 | 234 | 382064 |
| | 460 | 310 | 355 | 434 | 20 | 14 | 34 | 4 | 3 | 0.31 | 2.2 | 3.2 | 2.1 | 2480 | 8100 | 340 | 430 | 145 | 382968 |
| 340 | 520 | 325 | 360 | 486 | 20 | 8 | 31 | 5 | 4 | 0.29 | 2.3 | 3.4 | 2.3 | 3100 | 8620 | 320 | 400 | 234 | 381068 |
| | 580 | 425 | 365 | 531 | 20 | 16 | 50.5 | 5 | 4 | 0.42 | 1.6 | 2.4 | 1.6 | 4580 | 11700 | 280 | 360 | 441 | 381168 |
| 360 | 540 | 325 | 380 | 504 | 20 | 13 | 28.5 | 5 | 4 | 0.3 | 2.3 | 3.3 | 2.2 | 3360 | 8840 | 300 | 380 | 248 | 381072 |
| 380 | 560 | 325 | 405 | 530 | 20 | 16 | 30.5 | 5 | 4 | 0.31 | 2.1 | 3.2 | 2.1 | 3360 | 8840 | 280 | 380 | 281 | 381076 |
| | 620 | 420 | 405 | 570 | 20 | 20 | 48 | 5 | 4 | 0.46 | 1.5 | 2.2 | 1.4 | 4710 | 12300 | 240 | 360 | 487 | 381176 |
| 400 | 600 | 356 | 420 | 560 | 20 | 16 | 36 | 5 | 4 | 0.4 | 1.6 | 2.5 | 1.7 | 4160 | 10400 | 240 | 320 | 317 | 381080 |
| 420 | 620 | 356 | 450 | 570 | 20 | 16 | 36 | 5 | 4 | 0.41 | 1.6 | 2.4 | 1.6 | 4160 | 10400 | 220 | 300 | 358 | 381084 |
| | 700 | 480 | 460 | 645 | 25 | 15 | 48 | 6 | 5 | 0.32 | 2.1 | 3.2 | 2.1 | 6780 | 18500 | 190 | 260 | 760 | 381184 |
| 440 | 650 | 376 | 469 | 606 | 20 | 16 | 44 | 5 | 5 | 0.43 | 1.6 | 2.3 | 1.5 | 4290 | 12390 | 200 | 280 | 401 | 381088 |
| 460 | 620 | 310 | 480 | 590 | 25 | 14 | 32 | 4 | 3 | 0.4 | 1.7 | 2.5 | 1.7 | 3360 | 10200 | 200 | 280 | 173 | 381992 |
| | 680 | 410 | 489 | 636 | 25 | 20 | 39 | 6 | 5 | 0.31 | 2.2 | 3.2 | 2.1 | 5130 | 14200 | 180 | 240 | 476 | 381092 |
| 480 | 650 | 338 | 502 | 613 | 25 | 20 | 39 | 5 | 5 | 0.42 | 1.6 | 2.4 | 1.6 | 3390 | 10500 | 190 | 260 | 301 | 381996 |
| | 700 | 420 | 510 | 655 | 25 | 20 | 40 | 6 | 5 | 0.32 | 2.1 | 3.1 | 2.1 | 5780 | 16900 | 170 | 220 | 547 | 381096 |
| 500 | 720 | 420 | 530 | 674 | 25 | 16 | 38 | 6 | 5 | 0.33 | 2.1 | 3.1 | 2 | 5880 | 17400 | 160 | 200 | 565 | 3810/500 |
| 530 | 780 | 450 | 560 | 742 | 25 | 20 | 49 | 6 | 5 | 0.38 | 1.8 | 2.6 | 1.7 | 7520 | 21500 | 140 | 180 | 744 | 3810/530 |
| | 870 | 590 | 570 | 794 | 25 | 24 | 60 | 7.5 | 6 | 0.46 | 1.5 | 2.2 | 1.4 | 9320 | 26100 | 120 | 160 | 1422 | 3811/530 |
| 560 | 750 | 368 | 586 | 710 | 30 | 28 | 42 | 5 | 5 | 0.43 | 1.6 | 2.3 | 1.5 | 4370 | 13300 | 140 | 180 | 456 | 3819/560 |
| | 920 | 620 | 604 | 848 | 25 | 20 | 70 | 7.5 | 6 | 0.39 | 1.7 | 2.6 | 1.7 | 11200 | 26100 | 100 | 140 | 1635 | 3811/560 |
| 600 | 800 | 380 | 625 | 760 | 30 | 13 | 40.5 | 5 | 5 | 0.33 | 2.1 | 3.1 | 2 | 5500 | 18900 | 120 | 160 | 536 | 3819/600 |
| | 870 | 480 | 630 | 821 | 30 | 20 | 52 | 6 | 5 | 0.41 | 1.7 | 2.5 | 1.6 | 8370 | 25400 | 100 | 140 | 995 | 3810/600 |
| | 980 | 650 | 644 | 908 | 25 | 22 | 71 | 7.5 | 6 | 0.32 | 2.1 | 3.2 | 2.1 | 12700 | 36700 | 90 | 120 | 1970 | 3811/600 |

（续）

| 公称尺寸 /mm | | | 安装尺寸 /mm | | | 其他尺寸 /mm | | | | 计算系数 | | | | 基本额定载荷/kN | | 极限转速 /(r/min) | | 质量 /kg | 轴承代号 |
|---|---|---|---|---|---|---|---|---|---|---|---|---|---|---|---|---|---|---|---|
| $d$ | $D$ | $T$ | $d_a$ max | $D_a$ min | $a_1$ | $b_1$ | $b_2$ | $r$ min | $r_1$ min | $e$ | $Y_1$ | $Y_2$ | $Y_0$ | $C_r$ | $C_{0r}$ | 脂 | 油 | $W$ ≈ | 380000 型 |
| 630 | 850 | 418 | 657 | 800 | 30 | 26 | 40 | 6 | 5 | 0.4 | 1.7 | 2.5 | 1.7 | 6440 | 19800 | 100 | 140 | 720 | 3819/630 |
| | 920 | 515 | 669 | 858 | 30 | 25 | 57 | 7.5 | 6 | 0.42 | 1.6 | 2.4 | 1.6 | 9170 | 26800 | 95 | 130 | 1158 | 3810/630 |
| | 1030 | 670 | 673 | 959 | 30 | 22 | 78 | 7.5 | 6 | 0.3 | 2.2 | 3.3 | 2.2 | 14400 | 39900 | 85 | 110 | 2201 | 3811/630 |
| 670 | 900 | 412 | 700 | 855 | 30 | 24 | 38 | 6 | 5 | 0.44 | 1.5 | 2.3 | 1.5 | 6940 | 22300 | 95 | 130 | 959 | 3819/670 |
| | 1090 | 710 | 719 | 1020 | 30 | 26 | 72 | 7.5 | 6 | 0.32 | 2.1 | 3.2 | 2.1 | 15700 | 39900 | 75 | 95 | 2665 | 3811/670 |
| 710 | 1030 | 555 | 752 | 962 | 30 | 23 | 70 | 7.5 | 6 | 0.43 | 1.6 | 2.3 | 1.5 | 11200 | 35800 | 75 | 95 | 1568 | 3810/710 |
| | 1150 | 750 | 762 | 1078 | 30 | 26 | 74 | 9.5 | 8 | 0.32 | 2.1 | 3.2 | 2.1 | 17100 | 50900 | 67 | 85 | 3227 | 3811/710 |
| 750 | 1090 | 605 | 793 | 1020 | 30 | 25 | 74 | 7.5 | 6 | 0.43 | 1.6 | 2.4 | 1.6 | 13100 | 42400 | 70 | 90 | 1874 | 3810/750 |
| | 1220 | 840 | 807 | 1130 | 30 | 30 | 65 | 9.5 | 8 | 0.32 | 2.1 | 3.2 | 2.1 | 21900 | 68000 | 48 | 80 | 3994 | 3811/750 |
| 950 | 1360 | 880 | 1000 | 1290 | 30 | 40 | 60 | 7.5 | 6 | 0.26 | 2.6 | 3.8 | 2.6 | 23300 | 83600 | — | — | 4087 | 3820/950 |
| 1060 | 1500 | 1000 | 1117 | 1420 | 30 | 40 | 70 | 9.5 | 8 | 0.26 | 2.6 | 3.8 | 2.6 | 29100 | 105000 | — | — | 5896 | 3820/1060 |

## 3.7　调心推力球轴承

单向调心推力球轴承和带调心座垫圈的单向调心推力球轴承见表 6.1-64。

**表 6.1-64　单向调心推力球轴承**（摘自 GB/T 28697—2012）

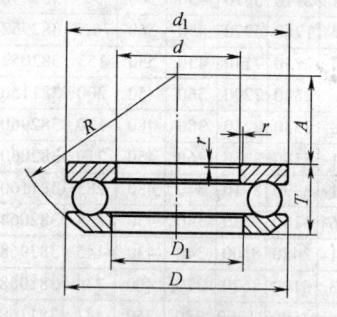

单向调心推力球轴承

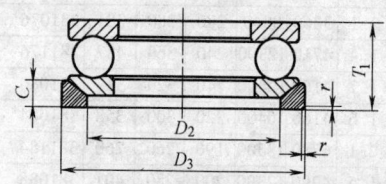

带调心座垫圈的单向调心推力球轴承

$A$——调心表面中心高度
$C$——调心座垫圈高度
$D$——调心座圈外径
$D_1$——调心座圈内径
$D_{1smin}$——调心座圈最小单一内径
$D_2$——调心座垫圈内径
$D_3$——调心座垫圈外径
$d$——单向轴承轴圈内径
$d_1$——单向轴承轴圈外径
$d_{1smax}$——单向轴承轴圈最大单一外径
$R$——调心座圈和调心座垫圈调心表面半径
$r$——单向轴承轴圈和调心座垫圈背面倒角尺寸
$r_{smin}$——单向轴承轴圈和调心座垫圈背面最小单一倒角尺寸
$T$——单向调心推力球轴承高度
$T_1$——带调心座垫圈的单向调心推力球轴承高度

| | | | | | | 单向轴承—直径系列 2 | | | | | |
|---|---|---|---|---|---|---|---|---|---|---|---|
| $d$ | $D$ | $d_{1smax}$ | $D_{1smin}$ | $T$ max | $A$ | $R$ | $D_2$ | $D_1$ | $T_1$ | $C$ | $r_{smin}$ |
| 10 | 26 | 26[①] | 12 | 11.6 | 8.5 | 22 | 18 | 28 | 13 | 3.5 | 0.6 |
| 12 | 28 | 28[①] | 14 | 11.4 | 11.5 | 25 | 20 | 30 | 13 | 3.5 | 0.6 |
| 15 | 32 | 32[①] | 17 | 13.3 | 12 | 28 | 24 | 35 | 15 | 4 | 0.6 |
| 17 | 35 | 35[①] | 19 | 13.2 | 16 | 32 | 26 | 38 | 16 | 4 | 0.6 |
| 20 | 40 | 40[①] | 22 | 14.7 | 18 | 36 | 30 | 42 | 17 | 5 | 0.6 |
| 25 | 47 | 47[①] | 27 | 16.7 | 19 | 40 | 36 | 50 | 19 | 5.5 | 0.6 |
| 30 | 52 | 52[①] | 32 | 17.8 | 22 | 45 | 42 | 55 | 20 | 5.5 | 0.6 |
| 35 | 62 | 62[①] | 37 | 19.9 | 24 | 50 | 48 | 65 | 22 | 7 | 1 |

（续）

| $d$ | $D$ | $d_{1smax}$ | $D_{1smin}$ | $T$ max | $A$ | $R$ | $D_2$ | $D_1$ | $T_1$ | $C$ | $r_{smin}$ |
|---|---|---|---|---|---|---|---|---|---|---|---|
| 40 | 68 | 68① | 42 | 20.3 | 28.5 | 56 | 55 | 72 | 23 | 7 | 1 |
| 45 | 73 | 73① | 47 | 21.3 | 26 | 56 | 60 | 78 | 24 | 7.5 | 1 |
| 50 | 78 | 78① | 52 | 23.5 | 32.5 | 64 | 62 | 82 | 26 | 7.5 | 1 |
| 55 | 90 | 90① | 57 | 27.3 | 35 | 72 | 72 | 95 | 30 | 9 | 1 |
| 60 | 95 | 95① | 62 | 28 | 32.5 | 72 | 78 | 100 | 31 | 9 | 1 |
| 65 | 100 | 100① | 67 | 28.7 | 40 | 80 | 82 | 105 | 32 | 9 | 1 |
| 70 | 105 | 105① | 72 | 28.8 | 38 | 80 | 88 | 110 | 32 | 9 | 1 |
| 75 | 110 | 110① | 77 | 28.3 | 49 | 90 | 92 | 115 | 32 | 9.5 | 1 |
| 80 | 115 | 115① | 82 | 29.5 | 46 | 90 | 98 | 120 | 33 | 10 | 1 |
| 85 | 125 | 125① | 88 | 33.1 | 52 | 100 | 105 | 130 | 37 | 11 | 1 |
| 90 | 135 | 135① | 93 | 38.5 | 45 | 100 | 110 | 140 | 42 | 13.5 | 1.1 |
| 100 | 150 | 150① | 103 | 40.9 | 52 | 112 | 125 | 155 | 45 | 14 | 1.1 |
| 110 | 160 | 160① | 113 | 40.2 | 65 | 125 | 135 | 165 | 45 | 14 | 1.1 |
| 120 | 170 | 170① | 123 | 40.8 | 61 | 125 | 145 | 175 | 46 | 15 | 1.1 |
| 130 | 190 | 187 | 133 | 47.9 | 67 | 140 | 160 | 195 | 53 | 17 | 1.5 |
| 140 | 200 | 197 | 143 | 48.6 | 87 | 160 | 170 | 210 | 55 | 17 | 1.5 |
| 150 | 215 | 212 | 153 | 53.3 | 79 | 160 | 180 | 225 | 60 | 20.5 | 1.5 |
| 160 | 225 | 222 | 163 | 54.7 | 74 | 160 | 190 | 235 | 61 | 21 | 1.5 |
| 170 | 240 | 237 | 173 | 58.7 | 91 | 180 | 200 | 250 | 65 | 21.5 | 1.5 |
| 180 | 250 | 247 | 183 | 58.2 | 112 | 200 | 210 | 260 | 66 | 21.5 | 1.5 |
| 190 | 270 | 267 | 194 | 65.7 | 98 | 200 | 230 | 280 | 73 | 23 | 2 |
| 200 | 280 | 277 | 204 | 65.3 | 125 | 225 | 240 | 290 | 74 | 23 | 2 |
| 220 | 300 | 297 | 224 | 65.6 | 118 | 225 | 260 | 310 | 75 | 25 | 2 |
| 240 | 340 | 335 | 244 | 81.6 | 122 | 250 | 290 | 350 | 92 | 30 | 2.1 |
| 260 | 360 | 355 | 264 | 82.8 | 152 | 280 | 305 | 370 | 93 | 30 | 2.1 |
| 280 | 380 | 375 | 284 | 85 | 143 | 280 | 325 | 390 | 94 | 31 | 2.1 |
| 300 | 420 | 415 | 304 | 100.5 | 164 | 320 | 360 | 430 | 112 | 34 | 3 |
| 320 | 440 | 435 | 325 | 100.5 | 157 | 320 | 380 | 450 | 112 | 36 | 3 |
| 340 | 460 | 455 | 345 | 100.3 | 199 | 360 | 400 | 470 | 113 | 36 | 3 |
| 360 | 500 | 495 | 365 | 116.7 | 172 | 360 | 430 | 510 | 130 | 43 | 4 |

单向轴承—直径系列 3

| $d$ | $D$ | $d_{1smax}$ | $D_{1smin}$ | $T$ max | $A$ | $R$ | $D_2$ | $D_1$ | $T_1$ | $C$ | $r_{smin}$ |
|---|---|---|---|---|---|---|---|---|---|---|---|
| 25 | 52 | 52① | 27 | 19.8 | 21 | 45 | 38 | 55 | 22 | 6 | 1 |
| 30 | 60 | 60① | 32 | 22.6 | 22 | 50 | 45 | 62 | 25 | 7 | 1 |
| 35 | 68 | 68① | 37 | 25.6 | 24 | 56 | 52 | 72 | 28 | 7.5 | 1 |
| 40 | 78 | 78① | 42 | 28.5 | 28 | 64 | 60 | 82 | 31 | 8.5 | 1 |
| 45 | 85 | 85① | 47 | 30.1 | 25 | 64 | 65 | 90 | 33 | 10 | 1 |
| 50 | 95 | 95① | 52 | 34.3 | 28 | 72 | 72 | 100 | 37 | 11 | 1.1 |
| 55 | 105 | 105① | 57 | 39.3 | 30 | 80 | 80 | 110 | 42 | 11.5 | 1.1 |
| 60 | 110 | 110① | 62 | 38.3 | 41 | 90 | 85 | 115 | 42 | 11.5 | 1.1 |
| 65 | 115 | 115① | 67 | 39.4 | 38.5 | 90 | 90 | 120 | 43 | 12.5 | 1.1 |

（续）

| $d$ | $D$ | $d_{1smax}$ | $D_{1smin}$ | $T$ max | $A$ | $R$ | $D_2$ | $D_1$ | $T_1$ | $C$ | $r_{smin}$ |
|---|---|---|---|---|---|---|---|---|---|---|---|
| 70 | 125 | 125① | 72 | 44.2 | 43 | 100 | 98 | 130 | 48 | 13 | 1.1 |
| 75 | 135 | 135① | 77 | 48.1 | 37 | 100 | 105 | 140 | 52 | 15 | 1.5 |
| 80 | 140 | 140① | 82 | 47.6 | 50 | 112 | 110 | 145 | 52 | 15 | 1.5 |
| 85 | 150 | 150① | 88 | 53.1 | 43 | 112 | 115 | 155 | 58 | 17.5 | 1.5 |
| 90 | 155 | 155① | 93 | 54.6 | 40 | 112 | 120 | 160 | 59 | 18 | 1.5 |
| 100 | 170 | 170① | 103 | 59.2 | 46 | 125 | 135 | 175 | 64 | 18 | 1.5 |
| 110 | 190 | 187 | 113 | 67.2 | 51 | 140 | 150 | 195 | 72 | 20.5 | 2 |
| 120 | 210 | 205 | 123 | 74.1 | 63 | 160 | 165 | 220 | 80 | 22 | 2.1 |
| 130 | 225 | 220 | 134 | 80.3 | 53 | 160 | 177 | 235 | 86 | 26 | 2.1 |
| 140 | 240 | 235 | 144 | 84.9 | 68 | 180 | 190 | 250 | 92 | 26 | 2.1 |
| 150 | 250 | 245 | 154 | 83.7 | 89.5 | 200 | 200 | 260 | 92 | 26 | 2.1 |
| 160 | 270 | 265 | 164 | 91.7 | 77 | 200 | 215 | 280 | 100 | 29 | 3 |
| 170 | 280 | 275 | 174 | 91.3 | 105 | 225 | 220 | 290 | 100 | 29 | 3 |
| 180 | 300 | 295 | 184 | 99.3 | 91 | 225 | 240 | 310 | 109 | 32 | 3 |
| 190 | 320 | 315 | 195 | 111 | 104 | 250 | 255 | 330 | 121 | 33 | 4 |
| 200 | 340 | 335 | 205 | 118.4 | 92 | 250 | 270 | 350 | 130 | 38 | 4 |

单向轴承—直径系列 4

| $d$ | $D$ | $d_{1smax}$ | $D_{1smin}$ | $T$ max | $A$ | $R$ | $D_2$ | $D_1$ | $T_1$ | $C$ | $r_{smin}$ |
|---|---|---|---|---|---|---|---|---|---|---|---|
| 25 | 60 | 60① | 27 | 26.4 | 19 | 50 | 42 | 62 | 29 | 8 | 1 |
| 30 | 70 | 70① | 32 | 30.1 | 20 | 56 | 50 | 75 | 33 | 9 | 1 |
| 35 | 80 | 80① | 37 | 34 | 23 | 64 | 58 | 85 | 37 | 10 | 1.1 |
| 40 | 90 | 90① | 42 | 38.2 | 26 | 72 | 65 | 95 | 42 | 12 | 1.1 |
| 45 | 100 | 100① | 47 | 42.4 | 29 | 80 | 72 | 105 | 46 | 12.5 | 1.1 |
| 50 | 110 | 110① | 52 | 45.6 | 35 | 90 | 80 | 115 | 50 | 14 | 1.5 |
| 55 | 120 | 120① | 57 | 50.5 | 28 | 90 | 88 | 125 | 55 | 15.5 | 1.5 |
| 60 | 130 | 130① | 62 | 54 | 34 | 100 | 95 | 135 | 58 | 16 | 1.5 |
| 65 | 140 | 140① | 68 | 60.2 | 40 | 112 | 100 | 145 | 65 | 17.5 | 2 |
| 70 | 150 | 150① | 73 | 63.6 | 34 | 112 | 110 | 155 | 69 | 19.5 | 2 |
| 75 | 160 | 160① | 78 | 69 | 42 | 125 | 115 | 165 | 75 | 21 | 2 |
| 80 | 170 | 170① | 83 | 72.2 | 36 | 125 | 125 | 175 | 78 | 22 | 2.1 |
| 85 | 180 | 177 | 88 | 77 | 47 | 140 | 130 | 185 | 83 | 23 | 2.1 |
| 90 | 190 | 187 | 93 | 81.2 | 40 | 140 | 140 | 195 | 88 | 25.5 | 2.1 |
| 100 | 210 | 205 | 103 | 90 | 50 | 160 | 155 | 220 | 98 | 27 | 3 |
| 110 | 230 | 225 | 113 | 99.7 | 59 | 180 | 170 | 240 | 109 | 29 | 3 |
| 120 | 250 | 245 | 123 | 107.3 | 70 | 200 | 185 | 260 | 118 | 32 | 4 |
| 130 | 270 | 265 | 134 | 115.2 | 58 | 200 | 200 | 280 | 128 | 38 | 4 |
| 140 | 280 | 275 | 144 | 117 | 83 | 225 | 206 | 290 | 131 | 38 | 4 |
| 150 | 300 | 295 | 154 | 125.9 | 69 | 225 | 225 | 310 | 140 | 41 | 4 |
| 160 | 320 | 315 | 164 | 135.3 | 84 | 250 | 240 | 330 | 150 | 41.5 | 5 |
| 170 | 340 | 335 | 174 | 141 | 74 | 250 | 255 | 350 | 156 | 46 | 5 |
| 180 | 360 | 355 | 184 | 148.3 | 97 | 280 | 270 | 370 | 164 | 46.5 | 5 |

① 如果 $d_{1smax}$ 与 $D$ 的公称值相同，应规定其公差，以使轴圈外表面与公称直径为 $D$ 的轴承座内孔之间留有间隙。

　　双向调心推力球轴承和带调心座垫圈的双向调心
推力球轴承见表 6.1-65。

### 表 6.1-65　双向调心推力球轴承（摘自 GB/T 28697—2012）

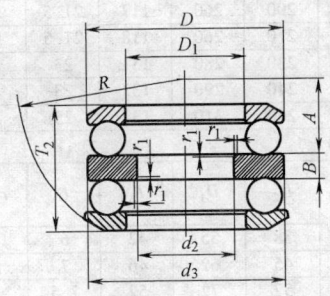

双向调心推力球轴承

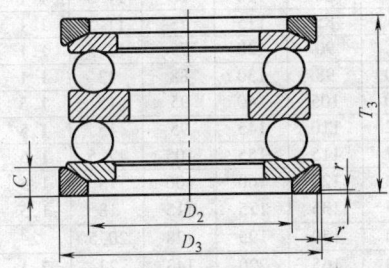

带调心座垫圈的双向调心推力球轴承

$A$——调心表面中心高度
$B$——双向轴承中轴圈高度
$C$——调心座垫圈高度
$D$——调心座圈外径
$D_1$——调心座圈内径
$D_{1\,min}$——调心座圈最小单一内径
$D_2$——调心座垫圈内径
$D_3$——调心座垫圈外径
$d_2$——双向轴承中轴圈内径
$d_3$——双向轴承中轴圈外径
$d_{3\,max}$——双向轴承中轴圈最大单一外径
$R$——调心座圈和调心座垫圈调心表面半径
$r_1$——双向轴承中轴圈端面倒角尺寸
$r_{1\,min}$——双向轴承中轴圈端面最小单一倒角尺寸
$T_2$——双向调心推力球轴承高度
$T_3$——带调心座垫圈的双向调心推力球轴承高度

| | | | | | 双向轴承—直径系列 2 | | | | | | | | |
|---|---|---|---|---|---|---|---|---|---|---|---|---|---|
| $d$[①] | $d_2$ | $D$ | $d_{3\,max}$ | $D_{1\,min}$ | $T_2$ max | $B$ | $A$ | $R$ | $D_2$ | $D_3$ | $T_3$ | $C$ | $r_{s\,min}$ | $r_{1s\,min}$ |
| 15 | 10 | 32 | 32[②] | 17 | 24.6 | 5 | 10.5 | 28 | 24 | 35 | 28 | 4 | 0.6 | 0.3 |
| 20 | 15 | 40 | 40[②] | 22 | 27.4 | 6 | 16 | 36 | 30 | 42 | 32 | 5 | 0.6 | 0.3 |
| 25 | 20 | 47 | 47[②] | 27 | 31.4 | 7 | 16.5 | 40 | 36 | 50 | 36 | 5.5 | 0.6 | 0.3 |
| 30 | 25 | 52 | 52[②] | 32 | 32.6 | 7 | 20 | 45 | 42 | 55 | 37 | 5.5 | 0.6 | 0.3 |
| 35 | 30 | 62 | 62[②] | 37 | 37.8 | 8 | 21 | 50 | 48 | 65 | 42 | 7 | 1 | 0.3 |
| 40 | 30 | 68 | 68[②] | 42 | 38.6 | 9 | 25 | 56 | 55 | 72 | 44 | 7 | 1 | 0.6 |
| 45 | 35 | 73 | 73[②] | 47 | 39.6 | 9 | 23 | 56 | 60 | 78 | 45 | 7.5 | 1 | 0.6 |
| 50 | 40 | 78 | 78[②] | 52 | 42 | 9 | 30.5 | 64 | 62 | 82 | 47 | 7.5 | 1 | 0.6 |
| 55 | 45 | 90 | 90[②] | 57 | 49.6 | 10 | 32.5 | 72 | 72 | 95 | 55 | 9 | 1 | 0.6 |
| 60 | 50 | 95 | 95[②] | 62 | 50 | 10 | 30.5 | 72 | 78 | 100 | 56 | 9 | 1 | 0.6 |
| 65 | 55 | 100 | 100[②] | 67 | 50.4 | 10 | 38.5 | 80 | 82 | 105 | 57 | 9 | 1 | 0.6 |
| 70 | 55 | 105 | 105[②] | 72 | 50.6 | 10 | 36.5 | 80 | 88 | 110 | 57 | 9 | 1 | 1 |
| 75 | 60 | 110 | 110[②] | 77 | 49.6 | 10 | 47.5 | 90 | 92 | 115 | 57 | 9.5 | 1 | 1 |
| 80 | 65 | 116 | 115[②] | 82 | 51 | 10 | 45 | 90 | 98 | 120 | 58 | 10 | 1 | 1 |
| 85 | 70 | 125 | 125[②] | 88 | 59.2 | 12 | 49.5 | 100 | 105 | 130 | 67 | 11 | 1 | 1 |
| 90 | 75 | 135 | 135[②] | 93 | 69 | 14 | 42 | 100 | 110 | 140 | 76 | 13.5 | 1.1 | 1 |
| 100 | 85 | 150 | 150[②] | 103 | 72.8 | 15 | 49 | 112 | 125 | 155 | 81 | 14 | 1.1 | 1 |
| 110 | 95 | 160 | 150[②] | 113 | 71.4 | 15 | 62 | 125 | 135 | 165 | 81 | 14 | 1.1 | 1 |
| 120 | 100 | 170 | 170[②] | 123 | 71.6 | 15 | 58.5 | 125 | 145 | 175 | 82 | 15 | 1.1 | 1.1 |
| 130 | 110 | 190 | 189.5 | 183 | 85.8 | 18 | 63 | 140 | 160 | 195 | 96 | 17 | 1.5 | 1.1 |
| 140 | 120 | 200 | 199.5 | 143 | 86.2 | 18 | 83.5 | 160 | 170 | 210 | 99 | 17 | 1.5 | 1.1 |
| 150 | 130 | 215 | 214.5 | 153 | 95.6 | 20 | 74.5 | 160 | 180 | 225 | 109 | 20.5 | 1.5 | 1.1 |
| 160 | 140 | 225 | 224.5 | 163 | 97.4 | 20 | 70 | 160 | 190 | 235 | 110 | 21 | 1.5 | 1.1 |

（续）

### 双向轴承—直径系列 2

| $d$[①] | $d_2$ | $D$ | $d_{3smax}$ | $D_{1smin}$ | $T_2$ max | $B$ | $A$ | $R$ | $D_2$ | $D_3$ | $T_3$ | $C$ | $r_{smin}$ | $r_{1smin}$ |
|---|---|---|---|---|---|---|---|---|---|---|---|---|---|---|
| 170 | 150 | 240 | 239.5 | 173 | 104.4 | 21 | 87 | 180 | 200 | 260 | 117 | 21.5 | 1.5 | 1.1 |
| 180 | 150 | 250 | 249 | 183 | 102.4 | 21 | 108.5 | 200 | 210 | 260 | 118 | 21.5 | 1.5 | 2 |
| 190 | 160 | 270 | 269 | 194 | 116.4 | 24 | 93.5 | 200 | 230 | 280 | 131 | 23 | 2 | 2 |
| 200 | 170 | 280 | 279 | 204 | 115.6 | 24 | 120.5 | 225 | 240 | 290 | 133 | 23 | 2 | 2 |
| 220 | 190 | 300 | 299 | 224 | 115.2 | 24 | 114 | 225 | 260 | 310 | 134 | 25 | 2 | 2 |

### 双向轴承—直径系列 3

| $d$[①] | $d_2$ | $D$ | $d_{3smax}$ | $D_{1smin}$ | $T_2$ max | $B$ | $A$ | $R$ | $D_2$ | $D_3$ | $T_3$ | $C$ | $r_{smin}$ | $r_{1smin}$ |
|---|---|---|---|---|---|---|---|---|---|---|---|---|---|---|
| 25 | 20 | 52 | 52[②] | 27 | 37.6 | 8 | 18 | 45 | 38 | 55 | 42 | 6 | 1 | 0.3 |
| 30 | 25 | 60 | 60[②] | 32 | 41.3 | 9 | 19.5 | 50 | 45 | 62 | 46 | 7 | 1 | 0.3 |
| 35 | 30 | 68 | 68[②] | 37 | 47.2 | 10 | 21 | 56 | 52 | 72 | 52 | 7.5 | 1 | 0.3 |
| 40 | 30 | 78 | 78[②] | 42 | 54.1 | 12 | 23.5 | 64 | 60 | 82 | 60 | 8.5 | 1 | 0.6 |
| 45 | 35 | 85 | 85[②] | 47 | 56.2 | 12 | 21 | 64 | 65 | 90 | 62 | 10 | 1 | 0.6 |
| 50 | 40 | 95 | 95[②] | 52 | 64.7 | 14 | 23 | 72 | 72 | 100 | 70 | 11 | 1.1 | 0.6 |
| 55 | 45 | 105 | 105[②] | 57 | 72.6 | 15 | 25.5 | 80 | 80 | 110 | 78 | 11.5 | 1.1 | 0.6 |
| 60 | 50 | 110 | 110[②] | 62 | 70.7 | 15 | 35.5 | 90 | 85 | 115 | 78 | 11.5 | 1.1 | 0.6 |
| 65 | 55 | 115 | 115[②] | 67 | 71.9 | 15 | 34.5 | 90 | 90 | 120 | 79 | 12.5 | 1.1 | 0.6 |
| 70 | 55 | 125 | 125[②] | 72 | 80.4 | 16 | 39 | 100 | 98 | 130 | 88 | 13 | 1.1 | 1 |
| 75 | 60 | 135 | 135[②] | 77 | 87.2 | 18 | 32.5 | 100 | 105 | 140 | 95 | 15 | 1.5 | 1 |
| 80 | 65 | 140 | 140[②] | 82 | 86.2 | 18 | 45.5 | 112 | 110 | 145 | 95 | 15 | 1.5 | 1 |
| 85 | 70 | 150 | 150[②] | 88 | 95.2 | 19 | 39 | 112 | 115 | 155 | 105 | 17.5 | 1.5 | 1 |
| 90 | 75 | 155 | 155[②] | 93 | 97.2 | 19 | 36.5 | 112 | 120 | 160 | 106 | 18 | 1.5 | 1 |
| 100 | 85 | 170 | 170[②] | 103 | 105.5 | 21 | 42 | 125 | 135 | 175 | 115 | 18 | 1.5 | 1 |
| 110 | 95 | 190 | 189.5 | 113 | 118.4 | 24 | 47 | 140 | 150 | 195 | 128 | 20.5 | 2 | 1 |
| 120 | 100 | 210 | 209.5 | 123 | 131.2 | 27 | 58 | 160 | 165 | 220 | 143 | 22 | 2.1 | 1.1 |
| 130 | 110 | 225 | 224 | 134 | 140.6 | 30 | 48 | 160 | 177 | 235 | 152 | 26 | 2.1 | 1.1 |
| 140 | 120 | 240 | 239 | 144 | 149.8 | 31 | 62.5 | 180 | 190 | 250 | 164 | 26 | 2.1 | 1.1 |
| 150 | 130 | 250 | 249 | 154 | 147.7 | 31 | 84 | 200 | 200 | 260 | 164 | 26 | 2.1 | 1.1 |
| 160 | 140 | 270 | 269 | 164 | 162.3 | 33 | 71 | 200 | 215 | 280 | 179 | 29 | 3 | 1.1 |
| 170 | 150 | 280 | 279 | 174 | 161.5 | 33 | 100 | 225 | 220 | 290 | 179 | 29 | 3 | 1.1 |
| 180 | 150 | 300 | 299 | 184 | 173.7 | 37 | 85 | 225 | 240 | 310 | 193 | 32 | 3 | 2 |
| 190 | 160 | 320 | 319 | 195 | 195.1 | 40 | 97.5 | 250 | 255 | 330 | 215 | 33 | 4 | 2 |
| 200 | 170 | 340 | 339 | 205 | 208.8 | 42 | 85 | 250 | 270 | 350 | 232 | 38 | 4 | 2 |

### 双向轴承—直径系列 4

| $d$[①] | $d_2$ | $D$ | $d_{3smax}$ | $D_{1smin}$ | $T_2$ max | $B$ | $A$ | $R$ | $D_2$ | $D_3$ | $T_3$ | $C$ | $r_{smin}$ | $r_{1smin}$ |
|---|---|---|---|---|---|---|---|---|---|---|---|---|---|---|
| 25 | 15 | 60 | 60[②] | 27 | 49.8 | 11 | 15 | 50 | 42 | 62 | 55 | 8 | 1 | 0.6 |
| 30 | 20 | 70 | 70[②] | 32 | 56.2 | 12 | 16 | 56 | 50 | 75 | 62 | 9 | 1 | 0.6 |
| 35 | 25 | 80 | 80[②] | 37 | 63.1 | 14 | 18.5 | 64 | 58 | 85 | 69 | 10 | 1.1 | 0.6 |
| 40 | 30 | 90 | 90[②] | 42 | 69.5 | 15 | 22 | 72 | 65 | 95 | 77 | 12 | 1.1 | 0.6 |
| 45 | 35 | 100 | 100[②] | 47 | 78.9 | 17 | 23.5 | 80 | 72 | 105 | 85 | 12.5 | 1.1 | 0.6 |
| 50 | 40 | 110 | 110[②] | 52 | 83.2 | 18 | 30 | 90 | 80 | 115 | 92 | 14 | 1.5 | 0.6 |
| 55 | 45 | 120 | 120[②] | 57 | 92 | 20 | 22.5 | 90 | 88 | 125 | 101 | 15.5 | 1.5 | 0.6 |
| 60 | 50 | 130 | 130[②] | 62 | 99 | 21 | 28 | 100 | 95 | 135 | 107 | 16 | 1.5 | 0.6 |
| 65 | 50 | 140 | 140[②] | 68 | 109.4 | 23 | 34 | 112 | 100 | 145 | 119 | 17.5 | 2 | 1 |
| 70 | 55 | 150 | 150[②] | 73 | 114.2 | 24 | 28.5 | 112 | 110 | 155 | 125 | 19.5 | 2 | 1 |
| 75 | 60 | 160 | 160[②] | 78 | 123 | 26 | 36.5 | 125 | 115 | 165 | 135 | 21 | 2 | 1 |
| 80 | 65 | 170 | 170[②] | 83 | 128.5 | 27 | 30.5 | 125 | 125 | 175 | 140 | 22 | 2.1 | 1 |
| 85 | 65 | 180 | 179.5 | 88 | 138 | 29 | 40.5 | 140 | 130 | 185 | 150 | 23 | 2.1 | 1.1 |
| 90 | 70 | 190 | 189.5 | 93 | 143.5 | 30 | 34.5 | 140 | 140 | 195 | 157 | 25.5 | 2.1 | 1.1 |
| 100 | 80 | 210 | 209.5 | 103 | 160 | 33 | 43.5 | 160 | 155 | 220 | 176 | 27 | 3 | 1.1 |

① $d$ 为表 6.1-64 中规定的相应单向轴承直径系列 4 轴圈的内径。

② 如果 $d_{3smax}$ 与 $D$ 的公称值相同，应规定其公差，以使轴圈外表面与公称直径为 $D$ 的轴承座内孔之间留有间隙。

## 3.8 推力滚子轴承（表6.1-66～表6.1-69）

### 表6.1-66 推力调心滚子轴承（摘自 GB/T 5859—2008）

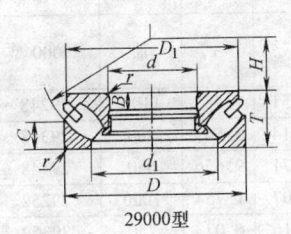

29000型

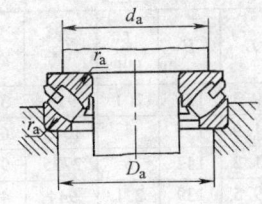

轴向当量动载荷：

当 $F_r \leqslant 0.55 F_a$ 时，$P_a = F_a + 1.2 F_r$

轴向当量静载荷：

当 $F_r \leqslant 0.55 F_a$ 时，$P_{0a} = F_a + 2.7 F_r$

最小轴向载荷：

$$\frac{C_{0a}}{1000} \leqslant F_{amin} > 1.8 F_r + A\left(\frac{n}{1000}\right)^2$$

式中 $n$——转速（r/min）

| 公称尺寸 /mm | | | 安装尺寸 /mm | | | 其他尺寸 /mm | | | | | | 基本额定载荷 /kN | | 最小载荷常数 | 极限转速 /(r/min) | 轴承代号 |
|---|---|---|---|---|---|---|---|---|---|---|---|---|---|---|---|---|
| $d$ | $D$ | $T$ | $d_a$ min | $D_a$ max | $r_a$ max | $d_1$ max | $D_1$ max | $B$ min | $C$ | $H$ | $r$ min | $C_a$ | $C_{0a}$ | $A$ | 油 | 29000型 |
| 60 | 130 | 42 | 90 | 107 | 1.5 | 89 | 123 | 15 | 20.1 | 38 | 1.5 | 319 | 897 | 0.086 | 2400 | 29412 |
| 65 | 140 | 45 | 100 | 115 | 2 | 96 | 133 | 16 | 21.3 | 42 | 2 | 371 | 1048 | 0.118 | 2200 | 29413 |
| 70 | 150 | 48 | 105 | 124 | 2 | 103 | 142 | 17 | 22.7 | 44 | 2 | 416 | 1198 | 0.155 | 2000 | 29414 |
| 75 | 160 | 51 | 115 | 132 | 2 | 109 | 152 | 18 | 24.3 | 47 | 2 | 468 | 1367 | 0.21 | 1900 | 29415 |
| 80 | 170 | 54 | 120 | 141 | 2.1 | 117 | 162 | 19 | 26.8 | 50 | 2.1 | 532 | 1563 | 0.263 | 1800 | 29416 |
| 85 | 150 | 39 | 115 | 129 | 1.5 | 114 | 143.5 | 13 | 18.7 | 50 | 1.5 | 326 | 1037 | 0.105 | 2200 | 29317 |
| 85 | 180 | 58 | 130 | 150 | 2.1 | 125 | 170 | 21 | 27.3 | 54 | 2.1 | 582 | 1708 | 0.304 | 1700 | 29417 |
| 90 | 155 | 39 | 118 | 135 | 1.5 | 117 | 148.5 | 13 | 18.8 | 52 | 1.5 | 335 | 1089 | 0.116 | 2200 | 29318 |
| 90 | 190 | 60 | 135 | 158 | 2.1 | 132 | 180 | 22 | 28.5 | 56 | 2.1 | 642 | 1904 | 0.392 | 1600 | 29418 |
| 100 | 170 | 42 | 132 | 148 | 1.5 | 129 | 163 | 14 | 20.8 | 58 | 1.5 | 390 | 1284 | 0.166 | 2000 | 29320 |
| 100 | 210 | 67 | 150 | 175 | 2.5 | 146 | 200 | 24 | 32.4 | 62 | 3 | 778 | 2343 | 0.588 | 1400 | 29420 |
| 110 | 190 | 48 | 145 | 165 | 2 | 143 | 182 | 16 | 23 | 64 | 2 | 487 | 1625 | 0.279 | 1800 | 29322 |
| 110 | 230 | 73 | 165 | 192 | 2.5 | 162 | 220 | 26 | 34.8 | 69 | 3 | 923 | 2854 | 0.724 | 1300 | 29422 |
| 120 | 210 | 54 | 160 | 182 | 2.1 | 159 | 200 | 18 | 25.9 | 70 | 2.1 | 620 | 2066 | 0.44 | 1600 | 29324 |
| 120 | 250 | 78 | 180 | 210 | 3 | 174 | 236 | 29 | 36.6 | 74 | 4 | 1074 | 3308 | 0.933 | 1200 | 29424 |
| 130 | 225 | 58 | 170 | 195 | 2.1 | 171 | 215 | 19 | 27.8 | 76 | 2.1 | 663 | 2235 | 0.543 | 1500 | 29326 |
| 130 | 270 | 85 | 195 | 227 | 3 | 189 | 255 | 31 | 40 | 81 | 4 | 1249 | 3918 | 1.64 | 1100 | 29426 |
| 140 | 240 | 60 | 185 | 208 | 2.1 | 183 | 230 | 20 | 28 | 82 | 2.1 | 719 | 2539 | 0.71 | 1400 | 29328 |
| 140 | 280 | 85 | 205 | 237 | 3 | 199 | 268 | 31 | 40 | 86 | 4 | 1288 | 4133 | 1.796 | 1000 | 29428 |
| 150 | 250 | 60 | 195 | 220 | 2.1 | 194 | 240 | 20 | 28.9 | 87 | 2.1 | 781 | 2753 | 0.774 | 1300 | 29330 |
| 150 | 300 | 90 | 220 | 253 | 3 | 214 | 285 | 32 | 42.1 | 92 | 4 | 1452 | 4680 | 2.285 | 950 | 29430 |
| 160 | 270 | 67 | 210 | 236 | 2.5 | 208 | 260 | 23 | 31.7 | 92 | 3 | 927 | 3253 | 1.063 | 1200 | 29332 |
| 160 | 320 | 95 | 230 | 271 | 4 | 229 | 306 | 34 | 47.1 | 99 | 4 | 1589 | 5315 | 2.969 | 900 | 29432 |
| 170 | 280 | 67 | 220 | 247 | 2.5 | 216 | 270 | 23 | 31.7 | 96 | 3 | 940 | 3358 | 1.16 | 1100 | 29334 |
| 170 | 340 | 103 | 245 | 288 | 4 | 243 | 324 | 37 | 48.8 | 104 | 5 | 1878 | 6265 | 4.015 | 850 | 29434 |
| 180 | 300 | 73 | 235 | 263 | 2.5 | 232 | 290 | 25 | 34.8 | 103 | 4 | 1111 | 4056 | 1.628 | 1000 | 29336 |
| 180 | 360 | 109 | 260 | 305 | 4 | 255 | 342 | 39 | 51.9 | 110 | 5 | 2056 | 6867 | 4.936 | 750 | 29436 |
| 190 | 320 | 78 | 250 | 281 | 3 | 246 | 308 | 27 | 38.6 | 110 | 4 | 1301 | 4861 | 2.294 | 900 | 29338 |
| 190 | 380 | 115 | 275 | 322 | 4 | 271 | 360 | 41 | 55 | 117 | 5 | 2297 | 7774 | 6.228 | 700 | 29438 |
| 200 | 280 | 48 | 235 | 258 | 2 | 236 | 271 | 15 | 24 | 108 | 2 | 612 | 2518 | 0.759 | 1400 | 29240 |
| 200 | 340 | 85 | 265 | 298 | 3 | 261 | 325 | 29 | 39.1 | 116 | 4 | 1430 | 5181 | 2.827 | 900 | 29340 |
| 200 | 400 | 122 | 290 | 338 | 4 | 286 | 380 | 43 | 56.5 | 122 | 5 | 2483 | 8368 | 7.588 | 700 | 29440 |
| 220 | 300 | 48 | 260 | 277 | 2 | 254 | 292 | 15 | 24 | 117 | 2 | 634 | 2705 | 0.749 | 1300 | 29244 |
| 220 | 360 | 85 | 285 | 316 | 3 | 280 | 345 | 29 | 40.7 | 125 | 4 | 1524 | 5661 | 3.21 | 850 | 29344 |
| 220 | 420 | 122 | 310 | 360 | 5 | 308 | 400 | 43 | 56.9 | 132 | 6 | 2588 | 8990 | 8.583 | 670 | 29444 |

（续）

| 公称尺寸/mm | | | 安装尺寸/mm | | | 其他尺寸/mm | | | | | | 基本额定载荷/kN | | 最小载荷常数 | 极限转速/(r/min) | 轴承代号 |
|---|---|---|---|---|---|---|---|---|---|---|---|---|---|---|---|---|
| $d$ | $D$ | $T$ | $d_a$ min | $D_a$ max | $r_a$ max | $d_1$ max | $D_1$ max | $B$ min | $C$ | $H$ | $r$ min | $C_a$ | $C_{0a}$ | $A$ | 油 | 29000型 |
| 240 | 340 | 60 | 285 | 311 | 2.1 | 283 | 330 | 19 | 29.3 | 130 | 2.1 | 915 | 3951 | 1.483 | 1100 | 29248 |
| | 380 | 85 | 300 | 337 | 3 | 300 | 365 | 29 | 41.9 | 135 | 4 | 1583 | 6014 | 3.569 | 800 | 29348 |
| | 440 | 122 | 330 | 381 | 5 | 326 | 420 | 43 | 51.2 | 142 | 6 | 2725 | 9771 | 9.656 | 630 | 29448 |
| 260 | 360 | 60 | 305 | 331 | 2.1 | 302 | 350 | 19 | 29.5 | 139 | 2.1 | 944 | 4207 | 1.754 | 1000 | 29252 |
| | 420 | 95 | 330 | 372 | 4 | 329 | 405 | 32 | 46 | 148 | 5 | 1940 | 7716 | 6.073 | 750 | 29352 |
| | 480 | 132 | 360 | 419 | 5 | 357 | 460 | 48 | 65 | 154 | 6 | 3247 | 11930 | 14.45 | 600 | 29452 |
| 280 | 380 | 60 | 325 | 351 | 2.1 | 323 | 370 | 19 | 29.5 | 150 | 2.1 | 954 | 4348 | 1.855 | 950 | 29256 |
| | 440 | 95 | 350 | 394 | 4 | 348 | 423 | 32 | 46.3 | 158 | 5 | 2023 | 8207 | 6.782 | 670 | 29356 |
| | 520 | 145 | 390 | 446 | 5 | 387 | 495 | 52 | 67.6 | 166 | 6 | 3753 | 13794 | 20.73 | 530 | 29456 |
| 300 | 420 | 73 | 355 | 386 | 2.5 | 353 | 405 | 21 | 35.8 | 162 | 3 | 1340 | 6057 | 3.43 | 900 | 29260 |
| | 480 | 109 | 380 | 429 | 4 | 379 | 460 | 37 | 53.1 | 168 | 5 | 2554 | 10396 | 10.2 | 630 | 29360 |
| | 540 | 145 | 410 | 471 | 5 | 402 | 515 | 52 | 68.3 | 175 | 6 | 3895 | 14689 | 22.95 | 480 | 29460 |
| 320 | 440 | 73 | 375 | 406 | 2.5 | 372 | 430 | 21 | 36 | 172 | 3 | 1406 | 6556 | 3.822 | 800 | 29264 |
| | 500 | 109 | 400 | 449 | 4 | 399 | 482 | 37 | 53 | 180 | 5 | 2578 | 10691 | 11.15 | 600 | 29364 |
| | 580 | 155 | 435 | 507 | 6 | 435 | 555 | 55 | 75 | 191 | 7.5 | 4537 | 17432 | 31.97 | 450 | 29464 |
| 340 | 460 | 73 | 395 | 427 | 2.5 | 395 | 445 | 21 | 36.6 | 183 | 3 | 1432 | 6838 | 4.27 | 800 | 29268 |
| | 540 | 122 | 430 | 484 | 4 | 428 | 520 | 41 | 57.8 | 192 | 5 | 3052 | 12554 | 15.64 | 530 | 29368 |
| | 620 | 170 | 465 | 541 | 6 | 462 | 590 | 61 | 78.5 | 201 | 7.5 | 5002 | 18866 | 38.98 | 430 | 29468 |
| 360 | 500 | 85 | 420 | 461 | 3 | 423 | 485 | 25 | 40.8 | 194 | 4 | 1796 | 8412 | 6.797 | 700 | 29272 |
| | 560 | 122 | 450 | 504 | 4 | 448 | 540 | 41 | 58.1 | 202 | 5 | 3124 | 13114 | 16.33 | 500 | 29372 |
| | 640 | 170 | 485 | 560 | 6 | 480 | 610 | 61 | 81 | 210 | 7.5 | 5295 | 20562 | 43.24 | 400 | 29472 |
| 380 | 520 | 85 | 440 | 480 | 3 | 441 | 505 | 27 | 42.1 | 202 | 4 | 1886 | 9107 | 7.536 | 670 | 29276 |
| | 600 | 132 | 480 | 538 | 5 | 477 | 580 | 44 | 61.4 | 216 | 6 | 3560 | 15005 | 24.68 | 450 | 29376 |
| | 670 | 175 | 510 | 587 | 6 | 504 | 640 | 63 | 84.5 | 230 | 7.5 | 5799 | 23345 | 55.3 | 380 | 29476 |
| 400 | 540 | 85 | 460 | 500 | 3 | 460 | 526 | 27 | 42.2 | 212 | 4 | 1906 | 9359 | 8.989 | 670 | 29280 |
| | 620 | 132 | 500 | 557 | 5 | 494 | 596 | 44 | 64.7 | 225 | 6 | 3690 | 15865 | 24.52 | 450 | 29380 |
| | 710 | 185 | 540 | 622 | 6 | 534 | 680 | 67 | 86 | 236 | 7.5 | 6073 | 24293 | 67.59 | 360 | 29480 |
| 420 | 580 | 95 | 490 | 534 | 4 | 489 | 564 | 30 | 49.2 | 225 | 5 | 2356 | 11571 | 12.6 | 600 | 29284 |
| | 650 | 140 | 525 | 585 | 5 | 520 | 626 | 48 | 67.1 | 235 | 6 | 3673 | 17692 | 30.7 | 430 | 29384 |
| | 730 | 185 | 560 | 643 | 6 | 556 | 700 | 67 | 89 | 244 | 7.5 | 6344 | 25562 | 70.27 | 340 | 29484 |
| 440 | 600 | 95 | 510 | 554 | 4 | 508 | 585 | 30 | 49.3 | 235 | 5 | 2466 | 12439 | 13.89 | 560 | 29288 |
| | 680 | 145 | 548 | 614 | 5 | 548 | 655 | 49 | 70.8 | 245 | 6 | 4434 | 19229 | 36.0 | 400 | 29388 |
| | 780 | 206 | 595 | 684 | 8 | 588 | 745 | 74 | 97 | 260 | 9.5 | 7271 | 28835 | 89.34 | 320 | 29488 |
| 460 | 620 | 95 | 530 | 575 | 4 | 530 | 605 | 30 | 49.3 | 245 | 5 | 2474 | 12643 | 15.32 | 530 | 29292 |
| | 710 | 150 | 575 | 638 | 5 | 567 | 685 | 51 | 72 | 257 | 6 | 4762 | 21051 | 44.6 | 360 | 29392 |
| | 800 | 206 | 615 | 704 | 8 | 608 | 765 | 74 | 99.9 | 272 | 9.5 | 7793 | 31810 | 99.15 | 300 | 29492 |
| 480 | 650 | 103 | 555 | 603 | 4 | 556 | 635 | 33 | 49.4 | 259 | 5 | 2694 | 13555 | 17.66 | 500 | 29296 |
| | 730 | 150 | 593 | 660 | 5 | 590 | 705 | 51 | 74.4 | 270 | 6 | 4967 | 22458 | 48.02 | 340 | 29396 |
| | 850 | 224 | 645 | 744 | 8 | 638 | 810 | 81 | 102.8 | 280 | 9.5 | 8525 | 34066 | 132.4 | 280 | 29496 |
| 500 | 670 | 103 | 575 | 622 | 4 | 574 | 654 | 33 | 50.5 | 268 | 5 | 2782 | 14281 | 18.48 | 480 | 292/500 |
| | 750 | 150 | 615 | 683 | 5 | 611 | 725 | 51 | 74.9 | 280 | 6 | 5002 | 22895 | 48.09 | 340 | 293/500 |
| | 870 | 224 | 670 | 765 | 8 | 661 | 830 | 81 | 102.8 | 290 | 9.5 | 8796 | 35832 | 146.9 | 260 | 294/500 |
| 530 | 710 | 109 | 611 | 661 | 4 | 612 | 692 | 35 | 54 | 288 | 5 | 3152 | 16392 | 24.2 | 430 | 292/530 |
| | 800 | 160 | 650 | 724 | 6 | 648 | 772 | 54 | 78.6 | 295 | 7.5 | 5721 | 26124 | 68.1 | 320 | 293/530 |
| | 920 | 236 | 700 | 810 | 8 | 700 | 880 | 87 | 113.2 | 309 | 9.5 | 10158 | 42513 | 179.2 | 240 | 294/530 |

（续）

| 公称尺寸 /mm | | | 安装尺寸 /mm | | | 其他尺寸 /mm | | | | | | 基本额定载荷 /kN | | 最小载荷常数 | 极限转速 /(r/min) | 轴承代号 |
|---|---|---|---|---|---|---|---|---|---|---|---|---|---|---|---|---|
| $d$ | $D$ | $T$ | $d_a$ min | $D_a$ max | $r_a$ max | $d_1$ max | $D_1$ max | $B$ min | $C$ | $H$ | $r$ min | $C_a$ | $C_{0a}$ | $A$ | 油 | 29000型 |
| 560 | 750 | 115 | 645 | 697 | 4 | 644 | 732 | 37 | 57.7 | 302 | 5 | 3429 | 17939 | 30.09 | 430 | 292/560 |
| | 850 | 175 | 691 | 770 | 6 | 690 | 822 | 60 | 87.5 | 310 | 7.5 | 6630 | 31664 | 86.9 | 300 | 293/560 |
| | 980 | 250 | 750 | 860 | 10 | 740 | 940 | 92 | 120 | 328 | 12 | 11346 | 47887 | 238 | 220 | 294/560 |
| 600 | 800 | 122 | 690 | 744 | 4 | 688 | 780 | 39 | 59.4 | 321 | 5 | 3816 | 20181 | 37.04 | 400 | 292/600 |
| | 900 | 180 | 735 | 815 | 6 | 731 | 870 | 61 | 90 | 335 | 7.5 | 7189 | 35016 | 102.9 | 280 | 293/600 |
| | 1030 | 258 | 800 | 900 | 10 | 785 | 990 | 92 | 126 | 347 | 12 | 12144 | 52890 | 290 | 200 | 294/600 |
| 630 | 850 | 132 | 730 | 786 | 5 | 728 | 830 | 42 | 67.3 | 338 | 6 | 4582 | 24547 | 52.95 | 360 | 292/630 |
| | 950 | 190 | 780 | 857 | 8 | 767 | 920 | 65 | 93.9 | 345 | 9.5 | 7762 | 36393 | 122.2 | 260 | 293/630 |
| | 1090 | 280 | 845 | 956 | 10 | 830 | 1040 | 100 | 13 | 365 | 12 | 13540 | 57622 | 343 | 180 | 294/630 |
| 670 | 900 | 140 | 780 | 830 | 5 | 773 | 880 | 45 | 68.6 | 364 | 6 | 5005 | 26906 | 65.18 | 340 | 292/670 |
| | 1000 | 200 | 825 | 905 | 8 | 813 | 963 | 68 | 100 | 372 | 9.5 | 8737 | 43170 | 158.4 | 240 | 293/670 |
| | 1150 | 290 | 900 | 1010 | 12 | 880 | 1105 | 106 | 138 | 387 | 15 | 14531 | 61781 | 405 | 170 | 294/670 |
| 710 | 950 | 145 | 825 | 880 | 5 | 815 | 930 | 46 | 73.7 | 380 | 6 | 5395 | 29444 | 80.47 | 300 | 292/710 |
| | 1060 | 212 | 875 | 960 | 8 | 864 | 1028 | 72 | 101.8 | 394 | 9.5 | 9542 | 45242 | 199.2 | 220 | 293/710 |
| | 1220 | 308 | 950 | 1070 | 12 | 925 | 1165 | 113 | 148.5 | 415 | 15 | 16789 | 74880 | 554.7 | 160 | 294/710 |
| 750 | 1000 | 150 | 870 | 928 | 5 | 861 | 976 | 48 | 76.8 | 406 | 6 | 5787 | 31990 | 94.72 | 280 | 292/750 |
| | 1120 | 224 | 925 | 1010 | 8 | 910 | 1086 | 76 | 108 | 415 | 9.5 | 10605 | 51639 | 250.5 | 200 | 293/750 |
| | 1280 | 315 | 1000 | 1125 | 12 | 983 | 1220 | 116 | 152 | 436 | 15 | 17827 | 79617 | 650.6 | 150 | 294/750 |
| 800 | 1060 | 155 | 925 | 985 | 6 | 915 | 1035 | 50 | 79.2 | 426 | 7.5 | 6359 | 35963 | 116.2 | 260 | 292/800 |
| | 1180 | 230 | 985 | 1065 | 8 | 965 | 1146 | 78 | 112 | 440 | 9.5 | 11380 | 55789 | 295.8 | 190 | 293/800 |
| | 1360 | 335 | 1070 | 1195 | 12 | 1040 | 1310 | 120 | 161 | 462 | 15 | 19908 | 89611 | 831.6 | 140 | 294/800 |
| 850 | 1120 | 160 | 980 | 1035 | 6 | 966 | 1095 | 51 | 82.9 | 453 | 7.5 | 6887 | 39733 | 140.9 | 240 | 292/850 |
| | 1250 | 243 | 1040 | 1130 | 10 | 1024 | 1205 | 85 | 116.5 | 468 | 12 | 12597 | 62092 | 371.3 | 180 | 293/850 |
| | 1440 | 354 | 1130 | 1265 | 12 | 1060 | 1372 | 126 | 168 | 494 | 15 | 21435 | 96756 | 1026 | 130 | 294/850 |
| 900 | 1180 | 170 | 1035 | 1095 | 6 | 1023 | 1150 | 54 | 84.5 | 477 | 7.5 | 7409 | 42526 | 165.4 | 220 | 292/900 |
| | 1320 | 250 | 1110 | 1195 | 10 | 1086 | 1280 | 86 | 120 | 496 | 12 | 13494 | 67595 | 471 | 170 | 293/900 |

表 6.1-67　推力圆柱滚子轴承（摘自 GB/T 4663—1994）

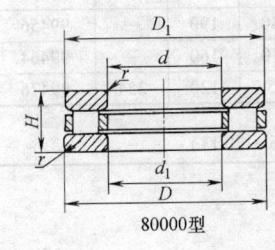

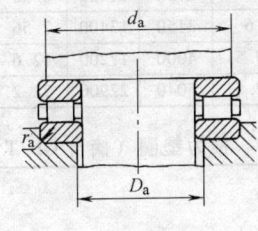

轴向当量动载荷：$P_a = F_a$

轴向当量静载荷：$P_{0a} = F_a$

最小轴向载荷：

$$\frac{C_{0a}}{1000} \leqslant F_{amin} > A\left(\frac{n}{1000}\right)^2$$

式中　$n$——转速(r/min)

80000型

| 公称尺寸 /mm | | | 安装尺寸 /mm | | | 其他尺寸 /mm | | | 基本额定载荷 /kN | | 最小载荷常数 | 极限转速 /(r/min) | | 质量 /kg | 轴承代号 |
|---|---|---|---|---|---|---|---|---|---|---|---|---|---|---|---|
| $d$ | $D$ | $H$ | $d_a$ min | $D_a$ max | $r_a$ max | $d_1$ min | $D_1$ max | $r$ min | $C_a$ | $C_{0a}$ | $A$ | 脂 | 油 | $W \approx$ | 80000型 |
| 40 | 60 | 13 | 58 | 42 | 0.6 | 42 | 60 | 0.6 | 37.2 | 115 | 0.002 | 1700 | 2400 | 0.12 | 81108 |
| | 68 | 19 | 66 | 43 | 1 | 42 | 68 | 1 | 68.2 | 190 | 0.004 | 1200 | 1800 | 0.27 | 81208 |
| 50 | 78 | 22 | 75 | 53 | 1 | 52 | 78 | 1 | 77.0 | 235 | 0.005 | 1000 | 1600 | 0.45 | 81210 |
| 55 | 78 | 16 | 77 | 57 | 0.6 | 57 | 78 | 0.6 | 56.5 | 215 | 0.005 | 1400 | 2000 | 0.24 | 81111 |
| | 90 | 25 | 85 | 59 | 1 | 57 | 90 | 1 | 104 | 318 | 0.009 | 950 | 1500 | 0.71 | 81211 |

（续）

| 公称尺寸/mm | | | 安装尺寸/mm | | | 其他尺寸/mm | | | 基本额定载荷/kN | | 最小载荷常数 | 极限转速/(r/min) | | 质量/kg | 轴承代号 |
|---|---|---|---|---|---|---|---|---|---|---|---|---|---|---|---|
| $d$ | $D$ | $H$ | $d_a$ min | $D_a$ max | $r_a$ max | $d_1$ min | $D_1$ max | $r$ min | $C_a$ | $C_{0a}$ | $A$ | 脂 | 油 | $W \approx$ | 80000 型 |
| 65 | 90 | 18 | 87 | 67 | 1 | 67 | 90 | 1 | 65.8 | 235 | 0.006 | 1200 | 1800 | 0.381 | 81113 |
|  | 100 | 27 | 96 | 69 | 1 | 67 | 100 | 1 | 112 | 362 | 0.012 | 850 | 1300 | 0.874 | 81213 |
| 75 | 110 | 27 | 106 | 79 | 1 | 77 | 110 | 1 | 125 | 430 | 0.017 | 750 | 1100 | 0.98 | 81215 |
| 85 | 110 | 19 | 108 | 87 | 1 | 87 | 110 | 1 | 75.0 | 302 | 0.008 | 900 | 1400 | 0.45 | 81117 |
|  | 125 | 31 | 119 | 90 | 1 | 88 | 125 | 1 | 152 | 550 | 0.026 | 670 | 950 | 1.44 | 81217 |
| 90 | 120 | 22 | 117 | 93 | 1 | 92 | 120 | 1 | 105 | 408 | 0.015 | 850 | 1300 | 0.67 | 81118 |
| 100 | 150 | 38 | 142 | 107 | 1 | 103 | 150 | 1.1 | 228 | 840 | 0.059 | 560 | 850 | 2.58 | 81220 |
| 120 | 155 | 25 | 151 | 124 | 1 | 122 | 155 | 1 | 155 | 660 | 0.036 | 700 | 1000 | 1.36 | 81124 |
| 130 | 190 | 45 | 181 | 137 | 1.5 | 133 | 187 | 1.5 | 368 | 1420 | 0.164 | 450 | 700 | 4.59 | 81226 |

表 6.1-68　推力圆锥滚子轴承（摘自 GB/T 4663—1994）

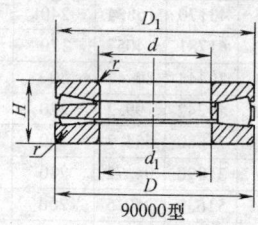
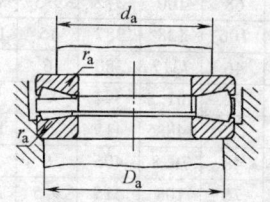

90000 型

轴向当量动载荷：$P_a = F_a$

轴向当量静载荷：$P_{0a} = F_a$

最小轴向载荷：

$$\frac{C_{0a}}{1000} \leqslant F_{amin} > A\left(\frac{n}{1000}\right)^2$$

式中　$n$——转速（r/min）

| 公称尺寸/mm | | | 安装尺寸/mm | | | 其他尺寸/mm | | | 基本额定载荷/kN | | 最小载荷常数 | 极限转速/(r/min) | | 质量/kg | 轴承代号 |
|---|---|---|---|---|---|---|---|---|---|---|---|---|---|---|---|
| $d$ | $D$ | $H$ | $d_a$ min | $D_a$ max | $r_a$ max | $d_1$ min | $D_1$ max | $r$ min | $C_a$ | $C_{0a}$ | $A$ | 脂 | 油 | $W \approx$ | 90000 型 |
| 130 | 270 | 85 | 195 | 227 | 3 | 134 | 265 | 4 | 1040 | 3780 | 0.638 | 380 | 500 | 28.5 | 99426 |
| 140 | 280 | 85 | 205 | 237 | 3 | 144 | 275 | 4 | 1120 | 4150 | 0.736 | 360 | 480 | — | 99428 |
| 170 | 340 | 103 | 245 | 288 | 4 | 174 | 335 | 5 | 1520 | 5750 | 1.38 | 280 | 380 | 58 | 99434 |
| 180 | 360 | 109 | 260 | 305 | 4 | 184 | 355 | 5 | 1630 | 5980 | 1.58 | 240 | 340 | 55.8 | 99436 |
| 200 | 400 | 122 | 290 | 338 | 4 | 205 | 395 | 4 | 1840 | 7210 | 2.256 | 200 | 300 | 75 | 99440 |
| 240 | 440 | 122 | 330 | 381 | 5 | 245 | 435 | 5 | 2320 | 9480 | 3.826 | 180 | 260 | — | 99448 |
| 260 | 480 | 132 | 360 | 419 | 5 | 265 | 475 | 6 | 2730 | 11400 | 5.50 | 160 | 220 | — | 99452 |
| 280 | 520 | 145 | 390 | 446 | 5 | 285 | 515 | 6 | 3150 | 13400 | 7.56 | 140 | 190 | — | 99456 |
| 320 | 580 | 155 | 435 | 507 | 6 | 325 | 575 | 7.5 | 4000 | 17200 | 12.6 | 110 | 160 | — | 99464 |
| 380 | 670 | 175 | 510 | 587 | 6 | 385 | 665 | 7.5 | 5040 | 22900 | 22.2 | 85 | 120 | 254 | 99476 |

表 6.1-69　推力滚针和保持架组件　推力垫圈（摘自 GB/T 4605—2003）

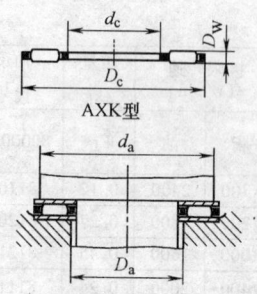

AXK 型

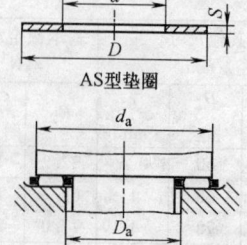

AS 型垫圈

轴向当量动载荷：$P_a = F_a$

轴向当量静载荷：$P_{0a} = F_a$

最小轴向载荷：

$$\frac{C_{0a}}{2000} \leqslant F_{amin} > 1.8F_r + A\left(\frac{n}{1000}\right)^2$$

式中　$n$——转速（r/min）

（续）

| 公称尺寸 /mm | | | 安装尺寸 /mm | | 基本额定 载荷/kN | | 极限转速 /(r/min) | | 质量 /kg | 组件代号 | 垫圈尺寸 /mm | | | 质量 /kg | 垫圈 代号 |
|---|---|---|---|---|---|---|---|---|---|---|---|---|---|---|---|
| $d_c$ | $D_c$ | $D_W$ | $d_a$ min | $D_a$ max | $C_a$ | $C_{0a}$ | 脂 | 油 | $W$ ≈ | AXK 型 | $d$ | $D$ | $S$ | $W$ | ASA 型 AS 型 |
| 17 | 30 | 2 | 29 | 19 | 7.28 | 29.5 | 3200 | 4300 | 0.004 | AXK 1730 | 17 | 30 | 0.8 | 0.003 | ASA 1730 |
|  |  |  | 29 | 19 |  |  |  |  |  |  |  |  | 1 | 0.004 | AS 1730 |
| 20 | 35 | 2 | 34 | 22 | 9.0 | 38.0 | 2800 | 3800 | 0.005 | AXK 2035 | 20 | 35 | 0.8 | 0.004 | ASA 2035 |
|  |  |  | 34 | 22 |  |  |  |  |  |  |  |  | 1 | 0.005 | AS 2035 |
| 25 | 42 | 2 | 41 | 29 | 13.0 | 48.2 | 2200 | 3200 | 0.007 | AXK 2542 | 25 | 42 | 0.8 | 0.006 | ASA 2542 |
|  |  |  | 41 | 29 |  |  |  |  |  |  |  |  | 1 | 0.007 | AS 2542 |
| 30 | 47 | 2 | 46 | 35 | 15.8 | 74.0 | 2000 | 3000 | 0.008 | AXK 3047 | 30 | 47 | 0.8 | 0.006 | ASA 3047 |
|  |  |  | 46 | 35 |  |  |  |  |  |  |  |  | 1 | 0.008 | AS 3047 |
| 35 | 52 | 2 | 51 | 40 | 16.0 | 80.2 | 1900 | 2800 | 0.01 | AXK 3552 | 35 | 52 | 0.8 | 0.007 | ASA 3552 |
|  |  |  | 51 | 40 |  |  |  |  |  |  |  |  | 1 | 0.009 | AS 3552 |
| 40 | 60 | 3 | 58 | 45 | 25.0 | 110 | 1700 | 2400 | 0.016 | AXK 4060 | 40 | 60 | 0.8 | 0.01 | ASA 4060 |
|  |  |  | 58 | 45 |  |  |  |  |  |  |  |  | 1 | 0.012 | AS 4060 |
| 45 | 65 | 3 | 63 | 50 | 26.0 | 122 | 1600 | 2200 | 0.018 | AXK 4565 | 45 | 65 | 0.8 | 0.01 | ASA 4565 |
|  |  |  | 63 | 50 |  |  |  |  |  |  |  |  | 1 | 0.013 | AS 4565 |
| 50 | 70 | 3 | 68 | 55 | 27.5 | 135 | 1600 | 2200 | 0.02 | AXK 5070 | 50 | 70 | 0.8 | 0.011 | ASA 5070 |
|  |  |  | 68 | 55 |  |  |  |  |  |  |  |  | 1 | 0.014 | AS 5070 |
| 55 | 78 | 3 | 76 | 60 | 30.2 | 162 | 1400 | 1900 | 0.028 | AXK 5578 | 55 | 78 | 0.8 | 0.014 | ASA 5578 |
|  |  |  | 76 | 60 |  |  |  |  |  |  |  |  | 1 | 0.018 | AS 5578 |
| 60 | 85 | 3 | 83 | 65 | 35.5 | 228 | 1300 | 1800 | 0.033 | AXK 6085 | 60 | 85 | 0.8 | 0.018 | ASA 6085 |
|  |  |  | 83 | 65 |  |  |  |  |  |  |  |  | 1 | 0.022 | AS 6085 |
| 65 | 90 | 3 | 88 | 70 | 36.0 | 242 | 1200 | 1700 | 0.035 | AXK 6590 | 65 | 90 | 0.8 | 0.019 | ASA 6590 |
|  |  |  | 88 | 70 |  |  |  |  |  |  |  |  | 1 | 0.024 | AS 6590 |

## 3.9 滚针轴承 （表 6.1-70 ～ 表 6.1-73）

径向当量动载荷　　$P_r = F_r$

径向当量静载荷　　$P_{0r} = F_r$

### 表 6.1-70　向心滚针和保持架组件（摘自 GB/T 20056—2006）

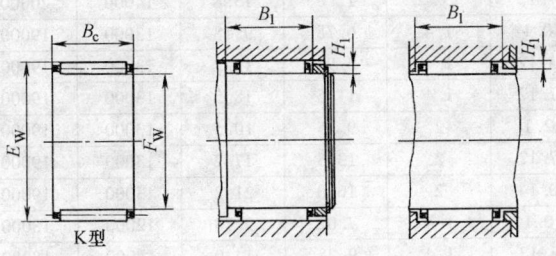

| 公称尺寸/mm | | | 安装尺寸/mm | | 基本额定载荷/kN | | 极限转速/(r/min) | | 质量/g | 轴承代号 |
|---|---|---|---|---|---|---|---|---|---|---|
| $F_W$ | $E_W$ | $B_c$ | $B_1$ | $H_1$ | $C_r$ | $C_{0r}$ | 脂 | 油 | $W$ ≈ | K 型 |
| 5 | 8 | 8 | 8.1 | 1 | 2.28 | 2.08 | 18000 | 28000 | — | K 5×8×8 |
|  | 8 | 10 | 10.1 | 1 | 2.98 | 2.88 | 18000 | 28000 | 0.1 | K 5×8×10 |
|  | 9 | 10 | 10.1 | 1.4 | 3.08 | 2.62 | 18000 | 28000 | — | K 5×9×10 |
| 6 | 9 | 8 | 8.1 | 1 | 2.52 | 2.42 | 18000 | 28000 | 1.4 | K 6×9×8 |
|  | 9 | 10 | 10.1 | 1 | 3.28 | 3.38 | 18000 | 28000 | — | K 6×9×10 |
| 7 | 10 | 8 | 8.1 | 1 | 2.75 | 2.78 | 18000 | 28000 | — | K 7×10×8 |
|  | 10 | 10 | 10.1 | 1 | 3.55 | 3.85 | 18000 | 28000 | — | K 7×10×10 |

（续）

| 公称尺寸/mm | | | 安装尺寸/mm | | 基本额定载荷/kN | | 极限转速/(r/min) | | 质量/g | 轴承代号 |
|---|---|---|---|---|---|---|---|---|---|---|
| $F_W$ | $E_W$ | $B_c$ | $B_1$ | $H_1$ | $C_r$ | $C_{0r}$ | 脂 | 油 | $W\approx$ | K 型 |
| 8 | 11 | 10 | 10.1 | 1 | 3.80 | 4.35 | 18000 | 28000 | 1.8 | K 8×11×10 |
| | 11 | 13 | 13.12 | 1 | 5.00 | 6.18 | 18000 | 28000 | — | K 8×11×13 |
| 9 | 12 | 10 | 10.1 | 1 | 4.02 | 4.82 | 17000 | 26000 | — | K 9×12×10 |
| | 12 | 13 | 13.12 | 1 | 5.30 | 6.85 | 17000 | 26000 | 2.7 | K 9×12×13 |
| 10 | 13 | 8 | 8.1 | 1 | 3.45 | 4.10 | 17000 | 26000 | — | K 10×13×8 |
| | 13 | 10 | 10.1 | 1 | 4.48 | 5.70 | 17000 | 26000 | 2.3 | K 10×13×10 |
| | 13 | 13 | 13.12 | 1 | 5.88 | 8.12 | 17000 | 26000 | 3.0 | K 10×13×13 |
| | 14 | 10 | 10.1 | 1.4 | 5.05 | 5.58 | 17000 | 26000 | 3.4 | K 10×14×10 |
| | 14 | 13 | 13.12 | 1.4 | 6.70 | 7.98 | 17000 | 26000 | 4.4 | K 10×14×13 |
| | 14 | 17 | 17.12 | 1.4 | 8.72 | 11.2 | 17000 | 26000 | — | K 10×14×17 |
| 12 | 15 | 8 | 8.1 | 1 | 3.75 | 4.78 | 16000 | 24000 | — | K 12×15×8 |
| | 15 | 10 | 10.1 | 1 | 4.85 | 6.65 | 16000 | 24000 | 3.0 | K 12×15×10 |
| | 15 | 13 | 13.12 | 1 | 6.40 | 9.48 | 16000 | 24000 | 3.6 | K 12×15×13 |
| | 15 | 17 | 17.12 | 1 | 8.28 | 13.2 | 16000 | 24000 | — | K 12×15×17 |
| | 16 | 10 | 10.1 | 1.4 | 5.68 | 6.78 | 16000 | 24000 | — | K 12×16×10 |
| | 16 | 13 | 13.12 | 1.4 | 7.52 | 9.72 | 16000 | 24000 | 4.5 | K 12×16×13 |
| | 16 | 17 | 17.12 | 1.4 | 9.82 | 13.5 | 16000 | 24000 | — | K 12×16×17 |
| 14 | 18 | 10 | 10.1 | 1.4 | 6.25 | 7.98 | 15000 | 22000 | 4.6 | K 14×18×10 |
| | 18 | 13 | 13.12 | 1.4 | 8.28 | 11.5 | 15000 | 22000 | 6.3 | K 14×18×13 |
| | 18 | 17 | 17.12 | 1.4 | 10.8 | 16.0 | 15000 | 22000 | 8.1 | K 14×18×17 |
| | 19 | 10 | 10.1 | 1.7 | 6.05 | 6.62 | 15000 | 22000 | — | K 14×19×10 |
| | 19 | 13 | 13.12 | 1.7 | 8.35 | 9.98 | 15000 | 22000 | — | K 14×19×13 |
| | 19 | 17 | 17.12 | 1.7 | 11.2 | 14.5 | 15000 | 22000 | — | K 14×19×17 |
| | 20 | 12 | 12.1 | 2 | 8.72 | 9.45 | 15000 | 22000 | 8.6 | K 14×20×12 |
| | 20 | 17 | 17.12 | 2 | 12.8 | 15.5 | 15000 | 22000 | — | K 14×20×17 |
| 15 | 19 | 10 | 10.1 | 1.4 | 6.52 | 8.58 | 14000 | 20000 | — | K 15×19×10 |
| | 19 | 13 | 13.12 | 1.4 | 8.62 | 12.2 | 14000 | 20000 | — | K 15×19×13 |
| | 19 | 17 | 17.12 | 1.4 | 11.2 | 11.2 | 14000 | 20000 | 8.8 | K 15×19×17 |
| | 20 | 10 | 10.1 | 1.7 | 6.40 | 7.22 | 14000 | 20000 | — | K 15×20×10 |
| | 20 | 13 | 13.12 | 1.7 | 8.82 | 10.8 | 14000 | 20000 | 8.9 | K 15×20×13 |
| | 20 | 17 | 17.12 | 1.7 | 11.8 | 15.8 | 14000 | 20000 | — | K 15×20×17 |
| | 21 | 17 | 17.12 | 2 | 12.8 | 15.8 | 14000 | 20000 | — | K 15×21×17 |
| 16 | 20 | 10 | 10.1 | 1.4 | 6.78 | 9.18 | 13000 | 19000 | 5.7 | K 16×20×10 |
| | 20 | 13 | 13.12 | 1.4 | 8.98 | 13.2 | 13000 | 19000 | 7.1 | K 16×20×13 |
| | 20 | 17 | 17.12 | 1.4 | 11.5 | 18.5 | 13000 | 19000 | 9.2 | K 16×20×17 |
| | 22 | 12 | 12.1 | 2 | 9.25 | 10.5 | 13000 | 19000 | — | K 16×22×12 |
| | 22 | 17 | 17.12 | 2 | 13.5 | 17.2 | 13000 | 19000 | — | K 16×22×17 |
| | 22 | 20 | 20.14 | 2 | 16.0 | 21.2 | 13000 | 19000 | — | K 16×22×20 |
| 17 | 21 | 10 | 10.1 | 1.4 | 7.02 | 9.78 | 12000 | 18000 | 5.8 | K 17×21×10 |
| | 21 | 13 | 13.12 | 1.4 | 9.28 | 14.0 | 12000 | 18000 | 7.5 | K 17×21×13 |
| | 21 | 17 | 17.12 | 1.4 | 12.0 | 19.8 | 12000 | 18000 | 9.5 | K 17×21×17 |
| | 23 | 17 | 17.12 | 2 | 14.5 | 18.8 | 12000 | 18000 | — | K 17×23×17 |
| | 23 | 20 | 20.14 | 2 | 16.8 | 23.2 | 12000 | 18000 | — | K 17×23×20 |
| 18 | 22 | 10 | 10.1 | 1.4 | 7.25 | 10.2 | 11000 | 17000 | 6.1 | K 18×22×10 |
| | 22 | 13 | 13.12 | 1.4 | 9.60 | 14.8 | 11000 | 17000 | 7.7 | K 18×22×13 |
| | 22 | 17 | 17.12 | 1.4 | 12.5 | 21.0 | 11000 | 17000 | 11 | K 18×22×17 |
| | 24 | 17 | 17.12 | 2 | 14.2 | 19.0 | 11000 | 17000 | 16 | K 18×24×17 |
| | 24 | 20 | 20.14 | 2 | 16.8 | 23.5 | 11000 | 17000 | 19 | K 18×24×20 |
| | 24 | 30 | 30.14 | 2 | 24.5 | 38.2 | 11000 | 17000 | — | K 18×24×30 |

（续）

| 公称尺寸/mm | | | 安装尺寸/mm | | 基本额定载荷/kN | | 极限转速/(r/min) | | 质量/g | 轴承代号 |
|---|---|---|---|---|---|---|---|---|---|---|
| $F_w$ | $E_w$ | $B_c$ | $B_1$ | $H_1$ | $C_r$ | $C_{0r}$ | 脂 | 油 | $W \approx$ | K 型 |
| | 24 | 10 | 10.1 | 1.4 | 7.42 | 11.0 | 10000 | 16000 | 7.0 | K 20×24×10 |
| | 24 | 13 | 13.12 | 1.4 | 9.82 | 15.8 | 10000 | 16000 | 8.5 | K 20×24×13 |
| 20 | 24 | 17 | 17.12 | 1.4 | 12.8 | 22.2 | 10000 | 16000 | 11 | K 20×24×17 |
| | 26 | 17 | 17.12 | 2 | 15.8 | 22.2 | 10000 | 16000 | 18 | K 20×26×17 |
| | 26 | 20 | 20.14 | 2 | 18.5 | 27.5 | 10000 | 16000 | 20 | K 20×26×20 |
| | 26 | 10 | 10.1 | 1.4 | 7.85 | 12.2 | 9500 | 15000 | 7.1 | K 22×26×10 |
| | 26 | 13 | 13.12 | 1.4 | 10.5 | 17.5 | 9500 | 15000 | 9.4 | K 22×26×13 |
| 22 | 26 | 17 | 17.12 | 1.4 | 13.5 | 24.8 | 9500 | 15000 | 12 | K 22×26×17 |
| | 28 | 17 | 17.12 | 2 | 16.5 | 24.0 | 9500 | 15000 | 20 | K 22×28×17 |
| | 28 | 20 | 20.14 | 2 | 19.2 | 29.5 | 9500 | 15000 | — | K 22×28×20 |
| | 29 | 10 | 10.1 | 1.4 | 8.45 | 14.0 | 9000 | 14000 | 8.3 | K 25×29×10 |
| | 29 | 13 | 13.12 | 1.4 | 11.2 | 20.2 | 9000 | 14000 | 10.5 | K 25×29×13 |
| 25 | 29 | 17 | 17.12 | 1.4 | 14.5 | 28.2 | 9000 | 14000 | 14 | K 25×29×17 |
| | 31 | 17 | 17.12 | 2 | 17.8 | 27.5 | 9000 | 14000 | 22 | K 25×31×17 |
| | 31 | 20 | 20.14 | 2 | 20.8 | 33.8 | 9000 | 14000 | 25 | K 25×31×20 |
| | 32 | 16 | 16.12 | 2.3 | 16.0 | 21.8 | 9000 | 14000 | 25 | K 25×32×16 |
| | 33 | 13 | 13.12 | 1.7 | 12.5 | 20.8 | 8500 | 13000 | 15 | K 28×33×13 |
| | 33 | 17 | 17.12 | 1.7 | 16.8 | 30.0 | 8500 | 13000 | 20 | K 28×33×17 |
| 28 | 33 | 27 | 27.14 | 1.7 | 26.2 | 53.2 | 8500 | 13000 | 32 | K 28×33×27 |
| | 34 | 17 | 17.12 | 2 | 18.8 | 30.8 | 8500 | 13000 | — | K 28×34×17 |
| | 35 | 20 | 20.14 | 2.3 | 22.2 | 34.2 | 8500 | 13000 | 35 | K 28×35×20 |
| | 35 | 13 | 13.12 | 1.7 | 12.8 | 21.5 | 8000 | 12000 | 16 | K 30×35×13 |
| | 35 | 17 | 17.12 | 1.7 | 17.0 | 31.5 | 8000 | 12000 | 21 | K 30×35×17 |
| 30 | 35 | 27 | 27.14 | 1.7 | 26.8 | 55.8 | 8000 | 12000 | 33 | K 30×35×27 |
| | 37 | 20 | 20.14 | 2.3 | 23.0 | 36.5 | 8000 | 12000 | 40 | K 30×37×20 |
| | 38 | 20 | 20.14 | 2.7 | 25.8 | 38.8 | 8000 | 12000 | — | K 30×38×20 |
| | 37 | 13 | 13.12 | 1.7 | 13.5 | 23.5 | 7500 | 11000 | 18 | K 32×37×13 |
| | 37 | 17 | 17.12 | 1.7 | 18.0 | 34.2 | 7500 | 11000 | 22 | K 32×37×17 |
| 32 | 37 | 27 | 27.14 | 1.7 | 28.0 | 60.8 | 7500 | 11000 | 37 | K 32×37×27 |
| | 39 | 20 | 20.14 | 2.3 | 23.8 | 38.8 | 7500 | 11000 | 42 | K 32×39×20 |
| | 39 | 30 | 30.14 | 2.3 | 35.5 | 65.2 | 7500 | 11000 | — | K 32×39×30 |
| | 40 | 13 | 13.12 | 1.7 | 14.0 | 25.5 | 7000 | 10000 | 19 | K 35×40×13 |
| | 40 | 17 | 17.12 | 1.7 | 18.0 | 37.0 | 7000 | 10000 | 25 | K 35×40×17 |
| 35 | 40 | 27 | 27.14 | 1.7 | 29.2 | 65.8 | 7000 | 10000 | 39 | K 35×40×27 |
| | 42 | 20 | 20.14 | 2.3 | 25.2 | 43.2 | 7000 | 10000 | 41 | K 35×42×20 |
| | 42 | 30 | 30.14 | 2.3 | 37.8 | 72.5 | 7000 | 10000 | 62 | K 35×42×30 |
| | 43 | 13 | 13.12 | 1.7 | 14.5 | 27.5 | 6700 | 9500 | — | K 38×43×13 |
| | 43 | 17 | 17.12 | 1.7 | 19.5 | 39.8 | 6700 | 9500 | — | K 38×43×17 |
| 38 | 43 | 27 | 27.14 | 1.7 | 30.2 | 71.0 | 6700 | 9500 | — | K 38×43×27 |
| | 46 | 20 | 20.14 | 2.7 | 29.5 | 49.2 | 6700 | 9500 | 46 | K 38×46×20 |
| | 46 | 30 | 30.14 | 2.7 | 44.0 | 82.5 | 6700 | 9500 | — | K 38×46×30 |
| | 45 | 13 | 13.12 | 1.7 | 15.0 | 29.5 | 6300 | 9000 | 22 | K 40×45×13 |
| | 45 | 17 | 17.12 | 1.7 | 20.2 | 42.8 | 6300 | 9000 | 27 | K 40×45×17 |
| 40 | 45 | 27 | 27.14 | 1.7 | 31.5 | 75.8 | 6300 | 9000 | 44 | K 40×45×27 |
| | 48 | 20 | 20.14 | 2.7 | 30.2 | 51.8 | 6300 | 9000 | 52 | K 40×48×20 |
| | 48 | 25 | 25.14 | 2.7 | 38.0 | 69.2 | 6300 | 9000 | — | K 40×48×25 |
| | 48 | 30 | 30.14 | 2.7 | 45.2 | 86.8 | 6300 | 9000 | — | K 40×48×30 |

（续）

| 公称尺寸/mm | | | 安装尺寸/mm | | 基本额定载荷/kN | | 极限转速/(r/min) | | 质量/g | 轴承代号 |
|---|---|---|---|---|---|---|---|---|---|---|
| $F_W$ | $E_W$ | $B_c$ | $B_1$ | $H_1$ | $C_r$ | $C_{0r}$ | 脂 | 油 | $W \approx$ | K 型 |
| | 47 | 13 | 13.12 | 1.7 | 15.2 | 30.5 | 6000 | 8500 | 22 | K 42 × 47 × 13 |
| | 47 | 17 | 17.12 | 1.7 | 20.5 | 44.2 | 6000 | 8500 | 28 | K 42 × 47 × 17 |
| 42 | 47 | 27 | 27.14 | 1.7 | 31.8 | 78.5 | 6000 | 8500 | 47 | K 42 × 47 × 27 |
| | 50 | 20 | 20.14 | 2.7 | 31.0 | 54.2 | 6000 | 8500 | 54 | K 42 × 50 × 20 |
| | 50 | 30 | 30.14 | 2.7 | 46.5 | 91.8 | 6000 | 8500 | — | K 42 × 50 × 30 |
| | 50 | 13 | 13.12 | 1.7 | 16.2 | 33.5 | 5600 | 8000 | 24 | K 45 × 50 × 13 |
| | 50 | 17 | 17.12 | 1.7 | 21.5 | 48.5 | 5600 | 8000 | 31 | K 45 × 50 × 17 |
| 45 | 50 | 27 | 27.14 | 1.7 | 33.5 | 86.0 | 5600 | 8000 | 50 | K 45 × 50 × 27 |
| | 53 | 20 | 20.14 | 2.7 | 31.8 | 57.0 | 5600 | 8000 | 62 | K 45 × 53 × 20 |
| | 53 | 25 | 25.14 | 2.7 | 39.8 | 76.5 | 5600 | 8000 | — | K 45 × 53 × 25 |
| | 53 | 30 | 30.14 | 2.7 | 47.5 | 95.8 | 5600 | 8000 | 82 | K 45 × 53 × 30 |
| | 53 | 13 | 13.12 | 1.7 | 16.5 | 35.5 | 5300 | 7500 | — | K 48 × 53 × 13 |
| | 53 | 17 | 17.12 | 1.7 | 22.2 | 51.2 | 5300 | 7500 | 32 | K 48 × 53 × 17 |
| 48 | 53 | 27 | 27.14 | 1.7 | 34.5 | 91.0 | 5300 | 7500 | — | K 48 × 53 × 27 |
| | 56 | 20 | 20.14 | 2.7 | 33.2 | 62.0 | 5300 | 7500 | — | K 48 × 56 × 20 |
| | 56 | 30 | 30.14 | 2.7 | 49.8 | 105 | 5300 | 7500 | — | K 48 × 56 × 30 |
| | 55 | 13 | 13.12 | 1.7 | 16.8 | 36.5 | 5000 | 7000 | — | K 50 × 55 × 13 |
| | 55 | 17 | 17.12 | 1.7 | 22.5 | 52.8 | 5000 | 7000 | 32 | K 50 × 55 × 17 |
| | 55 | 20 | 20.14 | 1.7 | 26.2 | 65.0 | 5000 | 7000 | 39 | K 50 × 55 × 20 |
| | 55 | 27 | 27.14 | 1.7 | 35.0 | 93.5 | 5000 | 7000 | — | K 50 × 55 × 27 |
| 50 | 57 | 16 | 16.12 | 2.3 | 23.8 | 44.5 | 5000 | 7000 | 50 | K 50 × 57 × 16 |
| | 58 | 20 | 20.14 | 2.7 | 34.0 | 64.8 | 5000 | 7000 | 65 | K 50 × 58 × 20 |
| | 58 | 25 | 25.14 | 2.7 | 42.8 | 88.8 | 5000 | 7000 | — | K 50 × 58 × 25 |
| | 58 | 30 | 30.14 | 2.7 | 50.8 | 108 | 5000 | 7000 | 95 | K 50 × 58 × 30 |
| | 57 | 17 | 17.12 | 1.7 | 23.0 | 55.5 | 4800 | 6700 | — | K 52 × 57 × 17 |
| 52 | 57 | 20 | 20.14 | 1.7 | 27.2 | 68.5 | 4800 | 6700 | — | K 52 × 57 × 20 |
| | 60 | 20 | 20.14 | 2.7 | 34.8 | 67.2 | 4800 | 6700 | — | K 52 × 60 × 20 |
| | 60 | 30 | 30.14 | 2.7 | 52.0 | 112 | 4800 | 6700 | — | K 52 × 60 × 30 |
| | 61 | 20 | 20.14 | 2 | 31.2 | 73.5 | 4800 | 6700 | — | K 55 × 61 × 20 |
| | 61 | 30 | 30.14 | 2 | 45.8 | 120 | 4800 | 6700 | — | K 55 × 61 × 30 |
| | 62 | 40 | 40.17 | 2.3 | 62.5 | 160 | 4800 | 6700 | — | K 55 × 62 × 40 |
| 55 | 63 | 20 | 20.14 | 2.7 | 35.2 | 69.8 | 4800 | 6700 | 73 | K 55 × 63 × 20 |
| | 63 | 25 | 25.14 | 2.7 | 44.2 | 93.8 | 4800 | 6700 | 90 | K 55 × 63 × 25 |
| | 63 | 30 | 30.14 | 2.7 | 52.8 | 118 | 4800 | 6700 | 110 | K 55 × 63 × 30 |
| 58 | 66 | 20 | 20.14 | 2.7 | 36.8 | 75.0 | 4500 | 6300 | — | K 58 × 66 × 20 |
| | 66 | 30 | 30.14 | 2.7 | 55.0 | 125 | 4500 | 6300 | — | K 58 × 66 × 30 |
| | 66 | 20 | 20.14 | 2 | 33.2 | 88.0 | 4300 | 6000 | — | K 60 × 66 × 20 |
| | 66 | 30 | 30.14 | 2 | 48.5 | 132 | 4300 | 6000 | — | K 60 × 66 × 30 |
| 60 | 68 | 20 | 20.14 | 2.7 | 37.5 | 77.5 | 4300 | 6000 | — | K 60 × 68 × 20 |
| | 68 | 25 | 25.14 | 2.7 | 47.0 | 105 | 4300 | 6000 | — | K 60 × 68 × 25 |
| | 68 | 30 | 30.14 | 2.7 | 56.0 | 130 | 4300 | 6000 | 136 | K 60 × 68 × 30 |
| | 71 | 20 | 20.14 | 2.7 | 38.0 | 80.2 | 4000 | 5600 | 80 | K 63 × 71 × 20 |
| 63 | 71 | 25 | 25.14 | 2.7 | 47.5 | 108 | 4000 | 5600 | — | K 63 × 71 × 25 |
| | 71 | 30 | 30.14 | 2.7 | 56.8 | 135 | 4000 | 5600 | — | K 63 × 71 × 30 |
| | 73 | 20 | 20.14 | 2.7 | 38.5 | 82.8 | 4000 | 5600 | — | K 65 × 73 × 20 |
| 65 | 73 | 25 | 25.14 | 2.7 | 48.5 | 112 | 4000 | 5600 | — | K 65 × 73 × 25 |
| | 73 | 30 | 30.14 | 2.7 | 57.8 | 140 | 4000 | 5600 | 126 | K 65 × 73 × 30 |

(续)

| 公称尺寸/mm | | | 安装尺寸/mm | | 基本额定载荷/kN | | 极限转速/(r/min) | | 质量/g | 轴承代号 |
|---|---|---|---|---|---|---|---|---|---|---|
| $F_W$ | $E_W$ | $B_c$ | $B_1$ | $H_1$ | $C_r$ | $C_{0r}$ | 脂 | 油 | $W \approx$ | K 型 |
|    | 74 | 20 | 20.14 | 2 | 35.2 | 92.5 | 3800 | 5300 | 65 | K 68×74×20 |
|    | 74 | 30 | 30.14 | 2 | 51.5 | 150 | 3800 | 5300 | 97 | K 68×74×30 |
| 68 | 76 | 20 | 20.14 | 2.7 | 39.8 | 88 | 3800 | 5300 | — | K 68×76×20 |
|    | 76 | 25 | 25.14 | 2.7 | 50.0 | 118 | 3800 | 5300 | — | K 68×76×25 |
|    | 76 | 30 | 30.14 | 2.7 | 59.8 | 148 | 3800 | 5300 | — | K 68×76×30 |
|    | 76 | 20 | 20.14 | 2 | 35.8 | 94.2 | 3800 | 5300 | 70 | K 70×76×20 |
|    | 76 | 30 | 30.14 | 2 | 52.2 | 155 | 3800 | 5300 | 100 | K 70×76×30 |
| 70 | 78 | 20 | 20.14 | 2.7 | 40.5 | 90.5 | 3800 | 5300 | — | K 70×78×20 |
|    | 78 | 25 | 25.14 | 2.7 | 50.8 | 122 | 3800 | 5300 | 115 | K 70×78×25 |
|    | 78 | 30 | 30.14 | 2.7 | 60.5 | 152 | 3800 | 5300 | 136 | K 70×78×30 |
|    | 78 | 20 | 20.14 | 2 | 36.5 | 98.8 | 3600 | 5000 | 90 | K 72×78×20 |
|    | 78 | 30 | 30.14 | 2 | 53.5 | 160 | 3600 | 5000 | — | K 72×78×30 |
| 72 | 80 | 20 | 20.14 | 2.7 | 41.0 | 93.2 | 3600 | 5000 | 94 | K 72×80×20 |
|    | 80 | 25 | 25.14 | 2.7 | 51.5 | 125 | 3600 | 5000 | — | K 72×80×25 |
|    | 80 | 30 | 30.14 | 2.7 | 61.5 | 155 | 3600 | 5000 | — | K 72×80×30 |
|    | 81 | 20 | 20.14 | 2 | 37.5 | 102 | 3400 | 4800 | 75 | K 75×81×20 |
|    | 81 | 30 | 30.14 | 2 | 54.8 | 168 | 3400 | 4800 | 106 | K 75×81×30 |
| 75 | 83 | 20 | 20.14 | 2.7 | 72.5 | 98.2 | 3400 | 4800 | 100 | K 75×83×20 |
|    | 83 | 25 | 25.14 | 2.7 | 53.2 | 132 | 3400 | 4800 | 123 | K 75×83×25 |
|    | 83 | 30 | 30.14 | 2.7 | 63.5 | 165 | 3400 | 4800 | 147 | K 75×83×30 |
|    | 86 | 20 | 20.14 | 2 | 38.5 | 108 | 3200 | 4500 | 76 | K 80×86×20 |
|    | 86 | 30 | 30.14 | 2 | 56.2 | 178 | 3200 | 4500 | 110 | K 80×86×30 |
| 80 | 88 | 25 | 25.14 | 2.7 | 54.5 | 138 | 3200 | 4500 | 130 | K 80×88×25 |
|    | 88 | 30 | 30.14 | 2.7 | 65 | 172 | 3200 | 4500 | 141 | K 80×88×30 |
|    | 88 | 35 | 35.17 | 2.7 | 75 | 210 | 3200 | 4500 | — | K 80×88×35 |
|    | 92 | 20 | 20.14 | 2.3 | 40.5 | 105 | 3000 | 4300 | 96 | K 85×92×20 |
|    | 92 | 30 | 30.14 | 2.3 | 60.8 | 178 | 3000 | 4300 | 142 | K 85×92×30 |
| 85 | 93 | 20 | 20.14 | 2.7 | 45.0 | 112 | 3000 | 4300 | 130 | K 85×93×20 |
|    | 93 | 25 | 25.14 | 2.7 | 56.5 | 148 | 3000 | 4300 | 140 | K 85×93×25 |
|    | 93 | 30 | 30.14 | 2.7 | 67.5 | 185 | 3000 | 4300 | 160 | K 85×93×30 |
|    | 95 | 45 | 45.17 | 3.3 | 108 | 290 | 3000 | 4300 | — | K 85×95×45 |
|    | 97 | 20 | 20.14 | 2.3 | 41.8 | 112 | 2800 | 4000 | 103 | K 90×97×20 |
|    | 97 | 30 | 30.14 | 2.3 | 62.8 | 190 | 2800 | 4000 | 151 | K 90×97×30 |
| 90 | 98 | 25 | 20.14 | 2.7 | 57.8 | 156 | 2800 | 4000 | 140 | K 90×98×25 |
|    | 98 | 30 | 25.14 | 2.7 | 69.0 | 195 | 2800 | 4000 | 172 | K 90×98×30 |
|    | 102 | 20 | 20.14 | 2.3 | 43.2 | 120 | 2600 | 3800 | 110 | K 95×102×20 |
| 95 | 102 | 30 | 30.14 | 2.3 | 64.5 | 202 | 2600 | 3800 | 165 | K 95×102×30 |
|    | 103 | 30 | 30.14 | 2.7 | 71.5 | 208 | 2600 | 3800 | 165 | K 95×103×30 |
|    | 107 | 20 | 20.14 | 2.3 | 44.5 | 125 | 2400 | 3600 | 95 | K 100×107×20 |
| 100 | 107 | 30 | 30.14 | 2.3 | 66.5 | 212 | 2400 | 3600 | 170 | K 100×107×30 |
|    | 108 | 30 | 30.14 | 2.7 | 72.8 | 218 | 2400 | 3600 | 190 | K 100×108×30 |
|    | 112 | 20 | 20.14 | 2.3 | 45.2 | 132 | 2200 | 3400 | 115 | K 105×112×20 |
| 105 | 112 | 30 | 30.14 | 2.3 | 67.5 | 220 | 2200 | 3400 | 170 | K 105×112×30 |
|    | 115 | 30 | 30.14 | 3.3 | 81.8 | 218 | 2200 | 3400 | 205 | K 105×115×30 |
|    | 117 | 25 | 25.14 | 2.3 | 58.2 | 185 | 2000 | 3200 | 150 | K 110×117×25 |
| 110 | 117 | 35 | 35.17 | 2.3 | 80.2 | 278 | 2000 | 3200 | 211 | K 110×117×35 |
|    | 120 | 30 | 30.14 | 3.3 | 85.0 | 228 | 2000 | 3200 | — | K 110×120×30 |

（续）

| 公称尺寸/mm | | | 安装尺寸/mm | | 基本额定载荷/kN | | 极限转速/(r/min) | | 质量/g | 轴承代号 |
|---|---|---|---|---|---|---|---|---|---|---|
| $F_W$ | $E_W$ | $B_c$ | $B_1$ | $H_1$ | $C_r$ | $C_{0r}$ | 脂 | 油 | $W \approx$ | K 型 |
| 115 | 122 | 25 | 25.14 | 2.3 | 59.8 | 195 | 2000 | 3200 | — | K 115 × 122 × 25 |
| | 122 | 35 | 35.17 | 2.3 | 82.2 | 292 | 2000 | 3200 | — | K 115 × 122 × 35 |
| | 125 | 35 | 35.17 | 3.3 | 99.5 | 290 | 2000 | 3200 | — | K 115 × 125 × 35 |
| 120 | 127 | 25 | 25.14 | 2.3 | 61.2 | 202 | 1900 | 3000 | 168 | K 120 × 127 × 25 |
| | 127 | 35 | 35.17 | 2.3 | 84.2 | 305 | 1900 | 3000 | 243 | K 120 × 127 × 35 |
| 125 | 135 | 35 | 35.17 | 3.3 | 105 | 315 | 1900 | 3000 | 360 | K 125 × 135 × 35 |
| 130 | 137 | 25 | 25.14 | 2.3 | 63.2 | 218 | 1800 | 2800 | 180 | K 130 × 137 × 25 |
| | 137 | 35 | 35.17 | 2.3 | 87.2 | 328 | 1800 | 2800 | 250 | K 130 × 137 × 35 |
| 145 | 153 | 30 | 30.14 | 2.7 | 88.5 | 315 | 1600 | 2400 | 262 | K 145 × 153 × 30 |
| 155 | 163 | 30 | 30.14 | 2.7 | 91.5 | 338 | 1500 | 2200 | 304 | K 155 × 163 × 30 |
| 165 | 173 | 35 | 35.17 | 2.7 | 108 | 432 | 1500 | 2200 | 322 | K 165 × 173 × 35 |
| 175 | 183 | 35 | 35.17 | 2.7 | 112 | 460 | 1400 | 2000 | 390 | K 175 × 183 × 35 |
| 185 | 195 | 40 | 40.17 | 3.3 | 145 | 548 | 1200 | 1800 | 590 | K 185 × 195 × 40 |
| 195 | 205 | 40 | 40.17 | 3.3 | 150 | 585 | 1100 | 1700 | 650 | K 195 × 205 × 40 |

注：$F_W > 100$mm 的轴承为非标准轴承。

### 表 6.1-71　成套滚针轴承（摘自 GB/T 5801—2006）

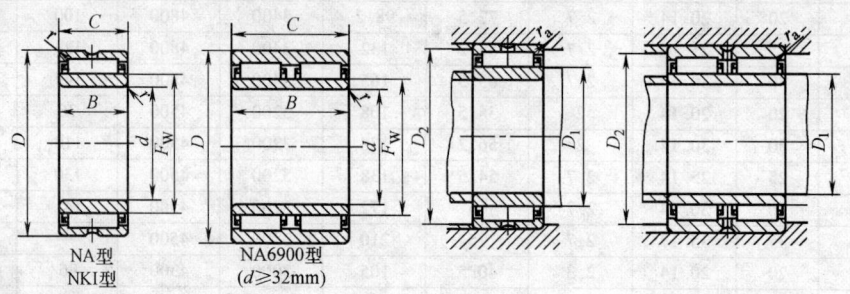

NA型
NKI型

NA6900型
($d \geqslant 32$mm)

代号含义：

NA——外圈有双单边，内圈无挡边

NKI——外圈有双单边，内圈无挡边（轻系列）

| 公称尺寸/mm | | | 安装尺寸/mm | | | 其他尺寸/mm | | 基本额定载荷/kN | | 极限转速/(r/min) | | 质量/g | 轴承代号 |
|---|---|---|---|---|---|---|---|---|---|---|---|---|---|
| $d$ | $D$ | $B$、$C$ | $D_1$ min | $D_2$ max | $r_a$ max | $F_W$ | $r$ min | $C_r$ | $C_{0r}$ | 脂 | 油 | $W \approx$ | NA 型 NKI 型 |
| 5 | 15 | 12 | 7 | 13 | 0.3 | 8 | 0.3 | 3.70 | 3.70 | 19000 | 28000 | 12.3 | NKI 5/12 |
| | 15 | 16 | 7 | 13 | 0.3 | 8 | 0.3 | 4.90 | 5.30 | 19000 | 28000 | 16.4 | NKI 5/16 |
| 6 | 16 | 12 | 8 | 14 | 0.3 | 9 | 0.3 | 4.20 | 4.50 | 18000 | 26000 | 13.5 | NKI 6/12 |
| | 16 | 16 | 8 | 14 | 0.3 | 9 | 0.3 | 5.60 | 6.50 | 18000 | 26000 | 18.1 | NKI 6/16 |
| 7 | 17 | 12 | 9 | 15 | 0.3 | 10 | 0.3 | 4.40 | 4.90 | 16000 | 24000 | 14.8 | NKI 7/12 |
| | 17 | 16 | 9 | 15 | 0.3 | 10 | 0.3 | 5.90 | 7.20 | 16000 | 24000 | 19.8 | NKI 7/16 |
| 9 | 19 | 12 | 11 | 17 | 0.3 | 12 | 0.3 | 6.50 | 7.10 | 15000 | 22000 | 16.9 | NKI 9/12 |
| | 19 | 16 | 11 | 17 | 0.3 | 12 | 0.3 | 9.10 | 11.0 | 15000 | 22000 | 22.4 | NKI 9/16 |
| 10 | 22 | 13 | 12 | 20 | 0.3 | 14 | 0.3 | 8.60 | 9.20 | 15000 | 22000 | 24.3 | NA 4900 |
| | 22 | 16 | 12 | 20 | 0.3 | 14 | 0.3 | 11.0 | 12.5 | 15000 | 22000 | 30.2 | NKI 10/16 |
| | 22 | 20 | 12 | 20 | 0.3 | 14 | 0.3 | 14.0 | 17.0 | 15000 | 22000 | 37.8 | NKI 10/20 |
| 12 | 24 | 16 | 14 | 22 | 0.3 | 16 | 0.3 | 11.5 | 14.0 | 13000 | 19000 | 33.8 | NKI 12/16 |
| | 24 | 20 | 14 | 22 | 0.3 | 16 | 0.3 | 14.5 | 18.8 | 13000 | 19000 | 42.2 | NKI 12/20 |
| | 24 | 13 | 14 | 22 | 0.3 | 16 | 0.3 | 9.60 | 10.8 | 13000 | 19000 | 27.6 | NA 4901 |
| | 24 | 22 | 14 | 22 | 0.3 | 16 | 0.3 | 16.2 | 21.5 | 13000 | 19000 | 46.9 | NA 6901 |

（续）

| 公称尺寸 /mm | | | 安装尺寸 /mm | | | 其他尺寸 /mm | | 基本额定载荷 /kN | | 极限转速 /(r/min) | | 质量 /g | 轴承代号 |
|---|---|---|---|---|---|---|---|---|---|---|---|---|---|
| $d$ | $D$ | $B$、$C$ | $D_1$ min | $D_2$ max | $r_a$ max | $F_w$ | $r$ min | $C_r$ | $C_{0r}$ | 脂 | 油 | $W$ ≈ | NA 型 NKI 型 |
| 15 | 27 | 16 | 17 | 25 | 0.3 | 19 | 0.3 | 13.2 | 17.5 | 10000 | 16000 | 39.7 | NKI 15/16 |
| | 27 | 20 | 17 | 25 | 0.3 | 19 | 0.3 | 16.8 | 23.5 | 10000 | 16000 | 49.7 | NKI 15/20 |
| | 28 | 13 | 17 | 26 | 0.3 | 20 | 0.3 | 10.2 | 12.8 | 10000 | 16000 | 35.9 | NA 4902 |
| | 28 | 23 | 17 | 26 | 0.3 | 20 | 0.3 | 17.5 | 25.2 | 10000 | 16000 | 63.7 | NA 6902 |
| 17 | 29 | 16 | 19 | 27 | 0.3 | 21 | 0.3 | 13.8 | 18.8 | 9500 | 15000 | 43.3 | NKI 17/16 |
| | 29 | 20 | 19 | 27 | 0.3 | 21 | 0.3 | 17.5 | 25.5 | 9500 | 15000 | 54.3 | NKI 17/20 |
| | 30 | 13 | 19 | 28 | 0.3 | 22 | 0.3 | 11.2 | 14.5 | 9500 | 15000 | 39.4 | NA 4903 |
| | 30 | 23 | 19 | 28 | 0.3 | 22 | 0.3 | 19.0 | 28.8 | 9500 | 15000 | 69.9 | NA 6903 |
| 20 | 32 | 16 | 22 | 30 | 0.3 | 24 | 0.3 | 15.2 | 22.2 | 9000 | 14000 | 49.3 | NKI 20/16 |
| | 32 | 20 | 22 | 30 | 0.3 | 24 | 0.3 | 19.2 | 30.2 | 9000 | 14000 | 61.7 | NKI 20/20 |
| | 37 | 17 | 22 | 35 | 0.3 | 25 | 0.3 | 21.2 | 25.2 | 9000 | 14000 | 79.9 | NA 4904 |
| | 37 | 30 | 22 | 35 | 0.3 | 25 | 0.3 | 35.2 | 48.5 | 9000 | 14000 | 141 | NA 6904 |
| 22 | 34 | 16 | 24 | 32 | 0.3 | 26 | 0.3 | 15.5 | 23.3 | 9000 | 13000 | 52.9 | NKI 22/16 |
| | 34 | 20 | 24 | 32 | 0.3 | 26 | 0.3 | 19.8 | 32.0 | 9000 | 13000 | 66.1 | NKI 22/20 |
| | 39 | 17 | 24 | 37 | 0.3 | 28 | 0.3 | 23.2 | 29.2 | 9000 | 13000 | 85.4 | NA 48/22 |
| | 39 | 30 | 24 | 37 | 0.3 | 28 | 0.3 | 38.5 | 56.2 | 9000 | 13000 | 151 | NA 69/22 |
| 25 | 38 | 20 | 27 | 36 | 0.3 | 29 | 0.3 | 22.2 | 23.0 | 8000 | 12000 | 78.6 | NKI 25/20 |
| | 38 | 30 | 27 | 36 | 0.3 | 29 | 0.3 | 33.5 | 58.0 | 8000 | 12000 | 119 | NKI 25/30 |
| | 42 | 17 | 27 | 40 | 0.3 | 30 | 0.3 | 24.0 | 31.2 | 8000 | 12000 | 94.7 | NA 4905 |
| | 42 | 30 | 27 | 40 | 0.3 | 30 | 0.3 | 40.0 | 60.2 | 8000 | 12000 | 167 | NA 6905 |
| 28 | 42 | 20 | 30 | 40 | 0.3 | 32 | 0.3 | 23.5 | 37.8 | 7500 | 11000 | 96.4 | NKI 28/20 |
| | 42 | 30 | 30 | 40 | 0.3 | 32 | 0.3 | 35.5 | 64.2 | 7500 | 11000 | 145 | NKI 28/30 |
| | 45 | 17 | 30 | 43 | 0.3 | 32 | 0.3 | 24.8 | 33.2 | 7500 | 11000 | 104 | NA 49/28 |
| | 45 | 30 | 30 | 43 | 0.3 | 32 | 0.3 | 41.5 | 64.2 | 7500 | 11000 | 183 | NA 69/28 |
| 30 | 45 | 20 | 32 | 43 | 0.3 | 35 | 0.3 | 24.8 | 41.5 | 7000 | 10000 | 112 | NKI 30/20 |
| | 45 | 30 | 32 | 43 | 0.3 | 35 | 0.3 | 37.5 | 70.5 | 7000 | 10000 | 169 | NKI 30/30 |
| | 47 | 17 | 32 | 45 | 0.3 | 35 | 0.3 | 25.5 | 35.5 | 7000 | 10000 | 108 | NA 4906 |
| | 47 | 30 | 32 | 45 | 0.3 | 35 | 0.3 | 42.8 | 68.5 | 7000 | 10000 | 191 | NA 6906 |
| 32 | 47 | 20 | 34 | 45 | 0.3 | 37 | 0.3 | 25.2 | 43.2 | 6300 | 9000 | 118 | NKI 32/20 |
| | 47 | 30 | 34 | 45 | 0.3 | 37 | 0.3 | 38.2 | 74.0 | 6300 | 9000 | 178 | NKI 32/30 |
| | 52 | 20 | 36 | 48 | 0.6 | 40 | 0.6 | 31.5 | 48.5 | 6300 | 9000 | 168 | NA 49/32 |
| | 52 | 36 | 36 | 48 | 0.6 | 40 | 0.6 | 48.0 | 83.2 | 6300 | 9000 | — | NA 69/32 |
| 35 | 50 | 20 | 37 | 48 | 0.3 | 40 | 0.3 | 26.5 | 47.2 | 6300 | 9000 | 127 | NKI 35/20 |
| | 50 | 30 | 37 | 48 | 0.3 | 40 | 0.3 | 40.0 | 80.2 | 6300 | 9000 | 191 | NKI 35/30 |
| | 55 | 20 | 39 | 51 | 0.6 | 42 | 0.6 | 32.5 | 51.0 | 6000 | 8500 | 181 | NA 4907 |
| | 55 | 36 | 39 | 51 | 0.6 | 42 | 0.6 | 49.5 | 87.2 | 6000 | 8500 | — | NA 6907 |
| 38 | 53 | 20 | 40 | 51 | 0.3 | 43 | 0.3 | 27.5 | 50.8 | 5600 | 8000 | 136 | NKI 38/20 |
| | 53 | 30 | 40 | 51 | 0.3 | 43 | 0.3 | 41.5 | 86.5 | 5600 | 8000 | 205 | NKI 38/30 |
| 40 | 55 | 20 | 42 | 53 | 0.3 | 45 | 0.3 | 28.0 | 52.8 | 5300 | 7500 | 142 | NKI 40/20 |
| | 55 | 30 | 42 | 53 | 0.3 | 45 | 0.3 | 42.5 | 89.8 | 5300 | 7500 | 214 | NKI 40/30 |
| | 62 | 22 | 44 | 58 | 0.6 | 48 | 0.6 | 43.5 | 66.2 | 5000 | 7000 | 240 | NA 4908 |
| | 62 | 40 | 44 | 58 | 0.6 | 48 | 0.6 | 62.8 | 108 | 5000 | 7000 | — | NA 6908 |
| 42 | 57 | 20 | 44 | 55 | 0.3 | 47 | 0.3 | 29.2 | 56.5 | 5000 | 7000 | 148 | NKI 42/20 |
| | 57 | 30 | 44 | 55 | 0.3 | 47 | 0.3 | 44.2 | 96.2 | 5000 | 7000 | 223 | NKI 42/30 |
| 45 | 62 | 25 | 49 | 58 | 0.6 | 50 | 0.6 | 38.8 | 74.2 | 4800 | 6700 | 225 | NKI 45/25 |
| | 62 | 35 | 49 | 58 | 0.6 | 50 | 0.6 | 51.8 | 108 | 4800 | 6700 | 314 | NKI 45/35 |
| | 68 | 22 | 49 | 64 | 0.6 | 52 | 0.6 | 46.0 | 73.0 | 4800 | 6700 | 284 | NA 4909 |
| | 68 | 40 | 49 | 64 | 0.6 | 52 | 0.6 | 67.2 | 118 | 4800 | 6700 | — | NA 6909 |

（续）

| 公称尺寸 /mm | | | 安装尺寸 /mm | | | 其他尺寸 /mm | | 基本额定载荷 /kN | | 极限转速 /(r/min) | | 质量 /g | 轴承代号 |
|---|---|---|---|---|---|---|---|---|---|---|---|---|---|
| $d$ | $D$ | $B、C$ | $D_1$ min | $D_2$ max | $r_a$ max | $F_W$ | $r$ min | $C_r$ | $C_{0r}$ | 脂 | 油 | $W$ ≈ | NA 型<br>NKI 型 |
| 50 | 68 | 25 | 54 | 64 | 0.6 | 55 | 0.6 | 41.0 | 82.5 | 4500 | 6300 | 267 | NKI 50/25 |
|  | 68 | 35 | 54 | 64 | 0.6 | 55 | 0.6 | 54.8 | 120 | 4500 | 6300 | 373 | NKI 50/35 |
|  | 72 | 22 | 54 | 68 | 0.6 | 58 | 0.6 | 48.2 | 80.0 | 4500 | 6300 | 287 | NA 4910 |
|  | 72 | 40 | 54 | 68 | 0.6 | 58 | 0.6 | 70.2 | 128 | 4500 | 6300 | — | NA 6910 |
| 55 | 72 | 25 | 59 | 68 | 0.6 | 60 | 0.6 | 43.2 | 90.8 | 4000 | 5600 | 267 | NKI 55/25 |
|  | 72 | 35 | 59 | 68 | 0.6 | 60 | 0.6 | 57.5 | 132 | 4000 | 5600 | 373 | NKI 55/35 |
|  | 80 | 25 | 60 | 75 | 1 | 63 | 1 | 58.5 | 99.0 | 4000 | 5600 | 416 | NA 4911 |
|  | 80 | 45 | 60 | 75 | 1 | 63 | 1 | 87.8 | 168 | 4000 | 5600 | — | NA 6911 |
| 60 | 82 | 25 | 64 | 78 | 0.6 | 68 | 0.6 | 45.5 | 92.0 | 3800 | 5300 | 398 | NKI 60/25 |
|  | 82 | 35 | 64 | 78 | 0.6 | 68 | 0.6 | 66.5 | 150 | 3800 | 5300 | 559 | NKI 60/35 |
|  | 85 | 25 | 65 | 80 | 1 | 68 | 1 | 61.2 | 108 | 3800 | 5300 | 448 | NA 4912 |
|  | 85 | 45 | 65 | 80 | 1 | 68 | 1 | 90.8 | 182 | 3800 | 5300 | — | NA 6912 |
| 65 | 90 | 25 | 70 | 85 | 1 | 73 | 1 | 54.2 | 100 | 3600 | 5000 | 483 | NKI 65/25 |
|  | 90 | 35 | 70 | 85 | 1 | 73 | 1 | 79.5 | 165 | 3600 | 5000 | 680 | NKI 65/35 |
|  | 90 | 25 | 70 | 85 | 1 | 72 | 1 | 62.2 | 112 | 3600 | 5000 | 479 | NA 4913 |
|  | 90 | 45 | 70 | 85 | 1 | 72 | 1 | 93.2 | 188 | 3600 | 5000 | — | NA 6913 |
| 70 | 95 | 25 | 75 | 90 | 1 | 80 | 1 | 57.2 | 112 | 3200 | 4500 | 512 | NKI 70/25 |
|  | 95 | 35 | 75 | 90 | 1 | 80 | 1 | 83.8 | 182 | 3200 | 4500 | 720 | NKI 70/35 |
|  | 100 | 30 | 75 | 95 | 1 | 80 | 1 | 84.0 | 152 | 3200 | 4500 | 762 | NA 4914 |
|  | 100 | 54 | 75 | 95 | 1 | 80 | 1 | 130 | 260 | 3200 | 4500 | — | NA 6914 |
| 75 | 105 | 25 | 80 | 100 | 1 | 85 | 1 | 69.2 | 120 | 3000 | 4300 | 669 | NKI 75/25 |
|  | 105 | 35 | 80 | 100 | 1 | 85 | 1 | 100 | 195 | 3000 | 4300 | 939 | NKI 75/35 |
|  | 105 | 30 | 80 | 100 | 1 | 85 | 1 | 85.5 | 158 | 3000 | 4300 | 805 | NA 4915 |
|  | 105 | 54 | 80 | 100 | 1 | 85 | 1 | 130 | 270 | 3000 | 4300 | — | NA 6915 |
| 80 | 110 | 25 | 85 | 105 | 1 | 90 | 1 | 72.2 | 130 | 2800 | 4000 | 708 | NKI 80/25 |
|  | 110 | 35 | 85 | 105 | 1 | 90 | 1 | 105 | 210 | 2800 | 4000 | 993 | NKI 80/35 |
|  | 110 | 30 | 85 | 105 | 1 | 90 | 1 | 89.0 | 170 | 2800 | 4000 | 852 | NA 4916 |
|  | 110 | 54 | 85 | 105 | 1 | 90 | 1 | 135 | 292 | 2800 | 4000 | — | NA 6916 |
| 85 | 115 | 26 | 90 | 110 | 1 | 95 | 1 | 76.8 | 142 | 2400 | 3600 | 774 | NKI 85/26 |
|  | 115 | 36 | 90 | 110 | 1 | 95 | 1 | 110 | 225 | 2400 | 3600 | 1070 | NKI 85/36 |
|  | 120 | 35 | 91.5 | 113.5 | 1 | 100 | 1.1 | 112 | 235 | 2400 | 3600 | 1280 | NA 4917 |
|  | 120 | 63 | 91.5 | 113.5 | 1 | 100 | 1.1 | 155 | 365 | 2400 | 3600 | — | NA 6917 |
| 90 | 120 | 26 | 95 | 115 | 1 | 100 | 1 | 79.8 | 152 | 2400 | 3600 | 814 | NKI 90/26 |
|  | 120 | 36 | 95 | 115 | 1 | 100 | 1 | 115 | 242 | 2400 | 3600 | 1130 | NKI 90/36 |
|  | 125 | 35 | 96.5 | 118.5 | 1 | 105 | 1.1 | 115 | 250 | 2200 | 3400 | 1340 | NA 4918 |
|  | 125 | 63 | 96.5 | 118.5 | 1 | 105 | 1.1 | 165 | 388 | 2200 | 3400 | — | NA 6918 |
| 95 | 125 | 26 | 100 | 120 | 1 | 105 | 1 | 80.8 | 158 | 2200 | 3400 | 851 | NKI 95/26 |
|  | 125 | 36 | 100 | 120 | 1 | 105 | 1 | 115 | 250 | 2200 | 3400 | 1180 | NKI 95/36 |
|  | 130 | 35 | 101.5 | 123.5 | 1 | 110 | 1.1 | 120 | 265 | 2000 | 3200 | 1410 | NA 4919 |
|  | 130 | 63 | 101.5 | 123.5 | 1 | 110 | 1.1 | 172 | 412 | 2000 | 3200 | — | NA 6919 |
| 100 | 130 | 30 | 106.5 | 123.5 | 1 | 110 | 1.1 | 98.2 | 205 | 2000 | 3200 | 1020 | NKI 100/30 |
|  | 130 | 40 | 106.5 | 123.5 | 1 | 110 | 1.1 | 125 | 285 | 2000 | 3200 | 1370 | NKI 100/40 |
|  | 140 | 40 | 106.5 | 133.5 | 1 | 115 | 1.1 | 130 | 270 | 2000 | 3200 | 1960 | NA 4920 |
|  | 140 | 71 | 106.5 | 133.5 | 1 | 115 | 1.1 | 202 | 480 | 2000 | 3200 | — | NA 6920 |
| 110 | 140 | 30 | 115 | 135 | 1 | 120 | 1 | 93.0 | 210 | 2000 | 3200 | 1130 | NA 4822 |
|  | 150 | 40 | 116.5 | 143.5 | 1 | 125 | 1.1 | 138 | 295 | 1900 | 3000 | 2120 | NA 4922 |
| 120 | 150 | 30 | 125 | 145 | 1 | 130 | 1 | 96.2 | 225 | 1900 | 3000 | 1220 | NA 4824 |
|  | 165 | 45 | 126.5 | 158.5 | 1 | 135 | 1.1 | 180 | 382 | 1800 | 2800 | 2910 | NA 4924 |
| 130 | 165 | 35 | 136.5 | 158.5 | 1 | 145 | 1.1 | 118 | 302 | 1700 | 2600 | — | NA 4826 |
|  | 180 | 50 | 138 | 172 | 1.5 | 150 | 1.5 | 202 | 460 | 1600 | 2400 | 3960 | NA 4926 |

（续）

| 公称尺寸 /mm | | | 安装尺寸 /mm | | | 其他尺寸 /mm | | 基本额定载荷 /kN | | 极限转速 /(r/min) | | 质量 /g | 轴承代号 |
|---|---|---|---|---|---|---|---|---|---|---|---|---|---|
| $d$ | $D$ | $B、C$ | $D_1$ min | $D_2$ max | $r_a$ max | $F_W$ | $r$ min | $C_r$ | $C_{0r}$ | 脂 | 油 | $W$ ≈ | NA 型 NKI 型 |
| 140 | 175 | 35 | 146.5 | 168.5 | 1 | 155 | 1.1 | 122 | 320 | 1600 | 2400 | 1980 | MA 4828 |
| | 190 | 50 | 148 | 182 | 1.5 | 160 | 1.5 | 210 | 488 | 1500 | 2200 | 4220 | NA 4928 |
| 150 | 190 | 40 | 156.5 | 183.5 | 1 | 165 | 1.1 | 152 | 395 | 1500 | 2200 | 2800 | NA 4830 |
| 160 | 200 | 40 | 166.5 | 193.5 | 1 | 175 | 1.1 | 158 | 418 | 1500 | 2200 | 2970 | NA 4832 |
| 170 | 215 | 45 | 176.5 | 208.5 | 1 | 185 | 1.1 | 192 | 520 | 1300 | 2000 | 4080 | NA 4834 |
| 180 | 225 | 45 | 186.5 | 218.5 | 1 | 195 | 1.1 | 198 | 552 | 1200 | 1900 | 4290 | NA 4836 |
| 190 | 240 | 50 | 198 | 232 | 1.5 | 210 | 1.5 | 230 | 688 | 1200 | 1800 | 5700 | NA 4838 |
| 200 | 250 | 50 | 208 | 242 | 1.5 | 220 | 1.5 | 235 | 725 | 1100 | 1700 | 5970 | NA 4840 |
| 220 | 270 | 50 | 228 | 262 | 1.5 | 240 | 1.5 | 245 | 785 | 950 | 1500 | 6500 | NA 4844 |
| 240 | 300 | 60 | 249 | 291 | 2 | 265 | 2 | 352 | 1050 | 900 | 1400 | 10100 | NA 4848 |
| 260 | 320 | 60 | 269 | 311 | 2 | 285 | 2 | 368 | 1130 | 800 | 1200 | 10800 | NA 4852 |
| 280 | 350 | 69 | 289 | 341 | 2 | 305 | 2 | 445 | 1310 | 750 | 1100 | 15800 | NA 4856 |
| 300 | 380 | 80 | 311 | 369 | 2.1 | 330 | 2.1 | 608 | 1700 | 750 | 1100 | 22200 | NA 4860 |
| 320 | 400 | 80 | 331 | 389 | 2.1 | 350 | 2.1 | 630 | 1820 | 700 | 1000 | 23500 | NA 4864 |
| 340 | 420 | 80 | 351 | 409 | 2.1 | 370 | 2.1 | 642 | 1900 | 670 | 950 | 24800 | NA 4868 |
| 360 | 440 | 80 | 371 | 429 | 2.1 | 390 | 2.1 | 662 | 2010 | 630 | 900 | 26100 | NA 4872 |

**表 6.1-72　无内圈单列滚针轴承**（摘自 GB/T 5801—2006）

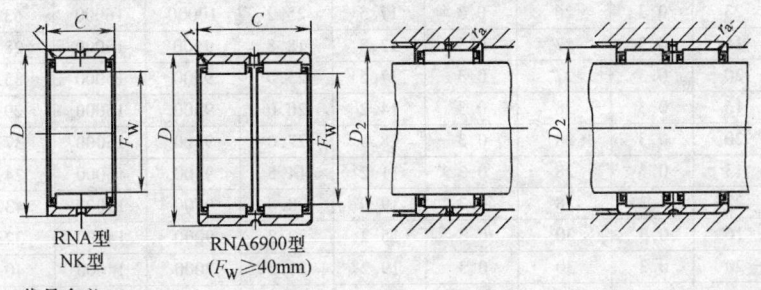

RNA型 NK型　　　RNA6900型 ($F_W$≥40mm)

代号含义：

RNA——无内圈

NK——无内圈（轻系列）

| 公称尺寸/mm | | | | 安装尺寸/mm | | 基本额定载荷 /kN | | 极限转速 /(r/min) | | 质量/g | 轴承代号 |
|---|---|---|---|---|---|---|---|---|---|---|---|
| $F_W$ | $D$ | $C$ | $r$ min | $D_2$ max | $r_a$ max | $C_r$ | $C_{0r}$ | 脂 | 油 | $W$≈ | RNA 型 NK 型 |
| 5 | 10 | 10 | 0.15 | 8.8 | 0.15 | 2.10 | 1.60 | 22000 | 32000 | 3.30 | NK 5/10 |
| | 10 | 12 | 0.15 | 8.8 | 0.15 | 2.80 | 2.30 | 22000 | 32000 | 4.00 | NK 5/12 |
| 6 | 12 | 10 | 0.15 | 10.8 | 0.15 | 2.40 | 1.90 | 22000 | 32000 | 5.10 | NK 6/10 |
| | 12 | 12 | 0.15 | 10.8 | 0.15 | 3.10 | 2.80 | 22000 | 32000 | 6.20 | NK 6/12 |
| 7 | 14 | 10 | 0.30 | 12 | 0.3 | 2.60 | 2.30 | 20000 | 30000 | 7.30 | NK 7/10 |
| | 14 | 12 | 0.30 | 12 | 0.30 | 3.40 | 3.20 | 20000 | 30000 | 8.80 | NK 7/12 |
| 8 | 15 | 12 | 0.30 | 13 | 0.30 | 3.70 | 3.70 | 19000 | 28000 | 9.60 | NK 8/12 |
| | 15 | 16 | 0.30 | 13 | 0.3 | 4.90 | 5.30 | 19000 | 28000 | 12.8 | NK 8/16 |
| 9 | 16 | 12 | 0.30 | 14 | 0.3 | 4.20 | 4.50 | 18000 | 26000 | 10.4 | NK 9/12 |
| | 16 | 16 | 0.30 | 14 | 0.3 | 5.60 | 6.50 | 18000 | 26000 | 13.9 | NK 9/16 |
| 10 | 17 | 12 | 0.30 | 15 | 0.3 | 4.40 | 4.90 | 16000 | 24000 | 11.2 | NK 10/12 |
| | 17 | 16 | 0.30 | 15 | 0.3 | 5.90 | 7.20 | 16000 | 24000 | 15.1 | NK 10/16 |
| 12 | 19 | 12 | 0.30 | 17 | 0.3 | 6.50 | 7.10 | 15000 | 22000 | 12.4 | NK 12/12 |
| | 19 | 16 | 0.30 | 17 | 0.3 | 9.10 | 11.0 | 15000 | 22000 | 16.3 | NK 12/16 |

（续）

| 公称尺寸/mm | | | | 安装尺寸/mm | | 基本额定载荷/kN | | 极限转速/(r/min) | | 质量/g | 轴承代号 |
|---|---|---|---|---|---|---|---|---|---|---|---|
| $F_W$ | $D$ | $C$ | $r$ min | $D_2$ max | $r_a$ max | $C_r$ | $C_{0r}$ | 脂 | 油 | $W \approx$ | RNA 型 NK 型 |
| 14 | 22 | 16 | 0.3 | 20 | 0.3 | 11.0 | 12.5 | 15000 | 22000 | 20.9 | NK 14/16 |
| | 22 | 20 | 0.3 | 20 | 0.3 | 14.0 | 17.0 | 15000 | 22000 | 26.2 | NK 14/20 |
| | 22 | 13 | 0.3 | 20 | 0.3 | 8.60 | 9.20 | 15000 | 22000 | 16.8 | RNA 4900 |
| 15 | 23 | 16 | 0.3 | 21 | 0.3 | 11.0 | 12.8 | 14000 | 20000 | 21.8 | NK 15/16 |
| | 23 | 20 | 0.3 | 21 | 0.3 | 13.8 | 17.2 | 14000 | 20000 | 27.2 | NK 15/20 |
| 16 | 24 | 16 | 0.3 | 22 | 0.3 | 11.5 | 14.0 | 13000 | 19000 | 23.0 | NK 16/16 |
| | 24 | 20 | 0.3 | 22 | 0.3 | 14.5 | 18.8 | 13000 | 19000 | 28.6 | NK 16/20 |
| | 24 | 13 | 0.3 | 22 | 0.3 | 9.60 | 10.8 | 13000 | 19000 | 18.8 | RNA 4901 |
| | 24 | 22 | 0.3 | 22 | 0.3 | 16.2 | 21.5 | 13000 | 19000 | 32.1 | RNA 6901 |
| 17 | 25 | 16 | 0.3 | 23 | 0.3 | 12.2 | 15.0 | 12000 | 18000 | 24.2 | NK 17/16 |
| | 25 | 20 | 0.3 | 23 | 0.3 | 15.5 | 20.5 | 12000 | 18000 | 30.2 | NK 17/20 |
| 18 | 26 | 16 | 0.3 | 24 | 0.3 | 12.8 | 16.2 | 11000 | 17000 | 25.4 | NK 18/26 |
| | 26 | 20 | 0.3 | 24 | 0.3 | 16.2 | 22.0 | 11000 | 17000 | 31.7 | NK 18/20 |
| 19 | 27 | 16 | 0.3 | 25 | 0.3 | 13.2 | 17.5 | 10000 | 16000 | 26.6 | NK 19/16 |
| | 27 | 20 | 0.3 | 25 | 0.3 | 16.8 | 23.5 | 10000 | 16000 | 33.2 | NK 19/20 |
| 20 | 28 | 16 | 0.3 | 26 | 0.3 | 13.2 | 17.5 | 10000 | 16000 | 27.4 | NK 20/16 |
| | 28 | 20 | 0.3 | 26 | 0.3 | 16.8 | 23.8 | 10000 | 16000 | 34.3 | NK 20/20 |
| | 28 | 13 | 0.3 | 26 | 0.3 | 10.2 | 10.8 | 10000 | 16000 | 22.2 | RNA 4902 |
| | 28 | 23 | 0.3 | 26 | 0.3 | 17.5 | 25.2 | 10000 | 16000 | 63.7 | RNA 6902 |
| 21 | 29 | 16 | 0.3 | 27 | 0.3 | 13.8 | 18.8 | 9500 | 15000 | 28.6 | NK 21/16 |
| | 29 | 20 | 0.3 | 27 | 0.3 | 17.5 | 25.5 | 9500 | 15000 | 35.9 | NK 21/20 |
| 22 | 30 | 16 | 0.3 | 28 | 0.3 | 14.2 | 20.0 | 9500 | 15000 | 29.9 | NK 22/16 |
| | 30 | 20 | 0.3 | 28 | 0.3 | 18.0 | 27.0 | 9500 | 15000 | 37.4 | NK 22/20 |
| | 30 | 13 | 0.3 | 28 | 0.3 | 11.2 | 14.5 | 9500 | 15000 | 24.1 | RNA 4903 |
| | 30 | 23 | 0.3 | 28 | 0.3 | 19.0 | 28.8 | 9500 | 15000 | 43.1 | RNA 6903 |
| 24 | 32 | 16 | 0.3 | 30 | 0.3 | 15.2 | 22.2 | 9000 | 14000 | 32.3 | NK 24/16 |
| | 32 | 20 | 0.3 | 30 | 0.3 | 19.2 | 30.2 | 9000 | 14000 | 40.4 | NK 24/20 |
| 25 | 33 | 16 | 0.3 | 31 | 0.3 | 15.2 | 22.5 | 9000 | 14000 | 33.2 | NK 25/16 |
| | 33 | 20 | 0.3 | 31 | 0.3 | 19.2 | 30.5 | 9000 | 14000 | 41.4 | NK 25/20 |
| | 37 | 17 | 0.3 | 35 | 0.3 | 21.2 | 25.2 | 9000 | 14000 | 56.7 | RNA 4904 |
| | 37 | 30 | 0.3 | 35 | 0.3 | 35.2 | 48.5 | 9000 | 14000 | 101 | RNA 6904 |
| 26 | 34 | 16 | 0.3 | 32 | 0.3 | 15.5 | 23.5 | 9000 | 13000 | 34.4 | NK 26/16 |
| | 34 | 20 | 0.3 | 32 | 0.3 | 19.8 | 32.0 | 9000 | 13000 | 42.9 | NK 26/20 |
| 28 | 37 | 20 | 0.3 | 35 | 0.3 | 22.2 | 34.0 | 9000 | 13000 | 51.6 | NK 28/20 |
| | 37 | 30 | 0.3 | 35 | 0.3 | 33.8 | 57.8 | 9000 | 13000 | 77.7 | NK 28/30 |
| | 39 | 17 | 0.3 | 37 | 0.3 | 23.2 | 29.2 | 9000 | 13000 | 54.4 | RNA 49/22 |
| | 39 | 30 | 0.3 | 37 | 0.3 | 38.5 | 56.2 | 9000 | 13000 | 96.5 | RNA 69/22 |
| 29 | 38 | 20 | 0.3 | 36 | 0.3 | 22.2 | 34.0 | 8000 | 12000 | 52.7 | NK 29/20 |
| | 38 | 30 | 0.3 | 36 | 0.3 | 33.5 | 58.0 | 8000 | 12000 | 79.4 | NK 29/30 |
| 30 | 40 | 20 | 0.3 | 38 | 0.3 | 23.0 | 35.8 | 8000 | 12000 | 64.2 | NK 30/20 |
| | 40 | 30 | 0.3 | 38 | 0.3 | 34.8 | 61.0 | 8000 | 12000 | 96.6 | NK 30/30 |
| | 42 | 17 | 0.3 | 40 | 0.3 | 24.0 | 31.2 | 8000 | 12000 | 66.2 | RNA 4905 |
| | 42 | 30 | 0.3 | 40 | 0.3 | 40.0 | 60.2 | 8000 | 12000 | 117 | RNA 6905 |
| 32 | 42 | 20 | 0.3 | 40 | 0.3 | 23.5 | 37.8 | 7500 | 11000 | 67.6 | NK 32/20 |
| | 42 | 30 | 0.3 | 40 | 0.3 | 35.5 | 64.2 | 7500 | 11000 | 102 | NK 32/30 |
| | 45 | 17 | 0.3 | 43 | 0.3 | 24.8 | 33.2 | 7500 | 11000 | 79 | RNA 49/28 |
| | 45 | 30 | 0.3 | 43 | 0.3 | 41.5 | 64.2 | 7500 | 11000 | 1400 | RNA 69/28 |

（续）

| 公称尺寸/mm | | | | 安装尺寸/mm | | 基本额定载荷/kN | | 极限转速/(r/min) | | 质量/g | 轴承代号 |
|---|---|---|---|---|---|---|---|---|---|---|---|
| $F_w$ | $D$ | $C$ | $r$ min | $D_2$ max | $r_a$ max | $C_r$ | $C_{0r}$ | 脂 | 油 | $W \approx$ | RNA 型 NK 型 |
| 35 | 45 | 20 | 0.3 | 43 | 0.3 | 24.8 | 41.5 | 7000 | 10000 | 73.1 | NK 35/20 |
| | 45 | 30 | 0.3 | 43 | 0.3 | 37.5 | 70.5 | 7000 | 10000 | 110 | NK 35/30 |
| | 47 | 17 | 0.3 | 45 | 0.3 | 25.5 | 35.5 | 7000 | 10000 | 74.7 | RNA 4906 |
| | 47 | 30 | 0.3 | 45 | 0.3 | 42.8 | 68.5 | 7000 | 10000 | 133 | RNA 6906 |
| 37 | 47 | 20 | 0.3 | 45 | 0.3 | 25.2 | 43.2 | 6300 | 9000 | 76.5 | NK 37/20 |
| | 47 | 30 | 0.3 | 45 | 0.3 | 38.2 | 74.0 | 6300 | 9000 | 115 | NK 37/30 |
| 38 | 48 | 20 | 0.3 | 46 | 0.3 | 26.0 | 45.2 | 6300 | 9000 | 78.5 | NK 38/20 |
| | 48 | 30 | 0.3 | 46 | 0.3 | 39.2 | 77.0 | 6300 | 9000 | 118 | NK 38/30 |
| 40 | 50 | 20 | 0.3 | 48 | 0.3 | 26.5 | 47.2 | 6300 | 9000 | 81.9 | NK 40/20 |
| | 50 | 30 | 0.3 | 48 | 0.3 | 40.0 | 80.2 | 6300 | 9000 | 123 | NK 40/30 |
| | 52 | 20 | 0.6 | 48 | 0.6 | 31.5 | 48.5 | 6300 | 9000 | 98.7 | RNA 49/32 |
| | 52 | 36 | 0.6 | 48 | 0.6 | 48.0 | 83.2 | 6300 | 9000 | — | RNA 69/32 |
| 42 | 52 | 20 | 0.3 | 50 | 0.3 | 27.0 | 49.0 | 6000 | 8500 | 85.3 | NK 42/20 |
| | 52 | 30 | 0.3 | 50 | 0.3 | 40.8 | 83.5 | 6000 | 8500 | 128 | NK 42/30 |
| | 55 | 20 | 0.6 | 51 | 0.6 | 32.5 | 51.0 | 6000 | 8500 | 163 | RNA 4907 |
| | 55 | 36 | 0.6 | 51 | 0.6 | 49.5 | 87.2 | 6000 | 8500 | — | RNA 6907 |
| 43 | 53 | 20 | 0.3 | 51 | 0.3 | 27.5 | 50.8 | 5600 | 8000 | 87.3 | NK 43/30 |
| | 53 | 30 | 0.3 | 51 | 0.3 | 41.5 | 86.5 | 5600 | 8000 | 132 | NK 43/30 |
| 45 | 55 | 20 | 0.3 | 53 | 0.3 | 28.0 | 52.8 | 5300 | 7500 | 90.7 | NK 45/20 |
| | 55 | 30 | 0.3 | 53 | 0.3 | 42.5 | 89.8 | 5300 | 7500 | 137 | NK 45/30 |
| 47 | 57 | 20 | 0.3 | 55 | 0.3 | 29.2 | 56.5 | 5000 | 7000 | 94.7 | NK 47/20 |
| | 57 | 30 | 0.3 | 55 | 0.3 | 44.2 | 96.2 | 5000 | 7000 | 143 | NK 47/30 |
| 48 | 62 | 22 | 0.6 | 58 | 0.6 | 43.5 | 66.2 | 5000 | 7000 | 146 | RNA 4908 |
| | 62 | 40 | 0.6 | 58 | 0.6 | 62.8 | 108 | 5000 | 7000 | — | RNA 6908 |
| 50 | 62 | 25 | 0.6 | 58 | 0.6 | 38.8 | 74.2 | 4800 | 6700 | 154 | NK 50/25 |
| | 62 | 35 | 0.6 | 58 | 0.6 | 51.8 | 108 | 4800 | 6700 | 215 | NK 50/35 |
| 52 | 68 | 22 | 0.6 | 64 | 0.6 | 46.0 | 73.0 | 4800 | 6700 | 194 | RNA 4909 |
| | 68 | 40 | 0.6 | 64 | 0.6 | 67.2 | 118 | 4800 | 6700 | — | RNA 6909 |
| 55 | 68 | 25 | 0.6 | 64 | 0.6 | 41.0 | 82.5 | 4500 | 6300 | 188 | NK 55/25 |
| | 68 | 35 | 0.6 | 64 | 0.6 | 54.8 | 120 | 4500 | 6300 | 264 | NK 55/35 |
| 58 | 72 | 22 | 0.6 | 68 | 0.6 | 48.2 | 80.0 | 4500 | 6300 | 172 | RNA 4910 |
| | 72 | 40 | 0.6 | 68 | 0.6 | 70.2 | 128 | 4500 | 6300 | — | RNA 6910 |
| 60 | 72 | 25 | 0.6 | 68 | 0.6 | 43.2 | 90.8 | 4000 | 5600 | 181 | NK 60/25 |
| | 72 | 35 | 0.6 | 68 | 0.6 | 57.5 | 132 | 4000 | 5600 | 254 | NK 60/35 |
| 63 | 80 | 25 | 1 | 75 | 1 | 58.5 | 99.0 | 4000 | 5600 | 274 | RNA 4911 |
| | 80 | 45 | 1 | 75 | 1 | 87.8 | 168 | 4000 | 5600 | — | RNA 6911 |
| 65 | 78 | 25 | 0.6 | 74 | 0.6 | 45.2 | 98.8 | 4000 | 5600 | 219 | NK 65/25 |
| | 78 | 35 | 0.6 | 74 | 0.6 | 60.2 | 142 | 4000 | 5600 | 307 | NK 65/35 |
| 68 | 82 | 25 | 0.6 | 78 | 0.6 | 45.5 | 92.0 | 3800 | 5300 | 245 | NK 68/25 |
| | 82 | 35 | 0.6 | 78 | 0.6 | 66.5 | 150 | 3800 | 5300 | 343 | NK 68/35 |
| | 85 | 25 | 1 | 80 | 1 | 61.2 | 108 | 3800 | 5300 | 294 | RNA 4912 |
| | 85 | 45 | 1 | 80 | 1 | 90.8 | 182 | 3800 | 5300 | | RNA 6912 |
| 72 | 90 | 25 | 1 | 85 | 1 | 62.2 | 112 | 3600 | 5000 | 335 | RNA 4913 |
| | 90 | 45 | 1 | 85 | 1 | 93.2 | 188 | 3600 | 5000 | — | RNA 6913 |
| 73 | 90 | 25 | 1 | 85 | 1 | 54.2 | 100 | 3600 | 5000 | 319 | NK 73/25 |
| | 90 | 35 | 1 | 85 | 1 | 79.5 | 165 | 3600 | 5000 | 448 | NK 73/35 |
| 75 | 92 | 25 | 1 | 87 | 1 | 55.2 | 105 | 3400 | 4800 | 328 | NK 75/25 |
| | 92 | 35 | 1 | 87 | 1 | 81.0 | 170 | 3400 | 4800 | 460 | NK 75/35 |

（续）

| 公称尺寸/mm | | | | 安装尺寸/mm | | 基本额定载荷/kN | | 极限转速/(r/min) | | 质量/g | 轴承代号 |
|---|---|---|---|---|---|---|---|---|---|---|---|
| $F_W$ | $D$ | $C$ | $r$ min | $D_2$ max | $r_a$ max | $C_r$ | $C_{0r}$ | 脂 | 油 | $W \approx$ | RNA 型 NK 型 |
| 80 | 95 | 25 | 1 | 90 | 1 | 57.2 | 112 | 3200 | 4500 | 288 | NK 80/25 |
| | 95 | 35 | 1 | 90 | 1 | 83.8 | 182 | 3200 | 4500 | 405 | NK 80/35 |
| | 100 | 30 | 1 | 95 | 1 | 84.0 | 152 | 3200 | 4500 | 491 | RNA 4914 |
| | 100 | 54 | 1 | 95 | 1 | 130 | 260 | 3200 | 4500 | — | RNA 6914 |
| 85 | 105 | 25 | 1 | 100 | 1 | 69.2 | 120 | 3000 | 4300 | 429 | NK 85/25 |
| | 105 | 35 | 1 | 100 | 1 | 100 | 195 | 3000 | 4300 | 600 | NK 85/35 |
| | 105 | 30 | 1 | 100 | 1 | 85.5 | 158 | 3000 | 4300 | 515 | RNA 4915 |
| | 105 | 54 | 1 | 100 | 1 | 130 | 270 | 3000 | 4300 | — | RNA 6915 |
| 90 | 110 | 25 | 1 | 105 | 1 | 72.2 | 130 | 2800 | 4000 | 452 | NK 90/25 |
| | 110 | 35 | 1 | 105 | 1 | 105 | 210 | 2800 | 4000 | 634 | NK 90/35 |
| | 110 | 30 | 1 | 105 | 1 | 89.0 | 170 | 2800 | 4000 | 544 | RNA 4916 |
| | 110 | 54 | 1 | 105 | 1 | 135 | 292 | 2800 | 4000 | — | RNA 6916 |
| 95 | 115 | 26 | 1 | 110 | 1 | 76.8 | 142 | 2400 | 3600 | 492 | NK 95/26 |
| | 115 | 36 | 1 | 110 | 1 | 110 | 225 | 2400 | 3600 | 681 | NK 95/36 |
| 100 | 120 | 26 | 1 | 115 | 1 | 79.8 | 152 | 2400 | 3600 | 517 | NK 100/26 |
| | 120 | 36 | 1 | 115 | 1 | 115 | 242 | 2400 | 3600 | 516 | NK 100/36 |
| | 120 | 35 | 1.1 | 113.5 | 1 | 112 | 235 | 2400 | 3600 | 687 | RNA 4917 |
| | 120 | 63 | 1.1 | 113.5 | 1 | 155 | 365 | 2400 | 3600 | — | RNA 6917 |
| 105 | 125 | 26 | 1 | 120 | 1 | 80.8 | 158 | 2200 | 3400 | 538 | NK 105/26 |
| | 125 | 35 | 1 | 120 | 1 | 115 | 250 | 2200 | 3400 | 745 | NK 105/36 |
| | 125 | 36 | 1.1 | 118.5 | 1 | 115 | 250 | 2200 | 3400 | 721 | RNA 4918 |
| | 125 | 63 | 1.1 | 118.5 | 1 | 165 | 388 | 2200 | 3400 | — | RNA 6918 |
| 110 | 130 | 30 | 1.1 | 123.5 | 1 | 98.2 | 205 | 2000 | 3200 | 647 | NK 110/30 |
| | 130 | 40 | 1.1 | 123.5 | 1 | 125 | 285 | 2000 | 3200 | 864 | NK 110/40 |
| | 130 | 35 | 1.1 | 123.5 | 1 | 120 | 265 | 2000 | 3200 | 754 | RNA 4919 |
| | 130 | 63 | 1.1 | 123.5 | 1 | 172 | 412 | 2000 | 3200 | — | RNA 6919 |
| 115 | 140 | 40 | 1.1 | 133.5 | 1 | 130 | 270 | 2000 | 3200 | 1180 | RNA 4920 |
| | 140 | 71 | 1.1 | 133.5 | 1 | 202 | 480 | 2000 | 3200 | — | RNA 6920 |
| 120 | 140 | 30 | 1 | 135 | 1 | 93.0 | 210 | 2000 | 3200 | 718 | RNA 4822 |
| 125 | 150 | 40 | 1.1 | 143.5 | 1 | 138 | 295 | 1900 | 3000 | 1275 | RNA 4922 |
| 130 | 150 | 30 | 1 | 145 | 1 | 96.2 | 225 | 1900 | 3000 | 771 | RNA 4824 |
| 135 | 165 | 45 | 1.1 | 158.5 | 1 | 180 | 382 | 1800 | 2800 | 1870 | RNA 4924 |
| 145 | 165 | 35 | 1.1 | 158.5 | 1 | 118 | 302 | 1700 | 2600 | 990 | RNA 4826 |
| 150 | 180 | 50 | 1.5 | 172 | 1.5 | 202 | 460 | 1600 | 2400 | 2280 | RNA 4926 |
| 155 | 175 | 35 | 1.1 | 168.5 | 1 | 122 | 320 | 1600 | 2400 | 1050 | RNA 4828 |
| 160 | 190 | 50 | 1.5 | 182 | 1.5 | 210 | 488 | 1500 | 2200 | 2410 | RNA 4928 |
| 165 | 190 | 40 | 1.1 | 183.5 | 1 | 152 | 395 | 1500 | 2200 | 1670 | RNA 4830 |
| 175 | 200 | 40 | 1.1 | 193.5 | 1 | 158 | 418 | 1500 | 2200 | 1760 | RNA 4832 |
| 185 | 215 | 45 | 1.1 | 208.5 | 1 | 192 | 520 | 1300 | 2000 | 2640 | RNA 4834 |
| 195 | 225 | 45 | 1.1 | 218.5 | 1 | 198 | 552 | 1200 | 1900 | 2770 | RNA 4836 |
| 210 | 240 | 50 | 1.5 | 232 | 1.5 | 230 | 688 | 1200 | 1800 | 3290 | RNA 4838 |
| 220 | 250 | 50 | 1.5 | 242 | 1.5 | 235 | 725 | 1100 | 1700 | 3440 | RNA 4840 |
| 240 | 270 | 50 | 1.5 | 262 | 1.5 | 245 | 785 | 950 | 1500 | 3730 | RNA 4844 |
| 265 | 300 | 60 | 2 | 291 | 2 | 352 | 1050 | 900 | 1400 | 5520 | RNA 4848 |
| 285 | 320 | 60 | 2 | 311 | 2 | 368 | 1130 | 800 | 1200 | 5910 | RNA 4852 |
| 305 | 350 | 69 | 2 | 341 | 2 | 445 | 1310 | 750 | 1100 | 9700 | RNA 4856 |
| 330 | 380 | 80 | 2.1 | 369 | 2.1 | 608 | 1700 | 750 | 1100 | 13100 | RNA 4860 |
| 350 | 400 | 80 | 2.1 | 389 | 2.1 | 630 | 1820 | 700 | 1000 | 13900 | RNA 4864 |
| 370 | 420 | 80 | 2.1 | 409 | 2.1 | 642 | 1900 | 670 | 950 | 14600 | RNA 4868 |
| 390 | 440 | 80 | 2.1 | 429 | 2.1 | 662 | 2010 | 630 | 900 | 15300 | RNA 4872 |

### 表 6.1-73 冲压外圈滚针轴承（摘自 GB/T 290—1998）

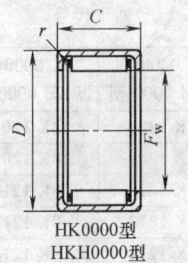

HK0000型
HKH0000型

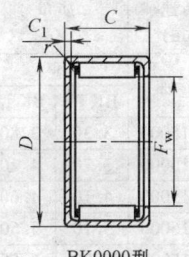

BK0000型
BKH0000型

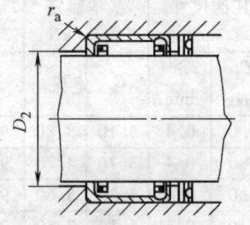

代号含义：
HK、HKH——穿孔型
BK、BKH——封口型

| 公称尺寸 /mm | | | 安装尺寸 /mm | | 其他尺寸 /mm | | 基本额定载荷/kN | | 极限转速 /(r/min) | | 质量 /g | | 轴承代号 | |
|---|---|---|---|---|---|---|---|---|---|---|---|---|---|---|
| | | | | | | | | | | | W | | HK 0000 型 HKH 0000 型 | BK 0000 型 BKH 0000 型 |
| $F_w$ | $D$ | $C$ | $D_2$ max | $r_a$ max | $C_1$ max | $r$ min | $C_r$ | $C_{0r}$ | 脂 | 油 | HK 型 | BK 型 | | |
| 4 | 8 | 8 | 5 | 0.3 | 1.0 | 0.3 | 1.50 | 1.20 | 20000 | 28000 | 1.40 | 1.50 | HK 0408 | BK 0408 |
| | 8 | 9 | 5 | 0.4 | 1.0 | 0.4 | 1.80 | 1.40 | 20000 | 28000 | 1.60 | 1.70 | HK 0409 | BK 0409 |
| 5 | 9 | 8 | 5.3 | 0.4 | 1.0 | 0.4 | 1.90 | 1.60 | 17000 | 24000 | 1.70 | 1.80 | HK 0508 | BK 0508 |
| | 9 | 9 | 5.3 | 0.4 | 1.0 | 0.4 | 2.30 | 2.00 | 17000 | 24000 | 1.90 | 2.00 | HK 0509 | BK 0509 |
| 6 | 10 | 8 | 6.3 | 0.4 | 1.0 | 0.4 | 2.10 | 1.90 | 16000 | 22000 | 1.90 | 2.10 | HK 0608 | BK 0608 |
| | 10 | 9 | 6.3 | 0.4 | 1.0 | 0.4 | 2.50 | 2.40 | 16000 | 22000 | 2.10 | 2.30 | HK 0609 | BK 0609 |
| | 10 | 10 | 6.3 | 0.4 | 1.0 | 0.4 | 2.90 | 2.90 | 16000 | 22000 | 2.40 | 2.50 | HK 0610 | BK 0610 |
| 7 | 11 | 8 | 7.3 | 0.4 | 1.0 | 0.4 | 2.30 | 2.30 | 15000 | 20000 | 2.30 | 2.30 | HK 0708 | BK 0708 |
| | 11 | 9 | 7.3 | 0.4 | 1.0 | 0.4 | 2.70 | 2.70 | 15000 | 20000 | 2.40 | 2.50 | HK 0709 | BK 0709 |
| | 11 | 10 | 7.3 | 0.4 | 1.0 | 0.4 | 3.10 | 3.30 | 15000 | 20000 | 2.70 | 2.90 | HK 0710 | BK 0710 |
| | 11 | 12 | 7.3 | 0.4 | 1.0 | 0.4 | 3.90 | 4.30 | 15000 | 20000 | 3.30 | 3.40 | HK 0712 | BK 0712 |
| 8 | 12 | 8 | 8.3 | 0.4 | 1.0 | 0.4 | 2.40 | 2.40 | 14000 | 19000 | 2.40 | 2.60 | HK 0808 | BK 0808 |
| | 12 | 9 | 8.3 | 0.4 | 1.0 | 0.4 | 2.90 | 3.10 | 14000 | 19000 | 2.70 | 2.90 | HK 0809 | BK 0809 |
| | 12 | 10 | 8.3 | 0.4 | 1.0 | 0.4 | 3.30 | 3.70 | 14000 | 19000 | 2.90 | 3.20 | HK 0810 | BK 0810 |
| | 12 | 12 | 8.3 | 0.4 | 1.0 | 0.4 | 4.20 | 4.90 | 14000 | 19000 | 3.60 | 3.80 | HK 0812 | BK 0812 |
| | 14 | 10 | 9 | 0.4 | 1.3 | 0.4 | 3.40 | 3.20 | 14000 | 19000 | 5.50 | 5.90 | HKH 0810 | BKH 0810 |
| | 14 | 12 | 9 | 0.4 | 1.3 | 0.4 | 4.40 | 4.40 | 14000 | 19000 | 6.60 | 7.10 | HKH 0812 | BKH 0812 |
| | 14 | 14 | 9 | 0.4 | 1.3 | 0.4 | 5.40 | 5.70 | 14000 | 19000 | 7.90 | 8.30 | HKH 0814 | BKH 0814 |
| 9 | 13 | 8 | 9.3 | 0.4 | 1.0 | 0.4 | 2.70 | 2.90 | 13000 | 18000 | 2.70 | 2.90 | HK 0908 | BK 0908 |
| | 13 | 9 | 9.3 | 0.4 | 1.0 | 0.4 | 3.30 | 3.20 | 13000 | 18000 | 2.90 | 3.20 | HK 0909 | BK 0909 |
| | 13 | 10 | 9.3 | 0.4 | 1.0 | 0.4 | 3.70 | 4.40 | 13000 | 18000 | 3.30 | 3.50 | HK 0910 | BK 0910 |
| | 13 | 12 | 9.3 | 0.4 | 1.0 | 0.4 | 4.70 | 5.90 | 13000 | 18000 | 4.10 | 4.30 | HK 0912 | BK 0912 |
| | 13 | 14 | 9.3 | 0.4 | 1.0 | 0.4 | 5.60 | 7.40 | 13000 | 18000 | 4.90 | 5.20 | HK 0914 | BK 0914 |
| | 15 | 10 | 10 | 0.4 | 1.3 | 0.4 | 3.70 | 3.60 | 13000 | 18000 | 5.90 | 6.40 | HKH 0910 | BKH 0910 |
| | 15 | 12 | 10 | 0.4 | 1.3 | 0.4 | 4.80 | 5.00 | 13000 | 18000 | 7.20 | 7.70 | HKH 0912 | BKH 0912 |
| | 15 | 14 | 10 | 0.4 | 1.3 | 0.4 | 5.80 | 6.50 | 13000 | 18000 | 8.40 | 9.00 | HKH 0914 | BKH 0914 |
| | 15 | 16 | 10 | 0.4 | 1.3 | 0.4 | 6.80 | 7.90 | 13000 | 18000 | 9.80 | 10.4 | HKH 0916 | BKH 0916 |
| 10 | 14 | 8 | 10.3 | 0.4 | 1.0 | 0.4 | 2.90 | 3.20 | 11000 | 17000 | 2.90 | 3.20 | HK 1008 | BK 1008 |
| | 14 | 9 | 10.3 | 0.4 | 1.0 | 0.4 | 3.40 | 4.00 | 11000 | 17000 | 3.10 | 3.50 | HK 1009 | BK 1009 |
| | 14 | 10 | 10.3 | 0.4 | 1.0 | 0.4 | 3.90 | 4.80 | 11000 | 17000 | 3.60 | 3.90 | HK 1010 | BK 1010 |
| | 14 | 12 | 10.3 | 0.4 | 1.0 | 0.4 | 4.90 | 6.40 | 11000 | 17000 | 4.40 | 4.80 | HK 1012 | BK 1012 |
| | 14 | 14 | 10.3 | 0.4 | 1.0 | 0.4 | 5.80 | 8.00 | 11000 | 17000 | 5.30 | 5.60 | HK 1014 | BK 1014 |
| | 16 | 10 | 11 | 0.4 | 1.3 | 0.4 | 3.90 | 4.00 | 11000 | 17000 | 6.40 | 7.00 | HKH 1010 | BKH 1010 |
| | 16 | 12 | 11 | 0.4 | 1.3 | 0.4 | 5.10 | 5.60 | 11000 | 17000 | 7.80 | 8.50 | HKH 1012 | BKH 1012 |
| | 16 | 14 | 11 | 0.4 | 1.3 | 0.4 | 6.20 | 7.30 | 11000 | 17000 | 9.10 | 9.80 | HKH 1014 | BKH 1014 |
| | 16 | 16 | 11 | 0.4 | 1.3 | 0.4 | 7.30 | 8.90 | 11000 | 17000 | 10.6 | 11.2 | HKH 1016 | BKH 1016 |

（续）

| 公称尺寸 /mm | | | 安装尺寸 /mm | | 其他尺寸 /mm | | 基本额定载荷/kN | | 极限转速 /(r/min) | | 质量 /g | | 轴承代号 | |
|---|---|---|---|---|---|---|---|---|---|---|---|---|---|---|
| $F_W$ | $D$ | $C$ | $D_2$ max | $r_a$ max | $C_1$ max | $r$ min | $C_r$ | $C_{0r}$ | 脂 | 油 | $W$ | | HK 0000 型 HKH 0000 型 | BK 0000 型 BKH 0000 型 |
| | | | | | | | | | | | HK 型 | BK 型 | | |
| 12 | 16 | 8 | 12.3 | 0.4 | 1.0 | 0.4 | 3.10 | 3.80 | 9500 | 15000 | 3.30 | 3.80 | HK 1208 | BK 1208 |
| | 16 | 9 | 12.3 | 0.4 | 1.0 | 0.4 | 3.70 | 4.70 | 9500 | 15000 | 3.70 | 4.20 | HK 1209 | BK 1209 |
| | 16 | 10 | 12.3 | 0.4 | 1.0 | 0.4 | 4.30 | 5.60 | 9500 | 15000 | 4.10 | 4.60 | HK 1210 | BK 1210 |
| | 16 | 12 | 12.3 | 0.4 | 1.0 | 0.4 | 5.30 | 7.50 | 9500 | 15000 | 5.10 | 5.50 | HK 1212 | BK 1212 |
| | 16 | 14 | 12.3 | 0.4 | 1.0 | 0.4 | 6.30 | 9.40 | 9500 | 15000 | 6.00 | 6.50 | HK 1214 | BK 1214 |
| | 18 | 10 | 13 | 0.4 | 1.3 | 0.4 | 4.40 | 4.90 | 9500 | 15000 | 7.30 | 8.30 | HKH 1210 | BKH 1210 |
| | 18 | 12 | 13 | 0.4 | 1.3 | 0.4 | 5.80 | 6.90 | 9500 | 15000 | 9.00 | 9.90 | HKH 1212 | BKH 1212 |
| | 18 | 14 | 13 | 0.4 | 1.3 | 0.4 | 7.00 | 8.80 | 9500 | 15000 | 10.6 | 11.5 | HKH 1214 | BKH 1214 |
| | 18 | 16 | 13 | 0.4 | 1.3 | 0.4 | 8.20 | 10.8 | 9500 | 15000 | 12.2 | 13.2 | HKH 1216 | BKH 1216 |
| | 18 | 18 | 13 | 0.4 | 1.3 | 0.4 | 9.30 | 12.8 | 9500 | 15000 | 13.8 | 14.7 | HKH 1218 | BKH 1218 |
| 14 | 20 | 10 | 15 | 0.4 | 1.3 | 0.4 | 4.90 | 5.80 | 9500 | 15000 | 8.30 | 9.60 | HK 1410 | BK 1410 |
| | 20 | 12 | 15 | 0.4 | 1.3 | 0.4 | 6.30 | 8.10 | 9500 | 15000 | 10.1 | 11.3 | HK 1412 | BK 1412 |
| | 20 | 14 | 15 | 0.4 | 1.3 | 0.4 | 7.70 | 10.5 | 9500 | 15000 | 12.0 | 13.2 | HK 1414 | BK 1414 |
| | 20 | 16 | 15 | 0.4 | 1.3 | 0.4 | 9.00 | 12.8 | 9500 | 15000 | 13.9 | 15.2 | HK 1416 | BK 1416 |
| | 20 | 18 | 15 | 0.4 | 1.3 | 0.4 | 10.2 | 15.0 | 9500 | 15000 | 15.6 | 16.9 | HK 1418 | BK 1418 |
| | 20 | 20 | 15 | 0.4 | 1.3 | 0.4 | 11.5 | 17.2 | 9500 | 15000 | 17.5 | 18.7 | HK 1420 | BK 1420 |
| | 22 | 12 | 16 | 0.4 | 1.3 | 0.4 | 7.00 | 7.20 | 9500 | 15000 | 13.2 | 14.5 | HKH 1412 | BKH 1412 |
| | 22 | 14 | 16 | 0.4 | 1.3 | 0.4 | 8.80 | 9.60 | 9500 | 15000 | 15.7 | 17.0 | HKH 1414 | BKH 1414 |
| | 22 | 16 | 16 | 0.4 | 1.3 | 0.4 | 10.5 | 12.0 | 9500 | 15000 | 18.1 | 19.4 | HKH 1416 | BKH 1416 |
| | 22 | 18 | 16 | 0.4 | 1.3 | 0.4 | 12.2 | 14.2 | 9500 | 15000 | 20.5 | 21.8 | HKH 1418 | BKH 1418 |
| | 22 | 20 | 16 | 0.4 | 1.3 | 0.4 | 13.5 | 16.8 | 9500 | 15000 | 23.1 | 24.4 | HKH 1420 | BKH 1420 |
| 15 | 21 | 10 | 16 | 0.4 | 1.3 | 0.4 | 5.10 | 6.20 | 9000 | 14000 | 8.70 | 10.2 | HK 1510 | BK 1510 |
| | 21 | 12 | 16 | 0.4 | 1.3 | 0.4 | 6.60 | 8.70 | 9000 | 14000 | 10.7 | 12.1 | HK 1512 | BK 1512 |
| | 21 | 14 | 16 | 0.4 | 1.3 | 0.4 | 8.00 | 11.2 | 9000 | 14000 | 12.7 | 14.1 | HK 1514 | BK 1514 |
| | 21 | 16 | 16 | 0.4 | 1.3 | 0.4 | 9.40 | 13.8 | 9000 | 14000 | 14.5 | 16.0 | HK 1516 | BK 1516 |
| | 21 | 18 | 16 | 0.4 | 1.3 | 0.4 | 10.8 | 16.2 | 9000 | 14000 | 16.5 | 18.0 | HK 1518 | BK 1518 |
| | 21 | 20 | 16 | 0.4 | 1.3 | 0.4 | 12.0 | 18.5 | 9000 | 14000 | 18.5 | 20.0 | HK 1520 | BK 1520 |
| | 23 | 12 | 17 | 0.4 | 1.3 | 0.4 | 7.50 | 7.90 | 9000 | 14000 | 13.9 | 15.4 | HKH 1512 | BKH 1512 |
| | 23 | 14 | 17 | 0.4 | 1.3 | 0.4 | 9.40 | 10.5 | 9000 | 14000 | 16.6 | 18.1 | HKH 1514 | BKH 1514 |
| | 23 | 16 | 17 | 0.4 | 1.3 | 0.4 | 11.2 | 13.2 | 9000 | 14000 | 19.3 | 20.8 | HKH 1516 | BKH 1516 |
| | 23 | 18 | 17 | 0.4 | 1.3 | 0.4 | 12.8 | 15.8 | 9000 | 14000 | 21.8 | 23.3 | HKH 1518 | BKH 1518 |
| | 23 | 20 | 17 | 0.4 | 1.3 | 0.4 | 14.5 | 18.5 | 9000 | 14000 | 24.4 | 25.9 | HKH 1520 | BKH 1520 |
| 16 | 22 | 10 | 17 | 0.4 | 1.3 | 0.4 | 5.30 | 6.60 | 8500 | 13000 | 9.00 | 10.6 | HK 1610 | BK 1610 |
| | 22 | 12 | 17 | 0.4 | 1.3 | 0.4 | 6.80 | 9.30 | 8500 | 13000 | 11.0 | 12.6 | HK 1612 | BK 1612 |
| | 22 | 14 | 17 | 0.4 | 1.3 | 0.4 | 8.30 | 12.0 | 8500 | 13000 | 13.0 | 14.7 | HK 1614 | BK 1614 |
| | 22 | 16 | 17 | 0.4 | 1.3 | 0.4 | 9.70 | 14.5 | 8500 | 13000 | 15.1 | 16.7 | HK 1616 | BK 1616 |
| | 22 | 18 | 17 | 0.4 | 1.3 | 0.4 | 11.2 | 17.2 | 8500 | 13000 | 17.2 | 18.8 | HK 1618 | BK 1618 |
| | 22 | 20 | 17 | 0.4 | 1.3 | 0.4 | 12.5 | 20.0 | 8500 | 13000 | 19.2 | 20.9 | HK 1620 | BK 1620 |
| | 24 | 12 | 18 | 0.8 | 1.3 | 0.8 | 7.50 | 8.00 | 8500 | 13000 | 14.1 | 15.8 | HKH 1612 | BKH 1612 |
| | 24 | 14 | 18 | 0.8 | 1.3 | 0.8 | 9.40 | 10.8 | 8500 | 13000 | 17.0 | 18.6 | HKH 1614 | BKH 1614 |
| | 24 | 16 | 18 | 0.8 | 1.3 | 0.8 | 11.2 | 13.2 | 8500 | 13000 | 19.6 | 21.3 | HKH 1616 | BKH 1616 |
| | 24 | 18 | 18 | 0.8 | 1.3 | 0.8 | 12.8 | 16.0 | 8500 | 13000 | 22.3 | 24.0 | HKH 1618 | BKH 1618 |
| | 24 | 20 | 18 | 0.8 | 1.3 | 0.8 | 14.5 | 18.8 | 8500 | 13000 | 24.9 | 26.6 | HKH 1620 | BKH 1620 |
| 17 | 23 | 10 | 18 | 0.4 | 1.3 | 0.4 | 5.50 | 7.10 | 8000 | 12000 | 9.30 | 11.2 | HK 1710 | BK 1710 |
| | 23 | 12 | 18 | 0.4 | 1.3 | 0.4 | 7.10 | 9.90 | 8000 | 12000 | 11.5 | 13.4 | HK 1712 | BK 1712 |
| | 23 | 14 | 18 | 0.4 | 1.3 | 0.4 | 8.60 | 12.8 | 8000 | 12000 | 13.7 | 15.6 | HK 1714 | BK 1714 |
| | 23 | 16 | 18 | 0.4 | 1.3 | 0.4 | 10.2 | 15.5 | 8000 | 12000 | 15.9 | 17.7 | HK 1716 | BK 1716 |

（续）

| 公称尺寸 /mm | | | 安装尺寸 /mm | | 其他尺寸 /mm | | 基本额定载荷/kN | | 极限转速 /(r/min) | | 质量 /g | | 轴承代号 | |
|---|---|---|---|---|---|---|---|---|---|---|---|---|---|---|
| $F_w$ | $D$ | $C$ | $D_2$ max | $r_a$ max | $C_1$ max | $r$ min | $C_r$ | $C_{0r}$ | 脂 | 油 | W HK 型 | BK 型 | HK 0000 型 HKH 0000 型 | BK 0000 型 BKH 0000 型 |
| 17 | 23 | 18 | 18 | 0.4 | 1.3 | 0.4 | 11.5 | 18.5 | 8000 | 12000 | 18.1 | 19.9 | HK 1718 | BK 1718 |
|  | 23 | 20 | 18 | 0.4 | 1.3 | 0.4 | 13.5 | 22.5 | 8000 | 12000 | 20.8 | 22.4 | HK 1720 | BK 1720 |
|  | 25 | 12 | 19 | 0.8 | 1.3 | 0.8 | 7.90 | 8.80 | 8000 | 12000 | 14.9 | 16.8 | HKH 1712 | BKH 1712 |
|  | 25 | 14 | 19 | 0.8 | 1.3 | 0.8 | 9.90 | 11.8 | 8000 | 12000 | 17.8 | 19.7 | HKH 1714 | BKH 1714 |
|  | 25 | 16 | 19 | 0.8 | 1.3 | 0.8 | 11.8 | 14.5 | 8000 | 12000 | 20.7 | 22.6 | HKH 1716 | BKH 1716 |
|  | 25 | 18 | 19 | 0.8 | 1.3 | 0.8 | 13.5 | 17.5 | 8000 | 12000 | 23.5 | 25.4 | HKH 1718 | BKH 1718 |
|  | 25 | 20 | 19 | 0.8 | 1.3 | 0.8 | 15.2 | 20.5 | 8000 | 12000 | 26.4 | 28.3 | HKH 1720 | BKH 1720 |
| 18 | 24 | 10 | 19 | 0.4 | 1.3 | 0.4 | 5.60 | 7.50 | 7500 | 11000 | 9.90 | 12.0 | HK 1810 | BK 1810 |
|  | 24 | 12 | 19 | 0.4 | 1.3 | 0.4 | 7.30 | 10.5 | 7500 | 11000 | 12.1 | 14.2 | HK 1812 | BK 1812 |
|  | 24 | 14 | 19 | 0.4 | 1.3 | 0.4 | 8.90 | 13.5 | 7500 | 11000 | 14.5 | 16.5 | HK 1814 | BK 1814 |
|  | 24 | 16 | 19 | 0.4 | 1.3 | 0.4 | 10.5 | 16.5 | 7500 | 11000 | 16.7 | 18.8 | HK 1816 | BK 1816 |
|  | 24 | 18 | 19 | 0.4 | 1.3 | 0.4 | 12.0 | 19.5 | 7500 | 11000 | 19.0 | 21.1 | HK 1818 | BK 1818 |
|  | 24 | 20 | 19 | 0.4 | 1.3 | 0.4 | 13.2 | 22.5 | 7500 | 11000 | 21.2 | 23.3 | HK 1820 | BK 1820 |
|  | 26 | 12 | 20 | 0.8 | 1.3 | 0.8 | 8.30 | 9.50 | 7500 | 11000 | 15.7 | 17.9 | HKH 1812 | BKH 1812 |
|  | 26 | 14 | 20 | 0.8 | 1.3 | 0.8 | 10.5 | 12.8 | 7500 | 11000 | 18.8 | 20.9 | HKH 1814 | BKH 1814 |
|  | 26 | 16 | 20 | 0.8 | 1.3 | 0.8 | 12.5 | 15.8 | 7500 | 11000 | 21.8 | 23.9 | HKH 1816 | BKH 1816 |
|  | 26 | 18 | 20 | 0.8 | 1.3 | 0.8 | 14.2 | 19.0 | 7500 | 11000 | 24.8 | 26.9 | HKH 1818 | BKH 1818 |
|  | 26 | 20 | 20 | 0.8 | 1.3 | 0.8 | 16.2 | 22.2 | 7500 | 11000 | 27.8 | 30.0 | HKH 1820 | BKH 1820 |
| 20 | 26 | 10 | 21 | 0.4 | 1.3 | 0.4 | 6.00 | 8.40 | 7000 | 10000 | 10.8 | 13.3 | HK 2010 | BK 2010 |
|  | 26 | 12 | 21 | 0.4 | 1.3 | 0.4 | 7.80 | 11.8 | 7000 | 10000 | 13.3 | 15.8 | HK 2012 | BK 2012 |
|  | 26 | 14 | 21 | 0.4 | 1.3 | 0.4 | 9.50 | 15.2 | 7000 | 10000 | 15.7 | 18.3 | HK 2014 | BK 2014 |
|  | 26 | 16 | 21 | 0.4 | 1.3 | 0.4 | 11.2 | 18.5 | 7000 | 10000 | 18.2 | 20.8 | HK 2016 | BK 2016 |
|  | 26 | 18 | 21 | 0.4 | 1.3 | 0.4 | 12.5 | 21.8 | 7000 | 10000 | 20.8 | 23.3 | HK 2018 | BK 2018 |
|  | 26 | 20 | 21 | 0.4 | 1.3 | 0.4 | 14.2 | 25.2 | 7000 | 10000 | 23.3 | 25.8 | HK 2020 | BK 2020 |
|  | 28 | 12 | 22 | 0.8 | 1.3 | 0.8 | 8.70 | 10.2 | 7000 | 10000 | 17.1 | 19.7 | HKH 2012 | BKH 2012 |
|  | 28 | 14 | 22 | 0.8 | 1.3 | 0.8 | 11.0 | 13.8 | 7000 | 10000 | 20.3 | 22.9 | HKH 2014 | BKH 2014 |
|  | 28 | 16 | 22 | 0.8 | 1.3 | 0.8 | 13.0 | 17.2 | 7000 | 10000 | 23.6 | 26.2 | HKH 2016 | BKH 2016 |
|  | 28 | 18 | 22 | 0.8 | 1.3 | 0.8 | 15.0 | 20.8 | 7000 | 10000 | 26.8 | 29.4 | HKH 2018 | BKH 2018 |
|  | 28 | 20 | 22 | 0.8 | 1.3 | 0.8 | 16.8 | 24.2 | 7000 | 10000 | 30.2 | 32.8 | HKH 2020 | BKH 2020 |
| 22 | 28 | 10 | 23 | 0.4 | 1.3 | 0.4 | 6.30 | 9.30 | 6700 | 9500 | 11.7 | 14.8 | HK 2210 | BK 2210 |
|  | 28 | 12 | 23 | 0.4 | 1.3 | 0.4 | 8.20 | 13.0 | 6700 | 9500 | 14.4 | 17.5 | HK 2212 | BK 2212 |
|  | 28 | 14 | 23 | 0.4 | 1.3 | 0.4 | 10.0 | 16.8 | 6700 | 9500 | 17.2 | 20.2 | HK 2214 | BK 2214 |
|  | 28 | 16 | 23 | 0.4 | 1.3 | 0.4 | 11.8 | 20.5 | 6700 | 9500 | 19.9 | 22.9 | HK 2216 | BK 2216 |
|  | 28 | 18 | 23 | 0.4 | 1.3 | 0.4 | 13.2 | 24.2 | 6700 | 9500 | 22.5 | 25.6 | HK 2218 | BK 2218 |
|  | 28 | 20 | 23 | 0.4 | 1.3 | 0.4 | 15.0 | 27.8 | 6700 | 9500 | 25.3 | 28.4 | HK 2220 | BK 2220 |
|  | 30 | 12 | 24 | 0.8 | 1.3 | 0.8 | 9.10 | 11.2 | 6700 | 9500 | 18.4 | 21.5 | HKH 2212 | BKH 2212 |
|  | 30 | 14 | 24 | 0.8 | 1.3 | 0.8 | 11.2 | 15.0 | 6700 | 9500 | 21.9 | 25.0 | HKH 2214 | BKH 2214 |
|  | 30 | 16 | 24 | 0.8 | 1.3 | 0.8 | 13.5 | 18.5 | 6700 | 9500 | 25.3 | 28.4 | HKH 2216 | BKH 2216 |
|  | 30 | 18 | 24 | 0.8 | 1.3 | 0.8 | 15.5 | 22.2 | 6700 | 9500 | 28.9 | 32.1 | HKH 2218 | BKH 2218 |
|  | 30 | 20 | 24 | 0.8 | 1.3 | 0.8 | 17.5 | 26.0 | 6700 | 9500 | 32.4 | 35.6 | HKH 2220 | BKH 2220 |
| 25 | 32 | 12 | 27 | 0.8 | 1.3 | 0.8 | 9.10 | 13.2 | 6300 | 9000 | 18.3 | 22.2 | HK 2512 | BK 2512 |
|  | 32 | 14 | 27 | 0.8 | 1.3 | 0.8 | 11.5 | 17.5 | 6300 | 9000 | 21.9 | 25.9 | HK 2514 | BK 2514 |
|  | 32 | 16 | 27 | 0.8 | 1.3 | 0.8 | 13.5 | 22.0 | 6300 | 9000 | 25.2 | 29.2 | HK 2516 | BK 2516 |
|  | 32 | 18 | 27 | 0.8 | 1.3 | 0.8 | 15.5 | 26.5 | 6300 | 9000 | 28.8 | 32.8 | HK 2518 | BK 2518 |
|  | 32 | 20 | 27 | 0.8 | 1.3 | 0.8 | 17.5 | 30.8 | 6300 | 9000 | 32.3 | 36.3 | HK 2520 | BK 2520 |
|  | 32 | 24 | 27 | 0.8 | 1.3 | 0.8 | 21.2 | 39.5 | 6300 | 9000 | 39.3 | 43.2 | HK 2524 | BK 2524 |
|  | 35 | 14 | 28 | 0.8 | 1.6 | 0.8 | 12.2 | 14.0 | 6300 | 9000 | 29.9 | 34.0 | HKH 2514 | BKH 2514 |

（续）

| 公称尺寸 /mm | | | 安装尺寸 /mm | | 其他尺寸 /mm | | 基本额定 载荷/kN | | 极限转速 /(r/min) | | 质量 /g | | 轴承代号 | |
|---|---|---|---|---|---|---|---|---|---|---|---|---|---|---|
| $F_W$ | D | C | $D_2$ max | $r_a$ max | $C_1$ max | $r$ min | $C_r$ | $C_{0r}$ | 脂 | 油 | W | | HK 0000 型 HKH 0000 型 | BK 0000 型 BKH 0000 型 |
| | | | | | | | | | | | HK 型 | BK 型 | | |
| 25 | 35 | 16 | 28 | 0.8 | 1.6 | 0.8 | 15.0 | 18.2 | 6300 | 9000 | 35.0 | 39.0 | HKH 2516 | BKH 2516 |
| | 35 | 18 | 28 | 0.8 | 1.6 | 0.8 | 17.5 | 22.5 | 6300 | 9000 | 40.0 | 44.1 | HKH 2518 | BKH 2518 |
| | 35 | 20 | 28 | 0.8 | 1.6 | 0.8 | 20.2 | 26.8 | 6300 | 9000 | 44.9 | 49.0 | HKH 2520 | BKH 2520 |
| | 35 | 24 | 28 | 0.8 | 1.6 | 0.8 | 25.0 | 35.2 | 6300 | 9000 | 54.8 | 58.9 | HKH 2524 | BKH 2524 |
| 28 | 35 | 12 | 30 | 0.8 | 1.3 | 0.8 | 9.50 | 14.5 | 6300 | 9000 | 20.0 | 24.9 | HK 2812 | BK 2812 |
| | 35 | 14 | 30 | 0.8 | 1.3 | 0.8 | 12.0 | 19.5 | 6300 | 9000 | 24.0 | 29.0 | HK 2814 | BK 2814 |
| | 35 | 16 | 30 | 0.8 | 1.3 | 0.8 | 14.2 | 24.2 | 6300 | 9000 | 27.6 | 32.6 | HK 2816 | BK 2816 |
| | 35 | 18 | 30 | 0.8 | 1.3 | 0.8 | 16.2 | 29.2 | 6300 | 9000 | 31.7 | 36.6 | HK 2818 | BK 2818 |
| | 35 | 20 | 30 | 0.8 | 1.3 | 0.8 | 18.5 | 34.0 | 6300 | 9000 | 35.5 | 40.5 | HK 2820 | BK 2820 |
| | 35 | 24 | 30 | 0.8 | 1.3 | 0.8 | 22.5 | 43.5 | 6300 | 9000 | 43.2 | 48.1 | HK 2824 | BK 2824 |
| | 38 | 14 | 31 | 0.8 | 1.6 | 0.8 | 13.2 | 16.2 | 6300 | 9000 | 33.2 | 38.3 | HKH 2814 | BKH 2814 |
| | 38 | 16 | 31 | 0.8 | 1.6 | 0.8 | 16.5 | 21.2 | 6300 | 9000 | 38.8 | 43.9 | HKH 2816 | BKH 2816 |
| | 38 | 18 | 31 | 0.8 | 1.6 | 0.8 | 19.2 | 26.2 | 6300 | 9000 | 44.4 | 49.5 | HKH 2818 | BKH 2818 |
| | 38 | 20 | 31 | 0.8 | 1.6 | 0.8 | 22.2 | 31.0 | 6300 | 9000 | 49.8 | 54.9 | HKH 2820 | BKH 2820 |
| | 38 | 24 | 31 | 0.8 | 1.6 | 0.8 | 27.5 | 41.0 | 6300 | 9000 | 60.8 | 65.8 | HKH 2824 | BKH 2824 |
| 30 | 37 | 12 | 32 | 0.8 | 1.3 | 0.8 | 10.0 | 15.8 | 5600 | 8000 | 21.4 | 27.1 | HK 3012 | BK 3012 |
| | 37 | 14 | 32 | 0.8 | 1.3 | 0.8 | 12.5 | 21.2 | 5600 | 8000 | 25.5 | 31.2 | HK 3014 | BK 3014 |
| | 37 | 16 | 32 | 0.8 | 1.3 | 0.8 | 15.0 | 26.5 | 5600 | 8000 | 29.6 | 35.3 | HK 3016 | BK 3016 |
| | 37 | 18 | 32 | 0.8 | 1.3 | 0.8 | 17.2 | 31.8 | 5600 | 8000 | 33.6 | 39.3 | HK 3018 | BK 3018 |
| | 37 | 20 | 32 | 0.8 | 1.3 | 0.8 | 19.2 | 37.0 | 5600 | 8000 | 37.9 | 43.6 | HK 3020 | BK 3020 |
| | 37 | 24 | 32 | 0.8 | 1.3 | 0.8 | 23.5 | 47.5 | 5600 | 8000 | 46.0 | 51.7 | HK 3024 | BK 3024 |
| | 40 | 14 | 33 | 0.8 | 1.6 | 0.8 | 13.8 | 17.5 | 5600 | 8000 | 35.2 | 41.0 | HKH 3014 | BKH 3014 |
| | 40 | 16 | 33 | 0.8 | 1.6 | 0.8 | 17.0 | 22.8 | 5600 | 8000 | 41.1 | 46.9 | HKH 3016 | BKH 3016 |
| | 40 | 18 | 33 | 0.8 | 1.6 | 0.8 | 20.2 | 28.0 | 5600 | 8000 | 47.0 | 52.8 | HKH 3018 | BKH 3018 |
| | 40 | 20 | 33 | 0.8 | 1.6 | 0.8 | 23.0 | 33.2 | 5600 | 8000 | 52.8 | 58.6 | HKH 3020 | BKH 3020 |
| | 40 | 24 | 33 | 0.8 | 1.6 | 0.8 | 28.5 | 43.8 | 5600 | 8000 | 64.4 | 70.2 | HKH 3024 | BKH 3024 |
| 32 | 39 | 12 | 34 | 0.8 | 1.3 | 0.8 | 10.5 | 17.2 | 5300 | 7500 | 22.7 | 29.2 | HK 3212 | BK 3212 |
| | 39 | 14 | 34 | 0.8 | 1.3 | 0.8 | 13.2 | 23.0 | 5300 | 7500 | 27.2 | 33.7 | HK 3214 | BK 3214 |
| | 39 | 16 | 34 | 0.8 | 1.3 | 0.8 | 15.5 | 28.5 | 5300 | 7500 | 31.3 | 37.8 | HK 3216 | BK 3216 |
| | 39 | 18 | 34 | 0.8 | 1.3 | 0.8 | 18.0 | 34.2 | 5300 | 7500 | 35.8 | 42.3 | HK 3218 | BK 3218 |
| | 39 | 20 | 34 | 0.8 | 1.3 | 0.8 | 20.2 | 40.0 | 5300 | 7500 | 40.4 | 46.8 | HK 3220 | BK 3220 |
| | 39 | 24 | 34 | 0.8 | 1.3 | 0.8 | 24.5 | 51.5 | 5300 | 7500 | 49.0 | 55.5 | HK 3224 | BK 3224 |
| | 42 | 14 | 35 | 0.8 | 1.6 | 0.8 | 14.5 | 18.5 | 5300 | 7500 | 37.2 | 43.7 | HKH 3214 | BKH 3214 |
| | 42 | 16 | 35 | 0.8 | 1.6 | 0.8 | 17.8 | 24.2 | 5300 | 7500 | 43.5 | 50.1 | HKH 3216 | BKH 3216 |
| | 42 | 18 | 35 | 0.8 | 1.6 | 0.8 | 20.8 | 29.8 | 5300 | 7500 | 49.7 | 56.3 | HKH 3218 | BKH 3218 |
| | 42 | 20 | 35 | 0.8 | 1.6 | 0.8 | 23.8 | 35.5 | 5300 | 7500 | 55.8 | 62.4 | HKH 3220 | BKH 3220 |
| | 42 | 24 | 35 | 0.8 | 1.6 | 0.8 | 29.5 | 46.8 | 5300 | 7500 | 68.1 | 74.7 | HKH 3224 | BKH 3224 |
| 35 | 42 | 12 | 37 | 0.8 | 1.3 | 0.8 | 10.8 | 18.5 | 5000 | 7000 | 24.5 | 32.3 | HK 3512 | BK 3512 |
| | 42 | 14 | 37 | 0.8 | 1.3 | 0.8 | 13.5 | 24.5 | 5000 | 7000 | 29.3 | 37.1 | HK 3514 | BK 3514 |
| | 42 | 16 | 37 | 0.8 | 1.3 | 0.8 | 16.2 | 30.8 | 5000 | 7000 | 33.9 | 41.6 | HK 3516 | BK 3516 |
| | 42 | 18 | 37 | 0.8 | 1.3 | 0.8 | 18.5 | 37.0 | 5000 | 7000 | 38.7 | 46.4 | HK 3518 | BK 3518 |
| | 42 | 20 | 37 | 0.8 | 1.3 | 0.8 | 21.0 | 43.2 | 5000 | 7000 | 43.5 | 51.2 | HK 3520 | BK 3520 |
| | 42 | 24 | 37 | 0.8 | 1.3 | 0.8 | 25.5 | 55.5 | 5000 | 7000 | 52.8 | 60.5 | HK 3524 | BK 3524 |
| | 45 | 14 | 38 | 0.8 | 1.6 | 0.8 | 14.8 | 19.8 | 5000 | 7000 | 39.8 | 47.6 | HKH 3514 | BKH 3514 |
| | 45 | 16 | 38 | 0.8 | 1.6 | 0.8 | 18.2 | 25.8 | 5000 | 7000 | 46.5 | 54.4 | HKH 3516 | BKH 3516 |
| | 45 | 18 | 38 | 0.8 | 1.6 | 0.8 | 21.5 | 31.8 | 5000 | 7000 | 53.2 | 61.0 | HKH 3518 | BKH 3518 |
| | 45 | 20 | 38 | 0.8 | 1.6 | 0.8 | 24.5 | 37.8 | 5000 | 7000 | 59.8 | 67.7 | HKH 3520 | BKH 3520 |
| | 45 | 24 | 38 | 0.8 | 1.6 | 0.8 | 30.2 | 49.8 | 5000 | 7000 | 72.9 | 80.8 | HKH 3524 | BKH 3524 |

（续）

| 公称尺寸 /mm | | | 安装尺寸 /mm | | 其他尺寸 /mm | | 基本额定载荷/kN | | 极限转速 /(r/min) | | 质量 /g | | 轴承代号 | |
|---|---|---|---|---|---|---|---|---|---|---|---|---|---|---|
| | | | | | | | | | | | W | | HK 0000 型 HKH 0000 型 | BK 0000 型 BKH 0000 型 |
| $F_w$ | $D$ | $C$ | $D_2$ max | $r_a$ max | $C_1$ max | $r$ min | $C_r$ | $C_{0r}$ | 脂 | 油 | HK 型 | BK 型 | | |
| 38 | 45 | 12 | 40 | 0.8 | 1.3 | 0.8 | 11.2 | 19.8 | 4500 | 6300 | 26.4 | 35.4 | HK 3812 | BK 3812 |
| | 45 | 14 | 40 | 0.8 | 1.3 | 0.8 | 14.0 | 26.5 | 4500 | 6300 | 31.5 | 40.6 | HK 3814 | BK 3814 |
| | 45 | 16 | 40 | 0.8 | 1.3 | 0.8 | 16.8 | 33.0 | 4500 | 6300 | 36.4 | 45.4 | HK 3816 | BK 3816 |
| | 45 | 18 | 40 | 0.8 | 1.3 | 0.8 | 19.2 | 39.5 | 4500 | 6300 | 41.5 | 50.6 | HK 3818 | BK 3818 |
| | 45 | 20 | 40 | 0.8 | 1.3 | 0.8 | 21.8 | 46.2 | 4500 | 6300 | 46.7 | 55.7 | HK 3820 | BK 3820 |
| | 45 | 24 | 40 | 0.8 | 1.3 | 0.8 | 26.2 | 59.5 | 4500 | 6300 | 56.7 | 65.8 | HK 3824 | BK 3824 |
| | 48 | 14 | 41 | 0.8 | 1.6 | 0.8 | 15.8 | 22.2 | 4500 | 6300 | 43.1 | 52.3 | HKH 3814 | BKH 3814 |
| | 48 | 16 | 41 | 0.8 | 1.6 | 0.8 | 19.5 | 28.8 | 4500 | 6300 | 50.4 | 59.6 | HKH 3816 | BKH 3816 |
| | 48 | 18 | 41 | 0.8 | 1.6 | 0.8 | 22.8 | 35.5 | 4500 | 6300 | 57.6 | 66.8 | HKH 3818 | BKH 3818 |
| | 48 | 20 | 41 | 0.8 | 1.6 | 0.8 | 26.2 | 42.2 | 4500 | 6300 | 64.7 | 73.9 | HKH 3820 | BKH 3820 |
| | 48 | 24 | 41 | 0.8 | 1.6 | 0.8 | 32.2 | 55.5 | 4500 | 6300 | 78.9 | 88.1 | HKH 3824 | BKH 3824 |
| 40 | 47 | 12 | 42 | 0.8 | 1.3 | 0.8 | 11.5 | 21.2 | 4500 | 6300 | 27.6 | 37.7 | HK 4012 | BK 4012 |
| | 47 | 14 | 42 | 0.8 | 1.3 | 0.8 | 14.5 | 28.2 | 4500 | 6300 | 33.1 | 43.1 | HK 4014 | BK 4014 |
| | 47 | 16 | 42 | 0.8 | 1.3 | 0.8 | 17.2 | 35.2 | 4500 | 6300 | 38.1 | 48.2 | HK 4016 | BK 4016 |
| | 47 | 18 | 42 | 0.8 | 1.3 | 0.8 | 20.0 | 42.2 | 4500 | 6300 | 43.7 | 53.7 | HK 4018 | BK 4018 |
| | 47 | 20 | 42 | 0.8 | 1.3 | 0.8 | 22.5 | 49.2 | 4500 | 6300 | 49.0 | 59.1 | HK 4020 | BK 4020 |
| | 47 | 24 | 42 | 0.8 | 1.3 | 0.8 | 27.2 | 63.5 | 4500 | 6300 | 59.6 | 69.7 | HK 4024 | BK 4024 |
| | 50 | 14 | 43 | 0.8 | 1.6 | 0.8 | 16.2 | 23.2 | 4500 | 6300 | 45.1 | 55.2 | HKH 4014 | BKH 4014 |
| | 50 | 16 | 43 | 0.8 | 1.6 | 0.8 | 20.1 | 30.2 | 4500 | 6300 | 52.7 | 62.8 | HKH 4016 | BKH 4016 |
| | 50 | 18 | 43 | 0.8 | 1.6 | 0.8 | 23.5 | 37.2 | 4500 | 6300 | 60.3 | 70.4 | HKH 4018 | BKH 4018 |
| | 50 | 20 | 43 | 0.8 | 1.6 | 0.8 | 26.8 | 44.5 | 4500 | 6300 | 67.7 | 77.8 | HKH 4020 | BKH 4020 |
| | 50 | 24 | 43 | 0.8 | 1.6 | 0.8 | 33.2 | 58.5 | 4500 | 6300 | 82.7 | 92.8 | HKH 4024 | BKH 4024 |
| 42 | 49 | 12 | 44 | 0.8 | 1.3 | 0.8 | 12.0 | 22.5 | 4300 | 6000 | 29.0 | 40.1 | HK 4212 | BK 4212 |
| | 49 | 14 | 44 | 0.8 | 1.3 | 0.8 | 15.0 | 30.0 | 4300 | 6000 | 34.7 | 45.7 | HK 4214 | BK 4214 |
| | 49 | 16 | 44 | 0.8 | 1.3 | 0.8 | 18.0 | 37.5 | 4300 | 6000 | 40.1 | 51.2 | HK 4216 | BK 4216 |
| | 49 | 18 | 44 | 0.8 | 1.3 | 0.8 | 20.5 | 45.0 | 4300 | 6000 | 45.8 | 56.8 | HK 4218 | BK 4218 |
| | 49 | 20 | 44 | 0.8 | 1.3 | 0.8 | 23.2 | 52.2 | 4300 | 6000 | 51.4 | 62.5 | HK 4220 | BK 4220 |
| | 49 | 24 | 44 | 0.8 | 1.3 | 0.8 | 28.2 | 67.2 | 4300 | 6000 | 62.5 | 73.6 | HK 4224 | BK 4224 |
| | 52 | 14 | 46 | 0.8 | 1.6 | 0.8 | 16.5 | 24.5 | 4300 | 6000 | 47.0 | 58.2 | HKH 4214 | BKH 4214 |
| | 52 | 16 | 46 | 0.8 | 1.6 | 0.8 | 20.5 | 31.8 | 4300 | 6000 | 54.9 | 66.1 | HKH 4216 | BKH 4216 |
| | 52 | 18 | 46 | 0.8 | 1.6 | 0.8 | 24.0 | 39.2 | 4300 | 6000 | 62.9 | 74.1 | HKH 4218 | BKH 4218 |
| | 52 | 20 | 46 | 0.8 | 1.6 | 0.8 | 27.5 | 46.5 | 4300 | 6000 | 70.6 | 81.8 | HKH 4220 | BKH 4220 |
| | 52 | 24 | 46 | 0.8 | 1.6 | 0.8 | 34.2 | 61.5 | 4300 | 6000 | 86.2 | 97.4 | HKH 4224 | BKH 4224 |
| 45 | 52 | 12 | 47 | 0.8 | 1.3 | 0.8 | 12.2 | 23.8 | 3800 | 5300 | 30.8 | 43.5 | HK 4512 | BK 4512 |
| | 52 | 14 | 47 | 0.8 | 1.3 | 0.8 | 15.5 | 31.8 | 3800 | 5300 | 36.8 | 49.5 | HK 4514 | BK 4514 |
| | 52 | 16 | 47 | 0.8 | 1.3 | 0.8 | 18.5 | 39.5 | 3800 | 5300 | 42.5 | 55.2 | HK 4516 | BK 4516 |
| | 52 | 18 | 47 | 0.8 | 1.3 | 0.8 | 21.2 | 47.5 | 3800 | 5300 | 48.6 | 61.3 | HK 4518 | BK 4518 |
| | 52 | 20 | 47 | 0.8 | 1.3 | 0.8 | 24.0 | 55.5 | 3800 | 5300 | 54.7 | 67.4 | HK 4520 | BK 4520 |
| | 52 | 24 | 47 | 0.8 | 1.3 | 0.8 | 29.0 | 71.2 | 3800 | 5300 | 66.4 | 79.1 | HK 4524 | BK 4524 |
| | 55 | 14 | 49 | 0.8 | 1.6 | 0.8 | 17.0 | 25.5 | 3800 | 5300 | 49.6 | 62.5 | HKH 4514 | BKH 4514 |
| | 55 | 16 | 49 | 0.8 | 1.6 | 0.8 | 20.8 | 33.5 | 3800 | 5300 | 58.1 | 70.9 | HKH 4516 | BKH 4516 |
| | 55 | 18 | 49 | 0.8 | 1.6 | 0.8 | 24.5 | 41.2 | 3800 | 5300 | 66.4 | 79.3 | HKH 4518 | BKH 4518 |
| | 55 | 20 | 49 | 0.8 | 1.6 | 0.8 | 28.2 | 50.0 | 3800 | 5300 | 74.6 | 87.4 | HKH 4520 | BKH 4520 |
| | 55 | 24 | 49 | 0.8 | 1.6 | 0.8 | 34.8 | 64.5 | 3800 | 5300 | 91.1 | 104 | HKH 4524 | BKH 4524 |
| 50 | 58 | 16 | 53 | 0.8 | 1.6 | 0.8 | 21.2 | 43.5 | 3400 | 4800 | 52.7 | 68.4 | HK 5016 | BK 5016 |
| | 58 | 18 | 53 | 0.8 | 1.6 | 0.8 | 24.5 | 52.2 | 3400 | 4800 | 60.0 | 75.6 | HK 5018 | BK 5018 |
| | 58 | 20 | 53 | 0.8 | 1.6 | 0.8 | 27.8 | 61.0 | 3400 | 4800 | 67.3 | 82.9 | HK 5020 | BK 5020 |
| | 58 | 24 | 53 | 0.8 | 1.6 | 0.8 | 33.8 | 78.5 | 3400 | 4800 | 82.3 | 97.9 | HK 5024 | BK 5024 |
| 55 | 63 | 16 | 58 | 0.8 | 1.6 | 0.8 | 22.2 | 47.5 | 3200 | 4500 | 57.3 | 76.5 | HK 5516 | BK 5516 |
| | 63 | 18 | 58 | 0.8 | 1.6 | 0.8 | 25.8 | 57.2 | 3200 | 4500 | 65.3 | 84.2 | HK 5518 | BK 5518 |
| | 63 | 20 | 58 | 0.8 | 1.6 | 0.8 | 29.0 | 66.5 | 3200 | 4500 | 73.3 | 92.2 | HK 5520 | BK 5520 |
| | 63 | 24 | 58 | 0.8 | 1.6 | 0.8 | 35.2 | 85.5 | 3200 | 4500 | 89.6 | 109 | HK 5524 | BK 5524 |
| 60 | 68 | 16 | 63 | 0.8 | 1.6 | 0.8 | 23.5 | 52.8 | 2800 | 4000 | 62.4 | 84.9 | HK 6016 | BK 6016 |
| | 68 | 18 | 63 | 0.8 | 1.6 | 0.8 | 27.2 | 63.5 | 2800 | 4000 | 71.1 | 93.6 | HK 6018 | BK 6018 |
| | 68 | 20 | 63 | 0.8 | 1.6 | 0.8 | 30.5 | 74.0 | 2800 | 4000 | 79.8 | 102 | HK 6020 | BK 6020 |
| | 68 | 24 | 63 | 0.8 | 1.6 | 0.8 | 37.2 | 95.0 | 2800 | 4000 | 97.6 | 120 | HK 6024 | BK 6024 |

（续）

| 公称尺寸 /mm | | | 安装尺寸 /mm | | 其他尺寸 /mm | | 基本额定载荷/kN | | 极限转速 /(r/min) | | 质量 /g | | 轴承代号 | |
|---|---|---|---|---|---|---|---|---|---|---|---|---|---|---|
| $F_W$ | $D$ | $C$ | $D_2$ max | $r_a$ max | $C_1$ max | $r$ min | $C_r$ | $C_{0r}$ | 脂 | 油 | $W$ | | HK 0000 型 HKH 0000 型 | BK 0000 型 BKH 0000 型 |
| | | | | | | | | | | | HK 型 | BK 型 | | |
| 65 | 73 | 16 | 68 | 0.8 | 1.6 | 0.8 | 24.5 | 56.8 | 2800 | 4000 | 67.1 | 93.5 | HK 6516 | BK 6516 |
| | 73 | 18 | 68 | 0.8 | 1.6 | 0.8 | 28.2 | 68.2 | 2800 | 4000 | 76.5 | 103 | HK 6518 | BK 6518 |
| | 73 | 20 | 68 | 0.8 | 1.6 | 0.8 | 31.8 | 79.5 | 2800 | 4000 | 85.8 | 112 | HK 6520 | BK 6520 |
| | 73 | 24 | 68 | 0.8 | 1.6 | 0.8 | 38.6 | 102 | 2800 | 4000 | 105 | 131 | HK 6524 | BK 6524 |
| 70 | 78 | 16 | 73 | 0.8 | 1.6 | 0.8 | 25.2 | 60.8 | 2600 | 3800 | 71.8 | 102 | HK 7016 | BK 7016 |
| | 78 | 18 | 73 | 0.8 | 1.6 | 0.8 | 29.2 | 73.0 | 2600 | 3800 | 81.8 | 112 | HK 7018 | BK 7018 |
| | 78 | 20 | 73 | 0.8 | 1.6 | 0.8 | 32.8 | 85.2 | 2600 | 3800 | 91.9 | 122 | HK 7020 | BK 7020 |
| | 78 | 24 | 73 | 0.8 | 1.6 | 0.8 | 40.0 | 110 | 2600 | 3800 | 112 | 143 | HK 7024 | BK 7024 |

# 4　组合设计

　　为保证滚动轴承正常工作，除了合理选择轴承类型及尺寸外，还应正确地进行轴承的组合设计。轴承的组合设计主要应合理选择支承结构型式、轴承的配合、紧固、游隙、润滑、密封及装拆等问题。

## 4.1　支承结构的基本型式

　　一般滚动轴承支承由两个支承点限定径向位置，而轴向位置限定基本上有三种结构型式，详见表6.1-74。

表 6.1-74　常见支承结构型式

| 支承型式 | 序号 | 简　图 | 轴承配置 | | 承受轴向载荷情况 | 轴热伸长补偿方式 | 其他特点 |
|---|---|---|---|---|---|---|---|
| | | | 固定端 | 游动端 | | | |
| 两端固定 | 1 | 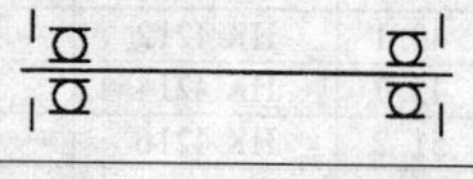 | 一对深沟球轴承 | | 能承受单向轴向载荷（应指向不留间隙的一端） | 外圈端面与端盖间的间隙 | 转速高，结构简单，调整方便 |
| | 2 |  | 一对外球面深沟球轴承 | | 能承受双向轴向载荷 | | |
| | 3 | 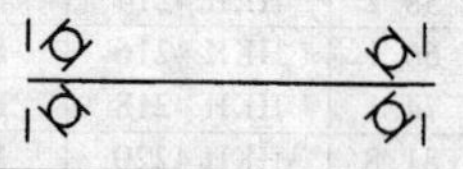 | 一对角接触球轴承面向面排列 | | | 轴承游隙 | |
| | 4 |  | 一对角接触球轴承背向背排列 | | | | |
| | 5 | 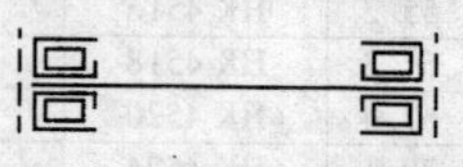 | 一对外圈单挡边圆柱滚子轴承 | | 能承受较小的双向轴向载荷 | 外圈端面与端盖间隙 | 结构简单，调整方便 |
| | 6 | 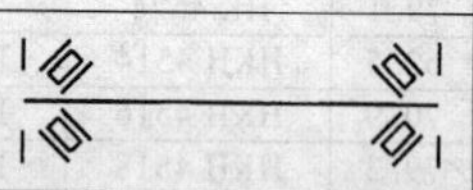 | 一对圆锥滚子轴承面对面排列 | | | | |
| | 7 | 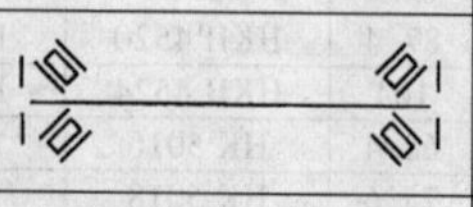 | 一对圆锥滚子轴承背向面排列 | | | 轴承游隙 | |
| | 8 | 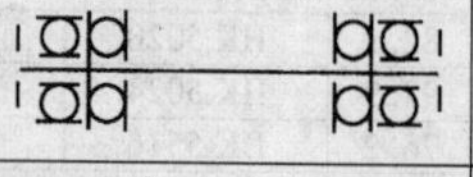 | 二套深沟球轴承与推力球轴承组合 | | 能承受双向轴向载荷 | | 用于转速较低的立轴 |
| | 9 | 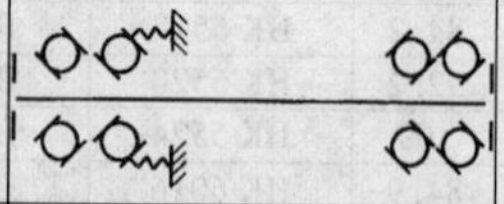 | 角接触球轴承串联构成背向背排列 | | | 轴热伸长后轴承游隙增大，靠预紧弹簧保持预紧量 | 用于转速较高的场合 |
| | 10 | 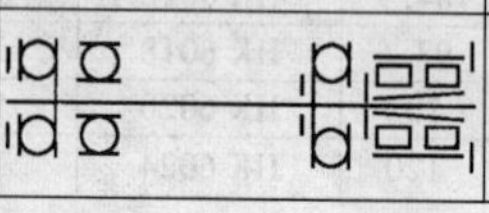 | 深沟球轴承、推力球轴承与带锥度双列圆柱滚子轴承组合 | | | 轴承游隙 | 通过径向预紧可提高支承刚性 |

（续）

| 支承形式 | 序号 | 简 图 | 轴承配置 | | 承受轴向载荷情况 | 轴热伸长补偿方式 | 其他特点 |
|---|---|---|---|---|---|---|---|
| | | | 固定端 | 游动端 | | | |
| 一端固定一端游动 | 11 | | 深沟球轴承 | | 能承受双向轴向载荷 | 右端深沟球轴承外圈与轴承座孔为动配合 | 允许转速高，结构简单，调整方便 |
| | 12 | | 深沟球轴承 | 外圈无挡边圆柱滚子轴承 | | | 结构简单调整方便 |
| | 13 | | 成对安装角接触球轴承（背靠背） | 外圈无挡边圆柱滚子轴承 | | 滚子相对外圈滚道轴向移动 | 通过轴向预紧提高支承刚性 |
| | 14 | | 成对安装角接触球轴承（面对面） | 外圈无挡边圆柱滚子轴承 | | | |
| | 15 | | 三点接触球轴承与外圈无挡边圆柱滚子轴承 | 外圈无挡边圆柱滚子轴承 | | | 允许转速较高，能承受较大的径向载荷，结构紧凑 |
| | 16 | | 圆锥孔双列圆柱滚子轴承与双向推力球轴承 | 圆锥孔双列圆柱滚子轴承 | | 左端支承滚子相对外圈滚道轴向移动 | 可承受较大的径、轴向载荷、支承刚性好 |
| | 17 | | 成对安装圆锥滚子轴承（背靠背） | 外圈无挡边圆柱滚子轴承 | | | 可承受较大的径、轴向载荷，结构简单，调整方便 |
| | 18 | | 成对安装圆锥滚子轴承（面对面） | 外圈无挡边圆柱滚子轴承 | | 左端支承滚子相对外圈滚道轴向移动 | |
| | 19 | | 成对安装角接触球轴承（背对背） | 成对安装角接触球轴承（串联） | | 右端轴承外圈与轴承座孔为动配合 | 允许转速较高 |
| | 20 | | 双向推力角接触球轴承与圆锥孔双列圆柱滚子轴承 | 内圈无挡边圆柱滚子轴承 | | 左端支承滚子相对内圈滚道轴向移动 | 旋转精度较高能承受较大的径、轴向载荷，刚性好 |
| | 21 | | 调心滚子轴承 | | 能承受较小的双向轴向载荷 | 左端轴承外圈与轴承座为动配合 | 适用于径向载荷较大的轴，具有调心性能 |

（续）

| 支承形式 | 序号 | 简图 | 轴承配置 | | 承受轴向载荷情况 | 轴热伸长补偿方式 | 其他特点 |
|---|---|---|---|---|---|---|---|
| | | | 固定端 | 游动端 | | | |
| 两端游动 | 22 | | 对外圈无挡边圆柱滚子轴承 | | 不能承受轴向载荷 | 两端轴承的滚子相对外圈滚道移动 | 用于要求轴能轴向游动的场合 |
| | 23 | | 一对无内圈滚针轴承 | | | 两端支承处滚针相对轴移动 | |

注：简图中轴承端面所画短竖线，表示内圈、外圈或内外圈固定。

## 4.2　配合

　　滚动轴承内圈与轴的配合采用基孔制，外圈与壳体孔的配合采用基轴制。轴承内、外径的上极限偏差均为零。由于内圈基孔制与一般圆柱体孔公差带方向相反，故在配合种类相同条件下，内圈与轴颈的配合较紧。轴承与轴和外壳配合常用公差带见图 6.1-9。滚动轴承配合种类选择与轴承类型、精度、尺寸及载荷大小、方向和性质有关，详见表 6.1-75～表 6.1-78。表 6.1-79 所示为与轴承配合面的表面粗糙度，表 6.1-80 所示为轴和壳体孔的几何公差。

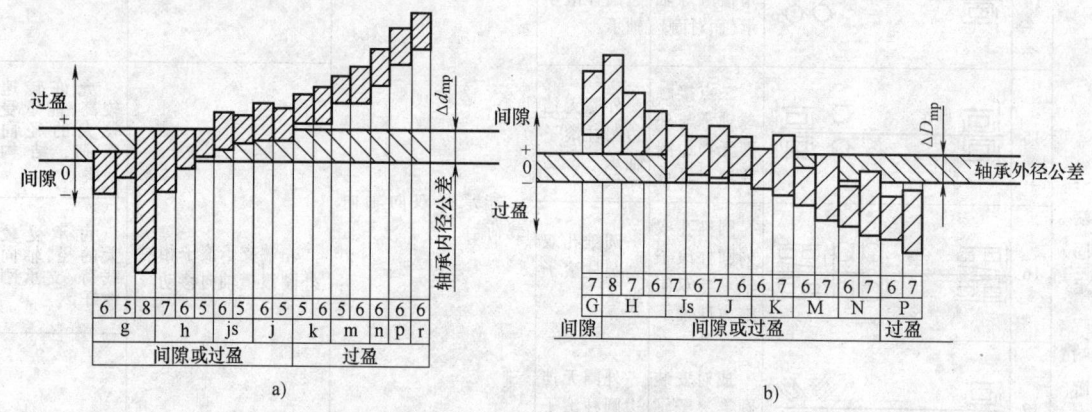

图6.1-9　通用轴承的常用公差带

a）通用轴承轴承与轴配合的常用公差带　b）通用轴承轴承与外壳孔配合的常用公差带

表 6.1-75　向心轴承和轴的配合、轴公差带代号

| 圆柱孔轴承 | | | | | | |
|---|---|---|---|---|---|---|
| 运转状态 | | 载荷状态 | 深沟球轴承、调心球轴承和角接触球轴承 | 圆柱滚子轴承和圆锥滚子轴承 | 调心滚子轴承 | 公差带 |
| 说明 | 举例 | | 轴承公称内径/mm | | | |
| 旋转的内圈载荷及摆动载荷 | 一般通用机械、电动机、机床主轴、泵、内燃机、直齿轮传动装置、铁路机车车辆轴箱、破碎机等 | 轻载荷 | ≤18 | — | — | h5 |
| | | | >18～100 | ≤40 | ≤40 | j6① |
| | | | >100～200 | >40～140 | >40～100 | k6① |
| | | | — | >140～200 | >100～200 | m6① |
| | | 正常载荷 | ≤18 | — | — | j5 js5 |
| | | | >18～100 | ≤40 | ≤40 | k5② |
| | | | >100～140 | >40～100 | >40～65 | m5② |
| | | | >140～200 | >100～140 | >65～100 | m6 |
| | | | >200～280 | >140～200 | >100～140 | n6 |
| | | | — | >200～400 | >140～280 | p6 |
| | | | | | >280～500 | r6 |
| | | 重载荷 | | >50～140 | >50～100 | n6 |
| | | | | >140～200 | >100～140 | p6③ |
| | | | | >200 | >140～200 | r6 |
| | | | | — | >200 | r7 |

（续）

| 运转状态 | | 载荷状态 | 深沟球轴承、调心球轴承和角接触球轴承 | 圆柱滚子轴承和圆锥滚子轴承 | 调心滚子轴承 | 公差带 |
|---|---|---|---|---|---|---|
| 说明 | 举例 | | 轴承公称内径/mm | | | |
| 固定的内圈载荷 | 静止轴上的各种轮子，张紧轮、绳轮、振动筛、惯性振动器 | 所有载荷 | 所有尺寸 | | | f6<br>g6①<br>h6<br>j6 |
| 仅有轴向载荷 | | | 所有尺寸 | | | j6、js6 |
| 圆锥孔轴承 | | | | | | |
| 所有载荷 | 铁路机车车辆轴箱 | | 装在退卸套上的所有尺寸 | | | h8（IT6）⑤④ |
| | 一般机械传动 | | 装在紧定套上的所有尺寸 | | | h9（IT7）⑤④ |

① 凡对精度有较高要求的场合，应用 j5、k5…代替 j6、k6…。
② 圆锥滚子轴承、角接触球轴承配合对游隙影响不大，可用 k6、m6 代替 k5、m5。
③ 重载荷下轴承游隙应选大于 0 组。
④ 凡有较高精度或转速要求的场合，应选用 h7（IT5）代替 h8（IT6）等。
⑤ IT6、IT7 表示圆柱度公差数值。

### 表 6.1-76　向心轴承和外壳孔的配合、孔公差带代号

| 运转状态 | | 载荷状态 | 其他状况 | 公差带① | |
|---|---|---|---|---|---|
| 说明 | 举例 | | | 球轴承 | 滚子轴承 |
| 固定的外圈载荷 | 一般机械、铁路机车车辆轴箱、电动机、泵、曲轴主轴承 | 轻、正常、重 | 轴向易移动，可采用剖分式外壳 | H7、G7② | |
| | | 冲击 | 轴向能移动，可采用整体或剖分式外壳 | J7、JS7 | |
| 摆动载荷 | | 轻、正常 | | | |
| | | 正常、重 | | K7 | |
| | | 冲击 | | M7 | |
| 旋转的外圈载荷 | 张紧滑轮、轮毂轴承 | 轻 | 轴向不移动，采用整体式外壳 | J7 | K7 |
| | | 正常 | | K7、M7 | M7、N7 |
| | | 重 | | — | N7、P7 |

① 并列公差带随尺寸的增大从左至右选择，对旋转精度有较高要求时，可相应提高一个公差等级。
② 不适用于剖分式外壳。

### 表 6.1-77　推力轴承和轴的配合、轴公差带代号

| 运转状态 | 载荷状态 | 推力球和推力滚子轴承 | 推力调心滚子轴承② | 公差带 |
|---|---|---|---|---|
| | | 轴承公称内径/mm | | |
| 仅有轴向载荷 | | 所有尺寸 | | j6、js6 |
| 固定的轴圈载荷 | 径向和轴向联合载荷 | — | ≤250 | j6 |
| | | — | ＞250 | js6 |
| 旋转的轴圈载荷或摆动载荷 | | — | ≤200 | k6① |
| | | — | 200～400 | m6 |
| | | — | ＞400 | n6 |

① 要求较小过盈时，可分别用 j6、k6、m6 代替 k6、m6、n6。
② 也包括推力圆锥滚子轴承，推力角接触球轴承。

### 表 6.1-78　推力轴承和外壳孔的配合、孔公差带代号

| 运转状态 | 载荷状态 | 轴承类型 | 公差带 | 备注 |
|---|---|---|---|---|
| 仅有轴向载荷 | | 推力球轴承 | H8 | |
| | | 推力圆柱、圆锥滚子轴承 | H7 | |
| | | 推力调心滚子轴承 | | 外壳孔与座圈间间隙为 0.001D（D 为轴承公称外径） |
| 固定的座圈载荷 | 径向和轴向联合载荷 | 推力角接触球轴承、推力调心滚子轴承、推力圆锥滚子轴承 | H7 | |
| 旋转的座圈载荷或摆动载荷 | | | K7 | 普通使用条件 |
| | | | M7 | 有较大径向载荷时 |

**表 6.1-79　通用轴承配合面的表面粗糙度**　　　　　　　　（单位：μm）

| 轴或轴承座直径 /mm | | 轴或外壳配合表面直径公差等级 | | | | | | | | |
|---|---|---|---|---|---|---|---|---|---|---|
| | | IT7 | | | IT6 | | | IT5 | | |
| | | 表面粗糙度 | | | | | | | | |
| 超过 | 到 | $Rz$ | $Ra$ | | $Rz$ | $Ra$ | | $Rz$ | $Ra$ | |
| | | | 磨 | 车 | | 磨 | 车 | | 磨 | 车 |
| | 80 | 10 | 1.6 | 3.2 | 6.3 | 0.8 | 1.6 | 4 | 0.4 | 0.8 |
| 80 | 500 | 16 | 1.6 | 3.2 | 10 | 1.6 | 3.2 | 6.3 | 0.8 | 1.6 |
| 端面 | | 25 | 3.2 | 6.3 | 25 | 3.2 | 6.3 | 10 | 1.6 | 3.2 |

**表 6.1-80　通用轴承和外壳孔的几何公差**

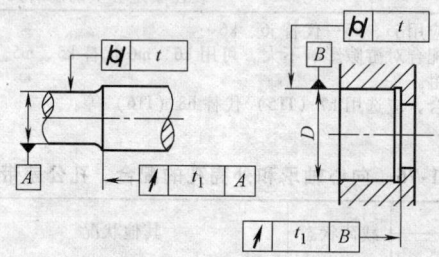

| 公称尺寸 /mm | | 圆柱度 $t$ | | | | 端面圆跳动 $t_1$ | | | |
|---|---|---|---|---|---|---|---|---|---|
| | | 轴颈 | | 外壳孔 | | 轴肩 | | 外壳孔肩 | |
| | | 轴 承 公 差 等 级 | | | | | | | |
| | | /P0 | /P6(/P6X) | /P0 | /P6(/P6X) | /P0 | /P6(/P6X) | /P0 | /P6(/P6X) |
| 超过 | 到 | 公 差 值/μm | | | | | | | |
| | 6 | 2.5 | 1.5 | 4 | 2.5 | 5 | 3 | 8 | 5 |
| 6 | 10 | 2.5 | 1.5 | 4 | 2.5 | 6 | 4 | 10 | 6 |
| 10 | 18 | 3.0 | 2.0 | 5 | 3.0 | 8 | 5 | 12 | 8 |
| 18 | 30 | 4.0 | 2.5 | 6 | 4.0 | 10 | 6 | 15 | 10 |
| 30 | 50 | 4.0 | 2.5 | 7 | 4.0 | 12 | 8 | 20 | 12 |
| 50 | 80 | 5.0 | 3.0 | 8 | 5.0 | 15 | 10 | 25 | 15 |
| 80 | 120 | 6.0 | 4.0 | 10 | 6.0 | 15 | 10 | 25 | 15 |
| 120 | 180 | 8.0 | 5.0 | 12 | 8.0 | 20 | 12 | 30 | 20 |
| 180 | 250 | 10.0 | 7.0 | 14 | 10.0 | 20 | 12 | 30 | 20 |
| 250 | 315 | 12.0 | 8.0 | 16 | 12.0 | 25 | 15 | 40 | 25 |
| 315 | 400 | 13.0 | 9.0 | 18 | 13.0 | 25 | 15 | 40 | 25 |
| 400 | 500 | 15.0 | 10.0 | 20 | 15.0 | 25 | 15 | 40 | 25 |

## 4.3　轴向紧固

　　轴承的轴向紧固方式很多，选用时应考虑轴向载荷大小、转速高低、轴承类型及装拆等，表 6.1-81 所示为常见的紧固方式。

**表 6.1-81　轴承内、外圈紧固方式**

| 序号 | 内圈紧固方式 | | | 外圈紧固方式 | | |
|---|---|---|---|---|---|---|
| | 简　图 | 紧固方式 | 特　点 | 简　图 | 紧固方式 | 特　点 |
| 1 | | 内圈靠轴肩定位，外圈外侧用端盖紧固 | 结构简单、装拆方便，占用空间小，可用于两端固定支承中 | | 外圈用端盖紧固 | 结构简单，紧固可靠，调整方便 |

（续）

| 序号 | 内圈紧固方式 | | | 外圈紧固方式 | | |
|---|---|---|---|---|---|---|
| | 简图 | 紧固方式 | 特点 | 简图 | 紧固方式 | 特点 |
| 2 | | 用弹性挡圈紧固 | 结构简单、装拆方便,占用空间小,多用于向心轴承的紧固 | | 外圈用弹性挡圈紧固 | 结构简单、装拆方便,占用空间小,多用于向心轴承 |
| 3 | | 内圈用螺母与止动垫圈紧固 | 结构简单、装拆方便、紧固可靠 | | 外圈用止动环紧固 | 用于轴向尺寸受限制的部件,外壳孔不需加工凸肩 |
| 4 | | 用两个螺母和一个套筒紧固内圈 | 双螺母防松可靠,套筒可防止螺母将轴承压斜 | | 外圈由挡肩定位,支承靠螺母或端盖紧固 | 结构简单,工作可靠 |
| 5 | | 用螺母紧固内圈,开口销防松 | 防松可靠,常用于振动较大的场合,装配工艺性不好 | | 外圈由套筒上的挡肩定位,再用端盖紧固 | 结构简单,外壳孔可为通孔,利用垫片可调整轴系的轴向位置,装配工艺性好 |
| 6 | | 在轴端用压板和螺钉紧固,用弹簧垫片和钢丝防松 | 不能调整轴承游隙,多用于轴颈 $d > 70\text{mm}$ 场合,允许转速较高 | | 外圈由带螺纹的端盖紧固,端盖上有一开口槽用螺钉拧入即可防松 | 多用于角接触轴承。缺点是要在孔内加工螺纹 |
| 7 | | 用紧定套（或退卸套）螺母,止动垫圈紧固内圈 | 轴向位置和径向游隙可调。装拆方便,多用于调心球轴承内圈紧固。适用于不便加工轴肩的多支点轴支承 | | 外圈用螺钉和调节环紧固 | 便于调整轴承游隙,用于角接触轴承的紧固 |

## 4.4　预紧

　　轴承的预紧是指安装时使轴承内部滚动体与内、外套筒之间产生一定的预压力和弹性变形——预紧状态。目的是提高轴承支承的刚度、提高轴的旋转精度,降低轴的振动和噪声。预紧分为轴向预紧和径向预紧,轴向预紧又分定位预紧和定压预紧。

### 4.4.1　定位预紧

　　将一对轴承内圈或外圈磨去一定厚度或在其间加装垫片（见图 6.1-10）。

预紧前，两轴承的内圈或外圈间存在间隙 $2\delta_0$，施加轴向预紧力 $F_{a0}$ 后，轴向间隙 $2\delta_0$ 消除，轴承 I 与 II 内部均产生轴向变形 $\delta_{a0}=\delta_0$。

当继续施加轴向载荷 $F_A$ 时，两轴承的轴向变形和轴向载荷情况见图 6.1-11。

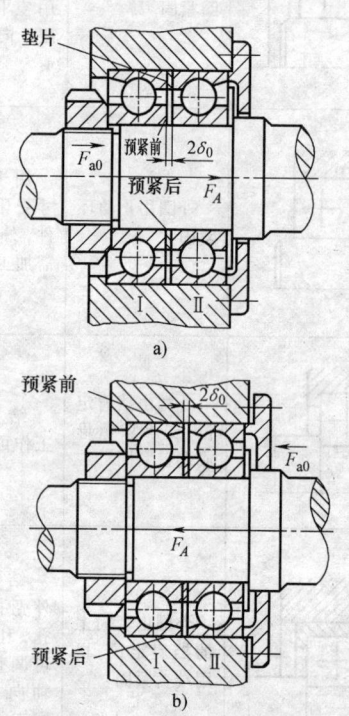

图6.1-10　定位预紧结构

a) 外圈间加垫片预紧　b) 内圈间加垫片预紧

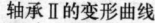
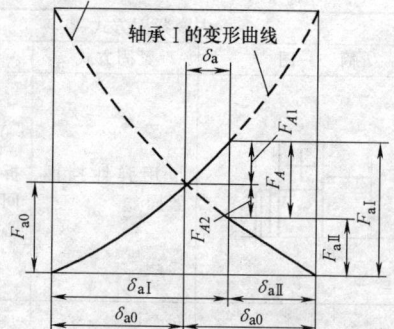

图6.1-11　定位预紧原理

$$\begin{cases} \delta_{a\,I} = \delta_{a0} + \delta_a \\ F_{a\,I} = F_{a0} + F_{A1} \end{cases}$$

$$\begin{cases} \delta_{a\,II} = \delta_{a0} + \delta_a \\ F_{a\,II} = F_{a0} + F_{A2} \end{cases}$$

当 $F_A$ 增加到使 $F_{A2}=F_{a0}$ 时，轴承 I 将处于卸载状态，此时支承系统的轴向变形量为 $\delta_a=\delta_{a0}$。

若不加预紧力，使轴承 II 处于卸载状态时，支承系统变形量即轴承 I 的变形量 $\delta_a=2\delta_{a0}$。

由上可见，与不预紧相比，定位预紧可提高支承刚度一倍。

预紧量过小将达不到预紧的目的，预紧量过大又会使轴承中的接触应力和摩擦阻力增大，从而导致轴承寿命降低。合适的预紧量应根据表 6.1-82 中公式，作出轴承的载荷——变形曲线，再根据不同载荷情况和使用要求确定。

表 6.1-82　轴向变形计算公式

| 轴承类型 | 深沟球轴承、角接触球轴承 | 圆锥滚子轴承 | 推力球轴承 |
|---|---|---|---|
| 轴向变形量 $\delta_a$ /mm | $\dfrac{0.002F_A^{2/3}}{D_g^{1/3}Z^{2/3}(\sin\alpha)^{5/3}}$ | $\dfrac{0.0006F_A^{2/3}}{Z^{0.9}L^{0.8}(\sin\alpha)^{1.9}}$ | $\dfrac{0.0024F_A^{2/3}}{D_g^{1/3}Z^{2/3}(\sin\alpha)^{5/3}}$ |

式中　$F_A$——轴向载荷，N；$D_g$——滚动体直径，mm；$Z$——滚子数；$L$——滚子长，mm；$\alpha$——接触角

最小轴向预紧载荷的选取。

预紧载荷的大小，应根据工作载荷情况和使用要求而定，一般来说，高速轻载荷条件下，或为提高旋转精度及减少支承系统的振动，则选用较轻的预紧载荷；在中速中载荷或低速重载荷条件下，以及为增加支承系统的刚度，则选用中预紧载荷或重预紧载荷。预紧载荷过大，支承刚度不能得到显著提高，反而会使轴承摩擦阻力增大，温度升高，轴承寿命降低。一般应通过计算并结合使用经验决定预紧载荷大小。

定位预紧时，应使滚动体与座圈始终保持接触，这时，最小的轴向预紧载荷按表 6.1-83 中公式计算。

定位预紧可在一对轴承内、外圈间分别装入长度不等的套筒实现预紧，见图 6.1-12。预紧力大小通过套筒长度差控制。这种方法刚性大。

### 4.4.2　定压预紧

利用弹簧力使轴承受一轴向载荷并产生预紧变形的方法，称为定压预紧，见图 6.1-13。图 6.1-14 是一对角接触球轴承成对安装并采用定压预紧的原理图。图中弹簧产生的预紧载荷为 $F_{a0}$，当外加轴向载荷 $F_A$ 作用在轴上时，轴承 I 的轴向变形量增加 $\delta_a$，而轴承 II 的变形量几乎不变。可见，定压预紧不会出现卸荷状态，且预紧量不受温度变化的影响，但对轴承刚度提高不大。

表 6.1-83　定位预紧时的最小预紧载荷

| 轴承类型 | 载荷情况 | 最小预紧载荷 $F_{a0min}$ |
|---|---|---|
| 角接触球轴承 | 纯轴向载荷 $F_A$ | $F_{a0min} \geq 0.35 F_A$ |
| | 径向载荷 $F_r$ 与轴向载荷 $F_A$ 联合作用 | $F_{a0min} \geq 1.7 F_{rI} \tan\alpha_I - 0.5 F_A$ <br> $F_{a0min} \geq 1.7 F_{rII} \tan\alpha_{II} + 0.5 F_A$ }大者 |
| 圆锥滚子轴承 | 纯轴向载荷 $F_A$ | $F_{a0min} \geq 0.5 F_A$ |
| | 径向载荷 $F_r$ 与轴向载荷 $F_A$ 联合作用 | $F_{a0min} \geq 1.9 F_{rI} \tan\alpha_I - 0.5 F_A$ <br> $F_{a0min} \geq 1.9 F_{rII} \tan\alpha_{II} + 0.5 F_A$ }大者 |

式中　$F_{rI}$、$F_{rII}$ ——分别为轴承 I 、 II 所受径向载荷
　　　　$\alpha_I$、$\alpha_{II}$ ——分别为轴承 I 、 II 的接触角

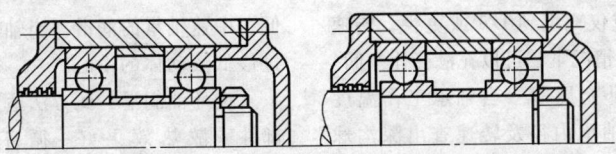

图6.1-12　装入长度不等的套筒而预紧

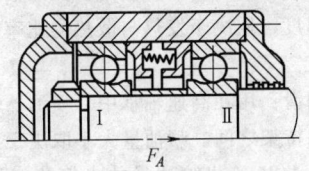

图6.1-13　用弹簧定压预紧

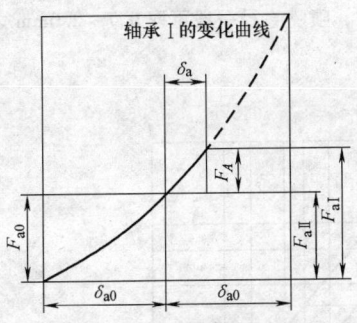

图6.1-14　定压预紧原理

### 4.4.3　径向预紧

径向预紧是指利用过盈配合使轴承内圈膨胀，消除径向游隙，使轴承达到预紧状态的一种方法。

径向预紧可增加载荷区滚动体数目，提高支承刚度，减少高速轴承中离心力作用及滚动体与滚道间打滑现象。

圆锥形内孔的轴承，用锁紧螺母调整内圈与紧定套的相对位置，减小轴承的径向游隙，实现径向预紧。

## 4.5　润滑

轴承润滑主要目的是减少摩擦与磨损，同时起到冷却、吸振、防锈及降噪作用。

常用的润滑剂有润滑油、润滑脂及固体润滑剂（二硫化钼）。选择润滑剂应考虑工作温度、轴承载荷、转速及其工作环境影响。一般来说，温度高、载荷大、转速低时选用粘度高的润滑剂。表 6.1-84 所示为各种轴承在不同润滑剂和润滑方法时允许的 $dn$ 值。

表 6.1-84　各种润滑方式下轴承的允许 $dn$ 值　　　　（mm·r/min）

| 轴承类型 | 脂润滑 | 油润滑 | | | |
|---|---|---|---|---|---|
| | | 油浴润滑 | 滴油润滑 | 循环油润滑 | 喷雾润滑 |
| 深沟球轴承 | 160000 | 250000 | 400000 | 600000 | >600000 |
| 调心球轴承 | 160000 | 250000 | 400000 | — | — |
| 角接触球轴承 | 160000 | 250000 | 400000 | 600000 | >600000 |
| 圆柱滚子轴承 | 120000 | 250000 | 400000 | 600000 | |
| 圆锥滚子轴承 | 100000 | 160000 | 230000 | 300000 | |
| 调心滚子轴承 | 80000 | 120000 | — | 250000 | |
| 推力球轴承 | 40000 | 60000 | 120000 | 150000 | |

注：$d$ 为轴承内径（mm）；$n$ 为转速（r/min）。

### 4.5.1　润滑脂选择

在低速时，按 $dn$ 值选用脂润滑时，还必须解决以下问题。

（1）确定润滑脂种类　根据稠化剂种类，润滑脂分为钙基脂、钠基脂、钙钠基脂、锂基脂、铝基脂等，并可根据抗氧化、防锈、极压性的要求加入适量添加剂。（详见各种润滑脂性能表）

润滑脂的主要性能指标是针入度、滴点、氧化安定性和低温性能。不同的针入度及其应用场合，见表6.1-85。

**表 6.1-85　针入度与使用场合**

| 针入度代号 | 0 | 1 | 2 | 3 | 4 |
|---|---|---|---|---|---|
| 针入度值 | 385~355 | 340~310 | 295~265 | 250~220 | 205~175 |
| 使用场合 | 用于易微动磨损的场合 | 低温用 | 一般密封球轴承 | 一般高温用密封球轴承 | 高温用,脂密封场合 |

轴承的工作温度必须低于润滑脂滴点10~20℃。

润滑脂填充量，以填满轴承和轴承壳体空间的1/3~1/2为宜。高速时应仅充填到1/3或更少，转速很低而且要求密封较严格情况下，可以充满壳体空间。

（2）润滑脂更换或补充周期　当轴承工作温度不超过70℃时，可根据轴承内径及转速查出深沟球轴承及圆柱滚子轴承（见图6.1-15）及圆锥及调心滚子轴承（见图6.1-16）的润滑脂更换的大致时间。

当轴承工作温度大于70℃时，每上升15℃，补充周期应减半。如果轴承用于多尘处，且密封不可靠的场合，补充周期可缩短到图示值的1/10~1/2。

### 4.5.2　润滑油选择

常用的润滑油有机械油、高速机械油、汽轮机油、压缩机油、变压器油、气缸油等。一般而言，轴承转速越高，则选用较低粘度的润滑油。载荷越重，则选用粘度较高的润滑油。

油浴润滑：是普遍采用而又简单易行，适用于低、中速轴承的润滑。当轴承静止时，浸油油面不超过最低滚动体的中心。

循环油润滑：此方法适用于轴承转速较高的轴承部件，散热效果好。循环润滑的油量可参考图6.1-17。

具体在单位时间内需要供给多大的油量，得到满意的工作温度，取决于发热与散热的比率，通常通过试运转确定。

喷油润滑：用在高速轴承中。喷油器的位置应放在内圈与保持架之间。喷油量大小取决于油应排出的热量。表6.1-86给出喷油量的大概值。根据确定的油量，确定喷嘴直径和压力大小，当喷嘴前的油压≤10MPa时，喷嘴直径一般可取0.7~2.0mm之间。

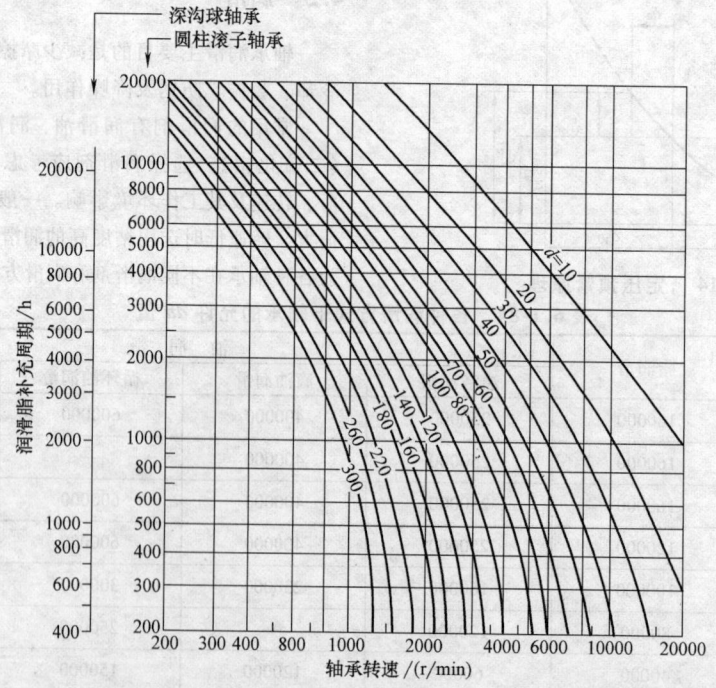

**图6.1-15　深沟球轴承及圆柱滚子轴承润滑脂更换图**

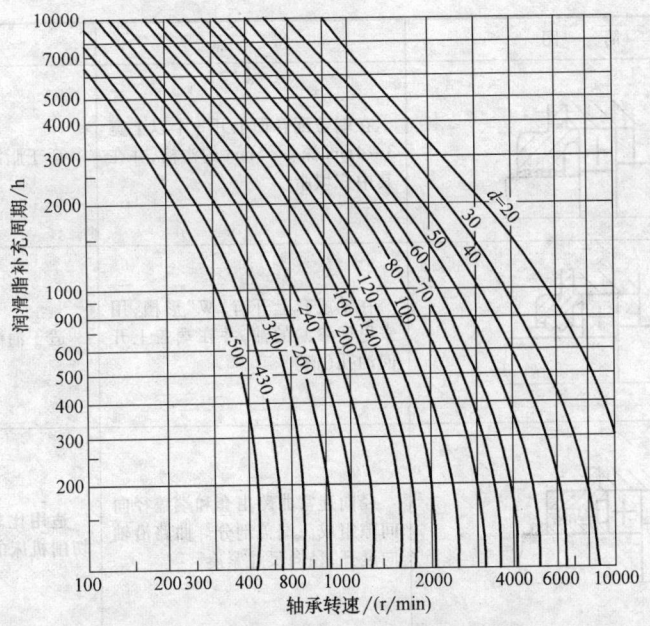

**图6.1-16　圆锥及调心滚子轴承润滑脂更换图**

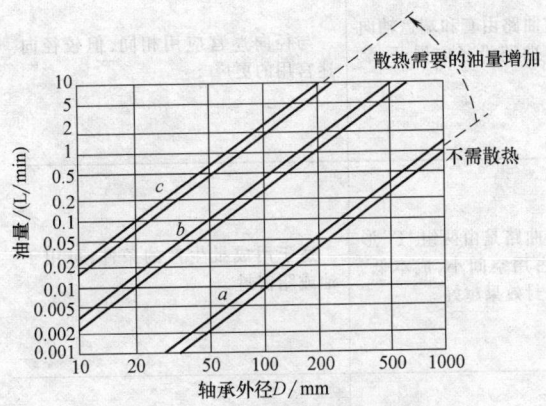

**图6.1-17　循环润滑的油量**

注：a 为充足油量润滑，用于不是为了散热，只是给轴承润滑；b 为对称型轴承的上限，既润滑又散热，给油量较大；c 为非对称型轴承的上限，既润滑又散热，给油量较大。

油雾润滑：用干燥的压缩空气，在压力调整在 0.05 ~ 0.1MPa 之间，与润滑油混合成油雾，经喷雾器通入轴承中。适用于高速、高温轴承部件的润滑。油量可以精确调节。

**表 6.1-86　喷油润滑的用油量**

| 轴承内径/mm | ≤50 | >50 ~ 120 | >120 |
|---|---|---|---|
| 需油量/(L/min) | 0.5 ~ 1.5 | 1.1 ~ 2.4 | 2.5 |

### 4.5.3　固体润滑

在一些特殊条件下，脂润滑和油润滑受到限制时，可采用固体润滑。固体润滑方法有多种，其中常用的有：一般在润滑脂中加入3%或5%的一号二硫化钼；在工程塑料及粉末冶金中加入固体润滑剂形成自润滑性能的零件。

## 4.6　密封

为保持轴承良好润滑及工件环境，防止润滑剂泄出及灰尘、杂物及水分侵入，必须进行密封。密封装置分为非接触式、接触式及混合式，各种型式所采用的结构、特点及应用见表 6.1-87。

**表 6.1-87　密封装置类型、特点及应用**

| 密封型式 | | | 简　图 | 特　点 | 应用范围 |
|---|---|---|---|---|---|
| 非接触式 | 间隙式 | 缝隙式 | | 一般间隙为 0.1 ~ 0.3mm，间隙越小，间隙宽度越长，密封效果越好 | 适用于环境比较干净的脂润滑 |

（续）

| 密封型式 | | 简　图 | 特　点 | 应用范围 |
|---|---|---|---|---|
| 非接触式 | 间隙式 油沟式 | | 在端盖配合面上开 3 个以上宽 3~4mm 深 4~5mm 的沟槽，并在其中充填脂 | 适于脂润滑，速度不限 |
| | 间隙式 W形间隙 | | 在轴或套上开有"W"形槽，用来甩回渗漏的油，并在端盖上开回油孔（槽） | 适于油润滑，速度不限 |
| | 迷宫式 径向迷宫 | | 径向迷宫曲路由套和端盖径向间隙组成。端盖剖分。曲路沿轴向展开，径向尺寸紧凑 | 适用比较脏的工作环境，如金属切削机床的工作端 |
| | 迷宫式 轴向迷宫 | | 轴向迷宫曲路由套和端盖轴向间隙组成。曲路沿径向展开，装拆方便 | 与径向迷宫应用相同，但较径向迷宫用的更广 |
| | 迷宫式 组合迷宫式 | | 组合迷宫曲路是由两组"Γ"形垫圈组成，占用空间小，成本低，组数越多密封效果越好 | 适于用成批生产的条件，可用于油或脂密封 |
| | 势圈式 挡油盘 | | 挡油盘随轴一起转动，转速越高，密封效果越好 | 用于防止轴承中油泄出，又可防止外油流冲击或杂质侵入 |
| | 势圈式 挡油环 | | 挡油环随轴一起转动，转速越高，密封效果越好 | 用于脂密封也可防止油侵入 |

（续）

| 密封型式 | | 简　图 | 特　点 | 应用范围 |
|---|---|---|---|---|
| 接触式 | 毛毡密封 | 单毡圈 | | 用羊毛毡充填槽中,使毡圈与轴表面经常摩擦实现密封 | 用于干净、干燥环境的脂密封,一般接触处圆周速度不大于 4～5m/s,抛光轴可达 7～8m/s |
| | | 双毡圈 | | 毛毡圈可间歇调紧,密封效果更好,而且拆换毛毡方便 | 同单毡圈结构应用情况 |
| | 皮碗密封 | 密封唇向里 | | 皮碗用弹簧圈把唇紧箍在轴上,密封唇朝向轴承,防止油外泄出 | 用于油润滑密封,滑动速度不大于 7m/s,工作温度不大于 100℃ |
| | | 密封唇向外 | | 密封唇背向轴承,以防止外界尘杂物侵入,也可防止油外泄 | 同密封唇向里的结构 |
| | | 双唇式 | | 采用双唇皮碗,既可防油外泄,又可防尘杂物侵入 | |
| 组合式 | | 迷宫毛毡组合 | | 迷宫与毛毡密封组合,密封效果好 | 适用于油或脂润滑的密封,接触处圆周速度不大于 7m/s |
| | | 挡油环皮碗组合 | | 挡油环与皮碗密封组合 | 适用于油或脂润滑的密封,接触处圆周速度可大于 7～15m/s |
| | | 甩油环缝隙W形组合 | | 甩油环与"W"形组合,无摩擦阻力损失,密封效果可靠 | 适用于油、脂润滑的密封,不受圆周速度限制,圆周速度越大效果越好 |

## 4.7 装拆

为保证轴承的工作精度及寿命,防止装配与拆卸不正确造成轴承损坏,故滚动轴承必须合理地仔细地安装与拆卸。

滚动轴承一般内圈与轴颈配合较紧:常用加力或加温法。加力方法:一是对中、小型轴承用手锤敲击装配套筒(铜管),二是对大型轴承常用压力机压套。加温方法是将轴承放在油池中加热至 80 ~ 100℃后热装。

拆卸轴承时,需用拆卸器拆内圈。

对于圆锥孔轴承,是用紧定套或退卸套装拆。

总之,滚动轴承的装拆方法,应根据轴承类型、尺寸大小及配合性质而定。安装拆卸轴承的作用力应加在紧配合的套圈上,切不可通过滚动体传递压力。

## 4.8 组合的典型结构 (表 6.1-88)

表 6.1-88 滚动轴承组合的典型结构

| 结 构 型 式 | 特 点 与 应 用 |
|---|---|
| 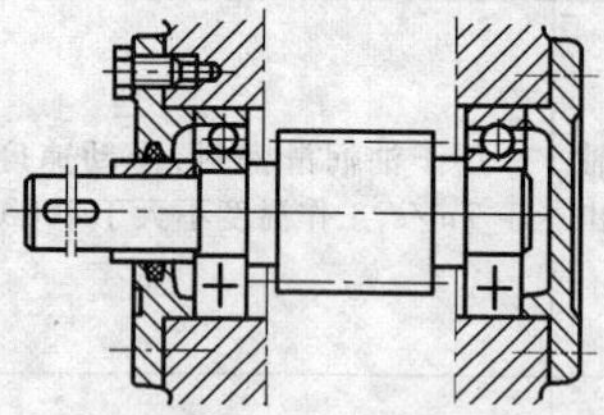 | 深沟球轴承,轴承靠端盖轴向固定。在右端轴承外圈与端盖间留有不大的间隙($0.5 \sim 1 \text{mm}$)以便游动;毡封式密封,润滑油润滑,适用于轻载,毡封处滑动速度 $v \leqslant 4 \sim 5 \text{m/s}$,环境清洁时 |
| 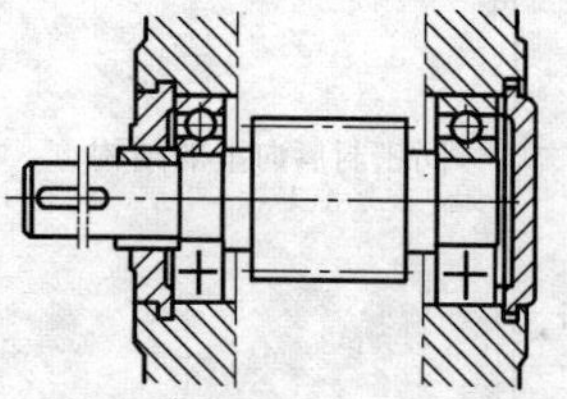 | 基本与前方案相同,不同点:嵌入式端盖;靠右端轴承外圈与端盖间调整垫来保证轴承拥有必要的轴向间隙,以便游动;沟槽式密封 |
| 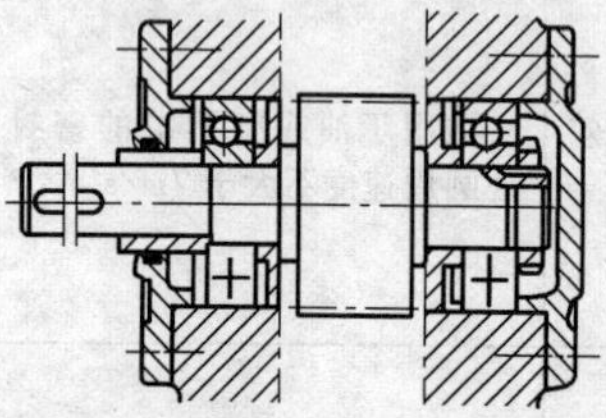 | 基本与前方案相同,不同点:右端轴承将轴双向轴向固定;可承受径向力及不大的双向轴向力。轴承的内侧加挡油板,防止轴承孔中润滑脂被稀释而流失。可用于轴承跨距较大的支承 |
| 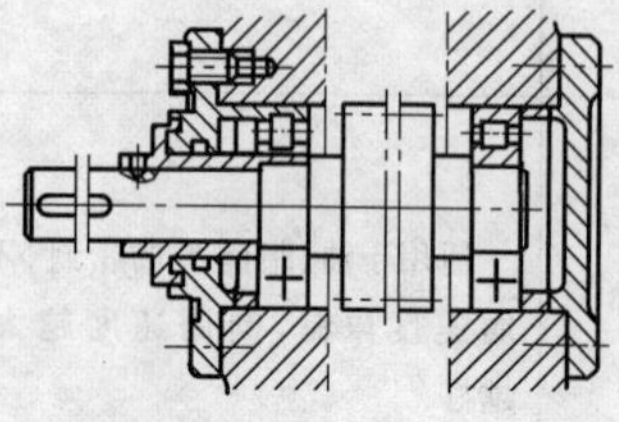 | 圆柱滚子轴承,其内圈外侧无挡边,轴承外圈(图中右端)与调整垫间留有间隙,以便游动;复合式密封。适用于:较大的纯径向载荷,工作环境较差,轴承跨距小于 600mm 时 |

（续）

| 结 构 型 式 | 特 点 与 应 用 |
|---|---|
| 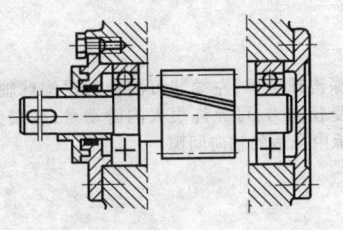 | 角接触球轴承、迷宫式密封；靠端盖与箱壳间的调整垫片，安装时保证轴承具有合适的轴向间隙，以便游动；可同时受径向力及较大的双向轴向力，适用于轻载高速，轴承跨距较小时（一般跨距小于300mm） |
| 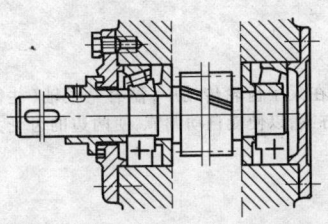 | 圆锥滚子轴承，特点与前方案相同。适用于中载中速 |
| 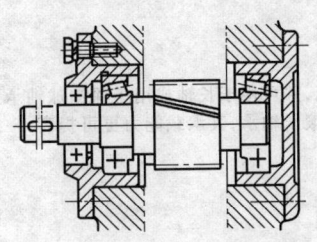 | 基本与前方案相同，不同者为皮碗式密封；轴承装于端盖中，以便提高轴承孔的配合精度，但结构复杂 |
| 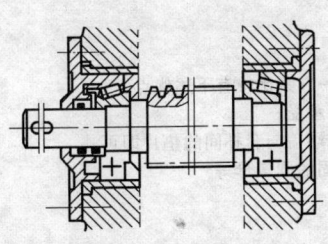 | 基本与前方案相同，不同者为装轴承的套杯与端盖分开；密封为甩油环式；轴承的内侧加挡油环，以免过多的油及杂物浸入轴承孔中 |
| 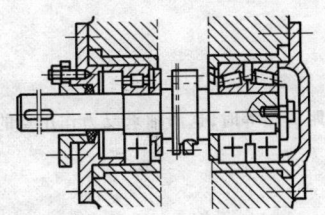 | 右端装两个圆锥滚子轴承，并双向轴向固定；左端装一可游动的向心轴承。适用情况同前方案，不过轴承跨距可大 |

（续）

| 结 构 型 式 | 特 点 与 应 用 |
|---|---|
| 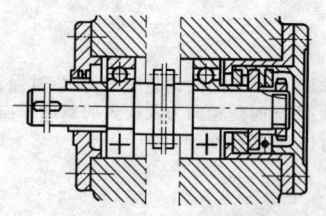 | 右端装双向的推力球轴承和深沟球轴承，左端装可游动的深沟球轴承；可承受很大的双向轴向力同时受径向力；可允许很大的游动量；靠端盖与箱壳间调整垫片来得到推力轴承中合适的轴向间隙 |
| 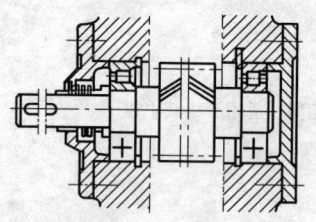 | 外圈无挡边的圆柱滚子轴承。在人字齿轮传动中，需有一根轴（往往高速轴）采用这种轴双向可游动的方案，以便能自动调节，使两边的齿受力均匀。采用甩油盘式密封 |
| 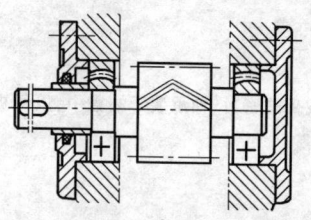 | 调心球轴承，亦可用于上述情况，并可用于长轴或用于深沟球轴承工作能力不足时。本方案要改用调心滚子轴承，其承载能力更可提高，一般用于重载 |
| 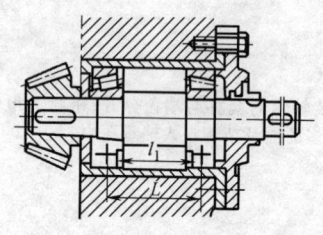 | 适用于小锥齿轮的支承，与下一方案比较有下述优点：<br>1）轴向力由受径向力小的轴承承受；<br>2）调整轴承的轴向间隙借调整端盖与套杯间的垫片即可；<br>3）结构简单，如不需要轴向紧固的圆螺母等 |
| 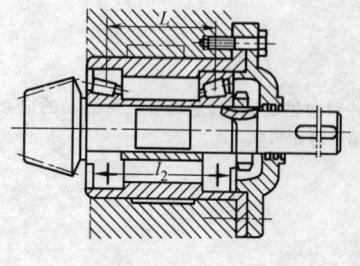 | 与上比较有以下优点：<br>1）允许轴热胀量大；<br>2）结构刚性较大；如当轴承跨距 $L$ 相等时，这两轴承反力作用点的距离 $l_2 > l_1$（见上图） |

# 5 附件及滚动轴承座

## 5.1 附件

### 5.1.1 紧定套（表6.1-89）

表6.1-89 紧定套

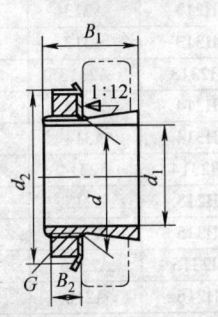 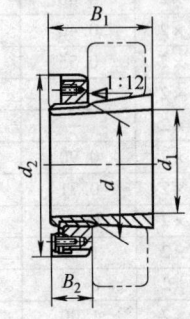

本紧定套适用于安装锥孔（锥度为1:12）轴承于无轴肩的圆柱形轴上

| 公称尺寸/mm | | | | | | 质量/kg | 基本代号 | 组成零件 | | |
|---|---|---|---|---|---|---|---|---|---|---|
| $d_1$ | $d$ | $d_2$ | $B_1$ | $B_2$ | $G$ | $W$ ≈ | 紧定套 | 紧定衬套 | 锁紧螺母 | 锁紧垫圈 |
| 12 | 15 | 25 | 19 | 6 | M15×1 | — | H202 | A202 | KM02 | MB02 |
| | | 25 | 22 | 6 | M15×1 | — | H302 | A302 | KM02 | MB02 |
| | | 25 | 25 | 6 | M15×1 | — | H2302 | A2302 | KM02 | MB02 |
| 14 | 17 | 28 | 20 | 6 | M17×1 | — | H302 | A302 | KM03 | MB03 |
| | | 28 | 24 | 6 | M17×1 | — | H303 | A303 | KM03 | MB03 |
| | | 28 | 27 | 6 | M17×1 | — | H2303 | A2303 | KM03 | MB03 |
| 17 | 20 | 32 | 24 | 7 | M20×1 | — | H204 | A204 | KM04 | MB04 |
| | | 32 | 28 | 7 | M20×1 | — | H304 | A304 | KM04 | MB04 |
| | | 32 | 31 | 7 | M20×1 | — | H2304 | A2304 | KM04 | MB04 |
| 20 | 25 | 38 | 26 | 8 | M25×1.5 | 0.070 | H205 | A205 | KM05 | MB05 |
| | | 38 | 29 | 8 | M25×1.5 | 0.075 | H305 | A305 | KM05 | MB05 |
| | | 38 | 35 | 8 | M25×1.5 | — | H2305 | A2305 | KM05 | MB05 |
| 25 | 30 | 45 | 27 | 8 | M30×1.5 | 0.10 | H305 | A206 | KM06 | MB06 |
| | | 45 | 31 | 8 | M30×1.5 | 0.11 | H306 | A306 | KM06 | MB06 |
| | | 45 | 38 | 8 | M30×1.5 | — | H2306 | A2306 | KM06 | MB06 |
| 30 | 35 | 52 | 29 | 9 | M35×1.5 | 0.13 | H207 | A207 | KM07 | MB07 |
| | | 52 | 35 | 9 | M35×1.5 | 0.14 | H307 | A307 | KM07 | MB07 |
| | | 52 | 43 | 9 | M35×1.5 | 0.17 | H2307 | A2307 | KM07 | MB07 |
| 35 | 40 | 58 | 31 | 10 | M40×1.5 | 0.17 | H208 | A208 | KM08 | MB08 |
| | | 58 | 36 | 10 | M40×1.5 | 0.19 | H308 | A308 | KM08 | MB08 |
| | | 58 | 46 | 10 | M40×1.5 | 0.22 | H2308 | A2308 | KM08 | MB08 |
| 40 | 45 | 65 | 33 | 11 | M45×1.5 | 0.23 | H209 | A209 | KM09 | MB09 |
| | | 65 | 39 | 11 | M45×1.5 | 0.25 | H309 | A309 | KM09 | MB09 |
| | | 65 | 50 | 11 | M45×1.5 | 0.28 | H2309 | A2309 | KM09 | MB09 |
| 45 | 50 | 70 | 35 | 12 | M50×1.5 | 0.27 | H210 | A210 | KM10 | MB10 |
| | | 70 | 42 | 12 | M50×1.5 | 0.30 | H310 | A310 | KM10 | MB10 |
| | | 70 | 55 | 12 | M50×1.5 | 0.36 | H2310 | A2310 | KM10 | MB10 |
| 50 | 55 | 75 | 37 | 12 | M55×2 | 0.31 | H211 | A211 | KM11 | MB11 |
| | | 75 | 45 | 12 | M55×2 | 0.42 | H311 | A311 | KM11 | MB11 |
| | | 75 | 59 | 12 | M55×2 | 0.42 | H2311 | A2311 | KM11 | MB11 |

（续）

| 公称尺寸/mm | | | | | | 质量/kg | 基本代号 | 组成零件 | | | |
|---|---|---|---|---|---|---|---|---|---|---|---|
| $d_1$ | $d$ | $d_2$ | $B_1$ | $B_2$ | $G$ | $W$ $\approx$ | 紧定套 | 紧定衬套 | 锁紧螺母 | 锁紧垫圈 |
| 55 | 60 | 80 | 38 | 13 | M60×2 | 0.35 | H212 | A212 | KM12 | MB12 |
| | | 80 | 47 | 13 | M60×2 | 0.39 | H312 | A312 | KM12 | MB12 |
| | | 80 | 62 | 13 | M60×2 | 0.48 | H2312 | A2312 | KM12 | MB12 |
| 60 | 65 | 85 | 40 | 14 | M65×2 | 0.40 | H213 | A213 | KM13 | MB13 |
| | | 85 | 50 | 14 | M65×2 | 0.46 | H313 | A313 | KM13 | MB13 |
| | | 85 | 65 | 14 | M65×2 | 0.55 | H2313 | A2313 | KM13 | MB13 |
| | 70 | 92 | 41 | 14 | M70×2 | — | H214 | A214 | KM14 | MB14 |
| | | 92 | 52 | 14 | M70×2 | — | H314 | A314 | KM14 | MB14 |
| | | 92 | 68 | 14 | M70×2 | 0.90 | H2314 | A2314 | KM14 | MB14 |
| 65 | 75 | 98 | 43 | 15 | M75×2 | 0.71 | H215 | A215 | KM15 | MB15 |
| | | 98 | 55 | 15 | M75×2 | 0.83 | H315 | A315 | KM15 | MB15 |
| | | 98 | 73 | 15 | M75×2 | 1.05 | H2315 | A2315 | KM15 | MB15 |
| 70 | 80 | 105 | 46 | 17 | M80×2 | 0.88 | H216 | A216 | KM16 | MB16 |
| | | 105 | 59 | 17 | M80×2 | 1.00 | H316 | A316 | KM16 | MB16 |
| | | 105 | 78 | 17 | M80×2 | 1.30 | H2316 | A2316 | KM16 | MB16 |
| 75 | 85 | 110 | 50 | 18 | M85×2 | 1.00 | H217 | A217 | KM17 | MB17 |
| | | 110 | 63 | 18 | M85×2 | 1.20 | H317 | A317 | KM17 | MB17 |
| | | 110 | 82 | 18 | M85×2 | 1.45 | H2317 | A2317 | KM17 | MB17 |
| 80 | 90 | 120 | 52 | 18 | M90×2 | 1.20 | H218 | A218 | KM18 | MB18 |
| | | 120 | 65 | 18 | M90×2 | 1.35 | H318 | A318 | KM18 | MB18 |
| | | 120 | 86 | 18 | M90×2 | 1.70 | H2318 | A2318 | KM18 | MB18 |
| 85 | 95 | 125 | 55 | 19 | M95×2 | 1.35 | H219 | A219 | KM19 | MB19 |
| | | 125 | 68 | 19 | M95×2 | 1.55 | H319 | A319 | KM19 | MB19 |
| | | 125 | 90 | 19 | M95×2 | 1.90 | H2319 | A2319 | KM19 | MB19 |
| 90 | 100 | 130 | 58 | 20 | M100×2 | 1.50 | H220 | A220 | KM20 | MB20 |
| | | 130 | 71 | 20 | M100×2 | 1.70 | H320 | A320 | KM20 | MB20 |
| | | 130 | 76 | 20 | M100×2 | — | H3120 | A3120 | KM20 | MB20 |
| | | 130 | 97 | 20 | M100×2 | 2.15 | H2320 | A2320 | KM20 | MB20 |
| 95 | 105 | 140 | 60 | 20 | M105×2 | 1.70 | H221 | A221 | KM21 | MB21 |
| | | 140 | 74 | 20 | M105×2 | 1.95 | H321 | A321 | KM21 | MB21 |
| 100 | 110 | 145 | 63 | 21 | M110×2 | 1.90 | H222 | A222 | KM22 | MB22 |
| | | 145 | 77 | 21 | M110×2 | 2.20 | H322 | A322 | KM22 | MB22 |
| | | 145 | 81 | 21 | M110×2 | — | H3122 | A3122 | KM22 | MB22 |
| | | 145 | 105 | 21 | M110×2 | 2.75 | H2322 | A2322 | KM22 | MB22 |
| 110 | 120 | 145 | 72 | 22 | M120×2 | 1.95 | H3024 | A3024 | KML24 | MBL24 |
| | | 155 | 88 | 22 | M120×2 | 2.65 | H3124 | A3124 | KM24 | MB24 |
| | | 155 | 112 | 22 | M120×2 | 3.20 | H2324 | A2324 | KM24 | MB24 |
| 115 | 130 | 155 | 80 | 23 | M130×2 | 2.85 | H3026 | A3026 | KML26 | MBL26 |
| | | 165 | 92 | 23 | M130×2 | 3.65 | H3126 | A3126 | KM26 | MB26 |
| | | 165 | 121 | 23 | M130×2 | 4.60 | H2326 | A2326 | KM26 | MB26 |
| 125 | 140 | 165 | 82 | 24 | M140×2 | 3.15 | H3028 | A3028 | KML28 | MBL28 |
| | | 180 | 97 | 24 | M140×2 | 4.35 | H3128 | A3128 | KM28 | MB28 |
| | | 180 | 131 | 24 | M140×2 | 5.55 | H2328 | A2328 | KM28 | MB28 |
| 135 | 150 | 180 | 87 | 26 | M150×2 | 3.90 | H3030 | A3030 | KML30 | MBL30 |
| | | 195 | 111 | 26 | M150×2 | 5.50 | H3130 | A3130 | KM30 | MB30 |
| | | 195 | 139 | 26 | M150×2 | 6.60 | H2330 | A2330 | KM30 | MB30 |

（续）

| 公称尺寸/mm | | | | | | 质量/kg | 基本代号 | 组 成 零 件 | | | |
|---|---|---|---|---|---|---|---|---|---|---|---|
| $d_1$ | $d$ | $d_2$ | $B_1$ | $B_2$ | $G$ | $W$ $\approx$ | 紧定套 | 紧定衬套 | 锁紧螺母 | 锁紧垫圈 | |
| 140 | 160 | 190 | 93 | 28 | M160×3 | 5.20 | H3032 | A3032 | KML32 | MBL32 | |
| | | 210 | 119 | 28 | M160×3 | 7.65 | H3132 | A3132 | KM32 | MB32 | |
| | | 210 | 147 | 28 | M160×3 | 9.15 | H2332 | A2332 | KM32 | MB32 | |
| 150 | 170 | 200 | 101 | 29 | M170×3 | 6.00 | H3034 | A3034 | KML34 | MBL34 | |
| | | 220 | 122 | 29 | M170×3 | 8.40 | H3134 | A3134 | KM34 | MB34 | |
| | | 220 | 154 | 29 | M170×3 | 10.0 | H2334 | A2334 | KM34 | MB34 | |
| 160 | 180 | 210 | 109 | 30 | M180×3 | 6.85 | H3036 | A3036 | KML36 | MBL36 | |
| | | 230 | 131 | 30 | M180×3 | 9.50 | H3136 | A3136 | KM36 | MB36 | |
| | | 230 | 161 | 30 | M180×3 | 11.0 | H2336 | A2336 | KM36 | MB36 | |
| 170 | 190 | 220 | 112 | 31 | M190×3 | 7.45 | H3038 | A3038 | KML38 | MBL38 | |

| 公称尺寸/mm | | | | | | | 质量/kg | 基本代号 | 组 成 零 件 | | | |
|---|---|---|---|---|---|---|---|---|---|---|---|---|
| $d_1$ | $d$ | $d_2$ | $B_1$ | $B_2$ | $B_3$ | $G$ | $W$ $\approx$ | 紧定套 | 紧定衬套 | 锁紧螺母 | 锁紧垫圈 | 锁紧卡 |
| 170 | 190 | 240 | 141 | 31 | — | M190×3 | 11.0 | H3138 | A3138 | KM38 | MB38 | — |
| | | 240 | 169 | 31 | — | M190×3 | 12.5 | H2338 | A2338 | KM38 | MB38 | — |
| 180 | 200 | 240 | 120 | 32 | — | M200×3 | 9.20 | H3040 | A3040 | KML40 | MBL40 | — |
| | | 250 | 150 | 32 | — | M200×3 | 12.0 | H3140 | A3140 | KM40 | MB40 | — |
| | | 250 | 176 | 32 | — | M200×3 | 14.0 | H2340 | A2340 | KM40 | MB40 | — |
| 200 | 220 | 260 | 126 | — | 41 | Tr220×4 | 10.5 | H3044 | A3044 | HML44 | — | MSL44 |
| | | 280 | 161 | 35 | | Tr220×4 | 15.0 | H3144 | A3144 | HM44 | MB44 | — |
| | | 280 | 186 | 35 | | Tr220×4 | 17.0 | H2344 | A2344 | HM44 | MB44 | — |
| 220 | 240 | 290 | 133 | — | 46 | Tr240×4 | 13.0 | H3048 | A3048 | HML48 | — | MSL48 |
| | | 300 | 172 | 37 | | Tr240×4 | 18.0 | H3148 | A3148 | HM48 | MB48 | — |
| | | 300 | 199 | 37 | | Tr240×4 | 20.0 | H2348 | A2348 | HM48 | MB48 | — |
| 240 | 260 | 310 | 145 | — | 46 | Tr260×4 | 15.5 | H3052 | A3052 | HML52 | — | MSL48 |
| | | 330 | 190 | 39 | | Tr260×4 | 22.5 | H3152 | A3152 | HM52 | MB52 | — |
| | | 330 | 211 | 39 | | Tr260×4 | 25.0 | H2352 | A2352 | HM52 | MB52 | — |
| 260 | 280 | 330 | 152 | — | 50 | Tr280×4 | 17.5 | H3056 | A3056 | HML56 | — | MSL56 |
| | | 350 | 195 | 41 | | Tr280×4 | 25.0 | H3156 | A3156 | HM56 | MB56 | — |
| | | 350 | 224 | 41 | | Tr280×4 | 26.5 | H2356 | A2356 | HM56 | MB56 | — |
| 280 | 300 | 360 | 168 | — | 54 | Tr300×4 | 23.0 | H3060 | A3060 | HML60 | — | MSL60 |
| | | 380 | 208 | — | 53 | Tr300×4 | 30.0 | H3160 | A3160 | HM60 | — | MS60 |
| | | 380 | 240 | — | 53 | Tr300×4 | — | H2360 | A3260 | HM60 | — | MS60 |
| 300 | 320 | 380 | 171 | — | 55 | Tr320×5 | 24.5 | H3064 | A3064 | HML64 | — | MSL64 |
| | | 400 | 226 | — | 56 | Tr320×5 | 35.0 | H3164 | A3164 | HM64 | — | MS64 |
| | | 400 | 258 | — | 56 | Tr320×5 | 39.0 | H3264 | A3264 | HM64 | — | MS64 |
| 320 | 340 | 400 | 187 | — | 58 | Tr340×5 | 28.5 | H3068 | A3068 | HML68 | — | MSL64 |
| | | 440 | 254 | — | 72 | Tr340×5 | — | H3168 | A3168 | HM68 | — | MS68 |
| | | 440 | 288 | — | 72 | Tr340×5 | — | H3268 | A3268 | HM68 | — | MS68 |
| 340 | 360 | 420 | 188 | — | 58 | Tr360×5 | 30.5 | H3072 | A3072 | HML72 | — | MSL72 |
| | | 460 | 259 | — | 75 | Tr360×5 | — | H3172 | A3172 | HM72 | — | MS68 |
| | | 460 | 299 | — | 75 | Tr360×5 | — | H3272 | A3272 | HM72 | — | MS68 |
| 360 | 380 | 450 | 193 | — | 62 | Tr380×5 | 36.0 | H3076 | A3076 | HML76 | — | MSL76 |
| | | 490 | 264 | — | 77 | Tr380×5 | — | H3176 | A3176 | HM76 | — | MS76 |
| | | 490 | 310 | — | 77 | Tr380×5 | — | H3276 | A3276 | HM76 | — | MS76 |
| 380 | 400 | 470 | 210 | — | 66 | Tr400×5 | 41.5 | H3080 | A3080 | HML80 | — | MSL80 |
| | | 520 | 272 | — | 82 | Tr400×5 | — | H3180 | A3180 | HM80 | — | MS80 |
| | | 520 | 328 | — | 82 | Tr400×5 | — | H3280 | A3280 | HM80 | — | MS80 |

（续）

| 公称尺寸/mm | | | | | | | 质量/kg | 基本代号 | 组成零件 | | | |
|---|---|---|---|---|---|---|---|---|---|---|---|---|
| $d_1$ | $d$ | $d_2$ | $B_1$ | $B_2$ | $B_3$ | $G$ | $W$ ≈ | 紧定套 | 紧定衬套 | 锁紧螺母 | 锁紧垫圈 | 锁紧卡 |
| 400 | 420 | 490 | 212 | — | 66 | Tr420×5 | 43.5 | H3084 | A3084 | HML84 | — | MSL84 |
| | | 540 | 304 | — | 90 | Tr420×5 | — | H3184 | A3184 | HM84 | — | MS80 |
| | | 540 | 352 | — | 90 | Tr420×5 | — | H3284 | A3284 | HM84 | — | MS80 |
| 410 | 440 | 520 | 228 | — | 77 | Tr440×5 | — | H3088 | A3088 | HML88 | — | MSL88 |
| | | 560 | 307 | — | 90 | Tr440×5 | — | H3188 | A3188 | HM88 | — | MS88 |
| | | 560 | 361 | — | 90 | Tr440×5 | — | H3288 | A3288 | HM88 | — | MS88 |
| 430 | 460 | 540 | 234 | — | 77 | Tr460×5 | — | H3092 | A3092 | HML92 | — | MSL88 |
| | | 580 | 326 | — | 95 | Tr460×5 | — | H3192 | A3192 | HM92 | — | MS88 |
| | | 580 | 382 | — | 95 | Tr460×5 | — | H3292 | A3292 | HM92 | — | MS88 |
| 450 | 480 | 560 | 237 | — | 77 | Tr480×5 | 73.5 | H3096 | A3096 | HML96 | — | MSL96 |
| | | 620 | 335 | — | 95 | Tr480×5 | — | H3196 | A3196 | HM96 | — | MS96 |
| | | 620 | 397 | — | 95 | Tr480×5 | — | H3296 | A3296 | HM96 | — | MS96 |
| 470 | 500 | 580 | 247 | — | 85 | Tr500×5 | — | H30/500 | A30/500 | HML/500 | — | MSL96 |
| | | 630 | 356 | — | 100 | Tr500×5 | — | H31/500 | A31/500 | HM/500 | — | MS/500 |
| | | 630 | 428 | — | 100 | Tr500×5 | — | H32/500 | A32/500 | HM/500 | — | MS/500 |

注：本表仅供参考。

### 5.1.2　退卸衬套（表6.1-90、表6.1-91）

**表6.1-90　用于内孔锥度为1:12轴承的退卸衬套**

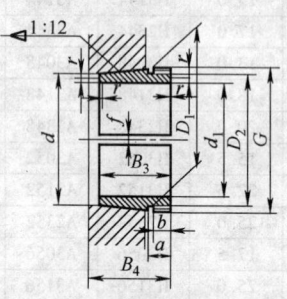

退卸衬套适用于将锥孔（锥度为1:12或1:30）轴承安装于圆柱形轴上。轴承安装于紧靠轴肩处，退卸衬套被压入轴承内孔，直到轴承径向游隙减小到合适值为止。拆卸轴承时，拧紧螺母使退卸衬套退出

| 公称尺寸/mm | | | | | | | | | | | 质量/kg | 基本代号 | 配用螺母代号 |
|---|---|---|---|---|---|---|---|---|---|---|---|---|---|
| $d_1$ | $d$ | $B_3$ max | $B_4$ | $D_1$ | $D_2$ | $a$ | $b$ | $f$ | $r$ | $G$ | $W$ ≈ | 退卸衬套 | |
| 35 | 40 | 25 | 27 | 41.50 | 41.0 | 9 | 6 | 2 | 0.5 | M45×1.5 | — | AH208 | KM09 |
| | | 29 | 32 | 41.92 | 41.0 | 9 | 6 | 2 | 0.5 | M45×1.5 | 0.09 | AH308 | KM09 |
| | | 40 | 43 | 42.75 | 42.0 | 10 | 7 | 2 | 0.5 | M45×1.5 | 0.128 | AH2308 | KM09 |
| 40 | 45 | 26 | 29 | 46.67 | 46.0 | 9 | 6 | 2 | 0.5 | M50×1.5 | — | AH209 | KM10 |
| | | 31 | 34 | 47.08 | 46.5 | 9 | 6 | 2 | 0.5 | M50×1.5 | 0.109 | AH309 | KM10 |
| | | 44 | 47 | 48.08 | 47.5 | 10 | 7 | 2 | 0.5 | M50×1.5 | 0.164 | AH2309 | KM10 |
| 45 | 50 | 28 | 31 | 51.15 | 51.0 | 10 | 7 | 2 | 0.5 | M55×2 | — | AH210 | KM11 |
| | | 35 | 38 | 52.33 | 51.5 | 10 | 7 | 2 | 0.5 | M55×2 | 0.137 | AH310 | KM11 |
| | | 50 | 53 | 53.50 | 52.0 | 12 | 9 | 2 | 0.5 | M55×2 | 0.209 | AH2310 | KM11 |
| 50 | 55 | 29 | 32 | 56.83 | 56.0 | 10 | 7 | 3 | 0.5 | M60×2 | — | AH211 | KM12 |
| | | 37 | 40 | 57.50 | 56.5 | 11 | 8 | 3 | 0.5 | M60×2 | 0.161 | AH311 | KM12 |
| | | 54 | 57 | 58.67 | 57.0 | 13 | 10 | 3 | 0.5 | M60×2 | 0.253 | AH2311 | KM12 |
| 55 | 60 | 32 | 35 | 62.00 | 61.5 | 11 | 8 | 3 | 0.5 | M65×2 | — | AH212 | KM13 |
| | | 40 | 43 | 62.67 | 61.5 | 11 | 8 | 3 | 0.5 | M65×2 | 0.189 | AH312 | KM13 |
| | | 58 | 61 | 63.92 | 62.0 | 14 | 11 | 3 | 0.5 | M65×2 | 0.297 | AH2312 | KM13 |

（续）

| 公称尺寸/mm | | | | | | | | | | | 质量/kg | 基本代号 | 配用螺母代号 |
|---|---|---|---|---|---|---|---|---|---|---|---|---|---|
| $d_1$ | $d$ | $B_3$ max | $B_4$ | $D_1$ | $D_2$ | $a$ | $b$ | $f$ | $r$ | $G$ | $W$ ≈ | 退卸衬套 | |
| 60 | 65 | 32.5 | 36 | 67.08 | 66.5 | 11 | 8 | 3 | 1 | M70×2 | — | AHX213 | KM14 |
| | | 42 | 45 | 67.83 | 67.0 | 11 | 8 | 3 | 1 | M70×2 | 0.253 | AHX313 | KM14 |
| | | 61 | 64 | 69.08 | 68.5 | 15 | 12 | 3 | 1 | M70×2 | 0.395 | AHX2313 | KM14 |
| 65 | 70 | 33.5 | 37 | 72.17 | 71.5 | 11 | 8 | 3 | 1 | M75×2 | — | AHX214 | KM15 |
| | | 43 | 47 | 73.00 | 72.5 | 11 | 8 | 3 | 1 | M75×2 | 0.28 | AHX314 | KM15 |
| | | 64 | 68 | 74.42 | 73.5 | 15 | 12 | 3 | 1 | M75×2 | 0.466 | AHX2314 | KM15 |
| 70 | 75 | 34.5 | 38 | 77.25 | 76.5 | 11 | 8 | 3 | 1 | M80×2 | — | AHX215 | KM16 |
| | | 45 | 49 | 78.17 | 77.5 | 11 | 8 | 3 | 1 | M80×2 | 0.313 | AHX315 | KM16 |
| | | 68 | 72 | 79.75 | 79.0 | 15 | 12 | 3 | 1 | M80×2 | 0.534 | AHX2315 | KM16 |
| 75 | 80 | 35.5 | 39 | 82.33 | 81.5 | 11 | 8 | 3 | 1 | M90×2 | — | AH216 | KM18 |
| | | 48 | 52 | 83.42 | 82.5 | 11 | 8 | 3 | 1 | M90×2 | 0.365 | AH316 | KM18 |
| | | 71 | 75 | 85.00 | 84.5 | 15 | 12 | 3 | 1 | M90×2 | 0.597 | AH2316 | KM18 |
| 80 | 85 | 38.5 | 42 | 87.50 | 87.0 | 12 | 9 | 3 | 1 | M95×2 | — | AH217 | KM19 |
| | | 52 | 56 | 88.67 | 88.0 | 12 | 9 | 3 | 1 | M95×2 | 0.429 | AH317 | KM19 |
| | | 74 | 78 | 90.17 | 89.5 | 16 | 13 | 3 | 1 | M95×2 | 0.69 | AH2317 | KM19 |
| 85 | 90 | 40 | 44 | 92.67 | 92.0 | 12 | 9 | 3 | 1 | M100×2 | — | AH218 | KM20 |
| | | 53 | 57 | 93.75 | 93.0 | 12 | 9 | 3 | 1 | M100×2 | 0.461 | AH318 | KM20 |
| | | 63 | 67 | 94.50 | 94.0 | 13 | 10 | 3 | 1 | M100×2 | 0.576 | AH3218 | KM20 |
| | | 79 | 83 | 95.50 | 95.0 | 17 | 14 | 3 | 1 | M100×2 | 0.779 | AH2318 | KM20 |
| 90 | 95 | 43 | 47 | 97.83 | 97.0 | 13 | 10 | 4 | 1 | M105×2 | — | AH219 | KM21 |
| | | 57 | 61 | 99.00 | 98.5 | 13 | 10 | 4 | 1 | M105×2 | 0.532 | AH319 | KM21 |
| | | 67 | 71 | 99.75 | 99.0 | 14 | 11 | 4 | 1 | M105×2 | — | AH3219 | KM21 |
| | | 85 | 89 | 100.83 | 100.0 | 19 | 16 | 4 | 1 | M105×2 | 0.886 | AH2319 | KM21 |
| 95 | 100 | 45 | 49 | 103.00 | 102.5 | 13 | 10 | 4 | 1 | M110×2 | — | AH220 | KM22 |
| | | 59 | 63 | 104.17 | 103.5 | 13 | 10 | 4 | 1 | M110×2 | 0.582 | AH320 | KM22 |
| | | 64 | 68 | 104.50 | 104.0 | 14 | 11 | 4 | 1 | M110×2 | 0.650 | AH3120 | KM22 |
| | | 73 | 77 | 105.25 | 104.5 | 14 | 11 | 4 | 1 | M110×2 | 0.767 | AH3220 | KM22 |
| | | 90 | 94 | 106.25 | 105.5 | 19 | 16 | 4 | 1 | M110×2 | 0.998 | AH2320 | KM22 |
| 105 | 110 | 50 | 54 | 113.23 | 112.5 | 14 | 11 | 4 | 1 | M120×2 | — | AH222 | KM24 |
| | | 63 | 67 | 114.33 | 113.5 | 15 | 12 | 4 | 1 | M120×2 | 0.663 | AH322 | KM24 |
| | | 68 | 72 | 114.83 | 114.0 | 14 | 11 | 4 | 1 | M120×2 | 0.760 | AH3122 | KM24 |
| | | 82 | 86 | 116.00 | 115.5 | 14 | 11 | 4 | 1 | M120×2 | 0.883 | AHX3222 | KM24 |
| | | 98 | 102 | 116.92 | 116.0 | 19 | 16 | 4 | 1 | M120×2 | 0.950 | AHX2322 | KM24 |
| 115 | 120 | 53 | 57 | 123.50 | 123.0 | 15 | 12 | 4 | 1 | M130×2 | — | AH224 | KM26 |
| | | 60 | 64 | 124.00 | 123.5 | 16 | 13 | 4 | 1 | M130×2 | 0.750 | AH3024 | KM26 |
| | | 69 | 73 | 124.75 | 124.0 | 16 | 13 | 4 | 1 | M130×2 | — | AH324 | KM26 |
| | | 75 | 79 | 125.33 | 124.0 | 15 | 12 | 4 | 1 | M130×2 | 0.950 | AH3124 | KM26 |
| | | 90 | 94 | 126.50 | 126.0 | 16 | 13 | 4 | 1 | M130×2 | 1.110 | AHX3224 | KM26 |
| | | 105 | 109 | 127.42 | 126.5 | 20 | 17 | 4 | 1 | M130×2 | 1.600 | AHX2324 | KM26 |
| 125 | 130 | 53 | 57 | 133.50 | 133.0 | 15 | 12 | 4 | 1 | M140×2 | — | AH226 | KM28 |
| | | 67 | 71 | 134.50 | 134.0 | 17 | 14 | 4 | 1 | M140×2 | 0.930 | AH3026 | KM28 |
| | | 74 | 78 | 135.08 | 134.5 | 17 | 14 | 4 | 1 | M140×2 | — | AH326 | KM28 |
| | | 78 | 82 | 135.58 | 135.0 | 15 | 12 | 4 | 1 | M140×2 | 1.080 | AH3126 | KM28 |
| | | 98 | 102 | 137.00 | 136.5 | 18 | 15 | 4 | 1 | M140×2 | 1.580 | AHX3226 | KM28 |
| | | 115 | 119 | 138.08 | 137.5 | 22 | 19 | 4 | 1 | M140×2 | 1.970 | AHX2326 | KM28 |
| 135 | 140 | 56 | 61 | 143.75 | 143.0 | 16 | 13 | 4 | 1 | M150×2 | — | AH228 | KM30 |
| | | 68 | 73 | 144.67 | 144.0 | 17 | 14 | 4 | 1 | M150×2 | 1.010 | AH3028 | KM30 |

（续）

| $d_1$ | $d$ | $B_3$ max | $B_4$ | $D_1$ | $D_2$ | $a$ | $b$ | $f$ | $r$ | $G$ | $W$ ≈ | 退卸衬套 | 配用螺母代号 |
|---|---|---|---|---|---|---|---|---|---|---|---|---|---|
| | | | | | | | | | | | | 基本代号 | |
| 135 | 140 | 77 | 82 | 145.42 | 144.5 | 17 | 14 | 4 | 1 | M150×2 | — | AH328 | KM30 |
| | | 83 | 88 | 145.92 | 145.0 | 17 | 14 | 4 | 1 | M150×2 | 1.280 | AH3128 | KM30 |
| | | 104 | 109 | 147.58 | 147.0 | 18 | 15 | 4 | 1 | M150×2 | 1.840 | AHX3228 | KM30 |
| | | 125 | 130 | 148.92 | 148.0 | 23 | 20 | 4 | 1 | M150×2 | 2.330 | AHX2328 | KM30 |
| 145 | 150 | 60 | 65 | 154.00 | 153.5 | 17 | 14 | 4 | 1 | M160×3 | — | AH230 | KM32 |
| | | 72 | 77 | 154.92 | 154.0 | 18 | 15 | 4 | 1 | M160×3 | 1.150 | AH3030 | KM32 |
| | | 83 | 88 | 155.83 | 155.0 | 18 | 15 | 4 | 1 | M160×3 | — | AHX330 | KM32 |
| | | 96 | 101 | 156.92 | 156.0 | 18 | 15 | 4 | 1 | M160×3 | 1.790 | AHX3130 | KM32 |
| | | 114 | 119 | 158.25 | 157.5 | 20 | 17 | 4 | 1 | M160×3 | 2.220 | AHX3230 | KM32 |
| | | 135 | 140 | 159.42 | 158.5 | 27 | 24 | 4 | 1 | M160×3 | 2.820 | AHX2330 | KM32 |
| 150 | 160 | 64 | 69 | 164.25 | 163.0 | 18 | 15 | 5 | 2 | M170×3 | — | AH232 | KM34 |
| | | 77 | 82 | 165.25 | 164.0 | 19 | 16 | 5 | 2 | M170×3 | 2.060 | AH3032 | KM34 |
| | | 88 | 93 | 166.17 | 165.0 | 19 | 16 | 5 | 2 | M170×3 | — | AHX332 | KM34 |
| | | 103 | 108 | 167.42 | 166.0 | 19 | 16 | 5 | 2 | M170×3 | 2.870 | AHX3132 | KM34 |
| | | 124 | 130 | 168.92 | 167.0 | 23 | 20 | 5 | 2 | M170×3 | 4.080 | AHX3232 | KM34 |
| | | 140 | 146 | 169.92 | 168.0 | 27 | 24 | 5 | 2 | M170×3 | 4.72 | AHX2332 | KM34 |
| 160 | 170 | 69 | 74 | 174.58 | 173.0 | 19 | 16 | 5 | 2 | M180×3 | — | AH234 | KM36 |
| | | 85 | 90 | 175.83 | 174.0 | 20 | 17 | 5 | 2 | M180×3 | 2.430 | AH3034 | KM36 |
| | | 93 | 98 | 176.50 | 175.0 | 20 | 17 | 5 | 2 | M180×3 | — | AHX334 | KM36 |
| | | 104 | 109 | 177.00 | 176.0 | 19 | 16 | 5 | 2 | M180×3 | 3.040 | AHX3134 | KM36 |
| | | 134 | 140 | 179.42 | 178.0 | 27 | 24 | 5 | 2 | M180×3 | 4.80 | AHX3234 | KM36 |
| | | 146 | 152 | 180.42 | 179.0 | 27 | 24 | 5 | 2 | M180×3 | 5.25 | AHX2334 | KM36 |
| 170 | 180 | 69 | 74 | 184.58 | 183.0 | 19 | 16 | 5 | 2 | M190×3 | — | AH236 | KM38 |
| | | 92 | 98 | 186.25 | 185.0 | 23 | 17 | 5 | 2 | M190×3 | 2.81 | AH3036 | KM38 |
| | | 105 | 110 | 187.50 | 186.0 | 20 | 17 | 5 | 2 | M190×3 | — | AHX2236 | KM38 |
| | | 116 | 122 | 188.33 | 187.0 | 22 | 19 | 5 | 2 | M190×3 | 3.76 | AHX3136 | KM38 |
| | | 140 | 146 | 189.22 | 188.0 | 27 | 24 | 5 | 2 | M190×3 | 5.32 | AHX3236 | KM38 |
| | | 154 | 160 | 190.92 | 189.0 | 29 | 26 | 5 | 2 | M190×3 | 5.83 | AHX2336 | KM38 |
| 180 | 190 | 73 | 78 | 194.58 | 193.0 | 23 | 17 | 5 | 2 | M200×3 | — | AHX238 | KM40 |
| | | 96 | 102 | 196.50 | 195.0 | 24 | 18 | 5 | 2 | M200×3 | 3.32 | AHX3038 | KM40 |
| | | 112 | 117 | 197.75 | 196.0 | 24 | 18 | 5 | 2 | M200×3 | — | AHX2238 | KM40 |
| | | 125 | 131 | 198.75 | 197.0 | 26 | 20 | 5 | 2 | M200×3 | 4.89 | AHX3138 | KM40 |
| | | 145 | 152 | 200.08 | 199.0 | 31 | 25 | 5 | 2 | M200×3 | 5.90 | AHX3238 | KM40 |
| | | 160 | 167 | 201.25 | 200.0 | 32 | 26 | 5 | 2 | M200×3 | 6.63 | AHX2338 | KM40 |
| 190 | 200 | 77 | 82 | 204.83 | 203.0 | 24 | 18 | 5 | 2 | Tr210×4 | — | AHX240 | HM42 |
| | | 102 | 108 | 206.92 | 205.0 | 25 | 19 | 5 | 2 | Tr210×4 | 3.80 | AHX3040 | HM42 |
| | | 118 | 123 | 208.17 | 207.0 | 25 | 19 | 5 | 2 | Tr220×4 | — | AH2240 | HM44 |
| | | 134 | 140 | 209.42 | 208.0 | 27 | 21 | 5 | 2 | Tr220×4 | 5.49 | AH3140 | HM44 |
| | | 153 | 160 | 210.75 | 209.0 | 31 | 25 | 5 | 2 | Tr220×4 | 6.68 | AH3240 | HM44 |
| | | 170 | 177 | 211.75 | 210.0 | 36 | 30 | 5 | 2 | Tr220×4 | 7.54 | AH2340 | HM44 |
| 200 | 220 | 85 | 91 | 225.58 | 224.0 | 24 | 18 | 5 | 2 | Tr230×4 | — | AHX244 | HM46 |
| | | 111 | 117 | 227.58 | 226.0 | 26 | 20 | 5 | 2 | Tr230×4 | 7.40 | AHX3044 | HM46 |
| | | 130 | 136 | 229.17 | 228.0 | 26 | 20 | 5 | 2 | Tr240×4 | — | AH2244 | HM48 |
| | | 145 | 151 | 230.17 | 229.0 | 29 | 23 | 5 | 2 | Tr240×4 | 10.40 | AH3144 | HM48 |
| | | 181 | 189 | 232.75 | 231.0 | 36 | 30 | 5 | 2 | Tr240×4 | 13.50 | AH2344 | HM48 |

（续）

| 公称尺寸/mm | | | | | | | | | | 质量/kg | 基本代号 | 配用螺<br>母代号 |
|---|---|---|---|---|---|---|---|---|---|---|---|---|
| $d_1$ | $d$ | $B_3$<br>max | $B_4$ | $D_1$ | $D_2$ | $a$ | $b$ | $f$ | $r$ | $G$ | $W$<br>≈ | 退卸衬套 | |
| 220 | 240 | 96 | 102 | 246.17 | 245.0 | 28 | 22 | 5 | 2 | Tr260×4 | — | AH248 | HML52 |
| | | 116 | 123 | 248.00 | 247.0 | 27 | 21 | 5 | 2 | Tr260×4 | 8.75 | AH3048 | HML52 |
| | | 144 | 150 | 250.25 | 249.0 | 27 | 21 | 5 | 2 | Tr260×4 | — | AH2248 | HM52 |
| | | 154 | 161 | 250.83 | 249.0 | 31 | 25 | 5 | 2 | Tr260×4 | 12.0 | AH3148 | HM52 |
| | | 189 | 197 | 253.42 | 252.0 | 36 | 30 | 5 | 2 | Tr260×4 | 15.50 | AH2348 | HM52 |
| 240 | 260 | 105 | 111 | 266.83 | 265.0 | 29 | 23 | 6 | 3 | Tr280×4 | — | AHX252 | HML56 |
| | | 128 | 135 | 268.83 | 267.0 | 29 | 23 | 6 | 3 | Tr280×4 | 10.70 | AH3052 | HML56 |
| | | 155 | 161 | 271.00 | 270.0 | 29 | 23 | 6 | 3 | Tr280×4 | — | AHX2252 | HM56 |
| | | 172 | 179 | 272.25 | 271.0 | 32 | 26 | 6 | 3 | Tr280×4 | 16.20 | AHX3152 | HM56 |
| | | 205 | 213 | 274.75 | 273.0 | 36 | 30 | 6 | 3 | Tr280×4 | 19.60 | AHX2352 | HM56 |
| 260 | 280 | 105 | 113 | 287.00 | 286.0 | 29 | 23 | 6 | 3 | Tr300×4 | — | AHX256 | HML60 |
| | | 131 | 139 | 289.08 | 288.0 | 30 | 24 | 6 | 3 | Tr300×4 | 12.0 | AH3056 | HML60 |
| | | 155 | 163 | 291.08 | 290.0 | 30 | 24 | 6 | 3 | Tr300×4 | — | AHX2256 | HM60 |
| | | 175 | 183 | 292.42 | 291.0 | 34 | 28 | 6 | 3 | Tr300×4 | 17.5 | AHX3156 | HM60 |
| | | 212 | 220 | 295.33 | 294.0 | 36 | 30 | 6 | 3 | Tr300×4 | 21.6 | AHX2356 | HM60 |
| 280 | 300 | 145 | 153 | 310.08 | 309.0 | 32 | 26 | 6 | 3 | Tr320×5 | 14.4 | AH3060 | HML64 |
| | | 170 | 178 | 312.17 | 311.0 | 32 | 26 | 6 | 3 | Tr320×5 | — | AHX2260 | HM64 |
| | | 192 | 200 | 313.67 | 312.0 | 36 | 30 | 6 | 3 | Tr320×5 | 20.8 | AHX3160 | HM64 |
| | | 228 | 236 | 316.33 | 315.0 | 40 | 34 | 6 | 3 | Tr320×5 | 26.0 | AHX3260 | HM64 |
| 300 | 320 | 149 | 157 | 330.33 | 329.0 | 33 | 27 | 6 | 3 | Tr340×5 | 16.0 | AHX3064 | HML68 |
| | | 180 | 190 | 333.08 | 332.0 | 33 | 27 | 6 | 3 | Tr340×5 | — | AHX2264 | HM68 |
| | | 209 | 217 | 335.00 | 334.0 | 37 | 31 | 6 | 3 | Tr340×5 | 24.5 | AHX3164 | HM68 |
| | | 246 | 254 | 337.67 | 336.0 | 42 | 36 | 6 | 3 | Tr340×4 | 30.6 | AHX3264 | HM68 |
| 320 | 340 | 162 | 171 | 351.42 | 350.0 | 34 | 28 | 6 | 3 | Tr360×5 | 19.5 | AHX3068 | HML72 |
| | | 225 | 234 | 356.25 | 355.0 | 39 | 33 | 6 | 3 | Tr360×5 | 29.0 | AHX3168 | HM72 |
| | | 264 | 273 | 359.08 | 358.0 | 44 | 38 | 6 | 3 | Tr360×5 | 35.4 | AHX3268 | HM72 |
| 340 | 360 | 167 | 176 | 371.67 | 370.0 | 36 | 30 | 6 | 3 | Tr380×5 | 21.0 | AHX3072 | HML76 |
| | | 229 | 238 | 376.42 | 375.0 | 41 | 35 | 6 | 3 | Tr380×5 | 33.0 | AHX3172 | HM76 |
| | | 274 | 283 | 379.95 | 378.0 | 46 | 40 | 6 | 3 | Tr380×5 | 41.5 | AHX3272 | HM76 |
| 360 | 380 | 170 | 180 | 391.92 | 390.0 | 37 | 31 | 6 | 3 | Tr400×5 | 23.2 | AHX3076 | HML80 |
| | | 232 | 242 | 396.67 | 395.0 | 42 | 36 | 6 | 3 | Tr400×5 | 35.7 | AHX3176 | HM80 |
| | | 284 | 294 | 400.50 | 399.0 | 48 | 42 | 6 | 3 | Tr400×5 | 45.6 | AHX3276 | HM80 |
| 380 | 400 | 183 | 193 | 412.83 | 411.0 | 39 | 33 | 6 | 3 | Tr420×5 | 27.3 | AHX3080 | HML84 |
| | | 240 | 250 | 417.17 | 416.0 | 44 | 38 | 6 | 3 | Tr420×5 | 39.5 | AHX3180 | HM84 |
| | | 302 | 312 | 421.83 | 420.0 | 50 | 44 | 6 | 3 | Tr420×5 | 51.7 | AHX3280 | HM84 |
| 400 | 420 | 186 | 196 | 433.00 | 432.0 | 40 | 34 | 8 | 3 | Tr440×5 | 29.0 | AHX3084 | HML88 |
| | | 266 | 276 | 439.17 | 438.0 | 46 | 40 | 8 | 3 | Tr440×5 | 46.5 | AHX3184 | HM88 |
| | | 321 | 331 | 443.25 | 442.0 | 52 | 46 | 8 | 3 | Tr440×5 | 58.9 | AHX3284 | HM88 |
| 420 | 440 | 194 | 205 | 453.67 | 452.0 | 41 | 35 | 8 | 3 | Tr460×5 | 32.0 | AHX3088 | HML92 |
| | | 270 | 281 | 459.42 | 458.0 | 48 | 42 | 8 | 3 | Tr460×5 | 49.8 | AHX3188 | HM92 |
| | | 330 | 341 | 463.92 | 462.0 | 54 | 48 | 8 | 3 | Tr460×5 | 63.8 | AHX3288 | HM92 |
| 440 | 460 | 202 | 213 | 474.17 | 473.0 | 43 | 37 | 8 | 3 | Tr480×5 | 35.2 | AHX3092 | HML96 |
| | | 285 | 296 | 480.58 | 479.0 | 49 | 43 | 8 | 3 | Tr480×5 | 57.9 | AHX3192 | HM96 |
| | | 349 | 360 | 485.33 | 484.0 | 56 | 50 | 8 | 3 | Tr480×5 | 74.5 | AHX3292 | HM96 |
| 460 | 480 | 205 | 217 | 494.42 | 493.0 | 44 | 38 | 8 | 3 | Tr500×5 | 39.2 | AHX3096 | HML/500 |
| | | 295 | 307 | 501.33 | 500.0 | 51 | 45 | 8 | 4 | Tr500×5 | 63.1 | AHX3196 | HM/500 |
| | | 364 | 376 | 506.50 | 505.0 | 58 | 52 | 8 | 4 | Tr500×5 | 82.1 | AHX3296 | HM/500 |
| 480 | 500 | 209 | 221 | 514.58 | 513.0 | 46 | 40 | 8 | 3 | Tr530×6 | 42.5 | AHX30/500 | HML/530 |
| | | 313 | 325 | 522.67 | 521.0 | 53 | 47 | 8 | 4 | Tr530×6 | 70.9 | AHX31/500 | HM/530 |
| | | 393 | 405 | 528.75 | 527.0 | 60 | 54 | 8 | 4 | Tr530×6 | 94.6 | AHX32/500 | HM/530 |

注：本表仅供参考。

表 6.1-91　用于内孔锥度为 1:30 轴承的退卸衬套

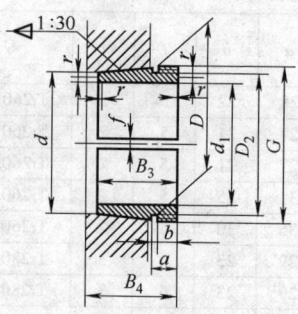

| 公称尺寸/mm | | | | | 基本代号 | 配用螺母代号 |
|---|---|---|---|---|---|---|
| $d_1$ | $d$ | $B_3$ max | $B_4$ | $G$ | 退卸衬套 | |
| 115 | 120 | 73 | 82 | M125 × 2 | AH24024 | KM25 |
| | | 93 | 102 | M130 × 2 | AH24124 | KM26 |
| 125 | 130 | 83 | 93 | M135 × 2 | AH24026 | KM27 |
| | | 94 | 104 | M140 × 2 | AH24126 | KM28 |
| 135 | 140 | 83 | 93 | M145 × 2 | AH24028 | KM29 |
| | | 99 | 109 | M150 × 2 | AH24128 | KM30 |
| 145 | 150 | 90 | 101 | M155 × 3 | AH24030 | KM31 |
| | | 115 | 126 | M160 × 3 | AH24130 | KM32 |
| 150 | 160 | 95 | 106 | M170 × 3 | AH24032 | KM34 |
| | | 124 | 135 | M170 × 3 | AH24132 | KM34 |
| 160 | 170 | 106 | 117 | M180 × 3 | AH24034 | KM36 |
| | | 125 | 136 | M180 × 3 | AH24134 | KM36 |
| 170 | 180 | 116 | 127 | M190 × 3 | AH24036 | KM38 |
| | | 134 | 145 | M190 × 3 | AH24136 | KM38 |
| 180 | 190 | 118 | 131 | M200 × 3 | AH24038 | KM40 |
| | | 146 | 159 | M200 × 3 | AH24138 | KM40 |
| 190 | 200 | 127 | 140 | Tr210 × 4 | AH24040 | HM42 |
| | | 158 | 171 | Tr210 × 4 | AH24140 | HM42 |
| 200 | 220 | 138 | 152 | Tr230 × 4 | AH24044 | HM46 |
| | | 170 | 184 | Tr230 × 4 | AH24144 | HM46 |
| 220 | 240 | 138 | 153 | Tr250 × 4 | AH24048 | HM50 |
| | | 180 | 195 | Tr260 × 4 | AH24148 | HM52 |
| 240 | 260 | 162 | 178 | Tr280 × 4 | AH24052 | HM56 |
| | | 202 | 218 | Tr280 × 4 | AH24152 | HM56 |
| 260 | 280 | 162 | 179 | Tr300 × 4 | AH24056 | HM60 |
| | | 202 | 219 | Tr300 × 4 | AH24156 | HM60 |
| 280 | 300 | 184 | 202 | Tr320 × 5 | AH24060 | HM64 |
| | | 224 | 242 | Tr320 × 5 | AH24160 | HM64 |
| 300 | 320 | 184 | 202 | Tr340 × 5 | AH24064 | HM68 |
| | | 242 | 260 | Tr340 × 5 | AH24164 | HM68 |
| 320 | 340 | 206 | 225 | Tr360 × 5 | AH24068 | HM72 |
| | | 269 | 288 | Tr360 × 5 | AH24168 | HM72 |
| 340 | 360 | 206 | 226 | Tr380 × 5 | AH24072 | HM76 |
| | | 269 | 289 | Tr380 × 5 | AH24172 | HM76 |
| 360 | 380 | 208 | 228 | Tr400 × 5 | AH24076 | HM80 |
| | | 271 | 291 | Tr400 × 5 | AH24176 | HM80 |

（续）

| 公称尺寸/mm | | | | | 基本代号 | 配用螺母代号 |
|---|---|---|---|---|---|---|
| $d_1$ | $d$ | $B_3$ max | $B_4$ | $G$ | 退卸衬套 | |
| 380 | 400 | 228 | 248 | Tr420×5 | AH24080 | HM84 |
| | | 278 | 298 | Tr420×5 | AH24180 | HM84 |
| 400 | 420 | 230 | 252 | Tr440×5 | AH24084 | HM88 |
| | | 310 | 332 | Tr440×5 | AH24184 | HM88 |
| 420 | 440 | 242 | 264 | Tr460×5 | AH24088 | HM92 |
| | | 310 | 332 | Tr460×5 | AH24188 | HM92 |
| 440 | 460 | 250 | 273 | Tr480×5 | AH24092 | HM96 |
| | | 332 | 355 | Tr480×5 | AH24192 | HM96 |
| 460 | 480 | 250 | 273 | Tr500×5 | AH24096 | HM/500 |
| | | 340 | 363 | Tr500×5 | AH24196 | HM/500 |
| 480 | 500 | 253 | 276 | Tr530×6 | AH240/500 | HM/530 |
| | | 360 | 383 | Tr530×6 | AH241/500 | HM/530 |
| 500 | 530 | 285 | 309 | Tr560×6 | AH240/530 | HM/560 |
| | | 370 | 394 | Tr560×6 | AH241/530 | HM/560 |
| 530 | 560 | 296 | 320 | Tr600×6 | AH240/560 | HM/600 |
| | | 393 | 417 | Tr600×6 | AH241/560 | HM/600 |
| 570 | 600 | 310 | 336 | Tr630×6 | AH240/600 | HM/630 |
| | | 413 | 439 | Tr630×6 | AH241/600 | HM/630 |
| 600 | 630 | 330 | 356 | Tr670×6 | AH240/630 | HM/670 |
| | | 440 | 466 | Tr670×6 | AH241/630 | HM/670 |
| 630 | 670 | 348 | 374 | Tr710×7 | AH240/670 | HM/710 |
| | | 452 | 478 | Tr710×7 | AH241/670 | HM/710 |
| 670 | 710 | 360 | 386 | Tr750×7 | AH240/710 | HM/750 |
| | | 483 | 509 | Tr750×7 | AH241/710 | HM/750 |
| 710 | 750 | 380 | 408 | Tr800×7 | AH240/750 | HM/800 |
| | | 520 | 548 | Tr800×7 | AH241/750 | HM/800 |
| 750 | 800 | 395 | 423 | Tr850×7 | AH240/800 | HM/850 |
| | | 525 | 553 | Tr850×7 | AH241/800 | HM/850 |
| 800 | 850 | 415 | 445 | Tr900×7 | AH240/850 | HM/900 |
| | | 560 | 600 | Tr900×7 | AH241/850 | HM/900 |
| 850 | 900 | 430 | 475 | Tr950×8 | AH240/900 | HM/950 |
| | | 575 | 620 | Tr950×8 | AH241/900 | HM/950 |
| 900 | 950 | 467 | 512 | Tr1000×8 | AH240/950 | HM/1000 |
| | | 605 | 650 | Tr1000×8 | AH241/950 | HM/1000 |
| 950 | 1000 | 469 | 519 | Tr1060×8 | AH240/1000 | HM/1060 |
| | | 645 | 695 | Tr1060×8 | AH241/1000 | HM/1060 |
| 1000 | 1060 | 498 | 548 | Tr1120×8 | AH240/1060 | HM/1120 |
| | | 665 | 715 | Tr1120×8 | AH241/1060 | HM/1120 |

注：本表仅供参考。

### 5.1.3 止推环 （表6.1-92）

**表6.1-92 止推环（摘自 GB/T 7813—2008）**

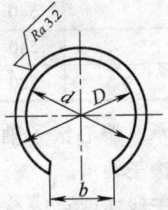
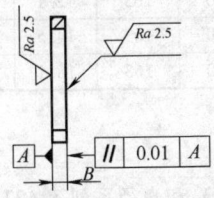

（续）

| 型　号 | $D$ | $d$ | $B$ | $b$ | 型　号 | $D$ | $d$ | $B$ | $b$ |
|---|---|---|---|---|---|---|---|---|---|
| SR52 × 5 | 52 | 45 | 5 | 32 | SR190 × 10 | 190 | 173 | 10 | 130 |
| SR52 × 7 | 52 | 45 | 7 | 32 | SR190 × 15.5 | 190 | 173 | 15.5 | 130 |
| SR62 × 7 | 62 | 54 | 7 | 38 | SR200 × 10 | 200 | 180 | 10 | 130 |
| SR62 × 8.5 | 62 | 54 | 8.5 | 38 | SR200 × 13.5 | 200 | 180 | 13.5 | 130 |
| SR62 × 10 | 62 | 54 | 10 | 38 | SR200 × 16 | 200 | 180 | 16 | 130 |
| SR72 × 8 | 72 | 64 | 8 | 47 | SR200 × 21 | 200 | 180 | 21 | 130 |
| SR72 × 9 | 72 | 64 | 9 | 47 | SR215 × 10 | 215 | 195 | 10 | 140 |
| SR72 × 10 | 72 | 64 | 10 | 47 | SR215 × 14 | 215 | 195 | 14 | 140 |
| SR80 × 7.5 | 80 | 70 | 7.5 | 52 | SR215 × 18 | 215 | 195 | 18 | 140 |
| SR80 × 10 | 80 | 70 | 10 | 52 | SR230 × 10 | 230 | 210 | 10 | 150 |
| SR85 × 6 | 85 | 75 | 6 | 57 | SR230 × 13 | 230 | 210 | 13 | 150 |
| SR85 × 8 | 85 | 75 | 8 | 57 | SR240 × 10 | 240 | 218 | 10 | 150 |
| SR90 × 6.5 | 90 | 80 | 6.5 | 62 | SR240 × 20 | 240 | 218 | 20 | 150 |
| SR90 × 10 | 90 | 80 | 10 | 62 | SR250 × 10 | 250 | 230 | 10 | 160 |
| SR100 × 6 | 100 | 90 | 6 | 68 | SR250 × 15 | 250 | 230 | 15 | 160 |
| SR100 × 8 | 100 | 90 | 8 | 68 | SR260 × 10 | 260 | 238 | 10 | 170 |
| SR100 × 10 | 100 | 90 | 10 | 68 | SR270 × 10 | 270 | 248 | 10 | 170 |
| SR100 × 10.5 | 100 | 90 | 10.5 | 68 | SR270 × 16.5 | 270 | 248 | 16.5 | 170 |
| SR110 × 8 | 110 | 99 | 8 | 73 | SR280 × 10 | 280 | 255 | 10 | 170 |
| SR110 × 10 | 110 | 99 | 10 | 73 | SR290 × 10 | 290 | 268 | 10 | 180 |
| SR110 × 11.5 | 110 | 99 | 11.5 | 73 | SR290 × 17 | 290 | 268 | 17 | 180 |
| SR120 × 10 | 120 | 108 | 10 | 78 | SR300 × 10 | 300 | 275 | 10 | 190 |
| SR120 × 12 | 120 | 108 | 12 | 78 | SR310 × 5 | 310 | 285 | 5 | 190 |
| SR125 × 10 | 125 | 113 | 10 | 84 | SR310 × 10 | 310 | 285 | 10 | 190 |
| SR125 × 13 | 125 | 113 | 13 | 84 | SR320 × 5 | 320 | 296 | 5 | 200 |
| SR130 × 8 | 130 | 118 | 8 | 88 | SR320 × 10 | 320 | 296 | 10 | 200 |
| SR130 × 10 | 130 | 118 | 10 | 88 | SR340 × 5 | 340 | 314 | 5 | 210 |
| SR130 × 12.5 | 130 | 118 | 12.5 | 88 | SR340 × 10 | 340 | 314 | 10 | 210 |
| SR140 × 8.5 | 140 | 127 | 8.5 | 93 | SR360 × 6 | 360 | 332 | 5 | 210 |
| SR140 × 10 | 140 | 127 | 10 | 93 | SR360 × 10 | 360 | 332 | 10 | 210 |
| SR140 × 12.5 | 140 | 127 | 12.5 | 93 | SR370 × 10 | 370 | 337 | 10 | 210 |
| SR150 × 9 | 150 | 135 | 9 | 98 | SR380 × 5 | 380 | 342 | 5 | 210 |
| SR150 × 10 | 150 | 135 | 10 | 98 | SR400 × 5 | 400 | 369 | 5 | 210 |
| SR150 × 13 | 150 | 135 | 13 | 98 | SR400 × 10 | 400 | 369 | 10 | 210 |
| SR160 × 10 | 160 | 144 | 10 | 105 | SR420 × 5 | 420 | 379 | 5 | 220 |
| SR160 × 11.2 | 160 | 144 | 11.2 | 105 | SR440 × 5 | 440 | 420 | 5 | 220 |
| SR160 × 14 | 160 | 144 | 14 | 105 | SR440 × 10 | 440 | 420 | 10 | 220 |
| SR160 × 16.2 | 160 | 144 | 16.2 | 105 | SR460 × 5 | 460 | 430 | 5 | 200 |
| SR170 × 10 | 170 | 154 | 10 | 112 | SR460 × 10 | 460 | 430 | 10 | 200 |
| SR170 × 10.5 | 170 | 154 | 10.5 | 112 | SR480 × 5 | 480 | 451 | 5 | 240 |
| SR170 × 14.5 | 170 | 154 | 14.5 | 112 | SR500 × 5 | 500 | 461 | 5 | 20 |
| SR180 × 10 | 180 | 163 | 10 | 120 | SR500 × 10 | 500 | 461 | 10 | 220 |
| SR180 × 12.1 | 180 | 163 | 12.1 | 120 | SR540 × 5 | 540 | 487 | 5 | 240 |
| SR180 × 14.5 | 180 | 163 | 14.5 | 120 | SR540 × 10 | 540 | 487 | 10 | 240 |
| SR180 × 18.1 | 180 | 163 | 18.1 | 120 | SR580 × 5 | 580 | 524 | 5 | 260 |

## 5.2　滚动轴承座

适用于直径系列 2（22）和直径系列 3（23）的

调心球轴承、调心滚子轴承和带紧定套的调心球轴承、调心滚子轴承。

适用于线速度 ≤5m/s，工作温度 ≤90℃ 的工件。

## 5.2.1　二螺柱滚动轴承座（表 6.1-93 ~ 表 6.1-95）

### 表 6.1-93　适用圆柱孔轴承的等径孔滚动轴承座（摘自 GB/T 7813—2008）

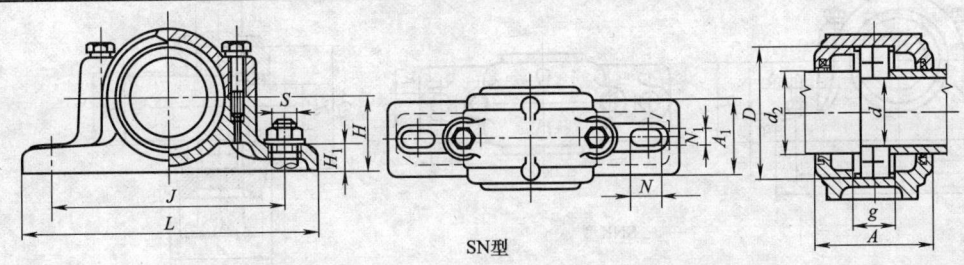

SN型

| 公称尺寸/mm | | | | | | | | | | | | | 质量/kg | 轴承座代号 | 适用轴承代号 | | |
|---|---|---|---|---|---|---|---|---|---|---|---|---|---|---|---|---|---|
| $d$ | $d_2$ | $D$ | $g$ | $A$ max | $A_1$ | $H$ | $H_1$ max | $L$ | $J$ | $S$ | $N_1$ | $N$ | $W$ ≈ | SN 型 | 调心球轴承 | | 调心滚子轴承[①] |
| 25 | 30 | 52 | 25 | 72 | 46 | 40 | 22 | 165 | 130 | M12 | 15 | 20 | 1.3 | SN205 | 1205 | 2205 | 22205C | — |
| | | 62 | 34 | 82 | 52 | 50 | 22 | 185 | 150 | M12 | 15 | 20 | 1.9 | SN305 | 1305 | 2305 | — | — |
| 30 | 35 | 62 | 30 | 82 | 52 | 50 | 22 | 185 | 150 | M12 | 15 | 20 | 1.8 | SN206 | 1206 | 2206 | 22206C | — |
| | | 72 | 37 | 85 | 52 | 50 | 22 | 185 | 150 | M12 | 15 | 20 | 2.1 | SN306 | 1306 | 2306 | — | — |
| 35 | 45 | 72 | 33 | 85 | 52 | 50 | 22 | 185 | 150 | M12 | 15 | 20 | 2.1 | SN207 | 1207 | 2207 | 22207C | — |
| | | 80 | 41 | 92 | 60 | 60 | 25 | 205 | 170 | M12 | 15 | 20 | 3.0 | SN307 | 1307 | 2307 | — | — |
| 40 | 50 | 80 | 33 | 92 | 60 | 60 | 25 | 205 | 170 | M12 | 15 | 20 | 2.6 | SN208 | 1208 | 2208 | 22208C | — |
| | | 90 | 43 | 100 | 60 | 60 | 25 | 205 | 170 | M12 | 15 | 20 | 3.3 | SN308 | 1308 | 2308 | 22308C | 21308C |
| 45 | 55 | 85 | 31 | 92 | 60 | 60 | 25 | 205 | 170 | M12 | 15 | 20 | 2.8 | SN209 | 1209 | 2209 | 22209C | — |
| | | 100 | 46 | 105 | 70 | 70 | 28 | 255 | 210 | M16 | 18 | 23 | 4.6 | SN309 | 1309 | 2309 | 22309C | 21309C |
| 50 | 60 | 90 | 33 | 100 | 60 | 60 | 25 | 205 | 170 | M12 | 15 | 20 | 3.1 | SN210 | 1210 | 2210 | 22210C | — |
| | | 110 | 50 | 115 | 70 | 70 | 30 | 255 | 210 | M16 | 18 | 23 | 5.1 | SN310 | 1310 | 2310 | 22310C | 21310C |
| 55 | 65 | 100 | 33 | 105 | 70 | 70 | 28 | 255 | 210 | M16 | 18 | 23 | 4.3 | SN211 | 1211 | 2211 | 22211C | — |
| | | 120 | 53 | 120 | 80 | 80 | 30 | 275 | 230 | M16 | 18 | 23 | 6.5 | SN311 | 1311 | 2311 | 22311C | 21311C |
| 60 | 70 | 110 | 38 | 115 | 70 | 70 | 30 | 255 | 210 | M16 | 18 | 23 | 5.0 | SN212 | 1212 | 2212 | 22212C | — |
| | | 130 | 56 | 125 | 80 | 80 | 30 | 280 | 230 | M16 | 18 | 23 | 7.3 | SN312 | 1312 | 2312 | 22312C | 21312C |
| 65 | 75 | 120 | 43 | 120 | 80 | 80 | 30 | 275 | 230 | M16 | 18 | 23 | 6.3 | SN213 | 1213 | 2213 | 22213C | — |
| | | 140 | 58 | 135 | 90 | 95 | 32 | 315 | 260 | M20 | 22 | 27 | 9.7 | SN313 | 1313 | 2313 | 22313C | 21313C |
| 70 | 80 | 125 | 44 | 120 | 80 | 80 | 30 | 275 | 230 | M16 | 18 | 23 | 6.1 | SN214 | 1214 | 2214 | 22214C | — |
| | | 150 | 61 | 140 | 90 | 95 | 32 | 320 | 260 | M20 | 22 | 27 | 11.0 | SN314 | 1314 | 2314 | 22314C | 21314C |
| 75 | 85 | 130 | 41 | 125 | 80 | 80 | 30 | 280 | 230 | M16 | 18 | 23 | 7.0 | SN215 | 1215 | 2215 | 22215C | — |
| | | 160 | 65 | 145 | 100 | 100 | 35 | 345 | 290 | M20 | 22 | 27 | 14.0 | SN315 | 1315 | 2315 | 22315C | 21315C |
| 80 | 90 | 140 | 43 | 135 | 90 | 95 | 32 | 315 | 260 | M20 | 22 | 27 | 9.3 | SN216 | 1216 | 2216 | 22216C | — |
| | | 170 | 68 | 150 | 100 | 112 | 35 | 345 | 290 | M20 | 22 | 27 | 13.8 | SN316 | 1316 | 2316 | 22316C | 21316C |
| 85 | 95 | 150 | 46 | 140 | 90 | 95 | 32 | 320 | 260 | M20 | 22 | 27 | 9.8 | SN217 | 1217 | 2217 | 22217C | — |
| | | 180 | 70 | 165 | 110 | 112 | 40 | 380 | 320 | M24 | 26 | 32 | 15.8 | SN317 | 1317 | 2317 | 22317C | 21317C |
| 90 | 100 | 160 | 62.4 | 145 | 100 | 100 | 35 | 345 | 290 | M20 | 22 | 27 | 12.3 | SN218 | 1218 | 2218 | 22218C | — |
| 100 | 115 | 180 | 70.3 | 165 | 110 | 112 | 40 | 380 | 320 | M24 | 26 | 32 | 16.5 | SN220 | 1220 | 2220 | 22220C | 23220C |
| 110 | 125 | 200 | 80 | 177 | 120 | 125 | 45 | 410 | 350 | M24 | 26 | 32 | 19.3 | SN222 | 1222 | 2222 | 22222C | 23222C |
| 120 | 135 | 215 | 86 | 187 | 120 | 140 | 45 | 410 | 350 | M24 | 26 | 32 | 24.6 | SN224[②] | — | — | 22224C | 23224C |
| 130 | 145 | 230 | 90 | 192 | 130 | 150 | 45 | 445 | 380 | M24 | 26 | 32 | 30.0 | SN226[②] | — | — | 22226C | 23226C |
| 140 | 155 | 250 | 98 | 207 | 150 | 150 | 50 | 500 | 420 | M30 | 33 | 42 | 37.0 | SN228[②] | — | — | 22228C | 23228C |
| 150 | 165 | 270 | 106 | 224 | 160 | 160 | 60 | 530 | 450 | M30 | 33 | 42 | 45.0 | SN230[②] | — | — | 22230C | 23230C |
| 160 | 175 | 290 | 114 | 237 | 160 | 170 | 60 | 550 | 470 | M30 | 33 | 42 | 53.0 | SN232[②] | — | — | 22232C | 23232C |

① 所列调心滚子轴承代号为 C 型结构，同时适用非对称型调心滚子（22205，22206，22207 除外）和对称型调心滚子轴承基型，CC 型结构。

② SN224 ~ SN232 应装有吊环螺钉。

表 6.1-94 适用圆柱孔轴承的异径孔滚动轴承座（摘自 GB/T 7813—2008）

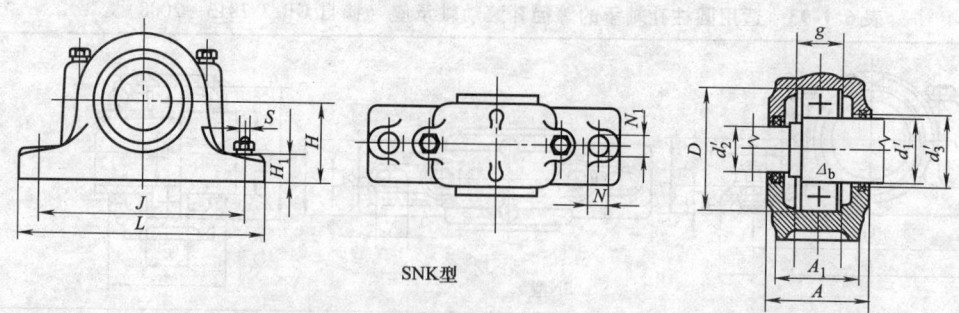

SNK型

| 公称尺寸/mm | | | | | | | | | | | | | | 轴承座代号 | 适用轴承代号 | | |
|---|---|---|---|---|---|---|---|---|---|---|---|---|---|---|---|---|---|
| $d'_1$ | $d'_2$ max | $d'_3$ min | $D$ | $g$ | $A$ max | $A_1$ | $H$ | $H_1$ | $L$ | $J$ | $S$ | $N_1$ | $N$ | SNK 型 | 调心球轴承 | | 调心滚子轴承[2] |
| 25 | 20 | 30 | 52 | 25 | 72 | 46 | 40 | 22 | 165 | 130 | M12 | 15 | 20 | SNK205 | 1205 | 2205 | 22205C — |
| | | 35 | 62 | 34 | 82 | 52 | 50 | 22 | 185 | 150 | M12 | 15 | 20 | SNK305 | 1305 | 2305 | — 21305C |
| 30 | 25 | 35 | 62 | 30 | 82 | 52 | 50 | 22 | 185 | 150 | M12 | 15 | 20 | SNK206 | 1206 | 2206 | 22206C — |
| | | 40 | 72 | 37 | 85 | 52 | 50 | 22 | 185 | 150 | M12 | 15 | 20 | SNK306 | 1306 | 2306 | — 21306C |
| 35 | 30 | 45 | 72 | 33 | 85 | 52 | 50 | 22 | 185 | 150 | M12 | 15 | 20 | SNK207 | 1207 | 2207 | 22207C — |
| | | 45 | 80 | 41 | 92 | 60 | 60 | 25 | 205 | 170 | M12 | 15 | 20 | SNK307 | 1307 | 2307 | — 21307C |
| 40 | 35 | 50 | 80 | 33 | 92 | 60 | 60 | 25 | 205 | 170 | M12 | 15 | 20 | SNK208 | 1208 | 2208 | 22208C — |
| | | 50 | 90 | 43 | 100 | 60 | 60 | 25 | 205 | 170 | M12 | 15 | 20 | SNK308 | 1308 | 2308 | 22308C 21308C |
| 45 | 40 | 55 | 85 | 31 | 92 | 60 | 60 | 25 | 205 | 170 | M12 | 15 | 20 | SNK209 | 1209 | 2209 | 22209C — |
| | | 55 | 100 | 46 | 105 | 70 | 70 | 28 | 255 | 210 | M16 | 18 | 23 | SNK309 | 1309 | 2309 | 22309C 21309C |
| 50 | 45 | 60 | 90 | 33 | 100 | 60 | 60 | 25 | 205 | 170 | M12 | 15 | 20 | SNK210 | 1210 | 2210 | 22210C — |
| | | 60 | 110 | 50 | 115 | 70 | 70 | 30 | 255 | 210 | M16 | 18 | 23 | SNK310 | 1310 | 2310 | 22310C 21310C |
| 55 | 50 | 65 | 100 | 33 | 105 | 70 | 70 | 28 | 255 | 210 | M16 | 18 | 23 | SNK211 | 1211 | 2211 | 22211C — |
| | | 65 | 120 | 53 | 120 | 80 | 80 | 30 | 275 | 230 | M16 | 18 | 23 | SNK311 | 1311 | 2311 | 22311C 21311C |
| 60 | 55 | 70 | 110 | 38 | 115 | 70 | 70 | 30 | 255 | 210 | M16 | 18 | 23 | SNK212 | 1212 | 2212 | 22212C — |
| | | 70 | 130 | 56 | 125 | 80 | 80 | 30 | 280 | 230 | M16 | 18 | 23 | SNK312 | 1312 | 2312 | 22312C 21312C |
| 65 | 60 | 75 | 120 | 43 | 120 | 80 | 80 | 30 | 275 | 230 | M16 | 18 | 23 | SNK213 | 1213 | 2213 | 22213C — |
| | | 75 | 140 | 58 | 135 | 90 | 95 | 32 | 315 | 260 | M20 | 22 | 27 | SNK313 | 1313 | 2313 | 22313C 21313C |
| 70 | 65 | 80 | 125 | 44 | 120 | 80 | 80 | 30 | 275 | 230 | M16 | 18 | 23 | SNK214 | 1214 | 2214 | 22214C — |
| | | 80 | 150 | 61 | 140 | 90 | 95 | 32 | 320 | 260 | M20 | 22 | 27 | SNK 314 | 1314 | 2314 | 22314C 21314C |
| 75 | 70 | 85 | 130 | 41 | 125 | 80 | 80 | 30 | 280 | 230 | M16 | 18 | 23 | SNK215 | 1215 | 2215 | 22215C — |
| | | 85 | 160 | 65 | 145 | 100 | 100 | 35 | 345 | 290 | M20 | 22 | 27 | SNK315 | 1315 | 2315 | 22315C 21315C |
| 80 | 75 | 90 | 140 | 43 | 135 | 90 | 95 | 32 | 315 | 260 | M20 | 22 | 27 | SNK216 | 1216 | 2216 | 22216C — |
| | | 90 | 170 | 68 | 150 | 100 | 112 | 35 | 345 | 290 | M20 | 22 | 27 | SNK316 | 1316 | 2316 | 22316C 21316C |
| 85 | 80 | 95 | 150 | 46 | 140 | 90 | 95 | 32 | 320 | 260 | M20 | 22 | 27 | SNK217 | 1217 | 2217 | 22217C — |
| | | 100 | 180 | 70 | 165 | 110 | 112 | 40 | 380 | 320 | M24 | 26 | 32 | SNK317 | 1317 | 2317 | 22317C 21317C |
| 90 | 85 | 100 | 160 | 62.4 | 145 | 100 | 100 | 35 | 345 | 290 | M20 | 22 | 27 | SNK218 | 1218 | 2218 | 22218C 23218C |
| 100 | 95 | 115 | 180 | 70.3 | 165 | 110 | 112 | 40 | 380 | 320 | M24 | 26 | 32 | SNK220 | 1220 | 2220 | 22220C 23220C |
| 110 | 105 | 125 | 200 | 80 | 177 | 120 | 125 | 45 | 410 | 350 | M24 | 26 | 32 | SNK222 | 1222 | 2222 | 22222C 23222C |
| 120 | 115 | 135 | 215 | 86 | 187 | 120 | 140 | 45 | 410 | 350 | M24 | 26 | 32 | SNK224[1] | — | — | 22224C 23224C |
| 130 | 125 | 145 | 230 | 90 | 192 | 130 | 150 | 45 | 445 | 380 | M24 | 28 | 36 | SNK226[1] | — | — | 22226C 23226C |
| 140 | 135 | 155 | 250 | 98 | 207 | 150 | 150 | 50 | 500 | 420 | M30 | 33 | 42 | SNK228[1] | — | — | 22228C 23228C |
| 150 | 145 | 165 | 270 | 106 | 224 | 160 | 160 | 60 | 530 | 450 | M30 | 33 | 42 | SNK230[1] | — | — | 22230C 23230C |
| 160 | 150 | 175 | 290 | 114 | 237 | 160 | 170 | 60 | 550 | 470 | M30 | 33 | 42 | SNK232[1] | — | — | 22232C 23232C |

① SNK224 ~ SNK232 应装有吊环螺钉。
② 所列调心滚子轴承代号为 C 型结构，同时适用非对称调心滚子轴承和对称型调心滚子轴承基型，CC 型结构。

**表6.1-95　适用带紧定套轴承的等径孔滚动轴承座（摘自 GB/T 7813—2008）**

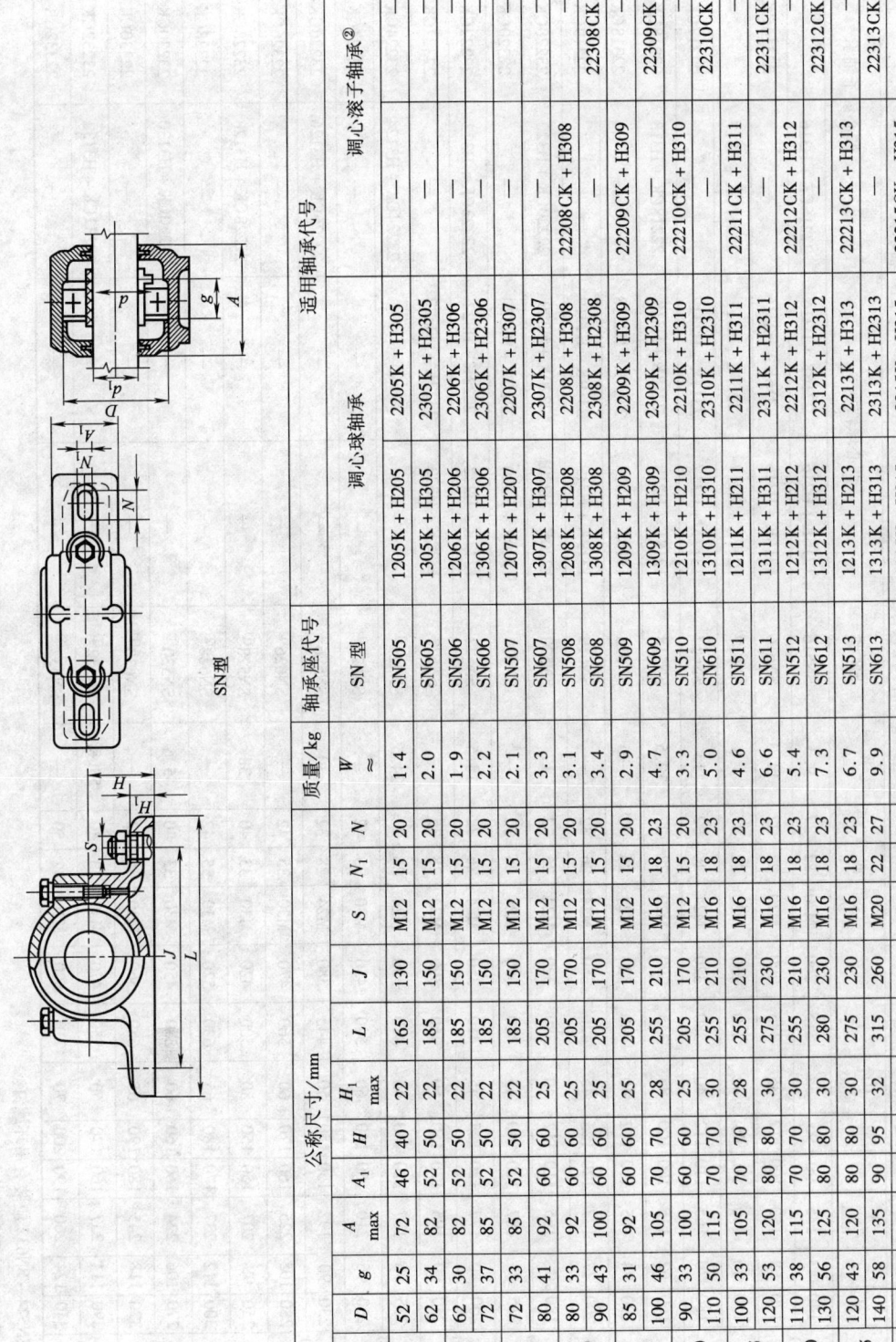

SN型

| 公称尺寸/mm | | | | | | | | | | | | | 质量/kg | 轴承座代号 | 适用轴承代号 | | | |
| --- | --- | --- | --- | --- | --- | --- | --- | --- | --- | --- | --- | --- | --- | --- | --- | --- | --- | --- |
| $d_1$ | $d$ | $D$ | $g$ | $A$ max | $A_1$ | $H$ | $H_1$ max | $L$ | $J$ | $S$ | $N_1$ | $N$ | $W \approx$ | SN型 | 调心球轴承 | | 调心滚子轴承② | |
| 20 | 25 | 52 | 25 | 72 | 46 | 40 | 22 | 165 | 130 | M12 | 15 | 20 | 1.4 | SN505 | 1205K+H205 | 2205K+H305 | — | — |
| | | 62 | 34 | 82 | 52 | 50 | 22 | 185 | 150 | M12 | 15 | 20 | 2.0 | SN605 | 1305K+H305 | 2305K+H2305 | — | — |
| 25 | 30 | 62 | 30 | 82 | 52 | 50 | 22 | 185 | 150 | M12 | 15 | 20 | 1.9 | SN506 | 1206K+H206 | 2206K+H306 | — | — |
| | | 72 | 37 | 85 | 52 | 50 | 22 | 185 | 150 | M12 | 15 | 20 | 2.2 | SN606 | 1306K+H306 | 2306K+H2306 | — | — |
| 30 | 35 | 72 | 33 | 85 | 52 | 50 | 22 | 185 | 150 | M12 | 15 | 20 | 2.1 | SN507 | 1207K+H207 | 2207K+H307 | — | — |
| | | 80 | 41 | 92 | 60 | 60 | 25 | 205 | 170 | M12 | 15 | 20 | 3.3 | SN607 | 1307K+H307 | 2307K+H2307 | — | — |
| 35 | 40 | 80 | 33 | 92 | 60 | 60 | 25 | 205 | 170 | M12 | 15 | 20 | 3.1 | SN508 | 1208K+H208 | 2208K+H308 | 22208CK+H308 | 22308CK+H2308 |
| | | 90 | 43 | 100 | 60 | 60 | 25 | 205 | 170 | M12 | 15 | 20 | 3.4 | SN608 | 1308K+H308 | 2308K+H2308 | — | — |
| 40 | 45 | 85 | 31 | 92 | 60 | 60 | 25 | 205 | 170 | M16 | 18 | 23 | 2.9 | SN509 | 1209K+H209 | 2209K+H309 | 22209CK+H309 | 22309CK+H2309 |
| | | 100 | 46 | 105 | 70 | 70 | 28 | 255 | 210 | M16 | 18 | 23 | 4.7 | SN609 | 1309K+H309 | 2309K+H2309 | — | — |
| 45 | 50 | 90 | 33 | 100 | 60 | 60 | 25 | 205 | 170 | M12 | 15 | 20 | 3.3 | SN510 | 1210K+H210 | 2210K+H310 | 22210CK+H310 | 22310CK+H2310 |
| | | 110 | 50 | 115 | 70 | 70 | 30 | 255 | 210 | M16 | 18 | 23 | 5.0 | SN610 | 1310K+H310 | 2310K+H2310 | — | — |
| 50 | 55 | 100 | 33 | 105 | 70 | 70 | 28 | 255 | 210 | M16 | 18 | 23 | 4.6 | SN511 | 1211K+H211 | 2211K+H311 | 22211CK+H311 | 22311CK+H2311 |
| | | 120 | 53 | 120 | 80 | 80 | 30 | 275 | 230 | M16 | 18 | 23 | 6.6 | SN611 | 1311K+H311 | 2311K+H2311 | — | — |
| 55 | 60 | 110 | 38 | 115 | 70 | 70 | 30 | 255 | 210 | M16 | 18 | 23 | 5.4 | SN512 | 1212K+H212 | 2212K+H312 | 22212CK+H312 | 22312CK+H2312 |
| | | 130 | 56 | 125 | 80 | 80 | 30 | 280 | 230 | M16 | 18 | 23 | 7.3 | SN612 | 1312K+H312 | 2312K+H2312 | — | — |
| 60 | 65 | 120 | 43 | 120 | 80 | 80 | 30 | 275 | 230 | M16 | 18 | 23 | 6.7 | SN513 | 1213K+H213 | 2313K+H313 | 22213CK+H313 | 22313CK+H2313 |
| | | 140 | 58 | 135 | 90 | 95 | 32 | 315 | 260 | M20 | 22 | 27 | 9.9 | SN613 | 1313K+H313 | 2313K+H2313 | — | — |
| 65 | 75 | 130 | 41 | 125 | 80 | 80 | 30 | 280 | 230 | M16 | 18 | 23 | 7.3 | SN515 | 1215K+H215 | 2215K+H315 | 22215CK+H315 | 22315CK+H2315 |
| | | 160 | 65 | 145 | 100 | 100 | 35 | 345 | 290 | M20 | 22 | 27 | 13.3 | SN615 | 1315K+H315 | 2315K+H2315 | — | — |

（续）

| $d_1$ | $d$ | $D$ | $g$ | $A$ max | $A_1$ | $H$ | $H_1$ max | $L$ | $J$ | $S$ | $N_1$ | $N$ | 质量/kg $W$ ≈ | 轴承座代号 SN型 | 调心球轴承 | 调心轴承 | 调心滚子轴承② | 调心滚子轴承② |
|---|---|---|---|---|---|---|---|---|---|---|---|---|---|---|---|---|---|---|
| 70 | 80 | 140 | 43 | 135 | 90 | 95 | 32 | 315 | 260 | M20 | 22 | 27 | 9.3 | SN516 | 1216K + H216 | 2216K + H316 | 22216CK + H316 | 22316CK + H2316 |
| 70 | 80 | 170 | 68 | 150 | 100 | 112 | 35 | 345 | 290 | M20 | 22 | 27 | 14.3 | SN616 | 1316K + H316 | 2316K + H2316 | 22316CK + H316 | — |
| 75 | 85 | 150 | 46 | 140 | 90 | 95 | 32 | 320 | 260 | M20 | 22 | 27 | 9.8 | SN517 | 1217K + H217 | 2217K + H317 | 22217CK + H317 | 22317CK + H2317 |
| 75 | 85 | 180 | 70 | 165 | 110 | 112 | 40 | 380 | 320 | M24 | 26 | 32 | 15 | SN617 | 1317K + H317 | 2317K + H2317 | 22317CK + H317 | — |
| 80 | 90 | 160 | 62 | 145 | 100 | 100 | 35 | 345 | 290 | M20 | 22 | 27 | 12.5 | SN518 | 1218K + H218 | 2218K + H318 | 22218CK + H318 | 23218CK + H2318 |
| 80 | 90 | 190 | 74 | 165 | 110 | 112 | 40 | 400 | 320 | M24 | 26 | 32 | — | SN618 | 1318K + H318 | 2318K + H2318 | 22318CK + H318 | 22318CK + H2318 |
| 85 | 95 | 200 | 77 | 177 | 120 | 125 | 45 | 420 | 350 | M24 | 26 | 32 | 17 | SN619 | 1319K + H319 | 2319K + H2319 | — | 22319CK + H2319 |
| 90 | 100 | 180 | 70.3 | 165 | 110 | 112 | 40 | 380 | 320 | M24 | 26 | 32 | — | SN520 | 1220K + H220 | 2220K + H320 | 22220CK + H320 | 23220CK + H2320 |
| 90 | 100 | 215 | 83 | 187 | 120 | 140 | 45 | 420 | 350 | M24 | 26 | 32 | 18.5 | SN620 | 1320K + H320 | 2320K + H2320 | 22320CK + H320 | 22320CK + H2320 |
| 100 | 110 | 200 | 80 | 177 | 120 | 125 | 45 | 410 | 350 | M24 | 26 | 32 | — | SN522 | 1222K + H222 | 2222K + H322 | 22222CK + H322 | 23222CK + H2322 |
| 100 | 110 | 240 | 90 | 195 | 130 | 150 | 50 | 460 | 390 | M24 | 28 | 35 | 24.5 | SN622 | 1322K + H322 | 2322K + H2322 | 22322CK + H322 | 22322CK + H2322 |
| 110 | 120 | 215 | 86 | 187 | 120 | 140 | 45 | 410 | 350 | M24 | 26 | 32 | — | SN524① | | | 22224CK + H3124 | 23224CK + H2324 |
| 110 | 120 | 260 | 96 | 210 | 160 | 160 | 60 | 540 | 450 | M30 | 35 | 42 | 30 | SN624① | | | 22324CK + H324 | 22324CK + H2324 |
| 115 | 130 | 230 | 90 | 192 | 130 | 150 | 50 | 445 | 380 | M24 | 28 | 32 | — | SN526① | | | 22226CK + H3126 | 23226CK + H2326 |
| 115 | 130 | 280 | 103 | 225 | 160 | 170 | 60 | 560 | 470 | M30 | 35 | 42 | 38 | SN626① | | | 22326CK + H326 | 22326CK + H2326 |
| 125 | 140 | 250 | 98 | 207 | 150 | 150 | 50 | 500 | 420 | M30 | 33 | 40 | — | SN528① | | | 22228CK + H3128 | 23228CK + H2328 |
| 125 | 140 | 300 | 112 | 237 | 170 | 180 | 65 | 630 | 520 | M30 | 35 | 42 | 45.6 | SN628① | | | 22328CK + H328 | 22328CK + H2328 |
| 135 | 150 | 270 | 106 | 224 | 160 | 160 | 60 | 530 | 450 | M30 | 33 | 40 | — | SN530① | | | 22230CK + H3130 | 23230CK + H2330 |
| 135 | 150 | 320 | 118 | 245 | 180 | 190 | 65 | 680 | 560 | M30 | 35 | 42 | 53.8 | SN630① | | | 22330CK + H330 | 22330CK + H2330 |
| 140 | 160 | 290 | 114 | 237 | 160 | 170 | 60 | 550 | 470 | M30 | 33 | 40 | — | SN532① | | | 22232CK + H3132 | 23232CK + H2332 |
| 140 | 160 | 340 | 124 | 260 | 190 | 200 | 70 | 710 | 580 | M36 | 42 | 50 | — | SN632① | | | 22332CK + H332 | 22332CK + H2332 |

① SN524 ~ SN632 应装有吊环螺钉。

② 所列调心滚子轴承代号为调心滚子轴承基型（21300 系列除外）和对称型调心滚子轴承（CC 型结构）。

## 5.2.2 四螺柱滚动轴承座（表6.1-96）

**表 6.1-96 适用带紧定套轴承的四螺柱滚动轴承座（摘自 GB/T 7813—2008）**

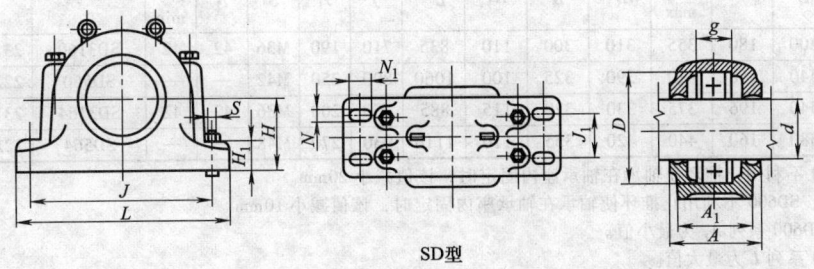

SD型

紧定套未在图中表示，其内径为 $d_1$

| 公称尺寸/mm | | | | | | | | | | | | | | 轴承座代号 SD 型 | 适用轴承代号[5] |
|---|---|---|---|---|---|---|---|---|---|---|---|---|---|---|---|
| $d_1$ | $d$ | $D$ | $g^{①②}$ | $A$ max | $A_1^{③}$ | $H$ | $H_1$ | $L^{④}$ | $J$ | $J_1$ | $S$ | $N$ | $N_1$ min | | |
| 150 | 170 | 280 | 108 | 235 | 180 | 170 | 70 | 515 | 430 | 100 | M24 | 28 | 28 | SD3134 | 23134CK + H3134 |
| | | 310 | 96 | 270 | 230 | 180 | 60 | 620 | 510 | 140 | M30 | — | — | SD534 | 22234CK + H3134 |
| | | 360 | 130 | 300 | 270 | 210 | 65 | 740 | 610 | 170 | M30 | — | — | SD634 | 22334CK + H2334 |
| 160 | 180 | 300 | 116 | 245 | 190 | 180 | 75 | 535 | 450 | 110 | M24 | 28 | 28 | SD3136 | 23136CK + H3136 |
| | | 320 | 96 | 280 | 240 | 190 | 60 | 650 | 540 | 150 | M30 | — | — | SD536 | 22236CK + H3136 |
| | | 380 | 136 | 320 | 290 | 225 | 70 | 780 | 640 | 180 | M36 | — | — | SD636 | 22336CK + H2336 |
| 170 | 190 | 320 | 124 | 265 | 210 | 190 | 80 | 565 | 480 | 120 | M24 | 28 | 28 | SD3138 | 23138CK + H3138 |
| | | 340 | 102 | 290 | 260 | 200 | 65 | 700 | 570 | 160 | M30 | — | — | SD538 | 22238CK + H3138 |
| | | 400 | 142 | 330 | 300 | 240 | 70 | 820 | 680 | 190 | M36 | — | — | SD638 | 22338CK + H2338 |
| 180 | 200 | 340 | 132 | 285 | 230 | 210 | 85 | 615 | 510 | 130 | M30 | 35 | 35 | SD3140 | 23140CK + H3140 |
| | | 360 | 108 | 300 | 270 | 210 | 65 | 740 | 610 | 170 | M30 | — | — | SD540 | 22240CK + H3140 |
| | | 420 | 148 | 350 | 320 | 250 | 85 | 860 | 710 | 200 | M36 | — | — | SD640 | 22340CK + H2340 |
| 200 | 220 | 370 | 140 | 295 | 240 | 220 | 90 | 645 | 540 | 140 | M30 | 35 | 35 | SD3144 | 23144CK + H3144 |
| | | 400 | 118 | 330 | 300 | 240 | 70 | 820 | 680 | 190 | M36 | — | — | SD544 | 22244CK + H3144 |
| | | 460 | 155 | 360 | 330 | 280 | 85 | 920 | 770 | 210 | M36 | — | — | SD644 | 22344CK + H2344 |
| 220 | 240 | 400 | 148 | 315 | 260 | 240 | 95 | 705 | 600 | 150 | M30 | 42 | 42 | SD3148 | 23148CK + H3148 |
| | | 440 | 130 | 340 | 310 | 260 | 85 | 880 | 740 | 200 | M36 | — | — | SD548 | 22248CK + H3148 |
| | | 500 | 165 | 390 | 370 | 300 | 100 | 990 | 830 | 230 | M42 | — | — | SD648 | 22348CK + H2348 |
| 240 | 260 | 440 | 164 | 325 | 280 | 260 | 100 | 775 | 650 | 160 | M36 | 42 | 42 | SD3152 | 23152CAK + H3152 |
| | | 480 | 140 | 370 | 340 | 280 | 85 | 940 | 790 | 210 | M36 | — | — | SD552 | 22252CAK + H3152 |
| | | 540 | 175 | 410 | 390 | 325 | 100 | 1060 | 890 | 250 | M42 | — | — | SD652 | 22352CAK + H2352 |
| 260 | 280 | 460 | 166 | 325 | 280 | 280 | 105 | 795 | 670 | 160 | M36 | 42 | 42 | SD3156 | 23156CAK + H3156 |
| | | 500 | 140 | 390 | 370 | 300 | 100 | 990 | 830 | 230 | M42 | — | — | SD556 | 22256CAK + H3156 |
| | | 580 | 185 | 440 | 420 | 355 | 110 | 1110 | 930 | 270 | M48 | — | — | SD656 | 22356CAK + H2356 |

（续）

| 公称尺寸/mm | | | | | | | | | | | | | | 轴承座代号<br>SD 型 | 适用轴承代号⑤ |
|---|---|---|---|---|---|---|---|---|---|---|---|---|---|---|---|
| $d_1$ | $d$ | $D$ | $g$①② | $A$<br>max | $A_1$③ | $H$ | $H_1$ | $L$④ | $J$ | $J_1$ | $S$ | $N$ | $N_1$<br>min | | |
| 280 | 300 | 500 | 180 | 355 | 310 | 300 | 110 | 835 | 710 | 190 | M36 | 42 | 42 | SD3160 | 23160CAK＋H3160 |
| | | 540 | 150 | 410 | 390 | 325 | 100 | 1060 | 890 | 250 | M42 | — | — | SD560 | 22260CAK＋H3160 |
| 300 | 320 | 540 | 196 | 375 | 330 | 320 | 115 | 885 | 750 | 200 | M36 | 42 | 42 | SD3164 | 23164CAK＋H3164 |
| | | 580 | 160 | 440 | 420 | 355 | 110 | 1110 | 930 | 270 | M48 | — | — | SD564 | 22264CAK＋H3164 |

① 对 SD3100 不利用止推环使轴承在轴承座内固定时，该值减小 20mm。
② 对 SD500、SD600 不利用止推环使轴承在轴承座内固定时，该值减小 10mm。
③ SD500、SD600 系列 $A_1$ 为最小值。
④ 对 SD3100 系列 $L$ 为最大值。
⑤ 所列调心滚子轴承代号为 C 型结构，同时适用非对称型调心滚子轴承和 CC 型结构。

# 6　回转支承

## 6.1　型号标记方法

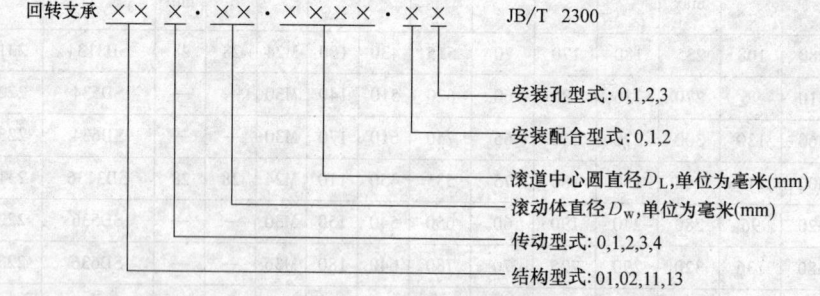

标记示例：

单排四点接触球式，内齿啮合较大模数，滚动体直径为 40mm，滚道中心圆直径为 1000mm，标准型有止口，内、外圈安装孔均为光孔的回转支承，其产品型号标记如下：

回转支承　014.40.1000.10　JB/T 2300

## 6.2　型式

### 6.2.1　结构型式

回转支承由套圈（内圈、外圈、上、下圈）、滚动体、隔离块、密封带和油杯等组成，按结构型式分为四个系列：

1）单排四点接触球式回转支承（01 系列）见图 6.1-18。

2）双排异径球式回转支承（02 系列）见图 6.1-19，其滚动体公称直径组合为上排/下排：25/20、30/25、40/30、50/40、60/50。

3）单排交叉滚柱式回转支承（11 系列）见图 6.1-20，其滚动体为 1:1 成 90°交叉排列。

4）三排滚柱式回转支承（13 系列）见图 6.1-21，其滚动体公称直径组合为上排/下排/径向：25/

20/16、32/25/20、40/32/25、45/32/25、50/40/25。

### 6.2.2　传动型式

按传动型式分为：

1）0——无齿式。

2）1——渐开线圆柱齿轮外齿啮合较小模数。

3）2——渐开线圆柱齿轮外齿啮合较大模数。

4）3——渐开线圆柱齿轮内齿啮合较小模数。

5）4——渐开线圆柱齿轮内齿啮合较大模数。

### 6.2.3　安装配合型式

按安装配合型式分为：

1）0——标准型无止口。

2）1——标准型有止口。

3）2——特殊型。

### 6.2.4　安装孔型式

按安装孔型式分为：

1）0——内、外圈安装孔均为光孔。

2）1——内、外圈安装孔均为螺纹孔。

3）2——内圈安装孔为螺纹孔，外圈安装孔为光孔。

4）3——外圈安装孔为螺纹孔，内圈安装孔为光孔。

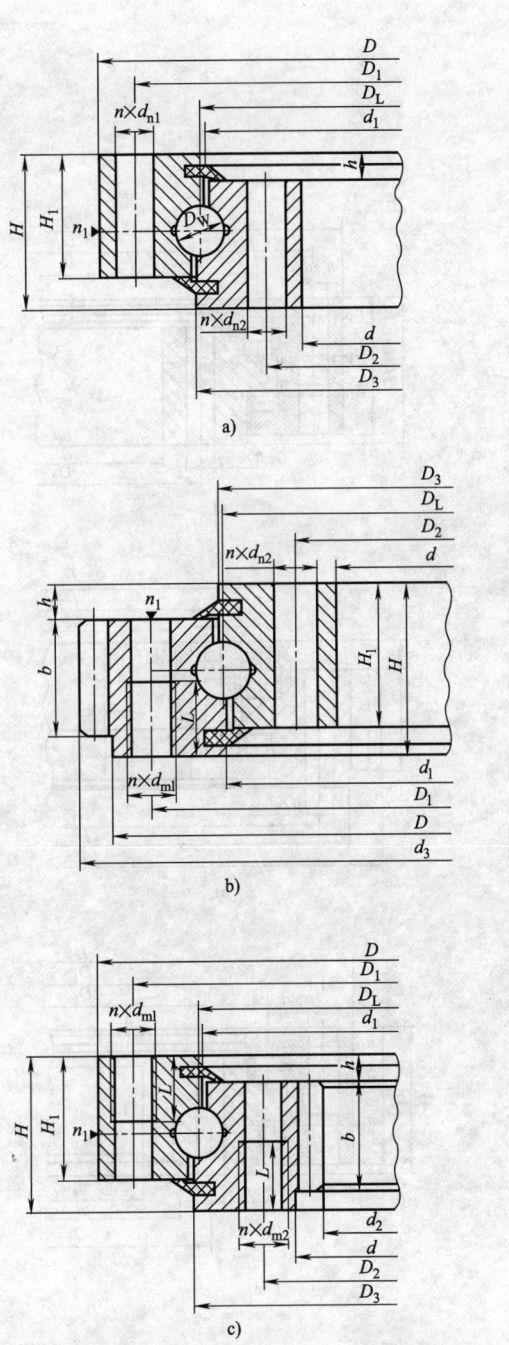

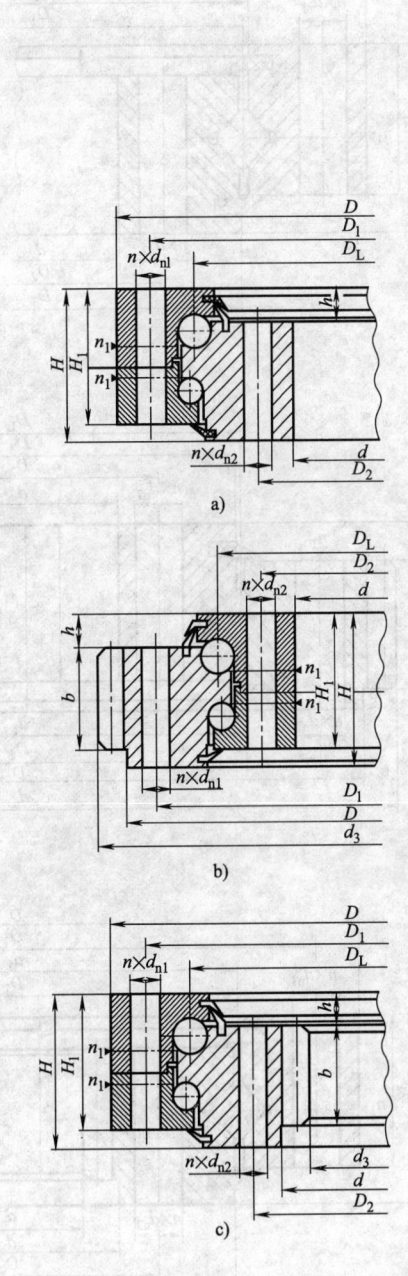

**图 6.1-18　单排四点接触球式回转支承 （01 系列）**
注：内外圈安装孔可为光孔或螺纹孔 （图 6.1-19 ~ 图 6.1-21
　　与此注相同，螺孔型式同图 6.1-18，并省略 $D_W$ 标注）。

**图 6.1-19　双排异径球式回转支承 （02 系列）**

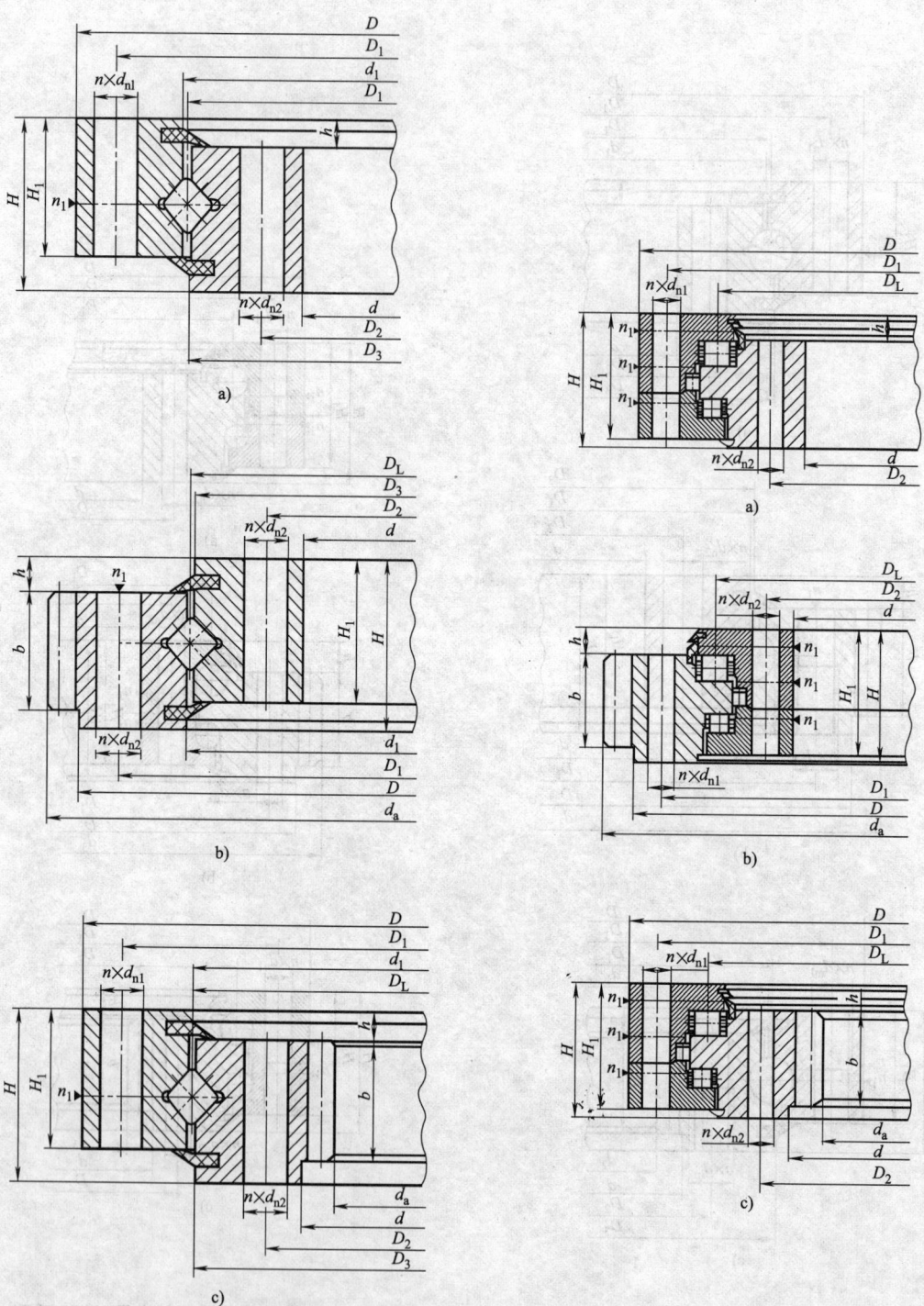

图 6.1-20 单排交叉滚柱式回转支承 （11 系列） 图 6.1-21 三排滚柱式回转支承 （13 系列）

## 6.3 基本参数

### 6.3.1 单排四点接触球式回转支承系列基本参数 (表6.1-97)

表6.1-97　单排四点接触球式回转支承系列基本参数

| 序号 | 基本型号 无齿式 | 外齿式 | 内齿式 | 外形尺寸 $D$ | $d$ | $H$ | 安装孔尺寸 $D_1$ | $D_2$ | $d_{n1}/d_{n2}$ | $d_{m1}/d_{m2}$ | $L$ | $n$ | $n_1$ | 结构尺寸 $D_3$ | $d_1$ | $H_1$ | $h$ | $b$ | 齿轮参数 $m$ | 外齿参数 $d_a$ | $z$ | 内齿参数 $d_a$ | $z$ |
|---|---|---|---|---|---|---|---|---|---|---|---|---|---|---|---|---|---|---|---|---|---|---|---|
| 1 | 010.20.200 | 011.20.200 | — | 280 | 120 | 60 | 248 | 152 | 16 | M14 | 28 | 12 | 2 | 201 | 199 | 50 | 10 | 40 | 3 | 300 | 98 | — | — |
| 2 | 010.20.224 | 011.20.224 | — | 304 | 144 | 60 | 272 | 176 | 16 | M14 | 28 | 12 | 2 | 225 | 223 | 50 | 10 | 40 | 3 | 321 | 105 | — | — |
| 3 | 010.20.250 | 011.20.250 | — | 330 | 170 | 60 | 298 | 202 | 16 | M14 | 28 | 18 | 2 | 251 | 249 | 50 | 10 | 40 | 4 | 352 | 86 | — | — |
| 4 | 010.20.280 | 011.20.280 | — | 360 | 200 | 60 | 328 | 232 | 16 | M14 | 28 | 18 | 2 | 281 | 279 | 50 | 10 | 40 | 4 | 348 | 94 | — | — |
| 5 | 010.25.315 | 011.25.315 | 013.25.315 | 408 | 222 | 70 | 372 | 258 | 18 | M16 | 32 | 20 | 2 | 316 | 314 | 60 | 10 | 50 | 5 | 435 | 85 | 190 | 40 |
| 6 | 010.25.355 | 011.25.355 | 013.25.355 | 448 | 262 | 70 | 412 | 298 | 18 | M16 | 32 | 20 | 2 | 356 | 354 | 60 | 10 | 50 | 5 | 475 | 93 | 235 | 49 |
| 7 | 010.25.400 | 011.25.400 | 013.25.400 | 493 | 307 | 70 | 457 | 343 | 18 | M16 | 32 | 24 | 2 | 401 | 399 | 60 | 10 | 50 | 6 | 528 | 86 | 276 | 48 |
| 8 | 010.25.450 | 011.25.450 | 013.25.450 | 543 | 358 | 70 | 507 | 393 | 18 | M16 | 32 | 24 | 2 | 451 | 449 | 60 | 10 | 50 | 6 | 576 | 94 | 324 | 56 |
| 9 | 010.30.500 | 011.30.500 | 013.30.500 | 602 | 398 | 80 | 566 | 434 | 18 | M16 | 32 | 20 | 4 | 501 | 498 | 70 | 10 | 60 | 5 | 629 | 123 | 367 | 74 |
|  |  | 012.30.500 | 014.30.500 |  |  |  |  |  |  |  |  |  |  |  |  |  |  |  | 6 | 628.8 | 102 | 368.4 | 62 |
| 10 | 010.25.500 | 011.25.500 | 013.25.500 | 602 | 398 | 80 | 566 | 434 | 18 | M16 | 32 | 20 | 4 | 501 | 499 | 70 | 10 | 60 | 5 | 629 | 123 | 367 | 74 |
|  |  | 012.25.500 | 014.25.500 |  |  |  |  |  |  |  |  |  |  |  |  |  |  |  | 6 | 628.8 | 102 | 368.4 | 62 |
| 11 | 010.30.560 | 011.30.560 | 013.30.560 | 662 | 458 | 80 | 626 | 494 | 18 | M16 | 32 | 24 | 4 | 561 | 558 | 70 | 10 | 60 | 5 | 689 | 135 | 427 | 86 |
|  |  | 012.30.560 | 014.30.560 |  |  |  |  |  |  |  |  |  |  |  |  |  |  |  | 6 | 688.8 | 112 | 428.4 | 72 |
| 12 | 010.25.560 | 011.25.560 | 013.25.560 | 662 | 458 | 80 | 626 | 494 | 18 | M16 | 32 | 24 | 4 | 561 | 559 | 70 | 10 | 60 | 5 | 689 | 135 | 427 | 86 |
|  |  | 012.25.560 | 014.25.560 |  |  |  |  |  |  |  |  |  |  |  |  |  |  |  | 6 | 688.8 | 112 | 428.4 | 72 |
| 13 | 010.30.630 | 011.30.630 | 013.30.630 | 732 | 528 | 80 | 696 | 564 | 18 | M16 | 32 | 24 | 4 | 631 | 628 | 70 | 10 | 60 | 6 | 772.8 | 126 | 494.4 | 83 |
|  |  | 012.30.630 | 014.30.630 |  |  |  |  |  |  |  |  |  |  |  |  |  |  |  | 8 | 774.4 | 94 | 491.2 | 62 |
| 14 | 010.25.630 | 011.25.630 | 013.25.630 | 732 | 528 | 80 | 696 | 564 | 18 | M16 | 32 | 24 | 4 | 631 | 629 | 70 | 10 | 60 | 6 | 772.8 | 126 | 494.4 | 83 |
|  |  | 012.25.630 | 014.25.630 |  |  |  |  |  |  |  |  |  |  |  |  |  |  |  | 8 | 774.4 | 94 | 491.2 | 62 |

注：尺寸单位均为 mm。

（续）

| 序号 | 基本型号 无齿式 | 基本型号 外齿式 | 基本型号 内齿式 | 外形尺寸 D | 外形尺寸 d | 外形尺寸 H | 外形尺寸 D₁ | 外形尺寸 D₂ | 安装孔尺寸 dₙ₁/dₙ₂ | 安装孔尺寸 d_m₁/d_m₂ | 安装孔尺寸 L | 安装孔尺寸 n | 安装孔尺寸 n₁ | 结构尺寸 D₃ | 结构尺寸 d₁ | 结构尺寸 H₁ | 结构尺寸 h | 齿轮参数 b (mm) | 齿轮参数 m | 外齿参数 d_a (mm) | 外齿参数 z | 内齿参数 d_a (mm) | 内齿参数 z |
|---|---|---|---|---|---|---|---|---|---|---|---|---|---|---|---|---|---|---|---|---|---|---|---|
| 15 | 010.30.710 | 011.30.710 | 013.30.710 | 812 | 608 | 80 | 776 | 644 | 18 | M16 | 32 | 24 | 4 | 711 | 708 | 70 | 10 | 60 | 6 | 850.8 | 139 | 572.4 | 96 |
|  |  | 012.30.710 | 014.30.710 |  |  |  |  |  |  |  |  |  |  |  |  |  |  |  | 8 | 854.4 | 104 | 571.2 | 72 |
| 16 | 010.25.710 | 011.25.710 | 013.25.710 | 812 | 608 | 80 | 776 | 644 | 18 | M16 | 32 | 24 | 4 | 711 | 709 | 70 | 10 | 60 | 6 | 850.8 | 139 | 572.4 | 96 |
|  |  | 012.25.710 | 014.25.710 |  |  |  |  |  |  |  |  |  |  |  |  |  |  |  | 8 | 854.4 | 104 | 571.2 | 72 |
| 17 | 010.40.800 | 011.40.800 | 013.40.800 | 922 | 678 | 80 | 878 | 722 | 18 | M16 | 32 | 30 | 4 | 801 | 798 | 70 | 10 | 60 | 10 | 966.4 | 118 | 635.2 | 80 |
|  |  | 012.40.800 | 014.40.800 |  |  |  |  |  |  |  |  |  |  |  |  |  |  |  | 8 | 968 | 94 | 634 | 64 |
| 18 | 010.30.800 | 011.30.800 | 013.30.800 | 922 | 678 | 80 | 878 | 722 | 18 | M16 | 32 | 30 | 4 | 801 | 798 | 70 | 10 | 60 | 10 | 966.4 | 118 | 635.2 | 80 |
|  |  | 012.30.800 | 014.30.800 |  |  |  |  |  |  |  |  |  |  |  |  |  |  |  | 8 | 968 | 94 | 634 | 64 |
| 19 | 010.40.900 | 011.40.900 | 013.40.900 | 1022 | 778 | 100 | 978 | 822 | 22 | M20 | 40 | 30 | 6 | 901 | 898 | 90 | 10 | 80 | 8 | 1062.4 | 130 | 739.2 | 93 |
|  |  | 012.40.900 | 014.40.900 |  |  |  |  |  |  |  |  |  |  |  |  |  |  |  | 10 | 1068 | 104 | 734 | 74 |
| 20 | 010.30.900 | 011.30.900 | 013.30.900 | 1022 | 778 | 100 | 978 | 822 | 22 | M20 | 40 | 30 | 6 | 901 | 898 | 90 | 10 | 80 | 8 | 1062.4 | 130 | 739.2 | 93 |
|  |  | 012.30.900 | 014.30.900 |  |  |  |  |  |  |  |  |  |  |  |  |  |  |  | 10 | 1068 | 104 | 734 | 74 |
| 21 | 010.40.1000 | 011.40.1000 | 013.40.1000 | 1122 | 878 | 100 | 1078 | 922 | 22 | M20 | 40 | 36 | 6 | 1001 | 998 | 90 | 10 | 80 | 10 | 1188 | 116 | 824 | 83 |
|  |  | 012.40.1000 | 014.40.1000 |  |  |  |  |  |  |  |  |  |  |  |  |  |  |  | 12 | 1185.6 | 96 | 820.8 | 69 |
| 22 | 010.30.1000 | 011.30.1000 | 013.30.1000 | 1122 | 878 | 100 | 1078 | 922 | 22 | M20 | 40 | 36 | 6 | 1001 | 998 | 90 | 10 | 80 | 10 | 1188 | 116 | 824 | 83 |
|  |  | 012.30.1000 | 014.30.1000 |  |  |  |  |  |  |  |  |  |  |  |  |  |  |  | 12 | 1185.6 | 96 | 820.8 | 69 |
| 23 | 010.40.1120 | 011.40.1120 | 013.40.1120 | 1242 | 998 | 100 | 1198 | 1042 | 26 | M20 | 40 | 36 | 6 | 1121 | 1118 | 90 | 10 | 90 | 10 | 1298 | 127 | 944 | 95 |
|  |  | 012.40.1120 | 014.40.1120 |  |  |  |  |  |  |  |  |  |  |  |  |  |  |  | 12 | 1305.6 | 106 | 940.8 | 79 |
| 24 | 010.30.1120 | 011.30.1120 | 013.30.1120 | 1242 | 998 | 100 | 1198 | 1042 | 26 | M20 | 40 | 36 | 6 | 1121 | 1118 | 90 | 10 | 90 | 10 | 1298 | 127 | 944 | 95 |
|  |  | 012.30.1120 | 014.30.1120 |  |  |  |  |  |  |  |  |  |  |  |  |  |  |  | 12 | 1305.6 | 106 | 940.8 | 79 |
| 25 | 010.45.1250 | 011.45.1250 | 013.45.1250 | 1390 | 1110 | 110 | 1337 | 1163 | 26 | M24 | 48 | 40 | 5 | 1252 | 1248 | 100 | 10 | 90 | 12 | 1449.6 | 118 | 1048.8 | 88 |
|  |  | 012.45.1250 | 014.45.1250 |  |  |  |  |  |  |  |  |  |  |  |  |  |  |  | 14 | 1453.2 | 101 | 1041.6 | 75 |
| 26 | 010.35.1250 | 011.35.1250 | 013.35.1250 | 1390 | 1110 | 110 | 1337 | 1163 | 26 | M24 | 48 | 40 | 5 | 1251 | 1248 | 100 | 10 | 90 | 12 | 1449.6 | 118 | 1048.8 | 88 |
|  |  | 012.35.1250 | 014.35.1250 |  |  |  |  |  |  |  |  |  |  |  |  |  |  |  | 14 | 1453.2 | 101 | 1041.6 | 75 |

（续）

| 序号 | 无齿式 | 外齿式 | 内齿式 | D | d | H | D₁ | D₂ | dn1/dn2 | dm1/dm2 | L | n | n₁ | D₃ | d₁ | H₁ | h | b | m | 外齿 $d_a$ | 外齿 z | 内齿 $d_a$ | 内齿 z |
|---|---|---|---|---|---|---|---|---|---|---|---|---|---|---|---|---|---|---|---|---|---|---|---|
| 27 | 010.45.1400 | 011.45.1400 | 013.45.1400 | 1540 | 1260 | 110 | 1487 | 1313 | 26 | M24 | 48 | 40 | 5 | 1402 | 1398 | 100 | 10 | 90 | 12 | 1605.6 | 131 | 1192.8 | 100 |
|  |  | 012.45.1400 | 014.45.1400 |  |  |  |  |  |  |  |  |  |  |  |  |  |  |  | 14 | 1607.2 | 112 | 1195.6 | 86 |
| 28 | 010.35.1400 | 011.35.1400 | 013.35.1400 |  |  |  |  |  |  |  |  |  |  | 1401 |  |  |  |  | 12 | 1605.6 | 131 | 1192.8 | 100 |
|  |  | 012.35.1400 | 014.35.1400 |  |  |  |  |  |  |  |  |  |  |  |  |  |  |  | 14 | 1607.2 | 112 | 1195.6 | 86 |
| 29 | 010.45.1600 | 011.45.1600 | 013.45.1600 | 1740 | 1460 |  | 1687 | 1513 |  |  |  | 45 |  | 1602 | 1598 |  |  |  | 16 | 1817.2 | 127 | 1391.6 | 100 |
|  |  | 012.45.1600 | 014.45.1600 |  |  |  |  |  |  |  |  |  |  |  |  |  |  |  | 14 | 1820.8 | 111 | 1382.4 | 87 |
| 30 | 010.35.1600 | 011.35.1600 | 013.35.1600 |  |  |  |  |  |  |  |  |  |  | 1601 |  |  |  |  | 16 | 1817.2 | 127 | 1391.6 | 100 |
|  |  | 012.35.1600 | 014.35.1600 |  |  |  |  |  |  |  |  |  |  |  |  |  |  |  | 14 | 1820.8 | 111 | 1382.4 | 87 |
| 31 | 010.45.1800 | 011.45.1800 | 013.45.1800 | 1940 | 1660 |  | 1887 | 1713 |  |  |  |  |  | 1802 | 1798 |  |  |  | 14 | 2013.2 | 141 | 1573.6 | 113 |
|  |  | 012.45.1800 | 014.45.1800 |  |  |  |  |  |  |  |  |  |  |  |  |  |  |  | 16 | 2012.8 | 123 | 1574.4 | 99 |
| 32 | 010.35.1800 | 011.35.1800 | 013.35.1800 |  |  |  |  |  |  |  |  |  |  | 1801 |  |  |  |  | 14 | 2013.2 | 141 | 1573.6 | 113 |
|  |  | 012.35.1800 | 014.35.1800 |  |  |  |  |  |  |  |  |  |  |  |  |  |  |  | 16 | 2012.8 | 123 | 1574.4 | 99 |
| 33 | 010.60.2000 | 011.60.2000 | 013.60.2000 | 2178 | 1825 | 144 | 2110 | 1891 | 33 | M30 | 60 | 48 | 8 | 2002 | 1998 |  |  |  | 16 | 2268.8 | 139 | 1734.4 | 109 |
|  |  | 012.60.2000 | 014.60.2000 |  |  |  |  |  |  |  |  |  |  |  |  |  |  |  |  | 2264.4 | 123 | 1735.2 | 97 |
| 34 | 010.40.2000 | 011.40.2000 | 013.40.2000 |  |  |  |  |  |  |  |  |  |  | 2001 |  |  |  |  | 18 | 2268.8 | 139 | 1734.4 | 109 |
|  |  | 012.40.2000 | 014.40.2000 |  |  |  |  |  |  |  |  |  |  |  |  |  |  |  | 16 | 2264.4 | 123 | 1735.2 | 97 |
| 35 | 010.60.2240 | 011.60.2240 | 013.60.2240 | 2418 | 2065 |  | 2350 | 2131 |  |  |  | 56 |  | 2242 | 2238 | 132 | 12 | 120 | 18 | 2492.8 | 153 | 1990.4 | 125 |
|  |  | 012.60.2240 | 014.60.2240 |  |  |  |  |  |  |  |  |  |  |  |  |  |  |  | 16 | 2498.4 | 136 | 1987.2 | 111 |
| 36 | 010.40.2240 | 011.40.2240 | 013.40.2240 |  |  |  |  |  |  |  |  |  |  | 2241 |  |  |  |  | 18 | 2492.8 | 153 | 1990.4 | 125 |
|  |  | 012.40.2240 | 014.40.2240 |  |  |  |  |  |  |  |  |  |  |  |  |  |  |  | 16 | 2498.4 | 136 | 1987.2 | 111 |
| 37 | 010.60.2500 | 011.60.2500 | 013.60.2500 | 2678 | 2325 |  | 2610 | 2391 |  |  |  |  |  | 2502 | 2498 |  |  |  | 18 | 2768.4 | 151 | 2239.2 | 125 |
|  |  | 012.60.2500 | 014.60.2500 |  |  |  |  |  |  |  |  |  |  |  |  |  |  |  | 20 | 2776 | 136 | 2228 | 112 |

（续）

| 序号 | 基本型号 无齿式 | 基本型号 外齿式 | 基本型号 内齿式 | 外形尺寸 D | d | H | 安装孔尺寸 D₁ | D₂ | $d_{m1}/d_{m2}$ | L | n | $n_1$ | 结构尺寸 D₃ | $d_1$ | $H_1$ | h | b | 齿轮参数 m | 外齿参数 $d_a$ | z | 内齿参数 $d_a$ | z |
|---|---|---|---|---|---|---|---|---|---|---|---|---|---|---|---|---|---|---|---|---|---|---|
| 38 | 010.40.2500 | 011.40.2500 | 013.40.2500 | 2678 | 2325 | 144 | 2610 | 2391 | M30 / 33 | 60 | 56 | 8 | 2501 | 2498 | 132 | 12 | 120 | 18 | 2768.4 | 151 | 2239.2 | 125 |
|  |  | 012.40.2500 | 014.40.2500 |  |  | 144 |  |  |  |  |  |  |  |  |  | 12 | 120 | 20 | 2776 | 136 | 2228 | 112 |
| 39 | 010.60.2800 | 011.60.2800 | 013.60.2800 | 2978 | 2625 | 144 | 2910 | 2691 | M30 / 33 | 60 | 56 | 8 | 2802 | 2798 | 132 | 12 | 120 | 18 | 3074.4 | 168 | 2527.2 | 141 |
|  |  | 012.60.2800 | 014.60.2800 |  |  | 144 |  |  |  |  |  |  |  |  |  | 12 | 120 | 20 | 3076 | 151 | 2528 | 127 |
| 40 | 010.40.2800 | 011.40.2800 | 013.40.2800 | 2978 | 2625 | 144 | 2910 | 2691 | M30 / 33 | 60 | 56 | 8 | 2801 | 2798 | 132 | 12 | 120 | 18 | 3074.4 | 168 | 2527.2 | 141 |
|  |  | 012.40.2800 | 014.40.2800 |  |  | 144 |  |  |  |  |  |  |  |  |  | 12 | 120 | 20 | 3076 | 151 | 2528 | 127 |
| 41 | 010.75.3150 | 011.75.3150 | 013.75.3150 | 3376 | 2922 | 174 | 3286 | 3014 | M30 / 33 | 60 | 56 | 8 | 3152 | 3147 | 162 | 12 | 150 | 20 | 3476 | 171 | 2828 | 142 |
|  |  | 012.75.3150 | 014.75.3150 |  |  | 174 |  |  |  |  |  |  |  |  |  | 12 | 150 | 22 | 3471.6 | 155 | 2824.8 | 129 |
| 42 | 010.50.3150 | 011.50.3150 | 013.50.3150 | 3376 | 2922 | 174 | 3286 | 3014 | M30 / 33 | 60 | 56 | 8 | 3152 | 3148 | 162 | 12 | 150 | 20 | 3476 | 171 | 2828 | 142 |
|  |  | 012.50.3150 | 014.50.3150 |  |  | 174 |  |  |  |  |  |  |  |  |  | 12 | 150 | 22 | 3471.6 | 155 | 2824.8 | 129 |
| 43 | 010.75.3550 | 011.75.3550 | 013.75.3550 | 3776 | 3322 | 174 | 3686 | 3414 | M42 / 45 | 84 | 60 | 10 | 3552 | 3547 | 162 | 12 | 150 | 20 | 3876 | 191 | 3228 | 162 |
|  |  | 012.75.3550 | 014.75.3550 |  |  | 174 |  |  |  |  |  |  |  |  |  | 12 | 150 | 22 | 3889.6 | 174 | 3220.8 | 147 |
| 44 | 010.50.3550 | 011.50.3550 | 013.50.3550 | 3776 | 3322 | 174 | 3686 | 3414 | M42 / 45 | 84 | 60 | 10 | 3552 | 3548 | 162 | 12 | 150 | 20 | 3876 | 191 | 3228 | 162 |
|  |  | 012.50.3550 | 014.50.3550 |  |  | 174 |  |  |  |  |  |  |  |  |  | 12 | 150 | 22 | 3889.6 | 174 | 3220.8 | 147 |
| 45 | 010.75.4000 | 011.75.4000 | 013.75.4000 | 4226 | 3772 | 174 | 4136 | 3864 | M42 / 45 | 84 | 60 | 10 | 4002 | 3997 | 162 | 12 | 150 | 22 | 4329.6 | 194 | 3660.8 | 167 |
|  |  | 012.75.4000 | 014.75.4000 |  |  | 174 |  |  |  |  |  |  |  |  |  | 12 | 150 | 25 | 4345 | 171 | 3660 | 147 |
| 46 | 010.50.4000 | 011.50.4000 | 013.50.4000 | 4226 | 3772 | 174 | 4136 | 3864 | M42 / 45 | 84 | 60 | 10 | 4002 | 3998 | 162 | 12 | 150 | 22 | 4329.6 | 194 | 3660.8 | 167 |
|  |  | 012.50.4000 | 014.50.4000 |  |  | 174 |  |  |  |  |  |  |  |  |  | 12 | 150 | 25 | 4345 | 171 | 3660 | 147 |
| 47 | 010.75.4500 | 011.75.4500 | 013.75.4500 | 4726 | 4272 | 174 | 4636 | 4364 | M42 / 45 | 84 | 60 | 10 | 4502 | 4497 | 162 | 12 | 150 | 22 | 4835.6 | 217 | 4166.8 | 190 |
|  |  | 012.75.4500 | 014.75.4500 |  |  | 174 |  |  |  |  |  |  |  |  |  | 12 | 150 | 25 | 4845 | 191 | 4160 | 167 |
| 48 | 010.50.4500 | 011.50.4500 | 013.50.4500 | 4726 | 4272 | 174 | 4636 | 4364 | M42 / 45 | 84 | 60 | 10 | 4502 | 4498 | 162 | 12 | 150 | 22 | 4835.6 | 217 | 4166.8 | 190 |
|  |  | 012.50.4500 | 014.50.4500 |  |  | 174 |  |  |  |  |  |  |  |  |  | 12 | 150 | 25 | 4845 | 191 | 4160 | 167 |

注：1. 带堵塞的座圈安装孔式应减少1个，但仍按表中个数均布，在减少的安装孔处打堵塞。
2. 安装配合型式和安装孔型式在基本型号中未给出，用户可根据要求选择。

## 6.3.2　双排异径球式回转支承系列基本参数（表6.1-98）

### 表6.1-98　双排异径球式回转支承系列基本参数

| 序号 | 基本型号 无齿式 | 基本型号 外齿式 | 基本型号 内齿式 | 外形尺寸 D (mm) | 外形尺寸 d | 外形尺寸 H | 外形尺寸 $D_1$ | 外形尺寸 $D_2$ | 安装孔尺寸 $d_{n1}/d_{n2}$ | 安装孔尺寸 $d_{m1}/d_{m2}$ | 安装孔尺寸 L | n | $n_1$ | 结构尺寸 $H_1$ | 结构尺寸 h | 结构尺寸 b (mm) | 齿轮参数 m | 外齿参数 $d_a$ (mm) | 外齿参数 z | 内齿参数 $d_a$ (mm) | 内齿参数 z |
|---|---|---|---|---|---|---|---|---|---|---|---|---|---|---|---|---|---|---|---|---|---|
| 1 | 020.25.500 | 021.25.500 | 023.25.500 | 616 | 384 | 106 | 580 | 420 | 18 | M16 | 32 | 20 | 4 | 96 | 26 | 60 | 5 | 644 | 126 | 357 | 72 |
|  |  | 022.25.500 | 024.25.500 |  |  |  |  |  |  |  |  |  |  |  |  |  | 6 | 646.8 | 105 | 350.4 | 59 |
| 2 | 020.25.560 | 021.25.560 | 023.25.560 | 676 | 444 |  | 640 | 480 |  |  |  |  |  |  |  |  | 5 | 704 | 138 | 417 | 84 |
|  |  | 022.25.560 | 024.25.560 |  |  |  |  |  |  |  |  |  |  |  |  |  | 6 | 706.8 | 115 | 410.4 | 69 |
| 3 | 020.25.630 | 021.25.630 | 023.25.630 | 746 | 514 |  | 710 | 550 |  |  |  | 24 |  |  |  |  | 8 | 790.8 | 129 | 482.4 | 81 |
|  |  | 022.25.630 | 024.25.630 |  |  |  |  |  |  |  |  |  |  |  |  |  | 6 | 790.4 | 96 | 475.2 | 60 |
| 4 | 020.25.710 | 021.25.710 | 023.25.710 | 826 | 594 |  | 790 | 630 |  |  |  |  |  |  |  |  | 8 | 862.8 | 141 | 560.4 | 94 |
|  |  | 022.25.710 | 024.25.710 |  |  |  |  |  |  |  |  |  |  |  |  |  |  | 862.4 | 105 | 555.2 | 70 |
| 5 | 020.30.800 | 021.30.800 | 023.30.800 | 942 | 658 | 124 | 898 | 702 | 22 | M20 | 40 | 30 | 6 | 114 | 29 | 80 | 10 | 982.4 | 120 | 619.2 | 78 |
|  |  | 022.30.800 | 024.30.800 |  |  |  |  |  |  |  |  |  |  |  |  |  |  | 988 | 96 | 614 | 62 |
| 6 | 020.30.900 | 021.30.900 | 023.30.900 | 1042 | 758 |  | 998 | 802 |  |  |  |  |  |  |  |  | 8 | 1086.4 | 133 | 715.2 | 90 |
|  |  | 022.30.900 | 024.30.900 |  |  |  |  |  |  |  |  |  |  |  |  |  | 10 | 1088 | 106 | 714 | 72 |
| 7 | 020.30.1000 | 021.30.1000 | 023.30.1000 | 1142 | 858 |  | 1098 | 902 |  |  |  | 36 |  |  |  |  | 12 | 1198 | 117 | 814 | 82 |
|  |  | 022.30.1000 | 024.30.1000 |  |  |  |  |  |  |  |  |  |  |  |  |  |  | 1197.6 | 97 | 796.8 | 67 |
| 8 | 020.30.1120 | 021.30.1120 | 023.30.1120 | 1262 | 978 |  | 1218 | 1022 |  |  |  |  |  |  |  |  | 10 | 1318 | 129 | 924 | 93 |
|  |  | 022.30.1120 | 024.30.1120 |  |  |  |  |  |  |  |  |  |  |  |  |  | 12 | 1317.6 | 107 | 916.8 | 77 |
| 9 | 020.40.1250 | 021.40.1250 | 023.40.1250 | 1426 | 1074 | 160 | 1374 | 1126 | 26 | M24 | 48 | 40 | 5 | 150 | 39 | 90 | 14 | 1497.6 | 122 | 1012.8 | 85 |
|  |  | 022.40.1250 | 024.40.1250 |  |  |  |  |  |  |  |  |  |  |  |  |  |  | 1495.2 | 104 | 1013.6 | 73 |
| 10 | 020.40.1400 | 021.40.1400 | 023.40.1400 | 1576 | 1224 |  | 1524 | 1272 |  |  |  |  |  |  |  |  | 12 | 1641.6 | 134 | 1156.8 | 97 |
|  |  | 022.40.1400 | 024.40.1400 |  |  |  |  |  |  |  |  |  |  |  |  |  | 14 | 1649.2 | 115 | 1153.6 | 83 |

（续）

| 序号 | 基本型号 | | | 外形尺寸/mm | | | | | 安装孔尺寸 | | | | | 结构尺寸/mm | | | 齿轮参数/mm | 外齿参数 | | 内齿参数 | |
| --- | --- | --- | --- | --- | --- | --- | --- | --- | --- | --- | --- | --- | --- | --- | --- | --- | --- | --- | --- | --- | --- |
| | 无齿式 | 外齿式 | 内齿式 | $D$ | $d$ | $H$ | $D_1$ | $D_2$ | $d_{n1}/d_{n2}$ | $d_{m1}/d_{m2}$ | $L$ | $n$ | $n_1$ | $H_1$ | $h$ | $b$ | $m$ | $d_a$/mm | $z$ | $d_a$/mm | $z$ |
| 11 | 020.40.1600 | 021.40.1600 | 023.40.1600 | 1776 | 1424 | 160 | 1724 | 1476 | 26 | M24 | 48 | 45 | 5 | 150 | 39 | 90 | 14 | 1845.2 | 129 | 1349.6 | 97 |
| | | 022.40.1600 | 024.40.1600 | | | | | | | | | | | | | | 16 | 1852.8 | 113 | 1350.4 | 85 |
| 12 | 020.40.1800 | 021.40.1800 | 023.40.1800 | 1976 | 1624 | | 1924 | 1676 | | | | | | | | | 14 | 2055.2 | 144 | 1545.6 | 111 |
| | | 022.40.1800 | 024.40.1800 | | | | | | | | | | | | | | 16 | 2060.8 | 126 | 1542.4 | 97 |
| 13 | 020.50.2000 | 021.50.2000 | 023.50.2000 | 2215 | 1785 | 190 | 2149 | 1851 | 33 | M30 | 60 | 48 | 8 | 178 | 47 | 120 | 16 | 2300.8 | 141 | 1702.4 | 107 |
| | | 022.50.2000 | 024.50.2000 | | | | | | | | | | | | | | 18 | 2300.4 | 125 | 1699.2 | 95 |
| 14 | 020.50.2240 | 021.50.2240 | 023.50.2240 | 2455 | 2025 | | 2389 | 2091 | | | | | | | | | 16 | 2540.8 | 156 | 1942.4 | 122 |
| | | 022.50.2240 | 024.50.2240 | | | | | | | | | | | | | | 18 | 2552.4 | 139 | 1933.2 | 108 |
| 15 | 020.50.2500 | 021.50.2500 | 023.50.2500 | 2715 | 2285 | | 2649 | 2351 | | | | 56 | | | | | 18 | 2804.4 | 153 | 2203.2 | 123 |
| | | 022.50.2500 | 024.50.2500 | | | | | | | | | | | | | | 20 | 2816 | 138 | 2188 | 110 |
| 16 | 020.50.2800 | 021.50.2800 | 023.50.2800 | 3015 | 2585 | | 2949 | 2651 | | | | | | | | | 18 | 3110.4 | 170 | 2491.2 | 139 |
| | | 022.50.2800 | 024.50.2800 | | | | | | | | | | | | | | 20 | 3116 | 153 | 2488 | 125 |
| 17 | 020.60.3150 | 021.60.3150 | 023.60.3150 | 3428 | 2872 | 226 | 3338 | 2962 | 45 | M42 | 84 | 60 | 10 | 214 | 56 | 150 | 20 | 3536 | 174 | 2768 | 139 |
| | | 022.60.3150 | 024.60.3150 | | | | | | | | | | | | | | 22 | 3537.6 | 158 | 2758.8 | 126 |
| 18 | 020.60.3550 | 021.60.3550 | 023.60.3550 | 3828 | 3272 | | 3738 | 3362 | | | | | | | | | 20 | 3936 | 194 | 3168 | 159 |
| | | 022.60.3550 | 024.60.3550 | | | | | | | | | | | | | | 22 | 3933.6 | 176 | 3176.8 | 145 |
| 19 | 020.60.4000 | 021.60.4000 | 023.60.4000 | 4278 | 3722 | | 4188 | 3812 | | | | | | | | | 22 | 4395.6 | 197 | 3618.8 | 165 |
| | | 022.60.4000 | 024.60.4000 | | | | | | | | | | | | | | 25 | 4395 | 173 | 3610 | 145 |
| 20 | 020.60.4500 | 021.60.4500 | 023.60.4500 | 4778 | 4222 | | 4688 | 4312 | | | | | | | | | 22 | 4879.6 | 219 | 4122.8 | 188 |
| | | 022.60.4500 | 024.60.4500 | | | | | | | | | | | | | | 25 | 4895 | 193 | 4110 | 165 |

## 6.3.3 单排交叉滚柱式回转支承系列基本参数（表6.1-99）

**表6.1-99 单排交叉滚柱式回转支承系列基本参数**

| 序号 | 基本型号 无齿式 | 外齿式 | 内齿式 | 外形尺寸 D/mm | d | H | 安装孔尺寸 D₁/mm | D₂ | dn1/dn2 | dm1/dm2 | L | n | n₁ | 结构尺寸 D₃/mm | d₁ | H₁ | 齿轮参数 h/mm | b | m | 外齿参数 da/mm | z | 内齿参数 da/mm | z |
|---|---|---|---|---|---|---|---|---|---|---|---|---|---|---|---|---|---|---|---|---|---|---|---|
| 1 | 110.25.500 | 111.25.500 | 113.25.500 | 602 | 398 | 75 | 566 | 434 | 18 | M16 | 32 | 20 | 4 | 498 | 502 | 65 | 10 | 60 | 5 | 629 | 123 | 367 | 74 |
|  |  | 112.25.500 | 114.25.500 |  |  |  |  |  |  |  |  |  |  |  |  |  |  |  | 6 | 628.8 | 102 | 368.4 | 62 |
| 2 | 110.25.560 | 111.25.560 | 113.25.560 | 662 | 458 | 75 | 626 | 494 | 18 | M16 | 32 | 20 | 4 | 558 | 562 | 65 | 10 | 60 | 5 | 689 | 135 | 427 | 86 |
|  |  | 112.25.560 | 114.25.560 |  |  |  |  |  |  |  |  |  |  |  |  |  |  |  | 6 | 688.8 | 112 | 428.4 | 72 |
| 3 | 110.25.630 | 111.25.630 | 113.25.630 | 732 | 528 | 75 | 696 | 564 | 18 | M16 | 32 | 24 | 4 | 628 | 632 | 65 | 10 | 60 | 6 | 772.8 | 126 | 494.4 | 83 |
|  |  | 112.25.630 | 114.25.630 |  |  |  |  |  |  |  |  |  |  |  |  |  |  |  | 8 | 774.4 | 94 | 491.2 | 62 |
| 4 | 110.25.710 | 111.25.710 | 113.25.710 | 812 | 608 | 75 | 776 | 644 | 18 | M16 | 32 | 24 | 4 | 708 | 712 | 65 | 10 | 60 | 6 | 850.8 | 139 | 572.4 | 96 |
|  |  | 112.25.710 | 114.25.710 |  |  |  |  |  |  |  |  |  |  |  |  |  |  |  | 8 | 854.4 | 104 | 571.2 | 72 |
| 5 | 110.28.800 | 111.28.800 | 113.28.800 | 922 | 678 | 82 | 878 | 722 | 22 | M20 | 40 | 30 | 6 | 798 | 802 | 72 | 10 | 65 | 8 | 966.4 | 118 | 635.2 | 80 |
|  |  | 112.28.800 | 114.28.800 |  |  |  |  |  |  |  |  |  |  |  |  |  |  |  | 10 | 968 | 94 | 634 | 64 |
| 6 | 110.28.900 | 111.28.900 | 113.28.900 | 1022 | 778 | 82 | 978 | 822 | 22 | M20 | 40 | 36 | 6 | 898 | 902 | 72 | 10 | 65 | 8 | 1062.4 | 130 | 739.2 | 93 |
|  |  | 112.28.900 | 114.28.900 |  |  |  |  |  |  |  |  |  |  |  |  |  |  |  | 10 | 1068 | 104 | 734 | 74 |
| 7 | 110.28.1000 | 111.28.1000 | 113.28.1000 | 1122 | 878 | 82 | 1078 | 922 | 22 | M20 | 40 | 36 | 6 | 998 | 1002 | 72 | 10 | 65 | 10 | 1188 | 116 | 824 | 83 |
|  |  | 112.28.1000 | 114.28.1000 |  |  |  |  |  |  |  |  |  |  |  |  |  |  |  | 12 | 1185.6 | 96 | 820.8 | 69 |
| 8 | 110.25.1120 | 111.25.1120 | 113.25.1120 | 1242 | 998 | 91 | 1198 | 1042 | 26 | M24 | 48 | 40 | 5 | 1118 | 1122 | 81 | 10 | 75 | 10 | 1298 | 127 | 944 | 95 |
|  |  | 112.25.1120 | 114.25.1120 |  |  |  |  |  |  |  |  |  |  |  |  |  |  |  | 12 | 1305.6 | 106 | 940.8 | 79 |
| 9 | 110.32.1250 | 111.32.1250 | 113.32.1250 | 1390 | 1110 | 91 | 1337 | 1163 | 26 | M24 | 48 | 40 | 5 | 1248 | 1252 | 81 | 10 | 75 | 12 | 1449.6 | 118 | 1048.8 | 88 |
|  |  | 112.32.1250 | 114.32.1250 |  |  |  |  |  |  |  |  |  |  |  |  |  |  |  | 14 | 1453.2 | 101 | 1041.6 | 75 |
| 10 | 110.32.1400 | 111.32.1400 | 113.32.1400 | 1540 | 1260 | 91 | 1487 | 1313 | 26 | M24 | 48 | 40 | 5 | 1398 | 1402 | 81 | 10 | 75 | 12 | 1605.6 | 131 | 1192.8 | 100 |
|  |  | 112.32.1400 | 114.32.1400 |  |  |  |  |  |  |  |  |  |  |  |  |  |  |  | 14 | 1607.2 | 112 | 1195.6 | 86 |

6-198　　　　　　　　　　第 6 篇　轴　承

（续）

| 序号 | 无齿式 | 外齿式 | 内齿式 | $D$ | $d$ | $H$ | $D_1$ | $D_2$ | $d_{n1}/d_{n2}$ | $d_{m1}/d_{m2}$ | $L$ | $n$ | $n_1$ | $D_3$ | $d_1$ | $H_1$ | $h$ | $b$ | $m$ | 外齿 $d_a$ | 外齿 $z$ | 内齿 $d_a$ | 内齿 $z$ |
|---|---|---|---|---|---|---|---|---|---|---|---|---|---|---|---|---|---|---|---|---|---|---|---|
|   | 基本型号 | | | 外形尺寸 mm | | | | | 安装孔尺寸 | | | | | 结构尺寸 mm | | | | | 齿轮参数 | 外齿参数 mm | | 内齿参数 mm | |
| 11 | 110.32.1600 | 111.32.1600 | 113.32.1600 | 1740 | 1460 | 91 | 1687 | 1513 | 26 | M24 | 48 | 45 | 5 | 1598 | 1602 | 81 | 10 | 75 | 14 | 1817.2 | 127 | 1391.6 | 100 |
|   |   | 112.32.1600 | 114.32.1600 |   |   |   |   |   |   |   |   |   |   |   |   |   |   |   | 16 | 1820.8 | 111 | 1382.4 | 87 |
| 12 | 110.32.1800 | 111.32.1800 | 113.32.1800 | 1940 | 1660 | 91 | 1887 | 1713 | 26 | M24 | 48 | 45 | 5 | 1798 | 1802 | 81 | 10 | 75 | 14 | 2013.2 | 141 | 1573.6 | 113 |
|   |   | 112.32.1800 | 114.32.1800 |   |   |   |   |   |   |   |   |   |   |   |   |   |   |   | 16 | 2012.8 | 123 | 1574.4 | 99 |
| 13 | 110.40.2000 | 111.40.2000 | 113.40.2000 | 2178 | 1825 | 112 | 2110 | 1891 | 33 | M30 | 60 | 48 | 8 | 1997 | 2003 | 100 | 12 | 90 | 16 | 2268.8 | 139 | 1734.4 | 109 |
|   |   | 112.40.2000 | 114.40.2000 |   |   |   |   |   |   |   |   |   |   |   |   |   |   |   | 18 | 2264.4 | 123 | 1735.2 | 97 |
| 14 | 110.40.2240 | 111.40.2240 | 113.40.2240 | 2418 | 2065 | 112 | 2350 | 2131 | 33 | M30 | 60 | 48 | 8 | 2237 | 2243 | 100 | 12 | 90 | 16 | 2492.8 | 153 | 1990.4 | 125 |
|   |   | 112.40.2240 | 114.40.2240 |   |   |   |   |   |   |   |   |   |   |   |   |   |   |   | 18 | 2498.4 | 136 | 1987.2 | 111 |
| 15 | 110.40.2500 | 111.40.2500 | 113.40.2500 | 2678 | 2325 | 112 | 2610 | 2391 | 33 | M30 | 60 | 56 | 8 | 2497 | 2503 | 100 | 12 | 90 | 18 | 2768.4 | 151 | 2239.2 | 125 |
|   |   | 112.40.2500 | 114.40.2500 |   |   |   |   |   |   |   |   |   |   |   |   |   |   |   | 20 | 2776 | 136 | 2228 | 112 |
| 16 | 110.40.2800 | 111.40.2800 | 113.40.2800 | 2978 | 2625 | 112 | 2910 | 2691 | 33 | M30 | 60 | 56 | 8 | 2797 | 2803 | 100 | 12 | 90 | 18 | 3074.4 | 168 | 2527.2 | 141 |
|   |   | 112.40.2800 | 114.40.2800 |   |   |   |   |   |   |   |   |   |   |   |   |   |   |   | 20 | 3076 | 151 | 2528 | 127 |
| 17 | 110.50.3150 | 111.50.3150 | 113.50.3150 | 3376 | 2922 | 134 | 3286 | 3014 | 45 | M42 | 84 | 60 | 10 | 3147 | 3153 | 122 | 12 | 110 | 20 | 3476 | 171 | 2828 | 142 |
|   |   | 112.50.3150 | 114.50.3150 |   |   |   |   |   |   |   |   |   |   |   |   |   |   |   | 22 | 3471.6 | 155 | 2824.8 | 129 |
| 18 | 110.50.3550 | 111.50.3550 | 113.50.3550 | 3776 | 3322 | 134 | 3686 | 3414 | 45 | M42 | 84 | 60 | 10 | 3547 | 3553 | 122 | 12 | 110 | 20 | 3876 | 191 | 3228 | 162 |
|   |   | 112.50.3550 | 114.50.3550 |   |   |   |   |   |   |   |   |   |   |   |   |   |   |   | 22 | 3889.6 | 174 | 3220.8 | 147 |
| 19 | 110.50.4000 | 111.50.4000 | 113.50.4000 | 4226 | 3772 | 134 | 4136 | 3864 | 45 | M42 | 84 | 60 | 10 | 3997 | 4003 | 122 | 12 | 110 | 22 | 4329.6 | 194 | 3660.8 | 167 |
|   |   | 112.50.4000 | 114.50.4000 |   |   |   |   |   |   |   |   |   |   |   |   |   |   |   | 25 | 4345 | 171 | 3660 | 147 |
| 20 | 110.50.4500 | 111.50.4500 | 113.50.4500 | 4726 | 4272 | 134 | 4636 | 4364 | 45 | M42 | 84 | 60 | 10 | 4497 | 4503 | 122 | 12 | 110 | 22 | 4835.6 | 217 | 4166.8 | 190 |
|   |   | 112.50.4500 | 114.50.4500 |   |   |   |   |   |   |   |   |   |   |   |   |   |   |   | 25 | 4845 | 191 | 4160 | 167 |

## 6.3.4 三排滚柱式回转支承系列基本参数 (表 6.1-100)

### 表 6.1-100　三排滚柱式回转支承系列基本参数

| 序号 | 基本型号 无齿式 | 外齿式 | 内齿式 | 外形尺寸 (mm) D | d | H | 安装尺寸 (mm) D₁ | D₂ | $d_{n1}/d_{m1}$<br>$d_{n2}/d_{m2}$ | L | n | n₁ | 结构尺寸 (mm) H₁ | h | b | 齿轮参数 m | 外齿参数 (mm) $d_a$ | z | 内齿参数 (mm) $d_a$ | z |
|---|---|---|---|---|---|---|---|---|---|---|---|---|---|---|---|---|---|---|---|---|
| 1 | 130.25.500 | 131.25.500 | 133.25.500 | 634 | 366 | 148 | 598 | 402 | 18 / M16 | 32 | 24 | 4 | 138 | 32 | 80 | 5 | 664 | 130 | 337 | 68 |
|  |  | 132.25.500 | 134.25.500 |  |  |  |  |  |  |  |  |  |  |  |  | 6 | 664.8 | 108 | 338.4 | 57 |
| 2 | 130.25.560 | 131.25.560 | 133.25.560 | 694 | 426 |  | 658 | 462 |  |  |  |  |  |  |  | 5 | 724 | 142 | 397 | 80 |
|  |  | 132.25.560 | 134.25.560 |  |  |  |  |  |  |  |  |  |  |  |  | 6 | 724.8 | 118 | 398.4 | 67 |
| 3 | 130.25.630 | 131.25.630 | 133.25.630 | 764 | 496 |  | 728 | 532 |  |  |  |  |  |  |  | 6 | 808.8 | 132 | 458.4 | 77 |
|  |  | 132.25.630 | 134.25.630 |  |  |  |  |  |  |  |  |  |  |  |  | 8 | 806.4 | 98 | 459.2 | 58 |
| 4 | 130.25.710 | 131.25.710 | 133.25.710 | 844 | 576 |  | 808 | 612 |  |  | 28 |  |  |  |  | 6 | 886.8 | 145 | 536.4 | 90 |
|  |  | 132.25.710 | 134.25.710 |  |  |  |  |  |  |  |  |  |  |  |  | 8 | 886.4 | 108 | 539.2 | 68 |
| 5 | 130.32.800 | 131.32.800 | 133.32.800 | 964 | 636 | 182 | 920 | 680 | 22 / M20 | 40 | 36 | 5 | 172 | 40 | 120 | 8 | 1006.4 | 123 | 595.2 | 75 |
|  |  | 132.32.800 | 134.32.800 |  |  |  |  |  |  |  |  |  |  |  |  | 10 | 1008 | 98 | 594 | 60 |
| 6 | 130.32.900 | 131.32.900 | 133.32.900 | 1064 | 736 |  | 1020 | 780 |  |  |  |  |  |  |  | 8 | 1102.4 | 135 | 691.2 | 87 |
|  |  | 132.32.900 | 134.32.900 |  |  |  |  |  |  |  |  |  |  |  |  | 10 | 1108 | 108 | 694 | 70 |
| 7 | 130.32.1000 | 131.32.1000 | 133.32.1000 | 1164 | 836 |  | 1120 | 880 |  |  | 40 |  |  |  |  | 10 | 1218 | 119 | 784 | 79 |
|  |  | 132.32.1000 | 134.32.1000 |  |  |  |  |  |  |  |  |  |  |  |  | 12 | 1221.6 | 99 | 784.8 | 66 |
| 8 | 130.32.1120 | 131.32.1120 | 133.32.1120 | 1284 | 956 |  | 1240 | 1000 |  |  |  |  |  |  |  | 10 | 1338 | 131 | 904 | 91 |
|  |  | 132.32.1120 | 134.32.1120 |  |  |  |  |  |  |  |  |  |  |  |  | 12 | 1341.6 | 109 | 904.8 | 76 |
| 9 | 130.40.1250 | 131.40.1250 | 133.40.1250 | 1445 | 1055 | 220 | 1393 | 1107 | 26 / M24 | 48 | 45 |  | 210 | 50 | 150 | 12 | 1509.6 | 123 | 988.8 | 83 |
|  |  | 132.40.1250 | 134.40.1250 |  |  |  |  |  |  |  |  |  |  |  |  | 14 | 1509.2 | 105 | 985.6 | 71 |
| 10 | 130.40.1400 | 131.40.1400 | 133.40.1400 | 1595 | 1205 |  | 1543 | 1257 |  |  |  |  |  |  |  | 12 | 1665.6 | 136 | 1144.8 | 96 |
|  |  | 132.40.1400 | 134.40.1400 |  |  |  |  |  |  |  |  |  |  |  |  | 14 | 1663.2 | 116 | 1139.6 | 82 |

（续）

| 序号 | 基本型号 | | | 外形尺寸/mm | | | | | 安装孔尺寸/mm | | | | | 结构尺寸/mm | | | 齿轮参数/mm | | | | |
|---|---|---|---|---|---|---|---|---|---|---|---|---|---|---|---|---|---|---|---|---|---|
| | 无齿式 | 外齿式 | 内齿式 | $D$ | $d$ | $H$ | $D_1$ | $D_2$ | $d_{n1}/d_{n2}$ | $d_{m1}/d_{m2}$ | $L$ | $n$ | $n_1$ | $H_1$ | $h$ | $b$ | $m$ | 外齿参数 $d_a$ | 外齿参数 $z$ | 内齿参数 $d_a$ | 内齿参数 $z$ |
| 11 | 130.40.1600 | 131.40.1600 | 133.40.1600 | 1795 | 1405 | 220 | 1743 | 1457 | 26 | M24 | 48 | 48 | 6 | 210 | 50 | 150 | 14 | 1873.2 | 131 | 1335.6 | 96 |
| | | 132.40.1600 | 134.40.1600 | | | | | | | | | | | | | | 16 | 1868.8 | 114 | 1334.4 | 84 |
| 12 | 130.40.1800 | 131.40.1800 | 133.40.1800 | 1995 | 1605 | 220 | 1943 | 1657 | 26 | M24 | 48 | 48 | 6 | 210 | 50 | 150 | 14 | 2069.2 | 145 | 1531.6 | 110 |
| | | 132.40.1800 | 134.40.1800 | | | | | | | | | | | | | | 16 | 2076.8 | 127 | 1526.4 | 96 |
| 13 | 130.45.2000 | 131.45.2000 | 133.45.2000 | 2221 | 1779 | 231 | 2155 | 1845 | 33 | M30 | 60 | 60 | 6 | 219 | 54 | 160 | 16 | 2300.8 | 141 | 1702.4 | 107 |
| | | 132.45.2000 | 134.45.2000 | | | | | | | | | | | | | | 18 | 2300.4 | 125 | 1699.2 | 95 |
| 14 | 130.45.2240 | 131.45.2240 | 133.45.2240 | 2461 | 2019 | 231 | 2395 | 2085 | 33 | M30 | 60 | 60 | 6 | 219 | 54 | 160 | 16 | 2556.8 | 157 | 1926.4 | 121 |
| | | 132.45.2240 | 134.45.2240 | | | | | | | | | | | | | | 18 | 2552.4 | 139 | 1933.2 | 108 |
| 15 | 130.45.2500 | 131.45.2500 | 133.45.2500 | 2721 | 2279 | 231 | 2655 | 2345 | 33 | M30 | 60 | 60 | 6 | 219 | 54 | 160 | 18 | 2822.4 | 154 | 2185.2 | 122 |
| | | 132.45.2500 | 134.45.2500 | | | | | | | | | | | | | | 20 | 2816 | 138 | 2188 | 110 |
| 16 | 130.45.2800 | 131.45.2800 | 133.45.2800 | 3021 | 2579 | 231 | 2955 | 2645 | 33 | M30 | 60 | 72 | 6 | 219 | 54 | 160 | 18 | 3110.4 | 170 | 2491.2 | 139 |
| | | 132.45.2800 | 134.45.2800 | | | | | | | | | | | | | | 20 | 3116 | 153 | 2488 | 125 |
| 17 | 130.50.3150 | 131.50.3150 | 133.50.3150 | 3432 | 2868 | 270 | 3342 | 2958 | 45 | M42 | 84 | 80 | 8 | 258 | 65 | 180 | 20 | 3536 | 174 | 2768 | 139 |
| | | 132.50.3150 | 134.50.3150 | | | | | | | | | | | | | | 22 | 3537.6 | 158 | 2758.8 | 126 |
| 18 | 130.50.3550 | 131.50.3550 | 133.50.3550 | 3832 | 3268 | 270 | 3742 | 3358 | 45 | M42 | 84 | 80 | 8 | 258 | 65 | 180 | 20 | 3936 | 194 | 3168 | 159 |
| | | 132.50.3550 | 134.50.3550 | | | | | | | | | | | | | | 22 | 3933.6 | 176 | 3154.8 | 144 |
| 19 | 130.50.4000 | 131.50.4000 | 133.50.4000 | 4282 | 3718 | 270 | 4192 | 3808 | 45 | M42 | 84 | 80 | 8 | 258 | 65 | 180 | 22 | 4395.6 | 197 | 3616.8 | 165 |
| | | 132.50.4000 | 134.50.4000 | | | | | | | | | | | | | | 25 | 4395 | 173 | 3610 | 145 |
| 20 | 130.50.4500 | 131.50.4500 | 133.50.4500 | 4782 | 4218 | 270 | 4692 | 4308 | 45 | M42 | 84 | 80 | 8 | 258 | 65 | 180 | 22 | 4901.6 | 220 | 4122.8 | 188 |
| | | 132.50.4500 | 134.50.4500 | | | | | | | | | | | | | | 25 | 4895 | 193 | 4110 | 165 |

# 7 有关滚动轴承设计的各种问题

滑动轴承为面接触，而滚动轴承为点接触或线接触，所以在使用上要对此加以考虑。另外，滚动轴承与磨损特性不同的滑动轴承并用也成问题。

再者，由于滚动轴承的尺寸等是标准的，因此，轴的阶梯部的圆角 R 受到限制，要注意不要形成过大的应力集中，造成拆卸困难。

（1）伸缩轴的轴承除一端以外在轴向要能自由移动（见图 6.1-22） 滚动轴承在其结构上，除了一些圆柱滚动轴承外，内外圈的相关位置原则上是固定的。因此，如果发生轴的热膨胀和收缩就会卡住，所以必须避免发生这种卡住。这样的轴要用一端的轴承来限定位置，而其他轴承使用能在轴向自由移动型式的圆柱滚子轴承。使用除此之外的一般型式轴承的场合，需要采用在内圈或轴承外套之间轴向上留有移动间隙的安装方法。

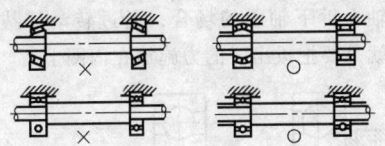

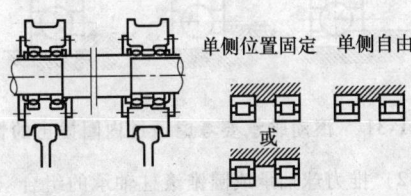

单侧位置固定 单侧自由

或

**图 6.1-22 伸缩轴的轴承**

（2）将相同直径的轴承嵌装在轴的深部（见图 6.1-23） 因为滚动轴承的尺寸是标准的，所以其尺寸不能自由变更。在长轴上嵌装几个滚动轴承时，里头的轴承的嵌装就非常困难。此时，要使用为此而准备的倾斜紧固套，以使拆装无困难。

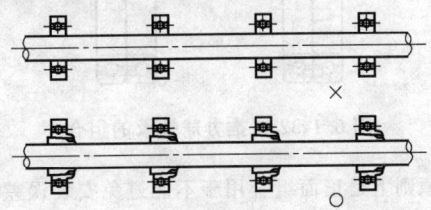

**图 6.1-23 嵌装在轴深部的相同直径的轴承**

（3）滚动轴承和滑动轴承不宜混合使用（见图 6.1-24） 滚动轴承不发生滑动轴承那样的磨损。如果在一个轴上混合使用发生磨损的轴承和不发生磨损

的轴承，则载荷集中在不发生磨损的一方，载荷就失去平衡，所以不要混合使用。

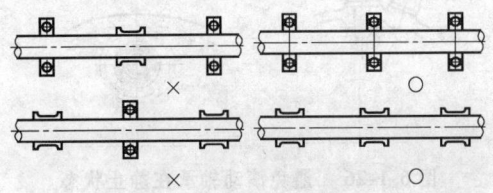

**图 6.1-24 滚动轴承和滑动轴承不宜混合使用**

（4）在受挠曲状态下使用的轴上要选择具有自动调心性能的轴承（见图 6.1-25） 除一部分具有自动调心性能型式的滚动轴承（双列自动调心球轴承、球面滚柱轴承）外，如果在内外圈的轴心成角度的状态下使用，则转动部分产生异常的载荷。在受挠曲的状态下使用的轴必须选择具有自动调心性能的轴承。

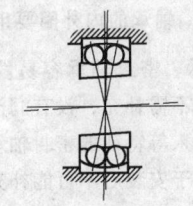

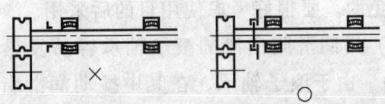

**图 6.1-25 在受挠曲状态下使用的轴中轴承的使用**

（5）从轴传来热的轴承 由于从轴传来热，而有很高温升的地方，如果使用普通标准公差的滚动轴承，则因间隙变得不足而卡住。因此，如果温升再增加就发生烧伤。在这种场合下，需要特别定购与温度条件相适应的特别公差的轴承。

（6）避免滚动轴承在静止状态下承受高载荷的使用方式（见图 6.1-26） 滚动轴承是设想在滚动状态下使用而制造的，因此如果使其在静止状态（不滚动状态）下承受载荷，则在接触点将发生永久变形，以后不能正常滚动。

例如：在承受很大离心力的状态下，或在有不滚动的状态下连续使用的地方使用滚动轴承就不好。不得不在这种地方使用的场合，需要以能耐受这种特殊载荷为条件而特别考虑的轴承。

（7）轴承的内外圈要用面支承 滚动轴承是考虑内外圈都在面支承状态下使用而制造的。因此，如果是图 6.1-27 那样的使用方式，外圈承受弯曲载荷，

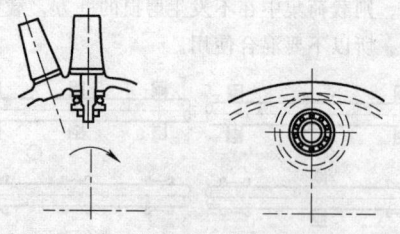

图 6.1-26　避免滚动轴承在静止状态
下承受高载荷的使用方式

则外圈有破损的危险。采用这种使用方式的场合，外
圈要装上环箍，使其在不承受弯曲载荷状态下工作。

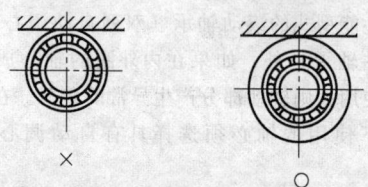

图 6.1-27　轴承的内外圈要用面支承

（8）防尘轴承、密封轴承容易发热　具有将润
滑脂密封，组装后不需补充，没有润滑脂流出，也没
有灰尘等从外部侵入等特征的密封轴承，又称为防尘
轴承。这种轴承用于安装后不可能补充润滑剂的地方
是很合适的，并且能用于高速旋转，可是因为都是密
封的，所以如果用在连续高速旋转的情况下则温升是
不可避免的。要很好考虑使用目的后采用。

（9）用润滑脂润滑的滚子轴承容易发热（见图
6.1-28）　由于滚子轴承，在其中搅动润滑脂的阻力
很大，如果以高速长时间运转则温升很大，润滑脂很
快劣化不适用于高速连续运转。以限于低速或断续使
用方式为宜。

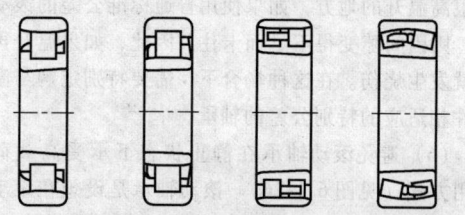

图 6.1-28　用润滑脂润滑的滚子轴承容易发热

（10）不要形成润滑脂流动尽头（见图 6.1-29、
图 6.1-30）　如果轴端轴承盖是封闭的，进入这一部
分的润滑脂就没有出口。由于新补充的润滑脂不能流
到这一头，所以只有流到一侧与新的润滑脂交换。

尽头一侧的润滑脂因持续滞留劣化而丧失了润滑
性。一定要设置润滑脂的出口。这一点即使是油润滑
也一样。

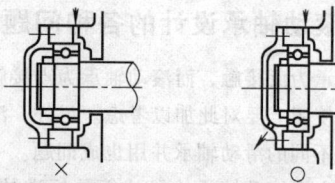

图 6.1-29　不要形成润滑脂流动尽头

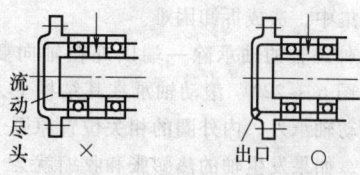

图 6.1-30　设置润滑脂的出口

（11）滚动轴承要考虑通过内圈拔出的情况（见
图 6.1-31）　轴旋转场合的滚动轴承的配合方式是使
内圈侧固定，外圈侧松弛。因此，在从箱体拔出装有
滚动轴承的轴的场合，通过转动体可容易地拔出，可
是从轴上拆下轴承的场合，通过转动体拔出并不
好。也就是要把拔出时的力施加在内圈上。

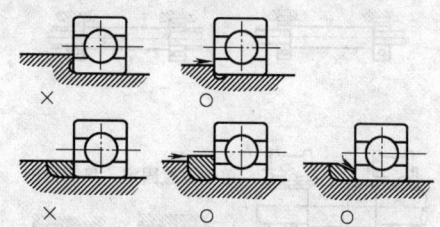

图 6.1-31　滚动轴承要考虑通过内圈拔出的情况

（12）推力球轴承或圆锥滚柱轴承的组合（见图
6.1-32、图 6.1-33）　将推力球轴承或圆锥滚柱轴承
相对组合可用于双止推的用途。这种场合，有正面组
合和背面组合两种方式，对于这两者的选择要使之适
合安装条件和载荷条件。

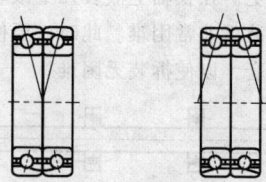

图 6.1-32　推力球轴承的组合

原则上是正面组合用于不能避免安装误差的场
合，背面组合用于有力矩载荷作用的场合。再者，要
注意，不论哪种场合，这种组合都是作为一组而制造
的，所以不要将市场出售的单件任意组合起来使用。

（13）轴台对向上载荷较弱（见图 6.1-34）　轴

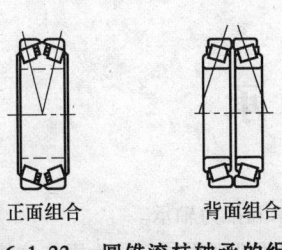

正面组合　　　　背面组合

**图 6.1-33　圆锥滚柱轴承的组合**

台是一个整体，所以乍一看认为用于向上载荷也是强固的。但是，用于向上载荷的场合反而意外的弱，所以要注意：在不得已用于向上载荷的场合，要考虑即使万一损坏轴也不会飞出的保护措施。

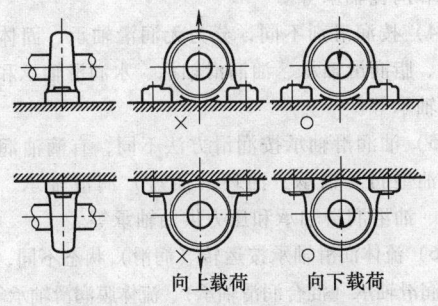

向上载荷　　　　向下载荷

**图 6.1-34　轴台对向上载荷较弱**

（14）轴承侧角的 $R$ 和轴阶梯部的 $R$　由于滚动轴承内圈的圆角 $R$ 不够大，有比轴阶梯部避免应力集中所需的 $R$ 还小的情况。这种场合，不要因为轴承的 $R$ 而使轴遭受应力集中的牺牲。如果就这样原封不动地组装，在组装的角会出现挤压接触。为了不形成挤压接触并且也不牺牲轴侧的 $R$，需要作如图 6.1-35 所示那样的考虑。

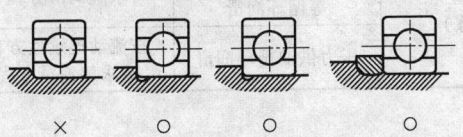

**图 6.1-35　轴承侧角的 $R$ 和轴阶梯部的 $R$**

（15）滚针（针状滚柱）轴承不适用于高速旋转（见图 6.1-36）　使用直径很小的滚柱，即滚针轴承（针状滚柱轴承），由于滚针的直径小，所以对于相同轴径，轴承的外径较小。这种轴承被用于能有效地

利用这一特征的地方，可是相对于轴的转速，滚针本身的转速高，所以不适用于高速旋转。径向空间狭窄、低速是这种轴承的适用范围。

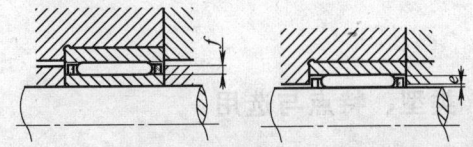

**图 6.1-36　滚针（针状滚柱）轴承不适用于高速旋转**

（16）使用无内圈滚针轴承时轴的表面（见图 6.1-37）　无内圈滚针轴承是滚针直接与轴接触的。这种使用方法多为外侧受尺寸限制而不得已采用的，可是，此时要根据轴承承受的载荷提高轴的接触面硬度。本来这种使用方法的目的只是限制轴心，在不特别承受轴承载荷的场合使用。

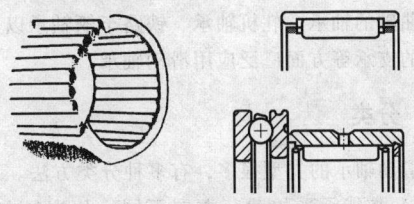

**图 6.1-37　使用无内圈滚针轴承时轴的表面**

（17）滚动轴承的 $d_{m \cdot n}$ 值（见图 6.1-38）　滚动轴承由于轴承型式、尺寸及其润滑方式的不同而有其应用的极限，把它称为 $d_{m \cdot n}$ 值；这是选择轴承的一个基准（$d_m$ 为滚动体的节圆直径——平均直径，$n$ 为转速 r/min）。一般，不要超过此 $d_{m \cdot n}$ 值，也有在实际使用中超过此值的情况。尽管如此，轴承的精度和润滑方式，两者一定要相适应，所以有必要做细致的实际效果调查和事前进行试验等慎重准备。

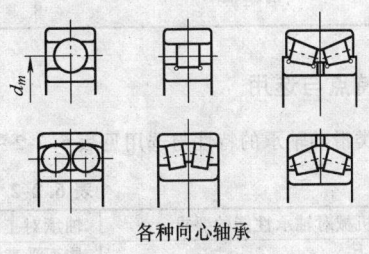

各种向心轴承

**图 6.1-38　各种滚动轴承的 $d_{m \cdot n}$ 值**

# 第2章  滑动轴承

## 1  类型、特点与选用

轴承分滚动轴承和滑动轴承两大类。滚动轴承有很多优点，一般宜优先选用滚动轴承。但滑动轴承也有某些独到之处，如普通滑动轴承构造简单，制造方便，成本低；在高速时滑动轴承比滚动轴承寿命长，运转平稳，对冲击和振动敏感性小等。这些优点使滑动轴承在高速、高精度、重载、强冲击、轴承结构需要剖分，或低速轻载以及不重要的场合比滚动轴承显得优越。例如：机床主轴轴承、大型汽轮机轴承、内燃机曲轴的轴承、轧机轴承、铁路车辆轴承以及简单机构的支承等方面广泛应用滑动轴承。

### 1.1  分类

滑动轴承的类型很多，有多种分类方法。

1）按能承受的载荷方向不同，分为径向轴承、径向推力轴承和推力轴承。

2）按承载机理不同，分为固体摩擦轴承、边界摩擦轴承、动压轴承、静压轴承、静电轴承、磁力轴承等。

3）按轴瓦材料不同，分为金属轴承、粉末冶金含油轴承、炭—石墨轴承、橡胶轴承、宝石轴承、木轴承和陶瓷轴承等。

4）按润滑剂不同，分为无润滑轴承、固体润滑轴承、脂润滑轴承、油润滑轴承、水润滑轴承和气体润滑轴承等。

5）油润滑轴承按润滑方法不同，有滴油润滑轴承、油垫润滑轴承、油环（油盘）润滑轴承、含油轴承、油浴润滑轴承和压力供油轴承等。

6）流体润滑轴承按运转（润滑）状态不同，分为边界润滑轴承（混合润滑轴承）、流体膜润滑轴承等。

滑动轴承的主要分类见表6.2-1。

**表6.2-1  滑动轴承的类型**

| 轴承类型 | | 运转（润滑）状态 | 润滑方式 | 计算方法 |
|---|---|---|---|---|
| 固定摩擦轴承 | 无润滑轴承 | 固体润滑（摩擦） | 无需润滑 | 考虑磨损的条件性计算或按试验曲线计算 |
| | 固体润滑轴承 | | 涂覆固体润滑剂膜 | |
| 含油轴承 | | 固体、边界、流体润滑（摩擦）的混合状态 | 浸渍润滑油 | |
| 供油不充分轴承 | | | 脂杯、油壶、油绳、油垫、油环润滑等 | 近似计算或条件计算 |
| 动压轴承 | | 流体膜润滑（摩擦） | 油浴、压力供油等循环润滑 | 求解润滑方程 |
| 静压轴承 | | | 压力供油循环润滑 | 按流动连续性方程或求解润滑方程 |

### 1.2  特点与选用

各类滑动轴承的特性与选用见表6.2-2～表6.2-4。

**表6.2-2  选择滑动轴承时应考虑的问题**

| 机械对轴承性能的要求 | 轴承对工作环境、工作条件的适应性 | 经济性 |
|---|---|---|
| 承载能力 | 是否受高温、低温或温度变化很大 | 寿命 |
| 允许速度 | 有无腐蚀性大气或污染 | 轴承本身及需附加的附属装置的费用 |
| 起动摩擦力矩大小 | 是否潮湿或干湿交替 | 轴承失效时对机器及工厂的影响 |
| 耐外界及本身振动冲击的能力 | 周围有无含尘空气 | 保证轴承正常工作维护要求（如轴承及其润滑系统的服务需要、检修频率、运行费用等） |
| 摩擦功耗大 | 有无废屑或磨粒污染 | |
| 经常起动、停车的能力 | 是否存在有害的辐射 | |
| 运转的噪声水平 | 是否在真空下工作 | 备件的供应是否有保证 |
| 径向定位精度 | 有无近处及其传来的振动 | 对材料回用的要求 |
| 结构空间的要求及安装方便与否 | 尺寸或质量的限制 | |
| 润滑的简易程度 | | |
| 轴承失效是否会引起重大事故 | | |

**表 6.2-3　滑动轴承的性能比较**

| 轴承性能 | | 轴承类型 | | | |
|---|---|---|---|---|---|
| | | 动压轴承 | 静压轴承 | 含油轴承 | 固体摩擦轴承 |
| 承载特性 | | 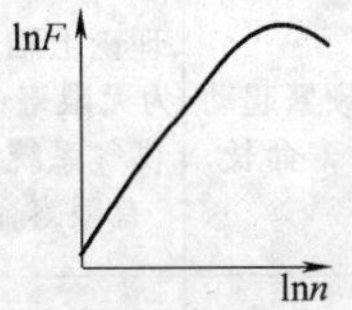 | 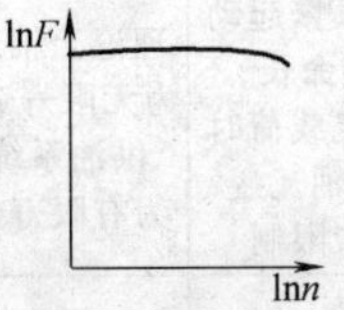 | 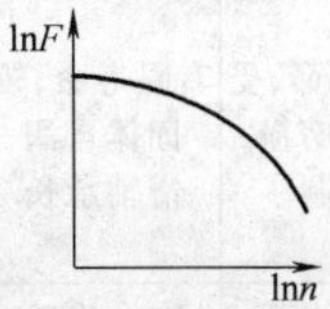 | 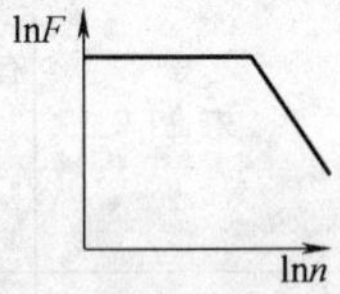 |
| 运动性能 | 阻尼 | 中~大 | 大 | 较小 | 最小 |
| | 起动转矩 | 中~大 | 最小 | 大 | 最大 |
| | 功耗 | 小~大，与润滑剂粘度、转速成正比 | 最小~中，与润滑剂粘度、转速成正比，另有泵功能 | 较大，与载荷有较大关系 | 最大，与轴颈或润滑膜材料有较大关系 |
| | 旋转精度 | 高 | 最高 | 中 | 低 |
| | 运动噪声 | 轴承本身很小，但还有泵噪声 | | 很小 | 稳定载荷下较小 |
| | 寿命 | 取决于起动次数 | 寿命较长 | 取决于轴瓦材料的耐磨性 | |
| 环境适应性能 | 高温 | 取决于润滑剂的抗氧化能力或轴瓦材料 | | 取决于润滑剂的抗氧化能力 | 取决于轴瓦材料 |
| | 低温 | 取决于起动转矩 | | | 取决于轴瓦材料 |
| | 真空 | 可以，但要用特殊润滑剂 | | | 最好 |
| | 潮湿 | 好 | | 可以，注意密封 | 可以，轴颈和轴瓦材料须耐腐蚀 |
| | 尘埃 | 可以，注意润滑系统密封和过滤 | 好，注意润滑系统密封和过滤 | 可以，注意密封 | 好，密封更好 |
| | 辐射 | 受润滑剂限制 | | | 好 |
| 运动适应性能 | 频繁起动 | 差 | | 好 | |
| | 频繁改向 | 差 | 好 | 可以 | 很好 |
| | 摆动 | 不可以 | | 可以 | |
| 制造维护性能 | 对制造安装误差的敏感性 | 很敏感 | 敏感 | 不敏感 | |
| | 标准化程度 | 较差 | 最差 | 好 | 较好 |
| | 润滑 | 循环润滑，润滑剂用量多，润滑装置复杂 | 循环润滑，润滑剂用量最多，润滑装置复杂 | 润滑装置简单，用油量少 | 无需润滑 |
| | 维护 | 经常检查，定期清洗润滑系统和更换润滑剂 | | 定期补充润滑油 | 无需维护 |
| 经济性 | | 制造成本高，运转成本取决于润滑系统 | | 成本较低 | 成本最低 |

注：不充分供油轴承的性能差异较大，但油膜面积较大时，它的性能接近动压轴承。

**表 6.2-4　滑动轴承类型主要选择因素比较**

| 选择因素 | 混合润滑轴承 | 多孔质金属含油轴承 | 液体动压润滑轴承 | 液体静压润滑轴承 | 空气动压润滑轴承 | 空气静压润滑轴承 | 无润滑和固体润滑轴承 | 有源磁力轴承 |
|---|---|---|---|---|---|---|---|---|
| 适用速度 | 低、中速 | 低、中速 | 中、高速 | 零至高速 | 高、中速 | 零至高速 | 低速 | 零至极高速 |
| 相对承载能力 | 轻、中 | 轻、中 | 轻、中、重 | 轻、中、重 | 极轻 | 轻 | 轻、较轻 | 轻、中、较轻 |
| 随转速增高承载能力 | 一般稍升即降 | 加速下降 | 先升后降 | 微降 | 升高 | 不变 | 极低速时先平后降 | 一般先平后降，可调 |
| 摩擦阻力 | 中等或小 | 中等或小 | 小 | 很小 | 非常小 | 极小 | 较大 | 极小 |
| 低起动力矩 | 可以 | 可以 | 满意 | 极好 | 满意 | 极好 | 较差 | 极好 |
| 经常进行换向 | 适用 | 适用 | 不很适宜 | 极好 | 不很适宜 | 极好 | 适用 | 极好 |
| 旋转精度 | 较高 | 较高 | 高 | 极高 | 高 | 极高 | 差 | 极高 |

（续）

| 选择因素 | 混合润滑轴承 | 多孔质金属含油轴承 | 液体动压润滑轴承 | 液体静压润滑轴承 | 空气动压润滑轴承 | 空气静压润滑轴承 | 无润滑和固体润滑轴承 | 有源磁力轴承 |
|---|---|---|---|---|---|---|---|---|
| 寿命 | 有限寿命,受轴瓦磨损限制 | 有限寿命,较固体自润滑轴承长 | 不频繁起动时寿命长,不稳定载荷时受轴瓦疲劳限制 | 理论上轴承为无限寿命,供油系统为有限寿命 | 不频繁起动时寿命长 | 理论上轴承为无限寿命,供气系统为有限寿命 | 有限寿命,受轴瓦磨损限制 | 寿命很长,取决于电器控制系统寿命 |
| 外界振动 | 在允许载荷下可用 | 在允许载荷下可用 | 满意吸收 | 很好吸收 | 满意吸收 | 很好吸收 | 在允许载荷下可以用 | 能很好消除其影响 |
| 灰尘 | 可用,密封更好 | 需要密封 | 可用,需过滤油 | 可用,需过滤油 | 需要密封 | 可用 | 可用,密封更好 | 可用 |
| 低温 | 受油低温性能限制 | 尚好,起动力矩大 | 受油低温性能限制,起动力矩大 | 好,受油低温性能限制 | 极好 | 极好 | 好 | 极好 |
| 真空 | 可用,需特殊润滑剂 | 可用,需特殊润滑剂 | 可用,需特殊润滑剂 | 不行,油影响真空度 | 不行,气体影响真空度 | 难于保持一定真空度 | 极好 | 极好 |
| 支持装置 | 用脂、滴油、油绳、油杯 | 很简单 | 需要供油循环系统 | 需要压力供油循环系统 | 需要供气循环系统 | 需要压力供气循环系统 | 不需要 | 需要控制系统 |
| 运转费用 | 低 | 很低 | 取决于润滑方法 | 取决于压力供油费用 | 很低 | 取决于压力供气费用 | 很低 | 取决于电器和控制系统费用 |
| 标准化 | 较好 | 较好 | 有 | 没有 | 没有 | 没有 | 部分有 | 没有 |

# 2 非液体摩擦轴承

## 2.1 径向轴承

### 2.1.1 轴承结构型式的选用

径向滑动轴承按其结构分为两种：整体式滑动轴承和对开式滑动轴承。在机器装拆允许条件下，可采用整体式滑动轴承；当机器装拆有困难时，采用对开式滑动轴承。

但采用对开式滑动轴承时，要根据径向载荷方向来选定正滑动轴承（见图 6.2-1）或斜滑动轴承（见图 6.2-2）。在正常情况下，轴承所受径向载荷方向应该在垂直于分合面的轴承中心线左右 35°的范围内，如图 6.2-1 及图 6.2-2 中阴影部分所示。

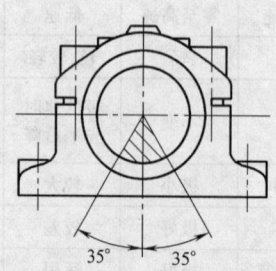

图6.2-1　对开式正滑动轴承

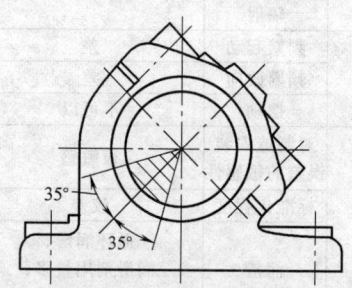

图6.2-2　对开式斜滑动轴承

### 2.1.2 轴颈与轴瓦的配合

推荐用 $\dfrac{H7}{f6}$；$\dfrac{H8}{f7}$；$\dfrac{H8}{f8}$；$\dfrac{H9}{f9}$。

### 2.1.3 轴承的验算

（1）压强 $p$ 的验算　间歇工作的轴承，当其转动的延续时间小于或等于停歇时间，以及轴颈速度 $v \leqslant 0.1 \text{m/s}$ 的轴承仅按压力 $p$ 来计算。

$$p_{\max} = \frac{F_{\max}}{dB} \leqslant [p] \qquad (6.2\text{-}1)$$

式中　$F_{\max}$——轴承所受的最大径向载荷（N）；

　　　　$d$——轴颈直径（mm）；

　　　　$B$——轴承宽度（mm）；

　　　　$[p]$——许用应力（MPa）（见表 6.2-6 ～ 表
　　　　　　　　6.2-7）。

（2）$pv$ 值的验算

$$pv = \frac{Fn}{19100B} \leq [pv] \qquad (6.2\text{-}2)$$

式中 $F$——轴承所受的平均径向载荷（N）；

$n$——轴与轴瓦的相对转速（r/min）；

$[pv]$——许用 $pv$ 值（MPa·m/s）（见表 6.2-6 ~ 表 6.2-7）。

（3）滑动速度 $v$ 的验算

$$v = \frac{\pi dn}{60 \times 1000} \leq [v] \qquad (6.2\text{-}3)$$

式中 $[v]$——许用滑动速度（m/s）（见表 6.2-6 ~ 表 6.2-7）。

### 2.1.4 润滑方法的选择

根据 $K$ 值决定轴承的润滑方法

$$K = \sqrt{pv^3} \qquad (6.2\text{-}4)$$

$$p = \frac{F}{dB} \qquad (6.2\text{-}5)$$

式中 $p$——轴承的平均压力。

当 $K \leq 2$ 时，采用润滑脂润滑，并用旋盖式油杯手工供油；当 $K > 2 \sim 16$ 时，采用润滑油滴油润滑，并用针阀油杯或芯捻油杯供油；当 $K > 16 \sim 32$ 时，可用油环、飞溅、压力循环等作连续供油；当 $K > 32$ 时，用压力循环供油润滑。

## 2.2 平面推力轴承

### 2.2.1 平面推力滑动轴承的常用结构型式

平面推力滑动轴承承受轴向载荷，常与径向轴承同时使用。其常用结构型式见表 6.2-5。

**表 6.2-5 平面推力滑动轴承的常用结构型式**

| 型 式 | 结 构 简 图 | 特 点 及 应 用 | 结 构 尺 寸 |
|---|---|---|---|
| 实心推力轴承 | | 在接触面上压力分布极不均匀，轴颈中心处压力（理论上）可达无穷大，对润滑极为不利 | $d_2$ 由轴颈结构决定 |
| 空心推力轴承 | | 在接触面上压力分布比较均匀，润滑条件有所改善 | $d_2$ 由轴结构决定 $d_1$ 按下列公式确定： 一般 $d_1 = (0.4 \sim 0.6) d_2$； 若结构上无限制 $d_1 = 0.5 d_2$ |
| 环形推力轴承 | | 可利用轴套的断面止推，结构简单，润滑方便，广泛用于低速、轻载的场合 | $d_1$、$d_2$ 由轴的结构设计确定 |
| | | | $d_1$ 由轴的结构设计确定 $d_2 = (1.2 \sim 1.6) d_1$ $h = (0.12 \sim 0.15) d_1$ $b = (0.1 \sim 0.3) d_1$ |

### 2.2.2 轴承的验算

（1）压力 $p$ 的验算

$$p = \frac{F_a}{\frac{\pi}{4}(d_2^2 - d_1^2)} \leq [p] \qquad (6.2\text{-}6)$$

式中 $F_a$——轴向载荷（N）；

$d_2$、$d_1$——断面的外径、内径（mm）；

$[p]$——许用压力（MPa）（见表 6.2-8）。

（2）$pv$ 值的验算

$$pv_m \leqslant [pv] \qquad (6.2\text{-}7)$$

$$v_m = \frac{\pi d_m n}{60 \times 1000}$$

$$d_m = \frac{1}{2}(d_1 + d_2)$$

式中　$v_m$——平均速度（m/s）；

$d_m$——平均直径（mm）；

$[pv]$——许用 $pv$ 值（MPa·m/s）（见表 6.2-8）。

## 2.3　常用滑动轴承材料的性能和许用值（表 6.2-6～表 6.2-8）

### 表 6.2-6　常用金属轴承材料的性能和许用值

| 名　　称 | 代　号 | 许用值① | | | 最高工作温度/℃ | 硬度②HBW | 性能比较③ | | | | 备　　注 |
|---|---|---|---|---|---|---|---|---|---|---|---|
| | | $[p]$/MPa | $[v]$/(m/s) | $[pv]$/(MPa·m/s) | | | 抗咬合性 | 顺应嵌藏性性④ | 耐蚀性 | 耐疲劳性 | |
| 锡基轴承合金 | ZSnSb12Pb10Cu4 | 平稳载荷 | | | 150 | 20～30 (150) | 1 | 1 | 1 | 1 | 用于高速、重载下工作的重要轴承。变载下易疲劳。价贵 |
| | ZSnSb11Cu6 | 25(40) | 80 | 20(100) | | | | | | | |
| | ZSnSb8Cu4 | 冲击载荷 | | | | | | | | | |
| | ZSnSb4Cu4 | 20 | 60 | 15 | | | | | | | |
| 铅基轴承合金 | ZPbSb16Sn16Cu2 | 12 | 12 | 10(50) | 150 | 15～30 (150) | 1 | 1 | 3 | 5 | 用于中速、中载轴承。不宜受显著冲击。可作为锡基轴承合金的代用品 |
| | ZPbSb15Sn5Cu | 5 | 8 | 5 | | | | | | | |
| | ZPbSb15Sn10 | 20 | 15 | 15 | | | | | | | |
| 铸造铜合金 | CuSn10P | 15 | 10 | 15(25) | 280 | 50～100 (200) | 5 | 3 | 1 | 1 | 用于中速、重载及受变载的轴承 |
| | CuPb5Sn5Zn5 | 8 | 3 | 15 | | | | | | | 用于中速、中载轴承 |
| | CuPb10Sn10 CuPb30 | 25 | 12 | 30(90) | 280 | 40～280 (300) | 3 | 4 | 4 | 2 | 用于高速、重载轴承，能承受变载和冲击载荷 |
| | CuAl10Fe5Ni5 | 15(30) | 4(10) | 12(60) | 280 | 100～120 (200) | 5 | 5 | 5 | 2 | 最宜用于润滑充分的低速重载轴承 |
| 黄铜 | ZCuZn38Mn2Pb2 | 10 | 1 | 10 | 200 | 80～150 (200) | 3 | 5 | 1 | 1 | 用于低速中载轴承，耐蚀、耐热 |
| | ZCuZn16Si4 | 12 | 2 | 10 | | | | | | | |
| 铝基轴承合金 | 20 高锡铝合金 铝硅合金 | 28～35 | 14 | | 140 | 45～50 (300) | 4 | 3 | 1 | 1 | 用于高速中载的变载荷轴承 |
| 三元电镀合金 | 如铝—硅—镉镀层 | 14～35 | | | 170 | (200～300) | 1 | 2 | 2 | 2 | 在钢背上镀铅锡青铜作中间层，再镀 10～30μm 三元减摩层。疲劳强度高，应急性、嵌藏性好 |
| 银 | 银—铟镀层 | 28～35 | — | — | 180 | (300～400) | 2 | 3 | 1 | 1 | 在钢背上镀银，上附薄层铅，再镀铟。常用于飞机发动机、柴油机轴承 |
| 铸铁 | HT150、HT200 HT250 | 2～4 | 0.5～1 | 1～4 | 150 | 160～180 (200～250) | 4 | 5 | 1 | 1 | 用于低速轻载的不重要轴承，价廉 |

① 括号内的数字为极限值，其余为一般值（润滑良好）。对于液体动压轴承，限制 $[pv]$ 值没有意义（因其与散热等条件关系很大）。

② 括号外的数值为合金硬度，括号内的数值为最小轴颈硬度。

③ 性能比较：1 为最佳；2 为良好；3 为较好；4 为一般；5 为最差。

④ 顺应性是指轴承材料补偿对中误差和其他几何形状误差的能力；嵌藏性是指轴承材料嵌藏外来微粒和污物使之不外露，以防磨粒磨损的能力。对金属轴承材料，弹性模量小和塑性好的材料具有良好顺应性。顺应性好，一般嵌藏性也好。

表 6.2-7　常用非金属和多孔质金属轴承材料的性能和许用值

| 材料名称 | | 最大许用值 | | | 最高工作温度/℃ | 备 注 |
|---|---|---|---|---|---|---|
| | | $[p]$/MPa | $[v]$/(m/s) | $[pv]$/(MPa·m/s) | | |
| 非金属材料 | 酚醛树脂 | 41 | 13 | 0.18 | 120 | 由棉织物、石棉等填料经酚醛树脂粘结而成。抗咬合性好,强度、抗振性也极好。能耐酸碱。导热性差,重载时需用水或油充分润滑。易膨胀,轴承间隙宜取大些 |
| | 尼龙 | 14 | 3 | 0.11(0.05m/s) 0.09(0.5m/s) <0.09(5m/s) | 90 | 摩擦系数低,耐磨性好,无噪声。金属瓦上覆以尼龙薄层,能受中等载荷。加入石墨、二硫化钼等填料可提高其机械性能、刚性和耐磨性。加入耐热成分的尼龙可提高工作温度 |
| | 聚碳酸酯 | 7 | 5 | 0.03(0.05m/s) 0.01(0.5m/s) <0.01(5m/s) | 105 | 聚碳酯酯、醛缩醇、聚酰亚胺等都是较新的塑料。物理性能好。易于喷射成型,比较经济。醛缩醇和聚碳酸酯稳定性好、填充石墨的聚酰亚胺温度可达280℃ |
| | 醛缩醇 | 14 | 3 | 0.1 | 100 | |
| | 聚酰亚胺 | — | — | 4(0.05m/s) | 260 | |
| | 聚四氟乙烯(PTFE) | 3 | 1.3 | 0.04(0.05m/s) 0.06(0.5m/s) <0.09(5m/s) | 250 | 摩擦系数很低,自润滑性能好,能耐任何化学药品的侵蚀,适用温度范围宽(>280℃时,有少量有害气体放出)。但成本高,承载能力低。用玻璃丝、石墨及其他惰性材料为填料,则承载能力和pv值可大为提高 |
| | PTFE 织物 | 400 | 0.8 | 0.9 | 250 | |
| | 填充 PTFE | 17 | 5 | 0.5 | 250 | |
| 非金属材料 | 碳一石墨 | 4 | 13 | 0.5(干) 5.25(润滑) | 400 | 有自润滑性,高温稳定性好,耐蚀能力强,常用于要求清洁的机器中 |
| | 木材 | 14 | 10 | 0.5 | 70 | 有自润滑性。能耐酸、油及其他强化学药品。用于要求清洁工作的轴承 |
| | 橡胶 | 0.34 | 5 | 0.53 | 65 | 橡胶能隔振、降低噪声、减小动载、补偿误差。导热性差,需加强冷却。常用于水、泥浆等工业设备中。温度高易老化 |
| 多孔质金属材料 | 多孔铁(Fe95%,Cu2%,石墨和其他3%) | 55(低速,间歇) 21(0.013m/s) 4.8(0.51~0.76m/s) 2.1(0.76~1m/s) | 7.6 | 1.8 | 125 | 具有成本低、含油量多、耐磨性好、强度高等特点,应用最广 |
| | 多孔青铜(Cu90%,Sn10%) | 27(低速,间歇) 14(0.013m/s) 3.4(0.51~0.76m/s) 1.8(0.76~1m/s) | 4 | 1.6 | 125 | 孔隙度大的多用于高速轻载轴承,孔隙度小的多用于摆动或往复运动的轴承。长期运转而不补充润滑剂的应降低〔pv〕值。高温或连续工作的应定期补充润滑剂 |

表 6.2-8　推力轴承材料及许用[p]、[pv]值

| 轴材料 | 未 淬 火 钢 | | | 淬 火 钢 | | |
|---|---|---|---|---|---|---|
| 轴承材料 | 铸铁 | 青铜 | 轴承合金 | 青铜 | 轴承合金 | 淬火钢 |
| $[p]$/MPa | 2～2.5 | 4～5 | 5～6 | 7.5～8 | 8～9 | 12～15 |
| $[pv]$/(MPa·m/s) | 1～2.5 | | | | | |

# 3　液体动压轴承

## 3.1　径向轴承

图 6.2-3 为液体动压径向轴承工作原理图。正常

运转时,轴颈和轴瓦被一层油膜完全隔开,并在油膜中产生流体动压力,借以平衡外载荷。图中的 α 是轴承包角,其大小取决于轴承结构。常用包角为 $\alpha = 180°$ 和 $\alpha = 120°$,有时用 $\alpha = 360°$ 或 $\alpha = 90°$。

在图 6.2-3 中,F 为轴承载荷,R 为轴瓦半径,r

为轴颈半径，$B$ 为轴承宽度，$O$ 为轴瓦中心，$O_j$ 为轴颈中心，$e$ 为偏心距，$h_{min}$ 为最小油膜厚度，$\omega$ 为轴的角速度，$\phi$ 为偏位角。

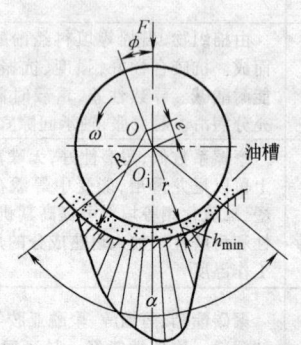

**图6.2-3    液体动压径向轴承工作原理图**

轴承宽径比    $B/2r = B/d$

轴承半径间隙  $c = R - r$

轴承相对间隙  $\psi = c/r$

偏心率        $\varepsilon = e/c$

最小油膜厚度  $h_{min} = c - e = c(1 - \varepsilon)$

在滑动轴承设计中，只有当轴承尺寸、轴承载荷、相对运动速度、油的粘度、轴承间隙以及表面粗糙度之间满足一定关系时，才能实现液体摩擦，否则，将出现非液体摩擦。但是，油膜愈厚，也就是偏心率愈小，摩擦系数愈大，有时还可能引起油膜振荡。因此，将油膜设计得过厚也不好。

### 3.1.1 性能计算

性能计算的目的在于确定轴承在液体摩擦状态下安全运转的有关参数。

（1）承载能力    轴承的承载能力与偏心率 $\varepsilon$、宽径比 $B/d$ 及轴承包角 $\alpha$ 有关，通常用无量纲载荷系数 $\phi_F$ 表示。

$$\phi_F = \frac{10^6 p \psi^2}{\eta \omega} \qquad (6.2-8)$$

$$p = \frac{F}{dB}$$

式中  $p$ ——压强（MPa）；

$d$ ——轴颈直径（mm）；

$B$ ——轴承宽度（mm）；

$\omega$ ——轴的角速度（rad/s）；

$\eta$ ——油在轴承平均工作温度下的动力粘度（Pa·s）。

轴承在包角 $\alpha$ 为 360°、180°、120° 时的无量纲载荷系数 $\phi_F$ 与 $B/d$、$\varepsilon$ 间关系曲线见图 6.2-4 ~ 图 6.2-6。

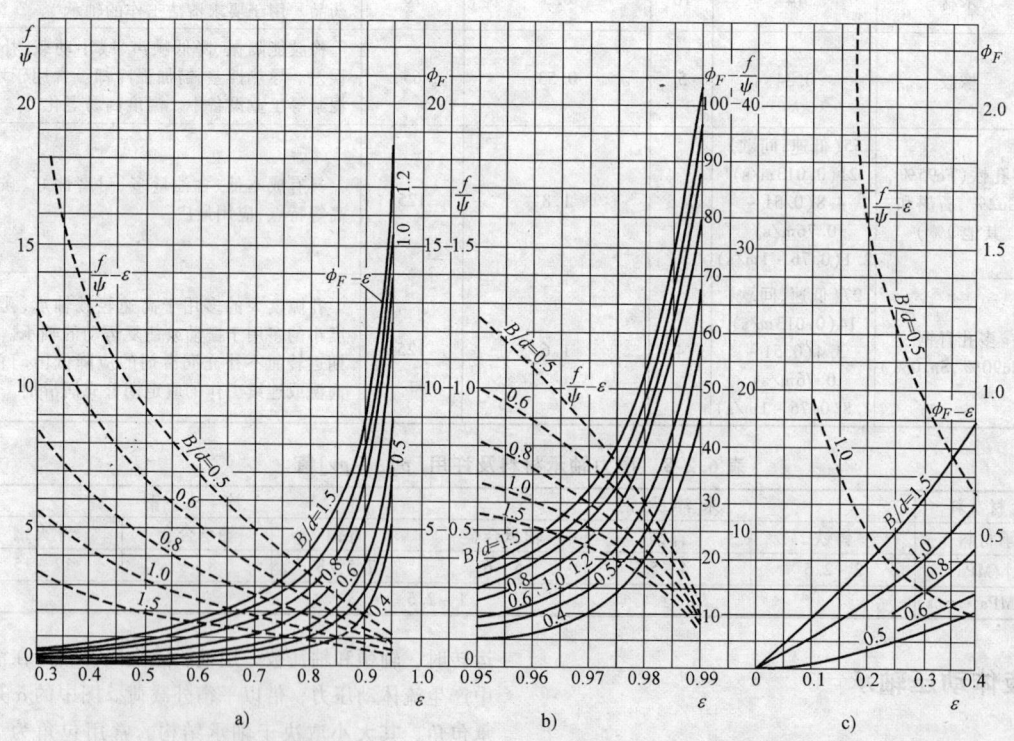

**图6.2-4    包角为360°的轴承计算图**

a）$\varepsilon = 0.3 \sim 0.95$  b）$\varepsilon = 0.95 \sim 0.99$  c）$\varepsilon = 0 \sim 0.4$

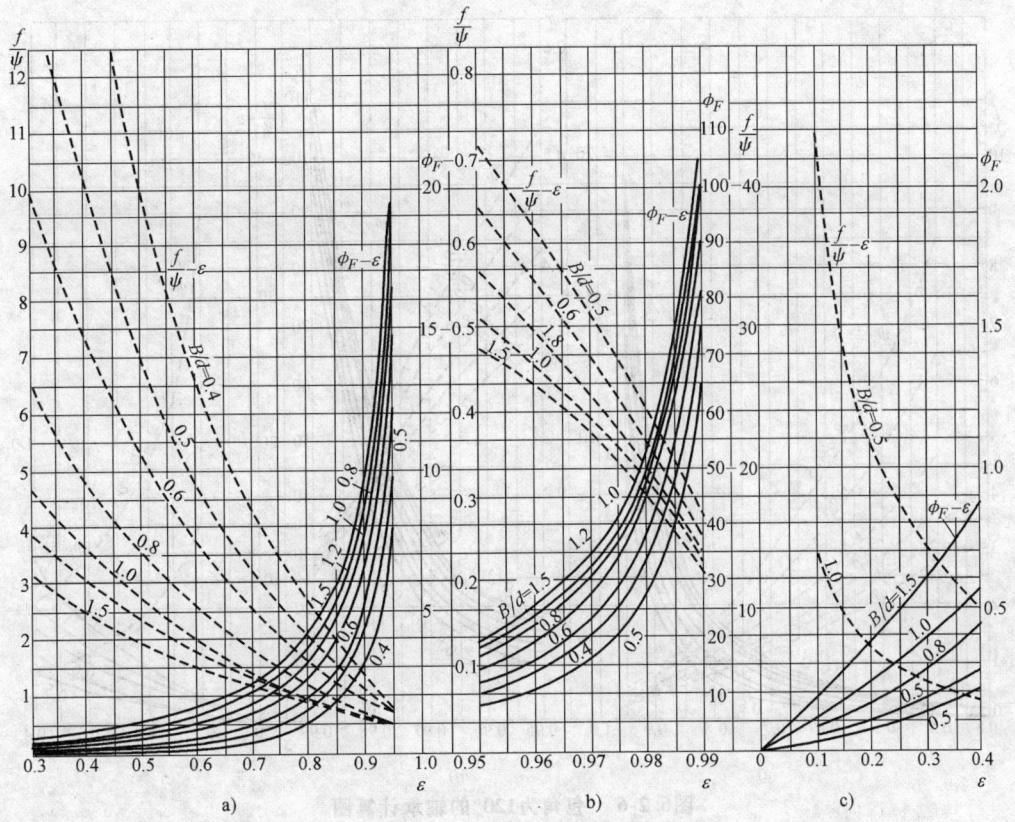

**图 6.2-5　包角为 180° 的轴承计算图**

a) $\varepsilon = 0.3 \sim 0.95$　b) $\varepsilon = 0.95 \sim 0.99$　c) $\varepsilon = 0 \sim 0.4$

（2）摩擦功耗　轴承的摩擦功耗 $P$ 按下式确定

$$P = \left( \frac{f}{\psi} + \frac{f'}{\psi} \right) \psi F v \qquad (6.2\text{-}9)$$

$$\frac{f'}{\psi} = \zeta \frac{\pi}{2} \frac{1}{\phi_F} \qquad (6.2\text{-}10)$$

式中　$f/\psi$——承载区转换摩擦系数，根据不同的包
角由图 6.2-4 ~ 图 6.2-6 查得；

$\quad\quad f'/\psi$——非承载区转换摩擦系数；

$\quad\quad \zeta$——修正系数，$\alpha = 120°$ 时，$\zeta = 0.75$；$\alpha = 180°$ 时，$\zeta = 1$；$\alpha = 360°$ 时，由图 6.2-7 查出；

$\quad\quad v$——轴颈的圆周速度（m/s）。

（3）流量　进入轴承的总流量 $Q$ 由三部分组成：
承载区端泄流量 $Q_1$，非承载区端泄流量 $Q_2$ 和轴瓦上
供油槽两端流出的附件流量 $Q_3$。

$$Q = Q_1 + Q_2 + Q_3 = (\phi_{Q_1} + \phi_{Q_2} + \phi_{Q_3}) \psi v B d \times 10^{-6}$$
$$\qquad (6.2\text{-}11)$$

式中　$\phi_{Q_1}$——承载区端流量系数，根据不同的包角
由图 6.2-8 ~ 图 6.2-10 查出；

$\quad\quad \phi_{Q_2}$——非承载区端泄流量系数，按式

（6.2-12）计算；

$\quad\quad \phi_{Q_3}$——轴向供油槽端泄流量系数，按式
（6.2-13）或式（6.2-14）计算；

非承载区端泄流量系数 $\phi_{Q_2}$ 为

$$\phi_{Q_2} = \zeta \phi_F \left( \frac{d}{B} \right)^2 \frac{p_g}{p} \qquad (6.2\text{-}12)$$

式中　$\zeta$——修正系数，由图 6.2-11 查出；

$\quad\quad p_g$——供油压力（MPa）。

轴向供油槽端泄流量系数 $\phi_{Q_3}$ 为

1) 见图 6.2-12，在轴瓦水平分合面上对称布置
两个供油槽时

$$\phi_{Q_3} = \theta \phi_F \left( \frac{d}{B} \right)^2 \frac{H}{d} \left( \frac{B}{a} - 2 \right) \frac{p_g}{p} \qquad (6.2\text{-}13)$$

式中　$\theta$——修正系数，由图 6.2-11 查出；

$\quad\quad H$、$a$——供油槽尺寸，见图 6.2-12。

2) 在轴瓦水平分合面上只有一个轴向供油槽时

$$\phi_{Q_3} = \frac{p_g H}{3 \eta \psi \omega d^2 B^2} \left( \frac{B}{a} - 2 \right) h_x^3 \qquad (6.2\text{-}14)$$

$$h_x = r\psi (1 + \varepsilon \cos \theta_x) \qquad (6.2\text{-}15)$$

$$\theta_x = 90° - \phi \qquad (6.2\text{-}16)$$

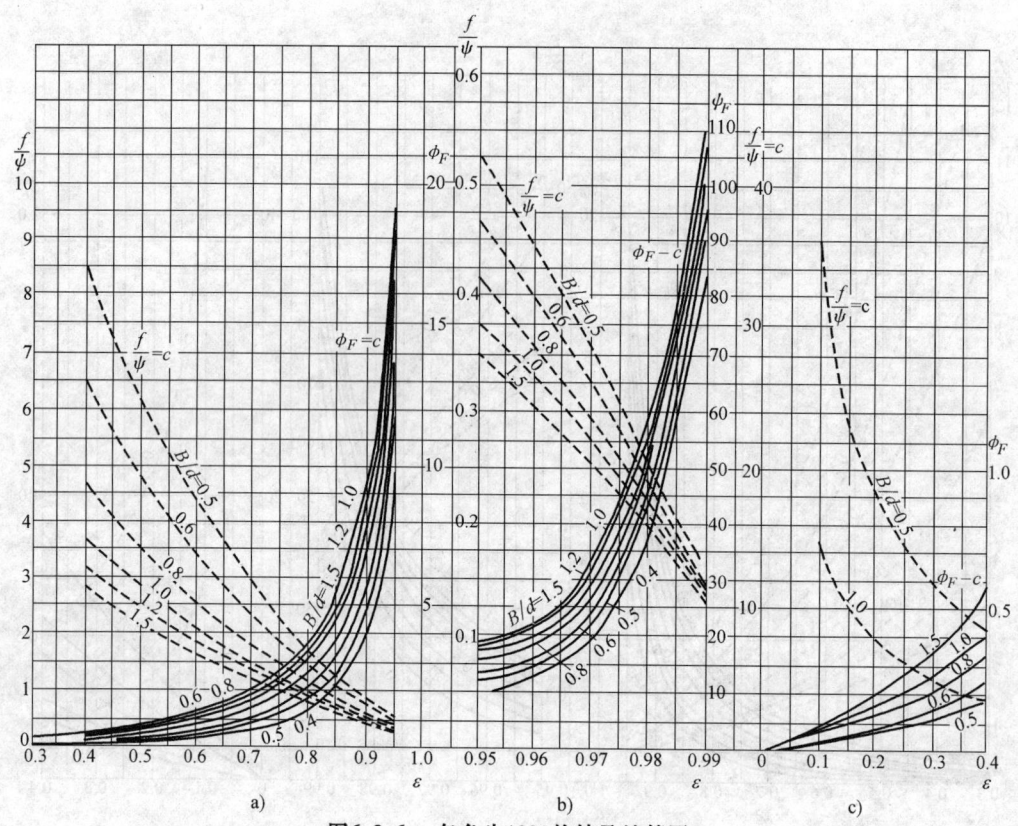

**图6.2-6　包角为120°的轴承计算图**

a) $\varepsilon = 0.3 \sim 0.95$　b) $\varepsilon = 0.95 \sim 0.99$　c) $\varepsilon = 0 \sim 0.4$

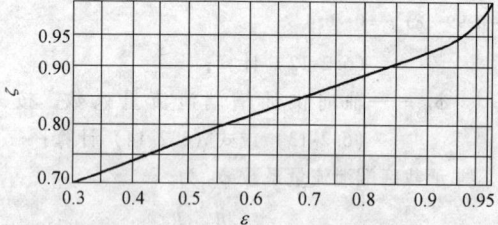

**图6.2-7　修正系数 $\zeta$**

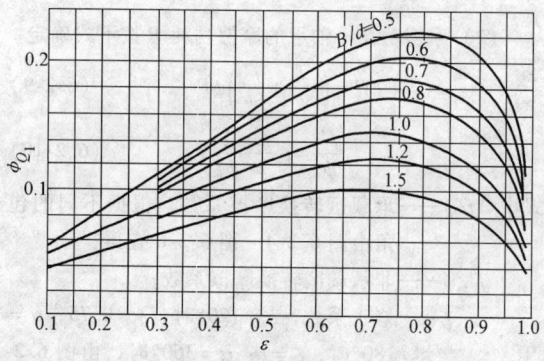

**图6.2-9　包角为180°的轴承流量计算图**

**图6.2-8　包角为360°的轴承流量计算图**

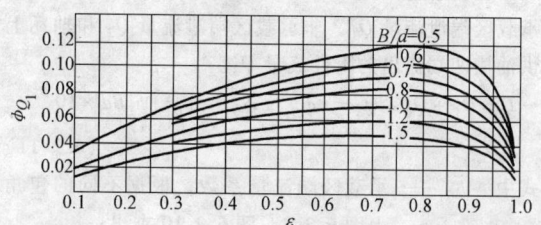

**图6.2-10　包角为120°的轴承流量计算图**

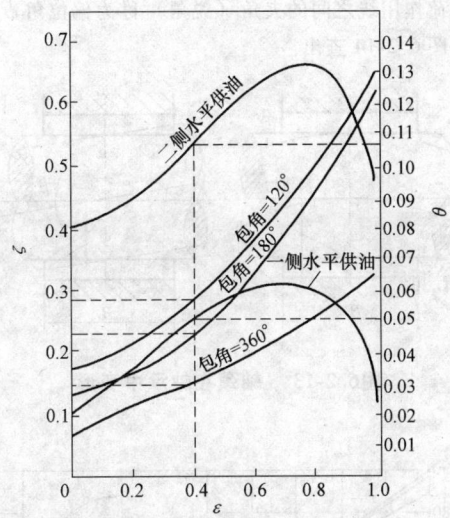

图6.2-11  修正参数 $\zeta$ 和 $\theta$

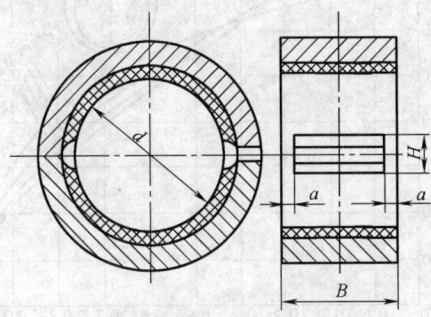

图6.2-12  供油槽尺寸

式中  $h_x$——供油槽中线处的油膜厚度（mm）；

$\theta_x$——从轴颈和轴承中心连线 $\overline{OO_j}$ 量起的供油槽中线的角坐标；

$\phi$——偏位角，见图 6.2-14。

（4）温升

1）压力供油轴承的温升 $\Delta t$。

$$\Delta t = t_2 - t_1 = \frac{P}{CQ} \quad (6.2-17)$$

式中  $t_2$——出油温度（℃）；

$P$——功率（W）；

$Q$——进入轴承的总流量（m³/s）；

$t_1$——进油温度（℃）；

$C$——体积热容 [J/（m³·K）]，润滑油可取 $C = 1.72 \times 10^6$ J/（m³·K）。

2）非压力供油轴承的温升 $\Delta t$。

$$P = CQ_1(t_1 - t_2) + kA(t_m - t_o) \quad (6.2-18)$$

$$Q_1 = \phi_{Q_1} \psi v d B \times 10^{-6} \quad (6.2-19)$$

式中  $Q_1$——承载区端泄流量（m³/s）；

$A$——轴承与空气相接触的散热面积（m²）；

$t_m$——平均温度（℃）；

$t_o$——室温（℃）；

$k$——传热系数 [W/（m²·K）]，一般情况下，$k = 9 \sim 16$W/（m²·K）；风冷时，按式（6.2-20）计算。

$$k = 16\sqrt{v_B} \quad (6.2-20)$$

式中  $v_B$——风速（m/s）。

### 3.1.2  参数选择

（1）宽径比 $B/d$  通常取 $B/d = 0.3 \sim 1.5$。宽径比小有利于增大平均压力、提高运转稳定性、增加流量、降低温升，但承载能力也将降低；宽径比大，虽然轴承承载能力高，但功耗大、温升高，同时还提高了轴的刚度和轴承制造、安装精度要求。

高速重载轴承温升高，有边缘接触的危险，$B/d$ 宜取小值；低速重载轴承为提高轴承整体刚性，$B/d$ 宜取大值；高速轻载轴承，如对轴承刚性无过高要求，可取小值；对绕性转子宜取小值；需要轴有较大刚性的机床轴承及刚性转子，宜取较大值。

一些机器常用的 $B/d$ 值为

汽轮机、风机                0.3 ~ 1.0

电动机、发电机、离心泵、

齿轮变速装置               0.6 ~ 1.5

机床、拖拉机               0.8 ~ 1.2

轧钢机                     0.6 ~ 0.9

（2）相对间隙 $\psi$  一般取 $\psi = 0.002 \sim 0.003$。相对间隙 $\psi$ 大时，流量大，温升低，承载能力低。间隙的大小对运转平稳性有较大影响。一般，压力小的轴承，减小间隙可以提高运转稳定性；压力大的轴承，则增大间隙可提高运转平稳性。

相对间隙值主要根据载荷和速度选取。速度愈高，$\psi$ 值应愈大；载荷愈大，$\psi$ 值则应愈小。此外，直径大，宽径比小，调心性能好，加工精度高时，$\psi$ 可取小值，反之，取大值。

一般情况，$\psi$ 值可按下面经验公式估取：

$$\psi = n^{4/9}/10^{31/9} \quad (6.2-21)$$

一些机器的相对间隙介绍如下：

汽轮机、电动机、

齿轮变速装置        $\psi = 0.001 \sim 0.002$

离心泵、风机        $\psi = 0.001 \sim 0.003$

机床、内燃机        $\psi = 0.0002 \sim 0.001$

轧钢机、铁路车辆    $\psi = 0.0002 \sim 0.0015$

（3）润滑油粘度 $\eta$  增大润滑油的粘度，会使流量下降、功耗上升、温升增高，但轴承的承载能力也随着增高。然而，由于润滑油粘温特性所决定，随着温度的升高粘度将下降，因而靠提高粘度以增大承载

能力会受到一定限制。

一般轴承，润滑油在平均油温下的动力粘度可按下列经验公式确定

$$\eta = n^{-1/3}/10^{7/6} \qquad (6.2\text{-}22)$$

按式（6.2-22）计算所得的粘度，可保证轴承温升不会过高。式（6.2-21）和式（6.2-22）中转速 $n$ 的单位为 r/s。

（4）最小油膜厚度许用值 $[h_{\min}]$　考虑轴颈和轴瓦工作表面不平度、轴的挠曲和两轴承对中误差的影响，最小油膜厚度的许用值 $[h_{\min}]$ 可按下式计算

$$[h_{\min}] = (1.1 \sim 1.5)(Rz_1 + Rz_2 + y_1 + y_2)$$
$$(6.2\text{-}23)$$

式中　$R_{z_1}$、$R_{z_2}$——轴颈、轴瓦表面的微观不平度十点高度（mm），数值见表 6.2-9；

　　　$y_1$——轴颈在轴承中的挠度，见图 6.2-13，当压强 $p \leqslant 3\,\mathrm{MPa}$ 时，$y_1$ 可忽略不计；当压强 $p > 3\,\mathrm{MPa}$ 时，按式（6.2-24）计算；

　　　$y_2$——轴的变形和安装误差引起轴在轴承中的偏移量，对于调心式轴承 $y_2 = 0$，一般轴承按式（6.2-25）计算。

$$y_1 = 1.56 \times 10^{-9} pd \left[ \left(\frac{B}{d}\right)^4 + 1.81\left(\frac{B}{d}\right)^2 \right]$$
$$(6.2\text{-}24)$$

$$y_2 = \frac{B}{2}\tan\beta \qquad (6.2\text{-}25)$$

式中　$\beta$——轴承处轴的偏转角，见图 6.2-13。

表 6.2-9　表面粗糙度（摘自 GB/T 1031—1995）
（单位：μm）

| 轮廓的算术平均偏差 Ra 的数值规定 | 0.012 | 0.2 | 3.2 | 50 | |
|---|---|---|---|---|---|
| | 0.025 | 0.4 | 6.3 | 100 | |
| | 0.05 | 0.8 | 12.5 | | |
| | 0.1 | 1.6 | 25 | | |
| 微观不平度十点高度 Rz 的数值规定 | 0.025 | 0.4 | 6.3 | 100 | 1600 |
| | 0.05 | 0.8 | 12.5 | 200 | |
| | 0.1 | 1.6 | 25 | 400 | |
| | 0.2 | 3.2 | 50 | 800 | |

（5）表面粗糙度　考虑到轴加工易于孔，故建议轴颈表面粗糙度取 $Ra$ 值为 $0.4 \sim 0.1\,\mu\mathrm{m}$（或 $Rz$ 值为 $3.2 \sim 0.8\,\mu\mathrm{m}$），轴瓦表面粗糙度 $Ra$ 值为 $0.8 \sim 0.2\,\mu\mathrm{m}$（或 $Rz$ 为 $6.3 \sim 1.6\,\mu\mathrm{m}$）。

（6）偏位角 $\phi$　轴颈中心与轴承孔中心的连心线

与载荷作用线之间的夹角（锐角）称为偏位角 $\phi$，其值由图 6.2-14 查出。

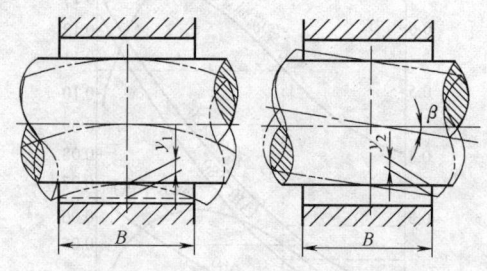

图6.2-13　轴颈在轴承中变形

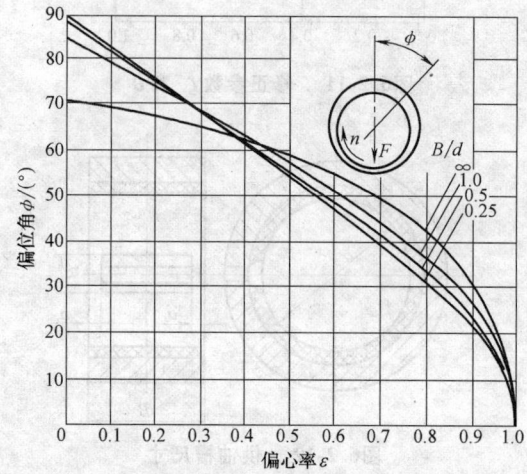

图6.2-14　液体动压径向轴承的偏位角

（7）油温　轴承的性能计算一般根据平均油温进行，平均油温为

$$t_m = t_1 + \frac{1}{2}\Delta t \qquad (6.2\text{-}26)$$

一般情况下取：平均油温 $t_m = 50 \sim 55\,^\circ\mathrm{C}$；进口油温 $t_1 = 35 \sim 45\,^\circ\mathrm{C}$；控制温升 $\Delta t = 10 \sim 20\,^\circ\mathrm{C}$。

为了保证轴承衬材料的机械性能，需控制轴承的最高油温 $t_{\max}$，可按下式进行估算

$$t_{\max} = 2(t_m - t_1) + t_1 \qquad (6.2\text{-}27)$$

最高油温的允许值一般取决于轴承衬材料强度急剧下降的软化点，对轴承合金，其允许值为 $90 \sim 100\,^\circ\mathrm{C}$。

【例1】　计算线材轧机减速器的液体动压径向轴承。已知：轴承载荷 $F = 60000\,\mathrm{N}$；轴承直径 $d = 200\,\mathrm{mm}$；轴的转速 $n = 1000\,\mathrm{r/min} = 16.7\,\mathrm{r/s}$。轴承为自动调心式；载荷垂直向下，压力供油，采用双轴向油槽，供油槽开在水平分合面的两侧，进油温度控制在 $40\,^\circ\mathrm{C}$ 左右。

计算步骤及计算结果见表 6.2-10。

**表 6.2-10 液体动压径向轴承的设计计算**

| 序号 | 计算项目 | 计算公式及说明 | 计算结果 |
|---|---|---|---|
| 1 | 宽径比 | $B/d$ 选定 | 1.0 |
| 2 | 轴承宽度 | $B = (B/d)d = 1.0 \times 200$ | 200mm |
| 3 | 角速度 | $\omega = \dfrac{\pi}{30}n = \dfrac{\pi \times 1000}{30}$ | 104.72rad/s |
| 4 | 圆周速度 | $v = \dfrac{\pi dn}{60 \times 1000} = \dfrac{\pi \times 200 \times 1000}{60 \times 1000}$ | 10.47m/s |
| 5 | 平均压强 | $P = \dfrac{F}{dB} = \dfrac{60000}{200 \times 200}$ | 1.5MPa |
| 6 | 相对间隙 | $\psi = n^{4/9}/10^{31/9}$ <br> $= 16.7^{4/9}/10^{31/9}$ <br> [见式(6.2-21)] | 0.00126 |
| 7 | 半径间隙 | $c = \psi \cdot d/2 = 0.00126 \times 200/2$ | 0.126m |
| 8 | 初定平均温度下的润滑油粘度 | $\eta = n^{-1/3}/10^{7/6}$ <br> $= 16.7^{-1/3}/10^{7/6}$ <br> [见式(6.2-22)] | 0.0266Pa·s |
| 9 | 滑润油品种 | 根据 $\eta = 0.0266$Pa·s 和 <br> $t_m = 50℃$ 参考图 6.2-22 选定 | 液压油 <br> L-HL46 <br> GB11118 |
| 10 | 无量纲载荷系数 | $\phi_F = \dfrac{p\psi^2}{\eta\omega} \times 10^6 = \dfrac{1.5(0.00126)^2}{0.0266 \times 104.72} \times 10^6$ | 0.85 |
| 11 | 偏心率 | 按 $\alpha = 180°$ 及 $\phi_F$、$B/d$ 由图 6.2-5 查出 $\varepsilon$ | 0.525 |
| 12 | 最小油膜厚度 | $h_{min} = c(1-\varepsilon)$ <br> $= 0.126 \times (1-0.525)$ | 0.06mm |
| 13 | 轴颈表面粗糙度 | 按要求选定 $Ra_1$ <br> $Rz_1$ | 0.4μm <br> 3.2μm |
| 14 | 轴瓦表面粗糙度 | 按要求选定 $Ra_2$ <br> $Rz_2$ | 0.8μm <br> 6.3μm |
| 15 | 轴颈挠度 | 因 $p < 3$MPa，故略去 $y_1$ | 0 |
| 16 | 轴颈偏移量 | 因自动调心式轴承，故不计 $y_2$ | 0 |
| 17 | 放用最小油膜厚度 $[h_{min}]$ | $[h_{min}] = 1.5(Rz_1 + Rz_2 + y_1 + y_2)$ <br> $= 1.5 \times (0.0032 + 0.0063 + 0 + 0)$ | 0.0143mm |
| 18 | 油膜厚度校核 | $h_{min} > [h_{min}]$ | 通过 |
| 19 | 承载区转换摩擦系数 | 按 $\alpha = 180°$ 及 $\varepsilon$、$B/d$ 值由图 6.2-5 查出 $f/\psi$ | 2.5 |
| 20 | 修正系数 | $\zeta$（因 $\alpha = 180°$） | 1 |
| 21 | 非承载区转换摩擦系数 | $\dfrac{f'}{\psi} = \dfrac{\pi}{2}\dfrac{\zeta}{\phi_F} = \dfrac{\pi}{2 \times 0.85}$ | 1.85 |
| 22 | 功耗 | $P = \left(\dfrac{f}{\psi}\right) + \left(\dfrac{f'}{\psi}\right)\psi FV$ <br> $= (2.5 + 1.85) \times 0.00126 \times 60000$ <br> $\times 10.47$ | $3.44 \times 10^3$W |
| 23 | 承载区流量系数 | 按 $\alpha = 180°$ 及 $\varepsilon$、$B/d$ 由图 6.2-9 查出 $\phi_{Q_1}$ | 0.125 |
| 24 | 供油压力 | 选定 $p_g$ | 0.6MPa |
| 25 | 非承载区端泄流量修正系数 | 按 $\alpha = 180°$、二侧水平供油及 $\varepsilon$ 值由图 6.2-11 查出 $\zeta$ | 0.28 |
| 26 | 非承载区端泄流量系数 | $\phi_{Q_2} = \zeta\phi_F\left(\dfrac{d}{B}\right)^2\dfrac{p_g}{p}$ <br> $= 0.28 \times 0.85 \times 1^2 \times 0.6/1.5$ | 0.095 |
| 27 | 供油槽端泄流量修正系数 | 按 $\alpha = 180°$、二侧水平供油及 $\varepsilon$ 值由图 6.2-11 查出 $\theta$ | 0.122 |

（续）

| 序号 | 计算项目 | 计算公式及说明 | 计算结果 |
|---|---|---|---|
| 28 | 供油槽宽度 | 一般取 $H = (0.2 \sim 0.25)d$<br>$= (0.2 \sim 0.25) \times 200$ | 取 40mm |
| 29 | 阻油边宽度 $a$ | 一般取 $a = 0.05d$<br>$= 0.05 \times 200$ | 10mm |
| 30 | 供油槽端泄流量系数 | $\phi_{Q_3} = \theta\phi_F\left(\dfrac{d}{B}\right)^2\dfrac{H}{d}\left(\dfrac{B}{a}-2\right)\dfrac{p_g}{p}$<br>$= 0.122 \times 0.85 \times 1^2 \times \dfrac{40}{200} \times$<br>$\left(\dfrac{200}{10}-2\right) \times \dfrac{0.6}{1.5}$ | 0.15 |
| 31 | 流量 | $Q = (\phi_{Q_1} + \phi_{Q_2} + \phi_{Q_3})\psi vBd \times 10^{-6}$<br>$= (0.125 + 0.095 + 0.15) \times 0.00126 \times$<br>$10.47 \times 200 \times 200 \times 10^{-6}$ | $1.95 \times 10^{-4} \text{m}^3/\text{s}$ |
| 32 | 润滑油温升 | $\Delta t = \dfrac{P}{CQ} = \dfrac{3.44 \times 10^3}{1.72 \times 10^6 \times 1.95 \times 10^{-4}}$ | 10.26℃ |
| 33 | 进油温度 | $t_1 = t_m - \dfrac{\Delta t}{2} = 50 - \dfrac{10.26}{2}$ | 44.9℃ |
| 34 | 出油温度 | $t_2 = t_m + \dfrac{\Delta t}{2} = 50 + \dfrac{10.26}{2}$ | 55.13℃ |
| 35 | 结论 | — | 合适 |

## 3.2   推力轴承

### 3.2.1   固定瓦推力轴承

为了在滑动面间形成液体动压油膜，以便得到必要的承载能力，在轴端和轴瓦之间必须做出楔形间隙，见图 6.2-15。为此，需在轴瓦上开出几个径向槽，将工作面分成几个相等的区域，每段称为扇形瓦。为了减少润滑油的径向泄漏，径向供油槽不要开到头，应在外边缘处剩下 $(0.1 \sim 0.2)(r_2 - r_1)$ 的宽度。

扇形瓦表面与轴端平面成 $\alpha$ 角。有相对运动时，相对滑动面间形成油楔，产生动压，见图 6.2-16所示。

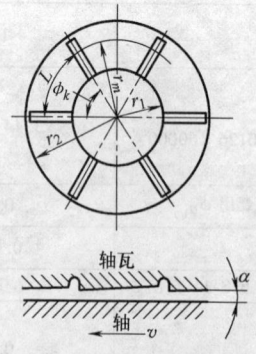

图6.2-15   推力轴承

（1）性能计算

1）单个扇形瓦的承载能力 $F_1$ 的计算公式如下。

$$F_1 = \frac{\eta v B L^2}{h_1^2}\phi_F \times 10^{-3} \qquad (6.2\text{-}28)$$

$$V = r_D\omega \times 10^{-3} \qquad (6.2\text{-}29)$$

$$r_D = \frac{2}{3}\frac{r_2^3 - r_1^3}{r_2^2 - r_1^2} \qquad (6.2\text{-}30)$$

$$B = r_2 - r_1 \qquad (6.2\text{-}31)$$

$$L = r_m\phi_k \qquad (6.2\text{-}32)$$

$$r_m = \frac{1}{2}(r_1 + r_2) \qquad (6.2\text{-}33)$$

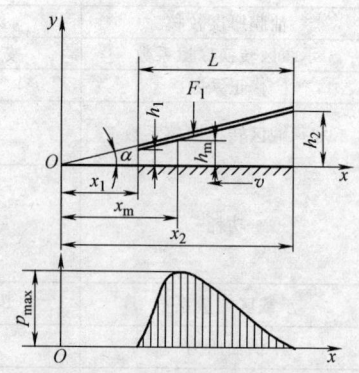

图6.2-16   扇形瓦计算简图

式中   $\eta$——润滑油的动力粘度（Pa·s）；

   $v$——当量半径 $r_D$ 处的圆周速度（m/s）；

   $r_D$——当量半径（mm）；

$\omega$——轴颈回转角速度（rad/s）；

$B$——轴瓦宽度（mm）；

$L$——平均半径 $r_m$ 处扇形瓦长度（mm）；

$r_m$——平均半径（mm）；

$h_1$——最小油膜厚度（mm），初算时可取 $h_1 \geqslant 20\mu m = 0.02mm$；

$\phi_F$——考虑径向泄油后的无量纲载荷系数，由图 6.2-17 查出；

$\phi_k$——瓦块斜面部分对应角（rad）。

2）全部扇形瓦的摩擦功耗 $P$ 及摩擦力矩 $M_T$ 按下列公式计算。

$$P = M_T \omega \qquad (6.2\text{-}34)$$

$$M_T = \sqrt{10^{-3} F_1 \eta v B z r_D \phi_T} \times 10^{-3} \qquad (6.2\text{-}35)$$

式中　$z$——扇形瓦数；

$\phi_T$——无量纲力矩系数，由图 6.2-18 查出。

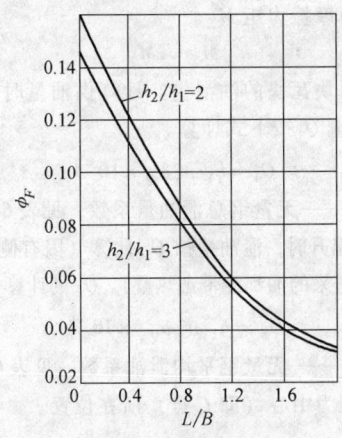

图6.2-17　无量纲载荷系数

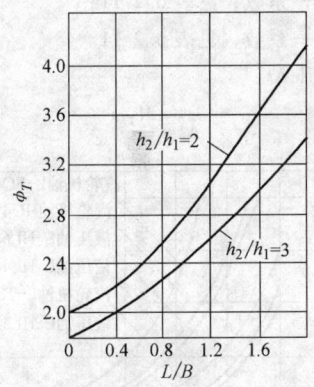

图6.2-18　无量纲力矩系数

3）泄油流量 $Q$ 按下式计算。

$$Q = \sqrt{\frac{\eta v B \times 10^{-3}}{F_1}} z v B L \phi_Q \times 10^{-6} \qquad (6.2\text{-}36)$$

式中　$\phi_Q$——无量纲泄油系数，在不计离心力对泄油量影响的条件下可由图 6.2-19 查出。

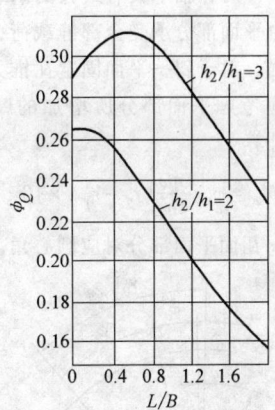

图6.2-19　无量纲泄油系数

4）温升 $\Delta t$ 按下式计算。

$$\Delta t = \frac{P}{CQ} \qquad (6.2\text{-}37)$$

式中　$C$——体积热容 $[J/(m^3 \cdot K)]$，润滑油可取 $C = 1.72 \times 10^6 J/(m^3 \cdot K)$。

（2）参数选择

1）内外径比 $r_2/r_1$　一般取 $r_2/r_1 = 1.5 \sim 2.5$，$r_1$ 由结构确定，取其稍大于轴的半径。

2）长宽比 $L/B$　通常取 $L/B = 0.5 \sim 1.6$，建议取 $L/B$ 等于或稍大于 1。

3）瓦数 $z$　最少为 3，一般 $z = 6 \sim 12$。瓦数多会增加安装、调整困难，同时降低承载能力。

4）填充系数 $k$。它是瓦面平均周长之和 $zL$ 与轴承平均圆周长 $2\pi r_m$ 之比，建议取 $k = 0.7 \sim 0.85$。$k$ 值过大，油沟槽宽度过小，由前一瓦排出的热油易于进入下一瓦面，使进瓦油温升高，油粘度降低，影响承载能力。

5）间隙比　$h_2/h_1 = 1.8 \sim 2.8$。

6）瓦面斜度　$\alpha = (1.4 \sim 1.5)\dfrac{h_1}{L}$（rad）。

7）最小油膜厚度 $h_1$。考虑到制造工艺和安全运转的需要，建议取 $h_1 \geqslant 0.02 \sim 0.05mm$，小值用于小尺寸轴承，大值用于大型轴承。

8）润滑油温度轴承性能计算按平均温度进行，通常取平均油温 $t_m = 45 \sim 55℃$；控制进油温度 $t_1 = 35 \sim 45℃$；温升 $\Delta t = 10 \sim 20℃$。

当轴向力较小时，整个扇形瓦面做成一斜面，见图 6.2-15。而当轴向力较大时，常将每个扇形瓦的工作面做成斜面和平面两部分，见图 6.2-20，由斜面与旋转平面构成油楔。运转时，在整个瓦面上均形

成动压油膜。这种由斜面和平面两部分构成的推力轴承称为斜—平面固定瓦推力轴承。当斜面与平面部分的长度比等于 4 时，轴承具有最大的承载能力。立式推力轴承要由平面部分承受全部静载荷，故应校核平面部分的压强。对于斜—平面固定瓦推力轴承，作性能计算时还应考虑平面部分所增加的摩擦力矩 $M_a$，其值按下式计算

$$M_a = \varphi_a z \frac{\eta \omega}{4 h_1}(r_2^4 - r_1^4) \times 10^{-9} \quad (6.2\text{-}38)$$

式中 $\varphi_a$——瓦面平面部分对应圆心角（rad）；

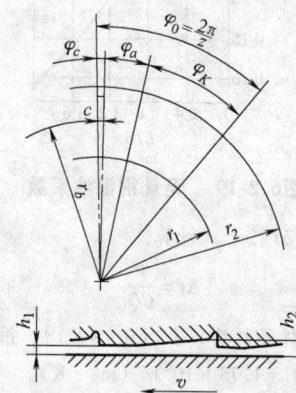

图6.2-20 斜—平面扇形止推瓦示意图

### 3.2.2 可倾瓦推力轴承

可倾瓦推力轴承见图 6.2-21。与固定瓦不同，可倾瓦能适应工况的变化而自动调节瓦块的斜度，瓦的最小油膜厚度 $h_1$ 也相应改变。故可倾瓦在工作过程中不能维持瓦面斜率不变，只维持间隙比 $h_2/h_1$ 不变。

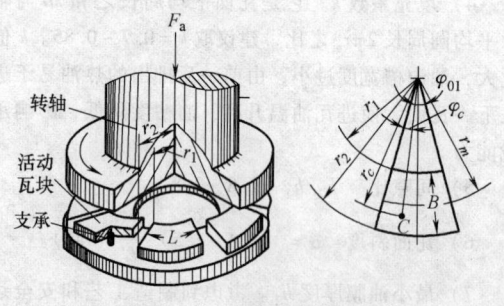

图6.2-21 可倾瓦推力轴承

可倾瓦推力轴承适用于载荷或速度经常变化的场合，尤其广泛应用于大型轴承。下面对其性能进行计算。

1）一块瓦块的承载能力按下列公式计算。

$$F_1 = \frac{\eta \omega r_1^4}{h_1^2} \varphi_0 \phi_F \times 10^{-6} \quad (6.2\text{-}39)$$

$$\varphi_0 = \frac{2\pi}{z} k \quad (6.2\text{-}40)$$

$$k = \frac{2L}{2\pi r_m} \quad (6.2\text{-}41)$$

$$r_m = \frac{1}{2}(r_2 + r_1)$$

式中 $\phi_F$——无量纲载荷系数，见表 6.2-11；

$k$——填充系数；

$r_m$——瓦块平均半径（mm）；

$z$——瓦块数。

2）最小油膜厚度 $h_1$ 可由式（6.2-39）解得。

$$h_1 = r_1^2 \sqrt{\frac{\eta \omega \varphi_0 \phi_F}{F_1 \times 10^6}} \quad (6.2\text{-}42)$$

3）一块瓦块的摩擦力矩 $M_T$ 按下式计算。滑动轴承常用润滑油的动力粘度 $\eta$ 见图 6.2-22。

$$M_T = \frac{\eta \omega r_1^4}{h_1} \varphi_0 \phi_T \times 10^{-9} \quad (6.2\text{-}43)$$

式中 $\phi_T$——无量纲摩擦系数，见表 6.2-11。

4）总摩擦力矩 $M_\Sigma$。

$$M_\Sigma = z M_T$$

5）每块瓦块的油泄量。计算供油量时，每块瓦块的泄油量 $Q_1$ 按下式计算。

$$Q_1 = h_1 \omega r_1^2 \phi_Q \times 10^{-9} \quad (6.2\text{-}44)$$

式中 $\phi_Q$——无量纲总泄油量系数，见表 6.2-11。

计算温升时，泄油量按 $Q_m$ 计算（因有侧泄，所以不是所有进来的油都能带走热量）。$Q_m$ 的计算公式如下。

$$Q_m = h_1 \omega r_1^2 \phi_{Q_m} \times 10^{-9} \quad (6.2\text{-}45)$$

式中 $\phi_{Q_m}$——无量纲平均泄油系数，见表 6.2-11。

6）压力中心（即 $C$ 点）所在位置。

$$r_c = \theta_r r_1 \quad (6.2\text{-}46)$$

$$\varphi_c = \theta_\varphi \varphi_0 \quad (6.2\text{-}47)$$

式中 $\theta_r$——系数，见表 6.2-11；

$\theta_\varphi$——系数，见表 6.2-11。

7）温升 $\Delta t$。

$$\Delta t = \frac{M_T \omega}{C Q_m} \quad (6.2\text{-}48)$$

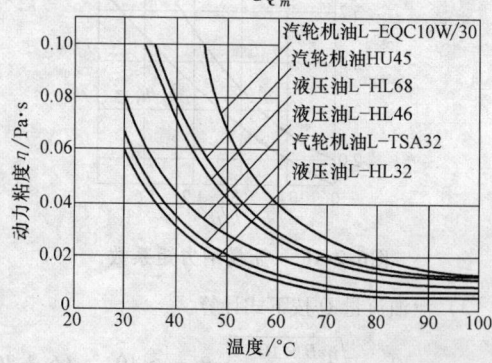

图6.2-22 滑动轴承常用润滑油的动力粘度 $\eta$

表 6.2-11 无量纲系数 $\phi_F$, $\phi_T$, $\phi_Q$, $\phi_{Q_m}$, $\theta_r$, $\theta_\varphi$

| 圆心角 $\varphi_0$ | 半径比 $r_2/r_1$ | | | |
|---|---|---|---|---|
| | 1.7 | 2.0 | 2.5 | 3.0 |
| 无量纲载荷系数 $\phi_F$ | | | | |
| 20 | 0.152 | 0.332 | 0.888 | 1.878 |
| 30 | 0.113 | 0.262 | 0.744 | 1.620 |
| 40 | 0.090 | 0.219 | 0.636 | 1.415 |
| 50 | 0.068 | 0.176 | 0.531 | 1.206 |
| 无量纲摩擦系数 $\phi_T$ | | | | |
| 20 | 1.35 | 2.76 | 7.04 | 14.80 |
| 30 | 1.33 | 2.73 | 6.97 | 14.68 |
| 40 | 1.32 | 2.71 | 6.92 | 14.58 |
| 50 | 1.31 | 2.69 | 6.86 | 14.47 |
| 无量纲总泄油量系数 $\phi_Q$ | | | | |
| 20 | 0.76 | 1.18 | 2.01 | 3.03 |
| 30 | 0.81 | 1.24 | 2.10 | 3.11 |
| 40 | 0.84 | 1.28 | 2.16 | 3.21 |
| 50 | 0.86 | 1.33 | 2.25 | 3.35 |
| 无量纲平均泄油量系数 $\phi_{Q_m}$ | | | | |
| 20 | 0.66 | 1.035 | 1.805 | 2.745 |
| 30 | 0.68 | 1.06 | 1.84 | 2.76 |
| 40 | 0.69 | 1.08 | 1.86 | 2.80 |
| 50 | 0.69 | 1.09 | 1.89 | 2.85 |

| 圆心角 $\varphi_0$ | 系 数 | | | | | | | |
|---|---|---|---|---|---|---|---|---|
| | $\theta_r$ | $\theta_\varphi$ | $\theta_r$ | $\theta_\varphi$ | $\theta_r$ | $\theta_\varphi$ | $\theta_r$ | $\theta_\varphi$ |
| 20 | 1.36 | — | 1.58 | — | 1.88 | — | 2.30 | — |
| 30 | 1.39 | 0.397 | 1.58 | 0.386 | 1.91 | 0.367 | 2.28 | 0.340 |
| 40 | 1.385 | 0.415 | 1.58 | 0.42 | 1.90 | 0.425 | 2.25 | 0.43 |
| 50 | 1.38 | 0.387 | 1.57 | 0.37 | 1.90 | 0.358 | 2.23 | 0.337 |

# 4 液体静压轴承

## 4.1 概述

液体静压轴承的基本原理是在轴承滑动表面开设油腔，依靠一个外部液压系统往油腔内注入液压油，使轴颈与轴承之间形成油膜，将轴托起。若各轴承参数选择得当，可保证轴承在预定载荷和任何转速（含静止状态）下都处于完全液体润滑状态。

液体静压轴承按供油系统的不同可分为两类：恒压力供油系统和恒流量供油系统。恒压力供油系统较简单，应用较广。

恒压力供油系统主要由三部分组成：径向和推力轴承部分、节流器部分、供油装置部分（见图6.2-23）。由供油装置提供液压油，经节流器送入各油腔，再从油腔流出轴承，最后流回油箱。供油压力由溢流阀调定。

常用的节流器有两类：固定节流器和可变节流器。属于固定节流器的有毛细管节流器、缝隙节流器、小孔节流器等。属于可变节流器的有滑阀反馈节

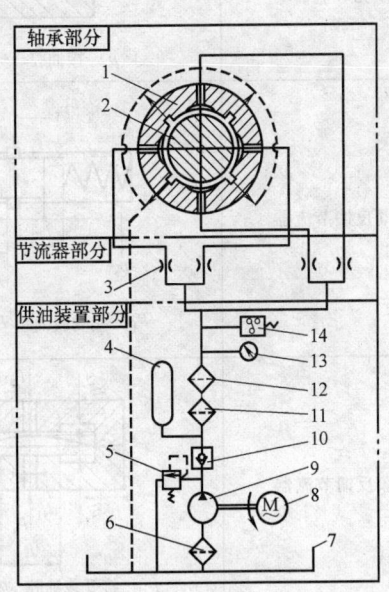

图6.2-23 恒压力供油静压轴承系统

1—静压轴承 2—轴颈 3—节流器 4—蓄能器
5—溢流阀 6—吸油过滤器 7—油箱 8—电动机
9—液压泵 10—单向阀 11—粗过滤器
12—精过滤器 13—压力表 14—压力继电器

流器、薄膜反馈节流器等。在相同载荷情况下，使用可变节流器的静压轴承，其位移最小，刚度最大。各种节流器分类和特点见表6.2-12。

液体静压轴承分为腔式和垫式，见表6.2-13的表头图。腔式轴承受载后，各腔压力不同时，腔和腔之间有内流现象，液体由压力较高的油腔流向压力较低的油腔。若各腔之间用回油槽加以隔开，使腔与腔之间的油流互不影响，此种结构型式的轴承称为垫式轴承（见图6.2-24）。从承载能力来说，腔式和垫式轴承相差不多，而流量和泵功耗，腔式约为垫式的50％，温升两者基本相同；速度较高时，腔式轴承有

利于在封油面上形成动压油膜。

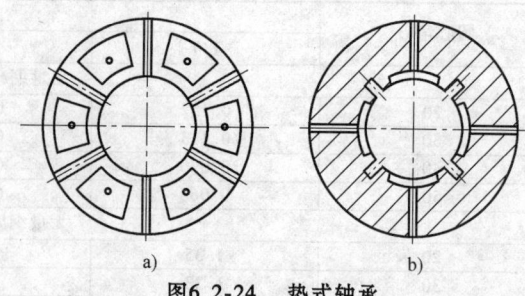

图6.2-24　垫式轴承
a）推力轴承　b）径向轴承

表 6.2-12　节流器的分类和特点

| 类　型 | 图　形 | 特　点 |
|---|---|---|
| 毛细管节流器<br>缝　隙 | $l_j$　$p_s$　$p$　$d_j$<br>$p_s$　$D_j$　$d_j$　$p$<br>$b_j$　$l_j$<br>$b_j$　$p_s$　$l_j$　$p$　$h_j$<br>$p$—接油腔 | 毛细管节流器为细长管，节流尺寸为管径 $d_j$ 和管长 $l_j$。常用直通管，大型轴承常用螺旋形管。若做成螺旋，节流长度可以调节<br>缝隙节流器为一狭长缝，节流尺寸为缝宽 $b_j$、缝高 $h_j$、缝长 $l_j$，缝隙常做在轴瓦上<br>优点是结构比较简单，特别是轴承性能稳定，不受油粘度因温度而变化的影响 |
| 小孔节流器 | $p_s$　$D_j$　$p$　$d_j$<br>$p$—接油腔 | 为一锐边小孔。节流尺寸为孔径 $d_j$。流动状态为紊流<br>优点是：占用空间小；在小位移下油垫刚度稍大于毛细管节流。缺点是因温度变化而引起油粘度改变时将影响油垫的工作性能，易于阻塞 |
| 滑阀反馈节流器 | $p_s$<br>$x$　$l_{j1}$<br>$l_{j0}$　$l_{j0}$<br>$l_{j2}$<br>$p_1$　$p_2$<br>$p_1$—接受载油腔　$p_2$—接背载油腔 | 液压油进入节流器后，分两路经滑阀环缝节流后通向两个相对的油腔。滑阀居中时的节流长度为 $l_{j0}$。受载荷后，滑阀因两侧压力不等而由居中位置移动 $x$ 距离，节流长度高压侧为 $l_{j1}$，流阻降低，流量增加；低压侧为 $l_{j2}$，流阻增加，流量降低。因之，相对油腔的压力差将迅速扩大以平衡外载荷，实现反馈作用 |
| 薄膜反馈节流器 | $h_{j2}$　$p_s$　$p_2$　$h_{j0}$<br>$h_{j1}$　$h_{j0}$<br>$d_{j1}$　$p_s$　$p_1$<br>$d_{j2}$　$p_1>p_2$<br>$p_1$—接受载油腔　$p_2$—接背载油腔 | 薄膜反馈节流器的作用原理与滑阀反馈节流器相同，薄膜变形相当于滑阀移动，因流量与薄膜间隙的三次方成正比，与滑阀节流长度成反比，故反馈灵敏性薄膜节流比滑阀节流高得多<br>两种反馈节流的共同优点是油膜刚度很大。缺点是较复杂，费用较高 |

液体静压轴承的特点是：①能始终处于液体润滑状态下工作，摩擦阻力小，功耗小，传动效率高；②正常运转和起动时都不会发生金属直接接触，精度保持性好，使用寿命长；③在各种速度下，甚至速度为零时，都具有较大的承载能力；④油膜具有补偿误差的作用，能减少轴和轴承制造误差的影响，轴的回

转精度高：⑤油膜刚度大、阻尼性能好，高速运转时有抑制油膜振荡作用；⑥易获得预期的设计效果；⑦需要一套可靠的供油装置，增加了机器的制造费用。

### 4.2 液体静压轴承的结构设计

#### 4.2.1 径向静压轴承

径向静压轴承除分为腔式和垫式两类外，还可按其他结构型式进行分类。按油腔数目可分为三腔、四腔和多腔。轴径小（$D \leqslant 40\text{mm}$）的可采用三腔；多数轴承采用四腔；尺寸较大而载荷方向经常变化的宜用多腔。按油腔构造可分为等深矩形油腔、圆弧矩形油腔和槽形油腔（见图 6.2-25）。等深矩形油腔具有摩擦面积小、摩擦力和功耗小、轴承温升较低等特点，常用于轴系统自重较小和转速较高的轴承；圆弧矩形油腔便于加工，可代替等深矩形油腔；槽形油腔具有摩擦面积大、摩擦力和功耗大、轴承承压面积大等特点，常用于轴系统自重较大及转速较低的轴承。按轴承各油腔的面积是否相等可分为等面积油腔和不等面积油腔（见图 6.2-26）。大多数采用等面积油腔，只有在载荷很大，载荷方向基本不变的轴承，为提高轴承的承载能力，节约泵功率，有时采用不等面积油腔的轴承。

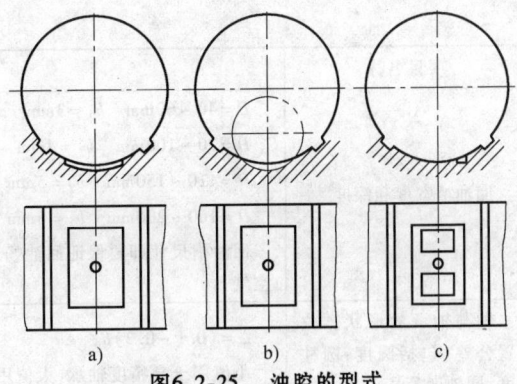

**图6.2-25　油腔的型式**

a）等深矩形油腔　b）圆弧矩形油腔　c）槽型油腔

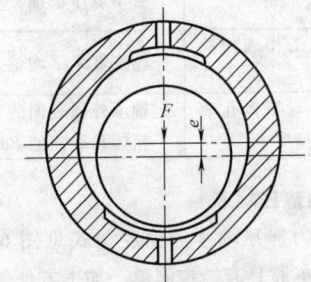

**图6.2-26　不等面积油腔**

径向静压轴承的结构参数和尺寸见表 6.2-13。

**表 6.2-13　径向静压轴承的结构参数和尺寸**

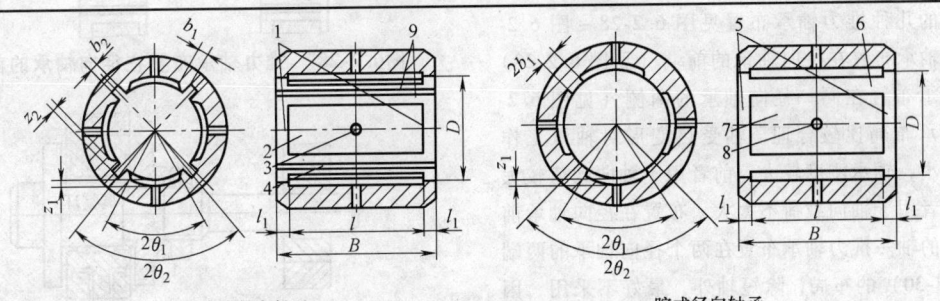

垫式径向轴承　　　　　　　　　　腔式径向轴承

1、5—轴向封油面　2、7—油腔　3、8—进油孔
4—回油槽　6、9—周向封油面

| 项目名称 | 荐用数据及说明 |
|---|---|
| 宽径比 | $B/D = 0.5 \sim 1.5$ |
| 轴向封油面宽度 | $l_1 = 0.1D$（速度较高）　　$l_1 = 0.25D$（速度较低） |
| 周向封油面宽度 | $b_1 = l_1$ |
| 轴承直径间隙（设计间隙） | $D \leqslant 50\text{mm}$　$2h_0 = (0.0006 \sim 0.0010)D$<br>$D > 50 \sim 100\text{mm}$　$2h_0 = (0.0005 \sim 0.0008)D$<br>$D > 100 \sim 200\text{mm}$　$2h_0 = (0.0004 \sim 0.0007)D$<br>选择间隙时，应综合考虑轴承油膜刚度、流量、温升、加工精度、轴挠度等因素 |
| 油腔深度 | $z_1 = (30 \sim 60)h_0$ |

(续)

| 项目名称 | 荐用数据及说明 |
|---|---|
| 回油槽宽度和深度 | $D = 40 \sim 60mm$    $b_2 = 3mm$    $z_2 = 0.6mm$<br>$D = 70 \sim 100mm$    $b_2 = 4mm$    $z_2 = 0.8mm$<br>$D = 110 \sim 150mm$    $b_2 = 5mm$    $z_2 = 1.0mm$<br>$D = 160 \sim 200mm$    $b_2 = 6mm$    $z_2 = 1.2mm$<br>回油槽尺寸即要保证回油畅通,又要充满润滑油并保持微小压力,以防高速时由回油槽引入空气 |
| 轴与轴承的形状和位置公差(包括圆度、圆柱度、同轴度等) | $\Delta = (0.1 \sim 0.3)h_0$<br>小值用于高精度轴承,大值用于一般精度轴承 |
| 轴承外圆与箱体孔的配合 | 对于低压供油,一般多采用过盈配合,对于 $D = 40 \sim 200mm$ 的轴承,其过盈量为 $D/1000$ |
| 轴与轴承工作表面的表面粗糙度 | 轮廓算术平均偏差 $Ra = 1.60 \sim 0.20\mu m$ |
| 轴承外圆与箱体孔表面的表面粗糙度 | 轴承外圆表面的 $Ra$ 值不大于 $0.8\mu m$<br>箱体孔表面的 $Ra$ 值不大于 $3.2 \sim 1.60\mu m$ |

#### 4.2.2 推力静压轴承

平面推力静压轴承的油腔型式见图 6.2-27。圆形及圆环形单腔具有结构简单、加工方便等特点,但只能承受轴向中心载荷,抗倾覆力矩能力差,主要用于倾覆力矩由径向轴承承受的一般推力轴承。圆环形多腔式,结构复杂,加工困难,但受轴向偏心载荷及抗倾覆力矩能力好,主要用于大型推力轴承。

常见的几种推力轴承布置见图 6.2-28 ~ 图 6.2-30。推力轴承布置在径向轴承的前端(见图 6.2-28)和推力轴承布置在同一径向轴承的两侧(见图 6.2-29)的轴承布局比较合理,轴受热变形对轴承工作情况影响小,轴承刚度较大。前者用于轴向载荷较大的轴;后者用于轴向载荷不太大,布置在径向轴承前端有困难的轴。推力轴承布置在两个径向轴承的两端(见图 6.2-30)的布局,除短轴外,最好不采用,因轴受热变形对轴承工作情况影响较大,两轴承间距离越大,影响越大。三种轴承布局的轴承间隙调整均采用调整环来进行。

推力静压轴承的结构参数和尺寸见表 6.2-14。

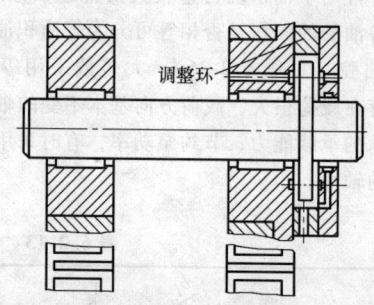

图6.2-28    推力轴承布置在径向轴承的前端

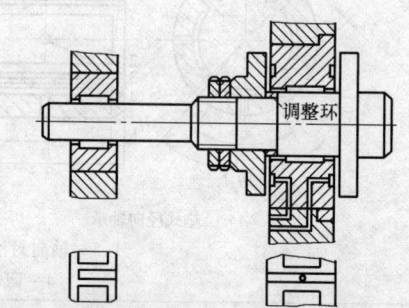

图6.2-29    推力轴承布置在同一径向轴承的两侧

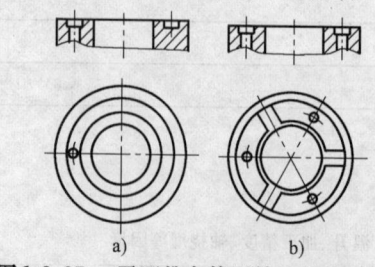

图6.2-27    平面推力静压轴承的油腔型式
a) 环形油腔式    b) 多腔式

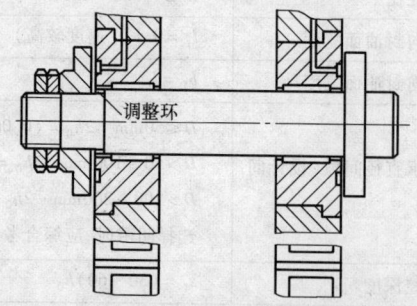

图6.2-30    推力轴承布置在两个径向轴承的两端

表 6.2-14 推力静压轴承的结构参数和尺寸

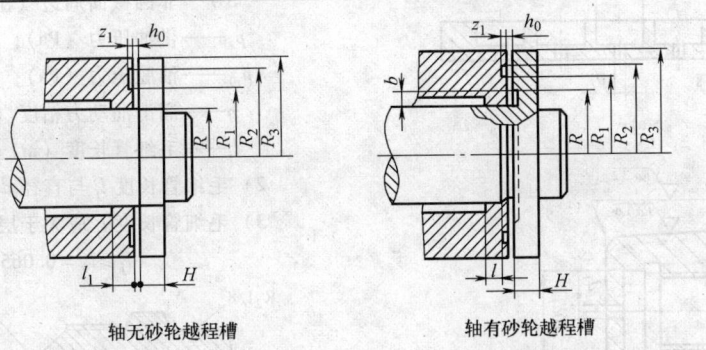

轴无砂轮越程槽      轴有砂轮越程槽

| 项目名称 | 荐用数据及说明 |
|---|---|
| 环形油腔尺寸 | $R_1 = 1.2R$<br>$R_2 = 1.4R$<br>$R_3 = 1.6R$    $R$——径向轴承半径 |
| 油腔深度 | $z_1 = (30 \sim 60)h_0$ |
| 轴承单面间隙（设计间隙） | $h_0 = \dfrac{h_{min}}{1 - \varepsilon_{max}}$<br><br>式中   $\varepsilon_{max}$——最大位移率<br><br>       $h_{min}$——最大油膜厚度，由下列公式中选取最大值：<br><br>       $h_{min} > 25\sqrt[4]{L}$（$L$ 为油垫长度尺寸 m；$h_{min}$ 为 μm）<br><br>       $h_{min} > 40Ra$（$Ra$ 为表面轮廓算术平均偏差）<br><br>       $h_{min} > 3 \times$ 允许几何形状偏差<br><br>       $h_{min} > 2 \times$ 预计偏斜值<br><br>       一般情况下，取 $h_{min} \approx 20 \sim 200$μm，轴承尺寸大、速度高、工作条件恶劣时取较大值 |
| 轴肩（或推力环）厚度 | $D \leqslant 50$mm    $H = 10$mm<br>$D > 50 \sim 200$mm    $H \approx 0.2D$<br>$D$——径向轴承直径 |
| 轴肩（或推力环）的垂直度公差 | $\Delta \leqslant 0.2h_0$ |
| 轴承配合表面的表面粗糙度 | $Ra = 1.60 \sim 0.20$μm |

### 4.2.3 液体静压轴承材料

静压轴承在正常工作情况下，不发生金属之间的直接接触，故轴承材料可用组织均匀、无砂眼、无缩孔的灰铸铁 HT200。但考虑到可能存在瞬时超载、热变形和润滑油突然中断等因素时，为减少轴颈被损坏的危险性，轴承材料也可采用 ZCuZn38Mn2Pb2 锰黄铜或 CuPb5Sn5Zn5 锡青铜。

对于重型设备的轴承，由轴承系统自重引起的支承表面压强应小于材料的许用压强。许用压强见表 6.2-15。

表 6.2-15 轴承材料的许用压强

| 材料 | 轴 | 未淬火钢 | 淬火钢 | 淬火钢 | 淬火钢 |
|---|---|---|---|---|---|
| | 轴承 | 青铜 | 铜 | 钢 | 铸铁 |
| 许用压强/MPa | | 2 ~ 3.5 | 5.5 ~ 10 | 15 | ~ 5 |

### 4.2.4 节流器的结构设计

（1）小孔节流器 如图 6.2-31 所示，小孔节流器有板式和外锥式两种。小孔长度一般取 $l_j = 1 \sim 3$mm，为防止堵塞，小孔直径应取 $d_j \geqslant 0.45$mm。

板式节流器的材料采用 Q235，外锥式节流器的材料采用黄铜或 45 钢。

（2）毛细管节流器 如图 6.2-32 所示，毛细管节流器有直通式和螺旋槽式两类，而螺旋槽式节流器又有节流长度不可调式、节流长度可调式和在轴瓦外圆表面上开出多条螺旋槽等三种。

直通式毛细管节流器可用注射针或玻璃毛细管制成。注射针和玻璃毛细管规格见表 6.2-16。为了防止堵塞，毛细管孔径（或当量直径）$d_j$ 应大于 0.55mm。毛细管长度 $l_j$ 应小于 500mm。

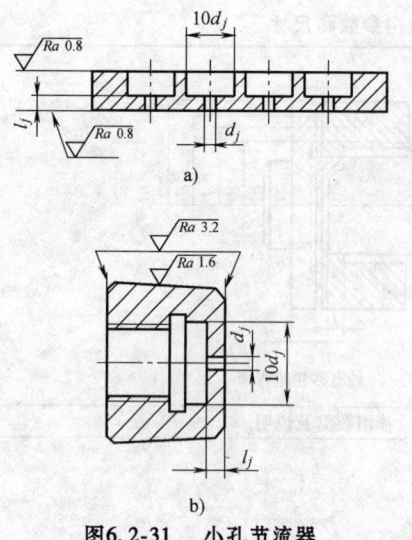

**图6.2-31　小孔节流器**

a）板式　b）外锥式

**表 6.2-16　注射针和玻璃毛细管的规格**

（单位：mm）

| 注射针 | 外径 | 0.8 | 0.9 | 1.1 | 1.2 | 1.4 |
|---|---|---|---|---|---|---|
| | 内径 | 0.46 | 0.56 | 0.71 | 0.84 | 1.07 |
| 玻璃毛细管 | 外径 | 5 | | | | |
| | 内径 | 0.5 | 0.55 | 0.60 | 0.65 | 0.70 | 0.75 | 0.80 |
| | | 0.85 | 0.90 | 0.95 | 1.00 | 1.05 | 1.10 |

　　螺旋槽式毛细管节流器的螺纹部分（见图 6.2-32b、c）的外圆柱面与节流器壳体孔间的配合间隙为 0.008 ～ 0.012mm。图 6.2-32d 所示的螺旋槽分别与不同的油腔相通，轴承外表面与轴承壳孔之间采用过盈配合。螺旋槽剖面形状有三角形、矩形、梯形等。螺旋槽表面粗糙度 $Ra$ 取 3.2～1.6μm。螺旋槽式节流器芯轴的材料采用 45 钢，壳体材料采用灰铸铁 HT200。

　　为保证润滑油通过毛细管后为层流，设计时应满足以下条件：

　　1）圆截面毛细管应使其雷诺数 $Re \leqslant 2000$；非圆截面，$Re \leqslant 500$。雷诺数可按下列公式计算

圆截面　　　　$Re = \dfrac{v_j d_j}{v}$　　　　（6.2-49）

非圆截面　　　$Re = \dfrac{v_j A_j}{v S}$　　　　（6.2-50）

$$v_j = \frac{(p_s - p_{r0}) d_j^2}{32 \eta l_j}　　（6.2-51）$$

式中　$v_j$——润滑油在毛细管中的平均速度（m/s）；

　　　$d_j$——毛细管直径（m）；

　　　$v$——润滑油运动粘度（m²/s）；

$A_j$——非圆截面毛细管截面面积（m²）；

$S$——非圆截面周边（湿周）长度（m）；

$p_s$——供油压力（Pa）；

$p_{r0}$——油腔压力（Pa）；

$\eta$——润滑油动力粘度（Pa·s）；

$l_j$——毛细管长度（m）。

　　2）毛细管长度 $l_j$ 与直径 $d_j$ 之比应大于 20。

　　3）毛细管长度 $l_j$ 应大于层流起始长度 $l_0$，即

$$l_j \geqslant l_0 = 0.065 d_j Re　　（6.2-52）$$

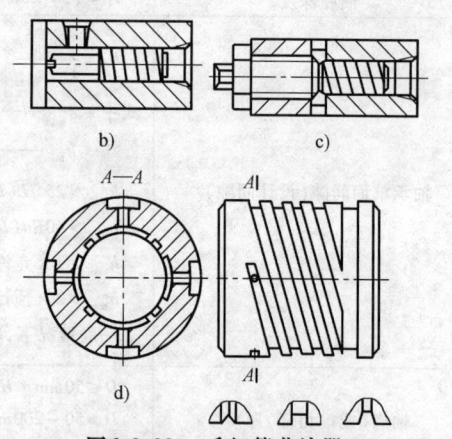

**图6.2-32　毛细管节流器**

a）直通式　b）节流长度不可调螺旋式
c）节流长度可调螺旋式
d）在轴瓦外圆表面上升螺旋槽

　　4）滑阀反馈节流器。滑阀反馈节流器的结构见图 6.2-33。通常取滑阀直径 $d_j = 12$ 或 16mm，滑阀节流长度 $l_j = 10$mm。滑阀同滑阀体间的节流间隙 $h_j$ 由计算决定。由于制造有误差，需在安装时改变滑阀直径作为调整环节，使其节流比 $\beta_0 \left( = \dfrac{p_s}{p_{r0}} \right)$ 达到设计要求。为防止堵塞，应使节流间隙 $h_j \geqslant 0.03$mm。

　　滑阀导向部分同阀体配合的直径间隙一般取为 0.01～0.02mm。滑阀的圆柱度、圆度、同轴度误差不大于 0.003mm。阀体孔的圆度误差不大于 0.005mm。滑阀工作表面的表面粗糙度荐用 $Ra = 0.4$μm；与滑阀相接触的阀体孔表面的表面粗糙度荐用 $Ra = 0.8$μm；滑阀及滑阀体的其他表面的表面粗糙度采用 $Ra = 6.3 ～ 12.5$μm。

滑阀两端应选用刚度、长度相同的弹簧。弹簧刚度需在安装前进行测定，尽量符合设计要求。

为了实现层流条件，润滑油在最高工作温度下应满足 $Re \leqslant 500$。滑阀到达极限位置时的最小节流长度 $l_{jmin}$ 应大于 2.5mm，且使 $(l_{jmin}/h_j) > 30$。

滑阀材料采用 40Cr 或 45 钢，热处理后的硬度为 $40 \sim 50$HRC；阀体采用灰铸铁 HT200。

5）薄膜反馈节流器。双面薄膜反馈节流器的结构见图 6.2-34。常用的节流器尺寸有两种：$D_j = 32$mm，$d_{j1} = 4$mm，$d_{j2} = 12$mm；$D_j = 33$mm，$d_{j1} = 2.5$mm，$d_{j2} = 16$mm。

薄膜同圆台间的节流间隙 $h_j$ 由计算决定。为防止堵塞，应使节流间隙 $h_j \geqslant 0.04$mm。由于制造有误差，需在安装时改变原始节流间隙作为调整环节，使其节流比 $\beta_0$ 达到设计要求。控制原始节流间隙的方法有：将膜片重新研磨加工或垫薄铜片。后者调整方便，但在清洗和维修时应将铜垫片分别编号，不得装错。

为了实现层流条件，润滑油在最高工作温度下应满足雷诺数 $Re \leqslant 500$，且使 $(d_{j2} - d_{j1})/h_j > 60$。

薄膜的厚度由计算决定，但不应小于 0.6mm，否则，不易磨削。薄膜直线度不大于 0.01mm。薄膜两面的平行度不大于 0.01mm。盖板同轴度不大于 0.05mm。盖板两端面平行度不大于 0.005mm。薄膜工作表面的表面粗糙度荐用 $Ra = 0.8\mu m$；盖板与薄膜相接触的表面的表面粗糙度荐用 $Ra = 0.8\mu m$；圆台为 $Ra = 1.6\mu m$；盖板端面为 $Ra = 3.2\mu m$。

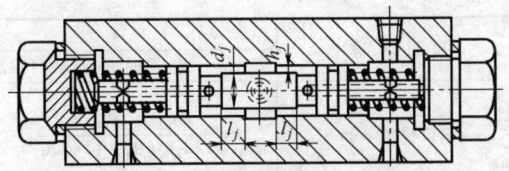

**图6.2-33 滑阀反馈节流器**

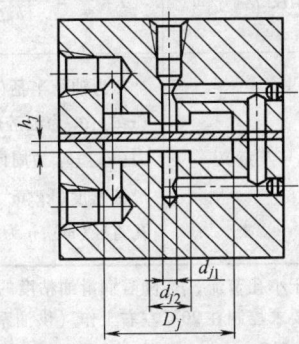

**图6.2-34 双面薄膜反馈节流器**

薄膜材料采用 65Mn 钢，热处理后硬度为 $42 \sim 45$HRC。盖板材料采用 45 钢，热处理后硬度为 $35 \sim 40$HRC。垫片采用薄铜片。

### 4.3 液体静压轴承的设计计算

本节所列计算公式适用于对称等面积四油腔的径向轴承和环形油腔的推力轴承。

#### 4.3.1 小孔节流静压轴承（表 6.2-17、表 6.2-18）

**表 6.2-17 小孔节流径向静压轴承计算公式**（参见表 6.2-13 的表头图）

| 项 目 名 称 | 计算公式 | |
|---|---|---|
| | 垫式轴承（有轴向回油槽） | 腔式轴承（无轴向回油槽） |
| 一个油腔有效承载面积 $A_e/m^2$ | $A_e = 2R(l + l_1)\sin\left(\dfrac{\theta_1 + \theta_2}{2}\right)$ | $A_e = 2R(l + l_1)\sin 45°$ |
| 节流比 $\beta_0$ | $\beta_0 = \dfrac{p_s}{p_{r0}} = 1 + \lambda_0$ <br> 在结构尺寸已定的条件下，当 $\lambda_0 = 0.71$，$\beta_0 = 1.71$ 时，轴承具有最佳刚度，即 $\beta_0 = 1.71$ 为其最佳节流比 | $\beta_0 = \dfrac{p_s}{p_{r0}} = 1 + \lambda_0$ <br> 最佳节流比 $\beta_0 = 1 + \dfrac{1}{\sqrt{2(1 + r')}}$ |
| 设计参数 $\lambda_0$ | $\lambda_0 = \dfrac{1}{2}\left[\sqrt{1 + \dfrac{8\rho p_s R^2 h_0^6\left(\dfrac{ll_1}{Rb_1} + 2\theta_1\right)^2}{9\alpha^2\pi^2\eta^2 l_1^2 d_j^4}} - 1\right]$ | $\lambda_0 = \dfrac{1}{2}\left(\sqrt{1 + \dfrac{2\rho R^2 p_s h_0^6}{9\alpha^2\eta^2 l_1^2 d_j^4}} - 1\right)$ |
| 空载时通过节流小孔流入一个油腔的流量 $Q_{j0}/(m^3/s)$ | $Q_{j0} = \alpha\dfrac{\pi d_j^2}{4}\sqrt{\dfrac{2(p_s - p_{r0})}{\rho}}$ | |
| 空载时一个油腔流出的流量 $Q_0/(m^3/s)$ | $Q_0 = \dfrac{Rh_0^3}{6l_1\eta}\left(\dfrac{ll_1}{Rb_1} + 2\theta_1\right)p_{r0}$ | $Q_0 = \dfrac{\pi R p_{r0} h_0^3}{12\eta l_1}$ |

（续）

| 项目名称 | 计 算 公 式 | |
|---|---|---|
| | 垫式轴承(有轴向回油槽) | 腔式轴承(无轴向回油槽) |
| 轴位移量 $e/m$ | $e = \dfrac{F h_0 \beta_0 (2\beta_0 - 1)}{12 A_e p_s (\beta_0 - 1) \cos\theta_1}$ | $e = \dfrac{F[\beta_0(2\beta_0 - 1) + 2r'\beta_0(\beta_0 - 1)]}{12(\beta_0 - 1)} \cdot \dfrac{h_0}{A_e p_s}$ |
| 轴承油膜刚度 $J/(N/m)$ | $J = \dfrac{F}{e} = \dfrac{12 A_e p_s (\beta_0 - 1)\cos\theta_1}{h_0 \beta_0 (2\beta_0 - 1)}$ | $J = \dfrac{F}{e} = \dfrac{12(\beta_0 - 1)}{\beta_0(2\beta_0 - 1) + 2r'\beta_0(\beta_0 - 1)} \cdot \dfrac{A_e p_s}{h_0}$ |
| 公式代号及意义 | $R$ 为轴承半径(m); $l$ 为油腔长度(m); $l_1$ 为轴向封油面宽度(m); $\theta_1$ 为油腔张角的一半(°)或 (rad); $\theta_2$ 为油腔中心线与周向封油面远边之间的夹角; $p_s$ 为供油压力(Pa); $p_{r0}$ 为空载时油腔压力(Pa); $b_1$ 为周向封油面宽度(m); $r' = 2(l + l_1)l_1/\pi R b_1$ 为无量纲数; $h_0$ 为半径间隙(m); $\rho$ 为润滑油密度(kg/m³), 润滑油 $\rho = 850 \sim 900$ (kg/m³); $\alpha$ 为小孔油量系数, $\alpha = 0.6 \sim 0.7$; $d_j$ 为节流小孔直径(m); $\eta$ 为润滑油动力粘度(Pa·s); $F$ 为轴承载荷(N) | |

注: 对于小孔节流, $\beta_0$ 随着润滑油粘度的变化而改变, 因此, 应满足润滑油在 $20 \sim 50$℃ 范围内 $\beta_0 = 1.5 \sim 3$。对于轴承温度要求控制在 20℃ 左右工作(供油系统有恒温装置), 则取 $\beta_0 = 1.71$; 如果轴承温度在 $20 \sim 50$℃ 范围内工作, 则取 $\beta_0 = 1.5$。

**表 6.2-18  小孔节流推力静压轴承计算公式**（参见表 6.2-14 表头图）

| 项目名称 | 计 算 公 式 |
|---|---|
| 一个油腔有效承载面积 $A_e/m^2$ | $A_e = \dfrac{\pi}{2}\left[\dfrac{R_3^2 - R_2^2}{\ln\left(\dfrac{R_3}{R_2}\right)} - \dfrac{R_1^2 - R^2}{\ln\left(\dfrac{R_1}{R}\right)}\right]$ |
| 节流比 $\beta_0$ | $\beta_0 = \dfrac{p_s}{p'_{r0}} = 1 + \lambda_0$ $\beta_0 = 1.71$ 为最佳节流比, 最佳节流比的说明见表 6.2-17 |
| 设计参数 $\lambda_0$ | $\lambda_0 = \dfrac{1}{2}\left[\sqrt{1 + \dfrac{8\rho p_s h_0^6}{9\eta^2 \alpha^2 d_j}\left(\dfrac{\ln\dfrac{R_1}{R}\dfrac{R_3}{R_2}}{\ln\dfrac{R_1}{R}\ln\dfrac{R_3}{R_2}}\right)^2} - 1\right]$ |
| 空载时通过节流器流入一个环形油腔的流量 $Q_{j0}/(m^3/s)$ | $Q_{j0} = a\dfrac{\pi d_j^2}{4}\sqrt{\dfrac{2(p_s - p'_{r0})}{\rho}}$ |
| 空载时轴承一个环形油腔流出的流量 $Q_0/(m^3/s)$ | $Q_0 = \dfrac{\pi p'_{r0} h'^3_0}{6\eta}\left[\dfrac{\ln\left(\dfrac{R_1 R_3}{R R_2}\right)}{\ln\left(\dfrac{R_1}{R}\right)\ln\left(\dfrac{R_3}{R_2}\right)}\right]$ |
| 轴的轴向位移量 $e/m$ | $e = \dfrac{\beta_0(2\beta_0 - 1)F'h'_0}{12(\beta_0 - 1)p_s A_e}$ |
| 轴承油膜刚度 $J/(N/m)$ | $J = \dfrac{12(\beta_0 - 1)A_e p_s}{\beta_0(2\beta_0 - 1)h'_0}$ |
| 公式代号及意义 | $R_1$ 为油腔内端半径(m); $R_2$ 为油腔外端半径(m); $R_3$ 为推力静压轴承半径(m); $p'_{r0}$ 为推力轴承空载时油腔压力(Pa); $h'_0$ 为推力静压轴承轴向间隙(m); $F'$ 为轴向载荷(N); 其他代号同表 6.2-17 |

## 4.3.2  毛细管节流静压轴承 （表 6.2-19、表 6.2-20）

毛细管节流主要用于载荷不大, 径向轴承偏心率和推力轴承位移率 $\varepsilon \leqslant 0.3$ 的轴承。

**表 6.2-19　毛细管节流径向静压轴承计算公式**（参见表 6.2-13 表头图）

| 项目名称 | 计算公式 | |
|---|---|---|
| | 垫式轴承(有轴向回油槽) | 腔式轴承(无轴向回油槽) |
| 一个油腔有效承载面积 $A_e/\mathrm{m}^2$ | $A_e = 2R(l + l_1)\sin\left(\dfrac{\theta_1 + \theta_2}{2}\right)$ | $A_e = 2R(l + l_1)\sin 45°$ |
| 节流比 $\beta_0$ | \multicolumn{2}{c}{} |  |

| 项目名称 | 垫式轴承(有轴向回油槽) | 腔式轴承(无轴向回油槽) |
|---|---|---|
| 一个油腔有效承载面积 $A_e/\mathrm{m}^2$ | $A_e = 2R(l + l_1)\sin\left(\dfrac{\theta_1 + \theta_2}{2}\right)$ | $A_e = 2R(l + l_1)\sin 45°$ |
| 节流比 $\beta_0$ | $\beta_0 = \dfrac{p_s}{p_{r0}} = 1 + \lambda_0$<br>在轴承结构尺寸已定的情况下，当 $\lambda_0 = 1$，$\beta_0 = 2$ 时，轴承具有最佳刚度，即 $\beta_0 = 2$ 为其最佳节流比 | 最佳节流比 $\beta_0 = 1 + \dfrac{1}{\sqrt{1 + r'}}$ |
| 设计参数 $\lambda_0$ | $\lambda_0 = \dfrac{64Rl_j h_0^3}{3\pi l_1 d_j^4}\left(\dfrac{ll_1}{Rb_1} + 2\theta_1\right)$ | $\lambda_0 = \dfrac{32Rl_j h_0^3}{3l_1 d_j^4}$ |
| 空载时通过毛细管流入轴承一个油腔的流量 $Q_{j0}/(\mathrm{m}^3/\mathrm{s})$ | \multicolumn{2}{c}{$Q_{j0} = \dfrac{\pi d_j^4(p_s - p_{r0})}{128\eta l_j}$} | |
| 空载时轴承一个油腔流出的流量 $Q_0/(\mathrm{m}^3/\mathrm{s})$ | $Q_0 = \dfrac{Rh_0^3}{6l_1\eta}\left(\dfrac{ll_1}{Rb_1} + 2\theta_1\right)p_{r0}$ | $Q_0 = \dfrac{\pi R p_{r0} h_0^3}{12l_1\eta}$ |
| 轴位移量 $e/\mathrm{m}$ | $e = \dfrac{Fh_0\beta_0^2}{6(\beta_0 - 1)A_e p_s\cos\theta_1}$ | $e = \dfrac{Fh_0[\beta_0^2 + r'\beta_0(\beta_0 - 1)]}{6(\beta_0 - 1)A_e p_s}$ |
| 轴承油膜刚度 $J/(\mathrm{N}/\mathrm{m})$ | $J = \dfrac{6(\beta - 1)A_e p_s\cos\theta_1}{h_0\beta_0^2}$ | $J = \dfrac{6(\beta_0 - 1)A_e p_s}{h_0[\beta_0^2 + r'\beta_0(\beta_0 - 1)]}$ |

毛细管边界条件：

| | | |
|---|---|---|
| 雷诺数 $Re$ — 圆截面 | \multicolumn{2}{l}{$Re = \dfrac{v_j d_j}{\nu} = \dfrac{(p_s - p_{r0})d_j^3}{32\eta\nu l_j} < 2000$} | |
| 雷诺数 $Re$ — 非圆截面 | \multicolumn{2}{l}{$Re = \dfrac{v_j R}{\nu} = \dfrac{V_j A_j}{\nu S} < 500$} | |
| 毛细管长度 $l_j/\mathrm{m}$ | \multicolumn{2}{l}{$l_j > l_0 = 0.065 d_j Re$} | |
| 毛细管长径比 $\dfrac{l_j}{d_j}$ | \multicolumn{2}{l}{$\dfrac{l_j}{d_j} > 20$} | |

公式代号及意义：

$d_j$——毛细管直径(m)，对于非圆截面毛细管，其当量直径为 $d_j = \dfrac{1}{4\sqrt{C}}\sqrt{\dfrac{4A}{\pi}}$，其中 $A$ 为非圆毛细管的截面积$(\mathrm{m}^2)$，$C$ 为非圆截面形状系数：正方形毛细管 $C = 1.13$；等边三角形 $C = 1.31$；等腰三角形 $C = 1.36$

$l_j$——毛细管长度(m)

$v_j$——润滑油在毛细管中流动的平均速度(m/s)，按式(6.2-51)计算

$S$——非圆截面的湿周(m)

$\nu$——润滑油的运动粘度$(\mathrm{m}^2/\mathrm{s})$

$l_0$——毛细管层流起始段长度(m)

其他代号及其意义同表 6.2-17

**表 6.2-20　毛细管节流推力静压轴承计算公式**

（参见表 6.2-14 表头图）

| 项目名称 | 计算公式 |
|---|---|
| 一个油腔有效承载面积 $A_e$/m | $A_e = \dfrac{\pi}{2}\left[\dfrac{R_3^2 - R_2^2}{\ln\left(\dfrac{R_3}{R_2}\right)} - \dfrac{R_1^2 - R^2}{\ln\left(\dfrac{R_1}{R}\right)}\right]$ |
| 节流比 $\beta_0$ | $\beta_0 = \dfrac{p_s}{p'_{r0}} = 1 + \lambda_0$<br>$\beta_0 = 2$ 为最佳节流比,最佳节流比的说明见表 6.2-19 |
| 设计参数 $\lambda_0$ | $\lambda_0 = \dfrac{64 l_j h_0'^3}{3 d_j^4}\left[\dfrac{\ln\dfrac{R_1 R_3}{RR_2}}{\ln\left(\dfrac{R_1}{R}\right)\ln\left(\dfrac{R_3}{R_2}\right)}\right]$ |
| 空载时通过节流器流入一个环形油腔的流量 $Q_{j0}$/(m³/s) | $Q_{j0} = \dfrac{\pi d_j^4 (p_s - p'_{r0})}{128 \eta l_j}$ |
| 空载时轴承一个环形油腔流出的流量 $Q_0$/(m³/s) | $Q_0 = \dfrac{\pi p'_{r0} h_0'^3}{6\eta}\left[\dfrac{\ln\left(\dfrac{R_1 R_3}{RR_2}\right)}{\ln\left(\dfrac{R_1}{R}\right)\ln\left(\dfrac{R_3}{R_2}\right)}\right]$ |
| 轴的轴向位移量 $e$/m | $e = \dfrac{F'\beta_0^2 h_0'}{6(\beta_0 - 1)p_s A_e}$ |
| 轴承油膜刚度 $J$/(N/m) | $J = \dfrac{6(\beta_0 - 1)p_s A_e}{\beta_0^2 h_0'}$ |

**4.3.3　滑阀反馈节流静压轴承**（表 6.2-21～表 6.2-23）

图 6.2-35 为滑阀反馈节流静压轴承原理图。图中所示为垫式轴承。滑块反馈节流静压轴承能适应载荷变化大的工作条件,但因反馈作用靠滑阀移动来实现,而移动距离又较薄膜变形大得多,所以反馈速度较慢。

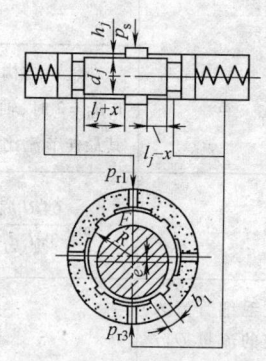

**图6.2-35　滑阀反馈节流静压轴承原理图**

设计时要注意,在其他参数已定的情况下,$h_j$ 与 $h_0$ 必须保持一定的关系以保证 $\beta_0$ 为最佳值。在设计、制造和调整时如改变其中一个大小,则另一个也相应改变。

**表 6.2-21　滑阀反馈节流径向静压轴承计算公式**（参见表 6.2-13 表头图）

| 项目名称 | 计算公式 | |
|---|---|---|
| | 垫式轴承(有轴向回油槽) | 腔式轴承(无轴向回油槽) |
| 一个油腔有效承载面积 $A_e$/m² | $A_e = 2R(l + l_1)\sin\left(\dfrac{\theta_1 + \theta_2}{2}\right)$ | $A_e = 2R(l + l_1)\sin 45°$ |
| 载荷系数 $\phi_F$ | $\phi_F = \dfrac{F}{A_e p_s}$ | |
| 节流比 $\beta_0$ | $\beta_0 = \dfrac{p_s}{p_{r0}} = 1 + \lambda_0$ | $\beta_0 = \dfrac{p_s}{p_{r0}} = 1 + \sqrt{\dfrac{1}{(1 - C_j^2 \phi_F^2)\left(1 + \dfrac{2ll_1}{\pi Rb_1}\right)}}$ |
| | $\beta_0$(或 $\lambda_0$)可按额定载荷系数 $\phi_{FD}$ 查表 6.2-22 | 最佳节流比 $\beta_0 = 1.7 \sim 2$ |
| 节流器控制系数 $C_j$ | $C_j = \dfrac{A_j p_s}{2 K_j l_j} = \dfrac{-1 + \sqrt{1 + \beta_0^2 \phi_F^2}}{(\beta_0 - 1)\phi_F^2}$<br>$A_j = \dfrac{\pi}{4}d_j^2$ | $C_j = \dfrac{A_j p_s}{2 K_j l_j} =$<br>$\dfrac{-1 + \sqrt{1 + \phi_F^2\left(1 + \dfrac{2ll_1}{\pi Rb_1}\right)\left[\beta_0^2 + \dfrac{2\beta_0 ll_1}{\pi Rb_1}(\beta_0 - 1)\right]}}{(\beta_0 - 1)\left(1 + \dfrac{2ll_1}{\pi Rb_1}\right)\phi_F^2}$ |
| | $C_j$ 值查表 6.2-22 | $\beta_0$ 与 $C_j$ 应联立求解 |
| 弹簧刚度 $K_j$/(N/m) | $K_j = \dfrac{A_j p_s}{2 C_j l_j}$ | |

（续）

| 项目名称 | 计 算 公 式 | |
|---|---|---|
| | 垫式轴承（有轴向回油槽） | 腔式轴承（无轴向回油槽） |
| 受载后滑阀移动量 $x$/m | $x = \dfrac{FA_j}{2K_jA_e}$ | |
| 滑阀与阀体间的节流间隙 $h_j$/m | $h_j = h_0\sqrt{\dfrac{2Rl_j\left(\dfrac{ll_1}{Rb_1}+2\theta_1\right)}{\pi d_j l_1 \lambda_0}}$ | $h_j = h_0\sqrt[3]{\dfrac{Rl_j}{\lambda_0 l_1 d_j}}$ |
| 空载时通过滑阀节流器进入轴承一个油腔的流量 $Q_{j0}$/(m³/s) | $Q_{j0} = \dfrac{\pi d_j h_j^3 (p_s - p_{r0})}{12\eta l_j}$ | |
| 空载时轴承一个油腔流出的流量 $Q_0$/(m³/s) | $Q_0 = \dfrac{p_{r0}Rh_0^3}{6\eta l_1}\left(\dfrac{ll_1}{Rb_1}+2\theta_1\right)$ | $Q_0 = \dfrac{\pi p_{r0}Rh_0^3}{12\eta l_1}$ |
| 轴位移量 $e$/m | $e = \varepsilon h_0$ $= \dfrac{h_0\left[\phi_F\left(2C_j - \dfrac{\beta_0^2}{\beta_0-1}\right)+C_j^2\phi_F^3(\beta_0-1)\right]}{6(C_j\phi_F^2-1)\cos\theta_1}$ | $e = \varepsilon h_0$ $h_0\phi_F + h_0\phi_F(\beta_0-1)\{2+(1-C_j^2\phi_F^2)(\beta_0-1)$ $= \dfrac{+\dfrac{2ll_1}{\pi Rb_1}[1+(\beta_0-1)(1-C_j^2\phi_F^2)]-2C_j\}}{6(\beta_0-1)(1-C_j\phi_F^2)\cos22.5°}$ |
| 轴承油膜刚度 $J$/(N/m) | $J = \dfrac{F}{e}$ | |
| 公式代号及意义 | $A_j$——滑阀弹簧安装处的端面积（m²）；$\varepsilon$——偏心率；$d_j$——滑阀直径（m）；$l_j$——滑阀节流长度（m）；其他代号同表 6.2-17 | |

**表 6.2-22  不同额定载荷系数 $\phi_{FD}$ 所对应的系数 $C_j$ 和 $\beta_0$（$\lambda_0$）值**

| $\phi_{FD}=F_{max}/A_e P_s$ | 0.1 | 0.15 | 0.2 | 0.3 | 0.4 | 0.5 | 0.6 |
|---|---|---|---|---|---|---|---|
| $\lambda_0$ | 1.02 | 1.05 | 1.08 | 1.19 | 1.38 | 1.66 | 2.12 |
| $\beta_0$ | 2.02 | 2.05 | 2.08 | 2.19 | 2.38 | 2.66 | 3.12 |
| $C_j$ | 1.98 | 1.96 | 1.92 | 1.83 | 1.72 | 1.60 | 1.47 |

注：1. $F_{max}$ 为轴承承受的最大载荷 N。

　　2. 轻载和精密轴承 $\phi_{FD}$ 取最小值，一般荐用 $\phi_{FD} \leq 0.3$；重载一般精度轴承取较大值，一般荐用 $\phi_{FD} \leq 0.6$。

**表 6.2-23  滑阀反馈节流推力静压轴承计算公式**（参见表 6.2-14 表头图）

| 项目名称 | 计 算 公 式 | 项目名称 | 计 算 公 式 |
|---|---|---|---|
| 一个环形油腔有效承载面积 $A_e$/m² | $A_e = \dfrac{\pi}{2}\left[\dfrac{R_3^2-R_2^2}{\ln\left(\dfrac{R_3}{R_2}\right)}-\dfrac{R_1^2-R^2}{\ln\left(\dfrac{R_1}{R}\right)}\right]$ | 滑阀与阀体间的节流间隙 $h_j$/m | $h_j = h_0'\sqrt[3]{\dfrac{2l_j\ln\left(\dfrac{R_1R_3}{RR_2}\right)}{d_j\lambda_0\ln\left(\dfrac{R_1}{R}\right)\ln\left(\dfrac{R_3}{R_2}\right)}}$ |
| 载荷系数 $\phi_F$ | $\phi_F = \dfrac{F'}{A_e p_s}$ | 空载时通过滑阀节流器进入轴承一个环形油腔的流量 $Q_{j0}$/(m³/s) | $Q_{j0} = \dfrac{\pi d_j h_j^3 (p_s - p_{r0}')}{12\eta l_j}$ |
| 节流比 $\beta_0$ | $\beta_0 = \dfrac{p_s}{p_{r0}'}=1+\lambda_0$ 最佳节流比 $\beta_0 = 1.7 \sim 2$ | 空载时轴承一个环形油腔流出的流量 $Q_0$/(m³/s) | $Q_0 = \dfrac{\pi p_{r0}' h_0'^3}{6\eta}\left[\dfrac{\ln\left(\dfrac{R_1R_3}{RR_2}\right)}{\ln\left(\dfrac{R_1}{R}\right)\ln\left(\dfrac{R_3}{R_2}\right)}\right]$ |
| 滑阀控制系数 $C_j$ | $C_j = \dfrac{A_j p_s}{2K_j l_j}$ $A_j = \dfrac{\pi}{4}d_j^2$ | | |
| 弹簧刚度 $K_j$/(N/m) | $K_j = \dfrac{A_j p_s}{2C_j l_j}$ | 受载后滑阀移动量 $x$/m | $x = \dfrac{A_j F'}{2K_j A_e}$ |

（续）

| 项目名称 | 计算公式 | 项目名称 | 计算公式 |
|---|---|---|---|
| 轴位移量 $e$/m | $$e = \dfrac{h'_0\left[ \phi_F\left( 2C_j - \dfrac{\beta_0^2}{\beta'_0 -1}\right) + (\beta_0 -1)C_j^2\phi_F^3\right]}{6(C_j\phi_F^2 -1)}$$ | 轴承油膜刚度 $J$/（N/m） | $$J = \dfrac{F'}{e}$$ |
|  |  | 公式代号及意义 | 代号同表6.2-18及表6.2-22 |

### 4.3.4  双面薄膜反馈节流静压轴承

图6.2-36为双面薄膜反馈节流径向静压轴承的工作原理。此种轴承适用于载荷较大和刚度要求很高的场合。

设计计算见表6.2-24～表6.2-26。

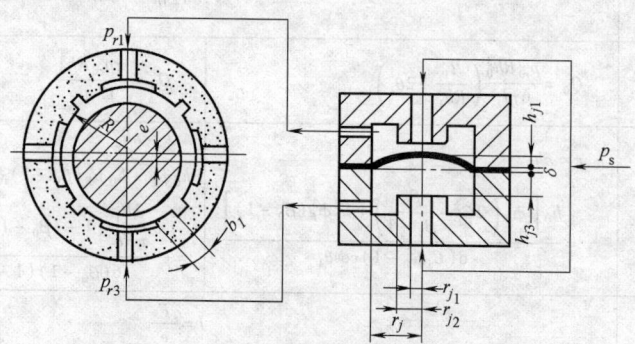

**图6.2-36  双面薄膜反馈节流静压轴承原理图**

**表6.2-24  双面薄膜反馈节流径向静压轴承计算公式**（参见表6.2-13表头图）

| 项目名称 | 计算公式 | |
|---|---|---|
|  | 垫式轴承(有轴向回油槽) | 腔式轴承(无轴向回油槽) |
| 一个油腔有效承载面积 $A_e$/m² | $A_e = 2R(l + l_1)\sin\left(\dfrac{\theta_1 + \theta_2}{2}\right)$ | $A_e = 2R(l + l_1)\sin 45°$ |
| 载荷系数 $\phi_F$ | $\phi_F = \dfrac{F}{A_e p_s}$ | |
| 节流比 $\beta_0$ | $\beta_0 = \dfrac{p_s}{p_{r0}} = 1 + \lambda_0$ | |
|  | 最佳节流比 $\beta_0 = 1.5 \sim 2$ | |
|  | $K = \dfrac{\overline{U}}{h_j\phi_{FD}}$ | |
| 节流器控制系数 $K$ | $K$ 与 $\beta_0$（或 $\lambda_0$）的选择原则：<br>1）在额定载荷作用下，轴承刚度为无穷大，在载荷从 $0 \sim F_{max}$ 的加载过程中，轴的位移 $e$ 均为很小的正值，此时可以根据 $\phi_{FD}$ 查表6.2-25，选择 $\phi_{FD}$ 所对应的 $K$、$\beta_0$（或 $\lambda_0$）值。<br>2）在额定载荷作用下，轴承刚度不是无穷大，载荷从 $0 \sim F_{max}$ 的加载过程中，轴的位移 $e$ 均为较小的正值，此时可选择 $K \leqslant \dfrac{2}{3}$，$\beta_0 = 2$，这种参数便于轴承节流器的制造和调整 | $K$ 值的选择原则：<br>在额定载荷作用下，为使轴获得较高的油膜刚度，并且使轴位移 $e$ 不出现负值，在求 $K$ 值时，令 $\varepsilon$ 式等于零，用逼近法求解，然后根据下式验证：<br>$$K < \dfrac{2(\pi Rb_1 + ll_1)}{3\pi Rb_1}$$<br>若 $K$ 值不满足上述条件，说明所求得的 $K$ 值会使轴出现负位移 |

（续）

| 项目名称 | 计算公式 | |
|---|---|---|
| | 垫式轴承(有轴向回油槽) | 腔式轴承(无轴向回油槽) |
| 空载时薄膜与圆台之间的间隙 $h_j$/m | $h_j = h_0 \sqrt[3]{\dfrac{R\ln\left(\frac{r_{j2}}{r_{j1}}\right)\left(\frac{ll_1}{Rb_1} + 2\theta_1\right)}{\pi\lambda_0 l_1}}$ | $h_j = h_0 \sqrt[3]{\dfrac{R\ln\left(\frac{r_{j2}}{r_{j1}}\right)}{2\lambda_0 l_1}}$ |
| 薄膜厚度 $\delta$/m | $\delta = \sqrt[3]{\dfrac{3p_s(1-\mu^2)(r_j^2 - r_{j1}^2)^2}{16EKh_j}}$ | |
| 受载后薄膜平均变形量 $\overline{U}$/m | $\overline{U} = \dfrac{3F(1-\mu^2)(r_j^2 - r_{j1}^2)^2}{16EA_e\delta^3}$ | |
| 空载时通过节流器流入一个油腔的流量 $Q_{j0}$/(m³/s) | $Q_{j0} = \dfrac{\pi h_j^3(p_s - p_{r0})}{6\eta\ln\left(\frac{r_{j2}}{r_{j1}}\right)}$ | |
| 空载时一个油腔流出的流量 $Q_0$/(m³/s) | $Q_0 = \dfrac{Rh_0^3}{6\eta l_1}\left(\dfrac{ll_1}{Rb_1} + 2\theta_1\right)p_{r0}$ | $Q_0 = \dfrac{\pi p_{r0} Rh_0^3}{12\eta l_1}$ |
| 轴位移量 $e$/m | $e = \varepsilon h_0$ $= h_0\phi_F\{(1-K^2\phi_F^2)^3 + 2\lambda_0$ $\dfrac{[1-3K+K^2\phi_F^2(3-K)] + \lambda_0^2\}}{6\lambda_0[1-3K\phi_F^2(1-K) - K^3\phi_F^4]\cos\theta_1}$ | $e = \varepsilon h_0$ $= h_0\phi_F\{\pi Rb_1[2K(3+K^2\phi_F^2)(\beta_0-1) -$ $2(1+3K^2\phi_F^2)(\beta_0-1) - (\beta_0-1)^2 -$ $(1-K^2\phi_F^2)^3] - 2ll_1(\beta_0-1)(\beta_0^2+3K^2\phi_F^2)\}$ $\overline{6\pi Rb_1\cos\theta_1(\beta_0-1)[K\phi_F^2(3+K^2\phi_F^2) - (1+3K^2\phi_F^2)]}$ |
| 轴承油膜刚度 $J$/(N/m) | $J = \dfrac{F}{e}$ | |
| 公式代号及意义 | $E$——材料弹性模量(Pa)；$\mu$——泊松比；$r_{j1}$——圆台进油孔半径(m)；$r_{j2}$——圆台半径(m)；$r_j$——薄膜工作范围半径(m)；其他代号同表 6.2-17 | |

**表 6.2-25　不同额定载荷系数 $\phi_{FD}$ 对应的 $K$、$\beta_0$ 和 $\lambda_0$ 值**

| $\phi_{FD} = \dfrac{F_{max}}{A_e p_s}$ | 0.1 | 0.2 | 0.3 | 0.4 | 0.5 | 0.6 |
|---|---|---|---|---|---|---|
| $K$ | 0.69 | 0.70 | 0.71 | 0.72 | 0.73 | 0.75 |
| $\beta_0$ | 1.64 | 1.62 | 1.59 | 1.55 | 1.49 | 1.42 |
| $\lambda_0$ | 0.64 | 0.62 | 0.59 | 0.55 | 0.49 | 0.42 |

注：轻载、精密轴承取 $\phi_{FD} \leqslant 0.3$，重载、一般精度轴承取 $\phi_{FD} \leqslant 0.6$。

**表 6.2-26　双面薄膜反馈节流推力静压轴承计算公式**（参见表 6.2-14 表头图）

| 项目名称 | 计 算 公 式 |
|---|---|
| 一个环形油腔有效承载面积 $A_e$/m² | $A_e = \dfrac{\pi}{2}\left[\dfrac{R_3^2 - R_2^2}{\ln\left(\frac{R_3}{R_2}\right)} - \dfrac{R_1^2 - R^2}{\ln\left(\frac{R_1}{R}\right)}\right]$ |
| 载荷系数 $\phi_F$ | $\phi_F = \dfrac{F'}{A_e p_s}$ |
| 节流比 $\beta_0$ | $\beta_0 = \dfrac{p_s}{p_{r0}'} = 1 + \lambda_0$ 最佳节流比 $\beta_0 = 1.5 \sim 2$ |

（续）

| 项目名称 | 计 算 公 式 |
|---|---|
| 节流器控制系数 $K$ | $K = \dfrac{\overline{U}}{h_j \phi_{FD}}$ <br><br> $K$ 与 $\beta_0$（或 $\lambda_0$）的选择原则同表 6.2-24 中的垫式轴承 |
| 空载时薄膜与圆台间的间隙 $h_j/\mathrm{m}$ | $h_j = h'_0 \sqrt[3]{\dfrac{\ln\left(\dfrac{R_1 R_3}{R R_2}\right)\ln\left(\dfrac{r_{j2}}{r_{j1}}\right)}{\lambda_0 \ln\left(\dfrac{R_1}{R}\right)\ln\left(\dfrac{R_3}{R_2}\right)}}$ |
| 薄膜厚度 $\delta/\mathrm{m}$ | $\delta = \sqrt[3]{\dfrac{3 p_s (1-\mu^2)(r_j^2 - r_{j1}^2)^2}{16 E K h_j}}$ |
| 受载后薄膜平均变形量 $\overline{u}/\mathrm{m}$ | $\overline{u} = \dfrac{3 F'(1-\mu^2)}{16 E A_e \delta^3}(r_j^2 - r_{j1}^2)^2$ |
| 空载时通过节流器流入一个环形油腔的流量 $Q_{j0}/(\mathrm{m^3/s})$ | $Q_{j0} = \dfrac{\pi(p_s - p'_{r0})h_j^3}{6\eta\ln\left(\dfrac{r_{j2}}{r_{j1}}\right)}$ |
| 空载时一个环形油腔流出的流量 $Q_0/(\mathrm{m^3/s})$ | $Q_0 = \dfrac{\pi p'_{r0} h'^3_0}{6\eta}\left[\dfrac{\ln\left(\dfrac{R_1 R_3}{R R_2}\right)}{\ln\left(\dfrac{R_1}{R}\right)\ln\left(\dfrac{R_3}{R_2}\right)}\right]$ |
| 轴位移量 $e/\mathrm{m}$ | $e = \dfrac{h'_0 \phi_F \{(1 - K^2\phi_F^2)^3 + 2(\beta_0 - 1)[1 - 3K + K^2\phi_F^2(3-K)] + (\beta_0-1)^2\}}{6(\beta_0 - 1)[1 - 3K\phi_F^2(1-K) - K^3\phi_F^4]}$ |
| 轴承油膜刚度 $J/(\mathrm{N/m})$ | $J = \dfrac{F'}{e}$ |
| 公式代号及意义 | 代号同表 6.2-18 及表 6.2-24 |

### 4.3.5 静压轴承的功耗及温升（表 6.2-27）

**表 6.2-27 静压轴承的功耗及温升计算**

| 项目名称 | 计 算 公 式 |
|---|---|
| 油腔形状决定的流量系数 $q$ | 垫式径向轴承：<br> $q = \dfrac{R}{6l_1}\left(\dfrac{l l_1}{R b_1} + 2\theta_1\right)$ <br><br> 腔式径向轴承：<br> 轴向 $\quad q = \dfrac{2\pi R}{6\eta l_1}$ <br><br> 径向 $\quad q = \dfrac{l}{12 b_1}$ <br><br> 环形油腔平面推力轴承：<br> $q = \dfrac{\pi}{6}\left[\dfrac{1}{\ln\left(\dfrac{R_3}{R_2}\right)} + \dfrac{1}{\ln\left(\dfrac{R_1}{R}\right)}\right]$ <br><br> 圆形单油腔平面推力轴承：<br> $q = \dfrac{\pi}{6\ln\left(\dfrac{R_2}{R_1}\right)}$ |
| 油泵输入功率 $P_p/\mathrm{W}$ | $P_p = \dfrac{p_s Q_p}{\eta_p} = \sum \dfrac{q h_0^3 p_s^2}{\eta_p \eta \beta_0}$ |
| 轴回转消耗的摩擦功率 $P_f/\mathrm{W}$ | $P_f = \eta \sum v^2 \dfrac{A_f}{h_0}$ |

（续）

| 项目名称 | 计算公式 |
|---|---|
| 总功耗 $P/W$ | $P = P_p + P_f = \sum \dfrac{h_0^3 p_s^2}{\eta_p \eta \beta_0} + \eta \sum v^2 \dfrac{A_f}{h_0}$ |
| 油进出口间的最高温升 $\Delta t/℃$ | $\Delta t = \dfrac{P_p + P_f}{CQ}$ |
| 公式代号及意义 | $p_s$ 为油泵额定输出压力（Pa）；$Q_p$ 为油泵额定输出流量（$m^3/s$）；$\eta_p$ 为油泵效率；$\eta$ 为润滑油动力粘度（Pa·s）；$v$ 为径向轴承轴颈圆周速度，推力轴承止推平面平均速度（m/s）；$A_f$ 为油腔封油面及支承肋面积之和（$m^2$）；$Q$ 为轴承每个油腔的流量（$m^3/s$）；$C$ 为润滑油的热容 $[J/(m^3·K)]$，可取 $C = 1.72 \times 10^6 [J/(m^3·K)]$；$n$ 为油腔数；其他代号见表 6.2-17 |

#### 4.3.6 润滑油品种及供油压力的选择

（1）润滑油品种的选择 在一般转速下，润滑油的动力粘度可按下式确定其最佳值

$$\eta = \frac{p_s h_0^2}{v} \sqrt{\frac{q}{\eta_p A_f \beta_0}} \qquad (6.2\text{-}53)$$

式中代号同表 6.2-27。

常用润滑油品种见表 6.2-28。

**表 6.2-28 静压轴承常用润滑油品种**

| 轴承名称 | 润滑油品种 | |
|---|---|---|
| 小孔节流静压轴承 | 混合油 | 50% 主轴油 N2 + 50% 主轴油 N5 |
| | | 30% 全损耗系统用油 L-AN46 + 70% 煤油 |
| | 轴颈圆周速度 $v \geqslant 15m/s$ 时，可用主轴油 N2 | |
| 毛细管节流、滑阀反馈节流、双面薄膜反馈节流静压轴承 | 主轴油 N7 | |
| | 液压油 L-HL15、L-HL22、L-HL32、L-HL46、L-HL68（高速轻载用粘度低的润滑油，低速重载用粘度高的润滑油） | |

静压轴承使用的润滑油应特别注意清洁，必须经过严格过滤。在润滑油使用过程中，若发现氧化、泡沫多和零部件生锈等现象时，可在润滑油中加入适量的化学添加剂。

（2）供油压力的选择 提高供油压力，可增大轴承的承载能力和固定节流轴承的油膜刚度，但流量和泵的功耗相应增加，造成轴承系统温升过高。采用可变节流器的轴承，当设计参数已定时，不能任意提高供油压力，否则，将出现负位移。供油压力过低，除减少承载能力和油膜厚度外，还对动态性能有不良影响。因此，选择供油压力的原则是：在满足轴承最大承载能力和足够的油膜刚度条件下，使供油系统中的液压泵功率消耗最小，既有利于降低轴承系统温度，又能改善轴承的动态性能。

一般荐用供油压力 $p_s \geqslant 1MPa$。

【例2】 设计一磨床主轴的径向静压轴承。采用毛细管节流对称等面积四油腔垫式（有轴向回油槽）轴承。轴承直径 $D = 60mm$，要求油膜刚度 $J = 280 \sim 320N/\mu m$。轴的转速 $n = 1000r/min$。

【解】 参见表 6.2-13 表头图的结构形式，按表中推荐值选择结构参数如下：

轴承宽度 $B = 1.5D = 1.5 \times 60 = 90mm$

轴向封油面宽度 $l_1 = 0.1D = 0.1 \times 60 = 6mm$

油腔长度 $l = B - 2l_1 = 90 - 2 \times 6 = 78mm$

周向封油面宽度 $b_1 = l_1 = 6mm$

回油槽宽度 $b_2 = 3mm$

回油槽深度 $z_2 = 0.6mm$

根据几何关系求得：

油腔张角 $2\theta_1 = 2 \times 30°41' = 2 \times 0.535$ rad

相邻回油槽间夹角 $2\theta_2 = 2 \times 42°8' = 2 \times 0.735$ rad

计算步骤及计算结果见表 6.2-29。

**表 6.2-29 毛细管节流径向静压轴承设计计算**

| 序号 | 计算项目 | 计算公式及说明 | 计算结果 |
|---|---|---|---|
| 1 | 一个油腔有效承载面积 | $A_e = 2R(l + l_1) \sin\left(\dfrac{\theta_1 + \theta_2}{2}\right)$ $= 2 \times 0.03(7.8 + 0.6) \times 10^{-2}$ $\times \sin\left(\dfrac{30°41' + 42°8'}{2}\right)$ | $2.99 \times 10^{-3} m^2$ |
| 2 | 选择润滑油品种 | 根据表 6.2-28，选用液压油 L-HL32GB11118 $\nu_{40} = 32mm^2/s，\nu_{50} = 22mm^2/s$ 由图 6.2-22 查得 $\eta_{50℃}$ | 液压油 L-HL 32GB11118 0.0197Pa·s |

（续）

| 序号 | 计 算 项 目 | 计 算 公 式 及 说 明 | 计 算 结 果 |
|---|---|---|---|
| 3 | 节流比 | 取 $\beta_0$ 的最佳值 | 2 |
| 4 | 供油压力 | $p_s$ 选定 | 1.5MPa |
| 5 | 轴承半径间隙 | 1）按表 6.2-13<br>$h_0 = (0.00025 \sim 0.0004)D$<br>$= (0.00025 \sim 0.0004) \times 60$<br>$= 0.015 \sim 0.024$mm<br>2）根据表 6.2-19<br>$h_0 = \dfrac{6(\beta_0 - 1)}{\beta_0^2} \dfrac{p_s A_e}{J} \cos\theta_1$<br>$= \dfrac{6(2-1)}{2^2} \times \dfrac{1.5 \times 10^6 \times 2.99 \times 10^{-3} \times \cos 30°41'}{(2.8 \sim 3.2) \times 10^8}$<br>$= (2.07 \sim 1.81) \times 10^{-5}$ m<br>$= 0.0207 \sim 0.0181$mm | 取 0.02mm |
| 6 | 油腔深度 | $z_1 = (30 \sim 60)h_0 = (30 \sim 60) \times 0.02$<br>$= 0.6 \sim 1.2$mm | 取 1mm |
| 7 | 空载时油腔压力 | $p_{r0} = \dfrac{p_s}{\beta_0} = \dfrac{1.5 \times 10^6}{2}$ | 0.75MPa |
| 8 | 轴承流量 | $Q = 4Q_0$<br>$= 4 \dfrac{Rh_0^3}{6\eta l_1}\left(\dfrac{ll_1}{Rb_1} + 2\theta_1\right)p_{r0}$<br>$= \dfrac{3 \times 10^{-2} \times (2 \times 10^{-5})^3}{6 \times 0.0197 \times 6 \times 10^{-3}}$<br>$\left(\dfrac{78 \times 10^{-3} \times 6 \times 10^{-3}}{3 \times 10^{-2} \times 6 \times 10^{-3}} + 2 \times 0.535\right) \times 7.5 \times 10^5 \times 4$ | $3.73 \times 10^{-6}$m³/s |
| 9 | 毛细管直径 | $d_j$ 选自表 6.2-16 | 0.56mm |
| 10 | 毛细管长度 | $l_j = \dfrac{3\pi l_1 (\beta_0 - 1)d_j^4}{64 Rh_0^3\left(\dfrac{ll_1}{Rb_1} + 2\theta_1\right)}$<br>$= \dfrac{3\pi \times 6 \times 10^{-3}(2-1)}{64 \times 30 \times 10^{-3}(2 \times 10^{-5})^3}$<br>$\dfrac{(5.6 \times 10^{-4})^4}{\left(\dfrac{78 \times 10^{-3} \times 6 \times 10^{-3}}{30 \times 10^{-3} \times 6 \times 10^{-3}} + 2 \times 0.535\right)}$<br>$= 0.0986$m $= 98.6$mm | 98.6mm |
| 11 | 毛细管雷诺数 | $Re = \dfrac{(p_s - p_{r0})d_j^3}{32 \eta \nu l_j}$<br>$= \dfrac{(15 - 7.5) \times 10^5 \times (0.56 \times 10^{-3})^3}{32 \times 0.0197 \times 2.2 \times 10^{-5} \times 0.0986}$ | 96.3 < 2000<br>（合格） |
| 12 | 毛细管长径比 | $\dfrac{l_j}{d_j} = \dfrac{98.6}{0.56}$ | 176 > 20<br>（合格） |
| 13 | 毛细管层流起始长度 | $l_0 = 0.065 d_j Re$<br>$= 0.065 \times 0.56 \times 96.3$ | 3.51mm |
| 14 | 校核 $l_0 < l_j$ | — | 3.51 < 98.6<br>（合格） |

（续）

| 序号 | 计 算 项 目 | 计 算 公 式 及 说 明 | 计 算 结 果 |
|---|---|---|---|
| 15 | 流量系数 | 由表 6.2-27 知：<br>$$q = \frac{R}{6l_1}\left(\frac{ll_1}{Rb_1} + 2\theta_1\right)$$<br>$$= \frac{30 \times 10^{-3}}{6 \times 6 \times 10^{-3}}\left(\frac{78 \times 10^{-3} \times 6 \times 10^{-3}}{30 \times 10^{-3} \times 6 \times 10^{-3}} + 2 \times 0.535\right)$$ | 3.06 |
| 16 | 液压泵输入功率 | $$P_p = \frac{qh_0^3 p_s^2}{\eta_p \eta \beta_0} \times 4$$<br>$$= \frac{3.06 \times (2 \times 10^{-5})^3 \times (1.5 \times 10^6)^2 \times 4}{0.7 \times 0.0197 \times 2}$$ | 8W |
| 17 | 油腔封油面面积之和 | $$A_f = BD\left[\frac{\pi}{z} - \frac{3}{4}\left(1 - \frac{2l_1}{B}\right)\theta - \frac{b_2}{D}\right]$$<br>$$= 90 \times 10^{-3} \times 60 \times 10^{-3}\left[\frac{\pi}{4} - \right.$$<br>$$\left. \frac{3}{4}\left(1 - \frac{2 \times 6 \times 10^{-3}}{90 \times 10^{-3}}\right) \times 0.535 - \frac{3 \times 10^{-3}}{60 \times 10^{-3}}\right]$$ | $2.1 \times 10^{-3}\text{ m}^2$ |
| 18 | 轴颈圆周速度 | $$v = \frac{\pi Dn}{60} = \frac{\pi \times 0.06 \times 1000}{60}$$ | 3.14m/s |
| 19 | 轴回转消耗的摩擦功率 | $$P_f = \eta v^2 \frac{A_f}{h_0} \times 4$$<br>$$= 0.0197 \times 3.14^2 \times \frac{2.1 \times 10^{-3}}{2 \times 10^{-5}} \times 4$$ | 78W |
| 20 | 油进出口间的最高温升 | $$\Delta t = \frac{P_p + P_f}{CQ}$$<br>$$= \frac{8 + 78}{1.72 \times 10^6 \times 3.73 \times 10^{-6}}$$ | 13.4℃ |

## 5　气体轴承

气体轴承是以气体作为润滑剂的滑动轴承。它利用气体的传输性（扩散性、粘性和热传导性）、吸附性和可压缩性，使之在摩擦副之间，在流体动压效应、静压效应和（或）挤压效应的作用下，形成一层完整气膜，起支承载荷、减少摩擦的功能。气体轴承一般分为气体动压轴承、气体静压轴承和气体挤压轴承 3 种基本类型。实际轴承的润滑状态常常以动、静压，动、挤压，静、挤压及动、静、挤压混合润滑状态形式存在。表 6.2-30 列出气体轴承 3 种基本润滑类型及其特性。

表 6.2-30　气体轴承 3 种基本润滑类型及其特性

| 润滑类型 | 形成条件 | 主参数 | 膜厚/μm | 承载能力 | 功耗 | 制造难易程度 |
|---|---|---|---|---|---|---|
| 动压润滑 | 速度 $v$，偏心率 $\varepsilon$ | $\Lambda = \frac{12\pi\eta n}{p_a}\left(\frac{R}{C_R}\right)^2$<br>压缩数 | 1~6 | 小 | 大 | 难 |
| 静压润滑 | 供气压力 $p_s$，节流器 | $\Gamma$[①]<br>节流器数 | 12~36 | 大 | 小 | 易 |
| 挤压润滑 | 挤压频率 $\nu$，激振器 | $\sigma = \frac{12\eta\nu}{p_a}\left(\frac{R}{C_R}\right)^2$<br>挤压数 | — | 更小 | 中 | 较难 |

① 节流器数的表达式因节流器结构不同而不同，在相关章节中给出。

与润滑油相反，气体的粘度随温度升高而增大，各种气体粘度随温度的变化曲线见图 6.2-37。

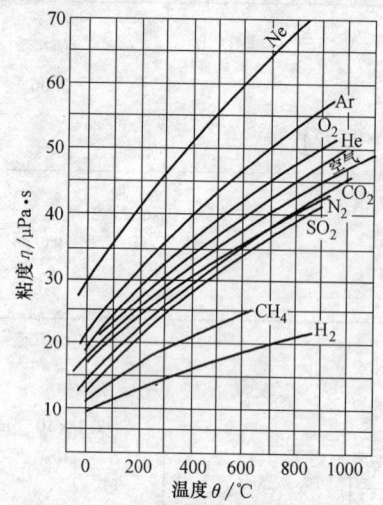

**图6.2-37 随温度变化的气体粘度**

气体轴承的特点是：摩擦转矩低，功率损耗小；耐温度范围宽，可在 −263~500℃ 下工作；采用最常用的空气或惰性气体作为润滑剂时，润滑剂的排放对环境无任何污染；噪声低；能在极高速下工作；但承载能力低，刚度差。

## 5.1 气体静压轴承

气体静压轴承与液体静压轴承不同，受压缩性和稳定性的限制，通常在轴瓦表面不设气腔，且节流器应尽量接近轴瓦表面。需要注意的是在气体静压轴承的计算中，压力采用绝对压力，而在液体静压轴承的计算中压力为表压力。

### 5.1.1 常用节流器型式

气体静压轴承常用节流器型式，与液体静压轴承完全相同，表 6.2-31 给出它们在气体静压轴承中的性能比较。

**表 6.2-31 气体静压轴承常用节流器及其特性**

| 节流方式 | 孔式节流 | | 缝式节流 | | 多孔质材料节流 | 反馈节流 | 浅腔节流 |
|---|---|---|---|---|---|---|---|
| 节流名称 | 小孔节流 | 环面节流 | 周向缝节流 | 轴向缝节流 | 多孔质节流 | 可变节流 | 表面节流 |
| 结构示意图 | $A_j = \pi d_j^2/4$ | $A_j = \pi d_j h$ | | | | | — |
| 轴承性能 承载能力 | 高 | 较低 | 较高 | 最低 | 高 | 最高 | 较低 |
| 刚度 | 最大 | 较小 | 大 | 小 | 大 | 极大 | (轴向)大 |
| 流量 | 最小 | 较小 | 大 | 最大 | 大 | 小 | 较大 |
| 稳定性 | 差 | 较好 | 好 | 最好 | 好 | 较差 | 好 |
| 涡流力矩 | 大 | 大 | 小 | 最大 | 最小 | 大 | 大 |
| 宽径比 | 0.5~2.0 | | ≤1 | ≥2 | 任意 | | 小 |
| 影响因素 非轴向流 | 大 | 大 | 小 | 最小 | 最小 | 大 | 小 |
| 散流 | 大 | 大 | 小 | 大 | 小 | 大 | 小 |
| 供气压力 | 大 | 大 | 小 | 小 | 大 | 最大 | 大 |
| 气体种类和温度 | 有 | 有 | 无 | 无 | 有 | 有 | 无 |

注：在相同的供气压力下，可变节流器静压轴承的刚度比固定节流器的大几倍。常用的可变节流器有、膜片式节流器、弹性孔节流器、自补偿节流器和压变节流器等。

### 5.1.2 气体静压径向轴承

1. 孔式节流型径向轴承

小孔节流和环面节流轴承统称为孔式节流径向轴承，其结构示意图见图 6.2-38。小孔节流的节流面积 $A_j = \pi d_j^2/4$；环面节流的节流面积 $A_j = \pi d_j h$，$h$ 是孔口间隙。一般来说，节流孔口有凹穴（气室）者为小孔节流，无凹穴（气室）者为环面节流。严格来说，若凹穴深度为 $\delta_R$（无凹穴 $\delta_R = 0$），则节流孔直径 $d_j \le 1.2 (h + \delta_R)$ 时为小孔节流；节流孔直径 $d_j \ge 10 (h + \delta_R)$ 时为环面节流。否则，两种节流作用同时存在。

(1) 设计参数选取 孔式供气径向轴承各参数的取值范围见表 6.2-32。

(2) 稳态性能设计计算 稳态性能的设计计算有表压比法、节流器数法、通用曲线法和复位势法等，下面仅介绍节流器数法。

**表 6.2-32　孔式节流径向轴承的设计参数及其取值范围**

| 节流型式 | 结构参数 | | | 节流器参数 | | | 节流器数 | 供气参数（表压比） |
|---|---|---|---|---|---|---|---|---|
| | $i$ | $B/D$ | $b/B$ | $d_j/\mathrm{mm}$ | $Z$ | $A_j$ | $\Gamma_k$ | $p_0^*$ |
| 小孔节流<br>$(\delta \to 0)$ | 1 | $1/4 \sim 1$ | $1/2$ | $0.1 \sim 0.4$ | $6 \sim 12$ | $\pi d_j^2/4$ | $\dfrac{3i\eta d_j^2 Z}{p_s C_R^3}\sqrt{\dfrac{\mathscr{R}\Theta}{1+\delta^2}}$ | $0.35 \sim 0.80$<br>$p_0^* = 0.4$ 时轴承承载能力最大，$p_0^* = 0.8$ 时轴承刚度最大 |
| | 2 | $1 \sim 2$ | $1/8 \sim 1/4$ | | | | | |
| 环面节流<br>$[\delta \to d_j/(4C_R)]$ | 1 | $1/4 \sim 1$ | $1/2$ | $0.3 \sim 0.8$ | | $\pi d_j C_R$ | $\dfrac{6i\eta d_j Z}{p_s C_R^2}\sqrt{\mathscr{R}\Theta}$ | $(0.5 \sim 0.7)/\xi$ |
| | 2 | $1 \sim 2$ | $1/8 \sim 1/4$ | | | | | |
| 备注 | 节流孔因子 $\delta = d_j^2/(4C_R d_R)$，$d_R$——凹穴直径，$C_R$——半径间隙；相对供气压力 $p_s^* = p_s/p_a = 2 \sim 10$；$i$ 为列数，单列 $i=1$，双列 $i=2$；$\Theta$——热力学温度；$\mathscr{R}$——气体常数；表压比 $p_0^* = (p_0-p_a)/(p_s-p_a)$；$\xi$——节流器位置参数，$i=1$ 时，$\xi = B/D$；$i=2$ 时，$\xi = (B-2b)/D$ | | | | | | | |

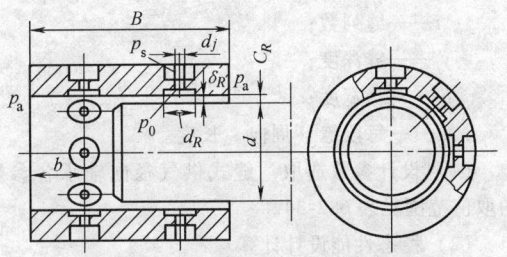

**图6.2-38　孔式节流型径向轴承**

节流器数法设计气体静压轴承，是在节流器数 $\Gamma_k$ 和节流器位置参数 $\xi$（见表 6.2-32 备注）的乘积 $\Gamma_k\xi$ 的值域内给出轴承各稳态性能参数随轴承尺寸和供气压力的变化曲线，当轴承尺寸、供气压力和节流器参数确定之后，即可从图表中查出相应的轴承稳态性能。

1）轴承半径间隙与节流器尺寸的确定。选定节流器数、润滑气体后，节流器几何参数与轴承半径间隙 $C_R$ 应满足下述关系：

小孔节流　　　$\dfrac{Zd_j^2}{\sqrt{1+\delta^2}} = \dfrac{p_s C_R^3 \Gamma_k}{3i\eta\sqrt{R\Theta}}$ 　　　(6.2-54a)

环面节流　　　$Zd_j = \dfrac{p_s C_R^2 \Gamma_k}{6i\eta\sqrt{R\Theta}}$ 　　　(6.2-54b)

半径间隙 $C_R$ 必须比零件制造误差 $\Delta$ 大 $3 \sim 5$ 倍以上，即应满足

$$C_R > (3 \sim 5)\Delta$$

选取出轴承半径间隙后，用式（6.2-54）可以计算出节流孔尺寸，该尺寸应符合表 6.2-32 中的推荐值。

2）轴承性能特征数。轴承各性能特征数的定义见表 6.2-33。

3）稳态性能计算，轴承的载荷数、刚度数和流量数根据 $\Gamma_k\xi$ 由设计图表查出。图 6.2-39 和图 6.2-40 分别是单列和双列孔式节流径向轴承 $B/D \to 0$ 时不

同偏心率下载荷数 $F^*$ 随 $\Gamma_k\xi$ 变化的曲线。

**表 6.2-33　轴承各性能特征数的定义**

| 性能特征数 | 定义式 |
|---|---|
| 载荷数 | $F^* = \dfrac{F}{(p_s-p_a)BD}$ |
| 刚度数 | $k^* = \dfrac{1+\delta^2}{1+\dfrac{2}{3}\delta^2}\dfrac{kC_R}{(p_s-p_a)BD}$ |
| 角刚度数 | $k_\alpha^* = \dfrac{k_\alpha C_R}{(p_s-p_a)BD}$ |
| 流量数 | $q_m^* = \dfrac{6\eta\mathscr{R}\Theta q_m}{\pi C_R^3 p_a^2}$ |
| 气容比 | $V^* = \dfrac{ZV_i}{\pi DBC_R}$ |

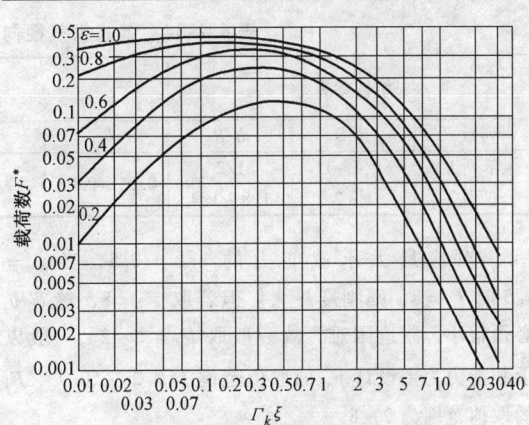

**图6.2-39　单列节流孔径向轴承**

$F^*$-$\Gamma_k\,\xi$　曲线 $B/D \to 0$　$p_a^* = 6$

轴承的总功耗为摩擦功耗与泵功耗之和，即 $P = P_\mu + P_p$。摩擦功耗的计算式为

$$P_\mu = \dfrac{3.455\eta BD^3 n^2}{C_R\sqrt{1-\varepsilon^2}} \qquad (6.2-55)$$

**2. 缝式节流型径向轴承**

缝式节流型径向轴承绝大多数采用周向间断缝，节流缝均布在轴瓦圆周上（见图 6.2-41）。

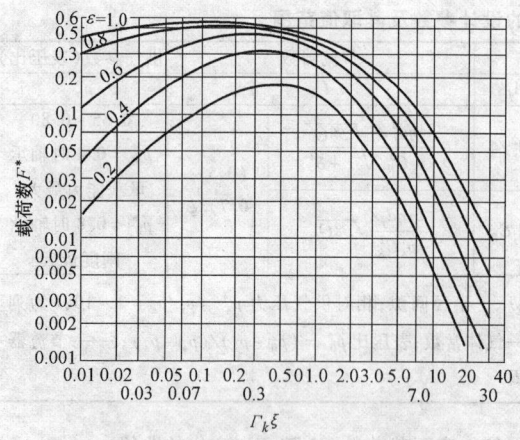

图 6.2-40   双列节流孔径径向轴承

$F^*$-$\varGamma_k\xi$ 曲线， $B/D\rightarrow 0$   $p_a^* =6$

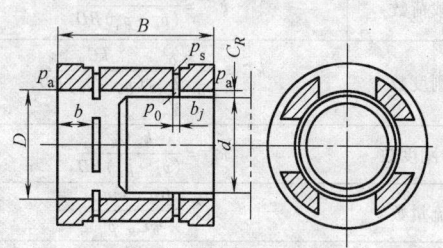

图6.2-41   缝式供气径向轴承

由于润滑气体通过节流器的流动与通过轴承间隙的流动是一样的，都是缝间流动，所以在其流动关系式中不显含气体种类（$\eta$，$\wp$）和温度（$\varTheta$）参数，其润滑边界条件也比孔式节流静压轴承简单。因此，表压比 $p_0^*$ 可以表示成下式

$$p_0^* = \frac{1}{p_s^* -1}\left(\sqrt{\frac{\varGamma_f + p_s^*}{1+\varGamma_f}}-1\right) \qquad (6.2\text{-}56)$$

式中   $\varGamma_f$——节流缝的节流器数，是缝式节流轴承的结构参数，它的表达式为

$$\varGamma_f = \frac{2\pi y_j D}{Zia_j b}\left(\frac{C_R}{b_j}\right)^3 \qquad (6.2\text{-}57)$$

式中   $Z$——间断缝数目；

　　　　$i$——缝列数；

　　　　$y_j$——缝深度；

　　　　$b_j$——缝宽度；

　　　　$a_j$——每段缝（周向）长度。

（1）设计参数选取   缝式供气径向轴承各参数的取值范围见表 6.2-34。

（2）稳态性能设计计算

1）表压比 $p_0^*$ 和节流器数 $\varGamma_f$ 的确定。当供气压力 $p_s$ 确定以后，给定节流器数 $\varGamma_f$ 可以根据式（6.2-57）确定表压比 $p_0^*$。反之，若选定了表压比 $p_0^*$ 值，也可求得节流器数 $\varGamma_f$ 值。

表 6.2-34   缝式供气径向轴承的设计参数及其取值范围

| 结构参数 | | | 节流器参数 | | | | 节流器数 | 供气参数（表压比） |
|---|---|---|---|---|---|---|---|---|
| 列数 $i$ | $B/D$ | $b/B$ | $b_j$ | $y_j$ | $a_j$ | $Z$ | $\varGamma_f$ | $p_0^*$ |
| 单列 1 | 1/4 ~ 1 | 1/2 | 0.01 ~ 0.05 | $<b$ | $\approx \pi D/Z$ | 3 ~ 12 | 1 ~ 2 | 0.2 ~ 0.7 |
| 双列 2 | 1 ~ 2 | 1/8 ~ 1/4 | | | | | | |

对应最大承载能力的 $p_0^* =0.5$，当 $\varepsilon =0.5$ 时 $\varGamma_f =8$，则刚度最大。但若取 $\varGamma_f =8$，缝宽 $b_j$ 必须很小，制造困难，故一般取 $\varGamma_f =1\sim 2$。一般以承载能力为主设计 $p_0^*$ 的取值范围为 $0.2 \sim 0.7$，$\varGamma_f$ 的取值范围为 $2\sim 8$。

2）性能特征数。载荷数和流量数的表达式为

$$F^* = \frac{F}{BD(p_s - p_a)}$$

$$q_v^* = \frac{\eta q_v}{C_R^3 (p_s - p_a)}$$

3）稳态性能计算。以 $p_0^*$ 或 $\varGamma_f$ 为主参数，给出缝式节流气体轴承稳态性能特征数随其变化的曲线。图 6.2-42 是单列缝节流轴承的 $F^*$-$p_0^*$ 曲线，图 6.2-43是双列缝节流轴承的 $F^*$-$p_0^*$ 曲线。

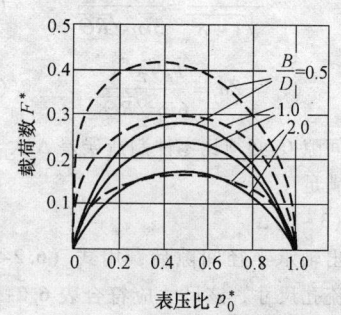

图 6.2-42   单列缝节流气体静压

轴承 $F^*$-$p_0^*$ 曲线

$p_s^* =5$——$\varepsilon =0.5$ $\cdots\varepsilon =1.0$

轴承刚度可按下式计算：

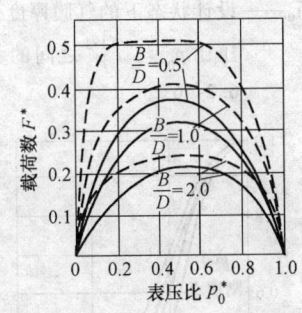

图 6.2-43 双列缝节流气体静压
轴承 $F^*$-$p_0^*$ 曲线

$$k = \frac{2F^*(p_s - p_a)BD}{C_R} \quad (6.2\text{-}58)$$

角度与刚度的关系是

$$k_\alpha = k\frac{B^2}{16} \qquad \frac{b}{B} = 0.25$$

$$k_\alpha = 1.05k\frac{B^2}{16} \qquad \frac{b}{B} = 0.125 \quad (6.2\text{-}59)$$

### 5.1.3 气体静压推力轴承

1. 孔式节流型推力轴承

常用的有圆平面和环形平面两种结构，见图 6.2-4 环形平面推力轴承用得最多。

（1）环形平面推力轴承

1）设计参数选取。孔式节流环形平面推力轴承设计参数的推荐值见表 6.2-35。

2）稳态性能设计计算（节流器数法）。节流器数 $\Gamma_k$ 的定义式与径向轴承相同（见表 6.2-33），参数 $\xi$ 的定义式为

$$\xi = \frac{1}{2}\ln\left(\frac{r_o}{R_i}\right) \quad (6.2\text{-}60)$$

式中 $r_o$——轴承外半径；

$R_i$——轴承内半径。

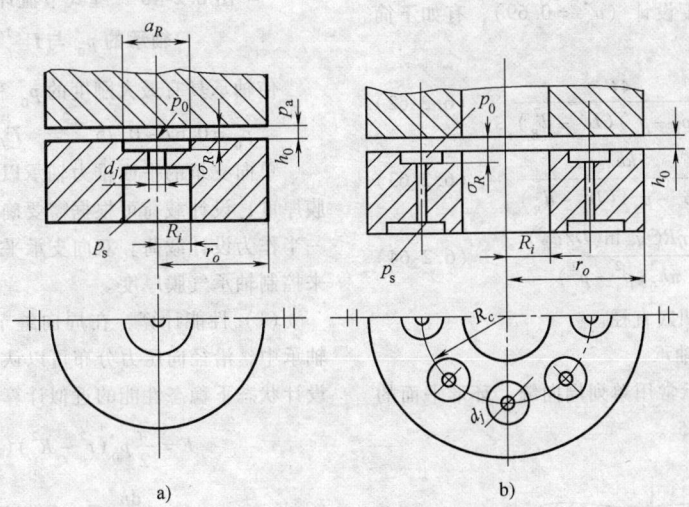

图 6.2-44 孔式节流型推力轴承

a) 圆平面推力轴承 b) 环形平面推力轴承

表 6.2-35 孔式节流环形平面推力轴承设计参数值域

| 参数 | 内外径比 $R^* = r_o/R_i$ | 节流孔直径 $d_j$/mm | 轴承设计间隙 $h_0$/mm | 节流孔数 $Z$ | 表压比 $p_0^*$ |
|---|---|---|---|---|---|
| 推荐值域 | 1.25～4.0 | 0.1～0.8 | $(5\sim15)\times10^{-3}$ | 3～12 | 0.35～0.8 |

① 推力轴承的性能特征数。轴承的稳态性能主要包括承载能力、刚度、流量和摩擦转矩与功耗等，此处承载能力、刚度和流量特征数的定义见表 6.2-36。

② 稳态性能计算。和径向轴承一样，从节流器数 $\Gamma_k$ 出发，对不同 $\xi$ 值给出推力轴承各稳态性能 $\Gamma_k$ 和 $p_s^*$ 的变化规律，根据这些关系曲线进行轴承设计。

轴承功耗按下式计算：

$$P_\mu = 1.728\eta(r_o^4 - R_i^4)n^2/h_0 \quad (6.2\text{-}61)$$

③ 节流器参数。节流器参数 $d_j$、$Z$ 和 $R_c$ 中：$d_j$ 和 $Z$ 仍可按式（6.2-54）确定；节流器数的取值范围为

$$\Gamma_k = (0.41\sim0.55)/\xi \qquad 刚度最大$$

$$\Gamma_k \geq (1\sim1.6)/\xi \qquad 承载能力最大$$

$R_c$ 是环形推力轴承供气孔分布半径，从使向内和

**表 6.2-36　推力轴承各性能特征数的定义**

| 性能特征数 | 定义式 |
|---|---|
| 载荷数 | $F^* = \dfrac{F}{\pi(p_s - p_a)(r_o^2 - R_i^2)}$ |
| 刚度数 | $k^* = \dfrac{1 + \delta^2}{1 + 2\delta^2/3} \times \dfrac{kh_0}{\pi(p_s - p_a)(r_o^2 - R_i^2)}$ |
| 角刚度数 | $k_\alpha^* = \dfrac{1 + \delta^2}{1 + 2\delta^2/3} \times \dfrac{k_\alpha h_0}{\pi(p_s - p_a)(r_o^2 - R_i^2)}$ |
| 流量数 | $q_m^* = \dfrac{6\eta \mathscr{R} \Theta q_m}{\pi h_0^3 p_s^2}$ |

向外流量均等考虑，应取 $R_c = (r_o R_i)^{1/2}$；从轴承具有最大承载能力和刚度，而流量又尽可能小考虑，应取 $R_c = (r_o + R_i)/2$。

④ 设计气膜厚度（间隙）$h_0$。一般的常规设计，推荐轴承的设计气膜厚度取值范围为

$$h_0 = (0.5 \sim 2.0) \times 10^{-3} r_o$$

（2）圆平面推力轴承　对于单供气孔的圆平面推力轴承，按最大刚度设计（$p_0^* = 0.69$），有如下简化计算式

$$F^* = \frac{4F}{\pi(p_s - p_a)(D^2 - d_R^2)} \tag{6.2-62}$$

$$k^* = \frac{kh_0}{\pi(p_s - p_a)(D^2 - d_R^2)} \tag{6.2-63}$$

$$q_m^* = \frac{12\eta R\Theta q_m \ln(D/d_R)}{\pi h_0^3 (p_s^2 - p_a^2)} \tag{6.2-64}$$

式中　$d_R$——节流孔凹穴直径。

2. 缝式节流推力轴承

缝式节流推力轴承常用单列周向缝、环形平面的结构形式，见图 6.2-45 。

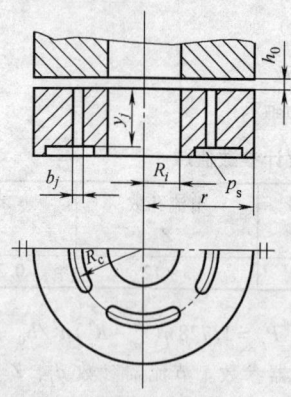

**图 6.2-45　缝式节流推力轴承**

这种轴承节流器数的表达式为

$$\Gamma_f = \frac{4y_j}{R_c \ln R^*}\left(\frac{h_0}{b_j}\right)^3 \tag{6.2-65}$$

式中　$h_0$——设计状态下的气膜厚度，这是其表压比 $p_0^*$ 与 $\Gamma_f^{1/3}$ 之间的关系，见图 6.2-46。

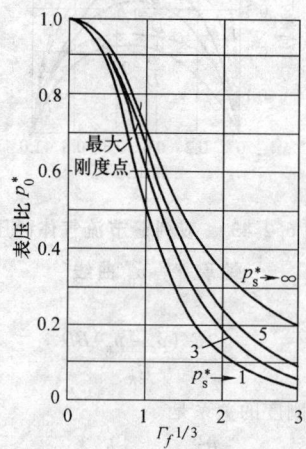

**图 6.2-46　缝式节流环形平面推力轴承的 $p_0^*$ 与 $\Gamma_f^{1/3}$ 曲线**

使轴承具有最大刚度的 $p_0^*$ 和 $\Gamma_f$ 值分别为

$$p_0^* = 0.67 \sim 0.75 \qquad \Gamma_f = 0.42 \sim 0.86$$

单向支承的平面推力轴承以设计载荷控制轴承气膜厚度，设计载荷可根据需要确定，常取最大载荷的一半作为设计载荷。双向支承平面推力轴承以偏心率来控制轴承气膜厚度。

（1）性能计算　在周向缝式节流窄环形平面推力轴承中，沿径向压力分布可以认为是线性的，于是其设计状态下稳态性能的近似计算式为

$$F = \frac{\pi}{2} p_0^* (r_o^2 - R_i^2)(p_s - p_a)$$

$$k = -\frac{\mathrm{d}p_0^*}{\mathrm{d}h} \frac{\pi}{2}(r_o^2 - R_i^2)(p_s - p_a) \tag{6.2-66}$$

$$q_m = \frac{\pi h_0^3}{3\eta R\Theta \ln R^*} \times \frac{p_s^2 - p_a^2}{1 + \Gamma_f}$$

这时，最佳 $\Gamma_f$ 值及对应的 $p_0^*$ 和 $\dfrac{\mathrm{d}p_0^*}{\mathrm{d}h}$ 值见表 6.2-37。

**表 6.2-37　最佳 $\Gamma_f$ 值及对应的 $p_0^*$ 和 $\dfrac{\mathrm{d}p_0^*}{\mathrm{d}h}$ 值**

| $p_s^*$ | 2 | 3 | 5 |
|---|---|---|---|
| $\Gamma_f$ | 0.65 | 0.72 | 0.77 |
| $p_0^*$ | 0.68 | 0.69 | 0.70 |
| $\dfrac{\mathrm{d}p_0^*}{\mathrm{d}h}$ | -0.64 | -0.61 | -0.58 |

单、双向支承的缝式节流环形平面推力轴承稳态性能的简化计算公式见表 6.2-38，其中的流量系数

$k_q$ 见图 6.2-47。

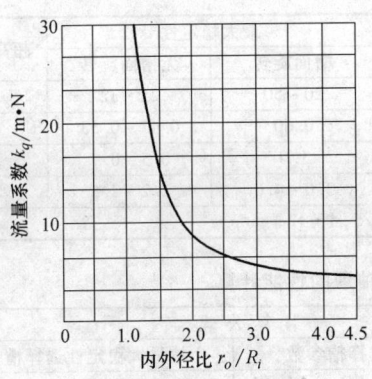

图 6.2-47 缝式节流环形平面推力轴承 $k_q$—$r_o/R_i$ 曲线

(2) 参数选取 节流缝的位置与尺寸建议如下：

节流缝所在半径 $R_c = (r_o R_i)^{1/2}$

节流缝长度 $y_j = (0.1 \sim 0.5) r_o$

节流缝宽度 $b_j = 0.01 \sim 0.05 \text{mm}$

轴承内外径比 $R^* = r_o/R_i = 1.5 \sim 4.0$

### 5.1.4 气体静压轴承的稳定性

在气体静压轴承中运转的转子可能产生气锤振动和涡动。

(1) 气锤振动 气锤振动是因气体的可压缩性引起的。除轴承间隙形成的气膜外，轴承气容总和与气膜容积之比称为气容比。在气体静压轴承中转子不产生气锤振动的条件是气容比小于极限值，即

表 6.2-38 缝式节流环形平面推力轴承稳态性能的简化计算公式

| 稳态性能 | 单向推力轴承 | 双向推力轴承 |
|---|---|---|
| 承载能力 $F$ | $0.25\pi(r_o^2 - R_i^2)(p_s - p_a)$ | $0.23\pi(r_o^2 - R_i^2)(p_s - p_a)$ |
| 刚度 $k$ | $0.375\pi(r_o^2 - R_i^2)(p_s - p_a)/h_0$ | $0.50\pi(r_o^2 - R_i^2)(p_s - p_a)/h_0$ |
| 体积流量 $q_v$ | $k_q h_0^3 (p_s^2 - p_a^2) A_q$ | $0.4 k_q h_0^3 (p_s^2 - p_a^2) A_q$ |
| 摩擦转矩 $T_\mu$ | $2\pi^3 \eta n (r_o^4 - R_i^4)/h_0$ | $4\pi^3 \eta n (r_o^4 - R_i^4)/h_0$ |
| 备注 | $\Gamma_f = 1.25$，空气：$A_q = 35.4$，蒸汽：$A_q = 43.0$ | |

对径向轴承 $ZV_c/(\pi BD h_0) \leqslant 0.05 \sim 0.15$

对推力轴承 $ZV_c/[\pi(r_o^2 - R_i^2)h_0] \leqslant 0.02 \sim 0.10$

缝式节流轴承气容比一般为零。

(2) 涡动 涡动失稳的过程判别法如下：

在气体静压轴承中，转子涡动稳定性条件是

$$1.7 n_{cr2} < n < 0.6 n_{cr1}$$

式中 $n_{cr2}$——二阶涡动临界转速；

$n_{cr1}$——一阶涡动临界转速。

两个气体静压轴承支承的转子，涡动临界转速可按下式计算：

$$n_{cri} = \frac{1}{2\pi} \sqrt{\frac{1}{2}(\Omega_2 + \Omega_1) \pm \sqrt{\frac{1}{4}(\Omega_2 - \Omega_1)^2 + \Omega_3^2}}$$

(6.2-67)

$$\Omega_1 = \frac{k_1 + k_2}{m}$$

$$\Omega_2 = \frac{k_1 L_1^2 + k_2 L_2^2}{J_t - J_\rho}$$

$$\Omega_3 = \frac{k_2 L_2 - k_1 L_1}{\sqrt{m(J_t - J_\rho)}}$$

式中 $k_1$、$k_2$——两个轴承各自的刚度；

$m$——转子质量；

$L_1$、$L_2$——转子质心道两个轴承中心的距离；

$J_t$——转子横向转动惯量；

$J_\rho$——转子转动惯量。

## 5.2 气体动压轴承

气体动压轴承的工作原理与液体动压轴承完全相同，所以理论上液体动压轴承的结构型式气体动压轴承也能用。由于气体的粘度比液体低得多，所以气体润滑轴承的承载能力也比液体润滑轴承低许多。为了提高其承载能力，较多采用螺旋槽型，或采用更小的轴承间隙和表面粗糙度。

常用气体动压轴承的结构类型见表 6.2-39。

表 6.2-39 气体动压轴承常用结构类型

| 轴承类型 | | 径向轴承 | 推力轴承 | 球形轴承 | 锥形轴承 | 组合轴承 |
|---|---|---|---|---|---|---|
| 结构型式 | 阶梯面 | | ☆ | | | |
| | 螺旋槽、人字槽 | ☆ | ☆ | ☆ | ☆ | ☆ |
| | 可倾瓦 | ☆ | | | | ☆ |

注：☆表示是常用结构。

### 5.2.1 气体动压径向轴承

为了获得高承载能力，适宜采用螺旋槽型；为了获得高速稳定性，适宜采用可倾瓦型。

(1) 螺旋槽型径向轴承 螺旋槽型轴承分螺旋槽轴承和人字槽轴承两种，图 6.2-48 是人字槽径向轴承的结构示意图。

表 6.2-40 给出单向回转轴承推荐的槽参数，表 6.2-41 给出性能计算的近似公式。

**表 6.2-40　螺旋槽径向轴承槽参数的推荐值**

| 槽结构参数 | 最大承载能力 | | 最大稳定性 | | 超高速工作 |
| --- | --- | --- | --- | --- | --- |
| | 槽面旋转 | 无槽面旋转 | 槽面旋转 | 无槽面旋转 | |
| 螺旋角 $\beta/(°)$ | 23 ~ 24 | 27 ~ 28 | 20 ~ 50 | 21 ~ 32 | 34 |
| 槽宽比 $b_g^* = b_g/(b_g + b_r)$ | 0.35 ~ 0.45 | 0.40 ~ 0.50 | 0.60 | 0.47 ~ 0.53 | 0.67 |
| 槽长比 $L_g^* = L_g/B$ | 0.5 ~ 0.6 | 0.70 ~ 0.85 | 1.0 | 0.5 ~ 0.7 | — |
| 槽深比(间隙比) $h_g^* = (h_g + C_R)/C_R$ | 2.6 | 2.6 ~ 2.8 | 3.0 ~ 4.0 | 2.2 ~ 2.5 | 2.43 |
| 槽数 $Z$ | $Z \geqslant \Lambda/5,\ \Lambda = 12\pi\eta n/p_a\psi^2$ | | | | |

**表 6.2-41　螺旋槽(人字槽)径向轴承的性能计算**

| 计算项目 | | 符号 | 单位 | 计算公式 | |
| --- | --- | --- | --- | --- | --- |
| | | | | 按最大承载能力选择槽参数 | 按最大稳定性选择槽参数 |
| 承载能力 | 槽面旋转 | $F$ | N | $F = (1 + 0.040B^*\Lambda)p_a BD\varepsilon\quad B^* \geqslant 1$<br>$F = (0.7 + 0.056B^*\Lambda)p_a BD\varepsilon\quad B^* < 1$ | $F_s = (0.23 \sim 0.50)F$ |
| | 无槽面旋转 | | | $F = (1 + 0.055B^*\Lambda)p_a BD\varepsilon\quad B^* \geqslant 1$<br>$F = (0.7 + 0.072B^*\Lambda)p_a BD\varepsilon\quad B^* < 1$ | $F_s = (0.7 \sim 0.8)F$ |
| 刚度 | | $k$ | N/m | $k = [0.35\Lambda^{0.6} + 0.045\Lambda(B^* - 1)]p_a BD/C_R$ | $5 \leqslant \Lambda < 40$ |
| | | | | $k = [(0.048 + 0.044B^*)\Lambda - 0.00025\Lambda^2]p_a BD/C_R$ | $40 \leqslant \Lambda \leqslant 100$ |
| 摩擦转矩 | | $T_\mu$ | N·m | $T_\mu = 0.45\pi^2\eta n BD^3/C_R$ | |
| 摩擦功耗 | | $P_\mu$ | W | $P_\mu = 0.90\pi^3\eta n^2 BD/C_R$ | |
| 偏位角 | | $\varphi$ | (°) | $\varphi = 43 - (6.625 - 0.3125\Lambda)(\Lambda - 2)$ | $2 \leqslant \Lambda < 10$ |
| | | | | $\varphi = B^{*-2.2}\arctan(3.6/\Lambda - 0.085) + 9.6(B^* - 1)^{1/2}$ | $10 \leqslant \Lambda < 40$ |
| | | | | $\varphi = 1 + 9(B^* - 1)^{1/2}$ | $40 \leqslant \Lambda < 40$ |

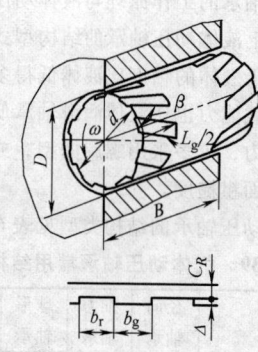

**图 6.2-48　人字槽径向轴承**

(2) 可倾瓦径向轴承的设计　最常用的是 3 瓦块和 4 瓦块轴承。可倾瓦块气体轴承高速稳定性好,有自动调心作用,但结构较复杂,制造较困难,主要用于高速径向轴承,气体推力轴承很少采用。

1) 可倾瓦径向轴承的结构参数。可倾瓦径向轴承的瓦块内半径记为 $R_p$,支点处瓦面到轴承几何中心的距离称为轴承半径,记为 $R_B$。轴颈半径为 $r$ 时,称 $R-r$ 为加工半径间隙,记为 $C_R$,$R_B-r$ 为安装半径间隙,记为 $C_{Ra}$,通常要求 $C_R \geqslant C_{Ra}$。

可倾瓦径向轴承瓦块的结构尺寸及坐标关系如图 6.2-49 所示,结构参数的推荐值见表 6.2-42。可倾瓦块径向轴承各性能特征数的定义式见表 6.2-43。

**表 6.2-42　可倾瓦径向轴承的结构参数**

| 结构参数 | 推荐值 | 取值说明 |
| --- | --- | --- |
| 瓦块数 $Z$ | 3、4、5 | — |
| 瓦块包角 $\alpha$/rad | $(1.5 \sim 1.7)\pi/Z$ | 速度高者取小值 |
| 瓦块长度比 $L_p/B_p$ | 1.0 | $L_p = \alpha R_p$,瓦块弧长;$B_p$ 是瓦块宽度,即轴承宽度 |
| 支点位置 $\alpha_1/\alpha$ | 0.6 ~ 0.7 | $\alpha_1$ 为瓦块支点引导边一侧的包角;一般取 0.65,载荷大时取 0.7 |
| 相对间隙 $\psi = C_R/r$ | $(1 \sim 2) \times 10^{-3}$ | 直径小者取大值,反之取小值 |
| 相对油膜厚度 $h_p^* = h_p/C_R$ | 0.5 ~ 0.7 | 一般取 0.6,高速时因发热膨胀间隙减小者取 0.7,反之取 0.5;$h_p$ 是支点处油膜厚度,即支点处间隙 |
| 瓦厚比 $\delta_p/r$ | 0.37 | — |

表 6.2-43　可倾瓦径向轴承性能特征数的定义式

| 性能特征数 | 轴承载荷数 | 瓦载荷数 | 瓦径向刚度数 | 瓦角刚度数 |
|---|---|---|---|---|
| 定义式 | $F^* = \dfrac{F}{p_a Bd}$ <br><br> $F$——轴承总载荷 | $F_p^* = \dfrac{F_p}{p_a Bd}$ <br><br> $F_p$——一块瓦的载荷 | $k_{pr}^* = \dfrac{k_{pr} C_R}{p_a Bd}$ <br><br> $k_{pr}$——瓦块径向刚度 | $k_{p\alpha}^* = \dfrac{4 k_{p\alpha} C_R}{p_a Bd^3}$ <br><br> $k_{p\alpha}$——瓦块角刚度 |
| 性能特征数 | 瓦摩擦转矩数 | 轴承摩擦转矩数 | 轴质量数 | 瓦转动惯量数 |
| 定义式 | $T_{\mu p}^* = \dfrac{T_{\mu p}}{p_a BC_R R_p}$ <br><br> $T_{\mu p}$——一块瓦上的摩<br>擦力矩 | $T_\mu^* = \dfrac{8 T_{\mu j} C_R}{2\pi\eta n Bd^3}$ <br><br> $T_{\mu j}$——轴颈上的摩擦转矩 | $m_s^* = \dfrac{2\pi^2 m_s C_R n^2}{p_s Bd}$ <br><br> $m_s$——轴质量 | $J_p^* \rho = \dfrac{\pi^2 J_p C_R n^2}{p_a BR_p^3}$ <br><br> $J_\rho$——瓦绕支点摆动的<br>转动惯量 |

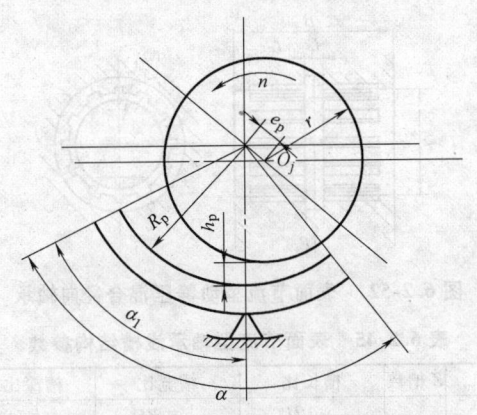

图 6.2-49　可倾瓦块结构尺寸及坐标关系

2）瓦块支点的设计。支点常用型式有球面对球面、球面对柱面和球面对平面。形状应尽量简单，同时注意材质的强度、耐磨性、表面处理和制造精度。

有些场合应考虑设计成弹性支座，常用的有梁型弯曲支座、柔软的螺旋弹簧型支座和金属膜片型支座。

**5.2.2　气体动压推力轴承**

（1）扇形阶梯面推力轴承　环形扇形阶梯面推力轴承的结构与液体阶梯面瓦推力轴承相似。轴承外径为 $r_o$，内径为 $R_i$，两者之比称为内外径比，即 $R^* = r_o/R_i$，轴承宽度为 $r_o - R_i$，扇形角为 $\alpha$，浅腔的扇形角为 $\alpha_1$。轴承载荷数 $F^*$ 和压缩数 $\Lambda$ 定义如下：

$$F^* = \frac{F}{\pi p_a (r_o^2 - R_i^2)}$$

$$\Lambda = \frac{12\pi\eta n}{p_a}\left(\frac{r_o}{h_2}\right)^2$$

$$\Lambda_\delta = \frac{12\pi\eta n}{p_a}\left(\frac{r_o}{h_1 - h_2}\right)^2$$

（2）螺旋槽平面推力轴承　在螺旋槽平面推力轴承中应用最多的是环形平面推力轴承（见图 6.2-50），有泵入型螺旋槽、泵出型螺旋槽和人字型螺旋槽 3 种结构型式，其中以泵入型螺旋槽应用最多。泵入型螺旋槽推力轴承若内侧（$R_i$ 处）与环境

压力相通，称为开式泵入型螺旋槽推力轴承，否则，称为闭式泵入型螺旋槽推力轴承，开式泵入型螺旋槽推力轴承性能最佳。螺旋槽环形平面推力轴承一般推荐的结构参数值如表 6.2-44 所示。

采用所推荐结构参数的螺旋槽环形平面推力轴承，其稳态性能的特征数可用下列似近公式求得：

按最大承载能力

$$F^* = 0.0255\Lambda$$

$$T_\mu^* = 0.319\frac{(R^* + 1)^2}{R^{*2} + 1} \qquad (6.2\text{-}68)$$

按最大刚度

$$F^* = 0.0215\Lambda$$

$$T_\mu^* = 0.337\frac{(R^* + 1)^2}{R^{*2} + 1} \qquad (6.2\text{-}69)$$

开式结构　$k^* = 0.0076\Lambda^{1.03} e^{-2.68/Z}$　　$(6.2\text{-}70)$

闭式结构　$k^* = 0.0102\Lambda e^{-2.68/Z}$　　　$(6.2\text{-}71)$

于是，螺旋槽环形平面推力轴承的稳态性能可用下列公式计算：

$$F = \frac{\pi p_a (r_o^2 - R_i^2)}{K_g S_j} F^* \qquad (6.2\text{-}72)$$

$$k = \frac{\pi p_a (r_o^2 - R_i^2)}{K_g S_j h_0} k^* \qquad (6.2\text{-}73)$$

$$T_\mu = \frac{\pi (r_o^2 - R_i^2)}{6} p_a h_0 \Lambda T_\mu^* \qquad (6.2\text{-}74)$$

式中　$K_g$——考虑槽数的修正因子，见图 6.2-51；

$S_j$——安全因素；

$\Lambda$——压缩数，$\Lambda = \dfrac{6\pi\eta n (r_o^2 - R_i^2)}{p_a h_0^2}$。

**5.3　气体动静压混合轴承**

在同一轴承内，同时具有两种或两种以上的润滑型式称为混合轴承。理论上，凡旋转的静压轴承都有动压润滑作用，均应属混合轴承，实际上只把动压效应较大的静压轴承算作动静压混合轴承。通常，把高速孔式节流和缝式节流轴承列为动静压混合轴承。

**表 6.2-44　螺旋槽环形平面推力轴承结构参数推荐值**

| 轴承类型 | | 螺旋角 $\beta/(°)$ | 槽宽比 $b_g^*$ | 槽长比 $L_g^*$ | 槽深比 $h_g^*$ | 内外径比 $R^*$ | 槽数 $Z$ |
|---|---|---|---|---|---|---|---|
| 泵入型或 泵出型 | 最大刚度 | 72.2 | 0.65 | 0.72 | 3.25 | 1.43 ~ 2.5 | $Z \geqslant \dfrac{10\pi b_g^*\left(1+\dfrac{1}{R^*}\right)}{L_g^*\tan\beta\left(1-\dfrac{1}{R^*}\right)}$ |
| | 最大承载能力 | 70.5 | 0.69 | 0.75 | 4.22 | | |
| 人字槽型 | 最大刚度 | 75.0 | 0.5 | 1.0 | 2.93 | | |
| | 最大承载能力 | 74.5 | 0.5 | 0.5 | 3.61 | | |
| 说明 | | $b_g^* = b_g/b$，$b_g$ 为槽宽，$b$ 为槽台副总宽度；$h_g^* = (h_g + h_0)/h_0$；$L_g^* = (r_o - R_g)/(r_o - R_j)$（泵入型）；$L_g^* = (R_g - R_i)/(r_o - R_i)$（泵出型）；$L_g^* = [(r_o - R_{g2}) + (R_{g1} - R_i)]/(r_o - R_i)$（人字槽型） | | | | | |

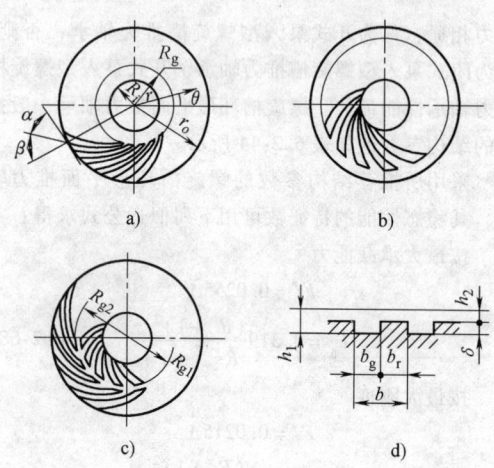

a)　　　　　　　　b)

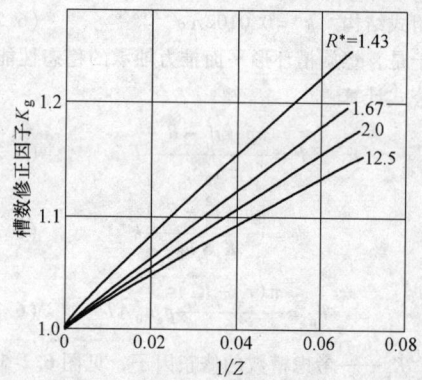

c)　　　　　　　　d)

**图 6.2-50　螺旋槽环形平面推力轴承的结构型式**

a) 泵入型　b) 泵出型　c) 人字槽型　d) 槽截面

图 6.2-51 曲线图：纵轴「槽数修正因子 $K_g$」，横轴「$1/Z$」，曲线标注 $R^*=1.43$、$1.67$、$2.0$、$12.5$

**图 6.2-51　螺旋槽平面推力轴承 $K_g$—$Z$ 曲线**

### 5.3.1　表面节流型轴承

在轴瓦工作表面沿圆周均匀分布地开设 $Z$ 个有一定轴向长度的浅槽，构成表面节流型动静压混合轴承（见图 6.2-52）。压缩气体通过轴瓦中部的供气孔和环槽进入浅槽，经浅槽节流后进入轴承间隙。这种轴承工艺性好，成本低，动压效应大，角刚度和高速稳定性都优于孔式和缝式供气静压轴承。

表面节流型轴承浅槽的结构参数及其推荐值见表 6.2-45。

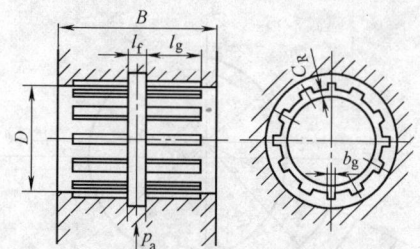

**图 6.2-52　表面节流型动静压混合径向轴承**

**表 6.2-45　表面节流型轴承浅槽结构参数**

| | $Z$ 槽数 | 槽长比 | 槽宽比 | 槽深比 |
|---|---|---|---|---|
| 径向 轴承 | 16 | $l_g^* = \dfrac{2l_g}{B - l_f}$ | $b_g^* = \dfrac{Zb_g}{\pi D}$ | $h_g^* = \dfrac{h_g + C_R}{C_R}$ |
| | | 0.8 ~ 0.9 | 0.1 ~ 0.3 | 2.25 ~ 4.00 |
| 推力 轴承 | 18 ~ 48 | $l_g^* = \dfrac{2l_g}{r_o - R_i - l_f}$ | $b_g^* = \dfrac{Z\phi_g}{2\pi}$ | $h_g^* = \dfrac{h_g + h_0}{h_0}$ |
| | | 0.9 | 0.1 ~ 0.5 | 2.5 ~ 4.0 |

注：符号意义参见图 6.2-52 和图 6.2-53。

浅槽横截面形状有矩形、三角形和半圆形等几种，见图 6.2-53，矩形浅槽用得最多。

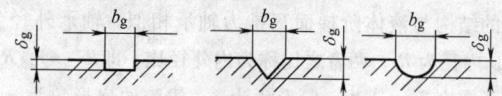

**图 6.2-53　节流浅槽的形状**

### 5.3.2　孔—腔二次节流径向轴承

在轴承工作表面上，沿周向均布数个（通常是 3 ~ 8）浅腔，在每个浅腔的某特定位置，设有 1 ~ 2 个供气孔，这样的轴承称为孔—腔二次节流型轴承，其典型结构与液体阶梯腔动静压轴承相似，可参见图 6.2-54。

浅腔的长度、宽度和深度对轴承性能均有一定影响，其中，以腔的深度 $h_q$ 影响最为显著。对每一给定的半径间隙 $C_R$ 值，有一最佳腔深 $h_q/C_R$ 值，使承载能力和刚度接近最大，且随 $C_R$ 的减小，最佳腔深比 $h_q/C_R$ 值也减小。不同 $C_R$ 值下的最佳腔深比 $h_q/C_R$ 值见表 6.2-46。

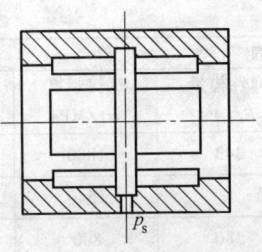

**图 6.2-54　内部节流阶梯腔动静压径向轴承**

**表 6.2-46　最佳腔深比 $h_q/C_R$ 值**

| $C_R/\mu m$ | 6 | 8 | 12 | 16 |
|---|---|---|---|---|
| $(h_q/C_R)_{opt}$ | 0.8 | 1.0 | 1.67 | 5.0 |

## 5.4　气体轴承材料与精度

### 5.4.1　气体轴承材料

（1）气体轴承材料应具备的性能

1）耐磨性能好，摩擦因数低，硬度高，有一定

的强度。

2）抗胶合性能好，在高速、高温条件下轴承发生瞬间接触时不会咬死，工作表面不被擦伤。

3）尺寸稳定性好；线胀系数小，或者摩擦副的两种材料的线胀系数接近；热变形小，不蠕变。

4）耐蚀性好；有防磁化、防辐射能力；能承受各种污染。

5）加工性好，便于制造，可实现较高的制造精度和理想的表面质量。

6）能满足某些特殊的要求，例如：多孔材料要求一定的孔隙度和透气性，且孔隙均匀；自润滑性、确定的弹性、对气体有较强的吸附性、耐高温和低温等。

7）价格不昂贵，便于推广应用。

（2）气体轴承材料的分类与特性　气体轴承材料的分类与特性见表 6.2-47。几种常用的气体轴承材料及其主要性能见表 6.2-48。

**表 6.2-47　气体轴承材料的分类与特性**

| 类　　型 | | 名　　称 | 特　　性 |
|---|---|---|---|
| 耐磨类 | | 陶瓷 | 超硬、耐磨、中等强度、质轻、难加工 |
| | | 硬质合金 | 超硬、耐磨、高强度、高密度、难加工 |
| | | 钢结硬质合金 | 可加工、较小密度 |
| 自润滑类 | | 石墨、铸铁、含固体润滑剂的粉末冶金材料 | 自润滑、易加工、低强度、质脆 |
| 易加工类 | 钢 | 轴承钢、不锈钢、结构钢 | 易加工、致密性好、中等或较高强度、价廉 |
| | 铜 | 硬黄铜、青铜 | |
| | 铝 | 超硬铝 | |
| 特殊类 | 多孔质材料 | 多孔青铜、石墨和陶瓷 | 材料来源困难、低强度、易变形、不稳定 |
| | 复合材料 | 钢背尼龙 | |
| | 可激振材料 | 压电陶瓷 | |

**表 6.2-48　几种常用的气体轴承材料及其主要性能**

| 名称 | 牌号 | 主 要 性 能 | | | | | |
|---|---|---|---|---|---|---|---|
| | | 密度 $\rho/(g/cm^3)$ | 线胀系数 $\alpha_l/10^{-6}℃^{-1}$ | 硬度 | 弹性模量 $E/GPa$ | 抗拉强度 $\sigma_b/MPa$ | 抗变强度 $\sigma_{bb}/MPa$ |
| 轴承钢 | GCr15 | 7.81 | 13.29 ~ 14.85[1] | 61 ~ 65HRC | 216 | 588 ~ 716[7] | |
| 不锈钢 | 9Cr18 | 7.7 | 10.5 ~ 12.0[2] | 55HRC | 203.89 | 510 | |
| | 1Cr18Ni9Ti | 7.9 | 16.6 ~ 18.6[3] | 187HBW | 202 | 550 ~ 800 | |
| 高速工具钢 | W18Cr4V | 8.7 | 10.4 ~ 10.8[4] | 56 ~ 67HRC | | 1800 ~ 4300 | |
| 硬黄铜 | H62 | | 16.2 ~ 18.1[5] | | | 300 ~ 380 | |
| 硅青铜 | QSi3-1 | 8.62 | 18 | | 101.25 | 350 ~ 500 | 650 ~ 750 |
| 碳化钛 | YT5 ~ YT30 | 11.17 | 40 ~ 50 | 1600HV | | 1200 | 3900 |
| 钛合金 | TC4 | 4.8 | 9.4 ~ 10.8 | 300HBW | 105 ~ 120 | 750 ~ 950 | |
| | TA7 | 4.42 | | | 113 | 950 | |
| 碳化钨 | YG6 ~ YG20 | 14.5 | 60 ~ 65 | 1600HV | | 1400 ~ 2000 | 4600 |
| 石墨 | | 1.66 | 1 ~ 5 | 40 ~ 45HBW | 4.9 ~ 9.9 | | |
| 青铜石墨 | M1××C | | | | | | |

（续）

| 名称 | 牌号 | 主要性能 | | | | | |
|---|---|---|---|---|---|---|---|
| | | 密度 $\rho/(g/cm^3)$ | 线胀系数 $\alpha_l/10^{-6}℃^{-1}$ | 硬度 | 弹性模量 $E/GPa$ | 抗拉强度 $\sigma_b/MPa$ | 抗变强度 $\sigma_{bb}/MPa$ |
| 钢结硬质合金 | GT35 | 6.5 | 6.1~8.4[6] | 67~71HRC | 343 | 1880 | |
| | ST60 | 5.8 | 8.4~10.1[6] | 70HRC | | 1540 | |
| 微晶陶瓷 | $Al_2O_3$ | 4.24 | 7.6 | 2130HV | 380 | 800 | 3200 |
| 氮化硅 | $Si_3N_4$ | 3.19 | 3.6 | 1600HV | 315 | 950 | 4200 |
| 氧化锆 | $ZrO_2$ | 6.05 | 9.2 | 1340HV | 210 | 1300 | |

① 温度范围 20~900℃。
② 温度范围 20~500℃。
③ 温度范围 20~700℃。
④ 温度范围 0~800℃。
⑤ 温度范围 0~625℃。
⑥ 温度范围 20~200℃。
⑦ 780℃退火状态。

### 5.4.2 气体轴承精度

气体动压轴承的精度要求一般比气体静压轴承高，动压轴承的典型精度值、工艺方法及测量仪器见表 6.2-49。

**表 6.2-49 气体动压轴承几何尺寸精度**

| 轴承类型 | 几何形状精度 | 公差/μm | 工艺方法 | 测量仪器 |
|---|---|---|---|---|
| 径向和平面推力轴承 | 孔径圆度 | 0.1~0.25 | 超精磨，研磨 | 圆度仪 |
| | 轴径圆度 | 0.15~0.30 | 超精磨，研磨 | 圆度仪 |
| | 孔直线度 | 0.10~0.25 | 超精磨，研磨 | 直线度测量仪 |
| | 轴直线度 | 0.15~0.30 | 超精磨，研磨 | 直线度测量仪 |
| | 圆柱度 | 0.1~0.3 | 超精磨 | 圆柱度仪 |
| | 同轴度 | 0.1~0.3 | 研磨 | 电子测微比较仪 |
| | 平面度 | 0.1~0.3 | 超精磨，研磨 | 光学平晶/单色光 |
| | 止推面垂直度 | 1″~3″ | 超精磨，研磨 | 准直光管 |
| | 止推环垂直度 | 1″~3″ | 超精磨 | 准直光管 |
| | 表面粗糙度 Ra | ≤0.04 | 研磨，抛光 | 表面粗糙度仪 |
| 球形轴承 | 面轮廓度 | 0.1~0.3 | 研磨 | 圆度仪，球径仪，光学样板 |
| | 表面粗糙 Ra | ≤0.04 | | 表面粗糙度仪 |
| 对置锥形轴承 | 锥角 | 1″~3″ | 超精磨，将磨床主轴按锥半角调整好角度后锁紧。加工好凸锥后，机床主轴不动，按加工凸锥的方法，做一个和凸锥一样的胎模，再把要加工的凹锥装夹在胎模上，用磨内圆砂轮加工凹锥面 | 光学分度头和电子测微比较仪配合一起测量 |
| | 同轴度 | 0.1~0.3 | | |
| | 直线度 | 0.1~0.3 | | |
| | 表面粗糙度 Ra | ≤0.04 | | 表面粗糙度仪 |

# 6 轴瓦结构

轴瓦是滑动轴承中的重要元件。根据滑动轴承结构型式的不同，轴瓦结构有整体式和对开式两类。

## 6.1 整体式轴瓦

整体式轴瓦又称轴套。按轴套的结构不同又分为卷制轴套和整体轴套。

### 6.1.1 卷制轴套

1. 卷制轴套的参数

GB/T 12613.1—2011 对卷制轴套尺寸作了规定，轴套型式见图 6.2-55。

（1）公称尺寸和极限偏差 公称尺寸和极限偏差见表 6.2-50~表 6.2-57。

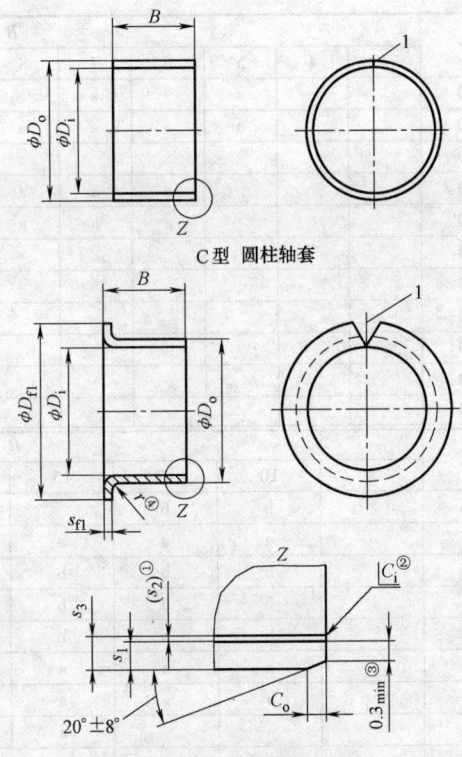

C 型　圆柱轴套

F 型　法兰轴套

说明：

1 —— 接缝。

① 轴承材料的厚度：仅适用于按GB/T 12613.2—2011的规定计算。
② $C_i$ 可以是圆弧或倒角，按ISO 13715的规定。
③ 公称壁厚为0.5mm时最小值为0.2mm。
④ $r_{max} = s_3$。

**图 6.2-55　圆柱及法兰轴套**

**表 6.2-50　内径 $D_i$、外径 $D_o$、壁厚 $s_3$ 和宽度 $B$ 的优选公称尺寸**　　　　（单位：mm）

| $D_i$ | $D_o$ | $s_3$ | B | | | | | | |
|---|---|---|---|---|---|---|---|---|---|
| | | | 3 | 4 | 5 | 6 | 8 | 10 | 12 |
| 2 | 3 | 0.5 | a | | a | | | | |
| 3 | 4 | 0.5 | a | | a | a | | | |
| 4 | 5 | 0.5 | a | a | a | | | | |
| 5 | 6 | 0.5 | | | a | | a | a | |
| 6 | 7 | 0.5 | | a | | a | a | a | |
| 8 | 9 | 0.5 | | | | a | a | a | a |
| 10 | 11 | 0.5 | | | | | a | a | a |

| $D_i$ | $D_o$ | $s_3$ | B | | | | | | |
|---|---|---|---|---|---|---|---|---|---|
| | | | 3 | 4 | 5 | 6 | 7 | 8 | 10 |
| 2 | 3.5 | 0.75 | a | | | | | | |
| 3 | 4.5 | 0.75 | a | a | | | | | |
| 4 | 5.5 | 0.75 | a | a | | | | | a |

| $D_i$ | $D_o$ | $s_3$ | B | | | | | | | | | |
|---|---|---|---|---|---|---|---|---|---|---|---|---|
| | | | 3 | 4 | 5 | 6 | 7 | 8 | 10 | 12 | 15 | 20 | 25 |
| 3 | 5 | 1.0 | a | a | a | a | | | | | | | |
| 4 | 6 | 1.0 | a | a | a | | | | | | | | |
| 6 | 8 | 1.0 | | | a | a | a | a | a | | | | |

（续）

| $D_i$ | $D_o$ | $s_3$ | $B$ | | | | | | | | | | |
|---|---|---|---|---|---|---|---|---|---|---|---|---|---|
| | | | 3 | 4 | 5 | 6 | 7 | 8 | 10 | 12 | 15 | 20 | 25 |
| 7 | 9 | 1.0 | | | a | | a | | a | a | | | |
| 8 | 10 | 1.0 | | | a | a | a | a | a | a | | | |
| 9 | 11 | 1.0 | | | | | | | a | | | | |
| 10 | 12 | 1.0 | | | | a | a | a | a | a | b | b | |
| 12 | 14 | 1.0 | | | | a | a | a | a | a | b | b | b |
| 13 | 15 | 1.0 | | | | | | | a | | b | b | |
| 14 | 16 | 1.0 | | | | | | | a | a | b | b | b |
| 15 | 17 | 1.0 | | | | | | | a | a | b | b | b |
| 16 | 18 | 1.0 | | | | | | | a | a | b | b | b |
| 17 | 19 | 1.0 | | | | | | | | | b | b | |
| 18 | 20 | 1.0 | | | | | | | a | | b | b | b |

| $D_i$ | $D_o$ | $s_3$ | $B$ | | | | | | | |
|---|---|---|---|---|---|---|---|---|---|---|
| | | | 8 | 10 | 12 | 15 | 20 | 25 | 30 | 40 |
| 8 | 11 | 1.5 | | b | b | | | | | |
| 10 | 13 | 1.5 | | a | a | a | a | | | |
| 12 | 15 | 1.5 | | b | b | b | | | | |
| 13 | 16 | 1.5 | | b | b | b | b | | | |
| 14 | 17 | 1.5 | | b | b | b | b | | | |
| 15 | 18 | 1.5 | | a | a | a | a | a | | |
| 16 | 19 | 1.5 | | a | a | a | b | a | | |
| 18 | 21 | 1.5 | | | | a | b | b | | |
| 20 | 23 | 1.5 | | | a | a | b | b | b | |
| 22 | 25 | 1.5 | | | | a | b | b | b | |
| 24 | 27 | 1.5 | | | | a | b | b | b | |
| 25 | 28 | 1.5 | | | | a | b | b | b | |
| 28 | 31 | 1.5 | | | | | b | b | b | |

| $D_i$ | $D_o$ | $s_3$ | $B$ | | | | | | | |
|---|---|---|---|---|---|---|---|---|---|---|
| | | | 15 | 20 | 25 | 30 | 40 | 50 | 60 | 70 | 80 |
| 28 | 32 | 2.0 | a | a | a | b | | b | | | |
| 30 | 34 | 2.0 | a | a | a | b | b | | | | |
| 32 | 36 | 2.0 | | a | | b | b | | | | |
| 35 | 39 | 2.0 | | a | | b | b | b | | | |
| 37 | 41 | 2.0 | | a | | b | b | | | | |
| 38 | 42 | 2.0 | | a | | b | b | | | | |
| 40 | 44 | 2.0 | | a | | b | b | b | | | |

| $D_i$ | $D_o$ | $s_3$ | $B$ | | | | | | | | | |
|---|---|---|---|---|---|---|---|---|---|---|---|---|
| | | | 20 | 25 | 30 | 40 | 50 | 60 | 70 | 80 | 100 | 115 |
| 45 | 50 | 2.5 | a | | a | b | b | | | | | |
| 50 | 55 | 2.5 | a | a | a | b | b | b | | | | |
| 55 | 60 | 2.5 | a | | a | b | | b | | | | |
| 60 | 65 | 2.5 | a | | a | b | b | | | | | |
| 65 | 70 | 2.5 | | | a | | b | | c | | | |
| 70 | 75 | 2.5 | | | a | | b | | c | | | |
| 75 | 80 | 2.5 | | | | b | | b | | c | | |
| 80 | 85 | 2.5 | | | | b | | b | | c | c | |
| 85 | 90 | 2.5 | | | | b | | b | | c | c | |
| 90 | 95 | 2.5 | | | | b | | b | | | c | |
| 95 | 100 | 2.5 | | | | | | b | | | c | |
| 100 | 105 | 2.5 | | | | | b | b | | | c | c |

（续）

| $D_i$ | $D_o$ | $s_3$ | $B$ | | | | | | | | | |
|---|---|---|---|---|---|---|---|---|---|---|---|---|
| | | | 20 | 25 | 30 | 40 | 50 | 60 | 70 | 80 | 100 | 115 |
| 105 | 110 | 2.5 | | | | | | b | | | c | c |
| 110 | 115 | 2.5 | | | | | | b | | | c | c |
| 115 | 120 | 2.5 | | | | | b | b | b | | c | |
| 120 | 125 | 2.5 | | | | | b | b | | | c | |
| 125 | 130 | 2.5 | | | | | | b | | | c | |
| 130 | 135 | 2.5 | | | | | | b | | | c | |
| 135 | 140 | 2.5 | | | | | | b | | b | c | |
| 140 | 145 | 2.5 | | | | | | b | | | c | |
| 150 | 155 | 2.5 | | | | | | b | | b | c | |
| 160 | 165 | 2.5 | | | | | | b | | b | c | |
| 170 | 175 | 2.5 | | | | | | | | | c | |
| 180 | 185 | 2.5 | | | | | | | | | c | |
| 200 | 205 | 2.5 | | | | | | | | | c | |
| 220 | 225 | 2.5 | | | | | | | | | c | |
| 250 | 255 | 2.5 | | | | | | | | | c | |
| 300 | 305 | 2.5 | | | | | | | | | c | |

注：1. 宽度 $B$ 的极限偏差：a 为 ±0.25；b 为 ±0.5；c 为 ±0.75。
　　2. 轴套宽度的极限偏差超出 a、b 或 c 的范围时，制造者与用户应协商一致，并在公称尺寸的标注后面给出。如需要使用非标准轴套宽度，则当 $D_i \leqslant 50$mm 时，应使宽度尾数为 2、5 或者 8；当 $D_i > 50$mm 时，应使宽度尾数为 5。轴套宽度 $B$ 的检测应按 ISO 12301 规定。

### 表 6.2-51　法兰轴套的优选公称尺寸和极限偏差　　　　　　（单位：mm）

| $D_i$ | $D_o$ | $s_3$ | $D_{fl}$ 公称尺寸 | $D_{fl}$ 极限偏差 | $S_{fl}$ | $r_{max}$ | $B$ | | | | | | | | | | | | | | |
|---|---|---|---|---|---|---|---|---|---|---|---|---|---|---|---|---|---|---|---|---|---|
| | | | | | | | 4 | 5.5 | 7 | 7.5 | 8 | 9 | 9.5 | 11.5 | 12 | 16 | 16.5 | 17 | 21.5 | 22 | 26 |
| 6 | 8 | 1 | 12 | +0.5 −0.8 | 1.05 0.80 | 1 | a | | | | a | | | | | | | | | | |
| 8 | 10 | 1 | 15 | | | 1 | | a | a | | | a | | | | | | | | | |
| 10 | 12 | 1 | 18 | | | 1 | | | a | | | a | | | a | | | b | | | |
| 12 | 14 | 1 | 20 | | | 1 | | | a | | | a | | | a | | | b | | | |
| 14 | 16 | 1 | 22 | | | 1 | | | | | | | | | a | | | b | | | |
| 15 | 17 | 1 | 23 | | | 1 | | | | | | a | | | a | | | b | | | |
| 16 | 18 | 1 | 24 | | | 1 | | | | | | | | | a | | | b | | | |
| 18 | 20 | 1 | 26 | | | 1 | | | | | | | | | a | | | b | | b | |
| 20 | 23 | 1.5 | 30 | +1.0 −0.8 | 1.6 1.3 | 1.5 | | | | | | | | a | | | a | | b | | |
| 25 | 28 | 1.5 | 35 | | | 1.5 | | | | | | | | a | | | a | | b | | |
| 30 | 34 | 2 | 42 | | 2.1 1.8 | 2 | | | | | | | | | | a | | | | | b |
| 35 | 39 | 2 | 47 | | | 2 | | | | | | | | | | a | | | | | b |
| 40 | 44 | 2 | 52 | +2.0 −0.8 | | 2 | | | | | | | | | | a | | | | | b |
| 45 | 50 | 2.5 | 58 | | 2.6 2.3 | 2.5 | | | | | | | | | | a | | | | | b |

注：宽度 $B$ 的极限偏差：a 为 ±0.25；b 为 ±0.5。

### 表 6.2-52　外倒角 $C_o$ 和内倒角 $C_i$　　　　　　（单位：mm）

| 壁厚 $s_3$ 公称尺寸 | 倒角 | | $C_i$ |
|---|---|---|---|
| | $C_o$ | | |
| | 机加工 | 辗制 | |
| 0.5 | 0.2 ± 0.1 | | − 0.05 − 0.30 |
| 0.75 | 0.5 ± 0.3 | 0.5 ± 0.3 | − 0.1 − 0.4 |

（续）

| 壁厚 $s_3$ | 倒角 | | |
|---|---|---|---|
| | $C_o$ | | $C_i$ |
| 公称尺寸 | 机加工 | 辗制 | |
| 1.0 | 0.6 ± 0.4 | 0.6 ± 0.4 | -0.1 / -0.6 |
| 1.5 | 0.6 ± 0.4 | 0.6 ± 0.4 | -0.1 / -0.7 |
| 2.0 | 1.2 ± 0.4 | 1.0 ± 0.4 | -0.1 / -0.7 |
| 2.5 | 1.8 ± 0.6 | 1.2 ± 0.4 | -0.2 / -1.0 |

注：1. 对于那些必须机加工至轴承孔尺寸的轴套，$C_i$ 必须相应增大。

2. 外倒角 $C_o$ 用机加工或辗制，由制造者选择。

3. $C_i$ 可以是倒角或按 ISO 13715 的规定去飞边。

**表 6.2-53 壁厚公称尺寸和极限偏差** （单位：mm）

| 公称尺寸 | | 壁厚 $s_3$ 极限偏差 | | | | |
|---|---|---|---|---|---|---|
| | | 轴承孔不留加工余量 | | | 轴承孔预留加工余量 | |
| | | A 系列 | B 系列 | D 系列 | C 系列 | E 系列 |
| 0.5 | | 0 / -0.015 | 0 / -0.030 | — | — | — |
| 0.75 | | 0 / -0.015 | 0 / -0.020 | — | +0.25 / +0.15 | — |
| 1.0 | | 0 / -0.015 | +0.005 / -0.020 | -0.020 / -0.045 | +0.25 / +0.15 | +0.11 / +0.07 |
| 1.5 | | 0 / -0.015 | +0.005 / -0.025 | -0.025 / -0.055 | +0.25 / +0.15 | +0.11 / +0.07 |
| 2.0 | | 0 / -0.015 | +0.005 / -0.030 | -0.030 / -0.065 | +0.25 / +0.15 | +0.11 / +0.07 |
| 2.5 | $D_o ≤ 80$ | 0 / -0.020 | +0.005 / -0.040 | | | |
| | $80 < D_o ≤ 120$ | 0 / -0.025 | -0.010 / -0.060 | -0.040 / -0.085 | +0.30 / +0.15 | +0.14 / +0.07 |
| | $D_o > 120$ | 0 / -0.030 | -0.035 / -0.085 | | | |

注：根据所采用的制造工艺，通常袖套背部会出现分散的轻微凹陷。因此壁厚测量部位应避开这些凹陷部位。

**表 6.2-54 W 系列—环规内袖套内径 $D_{i,ch}$ 的极限偏差**（摘自 GB/T 12613.2—2011）

（单位：mm）

| $D_i$ 公称尺寸 | | $D_{i,ch}$ 极限偏差 |
|---|---|---|
| | ≤10 | +0.036 / 0 |
| >10 | ≤18 | +0.043 / 0 |
| >18 | ≤30 | +0.052 / 0 |
| >30 | ≤50 | +0.062 / 0 |
| >50 | ≤80 | +0.074 / 0 |

（续）

| $D_i$ 公称尺寸 | | $D_{i,ch}$ 极限偏差 |
|---|---|---|
| >80 | ≤120 | +0.087<br>0 |
| >120 | ≤175 | +0.100<br>0 |

注：除非另有协议，轴套内径与外径的同轴度应为 0.05mm。

### 表 6.2-55　外径 $D_o$ 尺寸和极限偏差　　　　（单位：mm）

| $D_o$ 公称尺寸 | | 轴套极限偏差 | |
|---|---|---|---|
| | | 钢,钢/衬层材料 | 铝合金,铜合金,铝合金轴承衬层材料,铜合金衬层材料 |
| | ≤10 | +0.055<br>+0.025 | +0.075<br>+0.045 |
| >10 | ≤18 | +0.065<br>+0.030 | +0.080<br>+0.050 |
| >18 | ≤30 | +0.075<br>+0.035 | +0.095<br>+0.055 |
| >30 | ≤50 | +0.085<br>+0.045 | +0.110<br>+0.065 |
| >50 | ≤80 | +0.100<br>+0.055 | +0.125<br>+0.075 |
| >80 | ≤120 | +0.120<br>+0.070 | +0.140<br>+0.090 |
| >120 | ≤180 | +0.170<br>+0.100 | +0.190<br>+0.120 |
| >180 | ≤305 | +0.255<br>+0.125 | +0.245<br>+0.145 |

### 表 6.2-56　轴承座孔直径 $D_H$ 公差等级

| $D_i$/mm 公称尺寸 | | 轴承座孔公差等级 $D_H$ |
|---|---|---|
| | ≤4 | H6 |
| >4 | ≤75 | H7 |
| >75 | | H7 |

### 表 6.2-57　轴套表面粗糙度 $Ra$（符合 ISO 4288 规定）

| 表面 | $Ra$/μm | | | | |
|---|---|---|---|---|---|
| | 系　列 | | | | |
| | A | B | C/E | D | W |
| 轴承孔 | 0.8 | 1.6[①] | 6.3 | 1.6 | 1.6 |
| 轴承背 | 1.6 | 1.6 | 1.6 | 1.6 | 1.6 |
| 其他表面 | 25 | 25 | 25 | 25 | 25 |

① 按照 SIO 3547-4 中规定的 B1 和 P1 材料制成的轴套，轴承孔 $Ra$≤6.3μm

（2）材料及其代号　GB/T 12613.4—2011 规定了卷制轴套用单层和多层材料，见表 6.2-58 和表 6.2-59。

### 表 6.2-58　单层材料

| 代号 | 牌号[①] | 硬度[②]（指导值）<br>HB 2.5/62.5/10 | 使用说明 | 壁厚极限偏差系列[③] |
|---|---|---|---|---|
| Z1 | 钢（硬化） | — | 适用于轻载荷、次要场合 | A |

（续）

| 代号 | 牌号① | 硬度②（指导值）HB 2.5/62.5/10 | 使用说明 | 壁厚极限偏差系列③ |
|---|---|---|---|---|
| Y1 | CuSn8P | 120 | 很高的负载，良好的减磨性。应用场合举例：车辆、传动系统、输送系统和农业机械 | A、C、W |
| Y2 | CuSn8P | 150 | | |
| W1 | CuZn31Si | 110 | 高承载能力，良好的减磨性。应用场合举例：纺织机械、发动机、农业机械和起重机械 | |
| W2 | CuZn31Si | 140 | | |

① 钢的化学成分应由制造者与用户协商一致。碳的含量一般小于0.25%，轴承材料的化学成分按 ISO 4382-2。
② 硬度试验按 ISO 4384—2。
③ 根据表6.2-53和表6.2-54。

## 表 6.2-59 多层材料

| 代号 | 牌号① | | 硬度②（指导值） | | 使用说明 | 壁厚极限偏差系列④ |
|---|---|---|---|---|---|---|
| | 钢背材料 | 轴承材料 | 钢背材料③ | 轴承材料 | | |
| T2 | 钢 | SnSb8Cu4 | 130 | 17HV~24HV | 很好的瞬时起动特性，中等承载能力。应用场合举例：泵、压缩机、汽车传动系统、起动器和凸轮轴 | A、C、W |
| S1 | 钢 | CuPb24Sn（铸造） | 125 | 55HB~80HB | 高承载能力，通常需与淬火后的轴颈配合使用。应用场合举例：汽车传动系统、转向装置、凸轮轴和泵 | |
| S2 | 钢 | CuPb24Sn（烧结） | 125 | 40HB~60HB | | |
| S3 | 钢 | CuPb24Sn4（铸造） | 125 | 60HB~90HB | 具有 S1 和 S2 材料的性能，同时更适合于加工油槽；高承载能力，通常需与淬火后的轴颈配合使用。应用场合举例：轴销和摇臂轴承、传动轴、转向装置和泵；硬化后可以用于特殊用途 | |
| S4 | 钢 | CuPb24Sn4（烧结） | 125 | 45HB~90HB | | |
| S5 | 钢 | CuPb10Sn10（铸造） | 125 | 70HB~130HB | | |
| S6 | 钢 | CuPb10Sn10（烧结） | 125 | 60HB~90HB | | |
| R2 | 钢 | AlSn20Cu | 170 | 30HB~40HB | 好的瞬时起动特性，中等承载能力。应用场合举例：冷藏车间、压缩机和泵 | |
| R2 | 钢 | AlSn20Cu | 170 | 30HB~40HB | 好的瞬时起动特性，中等承载能力。应用场合举例：冷藏车间、压缩机和泵 | A、C、W |
| R3 | 钢 | AlSn12SiCu | 170 | 40HB~60HB | 高承载能力，良好的抗咬合性。应用场合举例：传动凸轮轴和液压泵 | |
| R4 | 钢 | AlZn5 | 185 | 60HB~100HB | 更高的承载能力 | |
| P1 | 钢 | 烧结青铜、填充物以及加入添加剂的 PTFE 表面涂层（磨合层） | 140 | — | 低摩擦；用于车辆悬挂支柱、齿轮控制杆、立式推力轴承、泵和磁力起重机；工作温度为 -200~+280℃，但轴承孔不能机加工；适合用作干摩擦轴承材料 | B |
| B1 | 青铜 | | 100 | | | |
| P2 | 钢 | 带热塑性聚合物的烧结青铜 | 140 | — | 高承载能力，装配时需加润滑脂。应用场合举例：起重机、卷扬机、电梯、包装机械和农业机械，有一定温度限制⑤ | D、E |
| B2 | 青铜 | | 100 | | | |
| D1 | 钢 | 直接与聚合物轴承衬层材料结合，如 PTFE | 140 | — | 应用于某些需要特性能的场合，例如：空间限制、抗腐蚀 | B |
| D2 | 不锈钢 | | 140 | | | |
| D3 | 青铜 | | 100 | | | |
| D4 | 铝合金 | | 60 | | | |

注：对极限偏差为 A 系列和 W 系列的袖套，代号 S1~S6 和 R1 的材料，可与供应商协商增加磨合涂层。
① 钢的化学成分应由制造者与用户协商一致。碳的含量一般小于0.25%，轴承材料的化学成分按 ISO 4383。
② 硬度试验按 ISO 4384-1。
③ 钢和不锈钢硬度检验采用 HB 1/30/10。青铜和铝合金硬度检验采用 HB 1/5/30。
④ 壁厚极限偏差系列（根据表6.2-53和表6.2-54）。
⑤ 连续工作的极限温度取决于热塑性聚合物的类型，如，POM：90℃；PVDF：110℃；PEEK：250℃。

（3）标记　以下给出了符合 GB/T 12613 系列标准的卷制轴套的产品标记示例。

示例 1：壁厚极限偏差为 A 系列、内径 $D_i = 30\text{mm}$、外径 $D_o = 34\text{mm}$、宽度 $B = 20\text{mm}$、用符合 ISO 3547-4 中材料代码为 S5 的多层材料制成、润滑油孔和环形油槽结构型式代号为 M1A、油穴结构型式代号为 N1B、外径测量方法采用 GB/T 12613.2—2011 中的方法 A 的 C 型卷制圆柱轴套的标记示例如下：

轴套 GB/T 12613—C　30　A　34 × 20—S5—M1A　N1B—AS

注："S"表示壁厚检测按 GB/T 12613.7—2011 的规定。

示例 2：壁厚极限偏差为 B 系列、内径 $D_i = 30\text{mm}$、外径 $D_o = 34\text{mm}$、宽度 $B = 16\text{mm}$、用符合 ISO 3547-4 中材料代码为 P1 的多层材料制成、内径和外径测量方法采用 GB/T 12613.2—2011 中的方法 A 和方法 C 的 F 型卷制法兰轴套的标记示例如下：

轴套 GB/T 12613—F30　B　34 × 16—P1—AC

示例 3：壁厚极限偏差为 W 系列、内径 $D_i = 30\text{mm}$、外径 $D_o = 34\text{mm}$、宽度 $B = 20\text{mm}$、用符合 ISO 3547-4 中材料代码为 Y1 的单层材料制成、内径和外径测量方法采用 GB/T 12613.2—2011 中的方法 A 和方法 C 的 C 型卷制圆柱轴套的标记示例如下：

轴套 GB/T 12613—C30　W　34 × 20—Y1—AC

2. 覆有减摩层的双金属轴套

GB/T 12949—1991 对覆有减摩层的双金属轴套作了规定，该轴套用塑料—烧结铜合金—钢 3 层复合板材卷制而成。衬背材料一般为 08F、08 或 10 钢，烧结铜的牌号为 CuSn10，铜合金层厚度在 0.20 ~ 0.30mm 之间，减摩层塑料为聚四氟乙烯或聚甲醛（均聚）。轴套型式见图 6.2-56。

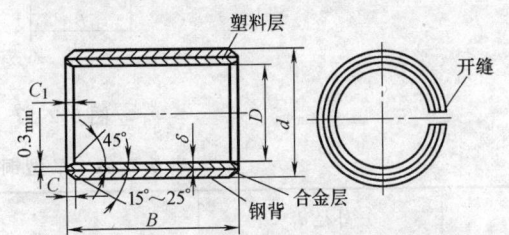

图 6.2-56　覆有减摩塑料层的双金属卷制轴套

轴套尺寸公差：内径 H7；外径 IT7；宽度 h13；厚度 $\delta \le 2.5\text{mm}$ 时为 ± 0.05mm，大于 2.5mm 时供需双方协商。表面粗糙度：外圆表面 $Ra \le 3.2\mu\text{m}$；其他加工部位 $Ra \le 3.2\mu\text{m}$。

轴套公称尺寸见表 6.2-60。

表 6.2-60　覆有减摩塑料层的双金属轴套尺寸　　　　（单位：mm）

| 壁厚 $\delta$ | 1.0 | 1.5 | 2.0 | 2.5 | 宽度 | 壁厚 $\delta$ | 1.0 | 1.5 | 2.0 | 2.5 | 宽度 |
|---|---|---|---|---|---|---|---|---|---|---|---|
| 外径 $d$ | | 内径 $D$ | | | $B$ | 外径 $d$ | | 内径 $D$ | | | $B$ |
| 6 | 4 | | | | 4,6,8 | 34 | | 30 | | | 12,15,20,25,30,40 |
| 7 | 5 | | | | 4,5,6,8 | 36 | | 32 | | | 20,30 |
| 8 | 6 | | | | 6,8,10 | 39 | | 35 | | | 12,20,25,30,40,50 |
| 9 | 7 | | | | 10,12 | 42 | | 38 | | | 30,40 |
| 10 | 8 | | | | 6,8,10,12 | 44 | | 40 | | | 12,20,25,30,40,50 |
| 12 | 10 | | — | | 6,8,10,12,15 | 50 | | | 45 | | 20,25,30,40,50 |
| 14 | 12 | | | | 6,8,10,12,15,20 | 55 | | | 50 | | 20,30,40,60 |
| 16 | 14 | | | | 10,12,15,20 | 60 | | | 55 | | 30,40,60 |
| 17 | 15 | | | | 10,12,15,20,25 | 65 | | | 60 | | 30,40,60 |
| 18 | 16 | | | | 10,12,15,20,25 | 70 | | | 65 | | 30,40,60 |
| 20 | 18 | | | | 10,12,15,20,25 | 75 | | | 70 | — | 40,60,80 |
| 23 | | 20 | | | 10,12,15,20,25,30 | 80 | | | 75 | | 30,40,60,80 |
| 25 | | 22 | | | 10,12,15,20,25 | 85 | | | 80 | | 40,60,80 |
| 27 | — | 24 | | | 15,20,25,30 | 90 | | | 85 | | 40,60,80 |
| 28 | | 25 | | | 10,12,15,20,25,30 | 95 | | | 90 | | 40,60,90 |
| 32 | | | 28 | | 20,30 | 105 | | | 100 | | 50,95 |

### 6.1.2　整体轴套

整体轴套可以有油孔、油槽，也可以不设。

（1）铜合金整体轴套

GB/T 18324—2001 规定了一般用途的、内径为 6 ~ 200mm 的单层铜合金整体轴套的型式、尺寸及公差。C 型

为普通整体轴套，F 型为翻边整体轴套（见图 6.2-57）。

C 型普通铜合金整体轴套按厚度不同（外径不同）有薄、中、厚 3 个系列，其公称尺寸见表6.2-61，F 型翻边整体轴套有薄、厚 2 个系列，其公称尺寸见表 6.2-62。他们的尺寸见表 6.2-63。

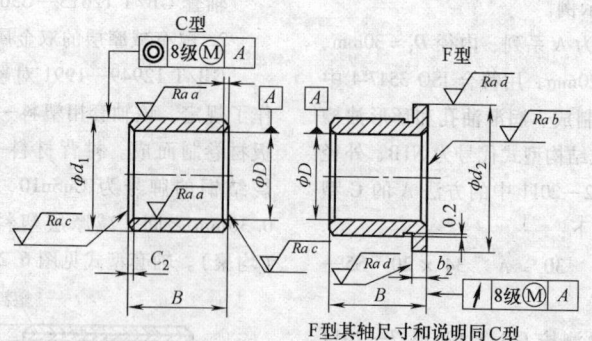

C型

F型

F型其轴尺寸和说明同C型

图 6.2-57　铜合金整体轴套

表 6.2-61　C 型铜合金整体轴套的公称尺寸　　　　　　　　（单位：mm）

| 内径 D | 外径 d₁ | | | 宽度 B | | | 内径 D | 外径 d₁ | | | 宽度 B | | |
|---|---|---|---|---|---|---|---|---|---|---|---|---|---|
| | 系列 1 | 系列 2 | 系列 3 | | | | | 系列 1 | 系列 2 | 系列 3 | | | |
| 6 | 8 | 10 | 12 | | | | 48 | 53 | 56 | 58 | | | |
| 8 | 10 | 12 | 14 | 6 | 10 | — | 50 | 55 | 58 | 60 | 40 | 50 | 60 |
| 10 | 12 | 14 | 16 | | | | 55 | 60 | 63 | 65 | | | 70 |
| 12 | 14 | 16 | 18 | | | | 60 | 65 | 70 | 75 | | 60 | 80 |
| 14 | 16 | 18 | 20 | 10 | 15 | 20 | 65 | 70 | 75 | 80 | | | |
| 15 | 17 | 19 | 21 | | | | 70 | 75 | 80 | 85 | 50 | 70 | 90 |
| 16 | 18 | 20 | 22 | 12 | | | 75 | 80 | 85 | 90 | | | |
| 18 | 20 | 22 | 24 | | | | 80 | 85 | 90 | 95 | | 80 | 100 |
| 20 | 23 | 24 | 26 | | 20 | 30 | 85 | 90 | 95 | 100 | | | |
| 22 | 25 | 26 | 28 | 15 | | | 90 | 100 | 105 | 110 | 60 | | |
| (24) | 27 | 28 | 30 | | | | 95 | 105 | 110 | 115 | | | |
| 25 | 28 | 30 | 32 | | | | 100 | 110 | 115 | 120 | | 100 | 120 |
| (27) | 30 | 32 | 34 | | | | 105 | 115 | 120 | 125 | 80 | | |
| 28 | 32 | 34 | 36 | 20 | 30 | 40 | 110 | 120 | 125 | 130 | | | |
| 30 | 34 | 36 | 38 | | | | 120 | 130 | 135 | 140 | | 120 | 150 |
| 32 | 36 | 38 | 40 | | | | 130 | 140 | 145 | 150 | 100 | | |
| (33) | 37 | 40 | 42 | | | | 140 | 150 | 155 | 160 | | | |
| 35 | 39 | 41 | 45 | | | 50 | 150 | 160 | 165 | 170 | | 150 | 180 |
| (36) | 40 | 42 | 46 | | | | 160 | 170 | 180 | 185 | 120 | | |
| 38 | 42 | 45 | 48 | 30 | 40 | | 170 | 180 | 190 | 195 | | | 200 |
| 40 | 44 | 48 | 50 | | | | 180 | 190 | 200 | 210 | | 180 | |
| 42 | 46 | 50 | 52 | | | 60 | 190 | 200 | 210 | 220 | 150 | | 250 |
| 45 | 50 | 53 | 55 | | | | 220 | 210 | 220 | 230 | 180 | 200 | |

注：括号内的值仅作特殊用途，应尽可能避免使用。

**表 6.2-62　F 型铜合金翻边整体轴套的公称尺寸**　　（单位：mm）

| 内径 $D$ | 系列1 外径 $d_1$ | 系列1 翻边外径 $d_2$ | 系列1 翻边宽度 $b_2$ | 系列2 外径 $d_1$ | 系列2 翻边外径 $d_2$ | 系列2 翻边宽度 $b_2$ | 宽度 $B$ |
|---|---|---|---|---|---|---|---|
| 6 | 8 | 10 | 1 | 12 | 14 | 3 | 10 |
| 8 | 10 | 12 | | 14 | 18 | | |
| 10 | 12 | 14 | | 16 | 20 | | |
| 12 | 14 | 16 | | 18 | 22 | | 10,15,20 |
| 14 | 16 | 18 | | 20 | 25 | | |
| 15 | 17 | 19 | | 21 | 27 | | |
| 16 | 18 | 20 | | 22 | 28 | | 12,15,20 |
| 18 | 20 | 22 | | 24 | 30 | | 12,20,30 |
| 20 | 23 | 26 | 1.5 | 26 | 32 | | 15,20,30 |
| 22 | 25 | 28 | | 28 | 34 | | |
| (24) | 27 | 30 | | 30 | 36 | | |
| 25 | 28 | 31 | | 32 | 38 | | |
| (27) | 30 | 33 | | 34 | 40 | 4 | |
| 28 | 32 | 36 | 2 | 36 | 42 | | 20,30,40 |
| 30 | 34 | 38 | | 38 | 44 | | |
| 32 | 36 | 40 | | 40 | 46 | | |
| (33) | 37 | 41 | | 42 | 48 | | |
| 35 | 39 | 43 | | 45 | 50 | 5 | 30,40,50 |
| (36) | 40 | 44 | | 46 | 52 | | |
| 38 | 42 | 46 | | 48 | 54 | | |
| 40 | 44 | 48 | | 50 | 58 | | 30,40,60 |
| 42 | 46 | 50 | | 52 | 60 | | |
| 45 | 50 | 55 | 2.5 | 55 | 63 | | |
| 48 | 53 | 58 | 2.5 | 58 | 66 | 5 | 40,50,60 |
| 50 | 55 | 60 | | 60 | 68 | | |
| 55 | 60 | 65 | | 65 | 73 | | 40,50,70 |
| 60 | 65 | 70 | | 75 | 83 | 7.5 | 40,60,80 |
| 65 | 70 | 75 | | 80 | 88 | | 50,60,80 |
| 70 | 75 | 80 | | 85 | 95 | | 50,70,90 |
| 75 | 80 | 85 | | 90 | 100 | | 60,80,100 |
| 80 | 85 | 90 | | 95 | 105 | | |
| 85 | 90 | 95 | | 100 | 110 | | |
| 90 | 100 | 110 | 5 | 110 | 120 | 10 | 60,80,120 |
| 95 | 105 | 115 | | 115 | 125 | | 60,100,120 |
| 100 | 110 | 120 | | 120 | 130 | | 80,100,120 |
| 105 | 115 | 125 | | 125 | 135 | | |
| 110 | 120 | 130 | | 130 | 140 | | |
| 120 | 130 | 140 | | 140 | 150 | | 100,120,150 |
| 130 | 140 | 150 | | 150 | 160 | | |
| 140 | 150 | 160 | | 160 | 170 | | 100,150,180 |
| 150 | 160 | 170 | | 170 | 180 | 12.5 | |
| 160 | 170 | 180 | | 185 | 200 | | 120,150,180 |
| 170 | 180 | 190 | | 195 | 210 | | |
| 180 | 190 | 200 | | 210 | 220 | | 120,180,200 |
| 190 | 200 | 210 | | 220 | 230 | 15 | 150,180,250 |
| 200 | 210 | 220 | | 230 | 240 | | 180,200,250 |

注：括号内的值仅作特殊用途，应尽可能避免使用。

**表 6.2-63　铜合金整体轴套尺寸公差**

| 内径 $D$ | 外径 $d_1$/mm ≤120 | 外径 $d_1$/mm >120 | 翻边外径 $d_2$ | 宽度 $B$ | 轴承座孔直径 | 轴径 $d$ |
|---|---|---|---|---|---|---|
| E6 | s6 | r6 | d11 | h13 | H7 | E7,g7 |

（2）烧结轴套　GB/T 18323—2001 对烧结轴套的型式、尺寸和公差作了规定，其型式有圆柱、翻边和球面 3 种，见图 6.2-58。

1）圆柱轴套。烧结圆柱轴套按壁厚分为常用系列和薄壁系列。其公差见表 6.2-64，公称尺寸见表 6.2-65。

2）翻边轴套。烧结翻边轴套按壁厚分为常用系列和薄壁系列。其公称尺寸见表 6.2-66，公差见表 6.2-67。

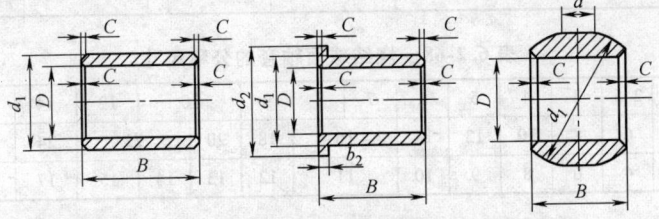

图 6.2-58　烧结轴套

**表 6.2-64　烧结圆柱轴套的公差**

| 部位 $d_1$/mm | 内径 $D$ | 外径 $d_1$ | 宽度 $B$ | 同轴度 | 轴承座孔 |
|---|---|---|---|---|---|
| ≤50 | F7,G7 | r6,s7 | js13 | IT9 | H7 |
| >50 | F8,G8 | r7,s8 | | IT10 | H8 |

### 表 6.2-65　烧结圆柱轴套的公称尺寸　　　　　　　　（单位：mm）

| 内径D | 常用 | 薄壁 | 宽度B | 内径D | 常用 | 薄壁 | 宽度B | 内径D | 常用 | 薄壁 | 宽度B | 内径D | 常用 | 薄壁 | 宽度B |
|---|---|---|---|---|---|---|---|---|---|---|---|---|---|---|---|
| 1 | 3 | — | 1.2 | 7 | 11 | 10 | 5,8,10 | 18 | 24 | 22 | 12,18,30 | 38 | 48 | 44 | 25,35,45,55 |
| 1.5 | 4 | | | 8 | 12 | 11 | 6,8,12 | 20 | 26 | 25 | 15,20,25,30 | 40 | 50 | 46 | 30,40,50,60 |
| 2 | 5 | | 2.3 | 9 | 14 | 12 | 6,10,14 | 22 | 28 | 27 | | 42 | 52 | 48 | |
| 2.5 | 6 | | 3.3 | 10 | 16 | 14 | 8,10,16 | 25 | 32 | 30 | 20,25,30,35 | 45 | 55 | 51 | 35,45,55,65 |
| 3 | | 5 | 3.4 | 12 | 18 | 16 | 8,12,20 | 28 | 36 | 33 | | 48 | 58 | 55 | 30,50,70 |
| 4 | 8 | 7 | 3,4,6 | 14 | 20 | 18 | 10,14,20 | 30 | 38 | 35 | 20,25,30,40 | 50 | 60 | 58 | |
| 5 | 9 | 8 | 4,5,8 | 15 | 21 | 19 | 10,15,25 | 32 | 40 | 38 | | 55 | 65 | 63 | 40,55,70 |
| 6 | 10 | 9 | 4,6,10 | 16 | 22 | 20 | 12,16,25 | 35 | 45 | 41 | 25,35,40,50 | 60 | 72 | 68 | 50,60,70 |

注：1. 内径 $D \geqslant 20$ mm 的轴套，宽度的最后一个值不能用于薄壁系列。

　　2. 特殊情况可不用宽度 33mm 而用宽度 34mm，不用宽度 35mm 而用宽度 36mm。

### 表 6.2-66　烧结翻边轴套的公称尺寸　　　　　　　　（单位：mm）

| 内径D | 1 | 1.5 | 2 | 2.5 | 3 | 4 | 5 | 6 | 7 | 8 | 9 |
|---|---|---|---|---|---|---|---|---|---|---|---|
| 外径 $d_1$ | 3 | | 4 | 5 | 6 | 8 | 9 | 10 | 11 | 12 | 14 |
| 翻边直径 $d_2$ | 5 | | 6 | 8 | 9 | 12 | 13 | 14 | 15 | 16 | 19 |
| 翻边宽度 $b_2$ | 1 | | | | 1.5 | | 2 | | | 2.5 | |
| 宽度B | 2 | | 3 | | 4 | 3,4,6 | 4,5,8 | 4,6,10 | 5,8,10 | 6,8,12 | 6,10,14 |

| | 内径D | 10 | 12 | 14 | 15 | 16 | 18 | 20 | 22 | 25 |
|---|---|---|---|---|---|---|---|---|---|---|
| 常用 | 外径 $d_1$ | 16 | 18 | 20 | 21 | 22 | 24 | 26 | 28 | 32 |
| | 翻边直径 $d_2$ | 22 | 24 | 26 | 27 | 28 | 30 | 32 | 34 | 39 |
| | 翻边宽度 $b_2$ | 3 | | | | | | | | 3.5 |
| 薄壁 | 外径 $d_1$ | 14 | 16 | 18 | 19 | 20 | 22 | 25 | 27 | 30 |
| | 翻边直径 $d_2$ | 18 | 20 | 22 | 23 | 26 | | 30 | 32 | 35 |
| | 翻边宽度 $b_2$ | 2 | | | | | | | | 2.5 |
| | 宽度B | 8,10,16 | 8,12,20 | 10,14,20 | 10,15,25 | 12,16,25 | 12,18,30 | 15,20,25,(30) | 15,20,25,(30) | 20,25,30 |

| 内径D | 28 | 30 | 32 | 35 | 38 | 40 | 42 | 45 | 48 | 50 | 55 | 60 |
|---|---|---|---|---|---|---|---|---|---|---|---|---|
| 外径 $d_1$ | 36 | 38 | 40 | 45 | 48 | 50 | 52 | 55 | 58 | 60 | 65 | 72 |
| 翻边直径 $d_2$ | 44 | 46 | 48 | 55 | 58 | 60 | 62 | 65 | 68 | 70 | 75 | 84 |
| 翻边宽度 $b_2$ | 4 | | | 5 | | | | | | | | 6 |
| 宽度B | 20,25,30 | | | 25,35,40 | 25,35,45 | 30,40,50 | | 35,45,55 | | 35,50 | 40,55 | 50,60 |

注：带括号的轴套宽度不能用于薄壁系列。

### 表 6.2-67　烧结翻边轴套的公差

| 部 位 | | 内径D | 外径 $d_1$ | 宽度B | 翻边直径 $d_2$ | 翻边宽度 $b_2$ | 同轴度 | 轴承座孔 |
|---|---|---|---|---|---|---|---|---|
| $d_1$/mm | ≤50 | F7,G7 | r6,s7 | js13 | js13 | js13 | IT9 | H7 |
| | >50 | F8,G8 | r7,s8 | | | | IT10 | H8 |

### 表 6.2-68　烧结球面轴套的公称尺寸　　　　　　　　（单位：mm）

| 内径D | 1 | 1.5 | 2 | 2.5 | 3 | 4 | 5 | 6 | 7 | 8 | 10 | 12 | 14 | 15 | 16 | 18 | 20 |
|---|---|---|---|---|---|---|---|---|---|---|---|---|---|---|---|---|---|
| 球径 $d_s$ | 3 | 4.5 | 5 | 6 | 8 | 10 | 12 | 14 | 16 | 18 | 20 | 22 | 24 | 27 | 28 | 30 | 36 |
| 宽度B | 2 | 3 | 4 | 6 | 9 | 10 | 11 | 12 | 13 | 14 | 15 | 17 | 20 | | 25 | | |

3) 球面轴套。烧结球面轴套的尺寸见表 6.2-68。内径D的公差为 H7，宽度B的公差为 js13，球面直径 $d_s$ 的公差为 h11，与其相配的轴承座孔的公差用 G10。

4) 青铜石墨含油轴套。青铜石墨含油轴套也是一种烧结轴套，适用于汽车、拖拉机、洗衣机、电风扇等小型、微型电动机。JB/T 3729—2008 对青铜石墨含油轴套的型式、尺寸和公差作了规定，其型式与 GB/T 18323—2001 规定的烧结轴套完全一样，有圆柱、翻边和球面 3 种轴套（见图 6.2-58），其尺寸和极限偏差分别见表 6.2-69～表 6.2-71。

第 2 章 滑 动 轴 承

6 - 257

表 6.2-69　青铜石墨含油圆柱轴套的尺寸和极限偏差（摘自 JB/T 3729—2008）

（单位：mm）

| 型号 | 尺寸和极限偏差 | | | 同轴度公差 |
|---|---|---|---|---|
| | 内径 D | 外径 $d_1$ | 宽度 B | |
| Z-6 | 6 +0.030 / +0.005 | 10 +0.065 / +0.035 | 10 +0.3 / -0.3 | — |
| Z-10 | 10 +0.022 / 0 | 16 +0.046 / +0.028 | 14 | 0.03 |
| | | 13 +0.045 / +0.010 | 10 +0.2 / -0.2 | 0.05 |
| | | 20 +0.039 / +0.045 | 14 | 0.04 |
| Z-11 | 11 +0.060 / +0.025 | 15 +0.075 / +0.045 | 16 0 / -0.5 | — |
| Z-11.9 | 11.9 +0.060 / +0.025 | 16 +0.045 / +0.010 | 13 +0.2 / -0.2 | 0.10 |
| Z-12 | 12 +0.04 / +0.01 | 22 +0.095 / 0.050 | 15 +0.2 / -0.2 | 0.07 |
| Z-12.3 | 12.3 0 / -0.10 | 16 +0.07 / -0.05 | 23.5 +0.5 / -0.5 | |
| Z-12.4 | 12.4 0 / -0.01 | 16 +0.045 / +0.010 | 18.5 +0.5 / -1.0 | |
| Z-12.5 | 12.5 +0.045 / +0.010 | 18.5 +0.5 / -1.0 | — | 0.10 |
| | 12.5 +0.045 / +0.010 | 16 +0.045 / +0.010 | | |
| Z-12.7 | 12.7 +0.040 / +0.010 | 16 +0.080 / +0.045 | 23.5 +0.5 / -0.5 | |
| | 12.7 0 / -0.010 | 20 +0.089 / +0.025 | 14 | |
| Z-14 | 14 +0.035 / 0 | 18 +0.045 / +0.010 | 20 +0.4 / -0.4 | — |
| | 14 +0.035 / 0 | 17 +0.115 / +0.080 | 16.4 0 / -0.24 | 0.10 |
| Z-15 | 15 +0.055 / +0.020 | 21 +0.100 / +0.055 | 20 +0.3 / -0.3 | — |
| Z-15.9 | 15.9 +0.045 | 20 +0.095 / +0.050 | 21 0 / -1.0 | 0.05 |
| Z-16 | 16 +0.027 / 0 | 20 +0.074 / +0.041 | 15 | 0.06 |
| Z-16.2 | 16.2 +0.050 / -0.010 | 19.25 +0.095 / +0.050 | 15 +0.5 / -1.0 | 0.10 |
| Z-18.2 | 18.2 +0.065 / -0.020 | 24 +0.100 / +0.055 | 25 +0.4 / -0.4 | — |
| Z-19 | 19 +0.210 / +0.160 | 21.7 +0.075 / +0.050 | 17 0 / -1.1 | 0.15 |
| | 19 +0.033 / 0 | 23 +0.074 / +0.041 | 20 | 0.06 |
| Z-25 | 25 +0.045 / 0 | 32 +0.115 / +0.060 | 18 0 / -1.0 | 0.05 |

（续）

| 型号 | 尺寸和极限偏差 | | | 同轴度公差 |
| --- | --- | --- | --- | --- |
| | 内径 D | 外径 $d_1$ | 宽度 B | |
| Z-38 | 38 $^{+0.5}_{-0.5}$ | 58.5 $^{+0.5}_{-0.5}$ | 11 $^{+1.0}_{0}$ | |
| Z-45 | 45 $^{+0.10}_{+0.04}$ | 55 $^{+0.051}_{-0.031}$ | 38 $^{+0.25}_{-0.25}$ | — |
| Z-11 | 11 | 28 $^{+0.036}_{+0.015}$ | 3 | |

**表 6.2-70　青铜石墨含油翻边轴套的尺寸和极限偏差**（摘自 JB/T 3729—2008）

（单位：mm）

| 型号 | 尺寸和极限偏差 | | | | |
| --- | --- | --- | --- | --- | --- |
| | 内径 D | 外径 $d_1$ | 翻边外径 $d_2$ | 宽度 B | 翻边宽度 $b_2$ |
| | 10 $^{+0.018}_{0}$ | 15.2 $^{+0.046}_{+0.028}$ | 19 | 13 | 2 |
| Z-10B | 10 $^{+0.022}_{0}$ | 18 $^{+0.034}_{+0.012}$ | 24 | 40 | 3 |
| | 10 $^{+0.016}_{-0.010}$ | 15 $^{+0.030}_{0}$ | 20 | 35 | 7.5 |

**表 6.2-71　青铜石墨含油球面轴套的尺寸和极限偏差**（摘自 JB/T 3729—2008）

（单位：mm）

| 型号 | 尺寸和极限偏差 | | | | |
| --- | --- | --- | --- | --- | --- |
| | 内径 D | 外径 $d_1$ | 球径 $d_s$ | 宽度 B | 同轴度公差 |
| Z-8Q | 8 $^{+0.015}_{0}$ | 15.5 $^{0}_{-0.2}$ | 15.9 $^{0}_{-0.11}$ | 11.2 $^{+0.08}_{-0.08}$ | 0.06 |
| Z-10Q | 10 $^{+0.016}_{0}$ | 15.5 $^{+0.2}_{-0.2}$ | 16 $^{0}_{-0.12}$ | 11 $^{+0.12}_{-0.12}$ | 0.10 |
| | 10 $^{+0.022}_{0}$ | 19.6 $^{+0.075}_{+0.035}$ | 20 $^{+0.10}_{-0.10}$ | 15 | 0.08 |
| Z-12Q | 12 $^{+0.027}_{0}$ | 21.6 $^{0}_{-0.10}$ | 22 $^{0}_{-0.26}$ | 16.5 $^{+0.20}_{0}$ | 0.025 |

注：外径 $d_1$ 指不完全球面的直径，GB/T 18323—2001 对烧结轴套该尺寸未作规定。

（3）镶嵌轴套　镶嵌轴套的型式有圆柱轴套、翻边　　轴套两种，它们的尺寸分别见表 6.2-72 和表 6.2-73。

**表 6.2-72　圆柱镶嵌轴套**　　　　　　（单位：mm）

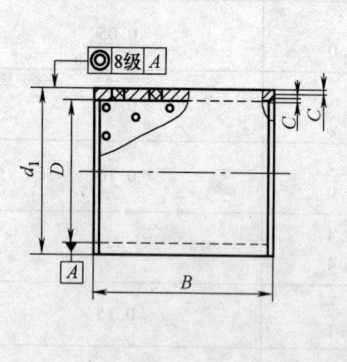

| 代号 | D | $d_1$ | B | C | 质量/kg |
| --- | --- | --- | --- | --- | --- |
| WQZ 030 | 30 | 38 | 50 | 1 | 0.190 |
| WQZ 035 | 35 | 45 | 55 | 1 | 0.308 |
| WQZ 040 | 40 | 50 | 60 | 1 | 0.378 |
| WQZ 045 | 45 | 55 | 70 | 1 | 0.490 |
| WQZ 050 | 50 | 60 | 75 | 1 | 0.578 |
| WQZ 060 | 60 | 70 | 80 | 2 | 0.728 |
| WQZ 070 | 70 | 85 | 100 | 2 | 1.628 |
| WQZ 080 | 80 | 95 | 100 | 2 | 1.838 |
| WQZ 090 | 90 | 105 | 120 | 2 | 2.457 |
| WQZ 100 | 100 | 115 | 120 | 2 | 2.709 |
| WQZ 110 | 110 | 125 | 140 | 2 | 3.455 |
| WQZ 120 | 120 | 135 | 150 | 2 | 4.016 |
| WQZ 140 | 140 | 160 | 170 | 2 | 7.140 |

注：1. 轴承座采用整体有衬正滑动轴承座（JB/T 2560—2007）。

2. 标记示例：圆柱镶嵌轴承 WQZ 030。

3. 生产厂：武汉油缸厂自润滑轴承分厂。

表 6.2-73 翻边镶嵌袖套 （单位：mm）

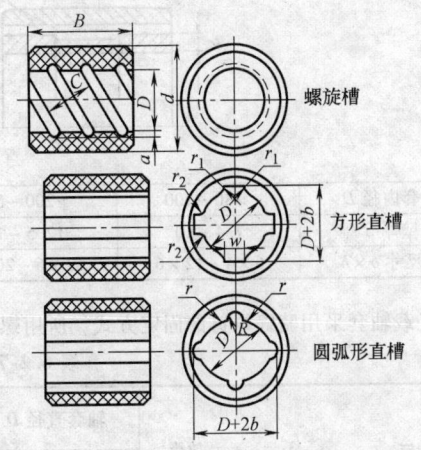

| 代号 | $D$ | $d_1$ | $d_2$ | $B$ | $b_2$ | $C$ | 质量/kg |
|---|---|---|---|---|---|---|---|
| WQZD 030 | 30 | 38 | 48 | 34 | 6 | | 0.1656 |
| WQZD 035 | 35 | 45 | 55 | 45 | 6.5 | | 0.2975 |
| WQZD 040 | 40 | 50 | 60 | 50 | | 1 | 0.3728 |
| WQZD 045 | 45 | 55 | 65 | 55 | 7.5 | | 0.4480 |
| WQZD 050 | 50 | 60 | 70 | 60 | | | 0.5302 |
| WQZD 060 | 60 | 70 | 80 | 70 | 10 | | 0.7420 |
| WQZD 070 | 70 | 85 | 95 | 80 | | | 1.428 |
| WQZD 080 | 80 | 95 | 110 | 95 | | | 2.015 |
| WQZD 090 | 90 | 105 | 120 | 105 | | | 2.445 |
| WQZD 100 | 100 | 115 | 130 | 115 | 12.5 | 2 | 2.918 |
| WQZD 110 | 110 | 125 | 140 | 125 | | | 3.432 |
| WQZD 120 | 120 | 135 | 150 | 140 | 15 | | 4.197 |
| WQZD 140 | 140 | 160 | 175 | 160 | 20 | | 7.424 |
| WQZD 160 | 160 | 180 | 200 | 180 | | | 9.632 |

注：1. 轴承座采用整体有衬正滑动轴承座 （JB/T 2560—2007）。
    2. 标记示例：翻边镶嵌轴承 WQZD 030。

（4）热固性塑料轴套 热固性塑料轴套用于水润滑径向轴承。在水中工作的塑料轴套通常采用热固性塑料，有酚醛 （PF） 和聚邻苯二甲酸二丙烯醋 （PDAP），所用酚醛塑料是以线性酚醛树脂为粘合剂，以石棉、焦炭粉、石墨等为填充料的酚醛模塑料，其牌号有 P23-1 （材料代号为 M）、P117、FM 和 COP。聚邻苯二甲酸二丙烯醋塑料以聚邻苯二甲酸二丙烯醋树脂为基体，以矿物纤维和耐热性固体润滑剂为填充料，其牌号有 DAP-2。轴套基本型式见图 6.2-59，其工作表面开有直的或螺旋形导水槽，直槽有圆弧形和方形两种，螺旋槽为圆弧形，可以是左旋或右旋，单线或多线。

尺寸见表 6.2-74。

内径 $D$ 的公差带为 H8；外径 $d$ 的公差带，外圆无定位要素者是 p7，有定位要素是 d9，宽度的上极限偏差为 0，下极限偏差为 -0.50mm。

图 6.2-59 水润滑塑料轴套

表 6.2-74 水润滑塑料径向轴套尺寸 （摘自 JB/T 5985—1992） （单位：mm）

| 内径 $D$ | 外径 $d$ | 宽度 $B$ | 带直槽工作表面 | | | | | 带螺旋槽工作表面 | | 半径间隙 $C_R$ | |
|---|---|---|---|---|---|---|---|---|---|---|---|
| | | | 槽数 | 方形槽 | | 圆弧槽 | | 槽宽 $C$ | 槽深 $a$ | 外圆有定位要素 | 外圆无定位要素 |
| | | | | $w \times b$ | $r_1, r_2$ | $R, b$ | $r$ | | | | |
| 25 | 40 | 32,40,48 | 4 | 10×3 | 1,2 | 5,3 | 4 | | | 0.035 | 0.06 |
| 28 | 44 | 35,44,52 | | | | | | | | | |
| 30 | 50 | 40,50,60 | | | | | | 6 | 3 | | |
| 35 | 55 | 44,55,66 | | | | | | | | | |
| 38 | 58 | 46,58,70 | 6 | 12×3 | 2,4 | 6,4 | 6 | | | 0.05 | 0.08 |
| 42 | 62 | 50,62,75 | | | | | | | | | |
| 45 | 65 | 52,65,78 | | | | | | | | | |
| 50 | 74 | 60,74,90 | | 14×4 | 3,6 | 7,5 | | 8 | 4 | | |

（续）

| 内径 D | 外径 d | 宽度 B | 带直槽工作表面 | | | | | 带螺旋槽工作表面 | | 半径间隙 $C_R$ | |
|---|---|---|---|---|---|---|---|---|---|---|---|
| | | | 槽数 | 方形槽 | | 圆弧槽 | | 槽宽 C | 槽深 a | 外圆有定位要素 | 外圆无定位要素 |
| | | | | $w \times b$ | $r_1, r_2$ | $R, b$ | $r$ | | | | |
| 55 | 80 | 64,80,96 | 6 | 14×4 | 3,6 | 7,5 | 6 | 8 | 4 | 0.06 | 0.10 |
| 60 | 85 | 68,85,102 | | | | | | | | | |
| 70 | 95 | 76,95,114 | | | | | | | | | |
| 80 | 110 | 86,110,132 | | | | | | | | | |
| 90 | 120 | 96,120,144 | 8 | 16×5 | 6,8 | 8,6 | 8 | 10 | 5 | 0.07 | 0.125 |
| 100 | 130 | 104,130,156 | | | | | | | | | |
| 120 | 150 | 120,150,180 | | | | | | | | | |

### 6.1.3 轴套的连接

JB/ZQ 4616—2006 规定重载轴套采用薄型平键连接的固定方式作周向固定，键连接的型式和键尺寸的选用见表 6.2-75；键槽的断面尺寸（轴套槽深 $t_1$ 和轴承座槽深 $t_2$ 及其极限偏差、圆角半径 $r$）按 GB/T 1566—2003 的规定。

表 6.2-75  重载轴套固定方式                （单位：mm）

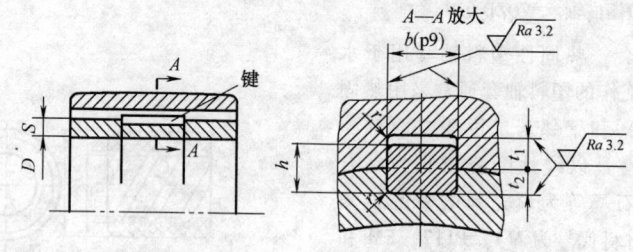

| 轴套内径 D | >80~200 | >200~300 | >300~450 | >450~600 | >600~1250 |
|---|---|---|---|---|---|
| 壁厚 S | 7.4~10 | 12.5~15 | 17.5~20 | 20~25 | >25 |
| 键尺寸 b×h | 6×4~12×6 | 12×6~20×8 | 20×8~28×10 | 28×10~32×11 | 32×11~36×12 |

轻载轴套采用骑缝螺钉的固定方式，所用螺钉及位置尺寸见表 6.2-76 的规定。

表 6.2-76  轻载轴套固定方式                （单位：mm）

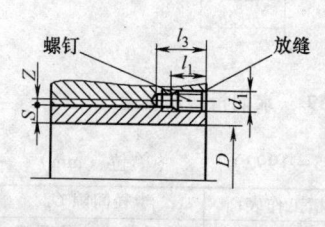

| 轴套直径 D | 壁厚 S | 紧定螺钉（GB/T 73—1985） | | $l_3$ | Z |
|---|---|---|---|---|---|
| | | $d_1 \times l_1$ | 数量 | | |
| >30~50 | 4 | M6×15 | 1 | 20 | 1.5 |
| >50~80 | 5 | M8×20 | | 25 | 2 |
| >80~200 | 7.5~10 | | | | |
| >200~300 | 12.5~15 | M10×20 | 2 | 26 | |
| >300~450 | 17.5~20 | M12×25 | | 31 | 3 |
| >450~600 | >20~25 | M16×30 | 3 | 37 | 4 |

## 6.2  对开式轴瓦

对开式轴瓦由上、下两半瓦组成。一般，下轴瓦承受载荷，上轴瓦不承受载荷。对开式轴瓦有厚轴瓦和薄轴瓦两种。

### 6.2.1  厚轴瓦

如图 6.2-60 所示，厚轴瓦的壁较厚，其壁厚 δ 与外径 D 的比值大于 0.05。厚轴瓦用铸造方法制造。上轴瓦开有油孔和油沟（润滑槽），润滑油由油孔输入后，经油沟分布到整个轴瓦表面上。

为改善轴瓦的摩擦性能，常在其内表面浇注一层减摩材料（如轴承合金），称为轴承衬。为使轴承衬能牢固贴合在轴瓦表面上，常在轴瓦上制出一些沟槽，这些沟槽称为轴承合金浇注用槽，其结构和尺寸见表 6.2-77。轴承衬的厚度一般由十分之几毫米到 6mm，直径越大，轴承衬应越厚。一般轴承衬层越薄，其疲劳强度越高。

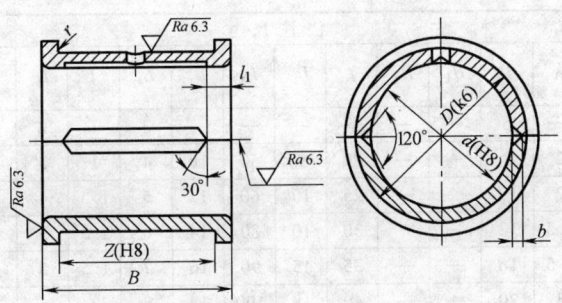

图 6.2-60　厚轴瓦

表 6.2-77　轴承合金浇注用槽的结构和尺寸（摘自 JB/ZQ 4259—2006）（单位：mm）

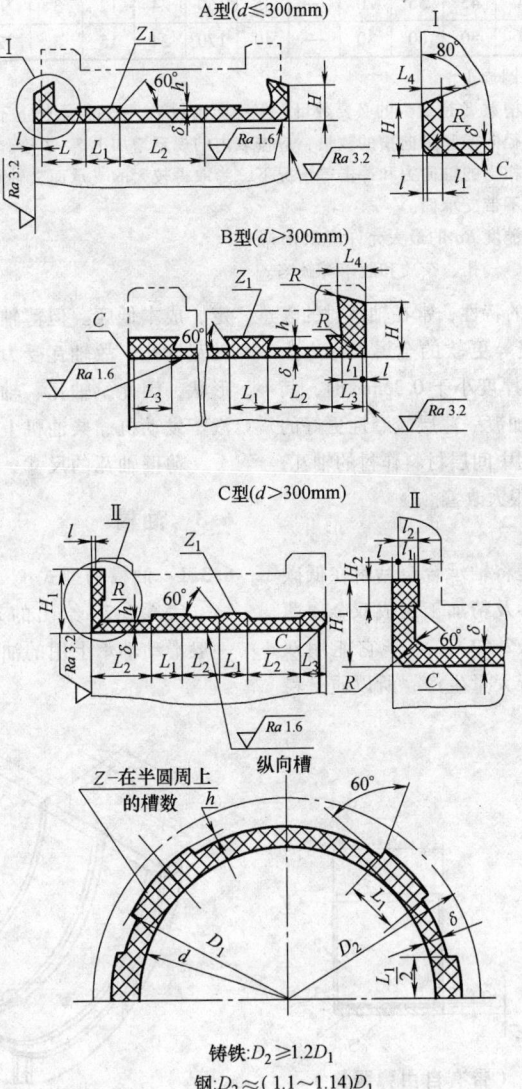

铸铁:$D_2 \geqslant 1.2D_1$

钢:$D_2 \approx (1.1 \sim 1.14)D_1$

（续）

| 轴径 $d$ | 浇注尺寸 | | | | | | | | | | | | | | | | 纵向槽数 $Z$ |
|---|---|---|---|---|---|---|---|---|---|---|---|---|---|---|---|---|---|
| | $\delta$ | | $h$ | $H$ | $H_1$ | $H_2$ | $L$ | $L_1$ | $L_2$ | $L_3$ | $L_4$ | $l$ | $l_1$ | $l_2$ | $R$ | $C$ | |
| | 铸铁 | 钢 | | | | | | | | | | | | | | | |
| 30 ~ 50 | 2.5 | 2 | — | 6 | — | — | — | — | — | — | 3 | 1 | 2 | — | 3 | 1 | — |
| >50 ~ 80 | 3 | 2.5 | 2 | 8 | — | — | 20 | 9 | 50 | 10 | 4 | 1 | 3 | — | 4 | 1 | 2 |
| >80 ~ 100 | 3.5 | 3 | 2 | 10 | — | — | 25 | 10 | 60 | 12 | 5 | 1.5 | 4 | — | 4 | 2 | 2 |
| >100 ~ 150 | 3.5 | 3 | 2.5 | 12 | — | — | 30 | 10 | 80 | 14 | 6 | 1.5 | 5 | — | 6 | 2 | 3 |
| >150 ~ 200 | 4 | 3.5 | 2.5 | 16 | — | — | 35 | 15 | 90 | 16 | 7 | 1.5 | 6 | — | 8 | 3 | 3 |
| >200 ~ 300 | 5 | 4 | 3 | 20 | — | — | 40 | 18 | 100 | 18 | 8 | 2 | 6 | — | 12 | 5 | 3 |
| >300 ~ 400 | 6 | 4 | 3 | 25 | 35 | 15 | — | 20 | 110 | 20 | 8 | — | 6 | 11 | 15 | 5 | 3 |
| >400 ~ 500 | 7 | 4 | 3 | 30 | 40 | 20 | — | 25 | 130 | 22 | 10 | — | 8 | 12 | 20 | 6 | 3 |
| >500 ~ 650 | 7 | 4 | 3 | 35 | 45 | 20 | — | 30 | 150 | 22 | 10 | 2.5 | 5 | 13 | 25 | 7 | 3 |
| >650 ~ 800 | 7 | 4 | 3 | 40 | 50 | 20 | — | 30 | 160 | 22 | 12 | 2.5 | 6 | 13 | 30 | 10 | 3 |
| >800 ~ 1000 | 8 | 6 | 4 | 45 | 55 | 20 | — | 35 | 160 | 24 | 12 | — | 8 | 15 | 30 | 10 | 4 |
| >1000 ~ 1300 | 8 | 6 | 4 | 50 | 60 | 30 | — | 40 | 170 | 24 | 15 | — | 8 | 17 | 40 | 15 | 4 |

注：1. 纵向槽 $Z$ 平均分布于圆周上。

2. 本标准所规定的纵向槽数 $Z$ 是最少的必要数量，但径向槽数 $Z_1$ 在轴衬全长上不许大于 4 个。

3. 轴衬材料为铸铁时，径向槽和纵向槽的数量，应按表内的规定增加 1.5~2 倍。

4. 对重要的轴承，受有相当的轴向力和冲击等情况下，为取得较大的支承面，轴承端部结构型式可按Ⅱ型或Ⅲ型选择，如无轴向力，可不带支承面。

5. 燕尾槽全部按表面粗糙度 $Ra$ 的最大允许值 25μm 加工。

6. 轴承合金不应有气泡、气孔、杂质和脱落等缺陷。

为综合利用各种金属材料的特性，常在轴承衬的表面上再镀上薄薄的一层钢、银等更软的金属，称之为"三金属轴瓦"。轴承合金层的厚度小于 0.36mm 时，其疲劳强度显著提高，在其上再加镀一薄层减摩性更好的材料（如铟、银等），可比仅用中间层材料作衬的轴瓦，在跑合性和嵌藏性等方面都有很大改善。

### 6.2.2　薄轴瓦

薄轴瓦的壁厚较薄。它是将轴承合金粘附在低碳钢带上，再经冲裁、弯曲成形及精加工制成双金属薄壁轴承（见图 6.2-61 和图 6.2-62）。由于它能用双金属板连续轧制等新工艺进行大量生产，所以质量稳定，成本低廉。但薄轴瓦刚性小，装配时又不再修刮轴瓦内孔，故轴瓦受力变形后的形状取决于轴承座的形状，因此，轴瓦、轴承座均需精密加工。薄轴瓦在汽车发动机、柴油机上广泛应用。

薄壁轴瓦的尺寸、公差和极限偏差见表 6.2-78。

## 6.3　油槽

### 6.3.1　油槽的型式

表 6.2-79 给出的是 GB/T 6403.2—2008 规定的一般滑动轴承上用的油槽型式和尺寸。

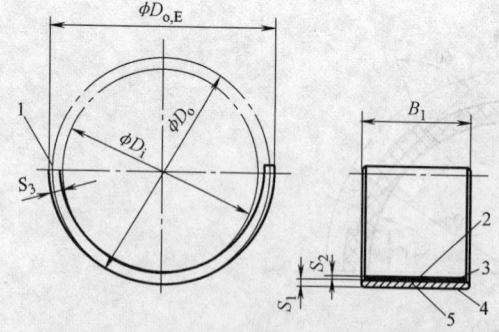

图 6.2-61　无法兰轴瓦（带有自由弹张量）
1—对口面　2—滑动表面　3—轴承合金
4—轴瓦背面　5—钢背

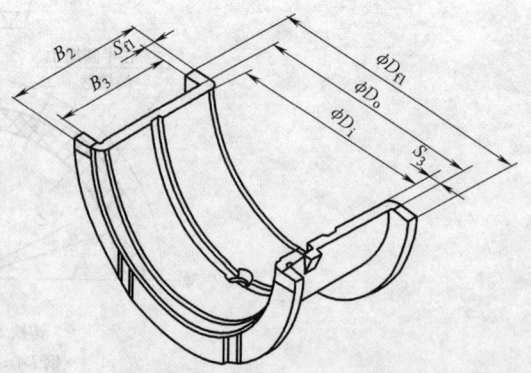

图 6.2-62　有法兰轴瓦（整体式或
组合式，无自由弹张量）

**表 6.2-78　适用于有或没有法兰轴瓦的尺寸、公差和极限偏差**（摘自 GB/T 7308—2008）

| 轴承座孔直径/mm | | 壁厚/mm | 公差或极限偏差/mm | | | | | | | | | | 表面粗糙度/μm | |
|---|---|---|---|---|---|---|---|---|---|---|---|---|---|---|
| | | | 壁厚 | | 法兰厚度 | 轴瓦宽度 | | | 法兰外径 | 法兰间距 | 轴承座宽 | 高出度 | 瓦背 | 滑动表面 |
| $d_H$ | | $s_3$ | $s_3$ | | $s_{fl}$ | $B_1$ | $B_2$ | | $D_{fl}$ | $B_3$ | $b_H$ | $h$ | $Ra$ | $Ra$ |
| > | ≤ | 优先选用的公称尺寸 | 无电镀减摩层 | 带电镀减摩层 | | 无法兰轴瓦 | 整体法兰轴瓦 | 组合法兰轴瓦 | | | | | | |
| — | 50 | 1.5<br>1.75<br>2<br>2.5 | 0.008 | — | 0<br>-0.05 | 0<br>-0.3 | 0<br>-0.05 | 0<br>-0.12 | ±1 | +0.05<br>0 | -0.02<br>-0.07 | 0.03 | 0.8 | 0.8 |
| 50 | 80 | 1.75<br>2<br>2.5<br>3 | 0.008 | 0.012 | 0<br>-0.05 | 0<br>-0.3 | 0<br>-0.05 | 0<br>-0.12 | ±1 | +0.05<br>0 | -0.02<br>-0.07 | 0.035 | 0.8 | 0.8 |
| 80 | 120 | 2<br>2.5<br>3<br>3.5 | 0.01 | 0.015 | 0<br>-0.05 | 0<br>-0.3 | 0<br>-0.07 | 0<br>-0.12 | ±1 | +0.07<br>0 | -0.02<br>-0.07 | 0.04 | 0.8 | 0.8 |
| 120 | 160 | 3<br>3.5<br>4<br>5 | 0.015 | 0.022 | 0<br>-0.05 | 0<br>-0.4 | 0<br>-0.07 | 0<br>-0.2 | ±1.5 | +0.07<br>0 | -0.02<br>-0.1 | 0.045 | 1.2 | 0.8 |
| 160 | 200 | 3.5<br>4<br>5 | 0.015 | 0.022 | 0<br>-0.05 | 0<br>-0.4 | 0<br>-0.12 | 0<br>-0.2 | ±1.5 | +0.07<br>0 | -0.02<br>-0.1 | 0.05 | 1.2 | 0.8 |
| 200 | 250 | 4<br>5<br>6 | 0.02 | 0.03 | 0<br>-0.05 | 0<br>-0.4 | 0<br>-0.12 | 0<br>-0.2 | ±1.5 | +0.07<br>0 | -0.02<br>-0.1 | 0.055 | 1.2 | 0.8 |
| 250 | 315 | 5<br>6<br>8 | 0.02 | 0.03 | | 0<br>-0.5 | | | | | | 0.06 | 1.6 | 1.2 |
| 315 | 400 | 6<br>8<br>10 | 0.025 | 0.035 | | 0<br>-0.5 | | | | | | 0.07 | 1.6 | 1.2 |
| 400 | 500 | 8<br>10<br>12 | 0.03 | 0.04 | | 0<br>-0.5 | | | | | | 0.07 | 1.6 | 1.2 |

**表 6.2-79　一般滑动轴承用油槽型式和尺寸**　　　　　　（单位：mm）

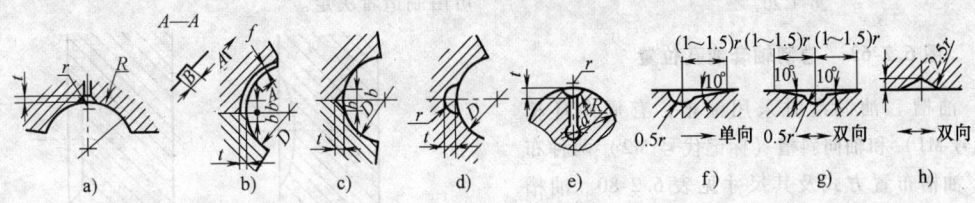

图 a ~ 图 d 用于径向轴承轴瓦表面，图 e 用于径向轴承的轴表面，图 f、图 g 用于推力轴承止推轴瓦表面，图 h 用于推力轴承止推环表面

（续）

| D/d | t | r | R | B | f | b |
|---|---|---|---|---|---|---|
| ≤50 | 0.8 | 1.0 | 1.0 | — | — | — |
| | 1.0 | 1.6 | 1.6 | — | — | — |
| | 1.6 | 3.0 | 6.0 | 5.0 | 1.6 | 4.0 |
| >50~120 | 2.0 | 4.0 | 10 | 8.0 | 2.0 | 6.0 |
| | 2.5 | 5.0 | 16 | 10 | 2.0 | 8.0 |
| | 3.0 | 6.0 | 20 | 12 | 2.5 | 10 |
| >120 | 4.0 | 8.0 | 25 | 16 | 3.0 | 12 |
| | 5.0 | 10 | 32 | 20 | 3.0 | 16 |
| | 6.0 | 12 | 40 | 25 | 4.0 | 20 |

**表 6.2-80　卷制轴套油孔、油槽尺寸**　　　　　　（单位：mm）

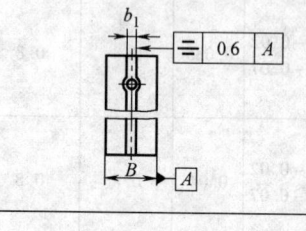

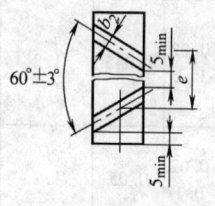

| 轴套孔径 D | 油孔直径 $d_L$ | $b_1$ | |
|---|---|---|---|
| | | 系列 A,B,D,W | 系列 C |
| 14~22 | 3 | 4 | 5 |
| 22~40 | 4 | 5 | 6 |
| 40~50 | 5 | 6 | 7 |
| 50~100 | 6 | 7 | 8 |
| >100 | 7 | 8 | 9 |
| 轴套孔径 D | e | $b_2$ | |
| | | 系列 A,B,D,W | 系列 C |
| 18~26 | 32 | 3 | 4 |
| 26~36 | 45 | 3 | 4 |
| 36~50 | 70 | 5 | 6 |
| 50~70 | 100 | 5 | 6 |
| 70~100 | 130 | 6 | 7 |
| >100 | 140 | 7 | 8 |

### 6.3.2　卷制轴套用润滑油孔、油槽和油穴

（1）油孔　油孔中心与开缝的夹角应为 45°±5°，位置应尽可能地避开图 6.2-63 中阴影部分，其尺寸见表 6.2-80。

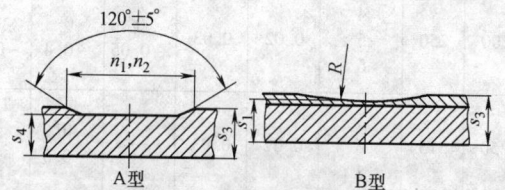

**图 6.2-64　卷制轴套油槽断面形状**

钢带上制出油穴，油润滑和脂润滑均可采用油穴，可以单独使用，也可与油孔、油槽共同使用。油穴有圆形（标记代号 N1）和椭圆或菱形（标记代号 N2）。油穴 N1 的断面形状有球面（A）或截圆锥形（B），N2 只有截圆锥形（见图 6.2-65），深度 0.4~0.6mm，直径或边长 1.5~3.0mm，油穴型式和布置可由制造者决定。

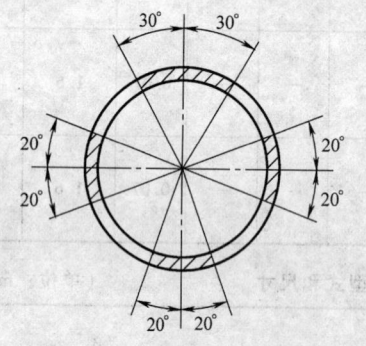

**图 6.2-63　卷制轴套油孔位置**

（2）油槽　油润滑时采用油槽，有周向环槽（标记代号 M1）和轴向斜槽（标记代号 M2）两种布置方式。油槽布置方式及其尺寸见表 6.2-80。油槽有 A、B 两种断面形状，见图 6.2-64。

（3）油穴　轴套壁厚大于 1mm，可在复合材料

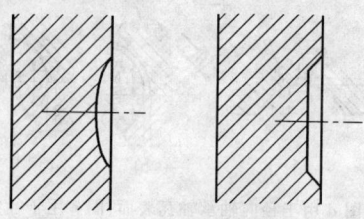

**图 6.2-65　油穴形状**

# 7　润滑

## 7.1　润滑剂的选择

绝大多数滑动轴承应用矿物润滑油或润滑脂做润滑剂。如果轴承的工作温度较高，则需采用合成润滑油；温度再高，可以采用固体润滑剂，或无润滑滑动轴承。采用气体做润滑剂也适合于很高的工作温度。

矿物油有较宽的粘度范围，可以加入各种添加剂，以获得需要的性能，去适应不同的载荷和速度。

润滑脂仅用于运转速度 1 ~ 2m/s 以下的低速轴承及断续运转场合，它能适应有污物和潮湿的环境。合成油可以耐高温，不易燃，挥发性低，粘温特性好，但粘度范围有限，价格高，只在某些特殊场合使用。

高速轻载滑动轴承可以采用气体做润滑剂，这种轴承摩擦功耗低、发热少，适用温度范围宽（耐高温可达 300 ~ 500℃，低温到 10K 气体轴承仍能工作），能抗原子辐射，且不会污染环境。

采用固体润滑剂的滑动轴承和用有自润滑性材料制作的滑动轴承，结构简单，不污染环境，无需维护保养，且适用温度范围宽，在汽车、家用电器、办公自动化机械、视频机械中广泛应用。

## 7.2　润滑油粘度的选择

对流体动力润滑滑动轴承来说，润滑油最重要的性质是其粘度和粘温特性。如果粘度太低，轴承的承载能力就不足；如果粘度太高，则功率损耗大、运转温度高。图 6.2-66 给出在给定线速度和载荷范围下允许的（轴承平均工作温度下的）最小润滑油粘度。

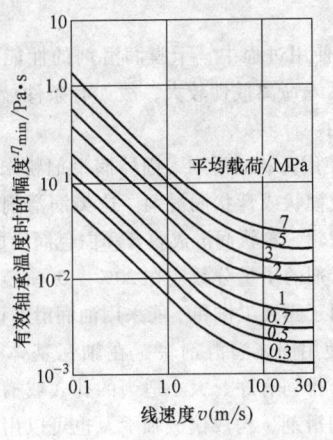

图 6.2-66　滑动轴承用润滑油粘度

## 7.3　润滑脂的选择

润滑脂的性能在很大程度上取决于基础油的粘度和稠化剂的种类。滑动轴承常用润滑脂的主要性能概括地列在表 6.2-81 上，供选用时参考。

表 6.2-81　滑动轴承常用润滑脂的主要性能

| 润滑脂品种 | 工作温度范围/℃ | 特性 |
|---|---|---|
| 锂基润滑脂 | - 20 ~ 120 | 良好的耐水性、机械安定性、氧化安定性和缓蚀性 |
| 钙基润滑脂 | - 10 ~ 60 | 良好的耐水性 |
| 膨润土润滑脂 | - 30 ~ 200 | 适用于中、低速轴承 |

## 7.4　滑动轴承的润滑方法

### 7.4.1　用油润滑的润滑方法

油润滑滑动轴承的润滑方法见表 6.2-82。

表 6.2-82　油润滑滑动轴承的润滑方法

| 供给方法 | | 主要特性 | 应用场合 |
|---|---|---|---|
| 全损耗润滑 | 手工加油 | 非自动、不规则的。初始成本低而维护成本高 | 低速、不重要的轴承 |
| | 滴油、油绳供油 | 非自动、可调节的。中等有效，价廉 | |
| 循环供油 | 油垫供油 | 自动、有效。注意维护尚可靠。结构简单 | $v \leqslant 4.0 \mathrm{m/s}$ 的轴承，如传动装置、铁路车辆、机床等 |
| | 油环、油盘供油 | 自动、有效、可靠、价廉。只能用于水平轴 | $p \leqslant 1.7 \mathrm{MPa}$, $v \leqslant 1.0 \mathrm{m/s}$ 的泵、风扇、大型电动机的轴承 |
| | 油池、溅油供油 | 自动、有效、可靠。需要不漏的箱体，初始成本高 | 一般用途轴承、推力轴承、机床轴承 |
| | 油泵（压力）供油 | 自动、准确可调、有效、可靠。初始成本高 | 高速、重载轴承，如机床、发动机、压缩机等 |

### 7.4.2　用脂润滑的润滑方法

脂润滑滑动轴承的润滑方法见表 6.2-83，加脂周期见表 6.2-84。

**表 6.2-83   脂润滑滑动轴承的润滑方法**

| 供脂方法 | 适用锥入度等级 | 供脂量/（cm³/h） |
|---|---|---|
| 脂枪 | 0 ~ 3 | |
| 压力脂杯 | 0 ~ 5 | $4d \times 10^{-2}$ |
| 干油脂 | 0 ~ 2 | $d$——轴颈直径（m） |
| 油池 | ≥6 | |

**表 6.2-84   脂润滑滑动轴承的加脂周期**

| 工作条件 | | 转速/（r/min） | 加脂周期 |
|---|---|---|---|
| 偶尔工作 | | <200 | 5 天 |
| | | >200 | 3 天 |
| 间断工作 | | <200 | 2 天 |
| | | >200 | 1 天 |
| 连续工作 | 工作温度 <40℃ | <200 | 1 天 |
| | | >200 | 1 班 |
| | 工作温度 40 ~ 100℃ | <200 | 8h |
| | | >200 | 4h |

### 7.4.3   用固体润滑的润滑方法（成膜方法）

采用固体润滑剂的方法（固体润滑剂成膜方法）有以下几种。

（1）使用固体润滑剂粉末   在摩擦表面搓涂润滑剂粉末，形成一层搓涂膜。它省时、省工，使用方便，可以提高工效，延长零件寿命。

搓涂粉末润滑剂的主要缺点是润滑作用维持的时间不长，也不易补充，如果采用喷粉润滑会造成环境污染。

搓涂固体润滑剂粉末的表面最好进行预处理，如磷化、喷砂、喷丸、阳极氧化等，使表面轻微粗糙化，以便在微坑和凹陷处储存一定量的润滑剂粉末，延长搓涂膜的使用寿命。

（2）使用固体润滑剂悬浮液   将固体润滑剂粉末分散于水、酒精、乙醇、丙酮等挥发性分散介质中，制成悬浮液，然后将其刷涂或浸润到轴套（瓦）的表面，分散介质挥发后表面存留一层润滑剂薄膜。零件表面也可进行磷化、喷砂等粗糙化预处理，以提高润滑剂的附着力和粘附量。

除水以外，其他可采用的分散介质对环境均有污染，容易着火，成本也高，应用受到限制。

（3）使用干膜润滑剂   固体润滑剂粉末与粘结剂混合后形成的润滑剂，将其喷涂到摩擦表面，形成粘结型润滑干膜。

根据粘结剂的不同，干膜分为有机粘结干膜和无机粘结干膜。有机粘结干膜又有自然干燥型（粘结剂：硝化纤维、丙烯酸醋、聚氯乙烯、聚乙烯醇缩丁醛、橡胶、氟树脂等）、烧结型（粘结剂：酚醛树脂、环氧树脂、尿素、聚酸亚胺、聚硫化物等）和

反应固化型（粘结剂：异氰酸、间苯二酚、聚醋、醇酸树脂等）。无机粘结干膜有以金属氧化物、氟化物、硼化物、碳化物等为主要润滑成分的硬性膜和以二硫化铝等为主要润滑成分的柔性膜。

应针对不同的使用目的和环境选用不同的干膜润滑剂。在高温环境下应选用无机盐（硅酸盐、磷酸盐、硼酸盐、钴酸盐等）做粘结剂的干膜或陶瓷膜；在腐蚀环境下应选用树脂做粘结剂的干膜；在底材材质不宜受高温的场合，应该采用常温下固化的干膜；需与润滑油、脂并用的场合，应选用耐油性好的干膜；在潮湿环境、有水蒸气的场合，不应选用易溶于水的无机盐类干膜；在与有机溶剂接触的场合，宜选用热固性的、耐溶剂性好的或无机盐类干膜。

使用干膜润滑剂应注意以下两点：

1）干膜应涂在轴瓦与轴颈中表面硬度较高的一件上。

2）在使用过程中，干膜润滑剂的性能会急剧下降，其使用寿命离散性较大，故如有条件最好与润滑油、脂并用。

（4）使用膏状润滑剂   固体润滑剂粉末与油、脂混合，形成糊状或膏状润滑剂。这类润滑剂有二硫化铝油膏，齿轮、轮轨润滑成膜膏和白色润滑成膜膏等，其固体润滑剂的质量分数应在20% ~ 30%范围内。它们通常应用于露天工作和不能采用油润滑的设备中。

（5）使用固体润滑剂块   在轴瓦基体金属摩擦面上，开出排列有序、大小适当的孔穴或槽，嵌入成形的固体润滑剂，构成镶嵌轴承。也可以用固体润滑剂乳液（如 PTFE 乳液）注入这些孔穴或槽，经固化而成镶嵌轴承。

# 8　滑动轴承座

## 8.1　整体有衬正滑动轴承座（表 6.2-85）

表 6.2-85　整体有衬正滑动轴承座尺寸（摘自 JB/T 2560—2007）　　　（单位：mm）

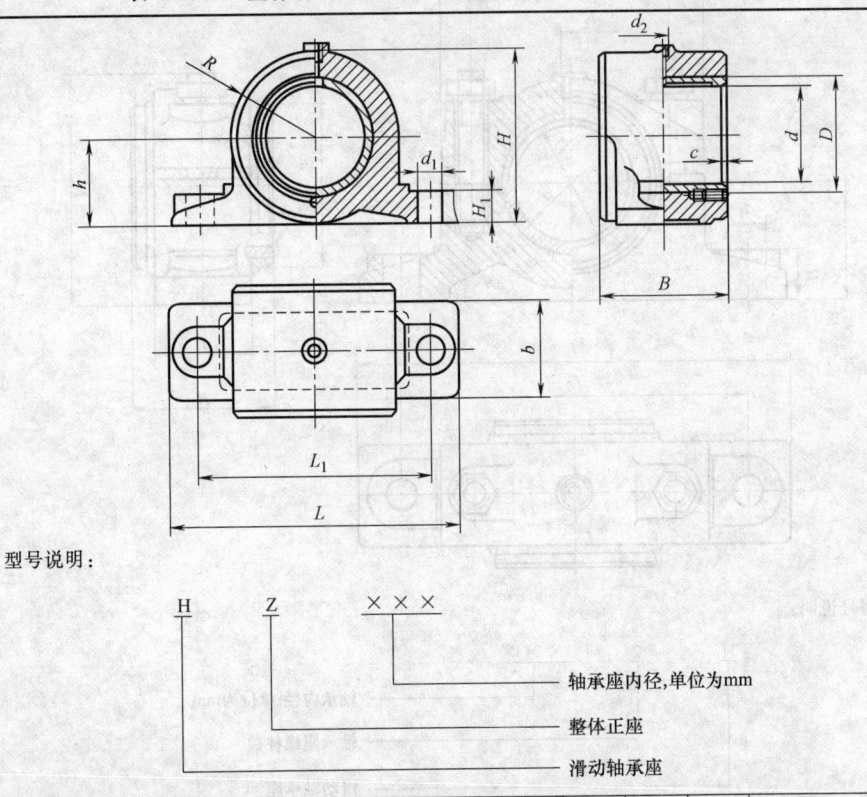

型号说明：

H　Z　×××

轴承座内径,单位为mm

整体正座

滑动轴承座

| 型号 | $d$ H8 | $D$ | $R$ | $B$ | $b$ | $L$ | $L_1$ | $H$ ≈ | $h$ h12 | $H_1$ | $d_1$ | $d_2$ | $c$ | 质量 /kg≈ |
|---|---|---|---|---|---|---|---|---|---|---|---|---|---|---|
| HZ020 | 20 | 28 | 26 | 30 | 25 | 105 | 80 | 50 | 30 | 14 | 12 | M10×1 | 1.5 | 0.6 |
| HZ025 | 25 | 32 | 30 | 40 | 35 | 125 | 95 | 60 | 35 | 16 | 14.5 | M10×1 | 1.5 | 0.9 |
| HZ030 | 30 | 38 | 30 | 50 | 40 | 150 | 110 | 70 | 35 | 20 | 18.5 | M10×1 | 1.5 | 1.7 |
| HZ035 | 35 | 45 | 38 | 55 | 45 | 160 | 120 | 84 | 42 | 20 | 18.5 | M10×1 | 2.0 | 1.9 |
| HZ040 | 40 | 50 | 40 | 60 | 50 | 165 | 125 | 88 | 45 | 20 | 18.5 | M10×1 | 2.0 | 2.4 |
| HZ045 | 45 | 55 | 45 | 70 | 60 | 185 | 140 | 90 | 50 | 25 | 24 | M10×1 | 2.0 | 3.6 |
| HZ050 | 50 | 60 | 45 | 75 | 65 | 185 | 140 | 100 | 50 | 25 | 24 | M10×1 | 2.0 | 3.8 |
| HZ060 | 60 | 70 | 55 | 80 | 70 | 225 | 170 | 120 | 60 | 30 | 28 | M14×1.5 | 2.5 | 6.5 |
| HZ070 | 70 | 85 | 65 | 100 | 80 | 245 | 190 | 140 | 70 | 30 | 28 | M14×1.5 | 2.5 | 9.0 |
| HZ080 | 80 | 95 | 70 | 100 | 80 | 255 | 200 | 155 | 80 | 30 | 28 | M14×1.5 | 2.5 | 10.0 |
| HZ090 | 90 | 105 | 75 | 120 | 90 | 285 | 220 | 165 | 85 | 40 | 35 | M14×1.5 | 3.0 | 13.2 |
| HZ100 | 100 | 115 | 85 | 120 | 90 | 305 | 240 | 180 | 90 | 40 | 35 | M14×1.5 | 3.0 | 15.5 |
| HZ110 | 110 | 125 | 90 | 140 | 100 | 315 | 250 | 190 | 95 | 40 | 35 | M14×1.5 | 3.0 | 21.0 |
| HZ120 | 120 | 135 | 100 | 150 | 110 | 370 | 290 | 210 | 105 | 45 | 42 | M14×1.5 | 3.0 | 27.0 |
| HZ140 | 140 | 160 | 115 | 170 | 130 | 400 | 320 | 240 | 120 | 45 | 42 | M14×1.5 | 3.0 | 38.0 |

注：1. 轴承座主要承受径向载荷，载荷方向应该在轴承座垂直中心线左右 35°范围内。

　　2. 轴承座荐用 HT200 灰铸铁制造，轴承衬荐用 CuAl10Fe5Ni5 铝青铜制造，根据轴承的载荷，也可用 CuPb5Sn5Zn5 铅青铜制造。

　　3. 适用工作环境温度为 −20～80℃。

　　4. 轴承座壳体和轴套可单独订货，但在订货时必须说明。

## 8.2　对开式二螺柱正滑动轴承座（表6.2-86）

表6.2-86　对开式二螺柱正滑动轴承座尺寸（摘自 JB/T 2561—2007）　（单位：mm）

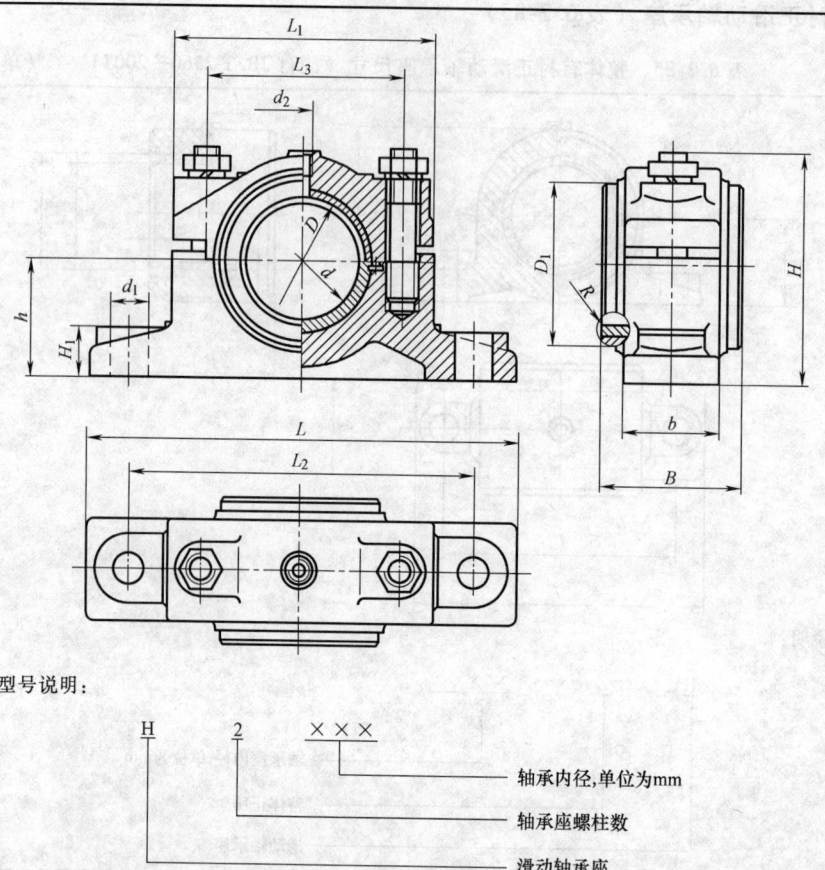

型号说明：

```
H      2      ×××
                ├──────── 轴承内径,单位为mm
         └──────────────── 轴承座螺柱数
 └────────────────────────── 滑动轴承座
```

| 型号 | $d$ H8 | $D$ | $D_1$ | $B$ | $b$ | $H$ ≈ | $h$ h12 | $H_1$ | $L$ | $L_1$ | $L_2$ | $L_3$ | $d_1$ | $d_2$ | $R$ | 质量 /kg≈ |
|---|---|---|---|---|---|---|---|---|---|---|---|---|---|---|---|---|
| H2030 | 30 | 38 | 48 | 34 | 22 | 70 | 35 | 15 | 140 | 85 | 115 | 60 | 10 | M10×1 | 1.5 | 0.8 |
| H2035 | 35 | 45 | 55 | 45 | 28 | 87 | 42 | 18 | 165 | 100 | 135 | 75 | 12 | M10×1 | 2.0 | 1.2 |
| H2040 | 40 | 50 | 60 | 50 | 35 | 90 | 45 | 20 | 170 | 110 | 140 | 80 | 14.5 | M10×1 | 2.0 | 1.8 |
| H2045 | 45 | 55 | 65 | 55 | 40 | 100 | 50 | 20 | 175 | 110 | 145 | 85 | 14.5 | M10×1 | 2.0 | 2.3 |
| H2050 | 50 | 60 | 70 | 60 | 40 | 105 | 50 | 25 | 200 | 120 | 160 | 90 | 18.5 | M10×1 | 2.0 | 2.9 |
| H2060 | 60 | 70 | 80 | 70 | 50 | 125 | 60 | 25 | 240 | 140 | 190 | 100 | 24 | M14×1.5 | 2.5 | 4.6 |
| H2070 | 70 | 85 | 95 | 80 | 60 | 140 | 70 | 30 | 260 | 160 | 210 | 120 | 24 | M14×1.5 | 2.5 | 7.0 |
| H2080 | 80 | 95 | 110 | 95 | 70 | 160 | 80 | 35 | 290 | 180 | 240 | 140 | 28 | M14×1.5 | 2.5 | 10.5 |
| H2090 | 90 | 105 | 120 | 105 | 80 | 170 | 85 | 35 | 300 | 190 | 250 | 150 | 28 | M14×1.5 | 3.0 | 12.5 |
| H2100 | 100 | 115 | 130 | 115 | 90 | 185 | 90 | 40 | 340 | 210 | 280 | 160 | 35 | M14×1.5 | 3.0 | 17.5 |
| H2110 | 110 | 125 | 140 | 125 | 100 | 190 | 95 | 40 | 350 | 220 | 290 | 170 | 35 | M14×1.5 | 3.0 | 19.5 |
| H2120 | 120 | 135 | 150 | 140 | 110 | 205 | 106 | 45 | 370 | 240 | 310 | 190 | 35 | M14×1.5 | 3.0 | 25.0 |
| H2140 | 140 | 160 | 175 | 160 | 120 | 230 | 120 | 50 | 390 | 260 | 330 | 210 | 35 | M14×1.5 | 4 | 33.5 |
| H2160 | 160 | 180 | 200 | 180 | 140 | 250 | 130 | 50 | 410 | 280 | 350 | 230 | 35 | M14×1.5 | 4 | 45.5 |

注：1. 轴承座主要承受径向载荷，载荷方向应该在轴承座垂直中心线左右35°范围内。

　　2. 轴承座荐用 HT200 灰铸铁制造，轴承衬用 CuAl10Fe5Ni5 铝青铜制造，根据轴承的载荷，也可用 CuPb5Sn5Zn5 铅青铜制造。

　　3. 与轴承座配合的轴颈表面应进行硬化处理。

　　4. 适用工作环境温度为 -20~80℃。

## 8.3　对开式四螺柱正滑动轴承座（表 6.2-87）

表 6.2-87　对开式四螺柱正滑动轴承座尺寸（摘自 JB/T 2562—2007）　（单位：mm）

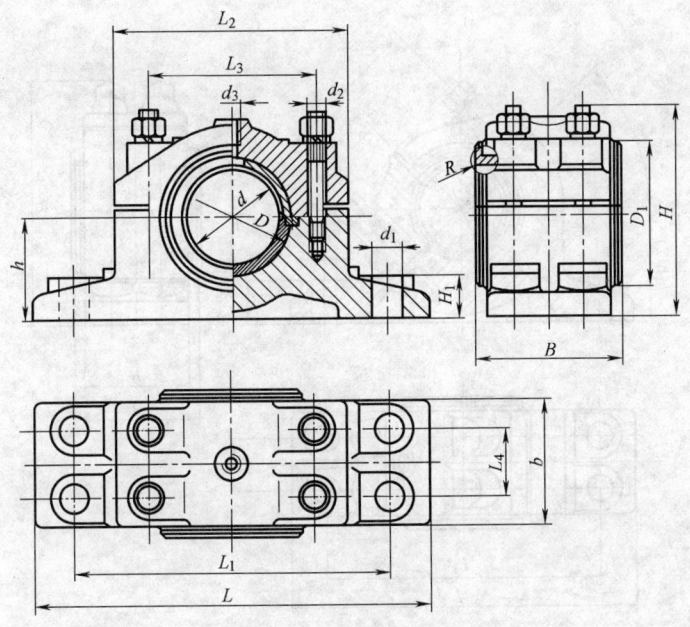

型号说明：

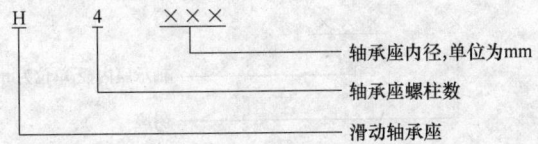

| 型号 | $d$ H8 | $D$ | $D_1$ | $B$ | $b$ | $H$ $\approx$ | $h$ h12 | $H_1$ | $L$ | $L_1$ | $L_2$ | $L_3$ | $L_4$ | $d_1$ | $d_2$ | $R$ | 质量 /kg≈ |
|---|---|---|---|---|---|---|---|---|---|---|---|---|---|---|---|---|---|
| H4050 | 50 | 60 | 70 | 75 | 60 | 105 | 50 | 25 | 200 | 160 | 120 | 90 | 30 | 14.5 | M10×1 | 2.5 | 4.2 |
| H4060 | 60 | 70 | 80 | 90 | 75 | 125 | 60 | 25 | 240 | 190 | 140 | 100 | 40 | 18.5 | M10×1 | 2.5 | 6.5 |
| H4070 | 70 | 85 | 95 | 105 | 90 | 135 | 70 | 30 | 260 | 210 | 160 | 120 | 45 | 18.5 | M14×1.5 | 2.5 | 9.5 |
| H4080 | 80 | 95 | 110 | 120 | 100 | 160 | 80 | 35 | 290 | 240 | 180 | 140 | 55 | 24 | M14×1.5 | 2.5 | 14.5 |
| H4090 | 90 | 105 | 120 | 135 | 115 | 165 | 85 | 35 | 300 | 250 | 190 | 150 | 70 | 24 | M14×1.5 | 3 | 18.0 |
| H4100 | 100 | 115 | 130 | 150 | 130 | 175 | 90 | 40 | 340 | 280 | 210 | 160 | 80 | 24 | M14×1.5 | 3 | 23.0 |
| H4110 | 110 | 125 | 140 | 165 | 140 | 185 | 95 | 40 | 350 | 290 | 220 | 170 | 85 | 24 | M14×1.5 | 3 | 30.0 |
| H4120 | 120 | 135 | 150 | 180 | 155 | 200 | 105 | 40 | 370 | 310 | 240 | 190 | 90 | 28 | M14×1.5 | 3 | 41.5 |
| H4140 | 140 | 160 | 175 | 210 | 170 | 230 | 120 | 45 | 390 | 330 | 260 | 210 | 100 | 28 | M14×1.5 | 4 | 51.0 |
| H4160 | 160 | 180 | 200 | 240 | 200 | 250 | 130 | 45 | 410 | 350 | 280 | 230 | 120 | 28 | M14×1.5 | 4 | 59.5 |
| H4180 | 180 | 200 | 220 | 270 | 220 | 260 | 140 | 50 | 460 | 400 | 320 | 260 | 140 | 35 | M14×1.5 | 4 | 73.0 |
| H4200 | 200 | 230 | 250 | 300 | 245 | 295 | 160 | 55 | 520 | 440 | 360 | 300 | 160 | 42 | M14×1.5 | 5 | 98.0 |
| H4220 | 220 | 250 | 270 | 320 | 265 | 360 | 170 | 60 | 550 | 470 | 390 | 330 | 180 | 42 | M14×1.5 | 5 | 125.0 |

注：1. 轴承座主要承受径向载荷，载荷方向应该在轴承座垂直中心线左右 35° 范围内。

2. 轴承座荐用 HT200 灰铸铁制造，轴承衬荐用 CuAl10Fe5Ni5 铝青铜制造，根据轴承的载荷，也可用 CuPb5Sn5Zn5 铅青铜制造。

3. 与轴承座配合的轴颈表面应进行硬化处理。

4. 适用工作环境温度为 −20～80℃。

## 8.4   对开式四螺柱斜滑动轴承座（表 6.2-88）

**表 6.2-88   对开式四螺柱斜滑动轴承座尺寸**（摘自 JB/T 2563—2007）   （单位：mm）

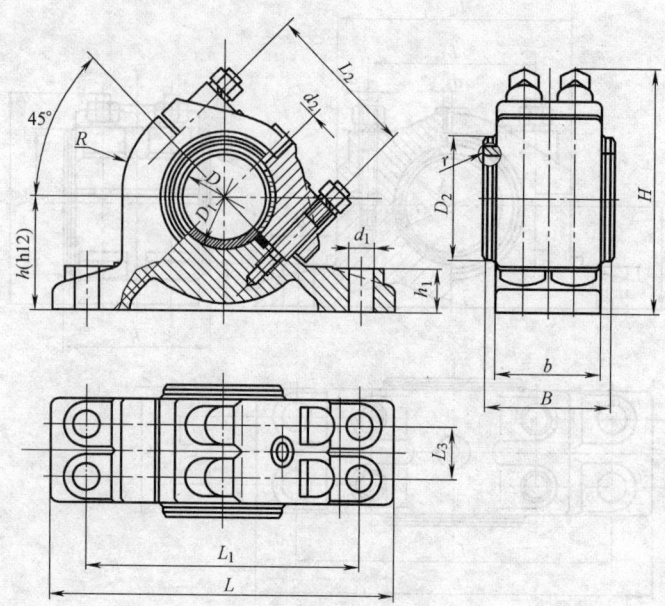

型号说明：

轴承座内径,单位为mm

斜座

滑动轴承座

| 型号 | $D$ (H8) | $D_1$ | $D_2$ | $B$ | $b$ | $L$ | $L_1$ | $L_2$ | $L_3$ | $H$ ≈ | $h$ (h12) | $h_1$ | $R$ | $d_1$ | $d_2$ | $r$ | 质量 /kg ≈ |
|---|---|---|---|---|---|---|---|---|---|---|---|---|---|---|---|---|---|
| HX050 | 50 | 60 | 70 | 75 | 60 | 200 | 160 | 90 | 30 | 140 | 65 | 25 | 60 | 14.5 | M10 × 1 | 2.5 | 5.1 |
| HX060 | 60 | 70 | 80 | 90 | 75 | 240 | 190 | 100 | 40 | 160 | 75 |  | 70 | 18.5 |  |  | 8.1 |
| HX070 | 70 | 85 | 95 | 105 | 90 | 260 | 210 | 120 | 45 | 185 | 90 | 30 | 80 |  |  |  | 12.5 |
| HX080 | 80 | 95 | 110 | 120 | 100 | 290 | 240 | 140 | 55 | 215 | 100 | 35 | 90 |  |  |  | 17.5 |
| HX090 | 90 | 105 | 120 | 135 | 115 | 300 | 250 | 150 | 70 | 225 | 105 |  | 95 | 24 |  |  | 21.0 |
| HX100 | 100 | 115 | 130 | 150 | 130 | 340 | 280 | 160 | 80 | 250 | 115 |  | 105 |  |  | 3 | 29.5 |
| HX110 | 110 | 125 | 140 | 165 | 140 | 350 | 290 | 170 | 85 | 260 | 120 | 40 | 110 |  |  |  | 32.5 |
| HX120 | 120 | 135 | 150 | 180 | 155 | 370 | 310 | 190 | 90 | 275 | 130 |  | 120 |  | M14 × 1.5 |  | 40.5 |
| HX140 | 140 | 160 | 175 | 210 | 170 | 390 | 330 | 210 | 100 | 300 | 140 | 45 | 130 | 28 |  |  | 53.5 |
| HX160 | 160 | 180 | 200 | 240 | 200 | 410 | 350 | 230 | 120 | 35 | 150 |  | 140 |  |  | 4 | 76.5 |
| HX180 | 180 | 200 | 220 | 270 | 220 | 460 | 400 | 260 | 140 | 375 | 170 | 50 | 160 | 35 |  |  | 94.0 |
| HX200 | 200 | 230 | 250 | 300 | 245 | 520 | 440 | 300 | 160 | 425 | 190 | 55 | 180 |  |  | 5 | 120.0 |
| HX220 | 220 | 250 | 270 | 320 | 265 | 550 | 470 | 330 | 180 | 440 | 205 | 60 | 195 | 42 |  |  | 140.0 |

注：1. 轴承主要承受径向载荷，载荷方向应该在垂直于分合面的轴承中心线左右 35° 的范围内。

2. 轴承座荐用 HT200 灰铸铁制造，轴承衬荐用 CuAl10Fe5Ni5 铝青铜制造，根据轴承的载荷，也可用 CuPb5Sn5Zn5 铅青铜制造。

3. 与轴承座配合的轴颈表面应进行硬化处理。

4. 适用工作环境温度为 − 20 ~ 80℃ 。

## 8.5　滑动轴承座技术要求

1）轴承座的材料采用 HT200 灰铸铁或 ZG200 ~ ZG400 铸钢制造，其力学性能应符合 GB/T 9439—2010 或 GB/T 11352—2009 的规定。

2）轴瓦和轴套采用 ZCuAl10Fe3（ZQAl9-4）铝青铜制造，轴套也可采用锡青铜（ZQSn-6-6-3）制造，其力学性能和化学成分应符合 GB/T 1176—1987 的规定。

3）铸件上的型砂应清除干净，浇口、冒口、结疤及夹砂等均应铲除或打磨掉，清理后毛坯表面应平整、光洁。

4）铸件不允许有裂纹，无损于强度和外观的其他缺陷，在下列范围内允许存在。

① 非加工表面的缩孔、气孔及渣孔等缺陷，深度不超过铸件壁厚的 1/8，长 × 宽不大于 5mm × 5mm，缺陷总数不超过 3 个，但轴承座的主要受力断面（见图 6.2-67 中 a、b 断面阴影部分）不允许有铸造缺陷。

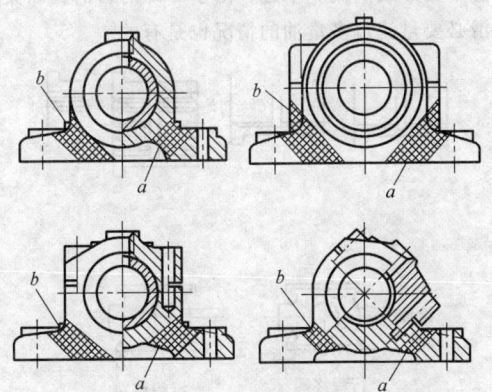

图 6.2-67　轴承座主要受力处

② 加工后的表面不允许有砂眼等铸造缺陷。

5）轴承座毛坯应在机械加工前进行时效处理。

6）加工后的轴承座上盖与底座在自由状态下分合面应贴合良好，分合面对轴承座内径 $D$ 的轴线位置度公差为 0.05mm。

7）对开式斜滑动轴承座的 45° 分合面的角度公差应符合 GB/T 1804—2000 中 V 级精度的规定。

8）轴承座中心高 $h$ 的公差为 h12。

9）轴承座底平面的平面度公差应为 GB/T 1184—1996 中规定的 8 级。

10）轴承座的内径 $D$ 的公差应符合 GB/T 1801—2009 中 H7 的规定。

11）轴承座的内径 $D$ 的表面粗糙度 $Ra$ 上限值为 1.6μm。

12）轴承座轴线对底平面的平行度公差应为 GB/T 1184—1996 中规定的 8 级。

13）轴承座的内径 $D$ 的圆柱度公差应为 GB/T 1184—1996 中规定的 8 级。

14）轴承座两端面对内径 $D$ 轴线的垂直度公差应为 GB/T 1184—1996 中规定的 8 级。

15）轴瓦的外径 $D$ 的极限偏差应符合 GB/T 1801—2009 中 m6 的规定。轴套的外径 $D$ 的极限偏差应符合 GB/T 1801—2009 中 S7 的规定。

16）轴瓦和轴套的内径 $d$ 的极限偏差应符合 GB/T 1801—2009 中 H8 的规定。

17）轴瓦和轴套的内径 $d$、外径 $D$ 的表面粗糙度 $Ra$ 上限值为 1.6μm。

18）轴瓦和轴套外径 $D$ 的圆柱度公差应为 GB/T 1184—1996 中规定的 8 级。

19）轴瓦油槽棱边应倒钝、圆滑，内径 $d$ 两端的圆角部位应圆滑，其圆角半径 $R$ 应符合图样要求。

## 9　设计的各种问题

由于滑动轴承是通过油膜（也有不是油的情况）面来支承的轴承，其支承部分为面，所以在这个面上要形成和保持适当的油膜。

一方面要考虑妨碍实现这一条件的原因。另一方面，因为即使保持这种状态也不能避免一定程度的磨损，所以对磨损间隙的调整、对即使发生间隙变化也不致引起重大事故的密封以及其他附带的各种问题也要注意。再者，选择适应使用环境和条件的轴承型式也是重要的。

（1）防止切断油膜（见图 6.2-68）　由于滑动轴承是利用在轴和轴承衬瓦之间形成的油膜实现其作用的，因此应使供给的油顺畅地流入润滑面为条件。要绝对避免出现能切断轴承面油膜的尖角或接近尖角的棱边。

油槽、轴瓦剖分面的角部要尽量做成平滑的圆角。

两开、四开等轴瓦的接合面，相互之间多少会产生一些错移，错移部分要做成圆角。在接合面上加衬条时要使衬条后退。

（2）要使油达到全部滑动面（见图 6.2-69 和图 6.2-70）　必须在全部滑动面上形成油膜。像十字头的轴头销那样，不作全周旋转而只是在限定的角度之间摆动的零件，需要有间距较运动角度小的油槽。

对于转速低的轴承，油或润滑脂等引入深度浅，所以为使油、润滑脂达到全部滑动面，有必要用油槽细致地导入。

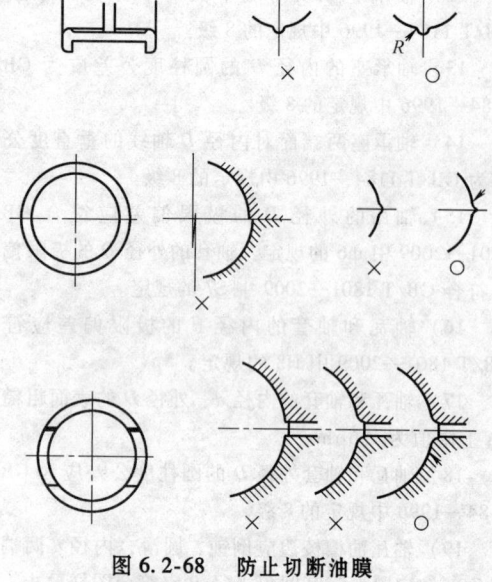

图 6.2-68　防止切断油膜

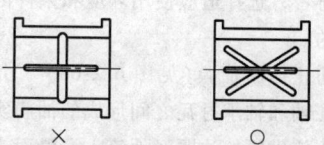

$\alpha' < \alpha$

图 6.2-69　油达到全部滑动面（一）

图 6.2-70　油达到全部滑动面（二）

（3）不要使油处于停滞状态（见图 6.2-71）　如果存在着油流到尽头之处，则油在该处处于停滞状态。停滞的油逐渐变质劣化，不能起正常的润滑作用，这是造成轴承烧伤的原因。如果为了增加润滑油量而从两处给油，则油分别流向较近的出口，不流向中间部分，这是中间部分油流停滞造成烧伤的原因。这样从两处给油不仅不能增加给油，反而使条件变得更坏。

如果轴承端盖是封闭的，则油（润滑脂也同样）不流向端盖一侧，而成为润滑不良的原因。由于在端盖处设置了排油的通路，从轴承中央供给的油才能在沿轴承全宽上正常流动。

（4）不要使油呈滴油状态（见图 6.2-72）　如果

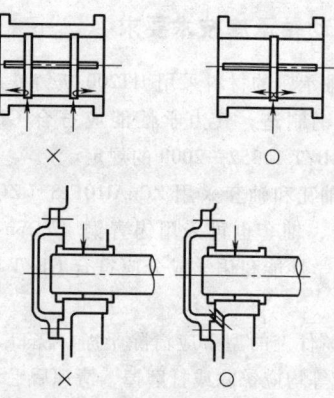

图 6.2-71　油处于停滞状态

液压油供给沟的顶端处于滴流状态，或在行程端及其他位置处于滴流状态，则供给的油不起润滑作用，只是白白地流过。

在这种场合，即使通过的油量充分，起润滑作用的油量也大幅度减少，而使油膜的形成不够充分，要注意不要形成滴流。不过，出于冷却的目的，以大于润滑必要量流过多量油的情况也是有的。

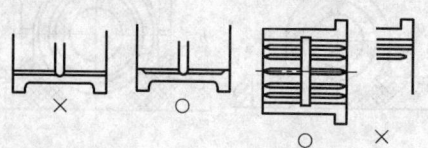

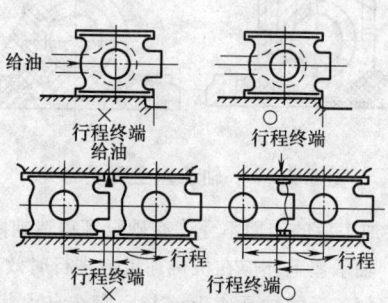

图 6.2-72　油呈滴油状态

（5）对于磨损的间隙调整（见图 6.2-73）　由于滑动轴承即使在润滑状态没有不正常的情况下磨损也不可避免，所以为了保持适当的轴承间隙，要根据磨损量作间隙的相应调整。

磨损不是全周一样的，特别是承受往复动载荷的轴承，磨损方向有显著的方向性。需要考虑针对此方向的易于调整的轴瓦部分、间隙可调的型式和结构。对于结构上不可调的轴承，如果达到极限磨损量就要更换新的轴瓦。

（6）确保必要的间隙　轴承根据使用目的和使用

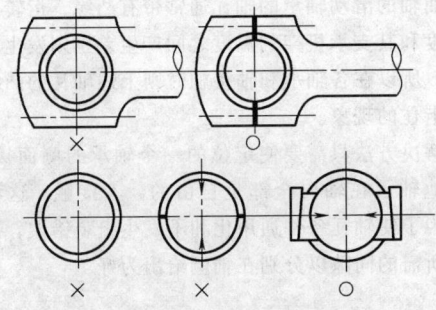

图 6.2-73　磨损的间隙调整

条件需要合适的间隙。轴承间隙因轴瓦装配条件、运转引起的温度变化及其他因素的不同而发生变化，所以要对这些因素进行预测，然后选择合适的间隙。径向间隙是必需的，关于轴的伸缩、轴承位置的相对变化等也是考虑的对象。

再者，图 6.2-74 为对轴承衬套加过盈量而嵌装的情况，此时由于存在嵌装过盈量，嵌装后的衬套内径比嵌装前的尺寸缩小，这一点也不可忽略。

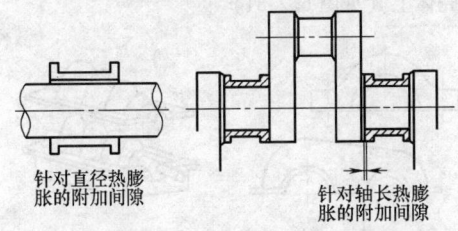

针对直径热膨胀的附加间隙　　针对轴长热膨胀的附加间隙

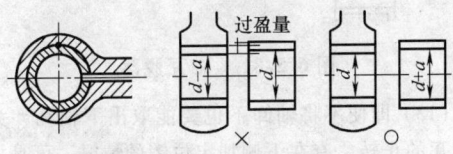

过盈量

图 6.2-74　保证必要的间隙

（7）不要使导油孔堵塞　穿通轴瓦或轴衬而形成润滑油通路部分，如果安装时其相对位置偏移，以及在运转过程中其相关位置偏移，其通路就会被堵塞。对于这样的部分，防止相关位置的偏移是绝对必要的。

再者，在组装前单独加工了孔的轴瓦或轴衬的场合（更换备件等相当于这种情况），其位置不一定能与相配合的孔对准（见图 6.2-75），所以需要根据加工和组装误差的偏差程度，使其不致发生故障，应予特别的考虑。

图 6.2-76 为连杆的大头，这种场合的紧固螺栓其中心移至靠近轴瓦的会合处。其目的是为了减少轴

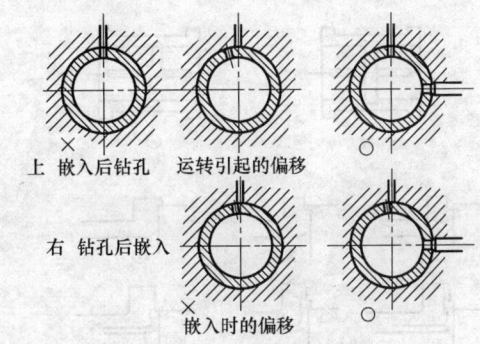

上　嵌入后钻孔　运转引起的偏移

右　钻孔后嵌入

嵌入时的偏移

图 6.2-75　油孔堵塞 （一）

承盖的弯曲力矩，可是也不要忽视兼有使轴瓦完全止转的作用。

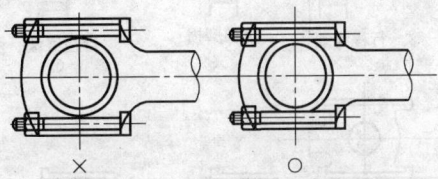

图 6.2-76　油孔堵塞 （二）

（8）不要使之发生阶梯磨损 （见图 6.2-77）滑动部分的磨损不可避免。因此，在相互滑动的同一面上如果存在着完全不相接触的部分，则由于该部分未受磨损而形成阶梯磨损。要使形状和尺寸不会产生阶梯磨损，对于青铜轴瓦等的高载荷低速轴承轴瓦等来说，相当于圆周上油槽部分的轴上不发生阶梯磨损。这种场合，有时需要将上下半油槽的位置错开以消除不接触的地方。

轴承侧面的阶梯，原则上其尺寸应使磨损多的一侧全面磨损。但是，由于事实上双方不可避免地都受磨损，最好是能够避免修补困难的一方出现阶梯磨损。由于往复动作的滑动件在行程终端达不到导程端部时出现阶梯磨损，所以要注意行程端部的相对位置。

（9）不要使轴瓦的侧面为线接触　如果滑动接触部分不是面接触而是线接触时，局部面压异常增大而成为烧伤的原因。滑动接触部分必须是面接触。

轴瓦侧面圆角的 $R$ 比轴的 $R$ 小时；反之，轴瓦侧面圆角的 $R$ 大，在轴侧面没有平面接触的部分时，都是线接触，这是要注意的地方（见图 6.2-78）。

（10）因自重向一个方向弯曲的轴的轴承要使其适合轴的下垂　长时间因自重而在下垂状态下旋转的低速轴，图 6.2-79 为其一例，这种场合的轴承需要在此下垂状态下使接触载荷均匀地支承。高速轴的场合，由于旋转轴将变成直的，而低速轴则是在承受旋

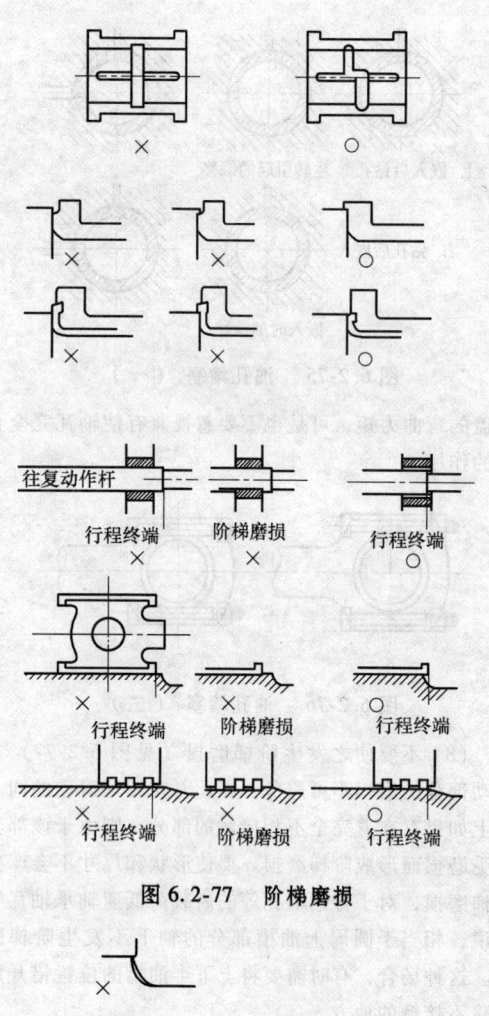

图 6.2-77   阶梯磨损

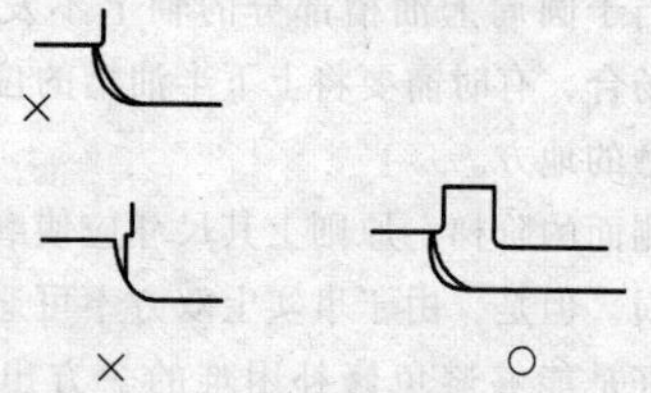

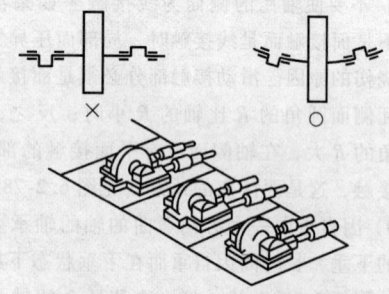

图 6.2-78   轴瓦的侧面为线接触

转弯曲的同时保持下垂状态下旋转的，需要进行使其适合这一状态的安装和轴瓦的接触调整。

图 6.2-79   自重下垂弯曲的轴承

（11）限定机架和轴的相关位置   （见图6.2-80）

用于曲轴的滑动轴承的轴瓦通常带有凸缘，运转中轴的温度和其支承机架的温度之间产生差别则发生相对伸缩，所以在各轴承和轴接触时则上述轴瓦的凸缘就发生卡住的现象。

解决方法只需要使定位的一个轴承的侧面接触，而其他轴承在轴向全部是自由的，不接触。这种场合，为了使轴瓦备件通用化和不发生组装错误，避免接触所需的间隙以分别在轴侧给出为好。

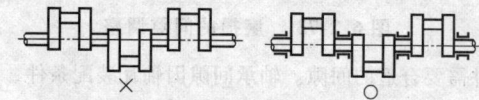

图 6.2-80   限定机架和轴的相关位置

（12）在轴承盖、两开的上半壳体提升过程中不要使轴瓦脱落   提升轴承盖或上半壳体时，轴承上的轴瓦，由于里侧接触面渗入了油而贴在轴承盖或壳体上，最初常常是一起上升，在提升过程中轴瓦有脱落的危险。为了消除脱落的危险，要将轴瓦固定在轴承盖或壳体上（见图6.2-81）。

图 6.2-81   轴瓦脱落

（13）即便不将轴卸下也要能取出下轴瓦   为了下轴瓦的止转，有在下侧加定位销的情况，可是如果在这个位置上有定位销，则为了要卸下轴瓦就不得不把转子完全吊起。为了能使转子稍稍抬起，转动轴瓦就能将其卸下，以不在这一部位加定位销为好（见图6.2-82）。

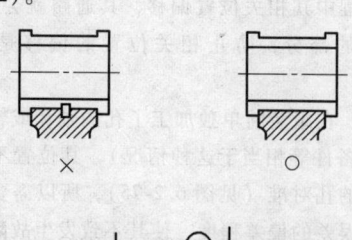
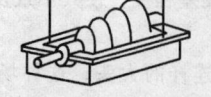

图 6.2-82   取出下轴瓦

（14）要使油环容易转动（见图 6.2-83 和图 6.2-84）　使用油环轴承的情况很少，可是在使用油环的场合，如果油环不确实地转动，给油就不完全，所以不要忽略尽量使油环容易转动这一点。转动油环的力是与轴接触面的摩擦，妨碍转动的力是侧面的摩擦。要选择前者尽可能大，后者尽可能小的形式。即加大宽度方向的接触面，减小厚度方向的接触面。

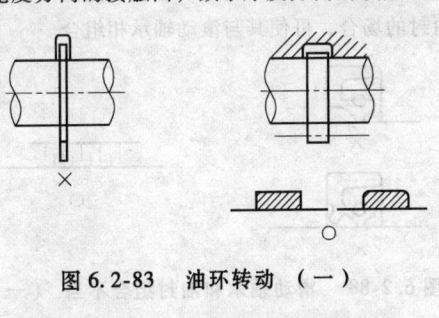

**图 6.2-83　油环转动（一）**

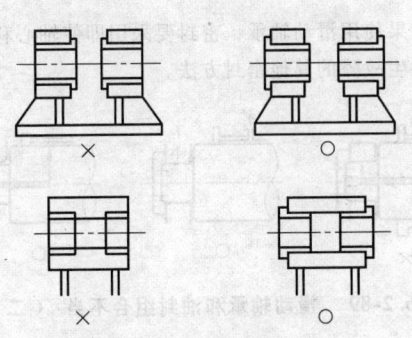

**图 6.2-84　油环转动（二）**

（15）防止发生衬套等不能装配或拆卸的情况　圆筒衬套只能从轴向安装、拆卸，所以使用衬套的场合，不要忽略使其有能装配、拆卸的空间，并考虑卸下的方法。

（16）承受重载荷的轴瓦的里侧不要因油压而使轴瓦后让　通常，轴瓦的里侧接触面，在中间开槽以缩小精密加工面，可是承受轴承载荷特别是承受很大面压的轴承，如果轴瓦薄，由于油膜压力的作用，有在里侧开槽的部分会发生轴瓦后让，后让部分则不构成支承载荷的面积，这种场合，轴瓦（轴瓦里衬）应该具有必要刚性的厚度，或者使里侧全面接触（见图 6.2-85）。

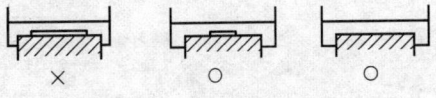

**图 6.2-85　油压导致油瓦后让**

（17）对于轴承载荷的接触压力非常小的轴承要防止涡动　高速旋转轴有轴承载荷非常小的场合，这种场合，如果面压非常小，由于油的粘性的作用，出现轴沿轴承面爬升，行至中途又落下来的现象。把这种现象称为轴承的涡动，一般是发生 1/2 转数振动的原因。对于轻载荷轴承，要把面压提高到不发生这种现象的程度。提高面压的方法是尽量扩展油槽圆周方向的宽度，使接触面积变窄以减少轴承面积（见图 6.2-86）。

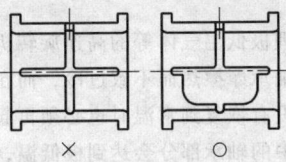

**图 6.2-86　防止轴承涡动**

（18）载荷接近零的轴承需要使用倾斜衬垫轴承（见图 6.2-87）　在两个轴承之中，不论哪一个轴承的左右旋转体的自重、载荷的合成力矩在运转时平衡，则另一个轴承的载荷即为零。在载荷为零的轴承上的轴，在轴承的哪一个方向上都不接触，轴心的位置不定，在轴承间隙中摇摇晃晃地跳动，于是产生振动。

首先是选定轴承的布置，不使产生这样的载荷分配，但是如果不可能的话就应使用倾斜衬垫轴承等特殊轴承，务必强制利用旋转使轴受轴承制约。

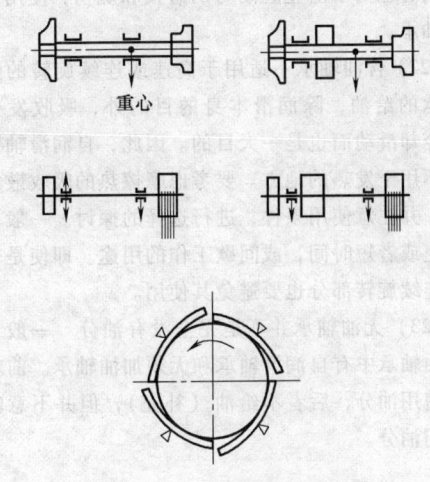

**图 6.2-87　倾斜衬垫轴承**

（19）对于尽可能不致将轴的振动传递给轴承座的轴承要使用减振轴承　由于轴的振动是通过轴承传给机械的，所以为了减少机械的振动。要减少轴本身的振动。但是存在着不能将轴侧的振动降低必要量的原因要素时，或者轴的积极振动是机械的工作目的时，则使用在轴瓦和轴承本体之间加弹簧等间接支承的减振轴承。这种场合，轴瓦和轴一起振动，而传给轴承本体的振动大幅度减轻。这种方式不只是应用于

滑动轴承，也应用于滚动轴承。

但是，在使用这种轴承的轴系中，不宜采用接触式密封，即采用机械密封和油封等是不适当的。

（20）达到极低温的轴承要加温　通常，轴承要防止异常的热，要留心使其保持正常的润滑条件，反之也必须注意由于过冷的环境而不能保持润滑条件的情况。

大量处理极低温气体等的高速旋转机械，在运转中即使由于轴承摩擦热而不致过冷，而在停止运转后整个机械在没有恢复到常温时也必须再起动。在这种场合，停止中的轴承部分会达到极低温，润滑油甚至于变成冻结或接近冻结的状态，发生不能再起动的情况。对于在这种条件下的轴承，有必要装加热轴承内部的加热器。

另外，这种机械，如果在机械内部有大气出入的地方，大气中的水分也会冻结，所以必须送进干燥气体。

（21）为了使自重大的高速旋转轴起动需要油压顶起轴承　滑动轴承起动摩擦大，所以特别是自重大的高速旋转机械的转子等，起动转矩非常大，同时也担心起动时的异常磨损和烧伤。为了降低起动转矩，在接触面加静压油压，由油使转子浮起，以使起动容易，同时也为了防止起动时的磨损和烧伤，使用油压顶起轴承。

（22）含油轴承不适用于高速或连续旋转的用途　轴承的给油，除润滑本身的目的外，吸收发生的热，冷却滑动面也是一大目的。因此，自润滑轴承原则上不用于发热的地方。要考虑摩擦热的吸收散发的平衡，并注意使用条件，进行选择的探讨。一般，限于低速或者短时间，或间歇工作的用途。即使是轻载荷在连续旋转部分也要避免其使用。

（23）无油轴承并不是完全没有油分　一般，所说无油轴承中有自润滑轴承和无须加油轴承。前者完全不使用油分，后者不给油（补充），但并不意味着不使用油分。

对于需要完全避免油分存在的，后者不适当。用于需要完全避免油分的地方的场合，事先要查明所要使用的每个轴承是属于前者的还是属于后者的。

（24）滑动轴承和油封组合不当的（见图6.2-88和图6.2-89）　滑动轴承会磨损。如果磨损了，不论在静态还是动态都发生轴心的移动。油封等不适用于轴心移动的地方，特别是动态移动的地方。必须使用油封的场合，可使其与滚动轴承相组合。

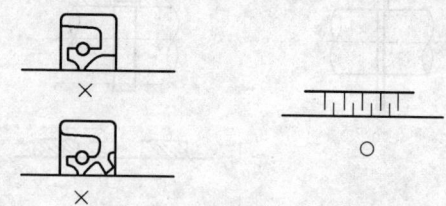

**图 6.2-88　滑动轴承和油封组合不当　（一）**

如果使用滑动轴承，密封要采用即使轴心移动也不致发生故障的其他密封方法。

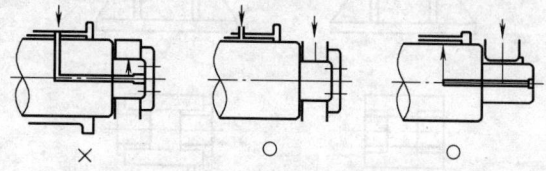

**图 6.2-89　滑动轴承和油封组合不当　（二）**

（25）逆着离心力给油加不进去　在高速旋转体上，穿通轴或嵌装在轴上的旋转体供给润滑油的场合，逆着离心力（如从大直径轴承侧向小直径轴承侧）给油就困难。不要逆着离心力给油。

（26）导杆等的非金属导套等不要使用膨胀的材料　在导杆等上有使用非金属导套的情况，如果这里使用的材料具有接触油及其他物质就膨胀（鼓起来）的性质，则由于间隙缩小而发生不能活动的情况。不要使用膨胀的材料，即便是金属材料的场合。烧结件等由于热而导致体积变化的同样性质的材料，也要注意。

# 第3章 其他轴承

## 1 直线运动滚动支承

### 1.1 分类与代号

#### 1.1.1 分类

直线运动滚动支承用于对往复直线运动零件的支承,其主要特点在于摩擦小、运动灵敏、平稳、精度高、承载能力高等。直线运动滚动支承的结构类型很多,有多种分类方法,通常按支承的结构特征和滚动体的种类将轴承分为直线运动球轴承、直线运动滚子轴承、滚动直线球导轨支承、滚动直线滚针导轨支承、滚针和平保持架组件五大类。国内应用较为普遍且成系列产品的直线运动滚动支承主要有直线运动球轴承、滚针直线球导轨支承及滚针和平保持架组件这三类。

代号实例:

#### 1.1.2 代号

我国目前采用的直线运动滚动支承代号基本上与国际的通用表示方法一致,即采用三段式表示:基本代号、补充代号和公差等级代号。

直线运动滚动支承的代号方法及排列顺序见表6.3-1。

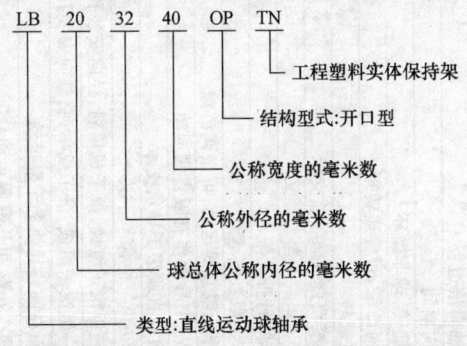

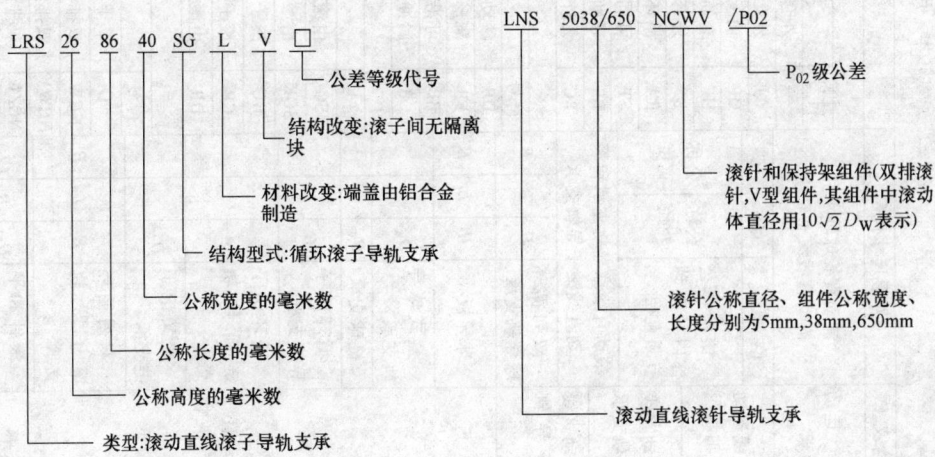

**表 6.3-1　直线运动滚动支承代号方法及排列顺序**

**第一段　基本代号**

| 符号 | 含义 | 外形尺寸代号 | | | 结构型式代号 | |
|---|---|---|---|---|---|---|
| | | | | | 符号 | 含义 |
| LB | 直线运动球轴承和滚子直线轴承 | $F_w$ 或 $d_p$ 滚动体公称内径或滚子节圆直径（公称内径） | $D$ 公称外径 | $C$ 公称宽度 | — | 外套为圆筒状整体,有保持架,球无限循环 |
| LR | 直线运动球轴承和滚子直线轴承 | | | | AJ | 外套轴向有一条缺口 |
| | | | | | OP | 轴承有一轴向剖开的一半 |
| | | | | | HF | 套筒型轴承向剖分的一半 |
| | | | | | BP | 外套镶有数条轴向空间 |
| | | | | | RA | 循环球占用内径空间 |
| | | | | | ST | 可同时用住旋转、球非循环 |
| LBS | 滚动直线球导轨支承和滚动直线滚子导轨支承 | $H$ | $L$ | $B$ | BS | 导轨同向凸块,可传速转转矩 |
| | | | | | BC | 无外套,可复旋转 |
| LRS | 滚动直线滚子导轨支承 | $H$ | $L$ | $B$ | 符号 | 含义 |
| | 双列循环球导轨支承 | | | | DB | 滚动体为循环球 |
| | 球导轨板 | $H$ | $L$ | $B$ | FB | 薄形平板状,行程无限 |
| | 盒式球导轨支承 | $D_w$ | | | BB | 可沿"V"型槽状,作无限直线运动 |
| | 链式球导轨支承 | $D_w$ | | | CB | 可沿"V"型槽直线运动,可微调游隙 |
| | | | | | | 属冲程式,沿"V"型导轨作有限直线运动,无限直线运动 |
| | 循环滚子导轨支承 | $B$ | $L$ | | 符号 | 含义 |
| | 循环圆导轨支承 | $d$ | | | SG | 由滚道基体和一组滚子组成,滚子成单列,径向安装孔 |
| | 链式滚子导轨支承 | | | | SGK | 由滚道基体和一组滚子组成,滚子成单列,轴向安装孔 |
| | 交叉滚子导轨支承 | $D_w$ | | | RC | 滚子为凹形表面在圆柱导轨上无限直线运动 |
| | 双列滚子导轨支承 | | | | CR | 滚子回转轴呈90°交叉,可作有限运动 |
| | | | | | DR | 由滚道基体和一组滚子组成,滚子成双列 |
| LNS | 滚动直线滚针导轨支承 | $H$ | $L$ | | 符号 | 含义 |
| | 滚针和平保持架组件 | $D_w$ | $B$ $(L)$ | | NC | 单排滚针,平型组件 |
| | 循环滚针导轨支承 | $B$ | $L$ | | NCW | 双排滚针,V型组件 |
| | | | | | NCWV | 双排滚针,V型组件,其组件中滚动体直径用 $10\sqrt{2}D_w$ 表示 |
| | | | | | NCZW | 双排滚针,平型组件 |
| | | | | | RN | 滚针端部为阶梯形 |
| | | | | | GRN | 滚针中部为凹槽,带冲压壳型 |
| | | | | | GRNU | 滚针中部为凹槽,带端头型 |

**第二段　补充代号**

| 符号 | 含义 |
|---|---|
| TN | 保持架、端盖等零件用工程塑料制造 |
| L | 保持架、端盖等零件用铝合金制造 |
| RS | 单面带橡胶密封 |
| ZRS | 双面带橡胶密封 |
| V | 无保持架或隔离块 |
| K | 支承零件的形状或尺寸改变 |
| Y | 支承有上述改变项目以外的其他改变内容 |

**第三段　公差等级、组件分组代号**

| 组件 | 组合代号 |
|---|---|
| 直线运动球轴承 | L9,L7,L7A;L6, L6A 和 L6M 依次由低到高 |
| 循环式滚针和保持架滚子导向支承、滚针和滚子导向支承 | 普通级 G,高级 E(E5,E10)、精密级 D(D3,D6,D9)和超精密级 C(D12)和超精密级 C(C2,C4,C6,C8,C10),依次由低到高 |
| 滚针和平保持架组件 | P0(P02,P04,P06)和 P5(P51,P52,P53,P54),依次由低到高 |

## 1.2  结构、特点与应用

### 1.2.1  结构

直线运动滚动支承的结构见表 6.3-2。

**表 6.3-2  直线运动滚动支承的结构**（摘自 JB/T 10335—2002）

| 序号 | 简　图 | 名　称 | 结　构　特　点 | 基本代号 |
|---|---|---|---|---|
| | | 一、直线运行球轴承 | | |
| 1 | | 套筒型 | 外套为一圆筒状,圆周均布三组以上钢球支承导轴,导轴上无沟槽,球在外套与导轴之间循环滚动作无限直线运动,可承受轻的径向载荷 | LB… |
| 2 | | 调整游隙型 | 将套筒型轴承沿轴向开一窄缝,利用轴承座调整轴承与导轴之间的径向游隙 | LB…AJ |
| 3 | | 开口型 | 将套筒型轴承沿轴向切去一组钢球相对应的一个扇形面,可调整径向间隙 | LB…OP |
| 4 | | 半型 | 此轴承恰是套筒型轴承的一半,可径向安装。用于有中间支承的导轴上 | LB…HF |
| 5 | | 镶滚道板调心型 | 外套内镶有数条弧形滚道板承受载荷,滚道板沟道曲率半径与钢球的相似,故承载能力增加,滚道板可调心 0.5°,作无限直线运动,可加工成开口型 | LB…BP |
| 6 | | 径向循环型 | 轴承的椭圆形循环滚道,占用径向空间,钢球数量多,承载能力较套筒型大,作无限直线运动 | LB…RA |
| 7 | | 球花键型 | 三点接触,接触角大,能传递转矩,导轴为花键轴式,可预加载荷承受重载荷,可作为径向轴承使用,每条滚道有一组循环球,直线运动行程无限 | LB…BS |
| 8 | | 往复旋转型 | 可同时作直线往复及旋转运动,钢球非循环运动,行程有限,精度高,摩擦系数低,可承受中等载荷 | LB…ST |
| 9 | | 球和保持架组件 | 无外套的往复旋转型轴承,精度高,刚性好,常用于冲压模具导向轴,直线往复运动行程有限,球不能作循环运动,承受中等载荷 | LB…BC |

（续）

| 序号 | 简　图 | 名称 | 结 构 特 点 | 基本代号 |
|---|---|---|---|---|
| 二、直线运动滚子轴承 | | | | |
| 10 | | 非循环直线运动滚子轴承 | 滚动体与导轴及外套滚道均为线接触,故承载能力大,刚性好,仅作有限直线运动,滚子非循环运动 | LR⋯ |
| 三、滚动直线球导轨支承 | | | | |
| 11 | | 双列循环球导轨支承 | 滚动体为循环球的平面导轨支承,作直线往复运动,行程无限,可承受轻、中载荷 | LBS⋯DB |
| 12 | | 球导板 | 薄型,装配简单的平面无限直线运动支承,摩擦系数 0.002～0.003,只可承受极轻载荷,亦可用塑料保持架 | LBS⋯FB |
| 13 | | 盒式球导轨支承 | 沿"V"型槽作无限直线运动,结构紧凑,球与滚道的间隙可用偏心销微调,可承受中等载荷 | LBS⋯BB |
| 14 | | 链球支承 | 属冲程式,可在成对"V"型或弧形导轨内作有限行程往复运动,结构简单,精度高,摩擦系数低,可承受轻载荷 | LBS⋯CB |
| 四、滚动直线滚子导轨支承 | | | | |
| 15 | | 径向安装孔循环滚子导轨支承 | 由滚道基体和一组滚子组成,径向安装孔。作平面无限直线运动,可用塑料保持架以降低噪声,可承受重载荷 | LRS⋯SG |
| 16 | | 轴向安装孔循环滚子导轨支承 | 由滚道基体和一组滚子组成,轴向安装孔。作平面无限直线运动,可用塑料保持架以降低噪声,可承受重载荷 | LRS⋯SGK |
| 17 | | 循环滚子链圆导轨支承 | 支承滚子的凹形表面,其曲率半径与导轴的相似,承载能力大大提高,行程无限,但滚子加工困难 | LRS⋯RC |
| 18 | | 交叉滚子链支承 | 支承滚子的回转轴呈 90°交叉,可承受双向载荷。在"V"型滚道上作有限直线运动,可承受重载荷 | LRS⋯CR |

（续）

| 序号 | 简　图 | 名称 | 结　构　特　点 | 基本代号 |
|---|---|---|---|---|
| 四、滚动直线滚子导轨支承 | | | | |
| 19 | 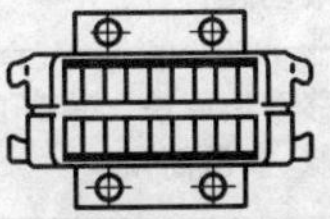 | 双列循环滚子导轨支承 | 曲滚道基体和一组滚子组成,滚子成双列,作平面无限直线运动,可用塑料保持架,以降低噪声,可承受重载荷 | LRS…DR |
| 五、滚动直线滚针导轨支承 | | | | |
| 20 | 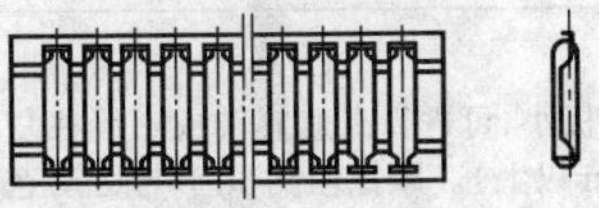 | 滚针和保持架平型组件 | 由保持架和滚针组成,作平面有限运动,平型组件。用金属或塑料保持架,可承受重载荷 | LNS…NC |
| 21 | 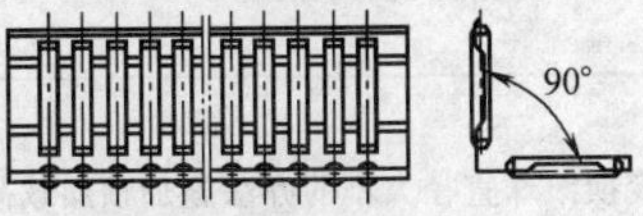 | 滚针和保持架"V"型组件 | 由保持架和滚针组成,作平面有限运动,"V"型组件。用金属或塑料保持架,可承受重载荷 | LWS…NCW |
| 22 | 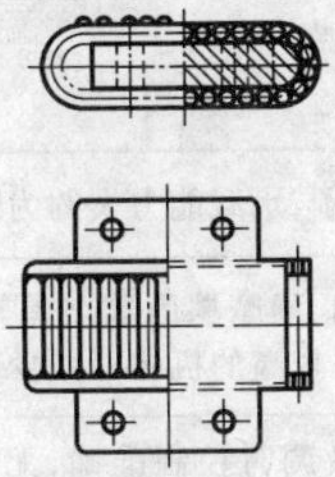 | 循环滚针导轨支承 | 由滚道基体和一组滚针组成,滚针端部为阶梯形。作无限直线往复运动,寿命长,可承受重载荷 | LNS…RN |
| 23 | 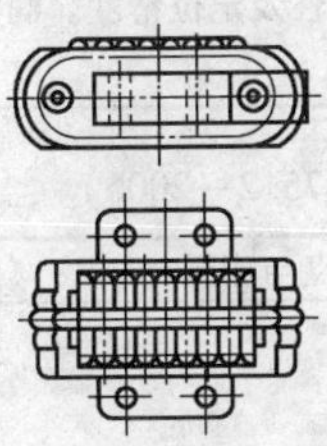 | 循环滚针导轨支承 | 由滚道基体和一组滚针组成,滚针中部凹槽,带冲压外壳。作无限直线往复运动,寿命长,可承受重载荷 | LNS…GRN |
| 24 | 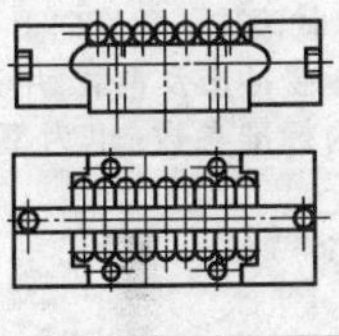 | 循环式滚针导轨支承 | 由滚道基体和一组滚针组成,滚针中部凹槽,带端头型。作无限直线往复运动,寿命长,可承受重载荷 | LNS…GRNU |

**1.2.2　特点与应用**（表 6.3-3、表 6.3-4）

表 6.3-3　直线运动滚动支承的特点与应用

| 类型 | 结　构　简　图 | 特点与应用 |
|---|---|---|
| 滚动直线球导轨副 | <br>1—滑块　2—导轨　3—滚珠 | 滚动体与圆弧沟槽相接触,与点接触相比承载能力大,刚性好<br><br>摩擦系数小,一般小于 0.005,仅为滑动导轨副的 1/50～1/20,节省动力,可以承受上下左右四个方向的载荷<br><br>磨损小,寿命长,安装、维修、润滑简便。运动灵活、无冲击,在低速微量进给时,能很好地控制位置尺寸 |

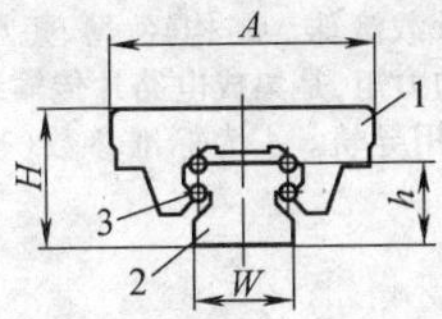

（续）

| 类型 | 结　构　简　图 | 特点与应用 |
|---|---|---|
| 滚动直线导套副 | <br>1—导轨一端支承座　2—导轨轴　3—直线运动<br>球轴承(外购件)　4—直线运动球轴承支座 | 摩擦系数小,只有 0.001～0.004,节省动力。微量移动灵活、准确,低速时无蠕动爬行 |
| | | 精度高,行程长,移动速度快。具有自调整能力,可降低相配件加工精度。维修、润滑简便 |
| | | 导轨与导套呈圆柱形,造价低,但滚动体与轴呈点接触,承载能力较小,适用于精度要求较高、载荷较轻的场合 |
| 滚动直线花键副 | <br>1—花键套　2—保持架　3—花键轴　4—油孔　5—载荷<br>滚珠列　6—退出滚珠列　7—橡胶密封垫　8—键槽 | 摩擦阻力极小,可进行高速旋转或直线往复运动(速度可达 100m/min 以上)。摩擦阻力几乎与运动速度无关,在低速微动往复运动时,不会出现爬行现象 |
| | | 可采用变换滚珠直径大小的办法施加预加载荷,消除正反转的间隙,以减少冲击和提高刚度及运动精度,承载能力高,寿命长,精度保持性好 |
| 滚动直线滚子导轨副 | | 滚动体为圆柱滚子,承载能力大约为球轴承的 10 倍以上 |
| | | 摩擦因数小,且动、静摩擦因数之差较小,对反复起动、停车、反向且变化频率较高的机构可减少整机重量及动力消耗 |
| | | 灵敏度高,低速微调时控制准确,无爬行,滚动时导向性好,可提高机械随动性及定位精度。润滑系统简单,装拆、调整方便 |

**表 6.3-4　滚动直线导轨副的特点与应用**（摘自 JB/T 7175.2—2006）

| 序号 | 结构简图、名称 | 特点与应用 |
|---|---|---|
| 1 | <br>四方向等载荷型 | 轨道两侧各有互成 45°的两列承载滚珠。垂直向上下和左右水平额定载荷相同。额定载荷大,刚性好,可承受冲击及重载,用途较广,如加工中心、数控机床、机器人、机械手等。$A$ 为标准参数(也为型号代码):20、25、30、35、40、45、50、55、65、80 |
| 2 | <br>轻载荷型(双边单列) | 轨道两侧各有一列承载滚珠。结构轻、薄、短小,且调整方便,可承受上下左右的载荷及不大的力矩,是集成电路片传输装置、医疗设备、办公自动化设备、机器人等的常用导轨。$A$ 为标准参数(也为型号代码):8、10、12、15、20 |

（续）

| 序号 | 结构简图、名称 | 特点与应用 |
|---|---|---|
| 3 | 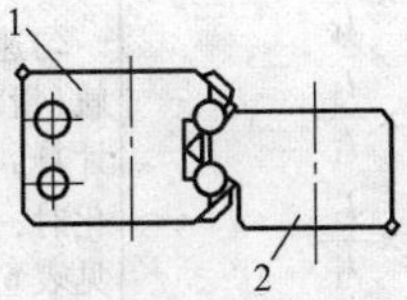 <br>1—滑动　2—导轨<br>分离型(单边双列) | 两列滚珠与运动平面均成45°接触,因此同一平面只要安装一组导轨,就可以上下左右均匀地承载。若采用两组平行导轨,上下左右可承受同一额定载荷,间隙调整方便,广泛用于电加工机床、精密工作台等电子机械设备(参数尚未标准化) |
| 4 | 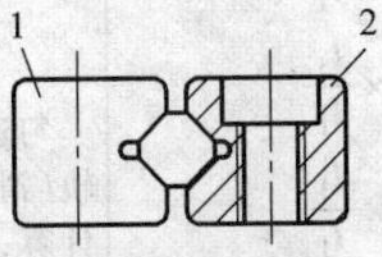 <br>1—滑块　2—轨道<br>交叉滚柱V型 | 采用圆柱滚子代替滚珠,且相邻滚子安装位置交错90°,采用 V 型导轨,其接触面长为原来的1.7倍,刚性为2倍,寿命为6倍;适用于轻、重载荷,无间隙,运动平稳无冲击的场合,如精密内外圆磨床、电子计算机、电加工机床、测量仪器、医疗器械、木工机械等(尺寸及精度与日本 THK 同) |

## 1.3　计算方法

### 1.3.1　基本性能

常用的 3 种直线运动导轨基本性能比较见表 6.3-5。滚动直线导轨的运行速度已达 200m/min,在欧美各国2/3以上的高速数控机床都采用了滚动直线导轨,它已在各种现代机械设备中得到越来越广泛的应用。

### 1.3.2　直线运动系统的载荷计算

直线运动系统所承受的载荷受工件重力及重心位置的变化、驱动力 F 及工作阻力 R 作用位置的变化、起动及停止时加速或减速引起的速度变化等因素的影响而发生变化。表 6.3-6 给出了 7 种常见的四滑块工作台直线运动系统载荷计算方法。

**表 6.3-5　直线运动导轨基本性能比较**

| 运动方式 | 滑动导轨 | 滚动直线导轨 | 静压导轨 |
|---|---|---|---|
| 摩擦因数 | $\mu = 0.04$<br>$\sim 0.06$ | $\mu = 0.003$<br>$\sim 0.005$ | $\mu = 0.0005$<br>$\sim 0.001$ |
| 运行速度 | 低速 | 低速~高速 | 中速~高速 |
| 刚度 | 高 | 较高 | 较低 |
| 寿命 | 三者相近 | 三者相近 | 三者相近 |
| 可靠性 | 高 | 较高 | 较差 |

**表 6.3-6　直线运动系统常见受载情况的计算**

| 使用条件 | 作用在一个滑块上的载荷 | 应用 |
|---|---|---|
| 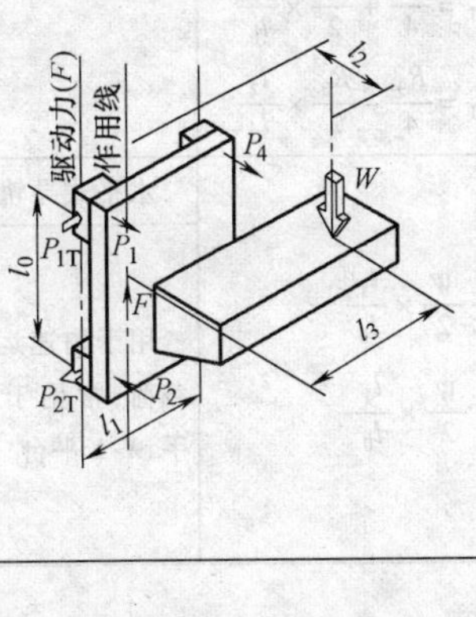 | $P_1 \sim P_4 = \dfrac{W}{2} \times \dfrac{l_2}{l_0}$<br><br>$P_{1T} \sim P_{4T} = \dfrac{W}{2} \times \dfrac{l_3}{l_0}$<br><br>式中　$W$——外加载荷<br>　　　$P_1$、$P_2$、……——垂直于运动平面的支反力,下同<br>　　　$P_{1T}$、$P_{2T}$……——平行于运动平面且垂直于导轨的支反力,下同<br>　　　$F$——驱动(推)力 | 立式导轨<br><br>匀速运动或静止时用左列公式计算。起动及停止时因惯性力引起的载荷变化参见本表7。常见于工业用立式机械手、自动喷涂机械、起重机等场合 |

（续）

| 使 用 条 件 | 作用在一个滑块上的载荷 | 应　用 |
|---|---|---|
| 2 | $P_1 = \dfrac{W}{4} + \dfrac{W}{2} \times \dfrac{l_2}{l_0} - \dfrac{W}{2} \times \dfrac{l_3}{l_1}$<br><br>$P_2 = \dfrac{W}{4} - \dfrac{W}{2} \times \dfrac{l_2}{l_0} - \dfrac{W}{2} \times \dfrac{l_3}{l_1}$<br><br>$P_3 = \dfrac{W}{4} - \dfrac{W}{2} \times \dfrac{l_2}{l_0} + \dfrac{W}{2} \times \dfrac{l_3}{l_1}$<br><br>$P_4 = \dfrac{W}{4} + \dfrac{W}{2} \times \dfrac{l_2}{l_0} + \dfrac{W}{2} \times \dfrac{l_3}{l_1}$ | 卧式导轨之一（滑块移动）<br><br>匀速或静止时的卧式导轨（滑块移动）用左列公式计算。直线运动且 $l_2 l_3$ 变化时，平均载荷的计算参见表 6.3-7 平均载荷部分。常见于工业用卧式机械手、自动压力机械、$X$-$Y$ 平台 |
| 3 | $P_1 = \dfrac{W}{4} + \dfrac{W}{2} \times \dfrac{l_2}{l_0} - \dfrac{W}{2} \times \dfrac{l_3}{l_1}$<br><br>$P_2 = \dfrac{W}{4} - \dfrac{W}{2} \times \dfrac{l_2}{l_0} - \dfrac{W}{2} \times \dfrac{l_3}{l_1}$<br><br>$P_3 = \dfrac{W}{4} - \dfrac{W}{2} \times \dfrac{l_2}{l_0} + \dfrac{W}{2} \times \dfrac{l_3}{l_1}$<br><br>$P_4 = \dfrac{W}{4} + \dfrac{W}{2} \times \dfrac{l_2}{l_0} + \dfrac{W}{2} \times \dfrac{l_3}{l_1}$ | 卧式导轨之二（滑块移动）<br><br>匀速或静止时的卧式导轨（滑块移动）用左列公式计算，如工业用机械手、工厂运送机械、$X$-$Y$ 平台 |
| 4 | $P_1 \sim P_4 = \dfrac{W}{2} \times \dfrac{l_3}{l_1}$<br><br>$P_{1T} = P_{4T} = \dfrac{W}{4} + \dfrac{W}{2} \times \dfrac{l_2}{l_0}$<br><br>$P_{2T} = P_{3T} = \dfrac{W}{4} - \dfrac{W}{2} \times \dfrac{l_2}{l_0}$ | 横梁导轨<br><br>匀速运动或静止时的垂直导轨用左列公式计算，常见于交叉式轨道、工业用机械手 |
| 5 | $R_1$ 作用时　$P_1 \sim P_4 = \dfrac{R_1}{2} \times \dfrac{l_5}{l_0}$<br><br>$\qquad\qquad P_{1T} \sim P_{4T} = \dfrac{R_1}{2} \times \dfrac{l_4}{l_0}$<br><br>$R_2$ 作用时　$P_1 = P_4 = \dfrac{R_2}{4} + \dfrac{R_2}{2} \times \dfrac{l_2}{l_0}$<br><br>$\qquad\qquad P_2 = P_3 = \dfrac{R_2}{4} - \dfrac{R_2}{2} \times \dfrac{l_2}{l_0}$<br><br>$R_3$ 作用时　$P_1 \sim P_4 = \dfrac{R_3}{2} \times \dfrac{l_3}{l_1}$<br><br>$\qquad\qquad P_{1T} = P_{4T} = \dfrac{R_3}{4} + \dfrac{R_3}{2} \times \dfrac{l_2}{l_0}$<br><br>$\qquad\qquad P_{2T} = P_{3T} = \dfrac{R_3}{4} - \dfrac{R_3}{2} \times \dfrac{l_2}{l_0}$ | 承受水平及垂直外力时的导轨<br><br>常见于钻孔机组、铣床、车床、机械加工中心等切削机械 |
| 6 | $P_1 \sim P_4 (\max) = \dfrac{W}{4} + \dfrac{W}{2} \times \dfrac{l_1}{l_0}$<br><br>$P_1 \sim P_4 (\min) = \dfrac{W}{4} - \dfrac{W}{2} \times \dfrac{l_1}{l_0}$ | 水平式导轨<br><br>用于匀速运动时取平均载荷，常见于企业用机械手、$X$-$Y$ 平台 |

（续）

| 使 用 条 件 | 作用在一个滑块上的载荷 | 应　　用 |
|---|---|---|
| 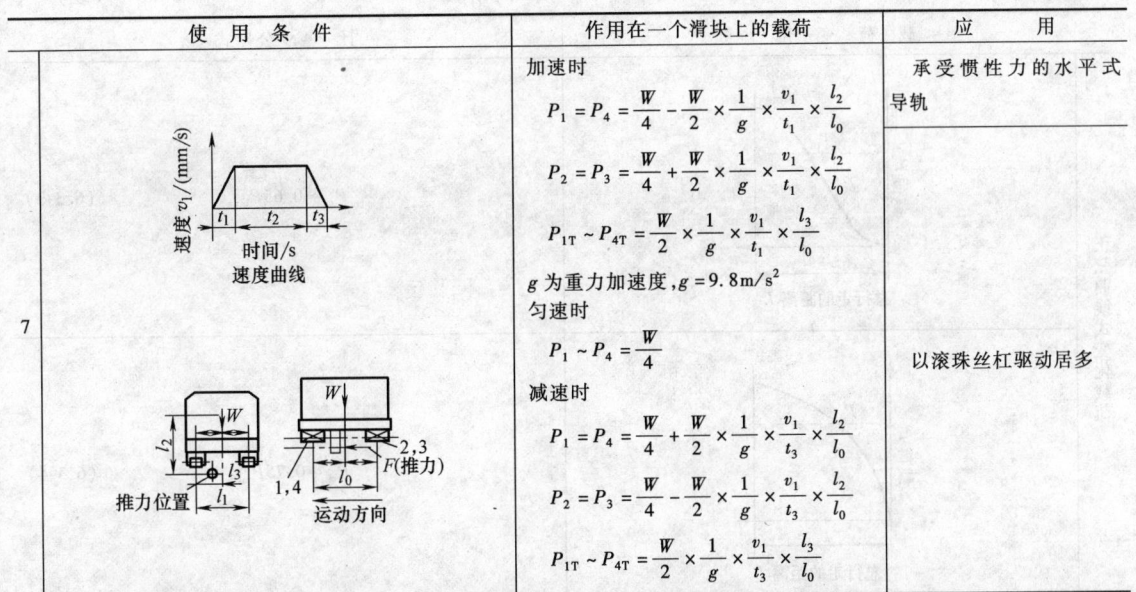 | 加速时 $$P_1 = P_4 = \frac{W}{4} - \frac{W}{2} \times \frac{1}{g} \times \frac{v_1}{t_1} \times \frac{l_2}{l_0}$$ $$P_2 = P_3 = \frac{W}{4} + \frac{W}{2} \times \frac{1}{g} \times \frac{v_1}{t_1} \times \frac{l_2}{l_0}$$ $$P_{1T} \sim P_{4T} = \frac{W}{2} \times \frac{1}{g} \times \frac{v_1}{t_1} \times \frac{l_3}{l_0}$$ $g$ 为重力加速度，$g = 9.8\text{m/s}^2$ 匀速时 $$P_1 \sim P_4 = \frac{W}{4}$$ 减速时 $$P_1 = P_4 = \frac{W}{4} + \frac{W}{2} \times \frac{1}{g} \times \frac{v_1}{t_3} \times \frac{l_2}{l_0}$$ $$P_2 = P_3 = \frac{W}{4} - \frac{W}{2} \times \frac{1}{g} \times \frac{v_1}{t_3} \times \frac{l_2}{l_0}$$ $$P_{1T} \sim P_{4T} = \frac{W}{2} \times \frac{1}{g} \times \frac{v_1}{t_3} \times \frac{l_3}{l_0}$$ | 承受惯性力的水平式导轨 以滚珠丝杠驱动居多 |

（左下图）速度曲线；速度 $v_1/(\text{mm/s})$；时间/s
（下方图）推力位置；$F$（推力）；运动方向

　　有些机械在工作过程中载荷是变化的，如工业机械手及机床，这时就要按平均（或当量）载荷 $P_m$ 来进行直线运动滚动支承的计算。常见的 3 种变载荷下的平均载荷 $P_m$ 计算公式见表 6.3-7。

**表 6.3-7　常见的平均载荷（$P_m$）计算公式**

| 载 荷 变 化 | 计 算 公 式 |
|---|---|
| 阶梯式变化载荷 （图）载荷 $P$；$P_1$；$P_m$；$P_2$；$P_n$；$L_1$ $L_2$ $L_3$；$L$；总行走的距离 $L$ | $$P_m = \sqrt[3]{\frac{1}{L}(P_1^3 L_1 + P_2^3 L_2 + \cdots + P_n^3 L_n)} \quad (6.3\text{-}1)$$ 式中　$P_m$——平均载荷（N）　　　$P_n$——变动载荷（N）　　　$L$——总运行距离（m）　　　$L_n$——承受 $P_n$ 载荷时行走的距离（m） |
| 单调式变化载荷 （图）载荷 $P$；$P_{max}$；$P_m$；$P_{min}$；$L$；总行走的距离 $L$ | $$P_m \approx \frac{1}{3}(P_{min} + 2P_{max}) \quad (6.3\text{-}2)$$ 式中　$P_{min}$——最小载荷（N）　　　$P_{max}$——最大载荷（N） |

（续）

| 载　荷　变　化 | 计　算　公　式 |
|---|---|
| 正弦曲线式变化载荷 | $P_{\mathrm{m}} \approx 0.65 P_{\max}$　　　　（6.3-3） |
| | $P_{\mathrm{m}} \approx 0.75 P_{\max}$　　　　（6.3-4） |

当支承同时承受垂直载荷 $P_{\mathrm{V}}$ 及水平载荷 $P_{\mathrm{H}}$ 时，其计算载荷可取

$$P_{\mathrm{c}} = P_{\mathrm{V}} + P_{\mathrm{H}} \qquad (6.3-5)$$

当支承还承受转矩 $M$ 时，计算载荷

$$P_{\mathrm{c}} = P_{\mathrm{V}} + P_{\mathrm{H}} + C_0 \frac{M}{M_{\mathrm{t}}} \qquad (6.3-6)$$

式中　$P_{\mathrm{c}}$——计算载荷，指直线运动滚动功能部件所承受的垂直于运动方向的载荷（kN）；

$C_0$——额定静载荷；

$M$——转矩；

$M_{\mathrm{t}}$——额定转矩。

当考虑摩擦力引起的载荷和转矩时，摩擦力

$$F = \mu P + f \qquad (6.3-7)$$

式中　$P$——支承面法向压力；

$\mu$——摩擦因数，$\mu = 0.003 \sim 0.005$；

$f$——密封件阻力，参见表 6.3-8。

**表 6.3-8　滚动直线导轨副密封件摩擦阻力参考值**

| 型号 | 20 | 25 | 30 | 35 | 45 | 55 |
|---|---|---|---|---|---|---|
| 阻力/N | 3 | 5 | 15 | 20 | 30 | 35 |

### 1.3.3　承载能力计算

滚动功能部件的主要失效形式是滚动元件与滚道的疲劳点蚀与塑性变形，其相应的计算准则为寿命（或动载荷）计算和静载荷计算。某些滚动功能部件还具有滚动体循环装置，循环装置的失效主要靠正确的制造、安装与使用维护来避免。

1. 当量载荷计算

一般情况下，当量载荷

$$P_{\mathrm{E}} = P_{\mathrm{C}} \text{ 或 } P_{\mathrm{E}} = P_{\mathrm{M}}$$

当各个方向的载荷同时作用于滚动直线导轨副中的滑块时，当量载荷

$$P_{\mathrm{E}} = |P_{\mathrm{R}} - P_{\mathrm{L}}| + P_{\mathrm{T}} \qquad (6.3-8)$$

式中　$P_{\mathrm{R}}$——径向载荷（即指向导轨面的载荷）（N）；

$P_{\mathrm{L}}$——反径向载荷（与 $P_{\mathrm{R}}$ 方向相反的载荷）（N）；

$P_{\mathrm{T}}$——水平方向载荷（与 $P_{\mathrm{R}}$ 方向垂直的载荷）（N）；

$P_{\mathrm{M}}$——水平载荷（N）。

2. 寿命计算

直线运动滚动功能部件寿命计算的基本公式为

滚动体为球时

$$L = \left( \frac{f_{\mathrm{H}} f_{\mathrm{T}} f_{\mathrm{C}}}{f_{\mathrm{W}}} \times \frac{C}{P_{\mathrm{E}}} \right)^3 \times 50 \qquad (6.3-9)$$

滚动体为滚子时

$$L = \left( \frac{f_{\mathrm{H}} f_{\mathrm{T}} f_{\mathrm{C}}}{f_{\mathrm{W}}} \times \frac{C}{P_{\mathrm{E}}} \right)^{10/3} \times 100 \qquad (6.3-10)$$

式中　$L$——额定寿命，指一组同样的直线运动滚动功能部件，在相同条件下运行，其数量的 90% 不发生疲劳时所能达到的总运行距离（km）；

$C$——基本额定动载荷，指垂直于运动方向且大小不变地作用于一组同样的直线运动滚动功能部件上使额定寿命为 $L = 50\mathrm{km}$

（对球形滚动体）或 $L = 100\text{km}$（对滚子形滚动体）时的载荷（kN），其数值见本章第4节相关表格；

$f_H$——硬度系数，$f_H =$（实际硬度 HRC 值/58HRC）$^{3.6}$，一般厂家滚动元件及滚道表面的实际硬度均在 58HRC 以上，$f_H$ 均可取 1；

$f_T$——温度系数；见表 6.3-9；

$f_C$——接触系数；见表 6.3-10；

$f_W$——载荷系数；见表 6.3-11；

**表 6.3-9　温度系数 $f_T$**

| 工作温度/℃ | $f_T$ |
|---|---|
| ≤100 | 1.00 |
| >100~150 | 0.90 |
| >150~200 | 0.73 |
| >200~250 | 0.6 |

**表 6.3-10　接触系数 $f_C$**

| 每根导轨上的滑块（或导套）数或每根轴上花键套个数 | $f_C$ |
|---|---|
| 1 | 1.00 |
| 2 | 0.81 |
| 3 | 0.72 |
| 4 | 0.66 |
| 5 | 0.61 |

**表 6.4-11　载荷系数 $f_W$**

| 工作条件 | $f_W$ |
|---|---|
| 无外部冲击或振动的低速运动场合，速度小于 15m/min | 1~1.5 |
| 无明显冲击或振动的中速运动场合，速度小于 60m/min | 1.5~2 |
| 有外部冲击或振动的高速运动场合，速度大于 60m/min | 2~3.5 |

用小时数表示的额定寿命 $L_h$ 为

$$L_h = 6.3L/ln \qquad (6.3\text{-}11)$$

式中　$l$——直线运动部件单向行程长度（m）；

　　　$n$——直线运动部件每分钟往返次数（1/min）。

**3. 静载荷计算**

$$\frac{C_0}{P_0} \geq f_s \qquad (6.3\text{-}12)$$

式中　$C_0$——基本额定静载荷，指直线运动滚动功能部件中承受最大接触应力的滚动体与滚道的塑性变形之和为滚动体直径 1/10000 时的载荷（kN）；

　　　$P_0$——滚动功能部件在垂直于运动方向所受的最大静载荷（kN），当各个方向的载荷同时作用于滚动直线导轨副的滑块上时，$P_0 = P_E$；

　　　$f_s$——静态安全系数，考虑起动与停止时惯性力对 $P_0$ 的影响，其值见表 6.3-12。

**表 6.3-12　静态安全系数 $f_s$**

| 运动条件 | 载荷条件 | $f_s$ 的下限 |
|---|---|---|
| 不经常运动情况 | 冲击小，导轨挠曲变形小时 | 1.0~1.3 |
| | 有冲击、扭曲载荷作用时 | 2.0~3.0 |
| 普通运动情况 | 普通载荷、导轨挠曲变形小时 | 1.0~1.5 |
| | 有冲击、扭曲载荷作用时 | 2.5~5.0 |

## 1.4　公称尺寸与数据

### 1.4.1　套筒型直线球轴承（表 6.3-13）

**表 6.3-13　套筒型直线球轴承外形尺寸（摘自 GB/T 16940—2012）　　（单位：mm）**

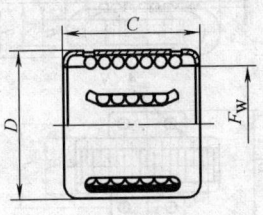

无止动槽轴承（适合于 1 系列）

（续）

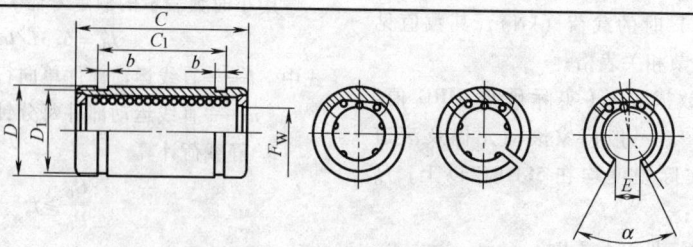

a) 轴承(侧视图)　　　　b) 闭式套筒型　　c) 可调整套筒型　d) 开口套筒型

有止动槽轴承(适用于3系列和5系列)

| $F_W$ | 1 系列 | | 3 系列 | | | | | | | 5 系列 | | | | | | |
|---|---|---|---|---|---|---|---|---|---|---|---|---|---|---|---|---|
| | $D$ | $C$ | $D$ | $C$ | $C_1$ | $b$ min | $D_1$ max | $E$ min | $\alpha$ min | $D$ | $C$ | $C_1$ | $b$ min | $D_1$ max | $E$ min | $\alpha$ min |
| 3 | 7 | 10 | — | — | — | — | — | — | — | 7 | 10 | — | — | — | — | — |
| 4 | 8 | 12 | — | — | — | — | — | — | — | 8 | 12 | — | — | — | — | — |
| 5 | 10 | 15 | 12 | 22 | 14.2 | 1.1 | 11.5 | — | — | 10 | 15 | 10.2 | 1.1 | 9.6 | — | — |
| 6 | 12 | 22 | 13 | 22 | 14.2 | 1.1 | 12.4 | — | — | 12 | 19 | 13.5 | 1.1 | 11.5 | — | — |
| 8 | 15 | 24 | 16 | 25 | 16.2 | 1.1 | 15.2 | — | — | 15 | 24 | 17.5 | 1.1 | 14.3 | — | — |
| 10 | 17 | 26 | 19 | 29 | 21.6 | 1.3 | 18 | — | — | 19 | 29 | 22 | 1.3 | 18 | 6 | 65 |
| 12 | 19 | 28 | 22 | 32 | 22.6 | 1.3 | 21 | 6.5 | 65 | 21 | 30 | 23 | 1.3 | 20 | 6.5 | 65 |
| 13 | — | — | — | — | — | — | — | — | — | 23 | 32 | 23 | 1.3 | 22 | 6.7 | 60 |
| 14 | 21 | 28 | — | — | — | — | — | — | — | — | — | — | — | — | — | — |
| 16 | 24 | 30 | 26 | 36 | 24.6 | 1.3 | 24.9 | 9 | 50 | 28 | 37 | 26.5 | 1.6 | 27 | 8 | 60 |
| 20 | 28 | 30 | 32 | 45 | 31.2 | 1.6 | 30.5 | 9 | 50 | 32 | 42 | 30.5 | 1.6 | 30.5 | 8.6 | 50 |
| 25 | 35 | 40 | 40 | 58 | 43.7 | 1.85 | 38.5 | 11 | 50 | 40 | 59 | 41 | 1.85 | 38 | 10.6 | 50 |
| 30 | 40 | 50 | 47 | 68 | 51.7 | 1.85 | 44.5 | 12.5 | 50 | 45 | 64 | 44.5 | 1.85 | 43 | 12.7 | 50 |
| 35 | — | — | — | — | — | — | — | — | — | 52 | 70 | 49.5 | 2.1 | 49 | 14.8 | 50 |
| 40 | 52 | 60 | 62 | 80 | 60.3 | 2.15 | 59 | 16.5 | 50 | 60 | 80 | 60.5 | 2.1 | 57 | 16.9 | 50 |
| 50 | 62 | 70 | 75 | 100 | 77.3 | 2.65 | 72 | 21 | 50 | 80 | 100 | 74 | 2.6 | 76.5 | 21.1 | 50 |
| 60 | 75 | 85 | 90 | 125 | 101.3 | 3.15 | 86.5 | 26 | 50 | 90 | 110 | 85 | 3.15 | 86.5 | 25.4 | 50 |
| 80 | — | — | 120 | 165 | 133.3 | 4.15 | 116 | 36 | 50 | 120 | 140 | 105.5 | 4.15 | 116 | 33.8 | 50 |
| 100 | — | — | 150 | 175 | 143.3 | 4.15 | 145 | 45 | 50 | 150 | 175 | 125.5 | 4.15 | 145 | 42.7 | 50 |

注：对于3系列和5系列的开口和可调整套筒型轴承，$D$ 和 $D_1$ 的尺寸是在轴承开缝后并装在直径为 $D$、偏差为零的厚壁环规中所测得的尺寸。

## 1.4.2　直线运动滚子轴承（表6.3-14～表6.3-19）

### 表6.3-14　直线运动滚子轴承 LNS 0000 RN 型外形尺寸（摘自 JB/T 6364—2005）（单位：mm）

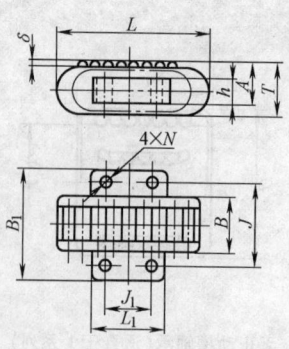

LNS 0000 RN型

（续）

（单位：mm）

| 型　号 | B | L | B₁ | A | T | L₁ | h | δ | J | J₁ | N |
|---|---|---|---|---|---|---|---|---|---|---|---|
| LNS 1540 RN | 15 | 40 | 30 | 11 | 15 | 20 | 7 | 0.2 | 23 | 12 | 3.3 |
| LNS 2050 RN | 20 | 50 | 36 | 12 | 16 | 30 | 8 | 0.2 | 29 | 18 | 3.8 |
| LNS 2560 RN | 25 | 60 | 45 | 14 | 19 | 35 | 9 | 0.2 | 36 | 20 | 4.8 |
| LNS 3270 RN | 32 | 70 | 55 | 15 | 20 | 45 | 10 | 0.3 | 44 | 27 | 5.5 |
| LNS 4087 RN | 40 | 87 | 68 | 21 | 28 | 55 | 14 | 0.3 | 54 | 35 | 6.5 |
| LNS 50125 RN | 50 | 125 | 82 | 30 | 40 | 78 | 20 | 0.4 | 66 | 50 | 8.5 |

**表 6.3-15　直线运动滚子轴承 LNS 0000 GRN 型外形尺寸**（摘自 JB/T 6364—2005）

（单位：mm）

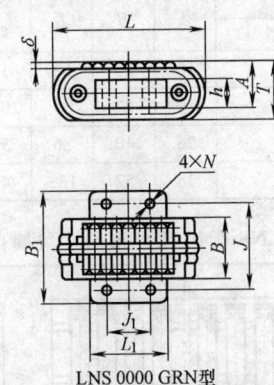

LNS 0000 GRN型

| 型　号 | B | L | B₁ | A | T | L₁ | h | δ | J | J₁ | N |
|---|---|---|---|---|---|---|---|---|---|---|---|
| LNS 1540 GRN | 15 | 40 | 30 | 15 | 20 | 20 | 11 | 0.3 | 23 | 12 | 3.3 |
| LNS 2050 GRN | 20 | 50 | 36 | 15 | 20 | 30 | 11 | 0.3 | 29 | 18 | 3.3 |
| LNS 2560 GRN | 25 | 60 | 45 | 18 | 24.5 | 35 | 13 | 0.3 | 36 | 20 | 4.8 |
| LNS 3270 GRN | 32 | 70 | 55 | 18 | 24.5 | 45 | 13 | 0.3 | 44 | 27 | 5.5 |
| LNS 4092 GRN | 40 | 92 | 68 | 25 | 34 | 55 | 18 | 0.4 | 54 | 35 | 6.5 |
| LNS 50125 GRN | 50 | 125 | 82 | 30 | 42 | 78 | 20 | 0.4 | 66 | 50 | 8.5 |

**表 6.3-16　直线运动滚子轴承 LNS 0000 GRNU 型外形尺寸**（摘自 JB/T 6364—2005）

（单位：mm）

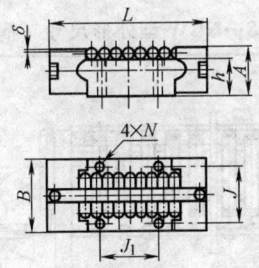

LNS 0000 GRNU型

| 型　号 | A | B | L | δ | J | J₁ | N | h[①] |
|---|---|---|---|---|---|---|---|---|
| LNS 2251 GRNU | 14.28 | 22.23 | 51 | 0.2 | 17.1 | 19.0 | 3.4 | 10.48 |
| LNS 2573 GRNU | 19.05 | 25.40 | 73 | 0.3 | 20.6 | 25.4 | 3.4 | 13.97 |
| LNS 38102 GRNU | 28.57 | 38.10 | 102 | 0.3 | 31.0 | 38.1 | 4.5 | 20.95 |
| LNS 51140 GRNU | 38.10 | 50.80 | 140 | 0.4 | 41.3 | 50.8 | 5.5 | 27.94 |

① 系参考尺寸

**表 6.3-17 直线运动滚子轴承 LRS 00000 SG 和 LRS 0000 SGK 型外形尺寸**（摘自 JB/T 6364—2005）

（单位：mm）

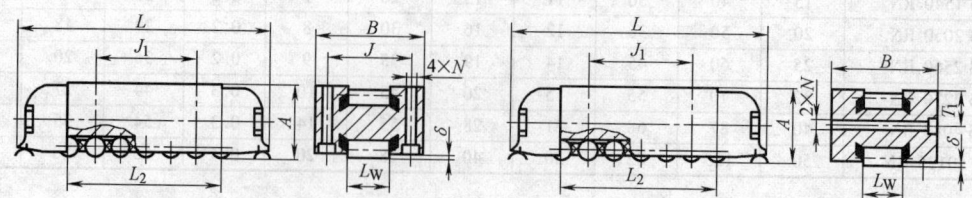

LRS 0000 SG型　　　　　　　　　　LRS 0000 SGK型

| 型号 | | A | B | L | J | $J_1$ | $T_1$ | $L_2$ | N | $\delta$ | $L_W$ |
|---|---|---|---|---|---|---|---|---|---|---|---|
| LRS 0000 SG 型 | LRS 0000 SGK 型 | | | | | | | | | | |
| LRS 2562 SG | LRS 2562 SGK | 16 | 25 | 62 | 19 | 17 | 8 | 36.7 | 3.4 | 0.2 | 8 |
| LRS 2769 SG | LRS 2769 SGK | 19 | 27 | 69 | 20.6 | 25.5 | 9.5 | 44 | 3.4 | 0.3 | 10 |
| LRS 4086 SG | LRS 4086 SGK | 26 | 40 | 86 | 30 | 28 | 13 | 53 | 4.5 | 0.3 | 14 |
| LRS 52133 SG | LRS 52133 SGK | 38 | 52 | 133 | 41 | 51 | 19 | 85 | 6.6 | 0.4 | 20 |

**表 6.3-18 直线运动滚子轴承 LNS…NC 型外形尺寸**（摘自 JB/T 7359—2007）　（单位：mm）

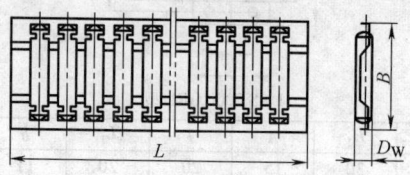

LNS…NC型

| 组件代号 | $D_W$ | B | $L_{max}$ | 组件代号 | $D_W$ | B | $L_{max}$ | 组件代号 | $D_W$ | B | $L_{max}$ |
|---|---|---|---|---|---|---|---|---|---|---|---|
| LNS 3020 NC | 3 | 20 | 1000 | LNS 7028 NC | 7 | 28 | 1000 | LNS 10080 NC | 10 | 80 | 1000 |
| LNS 5030 NCV | 3.535 | 30 | 1000 | LNS 10042 NCV | 7.071 | 42 | 1000 | LNS 200100 NCV | 14.142 | 100 | 1000 |
| LNS 5023 NC | 5 | 23 | 1000 | LNS 10060 NCV | 7.071 | 60 | 1000 | LNS 200120 NC | 20 | 120 | 1000 |
| LNS 5038 NC | 5 | 38 | 1000 | LNS 10054 NC | 10 | 54 | 1000 | | | | |

注：组件代号与标准中规定的代号不同，标准中的代号无 "NC"。

**表 6.3-19 直线运动滚子轴承 LNS…NCW 型外形尺寸**（摘自 JB/T 7359—2007）　（单位：mm）

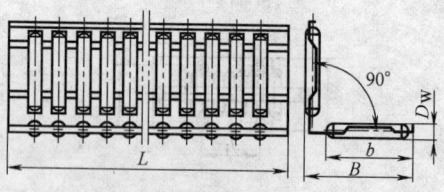

LNS…NCW型

| 组件代号 | $D_W$ | B | b | $L_{max}$ | 组件代号 | $D_W$ | B | b | $L_{max}$ |
|---|---|---|---|---|---|---|---|---|---|
| LNS 5035 NCWV | 3.535 | 35 | 29 | 1000 | LNS 10095 NCW | 10 | 95 | 77 | 1000 |
| LNS 5045 NCW | 5 | 45 | 35.5 | 1000 | LNS 200120 NCWV | 14.142 | 120 | 96 | 1000 |
| LNS 10070 NCWV | 7.071 | 70 | 56.5 | 1000 | | | | | |

注：组件代号与标准中规定的代号不同，标准中的代号无 "NC"。

## 1.4.3 滚动直线导套副（表 6.3-20、表 6.3-21）

### 表 6.3-20 开放型滚动直线导套副

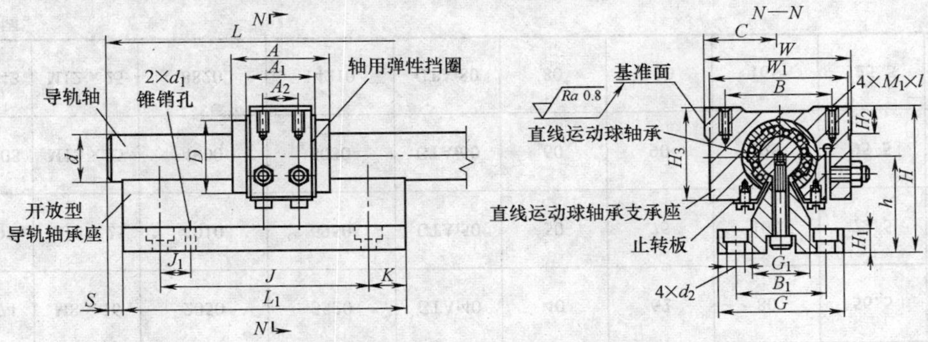

通 用 系 列

| 型号规格 | $d$ (js6) | $d_1$ | $d_2$ | $D$ (h5) | $L$ | $L_1$ | $A$ | $A_1$ (0.2) | $A_2$ | $J$ | $J_1$ | $K$ | $C$ | $W$ | $W_1$ | $B$ | $B_1$ | $G$ | $G_1$ |
|---|---|---|---|---|---|---|---|---|---|---|---|---|---|---|---|---|---|---|---|
| GTA13 (HJG-YK13) | 13 | 5 | 5.8 | 23 | ≤500 | 100 | 32 | 20.5 | 11 | 80 | 15 | 10 | 27 | 54 | 53 | 36 | 36 | 50 | 22 |
| GTA16 (HJG-YK16) | 16 | 5 | 5.8 | 28 | ≤650 | 100 | 37 | 23.5 | 13 | 80 | 15 | 10 | 28 | 56 | 54 | 42 | 36 | 50 | 24 |
| GTA20 (HJG-YK20) | 20 | 6 | 7 | 32 | ≤800 | 125 | 42 | 27.5 | 16 | 100 | 20 | 12.5 | 30 | 60 | 58 | 45 | 40 | 56 | 26 |
| GTA25 (HJG-YK25) | 25 | 6 | 7 | 40 | ≤1000 | 125 | 59 | 37.5 | 24 | 100 | 20 | 12.5 | 35.5 | 71 | 68 | 56 | 40 | 56 | 26 |
| GTA30 (HJG-YK30) | 30 | 6 | 7 | 45 | ≤1500 | 150 | 64 | 41 | 26 | 120 | 25 | 15 | 40 | 80 | 77 | 63 | 45 | 60 | 26 |
| GTA35 (HJG-YK35) | 35 | 8 | 9 | 52 | ≤1800 | 150 | 70 | 45.5 | 28 | 120 | 25 | 15 | 45 | 90 | 87 | 71 | 53 | 71 | 34 |
| GTA38 (HJG-YK38) | 38 | 8 | 9 | 57 | ≤2000 | 150 | 76 | 54.5 | 38 | 120 | 25 | 15 | 50 | 100 | 96 | 80 | 53 | 71 | 34 |
| GTA40 (HJG-YK40) | 40 | 8 | 9 | 60 | ≤2000 | 150 | 80 | 56.5 | 38 | 120 | 25 | 15 | 50 | 100 | 96 | 80 | 53 | 71 | 36 |
| GTA50 (HJG-YK50) | 50 | 8 | 11 | 80 | ≤2500 | 200 | 100 | 69 | 50 | 160 | 30 | 20 | 62.5 | 125 | 121 | 100 | 67 | 90 | 42 |
| GTA60 (HJG-YK60) | 60 | 8 | 11 | 90 | ≤3000 | 200 | 110 | 79 | 56 | 160 | 30 | 20 | 70 | 140 | 135 | 110 | 67 | 90 | 48 |
| GTA80 (HJG-YK80) | 80 | 8 | 13.5 | 120 | ≤3500 | 250 | 140 | 97.5 | 75 | 200 | 40 | 25 | 90 | 180 | 175 | 150 | 85 | 110 | 60 |

外形尺寸/mm

（续）

**通用系列**

| 型号规格 | 外形尺寸/mm | | | | | | 额定动载荷 C/N | 额定静载荷 C₀/N |
|---|---|---|---|---|---|---|---|---|
| | $h$ | $H$ | $H_1$ | $H_2$ | $H_3$ | $M_1 \times l$ | | |
| GTA13 (HJG-YK13) | 36 | 56 | 11 | 9 | 33 | M5×8 | 260 | 480 |
| GTA16 (HJG-YK16) | 39 | 63 | 10 | 10 | 40 | M5×14 | 420 | 720 |
| GTA20 (HJG-YK20) | 41 | 67 | 12 | 12 | 44 | M6×14 | 550 | 920 |
| GTA25 (HJG-YK25) | 41 | 71 | 12 | 14 | 52 | M6×14 | 870 | 1560 |
| GTA30 (HJG-YK30) | 51 | 85 | 14 | 16 | 58 | M8×16 | 1270 | 2150 |
| GTA35 (HJG-YK35) | 58 | 96 | 14 | 18 | 66 | M8×16 | 1670 | 3040 |
| GTA38 (HJG-YK38) | 58 | 100 | 14 | 20 | 73 | M8×16 | 2050 | 3520 |
| GTA40 (HJG-YK40) | 58 | 100 | 14 | 20 | 74 | M8×16 | 2050 | 3520 |
| GTA50 (HJG-YK50) | 72 | 125 | 17 | 25 | 95 | M12×25 | 4010 | 6950 |
| GTA60 (HJG-YK60) | 85 | 145 | 17 | 28 | 108 | M12×25 | 4800 | 8030 |
| GTA80 (HJG-YK80) | 110 | 190 | 20 | 35 | 143 | M12×25 | 8820 | 14210 |

**特殊系列**

| 型号规格 | 外形尺寸/mm | | | | | 额定动载荷 C/N | 额定静载荷 C₀/N |
|---|---|---|---|---|---|---|---|
| | $d$ (js6) | $D$ (h5) | $A$ | $A_1$ (−0.2) | $A_2$ | | |
| GTAt13 | 12 | 22 | 32 | 20.4 | 11 | 250 | 480 |
| GTAt16 | 16 | 26 | 36 | 22.4 | 12 | 280 | 550 |
| GTAt20 | 20 | 32 | 45 | 28.5 | 16 | 550 | 970 |
| GTAt25 | 25 | 40 | 58 | 40.5 | 26 | 870 | 1560 |
| GTAt30 | 30 | 47 | 68 | 48.5 | 32 | 1270 | 2150 |
| GTAt40 | 40 | 62 | 80 | 56.5 | 40 | 2050 | 3520 |
| GTAt50 | 50 | 75 | 100 | 72.5 | 53 | 4010 | 6950 |
| GTAt60 | 60 | 90 | 125 | 95.5 | 71 | 5190 | 8910 |
| GTAt80 | 80 | 120 | 165 | 125.5 | 100 | 8820 | 14120 |

注: 1. 4×$d_2$孔配用内六角螺钉紧固。
2. S尺寸由客户自定。
3. 开放型导轨轴支承座有特殊要求者可特殊订货。
4. 特殊系列外形尺寸除所列尺寸外，其他尺寸系列与通用系列对应规格所列尺寸相同。

表6.3-21　标准型及调整型滚动直线导套副

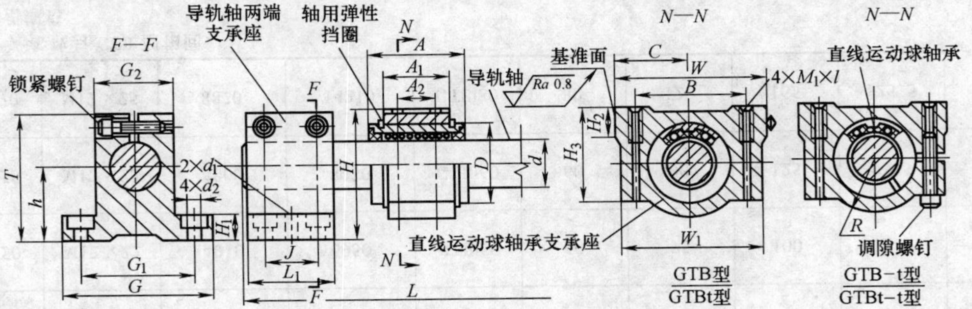

通用系列

| 型号规格 | d (js6) | d₁ | d₂ | D (h5) | h | C | G | G₁ | G₂ | L≤ | L₁ | T | H₁ | H | H₃ | H₂ | A | A₁ (0.2) | A₂ | J |
|---|---|---|---|---|---|---|---|---|---|---|---|---|---|---|---|---|---|---|---|---|
| | | | | | | | | | | 外形尺寸/mm | | | | | | | | | | |
| GTB13 | 13 | 5 | 5.8 | 23 | 20 | 25 | 45 | 32 | 20 | 500 | 32 | 38 | 10 | 40 | 28 | 9 | 32 | 20.5 | 11 | 18 |
| GTB16 (HJC-Y16) | 16 | 5 | 5.8 | 28 | 24 | 28 | 50 | 36 | 24 | 650 | 32 | 46 | 10 | 48 | 34 | 10 | 37 | 23.8 | 13 | 18 |
| GTB20 (HJC-Y20) | 20 | 6 | 7 | 32 | 27 | 30 | 60 | 45 | 30 | 800 | 38 | 50 | 12 | 53 | 38 | 12 | 42 | 27.8 | 16 | 22 |
| GTB25 (HJC-Y25) | 25 | 6 | 7 | 40 | 33 | 35.5 | 67 | 50 | 36 | 1000 | 38 | 60 | 12 | 63 | 42 | 14 | 59 | 37.4 | 24 | 22 |
| GTB30 (HJC-Y30) | 30 | 6 | 7 | 45 | 37 | 40 | 75 | 56 | 42 | 1500 | 38 | 67 | 12 | 71 | 50 | 16 | 64 | 41 | 26 | 22 |
| GTB35 (HJC-Y35) | 38 | 8 | 9 | 52 | 42 | 45 | 85 | 67 | 50 | 1800 | 48 | 75 | 16 | 80 | 56 | 18 | 70 | 45.5 | 28 | 28 |
| GTB38 (HJC-Y38) | 40 | 8 | 9 | 57 | 48 | 60 | 90 | 71 | 54 | 2000 | 48 | 85 | 16 | 90 | 63 | 20 | 76 | 54.5 | 40 | 28 |
| GTB40 (HJC-Y40) | 40 | 8 | 9 | 60 | 48 | 50 | 90 | 71 | 54 | 2000 | 48 | 85 | 16 | 90 | 63 | 20 | 80 | 56.4 | 40 | 28 |
| GTB50 (HJC-Y50) | 50 | 8 | 11 | 80 | 57 | 62.5 | 110 | 85 | 65 | 2500 | 52 | 105 | 20 | 110 | 75 | 25 | 100 | 69 | 50 | 30 |
| GTB60 (HJC-Y60) | 60 | 8 | 11 | 90 | 65 | 70 | 125 | 100 | 80 | 3000 | 52 | 120 | 20 | 125 | 85 | 28 | 110 | 79 | 56 | 30 |
| GTB80 (HJC-Y80) | 80 | 8 | 13.5 | 120 | 80 | 90 | 160 | 130 | 105 | 4000 | 60 | 150 | 25 | 160 | 110 | 25 | 140 | 99.4 | 75 | 34 |

（续）

| 型号规格 | 通用系列 | | | | | | | 型号规格 | 特殊系列 | | | | | | |
|---|---|---|---|---|---|---|---|---|---|---|---|---|---|---|---|
| | 外形尺寸/mm | | | | | 额定动载荷 C/N | 额定静载荷 $C_0$/N | | 外形尺寸/mm | | | | | 额定动载荷 C/N | 额定静载荷 $C_0$/N |
| | W | $W_1$ | B | R | $M_1 \times l$ | | | 规格 | d (js6) | D (h5) | A | $A_1$ (−0.2) | $A_2$ | | |
| GTB13 | 50 | 48 | 36 | 18 | M5×12 | 260 | 480 | GTBt12 | 12 | 22 | 32 | 20.4 | 11 | 250 | 480 |
| GTB16 (HJG-Y16) | 56 | 54 | 42 | 22 | M5×12 | 420 | 720 | GTBt16 | 16 | 26 | 36 | 22.4 | 12 | 280 | 500 |
| GTB20 (HJG-Y20) | 60 | 58 | 45 | 24 | M6×14 | 550 | 920 | GTBt20 | 20 | 32 | 45 | 28.3 | 16 | 550 | 970 |
| GTB25 (HJG-Y25) | 71 | 68 | 56 | 28 | M6×14 | 870 | 1560 | GTBt25 | 25 | 40 | 58 | 40.5 | 26 | 870 | 1560 |
| GTB30 (HJG-Y30) | 80 | 77 | 63 | 32 | M8×16 | 1270 | 2150 | GTBt30 | 30 | 47 | 68 | 48.5 | 32 | 1270 | 2150 |
| GTB35 (HJG-Y35) | 90 | 87 | 71 | 36 | M8×16 | 1670 | 3040 | — | — | — | — | — | — | — | — |
| GTB38 (HJG-Y38) | 100 | 96 | 80 | 40 | M8×18 | 2050 | 3520 | — | — | — | — | — | — | — | — |
| GTB40 (HJG-Y40) | 100 | 96 | 80 | 40 | M8×18 | 2050 | 3520 | GTBt40 | 40 | 62 | 80 | 56.5 | 40 | 2050 | 3520 |
| GTB50 (HJG-Y50) | 125 | 121 | 100 | 50 | M12×22 | 4010 | 6950 | GTBt50 | 50 | 75 | 100 | 72.5 | 53 | 4010 | 6950 |
| GTB60 (HJG-Y60) | 140 | 135 | 110 | 56 | M12×22 | 4800 | 8030 | GTBt60 | 60 | 90 | 125 | 95.5 | 71 | 5190 | 8910 |
| GTB80 (HJG-Y80) | 180 | 175 | 150 | 70 | M12×25 | 8820 | 14210 | GTBt80 | 80 | 120 | 165 | 125.5 | 100 | 8820 | 14120 |

注: 1. 通用系列 GTB-t 所列尺寸，参数与 GTB 型相同。

2. 通用系列 4×$d_2$ 孔配内六角螺钉。

3. 特殊系列外形尺寸 GTBt-t 除外形尺寸列所列尺寸外，其他尺寸系列与通用系列对应规格所列尺寸相同。

4. 特殊系列 GTBt-t 型所列尺寸，参数与 GTBt 型相同。

**1.4.4 滚动花键副**（表 6.3-22 ~ 表 6.3-24）

表 6.3-22   **GJZ 型、GJZA 型滚动花键副**     （单位：mm）

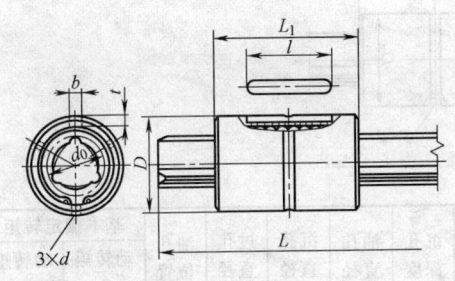

标记示例：

$$\frac{GJZA50\text{-}C\text{-}P\text{-}2\times500L}{(1)(2)(3)(4)(5)(6)(7)(8)}$$

型号说明：
(1) 滚动花键副代号
(2) 结构代号：Z——键连接型花键套
             F——法兰连接型花键套
(3) A——加长型
(4) 滚珠中心圆直径(mm)
(5) 公差等级，见表 6.3-27
(6) 回转间隙
(7) 一根轴上花键轴套的个数
(8) 花键轴全长(mm)

| 规格型号 | 公称轴径 $d_0$ | 外径 $D$ | 套长度 $L_1$ | 轴最大长度 $L$ | 键槽宽度 $b$ | 键槽深度 $t$ | 键槽长度 $l$ | 油孔直径 $d$ | 基本额定转矩 动转矩 $C_T$ /N·m | 基本额定转矩 动转矩 $C_{OT}$ /N·m |
|---|---|---|---|---|---|---|---|---|---|---|
| GJZ15[①] | 15 | $23^{\ 0}_{-0.016}$ | $40^{\ 0}_{-0.3}$ | 300 | 3.5H8 | $2^{\ 0}_{-0.3}$ | 20 | 2 | 27 | 45 |
| GJZ20 | 20 | $30^{\ 0}_{-0.016}$ | $50^{\ 0}_{-0.3}$ | 500 | 4H8 | $2.5^{+0.2}_{\ 0}$ | 26 | 3 | 64 | 90 |
| GJZ25 | 25 | $38^{\ 0}_{-0.016}$ | $60^{\ 0}_{-0.3}$ | 700 | 5H8 | $3^{+0.2}_{\ 0}$ | 36 | 3 | 134 | 184 |
| GJZA25 | 25 | $38^{\ 0}_{-0.016}$ | $70^{\ 0}_{-0.3}$ | 700 | 5H8 | $3^{+0.2}_{\ 0}$ | 36 | 3 | 152 | 225 |
| GJZ30T | 30 | $45^{\ 0}_{-0.016}$ | $70^{\ 0}_{-0.3}$ | 1000 | 6H8 | $3^{+0.2}_{\ 0}$ | 40 | 3 | 238 | 317 |
| GJZA32 | 32 | $48^{\ 0}_{-0.016}$ | $70^{\ 0}_{-0.3}$ | 1000 | 8H8 | $4^{+0.2}_{\ 0}$ | 40 | 3 | 238 | 317 |
| GJZA32 | 32 | $48^{\ 0}_{-0.016}$ | $80^{\ 0}_{-0.3}$ | 1000 | 8H8 | $4^{+0.2}_{\ 0}$ | 40 | 3 | 272 | 388 |
| GJZ40 | 40 | $60^{\ 0}_{-0.019}$ | $90^{\ 0}_{-0.3}$ | 1200 | 10H8 | $5^{+0.2}_{\ 0}$ | 56 | 4 | 523 | 670 |
| GJZA40 | 40 | $60^{\ 0}_{-0.019}$ | $100^{\ 0}_{-0.3}$ | 1200 | 10H8 | $5^{+0.2}_{\ 0}$ | 56 | 4 | 607 | 837 |
| GJZ50 | 50 | $75^{\ 0}_{-0.019}$ | $100^{\ 0}_{-0.3}$ | 1500 | 14H8 | $5.5^{+0.2}_{\ 0}$ | 60 | 4 | 956 | 1146 |
| GJZA50 | 50 | $75^{\ 0}_{-0.019}$ | $112^{\ 0}_{-0.3}$ | 1500 | 14H8 | $5.5^{+0.2}_{\ 0}$ | 60 | 4 | 1130 | 1473 |
| GJZ60 | 60 | $90^{\ 0}_{-0.022}$ | $127^{\ 0}_{-0.3}$ | 1500 | 16H8 | $6^{+0.2}_{\ 0}$ | 70 | 4 | 1631 | 2262 |
| GJZ70 | 70 | $100^{\ 0}_{-0.022}$ | $135^{\ 0}_{-0.3}$ | 1200 | 18H8 | $6^{+0.1}_{\ 0}$ | 68 | 4 | 2617 | 3597 |
| GJZ85 | 85 | $120^{\ 0}_{-0.022}$ | $155^{\ 0}_{-0.3}$ | 1200 | 20H8 | $7^{+0.1}_{\ 0}$ | 80 | 5 | 4139 | 5635 |

① 非标产品。

表 6.3-23   GJF 型滚动花键副                              （单位：mm）

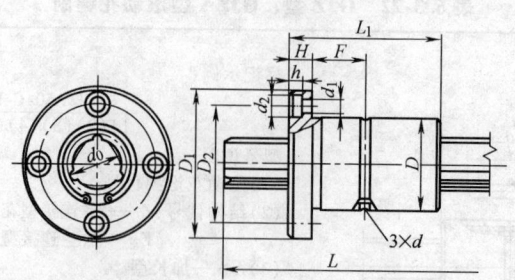

| 型号规格 | 公称轴径 $d_0$ | 外 径 $D$ | 套长度 $L_1$ | 轴最大长度 $L$ | 法兰直径 $D_1$ | 安装孔中心径 $D_2$ | 法兰厚度 $H$ | 沉孔深度 $h$ | 油孔直径 $d$ | 沉孔直径 $d_2$ | 过孔直径 $d_1$ | 油孔位置 $F$ | 基本额定转矩 | |
|---|---|---|---|---|---|---|---|---|---|---|---|---|---|---|
| | | | | | | | | | | | | | 动转矩 $C_T$ /N·m | 动转矩 $C_{0T}$ /N·m |
| GJF15[①] | 15 | $23^{\ 0}_{-0.013}$ | $40^{\ 0}_{-0.3}$ | 300 | $43^{\ 0}_{-0.2}$ | 32 | 7 | 4.4 | 2 | 8 | 4.5 | 13 | 27 | 45 |
| GJF20 | 20 | $30^{\ 0}_{-0.016}$ | $49^{\ 0}_{-0.3}$ | 500 | $49^{\ 0}_{-0.2}$ | 38 | 7 | 4.4 | 3 | 8 | 4.5 | 18 | 64 | 90 |
| GJF25 | 25 | $38^{\ 0}_{-0.016}$ | $60^{\ 0}_{-0.3}$ | 700 | $60^{\ 0}_{-0.2}$ | 47 | 9 | 5.4 | 3 | 10 | 5.8 | 21 | 134 | 184 |
| GJF30T[①] | 30 | $45^{\ 0}_{-0.016}$ | $70^{\ 0}_{-0.3}$ | 1000 | $70^{\ 0}_{-0.2}$ | 54 | 10 | 6 | 3 | 11 | 6.6 | 25 | 238 | 317 |
| GJF32 | 32 | $48^{\ 0}_{-0.016}$ | $70^{\ 0}_{-0.3}$ | 1000 | $73^{\ 0}_{-0.2}$ | 57 | 10 | 6 | 3 | 12 | 7 | 25 | 238 | 317 |
| GJF40 | 40 | $57^{\ 0}_{-0.016}$ | $90^{\ 0}_{-0.3}$ | 1200 | $90^{\ 0}_{-0.2}$ | 70 | 14 | 7 | 4 | 15 | 9 | 31 | 523 | 670 |
| GJF50 | 50 | $70^{\ 0}_{-0.019}$ | $100^{\ 0}_{-0.3}$ | 1500 | $108^{\ 0}_{-0.3}$ | 86 | 16 | 9 | 4 | 18 | 11 | 34 | 956 | 1146 |
| GJF60 | 60 | $85^{\ 0}_{-0.019}$ | $127^{\ 0}_{-0.3}$ | 1500 | $124^{\ 0}_{-0.3}$ | 102 | 18 | 11 | 4 | 18 | 11 | 45.5 | 1631 | 2262 |
| GJF70 | 70 | $100^{\ 0}_{-0.022}$ | $135^{\ 0}_{-0.3}$ | 1200 | $142^{\ 0}_{-0.2}$ | 117 | 20 | 13 | 4 | 20 | 14 | 47.5 | 2617 | 3597 |
| GJF85 | 85 | $120^{\ 0}_{-0.022}$ | $135^{\ 0}_{-0.3}$ | 1200 | $168^{\ 0}_{-0.2}$ | 138 | 22 | 13 | 5 | 20 | 13 | 55.5 | 4139 | 5635 |

注：1. 花键轴套采用渗碳钢制造，滚道硬度为 58～63HRC，法兰硬度≤30HRC，必要时可配钻铰定位销孔防止周向松动。
    2. 花键轴套有特殊要求可特殊订货。
① 非标产品。

表 6.3-24   滚动花键副的精度

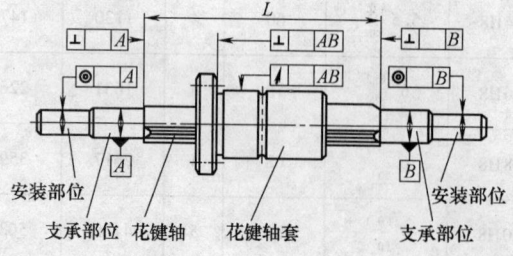

任意 100mm 花键滚道的直线度公差：
    C 级    6μm
    D 级    13μm
    E 级    33μm
移动量 <100mm 或 >100mm 时，与移动量成正比地增、减以上数值。

（续）

| 花键轴套表面对支承部位轴线的径向圆跳动 | | | | | | | | | | | | 同轴度与垂直度公差 | | | | |
|---|---|---|---|---|---|---|---|---|---|---|---|---|---|---|---|---|
| 滚珠中心圆直径 $d_0$/mm | 公差等级 | 长度 $L$/mm | | | | | | | | | | 测量部位 | 公差等级 | 滚珠中心圆直径 $d_0$/mm | | |
| | | <200 | 200~315 | 315~400 | 400~500 | 500~630 | 630~800 | 800~1000 | 1000~1250 | 1250~1600 | 1600~2000 | | | 20,30 32 | 40,50 | (60)63 |
| 25 | C | 18 | 21 | 25 | 29 | 34 | 42 | | | | | (1) | C | 13 | 15 | 17 |
| 30 | D | 32 | 39 | 44 | 50 | 57 | 68 | 83 | | | | | D | 22 | 25 | 29 |
| 32 | E | 53 | 58 | 70 | 78 | 88 | 103 | 124 | | | | | E | 53 | 62 | 73 |
| 40 | C | 16 | 19 | 21 | 24 | 27 | 32 | 38 | 47 | | | (2) | C | 9 | 11 | 13 |
| | D | 32 | 36 | 39 | 43 | 47 | 54 | 63 | 76 | 93 | | | D | 13 | 16 | 19 |
| 50 | E | 53 | 58 | 63 | 68 | 74 | 84 | 97 | 114 | 139 | | | E | 33 | 39 | 46 |
| (60) | C | 16 | 17 | 19 | 21 | 23 | 26 | 30 | 35 | 43 | 54 | (3) | C | 11 | 13 | 15 |
| | D | 30 | 34 | 36 | 38 | 41 | 45 | 51 | 59 | 70 | 86 | | D | 16 | 19 | 22 |
| 63 | E | 51 | 55 | 58 | 61 | 65 | 71 | 79 | 90 | 106 | 128 | | E | 39 | 46 | 54 |

### 1.4.5　滚动直线导轨副

1. 结构组成与类型

滚动直线导轨副结构组成如图 6.3-1 所示。按滚珠在导轨副中的分布与接触情况，滚动直线导轨副的类型、结构、特点与用途见表 6.3-25。

2. 滚动直线导轨副安装连接尺寸（见表 6.3-26）

3. 滚动直线导轨副的精度

本标准适用于四方向等载荷型、径向载荷型和轻载荷型以钢球为滚动体的导轨副，按公差等级 IT1～IT6 依次递减。表 6.3-27、表 6.3-28 为各类机械推荐采用的公差等级（供参考）。

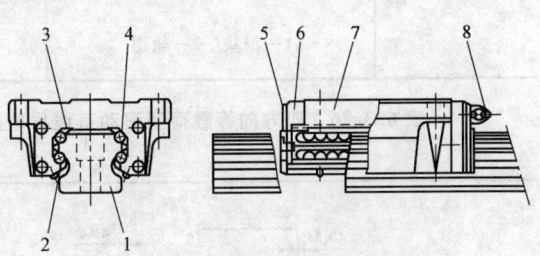

**图6.3-1　滚动直线导轨结构组成**

1—导轨　2—侧面密封垫　3—保持架　4—承载
球列　5—末端密封垫　6—侧面平板
7—滑块　8—润滑油接口

**表6.3-25　滚动直线导轨副主要类型及参数**（摘自 JB/T 7175.2—2006）

| 名称 | 结构简图 | 特点及适用场合、标准参数 |
|---|---|---|
| 四滚道型 | | 轨道两侧各有互成 45° 的两列承载滚珠。垂直向上、下和左右水平额定载荷相同。额定载荷大，刚性好，可承受冲击及重载，用途较广，如加工中心、数控机床、机器人、机械手、焊接机、包装机、木工机械、传输生产线等。A 为标准参数（也为型号代码）:20、25、30、35、40、45、50、55、65、85、100、120 |
| 两滚道型（双边单列） | | 轨道两侧各有一列承载滚珠。结构轻、薄、短小，且调整方便，可承受上下左右的载荷及不大的力矩，是集成电路片传输装置、医疗设备、办公自动化设备、机器人等的常用导轨。A 为标准参数（也为型号代码）:7、9、12、15、20、25(有普通系列及加宽系列) |

（续）

| 名称 | 结构简图 | 特点及适用场合、标准参数 |
|---|---|---|
| 分离型（单边双列） | 1—滑块　2—导轨 | 　两列滚珠与运动平面均成45°接触，因此同一平面只要安装一组导轨，就可以上下左右均匀地承载。若采用两组平行导轨，上下左右可承受同一额定载荷，间隙调整方便，广泛用于电加工机床、精密工作台等电子机械设备（参数尚未标准化） |
| 交叉圆柱滚子V型直线导轨副 | 1—滑块　2—轨道 | 　采用圆柱滚子代替滚珠，且相邻滚子安装位置交错90°，采用V型导轨，其接触面长为原来的1.7倍，刚性为2倍，寿命为6倍；适用于轻、重载荷，无间隙，运动平稳无冲击的场合，如精密内外圈磨床、电子计算机、电加工机床、测量仪器、医疗器械、木工机械等 |

**表 6.3-26　四方向等载荷型滚动直线导轨副的安装连接尺寸**（摘自 JB/T 7175.3—1996）

（单位：mm）

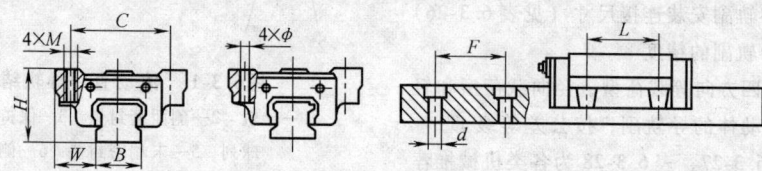

| 型　号 | 装配组合后 | | 滑　　块 | | | | 导　　轨 | | |
|---|---|---|---|---|---|---|---|---|---|
| | $H$ | $W$ | $C$ | $L$ | $M$ | $\phi$ | $B$ | $F$ | $d$ |
| 20 | 30 | 21.50 | 53 | 40 | M6 | 6 | 20 | 60 | 6 |
| 25 | 36 | 23.50 | 57 | 45 | M8 | 7 | 23 | 60 | 7 |
| 30 | 42 | 31 | 72 | 52 | M10 | 9 | 28 | 80 | 9 |
| 35 | 48 | 33 | 82 | 62 | M10 | 9 | 34 | 80 | 9 |
| 45 | 60 | 37.50 | 100 | 80 | M12 | 11 | 45 | 105 | 14 |
| 55 | 70 | 43.50 | 116 | 95 | M14 | 14 | 53 | 120 | 16 |
| 65 | 90 | 53.50 | 142 | 110 | M16 | 16 | 63 | 150 | 18 |

注：滑块有螺纹孔及光孔两种结构供用户选择，订货时向厂家说明。

**表 6.3-27　滚动直线导轨副的精度**（摘自 JB/T 7175.4—2006）

| 序号 | 简　图 | 检　验　项　目 | 允许偏差/μm | | | | | |
|---|---|---|---|---|---|---|---|---|
| | | | 导轨长度/mm | 公差等级 | | | | |
| | | | | 1 | 2 | 3 | 4 | 5 | 6 |
| 1 | | 滑块对导轨基准面的平行度：<br>1）滑块顶面中心对导轨基准底面的平行度<br>2）与导轨基准侧面同侧的滑块侧面对导轨基准侧面的平行度 | ≤500 | 2 | 4 | 8 | 14 | 20 | 28 |
| | | | >500~1000 | 3 | 6 | 10 | 17 | 25 | 34 |
| | | | >1000~1500 | 4 | 8 | 13 | 20 | 30 | 40 |
| | | | >1500~2000 | 5 | 9 | 15 | 22 | 32 | 46 |
| | | | >2000~2500 | 6 | 11 | 17 | 24 | 34 | 54 |
| | | | >2500~3000 | 7 | 12 | 18 | 26 | 36 | 62 |
| | | | >3000~3500 | 8 | 13 | 20 | 28 | 38 | 70 |
| | | | >3500~4000 | 9 | 15 | 22 | 30 | 40 | 80 |

（续）

| 序号 | 简 图 | 检 验 项 目 | 允许偏差/μm |
|---|---|---|---|
| 2 | | 滑块顶面对导轨基准底面高度 $H$ 的极限偏差 | 公差等级<br>1 2 3 4 5 6<br>±5 ±12 ±25 ±50 ±100 ±200 |
| 3 | | 同一平面上多个滑块顶面高度 $H$ 的变动量 | 公差等级<br>1 2 3 4 5 6<br>3 5 7 20 40 60 |
| 4 | | 导轨基准侧面同侧的滑块侧面与导轨基准侧面间距离 $W_1$ 的极限偏差（只适用基准导轨） | 公差等级<br>1 2 3 4 5 6<br>±8 ±15 ±30 ±60 ±150 ±240 |
| 5 | | 同一导轨上多个滑块侧面与导轨基准侧面间距离 $W_1$ 的变动量（只适用基准导轨） | 公差等级<br>1 2 3 4 5 6<br>5 7 10 25 70 100 |

注：1. 精度检验方法见表中简图所示。
2. 由于导轨轴上的滚道是用螺栓将导轨轴紧固在专用夹具上精磨的，在自由状态下可能会存在着误差，因此精度检验时应将导轨轴用螺栓固定在专用平台上测量。
3. 当基准导轨副上使用滑块数超过两件时，除首尾两件滑块外，中间滑块不作第4和第5项检查，但中间滑块的 $W_1$ 值应小于首尾两滑块的 $W_1$ 值。

### 表 6.3-28 滚动直线导轨副的推荐采用等级

| 机床及机械类型 | | 坐标 | 公差等级 | | | |
|---|---|---|---|---|---|---|
| | | | 2 | 3 | 4 | 5 |
| 数控机械 | 车床 | $X$ | √ | √ | √ | |
| | | $Z$ | | √ | √ | √ |
| | 铣床、加工中心 | $X$、$Y$ | √ | √ | √ | |
| | | $Z$ | | √ | √ | √ |
| | 坐标镗床、坐标磨床 | $X$、$Y$ | | √ | √ | |
| | | $Z$ | | √ | √ | |
| | 磨床 | $X$、$Y$ | √ | √ | | |
| | | $Z$ | √ | | √ | |
| | 电加工机床 | $X$、$Y$ | | √ | | |
| | | $Z$ | | | √ | √ |
| | 精密冲裁机 | $X$、$Z$ | | | √ | √ |

4. 滚动直线导轨副系列产品（见表6.3-29～表6.3-34）

**表 6.3-29　四方向等载荷型滚动直线导轨副**

（单位：mm）

AB型(光孔)　ABL型(加长)　　AA型(螺孔)　AAL型(加长)

| 规格 | 尺寸参数 | B1 | B2 | B3 | B4 | W | M1(AA) | Φ(AB) | H | K | T | T1 | H1 | d×D×h | L1 | L2 | L3 | L4 | F | Lmax | G(油杯) | C/kN | C0/kN | MA/N·m | MB/N·m | MC/N·m |
|---|---|---|---|---|---|---|---|---|---|---|---|---|---|---|---|---|---|---|---|---|---|---|---|---|---|---|
| 16 | AA, AB | 47 | 4.5 | 38 | 16 | 15.5 | M5 | 4.5 | 24 | 19.4 | 7 | 11 | 15 | 4.5×7.5×5.3 | 58 | 40.5 | 30 | 2.5 | 60 | 500 | φ4 | 6.07 | 6.8 | 55.5 | 55.5 | 88.8 |
| 20 | AA, AB | 63 | 5 | 53 | 20 | 21.5 | M6 | 7 | 30 | 25 | 10 | 10 | 18 | 6×9.5×8.5 | 70 | 50 | 40 | 11 | 60 | 1200 | M6 | 11.5 | 14.5 | 92.4 | 92.4 | 154 |
| 20 | AAL, ABL | 63 | 5 | 53 | 20 | 21.5 | M6 | 7 | 30 | 25 | 10 | 10 | 18 | 6×9.5×8.5 | 86 | 66 | 40 | 11 | 60 | 1200 | M6 | 13.6 | 20.3 | 121.8 | 121.8 | 203 |
| 25 | AA, AB | 70 | 6.5 | 57 | 23 | 23.5 | M8 | 7 | 37(36) | 30.5 | 12 | 16 | 22 | 7×11×9 | 79.5 | 59 | 45 | 11 | 60 | 3000 | M6 | 17.7 | 22.6 | 149.8 | 149.8 | 246 |
| 25 | AAL, ABL | 70 | 6.5 | 57 | 23 | 23.5 | M8 | 7 | 37(36) | 30.5 | 12 | 16 | 22 | 7×11×9 | 98.5 | 78 | 45 | 11 | 60 | 3000 | M6 | 20.7 | 34.97 | 244.8 | 244.8 | 402 |
| 30 | AA, AB | 90 | 9 | 72 | 28 | 31 | M10 | 9 | 42 | 35 | 10 | 18 | 26 | 9×14×12 | 95.2 | 70 | 52 | 11 | 80 | 3000 | M6 | 27.6 | 34.4 | 311.3 | 311.3 | 546 |
| 30 | AAL, ABL | 90 | 9 | 72 | 28 | 31 | M10 | 9 | 42 | 35 | 10 | 18 | 26 | 9×14×12 | 117.2 | 92 | 52 | 11 | 80 | 3000 | M6 | 33.4 | 45.8 | 560 | 560 | 745.2 |
| 35 | AA, AB | 100 | 10 | 82 | 34 | 33 | M10 | 11 | 48 | 38 | 13 | 21 | 29 | 9×14×12 | 107.8 | 81 | 62 | 11 | 80 | 3000 | M6 | 35.1 | 47.2 | 488 | 488 | 790 |
| 35 | AAL, ABL | 100 | 10 | 82 | 34 | 33 | M10 | 11 | 48 | 38 | 13 | 21 | 29 | 9×14×12 | 131.8 | 105 | 62 | 11 | 80 | 3000 | M6 | 39.96 | 64.85 | 681 | 681 | 1102.45 |
| 45 | AA, AB | 120 | 12 | 100 | 45 | 37.5 | M12 | 13 | (60)62 | 51 | 15 | 25 | 38 | 14×20×17 | 135 | 102 | 80 | 11 | 100(105) | 3000 | M6 | 42.5 | 71 | 848 | 848 | 1448 |
| 45 | AAL, ABL | 120 | 12 | 100 | 45 | 37.5 | M12 | 13 | (60)62 | 51 | 15 | 25 | 38 | 14×20×17 | 163 | 130 | 80 | 11 | 100(105) | 3000 | M6 | 64.4 | 102.1 | 1345.4 | 1345.4 | 2247.25 |
| 55 | AA, AB | 140 | 14 | 116 | 53 | 43.5 | M14 | 14 | 70 | 57 | 20 | 29 | 44 | 16×23×20 | 161 | 118 | 95 | 14 | 120 | 3000 | M8×1 | 79.4 | 101 | 1547 | 1547 | 2580 |
| 55 | AAL, ABL | 140 | 14 | 116 | 53 | 43.5 | M14 | 14 | 70 | 57 | 20 | 29 | 44 | 16×23×20 | 199 | 156 | 95 | 14 | 120 | 3000 | M8×1 | 92.2 | 142.5 | 2264.3 | 2264.3 | 3776.25 |
| 65 | AA, AB | 170 | 14 | 142 | 63 | 53.5 | M16 | 16 | 90 | 76 | 23 | 37 | 53 | 18×26×22 | 195 | 147 | 110 | 14 | 150 | 3000 | M8×1 | 115 | 163 | 3237 | 3237 | 4860 |
| 65 | AAL, ABL | 170 | 14 | 142 | 63 | 53.5 | M16 | 16 | 90 | 76 | 23 | 37 | 53 | 18×26×22 | 255 | 207 | 110 | 14 | 150 | 3000 | M8×1 | 148 | 224.5 | 4627.5 | 4627.5 | 6945.95 |

（续）

（单位：mm）

| 规格 | 尺寸参数 | $B_1$ | $B_2$ | $B_3$ | $B_4$ | $W$ | $M_1$(AA) | $\phi$(AB) | $H$ | $K$ | $T$ | $T_1$ | $H_1$ | $d \times D \times h$ | $L_1$ | $L_2$ | $L_3$ | $L_4$ | $F$ | $L_{max}$ | $G$(油杯) | $C$/kN | $C_0$/kN | $M_A$/N·m | $M_B$/N·m | $M_C$/N·m |
|---|---|---|---|---|---|---|---|---|---|---|---|---|---|---|---|---|---|---|---|---|---|---|---|---|---|---|
| 85 | AA, AB | 215 | 15 | 185 | 85 | 65 | M20 | 18 | 110 | 94 | 30 | 55 | 65 | 24×35×28 | 243.4 | 179 | 140 | 14 | 180 | 3000 | M8×1 | 172.2 | 257.4 | 6076.4 | 6076.4 | 12842 |
|  | AAL, ABL |  |  |  |  |  |  |  |  |  |  |  |  |  | 300.4 | 236 |  |  |  |  |  | 202.3 | 327.64 | 9946.3 | 9946.3 | 15410 |

（表中 结构尺寸 / 载荷特性）

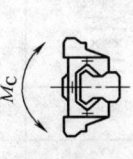
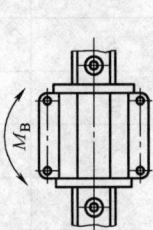
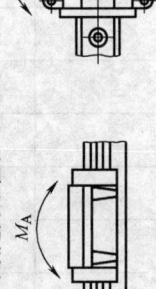

注：1. 如选用上表中括号内数字，订购时请特别注明。本表为南京工艺装备厂 GGB 系列。
2. 表中 $M_A$、$M_B$、$M_C$（如下图）指的是一个滑块的额定动力矩值。
3. 表中 $L_{max}$ 为导轨单根最大长度，如需接长另行协商。
4. 海红汉中轴承厂生产型号为 HJG-D15、25、35、45、55 及 65 型；上海轴承有限公司生产型号为 SGA、V15、$\frac{V}{W}$25、$\frac{V}{W}$35、$\frac{V}{W}$25A、$\frac{V}{W}$35、$\frac{V}{W}$35A 型、济宁轴承厂生产型号为 JSA-LG25、35、45、55、65 型（又分 KL 宽型及 ZL 窄型两种）。以上产品基本参数都一样，安装连接尺寸相同，但其余结构尺寸有差别，因而载荷特性值也有所不同。

**表 6.3-30　轻载荷型滚动直线轨导副** （单位：mm）

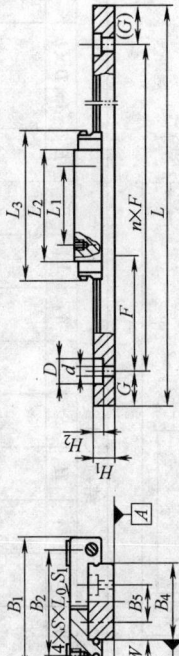

| 规格 | 结构尺寸 | | | | | | | | | | | | | | | | | 载荷特性 | | | | |
|---|---|---|---|---|---|---|---|---|---|---|---|---|---|---|---|---|---|---|---|---|---|---|
|  | $B_1$ | $B_2$ | $B_3$ | $B_4$ | $B_5$ | $H_1$ | $T$ | $L_1$ | $L_2$ | $L_3$ | $S \times L_0$ | $d \times D \times H_2$ | $F$ | $W$ | $G$ min | $H$ | $S_1$ | $C$/kN | $C_0$/kN | $M_A$/N·m | $M_B$/N·m | $M_C$/N·m |
| GGC 9BAK | 30 | 21 | 4.5 | 18 | 0 | 7.5 | 7.8 | 12 | 27 | 41 | M3×3 | 3.6×6×4.5 | 25 | 6 | 10 | 12 | M3 | 2.56 | 2.7 | 14.8 | 14.8 | 32.4 |
| GGC 12BA | 27 | 20 | 3.5 | 12 | 0 | 7.5 | 10 | 15 | 23 | 37 | M3×3.5 | 3.5×6×4.5 | 25 | 7.5 | 10 | 13 | M3 | 3.48 | 3.5 | 13.6 | 13.6 | 24.3 |
| GGC12BAK | 40 | 28 | 6 | 24 | 0 | 8.5 | 10 | 15 | 32.4 | 46.4 | M3×3.5 | 4.5×8×4.5 | 40 | 8 | 10 | 14 | M4 | 4.45 | 4.6 | 28.8 | 28.8 | 73 |
| GGC15BA | 32 | 25 | 3.5 | 15 | 0 | 9.5 | 12 | 20 | 25.7 | 43 | M3×4 | 3.5×6×4.5 | 40 | 8.5 | 10 | 16 | M4 | 5.4 | 5.5 | 25.4 | 25.4 | 47.3 |
| GGC15BAK | 60 | 45 | 7.5 | 42 | 23 | 9.5 | 12 | 20 | 41.3 | 55.3 | M4×4.5 | 4.5×8×4.5 | 40 | 9 | 10 | 16 | M5 | 7.5 | 8.5 | 68.6 | 68.6 | 70.3 |
| HJG-D15J | 32 | 25 | 3.5 | 15 | 1 | 9.5 | 12 | 20 | 29 | 42 | M3×4 | 3.5×6×4.5 | 40 | 8.5 | 15 | 16 | M4 | 4.4 | 6.5 | 16 | 18 | 34 |
| HJG-D15K | 60 | 45 | 7.5 | 42 | 23 | 9.5 | 12 | 20 | 41.3 | 55.5 | M4×4.5 | 4.5×8×4.5 | 40 | 9 | 15 | 16 | M5 | 4.6 | 7.8 | 27 | 29 | 108 |

注：1. GGC 为南京轴承有限公司产品；HJG 为海红汉中轴承有限公司产品。上海轴承厂产品有 SGC9、SGC12 及 SGC15，尺寸性能相近。
2. $M_A$、$M_B$、$M_C$ 的含义见表 6.3-29 注 2。
3. 单根导轨最大长度 $L$：HJG-D15J 为 630mm，HJG-D15K 为 1030mm。

表 6.3-31　分离型滚动直线导轨副

（单位：mm）

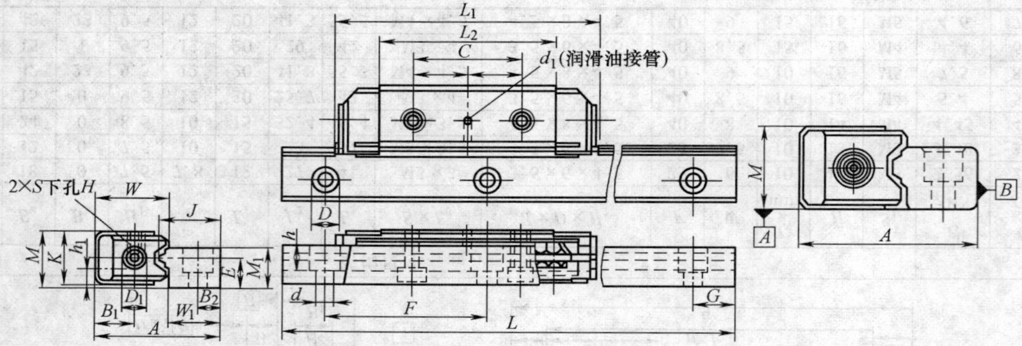

### 结构尺寸

| 型号规格 | M | A | $L_1$ | $L_2$ | C | $B_1$ | K | W | $D_1$ | $h_1$ | H | S | $d_1$ | $W_1$ | $M_1$ | $B_2$ | E | $d \times D \times h$ | J | F | G | L系列尺寸 $L=F(n)+2G$ |
|---|---|---|---|---|---|---|---|---|---|---|---|---|---|---|---|---|---|---|---|---|---|---|
| HJG-D25T | 25 | 55 | 121.5 | 80 | 45 | 16 | 24 | 32 | 11 | 7 | 6.8 | M8 | 3 | 22 | 18 | 10 | 13 | 9×14×12 | 27 | 80 | 20 | 440(5)　520(6)　600(7)　680(8)　760(9)　840(10)　920(11)　1000(12)　1080(13)　1160(14)　1240(15) |
| HJG-D35T | 35 | 75 | 155 | 103.8 | 60 | 21.5 | 34 | 43.5 | 18 | 12 | 10.5 | M12 | 4 | 30.5 | 26 | 14.5 | 18 | 11×17.5×14 | 37 | 105 | 20 | 460(4)　565(5)　670(6)　775(7)　880(8)　985(9)　1090(10)　1195(11)　1300(12)　1405(13)　1510(14) |
| SGB20 $\dfrac{V}{W}$ | 20 | 42 | 93/112 | | 35/50 | 13 | 19 | 22.5 | 10 | 5.5 | 8.5 | M6 | 3 | | 15 | 8 | | | 19.5 | 60 | 20 | |

### 载荷特性

| 型号规格 | 额定载荷/(9.8N) 动载荷 C | 静载荷 $C_0$ | 质量/kg 滑块 | 质量/kg 导轨 |
|---|---|---|---|---|
| HJG-D25T | 1890 | 3210 | 0.4 | 3.1 |
| HJG-D35T | 3080 | 4790 | 1.02 | 6.3 |
| SGB20 $\dfrac{V}{W}$ | 890/1220 | 1540/2060 | | |

### 公差等级

| 项　目 | 公差等级 普通级 B | 高级 H | 精密级 P |
|---|---|---|---|
| 高 M 的尺寸公差 | ±0.1 | ±0.05 | ±0.025 |
| 总宽 A 的尺寸公差 | ±0.1 | ±0.1 | ±0.05 |

备注：HJG 为海红汉中轴承厂产品，SGB 为上海轴承有限公司产品

表 6.3-32　交叉滚柱 V 型滚动直线导轨副　　　　　　　　　　　（单位：mm）

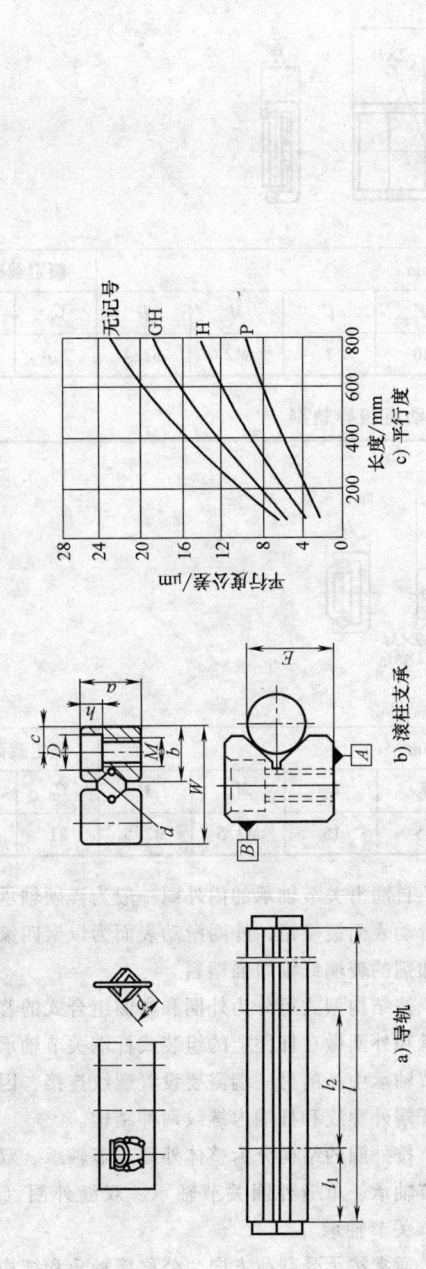

a) 导轨　　b) 滚柱支承　　c) 平行度

| 型号规格 | d | W | a | b | c | M | l₁ | l₂ | D | h | 长度系列（滚柱数）l | 单个滚柱的额定载荷 动载荷 C/kN | 单个滚柱的额定载荷 静载荷 C₀/kN |
|---|---|---|---|---|---|---|---|---|---|---|---|---|---|
| SGV 3 | 3 | 18 | 8 | 8.3 | 3.5 | M4 | 12.5 | 52 | 6 | 3.1 | 50(7)、75(10)、100(14)、125(17)、150(21)、175(24)、200(28) | 0.36 | 0.27 |
| SGV 4 | 4 | 22 | 11 | 10.2 | 4.5 | M5 | 20 | 40 | 8 | 4.2 | 80(7)、120(11)、160(15)、200(19)、240(23)、280(27)、320(31) | 0.76 | 0.63 |
| SGV 6 | 6 | 30 | 15 | 14.4 | 6 | M6 | 25 | 50 | 9.5 | 5.2 | 100(7)、150(10)、200(13)、250(17)、300(20)、350(24)、400(27)、450(31)、500(34) | 1.9 | 1.7 |
| SGV 9 | 9 | 40 | 20 | 19.2 | 8 | M8 |  |  | 10.5 | 6.2 | 200(10)、300(15)、400(20)、500(25)、600(30)、700(35) | 4.3 | 4.35 |
| SGV 12 | 12 | 58 | 28 | 28 | 12 | M10 | 50 | 100 | 14 | 8.2 | 200(7)、300(10)、400(14)、500(17)、600(21)、700(24)、800(28) | 7.2 | 7.6 |
| SGV 15 | 15 | 71 | 36 | 34.4 | 14 | M12 |  |  | 17.5 | 10.2 | 300(8)、400(11)、500(13)、600(16)、700(19)、800(22)、900(25)、1000(27) | 11.2 | 12.3 |

| 项　目 | 公　差　等　级 普通级（无记号） | 公　差　等　级 普高级 GH | 公　差　等　级 高级 H | 公　差　等　级 精密级 P |
|---|---|---|---|---|
| 导物面对基准 A、B 的平行度公差 | 按图 c 规定 | | | |
| 高度 E 尺寸公差 | ±0.02 | ±0.02 | ±0.02 | ±0.01 |
| 高度 E 相互配对差 | 0.02 | 0.02 | 0.01 | 0.01 |

备注：1. E=1/2 名义高度+滚子半径
　　　2. 高度相互配对是指对同一台床身上所需使用的 4 根导轨标注同一出厂编号
　　　3. 生产厂：上海组合夹具厂

**表 6.3-33　微型 SGD 滚动直线导轨副**

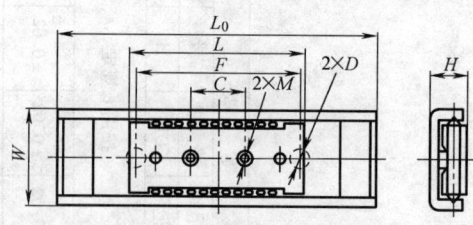

| 型号 | 结构尺寸/mm | | | | | | | | 额定载荷/kN | |
|---|---|---|---|---|---|---|---|---|---|---|
| | $W$ | $H$ | $L_0$ | $L$ | $F$ | $C$ | $M$ | $D$ | $C_0$ | $C$ |
| SGD13 | 13 | 4.5 | 40 | 22 | 20 | 7 | M2 | φ2.4 | 7.4 | 5.6 |

**表 6.3-34　微型 SGW 滚动直线导轨副**

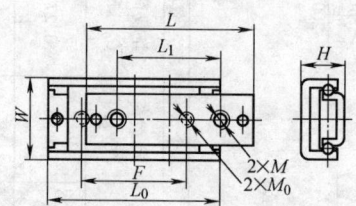

| 型号 | 结构尺寸/mm | | | | | | | | 额定载荷/kN | |
|---|---|---|---|---|---|---|---|---|---|---|
| | $W$ | $H$ | $L_0$ | $L$ | $F$ | $L_1$ | $M_0$ | $M$ | $C_0$ | $C$ |
| SGW12 | 12 | 6 | 25 | 24 | 15 | 15 | M2.5 | M2.5 | 21 | 13 |

微型滚动直线导轨副是由钢板冲制成形，重量轻、滚动轻便、摩擦阻力小、惯性小、反应灵敏，适用于录像机、平导体装置，硬盘等存储装置的读出与写入部位及医疗设备、绘图仪等高精度机械设备。

## 2　关节轴承

### 2.1　分类、结构与代号

#### 2.1.1　分类

关节轴承由内外套圈组成，套圈间的滑动接触表面为球面，适用于摆动运动、倾斜运动和旋转运动。

关节轴承可按承载方向、润滑方式和结构型式等多种方法分类。按承载方向可分为向心关节轴承和推力关节轴承。向心关节轴承的套圈称外圈和内圈，主要承受径向载荷；推力关节轴承的套圈称座圈和轴圈，主要承受轴向载荷。

按润滑方式可分为一般润滑关节轴承（简称关节轴承）和自润滑关节轴承。一般润滑关节轴承工作时需要润滑，因此在外圈或内圈上设置有油槽或油孔。自润滑关节轴承的内外圈一般为淬硬轴承钢，内圈滑动表面镀硬铬，外圈滑动表面为以聚四氟乙烯为添加剂的玻璃纤维增强塑料。

按结构型式可分为外圈和内圈组合式的普通关节轴承和外圈做在杆件上的组装式杆端关节轴承。杆端关节轴承中杆的另一端需要设置螺纹连接，因此又分为杆端外螺纹和杆端内螺纹两种结构。

按外圈的结构分为整体外圈关节轴承、双半外圈关节轴承、单缝外圈关节轴承、双缝外圈（部分外圈）关节轴承。

通常按承受载荷方向、公称接触角和结构型式进行综合分类，分为向心关节轴承、角接触关节轴承、推力关节轴承、杆端关节轴承。

杆端关节轴承工作灵活、耐磨、装拆方便、并且结构类型多种多样，广泛应用于各种机械和车辆的操纵及传动机构中，是重要的机械基础配件。自润滑球头杆端关节轴承的 5 种球头杆在同一轴径可以通用。

关节轴承的分类方法见表 6.3-35，关节轴承的结构型式分类见 2.1.3 节。

表 6.3-35　关节轴承的分类方法

| 序号 | 分类方法 | 名　称 | | 备　注 |
|---|---|---|---|---|
| 1 | 按所承受的载荷方向或公称接触角 α | 向心关节轴承（0°≤α≤30°承受径向载荷） | 径向接触向心关节轴承（α=0°） | |
| | | | 角接触向心关节轴承（0°<α≤30°） | |
| | | 推力关节轴承（30°<α≤90°承受轴向载荷） | 轴向接触推力关节轴承（α=90°） | |
| | | | 角接触推力关节轴承（30°<α<90°） | |
| 2 | 按外圈的结构 | 整体外圈关节轴承 | | |
| | | 双半外圈关节轴承 | | |
| | | 单缝外圈关节轴承 | | |
| | | 双缝外圈（剖分外圈）关节轴承 | | |
| 3 | 按是否附有杆端或装于杆端上 | 一般关节轴承 | | |
| | | 杆端关节轴承 | | |
| 4 | 按工作时是否需补充润滑剂 | 非自润滑关节轴承 | | |
| | | 自润滑关节轴承（不需补充润滑剂） | | |
| 5 | 按承受载荷方向、公称接触角和结构型式 | 向心关节轴承 | | 此种综合分类方法最常用 |
| | | 角接触关节轴承 | | |
| | | 推力关节轴承 | | |
| | | 杆端关节轴承 | | |

**2.1.2　代号**

关节轴承的代号由基本代号和补充代号组成。基本代号由类型代号、尺寸系列代号、内径代号、结构型式及材料代号构成。关节轴承的补充代号，由字母和数字组成（最多允许采用 3 个字母），以斜杠"/"和基本代号分开，表示零件材料、技术要求或结构的改变。关节轴承的代号构成及排序见表 6.3-36。

表 6.3-36　关节轴承代号构成及排序

| 基本代号 | | | | | | 补充代号 | | |
|---|---|---|---|---|---|---|---|---|
| 类型代号 | | 尺寸系列代号 | | 内径代号 | 结构型式、材料代号 | | 改变特征 | 含义 | 代号 |

(续表结构)

| 代号 | 含义 | 代号 | 含义 | 内径代号 | 代号 | 含义 | 改变特征 | 含义 | 代号 |
|---|---|---|---|---|---|---|---|---|---|
| GE | 向心关节轴承 | C | 大型和特大型向心关节轴承特轻系列 | 用内径的毫米数表示，但不标单位 | A | 外圈为中碳钢,有固定滑动表面材料的固定器 | 材料改变 | 套圈由不锈钢制造 | X |
| GAC | 角接触关节轴承 | | | | | | | 套圈由渗碳钢制造 | S |
| GX | 推力关节轴承 | E | 正常系列（代号中省略） | | C | 一套圈或一套圈滑动表面为烧结青铜复合材料 | | 套圈或滑动表面由不常采用的材料制造 | V |
| SI | 内螺纹组装型杆端关节轴承 | | | | | | | 套圈或滑动表面由青铜或青铜圆片制造 | Q |
| SA | 外螺纹组装型杆端关节轴承 | G | G 系列 | | DE1 | 挤压外圈（外圈为轴承钢,在内圈装配后挤压成形） | | 套圈由铍青铜制造 | P |
| | | EW | W 系列（宽内圈） | | | | | 零件的回火温度有特殊要求 | T |
| SIB | 内螺纹整体型杆端关节轴承 | | | | DEM1 | 同 DE1,但外圈有端沟 | 特殊补充技术要求 | 轴承内填充特殊润滑脂 | R |
| | | JK | JK 系列 | | DS | 外圈有装配槽 | | N 组游隙 | — |
| SAB | 外螺纹整体型杆端关节轴承 | H | H 系列 | | E | 单缝外圈 | | 2 组游隙径向游隙值小于 N 组 | -C2 |
| | | F | F 系列 | | F | 一套圈滑动表面为以聚四氟乙烯为添加剂的玻璃纤维增强塑料或塑料圆片 | | 3 组游隙径向游隙值大于 N 组 | -C3 |
| SIL | 左旋内螺纹组装型杆端关节轴承 | K | K 系列 | | | | | 轴承游隙不同于现行标准 | -C9 |
| SAL | 左旋外螺纹组装型杆端关节轴承 | EM | M 系列（宽内圈） | | F1 | 一套圈滑动表面为聚醚亚胺工程塑料 | | 轴承的摩擦力矩及旋转灵活性有特殊要求 | M |

（续）

| 基本代号 | | | | | | | 补充代号 | | |
|---|---|---|---|---|---|---|---|---|---|
| 类型代号 | | 尺寸系列代号 | | 内径代号 | 结构型式、材料代号 | | 改变特征 | 含义 | 代号 |
| 代号 | 含义 | 代号 | 含义 | | 代号 | 含义 | | | |
| SILB | 左旋内螺纹整体型杆端关节轴承 | EH | 杆端关节轴承 EH 系列（加强型） | 用内径的毫米数表示，但不标单位 | F2 | 外圈为玻璃纤维增强塑料,其滑动表面同"F" | 特殊补充技术要求 | 套圈滑动表面涂敷固体润滑剂干膜 | G |
| SALB | 左旋外螺纹整体型杆端关节轴承 | EG | 杆端关节轴承 EG 系列（加强型） | | H | 双半外圈 | | 杆端关节轴承螺纹有特殊要求 | B |
| SQ | 弯杆型球头杆端关节轴承 | Z | 寸制尺寸正常系列 | | I | 内圈为中碳钢,有固定滑动表面材料的固定器 | | 滑动表面以外的表面需电镀（镀铬—D、镀锌—D$_1$、镀镉—D$_2$ 等） | D |
| SQZ | 直杆型球头杆端关节轴承 | P | P 系列 | | L | 套圈或杆端为特殊自润滑合金 | 结构改变 | 零件的形状或尺寸改变 | K |
| SQD | 单杆型球头杆端关节轴承 | | | | N | 外圈有止动槽 | 其他 | 轴承有上述各种改变特征以外的其他特征,或具有多项改变特征而无法用上述补充代号完全表示时 | /Y |
| SQL | 左旋弯杆型球头杆端关节轴承 | | | | S | 套圈或杆端有油槽和油孔 | | | |
| SQLD | 左旋单杆型球头杆端关节轴承 | | | | T | 外圈滑动表面为聚四氟乙烯织物 | | | |
| SK | 带圆柱焊接型杆端关节轴承（圆柱型） | | | | X | 双缝外圈 | | | |
| SF | 带平底座焊接型杆端关节轴承（方型） | | | | –2RS | 两面带密封圈 | | | |
| SIR | 带锁口型杆端关节轴承 | | | | –2Z | 两面带防尘盖 | | | |

注：补充代号用字母和数字表示。最多允许采用 3 个字母。表示轴承零件材料改变、结构改变及特殊技术要求,游隙代号在最右边。

## 2.1.3　结构、代号及特点 （表 6.3-37、表 6.3-38）

### 表 6.3-37　润滑型关节轴承的结构、代号及特点 （摘自 GB/T 304.1—2002）

| 序号 | 简图 | 结构型式和名称 | 承受载荷的方向和相对大小 | 结构特点 |
|---|---|---|---|---|
| 1 | | GE...E 型向心关节轴承 | 径向载荷和任一方向较小的轴向载荷 | 单缝外圈；无润滑槽和润滑孔 |
| 2 | | GE...E 型向心关节轴承 | 径向载荷和任一方向较小的轴向载荷 | 单缝外圈；无润滑槽和润滑孔 |

（续）

| 序号 | 简图 | 结构型式和名称 | 承受载荷的方向和相对大小 | 结构特点 |
|------|------|----------------|---------------------------|----------|
| 3 | | GE...ES-2RS 型<br>向心关节轴承 | 径向载荷和任一方向较小的轴向载荷 | 单缝外圈；<br>有润滑槽和润滑孔；<br>两面带密封圈 |
| 4 | | GEEW...ES-RS 型<br>GEEM...ES-2 RS 型<br>向心关节轴承 | 径向载荷和任一方向较小的轴向载荷 | 单缝外圈；<br>有润滑槽和润滑孔；<br>两面带密封圈 |
| 5 | | GE...ESN 型<br>向心关节轴承 | 径向载荷和任一方向较小的轴向载荷。但轴向载荷由止动环承受时，其承受轴向载荷的能力降低 | 单缝外圈；<br>有润滑槽和润滑孔；<br>外圈有止动槽 |
| 6 | | GE...XS 型<br>向心关节轴承 | 径向载荷和任一方向较小的轴向载荷 | 双缝外圈（剖分外圈）；<br>有润滑槽和润滑孔；<br>外圈有一条或两条锁圈槽 |
| 7 | | GE...XS-2RS 型<br>向心关节轴承 | 径向载荷和任一方向较小的轴向载荷 | 双缝外圈（剖分外圈）；<br>有润滑槽和润滑孔；<br>外圈有一条或两条锁圈槽；<br>两面带密封圈 |

（续）

| 序号 | 简图 | 结构型式和名称 | 承受载荷的方向和相对大小 | 结构特点 |
|------|------|----------------|--------------------------|----------|
| 8 | | GE…HS 型<br>向心关节轴承 | 径向载荷和任一方向较小的轴向载荷 | 双半外圈；<br>内圈有润滑槽和润滑孔；<br>磨损后游隙可调整 |
| 9 | | GE…DE1 型<br>向心关节轴承 | 径向载荷和任一方向较小的轴向载荷 | 内圈为淬硬轴承钢；外圈为轴承钢，在内圈装配时挤压成形；有润滑槽和润滑孔。内径小于 15mm 的轴承，无润滑槽和润滑孔 |
| 10 | | GE…DEM1 型<br>向心关节轴承 | 径向载荷和任一方向较小的轴向载荷 | 内圈为淬硬轴承钢；外圈为轴承钢，在内圈装配时挤压成形，轴承装入轴承座后，在外圈上压出端沟使轴承轴向固定 |
| 11 | | GE…DS 型<br>向心关节轴承 | 径向载荷和任一方向较小的轴向载荷（装配槽一边不能承受轴向载荷） | 整体外圈；<br>外圈有装配槽、内外圈均有润滑槽和润滑孔。<br>只限于大尺寸的轴承 |
| 12 | | GE…S 型<br>向心关节轴承 | 方向不变的载荷；在承受径向载荷的同时能承受任一方向较小的轴向载荷 | 外圈为轴承钢，滑动表面为青铜；内圈为淬硬轴承钢，滑动表面镀硬铬 |
| 13 | | GAC…S 型<br>角接触关节轴承 | 径向载荷和一方向的轴向（联合）载荷 | 内、外圈均为淬硬轴承钢；外圈有润滑槽和润滑孔 |

（续）

| 序号 | 简图 | 结构型式和名称 | 承受载荷的方向和相对大小 | 结构特点 |
|---|---|---|---|---|
| 14 | | GE...HS 型<br>向心关节轴承 | 径向载荷和任一方向较小的轴向载荷 | 双半外圈；<br>内圈有润滑槽和润滑孔；<br>磨损后游隙可调整 |
| 15 | | SI...E 型<br>杆端关节轴承 | 径向载荷和任一方向小于或等于 0.2 倍径向载荷的轴向载荷 | 系 GE...E 型轴承和杆端体的组装体，杆端体带内螺纹，材料为优质碳素结构钢，无润滑槽和润滑孔 |
| 16 | | SA...E 型<br>杆端关节轴承 | 径向载荷和任一方向小于或等于 0.2 倍径向载荷的轴向载荷 | 系 GE...E 型轴承和杆端体的组装体，杆端体带外螺纹，材料为优质碳素结构钢，无润滑槽和润滑孔 |
| 17 | | SI...ES 型<br>杆端关节轴承 | 径向载荷和任一方向小于或等于 0.2 倍径向载荷的轴向载荷 | 系 GE...ES 型轴承和杆端体的组装体，杆端体带内螺纹，材料为优质碳素结构钢，有润滑槽和润滑孔 |
| 18 | | SA...ES 型<br>杆端关节轴承 | 径向载荷和任一方向小于或等于 0.2 倍径向载荷的轴向载荷 | 系 GE...ES 型轴承和杆端体的组装体，杆端体带外螺纹，材料为优质碳素结构钢，有润滑槽和润滑孔 |
| 19 | | SI...ES-2RS 型<br>杆端关节轴承 | 径向载荷和任一方向小于或等于 0.2 倍径向载荷的轴向载荷 | 系 GE...ES-2RS 型轴承和杆端体的组装体，杆端体带内螺纹，材料为优质碳素结构钢，有润滑槽和润滑孔 |

（续）

| 序号 | 简图 | 结构型式和名称 | 承受载荷的方向和相对大小 | 结构特点 |
|---|---|---|---|---|
| 20 | | SA…ES-2RS 型杆端关节轴承 | 径向载荷和任一方向小于或等于0.2倍径向载荷的轴向载荷 | 系 GE…ES-2RS 型轴承和杆端体的组装体，杆端体带外螺纹，材料为优质碳素结构钢，有润滑槽和润滑孔 |
| 21 | | SIB…S 型杆端关节轴承 | 径向载荷和任一方向小于或等于0.2倍径向载荷的轴向载荷 | 杆端体带内螺纹，材料为优质碳素结构钢；内圈为淬硬轴承钢；有润滑槽和润滑孔 |
| 22 | | SAB…S 型杆端关节轴承 | 径向载荷和任一方向小于或等于0.2倍径向载荷的轴向载荷 | 杆端体带外螺纹，材料为优质碳素结构钢；内圈为淬硬轴承钢；有润滑槽和润滑孔 |
| 23 | | SQ…型球头杆端关节轴承 | 径向载荷和任一方向较小的轴向载荷 | 球头座为锌基合金球头为渗碳钢 |
| 24 | | SQD…型球头杆端关节轴承 | 径向载荷和任一方向较小的轴向载荷 | 球头座为一向心关节轴承外圈，材料为锌基合金；球头为渗碳钢 |

(续)

| 序号 | 简图 | 结构型式和名称 | 承受载荷的方向和相对大小 | 结构特点 |
|---|---|---|---|---|
| 25 | | SK…E 型<br>杆端关节轴承 | 径向载荷和任一方向小于或等于 0.2 倍径向载荷的轴向载荷 | 系 GE…E 型轴承和杆端体的组装体,杆端体材料为焊接钢,无润滑槽和润滑孔 |
| 26 | | SK…ES 型<br>杆端关节轴承 | 径向载荷和任一方向小于或等于 0.8 倍径向载荷的轴向载荷 | 系 GE…ES 型轴承和杆端体的组装体,杆端体材料为焊接钢,有润滑槽和润滑孔 |
| 27 | | SK…ES-2RS 型<br>杆端关节轴承 | 径向载荷和任一方向小于或等于 0.2 倍径向载荷的轴向载荷 | 系 GE…ES-2 RS 型轴承和杆端体的组装体,杆端体材料为焊接钢,有润滑槽和润滑孔;两面带密封圈 |
| 28 | | SF…ES 型<br>杆端关节轴承 | 径向载荷和任一方向小于或等于 0.2 倍径向载荷的轴向载荷 | 系 GE…ES 型轴承和杆端体的组装体,杆端体材料为焊接钢,有润滑槽和润滑孔 |
| 29 | | SIR…ES 型<br>杆端关节轴承 | 径向载荷和任一方向小于或等于 0.2 倍径向载荷的轴向载荷 | 系 GE…ES 型轴承和杆端体的组装体,杆端体材料为优质碳素结构钢或球墨铸铁,有润滑槽和润滑孔 |

表 6.3-38　　自润滑型关节轴承的分类、结构、代号及特点（摘自 GB/T 304.1—2002）

| 序号 | 简图 | 结构型式和名称 | 承受载荷的方向和相对大小 | 结构特点 |
|---|---|---|---|---|
| 1 | | GE...C 型<br>自润滑向心<br>关节轴承 | 方向不变的载荷,在承受径向载荷的同时能承受任一方向较小的轴向载荷 | 整体挤压外圈,滑动表面为烧结青铜复合材料;内圈为淬硬轴承钢,滑动表面镀硬铬,只限于小尺寸的轴承 |
| 2 | | GE...T 型<br>自润滑向心<br>关节轴承 | 方向不变的载荷,在承受径向载荷的同时能承受任一方向较小的轴向载荷 | 整体挤压外圈,滑动表面为一层聚四氟乙烯织物;内圈为淬硬轴承钢,滑动表面镀硬铬,只限于小尺寸的轴承 |
| 3 | | GE...ET 型<br>自润滑向心<br>关节轴承 | 方向不变的载荷,在承受径向载荷的同时能承受任一方向较小的轴向载荷 | 单缝外圈,外圈为轴承钢,滑动表面为一层聚四氟乙烯织物;内圈为淬硬轴承钢,滑动表面镀硬铬 |
| 4 | | GE...ET-2RS 型<br>自润滑向心<br>关节轴承 | 方向不变的载荷,在承受径向载荷的同时能承受任一方向较小的轴向载荷 | 单缝外圈,外圈为轴承钢,滑动表面为一层聚四氟乙烯织物;内圈为淬硬轴承钢,滑动表面镀硬铬,两面带密封圈 |
| 5 | | GE...XT-RS 型<br>自润滑向心<br>关节轴承 | 方向不变的载荷,在承受径向载荷的同时能承受任一方向较小的轴向载荷 | 双缝外圈,外圈为轴承钢,滑动表面为一层聚四氟乙烯织物;内圈为淬硬轴承钢,滑动表面镀硬铬,两面带密封圈;外圈有一条或两条锁圈槽 |

（续）

| 序号 | 简图 | 结构型式和名称 | 承受载荷的方向和相对大小 | 结构特点 |
|---|---|---|---|---|
| 6 | | GEEW...ET型 自润滑向心 关节轴承 | 方向不变的载荷,在承受径向载荷的同时能承受任一方向较小的轴向载荷 | 单缝外圈,外圈为轴承钢,滑动表面为一层聚四氟乙烯织物;内圈为淬硬轴承钢,滑动表面镀硬铬 |
| 7 | | GEEW...ET-2RS型 自润滑向心 关节轴承 | 方向不变的载荷,在承受径向载荷的同时能承受任一方向较小的轴向载荷 | 单缝外圈,外圈为轴承钢,滑动表面为一层聚四氟乙烯织物;内圈为淬硬轴承钢,滑动表面镀硬铬;两面带密封圈 |
| 8 | | GEEW...XT-2 RS型 自润滑向心关节轴承 | 方向不变的载荷,在承受径向载荷的同时能承受任一方向较小的轴向载荷 | 双缝外圈,外圈为轴承钢,滑动表面为一层聚四氟乙烯织物;内圈为淬硬轴承钢,滑动表面镀硬铬;两面带密封圈;外圈有一或两条锁圈槽 |
| 9 | | GE...F型 自润滑向心 关节轴承 | 方向不变的中等径向载荷 | 外圈为轴承钢,滑动表面为以聚四氟乙烯为添加剂的玻璃纤维增强塑料;内圈为淬硬轴承钢,滑动表面镀硬铬 |
| 10 | | GE...F2型 自润滑向心 关节轴承 | 方向不变的中等径向载荷 | 外圈为玻璃纤维增强塑料,滑动表面为以聚四氟乙烯为添加剂的玻璃纤维增强塑料;内圈为淬硬轴承钢,滑动表面镀硬铬 |
| 11 | | GE...FSA型 自润滑向心 关节轴承 | 重径向载荷 | 外圈为中碳钢,滑动表面为以聚四氟乙烯为添加剂的玻璃纤维增强塑料圆片组成,并用固定器固定于外圈上;内圈为淬硬轴承钢。用于大型和特大型轴承 |

（续）

| 序号 | 简图 | 结构型式和名称 | 承受载荷的方向和相对大小 | 结构特点 |
|---|---|---|---|---|
| 12 | | GE...F1H 型<br>自润滑向心<br>关节轴承 | 重径向载荷 | 双半外圈，外圈材料为淬硬轴承钢，内圈为中碳钢，滑动表面为以聚四氟乙烯为添加剂的玻璃纤维增强塑料圆片组成，并用固定器固定于外圈上；用于大型和特大型轴承 |
| 13 | | GAC...T 型<br>自润滑角接触<br>关节轴承 | 径向载荷和一方向的轴向（联合）载荷 | 外圈为轴承钢，滑动表面为一层聚四氟乙烯织物；内圈为淬硬轴承钢，滑动表面镀硬铬 |
| 14 | | GAC...F 型<br>自润滑角接触<br>关节轴承 | 径向载荷和一方向的轴向（联合）载荷 | 外圈为轴承钢，滑动表面为以聚四氟乙烯为添加剂的玻璃纤维增强塑料；内圈为淬硬轴承钢，滑动表面镀硬铬 |
| 15 | | GX...T 型<br>自润滑推力<br>关节轴承 | 一方向的轴向载荷或联合载荷（此时其径向载荷值不得大于轴向载荷值的 0.5 倍） | 座圈为轴承钢，滑动表面为一层聚四氟乙烯织物；轴圈为淬硬轴承钢，滑动表面镀硬铬 |
| 16 | | GX...F 型<br>自润滑推力关节轴承 | 一方向的轴向载荷或联合载荷（此时其径向载荷值不得大于轴向载荷值的 0.5 倍） | 座圈为轴承钢，滑动表面为以聚四氟乙烯为添加剂的玻璃纤维增强塑料；轴圈为淬硬轴承钢，滑动表面镀硬铬 |
| 17 | | SI...C 型<br>自润滑杆端<br>关节轴承 | 方向不变的载荷，在承受径向载荷的同时，能承受任一方向小于或等于 0.2 倍径向载荷的轴向载荷 | 系 GE...C 型轴承和杆端体的组装体，杆端体带内螺纹，材料为优质碳素结构钢 |

（续）

| 序号 | 简图 | 结构型式和名称 | 承受载荷的方向和相对大小 | 结构特点 |
|---|---|---|---|---|
| 18 | | SA…C 型<br>自润滑杆端<br>关节轴承 | 方向不变的载荷,在承受径向载荷的同时,能承受任一方向小于或等于 0.2 倍径向载荷的轴向载荷 | 系 GE…C 型轴承和杆端体的组装体,杆端体带外螺纹,材料为优质碳素结构钢 |
| 19 | | SI…ET-2RS 型<br>自润滑杆端<br>关节轴承 | 方向不变的载荷,在承受径向载荷的同时,能承受任一方向小于或等于 0.2 倍径向载荷的轴向载荷 | 系 GE…ET-2RS 型轴承和杆端体的组装体,杆端体带内螺纹,材料为优质碳素结构钢 |
| 20 | | SA…ET-2RS 型<br>自润滑杆端<br>关节轴承 | 方向不变的载荷,在承受径向载荷的同时,能承受任一方向小于或等于 0.2 倍径向载荷的轴向载荷 | 系 GE…ET-2RS 型轴承和杆端体的组装体,杆端体带外螺纹,材料为优质碳素结构钢 |
| 21 | | SIB…C 型<br>自润滑杆端<br>关节轴承 | 方向不变的径向载荷 | 杆端体带内螺纹,材料为优质碳素结构钢,滑动表面为烧结青铜复合材料;内圈为淬硬轴承钢,滑动表面镀硬铬 |
| 22 | | SAB…C 型<br>自润滑杆端<br>关节轴承 | 方向不变的径向载荷 | 杆端体带外螺纹,材料为优质碳素结构钢,滑动表面为烧结青铜复合材料;内圈为淬硬轴承钢,滑动表面镀硬铬 |

（续）

| 序号 | 简图 | 结构型式和名称 | 承受载荷的方向和相对大小 | 结构特点 |
|---|---|---|---|---|
| 23 | | SIB...F 型<br>自润滑杆端<br>关节轴承 | 方向不变的径向载荷 | 杆端体带内螺纹,材料为优质碳素结构钢,滑动表面为以聚四氟乙烯为添加剂的玻璃纤维增强塑料,内圈为淬硬轴承钢,滑动表面镀硬铬 |
| 24 | | SAB...F 型<br>自润滑杆端<br>关节轴承 | 方向不变的径向载荷 | 杆端体带外螺纹,材料为优质碳素结构钢,滑动表面为以聚四氟乙烯为添加剂的玻璃纤维增强塑料;内圈为淬硬轴承钢,滑动表面镀硬铬 |
| 25 | | SQ...L 型<br>自润滑球头杆端<br>关节轴承 | 径向载荷和任一方向较小的轴向载荷 | 由特殊自润滑合金材料制成 |

## 2.2  游隙选择（表6.3-39～表6.3-46）

表6.3-39  E、EH 系列关节轴承径向游隙
（单位：μm）

| d/mm | | 向心关节轴承  E 系列 | | | | | | 杆端关节轴承  E、EH 系列 | | | | | |
|---|---|---|---|---|---|---|---|---|---|---|---|---|---|
| | | 2 组 | | N 组 | | 3 组 | | 2 组 | | N 组 | | 3 组 | |
| 超过 | 到 | min | max | min | max | min | max | min | max | min | max | min | max |
| 2.5 | 12 | 8 | 32 | 32 | 68 | 68 | 104 | 4 | 32 | 16 | 68 | 34 | 104 |
| 12 | 20 | 10 | 40 | 40 | 82 | 82 | 124 | 5 | 40 | 20 | 82 | 41 | 124 |
| 20 | 35 | 12 | 50 | 50 | 100 | 100 | 150 | 6 | 50 | 25 | 100 | 50 | 150 |
| 35 | 60 | 15 | 60 | 60 | 120 | 120 | 180 | 8 | 60 | 30 | 120 | 60 | 180 |
| 60 | 80 | 18 | 72 | 72 | 142 | 142 | 212 | 9 | 72 | 36 | 142 | 71 | 212 |
| 80 | 90 | 18 | 72 | 72 | 142 | 142 | 212 | — | — | — | — | — | — |
| 90 | 140 | 18 | 85 | 85 | 165 | 165 | 245 | — | — | — | — | — | — |
| 140 | 200 | 18 | 100 | 100 | 192 | 192 | 284 | — | — | — | — | — | — |
| 200 | 240 | 18 | 110 | 110 | 214 | 214 | 318 | — | — | — | — | — | — |
| 240 | 300 | 18 | 125 | 125 | 239 | 239 | 353 | — | — | — | — | — | — |

### 表 6.3-40  G、GH 系列关节轴承径向游隙 （单位：μm）

| d/mm | | 向心关节轴承  G 系列 | | | | | | 杆端关节轴承  G、GH 系列 | | | | | |
|---|---|---|---|---|---|---|---|---|---|---|---|---|---|
| | | 2 组 | | N 组 | | 3 组 | | 2 组 | | N 组 | | 3 组 | |
| 超过 | 到 | min | max | min | max | min | max | min | max | min | max | min | max |
| 2.5 | 10 | 8 | 32 | 32 | 68 | 68 | 104 | 4 | 32 | 16 | 68 | 34 | 104 |
| 10 | 17 | 10 | 40 | 40 | 82 | 82 | 124 | 5 | 40 | 20 | 82 | 41 | 124 |
| 17 | 30 | 12 | 50 | 50 | 100 | 100 | 150 | 6 | 50 | 25 | 100 | 50 | 150 |
| 30 | 50 | 15 | 60 | 60 | 120 | 120 | 180 | 8 | 60 | 30 | 120 | 60 | 180 |
| 50 | 70 | 18 | 72 | 72 | 142 | 142 | 212 | 9 | 72 | 36 | 142 | 71 | 212 |
| 70 | 80 | 18 | 72 | 72 | 142 | 142 | 212 | — | — | — | — | — | — |
| 80 | 120 | 18 | 85 | 85 | 165 | 165 | 245 | — | — | — | — | — | — |
| 120 | 180 | 18 | 100 | 100 | 192 | 192 | 284 | — | — | — | — | — | — |
| 180 | 220 | 18 | 110 | 110 | 214 | 214 | 318 | — | — | — | — | — | — |
| 220 | 280 | 18 | 125 | 125 | 239 | 239 | 353 | — | — | — | — | — | — |

### 表 6.3-41  C 系列关节轴承径向游隙 （单位：μm）

| d/mm | | N 组 | | d/mm | | N 组 | |
|---|---|---|---|---|---|---|---|
| 超过 | 到 | min | max | 超过 | 到 | min | max |
| 300 | 340 | 125 | 239 | 850 | 1060 | 195 | 405 |
| 340 | 420 | 135 | 261 | 1060 | 1400 | 220 | 470 |
| 420 | 530 | 145 | 285 | 1400 | 1700 | 240 | 540 |
| 530 | 670 | 160 | 320 | 1700 | 2000 | 260 | 610 |
| 670 | 850 | 170 | 350 | | | | |

### 表 6.3-42  K 系列关节轴承径向游隙 （单位：μm）

| d/mm | | 2 组 | | | N 组 | | | 3 组 | | |
|---|---|---|---|---|---|---|---|---|---|---|
| | | min | | max | min | | max | min | | max |
| 超过 | 到 | 向心关节轴承 | 杆端关节轴承 | | 向心关节轴承 | 杆端关节轴承 | | 向心关节轴承 | 杆端关节轴承 | |
| 2.5 | 8 | 8 | 4 | 32 | 32 | 16 | 68 | 68 | 34 | 104 |
| 8 | 16 | 10 | 5 | 40 | 40 | 20 | 82 | 82 | 41 | 124 |
| 16 | 25 | 12 | 6 | 50 | 50 | 25 | 100 | 100 | 50 | 150 |
| 25 | 40 | 15 | 8 | 60 | 60 | 30 | 120 | 120 | 60 | 180 |
| 40 | 50 | 18 | 9 | 72 | 72 | 36 | 142 | 142 | 71 | 212 |

### 表 6.3-43  H 系列关节轴承径向游隙 （单位：μm）

| d/mm | | 2 组 | | N 组 | | 3 组 | | d/mm | | 2 组 | | N 组 | | 3 组 | |
|---|---|---|---|---|---|---|---|---|---|---|---|---|---|---|---|
| 超过 | 到 | min | max | min | max | min | max | 超过 | 到 | min | max | min | max | min | max |
| 90 | 120 | 18 | 85 | 85 | 165 | 165 | 245 | 380 | 480 | — | — | 145 | 285 | — | — |
| 120 | 180 | 18 | 100 | 100 | 192 | 192 | 284 | 480 | 600 | — | — | 160 | 320 | — | — |
| 180 | 240 | 18 | 110 | 110 | 214 | 214 | 318 | 600 | 750 | — | — | 170 | 350 | — | — |
| 240 | 300 | 18 | 125 | 125 | 239 | 239 | 353 | 750 | 950 | — | — | 195 | 405 | — | — |
| 300 | 380 | — | — | 135 | 261 | — | — | 950 | 1000 | — | — | 220 | 470 | — | — |

### 表 6.3-44  W 系列关节轴承径向游隙 （单位：μm）

| d/mm | | 2 组 | | N 组 | | 3 组 | | d/mm | | 2 组 | | N 组 | | 3 组 | |
|---|---|---|---|---|---|---|---|---|---|---|---|---|---|---|---|
| 超过 | 到 | min | max | min | max | min | max | 超过 | 到 | min | max | min | max | min | max |
| 2.5 | 12 | 8 | 32 | 32 | 68 | 68 | 104 | 90 | 125 | 18 | 85 | 85 | 165 | 165 | 245 |
| 12 | 20 | 10 | 40 | 40 | 82 | 82 | 124 | 125 | 200 | 18 | 100 | 100 | 192 | 192 | 284 |
| 20 | 32 | 12 | 50 | 50 | 100 | 100 | 150 | 200 | 250 | 18 | 125 | 125 | 239 | 239 | 353 |
| 32 | 50 | 15 | 60 | 60 | 120 | 120 | 180 | 250 | 320 | 18 | 135 | 135 | 261 | 261 | 387 |
| 50 | 90 | 18 | 72 | 72 | 142 | 142 | 212 | | | | | | | | |

表 6.3-45　**K 系列关节轴承径向游隙**（摩擦副材料为钢/青铜）　　　　（单位：μm）

| d/mm | | 向心关节轴承 | | | | | | 杆端关节轴承 | | | | |
|---|---|---|---|---|---|---|---|---|---|---|---|---|
| | | 2 组 | | N 组 | | 3 组 | | 2 组 | | N 组 | | 3 组 |
| 超过 | 到 | min | | max | | min | | max | | min | | max |
| 2.5 | 6 | 4 | 34 | 10 | 50 | 42 | 72 | 2 | 34(22) | 5 | 50(40) | 21　72(65) |
| 6 | 10 | 5 | 41 | 13 | 61 | 52 | 88 | 3 | 41(27) | 7 | 61(49) | 26　88(78) |
| 10 | 18 | 6 | 49 | 16 | 75 | 64 | 107 | 3 | 49(33) | 8 | 75(59) | 32　107(93) |
| 18 | 30 | 7 | 59 | 20 | 92 | 77 | 102 | 4 | 59(40) | 10 | 92(72) | 39　120(103) |
| 30 | 50 | 9 | 71 | 25 | 112 | 98 | 150 | 5 | 71(48) | 13 | 112(87) | 49　150(125) |

注：对于特殊结构的杆端关节轴承（如组装结构和整体结构），允许采用括号内的值。

## 2.3　计算方法

　　关节轴承的失效形式主要是摩擦、磨损失效，而不像通用轴承主要是疲劳失效。在选择这类轴承时，一般是根据轴承所受载荷情况和抗摩擦磨损的能力，确定所需轴承的额定载荷，并据此来选择轴承的类型及型号。或是根据支承结构的要求和工况条件选定轴承型号后，再验算轴承寿命是否满足要求。

表 6.3-46　**自润滑向心关节轴承径向游隙**
（单位：μm）

| d/mm | | N 组 | |
|---|---|---|---|
| 超过 | 到 | min | max |
| 4 | 12 | 4 | 28 |
| 12 | 20 | 5 | 35 |
| 20 | 30 | 6 | 44 |

### 2.3.1　符号及其含义（表 6.3-47）

表 6.3-47　**符号及其含义**

| 符号 | 含　义 | 单位 | 符号 | 含　义 | 单位 |
|---|---|---|---|---|---|
| $B$ | 关节轴承内(轴)圈公称宽度 | mm | $X_r$ | 径向轴承当量载荷系数 | — |
| $C$ | 关节轴承外(座)圈公称宽度 | mm | $X_{ra}$ | 角接触轴承当量载荷系数 | — |
| $H$ | 推力关节轴承公称高度 | mm | $Y_a$ | 推力轴承当量载荷系数 | — |
| $T$ | 角接触关节轴承公称宽度 | mm | $[p]$ | 材料许用应力极限 | N/mm² |
| $d_m$ | 关节轴承滑动球面公称直径 | mm | $\overline{C}$ | 轴承中工作表面的有效接触宽度 | mm |
| $\overline{d}_m$ | 滑动球面等效直径 | mm | $I(\varepsilon)$ | 积分参数 | |
| $C_d$ | 关节轴承额定动载荷 | N | $f_p$ | 载荷变化频率 | Hz |
| $C_{dr}$ | 关节轴承径向额定动载荷 | N | $k$ | 耐压系数 | N/mm² |
| $C_{da}$ | 关节轴承轴向额定动载荷 | N | $a$ | 系数 | — |
| $C_s$ | 关节轴承额定静载荷 | N | $G$ | 系数 | |
| $C_{sr}$ | 径向额定静载荷 | N | $L$ | 关节轴承初润滑寿命 | 摆次 |
| $C_{sa}$ | 轴向额定静载荷 | N | $L_R$ | 关节轴承重润滑寿命 | 摆次 |
| $f_r$ | 径向轴承额定动载荷系数 | N/mm² | $L_w$ | 关节轴承重润滑间隔 | 摆次 |
| $f_{ra}$ | 角接触轴承额定动载荷系数 | N/mm² | $t$ | 温度 | ℃ |
| $f_a$ | 推力轴承额定动载荷系数 | N/mm² | $v$ | 关节轴承滑动速度 | mm/s |
| $f$ | 关节轴承摆动频率 | min⁻¹ | $K_M$ | 与摩擦副材料有关的系数 | — |
| $f_s$ | 额定静载荷系数 | — | $\alpha_k$ | 载荷特性寿命系数 | |
| $P$ | 关节轴承当量动载荷 | N | $\alpha_t$ | 温度寿命系数 | |
| $P_r$ | 径向当量静载荷 | N | $\alpha_v$ | 滑动速度寿命系数 | |
| $P_a$ | 轴向当量静载荷 | N | $\alpha_p$ | 载荷寿命系数 | |
| $p$ | 名义接触压力 | N/mm² | $\alpha_z$ | 轴承质量与润滑寿命系数 | |
| $F_{min}$ | 最小载荷 | N | $\alpha_h$ | 重润滑间隔寿命系数 | |
| $F_{max}$ | 最大载荷 | N | $\alpha_\beta$ | 重润滑摆角寿命系数 | |
| $F_a$ | 轴向载荷 | N | $\beta$ | 摆角 | ° |
| $F_r$ | 径向载荷 | N | $\xi$ | 折算系数 | |

**表 6.3-48　额定载荷计算公式**　　　　　　　　　　　（单位：N）

| 类型 | 额定动载荷 | 额定静载荷 | 当量动载荷 | 当量静载荷 |
|---|---|---|---|---|
| 向心关节轴承 | $C_{dr} = f_r C d_m$ | $C_{sr} = f_s C d_m$ | $P = X_r F_r$ | $P_r = X_r F_r$ |
| 角接触关节轴承 | $C_{dr} = f_{ra}(B + C - T) d_m$ | $C_{sr} = f_s(B + C - T) d_m$ | $P = X_{ra} F_r$ | $P_r = X_{ra} F_r$ |
| 推力关节轴承 | $C_{da} = f_a(B + C - H) d_m$ | $C_{ca} = f_s(B + C - H) d_m$ | $P = Y_a F_a$ | $P_a = Y_a F_a$ |
| 杆端关节轴承 | 当杆端关节轴承为向心型时，采用向心关节轴承的方法计算 | | | |
| | 当杆端关节轴承为球头型时，采用推力关节轴承的方法计算 | | | |
| | 当 $C_{sr}$ 超过杆体材料屈服强度的许用值时，取该许用值作为计算 $C_{sr}$ 的依据 | | | |

注：当关节轴承在一个摆动周期内承受变动载荷时，其当量动载荷为 $P = \sqrt{\dfrac{F_{min}^2 + F_{max}^2}{2}}$。

**表 6.3-49　向心关节轴承的 $f_r$、$f_s$ 值**

| $d_m$/mm | | 摩擦副材料 | | | | | | | |
|---|---|---|---|---|---|---|---|---|---|
| | | 钢/钢 | | 钢/铜 | | 铜/PTFE 织物 | | 铜/PTFE 复合物 | |
| 超过 | 到 | $f_r$ | $f_s$ | $f_r$ | $f_s$ | $f_r$ | $f_s$ | $f_r$ | $f_s$ |
| 5 | 400 | 85 | 425 | 50 | 125 | 120 | 242 | 90 | 225 |
| 400 | 500 | 87 | 435 | — | | 125 | 261 | | |
| 500 | 700 | 90 | 454 | — | | 136 | 268 | | |
| 700 | 1000 | 93 | 468 | — | | 138 | 278 | | |
| 1000 | 1200 | 93 | 475 | — | | 138 | 284 | | |

### 2.3.2　额定载荷

$f_r$、$f_{ra}$、$f_a$ 和 $f_s = f_s([p], \varepsilon, d_m)$ 与轴承接触副材料和结构型式尺寸及径向游隙等因素有关，表 6.3-48 ~ 表 6.3-51 列出了正常游隙值下的各系数值，$X_r$、$X_{ra}$ 和 $Y_a$ 值见表 6.3-52。

**表 6.3-50　角接触关节轴承的 $f_{ra}$、$f_s$ 值**

| $d$/mm | | 摩擦副材料 | | | |
|---|---|---|---|---|---|
| | | 钢/钢 | | 钢/PTFE 织物 | |
| 超过 | 到 | $f_{ra}$ | $f_s$ | $f_{ra}$ | $f_s$ |
| 5 | 55 | 85.5 | 426 | 128 | 254.0 |
| 55 | 500 | 88 | 440 | 132 | 263.5 |

**表 6.3-51　推力关节轴承的 $f_a$、$f_s$ 值**

| $d$/mm | | 摩擦副材料 | | | |
|---|---|---|---|---|---|
| | | 钢/钢 | | 钢/PTFE 织物 | |
| 超过 | 到 | $f_a$ | $f_s$ | $f_a$ | $f_s$ |
| 5 | 60 | 170 | 855 | 255 | 512 |
| 60 | 100 | 185 | 924 | 280 | 560 |
| 100 | 110 | 185 | 966 | 280 | 575 |
| 110 | 150 | 190 | 966 | 288 | 575 |
| 150 | 200 | 180 | 920 | 275 | 550 |
| 200 | 220 | 180 | 768 | 275 | 462 |
| 220 | 300 | 155 | 768 | 230 | 462 |
| 300 | 500 | 143 | 710 | 222 | 425 |
| 500 | 700 | — | — | 256 | 529 |

**表 6.3-52　推力关节轴承的 $X_r$、$X_{ra}$、$Y_a$ 值**

| $F_a/F_r$ | 0 | 0.1 | 0.2 | 0.3 | 0.4 | |
|---|---|---|---|---|---|---|
| $X_r$ | 1 | 1.3 | 1.7 | 2.45 | 3.5 | |
| $F_a/F_r$ | 0 | 0.5 | 1 | 1.5 | 2 | 2.5 | 3 |
| $X_{ra}$ | 1 | 1.22 | 1.51 | 1.86 | 2.265 | 2.63 | 3 |
| $F_a/F_r$ | 0 | 0.1 | 0.2 | 0.3 | 0.4 | 0.5 |
| $Y_a$ | 1 | 1.1 | 1.22 | 1.33 | 1.48 | 1.61 |

### 2.3.3　寿命计算

关节轴承的寿命与载荷、材料和工作条件有关。

1. 初润滑寿命计算

一般情况下关节轴承的寿命

$$L = \alpha_k \alpha_t \alpha_p \alpha_v \alpha_z \frac{K_M C_d}{v P} \qquad (6.3-13)$$

式中　$v$——轴承球面滑动速度（mm/s）；

　　　　$P$——当量动载荷（N）。

其他系数分别从表 6.3-53 ~ 表 6.3-55 中选取。

关节轴承的球面滑动速度（mm/s）为

$$v = 2.9089 \times 10^{-4} \beta f \overline{d_m} \qquad (6.3-14)$$

式中　$\overline{d_m} = \xi d_m$，折算系数 $\xi$ 的值见表 6.3-56。

关节轴承中的名义接触压力（N/mm²）为

$$p = k \frac{P}{C_d} \qquad (6.3-15)$$

式中　耐压系数 $k$ 值见表 6.3-57。

**表 6.3-53 寿命系数**

| 系数 | 摩擦副材料 | | | | 备注 |
|---|---|---|---|---|---|
| | 钢/钢 | 钢/铜 | 钢/PTFE 织物 | 钢/PTFE 复合物 | |
| $K_M$ | 830 | 207600 | $2.592 \times 10^5$ | $2.946 \times 10^5$ | |
| $\alpha_k$ | 1 | 1 | 1 | 1 | 恒定载荷 |
| | 1 | 1 | $(0.6062 \sim 6.0207) \times 10^{-3} f_p p^{1.11}$ | $(0.6062 \sim 3.1309) \times 10^{-3} f_p p^{1.25}$ | 脉动载荷 |
| | 2 | 2 | $(0.433 \sim 4.3005) \times 10^{-3} f_p p^{1.11}$ | $(0.433 \sim 2.2364) \times 10^{-3} f_p p^{1.25}$ | 交变载荷 |
| $\alpha_t$ | 1 | 1 | 1 | 1 | $t \le 60℃$ |
| | 0.9 | $(1.15 \sim 2.5) \times 10^{-3} t$ | $(1.225 \sim 3.75) \times 10^{-3} t$ | $(2.2 - 0.02) t$ | $60℃ < t \le 100℃$ |
| | 0.8 | $(2.1 - 0.012) t$ | $(1.35 - 0.005) t$ | — | $100℃ < t \le 150℃$ |
| | 0.6 | — | — | — | $150℃ < t \le 200℃$ |
| $\alpha_v$ | $v^{0.86} \beta^{0.84} f^{0.64}$ | $v^{0.4} f^{0.8}$ | $\dfrac{f}{1.00475 av \times 1.0093^\beta}$ | $\dfrac{f}{1.00344 av}$ | |
| $\alpha_p$ | | $\alpha_p = G/P^b$ | | | $G$、$b$ 值见表 6.3-57 |
| $a$ | — | — | $a = 1.0193^p$ | $a = 1.0399^p$ | — |

**表 6.3-54 G、b 值**

| $p/(N/mm^2)$ | | 摩擦副材料 | | | | | | | |
|---|---|---|---|---|---|---|---|---|---|
| | | 钢/钢 | | 钢/铜 | | 钢/PTFE 织物 | | 钢/PTFE 复合物 | |
| 超过 | 到 | $G$ | $b$ | $G$ | $b$ | $G$ | $b$ | $G$ | $b$ |
| 0 | 10 | 2 | 0 | 0.25 | 0 | 15.3460 | 0.0488 | 4.5102 | 0.2230 |
| 10 | 25 | 80.533 | 1.465 | 1 | 0.6 | 15.3460 | 0.0488 | 4.5102 | 0.2230 |
| 25 | 45 | 80.533 | 1.465 | 1 | 0.6 | 22.9060 | 0.1732 | 13.7170 | 0.5686 |
| 45 | 65 | 80.533 | 1.465 | — | — | 47.7259 | 0.3660 | 13.7170 | 0.5686 |
| 65 | 100 | 80.533 | 1.465 | — | — | 157.9193 | 0.6527 | 13.7170 | 0.5686 |
| 100 | 150 | — | — | — | — | 402.0115 | 0.8556 | | |

**表 6.3-55 系数 $\alpha_z$**

| 润滑与结构 | 油脂润滑 | | 自润滑 |
|---|---|---|---|
| | 无油槽 | 有油槽 | |
| $\alpha_z$ | 0.1 ~ 0.5 | 0.3 ~ 1 | 0.5 ~ 1 |

**表 6.3-56 折算系数 $\xi$ 值**

| 轴承类型 | 向心轴承 | 角接触轴承 | 推力轴承 |
|---|---|---|---|
| $\xi$ | 1 | 0.9 | 0.7 |

**表 6.3-57 耐压系数 k 值**

| 摩擦副材料 | 钢/钢 | 钢/铜 | 钢/PTFE 织物 | 钢/PTFE 复合物 |
|---|---|---|---|---|
| $k$ | 100 | 50 | 150 | 100 |

**表 6.3-58 系数 $\alpha_h$、$\alpha_\beta$**

| $h = L/L_w$ | 1 | 5 | 10 | 20 | 30 | 40 | 50 |
|---|---|---|---|---|---|---|---|
| $\alpha_h$ | 1 | 2 | 2.85 | 4 | 4.9 | 5.45 | 5.45 |
| $\beta/(°)$ | $\le 7$ | 10 | 15 | 20 | 25 | 30 | 35 | 40 |
| $\alpha_\beta$ | 0.8 | 1 | 2.4 | 3.7 | 4.6 | 5.2 | 5.2 | 5.2 |

**2. 重润滑寿命计算**

对于需维护的关节轴承，应定期更换轴承中的润滑剂，此时轴承的寿命估算方法如下：

$$L_R = \alpha_h \alpha_\beta L \qquad (6.3-16)$$

式中 $\alpha_h$、$\alpha_\beta$——分别按表 6.3-58 选取。

**2.3.4 分段载荷下的寿命计算**

当关节轴承受分段载荷作用时，其寿命为

$$L = T \left/ \sum_{i=1}^{n} \frac{T_i}{L_i} \right.$$

$$(6.3-17)$$

式中 $T_i$——第 $i$ 段载荷的作用时间；

$L_i$——第 $i$ 段载荷作用下的计算寿命；

$T$—— $T = \sum_{i=1}^{n} T_i$；

$n$——载荷的分段数。

## 2.3.5 工作能力计算

关节轴承属于非液体摩擦滑动轴承，其工作能力受制于磨损失效和胶合失效，为此，必须对轴承滑动表面的相对速度 $v$、名义接触应力 $p$ 和 $pv$ 值加以限制，即使

$$v \leqslant [v]$$
$$p \leqslant [p]$$
$$pv \leqslant [pv]$$

式中 $[v]$、$[p]$、$[pv]$——分别是滑动速度 $v$、名义压力 $p$ 和 $pv$ 的许用值，见表6.3-59。

$$pv = 2.9089 \times 10^{-4} k\beta f \, \overline{d_m} \frac{P}{C_d} \quad (6.3\text{-}18)$$

不同材料接触副的 $pv$ 值限制范围见表6.3-59。

## 2.3.6 配合与公差

### 1. 关节轴承的配合

表 6.3-59 $v$、$p$、$pv$ 的许用值

| 摩擦副材料 | 钢/钢 | 钢/铜 | 钢/PTFE织物 | 钢/PTFE复合物 |
|---|---|---|---|---|
| $[v]/(mm/s)$ | 100 | 100 | 300 | 300 |
| $[p]/(N/mm^2)$ | 100 | 50 | 150 | 100 |
| $[pv]/[N/(mm \cdot s)]$ | 400 | 400 | 300 | 300 |

根据轴承内圈（或轴圈）与轴配合所需的配合特性，轴颈直径的极限偏差在基孔制配合中选择，如图6.3-2所示。过盈配合：p6、n6、m6、k6；间隙配合：h6、h7、g6。

根据轴承外圈（或座圈）与外壳所需的配合的特性，外壳孔直径的极限偏差在基轴制配合中选择，如图6.3-3所示。过渡配合：N7、M7、K7、J7；间隙配合：H6、H7、H11。

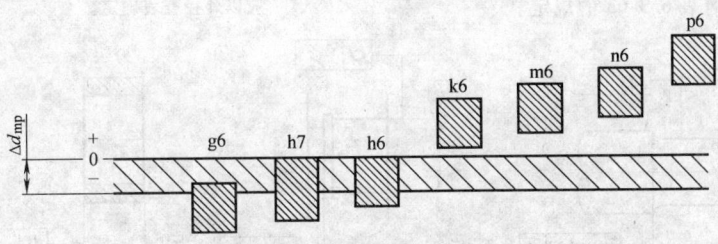

图6.3-2 轴承与轴的配合

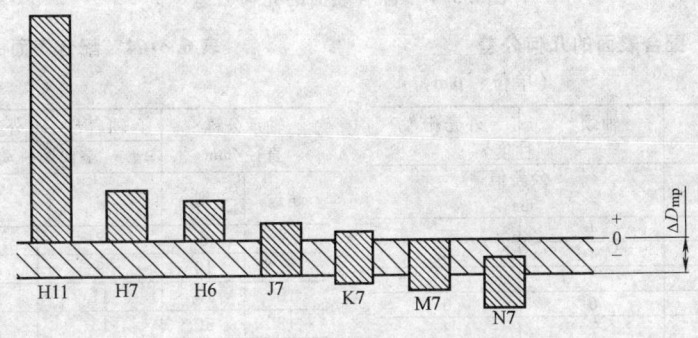

图6.3-3 轴承与外壳孔的配合

### 2. 关节轴承配合选择的基本原则

1）根据轴承的类型、尺寸大小、公差、游隙，轴承的工作条件，作用在轴承上载荷的大小、方向和性质，轴和外壳孔的材料，以及装拆方便等来进行轴承与轴和外壳孔配合的选择。

2）为使轴承在载荷下工作时，套圈在轴和外壳孔的配合表面不产生磨损和相对转动现象，轴承的摆动套圈宜采用过盈配合。

3）为防止内圈与轴之间的滑动或爬行，内圈与轴应优先采用过盈配合，如果为装拆方便或由于采用浮动支承，而选用间隙配合时，轴颈表面应淬硬。

4）选用过盈配合时，应考虑过盈量对径向游隙的影响。对于必须使用较大过盈量的场合，应选用原始游隙大于基本组游隙值的轴承。

5）轴承与轴和外壳孔的配合应符合表6.3-60、表6.3-61的规定。

表 6.3-60 轴承与轴的配合、轴的公差带

| 轴承类型 | 工作条件 | 公差带 | |
|---|---|---|---|
| | | 润滑型 | 自润滑型 |
| 向心关节轴承 | 各种载荷、浮动支承 | h6、h7 | h6、g6 |
| | 各种载荷、固定支承 | m6 | k6 |
| 角接触关节轴承 | 各种载荷 | m6、n6 | m6 |
| 推力关节轴承 | 各种载荷 | m6、n6 | m6 |
| 杆端关节轴承 | 不定向载荷 | n6、p6 | m6、n6 |
| | 一般条件 | h6、h7 | h6、g6 |

**表 6.3-61　轴承与外壳孔的配合、孔的公差带**

| 轴承类型 | 工作条件 | 公差带 | |
|---|---|---|---|
| | | 润滑型 | 自润滑型 |
| 向心关节轴承 | 轻载荷、浮动支承 | H6、H7 | H7 |
| | 重载荷、固定支承 | M7 | K7 |
| | 轻合金外壳孔 | N7 | M7 |
| 角接触关节轴承 | 各种载荷、浮动支承 | J7 | J7 |
| | 各种载荷、固定支承 | M7 | M7 |
| 推力关节轴承 | 纯轴向载荷 | H11 | H11 |
| | 联合载荷 | J7 | J7 |

3. 关节轴承配合表面的粗糙度和几何公差

轴颈和外壳孔与轴承的配合表面及端面的表面粗糙度应符合表 6.3-62 的规定。

轴颈和外壳孔表面的几何公差与其尺寸公差之间应遵守包容要求；轴颈和外壳孔表面的圆柱度公差（见图 6.3-4）应符合表 6.3-63 的规定。

**表 6.3-62　配合表面的表面粗糙度**

（单位：μm）

| 配合表面 | 轴承公称直径/mm | | |
|---|---|---|---|
| | 超过 — 80 500 | | |
| | 到 80 500 1000 | | |
| | 表面粗糙度 $Ra$ max | | |
| 轴颈表面[1] | 1.6 | 3.2 | 6.3 |
| 外壳孔表面[2] | 1.6 | 3.2 | 6.3 |
| 轴肩[1]、垫圈端面[1][2] 及外壳孔肩[2] | 3.2 | 3.2 | 12.5 |

注：轴承公称直径系指轴承的内径和外径。
[1] 轴颈表面、轴肩和内垫圈端面的表面粗糙度应以内径查表确定。
[2] 外壳孔表面、外壳孔肩和外垫圈端面的表面粗糙度应以外径查表确定。

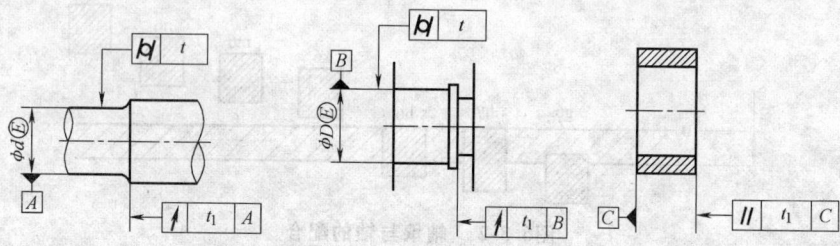

**图6.3-4　配合表面的几何公差**

**表 6.3-63　配合表面的几何公差**

（单位：μm）

| 轴承公称直径/mm | | 轴颈[1] | 外壳孔[2] |
|---|---|---|---|
| | | 圆柱度 $t$ | |
| 超过 | 到 | 公差值 max | |
| 3 | 6 | 4 | — |
| 6 | 10 | 4 | 4 |
| 10 | 18 | 5 | 5 |
| 18 | 30 | 6 | 6 |
| 30 | 50 | 7 | 7 |
| 50 | 80 | 8 | 8 |
| 80 | 120 | 10 | 10 |
| 120 | 150 | 12 | 12 |
| 150 | 180 | 12 | 12 |
| 180 | 250 | 14 | 14 |
| 250 | 315 | 16 | 16 |
| 315 | 400 | 18 | 18 |
| 400 | 500 | 20 | 20 |
| 500 | 630 | 22 | 22 |
| 630 | 800 | 25 | 25 |
| 800 | 1000 | 28 | 28 |

注：轴承公称直径系指轴承的内径和外径。
[1] 轴颈表面圆柱度公差应以内径查表确定。
[2] 外壳孔表面圆柱度公差应以外径查表确定。

轴肩和外壳孔肩的轴向圆跳动（见图 6.3-4）以及垫圈两端面平行度公差（见图 6.3-4）应符合表 6.3-64 的规定。

**表 6.3-64　配合表面的位置公差**

（单位：μm）

| 轴承公称直径/mm | | 轴肩[1] | 外壳孔肩[2] | 垫圈两端面平行度[1][2] $t_1$ |
|---|---|---|---|---|
| | | 端面圆跳动 $t_1$ | | |
| 超过 | 到 | 公差值 max | | |
| 3 | 6 | 8 | — | 12 |
| 6 | 10 | 9 | 9 | 15 |
| 10 | 18 | 11 | 11 | 18 |
| 18 | 30 | 13 | 13 | 21 |
| 30 | 50 | 16 | 16 | 25 |
| 50 | 80 | 19 | 19 | 30 |
| 80 | 120 | 22 | 22 | 35 |
| 120 | 150 | 25 | 25 | 40 |
| 150 | 180 | 25 | 25 | 40 |
| 180 | 250 | 29 | 29 | 46 |
| 250 | 315 | 32 | 32 | 52 |
| 315 | 400 | 36 | 36 | 57 |
| 400 | 500 | 40 | 40 | 63 |
| 500 | 630 | 44 | 44 | 70 |
| 630 | 800 | 50 | 50 | 80 |
| 800 | 1000 | 56 | 56 | 90 |

注：轴承公称直径系指轴承的内径和外径。
[1] 轴肩端面圆跳动和内垫圈两端面平行度公差应以内径查表确定。
[2] 外壳孔肩轴向圆跳动和外垫圈两端面平行度公差应以外径查表确定。

## 2.4　公称尺寸与数据

### 2.4.1　向心关节轴承（表 6.3-65 ~ 表 6.3-70）

**表 6.3-65　向心关节轴承 E 系列**（摘自 GB/T 9163—2001）

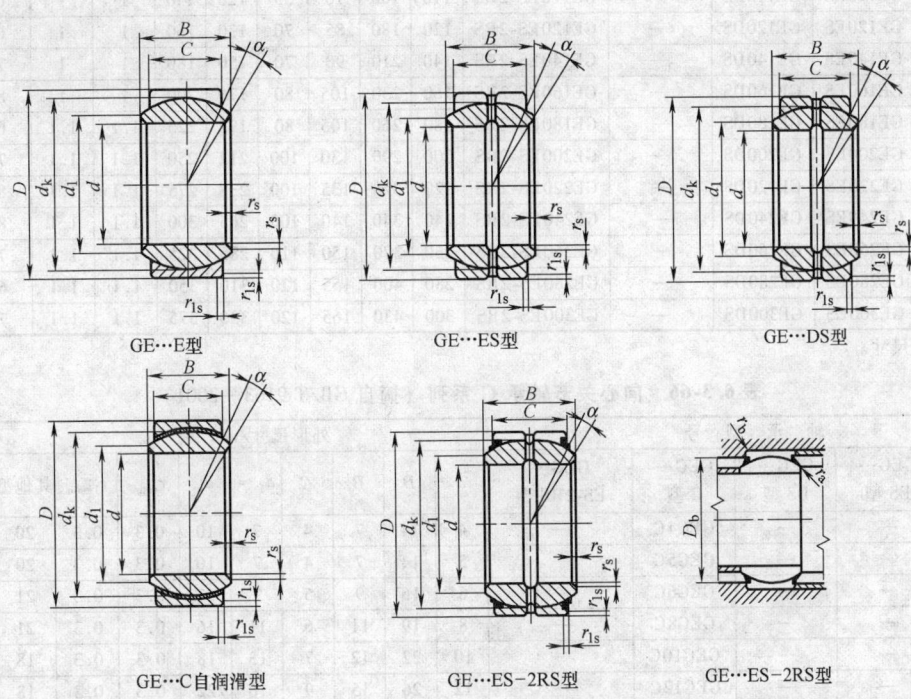

GE···E 型　　　　GE···ES 型　　　　GE···DS 型

GE···C 自润滑型　　　GE···ES-2RS 型　　　GE···ES-2RS 型

| 轴 承 型 号 | | | | | 外形尺寸/mm | | | | | | | | $\alpha/(°) \approx$ | |
|---|---|---|---|---|---|---|---|---|---|---|---|---|---|---|
| GE···E 型 | GE···ES 型 | GE···DS 型 | GE···C 型 | GE··· ES-2RS 型 | $d$ | $D$ | $B$ | $C$ | $d_1 \approx$ | $d_k^{①}$ | $r_{smin}$ | $r_{1smin}$ | 其他型 | GE···ES-2RS 型 |
| GE4E | — | — | GE4C | — | 4 | 12 | 5 | 3 | 6 | 8 | 0.3 | 0.3 | 16 | — |
| GE5E | — | GE5DS | GE5C | — | 5 | 14 | 6 | 4 | 8 | 10 | 0.3 | 0.3 | 13 | — |
| GE6E | — | GE6DS | GE6C | — | 6 | 14 | 6 | 4 | 8 | 10 | 0.3 | 0.3 | 13 | — |
| GE8E | — | GE8DS | GE8C | — | 8 | 16 | 8 | 5 | 10 | 13 | 0.3 | 0.3 | 15 | — |
| GE10E | — | GE10DS | GE10C | — | 10 | 19 | 9 | 6 | 13 | 16 | 0.3 | 0.3 | 12 | — |
| GE12E | — | GE12DS | GE12C | — | 12 | 22 | 10 | 7 | 15 | 18 | 0.3 | 0.3 | 10 | — |
| — | GE15ES | GE15DS | GE15C | GE15ES-2RS | 15 | 26 | 12 | 9 | 18 | 22 | 0.3 | 0.3 | 8 | 5 |
| — | GE17ES | GE17DS | GE17C | GE17ES-2RS | 17 | 30 | 14 | 10 | 20 | 25 | 0.3 | 0.3 | 10 | 7 |
| — | GE20ES | GE20DS | GE20C | GE20ES-2RS | 20 | 35 | 16 | 12 | 24 | 29 | 0.3 | 0.3 | 9 | 6 |
| — | GE25ES | GE25DS | GE25C | GE25ES-2RS | 25 | 42 | 20 | 16 | 29 | 35 | 0.6 | 0.6 | 7 | 4 |
| — | GE30ES | GE30DS | GE30C | GE30ES-2RS | 30 | 47 | 22 | 18 | 34 | 40 | 0.6 | 0.6 | 6 | 4 |
| — | GE35ES | GE35DS | — | GE35ES-2RS | 35 | 55 | 25 | 20 | 39 | 47 | 0.6 | 1 | 6 | 4 |
| — | GE40ES | GE40DS | — | GE40ES-2RS | 40 | 62 | 28 | 22 | 45 | 53 | 0.6 | 1 | 7 | 4 |
| — | GE45ES | GE45DS | — | GE45ES-2RS | 45 | 68 | 32 | 25 | 50 | 60 | 0.6 | 1 | 7 | 4 |
| — | GE50ES | GE50DS | — | GE50ES-2RS | 50 | 75 | 35 | 28 | 55 | 66 | 0.6 | 1 | 6 | 4 |
| — | GE55ES | GE55DS | — | GE55ES-2RS | 55 | 85 | 40 | 32 | 62 | 74 | 0.6 | 1 | 7 | — |
| — | GE60ES | GE60DS | — | GE60ES-2RS | 60 | 90 | 44 | 36 | 66 | 80 | 1 | 1 | 6 | 3 |
| — | GE70ES | GE70DS | — | GE70ES-2RS | 70 | 105 | 49 | 40 | 77 | 92 | 1 | 1 | 6 | 4 |
| — | GE80ES | GE80DS | — | GE80ES-2RS | 80 | 120 | 55 | 45 | 88 | 105 | 1 | 1 | 6 | 4 |
| — | GE90ES | GE90DS | — | GE90ES-2RS | 90 | 130 | 60 | 50 | 98 | 115 | 1 | 1 | 5 | 3 |

（续）

| 轴 承 型 号 | | | | | 外形尺寸/mm | | | | | | | | α/(°) ≈ | |
|---|---|---|---|---|---|---|---|---|---|---|---|---|---|---|
| GE…E 型 | GE…ES 型 | GE…DS 型 | GE…C 型 | GE…ES-2RS 型 | $d$ | $D$ | $B$ | $C$ | $d_1 \approx$ | $d_k$ [①] | $r_{smin}$ | $r_{1smin}$ | 其他型 | GE…ES-2RS 型 |
| — | GE100ES | GE100DS | — | GE100ES-2RS | 100 | 150 | 70 | 55 | 109 | 130 | 1 | 1 | 7 | 5 |
| — | GE110ES | GE110DS | — | GE110ES-2RS | 110 | 160 | 70 | 55 | 120 | 140 | 1 | 1 | 6 | 4 |
| — | GE120ES | GE120DS | — | GE120ES-2RS | 120 | 180 | 85 | 70 | 130 | 160 | 1 | 1 | 6 | 4 |
| — | GE140ES | GE140DS | — | GE140ES-2RS | 140 | 210 | 90 | 70 | 150 | 180 | 1 | 1 | 7 | 5 |
| — | GE160ES | GE160DS | — | GE160ES-2RS | 160 | 230 | 105 | 80 | 170 | 200 | 1 | 1 | 8 | 6 |
| — | GE180ES | GE180DS | — | GE180ES-2RS | 180 | 260 | 105 | 80 | 192 | 225 | 1.1 | 1.1 | 6 | 5 |
| — | GE200ES | GE200DS | — | GE200ES-2RS | 200 | 290 | 130 | 100 | 212 | 250 | 1.1 | 1.1 | 7 | 6 |
| — | GE220ES | GE220DS | — | GE220ES-2RS | 220 | 320 | 135 | 100 | 238 | 275 | 1.1 | 1.1 | 8 | 6 |
| — | GE240ES | GE240DS | — | GE240ES-2RS | 240 | 340 | 140 | 100 | 265 | 300 | 1.1 | 1.1 | 8 | 6 |
| — | GE260ES | GE260DS | — | GE260ES-2RS | 260 | 370 | 150 | 110 | 285 | 325 | 1.1 | 1.1 | 7 | 6 |
| — | GE280ES | GE280DS | — | GE280ES-2RS | 280 | 400 | 155 | 120 | 310 | 350 | 1.1 | 1.1 | 6 | 5 |
| — | GE300ES | GE300DS | — | GE300ES-2RS | 300 | 430 | 165 | 120 | 330 | 375 | 1.1 | 1.1 | 7 | 6 |

① 参考尺寸。

### 表 6.3-66  向心关节轴承 G 系列（摘自 GB/T 9163—2001）

| 轴 承 型 号 | | | | | 外形尺寸/mm | | | | | | | | α/(°) ≈ | |
|---|---|---|---|---|---|---|---|---|---|---|---|---|---|---|
| GEG…E 型 | GEG…ES 型 | GEG…DS 型 | GEG…C 型 | GEG…ES-2RS 型 | $d$ | $D$ | $B$ | $C$ | $d_1 \approx$ | $d_k$ | $r_{smin}$ | $r_{1smin}$ | 其他型 | GEG…ES-2RS 型 |
| GEG4E | — | — | GEG4C | — | 4 | 14 | 7 | 4 | 7 | 10 | 0.3 | 0.3 | 20 | — |
| GEG5E | — | — | GEG5C | — | 5 | 14 | 7 | 4 | 7 | 10 | 0.3 | 0.3 | 20 | — |
| GEG6E | — | — | GEG6C | — | 6 | 16 | 9 | 5 | 9 | 13 | 0.3 | 0.3 | 21 | — |
| GEG8E | — | — | GEG8C | — | 8 | 19 | 11 | 6 | 11 | 16 | 0.3 | 0.3 | 21 | — |
| GEG10E | — | — | GEG10C | — | 10 | 22 | 12 | 7 | 13 | 18 | 0.3 | 0.3 | 18 | — |
| GEG12E | — | — | GEG12C | — | 12 | 26 | 15 | 9 | 16 | 22 | 0.3 | 0.3 | 18 | — |
| — | GEG15ES | GEG15DS | GEG15C | GEG15ES-2RS | 15 | 30 | 16 | 10 | 19 | 25 | 0.3 | 0.3 | 16 | 13 |
| — | GEG17ES | GEG17DS | GEG17C | GEG17ES-2RS | 17 | 35 | 20 | 12 | 21 | 29 | 0.3 | 0.3 | 19 | 16 |
| — | GEG20ES | GEG20DS | GEG20C | GEG20ES-2RS | 20 | 42 | 25 | 16 | 24 | 35 | 0.3 | 0.6 | 17 | 16 |
| — | GEG25ES | GEG25DS | GEG25C | GEG25ES-2RS | 25 | 47 | 28 | 18 | 29 | 40 | 0.6 | 0.6 | 17 | 15 |
| — | GEG30ES | GEG30DS | GEG30C | GEG30ES-2RS | 30 | 55 | 32 | 20 | 34 | 47 | 0.6 | 1 | 17 | 16 |
| — | GEG35ES | GEG35DS | — | GEG35ES-2RS | 35 | 62 | 35 | 22 | 39 | 53 | 0.6 | 1 | 16 | 15 |
| — | GEG40ES | GEG40DS | — | GEG40ES-2RS | 40 | 68 | 40 | 25 | 44 | 60 | 0.6 | 1 | 17 | 12 |
| — | GEG45ES | GEG45DS | — | GEG45ES-2RS | 45 | 75 | 43 | 28 | 50 | 66 | 0.6 | 1 | 15 | 13 |
| — | GEG50ES | GEG50DS | — | GEG50ES-2RS | 50 | 90 | 56 | 36 | 57 | 80 | 0.6 | 1 | 17 | 16 |
| — | GEG60ES | GEG60DS | — | GEG60ES-2RS | 60 | 105 | 63 | 40 | 67 | 92 | 1 | 1 | 17 | 15 |
| — | GEG70ES | GEG70DS | — | GEG70ES-2RS | 70 | 120 | 70 | 45 | 77 | 105 | 1 | 1 | 16 | 14 |
| — | GEG80ES | GEG80DS | — | GEG80ES-2RS | 80 | 130 | 75 | 50 | 87 | 115 | 1 | 1 | 14 | 13 |
| — | GEG90ES | GEG90DS | — | GEG90ES-2RS | 90 | 150 | 85 | 55 | 98 | 130 | 1 | 1 | 15 | 14 |
| — | GEG100ES | GEG100DS | — | GEG100ES-2RS | 100 | 160 | 85 | 55 | 110 | 140 | 1 | 1 | 14 | 12 |
| — | GEG110ES | GEG110DS | — | GEG110ES-2RS | 110 | 180 | 100 | 70 | 122 | 160 | 1 | 1 | 12 | 11 |
| — | GEG120ES | GEG120DS | — | GEG120ES-2RS | 120 | 210 | 115 | 70 | 132 | 180 | 1 | 1 | 16 | 15 |
| — | GEG140ES | GEG140DS | — | GEG140ES-2RS | 140 | 230 | 130 | 80 | 151 | 200 | 1 | 1 | 16 | 15 |
| — | GEG160ES | GEG160DS | — | GEG160ES-2RS | 160 | 260 | 135 | 80 | 176 | 225 | 1 | 1.1 | 16 | 14 |
| — | GEG180ES | GEG180DS | — | GEG180ES-2RS | 180 | 290 | 155 | 100 | 196 | 250 | 1.1 | 1.1 | 14 | 13 |
| — | GEG200ES | GEG200DS | — | GEG200ES-2RS | 200 | 320 | 165 | 100 | 220 | 275 | 1.1 | 1.1 | 15 | 14 |
| — | GEG220ES | GEG220DS | — | GEG220ES-2RS | 220 | 340 | 175 | 100 | 243 | 300 | 1.1 | 1.1 | 16 | 14 |
| — | GEG240ES | GEG240DS | — | GEG240ES-2RS | 240 | 370 | 190 | 110 | 263 | 325 | 1.1 | 1.1 | 15 | 14 |
| — | GEG260ES | GEG260DS | — | GEG260ES-2RS | 260 | 400 | 205 | 120 | 283 | 350 | 1.1 | 1.1 | 15 | 14 |
| — | GEG280ES | GEG280DS | — | GEG280ES-2RS | 280 | 430 | 210 | 120 | 310 | 375 | 1.1 | 1.1 | 15 | 14 |

**表 6.3-67 自润滑向心关节轴承 C 系列（摘自 GB/T 9163—2001）**

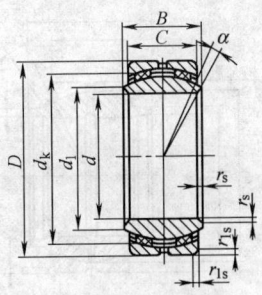

GEC···FSA自润滑型

| 轴承型号 | 外形尺寸/mm | | | | | | | | $\alpha/(°) \approx$ |
|---|---|---|---|---|---|---|---|---|---|
| GEC···FSA 型 | $d$ | $D$ | $B$ | $C$ | $d_1 \approx$ | $d_k$ | $r_{smin}$ | $r_{1smin}$ | |
| GEC320FSA | 320 | 440 | 160 | 135 | 340 | 375 | 1.1 | 3 | 4 |
| GEC340FSA | 340 | 460 | 160 | 135 | 360 | 390 | 1.1 | 3 | 3 |
| GEC360FSA | 360 | 480 | 160 | 135 | 380 | 410 | 1.1 | 3 | 3 |
| GEC380FSA | 380 | 520 | 190 | 160 | 400 | 440 | 1.5 | 4 | 4 |
| GEC400FSA | 400 | 540 | 190 | 160 | 425 | 465 | 1.5 | 4 | 3 |
| GEC420FSA | 420 | 560 | 190 | 160 | 445 | 480 | 1.5 | 4 | 3 |
| GEC440FSA | 440 | 600 | 218 | 185 | 465 | 515 | 1.5 | 4 | 3 |
| GEC460FSA | 460 | 620 | 218 | 185 | 485 | 530 | 1.5 | 4 | 3 |
| GEC480FSA | 480 | 650 | 230 | 195 | 510 | 560 | 2 | 5 | 3 |
| GEC500FSA | 500 | 670 | 230 | 195 | 530 | 580 | 2 | 5 | 3 |
| GEC530FSA | 530 | 710 | 243 | 205 | 560 | 610 | 2 | 5 | 3 |
| GEC560FSA | 560 | 750 | 258 | 215 | 590 | 645 | 2 | 5 | 4 |
| GEC600FSA | 600 | 800 | 272 | 230 | 635 | 690 | 2 | 5 | 3 |
| GEC630FSA | 630 | 850 | 300 | 260 | 665 | 730 | 3 | 6 | 3 |
| GEC670FSA | 670 | 900 | 308 | 260 | 710 | 770 | 3 | 6 | 3 |
| GEC710FSA | 710 | 950 | 325 | 275 | 755 | 820 | 3 | 6 | 3 |
| GEC750FSA | 750 | 1000 | 335 | 280 | 800 | 870 | 3 | 6 | 3 |
| GEC800FSA | 800 | 1060 | 355 | 300 | 850 | 915 | 3 | 6 | 3 |
| GEC850FSA | 850 | 1120 | 365 | 310 | 905 | 975 | 3 | 6 | 3 |
| GEC900FSA | 900 | 1180 | 375 | 320 | 960 | 1030 | 3 | 6 | 3 |
| GEC950FSA | 950 | 1250 | 400 | 340 | 1015 | 1090 | 4 | 7.5 | 3 |
| GEC1000FSA | 1000 | 1320 | 438 | 370 | 1065 | 1150 | 4 | 7.5 | 3 |
| GEC1060FSA | 1060 | 1400 | 462 | 390 | 1130 | 1220 | 4 | 7.5 | 3 |
| GEC1120FSA | 1120 | 1460 | 462 | 390 | 1195 | 1280 | 4 | 7.5 | 3 |
| GEC1180FSA | 1180 | 1540 | 488 | 410 | 1260 | 1350 | 4 | 7.5 | 3 |
| GEC1250FSA | 1250 | 1630 | 515 | 435 | 1330 | 1425 | 4 | 7.5 | 3 |
| GEC1320FSA | 1320 | 1720 | 545 | 460 | 1405 | 1510 | 4 | 7.5 | 3 |
| GEC1400FSA | 1400 | 1820 | 585 | 495 | 1485 | 1600 | 5 | 9.5 | 3 |
| GEC1500FSA | 1500 | 1950 | 625 | 530 | 1590 | 1710 | 5 | 9.5 | 3 |
| GEC1600FSA | 1600 | 2060 | 670 | 565 | 1690 | 1820 | 5 | 9.5 | 3 |
| GEC1700FSA | 1700 | 2180 | 710 | 600 | 1790 | 1925 | 5 | 9.5 | 3 |
| GEC1800FSA | 1800 | 2300 | 750 | 635 | 1890 | 2035 | 6 | 12 | 3 |
| GEC1900FSA | 1900 | 2430 | 790 | 670 | 2000 | 2150 | 6 | 12 | 3 |
| GEC2000FSA | 2000 | 2750 | 835 | 705 | 2100 | 2260 | 6 | 12 | 3 |

表 6.3-68    向心关节轴承 EW 系列（摘自 GB/T 9163—2001）

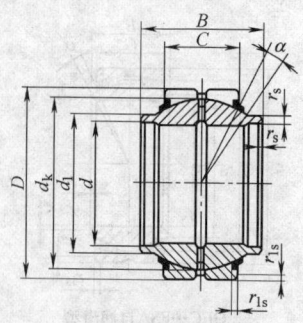

GEEW···ES－2RS型

| 轴承型号 | 外形尺寸/mm | | | | | | | | $\alpha/(°)$ |
|---|---|---|---|---|---|---|---|---|---|
| GEEW···ES-2RS 型 | $d$ | $D$ | $B$ | $C$ | $d_1 \approx$ | $d_k$ | $r_{smin}$ | $r_{1smin}$ | $\approx$ |
| GEEW12ES-2RS | 12[①] | 22 | 12 | 7 | 15.5 | 18 | 0.3 | 0.3 | 4 |
| GEEW16ES-2RS | 16 | 28 | 16 | 9 | 20 | 23 | 0.3 | 0.3 | 4 |
| GEEW20ES-2RS | 20 | 35 | 20 | 12 | 25 | 29 | 0.3 | 0.3 | 4 |
| GEEW25ES-2RS | 25 | 42 | 25 | 16 | 30.5 | 35 | 0.6 | 0.6 | 4 |
| GEEW32ES-2RS | 32 | 52 | 32 | 18 | 38 | 44 | 0.6 | 1 | 4 |
| GEEW40ES-2RS | 40 | 62 | 40 | 22 | 46 | 53 | 0.6 | 1 | 4 |
| GEEW50ES-2RS | 50 | 75 | 50 | 28 | 57 | 66 | 0.6 | 1 | 4 |
| GEEW63ES-2RS | 63 | 95 | 63 | 36 | 71.5 | 83 | 1 | 1 | 4 |
| GEEW80ES-2RS | 80 | 120 | 80 | 45 | 91 | 105 | 1 | 1 | 4 |
| GEEW100ES-2RS | 100 | 150 | 100 | 55 | 113 | 130 | 1 | 1 | 4 |
| GEEW125ES-2RS | 125 | 180 | 125 | 70 | 138 | 160 | 1 | 1 | 4 |
| GEEW160ES-2RS | 160 | 230 | 160 | 80 | 177 | 200 | 1 | 1 | 4 |
| GEEW200ES-2RS | 200 | 290 | 200 | 100 | 221 | 250 | 1.1 | 1.1 | 4 |
| GEEW250ES-2RS | 250 | 400 | 250 | 120 | 317 | 350 | 2.5 | 1.1 | 4 |
| GEEW320ES-2RS | 320 | 520 | 320 | 160 | 405 | 450 | 2.5 | 4 | 4 |

① 制造厂可自行决定是否在外圈上设置再润滑装置。

表 6.3-69    向心关节轴承 K 系列（摘自 GB/T 9163—2001）          （单位：mm）

| $d$ | $D$ | $B$ | $C$ | $d_1 \approx$ | $d_k$ | $r_{smin}$ | $r_{1smin}$ | $\alpha/(°) \approx$ | $d$ | $D$ | $B$ | $C$ | $d_1 \approx$ | $d_k$ | $r_{smin}$ | $r_{1smin}$ | $\alpha/(°) \approx$ |
|---|---|---|---|---|---|---|---|---|---|---|---|---|---|---|---|---|---|
| 3 | 10 | 6 | 4.5 | 5.1 | 7.9 | 0.2 | 0.2 | 14 | 18 | 35 | 23 | 16.5 | 21.8 | 31.7 | 0.3 | 0.3 | 15 |
| 5 | 13 | 8 | 6 | 7.7 | 11.1 | 0.3 | 0.3 | 13 | 20 | 40 | 25 | 18 | 24.3 | 34.9 | 0.3 | 0.6 | 14 |
| 6 | 16 | 9 | 6.75 | 8.9 | 12.7 | 0.3 | 0.3 | 13 | 22 | 42 | 28 | 20 | 25.8 | 33.1 | 0.3 | 0.6 | 15 |
| 8 | 19 | 12 | 9 | 10.3 | 15.8 | 0.3 | 0.3 | 14 | 25 | 47 | 31 | 22 | 29.5 | 42.8 | 0.3 | 0.6 | 15 |
| 10 | 22 | 14 | 10.5 | 12.9 | 19 | 0.3 | 0.3 | 13 | 30 | 55 | 37 | 25 | 34.8 | 50.8 | 0.3 | 0.6 | 17 |
| 12 | 26 | 16 | 12 | 15.4 | 22.2 | 0.3 | 0.3 | 13 | 35 | 65 | 43 | 30 | 40.3 | 59 | 0.6 | 1 | 16 |
| 14 | 29 | 19 | 13.5 | 16.8 | 25.4 | 0.3 | 0.3 | 16 | 40 | 72 | 49 | 35 | 44.2 | 66 | 0.6 | 1 | 16 |
| 16 | 32 | 21 | 15 | 19.3 | 28.5 | 0.3 | 0.3 | 15 | 50 | 90 | 60 | 45 | 55.8 | 82 | 0.6 | 1 | 14 |

注：K 系列轴承是 GB/T 9163—2001 中新增系列。

表 6.3-70 向心关节轴承 H 系列（摘自 GB/T 9163—2001） （单位：mm）

| $d$ | $D$ | $B$ | $C$ | $d_1 \approx$ | $d_k$ | $r_{smin}$ | $r_{1smin}$ | $\alpha/$ $(°) \approx$ | $d$ | $D$ | $B$ | $C$ | $d_1 \approx$ | $d_k$ | $r_{smin}$ | $r_{1smin}$ | $\alpha/$ $(°) \approx$ |
|---|---|---|---|---|---|---|---|---|---|---|---|---|---|---|---|---|---|
| 100 | 150 | 71 | 67 | 114 | 135 | 1 | 1 | 2 | 420 | 600 | 300 | 280 | 441 | 534 | 1.5 | 4 | 2 |
| 110 | 160 | 78 | 74 | 122 | 145 | 1 | 1 | 2 | 440 | 630 | 315 | 300 | 479 | 574 | 1.5 | 4 | 2 |
| 120 | 180 | 85 | 80 | 135 | 160 | 1 | 1 | 2 | 460 | 650 | 325 | 308 | 496 | 593 | 1.5 | 5 | 2 |
| 140 | 210 | 100 | 95 | 155 | 185 | 1 | 1 | 2 | 480 | 680 | 340 | 320 | 522 | 623 | 2 | 5 | 2 |
| 160 | 230 | 115 | 109 | 175 | 210 | 1 | 1 | 2 | 500 | 710 | 355 | 335 | 536 | 643 | 2 | 5 | 2 |
| 180 | 260 | 128 | 122 | 203 | 240 | 1.1 | 1.1 | 2 | 530 | 750 | 375 | 355 | 558 | 673 | 2 | 5 | 2 |
| 200 | 290 | 140 | 134 | 219 | 260 | 1.1 | 1.1 | 2 | 560 | 800 | 400 | 380 | 602 | 723 | 2 | 5 | 2 |
| 220 | 320 | 155 | 148 | 245 | 290 | 1.1 | 1.1 | 2 | 600 | 850 | 425 | 400 | 645 | 773 | 3 | 6 | 2 |
| 240 | 340 | 170 | 162 | 259 | 310 | 1.1 | 1.1 | 2 | 630 | 900 | 450 | 425 | 677 | 813 | 3 | 6 | 2 |
| 260 | 370 | 185 | 175 | 285 | 340 | 1.1 | 1.1 | 2 | 670 | 950 | 475 | 450 | 719 | 862 | 3 | 6 | 2 |
| 280 | 400 | 200 | 190 | 311 | 370 | 1.1 | 1.1 | 2 | 710 | 1000 | 500 | 475 | 762 | 912 | 3 | 6 | 2 |
| 300 | 430 | 212 | 200 | 327 | 390 | 1.1 | 1.1 | 2 | 750 | 1060 | 530 | 500 | 814 | 972 | 3 | 6 | 2 |
| 320 | 460 | 230 | 218 | 344 | 414 | 1.1 | 3 | 2 | 800 | 1120 | 565 | 530 | 851 | 1022 | 3 | 6 | 2 |
| 340 | 480 | 243 | 230 | 359 | 434 | 1.1 | 3 | 2 | 850 | 1220 | 600 | 565 | 936 | 1112 | 3 | 7.5 | 2 |
| 360 | 520 | 258 | 243 | 397 | 474 | 1.1 | 4 | 2 | 900 | 1250 | 635 | 600 | 949 | 1142 | 3 | 7.5 | 2 |
| 380 | 540 | 272 | 258 | 412 | 494 | 1.5 | 4 | 2 | 950 | 1360 | 670 | 635 | 1045 | 1242 | 4 | 7.5 | 2 |
| 400 | 580 | 280 | 265 | 431 | 514 | 1.5 | 4 | 2 | 1000 | 1450 | 710 | 670 | 1103 | 1312 | 4 | 7.5 | 2 |

注：H 系列轴承是 GB/T 9163—2001 中新增系列。

**2.4.2 角接触关节轴承**（表 6.3-71）

表 6.3-71 角接触关节轴承 E 系列

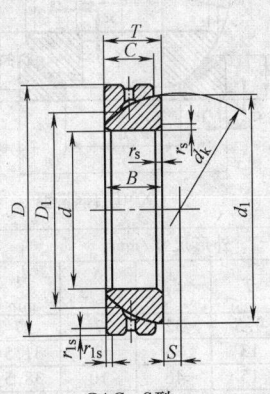

GAC…S型

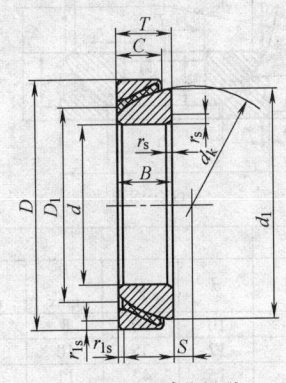

GAC…F自润滑型

| 轴承型号 | | 外形尺寸/mm | | | | | | | | | |
|---|---|---|---|---|---|---|---|---|---|---|---|
| GAC…S 型 | GAC…F 型 | $d$ | $D$ | $B$ max | $C$ max | $T$ | $d_k$ | $d_1$ $\approx$ | $D_1$ max | $S$ $\approx$ | $r_{smin}$ $r_{1smin}$ |
| GAC25S | GAC25F | 25 | 47 | 15 | 14 | 15 | 42 | 41.5 | 32 | 1 | 0.6 |
| GAC28S | GAC28F | 28 | 52 | 16 | 15 | 16 | 47 | 46.5 | 36 | 1 | 1 |
| GAC30S | GAC30F | 30 | 55 | 17 | 16 | 17 | 50 | 49.5 | 37 | 2 | 1 |
| GAC32S | GAC32F | 32 | 58 | 17 | 16 | 17 | 52 | 51.5 | 40 | 2 | 1 |
| GAC35S | GAC35F | 35 | 62 | 18 | 17 | 18 | 56 | 55.5 | 43 | 2 | 1 |
| GAC40S | GAC40F | 40 | 68 | 19 | 18 | 19 | 61 | 60.5 | 48 | 2 | 1 |
| GAC45S | GAC45F | 45 | 75 | 20 | 19 | 20 | 67 | 66.5 | 54 | 3 | 1 |
| GAC50S | GAC50F | 50 | 80 | 20 | 19 | 20 | 74 | 73.5 | 60 | 4 | 1 |
| GAC55S | GAC55F | 55 | 90 | 23 | 22 | 23 | 81 | 80 | 63 | 5 | 1.5 |
| GAC60S | GAC60F | 60 | 95 | 23 | 22 | 23 | 87 | 86 | 69 | 5 | 1.5 |
| GAC65S | GAC65F | 65 | 100 | 23 | 22 | 23 | 93 | 92 | 77 | 6 | 15 |
| GAC70S | GAC70F | 70 | 110 | 25 | 24 | 25 | 102 | 101 | 83 | 7 | 1.5 |
| GAC75S | GAC75F | 75 | 115 | 25 | 24 | 25 | 106 | 105 | 87 | 7 | 1.5 |

（续）

| 轴承型号 | | 外形尺寸/mm | | | | | | | | | |
|---|---|---|---|---|---|---|---|---|---|---|---|
| GAC…S 型 | GAC…F 型 | $d$ | $D$ | $B$ max | $C$ max | $T$ | $d_k$ | $d_1$ $\approx$ | $D_1$ max | $S$ $\approx$ | $r_{smin}$ $r_{1smin}$ |
| GAC80S | GAC80F | 80 | 125 | 29 | 27 | 29 | 115 | 113.5 | 92 | 9 | 1.5 |
| GAC85S | GAC85F | 85 | 130 | 29 | 27 | 29 | 121 | 119 | 98 | 10 | 1.5 |
| GAC90S | GAC90F | 90 | 140 | 32 | 30 | 32 | 129 | 127 | 104 | 11 | 2 |
| GAC95S | GAC95F | 95 | 145 | 32 | 30 | 32 | 133 | 131.5 | 109 | 9 | 2 |
| GAC100S | GAC100F | 100 | 150 | 32 | 31 | 32 | 141 | 138.5 | 115 | 12 | 2 |
| GAC105S | GAC105F | 105 | 160 | 35 | 33 | 35 | 149 | 146.5 | 120 | 13 | 2.5 |
| GAC110S | GAC110F | 110 | 170 | 38 | 36 | 38 | 158 | 155 | 127 | 14 | 2.5 |
| GAC120S | GAC120F | 120 | 180 | 38 | 37 | 38 | 169 | 165 | 137 | 16 | 2.5 |
| GAC130S | GAC130F | 130 | 200 | 45 | 43 | 45 | 188 | 184 | 149 | 18 | 2.5 |
| GAC140S | GAC140F | 140 | 210 | 45 | 43 | 45 | 198 | 194 | 162 | 19 | 2.5 |
| GAC150S | GAC150F | 150 | 225 | 48 | 46 | 48 | 211 | 207 | 172 | 20 | 3 |
| GAC160S | GAC160F | 160 | 240 | 51 | 49 | 51 | 225 | 221 | 183 | 20 | 3 |
| GAC170S | GAC170F | 170 | 260 | 57 | 55 | 57 | 246 | 242 | 195 | 21 | 3 |
| GAC180S | GAC180F | 180 | 280 | 64 | 61 | 64 | 260 | 256 | 207 | 21 | 3 |
| GAC190S | GAC190F | 190 | 290 | 64 | 62 | 64 | 275 | 270 | 213 | 26 | 3 |
| GAC200S | GAC200F | 200 | 310 | 70 | 66 | 70 | 290 | 285 | 230 | 26 | 3 |

注：本表仅供参考。

### 2.4.3　推力关节轴承（表 6.3-72）

**表 6.3-72　推力关节轴承 E 系列**

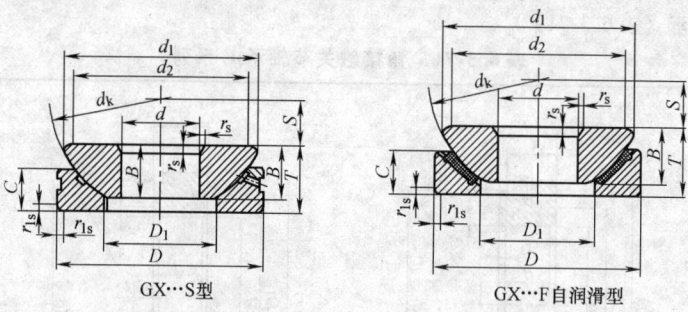

GX…S型　　　　　　　　　　GX…F自润滑型

| 轴承型号 | | 外形尺寸/mm | | | | | | | | | | |
|---|---|---|---|---|---|---|---|---|---|---|---|---|
| GX…S 型 | GX…F 型 | $d$ | $D$ | $B$ max | $C$ max | $T$ | $d_k$ | $S$ $\approx$ | $d_1$ min | $d_2^{①}$ $\approx$ | $D_1$ max | $r_{smin}$ $r_{1smin}$ |
| GX10S | GX10F | 10 | 30 | 8 | 7 | 9.5 | 32 | 7 | 27 | 21 | 17 | 0.6 |
| GX12S | GX12F | 12 | 35 | 10 | 10 | 13 | 38 | 8 | 31.5 | 24 | 20 | 0.6 |
| GX15S | GX15F | 15 | 42 | 11 | 11 | 15 | 46 | 10 | 38.5 | 29 | 24.5 | 0.6 |
| GX17S | GX17F | 17 | 47 | 12 | 12 | 16 | 51 | 11 | 43 | 34 | 28.5 | 0.6 |
| GX20S | GX20F | 20 | 55 | 15 | 14 | 20 | 60 | 12.5 | 49.5 | 40 | 34 | 1 |
| GX25S | GX25F | 25 | 62 | 17 | 17 | 22.5 | 67 | 14 | 57 | 45 | 35 | 1 |
| GX30S | GX30F | 30 | 75 | 19 | 20 | 26 | 81 | 17.5 | 68.5 | 56 | 44.5 | 1 |
| GX35S | GX35F | 35 | 90 | 22 | 21 | 28 | 98 | 22 | 83.5 | 66 | 52.5 | 1 |
| GX40S | GX40F | 40 | 105 | 27 | 22 | 32 | 114 | 24.5 | 96 | 78 | 59.5 | 1 |
| GX45S | GX45F | 45 | 120 | 31 | 26 | 36.5 | 129 | 27.5 | 109 | 89 | 68.5 | 1 |
| GX50S | GX50F | 50 | 130 | 34 | 32 | 42.5 | 140 | 30 | 119 | 98 | 71 | 1 |
| GX60S | GX60F | 60 | 150 | 37 | 34 | 45 | 160 | 35 | 139 | 109 | 86.5 | 1 |
| GX70S | GX70F | 70 | 160 | 42 | 37 | 50 | 173 | 35 | 149 | 121 | 95.5 | 1 |
| GX80S | GX80F | 80 | 180 | 44 | 38 | 50 | 196 | 42.5 | 167 | 135 | 109 | 1 |
| GX100S | GX100F | 100 | 210 | 51 | 46 | 59 | 221 | 45 | 194 | 155 | 134 | 1 |
| GX120S | GX120F | 120 | 230 | 54 | 50 | 64 | 248 | 52.5 | 213 | 170 | 155 | 1 |
| GX140S | GX140F | 140 | 260 | 61 | 54 | 72 | 274 | 52.5 | 243 | 198 | 177 | 1.5 |
| GX160S | GX160F | 160 | 290 | 66 | 58 | 77 | 313 | 65 | 271 | 213 | 200 | 1.5 |
| GX180S | GX180F | 180 | 320 | 74 | 62 | 86 | 340 | 67.5 | 299 | 240 | 225 | 1.5 |
| GX200S | GX200F | 200 | 340 | 80 | 66 | 87 | 365 | 70 | 320 | 265 | 247 | 1.5 |

注：本表仅供参考。
① 由制造厂确定。

## 2.4.4 杆端关节轴承 (表 6.3-73 ~ 表 6.3-76)

### 表 6.3-73 杆端关节轴承 E 系列 (摘自 GB/T 9161—2001) (单位: mm)

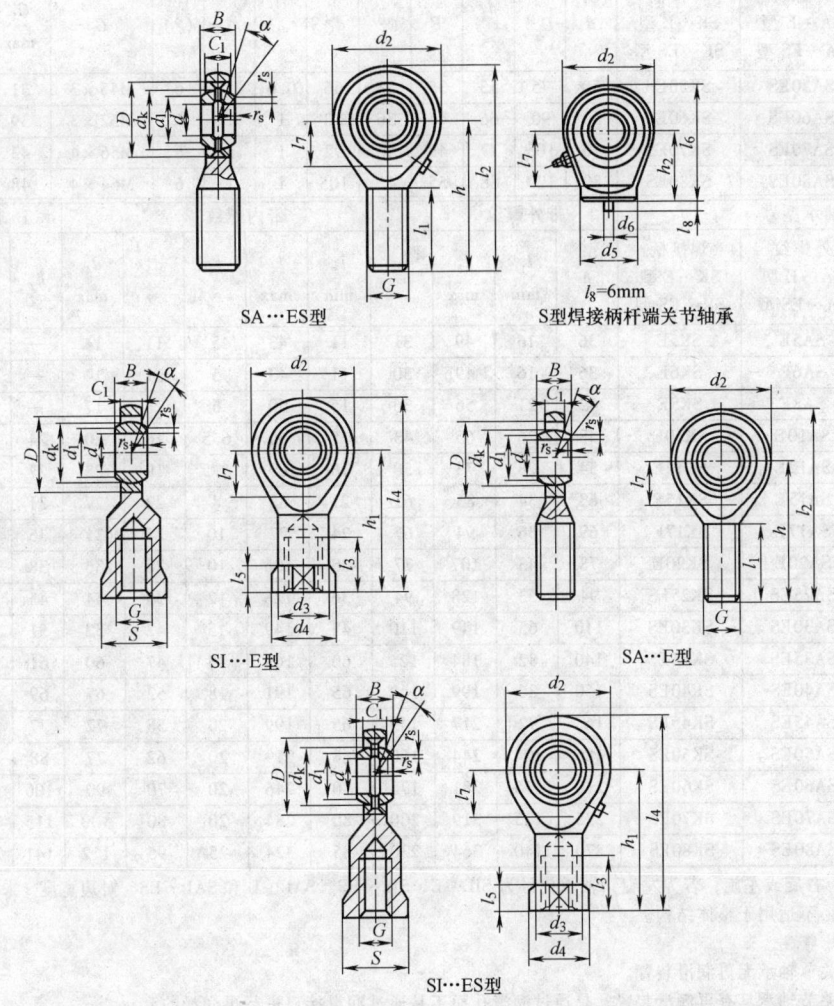

SA…ES型

S型焊接柄杆端关节轴承 $l_8 = 6mm$

SI…E型

SA…E型

SI…ES型

| 轴承型号 | | | 带外螺纹或内螺纹或焊接柄 | | | | | | | | | | | | |
|---|---|---|---|---|---|---|---|---|---|---|---|---|---|---|---|
| 内螺纹 SI…E 型 SI…ES 型 | 外螺纹 SA…E 型 SA…ES 型 | 焊接柄 SK…E 型 SK…ES 型 | $d$ | $D$[1] | $d_1$ ≈ | $B$ | $C$[1] | $d_k$[2] | $r_{smin}$ | $r_{1smin}$[1] | $\alpha$/(°) ≈ | $G$ | $C_1$ max | $d_2$ max | $l_7$ min |
| SI5E | SA5E | SK5E | 5[3] | 14 | 8 | 6 | 4 | 10 | 0.3 | 0.3 | 13 | M5 | 4.5 | 22 | 10 |
| SI6E | SA6E | SK6E | 6[3] | 14 | 8 | 6 | 4 | 10 | 0.3 | 0.3 | 13 | M6 | 4.5 | 22 | 10 |
| SI8E | SA8E | SK8E | 8[3] | 16 | 10 | 8 | 5 | 13 | 0.3 | 0.3 | 15 | M8 | 6.5 | 25 | 11 |
| SI10E | SA10E | SK10E | 10[3] | 19 | 13 | 9 | 6 | 16 | 0.3 | 0.3 | 12 | M10 | 7.5 | 30 | 13 |
| SI12E | SA12E | SK12E | 12[3] | 22 | 15 | 10 | 7 | 18 | 0.3 | 0.3 | 10 | M12 | 8.5 | 35 | 17 |
| SI15E | SA15E | SK15E | 15[4] | 26 | 18 | 12 | 9 | 22 | 0.3 | 0.3 | 8 | M14 | 10.5 | 41 | 19 |
| SI17E | SA17E | SK17E | 17[4] | 30 | 20 | 14 | 10 | 25 | 0.3 | 0.3 | 10 | M16 | 11.5 | 47 | 22 |
| SI20E | SA20E | SK20E | 20[4] | 35 | 24 | 16 | 12 | 29 | 0.3 | 0.3 | 9 | M20 × 1.5 | 13.5 | 54 | 24 |
| SI25ES | SA25ES | SK25ES | 25 | 42 | 29 | 20 | 16 | 35 | 0.6 | 0.6 | 7 | M24 × 2 | 18 | 65 | 30 |
| SI30ES | SA30ES | SK30ES | 30 | 47 | 34 | 22 | 18 | 40 | 0.6 | 0.6 | 6 | M30 × 2 | 20 | 75 | 34 |
| SI35ES | SA35ES | SK35ES | 35 | 55 | 39 | 25 | 20 | 47 | 0.6 | 1 | 6 | M36 × 3 | 22 | 84 | 40 |
| SI40ES | SA40ES | SK40ES | 40 | 62 | 45 | 28 | 22 | 53 | 0.6 | 1 | 7 | M39 × 3 | 24 | 94 | 46 |
| SI45ES | SA45ES | SK45ES | 45 | 68 | 50 | 32 | 25 | 60 | 0.6 | 1 | 7 | M42 × 3 | 28 | 104 | 50 |

（续）

| 轴承型号 | | | 带外螺纹或内螺纹或焊接柄 | | | | | | | | | | | | | |
|---|---|---|---|---|---|---|---|---|---|---|---|---|---|---|---|---|
| 内螺纹 SI…E型 SI…ES型 | 外螺纹 SA…E型 SA…ES型 | 焊接柄 SK…E型 SK…ES型 | $d$ | $D^{①}$ | $d_1$ ≈ | $B$ | $C^{①}$ | $d_k^{②}$ | $r_{smin}$ | $r_{1smin}^{①}$ | $\alpha/$ (°) ≈ | $G$ | $C_1$ max | $d_2$ max | $l_7$ min |
| SI50ES | SA50ES | SK50ES | 50 | 75 | 55 | 35 | 28 | 66 | 0.6 | 1 | 6 | M45×3 | 31 | 114 | 58 |
| SI60ES | SA60ES | SK60ES | 60 | 90 | 66 | 44 | 36 | 80 | 1 | 1 | 6 | M52×3 | 39 | 137 | 73 |
| SI70ES | SA70ES | SK70ES | 70 | 105 | 77 | 49 | 40 | 92 | 1 | 1 | 6 | M56×4 | 43 | 162 | 85 |
| SI80ES | SA80ES | SK80ES | 80 | 120 | 88 | 55 | 45 | 105 | 1 | 1 | 6 | M64×4 | 48 | 182 | 98 |

| 轴承型号 | | | 带外螺纹 | | | 带内螺纹 | | | | | | 带焊接柄 | | | |
|---|---|---|---|---|---|---|---|---|---|---|---|---|---|---|---|
| 内螺纹 SI…E型 SI…ES型 | 外螺纹 SA…E型 SA…ES型 | 焊接柄 SK…E型 SK…ES型 | $h$ | $l_1$ min | $l_2$ max | $h_1$ | $l_3$ min | $l_4$ max | $l_5$ ≈ | $d_3$ ≈ | $d_4$ max | $h_2$ | $l_6$ max | $d_5$ max | $d_6$ |
| SI5E | SA5E | SK5E | 36 | 16 | 49 | 31 | 11 | 43 | 5 | 11 | 14 | — | — | — | — |
| SI6E | SA6E | SK6E | 36 | 16 | 49 | 30 | 11 | 43 | 5 | 11 | 14 | — | — | — | — |
| SI8E | SA8E | SK8E | 42 | 21 | 56 | 36 | 15 | 50 | 5 | 13 | 17 | — | — | — | — |
| SI10E | SA10E | SK10E | 48 | 26 | 65 | 43 | 15 | 60 | 6.5 | 16 | 20 | 24 | 40 | 16 | 3 |
| SI12E | SA12E | SK12E | 54 | 28 | 73 | 50 | 18 | 69 | 6.5 | 19 | 23 | 27 | 45 | 19 | 3 |
| SI15E | SA15E | SK15E | 63 | 34 | 85 | 61 | 21 | 83 | 8 | 22 | 27 | 31 | 52 | 22 | 4 |
| SI17E | SA17E | SK17E | 69 | 36 | 94 | 67 | 24 | 92 | 10 | 25 | 31 | 35 | 59 | 25 | 4 |
| SI20E | SA20E | SK20E | 78 | 43 | 107 | 77 | 30 | 106 | 10 | 28 | 36 | 38 | 66 | 29 | 4 |
| SI25ES | SA25ES | SK25ES | 94 | 53 | 128 | 94 | 36 | 128 | 12 | 35 | 44 | 45 | 78 | 35 | 4 |
| SI30ES | SA30ES | SK30ES | 110 | 65 | 149 | 110 | 45 | 149 | 15 | 42 | 52 | 51 | 89 | 42 | 4 |
| SI35ES | SA35ES | SK35ES | 140 | 82 | 184 | 125 | 60 | 169 | 15 | 47 | 60 | 61 | 104 | 49 | 4 |
| SI40ES | SA40ES | SK40ES | 150 | 86 | 199 | 142 | 65 | 191 | 18 | 52 | 67 | 69 | 118 | 54 | 4 |
| SI45ES | SA45ES | SK45ES | 163 | 92 | 217 | 145 | 65 | 199 | 20 | 58 | 72 | 77 | 132 | 60 | 6 |
| SI50ES | SA50ES | SK50ES | 185 | 104 | 244 | 160 | 68 | 219 | 20 | 62 | 77 | 88 | 150 | 64 | 6 |
| SI60ES | SA60ES | SK60ES | 210 | 115 | 281 | 175 | 70 | 246 | 20 | 70 | 90 | 100 | 173 | 72 | 6 |
| SI70ES | SA70ES | SK70ES | 235 | 125 | 319 | 200 | 80 | 284 | 20 | 80 | 100 | 115 | 199 | 82 | 6 |
| SI80ES | SA80ES | SK80ES | 270 | 140 | 364 | 230 | 85 | 324 | 25 | 95 | 112 | 141 | 237 | 97 | 6 |

注：螺纹可为右旋或左旋，若为左旋，轴承代号为 SIL…E、SIL…ES、SAL…E 和 SAL…ES，对边宽度 s 未规定尺寸。
① 参考尺寸，不适用于整体结构。
② 参考尺寸。
③ 这些杆端关节轴承无再润滑装置。
④ 这些杆端关节轴承具有再润滑装置，是通过润滑孔而不是通过润滑接口进行再润滑的。

表 6.3-74　符合尺寸系列 E、柄部为加强型的杆端关节轴承系列 EH 系列（摘自 GB/T 9161—2001）

（单位：mm）

| | 带外螺纹或内螺纹 | | | | | | | | | | 带外螺纹 | | | 带内螺纹 | | | |
|---|---|---|---|---|---|---|---|---|---|---|---|---|---|---|---|---|---|---|
| $d$ | $D^{①}$ | $d_1$ ≈ | $B$ | $C^{①}$ | $d_k^{②}$ | $r_{smin}$ | $r_{1smin}^{①}$ | $\alpha/$ (°) ≈ | $G$ | $C_1$ max | $d_2$ max | $l_7$ min | $h$ | $l_1$ min | $l_2$ max | $h_1$ | $l_3$ min | $l_4$ max | $l_5$ ≈ | $d_3$ ≈ |
| 35 | 55 | 39 | 25 | 20 | 47 | 0.6 | 1 | 6 | M36×3 | 22 | 84 | 40 | 130 | 82 | 174 | 130 | 60 | 174 | 25 | 49 |
| 40 | 62 | 45 | 28 | 22 | 53 | 0.6 | 1 | 7 | M42×3 | 24 | 94 | 46 | 145 | 90 | 194 | 145 | 65 | 194 | 25 | 58 |
| 45 | 68 | 50 | 32 | 25 | 60 | 0.6 | 1 | 7 | M45×3 | 28 | 104 | 50 | 165 | 95 | 219 | 165 | 65 | 219 | 30 | 65 |
| 50 | 75 | 55 | 35 | 28 | 66 | 0.6 | 1 | 6 | M52×3 | 31 | 114 | 58 | 195 | 110 | 254 | 195 | 68 | 254 | 30 | 70 |
| 60 | 90 | 66 | 44 | 36 | 80 | 1 | 1 | 6 | M60×4 | 39 | 137 | 73 | 225 | 120 | 296 | 225 | 70 | 296 | 35 | 82 |
| 70 | 105 | 77 | 49 | 40 | 92 | 1 | 1 | 6 | M72×4 | 43 | 162 | 85 | 265 | 132 | 349 | 265 | 80 | 349 | 40 | 92 |
| 80 | 120 | 88 | 55 | 45 | 105 | 1 | 1 | 6 | M80×4 | 48 | 182 | 98 | 295 | 147 | 389 | 295 | 85 | 389 | 45 | 105 |

注：EH 系列是 GB/T 9161—2001 中新增系列，对边宽度未规定尺寸。
① 参考尺寸，不适用于整体结构。
② 参考尺寸。

**表 6.3-75　杆端关节轴承 G 系列**（摘自 GB/T 9161—2001）　　　　　（单位：mm）

| 轴承型号 | | | 带外螺纹或内螺纹或焊接柄 | | | | | | | | | | | |
|---|---|---|---|---|---|---|---|---|---|---|---|---|---|---|
| 内螺纹 SIG…E 型 SIG…ES 型 | 外螺纹 SAG…E 型 SAG…ES 型 | 焊接柄 SKG…E 型 SKG…ES 型 | $d$ | $D$[①] | $d_1$ ≈ | $B$ | $C$[①] | $d_k$[②] | $r_{smin}$ | $r_{1smin}$[①] | $\alpha/$ (°) ≈ | $G$ | $C_1$ max | $d_2$ max | $l_7$ min |
| SIG4E | SAG4E | SKG4E | 4[③] | 14 | 7 | 7 | 4 | 10 | 0.3 | 0.3 | 20 | M5 | 4.5 | 22 | 10 |
| SIG5E | SAG5E | SKG5E | 5[③] | 14 | 7 | 7 | 4 | 10 | 0.3 | 0.3 | 20 | M6 | 4.5 | 22 | 10 |
| SIG6E | SAG6E | SKG6E | 6[③] | 16 | 9 | 9 | 5 | 13 | 0.3 | 0.3 | 21 | M8 | 6.5 | 25 | 11 |
| SIG8E | SAG8E | SKG8E | 8[③] | 19 | 11 | 11 | 6 | 16 | 0.3 | 0.3 | 21 | M10 | 7.5 | 30 | 13 |
| SIG10E | SAG10E | SKG10E | 10[③] | 22 | 13 | 12 | 7 | 19 | 0.3 | 0.3 | 18 | M12 | 8.5 | 35 | 17 |
| SIG12E | SAG12E | SKG12E | 12[④] | 26 | 16 | 15 | 9 | 22 | 0.3 | 0.3 | 18 | M14 | 10.5 | 41 | 19 |
| SIG15E | SAG15E | SKG15E | 15[④] | 30 | 19 | 16 | 10 | 25 | 0.3 | 0.3 | 16 | M16 | 11.5 | 47 | 22 |
| SIG17E | SAG17E | SKG17E | 17[④] | 35 | 21 | 20 | 12 | 29 | 0.3 | 0.3 | 19 | M20×1.5 | 13.5 | 54 | 24 |
| SIG20ES | SAG20ES | SKG20ES | 20 | 42 | 24 | 25 | 16 | 35 | 0.3 | 0.6 | 17 | M24×2 | 18 | 65 | 30 |
| SIG25ES | SAG25ES | SKG25ES | 25 | 47 | 29 | 28 | 18 | 40 | 0.6 | 0.6 | 17 | M30×2 | 20 | 75 | 34 |
| SIG30ES | SAG30ES | SKG30ES | 30 | 55 | 34 | 32 | 20 | 47 | 0.6 | 1 | 17 | M36×3 | 22 | 84 | 40 |
| SIG35ES | SAG35ES | SKG35ES | 35 | 62 | 39 | 35 | 22 | 53 | 0.6 | 1 | 16 | M39×3 | 24 | 94 | 46 |
| SIG40ES | SAG40ES | SKG40ES | 40 | 68 | 44 | 40 | 25 | 60 | 0.6 | 1 | 17 | M42×3 | 28 | 104 | 50 |
| SIG45ES | SAG45ES | SKG45ES | 45 | 75 | 50 | 43 | 28 | 66 | 0.6 | 1 | 15 | M45×3 | 31 | 114 | 58 |
| SIG50ES | SAG50ES | SKG50ES | 50 | 90 | 57 | 56 | 36 | 75 | 0.6 | 1 | 17 | M52×3 | 39 | 137 | 73 |
| SIG60ES | SAG60ES | SKG60ES | 60 | 105 | 67 | 63 | 40 | 92 | 1 | 1 | 17 | M56×4 | 43 | 162 | 85 |
| SIG70ES | SAG70ES | SKG70ES | 70 | 120 | 77 | 70 | 45 | 105 | 1 | 1 | 16 | M64×4 | 48 | 182 | 98 |

| 轴承型号 | | | 带外螺纹 | | | 带内螺纹 | | | | | | 带焊接柄 | | | |
|---|---|---|---|---|---|---|---|---|---|---|---|---|---|---|---|
| 内螺纹 SIG…E 型 SIG…ES 型 | 外螺纹 SAG…E 型 SAG…ES 型 | 焊接柄 SKG…E 型 SKG…ES 型 | $h$ | $l_1$ min | $l_2$ max | $h_1$ | $l_3$ min | $l_4$ max | $l_5$ ≈ | $d_3$ ≈ | $d_4$ max | $h_2$ | $l_6$ max | $d_5$ max | $d_6$ |
| SIG4E | SAG4E | SKG4E | 36 | 16 | 49 | 30 | 11 | 43 | 5 | 11 | 14 | — | — | — | — |
| SIG5E | SAG5E | SKG5E | 36 | 16 | 49 | 30 | 11 | 43 | 5 | 11 | 14 | — | — | — | — |
| SIG6E | SAG6E | SKG6E | 42 | 21 | 56 | 36 | 15 | 50 | 5 | 13 | 17 | — | — | — | — |
| SIG8E | SAG8E | SKG8E | 48 | 26 | 65 | 43 | 15 | 60 | 6.5 | 16 | 20 | 24 | 40 | 16 | 3 |
| SIG10E | SAG10E | SKG10E | 54 | 28 | 73 | 50 | 18 | 69 | 6.5 | 19 | 23 | 27 | 45 | 19 | 3 |
| SIG12E | SAG12E | SKG12E | 63 | 34 | 85 | 61 | 21 | 83 | 8 | 22 | 27 | 31 | 52 | 22 | 4 |
| SIG15E | SAG15E | SKG15E | 69 | 36 | 94 | 67 | 24 | 92 | 10 | 25 | 31 | 35 | 59 | 25 | 4 |
| SIG17E | SAG17E | SKG17E | 78 | 43 | 107 | 77 | 30 | 106 | 10 | 28 | 36 | 38 | 66 | 29 | 4 |
| SIG20ES | SAG20ES | SKG20ES | 94 | 53 | 128 | 94 | 36 | 128 | 12 | 35 | 44 | 45 | 78 | 35 | 4 |
| SIG25ES | SAG25ES | SKG25ES | 110 | 65 | 149 | 110 | 45 | 149 | 15 | 42 | 52 | 51 | 89 | 42 | 4 |
| SIG30ES | SAG30ES | SKG30ES | 140 | 82 | 184 | 125 | 60 | 169 | 15 | 47 | 60 | 61 | 104 | 49 | 4 |
| SIG35ES | SAG35ES | SKG35ES | 150 | 86 | 199 | 142 | 65 | 191 | 18 | 52 | 67 | 69 | 118 | 54 | 4 |
| SIG40ES | SAG40ES | SKG40ES | 163 | 92 | 217 | 145 | 65 | 199 | 20 | 58 | 72 | 77 | 132 | 60 | 6 |
| SIG45ES | SAG45ES | SKG45ES | 185 | 104 | 244 | 160 | 68 | 219 | 20 | 62 | 77 | 88 | 150 | 64 | 6 |
| SIG50ES | SAG50ES | SKG50ES | 210 | 115 | 281 | 175 | 70 | 246 | 20 | 70 | 90 | 100 | 173 | 72 | 6 |
| SIG60ES | SAG60ES | SKG60ES | 235 | 125 | 319 | 200 | 80 | 284 | 20 | 80 | 100 | 115 | 199 | 82 | 6 |
| SIG70ES | SAG70ES | SKG70ES | 270 | 140 | 364 | 230 | 85 | 324 | 25 | 95 | 112 | 141 | 237 | 97 | 6 |

注：螺纹可右旋或左旋，若为左旋，轴承代号为 SILG…E、SILG…ES、SALG…E 和 SALG…ES 对边宽度未规定尺寸。

① 参考尺寸，不适用于整体结构。

② 参考尺寸。

③ 这些杆端关节轴承无再润滑装置。

④ 这些杆端关节轴承具有再润滑装置，是通过润滑孔而不是通过润滑接口进行再润滑的。

**表 6.3-76　符合尺寸系列 G、柄部为加强型的杆端关节轴承 GH 系列**（摘自 GB/T 9161—2001）

（单位：mm）

| $d$ | 带外螺纹或内螺纹 | | | | | | | | | | | | 带外螺纹 | | | | 带内螺纹 | | | |
|---|---|---|---|---|---|---|---|---|---|---|---|---|---|---|---|---|---|---|---|---|
| | $D^{①}$ | $d_1$ $\approx$ | $B$ | $C^{①}$ | $d_k^{②}$ | $r_{smin}$ | $r_{1smin}^{①}$ | $\alpha/$ $(°)$ $\approx$ | $G$ | $C_1$ max | $d_2$ max | $l_7$ min | $h$ | $l_1$ min | $l_2$ max | $h_1$ | $l_3$ min | $l_4$ max | $l_5$ $\approx$ | $d_3$ $\approx$ |
| 30 | 55 | 34 | 32 | 20 | 47 | 0.6 | 1 | 17 | M36 × 3 | 22 | 84 | 40 | 130 | 82 | 174 | 130 | 60 | 174 | 25 | 49 |
| 35 | 62 | 39 | 35 | 22 | 53 | 0.6 | 1 | 16 | M42 × 2 | 24 | 94 | 46 | 145 | 90 | 194 | 145 | 65 | 194 | 25 | 58 |
| 40 | 68 | 44 | 40 | 25 | 60 | 0.6 | 1 | 17 | M45 × 3 | 28 | 104 | 50 | 165 | 95 | 219 | 165 | 65 | 219 | 30 | 65 |
| 45 | 75 | 50 | 43 | 28 | 66 | 0.6 | 1 | 15 | M52 × 3 | 31 | 114 | 58 | 195 | 110 | 254 | 195 | 68 | 254 | 30 | 70 |
| 50 | 90 | 57 | 56 | 36 | 80 | 0.6 | 1 | 14 | M60 × 4 | 39 | 137 | 73 | 225 | 120 | 296 | 225 | 70 | 296 | 35 | 82 |
| 60 | 105 | 67 | 63 | 40 | 92 | 1 | 1 | 17 | M72 × 4 | 43 | 162 | 85 | 265 | 132 | 349 | 265 | 80 | 349 | 40 | 92 |
| 70 | 120 | 77 | 70 | 45 | 105 | 1 | 1 | 16 | M80 × 4 | 48 | 182 | 98 | 295 | 147 | 389 | 295 | 85 | 389 | 45 | 105 |

注：GH 系列是 GB/T 9161—2001 中新增系列，对边宽度未规定尺寸。
① 参考尺寸，不适用于整体结构。
② 参考尺寸。

### 2.4.5　自润滑杆端关节轴承（表 6.3-77）

**表 6.3-77　自润滑杆端关节轴承**（摘自 GB/T 9163—2001）　　　　（单位：mm）

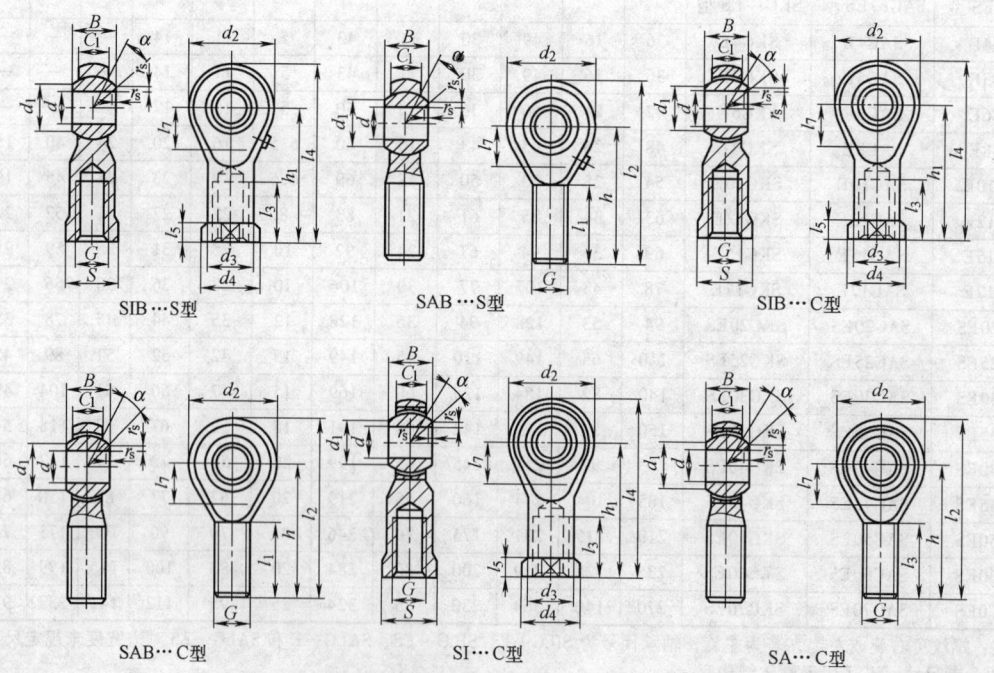

SIB…S型　　　　SAB…S型　　　　SIB…C型

SAB…C型　　　　SI…C型　　　　SA…C型

（续）

| 轴 承 型 号 | | | | | | $d$ | 带外螺纹或内螺纹 | | | | | |
|---|---|---|---|---|---|---|---|---|---|---|---|---|
| SIB…S 型<br>内螺纹 | SAB…S 型<br>外螺纹 | SIB…C 型<br>内螺纹 | SAB…C 型<br>外螺纹 | SI…C 型<br>内螺纹 | SA…C 型<br>外螺纹 | | $D^①$ | $d_1$<br>$\approx$ | $B$ | $C^①$ | $d_k^②$ | $r_s$ |
| SIBJK5S | SABJK5S | SIBJK5C | SABJK5C | SIJK5C | SAJK5C | $5^③$ | 13 | 7.7 | 8 | 6 | 11.1 | 0.3 |
| SIBJK6S | SABJK6S | SIBJK6C | SABJK6C | SIJK6C | SAJK6C | 6 | 16 | 8.9 | 9 | 6.75 | 12.7 | 0.3 |
| SIBJK8S | SABJK8S | SIBJK8C | SABJK8C | SIJK8C | SAJK8C | 8 | 19 | 10.3 | 12 | 9 | 15.8 | 0.3 |
| SIBJK10S | SABJK10S | SIBJK10C | SABJK10C | SIJK10C | SAJK10C | 10 | 22 | 12.9 | 14 | 10.5 | 19 | 0.3 |
| SIBJK12S | SABJK12S | SIBJK12C | SABJK12C | SIJK12C | SAJK12C | 12 | 26 | 15.4 | 16 | 12 | 22.2 | 0.3 |
| SIBJK14S | SABJK14S | SIBJK14C | SABJK14C | SIJK14C | SAJK14C | 14 | 29 | 18 | 19 | 13.5 | 25.4 | 0.3 |
| SIBJK16S | SABJK16S | SIBJK16C | SABJK16C | SIJK16C | SAJK16C | 16 | 32 | 19.3 | 21 | 15 | 28.5 | 0.3 |
| SIBJK18S | SABJK18S | SIBJK18C | SABJK18C | SIJK18C | SAJK18C | 18 | 35 | 21.8 | 23 | 16.5 | 31.7 | 0.3 |
| SIBJK20S | SABJK20S | SIBJK20C | SABJK20C | SIJK20C | SAJK20C | 20 | 40 | 24.3 | 25 | 18 | 34.9 | 0.3 |
| SIBJK22S | SABJK22S | SIBJK22C | SABJK22C | SIJK22C | SAJK22C | 22 | 42 | 25.8 | 28 | 20 | 38.1 | 0.3 |
| SIBJK25S | SABJK25S | SIBJK25C | SABJK25C | SIJK25C | SAJK25C | 25 | 47 | 29.5 | 31 | 22 | 42.8 | 0.3 |
| SIBJK30S | SABJK30S | SIBJK30C | SABJK30C | SIJK30C | SAJK30C | 30 | 55 | 34.8 | 37 | 25 | 50.8 | 0.3 |
| SIBJK35S | SABJK35S | SIBJK35C | SABJK35C | SIJK35C | SAJK35C | 35 | 65 | 40.3 | 43 | 30 | 59 | 0.6 |
| SIBJK40S | SABJK40S | SIBJK40C | SABJK40C | SIJK40C | SAJK40C | 40 | 72 | 44.2 | 49 | 35 | 66 | 0.6 |
| SIBJK50S | SABJK50S | SIBJK50C | SABJK50C | SIJK50C | SAJK50C | 50 | 90 | 55.8 | 60 | 45 | 82 | 0.6 |

| 轴 承 型 号 | | | | | | 带外螺纹或内螺纹 | | | | | |
|---|---|---|---|---|---|---|---|---|---|---|---|
| SIB…S 型<br>内螺纹 | SAB…S 型<br>外螺纹 | SIB…C 型<br>内螺纹 | SAB…C 型<br>外螺纹 | SI…C 型<br>内螺纹 | SA…C 型<br>外螺纹 | $r_{1smin}^①$ | $\alpha/(°)$<br>$\approx$ | $G$ | $C_1$<br>max | $d_2$<br>max | $l_7$<br>min |
| SIBJK5S | SABJK5S | SIBJK5C | SABJK5C | SIJK5C | SAJK5C | 0.3 | 13 | M5 | 7.5 | 19 | 9 |
| SIBJK6S | SABJK6S | SIBJK6C | SABJK6C | SIJK6C | SAJK6C | 0.3 | 13 | M6 | 7.5 | 21 | 10 |
| SIBJK8S | SABJK8S | SIBJK8C | SABJK8C | SIJK8C | SAJK8C | 0.3 | 14 | M8 | 9.5 | 25 | 12 |
| SIBJK10S | SABJK10S | SIBJK10C | SABJK10C | SIJK10C | SAJK10C | 0.3 | 13 | M10 | 11.5 | 29 | 14 |
| SIBJK12S | SABJK12S | SIBJK12C | SABJK12C | SIJK12C | SAJK12C | 0.3 | 13 | M12 | 12.5 | 33 | 16 |
| SIBJK14S | SABJK14S | SIBJK14C | SABJK14C | SIJK14C | SAJK14C | 0.3 | 16 | M14 | 14.5 | 37 | 18 |
| SIBJK16S | SABJK16S | SIBJK16C | SABJK16C | SIJK16C | SAJK16C | 0.3 | 15 | M16 | 15.5 | 43 | 21 |
| SIBJK18S | SABJK18S | SIBJK18C | SABJK18C | SIJK18C | SAJK18C | 0.3 | 15 | M18×1.5 | 17.5 | 47 | 23 |
| SIBJK20S | SABJK20S | SIBJK20C | SABJK20C | SIJK20C | SAJK20C | 0.6 | 14 | M20×1.5 | 18.5 | 51 | 25 |
| SIBJK22S | SABJK22S | SIBJK22C | SABJK22C | SIJK22C | SAJK22C | 0.6 | 15 | M22×1.5 | 21 | 55 | 27 |
| SIBJK25S | SABJK25S | SIBJK25C | SABJK25C | SIJK25C | SAJK25C | 0.6 | 15 | M24×2 | 23 | 61 | 30 |
| SIBJK30S | SABJK30S | SIBJK30C | SABJK30C | SIJK30C | SAJK30C | 0.6 | 17 | M30×2 | 27 | 71 | 35 |
| SIBJK35S | SABJK35S | SIBJK35C | SABJK35C | SIJK35C | SAJK35C | 1 | 16 | M36×2 | 32 | 81 | 40 |
| SIBJK40S | SABJK40S | SIBJK40C | SABJK40C | SIJK40C | SAJK40C | 1 | 16 | M42×2 | 37 | 91 | 45 |
| SIBJK50S | SABJK50S | SIBJK50C | SABJK50C | SIJK50C | SAJK50C | 1 | | M48×2 | 47 | 117 | 58 |

| 轴 承 型 号 | | | | | | 带外螺纹 | | | 带内螺纹 | | | | |
|---|---|---|---|---|---|---|---|---|---|---|---|---|---|
| SIB…S 型<br>内螺纹 | SAB…S 型<br>外螺纹 | SIB…C 型<br>内螺纹 | SAB…C 型<br>外螺纹 | SI…C 型<br>内螺纹 | SA…C 型<br>外螺纹 | $h$ | $l_1$<br>min | $l_2$<br>max | $h_1$ | $l_3$<br>min | $l_4$<br>max | $l_5$<br>$\approx$ | $d_3$<br>$\approx$ | $d_4$<br>max |
| SIBJK5S | SABJK5S | SIBJK5C | SABJK5C | SIJK5C | SAJK5C | 33 | 19 | 44 | 27 | 8 | 38 | 4 | 9 | 12 |
| SIBJK6S | SABJK6S | SIBJK6C | SABJK6C | SIJK6C | SAJK6C | 36 | 21 | 48 | 30 | 9 | 42 | 5 | 10 | 14 |
| SIBJK8S | SABJK8S | SIBJK8C | SABJK8C | SIJK8C | SAJK8C | 42 | 25 | 56 | 36 | 12 | 50 | 5 | 12.5 | 17 |
| SIBJK10S | SABJK10S | SIBJK10C | SABJK10C | SIJK10C | SAJK10C | 48 | 28 | 64 | 43 | 15 | 59 | 6.5 | 15 | 20 |
| SIBJK12S | SABJK12S | SIBJK12C | SABJK12C | SIJK12C | SAJK12C | 54 | 32 | 72 | 50 | 18 | 68 | 6.5 | 17.5 | 23 |
| SIBJK14S | SABJK14S | SIBJK14C | SABJK14C | SIJK14C | SAJK14C | 60 | 36 | 80 | 57 | 21 | 77 | 8 | 20 | 27 |
| SIBJK16S | SABJK16S | SIBJK16C | SABJK16C | SIJK16C | SAJK16C | 66 | 37 | 89 | 64 | 24 | 87 | 8 | 22 | 29 |
| SIBJK18S | SABJK18S | SIBJK18C | SABJK18C | SIJK18C | SAJK18C | 72 | 41 | 97 | 71 | 27 | 96 | 10 | 25 | 32 |
| SIBJK20S | SABJK20S | SIBJK20C | SABJK20C | SIJK20C | SAJK20C | 78 | 45 | 106 | 77 | 30 | 105 | 10 | 27.5 | 37 |
| SIBJK22S | SABJK22S | SIBJK22C | SABJK22C | SIJK22C | SAJK22C | 84 | 48 | 114 | 84 | 33 | 114 | 12 | 30 | 40 |
| SIBJK25S | SABJK25S | SIBJK25C | SABJK25C | SIJK25C | SAJK25C | 94 | 55 | 127 | 94 | 36 | 127 | 12 | 33.5 | 52 |
| SIBJK30S | SABJK30S | SIBJK30C | SABJK30C | SIJK30C | SAJK30C | 110 | 66 | 148 | 110 | 45 | 148 | 15 | 40 | 52 |
| SIBJK35S | SABJK35S | SIBJK35C | SABJK35C | SIJK35C | SAJK35C | 140 | 85 | 183 | 125 | 56 | 168 | 20 | 49 | 60 |
| SIBJK40S | SABJK40S | SIBJK40C | SABJK40C | SIJK40C | SAJK40C | 150 | 90 | 198 | 142 | 60 | 190 | 25 | 57 | 69 |
| SIBJK50S | SABJK50S | SIBJK50C | SABJK50C | SIJK50C | SAJK50C | 185 | 105 | 246 | 160 | 65 | 221 | 25 | 65 | 78 |

注：螺纹可为左旋或右旋，若为左旋，轴承代号为 SILB…S、SALB…S、SILB…C、SALB…C、SIL…C 和 SAL…C 对边宽
    度未规定尺寸。

① 参考尺寸，不适用于整体结构。

② 参考尺寸。

③ 该杆端关节轴承无再润滑装置。

## 2.4.6 自润滑球头杆端关节轴承（表 6.3-78 ~ 表 6.3-80）

**表 6.3-78　自润滑球头杆端关节轴承 SQ…C 型和 SQ…C-RS 型**（摘自 JB/T 5306—2007）

（单位：mm）

SQ…C-RS型

SQ…C型

| 轴承型号 | 轴承型号 | d | 球头杆 | | | | | | | | 外形尺寸 | | | | | 球头座 | | | | 倾斜角 |
|---|---|---|---|---|---|---|---|---|---|---|---|---|---|---|---|---|---|---|---|---|
| | | | $d_1$ | $l$ max | $d_3$ max | $l_1$ min | $l_2$ | $l_3$ max | $d_2$ min | $S_1$ | $L$ max | $L_1$ | $L_2$ max | $L_3$ max | $D_1$ max | $D_2$ max | $D_3$ max | $S_2$ | $\alpha/(°)$ |
| SQ5C | SQ5C-RS | 5 | M5 | 30 | 20 | 8 | 10 | 21 | 9 | 7 | 36 | 27 | 4 | 14 | 9 | 12 | 18 | 10 | 25 |
| SQ6C | SQ6C-RS | 6 | M6 | 36 | 20 | 11 | 11 | 26 | 10 | 8 | 40.5 | 30 | 5 | 14 | 10 | 13 | 20 | 10 | 25 |
| SQ8C | SQ8C-RS | 8 | M8 | 43.5 | 24 | 12 | 14 | 31 | 12 | 10 | 49 | 36 | 5 | 17 | 12.5 | 16 | 25 | 13 | 25 |
| SQ10C | SQ10C-RS | 10 | M10×1.25 | 51.5 | 30 | 15 | 17 | 37 | 14 | 11 | 58 | 43 | 6.5 | 21 | 15 | 19 | 29 | 16 | 25 |
| SQ12C | SQ12C-RS | 12 | M12×1.25 | 57.6 | 32 | 17 | 19 | 42 | 19 | 16 | 66 | 50 | 6.5 | 25 | 17.5 | 22 | 31 | 18 | 25 |
| SQ14C | SQ14C-RS | 14 | M14×1.5 | 73.5 | 38 | 22 | 21.5 | 56 | 19 | 16 | 75 | 57 | 8 | 26 | 20 | 25 | 35 | 21 | 25 |
| SQ16C | SQ16C-RS | 16 | M16×1.5 | 79.5 | 44 | 23 | 23.5 | 60 | 22 | 18 | 84 | 64 | 8 | 32 | 22 | 27 | 39 | 24 | 20 |
| SQ18C | SQ18C-RS | 18 | M18×1.5 | 90 | 45 | 25 | 26.5 | 68 | 25 | 21 | 93 | 71 | 10 | 34 | 25 | 31 | 44 | 27 | 20 |
| SQ20C | SQ20C-RS | 20 | M20×1.5 | 90 | 50 | 25 | 27 | 68 | 29 | 24 | 99 | 77 | 10 | 35 | 27.5 | 34 | 44 | 30 | 20 |
| SQ22C | SQ22C-RS | 22 | M22×1.5 | 95 | 52 | 26 | 28 | 70 | 29 | 24 | 109 | 84 | 12 | 41 | 30 | 37 | 50 | 30 | 16 |

注：球头座杆的螺纹为右旋或左旋，若是左旋，轴承型号应加 "L"，螺纹标记需加 "左"，例如：SQL5CM5 左-6H；SQL10C-RSM10×1.25 左-6H。

表 6.3-79　自润滑球头杆端关节轴承 SQZ···C 和 SQZ···C-RS 型（摘自 JB/T 5306—2007）

（单位：mm）

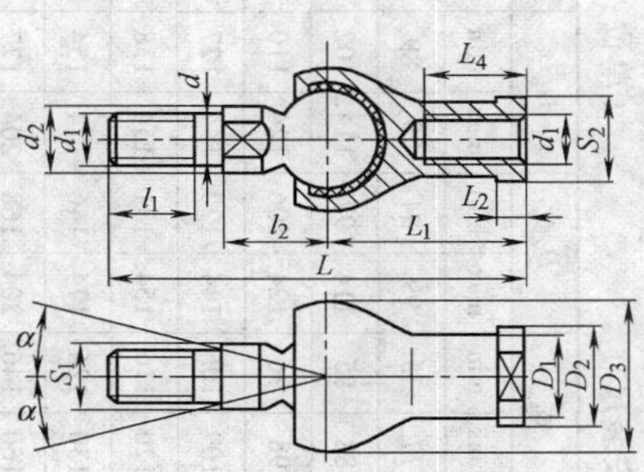

SQZ···C-RS型

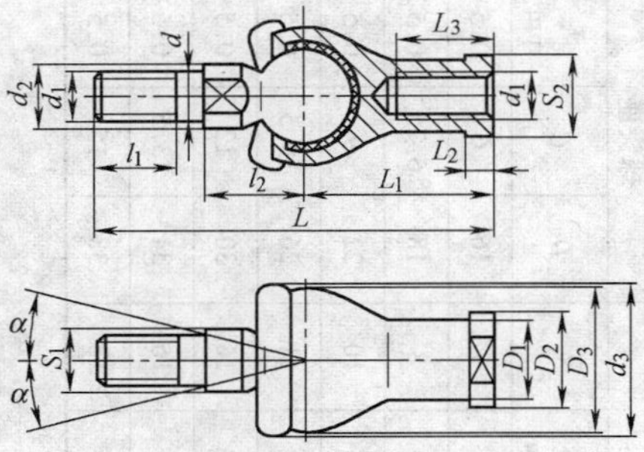

SQZ···C型

| 轴承型号 | | 外形尺寸 | | | | | | | | | | | | | | | |
|---|---|---|---|---|---|---|---|---|---|---|---|---|---|---|---|---|---|
| | | 球头杆 | | | | | | | 球头座杆 | | | | | | | | 倾斜角 $\alpha/(°)$ |
| | | $d$ | $d_1$ | $L$ max | $d_3$ max | $l_1$ min | $l_2$ | $d_2$ min | $S_1$ | $L_1$ | $L_2$ max | $L_3$ max | $D_1$ max | $D_2$ max | $D_3$ max | $S_2$ | |
| SQZ5C | SQZ5C-RS | 5 | M5 | 46 | 20 | 8 | 11 | 9 | 7 | 24 | 4 | 12 | 9 | 12 | 17 | 10 | 15 |
| SQZ6C | SQZ6C-RS | 6 | M6 | 55.2 | 20 | 11 | 12.2 | 10 | 8 | 28 | 5 | 15 | 10 | 13 | 20 | 10 | 15 |
| SQZ8C | SQZ8C-RS | 8 | M8 | 65 | 24 | 12 | 16 | 12 | 10 | 32 | 5 | 16 | 12.5 | 16 | 24 | 13 | 15 |
| SQZ10C | SQZ10C-RS | 10 | M10×1.25 | 74.5 | 30 | 15 | 19.5 | 14 | 11 | 35 | 6.5 | 18 | 15 | 19 | 28 | 16 | 15 |
| SQZ12C | SQZ12C-RS | 12 | M12×1.25 | 84 | 32 | 17 | 21 | 19 | 16 | 40 | 6.5 | 20 | 17.5 | 22 | 32 | 18 | 15 |
| SQZ14C | SQZ14C-RS | 14 | M14×1.5 | 104.5 | 38 | 22 | 23.5 | 19 | 16 | 45 | 8 | 25 | 20 | 25 | 36 | 21 | 11 |
| SQZ16C | SQZ16C-RS | 16 | M16×1.5 | 112 | 44 | 23 | 25.5 | 22 | 18 | 50 | 8 | 27 | 22 | 27 | 40 | 24 | 11 |
| SQZ18C | SQZ18C-RS | 18 | M18×1.5 | 130.5 | 45 | 25 | 31 | 25 | 21 | 58 | 10 | 32 | 25 | 31 | 45 | 27 | 11 |
| SQZ20C | SQZ20C-RS | 20 | M20×1.5 | 133 | 50 | 25 | 31 | 29 | 24 | 63 | 10 | 38 | 27.5 | 34 | 45 | 30 | 7.5 |
| SQZ22C | SQZ22C-RS | 22 | M22×1.5 | 145 | 52 | 26 | 33 | 29 | 24 | 70 | 12 | 43 | 30 | 37 | 50 | 30 | 7.5 |

注：球头座杆的螺纹可为右旋或左旋。若为左旋，轴承型号应加"L"，螺纹标记应加"左"，例如：SQZL5CM5 左-6H；SQZL12C-RSM12×1.25 左-6H。

表 6.3-80 自润滑球头杆端关节轴承 SQD…C 型 （摘自 JB/T 5306—2007） （单位：mm）

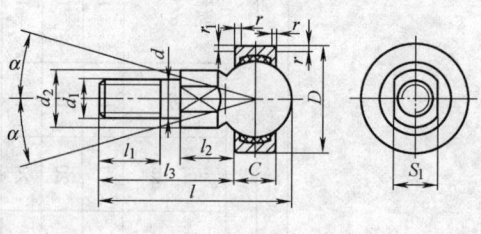

SQD…C型

| 轴承型号 | 外 形 尺 寸 | | | | | | | | | | | | |
|---|---|---|---|---|---|---|---|---|---|---|---|---|
| | $d$ | $d_1$ | $l$ max | 球头杆 | | | | | 球头座 | | | 倾斜角 $\alpha/(°)$ |
| | | | | $l_1$ min | $l_2$ | $l_3$ max | $d_2$ min | $S_1$ | $D$ | $C$ | $r$ min | |
| SQD5C | 5 | M5 | 27.5 | 8 | 8 | 19 | 9 | 7 | 16 | 6 | 0.5 | 25 |
| SQD6C | 6 | M6 | 33.5 | 11 | 8.8 | 23.8 | 10 | 8 | 18 | 6.75 | 0.5 | 25 |
| SQD8C | 8 | M8 | 41 | 12 | 11.6 | 28.6 | 12 | 10 | 22 | 9 | 0.5 | 25 |
| SQD10C | 10 | M10×1.25 | 49 | 15 | 14.2 | 34.2 | 14 | 11 | 26 | 10.5 | 0.5 | 25 |
| SQD12C | 12 | M12×1.25 | 55.1 | 17 | 15.1 | 38.1 | 19 | 16 | 30 | 12 | 0.5 | 25 |
| SQD14C | 14 | M14×1.5 | 70.5 | 22 | 16.8 | 51.3 | 19 | 16 | 34 | 13.5 | 0.5 | 20 |
| SQD16C | 16 | M16×1.5 | 76.3 | 23 | 18 | 54.5 | 22 | 18 | 38 | 15 | 0.5 | 20 |

## 2.4.7 各种关节轴承的安装尺寸 （表 6.3-81 ～ 表 6.3-85）

表 6.3-81 向心关节轴承（E 系列）安装尺寸 （单位：mm）

| 轴承公称直径 | | $d_a$ | | $D_a$ | | $D_b$ | | $r_a$ | $r_b$ | 轴承公称直径 | | $d_a$ | | $D_a$ | | $D_b$ | | $r_a$ | $r_b$ |
|---|---|---|---|---|---|---|---|---|---|---|---|---|---|---|---|---|---|---|---|
| $d$ | $D$ | max | min | max | min | max | min | max | max | $d$ | $D$ | max | min | max | min | max | min | max | max |
| 4 | 12 | 6 | 6 | 10 | 8 | — | — | 0.3 | 0.3 | 70 | 105 | 77 | 75 | 99 | 84 | 99 | 89 | 1.0 | 1.0 |
| 5 | 14 | 7 | 7 | 12 | 10 | — | — | 0.3 | 0.3 | 80 | 120 | 88 | 85 | 114 | 97 | 114 | 102 | 1.0 | 1.0 |
| 6 | 14 | 8 | 8 | 12 | 10 | — | — | 0.3 | 0.3 | 90 | 130 | 98 | 96 | 124 | 106 | 124 | 110 | 1.0 | 1.0 |
| 8 | 16 | 10 | 10 | 14 | 13 | — | — | 0.3 | 0.3 | 100 | 150 | 109 | 106 | 144 | 120 | 144 | 127 | 1.0 | 1.0 |
| 10 | 19 | 13 | 13 | 17 | 16 | — | — | 0.3 | 0.3 | 110 | 160 | 120 | 116 | 154 | 131 | 154 | 138 | 1.0 | 1.0 |
| 12 | 22 | 15 | 15 | 19 | 18 | — | — | 0.3 | 0.3 | 120 | 180 | 130 | 126 | 174 | 146 | 174 | 154 | 1.0 | 1.0 |
| 15 | 26 | 18 | 18 | 23 | 21 | 23 | 20 | 0.3 | 0.3 | 140 | 210 | 160 | 146 | 204 | 168 | 204 | 177 | 1.0 | 1.0 |
| 17 | 30 | 20 | 20 | 27 | 24 | 27 | 25 | 0.3 | 0.3 | 160 | 230 | 170 | 166 | 224 | 186 | 224 | 196 | 1.0 | 1.0 |
| 20 | 35 | 24 | 23 | 31 | 28 | 31 | 30 | 0.3 | 0.3 | 180 | 260 | 192 | 187 | 253 | 214 | 253 | 224 | 1.0 | 1.0 |
| 25 | 42 | 29 | 28 | 38 | 33 | 38 | 36 | 0.6 | 0.6 | 200 | 290 | 212 | 207 | 283 | 233 | 283 | 245 | 1.0 | 1.0 |
| 30 | 47 | 34 | 34 | 43 | 38 | 43 | 40 | 0.6 | 0.6 | 220 | 320 | 238 | 227 | 313 | 260 | 313 | 272 | 1.0 | 1.0 |
| 35 | 55 | 39 | 38 | 50 | 44 | 50 | 47 | 0.6 | 1.0 | 240 | 340 | 265 | 247 | 333 | 286 | 333 | 299 | 1.0 | 1.0 |
| 40 | 62 | 45 | 44 | 57 | 50 | 57 | 53 | 0.6 | 1.0 | 260 | 370 | 280 | 267 | 363 | 310 | 363 | 323 | 1.0 | 1.0 |
| 45 | 68 | 50 | 49 | 63 | 56 | 63 | 59 | 0.6 | 1.0 | 280 | 400 | 310 | 287 | 393 | 333 | 393 | 346 | 1.0 | 1.0 |
| 50 | 75 | 55 | 54 | 70 | 61 | 70 | 64 | 0.6 | 1.0 | 300 | 430 | 330 | 307 | 423 | 360 | 423 | 373 | 1.0 | 1.0 |
| 60 | 90 | 66 | 65 | 84 | 73 | 84 | 77 | 1.0 | 1.0 | | | | | | | | | | |

**表 6.3-82　向心关节轴承（G 系列）安装尺寸**　　　　　（单位：mm）

| 轴承公称直径 | | $d_a$ | | $D_a$ | | $D_b$ | | $r_a$ | $r_b$ | 轴承公称直径 | | $d_a$ | | $D_a$ | | $D_b$ | | $r_a$ | $r_b$ |
|---|---|---|---|---|---|---|---|---|---|---|---|---|---|---|---|---|---|---|---|
| $d$ | $D$ | max | min | max | min | max | min | max | max | $d$ | $D$ | max | min | max | min | max | min | max | max |
| 4 | 14 | 7 | 6 | 12 | 10 | — | — | 0.3 | 0.3 | 60 | 105 | 67 | 65 | 99 | 84 | 99 | 89 | 1.0 | 1.0 |
| 5 | 16 | 8 | 7 | 14 | 12 | — | — | 0.3 | 0.3 | 70 | 120 | 77 | 75 | 114 | 87 | 114 | 102 | 1.0 | 1.0 |
| 6 | 16 | 9 | 8 | 14 | 12 | — | — | 0.3 | 0.3 | 80 | 130 | 87 | 85 | 124 | 106 | 124 | 110 | 1.0 | 1.0 |
| 8 | 19 | 11 | 10 | 17 | 15 | — | — | 0.3 | 0.3 | 90 | 150 | 98 | 96 | 144 | 120 | 144 | 127 | 1.0 | 1.0 |
| 10 | 22 | 13 | 13 | 20 | 18 | — | — | 0.3 | 0.3 | 100 | 160 | 110 | 106 | 154 | 131 | 154 | 138 | 1.0 | 1.0 |
| 12 | 26 | 16 | 15 | 23 | 21 | — | — | 0.3 | 0.3 | 110 | 180 | 122 | 116 | 174 | 146 | 174 | 154 | 1.0 | 1.0 |
| 15 | 30 | 19 | 18 | 27 | 24 | 27 | 25 | 0.3 | 0.3 | 120 | 210 | 132 | 126 | 204 | 168 | 204 | 177 | 1.0 | 1.0 |
| 17 | 35 | 21 | 20 | 32 | 28 | 32 | 30 | 0.3 | 0.3 | 140 | 230 | 151 | 146 | 224 | 186 | 224 | 196 | 1.0 | 1.0 |
| 20 | 42 | 24 | 23 | 38 | 33 | 38 | 36 | 0.3 | 0.3 | 160 | 260 | 176 | 166 | 254 | 214 | 254 | 224 | 1.0 | 1.0 |
| 25 | 47 | 29 | 28 | 43 | 38 | 43 | 40 | 0.6 | 0.6 | 180 | 300 | 196 | 187 | 283 | 233 | 283 | 245 | 1.0 | 1.0 |
| 30 | 55 | 34 | 33 | 50 | 44 | 50 | 47 | 0.6 | 1.0 | 200 | 320 | 220 | 207 | 313 | 260 | 313 | 272 | 1.0 | 1.0 |
| 35 | 62 | 39 | 38 | 57 | 50 | 57 | 53 | 0.6 | 1.0 | 220 | 340 | 243 | 227 | 333 | 286 | 333 | 299 | 1.0 | 1.0 |
| 40 | 68 | 44 | 44 | 63 | 56 | 63 | 59 | 0.6 | 1.0 | 240 | 370 | 263 | 247 | 363 | 310 | 363 | 323 | 1.0 | 1.0 |
| 45 | 75 | 50 | 49 | 70 | 61 | 70 | 64 | 0.6 | 1.0 | 260 | 400 | 285 | 267 | 393 | 333 | 393 | 346 | 1.0 | 1.0 |
| 50 | 90 | 57 | 54 | 84 | 73 | 84 | 77 | 0.6 | 1.0 | 280 | 430 | 310 | 287 | 423 | 360 | 423 | 373 | 1.0 | 1.0 |

**表 6.3-83　向心关节轴承（EW 系列）安装尺寸**　　　　　（单位：mm）

| 轴承公称直径 | | $D_a$ | | $D_b$ | | $r_b$ | 轴承公称直径 | | $D_a$ | | $D_b$ | | $r_b$ |
|---|---|---|---|---|---|---|---|---|---|---|---|---|---|
| $d$ | $D$ | max | min | max | min | max | $d$ | $D$ | max | min | max | min | max |
| 12 | 22 | 19 | 18 | 19 | 17 | 0.3 | 40 | 62 | 57 | 50 | 57 | 53 | 1.0 |
| 15 | 26 | 23 | 21 | 23 | 22 | 0.3 | 45 | 68 | 63 | 56 | 63 | 59 | 1.0 |
| 16 | 28 | 25 | 23 | 25 | 24 | 0.3 | 50 | 75 | 70 | 61 | 70 | 64 | 1.0 |
| 17 | 30 | 27 | 24 | 27 | 25 | 0.3 | 60 | 90 | 84 | 73 | 84 | 77 | 1.0 |
| 20 | 35 | 31 | 28 | 31 | 30 | 0.3 | 63 | 95 | 89 | 76 | 89 | 81 | 1.0 |
| 25 | 42 | 38 | 33 | 38 | 36 | 0.3 | 70 | 105 | 99 | 84 | 99 | 89 | 1.0 |
| 30 | 47 | 43 | 38 | 43 | 40 | 0.6 | 80 | 120 | 114 | 97 | 114 | 102 | 1.0 |
| 32 | 52 | 47 | 41 | 47 | 44 | 1.0 | 100 | 150 | 144 | 120 | 144 | 127 | 1.0 |
| 35 | 55 | 50 | 44 | 50 | 47 | 1.0 | | | | | | | |

**表 6.3-84　角接触关节轴承（E 系列）安装尺寸**　　　　　（单位：mm）

| 轴承公称直径 | | $d_a$ | $d_b$ | $D_a$ | $D_c$ | $r_c$ | 轴承公称直径 | | $d_a$ | $d_b$ | $D_a$ | $D_c$ | $r_c$ |
|---|---|---|---|---|---|---|---|---|---|---|---|---|---|
| $d$ | $D$ | min | max | max | min | max | $d$ | $D$ | min | max | max | min | max |
| 25 | 47 | 31 | 29 | 41 | 43 | 1.0 | 75 | 115 | 84 | 84 | 108 | 109 | 1.0 |
| 30 | 55 | 36 | 34 | 49 | 51 | 1.0 | 80 | 125 | 89 | 87 | 118 | 117 | 1.0 |
| 35 | 62 | 41 | 39 | 56 | 57 | 1.0 | 85 | 130 | 94 | 94 | 123 | 124 | 1.0 |
| 40 | 68 | 46 | 44 | 62 | 63 | 1.0 | 90 | 140 | 99 | 97 | 131 | 130 | 1.5 |
| 45 | 75 | 51 | 50 | 69 | 70 | 1.0 | 95 | 145 | 104 | 104 | 136 | 137 | 1.5 |
| 50 | 80 | 56 | 56 | 74 | 75 | 1.0 | 100 | 150 | 110 | 110 | 141 | 143 | 1.5 |
| 55 | 90 | 62 | 60 | 83 | 83 | 1.0 | 105 | 160 | 115 | 113 | 151 | 150 | 2 |
| 60 | 95 | 67 | 67 | 88 | 89 | 1.0 | 110 | 170 | 120 | 116 | 161 | 157 | 2 |
| 65 | 100 | 72 | 72 | 93 | 95 | 1.0 | 120 | 180 | 131 | 131 | 171 | 170 | 2 |
| 70 | 110 | 79 | 79 | 103 | 104 | 1.0 | | | | | | | |

表 6.3-85　推力关节轴承（E 系列）安装尺寸　　　　　　　（单位：mm）

| 轴承公称直径 | | $d_a$ | $D_a$ | $r_c$ | 轴承公称直径 | | $d_a$ | $D_a$ | $r_c$ |
|---|---|---|---|---|---|---|---|---|---|
| $d$ | $D$ | min | max | max | $d$ | $D$ | min | max | max |
| 10 | 30 | 22 | 23 | 0.6 | 40 | 105 | 75 | 84 | 1.0 |
| 12 | 36 | 25 | 27 | 0.6 | 45 | 120 | 84 | 97 | 1.0 |
| 15 | 42 | 31 | 32 | 0.6 | 50 | 130 | 93 | 104 | 1.0 |
| 17 | 47 | 34 | 37 | 0.6 | 60 | 150 | 109 | 119 | 1.0 |
| 20 | 55 | 38 | 44 | 1.0 | 70 | 160 | 123 | 124 | 1.0 |
| 25 | 62 | 47 | 47 | 1.0 | 80 | 180 | 137 | 141 | 1.0 |
| 30 | 75 | 55 | 59 | 1.0 | 100 | 210 | 157 | 171 | 1.0 |
| 35 | 90 | 65 | 71 | 1.0 | 120 | 230 | 176 | 187 | 1.0 |

# 3　特殊轴承简介

在实际设计过程中，在某些特殊场合中需要应用到一些特殊的轴承，例如：高温、高寒环境、腐蚀环境、高速环境、高精度等环境中。如表 6.3-86 所示为一些特殊轴承的简介。

表 6.3-86　特殊轴承简介

| 名称 | 特点 | 结构、原理 | 应用场合 |
|---|---|---|---|
| 陶瓷轴承 | 陶瓷轴承具有耐高温、耐寒、耐磨、耐腐蚀、抗磁电绝缘、无油自润滑、高转速等特性。可用于极度恶劣的环境及特殊工况，可广泛应用于航空、航天、航海、石油、化工、汽车、电子设备、冶金、电力、纺织、泵类、医疗器械、科研和国防军事等领域，是新材料应用的高科技产品。套圈及滚动体采用全陶瓷材料，有氧化锆（$ZrO_2$）、氮化硅（$Si_3N_4$）、碳化硅（SiC）三种。保持器采用聚四氟乙烯、尼龙 66，聚醚酰亚胺，氧化锆，氮化硅，不锈钢或特种航空铝制造，从而扩宽了陶瓷轴承的应用面 | 深沟球陶瓷轴承 | 用途广泛，可承受径向载荷与双向轴向载荷。适用于高速旋转及要求低噪声、低振动的场合或钢质轴承所不能应用的高温、高寒、腐蚀、磁场、非绝缘等领域 |
| | | 调心球全陶瓷轴承 | 调心球轴承的外圈滚道呈球面，自动调心，可补充不同心度和轴挠度造成的误差。用于产生轴与外壳的不同心或轴挠曲部位及高温、低寒、腐蚀、磁场非绝缘等要求的调心部位。注：倾斜度不能超过 3° |
| | | 角接触球全陶瓷轴承 | 适用于高速及高精度旋转，在高温、磁场、水中等不影响其精度，并可承受合成载荷。标准的接触角为 15°、30°和 40°，接触角越大轴向载荷能力越大，接触角越小轴可承受径向载荷与单向轴向载荷越大。一般采取成对安装 |
| | | 推力球轴承 | 可以承受轴向载荷，但不能承受径向载荷 |

（续）

| 名称 | 特点 | 结构、原理 | | 应用场合 |
|------|------|------|------|---------|
| 塑料轴承 | 与金属轴承相比较,塑料轴承具有重量轻、摩擦系数小而耐磨性及耐疲劳强度高、化学稳定性好等优点,并且具有自润滑和吸声、减振等性能。但塑料的耐热性能差,有些塑料的吸湿性较多,热膨胀系数较大,其强度和尺寸配合精度不如金属材料,因而不宜在高温下工作或在高速下连续运行 | | | 可在碱性环境、低噪声或需减振环境中使用 |
| 橡胶轴承 | 橡胶轴承由于橡胶材料柔软具有弹性,内阻尼较大,能有效地防止或减缓振动、噪声和冲击。轴承内的杂质可通过轴承润滑水沟被润滑水冲走,可延长轴承的耐久性,橡胶的变形可缓和轴的应力,并有自动调位作用。它镶在金属衬套内,用水润滑,不适于与油类或有机溶剂接触 | 多边形导水沟型 | | 一般适宜在60℃以下温度工作,温度过高易老化,抗腐蚀性、耐磨性变差。应用于水泵、水轮机、农业机械及其他一些摆动不大的机构杆件铰接处,以减少振动和冲击。由于橡胶轴承用水做润滑剂,碳钢颈易被锈蚀,特别是在经常停车的情况下,因此在轴颈上应有铜衬套或表面镀铬 |
| | | 半圆形导水沟型 | a)<br>b)<br>c) | |
| 碳钢轴承 | 轴承代号中"/CS"表示这种轴承的零件是采用优质碳素结构钢制造的。价格低,使用场合对轴承的要求不是太高。硬度、耐磨性、寿命等比常规的轴承钢轴承要差一些 | | | 适用于低速、轻载下,广泛用于家用电器、金融设备、电动工具、气动工具、纺织机械、医疗器材、运动器材、办公家具、食品包装机械、门窗滑轮、渔具以及玩具等 |
| 不锈钢轴承 | 不锈钢轴承与普通轴承相比,不仅材质上有明显的优势,而且在工艺上,精度的控制上,比普通轴承要严格得多。在工作过程中不锈钢轴承工作稳定,噪声小,耐腐蚀,应用广泛。轴承套圈及滚动体材料使用 AISI SUS440C 不锈钢经真空淬回火处理,保持架及密封圈骨架材料采用 AISI304 不锈钢。不锈钢轴承与普通轴承钢相比,有更强的防锈、防腐蚀性,选择合适的润滑剂、防尘盖等,可以在 -60～+300℃ 的环境下使用。不锈钢轴承机械强度高、负载能力大 | | | 可以使用在易锈蚀、强腐蚀的各种产品中,医疗器械、低温工程、光学仪器、高速机床、高速电动机、印刷机械、食品加工机械等 |

（续）

| 名称 | 特点 | 结构、原理 | | 应用场合 |
|---|---|---|---|---|
| 箔轴承 | 用弹性很大的薄带作为"轴瓦"，与轴颈构成的支承称为箔轴承。它靠流体动压力或流体静压力的作用，使箔带与轴颈彼此隔开。箔带可以用金属或非金属材料制成，润滑剂可以用气体、蒸汽、水或润滑油等。箔轴承运转稳定、可靠、承载能力大、功耗低；对环境污染、温度变化、表面变形、冲击载荷及振动等有较强承受能力；要求的制造精度较低、允许偏差较大。实用中以气体润滑箔轴承居多 | 拉伸型 | 供液(气)槽 箔 $v$ $F_p$ $F_p$ | 录音、录像机；高速摄影机；计算机磁带记录装置；有薄带移动的造纸、轧钢、纺织等工业设备 |
| | | 弯曲型 | 波箔 平箔 $e$ $F$ $\phi$ | 高速电主轴；高速纺锭 |
| | | 悬臂型 | 箔 $n$ | 涡轮膨胀机；涡轮压缩机；涡轮增压器；车用燃气轮机 |
| 静电轴承 | 静电轴承利用电场力使轴悬浮，故又称电悬浮轴承。静电轴承结构紧凑，几乎没有摩擦，不需要润滑，能耗极低。它的有害力矩（对精密仪表有影响）比磁力轴承小，可以在真空度高于0.133mPa的工作环境下运转。但静电轴承需要非常强的电场强度，应用受到限制 | 轴和轴瓦相当于两个电极，由于电极间有很小的间隙（轴承间隙），构成一个电容。在电极上施加电压就会产生静电力 | | 在微型仪表（如陀螺仪）和个别场合中使用 |
| 磁力轴承 | 磁力轴承是利用磁场力使轴悬浮，故又称磁悬浮轴承。它无需任何润滑剂，可在真空中工作。因此，可达到极高的速度，目前有转速高达384kr/s、圆周速度为2倍声速的应用实例 | 磁力轴承按控制方式，有无源型、有源型和有源无源混合型；按磁能来源，有永磁式、励磁式、励磁永磁混合式和超导体式。无源型磁力轴承不可能在空间坐标3个方向上都稳定，至少有1个方向要采用有源型，因此实用的磁力轴承都是无源和有源混合型的。按照支承系统约束自由度数不同，无源和有源混合型磁力轴承有：1~5个自由度是有源型轴承约束，其余是无源型轴承约束的5种 | | 精密陀螺仪、加速度计、空间飞行器姿态飞轮、密度计、流量计、同步调相机、精密电流稳定器、振动阻尼器、真空泵、功率表、钟表、超高速离心机、金属提纯设备、超高速磨头、精密机床、水轮发电机、大型电动机、发电机、汽轮机、气体压缩机、抽风机等 |

# 第7篇 轴系及部件

**主　编**　刘　莹

**编写人**　李小兵　刘　莹（第1、3章）

　　　　　杨大勇　刘　莹（第2章）

　　　　　胡志辉（第4章）

**审稿人**　张建钢　赵　明　徐盛林

# 本篇主要内容与特色

第 7 篇为轴系及部件。本篇主要介绍轴、联轴器、离合器与液力偶合器、制动器。第 1 章介绍轴，包括直轴、软轴、曲轴，重点介绍直轴的结构设计、强度计算、刚度计算以及高速轴的临界转速，内容系统全面，并辅以计算、设计实例，实用性强，使用方便。第 2 章介绍联轴器，包括常用联轴器的类型、结构尺寸与性能参数，以及联轴器的选择，并结合目前机械设计过程常用的联轴器型号进行了详细介绍，并均采用了最新的技术标准。第 3 章介绍离合器、液力偶合器，包括常用离合器的类型、结构和性能参数，重点介绍了应用较为广泛的离合器类型和典型产品，液力偶合器的类型、选择和典型产品。第 4 章介绍制动器，包括常用制动器的类型、特点、计算和选用、性能参数和尺寸等。

本篇具有以下特色：

1）贯彻和采用最新技术标准和国际新标准，注重充实和体现新技术，凝练和总结机械设计的最新成就和经验。

2）在取材和选材过程中，尽量压缩对基本原理的介绍，避免在手册中出现教科书式的叙述，强调采用手册化、表格化的设计流程。

3）在轴系零部件设计计算中，注重结构图、计算实例和应用举例等内容，适当提供了一些市场上可选用产品的结构及其主要技术参数等，给设计和选用提供方便的条件。

# 第7篇　轴系及部件

轴是机械中的重要零件，其功用是支承转动零件及传递运动和动力；键是将轴和轴上零件进行周向固定并传递转矩的零件；轴承支承轴及轴上零件，保持轴的旋转精度和减少轴与支承间的摩擦和磨损；联轴器和离合器连接不同机构中的两根轴，使它们一起回转并传递转矩。本篇主要介绍轴（包括直轴、曲轴、软轴）、联轴器、离合器（含液力偶合器）以及制动器。轴承见第6篇。

# 第1章　轴

## 1　概述

### 1.1　种类

根据承受载荷的不同，轴可分为转轴、心轴和传动轴。

1）转轴：同时承受弯矩及转矩，在机械中最常用，如蜗杆轴等。

2）心轴：只承受弯矩，心轴又可分为固定心轴（工作时轴不转动）和转动心轴（工作时轴转动），如支承滑轮的轴。

3）传动轴：主要承受转矩，如汽车中的传动轴。

根据轴线形状，又可分为直轴、曲轴和软轴三种类型。

1）直轴：根据外形不同还可分为光轴和阶梯轴。光轴形状简单，加工容易，应力集中源少，但轴上的零件不易装配及定位，阶梯轴则正好相反。因此，光轴主要用作心轴和传动轴，阶梯轴则常用作转轴。

2）曲轴：用作旋转运动与直线运动的相互转换，常用于活塞式内燃机、压缩机以及冲、剪、压榨机床。

3）软轴：也称钢丝软轴，其轴线可以自由弯曲，具有良好的挠性，工作时可以随时改变轴线形状和工作机的位置，并能缓和冲击和振动。常用于木工机械、混凝土振捣器、铸件清理及仪器的操作系统等。

### 1.2　设计特点

在轴的设计中，不能只考虑轴本身，还必须和轴系零部件的整个结构密切联系起来。设计轴时应考虑多方面因素和要求，其中主要问题是轴的选材、结构、强度和刚度。对于高速轴还应考虑振动稳定性问题。

轴的设计特点是：在轴系零部件的具体结构未确定之前，轴上力的作用点和支点间的跨距无法精确确定，故不能求出弯矩大小和分布情况，因此设计轴时，必须把轴的强度计算和轴系零部件结构设计交错进行。

轴的设计程序：

1）根据机械传动方案的整体布局，拟定轴上零件的布置和装配方案。

2）选择轴的合适材料。

3）初步估算轴的直径。

4）进行轴系零部件的结构设计。

5）进行强度计算。

6）进行刚度计算。

7）校核键的连接强度。

8）验算轴承。

9）根据计算结果修改设计。

10）绘制轴的零件工作图。

### 1.3　常用材料

轴的材料应该满足强度、刚度等要求，同时考虑制造工艺问题加以选用，力求经济合理，根据具体情况选用轴的材料。

轴的常用材料是优质碳素钢，如35、45、50，最常用的是45钢。对于受载荷较小或不太重要的轴，也可用Q235A、Q275等普通碳素钢。对于受力较大，轴的尺寸和重量受到限制，以及有某些特殊要求的轴，可采用合金钢等材料。球墨铸铁和一些高强度铸铁，由于铸造性能好，容易铸成复杂形状，且减振性

能好，应力集中敏感性低，故常用于制造外形复杂的轴。特别是我国研制成功的稀土—球墨铸铁，冲击韧性好，同时具有减磨、吸振和对应力集中敏感性低等优点，已用于制造汽车、拖拉机、机床上的重要轴类零件。

根据工作条件要求，轴可在加工前或加工后经过整体或表面处理，以及表面强化处理（如喷丸、辊压等）和化学处理（如渗碳、渗氮、氮化等），以提高其强度（尤其疲劳强度）和耐磨、耐腐蚀等性能。

轴一般由轧制圆钢或锻件经切削加工制造。轴的直径较小或不太重要时，可用圆钢棒制造；对于重要的、大直径或阶梯直径变化较大的轴，采用锻钢坯。为节约金属和提高工艺性，直径大的轴还可以制成空心的，并且带有焊接的或者锻造的凸缘。对于形状复杂的轴（如凸轮轴、曲轴）可采用铸造。

轴的常用材料及其主要力学性能见表 7.1-1。

**表 7.1-1　轴的常用材料及其主要力学性能**

| 材料牌号 | 热处理 | 毛坯直径 /mm | 硬度 HBS | 抗拉强度极限 $\sigma_b$ | 屈服强度极限 $\sigma_s$ | 弯曲疲劳极限 $\sigma_{-1}$ | 扭转疲劳极限 $\tau_{-1}$ | 备 注 |
|---|---|---|---|---|---|---|---|---|
| | | | | /MPa 不小于 | | | | |
| Q235,Q235F | — | — | — | 440 | 240 | 180 | 105 | 用于不重要或载荷不大的轴 |
| 20 | 正火 | 25 | ≤156 | 420 | 250 | 180 | 100 | 用于载荷不大,要求韧性较高的轴 |
| | | ≤100 | — | 400 | 220 | 165 | 95 | |
| | | >100~300 | | 380 | 200 | 155 | 90 | |
| | | >300~500 | 103~156 | 370 | 190 | 150 | 85 | |
| | 回火 | >500~700 | — | 360 | 180 | 145 | 80 | |
| 35 | 正火 | 25 | ≤187 | 540 | 320 | 230 | 130 | 应用较广泛 |
| | | ≤100 | — | 520 | 270 | 210 | 120 | |
| | | >100~300 | 149~187 | 500 | 260 | 205 | 115 | |
| | | >300~500 | 143~187 | 480 | 240 | 190 | 110 | |
| | 回火 | >500~750 | 137~187 | 460 | 230 | 185 | 105 | |
| | | >750~1000 | | 440 | 220 | 175 | 100 | |
| | 调质 | ≤100 | 156~207 | 560 | 300 | 230 | 130 | |
| | | >100~300 | | 540 | 280 | 220 | 125 | |
| 45 | 正火 | 25 | ≤241 | 610 | 360 | 260 | 150 | 应用最广泛 |
| | | ≤100 | 170~217 | 600 | 300 | 240 | 140 | |
| | | >100~300 | 162~217 | 580 | 290 | 235 | 135 | |
| | | >300~500 | | 560 | 280 | 225 | 130 | |
| | 回火 | >500~750 | 156~217 | 540 | 270 | 215 | 125 | |
| | 调质 | ≤200 | 217~255 | 650 | 360 | 270 | 155 | |
| 40Cr | 调质 | 25 | — | 1000 | 800 | 485 | 280 | 用于载荷较大,而无很大冲击的重要轴 |
| | | ≤100 | 241~286 | 750 | 550 | 350 | 200 | |
| | | >100~300 | 229~269 | 700 | 500 | 320 | 185 | |
| | | >300~500 | | 650 | 450 | 295 | 170 | |
| | | >500~800 | 217~255 | 600 | 350 | 255 | 145 | |
| 35SiMn (42SiMn) | 调质 | 25 | — | 900 | 750 | 445 | 255 | 性能接近于 40Cr,用于中小型轴 |
| | | ≤100 | 229~286 | 800 | 520 | 355 | 205 | |
| | | >100~300 | 217~269 | 750 | 450 | 320 | 185 | |
| | | >300~400 | 217~255 | 700 | 400 | 295 | 170 | |
| | | >400~500 | 196~255 | 650 | 380 | 275 | 160 | |
| 40MnB | 调质 | 25 | — | 1000 | 800 | 485 | 280 | 性能接近于 40Cr,用于重要的轴 |
| | | ≤200 | 241~286 | 750 | 500 | 335 | 195 | |
| 40CrNi | 调质 | 25 | — | 1000 | 800 | 485 | 280 | 用于很重要的轴 |
| 35CrMo | 调质 | 25 | — | 1000 | 850 | 550 | 285 | 性能接近于 40CrNi,用于重载荷的轴 |
| | | ≤100 | 207~269 | 750 | 550 | 350 | 200 | |
| | | >100~300 | | 700 | 500 | 320 | 185 | |
| | | >300~500 | | 650 | 450 | 295 | 170 | |
| | | >500~800 | | 600 | 400 | 270 | 155 | |

（续）

| 材料牌号 | 热处理 | 毛坯直径 /mm | 硬度 HBS | 抗拉强度极限 $\sigma_b$ | 屈服强度极限 $\sigma_s$ | 弯曲疲劳极限 $\sigma_{-1}$ | 扭转疲劳极限 $\tau_{-1}$ | 备　注 |
|---|---|---|---|---|---|---|---|---|
| | | | | /MPa 不小于 | | | | |
| 38SiMnMo | 调质 | ≤100 | 229~286 | 750 | 600 | 360 | 210 | 性能接近于 35CrMo |
| | | >100~300 | 217~269 | 700 | 550 | 335 | 195 | |
| | | >300~500 | 196~241 | 650 | 500 | 310 | 175 | |
| | | >500~800 | 187~241 | 600 | 400 | 270 | 155 | |
| 37SiMn2MoV | 调质 | 25 | — | 1000 | 850 | 495 | 285 | 用于高强度、大尺寸及重载荷的轴 |
| | | ≤200 | 269~302 | 880 | 700 | 425 | 245 | |
| | | >200~400 | 241~286 | 830 | 650 | 395 | 230 | |
| | | >400~600 | 241~269 | 780 | 600 | 370 | 215 | |
| 38CrMoAlA | 调质 | 30 | 229 | 1000 | 850 | 495 | 285 | 用于要求高耐磨性、高强度且热处理变形很小的（氮化）轴 |
| 20Cr | 渗碳 淬火 回火 | 15 30 ≤60 | 表面 56~62 HRC | 850 650 650 | 550 400 400 | 375 280 280 | 215 160 160 | 用于要求强度和韧性均较高的轴（如某些齿轮轴、蜗杆等） |
| 20CrMnTi | 渗碳 淬火 回火 | 15 | 表面 56~62 HRC | 1100 | 850 | 525 | 300 | |
| 1Cr13 | 调质 | ≤60 | 187~217 | 600 | 420 | 275 | 155 | 用于在腐蚀条件下工作的轴 |
| 2Cr13 | 调质 | ≤100 | 197~248 | 660 | 450 | 295 | 170 | |
| 1Cr18Ni9Ti | 淬火 | ≤60 | ≤192 | 550 | 220 | 205 | 120 | 用于在高、低温及强腐蚀条件下工作的轴 |
| | | >60~180 | | 540 | 200 | 195 | 115 | |
| | | >100~200 | | 500 | 200 | 185 | 105 | |
| QT400-15 | — | — | 156~197 | 400 | 300 | 145 | 125 | 用于结构形状复杂的轴 |
| QT450-10 | — | — | 170~207 | 450 | 330 | 160 | 140 | |
| QT500-7 | — | — | 187~255 | 500 | 380 | 180 | 155 | |
| QT600-3 | — | — | 197~269 | 600 | 420 | 215 | 185 | |

注：1. 表中所列疲劳极限数值，均按下式计算 $\sigma_{-1} \approx 0.27(\sigma_b + \sigma_s)$ ，$\tau_{-1} \approx 0.156(\sigma_b + \sigma_s)$ 。

　　2. 其他性能，一般可取 $\tau_s \approx (0.55 \sim 0.62)\sigma_s$ ，$\sigma_0 \approx 1.4\sigma_{-1}$ ，$\tau_0 \approx 1.5\tau_{-1}$ 。

　　3. 球墨铸铁 $\sigma_{-1} \approx 0.36\sigma_b$ ，$\tau_{-1} \approx 0.31\sigma_b$ 。

　　4. 表中抗拉强度符号 $\sigma_b$ 在 GB/T 228—2002 中规定为 $R_m$ 。

## 2　结构设计

　　轴的结构设计包括确定轴的合理外形和结构尺寸，是轴设计的重要步骤。

　　轴的结构主要取决于轴上零件的类型、尺寸、数量以及与轴连接、支承的方法，载荷的性质、大小、方向及分布情况，轴承的类型和尺寸，轴的毛坯、制造和装配工艺及安装、运输等条件。轴的结构应尽量减小应力集中，受力合理，有良好工艺性，并使轴上零件定位可靠，装拆方便。对于要求刚度大的轴，还应在结构上考虑减小轴的变形。设计者必须根据具体情况分析确定，必要时可做几个方案进行比较，以便选出最佳设计方案。

### 2.1　轴上零件的定位

　　为了防止轴上零件受力时发生沿轴向或周向的相对转动，必须进行轴向和周向定位，以保证其准确的工作位置。

#### 2.1.1　轴上零件的轴向定位

　　轴上零件的轴向固定方法及特点见表 7.1-2。

表 7.1-2　轴上零件的轴向固定方法及特点

| 方法 | 简　图 | 特点与应用 |
|---|---|---|
| 轴肩、轴环 | 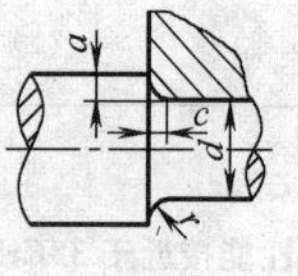 轴肩 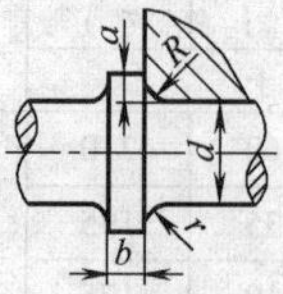　　　轴环 | 结构简单、定位可靠,可承受较大轴向力。常用于齿轮、带轮、链轮、联轴器、轴承等的轴向定位<br>为保证零件紧靠定位面,应使 $r<c$ 或 $r<R$<br>轴肩高度 $a$ 应大于 $R$ 或 $c$,通常可取<br>$$a=(0.07\sim0.1)d$$<br>轴环宽度 $b\approx1.4a$<br>与滚动轴承相配合处的 $a$ 与 $r$ 值应根据滚动轴承的类型与尺寸确定(见第六篇的滚动轴承章),轴肩及轴环将增大轴的坯料直径,增加切削量 |
| 套筒 | 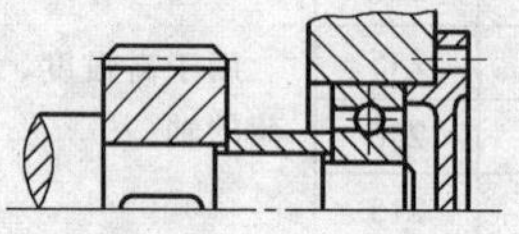 | 结构简单、定位可靠,轴上不需开槽、钻孔和切制螺纹,因而不影响轴的疲劳强度。一般用于零件间距离较小的场合,以免增加结构重量。轴的转速很高时不宜采用<br>套筒两端面的表面粗糙度要与配合面匹配 |
| 轴端挡板 | 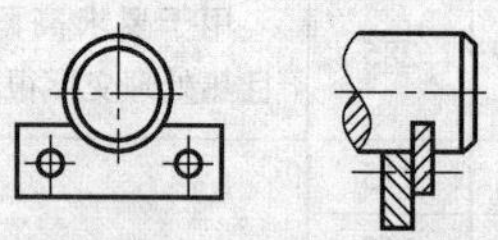 | 适用于心轴的轴端固定,见 GB 892—1986(单孔)及 JB/ZQ 4349—2006(双孔),既可轴向定位又可周向固定 |
| 弹性挡圈 | 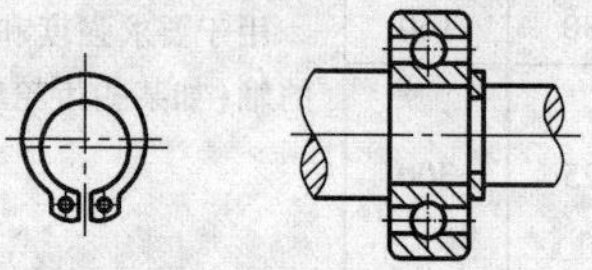 | 结构简单紧凑,只能承受很小的轴向力,常用于固定滚动轴承<br>轴用弹性挡圈的结构尺寸见 GB 894.1～894.2—1986<br>轴上需开槽,强度被削弱 |
| 紧定螺钉 | 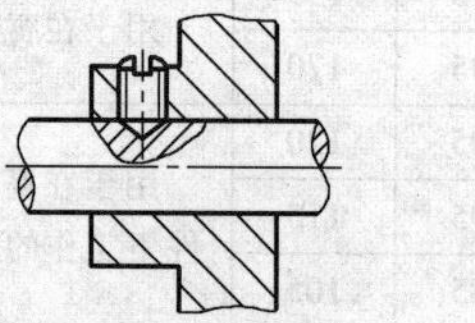 | 适用于轴向力很小、转速很低或仅为防止零件偶然沿轴向滑动的场合。为防止螺钉松动,可加锁圈<br>紧定螺钉亦可起周向固定作用<br>紧定螺钉用孔的结构尺寸见 GB/T 71—1985 |
| 锁紧挡圈 | 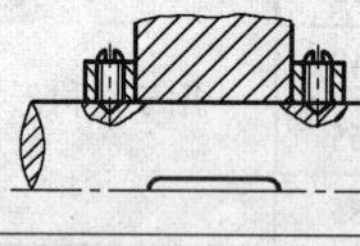 | 结构简单,但不能承受大的轴向力。常用于光轴上零件的固定,有冲击、振动时应有防松措施。螺钉锁紧挡圈的结构尺寸见 GB/T 884—1986 |
| 圆锥面 | 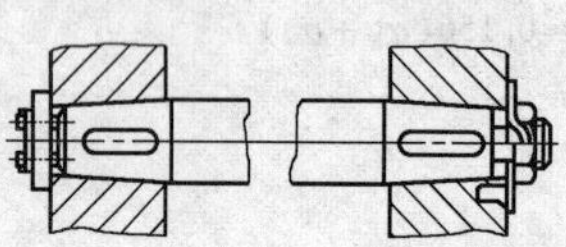 | 能消除轴与轮毂间的径向间隙,装拆较方便,可兼作周向固定,能承受冲击载荷。大多用于轴端零件固定,常与轴端压板或螺母联合使用,使零件获得双向轴向固定。轮毂要长出锥轴段 2mm 左右,以确保压紧。锥轴及孔加工较难,轴向定位不很准确。高速轻载时可不用键<br>圆锥形轴伸见 GB/T 1570—2005 |

### 2.1.2　轴上零件的周向定位

轴上零件的周向固定方法及特点见表 7.1-3。

表 7.1-3　轴上零件的周向固定方法及特点

| 固定方法 | 简　图 | 特　点 |
|---|---|---|
| 平键 | 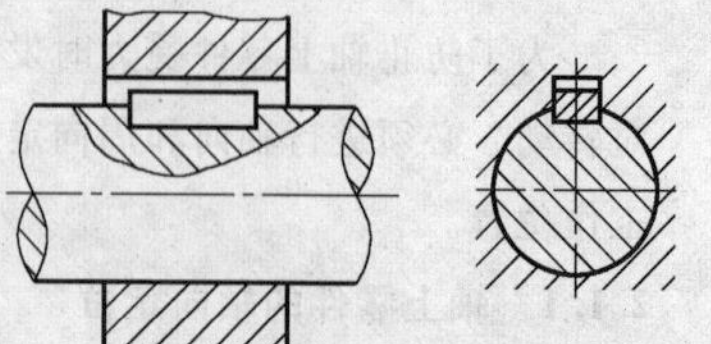 | 制造简单,装拆方便,对中性好。用于较高精度、高转速及受冲击或变载荷作用下的固定连接中,还可用于一般要求的导向连接中<br>齿轮、蜗轮、带轮与轴的连接常用此形式<br>平键剖面及键槽见 GB/T 1096—2003<br>导向平键见 GB/T 1097—2003 |

（续）

| 固定方法 | 简 图 | 特 点 |
|---|---|---|
| 楔键 | | 能传递转矩，同时能承受单向轴向力。由于装配后造成轴上零件的偏心或偏斜，故不适于要求严格对中、有冲击载荷及高速传动连接<br>楔键及键槽见 GB/T 1563～1565—2003 |
| 切向键 | | 可传递较大的转矩，对中性差，对轴的削弱较大，常用于重型机械中<br>一个切向键只能传递一个方向的转矩，传递双向转矩时，需用两个互成120°，见 GB/T 1974—2003 |
| 花键 | | 有矩形、渐开线花键之分<br>承载能力高、定心性及导向性好，制造困难，成本较高。适于载荷较大，对定心精度要求较高的滑动连接或固定连接<br>矩形花键见 GB/T 1144—2001<br>渐开线花键见 GB/T 3478.1～3478.9—2008 |
| 滑键 | | 键固定在轮毂上，键随轮毂一同沿轴上键槽做轴向移动<br>常用于轴向移动距离较大的场合 |
| 半圆键 | | 键在轴上键槽中能绕其几何中心摆动，故便于轮毂往轴上装配，但轴上键槽很深，削弱了轴的强度<br>用于载荷较小的连接或作为辅助性连接，也用于锥形轴及轮毂连接见 GB/T 1098—2003 |
| 圆柱销 | | 适用于轮毂宽度较小（如 $l/d<0.6$），用键连接难以保证轮毂和轴可靠固定的场合。这种连接一般采用过盈配合，并可同时采用几只圆柱销。为避免钻孔时钻头偏斜，要求轴和轮毂的硬度差不能太大 |
| 圆锥销 | | 用于固定不太重要，受力不大但同时需要轴向固定的零件，或作安全装置用。由于在轴上钻孔，对强度削弱较大，故对重载的轴不宜采用。有冲击或振动时可采用开尾圆锥销 |
| 过盈配合 | | 结构简单对中性好，承载能力高，可同时起周向和轴向固定作用，但不宜用于常拆卸的场合。对于过盈量在中等以下的配合，常与平键连接同时采用，以承受较大的交变、振动和冲击载荷 |

在图"圆柱销"中的标注：$d_0 \approx (0.1～0.3)d$，$l_0 \approx (3～4)d_0$，H8/x8

## 2.2　提高轴强度的措施

轴和轴上零件的结构、工艺以及轴上零件的安装布置等对轴的强度有很大的影响，因此应充分考虑这些因素，以利于提高轴的承载能力，减小轴的尺寸和机器的质量，降低制造成本。

1. 改进轴的结构以减小应力集中

表 7.1-4 列出了降低轴上应力集中的主要措施。

表 7.1-4　降低轴上应力集中的主要措施

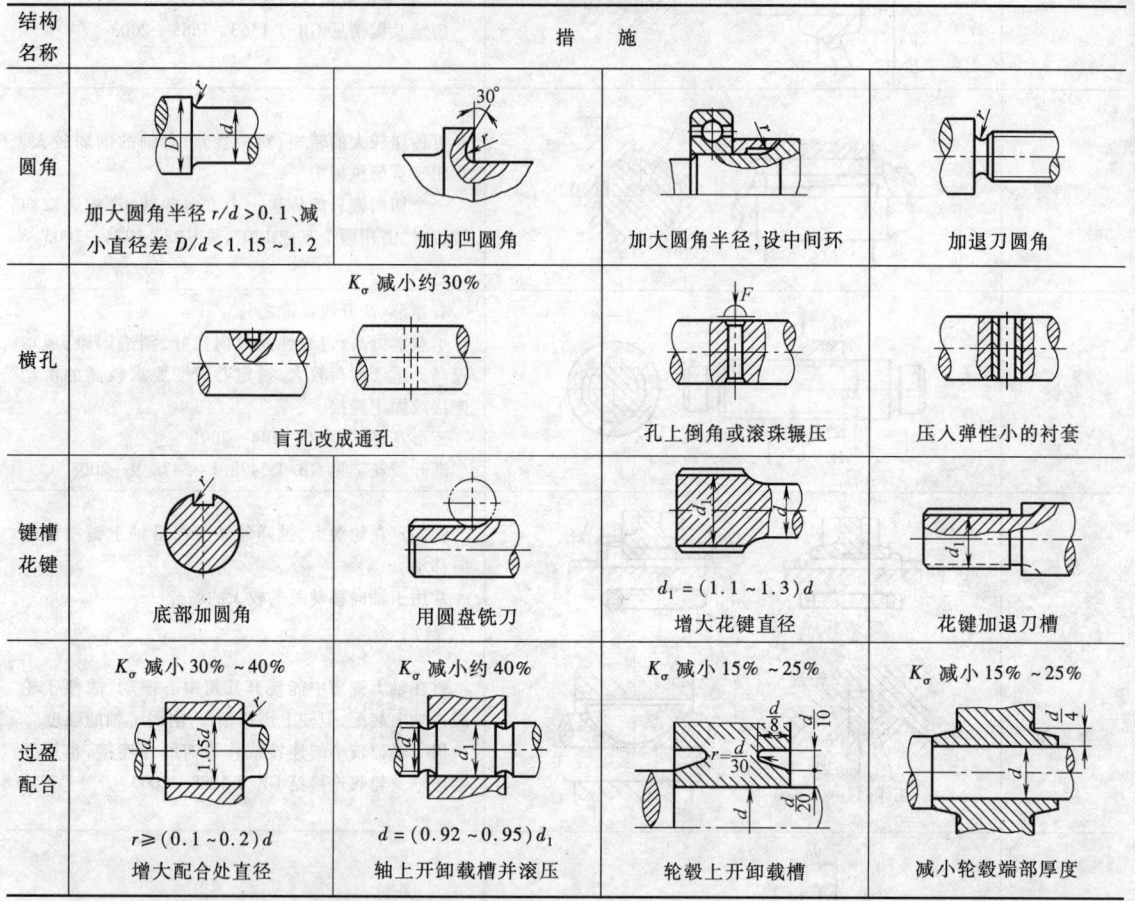

| 结构名称 | 措　施 | | | |
| --- | --- | --- | --- | --- |
| 圆角 | 加大圆角半径 $r/d > 0.1$、减小直径差 $D/d < 1.15 \sim 1.2$ | 加内凹圆角 $K_\sigma$ 减小约 30% | 加大圆角半径，设中间环 | 加退刀圆角 |
| 横孔 | 盲孔改成通孔 | | 孔上倒角或滚珠辗压 | 压入弹性小的衬套 |
| 键槽花键 | 底部加圆角 | 用圆盘铣刀 | 增大花键直径 $d_1 = (1.1 \sim 1.3) d$ | 花键加退刀槽 |
| 过盈配合 | 增大配合处直径 $r \geqslant (0.1 \sim 0.2) d$ $K_\sigma$ 减小 30% ~ 40% | 轴上开卸载槽并滚压 $d = (0.92 \sim 0.95) d_1$ $K_\sigma$ 减小约 40% | 轮毂上开卸载槽 $K_\sigma$ 减小 15% ~ 25% | 减小轮毂端部厚度 $K_\sigma$ 减小 15% ~ 25% |

2. 改善轴的表面质量以提高轴的疲劳强度

合理减小轴的表面及圆角处的加工表面粗糙度值，采用表面强化，如表面淬火等热处理，表面渗碳、氮化、氰化等化学处理以及辗压、喷丸等机械处理，可以显著提高轴的疲劳强度，从而提高轴的承载能力。

## 2.3　结构工艺性

轴的结构还应考虑便于加工、测量、装配和维修。因此，在轴的结构设计时，应考虑以下几个主要问题：

1）考虑加工工艺所必须的结构要素（如中心孔、螺尾退刀槽、砂轮越程槽等）。

2）合理确定轴与零件的配合性质、加工精度和表面粗糙度。

3）轴的配合直径应按 GB/T 2822—2005 圆整为标准值。

4）确定各轴段长度时，应尽可能使结构紧凑，同时要保证零件所需的滑动距离、装配或调整所需空间，转动件不得与其他零件相碰撞，与轮毂配装的轴段长度，一般应略小于轮毂宽度 2 ~ 3mm，以保证轴向定位可靠。

5）为了便于轴上零件的装配，轴端应加工成45°倒角（或30°、60°）。

6）为减少加工刀具种类和提高劳动生产率，轴上的倒角、圆角、键槽等应尽可能取相同尺寸。

## 2.4　典型结构实例

滚动轴承支承轴的典型结构，如图 7.1-1 所示。

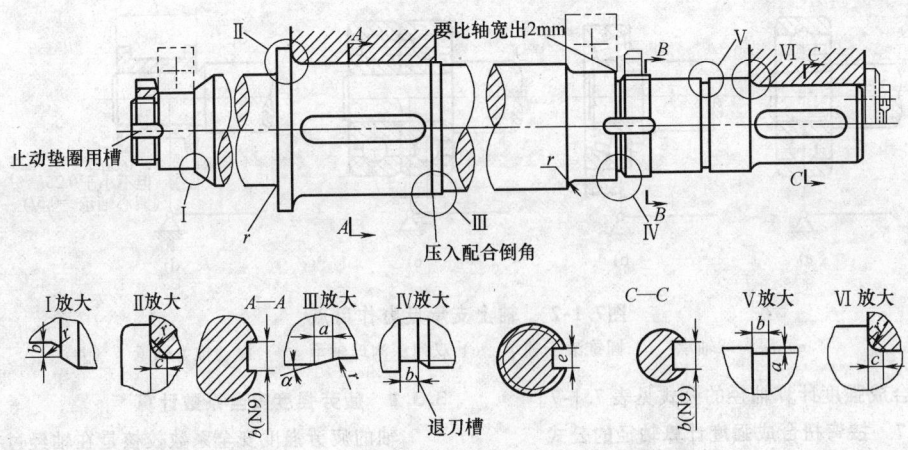

 图例文字：要比轴宽出2mm，止动垫圈用槽，压入配合倒角，退刀槽

I放大　II放大　A—A放大　III放大　IV放大　C—C　V放大　VI放大

**图7.1-1　滚动轴承支承轴的典型结构**

## 3　强度计算

轴的强度计算方法可分为三种：①按扭转强度计算；②按弯扭合成强度计算；③按安全系数精确强度计算。

### 3.1　按扭转强度计算

这种方法是只按轴所受的转矩来计算轴的强度，如果轴上还作用较小的弯矩时，则用降低许用扭转切应力的方法予以考虑。在进行轴的结构设计时，通常采用这种方法初步估算轴径，在此基础上做轴的结构设计。对于一般不十分重要的轴，也可作为最后计算结果。

按扭转强度计算轴径的公式见表7.1-5。

**表 7.1-5　按扭转强度计算轴径的公式**

| 轴别 | 公式 | 说明 |
|---|---|---|
| 实心轴 | $d \geqslant \sqrt[3]{\dfrac{5T}{[\tau]}}$ 或 $d \geqslant A\sqrt[3]{\dfrac{P}{n}}$ | $d$——计算剖面处轴的直径（mm）<br>$T$——轴传递的额定转矩（N·mm）<br>$T = 9550000P/n$<br>$P$——轴传递的额定功率（kW）<br>$n$——轴的转速（r/min）<br>$[\tau]$——轴的许用扭转切应力（MPa），见表7.1-6<br>$A$——按$[\tau]$定的系数，见表7.1-6<br>$\nu$——空心圆轴的内径 $d_0$ 与外径 $d$ 之比<br>$\nu = \dfrac{d_0}{d}$ |
| 空心轴 | $d \geqslant \sqrt[3]{\dfrac{5T}{[\tau]}} \cdot \sqrt[3]{\dfrac{1}{(1-\nu^4)}}$ 或 $d \geqslant A\sqrt[3]{\dfrac{P}{n}} \cdot \sqrt[3]{\dfrac{1}{(1-\nu^4)}}$ | |

**表 7.1-6　几种常用轴材料的 $[\tau]$ 及 $A$ 值**

| 轴的材料 | Q235A、20 | 35 | 45 | 1Cr18Ni9Ti | 40Cr、35SiMn、38SiMnMo、2Cr13、42SiMn、20CrMnTi |
|---|---|---|---|---|---|
| $[\tau]/(\text{N/mm}^2)$ | 12 ~ 20 | 20 ~ 30 | 30 ~ 40 | 15 ~ 25 | 40 ~ 52 |
| $A$ | 160 ~ 135 | 135 ~ 118 | 118 ~ 107 | 148 ~ 125 | 107 ~ 98 |

注：1. 当弯矩相对转矩很小或只受转矩时，$[\tau]$ 取较大值，$A$ 取较小值；反之 $[\tau]$ 取较小值，$A$ 取较大值。

2. 当用 Q235A 及 35SiMn 时，$[\tau]$ 取较小值，$A$ 取较大值。

3. 计算的截面上有一个键槽，$A$ 值增大 4% ~ 5%，有两个键槽，$A$ 值增大 7% ~ 10%。

### 3.2　按弯扭合成强度计算

当轴的支承位置和轴所受载荷大小、方向、作用点及载荷种类均已确定，支点反力及弯矩可以求得时，可按弯扭合成的理论进行近似计算。

计算时，通常把轴当做置于铰链支座上的梁，轴上零件传来的力，通常作为集中力，其作用点取为零件轮缘宽度的中点，轴上转矩则从轮毂宽度的中点算起，轴上支承反力的作用点，根据轴承的类型和组合确定，可按图7.1-2取定。

如果作用在轴上的各载荷不在同一平面内，可分解到两个相互垂直的平面上，然后分别求出这两个平面内的弯矩，再按矢量法求得合成弯矩。当轴上的轴向力较大时，还应计算其引起的正应力。

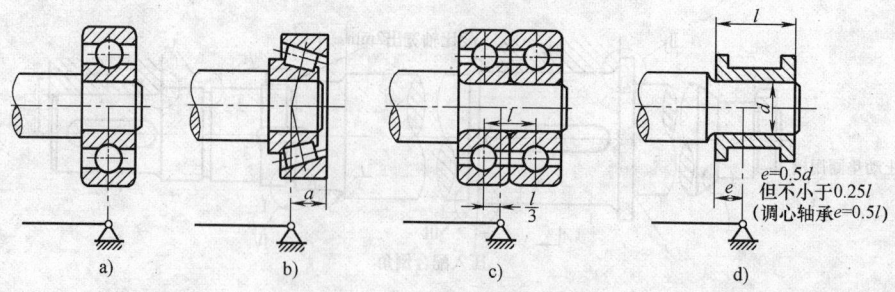

**图7.1-2 轴上支承反力作用点**

a) 深沟球轴承 b) 圆锥滚子轴承 c) 双列深沟球轴承 d) 滑动推力轴承

按弯扭合成强度计算轴径的公式见表 7.1-7。

**表7.1-7 按弯扭合成强度计算轴径的公式**

| 实 心 圆 轴 | 空 心 圆 轴 |
|---|---|
| $$\sigma = \frac{10\sqrt{M^2 + (\alpha T)^2}}{d^3} \leqslant [\sigma_{-1}]$$ $$d \geqslant \sqrt[3]{\frac{10\sqrt{M^2 + (\alpha T)^2}}{[\sigma_{-1}]}}$$ | $$\sigma = \frac{10\sqrt{M^2 + (\alpha T)^2}}{d^3} \times \frac{1}{(1 - \nu^4)} \leqslant [\sigma_{-1}]$$ $$d \geqslant \sqrt[3]{\frac{10\sqrt{M^2 + (\alpha T)^2}}{[\sigma_{-1}]}} \times \sqrt[3]{\frac{1}{(1 - \nu^4)}}$$ |

说明

$\sigma$——轴计算截面上的工作应力（MPa）；$d$——轴的直径（mm）；$M$——轴计算截面上的合成弯矩（N·mm）；$T$——轴计算截面上的转矩（N·mm）；$\alpha$——根据扭转切应力变化性质而定的校正系数：

扭转切应力对称循环变化时 $\alpha = 1$

扭转切应力脉动循环变化时 $\alpha = \dfrac{[\sigma_{-1}]}{[\sigma_0]} \approx 0.7$

扭转切应力不变时 $\alpha = \dfrac{[\sigma_{-1}]}{[\sigma_{+1}]} \approx 0.65$

$\nu$——空心轴内径 $d_0$ 与外径 $d$ 之比

$[\sigma_{-1}]$——许用疲劳应力（MPa），见表 7.1-1

轴上带有键槽时需加大轴径，当有一个键槽时，其增大值为 3%～7%，当有两个键槽时，其增大值为 7%～15%，然后圆整到标准值。

## 3.3 按精确强度计算

轴的精确强度计算是在轴的结构及尺寸确定后进行，通常采用轴的安全系数进行校核计算。轴的安全系数计算包括两方面：疲劳强度安全系数和静强度安全系数。

### 3.3.1 疲劳强度安全系数计算

轴的疲劳强度安全系数校核是在轴经过初步计算和结构设计后，根据轴的实际尺寸、承受的弯矩、转矩图，考虑应力集中、表面状态、尺寸影响等因素以及轴材料的疲劳极限，计算轴的危险截面处的疲劳安全系数是否满足。

轴的疲劳强度安全系数的校核计算公式见表 7.1-8。

**表7.1-8 轴危险截面处的疲劳强度安全系数 $S$ 的校核计算公式**

| 公式 | |
|---|---|
| $$S = \frac{S_\sigma S_\tau}{\sqrt{S_\sigma^2 + S_\tau^2}} \geqslant S_p$$ | |
| $$S_\sigma = \frac{\sigma_{-1}}{\dfrac{K_\sigma}{\beta \varepsilon_\sigma}\sigma_a + \psi_\sigma \sigma_m}$$ | $$S_\tau = \frac{\tau_{-1}}{\dfrac{K_\tau}{\beta \varepsilon_\tau}\tau_a + \psi_\tau \tau_m}$$ |

说明

$S_\sigma$——只考虑弯矩作用时的安全系数

$S_p$——按疲劳强度计算的许用安全系数，见表 7.1-10

$\sigma_{-1}$——对称循环应力下的材料弯曲疲劳极限（MPa），见表 7.1-1

$\tau_{-1}$——对称循环应力下的材料扭转疲劳极限（MPa），见表 7.1-1

$K_\sigma, K_\tau$——弯曲和扭转时的有效应力集中系数，见表 7.1-14～表 7.1-16

$\beta$——表面质量系数，一般用表 7.1-20 轴表面强化处理后用表 7.1-22 有腐蚀情况时用表 7.1-19 或表 7.1-21

$S_\tau$——只考虑转矩作用时的安全系数

$\varepsilon_\sigma, \varepsilon_\tau$——弯曲和扭转时的尺寸影响系数，见表 7.1-18

$\varphi_\sigma, \varphi_\tau$——材料拉伸和扭转的平均应力折算系数，见表 7.1-17

$\sigma_a, \sigma_m$——弯曲应力的应力幅和平均应力（MPa），见表 7.1-9

$\tau_a, \tau_m$——扭转应力的应力幅和平均应力（MPa），见表 7.1-9

### 表 7.1-9　应力幅及平均应力计算公式

| 循环特性 | 应力名称 | 弯曲应力 | 扭转应力 |
|---|---|---|---|
| 对称循环 | 应力幅 | $\sigma_a = \sigma_{max} = \dfrac{M}{Z}$ | $\tau_a = \tau_{max} = \dfrac{T}{Z_p}$ |
| | 平均应力 | $\sigma_m = 0$ | $\tau_m = 0$ |
| 脉动循环 | 应力幅 | $\sigma_a = \dfrac{\sigma_{max}}{2} = \dfrac{M}{2Z}$ | $\tau_a = \dfrac{\tau_{max}}{2} = \dfrac{T}{2Z_p}$ |
| | 平均应力 | $\sigma_m = \sigma_a$ | $\tau_m = \tau_a$ |
| 说　明 | | $M$、$T$——轴危险截面上的弯矩和转矩（N·m）<br>$Z$、$Z_p$——轴危险截面的抗弯和抗扭的截面系数（cm³），见表 7.1-11 ～ 表 7.1-13 | |

### 表 7.1-10　安全系数 $S_p$

| 条　件 | | $S_p$ |
|---|---|---|
| 材料的力学性能符合标准规定（或有实验数据），加工质量能满足设计要求 | 载荷确定精确，应力计算准确 | 1.3 ~ 1.5 |
| | 载荷确定不够精确，应力计算较近似 | 1.5 ~ 1.8 |
| | 载荷确定不精确，应力计算较粗略或轴径较大（$d > 200$mm） | 1.8 ~ 2.5 |
| | 脆性材料制造的轴 | 2.5 ~ 3 |

注：如果轴的损坏会引起严重事故，$S_p$ 值应适当加大。

### 表 7.1-11　截面系数 Z、$Z_p$ 计算公式　　　　　（单位：cm³）

| 截面 | Z | $Z_p$ | 截面 | Z | $Z_p$ |
|---|---|---|---|---|---|
| | $Z = \dfrac{\pi d^3}{32}$ | $Z_p = \dfrac{\pi d^3}{16} = 2Z$ | | $Z = \dfrac{\pi d^3}{32} - \dfrac{bt(d-t)^2}{d}$ | $Z_p = \dfrac{\pi d^3}{16} - \dfrac{bt(d-t)^2}{d}$ |
| | $Z = \dfrac{\pi d^3}{32}(1-\alpha^4)$ $\alpha = d_1/d$ | $Z_p = \dfrac{\pi d^3}{16}(1-\alpha^4)$ $= 2Z$ | | $Z = \dfrac{\pi d^3}{32}\left(1 - 1.54\dfrac{d_0}{d}\right)$ | $Z_p = \dfrac{\pi d^3}{16}\left(1 - \dfrac{d_0}{d}\right)$ |
| | $Z = \dfrac{\pi d^3}{32} - \dfrac{bt(d-t)^2}{2d}$ | $Z_p = \dfrac{\pi d^3}{16} - \dfrac{bt(d-t)^2}{2d}$ | | $Z = \dfrac{\pi d^4 + bz(D-d)(D+d)^2}{32D}$ （z——花键齿数） | $Z_p = \dfrac{\pi d^4 + bz(D-d)(D+d)^2}{16D}$ $= 2Z$ |

注：公式中各几何尺寸均以 cm 计。

### 表 7.1-12　带有平键槽轴的截面系数 Z、$Z_p$

| d/mm | b×h /mm | Z | $Z_p$ | Z | $Z_p$ | d/mm | b×h /mm | Z | $Z_p$ | Z | $Z_p$ |
|---|---|---|---|---|---|---|---|---|---|---|---|
| | | /cm³ | | | | | | /cm³ | | | |
| 20 | 6×6 | 0.642 | 1.43 | 0.499 | 1.28 | 26 | 8×7 | 1.43 | 3.15 | 1.13 | 2.85 |
| 21 | | 0.756 | 1.66 | 0.603 | 1.51 | 28 | | 1.83 | 3.98 | 1.50 | 3.65 |
| 22 | | 0.882 | 1.92 | 0.718 | 1.76 | 30 | | 2.29 | 4.94 | 1.93 | 4.58 |
| 23 | | 0.943 | 2.14 | 0.692 | 1.87 | 32 | | 2.65 | 5.86 | 2.08 | 5.29 |
| 24 | 8×7 | 1.09 | 2.45 | 0.824 | 2.18 | 34 | 10×8 | 3.24 | 7.10 | 2.62 | 6.48 |
| 25 | | 1.25 | 2.78 | 0.970 | 2.50 | 35 | | 3.57 | 7.78 | 2.92 | 7.13 |

（续）

| $d$/mm | $b\times h$/mm | $Z$ /cm³ | $Z_p$ /cm³ | $Z$ /cm³ | $Z_p$ /cm³ | $d$/mm | $b\times h$/mm | $Z$ /cm³ | $Z_p$ /cm³ | $Z$ /cm³ | $Z_p$ /cm³ |
|---|---|---|---|---|---|---|---|---|---|---|---|
| 36 | 10×8 | 3.91 | 8.49 | 3.25 | 7.83 | 90 | 25×14 | 63.4 | 135 | 55.2 | 127 |
| 38 | | 5.39 | 11.5 | 4.67 | 10.8 | 92 | | 68.0 | 144 | 59.6 | 136 |
| 40 | | 5.36 | 11.6 | 4.45 | 10.7 | 95 | | 75.4 | 160 | 66.7 | 151 |
| 42 | 12×8 | 6.30 | 13.6 | 5.32 | 12.6 | 98 | 28×16 | 81.3 | 174 | 70.3 | 163 |
| 44 | | 8.36 | 17.8 | 7.33 | 16.7 | 100 | | 86.8 | 185 | 75.5 | 174 |
| 45 | | 7.61 | 16.6 | 6.28 | 15.2 | 105 | | 102 | 215 | 89.6 | 203 |
| 46 | 14×9 | 8.18 | 17.7 | 6.81 | 16.4 | 110 | | 118 | 249 | 105 | 236 |
| 47 | | 8.78 | 19.0 | 7.37 | 17.6 | 115 | 32×18 | 133 | 282 | 116 | 266 |
| 48 | | 9.41 | 20.3 | 7.96 | 18.8 | 120 | | 152 | 322 | 135 | 304 |
| 50 | | 12.3 | 26.1 | 10.7 | 24.5 | 125 | | 173 | 365 | 155 | 347 |
| 52 | | 11.9 | 25.7 | 9.90 | 23.7 | 130 | | 197 | 412 | 177 | 393 |
| 55 | 16×10 | 14.2 | 30.6 | 12.1 | 28.5 | 135 | 36×20 | 217 | 459 | 193 | 435 |
| 58 | | 19.2 | 40.5 | 16.9 | 38.3 | 140 | | 244 | 514 | 219 | 488 |
| 60 | | 18.3 | 39.5 | 15.3 | 36.5 | 145 | | 273 | 572 | 247 | 546 |
| 62 | 18×11 | 20.3 | 43.7 | 17.3 | 40.6 | 150 | | 304 | 635 | 276 | 608 |
| 65 | | 23.7 | 50.7 | 20.4 | 47.4 | 155 | 40×22 | 332 | 697 | 298 | 664 |
| 68 | | 26.8 | 57.7 | 22.8 | 53.6 | 160 | | 367 | 769 | 332 | 734 |
| 70 | 20×12 | 29.5 | 63.2 | 25.3 | 59.0 | 165 | | 405 | 846 | 368 | 809 |
| 72 | | 32.3 | 69.0 | 28.0 | 64.6 | 170 | | 445 | 927 | 407 | 889 |
| 75 | | 36.9 | 78.3 | 32.3 | 73.7 | 175 | | 477 | 1003 | 427 | 954 |
| 78 | | 40.5 | 87.1 | 34.5 | 81.1 | 180 | 45×25 | 522 | 1094 | 470 | 1043 |
| 80 | 22×14 | 44.0 | 94.3 | 37.8 | 88.1 | 185 | | 569 | 1190 | 516 | 1138 |
| 82 | | 47.7 | 102 | 41.3 | 95.4 | 190 | | 619 | 1292 | 565 | 1238 |
| 85 | | 53.6 | 114 | 46.8 | 107 | 195 | | 672 | 1340 | 616 | 1344 |
| 88 | 25×14 | 58.9 | 126 | 50.9 | 118 | 200 | | 728 | 1513 | 670 | 1455 |

注：表内数据适用于 GB/T 1095—2003 规定的平键、导向平键的键槽剖面尺寸。

**表 7.1-13　矩形花键轴的抗弯及抗扭截面系数 $Z$、$Z_p$（$Z_p = 2Z$）**

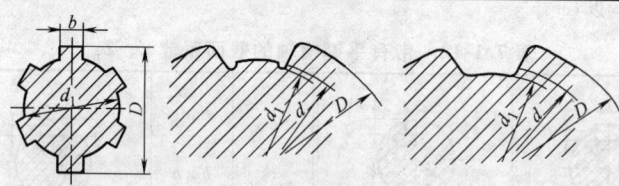

| 公称尺寸/mm $z-D\times d\times b$ | $Z$/cm³ 按 $D$ 定心 | $Z$/cm³ 按 $d$ 定心 | 公称尺寸/mm $z-D\times d\times b$ | $Z$/cm³ 按 $D$ 定心 | $Z$/cm³ 按 $d$ 定心 |
|---|---|---|---|---|---|
| 轻系列 | | | 8-40×36×7 | 4.79 | 5.13 |
| 4-20×17×6 | 0.529 | 0.564 | 8-46×42×8 | 7.53 | 7.99 |
| 4-22×19×8 | 0.774 | 0.811 | 8-50×46×9 | 9.94 | 10.5 |
| 6-26×23×6 | 1.28 | 1.37 | 8-58×52×10 | 14.4 | 15.5 |
| 6-30×26×6 | 1.79 | 1.97 | 8-62×56×10 | 17.5 | 18.9 |
| 6-32×28×7 | 2.30 | 2.48 | 8-68×62×12 | 24.3 | 25.8 |
| 8-36×32×6 | 3.34 | 3.63 | 10-78×72×12 | 38.3 | 40.3 |

（续）

| 公称尺寸/mm | Z/cm³ | | 公称尺寸/mm | Z/cm³ | |
|---|---|---|---|---|---|
| $z - D \times d \times b$ | 按 D 定心 | 按 d 定心 | $z - D \times d \times b$ | 按 D 定心 | 按 d 定心 |
| 轻 系 列 | | | $10 - 35 \times 28 \times 4$ | 2.32 | 2.72 |
| $10 - 88 \times 82 \times 12$ | 54.5 | 57.8 | $10 - 40 \times 32 \times 5$ | 3.68 | 4.19 |
| $10 - 98 \times 92 \times 14$ | 77.8 | 81.4 | $10 - 45 \times 36 \times 5$ | 4.86 | 5.71 |
| $10 - 108 \times 102 \times 16$ | 106 | 111 | $10 - 52 \times 42 \times 6$ | 7.77 | 9.06 |
| $10 - 120 \times 112 \times 18$ | 142 | 149 | $10 - 56 \times 46 \times 7$ | 10.5 | 11.9 |
| $10 - 140 \times 125 \times 20$ | 202 | 218 | $16 - 60 \times 52 \times 5$ | 14.2 | 16.1 |
| $10 - 160 \times 145 \times 22$ | 306 | 331 | $16 - 65 \times 56 \times 5$ | 17.3 | 19.9 |
| $10 - 180 \times 160 \times 24$ | 413 | 454 | $16 - 72 \times 62 \times 6$ | 24.2 | 27.6 |
| $10 - 200 \times 180 \times 30$ | 608 | 651 | $16 - 82 \times 72 \times 7$ | 37.5 | 42.3 |
| $10 - 220 \times 200 \times 30$ | 800 | 864 | $20 - 92 \times 82 \times 6$ | 53.3 | 60.6 |
| $10 - 240 \times 220 \times 35$ | 1084 | 1151 | $20 - 102 \times 92 \times 7$ | 76.8 | 85.1 |
| $10 - 260 \times 240 \times 35$ | 1363 | 1463 | 补 充 系 列 | | |
| 中 系 列 | | | $6 - 35 \times 30 \times 10$ | 3.27 | 3.40 |
| $6 - 16 \times 13 \times 3.5$ | 0.254 | 0.279 | $6 - 38 \times 33 \times 10$ | 4.10 | 4.30 |
| $6 - 20 \times 16 \times 4$ | 0.462 | 0.516 | $6 - 40 \times 35 \times 10$ | 4.77 | 5.00 |
| $6 - 22 \times 18 \times 5$ | 0.682 | 0.741 | $6 - 42 \times 36 \times 10$ | 5.20 | 5.55 |
| $6 - 25 \times 21 \times 5$ | 0.976 | 1.08 | $6 - 45 \times 40 \times 12$ | 7.10 | 7.39 |
| $6 - 28 \times 23 \times 6$ | 1.37 | 1.50 | $6 - 48 \times 42 \times 12$ | 8.28 | 8.64 |
| $6 - 32 \times 26 \times 6$ | 1.86 | 2.11 | $6 - 50 \times 45 \times 12$ | 9.61 | 10.0 |
| $6 - 34 \times 28 \times 7$ | 2.41 | 2.67 | $6 - 55 \times 50 \times 14$ | 13.2 | 13.7 |
| $8 - 38 \times 32 \times 6$ | 3.47 | 3.87 | $6 - 60 \times 54 \times 14$ | 16.4 | 17.3 |
| $8 - 42 \times 36 \times 7$ | 4.95 | 5.45 | $6 - 65 \times 58 \times 16$ | 20.9 | 21.9 |
| $8 - 48 \times 42 \times 8$ | 7.67 | 8.39 | $6 - 70 \times 62 \times 16$ | 25.1 | 26.7 |
| $8 - 54 \times 46 \times 9$ | 10.4 | 11.5 | $6 - 75 \times 65 \times 16$ | 28.7 | 31.2 |
| $8 - 60 \times 52 \times 10$ | 14.7 | 16.1 | $6 - 80 \times 70 \times 20$ | 37.9 | 40.0 |
| $8 - 65 \times 56 \times 10$ | 17.9 | 19.9 | $6 - 90 \times 80 \times 20$ | 53.2 | 56.7 |
| $8 - 72 \times 62 \times 12$ | 25.1 | 27.6 | $10 - 30 \times 26 \times 4$ | 1.81 | 2.01 |
| $10 - 82 \times 72 \times 12$ | 39.6 | 43.0 | $10 - 32 \times 28 \times 5$ | 2.40 | 2.58 |
| $10 - 92 \times 82 \times 12$ | 55.0 | 60.6 | $10 - 35 \times 30 \times 5$ | 2.92 | 3.21 |
| $10 - 102 \times 92 \times 14$ | 78.5 | 85.1 | $10 - 38 \times 33 \times 6$ | 4.00 | 4.30 |
| $10 - 112 \times 102 \times 16$ | 108 | 115 | $10 - 40 \times 35 \times 6$ | 4.63 | 5.00 |
| $10 - 125 \times 112 \times 18$ | 145 | 156 | $10 - 42 \times 36 \times 6$ | 5.06 | 5.55 |
| 重 系 列 | | | $10 - 45 \times 40 \times 7$ | 6.85 | 7.34 |
| $10 - 26 \times 21 \times 3$ | 0.968 | 1.13 | $16 - 38 \times 33 \times 3.5$ | 3.80 | 4.22 |
| $10 - 29 \times 23 \times 4$ | 1.48 | 1.65 | $16 - 50 \times 43 \times 5$ | 8.91 | 9.74 |
| $10 - 32 \times 26 \times 4$ | 1.92 | 2.19 | | | |

注：表内数据适用于 GB/T 1144—2001 规定的矩形花键。

表 7.1-14　螺纹、键、花键、横孔处及配合边缘处的有效应力集中系数 $K_\sigma$、$K_\tau$

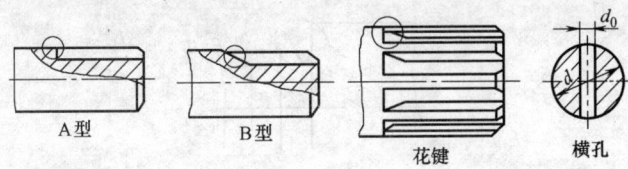

A 型　　　　B 型　　　　花键　　　　横孔

（续）

| $\sigma_b$ /MPa | 螺纹 ($K_\tau=1$) $K_\sigma$ | 键槽 $K_\sigma$ A型 | 键槽 $K_\sigma$ B型 | 键槽 $K_\tau$ A、B型 | 花键 $K_\sigma$ | 花键 $K_\tau$ 矩形 | 花键 $K_\tau$ 渐开线形 | 横孔 $K_\sigma$ $\frac{d_0}{d}=0.05\sim0.15$ | 横孔 $K_\sigma$ $\frac{d_0}{d}=0.15\sim0.25$ | 横孔 $K_\tau$ $\frac{d_0}{d}=0.05\sim0.25$ | 配合 H7/r6 $K_\sigma$ | 配合 H7/r6 $K_\tau$ | 配合 H7/k6 $K_\sigma$ | 配合 H7/k6 $K_\tau$ | 配合 H7/h6 $K_\sigma$ | 配合 H7/h6 $K_\tau$ |
|---|---|---|---|---|---|---|---|---|---|---|---|---|---|---|---|---|
| 400 | 1.45 | 1.51 | 1.30 | 1.20 | 1.35 | 2.10 | 1.40 | 1.90 | 1.70 | 1.70 | 2.05 | 1.55 | 1.55 | 1.25 | 1.33 | 1.14 |
| 500 | 1.78 | 1.64 | 1.38 | 1.37 | 1.45 | 2.25 | 1.43 | 1.95 | 1.75 | 1.75 | 2.30 | 1.69 | 1.72 | 1.36 | 1.49 | 1.23 |
| 600 | 1.96 | 1.76 | 1.46 | 1.54 | 1.55 | 2.35 | 1.46 | 2.00 | 1.80 | 1.80 | 2.52 | 1.82 | 1.89 | 1.46 | 1.64 | 1.31 |
| 700 | 2.20 | 1.89 | 1.54 | 1.71 | 1.60 | 2.45 | 1.49 | 2.05 | 1.85 | 1.80 | 2.73 | 1.96 | 2.05 | 1.56 | 1.77 | 1.40 |
| 800 | 2.32 | 2.01 | 1.62 | 1.88 | 1.65 | 2.55 | 1.52 | 2.10 | 1.90 | 1.85 | 2.96 | 2.09 | 2.22 | 1.65 | 1.92 | 1.49 |
| 900 | 2.47 | 2.14 | 1.69 | 2.05 | 1.70 | 2.65 | 1.55 | 2.15 | 1.95 | 1.90 | 3.18 | 2.22 | 2.39 | 1.76 | 2.08 | 1.57 |
| 1000 | 2.61 | 2.26 | 1.77 | 2.22 | 1.72 | 2.70 | 1.58 | 2.20 | 2.00 | 1.90 | 3.41 | 2.36 | 2.56 | 1.86 | 2.22 | 1.66 |
| 1200 | 2.90 | 2.50 | 1.92 | 2.39 | 1.75 | 2.80 | 1.60 | 2.30 | 2.10 | 2.00 | 3.87 | 2.62 | 2.90 | 2.05 | 2.5 | 1.83 |

注：1. 滚动轴承与轴的配合按 H7/r6 配合选择系数。

2. 蜗杆螺旋根部有效应力集中系数可取 $K_\sigma=2.3\sim2.5$；$K_\tau=1.7\sim1.9$。

**表 7.1-15　圆角处的有效应力集中系数 $K_\sigma$、$K_\tau$**

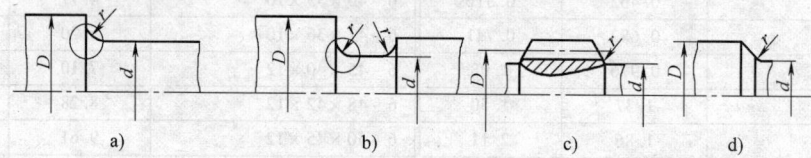

a)　　　　　　　b)　　　　　　　c)　　　　　　　d)

| $\frac{D-d}{r}$ | $\frac{r}{d}$ | $K_\sigma$ $\sigma_b$/MPa 400 | 500 | 600 | 700 | 800 | 900 | 1000 | 1200 | $K_\tau$ $\sigma_b$/MPa 400 | 500 | 600 | 700 | 800 | 900 | 1000 | 1200 |
|---|---|---|---|---|---|---|---|---|---|---|---|---|---|---|---|---|---|
| 2 | 0.01 | 1.34 | 1.36 | 1.38 | 1.40 | 1.41 | 1.43 | 1.45 | 1.49 | 1.26 | 1.28 | 1.29 | 1.29 | 1.30 | 1.30 | 1.31 | 1.32 |
| | 0.02 | 1.41 | 1.44 | 1.47 | 1.49 | 1.52 | 1.54 | 1.57 | 1.62 | 1.33 | 1.35 | 1.36 | 1.37 | 1.37 | 1.38 | 1.39 | 1.42 |
| | 0.03 | 1.59 | 1.63 | 1.67 | 1.71 | 1.76 | 1.80 | 1.84 | 1.92 | 1.39 | 1.40 | 1.42 | 1.44 | 1.45 | 1.47 | 1.48 | 1.52 |
| | 0.05 | 1.54 | 1.59 | 1.64 | 1.69 | 1.73 | 1.78 | 1.83 | 1.93 | 1.42 | 1.43 | 1.44 | 1.46 | 1.47 | 1.50 | 1.51 | 1.54 |
| | 0.10 | 1.38 | 1.44 | 1.50 | 1.55 | 1.61 | 1.66 | 1.72 | 1.83 | 1.37 | 1.38 | 1.39 | 1.42 | 1.43 | 1.45 | 1.46 | 1.50 |
| 4 | 0.01 | 1.51 | 1.54 | 1.57 | 1.59 | 1.62 | 1.64 | 1.67 | 1.72 | 1.37 | 1.39 | 1.40 | 1.42 | 1.43 | 1.44 | 1.46 | 1.47 |
| | 0.02 | 1.76 | 1.81 | 1.86 | 1.91 | 1.96 | 2.01 | 2.06 | 2.16 | 1.53 | 1.55 | 1.58 | 1.59 | 1.61 | 1.62 | 1.65 | 1.68 |
| | 0.03 | 1.76 | 1.82 | 1.88 | 1.94 | 1.99 | 2.05 | 2.11 | 2.23 | 1.52 | 1.54 | 1.57 | 1.59 | 1.61 | 1.64 | 1.66 | 1.71 |
| | 0.05 | 1.70 | 1.76 | 1.82 | 1.88 | 1.95 | 2.01 | 2.07 | 2.19 | 1.50 | 1.53 | 1.57 | 1.59 | 1.62 | 1.65 | 1.68 | 1.74 |
| 6 | 0.01 | 1.86 | 1.90 | 1.94 | 1.99 | 2.03 | 2.08 | 2.12 | 2.21 | 1.54 | 1.57 | 1.59 | 1.61 | 1.64 | 1.66 | 1.68 | 1.73 |
| | 0.02 | 1.90 | 1.96 | 2.02 | 2.08 | 2.13 | 2.19 | 2.25 | 2.37 | 1.59 | 1.62 | 1.66 | 1.69 | 1.72 | 1.75 | 1.79 | 1.86 |
| | 0.03 | 1.89 | 1.96 | 2.03 | 2.10 | 2.16 | 2.23 | 2.30 | 2.44 | 1.61 | 1.65 | 1.68 | 1.72 | 1.74 | 1.77 | 1.81 | 1.88 |
| 10 | 0.01 | 2.07 | 2.12 | 2.17 | 2.23 | 2.28 | 2.34 | 2.39 | 2.50 | 2.12 | 2.18 | 2.24 | 2.30 | 2.37 | 2.42 | 2.48 | 2.60 |
| | 0.02 | 2.09 | 2.16 | 2.23 | 2.30 | 2.38 | 2.45 | 2.52 | 2.66 | 2.03 | 2.08 | 2.12 | 2.17 | 2.22 | 2.26 | 2.31 | 2.40 |

**表 7.1-16　环槽处的有效应力集中系数 $K_\sigma$、$K_\tau$**

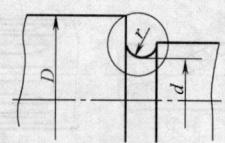

（续）

| 系数 | $\dfrac{D-d}{r}$ | $\dfrac{r}{d}$ | $\sigma_b$/MPa | | | | | | | |
|---|---|---|---|---|---|---|---|---|---|---|
| | | | 400 | 500 | 600 | 700 | 800 | 900 | 1000 | 1200 |
| $K_\sigma$ | 1 | 0.01 | 1.88 | 1.93 | 1.98 | 2.04 | 2.09 | 2.15 | 2.20 | 2.31 |
| | | 0.02 | 1.79 | 1.84 | 1.89 | 1.95 | 2.00 | 2.06 | 2.11 | 2.22 |
| | | 0.03 | 1.72 | 1.77 | 1.82 | 1.87 | 1.92 | 1.97 | 2.02 | 2.12 |
| | | 0.05 | 1.61 | 1.66 | 1.71 | 1.77 | 1.82 | 1.88 | 1.93 | 2.04 |
| | | 0.10 | 1.44 | 1.48 | 1.52 | 1.55 | 1.59 | 1.62 | 1.66 | 1.73 |
| | 2 | 0.01 | 2.09 | 2.15 | 2.21 | 2.27 | 2.37 | 2.39 | 2.45 | 2.57 |
| | | 0.02 | 1.99 | 2.05 | 2.11 | 2.17 | 2.23 | 2.28 | 2.35 | 2.49 |
| | | 0.03 | 1.91 | 1.97 | 2.03 | 2.08 | 2.14 | 2.19 | 2.25 | 2.36 |
| | | 0.05 | 1.79 | 1.85 | 1.91 | 1.97 | 2.03 | 2.09 | 2.15 | 2.27 |
| | 4 | 0.01 | 2.29 | 2.36 | 2.43 | 2.50 | 2.56 | 2.63 | 2.70 | 2.84 |
| | | 0.02 | 2.18 | 2.25 | 2.32 | 2.38 | 2.45 | 2.51 | 2.58 | 2.71 |
| | | 0.03 | 2.10 | 2.16 | 2.22 | 2.28 | 2.35 | 2.41 | 2.47 | 2.59 |
| | 6 | 0.01 | 2.38 | 2.47 | 2.56 | 2.64 | 2.73 | 2.81 | 2.90 | 3.07 |
| | | 0.02 | 2.28 | 2.35 | 2.42 | 2.49 | 2.56 | 2.63 | 2.70 | 2.84 |
| $K_\tau$ | 任何比值 | 0.01 | 1.60 | 1.70 | 1.80 | 1.90 | 2.00 | 2.10 | 2.20 | 2.40 |
| | | 0.02 | 1.51 | 1.60 | 1.69 | 1.77 | 1.86 | 1.94 | 2.03 | 2.20 |
| | | 0.03 | 1.44 | 1.52 | 1.60 | 1.67 | 1.75 | 1.82 | 1.90 | 2.05 |
| | | 0.05 | 1.34 | 1.40 | 1.46 | 1.52 | 1.57 | 1.63 | 1.69 | 1.81 |
| | | 0.10 | 1.17 | 1.20 | 1.23 | 1.26 | 1.28 | 1.31 | 1.34 | 1.40 |

**表 7.1-17　钢的平均应力折算系数 $\varphi_\sigma$、$\varphi_\tau$**

| 应力种类 | 系　数 | 表　面　状　态 | | | | |
|---|---|---|---|---|---|---|
| | | 抛　光 | 磨　光 | 车　削 | 热　轧 | 锻　造 |
| 弯曲 | $\varphi_\sigma$ | 0.50 | 0.43 | 0.34 | 0.215 | 0.14 |
| 拉压 | $\varphi_\sigma$ | 0.41 | 0.36 | 0.30 | 0.18 | 0.10 |
| 扭转 | $\varphi_\tau$ | 0.33 | 0.29 | 0.21 | 0.11 | — |

**表 7.1-18　绝对尺寸影响系数 $\varepsilon_\sigma$、$\varepsilon_\tau$**

| 直径 $d$/mm | | >20~30 | >30~40 | >40~50 | >50~60 | >60~70 | >70~80 | >80~100 | >100~120 | >120~150 | >150~500 |
|---|---|---|---|---|---|---|---|---|---|---|---|
| $\varepsilon_\sigma$ | 碳钢 | 0.91 | 0.88 | 0.84 | 0.81 | 0.78 | 0.75 | 0.73 | 0.70 | 0.68 | 0.60 |
| | 合金钢 | 0.83 | 0.77 | 0.73 | 0.70 | 0.68 | 0.66 | 0.64 | 0.62 | 0.60 | 0.54 |
| $\varepsilon_\tau$ | 各种钢 | 0.89 | 0.81 | 0.78 | 0.76 | 0.74 | 0.73 | 0.72 | 0.70 | 0.68 | 0.60 |

**表 7.1-19　表面有防腐层的表面状态系数 $\beta$**

| 材　料 | 表面处理方法 | 表层厚度/$\mu$m | 腐蚀介质 | 试验应力循环数 $N$ 及转速 $n$/r·min$^{-1}$ | $\beta$ |
|---|---|---|---|---|---|
| 碳钢<br>(0.3%~0.5%C) | 电镀铬或镍 | 5~15 | 3% NaCl 溶液 | $N=10^7$ | 0.25~0.45 |
| | | 15~30 | | $n=1500$ | 0.8~0.95 |
| | 喷铝 | 50 | | $N=2\times10^7,n=2200$ | 0.8 |
| | 滚子滚压 | — | | $N=10^7,n=1500$ | 1 |
| 渗氮钢<br>($\sigma_b=700\sim1200\text{N/mm}^2$) | 渗氮 | — | 淡　水 | $N=10^7\sim10^8$ | 1.2~1.4 |

注：1. 表中数据为小直径（$d=8\sim10$mm）试样的试验数据。

　　2. 电镀铬和镍的轴，在空气中的疲劳极限将降低，$\beta=0.65\sim0.9$。

## 表 7.1-20　不同表面粗糙度的表面质量系数 $\beta$

| 加工方法 | 轴表面粗糙度/$\mu$m | $\sigma_b$/MPa | | |
| --- | --- | --- | --- | --- |
| | | 400 | 800 | 1200 |
| 磨削 ● | $Ra$ 0.4 ~ 0.2 | 1 | 1 | 1 |
| 车削 | $Ra$ 3.2 ~ 0.8 | 0.95 | 0.90 | 0.80 |
| 粗车 | $Ra$ 25 ~ 6.3 | 0.85 | 0.80 | 0.65 |
| 未加工的表面 | — | 0.75 | 0.65 | 0.45 |

## 表 7.1-21　各种腐蚀情况的表面质量系数 $\beta$

| 工作条件 | 抗拉强度 $\sigma_b$/MPa | | | | | | | | | | |
| --- | --- | --- | --- | --- | --- | --- | --- | --- | --- | --- | --- |
| | 400 | 500 | 600 | 700 | 800 | 900 | 1000 | 1100 | 1200 | 1300 | 1400 |
| 淡水中,有应力集中 | 0.7 | 0.63 | 0.56 | 0.52 | 0.46 | 0.43 | 0.40 | 0.38 | 0.36 | 0.35 | 0.33 |
| 淡水中,无应力集中<br>海水中,有应力集中 | 0.58 | 0.50 | 0.44 | 0.37 | 0.33 | 0.28 | 0.25 | 0.23 | 0.21 | 0.20 | 0.19 |
| 海水中,无应力集中 | 0.37 | 0.30 | 0.26 | 0.23 | 0.21 | 0.18 | 0.16 | 0.14 | 0.13 | 0.12 | 0.12 |

## 表 7.1-22　各种强化方法的表面质量系数 $\beta$

| 强化方法 | 心部强度 $\sigma_b$/MPa | $\beta$ | | |
| --- | --- | --- | --- | --- |
| | | 光　轴 | 低应力集中的轴 $K_\sigma \leqslant 1.5$ | 高应力集中的轴 $K_\sigma \geqslant 1.8 ~ 2$ |
| 高频淬火 | 600 ~ 800 | 1.5 ~ 1.7 | 1.6 ~ 1.7 | 2.4 ~ 2.8 |
| | 800 ~ 1000 | 1.3 ~ 1.5 | | |
| 氮化 | 900 ~ 1200 | 1.1 ~ 1.25 | 1.5 ~ 1.7 | 1.7 ~ 2.1 |
| 渗碳 | 400 ~ 600 | 1.8 ~ 2.0 | 3 | 2.5 |
| | 700 ~ 800 | 1.4 ~ 1.5 | 2.3 | 2.7 |
| | 1000 ~ 1200 | 1.2 ~ 1.3 | 2 | 2.3 |
| 喷丸硬化 | 600 ~ 1500 | 1.1 ~ 1.25 | 1.5 ~ 1.6 | 1.7 ~ 2.1 |
| 滚子滚压 | 600 ~ 1500 | 1.1 ~ 1.3 | 1.3 ~ 1.5 | 1.6 ~ 2.0 |

注：1. 高频淬火是根据直径为 10 ~ 20mm，淬硬层厚度为 (0.05 ~ 0.20)$d$ 的试件实验求得的数据；对大尺寸的试件强化系数的值会有某些降低。

2. 氮化层厚度为 0.01$d$ 时用小值；在 (0.03 ~ 0.04)$d$ 时用大值。

3. 喷丸硬化是根据 8 ~ 40mm 的试件求得的数据；喷丸速度低时用小值；速度高时用大值。

4. 滚子滚压是根据 17 ~ 130mm 的试件求得的数据。

### 3.3.2　静强度安全系数计算

轴的静强度安全系数计算是根据轴材料的屈服强度和轴上作用的最大瞬时载荷（包括动载荷和冲击载荷），计算轴危险截面处的静强度安全系数。轴的静强度安全系数校核计算公式见表 7.1-23。

## 表 7.1-23　轴危险截面安全系数 $S_s$ 的校核计算公式

| 公式 | $$S_s = \dfrac{S_{s\sigma} S_{s\tau}}{\sqrt{S_{s\sigma}^2 + S_{s\tau}^2}} \geqslant S_{sp}$$ | |
| --- | --- | --- |
| | 弯曲时　$S_{s\sigma} = \dfrac{\sigma_s}{\dfrac{M_{max}}{Z}}$ | 扭转时　$S_{s\tau} = \dfrac{\tau_s}{\dfrac{T_{max}}{Z_p}}$ |
| 说明 | $S_{s\sigma}$——只考虑弯曲时的安全系数<br>$S_{s\tau}$——只考虑扭转时的安全系数<br>$Z, Z_p$——轴危险截面的抗弯和抗扭截面系数（cm³），见表 7.1-11 ~ 表 7.1-13<br>$S_{sp}$——静强度的许可安全系数，见表 7.1-24，如轴的损坏会引起严重事故，该值应适当加大 | $\sigma_s$——材料的拉伸屈服点，见表 7.1-1<br>$\tau_s$——材料的扭转屈服点，一般取 $\tau_s \approx (0.55 ~ 0.62)\sigma_s$<br>$M_{max}, T_{max}$——轴危险截面上的最大弯矩和最大转矩（N·m） |

**表 7.1-24　静强度的许用安全系数 $S_{sp}$**

| $\sigma_s/\sigma_b$ | 0.45 ~ 0.55 | 0.55 ~ 0.7 | 0.7 ~ 0.9 | 铸造轴 |
|---|---|---|---|---|
| $S_{sp}$ | 1.2 ~ 1.5 | 1.4 ~ 1.8 | 1.7 ~ 2.2 | 1.6 ~ 2.5 |

如果校核计算的结果表明安全系数太低，可通过增大轴径尺寸及改用较好的材料等措施，以提高轴的静强度安全系数。

## 3.4　强度计算实例

【例】 试设计带式运输机减速器的主动轴（见图 7.1-3）。已知传递的功率 $P = 13kW$，转速 $n = 200r/min$，齿轮的齿宽 $B = 100mm$，齿数 $z = 40$，模数 $m_n = 5mm$，螺旋角 $\beta = 9°22'$，轴端装有联轴器。

【解】

1. 按转矩初步估算轴径和选择联轴器

（1）初步估算轴径　选择轴的材料为 45 钢，经调质处理，由表 7.1-1 查得材料机械性能数据为

$$\sigma_{-1} = 268MPa,\ \tau_{-1} = 155MPa$$

根据表 7.1-5 中公式初步计算轴径，由于材料为 45 钢，由表 7.1-6 选取 $A = 115$，则得

$$d_{min} = A\sqrt[3]{\frac{P}{n}} = 115\sqrt[3]{\frac{13}{200}}mm = 46.2mm$$

考虑联轴器与轴采用键连接，需将其轴径增大 4% ~ 5%，故锥形轴伸的大端直径为 50mm。

（2）选择联轴器　考虑如有动载荷及过载情况，取联轴器工作情况系数 $K = 1.5$（见表 7.2-2），则联轴器计算转矩：

$$T_c = KT = \frac{1.5 \times 13 \times 955 \times 10^4}{200} = 931125N \cdot mm$$
$$\approx 931N \cdot m$$

根据工作要求，选择弹性柱销联轴器。由轴径 $d = 50mm$ 和 $T_c$ 选取联轴器的型号为 LX4 联轴器（GB/T 5014—2003），其允许公称转矩 $T_n = 2500N \cdot m$。

2. 轴的结构设计

如图 7.1-3a 所示，根据轴的受力情况，选取 70000B 型角接触球轴承。为便于轴承的装配，取装轴承处的直径 $d_1 = 55mm$，由结构设计得装齿轮处的轴径 $d_2 = 58mm$，$a = b = 80mm$，$c = 170mm$，$D_1 = 135mm$。初选角接触球轴承 7311B（GB/T 292-2007），其宽度 $B = 29mm$，根据结构要求，取轴环宽度为 15mm。

3. 轴的受力分析（见图 7.1-3b）

轴传递的转矩 $T_1$

$$T_1 = \frac{13 \times 955 \times 10^4}{200} = 620 \times 10^3 N \cdot mm = 620N \cdot m$$

齿轮的圆周力

$$F_t = \frac{2T_1}{d_1} = \frac{2T_1}{Z \cdot m_n/\cos\beta} = \frac{2 \times 620}{40 \times 0.005/\cos9°22'}$$
$$= 6118N$$

齿轮的径向力

$$F_r = F_t\frac{\tan\alpha_n}{\cos\beta} = 6118 \times \frac{\tan20°}{\cos9°22'} = 2259N$$

齿轮的轴向力

$$F_a = F_t \cdot \tan\beta = 6118 \times \tan9°22' = 1002N$$

联轴器由于制造和安装误差所产生的附加圆周力 $F_0$（方向不定）

$$F_0 = 0.3\frac{2T_1}{D_1} = 0.3\frac{2 \times 620}{0.135} = 2755N$$

4. 求支反力

（1）水平平面内的支反力（见图 7.1-3c）　由

$$\sum M_A = 0\ 得\ R_{Bz}(a+b) - F_r a + F_a\frac{d_1}{2} = 0$$

$$R_{Bz} = \frac{F_r a - F_a\frac{d_1}{2}}{a+b} = \frac{2559 \times 0.08 - 1002 \times \frac{0.202}{2}}{0.08 + 0.08} = 497N$$

由 $\sum Z = 0$ 得 $R_{Az} = F_r - R_{Bz} = 2259 - 497 = 1762N$

（2）垂直平面内的支反力（见图 7.1-3e）　由图可知

$$R_{Ay} = R_{By} = \frac{1}{2}F_t = \frac{6118}{2} = 3059N$$

（3）由于 $F_0$ 的作用，在支点 $A$、$B$ 处的支反力（见图 7.1-3g）　由 $\sum M_B = 0$ 得 $R_{A0}(a+b) - F_0 c = 0$

$$R_{A0} = \frac{F_0 c}{a+b} = \frac{2755 \times 0.17}{0.08 + 0.08}N = 2927N,$$
$$R_{B0} = F_0 + R_{A0} = 2755 + 2927 = 5682N$$

5. 作弯矩和转矩图

（1）齿轮的作用力在水平平面的弯矩图（见图 7.1-3d）

$$M_{Dz} = R_{Az}a = 1762 \times 0.08N = 141N \cdot m$$
$$M'_{Dz} = M_{Dz} - F_a \times \frac{d_1}{2} = 141 - 1002 \times \frac{0.202}{2} = 40N \cdot m$$

齿轮的作用力在垂直平面的弯矩图（见图 7.1-3f）

$$M_{Dy} = R_{Ay} \times 0.08 = 3059 \times 0.08N \cdot m = 245N \cdot m$$

由于齿轮作用力在 $D$ 截面作出的最大合成弯矩

$$M_{D0} = \sqrt{M_{Dz}^2 + M_{Dy}^2} = \sqrt{141^2 + 245^2} = 283N \cdot m$$

由于 $F_0$ 作用而作出的弯矩图（见图 7.1-3h）

$$M_{D0} = F_0 c = 2755 \times 0.17N \cdot m = 468N \cdot m$$

该弯矩图的作用平面不定，但当其与上述合成弯矩图共面时是最危险情况。这时其弯矩为二者之和，则截面 $D$ 的最大合成弯矩为

$$M_D = M'_D + M_{D0} = 283 + 468 = 751N \cdot m$$

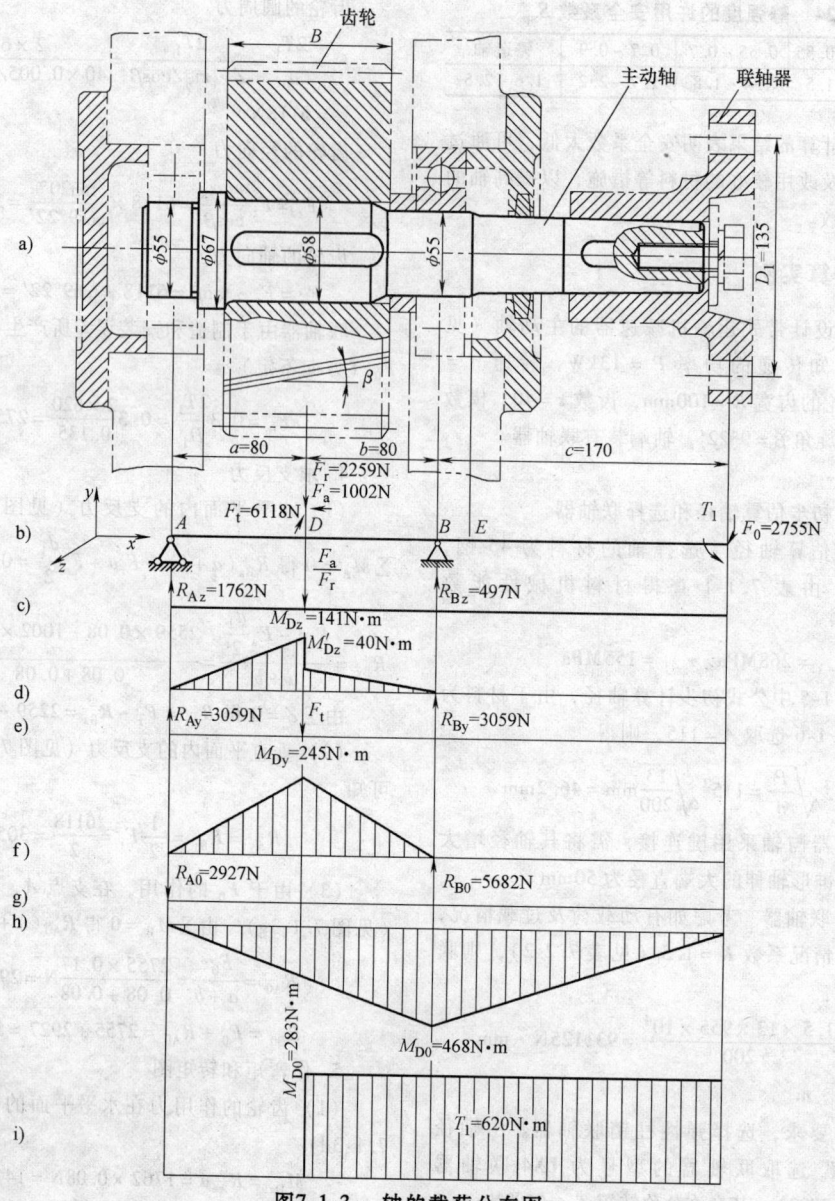

**图7.1-3　轴的载荷分布图**

（2）作转矩图（见图 7.1-3i）

$$T_1 = 620 \text{ N} \cdot \text{m}$$

**6. 轴的强度校核**

（1）确定危险截面　根据轴的结构尺寸及弯矩图、转矩图，截面 $B$ 处弯矩较大，且有轴承配合引起的应力集中；截面 $E$ 处弯矩也较大，直径较小，又有圆角引起的应力集中；截面 $D$ 处弯矩最大，且有齿轮配合与键槽引起的应力集中，故属最危险截面，故对截面 $D$ 进行强度校核。

（2）安全系数校核计算　由于该减速器轴转动，弯矩引起对称循环的弯曲应力，转矩引起的为脉动循环的剪应力。

弯曲应力幅为

$$\sigma_a = \frac{M_D}{W} = \frac{751}{19.2 \times 10^{-6}} = 39.1 \times 10^6 \text{Pa} = 39.1 \text{MPa}$$

式中　$W$——抗弯截面系数，由表 7.1-12 查得 $W =$ $19.2 \text{cm}^3 = 19.2 \times 10^{-6} \text{m}^3$。

由于是对称循环弯曲应力，故平均应力幅 $\sigma_m = 0$，根据表 7.1-8 中公式：

$$S_\sigma = \frac{\sigma_{-1}}{\dfrac{K_\sigma}{\beta\varepsilon_\sigma}\sigma_a + \varphi_\sigma\sigma_m} = \frac{268 \times 10^6}{\dfrac{2.62}{0.92 \times 0.81} \times 39.1 \times 10^6 + 0} = 1.95$$

式中　$\sigma_{-1}$——45 钢弯曲对称循环应力时的疲劳极

限，由表 7.1-1 查得 $\sigma_{-1}=268\text{MPa}$；

$K_\sigma$——正应力有效应力集中系数，由表 7.1-

14 按键槽查得 $K_\sigma=1.5$，按配合查得

$K_\sigma=2.62$，故取 $K_\sigma=2.62$；

$\beta$——表面质量系数，轴经车削加工，由表

7.1-20 查得 $\beta=0.92$；

$\varepsilon_\sigma$——尺寸系数，由表 7.1-18 查得 $\varepsilon_\sigma=0.81$。

剪应力幅为

$$\tau_m=\tau_a=\frac{T_1}{2W_p}=\frac{620\times10^6}{2\times40.5}=7.65\times10^6\text{Pa}=7.65\text{MPa}$$

式中　$W_p$——抗扭截面系数，由表 7.1-12 查得 $W_p=$

$40.5\text{ cm}^3=40.5\times10^{-6}\text{m}^3$。

根据表 7.1-8 公式

$$S_\tau=\frac{\tau_{-1}}{\frac{K_\tau}{\beta\varepsilon_\tau}\tau_a+\varphi_\tau\tau_m}$$

$$=\frac{155\times10^6}{\frac{1.89}{0.92\times0.81}\times7.65\times10^6+0.21\times7.65\times10^6}$$

$$=7.4$$

式中　$\tau_{-1}$——45 钢扭转疲劳极限，由表 7.1-1 查得

$\tau_{-1}=155\text{MPa}$；

$K_\tau$——剪应力有效应力集中系数，由表 7.1-14

按键槽 $K_\tau=1.62$，按配合 $K_\tau=1.89$，故

取 $K_\tau=1.89$；

$\beta$，$\varepsilon_\tau$——同正应力情况；

$\varphi_\tau$——平均应力折算系数，由表 7.1-17 得

$\varphi_\tau=0.21$。

轴截面 D 的安全系数由表 7.1-8 公式确定

$$S=\frac{S_\sigma S_\tau}{\sqrt{S_\sigma^2+\sqrt{S_\tau^2}}}=\frac{1.95\times7.4}{\sqrt{1.95^2+7.4^2}}=1.89$$

由表 7.1-10 可知，$[S]=1.3\sim2.5$ 故 $S>$

$[S]$，该轴截面 D 是安全的。

# 4　刚度计算

轴在载荷作用下，将产生弯曲或扭转变形。若变形量超过允许的限度，就会影响轴上零件的正常工作，甚至会破坏机器的工作性能。因此，在设计重要轴时，必须检验轴的变形量，这在轴的设计中称为刚度计算。刚度计算包括扭转刚度计算和弯曲刚度计算两种。前者以扭转角 $\varphi$ 来度量，后者以挠度 $y$ 和偏转角 $\theta$ 来度量。

## 4.1　扭转刚度计算

轴的扭转刚度校核是计算轴工作时的扭转变形量，用每米轴长的扭转角 $\varphi$ 来表示。轴的扭转角 $\varphi$ 的简化计算公式见表 7.1-25，轴的变形许用值见表 7.1-26。

**表 7.1-25　轴扭转角 $\varphi$ 的简化计算公式**

| 轴的类型 | 实心轴 | 空心轴 | 说　明 |
|---|---|---|---|
| 光轴 | $\varphi=584\dfrac{Tl}{Gd^4}$ | $\varphi=584\dfrac{Tl}{G(d^4-d_0^4)}$ | $T$——轴传递的转矩（N·mm）<br>$l$——轴受转矩作用的长度（mm）<br>$d$——轴的外直径（mm）<br>$d_0$——轴的外直径（mm）<br>$G$——轴的材料的剪切弹性模量（MPa） |
| 阶梯轴 | $\varphi=\dfrac{584}{G}\sum\limits_{i=1}^{n}\dfrac{T_il_i}{d_i^4}$ | $\varphi=\dfrac{584}{G}\sum\limits_{i=1}^{n}\dfrac{T_il_i}{(d_i^4-d_{0i}^4)}$ | $T_i$、$l_i$、$d_i$、$d_{0i}$——分别代表阶梯轴第 $i$ 段上所受的转矩、长度、外径和内径 |

**表 7.1-26　轴的变形许用值**

| 变形 | | 名　称 | 变形许用值 | 变形 | | 名　称 | 变形许用值 |
|---|---|---|---|---|---|---|---|
| 弯曲变形 | 挠度 $y$ | 一般用途轴 | $[y]=(0.0003\sim0.0005)L$ | 弯曲变形 | 偏转角 $\theta$ | 圆柱滚子轴承处 | $[\theta]=0.0025\text{rad}$ |
| | | 刚度要求高的轴 | $[y]=0.0002L$ | | | 圆锥滚子轴承处 | $[\theta]=0.0016\text{rad}$ |
| | | 安装齿轮的轴 | $[y]=(0.01\sim0.03)m_n$ | | | 安装齿轮处 | $[\theta]=(0.001\sim0.002)\text{rad}$ |
| | | 安装蜗轮的轴 | $[y]=(0.02\sim0.05)m_t$ | 扭转变形 | 扭转角 $\varphi$ | 一般轴 | $[\varphi]=0.5°\sim1°/m$ |
| | | 感应电动机轴 | $[y]\leq0.1\delta$ | | | 精密传动轴 | $[\varphi]=0.25°\sim0.5°/m$ |
| | 偏转角 $\theta$ | 滑动轴承处 | $[\theta]=0.001\text{rad}$ | | | 精度要求不高传动轴 | $[\varphi]\geq1°/m$ |
| | | 深沟球轴承处 | $[\theta]=0.005\text{rad}$ | | | 重型机床走刀轴 | $[\varphi]=5'/m$ |
| | | 调心球轴承处 | $[\theta]=0.05\text{rad}$ | | | 起重机传动轴 | $[\varphi]=15'\sim20'/m$ |
| 说明 | $L$——支承间跨距；$\delta$——电动机定子与转子间的气隙；$m_n$——齿轮法面模数；$m_t$——蜗轮端面模数 | | | | | | |

## 4.2　弯曲刚度计算

对于轴的弯曲变形进行精确计算比较复杂，除受力和支承情况外，轴瓦以及轴上零件的刚度，轴的局部削弱等因素对轴的变形都有影响。在设计时，常见的轴大多可视为简支梁。若是光轴，一般按双支点梁计算其挠度或偏转角，计算公式见表 7.1-27。对于阶梯轴，如果对计算精度要求不高，则可采用当量直径法做近似计算；而对于十分重要的轴应采用更准确的能量法计算。

**表 7.1-27　轴的挠度及偏转角计算公式**

| 梁的类型及载荷简图 | 偏转角 $\theta/\mathrm{rad}$ | 挠度 $y/\mathrm{mm}$ |
|---|---|---|
| | $\theta_A = \dfrac{Fcl}{6 \times 10^4 d_{v2}^4}$ <br><br> $\theta_B = -\dfrac{Fcl}{3 \times 10^4 d_{v2}^4} = -2\theta_A$ <br><br> $\theta_C = \theta_B - \dfrac{Fc^2}{2 \times 10^4 d_{v2}^4}$ <br><br> $\theta_x = \theta_A\left[1 - 3\left(\dfrac{x}{l}\right)^2\right]$ （在 A—B 段） | $y_C = \theta_B\,c - \dfrac{Fc^3}{3 \times 10^4 d_{v2}^4}$ <br><br> $y_x = \theta_A x\left[1 - \left(\dfrac{x}{l}\right)^2\right]$ （在 A—B 段） <br><br> $y_{max} = \dfrac{Fcl^2}{9\sqrt{3} \times 10^4 d_{v2}^4} \approx 0.384 l\theta_A$ <br><br> （在 $x = \dfrac{l}{\sqrt{3}} \approx 0.577l$ 处） |
| | $\theta_A = -\dfrac{Ml}{6 \times 10^4 d_{v2}^4}$ <br><br> $\theta_B = \dfrac{Ml}{3 \times 10^4 d_{v2}^4} = -2\theta_A$ <br><br> $\theta_C = \theta_B + \dfrac{Mc}{10^4 d_{v2}^4}$ <br><br> $\theta_x = \theta_A\left[1 - 3\left(\dfrac{x}{l}\right)^2\right]$ （在 A—B 段） | $y_C = \theta_B\,c + \dfrac{Mc^2}{2 \times 10^4 d_{v2}^4}$ <br><br> $y_x = \theta_A x\left[1 - \left(\dfrac{x}{l}\right)^2\right]$ （在 A—B 段） <br><br> $y_{max} = -\dfrac{Ml^2}{9\sqrt{3} \times 10^4 d_{v2}^4} \approx 0.384 l\theta_A$ <br><br> （在 $x = \dfrac{l}{\sqrt{3}} \approx 0.577l$ 处） |
| <br><br> $(a > b)$ | $\theta_A = -\dfrac{Fab}{6 \times 10^4 d_{v1}^4}\left(1 + \dfrac{b}{l}\right)$ <br><br> $\theta_B = \dfrac{Fab}{6 \times 10^4 d_{v1}^4}\left(1 + \dfrac{a}{l}\right)$ <br><br> $\theta_C = \theta_B$ <br><br> $\theta_D = -\dfrac{Fab}{3 \times 10^4 d_{v1}^4}\left(1 - 2\dfrac{a}{l}\right)$ <br><br> $\theta_x = -\dfrac{Fbl}{6 \times 10^4 d_{v1}^4}\left[1 - \left(\dfrac{b}{l}\right)^2 - 3\left(\dfrac{x}{l}\right)^2\right]$ <br> （在 A—D 段） <br><br> $\theta_{x1} = \dfrac{Fal}{6 \times 10^4 d_{v1}^4}\left[1 - \left(\dfrac{a}{l}\right)^2 - 3\left(\dfrac{x_1}{l}\right)^2\right]$ <br> （在 B—D 段） | $y_C = \theta_B\,c$ <br><br> $y_x = -\dfrac{Fblx}{6 \times 10^4 d_{v1}^4}\left[1 - \left(\dfrac{b}{l}\right)^2 - \left(\dfrac{x}{l}\right)^2\right]$ <br> （在 A—D 段） <br><br> $y_{x1} = -\dfrac{Falx_1}{6 \times 10^4 d_{v1}^4}\left[1 - \left(\dfrac{a}{l}\right)^2 - \left(\dfrac{x_1}{l}\right)^2\right]$ <br> （在 B—D 段） <br><br> $y_D = -\dfrac{Fa^2 b^2}{3 \times 10^4 l d_{v1}^4}$ <br><br> $y_{max}^* = -\dfrac{Fbl^2}{9\sqrt{3} \times 10^4 d_{v1}^4}\left[1 - \left(\dfrac{b}{l}\right)^2\right]^{3/2}$ <br><br> $\approx 0.384 l\theta_A \sqrt{1 - \left(\dfrac{b}{l}\right)^2}$ <br><br> $\left(\text{在 } x = \sqrt{\dfrac{l^2 - b^2}{3}} \approx 0.577\sqrt{l^2 - b^2} \text{ 处}\right)$ |
| <br><br> $(a > b)$ | $\theta_A = -\dfrac{Ml}{6 \times 10^4 d_{v1}^4}\left[1 - 3\left(\dfrac{b}{l}\right)^2\right]$ <br><br> $\theta_B = -\dfrac{Ml}{6 \times 10^4 d_{v1}^4}\left[1 - 3\left(\dfrac{a}{l}\right)^2\right]$ <br><br> $\theta_C = \theta_B$ <br><br> $\theta_D = \dfrac{Ml}{3 \times 10^4 d_{v1}^4}\left[1 - 3\left(\dfrac{a}{l}\right) + 3\left(\dfrac{a}{l}\right)^2\right]$ <br><br> $\theta_x = -\dfrac{Ml}{6 \times 10^4 d_{v1}^4}\left[1 - 3\left(\dfrac{b}{l}\right)^2 - 3\left(\dfrac{x}{l}\right)^2\right]$ <br> （在 A—D 段） <br><br> $\theta_{x1} = -\dfrac{Ml}{6 \times 10^4 d_{v1}^4}\left[1 - 3\left(\dfrac{a}{l}\right)^2 - 3\left(\dfrac{x_1}{l}\right)^2\right]$ <br> （在 B—D 段） | $y_C = \theta_B\,c$ <br><br> $y_x = -\dfrac{Mlx}{6 \times 10^4 d_{v1}^4}\left[1 - 3\left(\dfrac{b}{l}\right)^2 - \left(\dfrac{x}{l}\right)^2\right]$ <br> （在 A—D 段） <br><br> $y_{x1} = \dfrac{Mlx_1}{6 \times 10^4 d_{v1}^4}\left[1 - 3\left(\dfrac{a}{l}\right)^2 - \left(\dfrac{x_1}{l}\right)^2\right]$ <br> （在 B—D 段） <br><br> $y_D = -\dfrac{Mab}{3 \times 10^4 d_{v1}^4}\left(1 - 2\dfrac{b}{l}\right)$ <br><br> $y_{max}^* = -\dfrac{Ml^2}{9\sqrt{3} \times 10^4 d_{v1}^4}\left[1 - 3\left(\dfrac{b}{l}\right)^2\right]^{3/2}$ <br><br> $\approx 0.384 l\theta_A \sqrt{1 - 3\left(\dfrac{b}{l}\right)^2}$ <br><br> $\left(\text{在 } x = \sqrt{\dfrac{l^2 - 3b^2}{3}} \approx 0.577\sqrt{l^2 - 3b^2} \text{ 处}\right)$ |

（续）

| 梁的类型及载荷简图 | 偏转角 $\theta$/rad | 挠度 $y$/mm |
|---|---|---|
| 说　　明 | | |

说　　明

$F$——集中载荷（N）

$M$——外力矩（N·mm）

$a,b$——载荷至左及右支点的距离（mm）

$x,x_1$——截面至左及右支点的距离（mm）

$d_{v2}$——载荷作用于外伸端时的当量直径（mm）

$l$——支点间距（mm）

$c$——外伸端长度（mm）

$d_{v1}$——载荷作用于支点间时的当量直径（mm）

下角标：$A$、$B$、$C$、$D$、$x$、$x_1$ 等表示各处截面

注：1. 如果实际作用载荷的方向与图示相反，则公式中的正负号应相应改变。

　　2. 表中公式适用于弹性模量 $E = 206 \times 10^3$ MPa。

　　3. 标有" * "的 $y_{max}$ 计算公式适用于 $a > b$ 的场合，$y_{max}$ 产生在 A-D 段；当 $a < b$ 时，$y_{max}$ 产生在 B-D 段，计算时应将式中的 $b$ 换成 $a$，$x$ 换成 $x_1$，$\theta_A$ 换成 $\theta_B$。

　　4. 表中所列的受载情况为较典型的几种，其他轴受情况下的偏转角及挠度计算见材料力学有关章节。

### 4.2.1　当量直径法

阶梯轴的当量直径计算公式见表 7.1-28。

**表 7.1-28　阶梯轴的当量直径计算公式**

| 载荷作用于支点间 | 载荷作用于外伸端 | 说　　明 |
|---|---|---|
| $d_v = \sqrt[4]{\dfrac{L}{\sum\limits_{i=1}^{z} \dfrac{l_i}{d_i^4}}}$ | $d_v = \sqrt[4]{\dfrac{K+L}{\sum\limits_{i=1}^{z} \dfrac{l_i}{d_i^4}}}$ | $L$——支承间距（mm）<br>$K$——轴的悬臂长度（mm）<br>$l_i$、$d_i$——阶梯轴第 $i$ 段的长度和直径（mm） |

### 4.2.2　能量法

用能量法计算轴的弯曲变形时，需先绘出轴的外形图和弯矩 $M$ 图（见图 7.1-4a、b），如果需计算 $A$ 处的挠度 $y_A$，则在 $A$ 处加一单位力 $F_i = 1$（受力方向与变形方向相同），并绘出其弯矩 $M'$ 图（见图 7.1-4c）。若需计算 $B$ 处的偏转角 $\theta_B$，则在 $B$ 处加一个与变形方向相同的单位力矩 $M_i = 1$，并绘制出其弯矩 $M'$ 图（见图 7.1-4d）。然后按 $M$、$M'$ 及截面的连续性把轴分为若干段，如图 7.1-4c、d 所示，则变形量 $\Delta i$ 用下式求得：

$$\Delta i = \sum_{i=1}^{n} \int_0^{l_i} \frac{MM'}{EI} dl \qquad (7.1\text{-}1)$$

式中　$\Delta i$——计算变形处的变形量挠度 $y_A$（mm）或偏转角 $\theta_B$（rad）；

　　　$M$——轴所受弯矩（N·mm）；

　　　$M'$——在计算变形处加单位力 $F_i = 1$N 或单位力矩 $M' = 1$N·mm 时轴上引起的弯矩（N·mm）；

　　　$E$——材料弹性模量（MPa），对于钢 $E = 2.1 \times 10^5$ MPa；

　　　$I$——截面惯性矩（mm⁴）；

　　　$l_i$——各轴段的长度（mm）。

如果轴上各载荷不在同一平面内，则可把这些载

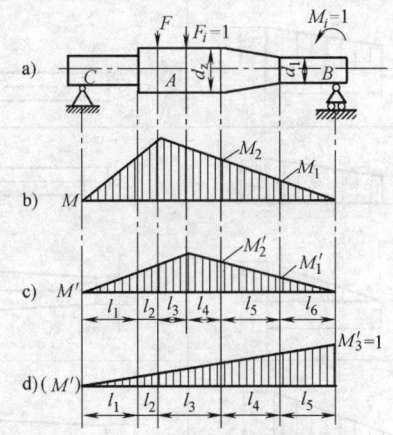

**图 7.1-4　能量法计算轴变形简图**

荷分解成为互相垂直的两个平面内的分力，分别计算出这两个平面内各截面处的 $y$ 及 $\theta$，然后用矢量法求出合成挠度和合成偏转角 $\theta$。

各种轴段的积分值 $\int_0^{l_i} \dfrac{MM'}{EI} dl$ 列于表 7.1-29 中。

### 4.3　刚度计算实例

**【例】**　轴的结构简图及其有关尺寸（见图 7.1-5a），轴的材料为 45 钢，弹性模量 $E = 2.15 \times 10^5$ MPa，试计算轴上截面 $N$ 处的挠度 $y_N$ 及支承 $B$ 处的偏转角 $\theta_B$，齿轮模数 $m = 2$。

**【解】**　用能量法计算

1）根据轴受力情况求出支反力，图 7.1-5b、c 分别为该轴在水平和垂直两个平面中的受力简图，画出轴在水平和垂直两个平面中的弯矩 $M_{xz}$ 及 $M_{yz}$ 图（N·mm），见图 7.1-5d、e。

2）在截面 $N$ 处加单位力 $F_i = 1$N，画弯矩 $M'$ 图（N·mm），见图 7.1-5f。

3）在支承 $B$ 处加单位力矩 $M_i = 1$N·mm，画弯矩 $M'$ 图（N·mm），见图 7.1-5g。

## 表 7.1-29　积分值 $\int_0^{l_i} \dfrac{MM'}{EI}\,\mathrm{d}l$

| 变 矩 图 | 轴 段 形 状 | $\int_0^{l_i} \dfrac{MM'}{EI}\,\mathrm{d}l$ |
|---|---|---|
| | | $\dfrac{l_i}{0.294Ed^4}\left[M_1(2M_1'+M_2')+M_2(2M_2'+M_1')\right]$ |
| | | $\dfrac{l_i}{0.294Ed_1^3d_2^3}\left[2d_2^2M_1M_1'+d_1d_2(M_1M_2'+M_1'M_2)+2d_1^2M_2'M_2\right]$ |
| | | $\dfrac{l_i}{0.098Ed^4}(M_1'+M_2')M$ |
| | | $\dfrac{l_i}{0.294Ed_1^3d_2^3}M\left[2d_2^2M_1'+d_1d_2(M_1'+M_2')+2d_1^2M_2'\right]$ |
| | | $\dfrac{l_i}{0.294Ed^4}M'(M_1+2M_2)$ |
| | | $\dfrac{l_i}{0.294Ed_1^2d_2^3}(d_2M_1M'+2d_1M_2M')$ |
| | | $\dfrac{l_i}{0.147Ed^4}MM'$ |
| | | $\dfrac{l_i}{0.147Ed_1d_2^3}MM'$ |
| | | $\dfrac{l_i}{0.294Ed^4}MM'$ |
| | | $\dfrac{l_i}{0.294Ed_1^2d_2^2}MM'$ |

注：1. 如 M 和 M' 的方向相反，则其中一个取 " + " 另一个取 " – "

　　2. 如轴段为空心圆柱形，则表中的 $d^4$ 要用 $(d^4-d_0^4)$ 代替。

4）计算 $y_N$。

①计算水平平面中的挠度 $y_{Nxz}$。取矩形花键处的轴径为 $d_1=d_8=(25+22)/2=23.5\text{mm}$。按图 7.1-5a、d、f 的数值及表 7.1-29 的相应算式，计算各轴段和累计挠度。计算结果列于 $y_{Nxz}$ 的计算表 7.1-30 中。

②计算垂直平面中的挠度 $y_{Nyz}$。

按图 7.1-5a、e、f 的数值及表 7.1-29 的相应算式计算，结果 $y_{Nyz}$ 列于计算表 7.1-31 中。

③计算合成挠度 $y_N$。

$$y_N=\sqrt{y_{Nxz}^2+y_{Nyz}^2}=\sqrt{176.3^2+84.95^2}\times10^{-4}\text{mm}$$

$$=0.0196\text{mm}$$

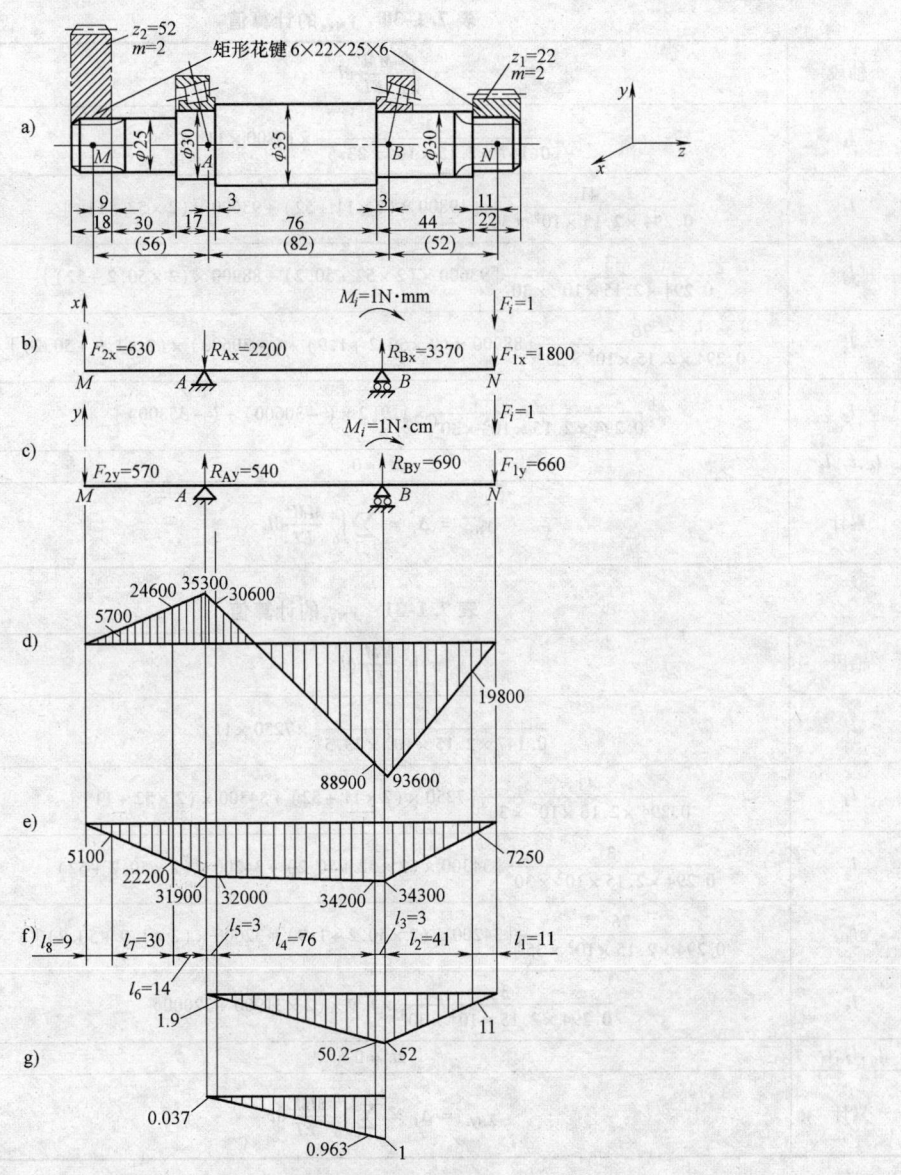

**图7.1-5 轴的变形计算图**

a) 轴的结构简图及其有关尺寸　b) 水平面受力（N）　c) 垂直面受力（N）

d) 水平面弯矩 $M_{xz}$（N·mm）　e) 垂直面弯矩 $M_{yz}$（N·mm）

f) 由 $F_i$ 引起的弯矩 $M'$（N·mm）　g) 由 $M_i$ 引起的弯矩 $M'$（N·mm）

5）计算 $\theta_B$。

① 水平平面中偏转角 $\theta_{Bxz}$ 的计算，按图 7.1-5a、d、g 的数值及表 7.1-29 的相应算式进行计算，结果 $\theta_{Bxz}$ 列于计算表 7.1-32。

② 垂直平面中的偏转角 $\theta_B$ 的计算，按图 7.1-5a、e、g 的数值及表 7.1-29 的相应公式计算，结果 $\theta_{Byz}$ 列于计算表 7.1-33。

③ 计算合成偏转角 $\theta_B$。

$$\theta_B = \sqrt{\theta_{Bxz}^2 + \theta_{Byz}^2} = \sqrt{14.57^2 + 9.43^2} \times 10^{-5} \, \text{rad}$$
$$= 17.36 \times 10^{-5} \, \text{rad}$$

6）许用变形值的计算。

根据轴的变形许用值（见表 7.1-26）规定：安装齿轮轴的许用挠度 $[y] \leqslant (0.01 \sim 0.03) m_n = (0.01 \sim 0.03) \times 2 = 0.02 \sim 0.06 \text{mm}$。

由表 7.1-26 查得，安装圆锥滚子轴承处，$[\theta] \leqslant 0.0016 \text{rad}$。

#### 表 7.1-30　$y_{Nxz}$ 的计算值

| 轴段 | $\int_0^{l_i} \dfrac{MM'}{EI}\mathrm{d}l$ | 计算结果 /mm |
|---|---|---|
| $l_1$ | $\dfrac{11}{0.147 \times 2.15 \times 10^5 \times 23.5^4} \times 19800 \times 11$ | $2.49 \times 10^{-4}$ |
| $l_2$ | $\dfrac{41}{0.294 \times 2.15 \times 10^5 \times 30^4}[19800 \times (2 \times 11 + 52) + 93600 \times (2 \times 52 + 11)]$ | $97.9 \times 10^{-4}$ |
| $l_3$ | $\dfrac{3}{0.294 \times 2.15 \times 10^5 \times 30^4}[93600 \times (2 \times 52 + 50.2) + 88900 \times (2 \times 50.2 + 52)]$ | $16.4 \times 10^{-4}$ |
| $l_4$ | $\dfrac{76}{0.294 \times 2.15 \times 10^5 \times 35^4}[88900 \times (2 \times 50.2 + 1.9) + (-30600) \times (2 \times 1.9 + 50.2)]$ | $59.6 \times 10^{-4}$ |
| $l_5$ | $\dfrac{3}{0.294 \times 2.15 \times 10^5 \times 30^4} \times 1.9[2 \times (-30600) + (-35300)]$ | $-0.107 \times 10^{-4}$ |
| $l_6, l_7, l_8$ | $M' = 0$ | 0 |
| 累计 | $y_{Nxz} = \Delta_i = \sum\limits_{i=1}^{8} \int_0^{l_i} \dfrac{MM'}{EI}\mathrm{d}l$ | $176.3 \times 10^{-4}$ |

#### 表 7.1-31　$y_{Nyz}$ 的计算值

| 轴段 | $\int_0^{l_i} \dfrac{MM'}{EI}\mathrm{d}l$ | 计算结果 /mm |
|---|---|---|
| $l_1$ | $\dfrac{11}{0.147 \times 2.15 \times 10^5 \times 23.5^4} \times 7250 \times 11$ | $0.91 \times 10^{-4}$ |
| $l_2$ | $\dfrac{41}{0.294 \times 2.16 \times 10^5 \times 30^4}[7250 \times (2 \times 11 + 52) + 34300 \times (2 \times 52 + 11)]$ | $35.9 \times 10^{-4}$ |
| $l_3$ | $\dfrac{3}{0.294 \times 2.15 \times 10^5 \times 30^4}[34300 \times (2 \times 52 + 50.2) + 34200 \times (2 \times 50.2 + 52)]$ | $6.15 \times 10^{-4}$ |
| $l_4$ | $\dfrac{76}{0.294 \times 2.15 \times 10^5 \times 35^4}[34200 \times (2 \times 50.2 + 1.9) + 32000 \times (2 \times 1.9 + 50.2)]$ | $41.88 \times 10^{-4}$ |
| $l_5$ | $\dfrac{3}{0.294 \times 2.15 \times 10^5 \times 30^4} \times 1.9 \times (2 \times 31900 + 32000)$ | $0.107 \times 10^{-4}$ |
| $l_6, l_7, l_8$ | $M' = 0$ | 0 |
| 累计 | $y_{Nyz} = \Delta_i = \sum\limits_{i=1}^{8} \int_0^{l_i} \dfrac{MM'}{EI}\mathrm{d}l$ | $84.95 \times 10^{-4}$ |

#### 表 7.1-32　$\theta_{Bxz}$ 的计算值

| 轴段 | $\int_0^{l_i} \dfrac{MM'}{EI}\mathrm{d}l$ | 计算结果 /rad |
|---|---|---|
| $l_1, l_2$ | $M' = 0$ | 0 |
| $l_3$ | $\dfrac{3}{0.294 \times 2.15 \times 10^5 \times 30^4}[93600 \times (2 \times 1 + 0.963) + 88900 \times (2 + 0.963 \times 1)]$ | $3.15 \times 10^{-5}$ |
| $l_4$ | $\dfrac{76}{0.294 \times 2.15 \times 10^5 \times 35^4}[88900 \times (2 \times 0.963 + 0.037) + (-30600) \times (2 \times 0.037 + 0.963)]$ | $11.44 \times 10^{-5}$ |
| $l_5$ | $\dfrac{3}{0.294 \times 2.15 \times 10^5 \times 30^4} \times 0.037 \times [2 \times (-30600) + (-35300)]$ | $0.021 \times 10^{-5}$ |
| $l_6, l_7, l_8$ | $M' = 0$ | 0 |
| 累计 | $\theta_{Bxz} = \Delta_i = \sum\limits_{i=1}^{8} \int_0^{l_i} \dfrac{MM'}{EI}\mathrm{d}l$ | $14.57 \times 10^{-5}$ |

表 7.1-33　$\theta_{Byz}$ 的计算值

| 轴段 | $\int_0^{l_i} \dfrac{MM'}{EI}dl$ | 计算结果 /rad |
|---|---|---|
| $l_1 , l_2$ | $M' = 0$ | 0 |
| $l_3$ | $\dfrac{3}{0.294 \times 2.15 \times 10^5 \times 30^4}[34300 \times (2 \times 1 + 0.963) + 34200 \times (2 \times 0.963 + 1)]$ | $1.18 \times 10^{-5}$ |
| $l_4$ | $\dfrac{76}{0.294 \times 2.15 \times 10^5 \times 35^4}[34200 \times (2 \times 0.963 + 0.037) + 32000 \times (2 \times 0.037 + 0.963)]$ | $8.04 \times 10^{-5}$ |
| $l_5$ | $\dfrac{3}{0.294 \times 2.15 \times 10^5 \times 30^4} \times 0.037 \times (2 \times 32000 + 31900)$ | $0.021 \times 10^{-5}$ |
| $l_6 , l_7 , l_8$ | $M' = 0$ | 0 |
| 累计 | $\theta_{Byz} = \Delta_i = \sum\limits_{i=1}^{8} \int_0^{l_i} \dfrac{MM'}{EI}dl$ | $9.43 \times 10^{-5}$ |

该例中的轴计算结果：$y_N = 0.0196\text{mm} < [y] = 0.02 \sim 0.06\text{mm}$；$\theta_B = 0.000174\ \text{rad} < [\theta] = 0.0016\ \text{rad}$。

所以，实际变形 $y_N$、$\theta_B$ 均小于许用值，故轴的刚度完全满足要求。

## 5　临界转速校核

由于轴和轴上零件的质量分布不均匀、制造与安装误差及轴的变形等原因，将产生以离心力为周期性干扰外力所引起的强迫振动。如果这种强迫振动的频率与轴的自振频率接近或相同时，轴会发生共振现象，严重时会造成轴系甚至整台机器的破坏。产生共振现象时轴的转速称为轴的临界转速。计算轴的临界转速，以便使轴的工作转速避开其临界转速。

轴的振动主要有横向振动、扭转振动和纵向振动三类，以轴的横向振动最为常见。轴的临界转速在数值上与轴横向振动的固有频率相同，轴的临界转速从低到高分别称为一阶临界转速、二阶临界转速、三阶临界转速、…。为避免轴在运转中产生共振现象，所设计的轴不得与任何临界转速相接近，也不能与临界转速的简单倍数重合。一般要求，对于工作转速低于一阶临界转速的轴（一般称为刚性轴），应满足 $n \leqslant n_{cr1}$；对于工作转速高于一阶临界转速的轴（称为挠性轴），应满足 $1.3 n_{crR} \leqslant n \leqslant n_{cr(R+1)}$（$R = 1, 2, \cdots$）。机械中多采用刚性轴，但转速很高的轴（如离心机、汽轮机的轴）如果采用刚性轴，则所需直径可能过大，使结构过于笨重，故常用挠性轴。

### 5.1　轴临界转速的计算

轴临界转速的大小与轴的形状和尺寸、轴的支承形式、轴材料的弹性模量和轴上零件的安装形式、质量及分布等有关。

阶梯轴的临界转速要精确计算比较复杂，可采用当量直径法近似计算。

$$d_v = \xi \frac{\sum d_i l_i}{\sum l_i} \tag{7.1-2}$$

式中　$d_i$——第 $i$ 段轴的计算直径（mm）；

$l_i$——第 $i$ 段轴的长度（mm）；

$\xi$——经验修正系数。若阶梯轴最粗一段或几段的轴段长度超过轴全长的 50% 时，可取 $\xi = 1$；若小于 15% 时，此段当做轴环，另按次粗轴段来考虑。一般最好按照同系列机器的计算对象，选取有准确的轴试算几例，从中找出合适的 $\xi$ 值。例如：对一般的压缩机、离心机或鼓风机转子，可取 $\xi = 1.094$。

#### 5.1.1　不带圆盘轴的临界转速

等直径轴在横向振动时的第一阶临界转速、二阶临界转速、三阶临界转速计算公式见表 7.1-34。

几种光轴典型的简化形式及一阶临界转速 $n_{cr1}$ 的计算公式见表 7.1-35。

#### 5.1.2　带圆盘轴的临界转速

带单个圆盘但不计轴自重时，轴的一阶临界转速 $n_{cr1}$ 的计算公式，见表 7.1-35。

带圆盘并须计轴自重时，可按 Dunkerley 公式计算轴的一阶临界转速 $n_{cr1}$

$$\frac{1}{n_{cr1}^2} \approx \frac{1}{n_0^2} + \frac{1}{n_{01}^2} + \frac{1}{n_{02}^2} + \cdots + \frac{1}{n_{0i}^2} \tag{7.1-3}$$

式中　$n_0$——为只考虑轴自重时轴的一阶临界转速；

$n_{01}$、$n_{02}$、$\cdots$、$n_{0i}$——分别表示轴上只安装一个圆盘（圆盘 1、2、…或 $i$）且不计轴自重时的一阶临界转速，均可按表 7.1-36 所列公式分别计算。

### 表 7.1-34　横向振动时轴的临界转速 $n_{cr}$　　　　　　（单位：r/min）

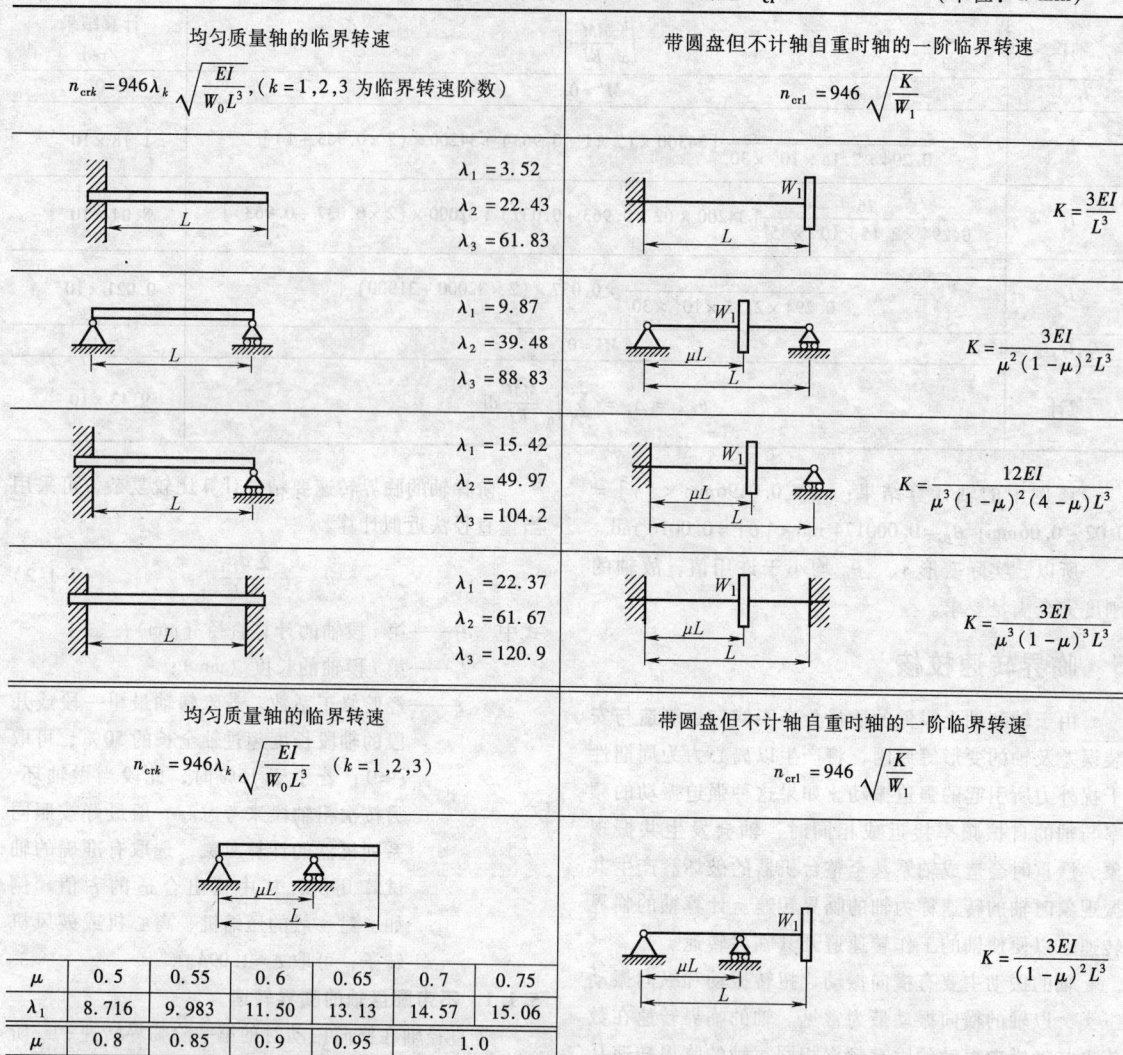

| $\mu$ | 0.5 | 0.55 | 0.6 | 0.65 | 0.7 | 0.75 |
|---|---|---|---|---|---|---|
| $\lambda_1$ | 8.716 | 9.983 | 11.50 | 13.13 | 14.57 | 15.06 |
| $\mu$ | 0.8 | 0.85 | 0.9 | 0.95 | 1.0 | |
| $\lambda_1$ | 14.44 | 13.34 | 12.11 | 10.92 | 9.87 | |

均匀质量轴的临界转速

$$n_{crk} = 946\lambda_k \sqrt{\frac{EI}{W_0 L^3}} ,\ (k = 1,2,3 \ \text{为临界转速阶数})$$

$$\lambda_1 = 3.52$$
$$\lambda_2 = 22.43$$
$$\lambda_3 = 61.83$$

$$\lambda_1 = 9.87$$
$$\lambda_2 = 39.48$$
$$\lambda_3 = 88.83$$

$$\lambda_1 = 15.42$$
$$\lambda_2 = 49.97$$
$$\lambda_3 = 104.2$$

$$\lambda_1 = 22.37$$
$$\lambda_2 = 61.67$$
$$\lambda_3 = 120.9$$

均匀质量轴的临界转速

$$n_{crk} = 946\lambda_k \sqrt{\frac{EI}{W_0 L^3}} \quad (k = 1,2,3)$$

带圆盘但不计轴自重时轴的一阶临界转速

$$n_{cr1} = 946 \sqrt{\frac{K}{W_1}}$$

$$K = \frac{3EI}{L^3}$$

$$K = \frac{3EI}{\mu^2 (1-\mu)^2 L^3}$$

$$K = \frac{12EI}{\mu^3 (1-\mu)^2 (4-\mu) L^3}$$

$$K = \frac{3EI}{\mu^3 (1-\mu)^3 L^3}$$

带圆盘但不计轴自重时轴的一阶临界转速

$$n_{cr1} = 946 \sqrt{\frac{K}{W_1}}$$

$$K = \frac{3EI}{(1-\mu)^2 L^3}$$

注：$W_0$—轴自重（N）；$W_1$—圆盘所受的重力（N）；$L$—轴的长度（mm）；$\lambda_k$—支座形式系数；$E$—轴材料的弹性模量，对钢，$E = 206 \times 10^3 \text{MPa}$；$I$—轴截面的惯性矩（$mm^4$），$I = \frac{\pi d^4}{64}$；$\mu$—支承间距离或圆盘处轴段长度 $\mu L$ 与轴总长度 $L$ 之比；$K$—轴的刚度系数（N/mm）。

### 表 7.1-35　几种光轴典型的简化形式及一阶临界转速 $n_{cr1}$ 的计算公式

| 简　图 | 临界转速 $n_{cr1}$/(r/min) |
|---|---|
| | $$n_{cr1} \approx \frac{3.35 \times 10^5 d^2}{\sqrt{W_0 l^3 + 4.12 \sum c_1^3 G_j}}$$ |
| | $$n_{cr1} \approx \frac{9.36 \times 10^5 d^2}{\sqrt{W_0 l^3 + \frac{32.47}{l} \sum a_i^2 b_i^2 W_i}}$$ |

（续）

| 简　图 | 临界转速 $n_{cr1}$/(r/min) |
|---|---|

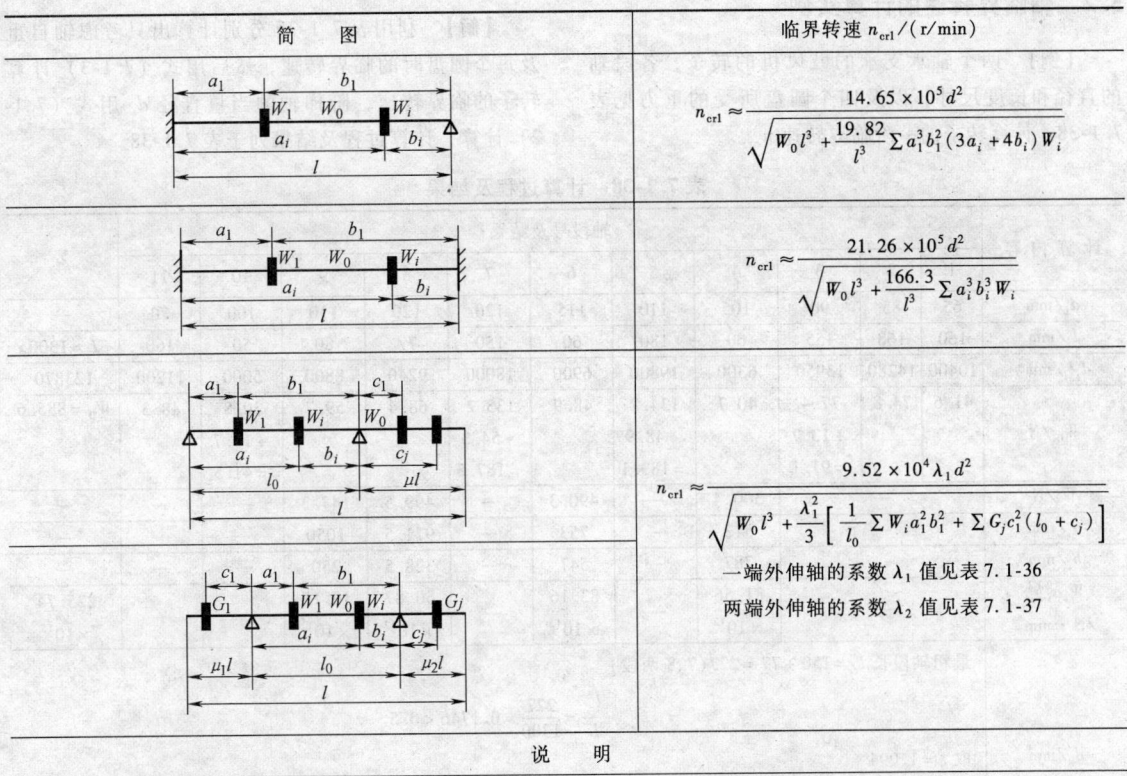

第一行：
$$n_{cr1} \approx \frac{14.65 \times 10^5 d^2}{\sqrt{W_0 l^3 + \dfrac{19.82}{l^3} \sum a_1^3 b_1^2 (3a_i + 4b_i) W_i}}$$

第二行：
$$n_{cr1} \approx \frac{21.26 \times 10^5 d^2}{\sqrt{W_0 l^3 + \dfrac{166.3}{l^3} \sum a_i^3 b_i^3 W_i}}$$

第三行：
$$n_{cr1} \approx \frac{9.52 \times 10^4 \lambda_1 d^2}{\sqrt{W_0 l^3 + \dfrac{\lambda_1^2}{3}\left[\dfrac{1}{l_0} \sum W_i a_1^2 b_1^2 + \sum G_j c_1^2 (l_0 + c_j)\right]}}$$

一端外伸轴的系数 $\lambda_1$ 值见表 7.1-36
两端外伸轴的系数 $\lambda_2$ 值见表 7.1-37

## 说　明

$W_i$——支承间第 $i$ 个圆盘重力(N)

$G_j$——外伸端第 $j$ 个圆盘重力(N)

$W_0$——轴的重力(N)。对实心钢轴 $W_0 = 60.5 \times 10^{-6} d^2 l$，
对端空心钢轴应乘以 $1 - \alpha^2$

$\alpha$——空心轴的内径 $d_0$ 与外径 $d$ 之比

$d$——轴的直径(mm)

$l$——轴的全长(mm)

$l_0$——支承间距离(mm)

$\mu, \mu_1, \mu_2$——外伸端长度与轴长 $l$ 之比

$a_i, b_i$——支承间第 $i$ 个圆盘至左及右支承的距离(mm)

$c_j$——外伸端第 $j$ 个圆盘至支承间的距离(mm)

注：1. 表列公式适用于弹性模量 $E = 206 \times 10^3$ MPa 的钢轴。

2. 当计算空心轴的临界转速时，应将表列公式乘以 $\sqrt{1 - \alpha^2}$。

### 表 7.1-36　一端外伸轴的系数 $\lambda_1$ 值

| $\mu$ | 0 | 0.05 | 0.10 | 0.15 | 0.20 | 0.25 | 0.30 | 0.35 | 0.40 | 0.45 | 0.50 | 0.55 | 0.60 | 0.65 | 0.70 | 0.75 | 0.80 | 0.85 | 0.90 | 0.95 | 1.0 |
|---|---|---|---|---|---|---|---|---|---|---|---|---|---|---|---|---|---|---|---|---|---|
| $\lambda_1$ | 9.87 | 10.9 | 12.1 | 13.3 | 14.4 | 15.1 | 14.6 | 13.1 | 11.5 | 10 | 8.7 | 7.7 | 6.9 | 6.2 | 5.6 | 5.2 | 4.8 | 4.4 | 4 | 3.7 | 3.5 |

### 表 7.1-37　两端外伸轴的系数 $\lambda_2$ 值

| $\mu_2$ | $\mu_1$ | | | | | | | | | |
|---|---|---|---|---|---|---|---|---|---|---|
| | 0.05 | 0.10 | 0.15 | 0.20 | 0.25 | 0.30 | 0.35 | 0.40 | 0.45 | 0.50 |
| 0.05 | 12.15 | 13.58 | 15.06 | 16.41 | 17.06 | 16.32 | 14.52 | 12.52 | 10.80 | 9.37 |
| 0.10 | 13.58 | 15.22 | 16.94 | 18.41 | 18.82 | 17.55 | 15.26 | 13.05 | 11.17 | 9.70 |
| 0.15 | 15.06 | 16.94 | 18.90 | 20.41 | 20.54 | 18.66 | 15.96 | 13.54 | 11.58 | 10.02 |
| 0.20 | 16.41 | 18.41 | 20.41 | 21.89 | 21.76 | 19.56 | 16.65 | 14.07 | 12.03 | 10.39 |
| 0.25 | 17.06 | 18.82 | 20.54 | 21.76 | 21.70 | 20.05 | 17.18 | 14.61 | 12.48 | 10.80 |
| 0.30 | 16.32 | 17.55 | 18.66 | 19.56 | 20.05 | 19.56 | 17.55 | 15.10 | 12.97 | 11.29 |
| 0.35 | 14.52 | 15.26 | 15.96 | 16.65 | 17.18 | 17.55 | 17.55 | 15.51 | 13.54 | 11.78 |
| 0.40 | 12.52 | 13.05 | 13.54 | 14.07 | 14.61 | 15.10 | 15.51 | 15.46 | 14.11 | 12.41 |
| 0.45 | 10.80 | 11.17 | 11.58 | 12.03 | 12.48 | 12.97 | 13.54 | 14.11 | 14.43 | 13.15 |
| 0.50 | 9.37 | 9.70 | 10.02 | 10.39 | 10.80 | 11.29 | 11.78 | 12.41 | 13.15 | 14.06 |

## 5.2 轴临界转速的计算实例

【例】 两个轴承支承的鼓风机的转子，各段轴的直径和长度尺寸，以及四个圆盘所受的重力见表 7.1-38。计算转子的一阶临界转速 $n_{cr1}$。

【解】 利用表 7.1-35 分别计算出只考虑轴自重及每个圆盘时的临界转速，然后用式（7.1-3）计算转子的临界转速，阶梯轴的当量直径 $d_v$ 用式（7.1-2）计算，计算过程及结果列于表 7.1-38。

**表 7.1-38 计算过程及结果**

| 计算内容 | 轴段号及结果 | | | | | | | | | | | Σ |
|---|---|---|---|---|---|---|---|---|---|---|---|---|
| | 1 | 2 | 3 | 4 | 5 | 6 | 7 | 8 | 9 | 10 | 11 | |
| $d_i/mm$ | 65 | 85 | 90 | 105 | 110 | 115 | 120 | 120 | 110 | 100 | 70 | |
| $l_i/mm$ | 160 | 168 | 155 | 60 | 180 | 60 | 150 | 77 | 80 | 50 | 160 | $L=1300$ |
| $d_i l_i/mm^2$ | 10400 | 14280 | 13950 | 6300 | 19800 | 6900 | 18000 | 9240 | 8800 | 5000 | 11200 | 123870 |
| $W_{0i}/N$ | 41.6 | 74.8 | 77.4 +13.7 =91.1 | 40.7 | 134.2 +48.9 =183.1 | 48.9 | 133.2 +54.3 =187.5 | 68.4 | 59.7 | 30.8 +10.7 =41.5 | 48.3 | $W_0=885.6$ |
| $W_i/N$ | | — | — | 500.4 | — | 490.3 | — | 499.5 | 147.3 | — | — | |
| $a_i/mm$ | | | | 513 | | 753 | | 971.5 | 1050 | | | |
| $b_i/mm$ | | | | 787 | | 547 | | 328.5 | 250 | | | |
| $W_i a_i^2 b_i^2 /N \cdot mm^4$ | | | | $81.56 \times 10^{12}$ | | $83.16 \times 10^{12}$ | | $50.87 \times 10^{12}$ | $10.15 \times 10^{12}$ | | | $225.74 \times 10^{12}$ |

$d_v/mm$: 最粗轴段长 $l_c=150+77=227$（7、8 两段）

$$\frac{l_c}{L}=\frac{227}{1300}=0.1746<0.5$$

取 $\xi=1.094$
由式(7.1-2)、表 7.1-35、式(7.1-3)得

$$d_v=\xi\frac{\sum d_i l_i}{\sum l_i}=104.2$$

$n_{cr1}/(r/mm)$: 由表 7.1-36，$\lambda_1=9.87$
由式(7.1-3)得

$$\frac{1}{n_{cr1}^2}\approx\frac{W_0 L^3}{9.04\times10^9\lambda_1^2 d_v^4}+\frac{\sum W_i a_i^2 b_i^2}{27.14\times10^9 l d_v^4}=\frac{885.6\times1300^3}{9.04\times10^9\times9.87^2\times104.2^4}+\frac{225.74\times10^{12}}{27.14\times10^9\times1300\times104.2^4}$$

$$\approx1.874\times10^{-8}+5.427\times10^{-8}=7.301\times10^{-8}$$

$$n_{cr1}\approx3701$$

此值和该转子的精确解 $n_{cr1}=3584$ 比较，误差为 3.3%

# 6 设计和工作图举例

绘制轴的工作图的主要要求：

1）轴向尺寸的标注应便于加工工序的安排，避免出现封闭的尺寸链。

2）根据轴的用途，标注必要的几何公差。

3）对于重要的轴，为了保证其加工精度和在检修时获得与制造时相同的基准，必须在轴两端制出中心孔，并予以保留，在图中应画出中心孔的形状和尺寸；当成品不允许保留中心孔时，应在"技术要求"中加以说明；对中心孔无特殊要求时，图中可不标注。

4）热处理方式、热处理后的硬度要求及图中未表达清楚的其他要求，可在"技术要求"中加以说明。

轴的设计计算和工作图举例如下：

【例】 设计链式输送机传动装置中装有大齿轮的低速轴，其工作简图如图 7.1-6 所示。已知：①大齿轮的输入功率 $P=4.25$ kW；②链轮轴的转速 $n=33$ r/min；③每根运输链的张力 $S=4650$ N；④齿轮圆周力 $F_t=4790$ N；⑤齿轮径向力 $F_r=1740$ N；⑥短时过载为正常工作载荷的两倍。

【解】

1. 选择轴的材料

选择轴的材料为 45 钢，调质处理。由材料性能表查得 $\sigma_b=590$MPa，$\sigma_s=295$MPa，$\sigma_{-1}=255$MPa，$\tau_{-1}=140$MPa。

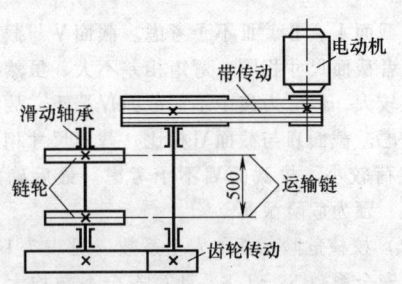

**图7.1-6 链式输送机传动装置简图**

**2. 初步确定轴端直径**

取 $A = 103$（按表 7.1-6 选取，因转速低且单向旋转，故取小值）。

轴的输入端直径：

$$d = A \sqrt[3]{\frac{P}{n}} = 103 \sqrt[3]{\frac{4.25}{33}} = 52mm$$

考虑轴端有键槽，轴径应增大 4% ~ 5%，取 $d = 55mm$。

**3. 轴的结构设计**

取轴颈处的直径为 60mm，与标准轴承 H2060（JB/T 2562—2007）的孔径相同，其余各直径均按 5mm 放大。

各轴段配合及表面粗糙度选择如下：轴颈处为 H9/f9，$Ra$ 为 $0.8\mu m$；链轮配合处为 H8/t7，$Ra$ 为 $3.2\mu m$；齿轮配合处 H8/h8，$Ra$ 为 $3.2\mu m$。

齿轮的轴向固定采用轴肩和双孔轴端挡圈。

轴的结构草图，见图 7.1-7a。

**4. 键连接的强度校核**

选用 A 型平键（GB/T 1096—2003），与齿轮连接处键的尺寸为 $b \times h \times L = 16 \times 10 \times 90$，与链轮连接处键的尺寸为 $b \times h \times L = 18 \times 11 \times 90$。

因与齿轮连接处键的尺寸及轴径均较小且受载荷大，故只需校核此键。链轮处也可与齿轮处相同，以便于统一加工键的刀具。下式中各参数为：$[\sigma_p] = 120N/mm^2$，$k = 0.5h = 5mm$，$l = L - b = 90 - 16 = 74mm$。

键连接传递的转矩 $T$ 为

$$T = 9550 \frac{P}{n} = 9550 \times \frac{4.25}{33} N \cdot m \approx 1230 N \cdot m$$

键工作面的压强 $p$ 为

$$\sigma_p = \frac{2T \times 10^3}{kld} = \frac{2 \times 1230 \times 1000}{5 \times 74 \times 55} MPa$$
$$= 120.9 MPa \approx [\sigma_p] = 120N/mm^2$$

因此，键连接的强度满足要求。

**5. 计算支承反力、弯矩及转矩**

轴的受力简图、水平面及垂直面的受力简图，见图 7.1-7b、c 及 e。

（1）支承反力（见表 7.1-39）

（2）弯矩（见表 7.1-40） 水平面、垂直面及合成弯矩图见图 7.1-7d、f 及 g。

**表 7.1-39 支承反力** （单位：N）

| 作用点 | 水 平 面 | 垂 直 面 | 合 成 |
|---|---|---|---|
| A | $R_{Ax} = \dfrac{sc + s(d+c) + F_r a}{l}$ $= \dfrac{4650 \times 100 + 4650 \times 600 + 1740 \times 90}{700}$ $= 4870$ | $R_{Ay} = \dfrac{F_t a}{l}$ $= \dfrac{4790 \times 90}{700}$ $= 620$ | $R_A = \sqrt{R_{Ax}^2 + R_{Ay}^2}$ $= \sqrt{4870^2 + 620^2}$ $= 4900$ |
| B | $R_{Bx} = 2s - R_{Ax} - F_r$ $= 2 \times 4650 - 4870 - 1740$ $= 2690$ | $R_{By} = R_{Ay} + F_t$ $= 620 + 4790$ $= 5410$ | $R_B = \sqrt{R_{Bx}^2 + R_{By}^2}$ $= \sqrt{2690^2 + 5410^2}$ $= 6040$ |

**表 7.1-40 弯矩** （单位：N·m）

| 作用点 | 水 平 面 | 垂 直 面 | 合 成 |
|---|---|---|---|
| B | $M_{Bx} = \dfrac{F_r a}{1000} = \dfrac{1740 \times 90}{1000} = 157$ | $M_{By} = \dfrac{F_t a}{1000} = \dfrac{4790 \times 90}{1000} = 430$ | $M_B = \sqrt{M_{Bx}^2 + M_{By}^2} = \sqrt{157^2 + 430^2}$ $= 458$ |
| D | $M_{Dx} = \dfrac{R_{Ax} b}{1000} = \dfrac{4870 \times 100}{1000} = 487$ | $M_{Dy} = \dfrac{B_{Ay} b}{1000} = \dfrac{620 \times 100}{1000} = 62$ | $M_D = \sqrt{M_{Dx}^2 + M_{Dy}^2} = \sqrt{487^2 + 62^2}$ $= 490$ |
| E | $M_{Ex} = \dfrac{F_r(a+c) + R_{Bx} c}{1000}$ $= \dfrac{1740 \times 190 + 2690 \times 100}{1000} = 600$ | $M_{Ey} = \dfrac{R_{Ay}(b+d)}{1000}$ $= \dfrac{620 \times 600}{1000} = 372$ | $M_E = \sqrt{M_{Ex}^2 + M_{Ey}^2} = \sqrt{600^2 + 372^2}$ $= 706$ |

（3）转矩

大齿轮传递的转矩 $T = 1230 \text{N} \cdot \text{m}$，每个链轮按 $0.5T$ 计算，转矩图见图 7.1-7h。

6. 轴的疲劳强度校核

（1）确定危险截面　根据载荷分布及应力集中部位，选取轴上八个截面（Ⅰ ~ Ⅷ）进行分析（见图 7.1-7a）。

截面Ⅰ、Ⅱ、Ⅲ分别与截面Ⅵ、Ⅴ、Ⅳ相比，两者有相同的截面尺寸和应力集中状态，但前者载荷较

小，故截面Ⅰ、Ⅱ、Ⅲ不予考虑。截面Ⅴ与截面Ⅳ相比，两者截面尺寸相同，弯矩相差不大，虽然截面Ⅴ的转矩较大，但应力集中不如截面Ⅳ严重，故截面Ⅴ不予考虑。截面Ⅶ与截面Ⅵ相比，截面尺寸相同而截面Ⅶ载荷较小，故截面Ⅶ不予考虑。最后确定截面Ⅳ、Ⅵ、Ⅷ为危险截面。

（2）校核危险截面的安全系数（见表 7.1-41）取许用安全系数 $S_p = 1.8$，计算安全系数均大于许用值，故轴的疲劳强度足够。

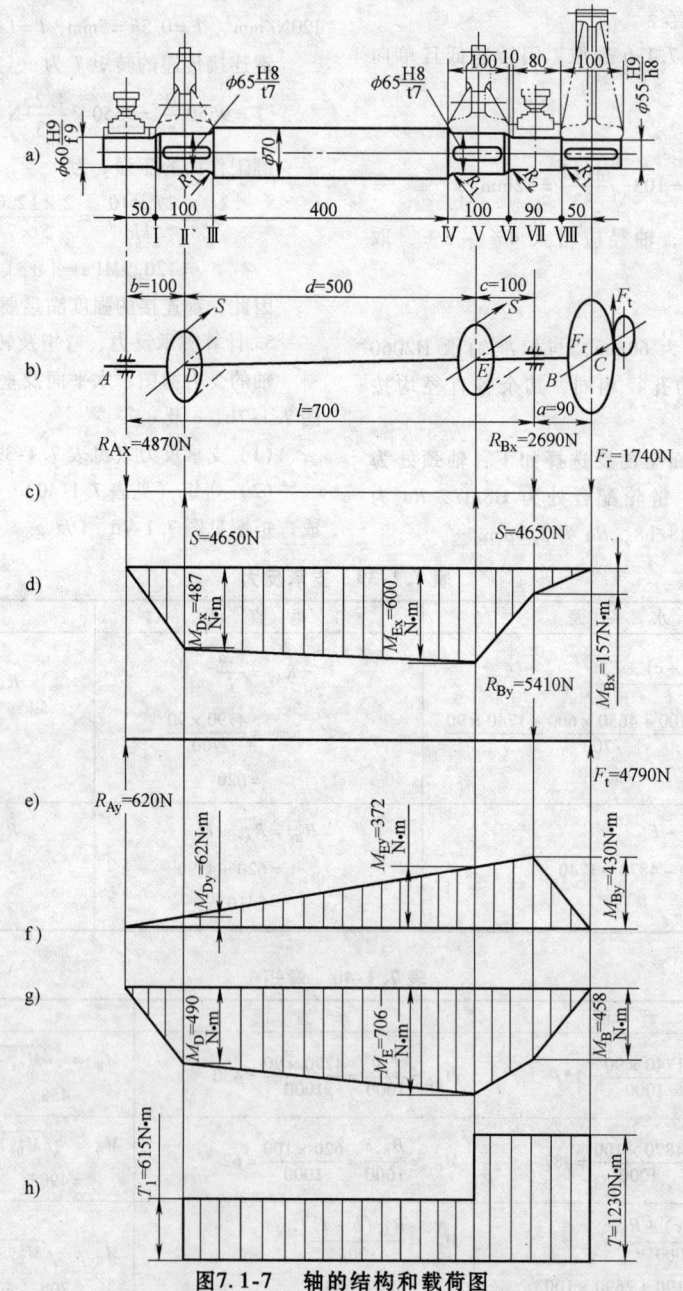

图7.1-7　轴的结构和载荷图

a) 结构草图　b) 受力简图　c) 水平面受力　d) 水平面弯矩图　e) 垂直面受力
f) 垂直面弯矩图　g) 合成弯矩图　h) 转矩图

表 7.1-41　校核危险截面的安全系数（疲劳强度）

| 计算内容及公式 | 截面 IV | 截面 VI | 截面 VIII | 说明 |
|---|---|---|---|---|
| $T/\text{N}\cdot\text{m}$ | 615 | 1230 | 1230 | |
| $M/\text{N}\cdot\text{m}$ | $M_N \approx M_D + (M_E - M_D)\dfrac{500-50}{500}$ $=490+(706-490)\dfrac{450}{500}$ $=684$ | $M_{VI} \approx M_B + (M_E - M_B)\dfrac{50}{100}$ $=458+(706-458)\dfrac{50}{100}$ $=582$ | $M_{VIII} \approx M_B\dfrac{50}{90}$ $=458\dfrac{50}{90}$ $=254$ | |
| $Z/\text{cm}^3$ | 23.7 | 21.2 | 14.2 | |
| $Z_p/\text{cm}^3$ | 50.7 | 42.4 | 30.6 | |
| $\sigma_{-1},\tau_{-1}/\text{MPa}$ | $\sigma_{-1}=255,\tau_{-1}=140$ | $\sigma_{-1}=255,\tau_{-1}=140$ | $\sigma_{-1}=255,\tau_{-1}=140$ | 由表 7.1-12 查得 |
| $\psi_\sigma,\psi_\tau$ | $\psi_\sigma=0.34,\psi_\tau=0.21$ | $\psi_\sigma=0.34,\psi_\tau=0.21$ | $\psi_\sigma=0.34,\psi_\tau=0.21$ | 由表 7.1-1 查得 |
| $K_\sigma,K_\tau$ | 圆角 $\dfrac{r}{d}=\dfrac{2}{65}\approx0.02,\dfrac{D-d}{r}=\dfrac{5}{1}=5$ $K_\sigma\approx1.94,K_\tau\approx1.62$ | 圆角 $\dfrac{r}{d}=\dfrac{2}{60}\approx0.03,\dfrac{D-d}{r}=\dfrac{5}{2}\approx3$ $K_\sigma\approx1.8,K_\tau\approx1.5$ | 圆角 $\dfrac{r}{d}=\dfrac{1}{55}\approx0.02,\dfrac{D-d}{r}=\dfrac{5}{1}=5$ $K_\sigma\approx1.94,K_\tau\approx1.62$ | 由表 7.1-17 查得 |
| | 配合 $K_\sigma=2.52,K_\tau=1.82$ | 配合 $K_\sigma=1.8,K_\tau\approx1.31$ | 配合 $K_\sigma=1.89,K_\tau=1.54$ | 由表 7.1-15 查得 |
| | 键槽 $K_\sigma=1.76,K_\tau=1.54$ | 键槽 $K_\sigma=1.64,K_\tau=1.54$ | 键槽 $K_\sigma=1.76,K_\tau=1.54$ | 由表 7.1-14 查得 |
| $\beta$ | $\beta=0.93$ | $\beta=0.93$ | $\beta=0.93$ | 由表 7.1-20 查得 |
| $\varepsilon_\sigma,\varepsilon_\tau$ | $\varepsilon_\sigma=0.78,\varepsilon_\tau=0.74$ | $\varepsilon_\sigma=0.81,\varepsilon_\tau=0.76$ | $\varepsilon_\sigma=0.81,\varepsilon_\tau=0.76$ | 由表 7.1-15 查得 |
| $\sigma_a,\sigma_m,\tau_m/\text{MPa}$ | $\sigma_a=\dfrac{M}{Z}=\dfrac{684}{23.7}=28.9,\sigma_m=0$（对称） | $\sigma_a=\dfrac{M}{Z}=\dfrac{582}{21.2}=27.5,\sigma_m=0$ | $\sigma_a=\dfrac{M}{Z}=\dfrac{254}{14.2}=17.9,\sigma_m=0$ | 见表 7.1-9 |
| $S_\sigma=\dfrac{\sigma_{-1}}{\dfrac{K_\sigma}{\beta\varepsilon_\sigma}\cdot\sigma_a+\psi_\sigma\cdot\sigma_m}$ | $S_\sigma=\dfrac{255}{\dfrac{2.52}{0.93\times0.78}\times28.9+0}=2.54$ | $S_\sigma=\dfrac{255}{\dfrac{1.8}{0.93\times0.81}\times27.5+0}=3.88$ | $S_\sigma=\dfrac{255}{\dfrac{2}{0.93\times0.81}\times17.9+0}=5.37$ | 见表 7.1-8 |
| $\tau_a,\tau_m/\text{MPa}$ | $\tau_a=\tau_m=\dfrac{T}{2Z_p}=\dfrac{615}{2\times50.7}=6.1$（脉动） | $\tau_a=\tau_m=\dfrac{T}{2Z_p}=\dfrac{1230}{2\times42.4}=14.5$ | $\tau_a=\tau_m=\dfrac{T}{2Z_p}=\dfrac{1230}{2\times30.6}=20.1$ | 见表 7.1-9 |
| $S_\tau=\dfrac{\tau_{-1}}{\dfrac{K_\tau}{\beta\varepsilon_\tau}\cdot\tau_a+\psi_\tau\cdot\tau_m}$ | $S_\tau=\dfrac{140}{\dfrac{1.82}{0.93\times0.74}\times6.1+0.21\times6.1}=8.1$ | $S_\tau=\dfrac{140}{\dfrac{1.5}{0.93\times0.76}\times14.5+0.21\times14.5}=4.14$ | $S_\tau=\dfrac{140}{\dfrac{1.66}{0.93\times0.76}\times20.1+0.21\times20.1}=2.72$ | 见表 7.1-8 |
| $S=\dfrac{S_\sigma S_\tau}{\sqrt{S_\sigma^2+S_\tau^2}}$ | $S_N=\dfrac{2.54\times8.1}{\sqrt{2.54^2+8.1^2}}=2.42$ | $S_{VI}=\dfrac{3.88\times4.14}{\sqrt{3.88^2+4.14^2}}=2.83$ | $S_{VIII}=\dfrac{5.37\times2.72}{\sqrt{5.37^2+2.72^2}}=2.72$ | 见表 7.1-8 |

注：当系数无法从各表中直接查出时，可采用插入法求出。

7. 轴的静强度校核

（1）确定危险截面　根据载荷较大及截面较小的原则选取截面 V、VI、VIII 为危险截面。

（2）校核危险截面的安全系数（见表 7.1-42）取许用安全系数 $S_{sp}=1.5$，计算安全系数均大于许

用值，故轴的静强度足够。上述计算中取 $\tau_s=0.58$ $\sigma_s=0.58\times295=171\mathrm{MPa}$。

轴的工作图，见图 7.1-8。本例中截面 A—A 处的键槽尺寸可以和截面 B—B 处的键槽尺寸一致，以便于统一加工刀具。

### 表 7.1-42　校核危险截面的安全系数（静强度）

| 计算内容及公式 | | $T_{max}=2T/\mathrm{N}\cdot\mathrm{m}$ | $M_{max}=2M/\mathrm{N}\cdot\mathrm{m}$ | $Z/\mathrm{cm}^3$ | $Z_p/\mathrm{cm}^3$ |
|---|---|---|---|---|---|
| 计算值或数据 | 截面 V | $T_{V\,max}=1230\times2=2460$ | $M_{V\,max}=2\times706=1412$ | 23.7 | 50.7 |
| | 截面 VI | $T_{VI\,max}=2460$ | $M_{VI\,max}=2\times582=1164$ | 21.2 | 42.4 |
| | 截面 VIII | $T_{VIII\,max}=2460$ | $M_{VIII\,max}=2\times254=508$ | 14.2 | 30.6 |

| 计算内容及公式 | | $\sigma_s$ | $\tau_s$ | $S_{s\sigma}=\dfrac{\sigma_s}{M_{max}/Z}$ | $S_{s\tau}=\dfrac{\tau_s}{T_{max}/Z_p}$ | $S_s=\dfrac{S_{s\sigma}S_{s\tau}}{\sqrt{S_{s\sigma}^2+S_{s\tau}^2}}$ |
|---|---|---|---|---|---|---|
| 计算值或数据 | 截面 V | 295 | 171 | 4.95 | 3.52 | 2.87 |
| | 截面 VI | 295 | 171 | 5.4 | 2.94 | 2.58 |
| | 截面 VIII | 295 | 171 | 8.24 | 2.12 | 2.05 |

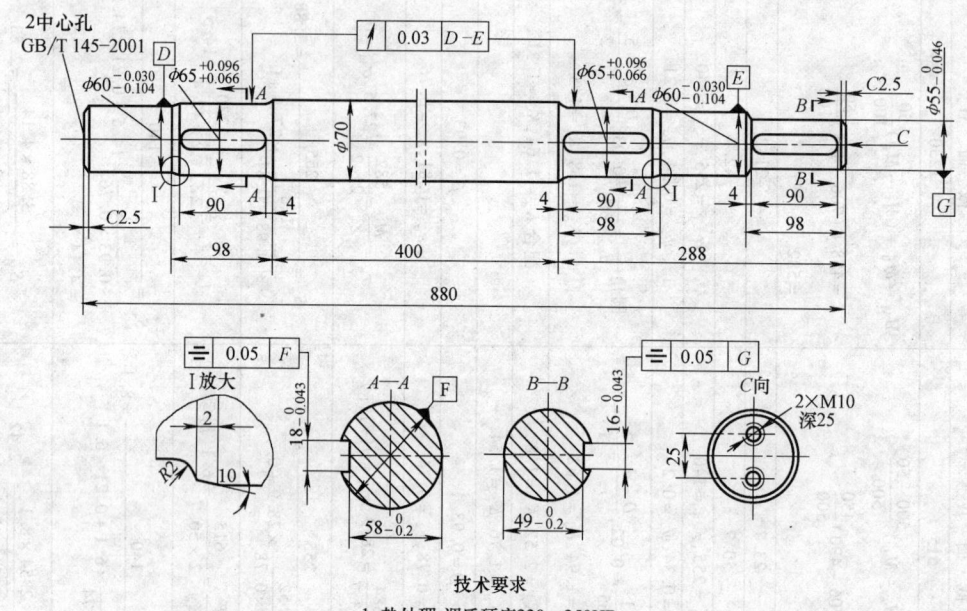

技术要求
1. 热处理：调质硬度230～250HB。
2. 未注明的圆角半径为R=1mm。

图7.1-8　轴的工作图

## 7　软轴

软轴主要用于两个传动机件的轴线不在同一直线上，或工作时彼此要求有相对运动的空间传动。适合于受连续振动的场合以缓和冲击，也适用于高转速、小转矩场合。软轴的应用范围有：可移式机械化工具、主轴可调位的机床、混凝土振动器、砂轮机、医疗器械以及里程表、遥控仪等。软轴安装简便、结构紧凑、工作适应性较强。但当转速低、转矩大时，从动端的

转速往往不均匀，且扭转刚度也不易保证。软轴传递功率范围一般不超过 5.5kW，转速可达 20000r/min。

### 7.1　结构

软轴通常由钢丝软轴、软管、软轴接头和软管接头等几部分组成。按照用途不同，软轴又分功率型（G 型）和控制型（K 型）两种。功率型软轴一般有防逆转装置，以保证单向传动。

表 7.1-43 是 G 型和 K 型软轴的常用结构型式。

### 表 7.1-43　常用软轴的结构型式

| | |
|---|---|
| 功率型（动力传动用）软轴 | |

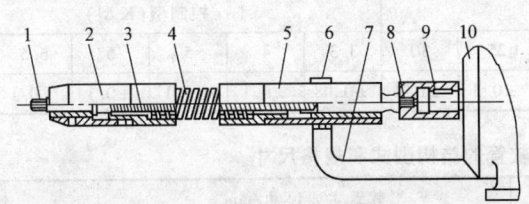

钢丝软轴接头端部为固定式（螺纹连接），软管接头内带滑动轴套（一般用青铜轴套）

1,8—软轴接头　2,5—软管接头　3—钢丝软轴　4—软管
6—卡箍　7—托架　9—联轴器　10—电动机

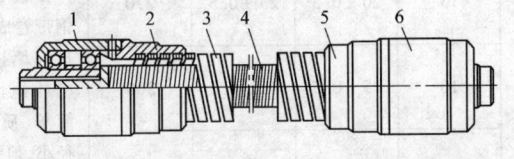

钢丝软轴接头端部为固定式（螺纹连接），软管接头内带有滚动轴承

1,6—软轴接头　2,5—软管接头　3—软管　4—钢丝软轴

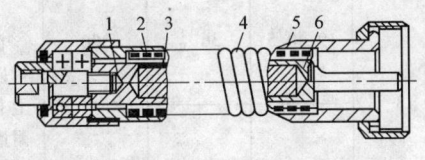

钢丝软轴接头端部，一端为固定式，一端为滑动式，软管接头内带有滚动轴承

1,6—软轴接头　2,5—软管接头　3—钢丝软轴　4—软管

控制型（控制仪器传动用）软轴

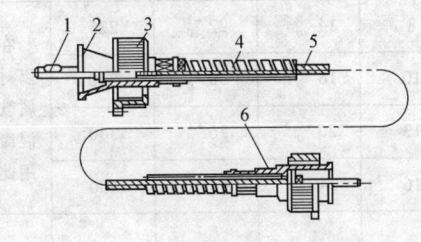

钢丝软轴接头端部为滑动式，软管接头为镦压连接（用于解放牌汽车里程表）

1—软轴接头　2,6—软管接头　3—连接螺母
4—软管　5—钢丝软轴

## 7.1.1　钢丝软轴

钢丝软轴的结构如图 7.1-9 所示。它是由几层弹簧钢丝紧绕在一起而成，而每一层又由若干根钢丝卷绕而成，相邻钢丝层的缠绕方向相反，外层钢丝比内层的要选得粗些。当软轴传递转矩时，相邻两层钢丝中的一层趋于绕紧，另一层趋于旋松，使各层钢丝相互压紧。轴的旋转方向，应使表层钢丝趋于绕紧为合理。

功率型钢丝软轴外层钢丝直径较大，有的还不带芯棒，因而耐磨性和挠性都较好。控制型钢丝软轴都有芯棒，钢丝层数和每层钢丝的根数较多，扭转刚度较大。

根据标准 JG/T 109—1999 规定，常用钢丝软轴的直径规格见表 7.1-44。

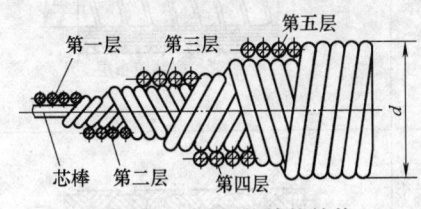

图7.1-9　钢丝软轴的结构

## 7.1.2　软管

软管的作用是保护钢丝软轴，以免与外界机件接触，并保存润滑剂和防止尘垢侵入；工作时软管还起支承作用，使软轴便于操作。常用软管的结构型式和规格尺寸见表 7.1-45。

表 7.1-44　常用钢丝软轴的直径规格　　　　　　　　（单位：mm）

| 型别 | 功率型（G 型） | | | | | | | 控制型（K 型） | | | | | |
|---|---|---|---|---|---|---|---|---|---|---|---|---|---|
| 公称尺寸 | 10 | 13 | 16 | 19 | 22 | 25 | 30 | 3.3 | 4 | 5 | 6 | 6.5 | 8 |
| 许用偏差 | ±0.1 | ±0.15 | ±0.15 | ±0.2 | ±0.3 | ±0.3 | ±0.3 | ±0.08 | ±0.1 | ±0.1 | ±0.1 | ±0.1 | ±0.1 |

表 7.1-45　常用软管的结构型式和规格尺寸

| 类型 | 结构简图 | 软管主要尺寸/mm | | | | 特　点 |
|---|---|---|---|---|---|---|
| | | 钢丝软轴直径 $d$ | 软管内径 $d_0$ | 软管外径 $D$ | 最小弯曲半径 $R_{min}$ | |
| 金属软管 |  | 13 | $20 \pm 0.5$ | $25 \pm 0.5$ | 270 | 由镀锌的低碳钢带卷成，钢带镶口内填以石棉或棉纱绳。结构较简单、质量轻、外径小，但强度和耐磨性较差 |
| | | 16 | $25 \pm 0.5$ | $32 \pm 0.5$ | 300 | |
| | | 19 | $32 \pm 0.5$ | $38 \pm 0.5$ | 375 | |
| 橡胶金属软管 | 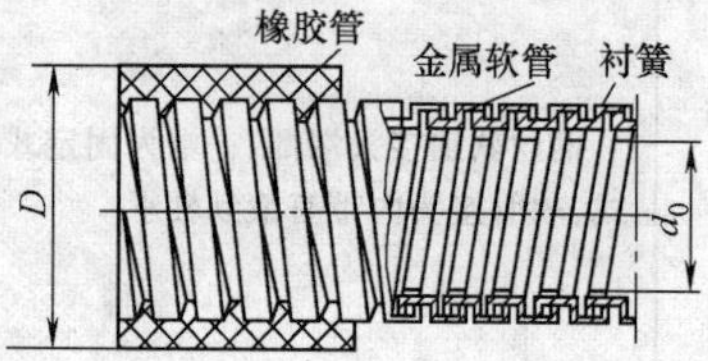 | 13 | $19 \pm 0.5$ | $36 {}^{+1}_{0}$ | 300 | 在金属软管内衬以衬簧，外面包上橡胶保护层。耐磨性及密封性均较金属软管好 |
| | | | $21 \pm 0.5$ | $40 {}^{+1}_{0}$ | 325 | |
| 衬簧橡胶软管 | 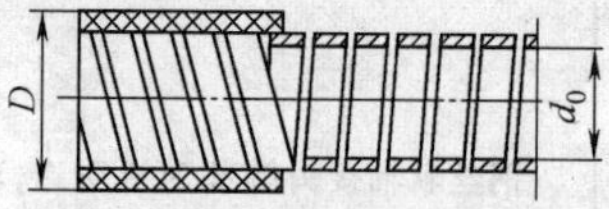 | 8 | $14 {}^{+0.5}_{0}$ | $22 {}^{+1}_{0}$ | 225 | 在橡胶管内衬以衬簧，比橡胶金属软管结构简单。混凝土振动器多用此种软管 |
| | | 10 | $16 {}^{+0.5}_{0}$ | $30 {}^{+1}_{0}$ | 320 | |
| | | 13 | $20 {}^{+0.5}_{0}$ | $36 {}^{+1}_{0}$ | 360 | |
| | | 16 | $24 {}^{+0.5}_{0}$ | $40 {}^{+1}_{0}$ | 400 | |
| 衬簧编织软管 | 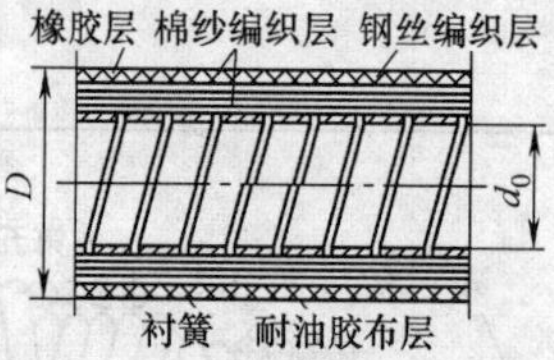 | 13 | $20 {}^{+0.5}_{0}$ | $36 {}^{+1}_{0}$ | 360 | 衬簧由弹簧钢带卷成，外面依次包上耐油胶布层、棉纱、钢丝编织层和耐磨橡胶。强度、挠度、耐磨性、密封性均较好 |
| 小金属软管 | 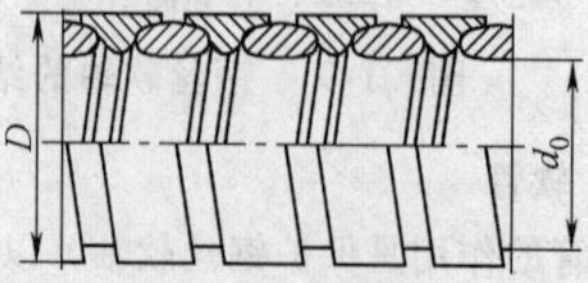 | 3.3 | $5.5 \pm 0.1$ | $8 \pm 0.1$ | 150 | 由两层成型钢带卷成，挠性较好，密封性较差。用于控制型软轴 |
| | | 5 | $8 \pm 0.2$ | $10.5 \pm 0.2$ | 175 | |

注：由于目前尚未有软管统一标准，各厂家生产的规格尺寸不尽相同。设计选用时应以各厂的产品样本为准。表中所列仅是部分产品规格。

### 7.1.3　软轴接头

软轴接头是用来连接软轴与动力输出轴及工作部件的，连接方式分固定式和滑动式两种。固定式多用于软轴较短或工作中弯曲半径变化不大的场合。当软轴工作中弯曲半径变化较大时，允许软轴在软管内有较大的窜动，以补偿软管弯曲时的长度变化。但弯曲半径不能过小，以防止接头滑出。为便于软轴的拆卸检查和润滑，应使软轴接头一端的外径小于软管和软管接头的内径。

常用软轴接头的结构型式见表 7.1-46，常用软轴接头与轴端的连接方式见表 7.1-47。

#### 表 7.1-46　常用软轴接头的结构型式

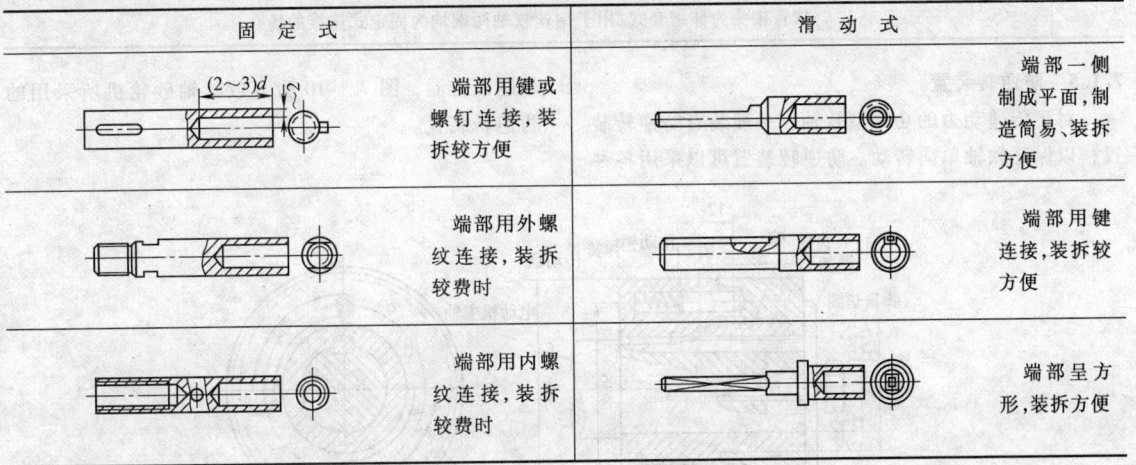

| 固　定　式 | | 滑　动　式 | |
|---|---|---|---|
| | 端部用键或螺钉连接，装拆较方便 | | 端部一侧制成平面，制造简易、装拆方便 |
| | 端部用外螺纹连接，装拆较费时 | | 端部用键连接，装拆较方便 |
| | 端部用内螺纹连接，装拆较费时 | | 端部呈方形，装拆方便 |

#### 表 7.1-47　常用软轴接头与轴端的连接方式

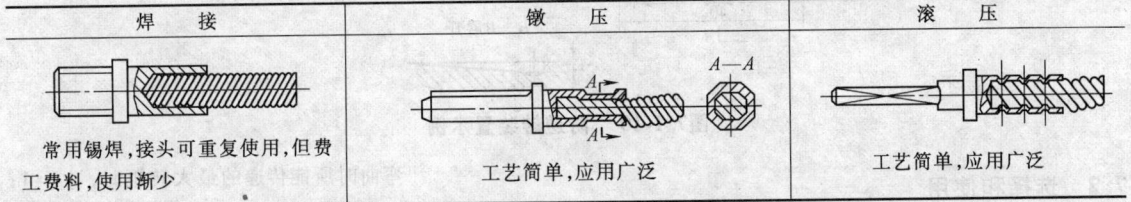

| 焊　接 | 镦　压 | 滚　压 |
|---|---|---|
| 常用锡焊，接头可重复使用，但费工费料，使用渐少 | 工艺简单，应用广泛 | 工艺简单，应用广泛 |

### 7.1.4　软管接头

软管接头是连接软管与传动装置及工作部件，有时也是软轴接头的轴承座，连接方式分固定式和滑动式两种。常用软管接头的结构型式与连接方式见表 7.1-48。

#### 表 7.1-48　常用软管接头的结构型式与连接方式

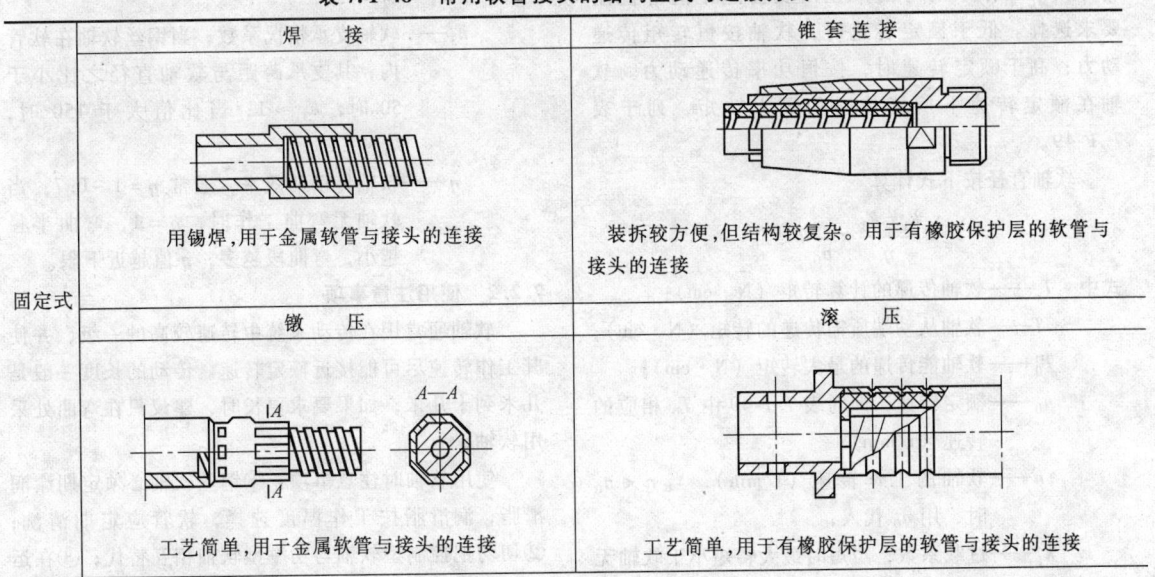

| | 焊　接 | 锥套连接 |
|---|---|---|
| 固定式 | 用锡焊，用于金属软管与接头的连接 | 装拆较方便，但结构较复杂。用于有橡胶保护层的软管与接头的连接 |
| | 镦　压 | 滚　压 |
| | 工艺简单，用于金属软管与接头的连接 | 工艺简单，用于有橡胶保护层的软管与接头的连接 |

（续）

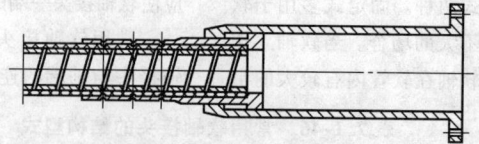

| 滑动式 |  |
| --- | --- |
| | 软管接头为伸缩套式，用于钢丝软轴两端均为固定式连接的场合 |

### 7.1.5　防逆转装置

对于传递动力的功率型软轴，一般装有防逆转装置，以保证软轴单向转动。防逆转装置可以采用各种超越离合器，图 7.1-10 为多数软轴砂轮机所采用的防逆转装置。

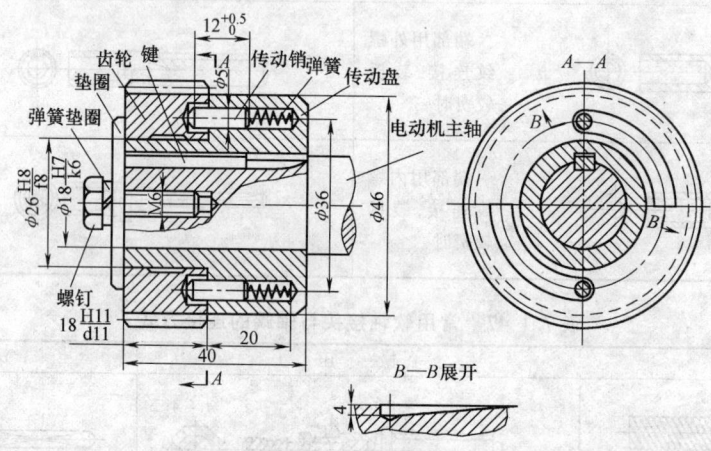

**图7.1-10　防逆转装置示例**

## 7.2　选择和使用

### 7.2.1　选择

软轴尺寸应根据所需传递的转矩、转速、旋转方向、工作中的弯曲半径以及传递距离等使用要求选择。低于额定转速时，软轴按恒转矩传递动力；高于额定转速时，按恒功率传递动力。软轴在额定转速下所能传递的最大转矩，列于表 7.1-49。

软轴直径按下式计算

$$T_c = \frac{k_1 k_2 k_3}{\eta} \times \frac{n}{n_0} T \le T_0$$

式中　$T_c$——软轴传递的计算转矩（N·cm）；

$T$——软轴从动端所需传递的转矩（N·cm）；

$T_0$——软轴能传递的最大转矩（N·cm）；

$n_0$——额定转速，即与表 7.1-49 中 $T_0$ 相应的转速（r/min）；

$n$——软轴的工作转速（r/min），当 $n < n_0$ 时，用 $n_0$ 代入；

$k_1$——过载系数；当短时最大转矩小于软轴无弯曲时所能传递的最大转矩时，$k_1 = 1$；当大于此值时，$k_1$ 可取与此值的比值；

$k_2$——软轴转向系数；当旋转时，软轴外层钢丝趋于绕紧，$k_2 = 1$，如趋于旋松则 $k_2 \approx 1.5$；

$k_3$——软轴支承情况系数；当钢丝软轴在软管内，其支承跨距与软轴直径之比小于 50 时，$k_3 \approx 1$；当比值大于 150 时，$k_3 \approx 1.25$；

$\eta$——软轴传动的效率，通常 $\eta = 1 \sim 0.7$；当软轴无弯曲工作时，$\eta = 1$，弯曲半径越小，弯曲段越多，$\eta$ 值越近下限。

### 7.2.2　使用注意事项

软轴通常用在传动系统中转速较高的一级，并使其工作转速尽可能接近额定转速。传动的长度一般是几米到十几米，如果要求更长时，建议只在弯曲处采用软轴。

使用软轴时注意事项：①钢丝软轴必须定期涂润滑脂，润滑脂按工作温度选择，软管应定期清洗；②切勿把控制型软轴与功率型软轴相互替代；③在运

表 7.1-49 软轴在额定转速 $n_0$ 时能传递的最大转矩 $T_0$

| 软轴直径 /mm | 无弯曲时 | 工作中弯曲半径为下列值时/mm | | | | | | | | | 额定转速 $n_0$ /(r/min) | 最高转速 $n_{max}$ /(r/min) |
|---|---|---|---|---|---|---|---|---|---|---|---|---|
| | | 1000 | 750 | 600 | 450 | 350 | 250 | 200 | 150 | 120 | | |
| | | $T_0$/N·cm | | | | | | | | | | |
| 6 | 150 | 140 | 130 | 120 | 100 | 80 | 60 | 50 | 40 | 30 | 3200 | 13000 |
| 8 | 240 | 220 | 200 | 180 | 160 | 140 | 120 | 90 | 60 | | 2500 | 10000 |
| 10 | 400 | 360 | 330 | 300 | 260 | 230 | 190 | 150 | — | — | 2100 | 8000 |
| 13 | 700 | 600 | 520 | 460 | 400 | 340 | 280 | — | | | 1750 | 6000 |
| 16 | 1300 | 1200 | 1000 | 800 | 600 | 450 | — | | | | 1350 | 4000 |
| 19 | 2000 | 1700 | 1400 | 1100 | 800 | 550 | | | | | 1150 | 3000 |
| 25 | 3300 | 2600 | 1900 | 1300 | 900 | | | | | | 950 | 2000 |
| 30 | 5000 | 3800 | 2500 | 1650 | 1000 | | | | | | 800 | 1600 |

输和安装过程中, 不得使软轴弯曲半径小于允许最小半径 (一般为钢丝软轴直径的 15 ~ 20 倍), 运转时尽可能使软管定位, 使其在靠近接头部分伸直; ④钢丝软轴和软管要分别与接头牢固连接, 当工作中弯曲半径变化较大时, 应使钢丝软轴或软管的接头有一端可以滑动, 以补偿软轴弯曲时的长度变化。

# 8 曲轴

## 8.1 结构设计

### 8.1.1 结构类型和设计要求

曲轴有整体锻造曲轴 (见图 7.1-11)、组合曲轴 (见图 7.1-12) 和半组合曲轴 (见图 7.1-13) 三种结构型式。一般采用整体曲轴, 整体曲轴又可分为锻造曲轴和铸造曲轴 (见图 7.1-14)。

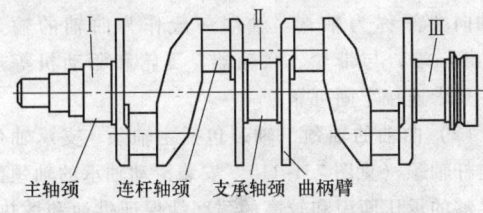

主轴颈　连杆轴颈　支承轴颈　曲柄臂

图 7.1-11 整体锻造曲轴 (曲拐轴)

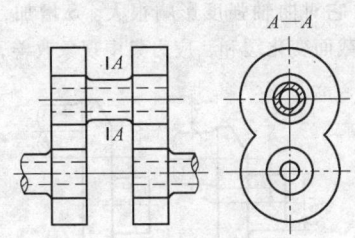

图 7.1-12 组合曲轴

整体锻造曲轴尺寸紧凑、质量较轻、强度高、刚度好。但形状复杂的加工困难, 平衡块也不易与曲轴

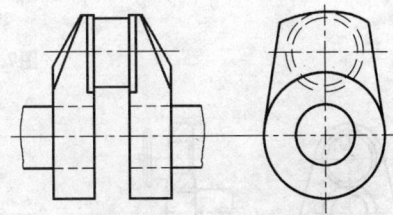

图 7.1-13 半组合曲轴

作成一体。整体锻造曲轴一般采用模锻和连续纤维挤压锻造。只有少量生产的曲轴, 主要是曲柄半径在 800mm 以下的大中型曲轴, 才采用自由锻。

整体铸造曲轴的加工性能好、金属切削量少、成本低, 铸造曲轴可以获得较合理的结构形状, 如椭圆形曲柄臂、桶形空心轴颈和卸载槽等, 从而使应力分布均匀, 对提高曲轴的疲劳强度有显著效果。铸造曲轴的应用正在不断扩大。

组合曲轴用在由于大型曲轴整体毛坯的制造能力受到限制, 以及部分损坏时更换整根曲轴很不经济的场合。在一些有特殊要求的情况下, 中小曲轴也可以做成组合式。组合的连接一般采用过盈连接、螺栓连接。组合曲轴的毛坯制造和机械加工比整体曲轴简便得多。

另外, 曲轴根据结构和用途的不同又分为曲拐轴 (见图 7.1-11)、曲柄轴 (见图 7.1-15)、偏心轴 (见图 7.1-16) 等。

曲拐轴可实现对称平衡式、角式和立式等结构型式, 其结构紧凑、质量小、气缸 (活塞) 列数不受限制, 传动端装拆简便, 应用最广。本节后面主要介绍这种曲轴的设计分析。

曲柄轴可简化连杆结构, 连杆大头不必剖分, 但因其连接间距跨度大, 主轴承拆换困难, 且由于连杆对主轴产生的附加力矩使两主轴承工作条件较差, 除大功率或活塞行程较大的双联泵外, 很少采用。

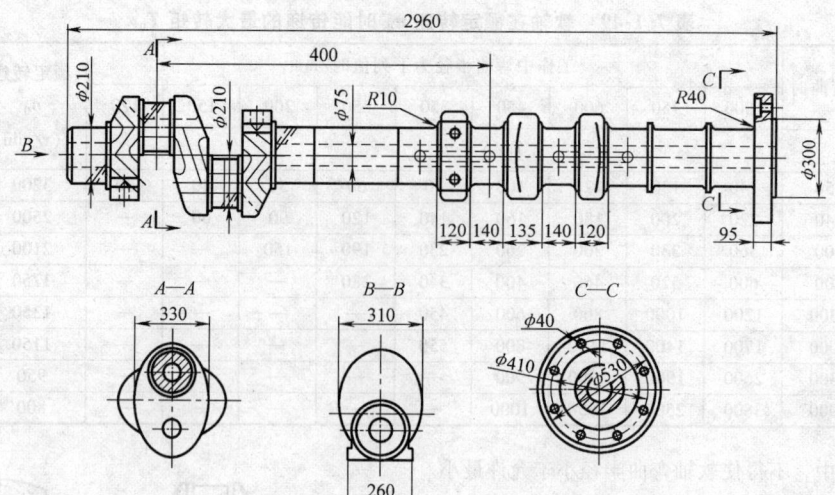

图7.1-14 整体铸造曲轴

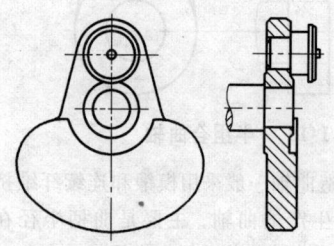

图7.1-15 曲柄轴

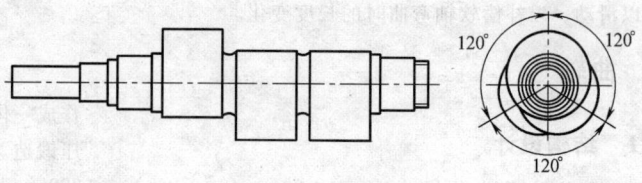

图7.1-16 偏心轴

偏心轴是大型钻井泥浆泵、热模锻压力机中常用的曲轴型式。这种结构可避免曲轴连杆轴颈加工、热处理及磨削等困难。

曲轴设计的主要要求：

1）足够的强度，主要是曲柄部分的弯曲疲劳强度、扭转疲劳强度以及功率输出端的静强度，要尽量减少应力集中并加强薄弱环节。

2）足够的刚度，减少曲轴挠曲变形，以保证活塞连杆组和曲轴各轴承可靠工作，同时提高曲轴的自振频率，尽量避免在工作转速范围内发生共振。

3）尽量轻的质量，对于不影响强度和刚度的部位，只要制造工艺允许并易于实现的，就应去掉，这也是提高曲轴自振频率的措施。

4）轴颈—轴承副具有足够的承压面积和较高的耐磨性。油孔布置合理。

5）合理的曲柄排列，使其工作时惯性力和惯性力矩能得到较好的平衡。从而运转平稳；转矩均匀，轴系的扭振情况得以改善。

6）合理配置平衡块，减轻主轴承载荷和振动。

7）曲轴各部位形状的选择应考虑到制造和装拆，维修方便，这一点对大型曲轴尤其重要。

### 8.1.2 组成及设计

曲轴一般由轴端、轴颈和曲柄臂三部分组成，曲轴内应开有油孔，作为润滑油的通道。

（1）曲轴的轴端 轴心线与曲轴旋转中心同心的轴向端部称为轴端。轴端一般作为曲轴的输入（输出）端，与带轮、联轴器、飞轮和驱动机等连接，要求连接牢固可靠。

（2）曲轴的轴颈 轴颈包括主轴颈、支承轴颈和连杆轴颈（见图7.1-11）。安装滑动轴承的轴颈要有足够的承压面积和较高的耐磨性保证供油和散热。主轴颈与连杆轴颈重叠部分 $S$ 称为重合度（见图7.1-17），它对曲轴强度影响很大。$S$ 增加，曲轴刚性增加，截面变化缓和，应力集中现象改善，应尽量

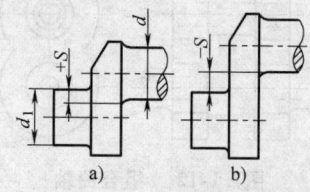

图7.1-17 轴颈重合度

a）正重合度 b）负重合度

避免 $S$ 等于或接近零。

（3）曲柄臂及曲拐　曲轴上连接主轴颈和连杆轴颈或连接相邻连杆轴颈的部位叫做曲柄臂。曲柄臂与连杆轴颈的组合体称为曲拐。

曲拐的结构对曲轴的疲劳强度有很大的影响。图 7.1-18 反映了曲拐的抗扭疲劳强度随着曲拐中空形状、曲柄臂形状的变化而变化。

曲轴中空可减小不平衡回转质量，去除材质差的部分，改善应力分布不均匀性，提高疲劳强度，锻造曲轴中孔由机械加工完成，一般为直筒形。铸造曲轴

可制成合理而复杂的形状。

曲柄臂形状较好的是椭圆和圆形。椭圆材料利用最合理，疲劳强度高。但对自由锻造曲轴，曲柄外形需靠模加工。圆形结构简单，有利于曲轴平衡，加工制造方便。对于低转速和小批量曲轴，曲柄臂的外形也有矩形的。这种形状材料利用率最差，质量及旋转运动质量较大。好处是加工制造方便。曲柄臂在连杆轴颈处两侧棱角常削去，以减轻重量和转动惯量。同样原因，在曲柄臂背部做成斜角，过大的斜角会影响曲柄强度，推荐尺寸见图 7.1-19。

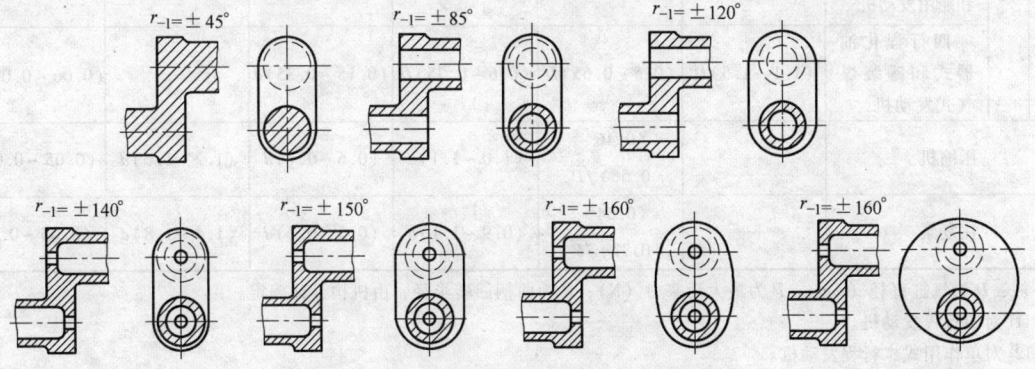

图7.1-18　曲拐结构对疲劳强度的影响

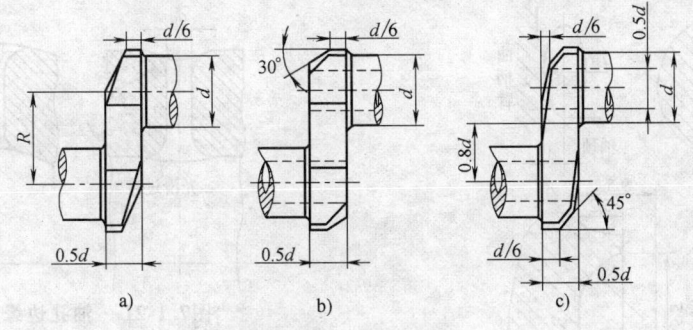

图7.1-19　曲柄臂斜角

a）实心轴径与主轴颈　　b）、c）空心连杆轴径与主轴颈

曲拐的各部分尺寸在做结构设计时通常按经验和推荐比例（见表 7.1-49）进行，必要时做进一步的计算。

（4）过渡圆角　为减小应力集中，提高疲劳强度，过渡圆角是十分重要的细部结构。

过渡圆角的圆角值见表 7.1-50，在必要时，为

了增加轴颈支承面积，采用变曲率过渡圆角，见图 7.1-20。轴颈表面和圆角表面应一次磨成，保证衔接处有较低的表面粗糙度值，同一曲轴上圆角尽量划一，以便于加工。圆角表面经滚压处理可提高其疲劳强度。

表 7.1-50　过渡圆角的圆角值　　　　　　（单位：mm）

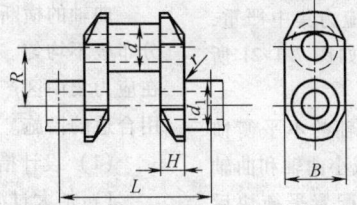

（续）

| 适用机器 | | 轴承跨度<br>$L$ | 连杆轴径直径<br>$d$ | 主轴径直径<br>$d_1$ | 曲柄厚度<br>$H$ | 曲柄宽度<br>$B$ | 过渡圆角半径<br>$r$ |
|---|---|---|---|---|---|---|---|
| 高速发动机 | 船用或内燃机车用发动机 | $(1.1 \sim 1.5)D$①<br>$(1.3 \sim 1.6)D$② | $(0.6 \sim 0.8)D$ | $(0.6 \sim 0.9)D$ | $(0.3 \sim 0.5)d$ | $(1.45 \sim 2.0)d$ | $(0.006 \sim 0.1)d$ |
| 高速发动机 | 汽车、拖拉机和运输式强化发动机 | $(1.1 \sim 1.4)D$ | $(0.6 \sim 0.85)D$ | $(0.7 \sim 1.0)D$ | $(0.2 \sim 0.35)d$ | $(1.45 \sim 2.0)d$ | $(0.008 \sim 0.1)d$ |
| 高速发动机 | 柴油机和煤气机，低速固定式和船用发动机 | $(1.5 \sim 1.7)D$①<br>$(1.7 \sim 1.8)D$② | $(0.56 \sim 0.75)D$ | $(0.6 \sim 0.8)D$ | $(0.45 \sim 0.55)d$ | $(1.3 \sim 1.6)d$ | $(0.055 \sim 0.07)d$ |
| 高速发动机 | 四行程化油器式和罐装煤气式发动机 | $(1.1 \sim 1.5)D$ | $(0.5 \sim 0.65)D$ | $(0.6 \sim 0.75)D$ | $(0.15 \sim 0.35)d$ | — | $(0.06 \sim 0.09)d$③ |
| 压缩机 | | — | $(0.46 \sim 0.56)\sqrt{P}$ | $(1.0 \sim 1.1)d$ | $(0.6 \sim 0.7)d$ | $(1.2 \sim 1.6)d$ | $(0.05 \sim 0.06)d$ |
| 往复泵 | | — | $(0.54 \sim 0.72)\sqrt{P}$ | $(0.9 \sim 1.1)d$ | $(0.5 \sim 0.7)d$ | $(1.4 \sim 1.8)d$ | $(0.05 \sim 0.1)d$ |

注：$D$ 为气缸直径（mm）；$P$ 为最大活塞力（N）；$R$ 为曲柄回转半径，由机构设计确定。
① 对四行程发动机。
② 对单作用式二行程发动机。
③ 不小于 $2 \sim 3$ mm。

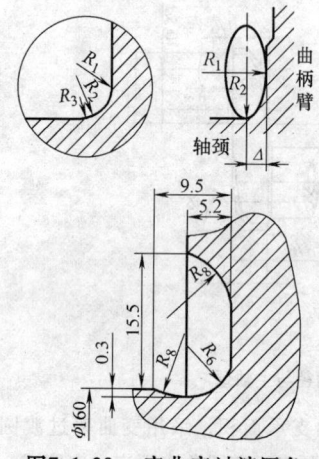

图7.1-20　变曲率过渡圆角

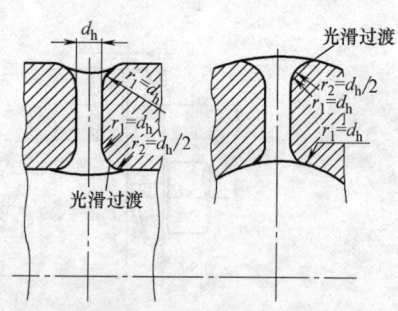

图7.1-21　油孔边缘形状尺寸

（5）油孔　根据曲轴形状和供油方式，曲轴上的油孔一般采用斜油孔或直角油孔型式。当轴瓦内壁上有环向油槽时，一般沿曲拐平面开油孔；否则，油孔应开在轴颈载荷矢量图上载荷最小的区域。油孔直径一般为 $(0.06 \sim 0.11)d$，油孔边缘应力集中严重，应有较大的圆角或倒角，并且抛光，如图 7.1-21 所示，圆角半径 $d_h/4 \leqslant r \leqslant d_h$。

（6）平衡块　平衡块用来平衡曲轴的不平衡惯性力和力矩，减轻主轴承载荷，以及减小曲轴和曲轴箱（或机体）所受的内力矩。但曲轴配置平衡块后质量增加，将使曲轴系统的扭振频率有所降低。因此，应根据曲轴结构、转速、曲柄排列等因素配置平衡块和确定平衡精度要求。平衡块的重心应尽可能远离主轴颈中心，以减少质量。铸造曲轴的平衡重多数与曲拐铸成一体，锻造曲轴平衡重一般单独制成，用螺栓固定在曲柄臂上。图 7.1-22 为分开式平衡重的固定法简图。

### 8.1.3　提高曲轴强度的措施

曲轴的横断面沿着轴线方向急剧变化，因而应力分布极不均匀。应力集中较严重、疲劳破坏就很容易在应力集中区产生。因而在设计制造曲轴时，必须采用合适的措施。

（1）设计措施
1）加大过渡圆角。可采用图 7.1-20 的变曲率圆

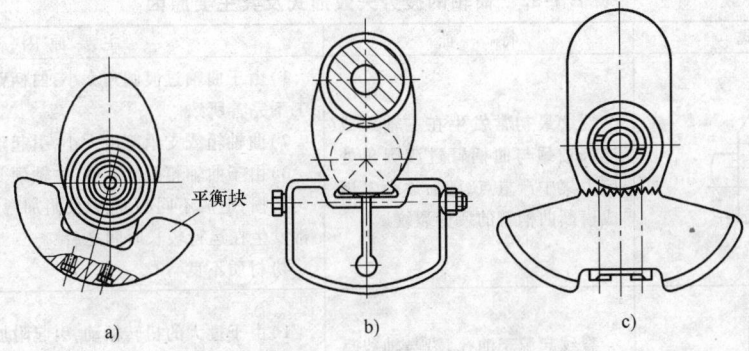

**图7.1-22 分开式平衡重固定方法**
a) 凸台定位　b) 燕尾槽定位　c) 锯齿定位

角型式。

2) 采用空心轴颈。若以提高曲轴抗弯强度为主要目标，则采用主轴颈为空心的结构即可。若同时减轻曲轴的质量和减小连杆轴颈的离心力，以降低主轴承载荷，宜采用全空心结构，并将连杆轴侧内孔向外偏离一段小距离 $e$，$e$ 可取连杆轴颈直径的 1/20。这种偏心可进一步减小连杆轴颈的旋转质量，并使圆角过渡部位的应力分布更加平坦。

3) 加大轴颈重合度。增大轴颈重合度，可显著提高曲轴的疲劳强度，曲柄臂越薄越窄时，效果越明显。

4) 卸载槽。卸载槽有连杆轴颈圆角、卸载槽和主轴颈圆角卸载槽，见图7.1-23。

如果轴颈圆角半径为 $r$，则一般取卸载槽的边距 $l = (1 \sim 1.5)r$；槽深 $\delta = (0.3 \sim 0.5)r$；槽根圆角半径 $\rho \geqslant r$；张开角 $\varphi = 50° \sim 70°$。卸载槽一般与空心结构结合使用。

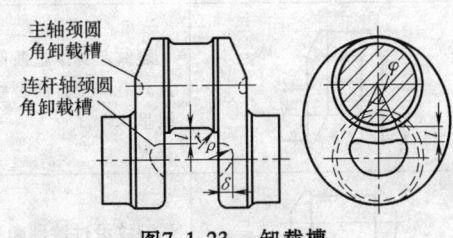

**图7.1-23 卸载槽**

(2) 工艺措施 对于应力集中严重的部位进行局部表面强化，可明显提高曲轴疲劳强度。常用曲轴强化方法见表7.1-51。

## 8.2 强度计算

### 8.2.1 失效形式

弯曲和扭转疲劳断裂是曲轴的主要失效形式，弯曲疲劳断裂更为常见。曲轴的疲劳失效形式及其主要原因见表7.1-52。

**表 7.1-51 常用曲轴强化方法**

| 强化方法 | 圆角滚压加工 | 软氮化处理 | 圆角中、高频淬火 |
|---|---|---|---|
| 强化机理 | 由塑性加工产生加工硬化和剩余压应力，降低表面粗糙度并消除显微裂纹、针孔等缺陷 | 使碳、氮原子固溶于铁而产生固溶强化和产生剩余压应力 | 马氏体(M)转变硬化产生剩余压应力 |
| 成本 | 低 | 高 | 低 |
| 自动化加工的可能性 | 高 | 困难 | 高 |
| 特点 | 1)冷加工，不需加热而节能<br>2)处理时间短<br>3)不能提高耐磨性 | 1)轴承滑动部位也可强化<br>2)可提高耐磨性<br>3)处理时间长<br>4)稍有变形 | 1)可以局部淬火,轴承滑动部位也可强化<br>2)方法简单,效果明显<br>3)可能会引起 |
| 提高曲轴疲劳强度的效果 | 钢曲轴 20%~70%；珠光体球铁曲轴 50%~90% | 碳钢曲轴 60%~80%；低合金钢曲轴 50%~90%；球铁曲轴 50%~70% | 钢或球铁曲轴 30%~100% |
| 备注 | 广泛应用于各类中、小型曲轴。氮化后再加滚压也已有采用 | 国内应用很广。氮化层极薄，氮化后不能进行磨削加工 | 一般只对圆角进行淬火。主要应用于中、小型柴油机曲轴 |

表7.1-52　曲轴的疲劳失效形式及其主要原因

| 失 效 形 式 | 特　征 | 主 要 原 因 |
|---|---|---|
| | 裂纹最初常发生在主轴颈或连杆轴颈与曲柄臂过渡圆角处应力集中严重点,随后逐渐发展成横断曲柄臂的疲劳裂纹 | 1)由于曲轴过渡圆角太小,曲柄臂太薄,过渡圆角加工不完善所致<br>2)曲轴箱或支承刚度太小,引起附加弯矩过大<br>3)由于曲轴箱刚度不够,主轴颈变形太大,引起不均匀磨损,造成不同心度,致使附加弯矩过大。这时断裂常发生在运行较长时间之后<br>4)材质不良 |
| | 裂纹起源于油孔,沿与轴线呈45°方向发展 | 1)由于过大的扭转振动,引起附加应力<br>2)油孔边缘加工不完善,或孔口过渡圆角太小,引起过大的应力集中 |
| | 裂纹起源于过渡圆角或油孔,且只有一个方向裂纹,裂纹与轴线呈45° | 1)由于不对称交变转矩引起最大应力,致使疲劳断裂<br>2)圆角加工不好,及热加工工艺不完善,造成材料组织不均匀<br>3)油孔孔口圆角加工不完善<br>4)连杆轴颈太细 |
| | 裂纹沿过渡圆角周向同时发生,断口呈径向锯齿形 | 1)由于圆角太尖锐,引起过大的应力集中<br>2)材料有缺陷 |
| 腐蚀疲劳失效 | 裂纹由圆角腐蚀点处发生 | 由于使用中保养不善,润滑油恶化造成腐蚀,或停机时润滑油中含有水分,造成圆角处腐蚀 |

## 8.2.2　受力分析

为了简化计算,在分析、计算曲轴受力时通常作如下假设和处理。

1)把多支承曲轴看作是以主轴承中心分开的分段简支梁(曲轴受力分析的分段法),并把曲轴视为绝对刚体。

2)轴颈上所受的力在轴颈的中点处。

3)不考虑回转惯性力。

4)因加工精度、装配质量以及因使用后磨损、热变形等造成的附加载荷不考虑。

5)轴颈和曲柄取各自的坐标系。

6)分段简支梁看成有 A、B、C 三个支承。但计算支承反力时,按只有两个支承起作用计算。即认为连杆轴颈载荷由轴承 B 和轴承 C 支承,轴前端载荷只由轴承 A 和轴承 C 支承。

7)内力正负号按图 7.1-24 的规定。

按上述假设和处理得到的曲轴单拐、双拐计算简图,如图 7.1-25 所示。图中 $F_t$、$F_t'$ 为作用在连杆轴颈上的切向力;$F_r$、$F_r'$ 为作用在连杆轴颈上的法向力;$F_y$、$F_z$ 为轴前端载荷沿坐标方向的分量;$F_{Ay}$、$F_{Az}$、$F_{By}$、$F_{Bz}$、$F_{Cy}$、$F_{Cz}$ 分别为 A、B、C 三个主轴

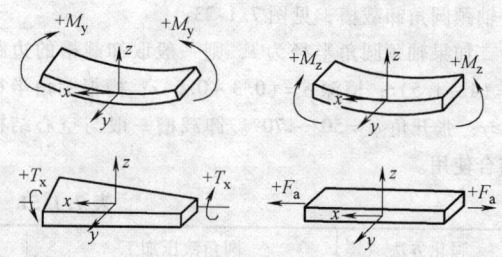

图7.1-24　内力正负号规定

承处支承反力沿坐标方向的分量;$T$ 为输入转矩,$T_0$ 为相邻一跨传来的阻力转矩。按照此计算简图推得的轴承支承处的支承反力计算式见表 7.1-53,推得的各截面处的弯矩、转矩、轴向力计算式见表 7.1-54。

## 8.2.3　强度计算

曲轴的主要失效形式是疲劳破坏,因此通常按在易于发生疲劳裂纹处(如连杆轴颈的圆角、油孔等)进行疲劳强度校核计算。在低速曲轴的设计计算中,为了简化计算,有时也采用静强度校核,将曲轴所受载荷看作应力幅等于最大应力的对称循环载荷,并略去应力集中系数和尺寸系数的影响,并用较大的安全系数,从而使复杂的疲劳强度校核计算具有静强度校核计算的简单形式。

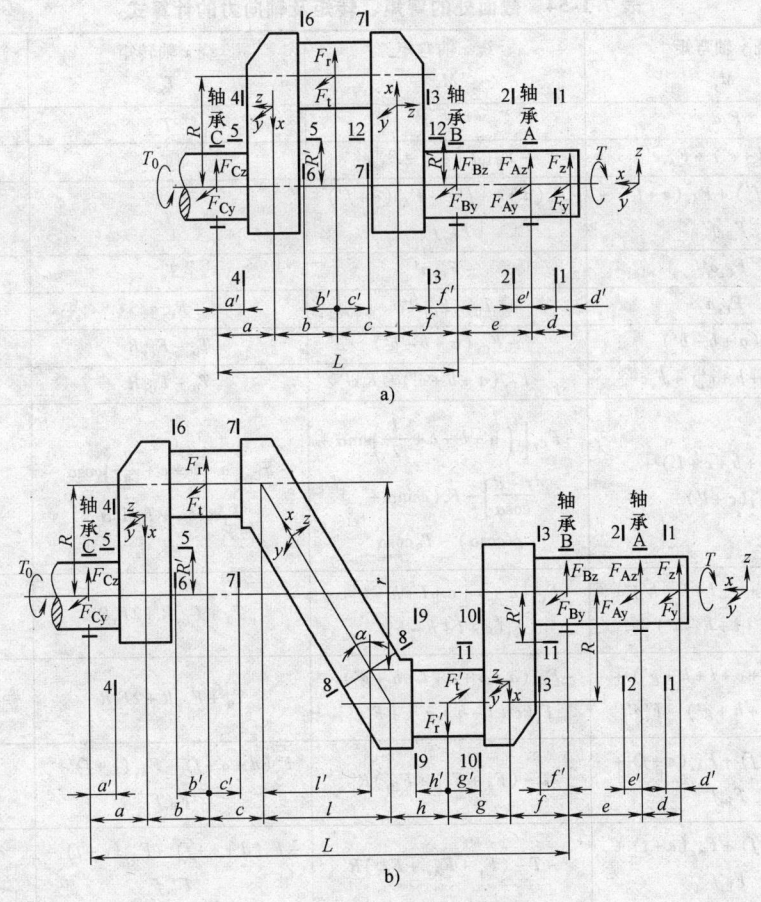

**图7.1-25　曲轴计算简图**

a) 单拐轴　b) 双拐轴

**表 7.1-53　支承反力的计算式**

| 支承反力 | 单拐轴计算式 | 双拐轴计算式 |
|---|---|---|
| $F_{Az}$ | $-\dfrac{L+d+e}{L+e}F_z$ | $-\dfrac{L+d+e}{L+e}F_z$ |
| $F_{Ay}$ | $-\dfrac{L+d+e}{L+e}F_y$ | $-\dfrac{L+d+e}{L+e}F_y$ |
| $F_{Bz}$ | $-\dfrac{a+b}{L}F_r$ | $\dfrac{L-f-g}{L}F_r'-\dfrac{a+b}{L}F_r$ |
| $F_{By}$ | $-\dfrac{a+b}{L}F_t$ | $\dfrac{L-f-g}{L}F_t'-\dfrac{a+b}{L}F_t$ |
| $F_{Cz}$ | $-\dfrac{c+f}{L}F_r+\dfrac{d}{L+e}F_z$ | $\dfrac{f+g}{L}F_r'-\dfrac{L-a-b}{L}F_r+\dfrac{d}{L+e}F_z$ |
| $F_{Cy}$ | $-\dfrac{c+f}{L}F_t+\dfrac{d}{L+e}F_y$ | $\dfrac{f+g}{L}F_t'-\dfrac{L-a-b}{L}F_t+\dfrac{d}{L+e}F_y$ |
| $T_0$ | $T-RF_t$ | $T-R(F_t+F_t')$ |

表 7.1-54　截面处的弯矩、转矩及轴向力的计算式

| 截面号 | 绕 $y$ 轴弯矩 $M_y$ | 绕 $z$ 轴弯矩 $M_z$ | 绕 $x$ 轴转矩 $T_x$ | 轴向力 $F_s$ |
|---|---|---|---|---|
| 1 | $F_z d'$ | $-F_y d'$ | $T$ | — |
| 2 | $F_z(d+e') + F_{Az}e'$ | $-F_y(d+e') - F_{Ay}e'$ | $T$ | — |
| 3 | $F_z(d+e+f') + F_{Az}(e+f') + F_{Bz}f'$ | $-F_y(d+e+f') - F_{Ay}(e+f') - F_{By}f'$ | $T$ | — |
| 4 | $F_{Cz}a'$ | $-F_{Cy}a'$ | $T_0$ | — |
| 5 | $F_{Cz}a$ | $T_0 - F_{Cy}R'$ | $F_{Cy}a$ | $-F_{Cz}$ |
| 6 | $F_{Cz}(a+b-b')$ | $-F_{Cy}(a+b-b')$ | $T_0 - F_{Cy}R$ | — |
| 7 | $F_{Cz}(a+b+c') + F_r c'$ | $-F_{Cy}(a+b+c') - F_t c'$ | $T_0 - F_{Cy}R$ | — |
| 8 | $F_{Cz}(a+b+c+l') + F_r(c+l')$ | $-F_{Cy}\left[\left(a+b+c+\dfrac{l}{2}\right)\sin\alpha + \dfrac{r-R}{\cos\alpha}\right] - F_t\left(c\sin\alpha + r/\cos\alpha\right) - T_0\cos\alpha$ | $-F_{Cy}\left(a+b+c+\dfrac{l}{2}\right)\cos\alpha - F_t c\cos\alpha + T_0\sin\alpha$ | $(F_{Cz}+F_r)\cos\alpha$ |
| 9 | $F_{Cz}(a+b+c+l+h-h') + F_r(c+l+h-h')$ | $-F_{Cy}(a+b+c+l+h-h') - F_t(c+l+h-h')$ | $T_0 + F_{Cy}R + 2F_t R$ | — |
| 10 | $F_{Cz}(a+b+c+l+h+g') + F_r(c+l+h+g') - F'_r g'$ | $-F_{Cy}(a+b+c+l+h+g') - F_t(c+l+h+g') + F'_t g'$ | $T_0 + F_{Cy}R + 2F_t R$ | — |
| 11 | $F_z(d+e+f) + F_{Az}(e+f) + F_{Bz}f$ | $T - (F_y + F_{Ay} + F_{By})R'$ | $F_y(d+e+f) + F_{Ay}(e+f) + F_{By}f$ | $F_z + F_{Az} + F_{Bz}$ |
| 12 | $F_z(d+e+f) + F_{Az}(e+f) + F_{Bz}f$ | $-T - (F_y + F_{Ay} + F_{By})R'$ | $-F_y(d+e+f) - F_{Ay}(e+f) - F_{By}f$ | $-F_z - F_{Az} - F_{Bz}$ |

（1）静强度校核计算　按静强度校核主要在轴颈与曲柄臂连接处，轴颈开油孔处的截面进行。对于活塞式压缩机和往复泵曲轴，应在下列工况下校核：①输入转矩为最大时；②综合活塞力绝对值最大时。对于低速柴油机曲轴，应在下列工况下校核：①起动工况；②活塞处于上止点时；③曲拐的切向力最大时的位置；④各曲拐的总切向力为最大值时的位置。被校核的曲拐，应取转矩为最大的一个。

轴颈和曲柄臂各截面的静强度校核公式如下：

$$S_s = \frac{\sigma_{-1}}{\sqrt{\sigma^2 + 4\tau^2}} \geq [S_s]$$

式中　$\sigma_{-1}$——曲轴材料弯曲疲劳极限（MPa）；

$\sigma$——危险点上的正应力（MPa）；

$\tau$——危险点上的切应力（MPa）；

$[S_s]$——许用安全系数，推荐 $[S_s] = 3.5 \sim 5$。

在曲轴材料的组织均匀程度和力学性能稳定性较差，以及轴颈曲柄臂间过渡圆角较小和被校核截面处的表面粗糙度值较大时，安全系数应取较大值。

被校核截面危险点应力的计算，对轴颈为

$$\sigma = \frac{\sqrt{M_y^2 + M_z^2}}{W_y}, \quad \tau = \frac{T_x}{W_T}$$

对于曲柄臂，要校核曲柄臂截面短轴端点、截面长轴端点，对于矩形截面的曲柄臂，还要校核矩形角点，这些点应力按下式计算：

1）截面短轴端点应力：

$$\sigma = \frac{|M_y|}{W_y} + \frac{|F_z|}{A}, \quad \tau = \frac{T_x}{W_T}$$

2）截面长轴端点应力：

$$\sigma = \frac{|M_z|}{W_z} + \frac{|F_a|}{A}, \quad \tau = \gamma\frac{T_x}{W_T}$$

3）矩形截面角点应力：

$$\sigma = \frac{|M_y|}{W_y} + \frac{|M_z|}{W_z} + \frac{|F_a|}{A}, \quad \tau = 0$$

式中　$W_T$——抗扭截面系数（mm³）；

$W_y$、$W_z$——抗扭截面系数（mm³）；

$A$——截面积（mm²）；

$\gamma$——取决于截面形状的扭转应力比值系数，对于椭圆形截面 $\gamma = b/h$，

对于矩形截面按表 7.1-55 确定。

**表 7.1-55　矩形截面杆纯扭转时的 $\gamma$ 值**

| $m = \dfrac{h}{b}$ | 1.0 | 1.5 | 2.0 | 3.0 | 4.0 | 6.0 | 8.0 | 10.0 |
|---|---|---|---|---|---|---|---|---|
| $\gamma$ | 1.000 | 0.858 | 0.796 | 0.753 | 0.745 | 0.743 | 0.743 | 0.743 |

注：$b$ 为椭圆或矩形的短边长度（mm）；$h$ 为椭圆或矩形的长边长度（mm）。

（2）疲劳强度校核计算　校核曲轴疲劳强度是在应力集中严重的轴颈与曲轴臂间的过渡圆角及轴颈油孔处进行，校核计算公式为

$$S = \frac{S_\sigma S_\tau}{\sqrt{S_\sigma^2 + S_\tau^2}} \geq [S],$$

$$S_\sigma = \frac{\sigma_{-1}}{\dfrac{K_\sigma}{\beta \varepsilon}\sigma_a + \varphi_\sigma \sigma_m}, \quad S_\tau = \frac{\tau_{-1}}{\dfrac{K_\tau}{\beta \varepsilon}\tau_a + \varphi_\tau \tau_m}$$

式中　$\sigma_m$、$\tau_m$——弯曲和扭转平均应力（MPa），可

取 $\sigma_m = \dfrac{M_{ymax} + M_{ymin}}{2W_y}$，

$\tau_m = \dfrac{T_{xmax} + T_{xmin}}{2W_T}$；

$\sigma_a$、$\tau_a$——弯曲和扭转的应力幅（MPa），可

取 $\sigma_a = \dfrac{M_{ymax} - M_{ymin}}{2W_y}$，

$\tau_a = \dfrac{T_{xmax} - T_{xmin}}{2W_T}$；

$M_{ymax}$、$M_{ymin}$——曲轴旋转一周过程中，作用在计算截面处的最大和最小绕 $y$ 轴的弯矩（N·mm）；

$T_{xmax}$、$T_{xmin}$——曲轴旋转一周过程中，作用在计算截面处的最大和最小绕 $x$ 轴的转矩（N·mm）；

$W_y$——轴颈抗弯截面系数（mm³）；

$W_T$——轴颈抗扭截面系数（mm³）；

$\sigma_{-1}$、$\tau_{-1}$——材料的弯曲和扭转疲劳极限（MPa）；

$\varepsilon$——轴颈的尺寸系数，其值见图 7.1-26；

$K_\sigma$、$K_\tau$——弯曲和扭转时的有效应力集中系数，对于过渡圆角处，$\dfrac{K_\sigma}{\varepsilon}$、$\dfrac{K_\tau}{\varepsilon}$ 的值见图 7.1-27 和图 7.1-28；对于

油孔处，$K_\sigma$、$K_\tau$ 的值见表 7.1-14；

$\varphi_\sigma$、$\varphi_\tau$——材料平均应力折合为应力幅的等效系数；

$\beta$——表面质量系数，其值见表 7.1-19、表 7.1-20、表 7.1-21。

一般简化计算，可近似地在被校核的一拐上的法向力为 $F_r$ 最大和最小时，计算 $M_{ymax}$ 和 $M_{ymin}$ 在输入转矩 $T_x$ 为最大和最小时，计算 $T_{xmax}$ 和 $T_{xmin}$。

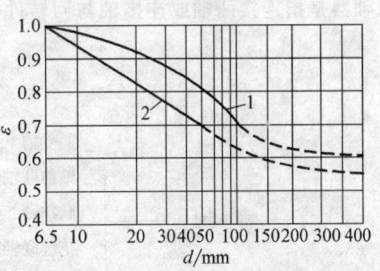

**图7.1-26　轴颈尺寸系数 $\varepsilon$**

1—碳钢　2—合金钢

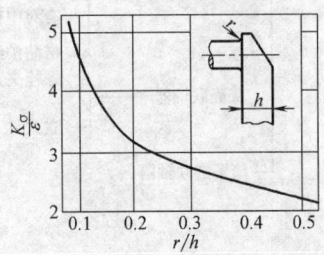

**图7.1-27　曲轴臂弯曲的 $\dfrac{K_\sigma}{\varepsilon}$ 值**

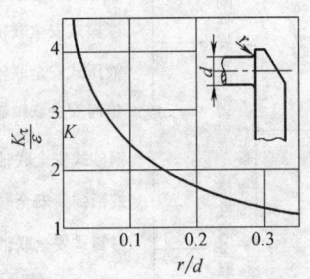

**图7.1-28　轴颈过渡圆角扭转的 $\dfrac{K_\tau}{\varepsilon}$ 值**

# 第2章 联 轴 器

## 1 概述

### 1.1 分类

联轴器是指连接两轴或连接轴与回转件的一个部件，在机器运转时两轴不能分离。联轴器除了具有连接功能外，也可使之具有缓冲、减振和安全防护等功能。

各种常用的联轴器分类如下：

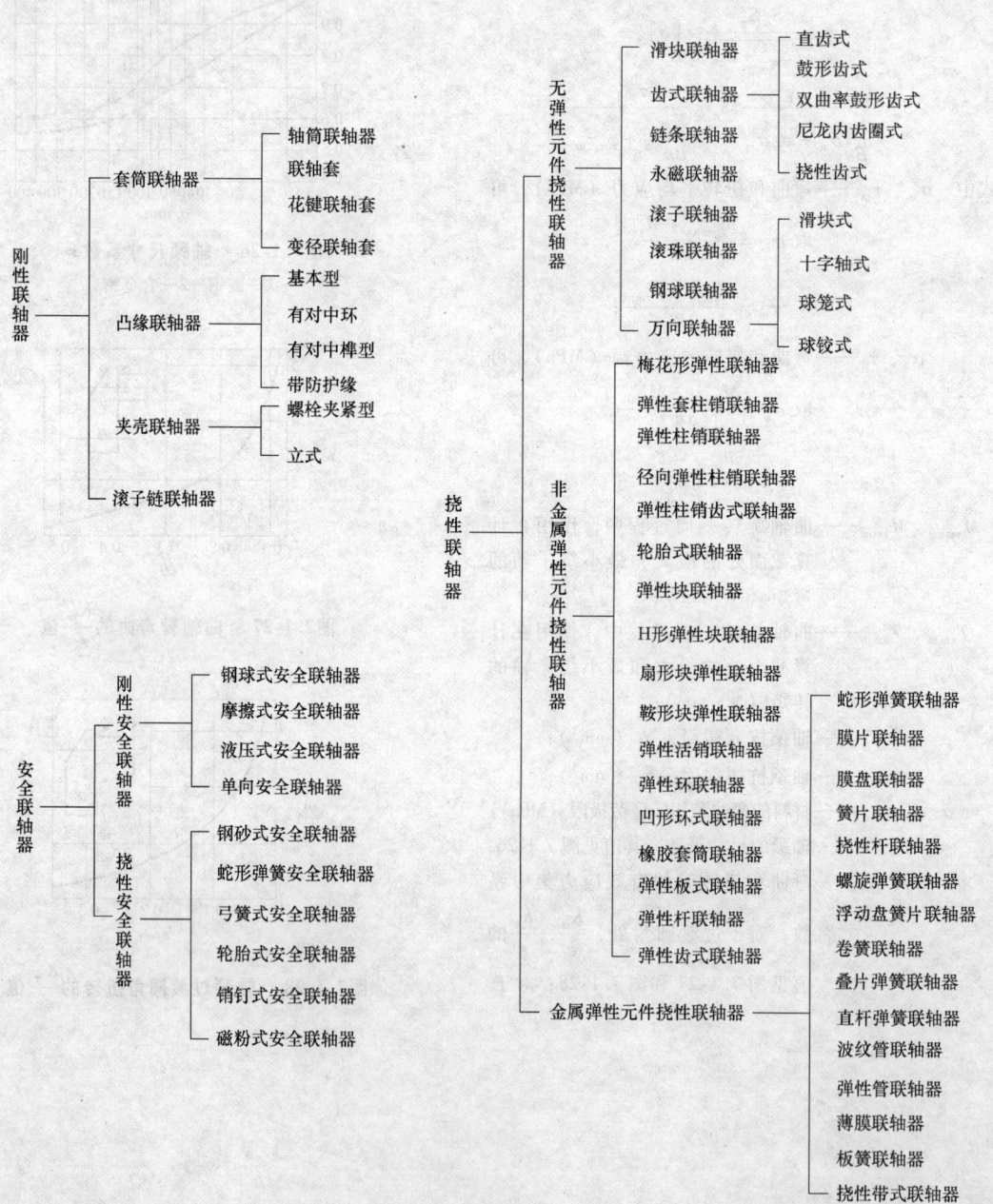

## 1.2　特点及应用

表 7.2-1 列出各类常用联轴器的性能、特点及应用。

**表 7.2-1　常用联轴器的性能、特点及应用**

| 名称 | 转矩范围/N·m | 轴径范围/mm | 最高转速/(r/min) | 允许相对位移/mm 径向 | 轴向 | 角向 | 特点及应用说明 |
|---|---|---|---|---|---|---|---|
| 刚性固定式套筒联轴器 | 圆锥销 0.3～4000 | 4～100 | 一般 ≤200～250 | — | — | — | 结构简单,制造容易,径向尺寸小,成本低,但装拆时需沿轴向移动较大的距离,而且只能用于连接两轴直径相同的圆柱形轴伸,适用于工作平稳,经常正反转的小功率轴系 |
| | 平键 71～5600 | — | | | | | |
| | 半圆键 8～450 | 20～100 | | | | | |
| | 花键 150～12500 | 10～35 | | | | | |
| 夹壳联轴器 | 85～9000 | 30～110 | 一般 ≤380～900 | — | — | — | 装拆方便,不需沿轴向移动两轴,但两轴径必须是相同的圆柱形,轴头要加工凹槽,用于低速、无冲击载荷的传动 |
| 凸缘联轴器 | 10～20000 | 10～180 | 1400～13000 | — | — | — | 结构简单,成本低,但不能吸收冲击,不能消除两轴对中误差所引起的不良后果,用于振动不大的条件下,连接低速和刚性不大的两轴,制造精度高时,可以用于高速传动 |
| 刚性可移式齿式联轴器 | TGL 型 10～2500 | 6～125 | 2120～10000 | 0.3～1.1 | ±1 | 1° | 具有高的承载能力,工作可靠,补偿两轴相对位移性能好,但制造困难,需要良好润滑,可适用于正反转多变,起动频繁,在各种转速下的大功率水平传动轴系。TGL 型适于中小功率,G Ⅰ CL、G Ⅱ CLZ 型传递转矩能力较强,但补偿相对位移性能,不如 G Ⅰ CL、G Ⅰ CLZ 型,通常后者应用较广。G Ⅰ CLZ 型需加中间轴,可增加径向和角向位移量 |
| | G Ⅰ CL 型 800～3.2×10⁶ | | | | | | |
| | G Ⅰ CLZ 型 800～3.5×10⁶ | 16～630 | 700～71000 | 1.96～21.7 | — | 1°30′ | |
| | G Ⅱ CL 型、G Ⅱ CLZ 型 400～4.5×10⁶ | 16～1000 | 460～4000 | 1～8.5 | | | |
| 滑块联轴器 | 16～5000 | 10～100 | 1500～10000 | ≤0.2 | 1～2 | ≤40′ | 结构简单,径向尺寸小,具有一定的补偿两轴相对偏移量、减振和缓冲的能力,不适宜于高速,工作温度为 -20～+70℃,适用于控制器和液压泵装置或其他传递转矩较小的场合 |
| 滚子链联轴器 | 40～25000 | 16～190 | 900～4500 | 0.19～0.27 | 1.4～9.5 | 1° | 结构简单,维护方便,更换快,可在高温、潮湿、多尘条件下工作,可用于一般传动。但因反转时有空行程,故不宜用于冲击载荷较大的逆向传动,垂直轴也不宜用 |
| 十字轴式万向联轴器 SWP 型 | 20000～9×10⁶ | 回转直径 160～650 | 1600 | — | — | +12° | 能传递空间两相交轴之间的传动,工作中允许两相交轴的夹角变化。为消除从动轴转速不均匀现象,要成对使用联轴器。SWP 型适用于轧钢机械、起重运输机械以及其他重型机械 |
| SWC 型 | 2500～1×10⁶ | 100～550 | — | | | 15°～25° | |
| SWZ 型 | (18～800)×10³ | 160～550 | | | | 10° | |
| 弹性套柱销联轴器 | 6.3～16000 | 9～170 | 1150～8800 | 0.2～0.6 | — | 30′～1°30′ | 结构较紧凑,装配方便,具有一般的缓冲性能和一定的补偿相对偏移。工作温度为 -20～+70℃,主要用于中小功率高速轴 |
| 弹性柱销联轴器 | 250～180000 | 12～340 | 950～8500 | 0.15～0.25 | ±0.5～±3 | 30′ | 结构简单,制造容易,更换方便,柱销较耐磨,但弹性差,补偿量较小,主要用于载荷较平稳、起动频繁。轴向窜动量较大、对缓冲要求不高的传动。工作温度为 -20～+70℃ |
| 弹性柱销齿式联轴器 | LZ 型:112～2800000 | 12～850 | 460～5000 | 0.3～1.5 | ±1.5～±5 | 30′ | 结构类似于齿式联轴器,但具有一定的弹性,能缓冲,且制造容易,不需润滑,更换方便,传递转矩范围大,可代替部分齿式联轴器,适用于正反转多变、起动频繁的轴系。工作温度为 -20～+70℃ |
| | LZD 型:112～100000 | 16～220 | 1500～5000 | 0.3～0.6 | ±1.5～±2.5 | 30′ | |

（续）

| 名称 | 转矩范围 /N·m | 轴径范围 /mm | 最高转速 /(r/min) | 允许相对位移/mm 径向 | 允许相对位移/mm 轴向 | 允许相对位移/mm 角向 | 特点及应用说明 |
|---|---|---|---|---|---|---|---|
| 梅花形弹性联轴器 | LM 型 25～25000 | 12～160 | 1900～15300 | 0.5～1.8 | 1.2～5 | 1°～2° | 结构简单,维修方便,具有补偿两轴相对偏移、减振、缓冲、耐磨性能好,对加工精度要求不高,可用于各种中、小功率的水平和垂直传动轴系,工作温度为 －35～+80℃ |
| 轮胎式联轴器 | UL 型 10～25000 | 11～180 | 800～5000 | 轮胎体最大外径的1% | 轮胎体最大外径的2% | 2° | 弹性好,扭转刚度小,减振能力强,补偿两轴相对位移量大,不需润滑,但径向外形尺寸大,附加轴向载荷大,可用于有较大冲击、正反转多变、起动频繁的传动系统。工作温度为 －30～80℃ |
| 轮胎式联轴器 | LLB 型 10～20000 | 6～200 | 1000～5000 | | | | |
| H 型弹性块联轴器 | 20～71000 | 12～250 | 800～5000 | 0.5～2 | 2～6.0 | 1°～1.5° | 径向尺寸紧凑,具有一定的补偿两轴相对位移、缓冲、减振的能力,可用于水平和垂直轴传动轴系 |
| 芯型弹性联轴器 | 6.3～8000 | 10～140 | 1600～5000 | 0.5～3.0 | 0.5～1.0 | 0.5°～1.5° | 结构简单,径向尺寸小,具有补偿两轴相对偏移和缓冲、减振的性能,适于中、小功率的水平和垂直传动轴系 |
| 蛇形弹簧联轴器 | 45～800000 | 12～500 | 670～10000 | 0.15～0.5 | — | 0.5°～1.5° | 是金属弹性元件联轴器中性能最完善的一种,具有较好的补偿综合位移的能力,外形尺寸小,耐久性好,受温度影响小,承载能力高,但结构较复杂,适用于重型机械 |
| 多角形橡胶联轴器 | 50～8000 | 12～160 | 900～5000 | 1～2 | ±2～±5 | 2°～5° | 结构简单,弹性好,减振能力强,补偿两轴相对位移量大,可用于有较大冲击、正反转多变和起动频繁的传动系统。工作环境温度为 －30～60℃ |
| 膜片联轴器 | 25～10000000 | 14～320 | 710～6000 | — | 1～6 | 0.5°～1.5° | 结构简单,装拆方便,工作可靠,无噪声,不用润滑,缓冲、吸振能力差,用于载荷较平稳的高速传动 |
| 弹性阻尼簧片联轴器 | 42.9～380000 | — | — | ～1.2 | ～4 | | 是用于船舶、内燃机车、柴油机发电机组、重型车辆及工业用柴油机动力机组等柴油机动力装置中,用以调节机械系统扭转振动的自振频率,降低共振时振幅的联轴器 |
| 径向弹性柱销联轴器 | 1250～355000 | 25～260 | 5000 | 1 | 1 | 1° | 具有一定的径向、轴向、角向位移补偿量和减振、缓冲性能 |
| 矫正机用滑块型万向联轴器 | 31.5～100000 | 10～95 | | | | ≤7° | 主要用于辊式矫正机,也适用于其他设备 |
| 钢砂式安全联轴器 | P＝0.075～260kW | 14～100 | 3000 | 0.5 | | 1.5° | 适用于带负载起动、需要安全保护、无需调速的中高速轴系,具有空载起动和过载保护的性能,具有一定的相对位移补偿、减振的特点 |
| 卷筒用球面滚子联轴器 | 5000～900000 | INT16Z×2.5m～INT50Z×8m 40～380 | | | ±3～±8 | 1° | 用于起重机起升机构的减速器与卷筒的连接及其他类似机构连接的联轴器,作为传递转矩及支承径向载荷之用 |
| 蛇形弹簧安全联轴器 | 1.6～50000 | 20～300 | 5000 | 0.4 | — | 1°30′ | 具有过载保护能力,减振、缓冲作用 |
| LAK 鞍形块弹性联轴器 | 63～50000 | 20～220 | 3700 | 2～3 | ±2～±4 | 1°～1.5° | 具有缓冲、减振性能 |
| 球笼式同步万向联轴器 | 180～10000 | 25～160 | | | | 14°～18° | 适用于具有同步性要求的传动轴承 |
| WGP 型带制动盘鼓形齿式联轴器 | 800～180000 | 12～260 | 4000 | 2.0～4.8 | | | 适用于连接水平两同轴线传动轴系 |
| WGC 型垂直安装鼓形齿式联轴器 | 800～180000 | 12～260 | 7500 | 1.3～10.8 | | 1.5° | 用于连接垂直两同轴线传动轴系 |
| WGZ 型带制动轮鼓形齿式联轴器 | 800～180000 | 12～260 | 4000 | | | | 用于连接水平两同轴线传动轴系 |

（续）

| 名称 | 转矩范围 /N·m | 轴径范围 /mm | 最高转速 /(r/min) | 允许相对位移/mm 径向 | 允许相对位移/mm 轴向 | 允许相对位移/mm 角向 | 特点及应用说明 |
|---|---|---|---|---|---|---|---|
| WGT 型带中间套鼓形齿式联轴器 | 800 ~ 140000 | 12 ~ 520 | — | — | — | — | 用于连接水平两同轴线传动轴系 |
| 平行轴联轴器 | 250 ~ 50000 | 18 ~ 200 | 2000 | — | — | — | 用于连接两水平平行轴系统的联轴器 |
| 钢球式节能安全联轴器 | $P = 0.3 ~ 5550\text{kW}$ | 19 ~ 220 | 3000 ~ 9550 | 0.6 | — | 1°30′ | 用于连接两共轴线的带载荷起动或频繁起动、需要安全保护、无需调速的中、高速传动轴系，具有将重载起动变为空载起动、传递转矩可调节和容易实现过载保护的性能，具有一定的补偿被连两轴相对偏移、减振等特点 |
| AYL 液压安全联轴器 | $315 ~ 80 × 10^5$ | 30 ~ 220 | — | — | — | — | 用于连接两同轴线的传动轴系，可起到限制转矩及安全过载保护作用 |
| 弹性环联轴器 | $710 ~ 10^5$ | 法兰连接 | 4000 | 6.2 | 3.5 | 3.2° | 用于连接两同轴线传动轴系，具有一定补偿相对偏移和减振缓冲性能的场合 |
| 挠性杆联轴器 | $5900 ~ 28 × 10^5$ | 法兰连接 | 10700 | — | — | — | 用于两轴需角向偏移补偿和（或）轴向偏移补偿的场合。有普通型（S型）和高速型（H型）之分 |
| 金属套筒弹簧联轴器 | 140 ~ 3580 | 35 ~ 100 | 3850 | — | — | — | 具有良好的减振性和弹性，常用于转矩变化和冲击较大的两轴连接 |
| 碗型橡胶高弹性联轴器 | 100 ~ 132000 | 20 ~ 140 | 680 | 6 | 6 | — | 目前应用最多、传递转矩最大的一种联轴器 $T_{max} = 10^6\text{N·m}, P_{max} = 18388\text{kW}$ |

# 2 选择

## 2.1 类型与型号

### 2.1.1 类型选择

联轴器的类型选择应根据使用要求和工作条件来确定，具体选择时可考虑以下几点：

1）传递转矩大小和性质及对缓冲、减振方面的要求。

2）工作转速高低，一般不应超过相应联轴器的许用转速。

3）由制造、安装误差，轴受载变形等引起的两轴线相对位移程度。难以保证两轴线严格对中时应选

可移式联轴器。

4）联轴器的制造、安装、维护和成本，工作环境，使用寿命等。

对于已经标准化和系列化了的联轴器，首先应选定合适类型，然后再根据轴直径、联轴器所需传递的计算转矩 $T_c$ 及转速来确定联轴器的型号及结构尺寸。

考虑机械不稳定运转的动载荷影响及联轴器本身的结构特点和性能，联轴器的计算转矩 $T_c$ 可按下式计算：

$$T_c = KT \leqslant T_n$$

式中　$T$——传递的名义转矩（N·m）；

　　　$T_n$——联轴器的额定转矩（N·m）；

　　　$K$——联轴器的工况系数，见表7.2-2。

**表 7.2-2　联轴器的工况系数 $K$**

| 工作机名称 | | 载荷类别 | $K$ | 工作机名称 | | 载荷类别 | $K$ | 工作机名称 | | 载荷类别 | $K$ |
|---|---|---|---|---|---|---|---|---|---|---|---|
| 转向机构 | | 均匀载荷 | 1.00 | 泵 | 离心泵 | 均匀载荷 | 1.00 | 酿造和蒸馏设备 | 装瓶机械 | 均匀载荷 | 1.00 |
| 加煤机 | | | | | 回转泵（齿轮泵、螺杆泵、滑片泵、叶形泵） | | 1.50 | | 转筒过滤机 | | 1.25 |
| 风筛 | | | | 压缩机 | 离心式 | | 1.25 | 均匀加载运输机 | 组装运输机 | 均匀载荷 | 1.00 |
| 装罐机械 | | | | | 轴流式 | | 1.50 | | 带式运输机 | | |
| 鼓风机 | 离心式 | | 1.50 | 搅拌设备 | 纯液体 | | 1.00 | | 斗式运输机 | | |
| | 轴流式 | | | | 液体加固体 | | 1.25 | | 板式运输机 | | |
| 风扇 | 离心式 | | 1.00 | | 液体可变密度 | | | | 链条式运输机 | | 1.25 |
| | 轴流式 | | 1.50 | | | | | | 链板式运输机 | | |

（续）

| 工作机名称 | | 载荷类别 | K |
|---|---|---|---|
| 均匀加载运输机 | 箱式运输机 | 均匀载荷 | 1.25 |
| | 螺旋式运输机 | | |
| 不均匀加载运输机 | 组装运输机 | | |
| | 带式运输机 | | |
| | 斗式运输机 | | 1.50 |
| | 链条式运输机 | | |
| | 链板式运输机 | | |
| | 箱式运输机 | | |
| 给料机 | 板式给料机 | | 1.25 |
| | 带式给料机 | | |
| | 圆盘给料机 | | |
| | 螺旋给料机 | | |
| 提升机械 | 自动升降机 | | |
| | 重力卸料提升机 | | 1.50 |
| 废水处理设备 | 网筛 | | 1.25 |
| | 化学处理设备 | | |
| | 环形集尘器 | | |
| | 脱水筛 | | |
| | 砂粒集尘器 | | |
| | 废渣破碎机 | | |
| | 快、慢搅拌机 | | |
| | 污泥收集器 | | |
| | 浓缩机 | | |
| | 真空过滤器 | | |
| 纺织机械 | 开清棉机 | | 1.00 |
| | 定量给料机 | | 1.25 |
| | 印花机 | | |
| | 浆纱机 | | |
| | 染色机 | | |
| | 压光机 | | |
| | 起毛机 | | |
| | 压榨机 | | 1.50 |
| | 轧光机 | | |
| | 黄化机 | | |
| | 罐蒸机 | | |
| | 织布机 | | |
| | 梳理机 | | |

| 工作机名称 | | 载荷类别 | K |
|---|---|---|---|
| 纺织机械 | 卷取机 | 均匀载荷 | 1.50 |
| | 棉花精整机（清洗、拉幅、碾压机等） | | |
| 造纸设备 | 漂白机 | | 1.00 |
| | 校平机 | | 1.25 |
| | 卷取机 | | 1.50 |
| | 清洗机 | | |
| 流动水进料网滤器 | | | 1.25 |
| 其他机床 | 辅助传动装置 | | |
| | 主动传动装置 | | 1.50 |
| 食品机械 | 瓶装罐装机械 | | 1.00 |
| | 谷类脱粒机 | | 1.25 |
| 石油机械冷却装置 | | | |
| 印刷机械 | | | 1.50 |
| 通风机 | 冷却塔式 | 中等冲击载荷 | 2.00 |
| | 引风机（无风门控制） | | |
| 泵 | 三缸或多缸单动活塞泵 | | 1.75 |
| | 双动活塞泵 | | 2.00 |
| | 单缸或双缸单动活塞泵 | | 2.25 |
| 往复多缸式压缩机 | | | 2.00 |
| 搅拌机 | 筒形搅拌机 | | 1.50 |
| | 混凝土搅拌机 | | 1.75 |
| 不均匀加载运输机 | 板式运输机 | | 1.50 |
| | 螺旋运输机 | | |
| | 往复式运输机 | | 2.50 |
| 提升机械 | 离心式卸料机 | | 1.50 |
| | 料斗式提升机 | | 1.75 |
| | 普通货车用提升机 | | 2.00 |
| 造纸设备 | 卷绕机 | | 1.50 |
| | 搅拌器和破碎机 | | 1.75 |
| | 叠层机 | | |
| | 卷筒装置 | | |

| 工作机名称 | | 载荷类别 | K |
|---|---|---|---|
| 造纸设备 | 烘干机 | 中等冲击载荷 | 1.75 |
| | 吸入滚轧机 | | |
| | 液压式剥皮机 | | 2.00 |
| | 机械式剥皮机 | | |
| | 压光机 | | |
| | 切断机 | | |
| | 打捆机 | | |
| | 圆木拖运机 | | |
| | 压力机 | | |
| | 压皮滚筒 | | 2.25 |
| 食品机械 | 甜菜切割机 | | 1.75 |
| | 搅面机 | | |
| | 绞肉机 | | |
| | 甘蔗切割机 | | 2.00 |
| 木材加工机械 | 分料机 | | 1.50 |
| | 板坯运输机 | | |
| | 刨床进给装置 | | 1.75 |
| | 刨面传动装置 | | |
| | 剪切机进给装置 | | |
| | 剥皮机（筒形） | | 2.00 |
| | 修边机 | | |
| | 传动辊装置 | | |
| | 拖木机（倾斜式） | | |
| | 拖木机（竖式） | | |
| | 送料辊装置 | | |
| 工具机 | 刨床 | | 1.50 |
| | 弯曲机 | | 2.00 |
| | 冲压机（齿轮驱动装置） | | |
| | 攻丝机 | | 2.50 |
| 石油机械 | 石蜡过滤机 | | 1.75 |
| | 油井泵 | | 2.00 |
| | 旋转窑 | | |
| 轧制设备 | 纵剪切机 | | 1.50 |
| | 绕线机 | | 1.75 |
| | 拉拔机小车架 | | 2.00 |
| | 拉拔机主传动 | | |

（续）

| 工作机名称 | | 载荷类别 | $K$ | 工作机名称 | | 载荷类别 | $K$ | 工作机名称 | | 载荷类别 | $K$ |
|---|---|---|---|---|---|---|---|---|---|---|---|
| 轧制设备 | 成型机 | 中等冲击载荷 | 2.00 | 起重机和卷扬机 | 吊钩起重机 | 中等冲击载荷 | 1.75 | 挖泥机 | 夹具传动装置 | 中等冲击载荷 | 2.25 |
| | 拉线机和压延机 | | 2.25 | | 桥式起重机 | | | 洗衣机 | 可逆式洗衣机 | | 2.00 |
| | 不可逆输送辊道 | | 2.25 | | 主卷扬机 | | | | 滚筒式洗衣机 | | |
| 旋转式粉碎机 | 水泥窑 | | 2.00 | | 可逆式卷扬机 | | 2.00 | | 锤式粉碎机 | | |
| | 干燥机和冷却机 | | | 绞车（纺织绞车） | | | 1.75 | 旋转式筛石机 | | 1.50 |
| | 烘干机 | | | 黏土加工机械 | | | 2.00 | 摆动运输机 | 重冲击载荷 | 2.50 |
| | 砂石粉碎机 | | | 球团（压坯机械） | | | | 破碎机 | 碎矿机 | | 2.75 |
| | 棒式粉碎机 | | | 拖拉机卸货机 | | | 1.50 | | 碎石机 | | |
| | 滚筒式粉碎机 | | | （间断负载） | | | | 往复式给料机 | | 2.50 |
| | 球磨机 | | 2.25 | 挖泥机 | 运输机 | | 1.50 | | 可逆输送辊道 | | |
| 橡胶机械 | 橡胶压延机 | | 2.00 | | 通用绞车 | | 1.75 | 重型机械 | 初轧机 | 特重冲击载荷 | >2.75 |
| | 压片机 | | | | 电缆盘装置 | | | | 中厚板轧机 | | |
| | 胶料粉碎机 | | 2.25 | | 机动绞车 | | | | 机架辊 | | |
| | 密闭式冷冻机 | | 2.50 | | 泵 | | 1.75 | | 剪切机 | | |
| | 轮胎式成型机 | | | | 网筛传动装置 | | | 冲压机 | | |
| 起重机和卷扬机 | 斜坡式卷扬机 | | 1.50 | | 堆积机 | | | | | |
| | 抓斗起重机 | | 1.75 | | 切割头传动装置 | | 2.25 | | | |

注：表中所列 $K$ 值是传动系统在不同工作状态下的平均值，根据实际情况可适当增加。

### 2.1.2　型号

1）联轴器的型号由组别代号、品种代号、结构型式代号和规格代号组成。

2）联轴器的组别代号、品种代号、结构型式代号，以其名称的第一个字的第一个汉语拼音字母作为代号。如有重复时，则用第二个字母，或名称中的第二、三个字的第一或第二个汉语拼音字母，或选其名称中具有特点字的第一、二个汉语拼音字母，以在同一组别、品种和型式相互之间不得重复为原则。

3）联轴器的主参数为额定转矩 $T_{\mathrm{n}}$（N·m），其参数值应符合 GB/T 3507—2008 的规定。

4）联轴器的公称转矩序号或尺寸参数，为联轴器的规格代号。

5）联轴器的类别、名称和型号见表 7.2-3。

### 表 7.2-3　联轴器的类别、名称和型号

| 类别 | 分类别 | 组别 | | 品种 | | 形式 | | 联轴器 | |
|---|---|---|---|---|---|---|---|---|---|
| | | 名称 | 代号 | 名称 | 代号 | 名称 | 代号 | 名称 | 型号 |
| 刚性联轴器 | — | 刚性联轴器 | G | 凸缘式 | Y | 基本型 | — | 凸缘联轴器 | GY |
| | | | | | | 有对中榫 | S | 有对中榫凸缘联轴器 | GYS |
| | | | | | | 有对中环 | H | 有对中环凸缘联轴器 | GYH |
| | | | | | | 带防护缘 | Y | 带防护缘凸缘联轴器 | GYY |
| | | | | 径向键式 | J | 基本型 | — | 径向键刚性联轴器 | GJ |
| | | | | | | 可移式 | Y | 可移式径向键刚性联轴器 | GJY |
| | | | | 平行轴式 | P | 滚动轴承型 | G | 滚动轴承型平行轴联轴器 | GPC |
| | | | | | | 滑动轴承型 | H | 滑动轴承型平行轴联轴器 | GPH |
| | | | | 夹壳式 | K | 螺栓夹紧 | L | 螺栓夹紧夹壳联轴器 | GKL |
| | | | | | | 卡箍夹紧 | K | 卡箍夹紧夹壳联轴器 | GKK |
| | | | | 套筒式 | T | — | — | 套筒联轴器 | GT |
| 挠性联轴器 | 无弹性元件挠性联轴器 | 滑块联轴器 | H | 滑块式 | H | 基本型 | — | 滑块联轴器 | HH |
| | | | | | | 金属盘式 | J | 金属盘滑块联轴器 | HHJ |
| | | 齿式联轴器 | C | 直齿式 | Z | 基本型 | — | 直齿齿式联轴器 | CZ |
| | | | | | | 接中间轴 | J | 接中间轴直齿齿式联轴器 | CZJ |
| | | | | | | 带制动轮 | Z | 带制动轮直齿齿式联轴器 | CZZ |
| | | | | 鼓形齿式 | G | 基本型 | — | 鼓形齿式联轴器 | CG |
| | | | | | | 接中间轴 | J | 接中间轴鼓形齿式联轴器 | CGJ |
| | | | | | | 带中间轴 | H | 带中间轴鼓形齿式联轴器 | CGH |
| | | | | | | 带中间管 | U | 带中间管鼓形齿式联轴器 | CGU |

（续）

| 类别 | 分类别 | 组别 | | 品种 | | 形式 | | 联轴器 | |
|---|---|---|---|---|---|---|---|---|---|
| | | 名称 | 代号 | 名称 | 代号 | 名称 | 代号 | 名称 | 型号 |
| 挠性联轴器 | 无弹性元件挠性联轴器 | 齿式联轴器 | C | 鼓形齿式 | G | 带制动轮 | Z | 带制动轮鼓形齿齿式联轴器 | CGZ |
| | | | | | | 带制动盘 | P | 带制动盘鼓形齿齿式联轴器 | CGP |
| | | | | | | 垂直安装 | C | 垂直安装鼓形齿齿式联轴器 | CGC |
| | | | | | | 贯通型 | G | 贯通型鼓形齿齿式联轴器 | CGG |
| | | | | 双曲率鼓形齿式 | S | 基本型 | — | 双曲率鼓形齿齿式联轴器 | CS |
| | | | | | | 带中间轴 | J | 带中间轴双曲率鼓形齿齿式联轴器 | CSJ |
| | | 链条联轴器 | T | 滚子链式 | G | 单排 | C | 单排滚子链联轴器 | TGC |
| | | | | | | 双排 | S | 双排滚子链联轴器 | TGS |
| | | | | 套筒链式 | T | 单排 | C | 单排套筒链联轴器 | TTC |
| | | | | | | 双排 | S | 双排套筒链联轴器 | TTS |
| | | | | 齿形链式 | C | 基本型 | — | 齿形链联轴器 | TC |
| | | 滚子联轴器 | U | 球面滚子式 | Q | 基本型 | — | 球面滚子联轴器 | UQ |
| | | | | | | 卷筒用 | J | 卷筒用球面滚子联轴器 | UQJ |
| | | 滚珠联轴器 | Z | 滚珠式 | Z | — | — | 滚珠联轴器 | ZZ |
| | | 万向联轴器 | W | 十字轴式 | S | 半叉 | B | 半叉十字轴式万向联轴器 | WSB |
| | | | | | | 整体叉头 | C | 整体叉头十字轴式万向联轴器 | WSC |
| | | | | | | 部分轴承座 | P | 部分轴承座十字轴式万向联轴器 | WSP |
| | | | | | | 整体轴承座 | Z | 整体轴承座十字轴式万向联轴器 | WSZ |
| | | | | | | 贯通型 | G | 贯通型十字轴式万向联轴器 | WSG |
| | | | | 十字销式 | X | 基本型 | — | 单十字销万向联轴器 | WX |
| | | | | | | 双十字销 | S | 双十字销万向联轴器 | WXS |
| | | | | | | 矫直机用 | J | 矫直机用万向联轴器 | WXJ |
| | | | | 铜滑块式 | H | 基本型 | — | 滑块式万向联轴器 | WH |
| | | | | | | 矫直机用 | J | 矫直机用滑块式万向联轴器 | WHJ |
| | | | | 球铰式 | L | 基本型 | — | 单球铰万向联轴器 | WL |
| | | | | | | 双球铰 | S | 双球铰万向联轴器 | WLS |
| | | | | 球笼式 | Q | 基本型 | — | 球笼式万向联轴器 | WQ |
| | | | | | | 可移动 | Y | 可移动球笼式万向联轴器 | WQY |
| | | | | | | 重载 | Z | 重载球笼式万向联轴器 | WQZ |
| | | | | 球铰柱塞式 | J | — | — | 球铰柱塞式万向联轴器 | WJ |
| | | | | 三叉杆式 | G | — | — | 三叉杆式万向联轴器 | WG |
| | | | | 球叉式 | C | — | — | 球叉式万向联轴器 | WC |
| | | | | 凸块式 | K | — | — | 凸块式万向联轴器 | WK |
| | 有弹性元件挠性联轴器 | 金属弹性元件挠性联轴器 | J | 三球销式 | A | — | — | 三球销万向联轴器 | WA |
| | | | | 三销式 | N | — | — | 三销式万向联轴器 | WN |
| | | | | 球销式 | U | — | — | 球销式万向联轴器 | WU |
| | | | | 膜片式 | M | 基本型 | — | 膜片联轴器 | JM |
| | | | | | | 接中间轴 | J | 接中间轴膜片联轴器 | JMJ |
| | | | | 膜盘式 | P | — | — | 膜盘联轴器 | JP |
| | | | | 簧片式 | H | 不可逆转 | B | 不可逆转簧片联轴器 | JHB |
| | | | | | | 可逆转 | K | 可逆转簧片联轴器 | JHK |
| | | | | 蛇形弹簧式 | S | 恒刚度 | H | 恒刚度蛇形弹簧联轴器 | JSH |
| | | | | | | 变刚度 | L | 变刚度蛇形弹簧联轴器 | JSL |
| | | | | 弹性杆式 | T | 普通型 | P | 普通型弹性杆联轴器 | JTP |
| | | | | | | 高速型 | G | 高速型弹性杆联轴器 | JTG |
| | | | | 螺旋弹簧式 | L | — | — | 螺旋弹簧联轴器 | JL |
| | | | | 浮动盘簧片式 | F | — | — | 浮动盘簧片联轴器 | JF |
| | | | | 卷簧式 | J | — | — | 卷簧联轴器 | JJ |

（续）

| 类别 | 分类别 | 组别 | | 品种 | | 形式 | | 联轴器 | |
|---|---|---|---|---|---|---|---|---|---|
| | | 名称 | 代号 | 名称 | 代号 | 名称 | 代号 | 名称 | 型号 |
| 挠性联轴器 | 有弹性元件挠性联轴器 | 金属弹性元件挠性联轴器 | J | 叠片弹簧式 | D | 基本型 | — | 叠片弹簧联轴器 | JD |
| | | | | | | 装配齿 | Z | 装配齿叠片弹簧联轴器 | JDZ |
| | | | | 直杆弹簧式 | Z | 恒刚度 | H | 恒刚度直杆弹簧联轴器 | JZH |
| | | | | | | 变刚度 | L | 变刚度直杆弹簧联轴器 | JZL |
| | | | | 波纹管式 | W | — | — | 波纹管联轴器 | JW |
| | | | | 弹性管式 | A | — | — | 弹性管联轴器 | JA |
| | | | | 薄膜式 | B | — | — | 薄膜联轴器 | JB |
| | | 非金属弹性元件挠性联轴器 | L | 梅花形式 | M | 基本型 | — | 梅花形弹性联轴器 | LM |
| | | | | | | 单法兰 | D | 单法兰梅花形弹性联轴器 | LMD |
| | | | | | | 双法兰 | S | 双法兰梅花形弹性联轴器 | LMS |
| | | | | | | 带制动轮 | Z | 带制动轮梅花形弹性联轴器 | LMZ |
| | | | | 弹性套柱销式 | T | 基本型 | — | 弹性套柱销联轴器 | LT |
| | | | | | | 带制动轮 | Z | 带制动轮弹性套柱销联轴器 | LTZ |
| | | | | 弹性柱销式 | X | 基本型 | — | 弹性柱销联轴器 | LX |
| | | | | | | 带制动轮 | Z | 带制动轮弹性柱销联轴器 | LXZ |
| | | | | 径向弹性柱销式 | J | 基本型 | — | 径向弹性柱销联轴器 | LJ |
| | | | | | | 单法兰 | D | 单法兰径向弹性柱销联轴器 | LJD |
| | | | | | | 带制动轮 | Z | 带制动轮径向弹性柱销联轴器 | LJZ |
| | | | | | | 接中间轴 | J | 接中间轴径向弹性柱销联轴器 | LJJ |
| | | | | 弹性柱销齿式 | Z | 基本型 | — | 弹性柱销齿式联轴器 | LZ |
| | | | | | | 接中间轴 | J | 接中间轴弹性柱销齿式联轴器 | LZJ |
| | | | | | | 带制动轮 | Z | 带制动轮弹性柱销齿式联轴器 | LZZ |
| | | | | 轮胎式 | U | 基本型 | — | 轮胎联轴器 | LU |
| | | | | | | 有骨架 | G | 有骨架轮胎联轴器 | LUG |
| | | | | 橡胶金属环式 | L | — | — | 橡胶金属环联轴器 | LL |
| | | | | 芯型式 | N | 基本型 | — | 芯型弹性联轴器 | LN |
| | | | | | | 双法兰 | S | 双法兰芯型弹性联轴器 | LNS |
| | | | | 多角形式 | D | — | — | 多角形弹性联轴器 | LD |
| | | | | 弹性块式 | K | 基本型 | — | 弹性块联轴器 | LK |
| | | | | | | 带制动轮 | Z | 带制动轮弹性块联轴器 | LKZ |
| | | | | H 型弹性块式 | H | 基本型 | — | H 型弹性块联轴器 | LH |
| | | | | | | 带制动轮 | Z | 带制动轮 H 型弹性块联轴器 | LHZ |
| | | | | | | 带中间轴 | J | 带中间轴 H 型弹性块联轴器 | LHJ |
| | | | | 扇形块式 | S | 基本型 | — | 扇形块弹性联轴器 | LS |
| | | | | | | 带制动轮 | Z | 带制动轮扇形块弹性联轴器 | LSZ |
| | | | | | | 带中间轴 | J | 带中间轴扇形块弹性联轴器 | LSJ |
| | | | | 鞍形块式 | A | — | — | 鞍形块弹性联轴器 | LA |
| | | | | 弹性活销式 | G | — | — | 弹性活销联轴器 | LG |
| | | | | 凹型环式 | O | — | — | 凹形环式联轴器 | LO |
| | | | | 橡胶套筒式 | T | — | — | 橡胶套筒联轴器 | LT |
| | | | | 弹性板式 | B | — | — | 弹性板联轴器 | LB |
| | | | | 膜片橡胶式 | P | — | — | 膜片橡胶弹性联轴器 | LP |

（续）

| 类别 | 分类别 | 组别名称 | 代号 | 品种名称 | 代号 | 形式名称 | 代号 | 联轴器名称 | 型号 |
|---|---|---|---|---|---|---|---|---|---|
| 安全联轴器 | — | 刚性安全联轴器 | A | 棒销剪切式 | B | 低速型 | D | 低速型棒销剪切式安全联轴器 | ABD |
| | | | | | | 高速型 | P | 高速型棒销剪切式安全联轴器 | ABP |
| | | | | 内涨摩擦式 | Z | — | — | 内涨摩擦式安全联轴器 | AZ |
| | | | | 液压式 | Y | 低速型 | D | 低速型液压安全联轴器 | AYD |
| | | | | | | 高速型 | P | 高速型液压安全联轴器 | AYP |
| | | | | 钢球式 | Q | — | — | 钢球式安全联轴器 | AQ |
| | | | | 摩擦式 | M | — | — | 摩擦式安全联轴器 | AM |
| | | 挠性安全联轴器 | N | 钢砂式 | H | 基本型 | — | 钢砂式安全联轴器 | NH |
| | | | | | | 带皮带轮 | P | 带皮带轮钢砂式安全联轴器 | NHP |
| | | | | 钢球式 | Q | 基本型 | — | 钢球式安全联轴器 | NQ |
| | | | | | | 带皮带轮 | P | 带皮带轮钢球式安全联轴器 | NQP |
| | | | | | | 带制动轮 | Z | 带制动轮钢球式安全联轴器 | NQZ |
| | | | | 蛇形弹簧式 | S | 恒刚度 | H | 恒刚度蛇形弹簧安全联轴器 | NSH |
| | | | | | | 变刚度 | L | 变刚度蛇形弹簧安全联轴器 | NSL |
| | | | | 摩擦片式 | M | — | — | 摩擦片式安全联轴器 | NM |
| | | | | 棒销弹性块式 | K | — | — | 棒销弹性块安全联轴器 | NK |

## 2.2　轴孔和连接型式及尺寸

轴系传动通常由一个或若干个联轴器将主、从动轴连接起来，形成轴系传递系统，以传递转矩或运动。联轴器主要是与电动机、减速器及工作机的轴连接，其轴孔型式、连接型式及尺寸主要取决于所连接轴的型式及尺寸，产品设计及选择时一般都按圆柱形和圆锥形轴孔国际标准设计轴。

国家标准 GB/T 3852—2008 规定联轴器轴孔型式有圆柱形轴孔 Y、J 型和圆锥形轴孔 Z、$Z_1$ 型共 4 种，联轴器的键槽有平键单键槽——A 型，120°布置平键双键槽——B 型，180°布置平键双键槽——$B_1$ 型，圆锥形轴孔平键单键槽——C 型，圆柱型轴孔普通切向键槽——D 型。

### 2.2.1　圆柱形轴孔和键槽的尺寸

圆柱形联轴器轴孔和键槽的型式见图 7.2-1，圆柱形联轴器轴孔和键槽的尺寸见表 7.2-4。

**表 7.2-4　圆柱形联轴器轴孔的直径与长度及 A、B、$B_1$、D 型键槽尺寸**　（单位：mm）

| 直径 d 公称尺寸 | 极限偏差 H7 | 长度 L 长系列 | 长度 L 短系列 | $L_1$ | $d_1$ | R | b 公称尺寸 | b 极限偏差 P9 | t 公称尺寸 | t 极限偏差 | $t_1$ 公称尺寸 | $t_1$ 极限偏差 | B型键槽 T 位置公差 | D型键槽 $t_3$ 公称尺寸 | D型键槽 $t_3$ 极限偏差 | $b_1$ |
|---|---|---|---|---|---|---|---|---|---|---|---|---|---|---|---|---|
| 6 | +0.012 0 | 18 | | | | | 2 | | 7.0 | | 8.0 | | | | | |
| 7 | | — | | | | | 2 | | 8.0 | | 9.0 | | | | | |
| 8 | +0.015 0 | 22 | | | | | | −0.006 −0.031 | 9.0 | | 10.0 | | | | | |
| 9 | | | — | — | | | 3 | | 10.4 | | 11.8 | | | | | |
| 10 | | 25 | 22 | | | | | | 11.4 | | 12.8 | | | | | |
| 11 | +0.018 0 | | | | | | 4 | | 12.8 | +0.1 0 | 14.6 | +0.2 0 | | | | |
| 12 | | 32 | 27 | | | | | | 13.8 | | 15.6 | | | | | |
| 14 | | | | | | | 5 | | 16.3 | | 18.6 | | | | | |
| 16 | | | | | | | | −0.012 −0.042 | 18.3 | | 20.6 | | 0.03 | | | |
| 18 | | 42 | 30 | 42 | 38 | 1.5 | | | 20.8 | | 23.6 | | | | | |
| 19 | +0.021 0 | | | | | | 6 | | 21.8 | | 24.6 | | | | | |
| 20 | | 52 | 38 | 52 | | | | | 22.8 | | 25.6 | | | | | |

（续）

| 公称尺寸 d | 极限偏差 H7 | L 长系列 | L 短系列 | $L_1$ | $d_1$ | R | b 公称尺寸 | b 极限偏差 P9 | t 公称尺寸 | t 极限偏差 | $t_1$ 公称尺寸 | $t_1$ 极限偏差 | T 位置公差 | $t_3$ 公称尺寸 | $t_3$ 极限偏差 | $b_1$ |
|---|---|---|---|---|---|---|---|---|---|---|---|---|---|---|---|---|
| 22 | | 52 | 38 | 52 | 38 | | 6 | −0.012 −0.042 | 24.8 | +0.10 | 27.6 | +0.20 | 0.03 | | | |
| 24 | +0.021 0 | | | | | | | | 27.3 | | 30.6 | | | | | |
| 25 | | 62 | 44 | 62 | 48 | 1.5 | 8 | | 28.3 | | 31.6 | | | | | |
| 28 | | | | | | | | | 31.3 | | 34.6 | | | | | |
| 30 | | | | | | | | −0.015 −0.051 | 33.3 | | 36.6 | | 0.04 | | | |
| 32 | | 82 | 60 | 82 | 55 | | | | 35.3 | | 38.6 | | | | | |
| 35 | | | | | | | 10 | | 38.3 | | 41.6 | | | — | — | — |
| 38 | | | | | | | | | 41.3 | | 44.6 | | | | | |
| 40 | +0.025 0 | | | | 65 | 2.0 | 12 | | 43.3 | | 46.6 | | | | | |
| 42 | | | | | | | | | 45.3 | | 48.6 | | | | | |
| 45 | | | | | 80 | | 14 | | 48.8 | | 52.6 | | | | | |
| 48 | | 112 | 84 | 112 | | | | | 51.8 | | 55.6 | | | | | |
| 50 | | | | | | | | −0.018 −0.061 | 53.8 | | 57.6 | | 0.05 | | | |
| 55 | | | | | 95 | | 16 | | 59.3 | | 63.6 | | | | | |
| 56 | | | | | | | | | 60.3 | | 64.6 | | | | | |
| 60 | | | | | | | 18 | | 64.4 | +0.20 | 68.8 | +0.40 | | 7 | | 19.3 |
| 63 | | | | | 105 | | | | 67.4 | | 71.8 | | | | | 19.8 |
| 65 | +0.030 0 | | | | | 2.5 | | | 69.4 | | 73.8 | | | | | 20.1 |
| 70 | | 142 | 107 | 142 | | | | | 74.9 | | 79.8 | | | | | 21.0 |
| 71 | | | | | 120 | | 20 | | 75.9 | | 80.8 | | | | | 22.4 |
| 75 | | | | | | | | | 79.9 | | 84.8 | | | | | 23.2 |
| 80 | | | | | 140 | | 22 | | 85.4 | | 90.8 | | | 8 | | 24.0 |
| 85 | | | | | | | | | 90.4 | | 95.8 | | 0.06 | | | 24.8 |
| 90 | | 172 | 132 | 172 | | | | | 95.4 | | 100.8 | | | | | 25.6 |
| 95 | | | | | 160 | | 25 | | 100.4 | | 105.8 | | | | 0 −0.2 | 27.8 |
| 100 | +0.035 0 | | | | | 3.0 | | | 106.4 | | 112.8 | | | 9 | | 28.6 |
| 110 | | | | | 180 | | | | 116.4 | | 122.8 | | | | | 30.1 |
| 120 | | 212 | 167 | 212 | | | | | 127.4 | | 134.8 | | | | | 33.2 |
| 125 | | | | | 210 | | 32 | | 132.4 | | 139.8 | | | 10 | | 33.9 |
| 130 | | | | | | | | | 137.4 | | 144.8 | | | | | 34.6 |
| 140 | +0.040 0 | 252 | 202 | 252 | 235 | 4.0 | 36 | −0.026 −0.088 | 148.4 | | 156.8 | | 0.08 | 11 | | 37.7 |
| 150 | | | | | | | | | 158.4 | +0.30 | 166.8 | +0.60 | | | | 39.1 |
| 160 | | 302 | 242 | 302 | 265 | | | | 169.4 | | 178.8 | | | 12 | 0 −0.3 | 42.1 |
| 170 | | | | | 330 | | 40 | | 179.4 | | 188.8 | | | | | 43.5 |

（续）

| 直径 d | | 长 度 | | | 沉孔尺寸 | | A、B、B₁ 型键槽 | | | | | | B 型键槽 | D 型键槽 | | |
|---|---|---|---|---|---|---|---|---|---|---|---|---|---|---|---|---|
| | | L | | L₁ | d₁ | R | b | | t | | t₁ | | T | t₃ | | b₁ |
| 公称尺寸 | 极限偏差 H7 | 长系列 | 短系列 | | | | 公称尺寸 | 极限偏差 P9 | 公称尺寸 | 极限偏差 | 公称尺寸 | 极限偏差 | 位置公差 | 公称尺寸 | 极限偏差 | |
| 180 | +0.040 0 | 302 | 242 | 302 | | 4.0 | | | 190.4 | | 200.8 | | | 12 | | 44.9 |
| 190 | | | | | 330 | | 45 | -0.026 -0.088 | 200.4 | | 210.8 | | | 14 | | 49.6 |
| 200 | +0.046 0 | 352 | 282 | 352 | | 5.0 | | | 210.4 | | 220.8 | | | | | 51.0 |
| 220 | | | | | | | 50 | | 231.4 | | 242.8 | | 0.08 | 16 | | 57.1 |
| 240 | | 410 | 330 | | | | | | 252.4 | | 264.8 | | | | | 59.9 |
| 250 | | | | | | | 56 | | 262.4 | | 274.8 | | | 18 | | 64.6 |
| 260 | +0.052 0 | | | | | | | | 272.4 | | 284.8 | | | | | 66.0 |
| 280 | | 470 | 380 | | | | 63 | | 292.4 | | 304.8 | | | 20 | | 72.1 |
| 300 | | | | | | | 70 | -0.032 -0.106 | 314.4 | | 328.8 | | | | | 74.8 |
| 320 | | | | | | | | | 334.4 | | 348.8 | | 0.10 | 22 | | 81.0 |
| 340 | +0.057 0 | | | | | | | | 355.4 | | 370.8 | | | | | 83.6 |
| 360 | | 550 | 450 | | | | 80 | | 375.4 | +0.3 0 | 390.8 | +0.6 0 | | 26 | 0 -0.3 | 93.2 |
| 380 | | | | | | | | | 395.4 | | 410.8 | | | | | 95.9 |
| 400 | | | | — | — | — | | | 417.4 | | 434.8 | | | | | 98.6 |
| 420 | | | | | | | 90 | | 437.4 | | 454.8 | | | 30 | | 108.2 |
| 440 | | 650 | 540 | | | | | | 457.4 | | 474.8 | | | | | 110.9 |
| 450 | +0.063 0 | | | | | | | | 469.5 | | 489.0 | | | | | 112.3 |
| 460 | | | | | | | 100 | | 479.5 | | 499.0 | | | | | 120.1 |
| 480 | | | | | | | | -0.037 -0.124 | 499.5 | | 519.0 | | 0.12 | 34 | | 123.1 |
| 500 | | | | | | | | | 519.5 | | 539.0 | | | | | 125.9 |
| 530 | | | | | | | 110 | | 552.2 | | 574.4 | | | | | 136.7 |
| 560 | +0.070 0 | 800 | 680 | | | | | | 582.2 | | 604.4 | | | 38 | | 140.8 |
| 600 | | | | | | | 120 | | 624.5 | | 649.0 | | | | | 153.1 |
| 630 | | | | | | | | | 654.5 | | 679.0 | | | 42 | | 157.1 |

注：1. b 的极限偏差，也可采用 GB/T 1095—2003 中的规定 Js9。
　　2. 直径大于 1000mm 的键连接尺寸由设计者选定。
　　3. 沉孔亦可制成 $d_1$ 为小段直径，锥度为 30° 的锥形孔。
　　4. $t_1$ 只适用于 B₁ 型键槽。

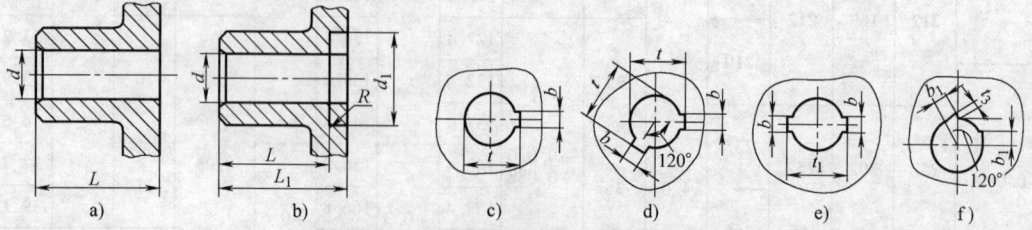

**图 7.2-1　圆柱形联轴器轴孔型式和键槽型式**

a）Y 型长圆柱形轴孔　b）J 型有沉孔的短圆柱形轴孔　c）A 型平键单键槽

d）B 型 120 布置平键双键槽　e）B₁ 型 180 布置平键双键槽　f）D 型圆柱形轴孔普通切向键键槽

**2.2.2 圆锥形轴孔和键槽的尺寸**

圆锥形联轴器轴孔和键槽的型式见图 7.2-2，圆锥形联轴器轴孔和键槽的尺寸见表 7.2-5。

**表 7.2-5 圆锥形联轴器轴孔的直径与长度及 C 型键槽尺寸** （单位：mm）

| 直径 $d_z$ | | 长度 | | | 沉孔尺寸 | | C型键槽 | | | | |
|---|---|---|---|---|---|---|---|---|---|---|---|
| 公称尺寸 | 极限偏差 H10 | L | | $L_1$ | $d_1$ | R | b | | $t_2$ | | |
| | | 长系列 | 短系列 | | | | 公称尺寸 | 极限偏差 P9 | 长系列 | 短系列 | 极限偏差 |
| 6 | +0.058 0 | 12 | — | — | — | — | — | — | — | — | — |
| 7 | | | | | | | | | | | |
| 8 | | 14 | | | | | | | | | |
| 9 | | | | | | | | | | | |
| 10 | | 17 | | | | | | | | | |
| 11 | +0.070 0 | | | | | | 2 | -0.006 -0.031 | 6.1 | | +0.100 0 |
| 12 | | 20 | | 32 | | | | | 6.5 | | |
| 14 | | | | | | | | | 7.9 | | |
| 16 | | 30 | 18 | 42 | | | 3 | | 8.7 | 9.0 | |
| 18 | | | | | | | | | 10.1 | 10.4 | |
| 19 | +0.084 0 | 38 | 24 | 52 | 38 | 1.5 | 4 | -0.012 -0.042 | 10.6 | 10.9 | |
| 20 | | | | | | | | | 10.9 | 11.2 | |
| 22 | | | | | | | | | 11.9 | 12.2 | |
| 24 | | | | | | | | | 13.4 | 13.7 | |
| 25 | | 44 | 26 | 62 | 48 | | 5 | | 13.7 | 14.2 | |
| 28 | | | | | | | | | 15.2 | 15.7 | |
| 30 | | | | | | | | | 15.8 | 16.4 | |
| 32 | +0.100 0 | 60 | 38 | 82 | 55 | | 6 | | 17.3 | 17.9 | |
| 35 | | | | | | | | | 18.8 | 19.4 | |
| 38 | | | | | | | | | 20.3 | 20.9 | |
| 40 | | 84 | 56 | 112 | 65 | 2.0 | 10 | -0.015 -0.051 | 21.2 | 21.9 | |
| 42 | | | | | | | | | 22.2 | 22.9 | |
| 45 | | | | | | | | | 23.7 | 24.4 | |
| 48 | | | | | 80 | | 12 | -0.018 -0.061 | 25.2 | 25.9 | |
| 50 | | | | | | | | | 26.2 | 26.9 | |
| 55 | +0.120 0 | 107 | 72 | 142 | 95 | 2.5 | 14 | | 29.2 | 29.9 | +0.200 0 |
| 56 | | | | | | | | | 29.7 | 30.4 | |
| 60 | | | | | 105 | | 16 | | 31.7 | 32.5 | |
| 63 | | | | | | | | | 32.2 | 34.0 | |
| 65 | | | | | | | | | 34.2 | 35.0 | |
| 70 | | | | | 120 | | 18 | | 36.8 | 37.6 | |
| 71 | | | | | | | | | 37.3 | 38.1 | |
| 75 | | | | | | | | | 39.3 | 40.1 | |
| 80 | +0.140 0 | 132 | 92 | 172 | 140 | 3.0 | 20 | -0.022 -0.074 | 41.6 | 42.6 | |
| 85 | | | | | | | | | 44.1 | 45.1 | |
| 90 | | | | | 160 | | 22 | | 47.1 | 48.1 | |
| 95 | | | | | | | | | 49.6 | 50.6 | |

（续）

| 直径 $d_z$ | | 长度 | | | 沉孔尺寸 | | C 型键槽 | | | | |
|---|---|---|---|---|---|---|---|---|---|---|---|
| 公称尺寸 | 极限偏差 H10 | $L$ | | $L_1$ | $d_1$ | $R$ | $b$ | | $t_2$ | | |
| | | 长系列 | 短系列 | | | | 公称尺寸 | 极限偏差 P9 | 长系列 | 短系列 | 极限偏差 |
| 100 | +0.140 0 | 167 | 122 | 212 | 180 | 3.0 | 25 | -0.022 -0.074 | 51.3 | 52.4 | +0.200 0 |
| 110 | | | | | | | | | 56.3 | 57.4 | |
| 120 | | | | | | | | | 62.3 | 63.4 | |
| 125 | | | | | 210 | | 28 | | 64.8 | 65.9 | |
| 130 | +0.160 0 | 202 | 152 | 252 | 235 | 4.0 | | | 66.4 | 67.6 | |
| 140 | | | | | | | 32 | | 72.4 | 73.6 | |
| 150 | | | | | | | | | 77.4 | 78.6 | |
| 160 | | 242 | 182 | 302 | 265 | | 36 | -0.026 -0.088 | 82.4 | 83.9 | +0.300 0 |
| 170 | | | | | | | | | 87.4 | 88.9 | |
| 180 | | | | | | | | | 93.4 | 94.9 | |
| 190 | +0.185 0 | 282 | 212 | 352 | 330 | 5.0 | 40 | | 97.4 | 99.9 | |
| 200 | | | | | | | | | 102.4 | 104.1 | |
| 220 | | | | | | | 45 | | 113.4 | 115.1 | |

注：$b$ 的极限偏差，也可采用 GB/T 1095—2003 中的规定 Js9。

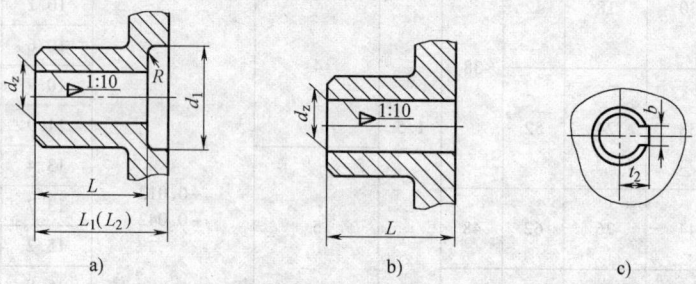

**图7.2-2 圆锥形联轴器轴孔型式和键槽型式**

a) Z 型有沉孔的圆锥形轴孔　b) $Z_1$ 型无沉孔的圆锥形轴孔　c) C 型圆锥形轴孔

# 3 类型和性能参数

## 3.1 刚性联轴器

刚性联轴器是由刚性传力件构成，各连接件之间不能相对运动，因此不具备补偿两轴线相对偏移的能力，只适合于被连接两轴在装备时能严格对中，工作中不产生两轴相对偏移的场合，刚性联轴器无弹性元件，不具备减振和缓冲功能，一般只适宜于载荷平稳并无冲击振动的工况条件。

### 3.1.1 套筒联轴器

套筒联轴器利用公用套筒，并通过键、花键或锥销等刚性连接件，以实现两轴的连接。套筒联轴器结构简单、制造方便、成本较低、径向尺寸小，但装拆不方便，需使轴做轴向移动。适用于低速、轻载、无冲击载荷，工作平稳和小尺寸轴的连接。最大工作转速一般不超过 250r/min。套筒联轴器不具备轴向、径向和角向补偿性能。

套筒联轴器的常见型式有轴筒联轴器、联轴套、花键联轴套、变径联轴套等。

轴筒联轴器结构型式如图 7.2-3 所示，主要尺寸见表 7.2-6。

### 3.1.2 凸缘联轴器

凸缘联轴器（亦称法兰联轴器）是利用螺栓连

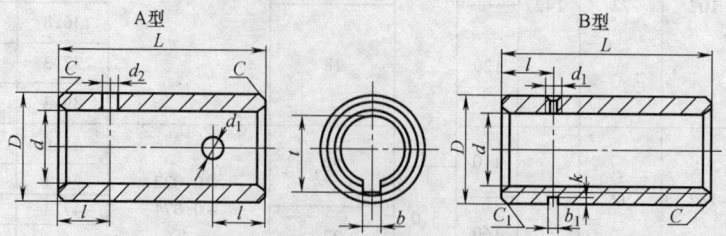

**图7.2-3 轴筒联轴器结构型式**

表 7.2-6　GT 型轴筒联轴器尺寸　　　（单位：mm）

| 型号 | d H7 | D | L | d1 | d2 | l | k | b1 | b C10 | t 基本尺寸 | t 极限偏差 | C | C1 | 螺钉 | 圆锥销 | 销圈 |
|---|---|---|---|---|---|---|---|---|---|---|---|---|---|---|---|---|
| GT1 | 18 | 32 | 50 | M6 | 4 | 12 | 2 | 1 | 6 | 20.8 | ±0.1 | 1 |  | M6×12 | 4×32 | 27 |
| GT2 | 20 | 35 |  |  |  |  |  |  |  | 22.8 |  |  |  |  | 4×35 | 30 |
| GT3 | 22 | 38 | 60 |  |  | 15 |  |  |  | 24.8 |  |  |  |  | 4×38 | 32 |
| GT4 | 25 | 42 | 75 | M8 | 5 | 18 | 2.5 | 1.2 | 8 | 28.3 |  | 1.5 | 2 | M8×12 | 5×40 | 35 |
| GT5 | 28 | 45 | 80 |  |  | 20 |  |  |  | 31.3 |  |  |  |  | 5×45 | 38 |
| GT6 | 30 | 48 | 90 |  |  | 22 |  |  |  | 33.3 |  |  |  |  | 6×45 | 41 |
| GT7 | 32 | 52 | 95 |  | 6 | 24 |  |  | 10 | 35.3 |  |  |  |  | 6×50 | 41 |
| GT8 | 35 | 56 | 105 |  |  | 26 |  |  |  | 38.3 |  |  |  |  | 6×55 | 47 |
| GT9 | 38 | 62 | 115 |  | 8 | 28 |  |  |  | 41.3 |  |  |  |  | 8×60 | 54 |
| GT10 | 40 |  | 120 |  |  | 30 |  |  | 12 | 43.3 |  | 2 | 2.5 | M10×16 |  |  |
| GT11 | 42 |  |  |  |  |  |  |  |  | 45.3 |  |  |  |  | 8×70 | 62 |
| GT12 | 45 | 70 | 130 | M10 | 10 | 32 | 3 | 1.6 | 14 | 48.8 | ±0.2 |  |  |  | 10×70 |  |
| GT13 | 48 |  | 140 |  |  | 35 |  |  |  | 51.8 |  |  |  |  |  |  |
| GT14 | 50 | 80 | 150 |  |  | 40 |  |  |  | 53.8 |  |  |  | M10×18 | 10×80 | 71 |
| GT15 | 55 | 90 | 165 |  | 12 |  |  |  | 16 | 59.3 |  |  |  |  | 10×90 |  |
| GT16 | 60 |  | 180 |  |  | 45 |  |  | 18 | 64.4 |  |  |  |  | 12×90 | 81 |
| GT17 | 65 | 100 | 200 |  |  | 50 |  |  |  | 69.4 |  | 2.5 |  |  | 12×100 | 91 |
| GT18 | 70 |  | 220 |  |  |  |  |  | 20 | 74.9 |  |  |  |  |  |  |
| GT19 | 75 | 110 |  |  |  | 55 |  |  |  | 79.9 |  |  | 3 |  | 12×110 | 100 |
| GT20 | 80 | 120 | 240 | M12 | 16 | 60 | 3.6 | 2.2 | 22 | 85.4 |  |  |  | M12×22 | 16×120 | 110 |
| GT21 | 85 |  | 270 |  |  | 65 |  |  |  | 90.4 |  | 3 |  |  |  |  |
| GT22 | 90 | 130 |  |  |  |  |  |  | 25 | 95.4 |  |  |  |  | 16×130 | 120 |

接两凸缘（法兰）盘式半联轴器，两个半联轴器分别用键与轴连接，以实现两轴连接，传递转矩和运动的刚性联轴器。凸缘联轴器结构简单，制造方便，成本较低，工作可靠，装拆、维修均较简便，传递转矩较大，能保证两轴具有较高的对中精度，一般常用于载荷平稳、高速或传动精度要求较高的轴系传动。凸缘联轴器不具备径向、轴向和角向补偿性能，使用时如果不能保证被连接两轴对中精度，将会降低联轴器的使用寿命、传动精度和传动效率，并引起振动和噪声。

凸缘联轴器分为 GY 型、GYS 型、GYH 型，分别为基本型、有对中榫型、有对中环型凸缘联轴器。GY 型结构型式见图 7.2-4，GYS 型结构型式见图 7.2-5，GYH 型结构型式见图 7.2-6，主要尺寸见表 7.2-7。

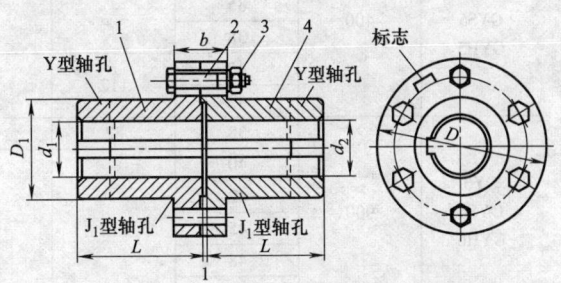

图7.2-5　GYS 型有对中榫型凸缘联轴器
1、4—半联轴器　2—螺栓　3—螺母

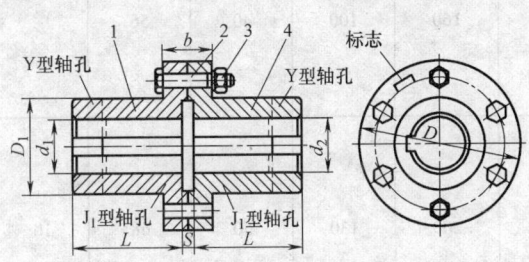

图7.2-4　GY 型凸缘联轴器
1、4—半联轴器　2—螺栓　3—螺母

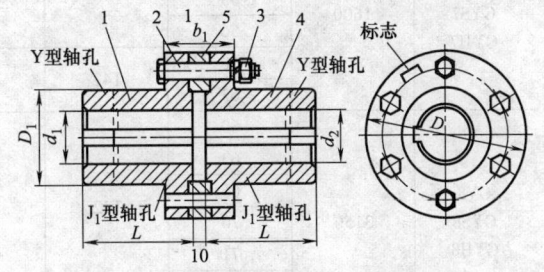

图7.2-6　GYH 型有对中环凸缘联轴器
1、4—半联轴器　2—螺栓　3—螺母　5—对中环

**表 7.2-7 GY 型、GYS 型、GYH 型凸缘联轴器主要尺寸**（摘自 GB/T 5843—2003）（单位：mm）

| 型号 | 公称转矩 $T_n$ /N·m | 轴孔直径 $d_1$、$d_2$ | 轴孔长度 Y 型 $L$ | 轴孔长度 $J_1$ 型 $L$ | $D$ | $D_1$ | $b$ | $b_1$ | $S$ |
|---|---|---|---|---|---|---|---|---|---|
| GY1 GYS1 GYH1 | 25 | 12 | 32 | 27 | 80 | 30 | 26 | 42 | |
| | | 14 | | | | | | | |
| | | 16 | | | | | | | |
| | | 18 | | | | | | | |
| | | 19 | 42 | 30 | | | | | |
| GY2 GYS2 GYH2 | 63 | 16 | | | 90 | 40 | 28 | 44 | |
| | | 18 | | | | | | | |
| | | 19 | | | | | | | |
| | | 20 | | | | | | | |
| | | 22 | 52 | 38 | | | | | |
| | | 24 | | | | | | | |
| | | 25 | 62 | 44 | | | | | 6 |
| GY3 GYS3 GYH3 | 112 | 20 | | | 100 | 45 | 30 | 46 | |
| | | 22 | 52 | 38 | | | | | |
| | | 24 | | | | | | | |
| | | 25 | | | | | | | |
| | | 28 | 62 | 44 | | | | | |
| GY4 GYS4 GYH4 | 224 | 25 | | | 105 | 55 | 32 | 48 | |
| | | 28 | | | | | | | |
| | | 30 | | | | | | | |
| | | 32 | 82 | 60 | | | | | |
| | | 35 | | | | | | | |
| GY5 GYS5 GYH5 | 400 | 30 | | | 120 | 68 | 36 | 52 | |
| | | 32 | 82 | 60 | | | | | |
| | | 35 | | | | | | | |
| | | 38 | | | | | | | |
| | | 40 | 112 | 84 | | | | | |
| | | 42 | | | | | | | |
| GY6 GYS6 GYH6 | 900 | 38 | 82 | 60 | 140 | 80 | 40 | 56 | 8 |
| | | 40 | | | | | | | |
| | | 42 | | | | | | | |
| | | 45 | 112 | 84 | | | | | |
| | | 48 | | | | | | | |
| | | 50 | | | | | | | |
| GY7 GYS7 GYH7 | 1600 | 48 | | | 160 | 100 | 40 | 56 | |
| | | 50 | 112 | 84 | | | | | |
| | | 55 | | | | | | | |
| | | 56 | | | | | | | |
| | | 60 | 142 | 107 | | | | | |
| | | 63 | | | | | | | |
| GY8 GYS8 GYH8 | 3150 | 60 | | | 200 | 130 | 50 | 68 | 10 |
| | | 63 | | | | | | | |
| | | 65 | | | | | | | |
| | | 70 | 142 | 107 | | | | | |
| | | 71 | | | | | | | |
| | | 75 | | | | | | | |
| | | 80 | 172 | 132 | | | | | |

（续）

| 型号 | 公称转矩 $T_n$ /N·m | 轴孔直径 $d_1$、$d_2$ | 轴孔长度 Y型 $L$ | 轴孔长度 $J_1$型 $L$ | $D$ | $D_1$ | $b$ | $b_1$ | $S$ |
|---|---|---|---|---|---|---|---|---|---|
| GY9 GYS9 GYH9 | 6300 | 75 | 142 | 107 | 260 | 160 | 66 | 84 | |
| | | 80 | 172 | 132 | | | | | |
| | | 85 | | | | | | | |
| | | 90 | | | | | | | |
| | | 95 | | | | | | | |
| | | 100 | 212 | 167 | | | | | |
| GY10 GYS10 GYH10 | 10000 | 90 | 172 | 132 | 300 | 200 | 72 | 90 | 10 |
| | | 95 | | | | | | | |
| | | 100 | | | | | | | |
| | | 110 | | | | | | | |
| | | 120 | 212 | 167 | | | | | |
| | | 125 | | | | | | | |
| GY11 GYS11 GYH11 | 25000 | 120 | | | 380 | 260 | 80 | 98 | |
| | | 125 | | | | | | | |
| | | 130 | 252 | 202 | | | | | |
| | | 140 | | | | | | | |
| | | 150 | | | | | | | |
| | | 160 | 302 | 242 | | | | | |
| GY12 GYS12 GYH12 | 50000 | 150 | 252 | 202 | 460 | 320 | 92 | 112 | |
| | | 160 | | | | | | | |
| | | 170 | 302 | 242 | | | | | |
| | | 180 | | | | | | | |
| | | 190 | | | | | | | 12 |
| | | 200 | | | | | | | |
| GY13 GYS13 GYH13 | 100000 | 190 | 352 | 282 | 590 | 400 | 110 | 130 | |
| | | 200 | | | | | | | |
| | | 220 | | | | | | | |
| | | 240 | 410 | 330 | | | | | |
| | | 250 | | | | | | | |

### 3.1.3 夹壳联轴器

夹壳联轴器是利用两个沿轴向剖分的夹壳，用螺栓夹紧以实现两轴连接，靠两半联轴器表面间的摩擦力传递转矩，利用平键作辅助连接。夹壳联轴器装配和拆卸时轴不需轴向转移动，装拆方便，缺点是两轴轴线对中精度低，结构和型式较复杂，制造及平衡精度较低，只适用于低速和载荷平稳的场合，通常最大外缘的线速度不大于5m/s，当线速度超过5m/s时需要进行平衡校验，为了改善平衡状况，螺栓应正、倒相间安装。夹壳联轴器不具备轴向、径向和角向补偿性能。

夹壳联轴器的结构型式见图7.2-7，主要尺寸见表7.2-8。

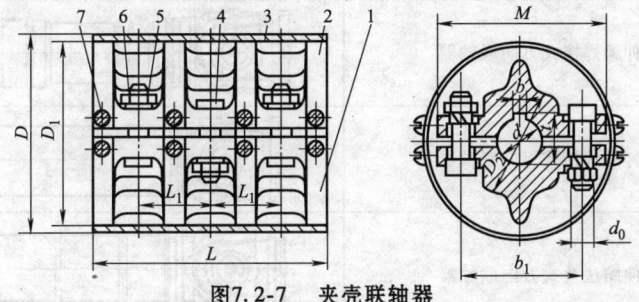

图7.2-7 夹壳联轴器

1—壳体（一） 2—壳体（二） 3—防护罩 4—螺栓 5—螺母 6—垫圈 7—螺钉

## 表7.2-8　GJ型夹壳联轴器主要尺寸　　　　　　　　　　　　（单位：mm）

| 型号 | d 公称尺寸 | d 极限偏差 | D | D_1 | D_2 | L | L_1 | M | b_1 | b 公称尺寸 | b 极限偏差 | t 公称尺寸 | t 极限偏差 | d_0 | 件数 n_1 | 件数 n_2 | 序号 名称 材料 | 1 壳体(一) HT200 400 | 2 壳体(二) HT200 400 | 3 防护罩 Q235 钢板 | 4 螺栓 Q235 | 5 螺母 Q235 | 6 垫圈 65Mn | 7 螺钉 Q235 |
|---|---|---|---|---|---|---|---|---|---|---|---|---|---|---|---|---|---|---|---|---|---|---|---|---|
| GJ1 | 30 | | | | | | | | | 8 | +0.030 | 33.1 | | | | | | 30/1 | 30/2 | 30/3 | | | | |
| GJ2 | 35 | +0.050 | 130 | 127 | 75 | 160 | 49 | 112 | 85 | 10 | | 38.6 | +0.170 | M12 | | | | 35/1 | 35/2 | 35/3 | M12×48 | | | |
| GJ3 | 40 | | | | | | | | | 12 | | 43.6 | | | | | | 40/1 | 40/2 | 40/3 | | M12 | 12 | |
| GJ4 | 45 | | 145 | 142 | 90 | 190 | 58 | 122 | 95 | 14 | | 49.1 | | | | | | 45/1 | 45/2 | 45/3 | M12×55 | | | |
| GJ5 | 50 | | | | | | | | | 16 | +0.035 0 | 55.1 | | | | | 分号或规格 | 50/1 | 50/2 | 50/3 | | | | M4×12 |
| GJ6 | 55 | | 170 | 167 | 100 | 220 | 68 | 144 | 110 | | | 60.1 | +0.200 | | 6 | 16 | | 55/1 | 55/2 | 55/3 | M16×55 | | | |
| GJ7 | 60 | | | | | | | | | 18 | | 65.6 | | | | | | 60/1 | 60/2 | 60/3 | M16×65 | M16 | 16 | |
| GJ8 | 65 | +0.060 | 185 | 182 | 115 | 250 | 77 | 158 | 125 | | | 70.6 | | M16 | | | | 65/1 | 65/2 | 65/3 | M16×60 | | | |
| GJ9 | 70 | | | | | | | | | 20 | | 76.1 | | | | | | 70/1 | 70/2 | 70/3 | M16×65 | | | |
| GJ10 | 75 | | 205 | 202 | 130 | 360 | 85 | 180 | 140 | | | 81.1 | | | | | | 75/1 | 75/2 | 75/3 | | | | |
| GJ11 | 80 | | | | | | | | | 24 | +0.045 0 | 87.2 | +0.023 0 | M20 | 8 | 20 | | 80/1 | 80/2 | 80/3 | M20×75 | M20 | 20 | M5×12 |
| GJ12 | 90 | ±0.070 | 245 | 242 | 160 | 390 | 92 | 215 | 175 | | | 97.2 | | | | | | 90/1 | 90/2 | 90/3 | | | | |
| GJ13 | 100 | | 260 | 257 | 160 | 440 | 104 | 230 | 185 | 28 | | 108.2 | | M24 | | | | 100/1 | 100/2 | 100/3 | M24×90 | M24 | 24 | |

立式夹壳联轴器的特征与夹壳联轴器近似，结构简单，装拆方便，适用于低速（最高圆周线速度为5m/s），无冲击、振动，载荷平稳的场合，宜用于搅拌器等立轴的连接。

## 3.2　挠性联轴器

### 3.2.1　万向联轴器

（1）SWC型整体叉头十字轴式万向联轴器　SWC型万向联轴器为无螺栓结构，轴承固定不用螺栓，避免了因螺栓剪断而破坏的薄弱环节，延长了使用寿命，便于维护。适用于轧钢机械、起重运输及其他重型机械，连接两个不同轴线的传动轴系，回转直径100～1320mm；传递公称转矩2.5～12000kN·m，轴线折角15°～25°。

SWC型十字轴式万向联轴器双联型式见表7.2-9。

## 表7.2-9　SWC型十字轴式万向联轴器双联型式

| 型式代号 | 名　称 | 图　示 |
|---|---|---|
| BH | 标准伸缩焊接式万向联轴器 | |
| BF | 标准伸缩法兰式万向联轴器 | |
| DH | 短伸缩焊接式万向联轴器 | |
| CH | 长伸缩焊接式万向联轴器 | |
| WH | 无伸缩焊接式万向联轴器 | |
| WF | 无伸缩法兰式万向联轴器 | |

（续）

| 型式代号 | 名　称 | 图　示 |
|---|---|---|
| WD | 无伸缩短式万向联轴器 | |

1）BH 型标准伸缩焊接式万向联轴器结构型式　见图 7.2-8，主要尺寸见表 7.2-10。

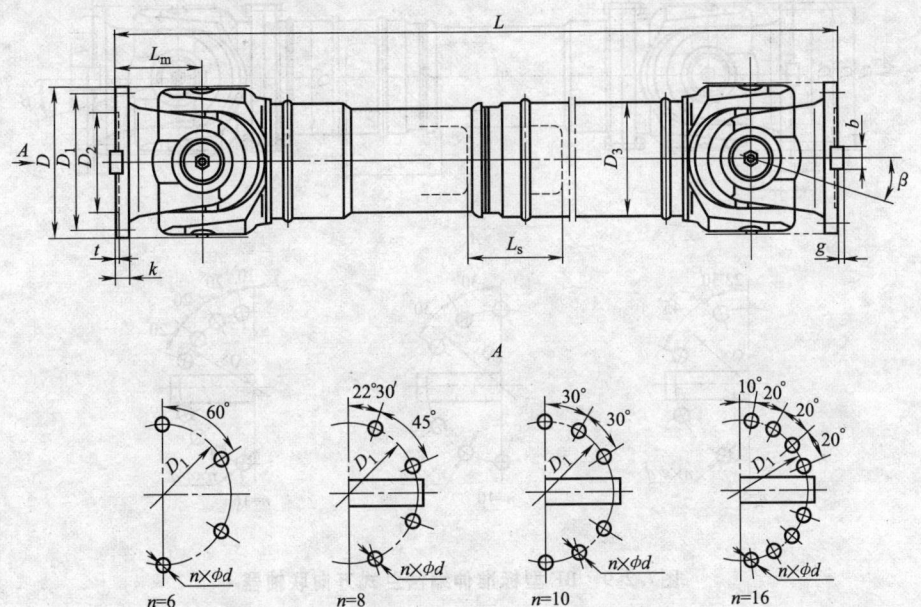

图7.2-8　BH 型标准伸缩焊接式万向联轴器

表 7.2-10　BH 型标准伸缩焊接式万向联轴器的主要尺寸（摘自 JB/T 5513—2006）

| 型号 | 回转直径 $D$/mm | 公称转矩 $T_n$ /kN·m | 轴线折角 $\beta$/(°) | 伸缩量 $L_s$/mm | 尺寸/mm | | | | | | | | | |
|---|---|---|---|---|---|---|---|---|---|---|---|---|---|---|
| | | | | | $L_{min}$ | $D_1$ js11 | $D_2$ H7 | $D_3$ | $L_m$ | $n \times \phi d$ | $k$ | $t$ | $b$ h9 | $g$ |
| SWC100BH | 100 | 2.5 | ≤25 | 55 | 405 | 84 | 57 | 60 | 55 | 6 × φ9 | 7 | 2.5 | — | — |
| SWC120BH | 120 | 5 | | 80 | 485 | 102 | 75 | 70 | 65 | 8 × φ11 | 8 | | — | — |
| SWC150BH | 150 | 10 | | | 590 | 130 | 90 | 89 | 80 | 8 × φ13 | 10 | 3 | | |
| SWC180BH | 180 | 22.4 | | 100 | 840 | 155 | 105 | 114 | 110 | 8 × φ17 | 17 | 5 | 24 | 7 |
| SWC200BH | 200 | 36 | | 110 | 860 | 170 | 120 | 133 | 115 | | | | 28 | 8 |
| SWC225BH | 225 | 56 | | | 920 | 196 | 135 | 152 | 120 | | 20 | | 32 | 9 |
| SWC250BH | 250 | 80 | | 140 | 1035 | 218 | 150 | 168 | 140 | 8 × φ19 | 25 | 6 | | 12.5 |
| SWC285BH | 285 | 120 | | | 1190 | 245 | 170 | 194 | 160 | 8 × φ21 | 27 | 7 | 40 | 15 |
| SWC315BH | 315 | 160 | ≤15 | | 1315 | 280 | 185 | 219 | 180 | 10 × φ23 | 32 | | | |
| SWC350BH | 350 | 225 | | 150 | 1440 | 310 | 210 | 245 | 194 | | 35 | 8 | 50 | 16 |
| SWC390BH | 390 | 320 | | 170 | 1590 | 345 | 235 | 267 | 215 | 10 × φ25 | 40 | | 70 | 18 |
| SWC440BH | 440 | 500 | | 190 | 1875 | 390 | 255 | 325 | 260 | 16 × φ28 | 42 | 10 | 80 | 20 |
| SWC490BH | 490 | 700 | | | 1985 | 435 | 275 | 351 | 270 | 16 × φ31 | 47 | 12 | 90 | 22.5 |
| SWC550BH | 550 | 1000 | | 240 | 2300 | 492 | 320 | 426 | 305 | | 50 | | 100 | |

注：1. $L_{min}$ 为缩短后的最小长度。
　　2. $L$ 为安装长度，按需要确定。

2）BF 型标准伸缩法兰式万向联轴器结构型式见图 7.2-9，主要尺寸见表 7.2-11。

3）DH 型短伸缩焊接式万向联轴器结构型式见图 7.2-10，主要尺寸见表 7.2-12。

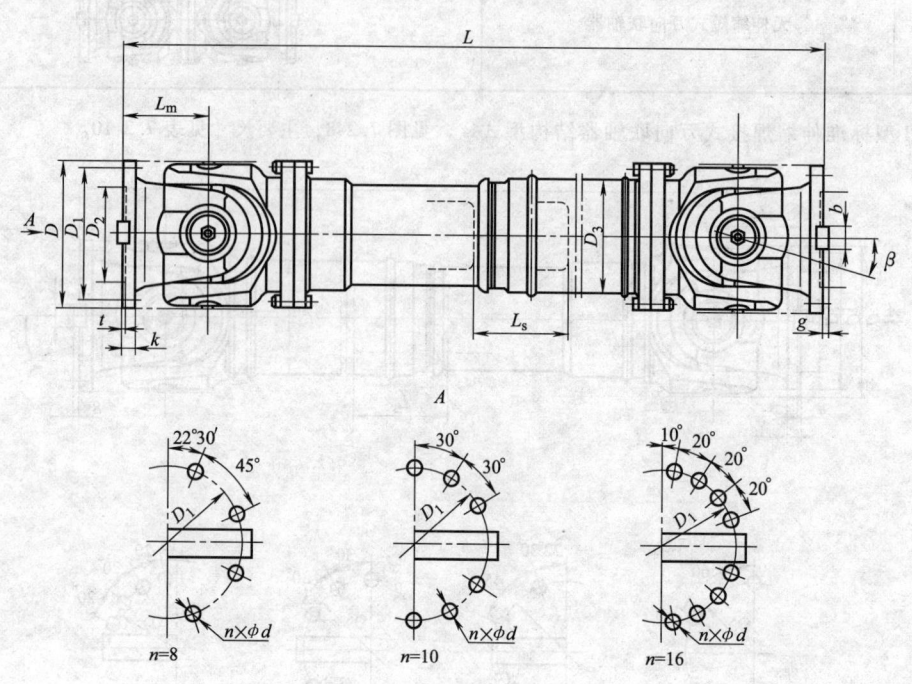

**图7.2-9　BF 型标准伸缩法兰式万向联轴器**

**表 7.2-11　BF 型标准伸缩法兰式万向联轴器的主要尺寸**（摘自 JB/T 5513—2006）

| 型号 | 回转直径 $D$/mm | 公称转矩 $T_n$/kN·m | 轴线折角 $\beta$/(°) | 伸缩量 $L_s$/mm | 尺寸/mm | | | | | | | | | |
|---|---|---|---|---|---|---|---|---|---|---|---|---|---|---|
| | | | | | $L_{min}$ | $D_1$ js11 | $D_2$ H7 | $D_3$ | $L_m$ | $n \times \phi d$ | $k$ | $t$ | $b$ h9 | $g$ |
| SWC180BF | 180 | 22.4 | | 100 | 840 | 155 | 105 | 114 | 110 | 8 × φ17 | 17 | 5 | 24 | 7 |
| SWC200BF | 200 | 36 | | 110 | 860 | 170 | 120 | 133 | 115 | | | | 28 | 8 |
| SWC225BF | 225 | 56 | | | 920 | 196 | 135 | 152 | 120 | | 20 | | 32 | 9 |
| SWC250BF | 250 | 80 | | 140 | 1035 | 218 | 150 | 168 | 140 | 8 × φ19 | 25 | 6 | | 12.5 |
| SWC285BF | 285 | 120 | ≤15 | | 1190 | 245 | 170 | 194 | 160 | 8 × φ21 | 27 | 7 | 40 | 15 |
| SWC315BF | 315 | 160 | | | 1315 | 280 | 185 | 219 | 180 | 10 × φ23 | 32 | | | |
| SWC350BF | 350 | 225 | | 150 | 1440 | 310 | 210 | 245 | 194 | | 35 | 8 | 50 | 16 |
| SWC390BF | 390 | 320 | | 170 | 1590 | 345 | 235 | 267 | 215 | 10 × φ25 | 40 | | 70 | 18 |
| SWC440BF | 440 | 500 | | 190 | 1875 | 390 | 255 | 325 | 260 | 16 × φ28 | 42 | 10 | 80 | 20 |
| SWC490BF | 490 | 700 | | | 1985 | 435 | 275 | 351 | 270 | 16 × φ31 | 47 | 12 | 90 | 22.5 |
| SWC550BF | 550 | 1000 | | 240 | 2300 | 492 | 320 | 426 | 305 | | 50 | | 100 | 22.5 |

注：1. $L_{min}$ 为缩短后的最小长度。

　　2. $L$ 为安装长度，按需要确定。

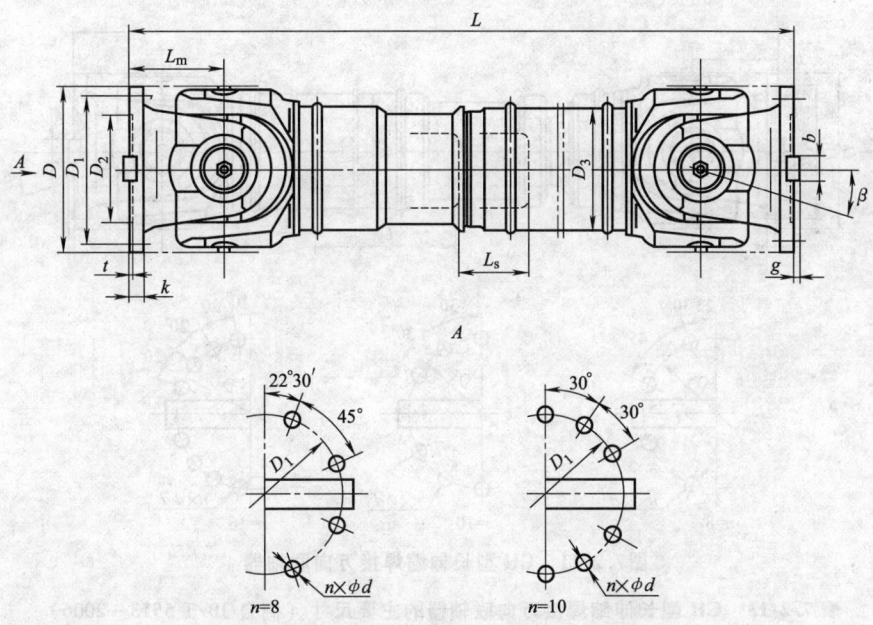

图7.2-10　DH 型短伸缩焊接式万向联轴器

表 7.2-12　DH 型短伸缩焊接式万向联轴器的主要尺寸（摘自 JB/T 5513—2006）

| 型号 | 回转直径 $D$/mm | 公称转矩 $T_n$ /kN·m | 轴线折角 $\beta$/(°) | 伸缩量 $L_s$/mm | 尺寸/mm | | | | | | | | | |
|---|---|---|---|---|---|---|---|---|---|---|---|---|---|---|
| | | | | | $L_{min}$ | $D_1$ js11 | $D_2$ H7 | $D_3$ | $L_m$ | $n \times \phi d$ | $k$ | $t$ | $b$ h9 | $g$ |
| SWC180DH1 | 180 | 22.4 | ≤15 | 55 | 600 | 155 | 105 | 114 | 110 | 8×φ17 | 17 | 5 | 24 | 7 |
| SWC180DH2 | | | | 105 | 650 | | | | | | | | | |
| SWC200DH1 | 200 | 36 | | 60 | 620 | 170 | 120 | 133 | 115 | | | | 28 | 8 |
| SWC200DH2 | | | | 120 | 680 | | | | | | | | | |
| SWC225DH1 | 225 | 56 | | 70 | 640 | 196 | 135 | 152 | 120 | | 20 | | 32 | 9 |
| SWC225DH2 | | | | 140 | 710 | | | | | | | | | |
| SWC250DH1 | 250 | 80 | | 70 | 735 | 218 | 150 | 168 | 140 | 8×φ19 | 25 | 6 | | 12.5 |
| SWC250DH2 | | | | 130 | 795 | | | | | | | | | |
| SWC285DH1 | 285 | 120 | | 80 | 880 | 245 | 170 | 194 | 160 | 8×φ23 | 27 | 7 | 40 | |
| SWC285DH2 | | | | 150 | 950 | | | | | | | | | 15 |
| SWC315DH1 | 315 | 160 | | 90 | 980 | 280 | 185 | 219 | 180 | 10×φ23 | 32 | | | |
| SWC315DH2 | | | | 180 | 1070 | | | | | | | | | |
| SWC350DH1 | 350 | 225 | | 90 | 1070 | 310 | 210 | 245 | 194 | | 35 | 8 | 50 | 16 |
| SWC350DH2 | | | | 190 | 1170 | | | | | | | | | |
| SWC390DH1 | 390 | 320 | | 90 | 1200 | 345 | 235 | 267 | 215 | 10×φ25 | 40 | | 70 | 18 |
| SWC390DH2 | | | | 190 | 1300 | | | | | | | | | |

注：1. $L_{min}$ 为缩短后的最小长度。
　　2. $L$ 为安装长度，按需要确定。

4）CH 型长伸缩焊接万向联轴器结构型式见图        7.2-11，主要尺寸见表 7.2-13。

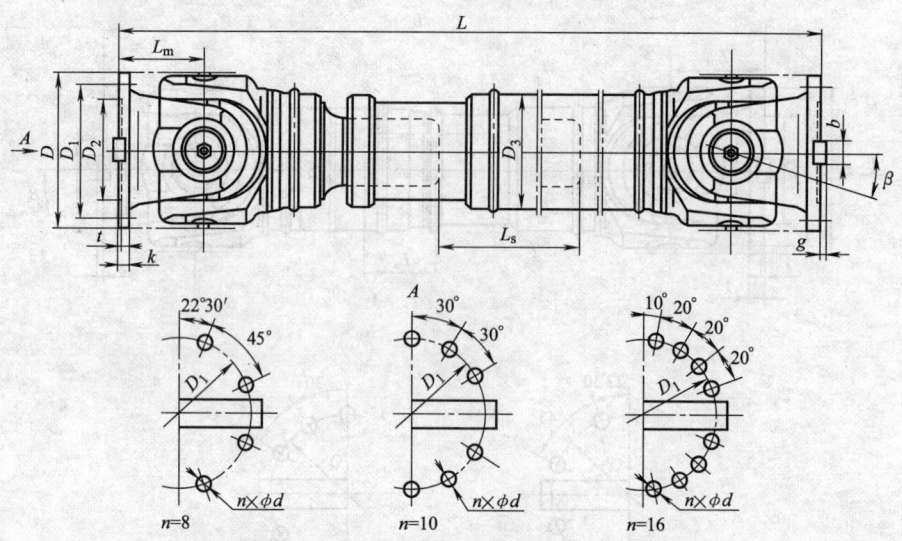

图7.2-11   CH 型长伸缩焊接万向联轴器

表 7.2-13   CH 型长伸缩焊接万向联轴器的主要尺寸（摘自 JB/T 5513—2006）

| 型号 | 回转直径 D/mm | 公称转矩 $T_n$ /kN·m | 轴线折角 β/(°) | 伸缩量 $L_s$/mm | 尺寸/mm | | | | | | | | |
|---|---|---|---|---|---|---|---|---|---|---|---|---|---|
| | | | | | $L_{min}$ | $D_1$ js11 | $D_2$ H7 | $D_3$ | $L_m$ | n × φd | k | t | b h9 |
| SWC180CH1 | 180 | 22.4 | | 200 | 925 | 155 | 105 | 114 | 110 | | 17 | 5.0 | 24 |
| SWC180CH2 | | | | 700 | 1425 | | | | | | | | |
| SWC200CH1 | 200 | 36 | | 200 | 975 | 170 | 120 | 133 | 115 | 8 × φ17 | | | 28 |
| SWC200CH2 | | | | 700 | 1465 | | | | | | | | |
| SWC225CH1 | 225 | 56 | | 220 | 1020 | 196 | 135 | 152 | 120 | | 20 | | 32 |
| SWC225CH2 | | | | 700 | 1500 | | | | | | | | |
| SWC250CH1 | 250 | 80 | | 300 | 1215 | 218 | 150 | 168 | 140 | 8 × φ19 | 25 | 6.0 | |
| SWC250CH2 | | | | 700 | 1615 | | | | | | | | |
| SWC285CH1 | 285 | 120 | | 400 | 1475 | 245 | 170 | 194 | 160 | 8 × φ21 | 27 | 7.0 | 40 |
| SWC285CH2 | | | | 800 | 1875 | | | | | | | | |
| SWC315CH1 | 315 | 160 | ≤15 | 400 | 1600 | 280 | 185 | 219 | 180 | | 32 | | |
| SWC315CH2 | | | | 800 | 2000 | | | | | 10 × φ23 | | | |
| SWC350CH1 | 350 | 225 | | 400 | 1715 | 310 | 210 | 245 | 194 | | 35 | 8.0 | 50 |
| SWC350CH2 | | | | 800 | 2115 | | | | | | | | |
| SWC390CH1 | 390 | 320 | | 400 | 1845 | 345 | 235 | 267 | 215 | 10 × φ25 | 40 | | 70 |
| SWC390CH2 | | | | 800 | 2245 | | | | | | | | |
| SWC440CH1 | 440 | 500 | | 400 | 2110 | 390 | 255 | 325 | 260 | 16 × φ28 | 42 | 10.0 | 80 |
| SWC440CH2 | | | | 800 | 2510 | | | | | | | | |
| SWC490CH1 | 490 | 700 | | 400 | 2220 | 435 | 275 | 351 | 270 | | 47 | | 90 |
| SWC490CH2 | | | | 800 | 2620 | | | | | 16 × φ31 | | 12.0 | |
| SWC550CH1 | 550 | 1000 | | 400 | 2585 | 492 | 320 | 426 | 305 | | 50 | | 100 |
| SWC550CH2 | | | | 1000 | 3085 | | | | | | | | |

注：1. $L_{min}$ 为缩短后的最小长度。
　　2. L 为安装长度，按需要确定。

5）WH 型无伸缩焊接式万向联轴器结构型式见 图 7.2-12，主要尺寸见表 7.2-14。

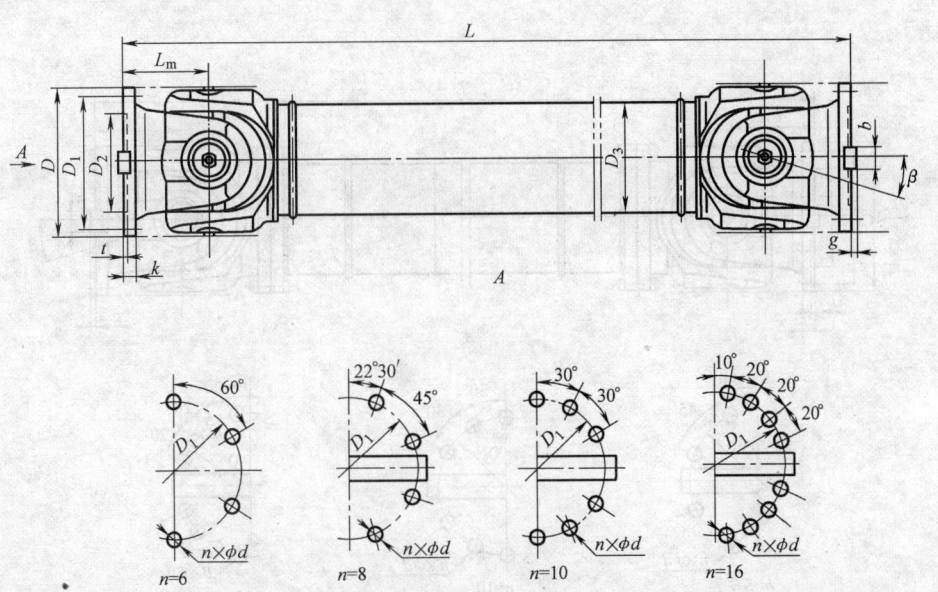

图7.2-12 WH 型无伸缩焊接式万向联轴器

表 7.2-14 WH 型无伸缩焊接式万向联轴器的主要尺寸（摘自 JB/T 5513—2006）

| 型号 | 回转直径 D/mm | 公称转矩 $T_n$ /kN·m | 轴线折角 β/(°) | 尺寸/mm | | | | | | | | | |
|---|---|---|---|---|---|---|---|---|---|---|---|---|---|
| | | | | $L_{min}$ | $D_1$ js11 | $D_2$ H7 | $D_3$ | $L_m$ | $n \times \phi d$ | $k$ | $t$ | $b$ h9 | $g$ |
| SWC100WH | 100 | 2.5 | ≤25 | 243 | 84 | 57 | 60 | 55 | 6 × φ9 | 7 | 2.5 | — | — |
| SWC120WH | 120 | 5 | | 307 | 102 | 75 | 70 | 65 | 8 × φ11 | 8 | | — | — |
| SWC150WH | 150 | 10 | | 350 | 130 | 90 | 89 | 80 | 8 × φ13 | 10 | 3 | | |
| SWC180WH | 180 | 22.4 | | 480 | 155 | 105 | 114 | 110 | 8 × φ17 | 17 | 5 | 24 | 7 |
| SWC200WH | 200 | 36 | | 500 | 170 | 120 | 133 | 115 | | | | 28 | 8 |
| SWC225WH | 225 | 56 | | 520 | 196 | 135 | 152 | 120 | | 20 | | 32 | 9 |
| SWC250WH | 250 | 80 | | 620 | 218 | 150 | 168 | 140 | 8 × φ19 | 25 | 6 | 40 | 12.5 |
| SWC285WH | 285 | 120 | | 720 | 245 | 170 | 194 | 160 | 8 × φ21 | 27 | 7 | | 15 |
| SWC315WH | 315 | 160 | ≤15 | 805 | 280 | 185 | 219 | 180 | 10 × φ23 | 32 | | | |
| SWC350WH | 350 | 225 | | 875 | 310 | 210 | 245 | 194 | | 35 | 8 | 50 | 16 |
| SWC390WH | 390 | 320 | | 955 | 345 | 235 | 267 | 215 | 10 × φ25 | 40 | | 70 | 18 |
| SWC440WH | 440 | 500 | | 1155 | 390 | 255 | 325 | 260 | 16 × φ28 | 42 | 10 | 80 | 20 |
| SWC490WH | 490 | 700 | | 1205 | 435 | 275 | 351 | 270 | 16 × φ31 | 47 | 12 | 90 | 22.5 |
| SWC550WH | 550 | 1000 | | 1355 | 492 | 320 | 426 | 305 | | 50 | | 100 | |

注：1. $L_{min}$ 为允许的最小长度。
2. L 为安装长度，按需要确定。

6）WF 型无伸缩法兰式万向联轴器结构型式见     图 7.2-13，主要尺寸见表 7.2-15。

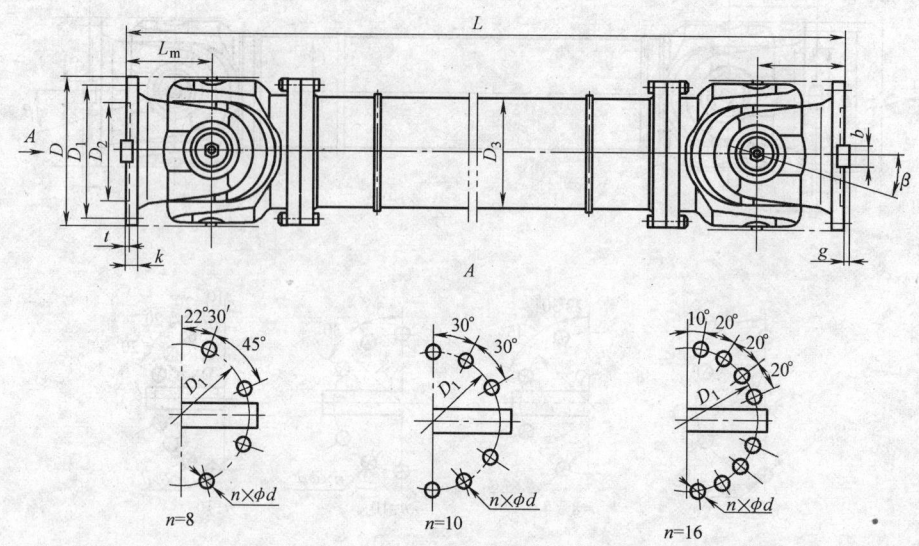

**图7.2-13   WF 型无伸缩法兰式万向联轴器**

**表 7.2-15   WF 型无伸缩法兰式万向联轴器的主要尺寸**（摘自 JB/T 5513—2006）

| 型号 | 回转直径 $D$/mm | 公称转矩 $T_n$ /kN·m | 轴线折角 $\beta$/(°) | 尺寸/mm | | | | | | | | | |
|---|---|---|---|---|---|---|---|---|---|---|---|---|---|
| | | | | $L_{min}$ | $D_1$ js11 | $D_2$ H7 | $D_3$ | $L_m$ | $n \times \phi d$ | $k$ | $t$ | $b$ h9 | $g$ |
| SWC180WF | 180 | 22.4 | | 560 | 155 | 105 | 114 | 110 | | 17 | 5 | 24 | 7 |
| SWC200WF | 200 | 36 | | 585 | 170 | 120 | 133 | 115 | $8 \times \phi17$ | | | 28 | 8 |
| SWC225WF | 225 | 56 | | 610 | 196 | 135 | 152 | 120 | | 20 | | 32 | 9 |
| SWC250WF | 250 | 80 | | 715 | 218 | 150 | 168 | 140 | $8 \times \phi19$ | 25 | 6 | | 12.5 |
| SWC285WF | 285 | 120 | ≤15 | 810 | 245 | 170 | 194 | 160 | $8 \times \phi21$ | 27 | 7 | 40 | 15 |
| SWC315WF | 315 | 160 | | 915 | 280 | 185 | 219 | 180 | $10 \times \phi23$ | 32 | | | |
| SWC350WF | 350 | 225 | | 980 | 310 | 210 | 245 | 194 | | 35 | 8 | 50 | 16 |
| SWC390WF | 390 | 320 | | 1100 | 345 | 235 | 267 | 215 | $10 \times \phi25$ | 40 | | 70 | 18 |
| SWC440WF | 440 | 500 | | 1290 | 390 | 255 | 325 | 260 | $16 \times \phi28$ | 42 | 10 | 80 | 20 |
| SWC490WF | 490 | 700 | | 1360 | 435 | 275 | 351 | 270 | $16 \times \phi31$ | 47 | 12 | 90 | 22.5 |
| SWC550WF | 550 | 1000 | | 1510 | 492 | 320 | 426 | 305 | | 50 | | 100 | |

注：1. $L_{min}$ 为允许的最小长度。

     2. $L$ 为安装长度，按需要确定。

7）WD 型无伸缩短式万向联轴器结构型式见图 7.2-14，主要尺寸见表 7.2-16。

8）SWC 型万向联轴器与相配件的连接。万向联轴器通过高强度螺栓与螺母把两端法兰连接在其他相配件上。其他配件的连接尺寸及螺栓预紧力矩按图 7.2-15 和表 7.2-17 的规定。连接螺栓只能从相配件的法兰侧装入，螺母由另一侧预紧。其螺栓的力学性能应符合 GB/T 3098.1—2000 中的 10.9 级的规定，螺母的力学性能应能符合 GB/T 3098.2—2000 中的 10 级的规定。

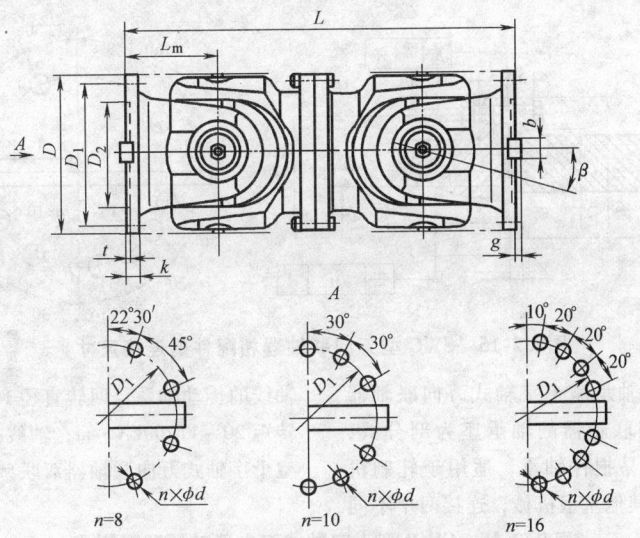

图7.2-14　WD 型无伸缩短式万向联轴器

表 7.2-16　WD 型无伸缩短式万向联轴器的主要尺寸（摘自 JB/T 5513—2006）

| 型号 | 回转直径 $D$/mm | 公称转矩 $T_n$ /kN·m | 轴线折角 $\beta$/(°) | 尺寸/mm | | | | | | | | |
|---|---|---|---|---|---|---|---|---|---|---|---|---|
| | | | | $L$ | $D_1$ js11 | $D_2$ H7 | $L_m$ | $n \times \phi d$ | $k$ | $t$ | $b$ h9 | $g$ |
| SWC180WD | 180 | 22.4 | | 440 | 155 | 105 | 110 | $8 \times \phi17$ | 17 | 5 | 24 | 7 |
| SWC200WD | 200 | 36 | | 460 | 170 | 120 | 115 | | | | 28 | 8 |
| SWC225WD | 225 | 56 | | 480 | 196 | 135 | 120 | | 20 | | 32 | 9 |
| SWC250WD | 250 | 80 | | 560 | 218 | 150 | 140 | $8 \times \phi19$ | 25 | 6 | | 12.5 |
| SWC285WD | 285 | 120 | | 640 | 245 | 170 | 160 | $8 \times \phi21$ | 27 | 7 | 40 | 15 |
| SWC315WD | 315 | 160 | ≤15 | 720 | 280 | 185 | 180 | $10 \times \phi23$ | 32 | | | |
| SWC350WD | 350 | 225 | | 776 | 310 | 210 | 194 | | 35 | 8 | 50 | 16 |
| SWC390WD | 390 | 320 | | 860 | 345 | 235 | 215 | $10 \times \phi25$ | 40 | | 70 | 18 |
| SWC440WD | 440 | 500 | | 1040 | 390 | 255 | 260 | $16 \times \phi28$ | 42 | 10 | 80 | 20 |
| SWC490WD | 490 | 700 | | 1080 | 435 | 275 | 270 | $16 \times \phi31$ | 47 | 12 | 90 | 22.5 |
| SWC550WD | 550 | 1000 | | 1220 | 492 | 320 | 305 | | 50 | | 100 | |

注：$L$ 为安装长度。

表 7.2-17　SWC 型万向联轴器相配件的连接尺寸及螺栓预紧力矩（摘自 JB/T 5513—2006）

| 型号 | 回转直径 $D$/mm | 螺栓数 $n$ | 螺栓规格 $d \times L$ /mm | 预紧力矩 $T_a$ /N·m | 尺寸/mm | | | | | | | | |
|---|---|---|---|---|---|---|---|---|---|---|---|---|---|
| | | | | | $D_1$ js11 | $D_2$ f8 | $D_3$ | $k$ | $b$ (js8) | $g$ $+0.5$ $0$ | $t$ | $\delta$ | $\delta_1$ |
| SWC100 | 100 | 6 | M8×25 | 35 | 84 | 57 | 70.5 | 7 | — | | $2.3^{\;0}_{-0.2}$ | 0.04 | |
| SWC120 | 120 | | M10×30 | 69 | 102 | 75 | 84 | 8 | | | | | 0.025 |
| SWC150 | 150 | | M12×40 | 120 | 130 | 90 | 110.3 | 10 | | | $2.5^{\;0}_{-0.2}$ | | |
| SWC180 | 180 | 8 | M16×60 | 295 | 155 | 105 | 130.5 | 17 | 24 | 7.5 | $4^{\;0}_{-0.2}$ | 0.05 | |
| SWC200 | 200 | | M16×65 | | 170 | 120 | 145 | | 28 | 8.5 | | | |
| SWC225 | 225 | | | | 196 | 135 | 171 | 20 | 32 | 9.5 | | | 0.03 |
| SWC250 | 250 | | M18×75 | 405 | 218 | 150 | 190 | 25 | | 13 | $5^{\;0}_{-0.2}$ | | |
| SWC285 | 285 | | M20×80 | 580 | 245 | 170 | 214 | 27 | 40 | 15.5 | $6^{\;0}_{-0.5}$ | | |
| SWC315 | 315 | 10 | M22×95 | 780 | 280 | 185 | 247 | 32 | | | | 0.06 | |
| SWC350 | 350 | | M22×100 | | 310 | 210 | 277 | 35 | 50 | 16.5 | $7^{\;0}_{-0.5}$ | | |
| SWC390 | 390 | | M24×120 | 1000 | 345 | 235 | 308 | 40 | 70 | 18.5 | | | |
| SWC440 | 440 | | M27×120 | 1500 | 390 | 255 | 347 | 42 | 80 | 20.5 | $9^{\;0}_{-0.5}$ | | 0.04 |
| SWC490 | 490 | 16 | M30×140 | 2000 | 435 | 275 | 387 | 47 | 90 | 23 | $11^{\;0}_{-0.5}$ | | |
| SWC550 | 550 | | M30×140 | | 492 | 320 | 444 | 50 | 100 | | | 0.08 | |

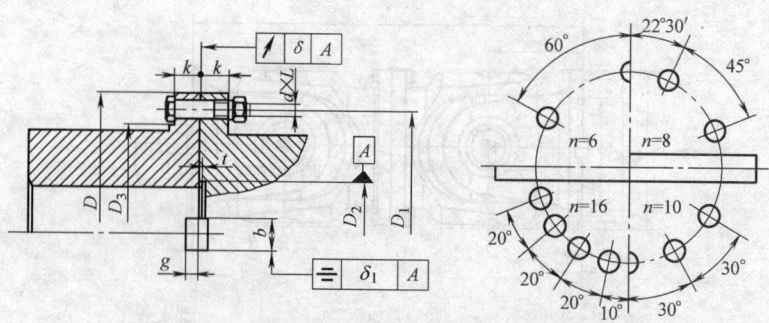

**图7.2-15 SWC 型万向联轴器相配件的连接尺寸**

（2）SWP 型剖分轴承座十字轴式万向联轴器

SWP 型十字轴式万向联轴器的轴承座为剖分式，由螺栓固定，便于更换易损件轴承，适用于轧制机械、起重运输机械以及其他重型机械，连接两个不同轴线的传动轴系，回转直径 160～1200mm；传递公称转矩 20～11200kN·m；轴线折角 $\beta \leqslant 5°～25°$。SWP 型十字轴式万向联轴器双联型式见表 7.2-18。

**表 7.2-18 SWP 型十字轴式万向联轴器双联型式**

| 型式代号 | 名 称 | 图 示 |
|:---:|:---:|:---:|
| A | 有伸缩长型 | |
| B | 有伸缩短型 | |
| C | 无伸缩短型 | |
| D | 无伸缩长型 | |
| E | 有伸缩双法兰长型 | |
| F | 大伸缩长型 | |

（续）

| 型式代号 | 名 称 | 图 示 |
|---|---|---|
| G | 有伸缩超短型 | |
| ZG | 正装贯通型 | |
| FG | 反装贯通型 | |

1) A 型有伸缩长型万向联轴器结构型式见图 7.2-16，主要尺寸见表 7.2-19。

2) B 型有伸缩短型万向联轴器结构型式见图 7.2-17，主要尺寸见表 7.2-20。

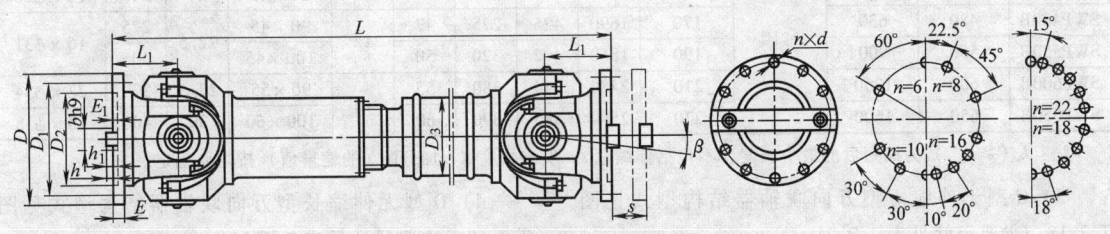

**图 7.2-16　A 型有伸缩长型万向联轴器**

**表 7.2-19　A 型有伸缩长型万向联轴器的主要尺寸**（摘自 JB/T 3241—2005）

| 型号 | 回转直径 $D$/mm | 公称转矩 $T_n$ /kN·m | 轴线折角 $\beta$/(°) | 伸缩量 $s$ /mm | 尺寸/mm |||||||||
|---|---|---|---|---|---|---|---|---|---|---|---|---|---|
| | | | | | $L_{min}$ | $D_1$ | $D_2$ H7 | $D_3$ | $E$ | $E_1$ | $b \times h$ | $h_1$ | $L_1$ | $n \times d$ |
| SWP160A | 160 | 20 | | 50 | 655 | 140 | 95 | 121 | | 4 | 20×12 | 6 | 90 | 6×φ13 |
| SWP180A | 180 | 28 | | 60 | 760 | 155 | 105 | 127 | 15 | 4 | 24×14 | 7 | 105 | 6×φ15 |
| SWP200A | 200 | 40 | | 70 | 825 | 175 | 125 | 140 | 17 | | 28×16 | 8 | 120 | 8×φ15 |
| SWP225A | 225 | 56 | | 80 | 950 | 196 | 135 | 168 | 20 | 5 | 32×18 | 9 | 145 | 8×φ17 |
| SWP250A | 250 | 80 | ≤15 | 90 | 1055 | 218 | 150 | 219 | 25 | | 40×25 | 12.5 | 165 | 8×φ19 |
| SWP285A | 285 | 112 | | 100 | 1200 | 245 | 170 | 219 | 27 | 7 | 40×30 | 15 | 180 | 8×φ21 |
| SWP315A | 315 | 160 | | 110 | 1330 | 280 | 185 | 273 | 32 | 7 | | | 205 | 10×φ23 |
| SWP350A | 350 | 224 | | 120 | 1480 | 310 | 210 | 273 | 25 | 8 | 50×32 | 16 | 225 | |
| SWP390A | 390 | 315 | | | 1480 | 345 | 235 | 273 | 40 | 8 | 70×36 | 18 | 215 | 10×φ25 |
| SWP435A | 435 | 450 | | 150 | 1670 | 385 | 255 | 325 | 42 | 10 | 80×40 | 20 | 245 | 16×φ28 |
| SWP480A | 480 | 630 | ≤10 | 170 | 1860 | 425 | 275 | 351 | 47 | 12 | 90×45 | 22.5 | 275 | 16×φ31 |
| SWP550A | 550 | 900 | | 190 | 2100 | 492 | 320 | 426 | 50 | 12 | 100×45 | 22.5 | 305 | |
| SWP600A | 600 | 1250 | | 210 | 2520 | 544 | 380 | 480 | 55 | 15 | 90×55 | 27.5 | 370 | 22×φ34 |
| SWP650A | 650 | 1600 | | 230 | 2630 | 585 | 390 | 500 | 60 | 15 | 100×60 | 30 | 405 | 18×φ38 |

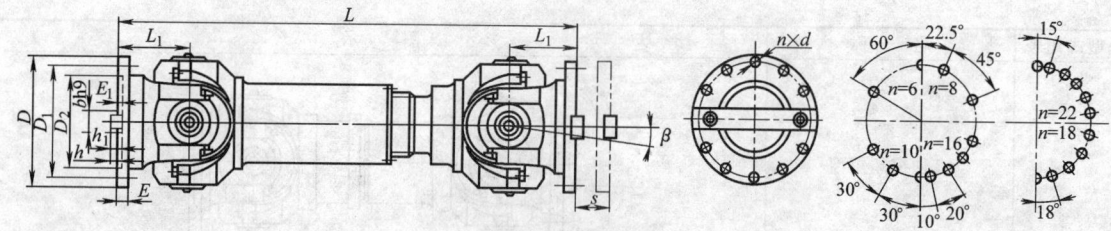

图 7.2-17　B 型有伸缩短型万向联轴器

表 7.2-20　B 型有伸缩短型万向联轴器的主要尺寸（摘自 JB/T 3241—2005）

| 型号 | 回转直径 $D$/mm | 公称转矩 $T_n$ /kN·m | 轴线折角 $\beta$/(°) | 伸缩量 $s$ /mm | 尺寸/mm | | | | | | | | |
|---|---|---|---|---|---|---|---|---|---|---|---|---|---|
| | | | | | $L_{min}$ | $D_1$ | $D_2$ H7 | $E$ | $E_1$ | $b \times h$ | $h_1$ | $L_1$ | $n \times d$ |
| SWP160B | 160 | 20 | | 50 | 575 | 140 | 95 | 15 | 4 | 20×12 | 6 | 90 | 6×φ13 |
| SWP180B | 180 | 28 | | 60 | 650 | 155 | 105 | | | 24×14 | 7 | 105 | 6×φ15 |
| SWP200B | 200 | 40 | | 70 | 735 | 175 | 125 | 17 | 5 | 28×16 | 8 | 120 | 8×φ15 |
| SWP225B | 225 | 56 | ≤15 | 76 | 850 | 196 | 135 | 20 | | 32×18 | 9 | 145 | 8×φ17 |
| SWP250B | 250 | 80 | | 80 | 920 | 218 | 150 | 25 | | 40×25 | 12.5 | 165 | 8×φ19 |
| SWP285B | 285 | 112 | | 100 | 1070 | 245 | 170 | 27 | 7 | 40×30 | 15 | 180 | 8×φ21 |
| SWP315B | 315 | 160 | | 110 | 1200 | 280 | 185 | 32 | | | | 205 | 10×φ23 |
| SWP350B | 350 | 224 | | 120 | 1330 | 310 | 210 | 35 | 8 | 50×32 | 16 | 225 | 10×φ23 |
| SWP390B | 390 | 315 | | | 1290 | 345 | 235 | 40 | | 70×36 | 18 | 215 | 10×φ25 |
| SWP435B | 435 | 450 | | 150 | 1520 | 385 | 255 | 42 | 10 | 80×40 | 20 | 245 | 16×φ28 |
| SWP480B | 480 | 630 | | 170 | 1690 | 425 | 275 | 47 | 12 | 90×45 | 22.5 | 275 | 16×φ31 |
| SWP550B | 550 | 900 | ≤10 | 190 | 1850 | 492 | 320 | 50 | | 100×45 | | 305 | 16×φ31 |
| SWP600B | 600 | 1250 | | 210 | 2480 | 544 | 380 | 55 | 15 | 90×55 | 27.5 | 370 | 22×φ34 |
| SWP650B | 650 | 1600 | | 230 | 2580 | 585 | 390 | 60 | | 100×60 | 30 | 405 | 18×φ38 |

注：$L$（$\geqslant L_{min}$）为缩短后的最小长度，不包括伸缩量 $s$。安装长度（$L$ 加分配 $s$ 的缩量值）按需要确定。

3）C 型无伸缩短型万向联轴器结构型式见图 7.2-18，主要尺寸见表 7.2-21。

4）D 型无伸缩长型万向联轴器结构型式见图 7.2-19，主要尺寸见表 7.2-22。

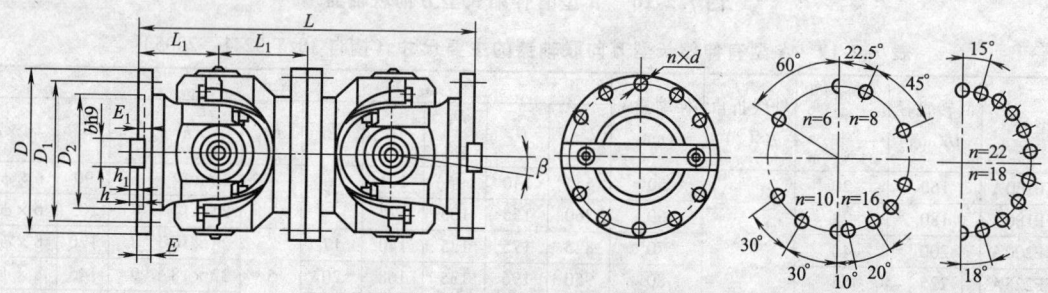

图 7.2-18　C 型无伸缩短型万向联轴器

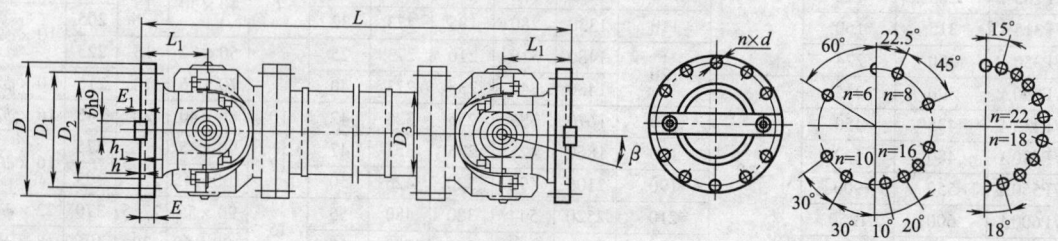

图 7.2-19　D 型无伸缩长型万向联轴器

**表 7.2-21　C 型无伸缩短型万向联轴器的主要尺寸**（摘自 JB/T 3241—2005）

| 型号 | 回转直径 $D$/mm | 公称转矩 $T_n$ /kN·m | 轴线折角 $\beta$/(°) | $L$ | $D_1$ | $D_2$ H7 | $E$ | $E_1$ | $b \times h$ | $h_1$ | $L_1$ | $n \times d$ |
|---|---|---|---|---|---|---|---|---|---|---|---|---|
| SWP160C | 160 | 20 | | 360 | 140 | 95 | 15 | 4 | 20×12 | 6 | 90 | 6×φ13 |
| SWP180C | 180 | 28 | | 420 | 155 | 105 | | | 24×14 | 7 | 105 | 6×φ15 |
| SWP200C | 200 | 40 | | 480 | 175 | 125 | 17 | | 28×16 | 8 | 120 | 8×φ15 |
| SWP225C | 225 | 56 | ≤15 | 580 | 196 | 135 | 20 | 5 | 32×18 | 9 | 145 | 8×φ17 |
| SWP250C | 250 | 80 | | 660 | 218 | 150 | 25 | | 40×25 | 12.5 | 165 | 8×φ19 |
| SWP285C | 285 | 112 | | 720 | 245 | 170 | 27 | 7 | 40×30 | 15 | 180 | 8×φ21 |
| SWP315C | 315 | 160 | | 820 | 280 | 185 | 32 | | | | 205 | 10×φ23 |
| SWP350C | 350 | 224 | | 900 | 310 | 210 | 35 | 8 | 50×32 | 16 | 225 | |
| SWP390C | 390 | 315 | | 860 | 345 | 235 | 40 | | 70×36 | 18 | 215 | 10×φ25 |
| SWP435C | 435 | 450 | | 980 | 385 | 255 | 42 | 10 | 80×40 | 20 | 245 | 16×φ28 |
| SWP480C | 480 | 630 | ≤10 | 1100 | 425 | 275 | 47 | 12 | 90×45 | 22.5 | 275 | 16×φ31 |
| SWP550C | 550 | 900 | | 1220 | 492 | 320 | 50 | | 100×45 | | 305 | |
| SWP600C | 600 | 1250 | | 1480 | 544 | 380 | 55 | 15 | 90×55 | 27.5 | 370 | 22×φ34 |
| SPW650C | 650 | 1600 | | 1620 | 585 | 390 | 60 | | 100×60 | 30 | 405 | 18×φ38 |

**表 7.2-22　D 型无伸缩长型万向联轴器的主要尺寸**（摘自 JB/T 3241—2005）

| 型号 | 回转直径 $D$/mm | 公称转矩 $T_n$ /kN·m | 轴线折角 $\beta$/(°) | $L_{min}$ | $D_1$ | $D_2$ H7 | $D_3$ | $E$ | $E_1$ | $b \times h$ | $h_1$ | $L_1$ | $n \times d$ |
|---|---|---|---|---|---|---|---|---|---|---|---|---|---|
| SWP160D | 160 | 20 | | 450 | 140 | 95 | 121 | 15 | 4 | 20×12 | 6 | 90 | 6×φ13 |
| SWP180D | 180 | 28 | | 515 | 155 | 105 | 127 | | | 24×14 | 7 | 105 | 6×φ15 |
| SWP200D | 200 | 40 | | 585 | 175 | 125 | 140 | 17 | | 28×16 | 8 | 120 | 8×φ15 |
| SWP225D | 225 | 56 | ≤15 | 700 | 196 | 135 | 168 | 20 | 5 | 32×18 | 9 | 145 | 8×φ17 |
| SWP250D | 250 | 80 | | 810 | 218 | 150 | 219 | 25 | | 40×25 | 12.5 | 165 | 8×φ19 |
| SWP285D | 285 | 112 | | 880 | 245 | 170 | 219 | 27 | 7 | 40×30 | 15 | 180 | 8×φ21 |
| SWP315D | 315 | 160 | | 1000 | 280 | 185 | 273 | 32 | | | | 205 | 10×φ23 |
| SWP350D | 350 | 224 | | 1100 | 310 | 210 | 273 | 35 | 8 | 50×32 | 16 | 225 | |
| SWP390D | 390 | 315 | | 1100 | 345 | 235 | 273 | 40 | | 70×36 | 18 | 215 | 10×φ25 |
| SWP435D | 435 | 450 | | 1220 | 385 | 255 | 325 | 42 | 10 | 80×40 | 20 | 245 | 16×φ28 |
| SWP480D | 480 | 630 | ≤10 | 1400 | 425 | 275 | 351 | 47 | 12 | 90×45 | 22.5 | 275 | 16×φ31 |
| SWP550D | 550 | 900 | | 1520 | 492 | 320 | 426 | 50 | | 100×45 | | 305 | |
| SWP600D | 600 | 1250 | | 1880 | 544 | 380 | 480 | 55 | 15 | 90×55 | 27.5 | 370 | 22×φ34 |
| SWP650D | 650 | 1600 | | 2040 | 585 | 390 | 500 | 60 | | 100×60 | 30 | 405 | 18×φ38 |

注：$L$（$\geqslant L_{min}$）按需要确定。

5）E 型有伸缩双法兰长型万向联轴器结构型式见图 7.2-20，主要尺寸见表 7.2-23。

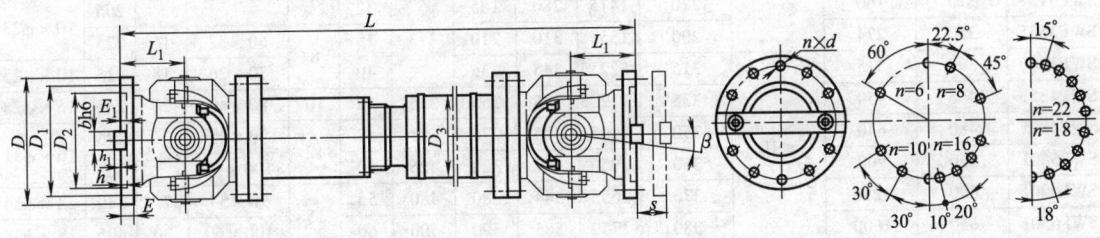

**图 7.2-20　E 型有伸缩双法兰长型万向联轴器**

表 7.2-23　E 型有伸缩双法兰长型万向联轴器的主要尺寸（摘自 JB/T 3241—2005）

| 型号 | 回转直径 D/mm | 公称转矩 $T_n$ /kN·m | 轴线折角 $\beta$/(°) | 伸缩量 s /mm | 尺寸/mm | | | | | | | | | |
|---|---|---|---|---|---|---|---|---|---|---|---|---|---|---|
| | | | | | $L_{min}$ | $D_1$ | $D_2$ H7 | $D_3$ | E | $E_1$ | $b \times h$ | $h_1$ | $L_1$ | $n \times d$ |
| SWP160E | 160 | 20 | | 50 | 710 | 140 | 95 | 121 | | 4 | 20×12 | 6 | 90 | 6×φ13 |
| SWP180E | 180 | 28 | | 60 | 810 | 155 | 105 | 127 | 15 | | 24×14 | 7 | 105 | 6×φ15 |
| SWP200E | 200 | 40 | | 70 | 885 | 175 | 125 | 140 | 17 | | 28×16 | 8 | 120 | 8×φ15 |
| SWP225E | 225 | 56 | ≤15 | 76 | 1020 | 196 | 135 | 168 | 20 | 5 | 32×18 | 9 | 145 | 8×φ17 |
| SWP250E | 250 | 80 | | 80 | 1135 | 218 | 150 | 219 | 25 | | 40×25 | 12.5 | 165 | 8×φ19 |
| SWP285E | 285 | 112 | | 100 | 1280 | 245 | 170 | 219 | 27 | 7 | 40×30 | 15 | 180 | 8×φ21 |
| SWP315E | 315 | 160 | | 110 | 1430 | 280 | 185 | 273 | 32 | | | | 205 | 10×φ23 |
| SWP350E | 350 | 224 | | 120 | 1580 | 310 | 210 | 273 | 35 | 8 | 50×32 | 16 | 225 | |
| SWP390E | 390 | 315 | | | 1600 | 345 | 235 | 273 | 40 | | 70×36 | 18 | 215 | 10×φ25 |
| SWP435E | 435 | 450 | | 150 | 1825 | 385 | 255 | 325 | 42 | 10 | 80×40 | 20 | 245 | 16×φ28 |
| SWP480E | 480 | 630 | | 170 | 2080 | 425 | 275 | 351 | 47 | | 90×45 | | 275 | |
| SWP550E | 550 | 900 | ≤10 | 190 | 2300 | 492 | 320 | 426 | 50 | 12 | 100×45 | 22.5 | 305 | 16×φ31 |
| SWP600E | 600 | 1250 | | 210 | 2865 | 544 | 380 | 480 | 55 | | 90×55 | 27.5 | 370 | 22×φ34 |
| SWP650E | 650 | 1600 | | 230 | 3140 | 585 | 390 | 500 | 60 | 15 | 100×60 | 30 | 405 | 18×φ38 |

注：$L$（$\geq L_{min}$）为缩短后的最小长度，不包括伸缩量 s。安装长度（$L$ 加分配 s 的缩量值）按需要确定。

6）F 型大伸缩长型万向联轴器结构型式见图 7.2-21，主要尺寸见表 7.2-24。

7）G 型有伸缩超短型万向联轴器结构型式见图 7.2-22，主要尺寸见表 7.2-25。

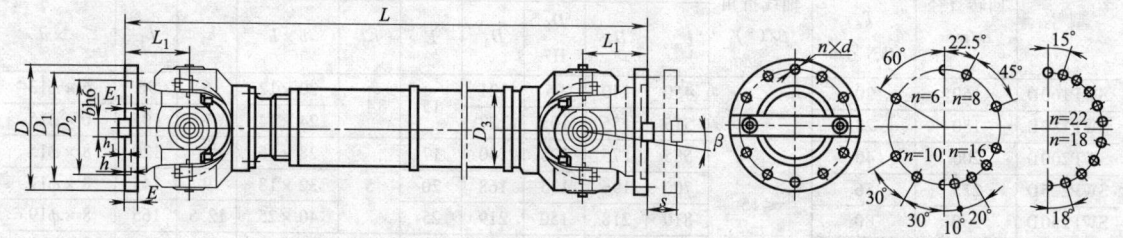

图 7.2-21　F 型大伸缩长型万向联轴器

表 7.2-24　F 型大伸缩长型万向联轴器的主要尺寸（摘自 JB/T 3241—2005）

| 型号 | 回转直径 D/mm | 公称转矩 $T_n$ /kN·m | 轴线折角 $\beta$/(°) | 伸缩量 s /mm | 尺寸/mm | | | | | | | | | |
|---|---|---|---|---|---|---|---|---|---|---|---|---|---|---|
| | | | | | $L_{min}$ | $D_1$ | $D_2$ H7 | $D_3$ | E | $E_1$ | $b \times h$ | $h_1$ | $L_1$ | $n \times d$ |
| SWP160F | 160 | 20 | | 150 | 715 | 140 | 95 | 121 | | 4 | 20×12 | 6 | 90 | 6×φ13 |
| SWP180F | 180 | 28 | | 170 | 785 | 155 | 105 | 127 | 15 | | 24×14 | 7 | 105 | 6×φ15 |
| SWP200F | 200 | 40 | | 190 | 955 | 175 | 125 | 140 | 17 | | 28×16 | 8 | 120 | 8×φ15 |
| SWP225F | 225 | 56 | ≤15 | 210 | 1025 | 196 | 135 | 168 | 20 | 5 | 32×18 | 9 | 145 | 8×φ17 |
| SWP250F | 250 | 80 | | 220 | 1120 | 218 | 150 | 219 | 25 | | 40×25 | 12.5 | 165 | 8×φ19 |
| SWP285F | 285 | 112 | | 240 | 1270 | 245 | 170 | | 27 | 7 | 40×30 | 15 | 180 | 8×φ21 |
| SWP315F | 315 | 160 | | 270 | 1415 | 280 | 185 | | 32 | | | | 205 | 10×φ23 |
| SWP350F | 350 | 224 | | 290 | 1555 | 310 | 210 | 273 | 35 | 8 | 50×32 | 16 | 225 | |
| SWP390F | 390 | 315 | | 315 | 1522.5 | 345 | 235 | | 40 | | 70×36 | 18 | 215 | 10×φ25 |
| SWP435F | 435 | 450 | | 335 | 1712.5 | 385 | 255 | 325 | 42 | 10 | 80×40 | 20 | 245 | 16×φ28 |
| SWP480F | 480 | 630 | | 350 | 1905 | 425 | 275 | 351 | 47 | | 90×45 | | 275 | |
| SWP550F | 550 | 900 | ≤10 | 360 | 2050 | 492 | 320 | 426 | 50 | 12 | 100×45 | 22.5 | 305 | 16×φ31 |
| SWP600F | 600 | 1250 | | 370 | 2655 | 544 | 380 | 480 | 55 | | 90×55 | 27.5 | 370 | 22×φ34 |
| SWP650F | 650 | 1600 | | 380 | 2750 | 585 | 390 | 500 | 60 | 15 | 100×60 | 30 | 405 | 18×φ38 |

注：$L$（$\geq L_{min}$）为缩短后的最小长度，不包括伸缩量 s。安装长度（$L$ 加分配 s 的缩量值）按需要确定。

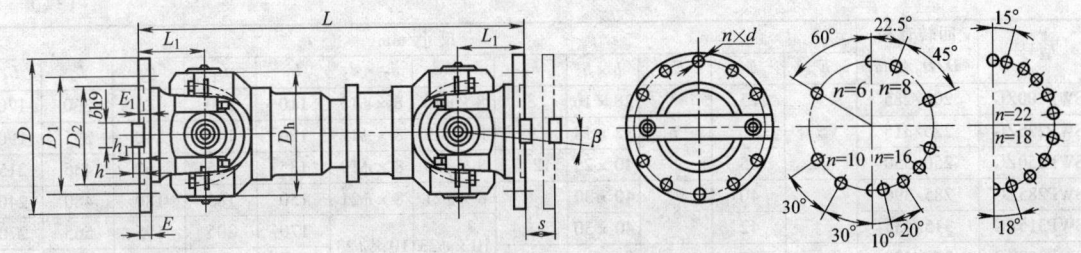

图 7.2-22　G 型有伸缩超短型万向联轴器

**表 7.2-25　G 型有伸缩超短型万向联轴器的主要尺寸**（摘自 JB/T 3241—2005）

| 型号 | 回转直径 $D_h$/mm | 公称转矩 $T_n$ /kN·m | 轴线折角 $\beta$/(°) | 伸缩量 $s$ /mm | 尺寸/mm | | | | | | | | | |
|---|---|---|---|---|---|---|---|---|---|---|---|---|---|---|
| | | | | | $L$ | $D$ | $D_1$ | $D_2$ H7 | $E$ | $E_1$ | $b \times h$ | $h_1$ | $L_1$ | $n \times d$ |
| SWP225G | 225 | 56 | ≤5 | 40 | 470 | 275 | 248 | 135 | 15 | 5 | 32×18 | 9 | 80 | 10×φ15 |
| SWP250G | 250 | 80 | | | 600 | 305 | 275 | 150 | | | 40×18 | | 100 | 10×φ17 |
| SWP285G | 285 | 112 | | | 665 | 348 | 314 | 170 | 18 | 7 | 40×24 | 12 | 120 | 10×φ19 |
| SWP315G | 315 | 160 | | | 740 | 360 | 328 | 185 | | | | | 135 | |
| SWP350G | 350 | 224 | | 55 | 850 | 405 | 370 | 210 | 22 | 8 | 50×32 | 16 | 150 | 10×φ21 |

注：安装长度（$L$ 加分配 $s$ 的缩量值）按需要确定。

8）ZG 型正装贯通型十字轴式万向联轴器结构型式见图 7.2-23，主要尺寸见表 7.2-26。

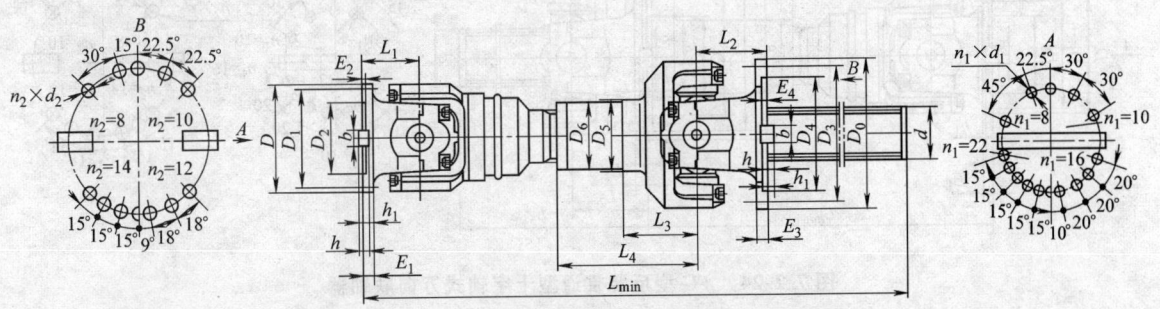

图 7.2-23　ZG 型正装贯通型十字轴式万向联轴器

**表 7.2-26　ZG 型正装贯通型十字轴式万向联轴器的主要尺寸**（摘自 JB/T 3241—2005）

| 型号 | 回转直径 $D/D_0$/mm | 公称转矩 $T_n$ /kN·m | 轴线折角 $\beta$/(°) | 伸缩量 $s$ /mm | 尺寸/mm | | | | | | | | | | | |
|---|---|---|---|---|---|---|---|---|---|---|---|---|---|---|---|---|
| | | | | | $L_{min}$ | $D$ | $D_0$ | $D_1$ JS11 | $D_2$ H7 | $D_3$ JS11 | $D_4$ H7 | $D_5$ | $D_6$ | $d$ | $E_1$ |
| SWP200ZG | 200/285 | 40 | ≤10 | 600 | 820 | 200 | 85 | 175 | 90 | 260 | 195 | 135 | 120 | 90 | 17 |
| SWP225ZG | 225/315 | 56 | | 650 | 920 | 225 | 315 | 196 | 105 | 285 | 220 | 155 | 130 | 100 | 20 |
| SWP250ZG | 250/350 | 80 | | 700 | 1020 | 250 | 350 | 218 | 115 | 315 | 240 | 170 | 155 | 115 | 25 |
| SWP285ZG | 285/390 | 112 | | 750 | 1140 | 285 | 390 | 245 | 135 | 355 | 270 | 190 | 175 | 132 | 27 |
| SWP315ZG | 315/435 | 160 | | 750 | 1300 | 315 | 435 | 280 | 150 | 390 | 300 | 215 | 205 | 150 | 32 |
| SWP350ZG | 350/480 | 224 | | 800 | 1445 | 350 | 480 | 310 | 165 | 435 | 335 | 240 | 230 | 165 | 35 |
| SWP390ZG | 390/550 | 315 | | 800 | 1605 | 390 | 550 | 345 | 180 | 500 | 375 | 275 | 250 | 185 | 40 |
| SWP435ZG | 435/600 | 400 | | 900 | 1760 | 435 | 600 | 385 | 200 | 550 | 420 | 300 | 280 | 210 | 42 |
| SWP480ZG | 480/640 | 560 | | 900 | 1955 | 480 | 640 | 425 | 225 | 580 | 450 | 320 | 310 | 230 | 47 |
| SWP550ZG | 550/710 | 800 | | 1000 | 2165 | 550 | 710 | 492 | 260 | 650 | 510 | 370 | 350 | 260 | 50 |
| SWP600ZG | 600/810 | 1120 | | 1200 | 2300 | 600 | 810 | 555 | 350 | 745 | 550 | 460 | 430 | 300 | 55 |

（续）

| 型号 | 回转直径 D/D₀/mm | $E_2$ | $E_3$ | $E_4$ | $b \times h$ | $h_1$ | $n_1 \times d_1$ | $n_2 \times d_2$ | $L_1$ | $L_2$ | $L_3$ | $L_4$ | $L_5$ |
|---|---|---|---|---|---|---|---|---|---|---|---|---|---|
| SWP200ZG | 200/285 | | 25 | | 28×16 | 8 | 8×φ15 | 8×φ15 | 110 | 130 | 125 | 360 | 170 |
| SWP225ZG | 225/315 | 5 | 30 | 7 | 32×18 | 9 | 8×φ17 | 8×φ17 | 120 | 145 | 140 | 395 | 190 |
| SWP250ZG | 250/350 | | 35 | | 40×25 | 12.5 | 8×φ19 | 8×φ19 | 135 | 165 | 160 | 435 | 215 |
| SWP285ZG | 285/390 | 7 | 40 | 8 | 40×30 | 15 | 8×φ21 | 8×φ21 | 150 | 185 | 180 | 480 | 240 |
| SWP315ZG | 315/435 | | 42 | | 40×30 | | | | 170 | 205 | 195 | 565 | 270 |
| SWP350ZG | 350/480 | 8 | 47 | 10 | 50×32 | 16 | 10×φ23 | 10×φ23 | 185 | 230 | 220 | 630 | 300 |
| SWP390ZG | 390/550 | | 50 | | 70×36 | 18 | 10×φ25 | 10×φ25 | 205 | 260 | 250 | 695 | 335 |
| SWP435ZG | 435/600 | 10 | 55 | 12 | 80×40 | 20 | 16×φ28 | 12×φ28 | 235 | 290 | 275 | 735 | 375 |
| SWP480ZG | 480/640 | 12 | 60 | | 90×45 | 22.5 | 16×φ31 | 12×φ31 | 265 | 310 | 295 | 810 | 410 |
| SWP550ZG | 550/710 | | 65 | 15 | 100×45 | | | | 290 | 345 | 330 | 880 | 455 |
| SWP600ZG | 600/810 | 15 | 75 | | 90×55 | 27.5 | 22×φ34 | 14×φ37 | 330 | 390 | 400 | 950 | 510 |

注：1. 长度 $L_{min}$ 为允许的最小尺寸。其实际尺寸可根据需要确定，但必须 ≤ $L_{min}$。

2. 伸缩量 $s$ 根据实际需要可增加或减小。

3. 联轴器总长为 $L + (s - L_5)$。

9）FG 型反装贯通型十字轴式万向联轴器结构型式见图 7.2-24，主要尺寸见表 7.2-27。

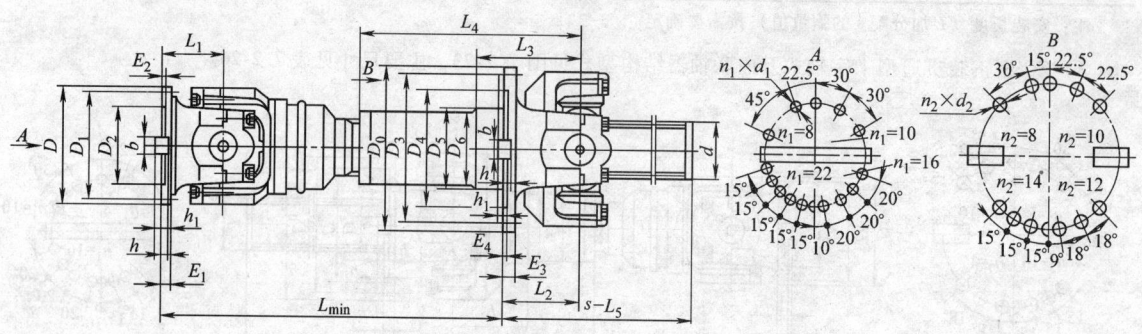

图 7.2-24　FG 型反装贯通型十字轴式万向联轴器

表 7.2-27　FG 型反装贯通型十字轴式万向联轴器的主要尺寸（摘自 JB/T 3241—2005）

| 型号 | 回转直径 D/D₀/mm | 公称转矩 $T_n$ /kN·m | 轴线折角 β/(°) | 伸缩量 s /mm | $L_{min}$ | $D$ | $D_0$ | $D_1$ JS11 | $D_2$ H7 | $D_3$ JS11 | $D_4$ H7 | $D_5$ | $D_6$ | $d$ | $E_1$ |
|---|---|---|---|---|---|---|---|---|---|---|---|---|---|---|---|
| SWP200FG | 200/285 | 40 | | 600 | 630 | 200 | 285 | 175 | 90 | 260 | 195 | 135 | 120 | 90 | 17 |
| SWP225FG | 225/315 | 56 | | 650 | 740 | 225 | 315 | 196 | 105 | 285 | 220 | 155 | 130 | 100 | 20 |
| SWP250FG | 250/350 | 80 | | 700 | 820 | 250 | 350 | 218 | 115 | 315 | 240 | 170 | 155 | 115 | 25 |
| SWP285FG | 285/390 | 112 | | 750 | 925 | 285 | 390 | 245 | 135 | 355 | 270 | 190 | 175 | 132 | 27 |
| SWP315FG | 315/435 | 160 | | 750 | 1050 | 315 | 435 | 280 | 150 | 390 | 300 | 215 | 205 | 150 | 32 |
| SWP350FG | 350/480 | 224 | ≤10 | 800 | 1140 | 350 | 480 | 310 | 165 | 435 | 335 | 240 | 230 | 165 | 35 |
| SWP390FG | 390/550 | 315 | | 800 | 1250 | 390 | 550 | 345 | 185 | 500 | 385 | 275 | 250 | 185 | 40 |
| SWP435FG | 435/600 | 400 | | 900 | 1385 | 435 | 600 | 385 | 200 | 550 | 420 | 300 | 280 | 210 | 42 |
| SWP480FG | 480/640 | 560 | | 900 | 1535 | 480 | 640 | 425 | 225 | 580 | 450 | 320 | 310 | 230 | 47 |
| SWP550FG | 550/710 | 800 | | 1000 | 1690 | 550 | 710 | 492 | 260 | 650 | 510 | 370 | 350 | 260 | 50 |
| SWP600FG | 600/810 | 1120 | | 1200 | 1760 | 600 | 810 | 555 | 350 | 745 | 550 | 460 | 430 | 300 | 55 |

（续）

| 型号 | 回转直径 D/D₀/mm | E₂ | E₃ | E₄ | b×h | h₁ | n₁×d₁ | n₂×d₂ | L₁ | L₂ | L₃ | L₄ | L₅ |
|---|---|---|---|---|---|---|---|---|---|---|---|---|---|
| | | | | | | 尺寸/mm | | | | | | | |
| SWP200FG | 200/285 | 5 | 25 | 7 | 28×16 | 8 | 8×φ15 | 8×φ15 | 110 | 130 | 125 | 360 | 90 |
| SWP225FG | 225/315 | | 30 | | 32×18 | 9 | 8×φ17 | 8×φ17 | 120 | 145 | 140 | 395 | 100 |
| SWP250FG | 250/350 | | 35 | | 40×25 | 12.5 | 8×φ19 | 8×φ19 | 135 | 165 | 160 | 435 | 115 |
| SWP285FG | 285/390 | 7 | 40 | 8 | 40×30 | 15 | 8×φ21 | 8×φ21 | 150 | 185 | 180 | 480 | 130 |
| SWP315FG | 315/435 | | 42 | | 40×30 | | 10×φ23 | 10×φ23 | 170 | 205 | 195 | 565 | 140 |
| SWP350FG | 350/480 | 8 | 47 | 10 | 50×32 | 16 | | | 185 | 230 | 220 | 630 | 160 |
| SWP390FG | 390/550 | | 50 | | 70×36 | 18 | 10×φ25 | 10×φ25 | 205 | 260 | 250 | 695 | 185 |
| SWP435FG | 435/600 | 10 | 55 | 12 | 80×40 | 20 | 16×φ28 | 12×φ28 | 235 | 290 | 275 | 735 | 205 |
| SWP480FG | 480/640 | 12 | 60 | 15 | 90×45 | 22.5 | 16×φ31 | 12×φ31 | 265 | 310 | 295 | 810 | 210 |
| SWP550FG | 550/710 | | 65 | | 100×45 | | | | 290 | 345 | 330 | 880 | 235 |
| SWP600FG | 600/810 | 15 | 75 | | 90×55 | 27.5 | 22×φ34 | 14×φ37 | 330 | 390 | 400 | 950 | 265 |

注：1. 长度 $L_{min}$ 为允许的最小尺寸。其实际尺寸可根据需要确定，但必须 $\geqslant L_{min}$。
　　2. 伸缩量 s 根据实际需要可增加或减小。
　　3. 联轴器总长为 $L+(s-L_5)$。

10) SWP 型万向联轴器的连接型式和尺寸。SWP 型万向联轴器通过高强度螺栓及螺母把两端的法兰连接在其他机械构件上。其万向联轴器的法兰与相配件的连接尺寸及螺栓预紧力矩按图 7.2-25 及表 7.2-28 的规定。

螺栓只能从与联轴器相配的法兰侧装入，螺母由万向联轴器的法兰侧拧紧，其螺栓的力学性能应符合 GB/T 3098.1—2010 中 10.9 级，螺母的力学性能应符合 GB/T 3098.4—2010 中 10 级规定。

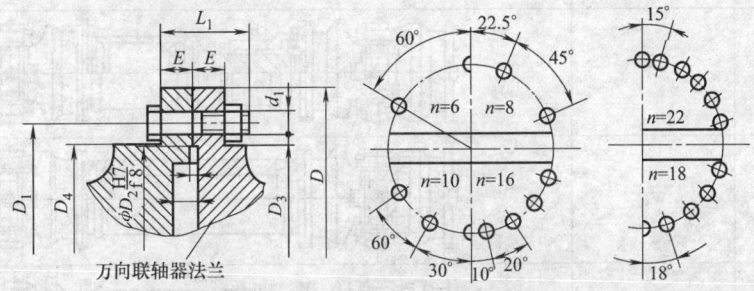

图 7.2-25　SWP 型万向联轴器与相配件的连接

表 7.2-28　SWP 型万向联轴器与相配件的连接尺寸（摘自 JB/T 3241—2005）

| 法兰直径 D/mm | 螺栓数 n | 螺栓规格 d×L₁/mm | 预紧力矩 Mₐ/N·m | D₁ | D₂(f8) | D₃ | D₄ | E | E₁ | E₂ | b(H8) |
|---|---|---|---|---|---|---|---|---|---|---|---|
| | | | | 尺寸/mm | | | | | | | |
| 160 | 6 | M12×1.5×50 | 120 | 140 | 95 | 118 | 121 | 15 | 3.5 | 12 | 20 |
| 180 | | M14×1.5×50 | 190 | 155 | 105 | 128 | 133 | | | 13 | 24 |
| 200 | 8 | M14×1.5×55 | 190 | 175 | 125 | 146 | 153 | 17 | 4.5 | 15 | 28 |
| 225 | | M16×1.5×65 | 295 | 196 | 135 | 162 | 171 | 20 | | 16 | 32 |
| 250 | | M18×1.5×75 | 405 | 218 | 150 | 180 | 190 | 25 | | 20 | 40 |
| 285 | | M20×1.5×85 | 580 | 245 | 170 | 205 | 214 | 27 | 6.0 | 23 | |
| 315 | | M22×1.5×95 | 780 | 280 | 185 | 235 | 245 | 32 | | | |
| 350 | 10 | M22×1.5×100 | 780 | 310 | 210 | 260 | 280 | 35 | 7.0 | 25 | 50 |
| 390 | | M24×2×110 | 1000 | 345 | 235 | 290 | 308 | 40 | | 28 | 70 |
| 435 | 16 | M27×2×120 | 1500 | 385 | 255 | 325 | 342 | 42 | 9.0 | 32 | 80 |
| 480 | | M30×2×130 | 2000 | 425 | 275 | 370 | 377 | 47 | 11 | 36 | 90 |
| 550 | | M30×2×140 | 2000 | 492 | 320 | 435 | 444 | 50 | | 36 | |
| 600 | 22 | M33×2×150 | 2650 | 544 | 380 | 480 | 492 | 55 | 13 | 43 | 100 |
| 650 | 18 | M36×3×165 | 3170 | 585 | 390 | 515 | 528 | 60 | | 45 | |
| 700 | 22 | M36×3×165 | 3170 | 635 | 420 | 565 | 578 | 60 | | | |

注：该表适用于 A、B、C、D、E、F 型式。

（3）SWZ 型整体轴承座十字轴式万向联轴器

SWZ 型十字轴式万向联轴器有 7 种双联型式，适用于轧钢机械、起重运输机械及其他重型机械，连接两个不同轴线传动轴系，回转直径 160 ~ 550mm，传递公称转矩 18 ~ 800kN・m，轴线折角 $\beta \leqslant 10°$。

SWZ 型十字轴式万向联轴器双联型式，见表 7.2-29。

**表 7.2-29　SWZ 型十字轴式万向联轴器双联型式**

| 名称 | 型式代号 | 图　示 |
|---|---|---|
| 标准伸缩焊接型 | BH | |
| 无伸缩焊接型 | WH | |
| 长伸缩焊接型 | LH | |
| 无伸缩短型 | WD | |
| 标准伸缩法兰型 | BF | |
| 无伸缩法兰型 | WF | |
| 长伸缩法兰型 | CF | |

1）BH 型标准伸缩焊接式万向联轴器结构型式见图 7.2-26，主要尺寸见表 7.2-30。

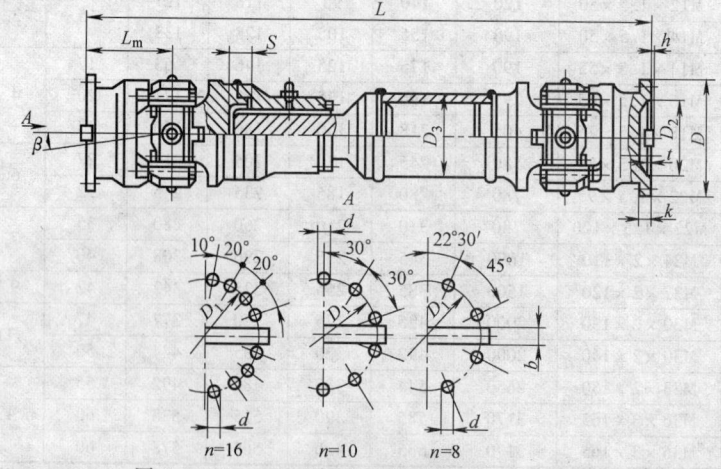

**图 7.2-26　BH 型标准伸缩焊接式万向联轴器**

表 7.2-30　BH 型标准伸缩焊接式万向联轴器的主要尺寸（摘自 JB/T 3242—1993）

| 型号 | 回转直径 $D$/mm | 公称转矩 $T_n$ /kN·m | 轴线折角 $\beta$/(°) | 伸缩量 $s$ /mm | 尺寸/mm | | | | | | | | | |
|---|---|---|---|---|---|---|---|---|---|---|---|---|---|---|
| | | | | | $L_{min}$ | $L_m$ | $D_1$ | $D_2$ H7 | $D_3$ | $k$ | $t$ | $b$ h9 | $h$ | $n \times d$ |
| SWZ160BH | 160 | 18 | | 75 | 850 | 120 | 138 | 95 | 114 | 15 | 5 | 20 | 6 | 8×13 |
| SWZ190BH | 190 | 31.5 | | 80 | 935 | 135 | 165 | 115 | 133 | 17 | | 25 | 7 | 8×15 |
| SWZ220BH | 220 | 45 | | 100 | 105 | 155 | 190 | 130 | 159 | 20 | 6 | 32 | 9 | 8×17 |
| SWZ260BH | 260 | 80 | | 115 | 1220 | 180 | 228 | 155 | 194 | 25 | | 40 | 12.5 | 8×19 |
| SWZ300BH | 300 | 125 | ≤10 | 120 | 1455 | 215 | 260 | 180 | 219 | 30 | 7 | | 15 | 10×23 |
| SWZ350BH | 350 | 200 | | 130 | 1585 | 235 | 310 | 210 | 273 | 35 | 8 | 50 | 16 | |
| SWZ400BH | 400 | 280 | | 145 | 1785 | 270 | 358 | 240 | 299 | 40 | | 70 | 18 | 10×25 |
| SWZ425BH | 425 | 355 | | 145 | 1865 | 295 | 376 | 255 | 325 | 42 | 10 | 80 | 20 | 16×28 |
| SWZ450BH | 450 | 450 | | 185 | 1990 | 300 | 400 | 270 | 351 | 44 | | | | |
| SWZ500BH | 500 | 600 | | 200 | 2200 | 340 | 445 | 300 | 377 | 47 | 12 | 90 | 22.5 | 16×31 |
| SWZ550BH | 550 | 800 | | 210 | 2345 | 355 | 492 | 320 | 426 | 50 | | 100 | | |

注：1. $L_{min}$ 为缩短后的最小长度。
　　2. $L$ 为安装长度，按需要确定。

2）WH 型无伸缩焊接式万向联轴器结构型式见图 7.2-27，主要尺寸见表 7.2-31。

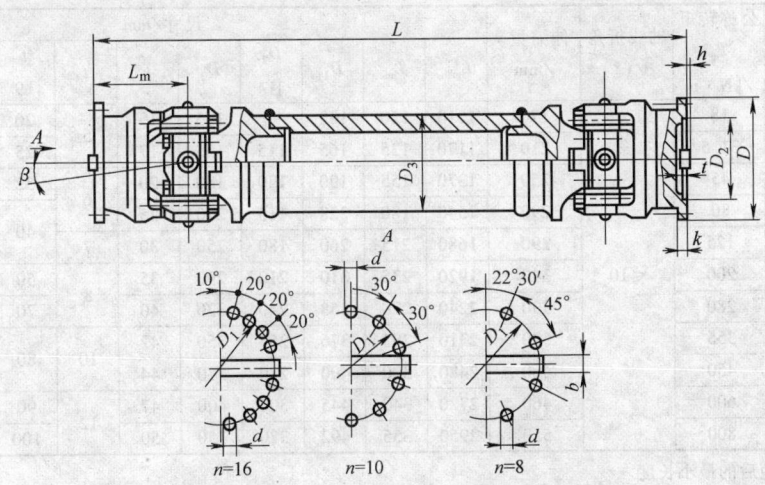

图 7.2-27　WH 型无伸缩焊接式万向联轴器

表 7.2-31　WH 型无伸缩焊接式万向联轴器的主要尺寸（摘自 JB/T 3242—1993）

| 型号 | 回转直径 $D$/mm | 公称转矩 $T_n$ /kN·m | 轴线折角 $\beta$/(°) | 尺寸/mm | | | | | | | | | |
|---|---|---|---|---|---|---|---|---|---|---|---|---|---|
| | | | | $L_{min}$ | $L_m$ | $D_1$ | $D_2$ H7 | $D_3$ | $k$ | $t$ | $b$ h9 | $h$ | $n \times d$ |
| SWZ160WH | 160 | 18 | | 580 | 120 | 138 | 95 | 114 | 15 | 5 | 20 | 6 | 8×13 |
| SWZ190WH | 190 | 31.5 | | 650 | 135 | 165 | 115 | 133 | 17 | | 25 | 7 | 8×15 |
| SWZ220WH | 220 | 45 | | 760 | 155 | 190 | 130 | 159 | 20 | 6 | 32 | 9 | 8×17 |
| SWZ260WH | 260 | 80 | | 880 | 180 | 228 | 155 | 194 | 25 | | 40 | 12.5 | 8×19 |
| SWZ300WH | 300 | 125 | ≤10 | 1010 | 215 | 260 | 180 | 219 | 30 | 7 | | 15 | 10×23 |
| SWZ350WH | 350 | 200 | | 1120 | 235 | 310 | 210 | 273 | 35 | 8 | 50 | 16 | |
| SWZ400WH | 400 | 280 | | 1270 | 270 | 358 | 240 | 299 | 40 | | 70 | 18 | 10×25 |
| SWZ420WH | 425 | 355 | | 1350 | 295 | 376 | 255 | 325 | 42 | 10 | 80 | 20 | 16×28 |
| SWZ450WH | 450 | 450 | | 1450 | 300 | 400 | 270 | 351 | 44 | | | | |
| SWZ500WH | 500 | 600 | | 1630 | 340 | 445 | 300 | 377 | 47 | 12 | 90 | 22.5 | 16×31 |
| SWZ550WH | 550 | 800 | | 1710 | 355 | 492 | 320 | 426 | 50 | | 100 | | |

注：$L$ 为安装长度，按需要确定。

3）CH 型长伸缩焊接式万向联轴器结构型式见图 7.2-28，主要尺寸见表 7.2-32。

4）WD 型无伸缩短式万向联轴器结构型式见图 7.2-29，主要尺寸见表 7.2-33。

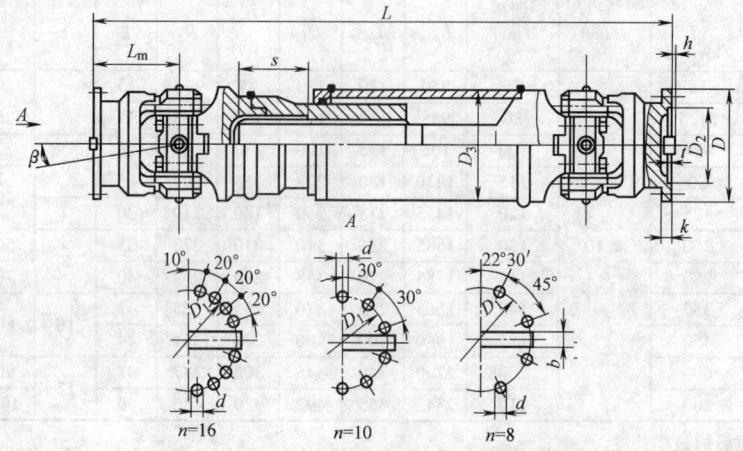

图 7.2-28　CH 型长伸缩焊接式万向联轴器

表 7.2-32　CH 型长伸缩焊接式万向联轴器的主要尺寸（摘自 JB/T 3242—1993）

| 型号 | 回转直径 $D$/mm | 公称转矩 $T_n$ /kN·m | 轴线折角 $\beta$/(°) | 伸缩量 $s$ /mm | 尺寸/mm | | | | | | | | | | |
|---|---|---|---|---|---|---|---|---|---|---|---|---|---|---|---|
| | | | | | $L_{min}$ | $L_m$ | $D_1$ | $D_2$ H7 | $D_3$ | $k$ | $t$ | $b$ h9 | $h$ | $n×d$ |
| SWZ160CH | 160 | 18 | | 170 | 1010 | 120 | 138 | 95 | 135 | 15 | 5 | 20 | 6 | 8×13 |
| SWZ190CH | 190 | 31.5 | | 210 | 1170 | 135 | 165 | 115 | 155 | 17 | | 25 | 7 | 8×15 |
| SWZ220CH | 220 | 45 | | 250 | 1370 | 155 | 190 | 130 | 180 | 20 | 6 | 32 | 9 | 8×17 |
| SWZ260CH | 260 | 80 | | 290 | 1540 | 180 | 228 | 115 | 220 | 25 | | 40 | 12.5 | 8×19 |
| SWZ300CH | 300 | 125 | ≤10 | 290 | 1680 | 215 | 260 | 180 | 250 | 30 | 7 | | 15 | 10×23 |
| SWZ350CH | 350 | 200 | | 340 | 1920 | 235 | 310 | 210 | 290 | 35 | 8 | 50 | 16 | |
| SWZ400CH | 400 | 280 | | 390 | 2240 | 270 | 358 | 240 | 320 | 40 | | 70 | 18 | 10×25 |
| SWZ425CH | 425 | 355 | | 390 | 2310 | 295 | 376 | 255 | 350 | 42 | 10 | 80 | 20 | 16×28 |
| SWZ450CH | 450 | 450 | | 460 | 2480 | 300 | 400 | 270 | 370 | 44 | | | | |
| SWZ500CH | 500 | 600 | | 460 | 2720 | 340 | 445 | 300 | 400 | 47 | 12 | 90 | 22.5 | 16×31 |
| SWZ550CH | 550 | 800 | | 550 | 2950 | 355 | 492 | 320 | 450 | 50 | | 100 | | |

注：1. $L_{min}$ 为缩短后的最小长度。

2. $L$ 为安装长度，按需要确定。

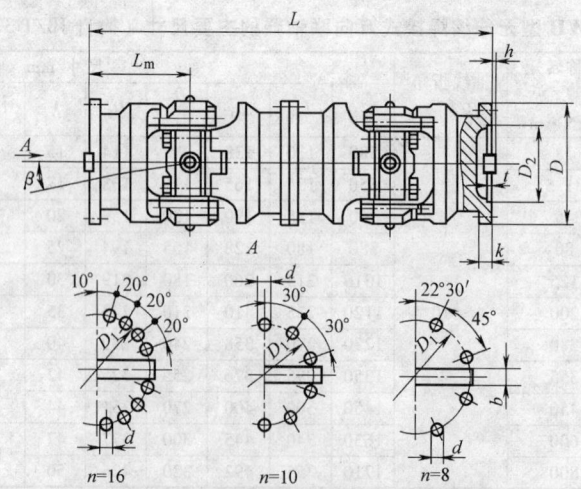

图 7.2-29　WD 型无伸缩短式万向联轴器

**表 7.2-33　WD 型无伸缩短式万向联轴器的主要尺寸**（摘自 JB/T 3242—1993）

| 型号 | 回转直径 D/mm | 公称转矩 T_n /kN·m | 轴线折角 β/(°) | 尺寸/mm | | | | | | | | |
|---|---|---|---|---|---|---|---|---|---|---|---|---|
| | | | | $L$ | $L_m$ | $D_1$ | $D_2$ H7 | $b$ h9 | $k$ | $t$ | $h$ | $n \times d$ |
| SWZ160WD | 160 | 18 | ≤10 | 480 | 120 | 138 | 95 | 20 | 15 | 5 | 6 | 8×13 |
| SWZ190WD | 190 | 31.5 | | 540 | 135 | 165 | 115 | 25 | 17 | 5 | 7 | 8×13 |
| SWZ220WD | 220 | 45 | | 620 | 155 | 190 | 130 | 32 | 20 | 6 | 9 | 8×17 |
| SWZ260WD | 260 | 80 | | 720 | 180 | 228 | 155 | 40 | 25 | 6 | 12.5 | 8×19 |
| SWZ300WD | 300 | 125 | | 860 | 215 | 260 | 180 | 40 | 30 | 7 | 15 | 10×23 |
| SWZ350WD | 350 | 200 | | 940 | 235 | 310 | 210 | 50 | 30 | 8 | 16 | 10×23 |
| SWZ400WD | 400 | 280 | | 1080 | 270 | 358 | 240 | 70 | 40 | 8 | 18 | 10×25 |
| SWZ425WD | 425 | 355 | | 1180 | 295 | 376 | 255 | 80 | 42 | 10 | 20 | 16×28 |
| SWZ450WD | 450 | 450 | | 1200 | 300 | 400 | 270 | 80 | 44 | 10 | 20 | 16×28 |
| SWZ500WD | 500 | 600 | | 1360 | 340 | 445 | 300 | 90 | 47 | 12 | 22.5 | 16×31 |
| SWZ550WD | 550 | 800 | | 1420 | 355 | 492 | 320 | 100 | 50 | 12 | 22.5 | 16×31 |
| SWZ600WD | 600 | 1000 | | 1560 | 390 | 536 | 360 | 90 | 55 | 15 | 22.5 | 16×37 |
| SWZ650WD | 650 | 1250 | | 1660 | 415 | 586 | 390 | 100 | 55 | 15 | 25 | 16×37 |
| SWZ700WD | 700 | 1600 | | 1760 | 440 | 636 | 420 | 100 | 60 | 15 | 30 | 18×37 |
| SWZ750WD | 750 | 2000 | | 2000 | 500 | 675 | 450 | 125 | 65 | 18 | 32.5 | 18×43 |
| SWZ800WD | 800 | 2500 | | 2100 | 525 | 712 | 480 | 135 | 70 | 18 | 32.5 | 16×50 |
| SWZ850WD | 850 | 3000 | | 2200 | 550 | 762 | 510 | 135 | 70 | 18 | 32.5 | 18×50 |
| SWZ900WD | 900 | 3550 | | 2400 | 600 | 800 | 540 | 150 | 80 | 20 | 40 | 16×58 |
| SWZ950WD | 950 | 4200 | | 2460 | 615 | 850 | 570 | 150 | 80 | 20 | 40 | 18×58 |
| SWZ1000WD | 1000 | 5000 | | 2400 | 600 | 890 | 600 | 165 | 90 | 20 | 45 | 16×66 |
| SWZ1100WD | 1100 | 6500 | | 2680 | 670 | 980 | 660 | 180 | 95 | 22 | 47.5 | 16×74 |
| SWZ1200WD | 1200 | 8200 | | 2860 | 715 | 1080 | 720 | 200 | 110 | 25 | 52.5 | 18×74 |

5）BF 型标准伸缩法兰式万向联轴器结构型式见图 7.2-30，主要尺寸见表 7.2-34。

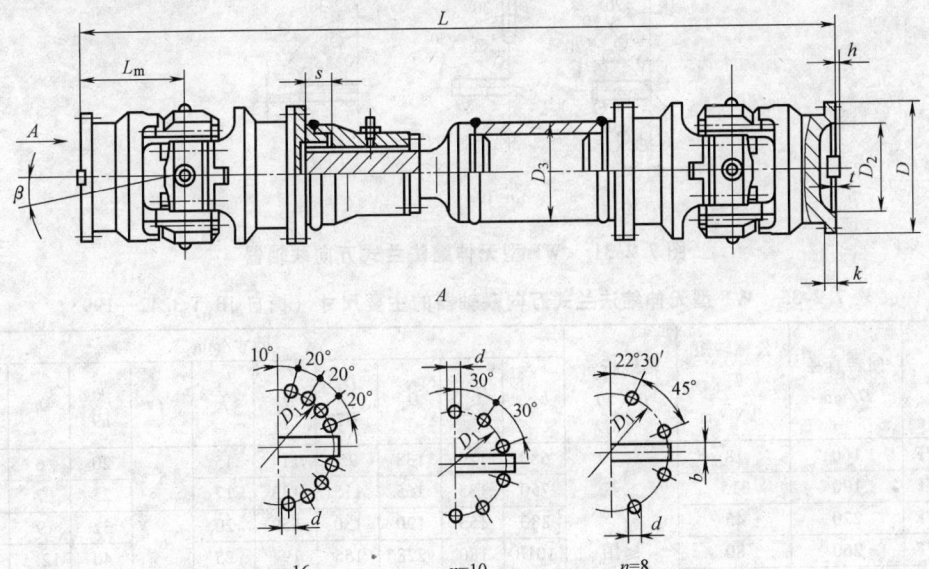

**图 7.2-30　BF 型标准伸缩法兰式万向联轴器**

表 7.2-34　BF 型标准伸缩法兰式万向联轴器的主要尺寸（摘自 JB/T 3242—1993）

| 型号 | 回转直径 $D$/mm | 公称转矩 $T_n$ /kN·m | 轴线折角 $\beta$/(°) | 伸缩量 $s$ /mm | 尺寸/mm |||||||||
|---|---|---|---|---|---|---|---|---|---|---|---|---|---|
| | | | | | $L_{min}$ | $L_m$ | $D_1$ | $D_2$ H7 | $D_3$ | $k$ | $t$ | $b$ h9 | $h$ | $n \times d$ |
| SWZ160BF | 160 | 18 | | 75 | 980 | 120 | 138 | 95 | 114 | 15 | 5 | 20 | 6 | 8×13 |
| SWZ190BF | 190 | 31.5 | | 80 | 1090 | 135 | 165 | 115 | 133 | 17 | | 25 | 7 | 8×15 |
| SWZ220BF | 220 | 45 | | 100 | 1260 | 155 | 190 | 130 | 159 | 20 | 6 | 32 | 9 | 8×17 |
| SWZ260BF | 260 | 80 | | 115 | 1420 | 180 | 228 | 115 | 194 | 25 | | 40 | 12.5 | 8×19 |
| SWZ300BF | 300 | 125 | ≤10 | 120 | 1600 | 215 | 260 | 180 | 219 | 30 | 7 | | 15 | 10×23 |
| SWZ350BF | 350 | 200 | | 130 | 1760 | 235 | 310 | 210 | 273 | 35 | 8 | 50 | 16 | |
| SWZ400BF | 400 | 280 | | 145 | 2040 | 270 | 358 | 240 | 299 | 40 | | 70 | 18 | 10×25 |
| SWZ425BF | 425 | 355 | | 145 | 2150 | 295 | 376 | 255 | 325 | 42 | 10 | 80 | 20 | 16×28 |
| SWZ450BF | 450 | 450 | | 185 | 2300 | 300 | 400 | 270 | 351 | 44 | | | | |
| SWZ500BF | 500 | 600 | | 200 | 2600 | 340 | 445 | 300 | 377 | 47 | 12 | 90 | | 16×31 |
| SWZ550BF | 550 | 800 | | 210 | 2670 | 355 | 492 | 320 | 426 | 50 | | 100 | 22.5 | |
| SWZ600BF | 600 | 1000 | | 220 | 2980 | 390 | 536 | 360 | 450 | 55 | 15 | 90 | | 16×37 |
| SWZ650BF | 650 | 1250 | | 235 | 3140 | 415 | 586 | 390 | 500 | 55 | | 100 | 25 | |

6）WF 型无伸缩法兰式万向联轴器结构型式见图 7.2-31，主要尺寸见表 7.2-35。

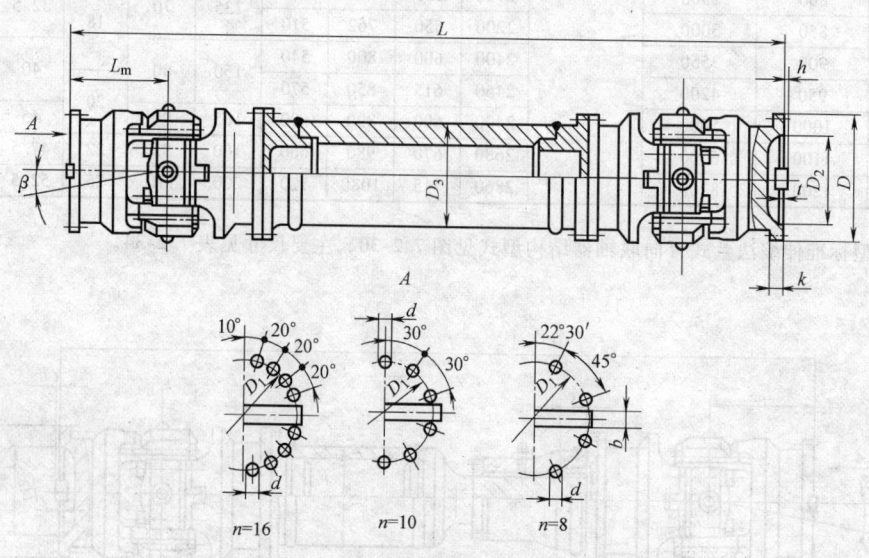

图 7.2-31　WF 型无伸缩法兰式万向联轴器

表 7.2-35　WF 型无伸缩法兰式万向联轴器的主要尺寸（摘自 JB/T 3242—1993）

| 型号 | 回转直径 $D$/mm | 公称转矩 $T_n$ /kN·m | 轴线折角 $\beta$/(°) | 尺寸/mm |||||||||
|---|---|---|---|---|---|---|---|---|---|---|---|---|
| | | | | $L_{min}$ | $L_m$ | $D_1$ | $D_2$ H7 | $D_3$ | $k$ | $t$ | $b$ h9 | $h$ | $n \times d$ |
| SWZ160WF | 160 | 18 | | 680 | 120 | 138 | 95 | 114 | 15 | 5 | 20 | 6 | 8×13 |
| SWZ190WF | 190 | 315 | | 750 | 135 | 165 | 115 | 133 | 17 | | 25 | 7 | 8×15 |
| SWZ220WF | 220 | 45 | | 880 | 155 | 190 | 130 | 159 | 20 | 6 | 32 | 9 | 8×17 |
| SWZ260WF | 260 | 80 | ≤10 | 1010 | 180 | 228 | 155 | 194 | 25 | | 40 | 12.5 | 8×19 |
| SWZ300WF | 300 | 125 | | 1170 | 215 | 260 | 180 | 219 | 30 | 7 | 40 | 15 | 10×23 |
| SWZ350WF | 350 | 200 | | 1280 | 235 | 310 | 210 | 273 | 35 | 8 | 50 | 16 | |
| SWZ400WF | 400 | 280 | | 1450 | 270 | 358 | 240 | 299 | 40 | | 70 | 18 | 10×25 |

（续）

| 型号 | 回转直径 D/mm | 公称转矩 $T_n$ /kN·m | 轴线折角 β/(°) | 尺寸/mm | | | | | | | | | |
|---|---|---|---|---|---|---|---|---|---|---|---|---|---|
| | | | | $L_{min}$ | $L_m$ | $D_1$ | $D_2$ H7 | $D_3$ | k | t | b h9 | h | n×d |
| SWZ425WF | 425 | 355 | ≤10 | 1570 | 295 | 376 | 255 | 325 | 42 | 10 | 80 | 20 | 16×28 |
| SWZ450WF | 450 | 450 | | 1670 | 300 | 400 | 270 | 351 | 44 | 10 | 80 | 20 | 16×28 |
| SWZ500WF | 500 | 600 | | 1870 | 340 | 445 | 300 | 377 | 47 | 12 | 90 | 22.5 | 16×31 |
| SWZ550WF | 550 | 800 | | 1950 | 355 | 492 | 320 | 426 | 50 | 12 | 100 | 22.5 | 16×31 |
| SWZ600WF | 600 | 1000 | | 2130 | 390 | 536 | 360 | 450 | 55 | 15 | 90 | 25 | 16×37 |
| SWZ650WF | 650 | 1250 | | 2260 | 415 | 586 | 390 | 500 | 55 | 15 | 100 | 25 | 16×37 |
| SWZ700WF | 700 | 1600 | | 2400 | 440 | 636 | 430 | 560 | 60 | 15 | 100 | 30 | 18×37 |
| SWZ750WF | 750 | 2000 | | 2710 | 500 | 675 | 450 | 560 | 65 | 15 | 125 | 32.5 | 18×43 |
| SWZ800WF | 800 | 2500 | | 2860 | 525 | 712 | 480 | 600 | 70 | 18 | 135 | 35.5 | 16×50 |
| SWZ850WF | 850 | 3000 | | 2970 | 550 | 762 | 510 | 630 | 70 | 18 | 135 | 35.5 | 18×50 |
| SWZ900WF | 900 | 3550 | | 3240 | 600 | 800 | 540 | 690 | 80 | 18 | 150 | 40 | 16×58 |
| SWZ950WF | 950 | 4200 | | 3300 | 615 | 850 | 570 | 730 | 80 | 20 | 150 | 40 | 18×58 |
| SWZ1000WF | 1000 | 5000 | | 3280 | 600 | 890 | 600 | 765 | 90 | 20 | 165 | 45 | 16×66 |
| SWZ1100WF | 1100 | 6500 | | 3630 | 670 | 980 | 660 | 840 | 95 | 22 | 180 | 47.5 | 16×74 |
| SWZ1200WF | 1200 | 8200 | | 3840 | 715 | 1080 | 720 | 920 | 110 | 25 | 200 | 52.5 | 18×74 |

注：L 为安装长度，按需要确定。

7）CF 型长伸缩法兰式万向联轴器结构型式见图 7.2-32，主要尺寸见表 7.2-36。

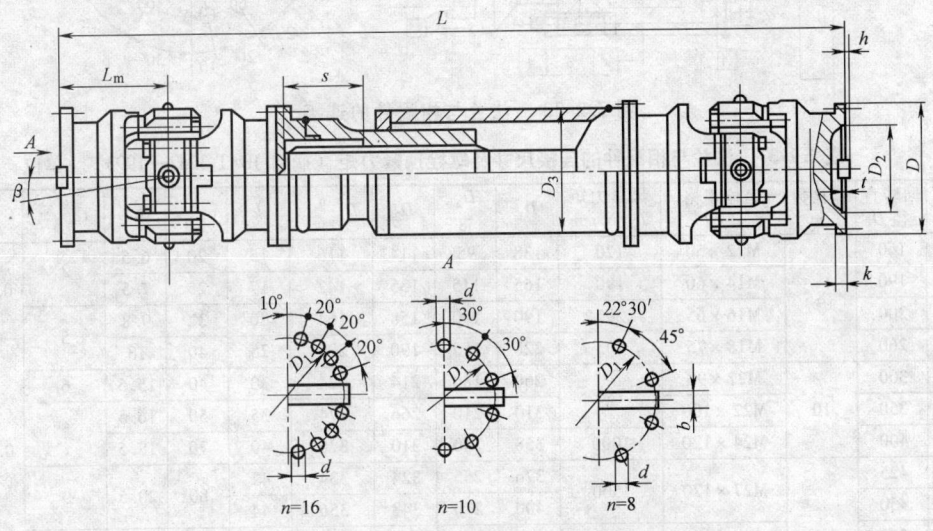

图 7.2-32　CF 型长伸缩法兰式万向联轴器

表 7.2-36　CF 型长伸缩法兰式万向联轴器的主要尺寸（摘自 JB/T 3242—1993）

| 型号 | 回转直径 D/mm | 公称转矩 $T_n$ /kN·m | 轴线折角 β/(°) | 伸缩量 s /mm | 尺寸/mm | | | | | | | | | |
|---|---|---|---|---|---|---|---|---|---|---|---|---|---|---|
| | | | | | $L_{min}$ | $L_m$ | $D_1$ | $D_2$ H7 | $D_3$ | k | t | b h9 | h | n×d |
| SWZ160CF | 160 | 18 | ≤10 | 170 | 1160 | 120 | 138 | 95 | 135 | 15 | 5 | 20 | 6 | 8×13 |
| SWZ190CF | 190 | 31.5 | | 210 | 1340 | 135 | 165 | 115 | 155 | 17 | 5 | 25 | 7 | 8×15 |
| SWZ220CF | 220 | 45 | | 250 | 1560 | 155 | 190 | 130 | 180 | 20 | 6 | 32 | 9 | 8×17 |
| SWZ260CF | 260 | 80 | | 290 | 1700 | 180 | 228 | 115 | 220 | 25 | 6 | 40 | 12.5 | 8×19 |
| SWZ300CF | 300 | 125 | | 290 | 1930 | 215 | 260 | 180 | 250 | 30 | 7 | 40 | 15 | 10×23 |
| SWZ350CF | 350 | 200 | | 340 | 2180 | 235 | 310 | 210 | 290 | 35 | 8 | 50 | 16 | 10×23 |
| SWZ400CF | 400 | 280 | | 390 | 2530 | 270 | 358 | 240 | 320 | 40 | 8 | 70 | 18 | 10×25 |

（续）

| 型号 | 回转直径 $D/D_0$/mm | 公称转矩 $T_n$/kN·m | 轴线折角 $\beta$/(°) | 伸缩量 $s$/mm | $L_{min}$ | $L_m$ | $D_1$ | $D_2$ H7 | $D_3$ | $k$ | $t$ | $b$ h9 | $h$ | $n\times d$ |
|---|---|---|---|---|---|---|---|---|---|---|---|---|---|---|
| SWZ425CF | 425 | 355 | | 390 | 2640 | 395 | 376 | 255 | 350 | 42 | 10 | 80 | 20 | 16×28 |
| SWZ450CF | 450 | 450 | ≤10 | 460 | 2850 | 300 | 400 | 270 | 370 | 44 | 10 | 80 | 20 | 16×28 |
| SWZ500CF | 500 | 600 | | 460 | 3110 | 340 | 445 | 300 | 400 | 47 | 12 | 90 | 22.5 | 16×31 |
| SWZ550CF | 550 | 800 | | 550 | 3350 | 355 | 492 | 320 | 450 | 50 | 12 | 100 | 22.5 | 16×31 |

注：1. $L_{min}$为缩短后的最小长度。

2. $L$为安装长度，按需要确定。

8）SWZ型十字轴式万向联轴器与相配件的连接。法兰连接是通过高强度螺栓及螺母把两端法兰连接在其他相配件上。其相配件的连接尺寸及螺栓预紧力矩按图7.2-33和表7.2-37，连接螺栓只能从相配件法兰侧装入，螺母由另一侧预紧。

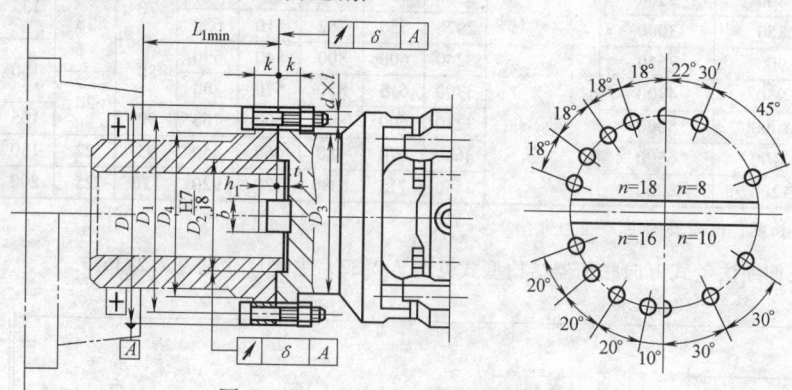

图7.2-33　法兰与相配件的连接

表7.2-37　法兰与相配件的连接尺寸及螺栓预紧力矩（摘自JB/T 3242—1993）（单位：mm）

| 型号 | 回转直径 $D$ | 螺栓数 $n$ | 螺栓规格 $d\times l$ | 预紧力矩 $T_n$/N·m | $D_1$ | $D_2$ j8 | $D_3$ | $D_{4-0.3}^{0}$ | $k$ | $b$ Js8 | $h_1$ | $t_1\ ^{+0.5}_{0}$ | $\delta$ | $L_{1min}$ |
|---|---|---|---|---|---|---|---|---|---|---|---|---|---|---|
| SWZ160 | 160 | 8 | M12×50 | 120 | 138 | 95 | 114 | 116 | 15 | 20 | 6.5 | 4 | 0.05 | 60 |
| SWZ190 | 190 | 8 | M14×60 | 190 | 165 | 115 | 135 | 142 | 17 | 25 | 7.5 | 4 | 0.05 | 60 |
| SWZ220 | 200 | 8 | M16×65 | 295 | 190 | 130 | 158 | 164 | 20 | 32 | 9.8 | | | 70 |
| SWZ260 | 260 | 8 | M18×75 | 405 | 228 | 155 | 190 | 200 | 25 | 40 | 13 | 5 | | 78 |
| SWZ300 | 300 | 10 | M22×90 | 780 | 260 | 180 | 214 | 224 | 30 | 40 | 15.5 | 6 | | 90 |
| SWZ350 | 350 | 10 | M22×100 | 780 | 310 | 210 | 266 | 274 | 35 | 50 | 16.5 | | | 108 |
| SWZ400 | 400 | 10 | M24×120 | 1000 | 358 | 240 | 310 | 320 | 40 | 70 | 18.5 | 7 | 0.06 | 118 |
| SWZ425 | 425 | 16 | M27×120 | 1500 | 376 | 255 | 324 | 334 | 42 | 80 | 20.5 | 9 | | 138 |
| SWZ450 | 450 | 16 | M27×120 | 1500 | 400 | 270 | 348 | 356 | 44 | 80 | 20.5 | 9 | | 140 |
| SWZ500 | 500 | 16 | M30×140 | 2000 | 445 | 300 | 380 | 396 | 47 | 90 | | 11 | | |
| SWZ550 | 550 | 16 | M30×140 | 2000 | 492 | 320 | 435 | 392 | 50 | 100 | 23 | 11 | | 162 |
| SWZ600 | 600 | | M36×150 | 3500 | 536 | 360 | 468 | 478 | 55 | 90 | | | 0.08 | |
| SWZ650 | 650 | | M36×150 | 3500 | 586 | 390 | 518 | 528 | 55 | 90 | 25.5 | 14 | | 175 |
| SWZ700 | 700 | 18 | M36×160 | 3500 | 636 | 420 | 568 | 578 | 60 | 100 | 30.5 | 14 | | 185 |
| SWZ750 | 750 | 18 | M42×180 | 5600 | 675 | 450 | 595 | 608 | 65 | 125 | 33 | 14 | | 210 |
| SWZ800 | 800 | 16 | M48×200 | 9000 | 712 | 480 | 620 | 635 | 70 | 135 | 35.5 | 17 | | 235 |
| SWZ850 | 850 | 18 | M48×200 | 9000 | 762 | 510 | 672 | 685 | 70 | 135 | 35.5 | 17 | | 235 |
| SWZ900 | 900 | 16 | M56×220 | 14000 | 800 | 540 | 698 | 712 | 80 | 150 | 40.5 | | | 260 |
| SWZ950 | 950 | 18 | M56×220 | 14000 | 850 | 570 | 746 | 762 | 80 | 150 | 40.5 | 19 | 0.1 | 260 |
| SWZ1000 | 1000 | 16 | M64×240 | 20000 | 890 | 600 | 776 | 792 | 90 | 165 | 45.5 | 19 | | 285 |
| SWZ1100 | 1100 | 16 | M72×260 | 30000 | 980 | 660 | 854 | 872 | 95 | 180 | 48 | 21 | | 310 |
| SWZ1200 | 1200 | 18 | M72×280 | 30000 | 1080 | 720 | 954 | 972 | 110 | 200 | 53 | 24 | | 330 |

端面齿连接是通过端面齿、高强度螺栓及螺母把两端法兰连接在其他相配件上，其相配件的端面的齿形尺寸及螺栓预紧力矩见图 7.2-34 和表 7.2-38。

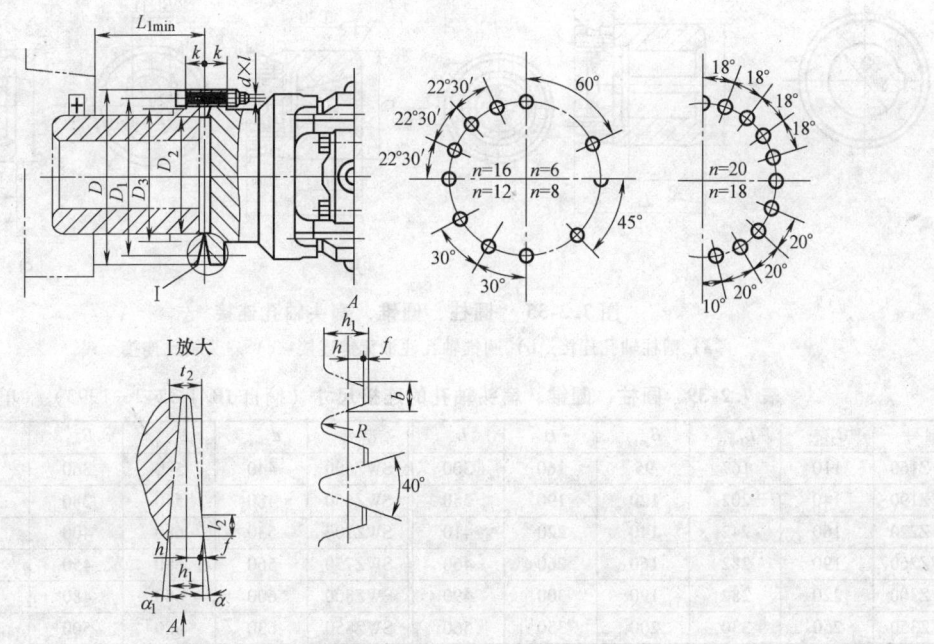

**图 7.2-34　端面齿齿形**

**表 7.2-38　端面齿齿形尺寸及螺栓预紧力矩**（摘自 JB/T 3242—1993）　（单位：mm）

| 型号 | 回转直径 $D$ | $D_1$ | $D_2$ | $D_3$ | $k$ | $L_{1min}$ | 螺栓数 $n$ | 螺栓规格 $d \times l$ | 预紧力矩 $T_n$ /N·m | 齿数 $Z$ | $b$ | $h$ | $h_1$ | $f$ | $R$ | $l_1$ | $t_2$ | $\alpha$ | $\alpha_1$ |
|---|---|---|---|---|---|---|---|---|---|---|---|---|---|---|---|---|---|---|---|
| SWZ160 | 160 | 138 | 120 | 118 | 20 | 70 | 6 | M12×60 | 120 | 36 | 6.972 | 3.13 | 9.46 | 0.6 | | | 12 | 6°50′20″ | 6°50′20″ |
| SWZ190 | 190 | 165 | 140 | 145 | 25 | 80 | | M12×70 | | | 8.279 | 4.916 | 13.051 | | | | | | |
| SWZ220 | 220 | 195 | 175 | 175 | | | | | | 48 | 7.194 | 3.585 | 10.07 | 0.45 | 2 | | | 5°8′12″ | 5°8′12″ |
| SWZ260 | 260 | 235 | 210 | 215 | 30 | 90 | | M12×80 | | | 8.502 | 5.382 | 13.664 | | | 5 | 15 | | |
| SWZ300 | 300 | 270 | 240 | 244 | | 95 | | M16×80 | | 60 | 7.05 | 4.576 | 11.872 | 0.36 | | | | 4°6′49″ | 4°6′49″ |
| SWZ350 | 350 | 320 | 280 | 294 | 35 | 105 | | M16×90 | 295 | | 7.633 | 4.339 | 11.277 | 0.3 | | | | | |
| SWZ400 | 400 | 270 | 320 | 244 | 40 | 115 | | M16×100 | | 72 | 8.724 | 4.338 | 13.112 | 0.2 | | | | 3°25′48″ | 3°25′48″ |
| SWZ425 | 425 | 385 | 340 | 352 | 42 | 130 | 8 | M20×110 | 580 | | 9.269 | 5.156 | 14.609 | 0.3 | | | 16 | | |
| SWZ450 | 450 | 410 | 360 | 378 | 44 | | | | | | 7.361 | 5.905 | 9.367 | | 2.25 | | | 2°34′26″ | 2°34′26″ |
| SWZ500 | 500 | 450 | 400 | 412 | 47 | 140 | 12 | M24×120 | | 96 | 8.18 | 4.259 | 11.617 | 0.45 | | | | | |
| SWZ550 | 550 | 500 | 440 | 462 | 50 | 150 | | M24×130 | 1000 | | 8.997 | 5.382 | 13.864 | | | | | | |
| SWZ600 | 600 | 550 | 480 | 512 | 55 | 160 | 16 | M24×140 | | | 7.852 | 3.899 | 10.719 | | | 10 | | 2°3′25″ | 2°3′25″ |
| SWZ650 | 650 | 590 | 520 | 542 | | 165 | | M30×140 | | 120 | 8.507 | 4.117 | 11.354 | 0.36 | | | 18 | | |
| SWZ700 | 700 | 640 | 560 | 392 | 60 | 175 | | M30×150 | 2000 | | 9.162 | 5.017 | 13.153 | | | | | | |
| SWZ750 | 750 | 690 | 600 | 642 | 65 | 185 | | M30×160 | | | 9.816 | 5.915 | 14.95 | | | | | | |
| SWZ800 | 800 | 730 | 640 | 672 | 70 | 210 | 18 | M36×180 | 3500 | | 8.726 | 4.328 | 11.956 | | 2.5 | | | 1°43′ | 1°43′ |
| SWZ850 | 850 | 780 | 680 | 722 | | | | | | 144 | 9.271 | 5.076 | 13.453 | 0.45 | | | | | |
| SWZ900 | 900 | 820 | 740 | 752 | 80 | 235 | | M36×200 | 5800 | | 9.816 | 5.825 | 14.95 | | | | 20 | | |
| SWZ950 | 950 | 870 | 780 | 802 | | | | | | | 10.362 | 6.575 | 16.451 | | | 15 | | | |
| SWZ1000 | 1000 | 900 | 840 | 822 | 90 | | | | | | 8.726 | 4.058 | 11.956 | | | | | | |
| SWZ1100 | 1100 | 1000 | 920 | 922 | 95 | 280 | 20 | M48×240 | 9000 | 180 | 9.598 | 5.257 | 4.354 | 0.72 | | | 25 | 2°44′43″ | — |
| SWZ1200 | 1200 | 1080 | 1000 | 992 | 110 | 335 | | M56×280 | 1400 | | 10.471 | 6.456 | 16.751 | | | | | | |

圆柱轴孔连接、圆锥轴孔注油无键连接、扁头轴孔连接的型式及尺寸见图 7.2-35 和表 7.2-39。

圆锥轴孔注油无键连接油孔尺寸，见图 7.2-36 和表 7.2-40。

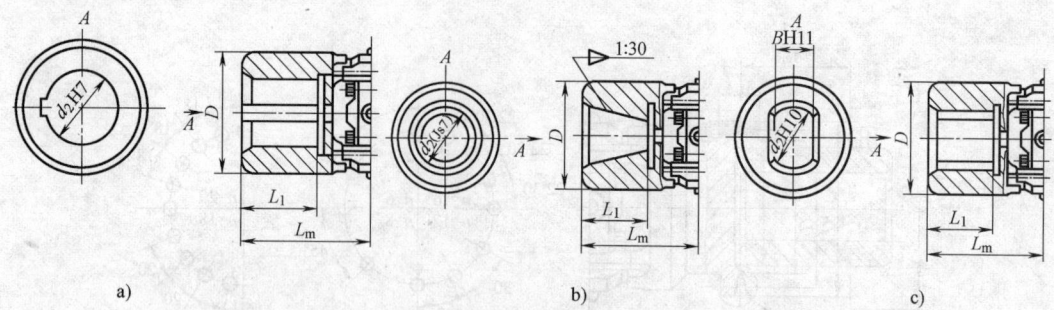

图 7.2-35    圆柱、圆锥、扁头轴孔连接

a) 圆柱轴孔连接    b) 圆锥轴孔注油无键连接    c) 扁头轴孔连接

表 7.2-39    圆柱、圆锥、扁头轴孔的连接尺寸（摘自 JB/T 3242—1993）（单位：mm）

| 型号 | $d_{2max}$ | $L_{1max}$ | $B_{max}$ | $D$ | $L_m$ | 型号 | $d_{2max}$ | $L_{1max}$ | $B_{max}$ | $D$ | $L_m$ |
|---|---|---|---|---|---|---|---|---|---|---|---|
| SWZ160 | 110 | 167 | 95 | 160 | 300 | SWZ600 | 440 | 540 | 360 | 600 | 900 |
| SWZ190 | 140 | 202 | 120 | 190 | 350 | SWZ650 | 480 | 540 | 380 | 650 | 930 |
| SWZ220 | 160 | 242 | 140 | 220 | 410 | SWZ700 | 530 | 680 | 400 | 700 | 1090 |
| SWZ260 | 190 | 282 | 160 | 260 | 460 | SWZ750 | 560 | 680 | 450 | 750 | 1130 |
| SWZ300 | 220 | 282 | 190 | 300 | 490 | SWZ800 | 600 | 680 | 480 | 800 | 1160 |
| SWZ350 | 250 | 330 | 200 | 350 | 560 | SWZ850 | 630 | 680 | 500 | 850 | 1190 |
| SWZ400 | 300 | 380 | 240 | 400 | 640 | SWZ900 | 710 | 850 | 580 | 900 | 1380 |
| SWZ425 | 320 | 380 | 280 | 425 | 660 | SWZ950 | 750 | 850 | 600 | 950 | 1400 |
| SWZ450 | 340 | 450 | 290 | 450 | 730 | SWZ1000 | 800 | 850 | 630 | 1000 | 1380 |
| SWZ500 | 380 | 450 | 300 | 500 | 770 | SWZ1100 | 850 | 950 | 670 | 1100 | 1530 |
| SWZ550 | 420 | 540 | 320 | 550 | 870 | SWZ1200 | 900 | 950 | 710 | 1200 | 1570 |

注：1. $d_2$、$L_1$、$B$ 的具体尺寸由设计者在表中规定的范围内确定。

2. 轴孔 $d_2$ 若选用圆柱轴孔，当 $d_2 \leqslant 630$mm 时，其轴孔及键槽型式尺寸按 GB/T 3852—2008 的规定，轴孔长度 $L_1$，选短系列；当 $d_2 > 630$mm 时，轴孔及键槽型式尺寸由设计者自行规定。

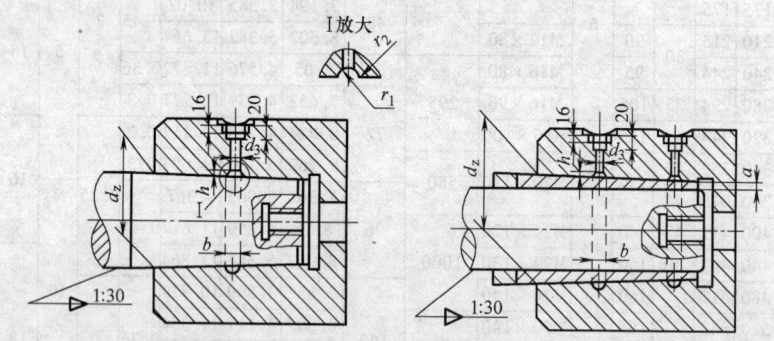

图 7.2-36    圆锥轴孔注油无键连接油孔

表 7.2-40    圆锥轴孔注油无键连接油孔尺寸                （单位：mm）

| $d_z$ | $a$ | $b$ | $d_3$ | $h$ | $r_1$ | $r_2$ |
|---|---|---|---|---|---|---|
| 100 ~ 150 | 3.5 | 5 | 4 | 1 | 4 | 1 |
| >150 ~ 200 | 4 | 6 | 5 | 1.25 | 4.5 | 1 |
| >200 ~ 250 | 5 | 7 | 5 | 1.5 | 5 | 1.6 |
| >250 ~ 300 | 6 | 8 | 6 | 1.5 | 6 | 1.6 |
| >300 ~ 400 | 8 | 10 | 7 | 2 | 7 | 1.6 |

（续）

| $d_z$ | $a$ | $b$ | $d_3$ | $h$ | $r_1$ | $r_2$ |
|---|---|---|---|---|---|---|
| >400 ~ 500 | 9 | 12 | 8 | 2.5 | 8 | |
| >500 ~ 650 | 10 | 14 | 10 | 3 | 10 | 2.5 |
| >650 ~ 800 | 12.5 | 16 | 12 | | 12 | |
| >800 ~ 1000 | 15 | 18 | | 4 | | |

注：1. 需经常装卸时，可采用带外锥套的注油无键连接。

     2. 采用带外锥套的注油无键连接时，其外锥套的孔与轴的配合为 H8/f7，外锥套的材料为 45 钢经调质处理。

     3. 当 $d_z$ >720mm 时，其注油孔则采用双轴孔。

     4. 外锥面应刻有螺刻分油沟或轴向分油沟。

（4）QWL 型球笼式万向联轴器　QWL 型球笼式万向联轴器，适用于连接不同轴线的两轴具有同步性要求的轴系传动。传递公称转矩 180 ~ 10000 kN·m，回转直径 85 ~ 275mm，轴线夹角 $\beta \leqslant 14° ~ 18°$，结构型式见图 7.2-37，主要尺寸见表 7.2-41。

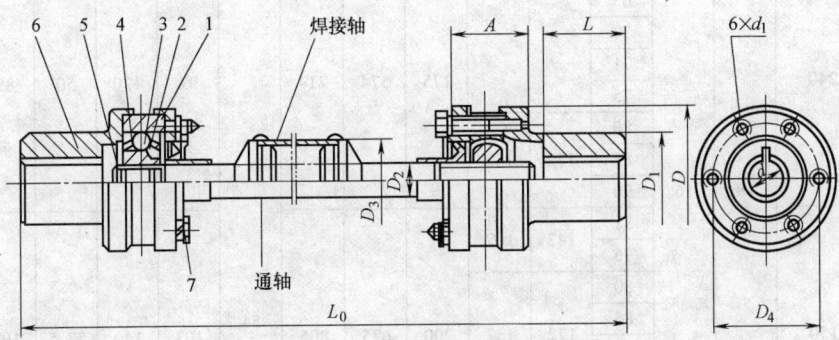

图 7.2-37　QWL 型球笼式万向联轴器

1—外环　2—内环　3—钢球　4—球笼　5—中间轴　6—半联轴器　7—螺栓

表 7.2-41　QWL 型球笼式万向联轴器的主要尺寸（摘自 GB/T 7549—2008）（单位：mm）

| 型号 | 公称转矩 $T_n$/ N·m | 许用最大轴倾角 $\beta_{max}$ /(°) 静止时 | 工作时 | 轴孔直径 $d$ H7 | 轴孔长度 $L$ Y | J | $D$ | $L_0$ /min 通轴 | 焊接轴 | 总长伸缩量 $\Delta L_0$ | $A$ | $D_1$ | $D_2$ | $D_3$ | $D_4$ | 螺栓 $d_1$ |
|---|---|---|---|---|---|---|---|---|---|---|---|---|---|---|---|---|
| QWL1 | 180 | 16 | 14 | 25 | 62 | 44 | 85 | 284 | 392 | 24 | 48 | 55 | 20 | 50 | 66 | M8 |
| | | | | 28 | | | | | | | | | | | | |
| | | | | 30 | | | | | | | | | | | | |
| | | | | 32 | | | | | | | | | | | | |
| | | | | 35 | 82 | 60 | | | | | | | | | | |
| QWL2 | 355 | 16 | 14 | 32 | | | 100 | 394 | 478 | 32 | 56 | 65 | 30 | | 80 | |
| | | | | 35 | | | | | | | | | | | | |
| | | | | 38 | | | | | | | | | | | | |
| | | | | 40 | | | | | | | | | | | | |
| | | | | 45 | | | | | | | | | | | | |
| QWL3 | 800 | 18 | 16 | 45 | 112 | 84 | 130 | 443 | 561 | 40 | 68 | 90 | 31.5 | 60 | 106 | M10 |
| | | | | 48 | | | | | | | | | | | | |
| | | | | 50 | | | | | | | | | | | | |
| | | | | 55 | | | | | | | | | | | | |
| | | | | 56 | | | | | | | | | | | | |
| | | | | 60 | 142 | 107 | | | | | | | | | | |
| | | | | 63 | | | | | | | | | | | | |
| | | | | 65 | | | | | | | | | | | | |
| | | | | 70 | | | | | | | | | | | | |

（续）

| 型号 | 公称转矩 $T_n$/ N·m | 许用最大轴倾角 $\beta_{max}$/(°) 静止时 | 工作时 | 轴孔直径 $d$ H7 | 轴孔长度 $L$ Y | J | $D$ | $L_0$/min 通轴 | 焊接轴 | 总长伸缩量 $\Delta L_0$ | $A$ | $D_1$ | $D_2$ | $D_3$ | $D_4$ | 螺栓 $d_1$ |
|---|---|---|---|---|---|---|---|---|---|---|---|---|---|---|---|---|
| QWL4 | 1400 | | | 55 | 112 | 84 | 150 | 537 | 643 | 48 | 80 | 105 | 44.5 | 76 | 124 | M12 |
| | | | | 56 | | | | | | | | | | | | |
| | | | | 60 | | | | | | | | | | | | |
| | | | | 63 | | | | | | | | | | | | |
| | | | | 65 | | | | | | | | | | | | |
| | | | | 70 | | | | | | | | | | | | |
| | | | | 71 | | | | | | | | | | | | |
| | | | | 75 | 142 | 107 | | | | | | | | | | |
| QWL5 | 2240 | | | 63 | | | 175 | 574 | 714 | | 92 | 120 | 50 | 89 | 140 | M16 |
| | | | | 65 | | | | | | | | | | | | |
| | | | | 70 | | | | | | | | | | | | |
| | | | | 71 | | | | | | | | | | | | |
| | | | | 75 | | | | | | | | | | | | |
| | | | | 80 | | | | | | | | | | | | |
| | | 18 | 16 | 85 | 172 | 132 | | | | | | | | | | |
| | | | | 90 | | | | | | | | | | | | |
| QWL6 | 3150 | | | 71 | 142 | 107 | 200 | 675 | 805 | 54 | 103 | 140 | 57.5 | 102 | 159 | |
| | | | | 75 | | | | | | | | | | | | |
| | | | | 80 | | | | | | | | | | | | |
| | | | | 85 | 172 | 132 | | | | | | | | | | |
| | | | | 90 | | | | | | | | | | | | |
| | | | | 95 | | | | | | | | | | | | |
| | | | | 100 | 212 | 167 | | | | | | | | | | M12 |
| | | | | 110 | | | | | | | | | | | | |
| QWL7 | 4500 | | | 80 | 172 | 132 | 220 | 701 | 840 | | 110 | 160 | 63 | 102 | 180 | |
| | | | | 85 | | | | | | | | | | | | |
| | | | | 90 | | | | | | | | | | | | |
| | | | | 95 | | | | | | | | | | | | |
| | | | | 100 | | | | | | | | | | | | |
| | | | | 110 | 212 | 167 | | | | | | | | | | |
| | | | | 120 | | | | | | | | | | | | |
| QWL8 | 6300 | | | 90 | 172 | 132 | 245 | 710 | 910 | 60 | 124 | 180 | 76 | 14 | 197 | |
| | | | | 95 | | | | | | | | | | | | |
| | | | | 100 | | | | | | | | | | | | |
| | | | | 110 | 212 | 167 | | | | | | | | | | |
| | | | | 120 | | | | | | | | | | | | |
| | | | | 125 | | | | | | | | | | | | |
| | | 20 | 18 | 130 | 252 | 202 | | | | | | | | | | M16 |
| | | | | 140 | | | | | | | | | | | | |
| QWL9 | 10000 | | | 100 | 212 | 167 | 275 | 842 | 1065 | 70 | 173 | 205 | 81 | 140 | 226 | |
| | | | | 110 | | | | | | | | | | | | |
| | | | | 120 | | | | | | | | | | | | |
| | | | | 125 | | | | | | | | | | | | |
| | | | | 130 | 252 | 202 | | | | | | | | | | |
| | | | | 140 | | | | | | | | | | | | |
| | | | | 150 | | | | | | | | | | | | |
| | | | | 160 | 302 | 242 | | | | | | | | | | |

注：1. 公称转矩为转速 $n = 100$ r/min、0°轴倾角时的计算值。

　　2. 在起动、制动时产生的短时过载转矩 $[T_{max}] = 3T_n$，时间不得超过 15s。

（5）QWLZ 型重型机械用球笼式万向联轴器

QWLZ 型重型机械用球笼式万向联轴器，适用于具有同步性和大轴倾角要求的重型、冶金、工程机械等设备的传动轴系。传递公称转矩的范围为 180～4500 kN·m，小于 QWL 型公称转矩的范围 180～10000 kN·m；最大需用轴倾角 $[\beta_{max}] \leqslant 25°$，大于 QWL 型 $\beta \leqslant 14°\sim18°$，这是两者的主要差别。QWLZ 型球笼式万向联轴器结构型式见图 7.2-38，主要尺寸见表 7.2-42。

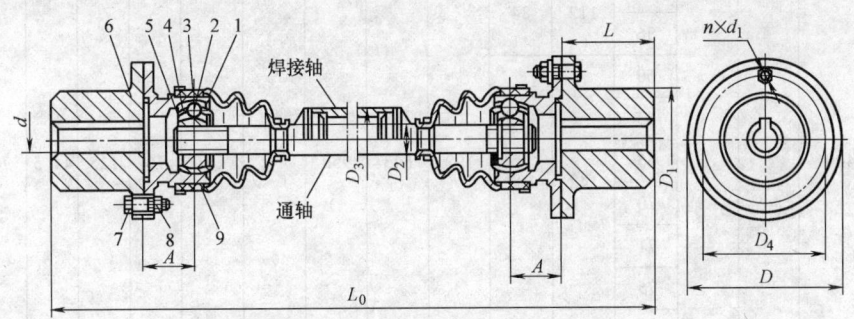

图 7.2-38　QWLZ 型重型机械用球笼式万向联轴器

1—外环　2—内环　3—钢球　4—球笼　5—中间轴　6—半联轴器　7—螺栓　8—螺母　9—密封套

表 7.2-42　QWLZ 型重型机械用球笼式万向联轴器的主要尺寸（摘自 GB/T 6140—1992）

（单位：mm）

| 型号 | 公称转矩 $T_n$/ N·m | 许用最大轴倾角 $\beta_{max}$ /(°) 静止时 | 工作时 | 轴孔直径 $d$ H7 | 轴孔长度 $L$ Y | J | $D$ | $L_0$ /min 通轴 | 焊接轴 | 总长伸缩量 $\Delta L_0$ ≤150 | >150 ~250 | $A$ | $D_1$ | $D_2$ | $D_3$ | $D_4$ | 螺栓 $n \times d_1$ |
|---|---|---|---|---|---|---|---|---|---|---|---|---|---|---|---|---|---|
| QWLZ1 | 180 | | | 25 | 62 | 44 | | | | | | | | | | | |
| | | | | 28 | | | | | | | | | | | | | |
| | | | | 30 | | | | | | | | | | | | | |
| | | | | 32 | 82 | 60 | 118 | 328 | 633 | | | 40 | 70 | 20 | | 94 | 6 × M10 |
| | | | | 35 | | | | | | | | | | | | | |
| | | | | 38 | | | | | | | | | | | | | |
| | | | | 40 | 112 | 84 | | | | +10 −5 | | | | | 50 | | |
| | | | | 45 | | | | | | | | | | | | | |
| QWLZ2 | 355 | 35 | 25 | 32 | 82 | 60 | | | | ±10 | | 46 | 80 | 30 | | 108 | 6 × M12 |
| | | | | 35 | | | | | | | | | | | | | |
| | | | | 38 | | | | | | | | | | | | | |
| | | | | 40 | | | 136 | 410 | 60 | | | | | | | | |
| | | | | 45 | | | | | | | | | | | | | |
| | | | | 50 | | | | | | | | | | | | | |
| | | | | 45 | 112 | 84 | | | | | | | | | | | |
| | | | | 48 | | | | | | | | | | | | | |
| | | | | 50 | | | | | | | | | | | | | |
| QWLZ3 | 800 | | | 55 | | | | | | ±10 | | 55 | 110 | 31.5 | 60 | 145 | 6 × M14 |
| | | | | 56 | | | | | | | | | | | | | |
| | | | | 60 | | | 179 | 543 | 823 | | | | | | | | |
| | | | | 63 | | | | | | | | | | | | | |
| | | | | 65 | 142 | 107 | | | | | | | | | | | |
| | | | | 70 | | | | | | | | | | | | | |

（续）

| 型号 | 公称转矩 $T_n$/ N·m | 许用最大轴倾角 $\beta_{max}$ /(°) 静止时 | 工作时 | 轴孔直径 $d$ H7 | 轴孔长度 $L$ Y | J | $D$ | $L_0$ /min 通轴 | 焊接轴 | 总长伸缩量 $\Delta L_0$ ≤150 | >150 ~250 | $A$ | $D_1$ | $D_2$ | $D_3$ | $D_4$ | 螺栓 $n \times d_1$ |
|---|---|---|---|---|---|---|---|---|---|---|---|---|---|---|---|---|---|
| QWLZ4 | 1400 | | | 55 | 112 | 84 | 192 | 643 | 953 | ±10 | | 76 | 125 | 44.5 | 76 | 160 | 6 × M14 |
| | | | | 56 | | | | | | | | | | | | | |
| | | | | 60 | 142 | 107 | | | | | | | | | | | |
| | | | | 63 | | | | | | | | | | | | | |
| | | | | 65 | | | | | | | | | | | | | |
| | | | | 70 | | | | | | | | | | | | | |
| | | | | 71 | | | | | | | | | | | | | |
| | | | | 75 | | | | | | | | | | | | | |
| | | | | 80 | 172 | 132 | | | | | | | | | | | |
| QWLZ5 | 2240 | 35 | 25 | 63 | 142 | 107 | 215 | 684 | 1099 | ±10 | | 83 | 140 | 50 | 89 | 178 | 12 × M16 |
| | | | | 65 | | | | | | | | | | | | | |
| | | | | 70 | | | | | | | | | | | | | |
| | | | | 71 | | | | | | | | | | | | | |
| | | | | 75 | | | | | | | | | | | | | |
| | | | | 80 | 172 | 132 | | | | | | | | | | | |
| | | | | 85 | | | | | | | | | | | | | |
| | | | | 90 | | | | | | | | | | | | | |
| QWLZ6 | 3150 | | | 71 | 142 | 107 | 250 | 754 | 1119 | | ±15 | 95 | 160 | 57.5 | 102 | 205 | 12 × M18 |
| | | | | 75 | | | | | | | | | | | | | |
| | | | | 80 | 172 | 132 | | | | | | | | | | | |
| | | | | 85 | | | | | | | | | | | | | |
| | | | | 90 | | | | | | | | | | | | | |
| | | | | 95 | | | | | | | | | | | | | |
| | | | | 100 | 212 | 167 | | | | | | | | | | | |
| QWLZ7 | 4500 | | | 80 | 173 | 132 | 265 | 844 | 1169 | | | 105 | 175 | 63 | 102 | 220 | 12 × M20 |
| | | | | 85 | | | | | | | | | | | | | |
| | | | | 90 | | | | | | | | | | | | | |
| | | | | 95 | | | | | | | | | | | | | |
| | | | | 100 | 212 | 167 | | | | | | | | | | | |
| | | | | 110 | | | | | | | | | | | | | |

注：1. 公称转矩为转速 $n = 100$ r/min，$\beta = 0°$ 轴倾角时计算值。

2. 在起动、制动时产生的短时过载转矩允许值 $[T_{max}] = 3T_n$，时间不超过 5s。

### 3.2.2 齿式联轴器

齿式联轴器是由齿数相同的内齿圈和带外齿的凸缘半联轴器等零件组成。外齿分为直齿和鼓形齿两种齿形，所谓鼓形齿即为将外齿制成球面，球面中心在齿轮轴线上，齿侧间隙较一般齿轮大，鼓形齿联轴器可允许较大的角位移（相对于直齿联轴器）可改善齿

的接触条件，提高传递转矩的能力，延长使用寿命。

（1）GⅠCL型（宽型基本型）鼓形齿式联轴器
GⅠCL型（宽型基本型）鼓形齿式联轴器内齿圈

较宽，能补偿较大的轴线偏移，适用于连接水平两同轴线轴系传动。GⅠCL型结构型式见图7.2-39和图7.2-40，主要尺寸见表7.2-43。

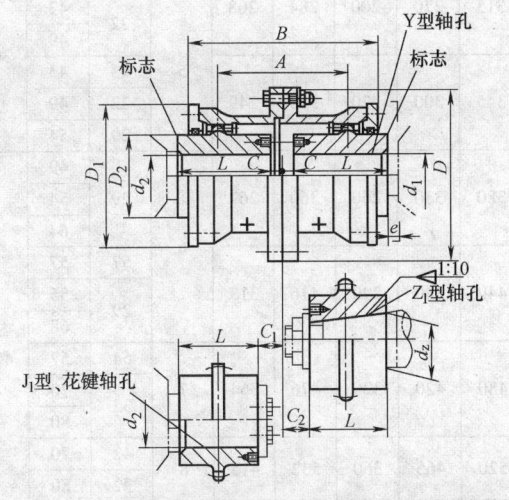

图 7.2-39　GⅠCL1～GⅠCL14 型鼓形齿式联轴器

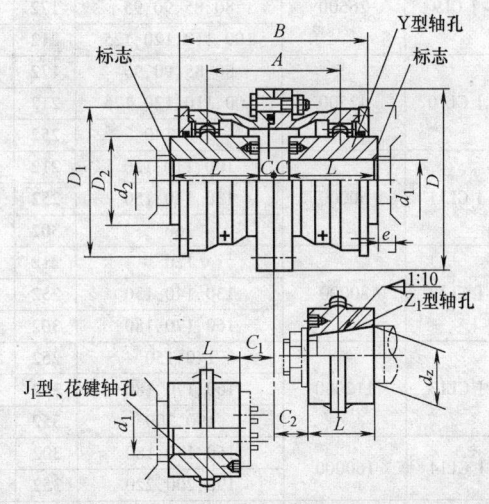

图 7.2-40　GⅠCL15～GⅠCL30 型鼓形齿式联轴器

表 7.2-43　GICL 型鼓形齿式联轴器的主要尺寸（摘自 JB/T 8854.3—2001）（单位：mm）

| 型号 | 公称转矩 $T_n$/N·m | 轴孔直径 $d_1$,$d_2$,$d_z$ | 轴孔长度 L Y | 轴孔长度 L $J_1$,$Z_1$ | D | $D_1$ | $D_2$ | B | A | C | $C_1$ | $C_2$ | e |
|---|---|---|---|---|---|---|---|---|---|---|---|---|---|
| GⅠCL1 | 800 | 16,18,19 | 42 | — | 125 | 95 | 60 | 115 | 75 | 20 | — | — | |
| | | 20,22,24 | 52 | 38 | | | | | | 10 | — | 24 | |
| | | 25,28 | 62 | 44 | | | | | | 2.5 | | 19 | |
| | | 30,32,35,38 | 82 | 60 | | | | | | | 15 | 22 | |
| GⅠCL2 | 1400 | 25,28 | 62 | 44 | 145 | 120 | 75 | 135 | 88 | 10.5 | — | 29 | |
| | | 30,32,35,38 | 82 | 60 | | | | | | 2.5 | 12.5 | 30 | |
| | | 40,42,45,48 | 112 | 84 | | | | | | | 13.5 | 28 | |
| GⅠCL3 | 2800 | 30,32,35,38 | 82 | 60 | 170 | 140 | 95 | 155 | 106 | 3 | 24.5 | 25 | |
| | | 40,42,45,48,50,55,56 | 112 | 84 | | | | | | | 17 | 28 | |
| | | 60 | 142 | 107 | | | | | | | | 35 | |
| GⅠCL4 | 5000 | 32,35,38 | 82 | 60 | 195 | 165 | 115 | 178 | 125 | 14 | 37 | 32 | 30 |
| | | 40,42,45,48,50,55,56 | 112 | 84 | | | | | | | 17 | 28 | |
| | | 60,63,65,70 | 142 | 107 | | | | | | | | 35 | |
| GⅠCL5 | 8000 | 40,42,45,48,50,55,56 | 112 | 84 | 225 | 183 | 130 | 198 | 142 | 3 | 25 | 28 | |
| | | 60,63,65,70,71,75 | 142 | 107 | | | | | | | 20 | 35 | |
| | | 80 | 172 | 132 | | | | | | | 22 | 43 | |
| GⅠCL6 | 11200 | 48,50,55,56 | 112 | 84 | 240 | 200 | 145 | 218 | 160 | 6 | 35 | 35 | |
| | | 60,63,65,70,71,75 | 142 | 107 | | | | | | | 20 | | |
| | | 80,85,90 | 172 | 132 | | | | | | | 22 | 43 | |
| GⅠCL7 | 15000 | 60,63,65,70,71,75 | 142 | 107 | 260 | 230 | 160 | 244 | 180 | 4 | 25 | 35 | |
| | | 80,85,90,95 | 172 | 132 | | | | | | | 22 | 43 | |
| | | 100 | 212 | 167 | | | | | | | | 48 | |
| GⅠCL8 | 21200 | 65,70,71,75 | 142 | 107 | 280 | 245 | 175 | 264 | 193 | 5 | 35 | 35 | |
| | | 80,85,90,95 | 172 | 132 | | | | | | | 22 | 43 | |
| | | 100,110 | 212 | 167 | | | | | | | | 48 | |

（续）

| 型号 | 公称转矩 $T_n$/N·m | 轴孔直径 $d_1,d_2,d_z$ | 轴孔长度 $L$ Y | 轴孔长度 $L$ $J_1,Z_1$ | $D$ | $D_1$ | $D_2$ | $B$ | $A$ | $C$ | $C_1$ | $C_2$ | $e$ |
|---|---|---|---|---|---|---|---|---|---|---|---|---|---|
| GⅠCL9 | 26500 | 70,71,75 | 142 | 107 | 315 | 270 | 200 | 284 | 208 | 10 | 45 | 45 | 30 |
| | | 80,85,90,95 | 172 | 132 | | | | | | | 22 | 43 | |
| | | 100,110,120,125 | 212 | 167 | | | | | | | | 49 | |
| GⅠCL10 | 42500 | 80,85,90,95 | 172 | 132 | 345 | 300 | 220 | 330 | 249 | 5 | 43 | 43 | |
| | | 100,110,120,125 | 212 | 167 | | | | | | | 22 | 49 | |
| | | 130,140 | 252 | 202 | | | | | | | 29 | 54 | |
| GⅠCL11 | 60000 | 100,110,120 | 212 | 167 | 380 | 330 | 260 | 360 | 267 | 6 | 29 | 49 | |
| | | 130,140,150 | 252 | 202 | | | | | | | | 54 | |
| | | 160 | 302 | 242 | | | | | | | | 64 | |
| GⅠCL12 | 80000 | 120 | 212 | 167 | 440 | 380 | 290 | 416 | 313 | 6 | 57 | 57 | 40 |
| | | 130,140,150 | 252 | 202 | | | | | | | 29 | 55 | |
| | | 160,170,180 | 302 | 242 | | | | | | | | 68 | |
| GⅠCL13 | 112000 | 140,150 | 252 | 202 | 480 | 420 | 320 | 476 | 364 | 7 | 54 | 57 | |
| | | 160,170,180 | 302 | 242 | | | | | | | 32 | 70 | |
| | | 190,200 | 352 | 282 | | | | | | | | 80 | |
| GⅠCL14 | 160000 | 160,170,180 | 302 | 242 | 520 | 465 | 360 | 532 | 415 | 8 | 42 | 70 | |
| | | 190,200,220 | 352 | 282 | | | | | | | 32 | 80 | |
| GⅠCL15 | 224000 | 190,200,220 | 352 | 282 | 580 | 510 | 400 | 556 | 429 | 10 | 34 | 80 | |
| | | 240,250 | 410 | 330 | | | | | | | 38 | — | |
| GⅠCL16 | 355000 | 200,220 | 352 | 282 | 680 | 595 | 465 | 640 | 501 | 10 | 58 | 80 | |
| | | 240,250,260 | 410 | 330 | | | | | | | 38 | — | |
| | | 280 | 470 | 380 | | | | | | | | | |
| GⅠCL17 | 400000 | 220 | 352 | 282 | 720 | 645 | 495 | 672 | 512 | | 74 | 80 | |
| | | 240,250,260 | 410 | 330 | | | | | | | 39 | | |
| | | 280,300 | 470 | 380 | | | | | | | | | |
| GⅠCL18 | 500000 | 240,250,260 | 410 | 330 | 775 | 675 | 520 | 702 | 524 | | 46 | | 50 |
| | | 280,300,320 | 470 | 380 | | | | | | | 41 | | |
| GⅠCL19 | 630000 | 260 | 410 | 330 | 815 | 715 | 560 | 744 | 560 | | 67 | | |
| | | 280,300,320 | 470 | 380 | | | | | | | 41 | | |
| | | 340 | 550 | 450 | | | | | | | | | |
| GⅠCL20 | 710000 | 280,300,320 | 470 | 380 | 855 | 755 | 595 | 786 | 595 | | 44 | | |
| | | 340,360 | 550 | 450 | | | | | | | | | |
| GⅠCL21 | 900000 | 300,320 | 470 | 380 | 915 | 795 | 620 | 808 | 611 | 13 | 59 | | |
| | | 340,360,380 | 550 | 450 | | | | | | | 44 | | |
| | | 400* | 650 | 540 | | | | | | | | | |
| GⅠCL22 | 950000 | 340,360,380 | 550 | 450 | 960 | 840 | 665 | 830 | 632 | | 44 | — | |
| | | 400,420 | 650 | 540 | | | | | | | | | |
| GⅠCL23 | 1120000 | 360,380 | 550 | 450 | 1010 | 890 | 710 | 870 | 666 | | | | |
| | | 400,420,450 | 650 | 540 | | | | | | | 48 | | |
| GⅠCL24 | 1250000 | 380 | 550 | 450 | 1050 | 925 | 730 | 890 | 685 | | 46 | | 60 |
| | | 400,420,450,480* | 650 | 540 | | | | | | | | | |
| GⅠCL25 | 1400000 | 400,420,450 | 650 | 540 | 1120 | 970 | 770 | 930 | 724 | 15 | 50 | | |
| | | 480,500* | | | | | | | | | | | |
| GⅠCL26 | 1600000 | 420,450,480,500,530* | 650 | 540 | 1160 | 990 | 800 | 950 | 733 | | 50 | | |
| GⅠCL27 | 1800000 | 450,480,500 | 650 | 540 | 1210 | 1060 | 850 | 958 | 739 | | 55 | | 70 |
| | | 530,560* | 800 | 680 | | | | | | | | | |
| GⅠCL28 | 2000000 | 480,500 | 650 | 540 | 1250 | 1080 | 890 | 1030 | 805 | 20 | | | |
| | | 530,560,600* | 800 | 680 | | | | | | | | | |

（续）

| 型号 | 公称转矩 $T_n/N \cdot m$ | 轴孔直径 $d_1,d_2,d_z$ | 轴孔长度 L Y | J₁,Z₁ | D | $D_1$ | $D_2$ | B | A | C | $C_1$ | $C_2$ | e |
|---|---|---|---|---|---|---|---|---|---|---|---|---|---|
| G Ⅰ CL29 | 2800000 | 500 | 650 | 540 | 1340 | 1200 | 960 | 1034 | 792 | 20 | 57 | — | 80 |
| | | 530,560,600,630* | 800 | 680 | | | | | | | 55 | | |
| G Ⅰ CL30 | 3500000 | 560,600,630 | 800 | 680 | 1390 | 1240 | 1005 | 1050 | 806 | | | | |
| | | 670* | — | 780 | | | | | | | | | |

注：1. $D_2 \geqslant 465$mm，其 O 形圈采用圆形断面橡皮条粘结而成。

2. 表中标记"＊"的轴孔尺寸只适于 $d_2$ 选用。

3. $d_2$ 最大直径为 220mm。

4. 表中的公称转矩值，当齿面氮化或表面淬火时，本表中的公称转矩值乘以 1.3。

（2）G Ⅰ CLZ 型（宽型接中间轴型）鼓形齿式联轴器 G Ⅰ CLZ 型（宽型接中间轴型）鼓形齿式联轴器，内齿圈较宽，能补偿较大的轴线偏移，适用于公称转矩 800～3500000N·m 连接水平两同轴线传动轴系。G Ⅰ CLZ 型的结构型式见图 7.2-41 和图 7.2-42，主要尺寸见表 7.2-44。

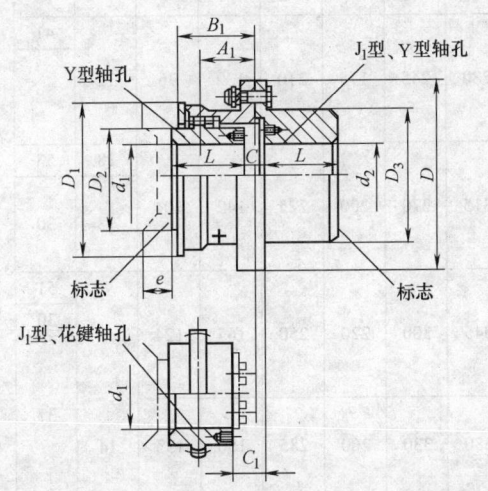

图 7.2-41　G Ⅰ CLZ1 ~G Ⅰ CLZ14 型鼓形齿式联轴器

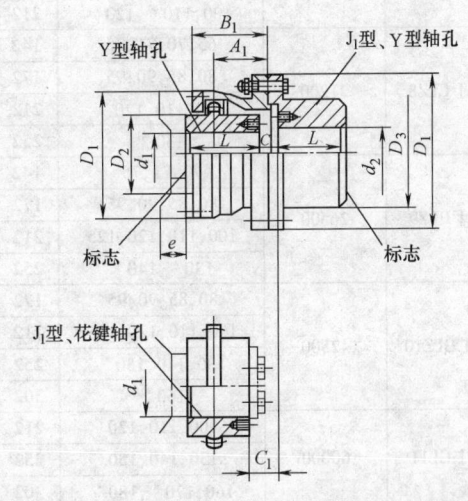

图 7.2-42　G Ⅰ CLZ15 ~G Ⅰ CLZ30 型鼓形齿式联轴器

表 7.2-44　GICLZ 型鼓形齿式联轴器的主要尺寸（摘自 JB/T 8854.3—2001）（单位：mm）

| 型号 | 公称转矩 $T_n/N \cdot m$ | 轴孔直径 $d_1,d_2$ | 轴孔长度 L Y | J₁ | D | $D_1$ | $D_2$ | $D_3$ | $B_1$ | $A_1$ | C | $C_1$ | e |
|---|---|---|---|---|---|---|---|---|---|---|---|---|---|
| G Ⅰ CLZ1 | 800 | 16,18,19 | 42 | — | 125 | 95 | 60 | 80 | 57 | 37 | 24 | — | 30 |
| | | 20,22,24 | 52 | 38 | | | | | | | 14 | | |
| | | 25,28 | 62 | 44 | | | | | | | 6.5 | 19 | |
| | | 30,32,35,38 | 82 | 60 | | | | | | | | | |
| | | 40*,42*,45*,48*,50* | 112 | 84 | | | | | | | | | |
| G Ⅰ CLZ2 | 1400 | 25,28 | 62 | 44 | 145 | 120 | 75 | 95 | 67 | 44 | 16 | — | 30 |
| | | 30,32,35,38 | 82 | 60 | | | | | | | 8 | 18 | |
| | | 40,42,45,48,50*,55*,56* | 112 | 84 | | | | | | | | 19 | |
| | | 60* | 142 | 107 | | | | | | | | | |
| G Ⅰ CLZ3 | 2800 | 30,32,35,38 | 82 | 60 | 170 | 140 | 95 | 115 | 77 | 53 | 7 | 29 | |
| | | 42,42,45,48,50,55,56 | 112 | 84 | | | | | | | | 22 | |
| | | 60,63*,65*,70* | 142 | 107 | | | | | | | | | |

（续）

| 型号 | 公称转矩 $T_n$/N·m | 轴孔直径 $d_1$,$d_2$ | 轴孔长度 L Y | J_1 | D | $D_1$ | $D_2$ | $D_3$ | $B_1$ | $A_1$ | C | $C_1$ | e |
|---|---|---|---|---|---|---|---|---|---|---|---|---|---|
| GⅠCLZ4 | 5000 | 32,35,38 | 82 | 60 | 195 | 165 | 115 | 130 | 89 | 62 | 19 | 42 | |
| | | 40,42,45,48,50,55,56 | 112 | 84 | | | | | | | | | |
| | | 60,63,65,70,71*,75* | 142 | 107 | | | | | | | 8.5 | 22 | |
| | | 80* | 172 | 132 | | | | | | | | | |
| GⅠCLZ5 | 8000 | 40,42,45,48,50,55,56 | 112 | 84 | 225 | 183 | 130 | 150 | 99 | 71 | 9.5 | 31 | |
| | | 60,63,65,70,71,75 | 142 | 107 | | | | | | | | 26 | |
| | | 80,85*,90* | 172 | 132 | | | | | | | | 28 | |
| GⅠCLZ6 | 11200 | 48,50,55,56 | 112 | 84 | 240 | 200 | 145 | 170 | 109 | 80 | 11.5 | 41 | |
| | | 60,63,65,70,71,75 | 142 | 107 | | | | | | | | 26 | |
| | | 80,85,90,95* | 172 | 132 | | | | | | | 9.5 | 28 | |
| | | 100* | 212 | 167 | | | | | | | | | |
| GⅠCLZ7 | 15000 | 60,63,65,70,71,75 | 142 | 107 | 260 | 230 | 160 | 195 | 122 | 90 | 10.5 | 31 | 30 |
| | | 80,85,90,95 | 172 | 132 | | | | | | | | 28 | |
| | | 100,110*,120* | 212 | 167 | | | | | | | | | |
| GⅠCLZ8 | 21200 | 65,70,71,75 | 142 | 107 | 280 | 245 | 175 | 210 | 132 | 96 | 12 | 41 | |
| | | 80,85,90,95 | 172 | 132 | | | | | | | | 28 | |
| | | 100,110,120* | 212 | 167 | | | | | | | | | |
| | | 130* | 252 | 202 | | | | | | | | | |
| GⅠCLZ9 | 26500 | 70,71,75 | 142 | 107 | 315 | 270 | 200 | 225 | 142 | 104 | 18 | 53 | |
| | | 80,85,90,95 | 172 | 132 | | | | | | | | | |
| | | 100,110,120,125 | 212 | 167 | | | | | | | 13 | 30 | |
| | | 130*,140* | 252 | 202 | | | | | | | | | |
| GⅠCLZ10 | 42500 | 80,85,90,95 | 172 | 132 | 345 | 300 | 220 | 250 | 165 | 124 | | 51 | |
| | | 100,110,120,125 | 212 | 167 | | | | | | | | 30 | |
| | | 130,140,150* | 252 | 202 | | | | | | | | | |
| | | 160* | 302 | 242 | | | | | | | | | |
| GⅠCL11 | 60000 | 100,110,120 | 212 | 167 | 380 | 330 | 260 | 285 | 180 | 133 | 14 | 37 | |
| | | 130,140,150 | 252 | 202 | | | | | | | | | |
| | | 160,170*,180* | 302 | 242 | | | | | | | | | |
| GⅠCL12 | 80000 | 120 | 212 | 167 | 440 | 380 | 290 | 325 | 208 | 158 | | 65 | |
| | | 130,140,150 | 252 | 202 | | | | | | | | | |
| | | 160,170,180 | 302 | 242 | | | | | | | | 37 | |
| | | 190*,200* | 352 | 282 | | | | | | | | | |
| GⅠCL13 | 112000 | 140,150 | 252 | 202 | 480 | 420 | 320 | 360 | 238 | 182 | 15 | 62 | 40 |
| | | 160,170,180 | 302 | 242 | | | | | | | | 40 | |
| | | 190,200,220* | 352 | 282 | | | | | | | | | |
| GⅠCL14 | 160000 | 160,170,180 | 302 | 242 | 520 | 465 | 360 | 420 | 266 | 207 | 16 | 50 | |
| | | 190,200,220 | 352 | 282 | | | | | | | | 40 | |
| | | 240*,250* | 410 | 330 | | | | | | | | | |
| GⅠCL15 | 224000 | 190,200,220 | 352 | 282 | 580 | 510 | 400 | 450 | 278 | 214 | 17 | 41 | |
| | | 240,250,260* | 410 | 330 | | | | | | | | 45 | |
| | | 280* | 470 | 380 | | | | | | | | | |
| GⅠCLZ16 | 355000 | 200,220 | 352 | 282 | 680 | 595 | 465 | 500 | 320 | 250 | 16.5 | 65 | |
| | | 240,250,260 | 410 | 330 | | | | | | | 15.5 | 45 | |
| | | 280,300*,320* | 470 | 380 | | | | | | | | | 50 |
| GⅠCLZ17 | 400000 | 220 | 352 | 282 | 720 | 645 | 495 | 530 | 336 | 256 | 17 | 81 | |
| | | 240,250,260 | 410 | 330 | | | | | | | | 46 | |
| | | 280,300,320 | 470 | 380 | | | | | | | | | |

（续）

| 型号 | 公称转矩 $T_n/N \cdot m$ | 轴孔直径 $d_1,d_2$ | 轴孔长度 $L$ Y | 轴孔长度 $L$ $J_1$ | $D$ | $D_1$ | $D_2$ | $D_3$ | $B_1$ | $A_1$ | $C$ | $C_1$ | $e$ |
|---|---|---|---|---|---|---|---|---|---|---|---|---|---|
| GⅠCLZ18 | 500000 | 240,250,260 | 410 | 330 | 775 | 675 | 520 | 540 | 351 | 262 | 16.5 | 53 | |
| | | 280,300,320 | 470 | 380 | | | | | | | | | |
| | | 340* | 550 | 450 | | | | | | | | 48 | |
| GⅠCLZ19 | 630000 | 260 | 410 | 330 | 815 | 715 | 560 | 580 | 372 | 280 | 17 | 74 | |
| | | 280,300,320 | 470 | 380 | | | | | | | | | |
| | | 340,360* | 550 | 450 | | | | | | | | 48 | |
| GⅠCLZ20 | 710000 | 280,300,320 | 470 | 380 | 855 | 755 | 585 | 600 | 393 | 297 | | | 50 |
| | | 340,360,380* | 550 | 450 | | | | | | | | | |
| GⅠCLZ21 | 900000 | 300,320 | 470 | 380 | 915 | 795 | 620 | 640 | 404 | 305 | 20 | 51 | |
| | | 340,360,380 | 550 | 450 | | | | | | | | | |
| | | 400* | 650 | 540 | | | | | | | | | |
| GⅠCLZ22 | 950000 | 340,360,380 | 550 | 450 | 960 | 840 | 665 | 680 | 415 | 316 | | | |
| | | 400,420* | 650 | 540 | | | | | | | | | |
| GⅠCLZ23 | 1120000 | 360,380 | 550 | 450 | 1010 | 890 | 710 | 720 | 435 | 333 | | | |
| | | 400,420,450* | 650 | 540 | | | | | | | | 55 | 60 |
| GⅠCLZ24 | 1250000 | 380 | 550 | 450 | 1050 | 925 | 730 | 760 | 445 | 342 | | 53 | |
| | | 400,420,450,480* | 650 | 540 | | | | | | | | 57 | |
| GⅠCLZ25 | 1400000 | 400,420,450,480,500* | 650 | 540 | 1120 | 970 | 770 | 800 | 465 | 360 | 22 | | |
| GⅠCLZ26 | 1600000 | 420,450,480,500 | 650 | 540 | 1160 | 990 | 800 | 850 | 475 | 366 | | 58 | |
| | | 530* | | | | | | | | | | | |
| GⅠCLZ27 | 1800000 | 450,480,500 | 650 | 540 | 1210 | 1060 | 850 | 900 | 479 | 369 | | | |
| | | 530,560* | 800 | 680 | | | | | | | | | 70 |
| GⅠCLZ28 | 2000000 | 480,500 | 650 | 540 | 1250 | 1080 | 890 | 960 | 517 | 402 | | 63 | |
| | | 530,560,600* | 800 | 680 | | | | | | | | | |
| GⅠCLZ29 | 2800000 | 500 | 650 | 540 | 1340 | 1200 | 960 | 1010 | 517 | 396 | 28 | 65 | |
| | | 530,560,600,630* | 800 | 680 | | | | | | | | | 80 |
| GⅠCLZ30 | 3500000 | 560,600,630 | 800 | 680 | 1390 | 1240 | 1005 | 1070 | 525 | 403 | | 63 | |
| | | 670* | — | 780 | | | | | | | | | |

注：1. $D_2 \geqslant 465mm$，其 O 形圈采用圆形断面橡皮条粘结而成。

2. 表中标记"*"的轴孔尺寸只适于 $d_2$ 选用。

3. $d_z$ 最大直径为 220mm。

4. 表中的公称转矩值，当齿面氮化或表面淬火时，本表中的公称转矩值乘以 1.3。

（3）GⅡCL 型（窄型基本型）鼓形齿式联轴器

GⅡCL 型（窄型基本型）鼓形齿式联轴器齿间距小，允许相对径向位移小，结构紧凑，转动惯量小，适用于公称转矩 400～4500000N·m 连接水平两同轴线轴系传动。GⅡCL 型结构型式见图 7.2-43 和图 7.2-44，主要尺寸见表 7.2-45。

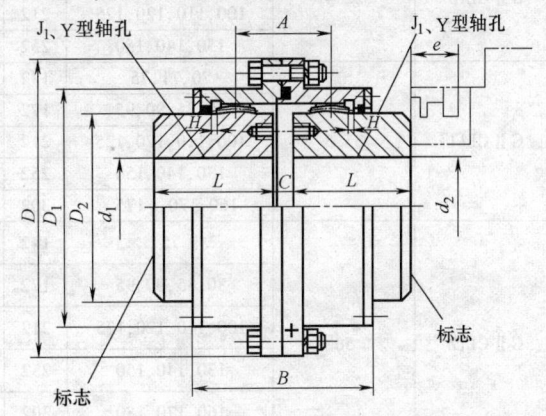

图 7.2-43　GⅡCL1 ～GⅡCL13 型鼓形齿式联轴器　　图 7.2-44　GⅡCL14 ～GⅡCL25 型鼓形齿式联轴器

表 7.2-45 　GIICL 型鼓形齿式联轴器的主要尺寸（摘自 JB/T 8854.3—2001）（单位：mm）

| 型号 | 公称转矩 $T_n$/kN·m | 轴孔直径 $d_1$,$d_2$ | 轴孔长度 L Y | 轴孔长度 L $J_1$ | $D$ | $D_1$ | $D_2$ | $C$ | $H$ | $A$ | $B$ | $e$ |
|---|---|---|---|---|---|---|---|---|---|---|---|---|
| G II CL1 | 0.4 | 16,18,19 | 42 | — | 103 | 71 | 50 | | | 36 | 76 | 68 |
| | | 20,22,24 | 52 | 38 | | | | | | | | |
| | | 25,28 | 62 | 44 | | | | | | | | |
| | | 30,32,35 | 82 | 60 | | | | | | | | |
| G II CL2 | 0.71 | 20,22,24 | 52 | — | 115 | 83 | 60 | 8 | 2 | 42 | 88 | |
| | | 25,28 | 62 | 44 | | | | | | | | |
| | | 30,32,35,38 | 82 | 60 | | | | | | | | |
| | | 40,42,45 | 112 | 84 | | | | | | | | |
| G II CL3 | 1.12 | 22,24 | 52 | — | 127 | 95 | 75 | | | 44 | 90 | |
| | | 25,28 | 62 | 44 | | | | | | | | |
| | | 30,32,35,38 | 82 | 60 | | | | | | | | |
| | | 40,42,45,48,50,55,56 | 112 | 84 | | | | | | | | |
| G II CL4 | 1.8 | 38 | 82 | 60 | 149 | 116 | 90 | | | 49 | 98 | 42 |
| | | 40,42,45,48,50,55,56 | 112 | 84 | | | | | | | | |
| | | 60,63,65 | 142 | 107 | | | | | | | | |
| G II CL5 | 3.15 | 40,42,45,48,50,55,56 | 112 | 84 | 167 | 134 | 105 | | | 55 | 108 | |
| | | 60,63,65,70,71,75 | 142 | 107 | | | | | | | | |
| G II CL6 | 5.00 | 45,48,50,55,56 | 112 | 84 | 187 | 153 | 125 | | | 56 | 110 | |
| | | 60,63,65,70,71,75 | 142 | 107 | | | | | | | | |
| | | 80,85,90 | 172 | 132 | | | | 10 | 2.5 | | | |
| G II CL7 | 7.1 | 50,55,56 | 112 | 84 | 204 | 170 | 140 | | | 60 | 118 | |
| | | 60,63,65,70,71,75 | 142 | 107 | | | | | | | | |
| | | 80,85,90,95 | 172 | 132 | | | | | | | | |
| | | 100,(105) | 212 | 167 | | | | | | | | |
| G II CL8 | 10.00 | 55,56 | 112 | 84 | 230 | 186 | 155 | | | 67 | 142 | |
| | | 60,63,65,70,71,75 | 142 | 107 | | | | | | | | |
| | | 80,85,90,95 | 172 | 132 | | | | | | | | |
| | | 100,110,(115) | 212 | 167 | | | | | | | | |
| G II CL9 | 16 | 60,63,65,70,71,75 | 142 | 107 | 256 | 212 | 180 | 12 | 3 | 69 | 146 | |
| | | 80,85,90,95 | 172 | 132 | | | | | | | | |
| | | 100,110,120,125 | 212 | 167 | | | | | | | | |
| | | 130,(135) | 252 | 202 | | | | | | | | |
| G II CL10 | 22.4 | 65,70,71,75 | 142 | 107 | 287 | 239 | 200 | | | 78 | 164 | 47 |
| | | 80,85,90,95 | 172 | 132 | | | | | | | | |
| | | 100,110,120,125 | 212 | 167 | | | | | | | | |
| | | 130,140,150 | 252 | 202 | | | | | | | | |
| G II CL11 | 35.5 | 70,71,75 | 142 | 107 | 352 | 276 | 235 | 14 | 3.5 | 81 | 170 | |
| | | 80,85,90,95 | 172 | 132 | | | | | | | | |
| | | 100,110,120,125 | 212 | 167 | | | | | | | | |
| | | 130,140,150 | 252 | 202 | | | | | | | | |
| | | 160,170,(175) | 302 | 242 | | | | | | | | |
| G II CL12 | 50 | 75 | 142 | 107 | 362 | 313 | 270 | 16 | 4 | 89 | 190 | 49 |
| | | 80,85,90,95 | 172 | 132 | | | | | | | | |
| | | 100,110,120,125 | 212 | 167 | | | | | | | | |
| | | 130,140,150 | 252 | 202 | | | | | | | | |
| | | 160,170,180 | 302 | 242 | | | | | | | | |
| | | 190,200 | 352 | 282 | | | | | | | | |

（续）

| 型号 | 公称转矩 $T_n/N \cdot m$ | 轴孔直径 $d_1, d_2$ | 轴孔长度 $L$ Y | $J_1$ | $D$ | $D_1$ | $D_2$ | $C$ | $H$ | $A$ | $B$ | $e$ |
|---|---|---|---|---|---|---|---|---|---|---|---|---|
| GⅡCL13 | 71 | 150 | 252 | 202 | | | | | | | | |
| | | 160,170,180,(185) | 302 | 242 | 412 | 350 | 300 | 18 | 4.5 | 98 | 208 | 49 |
| | | 190,200,220,(225) | 352 | 282 | | | | | | | | |
| GⅡCL14 | 112 | 170,180,(185) | 302 | 242 | | | | | | | | |
| | | 190,200,220 | 352 | 282 | 462 | 418 | 335 | | | 172 | 296 | |
| | | 240,250 | 410 | 330 | | | | 22 | 5.5 | | | 63 |
| GⅡCL15 | 180 | 190,200,220 | 352 | 282 | | | | | | | | |
| | | 240,250,260 | 410 | 330 | 512 | 465 | 380 | | | 182 | 316 | |
| | | 280,(285) | 470 | 380 | | | | | | | | |
| GⅡCL16 | 250 | 220 | 352 | 282 | | | | | | | | |
| | | 240,250,260 | 410 | 330 | 580 | 522 | 430 | | | 209 | 354 | |
| | | 280,300,320 | 470 | 380 | | | | 28 | 7 | | | 67 |
| GⅡCL17 | 355 | 250,260 | 410 | 330 | | | | | | | | |
| | | 280,(290),300,320 | 470 | 380 | 644 | 582 | 490 | | | 198 | 364 | |
| | | 340,360,(365) | 550 | 450 | | | | | | | | |
| GⅡCL18 | 500 | 280,(295),300,320 | 470 | 380 | | | | | | | | |
| | | 340,360,380 | 550 | 450 | 726 | 654 | 540 | 28 | | 222 | 430 | |
| | | 400 | 650 | 540 | | | | | | | | |
| GⅡCL19 | 710 | 300,320 | 470 | 380 | | | | | 8 | | | |
| | | 340,(350),360,380,(390) | 550 | 450 | 818 | 748 | 630 | | | 232 | 440 | |
| | | 400,420,440,450,460,(470) | 650 | 540 | | | | 32 | | | | 75 |
| GⅡCL20 | 1000 | 360,380,(390) | 550 | 450 | | | | | | | | |
| | | 400,420,440,450,460,480,500 | 650 | 540 | 928 | 838 | 720 | | 10.5 | 247 | 470 | |
| | | 530,(540) | 800 | 680 | | | | | | | | |
| GⅡCL21 | 1400 | 400,420,440,450,460,480,500 | 650 | 540 | 1022 | 928 | 810 | | 11.5 | 255 | 490 | |
| | | 530,560,600 | 800 | 680 | | | | 40 | | | | |
| GⅡCL22 | 1800 | 450,460,480,500 | 650 | 540 | | | | | | | | |
| | | 530,560,600,630 | 800 | 680 | 1134 | 1036 | 915 | | 13 | 262 | 510 | |
| | | 670,(680) | 900 | 780 | | | | | | | | |
| GⅡCL23 | 2500 | 530,560,600,630 | 800 | 680 | | | | | | | | |
| | | 670,(700),710,750,(770) | 900 | 780 | 1282 | 1178 | 1030 | | 14.5 | 299 | 580 | |
| GⅡCL24 | 3550 | 560,600,630 | 800 | 680 | | | | | | | | |
| | | 670,(700),710,750 | 900 | 780 | 1428 | 1322 | 1175 | | 16.5 | 317 | 610 | |
| | | 800,850 | 1000 | 880 | | | | 50 | | | | 80 |
| GⅡCL25 | 4500 | 670,(700),710,750 | 900 | 780 | | | | | | | | |
| | | 800,850 | 1000 | 880 | 1644 | 1538 | 1390 | | 19 | 325 | 620 | |
| | | 900,950 | — | 980 | | | | | | | | |
| | | 1000,(1040) | | 1100 | | | | | | | | |

注：1. 轴孔长度推荐 $J_1$ 型。

　　2. 带括号的轴孔直径新设计时不用。

（4）GⅡCLZ 型（窄型接中间轴型）鼓形齿式联轴器　GⅡCLZ 型（窄型接中间轴型）鼓形齿式联轴器齿间距小，允许相对径向位移小，结构紧凑，转动惯量小，适用于公称转矩 400～4500000N·m 连接水平两同轴线轴系传动。GⅡCLZ 型结构型式见图 7.2-45 和图 7.2-46，主要尺寸见表 7.2-46。

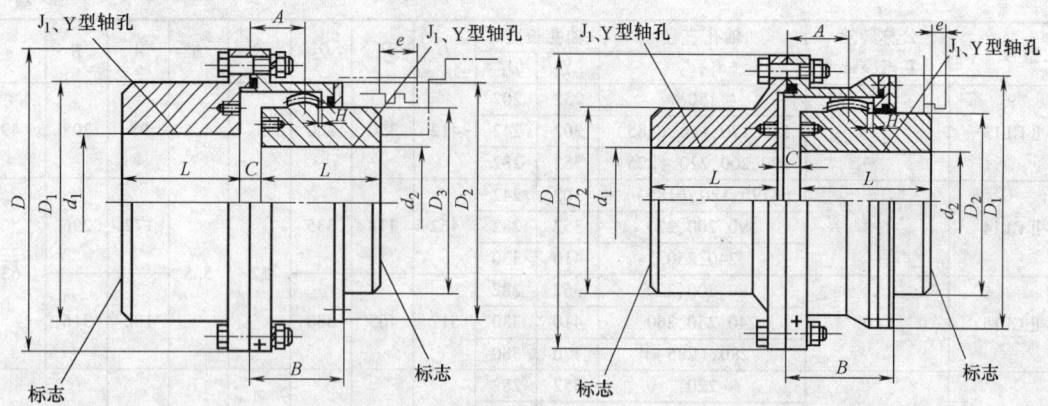

图 7.2-45　G Ⅱ CLZ1 ~G Ⅱ CLZ13 型鼓形齿式联轴器　图 7.2-46　G Ⅱ CLZ14 ~G Ⅱ CLZ25 型鼓形齿式联轴器

表 7.2-46　GⅡCLZ 型鼓形齿式联轴器的主要尺寸（摘自 JB/T 8854.3—2001）（单位：mm）

| 型号 | 公称转矩 $T_n$/kN·m | 轴孔直径 $d_1$, $d_2$ | 轴孔长度 L | | D | $D_1$ | $D_2$ | $D_3$ | C | H | A | B | e |
|---|---|---|---|---|---|---|---|---|---|---|---|---|---|
| | | | Y | $J_1$ | | | | | | | | | |
| G Ⅱ CLZ1 | 0.4 | 16,18,19 | 42 | — | 103 | 71 | 71 | 50 | | | 18 | 38 | 38 |
| | | 20,22,24 | 52 | 38 | | | | | | | | | |
| | | 25,28 | 62 | 44 | | | | | | | | | |
| | | 30,32,35,38* | 82 | 60 | | | | | | | | | |
| | | 40*,42*,45*,48*,50* | 112 | 84 | | | | | | | | | |
| G Ⅱ CLZ2 | 0.7 | 20,22,24 | 52 | — | 115 | 83 | 83 | 60 | | | 21 | 44 | |
| | | 25,28 | 62 | 44 | | | | | | | | | |
| | | 30,32,35,38 | 82 | 60 | | | | | | | | | |
| | | 40,42,45,48*,50*,55*,56* | 112 | 84 | | | | | | | | | |
| | | 60* | 142 | 107 | | | | | | | | | |
| G Ⅱ CLZ3 | 1.12 | 22,24 | 52 | — | 127 | 95 | 95 | 75 | 8 | 2 | 22 | 45 | |
| | | 25,28 | 62 | 44 | | | | | | | | | |
| | | 30,32,35,38 | 82 | 60 | | | | | | | | | |
| | | 40,42,45,48,50,55,56 | 112 | 84 | | | | | | | | | |
| | | 60*,63*,65*,70* | 142 | 107 | | | | | | | | | |
| G Ⅱ CLZ4 | 1.8 | 38 | 82 | 60 | 149 | 116 | 116 | 90 | | | 24.5 | 49 | |
| | | 40,42,45,48,50,55,56 | 112 | 84 | | | | | | | | | 42 |
| | | 60,63,65,70*,71*,75* | 142 | 107 | | | | | | | | | |
| | | 80* | 172 | 132 | | | | | | | | | |
| G Ⅱ CLZ5 | 3.15 | 40,42,45,48,50,55,56 | 112 | 84 | 167 | 134 | 134 | 105 | | | 27.5 | 54 | |
| | | 60,63,65,70,71,75 | 142 | 107 | | | | | | | | | |
| | | 80*,85*,90* | 172 | 132 | | | | | | | | | |
| G Ⅱ CLZ6 | 5.00 | 45,48,50,55,56 | 112 | 84 | 187 | 153 | 153 | 125 | | | 28 | 55 | |
| | | 60,63,65,70,71,75 | 142 | 107 | | | | | | | | | |
| | | 80,85,90,95* | 172 | 132 | | | | | | | | | |
| | | 100*,(105)* | 212 | 167 | | | | | | | | | |
| G Ⅱ CLZ7 | 7.1 | 50,55,56 | 112 | 84 | 204 | 170 | 170 | 140 | 10 | 2.5 | 30 | 59 | |
| | | 60,63,65,70,71,75 | 142 | 107 | | | | | | | | | |
| | | 80,85,90,95 | 172 | 132 | | | | | | | | | |
| | | 100,(105),110*,(105)* | 212 | 167 | | | | | | | | | |

（续）

| 型号 | 公称转矩 $T_n$/kN·m | 轴孔直径 $d_1$,$d_2$ | 轴孔长度 L Y | 轴孔长度 L $J_1$ | D | $D_1$ | $D_2$ | $D_3$ | C | H | A | B | e |
|---|---|---|---|---|---|---|---|---|---|---|---|---|---|
| GⅡCLZ8 | 10.00 | 55,56 | 112 | 84 | 230 | 186 | 186 | 155 | | | 33.5 | 71 | |
| | | 60,63,65,70,71,75 | 142 | 107 | | | | | | | | | |
| | | 80,85,90,95 | 172 | 132 | | | | | | | | | |
| | | 100,110,(115),120*,125* | 212 | 167 | | | | | 12 | 3 | | | |
| GⅡCLZ9 | 16 | 60,63,65,70,71,75 | 142 | 107 | 256 | 212 | 212 | 180 | | | 34.5 | 73 | |
| | | 80,85,90,95 | 172 | 132 | | | | | | | | | |
| | | 100,110,120,125 | 212 | 167 | | | | | | | | | |
| | | 130,(135),140*,150* | 252 | 202 | | | | | | | | | 47 |
| GⅡCLZ10 | 22.4 | 65,70,71,75 | 142 | 107 | 287 | 239 | 239 | 200 | | | 39 | 82 | |
| | | 80,85,90,95 | 172 | 132 | | | | | | | | | |
| | | 100,110,120,125 | 212 | 167 | | | | | | | | | |
| | | 130,140,150 | 252 | 202 | | | | | 14 | 3.5 | | | |
| GⅡCLZ11 | 35.5 | 110,120,125 | 212 | 167 | 325 | 250 | 276 | 235 | | | 40.5 | 85 | |
| | | 130,140,150 | 252 | 202 | | | | | | | | | |
| | | 160,170,(175) | 302 | 242 | | | | | | | | | |
| GⅡCLZ12 | 50 | 130,140,150 | 252 | 202 | 362 | 286 | 313 | 270 | 16 | 4 | 44.5 | 95 | |
| | | 160,170,180 | 302 | 242 | | | | | | | | | |
| | | 190,200 | 352 | 282 | | | | | | | | | 49 |
| GⅡCLZ13 | 71 | 150 | 252 | 202 | 412 | 322 | 350 | 300 | 18 | 4.5 | 49 | 104 | |
| | | 160,170,180,(185) | 302 | 242 | | | | | | | | | |
| | | 190,200,220,(225) | 352 | 282 | | | | | | | | | |
| GⅡCLZ14 | 112 | 170,180,(185) | 302 | 242 | 462 | 420 | 335 | | | | 86 | 148 | |
| | | 190,200,220 | 352 | 282 | | | | | | | | | |
| | | 240,250 | 410 | 330 | | | | | 22 | 5.5 | | | 63 |
| GⅡCLZ15 | 180 | 190,200,220 | 352 | 282 | 512 | 465 | 380 | | | | 91 | 158 | |
| | | 240,250,260 | 410 | 330 | | | | | | | | | |
| | | 280,(285) | 470 | 380 | | | | | | | | | |
| GⅡCLZ16 | 250 | 220 | 352 | 282 | 580 | 522 | 430 | | | | 104.5 | 177 | |
| | | 240,250,260 | 410 | 330 | | | | | | | | | |
| | | 280,300,320 | 470 | 380 | | | | | | 7 | | | 67 |
| GⅡCLZ17 | 355 | 250,260 | 410 | 330 | 644 | 582 | 490 | | 28 | | 99 | 182 | |
| | | 280,(290),300,320 | 470 | 380 | | | | | | | | | |
| | | 340,360,(365) | 550 | 450 | | | | | | | | | |
| GⅡCLZ18 | 500 | 280,(295),300,320 | 470 | 380 | 726 | 658 | 540 | — | | 8 | 111 | 215 | |
| | | 340,360,380 | 550 | 450 | | | | | | | | | |
| | | 400 | 650 | 540 | | | | | | | | | |
| GⅡCLZ19 | 710 | 300,320 | 470 | 380 | 818 | 748 | 630 | | | 9 | 116 | 220 | |
| | | 340,(350),360,380,(390) | 550 | 450 | | | | | | | | | |
| | | 400,420,440,450,460,(470) | 650 | 540 | | | | | | | | | |
| GⅡCLZ20 | 1000 | 360,380,(390) | 550 | 450 | 928 | 838 | 720 | | 32 | 10.5 | 123.5 | 235 | 75 |
| | | 400,420,440,450,460,480,500 | 650 | 540 | | | | | | | | | |
| | | 530,(540) | 800 | 680 | | | | | | | | | |
| GⅡCLZ21 | 1400 | 400,420,440,450,460,480,500 | 650 | 540 | 1022 | 928 | 810 | | | 11.5 | 127.5 | 245 | |
| | | 530,560,600 | 800 | 680 | | | | | | | | | |
| GⅡCLZ22 | 1800 | 450,460,480,500 | 650 | 540 | 1134 | 1036 | 915 | | 40 | 13 | 131 | 255 | |
| | | 530,560,600,630 | 800 | 680 | | | | | | | | | |
| | | 670,(680) | 900 | 780 | | | | | | | | | |

（续）

| 型号 | 公称转矩 | 轴孔直径 | | 轴孔长度 $L$ | | $D$ | $D_1$ | $D_2$ | $D_3$ | $C$ | $H$ | $A$ | $B$ | $e$ |
|---|---|---|---|---|---|---|---|---|---|---|---|---|---|---|
| | $T_n$/kN·m | $d_1,d_2$ | Y | $J_1$ | | | | | | | | | |
| GⅡCLZ23 | 2500 | 530,560,600,630 | 800 | 680 | | 1282 | 1178 | 1030 | | 40 | 14.5 | 149.5 | 290 | |
| | | 670,(700),710,750,(770) | 900 | 780 | | | | | | | | | | |
| GⅡCLZ24 | 3550 | 560,600,630 | 800 | 680 | | 1428 | 1322 | 1175 | — | | 16.5 | 158.5 | 305 | 80 |
| | | 670,710,750 | 900 | 780 | | | | | | 50 | | | | |
| | | 800,850 | 1000 | 880 | | | | | | | | | | |
| GⅡCLZ25 | 4500 | 670,(700),710,750 | 900 | 780 | | 1644 | 1538 | 1390 | | | 19 | 162.5 | 310 | |
| | | 800,850 | 1000 | 880 | | | | | | | | | | |
| | | 900,950 | | 980 | | | | | | | | | | |
| | | 1000,(1040) | | 1100 | | | | | | | | | | |

注: 1. 轴孔直径栏中标注 * 的轴孔尺寸, 只适用于 $d_1$ 选用。

　　2. 推荐选用 $J_1$ 型轴伸系列。

　　3. 带括号的轴孔直径新设计时不用。

　（5）GCLD 型电动机轴伸鼓形齿式联轴器　GCLD 型电动机轴伸鼓形齿式联轴器, 具有一定角位移补偿两轴相对偏移性能, 适用于连接电动机与机械两水平轴线轴系传动。结构型式见图 7.2-47, 主要尺寸见表 7.2-47。

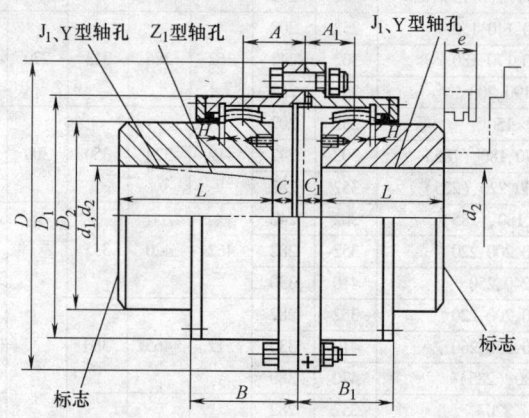

**图 7.2-47　GCLD 型鼓形齿式联轴器**

**表 7.2-47　GCLD 型鼓形齿式联轴器的主要尺寸**（摘自 JB/T 8854.3—2001）　（单位: mm）

| 型号 | 公称转矩 | 轴孔直径 | | 轴孔长度 $L$ | | $D$ | $D_1$ | $D_2$ | $C$ | $C_1$ | $H$ | $A$ | $A_1$ | $B$ | $B_1$ | $e$ |
|---|---|---|---|---|---|---|---|---|---|---|---|---|---|---|---|---|
| | $T_n$/kN·m | $d_1,d_2,d_z$ | Y | $J_1,Z_1$ | | | | | | | | | | | |
| GCLD1 | 1.12 | 22,24 | 52 | 38 | | 127 | 95 | 75 | 27 | 6 | | 43 | 22 | 66 | 45 | |
| | | 25,28 | 62 | 44 | | | | | | | | | | | | |
| | | 30,32,35,38 | 82 | 60 | | | | | | | 2 | | | | | |
| | | 40,42,45,48,50,55,56 | 112 | 84 | | | | | | | | | | | | |
| GCLD2 | 1.8 | 38 | 82 | 60 | | 149 | 116 | 90 | 26.5 | 6.5 | | 49.5 | 24.5 | 70 | 49 | |
| | | 40,42,48,50,55,56 | 112 | 87 | | | | | | | | | | | | |
| | | 60,63,65 | 142 | 107 | | | | | | | | | | | | |
| GCLD3 | 3.15 | 40,42,45,48,50,55,56 | 112 | 84 | | 167 | 134 | 105 | 33 | 7 | | 53.5 | 27.5 | 80 | 54 | 42 |
| | | 60,63,65,70,71,75 | 142 | 107 | | | | | | | | | | | | |
| GCLD4 | 5 | 45,48,50,55,56 | 112 | 84 | | 187 | 153 | 125 | 33.5 | | 2.5 | 54 | 28 | 81 | 55 | |
| | | 60,63,65,70,71,75 | 142 | 107 | | | | | | | | | | | | |
| | | 80,85,90 | 172 | 132 | | | | | 38 | | | | | | | |
| GCLD5 | 7.1 | 50,55 | 112 | 84 | | 204 | 170 | 140 | 37.5 | 7.5 | | 60 | 30 | 89 | 59 | |
| | | 60,63,65,70,71,75 | 142 | 107 | | | | | | | | | | | | |
| | | 80,85,90,95 | 172 | 132 | | | | | | | | | | | | |
| | | 100,(105) | 212 | 167 | | | | | 43.5 | | | | | | | |

（续）

| 型号 | 公称转矩 $T_n$/kN·m | 轴孔直径 $d_1, d_2, d_z$ | 轴孔长度 L | | D | $D_1$ | $D_2$ | C | $C_1$ | H | A | $A_1$ | B | $B_1$ | e |
|---|---|---|---|---|---|---|---|---|---|---|---|---|---|---|---|
| | | | Y | $J_1, Z_1$ | | | | | | | | | | | |
| GCLD6 | 10 | 55,56 | 112 | 84 | 230 | 186 | 155 | 43.5 | 8.5 | 3 | | 68.5 | 33.5 | 106 | 71 | |
| | | 60,63,65,70,71,75 | 142 | 107 | | | | | | | | | | | |
| | | 80,85,90,95 | 172 | 132 | | | | | | | | | | | |
| | | 100,110,(115) | 212 | 167 | | | | | | | | | | | |
| GCLD7 | 16 | 60,63,65,70,71,75 | 142 | 107 | 256 | 212 | 180 | 48 | 9 | | 73.5 | 34.5 | 112 | 73 | |
| | | 80,85,90,95 | 172 | 132 | | | | | | | | | | | |
| | | 100,110,120,125 | 212 | 167 | | | | | | | | | | | |
| | | 130,(135) | 252 | 202 | | | | | | | | | | | 47 |
| GCLD8 | 22.4 | 65,70,71,75 | 142 | 107 | 287 | 239 | 200 | 40.5 / 48 | 8.5 | | 75 | 39 | 118 | 82 | |
| | | 80,85,90,95 | 172 | 132 | | | | | | | | | | | |
| | | 100,110,120,125 | 212 | 167 | | | | | | | | | | | |
| | | 130,140,150 | 252 | 202 | | | | | | | | | | | |
| GCLD9 | 35.5 | 70,71,75 | 142 | 107 | 325 | 276 | 235 | 49.5 / 58 | 9.5 | 3.5 | 87.5 | 40.5 | 132 | 85 | |
| | | 80,85,90,95 | 172 | 132 | | | | | | | | | | | |
| | | 100,110,120,125 | 212 | 167 | | | | | | | | | | | |
| | | 130,140,150 | 252 | 202 | | | | | | | | | | | |
| | | 160,170,(175) | 302 | 242 | | | | | | | | | | | |
| GCLD10 | 50 | 75 | 142 | 107 | 362 | 313 | 270 | 65 / 68 | 11 | 4 | 98.5 | 44.5 | 149 | 95 | 49 |
| | | 80,85,90,95 | 172 | 132 | | | | | | | | | | | |
| | | 100,110,120,125 | 212 | 167 | | | | | | | | | | | |
| | | 130,140,150 | 252 | 202 | | | | | | | | | | | |
| | | 160,170,180 | 302 | 242 | | | | | | | | | | | |
| | | 190,200 | 352 | 282 | | | | | | | | | | | |

注：1. e 为更换密封所需要的尺寸。
　　2. 带括号的轴孔直径新设计时不用。

（6）WG 型鼓形齿式联轴器　WG 型鼓形齿式联轴器有 I 型、II 型两种，结构型式见图 7.2-48，主要尺寸见表 7.2-48。I 型适用于 WG1 ~ WG24，II 型适用于 WG1 ~ WG14。

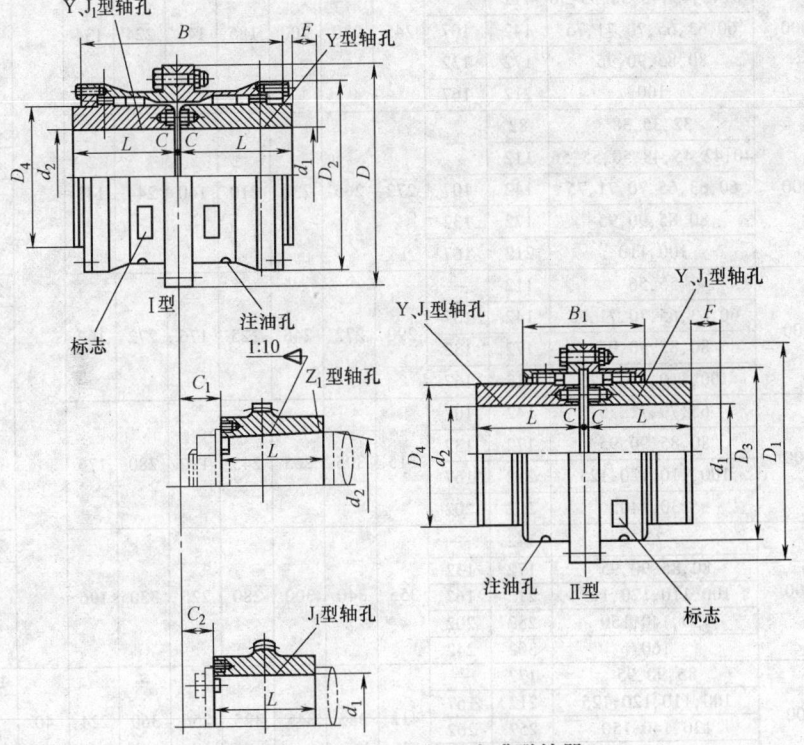

图 7.2-48　WG 型鼓形齿式联轴器

表 7.2-48　WG 型鼓形齿式联轴器的主要尺寸　　　　　　（单位：mm）

| 型号 | 公称转矩 $T_n$/N·m | 轴孔直径 $d_1,d_2,d_z$ | 轴孔长度 L (Y) | 轴孔长度 L ($J_1、Z_1$) | D | $D_1$ | $D_2$ | $D_3$ | $D_4$ | B | $B_1$ | F | C (I) | C (II) | $C_1$ | $C_2$ |
|---|---|---|---|---|---|---|---|---|---|---|---|---|---|---|---|---|
| WG1 | 710 | 12,14 | 32 | | 122 | 115 | 98 | 88 | 60 | 116 | 100 | | 30 | — | | |
| | | 16,18,19 | 42 | — | | | | | | | | | 20 | 14 | | |
| | | 20,22,24 | 52 | | | | | | | | | | 10 | 4 | | |
| | | 25,28 | 62 | 44 | | | | | | | | | | | 19 | 18 |
| | | 30,32,35,38 | 82 | 60 | | | | | | | | | 3 | 3 | 23 | 12 |
| | | 40,42 | 112 | 84 | | | | | | | | | | | 29 | |
| WG2 | 1250 | 22,24 | 52 | — | 150 | 145 | 118 | 108 | 77 | 136 | 104 | | 20 | 4 | | |
| | | 25,28 | 62 | | | | | | | | | | 10 | | | |
| | | 30,32,35,38 | 82 | 60 | | | | | | | | | 3 | 3 | 23 | 16 |
| | | 40,42,45,48,50,55,56 | 112 | 84 | | | | | | | | | | | 29 | |
| WG3 | 2500 | 22,24 | 52 | — | 170 | 165 | 140 | 125 | 90 | 160 | 108 | | 33 | 7 | | |
| | | 25,28 | 62 | | | | | | | | | | 23 | | | |
| | | 30,32,35,38 | 82 | 60 | | | | | | | | | | | 23 | 16 |
| | | 40,42,45,48,50,55,56 | 112 | 84 | | | | | | | | | 3 | | 29 | |
| | | 60,63 | 142 | 107 | | | | | | | | | | | 36 | |
| WG4 | 4500 | 30,32,35,38 | 82 | — | 200 | 195 | 160 | 145 | 112 | 180 | 116 | | 13 | | — | — |
| | | 40,42,45,48,50,55,56 | 112 | 84 | | | | | | | | | | | 29 | |
| | | 60,63,65,70,71,75 | 142 | 107 | | | | | | | | | 3 | 3 | 36 | 17 |
| | | 80 | 172 | 132 | | | | | | | | | | | 41 | |
| WG5 | 7100 | 30,32,35,38 | 82 | — | 225 | 215 | 180 | 168 | 128 | 200 | 126 | | 23 | | | |
| | | 40,42,45,48,50,55,56 | 112 | 84 | | | | | | | | | | | 29 | |
| | | 60,63,65,70,71,75 | 142 | 107 | | | | | | | | 30 | 3 | | 36 | 19 |
| | | 80,85,90 | 172 | 132 | | | | | | | | | | | 41 | |
| WG6 | 10000 | 32,35,38 | 82 | — | 245 | 230 | 200 | 185 | 145 | 224 | 134 | | 35 | | | |
| | | 40,42,45,48,50,55,56 | 112 | | | | | | | | | | | | | — |
| | | 60,63,65,70,71,75 | 142 | 107 | | | | | | | | | 5 | | 38 | |
| | | 80,85,90,95 | 172 | 132 | | | | | | | | | | | 43 | 20 |
| | | 100 | 212 | 167 | | | | | | | | | | | 48 | |
| WG7 | 14000 | 32,35,38 | 82 | — | 272 | 265 | 230 | 210 | 160 | 244 | 148 | | 45 | | | |
| | | 40,42,45,48,50,55,56 | 112 | — | | | | | | | | | 15 | | — | |
| | | 60,63,65,70,71,75 | 142 | 107 | | | | | | | | | 5 | | 38 | |
| | | 80,85,90,95 | 172 | 132 | | | | | | | | | | | 43 | 20 |
| | | 100,110 | 212 | 167 | | | | | | | | | | | 48 | |
| WG8 | 20000 | 55,56 | 112 | — | 290 | 272 | 245 | 225 | 176 | 272 | 162 | | 29 | | — | — |
| | | 60,63,65,70,71,75 | 142 | 107 | | | | | | | | | | 5 | 38 | 34 |
| | | 80,85,90,95 | 172 | 132 | | | | | | | | | 5 | | 43 | |
| | | 100,110,120,125 | 212 | 167 | | | | | | | | | | | 48 | 20 |
| WG9 | 25000 | 65,70,71,75 | 142 | 107 | 315 | 305 | 265 | 245 | 190 | 280 | 176 | | | | 38 | 38 |
| | | 80,85,90,95 | 172 | 132 | | | | | | | | | 5 | | 43 | |
| | | 100,110,120,125 | 212 | 167 | | | | | | | | | | | 48 | 28 |
| | | 130,140 | 252 | 202 | | | | | | | | | | | 53 | |
| WG10 | 40000 | 75 | 142 | — | 355 | 340 | 300 | 280 | 225 | 330 | 196 | | 28 | | — | — |
| | | 80,85,90,95 | 172 | 132 | | | | | | | | | | | 43 | 38 |
| | | 100,110,120,125 | 212 | 167 | | | | | | | | | 5 | | 48 | |
| | | 130,140,150 | 252 | 202 | | | | | | | | | | | 53 | 28 |
| | | 160 | 302 | 242 | | | | | | | | | | | 63 | |
| WG11 | 56000 | 85,90,95 | 172 | — | 412 | 385 | 345 | 325 | 256 | 360 | 224 | 40 | 15 | | — | — |
| | | 100,110,120,125 | 212 | 167 | | | | | | | | | 8 | 8 | 51 | |
| | | 130,140,150 | 252 | 202 | | | | | | | | | | | 56 | 32 |
| | | 160,170,180 | 302 | 242 | | | | | | | | | | | 66 | |

（续）

| 型号 | 公称转矩 $T_n$/N·m | 轴孔直径 $d_1,d_2,d_z$ | 轴孔长度 L Y | 轴孔长度 L $J_1,Z_1$ | $D$ | $D_1$ | $D_2$ | $D_3$ | $D_4$ | $B$ | $B_1$ | $F$ | C I | C II | $C_1$ | $C_2$ |
|---|---|---|---|---|---|---|---|---|---|---|---|---|---|---|---|---|
| WG12 | 80000 | 120,125 | 212 | 167 | 440 | 435 | 375 | 360 | 288 | 414 | 250 | 40 | 8 | 8 | 51 | 45 |
| | | 130,140,150 | 252 | 202 | | | | | | | | | | | 56 | |
| | | 160,170,180 | 302 | 242 | | | | | | | | | | | 66 | 32 |
| | | 190,200 | 352 | 282 | | | | | | | | | | | 76 | |
| WG13 | 112000 | 140,150 | 252 | 202 | 490 | 480 | 425 | 400 | 320 | 470 | 272 | | | | 56 | 28 |
| | | 160,170,180 | 302 | 242 | | | | | | | | | | | 66 | |
| | | 190,200,220 | 352 | 282 | | | | | | | | | | | 76 | 32 |
| WG14 | 160000 | 160,170,180 | 302 | 242 | 545 | 540 | 462 | 440 | 362 | 530 | 316 | | | 10 | 68 | |
| | | 190,200,220 | 352 | 282 | | | | | | | | | | | 78 | |
| | | 240,250,260 | 410 | 330 | | | | | | | | | | | — | 10 |
| WG15 | 224000 | 160,170,180 | 302 | 242 | 580 | | 488 | | 400 | 560 | | 50 | 10 | | 68 | 43 |
| | | 190,200,220 | 352 | 282 | | | | | | | | | | | 78 | 23 |
| | | 240,250,260 | 410 | 330 | | | | | | | | | | | — | 10 |
| | | 270 | 470 | 380 | | | | | | | | | | | | |
| WG16 | 280000 | 180 | 302 | 242 | 650 | | 560 | | 440 | 600 | | | | | 70 | 63 |
| | | 190,200,220 | 352 | 282 | | | | | | | | | | | 80 | 32 |
| | | 240,250,260 | 410 | 330 | | | | | | | | | | | | |
| | | 280,300 | 470 | 380 | | | | | | | | | | | | 12 |
| WG17 | 355000 | 200,220 | 352 | 282 | 690 | | 600 | | 460 | 650 | | | 12 | | 70 | 48 |
| | | 240,250,260 | 410 | 330 | | | | | | | | | | | — | 12 |
| | | 280,300,320 | 470 | 380 | | | | | | | | | | | | |
| WG18 | 450000 | 220 | 352 | 282 | 750 | | 650 | | 510 | 700 | | | | | 70 | 73 |
| | | 240,250,260 | 410 | 330 | | | | | | | | | | | | |
| | | 280,300,320 | 470 | 380 | | | | | | | | | | | | |
| | | 340,360 | 550 | 450 | | | | | | | | | | | | 12 |
| WG19 | 560000 | 240,250,260 | 410 | 330 | 775 | — | 690 | — | 535 | 745 | — | — | — | | — | |
| | | 280,300,320 | 470 | 380 | | | | | | | | | | | | |
| | | 340,360,380 | 550 | 450 | | | | | | | | | | | | 12 |
| WG20 | 710000 | 260 | 410 | 330 | 825 | | 730 | | 580 | 785 | | 60 | | | | |
| | | 280,300,320 | 470 | 380 | | | | | | | | | | | | |
| | | 340,360,380 | 550 | 450 | | | | | | | | | | | | |
| | | 400 | 650 | 540 | | | | | | | | | | | | |
| WG21 | 800000 | 280,300,320 | 470 | 380 | 925 | | 825 | | 620 | 810 | | | 14 | | — | 14 |
| | | 340,360,380 | 550 | 450 | | | | | | | | | | | | |
| | | 400,420,440 | 650 | 540 | | | | | | | | | | | | |
| WG22 | 900000 | 320 | 470 | 380 | 950 | | 850 | | 665 | 820 | | | | | | |
| | | 340,360,380 | 550 | 450 | | | | | | | | | | | | |
| | | 400,420,440,450,460 | 650 | 540 | | | | | | | | | | | | |
| WG23 | 1000000 | 360,380 | 550 | 450 | 1030 | | 900 | | 710 | 880 | | | | | | |
| | | 400,420,440,450,460,480,500 | 650 | 540 | | | | | | | | | | | | |
| WG24 | 1250000 | 380 | 550 | 450 | 1060 | | 925 | | 730 | 900 | | 70 | 16 | | | 16 |
| | | 400,420,440,450,460,480,500 | 650 | 540 | | | | | | | | | | | | |
| | | 520 | 800 | 680 | | | | | | | | | | | | |

注：1. 锥轴最大直径至 220mm。

　　2. Ⅱ型只有 Y，$J_1$ 型轴孔。

（7）WGJ 型接中间轴鼓形齿式联轴器　WGJ 型　接中间轴型鼓形齿式联轴器有三种类型：WGJA 型基

本型，结构型式见图 7.2-49；WGJB 型有轴向缓冲装置型，结构型式见图 7.2-50；WGJC 型内齿圈组合型，结构型式见图 7.2-51。适用于 WGJ7 ~ WGJ23 的 WGJ 型主要尺寸见表 7.2-49。

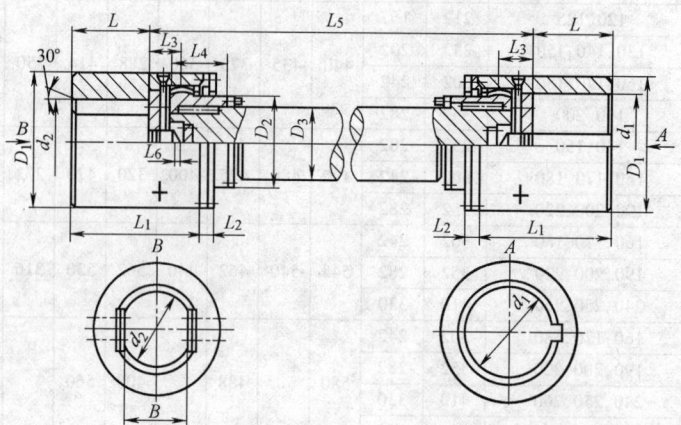

图 7.2-49　WGJA 型接中间轴鼓形齿式联轴器

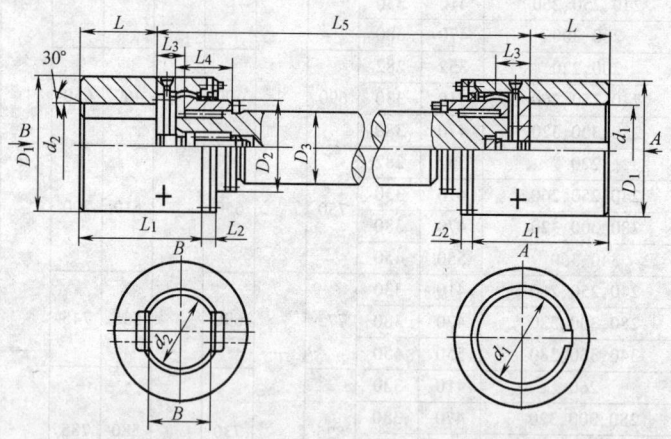

图 7.2-50　WGJB 型接中间轴鼓形齿式联轴器

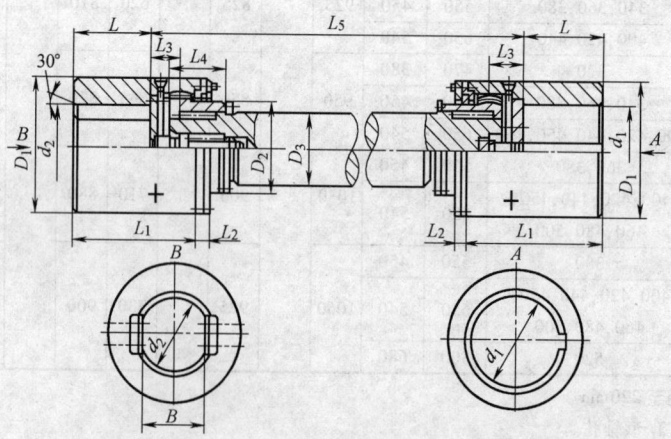

图 7.2-51　WGJC 型接中间轴鼓形齿式联轴器

表 7.2-49　**WGJ 型鼓形齿式联轴器的主要尺寸**（摘自 JB/T 8821—1998）（单位：mm）

| 型号 | 公称转矩 $T_n/N \cdot m$ | 圆柱形轴孔尺寸 | | 扁孔形轴孔尺寸 | | | $D_1$ | $D_2$ | $D_3$ | $L_1$ | $L_2$ | $L_3$ | $L_4$ | $L_5$ min | $L_6$ |
|---|---|---|---|---|---|---|---|---|---|---|---|---|---|---|---|
| | | $d_1,d_2$ | $L$ $J_1$ | $d_2$ max | $L$ max | $B$ max | | | | | | | | | |
| WGJ1 | 6.3 | 60,63 | 107 | 80 | 132 | 60 | 130 | 85 | 70 | 170 | 30 | 35 | 90 | 500 | 3 |
| | | 65,70 | | | | | | | | | | | | | |
| | | 71,75 | | | | | | | | | | | | | |
| | | 80 | 132 | | | | | | | 195 | | | | | |
| WGJ2 | 11.2 | 70,71,75 | 107 | 100 | 167 | 75 | 160 | 110 | 90 | 175 | | 40 | 110 | | |
| | | 80,85 | 132 | | | | | | | 200 | | | | | |
| | | 90,95 | | | | | | | | | | | | | |
| | | 100 | 167 | | | | | | | 235 | | | | | |
| WGJ3 | 18 | 80,85 | 132 | 110 | 167 | 85 | 180 | 120 | 100 | 210 | 32 | 46 | 120 | 600 | |
| | | 90,95 | | | | | | | | | | | | | |
| | | 100,110 | 167 | | | | | | | 245 | | | | | |
| WGJ4 | 25 | 80,85 | 132 | 125 | 167 | 95 | 200 | 140 | 110 | 220 | | 50 | 140 | | |
| | | 90,95 | | | | | | | | | | | | | |
| | | 100,110,120,125 | 167 | | | | | | | 253 | | | | | |
| WGJ5 | 31.5 | 90,95 | 132 | 140 | 202 | 105 | 230 | 160 | 130 | 225 | | 54 | 160 | | |
| | | 100,110 | 167 | | | | | | | 260 | | | | | |
| | | 120,125 | | | | | | | | | | | | | |
| | | 130,140 | 202 | | | | | | | 295 | | | | | |
| WGJ6 | 50 | 110,120 | 167 | 160 | 242 | 120 | 260 | 180 | 140 | 287 | 38 | 84 | 180 | 800 | 5 |
| | | 130 | 202 | | | | | | | 322 | | | | | |
| | | 140,150 | | | | | | | | | | | | | |
| | | 160 | 242 | | | | | | | 362 | | | | | |
| WGJ7 | 63 | 140,150 | 202 | 190 | | 140 | 280 | 200 | 160 | 336 | | 85 | 200 | | |
| | | 160 | 242 | | | | | | | 376 | | | | | |
| | | 170,180 | | | | | | | | | | | | | |
| | | 190 | 282 | | 282 | | | | | 416 | | | | | |
| WGJ8 | 80 | 160,170,180 | 242 | 200 | | 160 | 300 | 220 | 180 | 392 | 44 | 95 | 220 | | |
| | | 190,200 | 282 | | | | | | | 432 | | | | | |
| WGJ9 | 100 | 170,180 | 242 | 220 | | 170 | 330 | 230 | 200 | 392 | | 95 | 230 | 1000 | |
| | | 190,200,220 | 282 | | | | | | | 432 | | | | | |
| WGJ10 | 125 | 190,200,220 | 282 | 240 | 330 | 180 | 355 | 250 | 220 | 442 | 51 | 98 | 250 | | |
| | | 240 | 330 | | | | | | | 490 | | | | | |
| WGJ11 | 200 | 190,200,220 | 282 | 260 | | 200 | 410 | 290 | 240 | 457 | | 106 | 280 | 1200 | |
| | | 240,250,260 | 330 | | | | | | | 505 | | | | | |
| WGJ12 | 315 | 240,250,260 | 330 | 300 | 380 | 220 | 460 | 320 | 260 | 518 | 57 | 112 | 300 | | |
| | | 280,300 | 380 | | | | | | | 568 | | | | | |
| WGJ13 | 450 | 280,300,320 | 380 | 340 | | 250 | 510 | 360 | 300 | 596 | | 136 | 340 | 1400 | 6 |
| | | 340 | 450 | | 450 | | | | | 666 | | | | | |
| WGJ14 | 560 | 300,320 | 380 | 360 | | 280 | 560 | 400 | 320 | 628 | | 145 | 380 | 1500 | |
| | | 340,360 | 450 | | | | | | | 698 | | | | | |
| WGJ15 | 710 | 340,360,380 | 450 | 400 | 540 | 300 | 610 | 430 | 350 | 716 | 64 | 160 | 400 | 1500 | |
| | | 400 | 540 | | | | | | | 806 | | | | | |
| WGJ16 | 900 | 360,380 | 550 | 420 | | 320 | 660 | 460 | 380 | 842 | | 172 | 440 | 1600 | |
| | | 400,420 | | | | | | | | 942 | | | | | |
| WGJ17 | 1120 | 400,420,440,450,460 | 650 | 460 | 650 | 350 | 710 | 500 | 470 | 964 | | 182 | 480 | 1800 | 10 |
| WGJ18 | 1250 | 420,440,450,460,480,500 | | 500 | | 380 | 760 | 540 | 460 | 990 | 76 | 195 | 520 | 2000 | |

（续）

| 型号 | 公称转矩 $T_n/N \cdot m$ | 圆柱形轴孔尺寸 | | 扁孔形轴孔尺寸 | | | $D_1$ | $D_2$ | $D_3$ | $L_1$ | $L_2$ | $L_3$ | $L_4$ | $L_5$ min | $L_6$ |
|---|---|---|---|---|---|---|---|---|---|---|---|---|---|---|---|
| | | $d_1,d_2$ | $L$ $J_1$ | $d_2$ max | $L$ max | $B$ max | | | | | | | | | |
| WGJ19 | 1600 | 440,450,460,480,500 | 650 | 530 | | 400 | 810 | 580 | 500 | 1005 | 76 | 215 | 540 | 2000 | 10 |
| | | 530 | 800 | | | | | | | 1155 | | | | | |
| WGJ20 | 2000 | 450,460,480,500 | 650 | 560 | 800 | 420 | 860 | 600 | 530 | 1031 | | 225 | 560 | | |
| | | 530,560 | 800 | | | | | | | 1181 | | | | | |
| WGJ21 | 2240 | 480,500 | 650 | 600 | | 450 | 910 | 650 | 560 | 1056 | | 236 | 600 | | |
| | | 530,560,600 | 800 | | | | | | | 1206 | | | | | |
| WGJ22 | 2800 | 530,560,600,630 | 800 | 630 | | 480 | 965 | 680 | 600 | 1230 | 82 | 246 | 640 | 2500 | 13 |
| WGJ23 | 3150 | 560,600,630 | | 670 | 900 | 500 | 1000 | 710 | 630 | 1250 | | 265 | 680 | | |
| | | 670 | 900 | | | | | | | 1350 | | | | | |

注：1. 一般情况下，联轴器轴孔主动端为圆柱形，从动端为扁孔形，如需要两端均可为圆柱形。

　　2. 型号 1~15 如需要 Y 型轴伸允许按 GB/T 3852—2008 选用。

　　3. 扁孔形轴孔时，$d_2$ 和 $B$ 的极限公差为 H9。

（8）WGT 型接中间套鼓形齿式联轴器　WGT 型接中间套型鼓形齿式联轴器适用于长距离连接的场合，结构型式见图 7.2-52，主要尺寸见表 7.2-50。

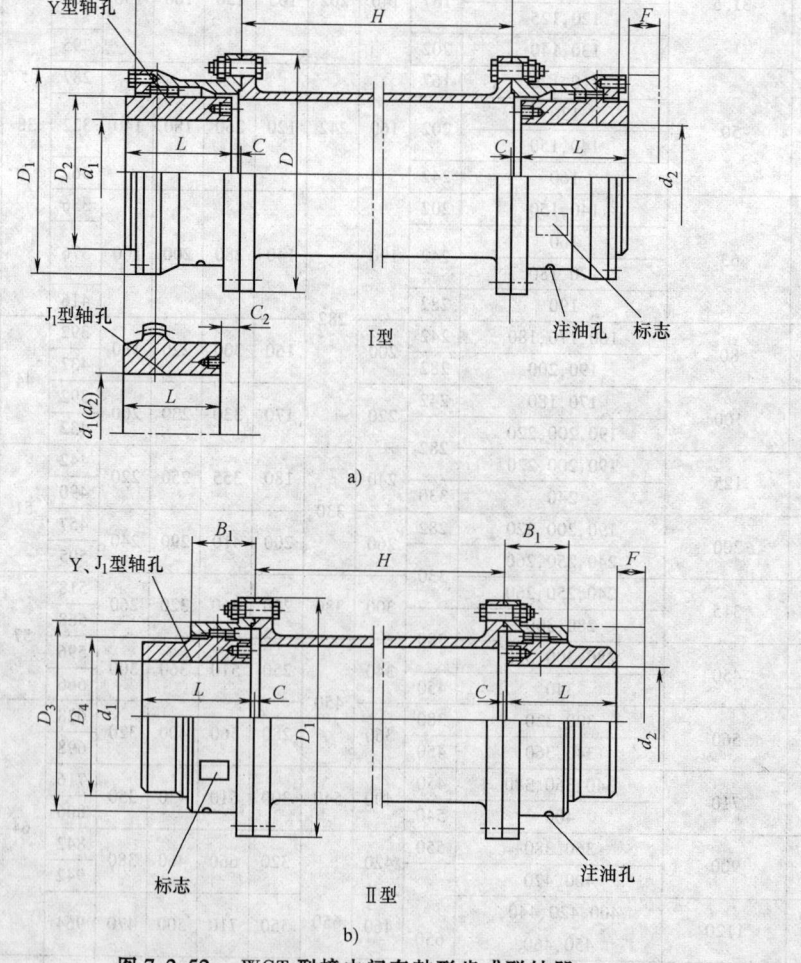

图 7.2-52　WGT 型接中间套鼓形齿式联轴器

a) I 型　b) II 型

表 7.2-50　WGT 型接中间套鼓形齿式联轴器的主要尺寸（摘自 JB/T 7004—2007）（单位：mm）

| 型号 | 公称转矩 $T_n$/N·m | 轴孔直径 $d_1,d_2$ | 轴孔长度 $L$ Y | 轴孔长度 $L$ $J_1$ | $D$ | $D_1$ | $D_2$ | $D_3$ | $D_4$ | $B$ | $B_1$ | $F$ | $H$ min | $C$ I | $C$ II | $C_2$ |
|---|---|---|---|---|---|---|---|---|---|---|---|---|---|---|---|---|
| WGT1 | 800 | 12,14 | 32 |  | 122 | 115 | 98 | 88 | 60 | 58 | 50 |  | 75 | 30 | — |  |
|  |  | 16,18,19 | 42 | — |  |  |  |  |  |  |  |  |  | 20 | 14 | — |
|  |  | 20,22,24 | 52 |  |  |  |  |  |  |  |  |  |  | 10 | 4 |  |
|  |  | 25,28 | 62 | 44 |  |  |  |  |  |  |  |  |  |  |  | 18 |
|  |  | 30,32,35,38 | 82 | 60 |  |  |  |  |  |  |  |  |  | 3 | 3 |  |
|  |  | 40,42 | 112 | 84 |  |  |  |  |  |  |  |  |  |  |  | 12 |
| WGT2 | 1400 | 22,24 | 52 |  | 150 | 145 | 118 | 108 | 77 | 68 | 52 |  |  | 20 | 4 |  |
|  |  | 25,28 | 62 |  |  |  |  |  |  |  |  |  |  | 10 |  |  |
|  |  | 30,32,35,38 | 82 | 60 |  |  |  |  |  |  |  |  |  | 3 | 3 | 16 |
|  |  | 40,42,45,48,50,55,56 | 112 | 84 |  |  |  |  |  |  |  |  |  |  |  |  |
| WGT3 | 2800 | 22,24 | 52 |  | 170 | 165 | 140 | 125 | 90 | 80 | 54 |  | 80 | 33 | 7 | 25 |
|  |  | 25,28 | 62 |  |  |  |  |  |  |  |  |  |  | 23 |  |  |
|  |  | 30,32,35,38 | 82 | 60 |  |  |  |  |  |  |  |  |  | 3 |  |  |
|  |  | 40,42,45,48,50,55,56 | 112 | 84 |  |  |  |  |  |  |  |  |  |  |  | 16 |
|  |  | 60,63 | 142 | 107 |  |  |  |  |  |  |  |  |  |  |  |  |
| WGT4 | 5000 | 30,32,35,38 | 82 | — | 200 | 195 | 160 | 145 | 112 | 90 | 58 |  |  | 13 | — |  |
|  |  | 40,42,45,48,50,55,56 | 112 | 84 |  |  |  |  |  |  |  |  |  |  |  |  |
|  |  | 60,63,65,70,71,75 | 142 | 107 |  |  |  |  |  |  |  |  |  | 3 | 3 | 17 |
|  |  | 80 | 172 | 132 |  |  |  |  |  |  |  |  |  |  |  |  |
| WGT5 | 8000 | 30,32,35,38 | 82 | — | 225 | 215 | 180 | 168 | 128 | 100 | 63 | 30 | 100 | 23 |  |  |
|  |  | 40,42,45,48,50,55,56 | 112 | 84 |  |  |  |  |  |  |  |  |  |  |  | 19 |
|  |  | 60,63,65,70,71,75 | 142 | 107 |  |  |  |  |  |  |  |  |  | 3 |  |  |
|  |  | 80,85,90 | 172 | 132 |  |  |  |  |  |  |  |  |  |  |  |  |
| WGT6 | 11200 | 32,35,38 | 82 | — | 245 | 230 | 200 | 185 | 145 | 112 | 67 |  |  | 35 |  |  |
|  |  | 40,42,45,48,50,55,56 | 112 |  |  |  |  |  |  |  |  |  |  |  |  |  |
|  |  | 60,63,65,70,71,75 | 142 | 107 |  |  |  |  |  |  |  |  |  | 5 |  | 20 |
|  |  | 80,85,90,95 | 172 | 132 |  |  |  |  |  |  |  |  |  |  |  |  |
|  |  | 100 | 212 | 167 |  |  |  |  |  |  |  |  |  |  |  |  |
| WGT7 | 16000 | 32,35,38 | 82 | — | 272 | 265 | 230 | 210 | 160 | 122 | 74 |  | 120 | 45 |  | — |
|  |  | 40,42,45,48,50,55,56 | 112 | — |  |  |  |  |  |  |  |  |  | 15 |  |  |
|  |  | 60,63,65,70,71,75 | 142 | 107 |  |  |  |  |  |  |  |  |  | 5 | 5 | 20 |
|  |  | 80,85,90,95 | 172 | 132 |  |  |  |  |  |  |  |  |  |  |  |  |
|  |  | 100,110 | 212 | 167 |  |  |  |  |  |  |  |  |  |  |  |  |
| WGT8 | 22400 | 55,56 | 112 | — | 290 | 272 | 245 | 225 | 176 | 136 | 81 |  |  | 29 |  | 34 |
|  |  | 60,63,65,70,71,75 | 142 | 107 |  |  |  |  |  |  |  |  |  |  |  |  |
|  |  | 80,85,90,95 | 172 | 132 |  |  |  |  |  |  |  |  |  | 5 |  | 20 |
|  |  | 100,110,120,125 | 212 | 167 |  |  |  |  |  |  |  |  |  |  |  |  |
| WGT9 | 28000 | 65,70,71,75 | 142 | 107 | 315 | 305 | 265 | 245 | 190 | 140 | 88 |  | 155 | 5 |  | 38 |
|  |  | 80,85,90,95 | 172 | 132 |  |  |  |  |  |  |  |  |  |  |  |  |
|  |  | 100,110,120,125 | 212 | 167 |  |  |  |  |  |  |  |  |  |  |  | 28 |
|  |  | 130,140 | 252 | 202 |  |  |  |  |  |  |  |  |  |  |  |  |
| WGT10 | 45000 | 75 | 142 | — | 355 | 340 | 300 | 280 | 225 | 165 | 98 |  |  | 28 |  | — |
|  |  | 80,85,90,95 | 172 | 132 |  |  |  |  |  |  |  |  |  |  |  | 38 |
|  |  | 100,110,120,125 | 212 | 132 |  |  |  |  |  |  |  |  |  | 5 |  |  |
|  |  | 130,140,150 | 252 | 202 |  |  |  |  |  |  |  |  |  |  |  | 28 |
|  |  | 160 | 302 | 242 |  |  |  |  |  |  |  |  |  |  |  |  |
| WGT11 | 63000 | 85,90,95 | 172 | — | 412 | 385 | 345 | 325 | 256 | 180 | 112 | 40 | 175 | 15 |  | — |
|  |  | 100,110,120,125 | 212 | 167 |  |  |  |  |  |  |  |  |  | 8 | 8 | 32 |
|  |  | 130,140,150 | 252 | 202 |  |  |  |  |  |  |  |  |  |  |  |  |
|  |  | 160,170,180 | 302 | 242 |  |  |  |  |  |  |  |  |  |  |  |  |

（续）

| 型号 | 公称转矩 $T_a$/N·m | 轴孔直径 $d_1$, $d_2$ | 轴孔长度 L | | D | $D_1$ | $D_2$ | $D_3$ | $D_4$ | B | $B_1$ | F | H min | C | | $C_2$ |
|---|---|---|---|---|---|---|---|---|---|---|---|---|---|---|---|---|
| | | | Y | $J_1$ | | | | | | | | | | I | II | |
| WGT12 | 90000 | 120,125 | 212 | 167 | 440 | 435 | 375 | 360 | 288 | 210 | 125 | 40 | 205 | 8 | 8 | 45 |
| | | 130,140,150 | 252 | 202 | | | | | | | | | | | | |
| | | 160,170,180 | 302 | 242 | | | | | | | | | | | | 32 |
| | | 190,200 | 352 | 282 | | | | | | | | | | | | |
| WGT13 | 125000 | 140,150 | 252 | 202 | 490 | 480 | 425 | 400 | 320 | 235 | 136 | | | | | 38 |
| | | 160,170,180 | 302 | 242 | | | | | | | | | | | | 32 |
| | | 190,200,220 | 352 | 282 | | | | | | | | | | | | |
| WGT14 | 180000 | 160,170,180 | 302 | 242 | 545 | 540 | 462 | 440 | 362 | 265 | 158 | | | | | 32 |
| | | 190,200,220 | 352 | 282 | | | | | | | | | | | 10 | 10 |
| | | 240,250,260 | 410 | 330 | | | | | | | | | | | | 10 |
| WGT15 | 250000 | 160,170,180 | 302 | 242 | 580 | | 488 | | 400 | 280 | | 50 | 240 | 10 | | 43 |
| | | 190,200,220 | 352 | 282 | | | | | | | | | | | | 32 |
| | | 240,250,260 | 410 | 330 | | | | | | | | | | | | 10 |
| | | 280 | 470 | 380 | | | | | | | | | | | | |
| WGT16 | 315000 | 180 | 302 | 242 | 650 | | 560 | | 440 | 300 | | | | | | 63 |
| | | 190,200,220 | 352 | 282 | | | | | | | | | | | | 32 |
| | | 240,250,260 | 410 | 330 | | | | | | | | | | | | |
| | | 280,300 | 470 | 380 | | | | | | | | | | | | 12 |
| WGT17 | 400000 | 200,220 | 352 | 282 | 690 | | 600 | | 460 | 325 | | | 280 | 12 | | 48 |
| | | 240,250,260 | 410 | 330 | | | | | | | | | | | | |
| | | 280,300,320 | 470 | 380 | | | | | | | | | | | | 12 |
| WGT18 | 500000 | 220 | 352 | 282 | 750 | | 650 | | 510 | 350 | | | | | 12 | 73 |
| | | 240,250,260 | 410 | 330 | | | | | | | | | | | | |
| | | 280,300,320 | 470 | 380 | | | | | | | | | | | | |
| | | 340,360 | 550 | 450 | | | | | | | | | | | | |
| WGT19 | 630000 | 240,250,260 | 410 | 330 | 775 | — | 690 | — | 535 | 372 | | | | | | 12 |
| | | 280,300,310 | 470 | 380 | | | | | | | | | | | | |
| | | 340,360,380 | 550 | 450 | | | | | | | | | | | | |
| WGT20 | 800000 | 260 | 410 | 330 | 825 | | 730 | | 580 | 392.5 | | | 350 | | | |
| | | 280,300,320 | 470 | 380 | | | | | | | | | | | | |
| | | 340,360,380 | 550 | 450 | | | | | | | | | | | | |
| | | 400 | 650 | 540 | | | | | | | | 60 | | | | |
| WGT21 | 900000 | 280,300,320 | 470 | 380 | 925 | | 825 | | 620 | 405 | | | | 14 | 14 | |
| | | 340,360,380 | 550 | 450 | | | | | | | | | | | | |
| | | 400,420,440 | 650 | 540 | | | | | | | | | | | | |
| WGT22 | 1000000 | 320 | 470 | 380 | 950 | | 850 | | 665 | 410 | | | | | | |
| | | 340,360,380 | 550 | 450 | | | | | | | | | | | | |
| | | 400,420,440,450,460 | 650 | 540 | | | | | | | | | | | | |
| WGT23 | 1120000 | 360,380 | 550 | 450 | 1030 | | 900 | | 710 | 440 | | | 400 | | | |
| | | 400,420,440,450,460,480,500 | 650 | 540 | | | | | | | | | | | | |
| WGT24 | 1400000 | 380 | 550 | 450 | 1060 | | 925 | | 730 | 450 | | 70 | | 16 | 16 | 16 |
| | | 440,420,440,450,460,480,500 | 650 | 540 | | | | | | | | | | | | |
| | | 520 | 800 | 680 | | | | | | | | | | | | |

　　（9）WGC 型垂直安装鼓形齿式联轴器　WGC 型垂直安装鼓形齿式联轴器适用于连接垂直两轴线的传动轴系，工作温度 –20~100℃，公称转矩 800~180000N·m。WGC 型的结构型式见图 7.2-53，主要尺寸见表 7.2-51。

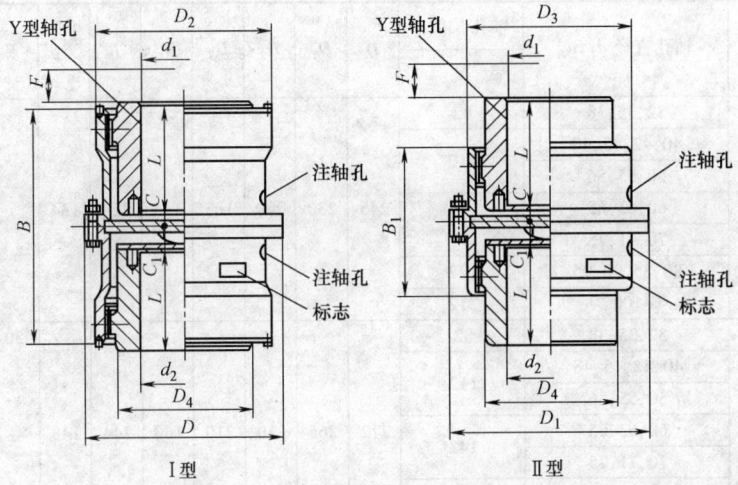

Ⅰ型　　　　　　　　　　Ⅱ型

**图 7.2-53　WGC 型垂直安装鼓形齿式联轴器**

**表 7.2-51　WGC 型垂直安装鼓形齿式联轴器的主要尺寸（摘自 JB/T 7002—2007）**

（单位：mm）

| 型号 | 公称转矩 $T_n$/N·m | 轴孔直径 $d_1$,$d_2$ | 轴孔长度 L（Y） | D | $D_1$ | $D_2$ | $D_3$ | $D_4$ | B | $B_1$ | F | C（Ⅰ） | C（Ⅱ） | $C_1$ |
|---|---|---|---|---|---|---|---|---|---|---|---|---|---|---|
| WGC1 | 800 | 12,14 | 32 | 122 | 115 | 98 | 88 | 60 | 116 | 100 | | 30 | — | 30 |
| | | 16,18,19 | 42 | | | | | | | | | 20 | 14 | 20 |
| | | 20,22,24 | 52 | | | | | | | | | 10 | 6 | |
| | | 25,28 | 62 | | | | | | | | | | | 14 |
| | | 30,32,35,38 | 82 | | | | | | | | | 6 | 6 | |
| | | 40,32 | 112 | | | | | | | | | | | |
| WGC2 | 1400 | 22,24 | 52 | 150 | 145 | 118 | 108 | 77 | 136 | 104 | | 20 | | 20 |
| | | 25,28 | 62 | | | | | | | | | 10 | | |
| | | 30,32,35,38 | 82 | | | | | | | | | 7 | | 16 |
| | | 40,42,45,48 | 112 | | | | | | | | | | | |
| | | 50,55,56 | | | | | | | | | | | | |
| WGC3 | 2800 | 22,24 | 52 | 170 | 165 | 140 | 125 | 90 | 160 | 180 | 30 | 33 | | 30 |
| | | 25,28 | 62 | | | | | | | | | 23 | | |
| | | 30,32,35,38 | 82 | | | | | | | | | 7 | 7 | |
| | | 40,42,45,48 | 112 | | | | | | | | | | | 20 |
| | | 50,55,56 | | | | | | | | | | | | |
| | | 60,63 | 142 | | | | | | | | | | | |
| WGC4 | 5000 | 30,32,35,38 | 85 | 200 | 195 | 160 | 145 | 112 | 180 | 116 | | 13 | | |
| | | 40,42,45,48 | 112 | | | | | | | | | | | |
| | | 50,55,56 | | | | | | | | | | 7 | | 20 |
| | | 60,63,65 | 142 | | | | | | | | | | | |
| | | 70,71,75 | | | | | | | | | | | | |
| | | 80 | 172 | | | | | | | | | | | |
| WGC5 | 8000 | 30,32,35,38 | 82 | 225 | 215 | 180 | 168 | 128 | 200 | 126 | | 23 | | |
| | | 40,42,45,48 | 112 | | | | | | | | | | | |
| | | 50,55,56 | | | | | | | | | | 8 | 8 | 26 |
| | | 60,63,65 | 142 | | | | | | | | | | | |
| | | 70,71,75 | | | | | | | | | | | | |
| | | 80,85,90 | 172 | | | | | | | | | | | |

（续）

| 型号 | 公称转矩 $T_n$/N·m | 轴孔直径 $d_1$,$d_2$ | 轴孔长度 L Y | D | $D_1$ | $D_2$ | $D_3$ | $D_4$ | B | $B_1$ | F | C I | C II | $C_1$ |
|---|---|---|---|---|---|---|---|---|---|---|---|---|---|---|
| WGC6 | 11200 | 32,35,38 | 82 | 245 | 230 | 200 | 185 | 145 | 224 | 134 | | 35 | | 24 |
| | | 40,42,45,48 | 112 | | | | | | | | | | | |
| | | 50,55,56 | | | | | | | | | | 10 | | |
| | | 60,63,65 | 142 | | | | | | | | | | 10 | |
| | | 70,71,75 | | | | | | | | | | | | |
| | | 80,85,90,95 | 172 | | | | | | | | | | | |
| | | 100 | 212 | | | | | | | | | | | |
| WGC7 | 16000 | 32,35,38 | 82 | 272 | 265 | 230 | 210 | 160 | 244 | 148 | 30 | 45 | | 28 |
| | | 40,42,45,48 | 112 | | | | | | | | | 15 | | |
| | | 50,55,56 | | | | | | | | | | | | |
| | | 60,63,65 | 142 | | | | | | | | | | | |
| | | 70,71,75 | | | | | | | | | 10 | | |
| | | 80,85,90,95 | 172 | | | | | | | | | | | |
| | | 100,110 | 212 | | | | | | | | | | | |
| WGC8 | 22400 | 55,56 | 112 | 290 | 272 | 245 | 225 | 176 | 272 | 162 | | 29 | 10 | 30 |
| | | 60,63,65 | 142 | | | | | | | | | 10 | | |
| | | 70,71,75 | | | | | | | | | | | | |
| | | 80,82,90,95 | 172 | | | | | | | | | | | |
| | | 100,110,120,125 | 212 | | | | | | | | | | | |
| WGC9 | 28000 | 65,70,71,75 | 142 | 315 | 305 | 265 | 245 | 190 | 280 | 176 | | 10 | | 30 |
| | | 80,85,90,95 | 172 | | | | | | | | | | | |
| | | 100,110,125 | 212 | | | | | | | | | | | |
| | | 130,140 | 252 | | | | | | | | | | | |
| WGC10 | 45000 | 75 | 142 | 355 | 340 | 300 | 280 | 225 | 330 | 196 | | 28 | 10 | 30 |
| | | 80,85,90,95 | 172 | | | | | | | | | | | |
| | | 100,110,120,125 | 212 | | | | | | | | 40 | 10 | | |
| | | 130,140,150 | 252 | | | | | | | | | | | |
| | | 160 | 302 | | | | | | | | | | | |
| WGC11 | 63000 | 85,90,95 | 172 | 412 | 385 | 345 | 325 | 256 | 360 | 224 | | 15 | | |
| | | 100,110,120,125 | 212 | | | | | | | | | | | |
| | | 130,140,150 | 252 | | | | | | | | | | | |
| | | 160,170,180 | 302 | | | | | | | | | | | |
| WGC12 | 90000 | 120,125 | 212 | 440 | 435 | 375 | 360 | 288 | 414 | 250 | | 14 | 14 | 36 |
| | | 130,140,150 | 252 | | | | | | | | | | | |
| | | 160,170,180 | 302 | | | | | | | | | | | |
| | | 190,200 | 352 | | | | | | | | | | | |
| WGC13 | 125000 | 140,150 | 252 | 490 | 480 | 425 | 400 | 320 | 470 | 272 | | | | |
| | | 160,170,180 | 302 | | | | | | | | | | | |
| | | 190,200,220 | 352 | | | | | | | | | | | |
| WGC14 | 180000 | 160,170,180 | 302 | 545 | 540 | 462 | 440 | 362 | 530 | 316 | 50 | 16 | 16 | |
| | | 190,200,220 | 352 | | | | | | | | | | | |
| | | 240,250,260 | 410 | | | | | | | | | | | |

（10）WGZ 型带制动轮鼓形齿式联轴器　WGZ 型带制动轮鼓形齿式联轴器适用于连接两同轴线的传动轴系，与闸瓦式制动器配套的场合；具有补偿两同轴相对偏移性能，工作温度 –20~100℃，传递公称转矩 800~180000N·m。WGZ 型的 Ⅰ、Ⅱ 型结构型式见图 7.2-54、图 7.2-55，主要尺寸见表 7.2-52。

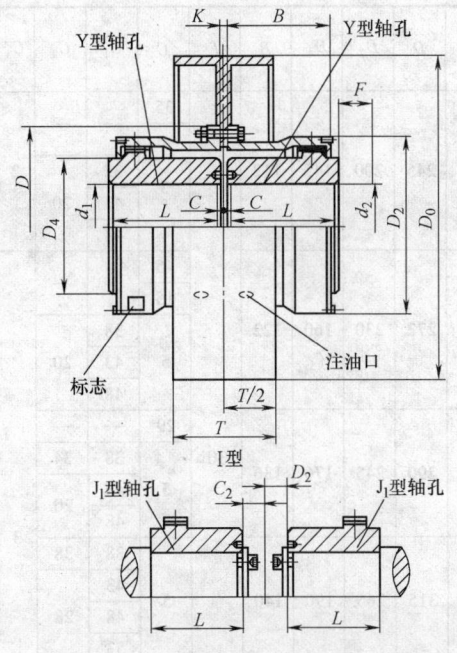

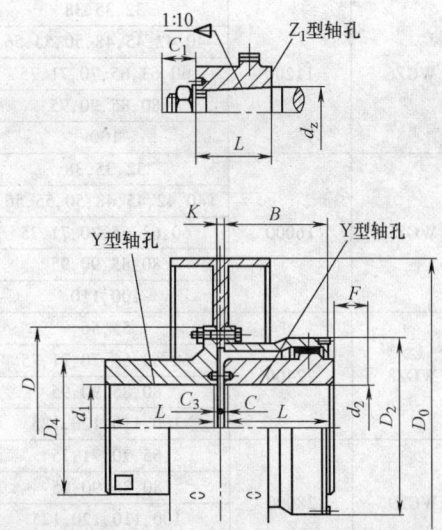

**图 7.2-54 I 型带制动轮鼓形齿式联轴器**      **图 7.2-55 II 型带制动轮鼓形齿式联轴器**

**表 7.2-52 WGZ 型带制动轮鼓形齿式联轴器的主要尺寸**（摘自 JB/T 7003—2007）

（单位：mm）

| 型号 | 公称转矩 $T_n$/N·m | 轴孔直径 $d_1, d_2, d_z$ | 轴孔长度 $L$ | | $D_0$ | $D$ | $D_2$ | $D_4$ | $B$ | $F$ | $C$ | $C_1$ | $C_2$ | $C_3$ |
|---|---|---|---|---|---|---|---|---|---|---|---|---|---|---|
| | | | Y | $J_1, Z_1$ | | | | | | | | | | |
| WGZ1 | 800 | 12,14 | 32 | | 160 200 250 | 112 | 98 | 60 | 58 | | 30 | | — | 1 |
| | | 16,18,19 | 42 | — | | | | | | | 20 | — | | |
| | | 20,22,24 | 52 | | | | | | | | 10 | | | |
| | | 25,28 | 62 | 44 | | | | | | | 3 | 19 | 18 | |
| | | 30,32,35,38 | 82 | 60 | | | | | | | | 23 | 12 | |
| | | 40,42 | 112 | 84 | | | | | | | | 29 | | |
| WGZ2 | 1400 | 22,24 | 52 | | 200 250 315 | 150 | 118 | 77 | 68 | | 20 | | | |
| | | 25,28 | 62 | | | | | | | | 10 | | | |
| | | 30,32,35,38 | 82 | 60 | | | | | | | 3 | 23 | 16 | |
| | | 40,42,45,48,50,55,56 | 112 | 84 | | | | | | | | 29 | | |
| WGZ3 | 2800 | 22,24 | 52 | | 200 250 315 | 170 | 140 | 90 | 80 | 30 | 33 | | — | 2 |
| | | 25,28 | 62 | | | | | | | | 23 | — | | |
| | | 30,32,35,38 | 82 | 60 | | | | | | | 3 | 23 | 16 | |
| | | 40,42,45,48,50,55,56 | 112 | 84 | | | | | | | | 29 | | |
| | | 60,63 | 142 | 107 | | | | | | | | 36 | | |
| WGZ4 | 5000 | 30,32,35,38 | 82 | — | 250 315 400 | 200 | 160 | 112 | 90 | | 13 | — | — | |
| | | 40,42,45,48,50,55,56 | 112 | 84 | | | | | | | | 29 | 17 | |
| | | 60,63,65,70,71,75 | 142 | 107 | | | | | | | 3 | 36 | | |
| | | 80 | 172 | 132 | | | | | | | | 41 | | |
| WGZ5 | 8000 | 30,32,35,38 | 82 | — | 315 400 | 225 | 180 | 128 | 100 | | 23 | — | — | |
| | | 40,42,45,48,50,55,56 | 112 | 84 | | | | | | | | 29 | 19 | |
| | | 60,63,65,70,71,75 | 142 | 107 | | | | | | | 3 | 36 | | |
| | | 80,85,90 | 172 | 132 | | | | | | | | 41 | | |

（续）

| 型号 | 公称转矩 $T_n$/N·m | 轴孔直径 $d_1,d_2,d_z$ | 轴孔长度 L Y | 轴孔长度 L $J_1,Z_1$ | $D_0$ | D | $D_2$ | $D_4$ | B | F | C | $C_1$ | $C_2$ | $C_3$ |
|---|---|---|---|---|---|---|---|---|---|---|---|---|---|---|
| WGZ6 | 11200 | 32,35,38 | 82 | — | 315 400 | 245 | 200 | 145 | 112 | | 35 | | | 2 |
| | | 40,42,45,48,50,55,56 | 112 | | | | | | | | | | 20 | |
| | | 60,63,65,70,71,75 | 142 | 107 | | | | | | | 5 | 38 | | |
| | | 80,85,90,95 | 172 | 132 | | | | | | | | 43 | | |
| | | 100 | 212 | 167 | | | | | | | | 48 | | |
| WGZ7 | 16000 | 32,35,38 | 82 | — | 400 500 | 272 | 230 | 160 | 122 | | 45 | | | |
| | | 40,42,45,48,50,55,56 | 112 | | | | | | | | 15 | | | |
| | | 60,63,65,70,71,75 | 142 | 107 | | | | | | | 5 | 38 | 20 | |
| | | 80,85,90,95 | 172 | 132 | | | | | | | | 43 | | |
| | | 100,110 | 212 | 167 | | | | | | | | 48 | | |
| WGZ8 | 22400 | 55,56 | 112 | — | 400 500 | 290 | 245 | 176 | 136 | 30 | 29 | | — | 3 |
| | | 60,63,65,70,71,75 | 142 | 107 | | | | | | | 5 | 38 | 34 | |
| | | 80,85,90,95 | 172 | 132 | | | | | | | | 43 | 20 | |
| | | 100,110,120,125 | 212 | 167 | | | | | | | | 48 | | |
| WGZ9 | 28000 | 65,70,71,75 | 142 | 107 | 400 500 630 | 315 | 265 | 190 | 140 | | | 38 | 38 | |
| | | 80,85,90,95 | 172 | 132 | | | | | | | | 43 | | |
| | | 100,110,120,125 | 212 | 167 | | | | | | | 5 | 48 | 28 | |
| | | 130,140 | 252 | 202 | | | | | | | | 53 | | |
| WGZ10 | 45000 | 75 | 142 | — | 400 500 630 | 355 | 300 | 225 | 165 | | 28 | | — | |
| | | 80,85,90,95 | 172 | 132 | | | | | | | | 43 | 38 | |
| | | 100,110,120,125 | 212 | 167 | | | | | | | 5 | 48 | | |
| | | 130,140,150 | 252 | 202 | | | | | | | | 53 | 28 | |
| | | 160 | 302 | 242 | | | | | | | | 63 | | |
| WGZ11 | 63000 | 85,90,95 | 172 | — | 500 630 710 | 412 | 345 | 256 | 180 | | 15 | | — | |
| | | 100,110,120,125 | 212 | 167 | | | | | | | | 51 | | |
| | | 130,140,150 | 252 | 202 | | | | | | | | 56 | 32 | |
| | | 160,170,180 | 302 | 242 | | | | | | 40 | | 66 | | |
| WGZ12 | 90000 | 120,125 | 212 | 167 | 500 630 710 | 440 | 375 | 288 | 207 | | | 51 | 45 | 4 |
| | | 130,140,150 | 252 | 202 | | | | | | | 8 | 56 | | |
| | | 160,170,180 | 302 | 242 | | | | | | | | 66 | 32 | |
| | | 190,200 | 352 | 282 | | | | | | | | 76 | | |
| WGZ13 | 125000 | 140,150 | 252 | 202 | 630 710 | 490 | 425 | 320 | 235 | | | 56 | 38 | |
| | | 160,170,180 | 302 | 242 | | | | | | | | 66 | | |
| | | 190,200,220 | 352 | 282 | | | | | | 50 | | 76 | 32 | |
| WGZ14 | 180000 | 160,170,180 | 302 | 242 | 710 800 | 545 | 462 | 362 | 265 | | | 68 | | |
| | | 190,200,220 | 352 | 282 | | | | | | | 10 | 78 | | |
| | | 240,250,260 | 410 | 330 | | | | | | | | — | 10 | |

## 3.2.3　弹性套柱销联轴器

弹性套柱销联轴器具有一定补偿两轴线相对偏移和减振、缓冲性能，结构简单，制造容易，不需润滑，维修方便，径向尺寸较大，适用于安装底座刚性好，对中精度较好，冲击载荷不大，对减振要求不高的轴系传动，使用范围广泛，是我国最早的通用标准联轴器，不适用于低速重载工况条件。

（1）LT 型弹性套柱销联轴器　LT 型弹性套柱销联轴器结构型式见图 7.2-56，主要尺寸见表 7.2-53。

（2）LTZ 型弹性套柱销联轴器　LTZ 型带制动轮弹性套柱销联轴器结构型式见图 7.2-57，主要尺寸见表 7.2-54。

（3）柱销、弹性套、挡圈、螺母、垫圈　柱销结构型式见图 7.2-58，结构系列尺寸见表 7.2-55；弹性套结构型式见图 7.2-59，结构系列尺寸见表 7.2-56；挡圈结构型式见图 7.2-60，结构系列尺寸见表 7.2-56。螺母用性能等级 8 级的标准件，垫圈用 65Mn 的标准件。

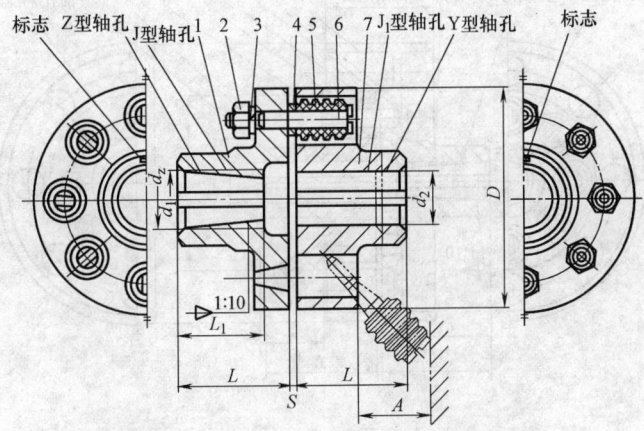

标志 Z型轴孔 J型轴孔 1 2 3 4 5 6 7 J₁型轴孔 Y型轴孔 标志

**图 7.2-56　LT 型弹性套柱销联轴器**

1、7—半联轴器　2—螺母　3—垫圈　4—挡圈　5—弹性套　6—柱销

**表 7.2-53　LT 型弹性套柱销联轴器的主要尺寸**（摘自 GB/T 4323—2002）

| 型号 | 公称转矩 $T_n$/N·m | 轴孔直径 $d_1,d_2,d_z$ | 轴孔长度 | | | $D$ | $A$ | $S$ |
|---|---|---|---|---|---|---|---|---|
| | | | Y | J,J₁,Z | | | | |
| | | | $L$ | $L_1$ | $L$ | | | |
| LT1 | 6.3 | 9 | 22 | 14 | — | 71 | 18 | 3 |
| | | 10,11 | 25 | 17 | | | | |
| | | 12,14 | 32 | 20 | | | | |
| LT2 | 16 | 12,14 | | | | 80 | | |
| | | 16,18,19 | 42 | 30 | 42 | | | |
| LT3 | 31.5 | 16,18,19 | | | | 95 | 35 | 4 |
| | | 20,22 | 52 | 38 | 52 | | | |
| LT4 | 63 | 20,22,24 | | | | 106 | | |
| | | 25,28 | 62 | 44 | 62 | | | |
| LT5 | 125 | 25,28 | | | | 130 | | |
| | | 30,32,35 | 82 | 60 | 82 | | 45 | 5 |
| LT6 | 250 | 32,35,38 | | | | 160 | | |
| | | 40,42 | | | | | | |
| LT7 | 500 | 40,42,45,48 | 112 | 84 | 112 | 190 | | |
| LT8 | 710 | 45,48,50,55,56 | | | | 224 | 65 | 6 |
| | | 60,63 | 142 | 107 | 142 | | | |
| LT9 | 1000 | 50,55,56 | 112 | 84 | 112 | 250 | | |
| | | 60,63,65,70,71 | 142 | 107 | 142 | | | |
| LT10 | 2000 | 63,65,70,71,75 | | | | 315 | 80 | 8 |
| | | 80,85,90,95 | 172 | 132 | 172 | | | |
| LT11 | 4000 | 80,85,90,95 | | | | 400 | 100 | 10 |
| | | 100,110 | 212 | 167 | 212 | | | |
| LT12 | 8000 | 100,110,120,125 | | | | 475 | 130 | 12 |
| | | 130 | 252 | 202 | 252 | | | |
| LT13 | 16000 | 120,125 | 212 | 167 | 212 | 600 | 180 | 14 |
| | | 130,140,150 | 252 | 202 | 252 | | | |
| | | 160,170 | 302 | 242 | 302 | | | |

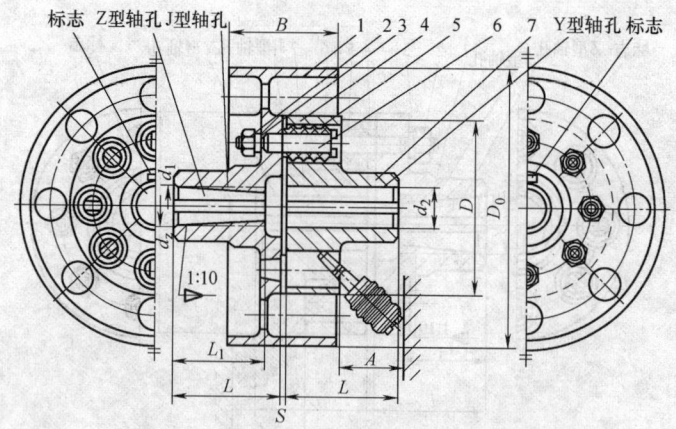

**图 7.2-57   LTZ 型带制动轮弹性套柱销联轴器**

1—制动轮半联轴器  2—螺母  3—垫圈  4—挡圈  5—弹性套  6—柱销  7—半联轴器

**表 7.2-54   LTZ 型联轴器的主要尺寸**（摘自 GB/T 4323—2002）        （单位：mm）

| 型号 | 公称转矩 $T_n/N \cdot m$ | 轴孔直径 $d_1, d_2, d_z$ | 轴孔长度 | | | $D_0$ | $D$ | $B$ | $A$ | $S$ |
|---|---|---|---|---|---|---|---|---|---|---|
| | | | Y | J,Z | | | | | | |
| | | | $L$ | $L_1$ | $L$ | | | | | |
| LTZ5 | 125 | 25,28 | 62 | 44 | 63 | 200 | 130 | 85 | | |
| | | 30,32,35 | 82 | 60 | 82 | | | | 45 | 5 |
| LTZ6 | 250 | 32,35,38 | | | | 250 | 160 | 105 | | |
| | | 40,42 | | | | | | | | |
| LTZ7 | 500 | 40,42,45,48 | 112 | 84 | 112 | | 190 | 132 | | |
| LTZ8 | 710 | 45,48,50,55,56 | | | | 315 | 224 | | 65 | 6 |
| | | 63,63 | 142 | 107 | 142 | | | | | |
| LTZ9 | 1000 | 50,55,56 | 112 | 84 | 112 | | 250 | | | |
| | | 60,63,65,70 | 142 | 107 | 142 | | | 168 | | |
| LTZ10 | 2000 | 63,65,70,71,75 | | | | 400 | 315 | | 80 | 8 |
| | | 80,85,90,95 | 172 | 132 | 172 | | | | | |
| LTZ11 | 4000 | 80,85,90,95 | | | | 500 | 400 | 210 | 100 | 10 |
| | | 100,110 | 212 | 167 | 212 | | | | | |
| LTZ12 | 8000 | 100,110,120,125 | | | | 630 | 475 | 265 | 130 | 12 |
| | | 130 | 252 | 202 | 252 | | | | | |
| LTZ13 | 16000 | 120,125 | 212 | 167 | 212 | 710 | 600 | 298 | 180 | 14 |
| | | 130,140,150 | 252 | 202 | 252 | | | | | |
| | | 160,170 | 302 | 242 | 302 | | | | | |

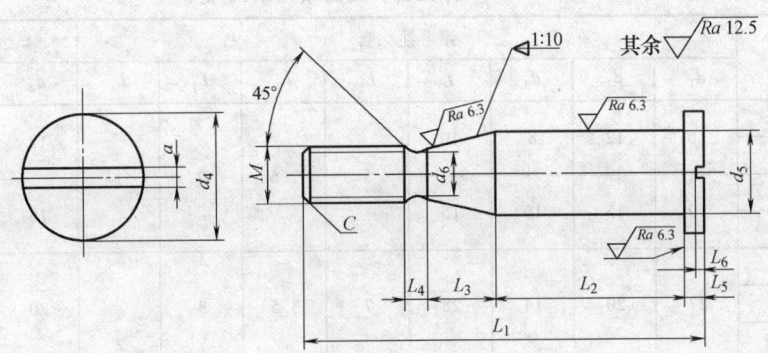

图 7.2-58　柱销

表 7.2-55　柱销结构系列尺寸　　　　　　　（单位：mm）

| 型号 | | $L_1$ | $L_2$ | $L_3$ | $L_4$ | $L_5$ | $L_6$ | $M$ | $d_4$ | $d_5$ | $d_6$ | $C$ | $a$ |
|---|---|---|---|---|---|---|---|---|---|---|---|---|---|
| LT1 | — | 40 | 13 | 8 | 2 | 2.5 | 1 | M6 | 12 | 8 | 4.5 | 1 | 1 |
| LT2 | — | | | | | | | | | | | | |
| LT3 | — | 55 | 19 | 13 | | 3 | 1.5 | M8 | 15 | 10 | 6.8 | 1.2 | |
| LT4 | — | | | | | | | | | | | | |
| LT5 | LTZ5 | 72 | 33 | 14 | 3 | | | M12 | 20 | 14 | 7.8 | 1.5 | |
| LT6 | LTZ6 | | | | | | | | | | | | |
| LT7 | LTZ7 | | | | | | | | | | | | |
| LT8 | LTZ8 | 88 | 42 | 15 | | 5 | 2 | M16 | 25 | 18 | 9.5 | 2 | 1.5 |
| LT9 | LTZ9 | | | | | | | | | | | | |
| LT10 | LTZ10 | 110 | 52 | 18 | 4 | | | M20 | 32 | 24 | 13 | | |
| LT11 | LTZ11 | 140 | 66 | 26 | | 6 | 3 | M24 | 40 | 30 | 19.5 | 3 | 2.5 |
| LT12 | LTZ12 | 170 | 84 | 34 | | | | M30 | 50 | 38 | 25 | 4 | |
| LT13 | LTZ13 | 210 | 102 | 40 | | | | M36 | 60 | 45 | 30 | 5 | |

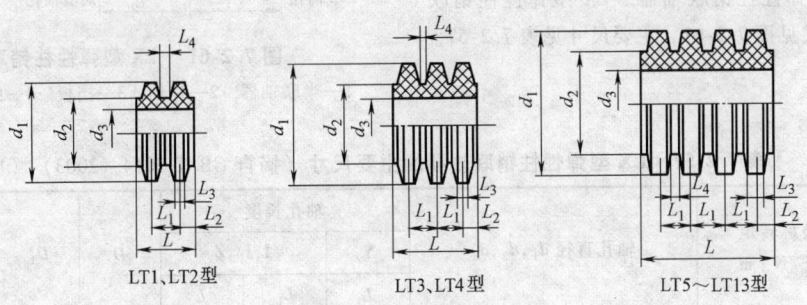

LT1、LT2型　　　　　LT3、LT4型　　　　　LT5～LT13型

图 7.2-59　弹性套

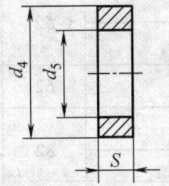

图 7.2-60　挡圈

**表 7.2-56　弹性套、挡圈结构系列尺寸**　　　　　　　　（单位：mm）

| 型　号 | | 弹　性　套 | | | | | | | | 挡　圈 | | |
|---|---|---|---|---|---|---|---|---|---|---|---|---|
| | | $d_1$ | $d_2$ | $d_3$ | $L$ | $L_1$ | $L_2$ | $L_3$ | $L_4$ | $d_4$ | $d_5$ | $S$ |
| LT1 | — | 16 | 12 | 8 | 10 | 5 | 2.5 | 2 | 1 | 12 | 8.2 | 3 |
| LT2 | — | 16 | 12 | 8 | 10 | | | | | 12 | 8.2 | 3 |
| LT3 | — | 19 | 15 | 10 | 15 | | | | | 15 | 10.4 | 4 |
| LT4 | — | 19 | 15 | 10 | 15 | | | | | 15 | 10.4 | 4 |
| LT5 | LTZ5 | 27 | 20 | 14 | 28 | 7 | 3.5 | 3 | 2 | 20 | 14.5 | 5 |
| LT6 | LTZ6 | 27 | 20 | 14 | 28 | 7 | 3.5 | 3 | 2 | 20 | 14.5 | 5 |
| LT7 | LTZ7 | 27 | 20 | 14 | 28 | 7 | 3.5 | 3 | 2 | 20 | 14.5 | 5 |
| LT8 | LTZ8 | 35 | 25 | 18 | 36 | 9 | 4.5 | 4 | 2 | 25 | 18.6 | 6 |
| LT9 | LTZ9 | 35 | 25 | 18 | 36 | 9 | 4.5 | 4 | 2 | 25 | 18.6 | 6 |
| LT10 | LTZ10 | 45 | 32 | 24 | 44 | 11 | 5.5 | 5 | 3 | 32 | 24.8 | 8 |
| LT11 | LTZ11 | 56 | 40 | 30 | 56 | 14 | 7 | 7 | 3 | 40 | 30.8 | 10 |
| LT12 | LTZ12 | 71 | 50 | 38 | 72 | 18 | 9 | 10 | 4 | 50 | 39 | 12 |
| LT13 | LTZ13 | 85 | 60 | 45 | 88 | 22 | 11 | 13 | 5 | 60 | 46 | 14 |

### 3.2.4　弹性柱销联轴器

弹性柱销联轴器具有微量补偿两轴线偏移能力，结构简单，容易制造，更换柱销方便，不用移动两半联轴器，弹性件工作时受剪切，工作可靠性极差，仅适用于要求很低的中速传动轴系，不适用于工作可靠性要求较高的工况，不宜用于低速重载及具有强烈冲击和振动较大的传动轴系，对于径向和角向偏移较大的工况以及安装精度较低的传动轴系亦不应选用。

（1）LX 型弹性柱销联轴器　LX 型弹性柱销联轴器的结构型式见图 7.2-61，主要尺寸见表 7.2-57。

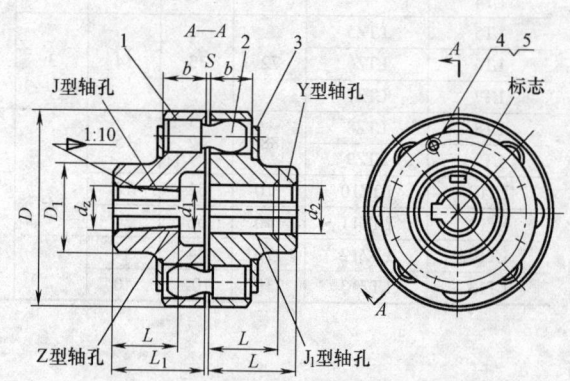

**图 7.2-61　LX 型弹性柱销联轴器**
1—半联轴器　2—柱销　3—挡板　4—螺栓　5—垫圈

**表 7.2-57　LX 型弹性柱销联轴器的主要尺寸**（摘自 GB/T 5014—2003）（单位：mm）

| 型号 | 公称转矩 $T_n/N \cdot m$ | 轴孔直径 $d_1,d_2,d_z$ | 轴孔长度 | | | $D$ | $D_1$ | $S$ | $b$ |
|---|---|---|---|---|---|---|---|---|---|
| | | | Y | $J,J_1,Z$ | | | | | |
| | | | $L$ | $L_1$ | $L$ | | | | |
| LX1 | 250 | 12,14 | 32 | 27 | | 90 | 40 | 2.5 | 20 |
| | | 16,18,19 | 42 | 30 | 42 | | | | |
| | | 20,22,24 | 52 | 38 | 52 | | | | |
| LX2 | 560 | 20,22,24 | 52 | 38 | 52 | 120 | 55 | 2.5 | 28 |
| | | 25,28 | 62 | 44 | 62 | | | | |
| | | 30,32,35 | 82 | 60 | 82 | | | | |
| LX3 | 1250 | 30,32,35,38 | 82 | 60 | 82 | 160 | 75 | | 36 |
| | | 40,42,45,48 | 112 | 84 | 112 | | | | |

（续）

| 型号 | 公称转矩 $T_n$/N·m | 轴孔直径 $d_1,d_2,d_z$ | 轴孔长度 Y $L$ | J,$J_1$,Z $L_1$ | J,$J_1$,Z $L$ | $D$ | $D_1$ | $S$ | $b$ |
|---|---|---|---|---|---|---|---|---|---|
| LX4 | 2500 | 40,42,45,48,50,55,56 | 112 | 84 | 112 | 195 | 100 | 3 | 45 |
|  |  | 60,63 |  |  |  |  |  |  |  |
| LX5 | 3150 | 50,55,56,60,63,65,70,71,75 | 142 | 107 | 142 | 220 | 120 |  |  |
| LX6 | 6300 | 60,63,65,70,71,75,80 |  |  |  | 280 | 140 | 4 | 56 |
|  |  | 85 | 172 | 107 | 172 |  |  |  |  |
| LX7 | 11200 | 70,71,75 | 142 | 107 | 142 | 320 | 170 |  |  |
|  |  | 80,85,90,95 | 172 | 132 | 172 |  |  |  |  |
|  |  | 100,110 |  |  |  |  |  |  |  |
| LX8 | 16000 | 80,85,90,95,100,110,120,125 | 212 | 167 | 212 | 360 | 200 | 5 | 65 |
| LX9 | 22400 | 100,110,120,125 |  |  |  | 410 | 230 |  |  |
|  |  | 130,140 | 252 | 202 | 252 |  |  |  |  |
| LX10 | 35500 | 110,120,125 | 212 | 167 | 212 | 480 | 280 |  |  |
|  |  | 130,140,150 | 252 | 202 | 252 |  |  |  |  |
|  |  | 160,170,180 | 302 | 242 | 302 |  |  | 6 | 75 |
| LX11 | 50000 | 130,140,150 | 252 | 202 | 252 | 540 | 340 |  |  |
|  |  | 160,170,180 | 302 | 242 | 302 |  |  |  |  |
|  |  | 190,200,220 | 252 | 282 | 352 |  |  |  |  |
| LX12 | 80000 | 160,170,180 | 302 | 242 | 302 | 630 | 400 | 7 | 90 |
|  |  | 190,200,220 | 352 | 282 | 352 |  |  |  |  |
|  |  | 240,250,260 | 410 | 330 | — |  |  |  |  |
| LX13 | 125000 | 190,200,220 | 352 | 282 | 352 | 710 | 465 |  | 100 |
|  |  | 240,250,260 | 410 | 330 | — |  |  |  |  |
|  |  | 280,300 | 470 | 380 | — |  |  | 8 |  |
| LX14 | 180000 | 240,250,260 | 410 | 330 | — | 800 | 530 |  | 110 |
|  |  | 280,300,320 | 470 | 380 | — |  |  |  |  |
|  |  | 340 | 550 | 450 | — |  |  |  |  |

（2）LXZ 型弹性柱销联轴器
LXZ 型带制动轮型弹性柱销联轴器的结构型式见图 7.2-62，主要尺寸见表 7.2-58。

（3）制动轮、柱销、挡板　制动轮结构型式见图 7.2-63，结构系列尺寸见表 7.2-59。LX 型、LXZ 型柱销结构型式见图 7.2-64，系列尺寸见表 7.2-60，柱销材料力学性能见表 7.2-61。LX 型、LXZ 型挡板结构型式见图 7.2-65，系列尺寸见表 7.2-62。

### 3.2.5 弹性柱销齿式联轴器

弹性柱销齿式联轴器是利用若

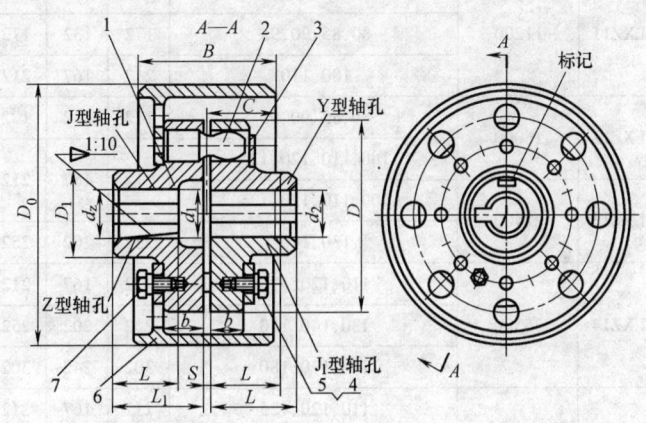

**图 7.2-62　LXZ 型带制动轮型弹性柱销联轴器**
1—半联轴器　2—柱销　3—挡板　4、7—螺栓　5—垫圈　6—制动轮

**表 7.2-58　LXZ 型带制动轮型弹性柱销联轴器的主要尺寸**（摘自 GB/T 5014—2003）

（单位：mm）

| 型号 | 公称转矩 $T_n$/N·m | 轴孔直径 $d_1,d_2,d_z$ | 轴孔长度 Y $L$ | J,$J_1$,Z $L_1$ | Z $L$ | $D_0$ | $D$ | $D_1$ | $B$ | $b$ | $S$ | $C$ |
|---|---|---|---|---|---|---|---|---|---|---|---|---|
| LXZ1 | 560 | 20,22,24 | 52 | 38 | 52 |  | 120 | 55 | 85 | 28 |  | 42 |
|  |  | 25,28 | 62 | 44 | 62 | 200 |  |  |  |  |  |  |
|  |  | 30,32,35 | 82 | 60 | 82 |  |  |  |  |  | 2.5 |  |
| LXZ2 | 1250 | 30,32,35,38 | 82 | 60 | 82 |  | 160 | 75 |  | 36 |  | 40 |
|  |  | 40,42,45,48 | 112 | 84 | 112 |  |  |  |  |  |  |  |
| LXZ3 | 1250 | 30,32,35,38 | 82 | 60 | 82 | 315 | 160 |  | 132 |  |  | 66 |
|  |  | 40,42,45,48 | 112 | 84 | 112 |  |  |  |  |  |  |  |
| LXZ4 | 2500 | 40,42,45,48,50,55,56 | 112 | 84 | 112 |  | 195 | 100 |  |  |  |  |
|  |  | 60,63 | 142 | 107 | 142 |  |  |  |  |  |  |  |
| LXZ5 | 2500 | 40,42,45,48,50,55,56 | 112 | 84 | 112 | 400 |  |  | 168 | 45 | 3 | 84 |
|  |  | 60,63 | 142 | 107 | 142 |  |  |  |  |  |  |  |
| LXZ6 | 3150 | 50,55,56 | 112 | 84 | 112 |  | 220 | 120 |  |  |  |  |
|  |  | 60,63,65,70,71,75 | 142 | 107 | 142 |  |  |  |  |  |  |  |
| LXZ7 | 3150 | 50,55,56 | 112 | 84 | 112 | 500 |  |  | 210 |  |  | 105 |
|  |  | 60,63,65,70,71,75 | 142 | 107 | 142 |  |  |  |  |  |  |  |
| LXZ8 | 6300 | 60,63,65,70,71,75 | 142 | 107 | 142 | 400 | 280 | 140 | 168 |  |  | 84 |
|  |  | 80,85 | 172 | 132 | 172 |  |  |  |  |  |  |  |
| LXZ9 | 6300 | 60,63,65,70,71,75 | 142 | 107 | 142 |  |  |  | 210 |  |  |  |
|  |  | 80,85 | 172 | 132 | 172 |  |  |  |  | 56 | 4 |  |
| LXZ10 | 11200 | 70,71,75 | 142 | 102 | 142 | 500 |  |  | 210 |  |  | 105 |
|  |  | 80,85,90,95 | 172 | 132 | 172 |  | 320 | 170 |  |  |  |  |
|  |  | 100,110 | 212 | 167 | 212 |  |  |  |  |  |  |  |
| LXZ11 | 11200 | 70,71,75 | 142 | 102 | 142 |  |  |  |  |  |  |  |
|  |  | 80,85,90,95 | 172 | 132 | 172 |  |  |  | 265 |  |  | 132 |
|  |  | 100,110 | 212 | 167 | 212 | 630 |  |  |  |  |  |  |
| LXZ12 | 16000 | 80,85,90,95 | 172 | 132 | 172 |  | 360 | 200 |  | 63 | 5 |  |
|  |  | 100,110,120,125 | 212 | 167 | 212 |  |  |  |  |  |  |  |
| LXZ13 | 22400 | 100,110,120,125 | 212 | 167 | 212 |  | 410 | 230 |  |  |  | 149 |
|  |  | 130,140 | 252 | 202 | 252 |  |  |  |  |  |  |  |
| LXZ14 | 35500 | 110,120,125 | 212 | 167 | 212 | 710 |  |  | 298 |  |  |  |
|  |  | 130,140,150 | 252 | 202 | 252 |  |  |  |  |  |  |  |
|  |  | 160,170,180 | 302 | 242 | 302 |  | 480 | 280 |  | 75 | 6 |  |
| LXZ15 | 35500 | 110,120,125 | 212 | 167 | 212 |  |  |  |  |  |  | 168 |
|  |  | 130,140,150 | 252 | 202 | 252 | 800 |  |  | 335 |  |  |  |
|  |  | 160,170,180 | 302 | 242 | 302 |  |  |  |  |  |  |  |

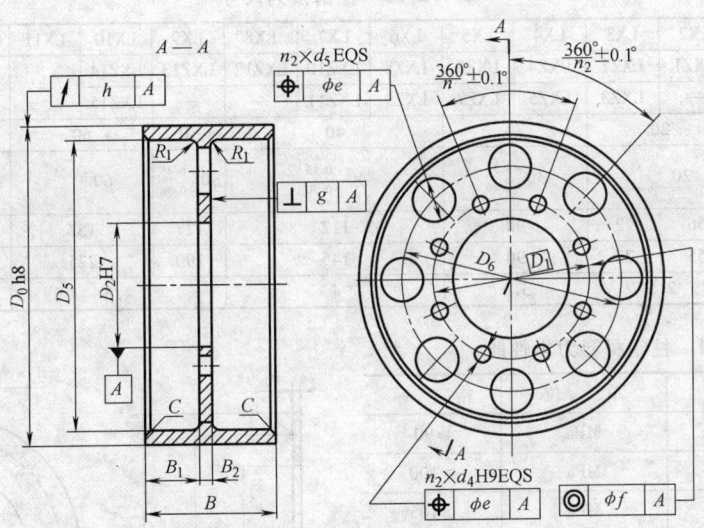

**图 7.2-63　LXZ 型制动轮**

**表 7.2-59　LXZ 型制动轮结构系列尺寸**　　　　（单位：mm）

| 型号 | $D_0$ h8 | $D_1$ | $D_2$ H7 | $D_5$ | $D_6$ | $B$ | $B_1$ | $B_2$ | $d_4$ H9 | $d_5$ | $n_2$ | $R_1$ | $C$ |
|---|---|---|---|---|---|---|---|---|---|---|---|---|---|
| LXZ1 | 200 | 90 | 62 | 180 | 138 | 85 | 20 | 8 | 7 | 30 | 8 | 3 | 2 |
| LXZ2 |  | 125 | 95 |  | 210 |  |  |  |  | 40 | 12 |  |  |
| LXZ3 | 315 |  |  | 291 | 210 | 132 | 30 | 12 |  |  |  |  |  |
| LXZ4 |  | 150 | 110 |  | 220 |  |  |  |  | 60 | 8 |  |  |
| LXZ5 | 400 |  |  | 368 | 260 | 168 | 40 | 15 | 9 | 80 |  | 5 |  |
| LXZ6 |  | 170 | 130 |  | 280 |  |  |  |  | 60 |  |  |  |
| LXZ7 | 500 |  |  | 468 | 320 | 210 |  | 19 |  |  | 12 |  |  |
| LXZ8 | 400 | 220 | 160 | 368 | 300 | 168 |  | 15 |  | 50 |  |  |  |
| LXZ9 | 500 |  |  | 468 | 360 | 210 |  | 19 |  | 80 |  |  |  |
| LXZ10 |  | 260 | 190 |  |  |  | 50 |  | 11 |  | 8 |  | 3 |
| LXZ11 | 630 |  |  | 590 | 440 | 265 |  | 24 |  | 100 |  | 8 |  |
| LXZ12 |  | 290 | 230 |  |  |  |  |  | 9 |  | 16 |  |  |
| LXZ13 | 710 | 330 | 260 | 660 | 460 | 298 |  |  | 11 | 80 |  | 10 |  |
| LXZ14 |  | 390 | 310 |  |  |  |  |  | 13 |  | 12 |  |  |
| LXZ15 | 800 |  |  | 740 | 500 | 335 |  | 26 |  | 100 |  |  |  |

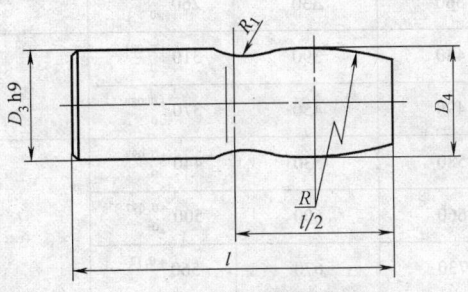

**图 7.2-64　柱销**

## 表 7.2-60　柱销系列尺寸 （单位：mm）

| 型号 | LX1 | LX2 | LX3 | LX4 | LX5 | LX6 | LX7 | LX8 | LX9 | LX10 | LX11 | LX12 | LX13 | LX14 |
|---|---|---|---|---|---|---|---|---|---|---|---|---|---|---|
| 代号 | — | LXZ1 | LXZ2 | LXZ4 | LXZ6 | LXZ8 | LXZ10 | LXZ12 | LXZ13 | LXZ14 | — | — | — | — |
| | | — | LXZ3 | LXZ5 | LXZ7 | LXZ9 | LXZ11 | — | — | LXZ15 | | | | |
| $D_3$ h9 | 15 | 20 | | 30 | | | 40 | | 50 | 60 | | 70 | 80 | 90 |
| $D_4$ | $15^{-0.25}_{-0.30}$ | $20^{-0.35}_{-0.40}$ | | $30^{-0.35}_{-0.40}$ | | | $40^{-0.45}_{-0.50}$ | | $50^{-0.45}_{-0.50}$ | $60^{-0.55}_{-0.63}$ | | $70^{-0.55}_{-0.63}$ | $80^{-0.65}_{-0.73}$ | $90^{-0.75}_{-0.82}$ |
| $l$ | 40 | 56 | 72 | 90 | | | 112 | | 127 | 152 | | 183 | 203 | 223 |
| $R$ | 40 | 55 | 72 | 90 | | | 145 | | 190 | 225 | | 300 | 340 | 380 |
| $R_1$ | 1.5 | 2.5 | | 3.5 | | | 4 | | | 4.5 | | | 5 | 5.5 |

## 表 7.2-61　柱销材料力学性能

| 力学性能 | 单　位 | 指　标 |
|---|---|---|
| 抗拉强度 | MPa | ≥90 |
| 抗弯强度 | MPa | ≥100 |
| 抗压强度 | MPa | ≥105 |
| 冲击强度（缺口） | J/cm² | ≥5 |
| 伸长率 | % | 20 ~ 30 |
| 布氏硬度 | HBW | 14 ~ 21 |
| 脆化温度 | ℃ | ≤ - 30 |
| 热变形温度 | ℃ | ≥150 |

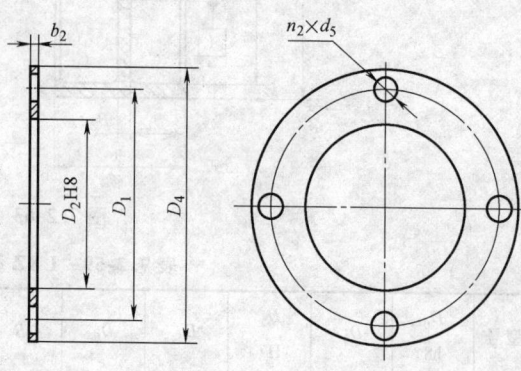

图 7.2-65　挡板

## 表 7.2-62　挡板系列尺寸 （单位：mm）

| 型　号 | | $D_4$ | $D_1$ | $D_2$ H8 | $b_2$ | $d_5$ | $n_2$ |
|---|---|---|---|---|---|---|---|
| LX1 | — | 75 | 65 | $46^{+0.039}_{0}$ | | | 4 |
| LX2 | LXZ1 | 100 | 90 | $62^{+0.046}_{0}$ | 2 | 7 | |
| LX3 | LXZ2 LXZ3 | 135 | 125 | $95^{+0.054}_{0}$ | | | 6 |
| LX4 | LXZ4 LXZ5 | 170 | 150 | $110^{+0.054}_{0}$ | | | 8 |
| LX5 | LXZ6 LXZ7 | 190 | 170 | $130^{+0.063}_{0}$ | 3 | 9 | |
| LX6 | LXZ8 LXZ9 | 245 | 220 | $160^{+0.063}_{0}$ | | | 6 |
| LX7 | LXZ10 LXZ11 | 270 | 250 | $190^{+0.072}_{0}$ | | 9 | |
| LX8 | LXZ12 | 315 | 290 | $230^{+0.072}_{0}$ | 4 | | 8 |
| LX9 | LXZ13 | 360 | 330 | $260^{+0.081}_{0}$ | | | 6 |
| LX10 | LXZ14 LXZ15 | 430 | 390 | $310^{+0.081}_{0}$ | | 11 | |
| LX11 | — | 490 | 450 | $370^{+0.089}_{0}$ | 5 | | |
| LX12 | — | 580 | 530 | $440^{+0.097}_{0}$ | | | 8 |
| LX13 | — | 660 | 600 | $500^{+0.097}_{0}$ | 6 | 13 | |
| LX14 | — | 730 | 670 | $560^{+0.12}_{0}$ | | | |

干非金属材料制成的柱销，置于两半联轴器与外环表面之间的对合孔中，通过柱销传递转矩实现两半联轴器连接。该联轴器具有以下特点：

1）传递转矩大。

2）与齿式联轴器相比，结构简单，体积小，质量轻，制造方便，可部分代替齿式联轴器。

3）维修方便，寿命较长，拆下挡板即可更换尼龙柱销。

4）尼龙柱销为自润材料，不需润滑，不仅节省润滑油，而且净化工作环境。

5）减振性能差，噪声较大。

弹性柱销齿式联轴器具有一定补偿两轴相对偏移的性能，适用于中等和较大功率的轴系传动，不适用于对减振有一定要求和对噪声需要严加控制的工作部位。

（1）LZ 型基本型弹性柱销齿式联轴器　LZ 型基本型弹性柱销齿式联轴器的结构型式见图 7.2-66，主要尺寸见表 7.2-63。

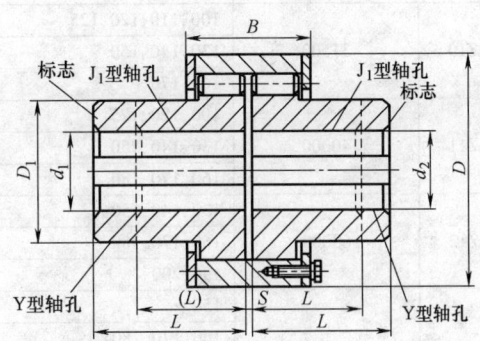

图 7.2-66　LZ 型基本型弹性柱销齿式联轴器

表 7.2-63　LZ 型基本型弹性柱销齿式联轴器的主要尺寸（摘自 GB/T 5015—2003）

（单位：mm）

| 型号 | 公称转矩 $T_n/N \cdot m$ | 轴孔直径 $d_1, d_2$ | 轴孔长度 L | | D | $D_1$ | B | S |
|---|---|---|---|---|---|---|---|---|
| | | | Y | $J_1$ | | | | |
| LZ1 | 112 | 12,14 | 32 | 27 | 76 | 40 | 42 | |
| | | 16,18,19 | 42 | 30 | | | | |
| | | 29,22,24 | 52 | 38 | | | | |
| LZ2 | 250 | 16,18,19 | 42 | 30 | 90 | 50 | 50 | 2.5 |
| | | 20,22,24 | 52 | 38 | | | | |
| | | 25,28 | 62 | 44 | | | | |
| | | 30,32 | 82 | 60 | | | | |
| LZ3 | 630 | 25,28 | 62 | 44 | 118 | 65 | 70 | 3.0 |
| | | 30,32,35,38 | 82 | 60 | | | | |
| | | 40,42 | 112 | 84 | | | | |
| LZ4 | 1800 | 40,42,45,48,50,55,56 | 112 | 84 | 158 | 90 | 90 | |
| | | 60 | 142 | 107 | | | | |
| LZ5 | 4500 | 50,55,56 | 112 | 84 | 192 | 120 | 90 | 4 |
| | | 60,63,65,70,71,75 | 142 | 107 | | | | |
| | | 80 | 172 | 132 | | | | |
| LZ6 | 8000 | 60,63,70,71,75 | 142 | 107 | 230 | 130 | | |
| | | 80,85,90,95 | 172 | 132 | | | 112 | 5 |
| LZ7 | 11200 | 70,71,75 | 142 | 107 | 260 | 160 | | |
| | | 80,85,90,95 | 172 | 132 | | | | |
| | | 100,110 | 212 | 167 | | | | |
| LZ8 | 18000 | 80,85,90,95 | 172 | 132 | 300 | 190 | 128 | 6 |
| | | 100,110,120,125 | 212 | 167 | | | | |
| | | 130 | 252 | 202 | | | | |
| LZ9 | 25000 | 90,95 | 172 | 132 | 335 | 220 | 150 | 7 |
| | | 100,110,120,125 | 212 | 167 | | | | |
| | | 130,140,150 | 252 | 202 | | | | |

（续）

| 型号 | 公称转矩 $T_n/N \cdot m$ | 轴孔直径 $d_1, d_2$ | 轴孔长度 L | | D | $D_1$ | B | S |
|---|---|---|---|---|---|---|---|---|
| | | | Y | $J_1$ | | | | |
| LZ10 | 31500 | 100,110,120,125 | 212 | 167 | 355 | 245 | 152 | |
| | | 130,140,150 | 252 | 202 | | | | |
| | | 160,170 | 302 | 242 | | | | |
| LZ11 | 40000 | 100,120,125 | 212 | 167 | 380 | 260 | 172 | |
| | | 130,140,150 | 252 | 202 | | | | |
| | | 160,170,180 | 302 | 242 | | | | |
| LZ12 | 63000 | 130,140,150 | 252 | 202 | 445 | 290 | 182 | 8 |
| | | 160,170,180 | 302 | 242 | | | | |
| | | 190,200 | 352 | 282 | | | | |
| LZ13 | 100000 | 150 | 252 | 202 | 515 | 345 | | |
| | | 160,170,180 | 302 | 242 | | | | |
| | | 190,200,220 | 352 | 282 | | | 218 | |
| | | 240 | 410 | 330 | | | | |
| LZ14 | 125000 | 170,180 | 302 | 242 | 560 | 390 | | |
| | | 190,200,220 | 352 | 282 | | | | |
| | | 240,250,260 | 410 | 330 | | | | |
| LZ15 | 160000 | 190,200,200 | 352 | 282 | 590 | 420 | 240 | |
| | | 240,250,260 | 410 | 330 | | | | |
| | | 280,300 | 470 | 380 | | | | 10 |
| LZ16 | 250000 | 220 | 352 | 282 | 695 | 490 | 265 | |
| | | 240,250,260 | 410 | 330 | | | | |
| | | 280,300,320 | 470 | 380 | | | | |
| | | 340 | 550 | 450 | | | | |
| LZ17 | 315000 | 240,250,260 | 410 | 330 | 770 | 550 | 285 | 10 |
| | | 280,300,320 | 470 | 380 | | | | |
| | | 340,360,380 | 550 | 450 | | | | |
| LZ18 | 450000 | 250,260 | 410 | 330 | 860 | 605 | 300 | 13 |
| | | 280,300,320 | 470 | 380 | | | | |
| | | 340,360,380 | 550 | 450 | | | | |
| | | 400,420 | 650 | 540 | | | | |
| LZ19 | 630000 | 280,300,320 | 470 | 380 | 970 | 695 | 322 | 14 |
| | | 340,360,380 | 550 | 450 | | | | |
| | | 400,420,440,450 | 650 | 540 | | | | |
| LZ20 | 1120000 | 320 | 470 | 380 | 1160 | 800 | 355 | 15 |
| | | 340,360,380 | 550 | 450 | | | | |
| | | 400,420,440,450,460,480,500 | 650 | 540 | | | | |
| LZ21 | 1800000 | 380 | 550 | 450 | 1440 | 1020 | 360 | 18 |
| | | 400,420,440,450,460,480,500 | 650 | 540 | | | | |
| | | 530,560,600,630 | 800 | 680 | | | | |
| LZ22 | 2240000 | 420,440,450,460,480,500 | 650 | 540 | 1520 | 1100 | 405 | 19 |
| | | 530,560,600,630 | 800 | 680 | | | | |
| | | 670,710,750 | 900 | 780 | | | | |
| LZ23 | 2800000 | 480,500 | 650 | 540 | 1640 | 1240 | 440 | 20 |
| | | 530,560,600,630 | 800 | 680 | | | | |
| | | 670,710,750 | 900 | 780 | | | | |
| | | 800,850 | 1000 | 880 | | | | |

（2）LZD 型圆锥形弹性柱销齿式联轴器　LZD 型圆锥形弹性柱销齿式联轴器的结构型式见图 7.2-67，主要尺寸见表 7.2-64。

（3）LZJ 型接中间轴弹性柱销齿式联轴器　LZJ 型接中间轴弹性柱销齿式联轴器的结构型式见图 7.2-68，主要尺寸见表 7.2-65。

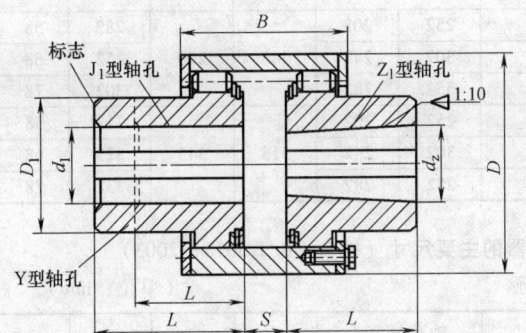

图 7.2-67　LZD 型圆锥形弹性柱销齿式联轴器

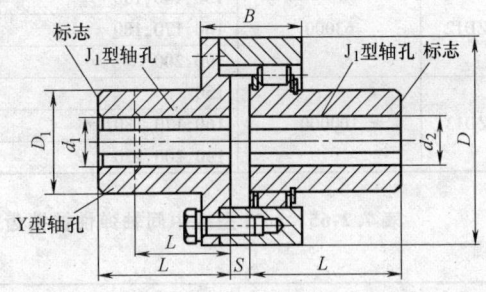

图 7.2-68　LZJ 型接中间轴弹性柱销齿式联轴器

表 7.2-64　LZD 型圆锥形弹性柱销齿式联轴器的主要尺寸（摘自 GB/T 5015—2003）

（单位：mm）

| 型号 | 公称转矩 $T_n$/N·m | 轴孔直径 $d_1,d_z$ | 轴孔长度 L | | $D$ | $D_1$ | $B$ | $S$ |
|---|---|---|---|---|---|---|---|---|
| | | | Y | $J_1$,$Z_1$ | | | | |
| LZD1 | 112 | 6,18,19 | 42 | 30 | 78 | 40 | 65 | 14.5 |
| | | 20,22,24 | 52 | 38 | | | 70 | 16.5 |
| | | 25,28 | 62 | 44 | | | 75 | 20.5 |
| LZD2 | 250 | 25,28 | 62 | 44 | 90 | 50 | 88 | 20.5 |
| | | 30,32 | 82 | 60 | | | 92 | 24.5 |
| LZD3 | 630 | 30,32,35,38 | 82 | 60 | 118 | 65 | 115 | 25 |
| | | 40,42 | 112 | 84 | | | 125 | 31 |
| LZD4 | 1800 | 40,42,45,48,50,55,56 | 112 | 84 | 158 | 90 | 145 | 32 |
| | | 60 | 142 | 107 | | | 152 | 39 |
| LZD5 | 4500 | 50,55,56 | 112 | 84 | 192 | 120 | 145 | 32 |
| | | 60,63,65,70,71,75 | 142 | 107 | | | 152 | 39 |
| | | 80 | 172 | 132 | | | 158 | 44 |
| LZD6 | 8000 | 60,63,65,70,71,75 | 142 | 107 | 230 | 130 | 175 | 40 |
| | | 80,85,90,95 | 172 | 132 | | | 178 | 45 |
| LZD7 | 11200 | 70,71,75 | 142 | 107 | 260 | 160 | 178 | 40 |
| | | 80,85,90,95 | 172 | 132 | | | 182 | 45 |
| | | 100,110 | 212 | 167 | | | 188 | 50 |
| LZD8 | 18000 | 80,85,90,95 | 172 | 132 | 300 | 190 | 202 | 46 |
| | | 100,110,120,125 | 212 | 167 | | | 208 | 51 |
| | | 130 | 252 | 202 | | | 212 | 56 |
| LZD9 | 25000 | 90,95 | 172 | 132 | 335 | 220 | 232 | 47 |
| | | 100,110,120,125 | 212 | 167 | | | 238 | 52 |
| | | 130,140,150 | 252 | 202 | | | 242 | 57 |
| LZD10 | 31500 | 100,110,120,125 | 212 | 167 | 355 | 245 | 240 | 53 |
| | | 130,140,150 | 252 | 202 | | | 245 | 58 |
| | | 167,170 | 302 | 242 | | | 255 | 68 |
| LZD11 | 40000 | 110,120,125 | 212 | 167 | 380 | 260 | 260 | 53 |
| | | 130,140,150 | 252 | 202 | | | 265 | 58 |
| | | 160,170,180 | 302 | 242 | | | 275 | 68 |

（续）

| 型号 | 公称转矩 $T_n$/N·m | 轴孔直径 $d_1,d_z$ | 轴孔长度 L Y | 轴孔长度 L $J_1,Z_1$ | D | $D_1$ | B | S |
|---|---|---|---|---|---|---|---|---|
| LZD12 | 63000 | 130,140,150 | 252 | 202 | | | 282 | 58 |
| | | 160,170,180 | 302 | 242 | 445 | 290 | 252 | 68 |
| | | 190,200 | 352 | 282 | | | 302 | 78 |
| LZD13 | 100000 | 150 | 252 | 202 | | | 313 | 58 |
| | | 160,170,180 | 302 | 242 | 515 | 345 | 323 | 68 |
| | | 190,200,220 | 252 | 282 | | | 332 | 78 |

表 7.2-65　**LZJ 型接中间轴弹性柱销齿式联轴器的主要尺寸**（摘自 GB/T 5015—2003）

（单位：mm）

| 型号 | 公称转矩 $T_n$/N·m | 轴孔直径 $d_1,d_2$ | 轴孔长度 L Y | 轴孔长度 L $J_1$ | D | $D_1$ | B | S |
|---|---|---|---|---|---|---|---|---|
| LZJ1 | 112 | 12,14 | 32 | 27 | | | | |
| | | 16,18,19 | 42 | 30 | 84 | 40 | 38 | |
| | | 20,22,24 | 52 | 38 | | | | |
| | | 25,28 | 62 | 44 | | | | 2.5 |
| LZJ2 | 250 | 16,18,19 | 42 | 30 | | | | |
| | | 20,22,24 | 52 | 38 | | | | |
| | | 25,28 | 62 | 44 | 98 | 50 | 42 | |
| | | 30,32,35,38 | 82 | 60 | | | | |
| LZJ3 | 630 | 28,28 | 62 | 44 | | | | |
| | | 30,32,35,38 | 82 | 60 | 124 | 65 | 54 | 3 |
| | | 40,42,45,48 | 112 | 84 | | | | |
| LZJ4 | 1800 | 40,42,45,48,50,55,56 | | | 166 | 90 | | 4 |
| | | 60,63,65,70 | 142 | 107 | | | | |
| LZJ5 | 4500 | 50,55,56 | 112 | 84 | | | 72 | |
| | | 60,63,65,70,71,75 | 142 | 107 | 214 | 120 | | |
| | | 80,85,90 | 175 | 132 | | | | |
| LZJ6 | 8000 | 60,63,65,70,71,75 | 142 | 107 | 240 | 130 | 86 | |
| | | 80,85,90,95 | 175 | 132 | | | | |
| LZJ7 | 11200 | 70,71,75 | 142 | 107 | | | | 5 |
| | | 80,85,90,95 | 175 | 132 | 280 | 160 | 90 | |
| | | 100,110,120 | 212 | 167 | | | | |
| LZJ8 | 18000 | 80,85,90,95 | 172 | 132 | | | | |
| | | 100,110,120,125 | 212 | 167 | 330 | 190 | 100 | 6 |
| | | 130 | 252 | 202 | | | | |
| LZJ9 | 25000 | 90,95 | 172 | 132 | | | | |
| | | 100,110,120,125 | 212 | 167 | 380 | 220 | 115 | 7 |
| | | 130,140,150 | 252 | 202 | | | | |
| LZJ10 | 31500 | 100,110,120,125 | 212 | 167 | | | | |
| | | 130,140,150 | 252 | 202 | 400 | 245 | 115 | |
| | | 160,170 | 302 | 242 | | | | 8 |
| LZJ11 | 40000 | 110,120 | 212 | 167 | | | | |
| | | 130,140,150 | 252 | 202 | 435 | 260 | 130 | |
| | | 160,170,180 | 302 | 242 | | | | |

（续）

| 型号 | 公称转矩 $T_n/N \cdot m$ | 轴孔直径 $d_1, d_2$ | 轴孔长度 $L$ | | $D$ | $D_1$ | $B$ | $S$ |
|---|---|---|---|---|---|---|---|---|
| | | | Y | $J_1$ | | | | |
| LZJ12 | 63000 | 130,140,150 | 252 | 202 | 480 | 290 | 145 | |
| | | 160,170,180 | 302 | 242 | | | | |
| | | 190,200 | 352 | 282 | | | | |
| LZJ13 | 100000 | 150 | 252 | 202 | 545 | 345 | 165 | 8 |
| | | 160,170,180 | 302 | 242 | | | | |
| | | 190,200,220 | 352 | 282 | | | | |
| | | 240,250 | 410 | 330 | | | | |
| LZJ14 | 125000 | 170,180 | 302 | 242 | 600 | 350 | 170 | |
| | | 190,200,220 | 352 | 282 | | | | |
| | | 240,250,260 | 410 | 330 | | | | |
| LZJ15 | 160000 | 190,200,220 | 352 | 282 | 630 | 420 | 190 | |
| | | 240,250,260 | 410 | 330 | | | | |
| | | 280,300 | 470 | 380 | | | | |
| LZJ16 | 250000 | 220 | 352 | 282 | 745 | 490 | 205 | 10 |
| | | 240,250,260 | 410 | 330 | | | | |
| | | 280,300,320 | 470 | 380 | | | | |
| | | 340 | 550 | 450 | | | | |
| LZJ17 | 315000 | 240,250,260 | 410 | 380 | 825 | 550 | 225 | |
| | | 280,300,320 | 470 | 380 | | | | |
| | | 340,360,380 | 550 | 450 | | | | |
| LZJ18 | 450000 | 250,260 | 410 | 330 | 920 | 605 | 240 | 13 |
| | | 280,300,320 | 470 | 380 | | | | |
| | | 340,360,380 | 550 | 450 | | | | |
| | | 400,420 | 650 | 540 | | | | |
| LZJ19 | 630000 | 280,300,320 | 470 | 380 | 1040 | 695 | 255 | 14 |
| | | 340,360,380 | 550 | 450 | | | | |
| | | 400,420,440,450 | 650 | 540 | | | | |
| LZJ20 | 1120000 | 320 | 470 | 380 | 1240 | 800 | 285 | 15 |
| | | 340,360,380 | 550 | 450 | | | | |
| | | 400,420,440,450,460,480,500 | 650 | 540 | | | | |
| | | 530,560,600 | 800 | 680 | | | | |
| LZJ21 | 1800000 | 380 | 550 | 450 | 1540 | 1020 | 310 | 18 |
| | | 400,420,440,450,460,480,500 | 650 | 540 | | | | |
| | | 530,560,600,630 | 800 | 680 | | | | |
| | | 670,710 | 900 | 780 | | | | |
| LZJ22 | 2240000 | 420,440,450,460,480,500 | 650 | 540 | 1640 | 1100 | 330 | 19 |
| | | 530,560,600,630 | 800 | 680 | | | | |
| | | 670,710,750 | 900 | 780 | | | | |
| LZJ23 | 2800000 | 450,480,500 | 650 | 540 | 1760 | 1240 | 360 | 20 |
| | | 530,560,600,630 | 800 | 680 | | | | |
| | | 670,710,750 | 900 | 780 | | | | |
| | | 800,850 | 1000 | 880 | | | | |

（4）LZZ 型带制动轮弹性柱销齿式联轴器　LZZ 型带制动轮弹性柱销齿式联轴器的结构型式见图 7.2-69，主要尺寸见表 7.2-66。

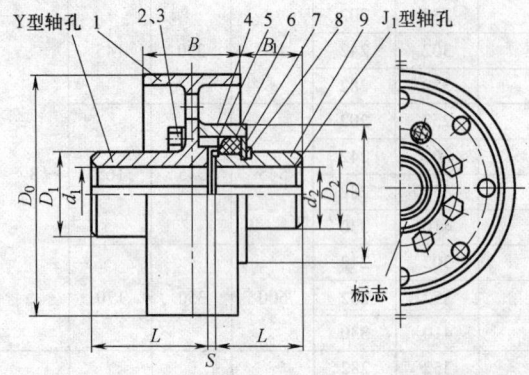

**图 7.2-69　LZZ 型带制动轮弹性柱销齿式联轴器**
1—制动轮　2—螺栓　3—垫圈　4—外套　5—内挡板
6—柱销　7—外挡圈　8—挡圈　9—半联轴器

### 3.2.6　梅花形弹性联轴器

　　梅花形弹性联轴器的弹性元件近似梅花状，该联轴器具有补偿两轴相对偏移、减振、缓冲性能，径向尺寸小、结构简单、不用润滑、承载能力较强、维护

方便，更换弹性元件需轴向移动（LMD、LMS 型除外）。适用于连接同轴线且起动频繁，正反转变化，中速、中等转矩传动轴系和工作可靠性要求高的工作部位。不适用于低速重载及轴向尺寸受限制，更换弹性元件后两轴对中困难的部位。梅花形弹性元件的材料有聚氨酯和铸型尼龙两种。结构型式，见表 7.2-67。

（1）LM 型梅花形弹性联轴器　LM 型梅花形弹性联轴器的结构型式见图 7.2-70，主要尺寸见表 7.2-68。

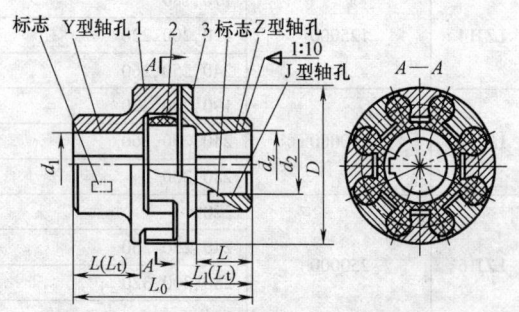

**图 7.2-70　LM 型梅花形弹性联轴器**
1、3—半联轴器　2—弹性元件　$L_t$—$L_{推荐}$

**表 7.2-66　LZZ 型带制动轮弹性柱销齿式联轴器的主要尺寸**（摘自 GB/T 5015—2003）

（单位：mm）

| 型号 | 公称转矩 $T_n/N \cdot m$ | 轴孔直径 $d_1, d_2$ | 轴孔长度 L Y | J_1 | $D_0$ | $D_1$ | $D$ | $D_2$ | $B$ | $B_1$ | $S$ |
|---|---|---|---|---|---|---|---|---|---|---|---|
| LZZ1 | 250 | 16,18,19 | 42 | — | 160 | 50 | 98 | 56 | 70 | 9 | |
| | | 20,22,24 | 52 | 38 | | | | | | 19 | |
| | | 25,28 | 62 | 44 | | | | | | 29 | |
| | | 30,32,35,38 | 82 | 60 | | | | | | 49 | 2 |
| LZZ2 | 630 | 25,28 | 62 | — | 200 | 65 | 124 | 70 | 85 | 30 | |
| | | 30,32,35,38 | 82 | 60 | | | | | | 50 | |
| | | 40,42,45,48 | 112 | 84 | | | | | | 80 | |
| LZZ3 | 1800 | 40,42,45,48,50,55,56 | | | 250 | 90 | 166 | 105 | 105 | 48.5 | |
| | | 60,63,65,70 | 142 | 107 | | | | | | 78.5 | |
| LZZ4 | 450 | 50,55,56 | 112 | 84 | 315 | 120 | 214 | 130 | 132 | 40 | 3 |
| | | 60,63,65,70,71,75 | 142 | 107 | | | | | | 70 | |
| | | 80,85,90 | 172 | 132 | | | | | | 100 | |
| LZZ5 | 8000 | 60,63,65,70,71,75 | 142 | 107 | 400 | 130 | 240 | 145 | 170 | 44 | |
| | | 80,85,90,95 | 172 | 132 | | | | | | 74 | |
| LZZ6 | 11200 | 70,71,75 | 142 | 107 | 500 | 160 | 280 | 170 | 210 | 40 | |
| | | 80,85,90,95 | 172 | 132 | | | | | | 70 | |
| | | 100,110,120 | 212 | 167 | | | | | | 110 | 4 |
| LZZ7 | 18000 | 80,85,90,95 | 172 | 132 | 630 | 190 | 330 | 200 | 265 | 42 | |
| | | 100,110,120,125 | 212 | 167 | | | | | | 82 | |
| | | 130 | 252 | 202 | | | | | | 112 | |

（续）

| 型号 | 公称转矩 $T_n$/N·m | 轴孔直径 $d_1$,$d_2$ | 轴孔长度 $L$ Y | 轴孔长度 $L$ $J_1$ | $D_0$ | $D_1$ | $D$ | $D_2$ | $B$ | $B_1$ | $S$ |
|---|---|---|---|---|---|---|---|---|---|---|---|
| LZZ8 | 25000 | 90,95 | 172 | 132 | 710 | 220 | 380 | 220 | 300 | 35 | 4 |
| | | 100,110,120,125 | 212 | 167 | | | | | | 45 | |
| | | 130,140,150 | 252 | 202 | | | | | | 85 | |
| LZZ9 | 31500 | 100,110,120,125 | 212 | 167 | 800 | 245 | 400 | 245 | 340 | 40 | 5 |
| | | 130,140,150 | 252 | 202 | | | | | | 80 | |
| | | 160,170,180 | 302 | 242 | | | | | | 130 | |

**表 7.2-67 梅花形弹性联轴器结构型式**

| 型号 | 型式 | 规格 | 图示 | 型号 | 型式 | 规格 | 图示 |
|---|---|---|---|---|---|---|---|
| LM 型 | 基本型 | 1～14 | 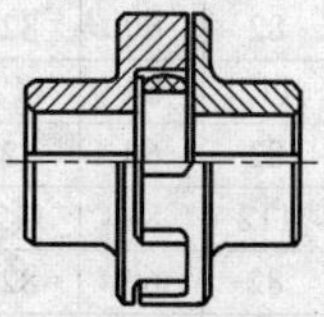 | LMZ-Ⅰ型 | 分体式制动轮型 | 5～14 | 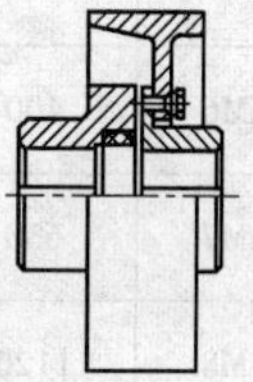 |
| LMD 型 | 单法兰型 | 1～14 | 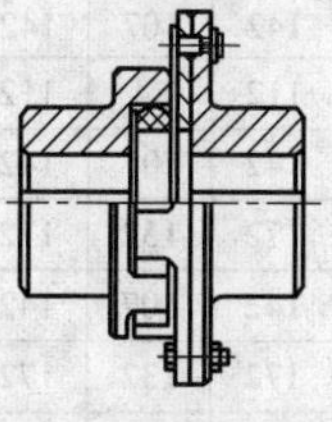 | | | | |
| LMS 型 | 双法兰型 | 1～14 | 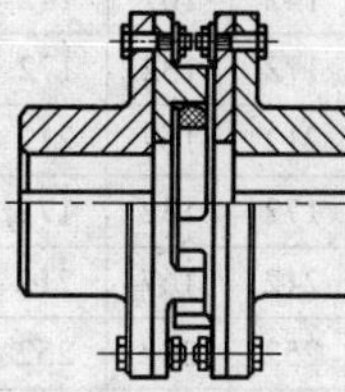 | LMZ-Ⅱ型 | 整体式制动轮型 | 5～14 | 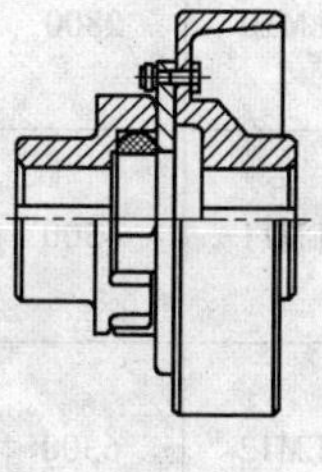 |

**表 7.2-68 LM 型梅花形弹性联轴器的主要尺寸** （单位：mm）

| 型号 | 公称转矩 $T_n$/N·m 弹性件硬度 a(HA) 80±5 | 公称转矩 $T_n$/N·m 弹性件硬度 b(HD) 60±5 | 轴孔直径 $d_1$,$d_2$,$d_z$ | 轴孔长度 Y $L$ | 轴孔长度 J,Z $L$ | 轴孔长度 J,Z $L_1$ | $L_1$ | $L_0$ | $D$ | 弹性件型号 |
|---|---|---|---|---|---|---|---|---|---|---|
| LM1 | 25 | 45 | 12,14 | 32 | 27 | 32 | 35 | 86 | 50 | MT1$^{-a}_{-b}$ |
| | | | 16,18,19 | 42 | 30 | 42 | | | | |
| | | | 20,22,24 | 52 | 38 | 52 | | | | |
| | | | 25 | 62 | 44 | 62 | | | | |
| LM2 | 50 | 100 | 16,18,19 | 42 | 30 | 42 | 38 | 95 | 60 | MT2$^{-a}_{-b}$ |
| | | | 20,22,24 | 52 | 38 | 52 | | | | |
| | | | 25,28 | 62 | 44 | 62 | | | | |
| | | | 30 | 82 | 60 | 82 | | | | |

（续）

| 型号 | 公称转矩 $T_n$/N·m 弹性件硬度 | | 轴孔直径 $d_1,d_2,d_z$ | 轴孔长度 | | | | $L_0$ | $D$ | 弹性件型号 |
|---|---|---|---|---|---|---|---|---|---|---|
| | a(HA) 80±5 | b(HD) 60±5 | | Y | J,Z | | $L_1$ | | | |
| | | | | $L$ | $L$ | $L_1$ | | | | |
| LM3 | 100 | 200 | 20,22,24 | 52 | 38 | 52 | 40 | 103 | 70 | MT3$^{-a}_{-b}$ |
| | | | 25,28 | 62 | 44 | 62 | | | | |
| | | | 30,32 | 82 | 60 | 82 | | | | |
| LM4 | 140 | 280 | 22,24 | 52 | 38 | 52 | 45 | 114 | 85 | MT4$^{-a}_{-b}$ |
| | | | 25,28 | 62 | 44 | 62 | | | | |
| | | | 30,32,35,38 | 82 | 60 | 82 | | | | |
| | | | 40 | 112 | 84 | 112 | | | | |
| LM5 | 250 | 400 | 25,28 | 62 | 44 | 62 | 50 | 127 | 105 | MT5$^{-a}_{-b}$ |
| | | | 30,32,35,38 | 82 | 60 | 82 | | | | |
| | | | 40,42,45 | 112 | 84 | 112 | | | | |
| LM6 | 400 | 710 | 30,32,35,38 | 82 | 60 | 82 | 55 | 143 | 125 | MT6$^{-a}_{-b}$ |
| | | | 40,42,45,48 | 112 | 84 | 112 | | | | |
| LM7 | 630 | 1120 | 35*,38* | 82 | 60 | 82 | 60 | 159 | 145 | MT7$^{-a}_{-b}$ |
| | | | 40*,42*,45,48,50,55 | 112 | 84 | 112 | | | | |
| LM8 | 1120 | 2240 | 45*,48*,50,55,56 | 112 | 84 | 112 | 70 | 181 | 170 | MT8$^{-a}_{-b}$ |
| | | | 60,63,65 | 142 | 107 | 142 | | | | |
| LM9 | 1800 | 3550 | 50*,55*,56* | 112 | 84 | 112 | 80 | 208 | 200 | MT9$^{-a}_{-b}$ |
| | | | 60,63,65,70,71,75 | 142 | 107 | 142 | | | | |
| | | | 80 | 172 | 132 | 172 | | | | |
| LM10 | 2800 | 5600 | 60*,63*,65*,70,71,75 | 142 | 107 | 142 | 90 | 230 | 230 | MT10$^{-a}_{-b}$ |
| | | | 80,85,90,95 | 172 | 132 | 172 | | | | |
| | | | 100 | 212 | 167 | 212 | | | | |
| LM11 | 4500 | 9000 | 70*,71*,75* | 142 | 107 | 142 | 100 | 260 | 260 | MT11$^{-a}_{-b}$ |
| | | | 80*,85*,90,95 | 172 | 132 | 172 | | | | |
| | | | 100,110,120 | 212 | 167 | 212 | | | | |
| LM12 | 6300 | 12500 | 80*,85*,90*,95* | 172 | 132 | 172 | 115 | 297 | 300 | MT12$^{-a}_{-b}$ |
| | | | 100,110,120,125 | 212 | 167 | 212 | | | | |
| | | | 130 | 252 | 202 | 252 | | | | |
| LM13 | 11200 | 20000 | 90*,95* | 172 | 132 | 172 | 125 | 323 | 360 | MT13$^{-a}_{-b}$ |
| | | | 100*,110*,120*,125* | 212 | 167 | 212 | | | | |
| | | | 130,140,150 | 252 | 202 | 252 | | | | |
| LM14 | 12500 | 25000 | 100*,110*,120*,125* | 212 | 167 | 212 | 135 | 333 | 400 | MT14$^{-a}_{-b}$ |
| | | | 130*,140*,150 | 252 | 202 | 252 | | | | |
| | | | 160 | 302 | 242 | 302 | | | | |

注: 1. 带 * 号轴孔直径可用于 Z 型轴孔。

　　2. a、b 为二种材料的硬度代号。

（2）LMD 型单法兰型梅花形弹性联轴器　LMD 型单法兰型梅花形弹性联轴器的结构型式见图 7.2-71，主要尺寸见表 7.2-69。

（3）LMS 型双法兰型梅花形弹性联轴器　LMS 型双法兰型梅花形弹性联轴器的结构型式见图 7.2-72，主要尺寸见表 7.2-70。

（4）ROTEX 系列梅花形弹性联轴器　ROTEX 系列梅花形弹性联轴器由德国 KTR 创造开发，具有结构尺寸小、质量轻、转动惯量小但传递转矩高的特点。所有表面精加工，使该联轴器运行质量高，工作寿命长。其特点是: 弹性体仅受压力，能承受更大的载荷。弹性体在承载和高转速时有变形，因此安装时

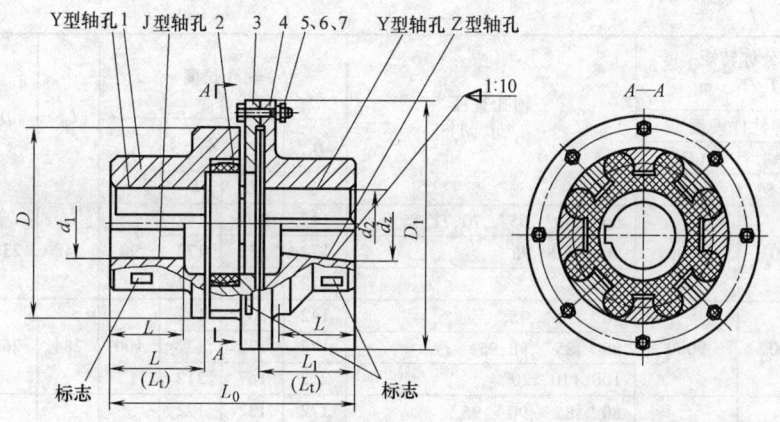

图 7.2-71　LMD 型单法兰型梅花形弹性联轴器

1、4—半联轴器　2—弹性体　3—法兰连接件　5、6、7—螺栓、螺母、垫圈　$L_t$—$L_{推荐}$

表 7.2-69　LMD 型单法兰型梅花形弹性联轴器的主要尺寸　　　　　（单位：mm）

| 型号 | 公称转矩 $T_n$/N·m 弹性件硬度 | | 轴孔直径 $d_1$,$d_2$,$d_z$ | 轴孔长度 | | | | $L_0$ | $D$ | $D_1$ | 弹性件型号 |
|---|---|---|---|---|---|---|---|---|---|---|---|
| | a(HA) | b(HD) | | Y | J,Z | | | | | | |
| | 80±5 | 60±5 | | L | L | $L_t$ | $L_t$ | | | | |
| LMD1 | 25 | 45 | 12,14 | 32 | 27 | 32 | 35 | 92 | 50 | 90 | MT1$_{-b}^{-a}$ |
| | | | 16,18,19 | 42 | 30 | 42 | | | | | |
| | | | 20,22,24 | 52 | 38 | 52 | | | | | |
| | | | 25 | 62 | 44 | 62 | | | | | |
| LMD2 | 50 | 100 | 16,18,19 | 42 | 30 | 42 | 38 | 101.5 | 60 | 100 | MT2$_{-b}^{-a}$ |
| | | | 20,22,24 | 52 | 38 | 52 | | | | | |
| | | | 25,28 | 62 | 44 | 62 | | | | | |
| | | | 30 | 82 | 60 | 82 | | | | | |
| LMD3 | 100 | 200 | 20,22,24 | 52 | 38 | 52 | 40 | 110 | 70 | 110 | MT3$_{-b}^{-a}$ |
| | | | 25,28 | 62 | 44 | 62 | | | | | |
| | | | 30,32 | 82 | 60 | 82 | | | | | |
| LMD4 | 140 | 280 | 22,24 | 52 | 38 | 52 | 45 | 122 | 85 | 125 | MT4$_{-b}^{-a}$ |
| | | | 25,28 | 62 | 44 | 62 | | | | | |
| | | | 30,32,35,38 | 82 | 60 | 82 | | | | | |
| | | | 40 | 112 | 84 | 112 | | | | | |
| LMD5 | 250 | 400 | 25,28 | 62 | 44 | 62 | 50 | 138.5 | 105 | 150 | MT5$_{-b}^{-a}$ |
| | | | 30,32,35,38 | 82 | 60 | 82 | | | | | |
| | | | 40,42,45 | 112 | 84 | 112 | | | | | |
| LMD6 | 400 | 710 | 30,32,35,38 | 82 | 60 | 82 | 55 | 155 | 125 | 185 | MT6$_{-b}^{-a}$ |
| | | | 40,42,45,48 | 112 | 84 | 112 | | | | | |
| LMD7 | 630 | 1120 | 35*,38* | 82 | 60 | 82 | 60 | 172 | 145 | 205 | MT7$_{-b}^{-a}$ |
| | | | 40*,42*,45,48,50,55 | 112 | 84 | 112 | | | | | |
| LMD8 | 1120 | 2240 | 45*,48*,50,55,56 | 112 | 84 | 112 | 70 | 195 | 170 | 240 | MT8$_{-b}^{-a}$ |
| | | | 60,63,65 | 142 | 107 | 142 | | | | | |
| LMD9 | 1800 | 3550 | 50*,55*,56* | 112 | 84 | 112 | 80 | 224 | 200 | 270 | MT9$_{-b}^{-a}$ |
| | | | 60,63,65,70,71,75 | 142 | 107 | 142 | | | | | |
| | | | 80 | 172 | 132 | 172 | | | | | |

（续）

| 型号 | 公称转矩 $T_n$/N·m 弹性件硬度 | | 轴孔直径 $d_1,d_2,d_z$ | 轴孔长度 | | | | $L_0$ | $D$ | $D_1$ | 弹性件型号 |
|---|---|---|---|---|---|---|---|---|---|---|---|
| | a(HA) 80±5 | b(HD) 60±5 | | Y | J,Z | | $L_t$ | | | | |
| | | | | $L$ | $L$ | $L_1$ | | | | | |
| LMD10 | 2800 | 5600 | 60*,63*,65*,70,71,75 | 142 | 107 | 142 | 90 | 248 | 230 | 305 | MT10$_{-b}^{-a}$ |
| | | | 80,85,90,95 | 172 | 132 | 172 | | | | | |
| | | | 100 | 212 | 167 | 212 | | | | | |
| LMD11 | 4500 | 9000 | 70*,71*,75* | 142 | 107 | 142 | 100 | 284 | 260 | 350 | MT11$_{-b}^{-a}$ |
| | | | 80*,85*,90,95 | 172 | 132 | 172 | | | | | |
| | | | 100,110,120 | 212 | 167 | 212 | | | | | |
| LMD12 | 6300 | 12500 | 80*,85*,90*,95* | 172 | 132 | 172 | 115 | 321 | 300 | 400 | MT12$_{-b}^{-a}$ |
| | | | 100,110,120,125 | 212 | 167 | 212 | | | | | |
| | | | 130 | 252 | 202 | 252 | | | | | |
| LMD13 | 11200 | 20000 | 90*,95* | 172 | 132 | 172 | 125 | 348 | 360 | 460 | MT13$_{-b}^{-a}$ |
| | | | 100*,110*,120*,125* | 212 | 167 | 212 | | | | | |
| | | | 130,140,150 | 252 | 202 | 252 | | | | | |
| LMD14 | 12500 | 25000 | 100*,110*,120*,125* | 212 | 167 | 212 | 135 | 358 | 400 | 500 | MT14$_{-b}^{-a}$ |
| | | | 130*,140*,150 | 252 | 202 | 252 | | | | | |
| | | | 160 | 302 | 242 | 302 | | | | | |

注：1. 带 * 号轴孔直径可用于 Z 型轴孔。
　　2. a、b 为两种材料和硬度代号。

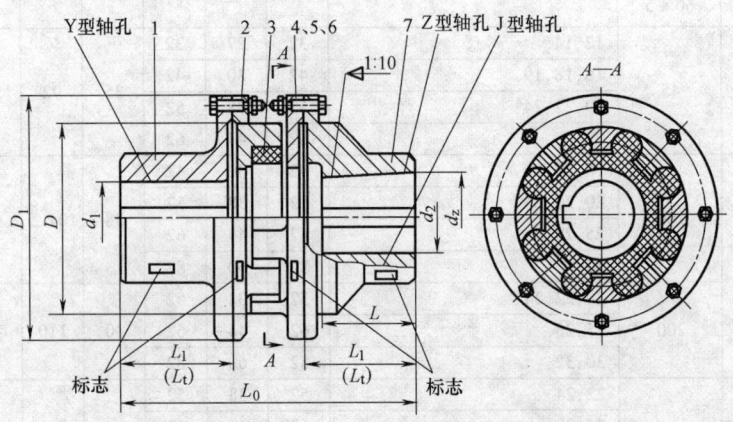

图 7.2-72　LMS 型双法兰型梅花形弹性联轴器

1—半联轴器　2—法兰连接件　3—弹性体　4、5、6—螺栓、螺母、垫圈　7—凸缘半联轴器　　$L_t$—$L_{推荐}$

表 7.2-70　LMS 型双法兰型梅花形弹性联轴器的主要尺寸　　　（单位 mm）

| 型号 | 公称转矩 $T_n$/N·m 弹性件硬度 | | 轴孔直径 $d_1,d_2,d_z$ | 轴孔长度 | | | | $L_0$ | $D$ | $D_1$ | 弹性件型号 |
|---|---|---|---|---|---|---|---|---|---|---|---|
| | a(HA) 80±5 | b(HD) 60±5 | | Y | J,Z | | $L_t$ | | | | |
| | | | | $L$ | $L$ | $L_1$ | | | | | |
| LMS1 | 25 | 45 | 12,14 | 32 | 27 | 32 | 35 | 98 | 50 | 90 | MT1$_{-b}^{-a}$ |
| | | | 16,18,19 | 42 | 30 | 42 | | | | | |
| | | | 20,22,24 | 52 | 38 | 52 | | | | | |
| | | | 25 | 62 | 44 | 62 | | | | | |

（续）

| 型号 | 公称转矩 $T_n$/N·m 弹性件硬度 | | 轴孔直径 $d_1, d_2, d_z$ | 轴孔长度 | | | | $L_0$ | $D$ | $D_1$ | 弹性件型号 |
|---|---|---|---|---|---|---|---|---|---|---|---|
| | a(HA) | b(HD) | | Y | J,Z | | | | | | |
| | 80±5 | 60±5 | | L | L | $L_1$ | $L_t$ | | | | |
| LMS2 | 50 | 100 | 16,18,19 | 42 | 30 | 42 | 38 | 108 | 60 | 100 | MT2$^{-a}_{-b}$ |
| | | | 20,22,24 | 52 | 38 | 52 | | | | | |
| | | | 25,28 | 62 | 44 | 62 | | | | | |
| | | | 30 | 82 | 60 | 82 | | | | | |
| LMS3 | 100 | 200 | 20,22,24 | 52 | 38 | 52 | 40 | 117 | 70 | 110 | MT3$^{-a}_{-b}$ |
| | | | 25,28 | 62 | 44 | 62 | | | | | |
| | | | 30,32 | 82 | 60 | 82 | | | | | |
| LMS4 | 140 | 280 | 22,24 | 52 | 38 | 52 | 45 | 130 | 85 | 125 | MT4$^{-a}_{-b}$ |
| | | | 25,28 | 62 | 44 | 62 | | | | | |
| | | | 30,32,35,38 | 82 | 60 | 82 | | | | | |
| | | | 40 | 112 | 84 | 112 | | | | | |
| LMS5 | 250 | 400 | 25,28 | 62 | 44 | 62 | 50 | 150 | 105 | 150 | MT5$^{-a}_{-b}$ |
| | | | 30,32,35,38 | 82 | 60 | 82 | | | | | |
| | | | 40,42,45 | 112 | 84 | 112 | | | | | |
| LMS6 | 400 | 710 | 30,32,35,38 | 82 | 60 | 82 | 55 | 167 | 125 | 185 | MT6$^{-a}_{-b}$ |
| | | | 40,42,45,48 | 112 | 84 | 112 | | | | | |
| LMS7 | 630 | 1120 | 35*,38* | 82 | 60 | 82 | 60 | 185 | 145 | 205 | MT7$^{-a}_{-b}$ |
| | | | 40*,42*,45,48,50,55 | 112 | 84 | 112 | | | | | |
| LMS8 | 1120 | 2240 | 45*,48*,50,55,56 | | | | 70 | 209 | 170 | 240 | MT8$^{-a}_{-b}$ |
| | | | 60,63,65 | 142 | 107 | 142 | | | | | |
| LMS9 | 1800 | 3550 | 50*,55*,56* | 112 | 84 | 112 | 80 | 240 | 200 | 270 | MT9$^{-a}_{-b}$ |
| | | | 60,63,65,70,71,75 | 142 | 107 | 142 | | | | | |
| | | | 80 | 172 | 132 | 172 | | | | | |
| LMS10 | 2800 | 5600 | 60*,63*,65*,70,71,75 | 142 | 107 | 142 | 90 | 268 | 230 | 305 | MT10$^{-a}_{-b}$ |
| | | | 80,85,90,95 | 172 | 132 | 172 | | | | | |
| | | | 100 | 212 | 167 | 212 | | | | | |
| LMS11 | 4500 | 9000 | 70*,71*,75* | 142 | 107 | 142 | 100 | 308 | 260 | 350 | MT11$^{-a}_{-b}$ |
| | | | 80*,85*,90,95 | 172 | 132 | 172 | | | | | |
| | | | 100,110,120 | 212 | 167 | 212 | | | | | |
| LMS12 | 6300 | 12500 | 80*,85*,90*,95* | 172 | 132 | 172 | 115 | 345 | 300 | 400 | MT12$^{-a}_{-b}$ |
| | | | 100,110,120,125 | 212 | 167 | 212 | | | | | |
| | | | 130 | 252 | 202 | 252 | | | | | |
| LMS13 | 11200 | 20000 | 90*,95* | 172 | 132 | 172 | 125 | 373 | 360 | 460 | MT13$^{-a}_{-b}$ |
| | | | 100*,110*,120*,125* | 212 | 167 | 212 | | | | | |
| | | | 130,140,150 | 252 | 202 | 252 | | | | | |
| LMS14 | 12500 | 25000 | 100*,110*,120*,125* | 212 | 167 | 212 | 135 | 383 | 400 | 500 | MT14$^{-a}_{-b}$ |
| | | | 130*,140*,150 | 252 | 202 | 252 | | | | | |
| | | | 160 | 302 | 242 | 302 | | | | | |

注：1. 带 * 号轴孔直径可用于 Z 型轴孔。

2. a、b 为二种材料和硬度代号。

应为其变形预留足够的空间。所有规格的 ROTEX 联轴器最大扭转角均能达到 5°。既可水平安装也可立式安装。

ROTEX 梅花形弹性联轴器的最大传递转矩可以达到 35000N·m，而最大孔径可达 200mm 以上，已经被广泛应用于轧钢厂和炼钢厂的各种设

备。ROTEX 梅花形弹性系列联轴器，共有 ROTEX 标准结构、ZW（带中间轴联轴器）、BSA（带制动盘联轴器）、AF-BSA（法兰连接，带制动盘联轴器）、ZSW（带中间体联轴器）以及 AF-RU-BSA（法兰连接，带力矩限制器、制动盘联轴器）等几种结构。

### 3.2.7　轮胎式联轴器

轮胎式联轴器是利用轮胎状橡胶元件，用螺栓将两半联轴器连接。轮胎式联轴器结构型式有带骨架式、开口式、整体式、剖分式等。轮胎式联轴器具有较高的弹性，扭转刚度小，减振能力强，补偿两轴相对位移的能力较大，良好的阻尼，结构简单，不用润滑，装拆和维护方便，噪声小；但承载能力不高，径向尺寸较大，过载时产生较大的轴向附加载荷。适用于起动频繁、正反转多变、冲击振动较大的两轴连接，

可在有粉尘、水分的工况环境下工作，工作温度为 -20 ~ 80℃。

（1）UL 型轮胎式联轴器　UL 型轮胎式联轴器的结构型式见图 7.2-73，主要尺寸参数见表 7.2-71。

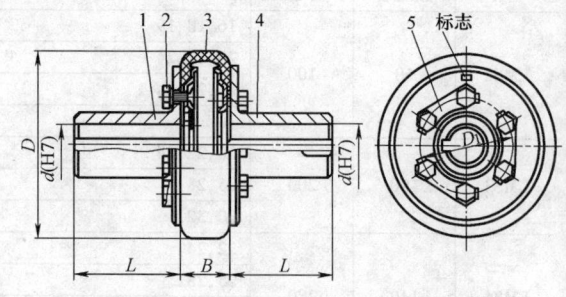

**图 7.2-73　UL 型轮胎式联轴器**

1、4—半联轴器　2—螺栓　3—轮胎环　5—止退垫板

**表 7.2-71　UL 型轮胎式联轴器的主要尺寸参数**（摘自 GB/T 5844—2002）（单位：mm）

| 型号 | 公称转矩 $T_n$/N·m | 瞬时最大转矩 $T_{max}$/N·m | 许用转速 [$n$]/(r/min) | 轴孔直径 $d$(H7) | 轴孔长度 L | | $D$ | $B$ | 转动惯量 $I$/kg·m² | 质量 $m$/kg |
|---|---|---|---|---|---|---|---|---|---|---|
| | | | | | J,$J_1$ | Y | | | | |
| UL1 | 10 | 31.5 | 5000 | 11 | 22 | 25 | 80 | 20 | 0.0003 | 0.7 |
| | | | | 12,14 | 27 | 32 | | | | |
| | | | | 16,18 | 30 | 42 | | | | |
| UL2 | 25 | 80 | | 14 | 27 | 32 | 100 | 26 | 0.0008 | 1.2 |
| | | | | 16,18,19 | 30 | 42 | | | | |
| | | | | 20,22 | 38 | 52 | | | | |
| UL3 | 63 | 180 | 4500 | 18,19 | 30 | 42 | 120 | 32 | 0.0022 | 1.8 |
| | | | | 20,22,24 | 38 | 52 | | | | |
| | | | | 25 | 44 | 62 | | | | |
| UL4 | 100 | 315 | 4300 | 20,22,24 | 38 | 52 | 140 | 38 | 0.0044 | 3 |
| | | | | 25,28 | 44 | 62 | | | | |
| | | | | 30 | 60 | 82 | | | | |
| UL5 | 160 | 500 | 4000 | 24 | 38 | 52 | 160 | 45 | 0.0084 | 4.6 |
| | | | | 25,28 | 44 | 62 | | | | |
| | | | | 30,32,35 | 60 | 82 | | | | |
| UL6 | 250 | 710 | 3600 | 28 | 44 | 62 | 180 | 50 | 0.0164 | 7.1 |
| | | | | 30,32,35,38 | 60 | 82 | | | | |
| | | | | 40 | 84 | 112 | | | | |
| UL7 | 315 | 900 | 3200 | 32,35,38 | 60 | 82 | 200 | 56 | 0.029 | 10.9 |
| | | | | 40,42,45,48 | 84 | 112 | | | | |
| UL8 | 400 | 1250 | 3000 | 38 | 60 | 82 | 220 | 63 | 0.0448 | 13 |
| | | | | 40,42,45,48,50 | 84 | 112 | | | | |
| UL9 | 630 | 1800 | 2800 | 42,45,48,50,55,56 | 84 | 112 | 250 | 71 | 0.0898 | 20 |
| | | | | 60 | 107 | 142 | | | | |

（续）

| 型号 | 公称转矩 $T_n/N \cdot m$ | 瞬时最大转矩 $T_{max}$ $/N \cdot m$ | 许用转速 $[n]$ $/(r/min)$ | 轴孔直径 $d(H7)$ | 轴孔长度 $L$ | | $D$ | $B$ | 转动惯量 $I$ $/kg \cdot m^2$ | 质量 $m$ $/kg$ |
|---|---|---|---|---|---|---|---|---|---|---|
| | | | | | $J,J_1$ | $Y$ | | | | |
| UL10 | 800 | 2240 | 2400 | 45*,48*,50,55,56 | 84 | 112 | 280 | 80 | 0.1596 | 30.6 |
| | | | | 60,63,65,70 | 107 | 142 | | | | |
| UL11 | 1000 | 2500 | 2100 | 50*,55*,56* | 84 | 112 | 320 | 90 | 0.2792 | 39 |
| | | | | 60,63,65,70,71,75 | 107 | 142 | | | | |
| UL12 | 1600 | 4000 | 2000 | 55*,56* | 84 | 112 | 360 | 100 | 0.5356 | 59 |
| | | | | 60*,63*,65*,70,71,75 | 107 | 142 | | | | |
| | | | | 80,85 | 132 | 172 | | | | |
| UL13 | 2500 | 6300 | 1800 | 63*,65*,70*,71*,75* | 107 | 142 | 400 | 110 | 0.896 | 81 |
| | | | | 80,85,90,95 | 132 | 172 | | | | |
| UL14 | 4000 | 10000 | 1600 | 75* | 107 | 142 | 480 | 130 | 2.2616 | 145 |
| | | | | 80*,85*,90*,95* | 132 | 172 | | | | |
| | | | | 100,110 | 167 | 212 | | | | |
| UL15 | 6300 | 14000 | 1200 | 85*,90*,95* | 132 | 172 | 560 | 150 | 4.6456 | 222 |
| | | | | 100*,110*,120*,125* | 167 | 212 | | | | |
| UL16 | 10000 | 20000 | 1000 | 100*,110*,120*,125* | 167 | 212 | 630 | 180 | 8.0924 | 302 |
| | | | | 130,140 | 202 | 252 | | | | |
| UL17 | 16000 | 31500 | 900 | 120*,125* | 167 | 212 | 750 | 210 | 20.0176 | 561 |
| | | | | 130*,140*,150* | 202 | 252 | | | | |
| | | | | 160* | 242 | 302 | | | | |
| UL18 | 25000 | 59000 | 800 | 140*,150* | 202 | 252 | 900 | 250 | 43.053 | 818 |
| | | | | 160*,170*,180* | 242 | 302 | | | | |

注：1. 轴孔长度栏中的 Y 型为长圆柱形轴孔，J 型为有沉孔的短圆柱形轴孔，$J_1$ 型为无沉孔的短圆柱形轴孔。

　　2. 轴孔直径有 * 号者为结构允许制成 J 型轴孔（按 GB/T 3852—2008）。

　　3. 联轴器转动惯量和质量是各型号中最大值的计算近似值。

（2）LLA 型无骨架轮胎式联轴器　LLA 型无骨架轮胎式联轴器的结构型式见图 7.2-74，主要尺寸参数见表 7.2-72。

（3）LLB 型无骨架轮胎式联轴器　LLB 型无骨架轮胎式联轴器的结构型式见图 7.2-75，主要尺寸参数见表 7.2-73。

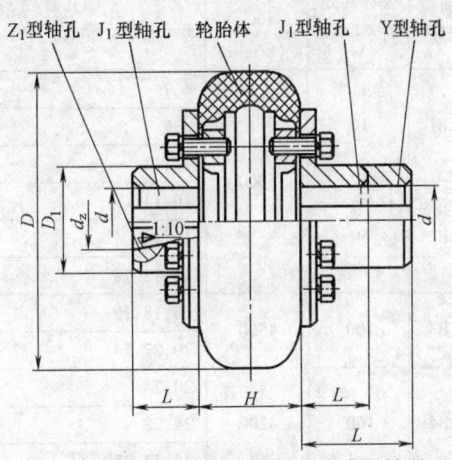

图 7.2-74　LLA 型无骨架轮胎式联轴器　　　　图 7.2-75　LLB 型无骨架轮胎式联轴器

**表 7.2-72　LLA 型无骨架轮胎式联轴器的主要尺寸参数**（摘自 JB/T 10541—2005）

(单位：mm)

| 联轴器型号 | 公称转矩 $T_n$ /N·m | 许用转速 $[n]$ /(r/min) | 轴孔直径 $d,d_z$ | 轴孔长度 Y $L$ | $J,J_1,Z$ $L$ | $J,J_1,Z$ $L_1$ | $D$ | $D_1$ | $S$ | 转动惯量 /kg·m² | 质量 /kg |
|---|---|---|---|---|---|---|---|---|---|---|---|
| LLA1 | 10 | | 6,7 | 16 | — | — | 63 | 20 | 4 | 0.0004 | 0.35 |
| | | | 8,9 | 20 | — | — | | | | | |
| | | 5000 | 10,11 | 25 | 22 | — | | | | | |
| LLA2 | 20 | | 8,9 | 20 | — | — | 100 | 36 | 8 | 0.005 | 1.33 |
| | | | 10,11 | 25 | 22 | — | | | | | |
| | | | 12,14 | 32 | 27 | — | | | | | |
| | | | 16,18,19 | 42 | 30 | 35 | | | | | |
| LLA3 | 80 | 4000 | 18,19 | 42 | 30 | | 135 | 48 | 12 | 0.022 | 3.4 |
| | | | 20,22,24 | 52 | 38 | 42 | | | | | |
| | | | 25,28 | 62 | 44 | 50 | | | | | |
| LLA4 | 160 | 3150 | 25,28 | 62 | 44 | 50 | 180 | 64 | 18 | 0.071 | 7.4 |
| | | | 30,32,35,38 | 82 | 60 | 65 | | | | | |
| LLA5 | 315 | 2800 | 30,32,35,38 | | | | 210 | 80 | | 0.154 | 13.5 |
| | | | 40,42,45,48,50 | 112 | 84 | 90 | | | | | |
| LLA6 | 630 | 2500 | 40,42,45,48,50,55,56 | | | | 265 | 100 | 24 | 0.46 | 22.6 |
| LLA7 | 1250 | 2000 | 45,48,50,55,56 | 112 | 84 | 90 | 310 | 120 | 28 | 0.89 | 84.8 |
| | | | 60,63,65,70,71,75 | 142 | 107 | 120 | | | | | |
| LLA8 | 2500 | 1600 | 60,63,65,70,71,75 | | | | 400 | 150 | 38 | 3.57 | 74.3 |
| | | | 80,85,90,95 | 172 | 132 | 145 | | | | | |
| LLA9 | 5000 | 1250 | 80,85,90,95 | | | | 450 | 190 | 42 | 6.74 | 111.5 |
| | | | 100,110,120,125 | 212 | 167 | 180 | | | | | |
| LLA10 | 10000 | 1000 | 100,110,120,125 | | | | 560 | 230 | 51 | 17.55 | 191.3 |
| | | | 130,140,150 | 252 | 202 | 220 | | | | | |
| LLA11 | 20000 | 800 | 130,140,150 | 252 | 202 | 220 | 700 | 280 | 70 | 54.1 | 373 |
| | | | 160,170,180 | 302 | 242 | 270 | | | | | |

注：1. 两个半联轴器的轴孔，可按需要采用 Y、J、J₁ 型轴孔，但两端不能同时采用 Z、J 型轴孔。

　　2. 如需采用 Z₁ 型孔要考虑 S 尺寸。

**表 7.2-73　LLB 型无骨架轮胎式联轴器的主要尺寸参数**（摘自 JB/T 10541—2005）(单位：mm)

| 联轴器型号 | 公称转矩 $T_n$/N·m | 许用转速 $[n]$ /(r/min) | 轴孔直径 $d,d_z$ | 轴孔长度 Y $L$ | $J_1,Z$ $L$ | $D$ | $D_1$ | $H$ | 转动惯量 /kg·m² | 质量 /kg |
|---|---|---|---|---|---|---|---|---|---|---|
| LLB1 | 10 | | 6,7 | 16 | — | 63 | 20 | 26 | 0.0003 | 0.4 |
| | | | 8,9 | 20 | — | | | | | |
| | | 5000 | 10,11 | 25 | — | | | | | |
| LLB2 | 50 | | 10,11 | 25 | — | 100 | 36 | 32 | 0.0035 | 1.5 |
| | | | 12,14 | 32 | 27 | | | | | |
| | | | 16,18,19 | 42 | 30 | | | | | |
| LLB3 | 100 | 4500 | 16,18,19 | | | 120 | 44 | 39 | 0.01 | 2.2 |
| | | | 20,22,24 | 52 | 38 | | | | | |
| LLB4 | 160 | 4200 | 20,24 | 52 | 38 | 140 | 50 | 45 | 0.021 | 3.1 |
| | | | 25,28 | 62 | 44 | | | | | |
| | | | 30,32,35 | 82 | 60 | | | | | |

（续）

| 联轴器型号 | 公称转矩 $T_n$/N·m | 许用转速 $[n]$/(r/min) | 轴孔直径 $d,d_z$ | 轴孔长度 Y $L$ | 轴孔长度 $J_1$,Z $L$ | $D$ | $D_1$ | $H$ | 转动惯量 /kg·m² | 质量 /kg |
|---|---|---|---|---|---|---|---|---|---|---|
| LLB5 | 224 | 4000 | 25,28 | 62 | 44 | 160 | 60 | 51 | 0.028 | 5 |
|  |  |  | 30,32,35,38 | 82 | 60 |  |  |  |  |  |
| LLB6 | 315 | 3600 | 30,32,35,38 | 82 | 60 | 185 | 70 | 58 | 0.07 | 8.1 |
|  |  |  | 40,42,45 | 112 | 84 |  |  |  |  |  |
| LLB7 | 500 | 3200 | 35,38 | 82 | 60 | 220 | 85 | 68 | 0.15 | 13 |
|  |  |  | 40,42,45,48,50,55,56 | 112 | 84 |  |  |  |  |  |
| LLB8 | 800 | 2600 | 40,42,45,48,50,55,56 | 112 | 84 | 265 | 100 | 82 | 0.30 | 22 |
|  |  |  | 60,63,65 | 142 | 107 |  |  |  |  |  |
| LLB9 | 1250 | 2200 | 45,48,50,55,56 | 112 | 84 | 310 | 120 | 106 | 0.75 | 35 |
|  |  |  | 60,63,65,70,71,75 | 142 | 107 |  |  |  |  |  |
| LLB10 | 2500 | 1800 | 60,63,65,70,71,75 | 142 | 107 | 400 | 150 | 124 | 2.2 | 69 |
|  |  |  | 80,85,90,95 | 172 | 132 |  |  |  |  |  |
| LLB11 | 5000 | 1600 | 80,85,90,95 | 172 | 132 | 450 | 190 | 140 | 4.4 | 110 |
|  |  |  | 100,110,120,125 | 212 | 167 |  |  |  |  |  |
| LLB12 | 10000 | 1200 | 100,110,120,125 | 212 | 167 | 560 | 239 | 172 | 14 | 190 |
|  |  |  | 130,140,150 | 252 | 202 |  |  |  |  |  |
| LLB13 | 20000 | 1000 | 130,140,150 | 252 | 202 | 700 | 318 | 220 | 38 | 340 |
|  |  |  | 160,170,180 | 302 | 242 |  |  |  |  |  |
|  |  |  | 190,200 | 352 | 282 |  |  |  |  |  |

注：两端半联轴器不得同时采用 $Z_1$ 型孔。

### 3.2.8 芯型弹性联轴器

芯型弹性联轴器是利用若干组合在一起的橡胶制成的中心装有钢棒或钢管的柱销，置于两半联轴器的凹形不通孔中，以实现两半联轴器的连接。芯型弹性联轴器结构简单，制造容易，成本低廉，不用润滑，维修方便，但更换弹性件时需移动一端半联轴器和主机轴，该联轴器具有补偿两轴相对偏移和减振性能，适用于中小功率、要求不高、轴线对中比较方便的传动轴系，如农用泵等。

（1）LN 型芯型弹性联轴器　LN 型芯型弹性联轴器的结构型式见图 7.2-76，主要尺寸见表 7.2-74。

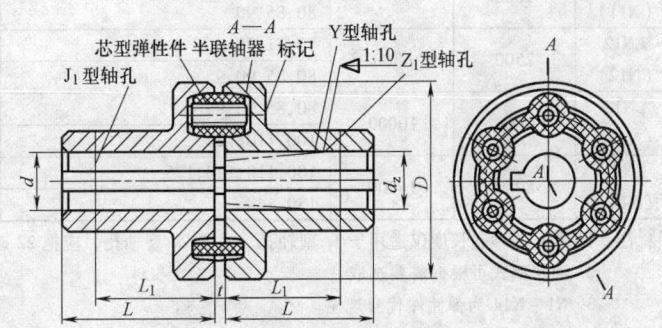

图 7.2-76　LN 型芯型弹性联轴器

表 7.2-74　LN 型芯型弹性联轴器的主要尺寸（摘自 GB/T 10614—2008）（单位：mm）

| 型号 | 公称转矩 $T_n$/N·m | 瞬时最大转矩 $T_{max}$/N·m | 轴孔直径 $d,d_z$ | 轴孔长度 Y $L$ | 轴孔长度 $J_1$,$Z_1$ $L$ | 轴孔长度 $J_1$,$Z_1$ $L_1$ | $D$ | $t$ |
|---|---|---|---|---|---|---|---|---|
| LN1 (N1) | 6.3 | 20 | 10,11 | 25 |  | 22* | 70 | 3 |
|  |  |  | 12,14 | 32 |  | 27* |  |  |
|  |  |  | 16,18,19 | 42 |  | 30 |  |  |
|  |  |  | 20,22 | 52 |  | 38 |  |  |
| LN2 (N2) | 25 | 80 | 16,18,19 | 42 | 42 | 30 | 85 |  |
|  |  |  | 20,22,24 | 52 | 52 | 38 |  |  |
|  |  |  | 25,28 | 62 | — | 44 |  |  |

（续）

| 型号 | 公称转矩 $T_n$/N·m | 瞬时最大转矩 $T_{max}$ /N·m | 轴孔直径 $d,d_z$ | 轴孔长度 | | | $D$ | $t$ |
|---|---|---|---|---|---|---|---|---|
| | | | | Y | $J_1,Z_1$ | | | |
| | | | | $L$ | $L$ | $L_1$ | | |
| LN3 (N3) | 63 | 180 | 20,22,24 | 52 | 52 | 38 | 105 | |
| | | | 25,28 | 62 | 62 | 44 | | |
| | | | 30,32,35 | 82 | — | 60 | | |
| LN4 (N4) | 100 | 315 | 24 | 52 | 52 | 38 | 120 | 3 |
| | | | 25,28 | 62 | 62 | 44 | | |
| | | | 30,32,35,38 | 82 | 82 | 60 | | |
| | | | 40,42 | 112 | — | 84 | | |
| LN5 (N5) | 160 | 500 | 28 | 62 | 62 | 44 | 140 | |
| | | | 30,32,35,38 | 82 | 82 | 60 | | |
| | | | 40,42,45,48 | 112 | — | 84 | | |
| LN6 (N6) | 250 | 710 | 32,35,38 | 82 | 82 | 60 | 160 | |
| | | | 40,42,45,48,50,55,56 | 112 | — | 84 | | |
| LN7 (N7) | 400 | 1120 | 38 | 82 | 82 | 60 | 180 | |
| | | | 40,42,45,48,50,55,56 | 112 | — | 84 | | |
| | | | 60 | 142 | — | 107 | | |
| LN8 (N8) | 630 | 1800 | 45,48,50,55,56 | 112 | 112 | 84 | 240 | 4 |
| | | | 60,63,65,70 | 142 | — | 107 | | |
| LN9 (N9) | 900 | 2240 | 48,50,55,56 | 112 | 112 | 84 | 220 | |
| | | | 60,63,65,70,71,75 | 142 | — | 107 | | |
| LN10 (N10) | 1250 | 3150 | 55,56 | 112 | 112 | 84 | 240 | 5 |
| | | | 60,63,65,70,71,75 | 142 | 142 | 107 | | |
| | | | 80 | 172 | — | 132 | | |
| LN11 (N11) | 1600 | 4000 | 60,63,65,70,71,75 | 142 | 142 | 107 | 250 | 5 |
| | | | 80,85,90 | 172 | — | 132 | | |
| LN12 (N12) | 2500 | 6300 | 70,71,75 | 142 | 142 | 107 | 320 | 6 |
| | | | 80,85,90,95 | 172 | 172 | 132 | | |
| LN13 (N13) | 4000 | 10000 | 80,85,90,95 | 172 | 172 | 132 | 360 | 7 |
| | | | 100,110,120 | 212 | 212 | 167 | | |
| LN14 (N14) | 8000 | 16000 | 100,110,120,125 | 212 | 212 | 167 | 420 | 7 |
| | | | 130,140 | 252 | — | 202 | | |

注：1. 带 * 的轴孔长度仅适用于 $J_1$ 型轴孔。对于 $Z_1$ 型轴孔，应把 22 改为 17，27 改为 20。

2. 轴孔型式可根据需要选取。

3. N1～N14 为弹性件代号规格。

（2）LNS 型双法兰芯型弹性联轴器　LNS 型双　　尺寸见表 7.2-75。
法兰芯型弹性联轴器的结构型式见图 7.2-77，主要

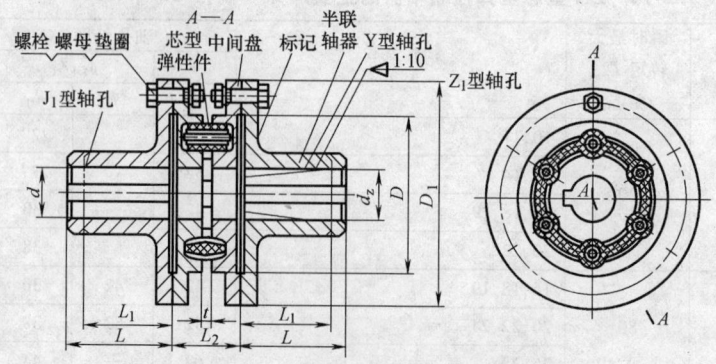

**图 7.2-77　LNS 型双法兰芯型弹性联轴器**

### 表 7.2-75 LNS 型双法兰芯型弹性联轴器主要尺寸（摘自 GB/T 10614—2008）

（单位：mm）

| 型号 | 公称转矩 $T_n$/N·m | 瞬时最大转矩 $T_{max}$ /N·m | 轴孔直径 $d,d_z$ | 轴孔长度 Y | | $L_2$ | $D_1$ | $D$ | $t$ |
|---|---|---|---|---|---|---|---|---|---|
| | | | | Y | $J_1,Z_1$ | | | | |
| | | | | L | L   $L_1$ | | | | |
| LNS1<br>（N1） | 6.3 | 20 | 10,11 | 25 | —   22* | 40 | 115 | 70 | 3 |
| | | | 12,14 | 32 | —   27* | | | | |
| | | | 16,18,19 | 42 | 42   30 | | | | |
| | | | 20,22 | 52 | 52   38 | | | | |
| LNS2<br>（N2） | 25 | 80 | 16,18,19 | 42 | 42   30 | 45 | 120 | 85 | |
| | | | 20,22,24 | 52 | 52   38 | | | | |
| | | | 25,28 | 62 | 62   44 | | | | |
| LNS3<br>（N3） | 63 | 180 | 20,22,24 | 52 | 52   38 | 55 | 150 | 105 | |
| | | | 25,28 | 62 | 62   44 | | | | |
| | | | 30,32,35 | 82 | 82   60 | | | | |
| LNS4<br>（N4） | 100 | 315 | 24 | 52 | 52   38 | 65 | 165 | 120 | |
| | | | 25,28 | 62 | 62   44 | | | | |
| | | | 30,32,35,38 | 82 | 82   60 | | | | |
| | | | 40,42 | 112 | 112   84 | | | | |
| LNS5<br>（N5） | 160 | 500 | 28 | 62 | 62   44 | 70 | 185 | 140 | |
| | | | 30,32,35,38 | 82 | 82   60 | | | | |
| | | | 40,42,45,48 | 112 | 112   84 | | | | |
| LNS6<br>（N6） | 250 | 710 | 32,35,38 | 82 | 82   44 | 85 | 215 | 160 | |
| | | | 40,42,45,48,50,55,56 | 112 | 112   84 | | | | |
| LNS7<br>（N7） | 400 | 1120 | 38 | 82 | 82   60 | 90 | 235 | 180 | |
| | | | 40,42,45,48,50,55,56 | 112 | 112   84 | | | | |
| | | | 60 | 142 | 142   107 | | | | |
| LNS8<br>（N8） | 630 | 1800 | 45,48,50,55,56 | 112 | 112   84 | 100 | 255 | 200 | 4 |
| | | | 60,63,65,70 | 142 | 142   107 | | | | |
| LNS9<br>（N9） | 900 | 2240 | 48,50,55,56 | 112 | 112   84 | 100 | 275 | 220 | |
| | | | 60,63,65,70,71,75 | 142 | 142   107 | | | | |
| LNS10<br>（N10） | 1250 | 3150 | 55,56 | 112 | 112   84 | 115 | 300 | 240 | 5 |
| | | | 60,63,65,70,71,75 | 142 | 142   107 | | | | |
| | | | 80 | 172 | 172   132 | | | | |
| LNS11<br>（N11） | 1600 | 4000 | 60,63,65,70,71,75 | 142 | 142   107 | | 310 | 250 | |
| | | | 80,85,90 | 172 | 172   132 | | | | |
| LNS12<br>（N12） | 2500 | 6300 | 70,71,75 | 142 | 142   107 | 140 | 380 | 320 | 6 |
| | | | 80,85,90,95 | 172 | 172   132 | | | | |
| LNS13<br>（N13） | 4000 | 10000 | 80,85,90,95 | 172 | 172   132 | 150 | 435 | 360 | 7 |
| | | | 100,110,120 | 212 | 212   167 | | | | |
| LNS14<br>（N14） | 8000 | 16000 | 100,110,120,125 | 212 | 212   167 | 160 | 495 | 420 | |
| | | | 130,140 | 252 | 252   202 | | | | |

注：1. 带 * 的轴孔长度仅适用于 $J_1$ 型轴孔，对于 $Z_1$ 型轴孔，应把 22 改为 17，27 改为 20。

2. 轴孔型式可根据需要选取。

3. N1～N14 为弹性件代号规格。

#### 3.2.9 弹性块联轴器

弹性块联轴器是以橡胶为弹性元件材料，无转矩传动间隙，易于现场调节刚度的弹性联轴器，具有补偿两轴相对偏移以及减振、缓冲性能，节能，无噪声，不用润滑，更换弹性件（易损件）时主机和半联轴器不用作轴线移动（对于重型机械设备此特点

尤为重要），维护简单，使用寿命较长，根据需要通过改变橡胶配方可以调整联轴器的扭转刚度。适用于连接两同轴线的大中功率、振动冲击较大的轴系传动，如冶金机械、矿山机械等。

（1）LK 型（基本型）弹性块联轴器
LK 型（基本型）弹性块联轴器的结构型式见图 7.2-78，主要尺寸见表 7.2-76。

（2）LKA 型（安全销型）弹性块联轴器　LKA 型（安全销型）弹性块联轴器的结构型式见图 7.2-79，主要尺寸见表 7.2-77。

### 3.2.10　滑块联轴器

WH 型滑块联轴器的结构型式见图 7.2-80，主要尺寸和基本参数见表 7.2-78。

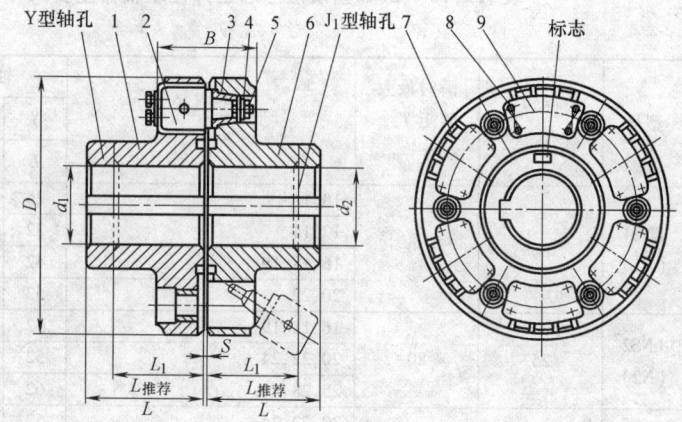

**图 7.2-78　LK 型弹性块联轴器**

1、6—半联轴器　2—传力臂　3—锥套　4—垫圈
5—螺母　7—弹性块　8—螺栓　9—压块

**表 7.2-76　LK 型弹性块联轴器的主要尺寸**（摘自 JB/T 9148—1999）　　　（单位：mm）

| 型号 | 公称转矩 $T_n/N \cdot m$ | 轴孔直径 $d_1, d_2$ | 轴孔长度 | | | | $D$ | $B$ | $S$ |
|---|---|---|---|---|---|---|---|---|---|
| | | | Y | $J_1$ | $L_{推荐}$ | | | | |
| | | | $L$ | $L_1$ | | | | | |
| LK1 | 10000 | 85,90,95 | 172 | 132 | 150 | 370 | 190 | |
| | | 100,110,120 | 212 | 167 | | | | |
| LK2 | 16000 | 95 | 172 | 132 | 170 | 415 | 208 | 5 |
| | | 100,110,120,125 | 212 | 167 | | | | |
| | | 130 | 252 | 202 | | | | |
| LK3 | 25000 | 110,120,125 | 212 | 167 | 185 | 450 | 225 | |
| | | 130,140,150 | 252 | 202 | | | | |
| LK4 | 40000 | 130,140,150 | 252 | 202 | 210 | 520 | 260 | |
| | | 160,170,180 | | | | | | |
| LK5 | 63000 | 160,170,180 | 302 | 242 | 230 | 600 | 275 | |
| | | 190,200,220 | | | | | | |
| LK6 | 100000 | 190,200,220 | 352 | 282 | 260 | 620 | 285 | |
| | | 240,250,260 | 410 | 330 | | | | |
| LK7 | 125000 | 220 | 352 | 282 | 280 | 670 | 295 | 6 |
| | | 240,250,260 | 410 | 330 | | | | |
| | | 280 | 470 | 380 | | | | |
| LK8 | 160000 | 240,250,260 | 410 | 330 | 300 | 730 | 305 | |
| | | 280,300,320 | 470 | 380 | | | | |
| LK9 | 200000 | 260 | 410 | 330 | 320 | 760 | 315 | |
| | | 280,300,320 | 470 | 380 | | | | |
| | | 340 | 550 | 450 | | | | |
| LK10 | 250000 | 280,300,320 | 470 | 380 | 345 | 790 | 345 | |
| | | 340,360 | 550 | 450 | | | | |
| LK11 | 315000 | 300,320 | 470 | 380 | 360 | 850 | 380 | 7 |
| | | 340,360,380 | 550 | 450 | | | | |
| LK12 | 400000 | 320 | 470 | 380 | 380 | 910 | 420 | |
| | | 340,360,380 | 550 | 450 | | | | |
| | | 400 | 650 | 540 | | | | |

（续）

| 型号 | 公称转矩 $T_n/N\cdot m$ | 轴孔直径 $d_1,d_2$ | 轴孔长度 | | $L_{推荐}$ | $D$ | $B$ | $S$ |
|---|---|---|---|---|---|---|---|---|
| | | | Y | $J_1$ | | | | |
| | | | $L$ | $L_1$ | | | | |
| LK13 | 500000 | 360,380 | 550 | 450 | 400 | 960 | 460 | 8 |
| | | 400,420,440 | | | | | | |
| LK14 | 630000 | 400,420,440,450,460,480 | 650 | 540 | 450 | 1050 | 505 | |
| LK15 | 900000 | 440,450,460,480,500 | | | 500 | 1200 | 550 | |
| | | 530 | 800 | 680 | | | | 10 |
| LK16 | 1250000 | 460,480,500 | 650 | 540 | 520 | 1350 | 570 | |
| | | 530,560 | | | | | | |
| LK17 | 1600000 | 530,560,600,630 | 800 | 680 | 600 | 1500 | 650 | |
| LK18 | 2000000 | 560,600,630 | | | 650 | 1600 | 730 | |
| | | 670 | 900 | 780 | | | | 12 |
| LK19 | 2500000 | 630 | 800 | 680 | 680 | 1700 | 780 | |
| | | 670,710,750 | 900 | 780 | | | | |
| LK20 | 3150000 | 710,750 | | | 750 | 1900 | 820 | |
| | | 800,850 | 1000 | 880 | | | | |

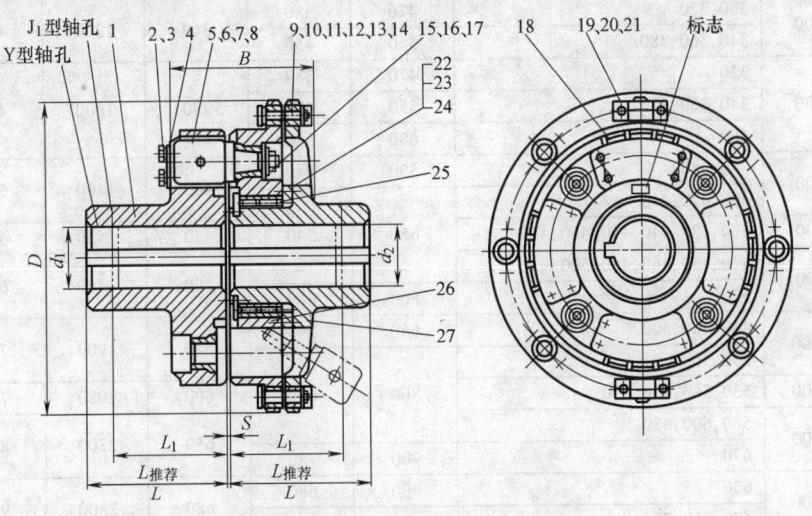

**图 7.2-79　LKA 型弹性块联轴器**

1、27—半联轴器　2、16、21、23—螺栓　3、14、17、20、24—垫圈　4—压板　5—传力臂
6—锥套　7—垫　8、13—螺母　9—安全销　10—销套　11—碟簧　12—压环
15—摩擦环　18—弹性块　19—销罩　22—止推环　25—轴承　26—中间盘

**表 7.2-77　LKA 型弹性块联轴器的主要尺寸**（摘自 JB/T 9148—1999）（单位：mm）

| 型号 | 公称转矩 $T_n/N\cdot m$ | 轴孔直径 $d_1,d_2$ | 轴孔长度 | | $L_{推荐}$ | $D$ | $B$ | $S$ |
|---|---|---|---|---|---|---|---|---|
| | | | Y | $J_1$ | | | | |
| | | | $L$ | $L_1$ | | | | |
| LKA1 | 10000 | 85,90,95 | 172 | 132 | 150 | 500 | 244 | |
| | | 100,110,120 | 212 | 167 | | | | |
| LKA2 | 16000 | 95 | 172 | 132 | 170 | 550 | 250 | 5 |
| | | 100,110,120,125 | 212 | 167 | | | | |
| | | 130 | 252 | 202 | | | | |

（续）

| 型号 | 公称转矩 $T_n$/N·m | 轴孔直径 $d_1$, $d_2$ | 轴孔长度 Y $L$ | $J_1$ $L_1$ | $L_{推荐}$ | $D$ | $B$ | $S$ |
|---|---|---|---|---|---|---|---|---|
| LKA3 | 25000 | 110,120,125 | 212 | 167 | 185 | 600 | 260 | |
| | | 130,140,150 | 252 | 202 | | | | |
| LKA4 | 40000 | 130,140,150 | 252 | 202 | 210 | 700 | 280 | 5 |
| | | 160,170,180 | 302 | 242 | | | | |
| LKA5 | 63000 | 160,170,180 | 302 | 242 | 230 | 750 | 300 | |
| | | 190,200,220 | 352 | 282 | | | | |
| LKA6 | 100000 | 190,200,220 | 352 | 282 | 260 | 800 | 325 | |
| | | 240,250,260 | 410 | 330 | | | | |
| LKA7 | 125000 | 220 | 352 | 282 | 280 | 900 | 345 | 6 |
| | | 240,250,260 | 410 | 330 | | | | |
| | | 280 | 470 | 380 | | | | |
| LKA8 | 160000 | 240,250,260 | 410 | 330 | 300 | 1000 | 370 | |
| | | 280,300,320 | 470 | 380 | | | | |
| LKA9 | 200000 | 260 | 410 | 330 | 320 | 1100 | 395 | 7 |
| | | 280,300,320 | 470 | 380 | | | | |
| | | 340 | 550 | 450 | | | | |
| LKA10 | 250000 | 280,300,320 | 470 | 380 | 345 | 1150 | 425 | |
| | | 340,360 | 550 | 450 | | | | |
| LKA11 | 315000 | 300,320 | 470 | 380 | 360 | 1200 | 450 | 8 |
| | | 340,360,380 | 550 | 450 | | | | |
| LKA12 | 400000 | 320 | 470 | 380 | 380 | 1300 | 485 | |
| | | 340,360,380 | 550 | 450 | | | | |
| | | 400 | 650 | 540 | | | | |
| LKA13 | 500000 | 360,380 | 550 | 540 | 400 | 1400 | 520 | |
| | | 400,420,440 | | | | | | |
| LKA14 | 630000 | 400,420,440,450,460,480 | 650 | 540 | 450 | 1550 | 570 | 10 |
| LKA15 | 900000 | 440,450,460,480,500 | 650 | 540 | 500 | 1750 | 650 | |
| | | 530 | 800 | 680 | | | | |
| LKA16 | 1250000 | 460,480,500 | 650 | 540 | 520 | 1900 | 720 | 12 |
| | | 530,560 | 800 | 680 | | | | |
| LKA17 | 1600000 | 530,560,600,630 | 800 | 680 | 600 | 2080 | 765 | |
| LKA18 | 2000000 | 560,600,630 | 800 | 680 | 650 | 2200 | 800 | 15 |
| | | 670 | 900 | 780 | | | | |
| LKA19 | 2500000 | 630 | 800 | 680 | 680 | 2300 | 915 | |
| | | 670,710,750 | | 780 | | | | |
| LKA20 | 3150000 | 710,750 | — | 780 | 750 | 250 | 1040 | |
| | | 800,850 | | 880 | | | | |

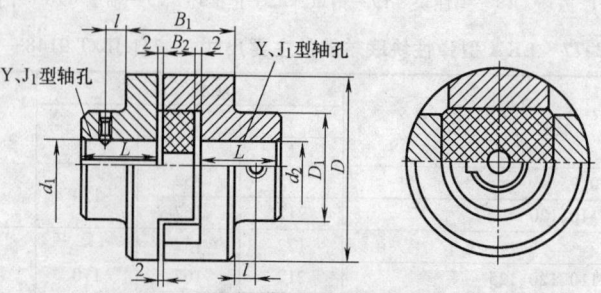

图 7.2-80　WH 型滑块联轴器

**表 7.2-78　WH 型滑块联轴器的主要尺寸和基本参数**（摘自 JB/ZQ 4384—2006）

| 型号 | 公称转矩 $T_n$/N·m | 许用转速 $[n]$ /(r/min) | 轴孔直径 $d_1$,$d_2$ | 轴孔长度 Y | $J_1$ | $D$ | $D_1$ | $B_1$ | $B_2$ | $l$ | 转动惯量 /kg·m² | 质量 /kW |
|---|---|---|---|---|---|---|---|---|---|---|---|---|
| | | | | L | | | | | | /mm | | |
| WH1 | 16 | 10000 | 10,11 | 25 | 22 | 40 | 30 | 52 | 13 | 5 | 0.0007 | 0.6 |
| | | | 12,14 | 32 | 27 | | | | | | | |
| WH2 | 31.5 | 8200 | 12,14 | 32 | 27 | 50 | 32 | 56 | 18 | 5 | 0.0038 | 1.5 |
| | | | 16,(17),18 | 42 | 30 | | | | | | | |
| WH3 | 63 | 7000 | (17),18,19 | 42 | 30 | 70 | 40 | 60 | 18 | 5 | 0.0053 | 1.8 |
| | | | 20,22 | 52 | 38 | | | | | | | |
| WH4 | 160 | 5700 | 20,22,24 | 52 | 38 | 80 | 50 | 64 | 18 | 8 | 0.013 | 2.5 |
| | | | 25,28 | 62 | 44 | | | | | | | |
| WH5 | 280 | 4700 | 25,28 | 62 | 44 | 100 | 70 | 75 | 23 | 10 | 0.045 | 5.8 |
| | | | 30,32,35 | 82 | 60 | | | | | | | |
| WH6 | 500 | 3800 | 30,32,35,38 | 82 | 60 | 120 | 80 | 90 | 33 | 15 | 0.12 | 9.5 |
| | | | 40,42,45 | 112 | 84 | | | | | | | |
| WH7 | 900 | 3200 | 40,42,45,48 | 112 | 84 | 150 | 100 | 120 | 38 | 25 | 0.43 | 25 |
| | | | 50,55 | | | | | | | | | |
| WH8 | 1800 | 2400 | 50,55 | 112 | 84 | 190 | 120 | 150 | 48 | 25 | 1.98 | 55 |
| | | | 60,63,65,70 | 142 | 107 | | | | | | | |
| WH9 | 3550 | 1800 | 65,70,75 | 142 | 107 | 250 | 150 | 180 | 58 | 25 | 4.9 | 85 |
| | | | 80,85 | 172 | 132 | | | | | | | |
| WH10 | 5000 | 1500 | 80,85,90,95 | 172 | 132 | 330 | 190 | 180 | 58 | 40 | 7.5 | 120 |
| | | | 100 | 212 | 167 | | | | | | | |

注：1. 表中联轴器质量和转动惯量是按最小轴孔直径和最大长度计算的近似值。
　　2. 括号内的数值尽量不选用。
　　3. 工作环境温度 – 20 ~ 70℃。

## 3.3　安全联轴器

安全联轴器是一种新型的机械式转矩限制器，能够快速切断电动机和主轴间的连接，从而消除惯性力的破坏作用。

### 3.3.1　钢球式安全联轴器

（1）AQ 型钢球式安全联轴器　AQ 型钢球式安全联轴器的结构型式见图 7.2-81，主要尺寸见表 7.2-79，适用于电动机与工作机或减速器之间的连接。

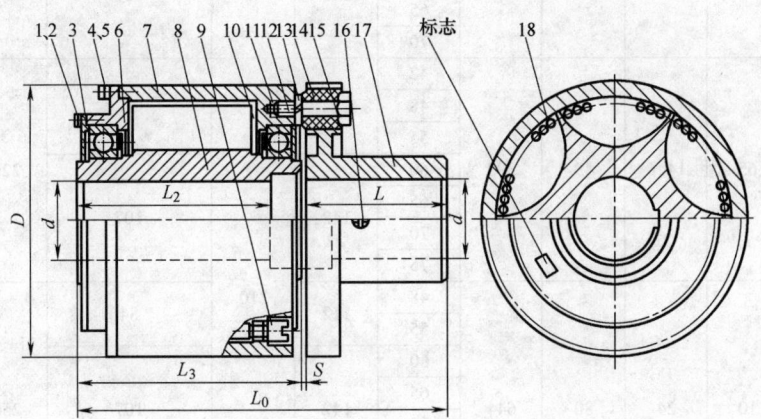

**图 7.2-81　AQ 型钢球式安全联轴器**

1、2—螺栓　3、12—轴承盖　4、5、13—弹簧垫圈　6—端盖　7—壳体　8—转子　9—沉头螺塞
10—密封圈　11—滚动轴承　14—弹性套　15—柱销　16—定位螺钉　17—半联轴器　18—钢球

**表 7.2-79　AQ 型钢球式安全联轴器的主要尺寸**（摘自 JB/T 5987—1992）（单位：mm）

| 型号 | 各种转速下所能传递的功率/kW | | | | | 轴孔直径 $d$ H7 | 主动端轴孔长度 | | 从动端轴孔长度 $J_1$,$Z_1$ 型 | $D$ | $L_0$ ≤ | $S$ |
| --- | --- | --- | --- | --- | --- | --- | --- | --- | --- | --- | --- | --- |
|  | 600 | 750 | 1000 | 1500 | 3000 |  | $L_2$ | $L_3$ | $L$ |  |  |  |
|  | r/min | | | | |  |  |  |  |  |  |  |
| AQ1 |  |  | 0.5 |  | 4 | 19 | 42 | 100 | 30 | 80 | 166 | 3 ~ 4 |
|  |  |  |  |  |  | 24 | 52 |  | 38 |  |  |  |
|  |  |  |  |  |  | 28 | 62 |  | 44 |  |  |  |
| AQ2 |  | — | 1 |  | 7.5 | 19 | 42 | 110 | 30 | 100 | 176 |  |
|  |  |  |  |  |  | 24 | 52 |  | 38 |  |  |  |
|  |  |  |  |  |  | 28 | 62 |  | 44 |  |  |  |
|  |  |  |  |  |  | 38 | 82 |  | 60 |  |  |  |
| AQ3 |  | — | 0.87 | 3 | 24 | 24 | 52 | 150 | 38 | 130 | 238 |  |
|  |  |  |  |  |  | 28 | 62 |  | 44 |  |  |  |
|  |  |  |  |  |  | 38 | 82 |  | 60 |  |  |  |
|  |  |  |  |  |  | 42 | 112 |  | 84 |  |  |  |
|  |  |  |  |  |  | 45 | 112 |  | 84 |  |  |  |
| AQ4 |  |  | 1.3 | 4.5 | 36 | 28 | 62 |  | 44 | 150 |  |  |
|  |  |  |  |  |  | 38 | 82 |  | 60 |  |  |  |
|  |  |  |  |  |  | 42 | 112 |  | 84 |  |  |  |
|  |  |  |  |  |  | 48 | 112 |  | 84 |  |  |  |
|  |  |  |  |  |  | 55 | 112 |  | 84 |  |  |  |
| AQ5 | — |  | 3.6 | 12 | 96 | 38 | 82 |  | 60 | 180 | 262 |  |
|  |  |  |  |  |  | 42 | 112 |  | 84 |  |  |  |
|  |  |  |  |  |  | 48 | 112 |  | 84 |  |  |  |
|  |  |  |  |  |  | 55 | 112 |  | 84 |  |  |  |
|  |  |  |  |  |  | 60 | 142 |  | 107 |  |  |  |
|  |  |  |  |  |  | 65 | 142 |  | 107 |  |  |  |
| AQ6 |  | 2.53 | 6 | 20 | 162 | 38 | 82 |  | 60 | 200 |  |  |
|  |  |  |  |  |  | 42 | 112 |  | 84 |  |  |  |
|  |  |  |  |  |  | 48 | 112 |  | 84 |  |  |  |
|  |  |  |  |  |  | 55 | 112 |  | 84 |  |  |  |
|  |  |  |  |  |  | 60 | 142 |  | 107 |  |  |  |
|  |  |  |  |  |  | 65 | 142 |  | 107 |  |  |  |
|  |  |  |  |  |  | 70 | 142 |  | 107 |  |  |  |
| AQ7 |  | 65 | 14.6 | 49 | 393 | 42 | 112 | 210 | 84 | 220 | 322 | 4 ~ 5 |
|  |  |  |  |  |  | 48 | 112 |  | 84 |  |  |  |
|  |  |  |  |  |  | 55 | 112 |  | 84 |  |  |  |
|  |  |  |  |  |  | 60 | 142 |  | 107 |  |  |  |
|  |  |  |  |  |  | 65 | 142 |  | 107 |  |  |  |
|  |  |  |  |  |  | 70 | 142 |  | 107 |  |  |  |
|  |  |  |  |  |  | 75 | 142 |  | 107 |  |  |  |
| AQ8 |  | 10 | 24 | 80 | 644 | 48 | 112 |  | 84 | 250 | 347 |  |
|  |  |  |  |  |  | 55 | 112 |  | 84 |  |  |  |
|  |  |  |  |  |  | 60 | 142 |  | 107 |  |  |  |
|  |  |  |  |  |  | 65 | 142 |  | 107 |  |  |  |
|  |  |  |  |  |  | 70 | 142 |  | 107 |  |  |  |
|  |  |  |  |  |  | 75 | 142 |  | 107 |  |  |  |
|  |  |  |  |  |  | 80 | 172 |  | 132 |  |  |  |
|  |  |  |  |  |  | 85 | 172 |  | 132 |  |  |  |

（续）

| 型号 | 各种转速下所能传递的功率/kW | | | | | 轴孔直径 d H7 | 主动端轴孔长度 | | 从动端轴孔长度 J₁,Z₁ 型 | D | L₀ ≤ | S |
|---|---|---|---|---|---|---|---|---|---|---|---|---|
| | 600 | 750 | 1000 | 1500 | 3000 | | L₂ | L₃ | L | | | |
| | | | r/min | | | | | | | | | |
| AQ9 | | 21 | 77 | 173 | 1380 | 60 | 142 | | 107 | 280 | 387 | 4~5 |
| | | | | | | 65 | | | | | | |
| | | | | | | 70 | | | | | | |
| | | | | | | 75 | | | | | | |
| | | | | | | 80 | 172 | | 132 | | | |
| | | | | | | 85 | | | | | | |
| AQ10 | — | 25 | 60 | 200 | 1600* | 60 | 142 | 250 | 107 | 300 | 423 | |
| | | | | | | 65 | | | | | | |
| | | | | | | 70 | | | | | | |
| | | | | | | 75 | 172 | | 132 | | | |
| | | | | | | 80 | | | | | | |
| | | | | | | 85 | | | | | | |
| | | | | | | 90 | 212 | | 167 | | | |
| | | | | | | 100 | | | | | | |
| AQ11 | 23 | 46 | 110 | 360 | | 75 | 142 | | 107 | 350 | 423 | |
| | | | | | | 80 | 172 | | 132 | | | |
| | | | | | | 85 | | | | | | |
| | | | | | | 90 | | | | | | |
| | | | | | | 100 | 212 | | 167 | | | |
| | | | | | | 110 | | | | | | |
| AQ12 | 45 | 95 | 240 | 830 | | 80 | 172 | | 132 | 400 | | 5~6 |
| | | | | | | 85 | | | | | | |
| | | | | | | 90 | | | | | | |
| | | | | | | 100 | 212 | 300 | 167 | | | |
| | | | | | | 110 | | | | | | |
| | | | | | | 120 | | | | | | |
| | | | | | | 125 | | | | | | |
| | | | | | | 130 | 252 | | 202 | | | |
| AQ13 | 58 | 113 | 267 | 902 | — | 80 | 172 | | 132 | 450 | 508 | |
| | | | | | | 85 | | | | | | |
| | | | | | | 90 | | | | | | |
| | | | | | | 95 | | | | | | |
| | | | | | | 100 | 212 | | 167 | | | |
| | | | | | | 110 | | | | | | |
| | | | | | | 120 | | | | | | |
| | | | | | | 125 | | | | | | |
| | | | | | | 130 | 252 | 350 | 202 | | | |
| | | | | | | 140 | | | | | | |
| | | | | | | 150 | | | | | | |
| AQ14 | 126 | 247 | 585 | 1975 | | 90 | 172 | | 132 | 500 | 600 | 6~8 |
| | | | | | | 95 | | | | | | |
| | | | | | | 100 | 212 | | 167 | | | |
| | | | | | | 110 | | | | | | |
| | | | | | | 120 | | | | | | |
| | | | | | | 125 | | | | | | |

（续）

| 型号 | 各种转速下所能传递的功率/kW | | | | | 轴孔直径 d H7 | 主动端轴孔长度 | | 从动端轴孔长度 $J_1$,$Z_1$ 型 | D | $L_0$ ≤ | S |
|---|---|---|---|---|---|---|---|---|---|---|---|---|
| | 600 | 750 | 1000 | 1500 | 3000 | | $L_2$ | $L_3$ | $L$ | | | |
| | r/min | | | | | | | | | | | |
| AQ14 | 126 | 247 | 585 | 1975 | | 130 | 252 | 350 | 202 | 500 | 600 | |
| | | | | | | 140 | | | | | | |
| | | | | | | 150 | | | | | | |
| | | | | | | 160 | 302 | | 242 | | | |
| | | | | | | 170 | | | | | | |
| AQ15 | 296 | 586 | 1372 | 4632 * | — | 110 | 212 | 450 | 167 | 550 | 700 | 6 ~ 8 |
| | | | | | | 120 | | | | | | |
| | | | | | | 125 | | | | | | |
| | | | | | | 130 | 252 | | 202 | | | |
| | | | | | | 140 | | | | | | |
| | | | | | | 150 | | | | | | |
| | | | | | | 160 | 302 | | 242 | | | |
| | | | | | | 170 | | | | | | |
| | | | | | | 180 | | | | | | |
| AQ16 | 355 | 694 | 1645 | 5550 * | | 125 | 212 | 450 | 167 | 600 | 740 | |
| | | | | | | 130 | 252 | | 202 | | | |
| | | | | | | 140 | | | | | | |
| | | | | | | 150 | | | | | | |
| | | | | | | 160 | 302 | | 247 | | | |
| | | | | | | 170 | | | | | | |
| | | | | | | 180 | | | | | | |
| | | | | | | 190 | 352 | | 282 | | | |
| | | | | | | 200 | | | | | | |
| AQ17 | 630 | 1230 * | 2916 | — | | 140 | 252 | 500 | 202 | 650 | 792 | 8 ~ 10 |
| | | | | | | 150 | | | | | | |
| | | | | | | 160 | 302 | | 242 | | | |
| | | | | | | 170 | | | | | | |
| | | | | | | 180 | | | | | | |
| | | | | | | 190 | 352 | | 282 | | | |
| | | | | | | 200 | | | | | | |
| | | | | | | 220 | | | | | | |

注：表中带 " * " 号的联轴器材料为锻钢。

（2）AQZ 型带制动轮钢球式安全联轴器
AQZ 型带制动轮钢球式安全联轴器的结构型式见图 7.2-82，主要尺寸见表 7.2-80，适用于需制动的场合。

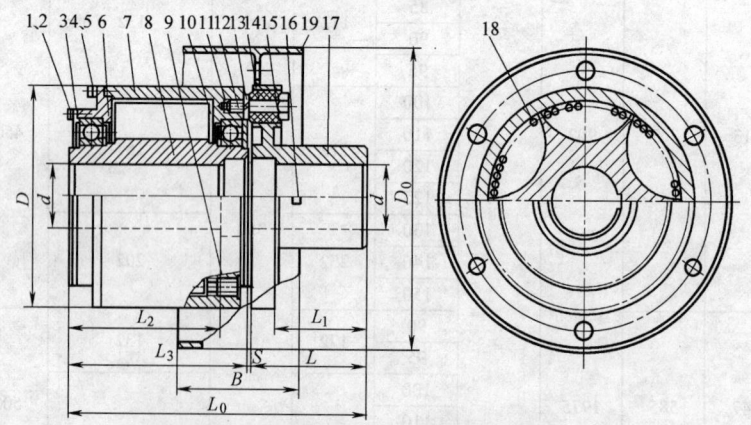

**图 7.2-82　AQZ 型带制动轮钢球式安全联轴器**
1、2—螺栓　3、12—轴承盖　4、5、13—弹簧垫圈　6—端盖　7—壳体　8—转子　9—沉头螺塞
10—密封圈　11—滚动轴承　14—弹性套　15—柱销　16—定位螺钉　17—半联轴器　18—钢球　19—制动轮

**表 7.2-80　AQZ 型带制动轮钢球式安全联轴器的主要尺寸**（摘自 JB/T 5987—1992）　　（单位：mm）

| 型号 | 各种转速下所能传递的功率/kW | | | | | 轴孔直径 $d$ H7 | 主动端轴孔长度 | | 从动端轴孔长度 $Z_1$,$J_1$ 型 | $D$ | $L_0$ | $S$ | $D_0$ | $B$ | $L_1$ |
| | 600 | 750 | 1000 | 1500 | 3000 | | $L_2$ | $L_3$ | $L$ | | | | | | |
| | r/min | | | | | | | | | | | | | | |
| AQZ1 | | | | 0.5 | 4 | 19 | 42 | | 30 | 80 | 166 | | | | |
| | | | | | | 24 | 52 | 100 | 38 | | | | | | |
| | | | | | | 28 | 62 | | 44 | | | | | | 30 |
| AQZ2 | | | 1 | | 7.5 | 19 | 42 | | 30 | 100 | 176 | | | | |
| | | — | | | | 24 | 52 | 110 | 38 | | | | 160 | 70 | |
| | | | | | | 28 | 62 | | 44 | | | | | | |
| | | | | | | 38 | 82 | | 60 | | | | | | |
| AQZ3 | | | 0.87 | 3 | 24 | 24 | 52 | | 38 | 130 | | | | | |
| | | | | | | 28 | 62 | | 44 | | | 3~4 | | | |
| | — | | | | | 38 | 82 | | 60 | | | | | | |
| | | | | | | 42 | 112 | | 84 | | 238 | | | | 47 |
| | | | | | | 45 | | | | | | | | | |
| AQZ4 | | | 1.3 | 4.5 | 36 | 28 | 62 | | 44 | 150 | | | | | |
| | | | | | | 38 | 82 | | 60 | | | | 200 | 85 | |
| | | | | | | 42 | | | | | | | | | |
| | | | | | | 48 | 112 | | 84 | | | | | | |
| | | | | | | 55 | | | | | | | | | |
| AQZ5 | | | 3.6 | 12 | 96 | 38 | 82 | | 60 | 180 | | | | | |
| | | | | | | 42 | | 150 | | | | | | | 42 |
| | | | | | | 48 | 112 | | 84 | | | | | | |
| | | | | | | 55 | | | | | | | | | |
| | | | | | | 60 | 142 | | 107 | | 262 | | | | |
| | | | | | | 65 | | | | | | | | | |
| AQZ6 | | 2.53 | 6 | 20 | 162 | 38 | 82 | | 60 | 200 | | | | | |
| | | | | | | 42 | 112 | | 84 | | | | 250 | 105 | 47 |
| | | | | | | 48 | | | | | | | | | |
| | | | | | | 55 | | | | | | | | | |
| | | | | | | 60 | 142 | | 107 | | | | | | |
| | | | | | | 65 | | | | | | | | | |
| | | | | | | 70 | | | | | | | | | |
| AQZ7 | | 6 | 14.6 | 49 | 393 | 42 | | | | 220 | 327 | | | | |
| | | | | | | 48 | 112 | | 84 | | | | | | |
| | | | | | | 55 | | | | | | | | | |
| | | | | | | 60 | | | | | | 4~5 | | | 57 |
| | | | | | | 65 | 142 | | 107 | | | | | | |
| | | | | | | 70 | | | | | | | | | |
| | | | | | | 75 | | | | | | | | | |
| AQZ8 | | 10 | 24 | 80 | 644 | 48 | 112 | 210 | 84 | 250 | 357 | | | | |
| | | | | | | 55 | | | | | | | | | |
| | | | | | | 60 | | | | | | | | | |
| | | | | | | 65 | 142 | | 107 | | | | 315 | 135 | 72 |
| | | | | | | 70 | | | | | | | | | |
| | | | | | | 75 | | | | | | | | | |
| | | | | | | 80 | 172 | | 132 | | | | | | |
| | | | | | | 85 | | | | | | | | | |

（续）

主动端轴孔长度 = $L_2$, $L_3$；从动端轴孔长度 $Z_1$, $J_1$ 型 = $L$；各种转速下所能传递的功率/kW（600、750、1000、1500、3000 r/min）

| 型号 | 600 | 750 | 1000 | 1500 | 3000 | $d$ H7 | $L_2$ | $L_3$ | $L$ | $D$ | $L_0$ | $S$ | $D_0$ | $B$ | $L_1$ |
|---|---|---|---|---|---|---|---|---|---|---|---|---|---|---|---|
| AQZ9 | | 21 | 77 | 173 | 1380 | 60 | | 210 | | 280 | 378 | 4～5 | | | 72 |
| | | | | | | 65 | 142 | | 107 | | | | | | |
| | | | | | | 75 | | | | | | | | | |
| | | | | | | 80 | | | | | | | | | |
| | | | | | | 90 | 172 | | 132 | | | | | | |
| | | | | | | 95 | | | | | | | | | |
| AQZ10 | | 25 | 60 | 200 | 1600* | 60 | | 250 | | 300 | | 4～5 | 400 | 170 | 97 |
| | | | | | | 65 | 142 | | 107 | | | | | | |
| | | | | | | 75 | | | | | | | | | |
| | | | | | | 80 | 172 | | 132 | | | | | | |
| | | | | | | 85 | | | | | | | | | |
| | | | | | | 90 | | | | | | | | | |
| | | | | | | 100 | 212 | | 167 | | 423 | | | | |
| AQZ11 | 23 | 46 | 110 | 360 | | 75 | 142 | | 107 | 350 | | | | | |
| | | | | | | 80 | 172 | | 132 | | | | | | |
| | | | | | | 85 | | | | | | | | | |
| | | | | | | 90 | | | | | | | | | |
| | | | | | | 100 | 212 | | 167 | | | | | | |
| | | | | | | 110 | | | | | | | | | |
| AQZ12 | 45 | 95 | 240 | 830 | | 80 | 172 | | 132 | 400 | | 5～6 | 558 | | |
| | | | | | | 85 | | | | | | | | | |
| | | | | | | 90 | | | | | | | | | |
| | | | | | | 100 | 212 | | 167 | | | | | | |
| | | | | | | 110 | | | | | | | | | |
| | | | | | | 120 | | | | | | | | | |
| | | | | | | 125 | | | | | | | | | |
| | | | | | | 130 | 252 | | 202 | | | | | | |
| AQZ13 | 58 | 113 | 267 | 902 | — | 80 | | 300 | | 450 | 508 | | 500 | 210 | 102 |
| | | | | | | 85 | 172 | | 132 | | | | | | |
| | | | | | | 90 | | | | | | | | | |
| | | | | | | 95 | | | | | | | | | |
| | | | | | | 100 | 212 | | 167 | | | | | | |
| | | | | | | 110 | | | | | | | | | |
| | | | | | | 120 | | | | | | | | | |
| | | | | | | 125 | | | | | | | | | |
| | | | | | | 130 | 252 | | 202 | | | | | | |
| | | | | | | 140 | | | | | | | | | |
| AQZ14 | 126 | 247 | 585 | 1975* | | 90 | 172 | 350 | 132 | 500 | 600 | 6～8 | 630 | 265 | 122 |
| | | | | | | 95 | | | | | | | | | |
| | | | | | | 100 | 212 | | 167 | | | | | | |
| | | | | | | 110 | | | | | | | | | |
| | | | | | | 120 | | | | | | | | | |
| | | | | | | 125 | | | | | | | | | |
| | | | | | | 130 | 252 | | 202 | | | | | | |
| | | | | | | 140 | | | | | | | | | |

（续）

| 型号 | 各种转速下所能传递的功率/kW | | | | | 轴孔直径 d H7 | 主动端轴孔长度 | | 从动端轴孔长度 $Z_1$,$J_1$ 型 | $D$ | $L_0$ | $S$ | $D_0$ | $B$ | $L_1$ |
|---|---|---|---|---|---|---|---|---|---|---|---|---|---|---|---|
| | 600 | 750 | 1000 | 1500 | 3000 | | $L_2$ | $L_3$ | $L$ | | | | | | |
| | r/min | | | | | | | | | | | | | | |
| AQZ14 | 126 | 247 | 585 | 1975 * | | 150 | 252 | | 202 | 500 | 600 | | | | |
| | | | | | | 160 | 302 | 350 | 242 | | | | | | |
| | | | | | | 170 | | | | | | | | | |
| AQZ15 | 296 | 585 | 1372 | 4632 * | — | 110 | 212 | | 167 | 550 | 700 | 6 ~ 8 | 630 | 265 | 122 |
| | | | | | | 120 | | | | | | | | | |
| | | | | | | 125 | | | | | | | | | |
| | | | | | | 130 | 252 | | 202 | | | | | | |
| | | | | | | 140 | | | | | | | | | |
| | | | | | | 150 | | | | | | | | | |
| | | | | | | 160 | 302 | 450 | 242 | | | | | | |
| | | | | | | 170 | | | | | | | | | |
| | | | | | | 180 | | | | | | | | | |
| AQZ16 | 355 | 694 | 1645 * | 5550 * | | 125 | 212 | | 167 | 600 | 740 | | 710 | | 120 |
| | | | | | | 130 | 252 | | 202 | | | | | | |
| | | | | | | 140 | | | | | | | | | |
| | | | | | | 150 | | | | | | | | | |
| | | | | | | 160 | 302 | | 242 | | | | | | |
| | | | | | | 170 | | | | | | | | | |
| | | | | | | 180 | | | | | | | | | |
| | | | | | | 190 | 352 | | 282 | | | | | 340 | |
| AQZ17 | 630 | 1230 * | 2916 * | — | | 140 | 252 | | 202 | 650 | 792 | 8 ~ 10 | 800 | | 182 |
| | | | | | | 150 | | | | | | | | | |
| | | | | | | 160 | 302 | 500 | 242 | | | | | | |
| | | | | | | 170 | | | | | | | | | |
| | | | | | | 180 | | | | | | | | | |
| | | | | | | 190 | 352 | | 282 | | | | | | |
| | | | | | | 200 | | | | | | | | | |
| | | | | | | 220 | | | | | | | | | |

（3）AQD 型钢球式安全联轴器　AQD 型钢球式安全联轴器的结构型式见图 7.2-83，主要尺寸见表 7.2-81。

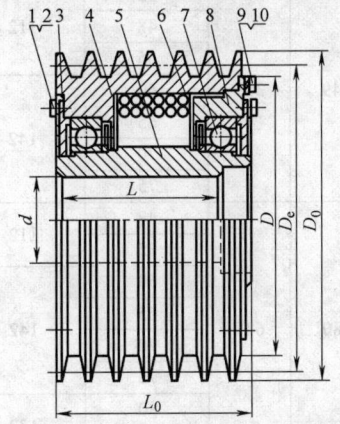

**图 7.2-83　AQD 型钢球式安全联轴器**

1、9—螺栓　2、10—弹簧垫圈　3—轴承盖　4—带轮式壳体　5—转子　6—密封盖　7—滚动轴承　8—端盖

**表 7.2-81　AQD 型钢球式安全联轴器的主要尺寸**（摘自 JB/T 5987—1992）　（单位：mm）

| 型号 | 各种转速下所能传递的功率/kW | | | | | 轴孔直径 $d$ H7 | 轴孔长度 $L$ | $D$ | $L_0$ | $D_0$ | $D_e$ |
|---|---|---|---|---|---|---|---|---|---|---|---|
| | 600 | 750 | 1000 | 1500 | 3000 | | | | | | |
| | | | r/min | | | | | | | | |
| AQD1 | | | | 0.5 | 4 | 19 | 42 | 80 | 100 | 125 | 118 |
| | | | | | | 24 | 52 | | | | |
| | | | | | | 28 | 62 | | | | |
| AQD2 | | | — | 1 | 7.5 | 19 | 42 | 100 | 110 | 130 | 125 |
| | | | | | | 24 | 52 | | | | |
| | | | | | | 28 | 62 | | | | |
| | | | | | | 38 | 82 | | | | |
| AQD3 | | — | 0.87 | 3 | 24 | 24 | 52 | 130 | | 150 | 140 |
| | | | | | | 28 | 62 | | | | |
| | | | | | | 38 | 82 | | | | |
| | | | | | | 42 | 112 | | | | |
| | | | | | | 45 | | | | | |
| AQD4 | | | 1.3 | 4.5 | 36 | 28 | 62 | 150 | | 190 | 180 |
| | | | | | | 38 | 82 | | | | |
| | | | | | | 42 | 112 | | | | |
| | | | | | | 48 | | | | | |
| | | | | | | 55 | | | | | |
| AQD5 | — | | 3.6 | 12 | 96 | 38 | 82 | 180 | 150 | 212 | 200 |
| | | | | | | 42 | 112 | | | | |
| | | | | | | 48 | | | | | |
| | | | | | | 55 | | | | | |
| | | | | | | 60 | 142 | | | | |
| | | | | | | 65 | | | | | |
| AQD6 | | 2.53 | 6 | 20 | 162 | 38 | 82 | 200 | | 248 | 236 |
| | | | | | | 42 | 112 | | | | |
| | | | | | | 48 | | | | | |
| | | | | | | 55 | 142 | | | | |
| | | | | | | 60 | | | | | |
| | | | | | | 65 | | | | | |
| | | | | | | 70 | | | | | |
| AQD7 | | 6 | 14.6 | 49 | 393 | 42 | 112 | 220 | | 262 | 250 |
| | | | | | | 48 | | | | | |
| | | | | | | 55 | | | | | |
| | | | | | | 60 | 142 | | | | |
| | | | | | | 65 | | | | | |
| | | | | | | 70 | | | | | |
| | | | | | | 75 | | | | | |
| AQD8 | | 10 | 24 | 80 | 644 | 48 | 112 | 250 | 210 | 292 | 280 |
| | | | | | | 55 | | | | | |
| | | | | | | 60 | 142 | | | | |
| | | | | | | 65 | | | | | |
| | | | | | | 70 | | | | | |
| | | | | | | 75 | | | | | |
| | | | | | | 80 | 172 | | | | |
| | | | | | | 85 | | | | | |

（续）

| 型号 | 各种转速下所能传递的功率/kW | | | | | 轴孔直径 $d$ H7 | 轴孔长度 $L$ | $D$ | $L_0$ | $D_0$ | $D_e$ |
|---|---|---|---|---|---|---|---|---|---|---|---|
| | 600 | 750 | 1000 | 1500 | 3000 | | | | | | |
| | | | r/min | | | | | | | | |
| AQD9 | | 21 | 51 | 173 | 1380 | 60 | 142 | 280 | | 332 | 315 |
| | | | | | | 65 | | | | | |
| | | | | | | 75 | | | | | |
| | | | | | | 80 | 172 | | | | |
| | | | | | | 90 | | | | | |
| AQD10 | — | 25 | 60 | 200 | 1600* | 60 | 142 | 300 | 250 | 372 | 355 |
| | | | | | | 65 | | | | | |
| | | | | | | 75 | | | | | |
| | | | | | | 80 | 172 | | | | |
| | | | | | | 85 | | | | | |
| | | | | | | 90 | | | | | |
| | | | | | | 100 | 212 | | | | |
| AQD11 | 23 | 46 | 110 | 360 | | 75 | 142 | 350 | | 417 | 400 |
| | | | | | | 80 | 172 | | | | |
| | | | | | | 85 | | | | | |
| | | | | | | 90 | | | | | |
| | | | | | | 100 | | | | | |
| | | | | | | 110 | 212 | | | | |
| | | | | | | 120 | | | | | |
| AQD12 | 45 | 95 | 240 | 830 | | 80 | 172 | 400 | | 467 | 450 |
| | | | | | | 85 | | | | | |
| | | | | | | 90 | | | | | |
| | | | | | | 100 | 212 | | | | |
| | | | | | | 110 | | | | | |
| | | | | | | 120 | | | | | |
| | | | | | | 125 | | | | | |
| | | | | | | 130 | 252 | | | | |
| | | | | | | 140 | | | | | |
| AQD13 | 58 | 113 | 267 | 902 | — | 80 | 172 | 450 | 300 | 520 | 500 |
| | | | | | | 85 | | | | | |
| | | | | | | 90 | | | | | |
| | | | | | | 95 | | | | | |
| | | | | | | 100 | 212 | | | | |
| | | | | | | 110 | | | | | |
| | | | | | | 120 | | | | | |
| | | | | | | 125 | | | | | |
| | | | | | | 130 | 252 | | | | |
| | | | | | | 140 | | | | | |
| AQD14 | 126 | 247 | 585 | 1975 | | 90 | 172 | 500 | 350 | 580 | 560 |
| | | | | | | 95 | | | | | |
| | | | | | | 100 | 212 | | | | |
| | | | | | | 110 | | | | | |
| | | | | | | 120 | | | | | |
| | | | | | | 125 | | | | | |
| | | | | | | 130 | 252 | | | | |
| | | | | | | 140 | | | | | |

（续）

| 型号 | 各种转速下所能传递的功率/kW | | | | | 轴孔直径 $d$ H7 | 轴孔长度 $L$ | $D$ | $L_0$ | $D_0$ | $D_e$ |
|---|---|---|---|---|---|---|---|---|---|---|---|
| | 600 | 750 | 1000 | 1500 | 3000 | | | | | | |
| | r/min | | | | | | | | | | |
| AQD14 | 126 | 247 | 585 | 1975 | | 150 | 252 | 500 | 350 | 580 | 560 |
| | | | | | | 160 | 302 | | | | |
| | | | | | | 170 | | | | | |
| AQD15 | 296 | 585 | 1372 | 4632* | | 110 | 212 | 550 | | 620 | 600 |
| | | | | | | 120 | | | | | |
| | | | | | | 125 | | | | | |
| | | | | | | 130 | | | | | |
| | | | | | | 140 | 252 | | | | |
| | | | | | | 150 | | | | | |
| | | | | | | 160 | | | | | |
| | | | | | | 170 | 302 | | | | |
| | | | | | | 180 | | | 450 | | |
| AQD16 | 355 | 694 | 1645 | 5550* | — | 125 | 212 | 600 | | 690 | 670 |
| | | | | | | 130 | | | | | |
| | | | | | | 140 | 252 | | | | |
| | | | | | | 150 | | | | | |
| | | | | | | 160 | | | | | |
| | | | | | | 170 | 302 | | | | |
| | | | | | | 180 | | | | | |
| | | | | | | 190 | | | | | |
| AQD17 | 630 | 1230* | 2916* | — | | 140 | 252 | 650 | 500 | 730 | 710 |
| | | | | | | 150 | | | | | |
| | | | | | | 160 | 302 | | | | |
| | | | | | | 170 | | | | | |
| | | | | | | 180 | | | | | |
| | | | | | | 190 | | | | | |
| | | | | | | 200 | 352 | | | | |
| | | | | | | 220 | | | | | |

注：表中带 " * " 号的联轴器材料为锻钢。

### 3.3.2 摩擦式安全联轴器

（1）AMN 型内张摩擦式安全联轴器　AMN 型内张摩擦式安全联轴器的结构型式见图 7.2-84，主要尺寸见表 7.2-82。

（2）MAL 型链轮摩擦式安全联轴器　MAL 型链轮摩擦式安全联轴器的结构型式见图 7.2-85，主要尺寸见表 7.2-83。

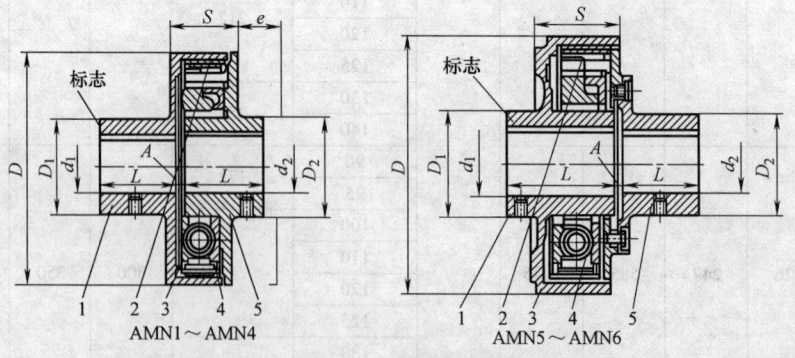

**图 7.2-84　AMN 型内张摩擦式安全联轴器**
1—半联轴器 I　2—摩擦片　3—中间环　4—压缩弹簧　5—半联轴器 II

**表 7.2-82 AMN 型内张摩擦式安全联轴器的主要尺寸**（摘自 JB/T 6138—2007）

（单位：mm）

| 型号 | 公称转矩 $T_n$/N·m | | 轴孔直径 $d_1,d_2$ | 轴孔长度 $L$ | | $D$ | $D_1$ | $D_2$ | $S$ | $A$ | $e$ |
|---|---|---|---|---|---|---|---|---|---|---|---|
| | min | max | | Y | J$_1$ | | | | | | |
| AMN1 | 10 | 50 | 16,18,19 | 42 | 30 | 153 | 55 | 55 | 52 | | 40 |
| | | | 20,22,24 | 52 | 38 | | | | | | |
| | | | 25,28 | 62 | 44 | | | | | | |
| | | | 30,32,35,38 | 82 | 60 | | 75 | 75 | | | |
| AMN2 | 20 | 160 | 25,28 | 62 | 44 | 195 | 60 | 60 | 64 | | 50 |
| | | | 30 | 82 | 60 | | | | | | |
| | | | 32,35,38 | | | | 85 | 85 | | | |
| | | | 40,42,45,48 | 112 | 84 | | | | | | |
| AMN3 | 71 | 500 | 35,38 | 82 | 60 | 295 | 85 | 85 | 88 | 5 | 65 |
| | | | 40,42,45,48 | 112 | 84 | | | | | | |
| | | | 50,55,56 | | | | 115 | 115 | | | |
| | | | 60,63,65,70,71,75 | 142 | 107 | | | | | | |
| AMN4 | 250 | 1600 | 50,55,56 | 112 | 84 | 395 | 120 | 120 | 125 | | 90 |
| | | | 60,63,65,70 | 142 | 107 | | | | | | |
| | | | 71,75 | | | | 150 | 150 | | | |
| | | | 80,85,90 | 172 | 132 | | | | | | |
| AMN5 | 800 | 4000 | 70,71,75 | 142 | 107 | 490 | 155 | 155 | 160 | | |
| | | | 80,85,90,95 | 172 | 132 | | | | | | |
| | | | 100,110,120,125 | 212 | 167 | | 190 | 190 | | | |
| AMN6 | 2500 | 6300 | 95 | 172 | 132 | 590 | 200 | 200 | 180 | 30 | — |
| | | | 100,110,120,125 | 212 | 167 | | | | | | |
| | | | 130,140,150 | 252 | 202 | | 240 | 240 | | | |
| | | | 160 | 302 | 242 | | | | | | |

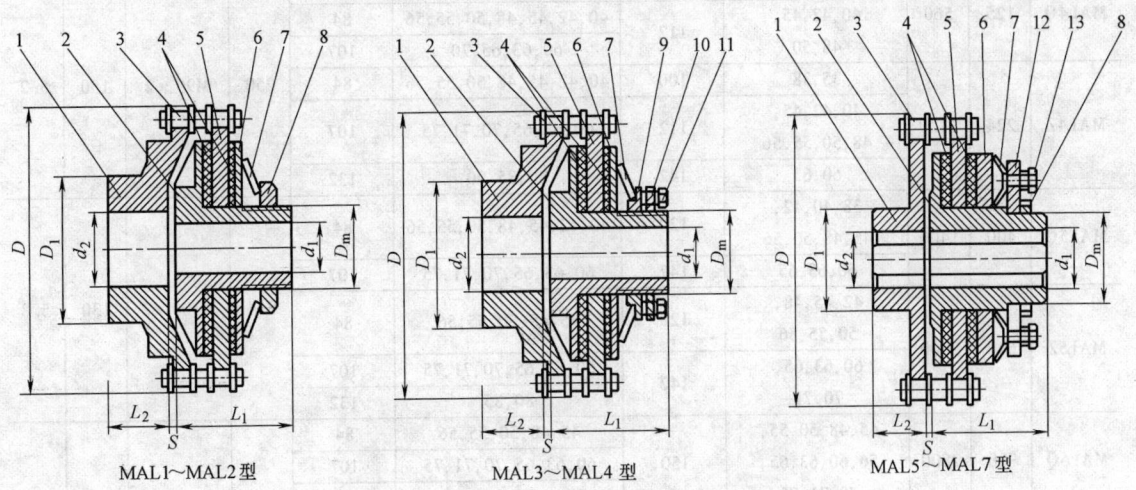

MAL1~MAL2 型  MAL3~MAL4 型  MAL5~MAL7 型

**图 7.2-85 MAL 型链轮摩擦式安全联轴器**

1—从动端半联轴器 2—主动端半联轴器 3—链条 4—摩擦片 5—链轮 6—压板 7—碟形弹簧
8—圆螺母 9—定位环 10—螺母 11—螺钉 12—调节板 13—调节螺钉

**表 7.2-83　MAL 型链轮摩擦式安全联轴器的主要尺寸**（摘自 JB/T 10476—2004）

（单位：mm）

| 型号 | 公称转矩 $T_n/N \cdot m$ | | 主动端 轴孔直径 | 长度 Y 型 | 从动端 轴孔直径 | 长度 $J_1$ 型 | $D$ | $D_m$ | $D_1$ | $S$ |
|---|---|---|---|---|---|---|---|---|---|---|
| | min | max | $d_1$ | $L_1$ | $d_2$ | $L_2$ | | | | |
| MAL1Q | 6.3 | 28 | 10,11,12,14,16,18,19 | 52 | 14 | 27 | 101 | M33×1.5 | 60 | 3.7 |
| | | | | | 16,18,19 | 30 | | | | |
| | | | | | 20,22,24 | 38 | | | | |
| | | | | | 25,28 | 44 | | | | |
| MAL1Z | 14 | 56 | 16,18,19,20,22,24 | | 18,19 | 30 | | | | |
| | | | | | 20,22,24 | 38 | | | | |
| | | | | | 25,28 | 44 | | | | |
| | | | | | 30,32,35,38 | 60 | | | | |
| MAL2Q | 20 | 80 | 16,18,19,20,22,24,25 | 62 | 18,19 | 30 | 137 | M42×1.5 | 80 | 4.2 |
| | | | | | 20,22,24 | 38 | | | | |
| | | | | | 25,28 | 44 | | | | |
| | | | | | 30,32,35,38 | 60 | | | | |
| MAL2Z | 40 | 140 | 19,20,22,24,25,28 | | 20,22,24 | 38 | | | | |
| | | | | | 25,28 | 44 | | | | |
| | | | | | 30,32,35,38 | 60 | | | | |
| | | | | | 40,42,45 | 84 | | | | |
| MAL3Q | 63 | 224 | 20,22,24,25,28 | 75 | 20,22,24 | 38 | 188 | M65×2 | 110 | 3.7 |
| | | | | | 25,28 | 44 | | | | |
| | | | 30,32,35 | 82 | 30,32,35,38 | 60 | | | | |
| | | | | | 40,42,45,48 | 84 | | | | |
| MAL3Z | 90 | 400 | 25,28 | 75 | 30,32,35,38 | 60 | | | | |
| | | | 30,32,35,38 | 82 | 40,42,45,48 | 84 | | | | |
| | | | 40,42,45 | 112 | 50,55,56 | 84 | | | | |
| | | | | | 60,63,65 | 107 | | | | |
| MAL4Q | 125 | 560 | 30,32,35,38 | 100 | 30,32,35,38 | 60 | 250 | M90×2 | 150 | 5.2 |
| | | | 40,42,45,48,50 | 112 | 40,42,45,48,50,55,56 | 84 | | | | |
| | | | | | 60,63,65,70 | 107 | | | | |
| MAL4Z | 224 | 1120 | 35,38 | 100 | 40,42,45,48,50,55,56 | 84 | | | | |
| | | | 40,42,45,48,50,55,56 | 112 | 60,63,65,70,71,75 | 107 | | | | |
| | | | 60,63 | 142 | 80,85,90 | 132 | | | | |
| MAL5Q | 400 | 1400 | 38,40,42,45,48,50,56 | 120 | 40,42,45,48,50,55,56 | 84 | 354 | M100×2 | 130 | 5.8 |
| | | | 60,63,65 | 142 | 60,63,65,70,71,75 | 107 | | | | |
| MAL5Z | 630 | 2000 | 42,45,48,50,55,56 | 120 | 45,48,50,55,56 | 84 | | | | |
| | | | 60,63,65,70,71 | 142 | 60,63,65,70,71,75 | 107 | | | | |
| | | | | | 80,85 | 132 | | | | |
| MAL6Q | 900 | 2800 | 45,48,50,55,56,60,63,65,70,71,75 | 150 | 45,48,50,55,56 | 84 | 470 | M150×2 | 145 | 5.4 |
| | | | | | 60,63,65,70,71,75 | 107 | | | | |
| | | | | | 80,85 | 132 | | | | |
| MAL6Z | 2000 | 4000 | 65,70,71,75 | 150 | 65,70,71,75 | 107 | | | | |
| | | | 80,85,90,95 | 172 | 80,85,90,95 | 132 | | | | |
| | | | 100 | 212 | 100 | 167 | | | | |

（续）

| 型号 | 公称转矩 $T_n/N \cdot m$ | | 主动端 | | 从动端 | | $D$ | $D_m$ | $D_1$ | $S$ |
|---|---|---|---|---|---|---|---|---|---|---|
| | min | max | 轴孔直径 | 长度 Y 型 | 轴孔直径 | 长度 $J_1$ 型 | | | | |
| | | | $d_1$ | $L_1$ | $d_2$ | $L_2$ | | | | |
| MAL7Q | 2500 | 5000 | 70,71,75,<br>80,85,90,95 | 190 | 80,85,90,95 | 132 | 631 | M190×3 | 250 | 10 |
| | | | | | 100,110,120,125 | 167 | | | | |
| | | | 100,110 | 212 | 130,140 | 202 | | | | |
| MAL7Z | 4700 | 9500 | 95 | 190 | 110,120,125 | 167 | | | | |
| | | | 100,110,120,125 | 212 | 130,140,150 | 202 | | | | |
| | | | 130 | 252 | 160,170 | 242 | | | | |

### 3.3.3 液压式安全联轴器

（1）DZ 型低速轴连接液压式安全联轴器 DZ 型低速轴连接液压式安全联轴器的结构型式见图 7.2-86，主要尺寸见表 7.2-84。

（2）GZ 型高速轴连接液压式安全联轴器 GZ 型高速轴连接液压式安全联轴器的结构型式见图 7.2-87，主要尺寸见表 7.2-85。

（3）DJ 型低速键连接液压式安全联轴器 DJ 型低速键连接液压式安全联轴器的结构型式见图 7.2-88，主要尺寸见表 7.2-86。

（4）GJ 型高速键连接液压式安全联轴器 GJ 型高速键连接液压式安全联轴器的结构型式见图 7.2-89，主要尺寸见表 7.2-87。

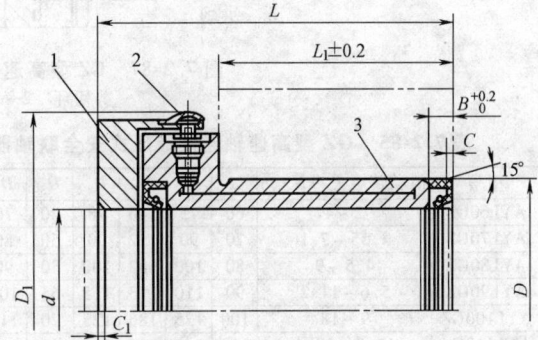

图 7.2-86 DZ 型低速轴连接液压式安全联轴器
1—剪切环 2—剪切管 3—连接套

表 7.2-84 DZ 型低速轴连接液压式安全联轴器的主要尺寸（摘自 JB/T 7355—2007）（单位：mm）

| 型　　号 | 滑动转矩 $T_s/kN \cdot m$ | $d$ | $D$ | $D_1$ | $L$ | $L_1$ | $B$ | $C$ | $C_1$ |
|---|---|---|---|---|---|---|---|---|---|
| AYL30DZ | 0.315 ~ 0.63 | 30 | 40 | 107 | 82 | 40 | 4 | | |
| AYL35DZ | 0.5 ~ 1 | 35 | 45 | 112 | 87 | 45 | | | |
| AYL40DZ | 0.71 ~ 1.4 | 40 | 52 | 118 | 94 | 52 | 5 | | |
| AYL45DZ | 0.9 ~ 1.8 | 45 | 58 | 124 | 102 | 60 | 7 | | |
| AYL50DZ | 1.25 ~ 2.5 | 50 | 65 | 130 | 109 | 65 | | 2 | 1.5 |
| AYL60DZ | 2 ~ 4 | 60 | 75 | 140 | 117 | 73 | | | |
| AYL70DZ | 3.55 ~ 7.1 | 70 | 90 | 152 | 130 | 82 | 8 | | |
| AYL80DZ | 4.5 ~ 9 | 80 | 100 | 162 | 146 | 98 | | | |
| AYL90DZ | 5.6 ~ 11.2 | 90 | 110 | 173 | 158 | 110 | | | |
| AYL100DZ | 9 ~ 18 | 100 | 125 | 186 | 180 | 120 | | | |
| AYL110DZ | 11.2 ~ 22.4 | 110 | 140 | 200 | 179 | 121 | 12 | | |
| AYL120DZ | 14 ~ 28 | 120 | 150 | 209 | 205 | 145 | | 3 | 2 |
| AYL130DZ | 18 ~ 35.5 | 130 | 160 | 219 | 214 | 156 | | | |
| AYL140DZ | 22.4 ~ 45 | 140 | 170 | 229 | 225 | 165 | 13 | | |
| AYL150DZ | 25 ~ 50 | 150 | 180 | 239 | 235 | 175 | | | |
| AYL160DZ | 40 ~ 80 | 160 | 200 | 252 | 260 | 195 | | | |
| AYL170DZ | 45 ~ 90 | 170 | 210 | 262 | 256 | 191 | | | |
| AYL180DZ | 56 ~ 112 | 180 | 225 | 275 | | | 15 | 4 | 2.5 |
| AYL190DZ | 71 ~ 140 | 190 | 240 | 288 | | | | | |
| AYL200DZ | 80 ~ 160 | 200 | 250 | 298 | 302 | 236 | | | |
| AYL220DZ | 100 ~ 200 | 220 | 270 | 318 | | | | | |

注：表中的滑动转矩是当环境温度为 0℃ 以上时的值。若环境温度低于 0℃ 时，滑动转矩应适当降低（一般降低 1.5%）。

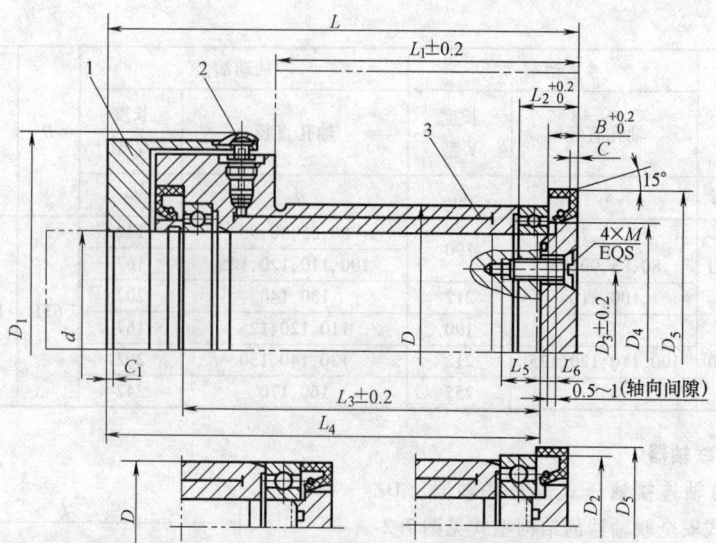

**图 7.2-87　GZ 型高速轴连接液压式安全联轴器**

1—剪切环　2—剪切管　3—连接套

**表 7.2-85　GZ 型高速轴连接液压式安全联轴器的主要尺寸**（摘自 JB/T 7355—2007）（单位：mm）

| 型号 | 滑动转矩 $T_s$/kN·m | $d$ | $D$ | $D_1$ | $D_2$ | $D_3$ | $D_4$ | $D_5$ | $L$ | $L_1$ | $L_2$ | $L_3$ | $L_4$ | $L_5$ | $L_6$ | $B$ | $M$ | $C$ | $C_1$ |
|---|---|---|---|---|---|---|---|---|---|---|---|---|---|---|---|---|---|---|---|
| AYL60GZ | 2~4 | 60 | 75 | 140 | 78 | 40 | 70 | 90 | 137 | 83 | 18 | 106 | 128 | 13 | 1 | 8 | M6 | 2 | 1.5 |
| AYL70GZ | 3.55~7.1 | 70 | 90 | 152 | 90 | 50 | 80 | 100 | 150 | 92 | | 115.5 | 140.5 | | 1.5 | | | | |
| AYL80GZ | 4.5~9 | 80 | 100 | 162 | 100 | 50 | 90 | 110 | 166 | 108 | | 131.5 | 156.5 | | | | | | |
| AYL90GZ | 5.6~11.2 | 90 | 110 | 173 | 115 | 65 | 100 | 125 | 184 | 123 | 25 | 145 | 170 | 18 | 2 | 12 | M8 | | |
| AYL100GZ | 9~18 | 100 | 125 | 186 | 125 | 70 | 110 | 140 | 206 | 133 | | 156 | 191 | | | | | | |
| AYL110GZ | 11.2~22.4 | 110 | 140 | 200 | 140 | 80 | 120 | 150 | 208 | 137 | 28 | 167 | 193 | | 3 | | | 3 | 2 |
| AYL120GZ | 14~28 | 120 | 150 | 209 | 150 | 90 | 130 | 160 | 237 | 161 | | 189 | 221 | | | | | | |
| AYL130GZ | 18~35.5 | 130 | 160 | 219 | 160 | 100 | 140 | 170 | 250 | 174 | 31 | 201 | 234 | | | | | | |
| AYL140GZ | 22.4~45 | 140 | 170 | 229 | 175 | 105 | 150 | 180 | 261 | 183 | | 212 | 245 | | | | | | |
| AYL150GZ | 25~50 | 150 | 180 | 239 | 190 | 115 | 160 | 190 | 275 | 195 | 35 | 222 | 257 | | | | | | |
| AYL160GZ | 40~80 | 160 | 200 | 252 | 200 | 120 | 170 | 200 | | 215 | | 247 | 282 | | | | | | |
| AYL170GZ | 45~90 | 170 | 210 | 262 | 215 | 130 | 180 | 215 | 300 | 213 | 37 | | | 23 | | | M10 | | |
| AYL180GZ | 56~112 | 180 | 225 | 275 | 225 | 135 | 190 | 225 | | | | | | | | | | | |
| AYL190GZ | 71~140 | 190 | 240 | 288 | 240 | 145 | 200 | 250 | | | 39 | 297 | 332 | | | 15 | | 4 | 2.5 |
| AYL200GZ | 80~160 | 200 | 250 | 298 | 250 | 150 | 220 | | 350 | 260 | | | | | | | | | |
| AYL220GZ | 100~200 | 220 | 270 | 320 | 270 | 175 | 240 | 270 | | | | | | | | | | | |

注：表中的滑动转矩是当环境温度为 0℃以上时的值。若环境温度低于 0℃时，滑动转矩一般降低 1.5%。

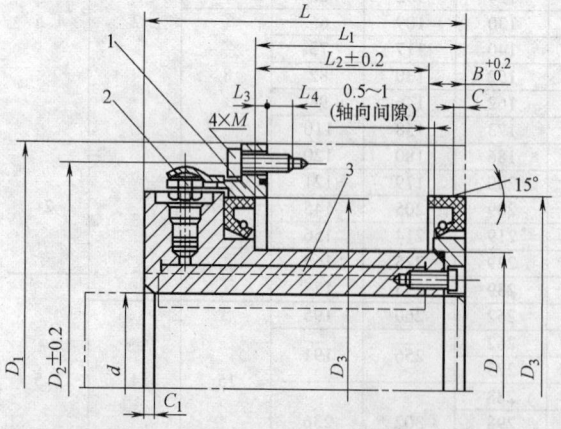

**图 7.2-88　DJ 型低速键连接液压式安全联轴器**

1—剪切环　2—剪切管　3—连接套

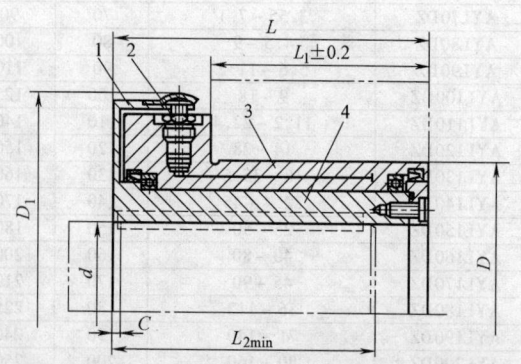

**图 7.2-89　GJ 型高速键连接液压式安全联轴器**

1—剪切环　2—剪切管　3—连接套　4—轴套

**表 7.2-86　DJ 型低速键连接液压式安全联轴器主要尺寸**（摘自 JB/T 7355—2007）（单位：mm）

| 型号 | 滑动转矩 $T_s$/kN·m | $d$ | $D$ | $D_1$ | $D_2$ | $D_3$ | $L$ | $L_1$ | $L_2$ | $L_3$ | $L_4$ | $B$ | $M$ | $C$ | $C_1$ |
|---|---|---|---|---|---|---|---|---|---|---|---|---|---|---|---|
| AYL35DJ | 0.63~1.25 | 25~35 | 52 | 145 | 130 | 72 | 80 | 40 | 32 | 4 | 15 | 8 | M6 | 2 | 1.5 |
| AYL40DJ | 1.12~2.24 | 30~40 | 60 | 150 | 136 | 90 | 95 | 55 | 47 | | | | | | |
| AYL48DJ | 1.6~3.15 | 38~48 | 70 | 160 | 146 | 100 | 100 | 60 | 52 | | | | | | |
| AYL55DJ | 2.24~4.5 | 45~55 | 80 | 170 | 155 | 110 | 105 | 65 | 57 | | | | | | |
| AYL60DJ | 3.15~6.3 | 50~60 | 90 | 180 | 165 | 125 | 115 | 71 | 59 | | | | | | |
| AYL70DJ | 4.5~9 | 60~70 | 100 | 186 | 172 | 140 | 125 | 81 | 69 | | | 12 | | | |
| AYL80DJ | 5.6~11.2 | 65~80 | 110 | 196 | 182 | 150 | 130 | 86 | 74 | | | | | 3 | |
| AYL85DJ | 8~16 | 70~85 | 120 | 206 | 192 | 160 | 140 | 96 | 84 | | | | | | |
| AYL95DJ | 10~20 | 80~95 | 130 | 220 | 205 | 170 | 150 | 106 | 93 | | | | | | |
| AYL100DJ | 11.2~22.4 | 85~100 | 140 | 230 | 215 | 180 | 160 | 116 | 103 | | | 13 | | | 2 |
| AYL110DJ | 14~28 | 95~110 | 150 | 235 | 220 | 185 | 170 | 128 | 113 | | 20 | | M8 | | |
| AYL120DJ | 18~35.5 | 100~120 | 160 | 245 | 230 | 190 | 180 | 139 | 124 | | | | | | |
| AYL130DJ | 25~50 | 115~130 | 180 | 265 | 250 | 220 | 190 | 146 | 131 | | | 15 | | 4 | |
| AYL150DJ | 35.5~71 | 130~150 | 200 | 285 | 270 | 240 | 200 | 153 | 138 | | | | | | 2.5 |
| AYL170DJ | 50~100 | 140~170 | 220 | 300 | 285 | 260 | 230 | 183 | 168 | | | | | | |
| AYL190DJ | 71~140 | 160~190 | 250 | 330 | 315 | 290 | 250 | 202 | 185 | | | 17 | | | |
| AYL200DJ | 100~200 | 180~200 | 280 | 360 | 345 | 320 | 270 | 222 | 205 | | | | | | |

注：1. 表中的滑动转矩是当环境温度为 0℃ 以上时的值。若环境温度低于 0℃ 时，滑动转矩一般降低 1.5%。
　　2. 轴孔直径 $d$ 按 GB/T 3852—2008 的规定，键槽的型式选取 A 型。

**表 7.2-87　GJ 型高速键连接液压式安全联轴器的主要尺寸**（摘自 JB/T 7355—2007）（单位：mm）

| 型号 | 滑动转矩 $T_s$/kN·m | $d$ | $D$ | $D_1$ | $L$ | $L_1$ | $L_{2min}$ | $C$ |
|---|---|---|---|---|---|---|---|---|
| AYL50GJ | 1.4~3.55 | 40~50 | 85 | 145 | 105 | 67 | 80 | 1.5 |
| AYL60GJ | 2.8~5.6 | 50~60 | 100 | 157 | 110 | 71 | 85 | |
| AYL70GJ | 4~8 | 60~70 | 115 | 172 | 125 | 83 | 105 | |
| AYL80GJ | 7.1~14 | 70~80 | 130 | 185 | 140 | 98 | 120 | |
| AYL90GJ | 10~20 | 80~90 | 145 | 206 | 160 | 113 | 130 | |
| AYL100GJ | 12.5~25 | 90~100 | 160 | 218 | 175 | 122 | 140 | |
| AYL110GJ | 16~35.5 | 100~110 | 175 | 234 | 190 | 137 | 145 | 2 |
| AYL120GJ | 22.4~45 | 110~120 | 190 | 245 | 200 | 146 | 155 | |
| AYL130GJ | 28~56 | 120~130 | 205 | 255 | 220 | 164 | 165 | |
| AYL140GJ | 40~80 | 130~140 | 225 | 272 | 230 | 173 | 180 | |
| AYL150GJ | 45~90 | 140~150 | 240 | 286 | 260 | 193 | 195 | |
| AYL160GJ | 56~112 | 150~160 | 255 | 300 | 285 | 218 | 210 | 2.5 |
| AYL180GJ | 71~160 | 160~180 | 280 | 346 | 300 | 233 | 235 | |

注：1. 表中的滑动转矩是当环境温度为 0℃ 以上时的值。若环境温度低于 0℃ 时，滑动转矩应降低 1.5%。
　　2. 轴孔直径 $d$ 按 GB/T 3852—2008 的规定，键槽型式选取 A 型。

（5）DF 型低速法兰连接液压式安全联轴器　DF 型低速法兰连接液压式安全联轴器的结构型式见图 7.2-90，主要尺寸见表 7.2-88。

（6）GF 型高速法兰连接液压式安全联轴器　GF 型高速法兰连接液压式安全联轴器的结构型式见图 7.2-91，主要尺寸见表 7.2-89。

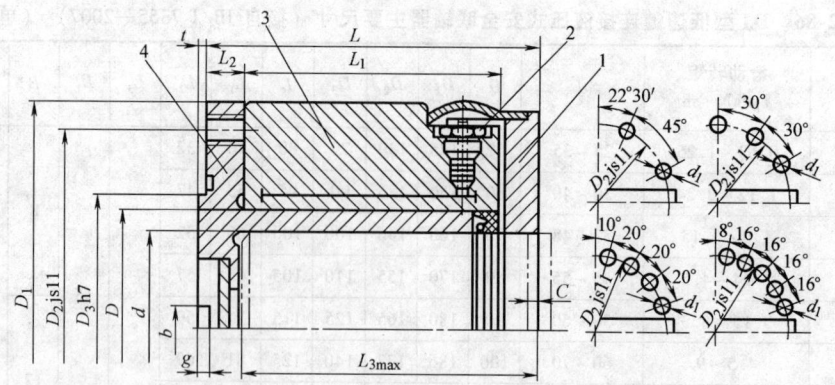

**图 7.2-90　DF 型低速法兰连接液压式安全联轴器**

1—剪切环　2—剪切管　3—连接套　4—中间套

**表 7.2-88　DF 型低速法兰连接液压式安全联轴器的主要尺寸**（摘自 JB/T 7355—2007）（单位：mm）

| 型号 | 滑动转矩 $T_s$/kN·m | d | D | $D_1$ | $D_2$ | $D_3$ h7 | L | $L_1$ | $L_2$ | $L_{3max}$ | b | g | n-$d_1$ | t | C |
|------|------|------|------|------|------|------|------|------|------|------|------|------|------|------|------|
| AYL90DF | 11.2~22.4 | 90 | 105 | 180 | 155 | 105 | 175 | 146 | 17 | 156 | — | — | 8-M16 | 4 | 1.5 |
| AYL130DF | 22.4~45 | 130 | 145 | 225 | 196 | 135 | 180 | 145 | 20 | 158 | 32 | 13.5 | 8-M16 | 4 | 2 |
| AYL150DF | 35.5~71 | 150 | 170 | 250 | 218 | 150 | 208 | 168 | 25 | 181 | | 18 | 8-M18 | 5 | |
| AYL170DF | 50~100 | 170 | 195 | 285 | 245 | 170 | 237 | 195 | 27 | 203 | 40 | 21 | 8-M20 | 6 | 2.5 |
| AYL200DF | 71~140 | 200 | 225 | 315 | 280 | 185 | 262 | 212 | 32 | 228 | | 22.5 | 10-M22 | 7 | |
| AYL220DF | 100~200 | 220 | 250 | 350 | 310 | 210 | 280 | 227 | 35 | 242 | 50 | 23.5 | 10-M22 | 7 | |
| AYL250DF | 140~280 | 250 | 280 | 390 | 345 | 235 | 300 | 242 | 40 | 257 | 70 | 25.5 | 10-M24 | | |
| AYL280DF | 200~400 | 280 | 315 | 440 | 390 | 255 | 332 | 272 | 42 | 287 | 80 | 29.5 | 16-M27 | 9 | |
| AYL300DF | 250~500 | 300 | 340 | 490 | 435 | 275 | 357 | 288 | 47 | 306 | 90 | | 16-M30 | | 3 |
| AYL340DF | 355~710 | 340 | 383 | 550 | 492 | 320 | 390 | 318 | 50 | 336 | 100 | 34 | 16-M30 | 11 | |
| AYL380DF | 500~1000 | 380 | 425 | 620 | 555 | 380 | 405 | 328 | 55 | 346 | 100 | 36.5 | 10-M36 | | |
| AYL420DF | 710~1400 | 420 | 485 | 680 | 605 | 400 | 445 | 368 | 55 | 386 | | 44.5 | 10-M36 | 14 | |
| AYL480DF | 1250~2500 | 480 | 535 | 780 | 690 | 450 | 545 | 461 | 62 | 479 | 120 | 47.5 | 10-M48 | 17 | 3.5 |
| AYL530DF | 1600~3150 | 530 | 580 | 840 | 750 | 490 | 600 | 500 | 70 | 525 | | 50 | 10-M48 | | |
| AYL560DF | 2000~4000 | 560 | 625 | 920 | 820 | 530 | 650 | 540 | 80 | 565 | | 54.5 | 16-M56 | 19 | 4 |
| AYL630DF | 2500~5000 | 630 | 690 | 1000 | 880 | 590 | 665 | 555 | 80 | 580 | | 59.5 | 16-M64 | | |
| AYL670DF | 3150~6300 | 670 | 760 | 1100 | 980 | 640 | 725 | 600 | 95 | 625 | 200 | 71.5 | 16-M72 | 21 | 5 |
| AYL750DF | 4000~8000 | 750 | 835 | 1200 | 1080 | 700 | 770 | 630 | 110 | 655 | | 79.5 | 20-M72 | 24 | |

注：表中的滑动转矩是当环境温度为 0℃ 以上时的值。若环境温度低于 0℃ 时，滑动转矩应降低 1.5%。

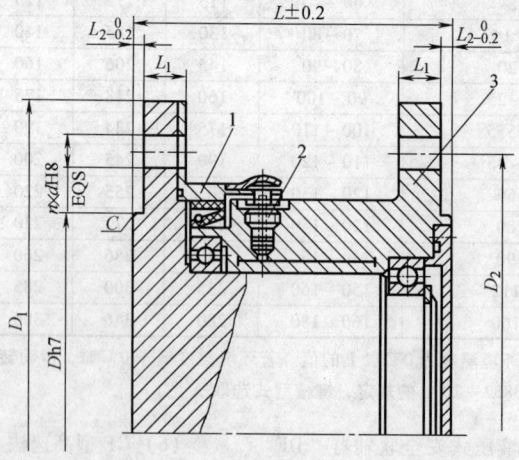

**图 7.2-91　GF 型高速法兰连接液压式安全联轴器**

1—剪切环　2—剪切管　3—连接套

**表 7.2-89　GF 型高速法兰连接液压式安全联轴器的主要尺寸**（摘自 JB/T 7355—2007）（单位：mm）

| 型号 | 滑动转矩 $T_s/\text{kN}\cdot\text{m}$ | Ⅰ型 适用于 GⅠCL 型鼓形齿式联轴器 | | | | | Ⅱ型 适用于 GⅡCL 型鼓形齿式联轴器 | | | | | Ⅲ型 适用于 WGC、WG 型鼓形齿式联轴器 | | | | | $L$ | $L_1$ | $C$ |
|---|---|---|---|---|---|---|---|---|---|---|---|---|---|---|---|---|---|---|---|
| | | Dh7 | $D_1$ | $D_2$ | $L_2$ | $n\text{-}d$ | Dh7 | $D_1$ | $D_2$ | $L_2$ | $n\text{-}d$ | Dh7 | $D_1$ | $D_2$ | $L_2$ | $n\text{-}d$ | | | |
| AYL40GF | 0.8~1.6 | 93 | 144 | 128 | 4 | 8-9 | 110 | 149 | 133 | 3 | 8-9 | 95 | 150 | 135 | 3 | 8-9 | 110 | 16 | 1 |
| AYL50GF | 1.4~2.8 | 120 | 174 | 154 | | 8-11 | 126 | 167 | 150 | 4 | | 110 | 170 | 155 | | | 125 | | |
| AYL60GF | 2.24~4.5 | 144 | 194 | 175 | | | 148 | 187 | 172 | 5 | 10-9 | 130 | 200 | 175 | | | 135 | | |
| AYL70GF | 3.15~6.3 | 163 | 224 | 196 | | 12-11 | 165 | 204 | 188 | | 12-9 | 152 | 225 | 200 | | 8-11 | | 17 | |
| AYL80GF | 4.5~9 | 185 | 241 | 220 | | 12-13 | 185 | 230 | 210 | | 10-1 | 170 | 245 | 218 | 5 | | 145 | | |
| AYL90GF | 7.1~14 | 207 | 260 | 238 | | | 210 | 256 | 235 | | 14-1 | 190 | 272 | 248 | | 10-13 | 160 | | 1.5 |
| AYL100GF | 10~20 | 227 | 282 | 260 | | | 235 | 287 | 265 | | 12-1 | 205 | 290 | 265 | | | 180 | | |
| AYL110GF | 14~28 | 243 | 314 | 284 | 6 | 10-17 | 270 | 325 | 300 | | 18-1 | 218 | 315 | 288 | | 10-17 | 210 | 20 | |
| AYL120GF | 22.4~45 | 272 | 346 | 318 | | 12-17 | 305 | 362 | 340 | | 14-1 | 248 | 355 | 325 | | | 235 | | |
| AYL140GF | 31.5~63 | 308 | 380 | 352 | | | 340 | 412 | 384 | 6 | 18-1 | 295 | 412 | 380 | 6 | 10-21 | 245 | | |
| AYL160GF | 45~90 | 352 | 442 | 408 | | 12-21 | 385 | 462 | 435 | | 18-1 | 330 | 440 | 405 | | 12-21 | 275 | 23.5 | |
| AYL180GF | 63~125 | 392 | 482 | 448 | | 16-21 | 435 | 512 | 482 | | 22-1 | 370 | 490 | 455 | | 16-21 | 315 | | 2 |
| AYL220GF | 112~224 | 470 | 580 | 536 | | 14-25 | 485 | 580 | 545 | | 18-2 | 435 | 580 | 525 | | 16-25 | 320 | 28 | |

注：1. 表中的滑动转矩是当环境温度为 0℃ 以上时的值。若环境温度低于 0℃ 时，滑动转矩应降低 1.5%。

　　2. 螺栓 $d$ 对基准孔 $D$ 的位置度：当 $d=9$ mm 时为 0.015mm；当 $d=11\sim17$ mm 时为 0.02mm；当 $d=21\sim25$ mm 时为 0.03mm。

（7）GC 型高速端面齿连接液压式安全联轴器

GC 型高速端面齿连接液压式安全联轴器的结构型式见图 7.2-92，主要尺寸见表 7.2-90。

### 3.3.4　单向安全联轴器

单向安全联轴器结构见图 7.2-93，包括同心配置的套圈 1、星形轮 2 和装有弹簧片 8 的隔离圈 3，弹簧片 8 的两端固定在星形轮和隔离圈上，每排楔块 5 放在弹性圈 4 中，弹性圈 4 嵌入沿圆周制出的隔离圈内，这样即可保证隔离圈的自动定心。

楔块可以是钢球、滚子、滚针或是钢球与滚子间隔配置，隔离圈被固定在星形轮上的环圈 6 和 7 彼此弹压，在隔离圈的端部和环圈内制成带槽的凸耳 9，其内装有弹簧片 8，它们的数量取决于楔块初始压向套圈和星形轮的压紧状态，隔离圈的每端应不少于 3 个弹簧片，以保证它的对中。弹性圈可保证所有楔块与套圈和星形轮的固定接触。当星形轮顺时针传动时，楔块压向星形轮和套圈并被楔住，从而使转矩传给套圈，当套圈旋转快于星形轮时则产生旋转。

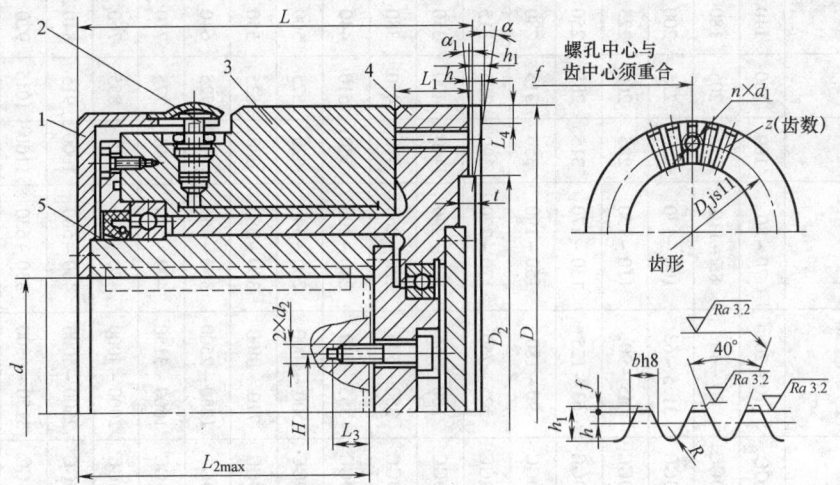

**图 7.2-92　GC 型高速端面齿连接液压式安全联轴器**

1—剪切环　2—剪切管　3—连接套　4—中间套　5—轴套

表 7.2-90　GC 型高速端面齿连接液压式安全联轴器的主要尺寸（摘自 JB/T 7355—2007）

（单位：mm）

| 型号 | 滑动转矩 $T_s$/kN·m | $d$ | $D$ | $D_1$ | $D_2$ | $L$ | $L_1$ | $L_{2max}$ | $L_3$ | $L_4$ | $H$ | $t$ | $n \times d_1$ | $d_2$ | $z$ | $b$ | $h$ | $h_1$ | $f$ | $\alpha$ | $R$ |
|---|---|---|---|---|---|---|---|---|---|---|---|---|---|---|---|---|---|---|---|---|---|
| AYL80GC | 10~20 | 70~80 | 180 | 160 | 140 | 200 | 25 | 174 | 25 | 5 | 35 | 12 | 8×M10 | M12 | 36 | 7.844 | 4.328 | 11.856 | 0.6 | 6°50′2″ | 2 |
| AYL110GC | 20~40 | 85~110 | 225 | 205 | 180 | 210 | 30 | 178 | | | 50 | | | | | 7.357 | 3.81 | 10.52 | | | |
| AYL130GC | 31.5~63 | 100~130 | 250 | 225 | 200 | 236 | 35 | 200 | 30 | | 60 | 15 | 8×M12 | M16 | 48 | 8.175 | 4.933 | 12.766 | 0.45 | 5°8′12″ | |
| AYL150GC | 45~90 | 110~150 | 285 | 260 | 225 | 270 | 40 | 228 | | | 70 | | | | | 7.457 | 4.038 | 10.795 | | | |
| AYL170GC | 63~125 | 130~170 | 315 | 285 | 250 | 305 | 45 | 258 | 35 | | 80 | | 10×M16 | M20 | 60 | 8.242 | 5.476 | 12.592 | 0.36 | 4°6′49″ | |
| AYL190GC | 90~180 | 150~190 | 350 | 315 | 280 | 325 | 50 | 272 | | | 100 | | | | | 7.633 | 4.339 | 11.277 | 0.3 | | |
| AYL220GC | 125~250 | 170~220 | 390 | 355 | 315 | 344 | | 292 | | | 115 | | 16×M20 | M24 | 72 | 8.505 | 4.556 | 12.512 | 0.6 | 3°25′48″ | |
| AYL240GC | 180~355 | 190~240 | 440 | 400 | 350 | 378 | 55 | 320 | 45 | | 135 | 16 | | | | 7.198 | 2.91 | 8.92 | | | 2.25 |
| AYL260GC | 250~500 | 220~260 | 490 | 450 | 380 | 408 | | 350 | | 10 | 155 | | | | 96 | 8.016 | 4.034 | 11.167 | 0.45 | 2°34′26″ | |
| AYL300GC | 355~710 | 240~300 | 550 | 510 | 440 | 444 | 60 | | | | 175 | | | | | 8.997 | 5.381 | 13.864 | | | |
| AYL340GC | 500~1000 | 260~340 | 620 | 575 | 500 | 454 | | 380 | 55 | | 195 | 18 | 20×M24 | M30 | 120 | 8.114 | 3.578 | 10.276 | 0.36 | 2°3′35″ | |
| AYL380GC | 710~1400 | 300~380 | 680 | 635 | 550 | 472 | 70 | 400 | | | 215 | | 24×M24 | | | 8.9 | 4.657 | 12.434 | | | |
| AYL460GC | 1250~2500 | 360~460 | 780 | 725 | 640 | 512 | | 430 | 65 | | 255 | 20 | 24×M30 | M36 | 144 | 8.507 | 4.028 | 11.356 | | 1°43′ | 2.5 |
| AYL500GC | 1600~3150 | 400~500 | 840 | 775 | 710 | 582 | 80 | 500 | 75 | | 285 | | 24×M36 | M42 | | 9.162 | 4.927 | 13.154 | 0.45 | | |
| AYL530GC | 2000~4000 | 420~530 | 920 | 855 | 760 | 644 | | 550 | | | 310 | | | | | 10.034 | 6.126 | 15.511 | | | |
| AYL560GC | 2500~5000 | 460~560 | 1000 | 915 | 840 | 658 | 90 | 565 | 85 | 15 | 340 | 25 | 20×M48 | M48 | 180 | 8.726 | 4.058 | 11.956 | | 2°44′43″ | |
| AYL630GC | 3150~6300 | 530~630 | 1100 | 1015 | 920 | 726 | 100 | 620 | | | 370 | | | | | 9.598 | 5.257 | 14.354 | 0.72 | | |
| AYL670GC | 4000~8000 | 560~670 | 1200 | 1100 | 1000 | 770 | 110 | 655 | | | 400 | | 20×M56 | | | 10.471 | 6.456 | 15.751 | | | |

注：1. 表中的滑动转矩是当环境温度为 0℃以上时的值。若环境温度低于 0℃时，滑动转矩一般降低 1.5%。
2. 轴孔直径 $d$ 按 GB/T 3852—2008 的规定，键槽型式选取 A 型。
3. AYL80GC～AYL530GC 中 $\alpha$ 与 $\alpha_1$ 等值，AYL560GC～AYL670GC 中 $\alpha_1$ 为零。

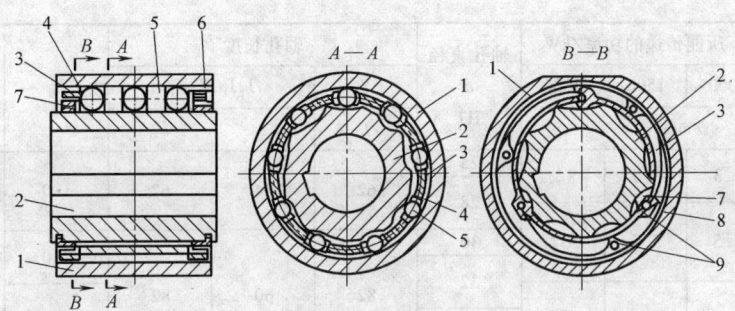

图 7.2-93 单向安全联轴器

1—套圈 2—星形轮 3—隔离圈 4—弹性圈 5—楔块 6、7—环圈 8—弹簧片 9—凸耳

### 3.3.5 钢砂式安全联轴器

（1）AS 型钢砂式安全联轴器 AS 型钢砂式安全

联轴器的结构型式见图 7.2-94，主要尺寸见表 7.2-91，适用于电动机与工作机或减速器的直接连接。

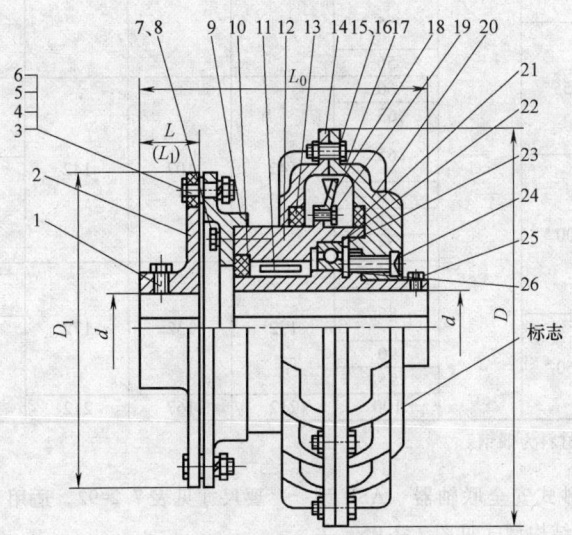

图 7.2-94 AS 型钢砂式安全联轴器

1、25—紧定螺钉 2—半联轴器 3—弹性套 4—柱销 5、8—弹簧垫圈 6、16—螺母

7、15、19—螺栓 9—法兰 10、13、21—密封圈 11—滚针轴承 12—从动转子 14、20—壳体

17—钢砂 18—叶轮 22—滚动轴承 23—挡圈 24—内六角螺栓 26—主动轴套

表 7.2-91 AS 型钢砂式安全联轴器的主要尺寸（摘自 JB/T 5986—1992） （单位：mm）

| 型号 | 各种转速下所能传递的功率/kW | | | | 轴孔直径 | 轴孔长度 | | | $L_0$ | $D_1$ | $D$ |
|---|---|---|---|---|---|---|---|---|---|---|---|
| | 750 | 1000 | 1500 | 3000 | $d$ | Y | $J,J_1,Z,Z_1$ | | | | |
| | r/min | | | | H7 | $L$ | $L$ | $L_1$ | | | |
| AS1 | — | 0.075 | 0.185 | 1.5 | 14 | 32 | 20 | 32 | 100 | 80 | 105 |
| | | | | | 16 | | | | 110 | | |
| | | | | | 19 | 42 | 30 | 42 | 126 | | |
| AS2 | 0.2 | 0.48 | 1.1 | 4 | 20 | | | | 136 | 95 | 160 |
| | | | | | 22 | 52 | 38 | 52 | | | |
| | | | | | 24 | | | | | | |
| AS3 | 0.5 | 1.3 | 3.5 | 8 * | | | | | 180 | 106 | 194 |

（续）

| 型号 | 各种转速下所能传递的功率/kW 750 | 1000 | 1500 | 3000 | 轴孔直径 d H7 | 轴孔长度 Y L | J,J₁,Z,Z₁ L | L₁ | L₀ | D₁ | D |
|---|---|---|---|---|---|---|---|---|---|---|---|
| | | | r/min | | | | | | | | |
| AS3 | 0.5 | 1.3 | 3.5 | 8* | 25 | 62 | 44 | 62 | 190 | 106 | 194 |
| | | | | | 28 | | | | | | |
| AS4 | 0.8 | 1.5 | 5.5 | 20* | 30 | 82 | 60 | 82 | 210 | 130 | 214 |
| | | | | | 32 | | | | 218 | | |
| AS5 | 2 | 3.7 | 10 | 28* | 35 | | | | 218 | | 240 |
| | | | | | 38 | | | | 248 | | |
| | | | | | 40 | | | | 248 | 160 | |
| | | | | | 42 | | | | 248 | | |
| AS6 | 4 | 7.5 | 22 | — | 42 | 112 | 84 | 112 | 262 | 190 | 293 |
| | | | | | 45 | | | | | | |
| | | | | | 48 | | | | | | |
| | | | | | 50 | | | | | | |
| | | | | | 55 | | | | | 224 | |
| | | | | | 56 | | | | 295 | | |
| AS7 | 10 | 15 | 55 | | 60 | | | | 325 | 250 | 340 |
| | | | | | 63 | | | | 325 | | |
| | | | | | 65 | 142 | 107 | 142 | | | |
| | | | | | 70 | | | | 317 | | |
| AS8 | 30 | 45 | 100* | | 71 | | | | 317 | 315 | 432 |
| | | | | | 75 | | | | | | |
| | | | | | 80 | | | | 347 | | |
| | | | | | 85 | 172 | 132 | 172 | 393 | 400 | 560 |
| AS9 | 100 | 170 | 260* | | 90 | | | | | | |
| | | | | | 95 | | | | | | |
| | | | | | 100 | 212 | 167 | 212 | | | |

注：带 " * " 号的联轴器材料为锻钢。

（2）ASD 型 V 带轮钢砂式安全联轴器　ASD 型　要尺寸见表 7.2-92，适用于 V 带型传动场合。V 带轮钢砂式安全联轴器的结构型式见图 7.2-95，主

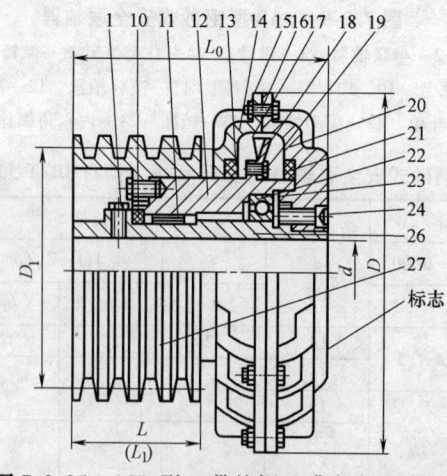

**图 7.2-95　ASD 型 V 带轮钢砂式安全联轴器**

1—紧定螺钉　10、13、21—密封圈　11—滚针轴承　12—从动转子　14、20—壳体　15—螺母　16、19—螺栓
17—钢砂　18—叶轮　22—滚动轴承　23—挡圈　24—内六角螺钉　26—主动轴套　27—V 带轮

**表 7.2-92  ASD 型 V 带轮钢砂式安全联轴器的主要尺寸**（摘自 JB/T 5986—1992） （单位：mm）

| 型号 | 各种转速下所能传递的功率/kW | | | | 轴孔直径 $d$H7 | $D$ | $D_1$ | $L_0$ | $L$ |
|---|---|---|---|---|---|---|---|---|---|
| | 750 | 1000 | 1500 | 3000 | | | | | |
| | r/min | | | | | | | | |
| ASD2 | 0.2 | 0.48 | 1.1 | 4 * | 19<br>20<br>22<br>24 | 160 | 118 | 99 | 50 |
| ASD3 | 0.5 | 1.3 | 3.5 | 8 * | 25<br>28 | 194 | 140 | 141 | 63 |
| ASD4 | 0.8 | 1.5 | 5.5 | 20 * | 30<br>32 | 214 | 180 | 170 | 90 |
| ASD5 | 2 | 3.7 | 10 | 28 * | 35<br>38<br>40<br>42 | 242 | 182 | 190 | 105 |
| ASD6 | 4 | 7.5 | 22 | | 45<br>48<br>50<br>55 | 290 | 200 | 215 | 117 |
| ASD7 | 10 | 15 | 55 | — | 56<br>60<br>63<br>65 | 340 | 236 | 250 | 135 |
| ASD8 | 30 | 45 | 100 * | | 70<br>71<br>75<br>80<br>85 | 432 | 250 | 245 | 145 |

### 3.3.6  蛇形弹簧安全联轴器

蛇形弹簧安全联轴器是蛇形弹簧联轴器派生出的一种结构型式，具有一定补偿两轴相对偏移和减振、缓冲功能，并能在一定范围内调整安全转矩，起到过载安全保护的作用。适用于需要过载安全保护的传动轴系。

蛇形弹簧安全联轴器按刚度特性分为：AMS 型恒刚度蛇形弹簧安全联轴器和 AMSB 型变刚度蛇形弹簧安全联轴器。

蛇形弹簧安全联轴器的结构型式见图 7.2-96，基本参数和主要尺寸见表 7.2-93。

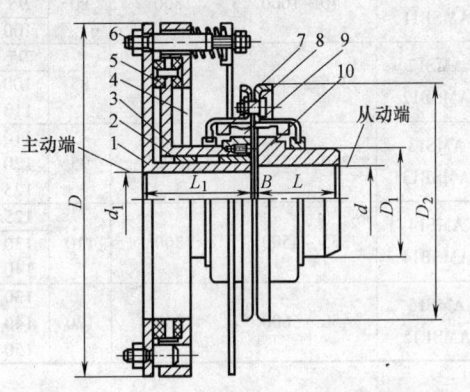

**图 7.2-96  蛇形弹簧安全联轴器结构型式**
1—摩擦盘轴套  2—内轴套  3—夹盘轴套  4—摩擦盘
5—摩擦片  6—压力调整装置  7—弹簧罩  8—蛇形
弹簧  9—槽型套  10—半联轴器轴套

### 表 7.2-93　蛇形弹簧安全联轴器的基本参数和主要尺寸（摘自 JB/T 7682—1995）

| 型号 | 额定转矩调整范围 /N·m | 许用转速 [n] /(r/min) | 轴孔直径 H7 | | 轴孔长度 | | D | $D_1$ | $D_2$ | B | 质量 /kg | 转动惯量 /kg·m² |
|---|---|---|---|---|---|---|---|---|---|---|---|---|
| | | | $d_{jmin}$ | d | $L_1$ | L | /mm | | | | | |
| AMS1 AMSB1 | 1.6 ~ 12.5 | 5000 | 16 | 20 22 24 25 | 62 | 38 44 | 175 | 40 | 94 | 3.2 | 6.0 | 0.0057 |
| AMS2 AMSB2 | 5 ~ 28 | 4800 | 22 | 25 28 30 32 | 82 | 44 60 | 181 | 46 | 103 | 3.2 | 7.2 | 0.0125 |
| AMS3 AMSB3 | 8 ~ 45 | 4200 | 25 | 32 35 38 | 82 | 60 | 200 | 54 | 114 | 3.2 | 8.8 | 0.0198 |
| AMS4 AMSB4 | 8 ~ 63 | 3900 | 32 | 38 40 42 45 | 82 | 60 84 | 216 | 66 | 126 | 3.2 | 10 | 0.0356 |
| AMS5 AMSB5 | 16 ~ 125 | 3400 | 35 | 45 48 50 55 | 82 | 84 | 241 | 75 | 142 | 3.2 | 14 | 0.0598 |
| AMS6 AMSB6 | 31.5 ~ 250 | 2800 | 42 | 55 56 60 63 65 | 107 | 84 107 | 289 | 92 | 186 | 3.2 | 25 | 0.1867 |
| AMS7 AMSB7 | 45 ~ 355 | 2700 | 48 | 65 70 71 | 107 | 107 | 302 | 97 | 199 | 3.2 | 36 | 0.2450 |
| AMS8 AMSB8 | 56 ~ 500 | 2400 | 50 | 71 75 80 | 132 | 107 132 | 350 | 114 | 210 | 3.2 | 51 | 0.4183 |
| AMS9 AMSB9 | 80 ~ 710 | 2200 | 63 | 80 85 90 | 132 | 132 | 370 | 125 | 226 | 4.8 | 56 | 0.6183 |
| AMS10 AMSB10 | 112 ~ 1250 | 2000 | 70 | 85 90 95 | 142 | 132 | 420 | 137 | 246 | 4.8 | 72 | 0.9433 |
| AMS11 AMSB11 | 140 ~ 1600 | 1800 | 80 | 90 95 100 | 142 | 132 167 | 465 | 156 | 278 | 4.8 | 87 | 1.610 |
| AMS12 AMSB12 | 224 ~ 2500 | 1700 | 85 | 95 100 110 | 167 | 132 167 | 510 | 171 | 302 | 4.8 | 132 | 2.728 |
| AMS13 AMSB13 | 250 ~ 3550 | 1500 | 95 | 110 120 125 | 167 | 167 | 570 | 184 | 349 | 6.4 | 169 | 3.805 |
| AMS14 AMSB14 | 355 ~ 4500 | 1300 | 110 | 125 130 140 | 167 | 167 202 | 620 | 210 | 387 | 6.4 | 203 | 5.632 |
| AMS15 AMSB15 | 450 ~ 5600 | 1200 | 120 | 130 140 150 | 167 | 202 | 680 | 237 | 425 | 6.4 | 249 | 9.950 |

### 3.3.7　磁粉式安全联轴器

磁粉式安全联轴器借助于导磁的磁粉为媒介传递转矩，是电磁离合器的一种结构型式，为控制系统的一种新型自动控制元件，是轴系传动系统通用基础部件之一。其结构由电磁系统，主、从动转子，在工作间隙中所填充的磁导率高的磁粉以及支撑部分组成。

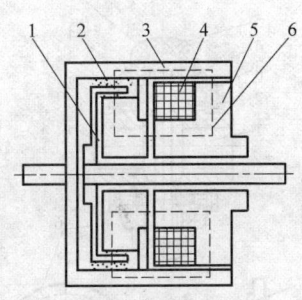

**图 7.2-97　磁粉式安全**
**联轴器（磁粉离合器）**

1—从动转子　2—磁粉　3—主动转子
4—线圈　5—支撑部分　6—磁通

磁粉式安全联轴器的工作原理：在离合器线圈不通电的情况下（无励磁状态）不产生磁通，磁粉呈自由状态，当主动转子旋转时，由于离心力的作用，磁粉被附着在工作间隙的外部、主动转子的内壁，磁粉与从动转子之间没有接触，主动转子空转，

离合器不能传递转矩，此时离合器不工作，处于"离"的状态。当线圈通电时，磁粉沿着磁通呈链状连接，见图 7.2-97 中虚线所示，依靠磁粉链的抗剪力与两运动件的摩擦力，主动转子带动从动转子一同旋转，以传递转矩和运动，此时离合器处于"合"的状态。断开电流后磁粉迅速地恢复无激励状态，解脱对离合器的控制，迅速恢复"离"的状态。通过对电流的控制，实现过载安全保护、离合、伺服驱动、空载起动、调节转矩、速度控制、张力控制、位置控制和转向的多种功能。

磁粉式安全联轴器的型号表示方法如下：

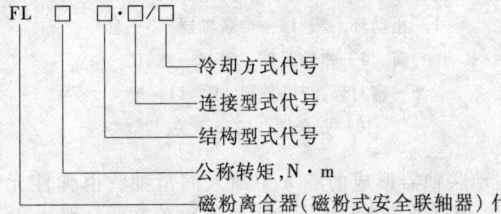

磁粉式安全联轴器的基本性能参数见表 7.2-94。

**表 7.2-94　磁粉式安全联轴器的基本性能参数**（摘自 JB/T 5988—1992）

| 型号 | 公称转矩 $T_n$ /N·m | 75℃时线圈 | | | 许用同步转速 $[n]$ /(r/min) | 自冷式 | 风冷式 | | 液冷式 | | 飞轮距 $GD^2$ /N·m² |
| | | 最大电压 $U_m$ /V | 最大电流 $I_m$ /A ≤ | 时间常数 $T_{ir}$ /S ≤ | | 许用滑差功率 $[P]$ /W ≥ | 许用滑差功率 $[P]$ /W ≥ | 风量 /(m²/min) | 许用滑差功率 $[P]$ /W ≥ | 液量 /(L/min) | |
|---|---|---|---|---|---|---|---|---|---|---|---|
| FL0.5□ | 0.5 | | 0.4 | 0.035 | | 8 | | | | | $4 \times 10^{-4}$ |
| FL1□ | 1 | | 0.54 | 0.04 | | 15 | | | — | — | $1.7 \times 10^{-3}$ |
| FL2.5□ | 2.5 | | 0.64 | 0.052 | | 40 | | | | | $4.4 \times 10^{-3}$ |
| FL5□ | 5 | | 1.2 | 0.066 | 1500 | 70 | | | | | $10.8 \times 10^{-3}$ |
| FL10□ | 10 | 24 | 1.4 | 0.11 | | 110 | 2000 | 0.2 | | | $2 \times 10^{-2}$ |
| FL25□·□/□ | 25 | | 1.9 | | | 150 | 340 | 0.4 | | | $7.8 \times 10^{-2}$ |
| FL50□·□/□ | 50 | | 2.8 | 0.12 | | 260 | 400 | 0.7 | 1200 | 3 | $2.3 \times 10^{-1}$ |
| FL100□·□/□ | 100 | | 3.6 | 0.23 | | 420 | 800 | 1.2 | 2500 | 6 | $8.2 \times 10^{-1}$ |
| FL200□·□/□ | 200 | | 3.8 | 0.33 | | 720 | 1400 | 1.6 | 3800 | 9 | 2.53 |
| FL400□·□/□ | 400 | | 5 | 0.44 | 1000 | 900 | 2100 | 2 | 5200 | 15 | 6.6 |
| FL630□·□/□ | 630 | | 1.6 | 0.47 | | 1000 | 2800 | 2.4 | | | 15.4 |
| FL1000□·□/□ | 1000 | 80 | 1.8 | 0.57 | 750 | 1200 | 3900 | 3.2 | — | — | 31.9 |
| FL2000□·□/□ | 2000 | | 2.2 | 0.8 | | 2000 | 6300 | 5 | | | 94.6 |

### 3.3.8　销钉式安全联轴器

销钉式安全联轴器的结构见图 7.2-98。在主动半联轴器 12 的外表面上安装着能够旋转和轴向位移的套筒 3，主动半联轴器与运动套筒用安全销 10（切断销）连接，安全销 10 装入淬火套 9 和 11 内，并用螺钉 8 防止其脱落，从动半联轴器 2 用齿与套筒 3 连

接，分布在套筒 3 上的半联轴器齿的外表面具有增大的侧间隙，用止动环 1 限制套筒相对于半联轴器的轴向位移，在套筒与从动半联轴器之间装有环状弹性元件 4，联轴器在工作状态时，环状弹性元件被压缩并紧靠在从动半联轴器和套筒的圆柱形表面上，以使两者定准中心。

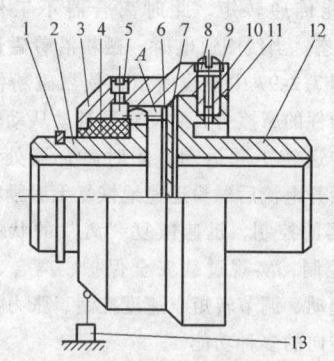

**图 7.2-98　销钉式安全联轴器的结构**

1—止动环 　2、12—半联轴器 　3—套
筒 　4—弹性元件 　5、8—螺钉
6—密封环 　7—盖板 　9、11—套
10—安全销 　13—开关

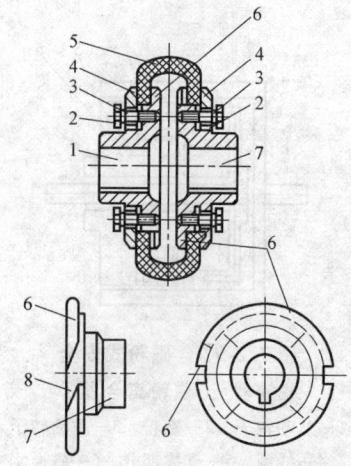

**图 7.2-99　轮胎式安全联轴器的结构**

1、7—半联轴器 　2—螺钉 　3—垫圈 　4—压盘
5—弹性元件 　6—连接盘 　8—螺旋槽

与主动联轴器形成的腔 A 中加入润滑油，由弹性元件 4、螺钉 5、密封环 6 和盖板 7 来保证腔 A 的严密性，若套筒用聚氨酯制造，联轴器工作时则不需润滑。

转矩从主动联轴器经安全销 10 和淬火套 9、套筒 3 和齿接合传递给从动半联轴器，此时，联轴器的补充性能可由套筒相对于从动联轴器的偏斜和它们的相对轴向位移来实现。联轴器的减振性能（在齿接合中的侧向间隙范围内）则可由弹性元件中能量的散逸来实现。弹性元件减振能力（在齿接合中的侧向间隙范围内）吸收了从动半联轴器和套筒相对振动的能量，从而消除和减少了振动时齿的相互撞击力，并提高了整个联轴器的使用寿命。

当超载时，安全销被切断，转矩传递停止，此时，套筒将在弹性元件的压力作用下产生轴向移动，从而压按开关 13 切断电动机。在运转不均匀性较严重和装配不精确但却很少超载的传动装置中，使用该联轴器更为合理。

### 3.3.9 轮胎式安全联轴器

轮胎式安全联轴器的结构见图 7.2-99，是由两个连接盘 6，半联轴器 1 和 7，轮胎状弹性元件 5，两块压盘 4，螺钉 2 和垫圈 3 组成的。在半联轴器的接盘上开有旋入轮胎状元件边缘的螺旋槽 8。当装配联轴器时，将弹性元件装进一个接盘并旋入螺旋槽中，然后沿螺旋线升起的方向相对于接盘传动弹性元件，将它套装在半联轴器的接盘上，以类似的方法将弹性元件套装在第二个半联轴器的接盘上，然后用带垫圈的螺钉和压盘将弹性元件压向接盘。该联轴器结构简单，更换弹性元件不用完全拆卸联轴器。

### 3.3.10 弓簧式安全联轴器

弓簧式安全联轴器的结构见图 7.2-100，主动半联轴器 1 制成轮毂状，轮毂尾部 2 处制成叉臂 3 状，叉臂 3 中装有桶形滚子 6，它可在小轴 4 上自由旋转，杯状从动半联轴器是一个带外轮缘 7 的轮毂 8，半联轴器经弹性环 5 相互作用，弹性环 5 上有弓形凹

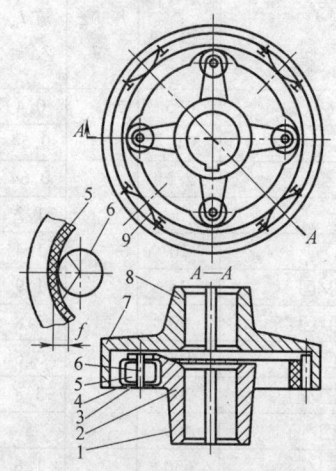

**图 7.2-100　弓簧式安全联轴器的结构**

1—半联轴器 　2—尾部 　3—叉臂 　4—小轴 　5—弹
性环 　6—滚子 　7—外轮缘 　8—轮毂 　9—弓簧

窝，以放置主动半联轴器的滚子，并在滚子下面两凹窝的中间处，弹性环 5 用外表面固定在从动半联轴器外轮缘 7 上的弓簧 9 上，为使主动半联轴器相对从动半联轴器自由旋转，弹性环的刚性应高于弹簧的刚性。弹性环是由混合材料制成的，材料的每一层均与轴心线同心，而滚子下面的弓形凹窝是通过连接薄层

树脂而得到的，凹窝深度按下式计算：

$$f = 2r\sin^2\frac{\alpha}{4}$$

式中 $r$——主动半联轴器滚子 6 的半径（mm）；

$\alpha$——带有滚子的弹性环接触弧的度数（°）。

静止状态时，主动半联轴器的各个滚子位于弹性环的弓形凹窝内，因联轴器可逆转，故当主动半联轴器向任一方向开始旋转时，各个滚子将偏移弓形凹窝中心很少的角度，并压向弓形凹窝表面的曲线部分，从而带着弹性环旋转，并经弓簧 9 转动从动半联轴器。随着转速的增加，在弹性环质量和各滚子质量的离心力作用下，各滚子力求占据弹性环凹窝的中心位置，因为这是滚子的稳定位置。

当传递转矩值高出公称转矩值时，主动半联轴器的各滚子将在轴上滚动，并沿弹性环内表面开始滚出凹窝，主动半联轴器相对于从动半联轴器发生变化。此时，由于具有一定刚性的弓簧 9 小于弹性环的刚性，因而并不影响这个变化。

当传递转矩减少到公称值后，各滚子又进入弹性环的凹窝内，再传递转矩给从动半联轴器。正常工作时，主动半联轴器各个滚子的稳定位置应位于弹性环上凹窝中心线附近。

当超载时，主动半联轴器与从动半联轴器之间产生相对转动，弹性环与弓形弹簧的固定处和相互作用处位于较低的接触应力处，以提高可靠性和寿命；与鼓形滚子的配合，应使联轴器可在被连接轴偏斜的情况下也能工作。

# 第3章 离合器、液力偶合器

## 1 概述

离合器是一种可以通过各种操纵方式，在机器运转过程中根据需要使两轴分离或接合的装置。离合作用可以靠摩擦、啮合等方式来实现，操纵方法可以是机械式、电磁式、液压式、气压式、超越式、离心式等。离合器可以实现机械的起动、停车、齿轮箱的变速、传动轴间运动中的同步和相互超越、机器的过载安全保护、防止从动轴的逆转、控制传递转矩的大小和满足接合时间等要求。

### 1.1 类型

离合器的分类见表7.3-1。

表 7.3-1 离合器的分类（摘自 GB/T 10043—2003）

| 类别 | 组别 | 品种 | 型式 |
|---|---|---|---|
| 操纵离合器 | 机械离合器 | 片式 | 干式单片、湿式单片、干式双片、湿式双片 |
| | | | 干式多片、湿式多片、倒顺湿式多片、双作用单片 |
| | | 牙嵌式 | 正三角形、双面正三角形、斜三角形 |
| | | | 正梯形、斜梯形、尖梯形 |
| | | | 螺旋形、波形、锯齿形、矩形 |
| | | 齿式 | 单面嵌合、双面嵌合、鼠齿形 |
| | | 圆锥式 | 干式单锥体、湿式单锥体 |
| | | | 干式双锥体、湿式双锥体 |
| | | 摩擦块式 | |
| | | 销式 | 滑销、插销 |
| | | 键式 | 滑键、拉键、转键、移动键 |
| | | 棘轮式 | 外棘轮、内棘轮 |
| | | 鼓式 | |
| | | 扭簧式 | |
| | | 涨圈式 | |
| | | 闸带式 | |
| | | 双功能 | 离合器—制动器 |
| | 电磁离合器 | 片式 | 干式单片线圈旋转、湿式单片线圈旋转 |
| | | | 干式单片线圈静止、干式多片线圈旋转 |
| | | | 湿式多片线圈旋转、干式多片线圈静止 |
| | | | 湿式多片线圈静止、线圈旋转 |
| | | 牙嵌式 | 线圈旋转、线圈静止 |
| | | 圆锥式 | |
| | | 扭簧式 | |
| | | 转差式 | 感应型、爪型、单电框、双电框、磁滞型 |
| | | 磁粉式 | 单隙式线圈旋转、单隙式线圈静止、复隙式 |
| | | | 线圈旋转、复隙式线圈静止 |
| | | 双功能 | 电磁离合器—制动器 |
| | 液压离合器 | 片式 | 活塞缸固定、活塞缸旋转 |
| | | | 柱塞缸固定、柱塞缸旋转 |
| | | 牙嵌式 | 活塞缸固定、活塞缸旋转 |
| | | | 柱塞缸固定、柱塞缸旋转 |
| | | 浮动块式 | 活塞缸固定、活塞缸旋转 |
| | | | 柱塞缸固定、柱塞缸旋转 |
| | | 圆锥式 | 活塞缸固定、活塞缸旋转 |
| | | | 柱塞缸固定、柱塞缸旋转 |
| | | 调速式 | |
| | | 双功能 | 液压离合器—制动器 |
| | 气压离合器 | 片式 | 活塞缸单片、活塞缸多片、环形缸单片 |
| | | | 环形缸多片、隔膜缸单片、隔膜缸多片、湿式 |
| | | 盘式 | |
| | | 气胎式 | 通风型、普通型、径向内收型 |
| | | | 径向外涨型、轴向型 |
| | | 圆锥式 | 刚性、弹性 |
| | | 浮动块式 | 活塞缸、环形缸、隔膜缸 |
| | | 双功能 | 气压离合器—制动器 |

(续)

| 类别 | 组别 | 品　种 | 型　式 |
|---|---|---|---|

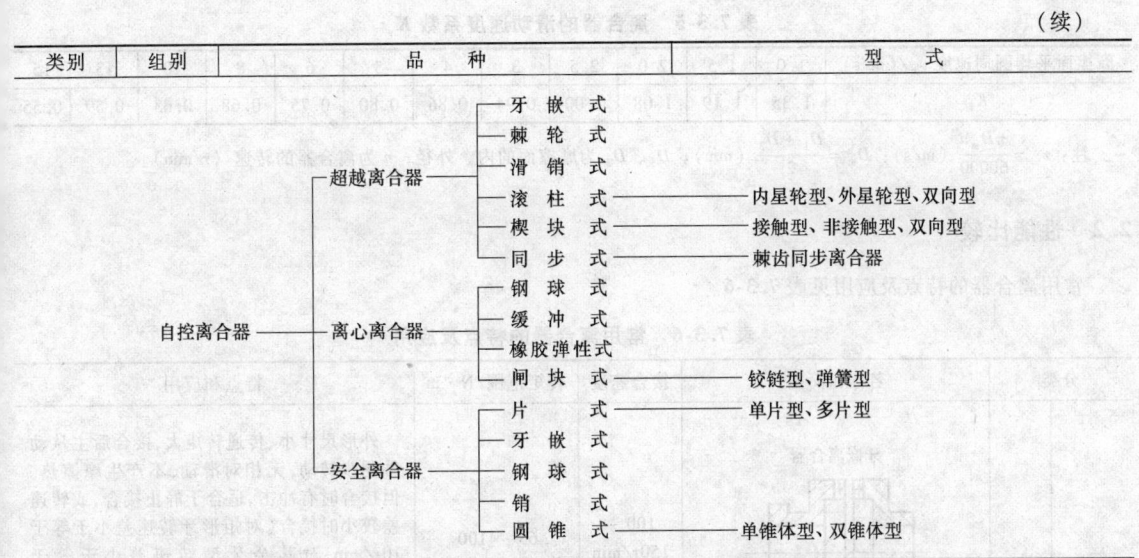

## 1.2 基本要求

1）结合平稳，分离彻底，动作准确可靠。

2）结构简单，重量轻，外形尺寸小，惯性小，工作安全。

3）操纵省力、方便，寿命长，散热性好。

## 2 选择和性能比较

### 2.1 选择计算

选择或设计离合器时可按表 7.3-2 计算转矩。

**表 7.3-2 离合器的计算转矩**

| 类　型 | 计算公式 | 说　明 |
|---|---|---|
| 嵌合式离合器 | $T_c = KT$ | $T_c$——离合器计算转矩<br>$T$——离合器的额定转矩<br>$K$——工况系数，见表 7.3-3<br>$K_m$——离合器的接合频率系数，见表 7.3-4<br>$K_v$——离合器的滑动速度系数，见表 7.3-5 |
| 摩擦式离合器 | $T_c = \dfrac{KT}{K_m K_v}$ | |

**表 7.3-3 离合器的工况系数 K**

| 机 械 类 别 | | K | 机 械 类 别 | K |
|---|---|---|---|---|
| 金属切屑机床 | | 1.3 ~ 1.5 | 曲柄式压力机械 | 1.1 ~ 1.3 |
| 汽车、车辆 | | 1.2 ~ 3 | 拖拉机 | 1.5 ~ 3 |
| 船舶 | | 1.3 ~ 2.5 | 轻纺机械 | 1.2 ~ 2 |
| 起重运输机械 | 在最大载荷下接合 | 1.35 ~ 1.5 | 农业机械 | 2 ~ 3.5 |
| | 在空载下接合 | 1.25 ~ 1.35 | 挖掘机械 | 1.2 ~ 2.5 |
| 活塞泵（多缸）、通风机（中等）、压力机 | | 1.3 | 钻探机械 | 2 ~ 4 |
| 冶金矿山机械 | | 1.8 ~ 3.2 | 活塞泵（单缸）、大型通风机、压缩机、木材加工机床 | 1.7 |

**表 7.3-4 离合器的接合频率系数 $K_m$**

| 离合器每小时接合次数 | ≤100 | 120 | 180 | 240 | 300 | ≥350 |
|---|---|---|---|---|---|---|
| $K_m$ | 1.00 | 0.96 | 0.84 | 0.72 | 0.60 | 0.50 |

表 7.3-5　离合器的滑动速度系数 $K_v$

| 摩擦面平均圆周速度 $v_m$/(m/s) | 1.0 | 1.5 | 2.0 | 2.5 | 3 | 4 | 5 | 6 | 8 | 10 | 13 | 15 |
|---|---|---|---|---|---|---|---|---|---|---|---|---|
| $K_v$ | 1.35 | 1.19 | 1.08 | 1.00 | 0.94 | 0.86 | 0.80 | 0.75 | 0.68 | 0.63 | 0.59 | 0.55 |

注：$v_m = \dfrac{\pi D_m n}{60000}$（m/s）；$D_m = \dfrac{D_1 + D_2}{2}$（mm）；$D_1$、$D_2$ 为摩擦面的内、外径；$n$ 为离合器的转速（r/min）。

## 2.2　性能比较

常用离合器的特点及应用见表 7.3-6。

表 7.3-6　常用离合器的特点及应用

| 分类 | | 名称和简图 | 接合速度 | 转矩范围/N·m | 特点和应用 |
|---|---|---|---|---|---|
| 操纵式 | 机械操纵 | 牙嵌离合器 | 100 ~ 150r/min | 63 ~ 4100 | 外形尺寸小、传递转矩大，接合后主从动轴同步转动，无相对滑动，不产生摩擦热。但接合时有冲击，适合于静止接合，或转速差较小时接合（对矩形牙转速差小于等于 10r/min，对其余牙型转速差小于等于 300r/min），主要用于不需经常离合、低速机械的传动轴系。为了减少操纵零件的磨损，应把滑动的半离合器放在从动轴上 |
| | | 转键离合器 单键 双键 | <200r/min | 100 ~ 3700 | 利用置于轴上的键，转过一角度后卡在轴套键槽中，实现传递转矩，其结构简单、动作灵活、可靠，有单键（单向转动）和双键（双向转动）两种结构，适用于轴与传动件连接，可在转速差小于等于 200r/min 下接合，常用于各种曲柄压力机中 |
| | | 齿式离合器 a) b) | 低速接合 | — | 利用一对可沿轴向离合、具有相同齿数的内外齿轮。其特点是传递转矩大，外形尺寸小，并可传递双向转矩 适宜用于转速差不大，带载荷进行接合，且传递转矩较大的机械主传动或变速机械的传动轴系 |
| | | 片式摩擦离合器 | 可在高速下接合 | 20 ~ 16000 | 利用摩擦片或摩擦盘作为接合元件，结构形式多（单盘（片）、多盘（片）、干式、湿式、常开式、常闭式等），其结构紧凑，传递转矩范围大，安装调整方便，摩擦材料种类多，能保证在不同工况下，具有良好的工作性能，并能在高速下进行离、合。能过载保护。接合过程产生摩擦热，应有散热措施。结构复杂，要常调整摩擦面间隙。广泛应用于交通运输、机床、建筑、轻工和纺织等机械中 |

（续）

| 分类 | | 名称和简图 | 接合速度 | 转矩范围/N·m | 特点和应用 |
|---|---|---|---|---|---|
| 操纵式 | 机械操纵 | 圆锥摩擦离合器 | 可在高速下接合 | 5000～286000 | 可通过空心轴同轴安装,在相同直径及传递相同转矩条件下,比单盘摩擦离合器的接合力小2/3,且脱开时分离彻底,过载时能起保护作用。其缺点是外形尺寸大,起动时惯性大,锥盘轴向移动困难,实用上常制成双锥盘的结构型式 |
| | 电磁操纵 | 牙嵌式电磁离合器 | 一般须在静态接合 | 12～5500 | 外形尺寸小,传递转矩大,传动比恒定,无空转转矩,不产生摩擦热,使用寿命长,可远距离操纵,但有转速差时,接合会发生冲击,不能在半接合状态下传递转矩。适用于低速下接合的各种机床、高速数控机械、包装机械等 |
| | | 无集电环单盘摩擦电磁离合器<br>带集电环多片摩擦电磁离合器 | 可在高转速差下接合 | 盘式<br>1～140000<br>多片干式<br>12～16000<br>多片湿式<br>1～16000 | 其中单盘和双盘式的结构简单,传递转矩大,反应快,无空转转矩,散热条件好,接合频率较高。多片式的径向尺寸小,结构紧凑,便于调整<br>单盘和双盘式主要为干式,多片式有干式和湿式两种<br>干式的动作快、价格低、控制容易、转矩较大,工作性能好,但摩擦面易磨损,需定期调整和更换。适用于快速接合、高频操作的机械,如机床、计算机外围设备、包装机械、纺织机械及起重运输机械等<br>湿式的尺寸小,传递转矩范围大,磨损轻微,寿命长,但有空转转矩,操作频率受限制,且需供油。常用于各种机械的起动、停止、变速和定位装置中 |
| | | 磁粉离合器 | — | 0.5～2000 | 具有定力矩特性,可在有滑差条件下工作,转矩和电流的比值呈线性关系,有利于自动控制。转矩调节范围大,接合迅速,可用于高频操作,但磁粉寿命短,价格昂贵,主要适用于定力矩传动、缓冲起动和高频操作的机械装置,如测力计、造纸机等的张力控制装置和船舶舵机控制装置等 |
| | | 转差式电磁离合器 | — | 4～110 | 利用电磁感应产生转矩,带动从动部分转动,离合器为间隙型,改变励磁电流可方便地进行无级调速(但在低速时,效率较低),可用来减轻起动时的冲击,也可用做制动装置和安全保护装置,适用于普通机床、压力机、纺织机械、印刷设备、造纸设备和化纤工业机械等的传动系统 |
| | 气压操纵 | 活塞缸摩擦离合器 | 可高频离合 | 700～180000 | 接合元件为摩擦片、块或锥盘,其摩擦材料为石棉粉末冶金材料,在干式下工作。特点是结构简单,接合平稳,传递转矩大,使用寿命长,无需调整磨损间隙,常制成大型离合器,用于曲柄压力机、剪切机、平锻机、钻机、挖掘机、印刷机和造纸机等机械中 |

（续）

| 分类 | | 名称和简图 | 接合速度 | 转矩范围/N·m | 特点和应用 |
|---|---|---|---|---|---|
| 操纵式 | 气压操纵 | 隔膜式摩擦离合器 | 可高频离合 | 400～7100 | 以隔膜片代替活塞，可减小离合器的轴向尺寸、重量及惯性，而且动作灵活，密封性好，能补偿装配误差和工作时的不规则磨损，有缓冲作用，离合时间短，耗气量少，制造和维修方便，但轴向工作行程小 |
| | | 气胎式摩擦离合器 | 可高频离合 | 312～90000 | 利用气压扩张气胎达到摩擦接合，其特点是能传递大的转矩，并有弹性能吸振，接合柔和起缓冲作用，且易安装，有补偿两轴相对位移的能力和自动补偿间隙的能力。此外，还具有密封性好、惯性小、使用寿命长等优点。但其变形阻力大，摩擦面易受润滑介质影响，对温度也较敏感，主要用于钻机、工程机械、锻压机械等大中型设备上 |
| | 液压操纵 | 活塞缸旋转式摩擦离合器　活塞缸固定式摩擦离合器 | 可高频离合 | 160～1600 | 承载能力高，传递转矩大，体积小，当外形尺寸相同时，其传递转矩比电磁摩擦离合器大3倍，而且无冲击，起动换向平稳。但接合速度不及气压离合器。能自动补偿摩擦元件的磨损量，易于实现系列化生产，广泛用于各种结构紧凑、高速、远距离操纵、频繁接合的机床、工程机械和船用机械上　缸体旋转式结构紧凑，外形尺寸小，但转动惯量大，进油接头复杂，油压易受离心力影响　缸体固定式进油简单可靠，油压力不受离心力影响，操纵和排油较快，可减小复位弹簧力，但需加装较大的推力轴承 |

| 分类 | | 名称和简图 | 转矩范围/N·m | 特点和应用 |
|---|---|---|---|---|
| 自控式 | 超越式 | 滚柱超越离合器　楔块超越离合器 | 滚柱式 2.5～770 楔块式 31.5～3150 | 分嵌合式和摩擦式两类，均以传递单向转矩为主，并可用于变换转速防止逆转、间歇运动的传动系统，其中摩擦式具有体积小、传递转矩大、接合平稳、工作无噪声，可在高速下接合等优点　滚柱式的结构简单、制造容易，溜滑角小，主要用于机床和无级变速器等的传动装置中　楔块式尺寸小，传递转矩能力大，适用于传递转矩大，要求结构紧凑的场合。如石油钻机、提升机和锻压机械等 |
| | 离心式 | 闸块式离心离合器　钢球式离心离合器 | 自由闸块式 1.3～5100 弹簧闸块式 0.7～4500 钢球式 0.5～2916 | 利用自身的转速来控制两轴的自动接合或脱开，其特点是可直接与电动机连接，使电动机在空载下平稳起动，改善电动机的发热，但由于在未达到额定转速前，因打滑产生摩擦热，故不宜用于频繁起动的场合，且输出功率与转速有关，故也不宜用于变速传动的轴系　自由闸块式结构简单，重量轻，但平稳性差，接合时间长　弹簧闸块式接合平稳，适用于接合时间短、惯量小的轴系　钢球式可传递双向转矩，重复作用精度高，打滑率低，起动转矩大，对两轴同心度要求不高，可用于要求起动平稳的场合 |

（续）

| 分类 | | 名称和简图 | 转矩范围/N·m | 特点和应用 |
|---|---|---|---|---|
| 自控式 | 安全式 | 牙嵌式安全离合器 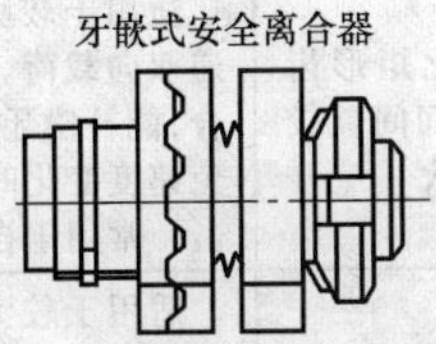<br><br>钢球式安全离合器 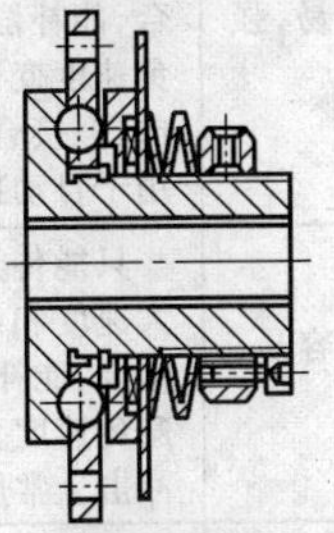<br><br>摩擦安全离合器 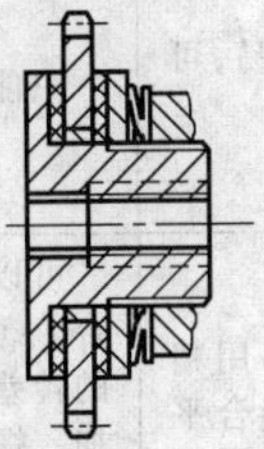<br> | 牙嵌式<br>4～400<br>钢球式<br>13～4880<br>摩擦式<br>0.1～200000 | 嵌合式中的牙嵌式在断开瞬时会产生冲击力,可能折断牙,故宜用于转速不高,从动部分转动惯量不大的轴系<br>钢球式制造简单,工作可靠,过载时滑动摩擦力小,动作灵敏度高,可适用于转速较高的传动<br>摩擦式过载时因摩擦消耗能量会缓和冲击,故工作平稳,调整和使用方便,维修简单,灵敏度高,可用于转速高,转动惯量大的传动装置 |

# 3　类型、结构与计算

## 3.1　机械离合器

### 3.1.1　牙嵌离合器

牙嵌离合器靠啮合的牙面传递转矩,由两个端面有牙的半离合器组成,结构简单,外形尺寸小,通过杠杆机构操纵从动半离合器进行离合,牙嵌离合器要求两轴严格同心,只能在静止或圆周速度差小于 0.7～0.8m/s 或转速差小于 100～150r/min 的工况下进行离合。牙嵌离合器牙型的种类和特点见表 7.3-7。

表 7.3-7　牙嵌离合器牙型的种类和特点

| 牙　　型 | | 角度 | 牙数 | 特点 | 使用条件 |
|---|---|---|---|---|---|
| 圆柱截面的展开牙型 | 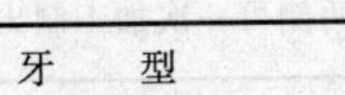 <br>矩形 | — | 3～15 | 传递转矩大,制造容易,接合、脱开较困难,为便于接合常采用较大的牙间间隙 | 适用于重载,可以传递双向转矩,一般用于不经常离合的传动中。需在静止或极低的转速下才能接合。常用于手动接合 |
| | 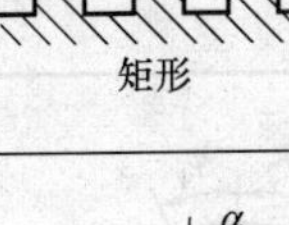 <br>正三角形 | $\alpha = 30° ～ 45°$ | 15～60 | 牙数多,可用在接合较快的场合,但牙的强度较弱 | 适用于轻载低速,双向传递转矩。应在运转速度低时接合 |
| | 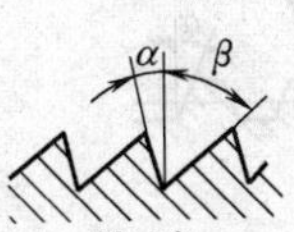 <br>斜三角 | $\alpha = 2° ～ 8°$<br>$\beta = 50° ～ 70°$ | 15～60 | 接合时间短,牙数应选得多,但牙数多,各牙分担载荷不均匀 | 只能传递单向转矩,适用于轻载低速。应在运转速度低时接合 |

（续）

| 牙　　型 | | 角度 | 牙数 | 特点 | 使用条件 |
|---|---|---|---|---|---|
| 圆柱截面的展开牙型 | 正梯形 | $\alpha = 2° \sim 8°$ | 3～15 | 脱开和接合比矩形齿容易，接合后牙间间隙较小，牙的强度较大 | 适用于较大速度和载荷，能传递双向载荷。要在静止状态下接合，能补偿牙的磨损和间隙，能避免速度变化时因间隙而产生的冲击。常用于自动接合 |
| | 尖梯形 | $\alpha = 2° \sim 8°$ $\beta = 120°$ | 3～15 | 接合比正梯形容易，强度较高 | 适用于较大速度和载荷，能传递双向载荷。要在静止状态下接合，能补偿牙的磨损和间隙，能避免速度变化时因间隙而产生的冲击，但接合比正梯形更容易。常用于自动接合 |
| | 斜梯形 | $\alpha = 2° \sim 8°$ $\beta = 50° \sim 70°$ | 3～15 | 接合比正梯形更容易，强度较高 | 只能传递单向转矩，适用于较大速度和载荷，要在静止状态下接合，能补偿牙的磨损和间隙，能避免速度变化时因间隙而产生的冲击。常用于自动接合 |
| | 锯齿形 | $\alpha = 1° \sim 1.5°$ | 3～15 | 强度高，接合容易，可传递较大转矩 | 只能单向传动 |
| | 螺旋形 | — | 2～3 | 接合迅速而且不用精确对中，强度高，接合平稳，可以传递较大转矩 | 可以在较低速转动过程中接合。螺旋齿的数量取决于接合前的转差。转差大，齿的数量要增加。螺旋齿的数量最少的有两个，最多的有 30 个。只能单向传递转矩 |
| 径向截面牙型 | | — | — | 等高牙型，啮合面与接合条件均较好，但每一侧面都需分别加工 | 用于矩形和梯形牙啮合 |
| | | — | — | 不等高牙型端面为平面。接合时的工作条件较好，但牙的啮合面较小 | 用于三角形牙和梯形牙，其凹槽两侧可一次加工制出 |
| | | — | — | 不等高牙型，端面为凹锥形，接合时啮合面大 | 用于三角形牙和梯形牙，其凹槽两侧可一次加工制出 |

牙嵌离合器的计算和强度校核见表 7.3-8。

**表 7.3-8　牙嵌离合器的计算和强度校核**

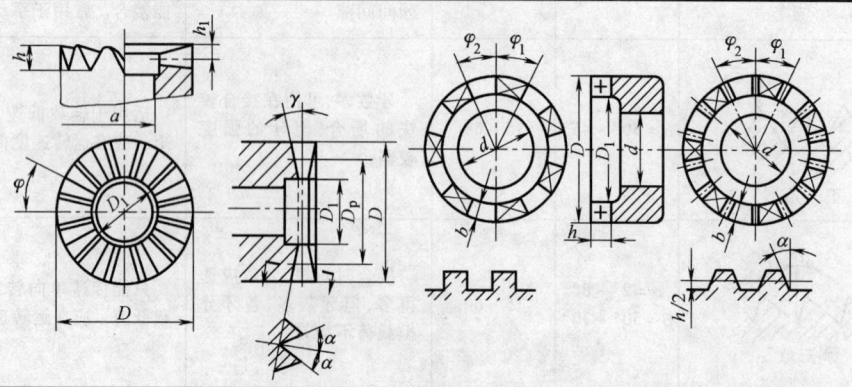

（续）

| 计算项目 | | 公式及数据 | 单位 | 说　明 |
|---|---|---|---|---|
| **基本参数** | 牙齿外径 | $D = (1.5 \sim 3)d$ | mm | $d$——离合器轴径（mm）<br><br>$\varphi$——牙的中心角（°），三角形、梯形<br><br>　牙啮合 $\varphi = \varphi_1 = \varphi_2 = \dfrac{360°}{z}$<br><br>　矩形牙啮合<br><br>　　$\varphi_1 = \dfrac{360°}{2z} - (1° \sim 2°)$<br><br>　　$\varphi_2 = \dfrac{360°}{2z} + (1° \sim 2°)$<br><br>$z$——牙数，常取 $z$ 为奇数，以便于<br>　加工<br>$n_0$——接合前，两个半离合器的转数<br>　差（r/min）<br>$t$——最大结合时间（s），一般 $t = $<br>　$0.05 \sim 0.1\,\mathrm{s}$<br>齿数多，制造精度低时，$z'$取小值<br>齿数多，制造精度高时，$z'$取大值 |
| | 牙齿内径 | $D_1$——根据结构确定，通常 $D_1 = (0.7 \sim 0.75)D$ | | |
| | 牙齿平均直径 | $D_p = \dfrac{D + D_1}{2}$ | | |
| | 牙齿宽度 | $b = \dfrac{D - D_1}{2}$ | | |
| | 牙齿高度 | $h = (0.6 \sim 1)b$ | | |
| | 齿顶高 | $h_1$ | | |
| | 齿根高 | $h_2$（应大于 $h_1$ 0.5mm 左右） | | |
| | 牙齿齿数 | $z = \dfrac{60}{n_0 t}$ 或根据结构、强度确定 | | |
| | 牙齿工作面的倾斜角 | $\alpha = 2° \sim 8°$（梯形牙）<br>$\alpha = 30°, 45°$（三角形牙） | (°) | |
| | 分度线上的齿宽 | $l_m = D_p \sin \dfrac{\varphi_1}{2}$ | mm | |
| | 齿顶宽 | $l_d = l_m - 2h_1 \tan\alpha$ | mm | |
| | 齿根宽 | $l_g = l_m + 2h_2 \tan\alpha$ | mm | |
| | 计算牙数 | $z' = \left(\dfrac{1}{3} \sim \dfrac{1}{2}\right)z$ | | |
| **强度校核** | 牙齿工作面的挤压应力 | $\sigma_p = \dfrac{2T_c}{D_p z' A} \leqslant \sigma_{pp}$<br>对三角形牙 $A = D_p b \tan\gamma$<br>对矩形牙 $A = hb$ | N/mm² | $T_c$——计算转矩（N·mm），$T_c$<br>　$= KT$，见表 7.3-2<br>$A$——牙的承压工作面积（mm²）<br>$\sigma_{pp}、\sigma_{bp}$——牙齿许用挤压应力和许<br>　用弯曲应力（N/mm²），<br>　见表 7.3-9<br>淬硬钢的离合器 $z > 7$，未经热处<br>理的离合器 $z > 5$ 才进行弯曲强度<br>校核 |
| | 牙齿根部的弯曲应力 | $\sigma_b = \dfrac{6T_c h}{D_p z' b l_g^2} \leqslant \sigma_{bp}$ | N/mm² | |
| **移动离合器所需的力** | 接合力<br> | 离合器的结合力<br>$S_h = \dfrac{2T_c}{D_p}\left[\mu'\dfrac{D_p}{d} + \tan(\alpha + \rho)\right]$ | N | $\mu'$——离合器与花键的摩擦因数，一<br>　般取 $\mu' = 0.15 \sim 0.20$<br>$\mu$——离合器牙面间的摩擦因数，一<br>　般取 $\mu = 0.15 \sim 0.20$<br>$\rho$——牙上的摩擦角 $\rho = \arctan\mu$ |
| | 脱开力<br> | 离合器的脱开力<br>$S_k = \dfrac{2T_c}{D_p}\left[\mu\dfrac{D_p}{d} - \tan(\alpha - \rho)\right]$ | N | |
| **使用条件** | 牙的自锁条件 | $\tan\alpha \leqslant \mu + \mu'\dfrac{D_p}{d}$ | — | $\Delta v$——许用接合圆周速度差（m/s），<br>　一般 $\Delta v < 0.8\,\mathrm{m/s}$ |
| | 接合时的许用转差 | $\Delta n = \dfrac{60000}{\pi D_p}\Delta v$ | r/min | |
| | 接合时间 | $t = \dfrac{60}{\Delta nz}$ | s | |

注：离合器有弹簧压紧装置时，接合力与脱开力还应考虑弹簧作用力。本表仅考虑离合器在花键轴上的滑动、离合器的
　　牙面之间的相对滑动所需克服的摩擦力。

牙嵌离合器材料的许用应力见表 7.3-9。

**表 7.3-9　牙嵌离合器的许用应力**　　　　　　　　（单位：N/mm²）

| 接合情况 | 静止时接合 | 运转中接合 | |
|---|---|---|---|
| | | 低　速 | 高　速 |
| 许用挤压应力 $\sigma_{pp}$ | 88 ~ 117 | 49 ~ 68 | 34 ~ 44 |
| 许用弯曲应力 $\sigma_{bp}$ | $\sigma_s/1.5$ | $\sigma_s/5.9 ~ 4.5$ | |

注：1. 齿数多，许用应力值最小值；齿数少，最大值。
　　2. 表中许用挤压应力适用于渗碳淬火钢，硬度 56 ~ 62HRC。
　　3. 表中高、低速是指许用接合圆周速度差（$\Delta v$）。低速 $\Delta v \leqslant 0.7 ~ 0.8m/s$，高速 $\Delta v = 0.8 ~ 1.5m/s$。

### 3.1.2　齿轮离合器

　　齿轮离合器也称为齿式离合器或齿形离合器，结构简单紧凑，为提高齿的抗弯强度并接合方便，外齿可制成短齿。齿轮离合器应在静止或低转速差下接合。为避免内齿轮过渡曲线部分在接合时发生干涉，常加大内齿轮的齿根圆直径，当 $z \geqslant 27$ 时，内齿轮的齿根圆比标准的大 0.4m，当 $z < 27$ 时，内齿轮的齿根圆加大到与基圆相等或更大些。

齿轮离合器的计算和强度校核见表 7.3-10。

### 3.1.3　摩擦离合器

　　摩擦离合器是靠主、从动部分的接合元件采用摩擦副以传递转矩，可在运转中接合，接合平稳，过载时离合器可打滑起安全保护作用。摩擦离合器的种类很多，如圆盘式、圆锥式、单片式、多片式、干式、湿式摩擦离合器等。片式摩擦离合器结构比较紧凑，调节简单可靠。

摩擦副材料的性能及其适用范围见表 7.3-12。

**表 7.3-10　齿轮离合器的计算和强度校核**

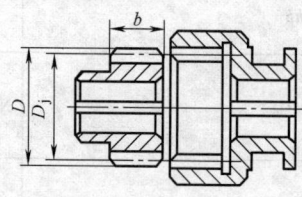

| 计算项目 | 计算公式 | 说　明 |
|---|---|---|
| 齿轮的分度圆直径 | $D_1 = mz$ | $z$ ——齿数 |
| 内齿轮宽度 | $b = (0.1 ~ 0.2)D_j$ | $m$ ——模数（mm）<br>$\varepsilon$ ——载荷不均匀系数，$\varepsilon = 0.7 ~ 0.8$<br>$p_p$ ——齿面许用压强（N/mm²） |
| 齿面压强 | $p = \dfrac{2T_c}{1.5D_j zbm\varepsilon} \leqslant p_p$ | 　　未经热处理 $p_p = 25 ~ 40$<br>　　调质、淬火 $p_p = 47 ~ 70$<br>齿式离合器的材料与齿轮相同 |
| 外齿单齿弯曲应力 | $\sigma_b = \dfrac{2T_c}{mzbd} \leqslant [\sigma_b]$ | $T_c$ ——计算转矩，$T_c = KT$，$K$ 为工况系数，见表 7.2-2<br>$d$ ——离合器轴孔直径<br>$[\sigma_b]$ ——参见表 7.3-11 |

**表 7.3-11　齿式离合器的许用弯曲应力 $[\sigma_b]$**

| 外齿材料 | HT200 | HT300 | 45 调质 | 40Cr 调质 | 40Cr 淬火<br>46 ~ 50HRC | 20Cr 渗碳淬火<br>56 ~ 62HRC | 20CrMnTi 淬火<br>56 ~ 62HRC |
|---|---|---|---|---|---|---|---|
| $[\sigma_b]$ | 51 | 68.7 | 161.9 | 196.2 | 343.4 | 274.7 | 343.4 |

### 表 7.3-12　摩擦副材料的性能及其适用范围

| 摩　擦　副 | | 摩擦因数 $\dfrac{\mu_j}{\mu_d}$ | | 许用压强 $p_p/(\text{N/cm}^2)$ | | 许用温度/℃ | | 特点和适用范围 |
|---|---|---|---|---|---|---|---|---|
| 摩擦材料 | 对偶材料 | 干式 | 湿式 | 干式 | 湿式 | 干式 | 湿式 | |
| 淬火钢 10 或 15 渗碳 0.5mm 淬火 56~62HRC 62Mn 淬火 35~45HRC | 淬火钢 | 0.15~0.20 | 0.05~0.10 | 20~40 | 60~100 | <260 | <120 | 贴合紧密,耐磨性好,导热性好,热变形小 常用于湿式多片摩擦离合器 |
| | | 0.12~0.16 | 0.04~0.08 | | | | | |
| 青铜 QSn6-6-3 QSn10-1 QAl9-4 | 钢 青铜 铸铁 HT200 | 0.15~0.20 | 0.06~0.12 | 20~40 | 60~100 | <150 | <120 | 动、静摩擦因数差较小,成本较高 多用于湿式离合器 |
| | | 0.12~0.16 | 0.05~0.10 | | | | | |
| 铜基粉末冶金 | 铸铁 HT200 45 钢、40Cr | 0.25~0.45 | 0.10~0.12 | 100~300 | 120~400 | <560 | <120 | 易烧结,耐高温,耐磨性好,许用压强高,摩擦因数高而稳定,导热性好,抗胶合能力强,但成本高,密度大。适用于重载湿式,如工程机械、重型汽车、压力机等离合器 |
| | | 0.20~0.30 | 0.05~0.10 | | | | | |
| 铸铁 | 45 钢高频淬火 42~48HRC 20Mn2B 渗碳 淬火 53~58HRC 铸铁 HT200 | 0.15~0.20 | 0.05~0.10 | 20~40 | 60~100 | <250 | <120 | 具有较好的耐磨性和抗胶合能力,但不能承受冲击 常用于圆锥式摩擦离合器 |
| | | 0.12~0.16 | 0.04~0.08 | | | | | |
| | | 0.15~0.25 | 0.06~0.12 | | | | | |
| 铁基粉末冶金 | 铸铁、钢 | 0.30~0.40 | 0.10~0.12 | 120~300 | 200~300 | <680 | <120 | 比铜基制造难,磨损量比铜基大,在油中耐磨性差,磨损后污染油,耐高温,接合时刚性大,有较大的允许压强和静摩擦因数。特别适用于重载干式离合器,如拖拉机、坦克 |
| 石棉有机摩擦材料 | 铸铁、钢 | 0.25~0.40 | 0.08~0.12 | 15~30 | 40~60 | <260 | <100 | 摩擦因数较高,密度小,有足够的机械强度,价格便宜,制造容易,耐磨性较好,但导热性较差,不耐高温,摩擦因数随温度变化。常用于干式离合器如拖拉机、汽车等 |
| 纸基摩擦材料 | 铸铁、钢 | — | 0.08~0.12 | — | 100 | — | — | 生产工艺简单,不耗铜,价格低廉,摩擦因数高,动、静摩擦因数接近,换向冲击小,密度小,转动惯量小;耐磨性、耐热性较铜基和碳基差,磨损量大,使用时需保证良好冷却与润滑。常用于中小载荷汽车、拖拉机 |
| | | | 0.04~0.06 | | | | | |
| 石墨基摩擦材料 | 合金钢 | — | 0.10~0.15 | — | 300~600 | — | — | 摩擦因数大,可在高速度低载荷条件下工作,也可用于重载机械,传递大转矩,不受润滑剂中杂质的影响,油的种类对摩擦性能影响小,成本介于纸基与粉末冶金材料之间,磨损稍低于纸基,但高于粉末冶金材料,工艺性好,用于重型载重汽车 |
| | | | 0.08~0.12 | | | | | |

（续）

| 摩　擦　副 | | 摩擦因数 $\dfrac{\mu_j}{\mu_d}$ | | 许用压强 $p_p/(N/cm^2)$ | | 许用温度/℃ | | 特点和适用范围 |
|---|---|---|---|---|---|---|---|---|
| 摩擦材料 | 对偶材料 | 干式 | 湿式 | 干式 | 湿式 | 干式 | 湿式 | |
| 半金属摩擦材料 | 合金钢 | 0.26～0.37 | — | 168 | — | <350 | — | 随压强、速度、温度升高摩擦因数比较稳定，对偶件的磨损较小、转矩平稳性、对偶件磨损、制造成本均优于粉末冶金，适于中高速高载荷干式条件使用 |
| 夹布胶木 | 铸铁、钢 | — | 0.1～0.12 | — | 40～60 | <150 | <120 | — |
| 皮革 | 铸铁、钢 | 0.30～0.40 | 0.12～0.15 | 7～15 | 15～28 | <110 | | |
| 软木 | 铸铁、钢 | 0.30～0.50 | 0.15～0.25 | 5～10 | 10～15 | <110 | | |

注：1. 表中 $\mu_j$ 是静摩擦因数，是指摩擦副将开始打滑前的摩擦因数的最大值；$\mu_d$ 是动摩擦因数。后面所有 $\mu$ 符号，未注脚标时系指静摩擦因数。
　　2. 摩擦片数少时 $p_p$ 值取上限，摩擦片数多时 $p_p$ 值取下限。
　　3. 摩擦片平均圆周速度大于 2.5m/s 时或每小时接合次数大于 100 次时，$p_p$ 值要适当降低。

表 7.3-13、表 7.3-14、表 7.3-15 和表 7.3-16 分别列出干式多片摩擦离合器、湿式径向杠杆多片摩擦离合器、双锥摩擦离合器和双盘摩擦离合器的主要尺寸和特性参数。

**表 7.3-13　干式多片摩擦离合器的主要尺寸和特性参数**　　　　　　（单位：mm）

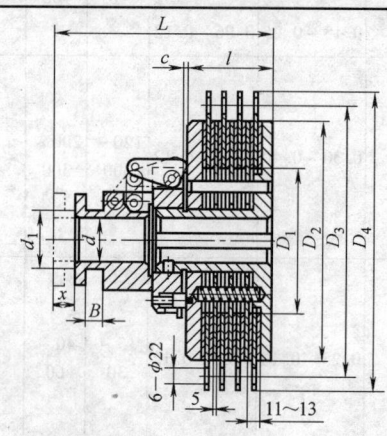

| $D_1$ | $D_2$ | $D_3$ | $D_4$ | $d$ (H7) | $d_1$ | $B$ | $L$ | $l$ | $x$ | $c$ | $[T]$ /N·m | $Q_{max}$ /N |
|---|---|---|---|---|---|---|---|---|---|---|---|---|
| 146 | 229 | 260 | 245 | 45 | 80 | 20 | 136＋$l$ | 根据摩擦片数定 | 20 | 1.5 | 106 | 400 |
| 164 | 280 | 315 | 350 | 55 | 105 | 20 | 157＋$l$ | | 28 | 2.0 | 207 | 700 |
| 235 | 365 | 400 | 435 | 70 | 125 | 20 | 178＋$l$ | | 35 | 2.5 | 425 | 1200 |

注：1. $T_n$ 值为外摩擦为 4 片时的值，片数减少时，$T_n$ 值相应地减小（设 $p_p=0.25N/mm^2$，$\mu=0.3$）。
　　2. $Q_{max}$ 为按 $\mu=0.2$ 换算到接合机构上的压紧力。

**表 7.3-14　湿式径向杠杆多片摩擦离合器的主要尺寸和特性参数**　　　　（单位：mm）

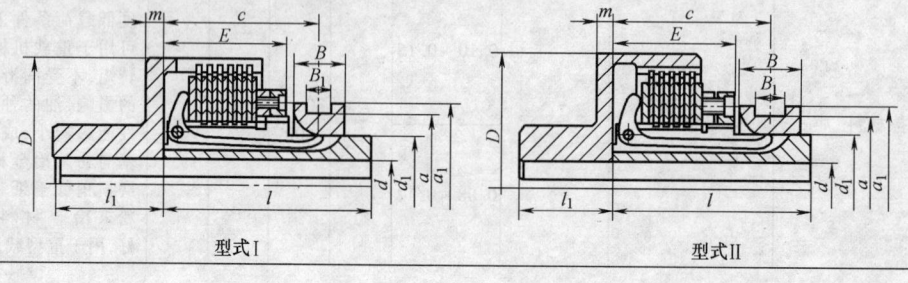

型式 I　　　　　　　　　　　　　　　　　　　　型式 II

（续）

| 额定转矩 $T_n$/N·m | 型式 I | | | | | | | | 型式 II | | |
|---|---|---|---|---|---|---|---|---|---|---|---|
| | 20 | 40 | 80 | 160 | 200 | 320 | 450 | 640 | 900 | 1400 | 2300 |
| 轴径 d(max) | 15 | 22 | 32 | 45 | 45 | 48 | 60 | 68 | 70 | 80 | 100 |
| 尺寸　　D | 70 | 90 | 100 | 125 | 135 | 150 | 170 | 195 | 210 | 260 | 315 |
| $d_1$ | 35 | 50 | 60 | 72 | 72 | 72 | 102 | 102 | 102 | 120 | 153 |
| a | 45 | 60 | 70 | 85 | 85 | 85 | 120 | 120 | 120 | 145 | 175 |
| $a_1$ | 55 | 75 | 85 | 100 | 100 | 100 | 140 | 140 | 140 | 170 | 205 |
| l | 56 | 83 | 83 | 98 | 98 | 108 | 148 | 148 | 175 | 205 | 230 |
| $l_1$ | 25 | 35 | 35 | 50 | 50 | 50 | 70 | 70 | 80 | 80 | 90 |
| c | 37 | 60 | 60 | 70 | 70 | 76 | 103 | 103 | 125 | 148 | 160 |
| E | 28 | 46 | 46 | 52.5 | 52.5 | 58 | 77.5 | 76 | 94 | 111 | 119 |
| m | 4 | 6 | 6 | 10 | 10 | 10 | 13 | 13 | 15 | 15 | 20 |
| B | 18 | 24 | 24 | 32 | 32 | 32 | 50 | 50 | 50 | 55 | 70 |
| $B_1$ | 10 | 10 | 10 | 15 | 15 | 15 | 26 | 26 | 26 | 26 | 30 |
| 摩擦面对数 z | 6 | 10 | 10 | 10 | 8 | 10 | 10 | 8 | 10 | 6 | 6 |
| 摩擦面直径　外径 | 54 | 67 | 78 | 98 | 108 | 123 | 141 | 162 | 178 | 225 | 270 |
| 内径 | 34 | 50 | 60 | 72 | 78 | 84 | 102 | 118 | 132 | 155 | 189 |
| 接合力/N | 100 | 120 | 180 | 250 | 250 | 300 | 300 | 350 | 400 | 700 | 900 |
| 压紧力/N | 1260 | 1430 | 1940 | 3250 | 9000 | 6250 | 6900 | 10400 | 10800 | 20500 | 27600 |

**表 7.3-15　双锥摩擦离合器的主要尺寸和特性参数**　　（单位：mm）

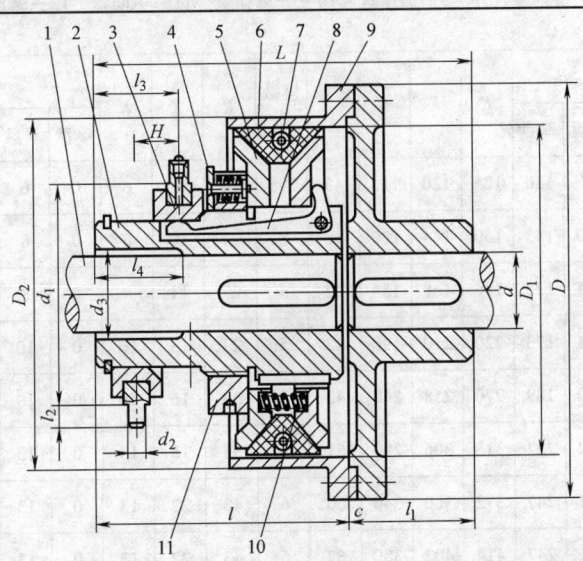

1—输出轴　2—内轴套　3—压紧环　4—锁紧机构　5—外锥盘　6—内锥面摩擦块
7—收缩弹簧　8—径向杠杆　9—外壳　10—分离弹簧　11—调整螺母

| 额定转矩 /N·m | 许用转速 /(r/min) | l | $l_1$ | c | d | $d_1$ | $l_2$ | $d_2$ | $l_3$ | $d_3$ | $l_4$ | H | D | $D_1$ | $D_2$ | L | 质量 /kg |
|---|---|---|---|---|---|---|---|---|---|---|---|---|---|---|---|---|---|
| 71.6 | 4000 | 90 | 29 | 1 | 20 | 80 | 8 | 11 | 22 | 22 | 25 | 12 | 125 | 90 | 100 | 120 | 3.2 |
| 145 | 3200 | 101 | 33 | 1 | 25 | 90 | 10 | 12 | 27 | 26 | 29 | 15 | 152 | 115 | 125 | 135 | 6.5 |
| 215 | 2550 | 136 | 45 | 2 | 20~35 | 110 | 15 | 17 | 45 | 37 | 48 | 30 | 195 | 148 | 160 | 183 | 13 |
| 358 | 2120 | 153 | 60 | 3 | 30~55 | 140 | 17 | 17 | 50 | 57 | 50 | 33 | 235 | 185 | 200 | 216 | 22 |
| 573 | 1710 | 176 | 75 | 4 | 45~65 | 170 | 18 | 18 | 60 | 67 | 58 | 39 | 290 | 234 | 250 | 255 | 37 |
| 1150 | 1360 | 216 | 90 | 4 | 60~80 | 200 | 25 | 22 | 64 | 82 | 70 | 43 | 365 | 295 | 315 | 310 | 65 |
| 1790 | 1225 | 256 | 120 | 5 | 70~100 | 250 | 30 | 25 | 80 | 102 | 85 | 55 | 410 | 335 | 355 | 390 | 105 |
| 3580 | 1080 | 315 | 150 | 5 | 90~120 | 300 | 30 | 28 | 90 | 122 | 100 | 61 | 450 | 376 | 400 | 470 | 190 |
| 7160 | 855 | 389 | 170 | 6 | 110~140 | 360 | 30 | 35 | 114 | 142 | 125 | 70 | 580 | 472 | 500 | 565 | 320 |
| 14320 | 700 | 470 | 210 | 6 | 130~170 | 420 | 30 | 35 | 100 | 172 | 125 | 65 | 710 | 594 | 630 | 688 | 670 |

表 7.3-16　双盘摩擦离合器的主要尺寸和特性参数　　　　　　　（单位：mm）

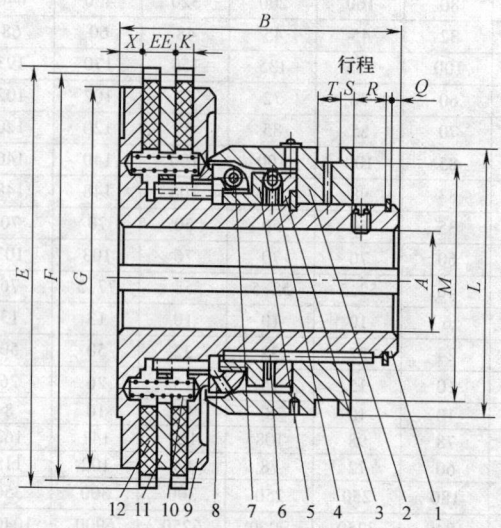

1—输入轴　2—接合子　3—固定支承盘　4—接合辊子　5—活动支承盘　6—保持弹簧　7—锁紧螺钉
8—可调接合环　9—加压盘　10—分离弹簧　11—中间盘　12—摩擦盘

| 功率/kW | | 孔 A | B | | E | F | G | 齿数 z | 模数 m | R | X | K | EE | | L | M | Q | S | T |
|---|---|---|---|---|---|---|---|---|---|---|---|---|---|---|---|---|---|---|---|
| 单盘 | 双盘 | | 单盘 | 双盘 | | | | | | | | | 单盘 | 双盘 | | | | | |
| 0.7 | 1.4 | 19 ~ 32 | 97 | 110 | 125 | 120 | 112 | 48 | 2.5 | 19 | 8 | 6 | 0 | 6 | 88.9 | 76 | 2 | 5 | 13 |
| 1.1 | 2.2 | 22 ~ 35 | 130 | 143 | 150 | 144 | 120 | 48 | 3 | 27 | 10 | 6 | 0 | 6 | 118 | 98 | 2 | 7 | 16 |
| 1.8 | 3.6 | 25 ~ 41 | 135 | 135 | 176 | 168 | 154 | 42 | 4 | 27 | 11 | 8 | 0 | 8 | 130 | 111 | 2 | 7 | 16 |
| 2.6 | 5.2 | 35 ~ 51 | 154 | 173 | 220 | 210 | 190 | 42 | 5 | 27 | 13 | 10 | 0 | 10 | 152 | 133 | 2 | 8 | 18 |
| 6.0 | 12 | 43 ~ 64 | 170 | 189 | 270 | 258 | 240 | 43 | 6 | 33 | 16 | 10 | 0 | 10 | 178 | 152 | 2 | 8 | 19 |
| 11 | 22 | 57 ~ 83 | 202 | 227 | 318 | 306 | 290 | 51 | 6 | 37 | 18 | 13 | 0 | 13 | 210 | 184 | 2 | 10 | 22 |
| 16.8 | 33.6 | 64 ~ 94 | 221 | 247 | 372 | 360 | 340 | 60 | 6 | 43 | 22 | 13 | 0 | 13 | 235 | 206 | 2 | 13 | 22 |
| 21.3 | 42.6 | 64 ~ 94 | 221 | 247 | 414 | 402 | 380 | 67 | 6 | 43 | 22 | 13 | 0 | 13 | 235 | 206 | 2 | 13 | 22 |
| 25.7 | 51.4 | 64 ~ 114 | 262 | 293 | 462 | 450 | 430 | 75 | 6 | 48 | 22 | 16 | 0 | 16 | 235 | 206 | 2 | 13 | 22 |
| 34.2 | 68.4 | 70 ~ 127 | 262 | 293 | 534 | 522 | 500 | 87 | 6 | 48 | 24 | 16 | 0 | 16 | 254 | 219 | 2 | 13 | 25 |
| 48 | 96.0 | 89 ~ 152 | 326 | 364 | 606 | 594 | 570 | 99 | 6 | 57 | 32 | 19 | 0 | 19 | 305 | 267 | 2 | 16 | 32 |
| 71 | 142 | 89 ~ 152 | 329 | 367 | 678 | 666 | 645 | 111 | 6 | 57 | 35 | 19 | 0 | 19 | 305 | 267 | 2 | 16 | 32 |
| 81 | 162 | 114 ~ 178 | 383 | 427 | 750 | 738 | 720 | 123 | 6 | 70 | 35 | 22 | 0 | 22 | 350 | 305 | 2 | 16 | 38 |
| 118 | 236 | 127 ~ 178 | 395 | 440 | 894 | 882 | 860 | 147 | 6 | 70 | 40 | 22 | 0 | 22 | 350 | 305 | 2 | 16 | 38 |

注：表中功率值是指 100r/min 时的功率。

摩擦离合器的计算见表 7.3-17。

**表 7.3-17　摩擦离合器的计算**

| 型　式 | 计算项目 | 计算公式 | 单位 |
|---|---|---|---|
| **圆形摩擦盘式**<br><br>$i_1$——外摩擦盘数<br>$i_2$——内摩擦盘数<br>$m$——摩擦面对数,通常,湿式 $m=$ 5~15,干式 $m=1$~6<br>$z$——摩擦盘总数,$z=i_1+i_2=m+1$<br>$\mu$——摩擦因数,查表 7.3-12<br>$p_p$——许用压强($N/cm^2$),查表 7.3-12<br>$z_1$——外摩擦盘齿数<br>$z_2$——内摩擦盘齿数<br>$a_1,a_2$——外、内摩擦盘厚度(cm)<br>$K_1$——摩擦片数修正系数,见表 7.3-18<br>$K_v$——速度修正系数,见表 7.3-5<br>$K_m$——接合次数修正系数(接合频率系数),见表 7.3-4<br>$\sigma_{pp}$——许用挤压应力($N/cm^2$)<br>$d$——传动轴直径(cm) | 计算转矩 | $T_c = \dfrac{KT}{K_m K_v}$(见表 7.3-2) | N·cm |
| | 摩擦盘工作面的平均直径 | $D_p = \dfrac{1}{2}(D_1 + D_2) = (2.5 \sim 4)d$ | cm |
| | 摩擦盘工作面的外直径 | $D_1 = 1.25 D_p$ | cm |
| | 摩擦盘工作面的内直径 | $D_2 = 0.75 D_p$ | cm |
| | 摩擦盘宽度 | $b = \dfrac{D_1 - D_2}{2}$ | cm |
| | 摩擦面对数 | $m = z - 1 \geqslant \dfrac{8T_c}{\pi(D_1^2 - D_2^2)D_p \mu p_p}$<br>($z$ 取奇数,$m$ 取偶数) | — |
| | 摩擦片脱开时所需的间隙 | 湿式 $\delta = 0.2 \sim 0.5$<br>干式　无衬层　$\delta = 0.4 \sim 1.0$<br>　　　有衬层　$\delta = 1.0 \sim 1.5$ | mm |
| | 许用传递转矩 | $T_{cp} = \dfrac{1}{8}\pi(D_1^2 - D_2^2)D_p m\mu p_p K_1 \geqslant T_c$ | N·cm |
| | 压紧力 | $Q = \dfrac{2T_c}{D_p \mu m}$ | N |
| | 摩擦面压强 | $p = \dfrac{4Q}{\pi(D_1^2 - D_2^2)} \leqslant p_p$ | $N/cm^2$ |
| | 摩擦片与外壳接合处挤压应力 | $\sigma_{p1} = \dfrac{8T_{cp}}{z_1 i_1 a_1 (D_3^2 - D_4^2)} \leqslant \sigma_{pp}$ | $N/cm^2$ |
| | 摩擦片与内壳接合处挤压应力 | $\sigma_{p2} = \dfrac{8T_{cp}}{z_2 i_2 a_2 (D_5^2 - D_6^2)} \leqslant \sigma_{pp}$ | $N/cm^2$ |
| **单圆锥摩擦式**<br><br>$\mu$——摩擦因数,见表 7.3-12<br>$p_p$——许用压强($N/cm^2$),见表 7.3-12<br>$\alpha$——半锥角,一般大于摩擦角<br>$b$——圆锥素线宽度(cm)<br>$\sigma_p$——许用应力($N/cm^2$)<br>　铸铁 $\sigma_p = 1960 \sim 2940 N/cm^2$<br>　铸钢 $\sigma_p = 3920 \sim 7850 N/cm^2$<br>　碳素钢 $\sigma_p = 7850 \sim 11770 N/cm^2$<br>$\varphi$——摩擦角,$\varphi = \arctan\mu$ | 计算转矩 | $T_c = \dfrac{KT}{K_m K_v}$(见表 7.3-2) | N·cm |
| | 摩擦面平均直径 | 单锥面:$D_p = (D_1 + D_2)/2 = (4 \sim 6)d$,或 $D_p = \sqrt[3]{\dfrac{T_c}{0.5\pi p_p \psi \mu}}$<br>双锥面:$D_s = \sqrt[3]{\dfrac{T_c}{0.5\pi p_p \psi \mu}}$,前两式中的 $\psi$ 分别见下面各式 | cm |
| | 摩擦面宽度 | 一般机械:$b = \psi D_p = (0.4 \sim 0.7)D_p$<br>机床:单锥面 $b = \psi D_p = (0.15 \sim 0.25)D_p$<br>　　　双锥面 $b = \psi D_s = (0.32 \sim 0.45)D_s$ | cm |
| | 摩擦锥的半锥角 | $\alpha > \arctan\mu$<br>金属—金属　$\alpha = 8° \sim 15°$<br>石棉、木材—金属　$\alpha = 20° \sim 25°$<br>皮革—金属　$\alpha = 12° \sim 15°$ | — |
| | 离合器脱开间隙 | 无衬层　$\delta = 0.5 \sim 1.0$<br>有衬层　$\delta = 1.5 \sim 2.0$ | mm |
| | 摩擦锥的行程 | 单锥 $x = \delta/\sin\alpha$,双锥 $x = 2\delta/\sin\alpha$ | mm |
| | 摩擦面上的平均圆周速度 | $v = \dfrac{\pi D_p n}{6000}$ | m/s |
| | 许用传递转矩 | 单锥面 $T_{cp} = \dfrac{1}{2}\pi D_p^2 b\mu p_p \geqslant T_c$<br>双锥面 $T_{cp} = \dfrac{1}{2}\pi D_s^2 b\mu p_p \geqslant T_c$ | N·cm |

（续）

| 型　式 | 计算项目 | 计 算 公 式 | 单位 |
|---|---|---|---|
| **双圆锥摩擦式**<br><br>$D_s$——锥面摩擦块的外径或外壳的内径（cm）<br>其他符号说明同上 | 所需的轴向压力与脱开力 | 单锥面 $Q = \dfrac{2T_c(\mu\cos\alpha \pm \sin\alpha)}{D_p\mu}$<br>接合时用"＋"，脱开时用"－"<br>双锥面 $Q = \dfrac{T_c(\sin\alpha + \mu\cos\alpha)}{\mu D'(\cos\alpha - \mu\sin\alpha)}$ | N |
|  | 摩擦面压强 | 单锥面 $p = \dfrac{2T_c}{\pi D_p^2\mu b} \leqslant p_p$<br>双锥面 $p = \dfrac{2T_c}{\pi D_s^2\mu b} \leqslant p_p$ | N/cm² |
|  | 外锥平均壁厚 | $\delta_p \geqslant \dfrac{Q}{2b\pi\sigma_p\tan(\alpha+\varphi)}$ | cm |
| **圆盘摩擦块式**<br><br>$D_p$——平均直径（cm）<br>$F$——单个摩擦块单侧摩擦面积（cm²）<br>$z$——摩擦块数量<br>$\mu$——摩擦因数，见表7.3-12<br>$p_p$——许用压强（N/cm²），见表7.3-12 | 压紧力 | $Q = \dfrac{T_c}{D_p\mu}$ | N |
|  | 摩擦面压强 | $p = \dfrac{T_c}{D_p\mu Fz} \leqslant p_p$ | N/cm² |
| **涨圈式**<br><br>$\alpha$——单根涨圈包角（rad），结构设计定<br>$b$——涨圈宽度（cm），结构设计定<br>$z$——涨圈数量<br>$\mu$——摩擦因数，见表7.3-12<br>$p_p$——许用压强（N/cm²），表7.3-12<br>$R$——环形槽半径（cm）<br>$L$——转销上力臂（cm） | 始端张力 | $S_1 = \dfrac{T_c}{R(e^{\mu\alpha}-1)z}$ | N |
|  | 终端张力 | $S_2 = \dfrac{T_c e^{\mu\alpha}}{R(e^{\mu\alpha}-1)z}$ | N |
|  | 摩擦面压强 | $p = \dfrac{T_c}{R^2 b\alpha\mu z} \leqslant p_p$ | N/cm² |
|  | 接合力矩 | $M_0 = S_1 L + S_2 L$ | N·cm |

（续）

| 型　　式 | 计算项目 | 计算公式 | 单位 |
|---|---|---|---|
| 扭簧式 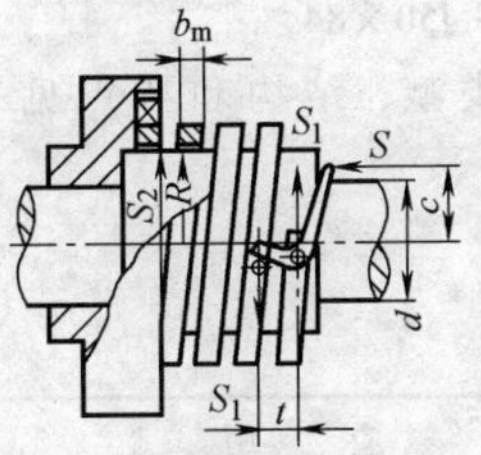<br><br>$i$——弹簧工作圈数，一般取 $i = 4.5 \sim 6$<br>$t, c$——杠杆臂长度（cm）<br>$\mu$——摩擦因数，见表 7.3-12<br>$b_m$——弹簧终端第一圈平均宽（cm）<br>$R$——鼓轮半径（cm），$R \approx \dfrac{3}{2} d$<br>$\sigma_{pp}$——许用挤压应力（N/cm$^2$）<br>$\Delta$——弹簧与鼓轮径向间隙<br>　　$\Delta = 0.017 \sqrt{R}$<br>扭簧结构 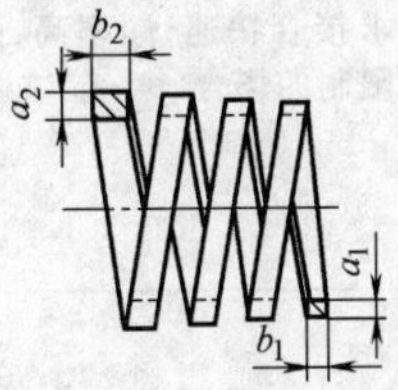<br><br>$b_1 = 0.5 b_2$<br>$a_1 = 0.4 b_2$<br>$a_2 = 0.9 b_2$<br>扭簧总螺旋圈数 $n = i + 1$ | 圆周力 | $F = T_c / R$ | N |
| | 终端张力 | $S_2 = F / e^{2\pi i \mu}$ | N |
| | 操纵端张力 | $S_1 = \dfrac{F}{e^{2\pi i \mu}(e^{2\pi \mu} - 1)}$ | N |
| | 接合力 | $S = S_1 t / c$ | N |
| | 鼓轮表层挤压应力 | $\sigma_p = \dfrac{F}{R b_m} \leqslant \sigma_{pp}$ | N/cm$^2$ |

表 7.3-18　$K_1$ 值

| 离合器主动摩擦片数 $i_1$ | ≤3 | 4 | 5 | 6 | 7 | 8 | 9 | 10 | 11 |
|---|---|---|---|---|---|---|---|---|---|
| $K_1$ | 1 | 0.97 | 0.94 | 0.91 | 0.88 | 0.85 | 0.82 | 0.79 | 0.76 |

## 3.2　电磁离合器

电磁离合器是利用励磁线圈电流产生的电磁力来操纵接合元件，使离合器接合或脱开。电磁离合器的优点是：起动力矩大，离合迅速，结构简单，安装维修方便，使用寿命长，还可实现集中控制和远距离操纵；缺点是存在剩磁现象，影响主、从动摩擦片分离的彻底性，对相邻件有磁化，吸引铁屑，影响传动系统的精度和工作寿命。电磁离合器一般用于环境温度 $-20 \sim +50$℃，湿度小于 85%，无爆炸危险的介质中，线圈电压波动不超过额定电压的 ±5%。

电磁离合器的分类代号以汉语拼音字母表示，例如：

DLM——摩擦式电磁离合器；DLY——牙嵌式电磁离合器。

电磁离合器结构型式代号用数字表示，例如：

DLM0——摩擦片在磁路内式有集电环湿式多片普通电磁离合器；

DLM2——摩擦片在磁路外式有集电环干、湿两用快速电磁离合器；

DLM3——摩擦片在磁路内式无集电环湿式多片电磁离合器；

DLM4——摩擦片在磁路外式无集电环干式快速多片电磁离合器；

DLM5——摩擦片在磁路内式有集电环湿式多片电磁离合器。

电磁离合器的标记示例：

1）DLM2 型电磁离合器的公称转矩为1000N·m；主动端：J 型轴孔、A 型键槽、轴孔直径 $d=55mm$、轴孔长度 $L=84mm$；从动端：Z 型轴孔、C 型键槽、轴孔直径 $d=48mm$、轴孔长度 $L=84mm$。标记为

$$DLM2-1000\frac{J55\times84}{ZC48\times84}$$

2）DLM2 型电磁离合器的公称转矩为1000N·m；主动端、从动端均为 J 型轴孔、A 型键槽、轴孔直径 $d=50mm$、轴孔长度 $L=84mm$；标记为

$$DLM2-1000\ J50\times84$$

常用电磁离合器的类型、结构和特点见表7.3-19。

### 表 7.3-19 常用电磁离合器的类型、结构和特点

| 型式 | 简 图 | 特 点 | 应 用 |
|---|---|---|---|
| 牙嵌式 | | 与嵌合式离合器特点基本相同 一般需在静态接合，在转速差时会发生冲击。属于刚性接合，无缓冲作用 | 允许停车接合或负载转矩小，从动侧转动惯量小，相对转速在100r/min 以下时接合，要求无滑差、接合不频繁的场合应用，可干、湿两用 |
| 干式单片 | | 反应灵敏、接合迅速。结构紧凑、尺寸小。空载转矩极小。接合过程中有摩擦发热，温升太高时有摩擦性能衰退现象，摩擦片有磨损需调整间隙 | 适用于要求接合快速，频率高，外形尺寸没有限制的场合 |
| 湿式多盘式 | <br>1—连接爪 2—外摩擦片 3—内摩擦片<br>4—电刷 5—集电环 6—磁轭<br>7—线圈 8—衔铁 9—齿轮 | 摩擦片几乎无磨损。接合与脱开动作迟缓，有空载转矩，接合频率不宜太高。要求有供油系统 | 适于要求在较高转速下接合的场合<br>操作频率低于干式<br>有集电环式较无集电环式转动惯量大 |
| 转差式 | | 起动平稳，主动轴恒速下，从动轴可无级调速，无摩擦，有缓冲吸振和安全保护作用。承载能力低，体积大，传递转矩小，动作缓慢，低速和转速差大时效率低 | 用于短时需要较大滑差、需要有恒力矩的场合，可在动力机恒速下调节工作机的转速 |
| 磁粉式 | | 可在同步和滑差下工作，精度较高，响应快，接合与制动时无冲击，从动部分惯量小，接合面有气隙无磨损。磁粉寿命短，价格贵 | 需要有连续滑动的工作场合，以及传递转矩不大的系统 |

### 3.2.1　摩擦式电磁离合器

摩擦式电磁离合器的选用计算见表 7.3-20。

常用摩擦式电磁离合器的主要尺寸和特性参数见表 7.3-21 ~ 表 7.3-23。

**表 7.3-20　摩擦式电磁离合器的选用计算**

| 计算项目 | 计算公式 | 说　明 |
|---|---|---|
| 按动摩擦转矩选择 | $T_d \geqslant K(T_1 + T_2)$ | $T_d$——离合器额定动转矩（N·m）<br>$T_j$——离合器额定静转矩（N·m）<br>$K$——安全系数（或工况系数），见表 7.3-3<br>$T_1$——接合时的载荷转矩（N·m） |
| 按静摩擦转矩选择 | $T_j \geqslant KT_{max}$ | $T_2$——加速转矩（惯性转矩）（N·m）<br>$T_{max}$——运转时的最大载荷转矩（N·m）<br>$A_p$——离合器的允许摩擦功（N·m） |
| 按摩擦功选择 | $A_p \geqslant \dfrac{Jn_x^2}{182} \times \dfrac{T_d}{T_d \mp T_f} m$<br>减速时取正号 | $J$——离合器轴上的转动惯量（kg·m$^2$）<br>$n_x$——摩擦片相对转速（r/min）<br>$T_f$——离合器轴上的载荷转矩（N·m）<br>$m$——接合次数 |

注：选择离合器时需同时满足表中三项要求，但目前我国电磁离合器尚无允许摩擦功的数据，因此，暂只能按动摩擦转矩和静摩擦转矩选择。需计算摩擦功时，可参考国外同类型离合器的数据。

**表 7.3-21　DLM0 系列有集电环湿式多片电磁离合器**

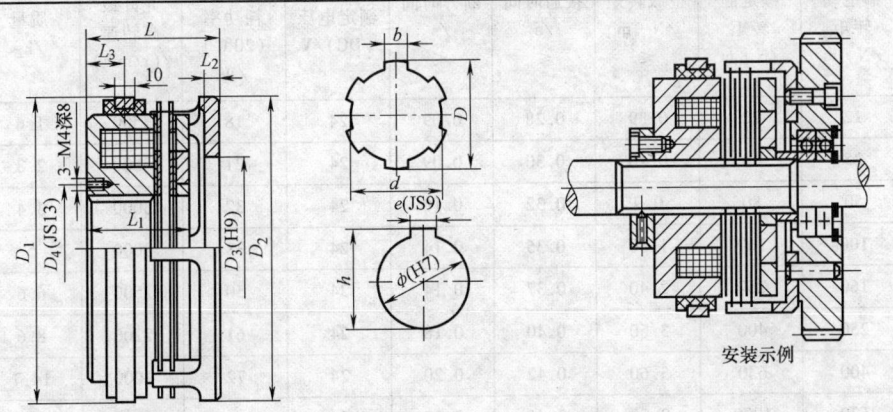

安装示例

| 规格 | 额定动转矩<br>/N·m | 额定静转矩<br>/N·m | 空载转矩<br>/N·m<br>≤ | 接通时间<br>/s<br>≤ | 断开时间<br>/s<br>≤ | 额定电压<br>(DC)/V | 线圈消耗功率<br>(20℃)<br>/W | 允许最高转速<br>/(r/min) | 质量<br>/kg | 供油量<br>/(L/min) | 电刷型号 |
|---|---|---|---|---|---|---|---|---|---|---|---|
| 2.5 | 12 | 25 | 0.4 | 0.28 | 0.10 | 24 | 13 | 3500 | 1.78 | 0.25 | |
| 6.3 | 50 | 100 | 1 | 0.32 | 0.10 | 24 | 19 | 3000 | 2.8 | 0.40 | DS-0.01 |
| 16 | 100 | 200 | 2 | 0.35 | 0.15 | 24 | 23 | 3000 | 4.66 | 0.65 | |
| 40 | 250 | 500 | 5 | 0.40 | 0.20 | 24 | 51 | 2000 | 9.0 | 1.00 | |

| 规格 | $D_1$ | $D_2$ | $D_3$ | $D_4$ | $D$ | $d$ | $b$ | $L$ | $L_1$ | $L_2$ | $L_3$ | 衔铁行程 | $e$ | $h$ |
|---|---|---|---|---|---|---|---|---|---|---|---|---|---|---|
| | | | | | | | /mm | | | | | | | |
| 2.5 | 94 | 92 | 50 | 42 | $30^{+0.023}_{0}$ | $26^{+0.28}_{+0.035}$ | $8^{+0.085}_{+0.035}$ | 56 | 46.6 | 5 | 18.5 | 2.2 | 8 | $32.3^{+0.1}_{0}$ |
| 6.3 | 116 | 113 | 65 | 52 | $40^{+0.027}_{0}$ | $35^{+0.34}_{0}$ | $10^{+0.085}_{+0.035}$ | 60 | 48.2 | 5 | 18.5 | 2.8 | 12 | $42.3^{+0.1}_{0}$ |
| 16 | 142 | 142 | 85 | 60 | $50^{+0.027}_{0}$ | $45^{+0.34}_{0}$ | $12^{+0.105}_{+0.045}$ | 65 | 49.2 | 7.5 | 18.5 | 3.5 | 14 | $52.4^{+0.2}_{0}$ |
| 40 | 176 | 178 | 105 | 86 | $65^{+0.03}_{0}$ | $58^{+0.4}_{0}$ | $16^{+0.105}_{+0.045}$ | 80 | 62 | 10 | 22 | 4 | 18 | $69.4^{+0.2}_{0}$ |

注：1. 离合器工作时必须在摩擦片间加润滑油，供油方式为外浇油或油溶式，但其浸入油深为离合器外径的 1/5 ~ 1/4。高速或频繁动作时应采用轴心供油，其量见本表。

2. 安装示例为同轴安装齿轮输出，也可分轴安装，但主、从动轴都应轴向固定，不得窜动，且同轴度不低于 9 级。输出及安装方式由用户决定并实现。

表 7.3-22　DLM3 系列无集电环湿式多片电磁离合器

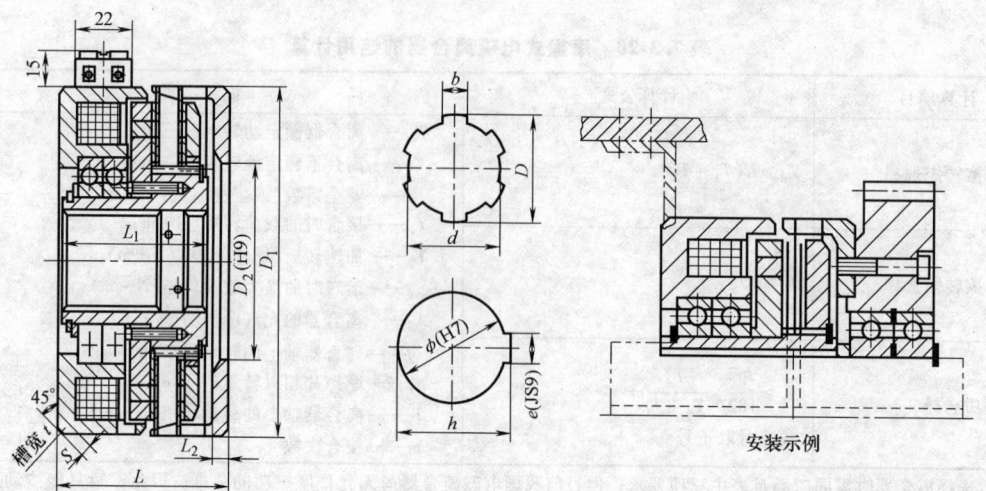

安装示例

| 规格 | 额定动转矩 /N·m | 额定静转矩 /N·m | 空载转矩 /N·m ≤ | 接通时间 /s ≤ | 断开时间 /s ≤ | 额定电压 (DC)/V | 线圈消耗功率 (20℃) /W | 允许最高转速 /(r/min) | 质量 /kg | 供油量 /(L/min) |
|---|---|---|---|---|---|---|---|---|---|---|
| 1.2 | 12 | 20 | 0.39 | 0.28 | 0.09 | 24 | 18 | 3500 | 1.6 | 0.2 |
| 2.5 | 25 | 40 | 0.40 | 0.30 | 0.09 | 24 | 21 | 3500 | 2.3 | 0.25 |
| 5 | 50 | 80 | 0.9 | 0.32 | 0.10 | 24 | 32 | 3000 | 3.4 | 0.40 |
| 10 | 100 | 160 | 1.80 | 0.35 | 0.14 | 24 | 38 | 3000 | 5 | 0.65 |
| 16 | 160 | 250 | 2.40 | 0.37 | 0.14 | 24 | 50 | 2500 | 6.6 | 0.65 |
| 25 | 250 | 400 | 3.50 | 0.40 | 0.18 | 24 | 61 | 2200 | 8.6 | 1.0 |
| 40 | 400 | 630 | 5.60 | 0.42 | 0.20 | 24 | 72 | 2000 | 14.7 | 1.0 |
| 63 | 630 | 1000 | 9.00 | 0.45 | 0.25 | 24 | 83 | 1800 | 21 | 1.2 |

| 规格 | $D_1$ | $D_2$ | $D$ | $d$ | $b$ | $\phi$ | $e$ | $h$ | $L$ | $L_1$ | $L_2$ | $S$ | $t$ |
|---|---|---|---|---|---|---|---|---|---|---|---|---|---|
| | | | | | | /mm | | | | | | | |
| 1.2 | 86 | 50 | $20^{+0.023}_{0}$ | $17^{+0.12}_{0}$ | $6^{+0.065}_{+0.025}$ | 20 | 6 | $21.8^{+0.1}_{0}$ | 51 | 44.5 | 5.5 | 3.5 | 6 |
| 2.5 | 96 | 56 | $25^{+0.023}_{0}$ | $22^{+0.14}_{0}$ | $6^{+0.065}_{+0.025}$ | 25 | 8 | $27.3^{+0.1}_{0}$ | 57 | 51.5 | 5.5 | 3.5 | 6 |
| 5 | 113 | 65 | $30^{+0.023}_{0}$ | $26^{+0.14}_{0}$ | $8^{+0.085}_{+0.035}$ | 30 | 8 | $32.3^{+0.1}_{0}$ | 63 | 56 | 5 | 3.5 | 8 |
| 10 | 133 | 75 | $40^{+0.027}_{0}$ | $35^{+0.17}_{0}$ | $10^{+0.085}_{+0.035}$ | 40 | 12 | $42.3^{+0.1}_{0}$ | 68 | 59 | 6.5 | 5.5 | 8 |
| 16 | 145 | 85 | $45^{+0.027}_{0}$ | $40^{+0.17}_{0}$ | $12^{+0.105}_{+0.045}$ | 45 | 14 | $47.4^{+0.2}_{0}$ | 70 | 61.5 | 6.5 | 5.5 | 10 |
| 25 | 166 | 110 | $50^{+0.027}_{0}$ | $45^{+0.17}_{0}$ | $12^{+0.105}_{+0.045}$ | 50 | 14 | $52.4^{+0.2}_{0}$ | 78.5 | 68 | 7.5 | 5.5 | 10 |
| 40 | 192 | 110 | $60^{+0.03}_{0}$ | $54^{+0.2}_{0}$ | $14^{+0.105}_{+0.045}$ | 60 | 16 | $62.2^{+0.2}_{0}$ | 91 | 79.5 | 8 | 6 | 10 |
| 63 | 212 | 125 | $70^{+0.03}_{0}$ | $62^{+0.2}_{0}$ | $16^{+0.105}_{+0.045}$ | 70 | 20 | $74.3^{+0.2}_{0}$ | 109 | 96.5 | 9.5 | 7 | 10 |

### 表 7.3-23　DLM5 系列有集电环湿式多片电磁离合器

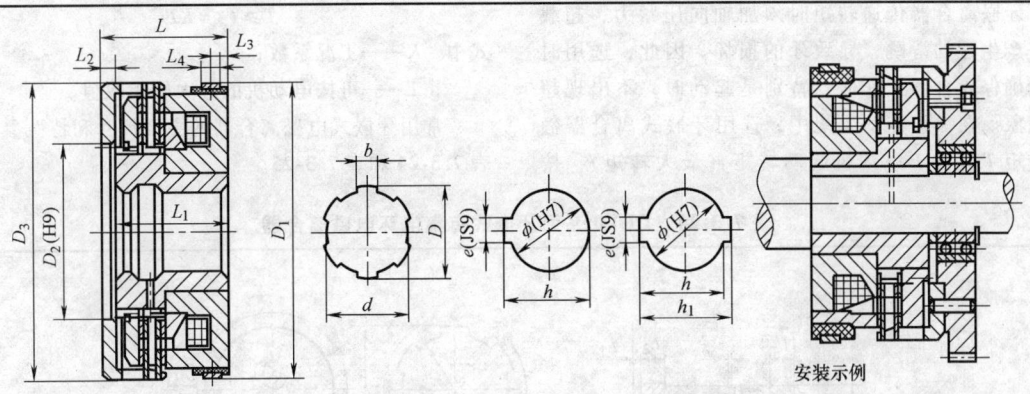

安装示例

| 规格 | 额定动转矩 /N·m | 额定静转矩 /N·m | 空载转矩 /N·m | 接通时间 /s ≤ | 断开时间 /s ≤ | 额定电压 (DC)/V | 线圈消耗功率 (20℃) /W | 允许最高转速 /(r/min) | 质量 /kg | 供油量 /(L/min) |
|---|---|---|---|---|---|---|---|---|---|---|
| 1.2/1.2C | 12 | 20 | 0.39 | 0.28 | 0.09 | 24 | 10 | 3500 | 1.3 | 0.20 |
| 2.5 | 25 | 40 | 0.40 | 0.30 | 0.09 | 24 | 17 | 3500 | 1.73 | 0.25 |
| 5/5C | 50 | 80 | 0.90 | 0.32 | 0.10 | 24 | 17 | 3000 | 2.9 | 0.40 |
| 10/10C | 100 | 160 | 1.80 | 0.35 | 0.14 | 24 | 19 | 3000 | 4.3 | 0.65 |
| 16 | 160 | 250 | 2.40 | 0.37 | 0.14 | 24 | 26 | 2500 | 5.8 | 0.65 |
| 25/25C | 250 | 400 | 3.50 | 0.40 | 0.18 | 24 | 39 | 2200 | 7.7 | 1.00 |
| 40 | 400 | 630 | 5.60 | 0.42 | 0.20 | 24 | 45 | 2000 | 12.2 | 1.00 |
| 63 | 630 | 1000 | 9.00 | 0.45 | 0.25 | 24 | 66 | 1800 | 16.2 | 1.2 |
| 100 | 1000 | 1600 | 15.0 | 0.65 | 0.35 | 24 | 81 | 1600 | 23.2 | 1.2 |
| 160 | 1600 | 2500 | 24.0 | 0.90 | 0.45 | 24 | 87 | 1600 | 31.7 | 1.5 |
| 250 | 2500 | 4000 | 37.5 | 1.20 | 0.60 | 24 | 100 | 1200 | 47.1 | 2.0 |
| 400 | 4000 | 6300 | 60.0 | 1.50 | 0.80 | 24 | 134 | 1000 | 100.9 | 3.0 |

| 规格 | $D_1$ | $D_2$ | $D_3$ | $D$ | $d$ | $b$ | $\phi$ | $e$ | $h$ | $h_1$ | $L$ | $L_1$ | $L_2$ | $L_3$ | $L_4$ | 电刷型号 |
|---|---|---|---|---|---|---|---|---|---|---|---|---|---|---|---|---|
| | | | | | | | | | /mm | | | | | | | |
| 1.2 | 86 | 50 | 86 | $20^{+0.023}_{0}$ | $17^{+0.12}_{0}$ | $6^{+0.065}_{+0.025}$ | 20 | 6 | $22.8^{+0.1}_{0}$ | | 43.5 | 38 | 5.5 | 5 | 7 | |
| 2.5 | 96 | 56 | 96 | $25^{+0.023}_{0}$ | $21^{+0.14}_{0}$ | $6^{+0.065}_{+0.025}$ | 25 | 8 | $28.3^{+0.2}_{0}$ | | 48.5 | 43 | 5.5 | 7 | 7 | DS-002 |
| 5 | 113 | 65 | 113 | $30^{+0.023}_{0}$ | $26^{+0.14}_{0}$ | $6^{+0.065}_{+0.025}$ | 30 | 8 | $33.3^{+0.2}_{0}$ | | 55.5 | 50 | 5.5 | 7 | 8 | |
| 10 | 133 | 75 | 133 | $40^{+0.027}_{0}$ | $35^{+0.17}_{0}$ | $10^{+0.085}_{+0.035}$ | 40 | 12 | $43.3^{+0.2}_{0}$ | | 61 | 54.5 | 6.5 | 8 | 10 | |
| 16 | 145 | 85 | 145 | $45^{+0.027}_{0}$ | $40^{+0.17}_{0}$ | $12^{+0.105}_{+0.045}$ | 45 | 14 | $48.8^{+0.2}_{0}$ | | 63.5 | 57 | 6.5 | 8 | 10 | |
| 25 | 166 | 95 | 166 | $50^{+0.027}_{0}$ | $45^{+0.17}_{0}$ | $12^{+0.105}_{+0.045}$ | 50 | 14 | $53.8^{+0.2}_{0}$ | | 72 | 64.5 | 7.5 | 10 | 10 | |
| 40 | 192 | 120 | 192 | $60^{+0.03}_{0}$ | $54^{+0.2}_{0}$ | $14^{+0.105}_{+0.045}$ | 60 | 18 | $64.4^{+0.2}_{0}$ | | 82.5 | 74.5 | 8 | 10 | 10 | |
| 63 | 212 | 125 | 212 | $70^{+0.03}_{0}$ | $62^{+0.2}_{0}$ | $16^{+0.105}_{+0.045}$ | 70 | 20 | $74.9^{+0.2}_{0}$ | | 91.5 | 82 | 9.5 | 12 | 10 | |
| 100 | 235 | 150 | 235 | | | | 70 | 20 | $74.9^{+0.2}_{0}$ | | 105 | 96 | 10 | 15 | 10 | |
| 160 | 270 | 180 | 270 | | | | 100 | 28 | $106.4^{+0.2}_{0}$ | | 118 | 104 | 14 | 15 | 10 | DS-001 |
| 250 | 310 | 220 | 310 | | | | 110 | 28 | $116.4^{+0.2}_{0}$ | $122.8^{+0.4}_{0}$ | 130 | 116 | 14 | 10 | 12 | |
| 400 | 415 | 235 | 415 | | | | 120 | 32 | $127.4^{+0.2}_{0}$ | $134.8^{+0.4}_{0}$ | 150 | 132 | 18 | 10 | 12 | |
| 1.2C | 94 | 50 | 86 | $30^{+0.023}_{0}$ | $26^{+0.14}_{0}$ | $8^{+0.085}_{+0.035}$ | | | | | 56 | 50.5 | 5.5 | 19 | 10 | |
| 5C | 116 | 65 | 113 | $40^{+0.027}_{0}$ | $35^{+0.17}_{0}$ | $10^{+0.085}_{+0.035}$ | | | | | 59.5 | 54 | 5.5 | 19 | 10 | |
| 10C | 142 | 85 | 133 | $50^{+0.027}_{0}$ | $45^{+0.17}_{0}$ | $12^{+0.105}_{+0.045}$ | | | | | 64.5 | 58 | 6.5 | 19 | 10 | |
| 25C | 176 | 105 | 160 | $65^{+0.03}_{0}$ | $58^{+0.2}_{0}$ | $16^{+0.105}_{+0.045}$ | | | | | 81 | 73.5 | 7.5 | 21 | 10 | |

### 3. 2. 2　牙嵌式电磁离合器

牙嵌离合器传递转矩时须加轴向压紧力，超载时将产生牙的滑跳，导致牙的损坏。因此，选用时必须确保离合器工作时，特别是起动时，不出现超载现象。在一般传动系统中，选用牙嵌式离合器额定转矩 $T$ 应大于电动机起动转矩（最大转矩），按下式计算：

$$T \geqslant T_c = KT$$

式中　$K$——工况系数；

　　　$T$——可按电动机的最大转矩取值。

常用牙嵌式电磁离合器的主要尺寸和特性参数见表 7.3-24 和表 7.3-25。

**表 7.3-24　DLY0 系列牙嵌式有集电环电磁离合器**

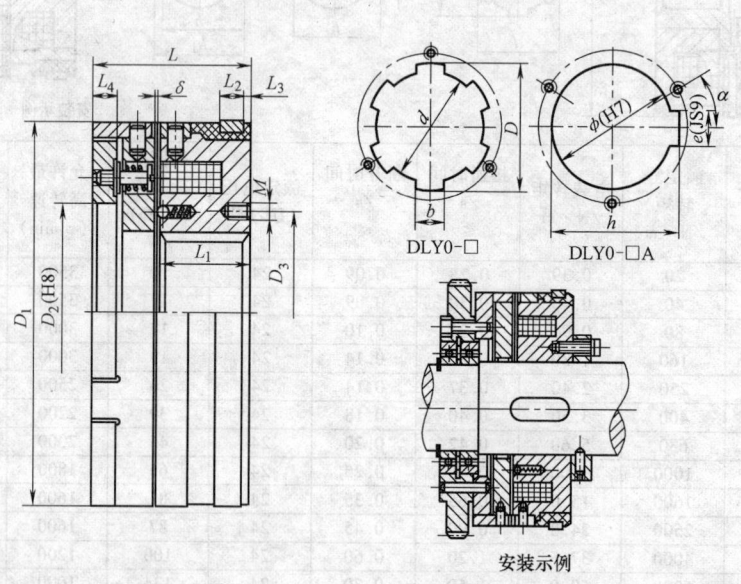

DLY0-□　　　DLY0-□A

安装示例

| 规格 | 额定转矩 /N·m | 额定电压（DC） /V | 线圈消耗功率（20℃） /W | 允许最高结合转速 /(r/min) | 允许最高转速 /(r/min) | 质量/kg |
|---|---|---|---|---|---|---|
| 1.2 | 12 | 24 | 8 | 80 | 5500 | 0.57 |
| 2.5 | 25 | 24 | 8 | 65 | 5000 | 0.83 |
| 5 | 50 | 24 | 16 | 50 | 4500 | 1.42 |
| 10 | 100 | 24 | 21 | 35 | 4000 | 1.6 |
| 16 | 160 | 24 | 24 | 25 | 3500 | 2.1 |
| 25 | 250 | 24 | 32 | 20 | 3300 | 3.2 |
| 40 | 400 | 24 | 35 | 15 | 3000 | 5.3 |

| 规格 | $D_1$ | $D_2$ | $D_3$ | $D$ | $d$ | $b$ | $\phi$ | $h$ | $e$ | $M$ | $L$ | $L_1$ | $L_2$ | $L_3$ | $L_4$ | $\alpha$ | $\delta$ | 电刷型号 |
|---|---|---|---|---|---|---|---|---|---|---|---|---|---|---|---|---|---|---|
| | | | | | | | | /mm | | | | | | | | | | |
| 1.2 | 61 | 30 | 27.5 | $20^{+0.023}_{0}$ | $17^{+0.12}_{0}$ | $6^{+0.065}_{+0.025}$ | 18 | $19.9^{+0.14}_{0}$ | 5 | 3-M4 深 8 | 36 | 19.2 | 7 | 3 | 6 | 30° | 0.2 | |
| 2.5 | 73 | 35 | 34 | $25^{+0.023}_{0}$ | $22^{+0.14}_{0}$ | $6^{+0.065}_{+0.025}$ | 25 | $27.6^{+0.17}_{0}$ | 8 | 3-M4 深 8 | 36 | 19.2 | 8 | 3 | 6 | 30° | 0.3 | |
| 5 | 87 | 45 | 41 | $28^{+0.023}_{0}$ | $24^{+0.14}_{0}$ | $6^{+0.065}_{+0.025}$ | 28 | $30.6^{+0.17}_{0}$ | 8 | 3-M4 深 8 | 44 | 24.2 | 8 | 5 | 8 | 30° | 0.3 | DS-002 |
| 10 | 94 | 45 | 50 | $40^{+0.027}_{0}$ | $35^{+0.17}_{0}$ | $10^{+0.085}_{+0.035}$ | 40 | $42.9^{+0.17}_{0}$ | 12 | 3-M4 深 10 | 45 | 25.2 | 8 | 5 | 8 | 30° | 0.5 | |
| 16 | 104 | 60 | 55 | $45^{+0.027}_{0}$ | $40^{+0.17}_{0}$ | $12^{+0.105}_{+0.045}$ | 45 | $47.9^{+0.17}_{0}$ | 12 | 3-M5 深 10 | 50 | 29.2 | 8 | 5 | 8 | 30° | 0.5 | |
| 25 | 125 | 75 | 70 | $50^{+0.027}_{0}$ | $45^{+0.17}_{0}$ | $12^{+0.105}_{+0.045}$ | 50 | $53.8^{+0.2}_{0}$ | 14 | 3-M5 深 10 | 52.5 | 31 | 9 | 4 | 9 | 30° | 0.5 | DS-001 |
| 40 | 140 | 80 | 75 | $60^{+0.03}_{0}$ | $54^{+0.17}_{0}$ | $14^{+0.105}_{+0.045}$ | 60 | $64^{+0.2}_{0}$ | 18 | 3-M6 深 10 | 62 | 35 | 10 | 3 | 10 | 60° | 0.8 | |

注：牙嵌式电磁离合器可在有润滑或无润滑情况下工作。

### 表 7.3-25 DLY3 系列牙嵌式无集电环电磁离合器

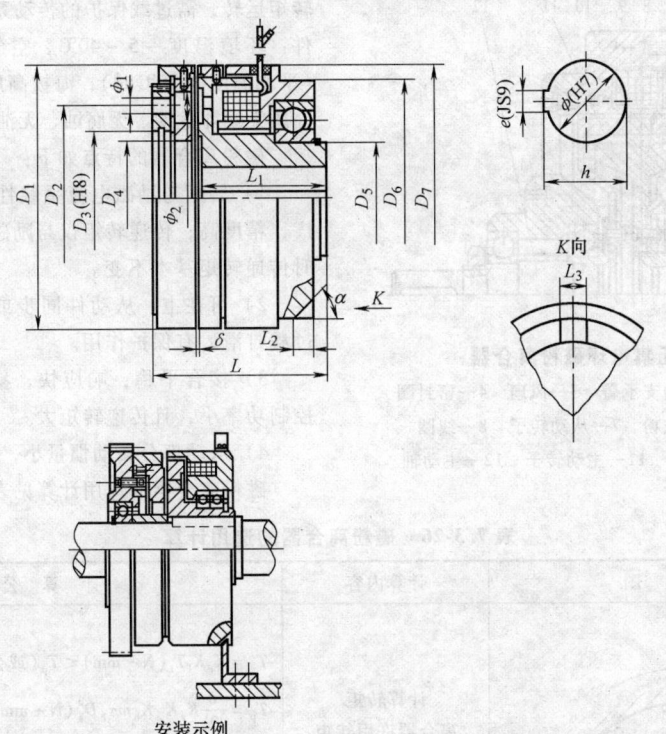

安装示例

| 规格 | 额定转矩<br>/N·m | 额定电压(DC)·<br>/V | 线圈消耗功率(20℃)<br>/W | 允许最高结合转速<br>/(r/min) | 允许最高转速<br>/(r/min) |
|---|---|---|---|---|---|
| 5A | 50 | 24 | 24 | 50 | 4500 |
| 25A | 250 | 24 | 38 | 20 | 3300 |
| 41A | 410 | 24 | 64 | 15 | 3000 |
| 63A | 630 | 24 | 60 | 相对静止 | 2500 |
| 100A | 1000 | 24 | 80 | 相对静止 | 2200 |

| 规格 | $D_1$ | $D_2$ | $D_3$ | $D_4$ | $D_5$ | $D_6$ | $D_7$ | $\phi_1$ | $\phi_2$ | $\phi$ | $h$ | $e$ | $L$ | $L_1$ | $L_2$ | $L_3$ | $\alpha$ | $\delta$ |
|---|---|---|---|---|---|---|---|---|---|---|---|---|---|---|---|---|---|---|
| | | | | | | | | | | /mm | | | | | | | | |
| 5A | 82 | 58 | 42 | 36 | 35 | 75 | 82 | 3-$\phi$4.5 | 3-$\phi$10 | 20 | $22.8^{+0.1}_{0}$ | 6 | 55 | 42 | 6 | 8 | 45° | 0.3±0.05 |
| 25A | 115 | 80 | 62 | 55 | 55 | 105 | 115 | 3-$\phi$6.5 | 3-$\phi$12 | 40 | $43.3^{+0.2}_{0}$ | 12 | 70 | 50.8 | 5 | 10 | 45° | 0.4±0.1 |
| 41A | 134 | 95 | 72 | 68 | 70 | 127 | 134 | 6-$\phi$8.5 | 6-$\phi$15 | 45 | $48.8^{+0.2}_{0}$ | 14 | 83 | 61 | 7 | 10 | 45° | 0.4±0.1 |
| 63A | 145 | 95 | 72 | 65 | 65 | 127 | 145 | 3-$\phi$8.5 | 3-$\phi$15 | 40 | $43.3^{+0.2}_{0}$ | 12 | 85.6 | 64.5 | 5 | 10 | 45° | 0.7±0.1 |
| 100A | 166 | 120 | 90 | 80 | 85 | 152 | 166 | 6-$\phi$8.5 | 6-$\phi$14.5 | 60 | $64.4^{+0.2}_{0}$ | 18 | 95 | 68 | 10 | 12 | 45° | 0.7±0.1 |

### 3.3 磁粉离合器

磁粉离合器是以磁粉为介质，借助磁粉间的结合力和磁粉与工作面间的摩擦力传递转矩的离合器。图7.3-1 为无集电环磁粉离合器。从动转子 7 与从动轴 1 相连，以滚珠轴承支承回转。主动轴 12 与主动转子 11 相连一起回转。主动转子上嵌有励磁线圈 8，在主动转子与从动转子间填充磁粉。当线圈 8 通电时，产生垂直于间隙的磁通，使松散的粉粒磁化结成磁粉链，产生磁连接力，并借助主、从动件与磁粉向摩擦力将动力传给从动件。断电后，磁粉恢复松散状态，并在离心力作用下，使磁粉依附主动转子内壁而与从动转子脱离，离合器脱开。

磁粉离合器主要用于接合频率高，要求接合平

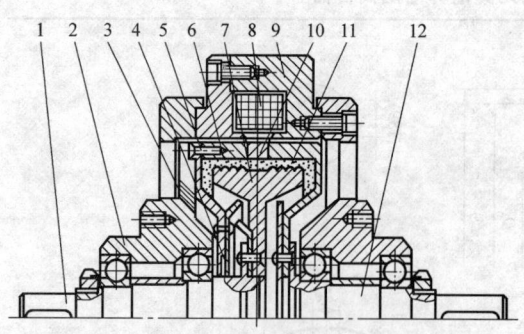

**图 7.3-1　无集电环磁粉离合器**

1—从动轴　2—从动轴支承盖　3—风扇　4—密封圈
5—转子端盖　6—磁粉　7—从动转子　8—线圈
9—定子　10—隔磁环　11—主动转子　12—主动轴

稳，需调节起动时间，自动调节转矩、转速或保持恒转矩运转，需过载保护的传动系统。离合器的工作条件：环境温度 – 5 ~ 40℃，空气最大相对湿度 90%（平均温度为 25℃ 时），海拔高度不超过 2500m，周围介质无爆炸危险、无腐蚀、无油雾的场合。

磁粉离合器的特点如下：

1) 转矩与励磁电流呈线性关系，转矩调节范围广，精度高；传递转矩仅与励磁电流有关，转速改变时传递转矩基本不变。

2) 可在主、从动件同步或稍有转速差下工作，过载打滑，有保护作用。

3) 接合平稳，响应快，易于实现自控和远控，控制功率小，且传递转矩大。

4) 从动部分转动惯量小，结构简单，噪声低。

磁粉离合器的选用计算见表 7.3-26。

**表 7.3-26　磁粉离合器的选用计算**

| 计 算 简 图 | 计算内容 | 计 算 公 式 |
|---|---|---|
| 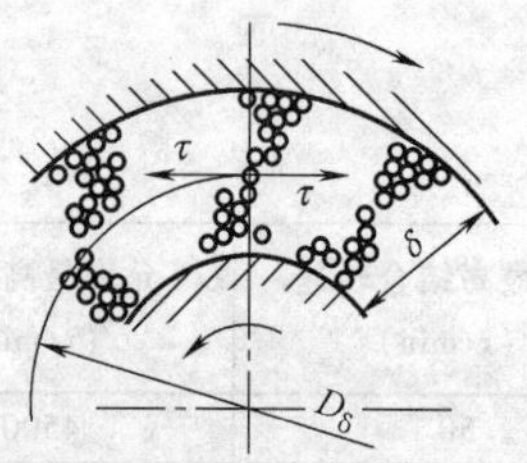 （图，上部） | 计算转矩<br>离合器许用转矩<br>单位面积剪力 | $T_c = K_g K_1 T_t (\text{N} \cdot \text{mm}) \leqslant T_p$（或公称转矩 $T_n$）<br><br>$T_p = \dfrac{\pi}{2} K_z K_\omega K_b m \tau_\delta D_\delta^3 (\text{N} \cdot \text{mm})$<br><br>$T_\delta = 0.1 \times 10^{4n} K_m K_v K_\tau B_\delta^n (\text{MPa})$<br><br>$\tau_\delta$ 一般取 $0.5 \sim 1.0 \text{MPa}$ |
| 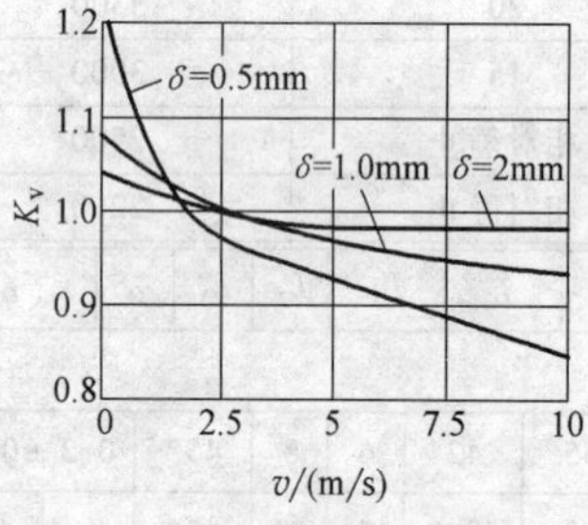 系数 $K_v$ 值 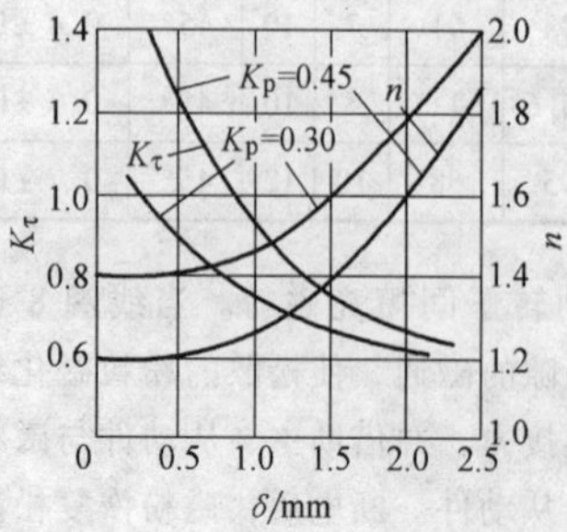<br><br>系数 $K_\tau$ 和 $n$ 值 | | $K_g$——过载系数，一般载荷时取 $K_g = 1.1 \sim 1.3$，重载时取 $K_g = 1.5 \sim 2$<br>$K_1$——磁粉老化系数，$K_1 = 1.3 \sim 1.5$<br>$T_t$——需传递的转矩（N·mm）<br>$m$——工作间隙数<br>$K_z$——工作间隙系数，当 $m = 1 \sim 4$ 时，$K_z = 1 \sim 0.9$<br>$K_\omega$——工作状况系数，当同步时取 $K_\omega = 1$，有滑差时取 $K_\omega = 0.6 \sim 0.9$<br>$K_b$——从动件工作面宽度与从动件工作间隙的平均直径之比，当传递转矩为 $10^4 \sim 10^7 \text{N} \cdot \text{mm}$ 时取 $K_b = 0.12 \sim 0.08$<br>$D_\delta$——从动件沿工作间隙的平均直径（mm）<br>$K_m$——与磁粉松装密度有关的系数，对于不锈钢粉 $K_m = 1$；对于铁铝铬、铁硅铝粉 $K_m = 1.36$；对于铁钴镍粉 $K_m = 1.55$<br>$K_v$——与从动件相对运动速度 $v$ 及离合器工作间隙 $\delta$ 有关的系数，见左图<br>$K_\tau$、$n$——与磁粉的填充系数 $K_p$ 及工作间隙 $\delta$ 有关的系数，见左图；$K_p$ 为磁粉体积中铁（或其他导磁合金）所占体积的百分比<br>$B_\delta$——工作间隙平均磁通密度（T），一般取 $B_\delta = 0.5 \sim 1 \text{T}$ |

磁粉离合器的标记方法如下：

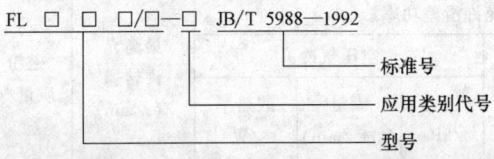

1）公称转矩 12N·m、杯形转子、法兰盘输入、空心轴输出、空心轴（或单止口）支撑自冷式离合器，用于一般连接。

标记为：FL12B. K JB/T 5988—1992

2）公称转矩 200N·m、杯形转子、轴输入、轴输出、双止口支撑，自冷式离合器，用于快速离合。

标记为：FL200—G JB/T 5988—1992

磁粉离合器的基本性能参数见表 7.3-27。

常用磁粉离合器的主要尺寸及特性参数见表 7.3-28。

表 7.3-27　磁粉离合器的基本性能参数

| 型　号 | 公称转矩 $T_n$ /N·m | 75℃时线圈 | | | 许用同步转速 $n_p$ /(r/min) | 飞轮距 $GD^2$ /N·m² | 自冷式 | 风冷式 | | 液冷式 | |
|---|---|---|---|---|---|---|---|---|---|---|---|
| | | 最大电压 $U_m$ /V | 最大电流 $I_m$ /A | 时间常数 $T_{ir}$ /s | | | 许用滑差功率 $P_p$ /W | 许用滑差功率 $P_p$ /W | 风量 /(m³/min) | 许用滑差功率 $P_p$ /W | 液量 /(L/min) |
| FL0.5□ | 0.5 | ≤0.4 | ≤0.035 | | | $4×10^{-4}$ | ≥8 | — | — | — | — |
| FL1□ | 1 | ≤0.54 | ≤0.040 | | | $1.7×10^{-3}$ | ≥15 | — | — | — | — |
| FL2.5□ | 2.5 | ≤0.64 | ≤0.052 | | | $4.4×10^{-3}$ | ≥40 | — | — | — | — |
| FL5□ | 5 | ≤1.2 | ≤0.066 | | 1500 | $10.8×10^{-3}$ | ≥70 | — | — | — | — |
| FL10□ | 10 | ≤1.4 | 0.11 | | | $2×10^{-2}$ | ≥110 | ≥200 | 0.2 | — | — |
| FL25□. □/□ | 25 | ≤1.9 | ≤0.11 | | | $7.8×10^{-2}$ | ≥150 | ≥340 | 0.4 | — | — |
| FL50□. □/□ | 50 | ≤2.8 | ≤0.12 | | | $2.3×10^{-1}$ | ≥260 | ≥400 | 0.7 | 1200 | 3.0 |
| FL100□. □/□ | 100 | ≤3.6 | ≤0.23 | | | $8.2×10^{-1}$ | ≥420 | ≥800 | 1.2 | 2500 | 6.0 |
| FL200□. □/□ | 200 | ≤3.8 | ≤0.33 | | 1000 | 2.53 | ≥720 | ≥1400 | 1.6 | 3800 | 9.0 |
| FL400□. □/□ | 400 | ≤5.0 | ≤0.44 | | | 6.6 | ≥900 | ≥2100 | 2 | 5200 | 15 |
| FL630□. □/□ | 630 | ≤1.6 | ≤0.47 | 80 | | 15.4 | ≥1000 | ≥2300 | 2.4 | — | — |
| FL1000□. □/□ | 1000 | ≤1.8 | ≤0.57 | | 750 | 31.9 | ≥1200 | ≥3900 | 3.2 | — | — |
| FL2000□. □/□ | 2000 | ≤2.2 | ≤0.80 | | | 94.6 | ≥2000 | ≥8300 | 5.0 | — | — |

表 7.3-28　FL 型磁粉离合器

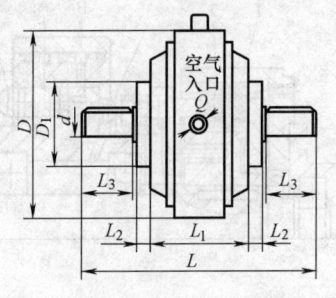
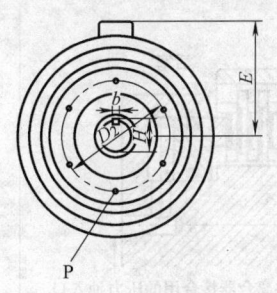

| | 代号 型号 | $L$ | $L_1$ | $L_2$ | $L_3$ | $D$ | $D_1$ | $D_2$ | P | | | 键 | | | $E$ | $Q$ |
|---|---|---|---|---|---|---|---|---|---|---|---|---|---|---|---|---|
| | | | | | | | | | 直径 | 数量 | 深度 | $H$ $\begin{smallmatrix}0\\-0.20\end{smallmatrix}$ | $b$ (p7) | $d$ (h7) | | |
| 尺寸 /mm | FL6 | 164 | 80 | 10 | 22 | 136 | 50 | 60 | M4 | 6 | 10 | 13.5 | 4 | 12 | 93 | M12 |
| | FL12 | 194 | 94 | 12 | 28 | 150 | 60 | 76 | M5 | 6 | 12 | 17 | 5 | 15 | 100 | M14×1.5 |
| | FL25 | 223 | 103 | 12 | 36 | 170 | 72 | 86 | M5 | 6 | 12 | 22.5 | 6 | 20 | 115 | ZG¼″ |
| | FL50 | 286 | 118 | 14 | 58 | 195 | 75 | 100 | M6 | 6 | 15 | 28 | 8 | 25 | 128 | M14×1.5 |
| | FL100 | 304 | 134 | 15 | 58 | 240 | 100 | 130 | M10 | 6 | 16 | 33 | 9 | 30 | 150 | ZG¼″ |
| | FL200 | 380 | 176 | 20 | 70 | 300 | 114 | 136 | M10 | 6 | 20 | 38 | 10 | 35 | 180 | ZG¼″ |
| | FL400 | 472 | 230 | 19 | 90 | 350 | 128 | 148 | M12 | 6 | 20 | 43 | 12 | 40 | 207 | M16 |

（续）

| 型号 | 线圈(20℃) | | | | 允许滑差功率 | | | | 最高允许转速/(r/min) | 磁粉质量/g |
|---|---|---|---|---|---|---|---|---|---|---|
| | 额定转矩/N·m | 电压/V | 电流/A | 阻抗/Ω | 自冷/W | 空压气冷 | | | | |
| | | | | | | 压力/kPa | 流量/(m³/min) | 散热率/W | | |
| FL6 | 6 | 24 | 0.89 | 27 | 70 | 20 | 0.15 | 120 | 1500 | 15 |
| FL12 | 12 | 24 | 1 | 24 | 120 | 30 | 0.2 | 180 | 1500 | 28 |
| FL25 | 25 | 24 | 1.25 | 19.2 | 130~230 | 50 | 0.4 | 300 | 1500 | 30 |
| FL50 | 50 | 24 | 2 | 12 | 150~250 | 100 | 0.6 | 380 | 1500 | 42 |
| FL100 | 100 | 24 | 2.25 | 10.7 | 230~350 | 140 | 1.1 | 600 | 1500 | 77 |
| FL200 | 200 | 24 | 2.5 | 9.6 | 400~600 | 150 | 1.6 | 1000 | 1500 | 133 |
| FL400 | 400 | 24 | 3.83 | 6.3 | 600~1000 | 160 | 2 | 1600 | 1500 | 230 |

（"性能"为左侧合并单元格标签）

## 3.4　液压离合器

液压离合器是利用液压油操纵接合的离合器，接合元件有嵌合式与摩擦式之分。结构上有柱塞式与活塞式之分。

液压离合器的特点：

1) 传递转矩大，尺寸小，尺寸相同时比电磁离合器传递转矩约大3倍。

2) 自行补偿摩擦元件磨损的间隙。

3) 接合平稳，无冲击。

4) 调节系统油压可在一定范围内调节传递转矩。

5) 结构复杂，加工精度高，需配液压站。

液压离合器的型式与特点见表7.3-29。

液压离合器的计算见表7.3-30。

活塞式多盘液压离合器的主要尺寸及性能见表7.3-31。

### 表7.3-29　液压离合器的型式与特点

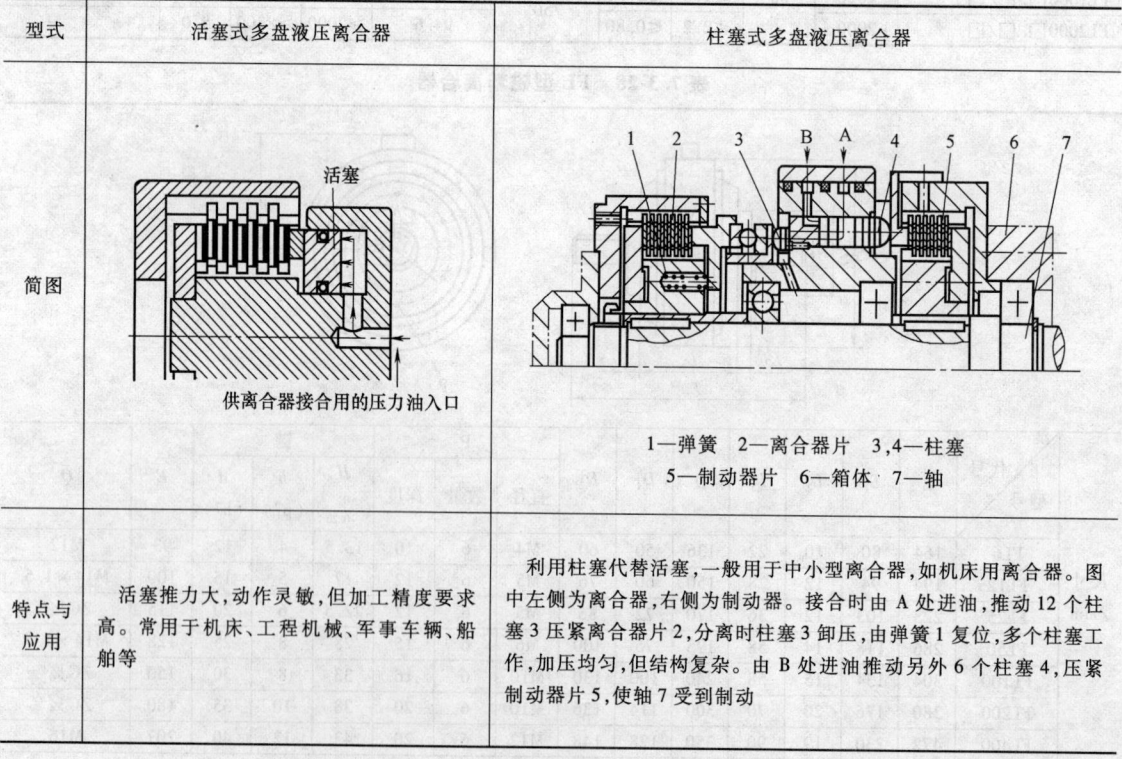

| 型式 | 活塞式多盘液压离合器 | 柱塞式多盘液压离合器 |
|---|---|---|
| 简图 | 活塞／供离合器接合用的压力油入口 | 1—弹簧　2—离合器片　3,4—柱塞<br>5—制动器片　6—箱体　7—轴 |
| 特点与应用 | 活塞推力大，动作灵敏，但加工精度要求高。常用于机床、工程机械、军事车辆、船舶等 | 利用柱塞代替活塞，一般用于中小型离合器，如机床用离合器。图中左侧为离合器，右侧为制动器。接合时由A处进油，推动12个柱塞3压紧离合器片2，分离时柱塞3卸压，由弹簧1复位，多个柱塞工作，加压均匀，但结构复杂。由B处进油推动另外6个柱塞4，压紧制动器片5，使轴7受到制动 |

**表 7.3-30　液压离合器的计算**

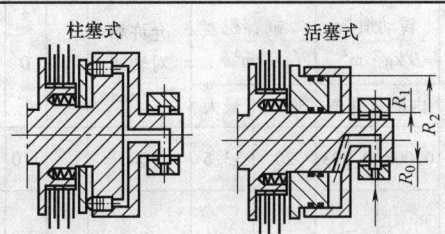

| | 计 算 项 目 | 计 算 公 式 | 说 明 |
|---|---|---|---|
| 柱塞式 | 柱塞缸压紧力 | $Q_g = \dfrac{\pi}{4}d^2 z(p_g - \Delta p) \times 100 > Q$ | $p_g$——油缸工作压力(MPa),一般取 $p_g = 0.5 \sim 2$MPa |
| | 压力损失对柱塞的阻力 | $Q_0 = \dfrac{\pi}{4}d^2 z \Delta p \times 100$ | $\Delta p$——压力损失(MPa),一般取 $\Delta p = 0.05 \sim 0.1$MPa |
| | 复位弹簧力 | $Q_t \geqslant Q_0$ | $Q$——接合需要的压紧力(N) <br> $d$——柱塞直径(cm) <br> $z$——柱塞数目 |
| 活塞式 | 活塞缸压紧力 | $Q_g = \pi(R_2^2 - R_1^2)(p_g - \Delta p) \times 100 - Q_f > Q$ | $p_g$——油液工作压力(MPa),一般取 $p_g = 0.5 \sim 2.0$MPa |
| | 密封圈摩擦阻力<br>　对 O 形圈<br>　对 Y 形圈 | $Q_f = 0.03Q$ <br> $Q_f = \pi \mu p_g (R_2 + R_1) h \times 100$ | $\Delta p$——排油需要的压力(MPa),一般取 $\Delta p = 0.05 \sim 0.10$MPa,但需满足 $\Delta p \geqslant 7.85 \times 10^{-8} n^2 R_0^2$ |
| | 压力损失对活塞的阻力 | $Q_0 = \pi(R_1^2 - R_1^2)\Delta p \times 100$ | $\mu$——摩擦因数 <br> $h$——密封圈高度(cm) |
| | 离心力对活塞的阻力 | $Q_1 = 7.85 \times 10^{-8} n^2 (R_2^2 - R_1^2)(R_2^2 + R_1^2 - 2R_0^2)$ | $n$——油缸转速(r/min) <br> $Q$——接合需要的压紧力(N) |
| | 转动缸复位弹簧力 | $Q_t = Q_1 + Q_0 + Q_f$ | $R_1$、$R_2$、$R_0$——半径,见本表图(cm) |
| | 静止缸复位弹簧力 | $Q_t = Q_0 + Q_f$ | |

**表 7.3-31　活塞式多盘液压离合器的主要尺寸及性能**

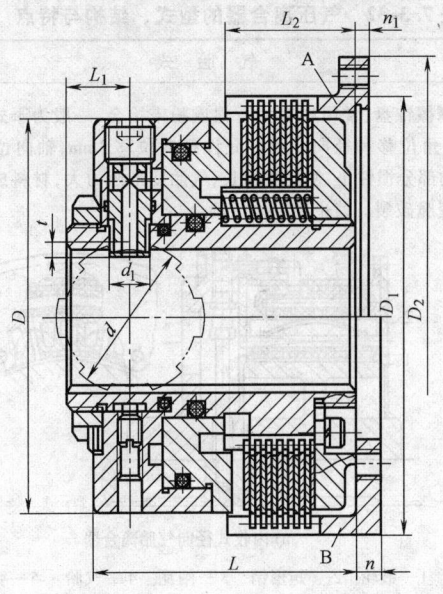

（续）

| $d$ | 许用动转矩 /N·m | 许用静转矩 /N·m | 工作压力 /MPa | 转动惯量 /kg·m² 内侧 | 外侧 | 缸容积 /cm³ 最小 | 最大 | 允许相对转速 /(r/min) | $t$ | $D$ | $D_1$ | $D_2$ | $d_1$ | $L$ | $L_1$ | $L_2$ | $n$ | $n_1$ |
|---|---|---|---|---|---|---|---|---|---|---|---|---|---|---|---|---|---|---|
| 35×30×10<br>40×35×10 | 160 | 250 | | 0.008 | 0.003 | 20 | 33.5 | 3000 | | 110 | 120 | 145 | | 90 | 19 | 40 | | 5 |
| 40×35×10<br>45×40×12<br>50×45×12 | 250 | 400 | | 0.013 | 0.005 | 25 | 45 | 2500 | 6 | 125 | 140 | 165 | 13.5 | 95 | 20 | 42 | | 8 |
| 50×45×12<br>55×50×14<br>60×54×14 | 400 | 630 | 2 | 0.021 | 0.010 | 30 | 53 | 2120 | 7.5 | 140 | 160 | 185 | | 100 | 21 | 42 | | |
| 60×54×14<br>65×58×16<br>70×62×16 | 630 | 1000 | | 0.044 | 0.020 | 63 | 106 | 1800 | 10 | 160 | 180 | 210 | 15.5 | 115 | 24 | 52 | 6 | 10 |
| 65×58×16<br>72×62×16<br>75×65×16 | 1000 | 1600 | | 0.075 | 0.038 | 87 | 145 | 1600 | 7.5<br>10 | 180 | 210 | 240 | | 120 | | | | |

注：1. 许用动转矩是指在载荷下接合的许用转矩；许用静转矩是指在空载下接合的许用转矩。

2. 工作压力是指液压泵输出油路中的表压值，液压泵至离合器液压缸间的管路压力损失小于等于0.25MPa。

3. 外片连接件可根据需要制成A、B两种形式之一。

## 3.5　气压离合器

气压离合器是利用气压操纵的离合器，气压离合器比液压离合器接合速度快，接合平稳，可高频离合，自动补偿磨损间隙，维护方便。缺点是排气时有噪声，需有压缩空气源。

气压离合器有活塞式、隔膜式和气胎式。活塞式加压行程大，补偿磨损容易；隔膜式结构紧凑，质量轻，密封性好，动作灵敏，但行程短，寿命短；气胎式传递转矩大，吸振性好，但气胎变形阻力大，气压损失大。气压离合器的型式、结构和特点见表7.3-32。

### 表7.3-32　气压离合器的型式、结构与特点

| 型式 | 气　胎　式 |
|---|---|
| | 接合元件有摩擦盘、摩擦块、摩擦锥盘，常用材料为石棉或粉末冶金，一般为干式。传递转矩大，接合平稳，便于安装，能补偿主从动轴之间的少量角位移和径向位移。允许径向位移3mm，轴向位移15mm，角位移在1m长度上为2mm。结构紧凑，密封性好，从动部分惯性小，使用寿命长，气胎变形阻力大，材料成本高，使用温度高于60℃，会降低气胎寿命，低于-20℃，气胎易变脆破裂。禁止用于油污场合 |
| 结构图 | <br>a) 内收式径向气胎离合器<br>1—鼓轮　2—矩形销　3—闸瓦　4—气胎　5—弹簧 |

（续）

| 型式 | 气 胎 式 |
|---|---|
| 结<br><br>构<br><br>图 | 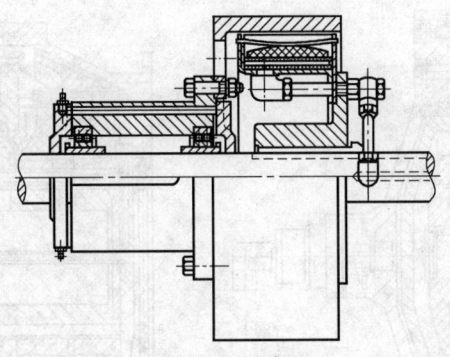<br>b) 外胀式径向离合器<br><br>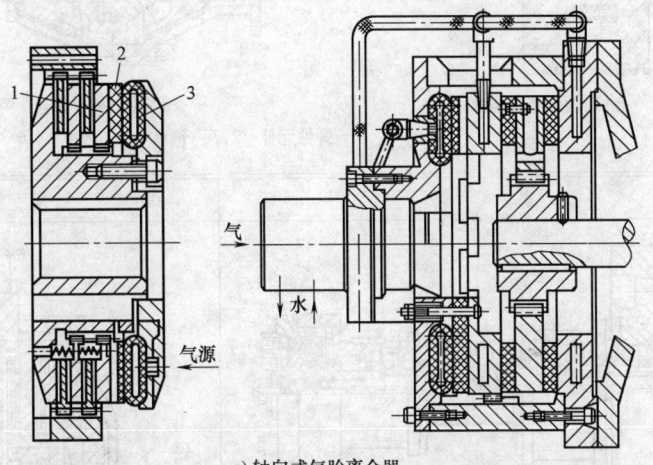<br>左图为双盘轴向气动<br>离合器；右图为水冷式<br>轴向气动离合器<br><br>c) 轴向式气胎离合器<br>1—内圆盘　2—隔热层　3—气胎 |
| 特<br>点·<br>应<br>用 | 　　图 a 内外鼓轮分别与主从动轴固定连接,气胎 4 固定在外轮上,内面有耐磨材料制成的闸瓦 3,空转时瓦块与内鼓轮<br>有 2～3mm 间隙,通入压缩空气时,瓦块向内鼓轮 1 压紧,传递转矩,泄压时,两轴分开<br>　　图 b 气胎固定在内轮上,改善了散热条件,但因气胎向外扩张与转动时产生的离心力方向一致,因此在分离时会阻<br>挠离合器脱开,所以没有前一种结构应用广泛<br>　　图 c 气胎呈轴向分布,离心力对离合器的离、合都没有影响,且摩擦盘的尺寸较小,质量较轻,但补偿两轴的轴向位<br>移性能不好,故应用不及径向式广泛 |
| 型式 | 活 塞 式 |
| 结<br><br>构<br><br>图 | 　　活塞式气动离合器传动转矩大,使用寿命长,接合平稳,多制成大型离合器,但制造比较复杂,成本较高,重量较大,<br>为防止接合元件的烧蚀和变形,设有良好的散热孔。功率大的要采用通风结构,工作负载大的还可以采用强制水冷<br>却。活塞缸分整圆和环形两种,一般采用 0.4～0.6MPa 的气压;对于大型离合器为了减小尺寸和质量,可以采用<br>0.75～0.85MPa 气压,活塞式气动离合器在锻压机上应用较多,其他如钻孔、造纸机等 |

（续）

| 型式 | 活 塞 式 |
|---|---|
| 结构图 | 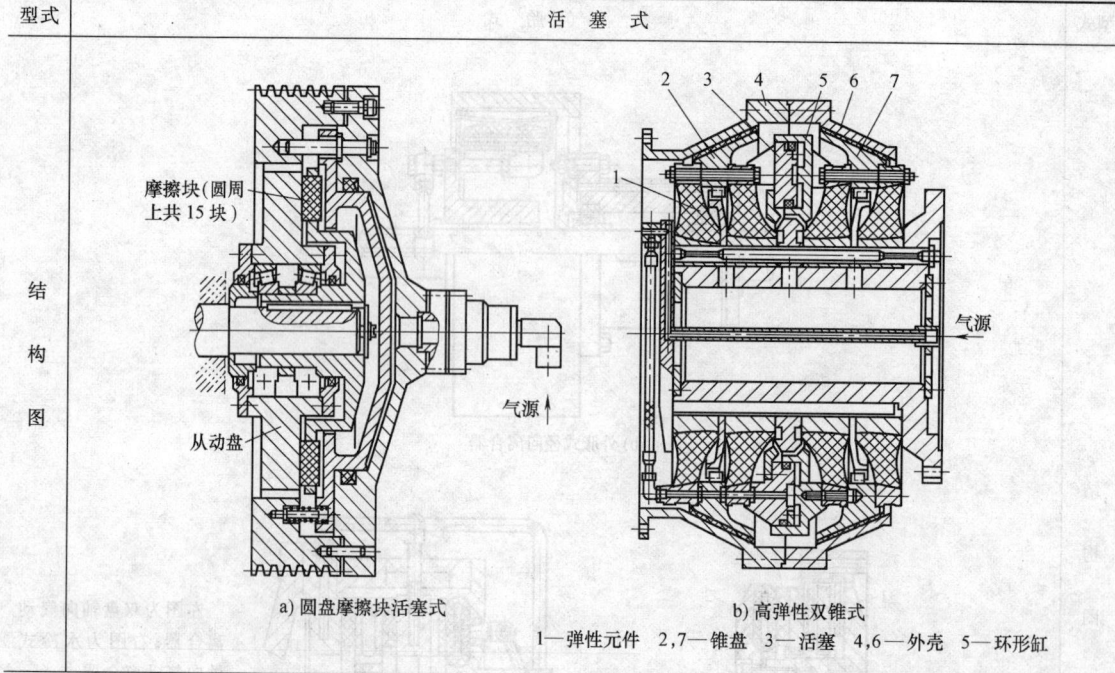 a) 圆盘摩擦块活塞式     b) 高弹性双锥式<br>1—弹性元件　2,7—锥盘　3—活塞　4,6—外壳　5—环形缸 |

| 型式 | 活 塞 式 | 隔 膜 式 |
|---|---|---|
| 结构图 | 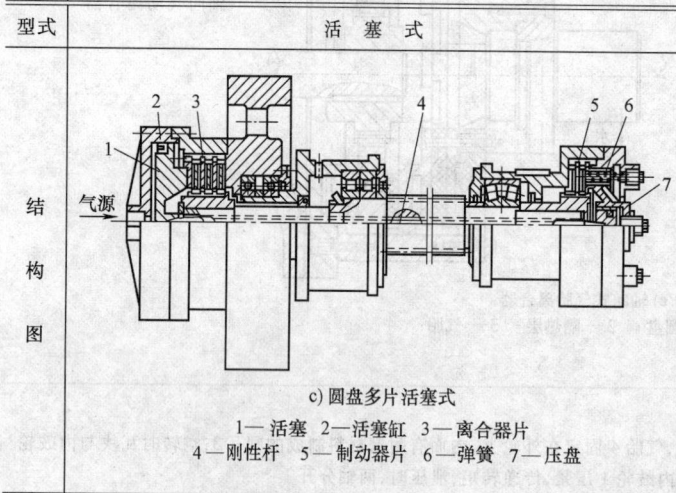<br>c) 圆盘多片活塞式<br>1—活塞　2—活塞缸　3—离合器片<br>4—刚性杆　5—制动器片　6—弹簧　7—压盘 | 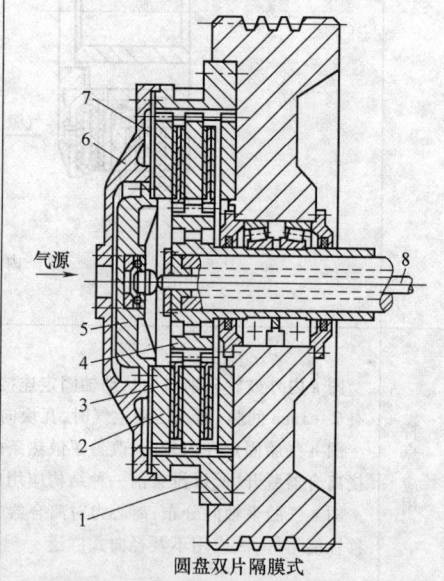<br>圆盘双片隔膜式<br>1—壳体　2—外摩擦盘　3—内摩擦盘　4—接盘<br>5—压盘　6—汽缸盖　7—隔膜　8—刚性杆 |
| 特点、应用 | 　图 a 结构进气时，活塞左移，压紧摩擦块，离合器接合，排气后，在复位弹簧推力作用下，活塞右移与摩擦块分离，保持一定间隙，离合器脱开，调节弹簧的弹力，可以改变离合时间<br>　图 b 结构紧凑，能缓和动力装置轴系的扭振影响，允许有较大的轴线安装误差，额定转矩范围 5600～108000N·m，最高转速 900～2800r/min。当中心进气后，活塞 3 和环形缸 5 分别左右移动，使锥盘 2、7 张开，压向离合器外壳 4、6 时，离合器接合，反之则分离<br>　图 c 为圆盘多片气动离合器和制动器，两端悬臂结构，左端为离合器，右端为制动器，采用粉末冶金衬面的摩擦片，结构紧凑。在离合器与制动器之间装有穿过轴心而使二者连锁的刚性杆 4。当活塞缸 2 左侧进气时，活塞压紧离合器片 3，并经刚性杆推动制动器压盘 7 使制动器片 5 松开，开始接合，放气时，活塞靠制动器弹簧 6 复位，离合器脱开 | 　隔膜比活塞质量轻，惯量小，动作灵敏，接合与脱开时间短，密封性好，空气消耗量小，离合器轴向尺寸缩短，膜片用化纤夹层橡胶制成，有弹性，能自动补偿不规则磨损和轴向跳动。可防振动冲击。膜片制造简单，更换方便，调节容易，缺点是压紧行程受一定的限制，膜片寿命短 |

气压离合器的计算见表 7.3-33。

**表 7.3-33  气压离合器的计算**

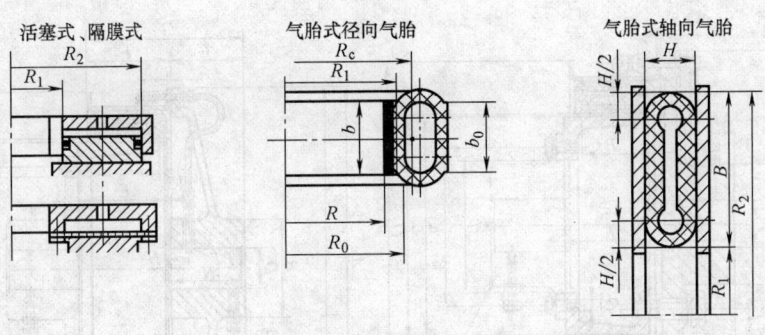

$R_0$—气胎内表面半径,各图中尺寸,单位均为 cm

| 型式 | 计算项目 | 计 算 公 式 | 单位 | 说  明 |
|---|---|---|---|---|
| 活塞式、隔膜式 | 气缸压紧力 | $Q_g = \pi(p_g - \Delta p)(R_2^2 - R_1^2) \times 100 \geq Q$<br>当 $R_1 = 0$ 时为整圆缸 | N | $p_g$——空气工作压力(MPa),一般取 $p_g = 0.4 \sim 0.6$MPa<br>$\Delta p$——压力损失(MPa),一般取 $\Delta p = 0.03 \sim 0.07$MPa<br>$Q$——传递计算转矩 $T_c$ 时,接合元件需要的压紧力(N)<br>$R_1$——气缸内半径(cm)<br>$R_2$——气缸外半径(cm) |
| 气胎式 径向气胎式 | 许用传递转矩 | $T_p = (Q - F_e)\mu R \geq T_c$ | N·cm | $Q$——气胎内腔充气压力作用在瓦块上的力(N)<br>$F_e$——作用于瓦块上的离心力(N)<br>$\mu$——摩擦因数,见表 7.3-12<br>$b_0$——气胎内宽度(cm),$b_0 \approx b$<br>$b$——闸瓦宽度(cm),一般取 $b = (0.4 \sim 0.7)R$<br>$p_g$——空气工作压力(MPa),一般取 $p_g = 0.6 \sim 0.8$MPa<br>$G_e$——气胎闸瓦等部分的质量(kg)<br>$R_e$——气胎闸瓦等部分质心处半径(cm)<br>$p_p$——许用压强(N/cm²),见表 7-3-12<br>$n$——气胎转速(r/min)<br>$\tau_p$——气胎材料许用切应力,$\tau_p = 30 \sim 50$N/cm² |
| | | $Q = 2\pi R_0 b_0(p_g - \Delta p) \times 100$ | N | |
| | | $F_e = 1.1 \times 10^{-4} G_e R_e n^2$ | N | |
| | 摩擦面压强 | $p = \dfrac{T_c \times 100}{2\pi R^2 b\mu} \leq p_p$ | N/cm² | |
| | 由气胎强度条件确定许用传递转矩 | $T_p = 2\pi b_0 R_1^2 \tau_p \geq T_c$ | N·cm | |
| 轴向气胎式 | 气胎压紧力 | $Q_g = 25\pi(p_g - \Delta p)[(2R_2 - H)^2 - (2R_1 + H)^2] - cz(h + \delta) \geq Q$ | N | $c$——复位弹簧刚度(N/cm)<br>$z$——复位弹簧数量<br>$h$——复位弹簧顶压高度(cm)<br>$\delta$——摩擦片总间隙(cm)<br>$Q$——接合所需压紧力(N)<br>其余同径向气胎 |

注：1. 气动离合器的接合元件计算与摩擦离合器相同,见表 7.3-17。
2. 气胎材料一般由耐油橡胶和尼龙或人造丝组合而成。气胎内腔表面覆有一层弹性橡胶,以保证有良好的密封性能;中间橡胶用尼龙等帘子线加强,外壳为橡胶层,用于保护中间层。

气压离合器的主要尺寸和特性参数见表 7.3-34 和表 7.3-35。

**表 7.3-34　内收式径向气胎离合器的主要尺寸和特性参数**

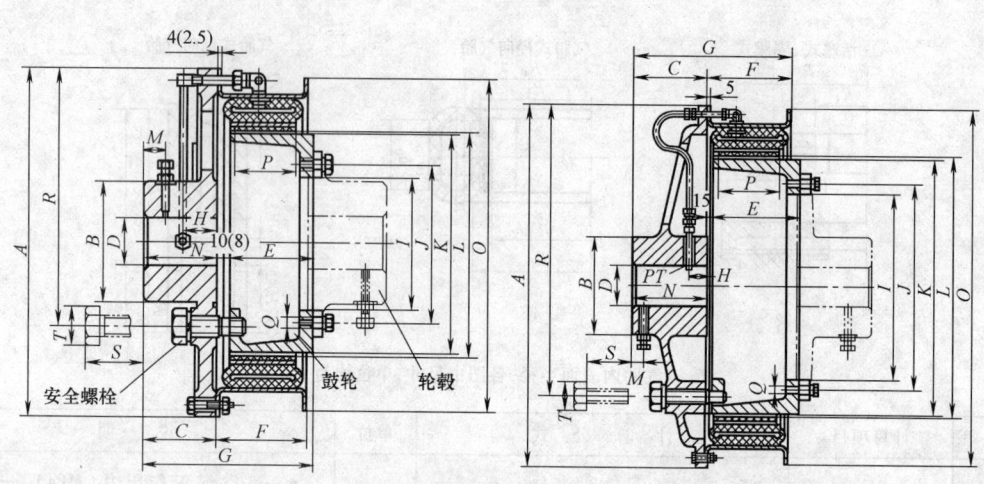

| 离合器编号 | 可传递转矩/N·m | 气胎容量/cm³ | $GD^2$/N·m² | | | A | B | C | D | E | F | G | H | I |
|---|---|---|---|---|---|---|---|---|---|---|---|---|---|---|
| | | | 气胎架 | 支持架 | 鼓轮 | | | | | | | | | |
| 1 | 120 | 0.6～1.2 | 0.3 | 0.7 | 0.2 | 194 | 70 | 47.5 | 20～40 | 65 | 67 | 140.5 | 29.5 | |
| 2 | 250 | 1.3～2.0 | 2 | 3.5 | 0.6 | 286 | 100 | 65 | 30～60 | 80 | 80 | 155 | 40 | 89 |
| 3 | 510 | 1.9～3.0 | 4.2 | 7.5 | 2.4 | 340 | 100 | 75 | 30～60 | 95 | 92 | 180 | 42 | 108 |
| 4 | 980 | 2.9～5.0 | 11 | 14 | 6 | 405 | 140 | 90 | 40～90 | 104 | 110 | 204 | 42 | 158 |
| 5 | 1590 | 4.3～7.1 | 21 | 25 | 14 | 460 | 160 | 100 | 55～95 | 123 | 125 | 233 | 44 | 185 |
| 6 | 2300 | 5.4～9.0 | 32 | 38 | 28 | 510 | 180 | 100 | 65～100 | 134 | 137 | 261 | 44 | 210 |
| 7 | 3110 | 9.3～15.2 | 54 | 65 | 30 | 570 | 180 | 135 | 75～100 | 180 | 170 | 330 | 48 | 240 |
| 8 | 4210 | 13.0～18.9 | 72 | 85 | 51 | 610 | 178 | 140 | 75～100 | 180 | 170 | 335 | 43 | 270 |
| 9 | 5260 | 14.4～20.9 | 97 | 112 | 79 | 660 | 200 | 140 | 85～115 | 180 | 170 | 335 | 43 | 305 |
| 10 | 6410 | 15.8～23.0 | 125 | 144 | 115 | 711 | 200 | 140 | 85～115 | 180 | 170 | 335 | 43 | 370 |
| 11 | 7450 | 17.1～25.0 | 156 | 233 | 151 | 762 | 220 | 160 | 95～130 | 180 | 170 | 335 | 48 | 425 |
| 12 | 8960 | 18.5～27.0 | 200 | 289 | 200 | 812 | 220 | 165 | 95～130 | 180 | 170 | 360 | 48 | 460 |
| 13 | 11050 | 20.7～30.7 | 269 | 436 | 269 | 880 | 230 | 165 | 100～140 | 185 | 180 | 365 | 53 | 495 |
| 14 | 12670 | 17.0～29.9 | 455 | 643 | 359 | 930 | 260 | 190 | 105～150 | 185 | 180 | 390 | 60 | 545 |
| 15 | 14470 | 18.1～31.9 | 544 | 759 | 511 | 981 | 280 | 190 | 110～160 | 185 | 180 | 390 | 60 | 585 |
| 16 | 16370 | 19.2～33.9 | 647 | 882 | 634 | 1032 | 280 | 190 | 110～160 | 205 | 180 | 410 | 60 | 635 |
| 17 | 20570 | 21.4～37.8 | 929 | 1530 | 1080 | 1151 | 300 | 250 | 110～170 | 205 | 180 | 470 | 75 | 730 |

| 离合器编号 | J | K | L | M | N | O | P | Q | R | S | T | 质量/kg | | |
|---|---|---|---|---|---|---|---|---|---|---|---|---|---|---|
| | | | | | | | | | | | | 气胎 | 支持架 | 鼓轮 |
| 1 | — | 101 | 104 | 18 | 47.5 | 151 | 50 | — | — | — | — | 1.6 | 3.85 | 3.06 |
| 2 | 108 | 152 | 157 | 25 | 65 | 273.1 | 50 | 8-M10 | — | — | — | 4.1 | 9.51 | 3.7 |
| 3 | 134 | 203 | 208 | 33 | 75 | 327 | 67 | 8-M12 | 156 | 28 | 40.4 | 5.8 | 14.0 | 7.6 |
| 4 | 186 | 254 | 258 | 25 | 90 | 390.5 | 80 | 6-M12 | 200 | 30 | 47.3 | 10.1 | 21.6 | 12.7 |
| 5 | 220 | 304 | 308 | 25 | 100 | 447.7 | 93 | 6-M12 | 244 | 25 | 47.3 | 13.9 | 29.7 | 18.5 |
| 6 | 240 | 355 | 359 | 25 | 110 | 498.5 | 105 | 6-M12 | 286 | 15 | 47.3 | 17.4 | 38.3 | 28.0 |

（续）

| 离合器编号 | J | K | L | M | N | O | P | Q | R | S | T | PT | 质量/kg 气胎 | 支持架 | 鼓轮 |
|---|---|---|---|---|---|---|---|---|---|---|---|---|---|---|---|
| 7 | 280 | 375 | 380 | 15 | 140 | 560 | 128 | 6-M20 | 310 | 107 | 57.7 | 1/4″ | 24.8 | 54.2 | 27.0 |
| 8 | 310 | 406.4 | 411.2 | 20 | 145 | 597 | 128 | 6-M20 | 345 | 107 | 57.7 | 1/4″ | 28.7 | 60.8 | 35.1 |
| 9 | 345 | 457.2 | 462 | 20 | 145 | 647.7 | 128 | 8-M20 | 400 | 107 | 57.7 | 1/4″ | 32.0 | 71.4 | 44.8 |
| 10 | 410 | 508 | 512.8 | 20 | 145 | 698.5 | 128 | 8-M20 | 440 | 107 | 57.7 | 1/4″ | 34.6 | 76.3 | 50.9 |
| 11 | 470 | 558.8 | 563.6 | 20 | 165 | 749.3 | 128 | 10-M20 | 484 | 87 | 57.7 | 1/4″ | 37.7 | 103 | 55.0 |
| 12 | 510 | 609.6 | 614.4 | 20 | 170 | 800.2 | 128 | 12-M20 | 534 | 87 | 57.7 | 1/4″ | 40.6 | 112 | 61.2 |
| 13 | 545 | 660.4 | 665.2 | 30 | 170 | 863.6 | 138 | 16-M20 | 580 | 112 | 77.4 | 1/4″ | 47.2 | 136 | 71.5 |
| 14 | 595 | 711 | 716 | 30 | 195 | 914.4 | 138 | 16-M20 | 625 | 92 | 77.4 | 1/2″ | 68.7 | 188 | 80.3 |
| 15 | 630 | 762 | 767 | 30 | 195 | 965.2 | 138 | 18-M20 | 675 | 92 | 77.4 | 1/2″ | 72.9 | 206 | 100 |
| 16 | 685 | 813 | 818 | 30 | 195 | 1016 | 138 | 18-M20 | 720 | 92 | 77.4 | 1/2″ | 77.3 | 215 | 100 |
| 17 | 780 | 914.5 | 919.5 | 30 | 255 | 1133.5 | 138 | 20-M20 | 805 | 110 | 98.1 | 3/4″ | 89.1 | 320 | 145 |

表 7.3-35　隔膜式圆盘摩擦块离合器的主要尺寸和特性参数

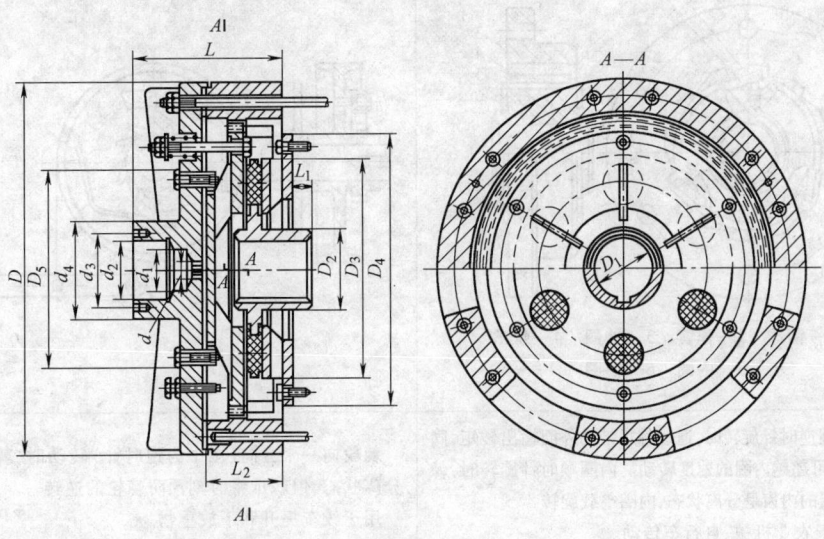

| 可传递转矩/N·m | 空气压力/MPa | D | D₁ | D₂ | D₃ | D₄ | D₅ | L | L₁ | L₂ | d | d₁ | d₂ | d₃ | d₄ | 质量/kg |
|---|---|---|---|---|---|---|---|---|---|---|---|---|---|---|---|---|
| 392 | 0.31 | 440 | 60 | 90 | 260 | 330 | 230 | 220 | 39 | 85 | 20 | 50 | 72 | 85 | 120 | 75 |
| 785 | 0.29 | 490 | 70 | 100 | 280 | 350 | 300 | 230 | 49 | 85 | 20 | 50 | 72 | 85 | 120 | 84 |
| 1570 | 0.30 | 600 | 80 | 120 | 360 | 430 | 330 | 245 | 60 | 90 | 20 | 50 | 72 | 85 | 120 | 135 |
| 3090 | 0.33 | 650 | 90 | 130 | 450 | 520 | 440 | 285 | 60 | 110 | 25 | 52 | 80 | 95 | 140 | 195 |
| 6180 | 0.33 | 780 | 100 | 160 | 530 | 610 | 560 | 295 | 71 | 120 | 25 | 52 | 80 | 95 | 140 | 268 |
| 12263 | 0.34 | 930 | 125 | 180 | 650 | 700 | 680 | 335 | 76 | 140 | 25 | 52 | 80 | 95 | 140 | 435 |
| 17658 | 0.34 | 1020 | 140 | 210 | 730 | 810 | 750 | 355 | 96 | 140 | 25 | 52 | 80 | 95 | 140 | 525 |
| 24525 | 0.39 | 1120 | 160 | 240 | 830 | 920 | 810 | 425 | 118 | 165 | 42 | 75 | 110 | 130 | 160 | 737 |
| 34826 | 0.36 | 1250 | 180 | 260 | 900 | 1000 | 950 | 455 | 148 | 165 | 42 | 75 | 110 | 130 | 160 | 906 |
| 49050 | 0.35 | 1400 | 200 | 300 | 1020 | 1120 | 1060 | 525 | 178 | 190 | 42 | 75 | 110 | 130 | 160 | 1273 |
| 69651 | 0.39 | 1500 | 220 | 320 | 1160 | 1260 | 1110 | 545 | 198 | 190 | 42 | 75 | 110 | 130 | 160 | 1469 |

## 3.6　超越离合器

超越离合器是靠主、从动部分的相对速度变化或回转方向的变换自动接合或脱开的离合器，主要用于速度变换，防止逆转，间歇运动的场合。按工作原理分有棘爪式和摩擦式两类。棘爪式超越离合器是利用棘轮、棘爪的啮合传递转矩，结构简单、制造容易、可靠性高，但结合时有冲击和噪声，适用于转速差不大的场合。摩擦式超越离合器是利用滚柱、楔块、扭簧等压紧其他元件产生的摩擦力来传递转矩，体积小，传递转矩大，接合平稳无噪声，空行程较短，可在任何转速差下接合，应用较广，其传递转矩范围为 1～100kN·m，工作转速一般不超过 3000r/min。

超越离合器的一般特点：

1）改变速度：在传动链不脱开的情况下，可以使从动件获得快、慢两种速度。

2）防止逆转：单向超越离合器只在一个方向传递转矩，而在相反方向转矩作用下则空转。

3）间歇运动：双向超越离合器与单向超越离合器适当组合，可实现从动件做某种规律的间歇运动。

超越离合器的型式、特点及适用范围见表 7.3-36。

**表 7.3-36　超越离合器的型式、特点及适用范围**

| 型式 | 棘　轮　式 | |
|---|---|---|
| | 内齿棘轮超越式 | 外齿棘轮超越式 |
| 结构简图 | 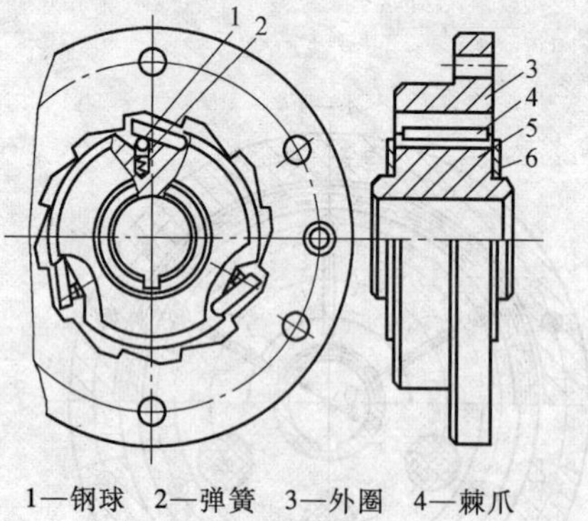 　1—钢球　2—弹簧　3—外圈　4—棘爪　5—内圈　6—挡圈 | 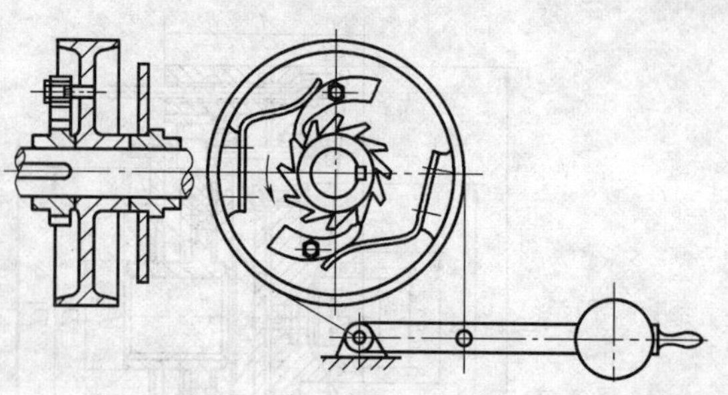 |
| 特点应用 | 当内圈逆时针旋转时，通过棘爪带动外圈输出转矩，同时，外圈可超越内圈的速度转动。内圈顺时针旋转时，棘爪与外圈的内齿呈分离状态，内圈空载旋转　常用于农业机械、自行车传动 | 棘轮向一个方向（图中为逆时针）转动时，棘轮和棘爪处于分离状态，但棘爪将时刻预防棘轮的逆转　用于绞车提升和下放重物 |
| 型式 | 滚　柱　式 | |
| | 单向滚柱超越式 | 带拨爪单向滚柱式 |
| 结构简图 | 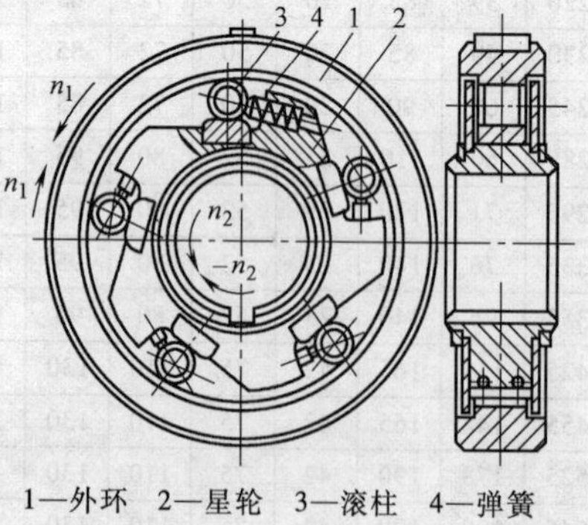 　1—外环　2—星轮　3—滚柱　4—弹簧 | 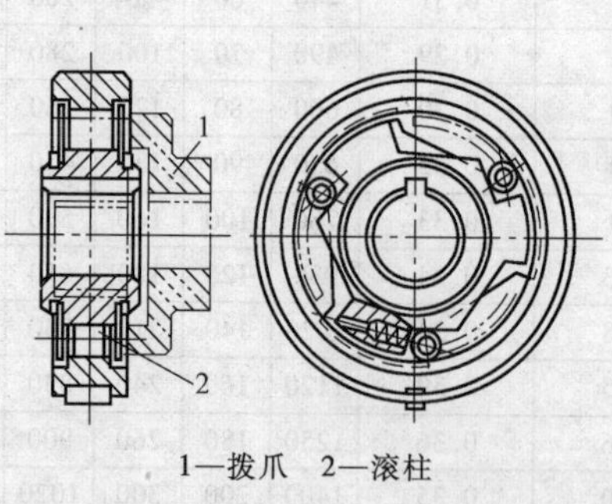 　1—拨爪　2—滚柱 |

（续）

| 型式 | 滚 柱 式 | |
|---|---|---|
| 特点、应用 | 滚柱 3 受弹簧 4 的弹力，始终与外环 1 和星轮 2 接触。滚柱在滚道内自由转动，磨损均匀，磨损后仍能保持圆柱形，短时过载滚柱打滑不会损坏离合器。星轮加工困难，装配精度要求较高。星轮与外环运动关系比较多样化<br><br>外环 1 主动（逆时针转）时：当 $n_1 = n_2$，离合器接合<br>　　　　　　　　　　　当 $n_1 < n_2$，离合器超越<br>星轮 2 主动（顺时针转）时：当 $-n_2 = -n_1$，离合器接合<br>　　　　　　　　　　　当 $|-n_2| < |-n_1|$，离合器超越 | 外环和星轮不论哪一个做主动，都只能单向传递运动。如果用拨爪 1 拨动滚柱 2，可以使运动中断。拨爪与超操纵作用的另一条运动相连接，在传动链未中断前和离合器一齐转动 |

| 型式 | 带拨爪双向滚柱式 | |
|---|---|---|
| 结构简图及特点 | 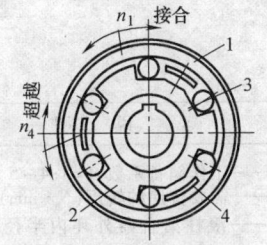<br>1—外环　2—星轮　3—滚柱　4—拨爪 | 与单向型滚柱超越离合器相比，工作面和滚柱由单向布置改为相邻对称布置。外环为主动时，能两个方向传递运动和转矩，拨爪主动时，不论转向如何，只要 $n_4 > n_1$，均使离合器脱开，而且可通过拨爪使运动中断，是一种可逆离合器 |

| 型式 | 楔 块 式 | | |
|---|---|---|---|
| | 单向超越离合器 | 双向超越离合器 | 非接触式单向超越离合器 |
| 结构简图 | 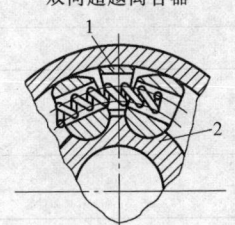 | | 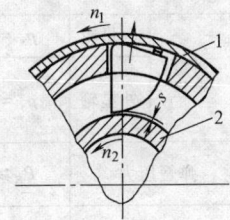 |
| 特性 | 件 1 主动（逆时针转）时：<br>当 $n_1 = n_2$，离合器接合<br>当 $n_1 < n_2$，离合器超越<br>件 2 主动（顺时针转）时：<br>当 $-n_1 = -n_2$，离合器接合<br>当 $\|-n_2\| < \|-n_1\|$，离合器超越 | 当拨叉 1 作正反向转动时，均可带动内套 2 同步转动<br>当拨叉不动，内套被楔住不能转动 | 当 $n_1 > n_2$ 时，偏心楔块放松，离合器超越<br>当 $n_1 < n_2$ 时，偏心楔块楔紧，离合器接合，内外环一起低速转动 |
| 应用 | 接触点曲率半径大，楔块多，承载能力高，结构紧凑，外形尺寸小，自锁可靠，反向脱开容易，制造容易。但接触点固定磨损后，会产生一小平面，严重时，楔块可能翻转，不能自动恢复工作<br>常用于止逆机构，将主动轴的动力和运动传给从动轴，而从动轴受外力时不能逆转，仍保持原位 | | 当外圈逆时针转动时，受离心力作用，偏心楔块反向转动，与内环表面脱开，保持一定间隙，实现无接触超载，可避免高速超载时，楔块与内环面发生磨损，其缺点是制造精度高，需保持内外环有较高的同心度 |

超越离合器的计算见表 7.3-37。

**表 7.3-37　超越离合器的计算**

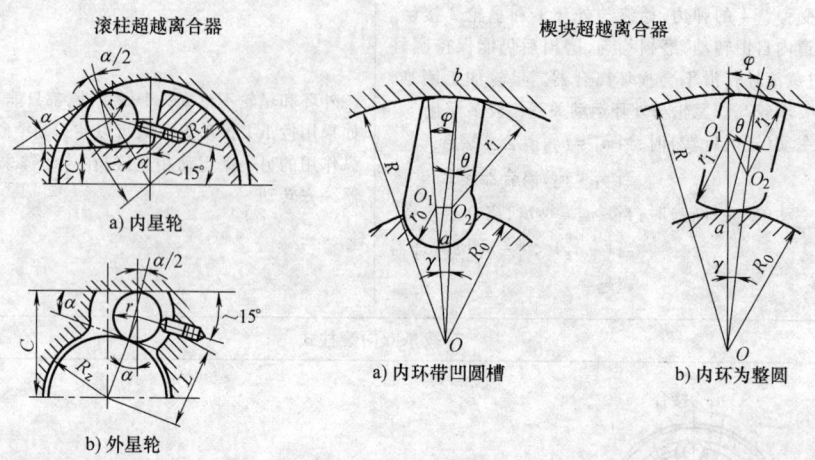

滚柱超越离合器　　　　　　　　　楔块超越离合器

a) 内星轮

b) 外星轮

a) 内环带凹圆槽　　　　　b) 内环为整圆

| 型式 | 计算项目 | 计 算 公 式 | 说 明 |
|---|---|---|---|
| 滚柱超越式 | 楔紧平面至轴心线距离 | $C = (R_z \pm r)\cos\alpha \pm r$ 内星轮用 " – "，外星轮用 " + " | $\beta$——工作储备系数 $\beta = 1.4 \sim 5$<br>$T_t$——需要传递的转矩（N·mm）<br>$R_z$——滚柱离合器外环内半径（mm），$R_z = (4.5 \sim 15)r$，一般取 $R_z = 8r$<br>$b$——滚柱长度（mm），$b = (2.5 \sim 8)r$，一般取 $b = (3 \sim 4)r$<br>$E_v$——当量弹性模数，钢对钢 $E_v = 2.06 \times 10^5$ MPa<br>$\sigma_{Hp}$——许用接触应力（MPa），见表 7.3-38<br>$\mu$——摩擦因数，一般取 $\mu = 0.1$<br>$m$——滚柱质量（kg）<br>$n$——星轮转速（r/min）<br>$z$——滚柱数目<br>$L$——楔块长度（mm），内环整圆 $l = (2.6 \sim 4)r_1$，内环凹槽 $l = (1.6 \sim 2)r_1$<br>$D$——外环内径（mm）<br>$d$——滚柱直径（mm） |
| | 计算转矩 | $T_c = \beta T_t$ | |
| | 正压力 | $N = \dfrac{T_c}{(L \pm r)\mu z}$ 内星轮用 " + "，外星轮用 " – " | |
| | 接触应力 | $\sigma_H = 0.42\sqrt{\dfrac{NE_v}{b\rho_v}} \leqslant \sigma_{Hp}$ | |
| | 当量半径 内星轮 | $\rho_v = r$ | |
| | 当量半径 外星轮 | $\rho_v = \dfrac{R_z r}{R_z + r}$ | |
| | 弹簧压力 | $P_E \geqslant \dfrac{(D-d)\mu m n^2}{18 \times 10^4}$ | |
| 内环带凹圆槽楔块超越式 | 楔块偏心距 | $e = O_1 O_2 = R_0 \sin\gamma \approx R_0\gamma$，$\sin\gamma \approx \dfrac{r_1 + r_0}{R}\sin\varphi$ | $R_0$——内环外半径（mm），$R_0 = (4 \sim 4.5)r_1$<br>$R$——楔块离合器外环内半径（mm），内环整圆时 $R = (1.2 \sim 1.44)R_0$，内环凹槽时 $R = (3.2 \sim 3.5)r_1$<br>$\alpha$——楔角（°），$\alpha$ 小，楔合容易，脱开力大；$\alpha$ 大，不易楔合或易打滑。为保证滚柱不打滑，应使压力角 $\alpha/2$ 小于滚柱对星轮或内外环接触面的最小摩擦角 $\rho_{min}$，即 $\alpha/2 < \rho_{min}$。当星轮工作面为平面时，取 $\alpha = 6° \sim 8°$；当工作面为对数螺旋或偏心圆弧面时，取 $\alpha = 8° \sim 10°$；最大极限值 $\alpha_{max} = 14° \sim 17°$<br>$\varphi(\theta)$——内环（外环）压力角（°），内环为整圆时<br>$$\varphi \approx \arccos\dfrac{R^2 - R_0^2 - ab^2}{2R_0\,\overline{ab}}$$<br>为了保证工作时不打滑，压力角 $\varphi$ 不得超过与内外环之间的最小摩擦角，一般取 $\varphi = 2°15' \sim 4°30'$，$\varphi$ 一般均取 $3°$，$\theta = \arcsin\left(\dfrac{R_0}{R}\sin\varphi\right)$<br>$r$——滚柱半径（mm）<br>$r_1$——楔块工作曲面半径（mm） |
| | 外环处压力角 | $\theta = \arcsin\dfrac{(R_0 - r_0)\sin\varphi}{R}$ | |
| | 中心角 | $\gamma = \varphi - \theta$ | |
| | 计算转矩 | $T_c = \beta T_t$ | |
| | $b$ 点正压力 | $N_b = \dfrac{T_c}{RZ\tan\theta}$ | |
| | $b$ 点接触应力 | $\sigma_{bH} = 0.42\sqrt{\dfrac{N_b E_v}{l\rho_v}} \leqslant \sigma_{Hp}$ | |
| | 当量曲率半径 | $\rho_v = \dfrac{R r_1}{R - r_1}$ | |

（续）

| 型式 | 计算项目 | 计 算 公 式 | 说　明 |
|---|---|---|---|
| 内环为整圆楔块超越式 | 楔块偏心距 | $e = O_1 O_2 \approx$ $\sqrt{(R-r_1)^2+(R_0+r_1)^2-2(R-r_1)(R_0+r_1)\cos\gamma}$ （一般 $\gamma < 1°30'$，$\cos\gamma \approx 1$，$e \approx R_0 + 2r_1 - R$） | $R_0$——内环外半径(mm)，$R_0 = (4\sim4.5)r_1$ $R$——楔块离合器外环内半径(mm)，内环整圆时 $R = (1.2\sim1.44)R_0$，内环凹槽时 $R = (3.2\sim3.5)r_1$ $\alpha$——楔角(°)，$\alpha$ 小，楔合容易，脱开力大；$\alpha$ 大，不易楔合或易打滑。为保证滚柱不打滑，应使压力角 $\alpha/2$ 小于滚柱对星轮或内外环接触面的最小摩擦角 $\rho_{min}$，即 $\alpha/2 < \rho_{min}$。当星轮工作面为平面时，取 $\alpha = 6°\sim8°$；当工作面为对数螺旋面或偏心圆弧面时，取 $\alpha = 8°\sim10°$；最大极限值 $\alpha_{max} = 14°\sim17°$ |
| | 外环处楔角 | $\theta = \arcsin\left(\dfrac{R_0}{R}\sin\varphi\right)$ $\theta = \angle abO_2$ | |
| | 中心角 | $\gamma = \varphi - \theta$，$\sin\gamma = \dfrac{R-R_0}{R}\sin\varphi$ | |
| | 计算转距 | $T_c = \beta T_t$ | $\varphi(\theta)$——内环(外环)压力角(°)，内环为整圆时 $\varphi \approx \arccos\dfrac{R^2-R_0^2-ab^2}{2R_0\,\overline{ab}}$ 为了保证工作时不打滑，压力角 $\varphi$ 不得超过与内外环之间的最小摩擦角，一般取 $\varphi = 2°15'\sim4°30'$，$\varphi$ 一般均取 $3°$，$\theta = \arcsin\left(\dfrac{R_0}{R}\sin\varphi\right)$ |
| | $a$ 点正压力 | $N_a = \dfrac{T_c}{R_0 Z\tan\varphi}$ | |
| | $a$ 点接触应力 | $\sigma_{aH} = 0.42\sqrt{\dfrac{N_a E_v}{l\rho_v}} \leqslant \sigma_{Hp}$ | $r$——滚柱半径(mm) $r_1$——楔块工作曲面半径(mm) |
| | 当量曲率半径 | $\rho_v = \dfrac{R_0 r_1}{R_0+r_1}$ | |

**表 7.3-38　超越离合器的许用接触应力**

| 离合器需要的楔合次数 | 许用接触应力，$\sigma_{Hp}$/MPa |
|---|---|
| $10^7$ | 1422 ~ 1766 |
| $10^6$ | 3041 ~ 3237 |
| $(0.5\sim1)\times10^5$ | 4120 |

注：1. 一般可取额定楔合次数为 $10^6$。
　　2. 离合器的楔合次数在 $10^7$ 时，通常许用接触应力 $\sigma_{Hp} = (25\sim30)$ HRC MPa。

### 3.6.1　滚柱式超越离合器

常用滚柱式超越离合器的类型有 GC-A、GCZ-A 等系列。GC-A 系列为无轴承支承滚柱式单向离合器，外部尺寸与标准轴承尺寸相同，使用时需要配合轴承安装以承受轴向负载与径向负载。GCZ-A 系列为有轴承支承滚柱式单向离合器，内含轴承支承及油封，使用 2 个 160 系列滚珠轴承支承，内环与轴用键连接，外环通过法兰连接到机壁上。常用于包装、印刷、食品、医疗、纺织、化工以及提升机、输送机等机械设备。GC-A、GCZ-A 系列滚柱式超越离合器的主要尺寸和特性参数见表 7.3-39 和表 7.3-40。

**表 7.3-39　GC-A 系列滚柱式单向超越离合器**（无轴承支承）

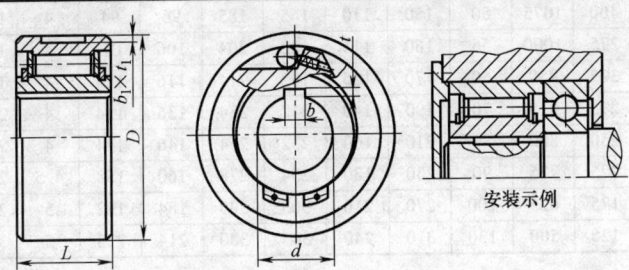

安装示例

| 型　号 | 额定转矩 /N·m | 超运转速度/(r/min) 内环 | 超运转速度/(r/min) 外环 | 外形尺寸/mm $D$(h7) | $L$ | $b\times t$ | $d$(H7) | $b_1\times t_1$ | 质量 /kg |
|---|---|---|---|---|---|---|---|---|---|
| GC-A1237 | 13 | 1500 | 3100 | 37 | 20 | $4\times2.5$ | 12 | $4\times1.8$ | 0.11 |
| GC-A1547 | 44 | 1100 | 2800 | 47 | 30 | $4\times2.5$ | 15 | $4\times1.8$ | 0.30 |
| GC-A2062 | 117 | 1000 | 2400 | 62 | 34 | $5\times3.0$ | 20 | $5\times2.3$ | 0.55 |
| GC-A2580 | 228 | 850 | 2000 | 80 | 37 | $5\times3.0$ | 25 | $5\times2.3$ | 0.98 |

（续）

| 型 号 | 额定转矩 /N·m | 超运转速度/(r/min) 内环 | 超运转速度/(r/min) 外环 | 外形尺寸/mm D(h7) | 外形尺寸/mm L | 外形尺寸/mm b×t | 外形尺寸/mm d(H7) | 外形尺寸/mm b₁×t₁ | 质量 /kg |
|---|---|---|---|---|---|---|---|---|---|
| GC-A3090 | 400 | 750 | 1700 | 90 | 44 | 6×3.5 | 30 | 6×2.8 | 1.50 |
| GC-A35100 | 570 | 650 | 1400 | 100 | 48 | 6×3.5 | 35 | 6×2.8 | 2.00 |
| GC-A40110 | 820 | 600 | 1200 | 110 | 56 | 8×4.0 | 40 | 8×3.3 | 2.80 |
| GC-A45120 | 900 | 500 | 1000 | 120 | 56 | 10×5.0 | 45 | 10×3.3 | 3.30 |
| GC-A50130 | 1700 | 450 | 850 | 130 | 63 | 10×5.0 | 50 | 10×3.3 | 4.20 |
| GC-A55140 | 2100 | 420 | 700 | 140 | 67 | 12×5.0 | 55 | 12×3.3 | 5.20 |
| GC-A60150 | 2800 | 400 | 580 | 150 | 78 | 12×5.0 | 60 | 12×3.3 | 6.80 |
| GC-A70170 | 4850 | 300 | 450 | 170 | 95 | 14×5.5 | 70 | 14×3.8 | 10.5 |

**表 7.3-40　GCZ-A 系列滚柱式单向超越离合器**（有轴承支承）

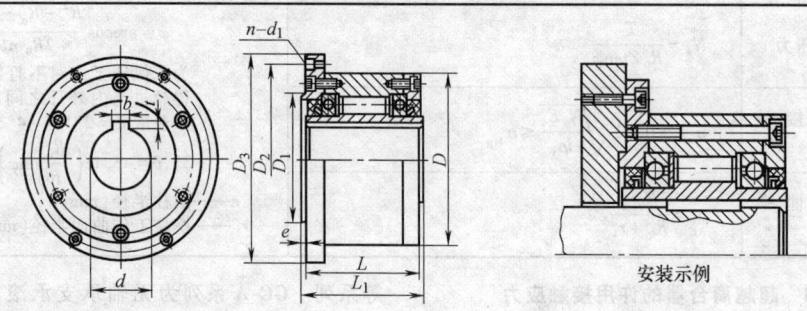

安装示例

| 型 号 | 额定转矩 /N·m | 超运转速度 /(r/min) 内环 | 超运转速度 /(r/min) 外环 | 外形尺寸 /mm d(H7) | D(h7) | D₁ | D₂ | D₃ | L₁ | L | e | b×t | n－d₁ | 质量 /kg |
|---|---|---|---|---|---|---|---|---|---|---|---|---|---|---|
| GCZ-A1262 | 44 | 2000 | 2800 | 12 | 62 | 42 | 72 | 85 | 44 | 42 | 3 | 4×1.8 | 3－5.5 | 0.90 |
| GCZ-A1568 | 100 | 1800 | 2600 | 15 | 68 | 47 | 78 | 92 | 54 | 52 | 3 | 5×2.3 | 3－5.5 | 1.30 |
| GCZ-A2075 | 145 | 1350 | 2300 | 20 | 75 | 55 | 85 | 98 | 59 | 57 | 3 | 6×3.8 | 4－5.5 | 1.70 |
| GCZ-A2590 | 230 | 1050 | 1800 | 25 | 90 | 68 | 104 | 118 | 62 | 60 | 3 | 8×3.3 | 4－5.5 | 2.60 |
| GCZ-A30100 | 400 | 850 | 1600 | 30 | 100 | 75 | 114 | 128 | 70 | 68 | 3 | 8×4.1 | 6－6.6 | 3.50 |
| GCZ-A35110 | 580 | 775 | 1500 | 35 | 110 | 80 | 124 | 140 | 76 | 74 | 3.5 | 10×3.3 | 6－6.6 | 4.50 |
| GCZ-A40125 | 820 | 575 | 1300 | 40 | 125 | 90 | 142 | 160 | 88 | 86 | 3.5 | 12×3.3 | 6－9.0 | 6.90 |
| GCZ-A45130 | 900 | 500 | 1200 | 45 | 130 | 95 | 146 | 165 | 88 | 86 | 3.5 | 14×3.3 | 8－9.0 | 9.10 |
| GCZ-A50150 | 1700 | 400 | 1075 | 50 | 150 | 110 | 165 | 185 | 96 | 94 | 4 | 14×3.8 | 8－9.0 | 10.1 |
| GCZ-A55160 | 2100 | 375 | 1000 | 55 | 160 | 115 | 182 | 204 | 106 | 104 | 4 | 16×4.3 | 8－11 | 13.1 |
| GCZ-A60170 | 2800 | 325 | 950 | 60 | 170 | 125 | 192 | 214 | 116 | 114 | 4 | 18×4.4 | 10－11 | 15.6 |
| GCZ-A70190 | 4600 | 275 | 875 | 70 | 190 | 140 | 212 | 234 | 136 | 134 | 4 | 20×4.9 | 10－11 | 20.4 |
| GCZ-A80210 | 6800 | 250 | 800 | 80 | 210 | 160 | 232 | 254 | 146 | 144 | 4 | 22×5.4 | 10－11 | 16.7 |
| GCZ-A90230 | 11600 | 225 | 725 | 90 | 230 | 180 | 254 | 278 | 160 | 158 | 4.5 | 25×5.4 | 10－14 | 39.0 |
| GCZ-A100270 | 18000 | 175 | 625 | 100 | 270 | 210 | 305 | 335 | 184 | 182 | 5 | 28×6.4 | 10－18 | 66.0 |
| GCZ-A20310 | 25000 | 125 | 500 | 130 | 310 | 240 | 345 | 380 | 214 | 213 | 5 | 32×7.4 | 12－18 | 91.0 |

### 3.6.2 楔块式超越离合器

单向楔块式超越离合器（摘自 JB/T 9130—2002）分为以下几种结构型式：

（1）CKA 型　无轴承支承的楔块式超越离合器，使用时可按需要配合轴承安装以承受轴向与径向载荷。适用的极限转速为 800～2500r/min，公称转矩为

31.5～4500N·m。常用于包装机械、印刷机械、食品机械、医疗机械和各种斗式提升机、运输机、纺织机械等机械传动。CKA 型单向楔块式超越离合器的结构型式与主要尺寸见表 7.3-41。

（2）CKB 型　无内环和轴承支承的单向楔块式超越离合器，是轴向安装型。为保证轴和离合器外环

的同心度，并吸收可能影响外环和轴的径向或轴向负载，可以在离合器的两端或一端装上轴承。适用的极限转速为 1000 ~ 2000r/min，最高频率为 150 次/min，公称转矩为 35.5 ~ 1250N·m。常用于包装机、制袋机、减速机、提升机、电动滚筒等机械传动。

（3）CKZ 型　内含两套滚珠轴承支承的单向楔块式超越离合器。适用的极限转速为 600 ~ 1500r/min，

公称转矩为 180 ~ 8000N·m。常用于包装机、起重运输机械、冶金机械、矿山机械、石油机械、化工机械、水泥机械、电站设备等，也称为逆止器。

（4）CKF 型　带轴承支承非接触式楔块式超越离合器。常与减速器配套用于运输机械、提升机、冶金机械、矿山机械、水泥机械、电站设备等，一般用于中、高速传动。

### 表 7.3-41　CKA 型单向楔块式超越离合器的结构型式与主要尺寸

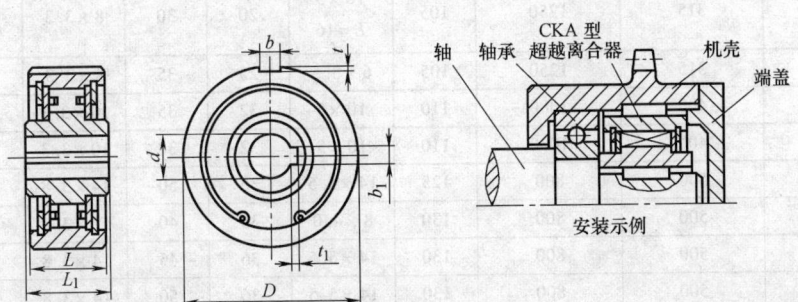

安装示例

| 型　　号 | 公称转矩 $T_n$/N·m | 超越时的极限转速 $n$/(r/min) | 外　　环 | | | 内　　环 | | | 质量/kg |
|---|---|---|---|---|---|---|---|---|---|
| | | | $D$ (h7) | 键槽 ($b \times t$) | $L$ | $d$ (H7) | 键槽 ($b_1 \times t_1$) | $L_1$ | |
| CKA50 × 24-10 | 31.5 | 2500 | 50 | 3 × 1.8 | 22 | 10 | 3 × 1.4 | 24 | 0.24 |
| CKA50 × 24-12 | 31.5 | 2500 | 50 | 3 × 1.8 | 22 | 12 | 3 × 1.4 | 24 | 0.24 |
| CKA55 × 24-18 | 50 | 2250 | 55 | 4 × 2.5 | 22 | 18 | 4 × 1.8 | 24 | 0.28 |
| CKA60 × 22-19 | 63 | 2000 | 60 | 6 × 3.5 | 22 | 19 | 6 × 2.8 | 22 | 0.30 |
| CKA60 × 24-20 | 63 | 2000 | 60 | 6 × 3.5 | 22 | 20 | 6 × 2.8 | 22 | 0.33 |
| CKA63 × 26-25 | 100 | 1800 | 63 | 6 × 3.5 | 24 | 25 | 6 × 2.8 | 26 | 0.37 |
| CKA63 × 32-25 | 140 | 1800 | 63 | 6 × 3.5 | 30 | 25 | 6 × 2.8 | 32 | 0.48 |
| CKA65 × 26-24 | 100 | 1800 | 65 | 6 × 3.5 | 24 | 24 | 6 × 2.8 | 26 | 0.38 |
| CKA70 × 32-12 | 150 | 1500 | 70 | 8 × 4.0 | 30 | 12 | 3 × 1.4 | 32 | 0.67 |
| CKA70 × 32-25 | 150 | 1500 | 70 | 8 × 4.0 | 30 | 25 | 8 × 3.3 | 32 | 0.63 |
| CKA70 × 32-28 | 180 | 1500 | 70 | 8 × 4.0 | 30 | 28 | 8 × 3.3 | 32 | 0.60 |
| CKA72 × 27-25 | 180 | 1500 | 72 | 6 × 3.5 $L = 14$ | 20 | 25 | 8 × 3.3 | 27 | 0.54 |
| CKA75 × 40-25 | 180 | 1500 | 75 | 8 × 4.0 | 30 | 25 | 8 × 3.3 | 40 | 0.79 |
| CKA80 × 32-25 | 200 | 1500 | 80 | 8 × 4.0 | 32 | 25 | 8 × 3.3 | 32 | 0.90 |
| CKA80 × 26-30 | 200 | 1500 | 80 | 8 × 4.0 | 26 | 30 | 8 × 3.3 | 26 | 0.73 |
| CKA80 × 32-30 | 200 | 1500 | 80 | 8 × 4.0 | 30 | 30 | 8 × 3.3 | 32 | 0.87 |
| CKA80 × 31-35 | 200 | 1500 | 80 | 12 × 4 | 31 | 35 | 10 × 2.5 | 31 | 0.75 |
| CKA85 × 28-30 | 200 | 1500 | 85 | 5 × 3.0 $L = 14$ | 20 | 30 | 8 × 3.3 | 28 | 0.83 |
| CKA90 × 37-25 | 200 | 1500 | 90 | 8 × 4.0 | 37 | 25 | 8 × 3.3 | 37 | 1.00 |
| CKA100 × 34-35 | 315 | 1250 | 100 | 10 × 5 | 32 | 35 | 10 × 3.3 | 34 | 1.34 |

（续）

| 型　号 | 公称转矩 $T_n/N \cdot m$ | 超越时的极限转速 $n/(r/min)$ | 外　环 | | | 内　环 | | | 质量 /kg |
|---|---|---|---|---|---|---|---|---|---|
| | | | $D$ (h7) | 键槽 ($b \times t$) | $L$ | $d$ (H7) | 键槽 ($b_1 \times t_1$) | $L_1$ | |
| CKA100×34-40 | 315 | 1250 | 100 | $10 \times 5$ $L = 28$ | 32 | 40 | $10 \times 3.3$ | 34 | 1.20 |
| CKA100×67-40 | 315 | 1250 | 100 | $8 \times 4.0$ $L = 20$ | 25 | 40 | $10 \times 3.6$ | 67 | 1.46 |
| CKA105×35-30 | 315 | 1250 | 105 | $10 \times 5$ $L = 16$ | 20 | 30 | $8 \times 3.3$ | 35 | 1.55 |
| CKA105×35-35 | 315 | 1250 | 105 | $6 \times 3.5$ | 25 | 35 | $8 \times 3.3$ | 35 | 1.56 |
| CKA110×34-35 | 400 | 1000 | 110 | $10 \times 5$ | 32 | 35 | $10 \times 3.3$ | 34 | 1.82 |
| CKA110×34-38 | 400 | 1000 | 110 | $10 \times 5$ | 32 | 38 | $10 \times 3.3$ | 34 | 1.67 |
| CKA125×38-50 | 500 | 800 | 125 | $14 \times 5.5$ | 36 | 50 | $14 \times 3.8$ | 38 | 2.21 |
| CKA130×55-40 | 500 | 800 | 130 | $8 \times 4.0$ | 35 | 40 | $12 \times 3.3$ | 55 | 2.62 |
| CKA130×38-45 | 500 | 800 | 130 | $14 \times 5.5$ | 36 | 45 | $14 \times 3.8$ | 38 | 4.31 |
| CKA130×38-50 | 500 | 800 | 130 | $14 \times 5.5$ | 36 | 50 | $14 \times 3.8$ | 38 | 3.02 |
| CKA135×38-60 | 600 | 800 | 135 | $14 \times 5.5$ | 36 | 60 | $18 \times 4.4$ | 38 | 2.65 |
| CKA136×52-45 | 800 | 800 | 136 | 6-M8 | 52 | 45 | $14 \times 3.8$ | 52 | 4.32 |
| CKA140×55-50 | 1250 | 800 | 140 | $16 \times 6.0$ | 53 | 50 | $16 \times 4.3$ | 55 | 5.10 |
| CKA140×38-60 | 1000 | 800 | 140 | $14 \times 5.5$ | 36 | 60 | $14 \times 3.0$ | 38 | 2.74 |
| CKA145×34-45 | 1000 | 800 | 145 | 6-M10 | 34 | 45 | $12 \times 3.8$ | 34 | 3.35 |
| CKA160×75-50 | 1500 | 800 | 160 | 6-M8 | 72 | 50 | $14 \times 3.8$ | 75 | 7.08 |
| CKA160×55-55 | 2000 | 800 | 160 | $18 \times 7.0$ | 53 | 55 | $16 \times 4.3$ | 55 | 6.96 |
| CKA160×35-70 | 1500 | 800 | 160 | $10 \times 5.0$ | 35 | 70 | $8 \times 3.3$ | 35 | 3.46 |
| CKA170×55-60 | 2240 | 800 | 170 | $18 \times 7.0$ | 52 | 60 | $18 \times 4.4$ | 55 | 7.80 |
| CKA170×55-65 | 2240 | 800 | 170 | $18 \times 7.0$ | 52 | 65 | $18 \times 4.4$ | 55 | 7.61 |
| CKA180×55-65 | 2500 | 800 | 180 | $18 \times 7.0$ | 52 | 65 | $18 \times 4.4$ | 55 | 8.69 |
| CKA190×38-85 | 2500 | 800 | 190 | $14 \times 5.0$ | 36 | 85 | $14 \times 3.8$ | 38 | 5.50 |
| CKA200×55-65 | 2800 | 800 | 200 | $20 \times 7.5$ | 53 | 65 | $20 \times 3.9$ | 55 | 11.02 |
| CKA210×85-75 | 4000 | 800 | 210 | 6-$\Phi$13 | 70 | 75 | $20 \times 4.9$ | 70 | 14.25 |
| CKA215×70-75 | 4500 | 600 | 215 | 6-M12 | 70 | 75 | $20 \times 4.4$ | 70 | 15.00 |

## 3.7　离心离合器

离心离合器是一种靠离心体产生离心力来达到自动分离或接合的离合器，当主动件转速达到一定数值后，其上闸块（或钢球）产生的离心力，使摩擦块压紧从动件，借助摩擦力传递转矩。离心离合器可分为常开式与常闭式，从结构上可分为闸块式与钢球式。离心离合器的典型应用有风扇、离心机、压缩机和压力机等。

离心离合器的一般特点：

1）接合取决于离心力，因此不能传递大于计算转矩的载荷。

2）传递转矩与转速平方成正比，输出功率与转速立方成正比，故不适用于低速和变速工况应用。

3）接合过程中，主、从动件间有速度差，是摩擦打滑过程，在主、从动件未达到同步之前，伴有摩擦发热和磨损。一般打滑时间不宜过长，应限制在 $1 \sim 1.5 min$。

4）接合过程中对原动机逐渐加载，起动平稳。适用于起动不频繁，从动部分惯量大，易造成原动机过载的工况。

离心离合器的型式和特点见表 7.3-42。

表 7.3-42　离心离合器的型式及特点

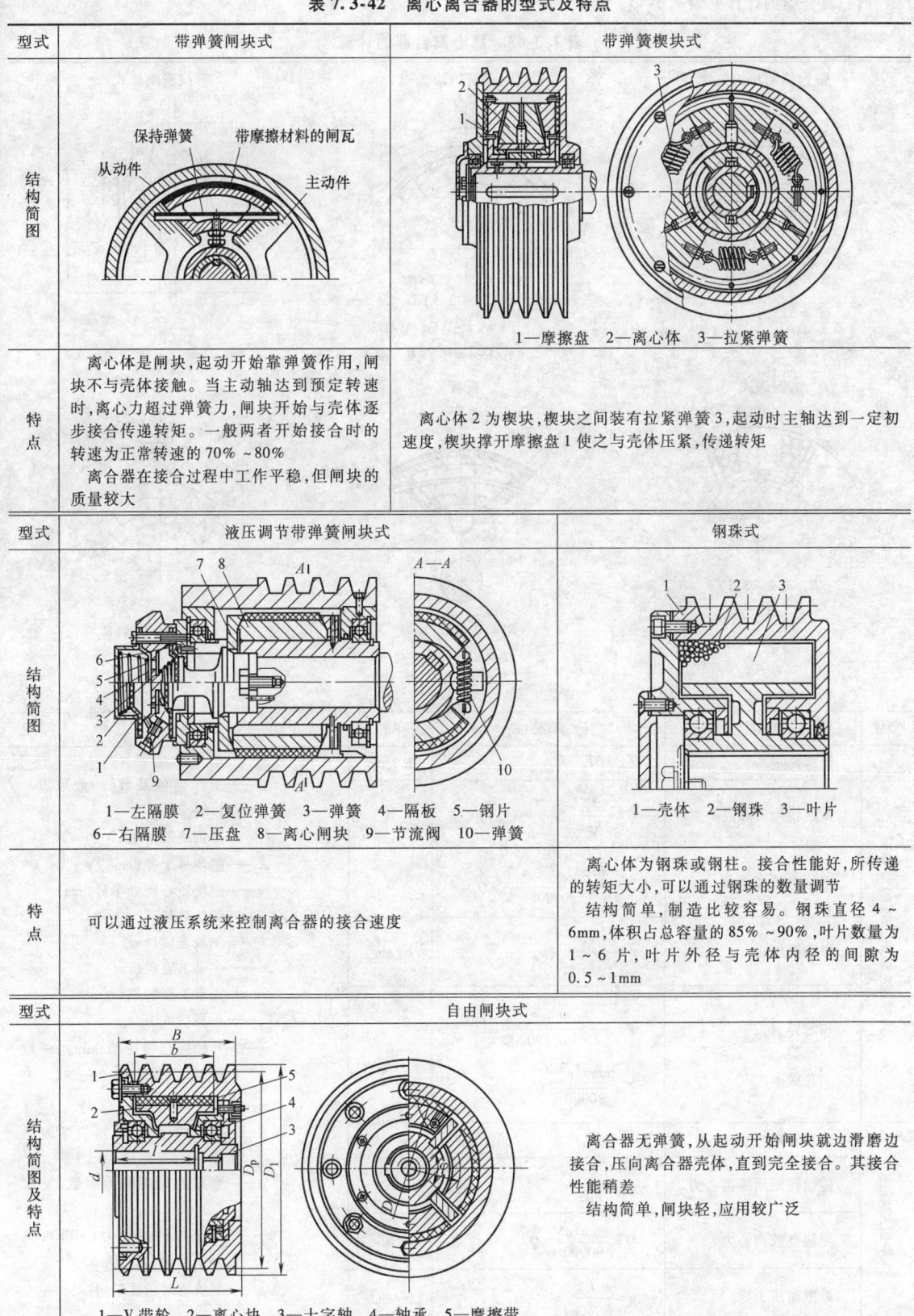

| 型式 | 带弹簧闸块式 | 带弹簧楔块式 |
|---|---|---|
| 结构简图 | 保持弹簧　带摩擦材料的闸瓦　从动件　主动件 | 1—摩擦盘　2—离心体　3—拉紧弹簧 |
| 特点 | 离心体是闸块，起动开始靠弹簧作用，闸块不与壳体接触。当主动轴达到预定转速时，离心力超过弹簧力，闸块开始与壳体逐步接合传递转矩。一般两者开始接合时的转速为正常转速的70%~80%<br>离合器在接合过程中工作平稳，但闸块的质量较大 | 离心体 2 为楔块，楔块之间装有拉紧弹簧3，起动时主轴达到一定初速度，楔块撑开摩擦盘1使之与壳体压紧，传递转矩 |

| 型式 | 液压调节带弹簧闸块式 | 钢珠式 |
|---|---|---|
| 结构简图 | 7 8　A　A—A<br>1—左隔膜　2—复位弹簧　3—弹簧　4—隔板　5—钢片　6—右隔膜　7—压盘　8—离心闸块　9—节流阀　10—弹簧 | 1　2　3<br>1—壳体　2—钢珠　3—叶片 |
| 特点 | 可以通过液压系统来控制离合器的接合速度 | 离心体为钢珠或钢柱。接合性能好，所传递的转矩大小，可以通过钢珠的数量调节<br>结构简单，制造比较容易。钢珠直径 4~6mm，体积占总容量的85%~90%，叶片数量为1~6片，叶片外径与壳体内径的间隙为0.5~1mm |

| 型式 | 自由闸块式 | |
|---|---|---|
| 结构简图及特点 | 1—V带轮　2—离心块　3—十字轴　4—轴承　5—摩擦带 | 离合器无弹簧，从起动开始闸块就边滑磨边接合，压向离合器壳体，直到完全接合。其接合性能稍差<br>结构简单，闸块轻，应用较广泛 |

离心离合器的计算见表7.3-43。

表 7.3-43　离心离合器的计算

带弹簧闸块式拉簧　　　　　　　无弹簧闸块式　　　　　　　带拉簧楔块式

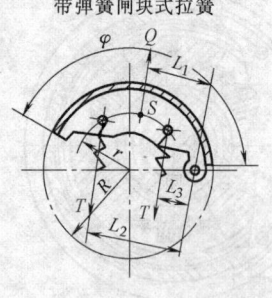
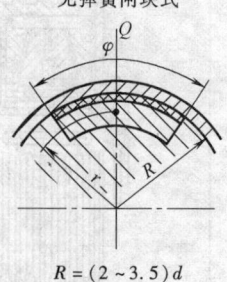
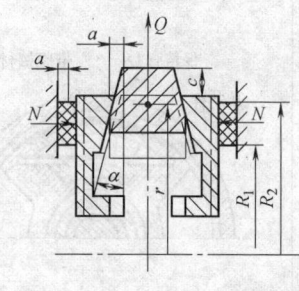

$$R = (2 \sim 3.5)d$$
$$b = (1 \sim 2)d$$
$$r = (0.7 \sim 0.9)R$$

钢珠式　　　　　　　　　　　板簧

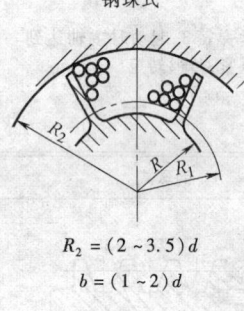
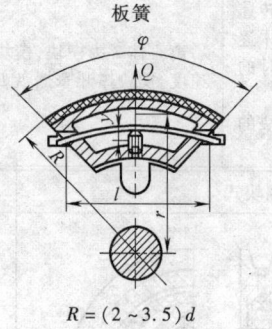
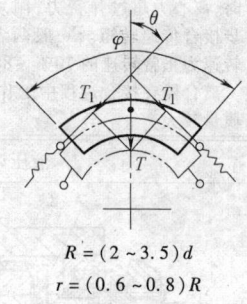

$$R_2 = (2 \sim 3.5)d$$
$$b = (1 \sim 2)d$$

$$R = (2 \sim 3.5)d$$
$$b = (1 \sim 2)d$$
$$r = (0.6 \sim 0.9)R$$

$$R = (2 \sim 3.5)d$$
$$r = (0.6 \sim 0.8)R$$

| 型式 | 计算项目 | 计算公式 | 单位 | 说　明 |
|---|---|---|---|---|
| 带弹簧(拉簧、板簧)闸块式 | 计算转矩 | $T_c = \beta T_t$ | N·cm | $\beta$——工作储备系数，一般取 $\beta = 1.5 \sim 2$<br>$T_t$——需传递的转矩(N·cm)<br>$R$——闸块外半径(cm)<br>$r$——闸块质心所处半径(cm)<br>$z$——闸块数量<br>$b$——闸块宽度(cm)<br>$d$——主动轴直径(cm)<br>$n$——正常工作转速(r/min)<br>$L_1,L_2,L_3$——长度(cm)<br>$n_0$——开始接合转速(r/min)，一般取 $n_0 = (0.7 \sim 0.8)n$<br>$m$——单个闸块质量(kg)<br>$R$——壳体内半径，即闸块摩擦半径(cm)<br>$\mu$——摩擦面材料摩擦因数；见表 7.3-12<br>$p_p$——摩擦面许用压力(MPa)，见表 7.3-12<br>$\varphi$——闸块所对角度(rad) |
| | 传递转矩所需离心力 | $Q_j = \dfrac{T_c}{R\mu z}$ | N | |
| | 闸块有效离心力 | $Q = \dfrac{mr\pi^2(n^2 - n_0^2)}{90000} \geqslant Q_j$ | N | |
| | 摩擦面压力 | $p = \dfrac{T_c}{R^2 b \varphi \mu z} \leqslant p_p$ | N/cm² | |
| | 预定弹簧力<br>拉簧<br>片簧 | $T = \dfrac{L_1 mr\pi^2 n_0^2}{(L_2 + L_3)90000}$<br><br>$T = \dfrac{mr\pi^2 n_0^2}{90000}$ | N | |
| 无弹簧闸块式 | 计算转矩 | $T_c = \beta T_t$ | N·cm | |
| | 传递转矩所需离心力 | $Q_j = \dfrac{T_c}{R\mu z}$ | N | |
| | 闸块有效离心力 | $Q = \dfrac{mr\pi^2 n^2}{90000} \geqslant Q_j$ | N | |
| | 摩擦面压力 | $p = \dfrac{T_c}{R^2 b \varphi \mu z} \leqslant p_p$ | N/cm² | |

（续）

| 型式 | 计 算 项 目 | 计 算 公 式 | 单位 | 说　　明 |
|---|---|---|---|---|
| 带拉簧楔块式 | 计算转矩 | $T_c = \beta T_t$ | N·m | $r$——模块质心所处半径(cm) |
| | 传递转矩所需离心力 | $Q_j = \dfrac{2T_c}{R_m \mu z} \tan(\alpha + \rho)$ | N | $z$——楔块数量 |
| | 楔块有效离心力 | $Q = \dfrac{mr\pi^2(n^2 - n_0^2)}{90000} \geq Q_j$ | N | $b$——摩擦面宽度(cm) |
| | 楔块脱开力 | $F_j = \dfrac{2T_c}{R_m \mu z} \tan(\alpha - \rho)$ | N | $\alpha$——楔块倾斜角(°)<br>$d$——主动轴直径(cm) |
| | 预定弹簧力 | $F = \dfrac{mr\pi^2 n_0^2}{90000} \geq T_j$ | N | $m$——单个楔块质量(kg)<br>$\rho$——摩擦角,$\tan\rho = \mu$ |
| | 每根弹簧力 | $F_1 = \dfrac{F}{2\cos\theta}$ | N | $\varphi$——闸块所对角度(rad)<br>其他符号说明同闸块式 |
| | 摩擦面压力 | $p = \dfrac{T_c}{4\pi R_m^2 b\mu} \leq P_p$ | N/cm² | |
| | 摩擦面平均半径 | $R_m = \dfrac{R_1 + R_2}{2}$ | cm | |
| 钢珠式 | 计算转矩 | $T_c = \beta T_t$ | N·cm | $\beta$——工作储备系数取 $\beta = 2$<br>$R_2$——壳体内半径(cm) |
| | 圆周产生的摩擦转矩 | $T_1 = 1.1 \times 10^{-6} R_2^4 bn^2\mu(1 - C^3)$ | N·cm | $b$——叶片宽度(cm)<br>$\mu$——摩擦因数,钢珠对钢或铸铁 $\mu = 0.2 \sim 0.3$ |
| | 端面产生的摩擦转矩 | $T_2 = 1.67 \times 10^{-7} R_2^5 n^2\mu(1 - C^4)$ | N·cm | $n$——转速(r/min)<br>$C$——比值,一般取<br>$C = \dfrac{R_1}{R_2} = 0.7 \sim 0.8$ |
| | 许用转矩 | $T_p = T_1 + T_2 \geq T_c$ | N·cm | 其他符号说明同带弹簧(拉簧、板簧)闸块式 |

注：其他未注明的长度尺寸单位均为 cm。

### 3.7.1　闸块式离心离合器

闸块式离心离合器有带弹簧闸块和无弹簧闸块两种，其中带弹簧闸块离心离合器的主要尺寸和特性参数见表 7.3-44。

**表 7.3-44　带弹簧闸块离心离合器的主要尺寸和特性参数**

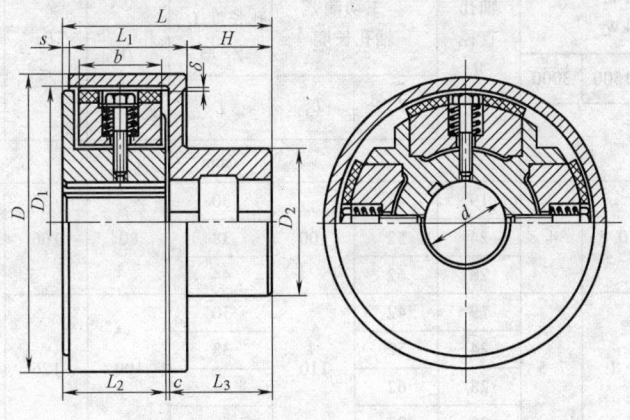

（续）

| 序号 | 最高转速 /(r/min) | $d$ (max) | $D$ | $D_1$ | $L_3$ | $L$ | $L_1$ | $L_2$ | $D_2$ | $H$ | $b$ | $s$ | $c$ | $\delta$ | 最多闸块数 $z$ |
|---|---|---|---|---|---|---|---|---|---|---|---|---|---|---|---|
| 1 | 3000 | 22 | 100 | 81 | 41 | 84 | 54 | 48 | 44 | 33 | 42 | 3 | | | |
| 2 | | 32 | 127 | 113 | 51 | 108 | 62 | 55 | 63 | 40 | 48 | | | | |
| 3 | 2500 | 38 | 152 | 136 | 60 | 124 | 70 | 62 | 76 | 50 | 54 | | 2 | 2 | 4 |
| 4 | | 45 | 178 | 160 | 66 | 138 | 81 | 70 | 81 | 52 | 60 | 5 | | | |
| 5 | 2000 | 55 | 203 | 184 | 73 | 147 | 84 | 73 | 108 | 58 | 64 | | | | |
| 6 | 1600 | 70 | 254 | 233 | 79 | 160 | 92 | 79 | 133 | 63 | 70 | | | | |
| 7 | 1300 | 80 | 304 | 282 | 89 | 181 | 101 | 89 | 165 | 70 | 76 | | | | |
| 8 | 1100 | 100 | 356 | 330 | 98 | 200 | 114 | 98 | 190 | 78 | 86 | 8 | | | 6 |
| 9 | 1000 | 115 | 406 | 378 | 111 | 225 | 127 | 111 | 210 | 90 | 98 | | 3 | 2.5 | |
| 10 | 900 | 130 | 456 | 426 | 120 | 244 | 120 | 120 | 241 | 98 | 105 | 10 | | | |
| 11 | 800 | 150 | 508 | 470 | 133 | 270 | 149 | 133 | 266 | 108 | 110 | | | | 8 |
| 12 | 700 | 180 | 610 | 565 | 146 | 295 | 165 | 146 | 330 | 117 | 128 | 12 | | 3 | |

### 3.7.2　钢球式离心离合器

钢球式离心离合器（节能安全联轴器）（摘自 JB/T 5987—1992）有三种结构型式：AQ 型——基本型钢球式离心离合器，AQZ 型——带制动轮型钢球式离心离合器，AQD 型——带轮型钢球式离心离合器，其中 AQ 型钢球式离心离合器的主要尺寸和特性参数见表 7.3-45，许用补偿量见表 7.3-46。

**表 7.3-45　AQ 型钢球式离心离合器的主要尺寸和特性参数**

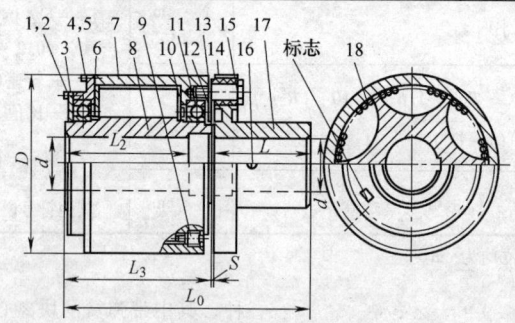

AQ 型钢球式离心离合器

1,2—螺栓　3,12—轴承盖　4,5,13—弹簧垫圈　6—端盖　7—壳体　8—转子　9—沉头螺塞
10—密封圈　11—滚动轴承　14—弹性套　15—弹性柱销　16—定位螺钉　17—半联轴器　18—钢球

| 型号 | 各种转速下所能传递的功率/kW | | | | | 轴孔直径 $d$ (H7) | 主动端轴孔长度 | | 从动端轴孔长度 $J_1$, $Z_1$ 型 | $D$ | $L_0$ ≤ | $S$ | 许用转速 /(r/min) | |
|---|---|---|---|---|---|---|---|---|---|---|---|---|---|---|
| | 600 | 750 | 1000 | 1500 | 3000 | | $L_2$ | $L_3$ | $L$ | | | | 铸铁 | 铸钢 |
| | r/min | | | | | | | | /mm | | | | | |
| AQ1 | — | — | — | 0.5 | 4 | 19 | 42 | 100 | 30 | 80 | 166 | 3～4 | 7160 | 9550 |
| | | | | | | 24 | 52 | | 38 | | | | | |
| | | | | | | 28 | 62 | | 44 | | | | | |
| AQ2 | — | — | — | 1 | 7.5 | 19 | 42 | 110 | 30 | 100 | 176 | | 5730 | 7640 |
| | | | | | | 24 | 52 | | 38 | | | | | |
| | | | | | | 28 | 62 | | 44 | | | | | |
| | | | | | | 38 | 82 | | 60 | | | | | |

（续）

| 型号 | 各种转速下所能传递的功率/kW | | | | | 轴孔直径 $d$ (H7) | 主动端轴孔长度 | | 从动端轴孔长度 $J_1$, $Z_1$ 型 | $D$ | $L_0$ ≤ | $S$ | 许用转速 /(r/min) | |
|---|---|---|---|---|---|---|---|---|---|---|---|---|---|---|
| | 600 | 750 | 1000 | 1500 | 3000 | | $L_2$ | $L_3$ | $L$ | | | | 铸铁 | 铸钢 |
| | r/min | | | | | | /mm | | | | | | | |
| AQ3 | — | — | 0.87 | 3 | 24 | 24 | 52 | | 38 | 130 | 238 | 3~4 | 4410 | 5880 |
| | | | | | | 28 | 62 | | 44 | | | | | |
| | | | | | | 38 | 82 | | 60 | | | | | |
| | | | | | | 42 | 112 | | 84 | | | | | |
| | | | | | | 45 | | | | | | | | |
| AQ4 | — | — | 1.3 | 4.5 | 36 | 28 | 62 | | 44 | 150 | 238 | | 3820 | 5090 |
| | | | | | | 38 | 82 | | 60 | | | | | |
| | | | | | | 42 | | | | | | | | |
| | | | | | | 48 | 112 | | 84 | | | | | |
| | | | | | | 55 | | | | | | | | |
| AQ5 | — | — | 3.6 | 12 | 96 | 38 | 82 | 150 | 60 | 180 | | | 3180 | 4240 |
| | | | | | | 42 | 112 | | 84 | | | | | |
| | | | | | | 48 | | | | | | | | |
| | | | | | | 55 | | | | | | | | |
| | | | | | | 60 | 142 | | 107 | | | | | |
| | | | | | | 65 | | | | | 262 | | | |
| AQ6 | — | 2.53 | 6 | 20 | 162 | 38 | 82 | | 60 | 200 | | | 2860 | 3820 |
| | | | | | | 42 | 112 | | 84 | | | | | |
| | | | | | | 48 | | | | | | | | |
| | | | | | | 55 | | | | | | | | |
| | | | | | | 60 | 142 | | 107 | | | | | |
| | | | | | | 65 | | | | | | | | |
| | | | | | | 70 | | | | | | | | |
| AQ7 | — | 65 | 14.6 | 49 | 393 | 42 | 112 | | 84 | 220 | 322 | 4~5 | 2600 | 3470 |
| | | | | | | 48 | | | | | | | | |
| | | | | | | 55 | | | | | | | | |
| | | | | | | 60 | 142 | | 107 | | | | | |
| | | | | | | 65 | | | | | | | | |
| | | | | | | 70 | | | | | | | | |
| | | | | | | 75 | | | | | | | | |
| AQ8 | — | 10 | 24 | 80 | 644 | 48 | 112 | 210 | 84 | 250 | 347 | | 2290 | 3060 |
| | | | | | | 55 | | | | | | | | |
| | | | | | | 60 | | | | | | | | |
| | | | | | | 65 | 142 | | 107 | | | | | |
| | | | | | | 70 | | | | | | | | |
| | | | | | | 75 | | | | | | | | |
| | | | | | | 80 | 172 | | 132 | | | | | |
| | | | | | | 85 | | | | | | | | |
| AQ9 | — | 21 | 77 | 173 | 1380 | 60 | 142 | 250 | 107 | 280 | 387 | | 2140 | 2850 |
| | | | | | | 65 | | | | | | | | |
| | | | | | | 70 | | | | | | | | |
| | | | | | | 75 | | | | | | | | |
| | | | | | | 90 | 172 | | 132 | | | | | |
| | | | | | | 95 | | | | | | | | |

（续）

| 型号 | 各种转速下所能传递的功率/kW | | | | | 轴孔直径 d (H7) | 主动端轴孔长度 | | 从动端轴孔长度 J₁, Z₁ 型 | D | L₀ ≤ | S | 许用转速 /(r/min) | |
|---|---|---|---|---|---|---|---|---|---|---|---|---|---|---|
| | 600 | 750 | 1000 | 1500 | 3000 | | $L_2$ | $L_3$ | $L$ | | | | 铸铁 | 铸钢 |
| | r/min | | | | | | /mm | | | | | | | |
| AQ10 | — | 25 | 60 | 200 | 1600 | 60 | 142 | 250 | 107 | 300 | 423 | 5 ~ 6 | 1830 | 2240 |
| | | | | | | 65 | | | | | | | | |
| | | | | | | 70 | | | | | | | | |
| | | | | | | 75 | | | | | | | | |
| | | | | | | 80 | | | | | | | | |
| | | | | | | 85 | 172 | | 132 | | | | | |
| | | | | | | 90 | | | | | | | | |
| | | | | | | 100 | 212 | | 167 | | | | | |
| AQ11 | 23 | 46 | 110 | 360 | — | 75 | 142 | | 107 | 350 | | | 1600 | 2140 |
| | | | | | | 80 | | | | | | | | |
| | | | | | | 85 | 172 | | 132 | | | | | |
| | | | | | | 90 | | | | | | | | |
| | | | | | | 100 | 212 | | 167 | | | | | |
| | | | | | | 110 | | | | | | | | |
| AQ12 | 45 | 95 | 240 | 830 | — | 80 | 172 | | 132 | 400 | | | 1400 | 1870 |
| | | | | | | 85 | | | | | | | | |
| | | | | | | 90 | | | | | | | | |
| | | | | | | 100 | 212 | | 167 | | | | | |
| | | | | | | 110 | | | | | | | | |
| | | | | | | 120 | | | | | | | | |
| | | | | | | 125 | | | | | | | | |
| | | | | | | 130 | 252 | | 202 | | | | | |
| AQ13 | 58 | 113 | 267 | 902 | — | 80 | 172 | 300 | 132 | 450 | 508 | | 1250 | 1660 |
| | | | | | | 85 | | | | | | | | |
| | | | | | | 90 | | | | | | | | |
| | | | | | | 95 | | | | | | | | |
| | | | | | | 100 | 212 | | 167 | | | | | |
| | | | | | | 110 | | | | | | | | |
| | | | | | | 120 | | | | | | | | |
| | | | | | | 125 | | | | | | | | |
| | | | | | | 130 | 252 | | 202 | | | | | |
| | | | | | | 140 | | | | | | | | |
| | | | | | | 150 | | | | | | | | |

**表 7.3-46　AQ、AQZ 型钢球式离心离合器的许用补偿量**

| 型号 许用补偿量 | AQ(Z) 1 ~ 6 | AQ(Z) 7 ~ 10 | AQ(Z) 11 ~ 14 | AQ(Z) 15 ~ 17 |
|---|---|---|---|---|
| 径向 Δy/mm | 0.2 | 0.3 | 0.4 | 0.6 |
| 角向 Δα/(°) | 1.5 | 1 | | 0.5 |

### 3.7.3　钢砂式离心离合器

钢砂式离心离合器（安全离合器）（摘自 JB/T 5986—1992）有两种结构型式：AS 型——基本型钢

砂式离心离合器，ASD 型——V 带轮型钢砂式离心离合器，其中 AS 型的主要尺寸和特性参数见表 7.3-47，许用补偿量见表 7.3-48。

## 表 7.3-47　AS 型钢砂式离心离合器的主要尺寸和特性参数

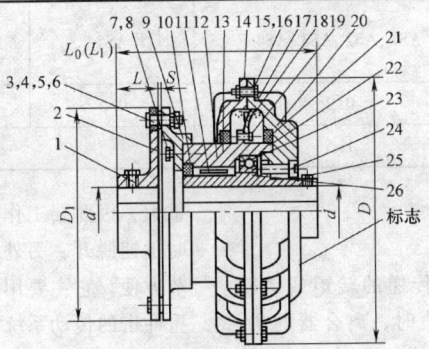

AS 型钢砂式离心离合器

1,25—紧定螺钉　2—半联轴器　3—鼓形弹性套　4—柱销　5,8—弹簧垫圈　6,16—螺母

7,15,19—螺栓　9—法兰　10,13,21—密封圈　11—滚针轴承　12—从动转子　14,20—壳体

17—钢砂　18—叶轮　22—滚动轴承　23—挡圈　24—内六角螺栓　26—主动轴套

| 型号 | 各种转速下所能传递的功率/kW | | | | 轴孔直径 $d$ (H7) | 轴孔长度 | | | $L_0$ | $D_1$ | $D$ | 许用转速 /(r/min) | |
|---|---|---|---|---|---|---|---|---|---|---|---|---|---|
| | 750 | 1000 | 1500 | 3000 | | Y 型 $L$ | $J,J_1,Z,Z_1$ 型 $L$ | $L_1$ | | | | 铸铁 | 铸钢 |
| | r/min | | | | | /mm | | | | | | | |
| AS1 | — | 0.075 | 0.185 | 1.5 | 14 | 32 | 20 | 32 | 100 | 80 | 105 | 5700 | 7600 |
| | | | | | 16 | 42 | 30 | 42 | 110 | | | | |
| | | | | | 19 | | | | 126 | | | | |
| AS2 | 0.2 | 0.48 | 1.1 | 4 | 20 | 52 | 38 | 52 | 136 | 95 | 160 | 3500 | 5000 |
| | | | | | 22 | | | | | | | | |
| | | | | | 24 | | | | 180 | | | | |
| AS3 | 0.5 | 1.3 | 3.5 | 8* | 25 | 62 | 44 | 62 | 190 | 106 | 194 | 2860 | 3800 |
| | | | | | 28 | | | | | | | | |
| AS4 | 0.8 | 1.5 | 5.5 | 20* | 30 | 82 | 60 | 82 | 218 | 130 | 214 | 2600 | 3470 |
| | | | | | 32 | | | | | | | | |
| AS5 | 2 | 3.7 | 10 | 28* | 35 | | | | | | 240 | 2290 | 3060 |
| | | | | | 38 | | | | 248 | 160 | | | |
| | | | | | 40 | | | | | | | | |
| | | | | | 42 | | | | | | | | |
| AS6 | 4 | 7.5 | 22 | — | 45 | 112 | 84 | 112 | 262 | 190 | 293 | 1830 | 2240 |
| | | | | | 48 | | | | | | | | |
| | | | | | 50 | | | | | | | | |
| | | | | | 55 | | | | 295 | 224 | | | |
| AS7 | 10 | 15 | 55 | — | 56 | | | | | | 340 | 1600 | 2240 |
| | | | | | 60 | | | | 325 | 250 | | | |
| | | | | | 63 | | | | | | | | |
| | | | | | 65 | 142 | 107 | 142 | 317 | | | | |
| | | | | | 70 | | | | | | | | |
| AS8 | 30 | 45 | 100 | — | 71 | | | | 315 | 315 | 432 | 1270 | 1600 |
| | | | | | 75 | | | | | | | | |
| | | | | | 80 | | | | 347 | | | | |
| AS9 | 100 | 170 | 260 | — | 85 | 172 | 132 | 172 | 393 | 400 | 560 | 1000 | 1360 |
| | | | | | 90 | | | | | | | | |
| | | | | | 95 | | | | | | | | |
| | | | | | 100 | 212 | 167 | 212 | | | | | |

注：带 * 号的离合器材料为锻钢。

表 7.3-48　AS 型钢砂式离心离合器的许用补偿量

| 许用补偿量 ＼ 型号 | AS1、AS2、AS3、AS4 | AS5 | AS6、AS7、AS8 | AS9 |
|---|---|---|---|---|
| 径向 $\Delta y/mm$ | 0.2 | 0.3 | 0.4 | 0.5 |
| 角向 $\Delta\alpha/(°)$ | 1.5 | | 1 | 0.5 |

## 3.8　安全离合器

安全离合器是用来精确限定传递的转矩或者转速，当传递转矩或转速超过限定值时，离合器的主、从动部分脱开或相互打滑，从而起到过载保护作用；当传递转矩未超过限定值时，其作用相当于联轴器。安全离合器对防止机械因过载而损坏、造成事故关系重大，因此要工作可靠，动作准确、灵敏，保证过载时迅速脱开，另外，还应有调节限定转矩的可能且调节方便。它主要用于工作中有可能发生大的过载和严重冲击的传动系统。

安全离合器按其工作原理可分为销式、啮合式（包括牙嵌式、钢球式）、摩擦式（片式、圆锥式）三类五种，其结构型式与特点见表 7.3-49。

表 7.3-49　安全离合器的型式与特点

| 嵌合式安全离合器 | | 摩擦式安全离合器 | |
|---|---|---|---|
| 型式 | 简　图 | 型式 | 简　图 |
| 端面牙嵌安全式 | 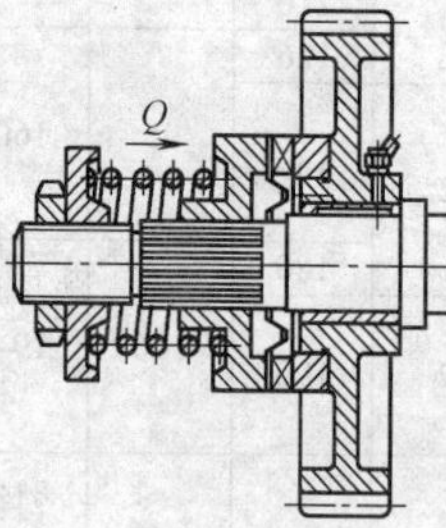 | 干式单片安全式 | 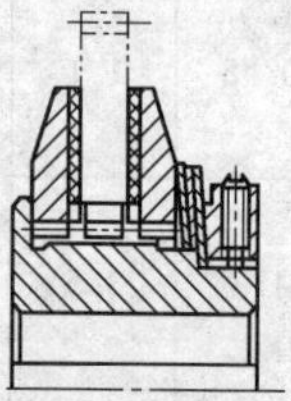 |
| 销钉安全式 | 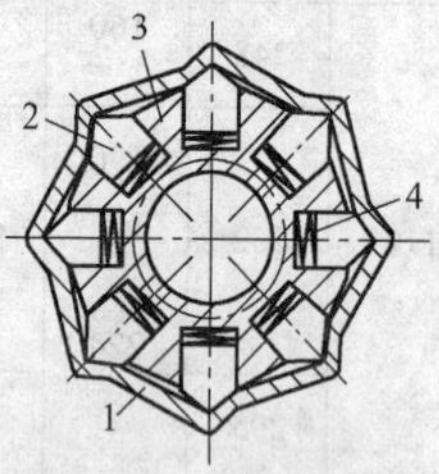 　1—外壳　2—销钉　3—星轮　4—弹簧 | 多片安全式 | 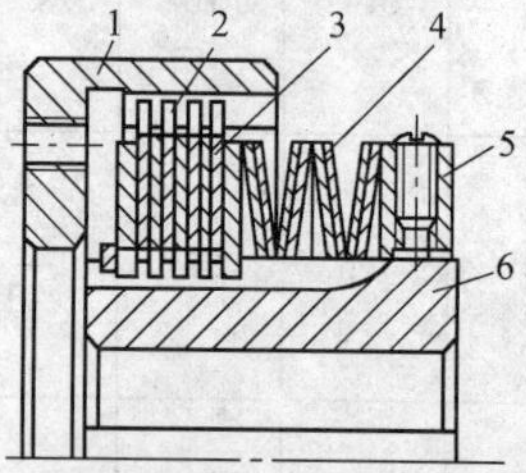 　1—半离合器　2—外片　3—内片　4—碟簧　5—螺母　6—轴套 |
| 钢球安全式（球对槽） | 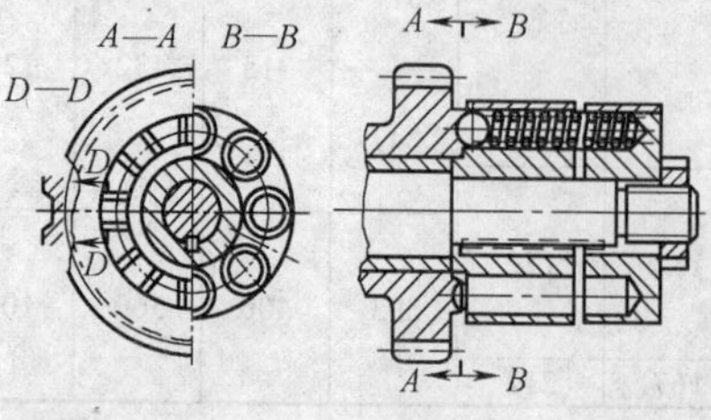 | 单圆锥安全式 | 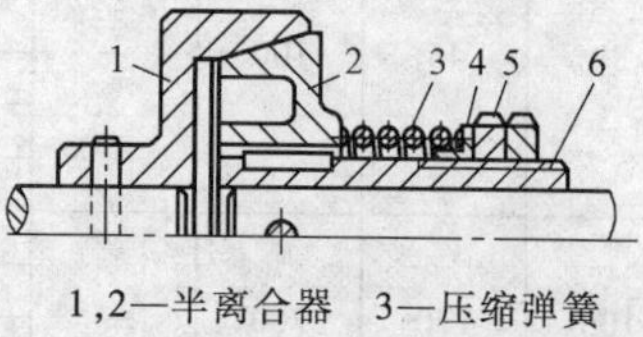 　1,2—半离合器　3—压缩弹簧　4—垫　5—螺母　6—轴套 |

（续）

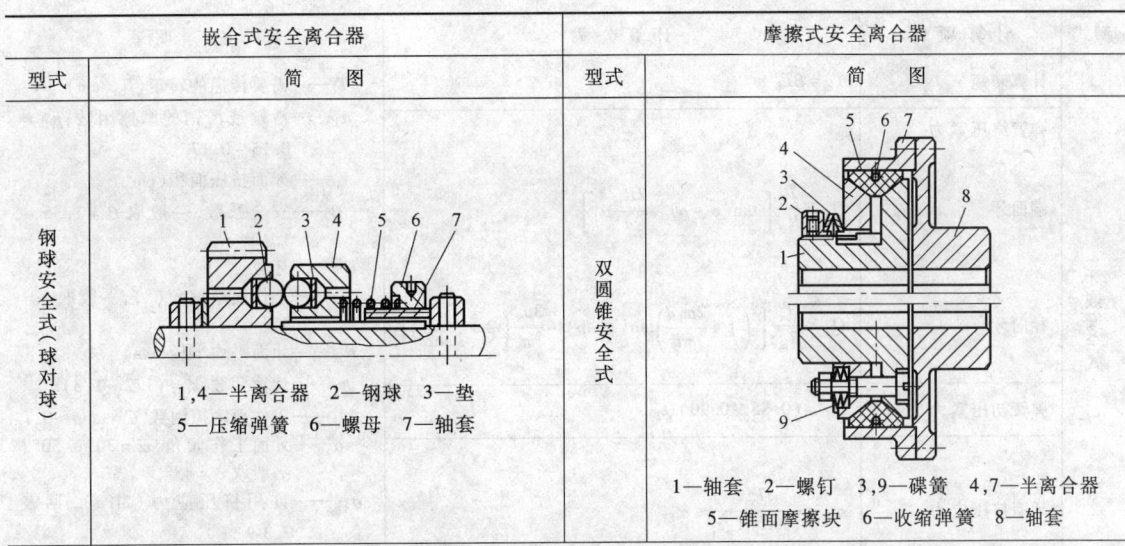

| 嵌合式安全离合器 | | 摩擦式安全离合器 | |
|---|---|---|---|
| 型式 | 简　图 | 型式 | 简　图 |
| 钢球安全式（球对球） | 1,4—半离合器　2—钢球　3—垫<br>5—压缩弹簧　6—螺母　7—轴套 | 双圆锥安全式 | 1—轴套　2—螺钉　3,9—碟簧　4,7—半离合器<br>5—锥面摩擦块　6—收缩弹簧　8—轴套 |

| 特　点 | |
|---|---|
| 接合时元件间的压紧力靠弹簧调节。当载荷超过弹簧的压紧力时，元件相对滑动<br><br>元件滑动，实际上是一种频繁的离合过程（由于压紧弹簧在离合器分离时吸收能量，重新接合时又将能量放回系统），这种反复作用就可能使被保护机件因附加动力过载受到损害，所以这种离合器不宜安于过载时转差大的场合<br><br>钢球对槽式传递转矩一般在 12.7～4780N·m | 接合元件的压紧力靠弹簧调节，当载荷超过弹簧限定的极限转矩时，离合器主、从动部分摩擦元件间即出现相对滑动，并因摩擦而耗掉一部分能量。该离合器工作平稳，只要散热好，可以用于离合器过载时较差大且不常作用的场合<br><br>单片单圆锥离合器在传递小转矩时使用，其结构比较简单，多盘安全离合器因盘数较多，径向尺寸较小，可传递较大的转矩，从 0.098～24500N·m；双圆锥安全离合器有两种推力弹簧，Ⅰ型用于传递中、小转矩，Ⅱ型用于传递较大载矩<br><br>锥式传递转矩 58.8～23520N·m |

安全离合器的计算见表 7.3-50。

### 表 7.3-50　安全离合器的计算

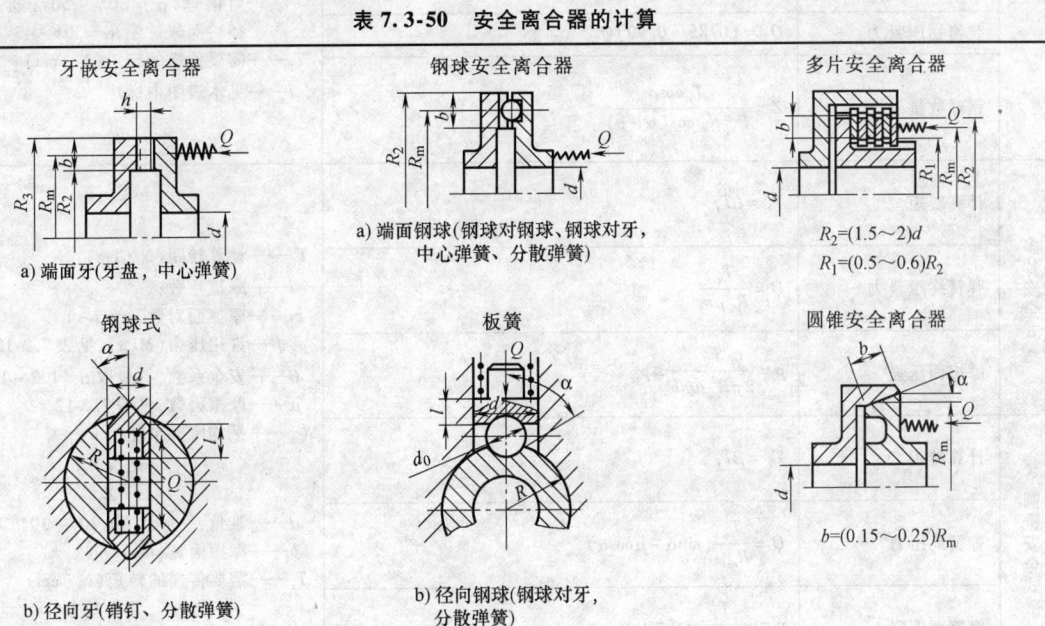

牙嵌安全离合器

a) 端面牙（牙盘，中心弹簧）

钢球安全离合器

a) 端面钢球（钢球对钢球、钢球对牙，中心弹簧、分散弹簧）

多片安全离合器

$R_2=(1.5～2)d$

$R_1=(0.5～0.6)R_2$

钢球式

b) 径向牙（销钉、分散弹簧）

板簧

b) 径向钢球（钢球对牙，分散弹簧）

圆锥安全离合器

$b=(0.15～0.25)R_m$

（续）

| 型式 | 计算项目 | 计算公式 | 说　明 |
|---|---|---|---|
| 牙嵌安全式 | 计算转矩 | $T_c = \beta T_t$ | $T_t$——需要传递的转矩（N·cm） |
| | 弹簧终压紧力 | | $\mu_1$——滑键或滑销的摩擦因数，$\mu_1 = 0.15 \sim 0.17$ |
| | 端面牙 | $Q_2 = \dfrac{T_c}{R_m}\left[\tan(\alpha - \rho) - \dfrac{2R_m}{d}\mu_1\right]$ | $A_P$——牙面挤压面积（$cm^2$） |
| | | | $\beta$——安全系数，一般取 $\beta = 1.35 \sim 1.40$ |
| | 径向牙 | $Q_2 = \dfrac{T_c}{R_m z}\left[\left(1 + \dfrac{2\mu_1 d}{\pi l}\right)\tan(\alpha - \rho) - \dfrac{3\mu_1}{\pi}\left(2 + \dfrac{d}{l\tan\alpha}\right)\right]$ | $z$——牙数 |
| | | | $\rho$——工作面摩擦角（°），一般取 $\rho = 5° \sim 6°$ |
| | 弹簧初压紧力 | $Q_1 = (0.85 \sim 0.90)Q_2$ | $R_m$——牙面平均半径（cm） |
| | | | $z_j$——计算牙数，$z_j = (1/2 \sim 1/3)z$ |
| | | | $\mu$——工作面摩擦因数，$\mu = \tan\rho \approx 0.1$ |
| | 牙面挤压应力 | $\sigma_P = \dfrac{T_c}{100A_P R_m z_j} \leqslant \sigma_{PP}$ | $\alpha$——牙面工作倾角，$\alpha = 30° \sim 50°$，一般取 $\alpha = 45°$ |
| | | | $\sigma_{pp}$——许用挤压应力（MPa），见表 7.3-9 |
| | | | $d, l$——见本表图中标注 |
| 钢球安全式 | 计算转矩 | $T_c = \beta T_t$ | $T_c$——计算转矩（N·cm） |
| | 弹簧终压紧力 | | $z$——钢球数，一般 $z = 6 \sim 8$ |
| | 端面钢球（中心弹簧） | $Q_2 = \dfrac{T_c}{R_m}\left[\tan(\alpha - \rho) - \dfrac{2R_m}{d}\mu_1\right]$ | $\mu$——工作面摩擦因数 $\mu = \tan\rho \approx 0.1$ |
| | | | $P_{np}$——钢球许用正压力（N），见表 7.3-9 |
| | 端面钢球（分散弹簧） | $Q_2 = \dfrac{T_c}{R_m z}\left[\tan(\alpha - \rho) - \mu_1\right]$ | $\beta$——安全系数，一般取 $\beta = 1.2 \sim 1.25$ |
| | | | $R_m$——工作面平均半径（cm） |
| | | | $\rho$——工作面摩擦角，一般取 $\rho = 5° \sim 6°$ |
| | 径向钢球 | $Q_2 = \dfrac{T_c}{R_m z}\left[\left(1 + \dfrac{3\mu_1 d}{\pi l}\right)\tan(\alpha - \rho) - \dfrac{3\mu_1}{\pi}\left(2 + \dfrac{d}{l\tan\alpha}\right)\right]$ | $\mu_1$——滑键或钢球的摩擦因数，$\mu_1 = 0.15 \sim 0.17$ |
| | | | $\alpha$——工作面倾斜角，直径相同的钢球对钢球，$\alpha = 30° \sim 50°$；通常取 45°；钢球对牙，$\alpha = 30° \sim 45°$ |
| | 弹簧初压紧力 | $Q_1 = (0.85 \sim 0.90)Q_2$ | |
| | | | $T_t$——需要传递的转矩（N·cm） |
| | 钢球数量 | $Z = \dfrac{T_c \cos\rho}{P_{np} R_m \cos(\alpha - \rho)}$ | $d, l$——见本表图中标注 |
| 多片安全式 | 计算转矩 | $T_c = \beta T_t$ | $T_c$——计算转距（N·cm） |
| | 弹簧终压紧力 | $Q = \dfrac{T_c}{R_m \mu m}$ | $i$——摩擦片数 |
| | | | $m$——摩擦面对数，$m = i - 1$ |
| | | | $p_p$——许用压力（MPa），见表 7.3-12 |
| | 摩擦面压强 | $p = \dfrac{T_c}{2\pi R_m^2 \mu m b} \leqslant p_p$ | $\beta$——安全系数，一般取 $\beta = 1.2 \sim 1.25$ |
| | | | $\mu$——摩擦因数，见表 7.3-12 |
| 圆锥安全式 | 计算转矩 | $T_c = \beta T_t$ | $R_m$——平均摩擦半径（cm） $R_m \approx \dfrac{R_1 + R_2}{2}$ |
| | 弹簧终压力 | $Q = \dfrac{T_c}{R_m \mu}(\sin\alpha - \mu\cos\alpha)$ | $\alpha$——锥角，一般取 $\alpha = 20° \sim 30°$ |
| | | | $b$——摩擦面宽（cm） |
| | 摩擦面压强 | $p = \dfrac{T_c}{2\pi R_m^2 b \mu} \leqslant p_p$ | $T_t$——需要传递的转矩（N·cm） |

## 3.8.1 销式安全离合器

销式安全离合器利用销钉传递转矩，过载时销钉被剪断，使连接中断，这种离合器结构简单、制造容易、尺寸紧凑，但工作精度不高，常用于不经常过载的传动装置，防止偶然性的损坏。销式安全离合器的主要尺寸见表 7.3-51。

## 3.8.2 牙嵌式安全离合器

牙嵌式安全离合器的主要尺寸见表 7.3-52。

**表 7.3-51 销式安全离合器的主要尺寸**　　　　　　（单位：mm）

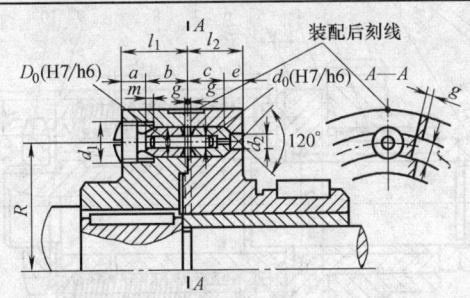

| 剪断力 /N | $d_0$ H7/h6 | $d_1$ | $d_2$ | $D_0$ H7/h6 | $l_1$ | $l_2$ | $a$ | $b$ | $c$ | $e$ | $f$ | $g$ | $m$ |
|---|---|---|---|---|---|---|---|---|---|---|---|---|---|
| 690 | 1.5 | M16 | 5 | 10 | 22 | 16 | 10 | 12 | 11 | 5 | 8 | 1 | 1.5 |
| 1275 | 2.0 | | | | | | | | | | | | |
| 2850 | 3.0 | M20 | 8 | 15 | 30 | 25 | 12 | 18 | 17 | 8 | 10 | 1.5 | 2 |
| 5200 | 4.0 | | | | | | | | | | | | |
| 8100 | 5.0 | | | | | | | | | | | | |
| 11770 | 6.0 | M30 | 12 | 25 | 50 | 45 | 22 | 28 | 26 | 19 | 16 | 2 | 2.5 |
| 20600 | 8.0 | | | | | | | | | | | | |
| 32360 | 10 | | | | | | | | | | | | |
| 55000 | 13.0 | M48 | 18 | 40 | 75 | 64 | 33 | 42 | 39 | 25 | 28 | 3 | 3 |
| 83400 | 16.0 | | | | | | | | | | | | |
| 130000 | 20.0 | | | | | | | | | | | | |

**表 7.3-52 牙嵌式安全离合器的主要尺寸**　　　　　　（单位：mm）

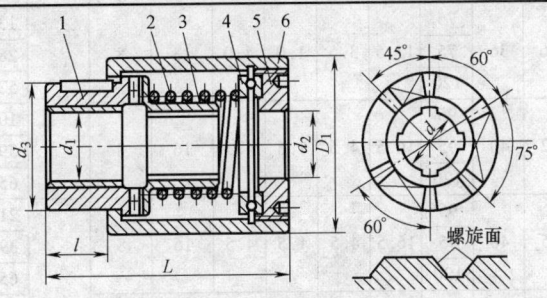

1,3—半离合器　2—弹簧　4—推力轴承　5—调节螺母　6—套杯

| 花键孔 $N \times d \times D \times b$ | $D_1$ | $d_1$ | $d_2$ | $d_3$ | $L$ | $l$ | 弹簧尺寸 $d \times D \times H$ | 轴承型号 | 螺旋面的螺距 | 极限转矩 /N·m |
|---|---|---|---|---|---|---|---|---|---|---|
| $6 \times 21 \times 25 \times 5$ | 70 | 25 | 25 | 45 | 110 | 25 | $4 \times 50 \times 100$ | 51107 | 125.6 | 6<br>10<br>13 |
| $6 \times 26 \times 32 \times 6$ | 80 | 30 | 30 | 50 | 120 | 30 | $5 \times 55 \times 100$ | 51109 | 157 | 16<br>20<br>25 |
| $8 \times 36 \times 40 \times 7$ | 100 | 40 | 40 | 65 | 130 | 35 | $7 \times 65 \times 70$ | 51111 | 196.2 | 32<br>40<br>50 |

### 3.8.3　钢球式安全离合器

钢球式安全离合器的主要尺寸见表 7.3-53。

**表 7.3-53　钢球式安全离合器的主要尺寸**　　　　　　　　（单位：mm）

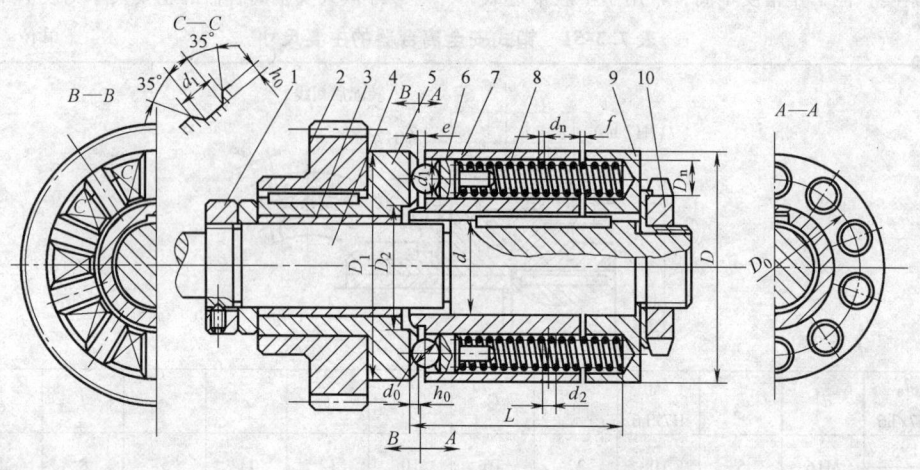

1,10—螺母　2—齿轮　3—轴套　4—轴　5—套筒（半离合器）　6—支承座
7—壳体（半离合器）　8—弹簧　9—弹簧座圈

| 极限转矩 /N·m | $D$ | $D_0$ | $D_1$ | $D_2$ | $d$ | $L$ | $d_1$ | $h_0$ | $e$ | $f$ | 钢球 直径 $d_0$ | 钢球 个数 $z$/个 | 螺钉 $d_2$ | 弹簧 一个弹簧压缩力/N | 弹簧 外径 $D_n$ | 弹簧 钢丝直径 $d_n$ | 弹簧 圈数 $n$ | 弹簧 自由状态长度 $H$ | 弹簧 压缩状态长度 $H_1$ |
|---|---|---|---|---|---|---|---|---|---|---|---|---|---|---|---|---|---|---|---|
| 13 ~ 14 | | | | | | 70 | | | | | | | | 70 | | 1.5 | 33 | 80 | 55 |
| 23 ~ 32 | 65 | 50 | 60 | 40 | 32 | 70 | 11.5 | 3.0 | 1.0 | 3.0 | 11 | 8 | M6 | 170 | 10 | 2.0 | 26 | 68 | 54 |
| 46 ~ 64 | | | | | | 110 | | | | | | | | 360 | | 2.5 | 36 | 108 | 94 |
| 24 ~ 30 | | | | | | 75 | | | | | | | | 137 | | 2.0 | 27 | 80 | 57 |
| 33 ~ 57 | 75 | 58 | 70 | 46 | 36 | 75 | 13.5 | 3.5 | 1.0 | 4.0 | 13 | 8 | M6 | 280 | 12 | 2.5 | 22 | 70 | 57 |
| 65 ~ 104 | | | | | | 120 | | | | | | | | 526 | | 3.0 | 32 | 115 | 101 |
| 25 ~ 29 | | | | | | 95 | | | | | | | | 106 | | 2.0 | 34 | 119 | 73 |
| 56 ~ 86 | 85 | 65 | 78 | 52 | 40 | 95 | 16.5 | 4.5 | 1.5 | 4.5 | 16 | 8 | | 394 | 15 | 3.0 | 23 | 90 | 72 |
| 89 ~ 141 | | | | | | 120 | | | | | | | | 650 | | 3.5 | 27 | 113 | 97 |
| 50 ~ 63 | | | | | | 95 | | | | | | | | 214 | | 2.5 | 28 | 100 | 72 |
| 67 ~ 103 | 100 | 78 | 92 | 65 | 48 | 95 | 16.5 | 4.5 | 1.5 | 4.5 | 16 | 8 | | 394 | 15 | 3.0 | 23 | 90 | 72 |
| 107 ~ 170 | | | | | | 120 | | | | | | | | 650 | | 3.5 | 27 | 113 | 97 |
| 59 ~ 68 | | | | | | 100 | | | | | | | | 167 | | 2.5 | 28 | 121 | 72 |
| 108 ~ 186 | 115 | 88 | 105 | 72 | 55 | 100 | 20.5 | 5.5 | 1.5 | 5.5 | 20 | 9 | | 400 | 19 | 3.5 | 20 | 93 | 72 |
| 157 ~ 248 | | | | | | 120 | | | | | | | | 754 | | 4.0 | 23 | 112 | 92 |
| 114 ~ 144 | | | | | | 100 | | | | | | | | 300 | | 3.0 | 24 | 104 | 72 |
| 140 ~ 215 | 130 | 102 | 120 | 85 | 68 | 110 | 20.5 | 5.5 | 1.5 | 5.5 | 20 | 10 | M8 | 490 | 19 | 3.5 | 20 | 93 | 72 |
| 202 ~ 320 | | | | | | 125 | | | | | | | | 754 | | 4.0 | 24 | 118 | 96 |
| 192 ~ 236 | | | | | | 130 | | | | | | | | 410 | | 3.5 | 27 | 139 | 91 |
| 253 ~ 340 | 150 | 118 | 140 | 100 | 80 | 130 | 24.5 | 6.5 | 2.0 | 6.5 | 24 | 10 | | 630 | 22 | 4.0 | 24 | 127 | 96 |
| 512 ~ 695 | | | | | | 200 | | | | | | | | 1300 | | 5.0 | 32 | 196 | 166 |
| 266 ~ 326 | | | | | | 130 | | | | | | | | 410 | | 3.5 | 27 | 139 | 97 |
| 350 ~ 472 | 170 | 136 | 155 | 115 | 95 | 130 | 24.5 | 6.5 | 2.0 | 6.5 | 24 | 12 | | 630 | 22 | 4.0 | 24 | 127 | 96 |
| 710 ~ 965 | | | | | | 200 | | | | | | | | 1300 | | 5.0 | 32 | 169 | 166 |

（续）

| 极限转矩/N·m | D | D_0 | D_1 | D_2 | d | L | d_1 | h_0 | e | f | 钢球 直径 $d_0$ | 钢球 个数 z/个 | 螺钉 $d_2$ | 弹簧 一个弹簧压缩力/N | 弹簧 外径 $D_n$ | 钢丝直径 $d_n$ | 圈数 n | 自由状态长度 H | 压缩状态长度 $H_1$ |
|---|---|---|---|---|---|---|---|---|---|---|---|---|---|---|---|---|---|---|---|
| 311~384 | 195 | 160 | 180 | 140 | 115 | 130 | 24.5 | 6.5 | 2.0 | 6.5 | 24 | 12 | M10 | 410 | 22 | 3.5 | 27 | 139 | 97 |
| 411~554 | | | | | | 130 | | | | | | | | 630 | | 4.0 | 24 | 127 | 96 |
| 834~1138 | | | | | | 200 | | | | | | | | 1300 | | 5.0 | 32 | 196 | 166 |
| 560~665 | 225 | 185 | 210 | 150 | 135 | 160 | 28.5 | 8.0 | 2.0 | 7.5 | 28 | 14 | | 750 | 26 | 4.0 | 26 | 164 | 121 |
| 836~1175 | | | | | | 160 | | | | | | | | 1430 | | 5.0 | 38 | 257 | 210 |
| 1641~2200 | | | | | | 250 | | | | | | | | 1900 | | 6.0 | 35 | 247 | 210 |
| 840~1060 | 260 | 216 | 240 | 195 | 160 | 160 | 28.5 | 8.0 | 2.0 | 7.5 | 28 | 14 | M12 | 750 | 26 | 4.5 | 26 | 164 | 121 |
| 1650~1940 | | | | | | 250 | | | | | | | | 1430 | | 5.5 | 38 | 257 | 210 |
| 2055~2600 | | | | | | 250 | | | | | | | | 1900 | | 6.0 | 35 | 247 | 210 |
| 1600~1800 | 300 | 250 | 275 | 225 | 190 | 250 | 33.0 | 9.0 | 3.0 | 8.0 | 32 | 15 | | 880 | 30 | 5.0 | 41 | 289 | 206 |
| 2480~3000 | | | | | | 250 | | | | | | | | 1590 | | 6.0 | 34 | 258 | 205 |
| 3900~4880 | | | | | | 320 | | | | | | | | 2630 | | 7.0 | 39 | 322 | 275 |

### 3.8.4　摩擦式安全离合器

摩擦式安全离合器的主要尺寸和特性参数，见表 7.3-54 和表 7.3-55。

**表 7.3-54　干式单片圆盘安全离合器的主要尺寸和特性参数**　　　　　（单位：mm）

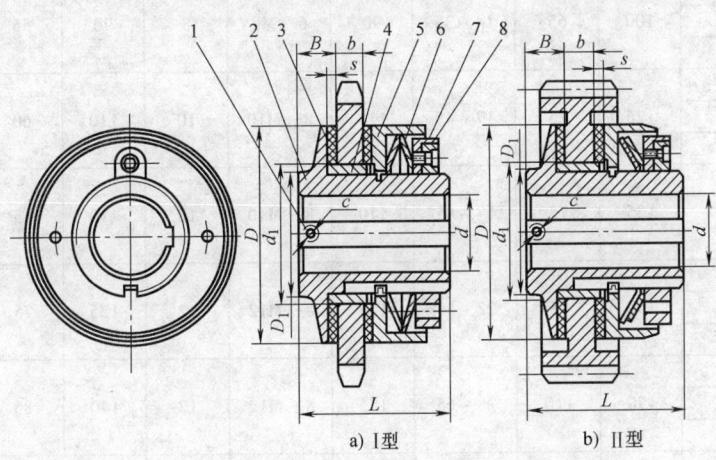

a) I 型　　　　　b) Ⅱ 型

1—固定螺钉　2—轴套　3—摩擦衬面层　4—衬套　5—加压盘　6—碟形弹簧　7—调节螺母　8—锁紧块

| 极限转矩/N·m I 型 | 极限转矩/N·m Ⅱ 型 | D | b | $d_1$ | B | $D_1$ | d | c | L | s | 质量 /kg | 弹簧力/N I 型 | 弹簧力/N Ⅱ 型 |
|---|---|---|---|---|---|---|---|---|---|---|---|---|---|
| 25 | 50 | 68 | 3~10 | 44 | 17 | 45 | 10~25 | M5 | 52 | 3 | 0.86 | 1270 | 2540 |
| 50 | 100 | 88 | 4~12 | 58 | 19 | 58 | 14~35 | M5 | 57 | 3 | 1.60 | 1950 | 3900 |
| 100 | 200 | 115 | 5~15 | 72 | 21 | 75 | 18~45 | M6 | 68 | 4 | 3.14 | 3050 | 6100 |
| 200 | 400 | 140 | 6~18 | 85 | 23 | 90 | 24~55 | M6 | 78 | 4 | 5.37 | 5100 | 10200 |
| 350 | 700 | 170 | 8~20 | 98 | 29 | 102 | 28~65 | M8 | 92 | 5 | 9.00 | 7500 | 15000 |
| 600 | 1200 | 200 | 8~23 | 116 | 31 | 120 | 38~80 | M8 | 102 | 5 | 12.42 | 10500 | 21000 |
| 1000 | 2000 | 240 | 8~25 | 144 | 33 | 150 | 48~100 | M10 | 113 | 5 | 21.17 | 15000 | 30000 |
| 1700 | 3400 | 285 | 8~25 | 170 | 35 | 180 | 58~120 | M10 | 115 | 5 | 30.67 | 21000 | 42000 |

**表7.3-55　干式多片圆盘安全离合器的主要尺寸和特性参数**　　　　　（单位：mm）

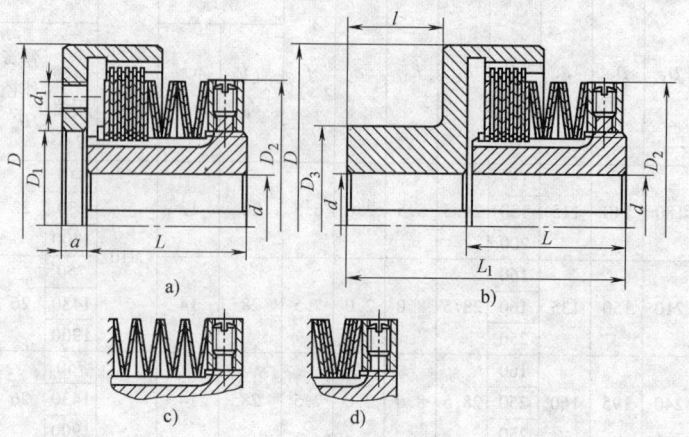

| 极限转矩/N·m | D | $D_1$ | d | $D_2$ | $d_1$ | a | $D_3$ | L | $L_1$ | l |
|---|---|---|---|---|---|---|---|---|---|---|
| 25 | | | | | | | | | | |
| 40 | 70 | 45 | 10 ~ 20 | 58 | 6—M6 | 6 | 60 | 40 | 90 | 45 |
| 63 | | | | | | | | | | |
| 40 | | | | | | | | | | |
| 63 | 90 | 55 | 12 ~ 25 | 75 | 6—M8 | 8 | 80 | 55 | 125 | 60 |
| 100 | | | | | | | | | | |
| 63 | | | | | | | | | | |
| 100 | 100 | 65 | 14 ~ 35 | 90 | 6—M8 | 8 | 90 | 55 | 125 | 60 |
| 160 | | | | | | | | | | |
| 100 | | | | | | | | | | |
| 160 | 125 | 75 | 17 ~ 45 | 110 | 8—M10 | 10 | 110 | 60 | 140 | 70 |
| 250 | | | | | | | | | | |
| 160 | | | | | | | | | | |
| 250 | 135 | 75 | 17 ~ 45 | 110 | 8—M10 | 10 | 110 | 65 | 150 | 75 |
| 400 | | | | | | | | | | |
| 250 | | | | | | | | | | |
| 400 | 150 | 95 | 22 ~ 55 | 120 | 8—M12 | 12 | 125 | 75 | 180 | 95 |
| 630 | | | | | | | | | | |
| 400 | | | | | | | | | | |
| 630 | 170 | 110 | 28 ~ 65 | 155 | 8—M12 | 12 | 140 | 85 | 200 | 100 |
| 1000 | | | | | | | | | | |
| 630 | | | | | | | | | | |
| 1000 | 195 | 125 | 33 ~ 70 | 165 | 8—M16 | 15 | 150 | 95 | 220 | 110 |
| 1000 | | | | | | | | | | |
| 1600 | 210 | 140 | 38 ~ 60 | 180 | 8—M16 | 15 | 170 | 110 | 260 | 135 |
| 2500 | | | | | | | | | | |

# 4　液力偶合器

液力偶合器是一种利用液体介质传递转速的机械设备，又称液力联轴器。其主动输入轴端与原传动机相连接，从动输出轴端与负载轴端连接，通过调节液体介质的压力，使输出轴的转速得以改变。理想状态下，当压力趋于无穷大时，输出转速与输入转速相

等，相当于刚性联轴器。当压力减小时，输出转速相应降低，连续改变介质压力，输出转速可以得到低于输入转速的无级调节。

## 4.1　类型

液力偶合器按功能可分为基本形式和派生形式。基本形式又分为普通型、限矩型和调速型三类；派生

形式中又分为液力偶合器传动装置、液力减速器、可同步液力偶合器和液力变矩偶合器；按结构可分为单腔式、双腔式及多腔式；按工作轮叶片位置可分为直片、斜片式。通常按功能进行分类，具体分类如下：

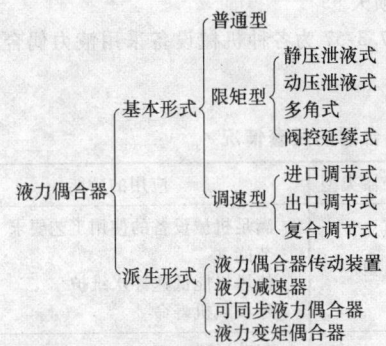

液力偶合器的型号、代号和示例见表 7.3-56。

**表 7.3-56   液力偶合器的型号、代号与示例** （摘自 GB/T 5837—2008）

| 型号 | 普通型液力偶合器 | 限矩型液力偶合器 | | | 调速型液力偶合器 | | | 液力偶合器传动装置 | | | 液力减速器 |
|---|---|---|---|---|---|---|---|---|---|---|---|
| | P | X | | | T | | | C | | | J |
| 结构特征代号 | 快放阀式 | 滑环式 | 放油式 | 静压泄液式 | 动压泄液式 | 复合泄液式 | 阀控延充式 | 闭锁式 | 进口调节式 | 出口调节式 | 复合调节式 | 前置齿轮式 | 后置齿轮式 | 复合齿轮式 | 车辆用 | 固定设备用 |

标记示例：

循环圆有效直径 560mm 的出口调节式、泵轮最高转速为 3000r/min 的调速型液力偶合器，表示为：

液力偶合器    $YOT_C 560/3000$    GB/T 5837

### 4.1.1 普通型液力偶合器

通常，为了衡量液力偶合器的过载保护性能，把速比 $i=0$ 时的转矩 $T_0$ 与 $i=0.97$（设计工况）时的转矩 $T_{0.97}$ 的比值，称为过载系数，以 $K_g = T_0/T_{0.97}$ 表示。普通型液力偶合器的特性是对过载系数 $K_g$ 不加控制，$K_g$ 值可高达 6～20，甚至更大，其特性曲线如图 7.3-2 所示。

普通型液力偶合器不需要获得特定的性能，如调速特性、安全特性，涡轮出口处不需要加挡板或采用其他方法来改变特性。这类偶合器的工作容积较大，效率较高，结构比其他类型的液力偶合器简单。普通型液力偶合器的主要缺点是过载系数 $K_g$ 值太大，因而制动转矩大，因此防止过载的性能很差。对于需要过载保护的机械，若使用普通型液力偶合器，当机械

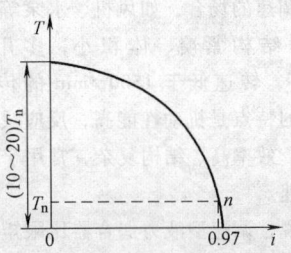

**图 7.3-2   普通型液力偶合器的特性曲线**

发生过载时，由于制动转矩为额定工况时转矩的 6～20 倍，因而不能起到过载保护作用。

这类偶合器一般不用于有调速要求或过载保护要求的场合，仅用于要求隔离振动，减缓起动冲击的场合。

### 4.1.2 限矩型液力偶合器

限矩型液力偶合器根据结构可分为静压泄液式、动压泄液式、多角式、闭锁式、阀控延续式等几种。限矩型液力偶合器总的特点是随着速比 $i$ 的减小，转矩趋于稳定，因而能有效地防止原动机或负载过载，并且液力偶合器的过载系数愈小，其过载保护性能愈好。

静压泄液式液力偶合器的特点是结构简单，载荷变化时，动态反应不灵敏，过载系数较动压泄液式大，一般 $K_g = 2.7～3$，多应用在汽车、叉车、破碎机、起重机行走机构等过载不频繁的传动中。

动压泄液式液力偶合器的过载系数一般在 1.8～3.5，传递功率范围宽，动态反应灵敏，过载保护性好，但其结构较静压泄液式复杂，多用于保护动力机和工作机不超过规定转矩的场合，如刮板运输机、带式运输机、斗轮挖掘机和刨煤机等。

多角式液力偶合器因在低速时发热大，因而应用不大广泛。

闭锁式液力偶合器传递功率大，多用于大功率带式输送机上。

### 4.1.3 调速型液力偶合器

通过改变充液量来调节输出转速的液力偶合器称为调速型液力偶合器。这种液力偶合器因其流道内充液度改变，可使速比 $i$ 改变，故当连续地改变流道中的充液度时，就可以实现对从动轴的无级调速。采用这种方法调节转速，结构简单，调速范围较大，$i$ 值可降到 0.4，如改进流道型式，加设适当直径的挡板等可使液力偶合器的传动比 $i$ 值调到 0.2。

调速型液力偶合器根据调节充液量的方法可分为出口调节式、进口调节式和复合调节式三种。出口调节式的特点是调速反应比较灵敏，广泛用于各种功率

下要求快速调速的场合，如风机、水泵等。进口调节式的特点是结构紧凑、体积小，多用于功率在1000kW 以下，转速低于 1500r/min 的传动设备上。复合调节式的特点是机动性能高，反应灵敏，能合理利用供液量，效率高、结构复杂，常用于大功率的液力偶合器调速。

总的来说，调速型液力偶合器比限矩型液力偶合器结构复杂，由于液力偶合器的效率 $\eta = i$，且效率与输出轴的转速成比例，转速降低，效率下降，因此，这类液力偶合器主要用于负载转矩随转速下降而减小的机械，如离心泵、鼓风机等设备，这样可以减少功率损失。

表 7.3-57 为各种机械设备采用液力偶合器的配套情况。

**表 7.3-57  各种机械设备采用液力偶合器的配套情况**

| 设备分类 | 可用液力偶合器的机械设备 | 液力偶合器类型 | 应用的功能 |
|---|---|---|---|
| 冶金设备 | 炼钢转炉排烟风机、高炉风机、烧结厂风机、加热炉鼓风机、引风机 | 调速型 | 满足机械设备的使用工艺要求<br>节能<br>使风机能低速冲水维护<br>延长风机寿命 |
| | 炼焦炉推焦机、校直机、挤压机、轧钢机、离心浇铸机、电动堵眼机、斗轮堆取料机 | 限矩型 | 起动平稳<br>过载保护、防止电动机超载和传动部件损坏 |
| 矿山机械 | 钻采机械、各种破碎机、球磨机、离心分析机、矿用泥浆泵、筛选机、巷道掘进机、巷道风机 | 限矩型 | 起动平稳、过载保护<br>满载起动<br>缓冲隔振<br>减小起动电流和电网的电压降<br>降低装机容量、节能 |
| 工程机械 | 单斗挖掘机、斗轮挖掘机、叉车、塔式起重机、混凝土搅拌机、卷扬机、铲运机、平地机、压路机 | 限矩型 | 缓冲隔振、保护机械<br>防止发动机熄火<br>降低装机容量、节能<br>可替代主离合器 |
| 起重运输机械 | 各种带式输送机、刮板输送机、链板输送机、内燃机车、自行式矿车、斗轮堆取料机、门座式起重机行走机构、提升机 | 限矩型 | 满载起动<br>降低装机容量、节能<br>起动平稳、过载保护<br>保护输送带、降低输送带造价<br>多机驱动时均衡载荷，并可顺序起动 |
| 电力设备、化工机械、船舶 | 发电厂锅炉给水泵、循环水泵、鼓风机、引风机、挖泥船的挖泥机、船用螺旋桨推进器、钠泵、输油泵、注水机、燃气轮机组、舰船、气垫船、压缩机、原油管线泵、斗轮堆取料机 | 调速型 | 无级调速<br>缓冲隔振<br>平稳起动<br>过载保护<br>多机驱动并车<br>节能 |
| 其他 | 拔丝机、各种冲床、剪床、锻锤、立式车床、压力机、纤维机械、食品机械、纺织厂空调风机、自来水泵、扫雪机 | 调速型、限矩型 | 平稳起动、保护制品<br>缓冲隔振<br>过载保护<br>调速<br>节能 |

## 4.2  原理与计算

液力偶合器由主动轴、泵轮 B、涡轮 T、从动轴和转动外壳等主要部件组成，结构原理见图7.3-3。

### 4.2.1  基本关系、特性和原理

液力偶合器的基本关系、特性和原理等见表 7.3-58 ～表 7.3-61。

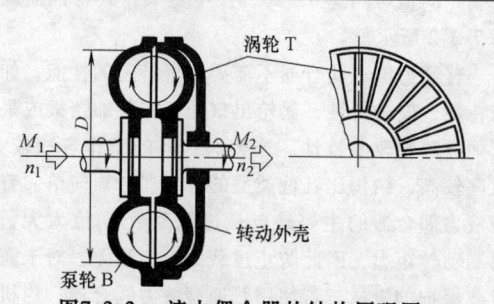

**图7.3-3  液力偶合器的结构原理图**

**表 7.3-58　液力偶合器的基本关系**

| 名　称 | 公　式 | 说　明 |
|---|---|---|
| 稳定运转下各转矩之间的关系 | $M_B = M_T = M$<br>$M_1 \approx M \approx M_2$ | $M_1$——输入(主动)轴转矩<br>$M_2$——输出(从动)轴转矩<br>$M_B$——泵轮液力转矩<br>$M_T$——涡轮液力转矩<br>$M$——偶合器所传转矩<br>左关系中忽略了不大的外壳鼓风、轴承和油封的阻力转矩,工程上允许这种忽略 |
| 液力效率 $\eta_y$ | $\eta_y = \dfrac{M_T n_2}{M_B n_1} = \dfrac{n_2}{n_1} = i$ | $i = \dfrac{n_2}{n_1} = \dfrac{n_T}{n_B}$——转速比 |
| 滑差(转差率)$S$ | $S = \dfrac{n_1 - n_2}{n_1} = 1 - i = 1 - \eta_y$ | 在传递额定转矩时,偶合器的输出转速要比输入转速低2%~5%,即额定滑差 $S = 0.02 \sim 0.05$ |
| 偶合器效率 $\eta$ | $\eta = i\left(1 - \dfrac{\sum \Delta p}{p_t}\right) = \eta_y \eta_m$ | $\sum \Delta p$——偶合器空转时功率损失<br>$p_1$——偶合器输入轴功率<br>$\eta_m$——机械效率 |
| 过载系数 $T_g$ | $T_g = \dfrac{M_{max}}{M_e}$ | $M_{max}$——偶合器最大转矩,一般出现在 $i = 0$ 工况<br>$M_e$——偶合器所传的额定转矩 |

**表 7.3-59　液力偶合器的特性**

| 名　称 | 图形及说明 | |
|---|---|---|
| 外特性<br>$M = f(i)$ | 在流道全充油,$n_B$ 和油的密度 $\rho$ 为定值下,偶合器转矩 $M$ 随 $i$ 的变化关系见图。<br>$M$—转矩对额定点 $e$ 的相对值<br>当 $i$ 由零到1变化时,$M$ 由某一最大值逐步下降到零。具体曲线还随流道几何参数不同而异 | 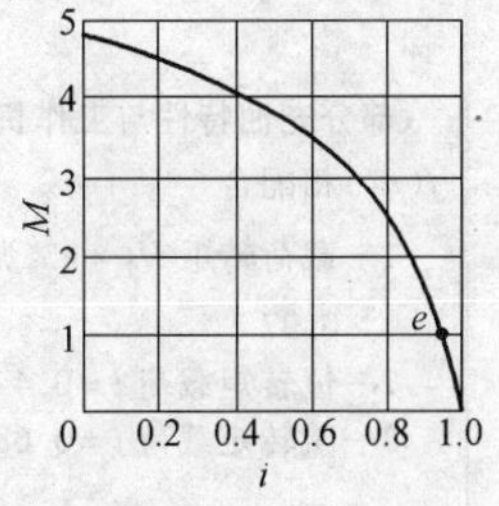 |
| 部分充油特性<br>$M = f(i,q)$ | 在 $n_B$ 和 $\rho$ 不变的情况下,$M$ 随流道中充油度 $q$ 和 $i$ 的变化关系见图。流道未充满($q < 1.0$)时,$M$ 均低于外特性曲线,曲线具体形状随不同流道几何参数有所区别。有局部不稳定区(阴影部分) | 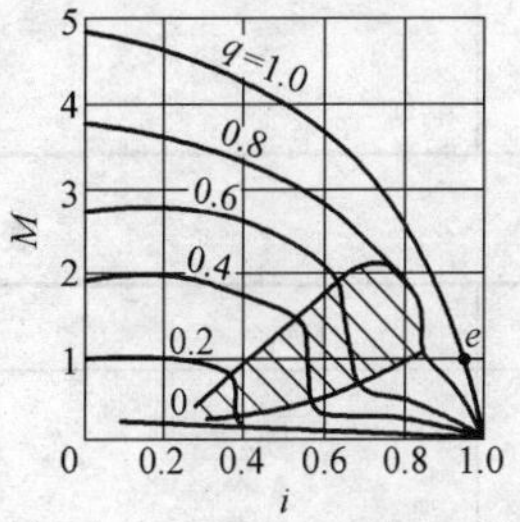 |
| 无因次(原始)特性<br>$\lambda = f(i)$ | 转矩无因次系数<br>$$\lambda = \frac{M}{\rho n_B^2 D^5}$$<br>转矩系数有因次<br>$$\lambda = \frac{M}{\rho g n_B^2 D^5} = f(i)$$ 称原始特性,后者工程上通用。表示一系列流道几何相似偶合器的共性,并忽略 $Re$ 数对 $\lambda$ 的不大影响。可以推算出某液力偶合器在不同 $n_B$ 和 $\rho$ 时的 $M$ | 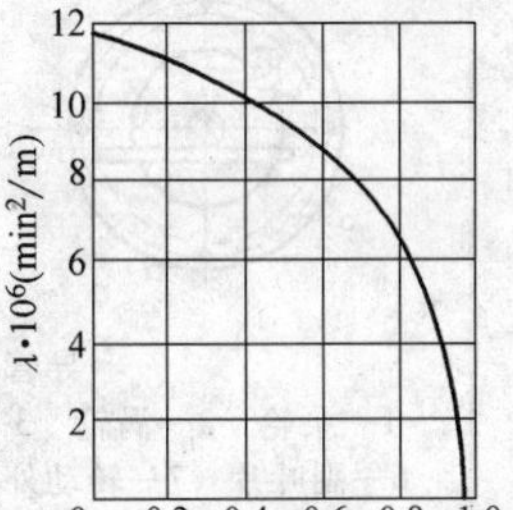 |

（续）

| 名　　称 | 图形及说明 |
| --- | --- |
| 与原动机的匹配特性 | $M_D = M_1 = M = \rho g \lambda_i, n_B^2 D^5$；<br><br>$n_D = n_B$；<br><br>$\lambda_i$ 可取自原始特性 $\lambda = f(i)$，任选一 $i$ 必可得对应该 $i$ 的 $\lambda_i$<br><br>所选原动机特性由该原动机制造厂提供<br>$i^*$ 时抛物线应通过额定工况点 $e$<br><br>由原动机转矩 $M_D$、转速 $n_D$、电动机电流 $I$ 和液力偶合器转矩 $M$ 随涡轮转速 $n_T$（或输出转速 $n_2$）的变化关系可以看出<br><br>$n_T = 0$ 时，$n_D \neq 0$，且常可大于柴油机最低稳定转速 $n_{Dmin}$，柴油机可不致熄火<br><br>当 $K_g$ 小于电动机的<br><br>$$\frac{M_{Dmax}}{M_{De}}$$<br><br>时，如果工作机突然发生卡住或动力过载（$n_T = 0$），电动机可在最大转矩右侧附近运转，不致失速（或闷车） | 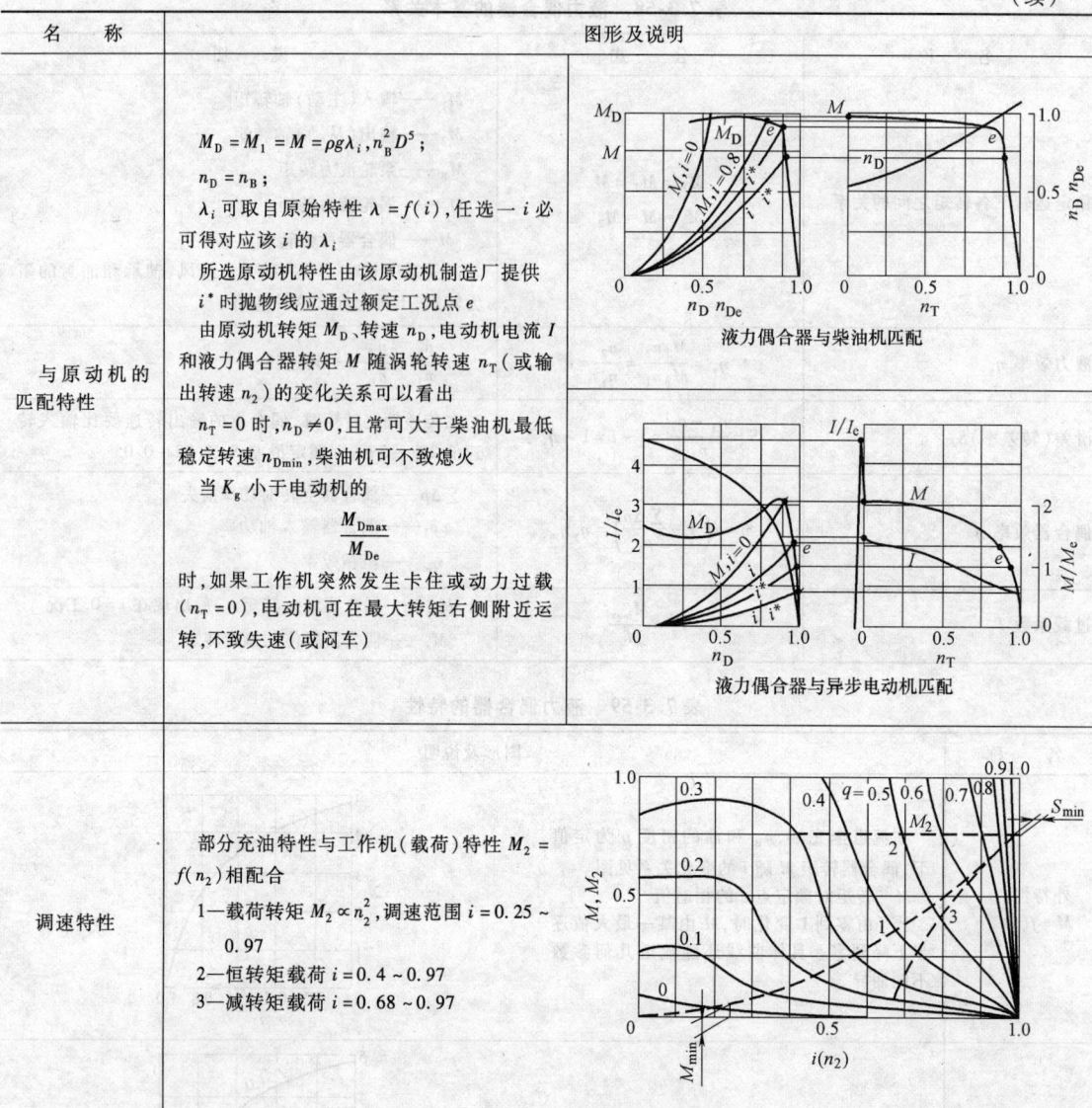<br>液力偶合器与柴油机匹配<br><br>液力偶合器与异步电动机匹配 |
| 调速特性 | 部分充油特性与工作机（载荷）特性 $M_2 = f(n_2)$ 相配合<br><br>1—载荷转矩 $M_2 \propto n_2^2$，调速范围 $i = 0.25 \sim 0.97$<br>2—恒转矩载荷 $i = 0.4 \sim 0.97$<br>3—减转矩载荷 $i = 0.68 \sim 0.97$ | |

**表 7.3-60　液力偶合器的调速原理**

| 调速形式 | 调速原理及说明 |
| --- | --- |
| 勺管，出口调节 | 导管口调节原理<br><br>1—泵轮　2—涡轮　3—流通孔　4—排油　5—导管<br>6—副叶片　7—转动外壳　8—进油管　9—旋转油环 | 由外部油泵供应的进入偶合器流道的流量不变，勺管排油能力大于供油，流道内存油面（即充油度 $q$）与勺管孔口齐平，移动勺管于最内和最外缘两极限位置（即全充油和排空）之间任一位置，可得对应充油度 $q$ 和输出转速 $n_2$，实现无级调速 |

（续）

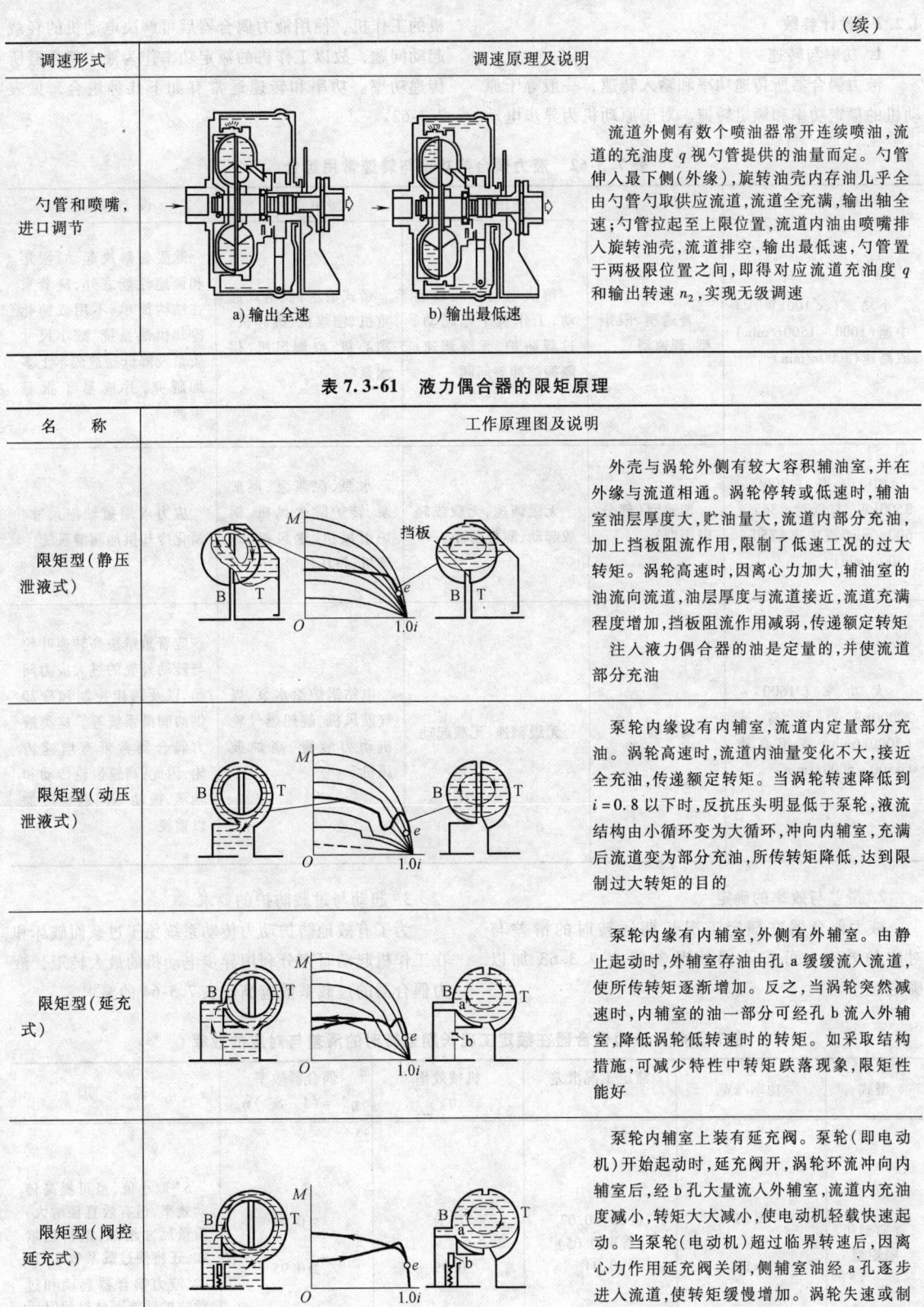

| 调速形式 | 调速原理及说明 |
|---|---|
| 勺管和喷嘴，进口调节 | 流道外侧有数个喷油器常开连续喷油，流道的充油度 $q$ 视勺管提供的油量而定。勺管伸入最下侧（外缘），旋转油壳内存油几乎全由勺管勺取供应流道，流道全充满，输出轴全速；勺管拉起至上限位置，流道内油由喷嘴排入旋转油壳，流道排空，输出最低速，勺管置于两极限位置之间，即得对应流道充油度 $q$ 和输出转速 $n_2$，实现无级调速<br><br>a) 输出全速　　b) 输出最低速 |

表 7.3-61　液力偶合器的限矩原理

| 名　称 | 工作原理图及说明 |
|---|---|
| 限矩型（静压泄液式） | 外壳与涡轮外侧有较大容积辅油室，并在外缘与流道相通。涡轮停转或低速时，辅油室油层厚度大，贮油量大，流道内部分充油，加上挡板阻流作用，限制了低速工况的过大转矩。涡轮高速时，因离心力加大，辅油室的油流向流道，油层厚度与流道接近，流道充满程度增加，挡板阻流作用减弱，传递额定转矩<br>注入液力偶合器的油是定量的，并使流道部分充油 |
| 限矩型（动压泄液式） | 泵轮内缘设有内辅室，流道内定量部分充油。涡轮高速时，流道内油量变化不大，接近全充油，传递额定转矩。当涡轮转速降低到 $i=0.8$ 以下时，反抗压头明显低于泵轮，液流结构由小循环变为大循环，冲向内辅室，充满后流道变为部分充油，所传转矩降低，达到限制过大转矩的目的 |
| 限矩型（延充式） | 泵轮内缘有内辅室，外侧有外辅室。由静止起动时，外辅室存油由孔 a 缓缓流入流道，使所传转矩逐渐增加。反之，当涡轮突然减速时，内辅室的油一部分可经孔 b 流入外辅室，降低涡轮低转速时的转矩。如采取结构措施，可减少特性中转矩跌落现象，限矩性能好 |
| 限矩型（阀控延充式） | 泵轮内辅室上装有延充阀。泵轮（即电动机）开始起动时，延充阀开，涡轮环流冲向内辅室后，经 b 孔大量流入外辅室，流道内充油度减小，转矩大大减小，使电动机轻载快速起动。当泵轮（电动机）超过临界转速后，因离心力作用延充阀关闭，侧室油经 a 孔逐步进入流道，使转矩缓慢增加。涡轮失速或制动时，转矩特性与动压泄液式类似，限矩性能好 |

#### 4.2.2　设计参数

1. 功率与转速

液力偶合器所传递功率和输入转速，一般等于原动机的额定功率和额定转速。对于原动机为异步电动机的工作机，使用液力偶合器后可解决电动机的轻载起动问题，故以工作机的额定功率作为液力偶合器所传递功率。功率和转速通常有如下几种组合，见表7.3-62。

表 7.3-62　液力偶合器功率与转速常用组合

| 功率与转速组合 | 型　式 | 使用目的 | 应用实例 | 设计要点 |
|---|---|---|---|---|
| 小功率（＜100kW）与中速（1000～1500r/min）或高速（3000r/min） | 普通型、限矩型、调速型 | 解决电动机轻载起动、工作机平稳起动、过载防护、无级调速、隔振防冲等问题 | 带式输送机、塔式起重机、刨煤机、破碎机、离心机、空调风机、供水泵等 | 除妥善解决起动、限矩和调速性能之外，应着重在结构简单、不用或简化冷却供油系统、减小尺寸质量及降低制造成本上多加研究，并应易于批量生产 |
| 中功率（300～3500kW）与低速（365～600r/min）或中速（750～1500r/min） | 调速型（部分限矩型） | 无级调速，无载或轻载起动，隔振防冲 | 水泵、泥浆泵、尾矿泵、转炉除尘风机、锅炉引风机、送风机、球磨机、挤压机等 | 应力求缩短轴向尺寸，简化冷却供油润滑系统 |
| 大功率（1600～20000kW）与高速（3000r/min）或超高速（4500～6000r/min） | 调速型 | 无级调速、无载起动 | 电站锅炉给水泵、煤气鼓风机、舰船燃气轮机动力装置、高炉鼓风机 | 应着重解决高转速叶轮与转动外壳的过大应力问题，以及调速控制和冷却供油润滑系统等。这类液力偶合器常带有增速齿轮，因此，高速齿轮传动和轴承、振动等问题也应加以重视 |

2. 滑差与效率的确定

液力偶合器在额定工况长期运转时的滑差与对应的效率，可按不同情况参照表 7.3-63 加以确定。

3. 起动与过载防护的要求

为了有效地防护动力传动系统免于过载而破坏和在工作机起动时充分利用异步电动机的最大转矩，液力偶合器的过载系数应满足表 7.3-64 的要求。

表 7.3-63　液力偶合器在额定工况长期运转时的滑差与对应的效率

| 型式 | 功率/kW | 额定工况滑差 $S^*$ | 机械效率 $\eta_m$ | 偶合器效率 $\eta^* = (1-S^*)\eta_m$ | 说　明 |
|---|---|---|---|---|---|
| 普通型和限矩型 | ≤10 | 0.05～0.07（常取0.05） | 约为0.99 | ≥0.94 | $S^*$ 取小值，虽可提高传动效率，但有效直径增大，质量尺寸增加，造价也增加，还将使过载系数 $T_g$ 增大，液力偶合器起动和过载防护性能不易得到保证 |
|  | ＞10 | 0.04 |  | ≥0.95 |  |

（续）

| 型式 | 功率/kW | 额定工况滑差 $S^*$ | 机械效率 $\eta_m$ | 偶合器效率 $\eta^* = (1-S^*)\eta_m$ | 说　明 |
|---|---|---|---|---|---|
| 调速型 | <1600<br>>1600<br>（带增、减速齿轮） | 0.03～0.02<br>常取 0.03 | 0.985～0.992<br>0.98～0.99 | 0.955～0.972<br>0.95～0.97 | $S^*$ 取小值,可提高传动效率,但有效直径增加,对叶轮和转动外壳的强度不利,质量尺寸增大,调速范围也将缩小 |
| 间隙工作偶合器 |  | 0.07～0.30 |  |  | 必须限制液力偶合器的质量尺寸或过载系数,又只供短期或间歇工作、经济性不重要的场合（如塔吊行走轮驱动偶合器）,$S^*$ 可选取较大的值,可大大减小有效直径、质量和造价 |

**表 7.3-64　普通型和限矩型液力偶合器的过载系数 $T_g$**

| 功率范围 | 大中功率<br>（>500kW） | 小功率<br>（<100kW） | 不限 |
|---|---|---|---|
| 原动机类型 | 异步电动机 | 异步电动机 | 柴油机 |
| 过载系数 $T_g$ | <3.5 | <2.5～2.7 | <4 |

**4. 调速范围**

调速型液力偶合器的调速范围见表 7.3-65。

**表 7.3-65　调速型液力偶合器的调速范围**

| 工作机转矩特性 | 调速范围 | 应用实例 |
|---|---|---|
| 恒转矩 | $i = 0.40～0.97$ | 起重机,运输机,往复泵 |
| 二次抛物线转矩（$M_2 \propto n_2^2$） | $i = 0.20～0.97$ | 离心风机、压气机、无背压水泵 |
| 减转矩 | $i = 0.6～0.97$<br>（视管道静压头而异） | 定背压锅炉给水泵,输油泵,离心水泵等 |

**5. 全程调速时间或离合时间（见表 7.3-66）**

**表 7.3-66　全程调速时间或离合时间**

| 液力偶合器型式 | 全程调速时间或离合时间/s | 说　明 |
|---|---|---|
| 出口调节式（箱体式） | 10～30 | 视泵轮转速、供油泵排量、有效直径和勺管管径大小等不同而有所差别 |
| 进口调节式（旋转油壳式） | 升速 10～30<br>降速 60～180 | |

**6. 质量尺寸**

质量尺寸指液力偶合器的本体以及与本体相连的辅助结构（如箱体）的质量和尺寸。在传递同一功率的情况下,有效直径 $D$ 与泵轮转速 $n_B^{3/5}$ 成反比,而液力偶合器本体质量 $G$ 又与 $D^{2.7}$ 成正比。因此,为减少液力偶合器质量尺寸,设计时常将液力偶合器输入轴直接与原动机相连,或布置在转速更高的高速轴上。自然,随着输入转速增加,叶轮圆周速度 $u$ 增大,应力也相应增加,见图 7.3-4。此外,液力偶合器质量尺寸在很大程度上与结构型式有关,在总体设计时应特别注意。

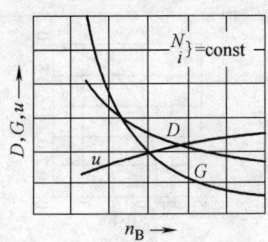

**图 7.3-4　所传功率恒定下的相似规律**

$D$—有效直径　$G$—本体质量　$u$—叶轮圆周速度

**4.2.3　流道选型设计**

液力偶合器流道的几何参数包括：流道在轴面上的几何形状、叶片数目、厚度和角度,有无内环和挡板及它们的尺寸及辅油室的位置和容积等。不同偶合器流道、其原始特性各不相同。目前,国内外常用的液力偶合器流道及其由实验所得的原始特性见表 7.3-67。

**表 7.3-67　国内外常用的液力偶合器流道及其由实验所得的原始特性**

| 序列 | 流道名称 | 流道几何形状 | 原始特性 | 有效直径 D/m | 几何参数 | 特性参数 | 叶片数目 | 充油度 | 特点 | 模型情况 |
|---|---|---|---|---|---|---|---|---|---|---|
| 1 | 桃形 | （图：桃形流道，标注 $B$, $D$, $\rho_1$, $\rho_2$, $S$, $\Delta$, $d_c$） | （曲线图：纵轴 $\lambda \cdot 10^6$ 刻度 3 6 9 12 15，横轴 $i$ 0 0.2 0.4 0.6 0.8 1.0） | $$D = \sqrt[3]{\dfrac{M_e}{\rho g \lambda^* n_{De}^2}} = \sqrt[3]{\dfrac{9555 N_e}{\rho g \lambda^* n_{De}^3}}$$ $M_e$ —偶合器所传递的额定转矩(N·m)<br>$N_e$ —偶合器所传递的额定功率(kW)<br>$\rho$ —工作油密度(kg/m³)<br>$g$ —自由落体加速度, $g = 9.81 \text{m/s}^2$<br>$\lambda^*$ —额定工况转速比 $i^*$(或额定工况转差 $S^*$)时的转矩系数 (min²/m)<br>本表中 $\lambda_{0.97}$, $\lambda_{0.98}$ 和 $\lambda_{0.96}$ 所对应的 $i^*$ 各为 0.97, 0.98 和 0.96;<br>$n_{De}$ —原动机或泵轮额定转速 (r/min) | $d_c = 0.525D$<br>$\rho_1 = 0.16D$<br>$\rho_2 = 0.104D$<br>$S = 0.05D$<br>$\Delta = 0.01D$ | $\lambda_{0.97} = (1.6 \sim 2.1) \times 10^{-6}$<br>$\lambda_{0.98} = (1.2 \sim 1.3) \times 10^{-6}$ | | 全充油 | 普通用<br>干调速型<br>$d_0/D$ 较大 | $D = 0.4$m<br>$n_B = 1400$r/min |
| 2 | 扁圆形 | （图：扁圆形流道，标注 $B$, $D$, $\rho$, $S$, $\Delta$, $58°$, $p_1$, $p_0$） | （曲线图：纵轴 $\lambda \cdot 10^6$ 刻度 3 6 9 12，横轴 $i$ 0 0.2 0.4 0.6 0.8 1.0） | | $d_0 = 0.415D$<br>$p = 0.1465D$<br>$S = 0.0244D$<br>$d_1 = 0.585D$<br>$\Delta = 0.01D$ | $\lambda_{0.97} = (2.0 \sim 2.4) \times 10^{-6}$<br>$\lambda_{0.98} = (1.4 \sim 1.6) \times 10^{-6}$ | $z_B = 8.65 D^{0.279}$<br>(D 用 mm)<br>$z_T = z_B \pm 2$ | | 普通用<br>干调速型,<br>$d_0/D$ 较小,<br>但 $\lambda_{0.97}$ 较大 | $D = 0.36$m<br>$n_B = 1470$r/min |
| 3 | 限矩型<br>(静压泄液式) | （图：限矩型流道，标注 $b$, $D$, $45°$, $d_1$, $d_2$, $\rho$, $\Delta$, $d_0$） | （曲线图：纵轴 $\lambda \cdot 10^6$ 刻度 2 4 6，横轴 $i$ 0 0.2 0.4 0.6 0.8 1.0；曲线 $q_{大}$, $q_{小}$） | | $d_0 = 0.32D$<br>$d_2 = 0.53D$<br>$d_1 = 0.60D$<br>$\rho = 0.15D$<br>$b = 0.30D$<br>$\Delta = 0.01D$ | $\lambda_{0.96} = 1.6 \times 10^{-6}$<br>$\lambda_0 = 4.6 \times 10^{-6}$<br>$T_g = 2.87$<br>$T_{gmax} = 3.88$ | | 定量部分充油 | 用于起动大惯量工作机 | $D = 0.368$m<br>$n_B = 1450$r/min |

（续）

| 序列 | 流道名称 | 流道几何形状 | 原始特性 | 有效直径 D/m | 几何参数 | 特性参数 | 叶片数目 | 充油度 | 特点 | 模型情况 |
|---|---|---|---|---|---|---|---|---|---|---|
| 4 | 限矩型（动压泄液式） | （图） | （图）纵轴 $\lambda \cdot 10^6$，横轴 $i$：0　0.2　0.4　0.6　0.8　1.0，曲线 1、2、3、4 | $D = \sqrt[3]{\dfrac{M_e}{\rho g \lambda^* n_{De}^2}}$ $= \sqrt[3]{\dfrac{9555 N_e}{\rho g \lambda^* n_{De}^3}}$ $M_e$——偶合器所传递的额定转矩（N·m） $N_e$——偶合器所传递的额定功率（kW） $\rho$——工作油密度（kg/m³） $g$——自由落体加速度，$g$ = 9.81 m/s² $\lambda^*$——额定工况转速比 $i^*$（或 $S^*$）时的转矩系数；本表中 $\lambda_{0.98}$ 和 $\lambda_{0.96}$ 所对应的 $i^*$ 各为 0.98 和 0.96； $n_{De}$——原动机或泵轮额定转速（r/min） 本表中 $\lambda_{0.98}$ 和 $\lambda_{0.96}$ 所对应的特性相同。 | $d_0 = 0.52D$ $\rho = 0.12D$ $b_1 = 0.10D$ $b_2 = 0.07D$ $b_3 = 0.055D$ $b_4 = 0.158D$ $d_1 = 0.516D$ $d_2 = 0.376D$ $\Delta = 0.01D$ | $\lambda_{0.96} = (1.35 \sim 1.6) \times 10^{-6}$ $T_g = 2.5 \sim 3.4$ | | | | $D = 0.368\,\text{m}$ $n_B = 1450\,\text{r/min}$ |
| 5 | 限矩型（延充式） | （图） | （图）纵轴 $\lambda \cdot 10^6$，横轴 $i$：0　0.2　0.4　0.6　0.8　1.0，曲线 1、2、3、4，$q_{大}$、$q_{小}$ | | $d_0 = 0.32D$ $d_1 = 0.52D$ $d_2 = 0.55D$ $d_3 = 0.7D$ $p_1 = 0.15D$ $p_2 = 0.1D$ $b_1 = 0.15D$ $B = 0.45D$ $\Delta = 0.01D$ $a = 4 \times \phi 0.008D$ $e = 4 \times \phi 0.0125D$ $c = 8 \times \phi 0.03D$ $r$ 尽量小，视结构而定 | $\lambda_{0.96} = 1.4 \times 10^{-6}$ $\lambda_0 = 2.6 \times 10^{-6}$ $T_g = 1.84 \sim 2.04$ | $z_B = 8.65 D^{0.279}$ （D 用 mm） $z_T = z_B \pm 2$ | 定量部分充油 | 流道宽度较小 | $D = 0.65\,\text{m}$ $n_B = 980\,\text{r/min}$ $z_B = 82$ $z_T = 80$ |

注：1. 表中所列流道，其叶片均为径向直叶片，故正反转的特性相同。

2. 对序列 3、4、5 定量部分充油流道 $\lambda_{0.96}$ 和 $T_g = \dfrac{\lambda_0}{\lambda_{0.96}}$，$T_{gmax} = \dfrac{\lambda_0^{max}}{\lambda_{0.96}}$ 均指最大充油度而言的。减小充油度，则 $\lambda_{0.96}$ 和 $T_g$ 也有所降低。

3. 序列 5 的延充式充油流道可加装延充阀。

4. 用表中公式计算有效直径 D 时，未考虑液力偶合器模型和实物之间因 Re 不同而引起的不大影响。实际上这一影响还是存在的。具体表现为 $\lambda^*$（如 $\lambda_{0.97}$）有一变化范围，当设计的液力偶合器额定转速 $n_B$ 越高，D 越大，流道加工有较高的精密度和较低的表面粗糙度，油温较高和油的粘度越小时，则同一 $i$ 下的 $\lambda^*$ 值偏大（以上任一因素均影响 $\lambda^*$ 偏小），反之则偏小。

5. 为了通用和便于选购定型产品，由表中计算出来的有效直径 D，必须向上圆整到 GB/T 5837—2008 所规定的系列尺寸，例如 200mm、220mm、250mm、280mm、320mm、360mm、400mm、450mm、500mm、560mm、650mm、750mm、800mm、875mm、1000mm、1150mm 等。由于同一向上圆整后，故在传递额定功率时液力偶合器实际滑差 S 要比计算时所选的标准值 $S^*$（如 $S^*$ =0.03）略小。

## 4.2.4　结构设计

液力偶合器的支承结构设计随液力偶合器的型式、所传递的功率和转速，调速机构的型式，有效直径的大小和叶轮的制造加工工艺等因素而有所不同，具体参见表 7.3-68。

## 4.2.5　轴向推力计算

液力偶合器运转时叶轮上的轴向推力由推力轴承承受。设计时必须算出轴向推力的大小及其方向，以确定轴承的承载能力。

作用在叶轮（以涡轮为例）上的轴向推力由三部分组成（见图 7.3-5）：涡轮内外壁因油压力不等而产生的轴向推力 $F_1$，其方向使涡轮和泵轮靠近；因液流轴面流速 $v_m$ 方向变化而引起的推力 $F_2$，其方向使涡轮与泵轮分开；以及因供油压力和不平衡面积而产生的推力 $F_3$，方向使两叶轮分开。轴向推力的计算公式见表 7.3-69。

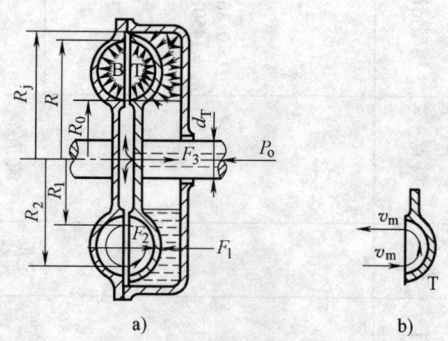

**图 7.3-5　液力偶合器的轴向推力**

a）液力偶合器中油压力　b）因液流方向变化而引起的轴向推力

表 7.3-68　液力偶合器的支承型式

| 支承型式 | 结构示意 | 说　　明 | 优　　点 | 缺　　点 |
|---|---|---|---|---|
| 双支梁结构（箱体式） | | 泵轮轴在箱体两侧各有一个支承点，涡轮轴一个支承点在泵轮中心（轴）上，另一个支承点在箱体上，适用于中大功率中高速液力偶合器 | 由坚实的箱体支持的支承点，稳定可靠，运转时不易振动，旋转轴临界转速高 | 零件制造和装配的同轴度要求高，液力偶合器无油空转时，中心轴承润滑困难，必须具有箱体，轴向尺寸较长，质量大，需有齐全的辅助设备 |
| 悬臂梁结构 | | 泵轮轴两个支承点布置在偶合器一侧箱体轴承座上，涡轮轴两个支点布置在另一侧。适用于大功率高速液力偶合器。尤其是对有齿轮传动的 | 泵轮轴和涡轮轴之间无机械联系，允许彼此之间有较大位移和安装误差，零件制造和安装同心度要求不高，可采用强度较高的实心叶轮 | 液力偶合器的轴向尺寸大，旋转轴临界转速较双支梁低，高速液力偶合器如两支承点距离不足，运转时易产生振动 |
| 泵轮无支承结构（悬挂式） | | 泵轮支承在原动机的轴伸上，涡轮轴支承在泵轮中心部位和转动外壳上，普通型、限矩型和进口调速式的调速型多用这种结构，高速液力偶合器不宜采用 | 可免用箱体和油箱，结构简单、紧凑，轴向尺寸最小，质量小，可利用壳体叶片风冷散热，简化或不用辅助设备，造价最低 | 液力偶合器质量实际上由原动机和工作机共同分担，悬挂在原动机和工作机之间，零件制造和安装时同轴度要求最高，为此液力偶合器上必须附带弹性联轴器，运转中易产生振动 |

表 7.3-69　轴向推力的计算公式

| 名　　称 | 计算公式或参数选择 |
|---|---|
| 转速比 $i$ | 按运转工况选择。一般选 $i = 0.97, 0.95$ 和 0 三点 |
| 泵轮角速度 $\omega_B/(\mathrm{rad/s})$ | $\omega_B = \dfrac{2\pi n_B}{60}$<br><br>$n_B$——泵轮转速（r/min） |

（续）

| 名　　称 | 计算公式或参数选择 | |
|---|---|---|
| 工作油密度 $\rho/(\text{kg}/\text{m}^3)$ | 按油种及油温确定。20 号机械油 70℃ 时 , $\rho=870\text{kg}/\text{m}^3$ | |
| 流道有效半径 $R/\text{m}$ | $R=D/2$ | |
| 最小油平面半径 $R_0/\text{m}$ | 全充油时常取 $R_0=d_0/2$ | |
| 泵轮最大浸油半径 $R_j/\text{m}$ | 视结构而定 | |
| 涡轮内外壁因油压力不等而产生的轴向力 $F_1/\text{N}$ | $F_1=\dfrac{\rho\omega_B^2}{2}\cdot\dfrac{\pi}{2}(R_j^2-R_0^2)^2\left[\left(\dfrac{1+i}{2}\right)^2-i^2\right]$ 方向使两叶轮相互靠近，设为"$-$" | |
| 流道内液流流动中心半径 $R_m/\text{m}$ | $R_m=\sqrt{\dfrac{R^2+R_0^2}{2}}$ | 按匀速流动模型计算 |
| 中央轴面流线内半径 $R_1/\text{m}$ | $R_1=\sqrt{\dfrac{R_m^2+R_0^2}{2}}$ | |
| 中央轴面流线外半径 $R_2/\text{m}$ | $R_2=\sqrt{\dfrac{R^2+R_m^2}{2}}$ | |
| 液力偶合器所传递的转矩 $M/\text{N}\cdot\text{m}$ | $M=\rho g\lambda n_B^2 D^5$　　$\lambda=f(i)$ 由原始特性求得 | |
| 流道内循环流量 $q/(\text{m}^3/\text{s})$ | $\dfrac{M}{\rho\omega_B(R_2^2-R_1^2 i)}q$ 将随 $i$ 不同而异 | |
| 因液流方向变化而产生的推力 $F_2/\text{N}$ | $F_2=\rho q^2\dfrac{4}{\pi(R^2-R_0^2)}$ 方向使两叶轮分开，设为"$+$" | |
| 液力偶合器外供油压力 * $p_0/\text{Pa}$ | 视供油系统而定，通常 $p_0=(0.5\sim2)\times10^5\text{Pa}$ | |
| 因不平衡面积而产生的推力 $F_3/\text{N}$ | $F_3=p_0\dfrac{\pi d_T^2}{4}$ 按图 7.3-5 所示结构，该力方向为"$+$" | |
| 轴向力的合力 $F/\text{N}$ | $F=-F_1+F_2+F_3$ | |

注：1. 通常选用 $i=0.97\sim0.95$ 工况计算轴向推力 $F$，以计算长期运转下推力轴承的使用寿命；以 $i=0$ 工况计算最大推力，以校核短期超载荷运转下轴承的承载能力，防止轴承破坏。

2. * 项对于定量部分充油的普通型和限矩型液力偶合器并不存在，故 $F_3=0$。

### 4.2.6　叶轮断面设计与强度计算

1. 受力分析

如图 7.3-6 所示，涡轮内侧有叶片，起到加强肋的作用，轮壁内外工作油压力 $p_w$ 可相互抵消，因此它的强度条件最好，所以对于叶轮，通常着重考虑转动外壳和泵轮的计算。

在转速比 $i$ 接近于 1 时，流道中的油压力最高，叶轮（涡轮）的应力最大。因此，强度计算以 $i\approx1$ 的工况为准。

2. 液力偶合器外缘轴向推力 $F_A$ 的确定

力 $F_A$ 是流道内部工作油压力 $p_w$ 所产生的，使泵轮和转动外壳分离的力，可按表 7.3-70 求得，并由此确定外缘螺栓数目与直径。

3. 叶轮轮壁断面的合理设计和材料的选择

轮壁断面的形状，是以液力偶合器设计中所确定的流道尺寸（对于转动外壳，则以涡轮外壁的形状和必要的间隙）为基础，在外面加上必要的最小厚度，即基本厚度，由此向应力较大的根部（轮毂部

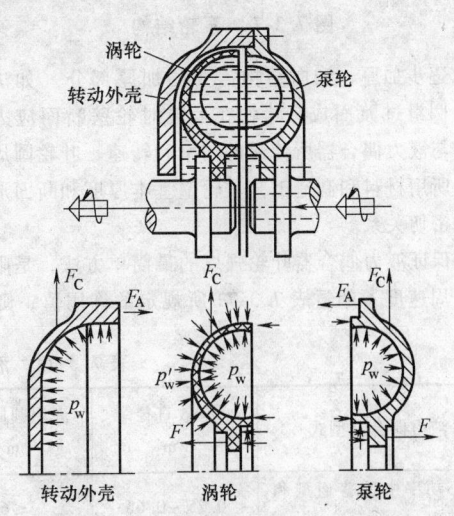

图 7.3-6　液力偶合器泵轮、涡轮和转动外壳上所受的外力

$F_C$—工作轮金属材料在旋转时的离心力　$p_w$—工作油的压力　$F_A$—泵轮和转动外壳彼此传给对方的轴向推力　$F$—轴传给工作轮的轴向推力

表 7.3-70　轴向推力 $F_A$ 的计算公式

| 名　　称 | 公式或参数选择 |
|---|---|
| 泵轮最大浸油半径 $R_j$/m | 视所设计结构而定（见图 7.3-7 中 $j$ 点） |
| 泵轮最小浸油半径 $R_0$/m | 全充油时常取 $d_0/2$　$d$——流道内径（m） |
| 油在 $j$ 点的圆周速度　$u_j$/(m/s) | $u_j = \dfrac{2\pi R_j}{60} n_B$　$n_B$——泵轮额定转速（r/min） |
| 油在 $R_0$ 外圆周速度　$u_0$/(m/s) | $u_0 = \dfrac{2\pi R_0}{60} n_B$ |
| 泵轮最大浸油半径处的油压力　$p_{wj}$/Pa | $p_{wj} = p_0 + \dfrac{\rho}{2}(u_j^2 - u_0^2)$　$p_0$——液力偶合器供油压力（Pa）<br>$\rho$——油的密度（kg/m³） |
| 因油压力而引起的泵轮侧向推力　$F_0$/N | $F_0 = \rho_0 \pi(R_j^2 - R_0^2) + \dfrac{\rho\pi}{4} \times (R_j^2 u_j^2 - 2R_0^2 u_j^2 + R_0^2 u_0^2)$ |
| 液力偶合器的轴向推力 $F$/N | 由表 7.3-69 计算确定（按图 7.3-6 所示方向为" –"） |
| 泵轮外缘的轴向推力 $F_A$/N | $F_A = F_0 + F$ |
| 液力偶合器外缘每个螺栓的拉力　$F_1$/N | $F_1 = \dfrac{(2.4 \sim 2.7)F_A}{z}$　$z$ 为外缘螺栓数目，为保证在油压作用下不漏油，螺栓应用紧连接 |

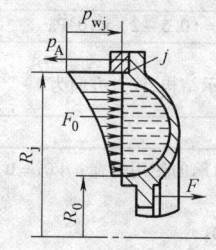

图 7.3-7　泵轮结构

分）逐步加厚，和向结构需要的加厚部分（如法兰等）圆滑过渡而成。叶轮在运转时轮壁断面应力的大小与液力偶合器所传递的功率和转速、叶轮圆周速度、所用材料和制造工艺、轮壁基本厚度和断面形状等有密切关系。

保证液力偶合器叶轮强度的最简单方法，是限制其圆周速度不超过表 7.3-71 所规定的许用值，则应

进行叶轮强度计算，同时在叶轮断面设计时，注意如下几点：

1）轮壁基本厚度应随叶轮圆周速度的增大而加厚。

2）转动外壳的基本厚度大于泵轮，泵轮基本厚度又大于涡轮；或在同样基本厚度下转动外壳采用强度更高的材料和制造工艺。

3）叶轮最大应力一般出现在毂部，因此，轮壁厚度应由外缘逐步向毂部加厚；转动外壳最大应力常发生在外缘或毂部，这两处壁厚应适当增加。

4）断面厚薄过渡处应尽量缓和，防止应力集中。

5）外缘螺栓处法兰承受着很大的螺栓拉力和弯矩，必须适当加厚。外缘螺栓直径不宜过大，但数量宜多。

6）尽可能增大轮毂部的孔径，以减少最大应力。对于超高速叶轮，为减少毂部应力，可采用实心叶轮。

表 7.3-71　液力偶合器叶轮基本厚度

| 液力偶合器型式 | 有效直径<br>/m | 许用圆周速度<br>/(m/s) | 材料和制造工艺 | 基本厚度/mm | |
|---|---|---|---|---|---|
| | | | | 泵轮 | 转动外壳 |
| 小功率中速普通型和限矩型 | 0.25 ~ 0.65 | ≤60 | 铝合金铸造叶轮 | 4 ~ 10 | 5 ~ 12 |
| 中功率中低速调速型 | 0.8 ~ 1.8 | ≤60 | 铸钢轮壁，钢板焊接叶片，铸钢转动外壳 | 10 ~ 14 | 12 ~ 16 |
| 中大功率高速调速型 | 0.4 ~ 0.7 | ≤100 | 铸钢精密铸造叶轮，锻钢转动外壳，或高强度铝合金铸造 | 10 ~ 15 | 12 ~ 16 |

## 4. 叶轮强度计算提要

对圆周速度显著超过许用值的液力偶合器叶轮（包括转动外壳），必须进行强度计算以确定最大应力值。常规计算法是将环状的液力偶合器叶轮作为以一种曲率很大的梁来研究，由此推导出一系列计算公式。用这种方法所得的叶轮应力最大值，和实测的最大应力基本一致（计算比实测大 27.8%），可供使用。叶轮强度计算可应用有限元方法计算。

### 4.2.7　传动装置

液力偶合器传动装置的结构型式见图 7.3-8，基本参数及外形尺寸见表 7.3-72。

调速型液力偶合器只能应用于工作机与电动机转速相近的场合，但是，在实际使用中，有时两者转速差异很大，如大功率电动机的同步转速一般为1500～3000r/min，而同等功率的涡轮给水泵的转速通常为5000～8000r/min，少数竟达到10000r/min，低速风机和磨煤机每分钟只有几百转。为了解决这一矛盾，将齿轮增（减）速传动与液力偶合器结合在一起，安装在同一箱体里，构成液力偶合器传动装置。

液力偶合器传动装置按齿轮传动所在位置，可分为前置齿轮式（齿轮传动在液力偶合器输入轴之前）、后置齿轮式（齿轮传动在液力偶合器输出轴之后）、复合齿轮式（在液力偶合器前后均有齿轮传动）3 种型式。

液力偶合器传动装置主要应用于电厂锅炉给水泵、高炉鼓风机和低转速的磨煤机等设备上调速节能。

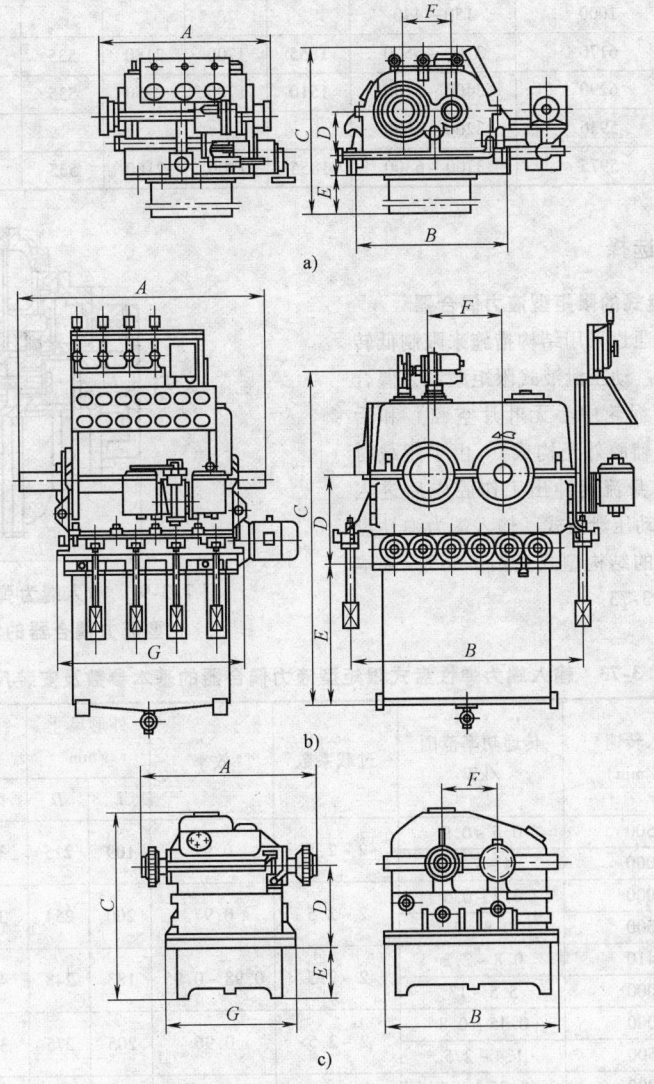

**图 7.3-8　液力偶合器传动装置的结构型式**

a）YDTZ 型　b）YOCQA 型　c）C046 型

表 7.3-72   液力偶合器传动装置的基本参数及外形尺寸

| 型 号 | 泵轮转速 /(r/min) | 传递功率范围 /kW | 外形尺寸/mm | | | | | | |
|---|---|---|---|---|---|---|---|---|---|
| | | | $A$ | $B$ | $C$ | $D$ | $E$ | $F$ | $G$ |
| YDTZ32/48 | 4800 | 350 ~ 710 | 1030 | 810 | 1250 | 350 | 650 | 250 | |
| YDTZ36/55 | 5500 | 800 ~ 1650 | 1200 | 980 | 1500 | 400 | 720 | 300 | |
| YDTZ40/55 | 5500 | 1600 ~ 2800 | 1180 | 1520 | 1880 | 620 | 780 | 350 | |
| YDTZ43/52 | 5200 | 2000 ~ 4000 | 1424 | 1226 | 940 | 500 | | 350 | |
| YDTZ50/52 | 5200 | 4000 ~ 6700 | 1395 | 1114 | 1000 | 500 | | 450 | |
| YOCQ-A | 6100 | 4200 ~ 6200 | 1855 | 1700 | 2385 | 65 | 1005 | 550 | 1400 |
| CO46、OH46 | 4782 | 3200 | 1423 | 1492 | 1610 | 700 | 463 | 508 | 1016 |
| YOCH1000 | 1500 | 3000 ~ 5000 | 3495 | 2260 | 1886 | 1000 | | | |
| YOCHJ560 | 1500 | 110 ~ 330 | | | | | | | |
| YOCHJ650 | 1500 | 250 ~ 730 | | | | | | | |
| YOCHJ750 | 1000 | 150 ~ 440 | | | | | | | |
| OY55 | 6170 | 3700 ~ 5500 | 1855 | 1700 | 2180 | 535 | | | |
| YOCQ422 | 6290 | 3400 ~ 5100 | 1510 | 1700 | 2250 | 535 | | | |
| YOCQ464 | 5936 | 3200 ~ 4500 | | | | | | | |
| YOCQ465 | 5975 | 3700 ~ 6300 | 1855 | 1700 | 2180 | 535 | | | |

## 4.3  典型产品及其选择

### 4.3.1  输入端为弹性盘式的限矩型液力偶合器

限矩型液力偶合器通过采用结构措施来限制低转
速比时超载转矩的升高。动压泄液式限矩型液力偶合
器没有前辅腔（泵轮、涡轮中心无叶片空腔）和后
辅腔（在泵轮外侧由后辅腔外壳构成）。由于超载时
工作腔中部分液体靠自身流速冲出工作腔先后进入
前、后辅腔，而称之为动压泄液式。输入端为弹性盘
式的限矩型液力偶合器的结构型式见图 7.3-9，基本
参数及安装尺寸见表 7.3-73。

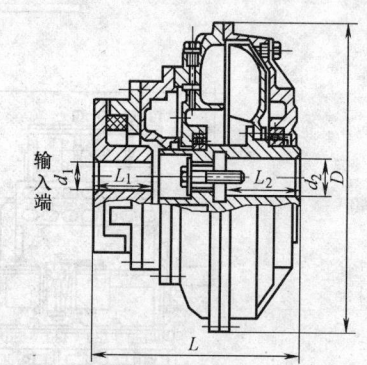

图 7.3-9   输入端为弹性盘式的限矩
型液力偶合器的结构型式

表 7.3-73   输入端为弹性盘式限矩型液力偶合器的基本参数及安装尺寸

| 型 号 | 输入转速 /(r/min) | 传递功率范围 /kW | 过载系数 | 效率 | 外形尺寸 /mm | | 输入端 /mm | | 输出端 /mm | |
|---|---|---|---|---|---|---|---|---|---|---|
| | | | | | $L$ | $D$ | $d_1$ | $L_1$ | $d_2$ | $L_2$ |
| YOX180 | 1500 | 0.5 ~ 0.9 | 2 ~ 2.5 | 0.97 | 109 | 225 | 32 | 70 | 25 | 30 |
| | 3000 | 4 ~ 7.2 | | | | | | | | |
| YOX200 | 1000 | 0.2 ~ 0.5 | 2 ~ 2.5 | 0.97 | 200 | 254 | 38 | 80 | 30 | 85 |
| | 1500 | 0.8 ~ 2 | | | | | | | | |
| YOX-200A$_1$ | 1410 | 0.8 ~ 2.2 | 2 ~ 2.5 | 0.98 ~ 0.95 | 183 | 248 | 48 | | 42 | |
| | 3000 | 5.5 ~ 13 | | | | | | | | |
| YOX220 | 1000 | 0.45 ~ 0.8 | 2 ~ 2.5 | 0.96 | 205 | 275 | 32 | 70 | 32 | 60 |
| | 1500 | 1.4 ~ 2.5 | | | | | | | | |
| YOX250 | 1000 | 0.75 ~ 1.4 | 2 ~ 2.5 | 0.96 | 215 | 300 | 38 | 80 | 35 | 60 |
| | 1500 | 2.6 ~ 5 | | | | | | | | |

（续）

| 型号 | 输入转速 /(r/min) | 传递功率范围 /kW | 过载系数 | 效率 | 外形尺寸 /mm | | 输入端 /mm | | 输出端 /mm | |
|---|---|---|---|---|---|---|---|---|---|---|
| | | | | | $L$ | $D$ | $d_1$ | $L_1$ | $d_2$ | $L_2$ |
| OAY-270A$_1$ | 1000 | 0.98 ~ 1.5 | 2 ~ 2.5 | 0.98 ~ 0.95 | 205 | 310 | 48 | | 42 | |
| | 1500 | 3 ~ 5.5 | | | | | | | | |
| YOX280 | 1000 | 1.5 ~ 3 | 2 ~ 2.5 | 0.97 | 256 | 345 | 38 | 80 | 40 | 80 |
| | 1500 | 4.5 ~ 8.7 | | | | | | | | |
| YOX320 | 1000 | 2.7 ~ 5 | 2 ~ 2.5 | 0.97 | 304 | 388 | 48 | 110 | 45 | 110 |
| | 1500 | 9.6 ~ 16 | | | | | | | | |
| OAY-320A$_1$ | 970 | 2.2 ~ 4 | 2 ~ 2.5 | 0.98 ~ 0.95 | 230 | 380 | 55 | | 50 | |
| | 1470 | 7.5 ~ 13 | | | | | | | | |
| OAY-320A$_2$ | 970 | 2.2 ~ 4 | 2 ~ 2.5 | 0.98 ~ 0.95 | 260 | 380 | 55 | | 50 | |
| | 1470 | 7.5 ~ 13 | | | | | | | | |
| YOX340 | 1000 | 3.4 ~ 7 | 2 ~ 2.5 | 0.96 | 278 | 309 | 48 | 110 | 42 | 95 |
| | 1500 | 12.5 ~ 24 | | | | | | | | |
| YOX360 | 1000 | 4.8 ~ 9 | 2 ~ 2.5 | 0.96 | 308 | 420 | 55 | 110 | 55 | 95 |
| | 1500 | 15 ~ 30 | | | | | | | | |
| OAY-360A$_1$ | 970 | 5.5 ~ 7.5 | 2 ~ 2.5 | 0.98 ~ 0.95 | 250 | 424 | 65 | | 60 | |
| | 1470 | 17 ~ 30 | | | | | | | | |
| OAY-360A$_2$ | 970 | 5.5 ~ 7.5 | 2 ~ 2.5 | 0.98 ~ 0.95 | 290 | 424 | 65 | | 65 | |
| | 1470 | 17 ~ 30 | | | | | | | | |
| YOX400 | 1000 | 8 ~ 15 | 2 ~ 2.5 | 0.96 | 356 | 480 | 60 | 110 | 60 | 150 |
| | 1500 | 20 ~ 45 | | | | | | | | |
| YOX420 | 1000 | 5 ~ 15 | 2 ~ 2.5 | 0.96 | 340 | 495 | 50 | 112 | 60 | 160 |
| | 1500 | 20 ~ 50 | | | | | | | | |
| OAY-420A$_1$ | 970 | 10 ~ 17 | 2 ~ 2.5 | 0.98 ~ 0.95 | 275 | 470 | 80 | | 70 | |
| | 1470 | 40 ~ 65 | | | | | | | | |
| OAY-420A$_2$ | 970 | 10 ~ 17 | 2 ~ 2.5 | 0.98 ~ 0.95 | 327 | 470 | 80 | | 80 | |
| | 1470 | 40 ~ 65 | | | | | | | | |
| YOX450 | 1000 | 15 ~ 28 | 2 ~ 2.5 | 0.96 | 397 | 530 | 70 | 140 | 70 | 140 |
| | 1500 | 46 ~ 80 | | | | | | | | |
| OAY-480A$_1$ | 970 | 18 ~ 30 | 2 ~ 2.5 | 0.98 ~ 0.95 | 318 | 556 | 90 | | 80 | |
| | 1470 | 75 ~ 110 | | | | | | | | |
| OAY-480A$_2$ | 970 | 18 ~ 30 | 2 ~ 2.5 | 0.98 ~ 0.95 | 382 | 556 | 90 | | 90 | |
| | 1470 | 75 ~ 110 | | | | | | | | |
| YOX500 | 1000 | 25 ~ 45 | 2 ~ 2.5 | 0.96 | 411 | 580 | 85 | 170 | 85 | 145 |
| | 1500 | 85 ~ 150 | | | | | | | | |
| YOX510 | 1000 | 25 ~ 45 | 2 ~ 2.5 | 0.96 | 426 | 590 | 85 | 170 | 85 | 160 |
| | 1500 | 75 ~ 135 | | | | | | | | |
| YOX560 | 1000 | 45 ~ 70 | 2 ~ 2.5 | 0.96 | 459 | 650 | 90 | 170 | 100 | 180 |
| | 1500 | 150 ~ 225 | | | | | | | | |
| YL-560 | 1000 | 45 ~ 90 | 1.5 ~ 2.2 | 0.98 ~ 0.97 | 455 | 634 | 90 | 170 | 90 | |
| | 1500 | 132 ~ 250 | | | | | | | | |
| OAY-560A$_1$ | 970 | 35 ~ 60 | 2 ~ 2.5 | 0.98 ~ 0.95 | 354 | 634 | 100 | | 90 | |
| | 1470 | 120 ~ 210 | | | | | | | | |

（续）

| 型号 | 输入转速 /(r/min) | 传递功率范围 /kW | 过载系数 | 效率 | 外形尺寸 /mm | | 输入端 /mm | | 输出端 /mm | |
|---|---|---|---|---|---|---|---|---|---|---|
| | | | | | $L$ | $D$ | $d_1$ | $L_1$ | $d_2$ | $L_2$ |
| OAY-560A$_2$ | 970 | 35~60 | 2~2.5 | 0.98~0.95 | 433 | 634 | 100 | | 110 | |
| | 1470 | 120~210 | | | | | | | | |
| TVA562 | 1000 | 45~90 | 1.5~2.3 | 0.97 | 449 | 634 | 100 | 170 | 110 | 170 |
| | 1500 | 150~260 | | | | | | | | |
| YOX600 | 1000 | 60~115 | 2~2.5 | 0.96 | 474 | 695 | 90 | 170 | 100 | 180 |
| | 1500 | 200~360 | | | | | | | | |
| TVA650 | 1000 | 90~170 | 1.5~2.3 | 0.97 | 536 | 740 | 125 | 225 | 130 | 200 |
| | 1500 | 260~480 | | | | | | | | |
| YOX650 | 1000 | 90~170 | 2~2.5 | 0.96 | 556 | 760 | 125 | | 130 | |
| | 1500 | 260~480 | | | | | | | | |
| TVA750 | 1000 | 170~330 | 1.5~2.3 | 0.97 | 603 | 842 | 140 | 245 | 150 | 240 |
| | 1500 | 480~760 | | | | | | | | |
| YOX750 | 1000 | 170~330 | 2~2.5 | 0.96 | 635 | 875 | 140 | | 150 | |
| | 1500 | 480~760 | | | | | | | | |
| TVA866 | 1000 | 330~620 | 1.5~2.3 | 0.97 | 682 | 978 | 160 | 280 | 160 | 265 |
| | 1500 | 760~1050 | | | | | | | | |
| YOX875 | 750 | 150~280 | 2~2.5 | 0.97 | 696 | 1010 | 160 | | 160 | |
| | 1000 | 360~680 | | | | | | | | |
| YOX1000 | 750 | 280~530 | 2~2.5 | 0.97 | 722 | 1120 | 160 | 210 | 160 | 280 |
| | 1000 | 670~1100 | | | | | | | | |
| YOX1150 | 600 | 265~615 | 2~2.5 | 0.96 | 850 | 1312 | 200 | | 200 | |
| | 750 | 525~1195 | | | | | | | | |

**4.3.2　输出端为带式的限矩型液力偶合器**

输出端为带式的限矩型液力偶合器，便于与工作机连接，可实现平行轴传动，便于应用，扩大了液力偶合器的应用领域。输出端为带式的限矩型液力偶合器的结构型式见图 7.3-10，基本参数及安装尺寸见表 7.3-74。

**4.3.3　输入端为弹性盘、输出端为花键孔式的限矩型液力偶合器**

输入端为弹性盘、输出端为花键孔式的限矩型液力偶合器的结构型式见图 7.3-11，基本参数及安装尺寸见表 7.3-75。

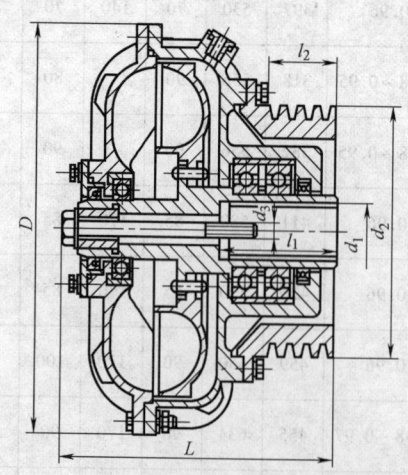

图 7.3-10　输出端为带式的限矩型
液力偶合器的结构型式

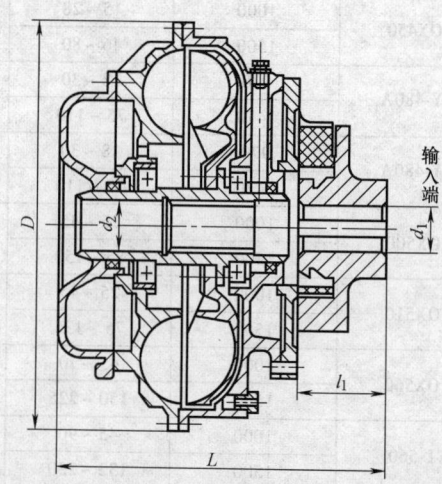

图 7.3-11　输入端为弹性盘、输出端为
花键孔式的限矩型液力偶合器的结构型式

表7.3-74 输出端为带式限矩型液力偶合器的基本参数及安装尺寸

| 型 号 | 输入转速 /(r/min) | 传递功率范围 /kW | 过载系数 | 效率 | 外形尺寸 /mm | | 输入轴内孔 /mm | | | 输出带轮 /mm | | |
|---|---|---|---|---|---|---|---|---|---|---|---|---|
| | | | | | $L$ | $D$ | $d_{1max}$ | $l_{1max}$ | $d_2$ | $d_{2max}$ | $l_{2max}$ | 型式 |
| YOX$_R$200 | 1000 | 0.2~0.5 | 2~2.5 | 0.97 | 160 | 245 | 28 | 60 | M10 | 170 | 55 | A型 3槽 |
| | 1500 | 0.8~2 | | | | | | | | | | |
| YOX$_R$220 | 1000 | 0.45~0.8 | 2~2.5 | 0.96 | 200 | 275 | 32 | 70 | M10 | 180 | 60 | A型 3槽 |
| | 1500 | 1.4~2.5 | | | | | | | | | | |
| YOX$_R$250 | 1000 | 0.75~1.4 | 2~2.5 | 0.96 | 210 | 300 | 38 | 80 | M10 | 180 | 65 | A型 4槽 |
| | 1500 | 2.6~5 | | | | | | | | | | |
| YOX$_R$280 | 1000 | 1.5~3 | 2~2.5 | 0.97 | 220 | 345 | 38 | 80 | M10 | 200 | 80 | B型 3槽 |
| | 1500 | 4.5~8.7 | | | | | | | | | | |
| YOX$_R$340 | 1000 | 3.4~7 | 2~2.5 | 0.96 | 270 | 390 | 48 | 110 | M12 | 300 | 120 | C型 4槽 |
| | 1500 | 12.5~24 | | | | | | | | | | |
| YOX$_R$360 | 1000 | 4.8~9 | 2~2.5 | 0.96 | 330 | 420 | 55 | 110 | M16 | 300 | 140 | C型 5槽 |
| | 1500 | 15~30 | | | | | | | | | | |
| YOX$_R$420 | 1000 | 5~15 | 2~2.5 | 0.96 | 490 | 495 | 50 | 112 | | 292 | 164 | C型 6槽 |
| | 1500 | 20~50 | | | | | | | | | | |
| YL-280P | 1000 | 1.5~3 | 1.8~2 | 0.96 | 236 | 340 | 38 | 91 | M16 | 190 | | B型 4槽 |
| | 1500 | 3~7.5 | | | | | | | | | | |
| YL-320P | 1000 | 2.7~5 | 2~2.5 | 0.97 | 280 | 400 | 48 | 115 | M16 | 245 | | B型 4槽 |
| | 1500 | 9.6~16 | | | | | | | | | | |
| YL-360P | 1000 | 7.5~11 | 1.8~2.2 | 0.965 | 335 | 430 | 55 | 118 | M20 | 362 | | C型 5槽 |
| | 1500 | 15~30 | | | | | | | | | | |
| OAY-200B$_1$ | 1410 | 0.8~2.2 | 2~2.5 | 0.98~0.95 | 193 | 248 | 42 | | | 110 | | |
| | 3000 | 5.5~13 | | | | | | | | | | |
| OAY-270B$_1$ | 1000 | 0.98~1.5 | 2~2.5 | 0.98~0.95 | 256 | 310 | 42 | | | 125 | | |
| | 1500 | 3~5.5 | | | | | | | | | | |
| OAY-320B$_1$ | 970 | 2.2~4 | 2~2.5 | 0.98~0.95 | 318 | 380 | 50 | | | 135 | | |
| | 1470 | 7.5~13 | | | | | | | | | | |
| OAY-320B$_2$ | 970 | 2.2~4 | 2~2.5 | 0.98~0.95 | 338 | 380 | 50 | | | 135 | | |
| | 1470 | 7.5~13 | | | | | | | | | | |
| OAY-360B$_1$ | 970 | 5.5~7.5 | 2~2.5 | 0.98~0.95 | 353 | 424 | 60 | | | 140 | | |
| | 1470 | 17~30 | | | | | | | | | | |
| OAY-360B$_2$ | 970 | 5.5~7.5 | 2~2.5 | 0.98~0.95 | 390 | 424 | 60 | | | 140 | | |
| | 1470 | 17~30 | | | | | | | | | | |
| OAY-420B$_1$ | 970 | 10~17 | 2~2.5 | 0.98~0.95 | 383 | 470 | 70 | | | 165 | | |
| | 1470 | 40~65 | | | | | | | | | | |
| OAY-420B$_2$ | 970 | 10~17 | 2~2.5 | 0.98~0.95 | 432 | 470 | 70 | | | 165 | | |
| | 1470 | 40~65 | | | | | | | | | | |
| OAY-480B$_1$ | 970 | 18~30 | 2~2.5 | 0.98~0.95 | 455 | 556 | 80 | | | 195 | | |
| | 1470 | 75~110 | | | | | | | | | | |
| OAY-480B$_2$ | 970 | 18~30 | 2~2.5 | 0.98~0.95 | 516 | 556 | 80 | | | 195 | | |
| | 1470 | 75~110 | | | | | | | | | | |
| OAY-560B$_1$ | 970 | 35~60 | 2~2.5 | 0.98~0.95 | 576 | 634 | 90 | | | 240 | | |
| | 1470 | 120~210 | | | | | | | | | | |
| OAY-560B$_2$ | 970 | 35~60 | 2~2.5 | 0.98~0.95 | 652 | 634 | 90 | | | 240 | | |
| | 1470 | 120~210 | | | | | | | | | | |

**表 7.3-75  输入端为弹性盘、输出端为花键孔式限矩型液力偶合器的基本参数及安装尺寸**

| 型 号 | 输入转速 /(r/min) | 传递功率 范围/kW | 过载系数 | 效率 | 外形尺寸/mm | | 输入端/mm | | 输出端/mm | |
|---|---|---|---|---|---|---|---|---|---|---|
| | | | | | $L$ | $D$ | $d_1$ | $l_1$ | $d_2$ | 渐开线花键 $\alpha = 30°$ |
| YL-360 | 1000 | 7.5 ~ 11 | 1.8 ~ 2.2 | 0.96 | 359 | 431 | 42 ~ 55 | 110 | 45 | m2.5Z16 |
| | 1500 | 15 ~ 30 | | | | | | | | |
| YL-400A₄ | 1000 | 11 ~ 22 | 1.6 ~ 2.5 | 0.979 ~ 0.965 | 394 ~ 424 | 465 | 42 ~ 65 | 110 ~ 140 | 45 | m2.5Z16 |
| | 1500 | 30 ~ 55 | | | | | | | | |
| YL-420 | 1000 | 11 ~ 12 | 1.8 ~ 2.4 | 0.96 ~ 0.95 | 380 | 490 | 42 ~ 65 | 70 | 50 | m2.5Z16 |
| | 1500 | 17 ~ 55 | | | | | | | | |
| YL-450A | 1000 | 15 ~ 30 | 2 ~ 2.5 | 0.97 ~ 0.965 | 423 ~ 453 | 520 | 55 ~ 75 | 110 ~ 140 | 65 | m2.5Z16 |
| | 1500 | 55 ~ 110 | | | | | | | | |
| YL-500 | 1000 | 22 ~ 45 | 1.8 ~ 2.2 | 0.975 ~ 0.96 | 438 ~ 478 | 570 | 65 ~ 80 | 140 ~ 170 | 65 | m2.5Z16 |
| | 1500 | 90 ~ 132 | | | | | | | | |
| YOXD-400 | 1470 | 20 | 1.9 | 0.95 | 384 | 465 | 55 | | 45 | m2.5Z16 |
| YOXD-420 | 1470 | 22 | 1.57 | 0.96 ~ 0.95 | 380 | 490 | 60 | | 50 | m2.5Z16 |
| WX462 | 1500 | 58.8 ~ 110 | 2.4 ~ 3.2 | 0.96 | 500 | 570 | 与 6135、4135 型 柴油机连接 | | 60 | 平键 |

### 4.3.4  双工作腔式限矩型液力偶合器

双工作腔式限矩型液力偶合器的结构型式见图
7.3-12，基本参数及安装尺寸见表 7.3-76。

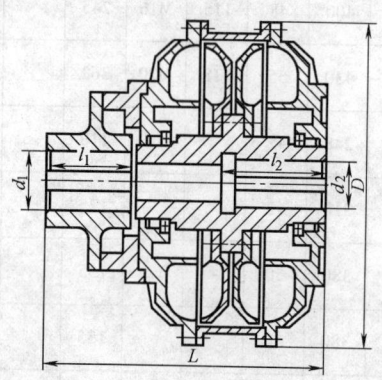

**图 7.3-12  双工作腔式的限
矩型液力偶合器的结构型式**

### 4.3.5  进口调节式调速型液力偶合器

通过变化导管开度，即导管尖端与外壳内壁间距
的百分率，调节工作腔工作液体充满度，从而调节输
出转速（转矩）。以导管开度控制工作腔接口流量的
称为进口调节式调速型液力偶合器，控制出口流量的
称为出口调节式调节型液力偶合器。

进口调节式的调速型液力偶合器的结构型式见图
7.3-13，基本参数和安装尺寸见表 7.3-77。其结构特
点是没有固定箱体支承。整个液力偶合器支承在电
动机轴或外支架上，运转时外壳（旋转油箱）随叶
轮一起回转，故亦称回转壳体式。结构紧凑，尺寸
小，但安装调整较困难。由于在运转调速过程中，随
着工作液体在旋转油箱与工作腔移来移去，液体重心
在轴向方向摆动，严重影响着动平衡，加剧了液力偶
合器的振动，故一般只应用在中小功率、输入转速在
1500r/min 以下的场合。

**表 7.3-76  双工作腔式限矩型液力偶合器的基本参数及安装尺寸**

| 型 号 | 输入转速 /(r/min) | 传递功率范围 /kW | 过载系数 | 效率 | 外形尺寸 /mm | | 输入端 /mm | | 输出端 /mm | | 生产厂 |
|---|---|---|---|---|---|---|---|---|---|---|---|
| | | | | | $L$ | $D$ | $d_{1max}$ | $l_{1max}$ | $d_{2max}$ | $l_{2max}$ | |
| YOX_D280 | 1000 | 3 ~ 6 | 2 ~ 2.5 | 0.96 | 338 | 345 | 48 | 110 | 42 | 90 | 大连液力机械总厂 |
| | 1000 | 9.5 ~ 17 | | | | | | | | | |
| YOX_D320 | 1000 | 4.5 ~ 8 | 2 ~ 2.5 | 0.97 | 320 | 380 | 55 | 110 | 55 | 110 | |
| | 1500 | 13 ~ 25 | | | | | | | | | |
| YOX_D360 | 1000 | 8.5 ~ 15 | 2 ~ 2.5 | 0.96 | 330 | 416 | 60 | 140 | 60 | 140 | |
| | 1500 | 25 ~ 48 | | | | | | | | | |
| YOX_D750 | 1000 | 340 ~ 660 | 2 ~ 2.5 | 0.96 | 1380 | 842 | 110 | 210 | 110 | 163 | |
| | 1500 | 960 ~ 1520 | | | | | | | | | |

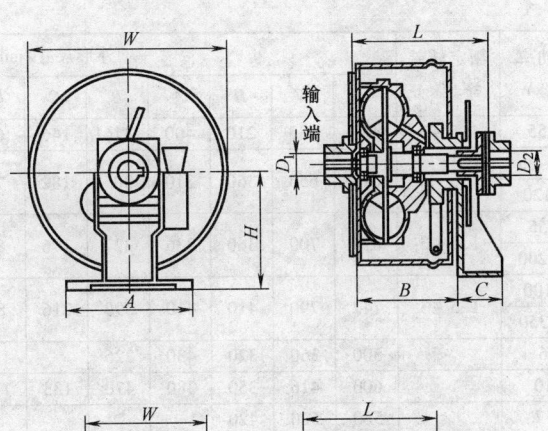

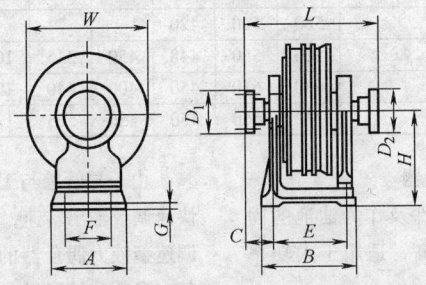

**图 7.3-13　进口调节式的调速型液力偶合器的结构型式**

**表 7.3-77　进口调节式的调速型液力偶合器的基本参数及安装尺寸**

| 型号 | 输入转速 /(r/min) | 传递功率 范围/kW | 额定转差 率(%) | 外形尺寸/mm | | | | | | | | | | |
|---|---|---|---|---|---|---|---|---|---|---|---|---|---|---|
| | | | | $L$ | $W$ | $H$ | $A$ | $B$ | $C$ | $D_1$ | $D_2$ | $E$ | $F$ | $G$ |
| YOT$_{HR}$280 | 1500 | 5 ~ 10 | 1.5 ~ 4 | 360 | 425 | 170 | 290 | 274 | 110 | | | | | |
| | 3000 | 34 ~ 75 | | | | | | | | | | | | |
| YOT$_{HR}$320 | 1000 | 1.5 ~ 3 | 1.5 ~ 4 | 360 | 465 | 170 | 290 | 264 | 110 | | | | | |
| | 1500 | 9 ~ 18 | | | | | | | | | | | | |
| YOT$_{HR}$360 | 1000 | 5 ~ 10 | 1.5 ~ 4 | 400 | 530 | 165 | 400 | 318 | 109 | | | | | |
| | 1500 | 15 ~ 30 | | | | | | | | | | | | |
| YOT$_{HR}$400 | 1000 | 10 ~ 15 | 1.5 ~ 4 | 463 | 610 | 350 | 360 | 300 | 150 | | | | | |
| | 1500 | 30 ~ 50 | | | | | | | | | | | | |
| YOT$_{HR}$450 | 1000 | 15 ~ 30 | 1.5 ~ 4 | 551 | 670 | 355 | 350 | 310 | 154 | | | | | |
| | 1500 | 50 ~ 100 | | | | | | | | | | | | |
| YOT$_{HR}$500 | 1000 | 30 ~ 50 | 1.5 ~ 4 | 561 | 740 | 355 | 350 | 320 | 156 | | | | | |
| | 1500 | 100 ~ 170 | | | | | | | | | | | | |
| YOT$_{HR}$560 | 1000 | 50 ~ 100 | 1.5 ~ 4 | 622 | 860 | 500 | 600 | 408 | 200 | | | | | |
| | 1500 | 170 ~ 300 | | | | | | | | | | | | |
| YOT$_{HR}$650 | 750 | 50 ~ 90 | 1.5 ~ 4 | 683 | 910 | 460 | 500 | 436 | 200 | | | | | |
| | 1000 | 100 ~ 180 | | | | | | | | | | | | |
| YOT$_{HR}$750 | 750 | 70 ~ 130 | 1.5 ~ 4 | 600 | 1200 | 580 | 480 | 460 | 230 | | | | | |
| | 1000 | 180 ~ 300 | | | | | | | | | | | | |
| YOT$_{HR}$800 | 750 | 120 ~ 200 | 1.5 ~ 4 | 792 | 1230 | 600 | 615 | 537 | 280 | | | | | |
| | 1000 | 300 ~ 500 | | | | | | | | | | | | |
| YOT$_{HR}$875 | 750 | 130 ~ 210 | 1.5 ~ 4 | 750 | 1040 | 640 | 560 | 600 | 260 | | | | | |
| | 1000 | 300 ~ 850 | | | | | | | | | | | | |
| YOTJ320 | 1500 | 11 ~ 18.5 | 1.5 ~ 3 | 375 | 460 | 160 | 294 | 265 | 129 | 42 | 42 | | | |
| YOTJ360 | 1500 | 22 ~ 35 | 1.5 ~ 3 | 424 | 530 | 165 | 400 | 312 | 146 | 48 | 48 | | | |

（续）

| 型号 | 输入转速/(r/min) | 传递功率范围/kW | 额定转差率(%) | 外形尺寸/mm | | | | | | | | | | |
|---|---|---|---|---|---|---|---|---|---|---|---|---|---|---|
| | | | | L | W | H | A | B | C | $D_1$ | $D_2$ | E | F | G |
| YOTJ400 | 1500 | 40~55 | 1.5~3 | 429 | 585 | 210 | 400 | 316 | 146 | 60 | 60 | | | |
| YOTJ450 | 1000 | 18.5~35 | 1.5~3 | 618 | 650 | 360 | 310 | 305 | 182 | 75 | 50 | | | |
| | 1500 | 60~120 | | | | | | | | | | | | |
| YOTJ500 | 1000 | 40~55 | 1.5~3 | 674 | 700 | 360 | 336 | 327 | 196 | 85 | 50 | | | |
| | 1500 | 130~200 | | | | | | | | | | | | |
| YOTJ560 | 1000 | 60~100 | 1.5~3 | 742 | 790 | 410 | 410 | 390 | 216 | 85 | 85 | | | |
| | 1500 | 220~350 | | | | | | | | | | | | |
| YDTW25/15 | 1470 | 3~6 | | 500 | 360 | 320 | 430 | 226 | | 170 | 170 | 190 | 400 | 10 |
| YDTW28/15 | 1470 | 4~10 | | 600 | 416 | 350 | 380 | 470 | 133 | 170 | 170 | 430 | 340 | 20 |
| YDTW32/15 | 1470 | 8~17 | | 560 | 520 | 420 | | | | | | | | |
| YDTW36/15 | 1470 | 15~35 | | 560 | 550 | 448 | 450 | 345 | 100 | 220 | 220 | 280 | 390 | 30 |
| YDTW40/15 | 1470 | 35~60 | | 630 | 610 | 450 | 400 | 440 | 124 | 220 | 220 | 390 | 350 | 30 |
| YDTW45/15 | 1470 | 50~100 | | 742 | 660 | 450 | 450 | 525 | 120 | 240 | 240 | 475 | 410 | 25 |

### 4.3.6　出口调节式调速型液力偶合器

它的结构特点是有支承旋转组件及作为油池的固定箱体，结构封闭性好，运转精度高，适用于大功率设备的调速。

由于导管腔与工作腔连接通畅，导管口径较大，能快速调节输出转速，故亦称快速调节式。出口调节式的调速型液力偶合器的结构型式见图 7.3-14 和图 7.3-15，基本参数和外形尺寸见表 7.3-78 和表 7.3-79。

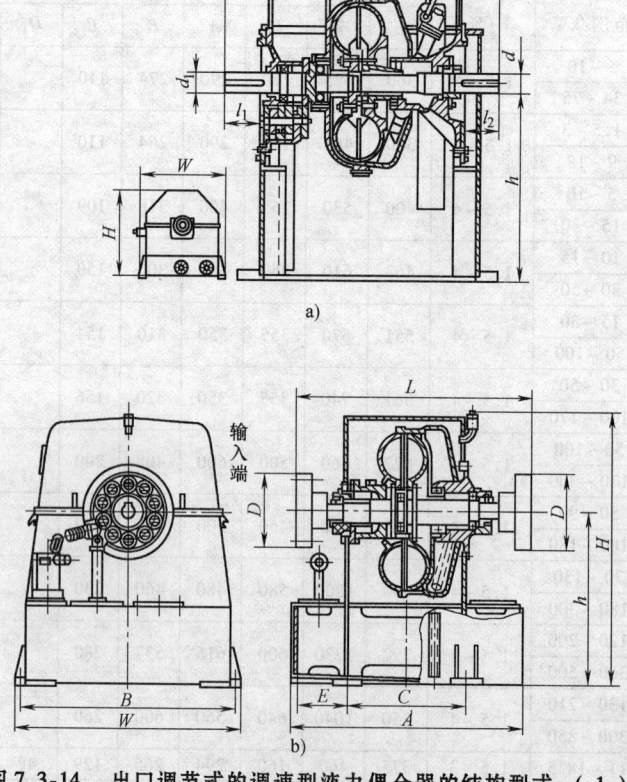

图 7.3-14　出口调节式的调速型液力偶合器的结构型式　（1）

a）YOT$_{GC}$、GST、GWT、YITC 型　b）YOTC 型

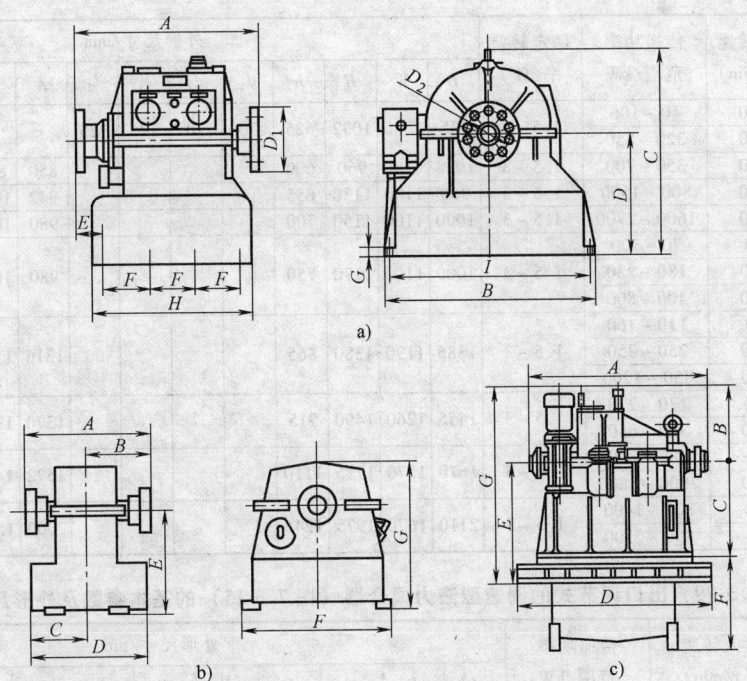

**图 7.3-15　出口调节式的调速型液力偶合器的结构型式（2）**

a）YDT 型　b）YOTC 型　c）YT 型

**表 7.3-78　出口调节式的调速型液力偶合器（图 7.3-14）的基本参数及外形尺寸**

| 型号 | 输入转速/(r/min) | 传递功率范围/kW | 额定转差率(%) | 外形尺寸/mm | | | | | | | | | | | | |
|---|---|---|---|---|---|---|---|---|---|---|---|---|---|---|---|---|
| | | | | L | W | H | h | $d_1$ | $d_2$ | $l_1$ | $l_2$ | A | B | C | D | E |
| YOT$_{GC}$360 | 1500 | 13 ~ 35 | 1.5 ~ 3 | 830 | 1205 | 940 | 560 | 60 | 60 | 115 | 115 | | | | | |
| | 3000 | 110 ~ 305 | | | | | | | | | | | | | | |
| YOT$_{GC}$400 | 1500 | 30 ~ 65 | 1.5 ~ 3 | 830 | 1205 | 940 | 560 | 60 | 60 | 115 | 115 | | | | | |
| | 3000 | 240 ~ 500 | | | | | | | | | | | | | | |
| YOT$_{GC}$450 | 1500 | 50 ~ 110 | 1.5 ~ 3 | 1020 | 1120 | 1105 | 635 | 75 | 75 | 145 | 145 | | | | | |
| | 3000 | 430 ~ 900 | | | | | | | | | | | | | | |
| YOT$_{GC}$650 | 1000 | 75 ~ 215 | 1.5 ~ 3 | 1300 | 1200 | 1350 | 840 | 100 | 100 | 150 | 150 | | | | | |
| | 1500 | 250 ~ 730 | | | | | | | | | | | | | | |
| YOT$_{GC}$750 | 1000 | 150 ~ 440 | 1.5 ~ 3 | 1300 | 1200 | 1350 | 840 | 100 | 100 | 150 | 150 | | | | | |
| | 1500 | 510 ~ 1480 | | | | | | | | | | | | | | |
| YOT$_{GC}$875 | 1000 | 365 ~ 960 | 1.5 ~ 3 | 1720 | 1500 | 1500 | 880 | 130 | 130 | 250 | 250 | | | | | |
| | 1500 | 1160 ~ 3260 | | | | | | | | | | | | | | |
| YOT$_{GC}$1000 | 750 | 285 ~ 750 | 1.5 ~ 3 | 1930 | 1840 | 1810 | 1060 | 150 | 150 | 250 | 250 | | | | | |
| | 1000 | 640 ~ 1860 | | | | | | | | | | | | | | |
| YOT$_{GC}$1150 | 750 | 715 ~ 1865 | 1.5 ~ 3 | 1930 | 1840 | 1810 | 1060 | 150 | 150 | 250 | 250 | | | | | |
| | 1000 | 1180 ~ 3440 | | | | | | | | | | | | | | |
| GST50 | 1500 | 70 ~ 200 | 1.5 ~ 3.25 | 1020 | 1120 | 1105 | 635 | 75 | 75 | 145 | 145 | | | | | |
| | 3000 | 560 ~ 1625 | | | | | | | | | | | | | | |
| GWT58 | 1500 | 140 ~ 400 | 1.5 ~ 3.25 | 1230 | 1310 | 1324 | 810 | 95 | 95 | 165 | 165 | | | | | |
| | 3000 | 1125 ~ 3250 | | | | | | | | | | | | | | |
| YOTC400 | 1500 | 30 ~ 63 | 1.5 ~ 3 | 840 | 935 | 958 | 560 | 60 | 60 | 120 | 120 | | | | | |
| | 3000 | 240 ~ 500 | | | | | | | | | | | | | | |

（续）

| 型号 | 输入转速/(r/min) | 传递功率范围/kW | 额定转差率(%) | 外形尺寸/mm | | | | | | | | | | | | |
|---|---|---|---|---|---|---|---|---|---|---|---|---|---|---|---|---|
| | | | | L | W | H | h | $d_1$ | $d_2$ | $l_1$ | $l_2$ | A | B | C | D | E |
| YOTC450 | 1500 | 40~106 | 1.5~3 | 935 | 1030 | 1032 | 625 | 70 | 70 | 125 | 125 | | | | | |
| | 3000 | 320~850 | | | | | | | | | | | | | | |
| TOTC450 | 5000 | 350~700 | 1.5~3 | 1038 | 900 | 960 | 600 | | | | | 850 | 800 | 420 | | 297 |
| YOTC500 | 3000 | 800~1500 | 1.5~3 | 960 | 1100 | 1130 | 655 | | | | | 942 | 1000 | 405 | | 245 |
| YOTC560 | 3000 | 1600~2700 | 1.5~3 | 1000 | 1100 | 1150 | 700 | | | | | 980 | 1000 | | | |
| YOTC650 | 750 | 70~100 | 1.5~3 | 1000 | 1100 | 1170 | 750 | | | | | 980 | 1000 | | | |
| | 1000 | 180~230 | | | | | | | | | | | | | | |
| | 1500 | 400~800 | | | | | | | | | | | | | | |
| YOTC710 | 750 | 110~160 | 1.5~3 | 1386 | 1190 | 1380 | 865 | | | | | 1316 | 1120 | 600 | 410 | 339 |
| | 1000 | 250~350 | | | | | | | | | | | | | | |
| | 1500 | 850~1200 | | | | | | | | | | | | | | |
| YOTC800 | 750 | 170~270 | 1.5~3 | 1455 | 1260 | 1490 | 915 | | | | | 1370 | 1190 | 680 | 410 | 345 |
| | 1000 | 360~650 | | | | | | | | | | | | | | |
| YOTC1000 | 750 | 280~800 | 1.5~3 | 1610 | 1570 | 1715 | 1110 | | | | | 1572 | 1470 | 770 | 500 | 377 |
| | 1000 | 7000~1800 | | | | | | | | | | | | | | |
| YOTC1250 | 600 | 800~1400 | 1.5~3 | 2110 | 1670 | 1975 | 1245 | | | | | 2000 | 1590 | 910 | 760 | 540 |
| | 750 | 850~2500 | | | | | | | | | | | | | | |

**表 7.3-79　出口调节式的调速型液力偶合器（图 7.3-15）的基本参数及外形尺寸**

| 型号 | 输入转速/(r/min) | 传递功率范围/kW | 外形尺寸/mm | | | | | | | | | | |
|---|---|---|---|---|---|---|---|---|---|---|---|---|---|
| | | | A | B | C | D | E | F | G | H | I | $D_1$ | $D_2$ |
| YDT28/30 | 2970 | 30~72 | 600 | 650 | 668 | 380 | 80 | 1-440 | 30 | 490 | 600 | 170 | 120 |
| YDT32/30 | 2970 | 60~140 | 600 | 650 | 668 | 380 | 80 | 1-440 | 30 | 490 | 600 | 170 | 120 |
| YDT36/30 | 2970 | 100~300 | 750 | 820 | 900 | 550 | 115 | 1-520 | 40 | 580 | 760 | 220 | 170 |
| YDT40/30 | 2970 | 250~520 | 800 | 820 | 900 | 550 | 140 | 1-520 | 40 | 580 | 960 | 230 | 245 |
| YDT45/30 | 2970 | 350~800 | 960 | 1120 | 1088 | 635 | 131 | 3-240 | 50 | 800 | 1060 | 330 | 245 |
| YDT50/30 | 2970 | 600~1600 | 1000 | 1120 | 1088 | 635 | 146 | 3-240 | 50 | 800 | 1060 | 330 | 245 |
| YDT50/15 | 1470 | 100~200 | 960 | 1120 | 1088 | 635 | 131 | 3-240 | 50 | 800 | 1060 | 330 | 245 |
| | 970 | 35~70 | | | | | | | | | | | |
| YDT56/30 | 2970 | 1300~2800 | 1310 | 1560 | 1329 | 810 | 103 | 3-350 | 60 | 1160 | 1480 | 350 | 285 |
| YDT63/30 | 2970 | 2500~5000 | 1400 | 1560 | 1329 | 810 | 148 | 3-350 | 60 | 1160 | 1480 | 350 | 285 |
| YDT56/15 | 1470 | 200~400 | 930 | 1200 | 1184 | 700 | 93.5 | 3-225 | 50 | 750 | 1140 | 330 | 245 |
| | 970 | 50~100 | | | | | | | | | | | |
| YDT63/15 | 1470 | 380~620 | 970 | 1200 | 1184 | 700 | 113.5 | 3-225 | 50 | 750 | 1140 | 330 | 245 |
| | 970 | 90~220 | | | | | | | | | | | |
| | 730 | 50~80 | | | | | | | | | | | |
| YDT71/15 | 1470 | 500~1100 | 1200 | 1510 | 1394 | 750 | 152.4 | 4-200 | 50 | 90 | 1450 | 410 | 310 |
| | 970 | 200~380 | | | | | | | | | | | |
| | 730 | 70~140 | | | | | | | | | | | |
| YDT80/15 | 1470 | 700~1600 | 1300 | 1510 | 1394 | 750 | 202.5 | 4-200 | 50 | 900 | 1450 | 500 | 380 |
| | 970 | 260~580 | | | | | | | | | | | |
| | 730 | 130~250 | | | | | | | | | | | |
| YDT90/10 | 970 | 500~1100 | 1400 | 1710 | 1595 | 900 | 220 | 4-240 | 50 | 1065 | 1650 | 500 | 380 |
| | 730 | 200~450 | | | | | | | | | | | |
| YDT100/10 | 970 | 800~1800 | 1500 | 1710 | 1595 | 900 | 220 | 4-240 | 50 | 1065 | 1650 | 500 | 380 |
| | 730 | 350~760 | | | | | | | | | | | |
| YDT112/10 | 970 | 2000~3500 | 1750 | 1850 | 1850 | 1150 | 235 | 4-320 | 50 | 1065 | 1750 | 500 | 380 |
| | 730 | 850~1600 | | | | | | | | | | | |
| YOTC-800 | 985 | 5500 | 1450 | 767 | 645 | 1370 | 900 | 1300 | 180 | | | | |
| YOTC-1000 | 740 | 700 | 1550 | 863 | 705 | 1515 | 1100 | 1545 | 1690 | | | | |
| YT62 | 2985 | 3200 | 1550 | 540 | 714 | 1524 | 929 | 728 | 2469 | | | | |

## 4.3.7　进出口调节式调速型液力偶合器

进出口调节式的调速型液力偶合器包括 OY55 系列、OH46 系列、CO46 系列、YDTZ 系列以及 YOCH 型、$YOCH_J$ 型等，具体结构及尺寸参考相关厂家资料。

# 第4章 制动器

## 1 功能与分类

起重机械是一种间歇动作的机械,其工作特点是经常起动和制动,因此,在起重机械中广泛使用各种类型的制动器,它是保证起重机械安全正常工作的重要部件。

### 1.1 功能

1)制动作用,消耗运动部件的动能,使机构减速直至停止。

2)调速作用,调节或限制机构的运动速度,以满足工况需要。

3)支持作用,保持机构处于非运动状态,并支持重物处于空间某一位置。

在起重机各工作机构中,制动器可以具有上述一种或几种作用。

### 1.2 分类及特点

1)制动器按工作状态分为常闭式和常开式。常闭式制动器在机构不工作时总是处于上闸状态,机构工作时,由松闸器松闸。常开式制动器在机构不工作时处于松闸状态,需要制动时,施加外力使制动器上闸制动。

2)制动器按结构型式分为鼓式、蹄式、带式、盘式、锥式等。鼓式、蹄式、带式属径向作用式制动器,盘式和锥式属轴向作用式制动器。

① 鼓式制动器:简单可靠、散热性好,制动瓦有均匀的退距,制动瓦与制动轮间的间隙调整方便,制动转矩的大小与转向无关,制动轴不受弯曲载荷,多采用弹簧上闸方式,制动平稳,但瓦块包角较小,制动器整体尺寸较大。鼓式制动器应用广泛,适用于工作频繁的场合。

② 蹄式制动器:结构紧凑,散热性好,密封容易。可用于安装空间受限制的场合,广泛用于轮式起重机,各种车辆(如汽车、拖拉机等)的车轮中。

③ 带式制动器:构造简单,结构紧凑,包角大,制动转矩大,但制动盘轴受弯曲载荷作用,制动器的散热性较差,制动带磨损不均匀,多用于尺寸紧凑的场合,也用于某些大型机构的低速级作为支持制动。

④ 盘式制动器:有制动臂盘式和制动钳盘式等型式,靠轴向成对作用的制动块夹持制动盘实现制动,其有转动惯量小、散热性好、制动平稳等优点,多用于直流驱动或具有良好调速性能的交流驱动机构中。

3)制动器按作用方式分为自动式、操纵式和综合式三种。自动式制动器的上闸和松闸都是自动进行的,不需要对制动器进行专门操纵。操纵式制动器的上闸和松闸以及制动力矩的大小均由驾驶人操纵控制。综合式制动器具有常闭式和常开式、自动式和操纵式四重特点,在起重机正常工作时制动器是常开操纵式的,当起重机切断电源时,制动器为常闭自动式。

4)制动器按其松闸方式可分为电磁铁式、电动液压推杆式和液压电磁铁式。

① 电磁铁式:常用的型号有 TJ2、TZ2、JWZ、ZWZ、MW 等。这类制动器结构简单,反应快捷,但工作时响声大,冲击也大,电磁线圈的寿命较短。

② 电力液压推杆式:常用的型号有 YWZ、YW 等。这类制动器结构稍复杂,但工作平稳,寿命长,噪声小,维护简单,在起重机械上被广泛采用。

③ 液压电磁铁式:主要有 YDWZ 型,它综合了电磁式和液压式的优点,电磁线圈寿命长,能自动补偿制动瓦的磨损,制动时间可调,但结构稍复杂,采用交流电源时需配硅整流器,此种制动器适用于高温及工作频繁的场合。

## 2 鼓式制动器

鼓式制动器结构简单,工作可靠,维修方便,在起重机械上使用广泛。

### 2.1 类型、特点和使用范围(表7.4-1)

### 2.2 计算方法

鼓式制动器的计算项目及计算式见表7.4-2。

### 表 7.4-1　鼓式制动器的类型、特点和使用范围

| 类　型 | 特　点 | 适用范围及选用注意事项 |
|---|---|---|
| 交流长行程电磁鼓式制动器（代号为 JCZ） | 动作较快，可用弹簧或重锤上闸。结构复杂，外形尺寸大，质量大，效率低，冲击大，噪声大，线圈易烧坏 | 可用于中等负载、操作不频繁的起升机构。在频繁制动、环境潮湿，忌振动和噪声之处不宜选用。属淘汰限制使用产品，被直流短程电磁鼓式制动器、电力液压鼓式制动器或盘式制动器代替 |
| 交流短行程电磁鼓式制动器（代号为 TJ₂） | 动作快，结构简单，质量轻，易维修，交流供电方便，价格低　电磁铁工作可靠性低，有剩磁现象，寿命短，冲击和噪声大，线圈易烧坏 | 可用于负载较轻，不频繁操作的场合。松闸能量较小，频繁制动、忌振动、噪声之处不应选用。潮湿和灰尘大的地方，不宜选用。逐渐被直流短程鼓式制动器、电力液压鼓式制动器或盘式制动器代替 |
| 直流长行程电磁鼓式制动器（代号为 ZCZ） | 制动平稳，可靠性高，冲击小，寿命长。动作慢，耗电量大，质量和尺寸大，需供直流电 | 用于要求制动平稳，操作不频繁，容量大的场合，每小时接电次数可达 600 次，无直流电源、电力紧张之处不宜选用 |
| 直流短行程电磁鼓式制动器（代号为 TZ₂ 和 ZWZ） | 动作快，结构简单紧凑，制动稳定可靠，耐用性较好。有冲击，但不大，需供直流电 | 用于频繁操作，连续点动和工作环境较恶劣的场合。用于直流供电方便且容量大的场合，可靠性要求高，制动频繁的机械设备可选用。无直流电源、电力紧张之处不宜选用 |
| 电磁液压鼓式制动器（代号 YDWZ） | 动作平稳、迅速，噪声小，寿命较长，能自动补偿制动衬片磨损后的间隙，不需经常调整和维修。需配用硅整流器及控制器所需电气元件，保护环节较多，维修工人技术水平要求较高，成本较高 | 用于工作性能要求较高和频繁制动的场合，每小时接电次数可达 900 次，已逐渐被电力液压鼓式制动器或盘式制动器代替 |
| 电力液压鼓式制动器（代号 YWZ、YW 等） | 动作平稳，噪声小，寿命长，尺寸小，质量轻，不易渗漏。省电，交流供电方便。动作稍慢。制动器用的推动器有单推杆和双推杆之分 | 用于起重机各种机构，运输机械、冶金机械、矿山机械、石油机械、建筑机械等，是用途最广的鼓式制动器。由于质量和结构不断改进提高，每小时可操作 720 ~ 1200 次 |

### 表 7.4-2　鼓式制动器的计算项目及计算式

| 计算项目 | 计算式及依据 |
|---|---|
| 额定制动转矩 $T$ | 制动器系列设计的制动转矩<br>$$T = N\mu D$$<br>式中　$N$——瓦垫正压力；$\mu$——摩擦因数；$D$——制动轮直径 |
| 计算制动转矩 $T_{zh}$ | 依据外载荷计算所需的制动转矩或要求的给定值 |
| 摩擦副间设计正压力 $N$ | $$N = \frac{\pi D \alpha B}{360°}[p]$$<br>式中　$[p]$——制动衬垫的允许比压，见表 7.4-3<br>　　　$\alpha$——包角，我国规定 $\alpha = 70°$<br>　　　$B$——瓦垫宽度 |
| 制动轮直径 $D$ | 计算值<br>$$D = 4.86\sqrt[3]{\frac{T_{zh}}{\mu\psi\alpha[p]}}$$<br>选相近的标准值，或不计算直接选标准直径（见表 7.4-5）。系列设计时式中 $T_{zh}$ 为 $T$<br>通常取 $\psi = 0.4 ~ 0.5$ |
| 制动瓦垫宽度 $B$ | $$B = \psi D$$<br>通常取 $\psi = 0.4 ~ 0.5$ |
| 制动轮宽度 $B'$ | $$B' = B + (5 ~ 10)\text{mm}$$ |
| 摩擦因数 $\mu$ | 由设计者根据选用的制动材料确定（见表 7.4-3） |
| 杠杆系统的机械效率 $\eta$ | $$\eta = 0.85 ~ 0.95$$<br>根据铰轴数目多少、制造精度及润滑情况选取 |

（续）

| 计算项目 | 计算式及依据 |
|---|---|
| 松闸装置的机械功率 $P_s$ | 根据需要计算确定 |
| 松闸功 $A_s$ | $A_s = 2N\varepsilon$<br>$P_s t = 1.2 A_s$<br>对电力液压推动器应有一定储备，1.2 为储备系数 |
| 松闸装置的额定推力 $F_e$ | 依据选定的松闸器类型而定 |
| 松闸装置计算行程 $h$ | 依据需要计算确定 |
| 松闸装置额定行程 $h_e$ | 依选定的松闸装置类型而定 |
| 松闸装置补偿行程 $h_1$ | |
| 每侧制动瓦额定退距 $\varepsilon$ | $\varepsilon$ 值由表 7.4-5 选取 |
| 总杠杆比 $i$ | $i = i_1 i_2$<br>$i$ 应根据不同结构及松闸装置的型式选定，液压电磁铁的松闸行程是恒定的，$i = h/2\varepsilon_{max}$；对交流电磁铁最好根据松闸力来确定，即 $i + \dfrac{1.2N}{F\eta} = \dfrac{1.2T_{zh}}{P_s \eta \mu D}$，因松闸时，紧闸弹簧力有若干增加，1.2 是储备系数；对电力液压推动器，$P_s$ 与 $h$ 都应有一定的储备。$i$ 确定后，分配给杠杆系统 |
| 制动衬垫的允许磨损量 $\Delta$ | 根据制动衬垫的类型和制动衬垫与瓦垫的连接方式等决定 |

**表 7.4-3　制动器摩擦副推荐参数**

| 摩擦材料 | 制动轮材料 | 摩擦因数 $\mu$ | | 允许温度 /℃ | 允许比压 $[p]$/MPa | | | | |
|---|---|---|---|---|---|---|---|---|---|
| | | 无润滑 | 良好润滑 | | 鼓式，带式 | | 盘式，锥式 | | |
| | | | | | 支持用 | 下降用 | 无润滑 | 脂润滑 | 油池 |
| 铸铁 | 钢 | 0.17 ~ 0.2 | 0.06 ~ 0.08 | 260 | 1.5 | 1 | 0.4 | 0.6 | 0.8 |
| 钢 | 钢 | 0.15 ~ 0.18 | 0.06 ~ 0.08 | 260 | 0.4 | 0.2 | 0.3 | 0.4 | 0.8 |
| 青铜 | 钢 | 0.15 ~ 0.2 | 0.08 ~ 0.11 | 150 | 1.2 | 1 | 0.3 | 0.4 | 0.5 |
| 沥青石棉带 | 钢 | 0.35 ~ 0.4 | 0.1 ~ 0.12 | 200 | 0.6 | 0.3 | 0.3 | 0.6 | 0.8 |
| 油浸石棉带 | 钢 | 0.32 ~ 0.35 | 0.09 ~ 0.12 | 175 | 0.6 | 0.3 | 0.3 | 0.6 | 0.8 |
| 石棉橡胶辊压节 | 钢 | 0.42 ~ 0.48 | 0.12 ~ 0.16 | 200 | 0.6 | 0.3 | 0.6 | 1 | 1.2 |
| 石棉钢丝制动带 | 铸铁 | 0.17 ~ 0.25 | 0.08 ~ 0.15 | 900 | 0.8 | 0.4 | 1.2 | 2 | 2.5 |

制动瓦计算见表 7.4-4。

**表 7.4-4　制动瓦计算**

| 计算内容 | 计算公式 | 说明 |
|---|---|---|
| 制动衬垫比压 $p_3$ | $p_3 = \dfrac{360° N}{\pi D \alpha B} \le [p]$ | $B$——制动衬垫宽度<br>$\delta_2$——制动瓦轴孔长度<br>$d_1$——制动瓦轴孔直径<br>$[p]$——制动衬垫的许用比压<br>$K$——动载系数，见表 7.4-6<br>$S$——制动瓦铰轴所受合力<br>其余符号同表 7.4-2 |
| 制动瓦轴孔比压 $p_4$ | $p_4 = \dfrac{KS}{d_1 \delta_2} \le [p_j]$ | |

**表 7.4-5　退距 $\varepsilon$ 与制动衬垫厚度（摘自 JB/T 6406—2006）**　　　　（单位：mm）

| 制动轮直径 $D$ | 100 | 200 | 250 | 315 | 400 | 500 | 630 | 710 | 800 |
|---|---|---|---|---|---|---|---|---|---|
| 每侧制动瓦额定退距 $\varepsilon$ | 1.00 ± 0.10 | | | 1.25 ± 0.15 | | | 1.6 ± 0.20 | | |
| 制动衬垫厚度[①] | 6 | 8 | 8 | 10 | 10 | 12 | 12 | 15 | 15 |

① 摘自 JB/T 7021—2006。

表 7.4-6　制动器采用不同松闸装置时的动载系数

| 松闸装置<br>类型 | 交流短行程<br>电磁铁 | 交流、直流长<br>行程电磁铁 | 直流短<br>行程电磁铁 | 电力液压<br>推动器 | 电磁液压<br>推动器 |
|---|---|---|---|---|---|
| 动载系数 $K$ | 2.5 | 2.0 | 1.5 | 1.25 | 1.0 |

## 2.3　常用鼓式制动器的主要性能与尺寸

（1）电力液压鼓式制动器　电力液压鼓动器，广泛应用于各种起重运输、港口装卸、冶金设备、矿山机械及工程机械中各种机构的减速和驻车（维持）制动。电力液压鼓式制动器结构型式见图 7.4-1，技术参数与尺寸见表 7.4-7 ~ 表 7.4-9。

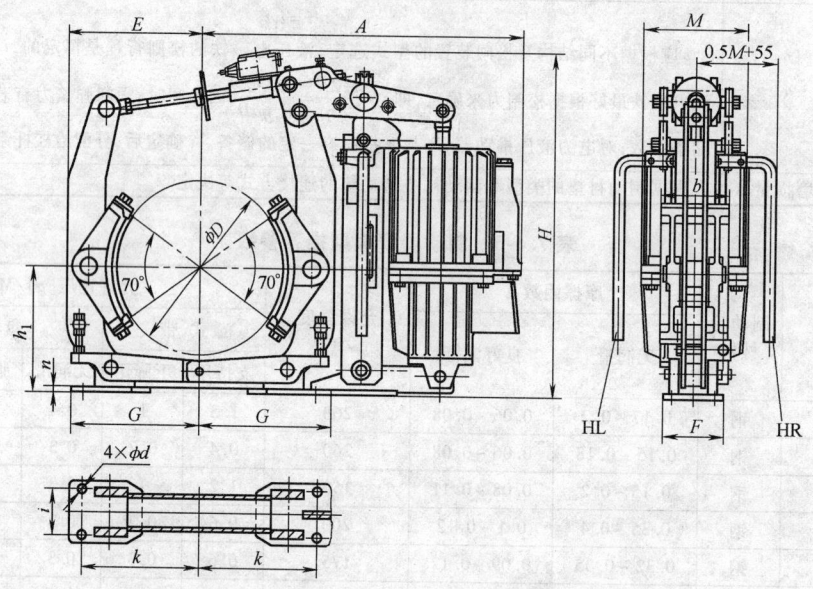

图 7.4-1　YW、YWB、YWZ5、YWZE、YWZ6、YWZF 系列电力液压鼓式制动器

使用条件：

1）环境温度：−25 ~ 40℃。

2）相对湿度：≤90%。

3）电源：三相交流电 50（60）Hz。

4）电压等级：380/400（440/460）V。

5）适应的工作制：连续（S1）和断续（S3—60%，操作频率 <1200/h）工作制。

订货标记：

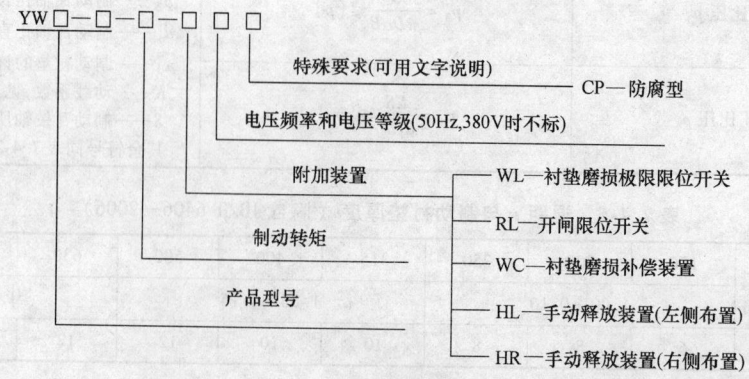

### 表 7.4-7　YW、YWB 系列电力液压鼓式制动器技术参数与尺寸

| 制动器型号 | 推动器型号 | 制动转矩/N·m | 安装及外形尺寸/mm | | | | | | | | | | | | | 质量/kg |
|---|---|---|---|---|---|---|---|---|---|---|---|---|---|---|---|---|
| | | | $D$ | $h_1$ | $k$ | $i$ | $d$ | $n$ | $b$ | $F$ | $G$ | $E$ | $H$ | $A$ | $M$ | |
| YW160-220<br>YWB160-220 | YTD220-50<br>Ed220-50 | 80~160 | 160 | 132 | 130 | 55 | 14 | 6 | 65 | 90 | 150 | 140 | 400 | 420 | 160 | 25 |
| YW200-220<br>YWB200-220 | YTD220-50<br>Ed220-50 | 100~200 | 200 | 160 | 145 | 55 | 14 | 8 | 70 | 90 | 165 | 170 | 470 | 450 | 160 | 39 |
| YW200-300<br>YWB200-300 | YTD300-50<br>Ed300-50 | 140~280 | 200 | 160 | 145 | 55 | 14 | 8 | 70 | 90 | 165 | 170 | 470 | 450 | 160 | 42 |
| YW250-220<br>YWB250-220 | YTD220-50<br>Ed220-50 | 125~250 | 250 | 190 | 180 | 65 | 18 | 10 | 90 | 100 | 200 | 205 | 525 | 545 | 160 | 47 |
| YW250-300<br>YWB250-300 | YTD300-50<br>Ed300-50 | 160~315 | 250 | 190 | 180 | 65 | 18 | 10 | 90 | 100 | 200 | 205 | 525 | 545 | 160 | 49 |
| YW250-500<br>YWB250-500 | YTD500-60<br>Ed500-60 | 250~500 | 250 | 190 | 180 | 65 | 18 | 10 | 90 | 100 | 200 | 205 | 590 | 545 | 197 | 61 |
| YWB315-300<br>YW315-300 | YTD300-50<br>Ed300-50 | 200~400 | 315 | 230 | 220 | 80 | 18 | 10 | 110 | 110 | 245 | 260 | 570 | 585 | 160 | 74 |
| YW315-500<br>YWB315-500 | YTD500-60<br>Ed500-60 | 315~630 | 315 | 230 | 220 | 80 | 18 | 10 | 110 | 110 | 245 | 260 | 605 | 585 | 197 | 86 |
| YW315-800<br>YWB315-800 | YTD800-60<br>Ed800-60 | 500~1000 | 315 | 230 | 220 | 80 | 18 | 10 | 110 | 110 | 245 | 260 | 605 | 585 | 197 | 88 |
| YW400-500<br>YWB400-500 | Ed500-60<br>YTD500-60 | 400~800 | 400 | 280 | 270 | 100 | 22 | 12 | 140 | 140 | 300 | 305 | 710 | 650 | 197 | 108 |
| YW400-800<br>YWB400-800 | YTD800-60<br>Ed800-60 | 630~1250 | 400 | 280 | 270 | 100 | 22 | 12 | 140 | 140 | 300 | 305 | 710 | 650 | 197 | 110 |
| YW400-1250<br>YWB400-1250 | YTD1250-60<br>Ed1250-60 | 1000~2000 | 400 | 280 | 270 | 100 | 22 | 12 | 140 | 140 | 300 | 305 | 780 | 700 | 240 | 133 |
| YW500-800<br>YWB500-800 | YTD800-60<br>Ed800-60 | 800~1600 | 500 | 340 | 325 | 130 | 22 | 16 | 180 | 180 | 365 | 370 | 780 | 860 | 197 | 202 |
| YWB500-1250<br>YW500-1250 | YTD1250-60<br>Ed1250-60 | 1250~2500 | 500 | 340 | 325 | 130 | 22 | 16 | 180 | 180 | 365 | 370 | 770 | 860 | 240 | 206 |
| YWB500-2000<br>YW500-2000 | YTD2000-60<br>Ed2000-60 | 2000~4000 | 500 | 340 | 325 | 130 | 22 | 16 | 180 | 180 | 365 | 370 | 770 | 860 | 240 | 208 |
| YW630-1250<br>YWB630-1250 | YTD1250-60(120)<br>Ed1250-60(120) | 1600~3150 | 630 | 420 | 400 | 170 | 27 | 20 | 225 | 220 | 450 | 455 | 990 | 870 | 240 | 309 |
| YW630-2000<br>YWB630-2000 | YTD2000-60(120)<br>Ed2000-60(120) | 2500~5000 | 630 | 420 | 400 | 170 | 27 | 20 | 225 | 220 | 450 | 455 | 990 | 870 | 240 | 310 |
| YW630-3000<br>YWB630-3000 | YTD3000-60(120)<br>Ed3000-60(120) | 3550~7100 | 630 | 420 | 400 | 170 | 27 | 20 | 225 | 220 | 450 | 455 | 990 | 870 | 240 | 315 |
| YW710-2000<br>YWB710-2000 | YTD2000-60(120)<br>Ed2000-60(120) | 2500~5000 | 710 | 470 | 450 | 190 | 27 | 22 | 255 | 240 | 500 | 520 | 1195 | 985 | 240 | 468 |
| YW710-3000<br>YWB710-3000 | YTD3000-60(120)<br>Ed3000-60(120) | 4000~8000 | 710 | 470 | 450 | 190 | 27 | 22 | 255 | 240 | 500 | 520 | 1195 | 985 | 240 | 470 |
| YW800-3000<br>YWB800-3000 | YTD3000-60(120)<br>Ed3000-60(120) | 5000~10000 | 800 | 530 | 520 | 210 | 27 | 28 | 280 | 280 | 570 | 620 | 1320 | 1150 | 240 | 650 |

注：1. 图形和数据选自江西华伍制动器股份有限公司产品样本。

2. 630 及以上规格制动器带 WC 功能时，使用短行程推动器。

表 7.4-8　YWZ5、YWZE 系列电力液压鼓式制动器技术参数与尺寸

| 制动器型号 | 推动器型号 | 制动转矩/N·m | $D$ | $h_1$ | $k$ | $i$ | $d$ | $n$ | $b$ | $F$ | $G$ | $E$ | $H$ | $A$ | $M$ | 质量/kg |
|---|---|---|---|---|---|---|---|---|---|---|---|---|---|---|---|---|
| YWZ5-160/22<br>YWZE-160/22 | YTD220-50<br>Ed220-50 | 80 ~<br>160 | 160 | 132 | 130 | 55 | 14 | 6 | 65 | 90 | 150 | 140 | 400 | 420 | 160 | 25 |
| YWZ5-200/22<br>YWZE-200/22 | YTD220-50<br>Ed220-50 | 100 ~<br>200 | 200 | 160 | 145 | 55 | 14 | 8 | 80 | 90 | 165 | 170 | 470 | 450 | 160 | 39 |
| YWZ5-200/30<br>YWZE-200/30 | YTD300-50<br>Ed300-50 | 140 ~<br>280 | | | | | | | | | | | | | | 42 |
| YWZ5-250/30<br>YWZE-250/30 | YTD300-50<br>Ed300-50 | 160 ~<br>315 | 250 | 190 | 180 | 65 | 18 | 10 | 100 | 100 | 200 | 205 | 525<br>545 | 545 | 160 | 49 |
| YWZ5-250/50<br>YWZE-250/50 | YTD500-60<br>Ed500-60 | 250 ~<br>500 | | | | | | | | | | | 590 | | 197 | 61 |
| YWZ5-315/30<br>YWZE-315/30 | YTD300-50<br>Ed300-50 | 200 ~<br>400 | 315 | 225 | 220 | 80 | 18 | 10 | 125 | 110 | 245 | 260 | 570 | | 160 | 74 |
| YWZ5-315/50<br>YWZE-315/50 | YTD500-60<br>Ed500-60 | 315 ~<br>630 | | | | | | | | | | | 585 | | | 86 |
| YWZ5-315/80<br>YWZE-315/80 | YTD800-60<br>Ed800-60 | 500 ~<br>1000 | | | | | | | | | | | 605 | | 197 | 88 |
| YWZE-400/50<br>YWZ5-400/50 | Ed500-60<br>YTD500-60 | 400 ~<br>800 | 400 | 280 | 270 | 100 | 22 | 12 | 160 | 140 | 300 | 305 | 710 | 650 | 197 | 108 |
| YWZE-400/80<br>YWZ5-400/80 | Ed800-60<br>YTD800-60 | 630 ~<br>1250 | | | | | | | | | | | | | | 110 |
| YWZE-400/125<br>YWZ5-400/125 | Ed1250-60<br>YTD1250-60 | 1000 ~<br>2000 | | | | | | | | | | | 780 | 700 | 240 | 133 |
| YWZE-500/80<br>YWZ5-500/80 | Ed800-60<br>YTD800-60 | 800 ~<br>1600 | 500 | 335 | 325 | 130 | 22 | 16 | 200 | 180 | 365 | 370 | 780 | | 197 | 202 |
| YWZE-500/125<br>YWZ5-500/125 | Ed1250-60<br>YTD1250-60 | 1250 ~<br>2500 | | | | | | | | | | | 860 | | | 206 |
| YWZE-500/200<br>YWZ5-500/200 | Ed2000-60<br>YTD2000-60 | 2000 ~<br>4000 | | | | | | | | | | | 770 | | 240 | 208 |
| YWZE-630/125<br>YWZ5-630/125 | Ed1250-60(120)<br>YTD1250-60(120) | 1600 ~<br>3150 | 630 | 425 | 400 | 170 | 27 | 20 | 250 | 220 | 450 | 455 | 990 | 870 | 240 | 309 |
| YWZE-630/200<br>YWZ5-630/200 | Ed2000-60(120)<br>YTD2000-60(120) | 2500 ~<br>5000 | | | | | | | | | | | | | | 310 |
| YWZE-630/300<br>YWZ5-630/300 | Ed3000-60(120)<br>YTD3000-60(120) | 3550 ~<br>7100 | | | | | | | | | | | | | | 315 |
| YWZE-710/200<br>YWZ5-710/200 | Ed2000-60(120)<br>YTD2000-60(120) | 2500 ~<br>5000 | 710 | 475 | 450 | 190 | 27 | 22 | 280 | 240 | 500 | 520 | 1195 | 985 | 240 | 468 |
| YWZE-710/300<br>YWZ5-710/300 | Ed3000-60(120)<br>YTD3000-60(120) | 4000 ~<br>8000 | | | | | | | | | | | | | | 470 |
| YWZE-800/300<br>YWZ5-800/300 | Ed3000-60(120)<br>YTD3000-60(120) | 5000 ~<br>10000 | 800 | 530 | 520 | 210 | 27 | 28 | 320 | 280 | 570 | 620 | 1320 | 1150 | 240 | 650 |

注：1. 图形和数据选自江西华伍制动器股份有限公司产品样本。
　　2. 630 及以上规格制动器带 WC 功能时，使用短行程推动器。

表 7.4-9 　 YWZ6、YWZF 系列电力液压鼓式制动器技术参数与尺寸

| 制动器型号 | 推动器型号 | 制动转矩/N·m | D | $h_1$ | k | i | d | n | b | F | G | E | H | A | M | 质量/kg |
|---|---|---|---|---|---|---|---|---|---|---|---|---|---|---|---|---|
| YWZ6-200/30 | YTD300-50 | 140 ~ | 200 | 170 | 175 | 60 | 17 | 8 | 90 | 100 | 210 | 170 | 480 | 450 | 160 | 38 |
| YWZF-200/30 | Ed300-50 | 280 | | | | | | | | | | | | | | |
| YWZ6-300/30 | YTD300-50 | 160 ~ | 300 | 240 | 250 | 80 | 22 | 10 | 140 | 130 | 295 | 252 | 630 | 570 | 160 | 68 |
| YWZF-300/30 | Ed300-50 | 320 | | | | | | | | | | | | | | |
| YWZ6-300/50 | YTD500-60 | 315 ~ | | | | | | | | | | | 600 | 610 | 197 | 88 |
| YWZF-300/50 | Ed500-60 | 630 | | | | | | | | | | | | | | |
| YWZ6-400/50 | YTD500-60 | 400 ~ | 400 | 320 | 325 | 130 | 22 | 12 | 180 | 180 | 350 | 305 | 770 | 655 | 197 | 108 |
| YWZF-400/50 | Ed500-60 | 800 | | | | | | | | | | | | | | |
| YWZ6-400/80 | YTD800-60 | 630 ~ | | | | | | | | | | | | | | 110 |
| YWZF-400/80 | Ed800-60 | 1250 | | | | | | | | | | | | | | |
| YWZ6-400/125 | YTD1250-60 | 1000 ~ | | | | | | | | | | | 820 | 700 | 240 | 120 |
| YWZF-400/125 | Ed1250-60 | 2000 | | | | | | | | | | | | | | |
| YWZ6-500/80 | YTD800-60 | 800 ~ | 500 | 400 | 380 | 150 | 22 | 16 | 200 | 200 | 405 | 370 | 925 | 770 | 240 | 200 |
| YWZF-500/80 | Ed800-60 | 1600 | | | | | | | | | | | | | | |
| YWZ6-500/125 | YTD1250-60 | 1250 ~ | | | | | | | | | | | | | | 208 |
| YWZF-500/125 | Ed1250-60 | 2500 | | | | | | | | | | | | | | |
| YWZ6-500/200 | YTD2000-60 | 2000 ~ | | | | | | | | | | | | | | |
| YWZF-500/200 | Ed2000-60 | 4000 | | | | | | | | | | | | | | |
| YWZ6-600/200 | YTD2000-60(120) | 2500 ~ | 600 | 475 | 475 | 170 | 26 | 20 | 240 | 220 | 500 | 460 | 1050 | 870 | 240 | 310 |
| YWZF-600/200 | Ed2000-60(120) | 5000 | | | | | | | | | | | | | | |
| YWZ6-600/300 | YTD 3000-60(120) | 3550 ~ | | | | | | | | | | | | | | 315 |
| YWZF-600/300 | Ed 3000-60(120) | 7100 | | | | | | | | | | | | | | |
| YWZ6-700/200 | YTD 2000-60(120) | 2500 ~ | 700 | 550 | 540 | 200 | 34 | 22 | 280 | 270 | 575 | 520 | 1245 | 985 | 240 | 465 |
| YWZF-700/200 | Ed 2000-60(120) | 5000 | | | | | | | | | | | | | | |
| YWZ6-700/300 | YTD 3000-60(120) | 4000 ~ | | | | | | | | | | | | | | 470 |
| YWZF-700/300 | Ed 3000-60(120) | 8000 | | | | | | | | | | | | | | |

注: 1. 图形和数据选自江西华伍制动器股份有限公司产品样本。
　　 2. 600 及以上规格制动器带 WC 功能时，使用短行程推动器。

（2）气动鼓式制动器　气动鼓式制动器可广泛用于现场配有气源的各种起重、带式运输、港口装卸及冶金机械中各种机构的减速和驻车制动。气动鼓式制动器结构型式见图 7.4-2，技术参数与尺寸见表 7.4-10 和表 7.4-11。

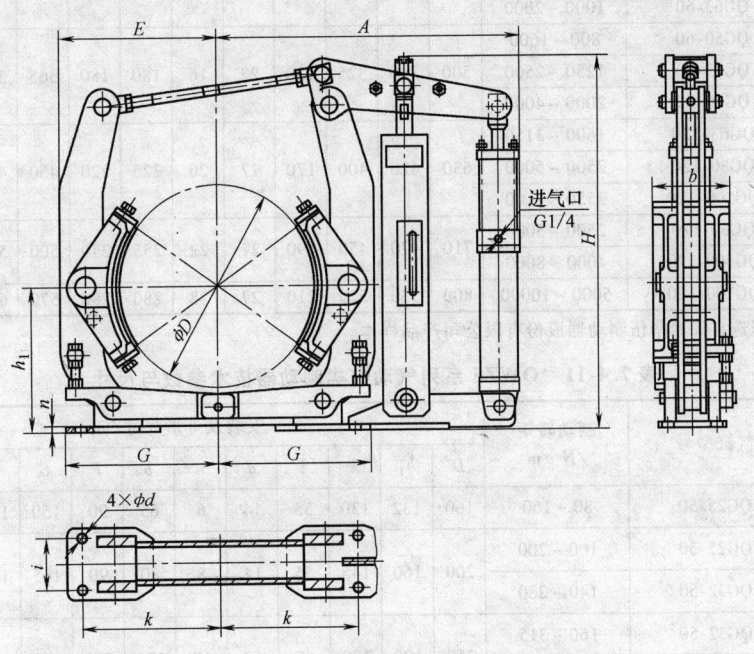

图 7.4-2 　 QW、QWZ5 系列气动鼓式制动器

使用条件：

1）环境温度：－25～40℃。

2）相对湿度：≤90%。

3）工作气压：≤0.5MPa。

4）适应的工作制：连续（S1）和断续（S3—60%，操作频率＜1200/h）工作制。

订货标记：

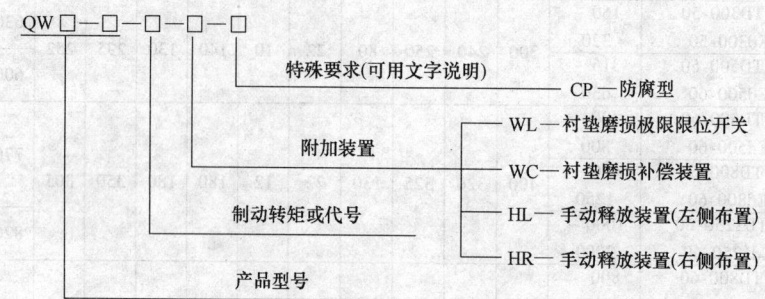

表7.4-10　QW系列气动鼓式制动器技术参数与尺寸

| 制动器型号 | 气缸型号 | 制动转矩/N·m | 安装及外形尺寸/mm | | | | | | | | | | | | 质量/kg |
|---|---|---|---|---|---|---|---|---|---|---|---|---|---|---|---|
| | | | D | h1 | k | i | d | n | b | F | G | E | H | A | |
| QW160-25 | QG25-50 | 80～160 | 160 | 132 | 130 | 55 | 14 | 6 | 65 | 90 | 150 | 140 | 390 | 380 | 25 |
| QW200-25 | QG25-50 | 100～200 | 200 | 160 | 145 | 55 | 14 | 8 | 70 | 90 | 165 | 170 | 470 | 410 | 39 |
| QW200-32 | QG32-50 | 140～280 | | | | | | | | | | | | | 42 |
| QW250-25 | QG25-50 | 125～250 | 250 | 190 | 180 | 65 | 18 | 10 | 90 | 100 | 200 | 205 | 525 | 505 | 47 |
| QW250-32 | QG32-50 | 160～315 | | | | | | | | | | | | | 49 |
| QW250-40 | QG40-60 | 250～500 | | | | | | | | | | | 590 | 505 | 61 |
| QW315-32 | QG32-50 | 200～400 | 315 | 230 | 220 | 80 | 18 | 10 | 115 | 110 | 245 | 260 | 530 | | 74 |
| QW315-40 | QG40-60 | 315～630 | | | | | | | | | | | 585 | | 86 |
| QW315-50 | QG50-60 | 500～1000 | | | | | | | | | | | 545 | | 88 |
| QW400-40 | QG40-60 | 400～800 | 400 | 280 | 270 | 100 | 22 | 12 | 140 | 140 | 300 | 315 | 710 | 610 | 108 |
| QW400-50 | QG50-60 | 630～1250 | | | | | | | | | | | | | 110 |
| QW400-63 | QG63-60 | 1000～2000 | | | | | | | | | | | 780 | 660 | 133 |
| QW500-50 | QG50-60 | 800～1600 | 500 | 340 | 325 | 130 | 22 | 16 | 180 | 180 | 365 | 370 | 725 | | 202 |
| QW500-63 | QG63-60 | 1250～2500 | | | | | | | | | | | 860 | 730 | 206 |
| QW500-80 | QG80-60 | 2000～4000 | | | | | | | | | | | | | 208 |
| QW630-63 | QG63-120 | 1600～3150 | 630 | 420 | 400 | 170 | 27 | 20 | 225 | 220 | 450 | 455 | 970 | 830 | 309 |
| QW630-80 | QG80-120 | 2500～5000 | | | | | | | | | | | | | 310 |
| QW630-100 | QG100-120 | 3550～7100 | | | | | | | | | | | | | 315 |
| QW710-80 | QG80-120 | 2500～5000 | 710 | 470 | 450 | 190 | 27 | 22 | 255 | 240 | 500 | 520 | 1195 | 920 | 468 |
| QW710-100 | QG100-120 | 4000～8000 | | | | | | | | | | | | | 470 |
| QW800-100 | QG100-120 | 5000～10000 | 800 | 530 | 520 | 210 | 27 | 28 | 280 | 280 | 570 | 620 | 1320 | 1010 | 650 |

注：图形和数据选自江西华伍制动器股份有限公司产品样本。

表7.4-11　QWZ5系列气动鼓式制动器技术参数与尺寸

| 制动器型号 | 气缸型号 | 制动转矩/N·m | 安装及外形尺寸/mm | | | | | | | | | | | | 质量/kg |
|---|---|---|---|---|---|---|---|---|---|---|---|---|---|---|---|
| | | | D | h1 | k | i | d | n | b | F | G | E | H | A | |
| QWZ5-160/25 | QG25-50 | 80～160 | 160 | 132 | 130 | 55 | 14 | 6 | 65 | 90 | 150 | 140 | 400 | 380 | 25 |
| QWZ5-200/25 | QG25-50 | 100～200 | 200 | 160 | 145 | 55 | 14 | 8 | 80 | 90 | 165 | 170 | 470 | 410 | 39 |
| QWZ5-200/32 | QG32-50 | 140～280 | | | | | | | | | | | | | 42 |
| QWZ5-250/32 | QG32-50 | 160～315 | 250 | 190 | 180 | 65 | 18 | 10 | 100 | 100 | 200 | 205 | 525 | 505 | 49 |
| QWZ5-250/40 | QG40-60 | 250～500 | | | | | | | | | | | 590 | 505 | 61 |

（续）

| 制动器型号 | 气缸型号 | 制动转矩/N·m | 安装及外形尺寸/mm | | | | | | | | | | | | 质量/kg |
|---|---|---|---|---|---|---|---|---|---|---|---|---|---|---|---|
| | | | D | $h_1$ | k | i | d | n | b | F | G | E | H | A | |
| QWZ5-315/32 | QG32-50 | 200～400 | 315 | 225 | 220 | 80 | 18 | 10 | 125 | 110 | 245 | 260 | 585 | 530 | 74 |
| QWZ5-315/40 | QG40-60 | 315～630 | | | | | | | | | | | | 555 | 86 |
| QWZ5-315/50 | QG50-60 | 500～1000 | | | | | | | | | | | | | 88 |
| QWZ5-400/40 | QG40-60 | 400～800 | 400 | 280 | 270 | 100 | 22 | 12 | 160 | 140 | 300 | 305 | 710 | 610 | 108 |
| QWZ5-400/50 | QG50-60 | 630～1250 | | | | | | | | | | | | | 110 |
| QWZ5-400/63 | QG63-60 | 1000～2000 | | | | | | | | | | | | 780 | 133 |
| QWZ5-500/50 | QG50-60 | 800～1600 | 500 | 335 | 325 | 130 | 22 | 16 | 200 | 180 | 365 | 370 | 860 | 725 | 202 |
| QWZ5-500/63 | QG63-60 | 1250～2500 | | | | | | | | | | | | 730 | 206 |
| QWZ5-500/80 | QG80-60 | 2000～4000 | | | | | | | | | | | | | 208 |
| QWZ5-630/63 | QG63-120 | 1600～3150 | 630 | 425 | 400 | 170 | 27 | 20 | 250 | 220 | 450 | 455 | 990 | 830 | 309 |
| QWZ5-630/80 | QG80-120 | 2500～5000 | | | | | | | | | | | | | 310 |
| QWZ5-630/100 | QG100-120 | 3550～7100 | | | | | | | | | | | | | 315 |
| QWZ5-710/80 | QG80-120 | 2500～5000 | 710 | 475 | 450 | 190 | 27 | 20 | 280 | 240 | 500 | 520 | 1195 | 920 | 468 |
| QWZ5-710/100 | QG100-120 | 4000～8000 | | | | | | | | | | | | | 470 |
| QWZ5-800/100 | QG100-120 | 5000～10000 | 800 | 530 | 520 | 210 | 27 | 22 | 320 | 280 | 570 | 620 | 1320 | 1010 | 650 |

注：图形和数据选自江西华伍制动器股份有限公司产品样本。

（3）直流电磁鼓式制动器 直流电磁鼓式制动器主要用于电磁吊及各种直流驱动或直流电网的起重、港口装卸及冶金机械中各种机构的减速和驻车制动。对于交流驱动的各种起重、港口装卸及冶金机械不推荐使用。直流电磁鼓式制动器结构型式见图 7.4-3，技术参数及安装尺寸见表 7.4-12 和表 7.4-13。

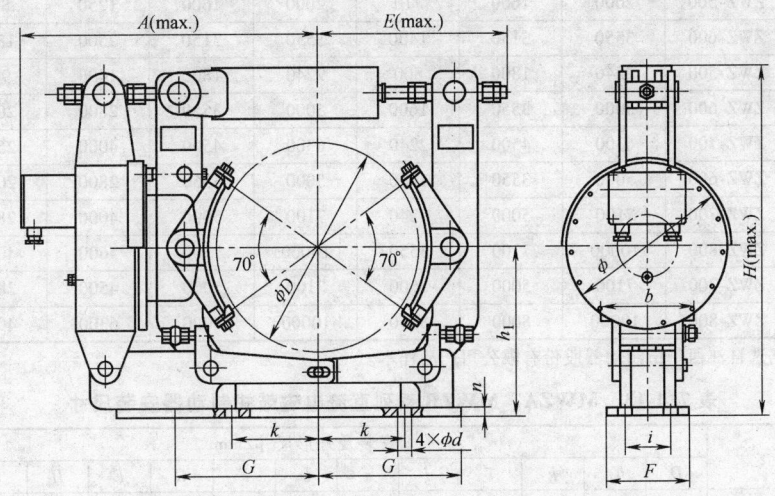

**图 7.4-3 MWZA、MWZB 系列直流电磁鼓式制动器**

使用条件：

1）环境温度：-5～40℃。

2）相对湿度：≤90%。

3）电源：直流 110V，220V。

4）适应的工作制：连续（S1—100%）和断续（S3—25%，40%，60%，操作频率 ≤720/h）工作制。

订货标记：

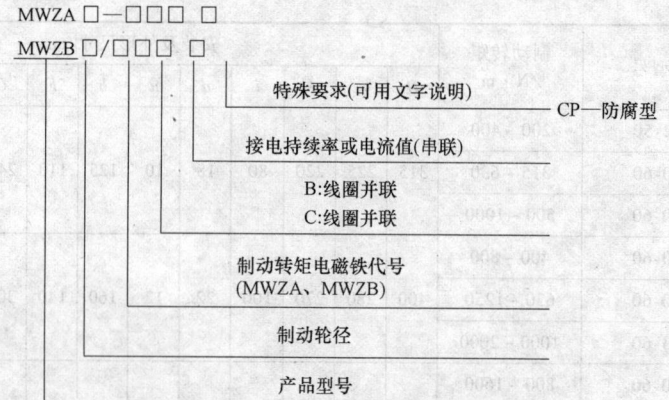

表 7.4-12   **MWZA、MWZB 系列直流电磁鼓式制动器主要技术参数**

| 制动器型号 | 线圈型号 | 线圈并联<br>通电持续率 JC | | | 线圈串联<br>60% 额定电流 | | 40% 额定电流<br>通电持续率 JC | | 制动瓦<br>退距/mm |
|---|---|---|---|---|---|---|---|---|---|
| | | 25% | 40% | 100% | 25% | 40% | 25% | 40% | |
| MWZA400-□ | ZWZ-400 | 1500 | 1200 | 550 | 1500 | 1200 | 900 | 550 | 1.5 |
| MWZA500-□ | ZWZ-500 | 2500 | 1900 | 850 | 2500 | 1900 | 1500 | 1000 | 1.75 |
| MWZA600-□ | ZWZ-600 | 5000 | 3550 | 1550 | 5000 | 3550 | 3000 | 2050 | 2 |
| MWZA700-□ | ZWZ-700 | 8000 | 5750 | 2800 | 8000 | 5750 | 4800 | 3250 | 2.25 |
| MWZA800-□ | ZWZ-800 | 12500 | 9100 | 4400 | 12500 | 9100 | 7500 | 5550 | 2.5 |
| MWZB-400/400 | ZWZ-400 | 1250 | 1000 | 500 | 1250 | 1000 | 800 | 500 | 1.5 |
| MWZB-400/500 | ZWZ-500 | 2000 | 1400 | 630 | 2000 | 1400 | 1250 | 710 | 1.75 |
| MWZB-500/400 | ZWZ-400 | 1250 | 1000 | 450 | 1250 | 1000 | 800 | 450 | 1.5 |
| MWZB-500/500 | ZWZ-500 | 2000 | 1600 | 710 | 2000 | 1600 | 1250 | 800 | 1.75 |
| MWZB-500/600 | ZWZ-600 | 3550 | 3150 | 1400 | 3550 | 3150 | 2500 | 1800 | 2 |
| MWZB-630/500 | ZWZ-500 | 2240 | 1800 | 800 | 2240 | 1800 | 1400 | 900 | 1.75 |
| MWZB-630/600 | ZWZ-600 | 5000 | 3550 | 1600 | 5000 | 3550 | 2800 | 2000 | 2 |
| MWZB-630/700 | ZWZ-700 | 6300 | 4500 | 2240 | 6300 | 4500 | 4000 | 2500 | 2.25 |
| MWZB-710/600 | ZWZ-600 | 5000 | 3550 | 1600 | 5000 | 3550 | 2800 | 2000 | 2 |
| MWZB-710/700 | ZWZ-700 | 7100 | 5000 | 2240 | 7100 | 5000 | 4000 | 2800 | 2.25 |
| MWZB-710/800 | ZWZ-800 | 10000 | 7100 | 3550 | 10000 | 7100 | 5600 | 4000 | 2.5 |
| MWZB-800/700 | ZWZ-700 | 7100 | 5000 | 2500 | 7100 | 5000 | 4500 | 2800 | 2.25 |
| MWZB-800/800 | ZWZ-800 | 10000 | 8000 | 3550 | 10000 | 8000 | 6300 | 4000 | 2.5 |

注：图形和数据选自江西华伍制动器股份有限公司产品样本。

表 7.4-13   **MWZA、MWZB 系列直流电磁鼓式制动器安装尺寸**

| 制动器型号 | 安装及外形尺寸/mm | | | | | | | | | | | | | 质量<br>/kg |
|---|---|---|---|---|---|---|---|---|---|---|---|---|---|---|
| | D | h₁ | k | i | d | n | b | F | G | E | H | A | φ | |
| MWZA400-□ | 400 | 320 | 170 | 90 | 28 | 16 | 180 | 160 | 280 | 375 | 700 | 580 | 330 | 175 |
| MWZA500-□ | 500 | 400 | 205 | 100 | 28 | 20 | 200 | 190 | 320 | 385 | 850 | 650 | 410 | 300 |
| MWZA600-□ | 600 | 475 | 250 | 126 | 40 | 28 | 240 | 220 | 385 | 465 | 960 | 750 | 480 | 430 |
| MWZA700-□ | 700 | 550 | 305 | 150 | 40 | 34 | 280 | 270 | 440 | 517 | 1220 | 710 | 560 | 677 |
| MWZA800-□ | 800 | 600 | 350 | 180 | 40 | 34 | 320 | 300 | 490 | 595 | 1340 | 810 | 640 | 1040 |
| MWZB-400/400 | 400 | 280 | 270 | 100 | 22 | 16 | 160 | 140 | 300 | 375 | 700 | 580 | 330 | 175 |
| MWZB-400/500 | | | | | | | | | | | | 580 | 410 | 203 |

（续）

| 制动器型号 | 安装及外形尺寸/mm | | | | | | | | | | | | | 质量 |
| | $D$ | $h_1$ | $k$ | $i$ | $d$ | $n$ | $b$ | $F$ | $G$ | $E$ | $H$ | $A$ | $\phi$ | /kg |
| MWZB-500/400 | 500 | 335 | 325 | 130 | 22 | 20 | 200 | 180 | 365 | 385 | 800 | 640 | 330 | 292 |
| MWZB-500/500 | | | | | | | | | | | | 650 | 410 | 300 |
| MWZB-500/600 | | | | | | | | | | | | 655 | 480 | 334 |
| MWZB-630/500 | 630 | 425 | 400 | 170 | 27 | 28 | 250 | 220 | 450 | 465 | 1030 | 720 | 410 | 377 |
| MWZB-630/600 | | | | | | | | | | | | 740 | 480 | 423 |
| MWZB-630/700 | | | | | | | | | | | | 750 | 560 | 509 |
| MWZB-710/600 | 710 | 475 | 450 | 190 | 27 | 34 | 280 | 240 | 500 | 517 | 1220 | 780 | 480 | 605 |
| MWZB-710/700 | | | | | | | | | | | | 815 | 560 | 625 |
| MWZB-710/800 | | | | | | | | | | | | 830 | 640 | 633 |
| MWZB-800/700 | 800 | 530 | 520 | 210 | 27 | 34 | 320 | 280 | 570 | 595 | 1340 | 890 | 560 | 1020 |
| MWZB-800/800 | | | | | | | | | | | | 905 | 640 | 1040 |

注：图形和数据选自江西华伍制动器股份有限公司产品样本。

# 3　盘式制动器

盘式制动器的工作表面为圆盘的两侧平面，少数为圆锥面。其摩擦副由制动盘和制动块（或摩擦盘）组成，沿制动盘轴向施加压力，制动盘轴不受弯曲，制动性能稳定。

盘式制动器与轮式制动器（鼓式、带式、蹄式）比较，有以下优点：

1）制动转矩大，且可调范围大，制动平稳可靠，动作灵敏，保养维修方便。

2）频繁制动时，无冲击。由于制动衬垫（片）与制动盘接触面积小，制动盘工作表面大部分暴露在大气中，散热性好，特别是采用有通风道的制动盘，效果更显著，而且制动盘对制动衬垫（片）无摩擦助势作用，无鼓式制动器的热衰退现象（由于温升，制动转矩下降），从而得到稳定的制动性能。从安全角度考虑，盘式制动器是最合适的制动器。

3）防尘和防水性能好，制动盘上的灰尘和水等污物易被制动盘甩掉，当浸水时制动性能降低，出水后仅制动一、二次，就能很快恢复正常。

4）制动盘沿厚度方向变形量比制动轮径向变形量小得多，易实现小间隙和磨损后的自动补偿，脚踏式的踏板行程变化也较小。

5）转动惯量小，体积小，质量轻。

盘式制动器的主要缺点有：制动衬垫（片）的摩擦面积小，比压大，对制动衬垫（片）材质要求较高，径向（或轴向）尺寸稍大，价格也稍贵。

## 3.1　分类、特点和应用

盘式制动器的类型较多，表7.4-14列举了起重机械中常用的盘式制动器的类型、特点及其使用范围。

表 7.4-14　盘式制动器类型、特点及使用范围

| 型　式 | 特点及使用范围 |
|---|---|
| 钳盘式制动器 | 结构紧凑，体积小，制动钳可多对布置，制动转矩大，且调节范围大<br>用于工程车辆、起重运输机械、石油机械、冶金机械、矿山机械等 |
| 电力液压盘式制动器 | 结构简单，制造工艺不复杂，松闸装置通用性好，不需要泵站管路，造价低，使用方便<br>结构尺寸大，效率较低<br>用于大型专用装卸机械、起重运输机械、冶金机械等设备 |
| 单盘制动器 | 一个转动盘，摩擦副多为全接触式，也有部分接触的<br>常闭式为弹簧紧闸，常开式用液（气）压紧闸。用液（气）压、电磁铁松闸，或弹簧回位<br>结构紧凑，散热性差<br>用于工程机械等设备 |
| 多片盘式制动器 | 结构紧凑，体积小，用较小的轴向压力就可达到较大的制动转矩。制动器寿命长，不需经常保养和维修<br>用于制动转矩较大和制动频率较高的场合 |
| 锥盘式制动器 | 制动面为圆锥面，结构紧凑，轴向移动距离小。用较小的轴向压力就可达到较大的制动转矩，散热性差<br>多用于锥形转子电动机的电动葫芦和制动转矩小的轻小型机械设备 |

## 3.2　设计计算（表7.4-15）

**表7.4-15　盘式制动器的设计计算**

| 计算简图 | 计算公式 | 说　明 |
|---|---|---|
| **钳盘式制动器**<br>常开式 | $T_{zh} = ZN\mu_K R$<br>$N = p_0 a - W$<br>$\dfrac{N}{A} \leq [p]$<br>　对工程机械中常用的制动衬垫材料，一般可取<br>$[p] = 0.3\,\text{MPa}$<br>$R = \dfrac{2}{3} \cdot \dfrac{R_y^3 - R_n^3}{R_y^2 - R_n^2}$<br>当 $R_y = 1.8 R_n$ 时，可取<br>$R = \dfrac{R_y + R_n}{2}$ | $T_{zh}$——所需制动转矩<br>$Z$——制动块数目<br>$N$——一个制动块的压力<br>$R$——制动盘的有效半径<br>$R_y$、$R_n$——摩擦面的外、内半径<br>$\mu_K$——动摩擦因数<br>$a$——活塞有效面积<br>$p_0$——实际输入液压缸的工作压力<br>$A$——一个制动衬垫（片）的面积<br>$[p]$——制动衬垫（片）许用比压<br>$p_e$——各碟形（圆柱螺旋）弹簧预压缩时的总作用力<br>$F_2$——松闸时对弹簧压缩时的总作用力<br>$c$——弹簧变形刚度系数<br>$\varepsilon$——退距（间隙）<br>$n$——弹簧数目<br>$W$——液压缸内各运动部分的摩擦阻力<br>$D$——液压缸内径<br>$d_1$——活塞杆直径 |
| 常闭式 | $T_{zh} = ZN\mu_K R$<br>$N = p_e - W$<br>$F_2 = p_e + \dfrac{\varepsilon}{n} c$<br>用圆柱螺旋弹簧时，<br>$F_2 = p_e + \varepsilon n c$<br>$D = \sqrt{\dfrac{4N}{\pi p} - d_1^2}$<br>$p = \dfrac{N}{A} \leq [p]$ | |
| **电力液压盘式制动器**<br> | $T_{zh} = ZN\mu_K R$<br>其余计算公式见钳盘式 | |
| **多盘制动器**<br> | $T_{zh} = ZQ\mu_K R$<br>$F_r = F_Q + F_1 \approx F_Q + c\varepsilon_{max}$ | $Z$——摩擦副数目<br>$F_Q$——轴向推力<br>$F_1$——松闸时需克服弹簧再压缩的力<br>$\varepsilon_{max}$——制动盘之间的总间隙的最大值<br>$c$——弹簧变形刚度系数<br>$F_r$——松闸力<br>$R_y$、$R_n$——摩擦面的外、内半径，$R_y$ 取 $(1.2 \sim 2.5)$ $R_n$，$R_n$ 取结构允许最小值 |
| **锥盘式制动器**<br> | $F = \dfrac{T_{zh}\sin\dfrac{\beta}{2}}{\mu_K R}$<br>$R = \dfrac{R_y + R_n}{2}$<br>$B \geq \dfrac{p}{2\pi R \sin\dfrac{\beta}{2}[p]}$ | $F$——轴向推力<br>$\beta$——圆锥角<br>$B$——摩擦锥面有效宽度<br>$\dfrac{\beta}{2} > \rho + (2° \sim 3°)$<br>$\rho$——摩擦角 |

## 3.3 常用盘式制动器的主要性能与尺寸

YP 系列电力液压盘式制动器是一种高性能、多功能的先进产品，由于其具有瓦垫退距自动均等，衬垫磨损自动补偿等先进功能，使用过程中维护非常便捷。非常适合各种现代的大型专用装卸机械、起重运输机械、冶金设备、矿山设备及工程机械中各种机构的减速和维持（驻车）制动。YP 系列电力液压盘式制动器结构型式见图 7.4-4，尺寸和技术参数见表 7.4-16 和表 7.4-17。

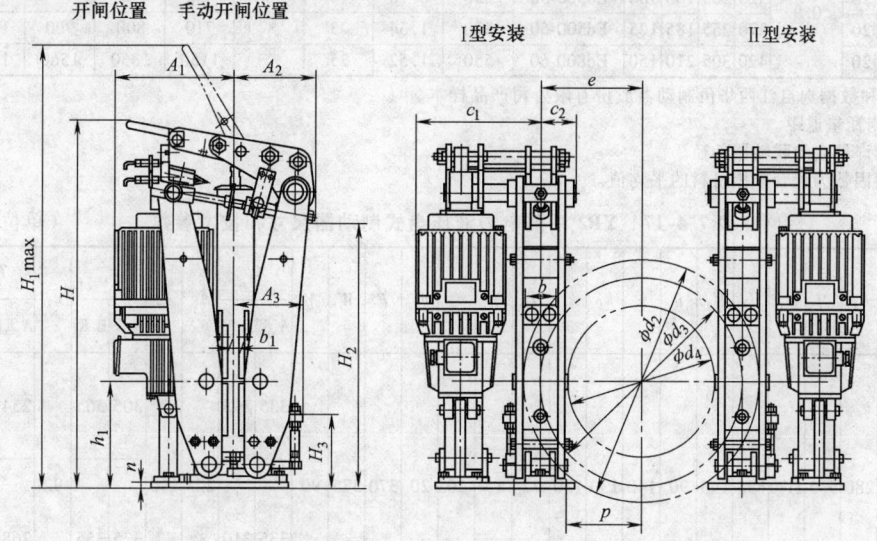

图 7.4-4 YP1、YP2 系列电力液压盘式制动器结构型式

订货标记：

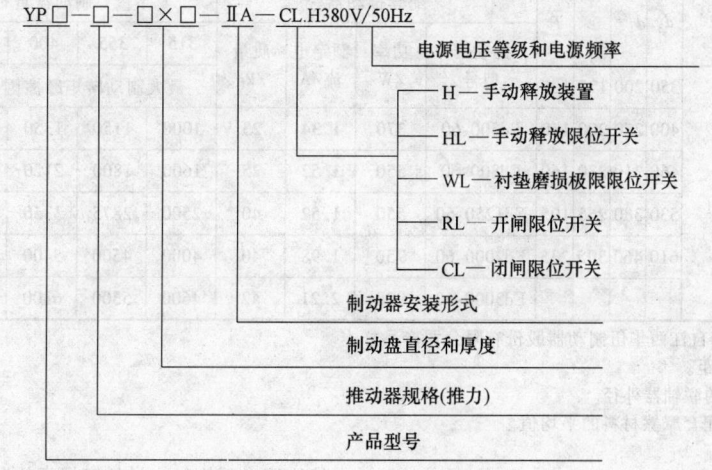

表 7.4-16 YP1 系列电力液压盘式制动器尺寸和技术参数     （单位：mm）

| 推动器型号 | $h_1$ | $H$ | $H_1$ | $H_2$ | $H_3$ | $b$ | $k$ | $k_1$ | $k_2$ | $d_1$ | $n$ | $n_1$ | $n_2$ | $F$ | $W$ | $M$ | $A_1$ A 型 | $A_1$ B 型 | $A_2$ | $A_3$ | $c_1$ A 型 | $c_1$ B 型 | $c_2$ | $T_1$ A 型 | $T_1$ B 型 | $T_2$ A 型 | $T_2$ B 型 |
|---|---|---|---|---|---|---|---|---|---|---|---|---|---|---|---|---|---|---|---|---|---|---|---|---|---|---|---|
| Ed220-50 | | | | | | | | | | | | | | | | | 260 | 250 | | | 245 | 280 | | 197 | 160 | 160 | 197 |
| Ed300-50 | 230 | 685 | 845 | 526 | 218 | 70 | 120 | 80 | 180 | 18 | 14 | 20 | 20 | 300 | 300 | 80 | | | 180 | 150 | | | 80 | | | | |
| Ed500-60 | | | | | | | | | | | | | | | | | 300 | 250 | | | 260 | 320 | | 254 | 194 | 194 | 254 |
| Ed800-60 | | | | | | | | | | | | | | | | | | | | | | | | | | | |

（续）

| 与制动盘有关的尺寸 | | | | | | | 技术参数 | | | | | | | | | |
| --- | --- | --- | --- | --- | --- | --- | --- | --- | --- | --- | --- | --- | --- | --- | --- | --- |
| 制动盘径 $d_2$ | $b_1$ | $s^①$ | $d_3$ | $d_4^②$ | $e$ | $p$ | 配套推动器 | | | | 制动盘直径 | | | | | 整机质量/kg |
| | | | | | | | 推动器型号 | 功率/W | 额定电流/A | 质量/kg | 315 | 355 | 400 | 450 | 500 | |
| | | | | | | | | | | | 最大制动转矩摩擦因数 $\mu=0.4^③$ | | | | | |
| 315 | 20 | | 235 | 120 | 117.5 | 58 | | | | | | | | | | |
| 355 | 20 | 0.7~0.9 | 275 | 160 | 137.5 | 78 | Ed220-50 | 120 | 0.38 | 10 | 280 | 320 | | | | 85 |
| 400 | 20 | | 320 | 205 | 160 | 100 | Ed300-50 | 250 | 0.78 | 14 | 400 | 450 | 500 | | | 88 |
| 450 | 20 | | 370 | 255 | 185 | 125 | Ed500-60 | 370 | 1.34 | 23 | | 710 | 800 | 900 | 1000 | 94 |
| 500 | 20 | | 420 | 305 | 210 | 150 | Ed800-60 | 550 | 1.52 | 25 | | 1150 | 1350 | 1560 | 1750 | 96 |

注：图形和数据选自江西华伍制动器股份有限公司产品样本。
① $s$ = 每侧瓦垫退距。
② $d_4$ = 允许最大的联轴器外径。
③ 该摩擦因数为配套摩擦材料的平均值。

### 表 7.4-17  YP2 系列电力液压盘式制动器尺寸和技术参数　　　　（单位：mm）

| 推动器型号 | $h_1$ | $H$ | $H_1$ | $H_2$ | $H_3$ | $b$ | $k$ | $k_1$ | $k_2$ | $d_1$ | $n$ | $n_1$ | $n_2$ | $F$ | $W$ | $M$ | $A_1$ A型 | $A_1$ B型 | $A_2$ | $A_3$ A型 | $A_3$ B型 | $c_1$ A型 | $c_1$ B型 | $c_2$ | $T_1$ A型 | $T_1$ B型 | $T_2$ A型 | $T_2$ B型 |
| --- | --- | --- | --- | --- | --- | --- | --- | --- | --- | --- | --- | --- | --- | --- | --- | --- | --- | --- | --- | --- | --- | --- | --- | --- | --- | --- | --- | --- |
| Ed500-60 | | | | | | | | | | | | | | | | | 335 | 295 | | 305 | 365 | | | | 254 | 194 | 194 | 254 |
| Ed800-60 | | | | | | | | | | | | | | | | | | | | | | | | | | | | |
| Ed1250-60 | 280 | 965 | 1170 | 695 | 195 | 90 | 140 | 130 | 130 | 22 | 15 | 20 | 20 | 370 | 375 | 90 | | | | | | 225 | 190 | 92 | | | | |
| Ed2000-60 | | | | | | | | | | | | | | | | | 335 | 310 | | 325 | 355 | | | | 268 | 240 | 240 | 268 |
| Ed3000-60 | | | | | | | | | | | | | | | | | | | | | | | | | | | | |

| 与制动盘有关的尺寸 | | | | | | | 技术参数 | | | | | | | | | |
| --- | --- | --- | --- | --- | --- | --- | --- | --- | --- | --- | --- | --- | --- | --- | --- | --- |
| 制动盘径 $d_2$ | $b_1$ | $s^①$ | $d_3$ | $d_4^②$ | $e$ | $P$ | 配套推动器 | | | | 制动盘直径 | | | | | 整机质量/kg |
| | | | | | | | 推动器型号 | 功率/W | 额定电流/A | 质量/kg | 315 | 355 | 400 | 450 | 500 | |
| | | | | | | | | | | | 最大制动转矩摩擦因数 $\mu=0.4^③$ | | | | | |
| 450 | 30 | | 350 | 200 | 175 | 105 | | | | | | | | | | |
| 500 | 30 | | 400 | 250 | 200 | 130 | Ed500-60 | 370 | 1.34 | 23 | 1000 | 1150 | 1350 | | | 166 |
| 560 | 30 | 0.7~1.1 | 460 | 310 | 230 | 160 | Ed800-60 | 550 | 1.52 | 25 | 1600 | 1800 | 2120 | 2500 | | 169 |
| 630 | 30 | | 530 | 380 | 265 | 195 | Ed1250-60 | 550 | 1.52 | 40 | 2500 | 2875 | 3350 | 4000 | 4500 | 185 |
| 710 | 30 | | 610 | 460 | 305 | 235 | Ed2000-60 | 750 | 1.98 | 40 | 4000 | 4500 | 5400 | 6300 | 7100 | 189 |
| | | | | | | | Ed3000-60 | 900 | 2.21 | 42 | 4600 | 5300 | 6300 | 7300 | 8400 | 192 |

注：图形和数据选自江西华伍制动器股份有限公司产品样本。
① $s$ = 每侧瓦垫退距。
② $d_4$ = 允许最大的联轴器外径。
③ 该摩擦因数为配套摩擦材料的平均值。

## 4  带式制动器

带式制动器由制动轮、制动钢带（一般在钢带内表面有制动衬垫）、操纵系统等组成。

带式制动器与鼓式、蹄式制动器相比较，优点是构造简单、尺寸紧凑、包角大、制动转矩大。制动轮直径相同时，带式制动器的制动转矩为鼓式的 2~2.5 倍。缺点是对制动轮轴有较大的径向力，制动钢带上的比压力不均匀，衬垫磨损不均匀，散热性不好。

带式制动器常用于尺寸紧凑的地方，中、小负载的机械、车辆及人力操纵的场合，如汽车起重机、建筑用卷扬机等。履带起重机和铲土运输机械用它作为转向制动器。在高炉升降机的低速轴或卷筒上作为安全制动器。

带式制动器的结构型式、制动转矩及特点见表 7.4-18。

表 7.4-18　带式制动器结构型式、制动转矩及特点

| 类型 | | 简单式 | 综合式 | 差动式 | 双带式 |
|---|---|---|---|---|---|
| 结构型式 | | | | | |
| 制动转矩 | 正转 | $T_b = \dfrac{F_b Dl}{2a}(e^{\mu\alpha}-1)$ | $T_b = \dfrac{F_b Dl}{2}\dfrac{e^{\mu\alpha}-1}{a+be^{\mu\alpha}}$ | $T_b = \dfrac{F_b Dl}{2}\dfrac{e^{\mu\alpha}-1}{a-be^{\mu\alpha}}$ | $T_b = T_b' = \dfrac{F_b Dl}{2a}\left(e^{\mu\alpha}-\dfrac{1}{e^{\mu\alpha}}\right)$ |
| | 反转 | $T_b' = \dfrac{F_b Dl}{2a}\left(1-\dfrac{1}{e^{\mu\alpha}}\right)$ | $T_b' = \dfrac{F_b Dl}{2}\dfrac{e^{\mu\alpha}-1}{ae^{\mu\alpha}+b}$ | $T_b' = \dfrac{F_b Dl}{2}\dfrac{e^{\mu\alpha}-1}{ae^{\mu\alpha}-b}$ | |
| 特点 | | 正反转制动转矩不同 | 当 $a=b$ 时,正反转制动转矩相同 | 正反转制动转矩不同;上闸力 $F_b$ 小;当 $b\geqslant\dfrac{a}{e^{\mu\alpha}}$ 时自锁 | 相当于2个简单式的组合;正反转制动转矩相同 |
| 用途 | | 起升机构 | 运行、回转机构 | 起升机构 | 运行、回转机构 |

　　带式制动器为非标准产品,应用时须进行设计计算。

# 参 考 文 献

[1] 徐灏. 机械设计：第 1 卷 [M]. 北京：机械工业出版社，2003.

[2] 杨淑琴，等. 新编常用材料数据速查手册 [M]. 上海：上海科学技术出版社，2006.

[3] 机械工程师手册编委会. 机械工程师手册 [M]. 北京：机械工业出版社，2007.

[4] 吴宗泽. 机械设计师手册：上下册 [M]. 2 版. 北京：机械工业出版社，2009.

[5] 机械设计实用手册编委会. 机械设计实用手册 [M]. 北京：机械工业出版社，2009.

[6] 张秀田，赵燕，赵浩. 法定计量单位换算手册 [M]. 北京：石油工业出版社，2009.

[7] 张继东. 机械设计常用公式速查手册 [M]. 北京：机械工业出版社，2009.

[8] 成大先. 机械设计手册：常用设计资料 [M]. 北京：化学工业出版社，2010.

[9] 乌尔里希·菲舍尔，等. 简明机械手册 [M]. 北京：湖南科学技术出版社，2010.

[10] 闻邦椿. 机械设计手册 [M]. 5 版. 北京：机械工业出版社，2010.

[11] 王琳，张佑林. 现代机械工程图学教程 [M]. 北京：科学出版社，2011.

[12] 秦大同，谢里阳. 现代机械设计手册：第 1 卷 [M]. 北京：化学工业出版社，2011.

[13] 夏家华. 互换性与技术测量基础 [M]. 北京：北京理工大学出版社，2010.

[14] 张美芸. 公差配合与测量 [M]. 北京：北京理工大学出版社，2010.

[15] 功能材料及其应用手册编写组. 功能材料及其应用手册 [M]. 北京：机械工业出版社，1991.

[16] 工程材料实用手册编辑委员会. 工程材料实用手册：第二卷 [M]. 北京：中国标准出版社，2000.

[17] 马如璋，蒋民华，徐祖雄. 功能材料学概论 [M]. 北京：冶金工业出版社，1999.

[18] 张骥华. 功能材料及其应用 [M]. 北京：机械工业出版社，2009.

[19] 何忠治. 电工钢：上册 [M]. 北京：冶金工业出版社，1996.

[20] 周寿增. 稀土永磁材料及其应用 [M]. 北京：冶金工业出版社，1990.

[21] 徐祖耀，黄本立，鄢国强. 中国材料工程大典：第 26 卷 [M]. 北京：化学工业出版社，2006.

[22] RC 奥汉德利，周永洽. 现代磁性材料原理和应用 [M]. 北京：化学工业出版社，2002.

[23] 曲远方. 功能陶瓷材料 [M]. 北京：化学工业出版社，2003.

[24] 徐廷献，等. 电子陶瓷材料 [M]. 天津：天津大学出版社，1993.

[25] 王永龄. 功能陶瓷性能与应用 [M]. 北京：科学出版社，2003.

[26] 《材料科学技术百科全书》编辑委员会. 材料科学技术百科全书 [M]. 北京：中国大百科全书出版社，1995.

[27] 王国建，王公善. 功能高分子 [M]. 上海：同济大学出版社，1996.

[28] 蓝立文，姜胜年，张秋禹. 功能高分子材料 [M]. 西安：西北工业大学出版社，1995.

[29] 安琦，顾大强. 机械设计 [M]. 北京：科学出版社，2008.

[30] 王荣. 金属材料的腐蚀疲劳 [M]. 西安：西北工业大学出版社，2001.

[31] S Suresh. 材料的疲劳 [M]. 王中光，等译. 北京：国防工业出版社，1995.

[32] 蒋祖国. 飞机结构腐蚀疲劳 [M]. 北京：航空工业出版社，1993.

[33] 梁崇高，陈海宗. 平面连杆机构的计算设计 [M]. 广东：广东教育出版社，1993.

[34] 郑文伟，吴克坚. 机械原理 [M]. 7 版. 北京：高等教育出版社，2001.

[35] 张策. 机械原理与机械设计 [M]. 北京：机械工业出版社，2004.

[36] 王知行. 机械原理 [M]. 北京：高等教育出版社，2000.

[37] 杨家军. 机械原理 [M]. 武汉：华中科技大学出版社，2009.

[38] 邹慧君. 机构系统设计 [M]. 上海：上海科学技术出版社，1996.

[39] 孟宪源. 现代机构手册 [M]. 北京：机械工业出版社，2004.

[40] 钟毅芳，杨家军，等. 机械设计原理与方法 [M]. 武汉：华中科技大学出版社，2004.

[41] 杨家军，张卫国. 机械设计基础 [M]. 武汉：华中科技大学出版社，2002.

[42] 吴宗泽. 机械结构设计 [M]. 北京：高等教育出版社，1988.

[43] 孙恒，陈作模. 机械原理 [M]. 7 版. 北京：高等教育出版社，2006.

[44] 黄晓荣. 机械设计基础 [M]. 7 版. 北京：中国电力出版社，2007.

[45] 徐灏. 新编机械设计师手册 [M]. 北京：机械工业出版社，1995.

[46] 华大年，华志宏，等. 连杆机构设计 [M]. 上海：上海科学技术出版社，1995.

[47] 杨家军，程远雄，等. 机械原理—基础篇 [M]. 武汉：华中科技大学出版社，2005.

[48] 徐超. 机械原理学习指导与解题范例 [M]. 北京：中国物资出版社，2003.

[49] 梁崇高，陈海宗. 平面连杆机构的计算设计 [M]. 广东：广东教育出版社，1993.

[50] 曹惟庆，等. 连杆机构的分析与综合 [M]. 北京：科学出版社，2002.

[51] 陆钟昌，等. 平面连杆机构分析与综合 [M]. 哈尔滨：哈尔滨船舶工程学院出版社，1992.

[52] 张春林. 高等机构学 [M]. 北京：北京理工大学出版社，2005.

[53] 华大年，华志宏. 连杆机构设计与应用创新 [M]. 北京：机械工业出版社，2008.

[54] 张纪元. 机构分析与综合的解 [M]. 北京：人民交通出版社，2007.

[55] 黄晓荣. 机械设计基础 [M]. 7 版. 北京：中国电力出版社，2007.

[56] 朱理. 机械原理. 北京：高等教育出版社，2004.

[57] J E 希格莱，等. 机械原理与机构学 [M]. 聂新，译. 重庆：科学技术文献出版社重庆分社，1987.

[58] 邹慧君，张青. 广义机构设计与应用创新 [M]. 北京：机械工业出版社，2009.

[59] Larry L Howell. 柔顺机构学 [M]. 余跃度，译. 北京：高等教育出版社，2007.

[60] 贾海鹏. 结构与柔性机构拓扑优化 [D]. 大连：大连理工大学，2004.

[61] 王雯静. 柔顺机构动力学分析与综合 [D].

北京：北京工业大学，2009.

[62] 谢先海. 柔顺机构分析与设计方法的研究 [D]. 武汉：华中科技大学，2002.

[63] 孟宪源. 现代机构手册 [M]. 北京：机械工业出版社，2004.

[64] 孟宪源，姜琪. 机构机型与应用 [M]. 北京：机械工业出版社，2004.

[65] 成大先. 机械设计手册 [M]. 5 版. 北京：化学工业出版社，2008.

[66] 秦大同. 现代机械设计手册 [M]. 北京：化学工业出版社，2011.

[67] 机械设计手册编委会. 机械设计手册 [M]. 3 版. 北京：机械工业出版社，2004.

[68] 全国紧固件标准化技术委员会秘书处. 紧固件标准实施指南 [M]. 北京：中国标准出版社，2006.

[69] 辛一行，等. 现代机械设备设计手册：第 1 卷. 设计基础. 北京：机械工业出版社，1996.

[70] 机械工程手册编辑委员会. 机械工程手册：第 5 卷. 机械零部件设计 [M]. 2 版. 北京：机械工业出版社，1996.

[71] 汪恺，等. 机械制造基础标准应用手册：上册 [M]. 北京：机械工业出版社，1997.

[72] 祝燮权. 实用紧固件手册 [M]. 上海：上海科学技术出版社，1998.

[73] 李士学，蔡永源，周振丰，等. 胶粘剂制备及应用 [M]. 天津：天津科学技术出版社，1984.

[74] 贺曼罗. 胶粘剂与其应用 [M]. 北京：中国铁道出版社，1987.

[75] 张英会，刘辉航，王德成. 弹簧手册 [M]. 2 版. 北京：机械工业出版社，2008.

[76] 全国弹簧标准化技术委员会. 中国机械工业标准汇编：弹簧卷 [M]. 北京：中国标准出版社，1999.

[77] 波诺马廖夫 C. 机器及仪表弹性元件的计算 [M]. 王鸿翔，译. 北京：化学工业出版社，1987.

[78] 常功德，樊智敏，孟兆明. 带传动与链传动设计手册 [M]. 北京：化学工业出版社，2009.

[79] 机械工程手册编辑委员会. 机械工程手册：传动设计卷 [M]. 2 版. 北京：机械工业出版社，1997.

［80］　现代机械传动手册编辑委员会. 现代机械传
　　　　动 手 册 ［M］. 北京：机 械 工 业 出 版
　　　　社，1995.

［81］　Niemann G, Winter H. Maschinenelemente, Bd
　　　　Ⅲ ［M］. Berlin：Springer-Verlag, 1983.

［82］　机床设计手册编写组. 机床设计手册：第 2
　　　　卷 ［M］. 北京：机械工业出版社，1980.

［83］　G 尼曼，H 温特尔. 机械零件：第三卷 ［M］.
　　　　余梦生，倪文馨，译. 北京：机械工业出版
　　　　社，1991.

［84］　阮忠唐. 机械无级变速器 ［M］. 北京：机械
　　　　工业出版社，1983.

［85］　余茂芃. 摩擦无级变速器 ［M］. 北京：高等
　　　　教育出版社，1986.

［86］　机械工程手册编辑委员会. 机械工程手册：
　　　　第 6 卷 ［M］. 北京：机械工业出版社，1982

［87］　程光仁，等. 滚珠螺旋传动设计基础 ［M］.
　　　　北京：机械工业出版社，1987.

［88］　黄祖尧. 国外滚珠丝杠副技术发展动向 ［J］.
　　　　新技术新工艺，1991 （4）：16-17.

［89］　戴曙. 机床滚动轴承应用手册 ［M］. 北京：
　　　　机械工业出版社，1993.

［90］　马从谦，陈自修，张文照，等. 渐开线行星
　　　　齿轮传动设计 ［M］. 北京：机械工业出版
　　　　社 1987.

［91］　饶振纲. 行星传动机构设计 ［M］. 2 版. 北
　　　　京：化学工业出版社，2003.

［92］　杨廷栋，周寿华，肖忠实，等. 渐开线齿轮
　　　　行星传动 ［M］. 2 版. 成都：成都科技大学
　　　　出版社，1986.

［93］　现代机械传动手册编辑委员会. 现代机械传
　　　　动手册 ［M］. 2 版. 北京：机械工业出版
　　　　社，2002.

［94］　齿轮手册编委会. 齿轮手册：上册 ［M］. 2
　　　　版. 北京：成都科技大学出版社，2004.

［95］　崔丽，秦大同，石万凯. 行星齿轮传动啮合
　　　　效率分析 ［J］. 重庆大学学报（自然科学
　　　　版），2006，29 （03）：11-14, 44.

［96］　孙冬野，秦大同，廖建. 金属带-行星齿轮无
　　　　极变速传动效率特性分析 ［J］. 农业机械学
　　　　报. 2004，35 （5）：12-15.

［97］　袁敏，李润方，林建德. 行星齿轮系统的运
　　　　动分析及动力学仿真 ［J］. 机械传动，2006，
　　　　30 （5）：17-19.

［98］　林建德. 一种汽车自动变速机构的运动构造

设计方法 ［J］. 机械科学与技术，2006，25
（9）：1076-1081, 1344.

［99］　王太辰. 宝钢减速器图册 ［M］. 北京：机械
　　　　工业出版社，1995.

［100］　张少名. 行星传动 ［M］. 西安：陕西科学
　　　　技术出版社，1988.

［101］　冯晓宁，李宗浩. 渐开线少齿差传动设计参
　　　　数的选择 ［J］. 机械传动，1995，19 （1）：
　　　　11-14.

［102］　冯澄宙. 渐开线少齿差行星传动 ［M］. 北
　　　　京：人民教育出版社，1982.

［103］　成大先. 机械设计图册：第 3 卷 ［M］. 北
　　　　京：化学工业出版社，2000.

［104］　张展. 实用机械传动设计图册 ［M］. 北京：
　　　　科学出版社，1994.

［105］　陈兵奎，房婷婷. 摆线针轮行星传动共轭啮
　　　　合理论 ［J］. 中国科学 E 辑：技术科学，
　　　　2008，38 （1）：148-160.

［106］　沈允文，叶庆泰. 谐波齿轮传动的理论和设
　　　　计 ［M］. 北京：机械工业出版社，1985.

［107］　张国瑞，等. 行星传动技术 ［M］. 上海：
　　　　上海交通大学出版社，1989.

［108］　曲继方. 活齿传动理论 ［M］. 北京：机械
　　　　工业出版社，1993.

［109］　胡来瑢，等. 行星传动设计与计算 ［M］.
　　　　北京：煤炭工业出版社，1997.

［110］　张才富，黄耀明，等. 活齿传动强度计算
　　　　［J］. 煤矿机械，1997，5：10-12.

［111］　林菁，王启义，等. 圆柱活齿传动齿廓及其
　　　　结构特性研究 ［J］. 机械传动，1999，23
　　　　（2）：22-25.

［112］　陈志同，陈仕贤，等. 平面活齿传动及其分
　　　　类方法研究 ［J］. 机械设计与研究，1997，
　　　　2：20-23.

［113］　张以都，等. 套筒滚子活齿传动的多齿受力
　　　　研究 ［J］. 机械传动，1995，19 （2）：
　　　　26-30.

［114］　阳林，等. 推干活齿减速机系统特征参数优
　　　　化与 CAD/CAM ［J］. 机电工程，1998，3：
　　　　9-12.

［115］　梁尚明，徐礼矩. 摆动活齿传动的强度计算
　　　　［J］. 机械，2000，7 （1）：18-19.

［116］　宜亚丽，等. 摆动活齿传动齿廓曲线特性分
　　　　析与研究 ［J］. 机械设计，2008，8：57-59.

［117］　李瑰贤，等. 滚柱活齿传动受力分析的研究

[J]. 机械设计，2002，(1)：16-20.

[118] 王冬梅，等. 摆动活齿传动的强度研究及计算机辅助设计 [J]. 四川大学学报（工程科学学报），2007，1：171-174.

[119] 陈谌闻. 圆弧齿圆柱齿轮传动 [M]. 北京：高等教育出版社，1995.

[120] 邵家辉. 圆弧齿轮 [M]. 2版. 北京：机械工业出版社，1994.

[121] 崔巍，李国权，隋海文. 4000kW 双圆弧齿轮减速器在 18 英寸连轧机组主传动上的应用与研究 [J]. 机械工程学报，1988，24 (4)：3-6.

[122] 李长春，李育民. 高速双圆弧齿轮在炼油设备 3000kW 透平鼓风机上的应用 [J]. 机械工程学报，1988，24 (4)：19-22.

[123] 张邦栋，申明付，陆达兴. 双圆弧硬齿面齿轮刮前滚刀和硬质合金刮削滚刀的研制 [J]. 机械传动，2000，24 (1)：29-30.

[124] 李海翔，李朝阳，陈兵奎. 圆弧齿轮研究的进展 [J]. 现代制造工程，2005（3）：19-21.

[125] 潭伟明，梁燕飞，安军，等. 渐开线非圆齿轮的齿廓曲线数学模型 [J]. 机械工程学报，2002，38 (5)：75-79.

[126] 小栗富士雄，小栗达男. 机械设计禁忌手册 [M]. 陈祝同，刘惠臣，译. 北京：机械工业出版社，2003.

[127] 全国滚动轴承标准化技术委员. 中国机械工业标准汇编：滚动轴承卷上 [M]. 中国标准出版社，2008.

[128] 全国滑动轴承标准化技术委员. 中国机械工业标准汇编：滑动轴承卷上 [M]. 中国标准出版社，2008.

[129] 张展. 联轴器、离合器与制动器设计选用手册 [M]. 北京：机械工业出版社，2009.

[130] 丁屹. 联轴器图集 [M]. 北京：机械工业出版社，2010.

[131] 濮良贵，纪名刚. 机械设计 [M]. 8版. 北京：高等教育出版社，2006.

# 淄博真空设备厂有限公司
## ZIBO VACUUM EQUIPMENT PLANT CO., LTD.
### 山东省真空设备工程技术研究中心

CE

公司始建于1959年,是国家生产真空获得和真空应用设备的重点骨干企业;中国真空工业创始企业之一;机械行业确定的科技进步示范试点企业、高新技术企业。

企业通过ISO9001质量体系认证,ISO14001环境管理体系和GB/T28001职业健康安全管理体系认证;通过CE认证;通过与欧美企业的合资与合作,公司产品技术达到国际先进水平。

- 中国真空学会常务理事
- 中国通用机械工业协会副理事长
- 中国通用机械工业协会真空分会理事长
- 中国通用机械工业协会泵业分会副理事长
- 中国通用机械工业协会干燥分会副理事长

## 主 要 产 品

水环式真空泵及压缩机 SK 、2SK、SKA（2BE）、SKC（CL）系列
抽速范围：30～40000m³/h

高压液环式压缩机2LG 、2SY系列
抽速：60～4000m³/h
工作压力：0.1～1.2MPa（A）

旋片式真空泵X、2X系列
抽速范围：0.5～150L/s
极限压力：0.065Pa

往复式真空泵W 、WY、WL、WLW系列
抽速：200～5500m³/h
极限压力：1.3kPa

COSSDP螺杆干式真空泵及机组
抽速：100～1500m³/h
极限压力：13Pa

真空机组JZJ2 、JZJ2X系列
抽速：30～2500L/s
极限压力：30～0.05Pa

## 真 空 干 燥 设 备

地址：山东省淄博市博山区双山街160号
Add： No.160 Shuangshan Street,Boshan District,ZiboCity,Shandong,P.R.China
电话（Tel）:0086-533-4181008　4159140　传真（Fax）:0086-533-4180391
网址（Website）:http://www.czssv.com　电子邮箱（E-mail）czssv@czssv.com